Schirmeister / Schmuck / Wich
Beyer / Walter
Organische Chemie

Schirmeister / Schmuck / Wich

# Beyer / Walter
# Organische Chemie

Begründet von
Prof. em. Dr. Hans Beyer†, Greifswald
Prof. em. Dr. Wolfgang Walter†, Hamburg
Prof. Dr. Dr. h. c. mult. Wittko Francke, Hamburg

Fortgeführt von
Prof. Dr. Tanja Schirmeister, Mainz
Prof. Dr. Carsten Schmuck, Essen
Jun.-Prof. Dr. Peter R. Wich, Mainz

Unter Mitarbeit von
Denise Bamberger, Heinz Bandmann, Lina Bartsch, Daniel Bellinger, Christoph Borek, Uwe Dietzel, Martin Ehlers, Prof. Dr. Bernd Engels, Matthias Fach, Dr. Christopher Ganser, Dr. Barbara Geibel, Dr. Simon Grabowsky, Prof. Dr. Mark Helm, Lina Irsheid, Michael Juchum, Sandra Junghänel, Jochen Kesselring, Prof. Dr. Caroline Kisker, Dennis Kuchenbecker, Dr. Sebastian Langolf, Dr. Thomas Lemster, Dr. Ferdinand Matz, Dr. Christoph Menrath, Ira Schmid, Dr. Thomas Schneider, Dr. Simon Vogel, Dr. Armin Welker und Elio Zellermann

25., völlig neu bearbeitete Auflage

Mit 2309 Abbildungen und 28 Tabellen
und Poster „Taschenfalter“

Hirzel Verlag

**Anschriften der Autoren**

**Prof. Dr. Tanja Schirmeister**
Institut für Pharmazie und Biochemie
Johannes Gutenberg-Universität Mainz
Staudinger Weg 5
55128 Mainz
schirmei@uni-mainz.de

**Prof. Dr. Carsten Schmuck**
Fakultät für Chemie
Universität Duisburg-Essen
Universitätsstraße 7
45141 Essen
carsten.schmuck@uni-due.de

**Jun.-Prof. Dr. Peter R. Wich**
Institut für Pharmazie und Biochemie
Johannes Gutenberg-Universität Mainz
Staudinger Weg 5
55128 Mainz
wich@uni-mainz.de



Bibliografische Information der Deutschen Nationalbibliothek
Die Deutsche Nationalbibliothek verzeichnet diese Publikation in der Deutschen Nationalbibliografie; detaillierte bibliografische Daten sind im Internet unter http://dnb.d-nb.de abrufbar.



Die Vorauflagen dieses Buches erschienen unter dem Titel „Lehrbuch der Organischen Chemie".

25., völlig neu bearbeitete Auflage 2016
ISBN 978-3-7776-1673-5 (Print)
ISBN 978-3-7776-2164-7 (E-Book)


Birkenwaldstr. 44, 70191 Stuttgart
www.hirzel.de

Printed in Germany

Autorenassistenz: Dr. Gabriele Lauser, Silvia Rädlein, Sandra Schroeder, Dr. Nicole Kindler
Sachregistererstellung: Dr. Matthias Delbrück, Dr. Angelika Fallert-Müller, Dr. Beatrix Föllner, Walter Greulich
Satz: primustype R. Hurler GmbH, Notzingen
Druck und Bindung: Appl, Wemding
Umschlaggestaltung: deblik, Berlin
Umschlagabbildung: Dr. Simon Grabowsky, Universität Bremen
Die Abbildung zeigt ein experimentell abgeleitetes elektrostatisches Potenzial von L-Alanyl-L-Phenylalanyl-L-Alanin auf einer Elektronendichte-Isooberfläche und wurde mit dem Programm Moliso (www.moliso.de) erzeugt.

## Vorwort

Der *Beyer/Walter* hat sich seit seinem ersten Erscheinen 1953 schnell zu einem Standardwerk der Organischen Chemie entwickelt. Während die anderen großen Lehrbücher der Organischen Chemie, die größtenteils aus dem angelsächsischen Raum stammen, traditionell ihren Schwerpunkt auf der Beschreibung von Reaktionen und Mechanismen haben, stehen beim *Beyer/Walter* seit jeher die einzelnen Stoffklassen und Verbindungen, ihre Eigenschaften sowie ihre Herstellung und Verwendung im Vordergrund.

Mit diesem einzigartigen Konzept hat sich der *Beyer/Walter* über alle Jahrzehnte seinen festen Platz in der Ausbildung vor allem von Chemikern und Pharmazeuten gesichert. Es dürfte sicherlich kaum Studierende eines chemisch orientieren Studiengangs geben, die dieses Buch nicht bereits einmal genutzt haben, um die Strukturformel eines Naturstoffes nachzuschlagen oder etwas über die Herstellung und Verwendung eines bestimmten Heterocyclus zu lernen. Im Laufe der Jahre wurde der *Beyer/Walter* aufgrund seines großen Erfolgs in mehrere Sprachen übersetzt. Im Jahr 2004 erschien, 50 Jahre nach der Erstauflage, die 24. und bisher letzte Auflage dieses Klassikers.

Zwar wurden mit jeder neuen Auflage Aktualisierungen vorgenommen, Fehler korrigiert und neue Themen aufgenommen. Nach mittlerweile über 60 Jahren im Einsatz stellte sich aber die Frage, ob solche Änderungen am bestehenden Buch noch ausreichen, um den *Beyer/Walter* auch für die nächsten Jahrzehnte fit zu machen. Vielleicht war es an der Zeit, eine umfassendere Überarbeitung und gegebenenfalls komplette Neugestaltung in Angriff zu nehmen? Denn trotz aller erfolgten inhaltlichen Überarbeitungen und Aktualisierungen hatten sich in all den Jahren natürlich auch Erwartungen und Ansprüche an Grafik, Layout und Sprache eines Lehrbuchs stark verändert. Manche Beschreibungen chemischer Sachverhalte im alten *Beyer/Walter* klingen aus heutiger Sicht mittlerweile ungewohnt. Heute übliche Begriffe wie Nucleophil und Elektrophil wurden früher nicht benutzt, stattdessen sprach man z. B. von Donor- und Akzeptorkomponenten. Auch die moderne Betrachtung von Reaktivitäten und Eigenschaften von Verbindungen auf der Basis von Molekülorbitalen und deren Wechselwirkungen gab es damals in dieser Form noch nicht. Der Verlag hat daher entschieden, dass mit der 25. Auflage eine komplette Überarbeitung und Modernisierung stattfinden sollte.

Als der Verlag uns Anfang 2012 fragte, ob wir diese Aufgabe übernehmen wollen, war unsere spontane Antwort: „Im Prinzip ja, aber…". Einerseits reizte uns die Chance, an der Neugestaltung dieses Klassikers, den wir alle selbst aus unserem Studium kannten, mitarbeiten zu dürfen. Andererseits hatten wir großen Respekt vor dieser Herausforderung. Wie gestaltet man ein seit Jahrzehnten etabliertes Lehrbuch neu, bewahrt aber gleichzeitig seinen Charakter und seine von der Leserschaft geschätzten Vorzüge gegenüber anderen Lehrbüchern? Die inhaltliche Basis der vorliegenden Komplettüberarbeitung bildet daher nach wie vor die 24. Auflage von 2004, in der wir allerdings an vielen Stellen Ergänzungen und Aktualisierungen vorgenommen, veraltete Verfahren und Methoden gestrichen und dafür neue aufgenommen haben.

Insbesondere haben wir aber den Inhalt komplett neu sortiert und arrangiert, wie ein Blick ins Inhaltsverzeichnis sofort zeigt. Anstelle von 11 großen Kapiteln mit vielen Unterkapiteln, haben wir die Stoffklassen in insgesamt 35 Kapiteln neu zusammengefasst.

Auch innerhalb der Kapitel haben wir eine neue Strukturierung eingeführt. Bei jeder Stoffklasse beschreiben wir zuerst die Strukturen und Eigenschaften, dann die Gewinnung und Synthese, bevor wir wichtige Reaktionen und Anwendungen vorstellen. Abschließend werden einzelne ausgewählte Vertreter der Stoffklasse diskutiert. Diese neue Aufteilung soll es erleichtern, zuerst einmal die allgemeinen Zusammenhänge und Grundprinzipien, die für die gesamte Stoffklasse gelten, zu erkennen und zu verstehen, bevor man sich dann einzelnen Verbindungen und deren teilweise sehr speziellen Anwendungen und Besonderheiten zuwendet. Neu im Buch sind zudem Exkurse, in denen wir z. B. historische oder medizinisch-pharmakologische Hintergründe, interessante Anekdoten, aber auch wichtige Reaktionen und Mechanismen detaillierter vorstellen. Einen Überblick finden Sie hinten im Buch.

Die Besprechung von Reaktionen und Mechanismen erfolgt bewusst nicht in der Tiefe und Detailfülle wie in anderen Lehrbüchern der Organischen Chemie. Der *Beyer/Walter* war nie ein „Mechanismen-Buch" und sollte auch bei der Neugestaltung durch uns keines werden. Das Hauptanliegen des Buches ist und bleibt die Beschreibung der Stoffklassen und einzelner Verbindungen. Komplett neu geschrieben haben wir den Allgemeinen Teil, der jetzt in den ersten drei Kapiteln Stoffe und ihre Zusammensetzung (Kapitel 1), Atombau, chemische Bindung, funktionelle Gruppen und deren nasschemische und instrumentelle Analytik (Kapitel 2) sowie die Struktur und Stereochemie organischer Verbindungen (Kapitel 3) beschreibt.

Auch beim Layout wurden deutliche Änderungen vorgenommen. Die jeweiligen Informationen präsentieren wir bewusst in längeren Fließtexten, während gleichzeitig einzelne Strukturformeln und Reaktionsschemata zu größeren Abbildungen zusammengefasst sind. Dadurch sind Text und graphische Informationen stärker voneinander getrennt als es im *Beyer/Walter* bisher der Fall war. Wir sind der Meinung, dass so der Lesefluss und damit letztendlich das Verständnis erleichtert werden.

Alle Formeln und Abbildungen wurden zudem komplett neu gestaltet und mit einem einheitlichen Farbschema versehen. So sind z. B. alle Verbindungsnamen in Blau, physikalische Eigenschaften und Beschreibungen in Grün und wichtige Strukturelemente in Rot gehalten. An vielen Stellen illustrieren wir die diskutierten Sachverhalte zusätzlich durch Farbabbildungen.

Bei all diesen vielen Änderungen glauben wir, dass die Neufassung nichts von den Vorzügen und Stärken des „alten" *Beyer/Walter* verloren hat, dafür aber übersichtlicher und insgesamt moderner und ansprechender geworden ist. Ob und in wieweit uns das gelungen ist, müssen Sie als Leserinnen und Leser selbst entscheiden. Wir laden Sie ein, uns Ihre Eindrücke und Erfahrungen mit dieser Neufassung mitzuteilen. Unsere E-Mail-Adressen finden Sie im Impressum. Zögern Sie nicht, mit uns in Kontakt zu treten! Helfen Sie uns durch Ihre Rückmeldungen, den *Beyer/Walter* so weiterzuentwickeln, dass er auch weiterhin das Standardwerk für die Organische Stoffchemie bleibt, das er seit Jahrzehnten ist.

Selbstverständlich wäre ein solches Projekt nicht machbar gewesen ohne die tatkräftige Unterstützung und Mithilfe vieler Personen. Zuerst einmal möchten wir Herrn Dr. Tim Kersebohm, Frau Dr. Gabriele Lauser und Frau Natascha Wenzel vom S. Hirzel Verlag danken. Herr Kersebohm war seitens des Verlages die treibende Kraft für dieses Projekt und hat uns mit vielen Ratschlägen und Anregungen zur Seite gestanden. Frau Lauser hat das gesamte Manuskript federführend Korrektur gelesen und war maßgeblich an der Umsetzung des Layouts beteiligt. Frau Wenzel hat im Verlag die Herstellung des Buches betreut. Ein besonders großer Dank geht an unsere Mitarbeiterinnen und Mitarbeiter, die uns bei der Erstellung der Texte und der Neugestaltung der Formelzeichnungen und Abbildungen geholfen haben. Ohne diese Hilfe wäre die Neufassung niemals innerhalb von drei Jahren fertig geworden. Wer uns im Einzelnen unterstützt hat, lesen Sie ganz vorne im Buch. Abschließend danken wir auch unseren Partnerinnen und Partnern, die uns in den letzten 3 ½ Jahren viele, viele Stunden entbehren mussten, während derer wir Texte geschrieben, Manuskripte korrigiert und Abbildungen verbessert haben.

Und jetzt viel Spaß mit dem neuen *Beyer/Walter*!

Mainz und Essen, im Herbst 2015

Tanja Schirmeister
Carsten Schmuck
Peter R. Wich

# Inhaltsverzeichnis


**Vorwort** ... V

**Abkürzungsverzeichnis** ... XVI

**1 Stoffe und ihre Zusammensetzung** ... 1

**1.1 Organische Chemie und organische Stoffe** ... 1

**1.2 Zusammensetzung und Reinheit organischer Stoffe** ... 3

1.2.1 Reinsubstanzen und Stoffgemische ... 3

1.2.2 Charakterisierung organischer Verbindungen ... 3

**1.3 Trennung von homogenen Stoffgemischen** ... 4

1.3.1 Extraktion ... 5

1.3.2 Kristallisation ... 6

1.3.3 Destillation ... 6

1.3.4 Sublimation – Resublimation ... 7

1.3.5 Chromatographie ... 7

**2 Atombau, chemische Bindung, funktionelle Gruppen und deren Analytik** ... 11

**2.1 Atombau** ... 11

**2.2 Chemische Bindung** ... 14

2.2.1 Ionenbindung ... 14

2.2.2 Atombindung ... 15

2.2.3 C—H-, C—C-, C=C- und C≡C-Bindungen ... 16

**2.3 Funktionelle Gruppen** ... 20

2.3.1 Hard and Soft Acids and Bases (HSAB), *Lewis*-Säuren und -Basen ... 21

2.3.2 Induktive und mesomere Effekte funktioneller Gruppen ... 25

**2.4 Nasschemische Analytik funktioneller Gruppen** ... 27

2.4.1 Einführung und allgemeine Prinzipien ... 27

2.4.2 Nachweis von primären aromatischen Aminen, elektronenreichen Aromaten und Nitrit ... 29

2.4.3 Nachweis von Nitrat, nitrierbaren Aromaten und CH-aciden Verbindungen ... 29

2.4.4 Nachweis von elektronenreichen Aromaten und Aldehyden unter Zugabe von Säure ... 30

**2.5 Spektroskopische Methoden** ... 33

2.5.1 Elektromagnetische Strahlung, Energie und ihre Auswirkungen auf organische Moleküle ... 33

2.5.2 Massenspektrometrie ... 35

2.5.3 IR-Spektroskopie ... 39

2.5.4 UV/Vis-Spektroskopie ... 41

2.5.5 NMR-Spektroskopie ... 44

2.5.6 Kristallstrukturanalyse, Röntgenstrukturanalyse ... 52

**3 Struktur organischer Verbindungen und Stereochemie** ... 53

**3.1 Konstitution und Struktur** ... 53

3.1.1 Historische Aspekte ... 53

3.1.2 Konstitution, Konnektivität und Darstellungsweisen organischer Verbindungen (Formeln) ... 53

**3.2 Isomerie** ... 54

3.2.1 Konstitutions- und Stereoisomere ... 54

3.2.2 Konfigurations- und Konformationsisomere ... 56

3.2.3 Tautomerie ... 56

**3.3 Konformation** ... 58

3.3.1 Torsionswinkel ... 58

3.3.2 Ethan-Konformationen ... 59

3.3.3 *n*-Butan-Konformationen ... 60

3.3.4 *n*-Pentan-Konformationen ... 61

**3.4 Optische Isomerie und Chiralität** ... 63

3.4.1 Chiralitäts- und Symmetrieelemente ... 63

3.4.2 Spezifische Drehung und Polarimetrie ... 66

3.4.3 Enantiomere: *Fischer*-Projektion und D/L-Nomenklatur ... 68

3.4.4 Enantiomere: absolute Konfiguration nach CIP ... 71

3.4.5 Axiale und planare Chiralität ... 72

3.4.6 Trennung von Enantiomeren, stereoselektive Synthese ... 75

**3.5 Diastereoisomerie** ... 79

3.5.1 Verbindungen mit mehreren Chiralitätselementen ... 79

3.5.2 (*E*/*Z*)-Isomerie ... 81

**3.6 Prochiralität und Topizität** ... 84

3.6.1 Prochiralität ... 84

3.6.2 Topizität ... 84

**3.7 Pseudochiralität** ... 87

**3.8 Stereochemie von Cycloalkanen** ... 88

3.8.1 Ringspannung ... 88

3.8.2 Einfache Cycloalkane ... 90

3.8.3 Stereoisomerie der Decaline ... 94

**3.9 Konformation von Peptiden** ... 98

**4 Gesättigte Kohlenwasserstoffe ... 99**

**4.1 Alkane ... 99**
4.1.1 Struktur und Eigenschaften ... 99
4.1.2 Gewinnung und Synthese ... 104
4.1.3 Reaktionen und Anwendungen ... 105

**4.2 Monocyclische Alkane (Cycloalkane) ... 106**
4.2.1 Struktur und Eigenschaften ... 106
4.2.2 Gewinnung und Synthese ... 110
4.2.3 Reaktionen und Anwendungen ... 116

**4.3 Bi- und polycyclische Kohlenwasserstoffe 118**
4.3.1 Struktur und Eigenschaften ... 118
4.3.2 Gewinnung und Synthese ... 122
4.3.3 Reaktionen und Anwendungen ... 125

**5 Ungesättigte aliphatische Kohlenwasserstoffe ... 129**

**5.1 Alkene (Olefine) und Cycloalkene ... 129**
5.1.1 Struktur und Eigenschaften ... 129
5.1.2 Gewinnung und Synthese ... 130
5.1.3 Reaktionen und Anwendungen ... 131
5.1.4 Ausgewählte Verbindungen ... 146

**5.2 Konjugierte Polyene ... 150**
5.2.1 Struktur und Eigenschaften ... 150
5.2.2 Reaktionen und Anwendungen ... 151
5.2.3 Ausgewählte Verbindungen ... 157

**5.3 Kumulene ... 163**
5.3.1 Struktur und Eigenschaften ... 163
5.3.2 Gewinnung und Synthese ... 164
5.3.3 Ausgewählte Verbindungen ... 166

**5.4 Alkine ... 168**
5.4.1 Struktur und Eigenschaften ... 168
5.4.2 Gewinnung und Synthese ... 169
5.4.3 Reaktionen und Anwendungen ... 169
5.4.4 Ausgewählte Verbindungen ... 174

**6 Alkohole und Thiole ... 175**

**6.1 Einwertige Alkohole ... 175**
6.1.1 Struktur und Eigenschaften ... 175
6.1.2 Gewinnung und Synthese ... 178
6.1.3 Reaktionen und Anwendungen ... 181
6.1.4 Ausgewählte Verbindungen ... 183

**6.2 Mehrwertige Alkohole ... 184**
6.2.1 Struktur und Eigenschaften ... 184
6.2.2 Gewinnung und Synthese ... 185
6.2.3 Reaktionen und Anwendungen ... 185
6.2.4 Ausgewählte Verbindungen ... 191

**6.3 Thiole ... 198**
6.3.1 Struktur und Eigenschaften ... 198
6.3.2 Gewinnung und Synthese ... 198
6.3.3 Reaktionen und Anwendungen ... 200
6.3.4 Ausgewählte Verbindungen ... 200

**7 Halogenalkane ... 203**

**7.1 Monohalogenalkane (Alkylhalogenide) ... 203**
7.1.1 Struktur und Eigenschaften ... 204
7.1.2 Gewinnung und Synthese ... 205
7.1.3 Reaktionen und Anwendungen ... 208
7.1.4 Ausgewählte Verbindungen ... 212

**7.2 Mehrfach halogenierte Alkane ... 212**
7.2.1 Struktur und Eigenschaften ... 212
7.2.2 Gewinnung und Synthese ... 213
7.2.3 Reaktionen und Anwendungen ... 215
7.2.4 Ausgewählte Verbindungen ... 216

**7.3 Fluorierte Kohlenwasserstoffe ... 216**
7.3.1 Struktur und Eigenschaften ... 216
7.3.2 Gewinnung und Synthese ... 217
7.3.3 Reaktionen und Anwendungen ... 218
7.3.4 Ausgewählte Verbindungen ... 218

**8 Aliphatische Stickstoffverbindungen. 221**

**8.1 Amine ... 221**
8.1.1 Struktur und Eigenschaften ... 222
8.1.2 Gewinnung und Synthese ... 223
8.1.3 Reaktionen und Anwendungen ... 226
8.1.4 Ausgewählte Verbindungen ... 231

**8.2 Diazoverbindungen, Diazirine, Diaziridine ... 233**
8.2.1 Struktur und Eigenschaften ... 233
8.2.2 Gewinnung und Synthese ... 234
8.2.3 Reaktionen und Anwendungen ... 236
8.2.4 Ausgewählte Verbindungen ... 237

**8.3 Aliphatische Hydrazine und Azide ... 238**
8.3.1 Struktur und Eigenschaften ... 238
8.3.2 Gewinnung und Synthese ... 239
8.3.3 Reaktionen und Anwendungen ... 242
8.3.4 Ausgewählte Verbindungen ... 243

**9 Ether und Thioether ... 245**

**9.1 Ether ... 245**
9.1.1 Struktur und Eigenschaften ... 245
9.1.2 Gewinnung und Synthese ... 248
9.1.3 Reaktionen und Anwendungen ... 249

**9.2 Thioether** ..... **251**
9.2.1 Struktur und Eigenschaften ..... 251
9.2.2 Gewinnung und Synthese ..... 251
9.2.3 Reaktionen und Anwendungen ..... 251
9.2.4 Ausgewählte Verbindungen ..... 253

**10 Organische Derivate anorganischer Säuren, organische Derivate der Elemente P, B, Si und As** ..... **255**

**10.1 Ester anorganischer Säuren** ..... **255**
10.1.1 Struktur und Eigenschaften ..... 255
10.1.2 Gewinnung und Synthese ..... 257
10.1.3 Reaktionen und Anwendungen ..... 258
10.1.4 Ausgewählte Verbindungen ..... 260

**10.2 Sulfon-, Sulfin- und Sulfensäuren** ..... **263**
10.2.1 Struktur und Eigenschaften ..... 263
10.2.2 Gewinnung und Synthese ..... 264
10.2.3 Reaktionen und Anwendungen ..... 265
10.2.4 Ausgewählte Verbindungen ..... 266

**10.3 Nitroalkane** ..... **266**
10.3.1 Struktur und Eigenschaften ..... 266
10.3.2 Gewinnung und Synthese ..... 269
10.3.3 Reaktionen und Anwendungen ..... 271

**10.4 Organische Phosphor- und Arsenverbindungen** ..... **272**
10.4.1 Struktur und Eigenschaften ..... 272
10.4.2 Gewinnung und Synthese ..... 272
10.4.3 Reaktionen und Anwendungen ..... 273
10.4.4 Ausgewählte Verbindungen ..... 276

**10.5 Organische Silicium- und Borverbindungen** ..... **277**
10.5.1 Struktur und Eigenschaften ..... 277
10.5.2 Gewinnung und Synthese ..... 277
10.5.3 Reaktionen und Anwendungen ..... 278
10.5.4 Ausgewählte Verbindungen ..... 282

**11 Metallorganische Verbindungen** ..... **283**

**11.1 Alkalimetallorganische Verbindungen (Alkalimetallorganyle)** ..... **283**
11.1.1 Struktur und Eigenschaften ..... 283
11.1.2 Gewinnung und Synthese ..... 284
11.1.3 Reaktionen und Anwendungen ..... 285

**11.2 Organische Magnesiumverbindungen** ..... **286**
11.2.1 Struktur und Eigenschaften ..... 286
11.2.2 Gewinnung und Synthese ..... 286
11.2.3 Reaktionen und Anwendungen ..... 287

**11.3 Organische Zinkverbindungen** ..... **290**
11.3.1 Struktur und Eigenschaften ..... 290
11.3.2 Gewinnung und Synthese ..... 290
11.3.3 Reaktionen und Anwendungen ..... 290

**11.4 Organische Quecksilberverbindungen** ..... **292**
11.4.1 Struktur und Eigenschaften ..... 292
11.4.2 Gewinnung und Synthese ..... 292
11.4.3 Reaktionen und Anwendungen ..... 293

**11.5 Organische Aluminiumverbindungen** ..... **293**
11.5.1 Struktur und Eigenschaften ..... 293
11.5.2 Gewinnung und Synthese ..... 293
11.5.3 Reaktionen und Anwendungen ..... 295

**11.6 Organische Zinnverbindungen** ..... **295**
11.6.1 Struktur und Eigenschaften ..... 295
11.6.2 Gewinnung und Synthese ..... 295
11.6.3 Reaktionen und Anwendungen ..... 295

**11.7 Organische Bleiverbindungen** ..... **296**
11.7.1 Struktur und Eigenschaften ..... 296
11.7.2 Gewinnung und Synthese ..... 296
11.7.3 Reaktionen und Anwendungen ..... 297

**11.8 Organische Übergangsmetallkomplexe** ..... **297**
11.8.1 Struktur und Eigenschaften ..... 297
11.8.2 Reaktionen und Anwendungen ..... 299

**12 Aliphatische Carbonylverbindungen** ..... **305**

**12.1 Alkanale (aliphatische Aldehyde)** ..... **305**
12.1.1 Struktur und Eigenschaften ..... 305
12.1.2 Gewinnung und Synthese ..... 306
12.1.3 Reaktionen und Anwendungen ..... 307
12.1.4 Ausgewählte Verbindungen ..... 317

**12.2 Alkanone (aliphatische Ketone)** ..... **323**
12.2.1 Struktur und Eigenschaften ..... 323
12.2.2 Gewinnung und Synthese ..... 323
12.2.3 Reaktionen und Anwendungen ..... 325
12.2.4 Ausgewählte Verbindungen ..... 331

**13 Aliphatische Mono- und Dicarbonsäuren** ..... **339**

**13.1 Gesättigte Mono- und Dicarbonsäuren** ..... **339**
13.1.1 Struktur und Eigenschaften ..... 339
13.1.2 Gewinnung und Synthese ..... 344
13.1.3 Reaktionen und Anwendungen ..... 351
13.1.4 Ausgewählte Verbindungen ..... 357

**13.2 Ungesättigte aliphatische Mono- und Dicarbonsäuren** ..... **358**
13.2.1 Struktur und Eigenschaften ..... 358
13.2.2 Gewinnung und Synthese ..... 359
13.2.3 Reaktionen und Anwendungen ..... 366
13.2.4 Ausgewählte Verbindungen ..... 372

**14 Carbonsäurederivate** ... 375

**14.1 Carbonsäurehalogenide** ... 375
14.1.1 Struktur und Eigenschaften ... 375
14.1.2 Gewinnung und Synthese ... 375
14.1.3 Reaktionen und Anwendungen ... 376

**14.2 Carbonsäureanhydride** ... 378
14.2.1 Struktur und Eigenschaften ... 378
14.2.2 Gewinnung und Synthese ... 379
14.2.3 Reaktionen und Anwendungen ... 381

**14.3 Ketene** ... 382
14.3.1 Struktur und Eigenschaften ... 382
14.3.2 Gewinnung und Synthese ... 382
14.3.3 Reaktionen und Anwendungen ... 383

**14.4 Ester und Orthoester** ... 383
14.4.1 Struktur und Eigenschaften ... 383
14.4.2 Gewinnung und Synthese ... 383
14.4.3 Reaktionen und Anwendungen ... 386

**14.5 Carbonsäureamide** ... 389
14.5.1 Struktur und Eigenschaften ... 389
14.5.2 Gewinnung und Synthese ... 390
14.5.3 Reaktionen und Anwendungen ... 391

**14.6 Sonstige N-Derivate der Carbonsäuren** ... 392

**15 Carbonsäuren mit zusätzlichen funktionellen Gruppen** ... 399

**15.1 Halogencarbonsäuren** ... 399
15.1.1 Struktur und Eigenschaften ... 399
15.1.2 Gewinnung und Synthese ... 400
15.1.3 Reaktionen und Anwendungen ... 403
15.1.4 Ausgewählte Verbindungen ... 403

**15.2 Hydroxycarbonsäuren und Lactone** ... 403
15.2.1 Struktur und Eigenschaften ... 403
15.2.2 Gewinnung und Synthese ... 407
15.2.3 Reaktionen und Anwendungen ... 410
15.2.4 Ausgewählte Verbindungen ... 412

**15.3 Aminocarbonsäuren** ... 414
15.3.1 Struktur und Eigenschaften ... 414
15.3.2 Gewinnung und Synthese ... 416
15.3.3 Reaktionen und Anwendungen ... 417
15.3.4 Ausgewählte Verbindungen ... 420

**15.4 Aldehyd- und Ketocarbonsäuren** ... 422
15.4.1 Struktur und Eigenschaften ... 422
15.4.2 Gewinnung und Synthese ... 424
15.4.3 Reaktionen und Anwendungen ... 427
15.4.4 Ausgewählte Verbindungen ... 430

**16 Derivate von Kohlensäure, Cyansäure und Kohlenstoffmonoxid sowie Carbene und Nitrene** ... 433

**16.1 Kohlensäure und ihre Derivate** ... 433
16.1.1 Struktur und Eigenschaften ... 433
16.1.2 Gewinnung und Synthese ... 436
16.1.3 Reaktionen und Anwendungen ... 438
16.1.4 Ausgewählte Verbindungen ... 443

**16.2 (Iso-)Cyansäure und ihre Derivate** ... 444
16.2.1 Struktur und Eigenschaften ... 445
16.2.2 Gewinnung und Synthese ... 450
16.2.3 Reaktionen und Anwendungen ... 453

**16.3 Kohlenstoffmonoxid und seine Derivate** ... 455
16.3.1 Struktur und Eigenschaften ... 455
16.3.2 Gewinnung und Synthese ... 456
16.3.3 Reaktionen und Anwendungen ... 457
16.3.4 Ausgewählte Verbindungen ... 459

**16.4 Carbene, Carbine und Nitrene als instabile Zwischenprodukte** ... 459
16.4.1 Struktur und Eigenschaften ... 459
16.4.2 Gewinnung und Synthese ... 461
16.4.3 Reaktionen und Anwendungen ... 461
16.4.4 Ausgewählte Verbindungen ... 463

**17 Kohlenhydrate** ... 465

**17.1 Monosaccharide** ... 466
17.1.1 Struktur und Eigenschaften ... 466
17.1.2 Gewinnung und Synthese ... 474
17.1.3 Reaktionen und Anwendungen ... 476
17.1.4 Ausgewählte Verbindungen ... 488

**17.2 Oligosaccharide** ... 493
17.2.1 Struktur und Eigenschaften ... 493
17.2.2 Gewinnung und Synthese ... 493
17.2.3 Reaktionen und Anwendungen ... 494
17.2.4 Ausgewählte Verbindungen ... 496

**17.3 Polysaccharide (Glycane)** ... 500

**18 Aromatische Kohlenwasserstoffe (Arene)** ... 511

**18.1 Benzen** ... 511
18.1.1 Struktur und Eigenschaften ... 511
18.1.2 Gewinnung und Synthese ... 515
18.1.3 Reaktionen und Anwendungen ... 516

**18.2 Alkylderivate des Benzens (Alkylbenzene)** 516
18.2.1 Struktur und Eigenschaften ... 516
18.2.2 Gewinnung und Synthese ... 517
18.2.3 Reaktionen und Anwendungen ... 518
18.2.4 Ausgewählte Verbindungen ... 518

18.3 Benzenderivate mit heteroatomhaltigen Seitenketten ... 519

18.4 Benzenderivate mit ungesättigten Substituenten ... 522

19 Aromaten mit Halogen-, Nitro- und Sulfonsäuregruppen ... 527

19.1 Halogenierte Aromaten (Arylhalogenide) ... 527
19.1.1 Struktur und Eigenschaften ... 527
19.1.2 Gewinnung und Synthese ... 527
19.1.3 Reaktionen und Anwendungen ... 535

19.2 Nitroaromaten ... 537
19.2.1 Struktur und Eigenschaften ... 537
19.2.2 Gewinnung und Synthese ... 537
19.2.3 Reaktionen und Anwendungen ... 541
19.2.4 Ausgewählte Verbindungen ... 542

19.3 Aromatische Sulfonsäuren ... 543
19.3.1 Struktur und Eigenschaften ... 543
19.3.2 Gewinnung und Synthese ... 544
19.3.3 Reaktionen und Anwendungen ... 544
19.3.4 Ausgewählte Verbindungen ... 548

20 Phenole und Derivate ... 553

20.1 Einwertige Phenole ... 553
20.1.1 Struktur und Eigenschaften ... 553
20.1.2 Gewinnung und Synthese ... 553
20.1.3 Reaktionen und Anwendungen ... 554
20.1.4 Ausgewählte Verbindungen ... 556

20.2 Mehrwertige Phenole ... 563
20.2.1 Struktur und Eigenschaften ... 563
20.2.2 Ausgewählte Verbindungen ... 563

20.3 Phenylether ... 571
20.3.1 Struktur und Eigenschaften ... 571
20.3.2 Gewinnung und Synthese ... 571
20.3.3 Ausgewählte Verbindungen ... 572

20.4 Benzochinone ... 572
20.4.1 Struktur und Eigenschaften ... 572
20.4.2 Reaktionen und Anwendungen ... 574

21 Aromatische Carbonyl- und Carboxyverbindungen ... 579

21.1 Aromatische Aldehyde ... 579
21.1.1 Struktur und Eigenschaften ... 579
21.1.2 Gewinnung und Synthese ... 580
21.1.3 Reaktionen und Anwendungen ... 584
21.1.4 Ausgewählte Verbindungen ... 590

21.2 Aromatische Ketone ... 592
21.2.1 Struktur und Eigenschaften ... 592
21.2.2 Gewinnung und Synthese ... 592
21.2.3 Reaktionen und Anwendungen ... 594
21.2.4 Ausgewählte Verbindungen ... 597

21.3 Aromatische Monocarbonsäuren – Benzoesäure und ihre Derivate ... 599
21.3.1 Struktur und Eigenschaften ... 599
21.3.2 Gewinnung und Synthese ... 602
21.3.3 Reaktionen und Anwendungen ... 602

21.4 Gesättigte arylsubstituierte aliphatische Monocarbonsäuren ... 608
21.4.1 Struktur und Eigenschaften ... 608
21.4.2 Gewinnung und Synthese ... 608
21.4.3 Reaktionen und Anwendungen ... 610
21.4.4 Ausgewählte Verbindungen ... 610

21.5 Ungesättigte arylsubstituierte aliphatische Monocarbonsäuren ... 611
21.5.1 Struktur und Eigenschaften ... 611
21.5.2 Gewinnung und Synthese ... 612
21.5.3 Ausgewählte Verbindungen ... 613

21.6 Aromatische Dicarbonsäuren ... 614
21.6.1 Struktur und Eigenschaften ... 614
21.6.2 Gewinnung und Synthese ... 614
21.6.3 Reaktionen und Anwendungen ... 615

22 Aromatische Stickstoffverbindungen ... 619

22.1 Aromatische Amine ... 619
22.1.1 Struktur und Eigenschaften ... 619
22.1.2 Gewinnung und Synthese ... 621
22.1.3 Reaktionen und Anwendungen ... 623
22.1.4 Ausgewählte Verbindungen ... 626

22.2 Aromatische Azo- und Diazoniumverbindungen ... 627
22.2.1 Struktur und Eigenschaften ... 627
22.2.2 Gewinnung und Synthese ... 628
22.2.3 Reaktionen und Anwendungen ... 630
22.2.4 Ausgewählte Verbindungen ... 637

23 Oligo- und Polyphenyle, Arylalkane ... 639

23.1 Biphenyle ... 639
23.1.1 Struktur und Eigenschaften ... 639
23.1.2 Gewinnung und Synthese ... 640
23.1.3 Reaktionen und Anwendungen ... 640

23.2 Terphenyle und Polyphenyle ... 641
23.2.1 Struktur und Eigenschaften ... 641
23.2.2 Gewinnung und Synthese ... 642
23.2.3 Reaktionen und Anwendungen ... 642

**23.3 Arylmethane 644**
23.3.1 Struktur und Eigenschaften 644
23.3.2 Gewinnung und Synthese 646
23.3.3 Reaktionen und Anwendungen 647
23.3.4 Ausgewählte Verbindungen 649

**23.4 Arylethane und freie Radikale 653**
23.4.1 Struktur und Eigenschaften 653
23.4.2 Gewinnung und Synthese 653
23.4.3 Reaktionen und Anwendungen 657

**24 Kondensierte aromatische Ringsysteme 661**

**24.1 Inden 662**
24.1.1 Struktur und Eigenschaften 662
24.1.2 Gewinnung und Synthese 662
24.1.3 Reaktionen und Anwendungen 663
24.1.4 Ausgewählte Verbindungen 663

**24.2 Fluoren 664**
24.2.1 Struktur und Eigenschaften 664
24.2.2 Gewinnung und Synthese 664
24.2.3 Reaktionen und Anwendungen 665
24.2.4 Ausgewählte Verbindungen 665

**24.3 Naphthalen 666**
24.3.1 Struktur und Eigenschaften 666
24.3.2 Gewinnung und Synthese 666
24.3.3 Reaktionen und Anwendungen 667
24.3.4 Ausgewählte Verbindungen 669

**24.4 Anthracen 674**
24.4.1 Struktur und Eigenschaften 674
24.4.2 Gewinnung und Synthese 674
24.4.3 Reaktionen und Anwendungen 674
24.4.4 Ausgewählte Verbindungen 676

**24.5 Phenanthren 680**
24.5.1 Struktur und Eigenschaften 680
24.5.2 Gewinnung und Synthese 681
24.5.3 Reaktionen und Anwendungen 681

**24.6 Polycyclische aromatische Kohlenwasserstoffe mit vier und mehr Ringen 682**

**25 Nichtbenzoide Aromaten und Annulene 687**

**25.1 Annulene 687**
25.1.1 Struktur und Eigenschaften 687
25.1.2 Gewinnung und Synthese 689
25.1.3 Reaktionen und Anwendungen 690

**25.2 Azulene 690**
25.2.1 Struktur und Eigenschaften 690
25.2.2 Gewinnung und Synthese 691
25.2.3 Reaktionen und Anwendungen 692
25.2.4 Ausgewählte Verbindungen 692

**25.3 Kationische, nichtbenzoide Aromaten 694**
25.3.1 Struktur und Eigenschaften 694
25.3.2 Gewinnung und Synthese 695
25.3.3 Reaktionen und Anwendungen 695
25.3.4 Ausgewählte Verbindungen 695

**25.4 Anionische, nichtbenzoide Aromaten 696**
25.4.1 Struktur und Eigenschaften 696
25.4.2 Gewinnung und Synthese 697
25.4.3 Reaktionen und Anwendungen 698
25.4.4 Ausgewählte Verbindungen 699

**26 Terpene 703**

**26.1 Monoterpene 703**
26.1.1 Struktur, Eigenschaften und Anwendungen 704
26.1.2 Gewinnung und Synthese 709

**26.2 Terpene aus drei bis acht Isopreneinheiten 715**
26.2.1 Struktur und Eigenschaften 715
26.2.2 Gewinnung und Synthese 723

**26.3 Polyterpene 726**
26.3.1 Struktur und Eigenschaften 726

**27 Steroide 731**

**27.1 Natürliche und synthetische Steroide 731**
27.1.1 Struktur und Eigenschaften 731
27.1.2 Gewinnung und Synthese 734
27.1.3 Ausgewählte Verbindungen 736

**28 Fünfringe mit einem Heteroatom 753**

**28.1 Pyrrolgruppe 753**
28.1.1 Struktur und Eigenschaften 753
28.1.2 Gewinnung und Synthese 754
28.1.3 Reaktionen und Anwendungen 755
28.1.4 Ausgewählte Verbindungen 758

**28.2 Furangruppe 766**
28.2.1 Struktur und Eigenschaften 766
28.2.2 Gewinnung und Synthese 767
28.2.3 Reaktionen und Anwendungen 767
28.2.4 Ausgewählte Verbindungen 768

**28.3 Thiophengruppe 771**
28.3.1 Struktur und Eigenschaften 771
28.3.2 Gewinnung und Synthese 771
28.3.3 Reaktionen und Anwendungen 771

29 Benzanellierte Ringsysteme der Pyrrol-, Furan- und Thiophengruppe 775

29.1 Indolverbindungen 775
29.1.1 Struktur und Eigenschaften 775
29.1.2 Gewinnung und Synthese 776
29.1.3 Reaktionen und Anwendungen 777
29.1.4 Ausgewählte Verbindungen 777

29.2 Indolizinverbindungen 782
29.2.1 Struktur und Eigenschaften 782
29.2.2 Gewinnung und Synthese 783
29.2.3 Reaktionen und Anwendungen 783
29.2.4 Ausgewählte Verbindungen 783

29.3 Isoindole und Isobenzofurane 784
29.3.1 Struktur und Eigenschaften 784
29.3.2 Gewinnung und Synthese 784
29.3.3 Reaktionen und Anwendungen 785
29.3.4 Ausgewählte Verbindungen 786

29.4 Cumarone und Thionaphthene 788
29.4.1 Struktur und Eigenschaften 788
29.4.2 Gewinnung und Synthese 788
29.4.3 Reaktionen und Anwendungen 789
29.4.4 Ausgewählte Verbindungen 789

29.5 Kondensierte tricyclische Systeme 790
29.5.1 Struktur und Eigenschaften 790
29.5.2 Gewinnung und Synthese 791
29.5.3 Reaktionen und Anwendungen 791
29.5.4 Ausgewählte Verbindungen 791

30 Fünfringe mit zwei Heteroatomen 793

30.1 Pyrazolgruppe 793
30.1.1 Struktur und Eigenschaften 793
30.1.2 Gewinnung und Synthese 794
30.1.3 Reaktionen und Anwendungen 794
30.1.4 Ausgewählte Verbindungen 798

30.2 Imidazolgruppe 802
30.2.1 Struktur und Eigenschaften 802
30.2.2 Gewinnung und Synthese 804
30.2.3 Reaktionen und Anwendungen 805
30.2.4 Ausgewählte Verbindungen 806

30.3 Oxazol, Isoxazol 810
30.3.1 Struktur und Eigenschaften 810
30.3.2 Gewinnung und Synthese 812
30.3.3 Reaktionen und Anwendungen 812
30.3.4 Ausgewählte Verbindungen 814

30.4 Thiazol, Isothiazol 815
30.4.1 Struktur und Eigenschaften 815
30.4.2 Gewinnung und Synthese 815
30.4.3 Reaktionen und Anwendungen 816
30.4.4 Ausgewählte Verbindungen 818

31 Fünfringe mit drei oder mehr Heteroatomen 823

31.1 Triazole 823
31.1.1 Struktur und Eigenschaften 823
31.1.2 Gewinnung und Synthese 824
31.1.3 Reaktionen und Anwendungen 824
31.1.4 Ausgewählte Verbindungen 825

31.2 Tetrazol 828
31.2.1 Struktur und Eigenschaften 828
31.2.2 Gewinnung und Synthese 828
31.2.3 Reaktionen und Anwendungen 828
31.2.4 Ausgewählte Verbindungen 829

31.3 Pentazol 830
31.3.1 Struktur und Eigenschaften 830
31.3.2 Gewinnung und Synthese 831

31.4 Thiadiazol 831
31.4.1 Struktur und Eigenschaften 831
31.4.2 Gewinnung und Synthese 831
31.4.3 Reaktionen und Anwendungen 831
31.4.4 Ausgewählte Verbindungen 832

32 Sechsringe mit einem Heteroatom 835

32.1 Pyridingruppe 835
32.1.1 Struktur und Eigenschaften 835
32.1.2 Gewinnung und Synthese 836
32.1.3 Reaktionen und Anwendungen 836
32.1.4 Ausgewählte Verbindungen 838

32.2 Pyrangruppe 843
32.2.1 Struktur und Eigenschaften 843
32.2.2 Gewinnung und Synthese 843
32.2.3 Reaktionen und Anwendungen 845
32.2.4 Ausgewählte Verbindungen 845

33 Benzanellierte Sechs- und Siebenringe 847

33.1 Benzopyridine, Dibenzopyridine und Benzopyrane 847
33.1.1 Struktur und Eigenschaften 847
33.1.2 Gewinnung und Synthese 848
33.1.3 Reaktionen und Anwendungen 852
33.1.4 Ausgewählte Verbindungen 855

33.2 Benzazepine, Dibenzazepine und Benzodiazepine 866
33.2.1 Struktur und Eigenschaften 866
33.2.2 Gewinnung und Synthese 866
33.2.3 Reaktionen und Anwendungen 868
33.2.4 Ausgewählte Verbindungen 870

**34 Sechsringe mit zwei und drei Heteroatomen** 873

**34.1 Diazine** 873
34.1.1 Struktur und Eigenschaften 873
34.1.2 Gewinnung und Synthese 876
34.1.3 Reaktionen und Anwendungen 877
34.1.4 Ausgewählte Verbindungen 879

**34.2 Benzodiazine** 883
34.2.1 Struktur und Eigenschaften 883
34.2.2 Gewinnung und Synthese 883
34.2.3 Reaktionen und Anwendungen 884
34.2.4 Ausgewählte Verbindungen 884

**34.3 Piperazine, Thiazine, Oxazine, Dioxine** 885
34.3.1 Struktur und Eigenschaften 885
34.3.2 Gewinnung und Synthese 885
34.3.3 Reaktionen und Anwendungen 885
34.3.4 Ausgewählte Verbindungen 886

**34.4 Phenazine, Phenoxazine, Dibenzo-*p*-dioxine und Phenothiazine** 888
34.4.1 Struktur und Eigenschaften 888
34.4.2 Gewinnung und Synthese 889
34.4.3 Reaktionen und Anwendungen 889
34.4.4 Ausgewählte Verbindungen 889

**34.5 Triazine** 894
34.5.1 Struktur und Eigenschaften 894
34.5.2 Gewinnung und Synthese 894
34.5.3 Reaktionen und Anwendungen 894
34.5.4 Ausgewählte Verbindungen 896

**35 Stickstoffhaltige bicyclische Heterosysteme (Heterobicyclen)** 899

**35.1 Purine** 899
35.1.1 Struktur und Eigenschaften 899
35.1.2 Gewinnung und Synthese 900
35.1.3 Reaktionen und Anwendungen 901
35.1.4 Ausgewählte Verbindungen 902

**35.2 Pteridine und Pterine** 908
35.2.1 Struktur und Eigenschaften 908
35.2.2 Gewinnung und Synthese 908
35.2.3 Reaktionen und Anwendungen 909
35.2.4 Ausgewählte Verbindungen 909

**35.3 Weitere Heterobicyclen** 913

**36 Alkaloide** 917

**36.1 Alkaloide vom Tetrahydropyrrol-, Pyridin- und Piperidin-Typ** 918
36.1.1 Struktur und Eigenschaften 918
36.1.2 Gewinnung und Synthese 920
36.1.3 Reaktionen und Anwendungen 920
36.1.4 Ausgewählte Verbindungen 922

**36.2 Alkaloide vom Tropan-Typ** 923
36.2.1 Struktur und Eigenschaften 923
36.2.2 Gewinnung und Synthese 925
36.2.3 Reaktionen und Anwendungen 926

**36.3 Alkaloide vom Chinolizidin-Typ** 928
36.3.1 Struktur und Eigenschaften 928
36.3.2 Gewinnung und Synthese 928
36.3.3 Reaktionen und Anwendungen 928

**36.4 Alkaloide vom Chinolin-Typ** 929
36.4.1 Struktur und Eigenschaften 929
36.4.2 Gewinnung und Synthese 929
36.4.3 Reaktionen und Anwendungen 930

**36.5 Alkaloide vom Isochinolin-Typ** 931
36.5.1 Struktur und Eigenschaften 931
36.5.2 Gewinnung und Synthese 933
36.5.3 Reaktionen und Anwendungen 934
36.5.4 Ausgewählte Verbindungen 935

**36.6 Alkaloide vom Indol-Typ** 937
36.6.1 Struktur und Eigenschaften 937
36.6.2 Gewinnung und Synthese 939
36.6.3 Reaktionen und Anwendungen 939

**37 Aminosäuren, Peptide und Proteine** 943

**37.1 Aminosäuren** 943
37.1.1 Struktur und Eigenschaften 943
37.1.2 Gewinnung und Synthese 944
37.1.3 Reaktionen und Anwendungen 946
37.1.4 Ausgewählte Verbindungen 948

**37.2 Peptide** 954
37.2.1 Struktur und Eigenschaften 954
37.2.2 Gewinnung und Synthese 954
37.2.3 Reaktionen und Anwendungen 957
37.2.4 Ausgewählte Verbindungen 960

**37.3 Proteine** 968
37.3.1 Struktur und Eigenschaften 968
37.3.2 Gewinnung und Synthese 971
37.3.3 Reaktionen und Anwendungen 972
37.3.4 Ausgewählte Verbindungen 973

**38 Nucleinsäuren** ........ **979**

**38.1 Nucleobasen, Nucleoside und Nucleotide** **979**
38.1.1 Struktur und Eigenschaften ........ 979
38.1.2 Gewinnung und Synthese ........ 980
38.1.3 Reaktionen und Anwendungen ........ 983
38.1.4 Ausgewählte Verbindungen ........ 984

**38.2 RNA und DNA** ........ **985**
38.2.1 Struktur und Eigenschaften ........ 985
38.2.2 Gewinnung und Synthese ........ 986
38.2.3 Reaktionen und Anwendungen ........ 988
38.2.4 Ausgewählte Verbindungen ........ 996

**Wichtige Reaktionen und Begriffe in der Organischen Chemie** ........ 999

**Bildnachweis** ........ 1013

**Sachregister** ........ 1017

**Die Autoren** ........ 1175

## Abkürzungsverzeichnis

| | |
|---|---|
| A | Einbuchstaben-Code für Alanin |
| ABA | Abscisinsäure |
| ABS | Alkylbenzensulfonat |
| ABS | Acrylnitril-Butadien-Styren |
| ACE | *angiotensin converting enzyme* |
| Acetyl-CoA | Acetyl-Coenzym A |
| AChE | Acetylcholinesterase |
| ACL | D,L-$\alpha$-Amino-$\beta$-caprolactam |
| ACP | Acyl-Carrier-Protein |
| ACS | *American Chemical Society* |
| ACTH | Corticotropin, adeno-corticotropes Hormon |
| ADH | Vasopressin, antidiuretisches Hormon |
| ADHS | Aufmerksamkeitsdefizit-Hyperaktivitätsstörung |
| ADP | Adenosintriphosphat |
| *AGE* | *advanced glycosylation end products* |
| AHA | $\alpha$-Hydroxycarbonsäuren ($\alpha$-*hydroxy acid*) |
| AHL | *N*-Acylhomoserinlacton |
| AIBN | $\alpha,\alpha$'-Azoisobutyronitril |
| AIDS | *Acquired immune(o) deficiency syndrome* |
| AMP | Adenosin-5'-monophosphat |
| AO | Atomorbital |
| APCI | *atmospheric pressure* CI |
| APG | Alkylpolyglucoside |
| AP-Stelle | apurinische / apyrimidinische Stelle |
| Ar– | Aryl |
| *ASIS* | *aromatic solvent induced shift* |
| ASS | Acetylsalicylsäure |
| ATP | Adenosintriphosphat |
| ATR | *attenuated total reflexion* (abgeschwächte Totalreflexion) |
| AZT | Azidothymidin |
| | |
| BDE | Bindungsdissoziationsenergie |
| BHT– | Butylhydroxytoluyl |
| BINAP– | 2,2'-Bisdiphenylphosphino-1,1'-binaphthyl |
| Boc– | *tert*-Butyloxycarbonyl |
| Botox | Botulinustoxin |
| BSE | *bovine spongiforme encephalopathy* |
| BTX-Aromaten | Benzen, Toluen und Xylen-Isomere |
| | |
| C | Einbuchstaben-Code für Cystein |
| CADD | *computer-aided drug design* |
| Cbz– | Carbobenzoxy |
| CDA | chirales Derivatisierungsreagenz |
| CFK | Carbonfaser-verstärkte Kunststoffe |
| CFKW | Chlorfluorkohlenwasserstoffe |
| CGTase | Cyclodextrin-Glycosyl-Transferase |
| HCC | Hexachlorcyclohexan |
| CI | chemische Ionisierung |
| CIP-System | *Cahn-Ingold-Prelog*-System |
| CJK | *Creutzfeldt-Jakob*-Krankheit |
| CM-Cellulose | Carboxymethylcellulose |
| CMP | Cytidin-5'-monophosphat |
| COC | Cycloolefin-Copolymer |
| COMP | *cartilageo oligomeric matrix protein* |
| COSY | *correlated NMR spectroscopy* |
| COT | Cyclooctatetraen |
| COX | Cyclooxygenase |
| Cp– | Cyclopentadienyl |
| CPG | *controlled pore glass* (nanoporige Glaskapillare) |
| CR | Chloroprenkautschuk |
| CRD | *carbohydrate recognition domain* |
| CSE | Cholesterol-Synthese-Enzym |
| CT-Komplex | Charge-Transfer-Komplex |
| CVD | *chemical vapor deposition* |
| CW-Verfahren | *Continuous-Wave*-Verfahren |
| CYP | Cytochrom P450 |
| | |
| D | Einbuchstaben-Code für Asparaginsäure |
| Da | Dalton |
| DABCO | 1,4-Diazabicyclo[2.2.2]octan |
| DBN | 1,5-Diazabicyclo[4.3.0]non-5-en |
| DBP | Dibutylphthalat |
| DBU | 1,8-Diazabicyclo[5.4.0]undec-7-en |
| DC | Dünnschichtchromatographie |
| DCC | Dicyclohexylcarbodiimid |
| DCIP | Dichlorindophenol-Natrium |
| DCN | 1,4-Naphthalendicarbonitril |
| DCM | Dichlormethan |
| DDD | Dichlordiphenyldichlorethan |
| DDE | Dichlordiphenyldichlorethylen |
| DDQ | 2,3-Dichlor-5,6-dicyanobenzochinon |
| DDT | Dichlorodiphenyltrichloroethan |
| DEAD | Azodicarbonsäurediethylester, Diethyldicarboxylat |
| DEHP | Bis-2-ethylhexylphthalat / Di-2-ethylhexylphthalat |
| DEPC | Diethylpyrocarbonat |
| DEPT | *distorsionless enhancement by polarization transfer* |
| DET | Diethylphthalat |
| de-Wert | Diastereomerenüberschuss |
| DHA | Docosahexaensäure |
| DHCD | *cis*-5,6-Dihydroxy-1,3-cyclohexadien |
| DHEA | Dehydroepiandosteron |
| DHQ | Dihydrochinin |
| DIAD | Diisopropylazodicarboxylat |
| DIBAH, DIBAL-H | Diisobutylaluminiumhydrid |

| | |
|---|---|
| Diglyme | Diethylenglycolmonomethylether |
| DIOP | *O*-Isopropyliden-2,3-dihydroxy-1,4-bis(diphenylphosphino)butan |
| DIPEA | Diisopropylethylamin |
| DMAB | *p*-Dimethylaminobenzaldehyd |
| DMAP | 4-Dimethylaminopyridin |
| DMARD | *disease-modifying anti-rheumatic drug* |
| DMDO | Dimethyldioxiran |
| DMF | Dimethylformamid |
| DMPS | Dimercaptopropansulfonsäure |
| DMS | Dimethylsulfat |
| DMSO | Dimethylsulfoxid |
| DMT– | Dimethoxytrityl |
| DNA | Desoxyribonucleinsäure |
| DNOC | 4,6-Dinitro-*o*-kresol |
| DNP– | Dinitrophenyl |
| dNTP | Desoxyribonucleotidtriphosphat |
| DOP | Dioctylphthalat |
| DOPA | 3,4-Dihydroxyphenylalanin |
| DPP | Dipeptidylpeptidase |
| DPPA | Diphenylphosphorylazid |
| DPPH– | 2,2-Diphenyl-1-pikrylhydrazyl |
| dr-Wert | Diastereomerenverhältnis |
| dT | Desoxythymidin |
| DTPA- | Pentetsäure, Diethylentriaminpentaessigsäure |
| | |
| E | Einbuchstaben-Code für Glutaminsäure |
| (E)- | chemischer Deskriptor: entgegen |
| EC | Ethylcellulose |
| EDA-Komplex | Elektronendonator-Akzeptor-Komplex |
| EDC | *N*-(3-Dimethylaminopropyl)-*N'*-ethylcarbodiimid |
| EDTA | Ethylendiamintetraessigsäure |
| EEP | erythropoetische Protoporphyrie |
| EI | Elektronenionisierung |
| EPA | Eicosapentaensäure |
| EPA | *Environmental Protection Agency* |
| EPC | *enantiomeric pure compounds* |
| EPDM | Ethylen-Propylen-Dien-Monomer |
| EPM | Ethylen-Propylen-Monomer |
| EPR | *ethylene-propylene rubber* |
| EPS | expandiertes Polystyren |
| er-Wert | Enantiomerenverhältnis |
| ESI | electron spray ionization |
| ESR | Elektronenspinresonanz |
| Et– | Ethyl |
| EVA | Ethylenvinylacetat |
| | |
| F | Einbuchstaben-Code für Phenylalanin |
| FAB | *fast atom bombardment* |
| FAD, $FADH_2$ | Flavinadenindinucleotid (oxidierte bzw. reduzierte Form) |
| FCKW | Fluorchlorkohlenwasserstoffe |
| FMN, $FMNH_2$ | Flavinmononucleotid (oxidierte bzw. reduzierte Form) |
| FOSHU | *foods for specified health use* |
| FSH | follikelstimulierendes Hormon |
| FT-NMR | Fourier-Transformations-NMR-Spektroskopie |
| FVP | *flash vacuum pyrolysis* |
| | |
| G | Einbuchstaben-Code für Glycin |
| GABA | $\gamma$-Aminobuttersäure / 4-Aminobuttersäure |
| GAG | Glycosaminoglycane |
| GDCh | Gesellschaft Deutscher Chemiker |
| GFR | glomeruläre Filtrationsrate |
| GlcA | D-Gluconsäure |
| Glc NAc | *N*-Acetyl-D-glucosamin-Einheiten |
| GlcU | D-Glucuronsäure |
| GLP-1 | *Glucagon-like peptide 1* |
| GMP | Guanosin-5'-monophosphat |
| GSH | Gluthathion-SH |
| GTP | Gruppen-Transfer-Polymerisation |
| Gul U | L-Guluronsäure |
| | |
| h | *hour* (Stunde) |
| H | Einbuchstaben-Code für Histidin |
| HCH | Hexachlorcyclohexan |
| HDI | Hexamethyldiisocyanat |
| HDL | *high density lipoprotein* |
| HDPE | *high density polyethylene* |
| HEDP | Hydroxyethylidendiphosphat |
| HETCOR | heteronucleare Korrelationsspektroskopie |
| HFCS | *high fructose corn syrup* |
| HIV | Humanes Immundefizienz-Virus |
| HMBC | *heteronuclear multiple bond correlation* |
| HMG-CoA | Hydroxymethylglutaryl-Coenzym A |
| HMQC | *heteronuclear multiple quantum correlation* |
| HNDP | Hexanitrodiphenylamin |
| HNS | Hexanitrostilben |
| HOBt | 1-Hydroxybenzotriazol |
| HOMO | *highest occupied molecular orbital* |
| HPLC | *high pressure liquid chromatography* |
| HPTLC | *high performance thin layer chromatography* |
| HSA | Humanes Serum Albumin |
| HSAB | *hard and soft acids and bases* |
| HSD | Hydroxy-Steroid-Dehydrogenase |
| HSQC | *heteronuclear single quantum correlation* |
| HX | Halogenwasserstoffe |
| Hz | Hertz |

| | |
|---|---|
| I | Einbuchstaben-Code für Isoleucin |
| ICR-Zelle | Ionen-Zyklotron-Resonanz-Zelle |
| I-Effekt | induktiver Effekt |
| IEP | isoelektrischer Punkt |
| IIR | *isobutylene isoprene rubber* |
| IMP | Inosin-5'-monophosphat |
| INEPT | *insensitive nuclei enhancement by polarization transfer* |
| INH | Isonicotinsäurehydrazid |
| IPR | *isolated pentagon rule* |
| IR | *cis*-1,4-Polyisopren |
| IR | Infrarot |
| IUPAC | *International Union of Pure and Applied Chemistry* |
| | |
| K | Einbuchstaben-Code für Lysin |
| KIE | Isotopeneffekt, kinetischer |
| kJ | Kilojoule |
| KKK | KKK-Regel („Kälte, Katalysator, Kern") |
| KRE | konstitutionelle Repetiereinheit |
| K–S | Kopf-Schwanz-Verknüpfungen |
| | |
| L | Einbuchstaben-Code für Leucin |
| LAL | Lysinoalanin |
| LCAO | Linearkombination von Atomorbitalen |
| LDA | Lithiumdiisopropylamid |
| LDL | *low density lipoprotein* |
| LDPE | *low density polyethylene* |
| LFER | lineare freie Energiebeziehung |
| LH | luteinisierendes Hormon |
| LIS | *lanthanide induced shift* |
| LNA | *locked nucleic acid* |
| LNG | *liquified natural gas* (Flüssiggas) |
| LOX | Lipoxygenase |
| LSD | (+)-Lysergsäurediethylamid |
| LTBA | Lithium-tri-*tert*-butyloxyaluminiumhydrid |
| LUMO | *lowest unoccupied molecular orbital* |
| | |
| *m*- | chemischer Deskriptor: *meta* |
| M | Einbuchstaben-Code für Methionin |
| mM | Millimolar |
| MAB | *monoclonal antibody* |
| mACh | Muscarinrezeptor |
| MALDI | *matrix assisted laser desorption ionization* |
| MAO | Methylaluminoxan |
| MAO-B | Monoaminooxidase B |
| MCPBA | *m*-Chlorperbenzoesäure |
| MDI | Diphenylmethandiisocyanat |
| MDMA | 3,4-Methylendioxyderivat des Methamphetamins |
| M-Effekt | mesomerer Effekt |
| Me– | Methyl |
| mg | Milligramm |
| mL | Milliliter |
| MMA | Methacrylsäuremethylester / Methylmethacrylat |
| MMH | Monomethylhydrazin |
| mmol | Millimol |
| MO | Molekülorbital |
| MOM | Methoxymethylether |
| MPLC | *middle pressure liquid chromatography* |
| MPS | multiple Peptidsynthese |
| MRT | Magnetresonanztomographie |
| MS | Massenspektrometrie |
| MSG | Mononatriumglutamat |
| MTBE | Methyl-*tert*-butylether |
| MTPA | α-Methoxy-α-trifluormethylphenylessigsäure |
| Mur | Muraminsäure |
| | |
| N | Einbuchstaben-Code für Asparagin |
| nACh-Rezeptor | Acetylcholin-Rezeptor |
| $NAD^+$ / NADH | Nicotinamidadenindinukleotid |
| NBS | *N*-Bromsuccinimid |
| NDB-Cl | 7-Chloro-4-nitrobenzo-2-oxa-1,3-diazol |
| NDB-F | 7-Fluoro-4-nitrobenzo-2-oxa-1,3-diazol |
| NDELA | *N*-Nitrosodiethanolamin |
| NIH | *National Institutes of Health* |
| NHS | *N*-Hydroxysuccinimid |
| nm | Nanometer |
| NMA | *N*-Methylanilin |
| NMDA | *N*-Methyl-D-asparaginsäure |
| NM(M)O | *N*-Methylmorpholin-*N*-oxid |
| NMOC | *non methane organic compounds* |
| NMP | *N*-Methyl-2-pyrrolidon |
| NMR | *nuclear magnetic resonance* (kernmagnetische Resonanz) |
| NOE | Kern-*Overhauser*-Effekt |
| NOS | NO-Synthase |
| NRTI | nucleosidische Reverse-Transkriptase-Inhibitoren |
| NSAID | *nonsteroidal anti-inflammatory drug* |
| NSAR | nichtsteroidales Antirheumatikum |
| NTA | Trilon A / Nitrilotriessigsäure |
| NTP | Nucleosidtriphosphat |
| | |
| *o*- | chemischer Deskriptor: *ortho* |
| OMEGA-Prozess | *Only Mono Ethylen Glycol Advanced* Process |
| OMP | Orotidin-5'-monophosphat |
| | |
| *p*- | chemischer Deskriptor: *para* |
| P | Einbuchstaben-Code für Prolin |
| PABA | *p*-Aminobenzoesäure |
| PAGE | Polyacrylamid-Gelelektrophorese |
| PAH | Phenylalaninhydroxylase |

| | |
|---|---|
| PAK | polycylische aromatische Kohlenwasserstoffe |
| PAN | Polyacrylnitril |
| PAPS | 3'-Phosphoadenosin-5'-phosphosulfat |
| PAS | *p*-Aminosalicylsäure |
| PBG | Porphobiliogen |
| PC | Polycarbonate |
| PCB | Polychlorbiphenyl |
| PCC | Pyridiniumchlorochromat |
| PCDD | polychlorierte Dibenzodioxine |
| PCDF | polychlorierte Dibenzofurane |
| PCR | *polymerase chain reaction* |
| PDE | Phosphordiesterase |
| PDT | photodynamische Therapie |
| PE | Polyethen |
| PEA | *β*-Phenylethylamin |
| PEG | Polyethylenglycol |
| PEG-MME | Polyethylenglycolmonomethylether |
| PER | Perchlorethylen |
| PET | Polyethylenterephthalat |
| PETN | Pentaerythrittetranitrat |
| PFOS | Perfluoroctansäure |
| PFT | perfluorierte Tenside |
| $PGE_2$ | Dinoproston |
| Ph– | Phenyl |
| pH | *pondus hydrogenii* |
| PHB | Polyhydroxybuttersäure |
| PHV | Polyhydroxyvaleriansäure |
| PICI | *positive ion chemical ionization* |
| PKU | Phenylketonurie |
| PLMF 1 | *periodic leaf movement factor* 1 |
| PMA | Phorbol-12-myristat-13-acetat |
| PMMA | Polymethacrylsäuremethylester |
| PP | Polypropylen |
| PPA | Polyphosphorsäure |
| ppm | *parts per million* |
| PPP | Poly-*p*-phenylen |
| PPS | Poly-*p*-phenylensulfid |
| PPV | Poly-*p*-phenylenvinylen |
| PRPP | Phosphoribosylpyrophosphat |
| PSC | polare Stratosphärenwolken |
| PTAD | 4-Phenyl-3*H*-1,2,4-triazolin-3,5-dion |
| PTC | Phasentransferkatalyse |
| PTFE | Polytetrafluorethylen |
| PUFA | *polyunsaturated fatty acid* |
| PUR | Polyurethane |
| PVAm | Polyvinylamin |
| PVAP | Polyvinylacetatphthalat |
| PVC | Polyvinylchlorid |
| PyBOP | Benzotriazol-1-yl-oxytripyrrolidinophosphoniumhexafluorophosphat |
| | |
| Q | Einbuchstaben-Code für Glutamin |
| Qcl | Hexadecyltributylphosphoniumchlorid |
| QCN | quartäres Phosphoniumcyanid |
| QqQ | Tripelquad |
| | |
| R | Einbuchstaben-Code für Arginin |
| R | Rest |
| RAAS | Renin-Angiotensin-Aldosteron-System |
| RAF | *radical adduct formation* |
| RAMP | (*R*)-(+)-1-Amino-2-methoxymethylpyrrolidin |
| RDX | 1,3,5-Trinitro-1,3,5-triazinan |
| RNA | Ribonucleinsäure |
| ROMP | ringöffnende Metathese-Polymerisation |
| ROS | reaktive Sauerstoffspezies |
| RP | *reversed phase* |
| RT | Raumtemperatur |
| | |
| S | Einbuchstaben-Code für Serin |
| SAMP | (*S*)-(−)-1-Amino-2-methoxymethylpyrrolidin |
| SBR | Styren-Butadien-Kautschuk |
| SBS | Styren-Butadien-Styren-Dreiblockpolymere |
| SC | Säulenchromatographie |
| $scCO_2$ | überkritisches Kohlendioxid |
| SDS | *sodium dodecyl sulfate* |
| SDS-PAGE | *sodium dodecyl sulfate polyacrylamide gel electrophoresis* |
| *sec-* | chemischer Deskriptor: sekundär |
| SELEX | Systematische Evolution von Liganden durch exponentielle Anreicherung |
| SET | *single electron transfer* |
| siRNAs | *small interfering RNAs* |
| SMILES | *simplified molecular input line entry specification* |
| SMR | *standard malaysian rubber* |
| SNARE | *soluble N-ethylmaleimide-sensitive-factor attachment receptor* |
| SOMO | *single occupied molecular orbital* |
| SSS | SSS-Regel („Siedehitze, Sonnenlicht, Seitenkette") |
| S–S | Schwanz-Schwanz-Verknüpfungen |
| | |
| T | Einbuchstaben-Code für Threonin |
| TADDOL | *α,α,α',α'*-Tetraaryl-1,2-dioxolan-4,5-dimethanol |
| TAH | Thrombozytenaggregationshemmer |
| TBAH | Tetrabutylammoniumhydroxid |
| TBHP | *tert*-Butylhydroperoxid |
| TBT | Tributylzinnhydrid |
| TBTO | Tributylzinnoxid |
| TCA | Trichloressigsäure |
| TCDD | 2,3,7,8-Tetrachlordibenzo-*p*-dioxin (Dioxin) |

| | |
|---|---|
| TCE | Trichlorethen |
| TCM | traditionelle chinesische Medizin |
| TCNE | Tetracyanoethylen |
| TDI | Toluylendiisocyanat |
| TEDA | Triethylendiamin |
| *tert-* | chemischer Deskriptor: tertiär |
| TFA | Trifluoressigsäure |
| TFE | Tetrafluorethen |
| THC | Tetrahydrocannabinol |
| THF | Tetrahydrofuran |
| THP-Ether | Tetrahydropyranylether |
| TMEDA | Tetraethylmethylendiamin |
| TMS-Cl | Chlortrimethylsilan |
| TMS– | Trimethylsilyl |
| TMSOTf | Trimethylsilyltrifluormethansulfonat |
| TNB | 1,3,5-Trinitrobenzen |
| TNP | Pikrinsäure |
| TNR | Styphninsäure |
| TNT | 2,4,6-Trinitrotoluen |
| ToF | *time of flight* |
| TOS | Toluensulfonsäure |
| TPAP | Tetrapropylammoniumperruthenat |
| TRI | Trichlorethen |
| Ts– | Tosyl |
| TTC | Triphenyltetrazoliumchlorid |
| TT-Kautschuk | Tieftemperaturkautschuk |
| U | Einbuchstaben-Code für Selenocystein |
| UDMH | unsymmetrisches Dimethylhydrazin |
| UV | Ultraviolett |
| UMP | Uridin-5'-monophosphat |
| UVA | nahes UV |
| UVB | mittleres UV |
| V | Einbuchstaben-Code für Valin |
| Vis | sichtbares Licht, UV/Vis |
| VLDL | *very low density lipoprotein* |
| VX | *Tammelin*scher Ester |
| W | Einbuchstaben-Code für Tryptophan |
| Y | Einbuchstaben-Code für Tyrosin |
| (*Z*)- | chemischer Deskriptor: zusammen |
| ZNS | Zentralnervensystem |

# 1 Stoffe und ihre Zusammensetzung

Organische Chemie und organische Stoffe ... 1 | Zusammensetzung und Reinheit organischer Stoffe ... 3 | Trennung von homogenen Stoffgemischen ... 4



## 1.1 Organische Chemie und organische Stoffe

Die Zeit des Übergangs von der Alchemie als Naturphilosophie zur Chemie als Naturwissenschaft im 17./18. Jahrhundert ging einher mit einer zunehmenden Aufteilung der Chemie in verschiedene Teilbereiche wie die Anorganische und die Organische Chemie. Neben Mineralien wurden nun auch Stoffe des Pflanzen- und Tierreichs in naturwissenschaftliche Experimente mit einbezogen. Die enge chemische Verwandtschaft der Stoffe aus Tieren und Pflanzen einerseits und das im Vergleich dazu auf den ersten Blick scheinbar andere Verhalten anorganischer Substanzen wie Metalle und Erze führte im Laufe der Zeit zu einer immer stärkeren Abgrenzung organischer von anorganischen Verbindungen.

Anfangs wurden vor allem von *Scheele* seit der Mitte des 18. Jahrhunderts aus pflanzlichen oder tierischen Produkten isolierte Säuren analysiert, wie Oxalsäure, Äpfelsäure, Weinsäure, Citronensäure, Milchsäure, Harnsäure sowie die aus Fetten oder Ölen gewonnenen Fettsäuren. Einblicke in die elementaren Zusammensetzungen organischer Stoffe waren jedoch erst möglich, nachdem *Lavoisier* (1779), fußend auf den Erkenntnissen von *Scheele* (1771, publiziert 1777) und *Priestley* (1774), die Bedeutung des Sauerstoffs bei Verbrennungsprozessen erkannte. Er widerlegte die damals weit verbreitete **Phlogiston**-Lehre (zurückgehend auf *Becher* 1667), die eine hypothetische Substanz namens Phlogiston postulierte, welche in allen brennbaren Stoffen enthalten sei und bei einer Verbrennung frei werden sollte. *Lavoisier* stellte hingegen fest, dass jede Verbrennung mit der Aufnahme von Sauerstoff verbunden ist. Die Entstehung von Kohlendioxid, Wasser, Stickstoff oder Stickoxiden bei der Verbrennung von pflanzlichen oder tierischen Stoffen zeigte damit die Anwesenheit der Elemente Kohlenstoff, Wasserstoff und Stickstoff in der verbrannten Substanz an. Entstanden Kohlendioxid und Wasser auch bei Verbrennung unter Luftausschluss, bewies dies die Anwesenheit von Sauerstoff in den untersuchten Substanzen.

Die Bezeichnung „Organische Chemie" wurde als eigenständiger Begriff erstmalig 1784 von *Bergman* geprägt. Sie geht auf die Vorstellung zurück, dass es sich dabei um die Chemie der belebten Natur handelt. Die damalige Auffassung war, dass sich diese Organische Chemie grundsätzlich von der Anorganischen Chemie unterscheide und nur in lebenden Organismen möglich sei, die über eine besondere Lebenskraft (*vis vitalis*) verfügen. Diese als Vitalismus bezeichnete Auffassung wurde durch Experimente wie die im Jahre 1828 von *Wöhler* durchgeführte **Harnstoffsynthese** widerlegt. *Wöhler* gelang es, Ammoniumcyanat, $NH_4OCN$, ein typisch anorganisches Salz, durch Erhitzen in **Harnstoff** zu überführen (o Abb. 1.1). Harnstoff ist eine typisch organische, körpereigene Substanz, die *Rouelle* als wichtiges Stoffwechselprodukt bereits 1773 aus dem Harn isoliert hatte (daher stammt auch der Name).

Trotz dieses und ähnlicher Experimente hielt sich die vorherrschende Vitalismus-Theorie noch eine erstaunlich lange Zeit. Erst als in der Folgezeit nicht nur bereits bekannte, aus der belebten Natur isolierte Stoffe, sondern auch neuartige, nicht natürlich vorkommende organische Substanzen synthetisiert wurden, erkannte man, dass auch die Organische Chemie einer breiten präparativen Bearbeitung im Labor zugänglich ist und sich nicht grundsätzlich von der Chemie der unbelebten Natur unterscheidet.

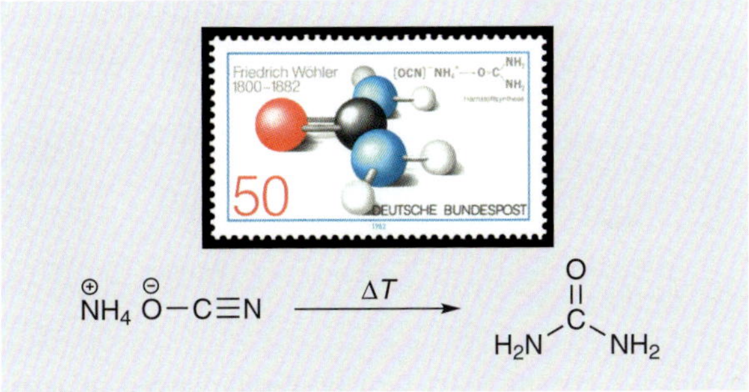


o **Abb. 1.1** Harnstoffsynthese aus Ammoniumcyanat

In der Mitte des 19. Jahrhunderts setzte sich letztlich die Erkenntnis durch, dass die Gegenwart von **Kohlenstoff** die Grundvoraussetzung für eine organische Substanz ist. Dies führte dazu, die organischen Substanzen als Kohlenstoffverbindungen (*Gmelin, Kolbe, Kekulé*) oder als **Carbogene** (*Corey* 1989) zu bezeichnen. So werden laut IUPAC (*International Union of Pure and Applied Chemistry, Compendium of Chemical Terminology*, www.goldbook.iupac.org), die Begriffe „organo-“ oder „organyl-“ allgemein für Verbindungen verwendet, die Kohlenstoffatome beinhalten. Die IUPAC ist eine internationale Institution, die in der Chemie alle Empfehlungen, z. B. die Terminologie und Nomenklatur betreffend, festlegt. Die meisten organischen Verbindungen enthalten außer Kohlenstoff nur wenige andere Elemente, vor allem Wasserstoff und die Hetero-

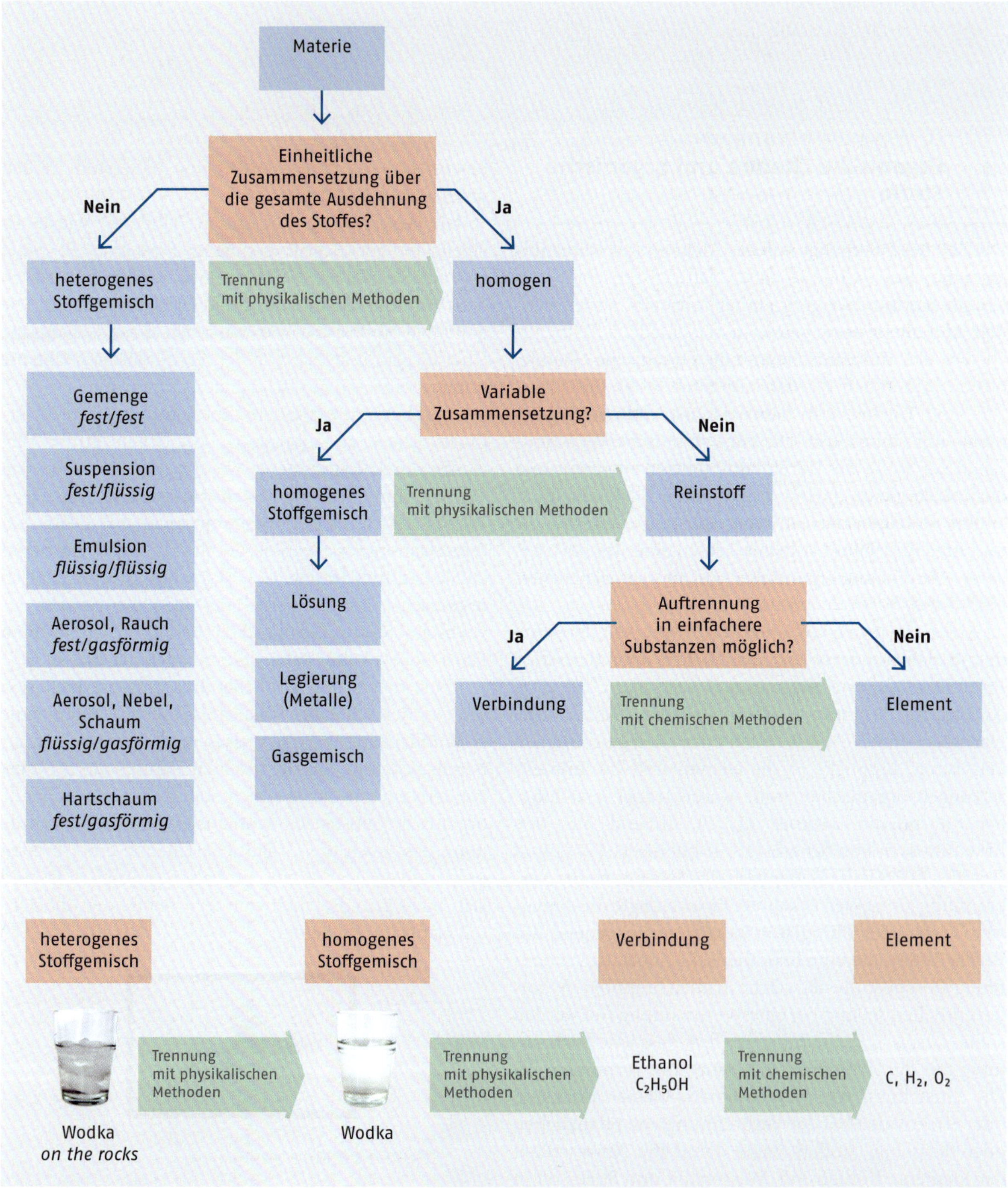


**o Abb. 1.2** Materie ist letztlich aus Verbindungen aufgebaut, die aus Molekülen bestehen, die wiederum aus Elementen aufgebaut sind.

atome (so nennt man alle anderen Elemente außer C und H) Sauerstoff und Stickstoff. Ferner treten als weitere Heteroatome häufig u. a. Schwefel, Phosphor und Halogene auf. Grundsätzlich lässt sich fast jedes Element des Periodensystems in organische Verbindungen einbauen, so auch Metalle. Man spricht dann von orgamometallischen Verbindungen. Dazu werden auch Verbindungen gezählt, die neben den traditionellen Metallen und Halbmetallen auch Bor, Silicium, Arsen oder z. B. Selen enthalten. Von den weit über 70 Millionen derzeit bekannten chemischen Verbindungen leiten sich mehr als 80 % vom Kohlenstoff ab.

## 1.2 Zusammensetzung und Reinheit organischer Stoffe

### 1.2.1 Reinsubstanzen und Stoffgemische

Die Chemie beschäftigt sich mit den Eigenschaften von Materie und ihrem Aufbau aus Molekülen bzw. Atomen. Unter Materie versteht man alles Stoffliche, also alles, was **Masse** besitzt und **Raum** einnimmt. Während die meisten Stoffe, mit denen man täglich in Berührung kommt, **Stoffgemische** sind, ist das Ziel organisch-präparativer Arbeiten normalerweise die Herstellung und Isolierung reiner Substanzen, die aus Molekülen gleicher Art bestehen. Stoffgemische mit einheitlicher Zusammensetzung und einheitlichem Erscheinungsbild über die gesamte Ausdehnung des Stoffes (die also nur aus einer Phase bestehen) werden als **homogene Gemische** (Lösungen, Legierungen, Gasgemische) bezeichnet. Sie können durch physikalische Trennmethoden (▸Kap. 1.3) in **Reinsubstanzen** getrennt werden (○ Abb. 1.2). Bei diesen wiederum kann es sich entweder um Elemente handeln, die nicht weiter in einfachere Substanzen zerlegt werden können, oder um **Verbindungen**, bestehend aus zwei oder mehreren **Elementen**. Verbindungen können zwar nicht durch physikalische, aber prinzipiell durch chemische Methoden in die in ihnen enthaltenen Elemente zerlegt werden. **Heterogene Stoffgemische** bestehen aus mindestens zwei Phasen und werden entsprechend der Aggregatzustände ihrer Phasen in Gemenge, Suspensionen, Emulsionen, Aerosole (Nebel, Rauch) und Schäume unterteilt. Eine Emulsion ist z. B. eine heterogene Mischung zweier nichtmischbarer flüssiger Phasen.

### 1.2.2 Charakterisierung organischer Verbindungen

Wird eine neue, bis dato unbekannte Verbindung synthetisiert, durch biotechnologische Methoden hergestellt oder durch Isolierung aus in der Natur vorkommendem Material (z. B. Pflanzen, marine Schwämme, Bakterien- oder Pilzkulturen) gewonnen, muss ihre Struktur analysiert und bewiesen werden. Die elementare Zusammensetzung wird mithilfe der **quantitativen Elementaranalyse** (▸Exkurs: Quantitative Elementaranalyse; ▸Exkurs: Ermittlung chemischer Formeln) bestimmt, die oft auch als Reinheitskriterium herangezogen wird. Die genaue Identifizierung und Strukturaufklärung einer neuen organischen Substanz erfolgt dann normalerweise mithilfe spektroskopischer Methoden (○ Abb. 1.3; ▸Kap. 2). Neben den NMR-, IR-, MS- und UV/Vis-Daten werden bei Feststoffen der Schmelzpunkt (Smp., Festpunkt, Fp.), bei Flüssigkeiten der Siedepunkt (Sdp., Kochpunkt, Kp.) und seltener Brechungsindex oder Dichte genutzt. Chirale Verbindungen erfordern Angaben zur optischen Aktivität und zur absoluten Konfiguration, sei es durch Polarimetrie, durch Messung der ORD (optische Rotationsdisper-



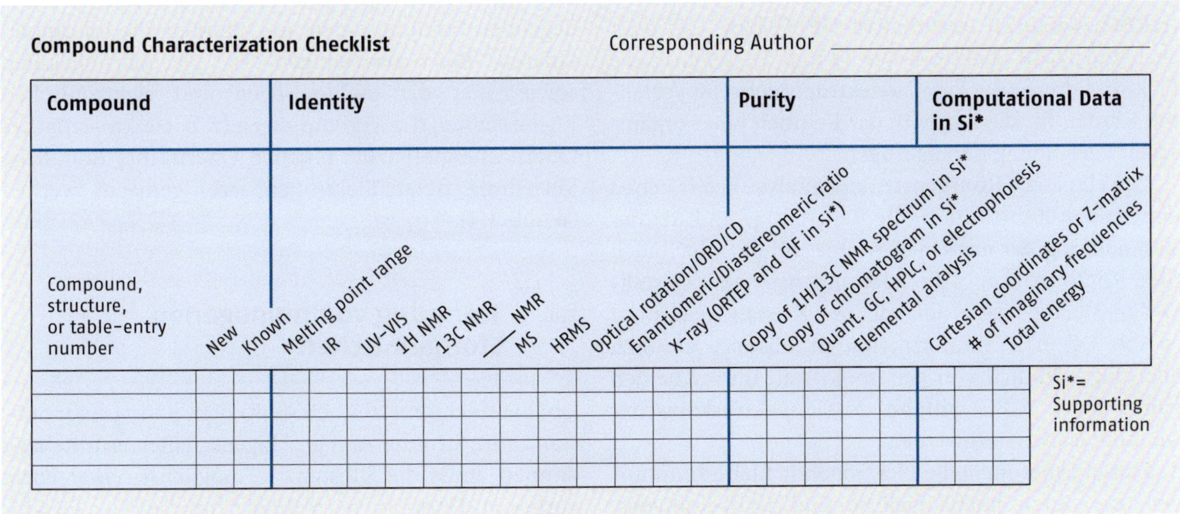


○ **Abb. 1.3** Checkliste physikalischer und spektroskopischer Daten für eine neue organische Verbindung, entsprechend den Anforderungen des *Journal of Organic Chemistry* der *American Chemical Society* an Identität und Reinheit

### Exkurs: Quantitative Elementaranalyse

Zur Ermittlung der **Verhältnisformel** (empirische Summenformel) ist eine quantitative Bestimmung der Massenanteile der chemisch gebundenen Elemente in einer Verbindung notwendig. Die Grundlagen solcher Analysen wurden u. a. von *Liebig* (1803–1873) erarbeitet. Man unterwirft eine genau eingewogene Menge (in der Mikroelementaranalyse werden wenige Milligramm, in der Ultramikroanalyse nur 10–100 µg Substanz benötigt) der Analysensubstanz einer Verbrennung mit Sauerstoff bei hohen Temperaturen (bis zu 1 800 °C). Kohlenstoff, Wasserstoff, Schwefel und Stickstoff werden dabei zu $CO_2$, Wasser, $SO_2$ und einem Gemisch aus $N_2$ und Stickoxiden $NO_x$ umgesetzt. Im Labor kann die Oxidation auch durch Verbrennung in Anwesenheit von CuO durchgeführt werden.

Die **Verbrennung (Oxidation) organischer Stoffe zu Nichtmetalloxiden** verläuft nach folgendem Schema:

$$C_nH_mN_oO_pS_q \longrightarrow \begin{array}{c} CO_2 + H_2O + N_2 \\ \text{und/oder} \\ N_xO_y + SO_z \end{array}$$

Die Stickoxide werden anschließend an einem 600–900 °C heißen Kupfer-Kontakt zu $N_2$ reduziert. Die Gase werden gaschromatographisch (als Trägergas wird Helium verwendet) durch Adsorption/Desorption an geeigneten Adsorptionssäulen (▸ Kap. 1.3.5) getrennt und in Wärmeleitfähigkeitsdetektoren identifiziert und quantifiziert. Die Detektion und Quantifizierung von $CO_2$, $H_2O$ und $SO_2$ kann auch mittels IR-Spektroskopie (NDIR, nichtdispersive Infrarot-Spektroskopie) erfolgen; weitere Detektionsmöglichkeiten für Stickstoff und Schwefel sind die Chemolumineszenz bzw. UV-Fluoreszenz. Der Sauerstoffgehalt ergibt sich aus der Differenz der Summe der Gehalte der anderen Elemente und 100 %. Die Sauerstoffbestimmung kann auch separat in einem Pyrolyseofen erfolgen. Der in der zu analysierenden Substanz gebundene Sauerstoff wird hier bei 1 350 °C am Kohlekontakt zuerst zu CO und anschließend weiter zu $CO_2$ oxidiert. Halogene werden nach Aufschluss der Verbindung und Überführung in anorganisches Halogenid titrimetrisch bestimmt. In modernen Elementanalysatoren kann der Chlorgehalt (als HCl) auch direkt zusammen mit den anderen Elementen bestimmt werden, die Detektion erfolgt dann in einer Coulometerzelle. Phosphor wird nach Aufschluss als Phosphat quantifiziert.

Anleitung

zur

Analyse organischer Körper.

Von

Dr. Justus Liebig,

ordentlichem Professor der Chemie an der Universität zu Gießen, Ritter des Großherzogl. Hessischen Ludwigs-Ordens, Ehrenmitgliede der Royal-Society in Dublin, corresp. Mitgliede der Akademie der Wissenschaften in Berlin und St. Petersburg etc. etc. etc.

Braunschweig,

Druck und Verlag von Friedrich Vieweg und Sohn.

1837

Letztendlich lassen sich mit diesen Verfahren die prozentualen Anteil aller in einer chemischen Verbindung enthaltenen Elemente quantitativ angeben. Daraus kann dann durch die zusätzliche Bestimmung der molaren Masse auch die exakte Summenfomel der Verbindung berechnet werden (▸ Exkurs: Ermittlung chemischer Formeln).

---

sion) oder mittels CD-Spektroskopie (Circulardichroismus, ▸ Kap. 2). Hochauflösende Massenspektrometrie (HRMS; ▸ Kap. 2), quantitative HPLC bzw. GC oder auch die NMR-Spektroskopie (▸ Kap. 2), seltener die Elektrophorese oder kapillarelektrophoretische Verfahren werden für die Analytik der Reinheit einer organischen Verbindung herangezogen.

Die klassische **Röntgenstrukturanalyse** liefert neben der exakten Konstitution (die Reihenfolge und Art der Verknüpfung der einzelnen Atome miteinander) auch die Konformation (die dreidimensionale Gestalt) (▸ Kap. 3), die das Molekül im Kristall einnimmt (○ Abb. 1.4). Die Konformation in Lösung, die sich allerdings deutlich von der im Kristall unterscheiden kann, kann z. B. mithilfe NMR-spektroskopischer Methoden analysiert werden.

Durch experimentelle Elektronendichtebestimmungen, die durch hochaufgelöste Einkristall-Röntgen-, -Synchrotron- oder Neutronenbeugungsdaten aus Experimenten bei tiefen Temperaturen möglich sind, können – in Kombination mit Methoden der Computerchemie – auch quantitative Aussagen über die vorliegenden Bindungstypen und -stärken, die intermolekularen Wechselwirkungen zu Nachbarmolekülen sowie über die topologischen und elektronischen Eigenschaften der Verbindungen (z. B. elektrostatisches Oberflächenpotenzial, reaktive Oberfläche, räumliche Verteilung freier Elektronenpaare) gemacht werden (○ Abb. 1.4).

## 1.3 Trennung von homogenen Stoffgemischen

Um die stöchiometrische Zusammensetzung einer Substanz, ihre Struktur und ihre Eigenschaften ermitteln zu können, muss die Substanz in möglichst reiner Form vorliegen. Dafür ist nach ihrer Synthese oder Gewinnung aus einer natürlichen Quelle meist die Abtrennung aus mehr oder weniger komplexen Stoffgemi-

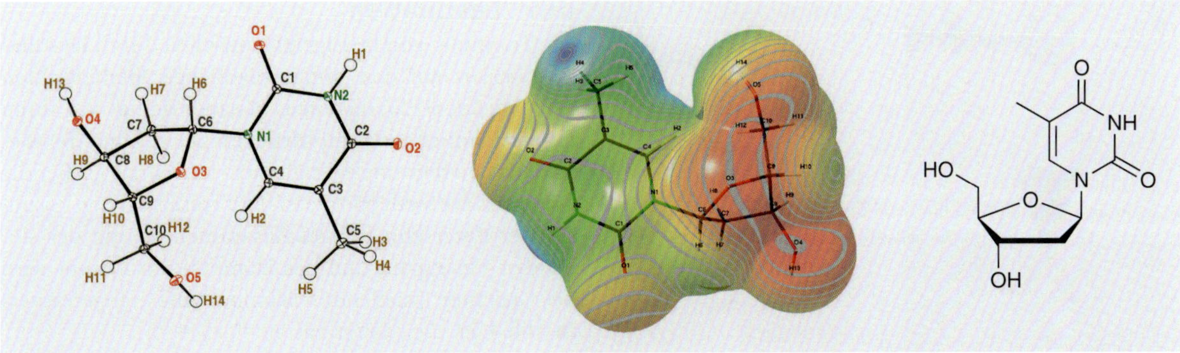


**o Abb. 1.4** Links: Struktur und Gestalt des Desoxyribonucleosids Thymidin (besser: Desoxythymidin, Strukturformel rechts), einem Baustein der DNA (▸Kap. 38), erhalten aus der Röntgenstrukturanalyse, dargestellt als sogenannter ORTEP-Plot (*Oak Ridge Thermal Ellipsoid Plot*); Mitte: elektrostatisches Oberflächenpotenzial von Thymidin, erhalten aus experimentellen Elektronendichtebestimmungen bei 20 K. Die Farben symbolisieren Bereiche hoher (rot) und niedriger Elektronendichte (blau). Das elektrostatische Oberflächenpotenzial ist auch durch quantenchemische Rechnungen zugänglich.

1

### Exkurs: Ermittlung chemischer Formeln

Grundlage zur Aufstellung der **Summenformel** einer unbekannten organischen Substanz sind die aus der quantitativen **Elementaranalyse** (▸Exkurs: Quantitative Elementaranalyse) ermittelten prozentualen Massenanteile der Elemente, aus denen die Substanz aufgebaut ist. Dividiert man diese durch die relative Atommasse $A_r$ des betreffenden Elementes (vereinfacht C: 12; H: 1; N: 14; O: 16), erhält man das Atomzahlenverhältnis der Verbindung. Die einfachste Verhältnisformel (**empirische Summenformel**) ergibt sich dann durch Division dieser Werte durch den kleinsten der Werte (im nachfolgenden Beispiel der Wert für Sauerstoff oder Stickstoff: 1,69). Um die tatsächliche Summenformel (**Molekularformel**, Molekülformel) der Verbindung zu erhalten, muss zudem noch die relative Molekülmasse $M_r$ der Verbindung ermittelt werden (▸Kap. 2).

Die quantitative Elementaranalyse einer unbekannten Substanz liefert z. B.:

C: 40,67 %; H: 8,53 %; N: 23,71 %

Daraus ergibt sich für Sauerstoff ein prozentualer Massenanteil von 27,09 %:

O: 100 % − (40,67 % + 8,53 % + 23,71 %) = 27,09 %

Diese Massenanteile, dividiert durch die relativen Atommassen der jeweiligen Elemente, liefern das Atomzahlenverhältnis:

C; H; N; O = 3,38; 8,53; 1,69; 1,69

Nach Division durch den kleinsten Wert erhält man die empirische Formel: $C_2H_5N_1O_1$ (empirische Formelmasse: $2 \cdot 12 + 5 \cdot 1 + 1 \cdot 14 + 1 \cdot 16 = 59$).

Man beachte, dass die quantitative Elementaranalyse aufgrund experimenteller Fehler meist nicht solche exakten Werte liefert!

Bei einer experimentell bestimmten relativen Molekülmasse $M_r$ von hier z. B. 118,07 ergibt sich die tatsächliche Summenformel folgendermaßen:

Man ermittelt den ganzzahligen Faktor, mit dem die empirische Formel multipliziert werden muss. Der Faktor ergibt sich durch Division der relativen Molekülmasse durch die empirische Formelmasse:

$$\textit{Faktor} = \frac{\textit{tatsächliche relative Molekülmasse}}{\textit{empirische Formelmasse}} = \frac{118{,}07}{59} \cong 2$$

Damit erhält man die Summenformel: $C_4H_{10}N_2O_2$

Die Strukturaufklärung mit verschiedenen spektroskopischen Methoden (▸Kap. 2) könnte hier nun z. B. zu folgender Molekülstruktur führen:

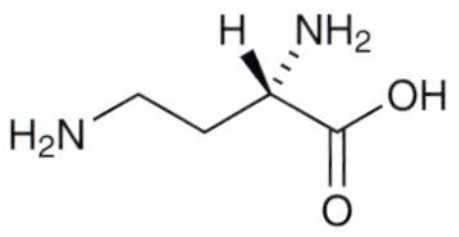


Es handelt sich um (*S*)-2,4-Diaminobutansäure (L-DAB, (*S*)-2,4-Diaminobuttersäure), eine Aminosäure, die z. B. in Peptidantibiotika wie den Polymyxinen auftritt.

schen notwendig. Hierzu bedient man sich physikalischer Trennmethoden wie Extraktion, Kristallisation, Destillation, Sublimation oder chromatographischer Verfahren.

### 1.3.1 Extraktion

Eine Methode zur Reinigung und Isolierung organischer Verbindungen ist die Extraktion, bei der aus einem Gemisch fester oder flüssiger Substanzen durch ein Lösemittel eine Substanz aufgrund besserer **Löslichkeit** in diesem Lösemittel extrahiert wird. Auf diese

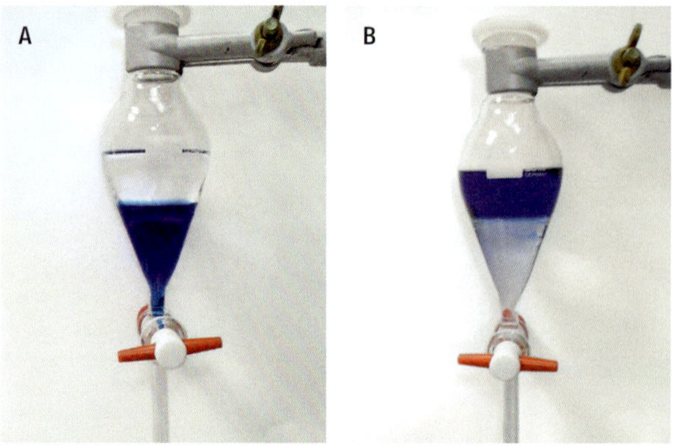


**○ Abb. 1.5** Extraktion eines blauen, in Wasser (untere Phase) gelösten Farbstoffs mit *n*-Octanol (obere Phase). Vor der Extraktion (A), nach einmaliger Extraktion mit dem gleichen Volumen *n*-Octanol (B)

Weise lassen sich z. B. aus wässrigen Lösungen mit leicht flüchtigen Lösemitteln, die nicht mit Wasser mischbar sind (○ Abb. 1.5), organische Substanzen herauslösen und durch Entfernen des Lösemittels am Rotationsverdampfer wieder gewinnen. Als hochwirksame und schonende Extraktionsmittel können auch hochverdichtete, überkritische Fluide (z. B. überkritisches $CO_2$) verwendet werden.

### 1.3.2 Kristallisation

Diese Trennmethode beruht auf der unterschiedlichen Löslichkeit fester organischer Verbindungen in den einzelnen Lösemitteln. Sind die Begleitsubstanzen in dem gewählten Lösemittel leichter löslich als das Hauptprodukt, so bereitet dessen Isolierung keine besonderen Schwierigkeiten. Es kristallisiert aus der heiß gesättigten Lösung aus (○ Abb. 1.6) und kann durch Filtration abgetrennt und anschließend getrocknet werden, während die Verunreinigungen in der erkalteten Lösung, der sogenannten „Mutterlauge", gelöst bleiben. Infolge der unterschiedlichen Kristallisationsgeschwindigkeit tritt eine fast vollständige Abscheidung der relativ reinen Substanz häufig erst nach Stunden oder Tagen ein. Aus übersättigten Lösungen lässt sich die erwartete organische Verbindung oft durch Eintragen von **Impfkristallen** als Kristallisationskeime ausfällen.

**○ Abb. 1.6** Umkristallisation einer organischen Substanz

### 1.3.3 Destillation

Die Trennung von flüssigen Gemischen durch Destillation basiert auf den unterschiedlichen **Siedepunkten** der einzelnen Flüssigkeiten, genauer gesagt auf ihren unterschiedlichen **Dampfdrücken** bei gleicher Temperatur. Eine Trennung gelingt umso leichter, je größer die Differenz der Siedepunkte ist. Die Trennwirkung beruht auf der unterschiedlichen Zusammensetzung der siedenden Flüssigkeit und des Dampfes; im Dampf wird die leichter siedende Komponente angereichert (○ Abb. 1.7).

Bei der **fraktionierenden Destillation** wird das Gemisch in einzelne Fraktionen zerlegt, deren immer wieder erneute Destillation letztendlich zu dem erwünschten Reinheitsgrad führt (○ Abb. 1.7). Die Methode versagt bei **Azeotropen**, d. h. bei flüssigen Gemischen aus zwei oder mehr Komponenten, deren Dampf die gleiche Zusammensetzung wie die flüssige Phase aufweist.

Während man bei einfachen Destillationen im Gleichstrom arbeitet, erfordert die Trennung von Gemischen mit nahe beieinander liegenden Siedepunkten die Anwendung des Gegenstromprinzips. Diese Methode bezeichnet man als **Rektifikation**. Hierbei wird zwischen Destillierblase und Kondensator als Zwischenstück eine Kolonne eingeschaltet (○ Abb. 1.8). In dieser langen Säule steigen die heißen Dämpfe nach oben, und zugleich fließt eine kältere Flüssigkeit zurück,

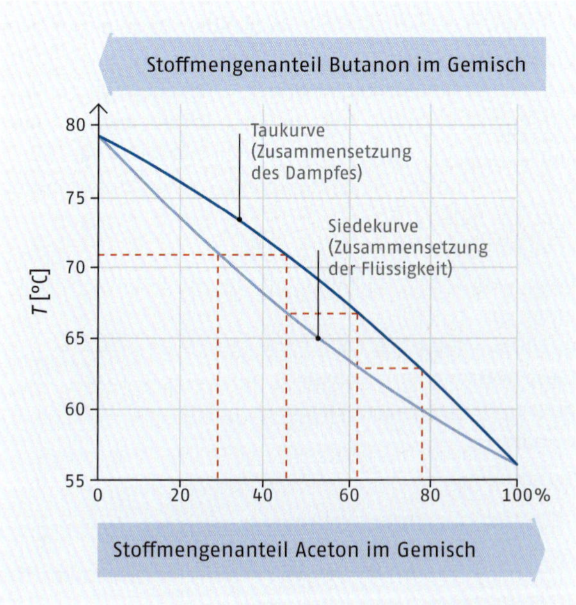


**○ Abb. 1.7** Siedediagramm eines binären Gemischs (Sdp. ca. 71 °C) aus Aceton (Sdp. 56 °C) und Butanon (Sdp. 80 °C, ca. 29 % Aceton) bei 1 013 mbar (1 013 hPa). Beispielhaft ist die Anreicherung von Aceton auf ca. 78 % im Gemisch durch dreimalige Destillation gezeigt. Der Trennvorgang in Destillationskolonnen lässt sich als Folge vieler wiederholter, einzelner Destillationsschritte auffassen.

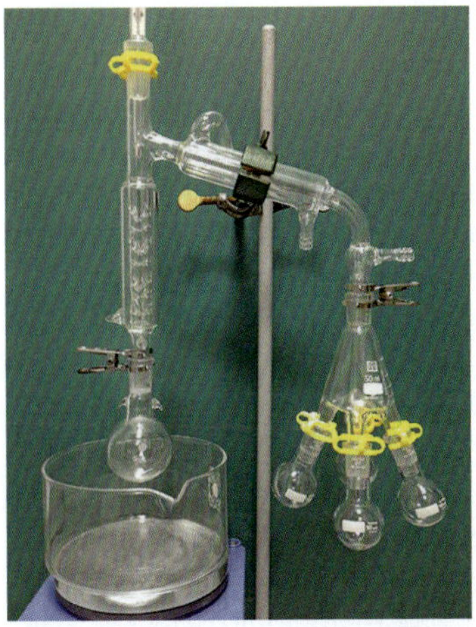

**o Abb. 1.8** Mikrodestillationsanlage zur fraktionierenden Destillation über eine Destillationskolonne (*Vigreux*-Kolonne)

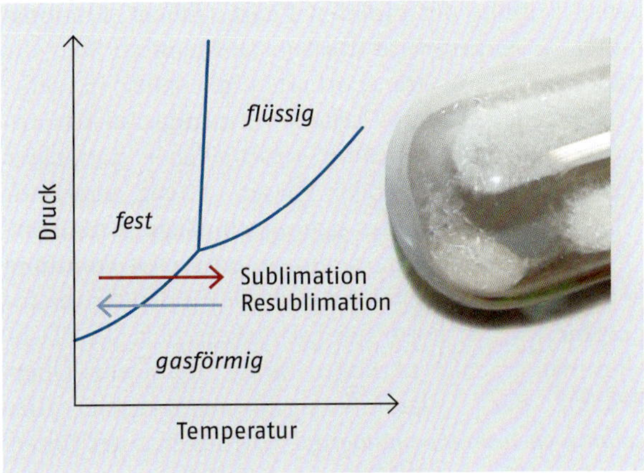


**o Abb. 1.9** Phasendiagramm (Abhängigkeit des Aggregatzustands von Duck und Temperatur) einer Substanz und deren Reinigung (hier: Benzoesäure) durch Sublimation und Resublimation an einem Kühlfinger. Benzoesäure sublimiert bei Normaldruck ab ca. 100 °C.

wobei zwischen Gas- und Flüssigphase ein Stoff- und Wärmeaustausch erfolgt. Die Dämpfe kühlen sich ab und höher siedende Anteile werden kondensiert. Durch die frei werdende Kondensationswärme werden umgekehrt niedriger siedende Anteile aus der Flüssigkeit verdampft. Es kommt somit innerhalb der Kolonne zu einer stufenweisen Anreicherung der niedriger siedenden Komponenten in den aufsteigenden Dämpfen und der höher siedenden Komponenten im flüssigen Rücklauf (o Abb. 1.7).

Aus den Gleichgewichtskurven (sie stellen über den gesamten Konzentrationsbereich die Zusammensetzung der Dampfphase als Funktion der Zusammensetzung der Flüssigphase einer Komponente dar) der zu trennenden Gemische lässt sich die Anzahl der **„theoretischen Böden"** (▸ Kap. 1.3.5) einer Kolonne errechnen, die für den gewünschten Trenneffekt erforderlich sind. Bei hochsiedenden oder leicht zersetzlichen Flüssigkeiten führt man die Destillation im Vakuum bei etwa 16 mbar (16 hPa, klassische im Labor verwendete Membranpumpe), im Fein- (1 bis $10^{-3}$ hPa) oder Hochvakuum ($10^{-3}$ bis $10^{-6}$ hPa) durch.

Die **Wasserdampfdestillation** beruht darauf, dass viele Substanzen, deren Siedepunkte wesentlich höher liegen als der des Wassers, durch eingeblasenen Wasserdampf in Abhängigkeit von ihrem Dampfdruck verflüchtigt und anschließend im absteigenden Kühler zusammen mit dem Wasserdampf wieder kondensiert werden. Ist die zu reinigende Substanz in Wasser praktisch unlöslich, so werden sich die beiden Dampfdrücke gegenseitig kaum beeinflussen. Sobald jedoch beim Erhitzen die Summe der Partialdampfdrücke beider Substanzen dem jeweiligen Atmosphärendruck entspricht, tritt Sieden ein. Die zu isolierende Substanz ist so schon bei sehr viel niedrigeren Temperaturen flüchtig als es ihrem eigenen Siedepunkt entspricht. Die Wasserdampfdestillation stellt eine besonders schonenende Methode zur Isolierung von Naturstoffen z. B. aus Pflanzenextrakten dar.

### 1.3.4 Sublimation – Resublimation

Unter **Sublimation – Resublimation** versteht man das Verdampfen einer festen Substanz und ihre Abscheidung ohne vorherige Verflüssigung nach dem Schema: fest → gasförmig → fest (o Abb. 1.9). Diese Art der Reinigung kommt vor allem für Substanzen in Frage, die sich sehr schwer lösen oder die auch durch wiederholtes Umkristallisieren nicht rein isolierbar sind. Die Sublimation wird zweckmäßig im Fein- oder Hochvakuum ausgeführt. Voraussetzung für diese Art der Reinigung ist, dass bei einem entsprechend niedrigen Druck gearbeitet werden kann, bei dem die Substanz entsprechend ihres Phasendiagramms (o Abb. 1.9) direkt und ohne Zersetzung vom festen in den gasförmigen Zustand übergeht.

Die **Gefriertrocknung** (Lyophilisation) ist ein Verfahren zur schonenden Evaporation verschiedenster Lösemittel. Sie wird insbesondere für wässrige Proben verwendet. Diese werden eingefroren und im Vakuum bei niedrigen Temperaturen direkt sublimiert, sodass das Wasser der Probe entzogen wird und das gelöste Probenmaterial zurück bleibt. Da das Probenmaterial zudem thermisch nicht belastet wird, handelt es sich wiederum um eine sehr schonende Trennmethode.

### 1.3.5 Chromatographie

Bei chromatographischen Methoden erfolgt die Trennung durch **Verteilungs-** und/oder **Adsorptionsvorgänge** oder auch durch andere physikalisch-chemische Vorgänge wie Ionenaustausch, Ionenpaarbildung, Siebeffekte (Größenausschluss) oder Affinität zu bestimmten Makromolekülen. Es sind zwei nicht miteinander mischbare Phasen notwendig, wovon sich eine stationär im Trennsystem befindet (**stationäre Phase**, Sorbens). Mithilfe der **mobilen Phase** (Eluent, Elutionsmittel, Trägergas) wird das Substanzgemisch über die stationäre Phase transportiert und dabei in seine Bestandteile getrennt (▸Exkurs: Verteilung und Adsorption). Durch Kombination verschiedener stationärer (fest, flüssig) und mobiler Phasen (flüssig, überkritisches Fluid, Gas) ergeben sich verschiedene Techniken.

Als wichtigste Methode zur **präparativen Trennung** von Substanzgemischen hat sich die **Säulenchromatographie** (SC) in Form der hydrostatischen SC, Flash-Chromatographie (Arbeiten unter mäßigem Überdruck), der Vakuumflüssigchromatographie (*dry column vacuum chromatography*, Arbeiten unter Unterdruck), MPLC (*middle pressure liquid chromatography*) oder **HPLC** (*high pressure LC, high performance LC*) etabliert. Die Trenneffizienz ist dabei unter anderem von der Größe der Partikel der stationären Phase und der Füllqualität der Säule abhängig. Dicht und gleichmäßig gepackte Säulen mit Partikeln kleiner Teilchendurchmesser besitzen eine höhere Trennleistung, erfordern aber auch erhöhten Druck (daher *high pressure*), um die mobile Phase über die stationäre Phase zu transportieren.

Bei der SC werden als stationäre Phasen meist polares Kieselgel (**Normalphase**), Aluminiumoxid, unpolare Umkehrphasen (**RP-Phasen**, *reversed phase*, meist RP-8, Octylsilyl-, und RP-18, Octadecylsilyl-Gruppen) oder Cellulose verwendet. Sowohl Normal- als auch RP-Phasen sind heute in vielen verschiedenen modifizierten Varianten erhältlich (z. B. Einführung von Dihydroxypropyl, Aminopropyl-, Cyanopropyl-Gruppen), die die Trennung von Substanzen verschiedenster Polaritäten erlauben.

Aber auch die **Dünnschichtchromatographie** (DC, in Form der HPTLC, *high performance thin layer chromatography*) oder die **Gaschromatographie** können für präparative Trennungen eingesetzt werden.

Die Wahl des Elutionsmittelgemischs, **isokratisch** (also mit fester, sich während der Trennung nicht verändernder Zusammensetzung) oder als **Gradient**, richtet sich nach den Polaritäten der stationären Phase und der zu trennenden Substanzen. Bei RP-Phasen werden als Elutionsmittel meist Wasser oder wässrige Puffer im Gemisch mit Methanol, Aceonitril oder Tetrahydrofuran, bei Normalphasen und Aluminiumoxid eher unpolare Lösungsmittel (Hexan, Cyclohexan, im Gemisch mit Ethylacetat, Toluen, o. Ä.) eingesetzt. Bezogen auf Kieselgel besitzt Hexan die niedrigste, Wasser die größte Elutionskraft. An RP-Phasen, an denen unpolare Substanzen eher zurückgehalten wer-

**Exkurs: Verteilung und Adsorption**

Bei verteilungschromatographischen Verfahren beruht die Trennung auf der unterschiedlichen Verteilung der zu trennenden Substanzen in zwei nicht miteinander mischbaren Phasen (vgl. auch ▸Kap. 1.3.1). Der Grad der Verteilung zwischen den beiden Phasen wird durch den ***Nernst*schen Verteilungkoeffizienten** *K*, eine bei gegebener Temperatur für das Trennsystem (Substanz, mobile Phase, stationäre Phase) stofftypische Konstante, beschrieben.

$$K = \frac{[A]_{Phase\ 2}}{[A]_{Phase\ 1}} \qquad \text{Gleichung 1.1}$$

[A] Konzentration des Stoffes A in den nicht miteinander mischbaren Phasen 1 und 2
*K* *Nernst*scher Verteilungskoeffizient

Typische Beispiele für Trennungen, die hauptsächlich auf Verteilungschromatographie beruhen, sind die Papier- und die Gas-Flüssig-Chromatographie.

Bei adsorptionschromatographischen Trennungen reichern sich die zu trennenden Substanzen durch spezifische Wechselwirkungen der polaren/unpolaren Gruppen der Substanz an der polaren/unpolaren Oberfläche des Sorbens (stationäre Phase) an (Adsorption). Je größer die Oberfläche, desto mehr Substanz kann adsorbiert werden. Die Konzentration des Stoffes im Sorbens und seine Konzentration in der angrenzenden Phase hängen bei konstanter Temperatur über die **Adsorptionsisotherme** (○Abb. 1.10) zusammen.

Mithilfe der mobilen Phase wird die adsorbierte Substanz wieder von der Oberfläche des Sorbens abgelöst (Desorption). Eine Trennung wird umso besser sein, je mehr sich die zu trennenden Substanzen in ihrer **Polarität** und in der **Löslichkeit** in der mobilen Phase unterscheiden.

Bei den meisten säulenchromatographischen Trennungen finden sowohl Adsorptions- als auch Verteilungsvorgänge statt.

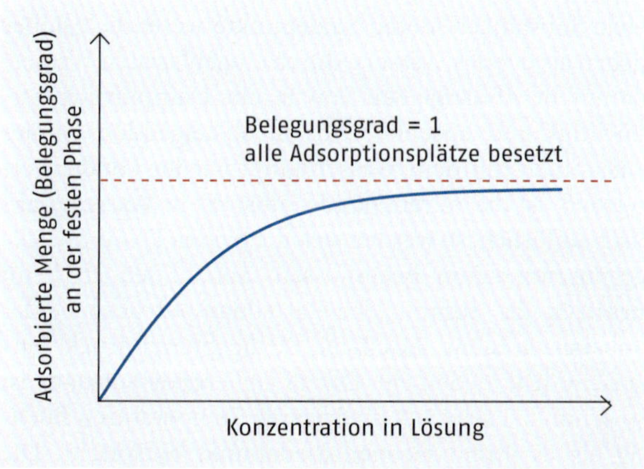


○ **Abb. 1.10** Die Adsorptionsisotherme beschreibt den Zusammenhang zwischen der Konzentration eines Stoffes in Lösung (mobile Phase) und seiner adsorbierten Menge an der festen Phase.

den, dreht sich die **eluotrope Reihe** um, die Elutionsstärke nimmt mit zunehmender Polarität des Elutionsmittels ab.

Will man Substanzen aufgrund ihrer unterschiedlichen Molekülgröße trennen (Größenausschluss), bietet sich die **Gelpermeations-** (organische Elutionsmittel) oder **Gelfiltrationschromatographie** (wässrige Elutionsmittel) an. Als Trennmaterial dienen z. B. polymere Gele mit definierter Porengröße.

Für Trennungen von Enantiomeren (▸Kap. 3) wird die temporäre Bildung diastereomerer Komplexe an einer chiralen stationären oder in einer chiralen mobilen Phase ausgenutzt. Hier kommen häufig **Cyclodextrine** (▸Kap. 17.3) zum Einsatz.

Allen genannten Trennmechanismen ist gemeinsam, dass die Wechselwirkungen der zu trennenden Substanzen mit den beiden Phasen nicht nur einmal, sondern in vielen aufeinander folgenden Einzelvorgängen ablaufen. Je häufiger die entsprechende Wechselwirkung stattfindet, desto besser wird die Trennleistung. Als **theoretische Trennstufe** versteht man dabei denjenigen Teil einer chromatographischen Säule, in dem eine abgeschlossene Wechselwirkung stattfindet. Je größer demnach die Anzahl der Trennstufen (**Bodenzahl** $N$; vgl. auch ▸Kap. 1.3.3) in einer Trennsäule ist und je niedriger die **Bodenhöhe $H$** der Säule (definiert als Verhältnis zwischen Säulenlänge $L$ und Bodenzahl $N$, $H = L/N$), desto größer ist die Trenneffizienz.

Die Lokalisation der zu trennenden Substanzen in den nach der Trennung erhaltenen Fraktionen erfolgt bei der SC meist mittels DC (Detektion anhand der Fluoreszenzeigenschaften der Substanzen z. B. bei 366 nm, Fluoreszenzlöschung des im Kieselgel der DC-Platte enthaltenen **Fluoreszenzindikators** bei 254 nm oder durch Detektionsreagenzien). Bei MPLC- und HPLC-Verfahren können je nach Eigenschaften der Substanzen verschiedenste **Detektoren** eingesetzt werden (z. B. UV/Vis-, Fluoreszenz-, Brechungsindex-, Leitfähigkeitsdetektor, elektrochemischer Detektor, massenselektiver Detektor, Lichtstreudetekor).

1

# 2 Atombau, chemische Bindung, funktionelle Gruppen und deren Analytik

Atombau ... 11 | Chemische Bindung ... 14 | Funktionelle Gruppen ... 20 | Nasschemische Analytik funktioneller Gruppen ... 27 | Spektroskopische Methoden ... 33



## 2.1 Atombau

Für das chemische Verhalten von Atomen ist die Struktur der Elektronenhülle maßgebend. Erste Einblicke in ihren Aufbau waren mithilfe der Anfang des 20. Jahrhunderts aufkommenden Quantentheorie (*Planck, Bohr, Sommerfeld*) aufgrund spektrometrischer Daten möglich. So ergab die Auswertung der Linienspektren einfacher Elemente, erhalten aus Atomabsorptionsspektren (AAS), dass die Elektronen in der Hülle gruppenweise verschiedene **Energieniveaus** (K-, L-, M-, N-Schale usw.) besetzen. Innerhalb dieser Schalen stehen nach der älteren Auffassung im *Rutherford-Bohr-Sommerfeld*-Atommodell den Elektronen verschiedene kreisförmige bzw. elliptische Bahnen zur Verfügung (Planetenmodell), die als s-, p-, d- und f-Bahnen bezeichnet werden. Dieses Atommodell gibt zwar ein anschauliches Bild von der Bewegung der Elektronen um den Kern, es widerspricht aber grundlegenden physikalischen Gesetzen.

Eine befriedigendere Theorie der chemischen Bindung konnte erst die neuere **Quantenmechanik** (auch Wellenmechanik genannt, maßgeblich entwickelt von *de Broglie, Schrödinger, Heisenberg, Dirac*) geben, die die Elektronen als stehende Elektronenwellen um den Kern herum beschreibt. Die verschiedenen energetischen Zustände werden dabei durch sogenannte **Wellenfunktionen** beschrieben, mathematische angenäherte Lösungen der *Schrödinger*-Gleichung. Da sich die Quantenmechanik nicht in kurzer Form darstellen lässt, sollen im Folgenden nur einige wichtige Ergebnisse hinsichtlich des Aufbaus der Elektronenhülle von Atomen und Molekülen angeführt werden.

Nach der Quantenmechanik ist es prinzipiell unmöglich, den Elektronen eindeutig bestimmte kreisförmige oder elliptische Bahnen zuzuweisen. Stattdessen ist man lediglich in der Lage, die räumlichen Bereiche anzugeben, in denen sich ein Elektron mit einer bestimmten Wahrscheinlichkeit aufhält. Diese räumlichen Bereiche werden **Orbitale** genannt. Diese Orbitale sind nach dem quantenmechanischen Modell die vom H-Atom abgeleiteten Einelektronenwellenfunktionen $\Psi$ (o Abb. 2.1A), die sich aus der Lösung der *Schrödinger*-Gleichung ergeben. Diese sind jedoch wenig anschaulich, daher wird oft die Aufenthaltswahrscheinlichkeit, d. h. die Wahrscheinlichkeit, ein Elektron in einem bestimmten Volumenelement anzutreffen, als Konturplot dargestellt. Die Wahrscheinlichkeit ist proportional zum Quadrat der Wellenfunktion $\Psi^2$ (o Abb. 2.1B). Meist stellt man von einem Konturplot (Aufenthaltswahrscheinlichkeitsdichte) den Bereich dar, in dem sich das Elektron mit einer bestimmten Wahrscheinlichkeit, z. B. mehr als 90 % aufhält (o Abb. 2.1C). Oft wird auch die sogenannte radiale Aufenthaltswahrscheinlichkeit, d. h. die Wahrscheinlichkeit, das Elektron an einem Ort mit Abstand r vom Kern anzutreffen, dargestellt (o Abb. 2.1D). Sie ist proportional zu $\Psi^2 \cdot 4 \cdot \pi \cdot r^2$. Beim H-Atom entspricht das Maximum der radialen Aufenthaltswahrscheinlichkeit dem *Bohr*schen Atomradius $a_0$ (52,9 pm). Von den möglichen Orbitalen seien hier im Wesentlichen die s- und p-Orbitale näher besprochen, da nur diese für die Chemie der Kohlenstoffverbindungen von Bedeutung sind.

Wie aus o Abb. 2.1C ersichtlich, besitzt ein s-Orbital die Form einer Kugel, dagegen besteht ein p-Orbital (o Abb. 2.2) aus zwei Orbitallappen, die durch eine Ebene (**Knotenfläche**) voneinander getrennt sind, in der die Wahrscheinlichkeit, ein Elektron anzutreffen, gleich Null ist.

Während aufgrund der Kugelsymmetrie nur ein s-Orbital möglich ist, gibt es drei energiegleiche (= entartete) p-Orbitale, die jeweils längs der x-, y- oder z-Achse eines rechtwinkligen Koordinatensystems orientiert sind ($p_x$, $p_y$, $p_z$). Die **Werte der Wellenfunktionen** (die sog. **Phase**) der p-Orbitale sind in einem Orbitallappen positiv und im anderen negativ, symbolisiert durch die beiden unterschiedlichen Farben der Orbitallappen (o Abb. 2.2); an der Knotenfläche ändert die Wellenfunktion also ihr Vorzeichen.

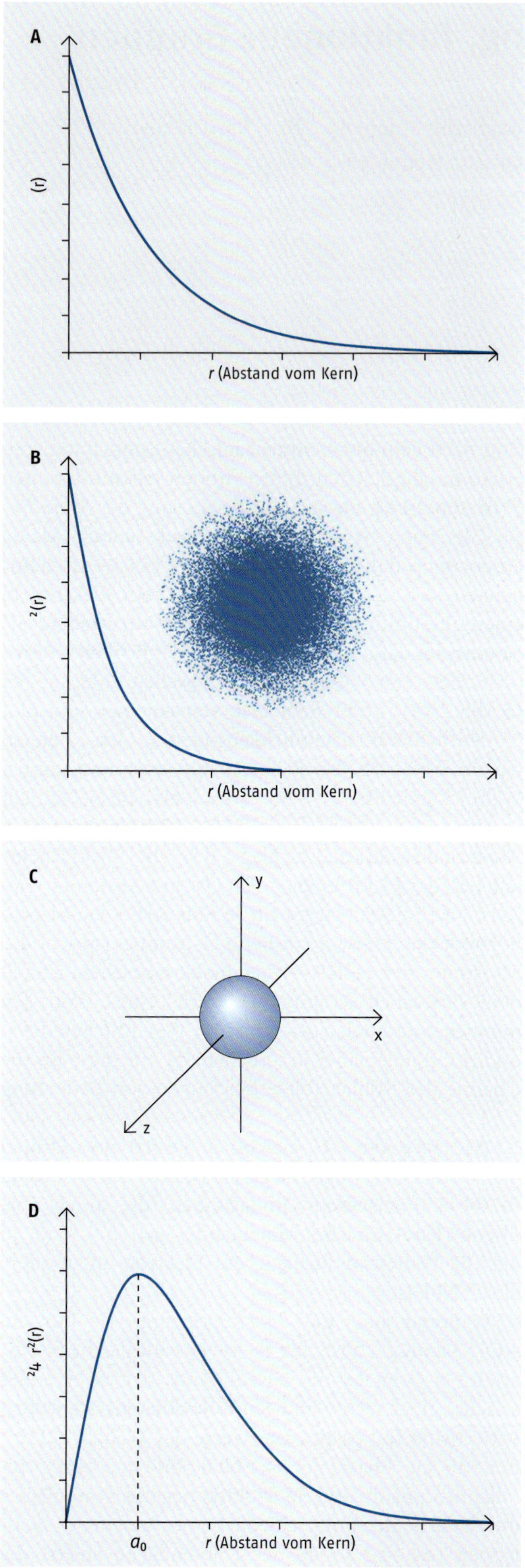


**Abb. 2.1** Verschiedene Darstellungen des 1s-Orbitals des H-Atoms: (**A**) Wellenfunktion $\Psi$; (**B**) Aufenthaltswahrscheinlichkeit $\Psi^2$ und (**C**) Konturplot, Schnittbild des Bereichs, in dem sich das Elektron mit z. B. 90 % Wahrscheinlichkeit aufhält; (**D**) radiale Aufenthaltswahrscheinlichkeit $\Psi^2 \cdot 4 \cdot \pi \cdot r^2$

Für die Chemie der Übergangsmetalle (z. B. bei der Bildung von Metallkomplexen) spielen neben den s- und p-Orbitalen auch die d-Orbitale eine wichtige Rolle. Insgesamt gibt es fünf energiegleiche (= entartete) d-Orbitale. Abb. 2.3 zeigt beispielhaft eines der fünf d-Orbitale, das sogenannte $d_{xy}$-Orbital.

Jedes Orbital kann mit zwei Elektronen besetzt werden, die sich aber in ihrem **Spin** (Eigendrehimpuls) unterscheiden müssen (***Pauli*-Prinzip**, siehe Merke-Kasten). Für die vollständige Beschreibung eines Elektrons in einem System mit mehr als einem Elektron sind demnach vier Quantenzahlen notwendig: die **Hauptquantenzahl** n, die **Nebenquantenzahl** ℓ und die **Magnetquantenzahl** m sowie die **Spinquantenzahl** s mit s = −½ oder +½.

Die Orbitale werden in der Reihenfolge ihrer Energie „von unten nach oben" mit Elektronen besetzt (Abb. 2.4). Die einzelnen Elektronen werden unter Berücksichtigung ihres jeweiligen Spins als nach oben bzw. unten zeigende Pfeile gekennzeichnet. Bei energie-

**MERKE** Um den Energiezustand eines Orbitals eindeutig zu beschreiben, benötigt man drei **Quantenzahlen:**

- Die **Hauptquantenzahl n** mit n = 1, 2, 3... kennzeichnet das grundlegende Energieniveau („*Schale*") und damit in etwa den **Abstand der Elektronen vom Atomkern.**
- Die **Nebenquantenzahl ℓ** mit ℓ = 0 bis (n−1) für n > 1 beschreibt die **Form und Gestalt** des Orbitals. Orbitale mit ℓ = 0 sind kugelsymmetrisch (s-Orbital), solche mit ℓ = 1 hingegen hantelförmig (p-Orbital).
- Die **Magnetquantenzahl m** mit m = −ℓ bis +ℓ für ℓ > 1 gibt die **räumliche Orientierung** des Orbitals an.

Zur Beschreibung von Systemen mit mehr als einem Elektron ist eine vierte Quantenzahl notwendig:

- Die **Spinquantenzahl s** steht in Zusammenhang mit dem **Eigendrehimpuls** des Elektrons. Sie kann die Werte s = +½ und s = −½ annehmen.

**MERKE**

***Pauli*-Prinzip**

Keine zwei Elektronen in einem Atom oder Molekül dürfen in allen vier Quantenzahlen übereinstimmen.

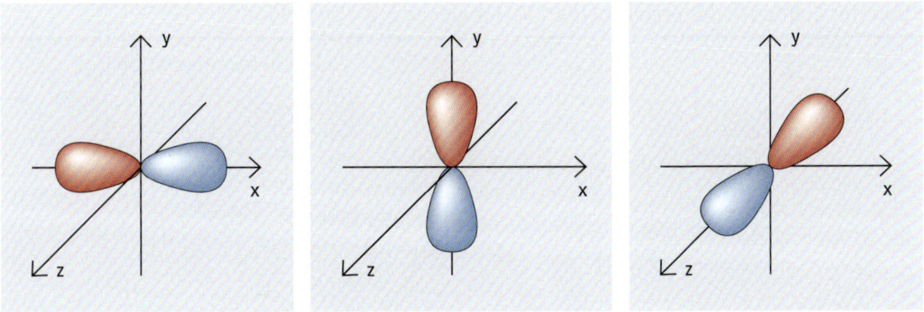


**Abb. 2.2** Die drei 2p-Orbitale sind energiegleich. Sie haben die gleiche Form und unterscheiden sich nur in ihrer Ausrichtung im Raum.

gleichen (= entarteten) Orbitalen (gleiche Quantenzahlen n und ℓ, aber verschiedene Magnetquantenzahl m) werden die entarteten Orbitale zuerst alle einfach besetzt (***Hund*sche Regel**), wobei der Zustand mit der niedrigsten Energie erreicht wird, wenn die ungepaarten Elektronen parallelen Spin aufweisen. Einzelelektronen, die ungepaart bleiben, werden auch als einsame oder **freie Elektronen** bezeichnet. Dagegen ordnen sich zwei Elektronen mit entgegengesetztem (antiparallelem) Spin zu einem **Elektronenpaar**. Die Elektronenkonfiguration eines Elementes gibt man abgekürzt durch Angabe der besetzten Orbitale in aufsteigender Energie an. Der Exponent kennzeichnet, wie viele Elektronen sich in dem Orbital befinden (Abb. 2.4). Anschaulich gibt man die Elektronenkonfiguration eines Elements häufig so an, dass man die Orbitale als Kästchen auf einer von unten nach oben ansteigenden Energieskala darstellt und diese Kästchen der Reihe nach mit Pfeilen für die Elektronen besetzt.

Sieht man von den beiden ersten Elementen, Wasserstoff und Helium, ab, bei denen die nur zwei Elektronen fassende K-Schale aufgefüllt wird, so zeigt Tab. 2.1, dass die Anzahl der Elektronen in den folgenden Perioden regelmäßig von 1 bis 8 ansteigt. Gleichzeitig erkennt man, dass die Edelgase keine freien Elektronen, sondern nur Elektronenpaare aufweisen. Die Erfahrung zeigt zudem, dass Edelgase im Gegensatz zu den meisten anderen Elementen im Periodensystem chemisch nahezu komplett inert sind. Die Edelgase sind die einzigen Elemente, die in der Natur atomar vorkommen und sie sind so reaktionsträge, dass sie – im Gegensatz zu allen anderen Elementen im Periodensystem – kaum chemische Bindungen mit anderen Elementen eingehen. Es gibt nur sehr, sehr wenige chemische Verbindungen, in denen Edelgase vorkommen. Offensichtlich hängt demnach die chemische Reaktivität eines Elements von der Elektronenkonfiguration ab. Diese Über-

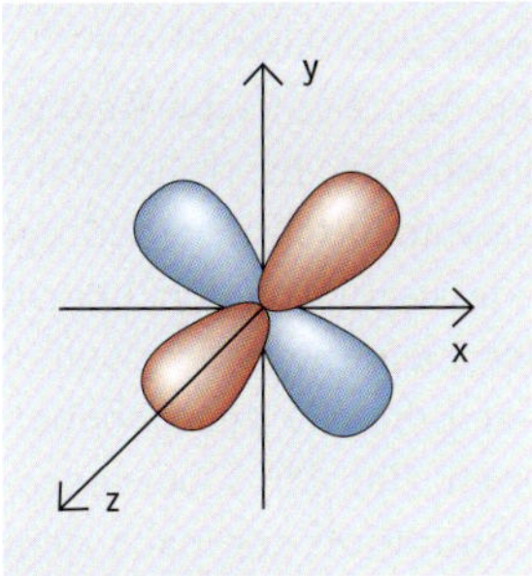


**Abb. 2.3** Eines der fünf entarteten d-Orbitale, das $d_{xy}$-Orbital

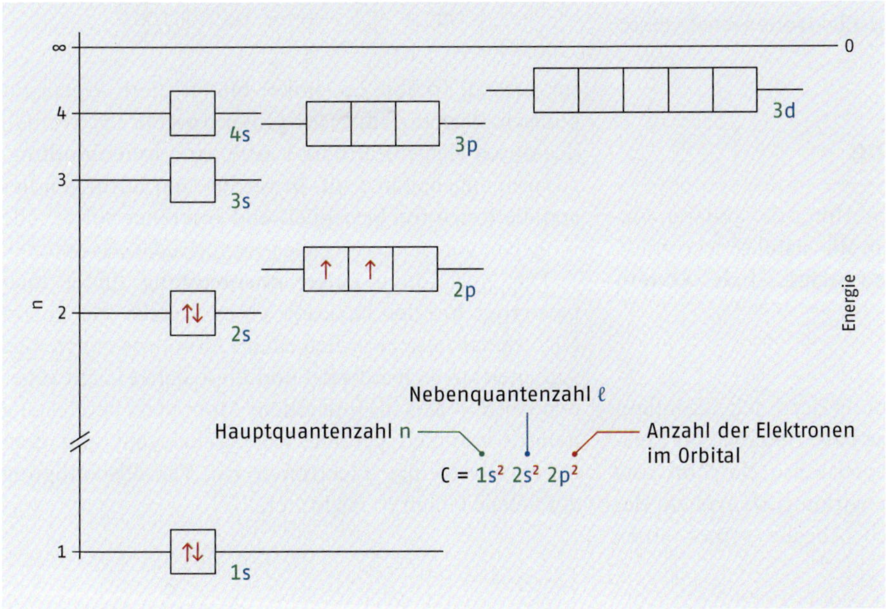


**Abb. 2.4** Elektronenkonfiguration des Kohlenstoffatoms

**Tab. 2.1** Elektronenkonfiguration der Elemente der ersten beiden Perioden

| Element | Orbitale | | | | | Elektronenkonfiguration |
|---|---|---|---|---|---|---|
| | K-Schale | L-Schale | | | | |
| | 1s | 2s | $2p_x$ | $2p_y$ | $2p_z$ | |
| H | ↑ | | | | | $1s^1$ |
| He | ↑↓ | | | | | $1s^2$ |
| Li | ↑↓ | ↑ | | | | $1s^2\,2s^1$ |
| Be | ↑↓ | ↑↓ | | | | $1s^2\,2s^2$ |
| B | ↑↓ | ↑↓ | ↑ | | | $1s^2\,2s^2\,2p^1$ |
| C | ↑↓ | ↑↓ | ↑ | ↑ | | $1s^2\,2s^2\,2p^2$ |
| N | ↑↓ | ↑↓ | ↑ | ↑ | ↑ | $1s^2\,2s^2\,2p^3$ |
| O | ↑↓ | ↑↓ | ↑↓ | ↑ | ↑ | $1s^2\,2s^2\,2p^4$ |
| F | ↑↓ | ↑↓ | ↑↓ | ↑↓ | ↑ | $1s^2\,2s^2\,2p^5$ |
| Ne | ↑↓ | ↑↓ | ↑↓ | ↑↓ | ↑↓ | $1s^2\,2s^2\,2p^6$ |

legung führte *Kossel* und *Lewis* zur Aufstellung des **Oktettprinzips.** Es besagt, dass das chemische Reaktionsvermögen der Atome durch ihr Bestreben, die Oktettkonfiguration der Edelgase anzunehmen, bedingt ist. In Anlehnung an den klassischen Valenzbegriff bezeichnet man deshalb bei den Elementen der zweiten Periode die in ▫Tab. 2.1 in der L-Schale angegebenen Elektronen als **Valenzelektronen.** Bei den Übergangsmetallen wird die Edelgaskonfiguration erst nach dem Einbau von 18 Elektronen erreicht (▸Kap. 11). Die Zusammensetzung vieler Übergangsmetallkomplexe lässt sich mit dieser **Achtzehn-Elektronenregel** verstehen.

## 2.2 Chemische Bindung

Welche Möglichkeiten besitzen Atome der anderen Elemente im Periodensystem, um die stabile Elektronenkonfiguration eines Edelgases („Achterschale", **Oktettkonfiguration**) zu erreichen?

### 2.2.1 Ionenbindung

Eine Möglichkeit zur Ausbildung der Edelgaskonfiguration ist durch die **Aufnahme bzw. Abgabe von Elektronen** gegeben. Treten beispielsweise Natrium und Chlor miteinander in Wechselwirkung, so erreicht das neutrale Natriumatom durch Abgabe seines einen Valenzelektrons die Oktettkonfiguration des vorhergehenden Edelgases, d. h. des Neons, während das neutrale Chloratom das Valenzelektron des Na-Atoms in seine Elektronenhülle aufnimmt und somit die Außenschale des nachfolgenden Edelgases, nämlich des Argons, erreicht. Das entstehende **Salz**, Natriumchlorid, besteht aus elektrisch geladenen **Ionen**, und zwar aus dem Kation $Na^+$ und dem Anion $Cl^-$, die beide im Gegensatz zu den Atomen jeweils Edelgaskonfiguration aufweisen:

Im Kristall (○Abb. 2.5, links) bilden diese Ionen ein kubisch flächenzentriertes Gitter (○Abb. 2.5, rechts), das durch elektrostatische Kräfte, eine **Ionenbindung**, zusammengehalten wird. In verdünnten Lösungen liegen die Ionen frei beweglich und von einer Solvathülle umgeben vor.

Die Ausbildung einer Ionenbindung findet man bevorzugt bei der Reaktion eines Metalls mit einem Nichtmetall, also zwischen einem Atom, das nur wenige Außenelektronen aufweist und diese daher leicht abgeben kann (= Metall) und einem Atom, dass bereits eine nahezu komplett gefüllte Valenzschale hat und dem daher nur wenige Elektronen zur Vervollständigung der Schale fehlen (= Nichtmetall).

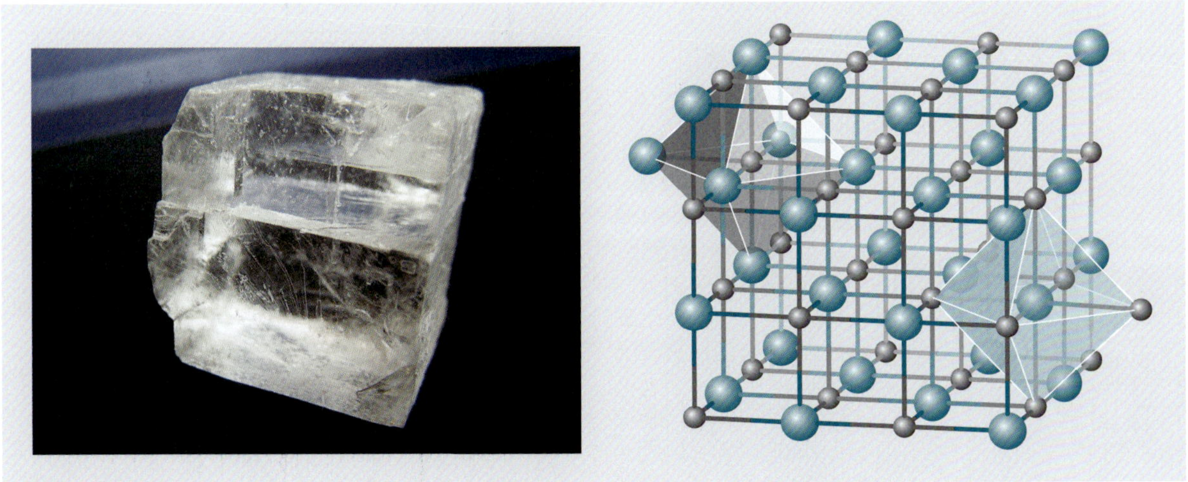

**o Abb. 2.5** Natriumchloridkristall (links) und Modell des Ionengitters (rechts; Natrium-Kationen grau, Chlorid blau)

### 2.2.2 Atombindung

Welche Möglichkeit zur Bindungsbildung aber weisen z. B. die Nichtmetalle untereinander auf? Wir wissen aus Erfahrung, dass Elemente wie Wasserstoff oder Chlor in der Natur nicht atomar, sondern in Form zweiatomiger Moleküle vorkommen. Ausgehend vom Oktettprinzip stellte *Lewis* die Hypothese auf, dass in einem solchen $H_2$- oder $Cl_2$-Molekül die Edelgaskonfiguration durch Paarung je eines ungepaarten Elektrons zu einem **Bindungselektronenpaar** zustande kommt, ohne dass das einzelne Elektron seinen jeweiligen Atomverband komplett verlässt (wie bei der Ionenbindung). Die beiden Atome teilen sich das bindende Elektronenpaar. Das gemeinsame Elektronenpaar vervollständigt die Valenzschale beider Atome und stellt somit die Oktettkonfiguration in beiden Atomen her. Es liegt eine **Atombindung** (*C. A. Knorr*) vor, die man auch als **kovalente Bindung** (*Langmuir*) bezeichnet.

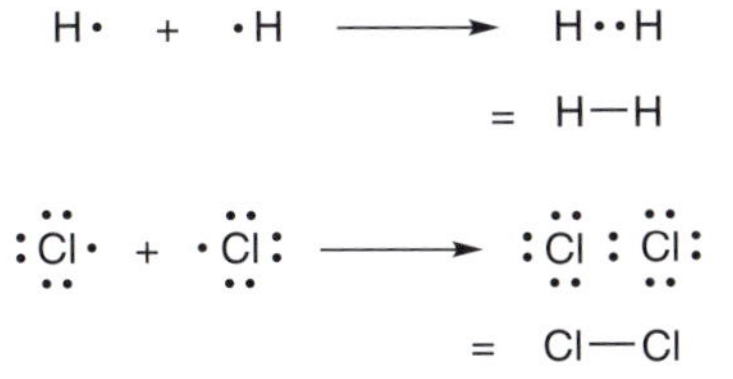

Es ist nun nicht mehr sinnvoll, die Wahrscheinlichkeit für den Aufenthalt der Elektronen durch die einzelnen Atomorbitale (AO) wiederzugeben, sondern diese bilden durch Überlappung untereinander neue, sogenannte **Molekülorbitale** (MO). In ihnen erstreckt sich die Aufenthaltswahrscheinlichkeit über die beiden mit einander verbundenen Kerne (im Allgemeinen bei größeren Molekülen sogar häufig über alle Atome eines Moleküls). Eine chemische Bindung ist demnach als Kombination von Atomorbitalen zu Molekülorbitalen aufzufassen (quantenchemisch **LCAO**, ***linear combination of atomic orbitals***, genannt). Für das Wasserstoffmolekül, bei dem sich zwei 1 s-Orbitale überlappen, kann man die beiden neu entstehenden Molekülorbitale (MO), wie in o Abb. 2.6 gezeigt, veranschaulichen. Derartige Bindungen, bei denen die Molekülorbitale rotationssymmetrisch um die Kern-Kern-Verbindungslinie liegen, werden als **$\sigma$-Bindungen** bezeichnet.

Bei der Kombination zweier Atomorbitale entstehen immer zwei Molekülorbitale, ein bindendes und ein antibindendes Orbital (o Abb. 2.6). Das bindende Molekülorbital ist durch eine positive Überlappung und eine erhöhte Elektronendichte zwischen den Atomkernen gekennzeichnet, dieses MO ist energetisch günstiger als die ursprünglichen Atomorbitale. Es entsteht, wenn die Orbitallappen der AO mit gleichen Vorzeichen (der Wellenfunktion) überlappen (bindende Kombination). Dagegen ist das antibindende Molekülorbital durch eine Knotenfläche der Wellenfunktion zwischen den Atomkernen charakterisiert, in diesem Fall besitzen die Orbitallappen der AO bei der Überlappung entgegengesetzte Vorzeichen. Das resultierende antibindende MO ist energetisch ungünstiger als die beiden ursprünglichen AO und wird relativ zu den beiden Atomorbitalen stärker destabilisiert als das bindende stabilisiert wird. Ein antibindendes Orbital wird durch einen Stern symbolisiert, z. B. $\sigma^*$ für das antibindende Orbital einer $\sigma$-Bindung Die beiden neuen MO werden entsprechend zunehmender Energie mit den zur Verfügung stehenden Elektronen besetzt. Jedes MO kann wie auch ein AO maximal zwei Elektronen mit entgegengesetztem Spin (*Pauli*-Prinzip) aufnehmen. Im $H_2$-Molekül ist daher das bindende $\sigma$-MO mit zwei Elektronen mit antiparallelem Spin doppelt besetzt, das antibindende $\sigma^*$-Orbital bleibt leer. Gibt es in einem Molekül entartete MO, so werden diese wie auch bei den AO zunächst einfach durch Elektronen mit parallelem Spin besetzt (*Hund*sche Regel). Ein stabiles Molekül ergibt sich, wenn sich mehr Elektronen in bindenden als in antibindenden MO befinden.

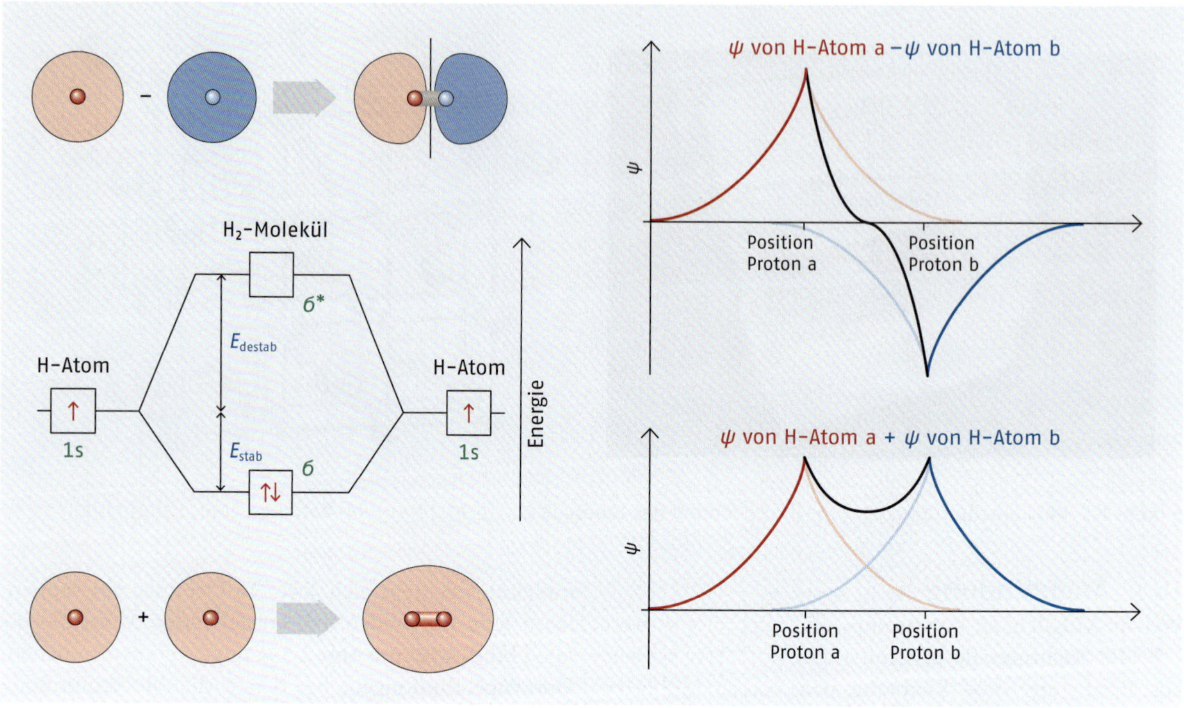


**Abb. 2.6** MO-Schema zur Bildung eines $H_2$-Moleküls aus zwei H-Atomen. Durch Addition und Subtraktion der 1s-Atomorbitale der beiden H-Atome entstehen zwei neue Molekülorbitale: ein bindendes σ-Orbital (unten) und ein antibindendes σ*-Orbital mit Knotenebene (oben)

Eine genaue quantenchemische Betrachtung zeigt, dass die Elektronen in bindenden MO eine geringere kinetische Energie besitzen als zuvor in den AO, was letztlich der Grund für die Bildung der Atombindung ist. Die Stabilität einer Atombindung beruht also nicht auf einer Verringerung der potenziellen Energie der Elektronen durch die elektrostatische Anziehung von jetzt zwei Atomkernen, wie man häufig fälschlicherweise liest. Ein $H_2$-Molekül ist z. B. um 436 kJ/mol stabiler als die beiden einzelnen H-Atome. Diese Energie (**Bindungsdissoziationsenergie, BDE**, ▸Kap. 12.3) wird frei bei der Bildung der Atombindung.

### 2.2.3 C—H-, C—C-, C=C- und C≡C-Bindungen

Für das Methan-Molekül, $CH_4$, ergibt sich nach dem MO-Modell folgendes Bild: Methan stehen zur Bindungsbildung die vier 1s-Atomorbitale der vier H-Atome sowie das 2s- und die drei 2p-Orbitale des C-Atoms zur Verfügung (Abb. 2.7). Durch Überlappung dieser insgesamt acht AO entstehen insgesamt acht neue Orbitale, vier bindende und vier antibinde MO. Für die Frage, welche Atomorbitale miteinander zu Molekülorbitalen überlappen können, spielt auch die **Symmetrie** der Orbitale eine entscheidende Rolle: Bei Überlappung von Orbitalen nicht zueinander passender Symmetrie erhält man keine sinnvollen MO. Da in Summe acht Elektronen (vier vom C-Atom und jeweils eins von den vier H-Atomen) vorhanden sind, werden gerade alle vier bindenden MO doppelt besetzt und alle vier antibindenden MO bleiben leer. Methan ist daher eine stabile Verbindung. Allerdings sind die vier bindenden MO (Abb. 2.7) nicht sehr anschaulich, da es sich um **delokalisierte Orbitale** handelt, die sich über das gesamte Molekül erstrecken. Es gibt kein MO, das sich unmittelbar einer einzelnen, lokalisierten C—H-Bindung zuordnen lässt. Alle MO tragen gemeinsam zur Bindung aller vier H-Atome an das zentrale C-Atom bei.

Ein anschaulicheres Modell ergibt sich, wenn man den Aufbau eines Moleküls mit lokalisierten **Hybridorbitalen** beschreibt. Hierzu werden vor der Bindungsbildung die 2s- und die 2p-Atomorbitale des Kohlenstoffatoms „gemischt". Aus dem einen 2s-AO und den drei 2p-AO erhält man so vier energiegleiche, also entartete **$sp^3$-Hybridatomorbitale** (Abb. 2.8). Mathematisch ergeben sich diese Hybridorbitale, wenn man die Wellenfunktionen der vier Atomorbitale am C-Atom *vor der Bindungsbildung* miteinander addiert bzw. voneinander subtrahiert.

Ein einzelnes $sp^3$-Hybridorbital hat die in Abb. 2.8 schematisch dargestellte Hantelform und weist einen großen und einen kleinen Orbitallappen auf. Die vier $sp^3$-Hybridorbitale erstrecken sich in Richtung auf die Ecken eines Tetraeders. Diese Anordnung bleibt auch bei der Ausbildung von Bindungen erhalten (Abb. 2.9), z. B. entsteht bei Überlappung je eines der vier $sp^3$-Hybridorbitale mit je einem der kugelsymmetrischen 1s-Orbitalen der vier Wasserstoffatome das Methan-

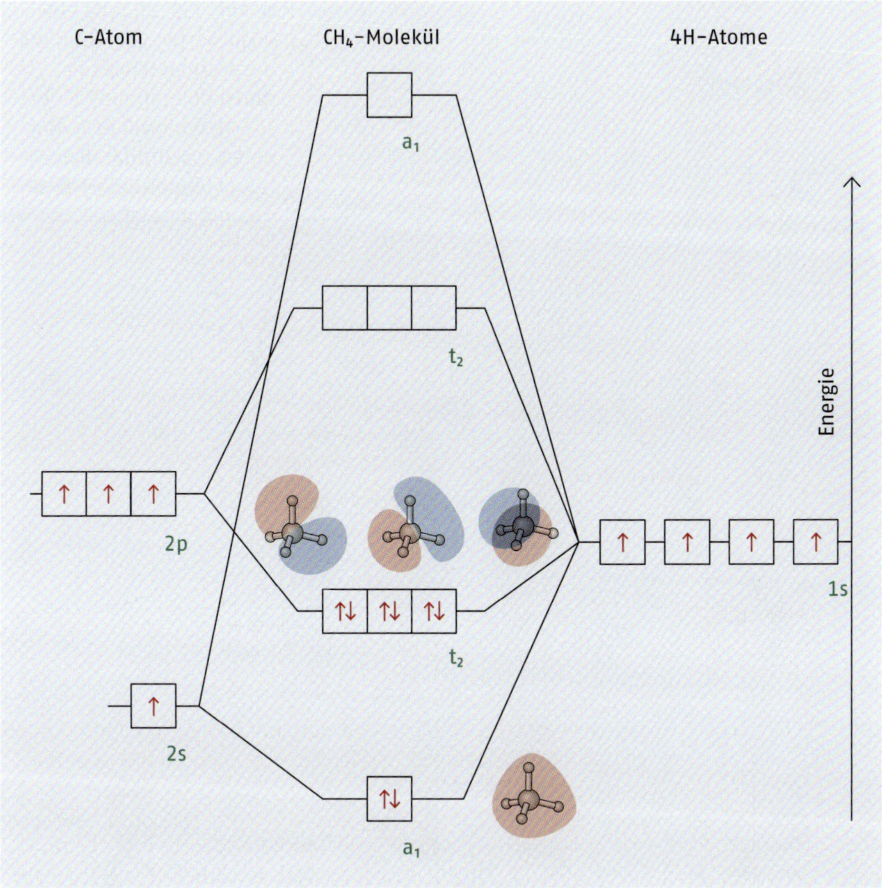


**Abb. 2.7** MO-Schema zur Ausbildung der vier C–H-Bindungen des Methan-Moleküls durch Überlappung der vier AO des C-Atoms mit den vier AO der vier H-Atome sowie Darstellung der vier sich daraus ergebenden bindenden, aber delokalisierten Molekülorbitale des Methan-Moleküls



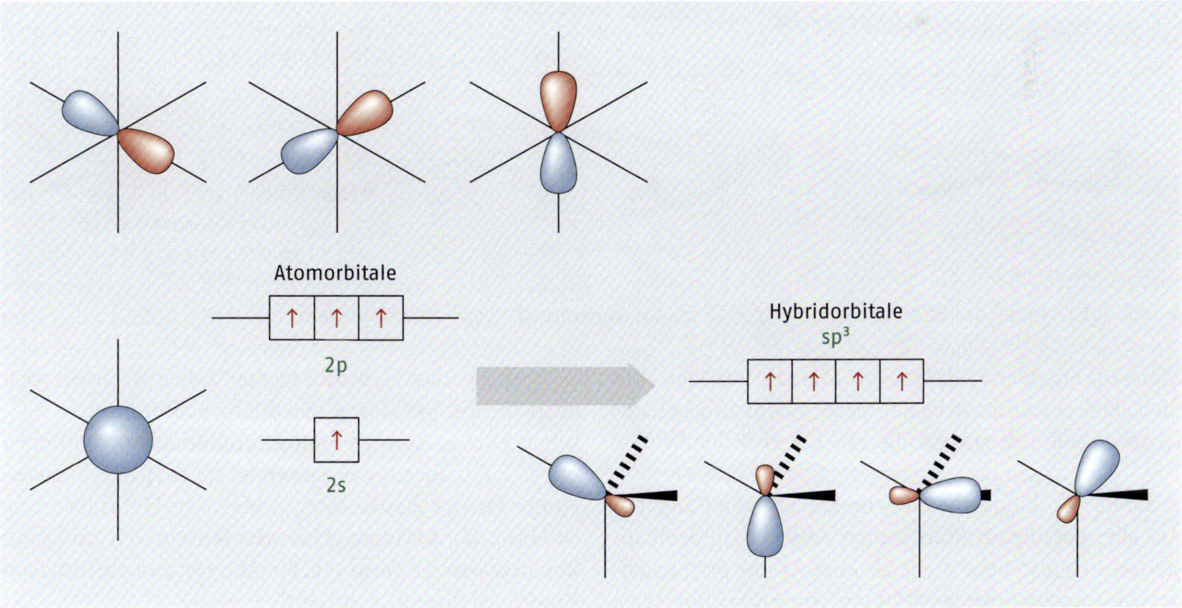


**Abb. 2.8** Modell der Bildung der vier entarteten $sp^3$-Hybridatomorbitale durch Linearkombination der vier Atomorbitale eines C-Atoms

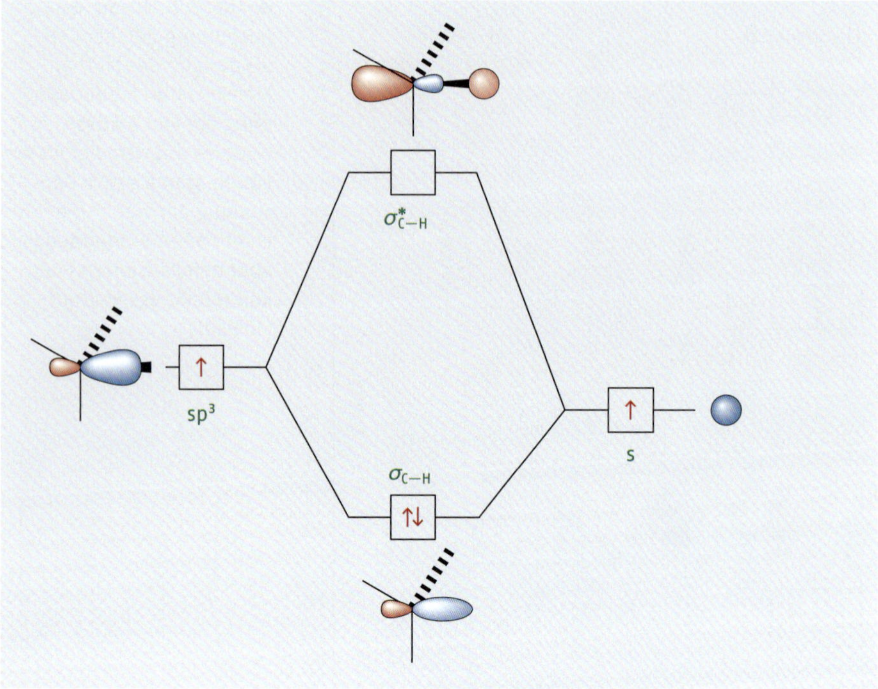


**○ Abb. 2.9** Bildung einer lokalisierten C-H-Bindung des Methan-Moleküls durch Überlappung eines $sp^3$-Hybridorbitals mit einem 1s-Orbital. Das neue, bindende σ-MO ist doppelt besetzt.

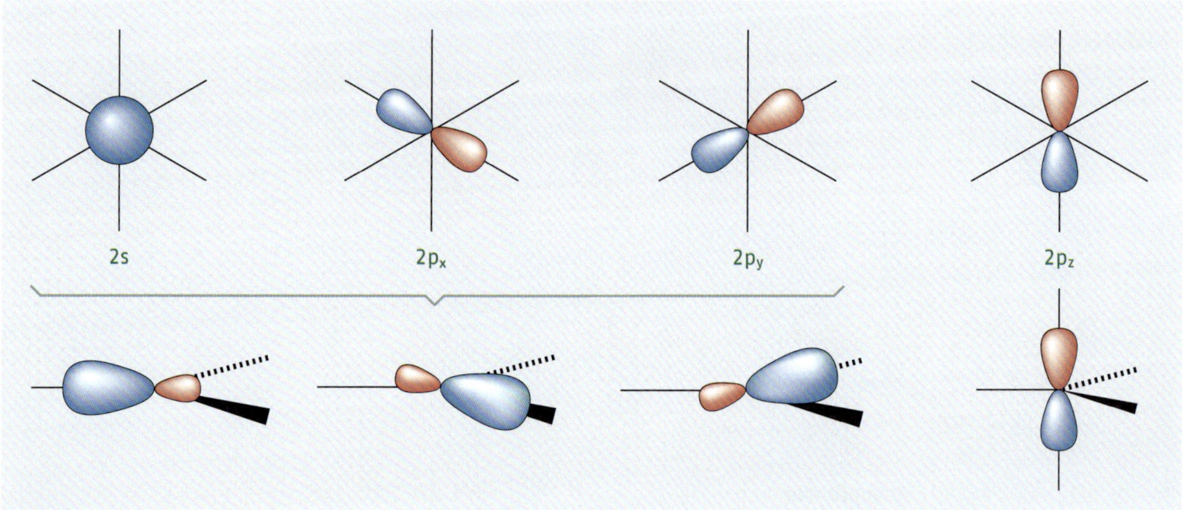


**○ Abb. 2.10** Modell der Bildung der drei trigonal-planar angeordneten $sp^2$-Hybridorbitale

Molekül. Die vier H-Atome im Methan besetzen also die Ecken eines Tetraeders, in dessen Zentrum sich das C-Atom befindet, sodass alle H—C—H-Valenzwinkel 109° 28' betragen.

Beide Bindungsmodelle, direkte Überlappung der AO aller beteiligten Atome unter Ausbildung delokalisierter, sich also über mehr als zwei Atome erstreckender MO oder vorherige Bildung von Hybridorbitalen am C-Atom und anschließende schrittweise Bildung von lokalisierten Bindungen mit jeweils einem Bindungspartner, sind letztendlich äquivalent. Das Konzept der Hybridisierung ist aber in vielen Fällen anschaulicher und reicht für die meisten Beschreibungen in der Organischen Chemie aus. Es wird daher auch in diesem Buch bevorzugt verwendet.

Mithilfe des Hybridisierung-Konzepts lassen sich auch für die Erklärung von **Mehrfachbindungen** zwischen zwei C-Atomen brauchbare Modellvorstellungen entwickeln, die auf der Annahme einer $sp^2$-Hybridisierung (○ Abb. 2.10) bzw. einer sp-Hybridisierung (○ Abb. 2.12) beruhen. Hier werden ein 2s- und zwei 2p- bzw. ein 2s- und ein 2p-AO vor der eigentlichen Bindungsbildung „gemischt".

Zur Beschreibung von **C=C-Doppelbindungen** verwendet man **$sp^2$-Hybridorbitale.** Diese erhält man durch „Mischen" von zwei der drei 2p-Orbitale mit dem 2s-Orbital des C-Atoms (○ Abb. 2.10). Die drei resultierenden $sp^2$-Hybridorbitale zeigen vom Kohlenstoffatom aus in die Ecken eines gleichseitigen Dreiecks

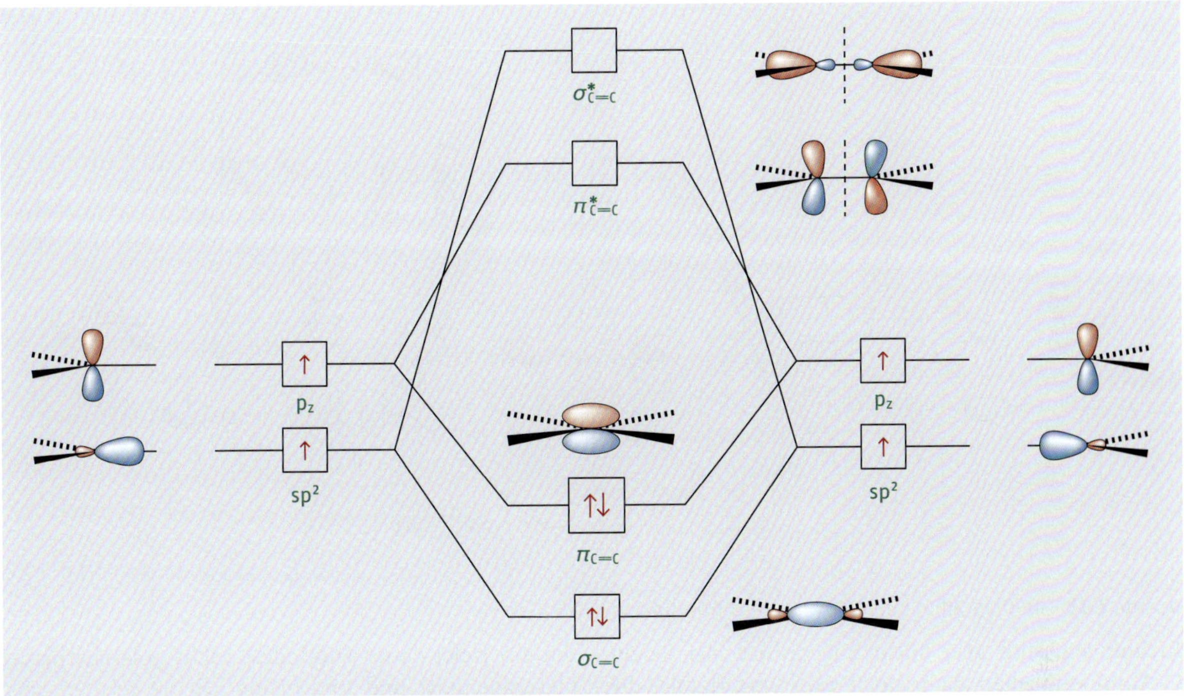


**Abb. 2.11** MO-Diagramm einer C=C-Doppelbindung

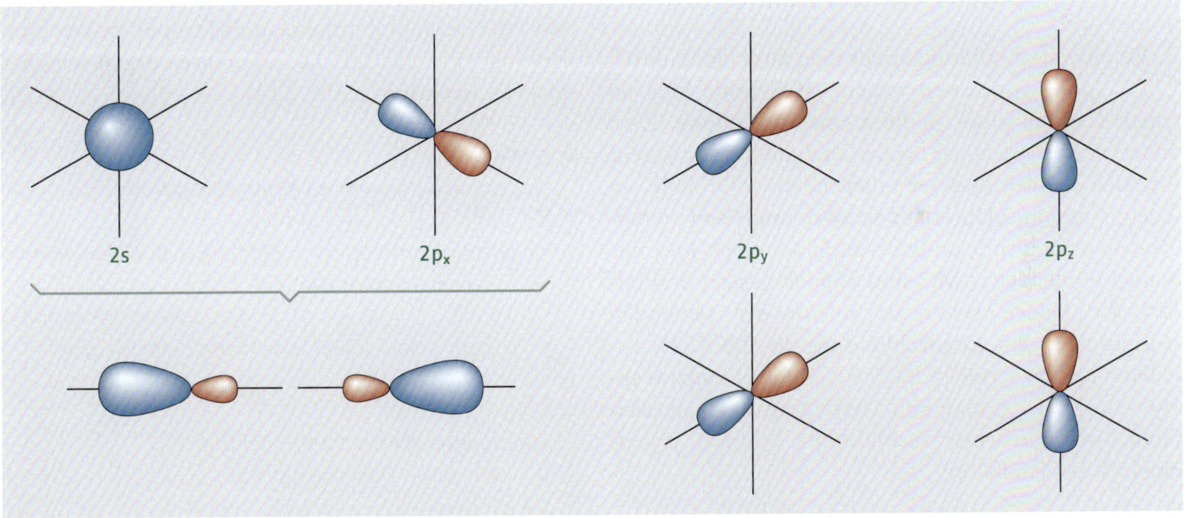


**Abb. 2.12** Modell der Bildung der beiden linear angeordneten sp-Hybridorbitale

(Bindungswinkel 120°). An dem C-Atom verbleibt dann noch ein 2p-Orbital, das senkrecht zu den drei $sp^2$-Hybridorbitalen angeordnet ist. Die C=C-Doppelbindung (Abb. 2.11) bildet sich zum einen durch Überlappung von zwei $sp^2$-Hybridorbitalen, wobei eine σ-Bindung zwischen den beiden C-Atomen gebildet wird. Zusätzlich überlappen seitlich die beiden parallel angeordneten $2p_z$-Orbitale an jedem C-Atom. Aus dieser seitlichen Orbitalwechselwirkung resultiert wiederum die Bildung eines bindenden und eines antibindenden Molekülorbitals. Das bindende MO ist doppelt besetzt. Die Elektronendichte in diesem MO konzentriert sich nicht wie bei der σ-Bindung entlang, sondern oberhalb und unterhalb der C—C-Bindungsachse. Einen solchen Bindungstyp nennt man **π-Bindung** und die beteiligten Orbitale **π-MO**. Mit den verbleibenden zwei $sp^2$-Hybridorbitalen an jedem C-Atom werden dann zwei Einfachbindungen zu anderen Bindungspartnern gebildet. Im Falle von Ethen werden so die vier Wasserstoffatome durch $sp^2$-1 s-Einfachbindungen gebunden.

Zur Beschreibung von **C≡C-Dreifachbindungen** verwendet man **sp-Hybridorbitale.** Diese erhält man durch „Mischen“ nur eines der 2p-Orbitale mit dem 2 s-Orbital (Abb. 2.12). Die beiden sp-Hybridorbitale zeigen vom Kohlenstoffatom aus in entgegengesetzte

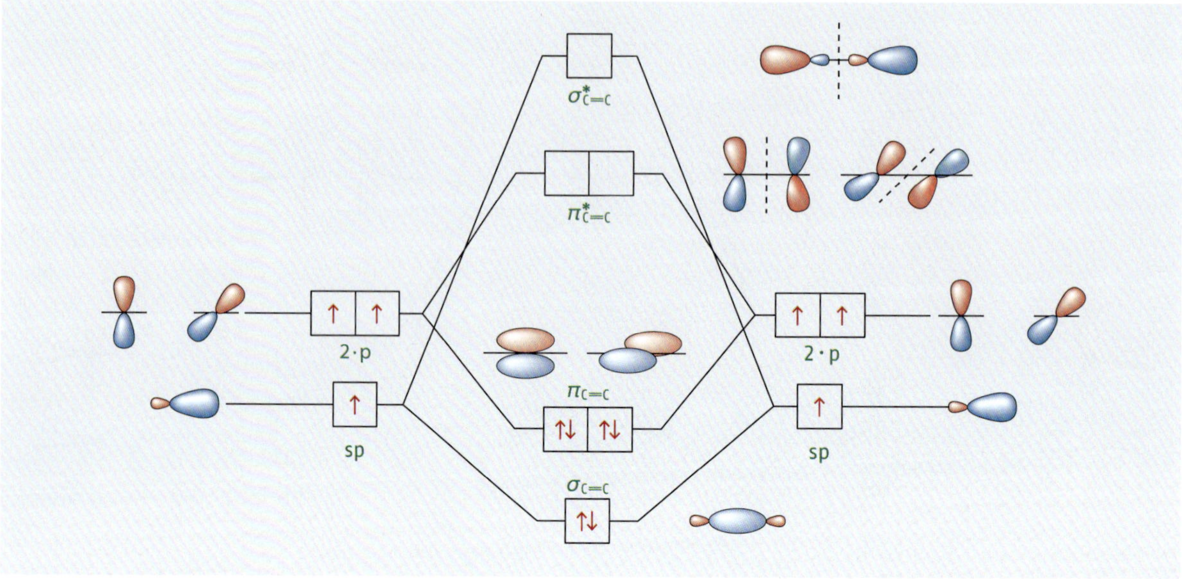


**o Abb. 2.13** MO-Diagramm einer C≡C-Dreifachbindung

Richtungen, sind also linear angeordnet. An jedem C-Atom verbleiben dann noch zwei 2p-Orbitale, die wiederum senkrecht zu den sp-Hybridorbitalen und auch senkrecht zum jeweils anderen 2p-Orbital angeordnet sind.

Eine Dreifachbindung erhält man zum einen durch Überlappung von jeweils einem sp-Hybridorbital an jedem C-Atom unter Bildung einer $\sigma$-Bindung. Zum anderen überlappen wie bei der Doppelbindung jeweils die sich seitlich gegenüberliegenden p-Orbitale an jedem C-Atom. Man erhält so zwei entartete (= energiegleiche) bindende und zwei antibindende $\pi$-MO. Die beiden bindenden $\pi$-MO sind doppelt besetzt und bilden die beiden senkrecht aufeinander stehenden $\pi$-Bindungen der Dreifachbindung (o Abb. 2.13). An jedem C-Atom verbleibt noch ein einfach besetztes sp-Hybridorbital, das eine Einfachbindung zu einem weiteren Bindungspartner ausbildet, im Ethin zu jeweils einem Wasserstoffatom.

## 2.3 Funktionelle Gruppen

Organisch-chemische Reaktionen werden meistens durch die Wechselwirkung eines elektronenreichen Atoms oder Moleküls (**Nucleophil**) mit einem elektronenarmen Atom oder Molekül (**Elektrophil**) bestimmt. Elektrophile (übersetzt: elektronenliebend, wörtlich: Bernstein liebend; denn Bernstein lädt sich bei Reibung elektrostatisch auf und erhält durch Aufnahme von Elektronen eine negative Ladung) sind Teilchen mit verringerter Elektronendichte oder Elektronenmangel. Sie können positiv geladen sein oder eine positive Partialladung besitzen. Nucleophile (übersetzt: kernliebend) sind Teilchen mit erhöhter Elektronendichte. Sie besitzen ein freies (oder zumindest leicht polarisierbares) Elektronenpaar und sind häufig negativ geladen oder besitzen eine negative Partialladung.

Die meisten chemischen Reaktionen laufen so ab, dass ein Nucleophil mit einem Elektrophil in Wechselwirkung tritt. Man spricht von **polaren organisch-chemischen Reaktion** (o Abb. 2.14).

**MERKE**

**Nucleophile (Nu oder $Nu^-$)** sind Teilchen mit
- erhöhter Elektronendichte,
- leicht polarisierbarer $\pi$-Bindung (z. B. Alken) oder
- freiem Elektronenpaar (z. B. Amin).

Sie können
- negativ geladen sein (z. B. Bromid-Anion) oder
- eine negative Partialladung (z. B. Amin) besitzen.

**Elektrophile (E oder $E^+$)** sind Teilchen mit
- verringerter Elektronendichte.

Sie können
- eine Elektronenlücke aufweisen,
- positiv geladen sein (z. B. Carbeniumion) oder
- eine positive Partialladung besitzen (z. B. Kohlenstoffatom in einem Alkylhalogenid, Wasserstoffatom in Halogenwasserstoffen).

Bei **polaren Reaktionen** (o Abb. 2.14) reagieren:
- Nucleophil + Elektrophil,
- Anion + Kation,
- *Lewis*-Base + *Lewis*-Säure,
- $\delta^+$ mit $\delta^-$.

**Positive** oder **negative Partialladungen** ergeben sich, wenn das Bindungselektronenpaar einer kovalenten Atombindung nicht wie im $H_2$-Molekül symmetrisch

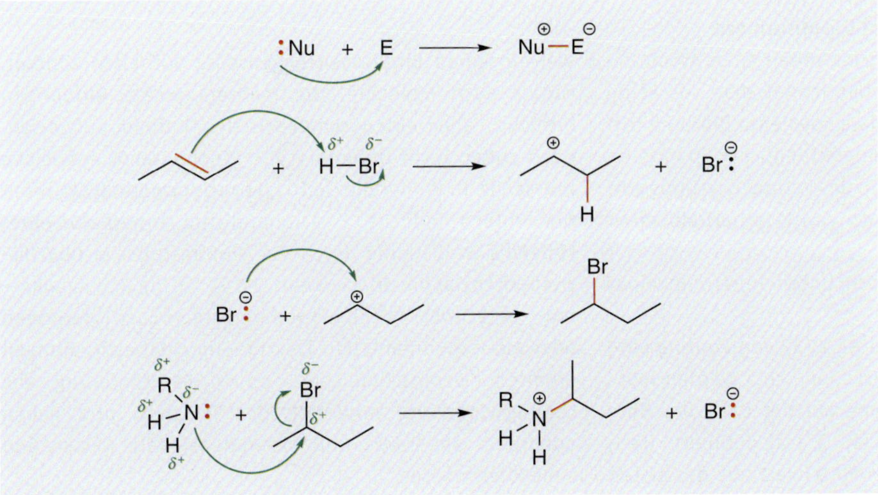


**o Abb. 2.14** Beispiele für polare organisch-chemische Reaktionen. Nu: Nucleophil, E: Elektrophil. Beachte: Pfeile, die Elektronenverschiebungen symbolisieren (grün), zeigen *immer* (!) vom Nucleophil zum Elektrophil.

zwischen den beiden Atomen verteilt ist, sondern wie im HCl-Molekül vom Atom mit der größeren **Elektronegativität** (▸Exkurs: Elektronegativität und Dipolmoment) stärker beansprucht wird. Es entsteht eine **polare Atombindung**, ein elektrischer Bindungsdipol, dessen Stärke durch Messung des **Dipolmoments** $\mu$ bestimmt werden kann. Die unterschiedliche Ladungsverteilung wird mit $\delta^+$ und $\delta^-$ markiert, diese Partialladungen deuten einen zahlenmäßig nicht näher definierten Bruchteil der Elementarladung an. Organisch-chemische Reaktionen erfolgen also bevorzugt an polaren Atombindungen.

■ MERKE Die **Elektronegativität des C-Atoms** hängt von seinem Hybridisierungsgrad ab. Sie nimmt in der Reihenfolge $sp^3 < sp^2 < sp$ zu!
Grund dafür ist der höhere s-Anteil der sp- und $sp^2$-Orbitale im Vergleich zu $sp^3$-Orbitalen: Elektronen in s-Orbitalen liegen näher am positiven Atomkern und erfahren dadurch eine stärkere Anziehung als Elektronen in p-Orbitalen

Häufig sind somit bestimmte (meistens eben polare) Anordnungen von Atomen oder Atomgruppen für die Eigenschaften, das Reaktionsverhalten und die Reaktivität von organischen Molekülen ausschlaggebend. Diese charakteristischen Atomgruppen nennt man **funktionelle Gruppen**. Die für organische Reaktionen wichtigsten funktionellen Gruppen und die sich davon ableitenden Stoffklassen sind in ◘ Tab. 2.2 zusammengefasst.

Zusammenfassend lässt sich daher sagen: Organische Moleküle bestehen aus einem wenig reaktiven Kohlenwasserstoffgerüst und funktionellen Gruppen. Diese Atome oder Atomgruppen weisen in verschiedenen Verbindungen ähnliche Eigenschaften hinsichtlich der von ihnen eingegangenen chemischen Reaktionen und hinsichtlich ihrer Reaktivität auf. Sie bestimmen daher die Stoffeigenschaften und das Reaktionsverhalten der Moleküle.

Verbindungen, die die gleichen funktionellen Gruppen tragen, werden zu **Stoffklassen** zusammengefasst. Sie bestimmen auch die Nomenklatur organischer Verbindungen.

### 2.3.1 Hard and Soft Acids and Bases (HSAB), *Lewis*-Säuren und -Basen

Das HSAB-Konzept geht auf *Pearson* (1963) zurück, der das Säure-Base-Konzept von *Lewis* als Grundlage benutzte, um die Stabilität und Reaktivität von anorganischen Metallkomplexen abzuschätzen. Das Konzept wurde später erweitert und auch auf organische Moleküle übertragen. Nach *Lewis* sind Säuren **Elektronenpaar-Akzeptoren** und Basen **Elektronenpaar-Donatoren**. Eine polare Reaktion ist demnach immer die Reaktion einer *Lewis*-Säure mit einer *Lewis*-Base (o Abb. 2.14). Das HSAB-Konzept unterscheidet zwischen **harten** und **weichen** Säuren und Basen. Harte Teilchen (mit Teilchen sind hier allgemein Atome, Ionen oder Moleküle gemeint) sind solche mit großem **Ladungs-Radius-Verhältnis**. Sie sind kaum polarisierbar, wirken aber stark polarisierend auf andere Teilchen. Dahingegen sind weiche Teilchen solche mit kleinem Ladungs-Radius-Verhältnis. Sie sind leicht **polarisierbar**, d. h., ihre Elektronenhülle kann leicht deformiert werden. Das HSAB-Konzept besitzt lediglich qualitativen Charakter, gestattet jedoch nützliche Abschätzungen über den Ablauf von Reaktionen. Als Abschätzung für die Härte bzw. Weichheit eines Teilchens kann der energetische Abstand zwischen den **Grenzorbitalen** dienen. Die Grenzorbitale sind das höchste besetzte MO (*highest occupied MO*, **HOMO**) und das niedrigste unbesetzte MO (*lowest unoccupied MO*, **LUMO**) eines Moleküls.

Für eine Abschätzung der **Aktivierungsenergie** einer Reaktion zweier Moleküle kann die ***Klopmann-Salem*-Gleichung** (o Gleichung 2.2) herangezogen werden. Diese Gleichung beschreibt die Energie zwischen zwei reagierenden Molekülen, die bei Überlappung der

## Exkurs: Elektronegativität und Dipolmoment

Das Bestreben eines Atoms, die Elektronen einer Atombindung zu sich heranzuziehen, bezeichnet man als seine **Elektronegativität** (EN). Eine polare kovalente Bindung tritt auf, wenn Atome mit deutlich unterschiedlicher EN miteinander verbunden sind. Innerhalb des Periodensystems gilt:

- Die EN nimmt von links nach rechts innerhalb einer Periode zu.
- Die EN nimmt von oben nach unten innerhalb einer Gruppe ab.

Der Begriff Elektronegativität wurde 1932 von *Pauling* eingeführt. Bei der von ihm entwickelten Skala werden relative EN-Differenzen zweier Atome auf der Basis der **Bindungsdissoziationsenergien** (▸Kap. 2.2.2) definiert. Nach *Mulliken* (1934) wird die EN als Mittelwert aus der ersten **Ionisierungsenergie** (Energie, die benötigt wird, um das am schwächsten gebundene Elektron vom Atom oder Molekül zu trennen) und der **Elektronenaffinität** (Energie, die umgesetzt wird, wenn ein Elektron von einem neutralen Atom oder Molekül aufgenommen wird; sie kann positiv oder negativ sein) berechnet. Weitere EN-Skalen berücksichtigen z. B. die jeweilige Anziehungskraft zwischen Atomkern und Bindungselektronen.

Eine polare Atombindung stellt einen **Dipol** dar, dessen Stärke durch das **Dipolmoment** $\mu$ angegeben wird. Es ist das Produkt aus der Größe der ungleich verteilten Ladungen *e* (bei polaren Atombindungen der Partialladungen) und der Entfernung zwischen den Ladungen *d*:

$$\mu = e \cdot d \qquad \text{Gleichung 2.1}$$

Die SI-Einheit ist ***Coulomb*** · Meter (Cm). Oft wird auch die Einheit D (***Debye***, 1 D = 3,336 · $10^{-30}$ Cm) aus dem älteren CGS-System (Centimetre, Gram, Second; Einheitensystem beruhend auf den Einheiten cm, g, s), verwendet, die die elektrische Ladung eines Elektrons mit 4,80 · $10^{-10}$ elektrostatischen Einheiten (esu) und den Abstand in polaren Bindungen in $10^{-8}$ cm berücksichtigt, z. B. 1,5 D = 1,5 · $10^{-18}$ esu cm.

Das Dipolmoment ist eine gerichtete Größe (mathematisch handelt es sich also um das Vektorprodukt aus Ladung und Abstand). Zu beachten ist daher, dass sich Dipolmomente von einzelnen Bindungen gegenseitig aufheben können, sodass auch Moleküle, die mehrere polare Bindungen besitzen, aber einen symmetrischen Aufbau aufweisen, nach außen nicht unbedingt ein Dipolmoment aufweisen müssen (z. B. Kohlendioxid $CO_2$, Tetrachlormethan $CCl_4$).

Die unterschiedliche Elektronendichte innerhalb eines Moleküls wird häufig durch das **elektrostatische Oberflächenpotenzial** illustriert (**o** Abb. 2.15). Solche Potenzialkarten, berechnet mithilfe quantenchemischer Methoden oder aus experimentellen Elektronendichtebestimmungen erhalten, veranschaulichen durch Farbcodierung die Ladungsverteilung innerhalb des Teilchens und geben außerdem die Größe und dreidimensionale Gestalt von Molekülen wieder.

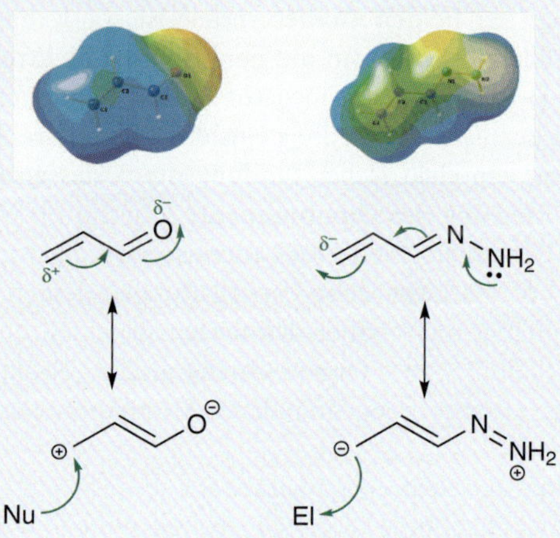


**o Abb. 2.15** Elektrostatisches Oberflächenpotenzial von Acrolein (links) und seinem Hydrazon (rechts): Rot symbolisiert Bereiche hoher, grün Bereiche mittlerer und blau Bereiche niedriger Elektronendichte. Acrolein weist ein Dipolmoment von 3,41 D auf, Hydrazon dagegen nur von 1,88 D. Bei Acrolein ist das C3-Atom positiv polarisiert und kann von Nucleophilen angegriffen werden. Bei Hydrazon erfolgte eine sogenannte Umpolung: C3 ist eher negativ polarisiert und wird von Elektrophilen angegriffen. Diese Umpolung wird auch durch die Resonanzstrukturen der Verbindungen widergespiegelt.

Orbitale zweier Moleküle, also bei der Bildung kovalenter Bindungen, gewonnen bzw. verloren geht. Die Aktivierungsenergie $\Delta E$ einer Reaktion, die wiederum die Geschwindigkeit der Reaktion bestimmt, wird entsprechend dieser Gleichung als Summe dreier Wechselwirkungen betrachtet: der ***closed shell repulsion*** (Term I), der ***Coulomb***-Wechselwirkung (Term II) und der HOMO-LUMO-Wechselwirkung (Term III).

**Term I** oder ***closed shell repulsion***: Besetzte Orbitale eines Moleküls stoßen besetzte Orbitale eines anderen Moleküls ab; daher ist dieser Energiebeitrag immer positiv und relativ hoch. Da der Term für verschiedene alternative Reaktionswege meist ähnlich ist und die **Grenzorbitaltheorie** überwiegend dazu genutzt wird, **Reaktivitäts*unterschiede*** zu erklären, kann dieser Term in vielen Fällen als konstant betrachtet werden.

**Term II** oder ***Coulomb*-Wechselwirkung**: Dieser Term beschreibt die elektrostatische Abstoßung oder Anziehung geladener Teilchen. Er ist dann von Bedeutung, wenn Ionen oder stark polare Verbindungen mit-

**Tab. 2.2** Funktionelle Gruppen und Stoffklassen

| Funktionelle Gruppe | Stoffklasse | Funktionelle Gruppe | Stoffklasse | Funktionelle Gruppe | Stoffklasse |
|---|---|---|---|---|---|
| 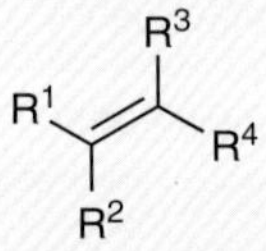 | Alken |  | Alkin | 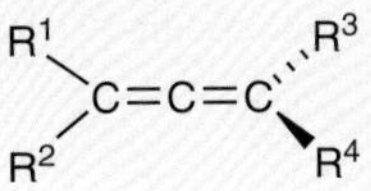 | Allen |
| $R-OH$ | Hydroxygruppe, Alkohol | 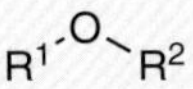 | Ether | 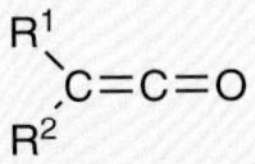 | Keten |
| $R-NH_2$ | primäres Amin | 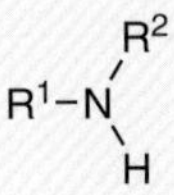 | sekundäres Amin | 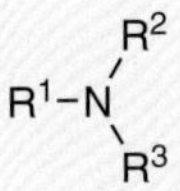 | tertiäres Amin |
| 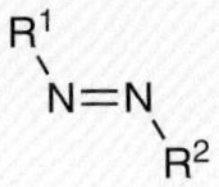 | Diazoverbindung | 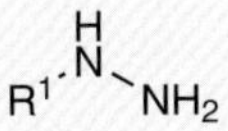 | Hydrazin | $R^1{-}N_3$ | Azid |
| $R-SH$ | Thiol | 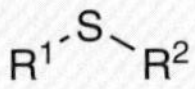 | Thioether | 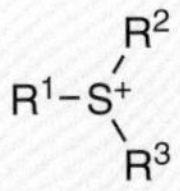 | Sulfoniumion |
| $R-X$<br>X = F, Cl, Br, I | Halogenalkan | 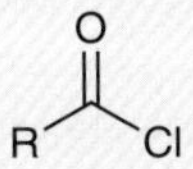 | Carbonsäurechlorid | | |
| 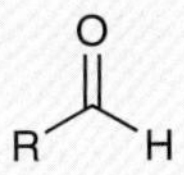 | Aldehyd | 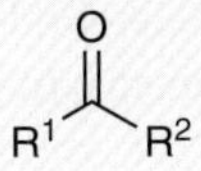 | Keton | | |
| 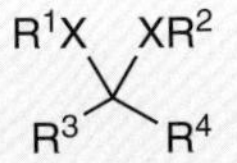<br>X = O, N, S | Acetal (Aminal, Thioacetal, *O,S*-Acetal, *O,N*-Acetal) | 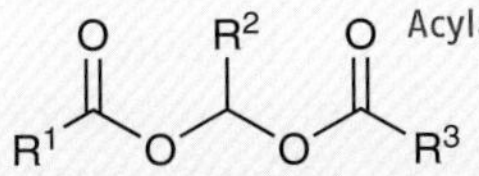 | Acylal | 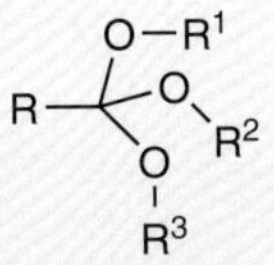 | Orthoester |
| 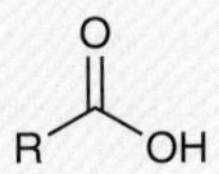 | Carboxygruppe, Carbonsäure | 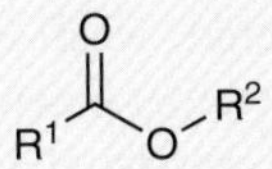 | Carbonsäureester | 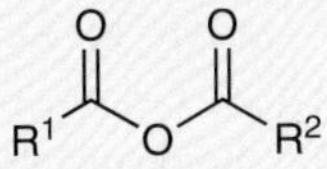 | Carbonsäureanhydrid |
| 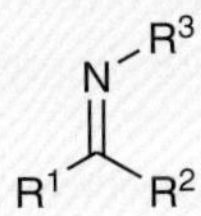 | Imin, *Schiff*sche Base, Azomethin | 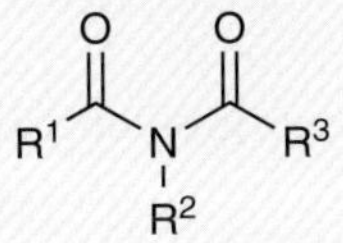 | Imid | | |
| 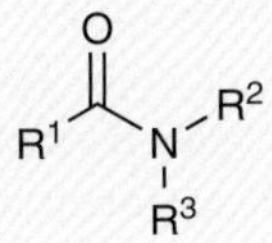 | Carbonsäureamid | 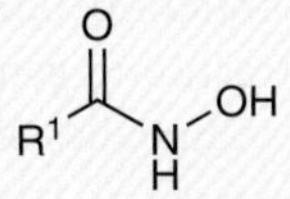 | Hydroxamsäure | | |
| 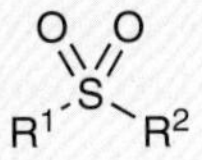 | Sulfonylgruppe, Sulfon | 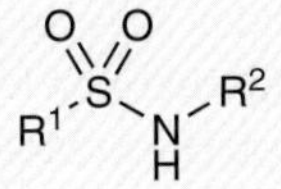 | Sulfonamid | | |

**Tab. 2.2** Funktionelle Gruppen und Stoffklassen (Fortsetzung)

| Funktionelle Gruppe | Stoffklasse | Funktionelle Gruppe | Stoffklasse | Funktionelle Gruppe | Stoffklasse |
|---|---|---|---|---|---|
| 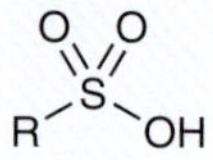 | Sulfonsäure | 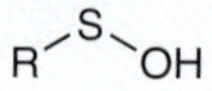 | Sulfensäure | 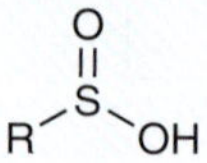 | Sulfinsäure |
| $R{-}NO_2$ | Nitroalkan | R—CN | Cyanogruppe, Nitril | R—NC | Isonitril |
| R—OCN | Cyanat | R—NCO | Isocyanat | | |
| R—SCN | Thiocyanat | R—NCS | Isothiocyanat | | |
| 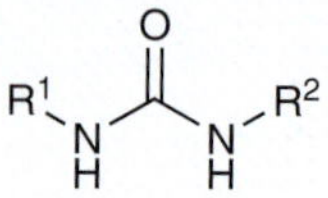 | Harnstoff | 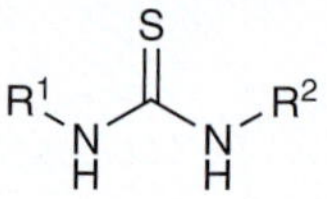 | Thioharnstoff | | |
| 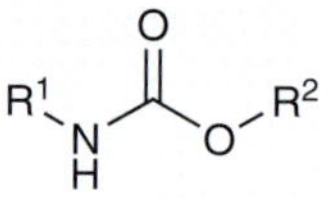 | Urethan, Carbamat | | | | |

einander reagieren. Sein Beitrag zur Aktivierungsenergie ist umgekehrt proportional zur Dielektrizitätskonstanten $\varepsilon$ und zum Abstand $R$ der jeweiligen Ladungen, sowie proportional zu den Ladungen $Q$ der Atome, die miteinander reagieren.

Gleichung 2.2

$$\Delta E = -\sum(q_a + q_b)\beta_{ab}S_{ab} + \sum_{k<l}\frac{Q_k Q_l}{\varepsilon R_{kl}} + \sum_r^{occ.}\sum_s^{unocc.} - \sum_r^{occ.}\sum_s^{unocc.}\frac{2(\sum_{ab}c_{ra}c_{sb}\beta_{ab})^2}{E_r - E_s}$$

| a, b Atomorbitale (AO) a und b | k, l Atome k, l | r, s Molekülorbitale (MO) r und s | $q_a$, $q_b$ Elektronendichten in den Atomorbitalen a und b | $\beta_{ab}$ Resonanzintegral, Energiegewinn durch gemeinsame Nutzung von Elektronen | $S_{ab}$ Überlappungsintegral (Maß für Effektivität bei der Überlappung der AO) | $Q_k$, $Q_l$ Ladungen an den Atomen k und l | $R_{kl}$ Abstand der Atome k und l | $\varepsilon$ Dielektrizitätskonstante | $c_{ra}$, $c_{sb}$ Koeffizient von AO a/b in MO r/s | $E_r$, $E_s$ Energie der MO r und s

In einer vereinfachenden Formulierung ergibt sich:

Gleichung 2.3

$$\Delta E = \text{Term I} + \text{Term II} + \text{Term III}$$
$$\Delta E = \textit{closed shell repulsion} + \textit{Coulomb-WW} + \textit{HOMO-LUMO-WW}$$

**Term III** oder **HOMO-LUMO-Wechselwirkung**: Dieser Term beschreibt vereinfacht gesprochen die stabilisierende Wechselwirkung besetzter Orbitale mit unbesetzten. Die Energiedifferenz $(E_r - E_s)$ zwischen den Orbitalen geht umgekehrt proportional in diesen Term ein. Daher ist insbesondere die Wechselwirkung der dicht beieinander liegenden Grenzorbitale der beiden Reaktionspartner wichtig und reicht daher in vielen Fällen zur Abschätzung der Reaktivität einer Reaktion aus (**frontkontrollierte Reaktion**).

Mithilfe der Gleichung kann abgeschätzt werden, inwieweit die Höhe der Aktivierungsenergie, die hauptsächlich durch den 1. Term bestimmt wird, durch attraktive Wechselwirkungen der beiden Reaktionspartner, die auf den 2. und 3. Term zurückgehen, gesenkt wird und somit eine bestimmte Reaktion gegenüber einem ähnlichen, alternativen Reaktionsverlauf bevorzugt wird.

Man spricht von **ladungskontrollierten Reaktionen**, wenn der 2. Term, der Gewinn an *Coulomb*-Energie, den größten (negativen) Anteil ausmacht. Wenn der 3. Term, also der Gewinn an Energie durch Orbitalwechselwirkung, dominiert, spricht man von einer **orbitalkontrollierten Reaktion**. Eine vereinfachende Betrachtung geht nun davon aus, dass der erste Term für ähnliche Reaktionen annähernd gleich bleibt (siehe oben), bei ladungskontrollierten Reaktionen nur der 2. Term und bei orbitalkontrollierten Reaktionen nur der 3. Term zur Abschätzung der relativen Aktivierungsenergien ähnlicher Reaktionen betrachtet werden muss. Harte Moleküle besitzen eine größere Energiedifferenz zwischen HOMO und LUMO als weiche Moleküle, d. h., eine **harte Base** besitzt ein **energetisch tief**

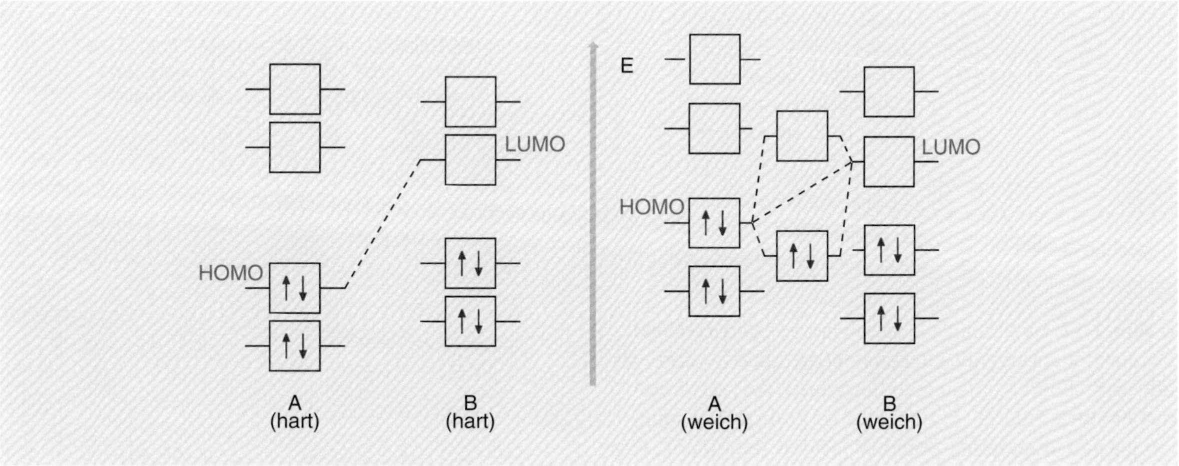


**Abb. 2.16** HOMO-LUMO-Wechselwirkung bei ladungskontrollierten (links) und orbitalkontrollierten (rechts) Reaktionen



**liegendes HOMO**, eine **harte Säure** ein **hoch liegendes LUMO**, und umgekehrt eine **weiche Base** ein **hohes HOMO**, eine **weiche Säure** ein **tiefes LUMO**.

Harte *Lewis*-Basen reagieren bevorzugt mit harten *Lewis*-Säuren (Abb. 2.16, links). Es sind ladungskontrollierte Reaktionen mit einer großen Energiedifferenz zwischen HOMO des Nucleophils und LUMO des Elektrophils und damit einem kleinen Beitrag des 3. Terms zur Absenkung der Aktivierungsenergie. Die hohen Ladungen der Reaktionspartner führen jedoch zu einer großen, günstigen *Coulomb*-Wechselwirkung.

Umgekehrt reagieren weiche Säuren eher mit weichen Basen (Abb. 2.16, rechts). Da bei diesen orbitalkontrollierten Reaktionen die Wechselwirkungsenergie in etwa umgekehrt proportional der Energiedifferenz zwischen HOMO des Nucleophils und LUMO des Elektrophils ist (siehe oben), begünstigt ein möglichst kleiner Abstand zwischen diesen Grenzorbitalen die Reaktion. Bei der Reaktion von harten mit weichen Teilchen ist dagegen der Beitrag beider Terme gering, sodass auch die Wechselwirkungsenergie, die die Aktivierungsbarriere senkt, gering ist. Damit ist die Geschwindigkeitskonstante der Reaktion niedrig.

Berechnet man für verschiedene *Lewis*-Basen die Wechselwirkungsenergien ihrer Reaktion mit einem Halogenalkan, als Beispiel für eine weiche *Lewis*-Säure, ergibt sich für die Reaktion mit einem Halogenalkan folgende Reihenfolge für die Wechselwirkungsenergien:

$$HS^- > CN^- > I^- > OH^- > Br^- > Cl^- > F^-$$

Diese Reihenfolge entspricht der experimentell gefundenen Reaktivität der Nucleophile mit einem Halogenalkan.

In der Reaktion mit $H^+$, als Beispiel einer harten *Lewis*-Säure, ergibt sich dagegen folgende Reihenfolge in den Wechselwirkungsenergien:

$$OH^- > CN^- > HS^- > F^- > Cl^- > Br^- > I^-$$

Diese Reihenfolge entspricht den $pK_B$-Werten und damit den Basenstärken dieser Teilchen nach *Brønstedt-Lowry*:

$$-1{,}7 < 4{,}6 < 7{,}0 < 10{,}8 < 22 < 23 < 24$$

Die unterschiedlichen Reihenfolgen in der Reaktivität der Anionen zeigen auch, dass **Nucleophilie** und **Basizität** eines Teilchens nicht unbedingt synchron einhergehen müssen. Nucleophilie ist ein kinetischer Begriff, der etwas über die Geschwindigkeit einer Reaktion aussagt und mit der Geschwindigkeitskonstanten $k$ und daher mit der Aktivierungsenergie korreliert. Basizität ist dagegen, quantitativ beschrieben durch die Basenkonstante $K_B$, ein thermodynamischer Begriff, der mit der Gleichgewichtslage einer Säure-Base-Reaktion und daher mit der ***Gibbs*schen freien Enthalpie** korreliert. Das Hydroxidion ist z. B. deutlich stärker basisch als das Hydrogensulfidanion, aber es ist ein schwächeres Nucleophil.

## 2.3.2 Induktive und mesomere Effekte funktioneller Gruppen

Funktionelle Gruppen bestimmen sowohl die physikalischen als auch die chemischen Eigenschaften einer Verbindung – dies nicht nur, weil an ihnen ganz bestimmte, für diese Gruppe charakteristische chemische Reaktionen ablaufen, sondern auch, weil durch die **elektronischen Effekte** der funktionellen Gruppe auch das Reaktionsverhalten benachbarter Gruppen beeinflusst wird. **Elektronische Effekte** funktioneller Gruppen unterteilt man allgemein in **induktive** und **mesomere Effekte** (**I-Effekte**, **M-Effekte**; siehe auch ▸Kap. 19.1).

### I-Effekt

Die Wirkung des induktiven Effektes basiert auf der unterschiedlichen **Elektronegativität** der Atome in einer polaren Atombindung. Die dadurch entstehenden

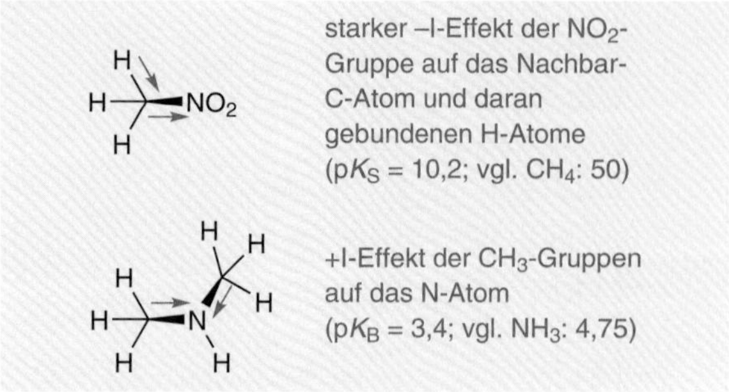


**o Abb. 2.17** Funktionelle Gruppen mit –I- und +I-Effekt. Der elektronenziehende Effekt der Nitrogruppe (–I und –M; nähere Erläuterungen im Text) führt dazu, dass die Protonen am benachbarten C-Atom leichter abzuspalten sind; der $pK_S$ von Nitromethan, einer CH-aciden Verbindung, liegt bei ca. 10 (zum Vergleich: der $pK_S$-Wert von Methan liegt bei etwa 50). Umgekehrt erhöht der elektronenschiebende +I-Effekt der beiden Methylgruppen die Basizität des N-Atoms im Dimethylamin im Vergleich zum Ammoniak.

Partialladungen rufen innerhalb des Moleküls elektrostatische Feldwirkungen hervor, die dazu führen, dass auch an benachbarten Atomen die Elektronendichte verändert wird. Atome oder funktionelle Gruppen mit größerer Elektronegativität als die des Nachbaratoms entziehen diesem Elektronen und verringern somit dessen Elektronendichte, sie weisen einen **–I-Effekt** auf. Zu diesen Gruppen zählen z. B. Hydroxy-, Amin-, Nitro-, Sulfonyl-, Carbonyl- und Nitrilgruppen (o Abb. 2.17).

Andererseits bewirken Atome oder Atomgruppen mit geringerer Elektronegativität eine Erhöhung der Elektronendichte am benachbarten C-Atom. In diesem Fall spricht man vom **+I-Effekt** (o Abb. 2.17). Zu den Atomen oder Atomgruppen, die als Elektronendonatoren wirken und einen +I-Effekt auslösen, zählen Metallatome in metallorganischen Verbindungen, Alkylgruppen, Alkoholat- und Carboxylat-Gruppen.

Der –I-Effekt einer Gruppe wirkt sich auch auf die Reaktivität der am C-Atom gebundenen H-Atome aus. Das C-Atom sucht die geringere Elektronendichte zu kompensieren, indem es die Bindungselektronen der C—H-Bindungen näher zu sich heranzieht. Dies führt zu einer Lockerung bzw. größeren Reaktionsfähigkeit der an dieses C-Atom gebundenen H-Atome, die Verbindung wird **CH-acide**. Umgekehrt bewirkt z. B. eine Alkylgruppe mit +I-Effekt eine **Erhöhung der Basizität** eines Amins (o Abb. 2.17).

### Gruppen mit –I-Effekt

—$NH_2$, —$NR_2$, —OR, —OH, —COOH, —COOR, —C(=O)$NH_2$, —C(=O)H, —C(=O)R, —NHC(=O)R, —O—C(=O)R, —SR, —$NR_3^+$, —$NH_3^+$, —C(=O)—Het, —C≡N, —$SO_3H$, —$NO_2$, —F, —Cl, —Br, —I

### Gruppen mit +I-Effekt

—Metall, —$O^-$, —Alkyl, —CH=$CH_2$, —$COO^-$

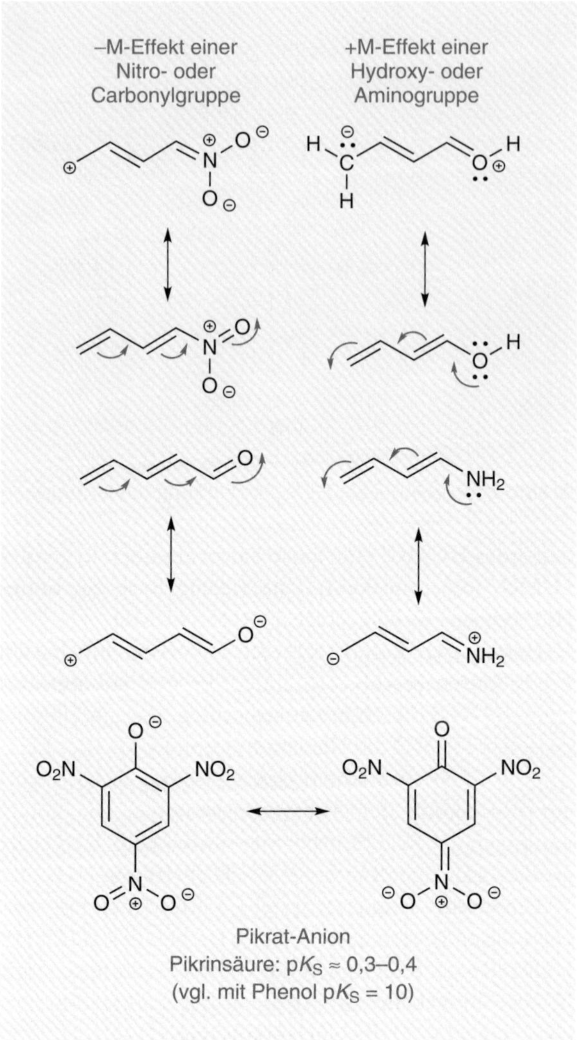


**o Abb. 2.18** Funktionelle Gruppen mit –M- und +M-Effekt. Pikrinsäure ist eine wesentlich stärkere Säure als Phenol, da durch den –M-Effekt der Nitrogruppen die Acidität der OH-Gruppe steigt: Das Pikrat-Anion, die korrespondierende Base, ist mesomeriestabilisiert.

### M-Effekt

Ein Substituent mit M-Effekt vergrößert ein bestehendes mesomeres System. Je nachdem, ob durch den Substituenten dem $\pi$-System Elektronen durch die Mesomerie entzogen oder beigesteuert werden, spricht man von –M- bzw. +M-Effekt (o Abb. 2.18). Ein Substituent mit **+M-Effekt** besitzt demnach ein freies Elektronenpaar, einer mit **–M-Effekt** z. B. eine Doppel- oder Dreifachbindung, in der Regel mit weiteren daran gebundenen elektronenziehenden Resten. Substituenten mit –M-Effekt führen ebenso wie Substituenten mit –I-Effekt zur Erhöhung der Acidität von Säuren, da sie das Anion, d. h. die konjugierte Base, durch Mesomerie stabilisieren. +M-Substituenten haben den gegenteiligen Effekt. So ist z. B. *p*-Nitrobenzoesäure aufgrund des –M-Effekts der Nitrogruppe stärker sauer ($pK_S$ = 3,42) als Benzoesäure (p$K_S$ = 4,17), *p*-Hydroxybenzoesäure (+M-Effekt der OH-Gruppe; p$K_S$ = 4,61) dagegen ist schwächer sauer. Bei *o*-Nitrobenzoesäure (–M, –I) macht sich aufgrund des geringeren Abstandes noch zusätzlich der –I-Effekt der Nitrogruppe bemerkbar, die Acidität ist gegenüber der *p*-Nitrobenzoesäure noch einmal deutlich erhöht (p$K_S$ = 2,22).

**Gruppen mit –M-Effekt**

—COOH, —COOR, —C(=O)$NH_2$, —C(=O)H, —C(=O)R, —C(=O)—Het, —C≡N, —$SO_3H$, —$NO_2$

**Gruppen mit +M-Effekt**

—$O^-$, —$NH_2$, —$NR_2$, —OR, —OH, —NHC(=O)R, —O—C(=O)R, —SR; —F, —Cl, —Br und —I (schwacher +M-Effekt)

**MERKE**

- I-Effekte reichen nur über ein, maximal zwei benachbarte Bindungen, M-Effekte wirken sich auch auf größere Doppelbindungssysteme aus und können daher wesentlich weitreichender sein als I-Effekte (vgl. **Vinylogie-Prinzip**, ▸Kap. 2.5.4).
- I-Effekte wirken sich vornehmlich auf $\sigma$-Bindungen, M-Effekte vorwiegend auf $\pi$-Bindungen aus.

## 2.4 Nasschemische Analytik funktioneller Gruppen

### 2.4.1 Einführung und allgemeine Prinzipien

Der Nachweis der **Identität** einer organischen Verbindung spielt nicht nur am Ende einer chemischen Synthese eine wichtige Rolle, sondern z. B. auch in der Analytik von Arzneistoffen, in der Drogen- und Dopinganalytik, der Umwelt- und Lebensmittelanalytik oder auch in der Forensik (▸Exkurs: *Stas-Otto*-Trennungsgang). In diesem Kapitel soll nicht auf die Strukturaufklärung einer Verbindung (▸Kap. 2.5) und auch nicht auf ihre quantitative Analytik eingegangen werden, sondern nur auf die **qualitative Analytik**, die im Wesentlichen zum Nachweis einzelner funktioneller Gruppen und Stoffklassen dient.

Früher waren vor allem **nasschemische Nachweisreaktionen** von großer Bedeutung, die hier nachfolgend diskutiert werden und die immer noch die Basis etlicher Vorschriften, z. B. auch im Bereich der Arzneistoffanalytik (Europäisches Arzneibuch, Ph. Eur., *Pharmacopoea Europaea,* u. a.) sind. Heutzutage werden im Labor hingegen Methoden der **instrumentellen Analytik** bevorzugt, die meist auf physikalischen Messprinzipien beruhen (▸Kap. 2.5). Der Vorteil nasschemischer Tests liegt aber darin, dass sie schnell, kostengünstig und ohne großen Materialaufwand an nahezu jedem Ort durchführbar sind.

Während die Analytik anorganischer Verbindungen letztlich die exakte Angabe, um welches Kation oder Anion es sich handelt, erlaubt, können in der nasschemischen, organischen Analytik meist nur Angaben über das Vorhandensein bestimmter funktioneller Gruppen gemacht werden. Eine eindeutige Identifizierung einer Substanz kann nach Synthese eines charakteristischen, gut kristallisierenden Derivates (meist werden hier Derivate mit Nitrogruppen synthetisiert) z. B. über dessen Schmelzpunkt erfolgen oder in einigen wenigen Fällen durch spezifische Nachweisreaktionen.

Die nasschemische Analytik funktioneller Gruppen beruht auf chemischen Reaktionen, die zu einfachen und ohne teure, analytische Geräte beobachtbaren Veränderungen führen. Es sind häufig **Farbreaktionen** (Farbentstehung, Farbänderung, Entfärbung), das Auftreten oder die Löschung von **Fluoreszenz** oder Reaktionen, die mit **Phasenänderungen** einhergehen (Fällungsreaktionen, Gasentwicklung). Auch das Auftreten stark riechender Stoffe beim Versetzen mit bestimmten Reagenzien wird zur Analytik genutzt. Empfehlenswert sind aufgrund der Subjektivität von Gesichts- und Geruchssinn die parallele Durchführung von Blind- und/oder Referenzproben. Neben der Analytik im Reagenzglas oder auf der Tüpfelplatte können Teststreifen verwendet werden, die die für die Nachweisreaktion benötigten Reagenzien enthalten. In der Drogenanalytik werden dabei heute auch häufig Streifentests, beruhend auf **Immunoassays**, eingesetzt. Diese Tests nutzen z. B. Farbveränderungen durch Antigen-Antikörper-Reaktionen und dienen zur orientierenden Erkennung von Drogen und Arzneistoffen.

Zu unterscheiden sind Nachweisreaktionen von **Vorproben**, die nur einen Hinweis auf das Vorhandensein einer Stoffklasse liefern. Ein Beispiel für eine Vorprobe aus der organischen Analytik ist die ***Beilstein*-Probe**, ein Test auf die **Anwesenheit von Halogenen** in einer organischen Verbindung. Die zu analysierende Substanz wird mit einem vorher ausgeglühten Kupferdraht in der nicht leuchtenden Bunsenbrennerflamme erhitzt. Die organische Halogenverbindung zersetzt sich durch Pyrolyse, es bilden sich zunächst Halogenwasserstoffe HX, die mit Kupfer zu leicht flüchtigen Kupferhalogeniden reagieren; diese rufen eine charakteristische grüne bis blaugrüne Flammenfärbung hervor.

Weitere Vorproben sind die Prüfung auf Löslichkeit eines Stoffes in Basen oder Säuren und die Bestimmung des pH-Wertes einer wässrigen Lösung eines Stoffes. Hierdurch erhält man Hinweise auf das Vorhandensein acider oder basischer funktioneller Gruppen.

### Exkurs: *Stas-Otto*-Trennungsgang

Physikalische Methoden zur Trennung von Gemischen organischer Verbindungen wurden bereits in ▸Kap. 1 besprochen. Zusätzlich soll hier nur die Trennung von Stoffgemischen durch Extraktion aus wässriger Phase mit organischen Lösungsmitteln bei verschiedenen pH-Werten erwähnt werden. Dieses als ***Stas-Otto*-Trennungsgang** bekannte Verfahren wird hauptsächlich bei Arzneistoffen angewandt, die aufgrund unterschiedlicher saurer und basischer Gruppen bei pH-Werten zwischen pH 1 und 12 in unterschiedlichen Protonierungszuständen vorliegen. Das Trennprinzip beruht darauf, dass sich Salze in der wässrigen Phase anreichern, nichtdissoziierte, neutrale Substanzen dagegen in einer organischen Phase, wie z. B. Ether (○Abb. 2.19). So lässt sich z. B. ein Gemisch aus Nicotin (Base) und Ibuprofen (Säure) trennen, indem bei pH = 1 zuerst Ibuprofen mit Ether extrahiert wird. Das bei diesem pH-Wert protonierte Nicotin verbleibt in der wässrigen Phase. Anschließend wird das Ibuprofen aus der Etherphase mit verdünnter Natronlauge als Carboxylat extrahiert und so von den im Ether verbleibenden sonstigen neutralen Stoffen getrennt. Im Gemisch enthaltene schwache Basen könnten nach Einstellen der ursprünglichen Wasserphase auf pH 5 mit Ether extrahiert und so isoliert werden. Bei starken Basen wie Nicotin muss die wässrige Phase auf pH 11–12 eingestellt werden, um die Base mit Ether zu extrahieren zu können.

Der Trennungsgang, ursprünglich 1851 von *Stas* zur *Post-mortem*-Detektion von Nicotin (○Abb. 2.19) und anderen Alkaloiden entwickelt und 1856 von *Otto* auf nichtbasische Stoffe erweitert, hat auch heute noch Bedeutung in der forensischen Toxikologie.

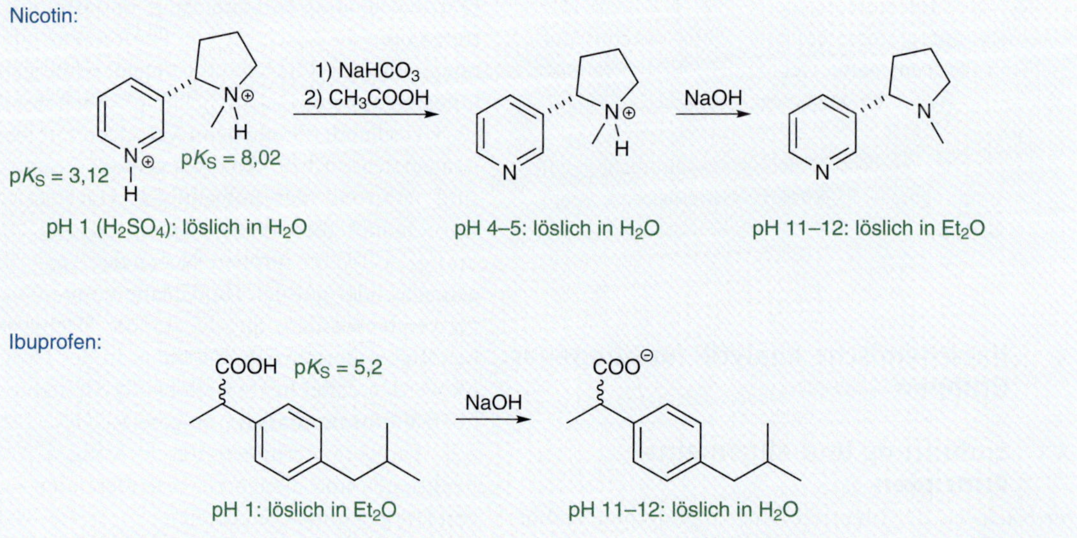


○ **Abb. 2.19** Trennung von Nicotin und Ibuprofen im *Stas-Otto*-Trennungsgang

Auch die Redoxeigenschaften funktioneller Gruppen können ausgenutzt werden. So führen beispielsweise Substanzen mit funktionellen Gruppen, die oxidiert werden können, zur **Entfärbung von Kaliumpermanganat-Lösung** (Alkene [***Baeyer*sche Probe**], Aldehyde, *cis*-Diole) oder zur **Entfärbung von Iod-Stärke-Lösung** (z. B. Thiole).

Zwei grundlegende Prinzipien erleichtern das Verständnis von Nachweisreaktionen der organischen Analytik.

1. Bis auf wenige Ausnahmen handelt sich um bekannte und „normale" organisch-chemische Reaktionen, es sind eben „nur" Reaktionen, bei denen man etwas sieht oder, seltener, etwas riecht. Daher finden sich auch einige Nachweisreaktionen in den Kapiteln, in denen die Eigenschaften von funktionellen Gruppen diskutiert werden (▸Kap. 12, ▸Kap. 14, ▸Kap. 17).
Im Unterschied zu Reaktionen, die zur Darstellung von organischen Substanzen genutzt werden, müssen analytische Nachweisreaktionen allerdings nicht möglichst quantitativ ablaufen. Es genügt, dass das Produkt, z. B. die farbgebende Komponente, in wahrnehmbaren Spuren entsteht.
2. Wenn Substanz A, z. B. ein primäres aromatisches Amin, mit dem Reagenz B, z. B. einem aromatischen Aldehyd, durch Kondensationsreaktion zu einem farbigen Imin nachgewiesen werden kann, dann kann umgekehrt auch ein aromatischer Aldehyd B mit einem primären aromatischen Amin A als Reagenz nachgewiesen werden.

Bei den meisten zur Analytik ausgenutzten Farbreaktionen werden **Polymethinfarbstoffe** gebildet (▸Kap. 2.5.4). Weitere häufig gebildete Farbstoffe bei qualitativen Nachweisreaktionen sind Metallkomplexe, Chinone, Polyene, *Charge-transfer*-Komplexe oder stabile Radikale. Bei anderen Farbreaktionen, die z. B. auf der Umsetzung mit Schwefelsäure beruhen, sind hingegen die farbgebenden Produkte, häufig Radikal-Kationen, oft noch nicht strukturell aufgeklärt.

Im Folgenden sollen nur einige wenige Nachweisreaktionen diskutiert werden, die jedoch die oben genannten allgemeinen Prinzipien der organischen Analytik gut verdeutlichen.

### 2.4.2 Nachweis von primären aromatischen Aminen, elektronenreichen Aromaten und Nitrit

Aus der anorganischen Analytik ist die Nachweisreaktion für Nitrit mit dem ***Lunge*-Reagenz**, bestehend aus ***Lunge* I** (Sulfanilsäure) und ***Lunge* II** (1-Naphthylamin), bekannt. Aus Nitrit entsteht im stark salzsauren Milieu das Nitrosylkation $NO^+$, welches mit Sulfanilsäure als primärem aromatischem Amin ein Diazoniumsalz bildet:

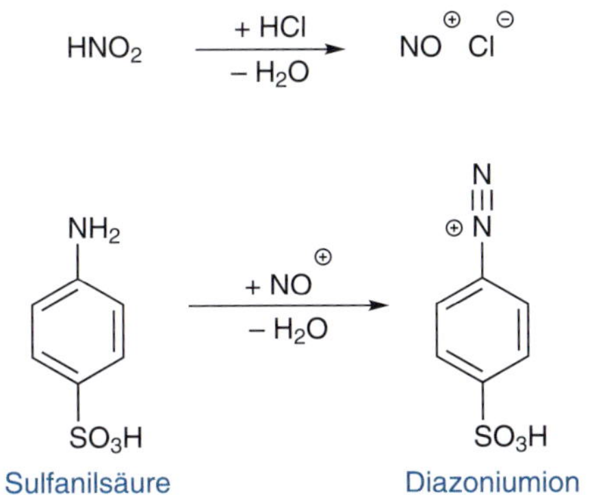


Dieses Diazoniumion (in ▫Abb. 2.20, rot markiert) reagiert mit 1-Naphthylamin (*Lunge* II, eine elektronenreiche aromatische Verbindung, die gut durch Elektrophile angreifbar ist) in einer elektrophilen aromatischen Substitution zu einem Azofarbstoff (**Diazotierungs-Kupplungs-Reaktion**, ▫Abb. 2.20). Umgekehrt lassen sich mit Natriumnitrit-Lösung als Reagenz und einer geeigneten Kupplungskomponente wie z. B. 2-Naphthol (▫Abb. 2.21) oder 1-Naphthylethylendiamin (***Bratton-Marshall*-Reagenz**) primäre aromatische Amine nachweisen. Auch für Anilide, die vorher allerdings hydrolysiert werden müssen, und für aromatische Nitroverbindungen, die sich zu Anilinen reduzieren lassen, eignet sich diese Nachweisreaktion. Weiterhin können mit dieser Reaktion elektrophil angreifbare Aromaten wie Phenole, Phenolether, Aniline oder auch am N1-Atom nicht alkylierte Imidazole (***Pauly*-Reaktion**, **Theophyllidin-Reaktion**) nachgewiesen werden. Als Reagenz wird dann diazotierte Sulfanilsäure oder diazotiertes *p*-Nitroanilin eingesetzt. All diese unterschiedlichen Nachweisreaktionen basieren somit letztendlich auf ein und derselben chemischen Reaktion, nämlich der Bildung eines Azofarbstoffes in einer Diazotierungs-Kupplungs-Reaktion.

### 2.4.3 Nachweis von Nitrat, nitrierbaren Aromaten und CH-aciden Verbindungen

Ebenfalls aus der anorganischen Analytik bekannt, ist der Nachweis auf Nitrat (auch im Europäischen Arzneibuch aufgeführt) mit den Reagenzien Nitrobenzen und Schwefelsäure sowie anschließender Zugabe von Aceton und konzentrierter Natronlauge. Nitrat wird in schwefelsaurer Lösung zweifach protoniert und zum **Nitroniumkation** $NO_2^+$ dehydratisiert. Dieses reagiert in einer elektrophilen aromatischen Substitution mit Nitrobenzen (▸Kap. 19.2) zu *m*-Dinitrobenzen, einem elektronenarmen Aromaten, der anders als das eingesetzte Nitrobenzen aufgrund der jetzt zwei vorhandenen elektronenziehenden Nitrogruppen für den Angriff eines Nucleophil bestens geeignet ist. Als Nucleophil wird das aus Aceton durch Deprotonierung entstandene Enolatanion verwendet. Es bildet sich ein ***Meisenheimer*-Komplex** ($\sigma$-Komplex), der je nach Bedingungen durch eine nachfolgende Oxidation in die sogenannte ***Zimmermann*-Verbindung** übergehen kann. Mit dieser Reaktionsfolge (▫Abb. 2.22) können sowohl Nitrat als auch nitrierbare Aromaten nachgewiesen werden. Die Reagenzien sind dann Nitriersäure oder rauchende Salpetersäure, anschließend Aceton und Alkali. Oder es können Substanzen nachgewiesen werden, die wie das Aceton eine aktivierte Methylengruppe tragen: Nach Deprotonierung der CH-aciden Verbindung erfolgt die Zugabe eines Polynitroaromaten wie Pikrinsäure (***Baljet*-Reaktion**), 3,5-Dinitrobenzoesäure (***Kedde*-Reaktion**) oder *m*-Dinitrobenzen (***Raymond*-Reaktion**). Oxidation durch Luftsauerstoff, durch ein zugesetztes Oxidationsmittel oder auch durch überschüssige Nitroverbindung, liefert dann die *Zimmermann*-Verbindung (***Zimmermann*-Reaktion**, ***Canbäck*-Reaktion**).

Auch Verbindungen, die sowohl eine nitrierbare Arylgruppe als auch eine acide Methylengruppe besitzen, können eine analoge Farbreaktion eingehen. Hier ist die Zugabe von Aceton vor dem Alkalisieren möglich (***Vitali-Morin*-Reaktion**), aber nicht notwendig (***Vitali*-Reaktion**). Tropasäureester wie Atropin und Scopolamin können so identifiziert werden (▫Abb. 2.23).

2

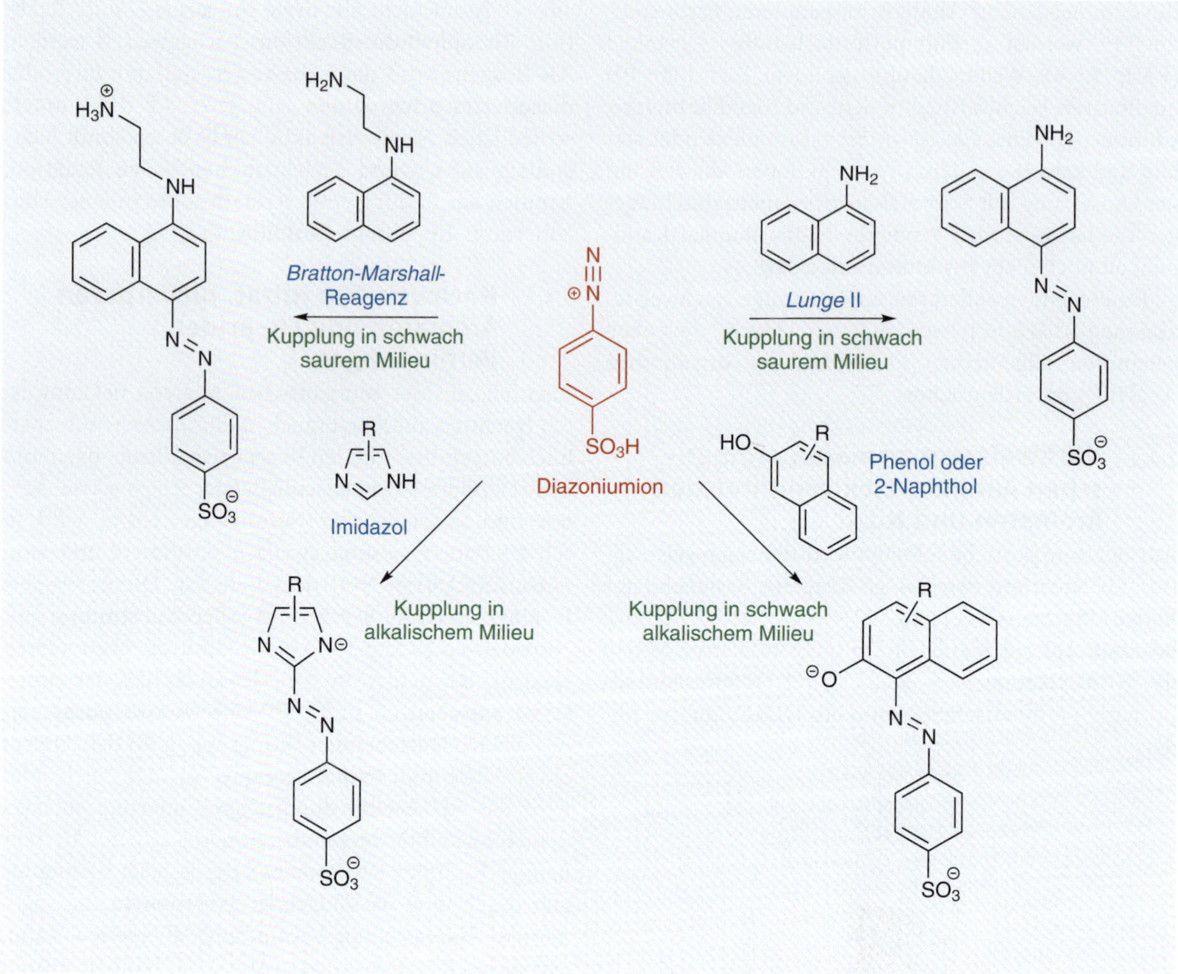


**o Abb. 2.20** Nitrit, primäre aromatische Amine oder Phenol- bzw. Imidazol-Derivate können mittels Bildung eines Azofarbstoffs nachgewiesen werden.

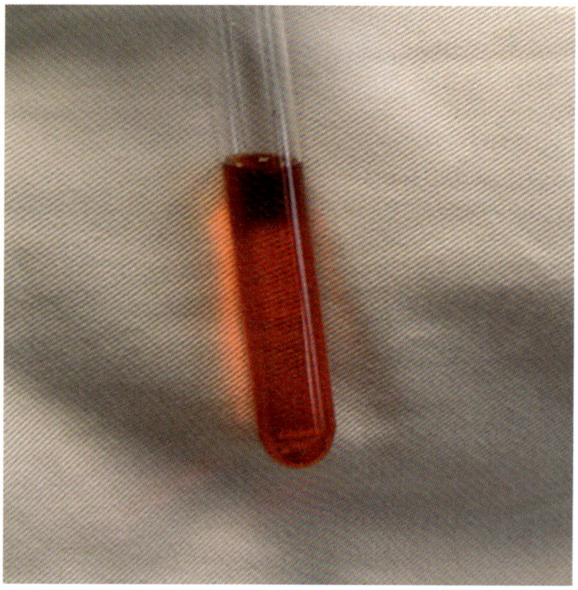

**o Abb. 2.21** Ein Beispiel für eine Farbreaktion: Nachweis eines primären aromatischen Amins nach Diazotierung und Kupplung zum Azofarbstoff mit 2-Naphthol

### 2.4.4 Nachweis von elektronenreichen Aromaten und Aldehyden unter Zugabe von Säure

Protonierte Carbonylgruppen reagieren leicht mit elektronenreichen Aromaten wie Phenol, Anilin, Indol oder Pyrrol. Die bei diesen Nachweisreaktionen häufig eingesetzte Schwefelsäure wirkt darüber hinaus dehydratisierend und oxidierend. Durch elektrophile aromatische Substitution und nachfolgend Kondensation sowie je nach Bedingungen auch Oxidation (durch Schwefelsäure, Luftsauerstoff oder ein weiteres zugesetztes Oxidationsmittel) entstehen Diaryl- oder Triarylmethanfarbstoffe (o Abb. 2.24). Eine bekannte Reaktion zum Nachweis von Formaldehyd ist die **Chromotropsäure-Reaktion** (o Abb. 2.25). Ebenso lassen sich mit Phenolen, z. B. Phloroglucin, 1-Naphthol (***Molisch*-Reaktion**), Resorcin (***Seliwanoff*-Reaktion**) oder Orcin (5-Methylresorcin, ***Bial*-Reaktion**) auch andere Aldehyde nachweisen. Auch Aldehyde, die beim Abbau von Hexosen oder Pentosen entstehen (Hydroxymethylfurfural, Furfural), oder Glyoxylsäure, die z. B. aus Weinsäure durch

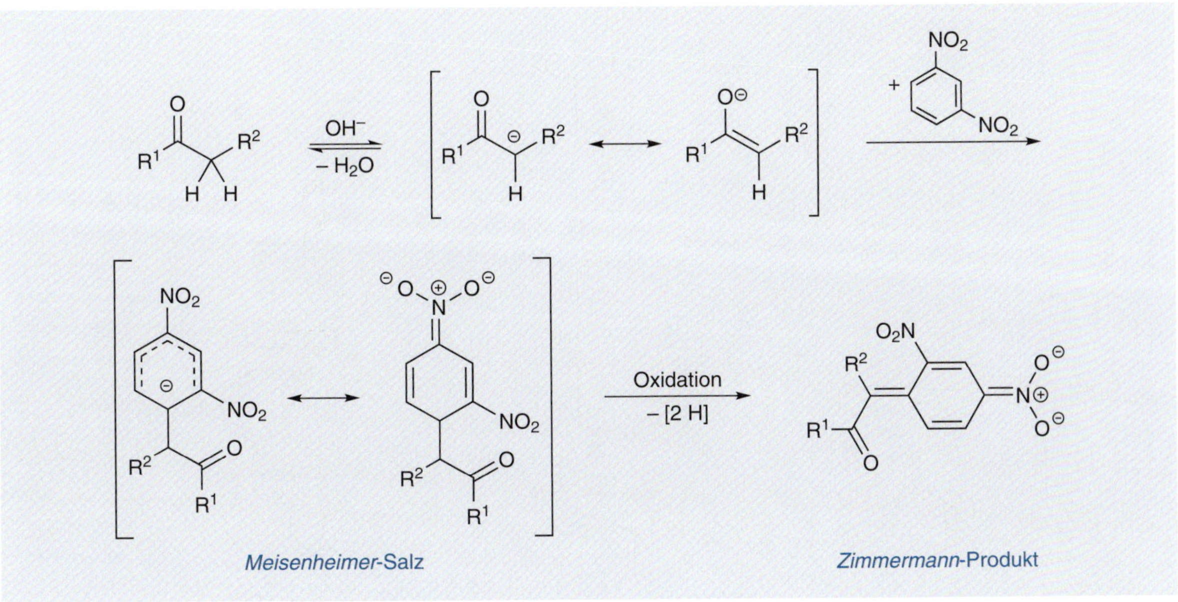


**Abb. 2.22** Nitrat, CH-acide Verbindungen (aktive Methylengruppe) oder nitrierbare Aromaten können über *Meisenheimer*-Salze oder *Zimmermann*-Produkte nachgewiesen werden.

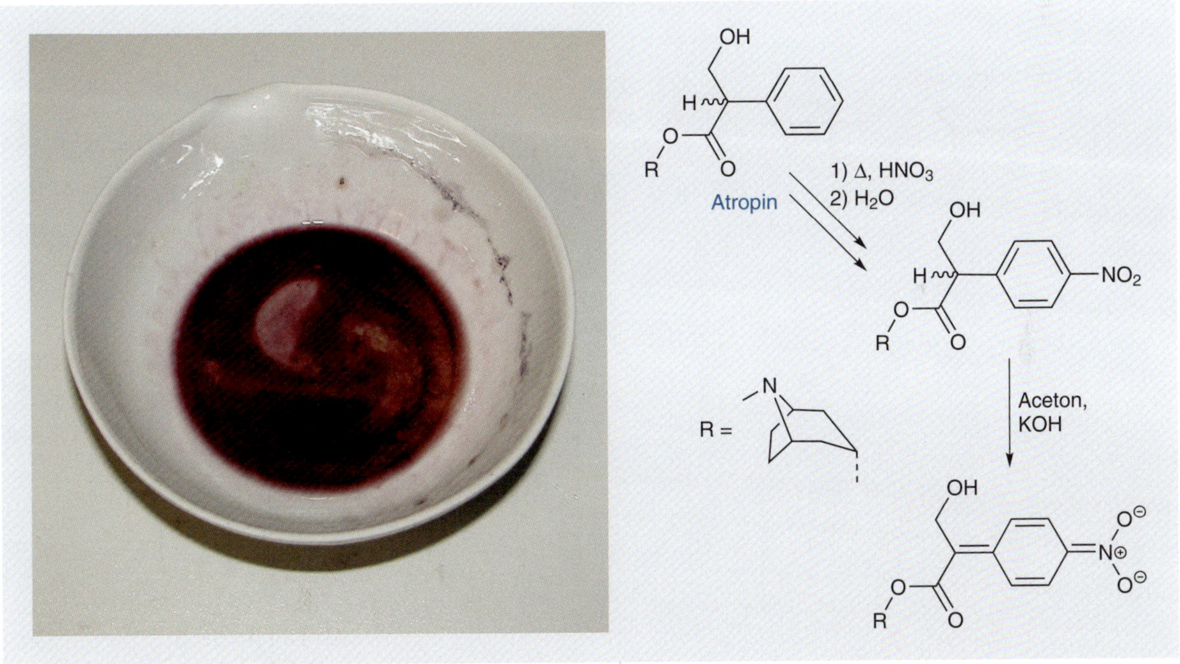


**Abb. 2.23** Nachweis von Atropin, einem Tropa-Alkaloid, nach Eindampfen mit rauchender Salpetersäure (Nitrierung von Aromaten) und anschließender Zugabe von Aceton und Kalilauge (*Vitali-Morin*-Reaktion): Farbreaktion (links) und Reaktionsschema (rechts)

oxidative Spaltung mit konzentrierter Schwefelsäure gebildet wird (***Pesez*-Reaktion**), kann man so nachweisen. Umgekehrt dienen Formaldehyd und Schwefelsäure (***Marquis*-Reagenz**) zum Nachweis von Phenolen und Anilinen. Häufig sind die bei diesen Reaktionen entstehenden Produkte in ihrer Struktur nur z. T. aufgeklärt.

Ein weiteres vielseitiges Reagenz, das in solchen Reaktionen als Aldehyd zum Einsatz kommt und auch zum Nachweis primärer aromatischer Amine dient, ist das ***Ehrlich*-Reagenz (*p*-Dimethylaminobenzaldehyd, DMAB)**. Es ist im sauren Milieu ein gutes Elektrophil und reagiert mit elektronenreichen Komponenten wie primären aromatischen Aminen (Anilinen), Phenolen, Pyrrolen und Indolen (***Van-Urk*-Reaktion**). Mit primären aromatischen Aminen entstehen Azomethine, mit Aromaten Diaryl- oder Triaylmethanfarbstoffe.

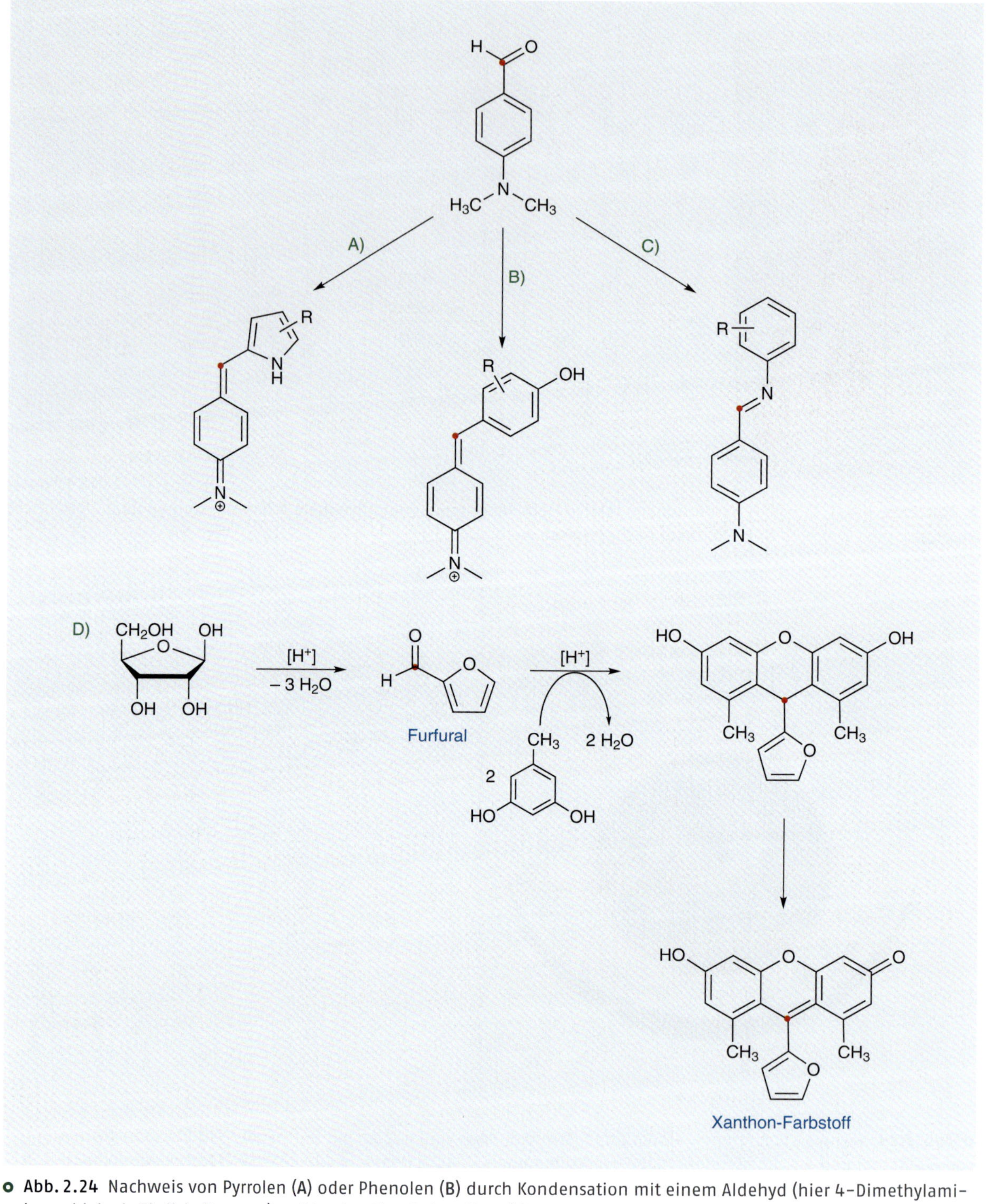


**o Abb. 2.24** Nachweis von Pyrrolen (A) oder Phenolen (B) durch Kondensation mit einem Aldehyd (hier 4-Dimethylaminobenzaldehyd, *Ehrlich*-Reagenz) zu Diarylmethanfarbstoffen; (C) Nachweis von primären aromatischen Aminen mit *Ehrlich*-Reagenz durch Kondensation zu *Schiff*schen Basen; (D) *Bial*-Probe: Nachweis von Furfural (einem Aldehyd), entstanden aus z. B. Ribose, mit Orcin (Phenol-Komponente) und $FeCl_3$ als Oxidationsmittel. Die Aldehyd-Kohlenstoffatome („methan") sind jeweils durch einen roten Punkt gekennzeichnet.

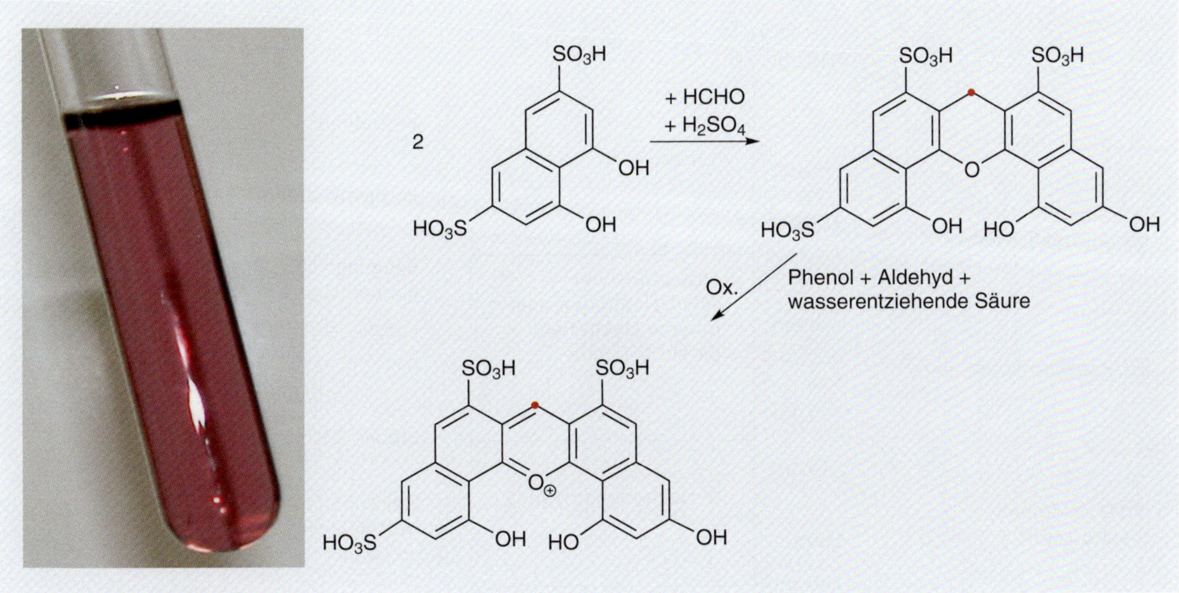


**○ Abb. 2.25** Chromotropsäure-Reaktion zum Nachweis von Formaldehyd: Farbreaktion (links) und Reaktionsschema (rechts); das aus Formaldehyd stammende C-Atom ist als roter Punkt dargestellt.

## 2.5 Spektroskopische Methoden

### 2.5.1 Elektromagnetische Strahlung, Energie und ihre Auswirkungen auf organische Moleküle

Neben den im vorherigen Kapitel beschriebenen nasschemischen Verfahren sind für die Analytik organischer Verbindungen heutzutage vor allem spektroskopische Methoden unentbehrlich. Hierbei werden verschiedene Prozesse innerhalb eines Moleküls, z. B. Elektronenanregungen oder Anregungen von Schwingungen und Rotationen, die eine Folge der **Wechselwirkung zwischen organischem Molekül und elektromagnetischer Strahlung** sind, verfolgt und messtechnisch registriert. Da die verschiedenen Moleküle in Abhängigkeit von ihrer Struktur jeweils nur elektromagnetische Strahlung ganz bestimmter Wellenlängen $\lambda$ absorbieren (○ Abb. 2.26), lassen sich aus den aufgezeichneten **Spektren** Rückschlüsse auf die Anwesenheit bestimmter Atome oder Atomgruppierungen, die Art der Bindungen zwischen den Atomen und die intra- und häufig auch intermolekularen Wechselwirkungen ziehen.

**Spektrometrie** und **Spektroskopie** beschäftigen sich mit der Erzeugung, Beobachtung, Registrierung, Ausmessung und Interpretation von Spektren. Ein Spektrum ist die Anordnung einer Häufigkeits- oder Intensitätsverteilung als Funktion bestimmter Eigenschaftswerte. Im engeren Sinne versteht man darunter die Darstellung der Intensitätsverteilung einer elektromagnetischen Strahlung in Abhängigkeit von ihrer Frequenz, Wellenlänge oder Wellenzahl.

**MERKE**

**Spektroskopie:** Laut IUPAC versteht man unter Spektro*skopie* (griech. beobachten) die **Beobachtung** physikalischer Systeme unter dem Einfluss elektromagnetischer Strahlung, mit der das System interagiert, oder die Beobachtung der elektromagnetischen Strahlung, die das System selbst produziert (emittiert).

**Spektrometrie:** Die Spektro*metrie* (griech. messen) **misst** die Strahlung (bzw. in der Massenspektrometrie die Massen zuvor erzeugter Ionen), um daraus Informationen über das System und seine Komponenten zu erhalten.

Die Begriffe werden häufig – wenn auch nicht immer ganz korrekt – synonym benutzt.

In der Spektrometrie unterscheidet man

- nach dem Bereich des elektromagnetischen Spektrums z. B. in Radiowellen- (NMR), Mikrowellen-, Infrarot-, UV/Vis-, Röntgen- und Gammastrahlen-Spektrometrie,
- nach der Art der Wechselwirkung in Absorptions-, Emissions-, Reflexions- und Streu-Spektrometrie, sowie
- nach der Art der untersuchten Probe in Atom-, Molekül- oder Festkörperspektrometrie.

Die Wechselwirkung von elektromagnetischer Strahlung mit chiralen Molekülen erlaubt zudem Rückschlüsse über die absolute Konfiguration der chiralen Moleküle (sogenannte **chiroptische Methoden**: Polari-

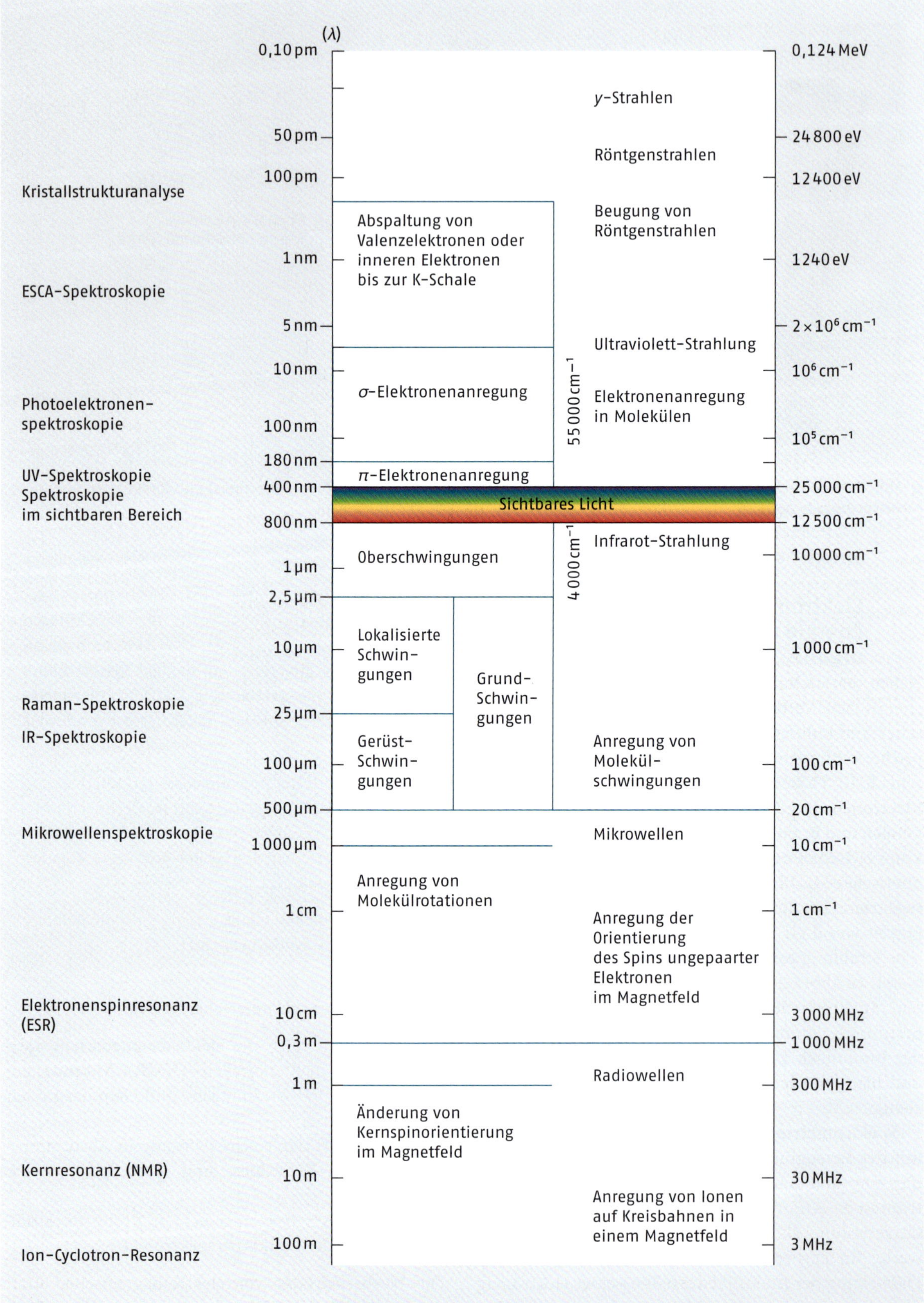


**Abb. 2.26** Für die Spektroskopie wichtige Bereiche des elektromagnetischen Spektrums und die durch die elektromagnetischen Strahlung angeregten Vorgänge in Atomen und Molekülen

metrie, CD-Spektroskopie [CD, Circulardichroismus], ORD-Spektroskopie [ORD, Optische Rotationsdispersion]).

Da sich kaum ein Gebiet so rasant weiterentwickelt wie die Spektroskopie, soll im Folgenden nur auf die für den präparativen organischen Chemiker, der die Struktur einer synthetisierten niedermolekularen Verbindung aufklären, beweisen oder bestätigen möchte, wichtigsten Methoden eingegangen und diese sollen nur hinsichtlich der Grundprinzipien erläutert werden.

### 2.5.2 Massenspektrometrie

Das Haupteinsatzgebiet der Massenspektrometrie (MS), die sich wie kaum eine andere Methode in den letzten Jahren weiter entwickelt hat, ist die Aufklärung oder Bestätigung der Zusammensetzung und in gewissen Grenzen auch der chemischen Struktur einer Verbindung. Es können die genaue Molekülmasse und daraus die Elementarzusammensetzung und die Summenformel bestimmt werden. Weiterhin können häufig die Identität von funktionellen Gruppen sowie manchmal die Konnektivität und daraus letztlich in günstigen Fällen die Struktur ermittelt werden. Auch können Isotope unterschieden und anhand von Isotopenmustern spezifische Elemente identifiziert werden.

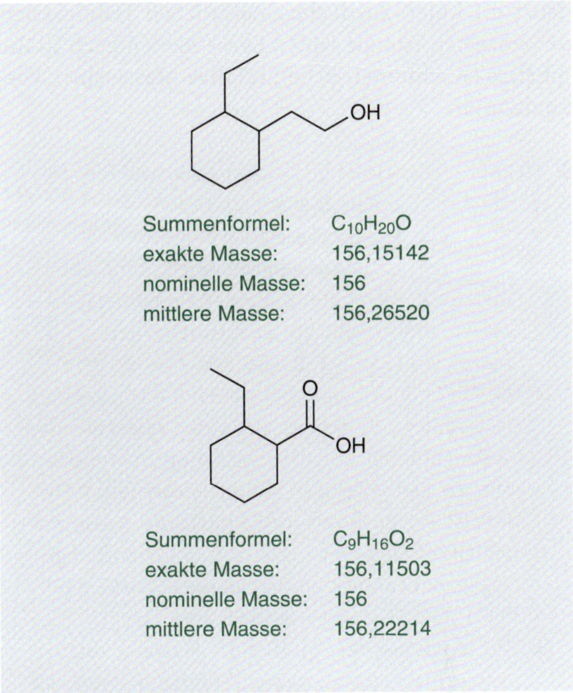


**Abb. 2.27** Moleküle mit gleicher nomineller Masse, aber unterschiedlicher Summenformel unterscheiden sich in ihrer exakten (monoisotopischen) Masse [*m/z*]

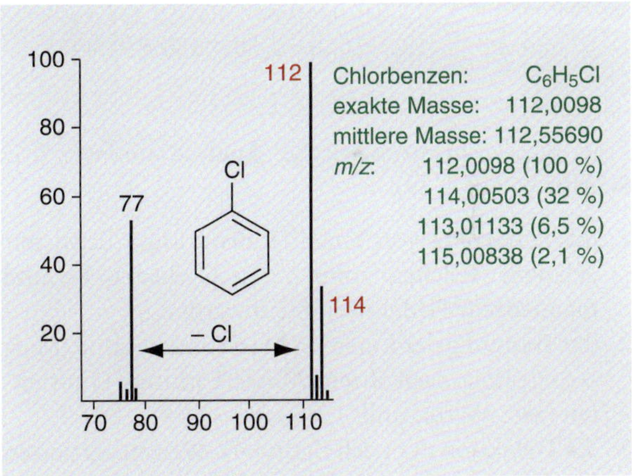


**Abb. 2.28** Massenspektrum von Chlorbenzen. Die unterschiedliche Häufigkeit der Chlorisotope mit den Massen 37 (ca. 25 %) und 35 (ca. 75 %) ist an der relativen Intensität der Peaks mit der Massenzahl 112 und 114 zu erkennen.

#### Exakte und nominelle Masse

Bis auf das Kohlenstoffisotop $^{12}C$, das definitionsgemäß die exakte Atommasse von 12,00000 a. u. besitzt, weisen alle Nuklide relative Atommassen auf, die von den Werten der nominellen (ganzzahligen) Atommasse abweichen. Grund hierfür ist der **Massendefekt**, der für jedes Nuklid einen ganz bestimmten Wert einnimmt. Er beruht darauf, dass bei der Bildung eines Atomkerns aus den Nukleonen (Protonen und Neutronen) ein kleiner Teil deren Masse in Form von Energie freigesetzt wird ($\Delta E = \Delta m \cdot c^2$), sodass die tatsächliche Masse eines Atoms immer kleiner ist als die Summe der Massen seiner Elementarteilchen (Protonen, Neutronen, Elektronen). Die charakteristischen Werte der exakten Atommassen sind aber die Grundlage für die Bestimmung der Summenformel. Denn Moleküle mit gleicher ganzzahliger Molekülmasse, aber unterschiedlicher Summenformel werden sich immer in ihren exakten Massen unterscheiden (Abb. 2.27). Nur aus der exakten Masse (häufig fälschlicherweise als **hochaufgelöste Masse** bezeichnet) kann auf die Summenformel geschlossen werden.

Die exakte Masse einer Verbindung in ihrer häufigsten Isotopenzusammensetzung (meistens ist dies auch die Masse resultierend aus der Kombination der leichtesten Isotope der im Molekül vorhandenen Atome) bezeichnet man als **monoisotopische Masse**. Allerdings kommen in der Natur (mit Ausnahme der **Reinelemente**, d. h. der Elemente, von denen in der Natur nur ein einziges Isotop vorkommt, z. B. Fluor, Iod, Phosphor) fast alle Elemente in Form mehrerer Isotope mit unterschiedlicher Häufigkeit vor. Vom Kohlenstoff gibt es beispielsweise die beiden stabilen Isotope $^{12}C$ und $^{13}C$ sowie das radioaktive instabile Isotop $^{14}C$. Infolgedessen erscheinen in einem Massenspektrum einer organischen Verbindung, eine genügend hohe Auflösung vorausgesetzt, verschiedene Signale für jede mögliche Isotopenzusammensetzung einer Verbindung (Abb. 2.28). Die Intensitäten dieser Peaks spiegeln dabei die unterschiedlichen natürlichen Häufigkeiten der einzelnen Isotope wider. Diese fließen auch in die **mittlere (stöchiometrische), relative Masse** einer Verbindung ein.

> **MERKE** In der **Massenspektrometrie** werden folgende Massen unterschieden:
> - **Nominelle Masse:** Die Masse eines Molekülions, berechnet aus einer vorgegebenen Summenformel durch Verwendung der gerundeten Massenzahlen des jeweiligen Hauptisotops jedes Elements. C = 12; H = 1; O = 16; etc.
> - **Exakte (monoisotopische) Masse:** Die Masse eines Molekülions, berechnet aus einer vorgegebenen Summenformel durch Verwendung der exakten Massen der jeweiligen Hauptisotope jedes Elements. Bei positiven Ionen muss die Masse der fehlenden Elektronen (1 $e^-$ = 0,000548 u) abgezogen, bei Anionen addiert werden. C = 12,0000; H = 1,007825; O = 15,994915; etc.
> - **Stöchiometrische (mittlere) Masse, relative Masse:** Die aus den (exakten) Elementmassen, die das natürliche Isotopenverhältnis zugrunde legen, ermittelte relative Masse. Massenspektrometrisch entspricht sie dem gewichteten Mittelwert des Molekülionenclusters. C = 12,0108 [ergibt sich aus der Häufigkeit von $^{12}C$ (98,93 %) und von $^{13}C$ (1,07 %)]; H = 1,00795; O = 15,9994; etc.

Eine massenspektrometrische Analyse umfasst drei Schritte (o Abb. 2.29):

1. die Erzeugung von Ionen (**Ionisierung**), denn nur geladene Teilchen können durch elektrische und magnetische Felder beeinflusst werden,
2. die Trennung der Ionen im **Massenanalysator** (Masseselektor) nach ihrem **Masse/Ladungs-Quotienten** (***m/z*-Werte**) und
3. die **Detektion** der nach ihren *m/z*-Werten sortierten Ionen.

Bei der Massenspektrometrie werden jedoch nicht nur die Massen intakter Molekülionen ermittelt, sondern es finden auch chemische Reaktionen, z. B. **Fragmentierungen**, aber auch **Umlagerungen** der Ionen statt. Die Massen bzw. die *m/z*-Werte dieser Fragmente lassen häufig Rückschlüsse auf die Struktur des ursprünglichen Moleküls zu. Für die Untersuchung von Gemischen werden in der MS **Kopplungsverfahren** eingesetzt, in denen der eigentlichen MS-Analyse eine chromatographische Trennmethode vorgeschaltet wird, z. B. die GC oder HPLC (**GC/MS** bzw. **LC/MS**). Bei der **Tandemmassenspektrometrie** (**MS/MS**, $MS^2$) werden bestimmte Molekülionen nach ihrer Erzeugung im Massenspektrometer isoliert und dann gezielt zur Fragmentierung angeregt. Die Massenanalyse erfolgt hier in zwei Stufen. Die Stufen können zeitlich oder räumlich getrennt stattfinden. Bei der räumlichen MS/MS (*tandem in space*) befinden sich zwei Massenanalysatoren in Serie (z. B. QToF: Quadrupol + ToF, o Abb. 2.33), bei der zeitlichen MS/MS (*tandem in time*) wird die Analyse der Fragmentionen im gleichen Analysator durchgeführt. Hier besteht die Möglichkeit, den gesamten Vorgang mehrmals zu wiederholen, sodass bereits erhaltene Fragmente isoliert und durch Zufuhr von Energie, Beschuss mit Elektronen oder durch Kollision z. B. mit Helium weiter fragmentiert werden können (Mehrfach-MS, $MS^n$).

Nachfolgend werden die wichtigsten Methoden der **Ionisierung** und **Massenanalyse** kurz erläutert. Auf **Fragmentierungsreaktionen** wird nicht eingegangen.

## Ionisierungsmethoden in der MS

### Elektronenionisierung (*electron ionization*, EI)

Bei diesem klassischen Verfahren der Ionisation werden gasförmige Moleküle mit **energiereichen Elektronen** (normalerweise 70 eV) beschossen. Organische Moleküle mit einer niedrigen positiven oder einer negativen Elektronenaffinität, d. h. Moleküle, bei denen die Aufnahme eines Elektrons thermodynamisch wenig begünstigt oder ungünstig ist, bilden unter den Bedingungen des Elektronenbeschusses, d. h. unter der hohen Energie der Elektronen, **Radikal-Kationen:**

$$A{-}B + e^- \longrightarrow A{-}B^{\bullet +} + 2\,e^-$$

Durch die hohe Überschussenergie werden die Kationen zu Schwingungen angeregt. Die Folge sind Bindungsspaltungen und damit umfangreiche Fragmentierungen. Die EI ist daher eine sogenannte **harte Ionisationsmethode**.

### Chemische Ionisierung (CI)

Bei dieser Methode werden organische Moleküle durch **chemische Gasphasenreaktionen** ionisiert. Zunächst erzeugt man durch zugeführte Reaktand-Gase Reaktand-Ionen. Die dabei gebildeten Primärionen des Reaktandgases reagieren mit weiteren Reaktandgasmolekülen zu den CI-Plasmaionen (den eigentlich ionisierend wirkenden Ionen), die dann mit den Analyt-Molekülen weiter reagieren. Die CI beruht also auf **Ionen-Molekül-Reaktionen** (o Abb. 2.30). Als Reaktandgase zur Erzeugung von Kationen des Analyten M in der PICI (*positive ion* CI) werden z. B. $H_2$, Methan, Isobutan oder Ammoniak eingesetzt. Diese Kationen ($[M+H]^+$, häufig auch als **Quasi-Molekül-Ion** bezeichnet) entstehen meist durch Protonentransfer. Als Gase zur Erzeugung von Anionen des Analyten in der NICI (*negative ion* CI, z. B. $[M-F]^-$) werden Methan/Lachgas, $CH_4$/

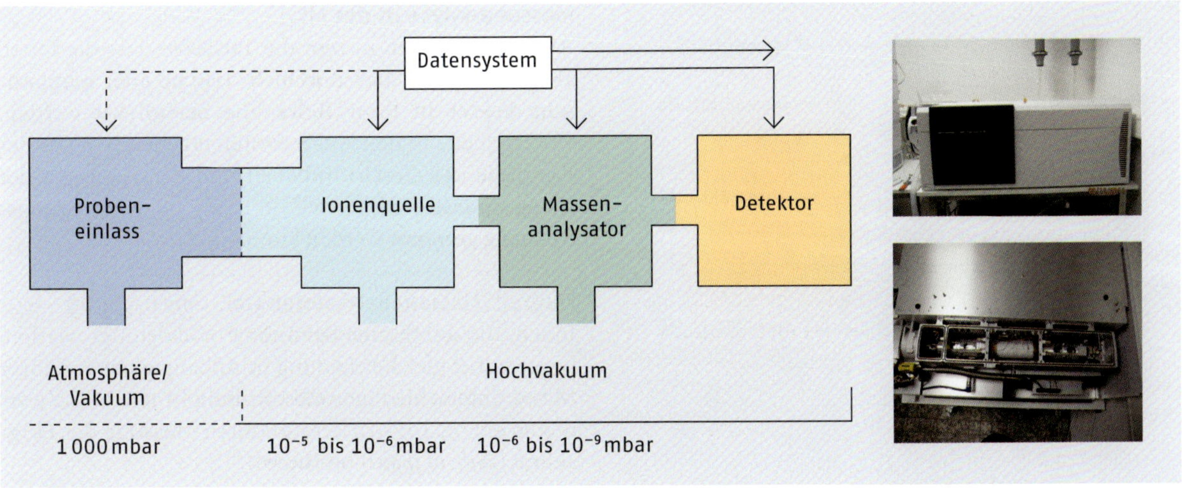


**o Abb. 2.29** Generelles Schema einer massenspektrometrischen Analyse (links); Massenspektrometer (rechts) von außen und von innen

$N_2O$, oder Stickstofftrifluorid, $NF_3$, verwendet. Durch Ladungsaustausch können Analyten auch in Radikal-Kationen überführt werden, hier werden die Edelgase He, Ne, Ar, Xe oder Stickstoff oder z. B. Benzen als Reaktandgase verwendet. Diese vielfältigen Möglichkeiten erlauben eine gezielte Steuerung des Ausmaßes der Fragmentierung durch die CI als **sanfte Ionisierungsmethode**.

**Desorptionsmethoden: MALDI, FAB**

Bei den Desorptionsmethoden muss der Analyt im Gegensatz zur EI oder CI nicht gasförmig vorliegen, sondern in **kondensierter Form**. Dies erlaubt auch die Analyse von großen Molekülen, Salzen oder stark polaren Verbindungen, die selber nur schwer flüchtig sind

Bei der **FAB-Methode** (***fast atom bomardment***) wird der Analyt in einer schwerflüchtigen Flüssigkeit (**Matrix**, z. B. Glycerol), die gleichzeitig als ionisierendes Agens fungiert, gelöst oder suspendiert und mit neutralen Atomen hoher kinetischer Energie „bombardiert“. Häufig wird hierfür Xenon verwendet. Durch die hohe Energie erhitzt sich die Matrix, es werden Matrix- und Analyt-Teilchen von der Oberfläche in Form einer **Plasmawolke** in die Gasphase überführt. Außerdem entstehen Radikal-Kationen des Analyten $M^{\bullet+}$, protonierte Analyt-Ionen $[M+H]^+$ oder auch, bei Verwendung von Metall-Kationen in der Matrix, Cluster-Kationen $[M+Metall]^+$. Natürlich werden auch die Moleküle der Matrix ionisiert, diese Ionen tauchen im unteren Massenbereich eines FAB-Massenspektrums auf. Die FAB-Ionisierung eignet sich daher vornehmlich zur Analyse großer Moleküle.

Auch die **MALDI-Methode** nutzt eine Matrix zur Ionisierung (***matrix assisted laser desorption ionization***). Die Anregung erfolgt mithilfe von **Laserpulsen**, z. B. einem Stickstofflaser ($\lambda = 337$ nm), und Matrixsubstanzen, die bei dieser Wellenlänge einen hohen molaren Absorptionskoeffizienten aufweisen und daher durch den Laserpuls gut angeregt werden können, z. B. 1,4-Dihydroxybenzoesäure. Meist sind die Matrixsubstanzen Säuren, sodass die Ionisierung häufig mit einer Protonierung einhergeht. In die Matrix können zudem Metallkationen eingebaut werden, weiterhin können durch Verwendung Redox-aktiver Substanzen durch Elektronentransfer sowohl Radikal-Anionen als auch -Kationen erzeugt werden, oder der Laserpuls sorgt durch direkte Photoionisierung für die Erzeugung von Analyt-Ionen. Wie die FAB-Ionisierung eignet sich die MALDI besonders gut zur Analyse großer Moleküle.

Analyt-Kationen $[M+H]^+$

$$CH_4 + e^- \longrightarrow CH_4^{\bullet+} + 2\,e^-$$
$$CH_4^{\bullet+} + CH_4 \longrightarrow CH_5^+ + CH_3^\bullet$$
$$CH_5^+ + M \longrightarrow [M+H]^+ + CH_4$$

Analyt-Anionen $[M-F]^-$

$$NF_3 + e^- \longrightarrow NF_2^\bullet + F^-$$
$$2\,F^- + M{-}H \longrightarrow [M-F]^- + HF$$

Radikal-Kationen $M^{\bullet+}$

$$Ar + e^- \longrightarrow Ar^{\bullet+} + 2\,e^-$$
$$Ar^{\bullet+} + M \longrightarrow M^{\bullet+} + Ar$$

**o Abb. 2.30** Reaktionen der chemischen Ionisation (CI) zur Erzeugung von Analyt-Kationen $[M+H]^+$, Analyt-Anionen, wie $[M-F]^-$, oder Radikal-Kationen $M^{\bullet+}$

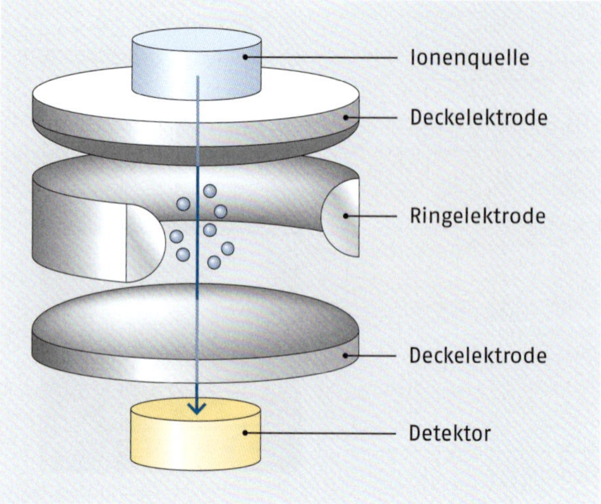


**o Abb. 2.31** Prinzipieller Aufbau einer Ionenfalle. Sie besteht aus drei Elektroden: einer Ringelektrode und zwei Deckelektroden (Endkappen, Verschlusselektroden).

**Sprayverfahren: ESI, APCI**

Die **ESI** (*electron spray ionization*) ist ein **schonendes Verfahren der Ionenerzeugung**. Sie läuft im Gegensatz zu den anderen Ionisierungsverfahren unter Zufuhr **von weniger Energie** ab und ist daher nur für Analyten geeignet, die mindestens eine funktionelle Gruppe besitzen, die bereits unter diesen milden Bedingungen ionisierbar ist, wie Amine, Carbonsäuren, Sulfonsäuren, Cabonylverbindungen, Ether, Alkohole. Zunächst werden unter Atmosphärendruck und nicht im Vakuum – ein weiterer Unterschied zu den anderen Verfahren, die die Ionisation in der Gasphase durchführen – kleine Tröpfchen der Analyt-Lösung (Lösungsmittel: Methanol, Acetonitril, Wasser) erzeugt („Spray"). An den Sprühstrahl wird eine hohe Spannung angelegt (1–5 kV), die zu einer Aufladung und Polarisierung der Analyt-Lösung führt, d. h., je nach Richtung des elektrischen Feldes befinden sich in der Spitze des Strahls, dem sog. ***Taylor*-Kegel**, mehr Kationen oder mehr Anionen. Das Lösungsmittel wird auf dem Weg von der Sprayvorrichtung zum Spektrometer verdampft, es entstehen auf bislang noch nicht eindeutig geklärtem Weg freie und, wenn der Analyt mehrere ionisierbare Gruppen enthält, häufig auch mehrfach geladene Ionen.

Die **APCI** (***atmospheric pressure* CI**) ist mit der ESI verwandt, ergänzt sie aber dahingehend, dass auch die Analyse polarer, nichtflüchtiger Verbindungen, die mittels ESI nicht ionisiert werden können, möglich ist. Der Analyt wird, gelöst in einem Lösungsmittel, über einen beheizten Zerstäuber in die Ionisierungskammer verbracht, dort entstehen durch eine Entladung Ionen der Lösungsmittelmoleküle oder des Zerstäubergases, die dann in einer Gasphasenreaktion wie bei der CI zur Ionisierung der Analyt-Moleküle führen.

### Massenanalyse in der MS

Alle Analysatoren nutzen die Tatsache, dass die Ionen als geladene Teilchen **durch elektrische oder magnetische Felder in ihrer Bewegung beeinflusst** werden. Unterschiede in den Analysatoren ergeben sich aus der Kontrolle der Geschwindigkeit und der Flugbahn der Ionen, sodass diese nach Zeit, Raum oder Bewegungsfrequenz getrennt werden können.

**Flugzeit-Massenanalysatoren (ToF, *time of flight*)**

Ionen, die durch eine Spannung beschleunigt werden, besitzen bei gleicher Ladung in Abhängigkeit von ihrer Masse unterschiedliche Geschwindigkeiten. Diese werden in einem ToF-Analysator durch **Messung der Flugzeiten** (*time of flight*) bestimmt.

**Quadrupol-Ionenfallen (QIT, *quadrupol ion trap*, 3D-Quadrupol)**

In einer Quadrupol-Ionenfalle benutzt man **elektrische Wechselfelder**, erzeugt durch **drei Elektroden** (o Abb. 2.31), um Ionen einzufangen und dort auf stabilen Flugbahnen längere Zeit gefangen zu halten. In Abhängigkeit von der Stärke des Feldes können gezielt Ionen mit bestimmten *m/z*-Werten gespeichert bzw. herausgeschleudert und danach detektiert werden. Bei einer QIT können außerdem Radiofrequenzpulse (Rf-Pulse) zur Anregung von Fragmentierungen genutzt werden. Für die Entdeckung, dass man zwei- und dreidimensionale elektrische Quadrupolfelder zur Massenanalyse und zum Einfangen von Ionen nutzen kann, wurde *Wolfgang Paul* 1989 der Nobelpreis für Physik verliehen. Ähnlich funktioniert eine **ICR-Zelle** (**Ionen-Cyclotron-Resonanz-Zelle**) als Analysator. Hier werden allerdings **magnetische Felder** genutzt, um die Ionen aus ihrer ursprünglichen Flugbahn abzulenken und auf eine **stabile Kreisbahn** zu zwingen.

**Quadrupol-Massenfilter (Lineare Quadrupol-Falle, *linear trap*)**

In einem **Quadrupol-Massenfilter** werden die Ionen durch ein **elektrisches Feld** beschleunigt und durchfliegen die **vier parallel liegenden Stabelektroden**, die den **Quadrupol** bilden (o Abb. 2.32), d. h., ein solcher Filter arbeitet in einem Strahlmodus. Der Aufbau entspricht damit dem einer **linearen Quadrupol-Falle** (*linear trap*). Die Ionen werden nur in zwei Dimensionen (senkrecht zur Längsachse) eingefangen, in der dritten Dimension, also in Richtung der Längsachse, bewegen sie sich durch den Massenfilter hindurch. Somit können solche Massenfilter dazu genutzt werden, alle Ionen von einer Region des Spektrometers in eine andere zu transportieren (**Ionentransfer-Modus**, ***Rf-only*-Modus**). Im **massenselektiven Modus** können aber auch durch Variation der Spannung des Quadrupolfeldes nur Ionen aus einem engen *m/z*-Bereich hindurch gelassen werden, sodass das Gerät als Massenanalysator fungiert. Durch die Kombination mehrerer Quadrupol-Massenfilter, z. B. bei einem **Tripelquad** (*triple quad*, QqQ, o Abb. 2.33), kann die Leistungsfähigkeit erhöht werden. In einem Tripelquad dient der erste Quadrupol zur Selektion von Ionen mit bestimmten *m/z*-Werten, der zweite Quadrupol im Ionentransfer-Modus zur Beschleunigung der Ionen oder als Stoßkammer zur Fragmentierung. Die Ionen und Fragmente, die den zweiten Quadrupol passieren konnten, werden im dritten Quadrupol erneut selektiert und dann analysiert.

#### Sektorfeld-Analysator

Ein **Sektorfeld-Analysator** besteht aus zwei Sektoren: einem elektrischen und einem magnetischen. Der Radius der Kreisbahnen, die die Ionen in den Feldern durchlaufen, hängt von der kinetischen Energie (im elektrostatischen Sektor) und vom Impuls (im Magnetfeldsektor) der Ionen ab. Im **Magnetfeldsektor** werden die Ionen auf Basis ihrer Impulse und ihrer Ladung und somit abhängig von ihren *m/z*-Werten mehr oder weniger stark abgelenkt und damit räumlich voneinander getrennt. Im **elektrischen Sektor** werden die Flugbahnen der Ionen in Abhängigkeit von ihrer kinetischen Energie unterschiedlich stark gekrümmt. Dadurch wird eine höhere Auflösung erreicht. Während in einer ICR-Zelle die Ionen durch das Magnetfeld auf eine Kreisbahn gezwungen werden, überstreicht ein Magnetfeldsektor nur einen Bereich von weniger als 90°, sodass die Ionen das Feld nur einmal durchfliegen.

#### Orbitrap-Analysator

Wie bei Quadrupol-Fallen werden in einer **Orbitrap**, der jüngsten Entwicklung unter den Ionenfallen, Ionen nur mithilfe **elektrischer Felder** eingefangen. In der Ionenfalle befindet sich eine spindelförmige zentrale Elektrode, die von einer äußeren Elektrode umgeben ist. Die Ionen werden radial zur zentralen Elektrode in die Falle hineingeschossen und bewegen sich auf Kreisbahnen (Orbits) um die zentrale Elektrode (o Abb. 2.34). Sie schwingen gleichzeitig entlang der Achse der Elektrode. Die Frequenz dieser Schwingung hängt vom *m/z*-Wert ab. Wie bei der ICR wird die **Fouriertransformation** (FT, eine komplexe mathematische Methode, die es erlaubt, ein zeitabhängiges Signal in darin enthaltene periodische Frequenzfunktionen zu transformieren und so kontinuierliche Spektren zu erhalten) zur Umwandlung der Signale in die Frequenzdomäne genutzt.

### 2.5.3 IR-Spektroskopie

In der Infrarot-(IR-)Spektroskopie werden **Molekülschwingungen** registriert. Die Banden in IR-Spektren spiegeln die strukturabhängigen Frequenzen dieser Schwingungen wider. Sie geben Auskunft über Art und Lage von Bindungen und über das Vorhandensein bestimmter funktioneller Gruppen. Der Analyt wird in fester Form oder in Lösung mit IR-Licht durchstrahlt. Aufgezeichnet wird die **Transmission** (also der Prozentsatz der IR-Strahlung, der nicht durch die Probe absorbiert wird, sondern hindurchtritt) in Abhängigkeit von der Wellenzahl, dem Kehrwert der Wellenlänge. Moderne IR-Spektrometer sind FT-IR-Geräte (Fouriertransformation-IR). Sie unterscheiden sich von den früher verwendeten dispersiven Messgeräten, bei denen die IR-Strahlung zunächst mithilfe eines Mono-

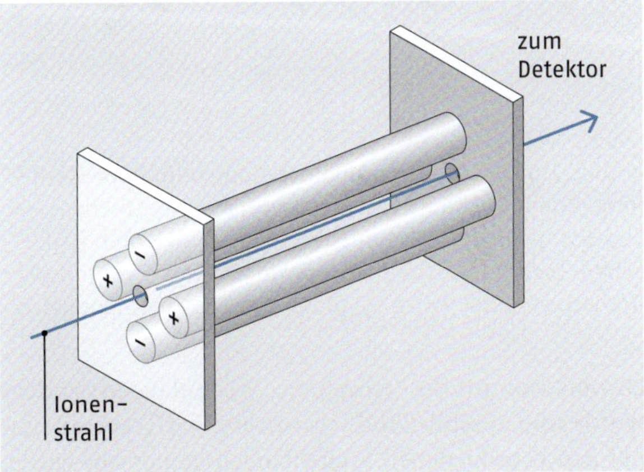


o **Abb. 2.32** Schematischer Aufbau eines Quadrupol-Massenfilters mit vier Stabelektroden

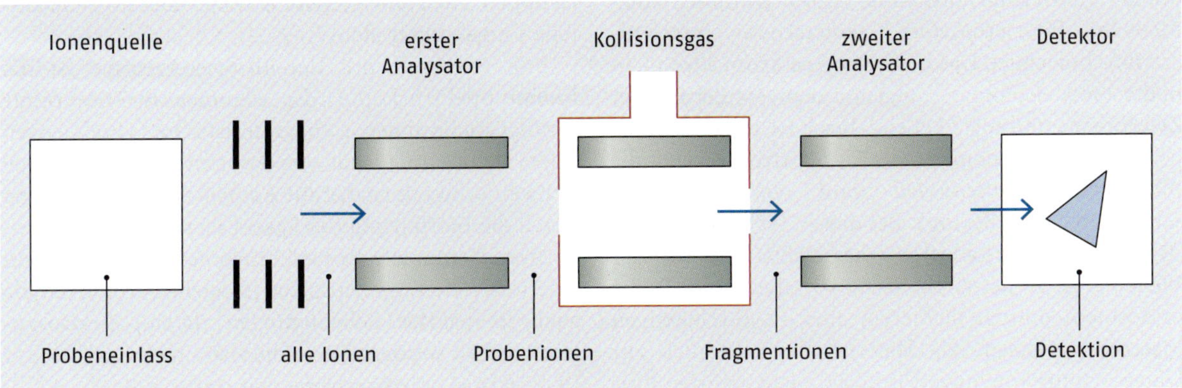


o **Abb. 2.33** Schematischer Aufbau eines Tripelquad-Massenspektrometers

2

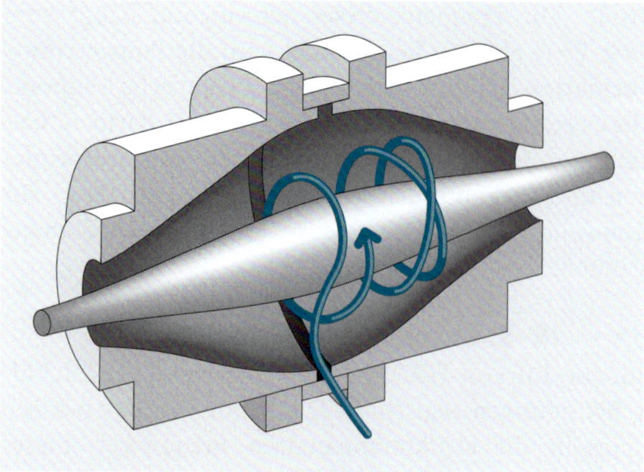

**o Abb. 2.34** Schematischer Aufbau einer Orbitrap mit vereinfachter Darstellung der Flugbahnen der Ionen

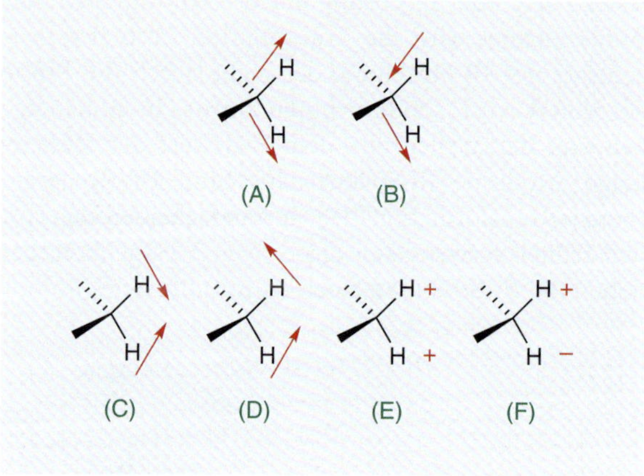


**o Abb. 2.35** Molekülschwingungen durch Infrarot-Strahlung. Oben: (A) symmetrische und (B) asymmetrische Streckschwingungen (Valenzschwingungen); unten (C–F): Scher- (*bending*), Schaukel- (*rocking*), Wipp- (*wagging*), Drehschwingung (*twisting*) (Deformationsschwingungen)

chromators in die einzelnen Wellenlängen zerlegt wurde und anschließend schrittweise die Transmission bei den verschiedenen Wellenlängen gemessen wurde. Die Wellenlänge wird bei einem FT-IR-Gerät nicht schrittweise geändert. Stattdessen wird das Spektrum durch Fouriertransformation eines mithilfe eines ***Michelson*-Interferometers** gemessenen Interferogramms berechnet. Das heißt, das Spektrum wird nicht in der Frequenzdomäne aufgenommen, sondern in der Zeitdomäne und anschließend durch FT umgerechnet.

Eine neuere Technik in der IR-Spektroskopie ist die **ATR-Technik** (***attenuated total reflexion***, abgeschwächte Totalreflexion). Bei dieser Technik wird die Abhängigkeit der Reflexion eines Lichtstrahls von der Wellenlänge an der Grenzfläche zwischen einer Probe und einem optisch dichteren, aber IR-durchlässigen Material gemessen. Als Material, das sich auch zur Untersuchung von pulverförmigen, nicht gelösten Proben eignet, wird z. B. Diamant oder Zinkselenid eingesetzt.

Die einzelnen Atome oder Atomgruppierungen in einem Molekül können verschiedenartige Schwingungen gegeneinander ausführen. Dabei hat man zwischen **Gerüstschwingungen**, an denen das Gesamtmolekül teilnimmt, und sogenannten lokalisierten Schwingungen zu unterscheiden. Schwingungen in der Bindungsachse werden als **Valenz- oder Streckschwingungen** bezeichnet, während man bei Winkeländerungen von **Deformations- oder Biegeschwingungen** spricht (o Abb. 2.35).

Eine Schwingungsanregung durch elektromagnetische Strahlung ist jedoch nur dann möglich, wenn sich bei dem Schwingungsvorgang die Symmetrie der Ladungsverteilung des Moleküls ändert, d. h. bei der Schwingung ein elektrisches Feld entsteht, das mit dem der Strahlung in Wechselwirkung treten kann. Ein derartiger schwingender Dipol absorbiert aus dem elektromagnetischen Spektrum nur die Strahlung, die die gleiche Frequenz wie der Dipol besitzt. Bei Molekülen mit hoher Symmetrie treten daher im IR-Spektrum nur wenige Banden auf, da ein Teil der Schwingungen aus oben genannten Gründen IR-inaktiv ist, so z. B. bei $CO_2$.

Die Lage der Absorptionsbanden im IR-Spektrum wird im Allgemeinen in Wellenzahlen (Kehrwert der Wellenlänge in $cm^{-1}$, sie entspricht der Anzahl an Schwingungen pro cm) und ihre Intensität mit stark (s), mittel (m), wenig intensiv (w), variierend (v) oder mit „Schulter“ angegeben.

Die wichtigsten Grundschwingungen organischer Moleküle liegen in einem Wellenzahlbereich von 4 000–400 $cm^{-1}$ (o Abb. 2.36). Zu den in dieser Region registrierten Informationen gehören vor allem die charakteristischen Absorptionsbanden der einzelnen funktionellen Gruppen bei 4 000–1 450 $cm^{-1}$. Sie liegen in eng begrenzten Wellenzahlbereichen und variieren nur etwas in Abhängigkeit von dem organischen Rest, an dem sich die funktionelle Gruppe befindet. Somit lässt sich neben der **Identifizierung der funktionellen Gruppen**, auch eine gewisse Aussage über ihre strukturelle Umgebung treffen.

Eng verwandt mit der IR-Spektroskopie ist die ***Raman*-Spektroskopie**, die ebenfalls für bestimmte Atomgruppierungen charakteristische Frequenzen zeigt. Da die Intensität von *Raman*-Signalen generell nur sehr schwach ist, hat die *Raman*-Spektroskopie erst durch die Einführung des Lasers als sehr strahlungsintensiver Lichtquelle an Bedeutung gewonnen. Sie stellt eine wertvolle Ergänzung der IR-Spektroskopie dar, da auch IR-inaktive Schwingungen *Raman*-spektroskopisch erfasst werden. Sie liefert also Ergebnisse, die zur IR-Spektroskopie komplementär sind.

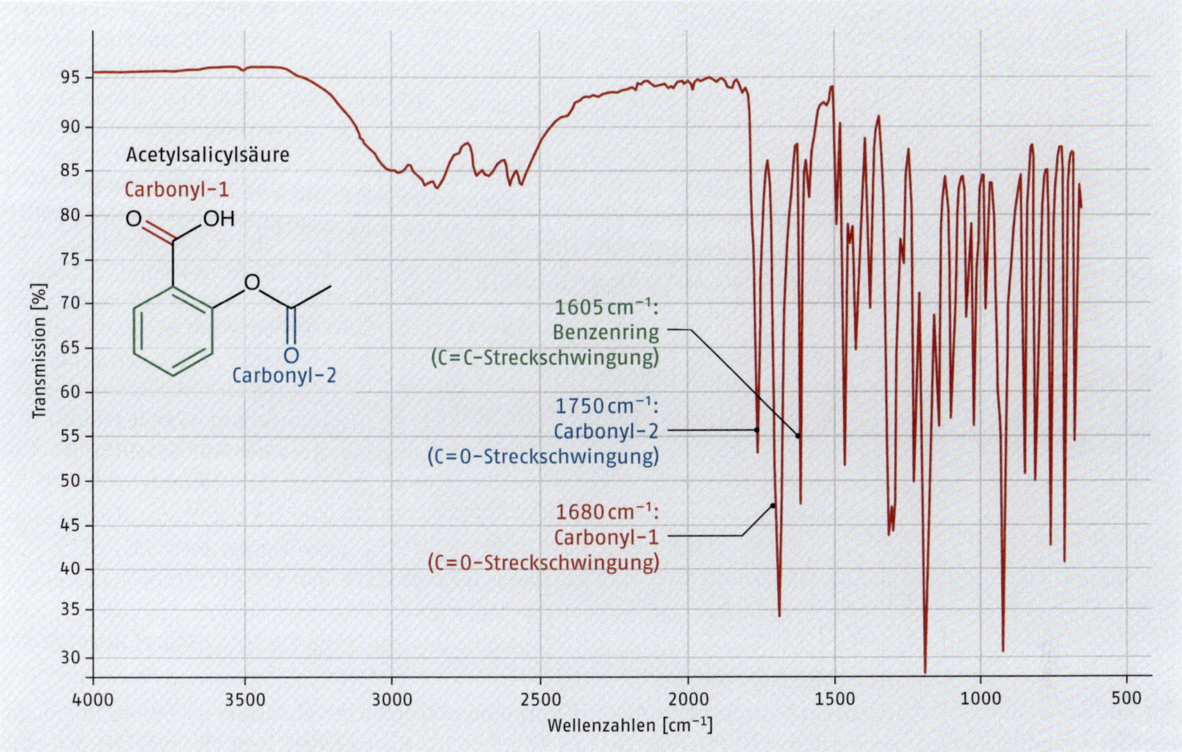


**Abb. 2.36** IR-Spektrum von Acetylsalicylsäure



### 2.5.4 UV/Vis-Spektroskopie

Im sichtbaren (Vis) und ultravioletten (UV) Spektralbereich führt die Absorption von elektromagnetischer Strahlung durch organische Moleküle zu **Anregung von Elektronen** aus besetzten Orbitalen in energetisch höher liegende unbesetzte Orbitale. Es kommt somit immer zu Übergängen zwischen diskreten Energieniveaus. Entsprechend der Art der Orbitale, zwischen denen der Elektronenübergang erfolgt (bindend, nichtbindend oder antibindend?, $\sigma$- oder $\pi$-Elektronen?), spricht man von $n \rightarrow \pi^*$-Übergänge, $\pi \rightarrow \pi^*$-Übergängen etc. Die erhaltenen Absorptionsspektren werden daher als Elektronenspektren bezeichnet. Die Wellenlänge der absorbierten Strahlung muss dem Energieunterschied zwischen den Orbitalen entsprechen. Je kurzwelliger, also energiereicher, die für die Elektronenanregung aufgenommene elektromagnetische Strahlung ist, umso weiter liegen die Orbitale energetisch auseinander. Die Anregung mit der geringsten Energie entspricht dem HOMO/LUMO-Übergang des Moleküls.

Man bezeichnet eine Gruppierung in einem Molekül, die Strahlung im UV/Vis-Bereich absorbiert, als **Chromophor**. Gewöhnlich sind nur solche Chromophore für die praktische Untersuchung wichtig, deren Absorptionsmaxima langwelliger als 200 nm sind. Von Bedeutung sind demnach in der Regel nur Chromophore **konjugierter Systeme** (also Aromaten, Diene, Polyene oder $\alpha,\beta$-ungesättigte Carbonylverbindungen). Die Anregungswellenlängen für einfache Doppelbindungen (Alkene, Alkine, einfache Carbonylverbindungen) liegen hingegen meistens unterhalb von 200 nm. Da durch Konjugation mehrerer $\pi$-Systeme das Energieniveau des HOMO angehoben und das des LUMO erniedrigt wird, sinkt die Energie, die für eine Elektronenanregung aus dem HOMO in das LUMO benötigt wird, mit zunehmender Größe des konjugierten Systems entsprechend ab und die Anregungswellenlänge verschiebt sich zu größeren Wellenlängen. Verbindungen, die im sichtbaren Bereich absorbieren, erscheinen für das menschliche Auge farbig.

Ein UV/Vis-Spektrum (**o** Abb. 2.37) ist ein Diagramm, in dem die **Absorption des Lichts in Abhängigkeit von der Wellenlänge** aufgetragen wird. Ein solches Spektrum enthält für jeden elektronischen Übergang, dessen Energie mit der von Lichtquanten aus dem eingestrahlten Bereich übereinstimmt, eine **Absorptionsbande**. Die Wellenlänge, die mit dem Maximum einer Bande assoziiert ist, wird als $\lambda_{max}$ bezeichnet. Die üblicherweise breiten Absorptionsbanden statt scharfer Absorptionslinien entstehen, da die elektronischen Übergänge durch Schwingungsübergänge überlagert werden.

Der Informationsgehalt eines UV/Vis-Spektrums ist für die Strukturanalyse wesentlich geringer als der eines IR- oder NMR-Spektrums. Die Spektren weisen nur eine geringe Anzahl von in der Regel sehr breiten Banden auf. Die Aufnahme von UV/Vis-Spektren einer Verbindung unter verschiedenen Bedingungen kann

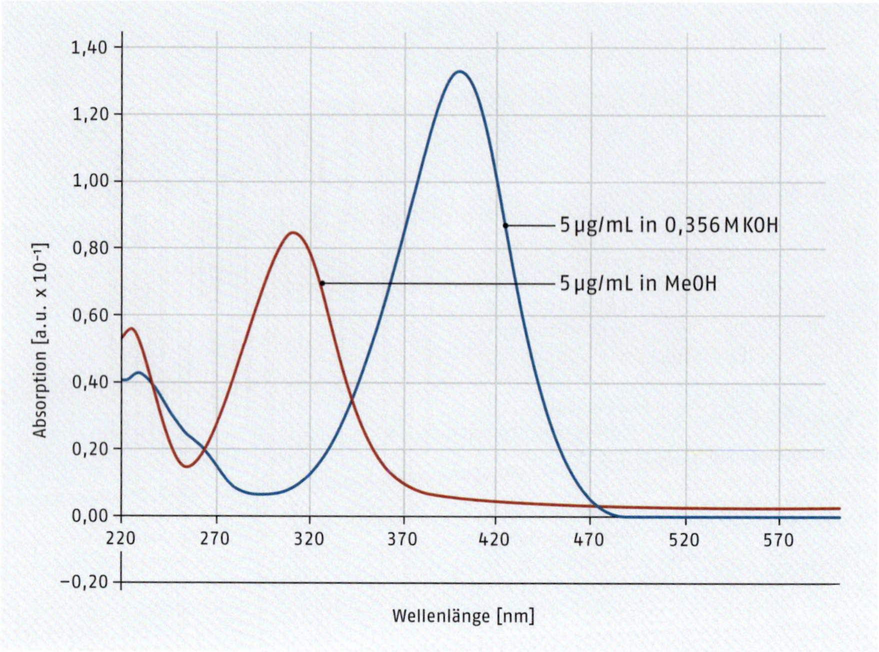


**○ Abb. 2.37** UV-Spektrum von *p*-Nitrophenol in MeOH (rote Kurve) und in alkalischer Lösung (blaue Kurve). Im Alkalischen entsteht das *p*-Nitrophenolat-Anion. Die $\pi$-Elektronen sind im Anion stärker delokalisiert als im *p*-Nitrophenol. Dadurch kommt es zu einer bathochromen Verschiebung des Absorptionsmaximums bis in den sichtbaren Bereich, die Lösung des Anions ist gelb gefärbt, während das nichtdissoziierte Nitrophenol farblos erscheint.

aber Hinweise auf das Vorhandensein bestimmter funktioneller Gruppen liefern. So werden z. B. Phenole in alkalischem Medium deprotoniert, das Absorptionsmaximum verschiebt sich dann in den längerwelligen Bereich (**bathochrome Verschiebung**, ○ Abb. 2.37).

Andererseits wird die UV/Vis-Spektrophotometrie mit hoher Empfindlichkeit bei der quantitativen Analyse angewandt. Grundlage hierfür ist das ***Lambert-Beer*sche Gesetz**. Es besagt, dass der Anteil der elektromagnetischen Strahlung, der beim Durchgang von Licht einer bestimmten Wellenlänge durch eine Lösung eines Analyten absorbiert wird, unabhängig von der Intensität des einfallenden Lichts $I_0$ ist, aber proportional zur Anzahl der absorbierenden Moleküle, die sich im Lichtstrahl befinden:

$$\log I_0/I = A = \varepsilon \cdot c \cdot d \qquad \text{Gleichung 2.4}$$

| $I_0$ Intensität des eingestrahlten Lichts einer bestimmten Wellenlänge | $I$ Intensität des Lichts nach Durchtritt durch die Probe | $A$ Absorption (früher Extinktion) | $\varepsilon$ molarer Absorptionskoeffizient (früher molarer Extinktionskoeffizient) | $c$ Konzentration des Analyten | $d$ Weglänge des Lichts | Das Produkt (c · d) entspricht der Anzahl der absorbierenden Moleküle auf dem Weg des Lichts.

## Konstitution und Farbe, Azo- und Polymethinfarbstoffe

Eine chemische Verbindung erscheint dann farbig, wenn sie aus dem sichtbaren Teil des Spektrums ($\lambda$ ca. 400–800 nm, ○ Abb. 2.38 A) einen Wellenlängenbereich selektiv absorbiert. Die vom Auge wahrgenommene Farbe dieser Verbindung entspricht der jeweiligen **Komplementärfarbe** des absorbierten Spektralbereichs (○ Abb. 2.38 B), die auf den Rest des Spektrums zwischen 400 und 800 nm zurückzuführen ist. So kann der Eindruck „rot" entweder direkt durch Licht der Wellenlänge 700 nm entstehen oder durch Sonnenlicht (weißes Licht, Licht aller Wellenlängen), aus dem die grüne Komponente (ca. 480–560 nm) herausgefiltert wurde (□ Tab. 2.3).

Im Allgemeinen sind gesättigte organische Verbindungen für unser Auge farblos, da sich ihr Absorptionsbereich außerhalb des Sichtbaren im fernen Ultraviolett befindet. Durch Einführung von $\pi$-Bindungssystemen, wie C=O, C=N, C=C, N=O u. a., besonders wenn diese miteinander in Konjugation stehen, verschieben sich die Absorptionsbanden immer mehr zum langwelligeren, sichtbaren Teil des Spektrums. Für die selektive Lichtabsorption und damit für die Farbigkeit sind vor allem die energetisch hochliegenden und damit leichter anregbaren $\pi$-Elektronen der Mehrfachbindungen verantwortlich (*Bury, Arndt* und *Eistert*). Je stärker die $\pi$-Elektronen delokalisiert sind, umso langwelliger ist das Licht, welches die Verbindung absorbiert.

Atomgruppen, die die Lichtabsorption entscheidend beeinflussen, nennt man **Chromophore** (gr. *chroma* = Farbe, *phoron* = Träger) oder chromophore Gruppen (*Witt* 1876). Meist reicht jedoch eine chromophore Gruppe in dem betreffenden Molekül nicht aus, um eine Lichtabsorption im Sichtbaren hervorzurufen; das Absorptionsspektrum liegt weiter im Ultraviolett. Erst die Anhäufung von Chromophoren, besonders in konjugierten Systemen, ruft eine **Farbvertiefung** (**Bathochromie**) hervor, d. h. eine Verschiebung der Absorptionsmaxima nach längeren Wellen hin bis ins sichtbare Spektrum.

### Azo- und Polymethinfarbstoffe

Eine typische, chromophore Gruppe ist die Azogruppe, —N=N—, der eigentliche Farbträger der **Azofarbstoffe.** Die chromophoren Gruppen, die die Farbigkeit einer Substanz bedingen, bewirken jedoch noch keinen Farbstoffcharakter. So ist z. B. das orange-rote Azobenzen Ph—N=N—Ph als Stammverbindung der Azofarbstoffe zwar farbig, aber kein Farbstoff. Von einem Farbstoff verlangt man, dass er die Fähigkeit besitzt, andere Stoffe, z. B. Naturfasern wie Baumwolle, Wolle, Seide oder synthetische Fasern, möglichst licht- und waschecht zu färben. Dies wird erst durch die Einführung von **Auxochromen** (gr. *auxesis* = Zunahme) oder auxochromen Gruppen (*Witt*) in den aromatischen Teil des farbigen Moleküls erreicht. Diese Gruppen ändern nicht nur den Absorptionsbereich, sondern durch ihre chemische Reaktivität auch die Färbeeigenschaften. Zu den wichtigsten Auxochromen gehören folgende Gruppen, die einen +M-Effekt (▸Kap. 2.3.2) auf das konjugierte System ausüben: $—NH_2$, —NHR, $—NR_2$, —OH, $—OCH_3$. Aus dem farbigen Azobenzen werden so die einfachsten Azofarbstoffe, z. B. *p*-Aminoazobenzen (Anilingelb) oder *p*-Hydroxyazobenzen (○Abb. 2.42). Demgegenüber können Substituenten, die über einen –I-Effekt verfügen, der ihren +M-Effekt überwiegt (z. B. Halogene), einen **hypsochromen Effekt** (Blauverschiebung) auslösen, d. h., die Absorptionsmaxima werden nach kürzeren Wellenlängen hin verschoben.

**Antiauxochrome Gruppen** (–M-Effekt) können den bathochromen Effekt verstärken, wenn sie zusammen mit der auxochromen Gruppe ein ***Push-pull*-System** bilden und dadurch eine erhöhte Resonanzstabilisierung bewirken. Es findet eine Elektronenverschiebung von einer Donator- zu einer Akzeptorgruppe statt.

Zu diesen Farbstoffen gehören auch die **Polymethinfarbstoffe**, die **formal vinyloge** oder **phenyloge Carbonsäuren** oder **Derivate** sind (○Abb. 2.39). Polymethine können neutral, kationisch oder anionisch sein.

Nach dem **Vinylogie-Prinzip** bleibt die mesomere Wechselwirkung zweier Atomgruppen erhalten, auch wenn diese Gruppen durch eine oder mehrere konjugierte C=C-Doppelbindungen voneinander getrennt sind. Beispiel: Die Resonanzstabilisierung eines Carboxylates (○Abb. 2.40, oben) findet sich auch im Anion der Ascorbinsäure, im Ascorbat (○Abb. 2.40, Mitte), wieder. Deswegen ist Ascorbinsäure mit einem $pK_S$ von 4,3 ähnlich sauer wie Essigsäure ($pK_S$ = 4,76), obwohl Ascorbinsäure anders als Essigsäure gar keine Carboxygruppe —COOH enthält. Den gleichen Effekt haben Benzenringe, man spricht hier von **Phenylogie. Vanillin** beispielsweise ist eine phenyloge Carbonsäure (○Abb. 2.40, unten).

Sind die Kohlenstoffatome einer Polymethinkette durch Stickstoffatome ersetzt, spricht man von **Azapolymethinen**. Die bereits in ▸Kap. 2.4.3 genannten *Meisenheimer*-Salze oder auch ***Ruhemanns* Purpur**, welches in der Nachweisreaktion von Aminosäuren mit Ninhydrin entsteht (▸Kap. 24.4.1, ▸Kap. 37), sind Beispiele für anionische **Azaoxonole** (○Abb. 2.41).

Bei diesen und anderen Farbstoffen führt eine **Salzbildung** zusätzlich zu einer Farbvertiefung (**Halochromie**). Ein Beispiel ist *p*-Hydroxyazobenzen: Das Phenol ist gelb-orange, das Alkalisalz dagegen rot (○Abb. 2.42).

□ **Tab. 2.3** Lichtabsorption und Farbe

| Absorbiertes Licht | | |
|---|---|---|
| **Wellenlänge λ [nm]** | **Farbe des Lichts** | **Farbe der Verbindung** |
| 400–440 | violett | gelbgrün |
| 440–480 | blau | gelb |
| 480–490 | grünblau | orange |
| 490–500 | blaugrün | rot |
| 500–560 | grün | purpur |
| 560–580 | gelbgrün | violett |
| 580–595 | gelb | blau |
| 595–605 | orange | grünblau |
| 605–750 | rot | blaugrün |
| 750–800 | purpur | grün |

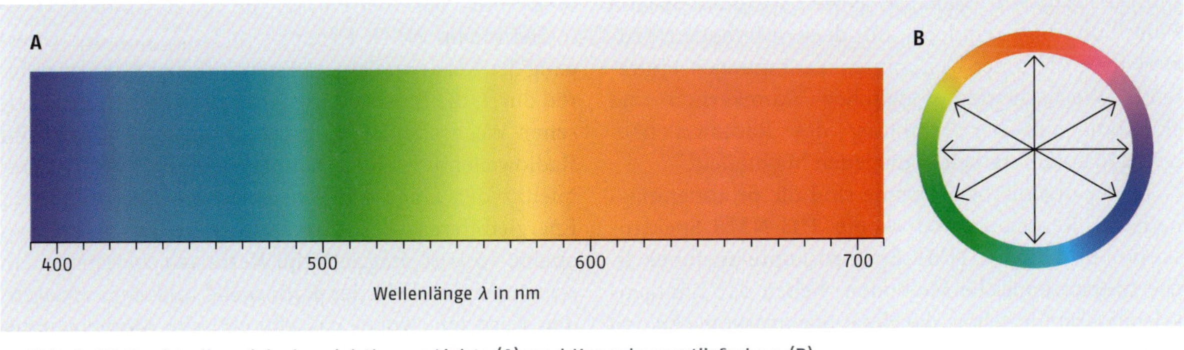


○ **Abb. 2.38** Spektralbereich des sichtbaren Lichts (A) und Komplementärfarben (B)

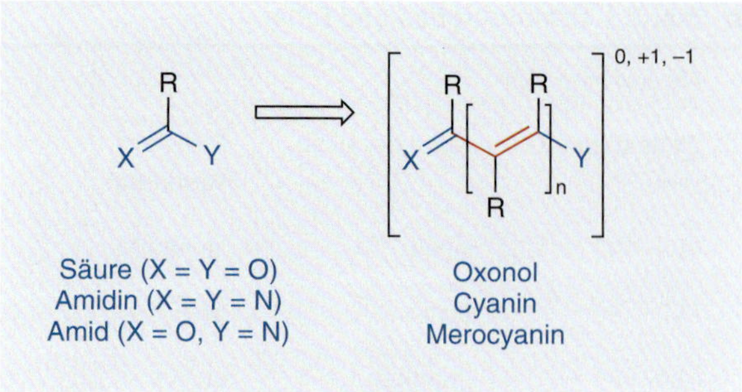


**○ Abb. 2.39** Polymethinfarbstoffe: X und Y als Donator bzw. Akzeptor-Gruppe sind substituierte oder unsubstituierte Atome der IV., V. oder VI. Hauptgruppe (meist O oder N, aber auch C). Sie sind durch eine ungerade Zahl von Methingruppen (CH) verbunden und stehen in Konjugation.

Durch die Deprotonierung der phenolischen Hydroxygruppe (–I, +M) zur Phenolatgruppe entsteht eine stärkere Donatorgruppe (+I, +M). Auch Polymethinfarbstoffe können protoniert (kationische Oxonole als vinyloge Acidium-Ionen, Cyanine als vinyloge Amidinium-Kationen) oder deprotoniert (anionische Oxonole als vinyloge Carboxylat-Anionen) vorliegen. Protoniertes Methylrot ist z. B. ein phenyloges Amidinium-Kation, in dem ein C-Atom der Polymethinkette durch ein N-Atom ersetzt wurde, also ein **Azacyanin**. Die Farbe solcher Azofarbstoffe verändert sich bei der Protonierung. Alizaringelb oder Methylrot werden daher als pH-Indikatoren (○ Abb. 2.43) eingesetzt.

Die Wechselwirkung zwischen Donator- und Akzeptorgruppe kann auch durch das Lösungsmittel beeinflusst werden (**Solvatochromie**). So ist 4-Diethylamino-4'-nitroazobenzen in Cyclohexan gelborange ($\lambda_{max}$ 470 nm) und tiefrot in Ethanol ($\lambda_{max}$ 510 nm). Der angeregte Zustand der Verbindung wird durch das polarere Lösungsmittel stärker stabilisiert, das LUMO wird dadurch abgesenkt, die Energiedifferenz zwischen HOMO und LUMO verringert sich.

## 2.5.5 NMR-Spektroskopie

### Grundlagen

Die kernmagnetische Resonanz, **Kernspinresonanz** (*nuclear magnetic resonance*, NMR) wurde 1946 von *Purcell* und *Bloch* entdeckt. Mit dieser Methode registriert man die unter bestimmten Bedingungen eintretende Wechselwirkung zwischen Atomkernen und elektromagnetischer Strahlung des Radiowellenbereichs in einem starken homogenen Magnetfeld.

In der organischen Chemie sind die protonenmagnetische Resonanzspektroskopie (**$^1$H-NMR-Spektroskopie**) und die **$^{13}$C-NMR-Spektroskopie** unentbehrliche spektroskopische Methoden. Neben der Röntgenkristallographie gehört die NMR-Spektroskopie zu den sogenannten direkten Methoden, die eine umfassende Aufklärung der Struktur von organischen Molekülen gestatten. Die $^1$H-NMR-Spektroskopie hat als **Kernspintomographie** (Magnetresonanztomographie, MRT) als bildgebendes Verfahren in der medizinischen Diagnostik große Bedeutung gewonnen.

Atomkerne mit ungerader Ordnungszahl und/oder ungerader Massenzahl wie z. B. $^1$H, $^{13}$C, $^{19}$F, $^{15}$N, $^{31}$P besitzen ein **magnetisches Moment $\mu$**. Bei Atomkernen mit gerader Anzahl von Protonen und Neutronen, z. B. $^{12}$C, $^{16}$O, $^{32}$S, ist das magnetische Moment dagegen gleich Null. Bringt man nun Atomkerne mit einem von Null verschiedenen magnetischen Moment, z. B. Protonen, in ein starkes äußeres Magnetfeld $B_0$ (in der Regel mit einer magnetischen Flussdichte im Bereich von einigen Tesla), so führt dies zu einer komplexen Rotationsbewegung der Kerne, bei der die beiden Enden des magnetischen Kerndipols um eine Achse rotieren, die parallel zum von außen angelegten Magnetfeld ($B_0$-Feld) liegt (**Präzessionsbewegung**, ○ Abb. 2.44). Diese Präzessionsbewegung um die Feldachse $B_0$ findet mit einer bestimmten Kreisfrequenz (***Larmor*-Frequenz** $\omega_0$) statt, die proportional zur Flussdichte des äußeren Magnetfeldes ist. Die Proportionalitätskonstante wird als **magnetogyrisches Verhältnis** $\gamma$ bezeichnet ($\omega_0 = \gamma \cdot B_0$).

Ohne äußeres Magnetfeld führen die Kerne keine Präzessionsbewegung aus, sie besitzen dann alle die gleiche magnetische Energie. In Anwesenheit eines Magnetfeldes wird diese Entartung aufgehoben (***Zeeman*-Effekt**). Ein $^1$H-Kern, der ein Spin-½-Kern ist, kann dann zwei verschiedene magnetische Energiezustände annehmen, die zwei unterschiedlichen Ausrichtungen des magnetischen Momentes des Kernes bzgl. der Richtung des äußeren Magnetfeldes $B_0$ entsprechen, einmal gleichgerichtet zum $B_0$-Feld (stabiler Zustand niedriger Energie, magnetische Quantenzahl $m_I = +½$) oder diesem entgegengerichtet (instabiler Zustand höherer Energie, magnetische Quantenzahl $m_I = -½$). Die Energiedifferenzen sind Funktionen der Größe des kernmagnetischen Moments des entsprechenden Atomkerns sowie der Stärke des angelegten äußeren Magnetfelds $B_0$ und liegen im Energiebereich langwelliger elektromagnetischer Strahlung (Radiowellen), z. B. 0,12 J mol$^{-1}$ bei einer Flussdichte von $B_0$ = 7,05 T.

Bei einem NMR-Experiment wird nun der Übergang der Kerne von einem Energiezustand in den anderen durch die Einstrahlung eines zusätzlichen magnetischen Wechselfeldes $B_1$ induziert, dessen Frequenz im Radiowellenbereich liegt. Entspricht die Energie (Frequenz) der eingestrahlten Radiowelle gerade dieser Energiedifferenz des Atomkerns, also der *Larmor*-Frequenz, so tritt **magnetische Resonanz** zwischen dem schwingenden Feld der Radiowelle und dem rotierenden Kern ein, wobei das magnetische Moment unter Absorption der entsprechenden Energie der elektroma-

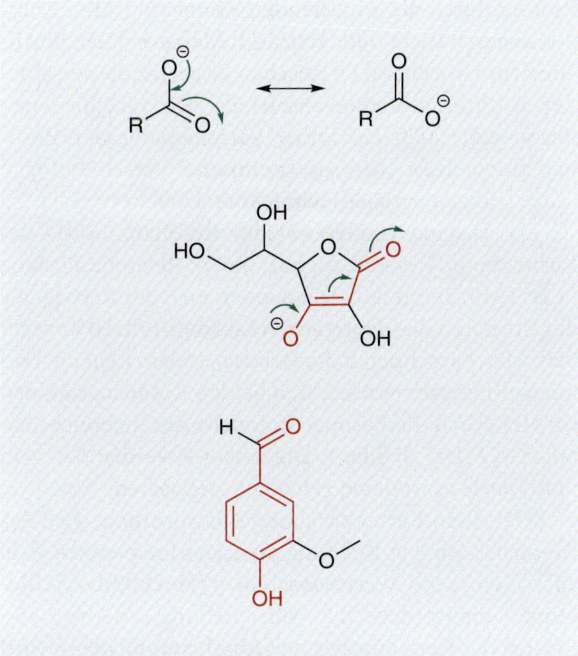

**Abb. 2.40** Ascorbat (Mitte) ist ein vinyloges Carboxylat, Vanillin (unten) ist eine phenyloge Carbonsäure (vinyloges bzw. phenyloges mesomeres System ist rot gezeichnet).

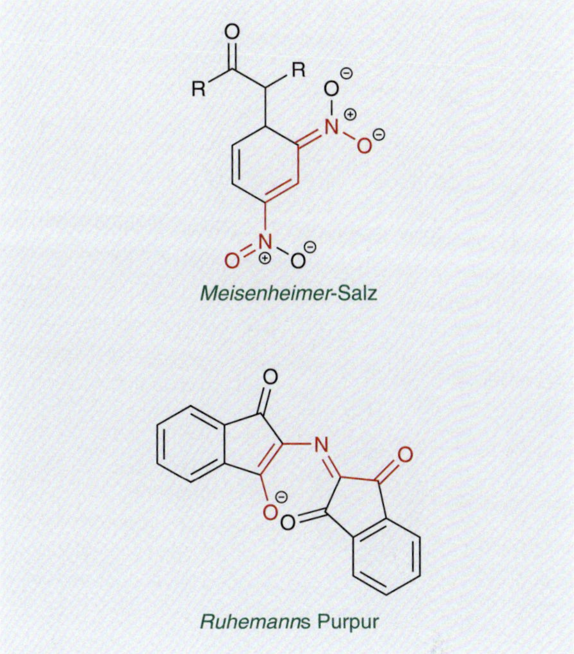


**Abb. 2.41** *Meisenheimer*-Salze und *Ruhemanns* Purpur sind Azaoxonole, d. h. vinyloge Carboxylate, in denen C-Atome der Polymethinkette durch N-Atome ersetzt wurden (das vinyloge bzw. phenyloge mesomere System ist rot gezeichnet).

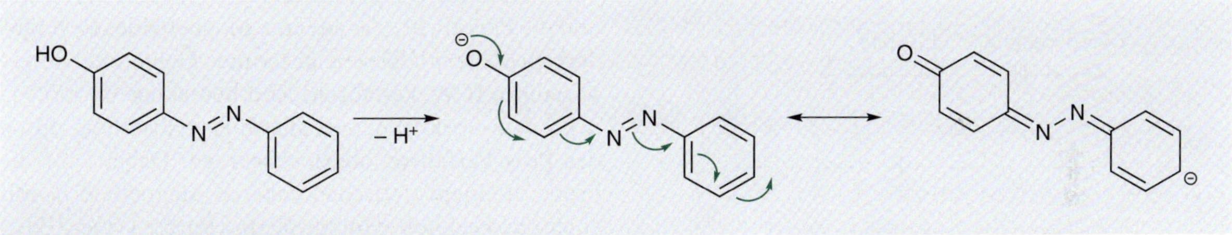

**Abb. 2.42** *p*-Hydroxyazobenzen: Die Salzbildung führt zu Halochromie, das Phenol (links) ist gelb-orange, das Alkalisalz (rechts) rot.

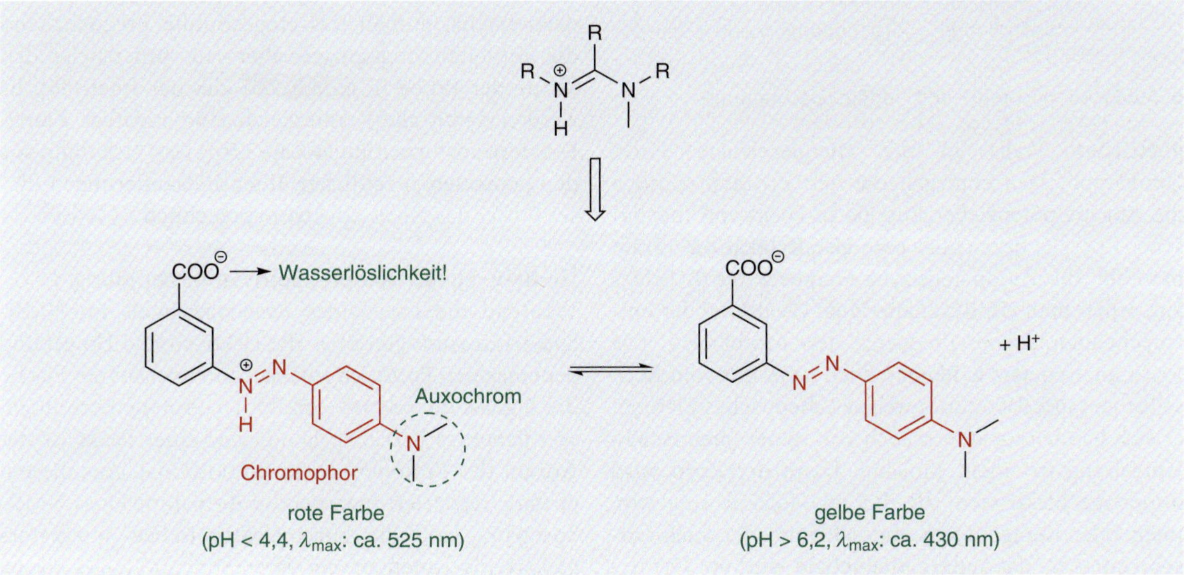


**Abb. 2.43** Methylrot: Azofarbstoff als Säure-Base-Indikator

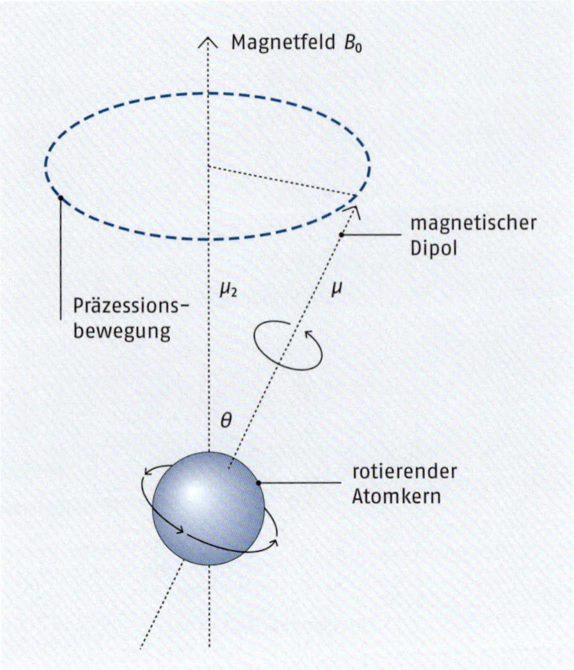


**o Abb. 2.44** Präzessionsbewegung eines Atomkerns in einem äußeren Magnetfeld. Im dargestellten Fall ist das magnetische Moment des Kerns gleichgerichtet zum äußeren Magnetfeld $B_0$, der Kern liegt im energetisch niedriger liegenden Spinzustand vor.

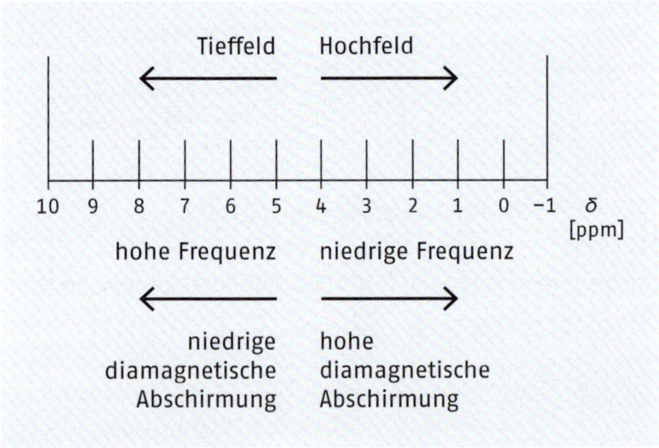


**o Abb. 2.45** Hochfeld- und Tieffeldverschiebung

gnetischen Welle in die energiereichere Form „umklappt". Den entgegengesetzten Prozess, nämlich die Abgabe potenzieller Energie in Form von thermischer Energie, bezeichnet man als **„Relaxation"**. Trägt man die Absorption gegen die Frequenz des $B_1$-Feldes auf, erhält man ein Resonanzsignal (Peak) bei der entsprechenden *Lamor*-Frequenz des Atomkerns. Die Resonanzfrequenz $\nu_0$ hängt jedoch nicht nur vom Kern selbst ab (also davon, um welches chemisches Element es sich handelt), sondern auch von seiner **chemischen Umgebung** in einem Molekül. Denn der Kern wird durch die Elektronen, die ihn im Molekül umgeben, mehr oder weniger stark **abgeschirmt** oder auch **entschirmt**, d. h., das äußere Magnetfeld wird am Ort des Protons durch die umgebenden Atome und Atomgruppen abgeschwächt oder verstärkt. Man erhält ein NMR-Spektrum mit charakteristischen Peaks für die verschiedenen Protonen eines Moleküls bei verschiedenen Resonanzfrequenzen. Diese Verschiebung der Resonanzfrequenzen wird als **chemische Verschiebung** $\boldsymbol{\delta}$ (oder früher $\tau = 10 - \delta$) bezeichnet. Üblicherweise wird sie als Abstand (Differenz) des Resonanzsignals des Kerns vom Resonanzsignal einer Referenzsubstanz (z. B. TMS, Tetramethylsilan, oder auch der Restsignale der Protonen des deuterierten Lösungsmittels) angegeben. Man berechnet in der Praxis $\delta$, indem man die Frequenzdifferenz zwischen den beiden Resonanzsignalen (in Hz) durch die Resonanzfrequenz der Referenzsubstanz (in MHz) dividiert. Die $\delta$-Werte werden daher in ppm (*parts per million*; Hz/MHz) angegeben.

Erfährt ein Kern eine starke Abschirmung, wird das Resonanzsignal in Richtung niedriger Frequenzen, d. h. auch niedriger $\delta$-Werte verschoben (**Hochfeldverschiebung**, diamagnetische Verschiebung, o Abb. 2.45). Erfährt der Kern eine geringe Abschirmung, dann wird das Signal in Richtung hoher Frequenzen, d. h. höherer $\delta$-Werte verschoben (**Tieffeldverschiebung**, paramagnetische Verschiebung).

Früher wurde bei der NMR-Spektroskopie entweder $B_0$ konstant gehalten und $B_1$ variiert (*frequency sweep*) oder umgekehrt ein konstantes $B_1$-Feld eingestrahlt und die Flussdichte des äußeren Magnetfeldes $B_0$ verändert (*field sweep*). Diese sogenannten *Continuous-wave*-Verfahren (CW-Verfahren) sind heutzutage in modernen NMR-Spektrometern allerdings vollständig durch das **Puls-Verfahren** abgelöst worden. Dabei wird die Probe in einem statischen äußeren Magnetfeld $B_0$ mit einem $B_1$-Feld hoher Intensität und kurzer Dauer (Puls) bestrahlt. Für diesen Puls wird Mithilfe von Hochfrequenzgeneratoren ein kontinuierliches Frequenzband erzeugt. Wählt man eine geeignete Pulslänge und Senderfrequenz, enthält das eingestrahlte Frequenzband die Resonanzfrequenzen aller zu untersuchenden Kerne der Probe in annähernd gleicher Intensität. Es werden damit alle Kerne gleichzeitig angeregt. Durch Fouriertransformation (▸ Kap. 2.5.3) lässt sich dann aus den gemessenen zeitlichen Intensitätsänderungen dieses Pulses das NMR-Spektrum berechnen.

### $^1$H-NMR-Spektroskopie, Spin-Spin-Kopplung

Während die Lage eines Resonanzsignals im NMR-Spektrum Aussagen über die elektronische Umgebung der einzelnen Protonen zulässt, kann man aus der Fläche des Signals die relative Anzahl der Protonen ermitteln, von denen es herrührt. Die Fläche eines Peaks ist der Anzahl der Protonen direkt proportional. Aus diesem Grunde registriert man bei der Aufnahme eines NMR-Spektrums mithilfe eines elektronischen Integrators gleichzeitig Stufenkurven, deren Stufenhöhe der Fläche

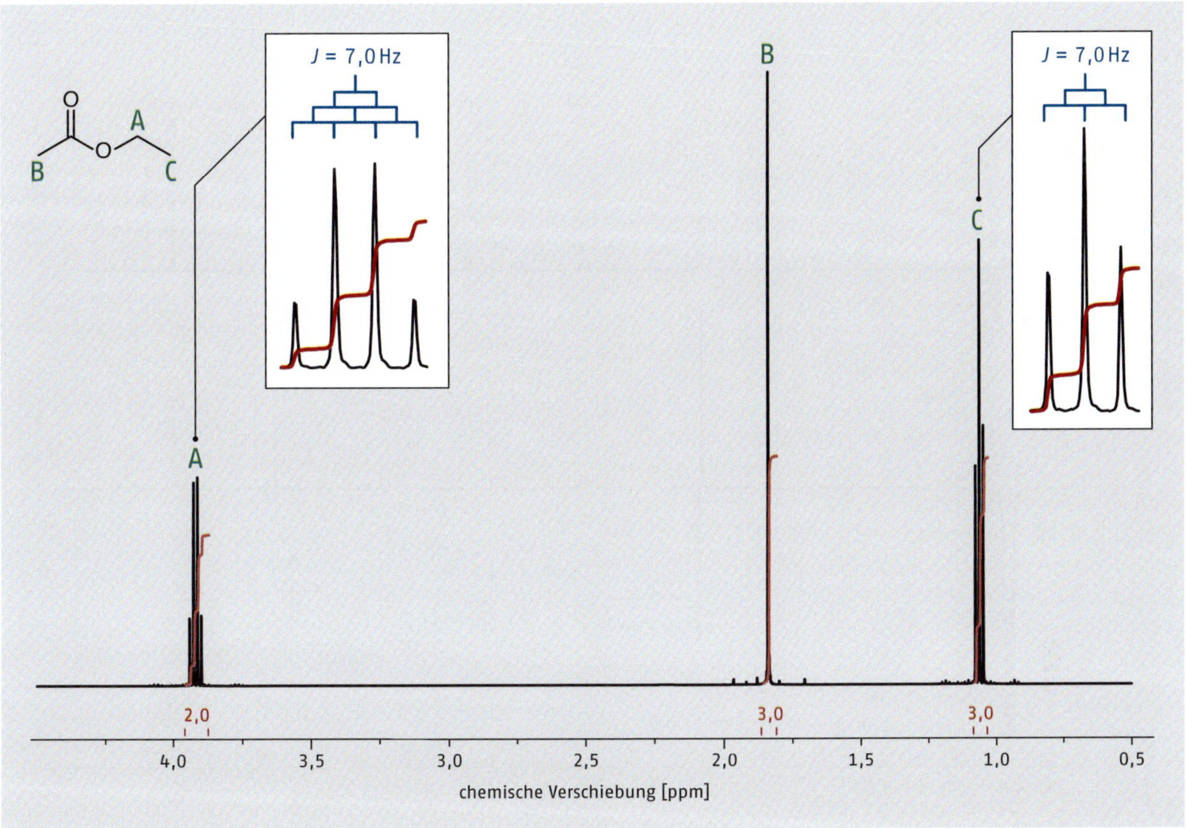


**Abb. 2.46** NMR-Spektrum von Essigsäureethylester, Spin-Spin-Kopplung, Kopplungskonstante *J*, Integral

des dazugehörigen Resonanzsignals proportional ist. Somit lassen sich bei bekannter Summenformel Aussagen über **Art und Anzahl der Protonen** verschiedener Struktureinheiten eines organischen Moleküls machen.

Chemisch und magnetisch äquivalente Protonen zeigen untereinander keine magnetische Wechselwirkung, jedoch tritt zwischen chemisch nicht äquivalenten Protonen benachbarter C-Atome (Abb. 2.46) eine Kopplung der magnetischen Momente (**Spin-Spin-Kopplung**) auf. (Das magnetische Moment jedes Protons hat wie oben beschrieben zwei Orientierungen im Feld und damit zugleich auch gegenüber den magnetischen Momenten der Protonen der Nachbargruppe.) Derartige über die Bindungselektronenpaare vermittelten Wechselwirkungen führen je nach Anzahl der verschiedenartigen Kopplungsmöglichkeiten zur Aufspaltung der Resonanzsignale (**Spin-Multiplizität**) in Dubletts, Tripletts, Quartetts usw. Die Spin-Multiplizität für ein Proton lässt sich aus dem Produkt $(n_1+1) \cdot (n_2+1) \ldots$ errechnen, wobei für $n_1$, $n_2$ usw. die Anzahl chemisch äquivalenter Protonen in unmittelbarer Nachbarschaft dieses Protons einzusetzen ist. Andererseits wird durch Spuren von Säuren (oder Basen) ein schneller intermolekularer Austausch acider Protonen (z. B. in OH-Gruppen) katalysiert. Dies hat ein Ausbleiben der Spin-Spin-Kopplung des OH-Protons mit benachbarten Protonen zur Folge.

Außer durch die Multiplizität wird die Spin-Spin-Kopplung durch **Kopplungskonstanten *J*** charakterisiert, die in Hz angegeben werden. Die Zahl n der Bindungen, über die hinweg die Kopplung wirksam ist, wird als $^{n}J$-Kopplung gekennzeichnet. Die Kopplungskonstante ist nicht abhängig vom äußeren Magnetfeld $B_0$, da die Stäke der Wechselwirkung zwischen den Kernen nur von den Eigenschaften der Kerne abhängt. Sie ist jedoch von der räumlichen Lage der miteinander koppelnden Protonen abhängig. Eine $^{3}J$-Kopplung (vicinale Kopplung) zwischen den Protonen in einer Ethylengruppe, H—C—C—H, hängt z. B. vom Dieder-Winkel ab (***Karplus*-Beziehung** 1959, ▸Kap. 3). Somit lassen sich umgekehrt aus den gemessen Kopplungskonstanten wichtige Informationen über die Konformation eines Moleküls ableiten.

## $^{13}$C-NMR-Spektroskopie

Durch Einführung der FT-NMR Ende der 1960er Jahre ist für das mit einer nur geringen natürlichen Häufigkeit von 1,1 % vorkommende Kohlenstoffisotop die $^{13}$C-NMR-Spektroskopie allgemein zugänglich geworden. Infolge der geringen Wahrscheinlichkeit für das Auftreten von zwei in einem Molekül direkt benachbarten $^{13}$C-Kernen treten keine störenden C,C-Kopplungen auf. Wird darüber hinaus die C,H-Kopplung durch Entkopplungsmethoden ($^{1}$H-Breitband-Entkopplung) un-

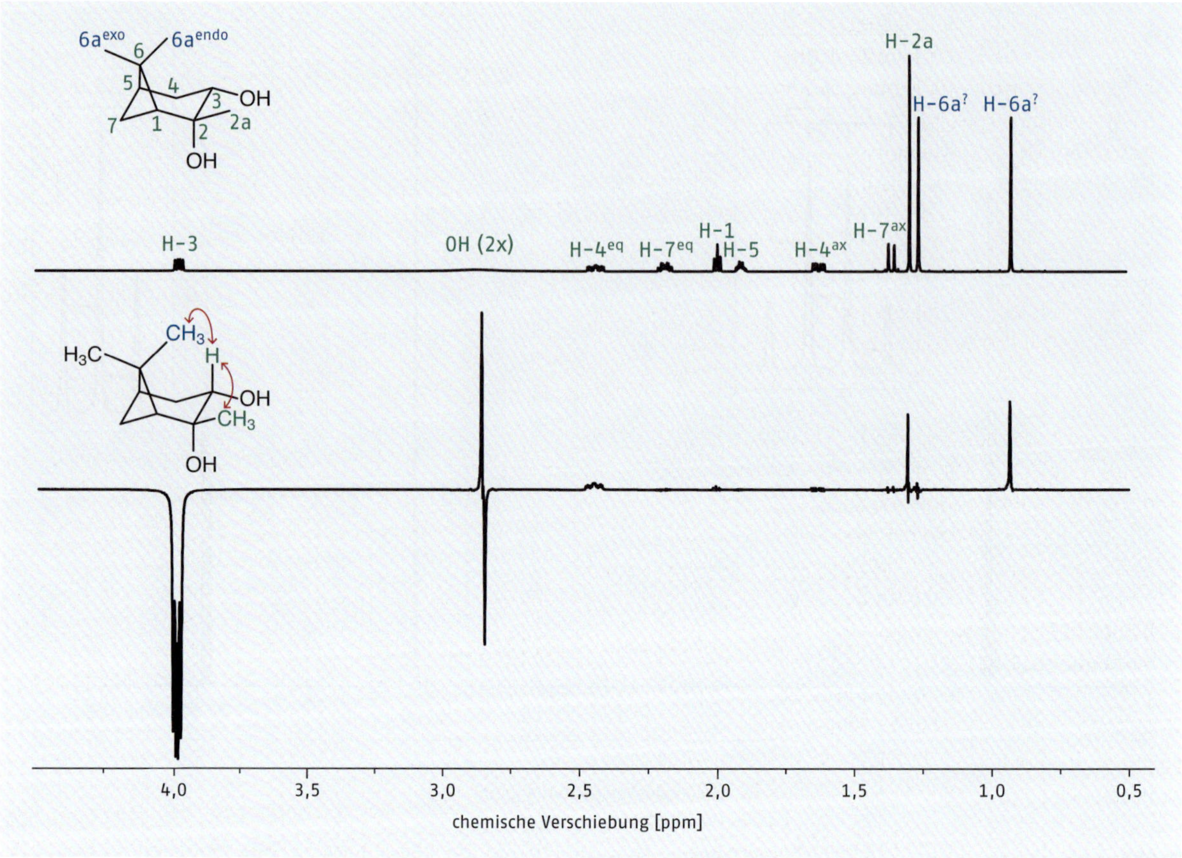


**Abb. 2.47** Eine Zuordnung des $^1$H-Spektrums von Pinandiol (oben) anhand von chemischer Verschiebung, Integralen und Kopplungskonstanten lässt die Frage offen, welches der beiden möglichen Signale (Singulett bei 0,92 ppm bzw. Singulett bei 1,26 ppm) zu Methylgruppe 6a$^{exo}$ bzw. 6a$^{endo}$ zuzuordnen ist. Diese Frage lässt sich aber mit einem NOE-Experiment beantworten. Nach Einstrahlung auf H-3 sind im Differenzspektrum (unten) nur die Signale von Protonen mit einer räumlichen Nähe zu H-3 sichtbar, wodurch das Singulett bei 0,92 ppm der *endo*-ständigen Methylgruppe zugeordnet werden kann, sodass das verbleibende Singulett bei 1,26 ppm zur *exo*-ständigen Methylgruppe gehören muss. Des Weiteren sind deutliche NOE-Effekte bei den Signalen der benachbarten Protonen an H-4$^{eq}$ sowie der Methylgruppe H-2a zu beobachten.

terdrückt, erhält man für jeden Typ von C-Atom im Molekül nur ein einziges Singulett. Umgekehrt können aber bei nicht entkoppelten Spektren auch die $^1J_{CH}$-Kopplungskonstanten und das Aufspaltungsmuster wertvolle Informationen liefern. Die $^1J_{CH}$-Kopplungskonstanten liegen zwischen 120 und 250 Hz und hängen u. a. mit der Hybridisierung des C-Atoms zusammen.

### Shift-Reagenzien

Zur Aufklärung komplizierter NMR-Spektren, in denen sich z. B. die Signale verschiedener Protonen überlagern, haben sich **paramagnetische Lanthanoidverbindungen** als hilfreich erwiesen. In Gegenwart bereits kleiner Mengen dieser Verbindungen verschieben sich die Signale der Gruppen, mit denen diese Verschiebungsreagenzien (LIS = *Lanthanide Induced Shift*) Komplexe bilden. Auch mit Benzen lassen sich Signalverschiebungen erreichen (ASIS = *Aromatic Solvent Induced Shift*).

### Nuclear *Overhauser* Effekt (NOE)

Strahlt man auf einen von zwei benachbarten Kernen während der Messung zusätzlich ein $B_2$-Feld mit der Resonanzfrequenz dieses Kerns ein, ändern sich die Besetzungszahlen der Spinzustände des anderen Kernes, es wird damit auch die Intensität seines Resonanzsignals beeinflusst. Für diesen Effekt, den man als **Kern-*Overhauser*-Effekt** (NOE, *Nuclear Overhauser Effect*) bezeichnet, ist keine Spin-Spin-Kopplung zwischen den Kernen erforderlich, denn die zugrunde liegende Wechselwirkung findet **durch den Raum** hindurch statt. Mithilfe des NOE lässt sich also entscheiden, welcher von zwei Kernen oder Gruppen A und B einem Kern oder einer Gruppe C näher liegt. Der NOE ist abhängig vom Abstand $r$ der wechselwirkenden Kerne ($1/r^6$). Signalverstärkungen sind daher nur zu erwarten, wenn der Abstand klein genug ist. Man kann damit z. B. die räumliche Nähe zweier Protonen bestätigen und so neben strukturellen auch konformationelle oder stereochemische Informationen erhalten (Abb. 2.47).

**MERKE Chemische und magnetische Äquivalenz**
Kerne sind **chemisch äquivalent**, wenn sie sich in **gleicher chemischer Umgebung** befinden. Die Umgebungen können spiegelbildlich sein. Sind Kerne chemisch äquivalent, können sie auch magnetisch äquivalent sein, müssen es aber nicht. Ein Beispiel hierfür ist *p*-Nitrophenol (○ Abb. 2.48): $H_a$ und $H_{a'}$ bzw. $H_x$ und $H_{x'}$ sind jeweils chemisch äquivalent und besitzen die gleiche chemische Verschiebung. Sie sind jedoch nicht magnetisch äquivalent, da die Kopplungskonstante $^3J$ (H-2, H-3) nicht gleich $^5J$ (H-6, H-3) bzw. $^3J$ (H-6, H-5) nicht gleich $^5J$ (H-2, H-5) ist.
Die beiden Protonen ($H_a$ und $H_{a'}$) von 1,2,3-Trichlorbenzen (○ Abb. 2.48) in 4- und 6-Stellung sind dagegen **chemisch und magnetisch äquivalent**, da die Kopplungskonstanten $^3J$ (H-4, H-5) und $^3J$ (H-6, H-5) gleich groß sind. **Magnetische Äquivalenz** bedeutet, dass chemisch äquivalente Kerne **zusätzlich noch gleiche Kopplungsverhältnisse** zu anderen Kernen innerhalb eines **Spinsystems** (miteinander koppelnde Kerne oder Kerngruppen) haben. Es handelt sich also um chemisch äquivalente Kerne, die mit anderen Kernen mit den jeweils gleichen Kopplungskonstanten koppeln.

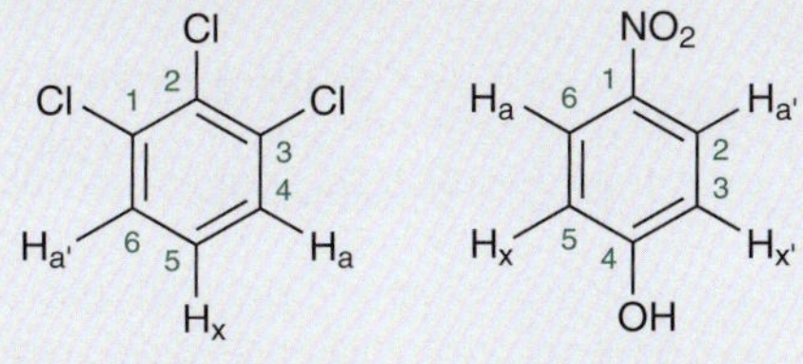


○ **Abb. 2.48** Unterschied zwischen chemischer und magnetischer Äquivalenz bei *p*-Nitrophenol und 1,2,3-Trichlorbenzen

## Weitere NMR-Methoden

### Dynamische NMR-Spektroskopie

Da die Messfrequenz der Kernresonanz (100–900 MHz, $10^8$–$10^9\,s^{-1}$) in einem Bereich liegt, in dem auch viele Molekülbewegungen stattfinden, können Veränderungen in der Geschwindigkeitskonstanten der Molekularbewegung Einfluss auf das Aussehen der NMR-Signale haben. Geschwindigkeitskonstanten hängen von der Temperatur ab. Durch Aufnahme von NMR-Spektren bei unterschiedlichen Temperaturen kann man daher dynamische Molekülprozesse quantifizieren, etwa **Konformationsänderungen** von Molekülen oder **Austauschprozesse**. Ist eine Molekülbewegung, beispielsweise eine Rotation um eine Bindung, langsam in Relation zur NMR-Zeitskala, z. B. bei tiefer Temperatur, dann sieht man für zwei gleiche Atomgruppen (z. B. Methylgruppen), die sich in unterschiedlicher chemischer Umgebung befinden, zwei Signale mit unterschiedlicher chemischer Verschiebung. Bei höheren Temperaturen wird die Rotationsgeschwindigkeit erhöht, die einzelnen Atomgruppen befinden sich im Mittel in der gleichen chemischen Umgebung, man sieht nur noch ein Signal. Die Temperatur, bei der die beiden Signale verschmelzen, wird **Koaleszenztemperatur** genannt; sie korreliert mit der **Aktivierungsenergie** für die Rotation (○ Abb. 2.49).

### DEPT und INEPT

DEPT- (*distorsionless enhancement by polarization transfer*) und INEPT-Verfahren (*insensitive nuclei enhancement by polarization transfer*) erlauben es, durch eine bestimmte Pulsfolge die große NMR-Empfindlichkeit der Protonen auf unempfindlichere Kerne (z. B. $^{13}C$) zu übertragen, wodurch eine Signalverstärkung resultiert. Mit diesem Verfahren können in $^{13}C$-Spektren die **Signale von C-Atomen, die kein, ein, zwei oder drei Protonen tragen** (○ Abb. 2.50), unterschieden werden.

### COSY

Durch Kombination von Impulsverfahren mit der FT-NMR-Spektroskopie können **zweidimensionale NMR-Spektren** aufgenommen werden, aus denen **Korrelationen zwischen Signalen** entnommen werden können (*correlated NMR-spectroscopy, COSY*). Die in einem solchen Spektrum auftretenden **Diagonalpeaks** und die außerhalb der Diagonale liegenden **Korrelationspeaks** treten immer dann auf, wenn die beteiligten Kerne über eine skalare Kopplung miteinander verknüpft sind (○ Abb. 2.51).

### HETCOR, HSQC, HMQC und HMBC

Durch **heteronucleare Korrelationsspektroskopien** (HETCOR, C,H-COSY) erhält man zweidimensionale Spektren, in denen die chemischen Verschiebungen von zwei unterschiedlichen Kernen wie $^1H$ und $^{13}C$ miteinander korreliert sind. In HETCOR-Spektren, einer älteren Variante mit noch relativ schlechter Auflösung, ist auf der x-Achse die $^{13}C$-chemische Verschiebung, auf der y-Achse die $^1H$-chemische Verschiebung aufgetragen. In HSQC- (*heteronuclear single quantum correlation*) und HMQC-Spektren (*heteronuclear multiple quantum correlation*, ○ Abb. 2.52) sind die $^1H$- und $^{13}C$-Domänen vertauscht. Im $^1H$-Spektrum erscheinen nur die Signale der direkt gebundenen Protonen. Beide Experimente stellen heute den Standard für die routinemäßige Messung heteronuclearer Korrelationen über eine Bindung dar. Im HMBC-Spektrum (*heteronuclear multiple bond correlation*) sind auch Korrelationen über mehrere Bindungen (**Fernkopplungen**) sichtbar.

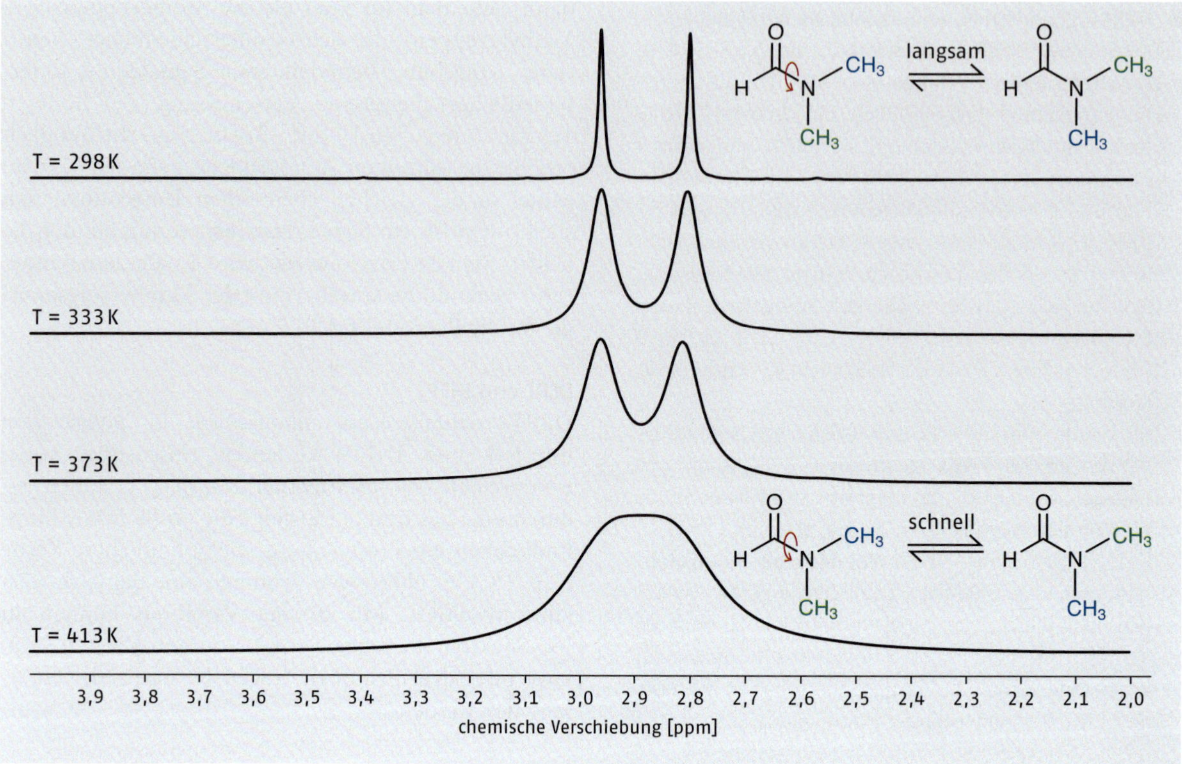


**Abb. 2.49** Spektrum von Dimethylformamid (DMF) bei verschiedenen Temperaturen. Die Koaleszenztemperatur beträgt ca. 140 °C (413 K), dies entspricht einer Barriere für die Rotation von ca. 86 kJ/mol.

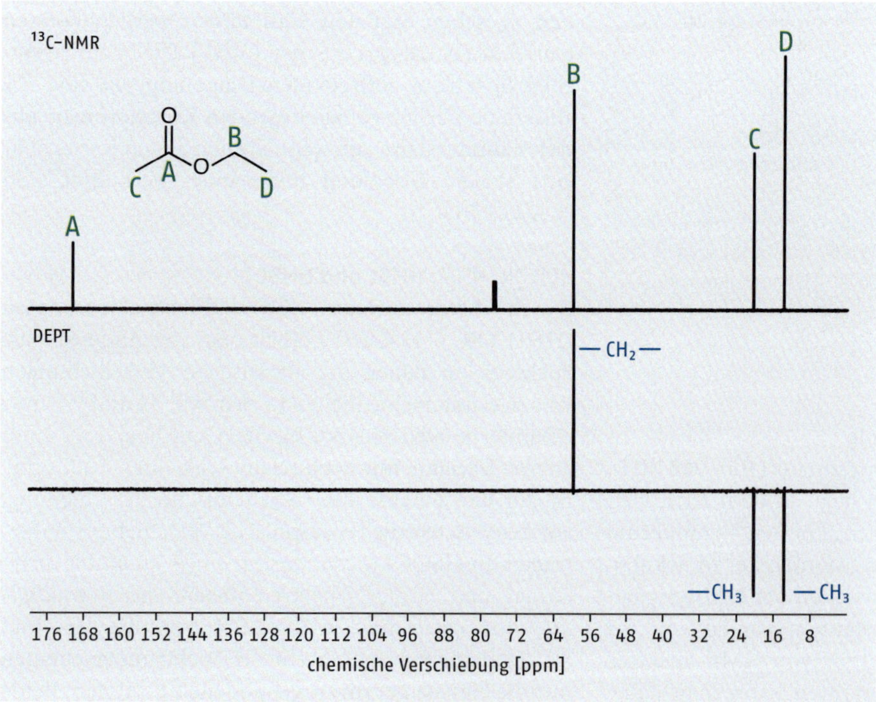


**Abb. 2.50** $^{13}$C-Spektrum und DEPT von Essigsäureethylester

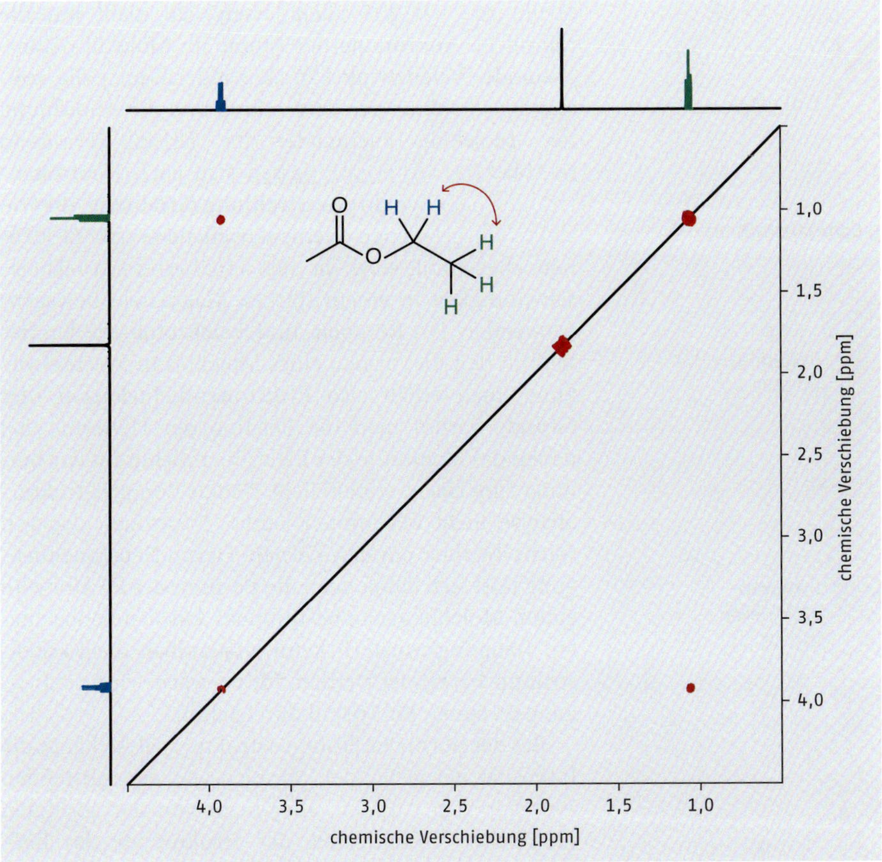


**Abb. 2.51** Zweidimensionales H,H-COSY-Spektrum von Essigsäureethylester

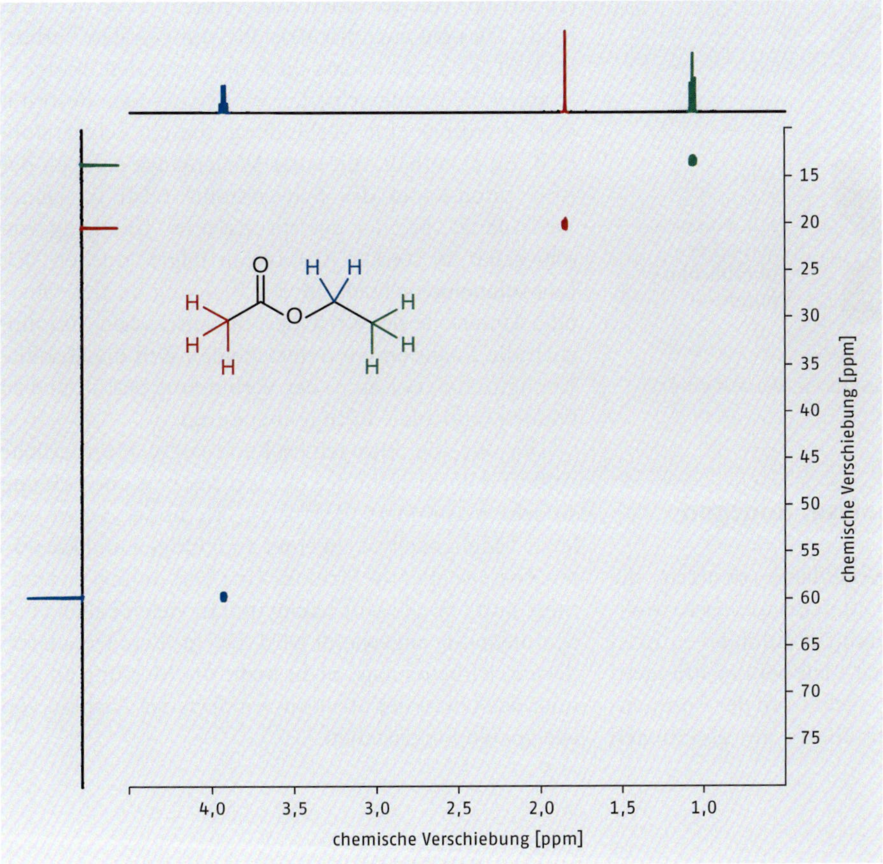


**Abb. 2.52** Zweidimensionales HMQC-Spektrum von Essigsäureethylester

2

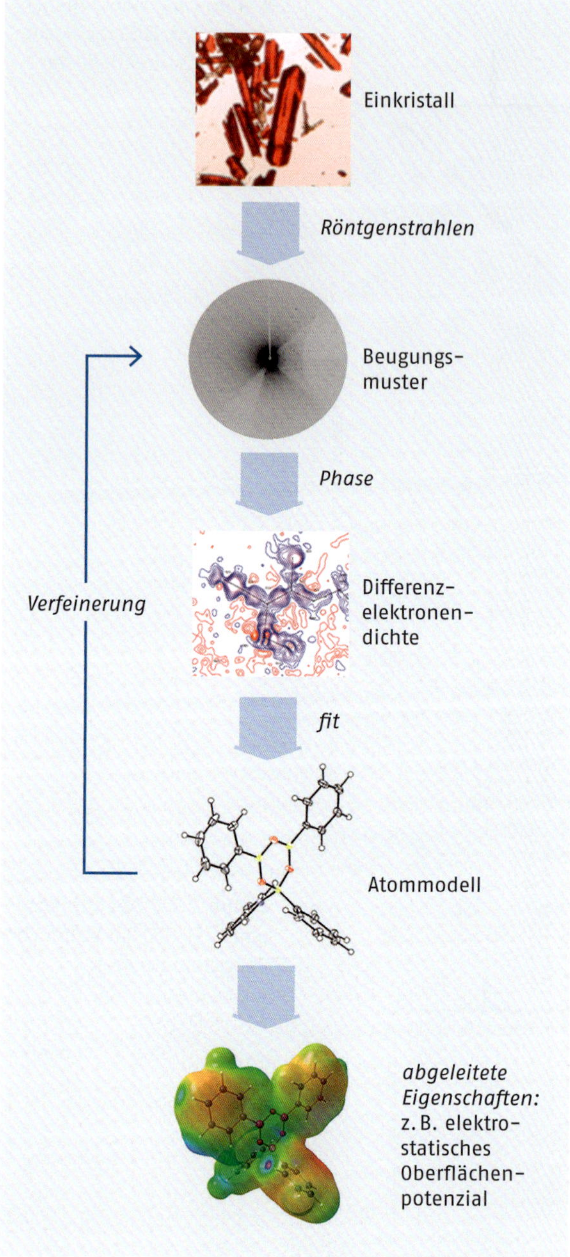


**o Abb. 2.53** Vereinfachter schematischer Ablauf einer Röntgenstrukturanalyse

### 2.5.6 Kristallstrukturanalyse, Röntgenstrukturanalyse

Da Röntgenstrahlen eine Wellenlänge besitzen, die ungefähr den Abständen der Gitterebene eines Kristalls entspricht, können sie bei Durchtritt durch einen Kristall gebeugt werden. Dies nutzt man bei der Röntgenstrukturanalyse aus. Aus den Ergebnissen der **Röntgenstrahlbeugung** (Röntgendiffraktion) an geordneten Strukturen wie Kristallen lassen sich nicht nur die räumliche Anordnung der Atome im Molekül (Atomabstände, Valenzwinkel u. a.), sondern auch die vollständige Struktur der Verbindung und die Anordnung der Moleküle zueinander im Kristall ermitteln (o Abb. 2.53). Alternativ lassen sich auch Neutronenstrahlen oder **Synchrotonstrahlung** (Strahlung, die von elektrisch geladenen Elementarteilchen, z. B. Elektronen, abgestrahlt wird, die sich annähernd mit Lichtgeschwindigkeit in einem starken Magnetfeld bewegen) verwenden. Die Röntgen- und Synchrotonstrahlen treten mit den Elektronen eines Moleküls in Wechselwirkung, man erhält also **Elektronendichtekarten** (der Grund, warum man die Position der H-Atome, bei denen das Maximum der Elektronendichte auf der Bindung zum Nachbaratom liegt, mittels Röntgenstrukturanalyse nicht bestimmen kann). Neutronen dagegen wechselwirken mit den Kernen. Durch Neutronenbeugung lässt sich daher auch die Position der H-Atome in einem Molekül genau bestimmen. Aus den beobachteten **Beugungsmustern** kann letztendlich die Kristallstruktur berechnet werden. Idealerweise wird die Beugung an einem Einkristall durchgeführt.

Bei der normalen Röntgenstrukturanalyse hängt die Intensität der gebeugten Strahlen von den Abständen zwischen den Atomen, aber nicht von der absoluten räumlichen Orientierung der Struktur ab, das Beugungsmuster ist zentrosymmetrisch (d. h., es ist egal, ob ein Kristall von der einen oder anderen Seite bestrahlt wird). Dies gilt auch für Kristalle von chiralen Verbindungen (▸ Kap. 3), sodass diese mit normalen Röntgenstrahlen nicht unterschieden werden können. Bestrahlt man allerdings eine Verbindung, die ein Schweratom (z. B. Br, I) enthält, mit einer Wellenlänge nahe an der Absorptionskante des Schweratoms (also mit einer Wellenlänge, bei der ein sprunghafter Übergang von schwacher zu starker Absorption folgt), ergeben sich Intensitätsunterschiede in der Beugung an der Ober- oder Unterseite des Kristalles, die ausreichen, um nun auch die Enantiomere unterscheiden und die absolute Konfiguration (▸ Kap. 3) der Verbindung bestimmen zu können (**anormale Röntgenbeugung**).

Der für die Röntgenstrukturanalyse erforderliche Aufwand hat sich infolge der technischen Entwicklung so sehr vermindert, dass diese Methode, die oft die letzte Möglichkeit ist, zu einer endgültigen und korrekten Aussage über die Struktur eine Verbindung zu kommen, mittlerweile sehr häufig und in vielen Fällen auch routinemäßig angewandt wird. Die größere Herausforderung ist heutzutage nicht mehr die Messung an sich oder das Lösen der Struktur, sondern das Züchten von geeigneten Einkristallen.

# 3 Struktur organischer Verbindungen und Stereochemie

Konstitution und Struktur ... 53 | Isomerie ... 54 | Konformation ... 58 | Optische Isomerie und Chiralität ... 63 | Diastereoisomerie ... 79 | Prochiralität und Topizität ... 84 | Pseudochiralität ... 87 | Stereochemie von Cycloalkanen ... 88 | Konformation von Peptiden ... 98

## 3.1 Konstitution und Struktur

### 3.1.1 Historische Aspekte

Erste Einblicke in den Aufbau organischer Moleküle gehen auf *Kekulé* und *Couper* (1857) zurück, die unabhängig voneinander feststellten, dass sich die Atome der einzelnen Elemente nicht willkürlich, sondern immer nur mit einer ganz bestimmten, für jedes Element charakteristischen Anzahl anderer Atome verbinden. Sie ordneten daher jedem Atom eine bestimmte Anzahl von „Affinitätseinheiten" zu, für die sie den Ausdruck „Atomigkeit" prägten. Je nachdem, ob das betreffende Atom eine oder mehrere solcher „Affinitätseinheiten" besaß, unterschied man damals zwischen ein- und mehratomigen Elementen. Gleichzeitig stellte *Kekulé* rein empirisch aus der stöchiometrischen Zusammensetzung organischer Verbindungen die „Vieratomigkeit" von Kohlenstoff fest. Darüber hinaus erkannte er, dass sich die Kohlenstoffatome auch untereinander verbinden können. Später wurde die „Atomigkeit" durch den Begriff **Valenz** oder **Wertigkeit** ersetzt. *A. Crum Brown* (1865) führte zur Wiedergabe dieser Valenzen in den chemischen Formeln den Bindungsstrich ein. Zuvor hatte *Butlerow* im Jahr 1861 erstmals den Begriff der **chemischen Struktur** geprägt. Er verstand darunter die Art und Weise, wie Atome in einem Molekül miteinander verbunden sind. Gleichzeitig stellte er die These auf, dass die chemischen Eigenschaften der Stoffe von ihrer chemischen Struktur bestimmt werden. Einen weiteren wichtigen Beitrag für die organische Strukturlehre leisteten *van't Hoff* und *Le Bel* (1874), die unabhängig voneinander aus der optischen Aktivität bestimmter Kohlenstoffverbindungen folgerten, dass die vier Bindungen des Kohlenstoffatoms nicht in einer Ebene, sondern dreidimensional im Raum – und zwar **tetraedrisch** – angeordnet sein müssen.

### 3.1.2 Konstitution, Konnektivität und Darstellungsweisen organischer Verbindungen (Formeln)

Die oben geschilderten Erkenntnisse und die systematische Weiterentwicklung der experimentellen organisch-chemischen Forschung führten zu der heute gültigen Strukturtheorie organischer Verbindungen. Seither ist es eine der wichtigsten Aufgaben des organischen Chemikers, für jede neue chemische Verbindung die richtige Konstitutions- und Strukturformel zu ermitteln. Erst aus der **Konstitutionsformel**, die angibt, wie die laut Summenformel in einem Molekül vorhandenen Atome miteinander verbunden sind, kann auf die Stoffklasse und die enthaltenen funktionellen Gruppen der betreffenden organischen Verbindung – Alkohol, Aldehyd, Keton, Carbonsäure, Ester, Amin, Amid usw. – geschlossen werden. Die Konstitutionsformel gibt also Aufschluss über den **materiellen Aufbau** (Art und Anzahl der Atome) sowie über die **Topologie** einer Verbindung (Konnektivität und Bindungstypen, z. B. Einfach- oder Mehrfachbindung).

**MERKE**

**Konnektivität:** Unter Konnektivität versteht man die Information, die eine einfache Strichformel enthält, jedoch **ohne Berücksichtigung der Bindungstypen** (Einfach- bzw. Mehrfachbindung). Konnektivität = vollständiges Atomgerüst.

**Konstitution:** Durch die Konstitution einer Verbindung werden die **Zahl**, die **Art** und die **Reihenfolge der Atome** sowie die **Art ihrer Verknüpfung** (Bindungstypen) angegeben, wobei die **räumliche Anordnung unberücksichtigt** bleibt. Der Begriff Struktur wird häufig synonym verwendet, obwohl er auch räumliche Aspekte einschließt.

Eine Konstitutionsformel enthält keine Aussage über die dreidimensionale Struktur einer Verbindung. In einer Konstitutionsformel werden z. B. die vier Bindungen eines Kohlenstoffatoms planar in der Papierebene gezeichnet. Wir wissen aber, dass diese vier Bindungen in die Ecken eines gleichseitigen Tetraeders zeigen, also eine genau definierte dreidimensionale Anordnung aufweisen. Um solche weitergehenden Informationen über die **dreidimensionale Geometrie** (also die **Topographie**) und damit auch über die **Stereochemie** einer Verbindung (**Konfigurationen**, **Konformation**, ▸Kap. 3.2.2) in der Formel auszudrücken, gibt es neben der einfachen Strichformel eine Reihe weiterer spezieller Formeldarstellungen (allgemein als **Strukturformeln** bezeichnet, engl. *structural formula*). Die IUPAC (▸Kap. 1.1) unterscheidet neben der **Strichformel** (*line formula*), die nur die Konstitution (also die Konnektivität und die Bindungstypen) wiedergibt, und der ***Lewis*-Formel** (engl. *Lewis formula, electron dot formula*), die **Valenzelektronen** (also **Bindungs-** und **freie Elektronen) in Form von Punkten** darstellt, außerdem noch **perspektivische Formeln** (engl. *perspective formula*), **Projektionsformeln** (engl. *projection formula*) und **Stereoformeln** (engl. *stereochemical formula, space formula, stereoformula*). Allerdings sind die Definitionen und gegenseitigen Abgrenzungen nicht immer ganz eindeutig. Alle Formeln sind entweder Darstellungen der dreidimensionalen Struktur eines Moleküls aus bestimmten Blickrichtungen (Perspektiven, z. B. *Newman*-Projektion, Sägebock-Darstellung) oder verschiedene Projektionen in die (zweidimensionale) Papierebene (z. B. *Fischer*-Projektion, Zickzack-Formel). In der **Keilstrichschreibweise** und **Zickzack-Darstellung** (engl. *zig-zag projection*) z. B. bedeuten durchgezogene Bindungsstriche (—R), dass sich die Bindung in der Papierebene befindet, bei einem Keil (◄R) zeigt die Bindung vor die Papierebene, während eine gestrichelte Bindung (IIIIR) hinter die Papierebene zeigt. In der ***Fischer*-Projektion** (▸Kap. 3.4.3) bedeuten dagegen ein senkrechter Bindungsstrich, dass sich die Bindung hinter der Papierebene, und ein waagerechter Bindungsstrich, dass sich die Bindung vor der Papierebene befindet. Mithilfe der ***Newman*-** oder **Sägebock-Darstellung** werden insbesondere **Konformationen** (▸Kap. 3.3) wiedergegeben. Die verschiedenen Darstellungsweisen sind in ○Abb. 3.1 am Beispiel von D-Glycerinaldehyd, (*R*)-2,3-Dihydroxypropanal, verdeutlicht.

Um Verbindungen in elektronischen Datenbanken zu erfassen, z. B. für das Computer-gestützte Drug Design (CADD, *computer-aided drug design*), werden Moleküle z. B. in SMILES (*simplified molecular input line entry specification*) codiert. Die Struktur wird stark vereinfacht als ASCII-Zeichenkette wiedergegeben. Mit Moleküleditoren können aus diesen Dateien zwei- und dreidimensionale Modelle erzeugt werden. Die IUPAC verwendet eine eigene Identifikationszeichenfolge für die Moleküldarstellung, die als InChI (*international chemical identifier*) bezeichnet wird.

## 3.2 Isomerie

Die Summenformel (vgl. Molekularformel, ▸Kap. 1.2.2) sagt nichts über die Verknüpfung der einzelnen Atome in einem Molekül aus. So gibt es organische Verbindungen, die trotz gleicher Summenformel ein sehr unterschiedliches physikalisches und chemisches Verhalten zeigen. In diesen Verbindungen sind die einzelnen Atome jeweils auf eine andere Art und Weise mit einander verbunden und angeordnet. Solche Verbindungen, die zwar die gleiche Summenformel besitzen, aber nicht identisch sind, nennt man **Isomere**.

### 3.2.1 Konstitutions- und Stereoisomere

Isomere mit unterschiedlicher Konstitution nennt man **Konstitutionsisomere** (○Abb. 3.2). Dazu gehören: **Tautomere**, **Valenzisomere**, **Regioisomere** (Positionsisomere, Stellungsisomere) und **funktionelle Isomere** (Funktionsisomere). Valenzisomere (Bindungsisomere) unterscheiden sich in der Anzahl und den Positionen der $\pi$- und $\sigma$-Bindungen und damit in der Lage, in der Länge und in den Winkeln der Bindungen. Die Atome wechseln dabei nicht ihre Plätze. Valenzisomere sind häufig durch pericyclische Reaktionen ineinander umwandelbar. Beispiele (○Abb. 3.2A) sind Propadien/Propin, Benzenoxid/Oxepin, Cyclooctatetraen/Bicyclo[4.2]octatrien oder Benzen/Prisman (▸Kap. 18.1.1). Als Regioisomere bezeichnet man spezielle Konstitutionsisomere, die zwar die gleichen funktionellen Gruppen aufweisen, aber an unterschiedlichen Positionen im Molekül, z. B. 4-Hydroxybenzoesäure und 2-Hydroxybenzoesäure (○Abb. 3.2B). Darunter fallen auch sogenannte **Skelettisomere**; sie besitzen die gleiche funktionelle Gruppe an unterschiedlich verzweigten Kohlenstoffgerüsten (z. B. *n*-Butanol und 2-Methylpropan-1-ol, ○Abb. 3.2C). Funktionelle Isomere besitzen bei gleicher Summenformel unterschiedliche funktionelle Gruppen, z. B. Dimethylether und Ethanol (○Abb. 3.2D).

Isomere mit **gleicher Konstitution** nennt man **Stereoisomere**. Diese unterscheiden sich also nur durch die relative dreidimensionale Anordnung der Atome im Molekül. In der Regel unterteilt man Stereoisomere in zwei Klassen, je nachdem, ob die Isomere durch Drehung um Einfachbindungen bei Raumtemperatur ineinander überführbar sind oder nicht. Stereoisomere, die bei Raumtemperatur ineinander überführt werden können, bei denen also die **Aktivierungsenergie** für die Umwandlung weniger als ca. 80–100 kJ/mol beträgt, nennt man **Konformationsisomere**. Sind die Stereoisomere hingegen bei Raumtemperatur nicht ineinander überführbar, bezeichnet man sie als **Konfigurationsisomere**. Eine weitere Unterteilung der Stereoisomere erfolgt nach der **Symmetrie** der Stereoisomere: Verhalten sich die Stereoisomere wie Bild und Spiegelbild,

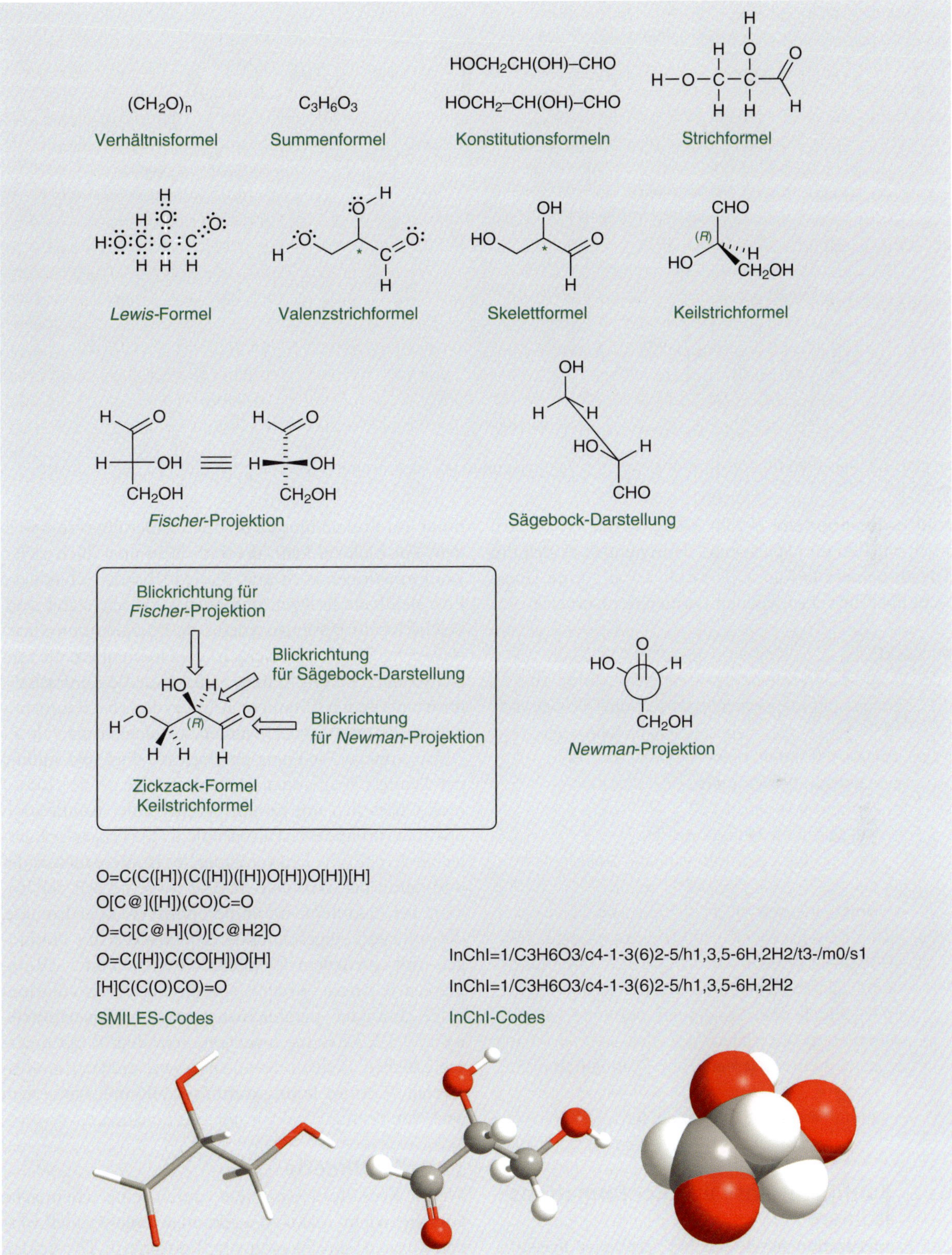


**o Abb. 3.1** Struktur- und Konstitutionsformeln (in der Literatur auch als Halbstrukturfomeln bezeichnet) von (*R*)-2,3-Dihydroxypropanal (D-Glycerinaldehyd, D-Glyceraldehyd); die früher üblichen Striche für freie, nichtbindende Elektronenpaare sollen laut IUPAC-Empfehlung durch zwei Punkte ersetzt werden. Aus den Konstitutionsformeln, der *Lewis*-Formel und der Valenzstrichformel bzw. Skelettformel – die letzteren beiden Schreibweisen sind zwar nicht IUPAC-konform, werden aber aufgrund der Einfachheit auch in diesem Buch verwendet – geht die absolute Konfiguration am Chiralitätszentrum (*) nicht hervor. Zur absoluten Konfiguration von D-Glyceraldehyd nach CIP (*R*) ▸Kap. 3.4.4.
3D-Modelle (unten): Stäbchenmodell (engl. *sticks*), Kugel-Stab-Modell (engl. *ball and sticks*) und Kalottenmodell (engl. *calotte model, space-filling model*)

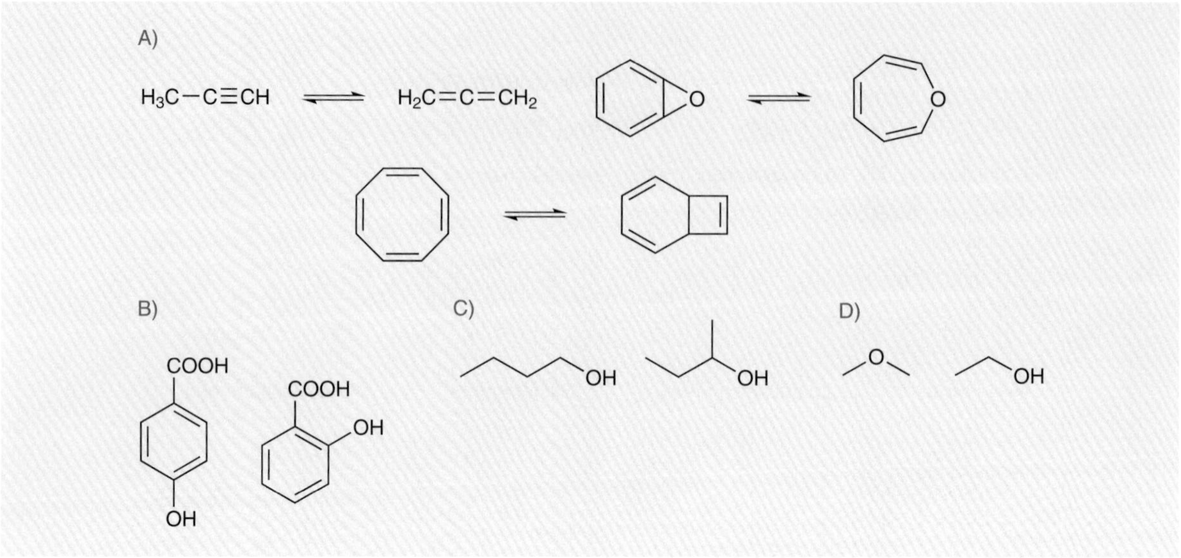


**o Abb. 3.2** Beispiele für Konstitutionsisomerie: Valenzisomere (A), Regioisomere (B), Skelettisomere (C), Funktionsisomere (D)

sind es **Enantiomere** (▸Kap. 3.4.3). Verhalten sie sich nicht wie Bild und Spiegelbild, dann handelt es sich um **Diastereomere** (▸Kap. 3.5). o Abb. 3.3 gibt eine Übersicht über die verschiedenen Formen der Isomerie.

**MERKE**

- **Isomere** sind unterschiedliche chemische Verbindungen mit identischer Summenformel (*Berzelius* 1830; griech. *isos* = gleich, *meros* = Teil).
- Isomere mit unterschiedlicher Konstitution nennt man **Konstitutionsisomere:**
  - **Tautomere** (▸Kap. 3.2.3),
  - **Valenzisomere** (▸Kap. 18.1.1),
  - **Regioisomere** (Positionsisomere, Stellungsisomere),
  - **Funktionsisomere** (funktionelle Isomere).
- Isomere mit gleicher Konstitution bezeichnet man als **Stereoisomere.** Je nachdem, welches Kriterium (Höhe der Energiebarriere für die gegenseitige Umwandlung oder Symmetrie) zugrunde gelegt wird, unterscheidet man:
  - **Konformationsisomere** und **Konfigurationsisomere,**
  - **Enantiomere** und **Diastereomere.**

### 3.2.2 Konfigurations- und Konformationsisomere

Die **Konfiguration** beschreibt bei gegebener Konstitution die Anordnung der Atome eines Moleküls im Raum, soweit sie **von Drehungen um Einfachbindungen nicht beeinflusst** wird. Die **Konformation** ist die exakte Anordnung der Atome eines Moleküls im Raum (bei gegebener Konstitution und Konfiguration). Verschiedene Konformationsisomere können alleine **durch Drehung um Einfachbindungen** ineinander überführt werden. Ein Molekül kann theoretisch in unendlich vielen Konformationen vorliegen, die jedoch unterschiedliche Energieinhalte besitzen und auch nicht alle stabil sind. Solche Konformationsisomere, die Energieminima darstellen, heißen **Konformere.** Ist die Drehung um die Einfachbindung eingeschränkt, nennt man die Konformationsisomere auch **Rotamere.** Können diese bei Raumtemperatur getrennt isoliert werden, bezeichnet man sie als **Atropisomere.** Die Energiebarriere für die Umwandlung der Isomere ineinander ist dann größer als 80–100 kJ/mol. Ob es sich um Konformations- oder Konfigurationsisomere handelt, ist also letztlich eine Frage der Energiebarriere für die Umwandlung der Isomere ineinander und damit der Trennbarkeit und Isolierbarkeit der Isomere bei Raumtemperatur. Atropisomere oder Isomere, die aufgrund eingeschränkter Drehbarkeit um Bindungen mit partiellem Doppelbindungscharakter (**Rotamere,** z. B. Amide; ▸Kap. 3.9, o Abb. 3.73) oder aufgrund eingeschränkter pyramidaler Inversion (**Invertomere,** ▸Kap. 3.5.2, ▸Exkurs: Inversion – ein Begriff mit unterschiedlichen Bedeutungen) an einem dreifach koordinierten N-Atom **konfigurationsstabil** sind, kann man auch den Konfigurationsisomeren zuordnen.

### 3.2.3 Tautomerie

Wenn Konstitutionsisomere durch eine **chemische Gleichgewichtsreaktion** ineinander umgewandelt werden können, spricht man von **Tautomerie.** Die beiden **Tautomere** stehen dann in einem dynamischen Gleichgewicht miteinander und werden durch eine chemische Reaktion ineinander überführt (häufig z. B. durch Protonierung und Deprotonierung) Es handelt sich um eine Isomerie der folgenden, allgemeinen Form:

$$G{-}X{-}Y{=}Z \rightleftharpoons Z{=}Y{-}X{-}G$$

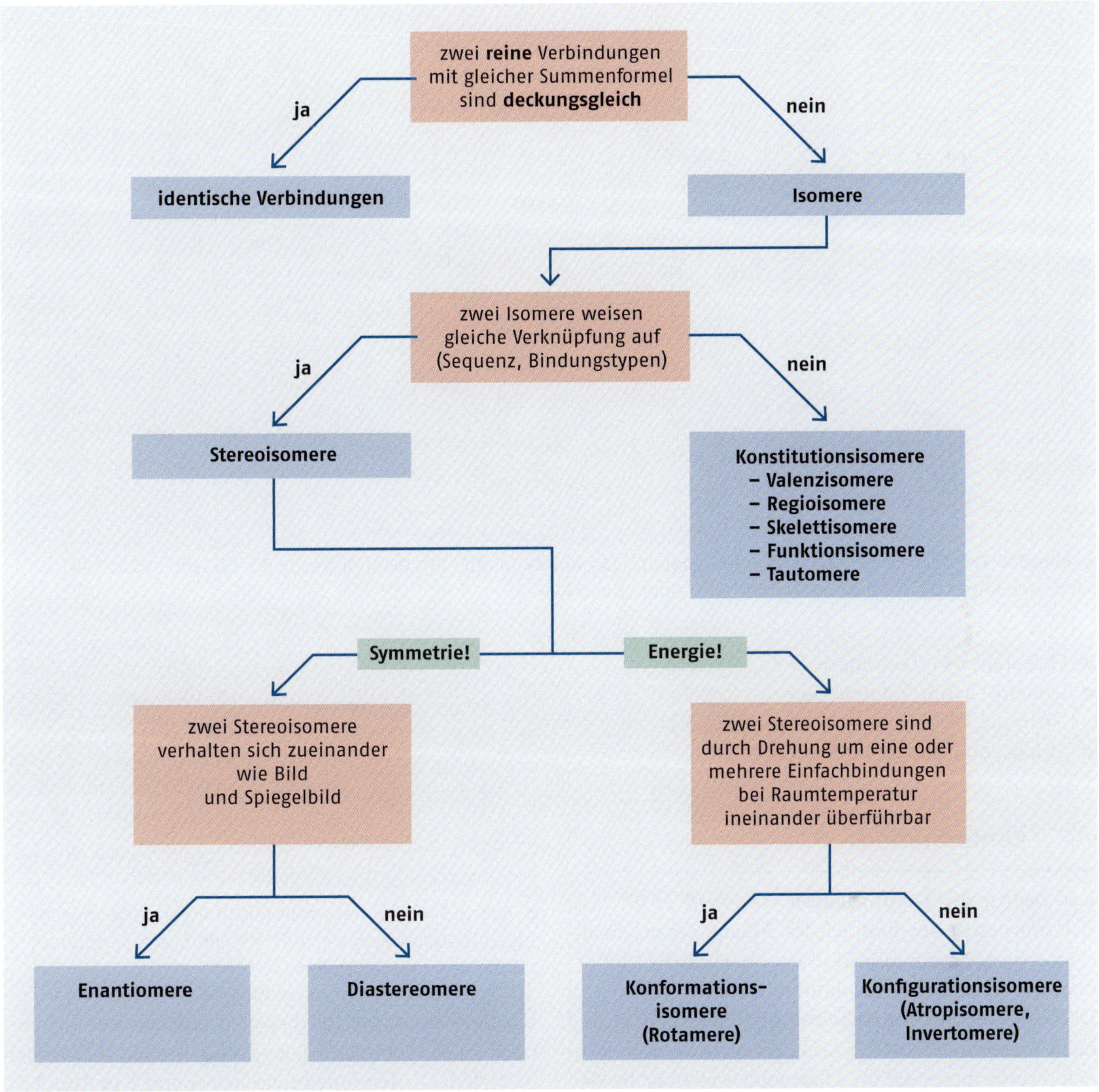


**o Abb. 3.3** Übersicht über die verschiedenen Isomerie-Formen

X, Y und Z sind typischerweise die Atome C, H, O und S. G ist eine Gruppe, die während der Isomerisierung zu einem Elektrofug oder Nucleofug (z. B. $H^+$) wird. Häufig werden dabei Protonen verschoben: Protonenisomerie = **Prototropie**.

**Beispiel: Keto-Enol-Tautomerie**

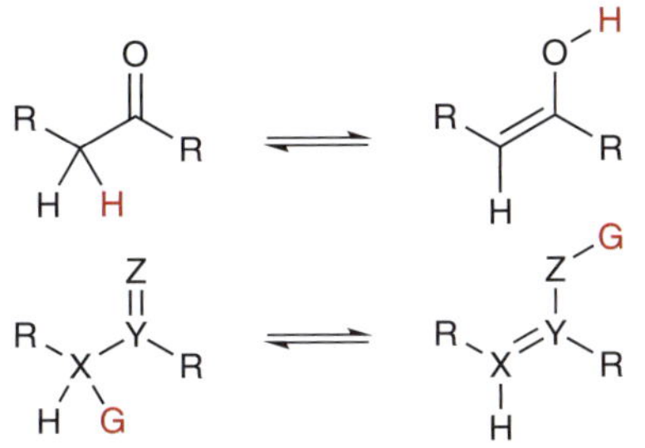

**Beachte:** Auch das Gleichgewicht zwischen der Aldehyd- und Halbacetalform eines Monosaccharids ist eine Form der Tautomerie (**Ring-Ketten-Tautomerie**):

Das chemische Gleichgewicht zwischen den Tautomeren kann mehr oder weniger weit auf der einen oder der anderen Seite liegen. Die Gleichgewicht-Einstellung kann zumindest bei der Prototropie durch Säuren oder Basen katalysiert werden. Weitere Beispiele für eine Prototropie (o Abb. 3.4) sind:

- Imin-Enamin-Tautomerie (▸Kap. 12.2.3),
- Amid-Iminol-Tautomerie (▸Kap. 32.1.3),

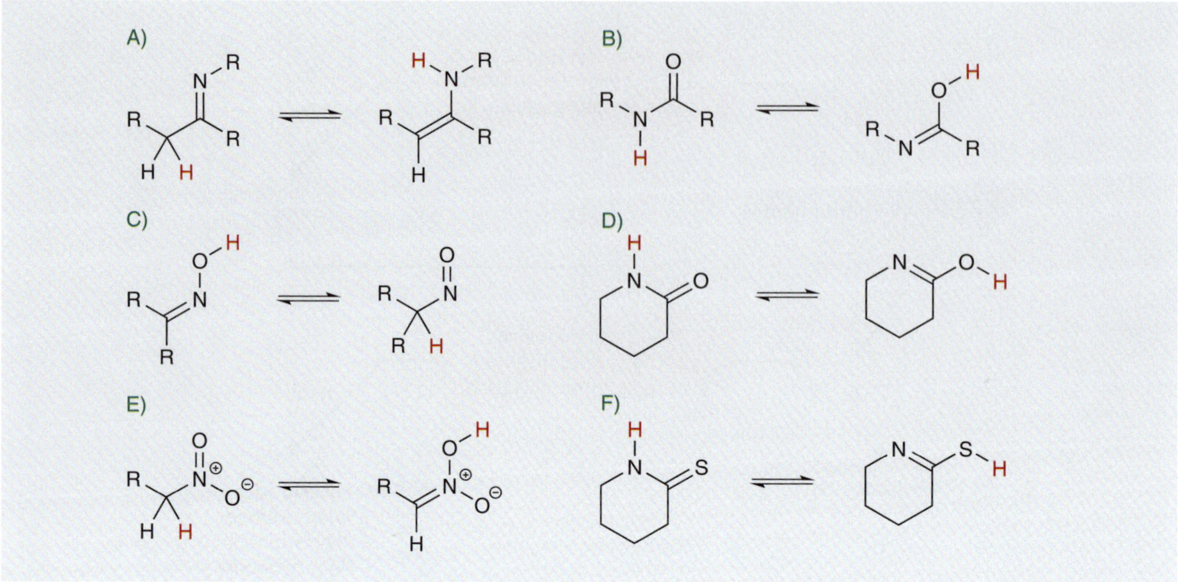

**Abb. 3.4** Tautomerie-Formen: z. B. Imin-Enamin- (A), Amid-Iminol- (B), Oxim-Nitroso- (C), Lactam-Lactim- (D), Nitro-*aci*-Nitro- (E), Thiolactam-Thiolactim-Tautomerie (F)

- Oxim-Nitroso-Tautomerie (▸Kap. 12.2.3),
- Lactam-Lactim-Tautomerie,
- Nitro-*aci*-Nitro-Tautomerie (▸Kap. 10.3.1),
- Thiolactam-Thiolactim-Tautomerie.

## 3.3 Konformation

Der Begriff der **Konformation** (*Haworth* 1929) lässt sich am besten am Beispiel der Alkane veranschaulichen. Als Konformationen eines Moleküls bezeichnet man die räumlichen Strukturen, die sich **nur durch Drehung um eine Einfachbindung** unterscheiden und nicht miteinander zur Deckung gebracht werden können. Konformere sind im Allgemeinen nicht isolierbar, da die Aktivierungsenergie für den Übergang von der einen in die andere Konformation so niedrig ist (< ca. 80–100 kJ/mol), dass sich die Konformationen schon bei Raumtemperatur schnell ineinander umwandeln.

### 3.3.1 Torsionswinkel

Bei der Betrachtung von Konformationen ist der **Torsionswinkel** $\varphi$ **(Diederwinkel, Interplanarwinkel)** wichtig. In einem Molekül mit den Atomen/Gruppen A—X—Y—B ist der Torsionswinkel derjenige Winkel, der zwischen der Strecke AX und der Strecke YB entlang der X—Y-Richtung aufgespannt wird.

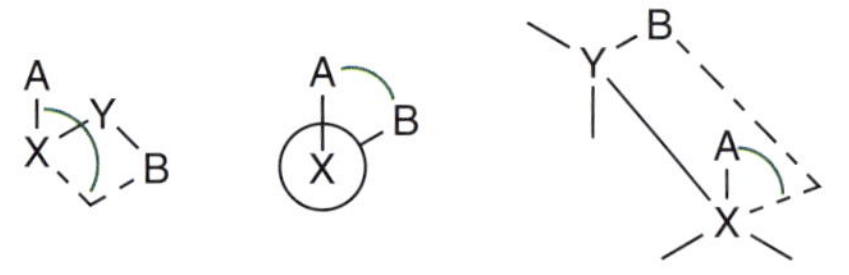

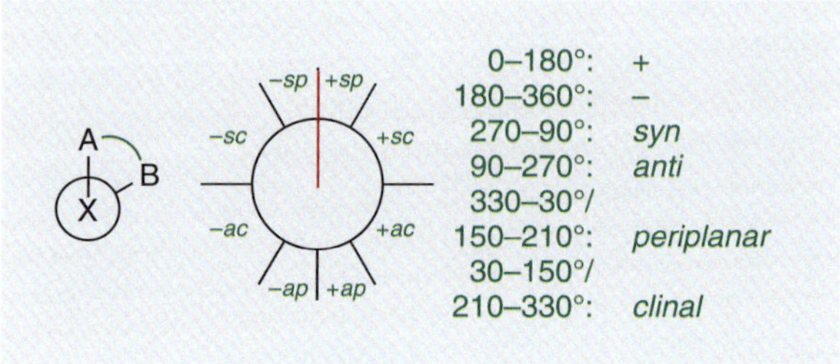


**Abb. 3.5** Konformationsbezeichnungen im *Klyne-Prelog*-System: *s* = *syn*; *a* = *anti*; *c* = *clinal*; *p* = *periplanar*; z. B.: +*sp* = +*synperiplanar*

Die Bezeichnungen für die verschiedenen Konformationen im sogenannten ***Klyne-Prelog*-System** richten sich nach dem Diederwinkel zwischen A und B (Abb. 3.5).

Neben diesen systematischen Bezeichnungen sind noch die folgenden Begriffe üblich:

- ekliptisch (griech. *ekleipsis* = Mondfinsternis) oder verdeckt (*fully eclipsed*) für *synperiplanar*,
- windschief (*skew*, *gauche*) für *synclinal* (griech. *klinein* = neigen),
- teilweise verdeckt (*partially eclipsed*) für *anticlinal*,
- gestaffelt (*staggered*) für *antiperiplanar*.

Für die Auswahl der Atome/Gruppen A und B, auf die sich die Bezeichnungen der Konformationen beziehen, gibt es verschiedene Regeln, die in den nachfolgenden Molekülen (alle in der +*sc*-Konformation), für die Atome/Gruppen $A_1$ bis $A_3$ am vorderen C-Atom aufgelistet sind.

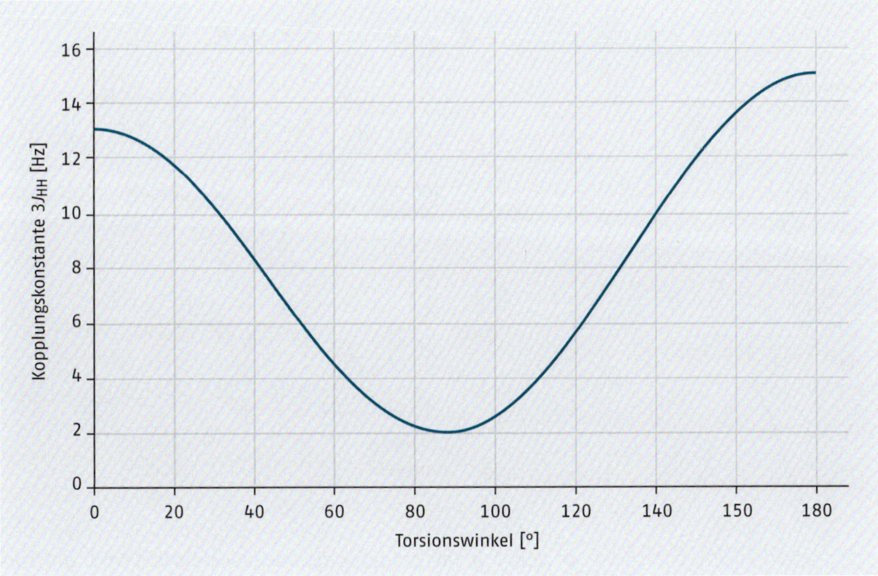


**o Abb. 3.6** *Karplus*-Kurve: Aus den vicinalen Kopplungskonstanten $^3J$ der $^1H$-NMR-Spektren lassen sich Aussagen über die Konformation ableiten, weil die $^3J$-Werte von den Torsionswinkeln der koppelnden Protonen abhängen.



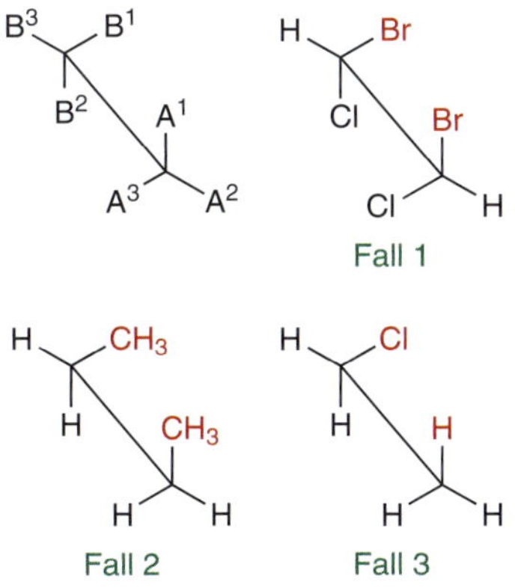


**Fall 1:** $A_1 \neq A_2 \neq A_3$: Bezugsatom (-gruppe) ist diejenige mit der höchsten Priorität nach den CIP-Regeln (▸Kap. 3.4.4), in diesem Fall das Bromatom.

**Fall 2:** $A_1 \neq A_2 = A_3$: $A_1$ ist Bezugsatom (-gruppe), in diesem Fall die Methylgruppen.

**Fall 3:** $A_1 = A_2 = A_3$: Atom (Gruppe) mit kleinstem Diederwinkel zur Bezugsgruppe B ist Bezugsatom (-gruppe) A, in diesem Fall das rote Wasserstoffatom.

Für die Atome/Gruppen B gelten die gleichen Regeln.

Aus den vicinalen Kopplungskonstanten $^3J$ der $^1H$-NMR-Spektren (▸Kap. 2.5.5) lassen sich mithilfe der ***Karplus*-Beziehung** Aussagen über die Konformation ableiten, weil die $^3J$-Werte von den Torsionswinkeln der koppelnden Protonen abhängen (o Abb. 3.6). Die Werte sind am größten bei 180° (*trans*-Kopplung, $^3J$ = 10–16 Hz) und am kleinsten bei 90° (0–2 Hz); bei 60° beobachtet man eine *gauche*-Kopplung ($^3J$) von 3–5 Hz, weiterhin gilt $^3J_{180°} > {}^3J_{0°} > {}^3J_{60°}$. Bei Ethanderivaten findet man einen statistischen Mittelwert von etwa 7 Hz.

### 3.3.2 Ethan-Konformationen

Im Ethanmolekül können die beiden Methylgruppen um die zentrale C—C-Einfachbindung zwar frei rotieren, dennoch sind von den geometrisch möglichen Anordnungen (= Konformationen) nur einige wenige auch energetisch begünstigt (o Abb. 3.7). Stabile Konformationen, also Konformere, sind nur diejenigen Anordnungen, bei denen die CH-Bindungen an den beiden C-Atomen jeweils „auf Lücke" stehen (*staggered* oder gestaffelte Konformation; o Abb. 3.7). Die Energiebarriere, die bei der Rotation zu überwinden ist, um von einer gestaffelten Konformer zur nächsten zu gelangen, beträgt nach Berechnungen von *Pitzer* etwa 13 kJ/mol. Als Energiemaximum wird dabei eine ekliptische Anordnung durchlaufen, bei der die CH-Bindungen genau auf Deckung stehen. Die eklitpische Konformation ist also der Übergangszustand beim Übergang von einer gestaffelten Konformation in eine andere. Den Energieunterschied der ekliptischen gegenüber der gestaffelten Konformation nennt man ***Pitzer*-Spannung** (▸Kap. 3.8.1). Die Ursache für diesen Energieunterschied scheint ein quantenchemischer Effekt zu sein, die sogenannte *Pauli*-Abstoßung zwischen den Bindungselektronen der sich gegenüberstehenden C—H-Bindungen in der ekliptischen Konformation. Daneben wird auch eine zusätzliche Stabilisierung der gestaffelten Konformation durch eine Hyperkonjugation als Ursache für die *Pitzer*-Spannung diskutiert. Die sterische Wechselwirkung der H-Atome in der ekliptischen Konformation ist hingegen nur von untergeordneter Bedeutung. Sie trägt weniger als 10 % zur Energiebarriere bei. Bei den meisten Molekülen ist die energieärmste und stabilste Konformation diejenige, bei der die *Pitzer*-Spannung möglichst minimiert wird.

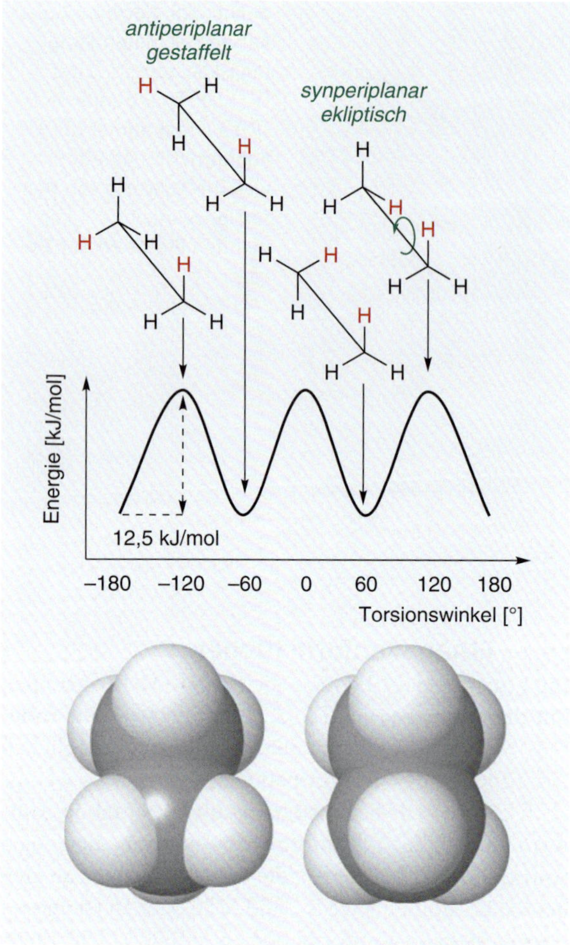


**o Abb. 3.7** Potenzielle Energie der Konformationen von Ethan (*antiperiplanar* und *synperiplanar*) als Funktion des Torsionswinkels (zwischen den rot gekennzeichneten H-Atomen); *unten*: Kalottenmodelle der gestaffelten (links) und ekliptischen (rechts) Konformationen

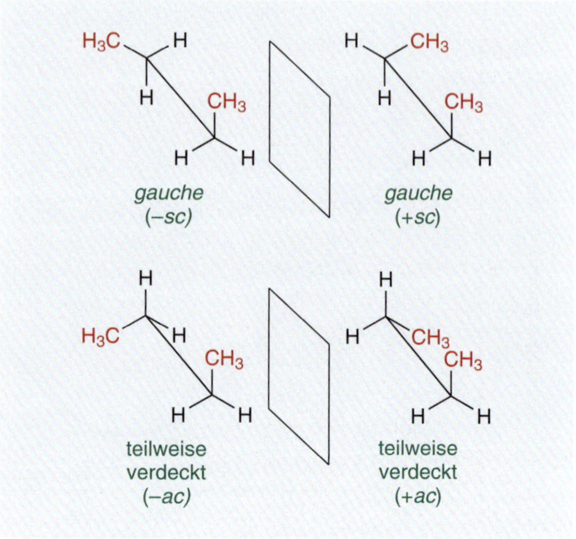


**o Abb. 3.9** Die beiden *gauche-* (*synclinalen*) bzw. *anticlinalen n*-Butan-Konformationen sind jeweils Spiegelbilder voneinander (Enantiomere) und damit energiegleich. Die Barriere zwischen den beiden *gauche*-Konformationen beträgt 15 kJ/mol (= 18,8−3,8 kJ/mol), der Übergangszustand entspricht der *synperiplanaren* Konformation.

### 3.3.3 *n*-Butan-Konformationen

Bei *n*-Butan können sechs ausgezeichnete Konformationen unterschieden werden, und zwar drei gestaffelte und drei verdeckte, die sich durch eine Drehung der hinteren Methyl-Gruppe um jeweils 60° unterscheiden. Die *+sc*- und *−sc*-Konformation sowie die *+ac*- und *−ac*-Konformation sind Spiegelbilder voneinander und somit energiegleich (o Abb. 3.8, o Abb. 3.9). Es handelt sich um **Enantiomere** (▸ Kap. 3.4.1).

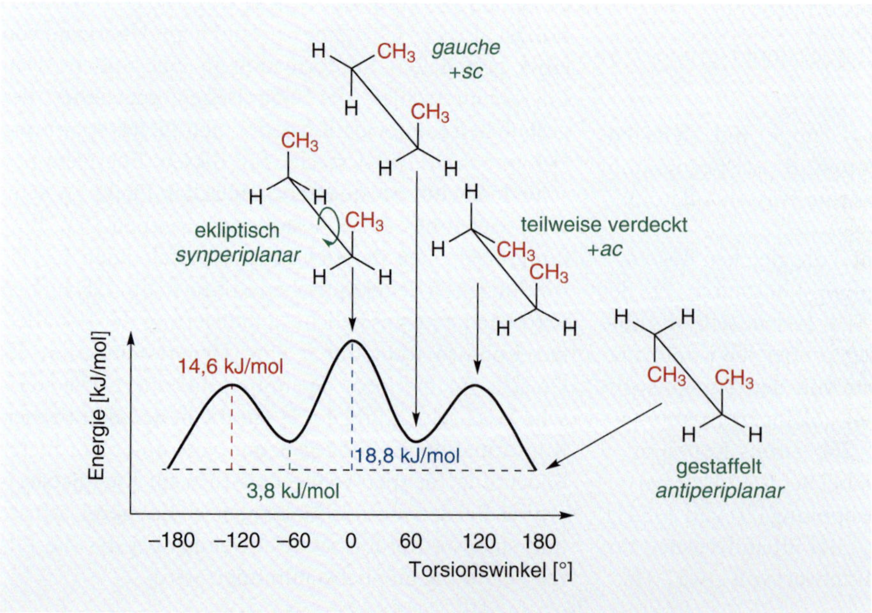


**o Abb. 3.8** Potenzielle Energie der Konformationen von *n*-Butan als Funktion des Torsionswinkels (zwischen den Methylgruppen)

Aus Elektronenbeugungsaufnahmen geht hervor, dass *n*-Butan im gasförmigen Zustand zu etwa 75 % in der *antiperiplanaren* Konformation und zu 25 % in einer der beiden *gauche*-Konformationen vorliegt. Bei Raumtemperatur ist das Verhältnis 82 : 18. Dies entspricht einer Energiedifferenz von 3,8 kJ/mol zwischen diesen Konformationen. Danach ist die *antiperiplanare* Konformation, in der die Methylgruppen am weitesten voneinander entfernt sind, die stabilste. Es folgen die beiden zueinander spiegelbildlichen und damit energiegleichen *gauche*-Konformationen, in denen die Methylgruppen zwar auch auf Lücke stehen, jedoch durch ihre größere räumliche Nähe eine stärkere sterische Wechselwirkung aufeinander ausüben. Die verdeckten und teilweise verdeckten Konformationen sind nicht nachweisbar. Sie sind Energiemaxima, also Übergangszustände, die nur bei der Umwandlung der stabilen Konformationen ineinander durchlaufen werden. Die Barriere zwischen der *antiperiplanaren* Konformation und den *gauche*-Konformationen beträgt 14,6 kJ/mol, d. h. die Konformere wandeln sich bei Raumtemperatur mehrere Milliarden Mal pro Sekunde ineinander um.

### 3.3.4 *n*-Pentan-Konformationen

Etwas komplizierter wird es bei den Konformationen von *n*-Pentan, die sich bei der Drehung um die zwei zentralen C—C-Bindungen ergeben, also bei Drehung um die C2—C3- und die C3—C4-Bindung.

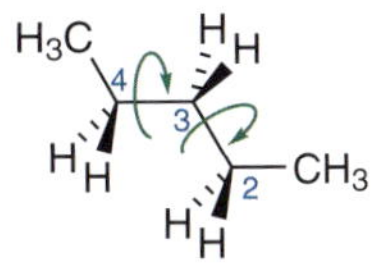


Es sind damit zwei Diederwinkel zu betrachten. Trägt man die potenzielle Energie des Moleküls in Abhängigkeit von diesen beiden Torsionswinkeln auf, erhält man eine **Energiehyperfläche** (Potenzialhyperfläche), vergleichbar mit einer Gebirgslandschaft. Man kann diese auch als **Konformationskarte**, vergleichbar mit einer Höhenlinienkarte, darstellen (o Abb. 3.10).

In der „Konformationslandschaft" von *n*-Pentan gibt es 9 mehr oder weniger tiefe Täler (d. h. 9 Vorzugskonformationen) sowie einige Bergspitzen und Sattelpunkte. Die energetisch tiefste Stelle ist das **globale Minimum** (relative Energie 0 kJ/mol). Dabei handelt es sich um die Konformation, in der beide Torsionswinkel 180° betragen: die Zickzack-Konformation (o Abb. 3.11). Die anderen Täler sind energetisch etwas höher liegende **lokale Minima**. Die energetisch höchste Stelle ist diejenige, bei der beide Torsionswinkel 0° betragen. Betrachtet man *n*-Pentan aus zwei *n*-Butan-Einheiten zusammengesetzt, so liegt in den 9 Minima jede Butan-Einheit entweder in einer *antiperiplanaren* (a, *trans*, t, Diederwinkel ±180°) oder in zwei verschiedenen *gauche*-Stellungen (g, Diederwinkel ±60°) vor. Die Konformationen bezeichnet man dementsprechend als aa (= tt), $g^-g^+$, $g^+g^-$, $g^-g^-$, $g^+g^+$, $ag^-$, $ag^+$, $g^+a$, $g^-a$, wobei „+"

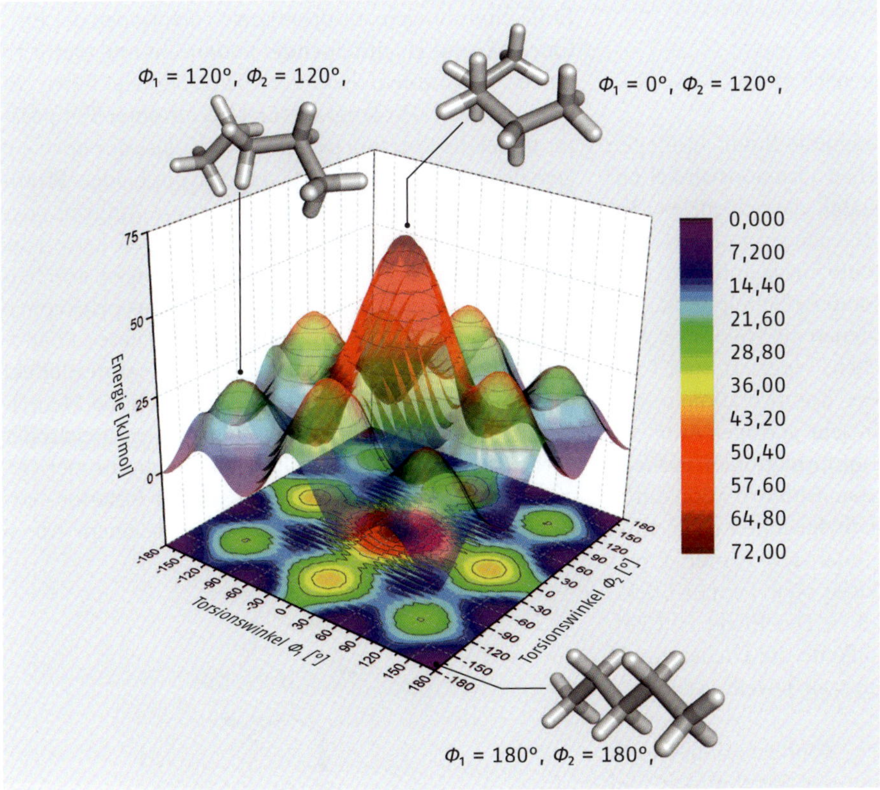


o **Abb. 3.10** Konformationen von *n*-Pentan, die sich durch Drehung um die beiden zentralen C—C-Bindungen ergeben: Energiehyperfläche (oben) und Konformationskarte (unten). Aufgetragen ist die relative potenzielle Energie des Moleküls (bezogen auf die energetisch günstigste Konformation mit einer relativen Energie von 0 kJ/mol) in Abhängigkeit von den beiden Torsionswinkeln.

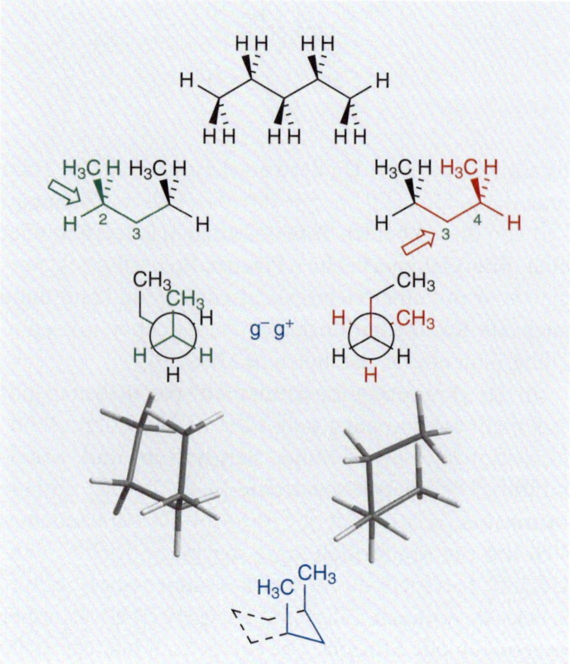


**o Abb. 3.11** Die energetisch günstigste *n*-Pentan-Konformation ist die, in der beide Torsionswinkel 180° betragen, d. h. die Zickzack-Konformation (aa = tt, oben). Verschiedene Darstellungen der aufgrund der 1,3-*syn*-diaxialen Wechselwirkung energetisch ungünstigen $g^-g^+$-Konformation von *n*-Pentan sowie *Newman*-Projektion entlang der C2—C3-Bindung (grün, Mitte links) und entlang der C3—C4-Bindung (rot, Mitte rechts). 1,3-*syn*-diaxiale Wechselwirkungen (Pentan-Effekt) können auch in cyclischen Verbindungen auftreten (unten).

und „–" jeweils die Drehung nach rechts bzw. links angeben.

Die Konformationen, in denen die Butan-Einheiten $g^-g^+$ bzw. $g^+g^-$ zueinander stehen (Torsionswinkel 60° bzw. -60°), sind nicht sehr stabil, da sich die beiden Methylgruppen abstoßen. (Genaugenommen sind diese Konformationen auch keine Energieminima, also Täler auf der Hyperfläche, sondern Sattelpunkte, die durch zwei lokale Minima, in denen die Torsionswinkel geringfügig von ±60° abweichen, separiert sind.) Bei Raumtemperatur können diese Konformationen vernachlässigt werden, da nur ein sehr geringer Anteil an Pentanmolekülen in diesen Konformationen vorliegt. Die Destabilisierung einer solchen Konformation durch die Abstoßung der beiden Methylgruppen bezeichnet man allgemein als Pentan- oder ***syn*-Pentan-Effekt** (1,3-*syn*-diaxiale-Wechselwirkung, *skew*-Pentan-Effekt, ***Newman*-Spannung**; ▸Kap. 3.8.1). Der Effekt tritt auf, wenn entlang einer Kohlenstoffkette die Diederwinkel aufeinanderfolgender Substituenten jeweils +60° ($g^+$) und –60° (= 300°, $g^-$) betragen.

Die verschiedenen stabilen Konformationen von *n*-Pentan wandeln sich entlang der Sattelpunkte und nicht über die Bergspitzen ineinander um, d. h. es findet keine gleichzeitige Rotation um die 2,3- und 3,4-Bindung statt, sondern die Konformationsumwandlung erfolgt schrittweise. Bereits bei Raumtemperatur ist das globale Minimum aa (tt) nicht mehr das häufigste Konformer, da die anderen Konformere zwar energetisch ungünstiger aber dafür entropisch gegenüber der aa(tt)-Konformation bevorzugt sind, was mit zunehmender Temperatur immer wichtiger wird (bei 300 K liegen 47 % aa (= tt) Konformer neben 47 % $ag^\pm$ bzw. $g^\pm a$ und 6 % $g^\pm g^\pm$ vor).

Die Konformationsanalyse hat nicht nur bei Alkanen und deren Substitutionsprodukten, sondern vor allem bei Cycloalkanen, insbesondere Cyclohexanen, und Peptiden Bedeutung erlangt (▸Kap. 3.8 und ▸Kap. 3.9).

### Zahnradeffekt

Auch Rotationen um C—C-Einfachbindungen können in sterisch sehr anspruchsvollen Molekülen sehr viel höherer Energiebarrieren aufweisen als in einfachen Alkanen wie Ethan oder Pentan und damit eingeschränkt sein. Im Tetraisopropylethen beispielsweise sind die Methinprotonen in der stabilsten Konformation in zwei Paaren in der Ebene so angeordnet, dass die Protonen $H_a$ in die Richtung der Doppelbindung weisen, die Protonen $H_b$ dagegen von der Doppelbindung wegweisen. Im $^1$H-NMR-Spektrum beobachtet man daher bei tiefer Temperatur getrennte Signale für die Protonen $H_a$ und $H_b$. Die Rotation um die C—C-Einfachbindungen, die die relativen Positionen der Protonen $H_a$ und $H_b$ miteinander vertauscht und damit zu einem Zusammenfallen der NMR-Signale führt, ist offensichtlich sehr langsam. Erst bei erhöhter Temperatur findet die Rotation so schnell statt, dass nur noch ein gemeinsames, gemitteltes Signal für die beiden Protonen $H_a$ und $H_b$ beobachtet werden kann. Aufgrund der sterisch anspruchsvollen Isopropylgruppen kann eine Drehung um die (blauen) C—C-Bindungen anscheinend nur stattfinden, wenn alle vier Isopropylgruppen gleichzeitig synchron gedreht werden. Dieses Phänomen nennt man nach *Kwart* und *Roussel* **Zahnradeffekt** (engl. *gear effect, cogwheel effect*), weil sich die Methylgruppen wie die Zähne von Zahnrädern aneinander vorbeidrehen müssen. Die Barriere für die Isomerisierung beträgt 70 kJ/mol; im Vergleich zur Rotationsbarriere einer normalen C—C-Bindung in einem Alkan von < 20 kJ/mol ein sehr hoher Wert.

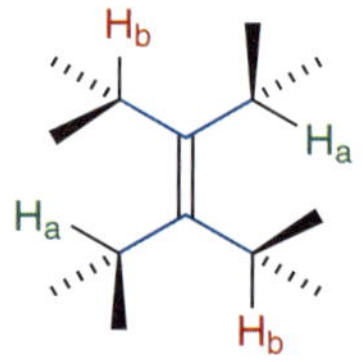


Tetraisopropylethen

## 3.4 Optische Isomerie und Chiralität

### 3.4.1 Chiralitäts- und Symmetrieelemente

1815 entdeckte *Biot*, dass eine alkoholische Lösung von Campher, einem bicyclischen Terpen (▸Kap. 26), die Schwingungsebene von **linear polarisiertem Licht** um einen bestimmten Winkel dreht, d. h., die Lösung weist eine sogenannte **optische Aktivität** (▸Kap. 3.4.2) auf. Diese physikalische Erscheinung wurde von *Pasteur* (1848) an **Weinsäure** näher untersucht. Es gelang ihm, aus den Kristallen des Natrium-Ammonium-Salzes einer optisch inaktiven Weinsäure durch Aussortieren zwei verschiedene Isomere zu isolieren, die jedes für sich optisch aktiv waren. In Lösung drehen beide Isomeren die Polarisationsebene des linear polarisierten Lichtes um den gleichen Betrag, jedoch in entgegengesetzte Richtung. Das eine Isomere dreht nach rechts, was man durch ein Pluszeichen (+) angibt, das andere nach links, was entsprechend durch ein Minuszeichen (–) angegeben wird. Die eingesetzte optisch inaktive Weinsäure war also in Wahrheit eine 1:1-Mischung zweier optisch aktiver Weinsäuren, deren optische Aktivität sich in Lösung aber gerade gegenseitig aufhebt. Eine genauere Untersuchung des für die Kristallisation genutzten Natrium-Ammonium-Salzes der Weinsäure zeigte, dass die Kristallformen der beiden optisch aktiven Tartrate **enantiomorph** sind. Das heißt, die Kristalle weisen gleiche Flächen und Winkel auf, lassen sich aber nicht zur Deckung bringen (o Abb. 3.12). Sie verhalten sich wie **Bild und Spiegelbild** oder wie **nichtkongruente Spiegelbilder.**

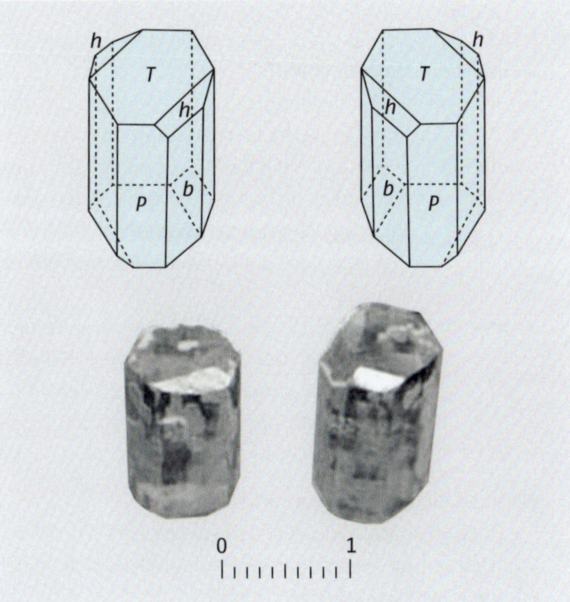


o **Abb. 3.12** Die Kristalle der Enantiomeren von Natrium-Ammonium-Tartrat, die *Pasteur* durch Kristallisation erhielt, sind zueinander spiegelbildlich (enantiomorphe Kristalle) und können durch Aussortieren getrennt werden. Das Salz kristallisiert als Konglomerat (racemische Mischung) aus, d. h., in einem Kristall sind nur Moleküle eines Enantiomeren enthalten. *Pasteur* hatte Glück: Bei Temperaturen über 27 °C kristallisiert das Salz als racemische Verbindung (echtes Racemat; ▸Kap. 3.4.6, ▸Exkurs: Racemat und Konglomerat) aus, also in Form von Kristallen, die beide Enantiomere enthalten.

Moleküle, die wie Campher oder Weinsäure optisch aktiv sind, bezeichnet man als **chirale Moleküle.** Die beiden unterschiedlichen Formen, die sich nur im Vorzeichen der optischen Drehung unterscheiden, werden **Enantiomere** (Spiegelbildisomere, optische Isomere) genannt. Eine 1:1-Mischung der beiden Enantiomere ist entsprechend optisch inaktiv, da sich die optische Drehung der beiden Enantiomere gerade aufhebt. Man spricht von einer racemischen Mischung bzw. einem Racemat. *Pasteur* war damit die erste **Racemattrennung (Racematspaltung)** der Geschichte gelungen. Er trennte die optisch inaktive racemische Weinsäure durch mechanisches Aussortieren der Kristalle in die beiden optisch aktiven Enantiomere.

Genauere Untersuchungen zeigten dann, dass die Ursache der optischen Aktivität im räumlichen Bau der betreffenden Verbindungen zu suchen ist. 1860 postulierte *Pasteur*, dass alle optisch aktiven Moleküle asymmetrisch gebaut sein müssen; d. h. ihre Moleküle weisen keinerlei Symmetrie auf. *van't Hoff* und *le Bel* entdeckten 1874 unabhängig voneinander, dass sämtliche bis dahin bekannten, optisch aktiven organischen Verbindungen mindestens ein **asymmetrisch substituiertes Kohlenstoffatom,** d. h. ein **mit vier verschiedenen Atomen oder Atomgruppen verbundenes C-Atom,** enthalten (o Abb. 3.13). Aus dieser Tatsache folgerte *van't Hoff*, dass die vier Substituenten eines C-Atoms nicht in einer Ebene liegen können, sondern in den Ecken eines Tetraeders lokalisiert sind, in dessen Mittelpunkt das C-Atom steht.

Asymmetrie (also die Abwesenheit jeglicher Symmetrieelemente außer $C_1$-Symmetrie) ist zwar eine hinreichende, aber keine notwendige Bedingung für die Existenz von Enantiomeren. Auch dissymmetrische Moleküle, also z. B. solche, die $C_2$- oder $D_2$-Symmetrie besitzen, sind chiral. Der 1893 von *Lord Kelvin* geprägte Begriff der **Chiralität,** mit „Händigkeit" (griech. *cheir*: Hand) übersetzt, bringt die notwendige und hinreichende Bedingung für die Existenz von Enantiomeren genauer zum Ausdruck: **Moleküle sind dann chiral, wenn sich Bild und Spiegelbild, so wie auch unsere Hände, nicht zur Deckung bringen lassen.** Optische Aktivität wird jedoch nur beobachtet, wenn eine hinreichende Menge **homochiraler** Moleküle vorliegt, also eine makroskopische Menge einer chiralen Verbindung.

Das asymmetrisch substituierte Kohlenstoffatom ist ein **Chiralitätszentrum** (*Prelog*) oder stereogenes Zen-

**MERKE**

**Wann ist ein Molekül chiral?**

Ein Molekül ist chiral, wenn es mit seinem Spiegelbild nicht zur Deckung gebracht werden kann (o Abb. 3.13, oben). Es kann mit seinem Spiegelbild dann zur Deckung gebracht werden, wenn es symmetrisch ist. **Eine symmetrische Verbindung ist demnach achiral.**

Es gibt zwei Möglichkeiten, um herauszufinden, ob eine Verbindung chiral ist:

1. Man konstruiert das Spiegelbild der Verbindung und überprüft, ob es mit dem ursprünglichen Molekül deckungsgleich ist (→ achiral) oder nicht (→ chiral).
2. Man findet heraus, ob die Verbindung symmetrisch ist (→ achiral) oder nicht (→ chiral).

**Wann ist ein Molekül symmetrisch?**

Die Antwort lautet: Wenn es sich durch eine räumliche Umorientierung (= Symmetrieoperation) auf sich selbst abbilden lässt (o Abb. 3.13, unten).

Symmetrieoperationen werden an Symmetrieelementen durchgeführt. Man unterscheidet zwischen Symmetrieelementen der 1. Art (Drehachse) und Symmetrieelementen der 2. Art (Spiegelebene, Inversionszentrum, Drehspiegelachse; siehe „Symmetrieoperationen").

*Beachte:* Chiralität ist die Eigenschaft eines Objektes. Ein Molekül kann chiral sein, ein Atom nicht. Daher sollte man von einem Chiralitätszentrum (*chirality centre, asymmetric centre*) sprechen, d. h. von einem Zentrum, das zur Chiralität führt, nicht aber von einem „chiralen Zentrum" oder „chiralen Atom". Diese Begriffe sind falsch. Ebenso wenig gibt es „chirale Synthesen", sondern nur Synthesen mit chiralen Katalysatoren usw.

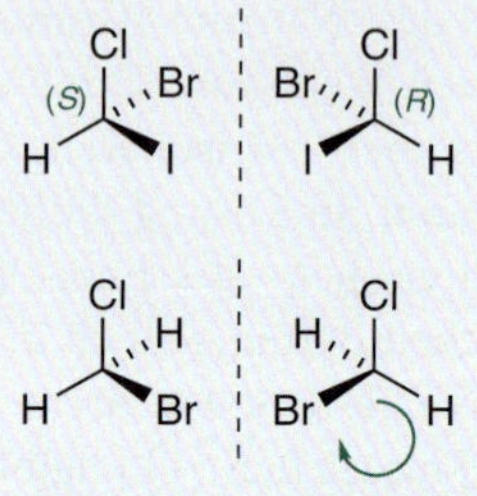


o **Abb. 3.13** Bromchloriodmethan ist chiral, es existieren Bild und Spiegelbild, die nicht zur Deckung zu bringen sind (oben). Bromchlormethan dagegen ist achiral (unten), das Spiegelbild ist mit dem Bild identisch (um das zu erkennen, muss man das Spiegelbild um 180° drehen).

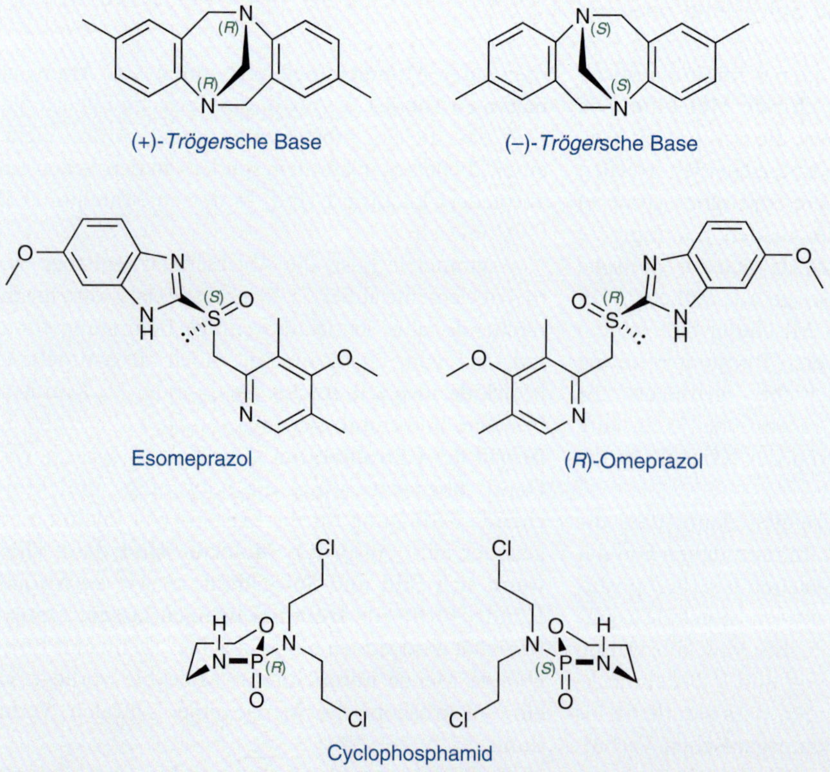


o **Abb. 3.14** Moleküle mit einem Heteroatom als Chiralitätszentrum. Die *Tröger*sche Base besitzt zwei Stickstoffatome als Chiralitätszentren. Diese sind Brückenkopfatome, was eine pyramidale Inversion und damit eine Racemisierung unmöglich macht. Die Enantiomere sind daher trennbar. Omeprazol ist ein Protonenpumpenblocker, er wird als Racemat oder als (*S*)-Enantiomer eingesetzt (Esomeprazol). Cyclophosphamid, ein Zytostatikum aus der Gruppe der Alkylanzien, besitzt ein Phosphoratom als Chiralitätszentrum.

trum (häufig auch als Stereozentrum bezeichnet) oder allgemein eine **stereogene Einheit** (stereogenes Element, *Mislow*). Unter einer stereogenen Einheit versteht man eine Struktureinheit in einem Molekül, die die Ursache für das Auftreten von Stereoisomeren ist. Ist eine Verbindung aufgrund des Vorliegens eines Chiralitätszentrums chiral, liegt **Zentrochiralität** vor. Weitere stereogene Einheiten (Chiralitätselemente) sind:

- Die **Chiralitätsachse**, die zu **axialer Chiralität** (früher: Allenisomerie) führt. Spezialfälle axialer Chiralität sind **helicale Chiralität** und Atropisomerie.
- Die **Chiralitätsebene**, die zu **planarer Chiralität** führt (▸Kap. 3.4.5).

Außer Kohlenstoffatomen können auch vierbindige, tetraedrisch koordinierte Heteroatome wie N, S, P, Si oder B Chiralitätszentren sein (○Abb. 3.14). Dreifach koordinierte Atome (z. B. N, S, P) können Chiralitätszentren sein, wenn die daran gebundenen Atome oder Gruppen nicht in einer Ebene liegen. Der vierte Substituent ist dann das freie Elektronenpaar. (Liegen Doppelbindungen vor, z. B. S=O oder P=O, verwendet man im Gegensatz zum Kohlenstoffatom keine Duplikatatome zur Bestimmung der Konfiguration; ▸Kap. 3.4.4).

## Symmetrieoperationen

Symmetrieoperationen werden an Symmetrieelementen durchgeführt (□Tab. 3.1). Man unterscheidet Symmetrieelemente der 1. Art (Drehachse) und Symmetrieelemente der 2. Art (Spiegelebene, Inversionszentrum, Drehspiegelachse):

### Drehachse $C_n$

Wenn ein Molekül durch axiale Drehung um einen bestimmten Winkel $\alpha$ mit seiner ursprünglichen Orientierung zur Deckung gebracht werden kann, existiert eine Symmetrieachse $C_n$ (○Abb. 3.15). „n" bezeichnet dabei die Zähligkeit der Achse; es gilt: $n = 360°/\alpha$.

Beispiele:

- $C_1$ (Identität): Bei einer Drehung um 360° wird die deckungsgleiche Ausgangslage erreicht.
- $C_2$: Bei einer Drehung um 180° wird die deckungsgleiche Ausgangslage erreicht.
- $C_6$: Bei einer Drehung um 60° wird die deckungsgleiche Ausgangslage erreicht, usw.

### Symmetrieebene $\sigma$

Eine Symmetrieebene $\sigma$ teilt das Molekül so in zwei Hälften, dass Hälfte 1 Spiegelbild von Hälfte 2 ist. $\sigma_v$ ist eine vertikale Spiegelebene, d. h. eine Spiegelebene, die in der Ebene der Hauptdrehachse $C_n$ mit der größten Zähligkeit liegt. $\sigma_h$ ist die horizontale Spiegelebene, d. h.

□ **Tab. 3.1** Symmetrieoperationen und Symmetrieelemente

| Symmetrieoperation | Symmetrieelement |
|---|---|
| Drehung um eine | Symmetrieachse (Drehachse) $C_n$ |
| Spiegelung an einer | Symmetrieebene (Spiegelebene) $\sigma$ |
| Inversion an einem | Inversionszentrum (Symmetriezentrum) i |
| Drehspiegelung an einer | Drehspiegelachse $S_n$ |

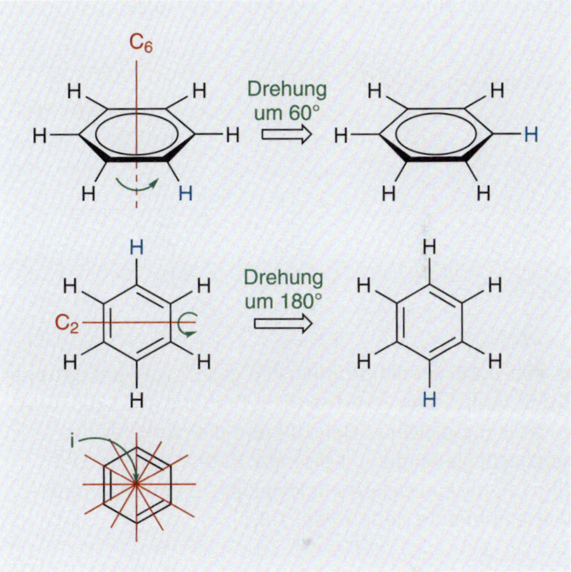


○ **Abb. 3.15** Benzen besitzt eine $C_6$-Achse (oben), die durch die Ringmitte, senkrecht zur Molekülebene verläuft, sowie sechs $C_2$-Achsen (Mitte, unten). Der Schnittpunkt der $C_2$-Achsen ist das Inversionszentrum i.

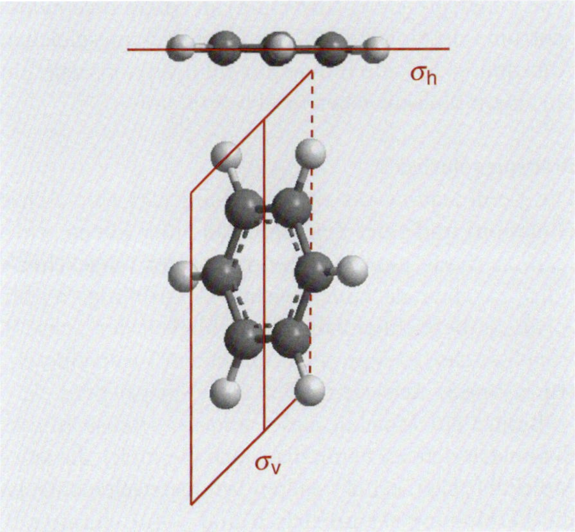


○ **Abb. 3.16** Benzen besitzt eine horizontale und sechs vertikale Symmetrieebenen, von denen eine dargestellt ist.

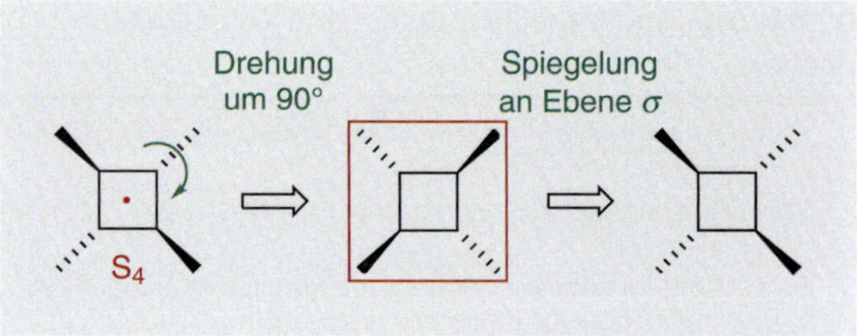


**Abb. 3.17** Das abgebildete Tetramethylcyclobutan besitzt eine $S_4$-Achse (roter Punkt), die senkrecht zur Ringebene steht und durch die Ringmitte verläuft. Eine Drehung um 90° um diese Achse und eine anschließende Spiegelung an einer Ebene senkrecht zu dieser Achse führt zu einer deckungsgleichen Anordnung. Die $S_4$-Achse ist gleichzeitig eine der drei $C_2$-Achsen des Moleküls.

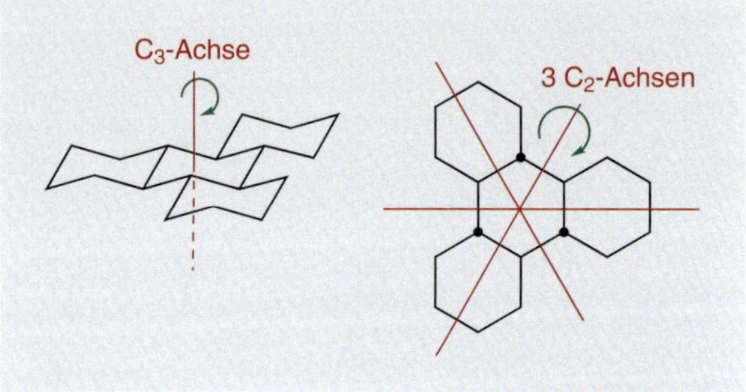


**Abb. 3.18** Perhydrotriphenylen gehört zur Punktgruppe $D_3$: Es besitzt eine $C_3$-Achse (d. h. Drehung um 120° führt zu deckungsgleichem Molekül) und drei zur $C_3$-Achse senkrecht stehende $C_2$-Achsen (d. h. Drehung um 180° führt zu deckungsgleichem Molekül; zur Formelschreibweise mit Punkt siehe ▸Kap. 3.8.2).

die Spiegelebene, die senkrecht zur Hauptdrehachse liegt (Abb. 3.16).

### Inversionszentrum i

Eine Punktspiegelung (Inversion) an einem Inversionszentrum i im Molekül führt zu einer deckungsgleichen Anordnung. Es kann immer nur ein Inversionszentrum i in einem Molekül geben (Abb. 3.15, unten).

### Drehspiegelachse $S_n$

Die Kombination aus einer Drehung um eine Achse (Rotation) und einer Spiegelung an einer Ebene senkrecht zu dieser Achse (Reflexion) – oder umgekehrt – führt zu einer deckungsgleichen Anordnung (Abb. 3.17). „n" bezeichnet dabei die Zähligkeit der Achse S. Eine $S_2$-Achse ist äquivalent mit einem Inversionszentrum. Eine $S_1$-Achse entspricht einer Spiegelebene.

Besitzt ein Molekül außer einer $C_1$-Achse (dieses Symmetrieelement nennt man auch Identität), die jedes Molekül besitzt, keine weiteren Symmetrieelemente, ist die Verbindung **asymmetrisch** und somit chiral (z. B. 1-Cyan-3-chlorallen). Moleküle, die neben der $C_1$- noch weitere $C_n$-Achsen besitzen, aber sonst keine weiteren Symmetrielemente wie Spiegelebenen oder Drehspiegelachsen, bezeichnet man als **dissymmetrisch** (z. B. 1,3-Dichlorallen; zusätzlich eine $C_2$-Achse, Abb. 3.28, ▸Kap. 3.4.5). Dissymmetrische Moleküle sind ebenfalls chiral. Moleküle sind demzufolge dann chiral (und optisch aktiv), wenn sie keine Symmetrieelemente der 2. Art besitzen.

Man kann daher auch zusammenfassen: **Ein Molekül ist dann chiral, wenn es keine Drehspiegelachse besitzt.** Alle optisch aktiven Moleküle sind zwar chiral, aber nicht alle sind asymmetrisch.

### Die chiralen Punktgruppen $C_n$ und $D_n$

Die Gesamtheit aller möglichen Symmetrieoperationen definiert eine sogenannte **Punktgruppe**. An dieser Stelle wird auf eine weitere ausführliche Beschreibung der Symmetrieeigenschaften von Molekülen verzichtet. Nachfolgend sind nur einige wenige Beispiele für solche Punktgruppen aufgeführt. So besagt z. B. die Punktgruppe $C_n$, dass das Molekül außer der $C_1$-Achse nur noch eine weitere $C_n$-Achse besitzt. Die Punktgruppe $D_n$ besagt, dass das Molekül neben der immer vorhandenen $C_1$-Achse noch eine $C_n$-Drehachse sowie n dazu senkrecht stehende $C_2$-Achsen besitzt. Die $D_3$-Punktgruppe besitzt demnach drei zu einer $C_3$-Achse senkrecht stehende $C_2$-Achsen (Abb. 3.18).

## 3.4.2 Spezifische Drehung und Polarimetrie

**MERKE**
- Chirale Verbindungen sind optisch aktiv.
- Alle optisch aktiven Moleküle sind chiral.

Enantiomere unterscheiden sich *nicht* in ihren physikalischen und chemischen Eigenschaften, außer sie reagieren bzw. wechselwirken mit anderen chiralen Molekülen (▸Kap. 3.4.6) oder chiralen Objekten. Als ein chirales Objekt kann auch **linear polarisiertes Licht** angesehen werden. Licht ist eine elektromagnetische Welle. Es handelt sich um eine Transversalwelle, bei der sich der elektrische Feldvektor senkrecht zur Ausbreitungsrichtung periodisch verändert („schwingt"). In „normalem" Licht ist die Schwingungsebene der einzelnen Lichtstrahlen (also der einzelnen Wellen) gleichmäßig über alle möglichen Raumrichtungen verteilt. Bei linear polarisiertem Licht weisen hingegen alle Lichtstrahlen die gleiche Schwingungsebene auf, d. h., die Feldvektoren aller Lichtstrahlen schwingen in der gleichen Ebene. Physikalisch kann man einen linear polarisierter Lichtstrahl aus der **Addition eines rechts- und eines linkszirkular polarisierten Lichtstrahls**, die kohärent sind (d. h. gleiche Frequenz, gleiche Phase, gleiche Amplitude), erhalten. Diese beiden zirkular polarisierten Lichtstrahlen sind zueinander enantio-

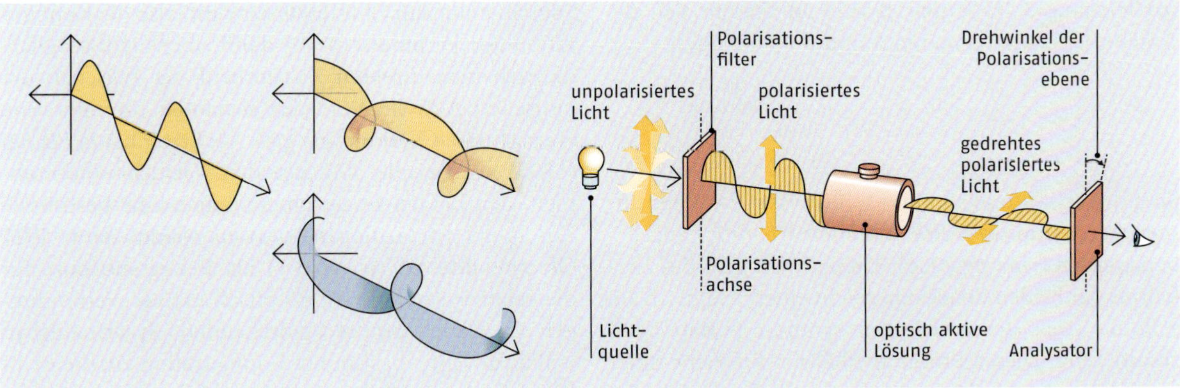


**Abb. 3.19** Ein linear polarisierter Lichtstrahl entsteht formal durch Addition eines rechts- und eines dazu enantiomeren, linkszirkular polarisierten Lichtstrahls (links); Aufbau eines Polarimeters (rechts)

mer. Ein linear polarisierter Lichtstrahl besteht also vereinfacht gesprochen aus einer 1:1-Mischung zweier chiraler, zueinander enantiomerer, zirkular polarisierter Lichtstrahlen (Abb. 3.19, links).

Die Wechselwirkung eines chiralen Moleküls mit diesen beiden chiralen, zirkular polarisierten Lichtstrahlen ist verschieden. Die Ausbreitungsgeschwindigkeit des einen Strahls wird mehr beeinflusst als die des anderen, dazu enantiomeren Strahls. Es kommt zu einer Phasenverschiebung des einen Strahls relativ zu dem anderen. Nach dem Austritt aus dem Medium, das die chirale Substanz enthält, addieren sich die beiden Strahlen zwar wiederum zu einem neuen linear polarisierten Lichtstrahl, dessen Schwingungsebene ist allerdings um einen Winkel $\alpha$ gegenüber der Schwingungsebene des ursprünglichen Strahls gedreht (Abb. 3.19, rechts). Eine Lösung des anderen Enantiomeren wird die Schwingungsebene um den gleichen Betrag drehen, allerdings in die andere Richtung. Bei einer chiralen Substanz ist demnach immer ein Enantiomer rechtsdrehend, das andere linksdrehend. Eine Lösung der Racemform (gekennzeichnet durch „±" oder „*rac*" oder durch den Zusatz „+*ent*", d. h. „plus das Enantiomere", unter einer Formel), die die beiden Enantiomere zu gleichen Teilen enthält, also aus gleichen Mengen **heterochiraler** Moleküle besteht, ist **optisch inaktiv**, da sich die entgegengesetzte optische Aktivität der beiden Enantiomeren kompensiert. Der Name „racemisch" stammt von Traubensäure (*acidum racemicum*), dem Racemat aus (*R,R*)- und (*S,S*)-Weinsäure, an der diese Erscheinung von *Pasteur* zuerst beobachtet wurde (▸Kap. 3.4.1).

Durchstrahlt man die Lösung einer optisch aktiven Verbindung mit linear polarisiertem Licht, so ist die Drehung der Polarisationsebene proportional der Massenkonzentration $c$ (Masse der aktiven Substanz in Gramm pro 100 ml Lösung) der Lösung und der durchlaufenen Schichtdicke $l$ in Dezimetern. Als Maß für den **Drehwinkel $\alpha$**, bezogen auf 1 g aktive Substanz in 1 ml Lösung bei einer Schichtdicke von 1 dm, ergibt sich die **spezifische Drehung** (*Biot* 1836) (Gleichung 3.1):

$$[\alpha]_{\lambda}^{T} = \frac{\alpha \cdot 100}{l \cdot c}$$ Gleichung 3.1

Die spezifische Drehung ist keine reine Stoffkonstante, sondern hängt auch von der Temperatur $T$, dem Lösemittel und der Wellenlänge $\lambda$ des verwendeten Lichtes ab. Meist wird sie für monochromatisches Natriumlicht (D-Linie, 589,3 nm) bei einer Temperatur von 20 °C (293 K) angegeben und dann mit $[\alpha]_{D}^{20}$ bezeichnet. Diese Größe kann zur Charakterisierung einer optisch aktiven Substanz benutzt werden. Auch sie kann aber noch von der Konzentration der Lösung abhängen.

Wenn in einem Gemisch ein Enantiomer überwiegt, ist die **optische Reinheit** (*op*, *optical purity*) in Prozent wie in Gleichung 3.2 definiert:

$$op\left[\%\right] = \frac{[\alpha]}{[\alpha]_0} \cdot 100$$ Gleichung 3.2

Dabei ist $[\alpha]$ die spezifische Drehung des Enantiomerengemischs und $[\alpha]_0$ die des reinen Enantiomeren.

Der **Enantiomerenüberschuss** (*enantiomeric excess*, ***ee*-Wert**) ergibt sich daraus für $R > S$ wie in Gleichung 3.3 angegeben:

$$\mathrm{ee}\left[\%\right] = \frac{R-S}{R+S} \cdot 100$$ Gleichung 3.3

$R$ und $S$ sind die Anteile der beiden Enantiomeren mit (*R*)- bzw. (*S*)-Konfiguration (zu den Deskriptoren des CIP-Systems ▸Kap. 3.4.4). Bei einem linearen Zusammenhang zwischen der optischen Drehung und der Zusammensetzung des Enantiomerengemischs gilt: *ee* [%] = *op* (*Morrison* u. *Mosher* 1971). Enantiomerenreine Verbindungen (*ee* = 100 %) werden **homochirale Verbindungen** genannt; bei der Racemform gilt *ee* = 0 %, ein *ee* von 50 % für die (*R*)-Form bedeutet nach Gleichung 3.3 ein *R*/*S*-Verhältnis von 75/25. In gleicher Weise ist auch der sogenannte **Diastereomerenüberschuss** (*de* [%], *diastereomeric excess*) definiert

(⚬Gleichung 3.4). A und B sind in diesem Fall die Anteile der Diastereomeren A und B im Gemisch.

$$de\left[\%\right] = \frac{A-B}{A+B} \cdot 100 \qquad \text{Gleichung 3.4}$$

Statt des *ee*-Wertes kann und sollte besser das **Enantiomerenverhältnis** *er* = *R*/*S* (*enantiomeric ratio*) angegeben werden (*Gawley* 2006). Dieser Wert gibt das Verhältnis der beiden Enantiomeren in einem Gemisch an, z. B. aus einer stereoselektiven Synthese (▸Kap. 3.4.6) resultierend. Dieses Produktverhältnis *R*/*S* wird unter kinetischer Kontrolle (▸Kap. 5) durch die Geschwindigkeiten der beiden Reaktionen, die zu dem einen oder zu dem anderen Stereoisomeren führen, bestimmt. Unter thermodynamischer Kontrolle (▸Kap. 5) bestimmen die Gleichgewichtskonstanten der beiden Reaktionen das Produktverhältnis. Der *er*-Wert reflektiert damit direkt die relativen Reaktionsgeschwindigkeiten bzw. die Gleichgewichtskonstanten. Der *ee*-Wert, der den Produkt*überschuss* angibt und der sich aus der Messung der optischen Drehung – früher einzige instrumentelle Methode zur Bestimmung der Enantiomerenreinheit – ergibt, ist heute im Grunde nicht mehr notwendig. Gleiches gilt für den *de*-Wert, der besser durch den *dr*-Wert (**Diastereomerenverhältnis**, *diastereomeric ratio*) ersetzt werden sollte.

Wenn die spezifische Drehung einer chiralen Verbindung nicht bekannt ist, können der *ee*-Wert und das *er*-Verhältnis z. B. durch NMR-Spektroskopie mithilfe eines chiralen Verschiebungsreagenzes (LIS) bestimmt werden (▸Kap. 2.5.5), denn durch die Wechselwirkung mit dem chiralen Verschiebungsreagenz sind die Verschiebungen der NMR-Signale der beiden Enantiomeren nicht äquivalent und können getrennt integriert und zur Bestimmung der quantitativen Zusammensetzung der Probe genutzt werden (▸Kap. 3.6).

### 3.4.3 Enantiomere: *Fischer*-Projektion und D/L-Nomenklatur

In ▸Kap. 3.4.1 wurde auf die Stereochemie des asymmetrisch substituierten C-Atoms und die strukturchemische Deutung der optischen Aktivität organischer Verbindungen eingegangen. Nachfolgend sollen die Beziehungen zwischen räumlicher Konfiguration und optischer Drehung näher erläutert werden, insbesondere auch, um auf die häufig zu findenden Verwechslungen der Deskriptoren D/L und *d*/*l* hinzuweisen. Ursprünglich konnte man Enantiomere nur anhand ihrer unterschiedlichen optischen Aktivität unterscheiden. Man kennzeichnete bei optisch aktiven Substanzen die rechtsdrehende Form mit dem Buchstaben *d* (*dextro* = rechts), die linksdrehende mit *l* (*laevo* = links) und die Racemform mit *dl*. Eine Aussage über die tatsächliche räumliche Anordnung der vier Substituenten am Chiralitätszentrum (also die Konfiguration der Verbindung) war damit aber nicht möglich, da es keinen direkten Zusammenhang zwischen der optischen Aktivität und der absoluten Konfiguration einer chiralen Verbindung gibt. Als Erster hat *E. Fischer* (1891) am Beispiel **Glucose** den Versuch unternommen, den beiden Enantiomeren auch eine bestimmte Konfiguration zuzuordnen. *Wohl* wählte dann 1917 **Glycerinaldehyd** (⚬Abb. 3.1) als **Bezugssubstanz** für die relative Konfiguration optisch aktiver Verbindungen. Er schrieb dem rechtsdrehenden Glycerinaldehyd willkürlich eine bestimmte Konfiguration zu, die er als *d*-Konfiguration bezeichnete: ein Tetraeder, an dessen Spitze die Aldehydgruppe steht und dessen vordere Kante rechts mit einer OH-Gruppe und links mit einem H-Atom besetzt ist (⚬Abb. 3.27). Die umgekehrte Anordnung von H-Atom und OH-Gruppe führt zum nicht kongruenten (nicht deckungsgleichen) spiegelbildisomeren *l*-Glycerinaldehyd. Die Präfixe *d* und *l* gaben nunmehr anders als zuvor nicht mehr den Drehsinn, sondern die jeweilige (in diesem Fall aber lediglich postulierte) Konfiguration der vier Substituenten am asymmetrischen C-Atom an, während die tatsächlich experimentell gemessenen Drehwerte (+) und (–) hinzugefügt wurden, z. B. *d*-(+)-Glycerinaldehyd oder *d*-(–)-Glycerinsäure. Da jedoch in der älteren Literatur bei der Verwendung der Deskriptoren *d* und *l* nicht immer eindeutig zwischen der Reihenzugehörigkeit (also der Konfiguration) und dem Drehungssinn unterschieden wurde, hat man sich auf Vorschlag von *Vickery* (1947) und *Hudson* (1948) geeinigt, die Enantiomeren durch kleiner gedruckte große Buchstaben (sog. Kapitälchen) D- und L- zu charakterisieren. Man spricht von der ***Fischer*-Nomenklatur**. Damit wird jedoch lediglich die Konfiguration an einem bestimmten Chiralitätszentrum angegeben und keine Aussage über den jeweiligen Drehsinn des Enantiomers gemacht. Soll dieser ebenfalls angegeben werden, so setzt man den Präfixen D bzw. L je nach Drehsinn (+) oder (–) hinzu. Die früher verwendeten Deskriptoren *d*/*l* für den Drehsinn und die Zuordnung einer Substanz zur D- oder L-Reihe haben demnach nichts miteinander zu tun, führen jedoch in der Literatur immer wieder zu Verwechslungen, indem das alte *d*/*l* für rechtsdrehend/linksdrehend mit dem D/L der *Fischer*-Nomenklatur gleichgesetzt wird.

Jede chirale Verbindung, deren experimentell ermittelte Konfiguration am Chiralitätszentrum der von D-(+)-Glycerinaldehyd entspricht, wurde damit zur D-Reihe gezählt, unabhängig vom jeweiligen Drehsinn (⚬Abb. 3.20). Um beispielsweise die Konfiguration der linksdrehenden Milchsäure relativ zu D-(+)-Glycerinaldehyd zu bestimmen, kann man die nachfolgend aufgeführten Reaktionen durchführen (⚬Abb. 3.20). Da bei keiner dieser Reaktionen eine der vier Bindungen zum

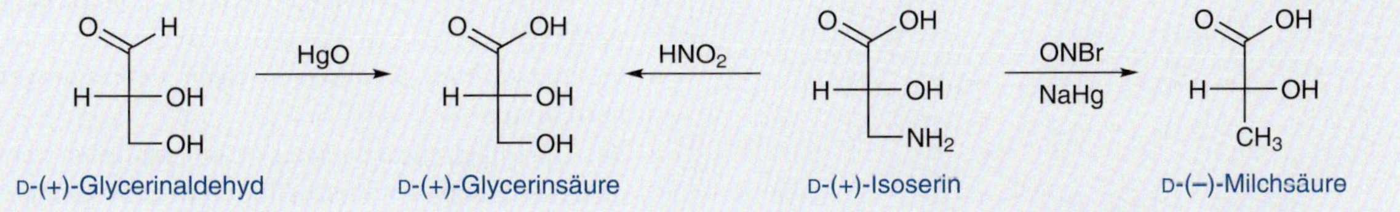


**Abb. 3.20** Linksdrehende Milchsäure wird zur D-Reihe gezählt, da sie aus D-Isoserin synthetisiert werden kann. D-Isoserin wiederum ergibt durch Reaktion mit salpetriger Säure das gleiche Produkt, das auch durch Reaktion von D-Glycerinaldehyd mit HgO entsteht, nämlich D-Glycerinsäure. Es handelt sich in allen Fällen um Reaktionen, bei denen die Konfiguration am Chiralitätszentrum nicht verändert wird. Somit weisen alle Verbindungen am Chiralitätszentrum die gleiche Konfiguration wie D-Glycerinaldehyd auf.

Chiralitätszentrum verändert wird, bleibt die Konfiguration am Chiralitätszentrum erhalten. Das heißt, alle Verbindungen besitzen die gleiche Konfiguration wie D-(+)-Glycerinaldehyd. Dieser geht bei Oxidation mit Quecksilber(II)-oxid in D-(–)-Glycerinsäure über, die auch aus D-(+)-Isoserin mit salpetriger Säure zugänglich ist. Da andererseits aus D-(+)-Isoserin durch Umsetzen mit Nitrosylbromid und anschließende Reduktion mit Natriumamalgam die linksdrehende (–)-Milchsäure entsteht, muss diese ebenfalls D-Konfiguration besitzen. Es handelt sich also um D-(–)-Milchsäure. Dies macht auch noch mal deutlich, dass es keinen Zusammenhang zwischen dem Drehsinn und der Konfiguration gibt. Die linksdrehende Milchsäure und der rechtsdrehende Glycerinaldehyd weisen beide die gleiche Konfiguration am Chiralitätszentrum auf; D-(–)-Milchsäure, aber D-(+)-Glycerinaldehyd. Man beachte z. B. auch: Das Natrium-Salz von D-(–)-Milchsäure (Na-Lactat), das weiterhin D-konfiguriert ist, ist rechtsdrehend (+).

Für D-(+)-Glycerinaldehyd konnte nach Aufklärung der absoluten Konfiguration von (+)-Weinsäure durch *Bijvoet* nachgewiesen werden, dass die zunächst willkürlich getroffene Konfigurationszuordnung korrekt war. D-(+)-Glycerinaldehyd ist nach wie vor Bezugssystem der sogenannten ***Fischer*-Nomenklatur** (▸Exkurs: *Fischer*-Projektion), die immer noch bei Zuckern und sowie bei Aminosäuren (Abb. 3.23) und deren Derivaten verwendet wird. Für alle anderen Moleküle ist die D/L-Nomenklatur nicht immer eindeutig. Daher sollten

3

### Exkurs: *Fischer*-Projektion

Um die Konfiguration einer chiralen Verbindung mithilfe der D/L-Nomenklatur anzugeben, muss man zuerst die Verbindung in der sogenannten *Fischer*-Projektion zeichnen. Dafür gelten die folgenden Regeln (auch Abb. 3.21):

- Die Kohlenstoffhauptkette (= längste Kette) wird senkrecht angeordnet.
- Die funktionelle Gruppe mit der höchsten Oxidationszahl steht oben.

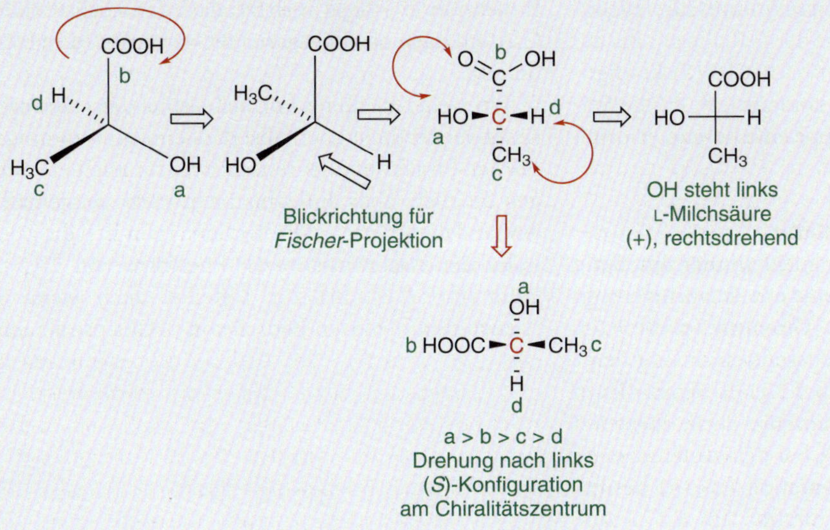


**Abb. 3.21** Von Keilstrich nach *Fischer* und wieder zurück: Die Keilstrichformel wird so gedreht, dass die höchstoxidierte Gruppe nach oben steht. In der *Fischer*-Projektion sind die Substituenten rechts und links vom Chiralitätszentrum vor der Papierebene und die beiden senkrecht orientierten in oder hinter der Ebene zu denken. Um aus der *Fischer*-Projektion die absolute Konfiguration (▸Kap. 3.4.4) am Chiralitätszentrum zu bestimmen, werden die Substituenten **doppelt vertauscht**, sodass der Substituent mit der niedrigsten Priorität nach CIP (H) hinter der Papierebene steht.

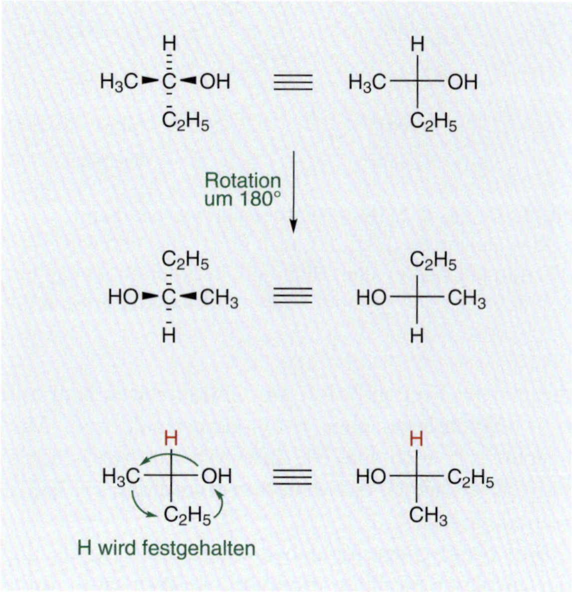


**o Abb. 3.22** *Fischer*-Projektion. Ohne Änderung der Konfiguration sind erlaubt: Rotation des gesamten Moleküls in der Bildebene um 180° (oben) sowie Vertauschung der Substituenten im oder entgegen dem Uhrzeigersinn, wenn ein Substituent festgehalten wird (unten).

- Die waagerechten Bindungen zeigen definitionsgemäß nach vorne.
- Die senkrechten Bindungen zeigen definitionsgemäß nach hinten.
- Das Chiralitätszentrum, das sich am weitesten von der obersten Gruppe entfernt befindet, wird betrachtet:
  - steht der Substituent nach rechts → D (*dexter* = rechts),
  - steht der Substituent nach links → L (*laevo* = links).

Faustregeln für den Umgang mit der *Fischer*-Projektion (o Abb. 3.22):

- Abbildungen können **in der Bildebene** um 180° gedreht werden.
- Drehungen um 90° oder 270° sind **nicht erlaubt**.

Bei einer *Fischer*-Projektion kann ein beliebiger Substituent festgehalten werden, während die anderen im bzw. entgegen dem Uhrzeigersinn gedreht werden.

besser die stets eindeutig definierten Deskriptoren des **CIP-Systems**, die in ▸Kap. 3.4.4 diskutiert werden, verwendet werden. D-(+)-Glycerinaldehyd weist im CIP-System (*R*)-Konfiguration auf.

Das **Bezugssystem für die *Fischer*-Nomenklatur bei α-Aminosäuren** ist die Aminosäure **Serin**. Hier bestimmt die Stellung der Aminogruppe, ob eine Aminosäure zur D- oder L-Reihe gehört (o Abb. 3.23). Am Beispiel der Aminosäure Cystein lässt sich wiederum zeigen, dass die Bezeichnung D/L nicht zwingend mit der Bezeichnung der absoluten Konfiguration nach CIP identisch ist: Alle proteinogenen α-Aminosäuren gehören in der *Fischer*-Nomenklatur der L-Reihe an. Bis auf Cystein sind sie am α-C-Atom nach CIP (*S*)-konfiguriert, L-Cystein ist jedoch (*R*)-konfiguriert, da die Seitenkette aufgrund der SH-Gruppe eine höhere Priorität aufweist als die Carboxygruppe.

### Grenzen der *Fischer*-Nomenklatur

Dass die *Fischer*-Nomenklatur nicht immer eindeutig sein muss und durchaus Probleme mit sich bringt, zeigt das Beispiel der Aminosäure **Threonin** (o Abb. 3.24, oben). Sie besitzt zwei Chiralitätszentren, es gibt demnach vier Stereoisomere (▸Kap. 3.5.1). Threonin kann nun zum einen von der Aminosäure Serin abgeleitet werden – dann handelt es sich bei der proteinogenen Form, die die absolute Konfiguration (2*S*,3*R*) besitzt, um L-Threonin mit (*S*)-Konfiguration am α-C-Atom. Andererseits könnte man Threonin auch als Derivat der Threose (▸Kap. 17.1.1) betrachten und es damit letztlich vom Glycerinaldehyd ableiten – dann wäre (2*S*,3*R*)-Threonin der D-Reihe zuzuordnen. Man kann diese unterschiedliche Zuordnung mit den Indices „s" für Serin bzw. „g" für Glycerinaldehyd kennzeichnen und müsste genauer von $L_s$-Threonin = $D_g$-Threonin sprechen. Einfacher und eindeutiger ist es aber, wenn man die absoluten Konfigurationen der beiden Chiralitätszentren mithilfe der CIP-Regeln angibt.

Auch die von D-Glucose durch Oxidation an C6 abgeleitete Alduronsäure **Glucuronsäure** wird aufgrund der besseren Vergleichbarkeit mit Glucose weiterhin der D-Reihe zugeordnet, obwohl ihre *Fischer*-Projektion die Regel verletzt, dass das höchstoxidierte C-Atom nach oben ausgerichtet sein sollte (o Abb. 3.24, unten).

Ein weiteres, älteres Formelbeispiel der **L-Ascorbinsäure** verdeutlicht ebenfalls, dass eine Anwendung der *Fischer*-Projektion theoretisch zwar für alle Verbindungen möglich, aber durchaus nicht mehr zeitgemäß ist. Anhand dieser *Fischer*-Projektion ergibt sich die Zuordnung der Ascorbinsäure (= Enolform von 2-Oxo-L-gulonsäure-δ-lacton) zur L-Reihe, auch wenn sich Ascorbinsäure biosynthetisch von D-Glucose ableitet.

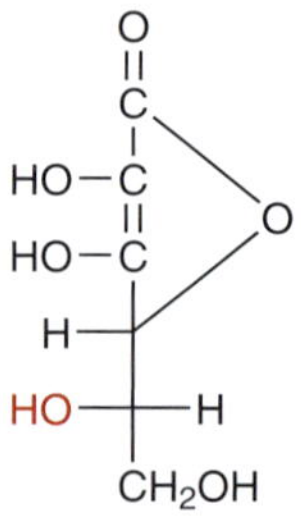

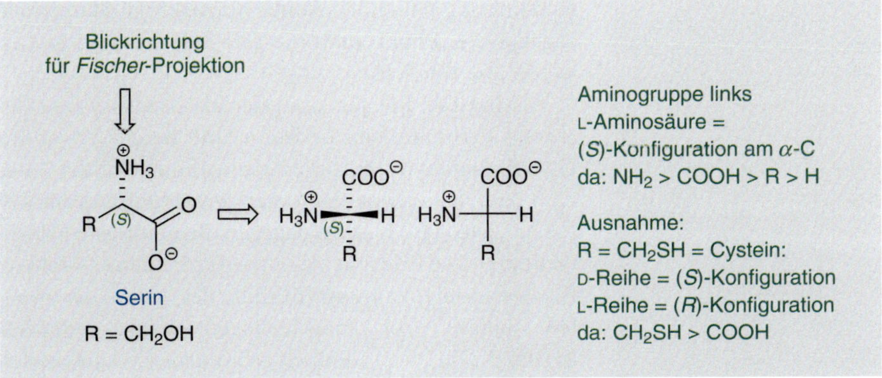


**o Abb. 3.23** *Fischer*-Projektion bei α-Aminosäuren: Bezugssystem ist die Aminosäure Serin. Die Zuordnung zur D- oder L-Reihe beruht auf der Stellung der Aminogruppe. Alle proteinogenen Aminosäuren gehören der L-Reihe an. Sie sind, mit Ausnahme von Cystein, am α-C-Atom (*S*)-konfiguriert.

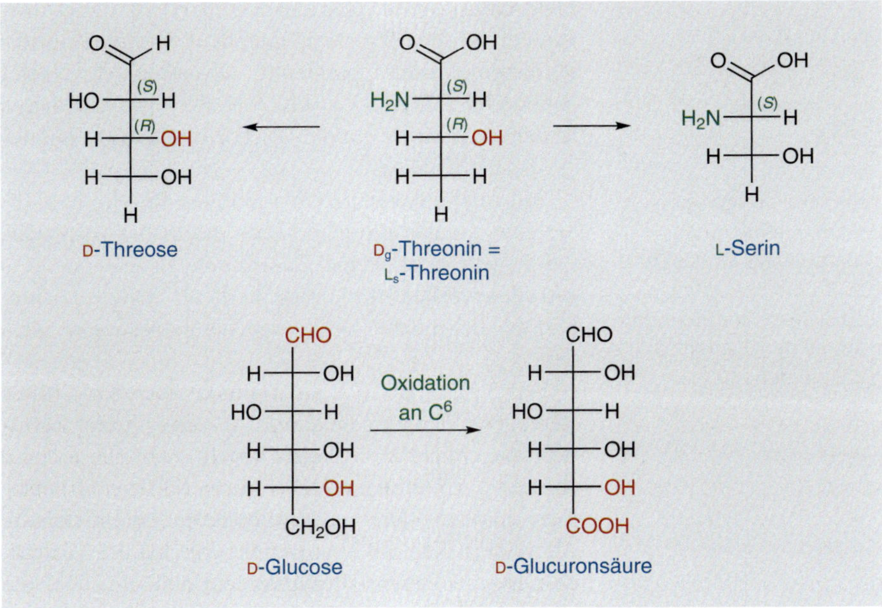


**o Abb. 3.24** Grenzen der *Fischer*-Nomenklatur: Die Bezugssysteme der Zuordnung zur D- oder L-Reihe sind Glycerinaldehyd (g) oder die Aminosäure Serin (s). Die Aminosäure (2*S*,3*R*)-Threonin kann daher sowohl als $L_s$- oder als $D_g$-Threonin bezeichnet werden (oben). Bei der *Fischer*-Projektion von D-Glucuronsäure – diese entsteht durch Oxidation des C6 der D-Glucose – wird die Regel verletzt, dass die höchstoxidierte Gruppe nach oben ausgerichtet sein sollte (unten).

### 3.4.4 Enantiomere: absolute Konfiguration nach CIP

Die absolute Konfiguration einer optisch aktiven Verbindung lässt sich in Einzelfällen berechnen oder mit einigen wenigen Methoden experimentell ermitteln. Um sie auch durch eine bestimmte Nomenklatur eindeutig festzulegen, entwickelten *Cahn, Ingold* und *Prelog* das nach ihnen benannte **CIP-** oder ***R/S*-System.** Erste Vorschläge dafür wurden bereits in den 1950er Jahren von *Cahn* und *Ingold* entwickelt, das *R/S*-System wurde dann 1966 von *Cahn*, *Ingold* und *Prelog* publiziert und 1982 überarbeitet (*Prelog, Helmchen*). Im Gegensatz zur Zuordnung einer Substanz zur D- oder L-Reihe nach *Fischer*, die sich nur auf ein ganz bestimmtes Chiralitätszentrum bezieht und, wie in ▸Kap. 3.4.3 erläutert, durchaus nicht immer eindeutig ist, betrachtet das CIP-System alle Chiralitätszentren einzeln. Nach dem CIP-System werden die vier Liganden an einem Chiralitätszentrum nach ihrer **Priorität**, d. h. nach fallender **Atomnummer** (**Ordnungszahl**) der am Chiralitätszentrum direkt gebundenen Atome (Vicinalatome), geordnet. Sind mindestens zwei der Vicinalatome gleich (o Abb. 3.25), werden die Atomnummern der mit ihnen verbundenen Atome der **zweiten Sphäre** für die Zuordnung herangezogen. Notfalls muss man noch die Atome der **dritten Sphäre** usw. in Betracht ziehen. Nachfolgend werden die wichtigsten Regeln des CIP-Systems erläutert.

Unterscheiden sich alle vier Liganden, so entspricht **die höhere Priorität der höheren Ordnungszahl** (1. Sequenz-Regel). Ein Beispiel ist **Bromchloriodmethan** (o Abb. 3.13) mit folgender Reihenfolge der Priorität: I > Br > Cl > H:

Bromchloriodmethan

Für die Zuordnung zu (*R*) oder (*S*) betrachtet man das tetraedrisch substituierte Chiralitätszentrums so, dass

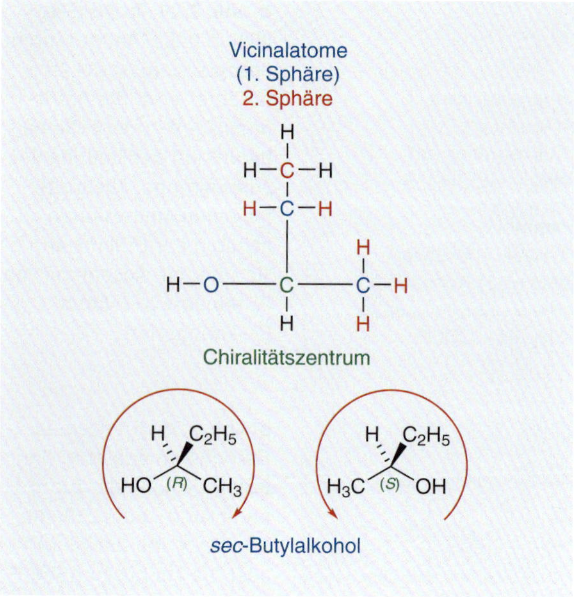


**o Abb. 3.25** Bestimmung der absoluten Konfiguration nach CIP am Beispiel *sec*-Butylalkohol. Alleine durch Betrachtung der Vicinalatome, also der direkt an das Chiralitätszentrum (grün) gebundenen Atome der ersten Sphäre (blau markierte Atome) lässt sich die Konfiguration nicht bestimmen. Es müssen die Atome der zweiten Sphäre (rot markierte Atome) herangezogen werden.

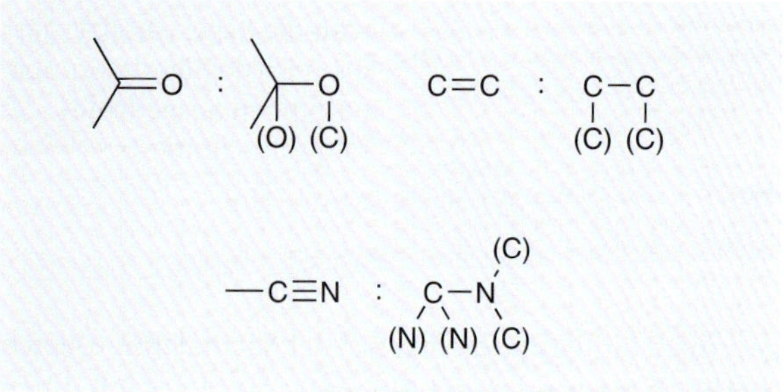

**o Abb. 3.26** „Phantomatome" zur Bestimmung der absoluten Konfiguration nach CIP beim Vorliegen von Doppel- oder Dreifachbindungen.

das Atom mit der niedrigsten Priorität, in diesem Fall also das H-Atom, nach rückwärts gerichtet ist. Die verbleibenden Atome (oder Atomgruppen) können dann auf zweierlei Weise ausgerichtet sein. Einmal können sie mit fallender Priorität im Uhrzeigersinn und zum anderen entgegengesetzt angeordnet sein. Man definiert die Konfiguration mit den Deskriptoren (*R*) (*rectus* = rechts, richtig, im Uhrzeigersinn) und (*S*) (*sinister* = links, verkehrt, gegen den Uhrzeigersinn). Sind zwei Atome Isotope desselben Elements, so hat das Atom mit höherer relativer Atommasse die höhere Priorität, z. B. steht D vor H.

Liegen Doppel- oder Dreifachbindungen vor, werden an beiden Enden der Mehrfachbindung **Duplikatdarstellungen** des jeweils am anderen Ende der Mehrfachbindung stehenden Atoms hinzugefügt. Man erhält sogenannte **„Phantomatome"**, die in Klammern gesetzt werden (o Abb. 3.26).

Als Beispiel hierfür kann der als Bezugssystem für chirale Verbindungen bekannte und bereits erwähnte **Glycerinaldehyd** (o Abb. 3.1) angeführt werden, bei dem die OH-Gruppe (blau markiertes Vicinalatom: O) die höchste, das H-Atom dagegen die niedrigste Priorität besitzt. Die Priorität zwischen den beiden C-Atomen (blau markiert) kann nur mithilfe der Atome der zweiten Sphäre (rot markiert) entschieden werden (o Abb. 3.27). Da das doppelt gebundene O-Atom in der zweiten Sphäre doppelt gezählt wird, rangiert die Formylgruppe (zweite Sphäre also: O, O, H) vor der Hydroxymethylgruppe (zweite Sphäre: O, H, H). Die Prioritätenreihenfolge der Liganden für Glycerinaldehyd lautet daher: OH > CHO > $CH_2OH$ > H. Bei Glycerinaldehyd ist demnach die D- mit der (*R*)-Form und die L- mit der (*S*)-Form identisch.

Auf Ausführungen zu den weiteren Regeln des CIP-Systems, die dann greifen, wenn mit bisher vorgestellten Regeln noch keine Zuordnung zu (*R*) oder (*S*) getroffen werden kann, muss an dieser Stelle verzichtet und auf Lehrbücher der Stereochemie verwiesen werden.

Das System ist auch auf Heteroatome (N, S, B) als stereogene Elemente (o Abb. 3.14) sowie – unter Zuhilfenahme einiger zusätzlicher Regeln – auf alle Klassen chiraler Verbindungen (z. B. Allene, Spirane, atropisomere Biphenylderivate, Cyclophane, asymmetrische Alicyclen; ▸ Kap. 3.8.2) anwendbar. Es hat die Vorteile, dass es von keinem Bezugssystem abhängt, dass die absolute Konfiguration jedes einzelnen Chiralitätselementes eindeutig angegeben werden kann, und dass es sich auch auf kompliziertere Verbindungen übertragen lässt, z. B. auf Alkaloide (▸ Kap. 37).

### 3.4.5 Axiale und planare Chiralität

Ein Molekül ist dann chiral, wenn sein Spiegelbild nicht mit dem ursprünglichen Molekül zur Deckung zu bringen ist. Dies trifft auch auf Allene zu (o Abb. 3.28, oben), wenn deren Substituenten a≠b und c≠d sind. Diese Moleküle besitzen eine **Chiralitätsachse**. **Axiale Chiralität** liegt immer dann vor, wenn entlang einer Achse vier Substituenten a≠b und c≠d paarweise in senkrecht aufeinander stehenden Ebenen angeordnet sind, also auch bei den anderen in o Abb. 3.28 dargestellten Verbindungen.

Ein Spezialfall der axialen Chiralität ist die **helicale Chiralität**, die man bei den Helicenen oder bei makromolekularen Helices (z. B. Peptiden, Nucleinsäuren) findet (o Abb. 3.29). Auch chirale **Atropisomere** (o Abb. 3.30; auch o Abb. 3.3 und ▸ Kap. 3.2.2) zählen zu den Verbindungen mit Chiralitätsachse.

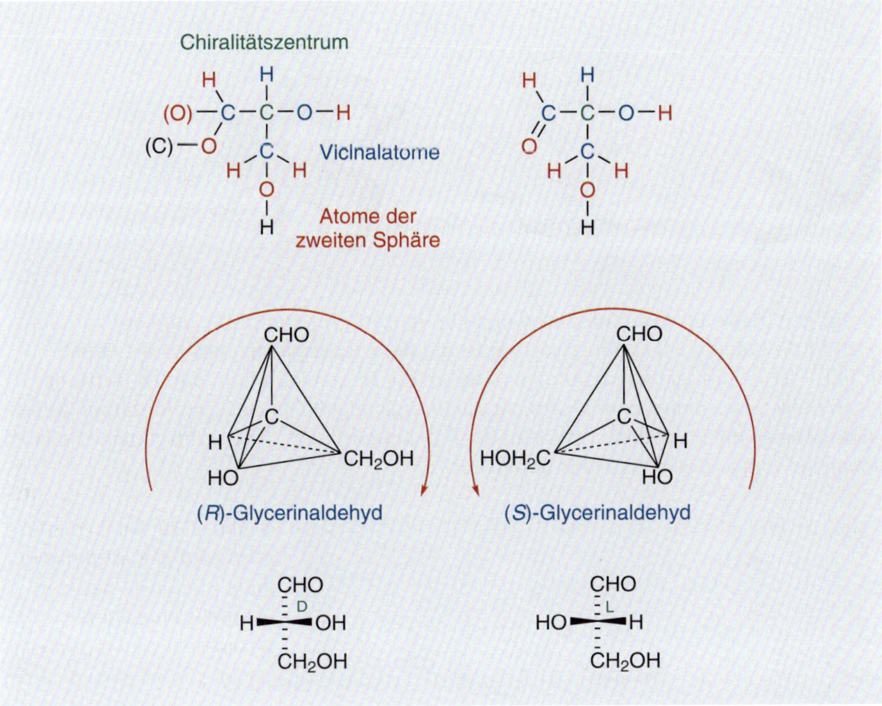


**Abb. 3.27** Bestimmung der absoluten Konfiguration nach CIP am Beispiel von Glycerinaldehyd. Die Priorität zwischen den beiden C-Atomen (blau markiert) muss mithilfe der Atome der zweiten Sphäre (rot markiert) entschieden werden (nähere Erläuterungen siehe Text). Bei Glycerinaldehyd ist die D- mit der (*R*)-Form und die L- mit der (*S*)-Form identisch.



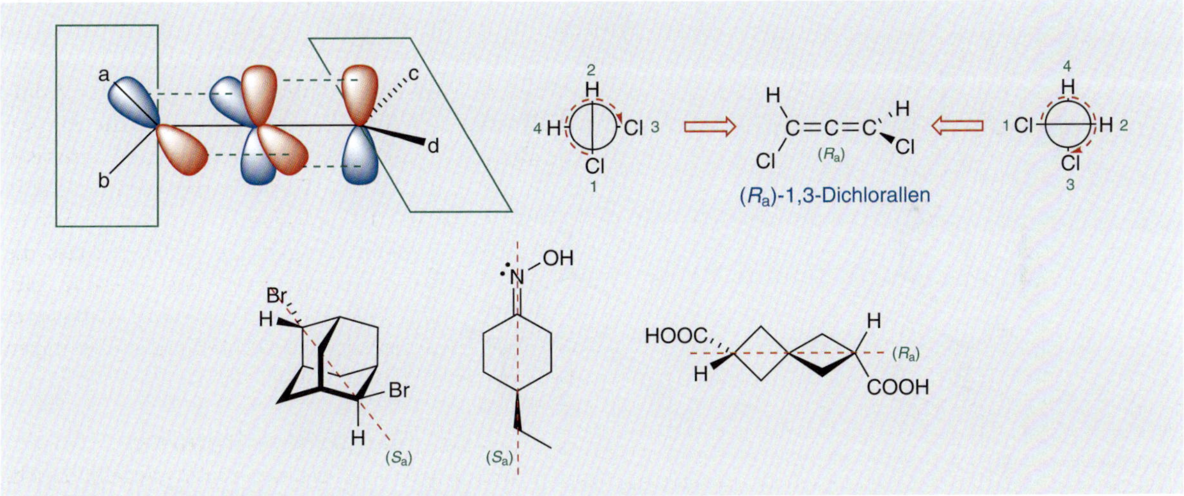


**Abb. 3.28** Axiale Chiralität der Allene (oben); weitere axial chirale Verbindungen (unten). Bei einem Oxim zählt das freie Elektronenpaar des Stickstoffatoms als Substituent mit der niedrigsten Priorität.

Nach CIP wird die **Konfiguration axial chiraler Moleküle** mit $R_a$ bzw. $S_a$ oder auch mit *P* (plus) und *M* (minus) bezeichnet. Dabei gilt: $P = S_a$ und $M = R_a$.

Zur Bestimmung der Konfiguration geht man folgendermaßen vor (Abb. 3.31; auch Abb. 3.27):

1. Das Molekül wird so gedreht, dass eine Molekülhälfte in der Papierebene liegt.
2. Von einem Ende aus schaut man in Richtung der Chiralitätsachse und zeichnet die *Newman*-Projektion (▸Kap. 3.1.2). Dabei spielt es keine Rolle, von welchem Ende aus man die Achse betrachtet, das Ergebnis ist das gleiche.
3. Die zur Blickrichtung näher gelegenen Substituenten erhalten die höheren Prioritäten (1 und 2), die zur Blickrichtung weiter entfernten Substituenten die niedrigeren Prioritäten (3 und 4).
4. Dreht man von 1 nach 2 nach 3 gegen den Uhrzeigersinn, besitzt die Chiralitätsachse die Konfiguration $S_a$, umgekehrt ergibt sich die Konfiguration $R_a$.

Die Deskriptoren *P* und *M* werden wie folgt bestimmt (Abb. 3.31): Man betrachtet den Diederwinkel zwischen den beiden jeweils ranghöchsten Gruppen an jedem Ende der Chiralitätsachse. Bewegt man sich vom vorderen ranghöheren zum hinteren ranghöheren im

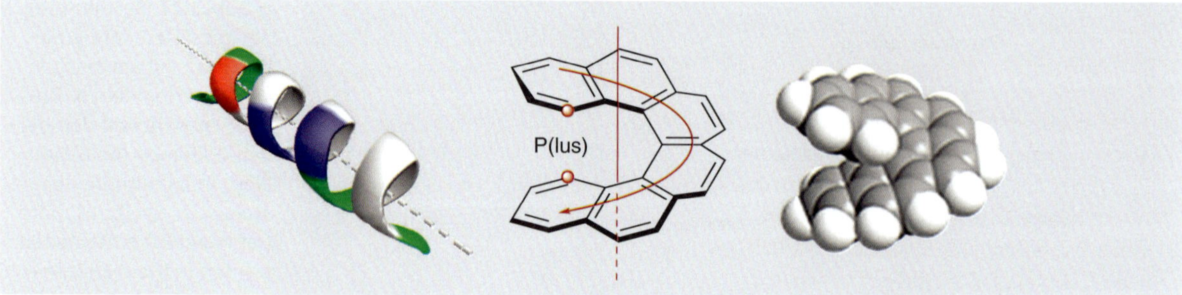


**Abb. 3.29** Helical chirale Verbindungen (Helix aus L-Aminosäuren und ein Helicen). Zur Ermittlung der Konfiguration geht man folgendermaßen vor: Man blickt entlang der Chiralitätsachse; ist die Helix rechtsgängig, besitzt die Chiralitätsachse die Konfiguration *P* (für plus); ist sie linksgängig, handelt es sich um die *M*-Konfiguration (minus). **Achtung:** Das Spiegelbild einer rechtsgängigen Helix aus L-Aminosäuren ist nicht die linksgängige Helix aus L-Aminosäuren (diese wäre nicht stabil!), sondern die linksgängige Helix aus den entsprechenden D-Aminosäuren. Eine rechtsgängige Helix ist immer rechtsgängig, auch wenn man sie vom anderen Ende aus betrachtet.

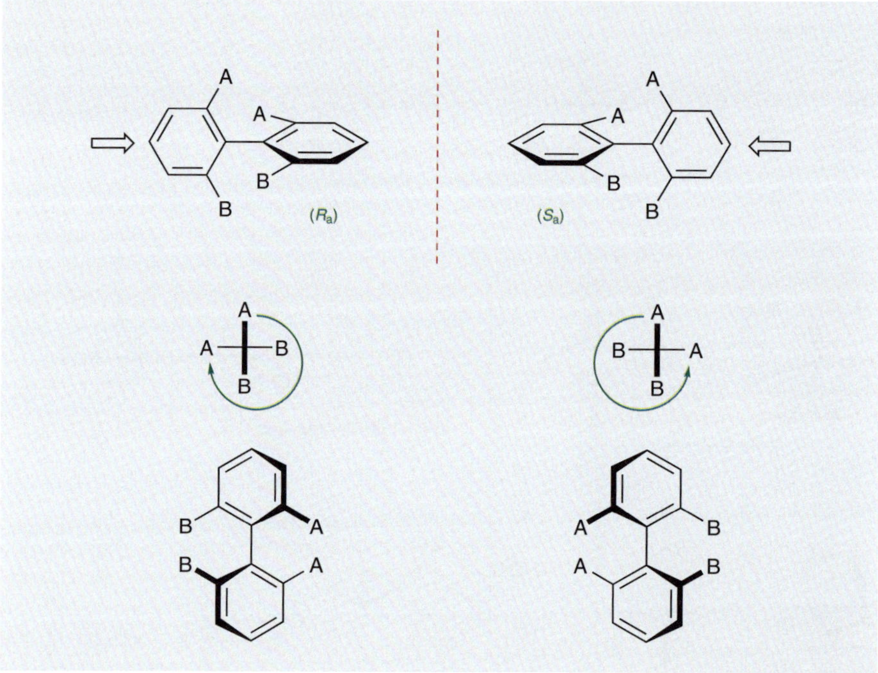


**Abb. 3.30** Axial chirale Verbindungen; Atropisomere Biphenyle besitzen ebenfalls eine Chiralitätsachse.

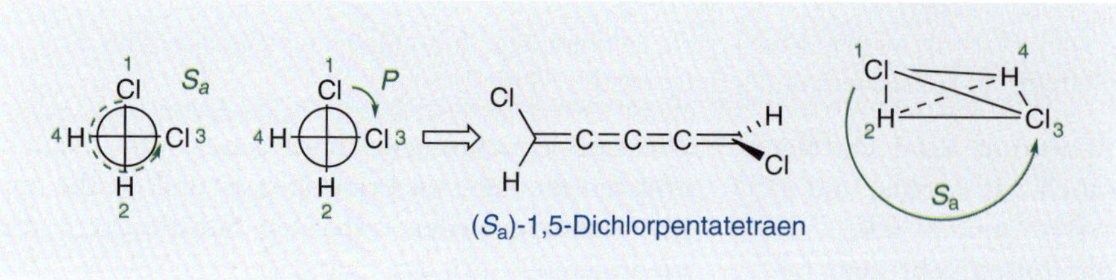


**Abb. 3.31** Bestimmung der Konfiguration axial chiraler Verbindungen. Es gilt: $P = S_a$ und $M = R_a$.

Uhrzeigersinn, erhält die Verbindung den Deskriptor *P*, umgekehrt den Deskriptor *M*.

Moleküle mit **planarer Chiralität** besitzen eine **Chiralitätsebene**. Es handelt sich um weitgehend planare Moleküle mit mindestens einem Substituenten, der aus der Ebene herausragt und somit für die Chiralität des Moleküls verantwortlich ist. Denn ein völlig planares Molekül kann nicht chiral sein. Die Ebene wird dabei so durch das Molekül gelegt, dass möglichst viele Atome des Moleküls in der Ebene liegen. Die absolute Konfiguration planar chiraler Verbindungen wird durch die Deskriptoren $R_p/S_p$ angegeben. Auch hier können die Konfigurationen alternativ mit *P* und *M* angegeben werden. In diesem Fall gilt allerdings nun $R_p = P$ und $S_p = M$.

Für die Bestimmung der absoluten Konfiguration planar chiraler Verbindungen gelten folgende Regeln (○ Abb. 3.32):

1. Man legt ein Pilotatom (Leitatom) fest, das auch als solches gekennzeichnet wird (Pfeil oder Buchstabe P). Dieses Leitatom muss außerhalb der Chiralitätsebene liegen, direkt an ein Atom der Ebene gebunden sein und von den infrage kommenden Atomen nach CIP die höchste Priorität besitzen.
2. Man betrachtet nun ausgehend von diesem Leitatom die ersten drei Atome in der Ebene, bei Verzweigungen folgt man dem nach CIP ranghöheren Atom.
3. Dreht man von 1 nach 2 nach 3 im Uhrzeigersinn, ergibt sich die $R_p$-Konfiguration (oder *P*), und umgekehrt die $S_p$-Konfiguration (*M*).

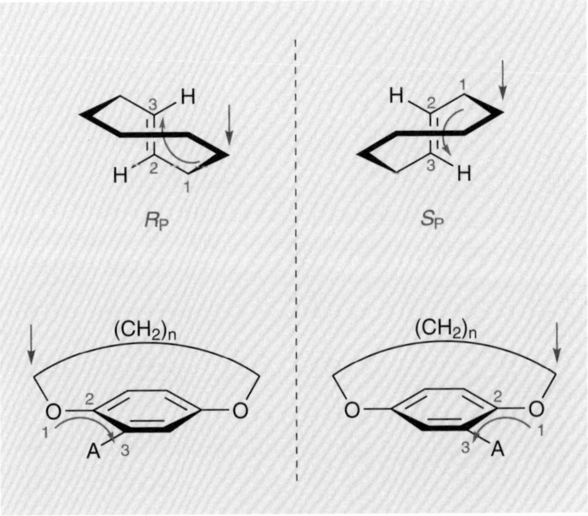


○ **Abb. 3.32** Planar chirale Verbindungen besitzen eine Chiralitätsebene. Für die Bestimmung der absoluten Konfiguration wird ein Pilotatom (Leitatom) festgelegt (blauer Pfeil; nähere Erläuterungen siehe Text). Ausgehend vom Leitatom folgt man den ersten drei Atomen in der Ebene (grün markiert), bei Verzweigungen dem nach CIP ranghöheren Atom. Bei Drehung von 1 nach 2 nach 3 im Uhrzeigersinn liegt die $R_p$-Konfiguration (oder *P*) vor, umgekehrt die $S_p$-Konfiguration (oder *M*).
Beim oben dargestellten Molekül handelt es sich um *trans*-Cycloocten. Das untere Molekül gehört zu den sogenannten **Cyclophanen**, dies sind aromatische Systeme, die von einer meist aliphatischen Kette überspannt werden (früher auch als **Ansa-Moleküle** bezeichnet, lat. *ansa* = Henkel).

## 3.4.6 Trennung von Enantiomeren, stereoselektive Synthese

Enantiomerenreine (oder -angereicherte) Verbindungen erhält man entweder durch die Trennung eines Racemates oder durch eine stereospezifische (bzw. -selektive) Synthese. Nachfolgend sollen nur kurz die Prinzipien diskutiert werden, auf Details wird an dieser Stelle verzichtet.

Hintergrund sowohl für die **Trennung von Enantiomeren** (Ausnahme: Trennung über Konglomerate; ▸Exkurs: Racemat und Konglomerat) als auch für **stereoselektive Synthesen** ist, dass im Gegensatz zu den energiegleichen Enantiomeren Diastereomere – also Stereoisomere, die nicht Bild und Spiegelbild sind (○ Abb. 3.3 und ▸Kap. 3.5) – unterschiedliche Energieinhalte besitzen. Sie unterscheiden sich somit in ihren physikalischen und chemischen Eigenschaften (Siedepunkt, Schmelzpunkt, Löslichkeit, Reaktivität). Das Prinzip der Enantiomerentrennung bzw. stereoselektiven Synthese ist daher eigentlich ganz einfach: Man überführt die nicht trennbaren Enantiomere in Diastereomere und trennt diese. Oder: Man bringt Enantiomere bzw. enantiotope Gruppen (▸Kap. 3.6) in eine chirale Umgebung, erzeugt so diastereomere Wechselwirkungen oder bei chemischen Reaktionen diastereomere Übergangszustände, die nun nicht mehr die gleichen Energieinhalte besitzen und erhält dadurch bevorzugt eines der beiden Enantiomere (○ Abb. 3.33; auch ▸Kap. 3.4.1).

### Racemattrennung (engl. *resolution*, „Racematspaltung", Enantiomerentrennung)

1. **Handauslese von Kristallen**: Kristallisiert ein Racemat in Form eines Konglomerates aus, dann kann man, wie einst *Pasteur* bei Natrium-Ammonium-Tartrat (○ Abb. 3.12), die zueinander spiegelbildlichen Kristalle unterscheiden und durch (mühsame) Handauslese trennen.
2. **Impfmethode**: Aus einer Lösung eines Racemates kann u. U. durch Animpfen mit Kristallen des einen Enantiomeren das Auskristallisieren als Konglomerat „provoziert" werden.
3. **Diastereomere Derivate**: Das Racemat wird mit einer zweiten enantiomerenreinen Verbindung zur Reaktion gebracht. Dadurch entstehen bei kovalenter Verknüpfung mit dem **chiralen Derivatisierungsreagenz (CDA)** diastereomere Derivate (Ester, Amide u. a., ○ Abb. 3.35 A) oder durch Säure-Base-Reaktion **diastereomere Salze**, die z. B. über **fraktionierende Kristallisation** getrennt werden können (○ Abb. 3.35 B). Nach Trennung der Diastereomere wird das CDA wieder freigesetzt und jedes der beiden Enantiomere kann so letztendlich rein erhalten werden. Als Racemat vorliegende Säuren werden z. B. mit chiralen Hilfsbasen (z. B. (*R*)- oder (*S*)-Phenylethylamin, Strychnin, Brucin, Chinin), racemische Basen mit chiralen Säuren (z. B. D- oder L-Weinsäure, D- oder L-Äpfelsäure) in die diastereomeren Salze überführt. Mit dieser Methode kann auch im analytischen Maßstab die Enantiomerenreinheit – ausgedrückt als Enantiomerenüberschuss (*ee*) oder Enantiomerenverhältnis (*er*), (▸Kap. 3.4.2)

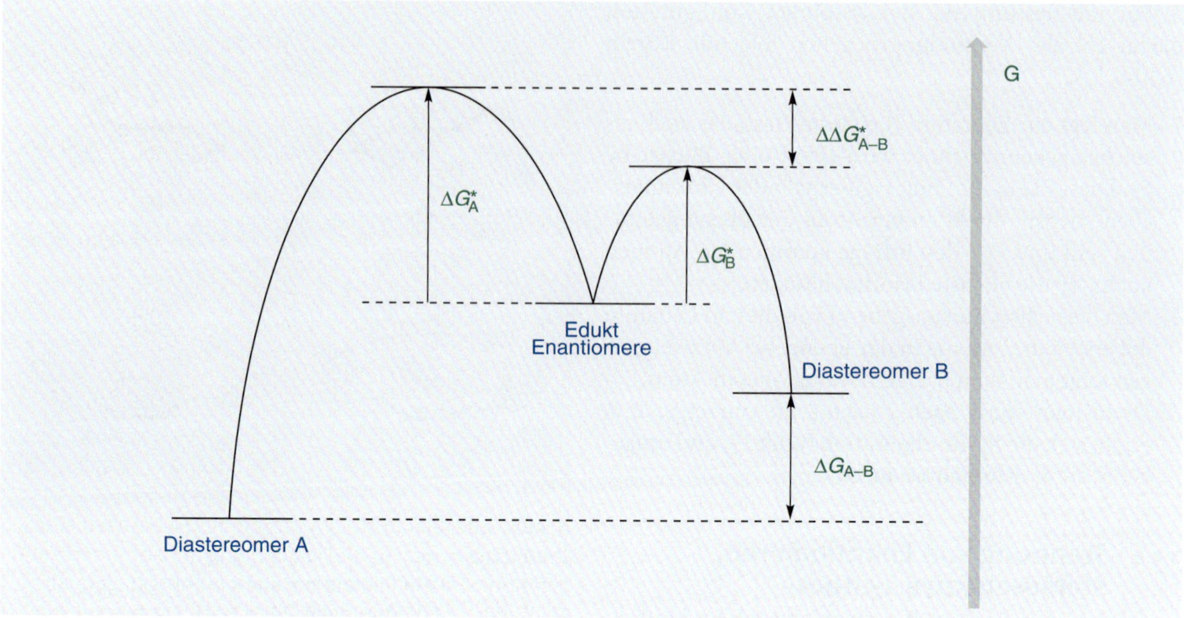


**Abb. 3.33** Enantiomere sind energiegleich. Durch Reaktion mit einem enantiomerenreinen chiralen Derivatisierungsreagenz (CDA) entstehen über diastereomere Übergangszustände diastereomere Produkte. Aufgrund der unterschiedlichen Barrieren entsteht ein Diastereomer schneller (hier B) und/oder eines der beiden möglichen diastereomeren Produkte ist thermodynamisch stabiler als das andere (hier A).

### Exkurs: Racemat und Konglomerat

Von Weinsäure existieren drei Stereoisomere (▸Kap. 3.5.1): (2*R*,3*R*)-, (2*S*,3*S*)- und (2*R*,3*S*)-Weinsäure. Schmelzpunkte, Wasserlöslichkeit und Dichte der beiden enantiomeren Weinsäuren mit (2*R*,3*R*)- bzw. (2*S*,3*S*)-Konfiguration sind gleich. Jedoch unterscheiden sich ihre physikalischen Eigenschaften von denen eines dritten Stereoisomers, der achiralen *meso*-Form (▸Kap. 3.5.1, ▸Exkurs: *meso*-Verbindungen) mit (*R*,*S*)-Konfiguration, aber auch von denen des Racemates, also des 1:1-Gemischs aus (*R*,*R*)- und (*S*,*S*)-Weinsäure, der sogenannten Traubensäure (Tab. 3.2).

**Tab. 3.2** Physikalische Eigenschaften von Weinsäure

| | (2*R*,3*R*) Fischer: L | (2*S*,3*S*) Fischer: D | Racemat (*R*,*R*) + (*S*,*S*) | (2*R*,3*S*) = (2*S*,3*R*) (*meso*) |
|---|---|---|---|---|
| Smp. [°C] | 172 | 172 | 206 | 146 |
| Wasserlöslichkeit bei 20 °C [g/100 g Wasser] | 139 | 139 | 20,6 | 125 |
| Dichte [g/cm³] | 1,7598 | 1,7598 | 1,7880 | 1,6660 |
| Drehwert $[\alpha]_D$ | +12 | −12 | 0 | 0 |

Woher kommen diese Unterschiede? In Traubensäure-Kristallen, Traubensäure kristallisiert als **echtes Racemat** (**racemische Verbindung**), liegen sowohl (*R*,*R*)(+)- als auch (*S*,*S*)(−)-Weinsäure-Moleküle vor (Abb. 3.34). Diese Kristalle haben andere Eigenschaften als diejenigen der reinen Enantiomeren. Der Schmelzpunkt eines solchen 1 : 1-Racemates kann höher oder niedriger sein als derjenige der einzelnen Enantiomeren. Im Falle von Traubensäure ist er höher. Natrium-Ammonium-Tartrat (Abb. 3.12) kristallisiert dagegen unter bestimmten Bedingungen als **Konglomerat** (**racemische Mischung, racemisches Gemisch**) aus, d. h., in einem Kristall befinden sich nur Moleküle der einen oder der anderen Form (Abb. 3.34), die Kristalle sind spiegelbildlich zueinander. Diesen Umstand machte sich *Pasteur* bei der von ihm durchgeführten ersten Racematspaltung zunutze (▸Kap. 3.4.1). Der Schmelzpunkt eines Konglomerates ist immer niedriger als derjenige der reinen Enantiomeren. Die meisten chiralen Verbindungen kristallisieren als echte Racemate aus. Außer als racemische Verbindung oder Konglomerat können Racemate auch als **Pseudoracemat** auskristallisieren (*Roozeboom* 1899). Hier sind die beiden Enantiomere statistisch in den Mischkristallen verteilt.

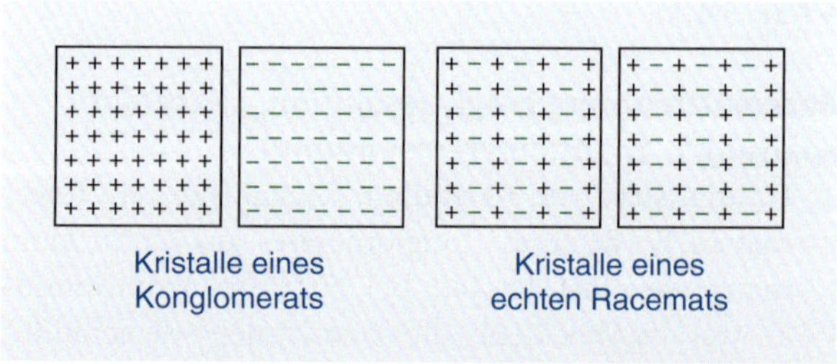


**Abb. 3.34** Kristallisationsverhalten chiraler Verbindungen

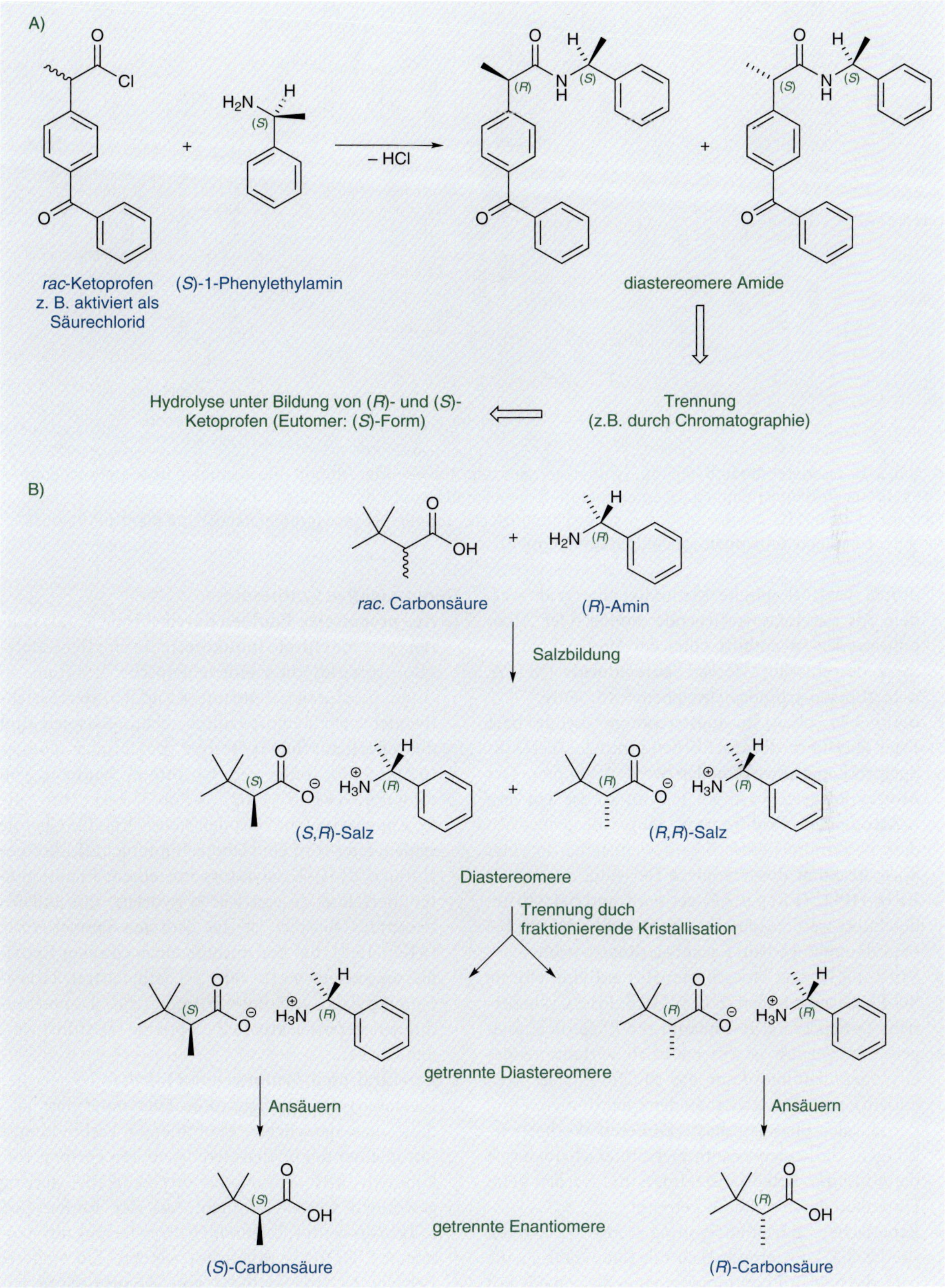


**Abb. 3.35** Derivatisierung von Carbonsäuren mit chiralen Aminen über diastereomere Amide (A) oder diastereomere Salze (B). Ketoprofen ist ein NSAID (*non-steroidal anti-inflammatory drug*), also ein Arzneistoff mit entzündungshemmenden und analgetischen Eigenschaften. Unter einem **Eutomer** versteht man das Enantiomere eines chiralen Arzneistoffs, das in Bezug auf seine pharmakologische Wirkung das aktivere ist. Das inaktivere Enantiomer wird als **Distomer** bezeichnet.

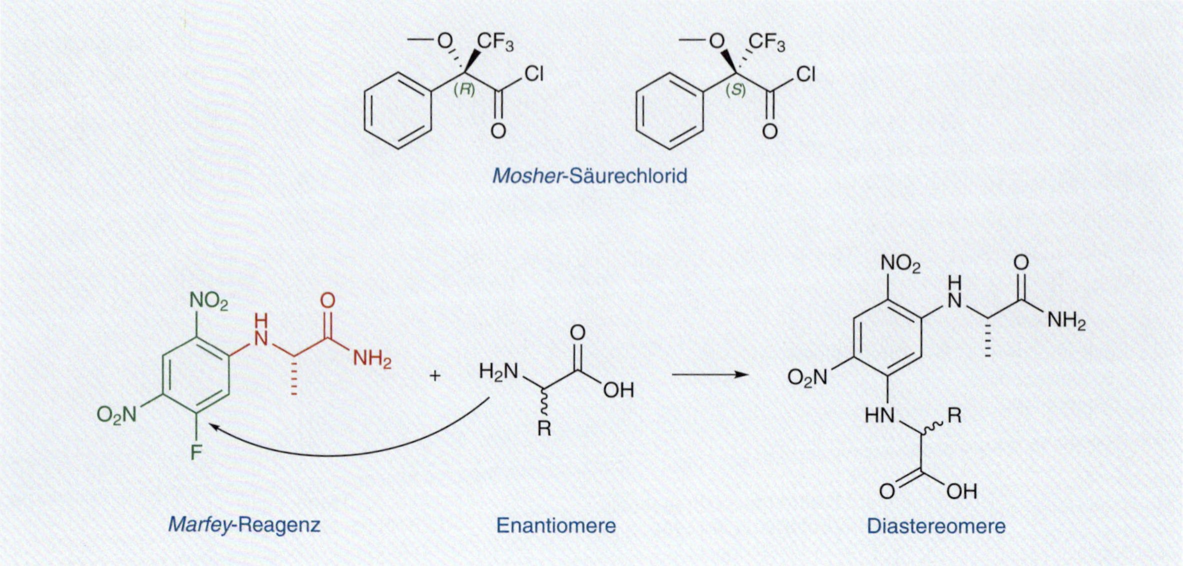


**o Abb. 3.36** *Mosher*-Ester und -Amide, synthetisiert aus dem *Mosher*-Säurechlorid und Alkoholen bzw. Aminen, können $^{19}F$-NMR-spektroskopisch auf Enantiomerenreinheit der Alkohole bzw. Amine untersucht werden (oben). Das *Marfey*-Reagenz ist ein mit (*S*)-Alaninamid (rot markiert) modifiziertes *Sanger*-Reagenz (grün markiert) und dient zur Überprüfung der Enantiomerenreinheit von Aminosäuren (unten).

durch spektroskopische Methoden überprüft werden. Als Racemate vorliegende Amine oder Alkohole werden so mithilfe eines der beiden Enantiomere des chiralen ***Mosher*-Säurechlorids** (MTPA, $\alpha$-Methoxy-$\alpha$-trifluormethylphenylessigsäure, o Abb. 3.36, oben) in diastereomere Amide bzw. Ester überführt, die anschließend mittels $^{19}F$-NMR-Spektroskopie unterschieden werden können. Das ***Marfey*-Reagenz** (o Abb. 3.36, unten) ist ein mit L-Alaninamid modifiziertes *Sanger*-Reagenz. Mit dem N-Terminus eines Peptides entstehen in einer $S_NAr$-Reaktion diastereomere Derivate, die mittels RP18-HPLC (▸ Kap. 1.3.5) getrennt und bei 340 nm detektiert werden können – eine Methode, um bei Peptidkupplungen auf Racemisierung zu prüfen.

4. Wird die Lösung eines Racemates auf eine **chirale SC-Phase** aufgetragen, z. B. auf Cellulose, Cyclodextrine (▸ Kap. 17.3), Teicoplanin-modifizierte Kieselgele (Teicoplanin ist ein natürlich vorkommendes Glycopeptidantibiotikum, das 20 Chiralitätszentren enthält), kommt es zwischen den Enantiomeren und der chiralen Phase zu **diastereomeren Wechselwirkungen**. Die beiden Enantiomere unterscheiden sich dann in ihren Retentionsfaktoren und werden beim Durchlauf durch die Säule getrennt.
5. **Kinetische Racemattrennung mit Enzymen** (o Abb. 3.37): Enzyme sind chirale Katalysatoren, die u. U. die beiden Enantiomeren eines Racemates mit unterschiedlicher Reaktionsgeschwindigkeit umsetzen.

### Stereoselektive Synthese

1. **Aus prochiralen Edukten durch chirale Katalysatoren (externe chirale Induktion)**: Ein chiraler Katalysator bewirkt, dass eine chemische Reaktion an einem prochiralen Zentrum (▸ Kap. 3.6) stereoselektiv oder sogar stereospezifisch abläuft. Beispiele sind die enzymatische Hydrolyse prochiraler Diester (o Abb. 3.50), oder die berühmte Synthese von L-DOPA (▸ Kap. 11.8.2, ▸ Kap. 37.1.4), für die *W. Knowles* im Jahr 2001 den *Nobel*-Preis für Chemie erhielt. Hier wird eine Doppelbindung mithilfe eines chiralen Rh(I)-Katalysators mit einem Enantiomerenüberschuss *ee* von > 95 % hydriert. Ein anderes bekanntes Beispiel ist die *Sharpless*-Epoxidierung (▸ Kap. 15.2), bei der mithilfe eines chiralen Epoxidierungsreagenzes (D- oder L-Diethyltartrat, Ti(IV)-(isopropylat)$_4$, *tert*-Butylhydroperoxid) Doppelbindungen stereoselektiv in die Epoxide überführt werden können.
2. **Ex-chiral-pool-Synthese** unter Erhalt (oder gezielter Inversion) der Konfiguration: Hier nutzt man aus, dass viele natürlich vorkommende Verbindungen nur in einer der beiden stereoisomeren Formen vorkommen bzw. enantiomerenrein relativ günstig gewonnen werden können. Aus der Aminosäure L-Tyrosin kann z. B. durch Hydroxylierung am Aromaten L-DOPA synthetisiert werden. Ein weiteres Beispiel ist die Synthese von Ascorbinsäure aus D-Glucose (▸ Kap. 17.1.4).

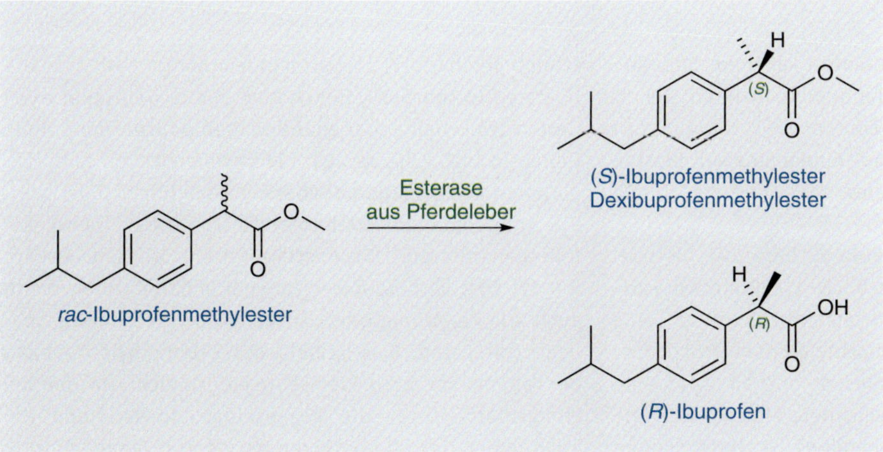


**○ Abb. 3.37** Kinetische Racemattrennung mithilfe von Enzymen: Die Esterase, ein chiraler Katalysator, setzt den (*R*)-konfigurierten Methylester des Analgetikums Ibuprofen schneller um als den (*S*)-konfigurierten Ester.

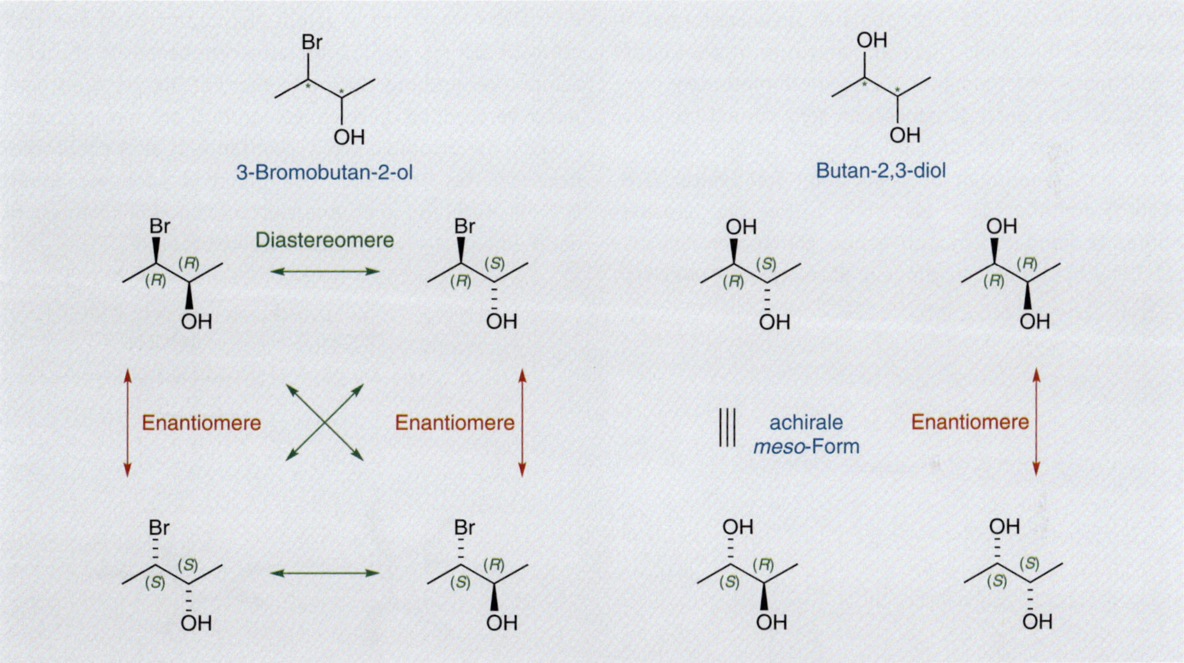


**○ Abb. 3.38** Eine Verbindung mit zwei Chiralitätszentren kann in maximal $2^n = 4$ Stereoisomeren vorliegen (Beispiel: 3-Bromobutan-2-ol). Diese Zahl verringert sich, wenn eines der Isomere symmetrisch und damit achiral ist (*meso*-Form), wie es im Butan-2,3-diol (rechts) der Fall ist. Es gibt hier nur noch 3 Stereoisomere, ein Enantiomerenpaar und die dazu diastereomere *meso*-Form.

3. **Interne chirale Induktion**: Die chiralen Pyrrolidine SAMP und RAMP (▸Kap. 12.2.3) sind Beispiele für chirale Hilfsreagenzien (auch **chirale Auxiliare** genannt), mit deren Hilfe sich nach Reaktion mit einer Carbonylverbindung eine Alkylierung in $\alpha$-Position stereoselektiv gestalten lässt. Das bereits in SAMP oder RAMP vorhandene Chiralitätszentrum sorgt dafür, dass von den möglichen diastereomeren Produkten eines bevorzugt entsteht. Am Ende der Reaktion muss dann das chirale Auxiliar wieder abgespalten werden.

## 3.5 Diastereoisomerie

### 3.5.1 Verbindungen mit mehreren Chiralitätselementen

Stereoisomere, die keine Enantiomere sind, heißen **Diastereoisomere** oder kürzer **Diastereomere** (○ Abb. 3.3). Besitzt ein Molekül mehrere (n) Chiralitätselemente (also z. B. Chiralitätszentren oder Chiralitätsachsen), dann sind **maximal $2^n$ Stereoisomere** möglich (○ Abb. 3.38). Diese Zahl verringert sich, wenn eines der Isomere symmetrisch und damit achiral ist, man spricht dann von einer *meso*-Form (▸Exkurs: *meso*-Verbindungen). Enantiomer zueinander sind immer nur diejenigen Stereoisomere, die an ***allen*** Chiralitätselemen-

## Exkurs: *meso*-Verbindungen

Eine eventuell vorhandene Symmetrie kann ein Enantiomerenpaar auf eine einzige Verbindung reduzieren, die als ***meso*-Form** bezeichnet wird. Eine *meso*-Verbindung ist demnach ein **achirales Isomer** aus einem **Satz von Diastereomeren**, der **auch ein chirales** oder **mehrere chirale Moleküle** enthält.

Vergleich man die ***meso*-Weinsäure** als bekanntes Beispiel für eine *meso*-Verbindung mit z. B. ***cis*-1,2-Dimethylcyclohexan**, stellt sich die Frage, ob letzteres überhaupt eine *meso*-Verbindung ist. Die vereinfachte planare Strukturformel von *cis*-1,2-Dimethylcyclohexan enthält zwar eine Symmetrieebene, d. h., das gezeichnete Molekül ist symmetrisch und damit achiral. Allerdings ist diese planare Schreibweise eine unrealistische Darstellung des Moleküls. Cyclohexan liegt in einer nichtplanaren Sesselkonformation vor. *cis*-1,2-Dimethylcyclohexan kann nun in zwei energiegleichen, enantiomeren Sesselkonformationen vorliegen, die sich durch Ringinversion sehr schnell ineinander umwandeln. Prinzipiell sollten diese beiden enantiomeren Konformationen bei sehr tiefer Temperatur (z. B. −150 °C) trennbar sein, was aber bisher nie berichtet wurde. Es handelt sich also genau genommen bei *cis*-1,2-Dimethylcyclohexan um ein Racemat aus zwei sich schnell ineinander umwandelnden Konformationsenantiomeren (o Abb. 3.39, links). Auch *meso*-Weinsäure existiert in zwei zueinander enantiomeren *gauche*-Konformationen (o Abb. 3.39, rechts), die im Vergleich zur antiperiplanaren Konformation aber energetisch ungünstiger sind. Die antiperiplanare Konformation ist achiral, da sie ein Inversionszentrum (Symmetriezentrum) enthält (▸Kap. 3.4.1). Eine Verbindung ist aber nur dann chiral, wenn auch alle Konformationen, in denen die Verbindung vorliegt, chiral sind. Dies ist bei *cis*-1,2-Dimethylcyclohexan der Fall, bei der *meso*-Weinsäure jedoch nicht. Da aber die Energiebarriere für die gegenseitige Umwandlung der enantiomeren Konformationen bei *cis*-1,2-Dimethylcyclohexan sehr niedrig ist, reicht für die Betrachtung der Symmetrie des Moleküls die gemittelte planare Form aus, und diese ist achiral. *cis*-1,2-Dimethylcyclohexan ist also eine achirale Verbindung, die man daher üblicherweise auch als *meso*-Verbindung bezeichnet. Anders als ein einzelnes Molekül der achiralen *meso*-Weinsäure ist aber ein einzelnes, isoliertes Molekül *cis*-1,2-Dimethylcyclohexan chiral. Erst die Mittelung über eine Vielzahl von Molekülen ergibt dann eine makroskopisch achirale Verbindung.

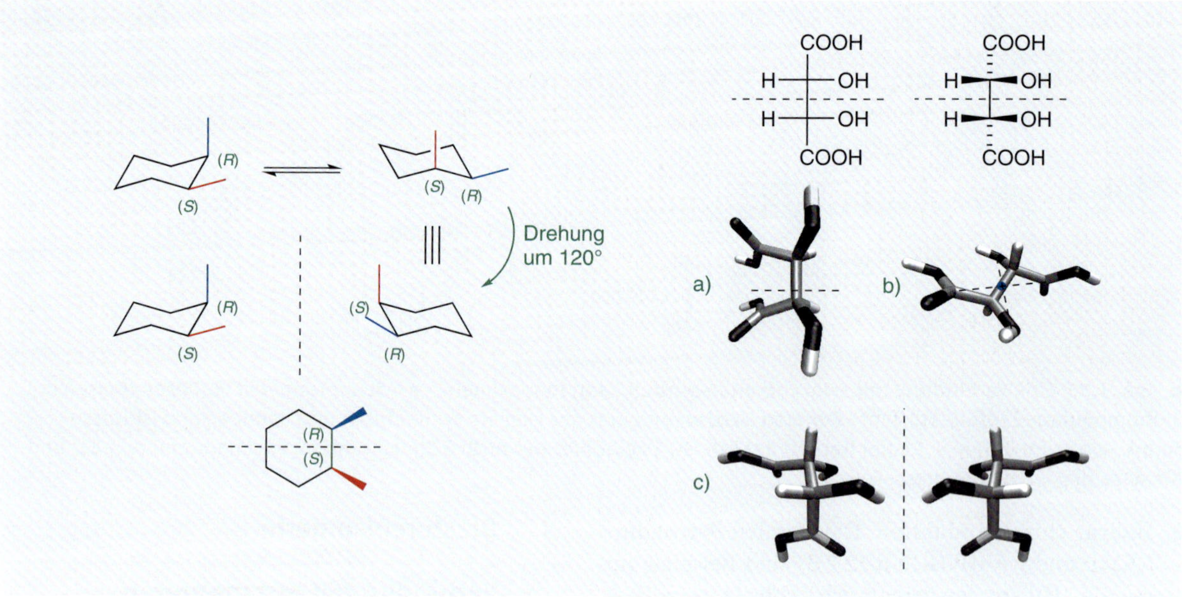


o **Abb. 3.39** *cis*-1,2-Dimethylcyclohexan (links) ist genau genommen ein Racemat aus zwei sich schnell ineinander umwandelnden, zueinander enantiomeren Sesselkonformationen. Die (unrealistische) planare Darstellung repräsentiert die gemittelte Struktur der beiden Sesselkonformationen, sie enthält eine Symmetrieebene und ist damit achiral, man kann *cis*-1,2-Dimethylcyclohexan (u. a. entsprechende Verbindungen) daher durchaus als *meso*-Verbindungen bezeichnen.
Konformationen der *meso*-Weinsäure (rechts): Die häufig verwendete *Fischer*-Projektion ist die Darstellung der achiralen, energetisch ungünstigsten *synperiplanaren* Konformation (A). Die energetisch günstigere, *antiperiplanare* Konformation ist ebenfalls achiral, da sie ein Symmetriezentrum (blauer Punkt) enthält (B). Die *gauche*-Konformationen sind dagegen chiral (C).

ten genau die entgegengesetzte, also spiegelbildliche Konfiguration aufweisen. Das heißt, es gibt zu einer chiralen Verbindung immer nur ein Enantiomeres. Alle anderen Stereoisomere sind zu der chiralen Verbindung diastereomer. Diastereomere, die sich nur in der absoluten Konfiguration an ***einem*** von mehreren vorhandenen Chiralitätszentren unterscheiden, bezeichnet man als **Epimere**.

### 3.5.2 (*E*/*Z*)-Isomerie

Aufgrund seiner Überlegungen zum dreidimensionalen Aufbau organischer Verbindungen sagte *van't Hoff* im Jahre 1874 die Existenz stereoisomerer Ethylenderivate voraus. Der experimentelle Nachweis gelang erstmalig am Beispiel der beiden isomeren Verbindungen **Maleinsäure** und **Fumarsäure** (*Wislicenus* 1887; ○ Abb. 3.40).

Die beiden Moleküle sind ebenfalls Diastereomere, denn sie sind Stereoisomere (unterschiedliche räumliche Anordnung der Atome bzw. Atomgruppen in einem Molekül bei gleichartiger Verkettung der Atome), die sich jedoch nicht wie Bild und Spiegelbild verhalten. Anders als bei den chiralen Allenen (▸ Kap. 3.4.5), liegen bei Alkenen alle vier Substituenten in einer Ebene. Deswegen ist jedes der beiden Isomere symmetrisch und daher achiral. Diesen Fall der Diastereomerie bezeichnet man als **(*E*/*Z*)-Isomerie** (veraltete Bezeichnung: ***cis-trans*-Isomerie**), die nicht nur bei C=C-Doppelbindungen, sondern z. B. auch bei C=N- und N=N-Doppelbindungen auftritt. Die Zuordnung der Deskriptoren (*E*) (entgegen) und (*Z*) (zusammen) erfolgt nach folgenden Regeln:

- **(*E*)-Isomer:** Der nach CIP höherrangige Substituent am einen Ende der Doppelbindung liegt im Vergleich zum höherrangigen Substituenten am anderen Ende der Doppelbindung auf der **entgegengesetzten** Seite.
- **(*Z*)-Isomer:** Der nach CIP höherrangige Substituent am einen Ende der Doppelbindung liegt im Vergleich zum höherrangigen Substituenten am anderen Ende der Doppelbindung auf der **gleichen** Seite.

Für Fumarsäure ergibt sich damit die (*E*)-, für Maleinsäure die (*Z*)-Konfiguration. Zu berücksichtigen ist, dass die (*E*/*Z*)-Nomenklatur nicht immer mit den früher verwendeten *cis-trans*-Bezeichnungen identisch sind (○ Abb. 3.41). Man spricht von *cis*-Form, wenn identische Substituenten an beiden C-Atomen auf einer Seite, also benachbart liegen (z. B. in Maleinsäure oder Tiglinsäure), und von *trans*-Form, wenn sie sich diametral gegenüberstehen (z. B. in Fumarsäure oder Angelicasäure). Die *cis-trans*-Nomenklatur ist somit bei nicht identischen Substituentenpaaren nicht mehr eindeutig. So liegen in der *cis*-Tiglinsäure zwar die beiden Methylgruppen auf der gleichen Seite (daher *cis*), aber aufgrund der unterschiedlichen Prioritäten der beiden

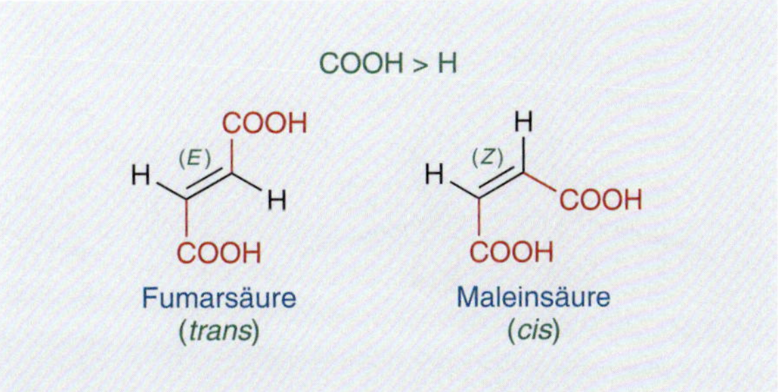


○ **Abb. 3.40** Fumarsäure und Maleinsäure sind (*E*/*Z*)-Isomere. In diesem Fall entspricht (*E*) = *trans* und (*Z*) = *cis*.

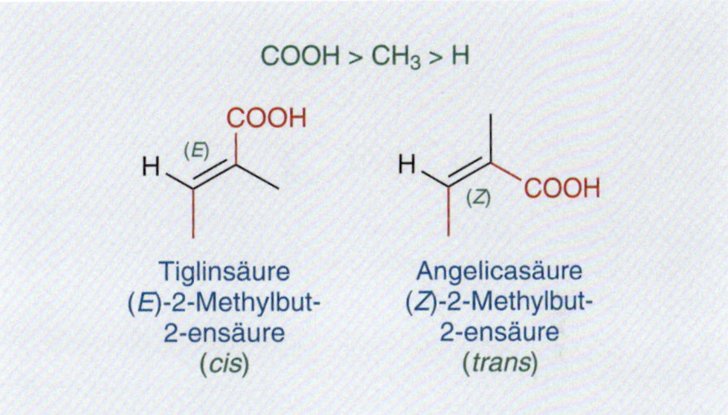


○ **Abb. 3.41** Die Deskriptoren *cis*/*trans* und (*Z*/*E*) sind nicht immer identisch!

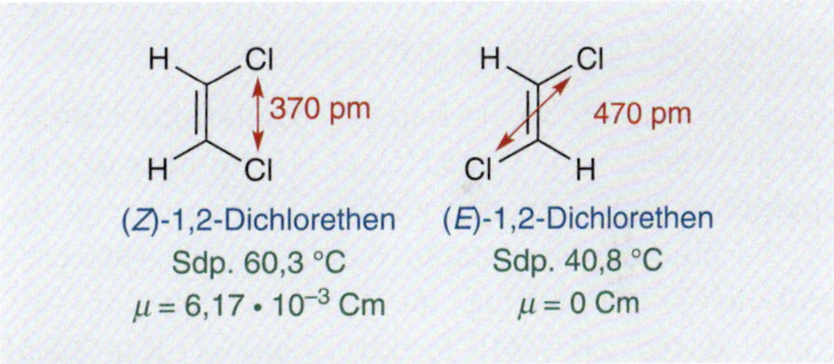


○ **Abb. 3.42** (*E*/*Z*)-Isomere sind Diastereomere und unterscheiden sich daher in ihren physikalischen und auch chemischen Eigenschaften.

Methylgruppen am jeweiligen C-Atom handelt es sich um die (*E*)-Form im CIP-System. Die *cis-trans*-Nomenklatur versagt zudem völlig, wenn die Doppelbindung 4 verschiedene Substituenten besitzt (z. B. bei FBrC=CHCl).

(*E*/*Z*)-Diastereomere unterscheiden sich – wie immer bei Diastereomeren – in ihren physikalischen und chemischen Eigenschaften (○ Abb. 3.42). Welche der beiden Konfigurationen vorliegt, lässt sich nicht nur durch eine direkte Strukturbestimmung z. B. durch Röntgenstrahlbeugung feststellen, sondern z. B. auch durch die Messung des Dipolmoments. Sind die beiden C-Atome gleich substituiert, weist die (*E*)-Form stets ein Symmetriezentrum auf, da sich die Dipolmomente der einzelnen Bindungen vektoriell kompensieren. Das Dipolmoment $\mu$ der (*E*)-Form ist somit immer gleich Null. Demgegenüber besitzt die (*Z*)-Form ein endliches Dipolmoment, z. B. bei (*Z*)-1,2-Dichlore-

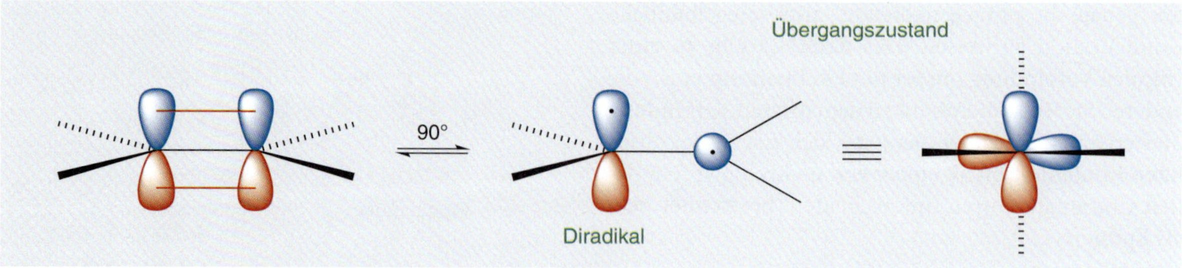


**Abb. 3.43** Damit (*E/Z*)-Isomere isomerisieren können, muss die $\pi$-Bindung homolytisch gespalten werden. Die Energiebarriere für die Isomerisierung ist mit ca. 250 kJ/mol (für Ethen) so hoch, dass dieser Prozess bei Raumtemperatur unendlich langsam ist und erst bei einer Temperatur von mehreren Hundert Grad Celsius oder bei Bestrahlung stattfindet.

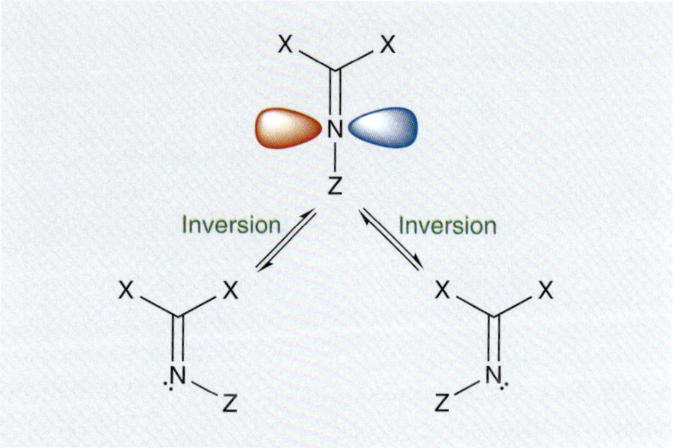


**Abb. 3.44** Die Isomerisierung von C=N- und N=N-Doppelbindungen erfolgt durch Inversion.

then $6{,}17 \cdot 10^{-30}$ Cm (▸Kap. 5). Weiterhin können (*E/Z*)-Isomere vom Typ RHC=CHR mithilfe des IR-Spektrums unterschieden werden, und zwar zeigt die (*E*)-Verbindung eine starke Bande bei 970–960 cm$^{-1}$ und die (*Z*)-Verbindung eine Bande bei 730–665 cm$^{-1}$. Auch durch $^1$H-NMR-Spektroskopie (▸Kap. 2.5.5) sind die Isomere unterscheidbar, denn es gilt die *Karplus*-Beziehung (Abb. 3.6). Die $^3J$-Kopplungskonstante zwischen den olefinischen Protonen (RHC=CHR) ist bei der (*E*)-Verbindung immer größer (14–19 Hz) als bei der (*Z*)-Verbindung (7–12 Hz).

Im Allgemeinen ist die (*E*)-Form thermodynamisch stabiler als die (*Z*)-Form, die Energiedifferenzen sind meist jedoch gering. Beispielsweise ist (*E*)-2-Buten um 5,4 kJ/mol energieärmer und damit stabiler als (*Z*)-2-Buten. Eine Ausnahme bilden die 1,2-Dichlorethene; hier ist aufgrund anziehender Wechselwirkungen zwischen den Cl-Atomen die (*Z*)-Form um etwa 5 kJ/mol energieärmer als die (*E*)-Form (*Stuart*).

Um bei einem Alken eine (*E*)- in eine (*Z*)-Form (oder umgekehrt) umzulagern, ist eine Isomerisierungsenergie von etwa 250 kJ/mol erforderlich. Diese Energiebarriere ist so hoch, dass bei Raumtemperatur die (*E/Z*)-Isomerisierung unendlich langsam ist und damit faktisch nicht erfolgt. Erst bei Zufuhr von Energie in Form von Wärme oder UV-Licht wandeln sich (*E*)- und (*Z*)-Isomere ineinander um und es stellt sich ein thermodynamisches (bei Wärmezufuhr) bzw. photostationäres (bei Bestrahlung) Gleichgewicht ein. Man kann die (*E/Z*)-Umlagerung bei der Bestrahlung so erklären, dass zunächst im angeregten Zustand eine Homolyse des $\pi$-Elektronenpaars der C=C-Doppelbindung in zwei Einzelelektronen erfolgt, die $\pi$-Bindung also gebrochen und eine Drehung der einen Molekülhälfte um 180° um die verbleibende $\sigma$-Bindung ermöglicht wird. Anschließend bildet sich das C=C-Bindungssystem zurück, und es entsteht das andere Isomere. Der Übergangszustand der (*E/Z*)-Isomerisierung entspricht also einem Diradikal (Abb. 3.43).

Die Umwandlung der (*E/Z*)-Isomere an C=N- oder N=N-Doppelbindungen (Oxime, Hydrazone, Imine, Azo-Verbindungen) erfolgt anders als bei der C=C-Doppelbindung meist nicht durch Rotation, sondern durch Inversion am N-Atom (Abb. 3.44). Man spricht daher auch von **Invertomeren** oder Inversionsisomeren (▸Exkurs: Inversion – ein Begriff mit unterschiedlichen Bedeutungen). Bei Amiden liegt zwar formal eine C—N-Einfachbindung vor, aber die Rotation um die C—N-Bindung ist aufgrund der Mesomerie der Amidbindung eingeschränkt. Auch bei Amiden kann es daher (*E/Z*)-Isomere geben, für die in der Literatur jedoch noch häufig die *cis-trans*-Nomenklatur verwendet wird, insbesondere bei Peptiden (Abb. 3.73). Man spricht auch von **Rotameren** oder Rotationsisomeren (Abb. 3.45).

Dabei ist zu beachten, dass die (*E/Z*)-Isomere bei Alkenen Konfigurationsisomere sind, da sie nicht bei Raumtemperatur durch Drehung um eine Einfachbindung ineinander überführt werden können. (*E/Z*)-Isomere von Amiden oder Oximen, deren Isomerisierung (z. B. durch Drehung um die Bindung (Amid) oder Inversion am Stickstoffatom (Oxim)) zwar eingeschränkt aber bei Raumtemperatur nicht völlig unterbunden ist, sind hingegen Konformationsisomere (▸Kap. 2, ▸Kap. 3.2.2, ▸Kap. 3.3). Letztendlich ist die Unterscheidung aber, wie oben erwähnt, nur eine Frage der Höhe der Energiebarriere, die für den Isomerisierungsprozess nötig ist. Die Übergänge zwischen Konfigurationsisomeren und Konformationsisomeren sind somit fließend.

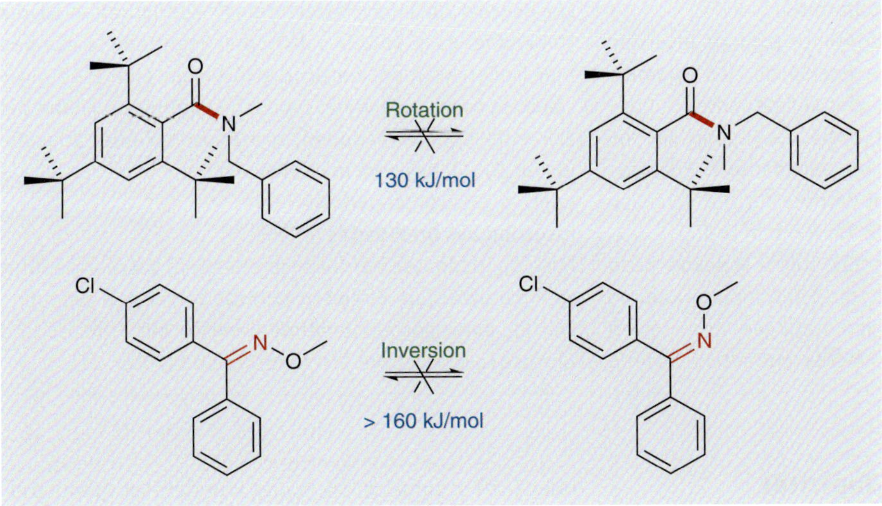


**o Abb. 3.45** Ein konfigurationsstabiles Amid und ein konfigurationsstabiler Oximether mit C=N-Doppelbindung. Die Diastereomere können einzeln isoliert werden; angegeben sind die Rotations- bzw. Inversionsbarrieren.

3

### Exkurs: Inversion – ein Begriff mit unterschiedlichen Bedeutungen

Der Begriff „Inversion" beinhaltet folgende Bedeutungen:

- *Walden*-Inversion (*Walden*-Umkehr, o Abb. 3.46),
- pyramidale Inversion (o Abb. 3.47),
- Ringinversion (o Abb. 3.68),
- Inversionszentrum (Symmetriezentrum) als Symmetrieelement (▸ Kap. 3.4.1),
- Inversion des Drehwertes.

***Walden*-Umkehr**

Bei einer $S_N$-Reaktion findet eine Inversion der Konfiguration des Chiralitätszentrums statt, da die im Molekül verbleibenden Gruppen am Chiralitätszentrum im Edukt und im Produkt umgekehrte relative Konfiguration aufweisen und eine umgekehrte räumliche Anordnung der ausgetauschten Gruppen vorliegt. Es ist jedoch nicht zwingend, dass sich dabei auch der Deskriptor (*R*) bzw. (*S*) ändert! Dies hängt von der Priorität der neu eingetretenen Gruppe im Vergleich zur Abgangsgruppe ab.

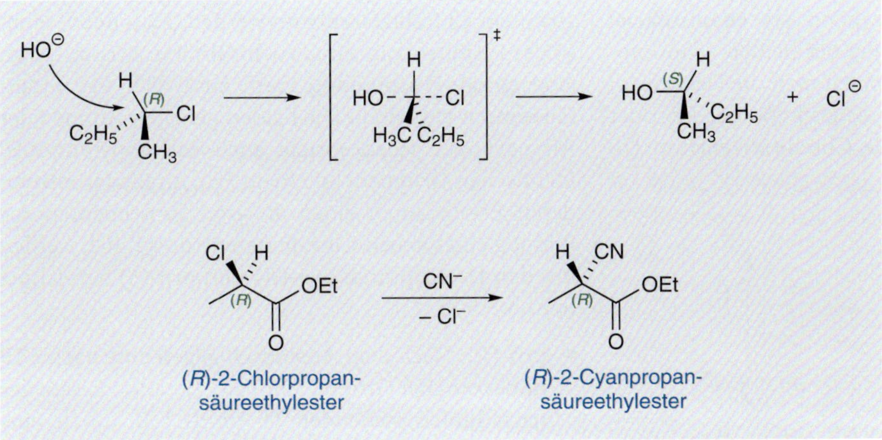


**o Abb. 3.46** *Walden*-Umkehr bei $S_N2$-Reaktionen (Beispiele)

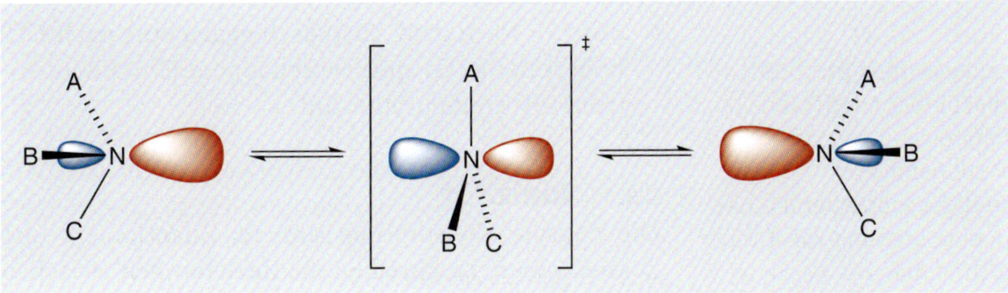

**o Abb. 3.47** Pyramidale Inversion an $sp^3$-hybridisierten Stickstoffatomen. Sind die Substituenten A, B und C unterschiedlich, gibt es zwei enantiomere Konformationen, die sich sehr schnell ineinander umwandeln.

**Pyramidale Inversion am Stickstoffatom**

Trigonal-pyramidal koordinierte Atome können Inversion eingehen, indem das Atom an der Spitze der Pyramide durch die Ebene, die von den drei Substituenten aufgespannt wird, hindurchschwingt (o Abb. 3.47). Sind die drei Substituenten unterschiedlich, werden dadurch Enantiomere ineinander überführt. Die Barriere für die Inversion hängt von den Substituenten ab. Am N-Atom (▸Kap. 8.1.1) ist sie normalerweise so niedrig, dass solche Moleküle nicht konfigurationsstabil sind, d. h., die Enantiomere können nicht isoliert werden und die Verbindungen sind, soweit sie keine weiteren Chiralitätselemente enthalten, achiral.

Ein Beispiel für eine „festgefrorene" Konfiguration ist die *Tröger*sche Base (o Abb. 3.14); die Enantiomere können hier isoliert werden, da für die Inversion eine Bindungsspaltung notwendig wäre. Dreifach koordinierte Atome der Elemente höherer Perioden, wie Phosphor oder Schwefel (o Abb. 3.14), besitzen in der Regel höhere Inversionsbarrieren.

**Inversion des Drehwertes**

Auch die Hydrolyse der (rechtsdrehenden) Saccharose führt zu einer Inversion. Es ändert sich das Vorzeichen des Drehwertes, denn das entstehende Gemisch aus Fructose und Glucose (= Invertzucker) ist linksdrehend (▸Kap. 17).

## 3.6 Prochiralität und Topizität

### 3.6.1 Prochiralität

Blausäure addiert sich an die Carbonlygruppe von Aldehyden unter Cyanhydrin-Bildung (▸Kap. 12). Dabei entsteht aus dem achiralen Kohlenstoffatom der Carbonylgruppe ein neues Chiralitätszentrum, dessen absolute Konfiguration davon abhängt, von welcher Seite das Reagenz die planare Carbonylgruppe angegriffen hat (o Abb. 3.48). Beim Angriff von Cyanid auf einen Aldehyd (oder ein unsymmetrisches Keton) entsteht ein chirales Cyanhydrin, allerdings als racemisches Gemisch, da der Angriff auf die achirale Carbonylverbindung von beiden Seiten mit gleicher Wahrscheinlichkeit erfolgt. Man bezeichnet die beiden unterscheidbaren Seiten der Carbonylgruppe als **enantiotope Halbräume**, die Reaktion als **enantiofacial** (engl. *faces*). Zur Spezifizierung der beiden enantiotopen Seiten im CIP-System benutzt man die **Deskriptoren *Re* und *Si***. Ob bei einem Angriff von der *Re*- oder *Si*-Seite das neue entstehende Chiralitätszentrum (*R*)

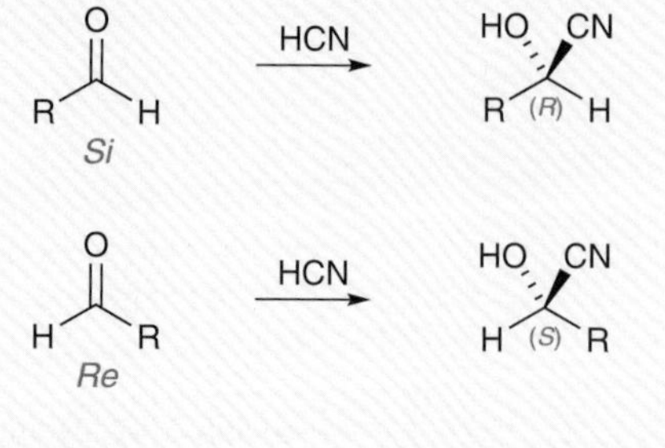


**o Abb. 3.48** Cyanhydrinsynthese: Aus einem prochiralen Molekül entsteht ein chirales Molekül. Der Angriff von Cyanid am Carbonyl-Kohlenstoffatom kann von der *Re*- oder von der *Si*-Seite erfolgen. Dazu betrachtet man das Molekül von einer Seite und ordnet die Substituenten nach den CIP-Regeln; ergibt sich dann eine Drehung von 1 nach 2 nach 3 im Uhrzeigersinn, betrachtet man die *Re*-Seite, umgekehrt die *Si*-Seite.

oder (*S*)-konfiguriert ist, hängt von der Art des angreifenden Nucleophils und dessen Priorität relativ zu den drei anderen Resten ab.

Moleküle wie den Aldehyd in obigem Beispiel nennt man **prochiral** oder **prostereogen**. Eine Verbindung ist dann prochiral, wenn sie durch eine einzige Transformation chiral werden kann. Dazu gehört z. B. auch Ethanol (o Abb. 3.49): Der Ersatz eines der beiden H-Atome der $CH_2$-Gruppe, z. B. durch eine Ethylgruppe, führt zu einem chiralen Molekül, dem *sec*-Butylalkohol. Die Bezeichnung prochiral verwendet man auch für Gruppen innerhalb eines Moleküls.

Eine **prochirale Verbindung** ist immer achiral. Ein Atom in einem solchen prochiralen Molekül kann durch Ersatz eines Substituenten durch einen anderen oder durch die Addition eines weiteren Substituenten zu einem Chiralitätszentrum werden. Man nennt eines solches Atom dann ein **Prochiralitätszentrum**. Auch eine chirale Verbindung kann zusätzlich Prochiralitätszentren enthalten. Die beiden gleichen Atome oder Atomgruppen (man spricht auch von konstitutionell identischen Gruppen) an einem Prochiralitätszentrum, deren Ersatz durch einen anderen Substituenten zur Bildung eines neuen Chiralitätszentrums führt, werden mit den **Deskriptoren pro-(*R*) und pro-(*S*)** bezeichnet (o Abb. 3.50):

- **pro-(*R*)**: Nach dem **Austausch gegen eine nach CIP höherrangige Gruppe** (im Falle Ethanol: Ersatz des nach hinten stehenden H-Atoms z. B. durch eine Ethylgruppe) weist das neue Chiralitätszentrum (*R*)-Konfiguration auf.
- **pro-(*S*)**: Nach dem **Austausch gegen eine nach CIP höherrangige Gruppe** weist das neue Chiralitätszentrum (*S*)-Konfiguration auf.

### 3.6.2 Topizität

Die Begriffe Konstitutionsisomere, Enantiomere und Diastereomere beschreiben die **Beziehungen zwischen Molekülen** (▸Kap. 3.2, o Abb. 3.3). Die Begriffe **konsti-**

tutop, enantiotop und diastereotop beschreiben die **Beziehungen von Gruppen bzw. Atomen innerhalb eines Moleküls** zueinander!

Um herauszufinden, in welcher topischen Beziehung zwei konstitutionell und konfigurativ identische Gruppen oder Atome in einem Molekül zueinander stehen, muss man sich die Frage stellen: Welche Isomere resultieren, wenn eine der beiden Gruppen bzw. eines der beiden Atome jeweils durch eine andere Gruppe bzw. durch ein anderes Atom ersetzt wird (o Abb. 3.51 und o Abb. 3.52)? Ergeben sich Konstitutionsisomere, dann sind die Gruppen bzw. Atome **konstitutop** zueinander; resultieren Enantiomere, dann sind sie **enantiotop**. Entstehen Diastereomere, dann sind sie **diastereotop**, und wenn weiterhin zwei identische Moleküle vorliegen, dann sind die betrachteten Gruppen bzw. Atome **homotop**.

Warum muss man das wissen? Die Kenntnis der topischen Beziehung von Protonen eines Moleküls zueinander erleichtert die Interpretation von $^1$H-NMR-Spektren (▸ Kap. 2.5.5). So erhält man z. B. für den achiralen Glycinbenzylester (o Abb. 3.53) im $^1$H-NMR-Spektrum für die beiden benzylischen Protonen nur ein Singulett bei ca. 5,22 ppm. Im chiralen Alaninbenzylester bekommt man für jedes benzylische Proton ein Dublett, da die beiden geminalen Protonen diastereotop sind und somit miteinander koppeln. Die geminale Kopplungskonstante beträgt $^2J$ = 12,7 Hz. Im achiralen Glycinbenzylester sind die benzylischen Protonen enantiotop und damit **isochron**, d. h., sie weisen in

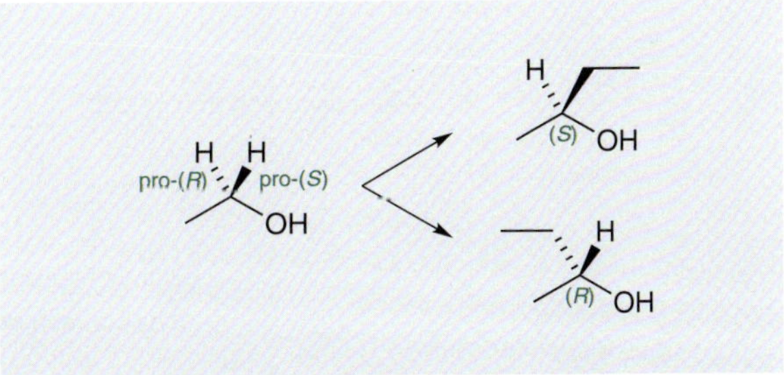


o **Abb. 3.49** Ethanol ist ein prochirales Molekül. Der Ersatz eines der beiden H-Atome der Methylengruppe durch z. B. eine Ethylgruppe, führt zu einem chiralen Molekül, in diesem Fall zu *sec*-Butylalkohol.

einem achiralen Lösemittel keinen Unterschied in der chemischen Verschiebung auf. Im chiralen Alaninbenzylester sind diese Protonen diastereotop und damit **anisochron**, d. h., sie unterscheiden sich in der chemischen Verschiebung, auch in einem achiralen Lösemittel.

Ein etwas komplizierteres Beispiel zeigt o Abb. 3.54. Für die abgebildeten *trans*- bzw. *cis*-3,4-Dimethylcyclopentanone erhält man im $^1$H-NMR-Spektrum in einem achiralen Medium jeweils drei Signalsätze für die Protonen H$^1$ bis H$^6$: je einen für die blau, rot und grün markierten Protonen.

Bei 3,4-Dimetyhlcyclopentanonen (o Abb. 3.54) sind die blauen Protonen zu den roten Protonen jeweils konstitutop, die blauen zu den grünen ebenfalls, die roten

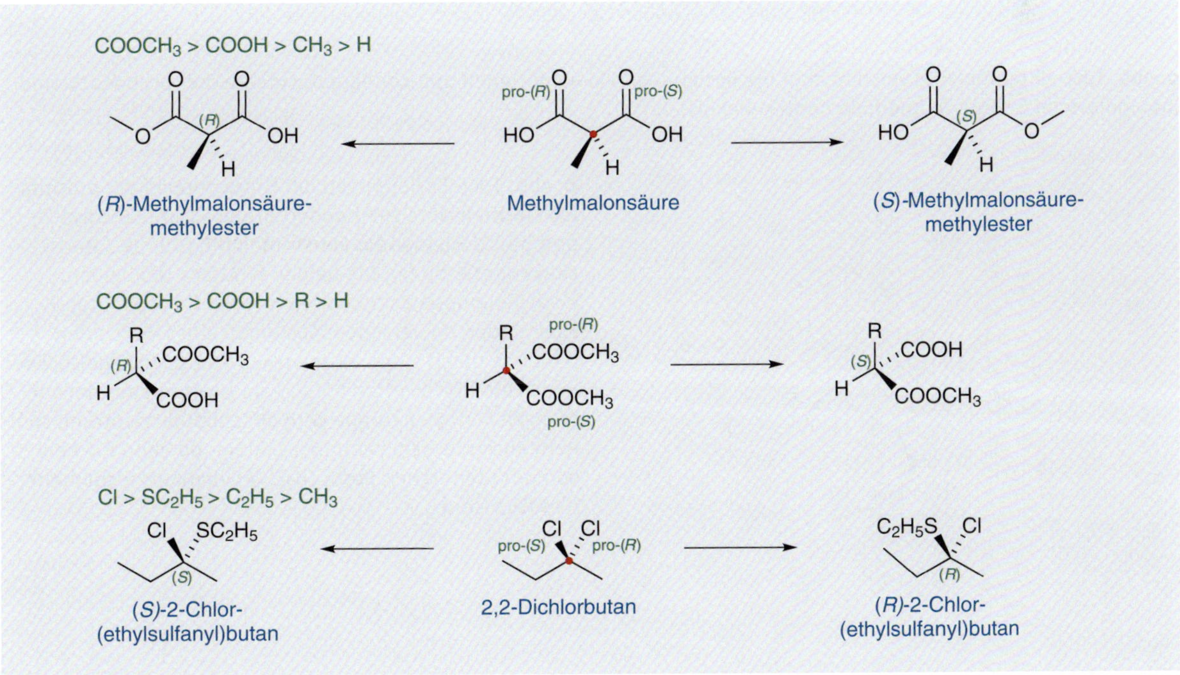


o **Abb. 3.50** Beispiele für die Bestimmung der Deskiptoren pro-(*R*) und pro-(*S*) für konstitutionell identische Gruppen an einem Prochiralitätszentrum (rote Punkte)

3

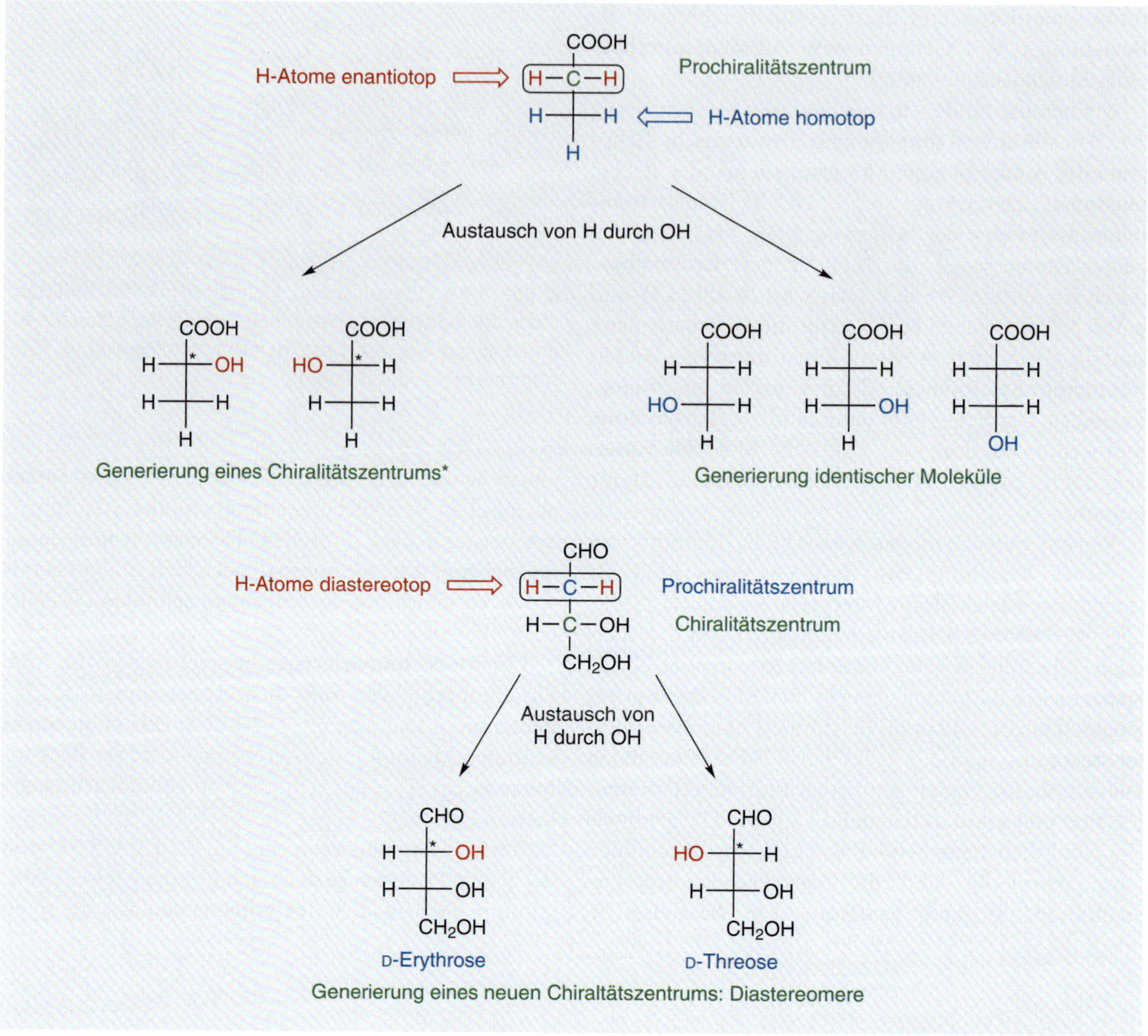


**Abb. 3.51** Unter Topizität versteht man die Beziehungen konstitutionell und konfigurativ identischer Gruppen/Atome (homomorpher Gruppen) innerhalb eines Moleküls.

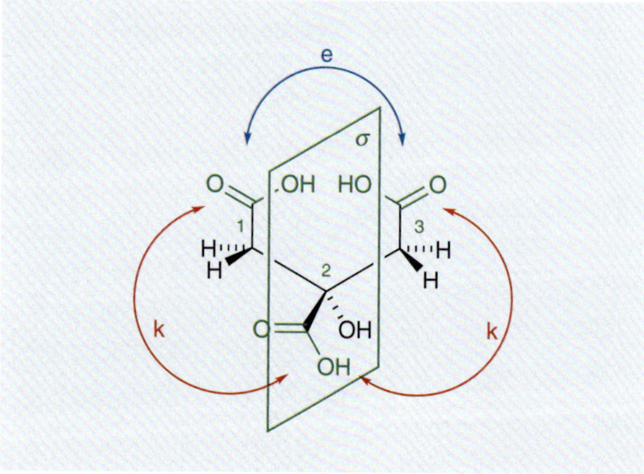

**Abb. 3.52** Beziehungen der Säuregruppen der prochiralen Citronensäure zueinander: Gruppe 1 und 2 sowie 2 und 3 sind zueinander konstitutop (k), Gruppe 1 und 3 sind enantiotop (e). Die beiden H-Atome der beiden Methylengruppen sind übrigens jeweils diastereotop zueinander, da bei einem Austausch eines der beiden H-Atome durch einen anderen Substituenten X gleich zwei neue Chiralitätszentren entstehen. Nicht nur aus der vormaligen Methylengruppe wird ein Chiralitätszentrum, sondern auch aus dem zentralen C-Atom, da dann die beiden vormals identischen Reste $CH_2COOH$ ebenfalls nicht mehr identisch sind.

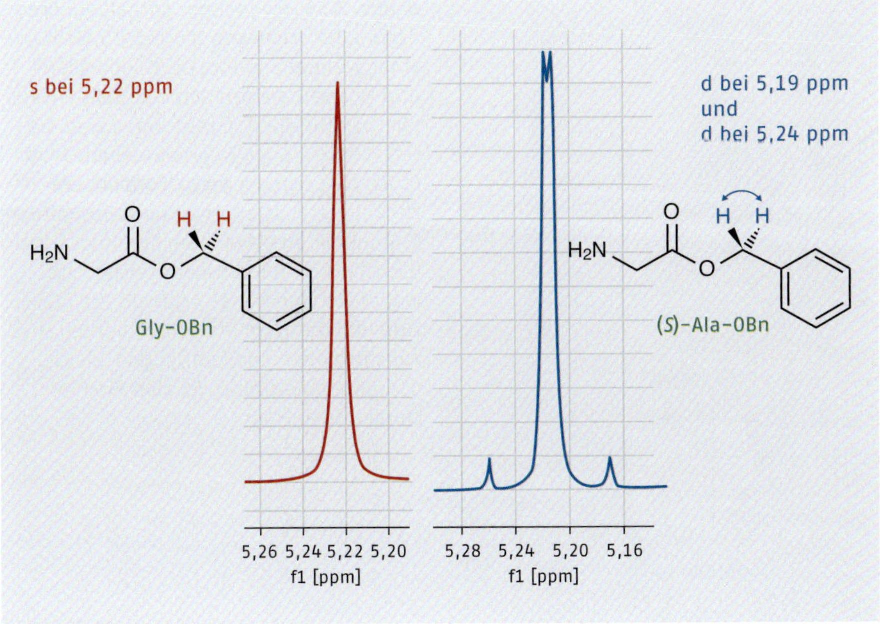


**Abb. 3.53** Die benzylischen Protonen im achiralen Glycinbenzylester sind enantiotop und daher im $^{1}H$-NMR-Spektrum nicht unterscheidbar; im chiralen Alaninbenzylester sind sie hingegen diastereotop. Daher erhält man für diese Protonen im $^{1}H$-NMR-Spektrum jeweils ein Dublett, die Protonen koppeln miteinander.

zu den grünen dagegen diastereotop. In einem chiralen Medium können nun im rechten Molekül (*cis*-Verbindung) die jeweils zueinander enantiotopen (blauen) Protonen $H^5$ und $H^6$, die (roten) Protonen $H^1$ und $H^3$, oder $H^2$ und $H^4$ (grün) unterschieden werden, im linken Molekül (*trans*-Verbindung) dagegen nicht, da sie dort jeweils homotop sind ($H^1$ und $H^4$, $H^5$ und $H^6$, $H^2$ und $H^3$). Das linke Molekül (*trans*-Konfiguration) ist chiral, es enthält außer einer $C_1$-Achse nur noch eine $C_2$-Achse. Es handelt sich also um ein dissymmetrisches Molekül. Das rechte Molekül (*cis*-Konfiguration) ist achiral, da es eine Symmetrieebene enthält.

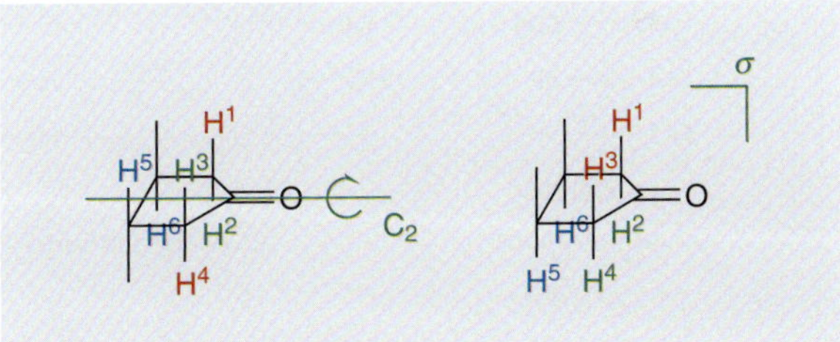


**Abb. 3.54** NMR-spektroskopische Unterscheidung enantiotoper Protonen in 3,4-Dimethylcyclopentanonen. Man erhält für jedes Molekül im $^{1}H$-NMR-Spektrum jeweils drei Signalsätze für die Protonen $H^1$ bis $H^6$, sofern es sich um ein achirales Lösemittel handelt. Das linke Molekül ist chiral: Die Protonen $H^1/H^4$ (rot), $H^5/H^6$ (blau) und $H^2/H^3$ (grün) sind homotop; sie sind weder in achiralem Medium noch in chiralem Medium unterscheidbar. Das rechte Molekül ist achiral: Die Protonen sind paarweise zueinander enantiotop. In einem chiralen Medium können die zueinander enantiotopen (blauen) Protonen $H^5$ und $H^6$ oder auch die (roten) Protonen $H^1$ und $H^3$ bzw. die (grünen) Protonen $H^2$ und $H^4$ jeweils unterschieden werden.

**MERKE**

- **Konstitutope und diastereotope Gruppen sind immer unterscheidbar**, z. B. auch durch NMR-Spektroskopie. Sie unterscheiden sich außerdem in ihrer Reaktivität.
- **Enantiotope Gruppen** sind nur in chiraler Umgebung unterscheidbar, in achiraler Umgebung hingegen nicht.
- **Homotope Gruppen** sind grundsätzlich nicht unterscheidbar, auch nicht in chiraler Umgebung.

## 3.7 Pseudochiralität

Ein tetraedrisch koordiniertes C-Atom, von dessen vier Substituenten zwei die **gleiche Konstitution, aber eine entgegengesetzte Konfiguration** aufweisen (**enantiomorphe Gruppen**), ist ein sogenanntes **Pseudochiralitätszentrum**. Ein solches Zentrum kann in einer Symmetrieebene liegen (dann ist das Molekül insgesamt achiral), muss es aber nicht. Pseudochiralitätszentren werden mit den **Deskriptoren** (r) und (s) gekennzeichnet. Nach CIP gilt, dass der Substituent mit (*R*)-Konfiguration Vorrang vor dem mit (*S*)-Konfiguration hat. Abb. 3.55 zeigt Beispiele für Verbindungen mit Pseudochiralitätszentren.

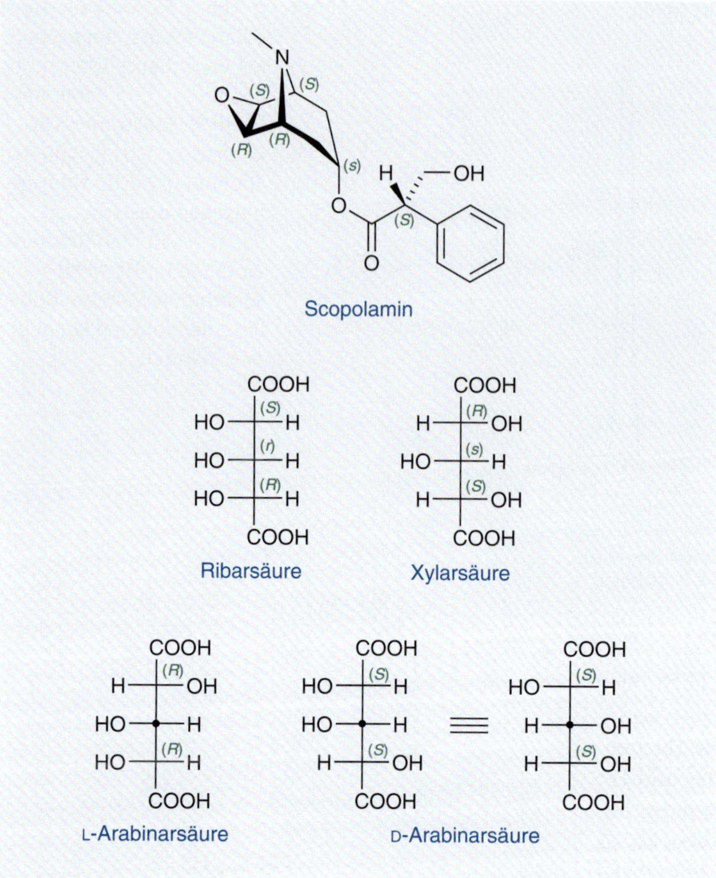


**Abb. 3.55** Scopolamin enthält ein Pseudochiralitätszentrum, das jedoch nicht in einer Symmetrieebene liegt. Ribarsäure und Xylarsäure enthalten ebenfalls jeweils ein Pseudochiralitätszentrum, das in diesen Fällen in einer Symmetrieebene liegt. Es handelt sich um *meso*-Formen, die zueinander diastereomer sind. Das mittlere C-Atom der enantiomeren Arabinarsäuren (durch einen Punkt gekennzeichnet) ist weder ein Chiralitäts- noch ein Pseudochiralitätszentrum (die Substituenten sind konstitutionell und konfigurativ gleich, d. h. homomorph), es ist aber ein Prochiralitätszentrum.

**MERKE**

- **Prochiralitätszentrum:** Von den vier Substituenten eines Prochiralitätszentrums sind zwei Substituenten **konstitutionell und konfigurativ identisch (homomorph).** Die Gruppen erhalten die Deskriptoren **pro-(*R*)** oder **pro-(*S*).**
- **Pseudochiralitätszentrum:** Von den vier Substituenten eines Pseudochiralitätszentrums besitzen zwei Substituenten **gleiche Konstitution, aber entgegengesetzte Konfiguration (enantiomorphe Gruppen).** Das Pseudochiralitätszentrum erhält den Deskriptor **(*r*)** oder **(*s*).**

## 3.8 Stereochemie von Cycloalkanen

### 3.8.1 Ringspannung

Als *A. v. Baeyer* eine Erklärung für die unterschiedliche Bildungstendenz und Stabilität der Cycloparaffine in Abhängigkeit von der Ringgröße suchte, ging er davon aus, dass sämtliche Cycloalkane planare Moleküle sind. Dementsprechend müssten die Bindungswinkel an den C-Atomen mehr oder weniger stark von dem idealen Tetraederwinkel (109°28') abweichen. Diese **Deformation der Bindungswinkel** sollte sich in einer „Ringspannung" äußern. Das heißt, die Moleküle weisen einen höheren Energiegehalt auf, als man bei idealen, spannungsfreien Bindungswinkeln erwarten würde. Diese Ringspannung wird umso größer, je größer die Abweichung der Bindungswinkel vom idealen Tetraederwinkel ist (Tab. 3.3). Die **Ringspannung** kann durch die Messung der Verbrennungswärme $-\Delta H^0$ und den Vergleich mit acyclischen Verbindungen bestimmt werden (Abb. 3.56). Später stellte sich jedoch heraus, dass es außer der Abweichung vom idealen Tetraederwinkel noch andere Effekte gibt, die zur Ringspannung beitragen, zumal – abgesehen vom Cyclopropan – alle größeren Ringsysteme gar nicht planar sind (wie von *Baeyer* angenommen worden war).

Die **Ringspannung** setzt sich zusammen aus:

- der ***Baeyer*-Spannung** (**Winkelspannung**), hervorgerufen durch Abweichungen vom Tetraederwinkel (die Deformation *d* des Bindungswinkels ist folgendermaßen definiert: $d = \frac{1}{2}$ (109°28' minus Bindungswinkel im planaren Ring). Die *Baeyer*-Spannung macht den größten Teil der Ringspannung kleiner Ringe (C3, C4) aus:

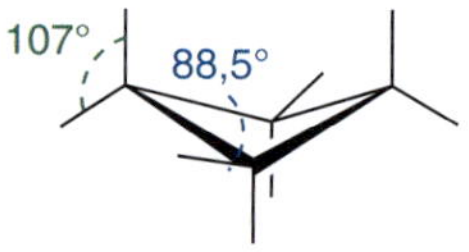

- der ***Pitzer*-Spannung** (**Torsionsspannung** ▸ Kap. 3.3), hervorgerufen durch ekliptische Wechselwirkungen benachbarter CH-Bindungen. Aufgrund der *Pitzer*-Spannung ist z. B. Cyclopentan nicht planar, obwohl ein planarer Fünfring mit 108° Bindungswinkel fast frei von *Baeyer*-Spannung wäre. In einem planaren Fünfring sind aber alle CH-Bindungen ekliptisch zueinander. Stattdessen liegt Cyclopentan in einer nicht planaren Briefumschlag- (*envelope*) oder Halbsessel-Konformation (*halfchair*) vor, die zwar eine etwas größere Winkelspannung, aber dafür deutlich geringere ekliptische Wechselwirkungen aufweisen (○ Abb. 3.57).
- der ***Prelog*-Spannung** (**transannulare Wechselwirkung**), hervorgerufen durch ekliptisch stehende Gruppen, allerdings nicht an zwei benachbarten C-Atomen, sondern an solchen, die sich im Ring gegenüber stehen (transannular, (○ Abb. 3.58). Sie tritt vor allem bei mittleren und größeren Ringen (C7–C10) auf. Wie Röntgenstrukturanalysen zeigen, ist dieser Effekt beim 10-Ring von ausschlaggebender Bedeutung, während die *Pitzer*-Spannung hier fast ganz verschwindet (▸ Kap. 4.2.1).
- der ***Newman*-Spannung** (Pentan-Effekt, ○ Abb. 3.11, ▸ Kap. 3.3.4), hervorgerufen durch Abstoßung von Nicht-Wasserstoff-Substituenten in 1- und 3-Position eines Rings. Die Abfolge –sc/+sc für zwei aufeinander folgende Diederwinkel führt zu einer Abstoßung, die für Methylgruppen ca. 15,5 kJ/mol (3,7 kcal/mol) beträgt. Diese z. B. bei einem Cyclohexanring auftretende **1,3-diaxiale Wechselwirkung** ist ebenfalls eine transannulare Wechselwirkung:

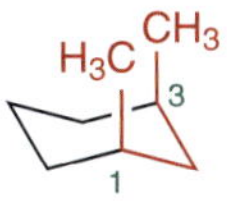


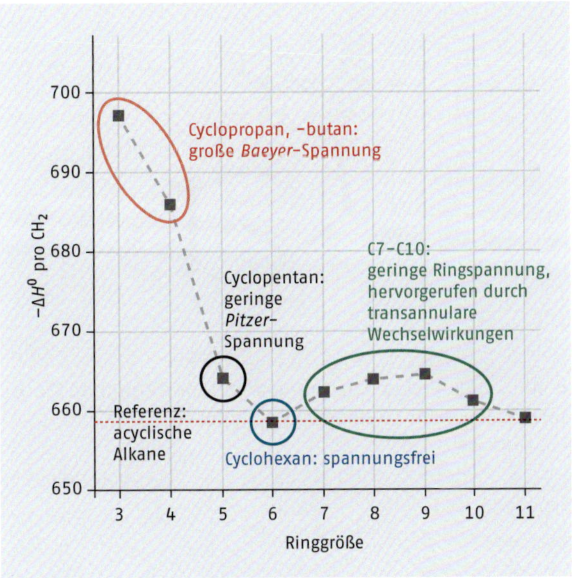


○ **Abb. 3.56** Verbrennungswärme pro $CH_2$-Gruppe in kJ/mol bei Cycloalkanen in Abhängigkeit von der Ringgröße.

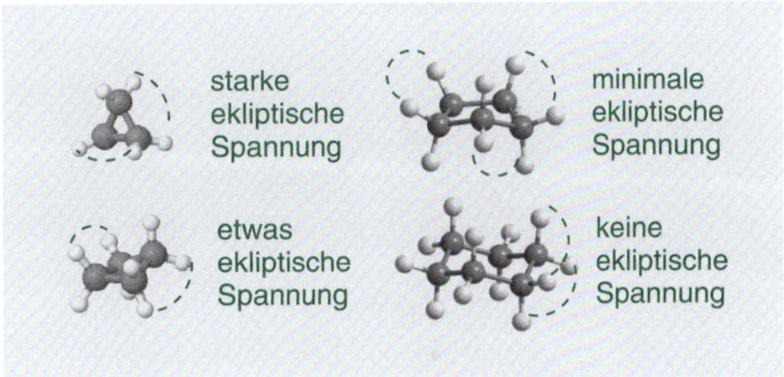


○ **Abb. 3.57** *Pitzer*-Spannung in Cyclopropan, -butan, -pentan und -hexan

□ **Tab. 3.3** Ringspannung von Cycloalkanen

| Ringgröße $C_n$ | Ringspannung gesamt [kJ/mol] | Ringspannung pro $CH_2$-Gruppe [kJ/mol] | Verbrennungswärme pro $CH_2$-Gruppe [kJ/mol] | Bindungswinkel bei planarer Anordnung/Deformation des Tetraederwinkels |
|---|---|---|---|---|
| 3 | 115,6 | 38,5 | 697,1 | 60°/+24°44′ |
| 4 | 101,1 | 27,5 | 685,8 | 90°/+9°44′ |
| 5 | 27,2 | 5,4 | 664,0 | 108°/+0°44′ |
| 6 | 0,4 | ca. 0 | 658,6 | 120°/–5°16′ |
| 7 | 26,8 | 3,8 | 662,3 | 128°34′/–9°34′ |
| 8 | 41,8 | 5,2 | 663,6 | 135°/–12°46′ |

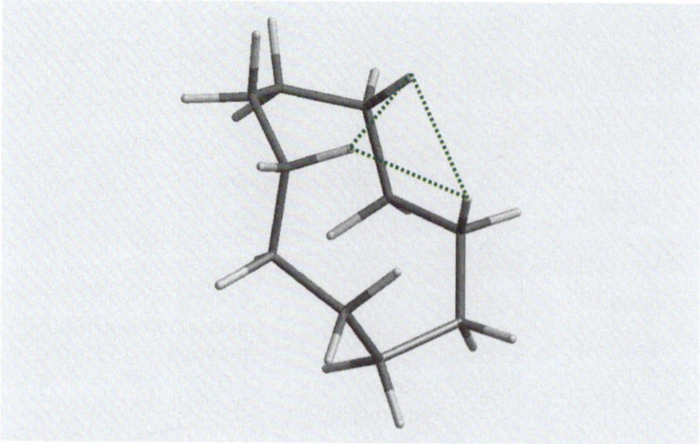

**o Abb. 3.58** *Prelog*-Spannung durch transannulare Wechselwirkungen im 10-Ring von Cyclodecan.

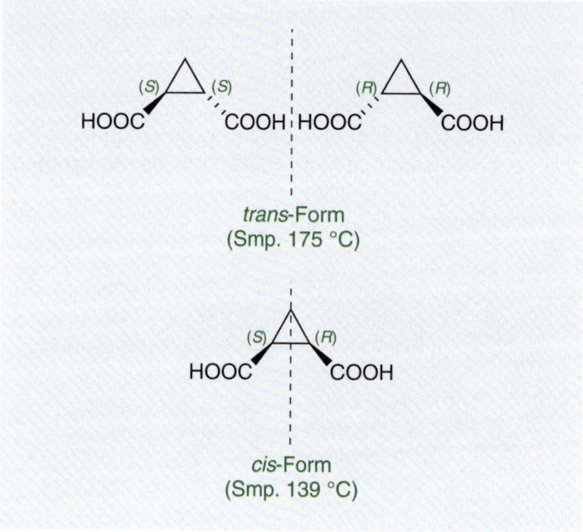


**o Abb. 3.59** *cis*- und *trans*-Formen von 1,2-Cyclopropandicarbonsäure: Befinden sich die Substituenten auf der gleichen Seite der Ringebene, spricht man von *cis*-Stellung, liegen die Substituenten auf verschiedenen Seiten der Ringebene von *trans*-Stellung.

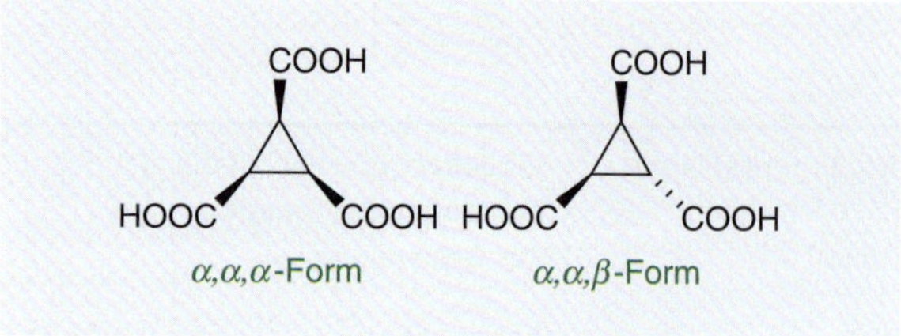


**o Abb. 3.60** Die beiden diastereomeren 1,2,3-Cyclopropantricarbonsäuren

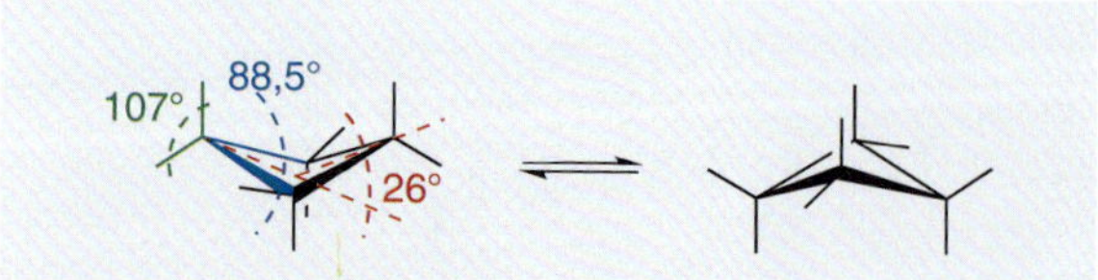


**o Abb. 3.61** Gefaltete Konformation von Cyclobutan

### 3.8.2 Einfache Cycloalkane

#### Cyclopropan

Die 1,2-Di- und 1,2,3-Trisubstitutionsprodukte von **Cyclopropan** können *cis-trans*-Isomerie oder auch **Enantiomerie** aufweisen, wie am Beispiel von Cyclopropan-1,2-di- und -1,2,3-tricarbonsäuren näher erläutert werden soll.

Bei der *cis*-Form der **1,2-Cyclopropandicarbonsäure** stehen beide Carboxygruppen auf der gleichen Seite der Ringebene, sind also räumlich benachbart. Bei der *trans*-Form befinden sich die beiden Carboxygruppen auf verschiedenen Seiten der Ringebene (o Abb. 3.59). Während sich bei der *cis*-Form durch die $CH_2$-Gruppe eine Symmetrieebene legen lässt, besitzt die ***trans*-Form** weder eine Symmetrieebene noch ein Symmetriezentrum und ist daher **chiral** und in **Enantiomere** trennbar (*E. Buchner*). Die ***cis*-Form** ist eine ***meso*-Form** und damit **achiral**. Die *cis*-Form ist zu jeder der *trans*-Formen diastereomer. *cis*- und *trans*-Form unterscheiden sich als Diastereomere nicht nur durch ihren Schmelzpunkt, auch ihre chemischen Eigenschaften und Reaktivitäten weichen voneinander ab.

Auch die beiden möglichen Formen von **1,2,3-Cyclopropantricarbonsäure** sind bekannt. Sie sind zueinander diastereomer (o Abb. 3.60). In der einen Form (1α,2α,3α, *cis*) stehen alle Substituenten auf der gleichen Seite, in der anderen Form steht eine Säuregruppe auf der entgegengesetzten Seite (1α,2α,3β, *trans*). Beide Tricarbonsäuren sind **symmetrisch** und daher **achiral**. Man spricht in diesem Fall allerdings nicht von *meso*-Verbindungen, da keine weiteren chiralen Isomere existieren.

#### Cyclobutan

Die drei C-Atome eines Cyclopropanrings liegen zwangsläufig in einer Ebene. Das Cyclobutan-Molekül ist dagegen gewinkelt: Eine Methylengruppe ist um 26° aus der Ebene der drei anderen C-Atome herausgedreht (o Abb. 3.61). Die Konformation ist jedoch nicht starr, das Molekül klappt sehr schnell von einer gefalteten Konformation in die andere um (Inversionsbarriere 5–6 kJ/mol). Dabei wird als Übergangszustand die planare Konformation durchlaufen. Durch die gefaltete Konformation wird die Spannung, die durch die ansonsten acht ekliptisch stehenden Wasserstoffatome entstehen würde, etwas minimiert:

Als Beispiele für 1,2- und 1,3-disubstituierte Cyclobutan-Derivate sollen auch hier die entsprechenden Carbonsäuren angeführt werden. Bei einer 1,2-Disubstitution mit zwei gleichen Substituenten ergibt sich die gleiche Zahl an Stereoisomeren wie bei 1,2-disubstituierten Cyclopropan. Gleiche Substituenten an 1- und 3-Position führen zu einer *cis*-Form und der dazu diastereomeren *trans*-Form (o Abb. 3.62). Beide Formen sind symmetrische Verbindungen und daher achiral. Es handelt sich jedoch nicht um *meso*-Verbindungen, da es keine weiteren, chiralen Stereoisomere gibt.

***cis-trans*-Isomere an disubstituierten Cycloalkanen**, ohne dass es weitere chirale Stereoisomere gibt, treten immer dann auf, wenn die Zahl (n) der C-Atome im Ring gerade ist und die beiden gleichen Substituenten an den Positionen 1 und (1 + [n/2]) sitzen (vgl. z. B. 1,4-disubstituierte Cyclohexan-Derivate, ▫ Abb. 3.65).

### Cyclopentan

Für **Cyclopentan** hat man lange Zeit eine ebene Raumstruktur angenommen, da in einem planaren Fünfring der Tetraederwinkel fast erreicht wird und das Molekül daher frei von *Baeyer*-Spannung ist. Ein Vergleich der Verbrennungswärmen bei Cyclopentan und Cyclohexan zeigt, dass Cyclopentan trotz der fehlenden Winkeldeformation eine Spannungsenergie von 5,4 kJ/mol je $CH_2$-Gruppe besitzt und erst Cyclohexan tatsächlich spannungsfrei ist (▫ Tab. 3.3). Aus Elektronenbeugungsaufnahmen (*Hassel*) geht hervor, dass nur vier C-Atome nahezu in einer Ebene liegen und ein C-Atom etwas aus der Cyclopentan-Ringebene herausragt (▸ Kap. 3.8.1). Cyclopentan liegt entweder in einer **Briefumschlag**- (*envelope*) oder **Halbsessel**-Konformation (*halfchair, twist boat*) vor. Die Barriere ist mit 0,4 kJ/mol so klein, dass weniger von Inversion (▸ Exkurs: Inversion – ein Begriff mit unterschiedlichen Bedeutungen) als vielmehr von **Pseudorotation** gesprochen wird. Unter Pseudorotation versteht man den schnellen Wechsel der Position von Atomen oder Gruppen in einem Molekül, ohne dass Bindungen gebrochen werden; es entstehen dadurch kurzzeitig Konformationsisomere. Die Kohlenstoffatome des Cyclopentans schwingen quasi durch die Ringebene, durch das Molekül läuft kontinuierlich eine Art Wellenbewegung (▫ Abb. 3.63).

Auch von den 1,2- und 1,3-disubstituierten Cyclopentanderivate existieren, wie die Cyclopropan- und -butan-Derivate, *cis-trans*-Isomere (z. B. Cyclopentan-1,2- und -1,3-dicarbonsäure, ▫ Abb. 3.64). Die *trans*-Dicabonsäuren sind chiral, die *cis*-Formen sind achiral (*meso*-Formen).

### Cyclohexan

Bereits im Jahre 1890 stellte *Sachse* die Hypothese auf, dass in Cycloalkanen die C-Atome bei der Ringbildung weitgehend das Bestreben haben, ihre ursprüngliche Tetraederstruktur zu wahren. Auf dieser Grundlage entwickelte er zwei spannungsfreie Raummodelle von **Cyclohexan**, die als **Sesselform** und **Bootform** (oder **Wannenform**) bezeichnet werden (▫ Abb. 3.65). In diesen beiden Konformationen besitzen alle Kohlenstoffatome beinahe ihre Tetraederstruktur.

In der Sessel-Konformation liegen vier C-Atome (2, 3, 5, 6) in einer Ebene. Die C-Atome 1 und 4 liegen oberhalb und unterhalb dieser Ebene (▫ Abb. 3.65). Dagegen befinden sich die C-Atome 1 und 4 in der Bootform auf der gleichen Seite der durch die vier anderen C-Atome festgelegten Ebene. Alle Versuche, zwei derartige Stereoisomere zu isolieren, verliefen jedoch ergebnislos. Aus dieser Tatsache folgerte *Mohr* (1918), dass die Bootform durch „Umklappen" der einen Ecke leicht in die Sesselform übergehen kann und umgekehrt, wobei vorübergehend eine geringe Spannung im Ring auftritt. Sessel- und Bootform von Cyclohexan stellen zwei (zueinander diastereomere) Konformationen dar, in denen der normale Tetraederwinkel beibehalten wird. Physikalische Untersuchungen an verschiedenen Cyclohexanderivaten, z. B. Messung der Elektronenbeugung (*Hassel*) bzw. der NMR- und IR-Spektren, sowie thermodynamische Berechnungen über die Wechselwirkung nicht unmittelbar aneinander gebundener Atome des Moleküls (*Pitzer*), haben zu dem Ergebnis geführt, dass die Sesselform stabiler ist als die Bootform. Dabei zeigte sich, dass es auch noch weitere Konformationen gibt, als **Twistform** bezeichnet, die sich nur wenig in ihrer Energie unterscheiden und sich schnell ineinander umwandeln. Darauf ist die Flexibilität der beiden Konformationen zurückzuführen. Die (achirale) Bootform ist ein Übergangszustand zwischen zwei (zueinander enantiomeren) Twistformen. Die Twistform ist um

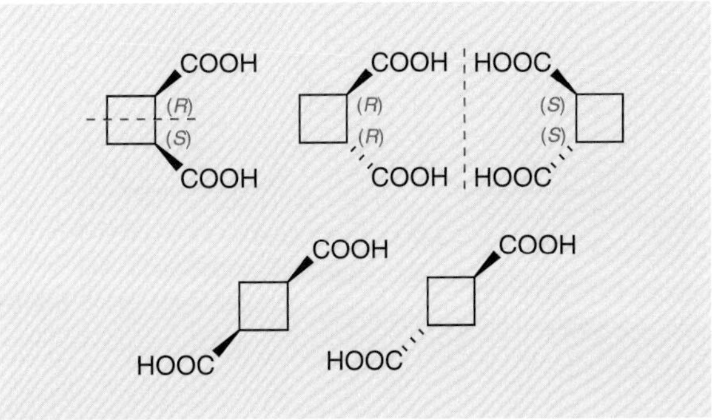


▫ **Abb. 3.62** Regio- und Stereoisomerie bei Cyclobutandicarbonsäuren

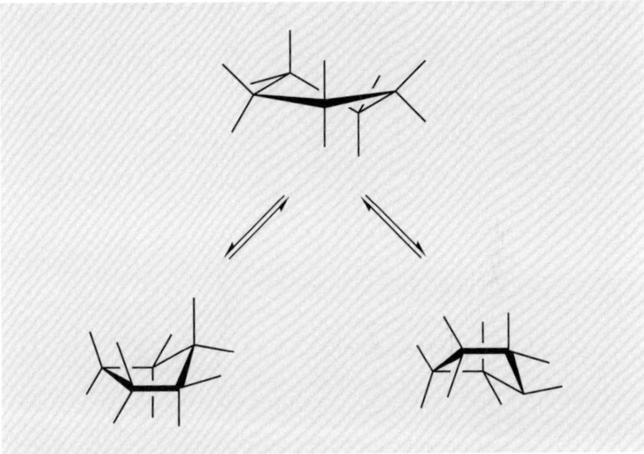

▫ **Abb. 3.63** Ringkonformationen von Cyclopentan

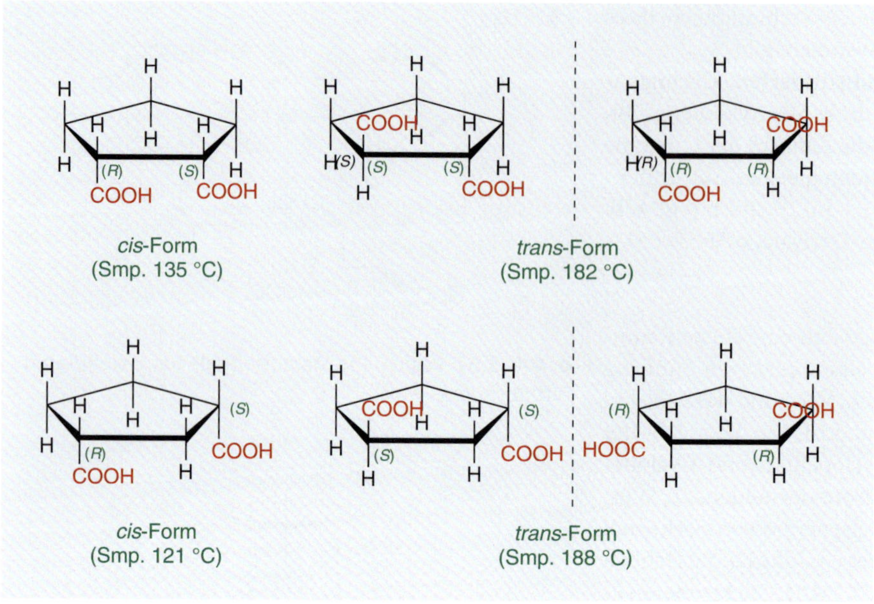


**Abb. 3.64** Regio- und Stereoisomerie bei Cyclopentandicarbonsäuren

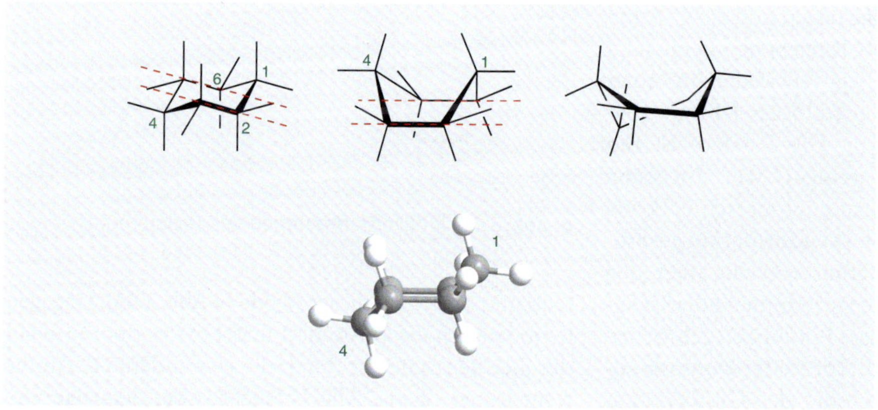


**Abb. 3.65** Cyclohexanmolekül: Sessel-, Boot- und Twistform

23 kJ/mol energiereicher als die Sesselform. Der Übergangzustand von den Twistformen in die Sesselformen verläuft über Halbsessel-Konformationen (Abb. 3.66). Die Ursache, dass die Boot-Konformation energetisch relativ ungünstig ist, ist einerseits in der *Pitzer*-Spannung zu suchen (zwei C—C-Bindungen stehen jeweils ekliptisch) und andererseits darin, dass sich die H-Atome in 1- und 4-Position relativ nahe kommen (180 pm). Die Energiebarriere, die beide Sesselformen trennt, beträgt etwa 45 kJ/mol.

Cyclohexan und seine Derivate sowie ähnlich gebaute sechsgliedrige, heterocyclische Ringe (vgl. Konformation von 1,4-Dioxan, ▸Kap. 6.2, und von Pyranosen, ▸Kap. 17.1.1) liegen somit vorherrschend in einer *Sesselform* vor. In ihr hat man nach *Barton* zwei Arten geometrisch verschiedener C—H-Bindungen zu unterscheiden. Einmal können sechs C—H-Bindungen, die von je einem C-Atom ausgehen, weitgehend parallel zur dreizähligen Symmetrieachse des Sechsrings angeordnet sein, und zwar drei oberhalb und drei unterhalb der Ringebene. Diese Bindungen nennt man **axial**, abgekürzt *a*. Die übrigen sechs C—H-Bindungen liegen dann mehr oder weniger in der Ringebene (abwechselnd ein wenig nach oben bzw. nach unten gerichtet) und werden als **äquatorial** bezeichnet, abgekürzt *e* (vom engl. *equatorial*). Da die H-Atome bei der Cyclohexan-Sesselform sterisch vollständig „auf Lücke", d. h. energetisch sehr günstig stehen (Abb. 3.67), stellt die Sesselform eine besonders stabile Konformation dar.

Beim Zeichnen einer Sesselkonformation ist zu beachten, dass die Bindungen zu den äquatorial ständigen Substituenten parallel zur übernächsten C—C-Bindung des Rings angeordnet sind: z. B. $eC^1$ parallel zu $C^2—C^3$ und $C^5—C^6$.

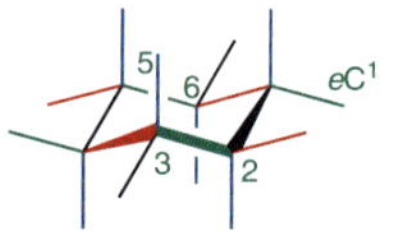


Wird nun ein H-Atom im Cyclohexan durch andere Atome oder Atomgruppen ersetzt, kann der Substituent

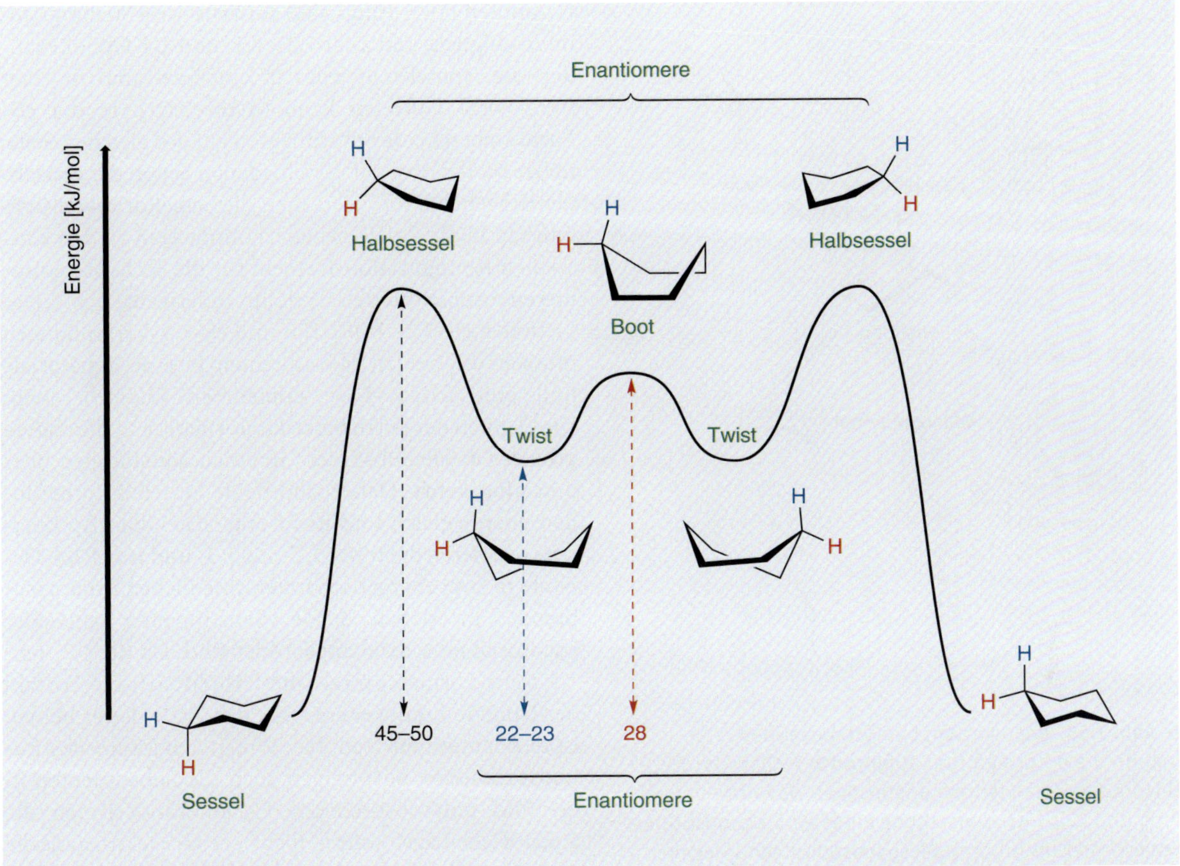


**o Abb. 3.66** Potenzielle Energie von verschiedenen Cyclohexan-Konformationen. Die Ringinversion von der einen in die andere Sesselkonformation verläuft über zwei zueinander enantiomere Halbsessel-Konformationen als Übergangszustände. Die zueinander enantiomeren Twistformen sind lokale Minima, die über die energetisch etwas ungünstigere Bootform als Übergangszustand ineinander übergehen.

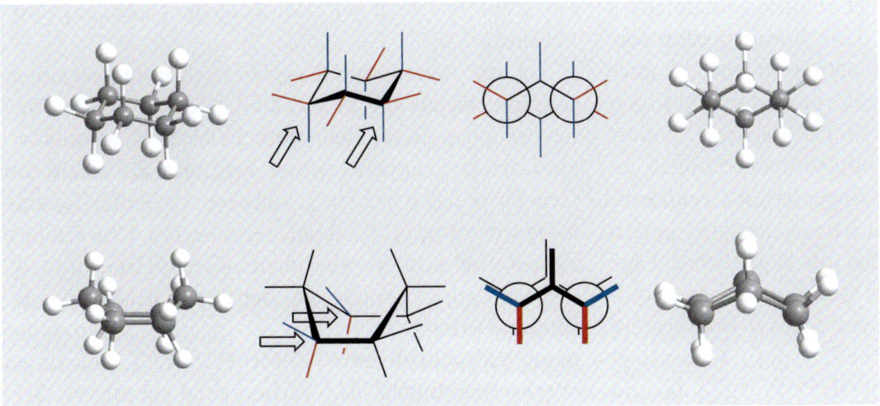

**o Abb. 3.67** Sessel- und Boot-Konformation von Cyclohexan in verschiedenen Darstellungen und aus verschiedenen Perspektiven. Die Pfeile kennzeichnen die Blickrichtung für die *Newman*-Projektion.

R entweder die axiale oder die äquatoriale Lage einnehmen (o Abb. 3.68). Demnach sind bei der Sesselform monosubstituierter Cyclohexanderivate zwei diastereomere Konformationen möglich, die durch Umklappen (Inversion) des Rings zustande kommen. Das C-Atom 1, an dem der Substituent R sitzt, wird nach unten gezogen, das C-Atom 4 nach oben. Die beiden Konformationen bezeichnet man als $^{1}C_{4}$- bzw. $^{4}C_{1}$-Konformation (C = *chair*, Zahl vor dem C = Nummer des C-Atoms das oben steht, Zahl nach dem C = Nummer des C-Atoms, das unten steht). Dieses Umklappen nennt man auch **Ringinversion**.

Derjenige Substituent bzw. die H-Atome, die in der einen Konformation axial angeordnet sind, befinden sich nach dem Umklappen in äquatorialer Lage und umgekehrt. Man bezeichnet diese beiden im Gleichgewicht stehenden Sesselkonformationen auch als *a*-Form bzw. *e*-Form. Man beachte: Ein einfach substi-

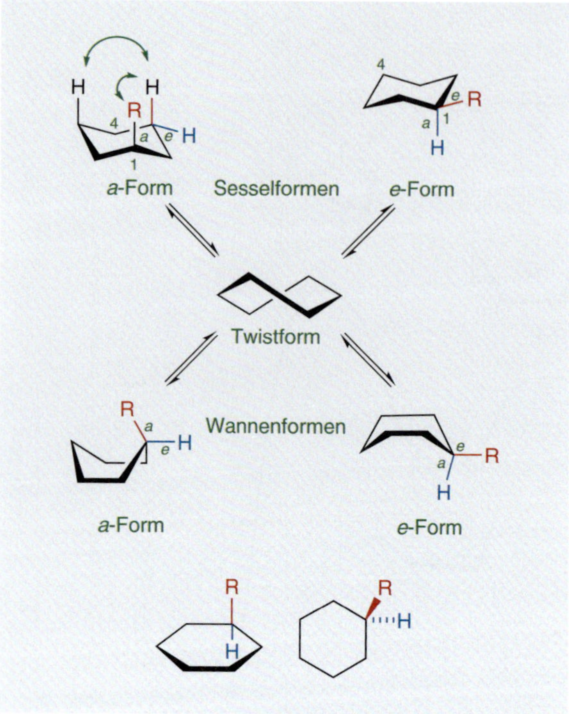


**○ Abb. 3.68** Ringinversion bei Cyclohexanderivaten (oben): Die *a*-Formen sind aufgrund 1,3-diaxialer Wechselwirkungen energetisch ungünstiger. *Haworth*-Darstellung und Keilstrich-Darstellung eines einfach substituierten Cyclohexans (unten): Diese Darstellungen spiegeln nicht die Konformation wieder und geben damit nicht an, ob der Substituent R axial oder äquatorial steht. Sie geben aber an, ob der Substituent nach oben (rot) oder nach unten (blau) steht.

tuiertes Cyclohexanderivat ist achiral, unabhängig davon, ob es in der *a*- oder in der *e*-Konformation vorliegt. Die beiden Konformationen sind diastereomer zueinander, können aber aufgrund der niedrigen Energiebarriere der Inversion nicht einzeln isoliert werden. Aus Elektronenbeugungsuntersuchungen an monoalkylierten und monohalogenierten Cyclohexanen in der Dampfphase geht hervor, dass bei einem einzelnen Substituenten immer die äquatoriale Lage bevorzugt ist, z. B. enthält das Gleichgewichtsgemisch von Monochlorcyclohexan mehr *e*- als *a*-Konformere (*Hassel*). Je größer der Substituent R, desto weiter liegt das Gleichgewicht auf der Seite der *e*-Form (aufgrund größerer 1,3-diaxialer Wechselwirkungen in der *a*-Form). Bei R = Methyl beträgt der Energieunterschied 7,1 kJ/mol, d. h., im Gleichgewicht liegen ca. 95 % *e*-Form vor. Bei R = *tert*-Butyl beträgt der Unterschied in $\Delta G$ bereits 18,9 kJ/mol, im Gleichgewicht liegen damit ca. 99,9 % *e*-Form vor.

Bei mehrfach substituierten Cyclohexanderivaten werden die Isomerieverhältnisse komplizierter. Schon bei zwei gleichen Substituenten an verschiedenen C-Atomen des 6-Rings sind zunächst drei Stellungsisomere möglich, und zwar 1,2-, 1,3- und 1,4-Cyclohexanderivate, von denen jedes in einer *cis*- und in einer *trans*-Form auftreten kann (○ Abb. 3.69). In der *cis*-Form stehen beide Substituenten auf der gleichen Seite, in der *trans*-Form auf verschiedenen Seiten der gedachten Ringebene. Projiziert man die Sesselform von Cyclohexan in die Zeichenebene, kommt man zu den klassischen Konfigurationsformeln für die sechs stereoisomeren disubstituierten Cyclohexanderivate.

In den *cis*-1,2-, *trans*-1,3- und *cis*-1,4-Verbindungen müssen die beiden Substituenten je eine äquatoriale und eine axiale Lage einnehmen (*Hassel*). Beim Umklappen der einen Sesselkonformation in die andere geht der axiale Substituent in einen äquatorialen über und umgekehrt. Daher sind beide Sesselkonformationen energiegleich und nicht unterscheidbar. Andererseits existieren die *trans*-1,2-, *cis*-1,3- und *trans*-1,4-Derivate in zwei energetisch unterschiedlichen Konformationen, in denen beide Substituenten entweder äquatorial oder axial angeordnet sind. Da die 1,2- und 1,3-*trans*-Formen chiral sind, erhöht sich die Anzahl der Isomeren um weitere zwei, d. h., jede dieser beiden ist in Enantiomere trennbar. Wie in den Monosubstitutionsprodukten bevorzugen auch die Substituenten in di- und polysubstituierten Cyclohexanderivaten die äquatoriale Lage, sofern nicht starke elektrostatische Abstoßungskräfte, wie bei den Halogenen oder der Carboxygruppe, das Bild verändern. Mit steigender Zahl der Substituenten werden diese daneben aber auch gezwungen, die axiale Bindung einzugehen. Es ist jedoch keine Verbindung bekannt, in der drei Substituenten auf derselben Seite der Ringebene axial angeordnet sind.

Da die äquatoriale Lage sterisch weniger eingeschränkt ist als die axiale, finden einige Reaktionen bevorzugt an dieser Stelle statt. So lassen sich äquatoriale Carboxygruppen leichter verestern als axiale. Im Gegensatz dazu werden sekundäre Alkohole, die eine *a*-Hydroxygruppe besitzen, leichter mit Chromsäure zum Keton oxidiert, als solche mit *e*-OH-Gruppe, da die Oxidation primär an der äquatorialen C—H-Bindung erfolgt. Außerdem verringern sich durch das neue $sp^2$-hybridisierte Zentrum die 1,3-diaxialen Wechselwirkungen der vorher axial-ständigen OH-Gruppe.

### 3.8.3 Stereoisomerie der Decaline

Bereits im Jahre 1918 wies *Mohr* darauf hin, dass die beiden nicht ebenen Cyclohexanringe im **Decalin**, dem einfachsten anellierten (kondensierten) Ringsystem aus zwei Cyclohexanringen, sowohl in *cis*- als auch in *trans*-Form spannungsfrei verknüpft sein können.

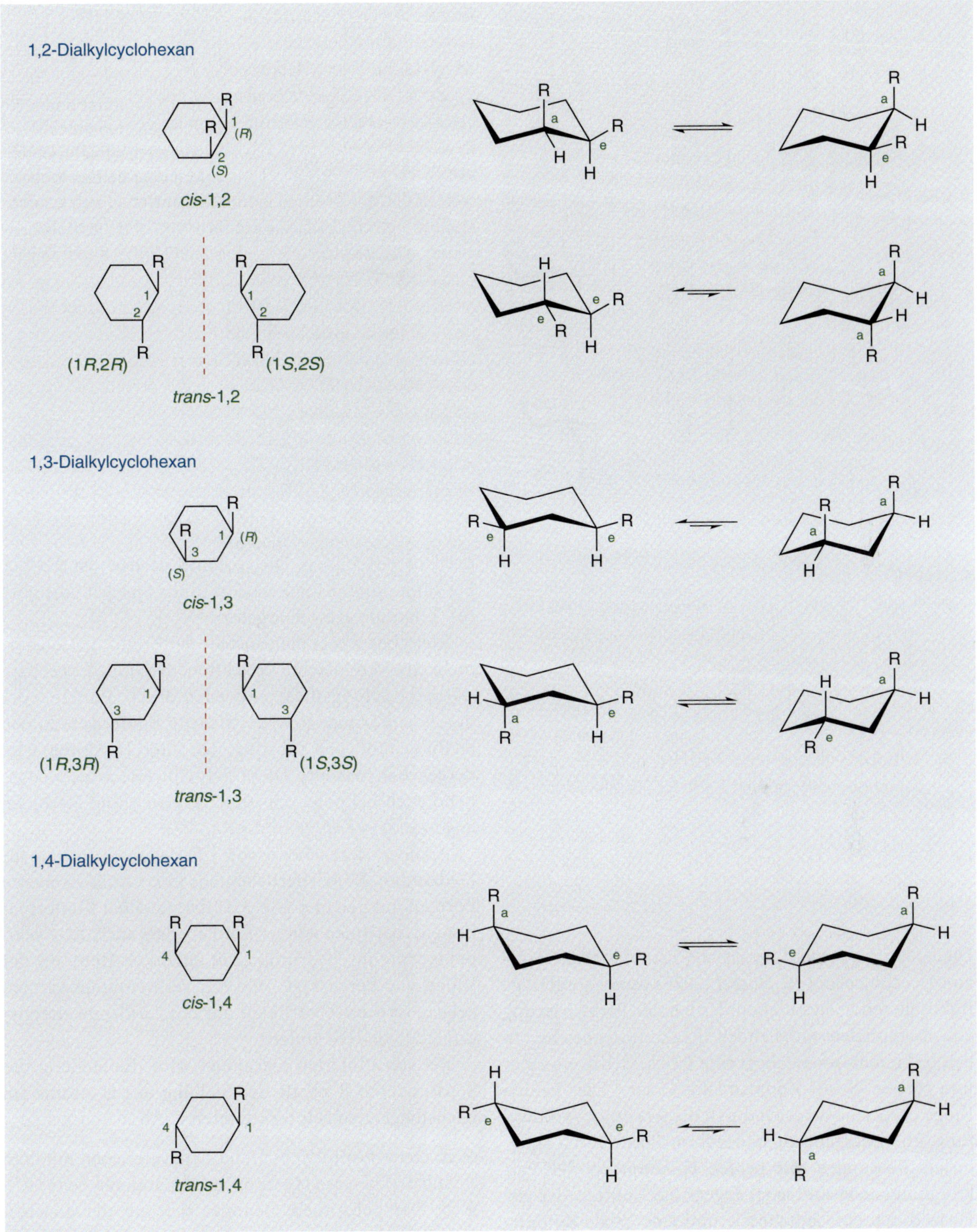


**Abb. 3.69** Konfigurationen und Konformationen disubstituierter Cyclohexanderivate

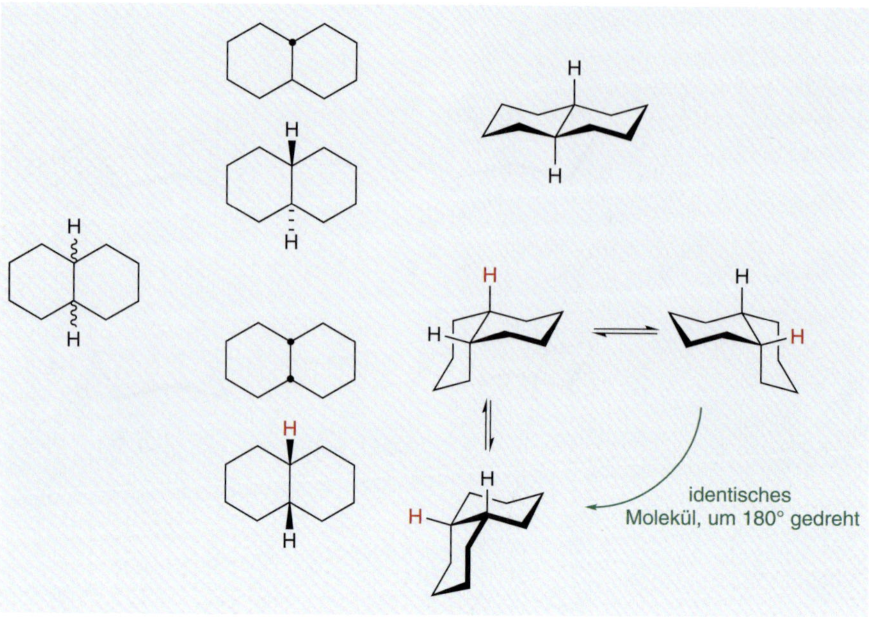


**o Abb. 3.70** *trans*-Decalin (Sdp. 185 °C) und *cis*-Decalin (Sdp. 194 °C), letzteres in seinen beiden enantiomeren Konformationen. Ein nach oben stehendes H-Atom am gemeinsamen C-Atom der beiden Ringe wird auch dadurch gekennzeichnet, dass man das C-Atom durch einen Punkt darstellt.

**MERKE**

- **Anellierte** (kondensierte) **Ringsysteme** besitzen **zwei** gemeinsame Ringatome:

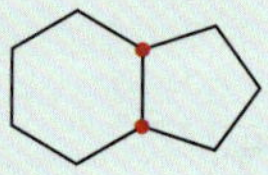

- **Verbrückte Ringsysteme** besitzen **mehr als zwei** gemeinsame Ringatome:

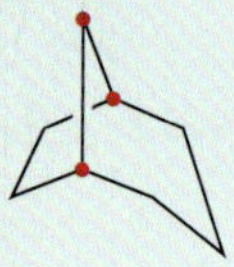

Die Isolierung sowohl der *cis*- als auch der *trans*-Form von Decalin gelang *W. Hückel* (1925) durch sorgfältige fraktionierende Destillation des bei der Perhydrierung von Naphthalen anfallenden Reaktionsgemischs. In beiden Stereoisomeren liegt eine Zweisessel-Konformation (Sessel-Sessel-Konformation) vor. Die beiden Ringe unterscheiden sich durch die Art ihrer Verknüpfung, und zwar sind sie in der *trans*-Form durch äquatoriale Bindungen (die beiden H-Atome an der Verknüpfungsstelle sind axial angeordnet) und in der *cis*-Form durch eine äquatoriale und eine axiale Bindung (je ein H-Atom an der Verknüpfungsstelle steht äquatorial bzw. axial) verknüpft (o Abb. 3.70). Die *trans*-Form ist von beiden die stabilere, jedoch beträgt die aus den Verbrennungswärmen ermittelte Energiedifferenz gegenüber der *cis*-Form nur 8,4 kJ/mol. Die *trans*-Form ist starr (▸ Kap. 27). Es existiert keine weitere Konformation, in die die *trans*-Form übergehen könnte, da es geometrisch unmöglich ist, die beiden Ringe jeweils axial zu verknüpfen. Die *cis*-Form dagegen ist flexibel. Sie kann durch Ringinversion in ihr Spiegelbildisomeres (Enantiomeres) übergehen.

Meist bevorzugt man anstelle der Konformationsformeln eine vereinfachte Projektion, in der die *trans*- bzw. *cis*-Verknüpfungsstelle entweder durch Punkte oder durch keilförmige bzw. gestrichelte Bindungen zu den an ihr gebundenen Substituenten (hier: H-Atome) wiedergegeben werden. Diese Schreibweise wird weitgehend auch bei polycyclischen Terpenen und Steroiden angewandt (▸ Kap. 26 und ▸ Kap. 27).

Analoge stereochemische Überlegungen gelten für **Hydrindan**. Es existiert ebenfalls in *cis-trans*-isomeren Formen mit den in o Abb. 3.71 dargestellten Konformationen. Aus ihnen wird ersichtlich, dass auch der Cyclopentanring im Hydrindan mit einem C-Atom aus der Ringebene herausragt. Wie die Verbrennungswärmen zeigen, ist *trans*-Hydrindan nur um 7,5 kJ/mol energieärmer als *cis*-Hydrindan.

Bei substituierten Decalinen wird die Stellung des Substituenten R relativ zur Stellung des H-Atoms am nächstliegenden ringverknüpften C-Atom angegeben:

- *α*: Der Substituent befindet sich, verglichen mit dem entsprechenden H-Atom, auf der anderen Seite ($R^4$).
- *β*: Der Substituent befindet sich auf der gleichen Seite wie das entsprechende H-Atom ($R^1$, $R^2$, $R^3$).

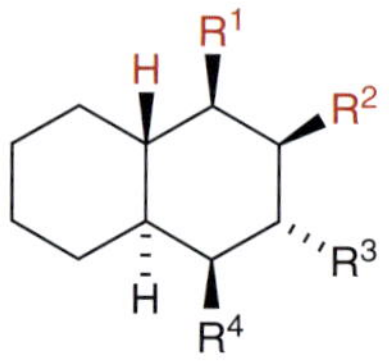

Im konformativ starren *trans*-Decalin kann ein Substituent nur axial oder äquatorial stehen. *trans*-2(*R*)-Methyldecalin, in dem der Substituent äquatorial steht, und *trans*-2(*S*)-Methyldecalin mit axialer Methylgruppe sind unterschiedliche Verbindungen. Es handelt sich dabei um zueinander diastereomere Konfigurationsisomere (o Abb. 3.72). Im entsprechenden *cis*-Decalin mit (*R*)-Konfiguration an C2 und auch in demjenigen mit (*S*)-Konfiguration an C2 können jeweils wieder zwei (zueinander diastereomere) Konformationen eingenommen werden, von denen im Gleichgewicht jeweils diejenige überwiegt, in der der Substituent äquatorial steht. Dabei ist zu beachten, dass sich die absoluten Konfigurationen der Chiralitätszentren durch die Ringinversion nicht ändern! 2-Methyldecalin besitzt drei Chiralitätszentren, insgesamt gibt es demnach $2^3 = 8$ stereoisomere 2-Methyldecaline: Vier davon, nämlich die *cis*-verknüpften Isomere, liegen zudem in jeweils zwei verschiedenen Sessel-Sessel-Konformationen vor. Die anderen vier, also die *trans*-Formen, liegen jeweils in nur einer Konformation vor.

Decalin und Hydrindan spielen als Bausteine bei einer großen Zahl von Naturstoffen, z. B. Sesqui-, Di- und Triterpenen, sowie bei Steroiden (▸Kap. 27) eine bedeutende Rolle.

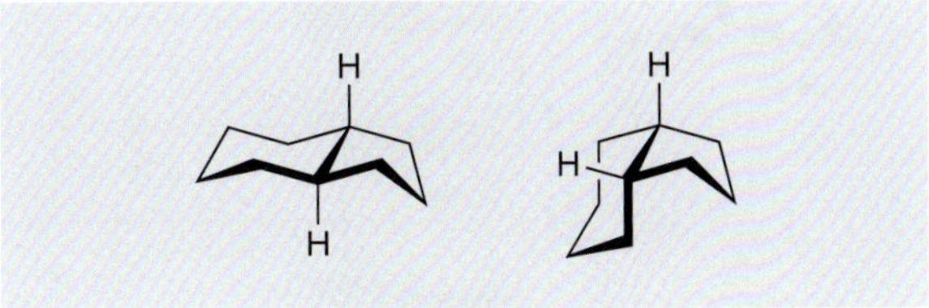


o **Abb. 3.71** *trans*- und *cis*-Hydrindan



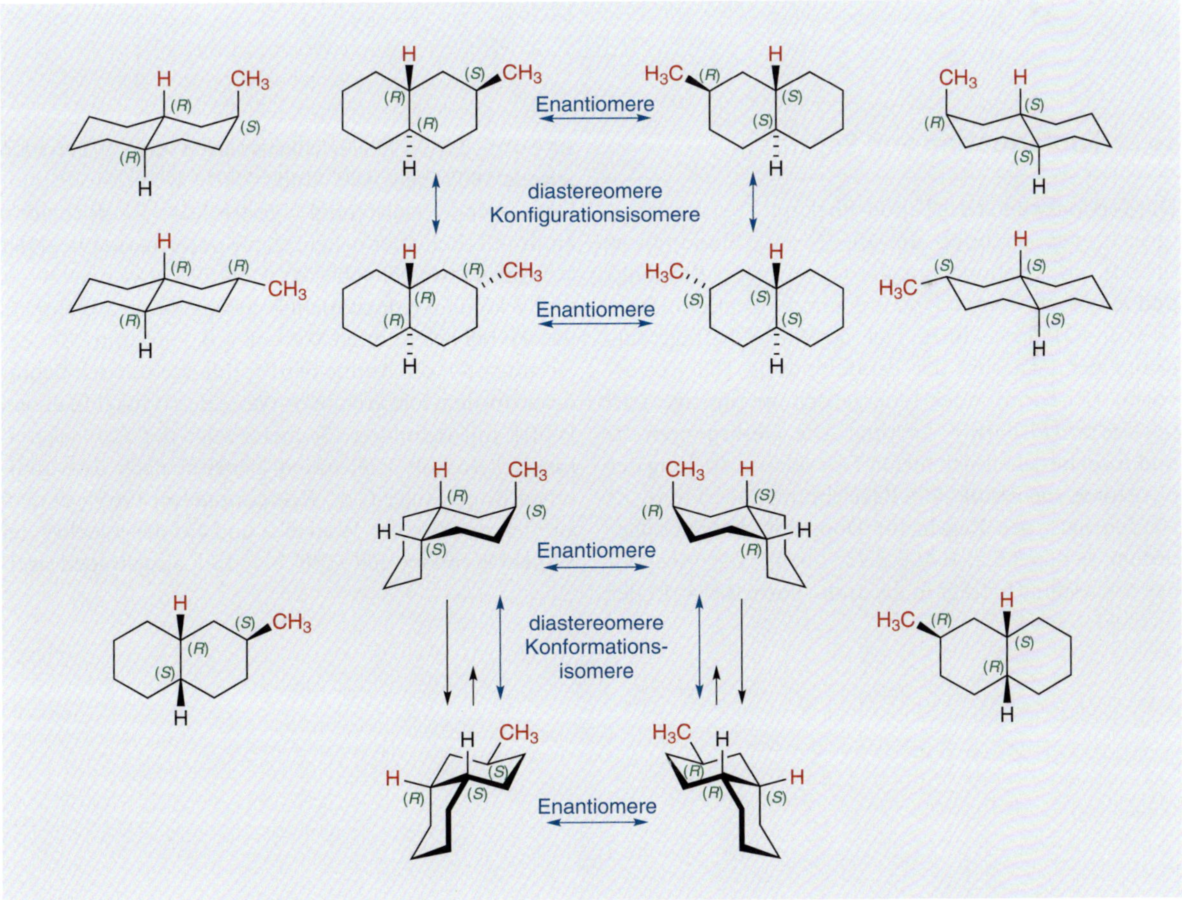


o **Abb. 3.72** Einfach substituierte Decaline: Die beiden *trans*-Verbindungen (2*S*,4*aR*,8*aR*)-2-Methyldecalin und (2*R*,4*aR*,8*aR*)-2-Methyldecalin sind Diastereomere. Es existiert jeweils ein Enantiomer mit der Konfiguration (2*R*,4*aS*,8*aS*) bzw. (2*S*,4*aS*,8*aS*). Ebenso gibt es vier stereoisomere *cis*-Verbindungen: zwei zueinander diastereomere Enantiomerenpaare mit den Konfigurationen (2*S*,4*aS*,8*aR*) und (2*R*,4*aR*,8*aS*) sowie die (nicht abgebildeten) Isomere mit den Konfigurationen (2*R*,4*aS*,8*aR*) und (2*S*,4*aR*,8*aS*). Die *cis*-Verbindungen können jeweils in zueinander diastereomeren Konformationen vorliegen.

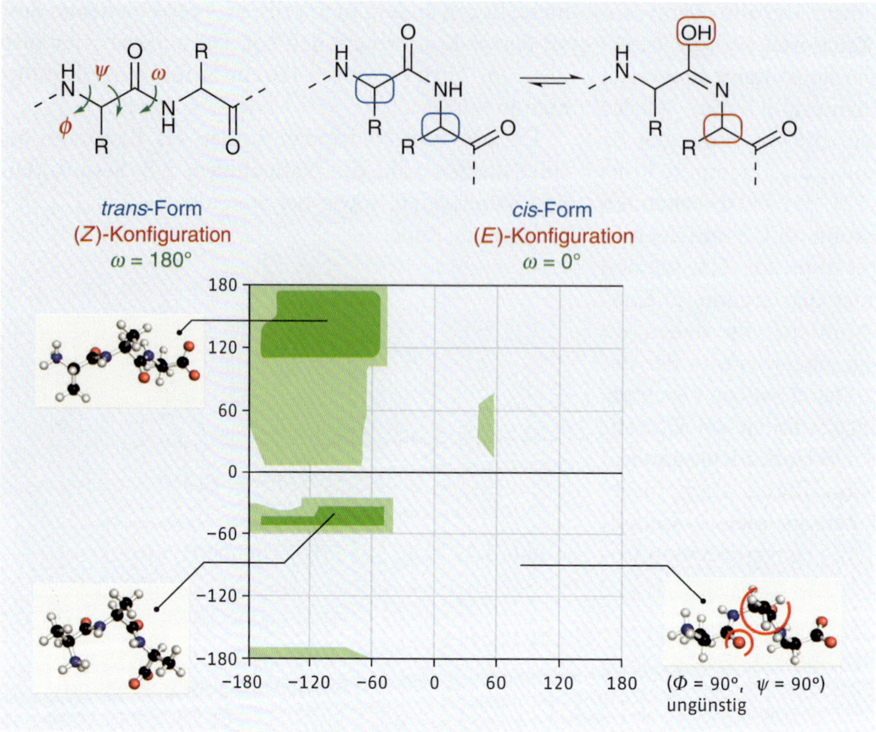


**o Abb. 3.73** Torsionswinkel in Peptiden (oben): Die Deskriptoren *cis* und *trans* beziehen sich auf die Stellung der α-C-Atome zueinander (blau markiert); die Bezeichnungen (*E*) und (*Z*) folgen den Regeln für Doppelbindungen (rot markiert), die in der tautomeren Iminol-Form vorliegt. *Ramachandran*-Plot für das Tripeptid (*S*)-Ala-(*S*)-Ala-(*S*)-Ala (unten): Die grünen Bereiche geben die erlaubten Winkelkombinationen für φ und ψ an.

## 3.9 Konformation von Peptiden

Die Torsionswinkel des Peptid-Rückgrats werden mit φ (griech. *phi*, Drehung um die N—$C_\alpha$-Bindung), ψ (griech. *psi*, Drehung um die $C_\alpha$—C(=O)-Bindung) und ω (griech. *omega*, Drehung um die Peptidbindung N—C(=O)) bezeichnet. Der ω-Winkel beträgt aufgrund der Planarität der Peptidbindung 180° (*trans*-Form, (*Z*)-Form) oder (energetisch ungünstiger) 0° (*cis*-Form, (*E*)-Form). Achtung: Die Deskriptoren *cis* und *trans* beziehen sich hier auf die relative Stellung der $C_\alpha$-Atome zueinander, die Bezeichnungen (*E*) und (*Z*) werden nach den Regeln für Doppelbindungen zugeordnet (▸Kap. 3.5.2; o Abb. 3.73, oben). Der Abstand der α-C-Atome beträgt in der *trans*-Form 3,8 Å, in der *cis*-Form 2,8 Å. Die Diederwinkel ψ und φ betragen jeweils 180° (bzw. 180° und –180°), wenn die Peptidkette eine vollständig gestreckte Konformation annimmt. Bei einer α-helicalen Konformation liegt der φ-Winkel etwa bei –60°, der ψ-Winkel etwa bei –30°. ψ und φ können jedoch nicht beliebige Werte annehmen, da sich bei bestimmten Werten, z. B. –90° und 90° oder 30° und –60° die Atome der Peptidkette sterisch behindern würden. Die erlaubten Werte der Winkel in einem Peptid mit definierter Sequenz zeigt der *Ramachandran*-Plot (o Abb. 3.73, unten; benannt nach dem indischen Biophysiker *G. N. Ramachandran*, 1968), in dem auf der x-Achse der Winkel φ und auf der y-Achse der Winkel ψ von jeweils –180° bis +180° aufgetragen sind.

# 4 Gesättigte Kohlenwasserstoffe

Alkane ... 99 | Monocyclische Alkane (Cycloalkane) ... 106 | Bi- und polycyclische Kohlenwasserstoffe ... 118

Gesättigte Kohlenwasserstoffe sind die einfachsten Verbindungen in der Organischen Chemie. Sie sind nur aus Kohlenstoff- und Wasserstoffatomen aufgebaut und enthalten ausschließlich Einfachbindungen. Nach ihrer Struktur werden sie unterteilt in **lineare** und **verzweigte Alkane** sowie in **Cycloalkane**, zu denen auch polycyclische Verbindungen zählen. Polycyclen lassen sich in Spirane, Brückenringsysteme, diamantoide Ringsysteme sowie kondensierte Ringsysteme unterscheiden. Zu den kondensierten Ringsystemen zählt auch Gonan, das Grundgerüst aller Steroide.

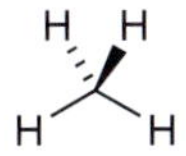

Methan
(das einfachste Alkan)

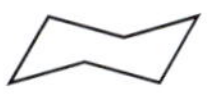

Cyclohexan
(ein cyclisches Alkan)

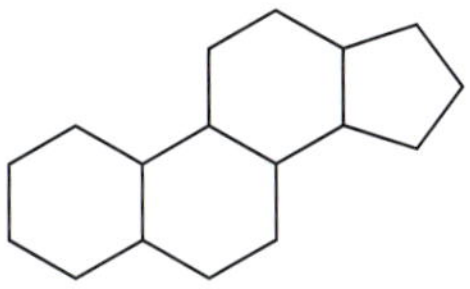

Gonan
(ein kondensiertes Ringsystem)

## 4.1 Alkane

### 4.1.1 Struktur und Eigenschaften

Die Stammverbindung der gesättigten Kohlenwasserstoffe ist das **Methan**, $CH_4$, ein Molekül, in dem ein $sp^3$-hybridisiertes C-Atom tetraedrisch von vier H-Atomen umgeben ist, die jeweils durch eine Einfachbindung an das C-Atom gebunden sind (○ Abb. 4.1). Man spricht in diesem Zusammenhang auch von einem **Kohlenstofftetraeder** (▸ Kap. 2.2.3, ▸ Kap. 3.1.2).

Vom Methan leiten sich letztendlich alle anderen organischen Verbindungen ab. Verknüpft man z. B. zwei C-Atome über eine C—C-Einfachbindung und bindet an den jeweils verbliebenen drei Bindungsstellen (Valenzen) an jedes C-Atom Wasserstoffatome, kommt man zum **Ethan,** $H_3C—CH_3$ (Summenformel $C_2H_6$). Bei drei C-Atomen erhält man das Propan, $H_3C—CH_2—CH_3$ ($C_3H_8$), bei vier C-Atomen analog das Butan $H_3C—CH_2—CH_2—CH_3$ ($C_4H_{10}$) und so weiter. Allgemein kommt man so zu den ***n*-Alkanen** mit der Summenformel $C_nH_{2n+2}$. Dies sind Kohlenwasserstoffe, bei denen die C-Atome zu einer linearen Kette verbunden sind. Die C-Atome am Kettenende tragen je drei H-Atome (**Methylgruppe,** **—$CH_3$**) und die C-Atome innerhalb der Kette je zwei H-Atome (**Methylengruppe,** **—$CH_2$—**). Eine solche systematische Reihe gleich aufgebauter Verbindungen, deren einzelne Vertreter sich jeweils durch ein gemeinsames Strukturelement unterscheiden (hier eine Methylengruppe), nennt man nach

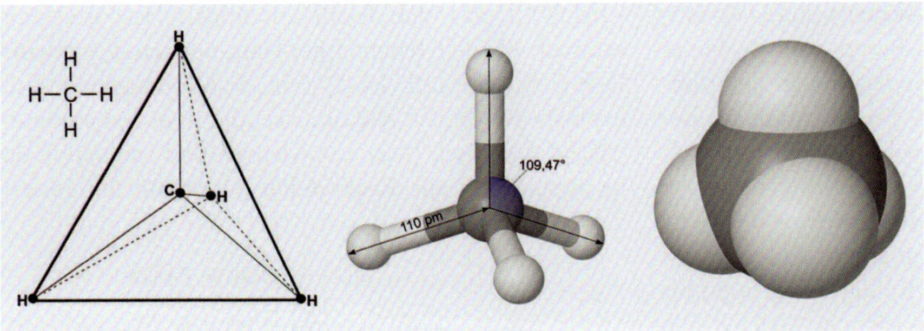


○ **Abb. 4.1** Verschiedene Darstellungen von Methan: Valenzstrichformel (oben links), schematische Raumstruktur (links), Kugelstabmodell mit Bindungslänge und -winkel (Mitte), Kalottenmodell (rechts)

4

| | | Sdp. |
|---|---|---|
| Methan | $CH_4$ | –161,5 °C |
| Ethan | $H_3C–CH_3$ | –88,6 °C |
| Propan | $H_3C–CH_2–CH_3$ | –42,2 °C |
| *n*-Butan | $H_3C–CH_2–CH_2–CH_3$ | –0,5 °C |
| *n*-Pentan | $H_3C–CH_2–CH_2–CH_2–CH_3$ | 36,1 °C |
| *n*-Hexan | $H_3C–CH_2–CH_2–CH_2–CH_2–CH_3$ | 68,8 °C |

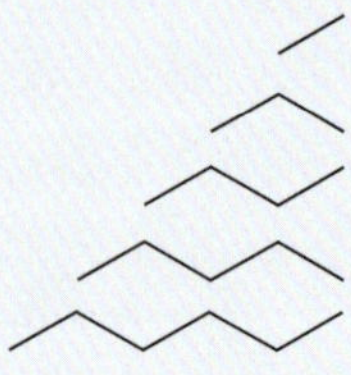

**o Abb. 4.2** Die homologe Reihe der *n*-Alkane von Methan bis Hexan. Die Alkane sind in der Konstitutionsformel (▸Kap. 3.1.2) angegeben, ab dem Ethan auch in der Skelettformel. Die Siedepunkte der einzelnen Verbindungen verdeutlichen den Einfluss der Kettenlänge auf die physikalischen Eigenschaften.

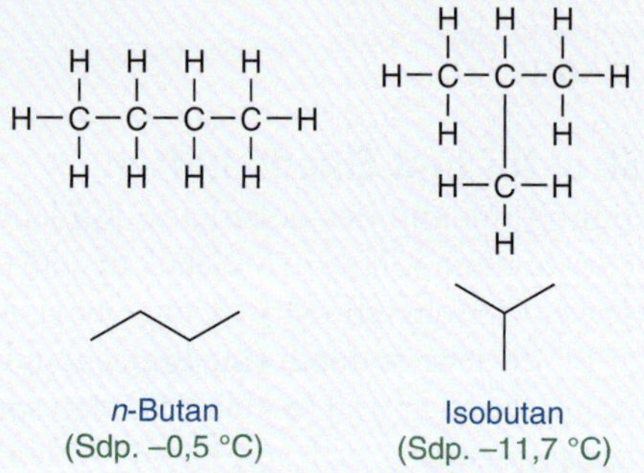


**o Abb. 4.3** Die zwei Konstitutionsisomere von Butan: *n*-Butan und Isobutan

*Gerhardt* (1845) eine **homologe Reihe**. Die ersten Vertreter der *n*-Alkane vom Methan bis zum Hexan sind in **o** Abb. 4.2 aufgeführt. Diese homologe Reihe kann über *n*-Heptan ($C_7H_{16}$), *n*-Octan ($C_8H_{18}$), *n*-Nonan ($C_9H_{20}$), *n*-Decan ($C_{10}H_{22}$) theoretisch endlos weitergeführt werden. Im Jahr 1952 wurde ein *n*-Alkan mit 100 Kohlenstoffatomen synthetisiert (*n*-Hectan, $C_{100}H_{202}$). Noch längere Ketten aus C-Atomen findet man im Kunststoff Polyethylen (▸Kap. 5.1.3). Durch **Röntgenstrukturanalysen** der Alkane konnte im Festkörper eine **zickzackförmige Struktur** der gestreckten Kohlenstoffkette nachgewiesen werden.

Die C-Atome in den Alkanen lassen sich jedoch nicht nur in Form einer linearen Kette miteinander verknüpfen; ab einer Anzahl von vier C-Atomen können auch **verzweigte Strukturen** auftreten. So existieren von Butan bereits zwei mögliche **Strukturisomere** (Konstitutionsisomere, ▸Kap. 3.1.2): *n*-Butan und Isobutan (2-Methylpropan), das eine Verzweigung in der Kohlenstoffkette besitzt (**o** Abb. 4.3). Das C-Atom an der Verzweigungsstelle des Isobutans besitzt nur ein Wasserstoffatom, man spricht von einer **Methingruppe**. An dieses C-Atom sind drei Methylgruppen ($—CH_3$) gebunden. Generell wird eine mit einem anderen Rest oder Substituenten verknüpfte Kohlenstoffgruppe als **Alkylgruppe** (abgekürzt als R) bezeichnet. So leitet sich z. B. vom Methan die Methylgrupe ($—CH_3$) ab, vom Ethan die Ethylgruppe ($—C_2H_5$) oder vom Propan die Propylgruppe ($—C_3H_7$). Durch die unterschiedliche Verknüpfung der Atome in den beiden isomeren Butanen ergeben sich auch unterschiedliche chemische und physikalische Eigenschaften, wie man z. B. anhand der Siedepunkte der beiden Verbindungen erkennt (**o** Abb. 4.3).

In älterer Literatur oder im technischen Zusammenhang werden Alkane auch als **Paraffine** bezeichnet (*parum affinis* = wenig reaktionsfreudig). Diese Bezeichnung rührt daher, dass Alkane sehr stabile Verbindungen sind und im Gegensatz zu anderen organischen Stoffklassen wie beispielsweise Alkoholen (▸Kap. 6) oder Alkenen (▸Kap. 5) gegenüber vielen Reagenzien keine oder nur eine sehr geringe Reaktivität zeigen. Dennoch ist die Bezeichnung Paraffine – angesichts der enormen technischen Bedeutung der Alkane – irreführend und auch aus chemischer Sicht überholt, da sich Alkane durchaus durch chemische Reaktionen in andere Stoffklassen überführen lassen (z. B. durch Halogenierung, Nitrierung, Sulfonierung, Sulfoxidation, Oxidation zu Fettsäuren etc.). Allerdings sind dabei meistens besondere Reaktionsbedingungen erforderlich (hohe Temperatur, Bestrahlung mit UV-Licht, hochreaktive Reagenzien o. Ä.). Die Bezeichnung **Aliphaten** (gr. *aleiphar* = Salbenöl) ist für die gesättigten Kohlenwasserstoffe daher besser geeignet, da es den hydrophoben Charakter dieser Verbindungsklasse widerspiegelt.

## Methan

Methan, $CH_4$, ist ein farb- und geruchloses Gas (Sdp. -161,5 °C), das sich leicht entzünden lässt und mit schwach-bläulich leuchtender Flamme brennt. Methan-Luft-Gemische mit 4,4–17 Vol.-% Methangehalt sind explosiv. Besonders reaktionsfreudig ist ein stöchiometrisches Gemisch (1:2) von Methan und Sauerstoff, da in diesem Fall alle Reaktanden quantitativ umgesetzt werden:

$$CH_4 + 2\,O_2 \longrightarrow CO_2 + 2\,H_2O$$

$$\Delta H = -803 \text{ kJ/mol}$$

### Exkurs: Methanhydrat (Methanclathrat)

Clathrate sind **Käfigeinschlussverbindungen** (lat. *clatratus* = vergittert), bei denen die Wirtsmoleküle, in diesem Fall Wasser, im festen Zustand eine käfigartige Struktur aufbauen, in der andere Gastmoleküle, hier Methan, eingeschlossen werden (○Abb. 4.4). Clathrate entstehen beispielweise in der Tiefsee, da dort das durch bestimmte *Archaeen* der Klasse *Methanobacteria* produzierte Methan auf ideale Druck- und Temperaturbedingen (ca. 20 bar, 4 °C) für die Bildung von stabilen Methanclathraten trifft. Die wahrscheinlich größten Lagerstätten solcher Clathrate befinden sich an den Kontinentalschelfen, wo geschätzte 12 Billionen Tonnen lagern; dies entspricht der doppelten Menge an Kohlenstoff, die in allen bekannten Erdöl-, Erdgas- und Kohlevorräten der Welt zusammen enthalten sind. Aufgrund dieser enorm großen Lagerstätten werden Methanclathrate als mögliche **Energielieferanten der Zukunft** diskutiert. Aufgrund der schlechten Zugänglichkeit der Gashydrate (Tiefsee, hoher Druck) existieren jedoch bislang keine Verfahren, die eine wirtschaftliche Förderung ermöglichen würden.

○ **Abb. 4.4** Struktur von Methanhydratkristallen (A): Die Methanmoleküle sind in eine Käfigstruktur eingeschlossen, die von Wassermolekülen (rot dargestellt, ohne H-Atome) durch Wasserstoffbrückenbindungen gebildet wird (Methanmoleküle als Kalottenmodell); Gashydrat aus dem sogenannten *Hydrate Ridge* vor Oregon, USA, geborgen aus 1 200 m Tiefe (B); brennendes Methanhydrat (C)

Methan findet sich insbesondere in unterirdischen **Erdgas**-Lagerstätten. Erdgas ist ein Gemisch aus verschiedenen gasförmigen und leichtflüchtigen Alkanen (Methan bis Heptan), die mit Wasserdampf, Kohlenstoffdioxid, Schwefelwasserstoff, Helium und Stickstoff angereichert sind. Auch in Steinkohleflözen oder Erdöllagerstätten kann Methan eingeschlossen sein, was beim Untertagebau zu Problemen führen kann. Beim Kohleabbau kann austretendes Methan mit Luftsauerstoff explosive Gemische bilden (sog. **Schlagende Wetter**).

Der Methangasgehalt in der Erdatmosphäre beträgt ca. 1,72 ppm. Methan war Bestandteil der Uratmosphäre und wird im Erdkern vermutet. In der Atmosphäre ist Methan eines der wichtigsten **Treibhausgase**; die Wirkung von 1 g Methan entspricht der Wirkung von 23 g Kohlenstoffdioxid ($CO_2$). Auf den Planeten Jupiter, Uranus, Neptun und Saturn ist Methan der Hauptbestandteil der Atmosphäre. Der Saturnmond Titan soll große Seen aus flüssigem Methan beheimaten. Auf der Erde kommt Methan neben den bereits erwähnten Erdgas-Lagerstätten auch in Permafrostgebieten und in der Tiefsee in gebundener Form vor (▸Exkurs: Methanhydrat). Methan kann vom Menschen leicht über die Lunge aufgenommen werden, es ist praktisch nicht toxisch. Erhöhte Methankonzentrationen (> 14 %) in der Atemluft können allerdings aufgrund der sauerstoffverdrängenden Wirkung leicht betäubend wirken.

### Ethan

Ethan, $C_2H_6$, kommt – wie Methan (s. oben) – im Erdgas vor. Auch bei der Erdölverarbeitung wird sogenanntes **Raffineriegas** freigesetzt, aus dem das Ethan für die Verwendung in der chemischen Industrie gewonnen werden kann. Es handelt sich um ein farb- und geruchloses Gas, das auf den Menschen schwach betäubend wirkt. Ethan ist sehr leicht entzündlich und brennt mit schwach leuchtender Flamme. Es ist etwa genauso schwer wie Luft und bildet mit dieser explosive Gemische. Die untere Explosionsgrenze liegt bereits bei 2,4 Vol.-%, die obere Explosionsgrenze bei 14,3 Vol.-%. Bei Kontakt mit starken Oxidationsmitteln, z. B. heißem Chlorgas, besteht Explosionsgefahr.

### Propan, Butan, Isobutan

Propan, $C_3H_8$, sowie Butan und Isobutan, jeweils $C_4H_{10}$, sind ebenfalls geruch- und farblose, leicht entzündliche Gase. Sie sind schwerer als Luft und haben sehr niedrige untere Explosionsgrenzen (1,4–1,7 Vol.-%). Die narkotisierende Wirkung ist bei diesen Gasen wesentlich schwächer als bei Methan oder Ethan. Propan und die isomeren Butane kommen im Erdgas und in den bei der Rohölverarbeitung entstehenden **Crackgasen** vor. Breite Verwendung finden sie als **Heizgase** (z. B. Camping- oder Feuerzeuggas) oder als **Treibgase** in Sprühdosen, wobei sie die früher genutzten Fluorchlorkohlenwasserstoffe (FCKW bzw. CFKW, Chlorfluorkohlen-

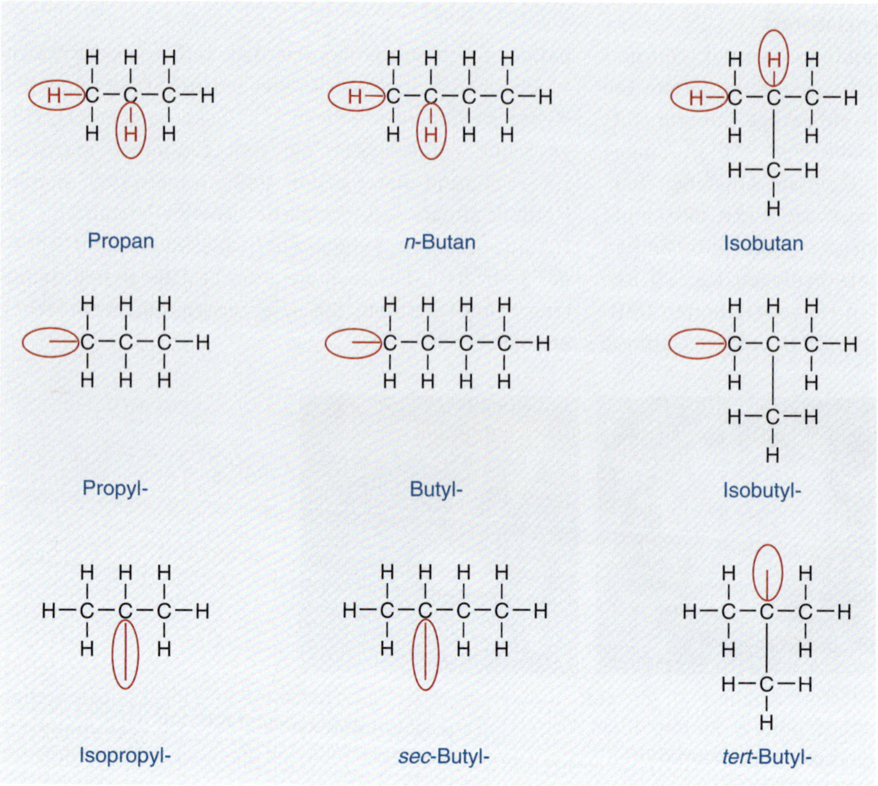


**o Abb. 4.5** Von den Stammverbindungen Propan, Butan und Isobutan (oben) leiten sich durch Entfernen jeweils eines H-Atoms (rot markiert) sechs unterschiedliche strukturisomere Alkylgruppen ab.

wasserstoffe, nach IUPAC; ▸Kap. 7.3.3) weitgehend verdrängt haben, da die FCKW bzw. CFKW zum Abbau der Ozonschicht beitragen und daher mittlerweile verboten sind.

Von Propan, Butan und Isobutan leiten sich insgesamt sechs Alkylreste ab (o Abb. 4.5), je nachdem, an welcher Stelle diese Reste mit einem anderen Molekül verknüpft sind. Die Isopropyl- und die *tert*-Butyl-Gruppe sind sehr voluminöse Gruppen, die durch ihren **sterischen Einfluss** (Sterik = räumliche Ausdehnung von Molekülen oder Gruppen) den Ablauf von chemischen Reaktionen beeinflussen können und daher häufig gezielt in Moleküle eingebaut werden. Die Vorsilbe ***Iso-*** bezeichnet in der organisch-chemischen Nomenklatur allgemein Kohlenstoffketten mit zwei Methylgruppen am Kettenende ($-CH(CH_3)_2$). Die Bezeichnungen ***sek*** (sekundär) und ***tert*** (tertiär) beziehen sich auf die Anzahl der zum ersten C-Atom der Gruppe direkt benachbarten Kohlenstoffatome. Bei den Kohlenstoffatomen unterscheidet man, je nachdem, wie viele weitere C-Atome direkt an sie gebunden sind, zwischen **primären** (ein C-Atom gebunden), **sekundären** (zwei C-Atome gebunden), **tertiären** (drei C-Atome gebunden) und **quartären** (vier C-Atome gebunden). Methan nimmt eine Sonderstellung ein, da sein C-Atom lediglich an vier H-Atome gebunden ist.

## Pentane und höhere Homologe

Vom Pentan, $C_5H_{12}$, existieren drei Konstitutionsisomere: das *n*-Pentan, das Isopentan und das Neopentan (o Abb. 4.6). Die Vorsilbe *Iso-* wurde bereits beim Isobutan erläutert (s. oben). Im Gegensatz zu Isoalkanen ($-CH(CH_3)_2$), die zwei endständige Methylgruppen am Kettenende aufweisen, besitzen ***Neoalkane*** drei endständige Methylgruppen am Kettenende ($-C(CH_3)_3$). Die Zahl der möglichen Konstitutionsisomere – beim Pentan sind es drei – steigt mit zunehmender Kettenlänge des Alkans rasch an. So gibt es beispielsweise vom Heptan, $C_7H_{14}$, neun Isomere und vom Dodecan, $C_{12}H_{26}$, bereits 355 Isomere. Die Verwendung der Vorsilben *Iso-* oder *Neo-* ist bei zunehmender Anzahl an Konstitutionsisomeren nicht mehr eindeutig. Zur exakten Bezeichnung verwendet man daher die systematische **IUPAC-Nomenklatur**. Danach werden verzweigte Alkane benannt, indem man die längste Kohlenstoffkette (Hauptkette) durchnummeriert und dann die Position der Alkylgruppen durch die Nummer des jeweiligen Kohlenstoffes der Hauptkette angibt, an das diese Alkylgruppe gebunden ist. Die **Nummerierung** wird so gewählt, dass die Substituenten möglichst kleine Positionsnummern erhalten.

## Schmelz- und Siedepunkte der Alkane

Die ersten vier Alkane sind bei Raumtemperatur gasförmig, *n*-Pentan sowie seine höheren Homologen bis zum *n*-Heptadecan ($C_{17}H_{36}$) sind flüssig, die höheren

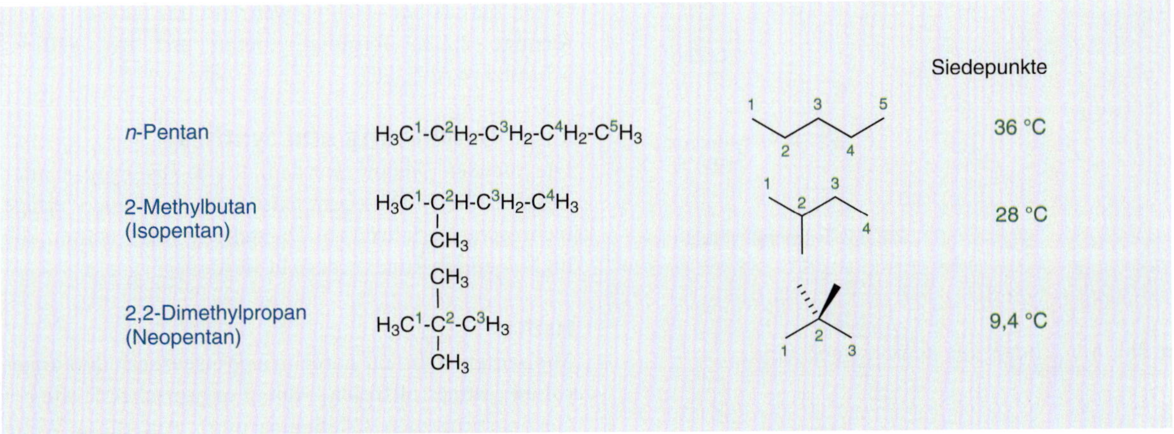


**o Abb. 4.6** Die drei Konstitutionsisomere von Pentan

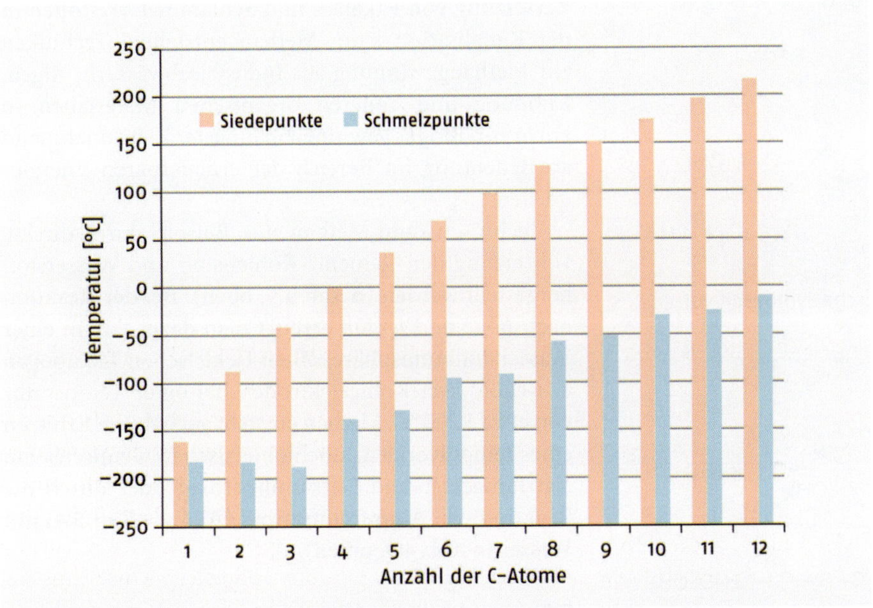


**o Abb. 4.7** Schmelz- und Siedepunkte der *n*-Alkane von Methan bis Dodecan

Alkane sind fest (o Abb. 4.7). Innerhalb der homologen Reihe der *n*-Alkane beobachtet man also ein Ansteigen der **Siedepunkte**, jedoch nimmt die Differenz zwischen den Siedepunkten zweier benachbarter *n*-Alkane mit steigender relativer Molekülmasse ab. Daraus folgt, dass sich die niederen Alkane leichter durch fraktionierende Destillation trennen lassen als die höheren. Während die gasförmigen und festen Alkane geruchlos sind, weisen die flüssigen den typischen Benzingeruch auf. In Wasser sind alle Alkane unlöslich. Es handelt sich um hydrophobe, unpolare Verbindungen.

Die Siedepunkte der *n*-Alkane liegen ausnahmslos höher als die der isomeren, verzweigten Kohlenwasserstoffe, da die relative Moleküloberfläche der verzweigten Alkane geringer ist und somit weniger intermolekulare Wechselwirkungen (***Van-der-Waals*-Kräfte**) zwischen ihnen wirken. Beispielsweise siedet *n*-Butan bei −0,5 °C, Isobutan, das als Kältemittel anstelle von FCKW in Kühlschränken verwendet wird, bei −11,7 °C. Auch die **Schmelzpunkte** der *n*-Alkane und ihrer verzweigten Isomere unterscheiden sich (z. B. *n*-Pentan −130 °C, Neopentan −16 °C). Für diese Unterschiede sind wiederum die unterschiedlichen *Van-der-Waals*-Kräfte verantwortlich: Mit abnehmender relativer Oberfläche der stärker verzweigten Isomere werden die *Van-der-Waals*-Wechselwirkungen zwischen den Molekülen geringer, wodurch die Schmelzpunkte sinken. Andererseits ist – im Gegensatz zur Betrachtung der Siedepunkte – auch ein starker Einfluss der **Molekülsymmetrie** auf den Schmelzpunkt zu beobachten. Je symmetrischer und damit kugelförmiger ein Molekül ist, desto dichter lassen sich die Moleküle der Verbindung im Kristall (Feststoff) anordnen und desto höher liegt der Schmelzpunkt des jeweiligen Stoffes. Bei den höheren Alkanen sinkt daher bei steigendem Verzweigungsgrad zunächst der Schmelzpunkt (geringere

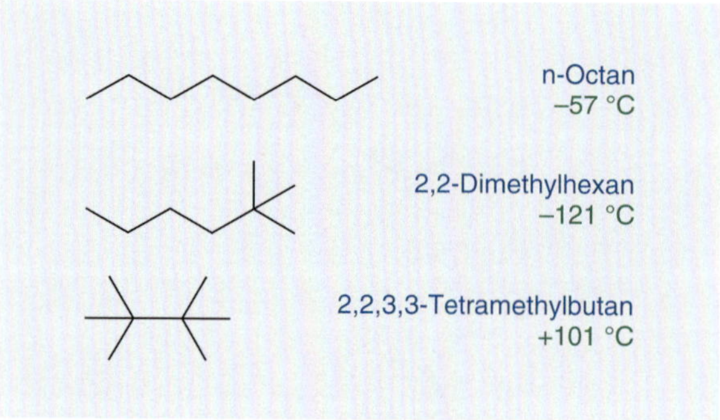


**○ Abb. 4.8** Schmelzpunkte isomerer Octane

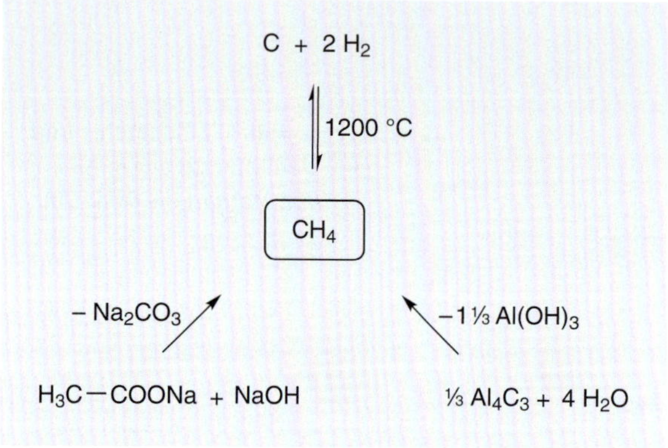


**○ Abb. 4.9** Verschiedene technische Synthesen von Methan

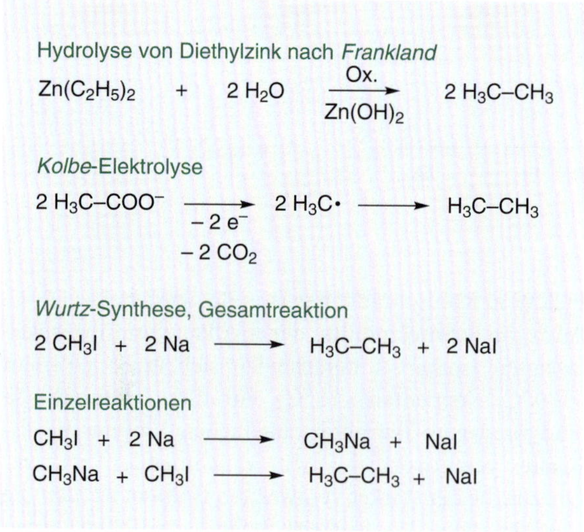


**○ Abb. 4.10** Verschiedene Möglichkeiten zur Darstellung von Ethan: Hydrolyse von Diethylzink nach *Frankland*, *Kolbe*-Elektrolyse sowie *Wurtz*-Synthese

Moleküloberfläche), bis er dann bei den hochverzweigten, nahezu kugelförmigen Isomeren aufgrund der guten **Packungsdichte im Kristall** wieder deutlich zunimmt. Das Beispiel der isomeren Octane verdeutlicht dieses Phänomen: *n*-Octan schmilzt bei einer Temperatur von −57 °C, das verzweigte 2,2-Dimethylhexan bereits bei −121 °C, während das nahezu kugelförmige 2,2,3,3-Tetramethylbutan erst bei +101 °C schmilzt (○ Abb. 4.8).

## 4.1.2 Gewinnung und Synthese

Die meisten Alkane werden direkt aus Erdgas oder Erdöl isoliert. Daneben existieren aber auch einige technische Verfahren zur Darstellung von Alkanen, die im Folgenden kurz vorgestellt werden.

### Methan

Methan entsteht auf natürliche Weise durch den **anaeroben (sauerstofffreien) Abbau organischer Stoffe** bei Gärungsprozessen (Methangärung). Auf diese Weise sind auch die Methanvorkommen in den Erdgaslagerstätten vor Jahrmillionen entstanden. Auch durch die Zersetzung von Fäkalien und Schlammabsitzstoffen in der Kanalisation kann Methan entstehen. Techniken zur Methangewinnung aus Industrieabwässern, Algen, Kuhdung und anderen organischen Materialien in Form von **Biogas** gewinnen in jüngster Zeit zunehmend an Bedeutung im Bereich der erneuerbaren Energiequellen.

Technisch kann Methan zum Beispiel durch direkte Umsetzung der Elemente Kohlenstoff und Wasserstoff hergestellt werden (○ Abb. 4.9, oben). Bei der Reaktion nach *Bone* und *Jerdan* erzeugt man dazu, z. B. in einer Wasserstoffatmosphäre, einen elektrischen Lichtbogen zwischen zwei Kohleelektroden bei einer Temperatur von etwa 1 200 °C. Methan entsteht auch durch Erhitzen eines feinpulverigen, stöchiometrischen Gemischs von Natriumacetat und Natriumhydroxid oder durch die Reaktion von Aluminiumcarbid ($Al_4C_3$; ▸ Kap. 5.4) mit Wasser (○ Abb. 4.9, unten).

### Ethan und höhere Alkane

Verschiedene Möglichkeiten zur Darstellung von Ethan sind in ○ Abb. 4.10 zusammengefasst. Durch die Hydrolyse von Diethylzink (*Frankland* 1850, ▸ Kap. 11.3.2) kann reines Ethan gewonnen werden. Diese Synthese hat heute kaum noch Bedeutung, bot jedoch eine der ersten Möglichkeiten, Ethan unter Laborbedingungen rein darzustellen. Ein Jahr zuvor entdeckte *Hermann Kolbe* die erste organische Elektrosynthese, die nach ihm benannte ***Kolbe*-Elektrolyse**. Hierbei wird eine Spannung zwischen zwei Elektroden angelegt, die sich in einer gesättigten Lösung eines Carboxylates, z. B. Natriumacetat, befinden. Es findet eine **anodische Decarboxylierung** statt. Dabei entstehen im Falle von Natriumacetat Methylradikale, die auf der Elektrodenoberfläche absorbiert werden und dort schnell zu Ethan dimerisieren. Mithilfe der ***Wurtz*-Synthese** (1855; gesprochen „Würtz"-Synthese) kann Ethan aus Methylhalogeniden und elementarem Natrium dargestellt werden. Im ersten Schritt der *Wurtz*-Synthese bil-

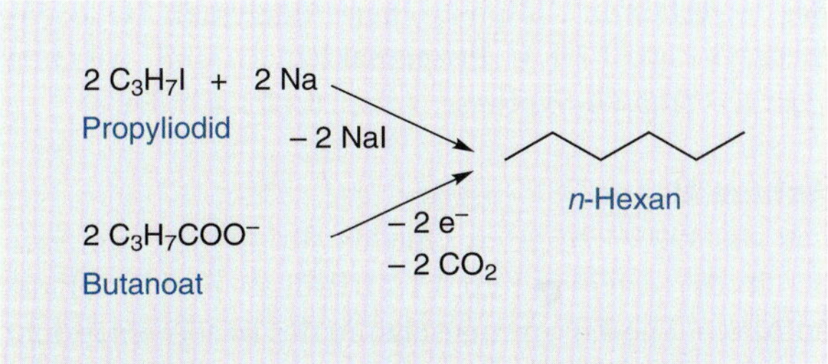


**o Abb. 4.11** *Wurtz*-Synthese (oben) und *Kolbe*-Elektrolyse (unten) lassen sich auf verschiedenste Edukte anwenden und eignen sich, um eine Vielzahl von Alkanen darzustellen. In diesem Beispiel reagieren Propyliodid bzw. Butanoat zu *n*-Hexan.

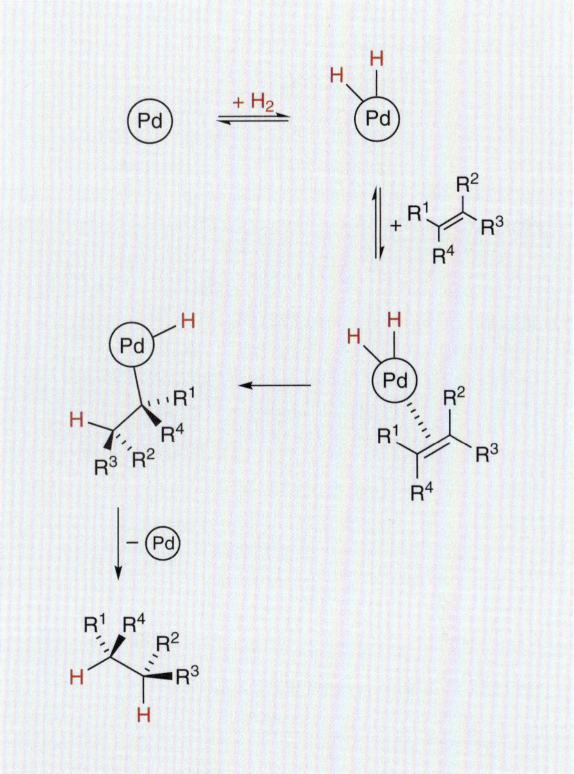


**o Abb. 4.12** Bei der katalytischen Hydrierung handelt es sich um eine *syn*-Addition von $H_2$ an eine C=C-Doppelbindung. Hierbei wird zunächst der Wasserstoff an der Palladiumoberfläche gebunden, wo er in zwei H-Atome dissoziiert. Diese reagieren schrittweise mit dem Alken und ergeben so das Alkan, das sich anschließend vom Pd-Katalysator löst.

$$CH_4 + H_2O \xrightleftharpoons{(Ni)} CO + 3\,H_2 \qquad \Delta H = +205\ \text{kJ/mol}$$

$$CO + H_2O \rightleftharpoons CO_2 + H_2 \qquad \Delta H = -42\ \text{kJ/mol}$$

**o Abb. 4.13** Gewinnung von Synthesegas aus Methan: Das im ersten Schritt (oben) entstehende Kohlenstoffmonoxid wird durch die im zweiten Schritt (unten) erfolgende Konvertierung zu $CO_2$ und $H_2$ umgesetzt. Insgesamt erhält man so aus Wasser und Methan ein Gemisch aus Wasserstoff und Kohlendioxid (mit geringen Anteilen an CO).

den sich aus dem **Methylhalogenid** (in o Abb. 4.10 Methyliodid) durch Halogen-Metall-Austausch Methylnatrium (▸ Kap. 11.1) und Natriumiodid. Das Methylnatrium reagiert im Folgeschritt wahrscheinlich in einer **nucleophilen Substitution** (auch radikalische Mechanismen werden diskutiert) mit einem weiteren Äquivalent Methyliodid zu Ethan und Natriumiodid.

Sowohl durch die *Wurtz*-Synthese als auch durch die *Kolbe*-Elektrolyse lassen sich bei Verwendung anderer Edukte die unterschiedlichsten Alkane darstellen. So kann beispielsweise mithilfe der *Wurtz*-Synthese aus Propyliodid und Natrium (o Abb. 4.11, oben) bzw. mithilfe der *Kolbe*-Elektrolyse aus dem Natriumsalz der Buttersäure (Butansäure; o Abb. 4.11, unten) jeweils *n*-Hexan dargestellt werden.

Auch die **katalytische Hydrierung** von Alkenen, die ebenfalls aus dem Erdgas bzw. dem Erdöl zugänglich sind, ergibt Alkane (▸ Kap. 5.1.3). Die Reaktion verläuft unter milden Bedingungen (Raumtemperatur und Atmosphärendruck) auf der Oberfläche eines Edelmetallkatalysators, z. B. auf einer Palladiumoberfläche. Aus sterischen Gründen findet bevorzugt eine *syn*-Addition statt, da die beiden H-Atome von der gleichen Seite her, nämlich von der Katalysatoroberfläche, auf die Doppelbindung des Alkens übertragen werden (o Abb. 4.12).

## 4.1.3 Reaktionen und Anwendungen

### Methan

Methan dient als Ausgangsstoff wichtiger technischer Synthesen, z. B. zur Darstellung von Chlor- und Dichlormethan, Methanol und Formaldehyd sowie von Schwefelkohlenstoff, Acetylen und Blausäure. Es wird jedoch nur ein geringer Teil des gewonnenen Methans für synthetische Prozessen verwendet, weitaus wichtiger ist sein Einsatz als **Brennstoff** für Gasheizungen und Warmwassergeräte (Durchlauferhitzer). Methan wird auch in Form von Flüssiggas unter der Bezeichnung LNG (*liquified natural gas* = flüssiges Erdgas) als Treibstoff für Erdgasautos genutzt. Durch Pyrolyse von Methan in Gegenwart von überschüssigem Wasserstoff (99 % $H_2$, 1 % $CH_4$, Vakuum, 800–1 200 °C, u. U. temperiert durch Plasma oder Laser) lassen sich nach dem CVD-Verfahren (*chemical vapor deposition*) Diamanten aus der Gasphase abscheiden.

Technisch relevant ist die Herstellung von **Synthesegas** (Kohlenstoffmonoxid und Wasserstoff) aus Methan durch Dampfspaltung (*steam reforming*) bei 700–1 400 °C am Nickelkontakt (o Abb. 4.13, oben). Bei dieser Redox-Reaktion wird Methan zunächst zu Koh-

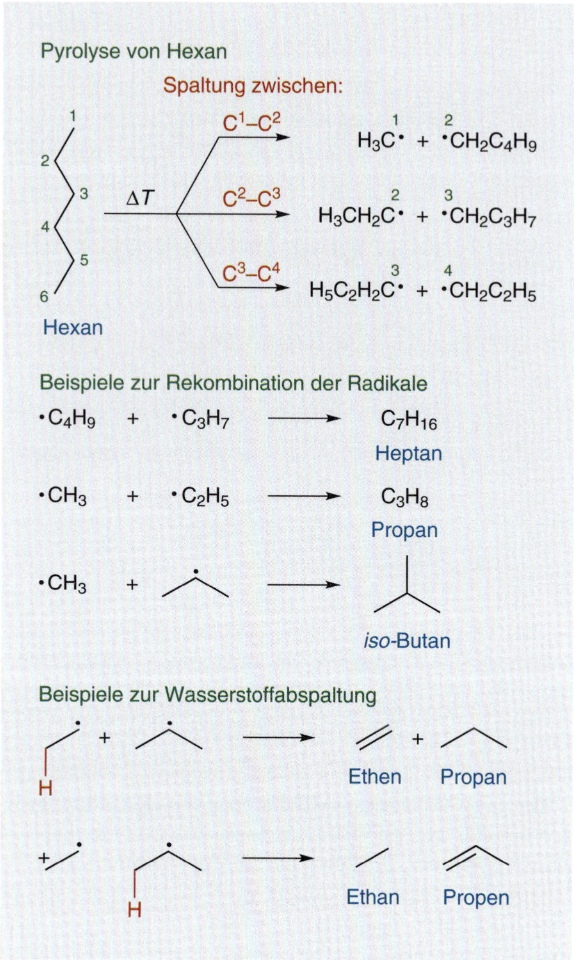


**o Abb. 4.14** Beim Cracken von z. B. Hexan entstehen unter Kettenspaltung unterschiedlichste gesättigte und ungesättigte Kohlenwasserstoffe. Es findet zuerst eine thermische Spaltung in Radikale statt (oben), die dann rekombinieren (Mitte) oder unter H-Abstraktion (unten) reagieren. Durch H-Abstraktion aus einem Alkan und Rekombination der Radikale können auch verzweigte Alkane entstehen.

lenstoffmonoxid oxidiert und Wasser zu Wasserstoff reduziert. Das dabei entstandene, unerwünschte Kohlenstoffmonoxid kann durch Konvertierung im Wasserdampf weiter zu $CO_2$ oxidiert werden (o Abb. 4.13, unten). Je nach Verfahren läuft diese exotherme Reaktion bei Temperaturen von 180–450 °C in Gegenwart von Katalysatoren ab. Der Unterschied der Hoch-, Mittel- bzw. Tieftemperaturkonvertierung liegt v. a. in der Lage des Gleichgewichts; bei niedrigen Temperaturen kann der geringste CO-Gehalt (0,2 %) erreicht werden, da das Gleichgewicht des zweiten, exothermen Reaktionsschrittes bei niedrigen Temperaturen nach rechts verschoben wird. In technischen Anlagen werden Hoch- und Tieftemperaturkonvertierung häufig hintereinandergeschaltet. Das erhaltene Synthesegasgemisch wird zur industriellen Herstellung von Methanol (Methanolsynthese, ▸ Kap. 6.1.2), Ammoniak (*Haber-Bosch*-Verfahren), aliphatischen Aldehyden (Oxosynthese, ▸ Kap. 12.1.4, Propionaldehyd) und Alkanen (*Fischer-Tropsch*-Synthese, ▸ Kap. 6.1.2) genutzt.

### Weitere Alkane

Die weitaus wichtigsten Quellen für Alkane sind, wie bereits dargestellt (▸ Kap. 4.1.2), **Erdgas- und Erdölvorkommen.** Die Zusammensetzung des Erdöls entspricht jedoch nicht der Verteilung an kürzeren und längerkettigen Alkanen, wie sie von der Industrie benötigt wird. In der Regel werden mehr kurzkettige Verbindungen benötigt, die z. B. bessere Verbrennungseigenschaften in Ottomotoren haben (höhere Oktanzahl). Daher werden bei der Aufbereitung von Erdöl und Erdgas durch das Verfahren des **thermischen Crackens** (thermisches Spalten von Alkanen) langkettige Alkane durch homolytische Bindungsspaltung und nachfolgende Rekombination oder Wasserstoffübertragungen der entstandenen Radikale in andere Verbindungen überführt (o Abb. 4.14). Der erste Schritt ist die **Pyrolyse,** bei der thermisch eine C—C-Bindung homolytisch in zwei Alkylradikale gespalten wird. Die Pyrolyse läuft spontan erst bei einer Temperatur von ca. 800 °C ab. Durch die Verwendung von Katalysatoren und unter erhöhtem Druck (80–200 bar) kann die Bindungsspaltung bereits bei ca. 400 °C stattfinden. Danach können dann Rekombination und Wasserstoffabspaltung erfolgen. Bei der **Rekombination** bilden zwei der Radikale unter Bildung eines neuen (nicht immer kürzeren) Alkans eine C—C-Bindung aus. Bei der **Wasserstoffabspaltung** reagiert eines der gebildeten Radikale mit einem H-Atom eines anderen Radikals, sodass ein Alkan und ein Alken entstehen (Disproportionierung). Die Radikale können auch von einem Alkan ein H-Atom abspalten, wobei ein neues, in der Regel verzweigtes Alkylradikal entsteht. Beim Cracken werden daher auch lineare Alkane in verzweigte Alkane umgewandelt.

**Radikalische Substitutionsreaktionen** wie z. B. die Halogenierung sind die wichtigsten Reaktionen der Alkane, da so die wenig reaktiven Alkane in reaktivere und damit synthetisch wertvollere Verbindungen überführt werden können. Auf die Halogenierung wird bei den Halogenalkanen näher eingegangen (▸ Kap. 7.1.2).

## 4.2 Monocyclische Alkane (Cycloalkane)

### 4.2.1 Struktur und Eigenschaften

Das chemische Verhalten der monocyclischen Alkane (**Cycloalkane**; auch als **Alicyclen** bezeichnet) ist abhängig von ihrer Ringgröße und der daraus resultierenden Ringspannung (▸ Kap. 3.8.1). Die gesättigten, cyclischen Kohlenwasserstoffe bilden eine homologe Reihe mit der allgemeinen Summenformel $C_nH_{2n}$. Ihre

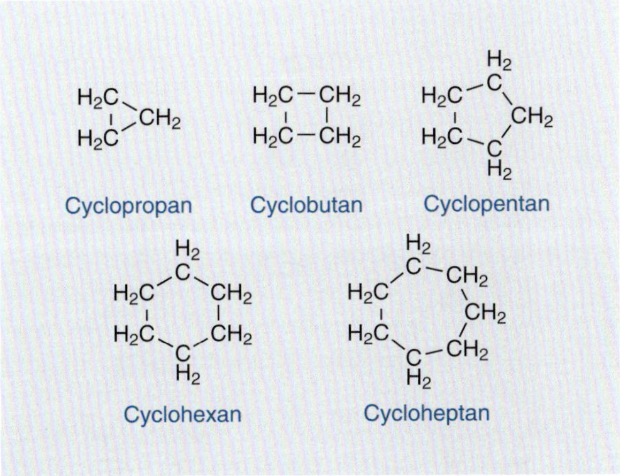


**Abb. 4.15** Die homologe Reihe der alicyclischen Kohlenwasserstoffe von Cyclopropan bis Cycloheptan

Bezeichnung entspricht der ihrer offenkettigen Analoga (▸Kap. 4.1) mit dem zusätzlichen Präfix **„Cyclo"**. Die ersten Vertreter der Cycloalkane sind Cyclopropan, Cyclobutan, Cyclopentan, Cyclohexan, Cycloheptan usw. (Abb. 4.15).

Die Cycloalkane und ihre Derivate weisen in Abhängigkeit von der Zahl ihrer Ringglieder Unterschiede in ihrer **Bildungstendenz** und **Ringstabilität** auf. Besonders stabil sind Fünf- und Sechsringe. Aus diesem Grund sind diese auch in vielen Naturstoffen als Strukturelemente anzutreffen. Beispielsweise bestehen die im kaukasischen Erdöl vorkommenden **Naphthene** (ältere Bezeichnung für Cycloalkane) insbesondere aus Cyclopentan- und Cyclohexanderivaten. Die wichtigste Naturstoffklasse innerhalb der alicyclischen Verbindungen ist die der **cyclischen Terpene** (▸Kap. 26), in denen vielfach auch drei- und viergliedrige Ringe auftreten können; zwei Beispiele für cyclische Terpene finden sich Abb. 4.16. Drei- und Vierringe sind im Vergleich zu den Fünf- und Sechsringen sehr viel reaktionsfreudiger und sehr viel weniger stabil. *A. v. Baeyer* ging im Jahr 1885 der Frage nach, warum gerade die kleinen Ringsysteme instabil sind, und führte den Begriff der **Ringspannung** ein. Danach sind insbesondere Drei- und Vierringe weniger stabil als größere Ringe, da bei ihnen die C—C-Bindungswinkel deutlich vom idealen Tetraederwinkel abweichen und zudem abstoßende ekliptische Wechselwirkungen benachbarter C—H-Bindungen auftreten (▸Kap. 3.8.1).

## Einteilung der Cycloalkane

Die cyclischen Kohlenwasserstoffe besitzen in Abhängigkeit von ihrer **Ringgröße** unterschiedliche strukturelle und chemische Eigenschaften. Man kann sie daher grob in „kleine" (3–4 C-Atome), „normale" (5–7) und „mittlere" (8–12) und „große" (> 12) Cycloalkane einteilen (*H. C. Brown*, 1951).

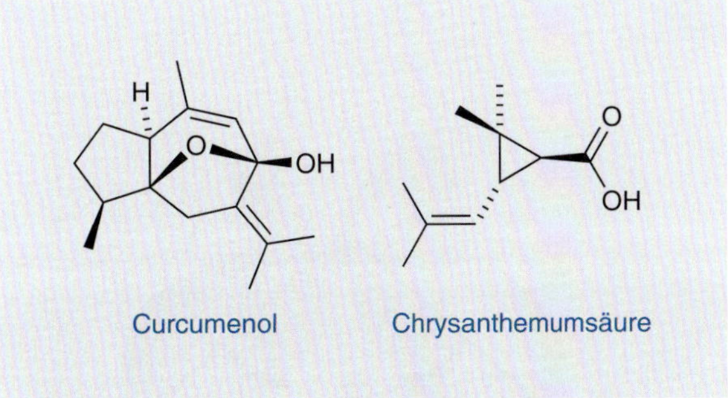


**Abb. 4.16** Curcumenol (links) ist ein cyclisches Terpen der Curcuma-Art *Curcuma zedoaria turmeric*. Das aus den Wurzeln der Pflanze gewonnene Öl (*Zedoary turmeric oil*) wird in der traditionellen chinesischen Medizin (TCM) als Mittel gegen Entzündungserkrankungen und Krebs verwendet. In der Struktur sind sowohl ein Cyclopentan- als auch ein Cycloheptenring erkennbar.
Chrysanthemumsäure (rechts) ist ein Terpen mit Cyclopropangerüst, dessen Ester Hauptbestandteile des Pyrethrums, eines natürlichen Insektizides sind. Von der Chrysanthemumsäure leitet sich die Insektizid-Klasse der Pyrethroide ab.

## Kleine Kohlenstoffringe

### Cyclopropan

Cyclopropan, $C_3H_6$, ist unter Normalbedingungen ein farbloses, etherisch riechendes Gas. Es hat einen Schmelzpunkt von −128 °C und siedet bei einer Temperatur von −33 °C. Cyclopropan ist sowohl in wässrigen als auch in organischen Medien löslich, wirkt betäubend und ruft Herzrhythmusstörungen hervor. Im Gemisch mit Luft ist es in Konzentrationen von 2,41 bis 10,3 Vol.-% explosiv.

Der Kohlenstoff-Dreiring weist eine Spannungsenergie von 115,6 kJ/mol auf. Cyclopropan ist daher sehr viel reaktiver, als man für ein Alkan erwarten sollte. In einem gleichseitigen Dreieck betragen die Bindungswinkel 60° und weichen somit erheblich vom idealen Tetraederwinkel (109°) ab (*Baeyer*-Spannung, ▸Kap. 3.8.1). Aus **Elektronenbeugungsaufnahmen** (*Bastiansen* und *Hassel*) geht allerdings hervor, dass im Cyclopropan das Maximum der Elektronendichte und damit die Bindung nicht entlang der Kern-Kern-Verbindungsachse verlaufen, sondern nach außen verschoben ist. Die Orbitale der C—C-Bindungen weisen daher einen Winkel von „nur" 101° auf (was aber immer noch deutlich gespannt ist). Die H—C—H-Winkel betragen fast 120° und werden durch die Ebene der C-Atome halbiert. Hiermit im Einklang steht das Bild der gebogenen **„Bananen"-Bindungen**, die durch die unvollständige, nichtlineare Überlappung der $sp^3$-Hybridorbitale der C-Atome entstehen (*Coulson-Moffitt*-Modell; Abb. 4.17, links). Die schlechtere Überlappung der Orbitale wird durch die Winkelaufweitung und die damit verbundene verringerte *Bayer*-Spannung zumindest teilweise ausgeglichen.

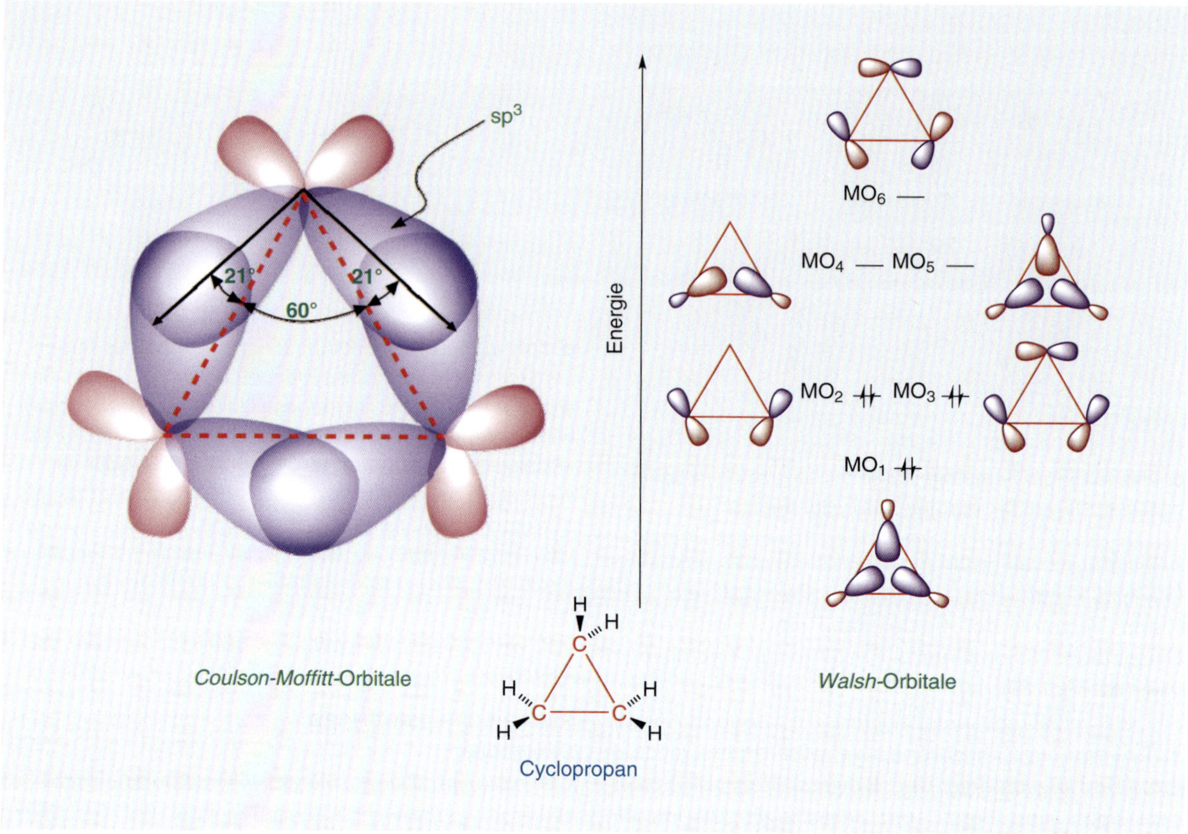


**Abb. 4.17** Bindungsmodelle von Cyclopropan. Im Modell nach *Coulson-Moffitt* (links) bilden die sp$^3$-Hybridorbitale durch Überlappung außerhalb der Bindungsachse Bananen-Bindungen aus. Im Modell nach *Walsh* (rechts) sind die C-Atome sp$^2$-hybridisiert.

Von *Walsh* wurde ein alternatives Bindungsmodell vorgeschlagen, das auf sp$^2$-hybridisierten Orbitalen beruht (Abb. 4.17, rechts). Hierbei liegen die p-Orbitale der drei C-Atome in der Ringebene und jeweils eines der sp$^2$-Orbitale deutet in das Innere des Rings. Durch die Wechselwirkung dieser sechs Orbitale entstehen insgesamt sechs sogenannte ***Walsh*-Orbitale**, mit denen sich die chemische Reaktivität des Cyclopropans gut verstehen lässt. In vielen Reaktionen verhält sich Cyclopropan sehr ähnlich wie ein Alken und reagiert unter Addition bei gleichzeitiger Öffnung des Dreirings. Das *Walsh*-Modell spiegelt diesen $\pi$-Charakter der C—C-Bindungen besser wider als das Modell der Bananenbindungen. Auch die Ergebnisse entsprechender physikalischer Messungen (z. B. Kopplungskonstante $^1J_{(^{13}CH)}$ = 162 Hz) lassen sich mit dem *Walsh*-Modell gut erklären. Die Verkürzung der C—C-Bindung auf 152 pm gegenüber 153,4 pm zwischen reinen sp$^3$-hybridisierten Atomen (z. B. im Ethan) kann mit beiden Modellen in Einklang gebracht werden.

### Cyclobutan und seine Derivate

Cyclobutan, $C_4H_8$, hat einen Siedepunkt von 12 °C und ist beständiger als Cyclopropan. Es reagiert bei Raumtemperatur nicht mit Schwefelsäure, Bromwasserstoff oder Brom. Seine katalytische Hydrierung zu *n*-Butan erfordert drastischere Bedingungen als die Hydrierung von Cyclopropan zu Propan, sie läuft unter Nickelkatalyse erst bei einer Temperatur von 227 °C (vgl. Cyclopropan: 177 °C) ab.

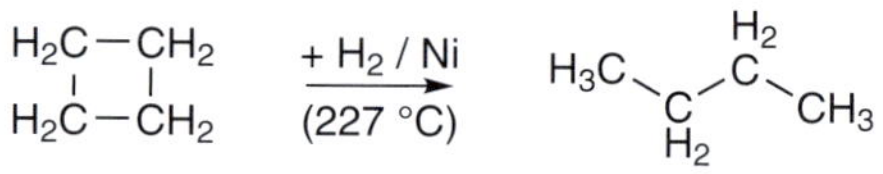


Der Vierring ist nicht planar, sondern ein C-Atom ist um ca. 26° aus der Ebene gefaltet (Abb. 4.18, links; vgl. ▸Kap. 3.8.2). Im Gegensatz zu Cyclopropan (152 pm) und offenkettigen Alkanen (154 pm) sind zudem beim Cyclobutan die C—C-Bindungen mit 157 pm etwas länger (Abb. 4.18, rechts). Dies wird auf die sich im Vierring gegenüberliegenden, nicht direkt aneinander gebundenen C-Atome zurückgeführt, die nur einen Abstand von 222 pm zueinander besitzen und sich daher sterisch abstoßen.

## Normale Kohlenstoffringe

### Cyclopentan und seine Derivate

Cyclopentan, $C_5H_{10}$, hat einen Siedepunkt von 50 °C und weist nur noch eine sehr geringe Ringspannung auf, die im Wesentlichen auf ekliptisch stehende H-Atome zurückzuführen ist (*Pitzer*-Spannung; ▸Kap. 3.8.1). Obwohl in einem planaren Fünfring nahezu ideale Tetraederwinkel vorliegen, ist das Ringsystem (○ Abb. 4.19) nicht planar, sondern nur vier der fünf C-Atome liegen in einer Ebene, eines ist aus der Ebene gekippt. Die Konformation des Cyclopentans ähnelt damit einem Briefumschlag. In einer solchen Anordnung wird die Anzahl der ekliptisch stehenden C—H-Bindungen im Vergleich zur planaren Struktur, in der alle zehn C—H-Bindungen ekliptisch stehen, verringert. Dadurch erhöht sich zwar die Winkelspannung etwas, aber die *Pitzer*-Spannung wird abgebaut.

Cyclopentan ist deutlich weniger reaktiv als die gespannten Verbindungen Cyclobutan und Cyclopropan. Bei der katalytischen Hydrierung öffnet sich der Ring z. B. erst ab Temperaturen von 300 °C, wobei *n*-Pentan entsteht (*Zelinsky*). Das chemische Verhalten des Cyclopentans ähnelt weitgehend dem acyclischer Alkane.

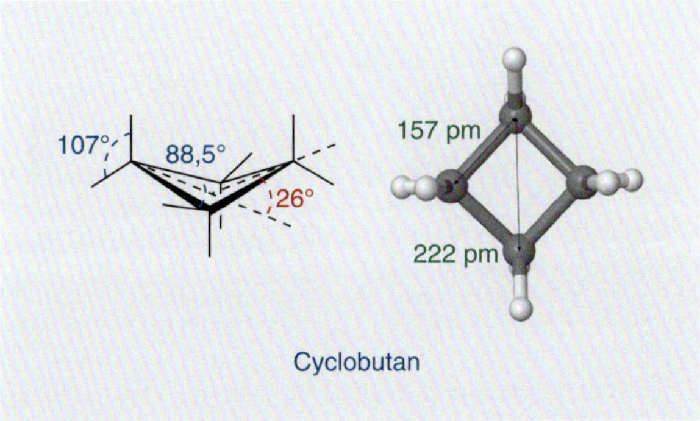


○ **Abb. 4.18** Cyclobutan in der dreidimensionalen Darstellung. Der Vierring ist nicht planar, sondern um ca. 26° aus der Ebene gefaltet (links). Der C—C-Bindungsabstand ist mit 157 pm etwas größer als der einer normalen C—C-Einfachbindung (154 pm), da der Abstand der sich jeweils gegenüber liegenden C-Atome mit 222 pm sehr gering ist (rechts).

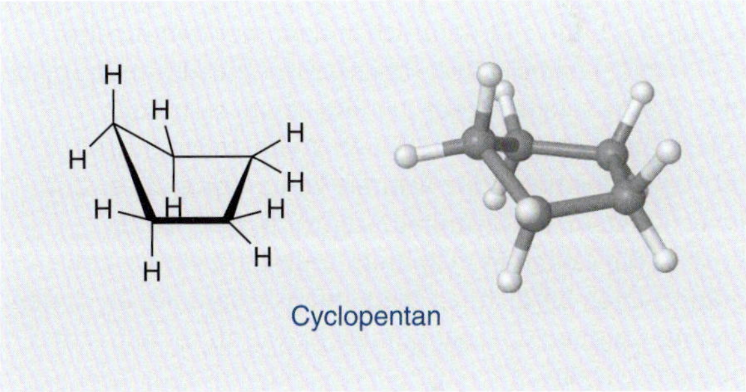


○ **Abb. 4.19** Cyclopentan liegt in einer nichtplanaren Konformation (sogenannte Briefumschlag-Konformation) vor.

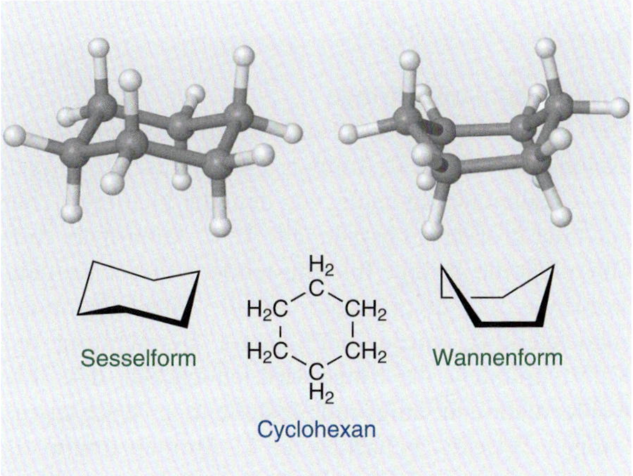


○ **Abb. 4.20** Cyclohexan in der Sessel- und in der Wannenform

## Cyclohexan und seine Derivate

Cyclohexan ist ein sechsgliedriger, alicyclischer, gesättigter Kohlenwasserstoff, der technisch durch erschöpfende Hydrierung aus Benzen gewonnen wird. Es ist unter Normalbedingungen flüssig, gefriert bei einer Temperatur von 6,4 °C und geht ab 80,7 °C in die Gasphase über. Cyclohexan kann zwei Konformationen einnehmen, bei denen alle Kohlenstoffatome nahezu ideale Tetraederstruktur aufweisen. Diese Konformationen wurden im Jahr 1890 von *Sachse* als **Sesselform** und **Bootform** (**Wannenform**) bezeichnet (○ Abb. 4.20). Tatsächlich ist nur die Sesselkonformation stabil, da in der Wannenform sterische Wechselwirkungen zwischen den sich gegenüber stehenden H-Atomen an C1 und C4 auftreten. Allerdings existieren zwei Sesselformen, die sich durch Ringinversion ineinander überführen lassen. Dabei werden auch sogenannte *twist*-Formen als Zwischenstufen durchlaufen. Eine detaillierte Beschreibung der Konformationseigenschaften des Cyclohexans findet sich in ▸Kap. 3.8.2.

## Inosite

Inosite sind Cyclohexanderivate, die den Zuckeralkoholen verwandt sind. Jedes der sechs Ringatome trägt neben einem Wasserstoffatom eine Hydroxygruppe, sodass sich die Summenformel $C_6H_6(OH)_6$ ergibt. Inosite ähneln in Bezug auf ihren süßen Geschmack und ihre gute Wasserlöslichkeit den Zuckern. Sie kommen in acht diastereomeren Formen vor, von denen eine zudem in Enantiomere trennbar ist. Bei den anderen handelt es sich um *meso*-Formen. In der Natur kommen die beiden optisch aktiven Inosite (+)- und (–)-*chiro*-Inosit, der *myo*-Inosit (früher: *meso*-Inosit) sowie der *scyllo*-Inosit (früher: Scyllit), ein Bestandteil des Streptidins (▸Kap. 17.2.4), vor (○ Abb. 4.21).

## Cycloheptan und seine Derivate

Cycloheptan ist ein Bestandteil des Erdöls und besitzt eine Dichte von 0,811 g/cm³. Der Schmelzpunkt der Verbindung liegt bei einer Temperatur von –13 °C, der Siedepunkt bei 118 °C. Cycloheptan ist wassergefährdend (Wassergefährdungsklasse: WGK 1) und seine

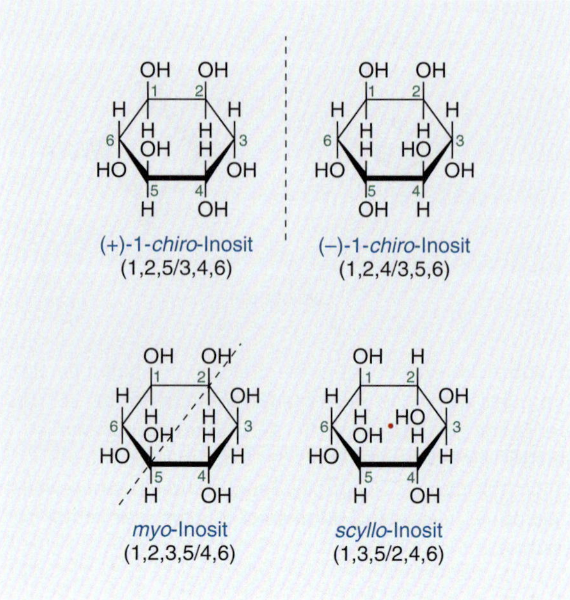


**Abb. 4.21** Die vier natürlich vorkommenden Inosite: (+)- und (−)-*chiro*-Inosit (oben); *myo*-Inosit (unten links) besitzt eine senkrecht auf der Ringebene stehende Spiegelebene (gestrichelte Linie); *scyllo*-Inosit (unten rechts) ist ebenfalls eine achirale Verbindung, da es ein Inversionszentrum (Symmetriezentrum, roter Punkt) besitzt. Die Zahlen in Klammern unterhalb der Verbindungsnamen bezeichnen die Kohlenstoffatome, an denen die OH-Gruppen oberhalb (links) bzw. unterhalb (rechts) des Rings liegen.

Dämpfe reizen die Augen; bei hohen Dampfkonzentrationen kann es zu Lähmungen im Bereich des Zentralnervensystems kommen.

### Mittlere Kohlenstoffringe

Die Gruppe der mittleren Kohlenstoffringe umfasst Alicyclen mit 8 bis 12 C-Atomen; ihr chemisches Reaktionsverhalten weicht häufig von dem der kleineren, aber auch der großen Ringsysteme (> 12 C-Atome) ab. Auffallend ist die geringe Bildungstendenz dieser Kohlenstoffringe, was ursprünglich auf die *Pitzer*-Spannung zurückgeführt wurde. Bei näherer Betrachtung der Kalottenmodelle der Ringe wird jedoch klar, dass ihre Konformationen aufgrund abstoßender Wechselwirkungen zwischen benachbarten H-Atomen ungünstig sind. Ein weiterer Faktor, der die innere Energie dieser Ringe erhöht, ist die Behinderung nicht unmittelbar benachbarter H-Atome über den Ring hinweg. Diese Wechselwirkung führt zu einer **transannularen Spannung** (▸Kap. 3.8.1) im Molekül, der sogenannten ***Prelog*-Spannung**. Wie Röntgenstrukturanalysen zeigen, ist dieser Effekt beim 10-Ring, dem Cyclodecan (Abb. 4.22), von ausschlaggebender Bedeutung, während die *Pitzer*-Spannung hier fast ganz verschwindet.

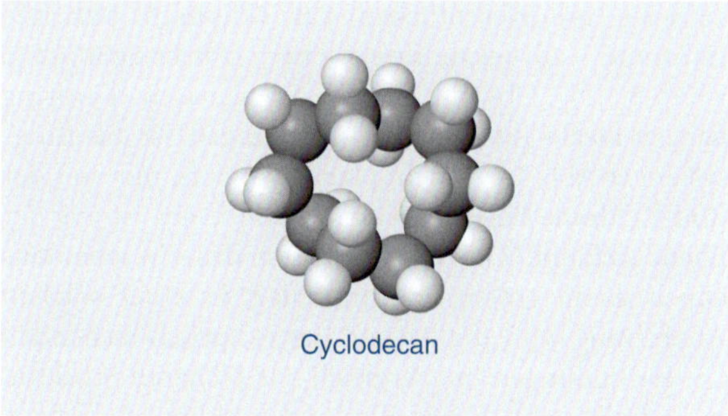


**Abb. 4.22** Kalottenmodell von Cyclodecan: Transannulare Wechselwirkungen zwischen sich im Ring gegenüber stehenden H-Atomen sind für die Spannungsenergie in mittleren Ringen verantwortlich (*Prelog*-Spannung).

Die Auswirkungen der *Prelog*-Spannung machen sich besonders bemerkbar bei Reaktionen, bei denen sich die Hybridisierung von $sp^2$ zu $sp^3$ ändert, da dies die *Prelog*-Spannung stark erhöht. So lässt sich an Cyclodecanon, im Gegensatz zu anderen Ketonen, keine Blausäure addieren (Hybridisierung ändert sich von $sp^2$ nach $sp^3$; vgl. auch ▸Kap. 12.1.3), andererseits verläuft die Acetolyse von Cyclodecyltosylat über 500-mal schneller als die des Cyclohexyltosylats (Änderung der Hybridisierung von $sp^3$ nach $sp^2$). Durch Isotopenmarkierung des substituierten C-Atoms konnte gezeigt werden, dass bei dieser Reaktion zugleich eine **transannulare Hydridverschiebung** stattfindet (Abb. 4.23).

### Große Kohlenstoffringe

Die ersten höhergliedrigen Ringsysteme, die im Jahr 1926 von *Ruzicka* aus tierischem Moschus isoliert und beschrieben wurden, waren Muscon und Zibeton (Abb. 4.24, oben und Mitte). Diese Verbindungen waren aufgrund ihres markanten Duftes von Interesse. Alicyclen mit einer Ringgröße von 13 und mehr C-Atomen zeigen im Gegensatz zu den mittleren Ringsystemen die für gesättigte acyclische Kohlenwasserstoffe zu erwartende Reaktivität. Röntgenstrukturaufnahmen großer Ringe zeigen, dass ab einer Ringgröße von 20 C-Atomen (Cycloeicosan; Abb. 4.25, unten) die Ringatome nahezu ideale Tetraederwinkel aufweisen und der Ring in Form zweier fast paralleler, zickzackförmiger Ketten angeordnet ist.

## 4.2.2 Gewinnung und Synthese

### Kleine Kohlenstoffringe

#### Cyclopropan

Cyclopropan ist durch **Enthalogenierung** von 1,3-Dihalogenalkanen mit Natrium (*Freund* 1882) oder Zink (*Gustavson* 1887) darstellbar. Für diese intramolekulare Variante der *Wurtz*-Synthese (▸Kap. 4.1.2) eignet sich besonders 1-Brom-3-chlorpropan, das aus Allylchlorid durch Addition von HBr in Gegenwart von Peroxiden

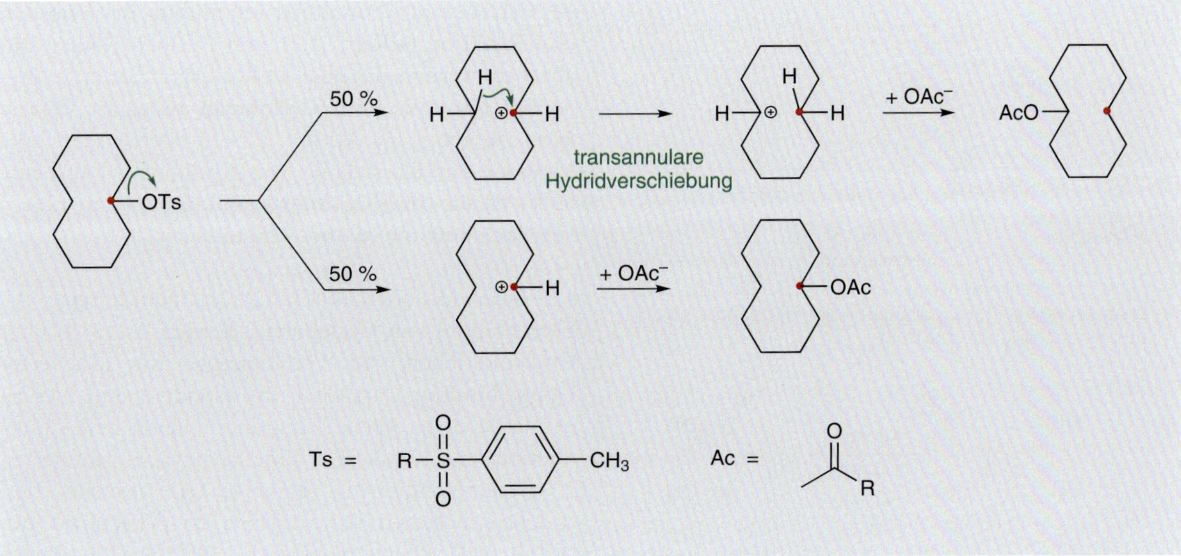


**o Abb. 4.23** Acetolyse von Cyclodecyltosylat. Aufgrund der räumlichen Nähe der H-Atome findet eine transannulare Hydridverschiebung statt. Dies ist durch Isotopenmarkierung nachweisbar (der rote Punkt symbolisiert $^{14}$C-markierte Kohlenstoffatome).

4

leicht zugänglich ist (o Abb. 4.25, oben). Alternativ kann Cyclopropan durch die in ▸Kap. 11.3.3 genauer beschriebene ***Simmons-Smith*-Reaktion** erhalten werden. Cyclopropanderivate lassen sich durch eine Malonestersynthese unter Verwendung von 1,2-Dihalogenethanen als Alkylierungsmittel herstellen (o Abb. 4.25, Mitte). Auch durch die **Addition aliphatischer Diazoverbindungen** an eine C=C-Doppelbindung können Cyclopropanderivate erhalten werden. Für den Ablauf dieser Reaktion sind zwei Reaktionswege möglich (o Abb. 4.25, unten):

- **Reaktionsweg A:** Durch 1,3-dipolare Cycloaddition bzw. (3+2)-Cycloaddition (▸Kap. 8.3) entsteht ein intermediäres **Dihydropyrazolderivat**, das in der Hitze unter Stickstoffabspaltung in das entsprechende Cyclopropanderivat übergeht.
- **Reaktionsweg B:** Das **Diazomethan** spaltet zuerst thermisch oder photochemisch unter Bildung eines **Carbens** (▸Kap. 16.4) Stickstoff ab. Das Carben reagiert mit der Doppelbindung in einer (2+1)-Cycloaddition zum entsprechenden Cyclopropanderivat.

### Cyclobutan und seine Derivate

Cyclobutan war sehr lang eine schwer zugängliche Verbindung. Im Jahr 1907 gelang es *Willstätter*, erstmals den Kohlenstoff-Vierring aus Cyclobutancarbonsäure zu erhalten. Auch die bei Cyclopropan so erfolgreich verlaufende Ringsynthese aus einem **ω,ω'-Dihalogenalkan** mit Natrium gelang z. B. mit 1,4-Dibrombutan nur mit sehr schlechter Ausbeute (7 %). Erst im Jahr 1949 wurden praktikable Verfahren zur Synthese von

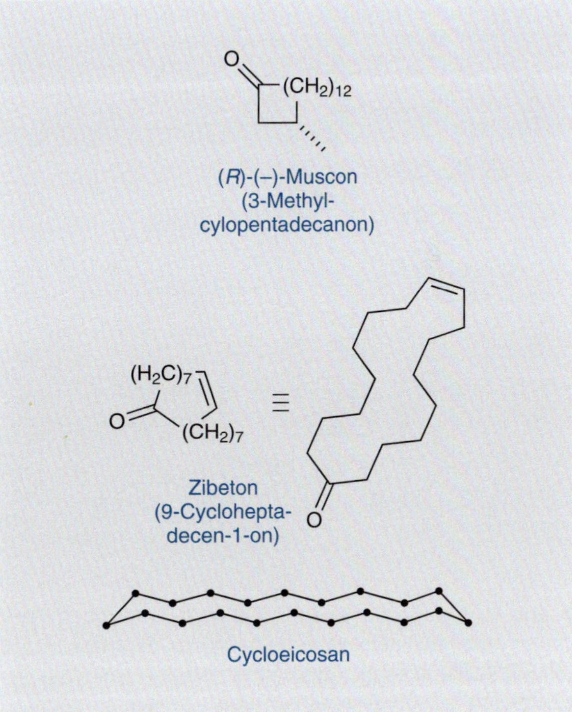


**o Abb. 4.24** Muscon (oben) und Zibeton (Mitte) sind zwei aus tierischem Moschus isolierte Duftstoffe, die einen 15-Ring bzw. 17-Ring enthalten. Cycloeicosan (unten), ein 20-Ring, zeigt im Festkörper eine nahezu parallele und zickzackförmige Anordnung der Kette, wie sie auch in acyclischen Alkanen beobachtet wird.

Cyclobutan und seiner Derivate entwickelt. Beispielsweise führt die Umsetzung von 1,3-Dibrompropan (ω,ω'-Dihalogenid) mit Natriumalkoholat und Malonsäurediethylester zur Cyclobutancarbonsäure (o Abb. 4.26,

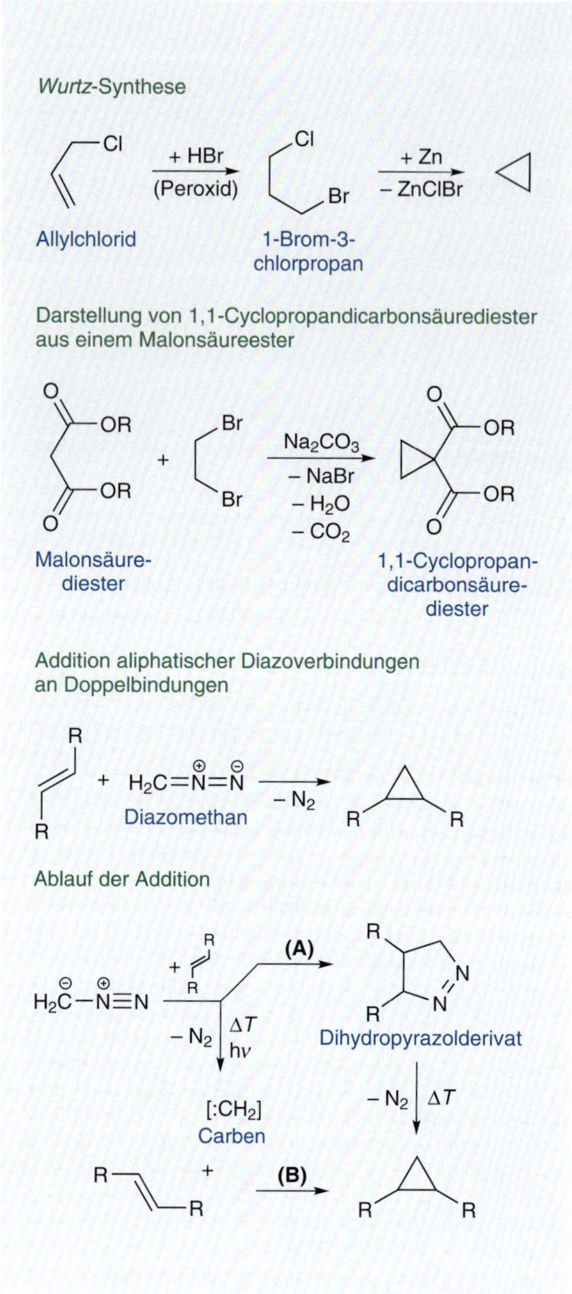


**○ Abb. 4.25** Darstellung von Cyclopropan und seinen Derivaten: intramolekulare Variante der *Wurtz*-Synthese (oben); Reaktion eines Malonsäurediesters in basischer Lösung mit 1,2-Dihalogenethan zum 1,1-Cyclopropandicarbonsäurediester (Mitte); Addition aliphatischer Diazoverbindungen (z. B. Diazomethan) an Doppelbindungen (unten)

oben); dabei entsteht im ersten Schritt der Cyclobutan-1,1-dicarbonsäurediethylester (▸Exkurs: Carboplatin), der durch **basische Hydrolyse** und **Decarboxylierung** in die Carbonsäure übergeht. Diese von *Perkin* entwickelte Synthese alicyclischer Carbonsäuren ist auch auf höhere $\omega,\omega'$-Dihalogenide anwendbar. Das Silbersalz der Cyclobutancarbonsäure kann mithilfe der ***Hunsdiecker*-Reaktion** (▸Kap. 7.1.2) zum Cyclobutylhalogenid abgebaut werden, das über die korrespondierende *Grignard*-Verbindung zum Cyclobutan reduziert werden kann (○Abb. 4.26, Mitte). Eine weitere, sehr gute Methode zur Darstellung von Cyclobutan (Ausbeute 65 %) ist die ***Wolff-Kishner*-Reduktion** (▸Kap. 12.2.3) von Cyclobutanon (○Abb. 4.26, unten).

### 1,2-Cycloadditionen oder (2+2)-Cycloadditionen

Eine Vielzahl von Cyclobutanderivaten lässt sich über Cycloadditionen von Verbindungen mit **aktivierter Doppelbindung** darstellen. Insbesondere sind hier zu nennen: Ketene, Allene, Zimtsäuren, Fluor- bzw. Chlorfluorethylene. **Ketoketene** dimerisieren zu substituierten 1,3-Cyclobutandionen (○Abb. 4.27 A). Ketene und Aldoketene setzen sich dagegen zu $\beta$-Lactonen um (▸Kap. 14.3). **Allen** dimerisiert bei 500 °C im Einschlussrohr zu einem Cyclobutan-Derivat (*Blomquist* 1956; ○Abb. 4.27 B). **Zimtsäure** geht bei Bestrahlung in **Truxillsäure** (2,4-Diphenylcyclobutan-1,3-dicarbonsäure) und **Truxinsäure** (3,4-Diphenylcyclobutan-1,2-dicarbonsäure) über (○Abb. 4.27 C). Truxill- und Truxinsäure sowie die Dimerisierungsprodukte kernsubstituierter Zimtsäurederivate kommen in verschiedenen stereoisomeren Formen vor. Bei der thermischen Dimerisierung von **Fluor-** oder **Chlorfluorethylenen** ($F_2C{=}CF_2$, $F_2C{=}CFCl$, $F_2C{=}CCl_2$) entstehen in meist sehr guten Ausbeuten ebenfalls Cyclobutanderivate (*Harmon* 1946, *Barrick* 1947; ○Abb. 4.27 D). Durch die Variation der Ausgangsstoffe können diverse Cyclobutanderivate dargestellt werden. Ethen selbst dimerisiert nicht zu Cyclobutan, da diese Reaktion thermisch verboten ist (*Woodward-Hofmann*-Regeln, ▸Kap. 5.2.2). Dagegen gelingt die Heterodimerisierung von Ethen und Tetrafluorethylen in der Wärme, wobei 1,1,2,2-Tetrafluorcyclobutan entsteht (*Coffman* 1949). Wahrscheinlich bildet sich hier das „verbotene" Cycloaddukt über einen radikalisch verlaufenden Reaktionsmechanismus.

### Cyclobutanon

Cyclobutanon ($C_4H_6O$, Sdp. 98–100 °C) kann nach *Kaarsemaker* (1951) durch die Umsetzung von Diazomethan mit Keten bei einer Temperatur von −70 °C dargestellt werden (○Abb. 4.28, oben). Hierbei entsteht intermediär Cyclopropanon, das in Abwesenheit von Wasser und in Gegenwart von überschüssigem Diazomethan in Cyclobutanon übergeht. In Anwesenheit von Wasser oder Alkohol wird das hochreaktive Cyclopropanon allerdings als Hydrat bzw. Halbacetal abgefangen (○Abb. 4.28, unten).

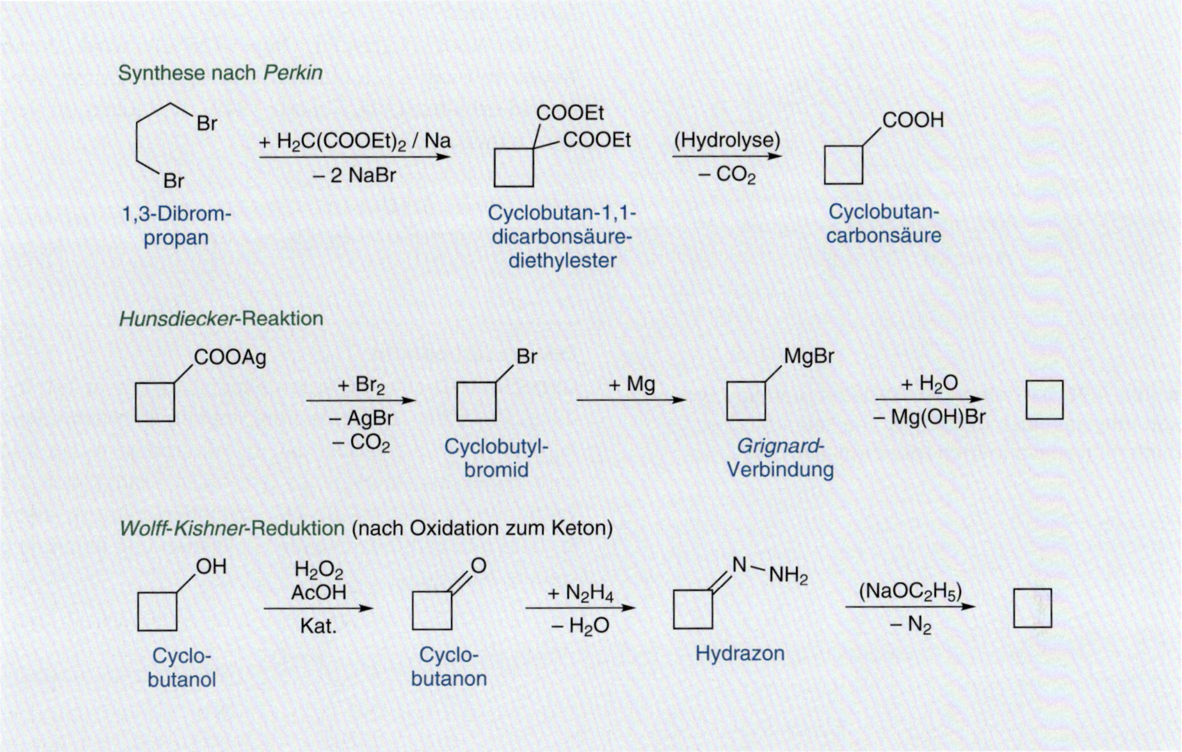


**Abb. 4.26** Möglichkeiten zur Darstellung von Cyclobutan (zur Synthese von Cyclobutanol vgl. Abb. 4.34): Die Synthese nach *Perkin* (oben) liefert die Cyclobutancarbonsäure, aus der über einen *Hunsdiecker*-Abbau und die *Grignard*-Verbindung letztendlich Cyclobutan erhalten wird (Mitte). Die *Wolff-Kishner*-Reduktion liefert aus dem Cyclobutanon mit guten Ausbeuten Cyclobutan (unten).

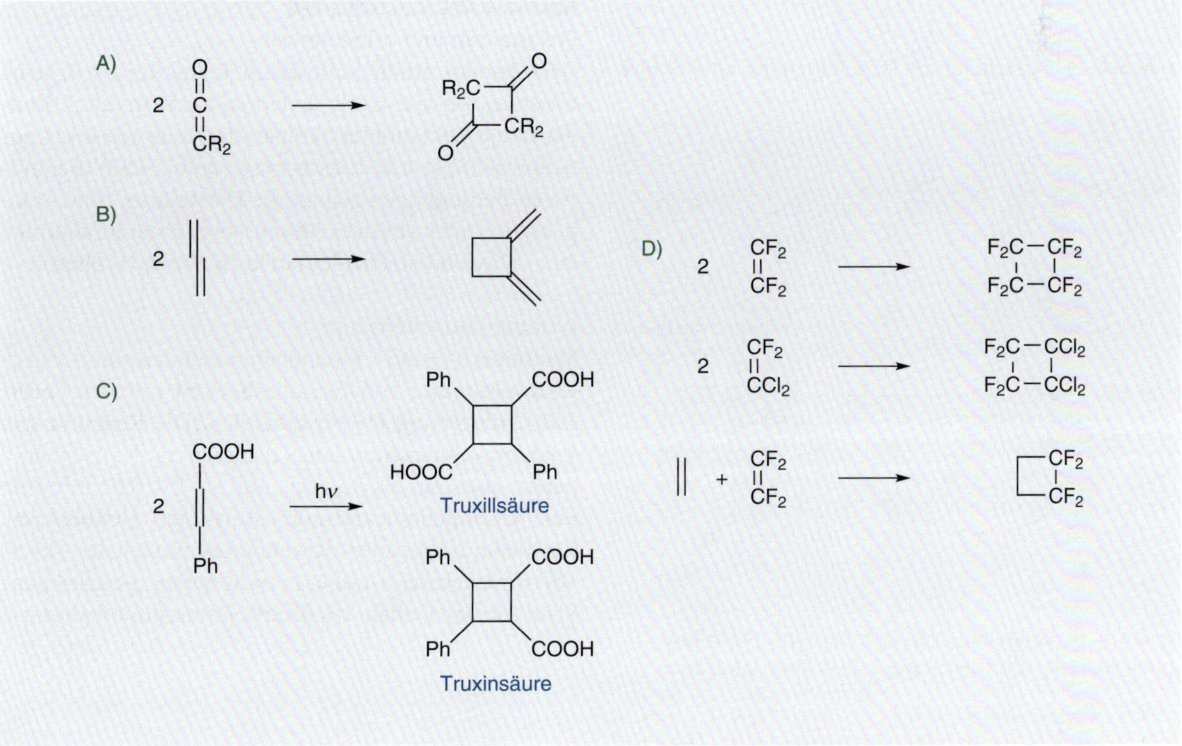


**Abb. 4.27** Darstellung substituierter Cyclobutanderivate über unterschiedliche Cycloadditionsreaktionen (A–D)

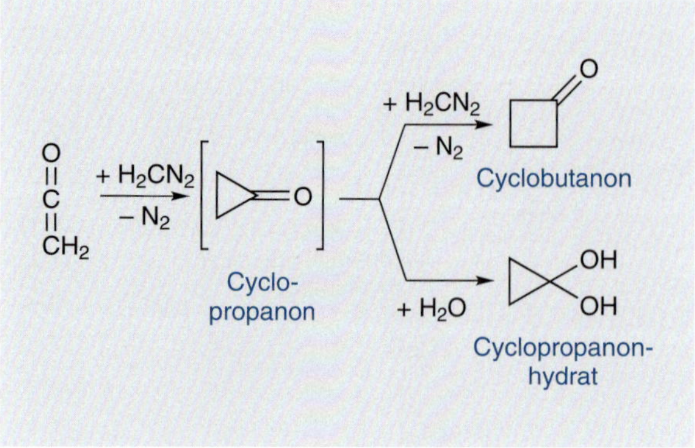


**o Abb. 4.28** Darstellung von Cyclobutanon und Cyclopropanonhydrat durch Umsetzung von Keten mit Diazomethan in einem inerten Lösemittel bzw. in Wasser

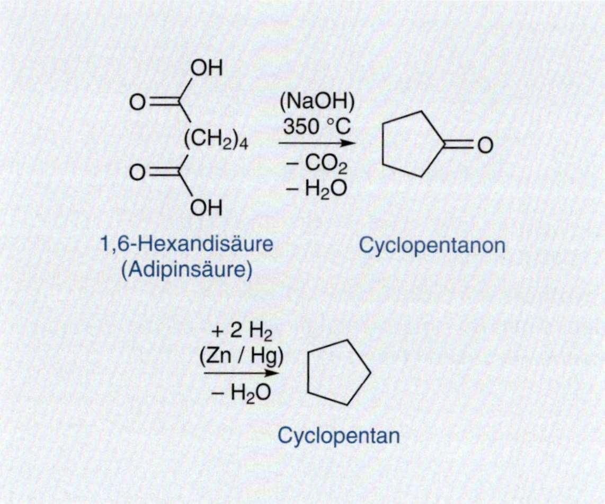


**o Abb. 4.29** Darstellung von Cyclopentan aus Adipinsäure

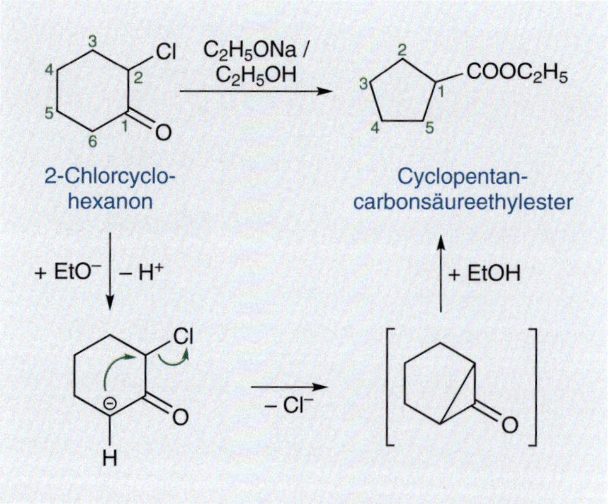


**o Abb. 4.30** Darstellung von Cyclopentancarbonsäure durch *Favorskii*-Umlagerung aus 2-Chlorcyclohexanon

### Cyclobutanol

Cyclobutanol ($C_4H_7OH$, Sdp. 125 °C) wird durch Reduktion von Cyclobutanon mit Lithiumaluminiumhydrid erhalten (*J. D. Roberts* 1949). Die Reaktion verläuft nahezu quantitativ.

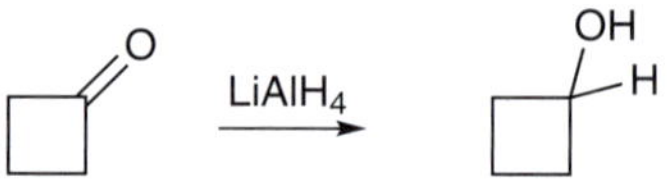


---

**Exkurs: Carboplatin**

**Carboplatin** ist eine interessante metallorganische Verbindung, die einen Cyclobutanring enthält. Die Verbindung leitet sich von der Cyclobutan-1,1-dicarbonsäure ab und wird in der Krebstherapie als Cytostatikum eingesetzt. Die Verbindung bindet an die DNA, verändert dadurch deren Struktur und verhindert so die Replikation und damit eine weitere Zellteilung.

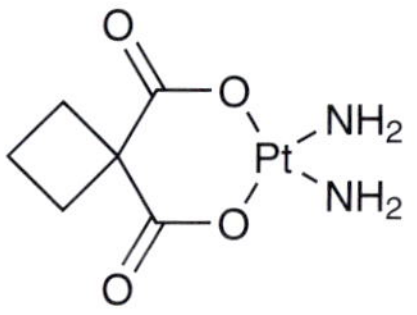

Carboplatin

---

## Normale Kohlenstoffringe

### Cyclopentan und seine Derivate

Cyclopentan erhält man durch Reduktion, z. B. nach *Clemmensen*, von Cyclopentanon, das man durch Kondensation bei erhöhter Temperatur technisch leicht aus Adipinsäure synthetisieren kann (o Abb. 4.29). Bei milderen Bedingungen gelingt die Darstellung von Cyclopentanon auch aus dem Adipinsäurediester im Rahmen einer *Dieckmann*-Kondensation (o Abb. 4.31, oben).

### Cyclopentancarbonsäure

Synthetisch sind Cyclopentancarbonsäuren durch **Ringverengung** von Cyclohexanonen mit der ***Favorskii*-Umlagerung** (1894) erhältlich. Die Reaktion von 2-Chlorcyclohexanon mit Natriumethanolat in Ethanol liefert über ein Cyclopropanon als Zwischenprodukt den Cyclopentancarbonsäureethylester (o Abb. 4.30). Ein beeindruckendes Anwendungsbeispiel der *Favorskii*-Umlagerung ist die in o Abb. 4.48 beschriebene Synthese von Cuban-1,4-dicarbonsäuredimethylester.

### Cyclopentanon

Cyclopentanon kann durch ***Dieckmann*-Kondensation** (1901) aus Adipinsäurediester mit guten Ausbeuten erhalten werden (o Abb. 4.31, oben). Bei der Reaktion handelt es sich um die intramolekulare Variante der ***Claisen*-Kondensation** (▸ Kap. 15.4.2). Ausgehend vom Diester der Pimelin- oder Suberinsäure erhält man in analoger Weise Cyclohexanon bzw. Cycloheptanon. Cyclopentanon kann dann wiederum durch Reduktion (o Abb. 4.29) in Cyclopentan überführt werden.

Eine weitere interessante Reaktion ist die *Pauson-Khand*-Reaktion, bei der aus Ethin, Ethen und Kohlenstoffmonoxid in einer (2+2+1)-Cycloaddition über einen Cobalt-Alkin-Komplex (Alkin mit $Co_2(CO)_8$) ein Cyclopentenon entsteht (o Abb. 4.31, unten). Mit dieser Reaktion kann man auch substituierte Cyclopentenonderivate synthetisieren.

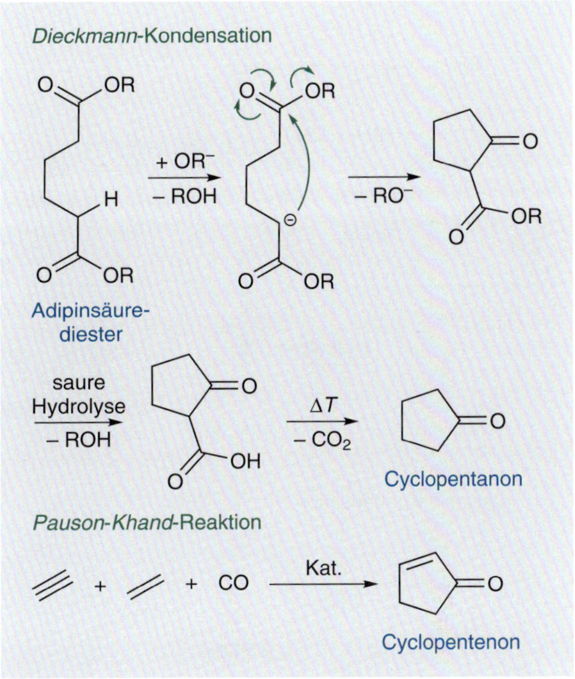


o **Abb. 4.31** Darstellung von Cyclopentanon am Beispiel der *Dieckmann*-Kondensation eines Adipinsäurediesters (oben) bzw. der *Pauson-Khad*-Reaktion von Ethin, Ethen und CO zu Cyclopentenon (unten)

### Cyclohexan und seine Derivate

Sowohl Cyclohexan als auch seine ungesättigten Derivate, das Cyclohexen (▸ Kap. 5.1.4) und die beiden isomeren Cyclohexadiene (▸ Kap. 5.2.3), sind die Grundkörper einer Reihe wichtiger Naturstoffe, v. a. von Terpenen wie beispielsweise dem Campher (▸ Kap. 26.1.1). Synthetisch werden die Cyclohexanverbindungen meist aus den entsprechenden Benzenderivaten durch katalytische Hydrierung hergestellt. Früher bezeichnete man daher diese Stoffklasse auch als „hydroaromatische" Verbindungen.

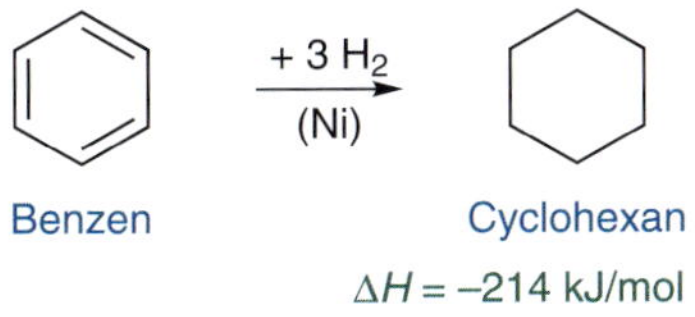


### Cycloheptan und seine Derivate

Cycloheptan ist ein Bestandteil des Erdöls, aus dem es durch Destillation gewonnen werden kann. Im Labor kann man Cycloheptan durch trockene Destillation von Calciumsuberat (Calciumsalz der Octandisäure) oder durch ***Clemmensen*-Reduktion** (▸ Kap. 12.2.3) von Cycloheptanon darstellen.

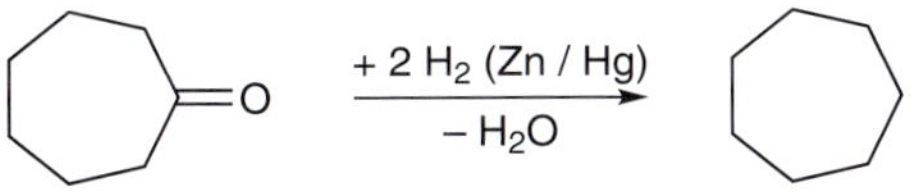


## Große Kohlenstoffringe

Durch die von *Ruzicka* isolierten Duftstoffe Muscon und Zibeton (siehe o Abb. 4.24) stellte sich die Frage nach der synthetischen Zugänglichkeit großer Ringsysteme. Im Jahr 1933 entwickelte *K. Ziegler* (1933) eine Synthese großer Ringsysteme durch die **intramolekulare Cyclisierung** langkettiger Dinitrile in Gegenwart etherischer Lösungen von Alkalimetallalkylaniliden, z. B. Lithiumethylanilid ($C_6H_5N(C_2H_5)Li$), als Base. Bei dieser ***Thorpe-Ziegler*-Reaktion** (o Abb. 4.32, oben), die der *Dieckmann*-Kondensation von Diestern entspricht, ist es für die Synthese großer Ringe wichtig, die beteiligten Reaktanden in hoher Verdünnung umzusetzen (***Ruggli-Zieglersches*-Verdünnungsprinzip,** siehe ▸ Kap. 6.2.3). Durch das langsame Zutropfen einer niedrig konzentrierten Lösung des Dinitrils zu einer niedrig konzentrierten Lösung der Base werden die stationären Konzentrationen der Reaktionspartner sehr gering gehalten. Dadurch wird die intermolekulare Polymerisierung zugunsten des intramolekularen Ringschlusses unterdrückt.

Eine weitere, hervorragende Synthese großer Kohlenstoffringe fanden unabhängig voneinander *V. Prelog* und *M. Stoll* (1947). Sie stellten durch Zutropfen langkettiger Dicarbonsäurediester in eine heiße Suspension von Natrium in Xylen unter Stickstoffatmosphäre große cyclische Acyloine dar, die nach saurer Hydrolyse die den Diestern entsprechenden Ringsysteme liefern (o Abb. 4.32, unten). Diese sogenannte **Acyloin-Kondensation** findet auf der Metalloberfläche statt. Die Reaktion ist der *McMurry*-Reaktion (▸ Kap. 12.2.3) vergleichbar und verläuft auch bei mittleren Ringen gut, besonders wenn man in stark verdünntem Medium arbeitet. Durch die Reduktion der cyclischen Acyloine lassen sich anschließend die betreffenden Cycloalkane erhalten.

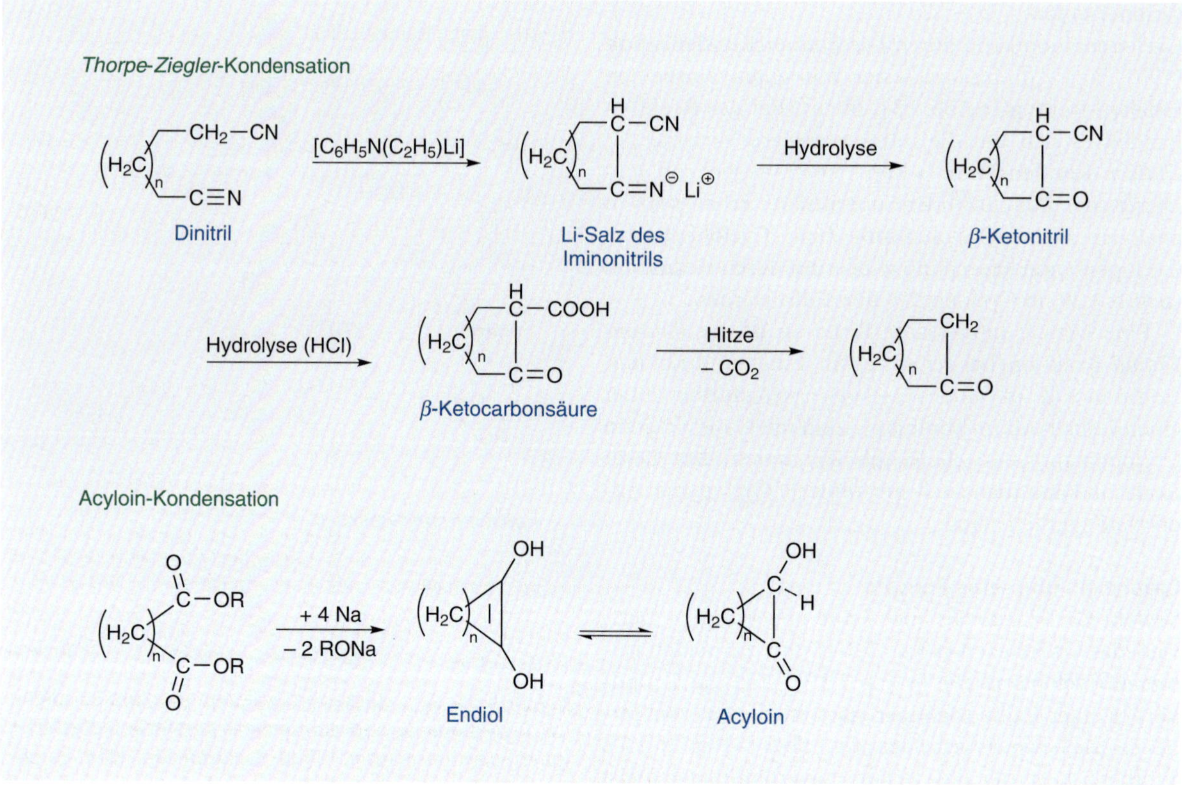


**Abb. 4.32** Zwei Varianten zur Darstellung großer Kohlenstoffringe: *Thorpe-Ziegler*-Kondensation (oben) und Acyloin-Kondensation nach *Prelog* bzw. *Stoll* (unten)

## 4.2.3 Reaktionen und Anwendungen

### Kleine Kohlenstoffringe

#### Cyclopropan

In Anwesenheit von Platin-Katalysatoren isomerisiert Cyclopropan in der Hitze (100–200 °C) zu Propen. Auch sonst ist das chemische Verhalten von Cyclopropan aufgrund der hohen Ringspannung deutlich anders, als man es für einen gesättigten Kohlenwasserstoff erwarten sollte; es ähnelt eher dem von Ethen (▸Kap. 5.1). So reagiert Cyclopropan bei der Einwirkung von konzentrierter Schwefelsäure, Bromwasserstoff oder Brom sowie bei katalytischer Hydrierung unter Addition zu Propanderivaten (Abb. 4.33).

Diese ungewöhnliche Reaktivität des Cyclopropans wird durch die bereits in Abb. 4.17 besprochenen Bindungsmodelle erklärt. Die C—C-Bindungen sind keine normalen $C(sp^3)—C(sp^3)$-Bindungen, sondern besitzen einen gewissen **$\pi$-Charakter**, was bereits auf die Verwandtschaft mit einem Alken hindeutet. Allerdings wird Cyclopropan, anders als z. B. Ethen (▸Kap. 5.1) nicht von kalter, wässriger Kaliumpermanganatlösung oder Ozon angegriffen; auch mit Brom reagiert es nur unter Lichteinwirkung oder in Gegenwart von *Lewis*-Säuren.

#### Cyclobutan

Cyclobutan lässt sich ebenfalls durch katalytische Hydrierung zu *n*-Butan umsetzen (Abb. 4.34, oben). Allerdings sind dafür, wie oben erwähnt, im Vergleich zur Hydrierung von Cyclopropan zu Propan deutlich drastischere Reaktionsbedingungen nötig (▸Kap. 4.2.1). Eine weitere Reaktion, die die besonderen Bindungsverhältnisse der kleinen Kohlenstoffringe widerspiegelt, ist die ***Demjanow*-Reaktion** (1903). Bei dieser Reaktion werden primäre aliphatische Aminogruppen zunächst zu instabilen Diazoniumionen diazotiert, die dann unter Stickstoffabspaltung in Carbeniumionen zerfallen, von denen sich dann die isolierbaren Folgeprodukte ableiten. Sowohl aus Cyclobutylamin (Abb. 4.34, Mitte) als auch aus Cyclopropylmethylamin (Abb. 4.34, unten) entsteht bei der *Demjanow*-Reaktion ein Gemisch aus Cyclobutanol und Cyclopropylmethanol. Die beiden Diazoniumionen zerfallen unter Bildung eines Cyclopropylmethylkations bzw. eines Cyclobutylkations, die aber beide über eine *Wagner-Meerwein*-Umlagerung miteinander im Gleichgewicht stehen. Durch anschließende Anlagerung von Wasser erhält man die jeweiligen Alkohole.

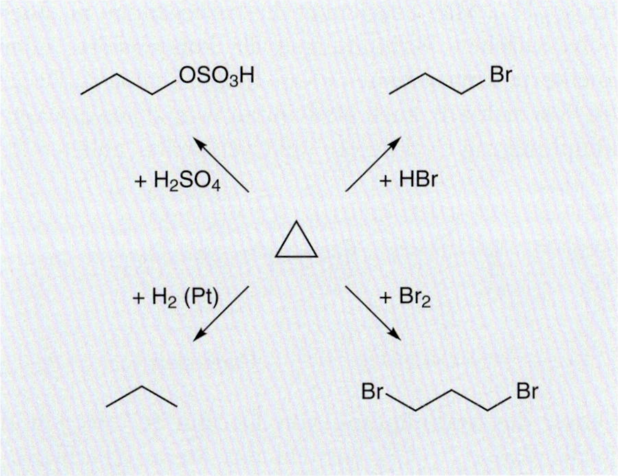


**o Abb. 4.33** In vielen Reaktionen ähnelt das Cyclopropan eher einem Alken als einem Alkan. Es findet Addition unter gleichzeitiger Ringöffnung zu Propanderivaten statt.

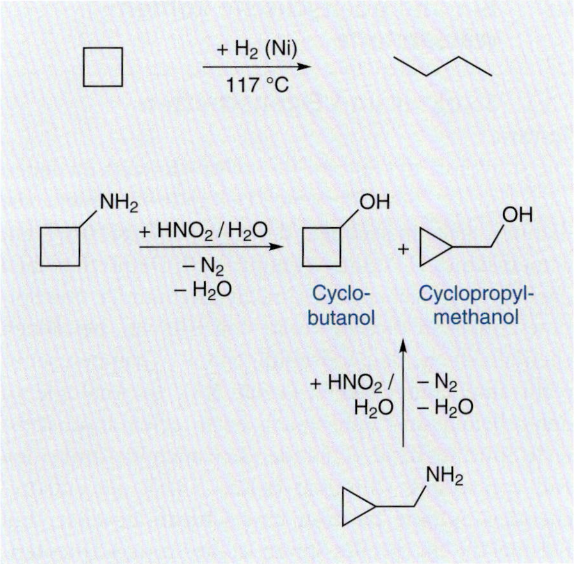


**o Abb. 4.34** Katalytische Hydrierung von Cyclobutan (oben). *Demjanow*-Reaktion (1903): Aus Cyclobutylamin (Mitte) bzw. Cyclopropylmethylamin (unten) entsteht das gleiche Gemisch aus Cyclobutanol und Cyclopropylmethanol, da die intermediär auftretenden Carbeniumionen schnell ineinander umlagern und so miteinander im Gleichgewicht stehen.

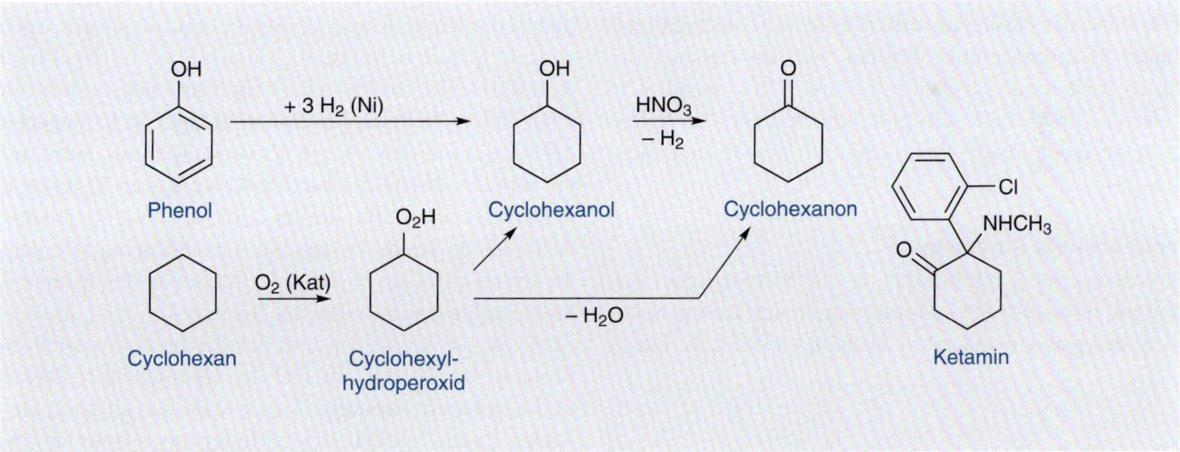


**o Abb. 4.35** Möglichkeiten zur Darstellung von Cyclohexanon. Auch das Anästhetikums Ketamin enthält einen Cyclohexanonring.

## Normale Kohlenstoffringe

### Cyclohexan

Cyclohexan lässt sich unter Druck (2 bar) oder in Gegenwart von Katalysatoren durch Sauerstoff zu Cyclohexylhydroperoxid oxidieren (o Abb. 4.35, unten links); das weiter zu Cyclohexanol reagiert. Cyclohexanol ist auch durch Hydrierung von Phenol darstellbar (o Abb. 4.35, oben links). Es kann durch Salpetersäure zu Cyclohexanon oxidiert werden, das wiederum auch direkt aus dem Hydroperoxid darstellbar ist. Ein bekanntes Cyclohexanonderivat ist **Ketamin**, 2-(2-Chlorphenyl)-2-methylaminocyclohexanon (o Abb. 4.35, unten rechts), ein stark wirkendes Anästhetikum.

## 4.3 Bi- und polycyclische Kohlenwasserstoffe

### 4.3.1 Struktur und Eigenschaften

#### Spirane

Die Stoffklasse der Spirane (lat. *spira* = Brezel), zu denen auch einige Sesquiterpene (▸Kap. 26) zählen, ist dadurch gekennzeichnet, dass zwei Ringe über ein gemeinsames C-Atom verknüpft sind. Dadurch stehen die beiden Ringebenen senkrecht aufeinander. Die Spirane ähneln in diesem Punkt den Allenen, bei denen ebenfalls die beiden endständigen $CR_2$-Gruppen senkrecht aufeinander stehen (▸Kap. 5.3). In Analogie zu den Allenen sind daher auch entsprechend **substituierte Spirane chiral.** Es handelt sich auch hier um einen Fall von axialer Chiralität (▸Kap. 3.4.5); die entsprechenden Spirane besitzen eine **Chiralitätsachse.** Ein Beispiel für ein chirales Spiran ist die Spiro[3.3]heptan-2,6-dicarbonsäure (*H. J. Backer* 1928) (○Abb. 4.36). Die Namen der Spirane ergeben sich aus folgenden Regeln: Sind zwei aliphatische Ringe miteinander über ein C-Atom verknüpft, bekommt die Verbindung das Präfix „Spiro-". Danach folgt die Größenangabe der Ringe (Anzahl C-Atome ohne das beiden Ringen gemeinsame Spiro-C) in steigender Reihenfolge in eckigen Klammern und durch Punkte getrennt, gefolgt von dem Zahlenpräfix, das die Gesamtzahl der am Spirosystem beteiligten C-Atome angibt. Sollten, wie im Beispiel der Spiro[3.3]heptan-2,6-dicarbonsäure in ○Abb. 4.36 (oben), funktionelle Gruppen im Molekül enthalten sein, wird der entsprechende Stammname hinten angehängt.

#### Kondensierte Ringsysteme

Werden zwei Cyclohexanringe so miteinander verknüpft, dass sie zwei C-Atome gemeinsam haben, resultiert der Kohlenwasserstoff Bicyclo[4.4.0]decan, **Decalin**, $C_{10}H_{18}$. Man bezeichnet die vorliegenden bi- oder polycyclischen Verbindungen als **kondensierte oder anellierte Ringsysteme** (▸Kap. 3.8.3). Analog zu Decalin lässt sich z. B. auch **Hydrindan** formal aus der Verknüpfung von Cyclohexan mit Cyclopentan ableiten.

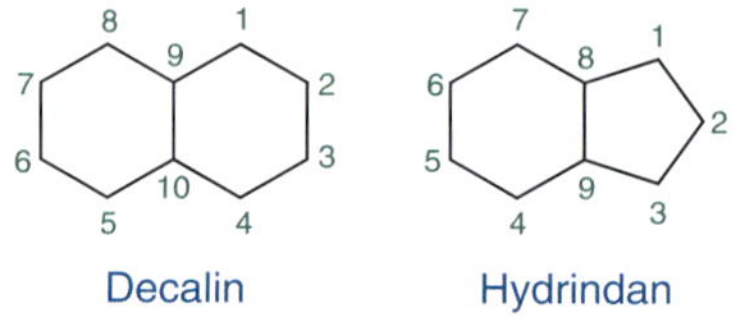


Durch die Verknüpfung von Decalin ($C^1—C^2$) und Hydrindan ($C^4—C^5$) entsteht das **Steran** (Perhydro-1,2-cyclopentanophenanthren) das Grundgerüst der Steroide (○Abb. 4.37). Als **Steroide** werden tetracyclische Triterpene (▸Kap. 27) bezeichnet, die in lebenden Organismen vielfältige Aufgaben erfüllen (z. B. als Hormone). Bislang sind über 200 000 natürliche und synthetische Steroide bekannt. Im Steran sind die Ringe A bis C Sechsringe, der Ring D ist ein Fünfring. Die Stereochemie, also die Art der Verknüpfung der Ringe miteinander (*cis* oder *trans*), ist nicht genauer spezifiziert. Das heißt, Steran ist die Oberbezeichnung für alle Stereoisomere dieser Verbindung. Eine spezielle Untergruppe an Stereoisomeren, nämlich diejenigen, bei denen die Ringe B und C sowie C und D jeweils *trans* verknüpft sind, nennt man **Gonane.** Sind die drei Ringe A, B und C jeweils *trans*-verknüpft und liegen damit in einer Ebene, liegt die 5$\alpha$-Gonan-Reihe vor. Ist dagegen der Ring A mit dem Ring B *cis*-verknüpft und damit um 90° aus der Ebene der beiden Ringe B und C gekippt, bezeichnet man die durch Substitution entstehende Reihe als 5$\beta$-Reihe (▸Kap. 27). Der Fünfring (D) liegt im Steran und Gonan ebenfalls in der von den Ringen B und C aufgespannten Ebene. Die in ○Abb. 4.37 am Beispiel der 5$\alpha$- und 5$\beta$-Reihe der Steroide dargestellten Reste $R^1$ bis $R^3$ sind im Fall der Grundgerüste Steran und Gonan Wasserstoffatome; sie sind bei anderen Steroiden durch Methyl- oder Ethylgruppen bzw. längerkettige und verzweigte Kohlenstoffketten ersetzt.

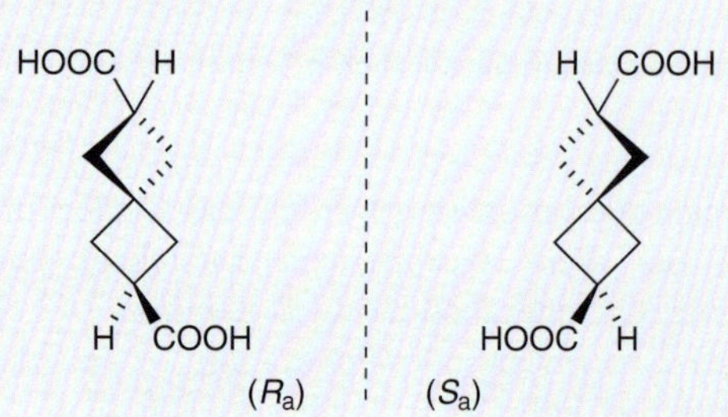


○ **Abb. 4.36** Enantiomere der Spiro[3.3]heptan-2,6-dicarbonsäure, ein chirales Spiran; die Bezeichnung [3.3] besagt, dass außer dem zentralen, quartären C-Atom noch je drei weitere C-Atome in den beiden Ringen vorhanden sind.

#### Verbrückte Ringsysteme

Verbrückte Ringe bilden die dritte Gruppe bicyclischer Ringsysteme. Bei ihnen sind ebenfalls zwei (oder mehr) Ringe durch jeweils zwei (oder mehr) gemeinsame C-Atome miteinander verbunden. Anders als bei den kondensierten Ringsystemen sind diese jedoch nicht direkt benachbart, sondern durch mindestens ein weiteres C-Atom voneinander getrennt. Die den verbrückten Ringen gemeinsamen C-Atome werden als **Brückenkopfatome** bezeichnet. So kann man z. B. im Cyclohexan die beiden C-Atome C1 und C4 durch eine Brücke aus einem oder zwei C-Atomen miteinander verbinden und erhält so das Bicyclo[2.2.1]heptan (Nor-

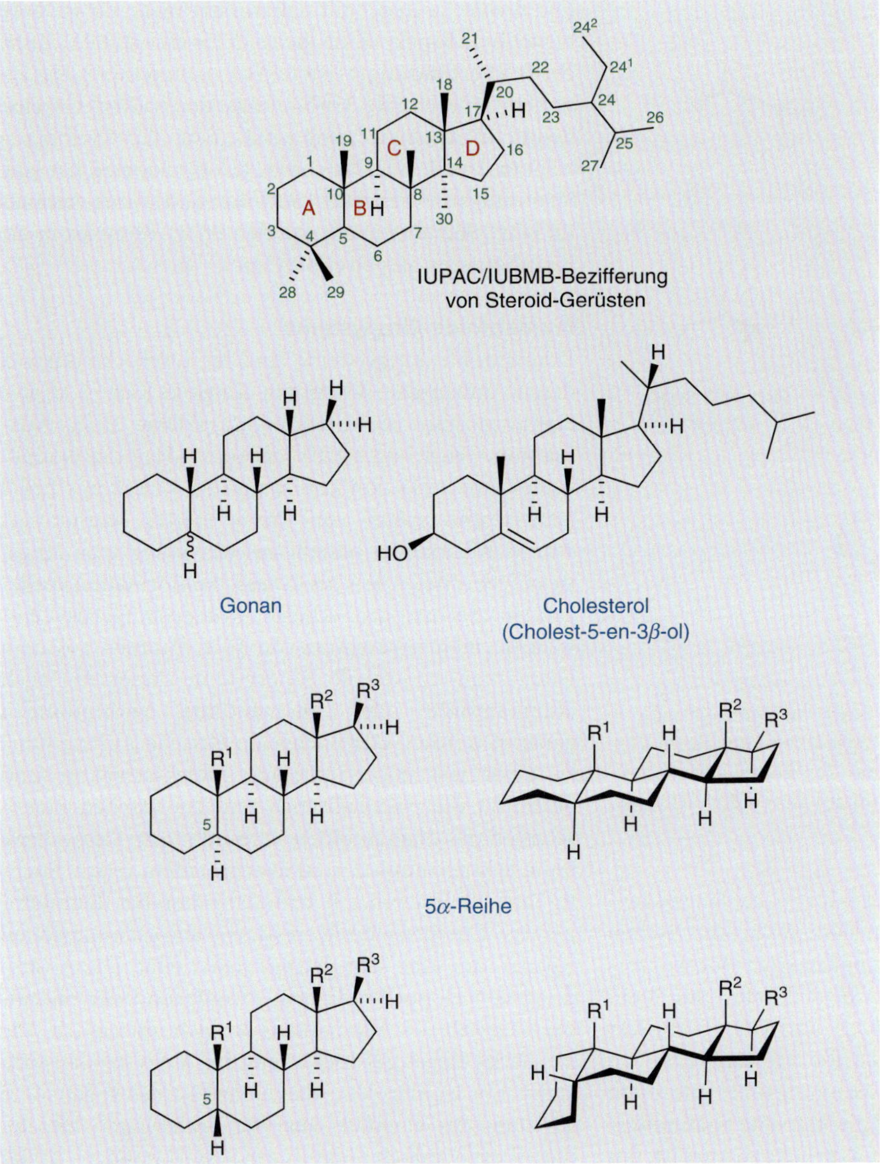


**o Abb. 4.37** Bezifferung der Steroide nach IUPAC bzw. IUBMB (*International Union of Biochemistry and Molecular Biology*, oben; A—D: Bezeichnung der Ringe) sowie Strukturen von Gonan und Cholesterol (früher: Cholesterin; eines der bekanntesten Steroide); 5α- und 5β-Reihe der Steroide (unten). Die Reste $R^1$ bis $R^3$ bezeichnen H-Atome, Methyl- oder Ethylgruppen sowie längerkettige verzweigte Alkylreste.



bornan; o Abb. 4.38, links) bzw. das Bicyclo[2.2.2]octan (o Abb. 4.38, rechts). Norbornan enthält somit insgesamt zwei Fünfringe und einen Sechsring, während Bicyclo[2.2.2]octan drei Sechsringe enthält. Aus geometrischen Gründen liegen diese Sechsringe jedoch, anders als im freien Cyclohexan, in der Bootkonformation vor.

Die **Nomenklatur verbrückter bicyclischer Systeme** geht auf einen Vorschlag von *A. v. Baeyer* zurück: Hinter dem Präfix „Bicyclo" folgt der Name des aus der Gesamtzahl der C-Atome in allen Ringen sich ergebenden aliphatischen Kohlenwasserstoffes. Dazwischen wird in eckigen Klammern – ohne Bindestrich in den Namen eingefügt – die Anzahl der C-Atome, die sich auf den drei Brücken zwischen den beiden tertiären C-Atomen befinden, in abfallender Größe und durch Punkte getrennt angegeben.

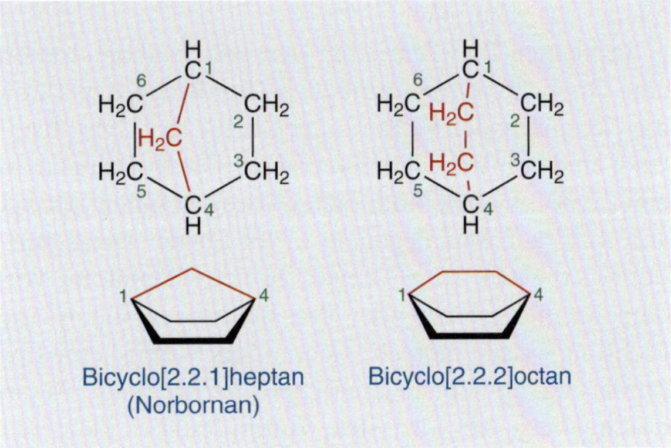


**o Abb. 4.38** Zwei einfache verbrückte Ringsysteme: Bicyclo[2.2.1]heptan (links) und Bicyclo[2.2.2]octan (rechts). Die Methylen- bzw. die Ethylenbrücke (beide rot markiert) befindet sich zwischen den C-Atomen 1 und 4 eines in der Bootkonformation vorliegenden Cyclohexanrings (schwarz).

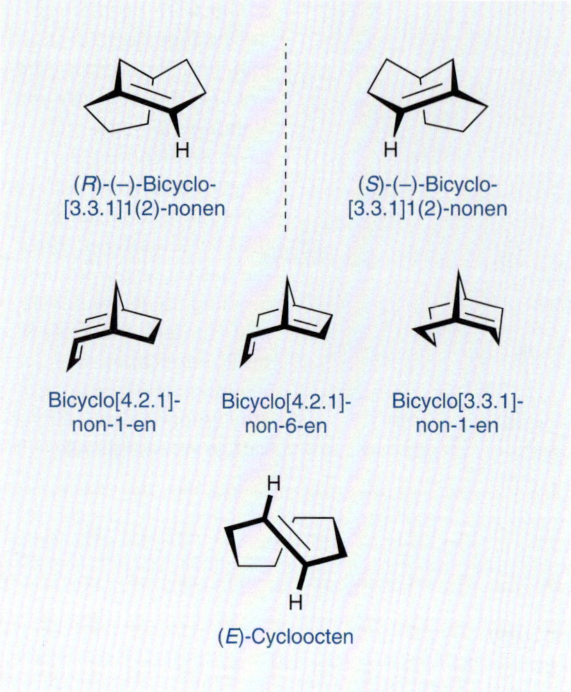


**Abb. 4.39** Beispiele für *Anti-Bredt*-Verbindungen, die eine gewisse Ähnlichkeit zu *(E)*-Cycloocten aufweisen. Die in runden Klammern angegebenen Zahlen bei den beiden enantiomeren Bicyclononenen (oben) geben die Richtung der Doppelbindung an.

In verbrückten Ringsysteme mit Brückenlängen zwischen ein und zwei C-Atomen kann aus geometrischen Gründen der Cyclohexanring nur in einer Bootkonformation vorliegen, da bei einer Sesselkonformation ein zu großer Abstand (zwischen C1 und C4) überbrückt werden müsste. Während sich die Ethylenbrücke im Bicyclo[2.2.2]octan völlig spannungsfrei anordnen lässt, besitzt das Bicyclo[2.2.1]heptan eine Spannungsenergie von 38 kJ/mol, da die C1-Brücke zu kurz ist, um die beiden Brückenkopf-C-Atome spannungsfrei miteinander zu verknüpfen.

In kleinen Bicyclen ist an den Brückenkopfatomen eine Doppelbindung unmöglich (***Bredt*sche Regel**), da die Geometrie der Verbindungen keine $sp^2$-Hybridisierung an den Brückenköpfen erlaubt. Die Bindungen an einer C=C-Doppelbindung ($sp^2$) weisen einen Winkel von 120° auf und liegen in einer Ebene. Diese Bindungsgeometrie ist an einem Brückenkopfatom, von dem aus die verbleibenden drei Bindungen alle in eine Richtung weisen müssen, nicht möglich. Wird eine Eliminierung an einem cyclischen, verbrückten Alkan durchgeführt, so wird sich, zumindest bei kleineren Bicyclen, daher immer das Produkt bilden, bei dem sich die Doppelbindung nicht am Brückenkopfatom befindet. Erst ab ca. acht Ringatomen ist eine von einem Brückenkopfatom ausgehende Doppelbindung spannungsfrei möglich. Diese besitzt dann *trans*-Konfiguration.

Die *Bredt*sche Regel gilt daher nicht mehr für größere bicyclische Ringsysteme. Beispiel für eine stabile **„*Anti-Bredt*"-Verbindung** ist (*S*)-(–)-Bicyclo[3.3.1]1(2)-nonen, eine chirale Verbindung, deren Struktur eine deutliche Analogie zum *trans*- bzw. (*E*)-Cyclooocten zeigt (Abb. 4.39). Das chirale (*E*)-Cycloocten hat eine Spannungsenergie von 74,8 kJ/mol und wurde erstmals im Jahr 1962 über einen chiralen Pt(II)-Komplex in die Enantiomeren aufgetrennt (*Cope*).

## Diamantoide Ringsysteme

Diamantoide Ringsysteme sind tetracyclische Alkane, deren Aufbau dem Urotropin ähnelt (▸Kap. 12.1). Die Stammsubstanz dieser Verbindungsklasse ist das **Adamantan**, Tricyclo[3.3.1.1$^{3,7}$]decan, $C_{10}H_{16}$, das erstmalig im Jahr 1933 von *Landa* und *Machâĉek* aus Erdöl isoliert und später von *Prelog* (1941) synthetisiert wurde. Adamantan besteht aus vier völlig spannungsfrei angeordneten, jeweils in Sesselkonformation vorliegenden Sechsringen. Dieses Kohlenstoffgerüst entspricht einem Ausschnitt von 10 C-Atomen aus dem Diamantgitter, weshalb Ringsysteme dieser Art auch **„diamantoide"** oder **„adamantoide" Verbindungen** genannt werden. Der hochsymmetrische Aufbau führt zu einer fast kugel-ähnlichen Molekülstruktur und bestimmt die physikalischen und chemischen Eigenschaften der diamantoiden Verbindungen. Sie besitzen hohe Schmelzpunkte, sind aber trotzdem relativ flüchtig und sublimieren z. B. teilweise schon bei Raumtemperatur. Chemisch besitzen sie, wie alle spanungsfreien Alkane, nur eine sehr geringe Reaktivität. Die Ausbildung von Doppelbindungen ist aufgrund der räumlichen Gestalt des Adamantans sterisch unmöglich. Die *Bredt*sche Regel gilt hier streng für jedes Kohlenstoffatom. Ein Isomer des Adamantans ist das sogenannte **Twistan**, das ebenfalls aus vier Sechsringen besteht; diese liegen jedoch nicht in der Sessel-, sondern in der Twistkonformation vor (vgl. Konformationen des Cyclohexans, ▸Kap. 3.8.2). Das nächsthöhere Analogon des Adamantans ist das **Congressan** (Diamantan). Es besteht aus sechs Sechsringen, die alle in der Sesselkonformation vorliegen.

Adamantan Twistan Congressan (Diamantan)

### Valenzisomere des Benzens

Zu den bi- und polycyclischen Kohlenwasserstoffen gehören auch einige Ringsysteme, die vor ihrer Synthese als nichtexistent galten. Hierzu zählen v. a. die folgenden Valenzisomere (▸Kap. 3.2.1) des Benzens: *Dewar*-Benzen, Benzvalen und Prisman (**o** Abb. 4.40; vgl. auch ▸Kap. 5.3.3). Vom *Dewar*-Benzen wurde zunächst angenommen, dass es in einer planaren Konformation vorliegt. Die Strukturanalyse der isolierten Substanz zeigte jedoch, dass es eine dachförmige Struktur besitzt, weshalb auch der Name Tectadien (lat. *tectum* = Dach) vorgeschlagen wurde, der sich aber nicht durchsetzen konnte. Auf die Synthese dieser Valenzisomere wird in ▸Kap. 5.3.3 ausführlicher eingegangen.

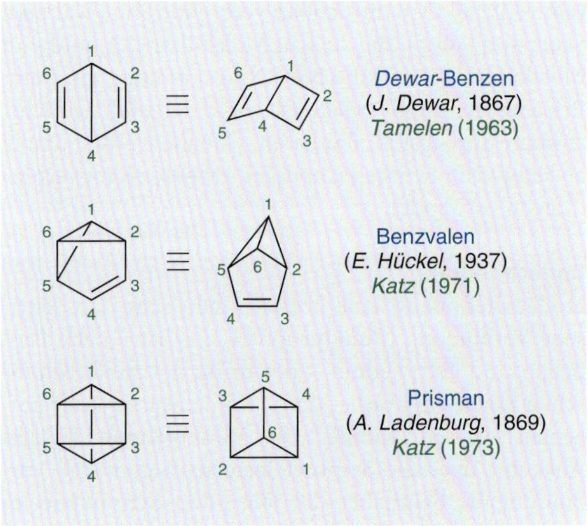


**o Abb. 4.40** Valenzisomere von Benzen. Unter dem Namen der jeweiligen Verbindung (blau) sind die Namen der Chemiker aufgeführt, die die Verbindungen erstmals postulierten (schwarz) und denen die ersten Synthesen gelangen (grün).

### Propellan

Propellane sind Verbindungen, in denen an zwei miteinander verknüpften Kohlenstoffatomen drei Brücken gebunden sind, vergleichbar mit „Propellerflügeln". Besonders interessant ist das **[1.1.1]Propellan** auch aufgrund der Bindungsgeometrie der Brückenköpfe: die beiden Brückenkopfatome sind nicht tetraedrisch substituiert. Vielmehr sind alle vier Bindungen zu einer Seite hin orientiert, weshalb man auch von einer invertierten Konfiguration spricht. Auch diese Verbindungen galten lange als nicht stabil, erst ihre Synthese durch *Wiberg* (1982) bewies ihre Existenz (▸Kap. 4.3.2).

[1.1.1]Propellan

### Tetrahedran

Neben Propellan ist **Tetrahedran** der zweite ***Platon*ische Körper** (▸Exkurs: *Platon*ische Körper), der aus Kohlenwasserstoffen synthetisiert wurde. Es handelt sich um einen Kohlenstofftetraeder aus vier C-Atomen. Tetrahedran ist bislang noch nicht in der nachfolgend abgebildeten, unsubstituierten Form synthetisiert worden, sondern lediglich als ein durch sterische Abschirmung stabilisiertes vierfach *tert*-butyl-substituiertes Derivat (▸Kap. 4.3.2).

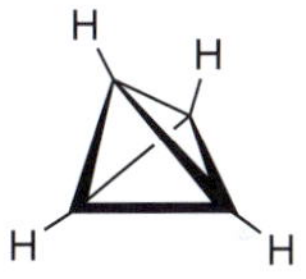


Tetrahedran

### Cuban

**Cubane** sind käfigartige Verbindungen. Ihre Stammverbindung, das Cuban (**o** Abb. 4.42, oben), hat die Summenformel $C_8H_8$. Es weist eine sehr hohe Ringspannung von 657 kJ/mol auf. Ende der 1990er Jahre (Erstveröffentlichung 01/2000) konnte zudem erstmals eine achtfach nitrierte Verbindung synthetisiert werden, das Octanitrocuban (**o** Abb. 4.42, unten). Diese Verbindung ist durch ihre optimale **Sauerstoffbilanz**

### Exkurs: *Platon*ische Körper

Als *Platon*ische Körper (benannt nach dem griechischen Philosophen *Platon*) bezeichnet man dreidimensionale, vollkommen regelmäßige Polyeder (**o** Abb. 4.41). Die fünf *Platon*ischen Körper sind:

- Tetraeder (4 Flächen),
- Hexaeder (6 Flächen),
- Oktaeder (8 Flächen),
- Dodekaeder (12 Flächen) und
- Ikosaeder (20 Flächen).

**o Abb. 4.41** Skulpturen der fünf *Platon*ischen Körper

(ein Molekül Octanitrocuban verbrennt ohne weiteren Sauerstoff vollständig zu acht Molekülen $CO_2$ und vier Molekülen $N_2$) und die hohe Ringspannung ein guter Brisanzsprengstoff – vielleicht sogar der stärkste nichtatomare Sprengstoff überhaupt. Cubane werden häufig als Edukte für Synthesen anderer, größerer Käfigverbindungen verwendet.

### Dodecahedran

**Dodecahedran** ist eine hochsymmetrische, icosaedrische Verbindung (Punktgruppe $I_h$); es ist – nach Propellan und Tetrahedran – der dritte der fünf *Platon*ischen Körper, der bisher durch Kohlenwasserstoffe aufgebaut werden konnte. Die **Punktgruppe** $I_h$ gibt Auskunft über die **Symmetrieeigenschaften** der Verbindung; $I_h$ beinhaltet die folgenden **Symmetrieelemente**: $C_5$ (Drehung um 72°), $C_3$ (Drehung um 120°) unnd i (Inversionszentrum). Die Drehachsen (C) führen zu einer deckungsgleiche Struktur nach Drehung um den entsprechenden Betrag, die $C_5$-Achse verläuft senkrecht durch den Mittelpunkt einer der Seitenflächen, die $C_3$-Achse verbindet zwei gegenüberliegende Ecken (C-Atome) miteinander. Der Inversionspunkt (i) liegt genau im Zentrum des Icosaeders.

Dodecahedran

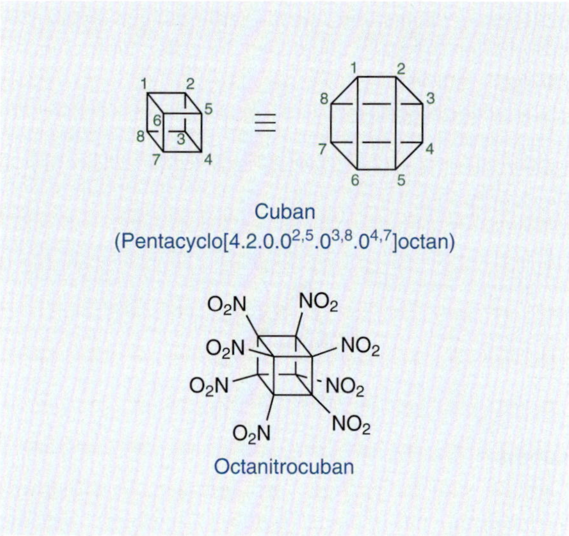


**o Abb. 4.42** Struktur von Cuban (oben) und von Octanitrocuban, das auf Grund seiner hohen Spannungsenergie und dem hohen Sauerstoffgehalt als Sprengstoff eingesetzt werden kann (unten).

## 4.3.2 Gewinnung und Synthese

Aufgrund der Vielzahl möglicher bi- und polycyclischer Verbindungen werden im Folgenden jeweils nur einige ausgewählte Vertreter und deren Synthesen exemplarisch vorgestellt.

### Spirane

2,2-Bis(hydroxymethyl)-1,3-propandiol kann in Pyridin mit Benzensulfonylchlorid in den entsprechenden Sulfonsäureester überführt werden, der sich dann in einer mehrstufigen Reaktion zum Spiro[3.3]heptan-2,6-dicarbonsäuredimethylester umsetzen lässt (o Abb. 4.43). Die Verseifung der Methylester kann einzeln (bei geringer NaOH-Konzentration) oder, wie in o Abb. 4.43 gezeigt, vollständig erfolgen.

### Verbrückte Ringsysteme

Norbornan, Bicyclo[2.2.1]heptan, kann über eine ***Diels-Alder*-Reaktion** mit nachfolgender Hydrierung aus Cyclopentadien synthetisiert werden (o Abb. 4.44, oben). Für die Reaktion wird ein geeignetes Dienophil (o Abb. 4.44, unten) benötigt, das durch elektronenziehende Reste R für eine *Diels-Alder*-Reaktion ausreichend reaktiv ist, wobei sich die Reste R anschließend „rückstandfrei" abspalten lassen müssen. Nach Abspal-

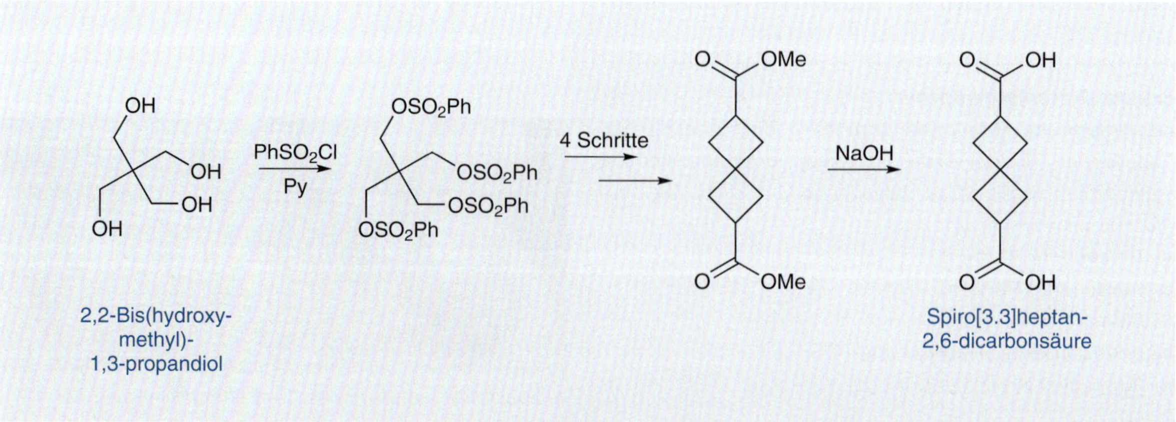


**o Abb. 4.43** Synthese von Spiro[3.3]heptan-2,6-dicarbonsäure

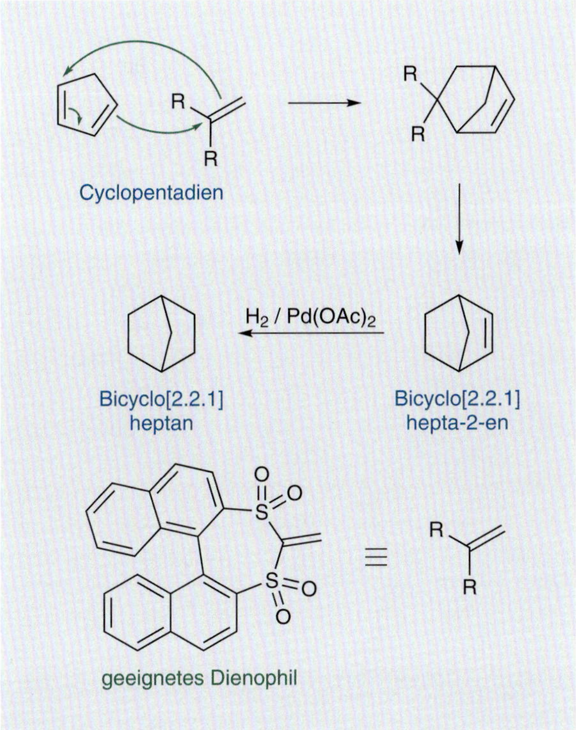


**Abb. 4.44** Darstellung von Bicyclo[2.2.1]heptan (Norbornan): Durch die Reaktion von Cyclopentadien mit einem geeigneten Dienophil (unten) wird nach Abspaltung der Reste R das Bicyclo[2.2.1]hept-2-en erhalten, das nach Hydrierung Norbornan liefert.

tung der Substituenten R am Dienophil erfolgt die Hydrierung zum Norbornan; sie wird katalysiert bzw. unter erhöhtem Druck durchgeführt.

### Diamantoide Ringsysteme

**Adamantan**, eines der bekanntesten diamantoiden Systeme, kann aus Dicyclopentadien synthetisiert werden (Abb. 4.45). Zunächst erfolgt die katalytische Hydrierung der Doppelbindungen, anschließend lässt sich das gesättigte System in der Hitze durch Aluminiumchlorid zu Adamantan umlagern.

### Propellan

Den Propellanen wurde lange Zeit eine so große Instabilität zugeschrieben, dass ihre Existenz angezweifelt wurde. Im Jahr 1982 gelang *Wiberg* die erste Darstellung eines Propellans. Das [1.1.1]Propellan lässt sich beispielsweise durch Addition von Dibromcarben an die Doppelbindung von Methallyldichlorid und anschließende intramolekulare *Wurtz*-Synthese nach Umsetzung mit Methyllithium synthetisieren (Abb. 4.46, oben). MO-Rechnungen ergeben für das [1.1.1]Propellan ein nichtbindendes HOMO, weshalb für die zentrale $C^1$—$C^3$-Bindung eine Drei-Zentren-Zwei-Elektronen-Bindung vorgeschlagen wurden. An dieser Bindung können durch Radikalkettenreaktion

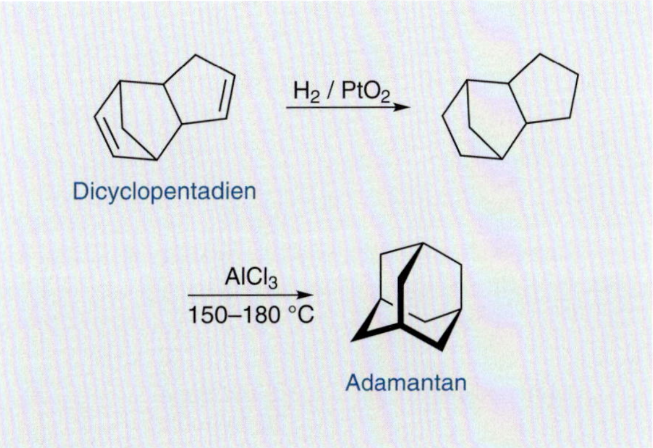


**Abb. 4.45** Synthese von Adamantan: Ausgehend von einem vollständig hydrierten Dicyclopentadien erfolgt die $AlCl_3$-katalysierte Umlagerung zu dem gewünschten Produkt.

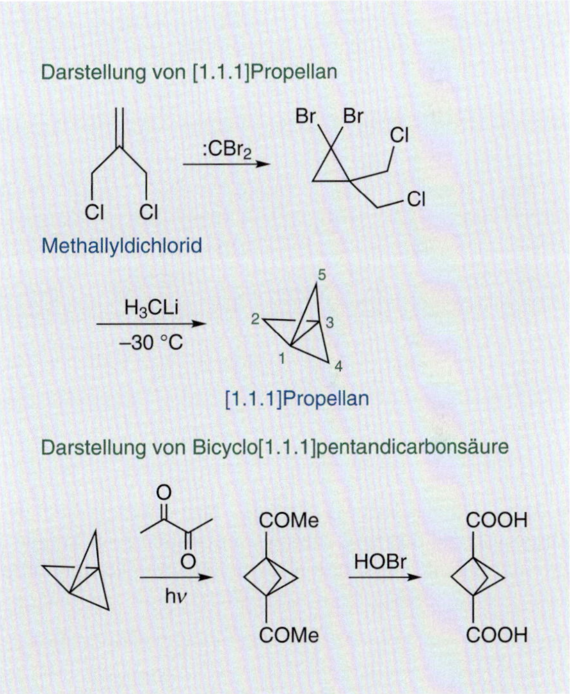


**Abb. 4.46** Darstellung von [1.1.1]Propellan (oben); Synthese von Bicyclo[1.1.1]pentandicarbonsäure (unten)

Radikale addiert werden; beispielsweise kann die Bicyclo[1.1.1]pentan-1,3-dicarbonsäure aus [1.1.1]Propellan und Biacetyl dargestellt werden (Abb. 4.46, unten).

### Tetrahedran

Tetrahedran wurde in vierfach *tert*-butyl-substituierter Form erstmals im Jahr 1978 von *G. Maier* entsprechend dem in Abb. 4.47 dargestellten Schema synthetisiert. In der Synthese, ausgehend von Di-*tert*-butylethin und 3-*tert*-Butyl-2,5-furandion, werden zunächst über eine photochemische Cycloaddition und Decarboxylierung zwei Tri-*tert*-Butylcyclopentadienone (A und B) darge-

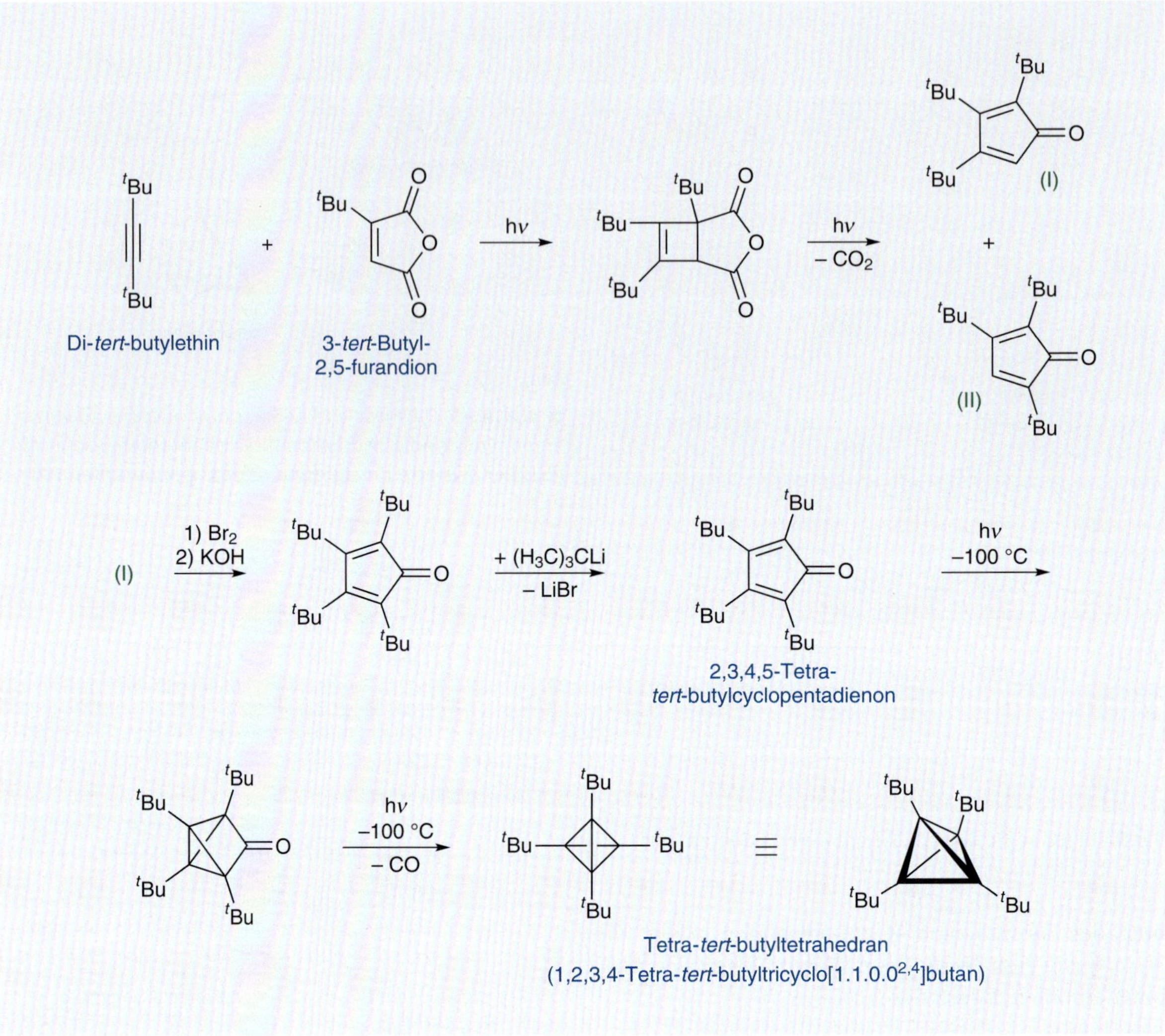


**o Abb. 4.47** Die Synthese von Tetra-*tert*-butyltetrahedran, das als „Molekül des Jahres 1978" ausgezeichnet wurde. Nach Photocycloaddition und Photolyse entstehen zwei isomere Tri-*tert*-Butylcyclopentadienone (I und II), von denen A, nach Bromierung und Substitution sowie folgender Photoaddition und Photolyse, das Tetra-*tert*-butyltetrahedran liefert.

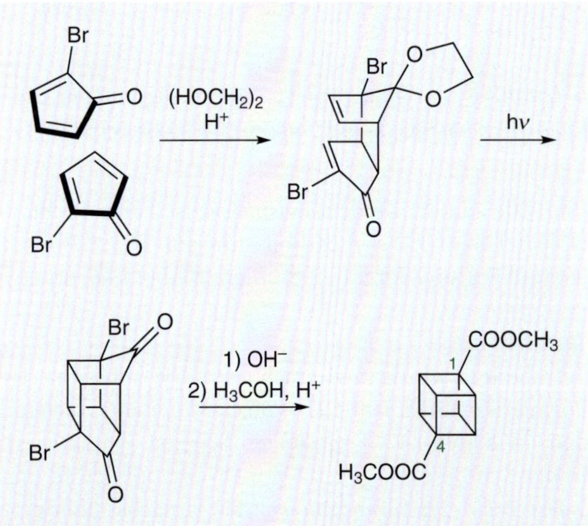


**o Abb. 4.48** Darstellung von Cuban-1,4-dicarbonsäuredimethylester durch *Diels-Alder*-Reaktion mit nachfolgender doppelter *Favorskii*-Umlagerung

stellt. Das Isomer A kann im Folgenden zu 2,3,4,5-Tetra-*tert*-butylcyclopentadienon umgesetzt werden, das bei tiefer Temperatur im UV-Licht durch Isomerisierung und Abspaltung von CO das Produkt, **Tetra-*tert*-butyltetrahedran**, bildet.

## Cuban

Die Synthese des interessanten Cubansystems wurde von *P. E. Eaton* im Jahr 1992 veröffentlicht. Man geht dabei von dem aus 2-Bromcyclopentadienon durch ***Diels-Alder*-Reaktion** zugänglichen Dimeren aus, das über vier Zwischenstufen schließlich durch eine doppelte ***Favorskii*-Umlagerung** Cuban-1,4-dicarbonsäuredimethylester liefert (o Abb. 4.48).

## Dodecahedran

Dodecahedran ist ein sphärisch anelliertes Polyquinan (lat. *quini* = fünf; aus Fünfringen kondensiertes polycyclisches System), das im präparativen Maßstab aus dem

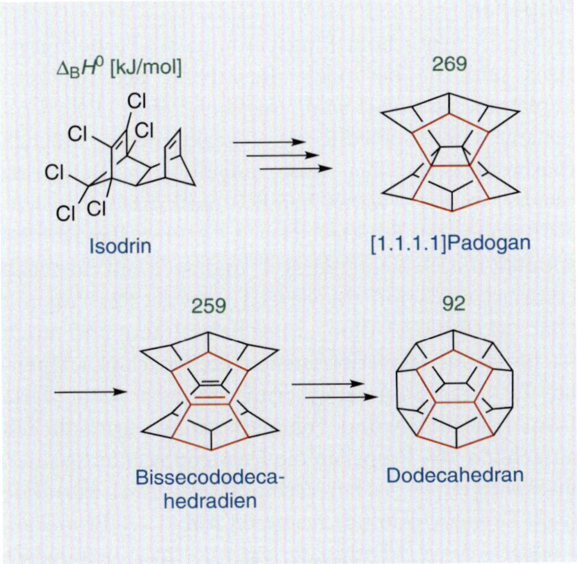


**o Abb. 4.49** Synthese von Dodecahedran (zwei der 12 Cyclopentanringe sind rot hervorgehoben). Die Standardbildungsenthalpien ($\Delta_B H^0$) des Produkts und einiger Zwischenstufen sind in grün angegeben.

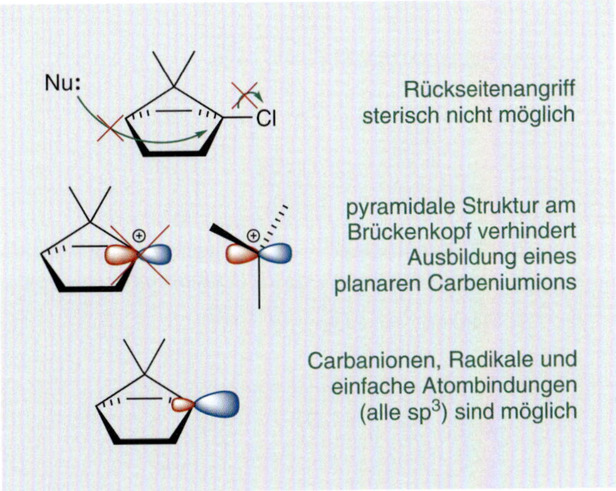


**o Abb. 4.50** Die besondere Geometrie des Brückenkopfatoms beeinflusst seine Reaktivität, insbesondere bei kleinen Ringsystemen: Die räumliche Abschirmung durch das Ringsystem verhindert Rückseitenangriffe völlig (oben). Carbeniumionen ($sp^2$, planar) können aufgrund der pyramidalen Struktur des Brückenkopfatoms nicht gebildet werden (Mitte). Reaktionsverläufe, die über $sp^3$-konfigurierte Zwischenstufen ablaufen (Radikale, Carbanionen) sind jedoch möglich (unten).

4

isomeren Kohlenwasserstoff [1.1.1.1]Padogan (*L. A. Paquette* 1989) dargestellt werden kann (o Abb. 4.49). In o Abb. 4.49 sind die beiden vorderen der jeweils 12 Cyclopentanringe des Eduktes, Zwischenprodukts und Produkts rot hervorgehoben.

## 4.3.3 Reaktionen und Anwendungen

### Verbrückte Ringsysteme

Verbrückte Ringsysteme zeigen in Abhängigkeit von der Ringgröße und den sterischen Gegebenheiten ein spezielles Reaktionsverhalten. Bei **Substitutionsreaktionen an Brückenkopf-C-Atomen** treten zuweilen Besonderheiten auf (o Abb. 4.50), z. B. gelingt der nucleophile Austausch von Halogenen durch ein Nucleophil umso schwieriger, je kleiner der Bicyclus ist. Beim 1-Chlor-7,7-dimethylnorbornan erfolgt sogar unter idealen $S_N1$-Bedingungen (Umsetzung mit wässrig-ethanolischer Silbernitratlösung) keine Substitution. Der Grund hierfür ist offenbar in der **pyramidalen Struktur** am Brückenkopf zu suchen, die die Ausbildung eines planaren Carbenium-Ions verhindert. $S_N2$-Reaktionen, bei denen der Angriff des neu eintretenden Substituenten von der „Rückseite" her erfolgen muss, sind hingegen am Brückenkopf-C-Atom aus sterischen Gründen unmöglich. Demgegenüber sind radikalische oder elektrophile Substitutionen am Brückenkopfatom durchaus möglich, da die betreffenden Zwischenstufen (Radikal bzw. Carbanion) pyramidale Struktur aufweisen können. Exemplarisch sind in o Abb. 4.51 die radikalische Gasphasennitrierung des Norbornans nach *Hass* und die Umsetzung von 4-Bornanlithium mit Kohlendioxid ($S_E$-Reaktion) aufgeführt.

### Diamantoide Ringsysteme

Die Arzneistoffe **Amantadin** und **Memantin** sind Aminoderivate des Adamantans. Amantadin, wie auch in den USA das **Rimantadin,** werden bei Infektionen mit Influenza-A-Viren verwendet, Amantadin und Memantin außerdem bei der *Parkinson*-Erkrankung. Memantin ist ebenfalls zugelassen zur Verbesserung der Symptomatik bei der *Alzheimer*-Demenz. Amantadin und Rimantadin wirken virostatisch, indem sie den Eintritt der Viren in humane Zellen verhindern (sog. *Entry*-Inhibitoren). Die durch Zufall entdeckte Wirkung von Amantadin bei der *Parkinson*-Erkrankung beruht auf verschiedenen Mechanismen, z. B. einer vermehrten Freisetzung des Neurotransmitters Dopamin (▸ Kap. 20.2.2) oder einer Blockade von Glutamat-Rezeptoren. Die antagonistische Wirkung an Glutamat-Rezeptoren ist auch einer der Wirkmechanismen von Memantin.

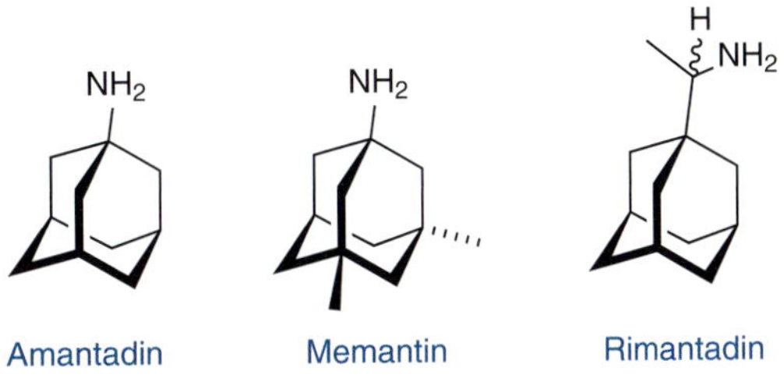

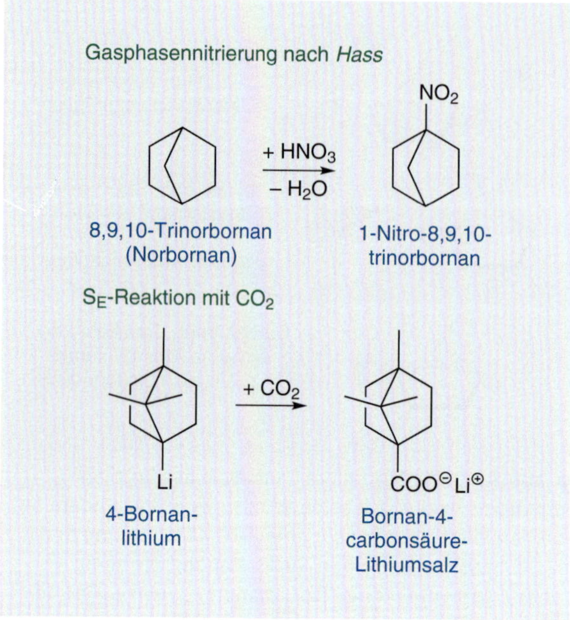


**o Abb. 4.51** Beispiele für Substitutionen am Brückenkopfatom

### Propellan

Durch die relativ hohe Ringspannung des Propellansystems und die besondere Reaktivität der Brückenkopfatome (s. oben) sind, ausgehend vom [1.1.1]Propellan, unterschiedlichste Reaktionen möglich (o Abb. 4.52; in den dort aufgeführten Beispielen reagiert immer – wahrscheinlich radikalisch – die axiale Bindung des Eduktes). Das [1.1.1]Propellan reagiert spontan mit elementarem Iod (und auch mit manchen chlorierten Lösemitteln wie $CCl_4$). Bei der Reaktion mit Diacetyl (Buta-2,3-dion) unter Bestrahlung und durch nachfolgende Oxidation entsteht die Bicyclo[1.1.1]pentan-1,3-dicarbonsäure. Thermische oder katalysierte Isomerisierungen und Polymerisationen ermöglichen ausgehend von Propellan die Darstellung interessanter, ungesättigter, cyclischer Verbindungen. Auch Disulfide (z. B. Diphenyldisulfid) reagieren mit [1.1.1]Propellan, wodurch das 1,3-Dithiolderivat und, in Abhängigkeit von der Disulfidkonzentration, auch schwefelfreie Propellanpolymere entstehen.

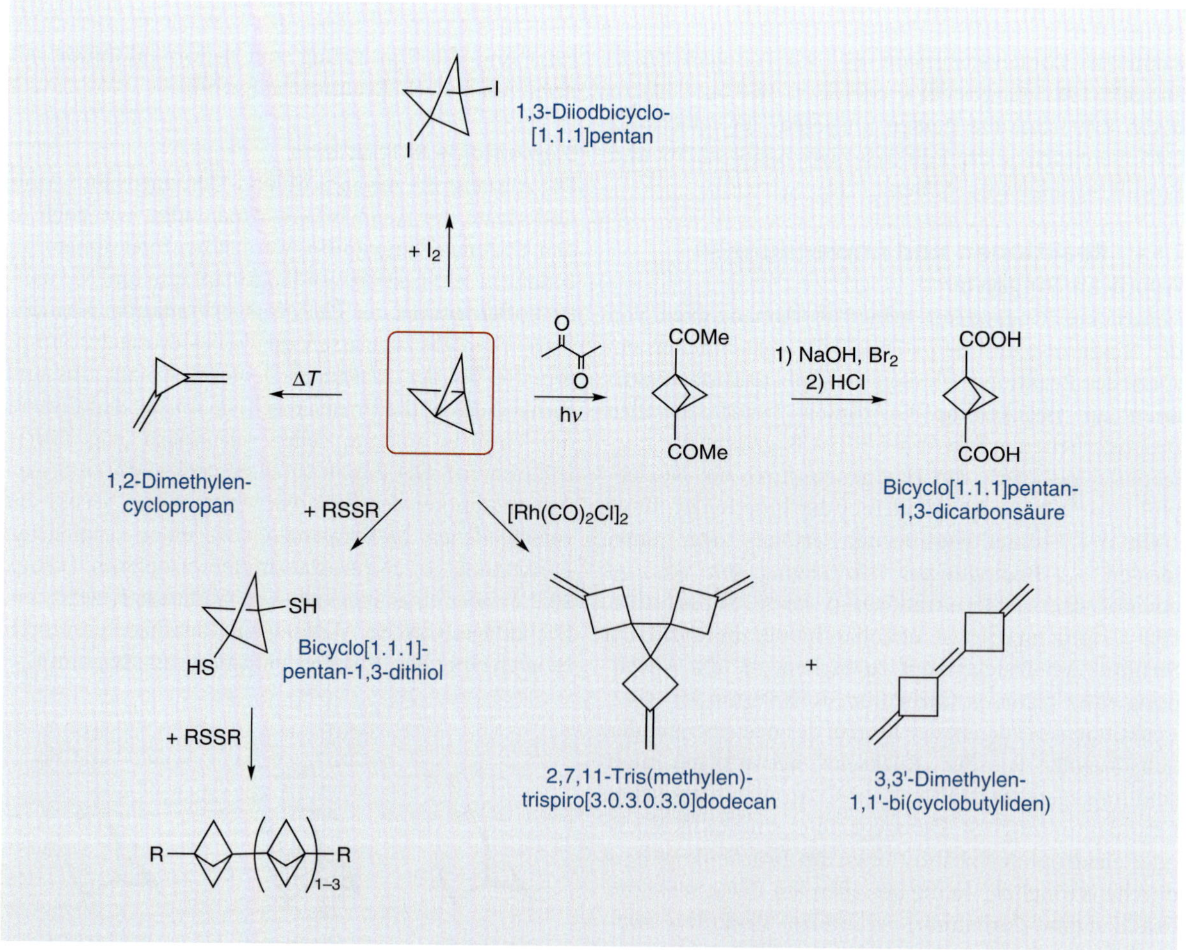


**o Abb. 4.52** Reaktionen von [1.1.1]Propellan (oben beginnend, im Uhrzeigersinn): Iodierung mit elementarem Iod, Addition an Carbonylverbindungen (s. auch o Abb. 4.46), katalysierte Isomerisierung zu ungesättigten cyclischen Verbindungen, Disulfid-induzierte Polymerisierung über das Dithiol, thermische Isomerisierung

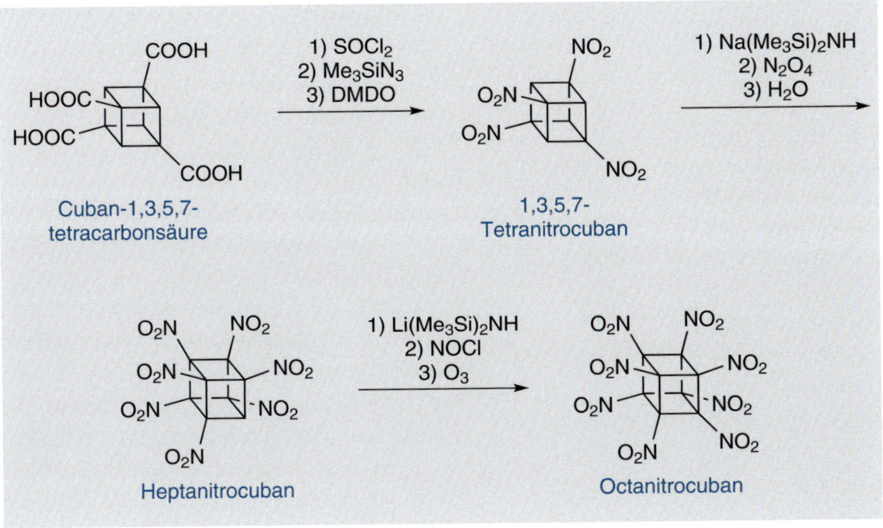


**o Abb. 4.53** Darstellung von Octanitrocuban, eines der stärksten nichtatomaren Brisanzsprengstoffe. Ausgehend von der Cubantetracarbonsäure erfolgt zunächst die Nitrierung zu Tetranitrocuban, das sich im Folgenden durch Distickstofftetraoxid unter Einwirkung einer starken Base in ein siebenfach nitriertes Derivat überführen lässt. Das Einführen der achten Nitrogruppe gelingt erst mithilfe von Nitrosylchlorid und Ozon.

### Cuban

Cuban ist ein stark gespanntes Molekül, wodurch die Darstellung seiner Derivate erschwert und deren Reaktivität erhöht wird. Mit der Darstellung eines achtfach nitrierten Derivates, Octanitrocuban, wurde – wie schon in ▸Kap. 4.3.1 erwähnt – einer der stärksten Brisanzsprengstoffe überhaupt geschaffen. Die achtfache Nitrierung des Cubansystems ist jedoch nicht ganz trivial, die Entwicklung der Synthese dauerte 36 Jahre. Letztlich gelang die Synthese mit Cuban-1,3,5,7-tetracarbonsäure als Ausgangssubstanz (o Abb. 4.53). Hierbei werden zunächst die Carbonsäuregruppen über das Säureazid in Aminogruppen überführt, die dann mit Dimethyldioxiran (DMDO) zum Tetranitrocuban oxidiert werden. Dieses lässt sich unter Einfluss von Natrium-Bis(trimethylsilyl)amid, einer starken Base, und Distickstofftetraoxid zum Heptanitrocuban umsetzen. Der letzte Nitrierungsschritt erwies sich als äußerst problematisch. Erst unter Verwendung von Nitrosylchlorid und Ozon konnte das Octanitrocuban synthetisiert werden.

# 5 Ungesättigte aliphatische Kohlenwasserstoffe

Alkene (Olefine) und Cycloalkene ... 129 | Konjugierte Polyene ... 150 |
Kumulene ... 163 | Alkine ... 168

Die **Alkene** bilden eine homologe Reihe mit der Summenformel $C_nH_{2n}$ und zählen zu den ungesättigten Kohlenwasserstoffen. Cyclische Alkene, z. B. Cyclopenten, werden als Cycloalkene bezeichnet. Kohlenwasserstoffe mit zwei oder mehr C=C-Doppelbindungen nennt man allgemein **Polyene**. Man unterscheidet dabei – je nach Anordnung der Doppelbindungen zueinander – drei verschiedene Typen:

- **kumulierte** (angehäufte) Doppelbindungen vom **Allentyp**,
- **konjugierte** Doppelbindungen vom **1,3-Dientyp**,
- **isolierte** Doppelbindungen vom **Diolefintyp**.

**Alkine** sind Verbindungen mit einer C≡C-Dreifachbindung und der allgemeinen Summenformel $C_nH_{2n-2}$.

Die **typischen Reaktionen** der Alkene und Alkine sind Additions- und Oxidationsreaktionen an den Mehrfachbindungen.

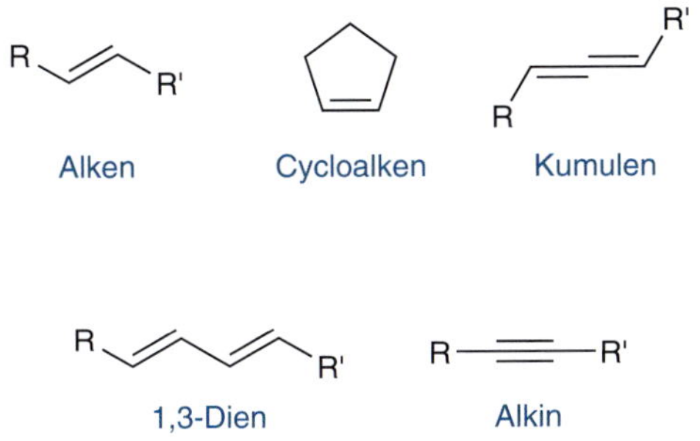


## 5.1 Alkene (Olefine) und Cycloalkene

### 5.1.1 Struktur und Eigenschaften

Alkene sind Kohlenwasserstoffe mit einer C=C-Doppelbindung. Die Konstitutionsaufklärung der Alkene bereitete historisch lange Zeit große Schwierigkeiten, da ihre **allgemeine Summenformel $C_nH_{2n}$** nicht mit der Vierbindigkeit des Kohlenstoffs in Einklang zu bringen war. Erst später erkannte man, dass sich die Eigenschaften und Reaktionen der Alkene am besten durch die Annahme einer **C=C-Doppelbindung** deuten lassen.

Die ersten Kohlenwasserstoffe der homologen Reihe der Alkene sind die in ◘ Abb. 5.1 dargestellten Verbindungen Ethen, Propen, Buten und Penten. Die Alkene besitzen hinsichtlich ihrer physikalischen Eigenschaften große Ähnlichkeit mit den Alkanen (▸ Kap. 4). Die

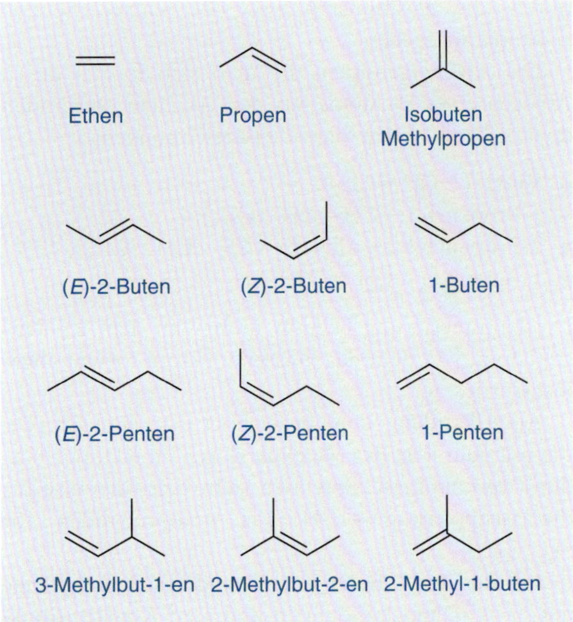


◘ **Abb. 5.1** Strukturformeln der niederen Alkene mit bis zu fünf C-Atomen

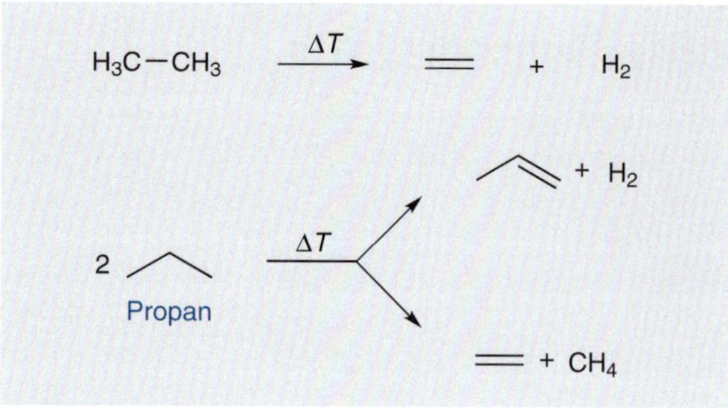


**Abb. 5.2** Thermisches Cracken von Ethan und Propan

niederen Vertreter mit zwei bis vier C-Atomen sind gasförmig, die mittleren mit 5 bis 15 C-Atomen flüssig und die höheren fest. Alkene sind mit Wasser nicht mischbar und brennen mit leuchtender Flamme.

**Ethen** (Ethylen), $C_2H_4$, wurde früher auch als „**Olefin**" bezeichnet, da es mit Halogenen ölige, wasserunlösliche Flüssigkeiten, z. B. 1,2-Dibromethan (Ethylendibromid), bildet (*gaz oléfiant* = Öl bildendes Gas). Daher bezeichnet man auch die gesamte Stoffklasse der Alkene nach dem ersten Vertreter der Reihe als Ethene oder allgemein als Alkylene oder – besonders in der technischen Literatur – als Olefine, genauer als Monoolefine. Nach der **IUPAC-Nomenklatur** spricht man hingegen von Alkenen. Die Endsilbe „en" weist auf das Vorliegen einer C=C-Doppelbindung hin. Bei Kettenverzweigungen ist zu beachten, dass bei der Namensgebung von Alkenen grundsätzlich die längste durchgehende Kohlenstoffkette zugrunde gelegt wird. Beginnend an dem Kettenende, das der Doppelbindung am nächsten liegt, werden die C-Atome durchnummeriert und der Ausgangspunkt der C=C-Doppelbindung durch die Positionsnummer des entsprechenden C-Atoms angegeben.

Die **Alkenylgruppen**, die man sich formal durch Ablösen eines H-Atoms aus den Alkenen entstanden denken kann, tragen folgende Bezeichnungen:

- Vinyl- ($-CH{=}CH_2$),
- 1-Propenyl- ($-CH{=}CH-CH_3$),
- 2-Propenyl- bzw. Allyl- ($-CH_2-CH{=}CH_2$),
- 1-Butenyl- ($-CH{=}CH-CH_2-CH_3$) usw.

Die Nummerierung beginnt immer an dem Kohlenstoffatom, von dem das Wasserstoffatom formal abgelöst wurde.

Als **Alkylidengruppe** bezeichnet man eine Gruppe, die mit dem Rest des Moleküls durch eine Doppelbindung verknüpft ist: Ethyliden steht beispielsweise für die Gruppierung $=CH-CH_3$, Isopropyliden für $=C(CH_3)_2$.

**1-Buten** und **2-Buten** unterscheiden sich in der Lage der C=C-Doppelbindungen und sind **Konstitutionsisomere**. 2-Buten kommt zudem in den zwei diastereomeren Formen (*E*) und (*Z*) vor. Alle Aspekte, die sich aus der (*E*/*Z*)-Isomerie von Alkenen ergeben, werden ausführlich in ▸Kap. 3.5.2 diskutiert. Ein drittes konstitutionsisomeres Buten ist 2-Methylpropen (**Isobuten**). Bei den homologen Pentenen, Hexenen usw. erhöht sich die Zahl der Isomeren entsprechend.

Die **Cycloalkene**, z. B. Cyclopenten oder Cyclohexen, unterscheiden sich in ihren chemischen und physikalischen Eigenschaften nicht grundsätzlich von den entsprechenden offenkettigen Alkenen. Lediglich die beiden kleinsten Vertreter, Cyclopropen und Cyclobuten, weisen aufgrund der hohen Ringspannung eine erhöhte Reaktivität auf (▸Kap. 5.1.4).

## 5.1.2 Gewinnung und Synthese

Die meisten niederen Alkene sind entweder direkt im **Erdgas** enthalten oder werden durch **thermisches Cracken** aus Erdöl bzw. Erdgas gewonnen. Sie entstehen auch als Nebenprodukte bei der Polymerisation von Ethen zu Polyethen (▸Kap. 5.1.2). Im Labor werden Alkene vorwiegend durch Eliminierungsreaktionen aus Halogenalkanen (▸Kap. 7) bzw. Alkoholen (▸Kap. 6) oder durch die Olefinierung von Carbonylverbindungen (▸Kap. 12) hergestellt. Bei der **Metathesereaktion** werden metallkatalysiert zwischen unterschiedlichen Alkenen formal die Alkylidengruppen ausgetauscht, wobei in einer Gleichgewichtsreaktion neue Alkene entstehen.

### Thermisches Cracken

Bei der Pyrolyse von Kohlenwasserstoffgemischen (Rohbenzinen) bei etwa 800–1 200 °C und Normaldruck in Gegenwart von Wasserdampf (*steam cracking*) entstehen vorwiegend Ethen und Propen sowie in geringerer Menge die isomeren Butene und Butadien, die alle als wichtige Ausgangsstoffe für die petrochemische Weiterverarbeitung dienen. Typischerweise wird beim ***steam cracking*** ein Rohbenzin mit einem Siedebereich von 20–175 °C (sogenanntes **Naphtha**) eingesetzt, das direkt aus der Erdölaufbereitung (▸Kap. 4) gewonnen wird und vorwiegend aus einem Gemisch von Kohlenwasserstoffen mit drei bis zehn C-Atomen besteht. Dieses Rohbenzin wird kurzzeitig (Verweilzeit ca. 0,2–0,5 Sekunden) bei Temperaturen von max. 1200 °C in Gegenwart von Wasserdampf pyrolysiert. Der Wasserdampf dient zur besseren Wärmeverteilung innerhalb des Pyrolyseofens, zur Unterdrückung von Polymerisationsreaktionen durch Verdünnung der Reaktionsgase und vor allem auch zur Verhinderung der Koksbildung. Bei der Pyrolyse finden radikalische Zerfallsprozesse vorwiegend unter Spaltung von C−C-Bindungen statt. Langkettigere Alkane werden so in kürzere Kohlenwasserstoffe gespalten, z. B. geht Propan in Ethen und Methan über (Abb. 5.2, unten). Daneben finden bei den hohen Temperaturen auch thermische Dehydrierungen statt, sodass beispielsweise aus Ethan durch

$H_2$-Abspaltung Ethen und aus Propan entsprechend Propen entstehen (○ Abb. 5.2, oben und Mitte). Nach dem Cracken werden die anfallenden Crackgase innerhalb von Bruchteilen von Sekunden abgeschreckt, anschließend verdichtet und in einem vielstufigen Reinigungsprozess durch fraktionierende Destillation (▸ Kap. 1) in die einzelnen Verbindungen getrennt. Eine typische Produktverteilung beim *steam cracking* besteht z. B. aus ca. 30 % Ethen, 28 % Pyrolysebenzin, 15 % Methan, 14 % Propen sowie jeweils 4 % Butadien und Butenen, neben geringen Mengen Ethan, Ethin und Wasserstoff.

### *Mülheimer* Olefinsynthese

In den 1950er Jahren wurde von *K. Ziegler* am *Max-Planck*-Institut für Kohlenforschung in Mülheim an der Ruhr ein Verfahren zur **Polymerisation von Ethen zu Polyethylen** bei Normaldruck und niedrigen Temperaturen (70 °C) in Gegenwart metallorganischer Al/Ti-Mischkatalysatoren entwickelt (sog. *Mülheimer* Normaldruckverfahren oder auch ***Ziegler*-Verfahren**). Die Polymerisation erfolgt durch den Einschub von Ethenmolekülen in die Al—C-Bindung von Trialkylaluminium-Verbindungen (○ Abb. 5.3, oben), deren spätere Hydrolyse dann zu Polyethylenen unterschiedlicher Kettenlänge führt. Dieses Polymerisationsverfahren wird in ▸ Kap. 5.1.3 genauer besprochen. In Konkurrenz zu obiger „Wachstumsreaktion" tritt jedoch – besonders bei höherer Temperatur und in Anwesenheit von metallischem Nickel, Cobalt oder Platin – eine „Verdrängungsreaktion" ein, bei der ein neu eintretendes Ethen in einer reduktiven Eliminierung die Alkylgruppen vom Aluminium verdrängt (○ Abb. 5.3, unten). Dabei wird die am Aluminiumkatalysator schon vorhandene Oligomerkette in Form geradzahliger 1-Monoolefine ($\alpha$-Olefine), z. B. 1-Buten, 1-Hexen, 1-Octen, 1-Decen usw., freigesetzt. Die auf diese Weise zugänglichen 1-Monoolefine oder $\alpha$-Alkene mit 12 bis 18 C-Atomen (früher **Alfene**), dienen u. a. als Ausgangsmaterial zur Fabrikation von Poly-$\alpha$-olefinen als hochwertigen Schmierölkomponenten, z. B. Poly-$\alpha$-decen. Analog gewinnt man aus Propen mit Tripropylaluminium bei etwa 200 °C und 10 MPa durch Dimerisierung 2-Methyl-1-penten, das als Ausgangsstoff für die Isoprensynthese dient.

### Olefin-Metathese (Olefin-Disproportionierung)

Bei der Umsetzung von Propen an homogenen wolfram- oder molybdänhaltigen Katalysatoren bei 120–210 °C und 2,5 bis 3 MPa stellt sich ein **Metathese-Gleichgewicht** ein, bei dem ein Gemisch aus Ethen, Propen und 2-Buten entsteht (○ Abb. 5.4, oben links). Diese im Jahr 1967 von *Calderon* entdeckte Reaktion ist grundsätzlich bei allen Kohlenwasserstoffen mit olefinischen Doppelbindungen möglich, sie lässt sich formal

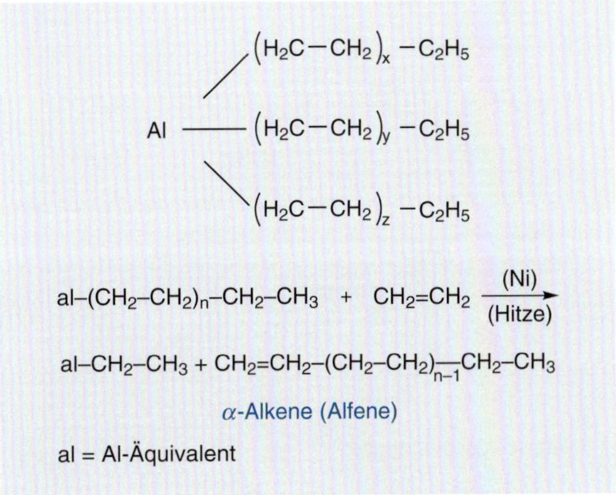


○ **Abb. 5.3** *Mülheimer* Olefinsynthese zur Darstellung von Polyethen aus Ethen in Gegenwart homogener Aluminium-Katalysatoren (nähere Erläuterungen siehe Text)

als **Austausch von Alkylidengruppen** (=CHR) beschreiben („Umalkylidenierung"). Vereinfacht gesprochen reagiert bei der Metathese ein Metall-Carbenkomplex $L_nM{=}CR_2$ (vor allem mit M = Mo, Wo, Ru) mit einem Alken zu einem **Metallacyclobutan** (○ Abb. 5.4, rechts), das dann entweder wieder unter Rückbildung der Edukte oder unter Bildung eines neuen Alkens und eines neuen Metall-Carbenkomplexes zerfällt. Letztendlich kommt es zu einem Austausch der jeweiligen Alkylidengruppen der Alkene und es stellt sich ein Gleichgewicht zwischen den verschiedenen, auf diese Weise zugänglichen Alkenen ein. Für präparativ sinnvolle Metathese-Reaktionen muss dieses Gleichgewicht auf die gewünschte Produktseite verschoben werden. Dies gelingt z. B. durch die Freisetzung von gasförmigem Ethen bei der Verknüpfung von zwei langkettigen 1-Alkenen (**Kreuzmetathese**) oder bei der intramolekularen Ringbildung aus einem $\alpha,\omega$-Dien (**Ringschlussmetathese**; ○ Abb. 5.4, Mitte links) sowie durch den Abbau von Ringspannung (**Ringöffnungsmetathese**; ○ Abb. 5.4, unten links), wenn gespannte Alkene wie Norbornen als Edukte eingesetzt werden.

Die Olefin-Metathese ist mittlerweile in der präparativen Synthesechemie zu einem wichtigen und vielseitig einsetzbaren Verfahren geworden. Entsprechenden wurden *Chauvin*, der maßgeblich zur Aufklärung des Mechanismus beitrug, sowie *Grubbs* und *Schrock*, die neue und vielseitig einsetzbare Katalysatoren entwickelt haben, im Jahr 2005 mit dem Nobelpreis für Chemie ausgezeichnet.

## 5.1.3 Reaktionen und Anwendungen

Insbesondere die niederen Alkene Ethen, Propen, Buten und Butadien stellen wichtige **Grundstoffe der petrochemischen Industrie** dar, aus denen eine Vielzahl anderer Chemikalien hergestellt wird.

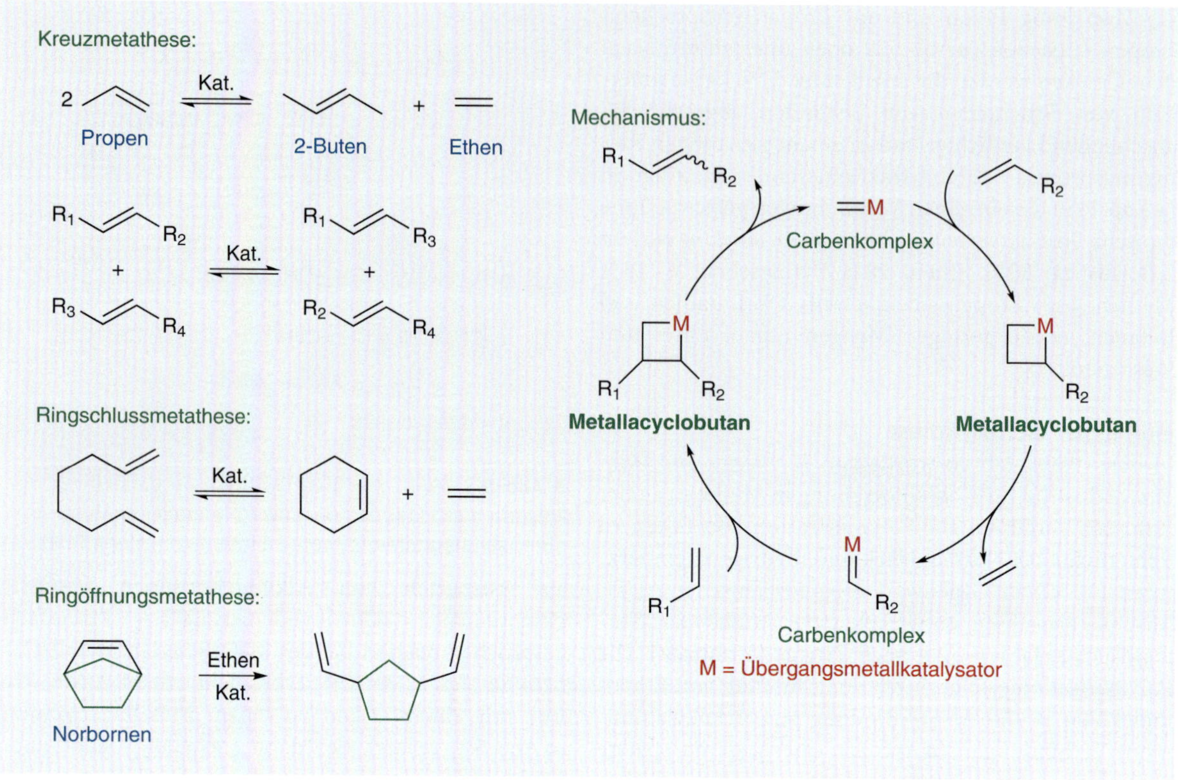


**o Abb. 5.4** Verschiedene Typen der Olefin-Metathese

Unter dem Begriff **Petrochemie** (Petrolchemie) bzw. Erdölchemie versteht man **die industrielle Erzeugung chemischer Grundstoffe und Chemikalien der Aliphaten- und Aromatenchemie aus Erdöl und Erdgas.** Die wichtigsten Ausgangsstoffe sind – neben Methan aus dem Erdgas – die beim Cracken und bei der Raffinierung anfallenden **Monoolefine** wie Ethen, Propen, 1-Buten, 2-Buten und Isobuten (▸Kap. 5.1.2) sowie die durch Dehydrierung der Naphthene und Cyclodehydrierung der *n*-Paraffine zugänglichen Aromaten wie Benzen und dessen Alkylderivate (z. B. Toluen).

Als eine der ersten Petrochemikalien wurde im Jahr 1920 in den USA Isopropylalkohol aus Propen über Isopropylhydrogensulfat großtechnisch hergestellt (▸Kap. 6.1). Es folgte die analoge Synthese von 2-Butanol aus *n*-Buten und die Darstellung der aus diesen Alkoholen durch Dehydrierung erhältlichen Ketone (Aceton, Butanon). Im Jahr 1930 begann man mit der Erzeugung von **Ethenoxid** aus dem Ethen der Raffineriegase. Die Chlorierung von Propen bei über 500 °C führte zur technischen Synthese von **Glycerol** (▸Kap. 6.2). Die Petrochemie hat sich in Deutschland nach 1948 im Zuge der wachsenden Raffineriekapazität rasch entwickelt. Obwohl die einzelnen chemischen Reaktionen erst bei den betreffenden Stoffklassen näher ausgeführt werden, sollen o Abb. 5.5 und o Abb. 5.6 einen Eindruck von der Vielfalt der aus Ethen und Propen herstellbaren Erdölverarbeitungsprodukte vermitteln.

## Additionsreaktionen

Das typische Reaktionsverhalten der Alkene ist die **Additionsreaktion**, wozu auch Polymerisationsreaktionen gehören. Die Additionen an Alkene verlaufen über **radikalische oder elektrophile Additionsmechanismen**. Bei der **elektrophilen Additionsreaktion** eines Teilchens X—Y an ein Alken besteht der Primärschritt der Reaktion in dem Angriff eines meist kationischen elektrophilen Teilchens $X^+$ an der nucleophilen C=C-Doppelbindung; dabei nimmt man zunächst die Entstehung eines **π-Komplexes** an, aus dem heraus dann ein **Carbenium-Ion** oder ein **cyclisches Onium-Ion** entsteht (o Abb. 5.7). Im nächsten Reaktionsschritt erfolgt die Addition eines nucleophilen Teilchens $Y^-$, das die Elektronenlücke am Carbenium- oder Onium-Ion auffüllt und zum Additionsprodukt führt. Bei diesem Schritt bestehen zwei Möglichkeiten: Entweder kann $Y^-$ von der gleichen Seite wie zuvor $X^+$ (***syn*-Addition**) oder von der „Rückseite“ (***anti*-Addition**) addieren. Geht man von 1,2-disubstituierten oder cyclischen Alkenen aus, erhält man entsprechend unterschiedliche diastereomere Addukte. Welcher Additionstyp stattfindet – *syn* oder *anti* – hängt vom Reagenz X—Y, vom Alken und vom Lösemittel ab.

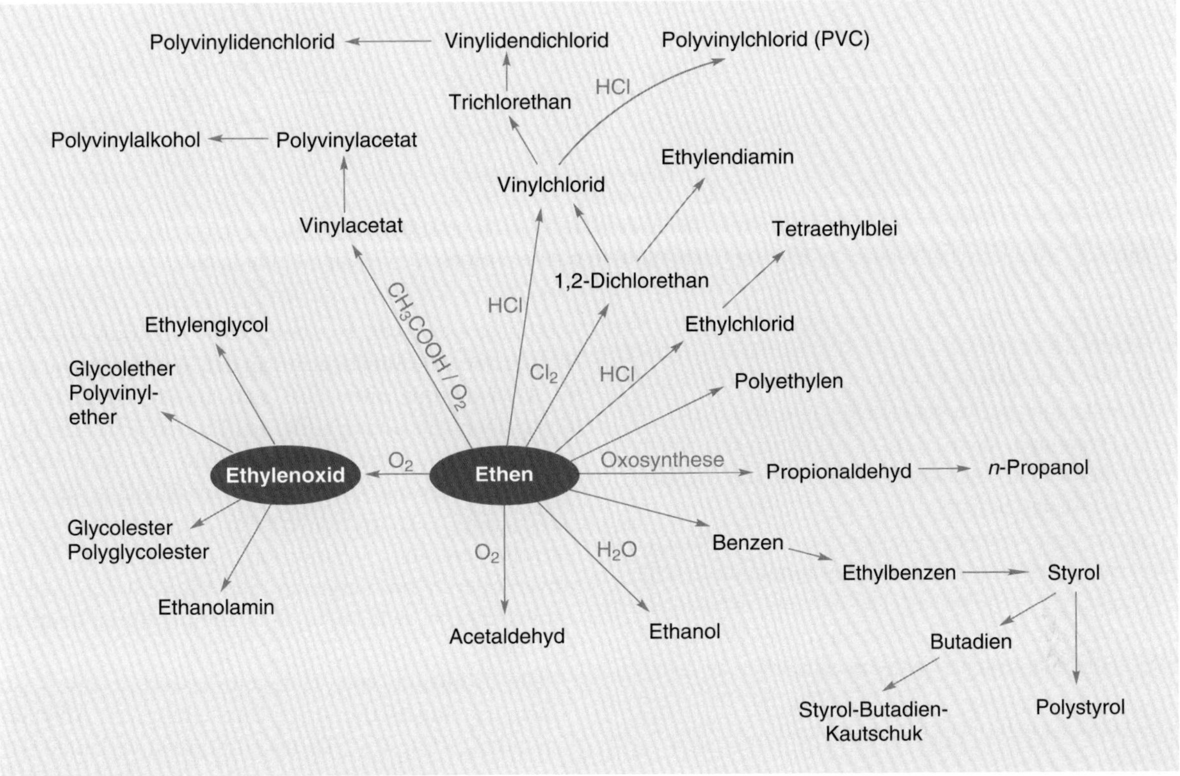


**Abb. 5.5** Petrochemische Produkte aus Ethen

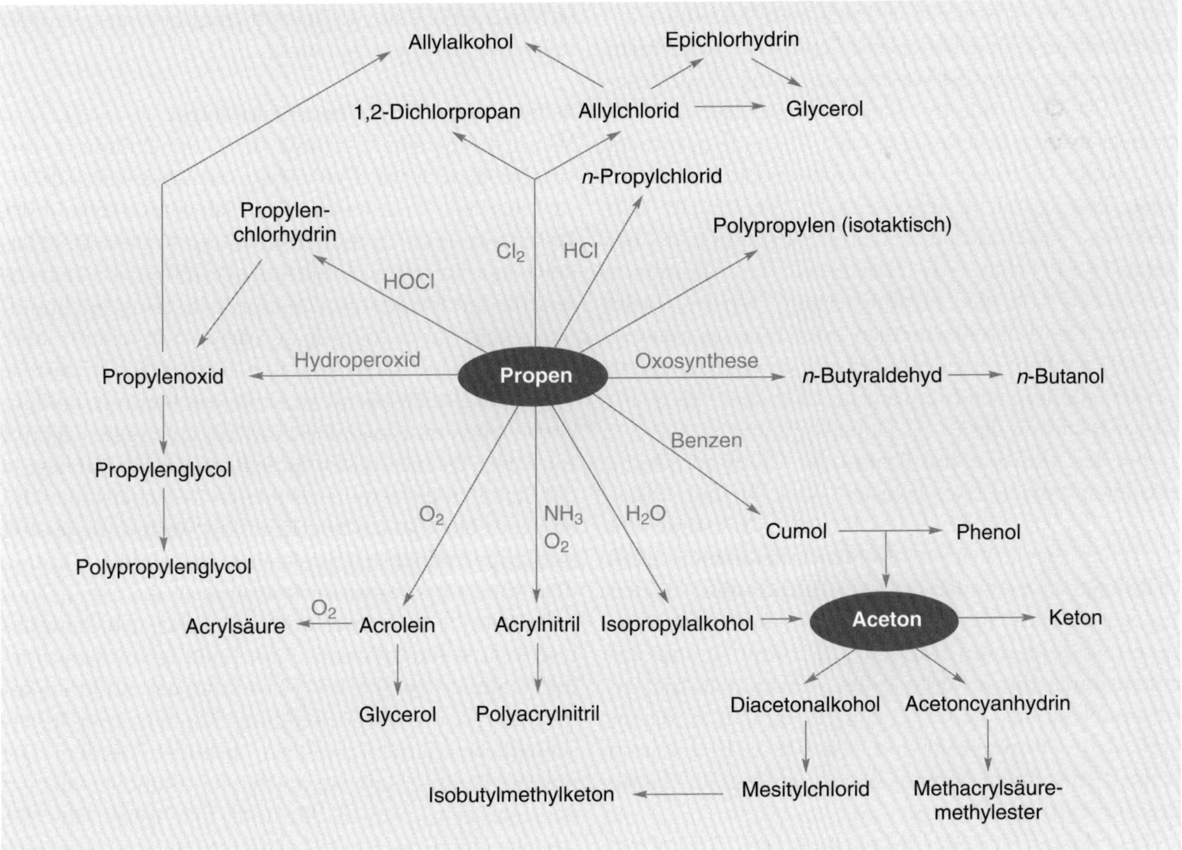


**Abb. 5.6** Petrochemische Produkte aus Propen

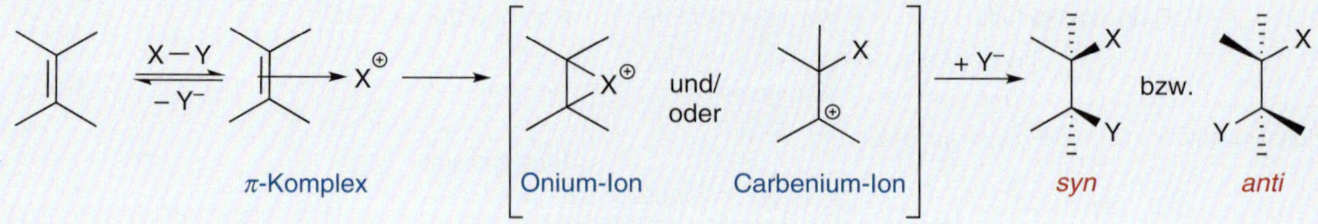


**Abb. 5.7** Schematischer Verlauf der elektrophilen Addition von X—Y an die C=C-Doppelbindung eines Alkens

**MERKE**

- Ein **Carbokation** ist allgemein eine Verbindung mit einem positiv geladenen Kohlenstoffatom.
- **Carbenium-Ionen** sind Carbokationen mit einem dreibindigen Kohlenstoffatom, der ein Elektronensextett besitzt.
- **Carbonium-Ionen** sind sogenannte nichtklassische Carbokationen mit einem formal fünfbindigen Kohlenstoffatom. Die Bindungsverhältnisse dieser nichtklassischen Carbokationen lassen sich mit den bisher besprochenen einfachen Modellen nicht beschreiben. Auf genauere Ausführungen soll hier jedoch verzichtet werden.

Zu den wichtigsten Additionsreaktionen an einer C=C-Doppelbindung zählen die **Addition von Halogenen** wie Brom bzw. Chlor (i. d. R. *anti*-Addition), die Addition von **Halogenwasserstoffen** (in der Regel nicht stereoselektiv) oder die **Wasseranlagerung** (Hydratisierung). Die Wasseraddition kann auf verschiedene Arten erreicht werden und findet je nach Methode bevorzugt als *anti*-Addition (Oxymercurierung/Reduktion; ▸Kap. 11.4.3), nicht stereoselektiv (säurekatalysiert) oder als *syn*-Addition (Hydroborierung/Oxidation; ▸Kap. 10.5.3) statt. Als Lösemittel für Additionen (abgesehen von der Hydratisierung) werden meist Chloroform, Tetrachlormethan oder Eisessig verwendet. Die zu beobachtende Entfärbung einer Bromlösung bei der Addition von Brom an ein Alken dient als qualitativer Nachweis der C=C-Doppelbindung.

Bei der **Addition von Brom oder Chlor** an Alkene entstehen *vicinale* (*vic*) Dibrom- oder Dichlorverbindungen der Alkane, bei denen die beiden Substituenten an zwei benachbarten Kohlenstoffatomen sitzen (○ Abb. 5.8 A). Es findet eine ***anti*-Addition** der beiden Halogenatome an die C=C-Doppelbindung statt. Hierbei erfolgt primär die Addition eines Brom-Kations aus einem durch die $\pi$-Bindung des Alkens polarisierten Brommolekül an die C=C-Doppelbindung zu einem cyclischen **Bromonium-Ion** (○ Abb. 5.8 B). Dieses reagiert mit einem Bromid-Anion von der Rückseite her zum *anti*-Addukt.

Lässt man Chlor oder Brom auf Alkene der Formel R—CH=CH—$CH_3$ bei höherer Temperatur in der Gasphase einwirken, so erfolgt keine Addition, sondern stattdessen eine **Substitution** an der Methylgruppe, also in **Allylstellung**, ohne dass sich die Halogene an die C=C-Doppelbindung addieren. Propen geht zum Beispiel unter der Einwirkung von Chlor bei etwa 500 °C („Heißchlorierung") radikalisch in Allylchlorid über (○ Abb. 5.8 C). Aufgrund der günstigeren Aktivierungsentropie ist die Substitution („Teilchenzahl bleibt unverändert") im Vergleich zur Addition („Teilchenzahl verringert sich") bei hohen Temperaturen deutlich bevorzugt.

Die **Addition von Halogenwasserstoffsäuren** an Alkene ist eine Methode zur Darstellung von Alkylhalogeniden (▸Kap. 7.1). Diese Additionen verlaufen wie die Addition von Halogenen nach einem **elektrophilen Additionsmechanismus**. Am leichtesten reagiert Iodwasserstoff, es folgen Brom- und Chlorwasserstoff (○ Abb. 5.8 D). Fluorwasserstoff reagiert hingegen unter normalen Bedingungen nicht.

### Regioselektivität: *Markownikow*-Regel

Wenn die beiden C-Atome der Doppelbindung eine verschiedene Anzahl von H-Atomen besitzen, addiert sich das Halogenatom aus dem Halogenwasserstoff HX vorzugsweise an das höher substituierte C-Atom (*Markownikow*-Regel), z. B. führt die Addition von Iodwasserstoff an Propen zu 2-Iodpropan (Isopropyliodid) und nicht zu 1-Iodpropan (○ Abb. 5.9, oben). Man bezeichnet eine solche Reaktion, bei der eine chemische Umsetzung vorwiegend an einer von mehreren möglichen Stellen im Molekül eintritt, als eine **regioselektive Reaktion**. Der Grund für diese Regioselektivität liegt in der Stabilität der jeweils gebildeten Zwischenstufen. Im Falle der oben genannten Reaktion von Iodwasserstoff mit Propen bildet sich durch eine elektrophile Addition des Protons der Iodwasserstoffsäure an die C=C-Doppelbindung ein Carbenium-Ion, an das sich dann das nucleophile Iodid-Anion unter Bildung von Isopropyliodid addiert (○ Abb. 5.9, Mitte). Bei der Addition des Protons an die Doppelbindung können zwei unterschiedliche Carbenium-Ionen gebildet werden: Die positive Ladung kann am mittleren (sekundär) oder am endständigen (primär) C-Atom lokalisiert sein. Da Alkylgruppen die positive Ladung eines Carbeniumions durch Hyperkonjugation stabilisieren, folgt, dass die **Stabilität der Carbenium-Ionen** in der Reihenfolge **primär < sekundär < tertiär** ansteigt. Bei der Addition des Protons bildet sich daher schneller und damit bevorzugt das höher substituierte und damit stabilere sekundäre Carbenium-Ion und nicht das instabilere primäre Carbenium-Ion. Die Bildung von Isopropyl-Kationen bei der Protonierung von Propen konnte mithilfe der NMR-Spektroskopie in Supersäuren auch experimentell nachgewiesen werden.

Bei der Addition von Bromwasserstoff an Allylbromid entsteht unter den üblichen Reaktionsbedingungen im Labor häufig ein Gemisch von 1,2- und 1,3-Dibrompropan (o Abb. 5.9, unten). Die Entstehung des 1,2-Dibrompropans entspricht der erwarteten Regioselektivität einer elektrophilen Addition entsprechend der ***Markownikow*-Regel**. Die Bildung des 1,3-Dibromids scheint auf den ersten Blick der *Markownikow*-Regel zu widersprechen. Die genaue Untersuchung des Reaktionsverlaufs ergab jedoch, dass neben der ionischen Addition, die entsprechend der *Markownikow*-Regel verläuft und das 1,2-Dibrompropan ergibt, auch eine **radikalische Addition** stattfinden kann. So konnten *Kharasch* und *Mayo* im Jahr 1933 zeigen, dass die Addition von Bromwasserstoff an Alkene bei Anwesenheit geringer Mengen von Diacylperoxid zu einer der *Markownikow*-Regel entgegengesetzten Addition führt (sog. **Peroxideffekt**; o Abb. 5.10). Die Peroxide lösen eine radikalische Kettenreaktion aus, indem sie in freie Radikale zerfallen. In der Startreaktion werden durch diese Radikale zunächst mit HBr reagieren und Bromatome erzeugt, die sich an das Alken, z. B. Propen, unter Bildung eines neuen Kohlenstoff-Radikals addieren. Hierbei addiert sich das Br-Atom, wiederum entsprechend der *Markownikow*-Regel, an das endständige C-Atom, sodass das stabilere sekundäre Kohlenstoff-Radikal entsteht (Reaktion 1). Dieses abstrahiert im nächsten Schritt ein Wasserstoffatom aus einem weiteren Molekül Bromwasserstoff (Reaktion 2), wobei neben dem Produkt, 1-Brompropan, wiederum ein neues Bromatom entsteht, das die Kette fortsetzt (Kettenfortpflanzung). Der Kettenabbruch erfolgt durch Rekombination zweier freier Radikale oder durch Disproportionierung. Auch die radikalische Addition folgt also der *Markownikow*-Regel, nur ist die Reihenfolge, in der H und Br addiert werden, im Vergleich zur ionischen Addition genau umgekehrt. Eine solche radikalische Addition lässt sich allerdings nur mit Bromwasserstoff durchführen, da mit Chlorwasserstoff oder Iodwasserstoff jeweils einer der beiden Kettenfortpflanzungsschritte so stark endotherm ist, dass keine selbsterhaltende Kettenreaktion in Gang kommt. Bei Verwendung von Chlorwasserstoff ist die Reaktion des Alkylradikals mit HCl und bei Verwendung von Iodwasserstoff ist die Addition eines Iodatoms an das Alken jeweils thermodynamisch ungünstig.

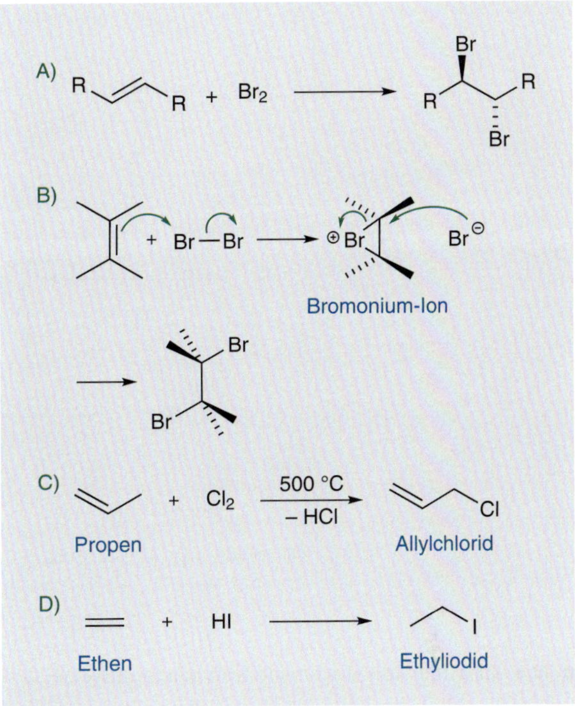


**o Abb. 5.8** Reaktionen von Halogenen und Halogenwasserstoffen mit Alkenen (A, B und D Addition; C Substitution)

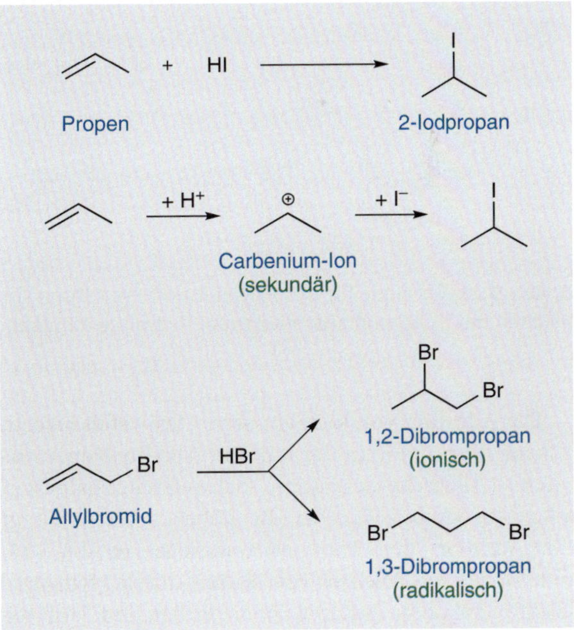


**o Abb. 5.9** Regioselektive Addition von Iodwasserstoff an Propen (oben), die über ein sekundäres Carbenium-Ion als Zwischenstufe verläuft (Mitte); Addition von Bromwasserstoff an Allylbromid (unten)

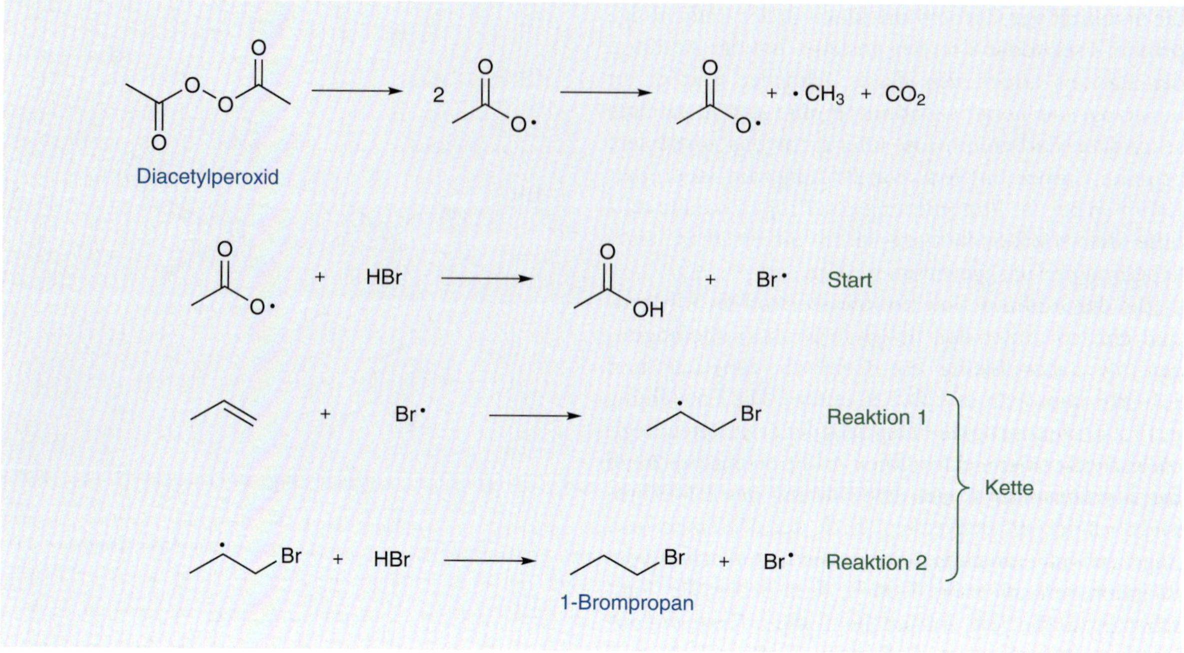


**Abb. 5.10** Die radikalische Addition von Bromwasserstoff an eine Doppelbindung führt zum anti-*Markownikow*-Produkt (Peroxideffekt). Nähere Erläuterungen zu den Reaktionen 1 und 2 im Text.

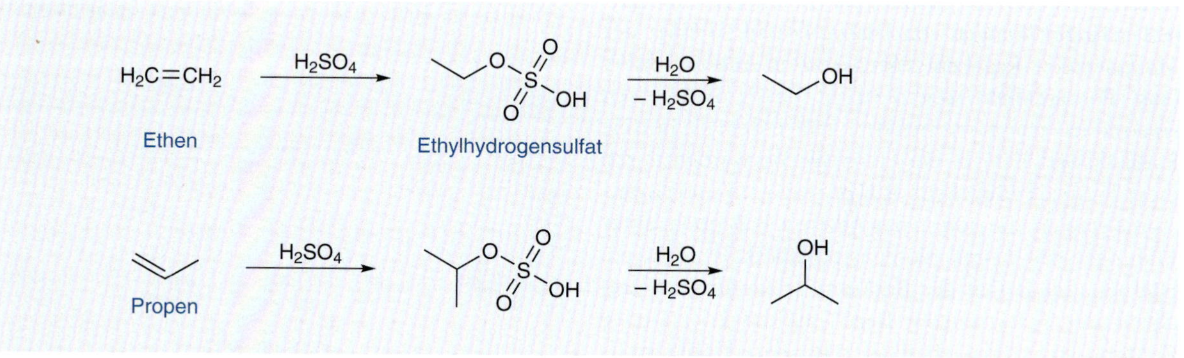


**Abb. 5.11** Beispiele für das Schwefelsäure-Verfahren zur technischen Darstellung von Alkoholen durch Umsetzung von Alkenen mit $H_2SO_4$ und anschließender Hydrolyse der gebildeten Alkylhydrogensulfate

Die **Addition von konzentrierter Schwefelsäure** an Alkene führt schon in der Kälte zu **Alkylhydrogensulfaten** (Alkylschwefelsäuren, Schwefelsäurehalbester, ▸Kap. 10; Abb. 5.11, oben). Bei höheren Alkenen folgt die Addition der *Markownikow*-Regel (Abb. 5.11, unten). Da die Alkylschwefelsäuren durch Hydrolyse leicht in Alkohole (▸Kap. 6) überführbar sind, läuft die Reaktion letztlich auf eine Addition von Wasser an die C=C-Doppelbindung hinaus. Dieses sogenannte **Schwefelsäure-Verfahren** dient vor allem technisch zur Herstellung von Alkoholen aus Alkenen (▸Kap. 6).

Die **Addition von hypochloriger Säure** (HOCl) an die C=C-Doppelbindung führt zu **Chlorhydrinen** (Abb. 5.12, oben). Bei höheren Alkenen verläuft die Reaktion regioselektiv, wobei ein $Cl^+$-Ion an das Kohlenstoffatom addiert wird, das die meisten Wasserstoffatome trägt. Aus dem HOCl wird also im ersten Schritt Chlor als Elektrophil, entsprechend der *Markownikow*-Regel auf die Doppelbindung übertragen. Ebenso lassen sich Nitrosylchlorid (ONCl; Abb. 5.12, unten) oder Nitrosylbromid (ONBr) an Alkene addieren, wobei die gebildeten Nitrosoalkylhalogenide wie alle Nitrosoalkane RNO in Lösung mit ihrer dimeren Form im Gleichgewicht vorliegen.

## Oxidation

Die Einwirkung von Oxidationsmitteln auf Alkene führt je nach Oxidationsmittel und Reaktionsbedingungen zu verschiedenen Reaktionsprodukten.

Die **Epoxidierung** von Ethen mit Luft oder Sauerstoff in Gegenwart von Silber als Katalysator bei 220–280 °C und erhöhtem Druck führt zur Bildung von

Ethenoxid (Oxiran), das auf diesem Wege technisch dargestellt wird (o Abb. 5.13 A). Diese Reaktion ist bisher nicht auf höhere Alkene übertragbar.

Bei der Einwirkung von **Persäuren**, z. B. von *m*-Chlorperbenzoesäure (MCPBA), auf Alkene in inerten Lösemitteln (***Prileschajew*-Reaktion**, 1909) entstehen ebenfalls in fast quantitativer Ausbeute die entsprechenden Epoxide (**Oxirane**) (o Abb. 5.13 B). Die Reaktion verläuft stereospezifisch als *syn*-Addition. Beispielsweise entsteht sowohl aus dem (*Z*)- als auch aus dem besonders reaktionsfähigen (*E*)-Cycloocten jeweils nur eines der beiden möglichen stereoisomeren Epoxide.

Die analoge **Dihydroxylierung** von Alkenen mit Wasserstoffperoxid in Gegenwart von Eisessig führt über die Epoxide zu Glycolen (1,2-Diolen, ▸ Kap. 6.2; o Abb. 5.13 C). Aus Eisessig und Wasserstoffperoxid entsteht in einer Gleichgewichtsreaktion zunächst Peressigsäure (Peroxyessigsäure), die die C=C-Doppelbindung elektrophil wiederum unter Bildung eines Epoxids angreift. Die in der sauren Lösung erfolgende Protonierung des Epoxids erhöht die Polarität der C—O-Bindungen und erleichtert damit den nachfolgenden nucleophilen Angriff eines Wassermoleküls. Dieser Angriff kann aus stereoelektronischen Gründen nur von der Rückseite, d. h. *anti*-ständig erfolgen (▸ Kap. 7). Unter Abgabe eines Protons entsteht dann das betreffende ***trans*-Glycol**.

Bei der **Oxidation** von Alkenen mit Osmium(VIII)-oxid (Osmiumtetraoxid) oder schwach alkalischer Kaliumpermanganatlösung entstehen primär durch *syn*-

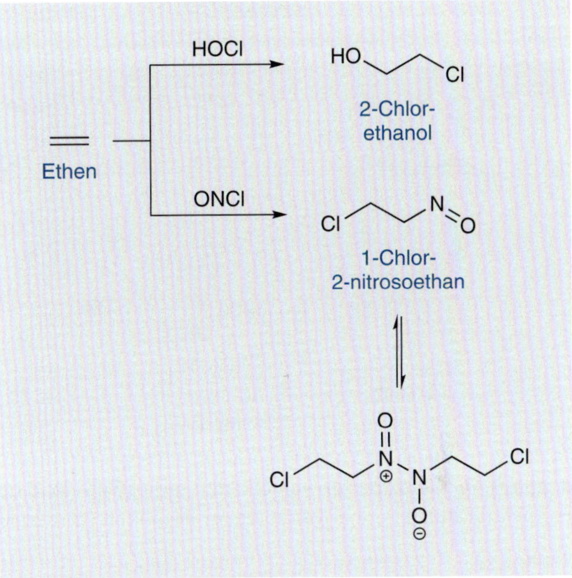


o **Abb. 5.12** Addition von hypochloriger Säure (oben) und Nitrosylchlorid (unten) an Ethen

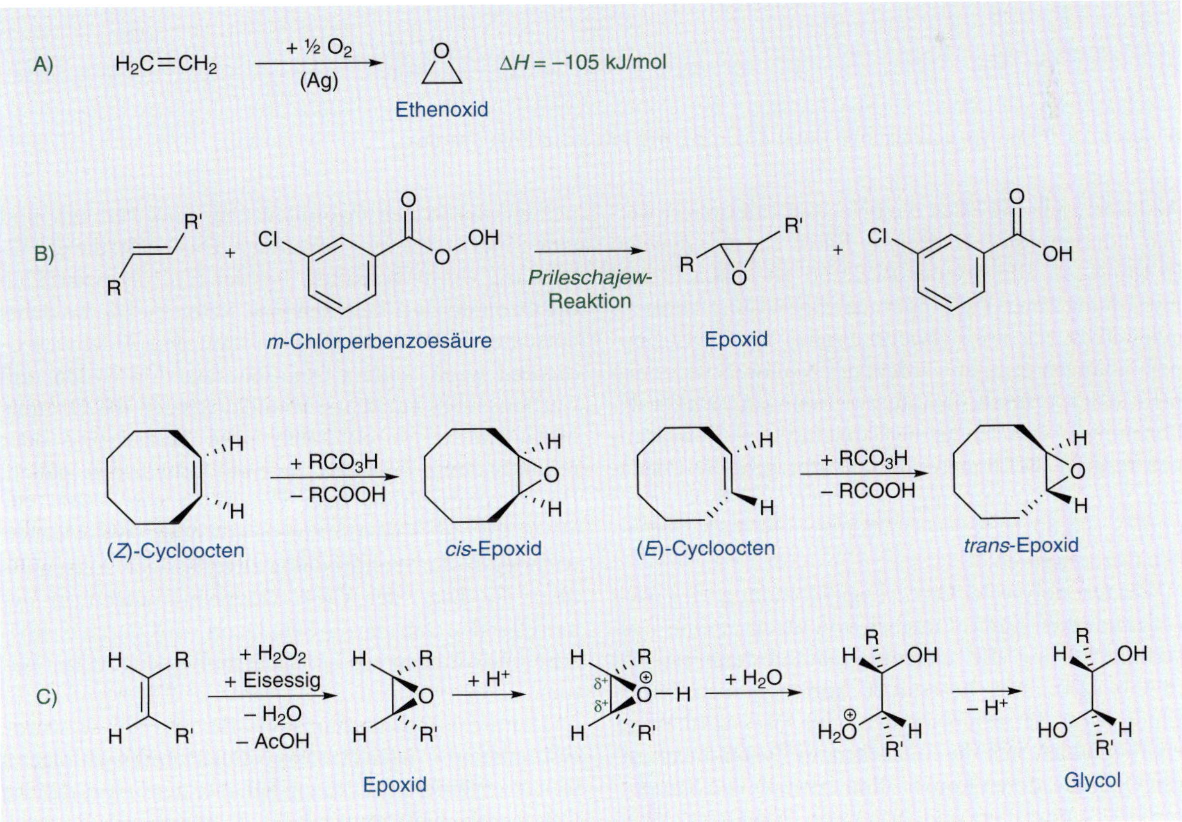


o **Abb. 5.13** Oxidations- und Epoxidierungsreaktionen von Alkenen

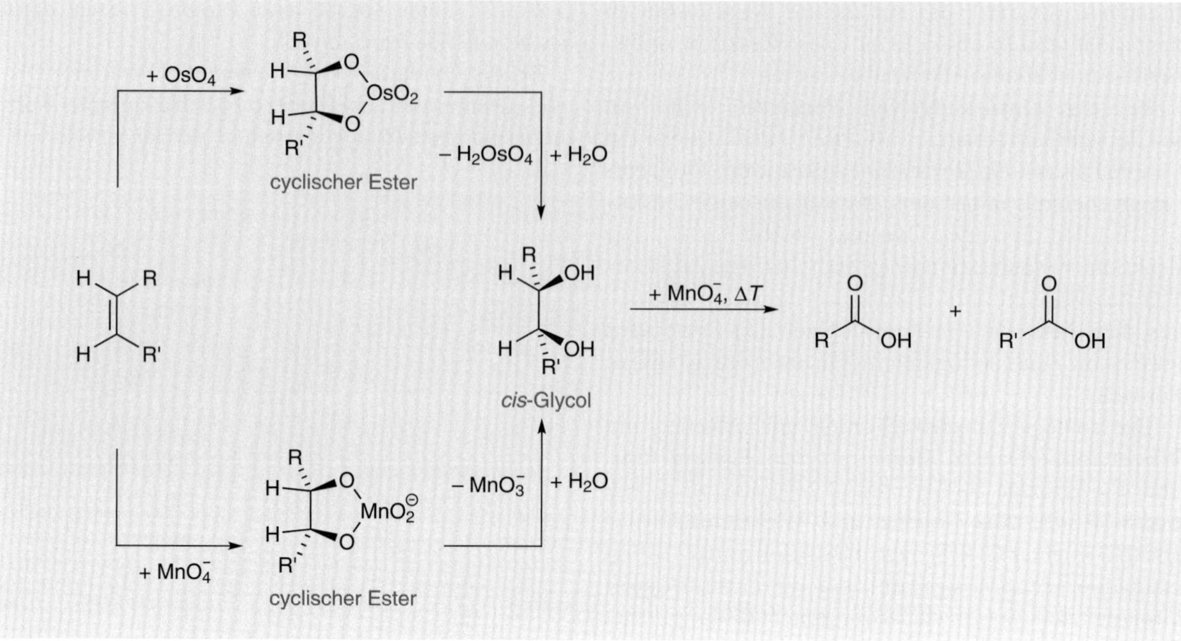


**Abb. 5.14** Die Oxidation von Alkenen mit Os(VIII)-oxid oder Kaliumpermanganat führt zu *cis*-Glycolen, die bei höherer Temperatur durch Permanganat weiter gespalten werden können.

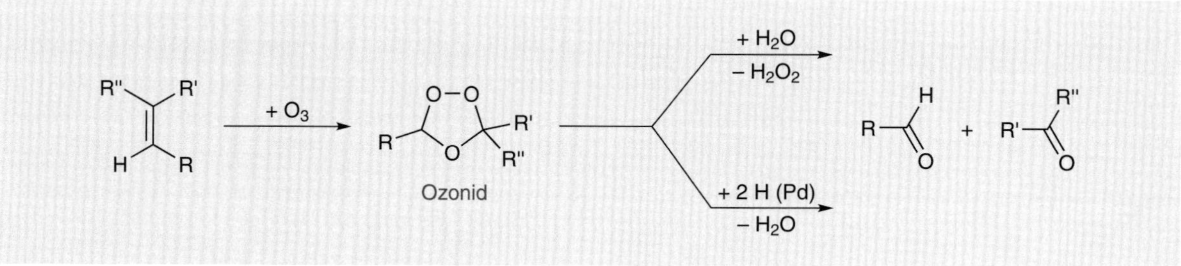


**Abb. 5.15** Ozonolyse von Alkenen unter Bildung eines intermediären Ozonids

Addition cyclische Ester, die im ersten Fall isoliert werden können; ihre Hydrolyse führt zu ***cis*-Glycolen** (Abb. 5.14). Die bei der Reaktion zu beobachtende Entfärbung einer Kaliumpermanganatlösung kann als qualitativer Nachweis (***Baeyer*-Probe**) für C=C-Doppelbindungen genutzt werden; der Nachweis ist jedoch nicht sehr spezifisch, da Kaliumpermanganat als Oxidationsmittel mit vielen oxidierbaren funktionellen Gruppen reagiert. Bei höherer Temperatur geht die Oxidation mit Kaliumpermanganat weiter, und man erhält unter Spaltung der Kohlenstoffkette meist die betreffenden Carbonsäuren.

Die **Ozonolyse** der C=C-Doppelbindung wird nach *Harries* (1904) durch Einleiten von Ozon in eine wasserfreie Lösung der ungesättigten Substanz erreicht (Abb. 5.15). Als Lösemittel kommen Petrolether, Chloroform, Tetrachlormethan oder Eisessig in Frage. Hierbei bilden sich die in trockenem Zustand explosiven **Ozonide**, deren Konstitution erstmals von *Staudinger* (1925) postuliert und später von *Pummerer* (1938) und *Rieche* (1942) bestätigt wurde. Demnach sind die beiden C-Atome der ursprünglich vorliegenden Doppelbindung in den **Ozoniden** über eine Peroxid- und eine Sauerstoffbrücke verbunden. Das heißt, die C—C-Bindung wurde gespalten. Bei der Hydrolyse zerfallen die Ozonide zu Aldehyden bzw. Ketonen. Da das dabei entstehende Wasserstoffperoxid auf den Aldehyd oxidierend wirkt, sodass Gemische aus Aldehyden und Carbonsäuren entstehen können, werden die Ozonide häufig besser durch katalytische Hydrierung oder reduktiv durch Zink bzw. Natriumborhydrid gespalten. Die Ozonidspaltung oder Ozonolyse war früher vor allem für die **Konstitutionsermittlung von Alkenen** wichtig, da die Spaltprodukte zuverlässigen Aufschluss über die Lage der C=C-Doppelbindungen in der betreffenden Substanz geben. Ozon wird durch elektrische Entladungen aus Luftsauerstoff erzeugt (Ozonisator).

Der Reaktionsmechanismus der Ozonolyse wurde erstmals von *Criegee* (1949) postuliert und nachfolgend weiter verfeinert. Im Prinzip hat aber der ursprüngliche ***Criegee*-Mechanismus** (1953) nach wie vor Bestand, wenn auch der genaue Ablauf der Reaktion stark von den Reaktionsbedingungen (insbesondere der Wahl des

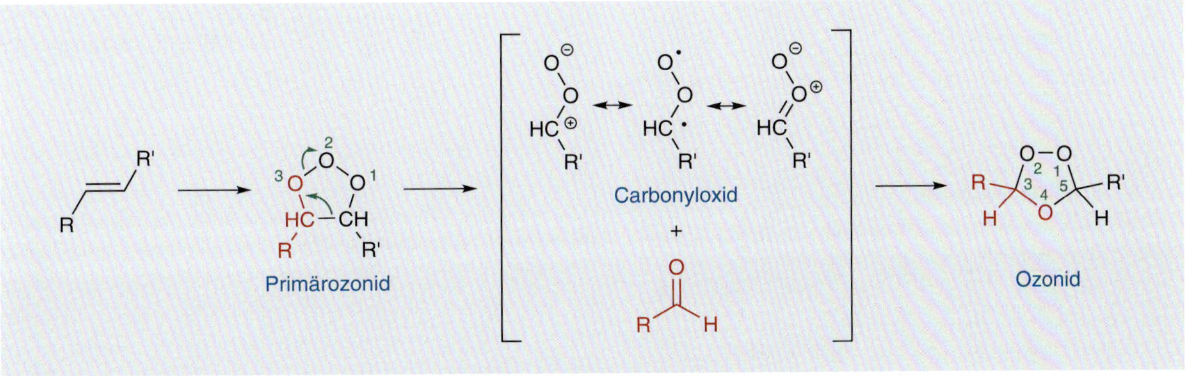


**o Abb. 5.16** *Criegee*-Mechanismus der Ozonolyse eines Alkens zu einem Ozonid

Lösemittels) abhängen kann. Aus dem Alken und Ozon entsteht zunächst durch eine 1,3-dipolare Cycloaddition ein instabiles **Primärozonid** (1,2,3-Trioxolan, „Molozonid"), das unter Cycloreversion konzertiert in ein Carbonyloxid (Zwitterion oder Diradikal) und eine Carbonylverbindung zerfällt, die unter erneuter Cycloaddition zu dem eigentlichen Ozonid (1,2,4-Trioxolan, **Sekundärozonid**) reagieren (o Abb. 5.16). Je nach Aufarbeitung (reduktiv, oxidativ) wird dann das Sekundärozonid in die entsprechenden Produkte der Ozonolyse (Alkohole, Aldehyde/Ketone oder Carbonsäuren) gespalten. Insbesondere in polaren Lösemitteln kann das Carbonyloxid auch direkt abgefangen werden, sodass sich das Sekundärozonid gar nicht erst bildet.

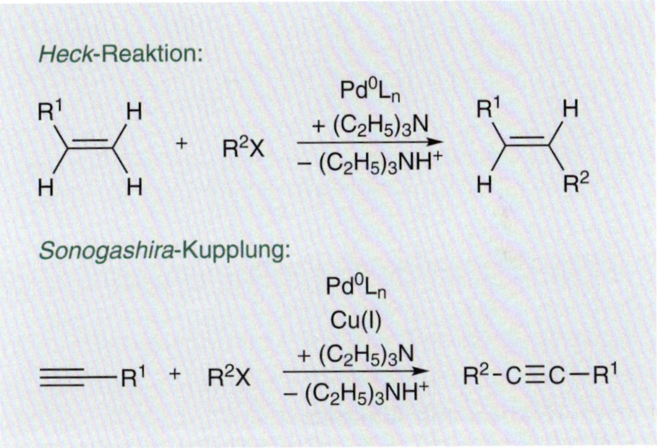


**o Abb. 5.17** *Heck*-Reaktion und *Sonogashira*-Kupplung



## Reduktionen

Die **katalytische Hydrierung** der C=C-Doppelbindung in Alkenen zu Alkanen kann bei Raumtemperatur und geringem Wasserstoff-Überdruck in Gegenwart von Platinschwarz (*Willstätter*) oder Palladium (*Paal* u. *Skita*) als heterogenem Katalysator durchgeführt werden. Im Laboratorium benutzt man vielfach den $PtO_2$-Katalysator nach *Adams*, der durch Verschmelzen von Hexachloroplatin(IV)-säure mit Natriumnitrat darstellbar ist. Zu Beginn der Hydrierung wird dabei Platin(IV)-oxid zu hochaktivem, fein suspendiertem Platin reduziert. Als weiterer Katalysator eignet sich *Raney*-Nickel, das durch Einwirkung von warmer Natronlauge auf eine Nickel-Aluminium-Legierung gewonnen wird. Die **homogene Katalyse** der Hydrierung erfolgt bei Raumtemperatur mit Wasserstoff unter Normaldruck mithilfe des ***Wilkinson*-Katalysators** (▸ Kap. 11.8). In der Technik werden außer Nickel (*Sabatier* u. *Senderens*) auch andere Metalle, z. B. Eisen, Chrom, Cobalt oder Kupfer, als Hydrierungskatalysatoren verwendet. Da diese Metalle eine geringe Aktivität aufweisen, erfordern sie Temperaturen von 200–300 °C und hohe Drucke. Derartige Hydrierungen finden daher meist in der Gasphase statt.

$$R-CH=CH-R \xrightarrow{H_2\,/\,Kat.} R-CH_2-CH_2-R$$

## Pd-katylsierte Kreuzkupplungen (Substitutionsreaktionen)

Über Palladiumkomplexe (▸ Kap. 11) können Substitutionsprodukte von Alkenen dargestellt werden. Das gelingt z. B. mit der ***Heck*-Reaktion** (1968; o Abb. 5.17, oben; ▸ Kap. 11.8.2), die große präparative Bedeutung besitzt. In guten Ausbeuten entstehen dabei aus Alkenen und Alkylhalogeniden in Gegenwart von $Pd^0$-Katalysatoren **alkylsubstituierte Alkene mit definierter Regio- und Stereoselektivität**. Der Alkylrest wird an das weniger substituierte Kohlenstoffatom der C=C-Doppelbindung gebunden und es entsteht bevorzugt ein (*E*)-Alken. Die Variationsbreite des eingesetzten Alkylhalogenids $R^2X$ erstreckt sich von Alkylhalogeniden, die keinen $sp^3$-gebundenen Wasserstoff am $\beta$-C-Atom enthalten, bis hin zu Vinyl-, Aryl- und Hetarylhalogeniden. Die Reaktion eignet sich auch zum stereoselektiven Aufbau mehrgliedriger Ringsysteme. Der Mechanismus der *Heck*-Reaktion verläuft über eine oxidative Addition des Alkylhalogenids an $Pd^0$ mit anschließender Insertion des Alkens in die zuvor gebildeten Pd—C-Bindung (**Carbopalladierung**) und Freisetzung des substituierten Alkens durch eine $\beta$-Eliminierung (▸ Kap. 11.8.2). Eine analoge Reaktion der Alkine ist die ***Sonogashira*-Kupplung** (1975; o Abb. 5.17, unten).

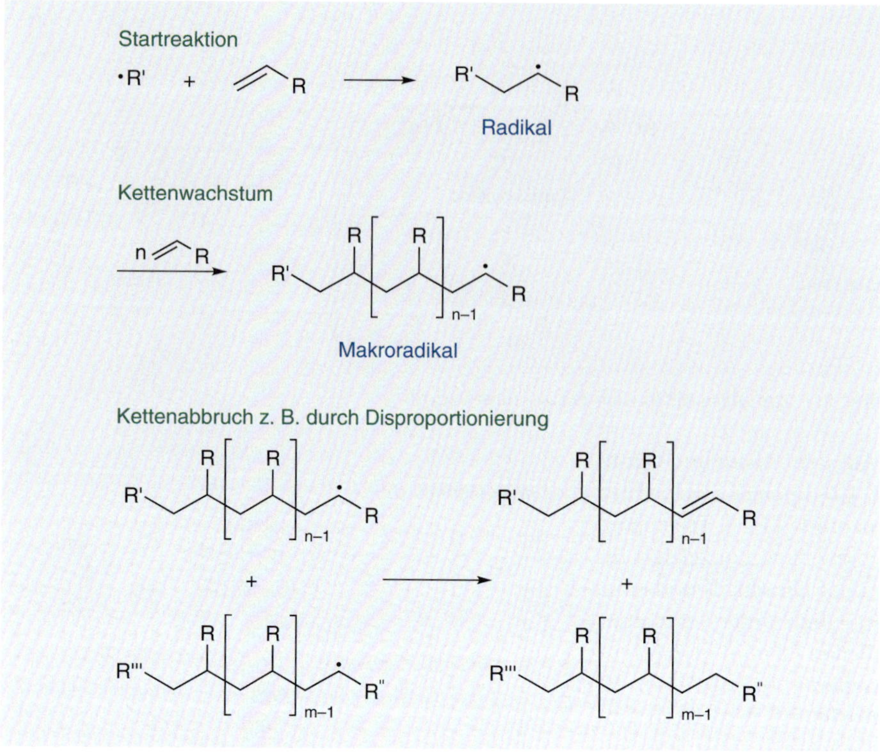


**o Abb. 5.18** Mechanismus der Radikalkettenpolymerisation

## Polymerisation von Alkenen

Die Polymerisation ist eine der wichtigsten technischen Reaktionen der Alkene und ihrer Derivate und dient zur Darstellung unterschiedlichster Kunststoffe, ohne die unsere moderne Zivilisation kaum denkbar wäre. **Homopolymere** sind Polymere, die aus *einer* monomeren Verbindung, also z. B. einem Alken, bestehen. **Copolymere** entstehen, wenn unterschiedliche Monomere beteiligt sind. Die Polymerisation führt in Abhängigkeit von den jeweils eingesetzten Katalysatoren und dem sich daraus ergebenden Polymerisationsgrad zu öligen oder festen Polymerisaten.

Der entscheidende Schritt bei der Polymerisation ist die Aktivierung der C=C-Doppelbindung, die auf verschiedene Weisen erfolgen kann. Wenn sie erreicht ist, wächst die Kette in der Regel geradlinig fort; es entstehen **lineare Polymere** (Fadenmoleküle). Unter bestimmten Bedingungen kann es auch zu Kettenverzweigungen kommen. Die Kettenlängen und damit auch die relativen Molekülmassen der so entstandenen Makromoleküle sind in der Regel uneinheitlich; sie weisen eine charakteristische **Molmassenverteilung** auf, d. h., die entstehenden Polymere sind mehr oder weniger polydispers.

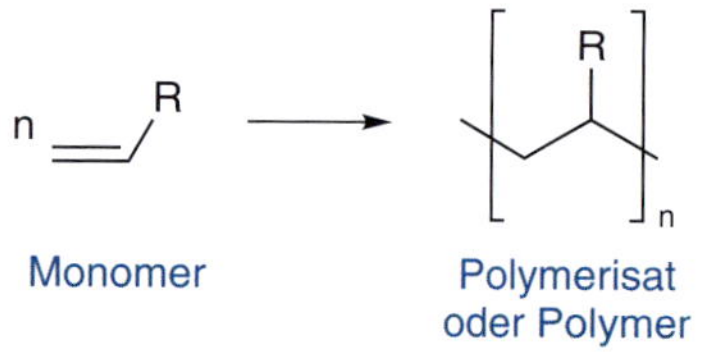


Substanzen, die die Polymerisation von Monomeren zu Makromolekülen auslösen, bezeichnet man entweder als **Initiatoren** bzw. **Aktivatoren** oder auch als Katalysatoren. Sie werden meist während der Polymerisation verbraucht, sind aber trotzdem nur in sehr geringen, also nahezu „katalytischen" Mengen erforderlich. Man unterteilt sie in drei Hauptgruppen, je nachdem, ob eine Radikal-, eine Ionen- oder eine koordinative Kettenpolymerisation eingeleitet wird. Die Radikalbildung kann bei einigen Monomeren auch thermisch oder durch kurzwellige Strahlung angeregt werden.

### Radikalkettenpolymerisation

Die Radikalkettenpolymerisation ist die wirtschaftlichste Polymerisationsart, weil sie in wässriger Emulsion oder Suspension durchgeführt werden kann. Es entstehen dabei allerdings sehr polydisperse Makromoleküle. Ausgelöst wird die Polymerisation meist durch Radikalbildner wie Sauerstoff, Wasserstoffperoxid oder organische Peroxide (z. B. Diacylperoxide, Cumolhydroperoxid) sowie aliphatische Azoverbindungen wie $\alpha,\alpha'$-Azoisobutyronitril (1,1'-Dimethyl-1,1'-dicyanoazoethan, AIBN), $(H_3C)_2(CN)C{-}N{=}N{-}C(CN)(CH_3)_2$. Der Verlauf einer **radikalischen Polymerisation** ist in o Abb. 5.18 dargestellt. Es erfolgt zunächst die Aktivierung der C=C-Doppelbindung durch das aus dem Initiator entstandene freie Radikal R'•, das sich an die Doppelbindung addiert. Dabei entsteht ein neues Radikal, das die **Wachstumsreaktion** einleitet. Diese führt unter Addition neuer Monomere zum Makroradikal, das durch Kettenabbruch in das stabile Makromolekül übergeht. Die **Kettenabbruchreaktionen** können sehr verschiedener Natur sein; häufig beobachtet man eine Disproportionierung oder eine Radikalrekombination. Die Regioselektivität des Kettenwachstums hängt vorwiegend von stereoelektronischen Effekten ab. In der Regel bildet sich bei jedem Additionsschritt das thermodynamisch stabilere Radikal, allerdings spielen auch polare Effekte der reagierenden Radikale eine Rolle.

Radikalkettenpolymerisationen lassen sich durch Inhibitoren (**Antioxidanzien**), z. B. Hydrochinon, Pyrogallol, Thiophenole u. a., verlangsamen oder gar verhindern. Diese werden daher als Regler sehr rasch verlaufender Polymerisationen oder als Stabilisatoren für monomere Vinylverbindungen verwendet. Eine wichtige Funktion der Regler ist die Kettenübertragung, bei der das Wachstum eines Makroradikals abgeschlossen und eine neue Kette gestartet wird (o Abb. 5.19).

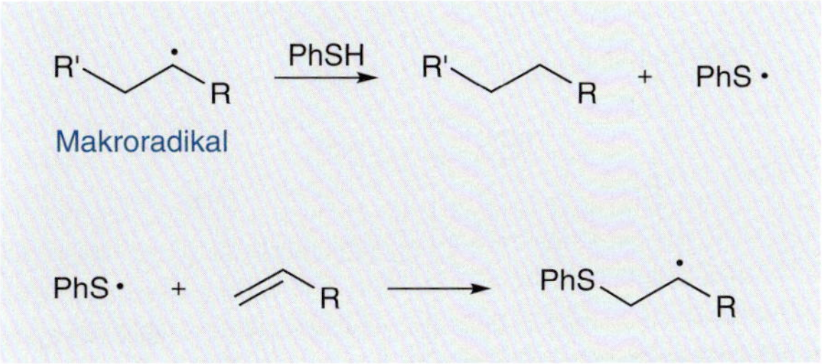


o **Abb. 5.19** Thiophenol wird als Regler bei der Kettenübertragung eingesetzt und hilft, die Kettenlänge zu kontrollieren.

### Ionenkettenpolymerisation

Die Ionenkettenpolymerisation wird durch kationische (elektrophile bzw. saure) oder anionische (nucleophile bzw. basische) Initiatoren gestartet. Zu den Katalysatoren des kationischen Reaktionstyps gehören *Lewis*-Säuren wie Borfluorid, Aluminiumchlorid, Titan(IV)-chlorid und Zinn(IV)-chlorid, die jedoch nur in Gegenwart von Säure- oder Wasserspuren die Polymerisation einleiten. So führt die Reaktion eines geeigneten elektronenreichen Alkens, z. B. eines Vinylethers, mit Borfluorid zu einem Carbenium-Ion, das die **kationische Ionenkettenpolymerisation** auslöst (o Abb. 5.20). Der Abbruch der Ketten wird durch Anionen bewirkt.

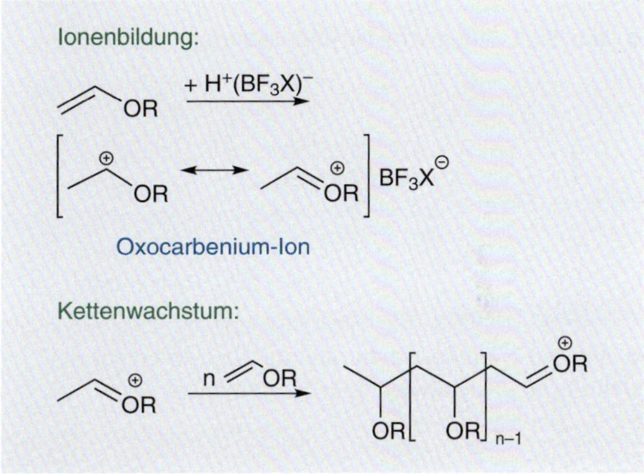


o **Abb. 5.20** Kationische Polymerisation

Die Katalysatoren des anionischen Reaktionstyps sind Basen bzw. Nucleophile wie z. B. Metallalkyle, Alkoholate, Metallamide oder Metallhydroxide. Lässt man Natriumamid auf ein geeignetes, in der Regel elektronenarmes Alken (R=COOR, CN) einwirken, bildet sich durch Addition des Amids an die aktivierte Doppelbindung ein Anion, das die **anionische Ionenkettenpolymerisation** auslöst (o Abb. 5.21). Der Kettenabbruch erfolgt durch Kationen.

Bei den ionischen Polymerisationen, insbesondere bei der anionischen, findet – anders als bei der radikalischen Polymerisation – im Idealfall kein Kettenabbruch statt. Das Kettenwachstum erfolgt so lange, bis alle Monomere verbraucht sind. Erst bei der anschließenden Aufarbeitung werden die geladenen Polymerketten durch zugesetzte Anionen oder Kationen „abgefangen". Man spricht in solchen Fällen von **„lebenden" Polymerisationen**. Diese haben den Vorteil, dass die Molmassen über einen weniger breiten Bereich verteilt sind als bei der radikalischen Polymerisation und sich zudem sehr gut über die Menge des zugesetzten Initiators steuern lassen: Eine geringe Menge des Initiators führt zu langen Ketten, eine größere Menge entsprechend zu kürzeren Ketten. Die enge Molmassenverteilung resultiert daraus, dass der Kettenstart, also die Reaktion des Initiators mit dem Alken, sehr viel schneller erfolgt als die anschließenden Kettenwachstumsschritte. Das heißt, es bildet sich entsprechend der vorhandenen Menge an Initiator eine entsprechende Anzahl aktiver Anionen, die dann alle mit weitgehend gleicher Geschwindigkeit so lange wachsen, bis alle Monomere verbraucht sind. Lebende Polymerisationen sind vor allem für Block-Copolymerisationen sehr gut geeignet.

### Koordinative Kettenpolymerisation

Im Jahr 1955 gelang *K. Ziegler* am *Max-Planck*-Institut für Kohlenforschung in Mülheim a. d. Ruhr erstmals die Polymerisation von Ethen zu Polyethylen bei Normaldruck und niedrigen Temperaturen (70 °C). Möglich wurde dies durch den Einsatz metallorganischer Mischkatalysatoren, z. B. einer Triethylaluminium-Titan(IV)-chlorid-Kombination in Isododecan (sog. *Mülheimer* Normaldruckverfahren, auch als ***Ziegler*-Verfahren** bezeichnet; o Abb. 5.22; vgl. auch ▸ Kap. 5.1.2). Dieses Verfahren wurde dann später von *Natta* auf die Polymerisation von Propen übertragen. *Ziegler* und *Natta* erhielten für ihre bahnbrechenden Arbeiten im Jahr 1963 gemeinsam den Nobelpreis für Chemie. Bei der als ***Ziegler-Natta*-Katalysatoren**

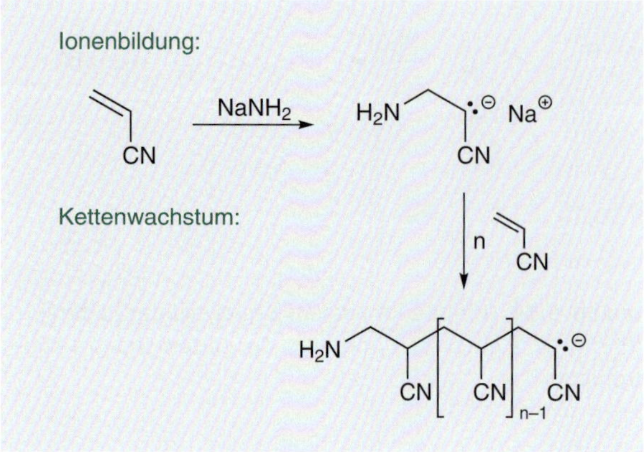


**o Abb. 5.21** Anionische Polymerisation

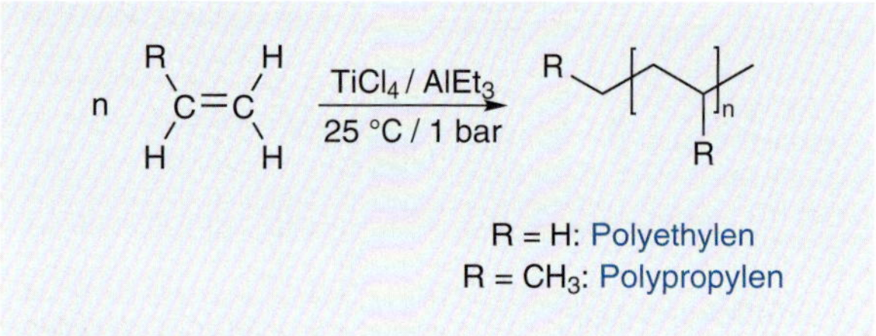


**o Abb. 5.22** *Mülheimer* Normaldruckverfahren zur Herstellung von Polyethylen oder Polypropylen

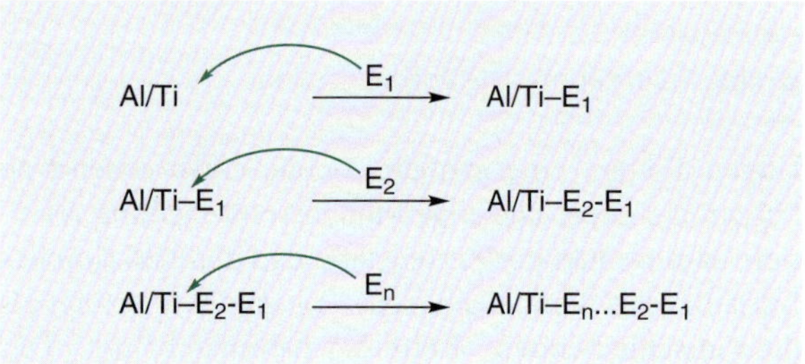


**o Abb. 5.23** Koordinative Kettenpolymerisation

bezeichneten Gruppe metallorganischer Al/Ti-Mischkatalysatoren spielt sich die Kettenwachstumsreaktion an einem Metallkomplex ab; in der schematischen Darstellung der **o** Abb. 5.23 ist dieser vereinfacht als Al/Ti abgekürzt (der Zusammensetzung des ersten *Ziegler*-Katalysators entsprechend). Der grundlegende Unterschied der koordinativen Kettenpolymerisation gegenüber den oben beschriebenen Polymerisationsarten besteht darin, dass die Kette nicht am „freien", vom Starter entfernten Ende wächst, sondern an demjenigen Ende, an dem der Starter gebunden ist. Jedes neu hinzukommende Monomer wird zunächst koordinativ an den Metallkomplex gebunden, dort aktiviert und dann zwischen den Metallkomplex und die schon vorhandene Polymerkette eingebaut. Dabei kann das Monomer durch den Metallkomplex so ausgerichtet werden, dass eine **stereoreguläre Polymerisation** (**o** Abb. 5.25) eintritt. Der Kettenabbruch kann z. B. durch thermische Spaltung der Bindung zwischen dem Metallkomplex und der wachsenden Polymerkette erfolgen oder durch Hydrolyse. Besonders wirksame Katalysatoren für die koordinative Kettenpolymerisation gewinnt man heutzutage aus kationischen zirconhaltigen **Metallocenen** (z. B. Zirconocene, $Cp_2ZrMe^+/(C_6H_5)_4B^-$; ▸Kap. 25.4.4) und Methylaluminoxan (Methylalumoxan, MAO); sie sind bereits in einer Konzentration von $10^{-8}$ Mol pro Liter wirksam.

### Polyethylen (PE)

Die **Polymerisation von Ethen** kann nach dem ionischen, radikalischen oder koordinativen Mechanismus durchgeführt werden. Außer aliphatischen, cycloaliphatischen oder aromatischen Kohlenwasserstoffen eignet sich auch Wasser als geeignetes Löse- oder Verdünnungsmittel. In Gegenwart von *Lewis*-Säuren ($AlCl_3$, $BF_3$) lässt sich Ethen in einem Lösemittel bei 3–5 MPa kationisch in niedermolekulare Polymere (relative Molekülmasse ~400) überführen, die wegen ihrer hohen Viskosität und ihres niedrigen Erstarrungspunkts als Schmieröle verwendet werden. Da Aluminiumchlorid zugleich isomerisierend wirkt, entstehen hierbei stark verzweigte Paraffine. Die Radikalkettenpolymerisation von Ethen zu hochmolekularen Produkten gelingt durch Anwendung sehr hoher Drucke (100–200 MPa, **Hochdruckverfahren der ICI,** *Imperial Chemical Industries*) bei etwa 200 °C unter genauer Dosierung des als Initiator wirksamen Sauerstoffs (0,05–0,1 %). Der Prozess verläuft kontinuierlich mit 10- bis 15%iger Ausbeute bei einem Durchgang. Flüssiges Polyethylen wird auf Normaldruck entspannt und das aus der Schmelze erstarrte Produkt granuliert. Hochdruckpolyethylen besteht aus langkettigen, stark verzweigten Alkanen mit einer relativen Molekülmasse von über 10 000, zeichnet sich durch hohe Elastizität und Biegsamkeit aus und ist z. B. als Baylon (*Bayer*), Lupolen (*BASF*), Hostalen (*Hoechst*), Polythen (*Wolff Walsrode AG*) und Alkathen (*ICI*) im Handel. Es schmilzt bei etwa 115 °C, ist in der Wärme verformbar und findet vielseitige Verwendung für Folien, Filme, Haushaltsgeräte, Schutzgehäuse, Armaturen, Zahnräder und andere Maschinenteile sowie als Isoliermaterial für elektrische Geräte und Kabel. Wegen seiner geringen Dichte wird es allgemein als **LDPE** (*low density polyethylene*) bezeichnet. Führt man die radikalische Polymerisation von Ethen in Methanol als Lösemittel mit Dibenzoylperoxid als Initiator bei 110–120 °C und 20–30 MPa durch, entstehen Polymere vom Wachstyp (Lupolen N) mit einer relativen Molekülmasse von 2 000–3 000.

Beim **Mitteldruckverfahren** (*Phillips*-Petroleum Comp.) wird Ethen bei 150–180 °C und 3,5 MPa in einem Lösemittel, z. B. einer Xylenfraktion, am Chrom(VI)-oxid/Aluminiumsilikat-Kontakt polymerisiert. Es entsteht ein fast vollständig linear gebautes, kristallines Polyethylen (Marlex) mit einer relativen Molekülmasse von 5000–20 000. Im Gegensatz zum

Hochdruckpolyethylen besteht das mit dem Mitteldruckverfahren gewonnene, bis zu 80 % kristalline Polyethylen aus fast unverzweigten Paraffinketten.

Noch höhere Molmassen erhält man mit den bereits oben (▸Kap. 5.1.3) beschriebenen **Normaldruckverfahren** (auch als Niederdruckverfahren bezeichnet; ▫Abb. 5.22) unter Verwendung von *Ziegler-Natta*-Katalysatoren. Technische Bedeutung besitzen besonders die so hergestellten linearen und damit hochkristallinen Polymerisate mit relativen Molekülmassen von 50 000–100 000. Dieser Thermoplast übertrifft in seiner Dichte deutlich **LDPE** und heißt daher auch **HDPE** (***high density polyethylene***). Er eignet sich wegen der erhöhten Steifheit des Materials besonders für im Spritzgussverfahren herstellbare Produkte, z. B. für Haushaltsgegenstände und Rohre, sowie als Faserstoff für Filtertücher. In der Pharmazeutischen Technologie wird er im Gemisch mit Paraffinöl zur Herstellung einer „Vaseline" verwendet, die sich durch einen stabilen Fließpunkt auszeichnet (Plastibase).

Zu den Monomeren, die mit Ethen unter **Copolymerisation** umgesetzt werden können, gehört Norbornen, das mithilfe löslicher zirconiumhaltiger Metallocene ein transparentes **Cycloolefin-Copolymeres** (COC) liefert. Als Lösemittel kann man Norbornen selbst verwenden, das nach der Polymerisation destillativ wiedergewonnen wird. Durch Copolymerisation von Propen mit Ethen in Gegenwart spezieller *Ziegler-Natta*-Katalysatoren, z. B. Diethylaluminiumchlorid und Triethylorthovanadat, $OV(OC_2H_5)_3$, erhält man **kautschukähnliche Elastomere** (EPM = Ethylen-Propylen-Monomer oder EPR = *Ethylene-Propylene-Rubber*) (▫Abb. 5.24), die sich mit Peroxiden vernetzen lassen (*Natta* 1957). Mit einem Dien, z. B. 5-Ethylidennorbornen, als drittem Polymerisationspartner (Terpolymerisation) erhält man Produkte, die in den Seitenketten noch Doppelbindungen enthalten (**EPDM** = Ethylen-Propylen-Dien-Monomer, ▫Abb. 5.24) und somit vulkanisierbar sind. Diese Polymere haben zudem den Vorteil, dass bei der Alterung, also dem Angriff von Sauerstoff und anderen Radikalen an den Doppelbindungen in den Seitenketten, die Hauptkette nicht geschädigt wird und das Polymer damit weitgehend intakt bleibt.

#### Polypropylen (PP)

Polypropylen (PP) wird in großtechnischen Mengen im Wesentlichen durch koordinative Kettenpolymerisation von Propen hergestellt. Das dazu nötige Propen wird aus Crackgasen durch Druckdestillation gewonnen. Aufgrund der zusätzlichen Methylgruppe gibt es vom Polypropylen anders als beim Poylethylen unterschiedliche stereoisomere Formen. Bei richtiger Wahl der Polymerisationsbedingungen lassen sich aus Propen

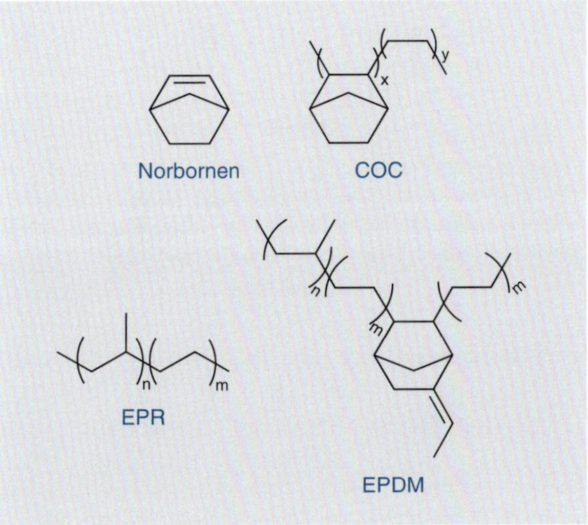


▫ **Abb. 5.24** Verschiedene Polymerisationsedukte und -Produkte kautschukähnlicher Elastomere (COC = Cycloolefin-Copolymere, EPR = Ethylene-Propylene-Rubber, EPDM = Ethylen-Propylen-Dien-Monomer)

daher gezielt Polymere mit sogenannter isotaktischer, syndiotaktischer oder ataktischer Struktur erhalten.

Im Jahr 1956 entwickelte *Natta* z. B. ein Verfahren zur stereoregulären Polymerisation (*Natta*-Verfahren) unsymmetrischer Monoolefine wie Propen, Vinylether und Styrol in Gegenwart modifizierter *Ziegler*-Katalysatoren (z. B. Aluminiumtriethyl, violettes α-Titan(III)-chlorid) zu isotaktischen Polymeren. Hierbei arbeitet man mit heterogenen Initiatorsystemen und erhält z. B. aus Propen bis zu 95 % **isotaktisches Polypropylen** (Smp. 176 °C). Die Kettenabschnitte des isotaktischen Polypropylens (Smp. 176 °C) weisen eine regelmäßige Wiederholung von monomeren Einheiten mit tertiären C-Atomen gleicher Konfiguration auf. Denkt man sich die C-Atome der Hauptkette zickzackförmig in einer Ebene angeordnet, dann stehen die Substituenten ($R = CH_3$) in diesem Fall entweder alle vor oder hinter der Ebene (▫Abb. 5.25, oben). Die regelmäßige Abfolge der Seitenketten ist darauf zurückzuführen, dass das Monomer bei der koordinativen Polymerisation am Metallkomplex immer in gleicher stereochemischer Anordnung in die wachsende Polymerkette eingebaut wird.

Neben der isotaktischen Anordnung können die Substituenten R auch alternierend oberhalb und unterhalb der Ebene (**syndiotaktische Polymere**; ▫Abb. 5.25, Mitte) oder völlig unregelmäßig (**ataktische Polymere**; ▫Abb. 5.25, unten) angeordnet sein. Allgemein nennt man die Anordnung der Substituenten entlang der Polymerkette **Taktizität**. Streng isotaktische und syndiotaktische Polymere sind achiral. Isotaktische und syndiotaktische Polymere sind kristallin, das ataktische Polymer ist wegen seiner unregelmäßigen Struktur amorph. Isotaktisches Polypropylen ist härter, steifer

5

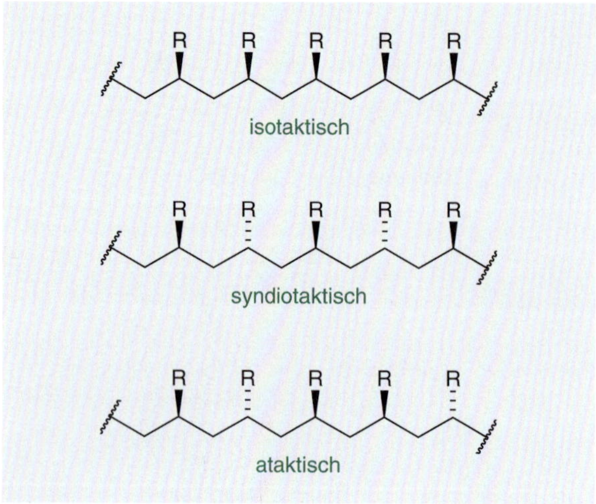


**Abb. 5.25** Stereoreguläre Polymere unterschiedlicher Taktizität

und klarer als Polyethylen und wird z. B. zur Fabrikation von Fasern und Filmen verwendet. Handelsnamen sind Hostalen PP (*Hoechst*), Vestolen P (*Hüls*), Moplen (*Montecatini*, Italien) und Pro-fax (*Hercules* Inc., USA). Bei der Verwendung von Polypropylen als Baustoff, z. B. für Rohre, ist wegen der Brennbarkeit des Materials Vorsicht geboten; es hat in Versicherungskreisen den Beinamen „Stangenbenzin".

### Poly-1-buten

Wie Propen lässt sich auch **1-Buten** mit *Natta*-Katalysatoren stereoregulär zu isotaktischem Poly-1-buten polymerisieren. Die sogenannte **konstitutionelle Repetiereinheit** (**KRE**), also die kleinste sich wiederholende Einheit innerhalb eines Polymers, ist in diesem Fall [1-ethylethylen]. Dieses kristalline Polymerisat (Vestolen BT) zeichnet sich durch hohe Zug- und Zerreißfestigkeit aus und ist daher besonders zur Herstellung von Folien und Rohren geeignet.

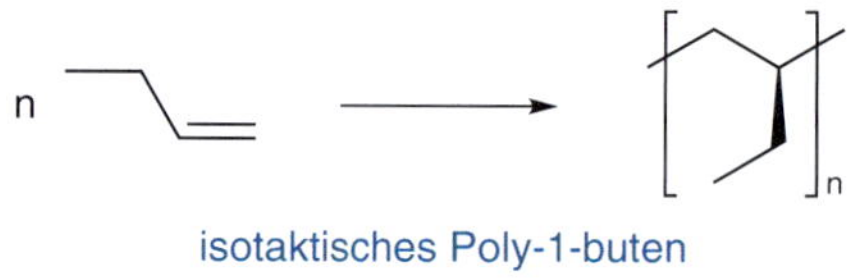


### Polyisobuten

**Isobuten**, das sowohl aus der C4-Fraktion der Crackgase als auch synthetisch zugänglich ist, wird weder durch Licht oder Wärme noch durch Radikalbildner polymerisiert, sondern nur in Gegenwart von *Lewis*-Säuren bei niedrigen Temperaturen. Diese kationische Polymerisation des Isobutens verläuft z. B. bei einer Temperatur von −80 °C mit Borfluorid als Katalysator und führt mit steigendem Polymerisationsgrad von Schmierölen über klebrige Massen zu kautschukartigen Produkten (Oppanol B, Vistanex). Diese Polymere, KRE: [1,1-dimethylethylen], besitzen im Gegensatz zum Kautschuk (▸Kap. 26.2) keine Doppelbindungen im Molekül, sind daher gegen Luftsauerstoff beständig und mit Schwefel nicht vulkanisierbar. Sie werden zum Auskleiden von Gefäßen und als Isoliermaterial für Kabel benutzt.

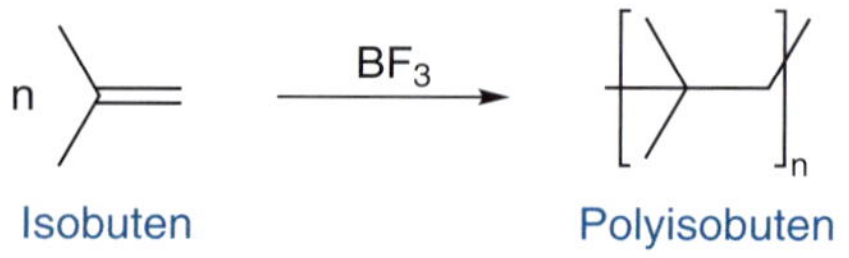


Bei der **Copolymerisation** von Isobuten mit einem geringen Anteilen von Isopren oder Butadien (1–5 %) bei einer Temperatur von −80 °C mit Aluminiumchlorid als Katalysator entsteht vulkanisierbarer Butylkautschuk (IIR, „*Isobutylene-Isopren-Rubber*"), der im Gegensatz zum natürlichen Kautschuk allerdings nur wenige Doppelbindungen im Molekül enthält und daher sehr viel beständiger ist. Er wird wegen seiner äußerst geringen Gasdurchlässigkeit zur Fabrikation von Kraftfahrzeugschläuchen verwendet.

### Polymerisation von Vinylverbindungen

Zu den leicht polymerisierbaren Vinylverbindungen zählen:

- Vinylchlorid, $H_2C{=}CHCl$,
- Vinylidendichlorid, $H_2C{=}CCl_2$,
- Vinylether, $H_2C{=}CH{-}OR$,
- Vinylacetat, $H_2C{=}CH{-}O{-}COCH_3$.

Durch die Substitution eines oder zweier H-Atome im Ethen durch Heteroatome bzw. -atomgruppen, die im Vergleich zu einem C-Atom entweder elektronenschiebend (z. B. O, N) oder elektronenziehend (z. B. Halogene) wirken, ist die C=C-Doppelbindung mehr oder weniger stark polar. Man könnte daher erwarten, dass diese Verbindungen vorwiegend nach dem ionischen Mechanismus polymerisieren. Dies ist jedoch nur bei den Vinylethern der Fall. Vinylhalogenide oder Vinylacetat polymerisieren bevorzugt nach dem Radikalmechanismus. Allerdings bewirkt die Polarisierung der Doppelbindung auch bei den Radikalkettenpolymerisationen eine ausgeprägte Regioselektivität und erlaubt bei geeigneter Wahl der Monomere auch die gezielte Herstellung von Copolymeren mit streng alternierender Abfolge der beiden Monomere. Auch die Acrylsäurederivate, Styrol (Vinylbenzen) und Tetrafluorethen gehören zu den leicht polymerisierbaren Ethenderivaten. Auf die verschiedenen Polymere und ihre Eigenschaften wird in den nachfolgenden Abschnitten näher eingegangen.

### Polyvinylchlorid (PVC)

Die Polymerisate des **Vinylchlorids** zählen zu den wichtigsten Thermoplasten. Vinylchlorid selbst wirkt carcinogen. Es wird aus Acetylen (Ethin) oder Ethen gewonnen. Bei der Synthese aus Acetylen wird dieses bei einer Temperatur von 200 °C unter Druck in Gegenwart von Quecksilber(II)-chlorid auf Aktivkohle mit Chlorwasserstoff umgesetzt (**o** Abb. 5.26 A). Ausgehend von Ethen kann Vinylchlorid durch Addition von Chlor hergestellt werden, wobei zuerst 1,2-Dichlorethan (Ethylendichlorid) entsteht, aus dem anschließend am Aluminiumoxid-Kontakt bei 300–350 °C HCl abgespalten wird (**o** Abb. 5.26 B). 1,2-Dichlorethan kann auch durch oxidative Chlorierung (**Oxochlorierung**) von Ethen mit HCl und Sauerstoff in der Gasphase mit $CuCl_2$ als Katalysator (**o** Abb. 5.26 C) gewonnen werden. Die Polymerisation des Vinylchlorids wird radikalisch in Gegenwart von Peroxiden – meist in wässriger Emulsion oder Suspension – unter Bildung von festem Polyvinylchlorid (PVC) durchgeführt (**o** Abb. 5.26 D).

Zur weiteren Verarbeitung lässt man PVC-Pulver, das 56,6 % Chlor enthält und bei etwa 80 °C zu erweichen beginnt, bei einer Temperatur von 150–170 °C sintern und presst es in Formen. Da bei der thermischen Beanspruchung von PVC Chlorwasserstoff entsteht und dieser den weiteren Zerfall katalysiert, werden als Stabilisatoren Salze schwacher Säuren, z. B. Natriumcarbonat oder organische Zinnverbindungen, zugesetzt. PVC findet seit dem Jahr 1913 vielseitige technische Anwendung, z. B. für Haushaltsgegenstände, Fenster, Verpackungsmaterial, Platten, Rohre, Ventile und Hähne sowie für Apparateauskleidungen. Durch Zusatz von Weichmachern, z. B. von Phthalsäureestern (Palatinole) oder Adipinsäureestern, erhält man Weich-PVC mit einer Elastizität, die es zur Fabrikation von Kunstleder, Regenmänteln, Fußbodenbelag und Schläuchen geeignet macht. Für Spezialzwecke, die eine niedrigere Verarbeitungstemperatur und eine erhöhte Löslichkeit des Materials verlangen, wird Vinylchlorid mit Vinylacetat, Vinylethern, Acrylsäureestern oder Acrylnitril copolymerisiert. Der Einsatz von PVC wurde in den letzten Jahren immer wieder kritisch diskutiert, da es im Brandfall Salzsäure und toxische Dioxine (▸Kap. 34.4) freisetzt.

#### Polyvinylidenchlorid

**Vinylidendichlorid**, $H_2C{=}CCl_2$, Sdp. 37 °C, erhält man durch Reaktion von Chlor mit Vinylchlorid oder 1,2-Dichlorethan zu 1,1,2-Trichlorethan, aus dem mithilfe von Natronlauge Chlorwasserstoff abgespalten wird (**o** Abb. 5.27, oben). Die Polymerisation des Vinylidendichlorids verläuft in analoger Weise wie die des Vinylchlorids (**o** Abb. 5.27, unten). Für technische Zwecke führt man häufig eine Copolymerisation beider Monomeren durch. Die dabei entstehenden Polymerisate (Handelsnamen Diophan, Vertan) werden als Folien oder Fasern zu Filtertüchern, Transportbändern und säurefesten Tauen verarbeitet. Das Copolymerisat

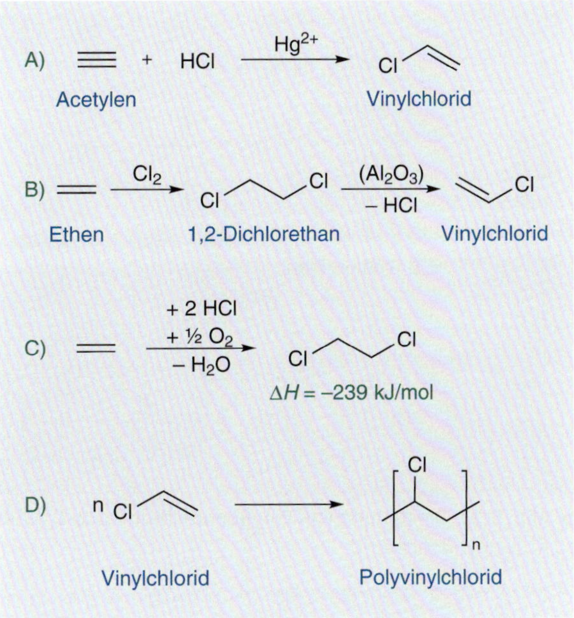


**o Abb. 5.26** Synthese (A–C) und Polymerisation (D) von Vinylchlorid: Anlagerung von HCl an Acetylen (A), Chlorierung von Ethen (B), Oxochlorierung von Ethen (C), Polymerisation zu festem Polyvinylchlorid (D)

(Diorit) aus Vinylidendichlorid und Acrylnitril dient u. a. zur Herstellung von Borsten.

5

#### Polyvinylether

**Vinylether**, $H_2C{=}CH{-}OR$, gehören zu den Enolethern. Sie werden technisch durch Addition eines Alkohols an Acetylen hergestellt (▸Kap. 5.4.3). Die Polymerisation der elektronenreichen Vinylether erfolgt mit Borfluorid als Katalysator nach dem kationischen Mechanismus. Bei der Copolymerisation mit anderen Vinylmonomeren lassen sich Vinylether allerdings auch radikalisch polymerisieren. Polyvinylether (Lutonale) werden als Appreturmittel für Textilien, als Lackrohstoffe sowie als Leim- und Klebstoffe benutzt; Polyvinylisobutylether findet Anwendung als Lederfettungsmittel (Densodrin).

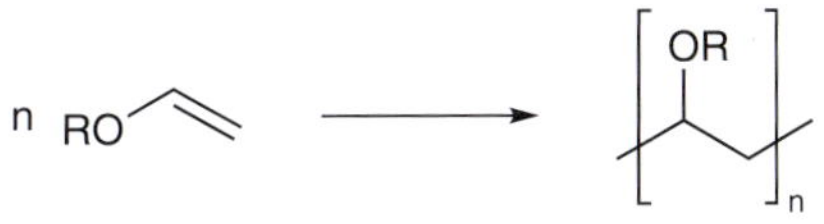


Polyvinylether

#### Polyvinylacetat

**Vinylacetat**, $H_2C{=}CH{-}O{-}COCH_3$, Sdp. 72 °C/970 hPa, wird technisch durch Addition von Essigsäure an Ethen in Anwesenheit von Palladiumsalzen, Kupfer(II)-Salzen und Sauerstoff (oxidative Acetylierung) hergestellt (**o** Abb. 5.28, oben). Es polymerisiert leicht unter Einwirkung von Wärme, Licht oder Peroxiden zu Polyvinylacetat (**o** Abb. 5.28, Mitte). Diese Polymerisate (Mowilith) sind in organischen Lösemitteln

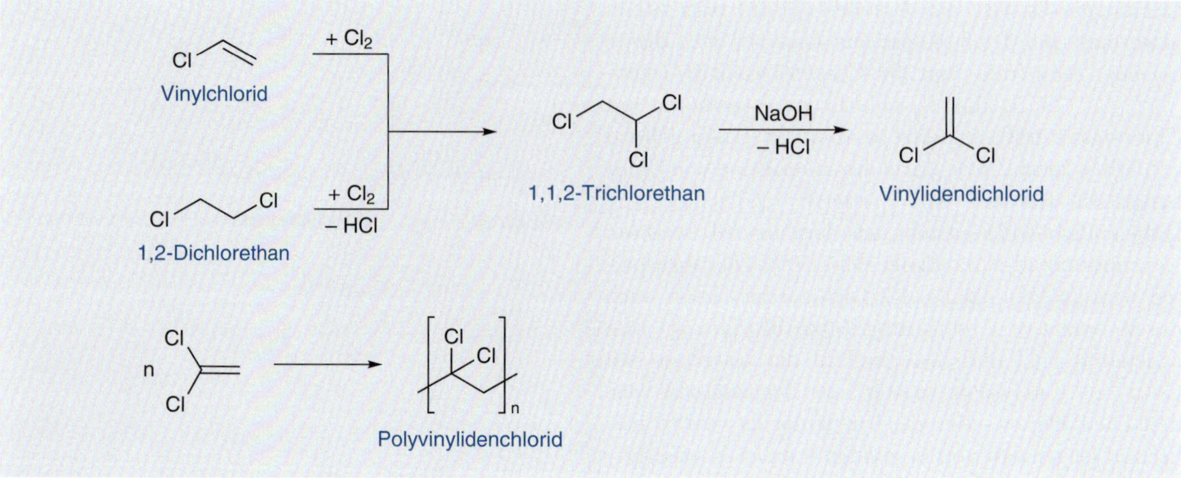


**Abb. 5.27** Darstellung von Vinylidendichlorid aus 1,2-Dichlorethan oder Vinylchlorid (oben) sowie die Polymerisation zu Polyvinylidenchlorid

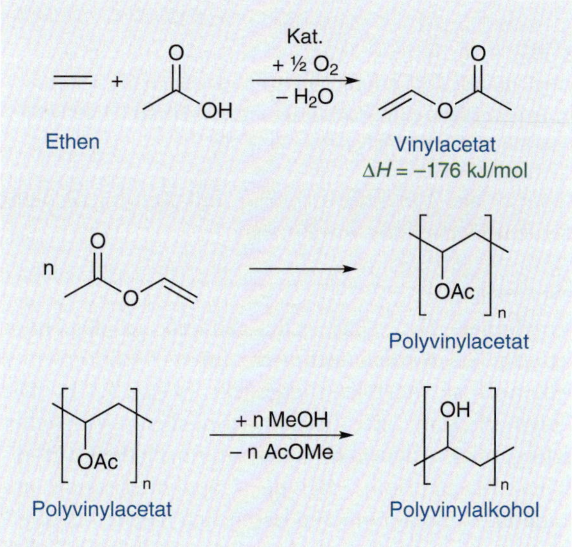


**Abb. 5.28** Oxidative Acetylierung von Ethen zu Vinylacetat (oben), Polymerisation von Vinylacetat (Mitte) sowie Darstellung von Polyvinylalkohol (unten)

gut löslich und werden in Form von Latices als Pigmentbindemittel für Anstrichfarben oder als Kleber (Mowicoll, Vinalit) verwendet.

Polyvinylester lassen sich mit Methanol zu Essigsäuremethylester und **Polyvinylalkohol** umestern. Dabei bleibt das Gerüst der makromolekularen Kette erhalten (Abb. 5.28, unten). Technisch werden etwa 50 % des Polyvinylacetats so zu Polyvinylalkohol verarbeitet, der wegen seiner stärkeähnlichen Eigenschaften in der Textilindustrie eingesetzt wird. Früher wurde Polyvinylalkohol als Haftvermittler für die lichtempfindliche Schicht der Farbfernsehröhren sowie als Schutzkolloid verwendet. Auf direktem Wege ist Polyvinylalkohol bislang nicht dargestellt worden, da der monomere Vinylalkohol, $H_2C{=}CHOH$, als Enol instabil ist und spontan zu Acetaldehyd isomerisiert (Keto-Enol-Tautomerie, ▸Kap. 12). Radikalisch lässt sich Vinylacetat in fast beliebigen Mengenverhältnissen mit Ethen zu **Ethylen**vinyl**a**cetat (EVA) copolymerisieren, wobei in Abhängigkeit von der Zusammensetzung Copolymerisate mit Kautschukeigenschaften entstehen.

## 5.1.4 Ausgewählte Verbindungen

### Ethen (Ethylen)

Während Ethen (Ethylen) und seine Homologen früher technisch durch Dehydratisierung von Alkoholen (s. unten) dargestellt wurden, gewinnt man sie heute vornehmlich aus den Crackgasen der Erdöldestillate (▸Kap. 5.1.2). Ethen ist das mengenmäßig wichtigste organische **Massenprodukt der chemischen Industrie**; die Weltproduktion liegt bei über 50 Millionen Tonnen pro Jahr. Ethen ist zudem ein **Pflanzenhormon** (Phytohormon), das vielfältige Wirkungen auf den Pflanzenstoffwechsel hat. Das gasförmige Ethen erhöht die Permeabilität der Zellwände und wirkt als natürliches Reifungsmittel; in der Nahrungsmittelindustrie wird es zur Ausreifung unreif geernteter Früchte und Gemüse benutzt. Die pflanzliche Vorstufe ist 1-Aminocyclopropan-1-carbonsäure, bei deren Oxidation unter anderem Ethen entsteht.

#### Darstellung aus Ethanol

Im Laboratorium wird Ethen durch Erhitzen von Ethanol mit konzentrierter Schwefelsäure (Phosphorsäure oder Zinkchlorid) synthetisiert, wobei intermediär Ethylhydrogensulfat (Ethylschwefelsäure) entstehen kann, das Temperaturen zwischen 70 und 100 °C in Ethen und Schwefelsäure zerfällt (Abb. 5.29, oben). Die **säurekatalysierte Eliminierung** von Wasser (**Dehydratisierung**) aus Alkoholen beginnt mit der Protonierung des freien Elektronenpaars am Sauerstoff zu einem Oxonium-Ion. Aus diesem bildet sich unter Wasseraustritt ein Carbenium-Ion, das dann mit Hydrogensulfat

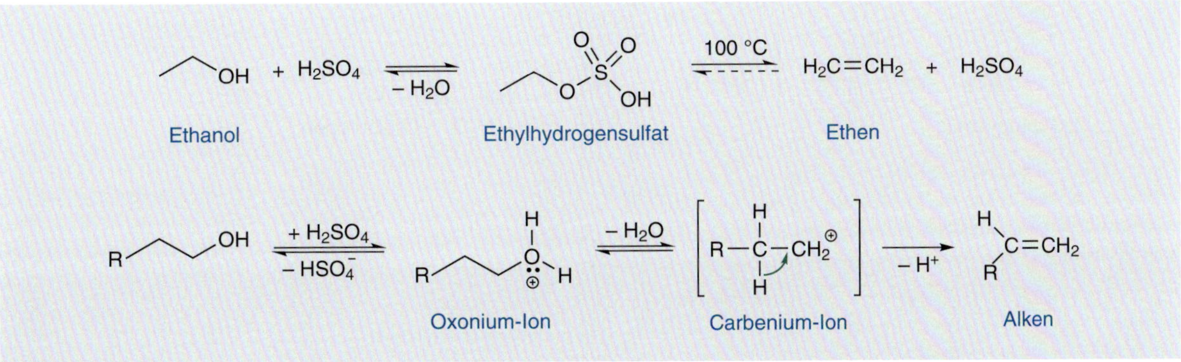


**Abb. 5.29** Aus Ethanol entsteht durch Erhitzen mit Schwefelsäure Ethen (oben); allgemeines Schema der säurekatalysierten E1-Eliminierung von Wasser aus Alkoholen (unten)

zu Ethylhydrogensulfat reagiert oder unter Deprotonierung in das Alken übergeht (Abb. 5.29, unten). Das Proton wird dabei auf ein Wasser- oder Alkoholmolekül übertragen. Es hat also eine sogenannte **E1-Eliminierung** stattgefunden (▸Kap. 7.1.3).

### Propen (Propylen)

Propen findet sich ebenfalls in den Crackgasen und wird vorwiegend zur Herstellung von Polypropylen (▸Kap. 5.1) verwendet. Weiterhin wird Propen zu Acrylnitril verarbeitet, das für Acryl-Textilfasern benötigt wird, sowie zu Propylenoxid, einem wichtigen Ausgangsstoff zur Darstellung von Polyurethanen, Lacken und Klebstoffen. Im Cumolhydroperoxid-Verfahren wird Propen auch zur Synthese von Phenol und Aceton benötigt (▸Kap. 20.1.2).

### Butene, Isobuten und Homologe

1-Buten und 2-Buten sind in der sogenannten C4-Fraktion der Crackgase enthalten und dienen als Ausgangsmaterial für die Butadien-Synthese. 1-Buten und höhere geradkettige 1-Monoolefine ($\alpha$-Olefine) sind aus Ethen in Gegenwart von Trialkylaluminium-Verbindungen zugänglich (▸Kap. 5.1.2). Im Labor können die Butene auch durch säurekatalysierte Wasserabspaltung aus Butanol hergestellt werden. Die Abspaltung des Wassers erfolgt allgemein umso leichter, je höher substituiert der Alkohol ist: 1-Butanol reagiert also langsamer als 2-Butanol. Am schnellsten reagieren *tertiäre* Alkohole, denn in der Reihenfolge tertiär > sekundär > primär nimmt die Stabilität des jeweils gebildeten Carbokations ab. Bei der säurekatalysierten Wasserabspaltung aus Alkoholen entsteht zudem bevorzugt das Alken mit der größten Anzahl von Alkyl-Gruppen (***Saytzeff*-Regel**, 1875, ▸Kap. 7.1.3). Aus 2-Butanol wird also überwiegend 2-Buten (als (*E*/*Z*)-Gemisch) gebildet, 1-Buten entsteht nur als Nebenprodukt (Abb. 5.30). Es handelt sich hierbei um einen Fall von *product development control*. Das thermodynamisch stabilere, höher substituierte Alken bildet sich auch

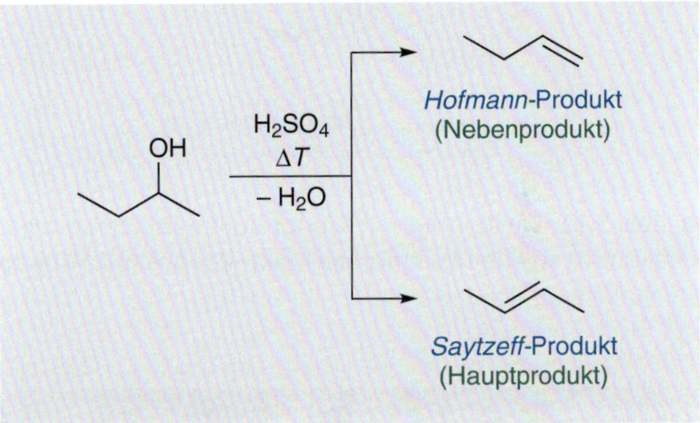


**Abb. 5.30** Säurekatalysierte Dehydratisierung von Alkoholen zu Alkenen. Das sogenannte *Saytzeff*-Produkt ist das thermodynamisch stabilere, das auch schneller entsteht (*product development control*)

schneller als das weniger stabile, weniger hoch substituierte Alken, das sogenannte *Hofmann*-Produkt (▸Kap. 7.1.3).

**Isobuten** (Isobutylen) ist der Ausgangsstoff für die **Isooctan-Synthese** und wird technisch zu Polyisobuten polymerisiert. Es lässt sich entweder durch Dehydratisierung von Isobutylalkohol bzw. *tert*-Butylalkohol oder durch katalytische Dehydrierung von Isobutan mit Edelmetallkatalysatoren (z. B. Pt, Pd) darstellen.

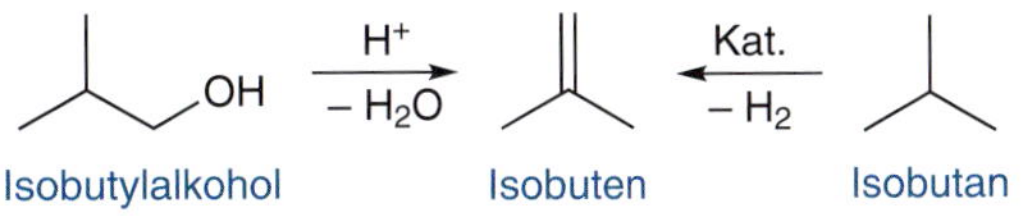


### Cyclopropen

**Cyclopropen**, $C_3H_4$, ist gasförmig (Sdp. −36 °C) und wird aus Cyclopropylamin durch erschöpfende Methylierung und anschließende trockene Destillation des Cyclopropyltrimethylammoniumhydroxids erhalten (*Demjanow*; Abb. 5.31 A). Cyclopropen ist wegen seiner hohen **Ringspannung** (230 kJ/mol) sehr unbeständig und neigt stark zur Polymerisation; mit Brom reagiert es in einer heftigen Reaktion zu 1,2-Dibrom-

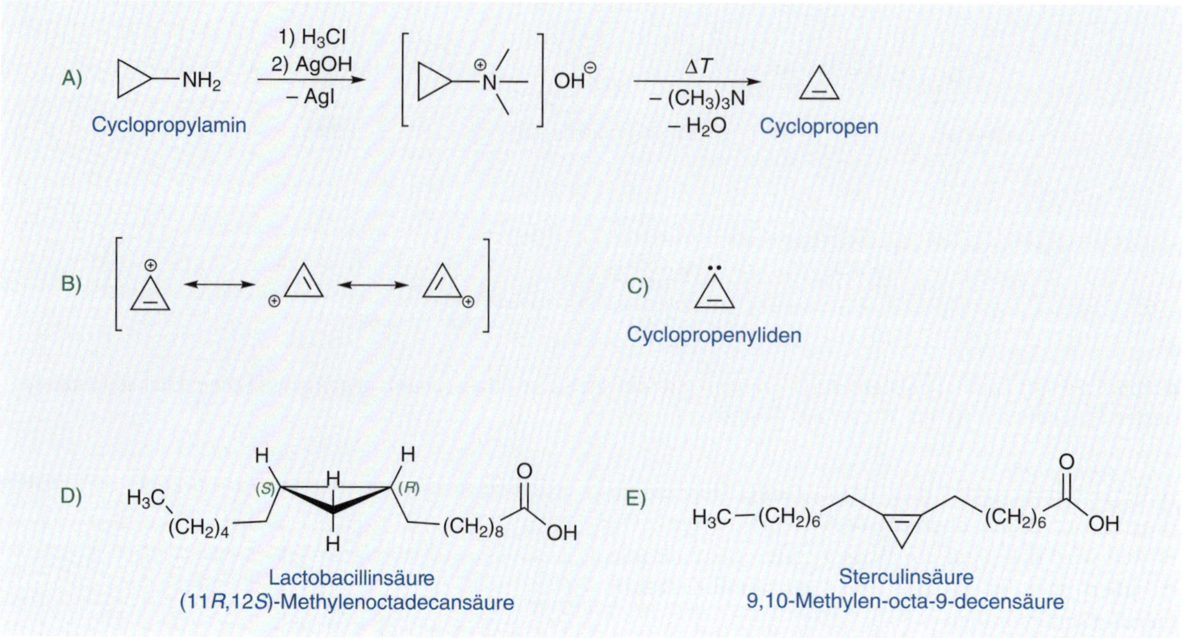


**o Abb. 5.31** Darstellung von Cyclopropen aus Cyclopropylamin (A); mesomere Grenzformeln des aromatischen und damit erstaunlich stabilen Cyclopropenylium-Kations (B); Strukturformeln von Cyclopropenyliden (C), Latobacillinsäure (D) und Sterculinsäure (E)

**o Abb. 5.32** *Sterculia foetida* gehört zu der Pflanzengattung der sogenannten Stinkbäume. Ihre Blüten und Blätter haben oft einen starken Geruch.

cyclopropan. Das **Cyclopropenylium-Kation** (o Abb. 5.31 B) ist ein aromatisches $2\pi$-Elektronensystem (▸ Kap. 25). Das cyclische Carben **Cyclopropenyliden** (o Abb. 5.31 C) gehört zu den am häufigsten im interstellaren Raum vorkommenden Molekülen. In der Natur kommen höhere Fettsäuren mit Cyclopropan- bzw. Cyclopropen-Struktur vor, z. B. die **Lactobacillinsäure** (*K. Hofmann* 1950; o Abb. 5.31 D) in den Lipoidanteilen von *Lactobacillus arabinosus* sowie *Lactobacillus casei* und die **Sterculinsäure** (*Nunn* 1952, o Abb. 5.31 E) im Kernöl von *Sterculia foetida* (o Abb. 5.32). Die Sterculinsäure ist giftig, während die gesättigte Dihydrosterculinsäure, vergesellschaftet mit Lactobacillinsäure, in gesäuerten Milchprodukten vorkommt und ungiftig ist.

### Cyclobuten

Cyclobuten, $C_4H_6$, ist der einfachste ungesättigte Vierring und weist eine Ringspannung von 109 kJ/mol auf. Es ist gasförmig und besitzt einen Siedepunkt von 2 °C. Cyclobuten wird – analog zur Darstellung von Cyclopropen – durch thermische Zersetzung von Cyclobutyltrimethylammoniumhydroxid durch eine *Hofmann*-Eliminierung erhalten.

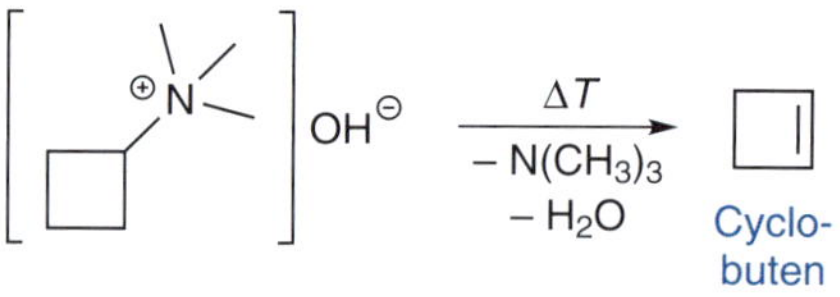


### Cyclopenten

Cyclopenten, $C_5H_8$, Sdp. 45 °C, kann durch Wasserabspaltung aus Cyclopentanol oder durch Erhitzen von Cyclopentylbromid mit alkoholischer Kalilauge dargestellt werden (o Abb. 5.33, oben). Wie die offenkettigen Alkene (▸ Kap. 5.1) lassen sich auch Cycloalkene hydroxylieren. Je nachdem, ob Kaliumpermanganat oder Perameisensäure als Oxidationsmittel verwendet wird, entstehen z. B. aus Cyclopenten verschiedene diastereomere **Diole** (o Abb. 5.33, unten). Während die *cis*-Verbindung eine achirale *meso*-Form darstellt, ist die

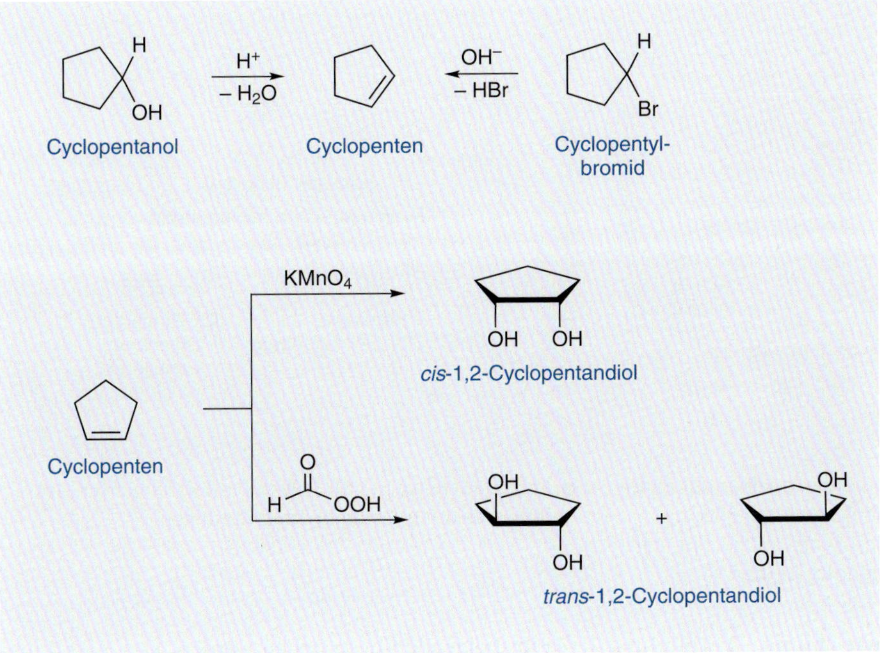


**Abb. 5.33** Darstellung von Cyclopenten (oben); Dihydroxylierung von Cyclopenten (unten)

*trans*-Verbindung chiral und kommt somit in zwei enantiomeren Formen vor (▸Kap. 3).

## Cyclohexen

Cyclohexen (Tetrahydrobenzen), $C_6H_{10}$, Sdp. 83 °C, Smp. –103,7 °C, wird durch Wasserabspaltung aus Cyclohexanol mit konzentrierter Schwefelsäure dargestellt. Die farblose Flüssigkeit hat einen phenolartigen Geruch; die Dämpfe sind schwerer als Luft. Es liegt in einer **Halbsessel-Konformation** (*half-chair conformation*) vor.

## Cyclohepten

Cyclohepten besitzt eine Zündtemperatur von –6,7 °C und ist das erste Cycloalken, das sowohl in Form des *cis*- als auch als des *trans*-Isomers vorkommt. ***trans*-Cyclohepten** lässt sich durch UV-Bestrahlung von *cis*-Cyclohepten mit Benzoesäuremethylester als Sensibilisator bei –35 °C herstellen. Die Doppelbindung im *trans*-Isomer ist stark gespannt (ca. 125 kJ/mol Spannungsenergie); die beiden p-Orbitale der Doppelbindung stehen nicht exakt parallel zueinander, sondern sind um ca. 30° gegeneinander verdreht. *trans*-Cyclohepten ist daher nur bei tiefer Temperatur stabil, bei Raumtemperatur erfolgt eine schnelle Isomerisierung zum stabileren ***cis*-Cyclohepten**. Bei dieser Isomerisierung scheint es sich jedoch nicht um eine normale Rotation um eine Doppelbindung zu handeln: Die Rotationsbarriere für die *cis*/*trans*-Isomerisierung einer Doppelbindung beträgt im Ethen 270 kJ/mol. Im *Trans*-Cyclohepten wird diese Barriere zwar durch die Ringspannung (ca. 125 kJ/mol) herabgesetzt. Mit mehr als 130 kJ/mol ist die Barriere aber immer noch so hoch, dass dieser Prozess bei Raumtemperatur nicht stattfinden kann. *trans*-Cyclohepten sollte daher ein auch bei Raumtemperatur stabiles Molekül sein. Da es das nicht ist, sondern die *cis*-*trans*-Isomerisierung bereits bei tiefen Temperaturen schnell abläuft, kann die Isomerisierung nicht über eine normale Rotation um die Doppelbindung erfolgen. Vielmehr scheint die Isomerisierung so zu erfolgen, dass zwei *trans*-Cycloheptenmoleküle zu einem Diradikal dimerisieren, das dann in die stabilere *cis*-Konformation relaxiert und danach zu zwei Molekülen *cis*-Cyclohepten zerfällt.

## Cycloocten

Bei der katalytischen Hydrierung von Cyclooctatetraen (▸Kap. 5.2.3) entstehen in Abhängigkeit von den Reaktionsbedingungen **Cycloocten** bzw. **Cyclooctan**. Durch Oxidation mit konzentrierter Salpetersäure wird Cycloocten zur Suberinsäure (Octandisäure) abgebaut (vgl. **o** Abb. 5.57). Cycloocten ist das erste Cycloalken, dessen *trans*-Isomer bei Raumtemperatur stabil ist. Die Darstellung gelang erstmals *A. C. Cope* (1953). ***trans*-**

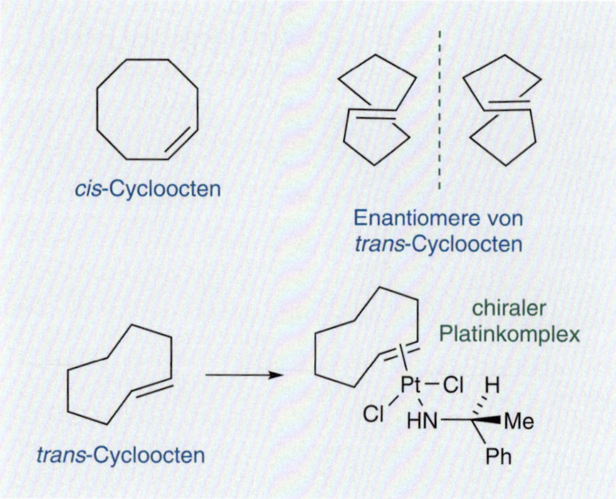


**Abb. 5.34** *cis*-Cycloocten, die beiden zueinander enantiomeren *trans*-Cyclooctene (oben) sowie die Bildung eines chiralen Platinkompexes mit *trans*-Cycloocten, der zur Trennung der Enantiomere genutzt werden kann

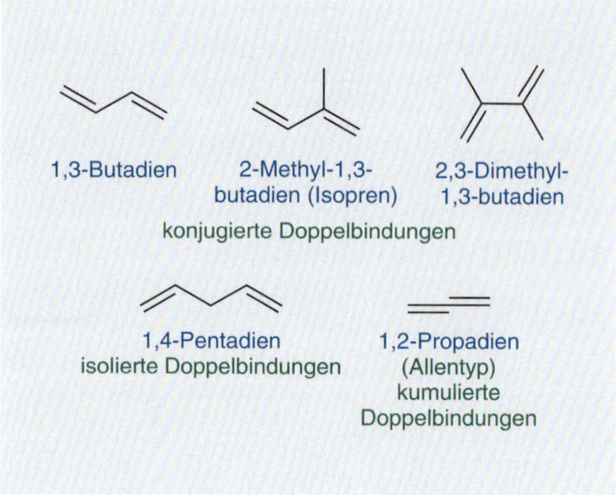


**Abb. 5.35** Beispiele für Polyene mit konjugierten, isolierten und kumulierten Doppelbindungen

**Cycloocten** ist eine **planar-chirale Verbindung** (▸Kap. 3), d. h. es gibt zwei Enantiomere(Abb. 5.34). Die Racemattrennung gelang erstmals nach Komplexierung mit einem chiralen Platinkomplex, der $\alpha$-Methylbenzylamin als chiralen Liganden enthielt (1963).

## 5.2 Konjugierte Polyene

### 5.2.1 Struktur und Eigenschaften

Kohlenwasserstoffe mit zwei, drei, vier oder mehr C=C-Doppelbindungen werden als Diene, Triene, Tetraene oder allgemein als **Polyene** bezeichnet. Je nach Anordnung der Doppelbindungen unterscheidet man drei verschiedene Typen (Abb. 5.35):

- **isolierte** Doppelbindungen vom **Diolefintyp** (z. B. 1,4-Pentadien),
- **konjugierte** Doppelbindungen vom **1,3-Dientyp** (z. B. 1,3-Butadien),
- **kumulierte** (angehäufte) Doppelbindungen vom **Allentyp** (z. B. 1,2-Propadien).

Polyene mit **isolierten Doppelbindungen** wie beim 1,4-Pentadien unterscheiden sich in ihren physikalischen und chemischen Eigenschaften nicht grundsätzlich von den bereits besprochenen Alkenen (▸Kap. 5.1), da sich die isolierten Doppelbindungen nicht gegenseitig beeinflussen und daher jede einzelne Doppelbindung unabhängig von den anderen reagiert. **Konjugierte Polyene** vom 1,3-Dientyp, z. B. 1,3-Butadien, Isopren (2-Methyl-1,3-butadien) oder 2,3-Dimethyl-1,3-butadien, weisen hingegen aufgrund der Resonanzwechselwirkung der beiden Doppelbindungen gegenüber den einfachen Alkenen einige Besonderheiten auf, die im Folgenden besprochen werden. Das Reaktionsverhalten der **Kumulene** wird in ▸Kap. 5.3 ausführlich behandelt.

#### Resonanzwechselwirkung in 1,3-Dienen

**1,3-Butadien** ist der einfachste Vertreter eines konjugierten 1,3-Diens, bei dem zwei Doppelbindungen durch eine formale C—C-Einfachbindungen verknüpft sind. Die beiden konjugierten C=C-Doppelbindungen lassen sich – wie im Ethen (▸Kap. 2, Abb. 2.11) – durch Überlappung der p-Orbitale (Abb. 5.36 A) an den Kohlenstoffatomen 1 und 2 sowie 3 und 4 beschreiben. Die Länge dieser Bindungen entspricht mit 133,7 pm der Bindungslänge im Ethen. Dagegen ist die zentrale Einfachbindung im Butadien gegenüber derjenigen in einem Alkan (153,3 pm im Ethan) auf 147,6 pm verkürzt. Für diese Bindungsverkürzung lassen sich zwei Ursachen diskutieren: Zum einen überlappen in 1,3-Dienen auch die p-Orbitale an den mittelständigen C-Atomen 2 und 3, sodass es zu einer Resonanzwechselwirkung kommt (Abb. 5.36 B); dadurch erhält die zentrale C—C-Bindung einen gewissen **Doppelbindungscharakter**. Im MO-Bild erhält man durch die seitliche Überlappung der vier p-Orbitale vier neue, über alle vier beteiligten C-Atome delokalisierte $\pi$-Molekülorbitale. Die beiden energetisch günstigeren sind jeweils doppelt besetzt. Das $\Psi$1 weist eine Bindung zwischen C2 und C3 auf und spiegelt somit den partiellen Doppelbindungscharakter der formalen Einfachbindung wider.

Zum anderen kann die Ursache für eine Verkürzung der C—C-Bindung auch durch die **geänderte Hybridisierung** erklärt werden (*Dewar*). Die zentrale Bindung im Butadien befindet sich zwischen $sp^2$-hybridisierten C-Atomen und ist daher bereits aufgrund der höheren

Elektronegativität der C-Atome kürzer als die entsprechende Bindung im $n$-Butan ($sp^3$-Hybridisierung). Entsprechend ist die zentrale Bindung im 1,3-Butadiin, die sich zwischen sp-hybridisierten C-Atomen befindet, mit 137,6 pm gegenüber der im Butadien noch einmal weiter verkürzt; auch hier ist die Verkürzung der Bindung der Änderung des s-Anteils der Hybridorbitale direkt proportional. Wahrscheinlich sind beide Effekte gemeinsam, also die Resonanzwechselwirkung und die veränderte Hybridisierung, für die Verkürzung der zentralen C—C-Bindung im 1,3-Dienen verantwortlich. Im Gegensatz zum Benzen (▸Kap. 18.1) führt die Delokalisierung der $\pi$-Elektronen bei den **acyclischen Polyenen**, $H_2C{=}CH{-}(CH{=}CH)_n{-}CH{=}CH_2$, auch bei großen Kettenlängen nicht zu einem völligen Ausgleich der Bindungslängen. Es verbleibt eine gewisse **Bindungsalternanz** zwischen den formalen Doppel- und Einfachbindungen.

Aufgrund der Resonanzwechselwirkung liegen 1,3-Diene bevorzugt in einer planaren Anordnung vor. Es existieren daher **zwei planare Konformationen** des Butadien-Moleküls, die durch die Rotation um die zentrale C—C-Bindung ineinander überführbar sind. Man bezeichnet sie als **s-*trans*-** (*transoide*) und **s-*cis*-** (*cisoide*) Form (○ Abb. 5.36 C; dabei steht „s" für *single bond*). Die Energiebarriere für die Rotation beträgt 20,5 kJ/mol; bei Raumtemperatur liegt der überwiegende Teil der Moleküle in der um 9,6 kJ/mol energieärmeren s-*trans* Form vor.

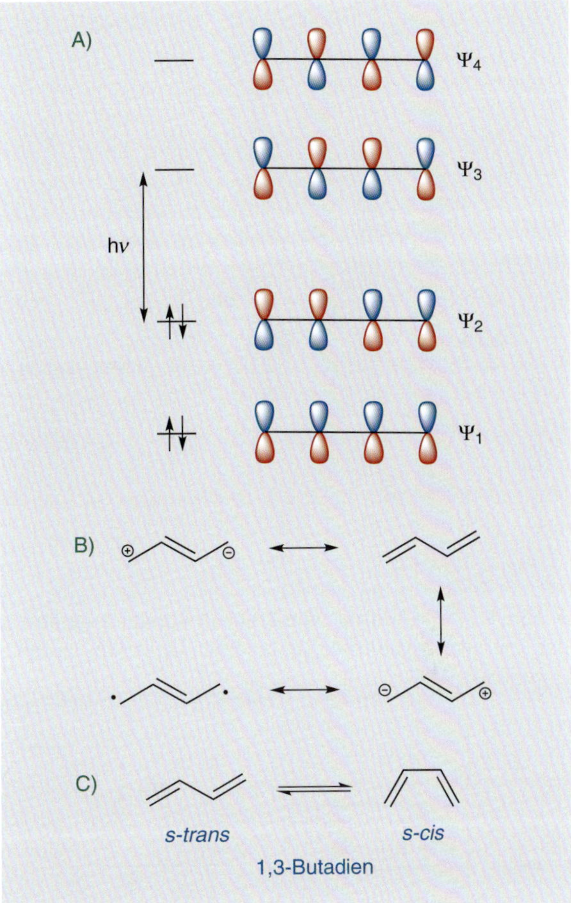


○ **Abb. 5.36** $\pi$-Molekülorbitale von Butadien (A); Resonanzstrukturen von 1,3-Butadien (B); Konformationen des Butadiens (C)

## 5.2.2 Reaktionen und Anwendungen

### 1,2- und 1,4-Addition an Diene

Bei Dienen mit zwei isolierten Doppelbindungen verlaufen die Additionsreaktionen von Brom, Wasserstoff oder Chlor- bzw. Bromwasserstoff analog zu den Monoolefinen (▸Kap. 5.1.3). Dies gilt auch dann, wenn die beiden Doppelbindungen nur durch eine Methylengruppe getrennt, also **homokonjugiert** sind, wie beispielsweise im 1,4-Pentadien $H_2C{=}CH{-}CH_2{-}CH{=}CH_2$. Anders verhalten sich dagegen die 1,3-Diene, deren C=C-Doppelbindungen in Konjugation stehen (▸Kap. 5.2.1). Bei der Einwirkung von Brom auf Butadien erfolgt die Addition des ersten Brommoleküls wesentlich rascher als die des zweiten, sodass das zuerst gebildete Dibromid isoliert werden kann. Dabei kann sich Brom nicht nur an die C-Atome einer der beiden formalen Doppelbindung (**1,2-Addition**), sondern auch an die Enden des konjugierten Systems addieren (**1,4-Addition**). Der Reaktionsverlauf der 1,2- und 1,4-Addition von Brom an Butadien (○ Abb. 5.37) verläuft folgendermaßen: Wie beim Ethen greift Brom das $\pi$-System elektrophil an, wobei über einen $\pi$-Komplex ein Carbenium-Ion entsteht (▸Kap. 5.1.3). In diesem Fall entsteht aber kein Bromoniumion sondern ein **mesomeriestabilisiertes Allyl-Kation** (○ Abb. 5.37).

Dieses Allyl-Kation kann durch das entstandene Bromid-Anion sowohl in $\alpha$- als auch in $\gamma$-Stellung nucleophil angegriffen werden, sodass es sowohl zur Bildung von 3,4-Dibrom-1-buten und 1,4-Dibrom-2-buten kommt. Da das mesomeriestabilisierte Allyl-Kation zwei reaktive Stellen besitzt, bezeichnet man es als **ambident**. Da die 1,2-Addition gegenüber der 1,4-Addition wegen der geringeren Aktivierungsenergie $E_a$ schneller verläuft, also kinetisch begünstigt ist, erhält man bei niederen Temperaturen in unpolaren Lösemitteln bevorzugt das 1,2-Addukt (**kinetische Kontrolle**) (○ Abb. 5.38). Bei höheren Temperaturen oder bei Anwesenheit saurer Katalysatoren entsteht das thermodynamisch stabilere 1,4-Addukt (stärker exotherme Reaktion $\Delta H$) mit der höher substituierten Doppelbindung (**thermodynamische Kontrolle**).

Butadien dient auch zur technischen Darstellung von **Chloropren** (○ Abb. 5.39). Wenn Butadien in der Gasphase bei etwa 300 °C mit Chlor umgesetzt wird, erhält man ein Gemisch aus 1,2- und 1,4-Dichlorbutenen. Allerdings kann nur aus dem 1,2-Addukt Chloropren (2-Chlor-1,3-butadien) hergestellt werden. Das für

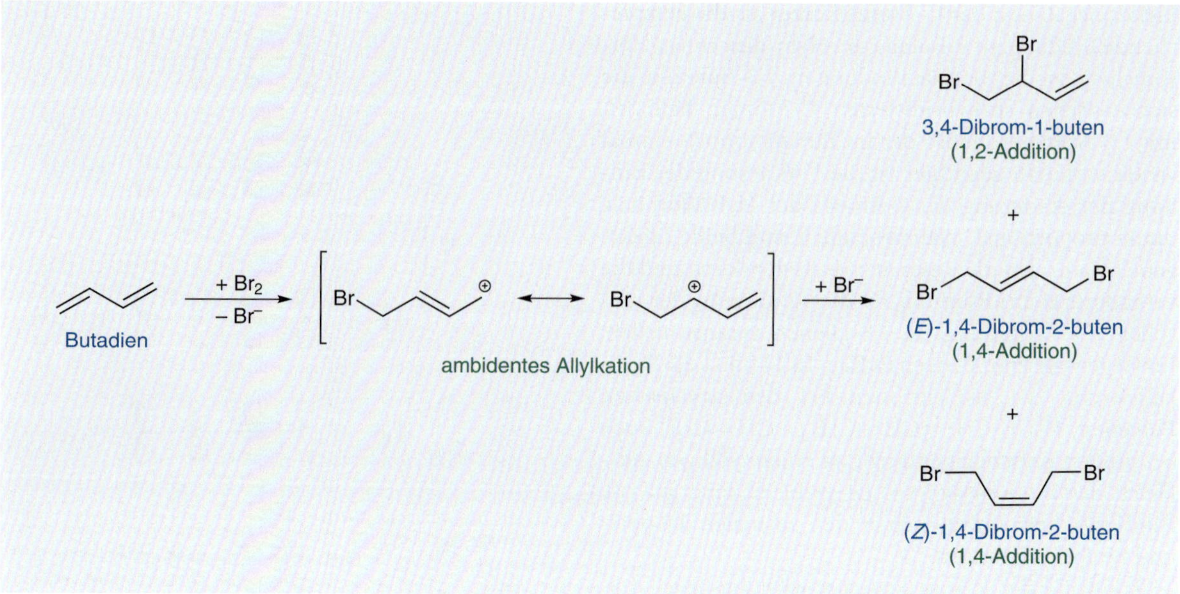


**Abb. 5.37** Die Addition von Brom an Butadien verläuft sowohl als 1,2- als auch als 1,4-Addition. Ursache hierfür ist das intermediär gebildete, ambidente Allylkation, das an zwei Positionen vom Nucleophil abgefangen werden kann.

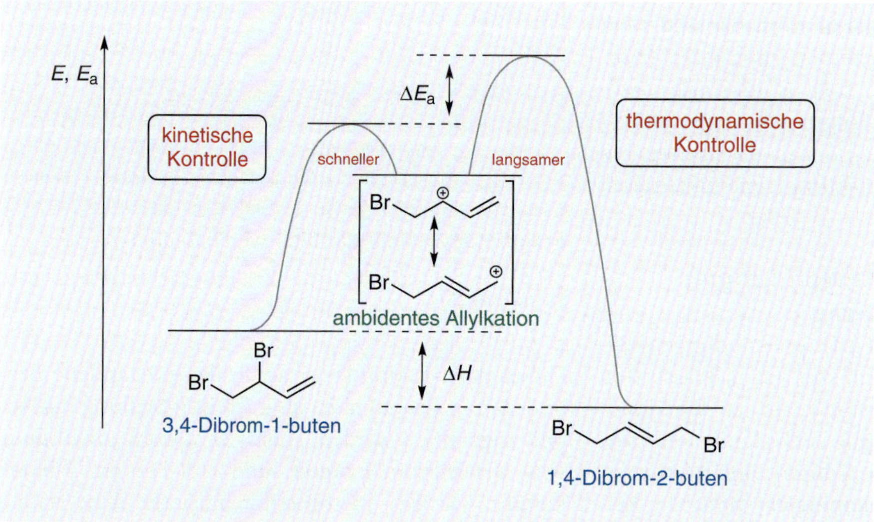


**Abb. 5.38** Kinetische und thermodynamische Reaktionskontrolle bei der Bromaddition an Butadien. Der Angriff von Bromid an das sekundäre C-Atom des Allylkations erfolgt schneller (1,2-Addition), beim Angriff an das primäre C-Atom entsteht aber das thermodynamisch stabilere Produkt (1,4-Addition).

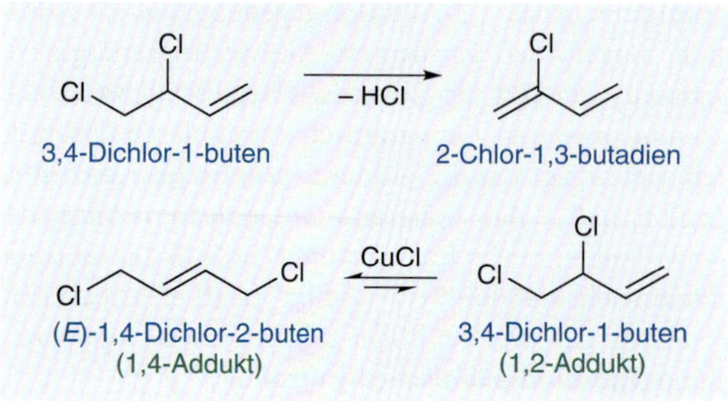


**Abb. 5.39** Technische Darstellung von Chloropren aus dem 1,2-Addukt von Chlor an Butadien (oben). Das ebenfalls entstehende 1,4-Addukt, das für die Chloropren-Synthese nicht geeignet ist, kann CuCl-katalysiert zum instabileren 1,2-Addukt isomerisiert werden (unten); dieses kann aufgrund seines geringen Siedepunkts aus dem Reaktionsgemisch entfernt werden.

diese Reaktion ungeeignete 1,4-Addukt kann jedoch durch Erhitzen mit katalytischen Mengen Kupfer(I)-chlorid zum 1,2-Addukt isomerisiert werden. Das Gleichgewicht wird dabei ständig durch das Entfernen des leichter flüchtigen 1,2-Adduktes aus dem Reaktionsgemisch zugunsten des thermodynamisch weniger stabilen 1,2-Isomers verschoben.

**MERKE**

- Eine Reaktion verläuft unter **thermodynamischer Kontrolle**, wenn unter den gegebenen Reaktionsbedingungen sowohl die Hin- als auch die Rückreaktion ablaufen, die Reaktion also reversibel ist und sich ein thermodynamisches Gleichgewicht einstellt. Bei thermodynamischer Kontrolle wird die Zusammensetzung des Produktgemischs durch

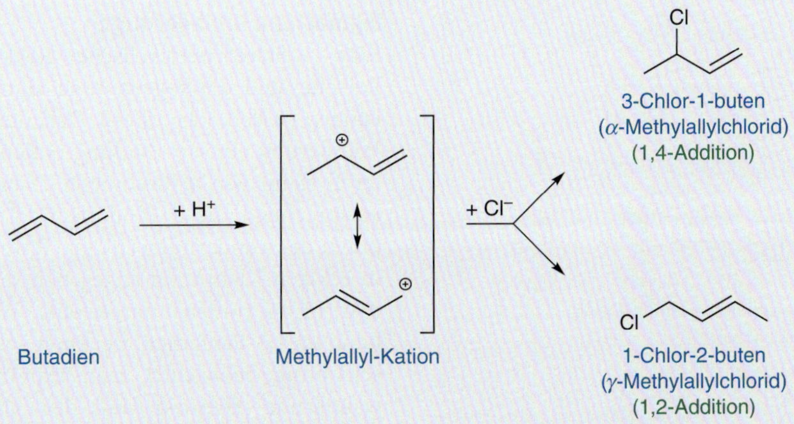


**Abb. 5.40** Die Addition von HCl an Butadien verläuft über ein mesomeriestabilisierte Methylallyl-Kation, an das sich das Chlorid sowohl in $\alpha$- oder $\gamma$-Stellung addieren kann, sodass zwei konstitutionsisomere Produkte entstehen.

die relative Stabilität der Produkte und nicht durch die Geschwindigkeit ihrer Bildung bestimmt. Das thermodynamisch stabilere Produkt überwiegt im Gleichgewicht. Thermodynamische Reaktionskontrolle erfordert in der Regel höhere Temperaturen und längere Reaktionszeiten.

- Unter **kinetischer Kontrolle** verläuft eine Reaktion, wenn die Zusammensetzung des entstehenden Produktgemischs von den Bildungsgeschwindigkeiten der einzelnen Produkte (also den entsprechenden Aktivierungsenergien bzw. -enthalpien) abhängt. Die Rückreaktion findet nur langsam bzw. überhaupt nicht statt. Die Reaktionen sind unter den gegebenen Reaktionsbedingungen daher irreversibel. Eine kinetische Reaktionskontrolle liegt häufig bei niedrigen Temperaturen und bei kurzen Reaktionszeiten vor.
- ***Product development control***, ein Spezialfall der kinetischen Kontrolle, liegt vor, wenn das thermodynamisch stabilere Produkt auch schneller gebildet wird und damit auch bei einer kinetischen Reaktionskontrolle als Hauptprodukt entsteht.

## HX-Addition an Diene

Ähnlich wie die Halogenaddition verläuft die Addition von Halogenwasserstoff, z. B. Chlorwasserstoff, an Butadien, wobei ein Gemisch von 3-Chlor-1-buten und 1-Chlor-2-buten entsteht (Abb. 5.40). Auch hier überwiegt bei niedrigen Temperaturen und unpolaren Lösemitteln das **1,2-Additionsprodukt**, bei höheren Temperaturen in polarem Medium dagegen das thermodynamisch stabilere **1,4-Addukt**. Zuerst erfolgt eine Protonierung des Butadiens an einem der endständigen C-Atome unter Bildung eines resonanzstabilisierten Methylallyl-Kations. An dieses lagert sich dann das Chlorid-Anion nucleophil in $\alpha$- oder $\gamma$-Stellung an.

## Electrocyclischer Ringschluss

Eine besondere Reaktion des Butadiens ist seine **Cyclisierung zu Cyclobuten** bei Bestrahlung (Abb. 5.41). Dabei findet eine konzertierte Reaktion statt, bei der zwischen den Enden des konjugierten Diensystems unter Ringschluss eine neue $\sigma$-Bindung gebildet wird. Es handelt sich um ein Beispiel für eine **pericyclische Reaktion**.

Auch die umgekehrte Reaktion ist möglich, die thermische Ringöffnung des Cyclobutens zum Butadien (Abb. 5.41). Bei substituierten Butadienen bzw. Cyclobutenen beobachtet man eine erstaunliche Stereoselektivität. So entsteht z. B. aus *cis*-1,2-Cyclobuten beim Erhitzen auf ca. 175 °C nahezu ausschließlich (*E*,*Z*)-Hexa-2,4-dien, während aus *trans*-1,2-Cyclobuten (*E*,*E*)-Hexa-2,4-dien gebildet wird (Abb. 5.41). Erklären lässt sich diese ausgeprägte Stereoselektivität mithilfe der sogenannten ***Woodward-Hoffmann*-Regeln** (▸ Exkurs: *Woodward-Hoffmann*-Regeln). Diese besagen, dass während der Reaktion die Symmetrieeigenschaften der beteiligten Orbitale beim Übergang der Edukte in die Produkte erhalten bleiben müssen. Das heißt, während der Reaktion sind bestimmte Orbitalwechselwirkungen favorisiert, die den stereoelektronischen Ablauf der Reaktion kontrollieren.

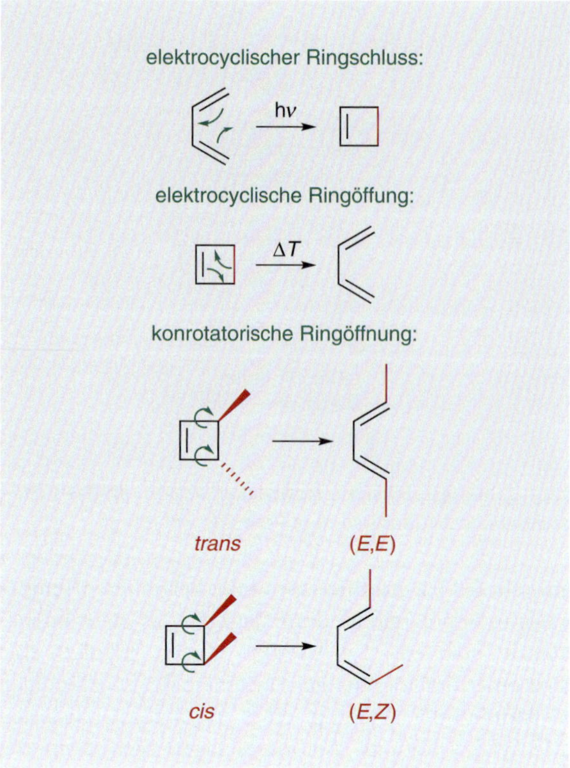


**○ Abb. 5.41** Elektrocyclische Ringöffnung und -schließung von Cyclobuten bzw. Butadien. Die thermische Ringöffnung erfolgt immer mit einer konrotatorischen Drehung der Substituenten. Aus *trans*-Dimethylcyclobuten entsteht daher stereoselektiv (*E*,*E*)-Hexadien und aus *cis*-Dimethylcyclobuten das (*E*,*Z*)-Dien.

### Sigmatrope Umlagerungen

Eine weitere pericyclische Reaktion konjugierter Polyene sind die sogenannten **sigmatropen Umlagerungen** (○ Abb. 5.44, oben). Darunter versteht man die Wanderung einer $\sigma$-Bindung entlang eines konjugierten Systems von $\pi$-Bindungen. Dabei verschieben sich entsprechend die $\pi$-Bindungen. Anfangs- und Endpunkt der wandernden Gruppe R werden durch Ziffern in eckigen Klammern angegeben, z. B. [1,5] für die in ○ Abb. 5.44 (unten) dargestellte Wasserstoffverschiebung im 1,3-Pentadien. Bei einer solchen **[1,5]-H-Verschiebung** beobachtet man experimentell, dass das wandernde H-Atom auf der gleichen Seite des $\pi$-Systems verbleibt. Man spricht von einer ***suprafacialen* Wanderung**. Alternativ könnte die wandernde Gruppe auch von einer Seite des planaren $\pi$-Systems auf die andere wandern (***antarafaciale* Wanderung**), was aber bei einer thermisch induzierten [1,5]-H-Verschiebung bisher noch nie beobachtet wurde.

Die Stereoselektivität der [1,5]-H-Verschiebung lässt sich wiederum mithilfe der ***Woodward-Hoffmann*-Regeln** deuten:

1. Es handelt sich um eine konzertierte Reaktion, die in einem Schritt abläuft, ohne dass Zwischenstufen durchlaufen werden.
2. Im Übergangszustand ist das Wasserstoffatom gleichzeitig an den Anfangs- und den Endpunkt der Wanderung gebunden.
3. Für die Grenzorbitalbetrachtung im Rahmen der *Woodward-Hoffmann*-Regeln betrachtet man formal

### Exkurs: *Woodward-Hoffmann*-Regeln

Der Ausgangspunkt für die Formulierung des Prinzips der Erhaltung der Orbitalsymmetrie (***Woodward-Hoffmann*-Regeln**) waren Überlegungen zum stereochemischen Ablauf von **Cycloadditionen** und **Cycloreversionen** bzw. von **elektrocyclischen Reaktionen**. Bei letzteren entsteht aus einem acyclischen Polyen unter Ringschluss und Bindungsbildung zwischen den Enden des linearen $\pi$-Systems ein Cyclo(poly)alken, das eine Doppelbindung weniger besitzt als das ursprüngliche Polyen (elektrocyclischer Ringschluss). Umgekehrt kann sich auch ein Cyclopolyalken zu einem acyclischen Polyen öffnen (elektrocyclische Ringöffnung). Als Beispiele seien die Umwandlung von Cyclobutenderivaten in Butadienderivate sowie die entsprechende Rückreaktion angeführt (○ Abb. 5.42). Bei dieser Reaktion kann die Drehung der beiden Methylengruppen – bzw. allgemein der Substituenten (A) – entweder gleichsinnig (**konrotatorisch**) oder gegensinnig (**disrotatorisch**) erfolgen. Experimentell beobachtet man, dass bei der thermischen Ringöffnung des Cyclobutens eine konrotatorische Drehung stattfindet (die Rückreaktion findet thermisch nicht statt, da Cyclobuten eine zu hohe Ringspannung aufweist). Der photochemische Ringschluss vom Butadien zum Cyclobuten verläuft hingegen mit einer disrotatorischen Drehung.

Erklären lässt sich die unterschiedliche Stereoselektivität durch die Anwendung des Prinzips der Erhaltung der Orbitalsymmetrie. Dazu müssen die Symmetrien der beteiligten **Molekülorbitale** (MO) des Butadiens und des Cyclobutens betrachtet werden. Die Reaktion muss so erfolgen, dass alle Orbitale der Edukte kontinuierlich in entsprechende Orbitale der Produkte mit gleicher Symmetrie überführt werden. *Woodward* und *Hoffmann* haben dazu entsprechende **Orbitalkorrelationsdiagramme** aufgestellt. Noch einfacher kann man den Reaktionsverlauf jedoch verstehen, wenn man sich die an der Reaktion beteiligten **Grenzorbitale** (HOMO/LUMO) anschaut. Für elektrocyclische Reaktionen lassen sich dann folgende Regeln aufstellen:

Die Symmetrie des höchsten besetzten Molekülorbitals (**HOMO**) bestimmt den Ablauf der **thermischen Reaktionen**. Für Butadien ergibt die Betrachtung des HOMO zwangsläufig eine **konrotatorische** Drehung, da nur diese Drehung zur bindenden Überlappung von Orbitallappen gleichen Vorzeichens der Wellenfunktion zwischen den Enden des

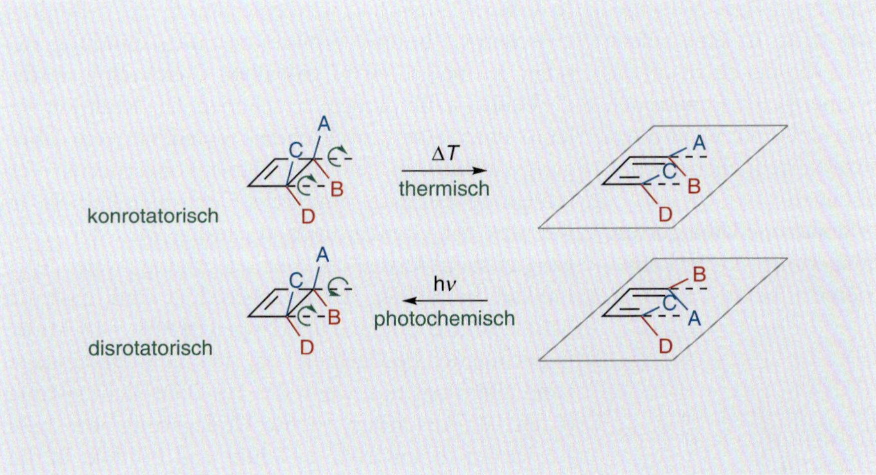


**o Abb. 5.42** Durch eine elektrocyclische Reaktion können Cyclobutenderivate in Butadien-Derivate umgewandelt werden (und umgekehrt) (*Hinweis:* Im Butadien stehen die Methylengruppen nicht mehr nach oben, sondern liegen in der Ebene der Dieneinheit). Thermisch findet eine konrotatorische Drehung, photochemisch eine disrotatorische Drehung statt.

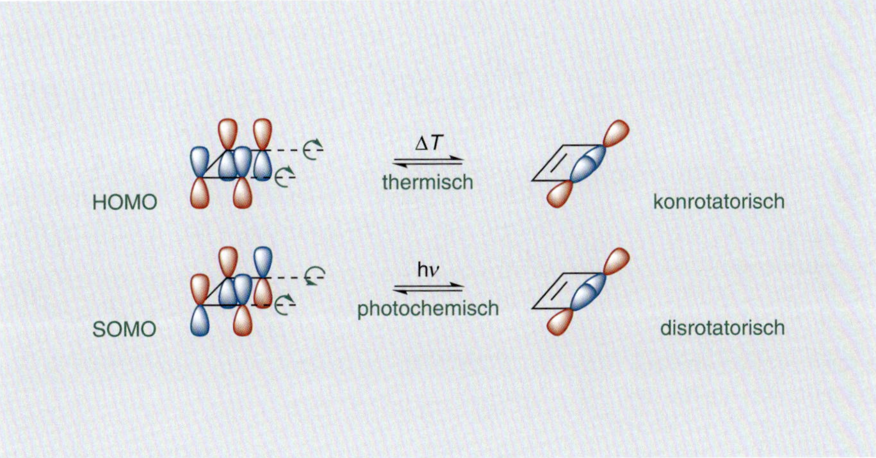


**o Abb. 5.43** Erklärung der Stereoselektivität der Cyclobuten-Butadien-Umwandlung mithilfe der Grenzorbitaltheorie: Für die thermische, konrotatorische Reaktion wird das HOMO des Butadiens betrachtet (oben), für die photochemische, disrotatorische Reaktion das SOMO, das nach der photochemischen Anregung mit einem Elektron einfach besetzt ist.

Diensystems und damit zur Ausbildung einer $\sigma$-Bindung führt (o Abb. 5.43, oben).
Für photochemische elektrocyclische Reaktionen ist die Symmetrie des **SOMO** des Butadiens ausschlaggebend, da in diesem Fall die Reaktion aus dem ersten angeregten Zustand heraus erfolgt, bei dem ein Elektron aus dem HOMO in das LUMO übergegangen ist. Für Butadien resultiert daher bei der photochemischen Reaktion ein **disrotatorischer** Reaktionsablauf (o Abb. 5.43, unten; vgl. auch ▸ Kap. 2).

Für weitere Ausführungen und theoretische Erklärungsmodelle zu den *Woodward-Hoffmann*-Regeln wird auf die einschlägigen Monographien bzw. die Originalliteratur verwiesen.

---

die Wanderung eines Wasserstoffatoms entlang eines konjugierten Pentadienylradikals.

4. Im Übergangszustand muss daher eine bindende Orbitalwechselwirkung zwischen dem H-Atom und den beiden Enden des SOMO (*single occupied* MO) des Pentadienylradikals vorhanden sein. Betrachtet man die Symmetrie des SOMO (o Abb. 5.45), erkennt man sofort, dass die [1,5]-H-Verschiebung nur *suprafacial* stattfinden kann.

Für eine [1,3]- oder eine [1,7]-H-Verschiebung (o Abb. 5.46) erwartet man bei einer thermischen Reaktion aufgrund der Symmetrie der jeweiligen SOMO entsprechend eine *antarafaciale* Wanderung des

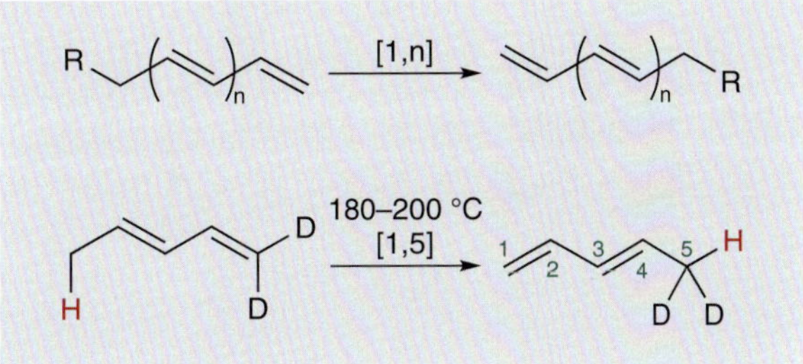


**o Abb. 5.44** Sigmatrope Umlagerung konjugierter Polyene (oben); [1,5]-H-Verschiebung im 1,3-Pentadien (unten)

5

H-Atoms. Während dies bei einer [1,7]-H-Verschiebung tatsächlich so beobachtet wird, ist eine solche Wanderung des Wasserstoffatoms von der einen auf die andere Seite des $\pi$-Systems bei einer [1,3]-sigmatropen Verschiebung aus geometrischen Gründen nicht möglich. Es gibt daher keine konzertierten, thermischen sigmatropen [1,3]-H-Verschiebungen.

Ein Beispiel für eine **[3,3]-sigmatrope Umlagerung** ist die sogenannte ***Cope*-Umlagerung**. Nicht konjugierte 1,5-Diene isomerisieren beim Erhitzen

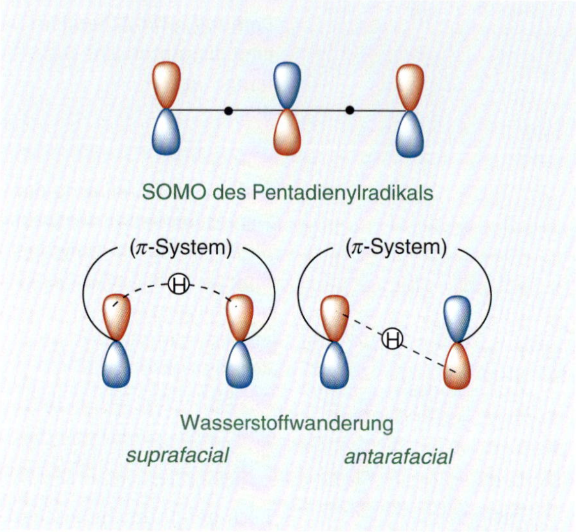


**o Abb. 5.45** Betrachtet man das SOMO des Pentadienylradikals (oben), dann erkennt man sofort, dass die Wasserstoffwanderung bei einer [1,5]-sigmatropen Verschiebung nur *suprafacial* aber nicht *antarafacial* möglich ist (unten).

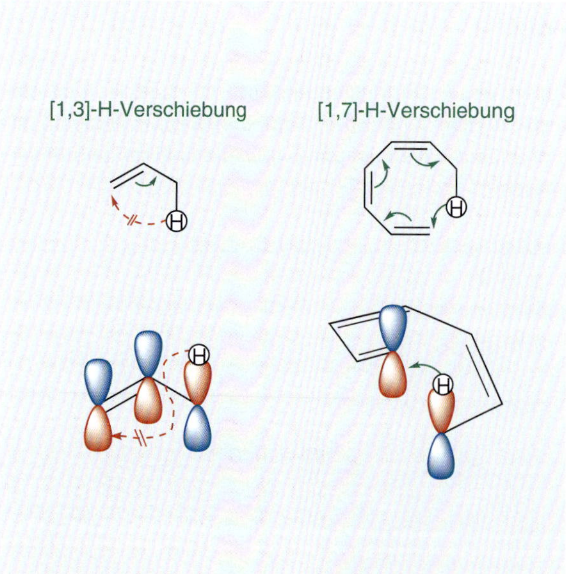


**o Abb. 5.46** Eine thermische *antarafaciale* sigmatrope [1,3]-H-Verschiebung kann aus geometrischen Gründen nicht stattfinden (links). Im Gegensatz dazu ist eine *antarafaciale* [1,7]-H-Verschiebung aufgrund des längeren und flexibleren Moleküls möglich (rechts).

(o Abb. 5.47, oben). Es wird eine neue C—C-$\sigma$-Bindung zwischen C1 und C6 gebildet und die $\sigma$-Bindung zwischen C3 und C4 wird gespalten. Gleichzeitig werden die beiden $\pi$-Bindungen verschoben. Die Reaktion verläuft über einen **cyclischen, sesselförmigen Übergangszustand**, in dem es zu einer konzertierten Verschiebung von insgesamt sechs Elektronen kommt. Im Rahmen der Grenzorbitalbetrachtung wird der Übergangszustand formal als Wechselwirkung zweier Allylradikale betrachtet, die so angeordnet sind, dass ihre beiden SOMO bindend überlappen (o Abb. 5.47, Mitte). Experimentell beobachten lässt sich die ***Cope*-Umlagerung** allerdings nur, wenn das 1,5-Dien nicht symmetrisch ist. Ansonsten ist die Umlagerung, wie beim 1,5-Hexadien, entartet, da Edukt und Produkt in diesem Fall identisch sind. Dies ist z. B. beim 3-Methyl-1,5-hexadien nicht mehr der Fall: Bei einer Temperatur von 300 °C lagert sich die Verbindung zu 1,5-Heptadien um (o Abb. 5.47, unten).

Das in o Abb. 5.47 (oben) als Beispiel für die *Cope*-Umlagerung verwendete **1,5-Hexadien** (Diallyl) ist ein Dien mit isolierten Doppelbindungen. Es kann aus Allylchlorid durch Umsetzung mit Magnesium (in Analogie zur ***Wurtz*-Synthese**, ▸Kap. 4.1) dargestellt werden.

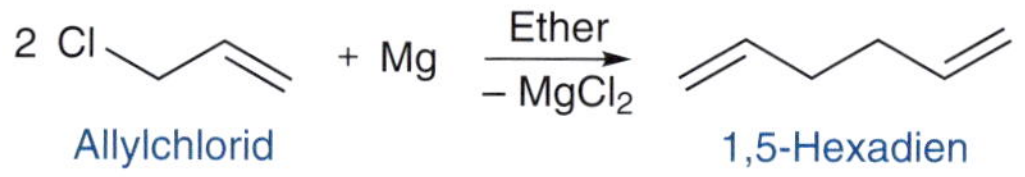


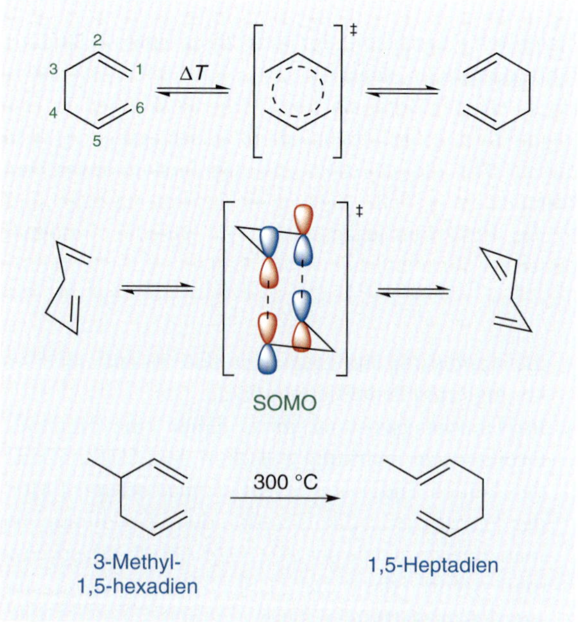


**o Abb. 5.47** Die *Cope*-Umlagerung ist ein Beispiel für eine [3,3]-sigmatrope Umlagerung: Isomerisierung nicht konjugierter 1,5-Diene beim Erhitzen (oben); cyclischer, sesselförmiger Übergangszustand (Mitte); Umlagerung von 3-Methyl-1,5-hexadien zu 1,5-Heptadien (unten)

### 5.2.3 Ausgewählte Verbindungen

#### 1,3-Butadien

Butadien ist technisch als Baustein des **synthetischen Kautschuks** Buna von Bedeutung (▸Kap. 26). Die Darstellung von Butadien kann u. a. über die beiden nachfolgend aufgeführten technischen Herstellungsverfahren erfolgen:

1. Bei den älteren Herstellungsverfahren wurde die C4-Kette des Butadiens fast immer aus C2-Einheiten aufgebaut. Acetaldehyd dimerisiert beispielsweise in schwach alkalischer Lösung zu Acetaldol (○Abb. 5.48); dieses geht durch katalytische Hydrierung in 1,3-Butandiol über, aus dem durch Dehydratisierung Butadien entsteht.
2. Heutzutage gewinnt man Butadien stattdessen direkt aus der C4-Fraktion der Crackgase, die bei der Erzeugung von Ethen durch *steam cracking* (▸Kap. 5.1.2) anfallen und je nach eingesetztem Rohbenzin und Prozess bis zu 13 % Butadien enthalten können. Die Isolierung erfolgt durch Extraktivdestillation mit Acetonitril oder *N*-Methyl-2-pyrrolidon.

#### Isopren

Isopren ist der Baustein des Naturkautschuks und der Terpene (▸Kap. 26.2) und kann z. B. aus Naturkautschuk durch trockene Destillation erhalten werden (*Williams* 1861). Man unterscheidet beim Isopren zwischen dem „Kopf", an dem das Molekül verzweigt ist, und dem unverzweigten „Schwanz" (○Abb. 5.49, rechts oben). Isopren wird technisch auf verschiedenen Wegen gewonnen, z. B. aus der C5-Fraktion des Erdöls durch extraktive Destillation oder durch Dimerisierung von Propen mit *Ziegler*-Katalysatoren zu 2-Methyl-1-penten, das beim Cracken in Isopren und Methan gespalten wird (○Abb. 5.49, unten). Eine weitere Möglichkeit der Synthese von Isopren ist die Dehydratisierung von 3-Methyl-1,3-butandiol, das durch die sogenannte ***Prins*-Reaktion** aus Isobuten und Formaldehyd erhalten wird (○Abb. 5.49, oben). Unter sauren Bedingungen bildet sich zunächst aus dem Aldehyd das Oxocarbeniumion, das in einer elektrophilen Addition das Alken unter Bildung eines Carbokation-Intermediats angreift. Nach der Addition von Wasser und der Bildung von 3-Methyl-1,3-butandiol entsteht letztendlich durch Eliminierung von zwei Molekülen Wasser Isopren.

#### Cyclopentadien

Cyclopentadien, $C_5H_6$ (Sdp. 41 °C), ist ein zweifach ungesättigter cyclischer Kohlenwasserstoff, der in der Rohbenzinfraktion des Steinkohlenteers und im C5-Schnitt des Pyrolysebenzins aus dem *steam cracking* auftritt. Bereits in der Kälte dimerisiert die Substanz zu **Dicyclopentadien** (Tricyclo[5.2.1.02,6]deca-3,8-dien) mit einem Schmelzpunkt von 33 °C, das bei der Destillation wieder zum monomeren Cyclopentadien depolymerisiert (○Abb. 5.50, oben). Bei dieser Dimerisierung handelt es sich um eine ***Diels-Alder*-Reaktion** (▸Kap. 13.2.3), in der Cyclopentadien zugleich als Dien und Dienophil fungiert. Die H-Atome der Methylengruppe im Cyclopentadien sind acide ($pK_S = 16$), da bei der Bildung des **Cyclopentadienid-Anions** ein aromatisches System mit $\pi$-Elektronensextett gebildet wird (▸Kap. 25.1.4). Mit Kalium in Benzen erfolgt z. B. Deprotonierung zum gelben Kaliumsalz (○Abb. 5.50, Mitte links); mit Ethylmagnesiumbromid entsteht unter Freisetzung von Ethan eine *Grignard*-Verbindung (○Abb. 5.50,

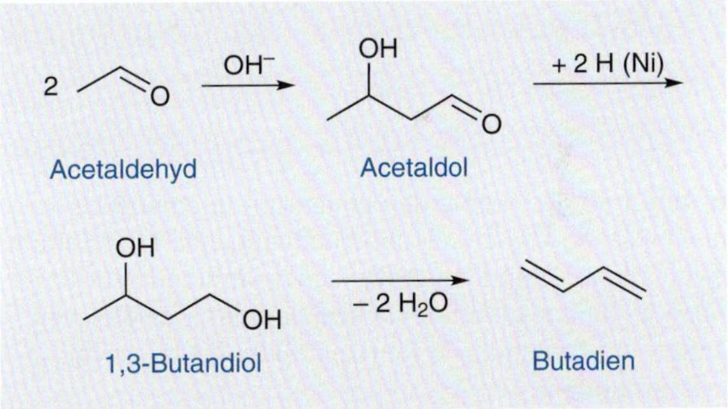


○ **Abb. 5.48** Technisch wurde Butadien früher aus Acetaldehyd hergestellt. Heutzutage gewinnt man es überwiegend direkt bei der Aufbereitung von Rohöl durch *steam cracking*.

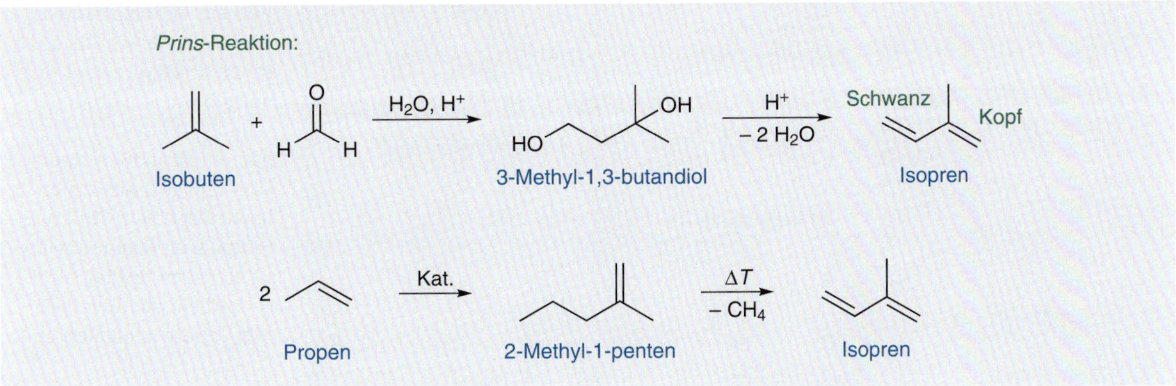


○ **Abb. 5.49** Isopren-Synthesen aus Isobuten (*Prins*-Reaktion, oben) und Propen (unten)

5

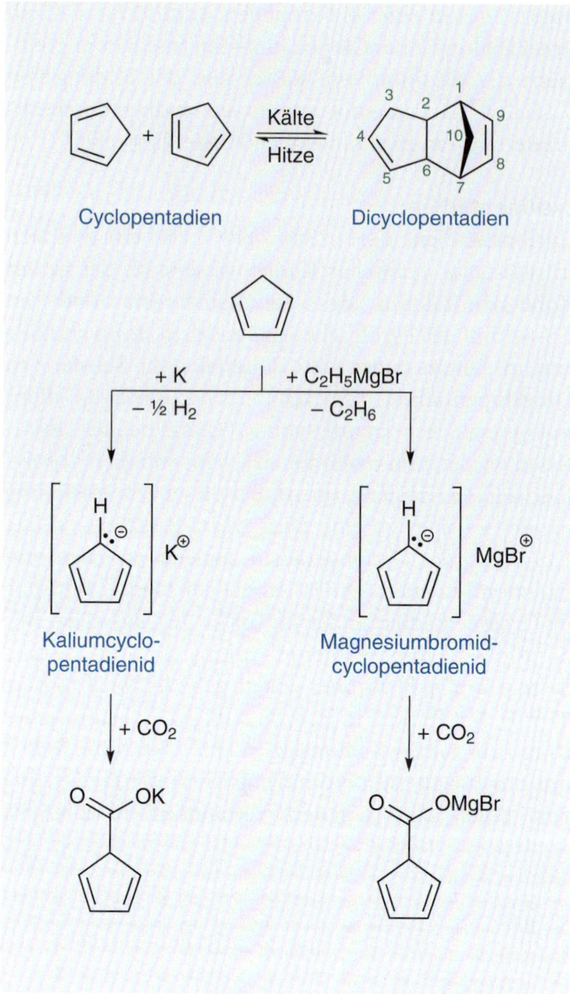


**o Abb. 5.50** Cyclopentadien dimerisiert in einer *Diels-Alder*-Reaktion (oben). Cyclopentadien reagiert mit Kalium zum Kaliumsalz und mit Ethylmagnesiumbromid zur *Grignard*-Verbindung (Mitte); die Reaktion des aromatischen Anions mit Kohlendioxid führt zur Bildung des Carbonsäuresalzes (unten).

Mitte rechts). Beide Salze gehen bei der Einwirkung von Kohlendioxid in das Salz der **Cyclopentadiencarbonsäure** über (o Abb. 5.50, unten).

Mit aliphatischen Aldehyden oder Ketonen kondensiert Cyclopentadien in Gegenwart von Basen zu gelben bis orangefarbenen, meist öligen **Fulvenen** (*fulvus* = rotgelb), die leicht Autoxidationen bzw. Polymerisationen eingehen. Mit aromatischen Aldehyden oder Ketonen wie Benzaldehyd oder Benzophenon entstehen wesentlich stabilere rote, kristalline Fulvene (o Abb. 5.51, oben links). Nach der Deprotonierung und der Bildung des aromatischen Cyclopentadienid-Anions findet eine Addition an die Carbonylgruppe des Aldehyds oder Ketons unter Bildung eines Alkohols statt. Durch Abspaltung von Wasser bildet sich das entsprechende Fulven. Die Fulvene enthalten als Derivate des 5-Methylen-1,3-cyclopentadiens sog. **gekreuzt konjugierte Doppelbindungen**, die besonders reaktionsfähig sind. Ein offenkettiges Analogon ist z. B. **Divinylketon** (Penta-1,4-dien-3-on; o Abb. 5.51, unten links). In ihm sind die beiden Vinylgruppen jeweils mit der Carbonylgruppe konjugiert, nicht aber miteinander. In den Fulvenen liegt außer der gekreuzten Konjugation auch eine Konjugation über die Positionen 2 und 3 des Rings vor. Ein voll ausgebildetes System dieser Art liegt im **Fulvalen** ($C_{10}H_8$; o Abb. 5.51, unten rechts) vor, das sehr instabil ist. Von den stabilen Derivaten ist **Hexaphenylfulvalen** (o Abb. 5.51, oben rechts) zu nennen. Zur Herstellung von organischen Supraleitern werden Derivate des **Tetrathiafulvalens** (o Abb. 5.51, unten Mitte) verwendet.

## Cyclohexadiene

**1,3-Cyclohexadien** und **1,4-Cyclohexadien**, $C_6H_8$, die man auch als Dihydrobenzene auffassen kann, sind Konstitutionsisomere. Beide Verbindungen polymerisieren sehr leicht. 1,3-Cyclohexadien zeigt die typischen

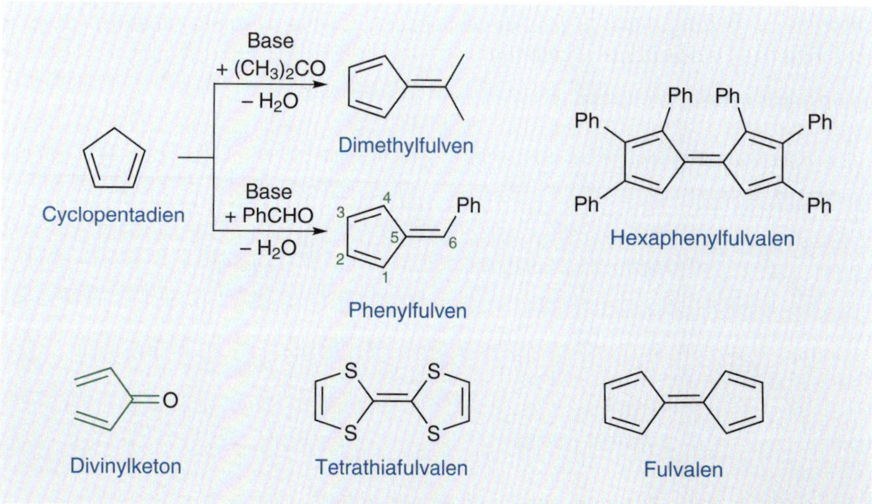


**o Abb. 5.51** Mit Ketonen oder Aldehyden, wie Aceton oder Benzaldehyd, entstehen aus Cyclopentadien intensiv gefärbte Fulvene (oben links), die aber nur ausgehend von aromatischen Carbonylverbindungen einigermaßen stabil sind und sich ansonsten leicht zersetzen; Strukturformel von Hexaphenylfulvalen (oben rechts); Strukturformeln von Divinylketon, Tetrathiofulvalen und Fulvalen (unten)

Eigenschaften eines konjugierten Diens, z. B. entsteht mit Tetracyanoethylen (TCNE) als Dienophil bei einer Temperatur von 25 °C in einer *Diels-Alder*-Reaktion das entsprechende *syn*-Addukt (o Abb. 5.52, oben). 1,4-Cyclohexadien kann leicht zu Benzen oxidiert werden; es kann daher in Gegenwart eines Übergangsmetallkatalysators, z. B. Pd-Kohle, als Wasserstofflieferant bei Hydrierungsreaktionen genutzt werden (o Abb. 5.52, unten).

### Cycloheptatrien

**Cycloheptatrien** (Tropiliden, Tropyliden), $C_7H_8$, ist ein Abbauprodukt der Alkaloide Atropin und Cocain (▸ Kap. 36). Es handelt sich um eine bei –79,5 °C erstarrende Flüssigkeit mit einem Siedepunkt von 115,5 °C, die an der Luft leicht oxidiert und polymerisiert. Vom Tropiliden leiten sich die aromatischen **Tropyliumsalze** sowie die **Tropone** und die **Tropolone** ab (▸ Kap. 25.3).

Die Darstellung von Cycloheptatrien erfolgt aus Benzen und Diazomethan durch UV-Bestrahlung (o Abb. 5.53, oben). Dabei entsteht zuerst durch Addition von Methylen an Benzen Norcaradien, das dann in einer electrocyclischen Ringöffnung in Cycloheptatrien übergeht. Eine weitere Synthese geht von Cyclopentadien und Keten aus (o Abb. 5.53, unten). Durch Reduktion des daraus leicht zugänglichen Bicyclo[3.2.0]hept-2-en-6-on entsteht ein sekundärer Alkohol, der durch Acetolyse des Methylsulfonats dehydratisiert wird. Dabei tritt Isomerisierung zum Cycloheptatrien und zum 6-Methylfulven ein (*Dryden* 1954).

Der anfängliche Cycloadditionsschritt bei dieser Synthese ist eine **periselektive Reaktion**, d. h. eine Reaktion, bei der nur ein Teil der Elektronen eines konjugierten Systems an einer **pericyclischen Reaktion** teilnimmt. Üblicherweise reagiert Cyclopentadien mit Alkenen als Dien in einer klassischen *Diels-Alder*-Reaktion. Mit Keten findet stattdessen eine [2 + 2]-Cycloaddition statt, die zur Bildung eines Cyclobutanderivates führt. Das heißt, es ist nur eine der beiden Doppelbindungen des Cylopentadiens an der Reaktion beteiligt. Entsprechend der *Woodward-Hoffmann*-Regeln (▸ Kap. 5.1.1) muss bei einer thermischen [2 + 2]-Cycloaddition

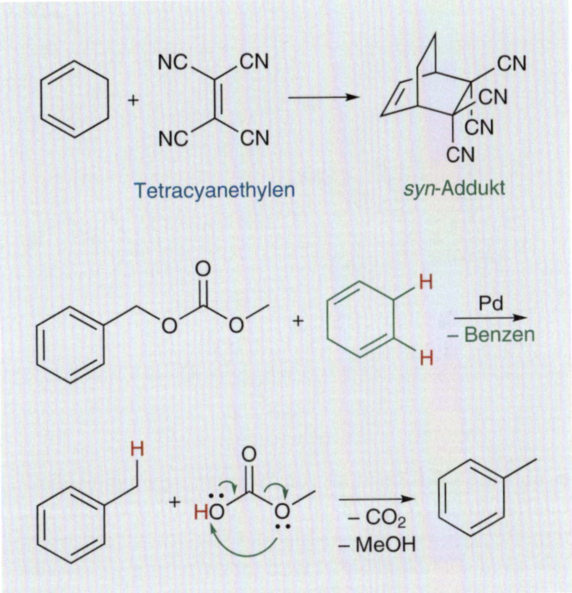


o **Abb. 5.52** *Diels-Alder*-Reaktion von Tetracyanoethylen und 1,4-Cyclohexadien (oben); 1,4-Cyclohexadien als Wasserstofflieferant bei Palladium-katalysierten Hydrierungsreaktionen (unten)

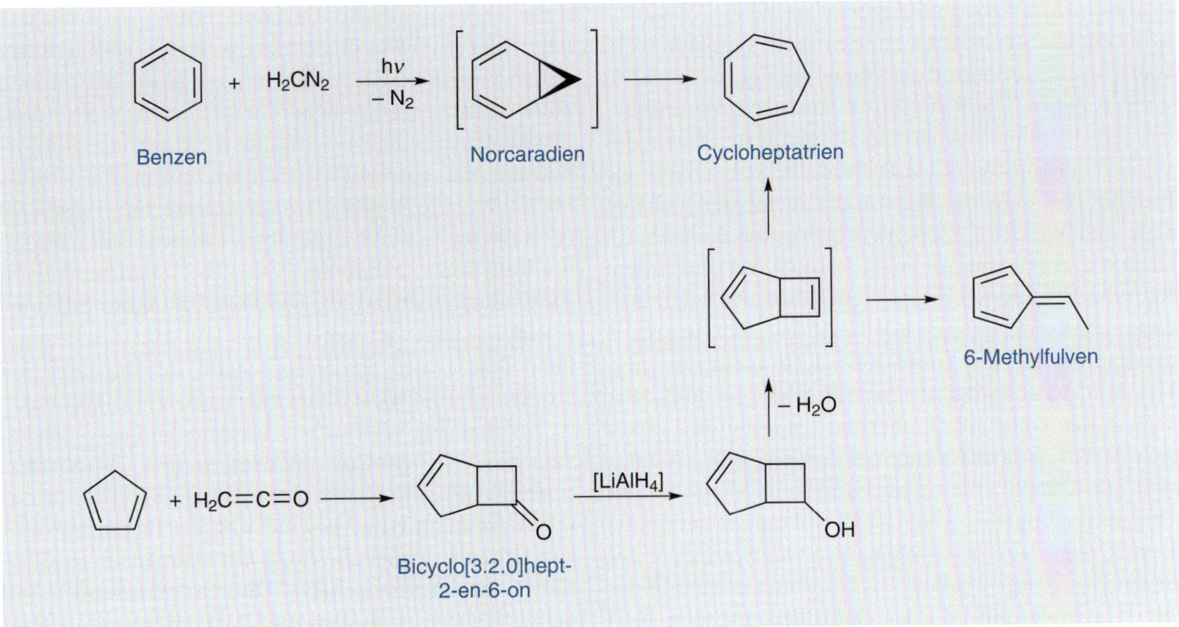


o **Abb. 5.53** Darstellung von Cycloheptatrien aus Benzen (oben) sowie aus Cyclopentadien und Keten (unten)

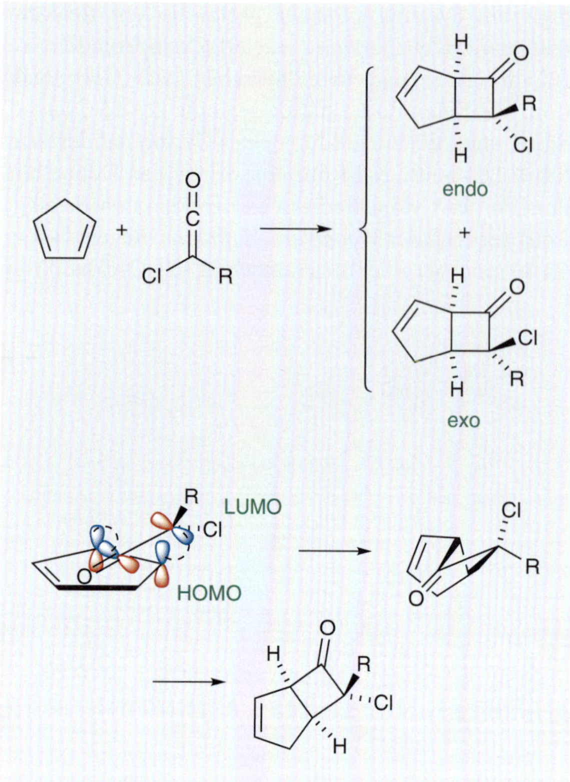


**Abb. 5.54** Die Reaktion von Cyclopentadien mit substituierten Ketenen (R = Alkyl) führt zur Bildung von Cyclobutenderivaten, wobei bevorzugt das sterisch anspruchsvollere *endo*-Addukt gebildet wird (oben); diese Stereoselektivität ergibt sich aus der für eine *antarafaciale* Reaktion notwendigen gekreuzten Annäherung des Ketens an die Doppelbindung des Cyclopentadiens (unten)

eine der beiden Komponenten *antarafacial* reagieren; es handelt sich also um eine sogenannte $[2\pi^s + 2\pi^a]$-Addition. Mit normalen Alkenen ist eine $[2\pi^s + 2\pi^a]$-Addition aus sterischen Gründen nicht möglich, wohl aber – wie im vorliegenden Beispiel gezeigt (Abb. 5.54) – mit Ketenen. Die Reaktion ist stereoselektiv und liefert mit einem unsymmetrisch substituierten Keten das sterisch ungünstigere *endo*-Produkt, d.h. dasjenige Produkt, bei dem der Substituent R auf der gleichen Seite steht wie der Cyclopentenring (Abb. 5.54, oben). Das *endo/exo*-Verhältnis verändert sich mit steigendem Raumbedarf des Alkylrestes am Keten wie folgt: R = $CH_3$: 4,3; R = $C_2H_5$: 5,3; R = $CH(CH_3)_2$: 10. Je größer der Raumbedarf des Restes R ist, desto mehr wird also von dem sterisch ungünstigeren Produkt gebildet. Dieser auf den ersten Blick überraschende Befund ergibt sich daraus, dass das Keten bei der Reaktion als *antarafaciale* Komponente reagiert und sich daher quer der Doppelbindung des Alkens nähern muss. Der große Rest R zeigt dabei nach oben, also weg vom darunter liegenden Cyclopentadienring. Im weiteren Verlauf der Bindungsknüpfung und der damit verbundenen Ausbildung des Cyclobutanrings gelangt der Rest R des Ketens dann in die *endo*-Position. Es entsteht also das sterisch anspruchsvollere Produkt (Abb. 5.54, unten). Je größer der Rest R ist, desto weniger günstig ist die alternative Annäherung, bei der der Rest R nach unten zum Cyclopentadienring zeigt, was zur Bildung des letztendlich günstigeren *exo*-Produkts führt. Eine solche für die antarafaciale Reaktion notwendige gekreuzte Annäherung an die Doppelbindung ist nur bei einem Keten möglich, da die CO-Gruppe des Ketens, die dabei über dem Cyclopentadienring zu liegen kommt, sehr viel weniger Platz beansprucht als die $CR_2$-Gruppe eines normalen Alkens.

## Cyclooctatetraen

Cyclooctatetraen (COT), $C_8H_8$, ist eine goldgelbe Flüssigkeit mit einem Siedepunkt von 142–143 °C. Es wurde erstmalig von *Willstätter* (1911) durch Abbau des Alkaloids Pseudopelletierin in einer aufwändigen, vielstufigen Synthese dargestellt. Die Verbindung ist aber auch in einer Eintopf-Reaktion durch die Umsetzung von 1,5-Cyclooctadien mit Butyllithium und Tetraethylmethylendiamin (TMEDA) sowie die anschließende Oxidation mit Luftsauerstoff darstellbar (Abb. 5.55, links). Technisch wird COT durch Cyclisierung von Ethin (▸Kap. 4.5, ▸Kap. 5.4.3) nach *Reppe* hergestellt.

Obwohl Cyclooctatetraen eine dem Benzen ähnliche Summenformel und Strukturformel aufweist, liegt hier eine typisch ungesättigte Verbindung vor, die leicht z. B. Brom oder Halogenwasserstoffsäure addiert. COT wird auch anders als Benzen von Permanganat bereits in der Kälte oxidiert. Im Unterschied zum Benzen ist COT nicht planar, da es sich dann um eine Verbindung mit 8 $\pi$-Elektronen im Ring nach der *Hückel*-Regel (▸Kap. 18, ▸Kap. 25.1.1) um einen Antiaromaten handelt. Um diese antiaromatische Destabilisierung zu umgehen, liegt COT daher in einer nicht planaren Wannenform vor (*tub*, Abb. 5.55, rechts unten), die die Ausbildung eines vollständig konjugierten $\pi$-Systems verhindert. Denkbar wäre auch eine zweite nicht planare Konformation, die Kronenform (*crown*, Abb. 5.55, rechts oben). Wie die Röntgenstrukturanalyse zeigt, wechseln im Achtring in der Wannenform Einfach- und Doppelbindungen ab (*Kaufman* 1948); die Valenzwinkel im Ring betragen etwa 126°. Durch Reaktion mit Lithiumorganylen lässt sich ein Dianion mit 10 $\pi$-Elektronen herstellen. Dieses ist entsprechend der *Hückel*-Regel aromatisch und weist daher eine planare Struktur auf.

NMR-spektroskopische Untersuchungen zeigen, dass die Wannenform mit dem ebenen Cyclooctatetraen im Gleichgewicht steht (Abb. 5.56). In der planaren Form kann eine Verschiebung der Doppelbindungen erfolgen, wobei allerdings ein energetisch ungünstiger **antiaromatischer Übergangszustand** mit delokalisierten $\pi$-System durchlaufen werden muss. Die Energiebarriere für die Bindungsverschiebung im

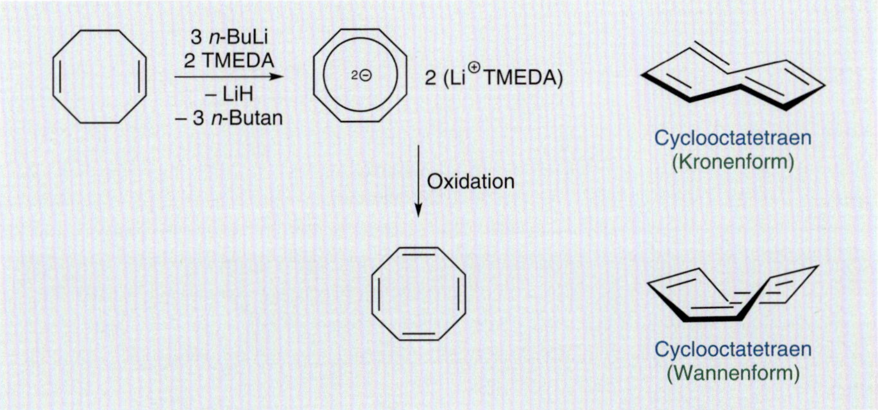


**Abb. 5.55** Darstellung von Cyclooctatetraen (links); Kronenform (rechts oben) und Wannenform (rechts unten) von Cyclooctatetraen

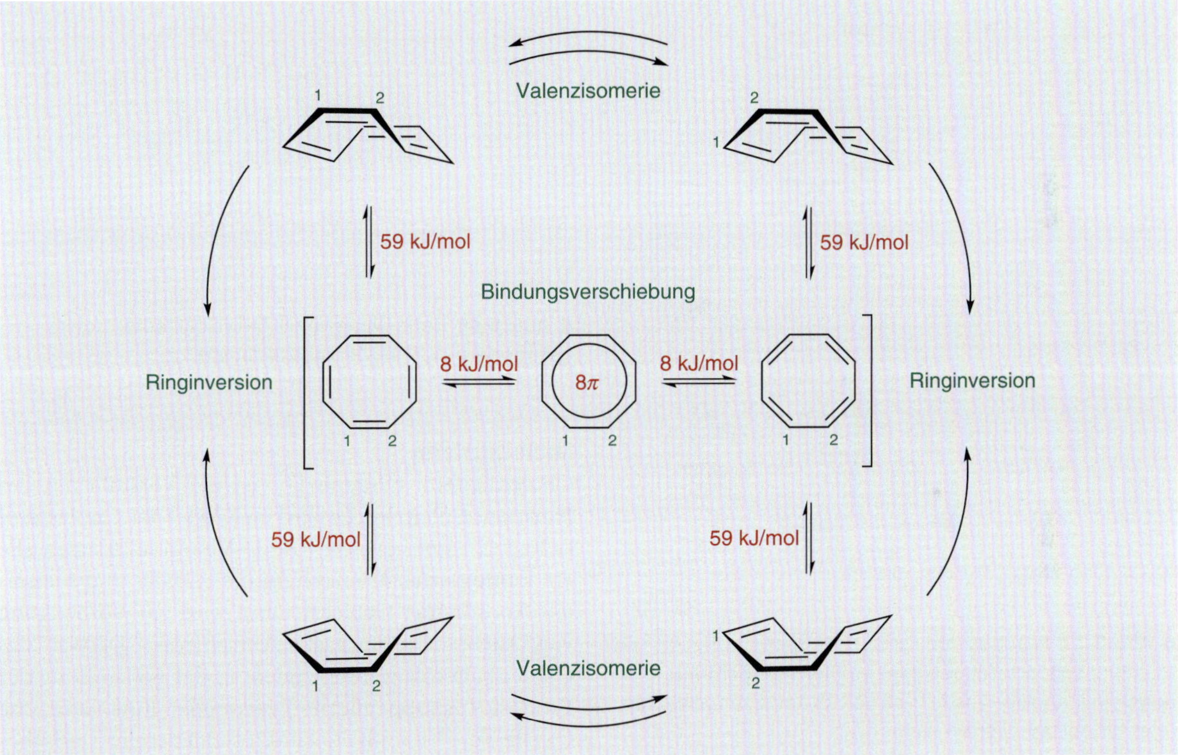


**Abb. 5.56** Durch Messungen der beiden Energiebarrieren für die Ringinversion (59 kJ/mol) und die Valenzisomerisierung der Doppelbindungen (67 kJ/mol) ließ sich zeigen, dass ein planares COT mit delokalisierten Doppelbindungen, also ein entsprechend der *Hückel*-Regel antiaromatisches Teilchen, gegenüber einer planaren Form mit lokalisierten Doppelbindungen noch einmal um 8 kJ/mol ungünstiger ist.

COT ist daher noch einmal um 8 kJ/mol höher als die Barriere für die Ringinversion.

Reversible Umlagerungen, die wie die Bindungsverschiebung im Cyclooctatetraen lediglich auf einer Umgruppierung der Bindungselektronen basieren, werden als **Valenzisomerie** oder **Valenztautomerie** bezeichnet (▸Kap. 3). Im Gegensatz zur Mesomerie liegt der Valenztautomerie ein echtes Gleichgewicht zweier Verbindungen oft unterschiedlicher Topologie zugrunde. So steht das Cyclooctatetraen noch mit einem weiteren Valenzisomeren, dem Bicyclo[4.2.0]octa-2,4,7-trien, im Gleichgewicht (Abb. 5.57). Darauf ist zurückzuführen, dass man bei der Einwirkung von Brom auf Cyclooctatetraen auch das 7,8-Dibrombicyclo[4.2.0]octa-2,4-dien erhält.

Behandelt man Cyclooctatetraen in wässriger Suspension mit Quecksilber(II)-sulfat in der Wärme, entsteht unter Abscheidung von metallischem Quecksilber Phenylacetaldehyd. Die Oxidation des Cyclooctatetraens mit hypochloriger Säure im alkalischen Medium führt dagegen vorwiegend zu Terephthalaldehyd.

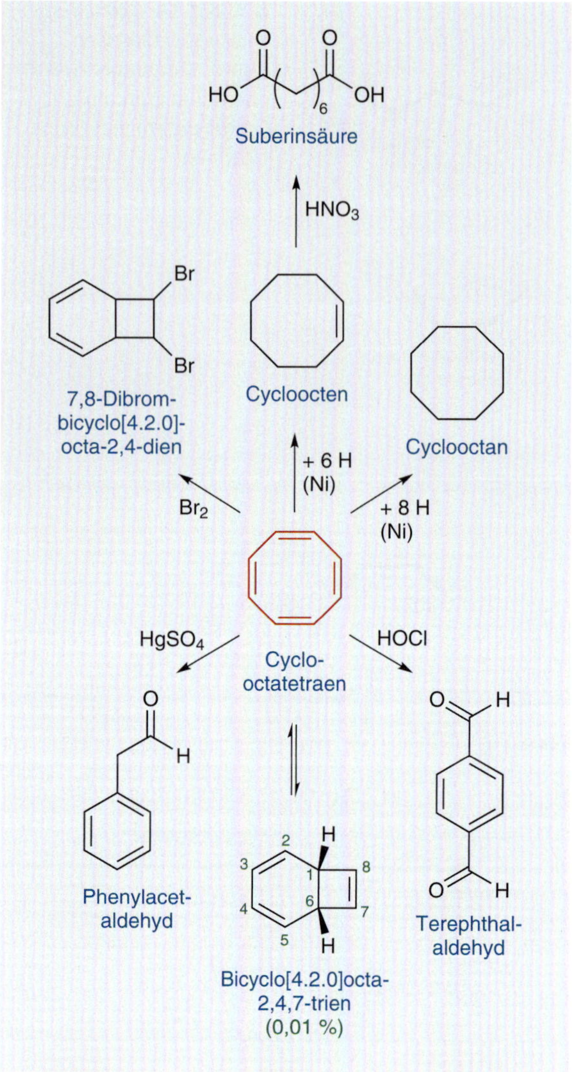


**Abb. 5.57** Reaktion von Cyclooctatetraen mit $HgSO_4$, HOCl oder $Br_2$; Cyclooctatetraen liegt im Gleichgewicht mit Bicyclo[4.2.0]octa-2,4,7-trien vor. Es kann zu Cycloocten oder Cyclooctan hydriert werden.

## Cyclododecatrien

*Wilke* gelang es, Butadien mithilfe von Nickel-Katalysatoren über **Metall-π-Komplexe** als Zwischenprodukte in sehr guter Ausbeute zu 1,5-Cyclooctadien zu dimerisieren oder zu einem Gemisch von all-*trans* und *trans-trans-cis*-Cyclododeca-1,5,9-trien zu trimerisieren (Abb. 5.58). Aus Cyclododeca-1,5,9-trien gewinnt man durch Hydrierung Cyclododecan, das analog zum Cyclohexan (▸Kap. 4.2.3, ▸Kap. 15.3.3) oxidativ zum Cyclododecanon und weiter zum Oxim umgesetzt werden kann. Aus diesem erhält man mit Schwefelsäure in einer ***Beckmann*-Umlagerung** Laurinlactam, das zur Fabrikation von **C12-Polyamiden** (Vestamid) verwendet wird (▸Kap. 15.3.3).

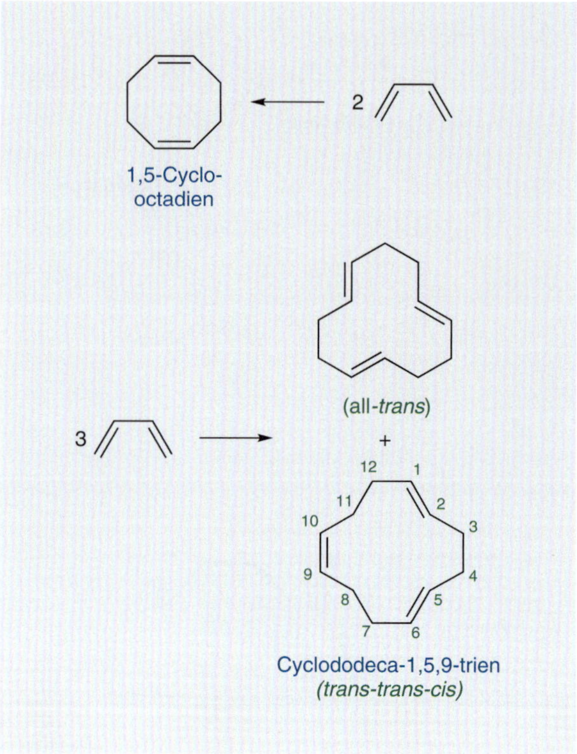


**Abb. 5.58** Darstellung von 1,5-Cyclooctadien sowie Cyclododeca-1,5,9-trien aus Butadien

## Cholecalciferol

Cholecalciferol (Vitamin $D_3$) ist die Vorstufe des des Hormons **Calcitriol**. Es wird im Körper aus **Cholesterol** (▸Kap. 27) synthetisiert. Die D-Vitamine besitzen alle ein **konjugiertes Triensystem** mit *cisoider* und *transoider* Anordnung. Cholecalciferol wird zur Vorbeugung von Osteoporose eingesetzt. Verschiedene Derivate des Cholecalciferols werden zudem in der Behandlung der Psoriasis (Schuppenflechte) verwendet. Eine natürliche Quelle für Vitamin $D_3$ sind Fischleberöle, tierisches Fettgewebe, Milch und Eigelb. Der Mensch deckt den größten Teil seines Vitamin-D-Bedarfs durch Sonnenbestrahlung der Haut. Die Vorstufe des Vitamin D wird vom Körper selbst hergestellt, allerdings erfolgt die Bildung des Vitamin D erst durch Einwirkung von Sonnenlicht. Denn erst durch Bestrahlung von 7-Dehydrocholesterol mit UV-Licht kann der B-Ring des Steroids durch eine **photochemisch induzierte, konrotatorische, electrocyclische Ringöffnung** geöffnet werden (Abb. 5.59). Durch eine nachfolgende thermische, *antarafaciale* 1,7-H-Verschiebung von C19 zu C9 entsteht Vitamin $D_3$. Diese Reaktionen gehören zu den wenigen Beispielen für natürlich vorkommende pericyclische Reaktionen (eine genauere Diskussion folgt in ▸Kap. 27).

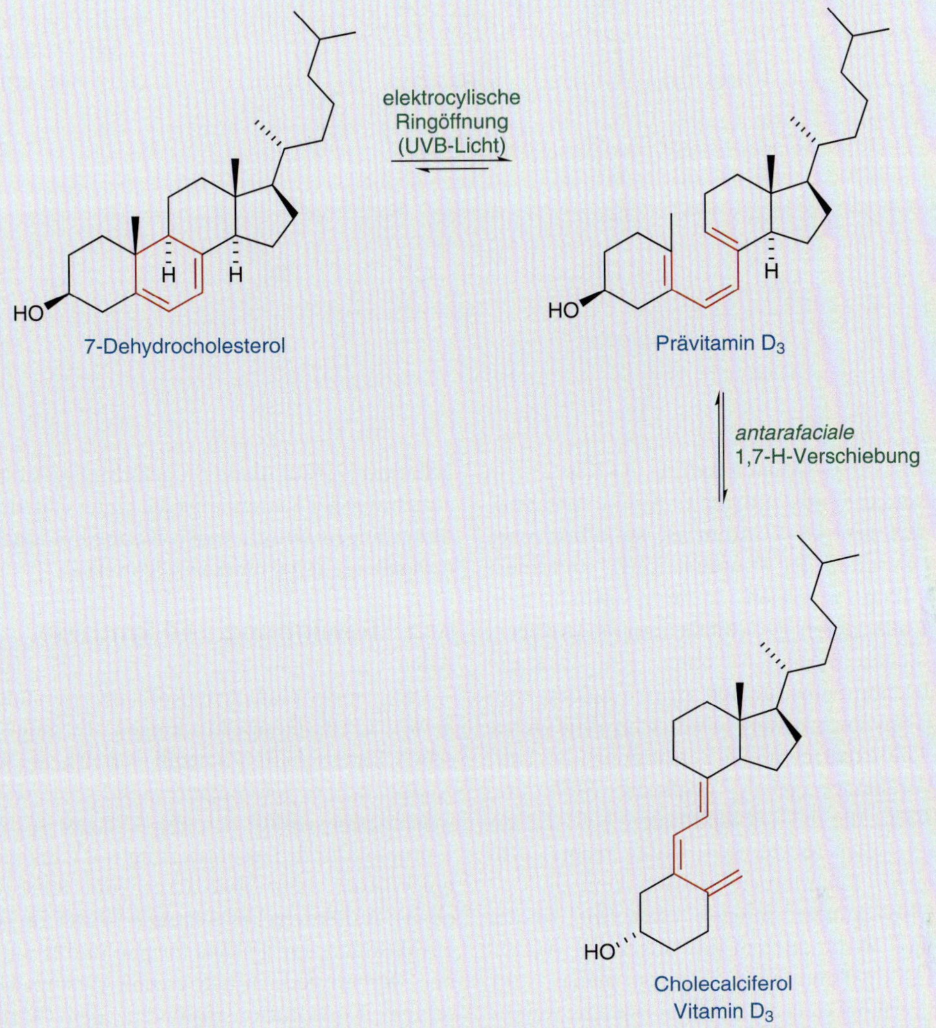


**o Abb. 5.59** Sonnenlichtinduzierte Bildung des Prävitamins $D_3$ (Prächalciferols) durch eine electrocyclische Ringöffnung aus Dehydrocholesterol. Durch einen nachfolgenden 1,7-*antarafacialen* H-Shift entsteht Cholecalciferol, das Vitamin $D_3$.

**Nystatin (A1)**

Nystatin ist ein amphiphiles **Polyen-Makrolacton** (o Abb. 5.60). Es enthält einen 38-gliedrigen Ring mit sechs Doppelbindungen als lipophilen Bereich; der hydrophile Teil der Verbindung besteht aus Hydroxy- und Carboxylatgruppen sowie einem Aminozucker. Nystatin wird als Antimykotikum zur Behandlung von Pilzinfektionen eingesetzt.

## 5.3 Kumulene

### 5.3.1 Struktur und Eigenschaften

Als **Kumulene** bezeichnet man Verbindungen, in denen zwei oder mehr Doppelbindungen direkt über ein gemeinsames sp-hybridisiertes C-Atom miteinander verbunden sind. Einfache Vertreter sind z. B. die **Allene** und Kohlensuboxid (O=C=C=C=O). Stereochemische Überlegungen zu kumulierten Bindungssystemen führten *van't Hoff* (1874) zu dem Schluss, dass substituierte Allene vom Typ RR'C=C=CRR' weder eine Symmetrieebene noch ein Symmetriezentrum besitzen (▸Kap. 3.4) und daher als chirale Verbindungen in Enantiomere trennbar sein müssen. Die optische Isomerie dieser Allene folgt unmittelbar aus der Bindungs-

5

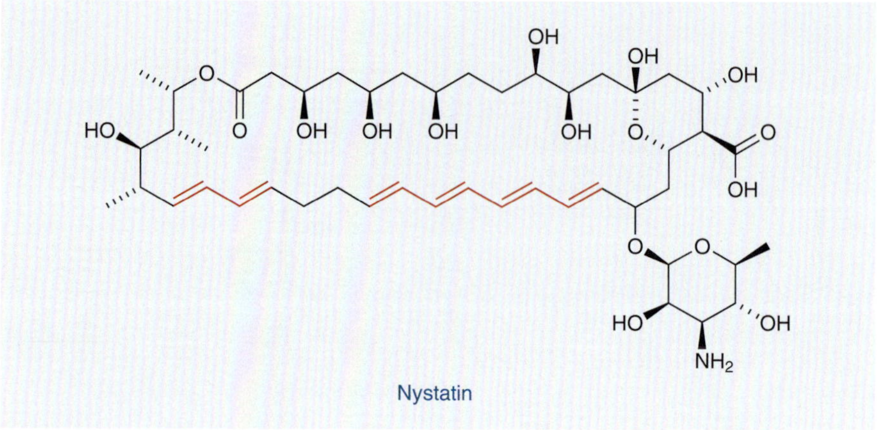


**o Abb. 5.60** Strukturformel des Antimykotikums Nystatin, das zwei konjugierte Polyeneinheiten enthält (grün markiert)

geometrie der C=C-Doppelbindung (▸Kap. 2). In einem Allen sind die endständigen C-Atome $sp^2$-hybridisiert und das zentrale C-Atom ist sp-hybridisiert, d. h., die drei C-Atome der Kumuleneinheit sind linear angeordnet. Vom zentralen C-Atom gehen zwei $\pi$-Bindungen aus, deren p-Orbitale jeweils senkrecht aufeinander stehen (o Abb. 5.61, oben). Hieraus ergibt sich bei ungleichen Substituenten an den beiden endständigen Methyleneinheiten eine **Chiralitätsachse** (▸Kap. 3.4). Die experimentelle Bestätigung der *van't Hoff*schen Voraussage gelang erstmalig *Mills* und *Maitland* (1935), die 1,3-Di(naphthalen-1-yl)-1,3-diphenylpropa-1,2-dien (o Abb. 5.61, unten rechts) synthetisierten und in Enantiomere trennen konnten.

Weitere Überlegungen führten *van't Hoff* zu der Hypothese, dass Verbindungen mit ungerader Anzahl kumulierter Doppelbindungen dagegen planar sind, denn bei der Verlängerung eines Allens um eine weitere kumulierte Doppelbindung kommt ein weiteres sp-hybridisiertes C-Atom hinzu. Die endständigen $CR_2$-Gruppen liegen damit in der gleichen Ebene wie die an C1 (o Abb. 5.61, Mitte), d. h., bei entsprechendem Substitutionsmuster gibt es wie bei einem normalen Alken (*E*/*Z*)-Diastereomere (▸Kap. 3.5.2). Aus diesen Betrachtungen folgt, dass unsymmetrisch substituierte Kumulene in Abhängigkeit von der Anzahl ihrer Doppelbindungen abwechselnd **Chiralität** (gerade Anzahl) und **(*E*/*Z*)-Isomerie** (ungerade Anzahl) aufweisen. Die von *van't Hoff* vorausgesagte (*E*/*Z*)-Isomerie der Kumulene konnte erst im Jahre 1954 am 1,4-Bis(4-nitrobiphenyl-2,2'-diyl)-butatrien (o Abb. 5.61, unten links) nachgewiesen werden. Die beiden (*E*/*Z*)-Diastereomere ließen sich chromatographisch trennen.

Bei der Untersuchung der Eigenschaften der Kumulene zeigt sich, dass wie erwartet mit zunehmender Anzahl an Doppelbindungen die Farbigkeit der Verbindungen zunimmt: Allen ist farblos, [3]Kumulene sind gelb und [7]Kumulene rot gefärbt. Ebenso nehmen mit zunehmender Kettenlänge die Unterschiede in den Bindungslängen zwischen den Doppelbindungen (als **Bindungslängenalternanz** bezeichnet) ab.

### 5.3.2 Gewinnung und Synthese

**Allen** (1,2-Propadien), $H_2C{=}C{=}CH_2$ (Skelettformel: =•=), ist der einfachste Kohlenwasserstoff mit kumulierten C=C-Doppelbindungen. Es zeigt die chemischen Eigenschaften sowohl der Alkene, als auch der Alkine, d. h. es geht entsprechende Additions- und Polymerisationsreaktionen ein. Allen ist aus 2,3-Dichlor-1-propen durch Dechlorierung mit Zinkstaub in Ethanol/Wasser darstellbar (Ausbeute 80 %; o Abb. 5.62, oben). Außerdem kann es auch beim Cracken von Erdölfraktionen, speziell aus Propen und Isobuten, gewonnen werden. Jedoch tritt es hier stets im Gemisch mit seinem Konstitutionsisomeren, dem **Methylacetylen** (o Abb. 5.62, oben rechts), auf. So besteht das Gleichgewichtsgemisch bei einer Temperatur von 300 °C in der Gasphase aus etwa 20 % Allen und 80 % Methylacetylen. Diese Isomerisierung erfolgt jedoch nur in Gegenwart von Katalysatoren; am wirksamsten ist Aktivkohle. Reines Allen ist bis zu einer Temperatur von 400 °C metastabil.

**Butatrien**, das nächst höhere Allen, konnte erstmals durch Debromierung von 1,4-Dibrom-2-butin mit Zink dargestellt werden (*Schubert* 1954, o Abb. 5.62, Mitte). Es ist eine niedrig siedende, luftempfindliche Flüssigkeit, die leicht polymerisiert. Als erstes Kumulen mit mehr als zwei kumulierten Doppelbindungen wurde allerdings bereits im Jahr 1905 von *F. Straus* (*E*)-1,4-Dibrom-1,4-diphenylbutatrien (Smp. 136–137 °C) durch Umsetzen von Diphenylbutadiin mit einem Mol Brom erhalten. Den Reaktionsverlauf zeigt o Abb. 5.62, unten.

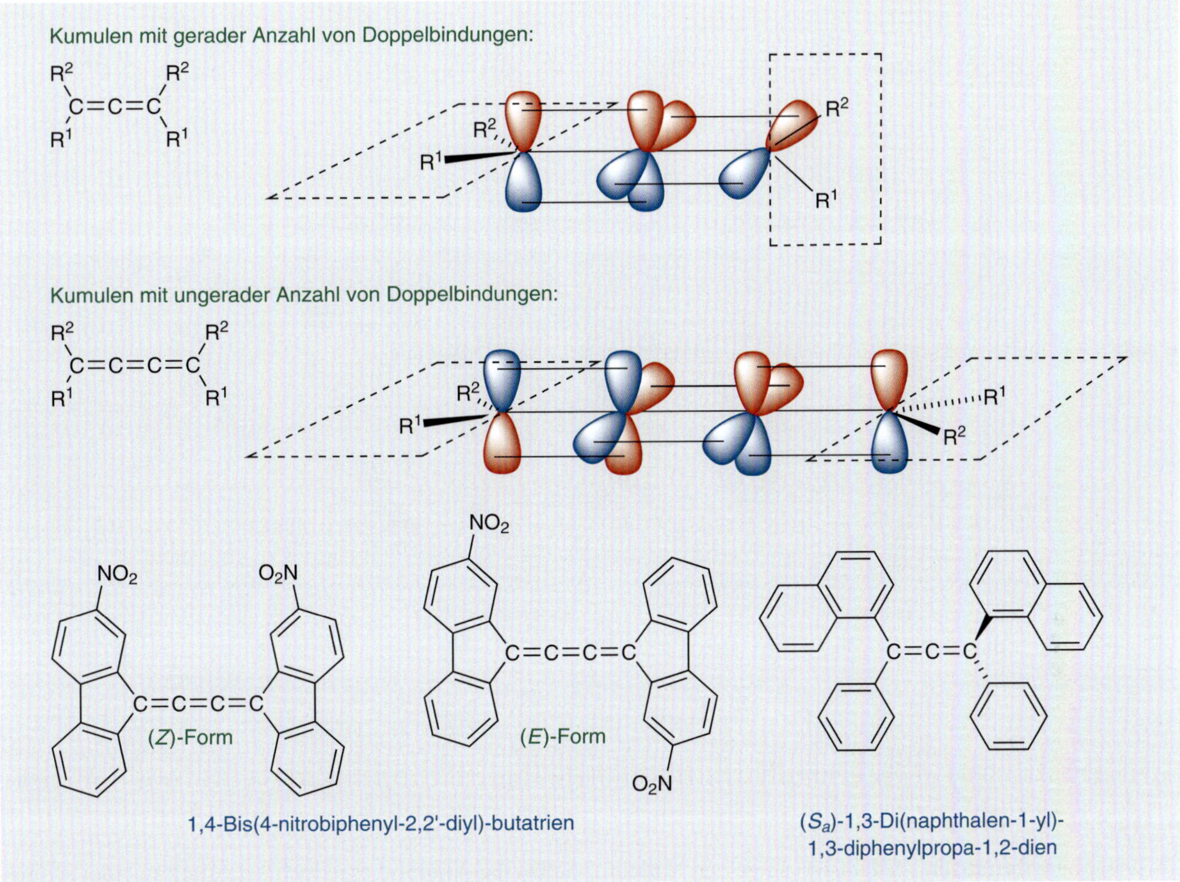


**Abb. 5.61** Kumulene mit gerader und ungerader Anzahl an Doppelbindungen (oben, Mitte); (*E*/*Z*)-Isomere von 1,4-Bis-(4-nitrobiphenyl-2,2'-diyl)-butatrien (unten links); Strukturformel von ($S_a$)-1,3-Di(naphthalen-1-yl)-1,3-diphenylpropa-1,2-dien (unten rechts)

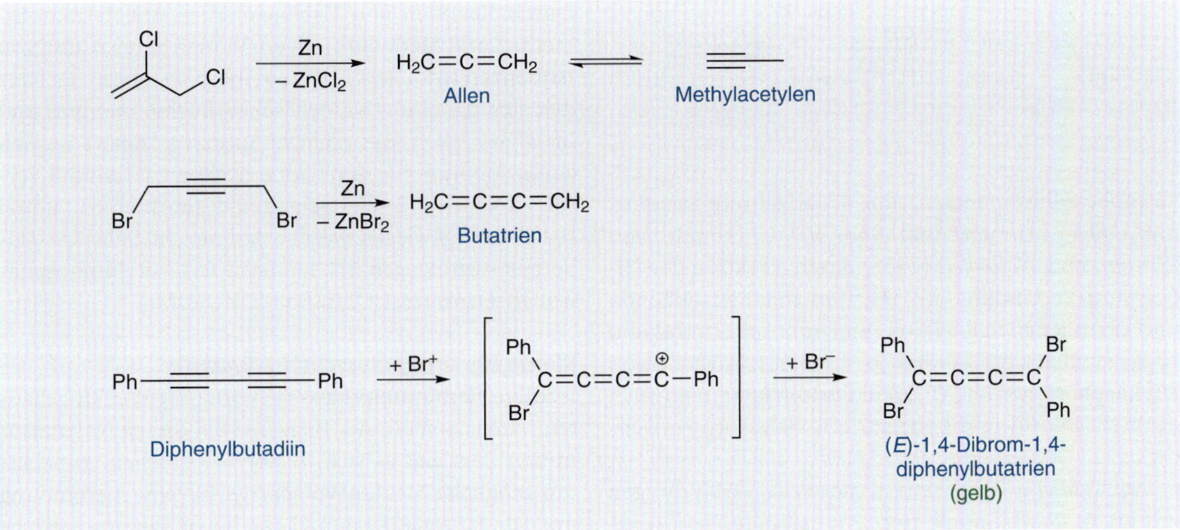


**Abb. 5.62** Darstellung von Allen (oben), Butatrien (Mitte) und (*E*)-1,4-Dibrom-1,4-diphenylbutatrien (unten)

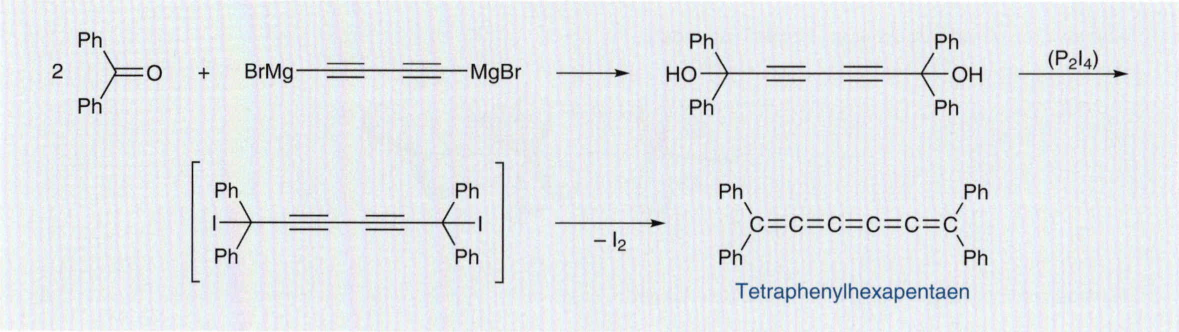


**o Abb. 5.63** Darstellung von Tetraphenylhexapentaen nach *Kuhn* und *Wallenfels*

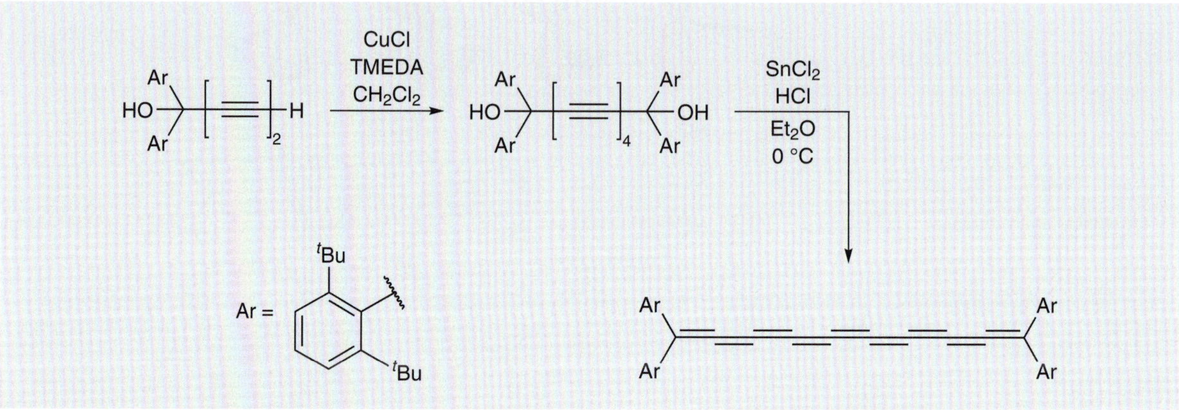


**o Abb. 5.64** Darstellung eines [9]Kumulens

**Tetraphenylbutatrien** kristallisiert in gelben Nadeln (Smp. 240 °C) und wurde erstmalig von *K. Brand* (1921) bei der Einwirkung alkoholischer Kalilauge auf 2,3-Dichlor-1,1,4,4-tetraphenyl-2-buten erhalten.

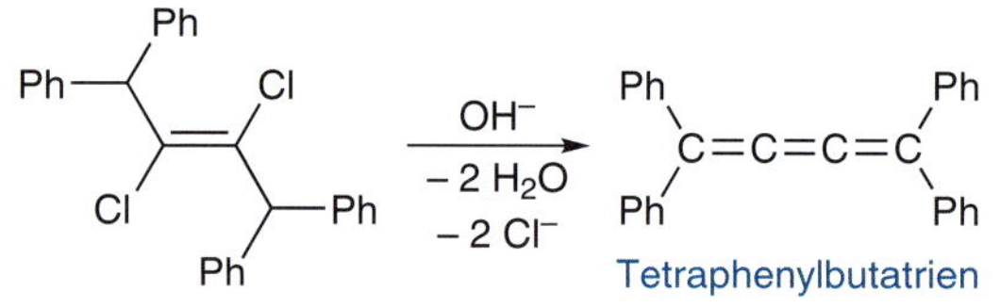


**Tetraphenylhexapentaen**, eine scharlachrote Substanz mit einem Schmelzpunkt von 302 °C, konnte von *R. Kuhn* und *Wallenfels* (1938) durch Reaktion der Di-*Grignard*-Verbindung aus Butadiin mit Benzophenon und anschließende Reaktion mit Diphosphortetraiodid ($P_2I_4$) synthetisiert werden (o Abb. 5.63). Anstelle von Diphosphortetraiodid ($P_2I_4$) in Pyridin kann man auch Zinn(II)-chlorid und konzentrierte Salzsäure verwenden.

Auf ähnliche Weise sind mittlerweile Verbindungen mit bis zu neun kumulierten Doppelbindungen, sogenannte **[9]Kumulene** (o Abb. 5.64), hergestellt und eindeutig durch Röntgenstrukturanalyse charakterisiert worden. Stabil sind diese Verbindungen allerdings nur dann, wenn die Kettenenden mit sterisch anspruchsvollen Resten (z. B. Mesityl oder *t*BuPh) substituiert sind. Selbst dann kommt es jedoch in Lösung zu einer schnellen Zersetzung, wenn nicht konsequent auf Licht- und Sauerstoffausschluss geachtet wird.

### 5.3.3 Ausgewählte Verbindungen

#### Isobenzen (1,2,4-Cyclohexatrien)

Durch Reaktion von Cyclopentadien mit Tetrabrommethan und Methyllithium erhält man eine Lösung von **Isobenzen** (*M. Christl* 1992; o Abb. 5.65, oben). Es handelt sich dabei um ein cyclisches, hochgespanntes und instabiles Allen, das nicht in Substanz isoliert werden kann, sondern nur durch eine Abfangreaktion mit Styrol zu einem [2+2]-Cycloaddukt (o Abb. 5.65, unten links) nachgewiesen werden konnte. In Substanz isolierbar ist hingegen 1,2,4,6-Tetra-*tert*-butyldiphosphaisobenzen als rotes Öl (o Abb. 5.65, rechts).

#### Kleine bi- und polycyclische Systeme

In diese Verbindungsklasse gehören nicht eben gebauten Valenzisomere des Benzens. Bei diesen **Valenzisomeren** handelte es sich, historisch gesehen, zunächst um mögliche Strukturvorschläge für eine Verbindung mit der Summenformel $C_6H_6$, bevor die aromatische Ringstruktur von Benzen aufgeklärt werden konnte. Einige dieser Valenzisomere konnten später auf synthetischem Weg tatsächlich dargestellt werden (▸ Kap. 18.1.1, o Abb. 18.4).

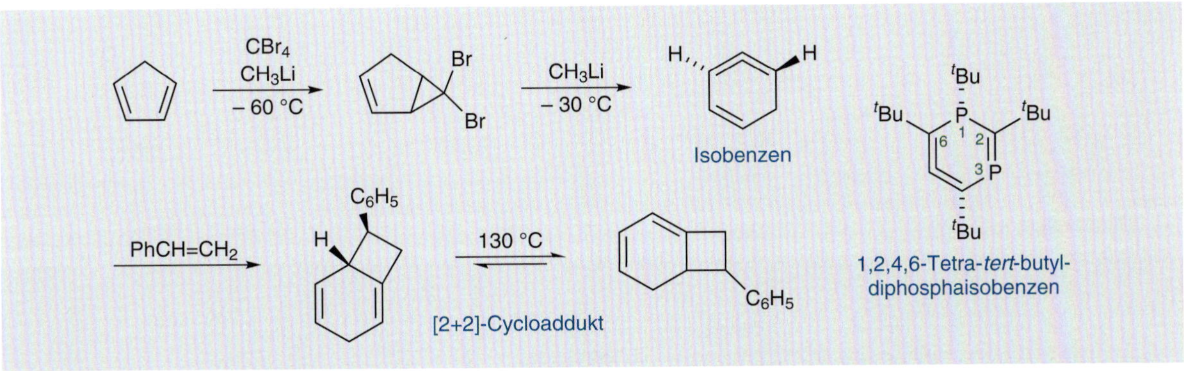


**Abb. 5.65** Die Umsetzung von Cyclopentadien mit Dibromcarben und anschließende Reaktion mit Methyllithium führt zum instabilen Isobenzen (oben). Isobenzen kann nicht in Substanz isoliert werden, seine Existenz wurde durch Abfangreaktion mit Styrol zum [2+2]-Cycloaddukt nachgewiesen (unten links). 1,2,4,6-Tetra-*tert*-butyldiphosphaisobenzen (rechts) ist dagegen isolierbar.

Bei der Photolyse von Benzen entstehen z. B. neben dem Hauptprodukt **Fulven** auch Benzvalen und Prisman.

**Benzvalen** gewinnt man auch durch Umsetzung von Lithiumcyclopentadienid in Dimethylether mit Methylen, das *in situ* aus Methylenchlorid und Methyllithium in Dimethylether erzeugt wird (Abb. 5.66). Benzvalen ist in reinem Zustand **hochexplosiv**, es besitzt einen intensiv fauligen Geruch und hat bei Raumtemperatur in Isohexan eine Halbwertszeit von etwa 10 Tagen.

**Prisman** wurde aus Benzvalen über eine Cycloaddition mit hochreaktivem 4-Phenyl-3*H*-1,2,4-triazolin-3,5-dion (PTAD) dargestellt (Abb. 5.67). Das Addukt kann durch Hydrolyse und Decarboxylierung in eine Azoverbindung überführt werden, bei deren Photolyse etwa 6 % Prisman entstehen. Prisman ist ebenfalls eine hochexplosive, farblose Flüssigkeit, deren Halbwertszeit in Toluen – bei einer Temperatur von bei 90 °C – 11 Stunden beträgt.

Ein weiteres Valenzisomer, ***Dewar*-Benzen** (▸Kap. 18.1.1), kann ausgehend von Phthalsäure synthetisiert werden (Abb. 5.68); es hat bei Zimmertemperatur in Tetrachlorethylen allerdings nur eine Halbwertszeit von 37 Stunden. Zur Darstellung von *Dewar*-Benzen wird Phthalsäure mit Natriumamalgam zur Dihydrophthalsäure reduziert. Das daraus mit Essigsäureanhydrid erhaltene Dihydrophthalsäureanhydrid isomerisiert bei Bestrahlung zum Anhydrid der Bicyclo[2.2.0]hexendicarbonsäure. Durch Hydrolyse entsteht die Dicarbonsäure, die elektrolytisch zum *Dewar*-Benzen decarboxyliert wird.

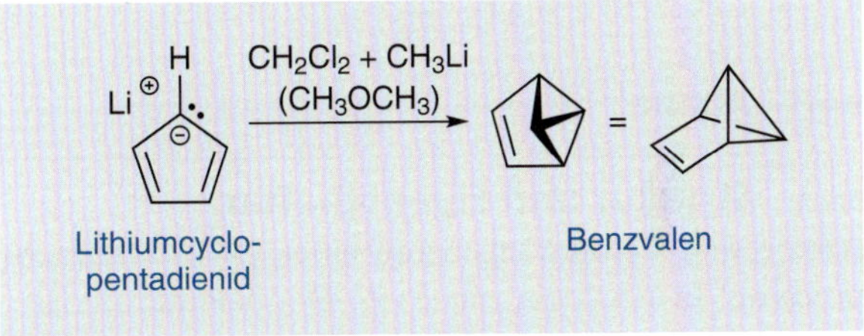


**Abb. 5.66** Darstellung von Benzvalen

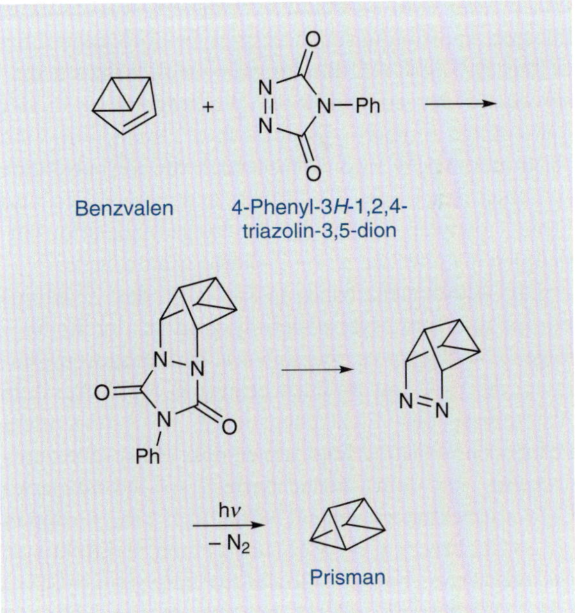


**Abb. 5.67** Darstellung von Prisman aus Benzvalen

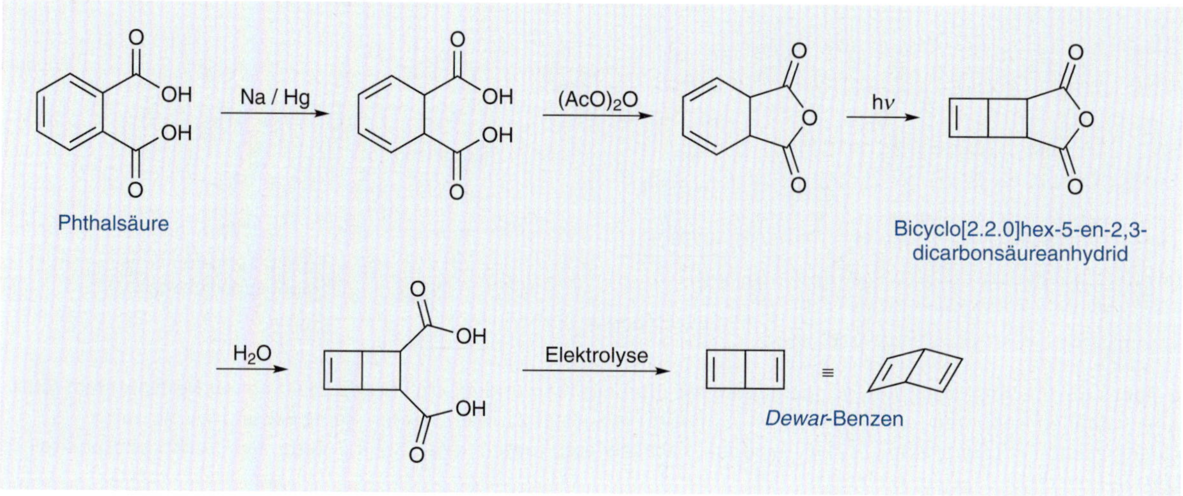


**Abb. 5.68** Darstellung von *Dewar*-Benzen aus Phthalsäure

## 5.4 Alkine

### 5.4.1 Struktur und Eigenschaften

Alkine sind Verbindungen mit einer **C≡C-Dreifachbindung**. In Analogie zur C=C-Doppelbindung lässt sich auch die C≡C-Dreifachbindung durch ein $\sigma$-$\pi$-Modell beschreiben. Hierbei wird nur ein p-Orbital, z. B. $p_x$, mit dem s-Orbital hybridisiert, was zu einer linearen Anordnung von zwei sp-Hybridorbitalen führt (▸Kap. 2). Die C—C-Bindungsabstände nehmen entsprechend der zunehmenden Bindungsstärke in der Reihenfolge Einfach-, Doppel- und Dreifachbindung ab. In Abb. 5.69 sind exemplarisch die Kernabstände zwischen den beiden C-Atomen in Ethan, Ethen und Ethin (Acetylen) sowie die Bindungsdissoziationsenthalpien der jeweiligen C—C-Bindung aufgelistet.

Die Elektronegativität (▸Kap. 2.3) des C-Atoms nimmt mit dem Hybridisierungsgrad in der Reihenfolge $sp^3 < sp^2 < sp$ zu, was sich u. a. in dem sauren Charakter der H-Atome im Ethin zeigt ($pK_S = 25$). Aus dem Anwachsen der Elektronegativität mit steigendem Hybridisierungsgrad folgt ferner, dass ein sp- bzw. $sp^2$-C-Atom auf ein benachbartes $sp^3$-hybridisiertes C-Atom elektronenziehend wirkt, d. h., die Gruppen —C≡CH bzw. —CH=$CH_2$ üben einen **–I-Effekt aus**. Beispielsweise besitzt Vinylessigsäure, $H_2C$=CH—$CH_2$—COOH ($pK_S$ = 4,31), bei der im Vergleich zur Essigsäure ($pK_S$ = 4,76) ein H-Atom der Methylgruppe durch die $H_2C$=CH-Gruppe ersetzt ist, infolge des **–I-Effekts** der Vinylgruppe eine höhere **Acidität** als die Essigsäure (▸Kap. 13).

Reines **Ethin** ist ein farbloses, narkotisch wirkendes Gas von etherischem Geruch, das mit hell leuchtender Flamme brennt und – im Gegensatz zu Ethen und Ethan – in Wasser gut löslich ist; noch leichter löst es sich in Aceton. Es ist im Vergleich zu den Elementen Kohlenstoff und Wasserstoff, aus denen es aufgebaut ist, thermodynamisch instabil. Verflüssigtes Ethin kann daher bei Stoß oder beim Erhitzen heftig explodieren. Im Gemisch mit Luft ist Ethin außerordentlich explosiv (der Explosisonbereich umfasst einen Ethingehalt von 3–70 %). Der unangenehme Geruch des technischen Acetylens rührt von Verunreinigungen wie Schwefelwasserstoff, Phosphorwasserstoff oder organischen Schwefel- und Phosphorverbindungen her.

$$\text{H—C≡C—H} \longrightarrow 2\,[\text{C}] + \text{H}_2 \qquad \Delta H = -226\ \text{kJ/mol}$$

Für einen Kohlenwasserstoff ist die **Acidität** des Ethins – wie oben erwähnt – vergleichsweise hoch ($pK_S$ = 25). Dadurch können z. B. in flüssigem Ammoniak die H-Atome an der C≡C-Dreifachbindung des Ethins deprotoniert werden und man erhält die entsprechenden Metallsalze (**Metallierung**; Abb. 5.70, oben). Die ***Grignard*-Verbindung** des Ethins kann durch Umsetzung von Ethin mit Ethylmagnesiumbromid in Tetrahydrofuran hergestellt werden (Abb. 5.70, Mitte). Derartige Metallsalze heißen **Acetylide** (Acetylenide) oder – wenn sie keinen Wasserstoff enthalten – **Carbide**. Beim Einleiten von Ethin in eine ammoniakalische Lösung von Silber- oder Kupfer(I)-Salzen bildet sich ein farbloser bzw. rotbrauner Niederschlag der Acetylide $Ag_2C_2$ (Abb. 5.70, unten) bzw. $Cu_2C_2$, die polymer vorliegen und in trockenem Zustand heftig explodieren. Während Alkali- und Erdalkalicarbide sich bereits mit Wasser wieder zersetzen lassen, werden die Schwermetallacetylide erst mit verdünnter Salzsäure zu Ethin bzw. zu einem Gemisch von Kohlenwasserstoffen hydrolysiert. Die genannten Fällungsreaktionen von Silber- bzw. Kupferacetylid dienten früher zum qualitativen Nachweis des Ethins und seiner Abkömmlinge vom Typ R—C≡CH. Die Reaktion einfach substituierter Acetylene mit Silbernitrat zu den Acetyliden wird für die quantitative Bestimmung genutzt; das freiwerdende Proton kann z. B. mit NaOH-Maßlösung erfasst werden (**argento-acidimetrische Titration**).

### 5.4.2 Gewinnung und Synthese

Auf der Erde kommt Ethin nicht natürlich vor. Es wurde früher großtechnisch fast ausschließlich aus Calciumacetylid (**Calciumcarbid**) durch Zersetzung mit Wasser hergestellt (*Wöhler* 1862), wobei Calciumcarbid aus Calciumoxid (Kalk) und Koks im Lichtbogen bei einer Temperatur von etwa 2 200 °C gewonnen wurde (**o** Abb. 5.71, Mitte). Auf der Freisetzung von Ethin beruhte auch die Verwendung von Calciumcarbid als Brenngas in sogenannten **Carbidlampen** Anfang des 20. Jahrhunderts (**o** Abb. 5.72). Ethin entsteht auch bei der trockenen Destillation der Steinkohle, aber nur zu 0,06 %. Die Bildung von **Ethin** aus den Elementen ist eine stark endotherme Reaktion (**o** Abb. 5.71, oben) und erfordert daher extrem hohe Temperaturen. Synthetisch lässt sich Ethin z. B. aus den Elementen im elektrischen Lichtbogen zwischen Graphit- oder Kohleelektroden in einer Wasserstoffatmosphäre darstellen (*Berthelot*), jedoch erhält man bei etwa 2 500 °C nur etwa 4 % Ethin.

Im sogenannten **Lichtbogenverfahren** wird Methan oberhalb einer Temperatur von 1 400 °C kurze Zeit der Pyrolyse unterworfen, wobei ebenfalls Ethin entsteht (**o** Abb. 5.71, unten). Da Ethin oberhalb 1 000 °C rasch wieder in die Elemente zerfällt, müssen die Reaktionsgase mit Wasser abgeschreckt werden. Die Ausbeute an Ethin (etwa 15 %) lässt sich steigern, indem die aus dem elektrischen Lichtbogen mit 1 500 °C austretenden Gase nicht mehr – wie früher – ausschließlich mit Wasser, sondern in der ersten Phase mit Flüssiggas abgeschreckt werden. Dadurch erhält man 25–30 % Ethin und als zusätzliche Spaltgase Ethen und Wasserstoff sowie Ruß. Ethin wird durch selektive Lösemittel wie *N*-Methyl-2-pyrrolidon (NMP) oder Dimethylformamid (DMF) aus dem Gasgemisch herausgelöst.

Durch unvollständige Verbrennung von Methan mit Sauerstoff bei einer Temperatur von ca. 1 500 °C erhält man nach Abschrecken mit Wasser 8–9 % Ethin und ein Restgas (56 % $H_2$ + 25 % CO), das als Synthesegas verwendet wird. Diese als ***Sachsse-Bartholomé*-Verfahren** bekannte Methode verläuft mit einer Energieausbeute von 75 %, während diese bei der Ethingewinnung aus Calciumcarbid nur 50 % und beim Lichtbogenverfahren nur 66 % beträgt.

**Höhere Alkine** lassen sich in einer **Eliminierungsreaktion** aus 1,2-Dibromalkanen durch Erhitzen mit alkoholischer Kalilauge oder besser mit Natriumamid darstellen (**o** Abb. 5.73, oben). Auf diesem Weg erhält man z. B. Stearolsäure (9-Octadecinsäure) aus Ölsäureestern (**o** Abb. 5.73, unten). Stearolsäure dient im Labor als Ausgangsstoff für die Darstellung von Sterculinsäure (▸ Kap. 5.1.4, **o** Abb. 5.31 E) durch eine *Simmons-Smith*-Reaktion (▸ Kap. 11.3.3).

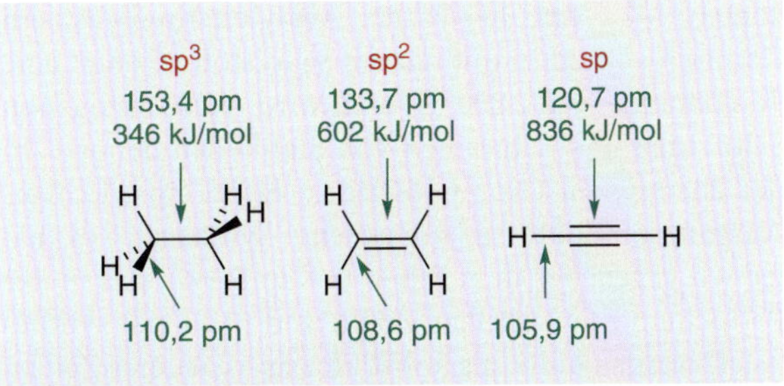


**o Abb. 5.69** Kernabstände und Bindungsdissoziationsenthalpien in Ethan, Ethen und Ethin

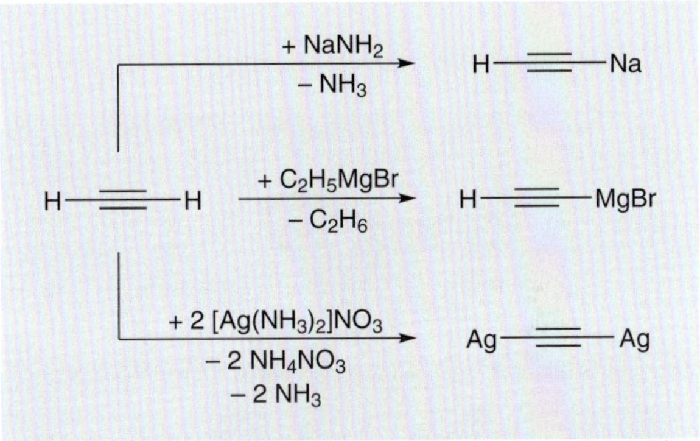


**o Abb. 5.70** Die aciden Wasserstoffatome des Acetylens können leicht deprotoniert und durch Metallatome ersetzt werden.

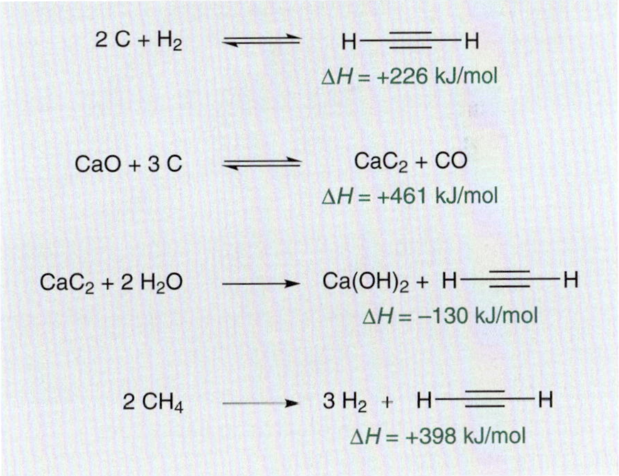


**o Abb. 5.71** Unterschiedliche Verfahren zur technischen Darstellung von Ethin

### 5.4.3 Reaktionen und Anwendungen

Handhabungssicher kommt Ethin als **Dissous-Gas** in Stahlflaschen (1,2–2 MPa), die mit porösen Massen wie Kieselgur, Bimsstein oder Holzkohle sowie mit Aceton gefüllt sind, in den Handel. Aceton löst bei einer Temperatur von 15 °C unter Normaldruck etwa das 25-Fache seines Volumens an Ethin, bei einem Druck von 1,2 MPa das 300-Fache. **Acetylen-Knallgas**, ein Gemisch von Ethin mit reinem Sauerstoff, erzeugt eine Temperatur von 2 800 °C und wird zum **autogenen Schneiden** und Schweißen von Stahlteilen benutzt. In der chemischen Großindustrie ist Ethin ein wichtiges Ausgangsprodukt für organische Synthesen, es hat jedoch gegenüber dem Ethen (▸Kap. 5.1.4), das in der Petrochemie unmittelbar anfällt und nicht erst synthetisiert werden muss, als Rohstoffbasis in neuerer Zeit an Bedeutung verloren. Die Ursachen hierfür liegen in den deutlich höheren Energiekosten für die zuvor notwendige Produktion des Ethins selbst.

○ **Abb. 5.72** Carbidlampen dienten zu Beginn des 20. Jahrhunderts zur Beleuchtung.

## Additionsreaktionen

Ähnlich wie bei den Alkenen zeigt sich der ungesättigte Charakter der Alkine in zahlreichen häufig nahezu quantitativ verlaufenden Additionsreaktionen, wobei jedoch die Instabilität des bei elektrophilen Additionen intermediär auftretendem **Vinylkations** zu einer verringerten Reaktionsfähigkeit der C≡C-Dreifachbindung im Vergleich zu Alkenen führt. Andererseits tritt die Reaktivität der Alkine gegenüber Nucleophilen (Alkoholat-Ionen, Amine) stärker in den Vordergrund.

Die **katalytische Hydrierung** der Alkine mit Wasserstoff in Gegenwart von Platin, Palladium oder Nickel verläuft über die Alkene zu den Alkanen (○ Abb. 5.74 A).

Die **Addition von Chlor** (oder Brom) an Ethin führt stufenweise über (*E*)-1,2-Dichlorethen (*trans*-1,2-Dichlorethylen) zu 1,1,2,2-Tetrachlorethan (○ Abb. 5.74 D). Diese Reaktion wird durch Licht oder *Lewis*-saure Metallhalogenide, z. B. $FeCl_3$, $SbCl_5$, katalysiert. **Tetrachlorethan** (Sdp. 146 °C) ist giftig und feuchtigkeitsempfindlich. Daher wird mit Calciumhydroxid Chlorwasserstoff abgespalten und das weniger giftige, beständigere **Trichlorethen** (Trichlorethylen, TRI, TCE) mit einem Siedepunkt von 87 °C hergestellt, das ebenso wie **Tetrachlorethen** (Tetrachlorethylen, Perchlorethylen, PER, Perc; Sdp. 121 °C, ▸Kap. 7.2.2) technisch als Lösemittel für Fette, Öle, Harze und Lacke verwendet wird. Beide Verbindungen werden heutzutage technisch nicht mehr vom Ethin, sondern vom Ethen ausgehend über 1,2-Dichlorethan und dessen Reaktion mit Chlor bei 350–450 °C an Wirbelschichtkatalysatoren gewonnen. PER ist das stabilste der chlorierten Ethane und Ethene. Es wurde in großem Maßstab zur chemischen Reinigung (**Trockenreinigung**) verwendet. Lange Zeit spielte PER auch eine große Rolle bei der sogenannten Dampfentfettung, einem technischen Verfahren zur Reinigung von Bauteilen von Fettrückständen. Da es eine schädigende Wirkung auf die Ozonschicht besitzt und entsprechend zu Umweltbelastungen führt, wird es heute praktisch nicht mehr verwendet, sondern durch andere Lösemittel wie Aceton oder Ethylacetat ersetzt.

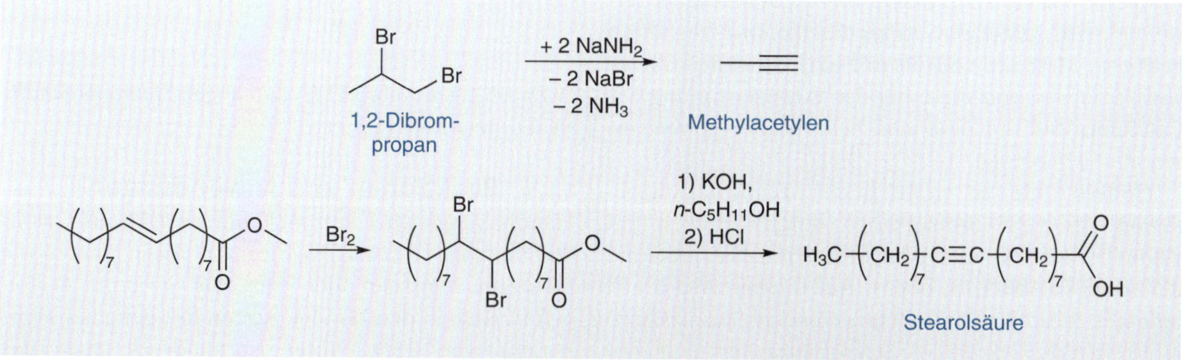


○ **Abb. 5.73** Eliminierungsreaktion von 1,2-Dibrompropan (oben); Darstellung von Stearolsäure (unten)

Auch die **Addition von Halogenwasserstoffsäuren** an Alkine erfolgt stufenweise; sie dient vor allem zur Darstellung von Vinylhalogeniden (**o** Abb. 5.74 B). Die regioselektive Addition in der zweiten Reaktionsstufe entspricht der ***Markownikow*-Regel**. So entsteht z. B. bei der HI-Addition an Ethin das *geminal* (gem.) substituierte 1,1-Diiodethan.

Durch Anlagerung von Wasser an Ethin unter Katalyse von Quecksilber(II)-sulfat in Schwefelsäure entsteht zunächst der unter diesen Bedingungen unbeständige **Vinylalkohol**, der sich in einer Keto-Enol-Tautomerie zum stabileren Acetaldehyd umlagert (**o** Abb. 5.74 C).

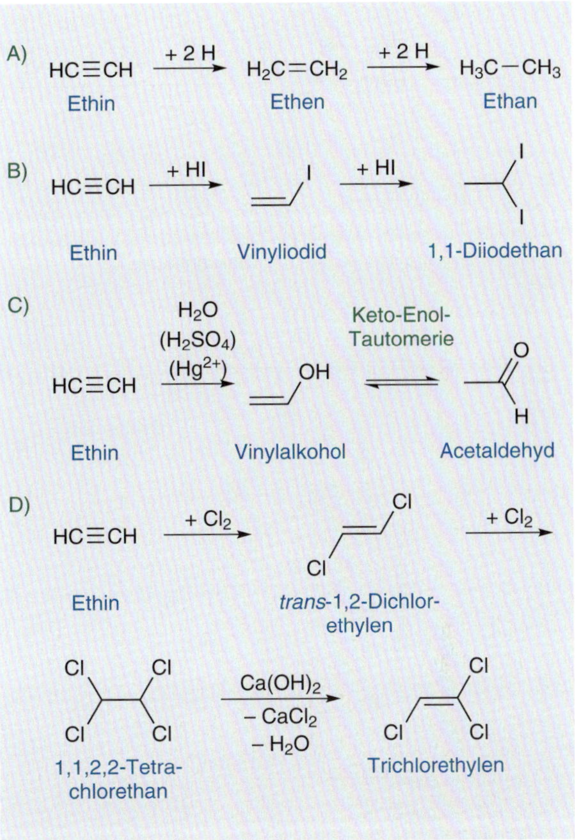


**o Abb. 5.74** Hydrierung von Ethin (A) sowie Addition von Halogenwasserstoffen an Ethin (B); katalytische Wasseranlagerung an Ethin (C); Darstellung von Trichlorethen (Trichlorethylen) aus Ethin (D)

## Dimerisierung und Polymerisation

Ethin lässt sich in einer salzsauren Lösung von Kupfer(I)-chlorid und Ammoniumchlorid zu Vinylacetylen (1-Buten-3-in) dimerisieren (*Nieuwland* 1931; **o** Abb. 5.75, oben). In Gegenwart von Luft oder Sauerstoff entsteht durch oxidative Kupplung **Diacetylen** (Butadiin) als Dimerisierungsprodukt (***Glaser*-Kupplung** 1869; **o** Abb. 5.75, unten). Die als ***Eglinton*-Kupplung** bezeichnete Variante (1963) mit CuOAc und Pyridin als Katalysator eignet sich gut für Cyclisierungen, z. B. bei der Synthese von [18]Annulen (▸ Kap. 25.1).

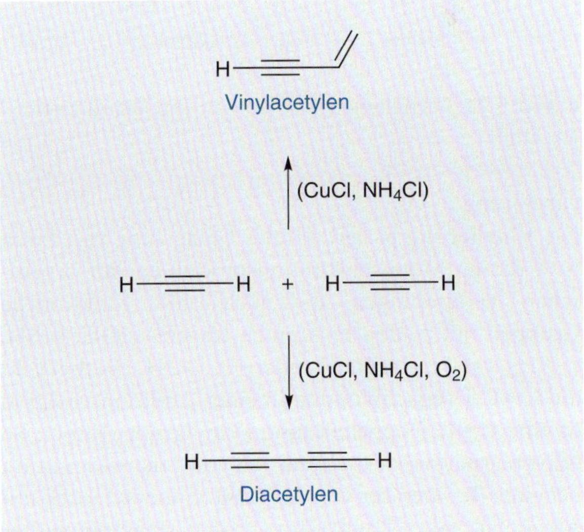


**o Abb. 5.75** Darstellung von Vinylacetylen (oben) und Diacetylen (unten) aus Ethin

Ethin kann in Gegenwart von ***Ziegler-Natta*-Katalysatoren** zu einem Polymer mit durchgehend konjugierten Doppelbindungen polymerisiert werden. Das als **Polyacetylen** bezeichnete Polymere liegt bei Raumtemperatur in der *trans*-Form vor. Polyacetylen ist ein organischer Halbleiter mit einer elektrischen Leitfähigkeit von etwa $10^{-9}$ S/cm, die man durch Dotieren, z. B. oxidativ mit $AsF_5$ oder reduktiv mit Natrium, auf etwa $10^5$ S/cm erhöhen kann (dies entspricht etwa der Leitfähigkeit von Quecksilber). Das Polymer leitet den elektrischen Strom somit wie ein organisches Metall, ist aber für eine praktische Anwendung zu instabil. Für die Entdeckung von leitfähigen Polymeren erhielten *H. Shirakawa*, *A. G. MacDiamid* und *A. J. Heeger* im Jahr 2000 den Nobelpreis für Chemie.

Polyacetylen *trans*-Form

## *Reppe*-Synthesen

In den 1930er Jahren wurde bei der BASF durch den Verfahrenstechniker *Walter Reppe* eine vielfältige Synthesechemie ausgehend von Acetylen entwickelt. Ihm war es gelungen, Acetylen auch in großen Mengen unter Druck großtechnisch handhabbar zu machen und die zuvor oft bestehende Gefahr gefährlicher Explosionen zu minimieren. Die vier von *Reppe* aufgefundenen Hauptreaktionen der **Acetylenchemie** sind:

- die Vinylierung,
- die Ethinylierung,
- die Cyclisierung und
- die Carbonylierung.

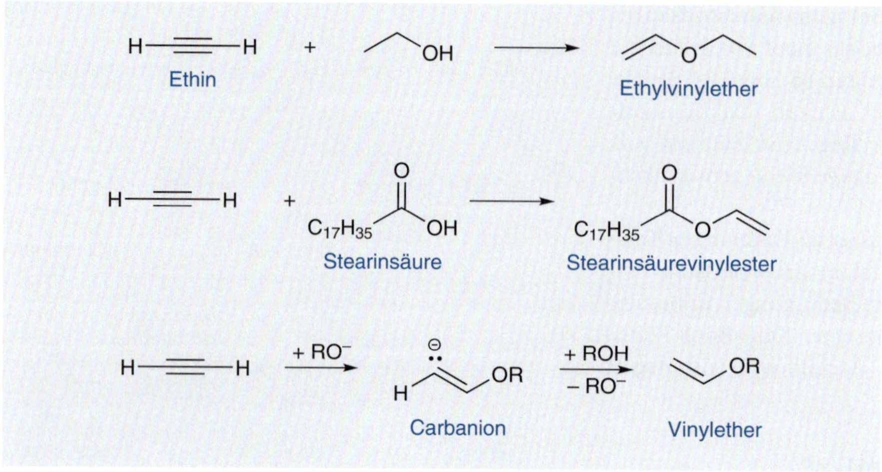


**○ Abb. 5.76** Addition von Ethanol an Ethin (oben); Addition von Carbonsäuren (z. B. Stearinsäure) an Ethin (Mitte); Mechanismus der nucleophilen Addition an die Dreifachbindung (unten)

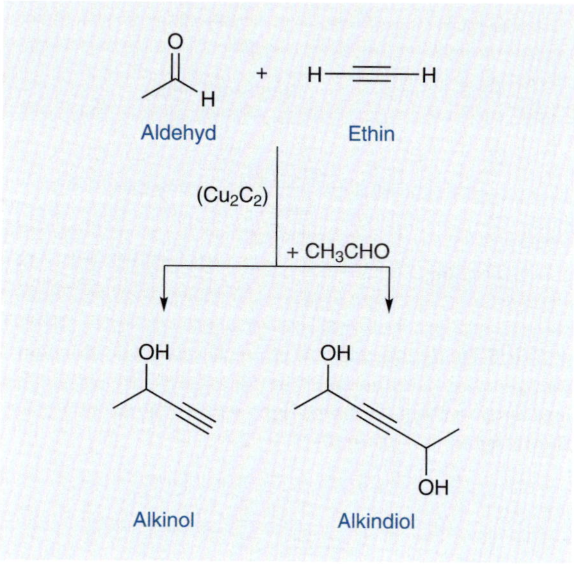


**○ Abb. 5.77** Darstellung von Alkinolen und Alkindiolen aus Ethin

### Vinylierung

Die **Vinylierung** basiert auf der Umsetzung von Ethin bzw. dessen Monosubstitutionsprodukten mit organischen Verbindungen, die nucleophile funktionelle Gruppen mit aciden H-Atomen tragen: —OH, —SH, $—NH_2$, =NH, $—CONH_2$ oder —COOH. Hierbei geht die C≡C-Dreifachbindung in einer Additionsreaktion in eine C=C-Doppelbindung (Vinylgruppe) über. So führt beispielsweise die Addition von Ethanol an Ethin bei einer Temperatur von 130–180 °C unter Druck mit Alkoholat als Katalysator zum **Ethylvinylether** (○ Abb. 5.76, oben). Durch Addition von Carbonsäuren erhält man Vinylester, z. B. aus verdünntem Ethin und Stearinsäure in Gegenwart von Zinkstearat bei 155 °C und 1–1,5 MPa den Stearinsäurevinylester (○ Abb. 5.76, Mitte). Der Mechanismus der Vinylierung ist folgender: Zuerst addiert sich das Alkoholat-Anion nucleophil an die C≡C-Dreifachbindung; das intermediär auftretende Vinylcarbanion reagiert dann mit einem Alkoholmolekül unter Rückbildung des Alkoholat-Anions zum **Vinylether** (○ Abb. 5.76, unten).

### Ethinylierung

Unter **Ethinylierung** versteht man die Addition von endständigen Alkinen an Aldehyde oder Ketone in Gegenwart von Kupferacetylid (○ Abb. 5.77). Bei dieser Reaktion bleibt die C≡C-Dreifachbindung erhalten. Mit Ethin selbst kann die Reaktion an einer oder an beiden Seiten der Dreifachbindung erfolgen. Die Anlagerung von Ethin an Aldehyde führt daher entweder zu **Alkinolen** oder **Alkindiolen**. Bei höheren Aldehyden nimmt die Tendenz zur Bildung von Alkindiolen ab. In analoger Weise reagieren Ketone.

### Cyclisierung

Die **cyclisierende Polymerisation** von Ethin mithilfe selektiv wirkender Schwermetallkatalysatoren (z. B. Kupferacetylid, Metallcarbonyle) führt zu **Cyclopolyalkenen** der Summenformel $C_{2n}H_{2n}$ mit $n \geq 3$. Schon im Jahr 1866 beobachtete *Berthelot*, dass Ethin bei hohen Temperaturen (400–500 °C) zu Benzen trimerisiert (○ Abb. 5.78, oben). Die Ausbeute ist allerdings gering. Als Nebenprodukte entstehen Biphenyl, Naphthalen und andere aromatische Kohlenwasserstoffe. Durch Triphenylphosphin-Nickel-Katalysatoren kann die Ausbeute an Benzen unter technischen Bedingungen wesentlich verbessert werden; im Laboratorium kann dazu Cyclopentadienylcobaltdicarbonyl $[CpCo(CO)_2]$ verwendet werden. Mit Nickelcyanid als Katalysator in Tetrahydrofuran gelingt die **Tetramerisierung** von Ethin zu Cyclooctatetraen (COT, ▸ Kap. 5.2.3; ○ Abb. 5.78, unten). Die Ausbeuten liegen dabei zwischen 80 und 90 %.

### Carbonylierung

Bei den Druckreaktionen zwischen Ethin und Kohlenmonoxid in Gegenwart von Verbindungen mit acidem

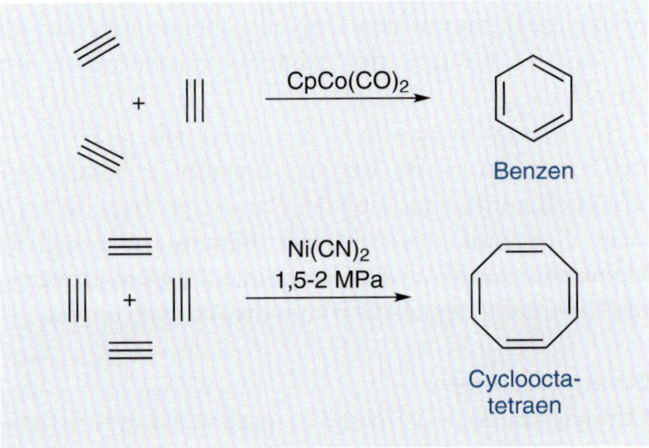


**Abb. 5.78** Ethin kann zu Benzen (oben) oder zu Cyclooctatetraen (unten) oligomerisiert werden.

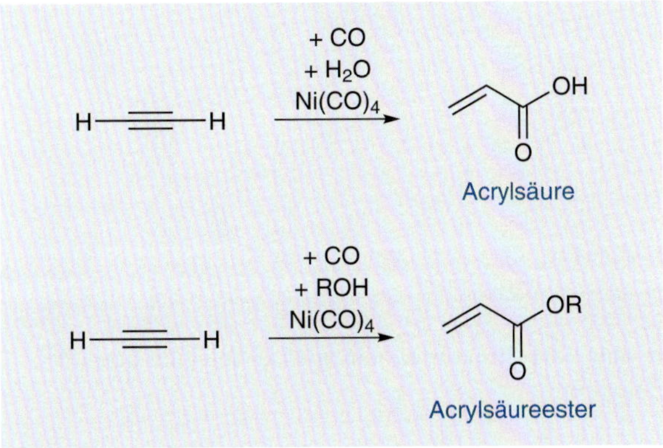


**Abb. 5.79** Darstellung von Acrylsäure (oben) bzw. Acrylsäurestern (unten) durch die Carbonylierung von Ethin

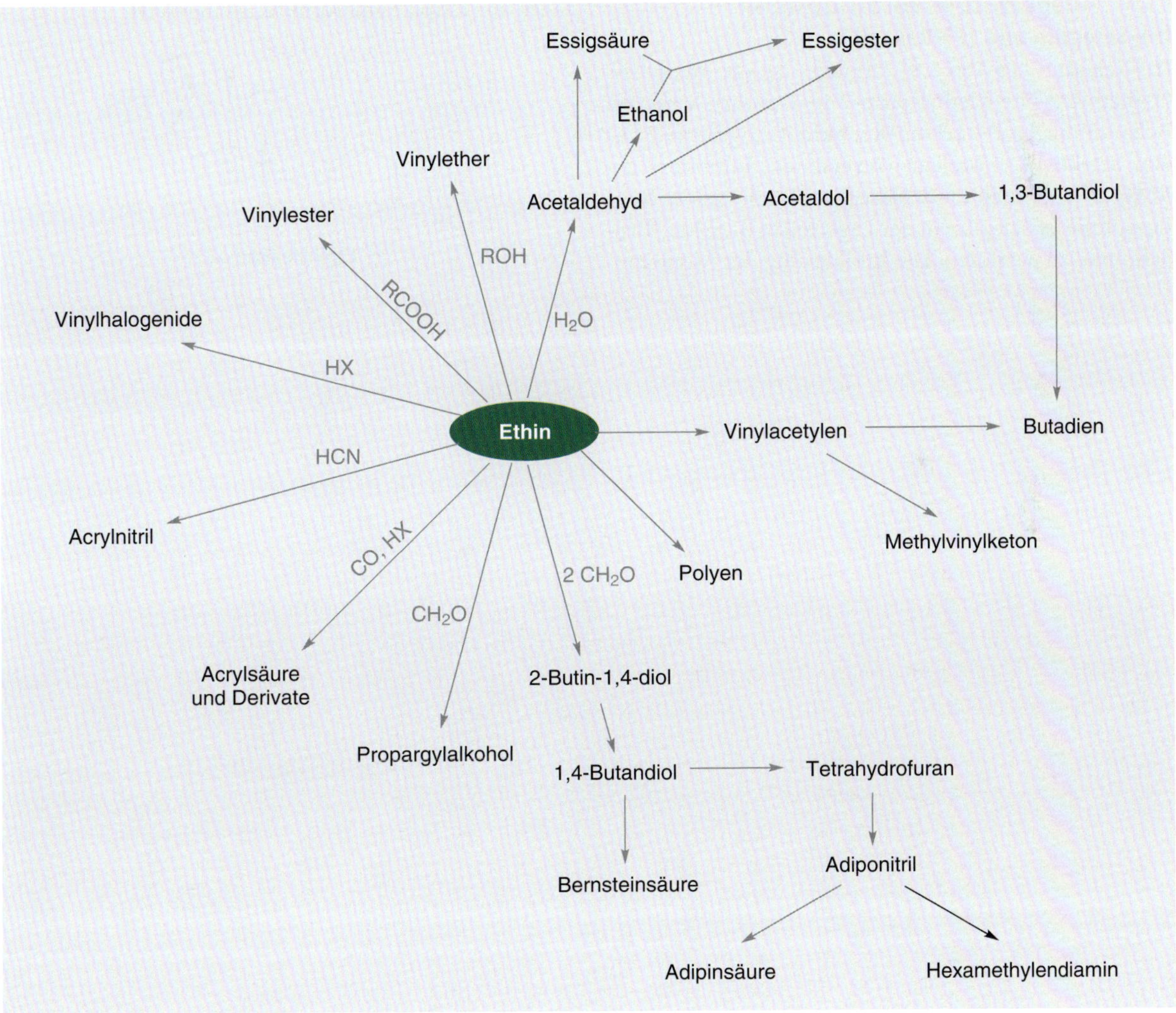


**Abb. 5.80** Technische Synthesen, ausgehend von Ethin (Acetylen)

H-Atom (Wasser, Alkohole) und Metallcarbonylen (v. a. $Ni(CO)_4$) als Katalysator erhält man ungesättigte Carbonsäuren oder deren Derivate (**Carbonylierung**; Abb. 5.79). Für die technische Darstellung von Acrylsäure hat dieses Verfahren allerdings seine Bedeutung zugunsten der katalytischen Oxidation von Propen verloren (▸ Kap. 13.2.2). Da das Arbeiten mit Ethin unter Druck sehr gefährlich ist, sind entsprechende Sicherheitsvorkehrungen zu treffen.

Eine Übersicht über die wichtigsten von Ethin ausgehenden Reaktionen vermittelt die Abb. 5.80). Die einzelnen Reaktionen werden bei den jeweiligen Stoff-

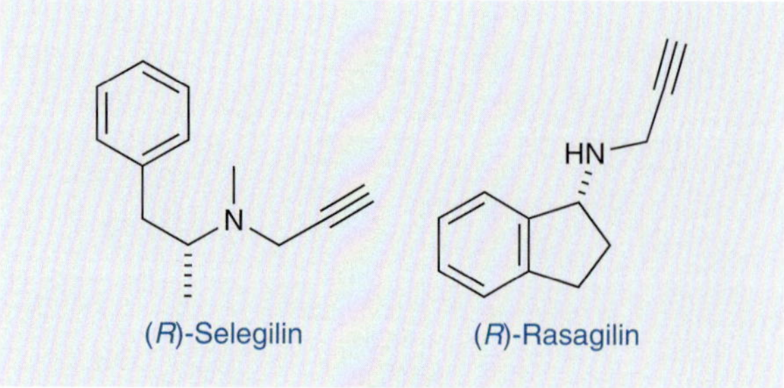


**○ Abb. 5.81** Strukturformeln von (*R*)-Selegilin und (*R*)-Rasagilin

klassen der entstehenden Produkte in anderen Kapiteln dieses Buches ausführlich behandelt.

## 5.4.4 Ausgewählte Verbindungen

### (*R*)-Selegilin und (*R*)-Rasagilin

**(*R*)-Selegilin** (○ Abb. 5.81, links), (*R*)-*N*-Methyl-*N*-(1-methyl-2-phenylethyl]prop-2-in-1-amin), wird zur Behandlung der ***Parkinson*-Krankheit** eingesetzt. Es ist ein selektiver, kovalent-irreversibler Inhibitor der MAO-B (Monoaminooxidase B). Durch seine hohe Lipophilie ist Selegilin in der Lage, leicht die Blut-Hirn-Schranke zu passieren. Die Inhibierung der Monoaminooxidase B hemmt den Dopaminabbau und führt so zu einer Erhöhung der Dopaminkonzentration im Hirn.

**(*R*)-Rasagilin** (○ Abb. 5.81, rechts), (*R*)-*N*-2-Propynyl-1-indanamin, ist wie (*R*)-Selegilin ebenfalls ein Wirkstoff zur Behandlung der *Parkinson*-Krankheit. Es zeigt eine fünf- bis zehnfach stärkere (irreversible) Hemmung der MAO-B. Entscheidend für die irreversible Hemmung der MAO-B sind die Akinylgruppen.

### Ethinylestradiol

Ethinylestradiol, 19-Nor-17$\alpha$-pregna-1,3,5(10)-trien-20-in-3,17-diol, zählt zu den Estrogenen und ist ein synthetisches, oral wirksames Estrogen (▸ Kap. 27.1.3). Es wird in erster Linie in Kombination mit einem Gestagen zur Empfängnisverhütung eingesetzt.

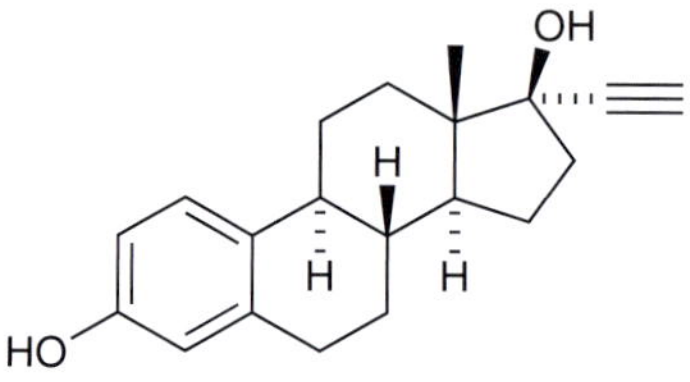

Ethinylestradiol

# 6 Alkohole und Thiole

Einwertige Alkohole ... 175 | Mehrwertige Alkohole ... 184 | Thiole ... 198

Zu den Alkoholen R—OH zählen neben dem bekanntesten Vertreter, Ethanol, alle organischen Verbindungen, die eine oder mehrere **Hydroxygruppen** tragen. Diese sind zwar ungeladen, aber polar und können Wasserstoffbrückenbindungen ausbilden. Daher sind zumindest die niedermolekularen Alkohole bei Raumtemperatur flüssig und können als polare Lösemittel dienen. Aufgrund ihrer leichten Darstellbarkeit und ihrer im Vergleich zu Alkanen deutlich höheren chemischen Reaktivität werden Alkohole oft als Grundbausteine in der organischen Synthese oder z. B. als Vernetzungsmoleküle in der Polymerchemie verwendet. Thiole (Mercaptane) R—SH sind die schwefelhaltigen Analoga der Alkohole und lassen sich als Monoalkylderivate des Schwefelwasserstoffs auffassen. Die Thiolgruppe ist weniger polar als die OH-Gruppe der Alkohole, weswegen die Thiole leichter flüchtig sind als die entsprechenden Alkohole. Das chemische Reaktionsverhalten ist allerdings ähnlich. Der größte Unterschied betrifft die Acidität. Während Alkohole kaum sauer sind und nur durch starke Basen deprotoniert werden, sind Thiole schwache Säuren, die bereits in wässriger Lösung teilweise dissoziiert vorliegen.

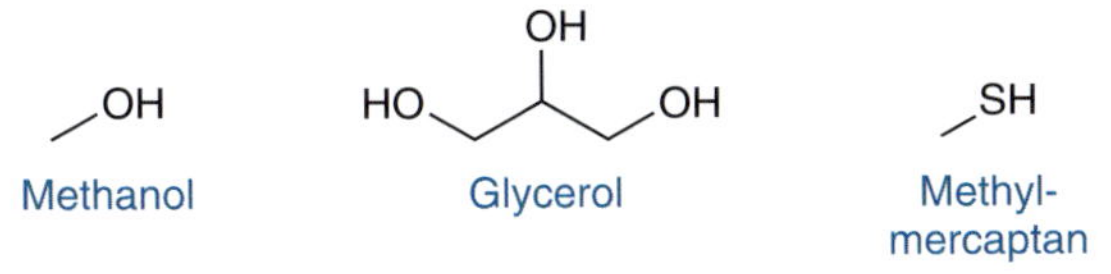


## 6.1 Einwertige Alkohole

### 6.1.1 Struktur und Eigenschaften

Je nachdem, wie viele OH-Gruppen in einem Molekül vorhanden sind, spricht man von ein-, zwei- oder entsprechend mehrwertigen Alkoholen. Allgemein erhält man Alkohole formal aus dem jeweiligen Alkan durch den Ersatz eines Wasserstoffatoms durch eine OH-Gruppe. Die **Benennung der Alkohole** erfolgt nach der IUPAC-Nomenklatur durch Anhängen der Endung -ol an das zugrundeliegende Alkan, z. B. Methan**ol**. Daneben wird auch noch eine andere, ältere Nomenklatur verwendet, bei der die Endung -alkohol an den Namen des entsprechenden Alkylrestes angehängt wird, also z. B. Methylalkohol. Bereits beim Propanol gibt es zwei Konstitutionsisomere, da die OH-Gruppe sowohl an C1 als auch an C2 gebunden sein kann (C3 ist wieder äquivalent zu C1). Nach der IUPAC-Nomenklatur wird die Position, an der die OH-Gruppe gebunden ist, mit der Nummer des Kohlenstoffatoms gekennzeichnet, korrekterweise direkt vor der Endung -ol. Dabei wird so gezählt, dass die OH-Gruppe an dem Kohlenstoffatom mit der möglichst kleinsten Bezifferung gebunden ist, also Propan-1-ol (und nicht Propan-3-ol). Wenn keine Verwechslung mit anderen funktionellen Gruppen möglich ist, ist es ebenfalls gebräuchlich, die Positionsnummer dem Alkohol vorwegzustellen, also z. B. 1-Propanol. Weiterhin findet man oft anstelle der 1 ein vorangestelltes *n* (also *n*-Propanol), das angibt, dass die OH-Gruppe an einen linearen (unverzweigten) Alkylrest gebunden ist. 2-Propanol wird entsprechend als Isopropanol bezeichnet.

Von Alkoholen mit vier und mehr Kohlenstoffatomen gibt es entsprechend mehr als zwei Konstitutionsisomere. Je nachdem, wie viele Kohlenstoffreste an dem OH-tragenden Kohlenstoffatom gebunden sind, kann zwischen **primären**, **sekundären** und **tertiären Alkoholen** unterschieden werden (o Abb. 6.1).

Bei den gesättigten Alkoholen ist die OH-Gruppe an ein $sp^3$-hybridisiertes Kohlenstoffatom gebunden. Auch

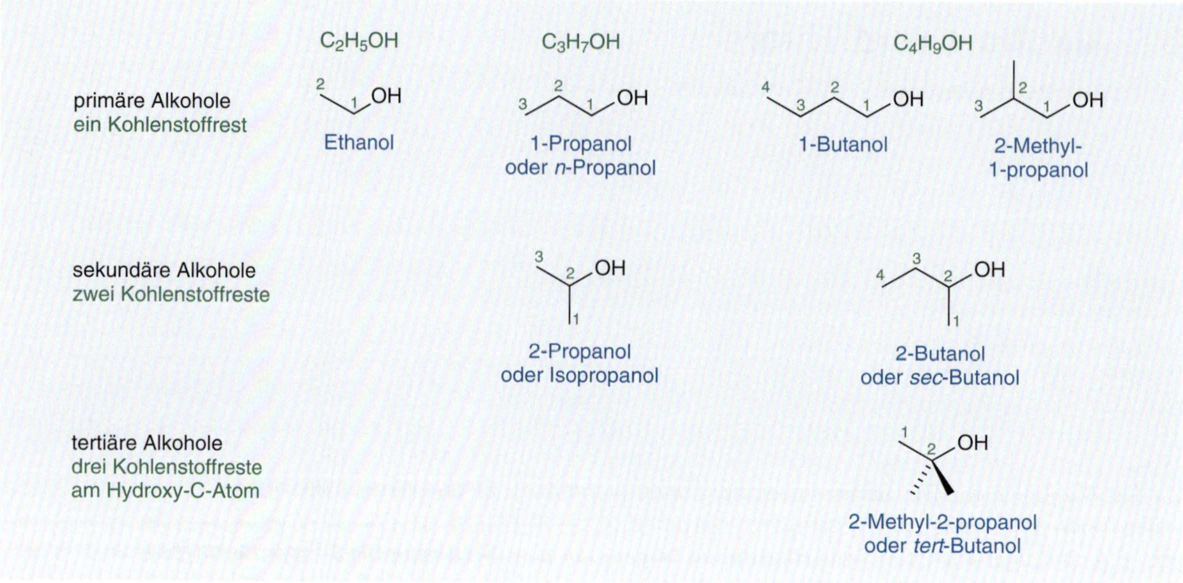


**o Abb. 6.1** Strukturformeln ausgewählter niedermolekularer einwertiger Alkohole und deren Einteilung in primäre, sekundäre und tertiäre Alkohole

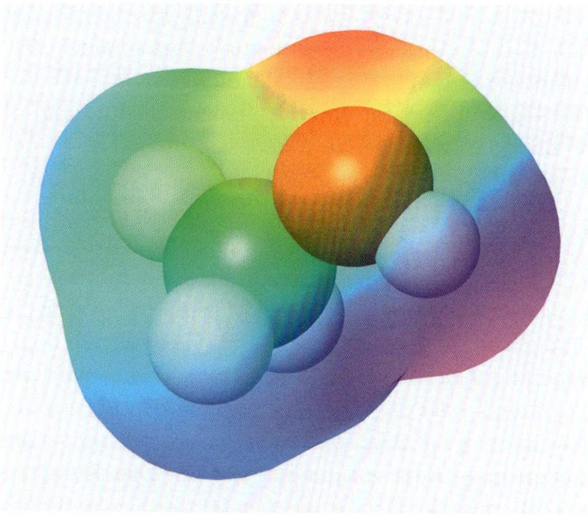

**o Abb. 6.2** Elektrostatisches Oberflächenpotenzial von Methanol. Positiv polarisierte Bereiche sind blau, negativ polarisierte Bereiche rot dargestellt.

der Sauerstoff ist $sp^3$-hybridisiert. Da die freien Elektronenpaare am Sauerstoff nicht zwischen zwei Kernen lokalisiert sind und sich gegenseitig elektrostatisch abstoßen, haben sie einen größeren Platzbedarf und schieben daher die beiden anderen Substituenten am Sauerstoffatom näher zusammen, sodass der C—O—H-Bindungswinkel etwas kleiner ist als der ideale Tetraederwinkel von 109,5°. Durch die hohe Elektronegativität des Sauerstoffs sind die Elektronen sowohl der C—O- als auch der O—H-Bindung im zeitlichen Mittel stärker am Sauerstoff lokalisiert, sodass **polarisierte Bindungen** entstehen. Dadurch ist die Elektronendichte am Sauerstoffatom erhöht, das O-Atom weist eine **negative Partialladung** ($\delta^-$) auf. Entsprechend haben das Wasserstoff- und das Kohlenstoffatom eine **positive Partialladung** ($\delta^+$), da ihre Elektronendichte im Mittel niedriger ist als im ungebundenen Zustand. Die Polarisierung ist dabei am Wasserstoff größer als am Kohlenstoff, was an der kürzeren OH-Bindungslänge im Vergleich zu einer CH-Bindung erkannt werden kann.

■ **MERKE** Die OH-Gruppe der Alkohole führt zu einer **Polarisierung** der Bindungen (o Abb. 6.2):

- Sauerstoff ist negativ polarisiert,
- Kohlenstoff und Wasserstoff sind positiv polarisiert.

Durch die gewinkelte Anordnung besitzt die OH-Gruppe in Alkoholen ein **permanentes Dipolmoment**, welches in Richtung des Sauerstoffatoms weist. Dieser Dipol kann mit den Dipolen anderer OH-Gruppen wechselwirken. Dabei kommt es zu einer besonderen Form einer Dipol-Dipol-Wechselwirkung: Es bilden sich sog. **Wasserstoffbrückenbindungen** (H-Brücken) aus und zwar so, dass immer der negativ polarisierte Sauerstoff mit seinen freien Elektronenpaaren als **H-Brücken-Akzeptor** und ein positiv polarisiertes Wasserstoffatom als **H-Brücken-Donator** dienen (o Abb. 6.3). Diese H-Brücken führen zu einer dynamischen Assoziation zwischen den Alkoholmolekülen, wobei vorhandene Brücken ständig gelöst und wieder neue geknüpft werden (▸ Exkurs: Aufbrechen intermolekularer Wasserstoffbrücken durch Verdünnung). Verglichen mit einer kovalenten Bindung (etwa 200–400 kJ/mol) sind solche Wasserstoffbrückenbindungen allerdings nur sehr schwach (etwa 20–25 kJ/mol in organischen Lösemitteln), sodass dieses H-Brücken-Netzwerk

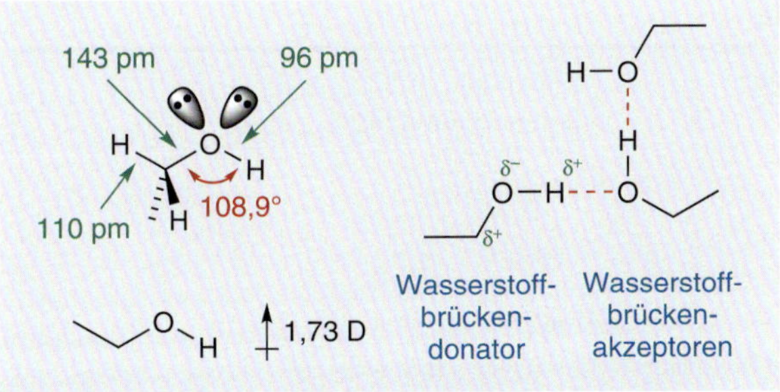


**o Abb. 6.3** Struktur und Bindungseigenschaften von Ethanol. Die polare OH-Gruppe ermöglicht die Ausbildung von Wasserstoffbrückenbindungen.

bereits durch geringe Energiezufuhr (z. B. eine leichte Temperaturerhöhung) wieder aufgebrochen wird. Trotzdem haben die polare OH-Gruppe und die Möglichkeit zur Ausbildung von Wasserstoffbrücken entscheidende Bedeutung sowohl für die chemischen als auch für die physikalischen Eigenschaften der Alkohole. Verglichen mit den Alkanen besitzen die entsprechenden Alkohole deutlich höhere Siedepunkte und völlig andere Löslichkeitseigenschaften (□ Tab. 6.1). Im Gegensatz zu den gasförmigen und unpolaren niedermolekularen Alkanen sind die davon abgeleiteten Alkohole bei Raumtemperatur Flüssigkeiten mit niedriger Viskosität und charakteristischem Geruch, die mit Wasser unbegrenzt mischbar sind. Mit steigender relativer Molekülmasse kompensiert allerdings der Einfluss des unpolaren Kohlenwasserstoffrestes die Polarität der OH-Gruppe zunehmend, sodass längerkettige Alkohole in ihrem Verhalten und in ihren Eigenschaften wieder stärker den entsprechenden Alkanen ähneln. Die Alkohole werden z. B. mit zunehmender Kettenlänge immer öliger bzw. fester, geruchsloser und geschmacksneutraler. Butanol ist z. B. bereits eine niedrig viskose Flüssigkeit, die im Gegensatz zu Propanol mit Wasser nur noch begrenzt mischbar ist (Löslichkeit 79 g/L bei 25 °C). Die höheren Alkohole werden auch als **Fett- und Wachsalkohole** bezeichnet. Sie sind oft Begleitstoffe in Pflanzenölen und Hauptbestandteile von natürlichen Wachsen. Technische Verwendung finden sie in der Waschmittelproduktion als Detergenzien und in der Kosmetikindustrie.

Die Differenz zwischen den Siedepunkten homologer Alkohole, die sich nur um eine $CH_2$-Gruppe unterscheiden, liegt bei etwa 18–20 °C und ist damit in etwa nur halb so groß wie die entsprechender Alkane (▸ Kap. 4). Sie nimmt aber ebenfalls mit steigender Molekülmasse ab. Für die jeweiligen Konstitutionsisomere gilt die Regel, dass die Siedepunkte mit steigendem Verzweigungsgrad sinken. Die Oberfläche verzweigter Moleküle ist geringer als die der unverzweig-

**Exkurs: Aufbrechen intermolekularer Wasserstoffbrücken durch Verdünnung**

Freie bzw. nicht assoziierte Alkoholmoleküle kann man nur in der Gasphase oder in stark verdünnten unpolaren Lösemitteln beobachten, da hier die Alkoholmoleküle so weit voneinander entfernt sind, dass sie nicht mehr miteinander wechselwirken können. Dann spricht man von monomer vorliegenden Alkoholen. Anhand der IR-Spektren solcher Lösungen kann man den Assoziationsgrad ermitteln. So zeigt beispielsweise die freie OH-Gruppe von Ethanol eine scharfe, charakteristische Absorptionsbande bei 3 640 $cm^{-1}$. Mit steigendem Assoziationsgrad beobachtet man zusätzlich das Auftreten einer deutlich intensiveren und breiteren Assoziationsbande, die um etwa 300 $cm^{-1}$ zu niedrigeren Wellenzahlen hin verschoben ist, bis schließlich bei vollständiger Assoziation die Absorptionsbande der freien OH-Gruppe verschwunden ist (**o** Abb. 6.4).

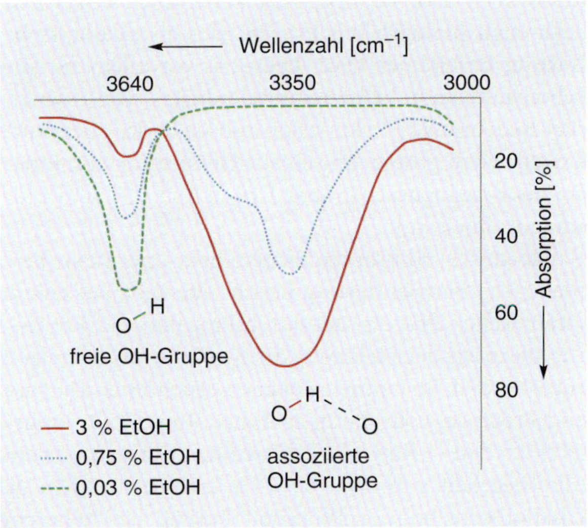


**o Abb. 6.4** IR-Spektren unterschiedlich konzentrierter Lösungen von Ethanol in Tetrachlormethan. Nur in sehr verdünnter Lösung liegen monomere („freie") Alkoholmoleküle vor. Mit zunehmender Konzentration kommt es zur Assoziation über H-Brücken.

**Tab. 6.1** Homologe Reihe der einwertigen primären Alkohole

| Name | Summenformel $C_nH_{(2n+1)}OH$ | Siedepunkt in °C (Schmelzpunkt in °C) |
|---|---|---|
| Methanol | $CH_3OH$ | 64,7 |
| Ethanol | $C_2H_5OH$ | 78,4 |
| 1-Propanol | $C_3H_7OH$ | 97,2 |
| 1-Butanol | $C_4H_9OH$ | 117,5 |
| 1-Pentanol | $C_5H_{11}OH$ | 138,0 |
| 1-Hexanol | $C_6H_{13}OH$ | 175 (−45) |
| 1-Octanol | $C_8H_{17}OH$ | 195 (−16) |
| 1-Dodecanol (Laurylalkohol) | $C_{12}H_{25}OH$ | 261 (25) |
| 1-Hexadecanol (Cetylalkohol) | $C_{16}H_{33}OH$ | 344 (49) |
| 1-Hexacosanol (Cerylalkohol) | $C_{26}H_{53}OH$ | (80) |
| 1-Triacontanol (Myricylalkohol) | $C_{30}H_{61}OH$ | (88) |

ten Konstitutionsisomere, sodass weniger attraktive *Van-der-Waals*-Wechselwirkungen zwischen den Molekülen auftreten.

### 6.1.2 Gewinnung und Synthese

#### Methanol

Durch starkes Erhitzen von Holz (trockene Destillation) kann man nach dem Entweichen brennbarer Gase (überwiegend $H_2$, CO und Ethen) ein Destillat aus der zurückbleibenden Holzkohle gewinnen, das neben Essigsäure und anderen organischen Verbindungen auch etwa 3 % Methanol enthält. Dieses wird durch die Zersetzung von Methoxygruppen aus Hemicellulose oder Lignin freigesetzt (◘ Abb. 6.5). Von dieser Darstellungsmethode, die schon bei den alten Ägyptern verwendet wurde, leitet sich auch der Name Methanol ab, was so viel wie „Wein aus Holz" bedeutet.

Technisch wird Methanol aus Synthesegas ($H_2$ und CO) hergestellt. Durch die Verwendung geeigneter Katalysatoren (z. B. aus Kupfer, Zink und Aluminium) kommt es schon ab einer Temperatur von 250 °C und einem Druck von 5 MPa zu einer Hydrierung von CO zu Methanol unter Reduktion des Kohlenstoffs:

$$\ominus\overset{+II}{C}\equiv O\oplus \;+\; 2\,H_2 \xrightarrow[\Delta T,\ \Delta p]{\text{Kat.}} H_3\overset{-II}{C}-OH$$

#### Ethanol

Ethanol kann technisch durch das **Schwefelsäureverfahren** (◘ Abb. 6.6) aus Ethen hergestellt werden, welches wiederum durch Cracken von Erdöl (▸ Kap. 5.1.2.1) gewonnen wird. Durch das Einleiten von Ethen in konzentrierte Schwefelsäure bei 55–80 °C entstehen in einer exothermen Reaktion zunächst Ethylhydrogensulfat und Diethylsulfat. Dieses Gemisch wird dann durch äquivalente Mengen Wasser bei 70–100 °C hydrolysiert und das entstandene Ethanol destillativ abgetrennt. Als Nebenprodukt fällt immer auch in geringen Mengen Diethylether an. Die Darstellung von Ethanol kann aber auch durch katalytische Hydratisierung von Ethen an einem Phosphorsäure-Kieselgel-Katalysator mit 300 °C heißem Wasserdampf unter hohem Druck erfolgen. Eine weitere Möglichkeit besteht in der reduktiven Hydrierung von Acetaldehyd am Nickelkontakt bei etwa 100–130 °C.

Die Herstellung von Ethanol mithilfe erneuerbarer Ressourcen erfolgt dagegen nach einem seit langer Zeit bekannten biologischen Prozess, der als **alkoholische Gärung** bezeichnet wird. Diese ist vor allem für die Lebensmittel- und Genussmittelindustrie von essenzieller Bedeutung (▸ Exkurs: Spirituosen), wird aber mittlerweile auch großtechnisch zur Herstellung von Ethanol als Benzinzusatz (**Super E10**, ◘ Abb. 6.7) und Bioethanol angewandt.

Die durch Mikroorganismen hervorgerufene biochemische **Fermentierung** beruht ebenfalls auf einem katalytischen Prozess, der durch Enzyme oder Enzymkomplexe wie beispielsweise die Zymase von Hefepilzen bewirkt wird. So können Zucker, vornehmlich Glucose und Fructose, vollständig zu Ethanol und $CO_2$ umgesetzt werden (▸ Kap. 17.1). Allerdings kann so nur ein Alkoholgehalt von etwa 10–14 % erreicht werden, da Ethanol eine hohe Zelltoxizität besitzt; bei höherem

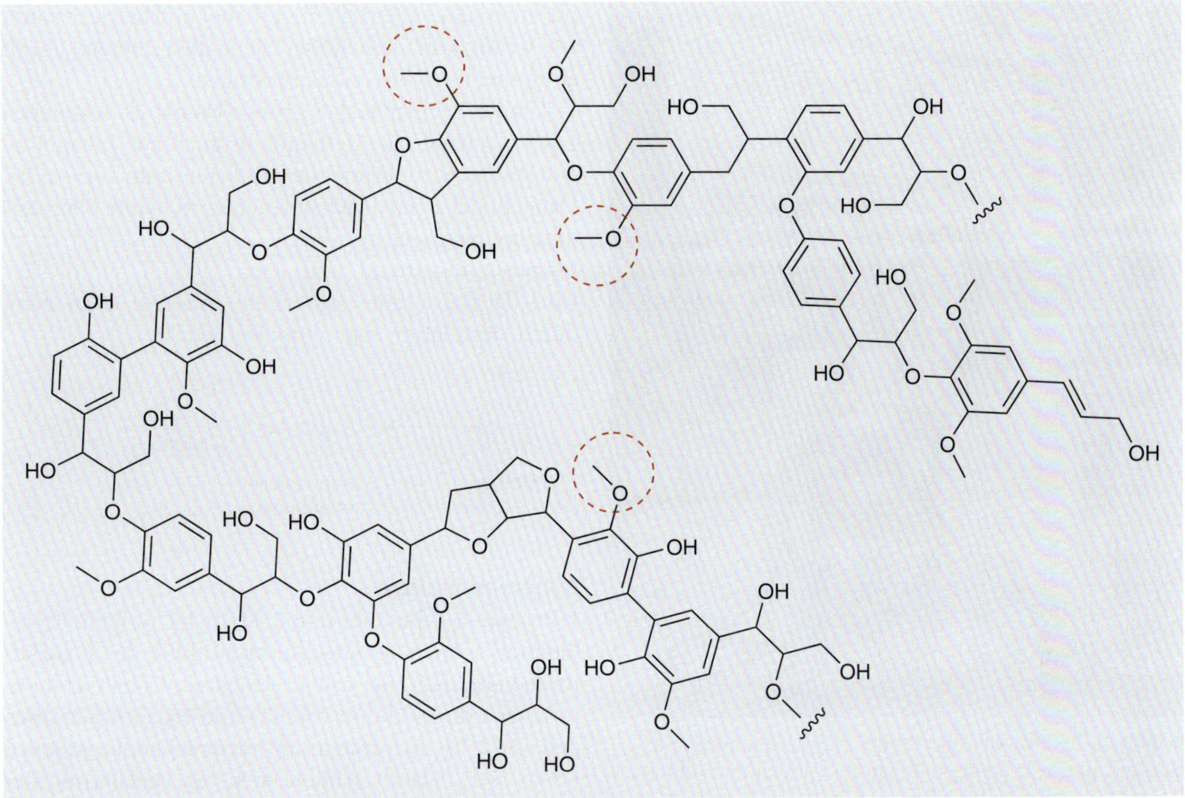

**Abb. 6.5** Ausschnitt der chemischen Struktur von Lignin. Die Methoxygruppen (hier einige rot hervorgehoben) werden bei der trockenen Destillation von Holz als Methanol abgespalten.



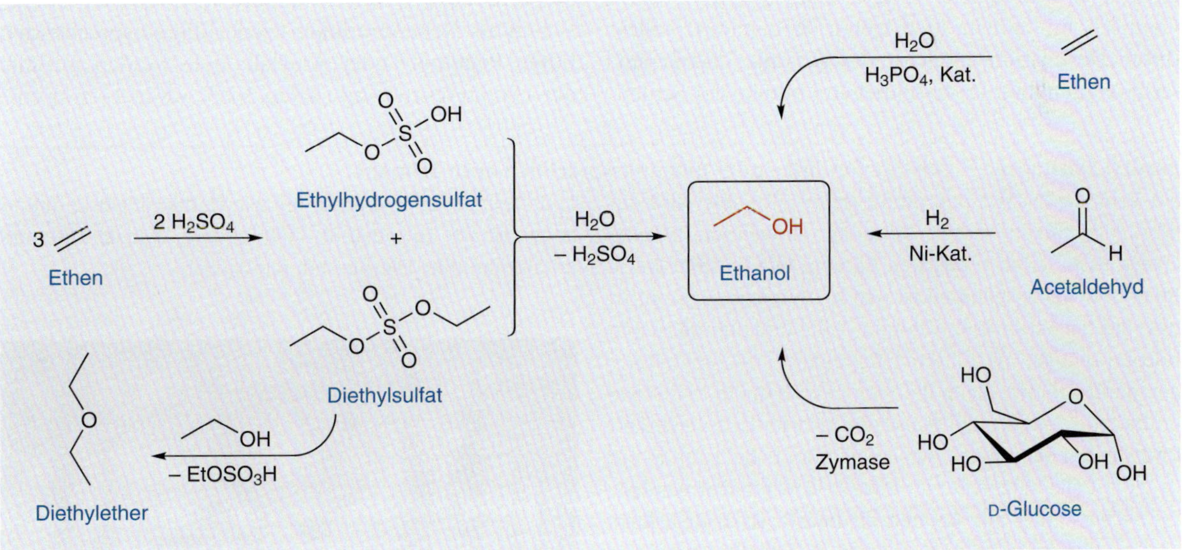


**Abb. 6.6** Unterschiedliche großtechnische Verfahren zur Darstellungen von Ethanol: Das Schwefelsäureverfahren (links), die Hydratisierung am Phosphorsäure-Kieselgel-Katalysator (rechts oben), Hydrierung von Acetaldehyd (rechts Mitte) und die alkoholische Gärung (rechts unten).

Alkoholgehalt werden die Hefepilze abgetötet. Da Ethanol und Wasser ein azeotropes Gemisch bilden, kann Ethanol durch thermische Trennung mittels Rektifikation (▸Kap. 1.3.3) nur bis zu etwa 95 % angereichert werden (**Rohalkohol**). In großtechnischen Anlagen wird anschließend der Wassergehalt durch Trocknung mit geeigneten Molekularsieben auf unter 1 % gesenkt. Auf den früher üblichen Zusatz von sogenannten „Schleppern" wie beispielsweise Benzen (*Young*-Verfahren) oder Trichlorethen (*Drawinol*-Verfahren) wird

**o Abb. 6.7** Tankstelle für Ethanol in Rio de Janeiro, das dort aus nachwachsenden Rohstoffen gewonnen und als Benzinersatz verwendet wird.

heutzutage wegen der Giftigkeit dieser Substanzen verzichtet. Grundsätzlich erzeugte man so ein ternäres Gemisch mit einem niedrigeren Siedepunkt, sodass durch Destillation zunächst das gesamte Wasser entfernt werden konnte. Anschließend bildete der Schlepper ein binäres Gemisch mit Ethanol und ließ sich somit wiederum von dem höher siedenden Ethanol leicht abtrennen, welches rein zurück blieb.

Um im Labormaßstab geringe Feuchtigkeitsmengen (< 1 %) sowohl aus Methanol als auch aus Ethanol zu entfernen, wird elementares Magnesium verwendet. Dabei bildet sich zunächst das entsprechende Magnesiumalkoholat, welches durch den Restwassergehalt zu Magnesiumhydroxid und dem Alkohol hydrolysiert wird. Der absolute (wasserfreie) Alkohol kann dann durch Destillation abgetrennt werden.

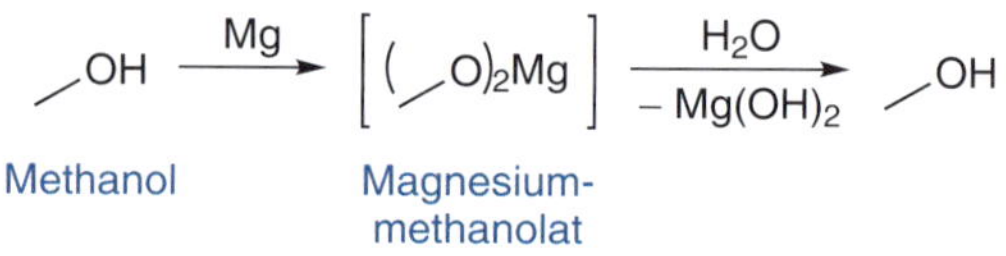


## Höhere Homologe

1-Propanol, 1-Butanol und 2-Methyl-1-propanol (Isobutanol) werden großtechnisch mithilfe der **Oxosynthese** hergestellt. Bei 180 °C erfolgt am Cobaltkatalysator zuerst die Addition von CO und $H_2$ an Ethen, Propen und 2-Methylpropen zum entsprechenden Aldehyd ▸Kap. 12.1). Daran schließt sich die Hydrierung der Carbonylgruppe zum primären Alkohol an. 2-Propanol (Isopropanol), 2-Butanol und 2-Methyl-2-propanol (*tert*-Butanol) werden technisch wie Ethanol durch das **Schwefelsäureverfahren** dargestellt. Auch hierbei entstehen als Nebenprodukte wieder die entsprechenden Ether. Pentanole oder Amylalkohole werden mithilfe der Oxymercurierung (▸Kap. 5.1.3, ▸Kap. 11.4.3) ent-

### Exkurs: Spirituosen – geistige Getränke oder umgangssprachlich auch Schnaps

Ein sehr großer Teil des produzierten Ethanols wird zur Erzeugung alkoholischer Getränke verwendet. Direkte Erzeugnisse der alkoholischen Gärung, wie beispielsweise Biere und Weine, gehören zu den niederprozentigen nicht destillierten Getränken, während Liköre und Brände zu den hochprozentigen destillierten Getränken und Zubereitungen daraus zählen. Beim Bierbrauen wird die in der Gerste enthaltene Stärke beim Maischen enzymatisch verzuckert und anschließend durch Hefen vergoren. Dabei kann in der Regel ein Alkoholgehalt von etwa 3–6 % erreicht werden. Weine entstehen aus Traubensaft (Most). Nach dem Auspressen (Keltern) wird der Traubenzucker durch die auf den Trauben vorhandenen Hefen vergoren, sodass ein Alkoholgehalt von etwa 8–14 % erhalten werden kann. Schlechte (also zuckerarme) Jahrgänge dürfen dazu mithilfe von begrenzten Zuckerzusätzen zum Most bei der Gärung unterstützt werden. Die Vergärung anderer zuckerhaltiger Säfte oder zuckerhaltiger Grundstoffe führt auf vergleichbare Weise beispielsweise zu Obstweinen oder Met. Um daraus die Brände zu gewinnen, wird der Alkohol in Destillationsapparaturen von Begleitstoffen wie Methanol getrennt und angereichert (o Abb. 6.8). Genießbare Konzentrationen erhält man durch Verdünnen mit Wasser.

**o Abb. 6.8** Kupferdestille zum Schnapsbrennen

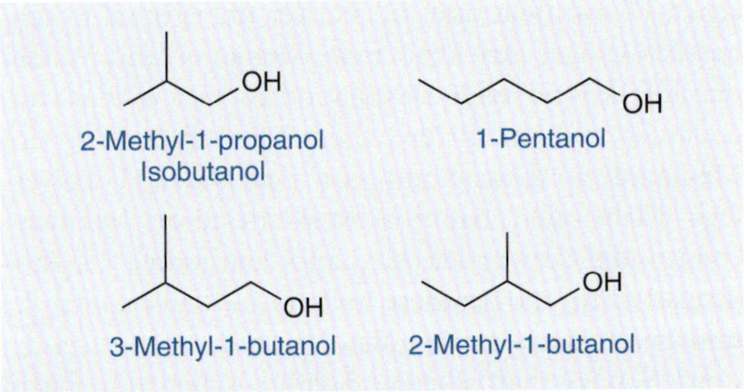


**Abb. 6.9** Strukturformeln der langkettigeren Fuselöle

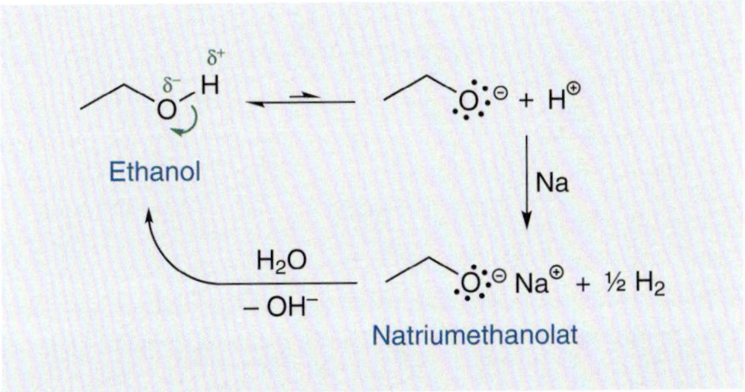


**Abb. 6.10** Alkohole wie Ethanol sind schwache Säuren. Sie können z. B. durch Umsetzung mit Natrium zum entsprechenden Alkoholat deprotoniert werden.

sprechender Alkene mit Quecksilberacetat und anschließender *In-situ*-Reduktion mit Natriumborhydrid dargestellt. Auch bei der alkoholischen Gärung kommt es durch den Abbau von Eiweißen, die auch in den verwendeten stärkehaltigen Ausgangsstoffen (Kartoffeln, Getreide) enthalten sind, zur Bildung von „**Fuselölen**", die die beiden Amylalkohole 3-Methyl-1-butanol und 2-Methyl-1-butanol sowie 2-Methyl-1-propanol (Isobutanol) und 1-Propanol enthalten (Abb. 6.9). Alle vier Alkohole wirken deutlich stärker berauschend als Ethanol, allerdings sind sie auch wesentlich toxischer.

### Weitere Methoden zur Darstellung von Alkoholen

Alkohole können auf vielfältige Art und Weise aus unterschiedlichen anderen Stoffklassen hergestellt werden. Die Reaktionen werden genauer in den entsprechenden Kapiteln erklärt. Nachfolgend findet sich eine kurze Übersicht der Synthesen:

- Alkohole können einerseits aus Aldehyden bzw. Ketonen und Carbonsäuren durch Reduktion der Carbonylgruppen mit Reduktionsmitteln, beispielsweise $H_2$ an einem Pt-Katalysator oder $LiAlH_4$, erzeugt werden. Dies entspricht der Umkehrung der Bildung der Carbonylverbindungen aus Alkoholen durch Oxidation (▸Kap. 6.1.3).
- Ebenso entstehen Alkohole durch elektrophile Addition von Wasser an Alkene, z. B. durch wässrige Schwefelsäure, Oxymercurierung oder Hydroborierung (▸Kap. 5.1.3).
- Im Labor können Alkohole auch durch die Umsetzung von Carbonyl- und Carboxyverbindungen, beispielsweise Acetaldehyd, mit einem *Grignard*-Reagenz, z. B. Ethylmagnesiumbromid (▸Kap. 11.2), und anschließende Hydrolyse dargestellt werden. Das so z. B. aus Acetaldehyd entstandene 2-Butanol besitzt ein Chiralitätszentrum und liegt nach der Reaktion als Racemat vor, da die Reaktion nicht stereospezifisch verläuft.

## 6.1.3 Reaktionen und Anwendungen

Wie bereits erwähnt, ist die OH-Bindung polarisiert. Durch sehr starke Basen oder Alkalimetalle kann sie daher heterolytisch gespalten werden. Es findet eine Deprotonierung statt, wobei ein negativ geladenes Anion zurück bleibt, das als Alkohol**at** bezeichnet wird (Abb. 6.10). Alkohole sind allerdings nur schwache Säuren. Ihre $pK_S$-Werte liegen typischerweise zwischen 15 und 18. Umgekehrt sind Alkoholate somit starke Basen (ähnlich stark wie Hydroxidionen), die in organischen Synthesen z. B. für Eliminierungen genutzt werden. Darüber hinaus sind zumindest primäre Alkoholate auch gute Nucleophile, die für nucleophile Substitutionsreaktionen verwendet werden können.

Durch Umsetzung mit Mineralsäuren wie Schwefel- oder Phosphorsäure entstehen aus Alkoholen, teilweise unter Gerüstumlagerung (▸Exkurs: *Wagner-Meerwein-*Umlagerung), Alkene (▸Kap. 5.1.2).

### Oxidation von Alkoholen

Alkohole können durch Oxidationsmittel wie $HNO_3$, $KMnO_4$ oder $CrO_3$ zu Carbonylverbindungen oder auch zu Carbonsäuren oxidiert werden (Abb. 6.11). Grundsätzlich werden hierbei CH-Bindungen durch CO-Bindungen ersetzt, wodurch sich die Oxidationszahl am Kohlenstoff erhöht. Dabei kann die Oxidation durch direkte **Oxygenierung** einer CH-Bindung des Hydroxygruppen-tragenden Kohlenstoffs erfolgen. Das daraus resultierende geminale Diol, ein Hydrat (▸Kap. 12.1.3), ist nicht stabil und bildet unter Abspaltung von Wasser eine CO-Doppelbindung aus. Aus einem primären Alkohol entsteht so zunächst ein Aldehyd und aus einem sekundären Alkohol ein Keton.

Tertiäre Alkohole besitzen keine CH-Bindungen und lassen sich daher nicht ohne Zersetzung oxidieren. Im Gegensatz zu sekundären besitzen primäre Alkohole zwei CH-Bindungen am Kohlenstoff, an das die OH-Gruppe gebunden ist. Daher kommt es unter den meisten Oxidationsbedingungen durch eine doppelte Oxygenierung zur Bildung einer instabilen **Orthosäure**, die unter Abspaltung von Wasser zur **Carbonsäure** zerfällt.

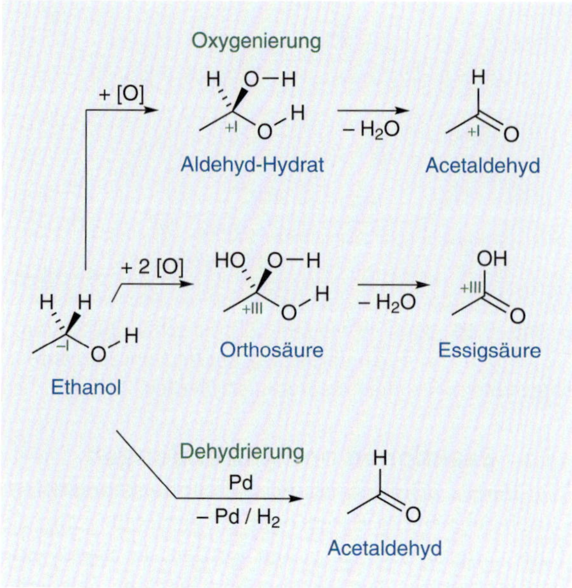


**Abb. 6.11** Die Oxidation von Ethanol führt zu Acetaldehyd oder zu Essigsäure.

Eine andere Möglichkeit, einen Alkohol zu oxidieren, ist die **Dehydrierung** mithilfe von Wasserstoffakzeptoren wie z. B. Palladium. Obwohl auch die Dehydrierung primärer oder sekundärer Alkohole zu Aldehyden oder Ketonen führt, ist der Mechanismus ein anderer als bei der Oxygenierung, da hier dem Alkohol direkt unter Ausbildung der CO-Doppelbindung zwei Wasserstoffatome entzogen werden.

### Verwendung von Alkoholen

**Methanol** findet vor allem als **Kraftstoffzusatz** und als **Lösemittel** Einsatz, da es mit vielen anderen organischen Lösemitteln und mit Wasser unbegrenzt mischbar ist. Umgekehrt kann man Methanol und Wasser durch fraktionierende Destillation zu 99 % wieder voneinander trennen. In der chemischen Industrie wird Methanol zur Darstellung von Formaldehyd, Polyestern, Klebstoffen, Anilinfarbstoffen und als Methylierungsmittel verwendet. Methanol kann auch als Ausgangsstoff für die Synthese höherer Kohlenwasserstoffe und somit auch zur Kraftstoffproduktion verwendet werden. Wirtschaftlichen und ökologischen Sinn macht dies allerdings nur, sofern erneuerbare Rohstoffquellen (Holz, Biogas, Biomasse, aber auch z. T. Müll und Klärschlamm) das Synthesegas für Methanol liefern. Im sogenannten **Methanol-to-Gasoline-Verfahren** wird Methanol zunächst zum entsprechenden Dimethylether umgesetzt, welcher anschließend durch Dehydratisierung an Zeolithen bei etwa 400 °C und 15 MPa zu einem Gemisch aus höherwertigen Alkanen reagiert. Eine Pilotanlage wurde Anfang der 1980er Jahre in Motunui auf Neuseeland im Zuge der Ölkrise in Betrieb genommen. Die Produktion von Synthetikkraftstoff wurde allerdings wegen der Ende der 1990er Jahre stark sinkenden Rohölpreise aus wirtschaftlichen Gründen wieder eingestellt.

**Ethanol** wird vor allem als **Lösemittel** und besonders in kohlenhydrat- oder holzreichen Ländern auch direkt als **Kraftstoff** oder Kraftstoffzusatz verwendet. Ebenso dient es als Ausgangspunkt zur Erzeugung einfacher organischer Moleküle (z. B. Acetaldehyd, Essigsäure und Essigsäureanhydrid) sowie zur Herstellung von Farben, Riechstoffen, pharmazeutischen Produkten und zur Konservierung anatomischer Präparate.

**2-Propanol** kommt vorwiegend als Lösemittel oder Benzinzusatz zum Schutz vor Vergaser-Vereisung zum

**Exkurs: *Wagner-Meerwein*-Umlagerung**

Die Hydroxygruppe eines Alkohols kann durch Protonierung mit Mineralsäuren oder starken organischen Säuren in ein Oxoniumion überführt werden. Unter Wasserabspaltung kann daraus das entsprechende **Carbeniumion** entstehen. Ein solches Kation kann sich durch eine **1,2-Umlagerung einer Alkylgruppe** oder durch einen **1,2-Hydridtransfer** zu einem höher substituierten Carbeniumion stabilisieren. Unabhängig davon, ob das Kation aus einem Alkohol oder aus einer anderen Verbindung durch Abspaltung einer guten Abgangsgruppe gebildet worden ist, spricht man von einer ***Wagner-Meerwein*-Umlagerung** (Abb. 6.12). Aus dem neu gebildeten Carbeniumion entstehen dann in Abhängigkeit von den Reaktionsbedingungen weitere Produkte, beispielsweise ein Alken durch Abspaltung eines Protons (E1-Eliminierung).

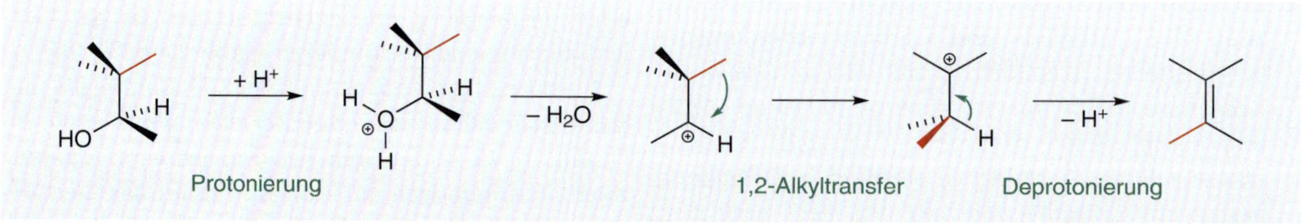


**Abb. 6.12** *Wagner-Meerwein*-Umlagerung eines sekundären Carbokations, das durch eine säurekatalysierte Abspaltung von Wasser aus einem Alkohol entsteht. Durch Wanderung eines Alkylrestes vom benachbarten C-Atom bildet sich ein stabileres, tertiäres Carbokation, von dem sich dann die weiteren Produkte ableiten.

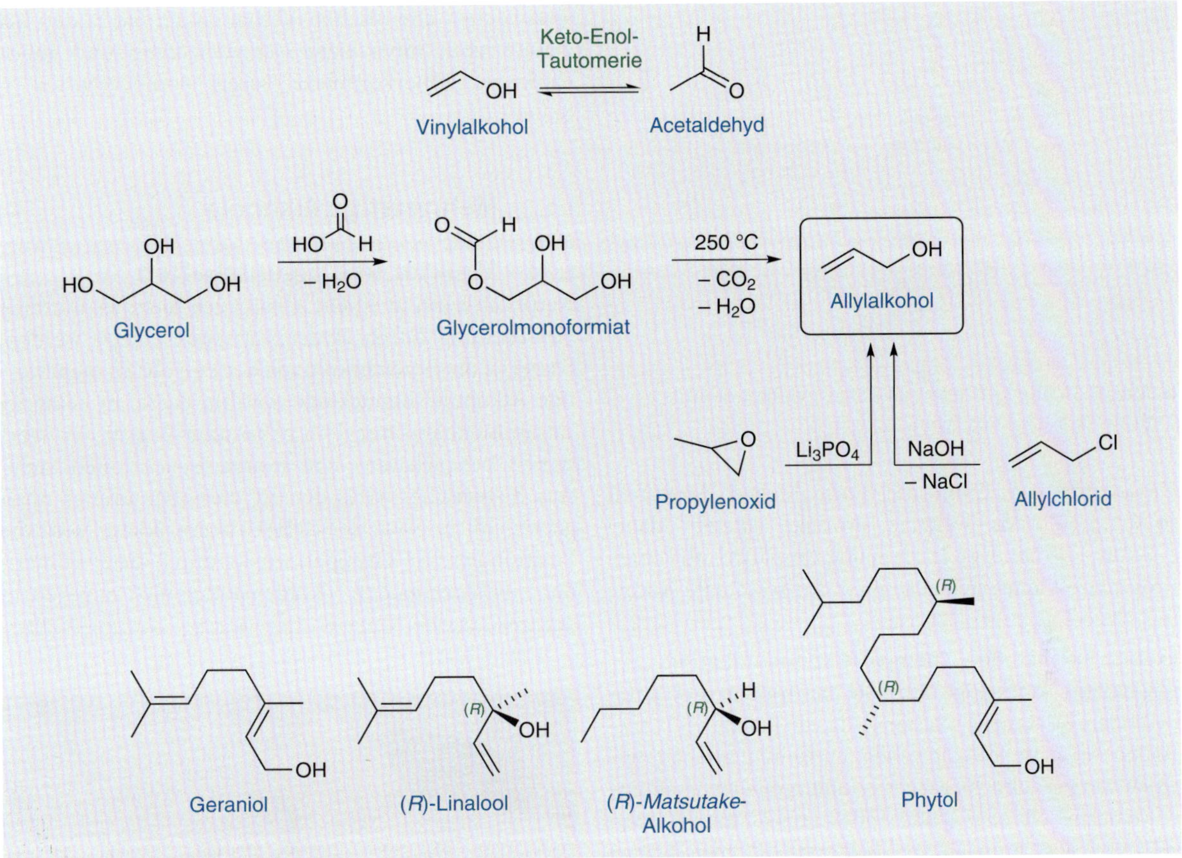


**Abb. 6.13** Keto-Enol-Tautomerie von Vinylalkohol (oben) und Darstellung von Allylalkohol (Mitte) sowie Beispiele für biologisch wichtige Alkenole (unten)



Einsatz und wird technisch als Ausgangsstoff für die Synthese von Aceton benötigt.

**1-Butanol** dient meist als Lösemittel für Harze, als Hilfsstoff für Nitrolacke und als Esterkomponente, z. B. von Butylacetat (Lacklösemittel) und Butylphthalat (Weichmacher).

***tert*-Butanol** ist bei Raumtemperatur fest (Smp. 25,5 °C) und wird technisch zur Herstellung von Methyl-*tert*-butylether (MTBE) benötigt, welches Benzin als Antiklopfmittel zugesetzt wird. Diese verhindern die unkontrollierte Selbstentzündung des Kraftstoff/Luft-Gemischs im Zylinder der Motoren.

## 6.1.4 Ausgewählte Verbindungen

### Allylalkohole und Propargylakohole

Bei einem Allylalkohol befindet sich die Hydroxygruppe in Nachbarstellung zu einer C—C-Doppelbindung. Ist die Hydroxygruppe direkt an eines der beiden C-Atome der Doppelbindung gebunden, entstehen **Enole** (auch **Vinylalkohole** genannt), die allerdings durch Keto-Enol-Tautomerie (▸Kap. 3.2.3) in die meist stabileren Carbonylverbindungen übergehen (○ Abb. 6.13).

**Allylalkohol** (2-Propenol, Prop-2-en-1-ol), ist ein sogenannter ungesättigter Alkohol, der natürlicherweise in Knoblauchöl vorkommt. Es handelt sich um eine stechend riechende Flüssigkeit, die mit Wasser mischbar ist. Technisch interessant sind vor allem seine Ester, da sie sich zu Kunstharzen polymerisieren lassen. Im Labor kann Allylalkohol durch starkes Erhitzen (etwa 250 °C) von Glycerol (Propan-1,2,3-triol) mit Ameisensäure dargestellt werden, wobei zunächst intermediär Glycerolmonoformiat entsteht, welches dann unter Decarboxylierung und Wasserabspaltung zum Allylalkohol zerfällt. Die technische Darstellung erfolgt entweder durch alkalische Hydrolyse von Allylchlorid oder durch katalytische Isomerisierung des Epoxids Propylenoxid (○ Abb. 6.13).

Besonders die höheren und mehrfach ungesättigten Allylalkohole wie Geraniol, Linalool oder Phytol besitzen meist einen charakteristischen blumigen Geruch und finden daher in der Lebensmittel- und Kosmetikindustrie sowie der Parfümerie Verwendung (▸Exkurs: Botenstoffe – Chemische Komunikation). (*R*)-(–)-1-Octen-3-ol (auch *Matsutake*-Alkohol genannt) kommt nicht nur in dem in Japan heimischen Pilz *Tricholoma matsutake* vor, sondern ist generell verantwortlich für den charakteristischen Pilzgeruch in fast allen Pilzen und in vielen Lebensmitteln (○ Abb. 6.13).

**Propargylalkohol** (2-Propinol, Prop-2-in-1-ol) wird technisch durch die *Reppe*-Synthese (▸Kap. 4.5) durch

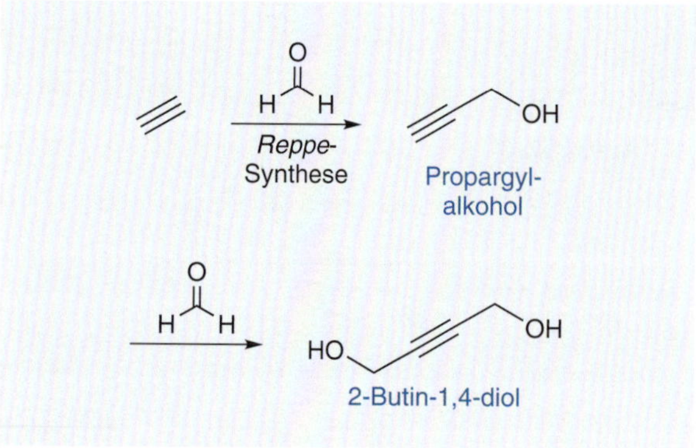


**Abb. 6.14** Die Synthese von Propargylalkohol und 2-Butin-1,4-diol aus Ethin.

Umsetzung von Ethin mit Formaldehyd dargestellt (Abb. 6.14). Als weiteres Produkt entsteht dabei 2-Butin-1,4-diol. Der Trivialname Propargyl- für einen Propinylrest leitet sich aus einem für terminale Alkine spezifischen chemischen Verhalten ab: Sie bilden bei Zusatz von Silbersalzen schwerlösliche und meist explosive Silberkomplexe (*argyl* von *argentum* = Silber).

## 6.2 Mehrwertige Alkohole

### 6.2.1 Struktur und Eigenschaften

Natürlich kann in einem Alkan auch mehr als nur eine CH-Bindung durch Hydroxygruppen ersetzt werden. Dabei ist die Bezeichnung solcher **Polyole** als mehrwertige Alkohole unglücklich gewählt, da sie in keinerlei Zusammenhang mit dem bekannten Begriff der Wertigkeit, beispielsweise von anorganischen Ionen, steht. Aus historischen Gründen ist dies aber immer noch gebräuchlich. Nach der IUPAC-Nomenklatur wird die Position der OH-Gruppen wieder durch die Nummern der entsprechenden Kohlenstoffatome angegeben.

**Exkurs: Botenstoffe – Chemische Kommunikation**

Ungesättigte langkettige Alkohole besitzen in der Natur besondere Relevanz. Als Bestandteile von Boten- und Lockstoffen wirken sie schon in geringsten Konzentrationen zwischen den Tier- und Pflanzenarten und verbreiten ihren Signalcharakter oft über große Entfernungen. Hierbei kann zwischen zwei Gruppen von Botenstoffen unterschieden werden. **Pheromone** wirken **intraspezifisch**, also nur auf Mitglieder einer Art (griech. *pherein* = tragen und *hormao* = antreiben). Beispielsweise lockt Bombycol (Abb. 6.15), das von den Weibchen des Seidenspinners abgesondert wird, die Männchen an (Abb. 6.16). Botenstoffe, die zwischen unterschiedlichen Arten vermitteln, also **interspezifisch** wirksam sind, können einerseits in **Allomone** und **Kairomone** unterschieden werden (griech. *allos* = verschieden bzw. *kairos* = der rechte Augenblick), je nachdem, ob das gesendete Signal einen vorteilhaften Effekt für den Sender oder für den Empfänger besitzt. Beispielsweise wirkt Eugenol, ein aromatischer Alkohol (Abb. 6.15; ▸Kap. 20.2.2), der Hauptbestandteil von Nelkenöl, auf Termiten eher abstoßend, dagegen auf andere Insektenarten anziehend. Es bietet somit Schutz vor Fressfeinden und sichert gleichzeitig die Verbreitung der Pflanze (*Syzygium aromaticum*, Abb. 6.17) durch Bestäubung durch andere Insekten.

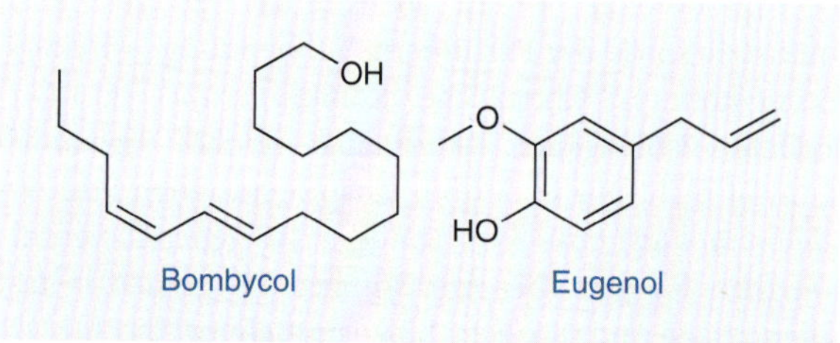


**Abb. 6.15** Strukturformeln von Bombycol und Eugenol

**Abb. 6.16** Seidenspinner, die von Bombycol angelockt wurden

**Abb. 6.17** Gewürznelken-Baum (*Syzygium aromaticum*): Blüten und Knospen

Zusätzlich wird der Endung -ol noch das entsprechende griechische Präfix, z. B. di- oder tri-, vorangestellt, je nach Anzahl der vorhandenen OH-Gruppen. Die einfachsten Vertreter mehrwertiger Alkohole sind **Ethylenglycol** (1,2-Ethandiol) und **Glycerol** (1,2,3-Propantriol, früher als Glycerin bezeichnet). Vierwertige Alkohole bezeichnet man allgemein als Tetrite, fünfwertige Alkohole als Pentite und sechswertige Alkohole als Hexite.

Mit größer werdender Anzahl an OH-Gruppen nimmt die Polarität der Alkohole deutlich zu. Da sie zudem zusätzliche intra- und intermolekulare Wasserstoffbrücken ausbilden können, weisen sie höhere Siedepunkte und Viskositäten auf als die entsprechenden einwertigen Vertreter. Sie bleiben daher trotz zunehmender Kohlenstoffkettenlängen überwiegend hydrophil und sind somit im Gegensatz zu den einwertigen Homologen unlöslich in unpolaren Lösemitteln.

Mehrwertige Alkohole sind wesentliche Bestandteile von Naturstoffen. Tetrite, Pentite und Hexite spielen z. B. als **Zuckeralkohole** in der Kohlenhydratchemie eine grundlegende Rolle (▸Kap. 14).

## 6.2.2 Gewinnung und Synthese

### Ethylenglycol und Glycerol

Technisch wird **Ethylenglycol** (1,2-Ethandiol) aus Ethylenoxid (Oxiran) durch Erhitzen mit Wasser unter Druck gewonnen. Die Verwendung von Säuren als Katalysatoren ermöglicht die Ringöffnung schon bei Raumtemperatur und Normaldruck, allerdings muss hier bei sehr hoher Verdünnung gearbeitet werden, damit eine hohe Ausbeute an Ethylenglycol erhalten wird. Bei höheren Konzentrationen entstehen ansonsten überwiegend Oligomere (▸Exkurs: Kronenether). Auch durch den OMEGA-Prozess (*Only Mono Ethylene Glycol Advanced Process*) kann selektiv Ethylenglycol erzeugt werden. Hierbei wird Ethylenoxid zunächst katalytisch mit Kohlendioxid zu Ethylencarbonat umgesetzt, welches anschließend zu Ethylenglycol hydrolysiert wird (○Abb. 6.18, ○Abb. 6.19).

**Glycerol** (1,2,3-Propantriol) wurde 1779 von *Scheele* bei der Hydrolyse von Olivenöl entdeckt und ist der wichtigste dreiwertige Alkohol. Er kommt als Baustein in fast allen tierischen Fetten sowie in pflanzlichen Ölen vor. Diese sind Ester des Glycerols mit langkettigen Fettsäuren. Fette sind also Triacylglycerole (früher Triglyceride). Durch saure Hydrolyse oder basische Verseifung, Umesterung oder enzymatische Fettspaltung mithilfe von Lipasen kann aus Fetten daher Glycerol freigesetzt werden (○Abb. 6.20, unten).

Die Synthese kann auch klassisch petrochemisch erfolgen. Dabei wird das Propen der Crackgase durch die Umsetzung mit Chlor bei 500 °C selektiv in Allylposition chloriert und anschließend werden durch die

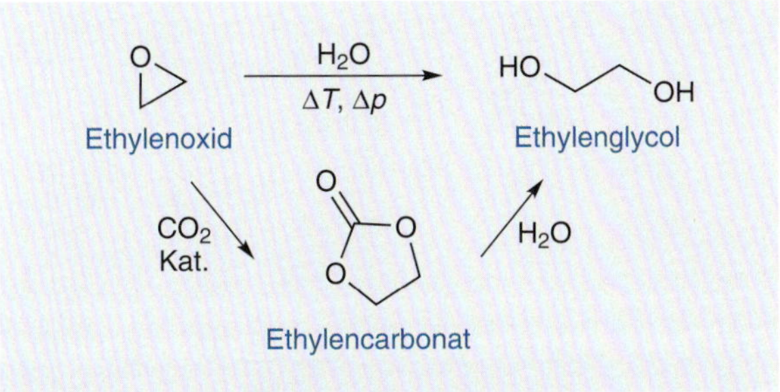


○ **Abb. 6.18** Reaktionsschema der Synthese von Ethylenglycol nach dem OMEGA-Prozess

○ **Abb. 6.19** Produktionsanlage zur Darstellung von Ethylenglycol aus Ethylenoxid

Addition von hypochloriger Säure die entsprechenden Chlorhydrine gebildet. Diese lassen sich leicht unter basischen Bedingungen zu Epichlorhydrin umsetzen. Abschließend kann unter basischer Hydrolyse nicht nur der Epoxidring geöffnet, sondern auch Chlor substituiert werden. Verwendet man dagegen Allylalkohol als Ausgangsmaterial und setzt dieses mit Wasserstoffperoxid und einem Wolframoxid-Katalysator um, so erhält man zunächst das Epoxid Glycid, das ebenfalls hydrolytisch zu Glycerol umgesetzt werden kann (○Abb. 6.20, oben).

## 6.2.3 Reaktionen und Anwendungen

Die beiden Hydroxygruppen in Glycolen sind nicht gleich reaktiv, sondern reagieren in der Regel nacheinander, sodass bei Umsetzungen mit einer Base z. B. Mono- und Dialkoholate gebildet werden können. Ebenso lassen sich auch Mono- und Diester sowie Mono- und Diether selektiv bilden. Die Substitution einer OH-Gruppe durch ein Halogenatom führt zur Verbindungsklasse der Hydrine, z. B. 2-Bromethanol (Ethylenbromhydrin).

■ **MERKE** Chemische Reaktionen an den OH-Gruppen von Polyolen erfolgen in der Regel stufenweise.

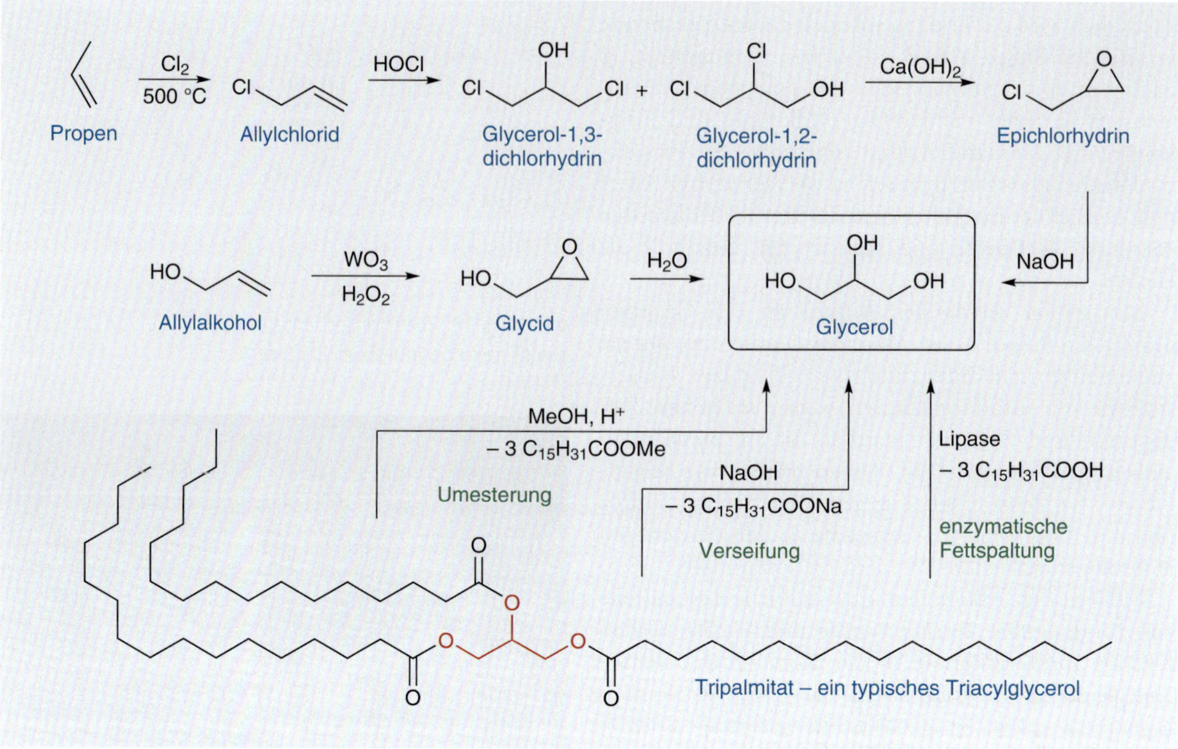


**Abb. 6.20** Großtechnische Darstellungen von Glycerol (oben) und Gewinnung aus Fetten (unten)

### Exkurs: Kronenether

Die 1967 erstmals von *Pedersen* beschriebenen, auch als **Kronenether** bekannten, makrocyclischen Polyether zeichnen sich durch ihre außergewöhnlichen **Komplexierungseigenschaften** aus. Ihre Entdeckung gilt als die Geburtsstunde der **Supramolekularen Chemie**, die sich mit der Wechselwirkung von Molekülen miteinander beschäftigt. Kronenether lassen sich durch Ringschlussreaktionen aus unterschiedlich langen Glycolen darstellen. Neben ihrem IUPAC-Namen besitzen Kronenether eine Kurzbezeichnung, die die Anzahl der Ringatome in Klammern voranstellt und die Anzahl der Sauerstoffatome an die Bezeichnung „-Krone" anschließt (z. B. [18]Krone-6). Ihre Ringgröße und die Anzahl der Sauerstoffatome sind variabel. Außerdem können die Sauerstoffatome durch andere Heteroatome wie z. B. Stickstoff und Schwefel ausgetauscht werden, was zu anderen Komplexierungseigenschaften führt. Durch die freien Elektronenpaare der Heteroatome und ihre fixierte oder auch präorganisierte dreidimensionale Struktur sind sie besonders gut in der Lage, **Ionen-Dipol-Wechselwirkungen** einzugehen und können so, bestimmt durch die Ringgröße, spezifisch bestimmte Kationen binden. So bildet [18]Krone-6 mit Kaliumionen einen so starken Komplex, dass sogar anorganische Salze wie $KMnO_4$ in unpolaren Lösemitteln wie Benzen löslich werden. Mit der so entstehenden Lösung von $KMnO_4$ in Benzen („purple benzene") sind Oxidationen auch in unpolarer Umgebung möglich. Die Komplexe zeigen dabei ein der Phasen-Transfer-Katalyse (▸Kap. 6) analoges Verhalten, bei dem der ionische Charakter des Kations im Komplex durch die unpolaren Ethylenbrücken maskiert wird, weswegen der Komplex in unpolaren Lösemitteln löslich ist. Das zugehörige Anion, das aus Gründen der Elektroneutralität ebenfalls in die organische Phase übergehen muss, kann dagegen nicht komplexiert werden und liegt im schwach solvatisierenden Lösemittel nahezu „nackt" vor, sodass es entsprechend reaktiver ist als in solvatisierenden Lösemitteln (○Abb. 6.21, oben).

Diazapolyoxa-Makrobicyclen, besser bekannt als **Kryptanden**, stellen eine Weiterentwicklung der Kronenether dar. Sie weisen eine Kavität auf, die noch selektiver zwischen den Substratmolekülen unterscheiden kann (vgl. Lehrbücher der Supramolekularen Chemie). Allerdings ist ihre Synthese entsprechend komplexer als die der Kronenether. Zur Darstellung des [2.2.2]Kryptanden müssen z. B. ausgehend von Triethylenglycol zunächst zwei unterschiedliche Moleküle synthetisiert werden. Zum einen erfolgt eine Bromierung mit anschließender *Gabriel*-Synthese (▸Kap. 8.1.2), wodurch die OH-Gruppen in Aminogruppen überführt werden können. Zum anderen werden die OH-Gruppen mit Salpetersäure zur Carbonsäure oxidiert, die anschließend in das Säurechlorid überführt wird. Dann können die beiden Komponenten im Sinne des *Ruggli-Ziegler*schen Verdünnungsprinzips miteinander umgesetzt und cyclisiert werden. Dieses Prinzip besagt, dass eine intramolekulare Reaktion gegenüber einer analogen intermolekularen Reaktion bei hoher Verdünnung bevorzugt wird, da die

Wahrscheinlichkeit für die intermolekulare Reaktion mit zunehmender Verdünnung der Lösung kontinuierlich abnimmt.

Das gebildete Dilactam wird dann mit $LiAlH_4$ zum cyclischen Amin reduziert. Durch erneute Cyclisierung mit dem Disäurechlorid und anschließende Reduktion mit Diboran kann die zweite Brücke eingeführt werden (Abb. 6.21, unten).

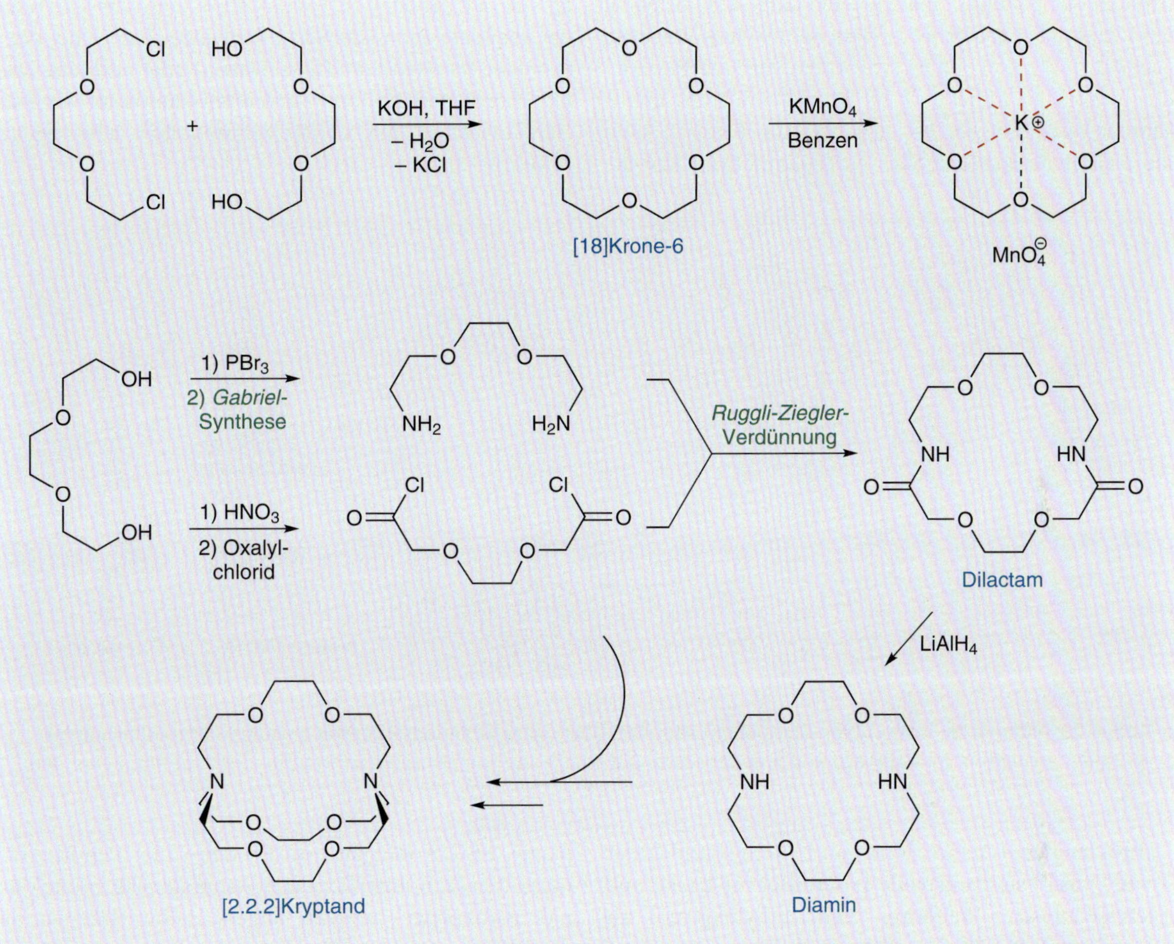


**Abb. 6.21** Synthese von [18]Krone-6 und Komplexierung von Kaliumionen in Benzen (oben), Syntheseschema von [2.2.2]Kryptand (unten)

Mit konzentrierten Säuren lässt sich aus Ethylenglycol oder auch aus Ethylenoxid der cyclische Ether 1,4-Dioxan darstellen (▸Kap. 9.1):

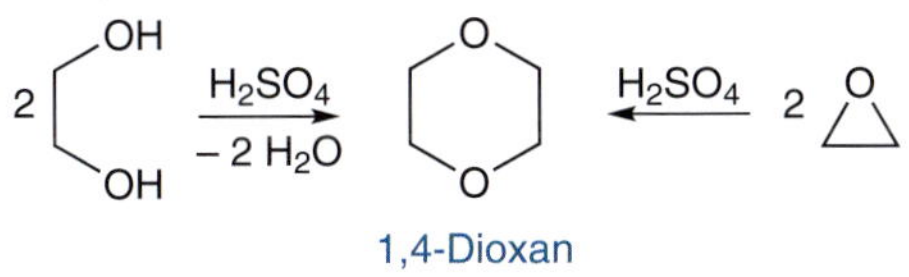


Die **Oxidation der Glycole** (▸Exkurs: Glycolspaltung) erfolgt ebenfalls stufenweise. Daraus resultieren jeweils Stammverbindungen ganz neuer Substanzklassen (Abb. 6.22). Allerdings können bei der Oxidation von Ethylenglycol mit Salpetersäure nur die Glycolsäure und die Oxalsäure leicht isoliert werden. Wie bei den einwertigen Alkoholen sind die anderen Oxidationsprodukte leichter oxidierbar als der Alkohol selbst, sodass sich die Oxidation nicht auf diesen Stufen anhalten lässt.

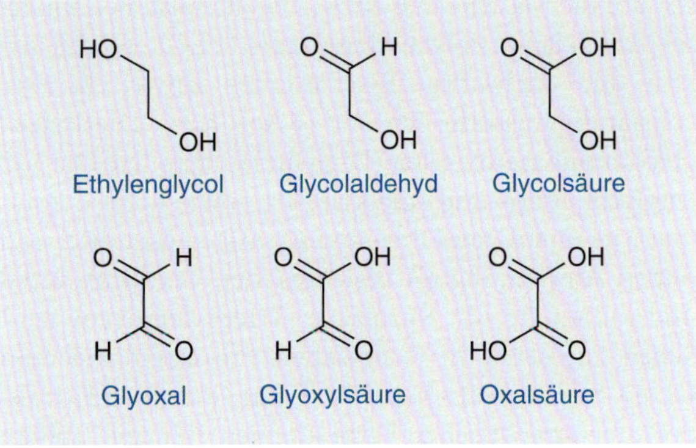


**Abb. 6.22** Oxidationsprodukte von Glycol

## Exkurs: Glycolspaltung

Unter einer Glycolspaltung versteht man die oxidative Spaltung vicinaler Alkohole mit Bleitetraacetat in Eisessig (*Criegee*-Reaktion) oder mit Periodat in wässriger Lösung (*Malaprade*-Spaltung). Die C—C-Bindung des vicinalen Diols wird dabei gebrochen und es werden zwei Aldehyde gebildet. Diese Reaktion ist synthetisch von Interesse und diente vor allem früher auch zur Strukturaufklärung unbekannter Verbindungen. Bei Polyolen (z. B. Glycerol) kann die *Malaprade*-Spaltung auch zur quantitativen Bestimmung genutzt werden. So entstehen bei der Reaktion von Glycerol mit Periodat zuerst ein 2-Hydroxyaldehyd (Glycolaldehyd) und Formaldehyd. Glycolaldehyd-Hydrat reagiert erneut mit Periodat zu Formaldehyd und Ameisensäure. Der gebildete Formaldehyd (2 Äquivalente) oder die entstandene Ameisensäure (1 Äquivalent) oder auch das verbrauchte Periodat können quantitativ bestimmt werden. Man erhält so die Glycerolkonzentration einer Probe (**o** Abb. 6.23).

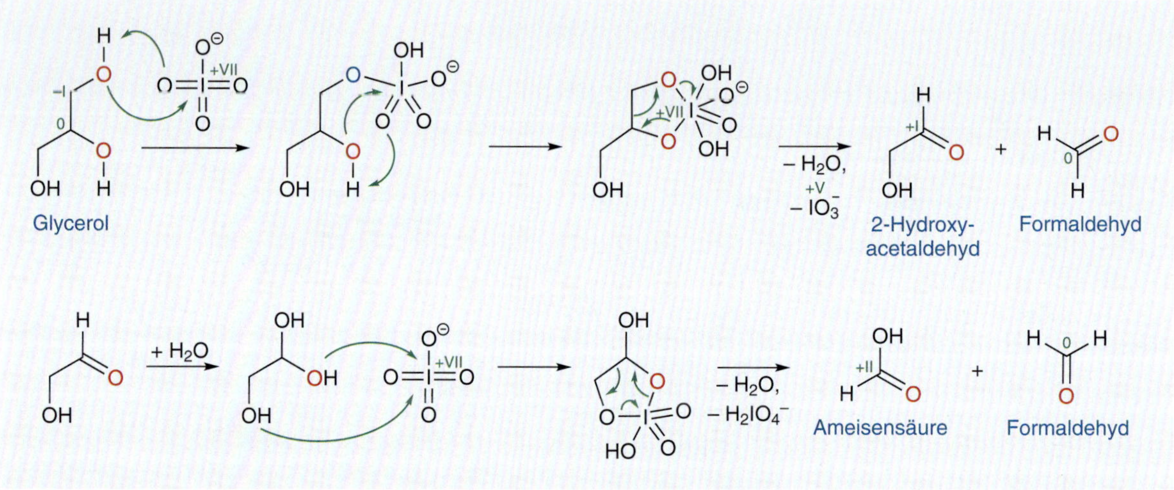


**o Abb. 6.23** *Malaprade*-Spaltung von Glycerol mit Periodat. Über cyclische Periodsäureester entstehen letztendlich unter C—C-Bindungsspaltung Formaldehyd und Ameisensäure. Die anfallende Ameisensäure kann titrimetrisch bestimmt werden.

**Ethylenglycol**, seine Mono- und Diether und -ester sowie Dioxan sind wertvolle Lösemittel für Lacke und Acetylcellulosen. Weiterhin dient Ethylenglycol als Ausgangsstoff für die Polyether- und Polyestersynthese und findet als Frostschutzmittel Verwendung (▸ Exkurs: Glycolweinskandal).

Durch kationische Polymerisation von Ethylenoxid mit $SnCl_4$ in Gegenwart entsprechender Mengen Wasser, um die Kettenenden abzusättigen, entstehen unterschiedlich lange **Polyethylenglycole** (PEG), welche viskose und wachsartige Eigenschaften aufweisen, aber vollständig wasserlöslich sind (**o** Abb. 6.24). **Diethylenglycolmonomethylether** (Diglyme) und andere Diethylenglycolmono- und -dialkylether, sowie höhere Polymerisate und deren Ether sind wichtige Lösemittel und finden Anwendung als Weichmacher, Textilhilfsmittel und Hilfsstoffe für Nitrolacke. **Triethylenglycol** wird Seifen zugesetzt. In technischen Prozessen wie dem UDEX-Verfahren (▸ Kap. 18.1.2) zur selektiven Extraktion der aromatischer Verbindungen Benzen, Toluen und Xylen aus Kohlenwasserstoffgemischen, wie sie üblicherweise bei der Erdölraffinerie anfallen, finden Ethylenglycol und seine Derivate als Lösemittel Einsatz. Biologische Relevanz besitzen PEG auch in der Pharmazie. PEG-Konjugate von Protein- oder Peptid-Arzneistoffen (z. B. Interferone, L-Asparaginase, monoklonale Antikörper) besitzen längere Halbwertszeiten, da die PEGylierten Arzneistoffe gegen Proteasen stabiler sind. Außerdem wird die Immunogenität der Proteine herabgesetzt. Ein wichtiger weiterer Effekt ist die verbesserte Wasserlöslichkeit von Wirkstoffen durch die Konjugation mit PEG.

## Exkurs: Glycolweinskandal

Eine unrühmliche Bekanntheit erlangte Ethylenglycol und von ihm abgeleitete höhere Oligomere wie Diethylenglycol in den 80er Jahren im sogenannten Glycolweinskandal. Einige Winzer hatten damals ihren Weinen geringe Mengen an Glycol zugemischt, das mit seinem süßlichen Geschmack die Weine süßer und aromatischer machen sollte. So sollte der Geschmack des Weins unter Umgehung der gesetzlichen Vorgaben verbessert werden, denn eine Zuckerung von Wein war und ist nicht erlaubt. Aufgedeckt wurde der Skandal damals nur, weil einer der Winzer unverhältnismäßig große Mengen Frostschutzmittel von der Steuer absetzen wollte.

Auch bei Glycerol weisen die OH-Gruppen unterschiedliche Reaktivitäten auf, sodass sie nacheinander

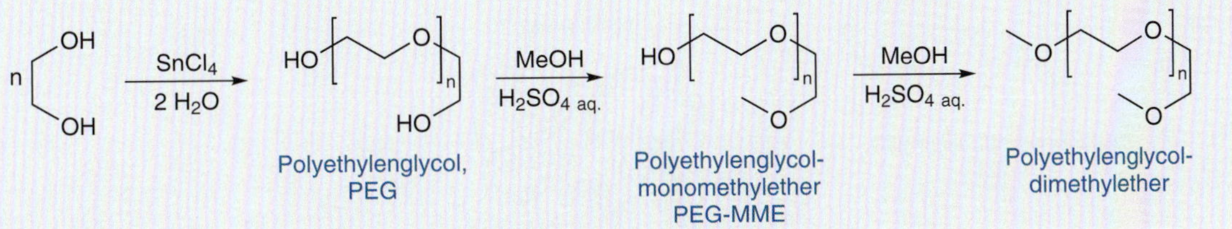


**Abb. 6.24** Darstellung von Polyethylenglycol, -mono- und -dimethylether

umgesetzt werden können. Dabei führt eine Oxidation der primären oder der sekundären OH-Gruppe zunächst zum **Glycerolaldehyd** bzw. zum **Dihydroxyaceton**. Im Gegensatz zum Dihydroxyaceton besitzt Glycerolaldehyd ein Chiralitätszentrum. Beide Verbindungen stellen als Triosen die kleinsten Vertreter der Klasse der Zucker dar. Mit $HNO_3$ erfolgt die weitere Oxidation bis zur Glycerolsäure, deren Phosphorsäureester ein wichtiges Zwischenprodukt bei der Glycolyse, der alkoholischen Gärung und der Photosynthese ist (Abb. 6.25). **Glycerol** findet besonders wegen seiner wasserbindenden Eigenschaften vielseitige Anwendung. Bei der Herstellung von Salben, Zahncremes und Kosmetika ist es heute nicht mehr weg zu denken. Die Textilindustrie verwendet es zum Appretieren, und bei der Tabakveredelung wird so die Lagerware vor der Austrocknung geschützt. Es dient als Zusatz in Kopiertinten und Druckerfarben. Gemische mit Wasser werden als Frostschutzmittel z. B. in Autokühlern und Gasuhren eingesetzt.

Auch in biologischen Systemen dienen Polyole als „Frostschutzmittel". Neben Ethylenglycol findet man besonders häufig hohe Konzentrationen an Glycerol oder höheren Homologen wie z. B. Sorbitol in Blut, Lymphe und Zellsäften von Tieren und Pflanzen, die in Polarregionen beheimatet sind oder längere Eis- und Frostperioden überleben müssen (Abb. 6.26). Besonders Glycerol ist schnell und leicht durch Verstoffwechslung von Fetten zugänglich und schützt die Zellen vor dem Einfrieren bei besonders tiefen Temperaturen.

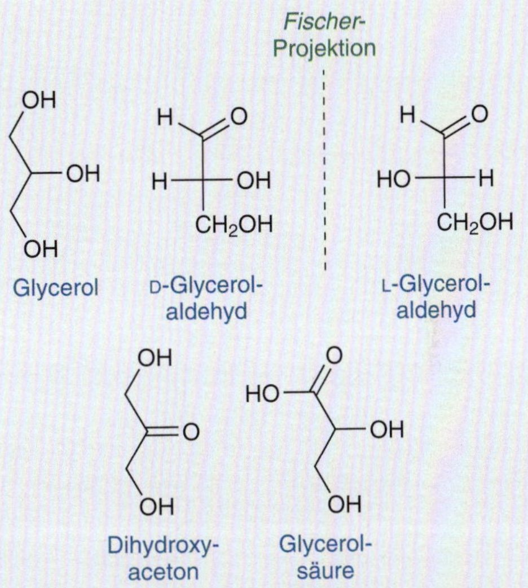


**Abb. 6.25** Oxidationsprodukte von Glycerol

**Abb. 6.26** Marienkäfer schützen sich im Winter durch eine erhöhte Glycerolkonzentration in ihrem Körper.

## Polyesterharze

Die Veresterung von Ethylenglycol mit aliphatischen oder aromatischen Dicarbonsäuren führt zu linearen Polymeren, die zur Gruppe der **Thermoplaste** gehören, da sie sich leicht verformen lassen. Ein prominentes Beispiel ist **Polyethylenterephthalat** (PET), aus dem wiederverwertbare Plastikflaschen gegossen werden (Abb. 6.27, oben links). Die Veresterung von Glycerol mit aliphatischen oder mit aromatischen Dicarbonsäuren führt zu polykondensierten und quervernetzten **Alkydharzen**, die zur Gruppe der **Duroplaste** gehören. Dabei werden die terminalen OH-Gruppen des Glycerols zunächst durch die Dicarbonsäuren zu linearen Polymerketten verestert, welche die für lineare Polymere typischen Schmelzeigenschaften aufweisen. Anschließend können durch einen Überschuss an Dicarbonsäure die noch freien OH-Gruppen ebenfalls miteinander verknüpft werden, sodass ein unschmelzbares Netzwerk entsteht. Die Umsetzung von Glycerol mit beispielsweise Phthalsäureanhydrid bei 250 °C führt zur Bildung von Glyptalharz (Abb. 6.27, unten), welches als Metallkleber oder als Bestandteil von

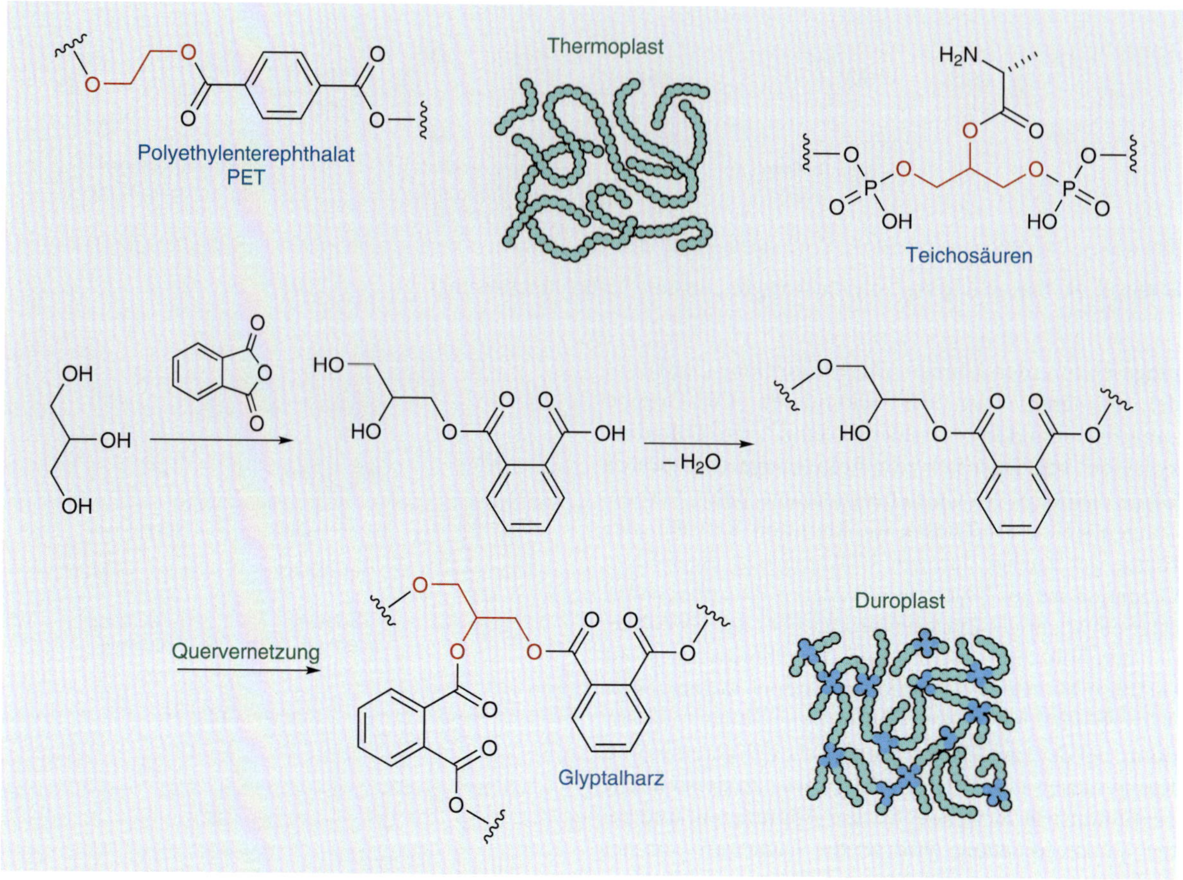


**o Abb. 6.27** Glycol- und Glycerolpolymere

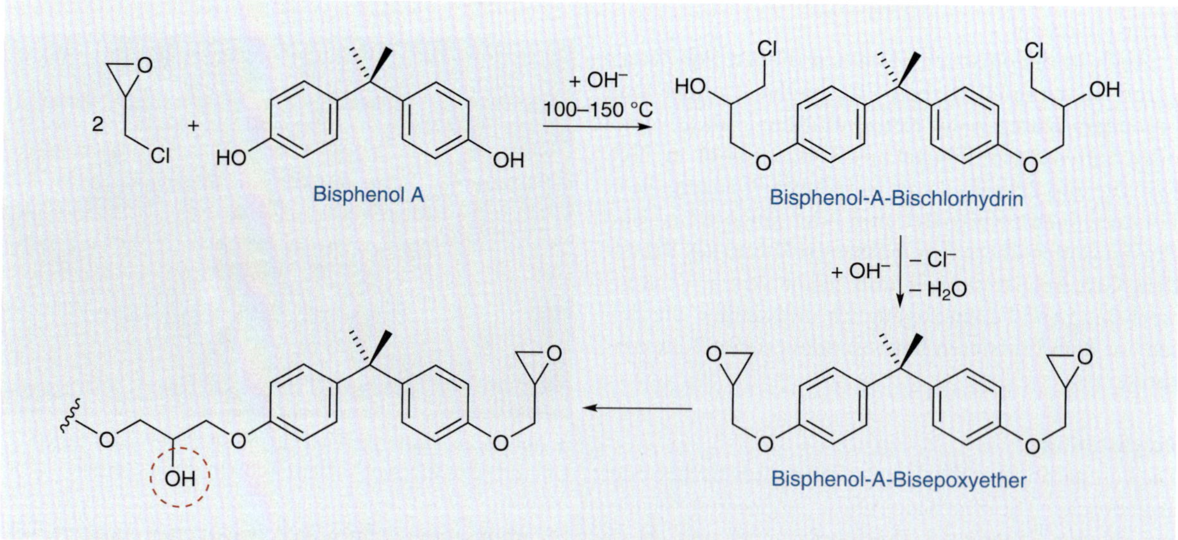


**o Abb. 6.28** Herstellung eines Epoxidharzes durch Umsetzung von Epichlorhydrin mit Bisphenol A. Über die freie OH-Gruppe (rot eingekreist) kann die Quervernetzung erfolgen.

Lacken verwendet wird, da es besonders hitzebeständig, haft- und wetterfest ist. Durch Veresterung der terminalen OH-Gruppen von Glycerol mit Phosphorsäure entstehen ebenfalls Polyester, sogenannte **Teichosäuren**, die wichtige Bestandteile der Bakterienzellwände sind. Dabei ist die mittlere OH-Gruppe in der Regel mit Zuckern oder D-Aminosäuren verknüpft (o Abb. 6.27, oben rechts).

Wie bei Ethylenglycol kann auch im Glycerol eine OH-Gruppe durch ein Halogenatom ersetzt werden, sodass ein reaktionsfähiges **Hydrin** entsteht. Generell sind Hydrine wertvolle Synthesebausteine. Die direkte Umsetzung von Glycerol mit wässriger HCl führt zu den Monochloriden Glycerol-1-chlorhydrin und Glycerol-2-chlorhydrin. Unter drastischeren Bedingungen (HCl in Eisessig) können auch die entsprechenden Dichloride erhalten werden. Im Alkalischen kommt es zu einer intramolekularen Substitution, bei der die Epoxide Glycid bzw. Epichlorhydrin entstehen (○ Abb. 6.20), welche ebenfalls sehr reaktiv sind und daher wichtige Ausgangsstoffe für Synthesen darstellen. Obwohl sich Epichlorhydrin als cancerogen erwiesen hat, wird es weiterhin bei der Synthese von Epoxidharzen eingesetzt (○ Abb. 6.28). Dies sind Polyether, die aus der Kondensation von Epoxiden wie Epichlorhydrin mit mehrwertigen Alkoholen oder aromatischen Phenolen (z. B. 2,2-Di[4-hydroxyphenyl]-propan, Bisphenol A oder kurz Dian) entstehen. Durch Erhitzen im Basischen auf 100–150 °C kommt es zunächst unter Ringöffnung zur Bildung eines Ethers an beiden Seiten des Dialkohols, sodass das entsprechende Bischlorhydrin entsteht, welches allerdings direkt unter Abspaltung von HCl das Bisepoxid bildet. Dieses kann durch nucleophile Ringöffnung mit weiterem Bisphenol A reagieren, sodass nach und nach in Abhängigkeit von der Epichlorhydrinkonzentration immer längere Ketten aufgebaut werden können. Durch den anschließenden Zusatz von Dicarbonsäuren werden Quervernetzungen zwischen den noch freien OH-Gruppen hergestellt, was zu einer Aushärtung des Harzes führt und die Anwendung als Kleb- und Lackrohstoffe und als Oberflächenschutz oder Gießharze in Verbundmaterialien ermöglicht.

## 6.2.4 Ausgewählte Verbindungen

### Derivate der Glycole

Durch die Luftoxidation von Ethylen an Silberkontakten kann technisch das kleinste Epoxid **Ethylenoxid** erzeugt werden (▸ Kap. 9.1.2). Im Labor generiert man Epoxide aus Hydrinen mit Kaliumhydroxid (▸ Kap. 6.2.3). Ethylenoxid ist ein giftiges Gas, welches sich zur Sterilisation medizinischer Geräte eignet. Aufgrund des gespannten Dreirings zeigen Epoxide eine für Ether ungewöhnlich hohe Reaktivität und reagieren sehr leicht mit Nucleophilen wie Wasser, Alkoholen, Halogenwasserstoffen, Blausäure, Ammoniak und primären Aminen. So lassen sich beispielsweise mit Ammoniak zuerst 2-Aminoethanol und bei einem Überschuss an Epoxid auch Di- und Triethanolamin darstellen, welche als basische Komponenten in Seifen und Cremes, als Netzmittel für Textilien und Weichmacher in der Lederindustrie verwendet werden oder sich zur Darstellung heterocyclischer Basen eignen.

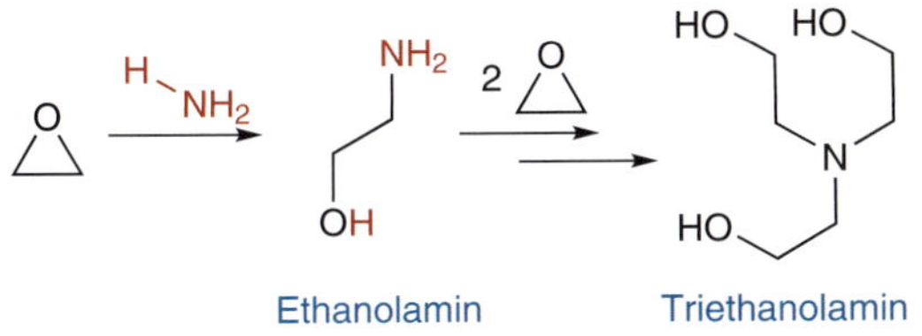


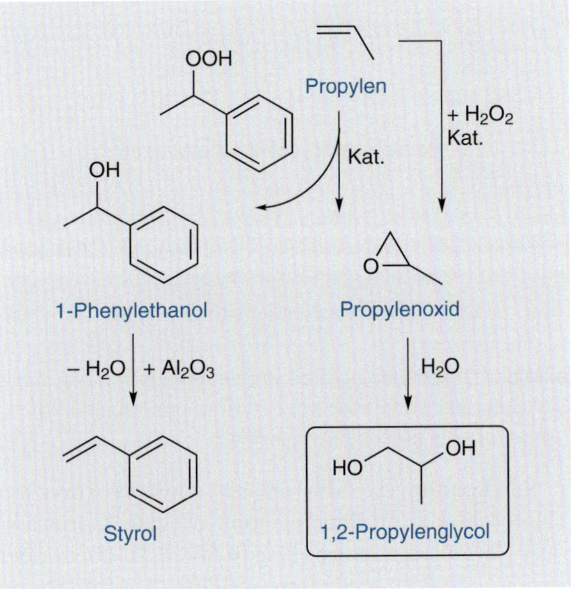


○ **Abb. 6.29** Darstellungen von 1,2-Propylenglycol mittels Halcon-Verfahren (links) und HPPO-Verfahren (rechts)

**Propylenoxid** (Methyloxiran, 1,2-Epoxypropan) ist das Methylderivat des Ethylenoxids, eine farblose, bei 34 °C siedende Flüssigkeit. Es wird katalytisch an Wolfram-, Molybdän-, Vanadium- oder Titankontakten mithilfe von Hydroperoxiden aus Propen dargestellt (○ Abb. 6.29, Mitte). Im Halcon-Verfahren wird zunächst aus Ethylbenzen ein Hydroperoxid gebildet und dieses anschließend mit Propen umgesetzt. Dabei entsteht Propylenoxid, dessen Hydrolyse zu 1,2-Propylenglycol führt; dieses findet ähnliche Anwendung wie Ethylenglycol und besitzt auch eine vergleichbare Reaktivität. Das dabei aus dem Hydroperoxid entstehende 1-Phenylethanol kann seinerseits katalytisch zu Styrol umgesetzt werden, sodass die Edukte bestmöglich genutzt werden können (○ Abb. 6.29, links). Neuerdings ist die Darstellung von Propylenoxid im HPPO-Verfahren (*Hydrogen Peroxide Propylene Oxide*) auch großtechnisch direkt mit Wasserstoffperoxid durchführbar (○ Abb. 6.29, rechts). Der Vorteil ist dabei, dass das einzige gebildete Abfallprodukt Wasser ist, welches nicht kostspielig entsorgt werden muss.

Durch Umsetzung von Fettalkoholen und alkylierten Phenolen mit einem Überschuss Ethylenoxid entstehen **Fettalkohol**- oder **Alkylphenylpolyethylenglycolether** (○ Abb. 6.30). Diese wirken als nichtionische Detergenzien und Emulgatoren, sobald die Anzahl der Sauerstoffatome mindestens der Anzahl der Kohlenstoffatome in den unpolaren Resten entspricht. Durch die Veresterung mit Schwefelsäure kann auch bei Derivaten mit langen Alkylresten, die nur eine kurze Polyethylenglycolkette enthalten, eine ausreichende Wasserlöslichkeit erzeugt werden. Solche Ester dienen als Spezialwaschmittel.

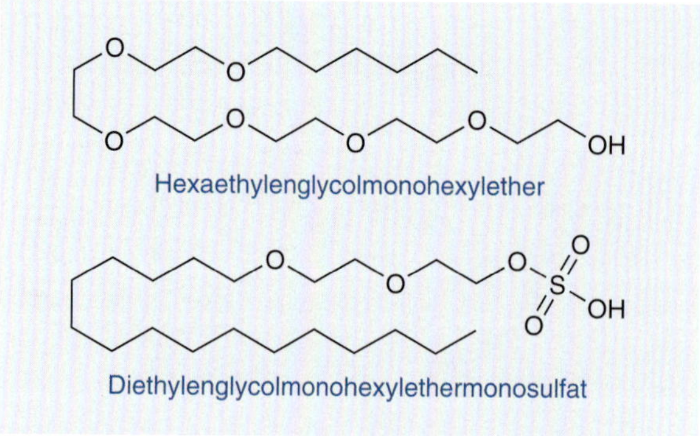


**Abb. 6.30** Ethylenglycolalkylether. Die Einführung der Sulfat-Gruppe sorgt auch bei Derivaten mit langen Alkylresten für eine gute Wasserlöslichkeit.

**Ethylenimin** (Aziridin) entsteht durch Reaktion von Thionylchlorid mit Ethanolaminhydrochlorid in wässriger Natronlauge in der Hitze (Abb. 6.31, oben) oder analog aus 2-Aminoethylschwefelsäure. Die giftige und ätzend wirkende Flüssigkeit ist cancerogen und ähnlich wie ein Epoxid besonders reaktionsfähig. Aziridin wird daher in der präparativen Chemie vor allem zum Einführen von Aminoethylgruppen benutzt, da die Ringöffnung durch verschiedenste Nucleophile erfolgen kann. Beispielsweise kann durch die Zugabe von schwefliger Säure **Taurin** synthetisiert werden. Taurin (2-Aminoethansulfonsäure, Abb. 6.31, Mitte) ist Bestandteil der Taurocholsäure in der Galle vieler Tiere, z. B. von Rindern. Davon leitet sich auch der Name ab (lat. *taurus* = Stier). Da es sich um eine zwitterionische Verbindung handelt (ein inneres Salz), besitzt Taurin einen sehr hohen Schmelzpunkt (Smp. > 240 °C) und ist in Wasser löslich, nicht jedoch in Ethanol und organischen Lösemitteln. Die Lösung in Wasser weist einen neutralen pH-Wert auf. Biochemisch entsteht Taurin auf unterschiedliche Weise aus L-Cystein. Der wohl wichtigste Bildungsweg verläuft unter enzymatischer Decarboxylierung über L-Cysteamin, welches anschließend durch enzymatische Oxidation Taurin liefert (Abb. 6.31, unten). Ein weiterer Weg verläuft über die enzymatische Oxidation zu Cysteinsäure und erst dann durch eine Decarboxylase zu Taurin. Taurin ist neben Coffein und Zucker Hauptbestandteil vieler Energy-Drinks.

Ein weiterer wichtiger Vertreter der Aminoalkohole ist die quartäre Ammoniumverbindung **Cholin** ((2-Hydroxyethyl)-trimethylammonium). Es ist basischer Bestandteil der Phospholipide und des Neurotransmitters Acetylcholin (▸Exkurs: Acetylcholin; vgl. ▸Kap. 36). Cholin kann aus Ethylenoxid und Trimethylamin in wässriger Lösung synthetisiert werden (Abb. 6.32, oben). Seine Oxidation führt zu **Betain**. Bei der Fäulnis von Eiweißen und organischem Material oder durch eine *Hofmann*-Eliminierung bei Erhitzen im Basischen wird aus Cholin das stark toxische Leichengift **Neurinhydroxid** (Trimethylvinylammoniumhydroxid) gebildet.

**L-Carnitin** (3-Hydroxy-[4-trimethylamino]-butyrat) ist ebenfalls ein Aminoalkohol und spielt eine wichtige Rolle im Energiestoffwechsel tierischer und pflanzlicher Zellen. In acylierter Form dient es als Transporter für Fettsäuren durch die Mitochondrien-

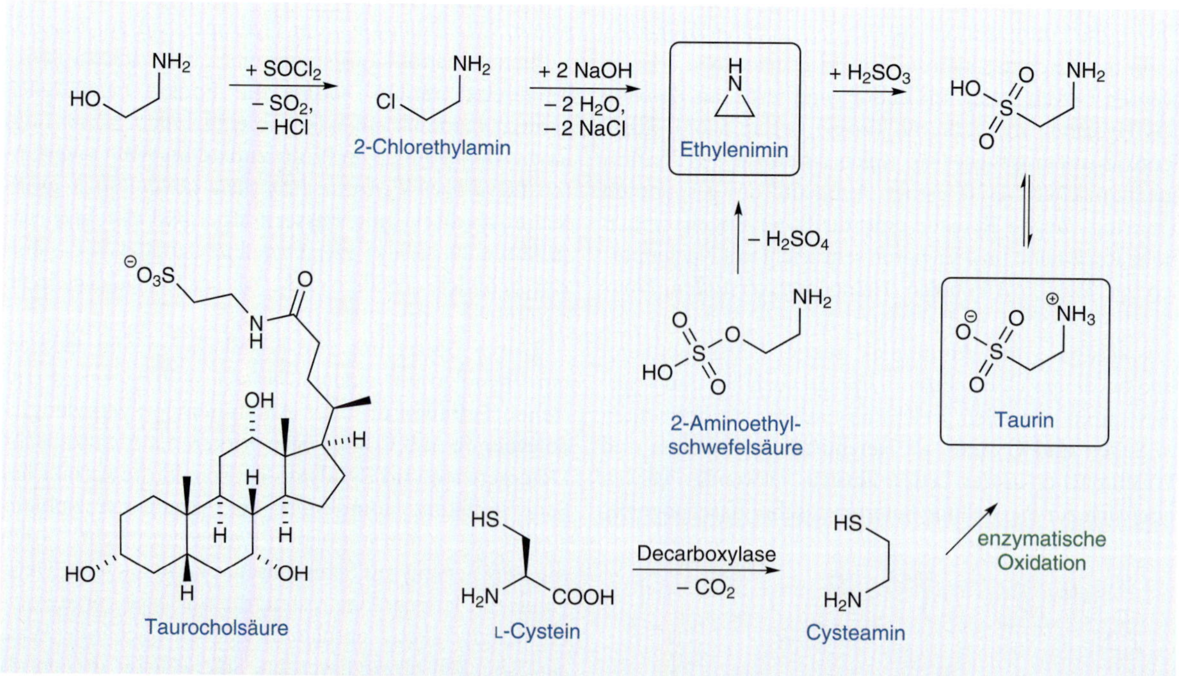


**Abb. 6.31** Darstellung von Ethylenimin und Taurin sowie Strukturformel von Taurocholsäure

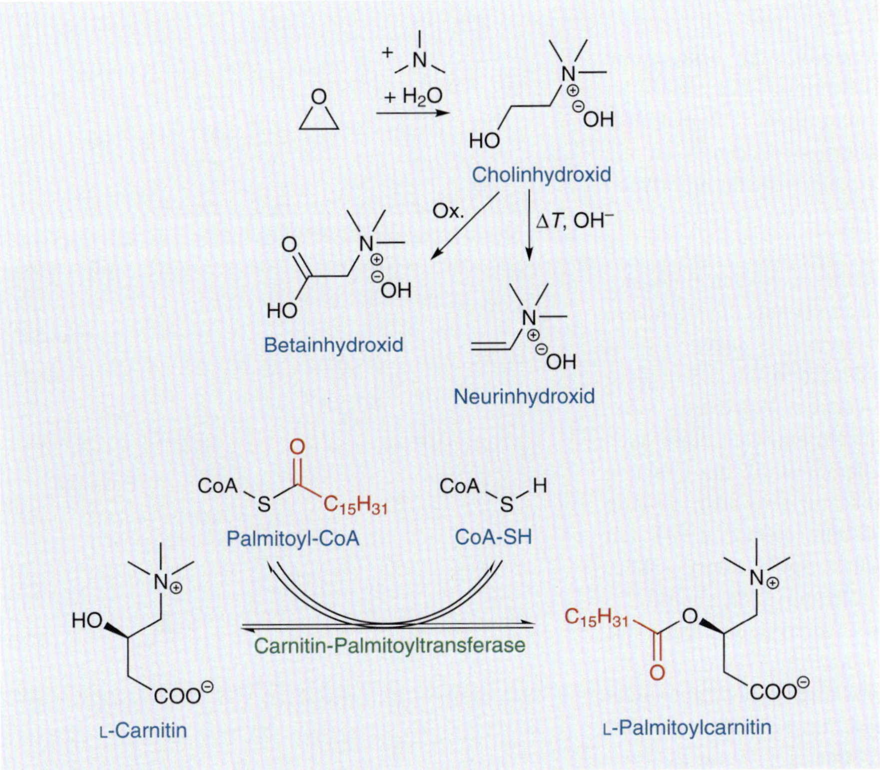


**o Abb. 6.32** Bildung von Cholin und Neurin sowie Strukturformel von Betain (oben), einem Oxidationsprodukt von Cholin. Unten: Der zentrale Schritt im Fettsäuretransport, die Veresterung der Fettsäuren mit L-Carnitin

membran. Dazu wird L-Carnitin enzymatisch mit aktivierten Fettsäuren (Acyl-CoA) verestert (o Abb. 6.32, unten). Aufgrund seiner zentralen Rolle im Fettstoffwechsel wird es auch als Nahrungsergänzungsmittel zur Gewichtsreduktion diskutiert. Allerdings sind seine Wirksamkeit und etwaige Nebenwirkungen bisher eher umstritten.

### Derivate von Glycerol

**Phosphoglycerole** (auch Phospholipide oder Phosphatide genannt, veraltete Bezeichnung Phosphoglyceride) sind Derivate des dreiwertigen Alkohols Glycerol. Es handelt sich um die Carbonsäureester zweier langkettiger Fettsäuren mit dem Glycerol-3-phosphat (o Abb. 6.35). Sie kommen in pflanzlichen und tierischen Zellen als wichtiger Bestandteil biologischer Membranen vor. Durch ihren amphiphilen Charakter besitzen sie ein ausgeprägtes Bestreben, in wässriger Umgebung Membranen aus ausgedehnten Doppelschichten zu bilden: Die hydrophilen Gruppen sind von Wassermolekülen solvatisiert, während die lipophilen Fettsäurereste ins Innere der Membranen ragen (o Abb. 6.35). So können Vesikel und Liposomen aufgebaut werden. Die Vesikel können mit Zellmembranen verschmelzen und dabei ihren Inhalt in das Zellinnere (Endozytose, z. B. Wirkstoffaufnahme) oder nach außen (Exozytose, z. B. Neurotransmitterfreisetzung) abgeben.

Entsprechend der Base, die an den Phosphatrest gebunden ist, unterscheidet man verschiedene Phosphoglycerole. Ihre wichtigsten Vertreter sind **Phosphatidylethanolamin** und **-cholin** sowie die Konjugate mit der Aminosäure **Serin** und dem Cyclohexanalkohol **Inositol** (o Abb. 6.36). Die Phospholipide der Zellmembranen bestehen in der Regel aus Gemischen dieser verschiedenen Phosphoglycerole mit unterschiedlichen gesättigten und ungesättigten Fettsäuren, vor allem Palmitin-, Stearin-, Öl-, Linol- und Linolensäure. Eine ähnlich aufgebaute Klasse von Lipiden (▸Kap. 13), die **Ceramide**, leitet sich vom ungesättigten Aminoalkohol Sphingosin ab, bei dem die Aminogruppe mit einer Fettsäure zu einem Säureamid verknüpft ist. Sphingophosphatide, die Ethanolamin oder Cholin tragen, werden **Sphingomyeline** genannt. Auch sie sind wiederum Gemische von Konjugaten mit unterschiedlichen Fettsäuren wie Palmitin-, Stearin, Nervon- und Lignocerinsäure.

Glycerol kann auch mit anorganischen Säuren verestert werden. Etwa 4 % der Glycerolproduktion wird zur Herstellung des Sprengstoffs **(Tri-)Nitroglycerol** (Glyceroltrinitrat) bzw. Dynamit (o Abb. 6.37) benötigt, welcher durch die Umsetzung von Glycerol mit Salpetersäure entsteht (▸Kap. 10.1.4). Ein sehr geringer Teil des Nitroglycerols fließt in die Arzneistoffproduktion. So werden bei einem *Angina-pectoris*-Anfall als Notfallmedikament ein nitroglycerolhaltiges Inhalationsspray oder Zerbeißkapseln eingesetzt. Nitroglycerol wird in

## Exkurs: Acetylcholin

Durch Acetylierung von Cholin erhält man **Acetylcholin** (ACh). In der Natur wird es enzymatisch aus aktivierter Essigsäure (Acetyl-CoA) und Cholin unter ATP-Hydrolyse (Adenosintriphosphat) synthetisiert. Acetylcholin ist ein **Neurotransmitter**, der zwei unterschiedliche Rezeptortypen stimuliert. Auf das parasympathische Nervensystem wirkt er über muscarinerge G-Protein-gekoppelte Rezeptoren generell dämpfend und z. B. blutdrucksenkend (muscarinerg, weil diese auch durch Muscarin (▸Kap. 36) stimulierbar sind). An der motorischen Endplatte dagegen wirkt Acetylcholin stark muskelkontrahierend (○Abb. 6.33). Diese Kontraktion wird durch eine reversible Aktivierung nicotinerger Ionenkanäle initiiert (nicotinerg, weil diese auch durch Nicotin, ▸Kap. 36, stimulierbar sind). Die Erregung beider Rezeptortypen dauert aber nur sehr kurz, da eine spezifische Esterase, die Acetylcholinesterase, AChE) den Neurotransmitter im synaptischen Spalt sofort wieder hydrolysiert und damit inaktiviert (○Abb. 6.34, oben).

**Chemische Kampfstoffe** wie Sarin oder Tabun oder das Insektizid E605 (Parathion) hemmen die Esterase nahezu irreversibel, da bei ihrer Hydrolyse langlebige Intermediate mit dem Enzym gebildet werden, das so inaktiviert wird (○Abb. 6.34, Mitte). Dadurch kommt es zu einer Überreizung betroffener Neuronen, was sich unter anderem in Krampfanfällen, Atemstillstand und Bewusstlosigkeit bis hin zum Tod äußert. Als Gegenmittel dient die Gabe von Atropin (▸Kap. 36), das als Antagonist an den cholinergen Neuronen dessen Wirkung an den Nervenenden aufhebt. Reversible Hemmstoffe der Acetylcholinesterase werden zur symptomatischen Behandlung der *Alzheimer*-Demenz ein-

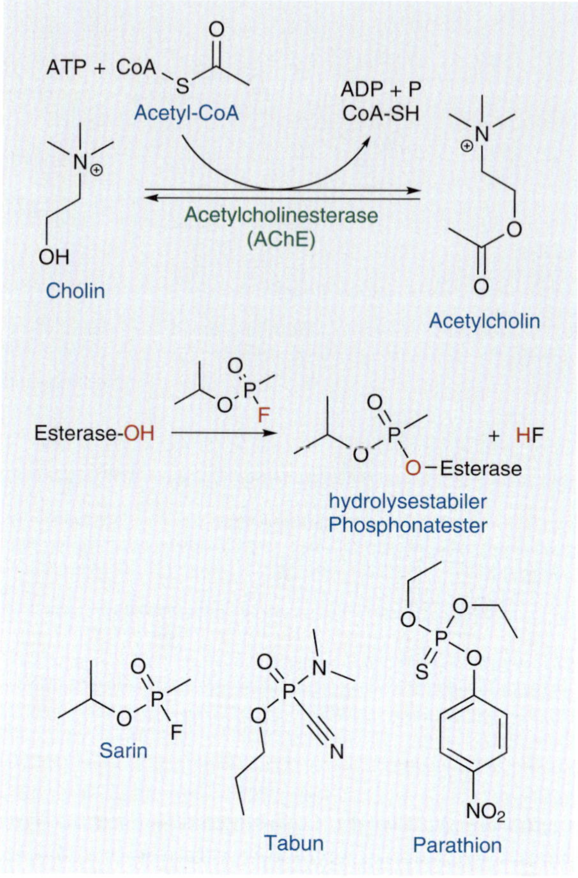


○ **Abb. 6.34** Schema der Bildung und Hydrolyse von Acetylcholin sowie der Inhibierung der ACh-Esterase durch Kampfstoffe und Insektizide wie Sarin, Tabun und Parathion

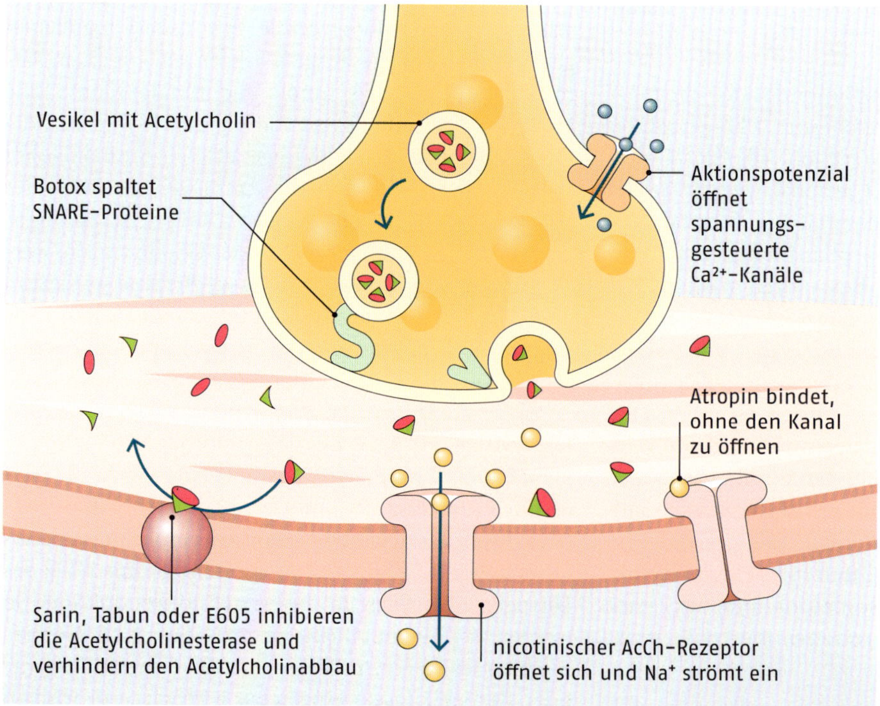


○ **Abb. 6.33** Schematische Darstellung der Reizweiterleitung an einer synaptischen Endplatte

gesetzt. Bei dieser Erkrankung sterben insbesondere cholinerge Neuronen ab.

Die Gabe von **Botulinustoxin** (Botox), dem Gift der *Clostridium-botulinum*-Bakterien, verhindert dagegen die Reizübertragung. Das Toxin, eine Protease, blockiert die Freisetzung von Acetylcholin aus den Vesikeln der Neuronen, indem es die für den Vesikeltransport notwendigen Proteine hydrolysiert. So erschlaffen betroffene Muskeln komplett. Botox wird daher in der kosmetischen Behandlung gegen Falten, aber auch zur Prävention von Migräneanfällen in entsprechende Mimikmuskeln injiziert.

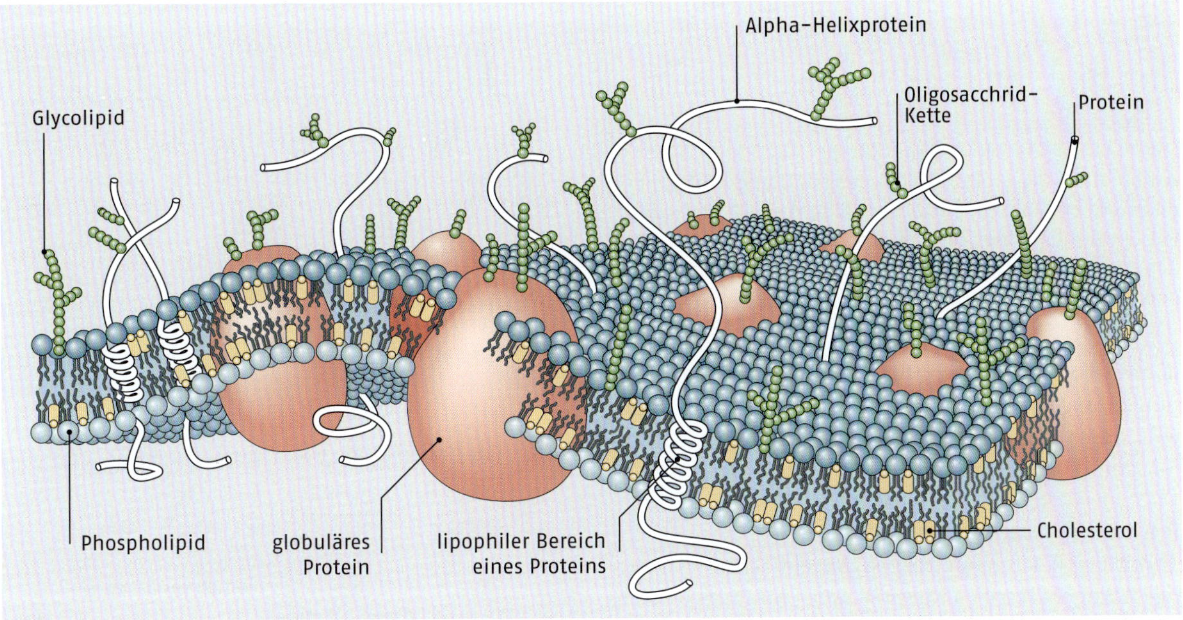


**Abb. 6.35** Schematische Darstellung der Phospholipidmembran von Zellen.

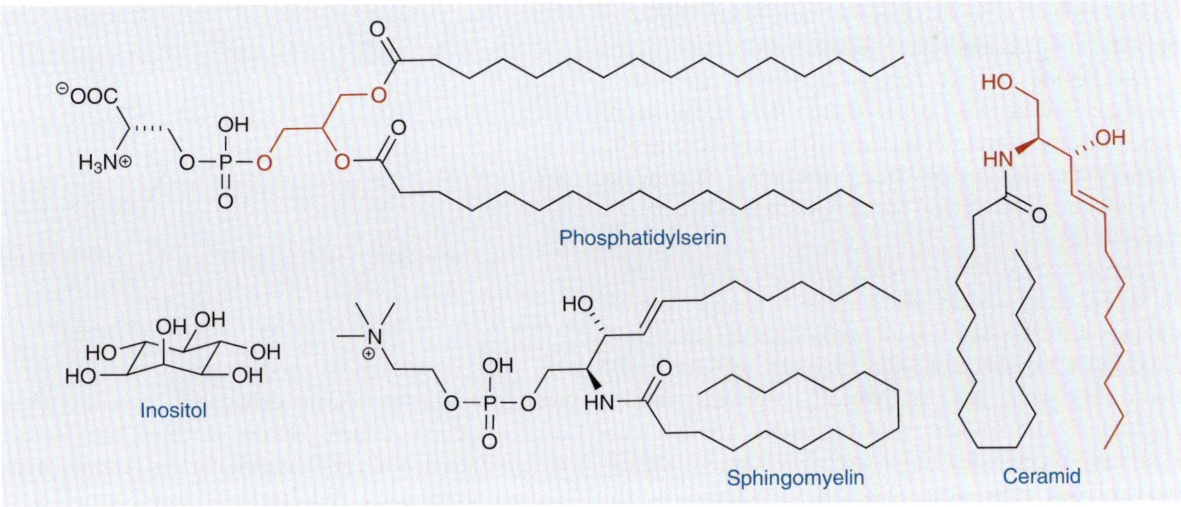


**Abb. 6.36** Strukturformel einiger Phospholipide und der häufig in Lipiden vorkommenden Kopfgruppe Inositol

den Gefäßwänden abgebaut und das gebildete NO wirkt dilatatorisch auf die Gefäßmuskulatur. Dadurch wird die Durchblutung der Herzkranzgefäße erhöht und der Herzmuskel wieder besser mit Sauerstoff versorgt.

**2,3-Dithiopropanol** (2,3-Dimercaptopropanol) entsteht durch die Substitution zweier Hydroxygruppen des Glycerols durch Thiolgruppen (SH-Gruppen). Es wird unter dem Namen BAL®, Dimercaprol oder Sulfactin vertrieben und stellt ein hochwirksames Antidot gegen arsenhaltige Kampfstoffe der Lewisit-Reihe dar (z. B. 2-Chlorvinylarsindichlorid oder Lewisit I). Davon leitet sich auch die Abkürzung BAL® für **B**ritish-**A**nti-**L**ewisit ab. BAL reagiert mit Lewisit I, bevor dieses mit den Thiolgruppen von Cysteinresten in Proteinen reagieren und diese dadurch irreversibel schädigen kann (Abb. 6.37, unten). Heutzutage wird es vor allem

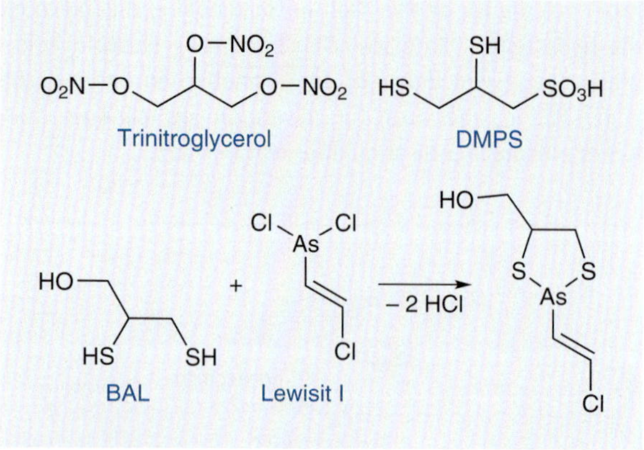


**○ Abb. 6.37** Glyceroltrinitrat (Sprengstoff und Notfallmedikament bei *Angina-pectoris*-Anfällen) sowie DMPS und BAL, zwei thiolhaltige Glycerolderivate, die als Gegengifte des arsenhaltigen Kampfstoffes Lewisit I eingesetzt werden.

noch bei akuten Arsen-, Blei- und Quecksilbervergiftungen angewendet, obwohl es mittlerweile größtenteils durch seine Sulfonsäure (Dimercaptopropansulfonsäure, DMPS, Dimaval®) ersetzt wurde (○ Abb. 6.37).

### Tetrite – Vierwertige Alkohole

**Threit** (1,2,3,4-Butantetrol) ist der einfachste vierwertige Alkohol (Tetrit). Er besitzt zwei Chiralitätszentren. 2*R*,3*R*-Threit (D-Threit oder D-Threitol) und 2*S*,3*S*-Threit (L-Threit oder L-Threitol) verhalten sich wie Bild und Spiegelbild, sind also Enantiomere. Es sind chirale, optisch aktive Verbindungen (○ Abb. 6.38).

Die beiden anderen formal denkbaren Stereoisomere 2*R*,3*S* und 2*S*,3*R* besitzen eine interne Spiegelebene und sind somit ein und dieselbe Verbindung, die als **Erythrit** oder Erythrol bezeichnet wird. Es handelt sich um eine achirale und damit optisch inaktive *meso*-Verbindung.

Derivate der enantiomeren Threite dienen als Hilfsmittel bei enantioselektiven Synthesen. Solche Verbindungen, die unter der Abkürzung TADDOL ($\alpha,\alpha,\alpha',\alpha'$-Tetraaryl-1,2-dioxolan-4,5-dimethanol) geführt werden, sind von der Weinsäure ausgehend leicht zugänglich. Die beiden Hydroxygruppen werden mit einem entsprechenden Keton acetalisiert und die Carboxygruppen mit Aryl-*Grignard*-Verbindungen zu Alkoholen umgesetzt. TADDOL besitzt aufgrund seiner räumlichen Fixierung besondere chelatisierende Eigenschaften, durch die es beispielsweise mit Lösemittelmolekülen, z. B. Tetrachlorkohlenstoff, Clathrat-Komplexe eingehen (▸ Kap. 4.1.1) oder durch das Erhitzen mit Titantetraisopropylalkoholat in Toluen Titankomplexe (Titanate) bilden kann (○ Abb. 6.39). Solche Komplexe können als chirale Katalysatoren genutzt werden.

Ein weiterer interessanter Vertreter der vierwertigen Alkohole ist **Pentaerythrit**. Es wird durch Umsetzung

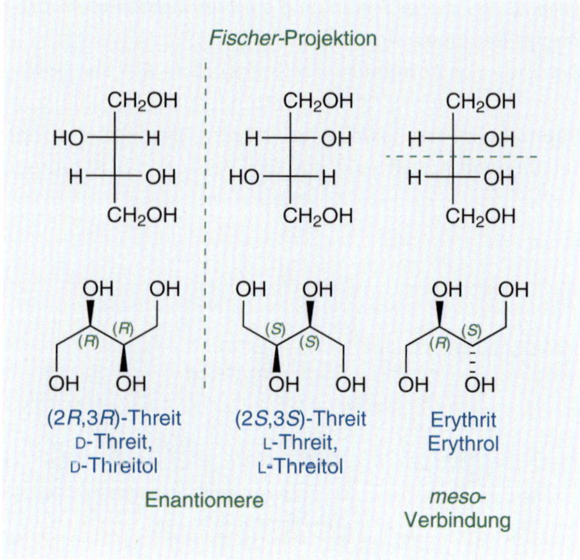


**○ Abb. 6.38** Strukturformel der Tetrite

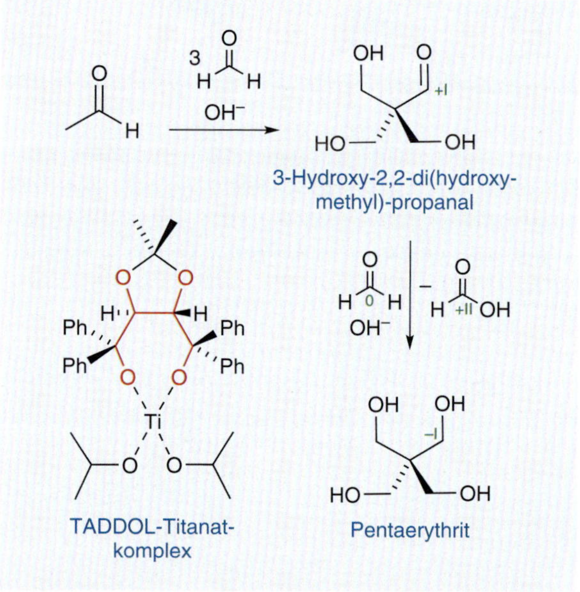


**○ Abb. 6.39** TADDOL-Titankomplex und Darstellung von Pentaerythrit

von Acetaldehyd mit Formaldehyd im Überschuss unter basischen Bedingungen gebildet (○ Abb. 6.39). Hierbei werden zunächst alle $\alpha$-Wasserstoffe des Acetaldehyds in einer gekreuzten Aldolreaktion mit Formaldehyd durch Hydroxymethylgruppen ersetzt. Das dabei gebildete 3-Hydroxy-2,2-di(hydroxymethyl)-propanal wird dann durch Formaldehyd in einer gemischten *Cannizzaro*-Reaktion zum Tetrol reduziert, wobei Ameisensäure als Nebenprodukt gebildet wird. Pentaerythrit dient zur Alkyd- und Polyesterharzherstellung und verbessert die Qualität trocknender Öle, sodass es oft Lack- und Ölfarben zugesetzt wird. In der Sprengstoffindustrie wird durch Veresterung mit Salpetersäure **Pentaerythrittetranitrat** (Nitropenta, PETN) erzeugt, ein

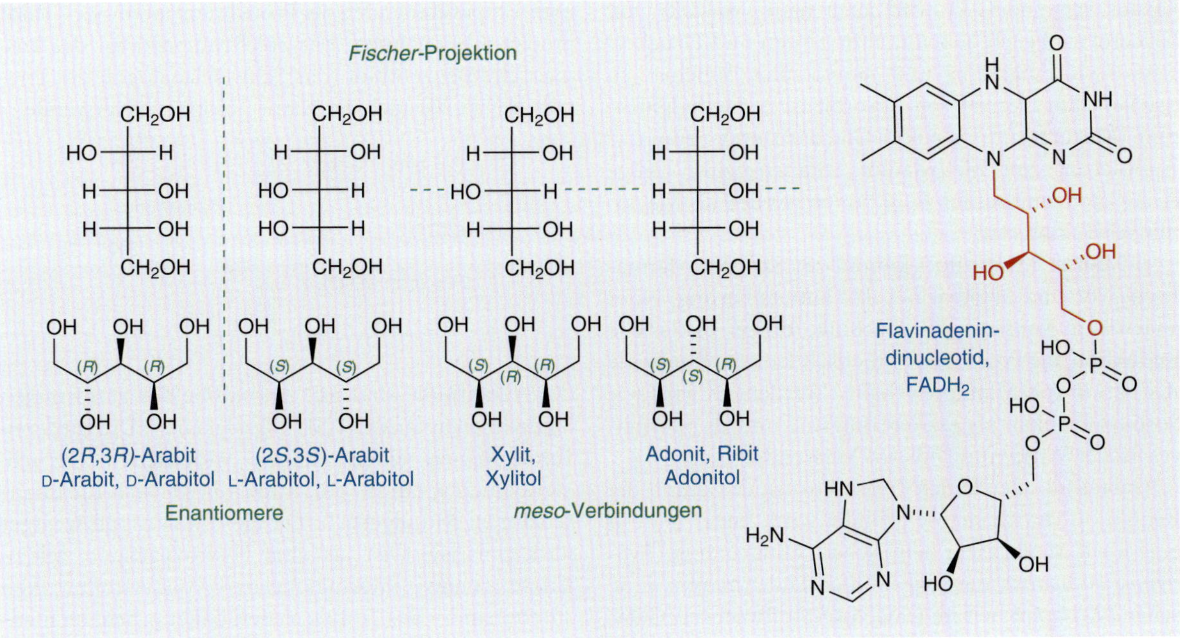


**Abb. 6.40** Strukturformeln der Pentite und des Coenzyms $FADH_2$

Bestandteil von Plastiksprengstoff und wie Glyceroltrinitrat ein NO-Prodrug bei *Angina pectoris.*

## Pentite – fünfwertige Alkohole

Fünfwertige Alkohole (Pentite) besitzen ebenfalls zwei Chiralitätszentren. Wie bei den Tetriten existiert zunächst das Enantiomerenpaar (2*R*,4*R*)-**Arabit** (D-Arabit, D-Arabitol) und (2*S*,4*S*)-Arabit (L-Arabit, L-Arabitol) (Abb. 6.40, links). Im Gegensatz zu den Tetriten gibt es nun aber noch zwei weitere achirale, zueinander und zu den genannten Enantiomeren diastereomere *meso*-Verbindungen mit (*R*,*S*)-Konfiguration. Denn am mittleren Kohlenstoffatom wird durch die unterschiedlichen Konfigurationen der benachbarten C-Atome ein sogenanntes **Pseudochiralitätszentrum** (*r*) bzw. (*s*) generiert: Die beiden 1,2-Dihydroxyethylsubstituenten am C3-Atom besitzen zwar die gleiche Konstitution, weisen aber jeweils eine umgekehrte Konfiguration auf (Abb. 6.40, Mitte). Daher gibt es insgesamt vier unterschiedliche stereoisomere Pentite, von denen aber nur zwei optisch aktiv sind. Pentite lassen sich durch Reduktion aus der entsprechenden Pentose (Arabinose, Ribose und Xylose) gewinnen. D-Arabit kommt in Pilzen und Flechten vor. Die *meso*-Verbindung **Xylit** wird oft als künstliches Süßungsmittel, besonders für Zahnpflegeprodukte verwendet, da es antikariogene Eigenschaften besitzt. Der Name der anderen *meso*-Verbindung, **Adonit**, stammt vom Adonisröschen. Die auch gebräuchliche Bezeichnung Ribit leitet sich von dem entsprechend zugrunde liegenden Zucker ab. Ribit besitzt als Bestandteil des Coenzyms Flavinadenindinucleotid ($FADH_2$, ▸Kap. 35.2.4) besondere biologische Relevanz (Abb. 6.40, rechts).

## Hexite – Sechswertige Alkohole

Sechswertige Alkohole (Hexite) besitzen vier Chiralitätszentren, von denen sich jeweils die Positionen C2 und C5 sowie C3 und C4 mit denen der Tetrite vergleichen lassen. Die Zahl der Stereoisomere verringert sich wieder aufgrund von *meso*-Verbindungen, sodass es insgesamt nur 10 anstelle von maximal $2^4 = 16$ möglichen Stereoisomeren gibt. Generell werden Hexite durch Reduktion an Ni-Katalysatoren aus den entsprechenden Aldosen oder Ketosen (▸Kap. 17) hergestellt. Es sind gut kristallisierbare, süß schmeckende Substanzen. Nachfolgend werden nur die drei wichtigsten Vertreter vorgestellt (Abb. 6.41).

D-**Sorbit (Sorbitol)** kommt in der Vogelbeere (*Sorbus aucuparia*) vor und kann synthetisch leicht durch die Reduktion von Glucose erhalten werden. Es dient als Diabetiker-Zucker (Süßstoff), ist koch- und backfest bis ca. 150 °C und wird zudem als Osmodiuretikum und

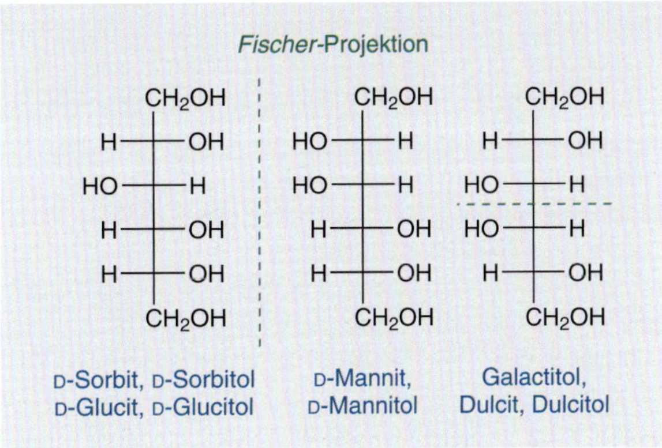


**Abb. 6.41** Strukturformeln der wichtigsten Hexite, für die jeweils unterschiedliche Namen gebräuchlich sind

Laxans verwendet. Er wird auch häufig anstelle von Glycerol als Feuchthaltemittel in Tinten und Druckerschwärzen eingesetzt und um Papier weicher zu machen. Ein Derivat von D-Sorbit ist *N*-Methylglucamin (Meglumin), das aus D-Glucose durch reduktive Aminierung mit Methylamin erhalten wird. Einige Arzneistoffe mit sauren Funktionen werden als Megluminsalze eingesetzt.

D-**Mannit (Mannitol)** kommt im Saft der Manna-Esche vor und entsteht bei der Futtersilierung, einer anaeroben Konservierungstechnik, durch bakterielle Reduktion aus Fructose. Synthetisch kann es durch die Reduktion von Mannose erhalten werden. Es wird wie Sorbitol ebenfalls als Zuckerersatzstoff und als pharmazeutischer Wirk- und Hilfsstoff verwendet.

**Galactitol** oder **Dulcit** (*meso*-Form), das durch die Reduktion von Galactose gebildet wird, findet man in einem auf Madagaskar heimischen Spindelbaum (*Evonymus europaea*), der sogenannten Dulcitmanna. Eine seltene Erbkrankheit im Galactose-Stoffwechsel (Galactosämie) bewirkt durch die Akkumulation von Galactitol, dass Betroffene oft schon bei der Geburt an einem grauen Star (Katarakt) leiden.

## 6.3 Thiole

### 6.3.1 Struktur und Eigenschaften

Die SH-Gruppe bezeichnet man als Mercapto-, Sulfhydryl- oder Thiolgruppe. Die Chemie der Thiole ähnelt in vielen Punkten denen der Alkohole, jedoch sind Thiole stärkere Säuren als die entsprechenden Alkohole (Abb. 6.42). Die **Nomenklatur der Thiole** ist ebenfalls ähnlich. An den Stammnamen des Kohlenwasserstoffes wird die Endsilbe „-thiol" angehängt. Bei einer alternativen Bezeichnung fügt man die Endsilbe „-mercaptan" an den Namen des Alkylrestes an oder setzt das Präfix „Thio-" vor den Namen des analogen Alkohols. So kann man Propanthiol auch als Propylmercaptan oder Thiopropanol bezeichnen. Entsprechend wird für das aromatische Benzenthiol (das Schwefelanalogon des Phenols, ▸Kap. 20) auch der Name Thiophenol verwendet.

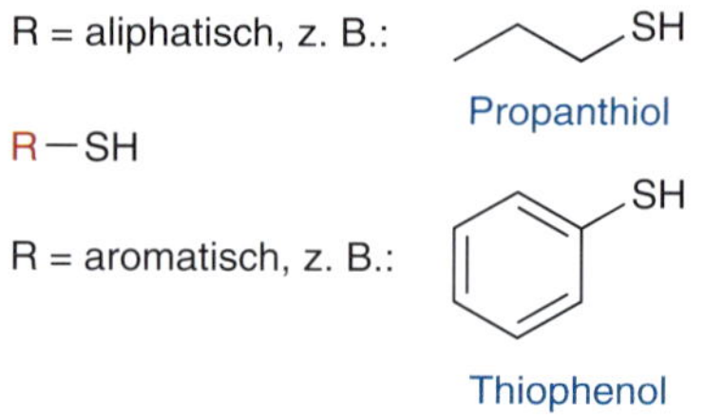


Die Alkanthiole sind mit Ausnahme des gasförmigen Methylmercaptans $CH_3SH$ Flüssigkeiten. Die niederen Thiole haben einen äußerst **widerlichen Geruch**. Methylmercaptan ist z. B. mitverantwortlich für unangenehmen Mundgeruch. Da die Thiolgruppe weniger stark polarisiert ist als eine Hydroxygruppe, bilden Thiole kaum intermolekulare Wasserstoffbrücken untereinander aus. Thiole sieden daher erheblich niedriger als die entsprechenden Alkohole; z. B. siedet Ethanthiol bereits bei 35 °C, Ethanol hingegen erst bei 78,4 °C. Wie Schwefelwasserstoff $H_2S$ ($pK_{S,1}$ = 7,0; $pK_{S,2}$ = 12,9) reagieren Thiole schwach sauer und lösen sich daher in verdünnten Laugen.

$$R\text{–}SH + NaOH \rightleftharpoons R\text{–}S^{\ominus}\,Na^{\oplus} + H_2O$$

Im direkten Vergleich zu den entsprechenden Alkoholen reagieren Thiole somit wesentlich stärker sauer (Abb. 6.42; ▸Exkurs: Säurestärke).

Charakteristisch für Thiole ist die Bildung von in Wasser schwer löslichen Quecksilbersalzen. Von dieser Reaktion leitet sich der Name Mercaptane ab (*corpus mercurium captans* = Quecksilber fällender Körper, *Zeise* 1834).

$$2\,R\text{–}SH + HgO \longrightarrow (R\text{–}S)_2Hg + H_2O$$

### 6.3.2 Gewinnung und Synthese

Die Darstellung der Thiole kann durch Erhitzen von Alkylhalogeniden mit Alkalihydrogensulfid in ethanolischer Lösung mit einem Überschuss von Schwefelwasserstoff erfolgen. Hierbei substituiert Hydrogensulfid als sehr gutes Nucleophil das Halogenatom in einer $S_N2$-Reaktion. Technisch wird Methylmercaptan aus Methanol und Schwefelwasserstoff bei etwa 400 °C am wolframaktivierten $Al_2O_3$-Kontakt hergestellt. Eine weitere Möglichkeit zur Darstellung von Thiolen ist die Umsetzung einer wässrigen Lösung eines Kaliumalkylsulfats mit Kaliumhydrogensulfid. Thiole entstehen auch durch Erhitzen von *S*-Alkylisothiuroniumsalzen, die aus Thioharnstoff und Alkylhalogeniden zugänglich sind, mit Natronlauge (Abb. 6.43).

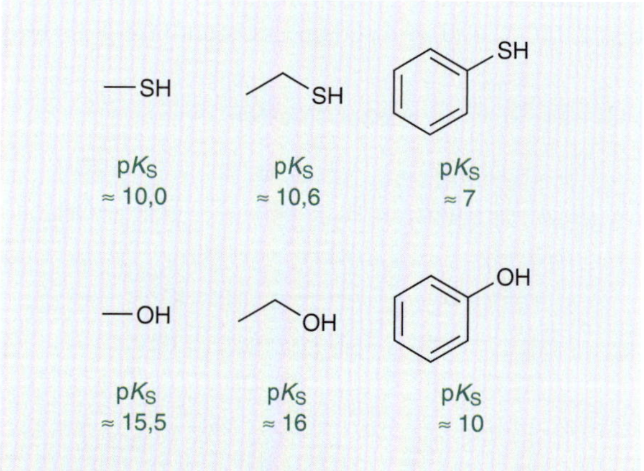


**Abb. 6.42** Vergleich der $pK_S$-Werte verschiedener Thiole und Alkohole

### Exkurs: Säurestärke

Die Säurestärke ist im Wesentlichen abhängig von der Elektronegativität und der Größe des Atoms, mit dem das Proton verbunden ist. Innerhalb einer Periode nimmt die Säurestärke daher entsprechend der Elektronegativität zu. $NH_3$ ist weniger sauer als $H_2O$, das wiederum weniger sauer als HF ist. In einer Gruppe nimmt die Säurestärke jedoch mit der Atomgröße von oben nach unten zu. Das ist damit zu erklären, dass die Überlappung der Atomorbitale mit zunehmender Größe schlechter und damit die X—H-Bindung schwächer wird. Ein Proton lässt sich somit besser von großen als von kleinen Atomen abtrennen. Allerdings spielen für die Stärke einer Säure auch die Stabilität des gebildeten Anions und dessen Solvatisierung durch das Lösemittel eine wichtige Rolle; Effekte, die beide nicht immer einfach vorhersagbar sind. Da Thiole stärkere Säuren als Alkohole sind, sind die Salze, die Mercaptide oder Thiolate, entsprechend schwächere Basen als die Alkoholate. Die wässrigen Lösungen der Salze reagieren daher nur schwach basisch.

Die Reaktion von elementarem Schwefel mit organometallischen Verbindungen gehört zu den Standardmethoden der Darstellung **aromatischer Thiole** (Abb. 6.44).

Die Umsetzung von halogenierten Aromaten mit Natriumalkanthiolaten und anschließende saure Hydrolyse bietet einen weiteren Zugang zu Thiophenolen. Dabei entstehen zuerst in einer nucleophilen aromatischen Substitution die entsprechenden aromatischen Thioether, die dann mit Säure zum Thiophenol hydrolysiert werden.

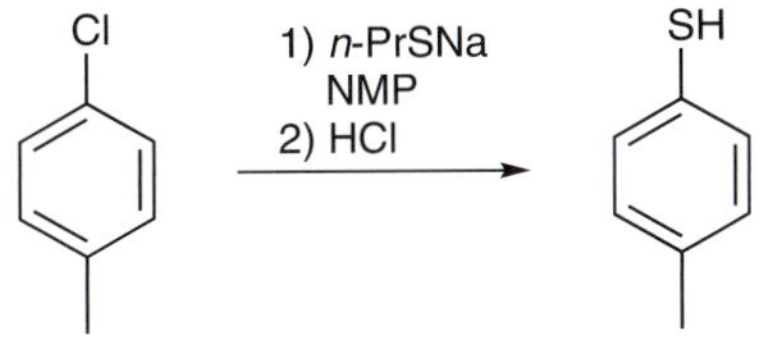


NMP = *N*-Methyl-2-pyrrolidon

Chirale Thiole können z. B. aus natürlich vorkommenden chiralen Alkoholen durch eine ***Mitsunobu*-Reaktion** mit Thioessigsäure gewonnen werden. Dabei wird aus einem (*R*)-Alkohol, Triphenylphosphin, DIAD (Diisopropylazodicarboxylat) und der Thioessigsäure zuerst das (*S*)-Thioacetat synthetisiert, aus dem anschließend das (*S*)-Mercaptan freigesetzt wird (Abb. 6.45).

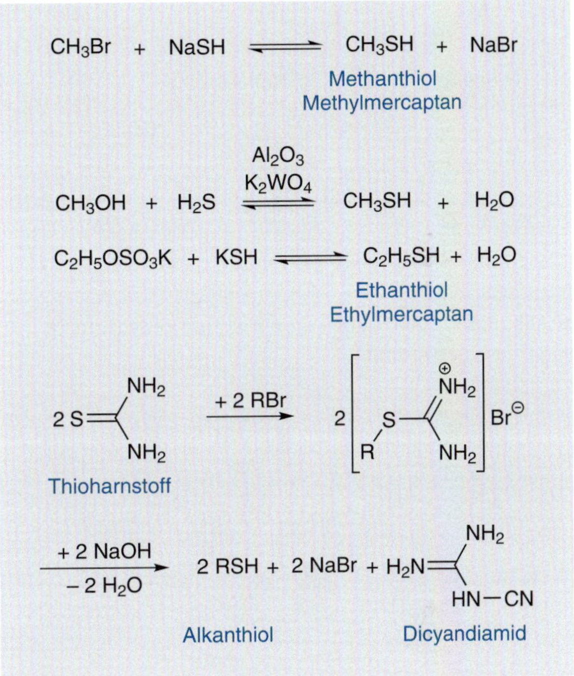


Abb. 6.43 Darstellungsmöglichkeiten von Thiolen

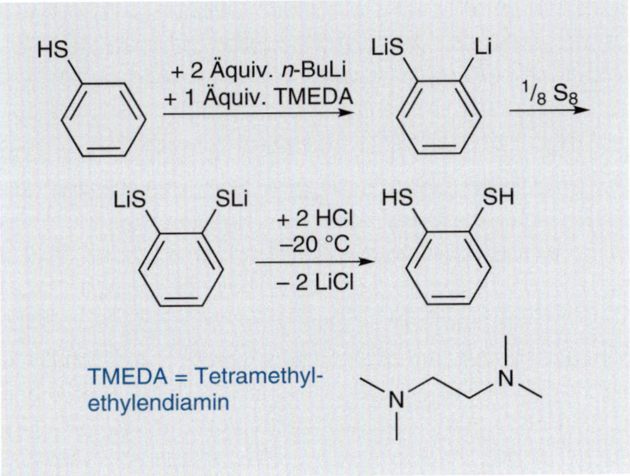


Abb. 6.44 Synthese von aromatischen Thiolen aus organometallischen Verbindungen

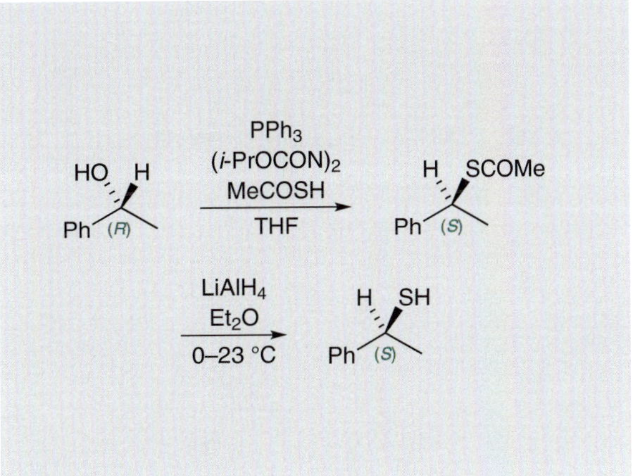


Abb. 6.45 Herstellung chiraler Thiole mit der *Mitsunobu*-Reaktion

### 6.3.3 Reaktionen und Anwendungen

Mercaptane sind industriell wichtige Verbindungen und werden in der pharmazeutischen und kosmetischen Industrie sowie bei der Herstellung von Polymeren verwendet. Im Labor werden Thiole als sehr gute Nucleophile bei $S_N$-Reaktionen genutzt. Aus Aldehyden und Ketonen lassen sich z. B. mit 1,3-Propandithiol **cyclische Thioacetale** darstellen, die vielseitig einsetzbare Syntheseintermediate sind. Anders als Aldehyde ($pK_S$ des Aldehydprotons ca. 45) lassen sich Thioacetale z. B. mit starken Basen deprotonieren ($pK_S \approx 32$). Die entstehenden Carbanionen sind Syntheseäquivalente für Acylcarbanionen und können als Nucleophile in Alkylierungs- und Acylierungsreaktionen genutzt werden, z. B. im Rahmen der *Corey-Seebach*-Reaktion zur Darstellung von Ketonen aus Aldehyden (▸ Kap. 12.2.2). Carbonylgruppen lassen sich nach Überführung in Thioacetale durch Umsetzung mit $H_2$/Raney-Nickel oder $LiAlH_4/ZnCl$ zu Methylengruppen reduzieren. Die Hydrolyse der Dithioacetale zu Carbonylverbindungen erfolgt am besten mit $HgO/HgCl_2$ in Wasser.

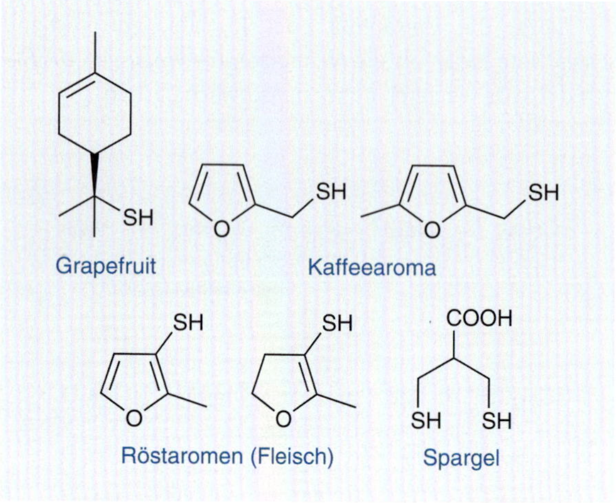


**Abb. 6.46** Thiole haben eine wichtige Bedeutung in verschiedenen Aromen

### 6.3.4 Ausgewählte Verbindungen

**Aromastoffe**

Obwohl man mit Mercaptoverbindungen meist einen unangenehmen Geruch verbindet, existieren auch Thiole, die in sehr niedrigen Konzentrationen angenehm riechen. Solche Thiole sind z. B. für den **charakteristischen Geruch** von Grapefruit, Kaffee- und Röstaromen (Abb. 6.46) verantwortlich.

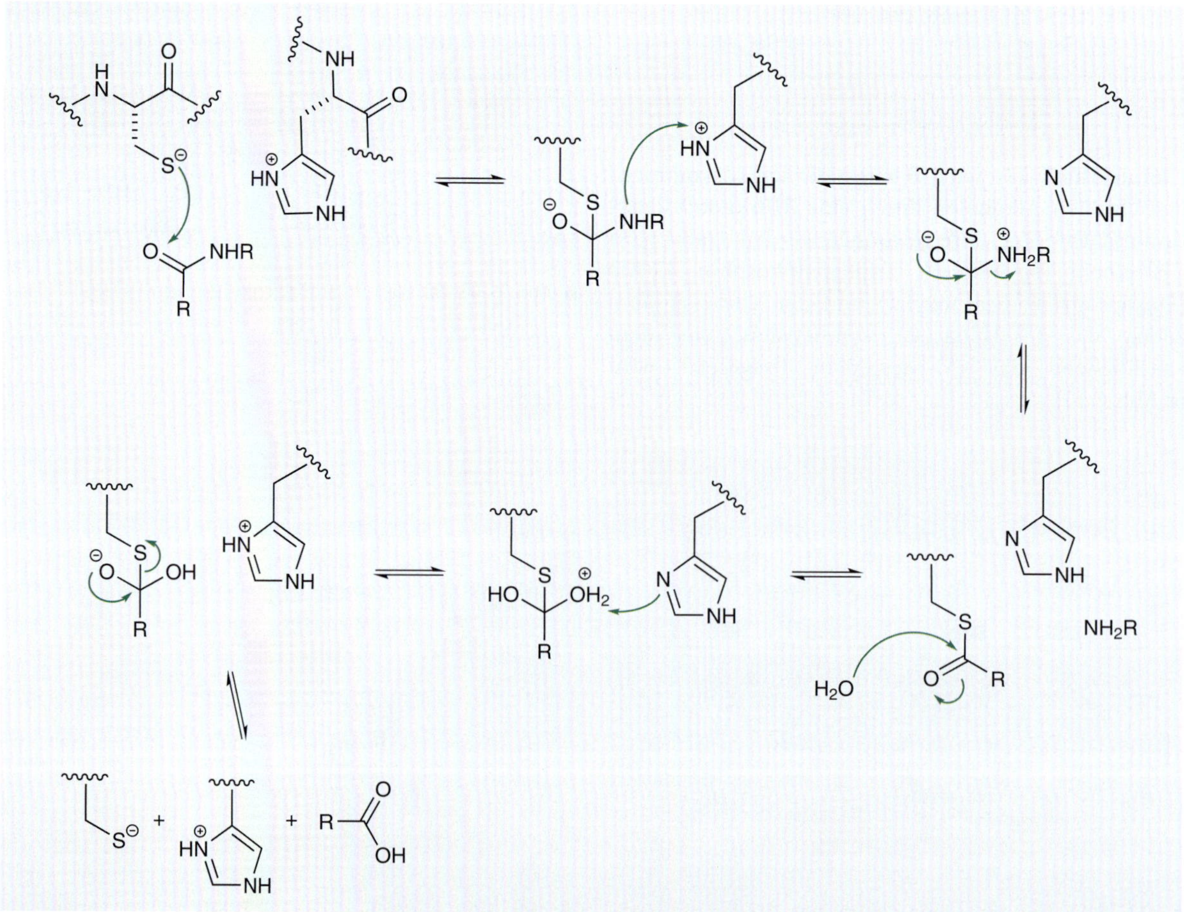


**Abb. 6.47** Typischer Mechanismus des Peptidabbaus durch Cysteinproteasen

### Cystein

Die Thiolgruppe von Cystein erfüllt zusammen mit Histidin im aktiven Zentrum von **Cysteinproteasen** eine wichtige Aufgabe, denn diese Enzyme sind z. B. für den Proteinabbau in den Lysosomen verantwortlich. Dabei erfolgt ein Angriff des Thiolats an der Peptidbindung eines Proteins. Es entsteht intermediär ein Thioester, der anschließend hydrolysiert wird (○ Abb. 6.47).

Ähnlich wie Schwefelwasserstoff werden auch die Mercaptane durch Luftsauerstoff (oder andere Oxidationsmittel) zu **Disulfiden** oxidiert. Diese Disulfidbildung, z. B. in Proteinen, ist eine der wichtigsten Eigenschaften der Thiolgruppe. Aus Cystein entsteht so **Cystin** (▸ Kap. 37.1.1, ○ Abb. 6.48).

Die Bildung solcher Disulfidbrücken ist für die räumliche Struktur von Proteinen und deren Stabilität von großer Bedeutung. Auch beim Friseur spielen diese Disulfidbindungen eine wichtige Rolle. So werden für eine Dauerwelle zuerst die vorhandenen Disulfidbrücken in den Proteinen der Haare reduktiv gespalten und dann nach der Formgebung neue Disulfidbrücken durch Oxidation gebildet, die der Dauerwelle ihre Form und Stabilität geben.

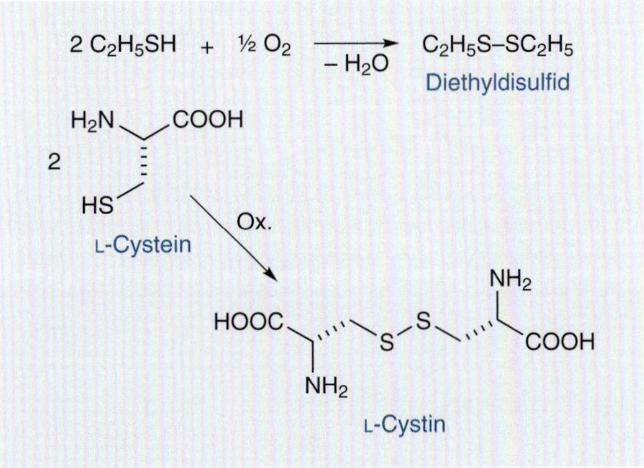


○ **Abb. 6.48** Thiole werden durch Luftsauerstoff zu Disulfiden oxidiert.

Bei Anwendung stärkerer Oxidationsmittel (z. B. $HNO_3$) entstehen aus Alkylmercaptanen die Alkansulfonsäuren. Im Labor empfiehlt es sich daher, bei Arbeiten mit Thiolen die verwendeten Glasgeräte mit Salpetersäure zu spülen, um den unangenehmen Geruch durch Oxidation der leichtflüchtigen Thiole zu nichtflüchtigen Sulfonsäuren zu beseitigen.

# 7 Halogenalkane

Monohalogenalkane (Alkylhalogenide) ... 203 | Mehrfach halogenierte Alkane ... 212 |
Fluorierte Kohlenwasserstoffe ... 216

Substituiert man mindestens ein Wasserstoffatom eines Alkans R—H durch ein Halogenatom X (X = F, Cl, Br oder I), erhält man ein **Halogenalkan** R—X. Halogenalkane werden in monohalogenierte (auch **Alkylhalogenide** genannt) und höher halogenierte Alkane unterschieden. Die typischen Reaktionen der Alkylhalogenide sind die nucleophile Substitution und die Eliminierung. Eine Sonderstellung in Bezug auf Darstellung und chemisches Verhalten nehmen allerdings die fluorierten Kohlenwasserstoffe ein, die in der Regel wenig reaktiv sind.

$CH_3I$

Methyliodid

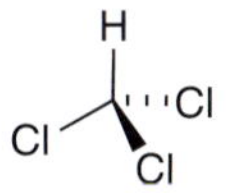


Chloroform

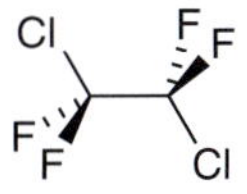


1,2-Dichlor-1,1,2,2-tetrafluorethan

## 7.1 Monohalogenalkane (Alkylhalogenide)

Die einfachsten Vertreter der Alkylhalogenide sind Verbindungen, bei denen ein H-Atom im Methan $CH_4$ durch ein Halogenatom X substituiert wurde. Beispiele sind die technisch häufig verwendeten Methylierungsreagenzien Methylchlorid $CH_3Cl$ und Methyliodid $CH_3I$. In der homologen Reihe der Monohalogenalkane $C_nH_{2n+1}X$ folgen entsprechend die Ethylhalogenide, wie z. B. Ethylchlorid $C_2H_5Cl$. Aus dem Propan und allen höheren Alkanen gehen konstitutionsisomere Alkylhalogenide hervor. Dabei steigt die Zahl der Isomeren mit wachsender Kettenlänge an. Je nachdem, ob das Halogen an ein primäres, sekundäres oder tertiäres C-Atom gebunden ist, wird zwischen einem primären, sekundären und tertiären Halogenalkan unterschieden (o Abb. 7.1).

Die Namen der Alkylhalogenide leiten sich vom Alkylrest und dem entsprechenden Halogenatom ab. In der offziellen IUPAC-Nomenklatur (o Abb. 7.2, Beschriftung in Klammern) wird das Halogen als Substituent angesehen und daher dem Namen des Alkans vorangestellt (z. B. Iodmethan). In einer älteren, aber immer noch gebräuchlichen Bezeichnungsweise (o Abb. 7.2) stellt man den Namen des Alkylrestes der Endsilbe „-halogenid" voran (z. B. Methyliodid).

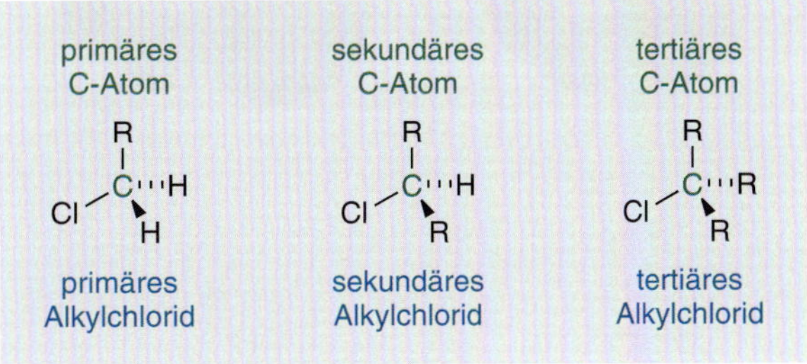


o **Abb. 7.1** Unterscheidung primärer, sekundärer und tertiärer Alkylhalogenide

### 7.1.1 Struktur und Eigenschaften

Die C—X-Bindung der Alkylhalogenide resultiert aus der Überlappung eines $sp^3$-Orbitals des C-Atoms mit einem $sp^3$- (Fluor) bzw. einem p-Orbital (Chlor, Brom, Iod) des Halogenatoms. Die Bindung zeichnet sich durch ihren **polaren Charakter** aus, da die Halogene eine höhere Elektronegativität aufweisen als der Kohlenstoff. Somit ist in Halogenalkanen das C-Atom positiv polarisiert, während das Halogenatom negativ polarisiert ist. Mit zunehmender Größe der Halogene wird die C—X-Bindung schwächer und somit länger (o Abb. 7.3). Dies ist auf die Verschlechterung der Überlappung mit den innerhalb einer Hauptgruppe von oben nach unten größer werdenden Orbitalen am Halogenatom zurückzuführen. Die C—F-Bindung ist mit 451 kJ/mol und 134 pm die stärkste und kürzeste C—X-Bindung; die C—I-Bindung entsprechend die längste (214 pm) und schwächste (239 kJ/mol). Die C—Cl-Bindung (350 kJ/mol, 178 pm) und die C—Br-Bindung (294 kJ/mol, 193 pm) liegen dazwischen. Die Unterschiede in der Bindungsstärke spiegeln sich auch in der Reaktivität der Verbindungen wider: Alkyliodide sind die reaktivsten Alkylhalogenide, während Alkylfluoride aufgrund der sehr starken C—F-Bindung eher wenig reaktiv sind.

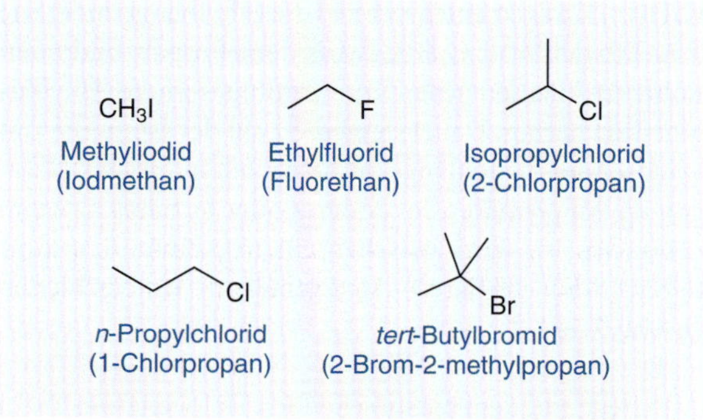


o **Abb. 7.2** Nomenklatur der Alkylhalogenide. Die Beschriftung in Klammern entspricht der IUPAC-Nomenklatur.

Durch den Halogensubstituent weisen Alkylhalogenide Eigenschaften auf, die sich deutlich von den Alkanen (▸ Kap. 4.1) unterscheiden. So sind die Schmelz- und Siedepunkte von Halogenalkanen deutlich höher als die der analogen Alkane. Die einfacheren Vertreter der Alkylhalogenide sind bei Raumtemperatur gasförmig (□ Tab. 7.1). Die höheren Glieder der homologen Reihe sind meist flüssig, einige wenige fest. Die Zunahme der Siedetemperaturen ist im Wesentlichen auf eine Zunahme der *Van-der-Waals*-Wechselwirkungen zurückzuführen, die mit der Größe der Elektronenwolke und damit auch mit der Größe des Halogenatoms stärker werden. Elektronen, die sich weiter vom Kern entfernt befinden, sind lockerer an diesen gebunden als kernnahe Elektronen. Somit lässt sich die Elektronenwolke größerer Atome leichter verzerren als die kleinerer Atome; diese Moleküle sind also leichter polarisierbar und weisen stärkere *Van-derWaals*-Wechselwirkungen mit anderen Molekülen auf.

■ **MERKE** Die **Polarisierbarkeit** gibt an, wie leicht sich die Elektronenwolke eines Atoms durch eine äußere (Partial-)Ladung deformieren lässt. Mit steigender Polarisierbarkeit eines Atoms werden die *Van-der-Waals*-Wechselwirkungen stärker.

Alkylhalogenide sind zwar in gewissem Maße polar, können jedoch, bis auf Alkylfluoride, keine Wasserstoffbrückenbindungen ausbilden. Daher beschränkt sich ihre Löslichkeit im Allgemeinen auf organische Lösemittel. Sie sind in Wasser fast unlöslich, mischen sich aber mit Alkoholen oder Ethern. Eine Ausnahme sind die Alkylfluoride, deren Löslichkeit in Wasser im Vergleich zu den anderen Alkylhalogeniden aufgrund der stärkeren Polarität größer ist.

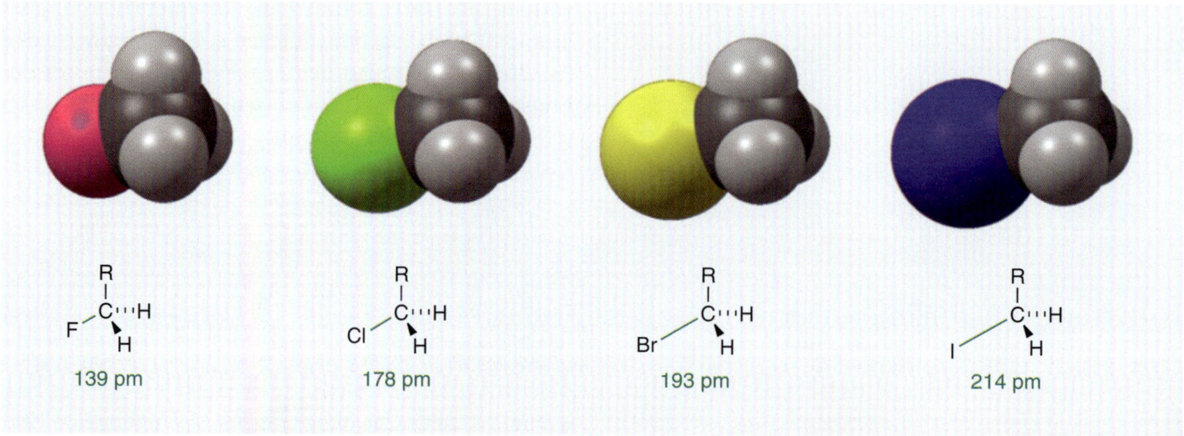


o **Abb. 7.3** *CPK*-Darstellung der primären Alkylhalogenide. Die C—X-Bindung wird mit zunehmender Größe der Halogenatome immer schwächer und somit länger.

**Tab. 7.1** Siedepunkte der Alkylhalogenide

| Alkylhalogenid | Siedepunkt in °C | | | |
|---|---|---|---|---|
| | X = F | X = Cl | X = Br | X = I |
| $CH_3—X$ | −78,4 | −23,8 | 3,6 | 42,4 |
| $CH_3CH_2—X$ | −37,1 | 12,3 | 38,4 | 71,0 |
| $CH_3CH_2CH_2—X$ | −3,0 | 46,6 | 71,0 | 102,0 |
| $CH_3CH_2CH_2CH_2—X$ | 32,5 | 78,4 | 101,6 | 130,5 |

## 7.1.2 Gewinnung und Synthese

Alkylhalogenide lassen sich auf verschiedene Arten synthetisieren (Abb. 7.4). Eine sowohl in der Technik als auch im Labor vielfach angewandte Methode ist die Umsetzung von Alkoholen mit Halogenwasserstoffsäuren (vor allem HI, HBr, HCl). Alkylhalogenide können somit als Ester der Halogenwasserstoffsäuren aufgefasst werden (daher stammt auch die Bezeichnung als Alkylhalogenid). Am leichtesten reagiert Iodwasserstoff mit Alkoholen; bei Brom- bzw. Chlorwasserstoff sind meist höhere Temperaturen oder Katalysatoren, z. B. konzentrierte Schwefelsäure oder wasserfreies Zinkchlorid, erforderlich. Eine analoge Umsetzung mit Fluorwasserstoff ist i. d. R. präparativ nicht sinnvoll. Daneben können Alkohole auch mit Phosphorhalogeniden ($PCl_3$, $PCl_5$, $PBr_3$, $PI_3$ usw.) umgesetzt werden, um Alkylhalogenide zu erhalten. Hierbei lässt man zum Beispiel Phosphor(III)-bromid durch Eintragen von Phosphor und Zutropfen von Brom in die Reaktionslösung *in situ* entstehen und trennt dann das entstehende Ethylbromid durch Destillation ab. Anstelle der Phosphorhalogenide benutzt man auch Thionylchlorid, das zunächst mit dem Alkohol ein instabiles Chloralkylsulfit bildet. Dieses zerfällt schon bei geringem Erwärmen in ein Alkylchlorid und Schwefeldioxid. Pyridin wird häufig bei dieser Reaktion als Lösemittel verwendet, da es zum einen die Bildung von HCl und HBr unterdrückt und zum anderen selbst keine störenden Nebenreaktionen eingeht.

Eine weitere Alternative ist die Reaktion von Alkoholen mit Tetrachlor- oder Tetrabrommethan und Triphenylphosphin oder Tri-*n*-octylphosphin. Diese sogenannte ***Appel*-Reaktion** ist eine milde Methode zur Darstellung von Alkylhalogeniden. Alkohole reagieren dabei mit Tetrahalogenmethanen in Gegenwart tertiärer Phosphine zu dem entsprechenden Alkylhalogenid und Haloform. Die Triebkraft der Reaktion ist die Bildung von Triphenylphosphinoxid, welches in einer *Arbuzow*-Umlagerung aus dem tertiären Phosphin entsteht. Eine weitere Methode zur Synthese von Alkylhalogeniden ist die ***Hunsdiecker*-Reaktion**. Hierbei werden die Silbersalze aliphatischer Carbonsäuren mit Brom (oder Iod) – am besten in Tetrachlormethan – unter Bildung der Alkylhalogenide decarboxyliert. Dieses Verfahren dient besonders zur selektiven Darstellung offenkettiger oder cyclischer Monoalkylhalogenide und verläuft über eine radikalische Kettenreaktion (Abb. 7.6). Alkylhalogenide können im Labor auch einfach durch die Anlagerung von Halogenwasserstoffsäuren an Alkene synthetisiert werden.

Die direkte Halogenierung von Alkanen führt ebenfalls zu Halogenalkanen, ist aber häufig aufgrund der fehlenden Selektivität (Bildung von Isomeren, Mehrfachhalogenierung) keine sinnvolle Reaktion im Labor. Technisch spielen solche Prozesse aber eine große Rolle, da sich die entstehenden Produktgemische anschließend trennen lassen. So führt z. B. die direkte Chlorierung des Methans in der Gasphase unter stufenweiser Substitution zu einem Gemisch aus Methylchlorid, Methylenchlorid, Chloroform und Tetrachlorkohlenstoff (Abb. 7.5). Durch Variation der Versuchsbedingungen (Photohalogenierung, thermische bzw. katalytische Halogenierung oder Zugabe von Inhibitoren, z. B. Hydrochinon) kann eines der chlorierten Methane zum Hauptprodukt werden. Entsprechend lassen sich auch höhere Alkane chlorieren bzw. bromieren. Man erhält dann aber nicht nur Produktgemische durch Mehrfachhalogenierung, sondern auch durch die Bildung von Regioisomeren. So entstehen z. B. bei der Chlorierung von Propan die beiden möglichen Monochlorsubstitutionsprodukte, 1-Chlorpropan und 2-Chlorpropan, in etwa gleichen Mengen. Bei der Iodierung von Alkanen handelt es sich um eine endotherme Reaktion; aufgrund der positiven Reaktionsenthalpie ist sie auf diesem Wege nicht zu erreichen (▸Exkurs: Direkte Iodierung von Alkanen mit Tetraiodmethan).

**MERKE** Substitutionen, die nur unter dem Einfluss von Licht oder in Gegenwart von Peroxidkatalysatoren stattfinden, verlaufen nach einem radikalischen Mechanismus.

Bei der Photochlorierung von Alkanen handelt es sich um eine **Radikal-Kettenreaktion** (Abb. 7.6). Als Startreaktion findet eine Aufspaltung des Chlormoleküls in zwei Chloratome statt (Homolyse). Dieses Chloratom abstrahiert vom Kohlenwasserstoff ein H-Atom unter Bildung von Chlorwasserstoff. Es bleibt ein Alkylradikal zurück, das nun mit einem weiteren Chlormolekül zum Alkylchlorid reagiert. Das hierbei freiwerdende Chloratom tritt erneut in die Kettenreaktion ein. Stößt ein Chloratom z. B. mit einem Alkylradikal zusammen, so erfolgt ein Kettenabbruch. Obwohl in den Alkanen die C—C-Bindungsenthalpien deutlich niedriger sind als die der C—H-Bindungen (346 kJ/mol gegenüber 414 kJ/mol), werden durch die Radikale fast ausschließlich C—H-Bindungen angegriffen. Die Kohlenstoffkette eines Alkans ist nämlich von C—H-Bindungen

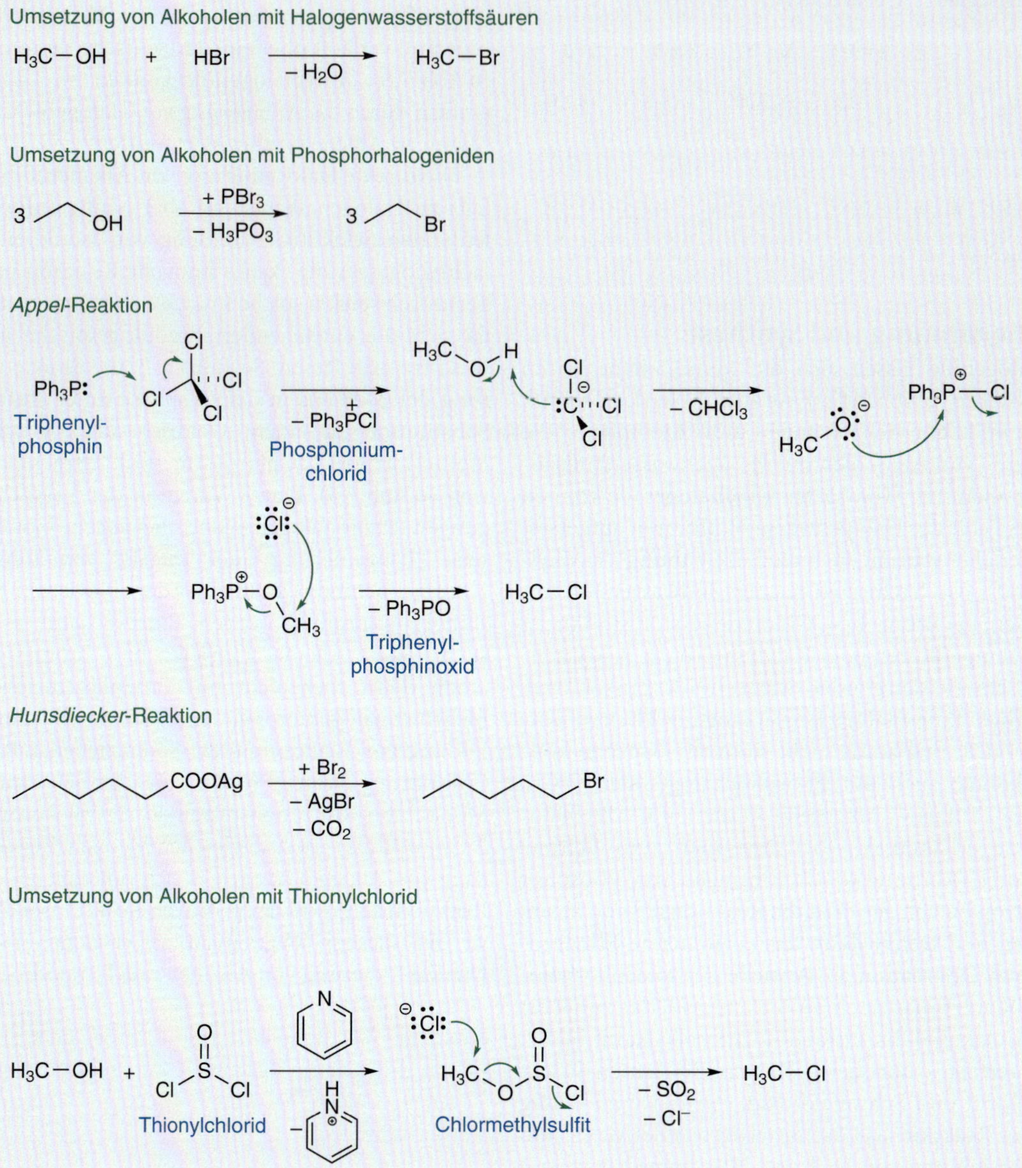


**o Abb. 7.4** Darstellungsmöglichkeiten der Alkylhalogenide

umschlossen, sodass ein Angriff der Radikale auf die C—C-Bindungen aus sterischen Gründen erschwert ist. Einen entscheidenden Einfluss auf das Produktverhältnis bei der Halogenierung übt die Stabilität der intermediär entstehenden Alkylradikale aus: tertiäre Alkylradikale sind stabiler als sekundäre und diese wiederum stabiler als primäre (Stabilisierung des Radikals infolge Hyperkonjugation durch die Alkylgruppen). In der gleichen Reihenfolge nimmt daher die Stabilität der C—H-Bindungen zu, so dass die Abspaltung eines *tertiären* H-Atoms durch das angreifende Halogenatom energetisch leichter (und damit auch schneller) ist, als die Abspaltung eines primären H-Atoms. Dabei nimmt die Selektivität deutlich zu, je weniger reaktiver das angreifende Teilchen ist (vgl. *Hammond*-Postulat, ▸Kap. 19.1.2). Während bei der Chlorierung von Propan die beiden Regioisomeren im Verhältnis 1:1 entstehen, bildet sich bei der Bromierung deutlich mehr 2-Brompropan als 1-Brompropan. Brom ist weniger reaktiver und damit selektiver als Chlor.

Halogenalkane können also auf verschiedene Art und Weise technisch bzw. im Labor synthetisiert werden. Es gibt jedoch auch Vertreter, die natürlich vorkommen. Methylchlorid wird beispielsweise von der Kartoffelknolle produziert und direkt nach der Ernte freigesetzt sowie bei der Brandrohdung oder bei Vulkanausbrüchen emittiert (Abb. 7.7). Es ist auch ein Stoffwechselprodukt von Meeresorganismen: jährlich werden etwa $5 \cdot 10^6$ t Methylchlorid aus den Ozeanen an die Atmosphäre abgegeben. Beim Vermodern und bei der Verbrennung entsteht es aus den Methylestergruppen der Pektine (▸Kap. 17.1) aus dem Holz und den Blättern von Landpflanzen. Methylbromid ist ebenfalls ein Stoffwechselprodukt mariner und terrestrischer Mikroorganismen. Seine Volumenkonzentration in der Atmosphäre beträgt etwa 10 ppt (1 ppt = 1 parts per trillion = $1:10^{12}$), und es hat in der Atmosphäre eine Verweilzeit von etwa einem Jahr. Methylchlorid und Methylbromid sind am Abbau der Ozonschicht in der Stratosphäre beteiligt (▸Kap. 7.3.3). Andere natürliche Quellen für Methylbromid sind z. B. Broccoli oder Raps.

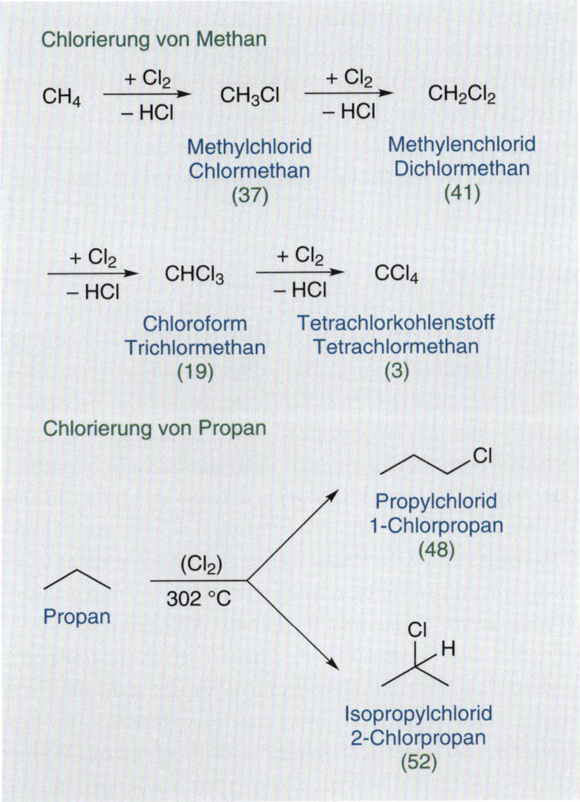


**Abb. 7.5** Chlorierung von Methan und Propan. Die Zahlen in Klammern geben die Ausbeuten in Mol-% an, die bei einem äquimolaren Verhältnis von $Cl_2$ und $CH_4$ erhalten werden.

**Exkurs: Direkte Iodierung von Alkanen mit Tetraiodmethan**

Cyclohexan, in dem pulverförmiges Natriumhydroxid suspendiert ist, lässt sich mit Tetraiodmethan zu Cyclohexyliodid umsetzen.

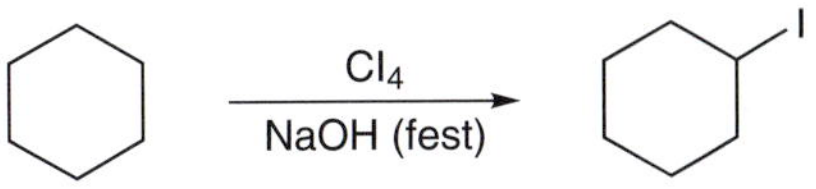


Diese direkte Iodierung eines nicht aktivierten aliphatischen Kohlenwasserstoffes ist ebenfalls eine Radikalkettenreaktion. Sie verläuft über Triiodmethylradikale $\cdot CI_3$, die wahrscheinlich an der Oberfläche des festen Alkalis entstehen.

Da Triiodmethan mit Methyleniodid und Tetraiodmethan in einem Gleichgewicht steht, kann die Synthese auch mit dem wesentlich leichter zugänglichen Iodoform in guter Ausbeute vorgenommen werden.

$$2\,CHI_3 \rightleftharpoons CH_2I_2 + CI_4$$

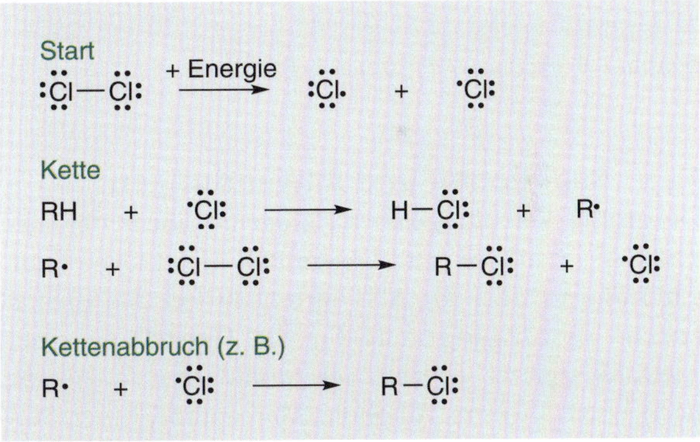


**Abb. 7.6** Mechanismus der Radikal-Kettenreaktion bei der Photochlorierung von Alkanen

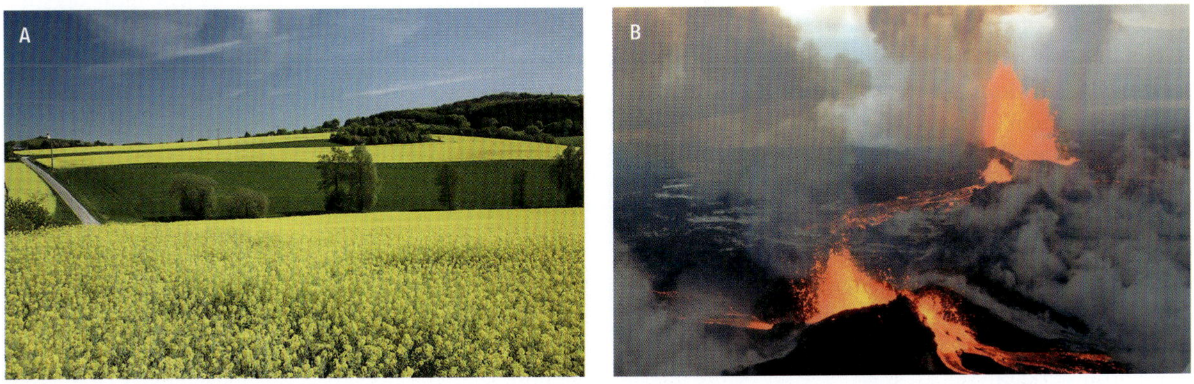


**Abb. 7.7** Natürliche Quellen für Alkylhalogenide sind beispielsweise Raps (A) oder Vulkanausbrüche (B).

**Abb. 7.8** Sir *Christopher Kelk Ingold* (1893–1970) war ein britischer Chemiker und einer der Pioniere der Untersuchung organisch-chemischer Reaktionsmechanismen.

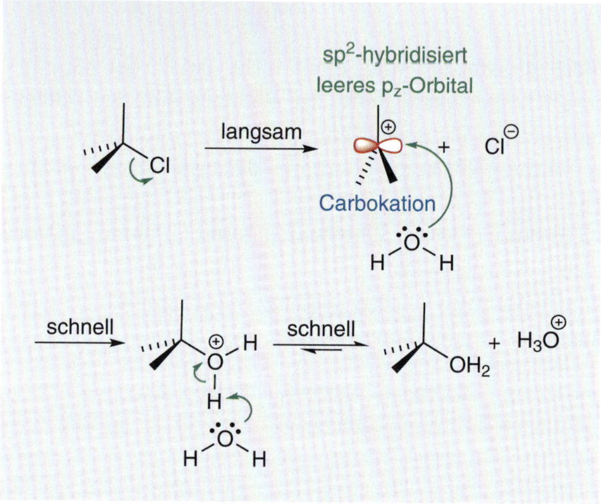


**Abb. 7.9** Mechanismus der $S_N1$-Reaktion

### 7.1.3 Reaktionen und Anwendungen

Die größte Bedeutung haben Halogenalkane in der chemischen Synthese als **Lösemittel** (Dichlormethan, Chloroform) oder als **Alkylierungsmittel**. Sie dienen zudem als Ausgangsstoffe für die Herstellung einer Vielzahl anderer organischer Stoffklassen – Alkane nach *Wurtz*, Alkene, Alkohole, Mercaptane, Ether, Sulfide (Thioether), Amine, Nitrile sowie für *Grignard*- und *Friedel-Crafts*-Reagenzien.

Die wichtigstens Reaktionen der Halogenalkane werden nachfolgend kurz beschrieben:

#### Nucleophile Substitution

Polare Bindungen wie die C—X-Bindung in einem Alkylhalogenid können relativ leicht heterolytisch gespalten werden. Dabei wird das Halogen durch andere funktionelle Gruppen substituiert. Da Alkylhalogenide wie oben schon erwähnt i. d. R. unpolar sind, ist die Umsetzung mit polaren, insbesonderen geladenen Nucleophilen wie z. B. NaOH oder NaCN häufig aufgrund von Löslichkeitsproblemen schwierig. In solchen Fällen hat sich die Verwendung der sogenannten Phasentransferkatalyse als nützlich erwiesen (▸ Exkurs: Phasentransferkatalyse).

Unter einer Substitutionsreaktion versteht man allgemein den Austausch eines Substituenten X (ein Atom oder eine funktionelle Gruppe, das stabile Anionen bilden kann) durch einen anderen Substituenten Y. Bei den Alkylhalogeniden erfolgt die Substitution durch Angriff eines Nucleophils (kernliebendes Teilchen) an das positiv polarisierte und damit elektrophile C-Atom der polaren C—X-Bindung:

$$Y{:}^{\ominus} + R-X \longrightarrow R-Y + X{:}^{\ominus}$$

Derjenige Substituent, der das Molekül verlässt, wird Austrittsgruppe (Abgangsgruppe) genannt. Je nachdem, ob die Geschwindigkeit der Reaktion nur von der Konzentration des Alkylhalogenids oder auch von der des angreifenden Nucleophils abhängt, wird zwischen der $S_N1$- und der $S_N2$-Reaktion unterschieden. Diese mechanistischen Grenzfälle wurden in den 1930er Jahren von *C. K. Ingold* (Abb. 7.8) ausführlich beschrieben.

#### $S_N1$-Reaktion

Die $S_N1$-Reaktion (Abb. 7.9) verläuft stufenweise. Im ersten Schritt, der langsam und damit geschwindigkeitsbestimmend ist, erfolgt eine heterolytische Bindungsspaltung der C—X-Bindung, wobei die Austrittsgruppe das Elektronenpaar der Bindung mit sich nimmt. Es entsteht ein **Carbokation** als Zwischenstufe. Das trigonal-planare Carbokation ist $sp^2$-hybridisiert und wird in einem zweiten, schnellen Schritt von einem Nucleophil wie z. B. Wasser angegriffen. Es entsteht ein Oxoniumion, welches schnell von Wasser deprotoniert werden kann. Dabei bilden sich ein Alkohol und $H_3O^+$. Sitzt die Austrittsgruppe an einem Chiralitätszentrum, ist also das Alkylhalogenid chiral, erhält man als Produkt ein Racemat, also ein Enantiomerenpaar, da das gebildete planare Carbokation mit gleicher Wahrscheinlichkeit von beiden Seiten vom Nucleophil angegriffen werden kann. Da am geschwindigkeitsbestimmenden, ersten Schritt nur das Alkylhalogenid beteiligt ist, handelt es sich bei der Gesamtreaktion um eine Kinetik 1. Ordnung. Die Reaktion verläuft **unimolekular** (deshalb die „1" in $S_N1$), da am geschwindigkeitsbestimmenden Reaktionschritt nur ein Teilchen beteiligt ist.

#### $S_N2$-Reaktion

Die $S_N2$-Reaktion (Abb. 7.10) verläuft im Gegensatz zur $S_N1$-Reaktion in einem einzigen Schritt (konzertiert) und damit ohne Zwischenstufe ab. Dies bedeutet, dass im gleichen Maße wie die C—X-Bindung gespalten wird, die neue C—Y-Bindung entsteht. Da an diesem Reaktionsschritt beide Reaktanden beteiligt sind, ist die Reaktion **bimolekular**. Die Geschwindigkeit dieser bimolekularen Reaktion hängt sowohl von der Kon-

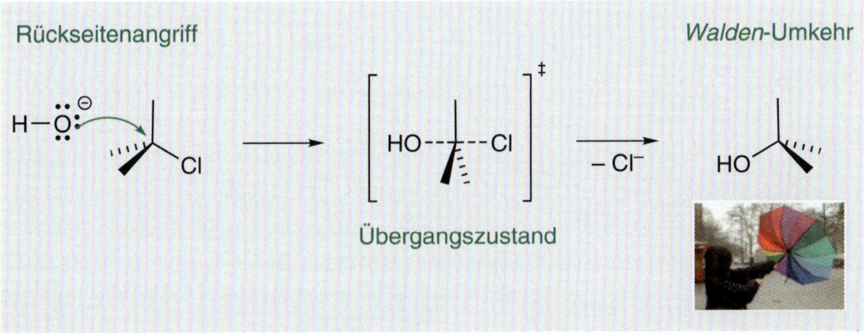


**Abb. 7.10** Mechanismus der $S_N2$-Reaktion

**Tab. 7.2** Vergleich der $S_N1$- und der $S_N2$-Reaktion

| | $S_N1$ | $S_N2$ |
|---|---|---|
| **Kinetik** | Kinetik 1. Ordnung<br>RG = $k_1$[R—X] | Kinetik 2. Ordnung<br>RG = $k_2$[R—X][Nu] |
| **Reaktionsverlauf** | Stufenweiser Mechanismus (Zwischenstufe: Carbokation) | Konzertierter Mechanismus (keine Zwischenstufe) |
| **Molekularität** | Unimolekular im geschwindigkeitsbestimmenden 1. Schritt | Bimolekular |
| **Reaktionsbedingungen** | Polare protische Lösemittel | Polare, aprotische Lösemittel, die das Nucleophil nicht gut solvatisieren |
| **Stereochemie** | Partielle bis vollständige Racemisierung ($sp^2$-hybridisiertes Carbokation) bei asymmetrisch substituierten C-Atomen | Rückseitenangriff, Inversion der Konfiguration (*Walden*-Umkehr) |
| **Bestimmender Parameter** | Stabilität der Carbokationen (dabei treten Umlagerungsreaktionen wie z. B. die *Wagner-Meerwein*-Umlagerung auf) | Sterische Zugänglichkeit des elektrophilen C-Atoms |
| **Reaktivität des Substrates** | *tert* > *sek* > *prim* > Methyl | Methyl > *prim* > *sek* > *tert* |

RG: Reaktionsgeschwindigkeit

zentration des Nucleophils als auch von der des Elektrophils ab und folgt daher einer Kinetik 2. Ordnung. Der Angriff des Nucleophils erfolgt immer (!) von der Rückseite der C—X-Bindung. Bei der Reaktion wird ein pentavalenter Übergangszustand durchlaufen. Durch den **Rückseitenangriff** kommt es wie bei einem umklappenden Regenschirm zu einer Inversion der Konfiguration des angegriffenen C-Atoms (*Walden*-Umkehr, ▸Kap. 3.8.1). Das bedeutet, dass die Anordnung der Substituenten um das C-Atom herum im Produkt genau umgekehrt zu der des Edukts ist (Tab. 7.2). Wenn der neu eintretende Substituent die gleiche Priorität besitzt wie der austretende Substituent, ändert sich entsprechend auch die absolute Konfiguration (angegeben als (*R*) oder (*S*)).

## Eliminierung

Als Konkurrenzreaktion tritt bei der nucleophilen Substitution fast immer auch eine Eliminierungsreaktion auf. Bei einer Eliminierungsreaktion werden zwei Substituenten (Atome oder funktionelle Gruppen) aus einem Molekül von zwei, meist unmittelbar benachbarten C-Atomen abgespalten (sog. **β-Eliminierung**):

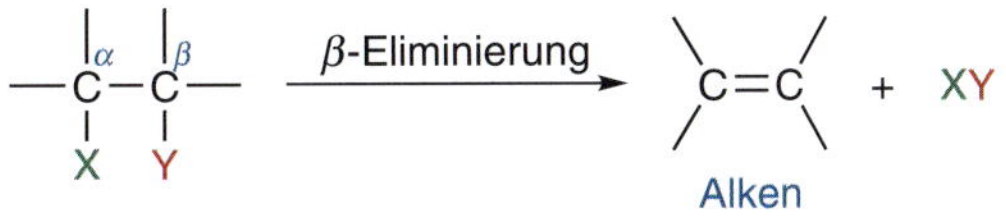


Da jedes Nucleophil zugleich eine Base ist, kann neben dem nucleophilen Angriff des positiven oder positiv polarisierten C-Atoms auch ein Angriff auf das ebenfalls leicht positiv polarisierte benachbarte Proton erfolgen. Daher findet bei Alkylhalogeniden unter Einwirkung einer Base eine Abspaltung von HX statt. Auch bei der Eliminierung kann zwischen einer Reaktion 1. und 2. Ordnung unterschieden werden.

### E1-Reaktion

Die E1-Reaktion verläuft zunächst analog zur $S_N1$-Reaktion. Die polare C—X-Bindung wird **heterolytisch**

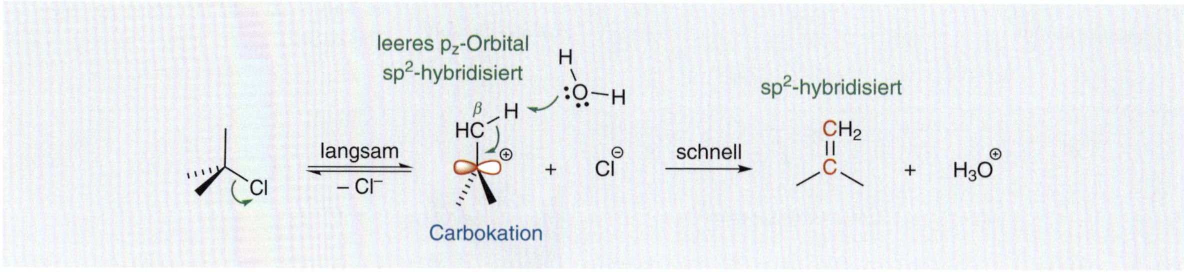


**Abb. 7.11** Mechanismus der E1-Reaktion

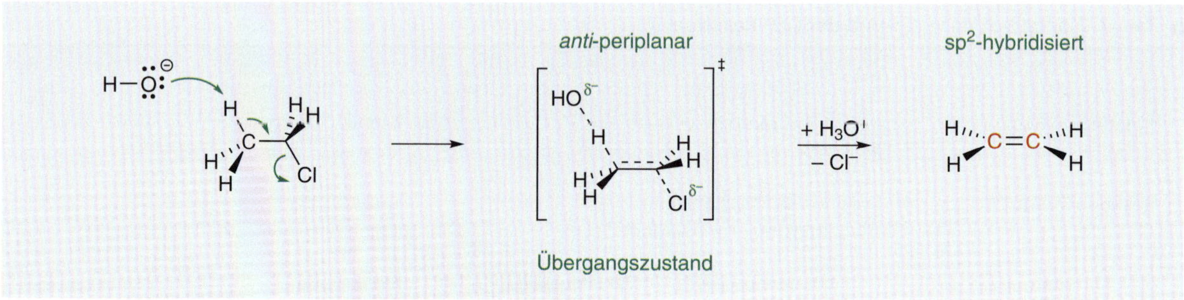


**Abb. 7.12** Mechanismus der E2-Reaktion

**Abb. 7.13** *Alexander M. Saytzeff* (1841–1910) war ein russischer Chemiker (A). *August Wilhelm von Hofmann* (1818–1892) war ein deutscher Chemiker und der erste Vorsitzende der Deutschen Chemischen Gesellschaft (heute Gesellschaft Deutscher Chemiker, GDCh) (B).

gespalten und es bildet sich ein Carbokation (Abb. 7.11). Dieser Schritt ist geschwindigkeitsbestimmend, weshalb die Reaktion wie die $S_N1$-Reaktion nach einer Kinetik 1. Ordnung abläuft. Im zweiten Schritt wird ein Proton vom benachbarten C-Atom abgespalten. Es entsteht eine $\pi$-Bindung zwischen den benachbarten C-Atomen.

### E2-Reaktion

Bei der E2-Reaktion werden die C—X-Bindung und eine *anti*-periplanar dazu stehende C—H-Bindung am benachbarten C-Atom gleichzeitig gebrochen (Abb. 7.12). Dabei entsteht eine $\pi$-Bindung zwischen den benachbarten C-Atomen, und die Hybridisierung der beiden C-Atome ändert sich während der Reaktion von $sp^3$ zu $sp^2$. Die Reaktion erfolgt ähnlich wie die $S_N2$-Reaktion in einem einzigen Reaktionsschritt, sie ist konzertiert. Da beide Reaktionspartner an dem Reaktionsschritt beteiligt sind, handelt es sich um eine bimolekulare Reaktion. Die Reaktion folgt daher einer Kinetik 2. Ordnung, da der einzige und damit geschwindigkeitsbestimmende Schritt von der Konzentration beider Reaktanden abhängen muss (Tab. 7.3).

Stehen mehrere $\beta$-ständige H-Atome für die Eliminierungsreaktion zur Verfügung, bildet sich häufig eines der möglichen Reaktionsprodukte bevorzugt. Das Hauptprodukt ist dabei in der Regel das höher substituierte Alken (***Saytzeff*-Regel**, oft auch *Zaitsev* geschrieben; Abb. 7.13, links). Je mehr Alkylreste an den $sp^2$-hybridisierten C-Atomen eines Alkens gebunden sind, desto thermodynamisch stabiler ist das Alken. Das höher substituierte Alken ist somit das thermodynamisch stabilere Produkt, das bei der kinetisch-kontrollierten E2-Reaktion auch schneller gebildet wird. Man spricht von *product development control* („Produktkontrolle"). Bei der sogenannten ***Hofmann*-Eliminierung** (Abb. 7.13, rechts) mit sterisch anspruchsvollen Basen und schlechten Abgangsgruppen wird hingegen bevorzugt das niedriger substituierte Alken schneller gebildet.

### Fragmentierungsreaktionen

Neben der nucleophilen Substitution und der Eliminierung ist beim Austritt eines Substituenten aus einem Molekül unter Mitnahme des Bindungselektronenpaars noch ein weiterer Reaktionsablauf möglich, der nach *Grob* als **Fragmentierung** (Abb. 7.14) bezeichnet wird. Diese Reaktion ähnelt der $\beta$-Eliminierung. Allerdings wird kein Proton vom $\beta$-C-Atom abgespalten, sondern ein Carbokation, was aber nur möglich ist, wenn dieses

**Tab. 7.3** Vergleich der E1- und der E2-Reaktion

| | E1 | E2 |
|---|---|---|
| **Kinetik** | Kinetik 1. Ordnung<br>RG = $k_1$[R—X] | Kinetik 2. Ordnung<br>RG = $k_2$[R—X][Base] |
| **Reaktionsverlauf** | Stufenweiser Mechanismus (Zwischenstufe: Carbokation) | Konzertierter Mechanismus, keine Zwischenstufe |
| **Molekularität** | Unimolekular im 1. geschwindigkeitsbestimmenden Schritt | Bimolekular |
| **Reaktionsbedingungen** | Neutrale bis saure Bedingungen | Starke Basen und eine hohe Konzentration begünstigen die E2-Eliminierung |
| **Stereochemie** | Hauptsächlich *Saytzeff*-Produkte | *Saytzeff*- und *Hoffmann*-Produkte |
| **Umlagerung** | Umlagerungsreaktionen (z. B. *Wagner-Meerwein*-Umlagerung), Bildung stabilerer Carbokationen | Keine Umlagerungsreaktionen |
| **Reaktivität der Substrate** | *tert* > *sek* > *prim* > Methyl | Methyl, *prim*, *sek*, *tert* (relativ gleich gut) |

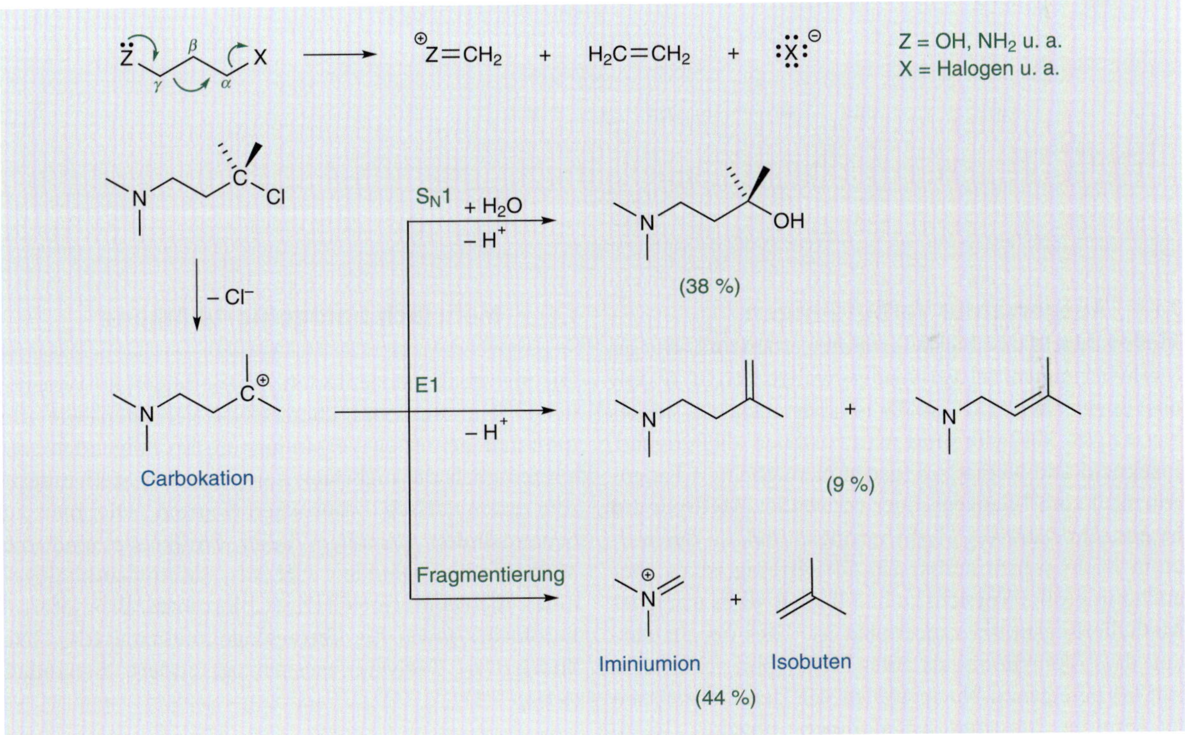


**Abb. 7.14** Bei der *Grob*-Fragmentierung zerfallen 1,3-disubstituierte Kohlenstoffketten in das entsprechende Halogenid, das Alken aus dem $\alpha$- und $\beta$-ständigen C-Atom sowie ein kationisches Fragment am $\gamma$-ständigen C-Atom. Die Fragmentierungsreaktion kann als Konkurrenzreaktion zur nucleophilen Substitution oder zur Eliminierung ablaufen.

durch eine stark elektronenschiebende, $\gamma$-ständige funktionelle Gruppe (Z) stabilisiert wird. Der C—C-Bindungsbruch kann nach dem Austritt oder synchron mit dem Austritt des Substituenten X erfolgen. Bei der alkalischen Hydrolyse des 1,1-Dimethyl-3-dimethylamino-*n*-propylchlorids laufen z. B. schon bei 0 °C über das primär entstehende Carbokation nebeneinander Substitution (38 %), Eliminierung (9 %) und Fragmentierung (44 %) ab. Das bei der Fragmentierung neben Isobuten gebildete Iminium-Ion (▸Kap. 8.1.2) wird im alkalischen Medium weiter zu Dimethylamin und Formaldehyd hydrolysiert.

**Exkurs: Phasentransferkatalyse (PTC)**

Tetraalkylammonium- oder Phosphoniumsalze ($Q^+X^-$) sind in der Lage, Reaktionen zweier Substanzen, die sich in nicht miteinander mischbaren Phasen befinden, um mehrere Größenordnungen zu beschleunigen. Um diese Eigenschaft der quartären Oniumsalze zu beschreiben, führte *Starks* 1971 den Begriff des **Phasentransferkatalysators** ein. Ein Beispiel für eine Phasentransferkatalyse-Reaktion (◘ Abb. 7.15) ist die Substitutionsreaktion von 1-Chlorpentan mit wässriger Natriumcyanidlösung zu 1-Cyanopentan und Natriumchlorid in Gegenwart von Hexadecyltributylphosphoniumchlorid (QCl). Durch die Bildung eines quartären Phosphoniumcyanids (QCN) wird das Cyanid-Anion in der organischen Phase löslich und somit dort als Nucleophil verfügbar. Die PTC wurde schon seit 1965 besonders von *Makosza* erforscht und hat sich für Reaktionen von Halogenalkanen mit anorganischen oder organischen Anionen hervorragend bewährt. Durch Verwendung chiraler Ammoniumsalze als Katalysator (▸ Kap. 34.4.3) können bei asymmetrischen Alkylierungen hohe Stereoselektivitäten (ee 84–95 %) erzielt werden.

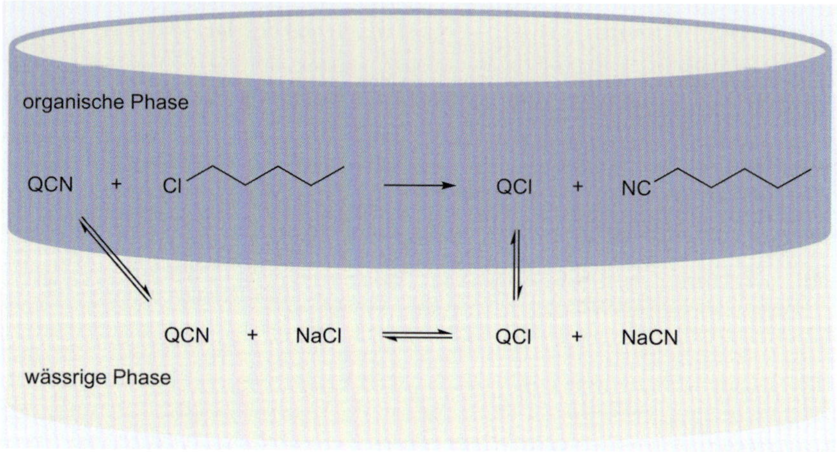


◘ **Abb. 7.15** Schematische Darstellung der Phasentransferkatalyse

### 7.1.4 Ausgewählte Verbindungen

**Methylchlorid** und **Methylbromid** werden im Labor als Methylierungsmittel verwendet, wobei $CH_3Br$ reaktionsfähiger als $CH_3Cl$ ist. Es ist aber auch ein starkes Nervengift. Methylbromid wird zuweilen als Fungizid, Insektizid und Nematizid (gegen Nematoden = Fadenwürmer) zum Pflanzenschutz verwendet. **Methyliodid** ist ein sehr reaktives Methylierungsmittel, da das Iodatom leicht substituierbar ist. Gleichzeitig ist es aber auch mit großer Vorsicht zu handhaben, da es wie jedes Methylierungsmittel cancerogen ist. Dies beruht darauf, dass Methyliodid als gutes Elektrophil auch leicht mit körpereigenen Nucleophilen wie den DNA-Basen nucleophile Substitutionsreaktionen eingehen kann. Dabei wird die DNA methyliert, wodurch diese bei der Zellteilung nicht mehr korrekt von der DNA-Polymerase abgelesen werden kann. Es können Mutationen entstehen, die in der Folge zu Krebs führen können. **Ethylchlorid** (veralteter Name: Chloräthyl) kann als Lokalanästhetikum (Vereisung) bei Sportverletzungen und kleineren Operationen benutzt werden. Technisch diente es bis in die 1990er Jahre als Ausgangsverbindung für die Herstellung von Tetraethylblei, $Pb(C_2H_5)_4$, ein dem Benzin zugesetzten Antiklopfmittel.

## 7.2 Mehrfach halogenierte Alkane

Die mehrfach halogenierten Alkane zeigen im Wesentlichen ein ähnliches chemisches Verhalten wie die monohalogenierten Verbindungen. Im Folgenden sollen lediglich die mehrfach halogenierten Methanderivate exemplarisch besprochen werden. Die hier zu behandelnden Vertreter dieser Stoffklasse sind die Methylendihalogenide $CH_2X_2$ (Methylendihalogenide), die Haloforme $CHX_3$ (Chloroform, Bromoform, Iodoform) sowie die Tetrahalogenmethane $CX_4$. Die fluorierten Derivate werden gesondert behandelt (▸ Kap. 7.3).

### 7.2.1 Struktur und Eigenschaften

#### Methylendihalogenide

**Methylendichlorid** (Methylenchlorid, Dichlormethan), $CH_2Cl_2$, ist eine leicht flüchtige Flüssigkeit (Sdp. 40,6 °C, ◻ Tab. 1.4), die als gesundheitsschädlich eingestuft wird. Verglichen mit Methylchlorid ist Dichlormethan erstaunlich wenig reaktiv und kann sogar bei nucleophilen Substitutionsreaktionen als Lösemittel eingesetzt werden. Die geringe Reaktivität von $CH_2Cl_2$ geht auf eine stereoelektronische Stabilisierung zurück (ähnlich dem anomeren Effekt, vgl. hierzu auch ▸ Kap. 17). Im Dichlormethan steht stets ein freies Elektronenpaar

**Tab. 7.4** Siedepunkte der mehrfach halogenierten Methanderivate

| Halogenalkan | Siedepunkt in °C | | |
|---|---|---|---|
| | X = Cl | X = Br | X = I |
| $CH_2X_2$ | 40,6 | 96,5 | 181,0 |
| $CHX_3$ | 61,2 | 149,5 | 218,0 |
| $CX_4$ | 76,7 | 189,5 | 171,0 (Zersetzung) |

eines Chloratoms *anti*-periplanar zu der jeweils anderen C—Cl-Bindung, sodass Elektronendichte aus diesem freien Elektronenpaar in das antibindende Orbital der C—Cl-Bindung übertragen werden kann (Abb. 7.16). Durch diese Wechselwirkung (eine sogenannte **negative Hyperkonjugation**) wird das Molekül insgesamt stabilisiert.

**Methylendibromid** ($CH_2Br_2$) und **Methylendiiodid** ($CH_2I_2$) sind farblose, nicht entflammbare Flüssigkeiten. Methylendibromid ist leicht flüchtig, süßlich riechend und mit Alkohol, Ether und Aceton mischbar. Methylendiiodid ist eine charakteristisch riechende Flüssigkeit, die stark lichtbrechend ist und an Luft aufgrund von Zersetzung und Abspaltung von elementarem Iod nachdunkelt. Sie ist mit Alkohol und Ether mischbar, aber wenig löslich in Wasser.

### Haloforme

**Chloroform**, $CHCl_3$, ist eine farblose, süßlich riechende Flüssigkeit, die sich in Wasser wenig löst und sich mit Ethanol und Ether mischt. Es zersetzt sich bei längerem Stehenlassen an feuchter Luft durch Lichteinfall unter Bildung des äußerst giftigen Phosgens $COCl_2$. Daher bewahrte man Chloroform in braunen Flaschen auf und fügte dem früher zur Narkose eingesetzten Chloroform etwa 1 % Ethanol zu, mit dem das entstehende Phosgen sofort zu unschädlichem Kohlensäurediethylester, $OC(OC_2H_5)_2$, reagiert. Die narkotisierende Wirkung des Chloroforms wurde schon in den 1840er Jahren durch den britischen Arzt *R. M .Glover* nachgewiesen, aber erst durch den Geburtshelfer *J. Y. Simpson* im Jahre 1847 zu anästhetischen Zwecken eingeführt (Abb. 7.17). Heutzutage wird Chloroform nicht mehr als Narkosemittel angewendet, da es leber- und herzschädigend wirkt und im Verdacht steht krebserregend zu sein.

**Bromoform**, $CHBr_3$, ähnelt in seinen chemischen Eigenschaften weitgehend dem Chloroform. Es ist ein Stoffwechselprodukt der Algen und kommt somit im Meerwasser in einem Konzentrationsbereich von einigen ng/L ($10^{-9}$ g/L) vor. Aus dem Meer wird es auch an die Atmosphäre abgegeben. **Iodoform** ($CHI_3$) bildet gelbe Blättchen, die sich nicht in Wasser, aber in Ethanol und Ether lösen. Es besitzt einen charakteristischen Geruch und entsteht bei der Iodoform-Reaktion (▸ Kap. 12.2.4).

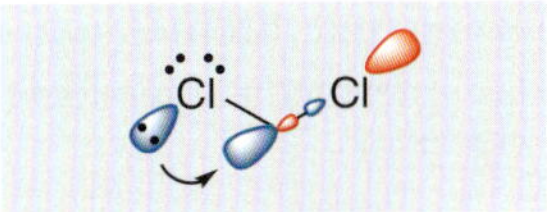


**Abb. 7.16** Stereoelektronische Stabilisierung von Dichlormethan durch negative Hyperkonjugation

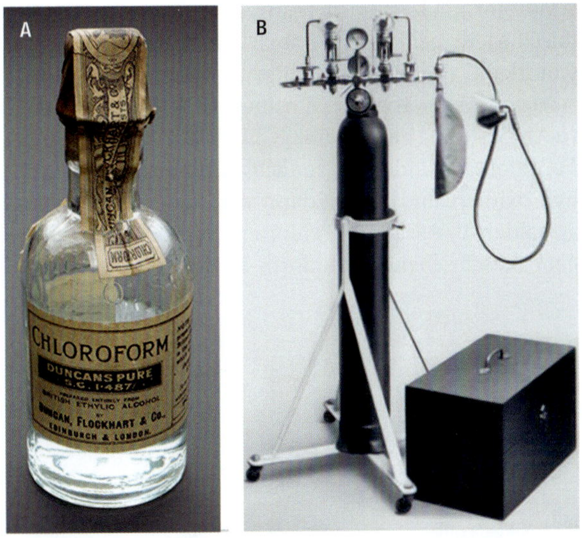


**Abb. 7.17** Chloroform (A) ruft beim Einatmen Bewusstlosigkeit hervor (*Simpson* 1847), daher wurde es früher in der Medizin als Narkosemittel verwendet (B).

### Tetrahalogenmethane

**Tetrachlormethan** (Tetrachlorkohlenstoff, Kohlenstofftetrachlorid), $CCl_4$, ist eine farblose, unangenehm süßlich riechende Flüssigkeit. Es gilt als krebserregend. Die Anwendung, Herstellung und Verbreitung von Tetrachlormethan ist seit Einführung der Chemikalienverbotsverordnung von 1993 stark eingeschränkt. **Tetrabrommethan** liegt in Form farbloser, monokliner Kristalle vor, die in Ethanol, Diethylether und Trichlormethan löslich und in Wasser unlöslich sind. Tetrabrommethan geht stark exotherme Reaktionen mit Metallpulvern, Alkalimetallen und Aminen ein. **Tetraiodmethan** bildet rote Oktaeder, die unlöslich in kaltem Wasser sind und sich in heißem Wasser zersetzen. Es ist löslich in Diethylether.

## 7.2.2 Gewinnung und Synthese

### Methylenchlorid, Methylenbromid, Methyleniodid

Die Methylenhalogenide lassen sich durch partielle Reduktion der Haloforme erhalten, z. B. entsteht aus Iodoform mit alkalischer Natriumarsenit-Lösung in sehr guter Ausbeute Methyleniodid. Technisch wird Methylenchlorid durch Methanchlorierung und anschließende Isolierung aus dem entstehenden Produktgemische hergestellt. Die Herstellung von Methylenbromid kann aus

Methylenchlorid durch Umsetzung mit Brom/Aluminium oder $HBr/AlCl_3$ über das intermediär gebildete Bromchlormethan erfolgen (○ Abb. 7.18).

## Haloforme

Chloroform (Trichlormethan) kann technisch außer durch Methanchlorierung auch durch Einwirkung von Chlorkalk (Calciumhypochlorit) auf Ethanol (oder Aceton) in wässriger Lösung gewonnen werden (○ Abb. 7.19). Hierbei übt Chlorkalk eine doppelte Funktion aus, indem er zunächst Ethanol zu Acetaldehyd oxidiert und diesen dann zum Chloral (Trichloracetaldehyd, ▸ Kap. 12.1) chloriert. Wie bei der nachfolgend beschriebenen Iofodorm-Reaktion wird Chloral durch das anwesende Calciumhydroxid, eine starke Base, in Chloroform und Calciumformiat gespalten (*Liebig* u. *Soubeiran* 1831). Ausgehend von Aceton findet Chlorierung zum Trichloraceton und nachfolgende Spaltung in Chloroform und Calciumacetat statt. Analog lassen sich Bromoform (Tribrommethan), $CHBr_3$, und Iodoform (Triiodmethan), $CHI_3$, darstellen. Sehr reines Chloroform erhält man beim Erhitzen von Chloralhydrat oder Trichloressigsäure mit Alkali. Nimmt man die alkalische Spaltung des Chloralhydrats in schwerem Wasser ($D_2O$) vor, so entsteht das für die NMR-Spektroskopie als Lösemittel vielfach verwendete $CDCl_3$ (Chloroform-*d*, Deuterochloroform). Chloroform ist das Trichlorid der Orthoameisensäure, seine Hydrolyse liefert Ameisensäure und Chlorid-Ionen (▸ Kap. 14.4). Die Endung „-form" in Chloroform leitet sich daher von dem lateinischen Wort für Ameise *formica* ab.

Im basischen Milieu lassen sich Methylketone mit Halogenen zu Haloformen und Carbonsäuren umsetzten (**Haloform-Reaktion**, ○ Abb. 7.20). Hierbei findet zuerst eine Halogenierung der Methylgruppe statt. Anschließend greift das Hydroxidion als Nucleophil die Carbonylgruppe an. Es entsteht ein tetraedrisches Intermediat, das unter Abspaltung der besten Austrittsgruppe, in diesem Fall das Haloform-Anion, zur Carbonsäure und eben einem Haloform-Anion zerfällt. Abschließende Protonenübertragung führt zum Haloform und zum Carboxylat. Chloroform bildet sich auch durch Haloform-Reaktion, die bei der Trinkwasser-

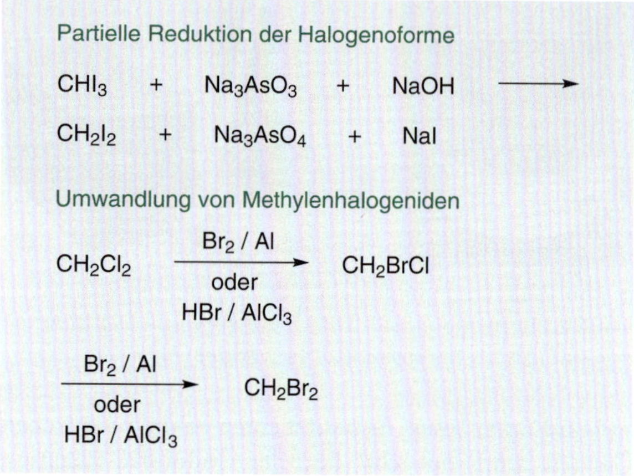


○ **Abb. 7.18** Darstellungsmöglichkeiten von Methylenhalogeniden

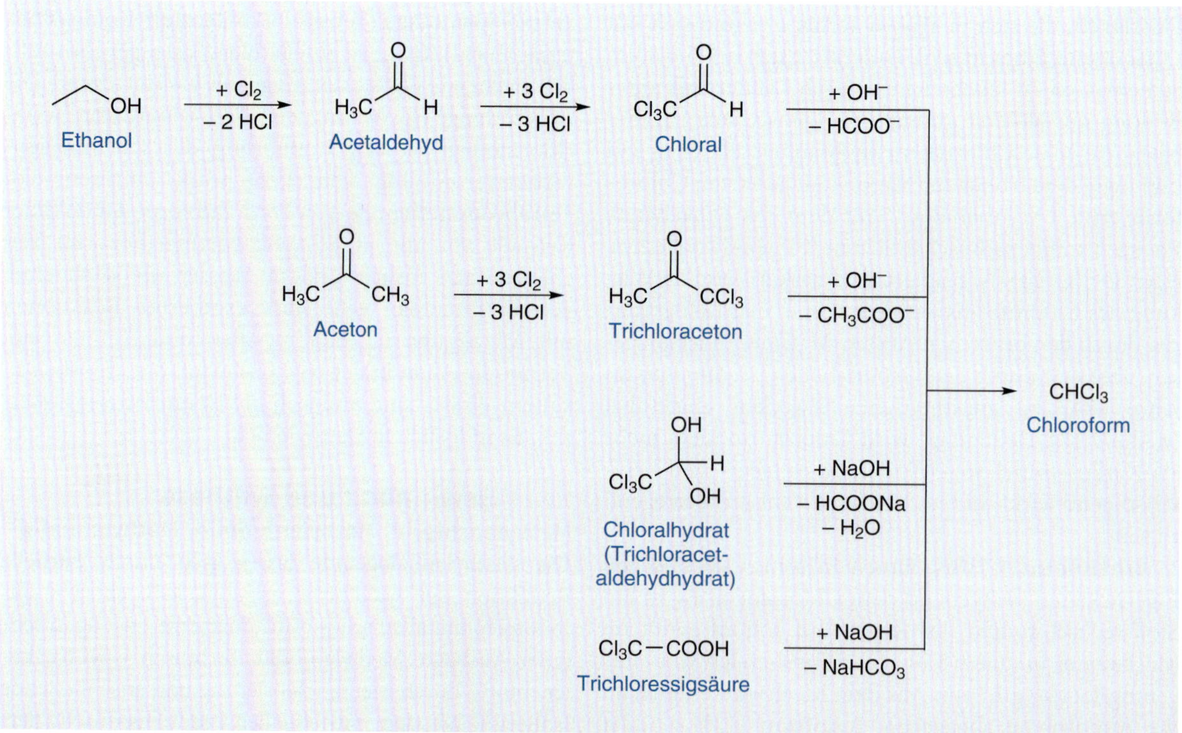


○ **Abb. 7.19** Technische Darstellungsmöglichkeiten von Chloroform

Chlorierung oder bei der Abwasserbehandlung mit chlorfreien Oxidationsmitteln in Gegenwart von Chlorid abläuft.

Auch die Haloforme kommen natürlich vor. In der marinen Rotalge *Asparagopsis taxiformis* wurden Bromoform und Dibromiodmethan als Hauptbestandteile neben einer größeren Zahl von organischen Halogenverbindungen nachgewiesen. Iodoform wurde über Seetangfeldern gefunden (o Abb. 7.21).

### Tetrahalogenmethane

Tetrachlormethan (Tetrachlorkohlenstoff, Kohlenstofftetrachlorid) wird technisch durch die Hochdruck-Chlorolyse von Kohlenwasserstoffen gewonnen. Dabei wird eine chlorierende Pyrolyse z. B. von Propan bei hohen Temperaturen und Drücken durchgeführt (o Abb. 7.22). Neben Tetrachlormethan kann dabei auch Tetrachlorethen entstehen, wobei das genaue Produktverhältnis durch ein temperaturabhängiges Gleichgewicht bestimmt wird.

Auch Schwefelkohlenstoff $CS_2$ kann über einen zweistufigen Prozess chloriert werden (o Abb. 7.23). Ein Vorteil dieses Verfahrens ist, dass letztendlich das gesamte eingesetzte Chlor an Kohlenstoff gebunden wird, denn auch das im ersten Reaktionsschritt gebildete Dischwefeldichlorid ($S_2Cl_2$) kann erneut mit überschüssigem $CS_2$ unter Bildung von $CCl_4$ reagieren. Zudem kann der Schwefel auskristallisiert werden, sodass sich das Gleichgewicht der Reaktion auf die Produktseite verschiebt und somit hohe Ausbeuten erreicht werden können. Der Schwefel wird anschließend wieder in $CS_2$ überführt.

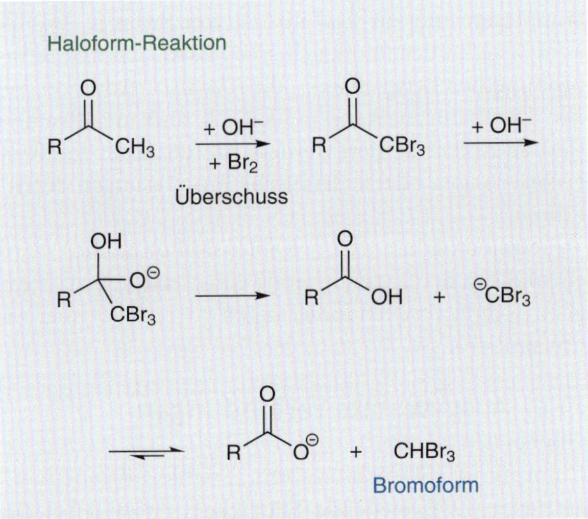


o **Abb. 7.20** Bei der Haloformreaktion werden im basischen Milieu Methylketone mit Halogenen zu Haloformen umgesetzt.

## 7.2.3 Reaktionen und Anwendungen

### Methylenchlorid, Methylenbromid, Methyleniodid

Methylenchlorid (Dichlormethan) wird im Wesentlichen als Lösemittel verwendet, so ist es beispielsweise wegen seiner sehr guten Lösungseigenschaften ein Hauptbestandteil von Abbeizmitteln.

Methyleniodid (und seltener Methylenbromid) wird im Labor zur Herstellung von Cyclopropanen in der *Simmons-Smith*-Reaktion verwendet.

o **Abb. 7.21** Zu den natürlichen Quellen für Haloforme zählt beispielsweise der Seetang.

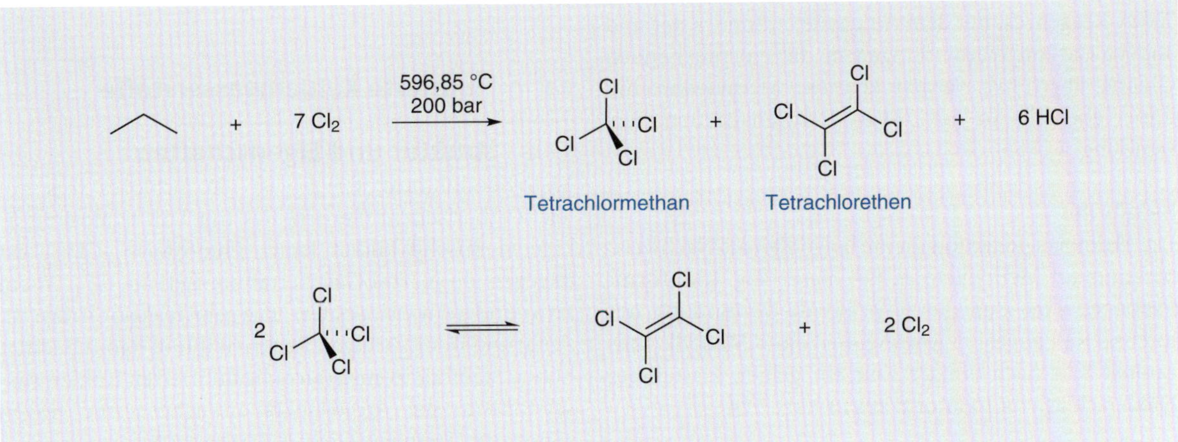


o **Abb. 7.22** Technische Darstellung von Tetrachlormethan durch Pyrolyse von Propan. Das Produktverhältnis von Tetrachlormethan und Tetrachlorethen hängt von der Reaktionstemperatur ab.

7

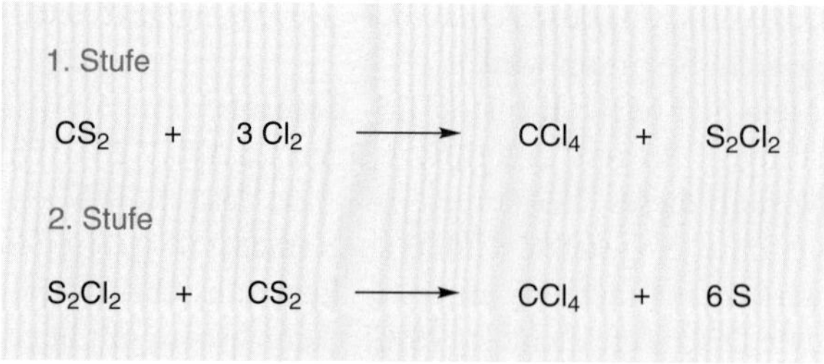


**o Abb. 7.23** Zweistufiger Prozess zur Darstellung von Tetrachlorkohlenstoff durch Chlorierung von Schwefelkohlenstoff

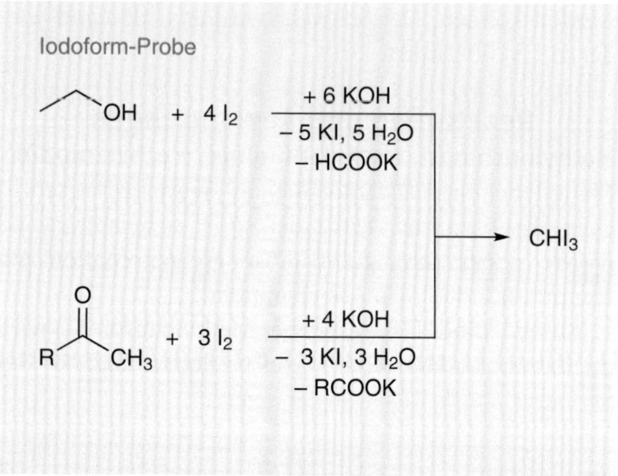


**o Abb. 7.24** Mit der Iodoform-Probe können Methylketone nachgewiesen werden. Bei einem positiven Nachweis fällt ein kristalliner, gelber Niederschlag von Iodoform aus.

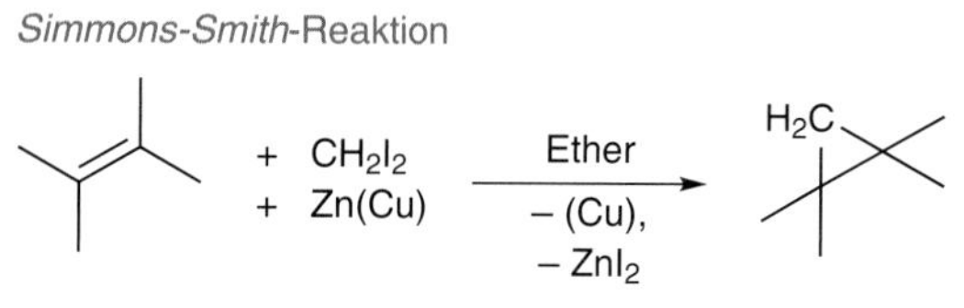


Zusammen mit Zink und einer Titanverbindung ($TiCl_4$, $Ti(NEt_2)_4$) ist Methyleniodid auch ein Bestandteil des *Takai*-Reagenzes, mit dem Aldehyde, Ketone, Ester und andere Carbonylverbindungen in die entsprechenden Olefine überführt werden können. Methylenbromid findet ebenfalls in der *Takai*-Methylenylierung Verwendung.

#### Haloforme

Die Haloform-Reaktion diente lange Zeit als Nachweisreaktion auf Methylketone. Bei dieser sog. **Iodoform-Probe** versetzt man die zu prüfende Verbindung mit Iod und Kalilauge. Bei Anwesenheit einer Methylketon-Einheit fällt nach einiger Zeit ein gelber, kristalliner Niederschlag von Iodoform aus (o Abb. 7.24).

#### Tetrahalogenmethane

Tetrachlorkohlenstoff $CCl_4$ (Tetrachlormethan, Kohlenstofftetrachlorid) ist krebserregend und findet daher heutzutage kaum noch Verwendung. Früher wurde es als ein vielseitiges Lösemittel für z. B. Öle, Fette, Harze, Wachse, Pech, Teer und Bitumen verwendet. Bei der Metallentfettung und der Reinigung von Geweben und Leder (chemische Reinigung) fand es ebenso Anwendung. Da es nicht brennbar und deutlich schwerer als Luft ist, war es früher Bestandteil von Feuerlöschern (sog. Tetra-Feuerlöscher). Dabei ist jedoch zu beachten, dass sich Tetrachlorkohlenstoff schon bei 100 °C zersetzt und sich daher beim Löschen größere Mengen giftigen Phosgens bilden können. Deswegen sind Tetra-Löscher heutzutage nicht mehr im Einsatz.

Tetrabrommethan $CBr_4$ (Tetrabrommethan, Kohlenstofftetrabromid) wird zur Dotierung von Halbleitern verwendet. In der Organometallchemie dient es als Oxidationsmittel zur Oxidation von Übergangsmetallkomplexen und zur Einführung von Brom in Metallkomplexe. In der Radikalchemie lassen sich mit Tetrabrommethan beispielsweise die *Kharasch*-Addition, bei der Tetrahalogenalkane radikalisch und metallkatalysiert an Alkene addiert werden, Atomtransfer-Radikalcyclisierungen oder radikalische Bromierungen durchführen.

Tetraiodmethan ($CI_4$, Kohlenstofftetraiodid) wird ebenfalls in der Radikalchemie eingesetzt, z. B. als Reagenz in radikalischen Iodierungen oder als Polymerisationsinitiator.

### 7.2.4 Ausgewählte Verbindungen

#### Chlorpikrin

Chlorpikrin (Nitrochloroform, Trichlornitromethan), eine bei 112 °C siedende Flüssigkeit, entsteht bei der Einwirkung von konzentrierter Salpetersäure auf Chloroform und wird als Insektizid verwendet. Im Ersten Weltkrieg wurde es als Lungenkampfstoff eingesetzt (o Abb. 7.25).

## 7.3 Fluorierte Kohlenwasserstoffe

### 7.3.1 Struktur und Eigenschaften

Methylendifluorid, $CH_2F_2$, ist ein farbloses Gas mit leicht etherischem Geruch, das mit Luft explosionsfähige Gemische bilden kann. Fluoroform, $CHF_3$, ist dagegen ein inertes Gas. Tetrafluormethan, $CF_4$, ist ein farb- und geruchsloses Gas, das sehr reaktionsträge ist. Aufgrund ihrer geringen Reaktivität und damit bedingt hohen Stabilität können sich die fluorierten Kohlenwasserstoffe in der Atmosphäre anreichern und tragen somit zum Treibhauseffekt bei (▫ Tab. 7.5).

### 7.3.2 Gewinnung und Synthese

Eine direkte Fluorierung von Alkanen ist nur schwer durchführbar, da die stark exotherme Reaktion meist explosionsartig verläuft und fast stets zu einem Gemisch von perfluorierten Verbindungen und Fragmentierungsprodukten führt. Bei der *Swarts*-**Reaktion** (o Abb. 7.26) verwendet man anstelle von Fluor weniger reaktionsfähige Metallfluoride wie Silber-, Quecksilber(I)- oder Kaliumfluorid als Fluorierungsmittel. Diese bewirken in Alkylmonohalogenverbindungen eine Austauschreaktion des Halogens gegen Fluor, z. B. werden Alkylhalogenide am besten durch Quecksilber(I)-fluorid in Alkylfluoride übergeführt. Die *Swarts*-Reaktion stellt somit eine schonende Methode zur Darstellung fluorierter Alkane dar. Es handelt sich dabei um eine nucleophile Substitutionsreaktion, bei der die fluorierten Alkane relativ leicht gewonnen werden können, da die C—F-Bindung mit 451 kJ/mol relativ stark und das Fluoridion zudem eine sehr schlechte Austrittsgruppe ist.

Technisch kann man Chlorfluoralkane durch Fluorierung der entsprechenden Chloralkane mit wasserfreiem Fluorwasserstoff an Festbettkatalysatoren aus Aluminium- oder Chromfluoriden synthetisieren (o Abb. 7.26).

Tetrafluorethylen wird durch Pyrolyse von Chlordifluormethan (Frigen 22), das aus Chloroform und wasserfreiem Fluorwasserstoff in Gegenwart von Antimon(V)-chlorid darstellbar ist, gewonnen.

Allgemein anwendbar ist die **Elektrofluorierung** (*Simons*) (o Abb. 7.26). Die anodische Fluorierung wird in wasserfreier Flusssäure bei einer geringen Spannung durchgeführt, die noch nicht zur Freisetzung von elementarem Fluor ausreicht. Die Reaktion führt zu perfluorierten Verbindungen, z. B. Trifluoracetylfluorid aus Ameisensäure. Ein wichtiger Vorteil der Methode ist, dass andere funktionelle Gruppen bei der Elektrofluorierung unverändert bleiben.

o **Abb. 7.25** Chlorpikrin wurde im Ersten Weltkrieg als Lungenkampfstoff eingesetzt. Soldaten und Tiere trugen zum Schutz Gasmasken.

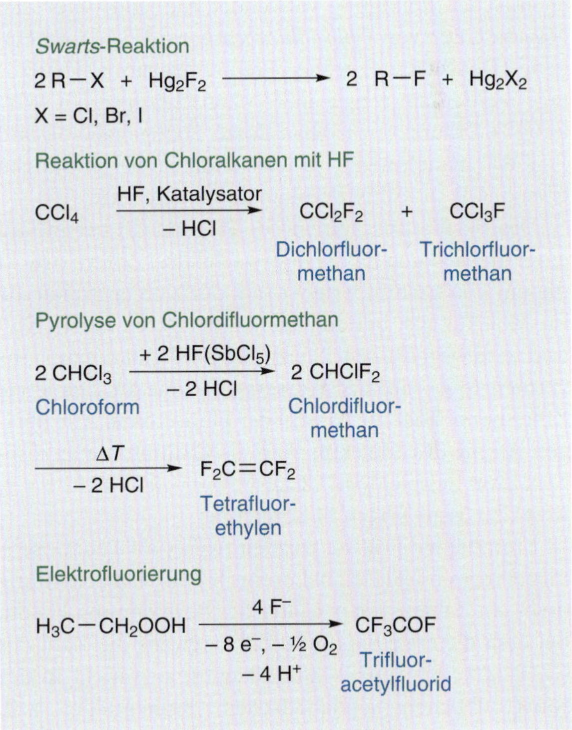


o **Abb. 7.26** Darstellung von Fluoralkanen

□ **Tab. 7.5** Siedepunkte verschiedener fluorierter Methanderivate und ihr Beitrag zum Treibhauseffekt relativ zu $CO_2$

| Fluoralkan | Siedepunkt in °C | Lebensdauer in der Atmosphäre in Jahren | Relativer Treibhauseffekt* |
|---|---|---|---|
| $CH_2F_2$ | −52 | 4,9 | 675 |
| $CHF_3$ | −82 | 270 | 14 800 |
| $CF_4$ | −128 | 50 000 | 5 700 |

* $CO_2$ = 1, Zeithorizont 100 Jahre

**Tab. 7.6** Die wichtigsten Kältemittel (R = *refrigerant* = Kältemittel)

| Name | Summenformel | Bezifferung | Siedepunkt in °C |
|---|---|---|---|
| Trichlorfluormethan | $CCl_3F$ | Frigen 11, CFC 11, R 11 | 24,9 |
| Dichlordifluormethan | $CCl_2F_2$ | Frigen 12, R 12 | −30 |
| 1,2,2-Trichlor-1,1,2-trifluorethan | $CClF_2{-}CCl_2F$ | Frigen 113 | 48 |
| 1,2-Dichlor-1,1,2,2-tetrafluorethan, Cryofluoran | $CClF_2{-}CClF_2$ | Frigen 114 | 3,5 |

## 7.3.3 Reaktionen und Anwendungen

Einige Fluorchlorkohlenwasserstoffe der Methan- und Ethanreihe (FCKW, CFKW) wurden früher wegen ihres niedrigen Siedepunkts, ihrer geringen Toxizität und chemischen Widerstandsfähigkeit als **Kältemittel** (Tab. 7.6) für Kühlschränke und Klimaanlagen, als Treibmittel für Aerosole und Plastikschäume sowie zur chemischen Reinigung verwendet. Sie sind unter den Namen CFC (von *Chlorofluorocarbons*, USA) und Frigene (Deutschland, früher Freone) bekannt. Heutzutage werden sie wegen ihrer ozonschädigenden Wirkung (▸Exkurs: Ozonabbau durch Halogenalkane und FCKW) zunehmend durch andere Verbindungen ersetzt, z. B. in Kühlschränken durch Isobutan.

Das Bezifferungssystem der **Frigene** (F) beruht auf einer dreistelligen Zahl. Die erste der drei Ziffern drückt die um eins verminderte Anzahl der Kohlenstoffatome im Molekül aus; bei den Methanderivaten ist sie Null und wird weggelassen. Die zweite Zahl gibt die um eins vermehrte Anzahl der Wasserstoffatome an. Die letzte Ziffer bezeichnet die Anzahl der Fluoratome. Alle übrigen Atome des Moleküls sind als Chloratome anzusehen. Zum Beispiel wird $CCl_3F$ (1 C = 0, 0 H = 1, 1 F = 1, Rest Cl = 3) als Frigen 11 bezeichnet.

Bromhaltige Frigene wurden früher als Feuerlöschmittel verwendet (Halon-Löscher). Zur Kennzeichnung dient ein Zahlensystem hinter der Bezeichnung Halon, bei dem die erste bis fünfte Ziffer jeweils die Zahl der C-, F-, Cl-, Br- und I-Atome angibt, also nicht in der sonst üblichen alphabetischen Reihenfolge: z. B. Halon 1211 = $CF_2ClBr$. 2-Brom-2-chlor-1,1,1-trifluorethan, $F_3C{-}CHBrCl$ (Sdp. 50 °C) (**Halothan,** Fluothane) wird als Narkosemittel in der Anästhesie verwendet; es wirkt 3- bis 4-mal stärker als Ether, ist allerdings heutzutage von halogenierten Ethern (z. B. Desfluran) weitgehend abgelöst worden.

## 7.3.4 Ausgewählte Verbindungen

### PTFE

Tetrafluorethylen (TFE) ist ein farbloses Gas (Sdp. −78,4 °C) und lässt sich in Gegenwart von Peroxid als Initiator bei Überdruck zu Polytetrafluorethylen (PTFE) polymerisieren.

Dieser Kunststoff, der unter dem Namen Teflon® (USA), Hydeflon, Hostaflon TF (Deutschland) und Fluon (Großbritannien) im Handel ist, zeichnet sich durch relativ hohe Hitzebeständigkeit und durch chemische Widerstandsfähigkeit aus. Seine Verarbeitung erfordert wegen des hohen Erweichungspunkts (> 250 °C) allerdings spezielle Sintermethoden. Er wird für die Fabrikation von Dichtungen und Rohren sowie für wasserabweisende Filme, Schutzanstriche und Elastomere verwendet (Abb. 7.27). Vollständig fluorierte Polymere, die im Spritzguss verarbeitet werden können, erhält man z. B. durch Copolymerisation von Tetrafluorethylen mit Hexafluorpropylen.

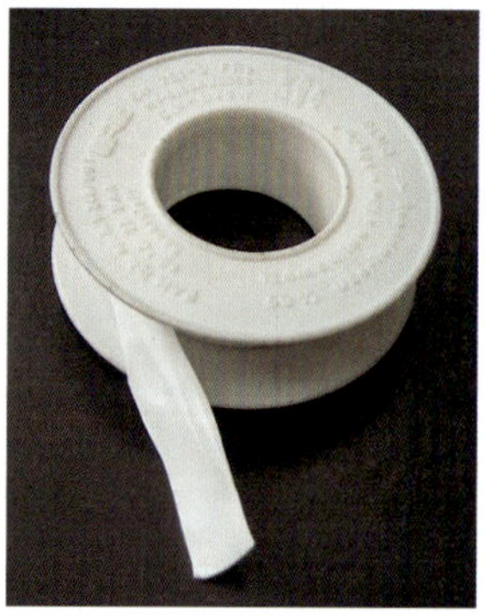

**Abb. 7.27** Der Einsatz von PTFE ist vielfältig: PTFE-Band wird u. a. zur Abdichtung von Gewindeverbindungen verwendet.

**Exkurs: Ozonabbau durch Halogenalkane und FCKW**

FCKW (Fluorchlorkohlenwasserstoffe) sind halogenierte Kohlenstoffverbindungen, die früher oft als Kühlmittel oder Treibgas Verwendung fanden, da sie inert sind und als kaum gesundheitsschädlich eingestuft wurden. Sie können sich jedoch aufgrund ihrer Reaktionsträgheit und Flüchtigkeit in höheren Schichten der Atmosphäre ansammeln. Die Verweilzeit von beispielsweise Frigen 114 in der Atmosphäre beträgt über 100 Jahre; nach Ablauf dieser Zeit ist die Konzentration auf 1/e = 0,36 (36 %) gesunken. In der oberen Atmosphäre können FCKW photolytisch gespalten werden, wobei Halogen-Radikale entstehen, die in der Lage sind, Ozon abzubauen. Die höchste Ozonkonzentra-

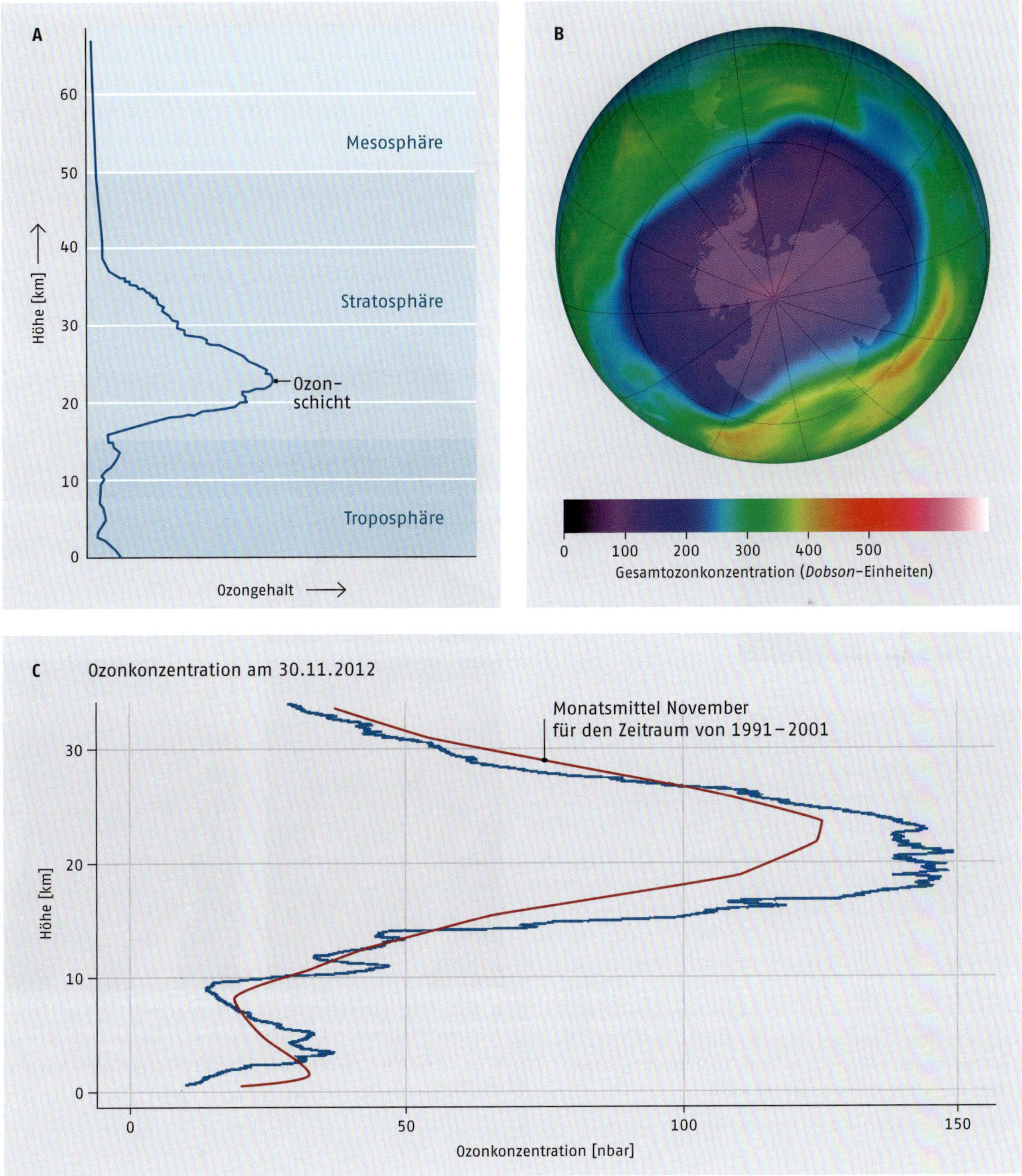


**o Abb. 7.28** In einer Höhe von 15–25 km, der sogenannten Stratosphäre, findet sich die höchste Ozonkonzentration (A, C). In der Falschfarbenabbildung (B) von 2006 ist zu erkennen, dass über der Antarktis eine gegenüber den sonst vorhandenen Konzentrationen deutlich verminderte Ozonkonzentration gemessen wurde (sogenanntes „Ozonloch", blau-violett dargestellt).

tion findet sich in 15–25 km Höhe, in der Stratosphäre (o Abb. 7.28 A, C). Seine größte Ausdehnung hatte das Ozonloch bisher im Jahr 2006 (o Abb. 7.28 B).

Der Ozonabbau findet vornehmlich über der Antarktis im Polarsommer statt. Die reaktiven Verbindungen werden in der Polarnacht in Stratosphärenwolken gespeichert, um dann im Polarsommer wieder Radikale bilden zu können (o Abb. 7.29). Dadurch verringert sich insbesondere im Polarsommer die Ozonkonzentration in der Stratosphäre deutlich („Ozonloch"). Das Ozonloch ist somit formal kein wirkliches Loch, sondern eine Verringerung der Konzentration von Ozon in bestimmten Schichten der Atmosphäre gegenüber den sonst üblichen Konzentrationen. Durch die geringere Konzentration wird die Schutzwirkung der Ozonschicht vor der harten UV-C-Strahlung (UV-A: 400–320 nm, UV-B: 320–280 nm, UV-C: 280–200 nm) aus dem Weltraum beeinträchtigt. Für ihre Arbeiten zum Thema Bildung und Abbau von Ozon in der Atmosphäre erhielten *Paul J. Crutzen*, *Mario J. Molina* und *F. Sherwood Rowland* 1995 den Nobelpreis für Chemie (o Abb. 7.30).

Die Frigene absorbieren zudem im IR-Bereich – und zwar viel stärker als $CO_2$, sodass ihre steigende Konzentration in ähnlicher Weise zur Erwärmung der Erdatmosphäre beitragen kann wie der Anstieg der $CO_2$-Konzentration. Als Maßnahme zum Schutz der Ozon-Schicht und zur Verringerung des Treibhauseffektes wurde 1991 eine FCKW-Halon-Verbots-Verordnung verabschiedet, die die Verwendung, den Handel und teilweise die Herstellung bestimmter FCKWs und Halone untersagt. Im Jahr 2006 wurde die Verordnung durch die Chemikalien-Ozonschichtverordnung ersetzt. Methylhalogenide tragen ebenfalls zum Ozonabbau und Treibhauseffekt bei. Daher wurde 1997 in Montreal ein weltweiter Ausstieg aus der Produktion bis 2005 beschlossen und im Jahr 2000 von den Mitgliedern der Europäischen Union umgesetzt. Erweitert wurde die Verordnung im Jahr 2009, wonach Methylbromid nur noch auf Antrag bei der Europäischen Kommission produziert und verwendet werden darf. Aufgrund dieser Maßnahmen scheint sich die Ozonschicht nach neuesten Erkenntnissen wieder zu erholen.

Polarwinter

1) Die Bildung der Eiskristalle der polaren stratosphärischen Wolken erfolgt bei T > –80 °C.

2) Speicherung von Verbindungen wie $ClONO_2$ in den Stratosphärenwolken

Polarsommer

1) Freisetzung von $ClONO_2$ u. a. Verbindungen aus den Stratosphärenwolken

2) Photolyse

$$Cl{-}ONO_2 \xrightarrow{h\nu} Cl\cdot + NO_3^{\cdot}$$

3) Ozonabbau

$$Cl\cdot + O_3 \longrightarrow ClO\cdot + O_2$$
$$ClO\cdot + O_3 \longrightarrow Cl\cdot + O_2$$
$$2\,O_3 + Cl\cdot \longrightarrow 3\,O_2$$

o **Abb. 7.29** Der Ozonabbau über der Antarktis. Im Polarwinter werden die reaktiven Chlorverbindungen in den Stratosphärenwolken gespeichert. Die Photolyse des Chlors findet dann im Polarsommer statt. Ozon wird von den gebildeten Chlorradikalen abgebaut.

o **Abb. 7.30** Der Nobelpreis für Chemie ging 1995 an *Paul J. Crutzen* (A), *Mario J. Molina* (B) und *F. Sherwood Rowland* (C) für ihre Forschungen zum Thema Ozonabbau und -bildung.

# 8 Aliphatische Stickstoffverbindungen

Amine ... 221 | Diazoverbindungen, Diazirine, Diaziridine ... 233 | Aliphatische Hydrazine und Azide ... 238

Zu den aliphatischen Stickstoffverbindungen gehört eine große Anzahl funktioneller Gruppen. Dazu zählen die in diesem Kapitel beschriebenen aliphatischen Amine (▸Kap. 8.1), die Diazoverbindungen, Diazirine und Diaziridine (▸Kap. 8.2) sowie die Hydrazine und Azide (▸Kap. 8.3). Die in ▸Kap. 38 diskutierten Aminosäuren tragen ebenfalls eine aliphatische Aminogruppe. Weitere Derivate der Amine werden in ▸Kap. 14 (z. B. Amide, Nitrile) und ▸Kap. 16 (Cyanate, Isocyanate) besprochen.

Als Element der fünften Hauptgruppe bildet Stickstoff üblicherweise drei kovalente Bindungen aus. Zusätzlich weist das Stickstoffatom ein freies Elektronenpaar auf, das für eine Vielzahl der chemischen Eigenschaften der aliphatischen Stickstoffverbindungen, wie die Basizität oder die Nucleophilie, verantwortlich ist. Die Aminogruppe hat für physiologische Prozesse aufgrund ihrer basischen Eigenschaften eine große Bedeutung.

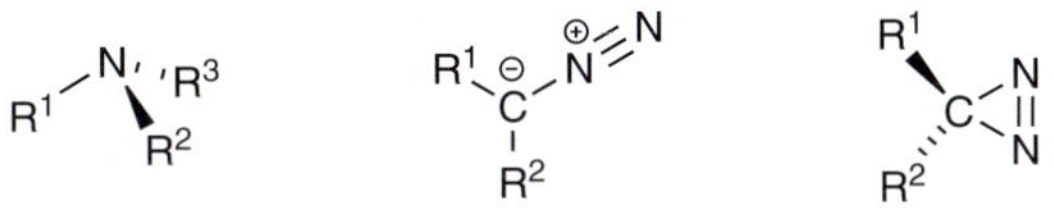

Amine | Diazoverbindungen | Diazirine

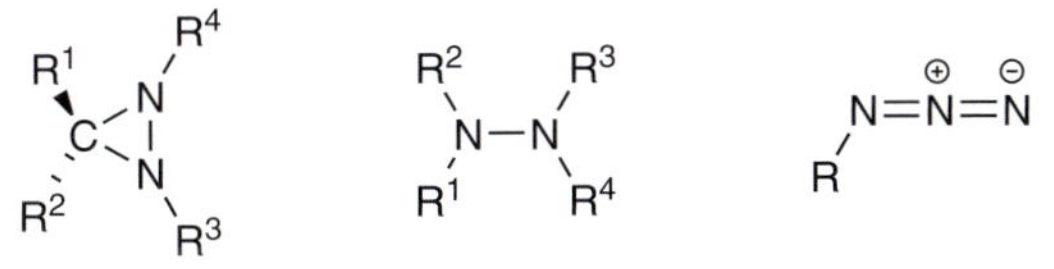

Diaziridine | Hydrazine | Azide

## 8.1 Amine

Amine sind **Derivate des Ammoniaks**, bei denen ein, zwei oder alle drei Wasserstoffatome am Stickstoffatom durch Alkyl- oder Arylgruppen ersetzt wurden. Je nach Anzahl dieser Substituenten am N-Atom erhält man **primäre, sekundäre oder tertiäre Amine**. Die am Stickstoffatom gebundenen Kohlenwasserstoffketten eines Amins müssen dabei keineswegs gleich sein.

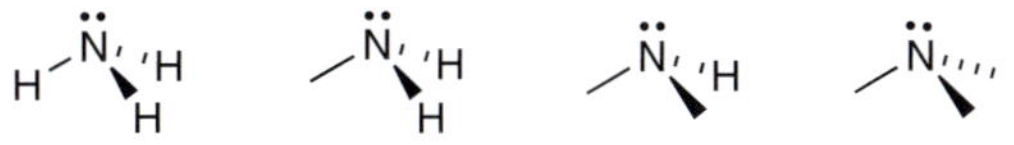

Ammoniak | Methylamin (*prim*) | Dimethylamin (*sek*) | Trimethylamin (*tert*)

Die Einteilung in primäre, sekundäre und tertiäre Amine bezieht sich somit nicht auf das zum Stickstoffatom benachbarte Kohlenstoffatom, sondern auf das Stickstoffatom selbst. Diese Einteilung entspricht nicht der Bezeichnung anderer heteroatomhaltiger Kohlenwasserstoffe, wie z. B. derjenigen der Alkohole (▸Kap. 6). Während beispielsweises *tert*-Butylamin ein primäres Amin ist, ist Triethylamin ein tertiäres Amin und *tert*-Butanol ein tertiärer Alkohol.

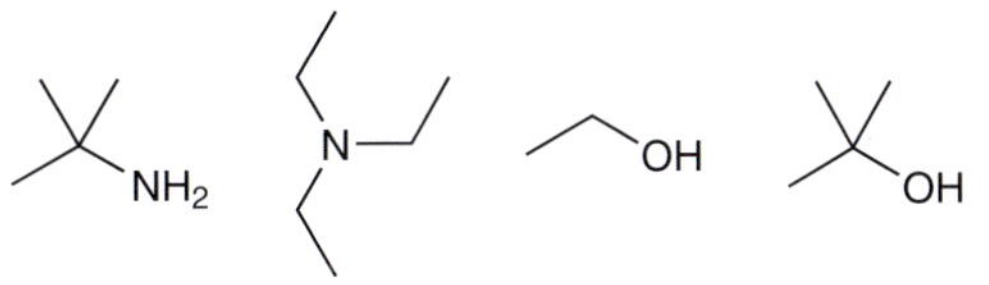

*tert*-Butylamin (prim. Amin) | Triethylamin (tert. Amin) | Ethanol (prim. Alkohol) | *tert*-Butanol (tert. Alkohol)

Die **Nomenklatur** der Amine ist nach IUPAC auf mehrere Arten möglich (○Abb. 8.1). Ist die Aminogruppe die Hauptfunktion der Verbindung, wird die Endung „-amin“ an den Stammnamen des Kohlenwasserstoffs angehängt. Tritt die Aminogruppe hingegen als einer von mehreren Substituenten auf, wird die Bezeichnung

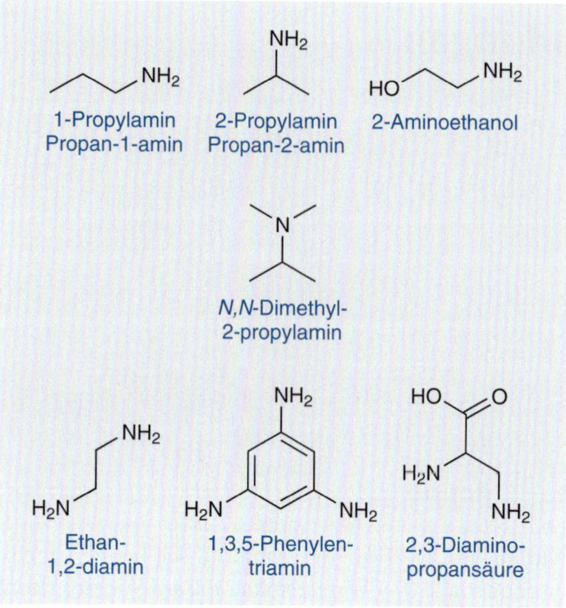


**o Abb. 8.1** Nomenklatur der Amine am Beispiel ausgewählter Verbindungen.

„Amino-" mit der entsprechenden Positionsnummer vorangestellt. Weitere von der Hauptkette abweichende Reste, die an den Stickstoff der Aminogruppe gebunden sind, werden mit dem Präfix „*N*-" dem Namen dieses Restes zugeordnet. Bei Verbindungen mit mehreren Aminogruppen wird deren Anzahl durch die griechischen Zahlworte „Di-", „Tri-", „Tetra-" etc. vor dem Namen „-amin" gekennzeichnet.

## 8.1.1 Struktur und Eigenschaften

### Struktur von Aminen

Das **Stickstoffatom** der Aminogruppe ist in der Regel **$sp^3$-hybridisiert**. Ausnahmen treten bei der Konjugation mit einem benachbarten $\pi$-System auf: Das N-Atom ist dann $sp^2$-hybridisiert, da sonst keine Resonanzwechselwirkung möglich ist. Aufgrund der $sp^3$-Hybridisierung sind bei nichtkonjugierten Aminen die drei Substituenten und das freie Elektronenpaar des Stickstoffatoms tetraedrisch um den Stickstoff angeordnet (o Abb. 8.2). Die Struktur der Amine ist allerdings nicht starr. Bei Raumtemperatur kann das zentrale Stickstoffatom nahezu frei durch die Ebene der Substituenten schwingen. Dieser Vorgang wird als **Inversion** (▸Kap. 3) bezeichnet und ist z. B. dafür verantwortlich, dass nichtcyclische chirale di- oder trialkylierte Amine nicht in ihre Enantiomeren getrennt werden können, sondern bei Raumtemperatur rasch racemisieren. Die Aktivierungsenergie für den Inversionsvorgang beträgt weniger als 30 kJ/mol.

### Chemische Eigenschaften von Aminen

Für die charakteristischen Eigenschaften der Amine, wie Basizität und Nucleophilie, ist das **freie Elektronenpaar am Stickstoffatom** verantwortlich. Amine sind schwache Basen, die durch Aufnahme eines Protons quartäre Ammoniumionen, die konjugierten Säuren der Amine, bilden.

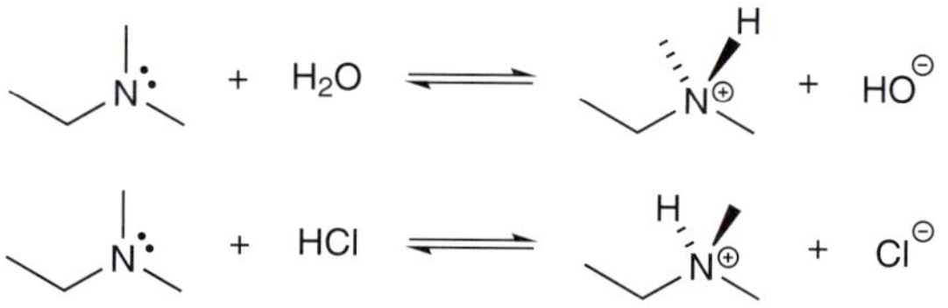


Die **Basizität** der Amine hängt von der Art ihrer Substituenten sowie von deren Anzahl ab (□ Tab. 8.1). Hierbei gilt: Je größer die Elektronendichte am zentralen Stickstoffatom durch einen elektronenschiebenden Effekt der Substituenten ist, umso höher ist die Basizität. In der Gasphase oder in unpolaren Lösemitteln steigt die Basizität daher von primären zu tertiären Aminen an. In polaren Lösemitteln wie Wasser nimmt die Basenstärke beim Übergang von sekundären zu tertiären Aminen wieder ab. Dies ist auf eine schlechtere Solvatation des Ammonium-Kations zurückzuführen. Das Kation ist durch die Alkylreste bei dreifach substituierten Aminen stärker sterisch abgeschirmt als bei geringer substituierten, was zu einer schlechteren Solvatisierung und damit zu einer geringeren Stabilisierung des gebildeten Ammoniumions führt, und somit zu einer geringeren

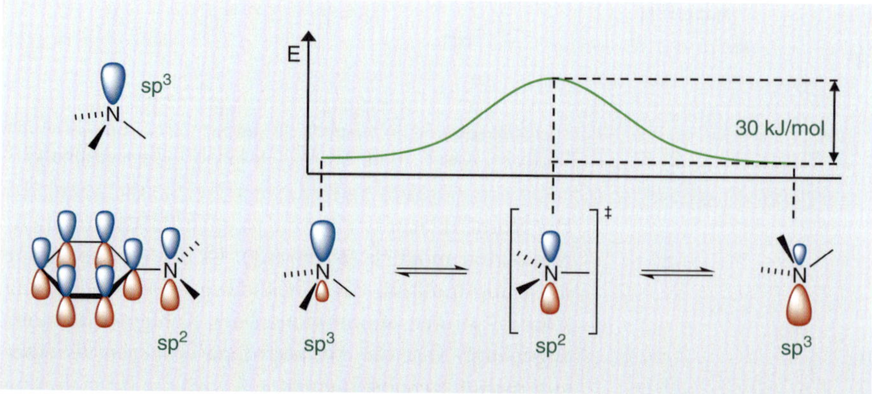


**o Abb. 8.2** Hybridisierung der N-Atome bei konjugierten ($sp^2$) und nichtkonjugierten ($sp^3$) Aminen. Bei $sp^3$-hybridisierten Aminen findet eine rasche, pyramidale Inversion statt, bei der sich das Stickstoffatom durch die Molekülebene bewegt.

**Tab. 8.1** Säure-Base-Eigenschaften ausgewählter Amine

| | p$K_S$ | p$K_B$ |
|---|---|---|
| **Ammoniak** $NH_4^+/NH_3$ | 9,25 | 4,75 |
| **Methylamin** $CH_3NH_3^+/CH_3NH_2$ | 10,64 | 3,36 |
| **Dimethylamin** $(CH_3)_2NH_2^+/(CH_3)_2NH$ | 10,71 | 3,29 |
| **Trimethylamin** $(CH_3)_3NH^+/(CH_3)_3N$ | 9,74 | 4,26 |
| **Anilin (Phenylamin)** $C_6H_5NH_3^+/C_6H_5NH_2$ | 4,58 | 9,42 |

Basizität. Primäre und sekundäre Amine sind andererseits auch sehr schwache Säuren (p$K_S$ ≈ 35; ▸Exkurs: LDA). Eine **Deprotonierung von Aminen** zu Amiden ist daher nur durch besonders starke Basen, z. B. Alkalimetalle oder Alkyllithiumverbindungen möglich.

**Exkurs: Lithiumdiisopropylamid (LDA)**

Eine im Labor häufig eingesetzte Base ist Lithiumdiisopropylamid (LDA). Es wird durch die Deprotonierung von Diisopropylamin (einem sekundären Amin) mithilfe der sehr starken Base *n*-Butyllithium hergestellt. LDA ist eine sterisch anspruchsvolle und damit **nichtnucleophile Base** (● Abb. 8.3). Verwendung findet LDA z. B. als Base bei Eliminierungsreaktionen, da – anders als beim Einsatz von nucleophilen Basen wie Kaliumhydroxid – keine Substitution als Konkurrenzreaktion auftritt. Auch zur Deprotonierung unsymmetrischer Ketone zu den Enolaten kann LDA verwendet werden (▸Exkurs: Kinetische und thermodynamische Reaktionskontrolle, ▸Kap. 12.2).

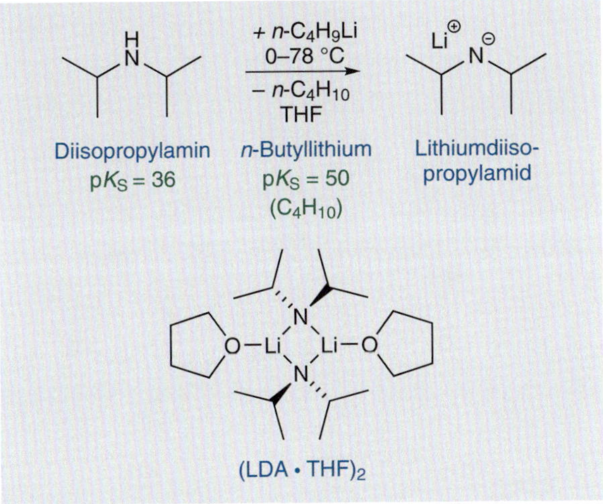


● **Abb. 8.3** Synthese von Lithiumdiisopropylamid (LDA) und Struktur des in THF-Lösung vorliegenden Komplexes

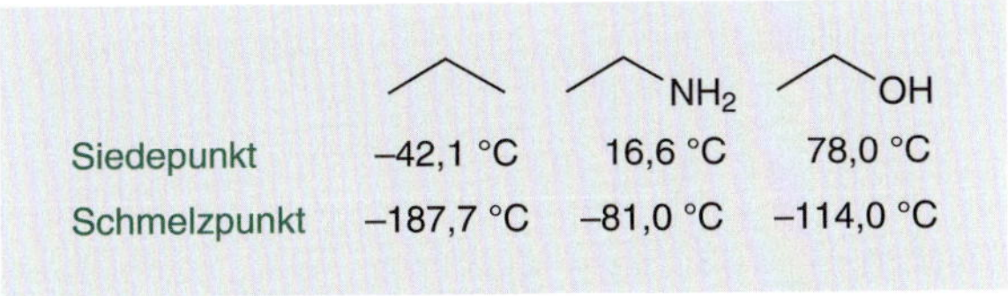


● **Abb. 8.4** Vergleich der Siede- und Schmelztemperaturen von Propan, Ethylamin und Ethanol

Da Stickstoff- und Kohlenstoff- bzw. Wasserstoffatome stark unterschiedliche Elektronegativitäten aufweisen, sind Amine polare, protische Verbindungen. Sie können daher **intermolekulare Wasserstoffbrücken** ausbilden. Niedermolekulare Amine und Polyamine sind entsprechend gut wasserlöslich. Der Siedepunkt von Aminen liegt zwischen denen vergleichbarer Alkane und Alkohole (● Abb. 8.4). Der gegenüber dem entsprechenden Alkan erhöhte Siede- und Schmelzpunkt ist auf die Ausbildung der Wasserstoffbrückenbindungen zurückzuführen. Die Bindungsstärke dieser Wasserstoffbrücken ist im Vergleich zu H-Brücken zwischen Sauerstoff und Wasserstoff jedoch geringer, weswegen die Siede- und Schmelzpunkte der Amine niedriger sind als die der vergleichbaren Alkohole (▸Kap. 6).

Mit Ausnahme einiger gasförmiger Amine sind die meisten einfachen Amine daher bei Normalbedingungen flüssig, während höher substituierte Amine mit zunehmender Größe und Anzahl der Substituenten als Feststoffe vorliegen. So sind *N*-Tridecylamin ($C_{13}H_{27}NH_2$, Smp. 30–32 °C), *N,N*-Didecylamin ($(C_{10}H_{21})_2NH$, Smp. 38–40 °C) oder Diphenylamin ($(C_{10}H_5)_2NH$, Smp. 50–53 °C) bei Raumtemperatur fest. Viele Amine besitzen einen **charakteristischen Geruch**. Dieser ähnelt dem von Ammoniak, ist jedoch etwas weniger reizend.

Amine zählen zu den wichtigsten chemischen Verbindungen, da die Aminogruppe die einzige ungeladene funktionelle organische Gruppe ist, die im neutralen pH-Bereich als Base (also als Protonenakzeptor) reagieren kann. Aminogruppen finden sich daher in vielen biochemisch wichtigen Verbindungen, als Liganden in Metallkomplexen sowie in Farb- und Arzneistoffen (● Abb. 8.5).

## 8.1.2 Gewinnung und Synthese

Amine können auf verschiedenen Wegen synthetisiert werden. Im Organismus entstehen die sogenannten **biogenen Amine** in der Regel durch die Decarboxylierung von Aminosäuren. Ein Beispiel für eine derartige Reaktion ist die Decarboxylierung von L-DOPA (**Dihydroxyphenylalanin**) zu **Dopamin** durch die DOPA-Decarboxylase (DDC). Dopamin ist ein wichtiger Neurotransmitter, der auch im Zusammenhang mit der neurologischen Erkrankung *Morbus Parkinson* steht (● Abb. 8.6; ▸Kap. 37.1).

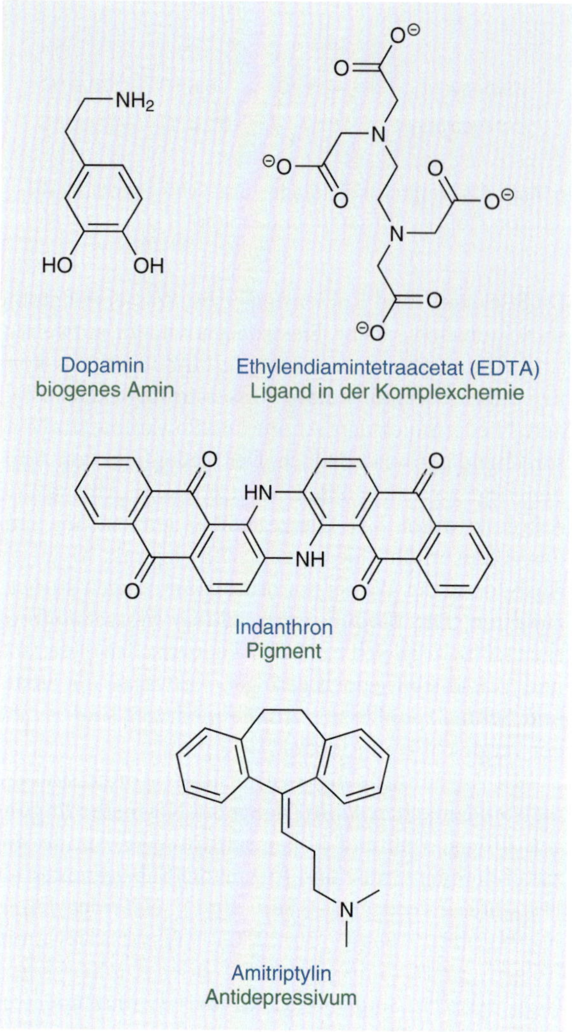


**Abb. 8.5** Amine sind wichtige funktionelle Verbindungen, die sich in sehr unterschiedlichen Anwendungsbereichen finden.

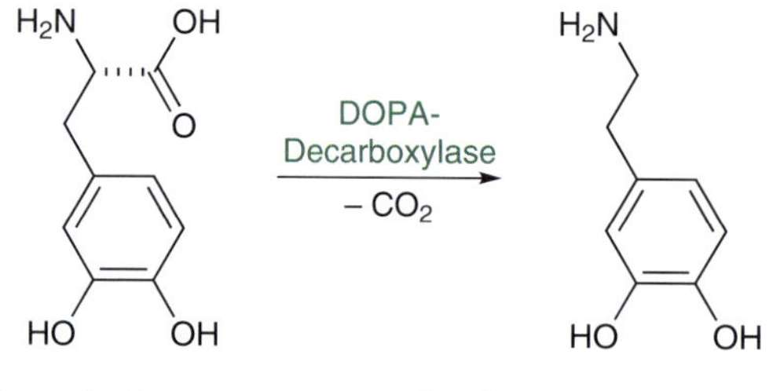


Technisch können Amine durch eine Vielzahl von Reaktionen hergestellt werden (Abb. 8.7): z. B. durch die metallkatalysierte Umsetzung von Alkoholen mit Ammoniak, die reduktive Aminierung von Aldehyden und Ketonen, die nucleophile Substitution von Chloralkanen mit Ammoniak, die metallkatalysierte Reduktion von Nitrilen und Amiden mit Wasserstoff unter Druck, die Addition von Ammoniak an Epoxide zu Aminoalkoholen sowie die Reduktion von Nitroaromaten zu aromatischen Aminen (z. B. *Béchamp*-Reduktion).

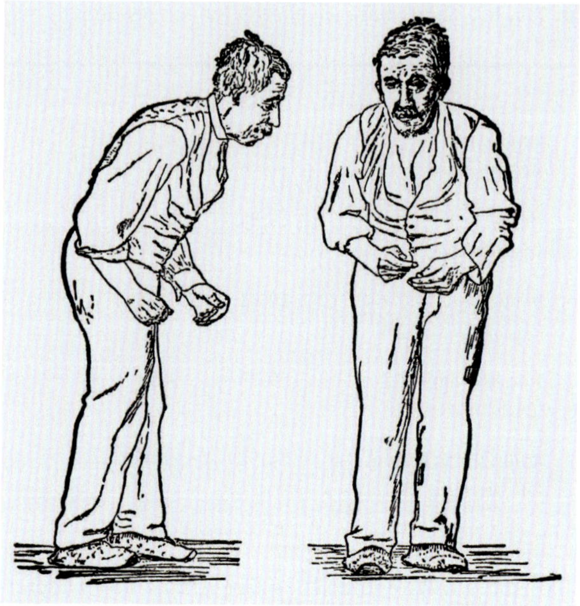

**Abb. 8.6** *Parkinson*-Patienten weisen häufig eine gekrümmte Haltung von Armen und Rücken sowie einen steifen Gesichtsausdruck auf (historische Illustration, 1886). Bei der Erkrankung kommt es zu einem Absterben dopaminerger Neuronen im ZNS. Als Arzneistoff wird u. a. L-DOPA eingesetzt, das *in vivo* zu Dopamin decarboxyliert wird.

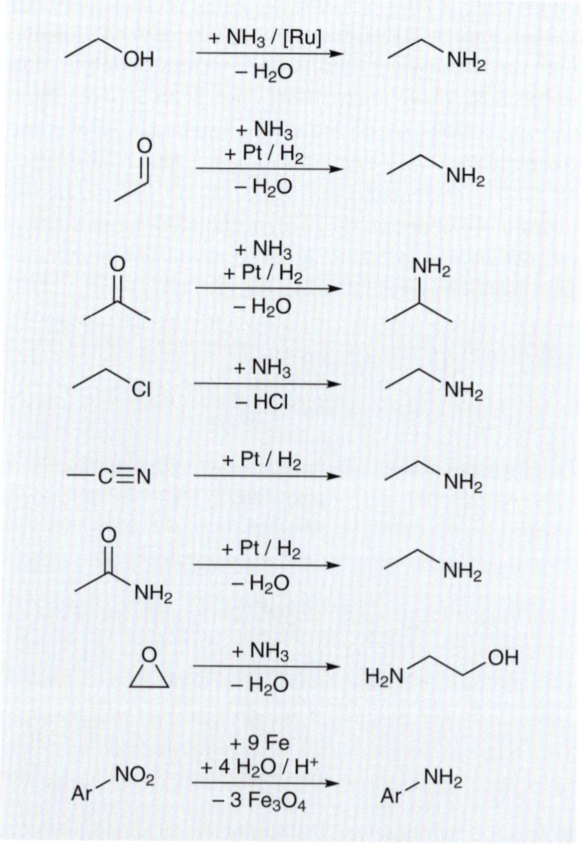


**Abb. 8.7** Technisch wichtige Aminsynthesen

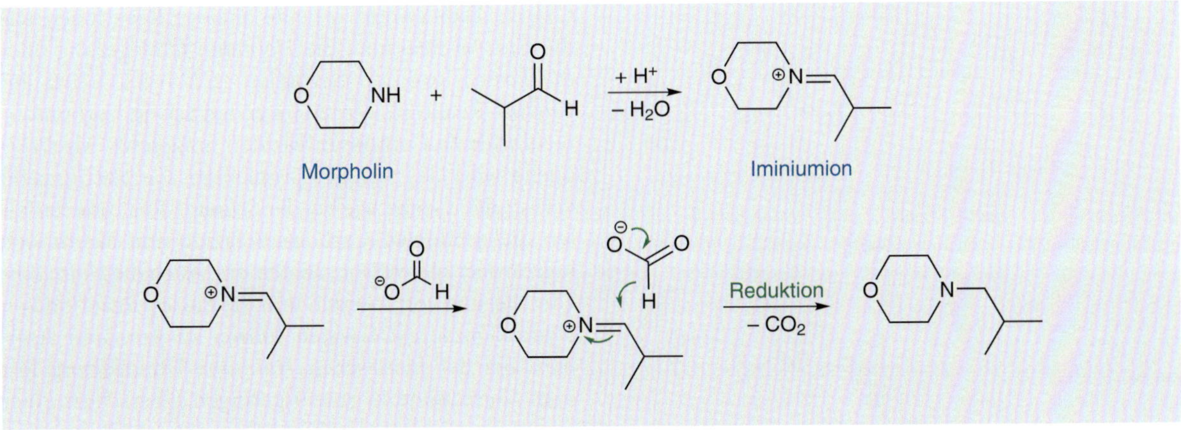


**o Abb. 8.8** *Leuckart-Wallach*-Reaktion am Beispiel der Umsetzung von Morpholin mit 2-Methylpropanal

Ein Beispiel für eine **reduktive Aminierung** ist die ***Leuckart-Wallach*-Reaktion** (o Abb. 8.8). Hierbei werden Carbonylverbindungen (▸Kap. 12) mit Aminen und Formiat (Methanoat) zu den entsprechenden tertiären Aminen umgesetzt. Im ersten Schritt findet eine Addition des Amins an den Carbonylkohlenstoff statt. Es entsteht ein Halbaminal, das säurekatalysiert Wasser abspaltet und ein Iminiumion bildet. Dieses wird von Formiat reduziert. Formiat überträgt hierbei ein Hydridion auf das Kohlenstoffatom. Gleichzeitig entsteht Kohlenstoffdioxid, dessen Freisetzung die Triebkraft für die Reaktion liefert.

Im Labor gibt es zusätzlich zu den technisch genutzten Synthesewegen weitere präparativ wichtige Verfahren zur Herstellung von Aminen. Die einfachsten, jedoch auch am wenigsten selektiven Methoden sind **nucleophile Substitutionsreaktionen,** z. B. von Halogenalkanen (▸Kap. 7) mit Ammoniak oder Aminen. Als problematisch erweist sich dabei die im Vergleich zum Edukt höhere Nucleophilie der Reaktionsprodukte, die mit zunehmender Zahl der Alkyl-Substituenten am Stickstoffatom der Amine wächst (elektronenschiebender Effekt der Alkylgruppen). Mehrfach substituierte Amine lassen sich daher gut, monosubstituierte hingegen vergleichsweise schlecht über diesen Syntheseweg darstellen – in der Regel erhält man Gemische von einfach und mehrfach alkylierten Aminen. Mit einem Überschuss an Alkylierungsmittel lassen sich jedoch selektiv quartäre Ammoniumsalze synthetisieren.

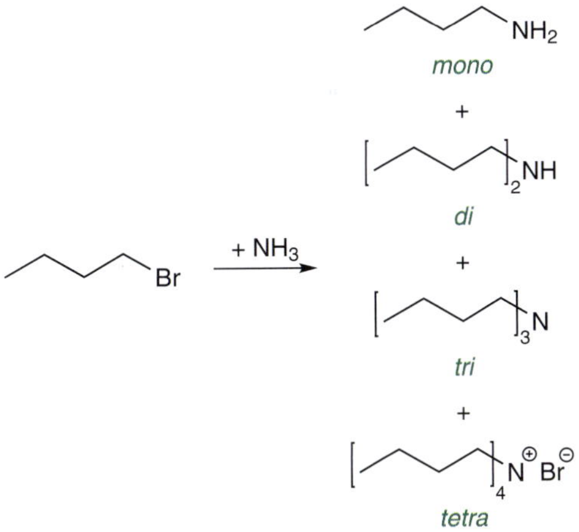


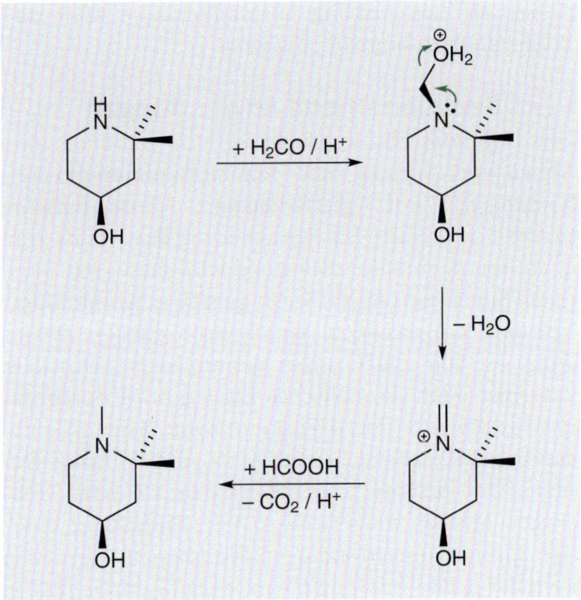

**o Abb. 8.9** Methylierung eines Piperidin-Derivats nach *Eschweiler-Clarke*

Um primäre und sekundäre Amine gezielt zu tertiären Aminen zu methylieren, ohne dass es zur Bildung quartärer Ammoniumsalze kommt, eignet sich die ***Eschweiler-Clarke*-Reaktion** (o Abb. 8.9), bei der das Amin mit Formaldehyd und Ameisensäure umgesetzt wird. Die Reaktion ähnelt der *Leuckart-Wallach*-Reaktion. Zuerst bildet sich aus dem Amin und dem Formaldehyd das entsprechende Iminiumion, das im nächsten Schritt mithilfe von Ameisensäure durch Hydridübertragung zum methylierten Amin reduziert wird. Aus der Ameisensäure entsteht wiederum Kohlenstoffdioxid. Da tertiäre Amine keine Iminiumionen mehr bilden können,

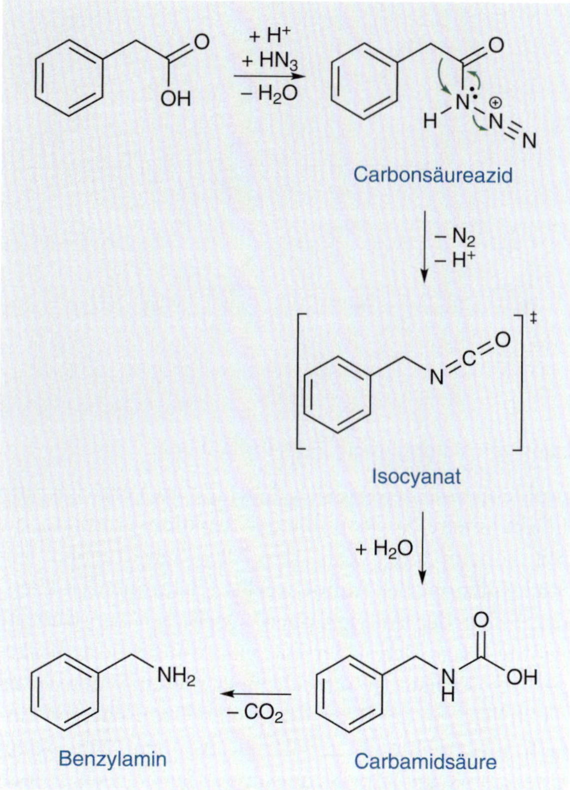


**Abb. 8.10** Die Synthese von Benzylamin nach *Schmidt*

bleibt die Reaktion auf der Stufe des tertiären Amins stehen, eine weitere Methylierung zum quartären Ammoniumsalz kann nicht stattfinden.

Die **selektive Synthese sekundärer Amine** – und in einigen Fällen auch primärer Amine – kann über die Reduktion von Iminen mit Wasserstoff auf Platin, analog zu den bereits in Abb. 8.7 vorgestellten Synthesen von Aldehyden und Ketonen mit Ammoniak, erfolgen.

Die Reaktion von Carbonsäuren oder Carbonylverbindungen mit Stickstoffwasserstoffsäure (Azoimid, Hydrogenazid, $HN_3$) wird als ***Schmidt*-Reaktion** bezeichnet (Abb. 8.10). Der erste Schritt besteht aus einer Acylsubstitution am Carbonyl-C-Atom der Säuregruppe. Dabei entsteht ein Carbonsäureazid, aus dem durch Abspaltung von Stickstoff unter gleichzeitiger Wanderung des Alkylrestes ein Isocyanat gebildet wird. Dieses wird in der Regel ohne Isolierung direkt weiter umgesetzt und durch das Lösemittel (z. B. Wasser) nucleophil abgefangen. Die dabei entstehende Carbamidsäure (▸ Kap. 16.1) ist instabil und decarboxyliert sofort zum entsprechenden primären Amin. Werden statt Wasser Alkohole oder Amine als Nucleophile für den Abfang des Isocyanats eingesetzt, erhält man Urethane (Carbamate, Carbaminsäureester) bzw. Harnstoffderivate.

Eine besondere Schwierigkeit im Zusammenhang mit der *Schmidt*-Reaktion bereitet der Einsatz von Stickstoffwasserstoffsäure, $HN_3$. Diese ist äußerst instabil, hoch explosiv und bereits in geringen Mengen toxisch. Daher werden heute analoge Reaktionen wie die *Curtius*-Reaktion, die *Hofmann*-Umlagerung oder die *Lossen*-Reaktion bevorzugt (Abb. 8.11). Bei der ***Curtius*-Reaktion** werden im ersten Schritt Carbonsäurechloride zu Carbonsäureaziden umgesetzt. Als Azidquelle wird das weniger problematische Natriumazid verwendet. Genau wie bei der *Schmidt*-Reaktion zerfallen die gebildeten Carbonsäureazide und lagern sich konzertiert zu den Isocyanaten um. Auch die *Hofmann*-Umlagerung von Amiden und die *Lossen*-Reaktion von Hydroxamsäure-Derivaten führen zu primären Aminen. Bei der klassischen ***Hofmann*-Umlagerung** löst man Säureamide in einem geringen Überschuss einer wässrigen Lösung von Hypohalogeniten oder hypervalenten Iodiden, z. B. (Bis(trifluoracetoxy)iod)benzen, und erwärmt auf ca. 70 °C. Als Zwischenstufen bildet sich ein *N*-Halogenamid, anschließend wiederum ein Isocyanat. Die ***Lossen*-Reaktion** geht von einer Hydroxamsäure aus. Die Deprotonierung des Hydroxamsäure-Stickstoffs durch eine Base liefert ein instabiles Anion, das sich zum Isocyanat umlagert. Dieses reagiert anschließend analog der *Schmidt*-Reaktion weiter.

Eine weitere wichtige Methode zur Darstellung primärer Amine ist die ***Gabriel*-Synthese**, bei der Alkylhalogenide mit Kaliumphthalimid (▸ Kap. 21.2) erhitzt werden (Abb. 8.11). Dabei bildet sich in einer nucleophilen Substitution ein *N*-Alkylphthalimid, das mit Hydrazin zum primären Amin und Phthalhydrazin gespalten wird (*Ing-Manske*-Variante).

Die ***Staudinger*-Reaktion** ist eine weitere milde Aminsynthese. Hierbei werden Alkylazide (▸ Kap. 8.3), die sich leicht aus Halogenalkanen und Azid in einer nucleophilen Substitution herstellen lassen, mit Triphenylphosphin unter Stickstoffabspaltung über das Phosphazen als Zwischenstufe letztendlich zum Amin und Triphenylphosphinoxid umgesetzt.

### 8.1.3 Reaktionen und Anwendungen

Die ***Hofmann*-Eliminierung** ist eine Methode zum **Abbau von Aminen** bzw. Tetraalkylammonium-Verbindungen mit $\beta$-ständigem Wasserstoffatom (Abb. 8.12). Nach der Methylierung des Amins zum quartären Ammoniumhalogenid wird dieses mit wässrigem Silberoxid ($Ag_2O$) in ein **quartäres Ammoniumhydroxid** umgewandelt. Durch Erhitzen der Verbindung auf 100–200 °C unter vermindertem Druck in wässriger oder alkoholischer Lösung wird durch das Hydroxidion in der $\beta$-Position zum Trimethylamin deprotoniert, es entstehen ein Alken und ein Amin. Der Ablauf der Reaktion folgt dabei einem E2- oder E1cb-artigen Mechanismus (▸ Kap. 7.1.3). Enthält die quartäre Ammoniumverbindung Substituenten, aus denen nach der $\beta$-Eliminierung mehrere regioisomere Alkene entstehen können, so bildet sich in der Regel dasjenige mit der geringeren Anzahl an Substituenten (***Hofmann*-**

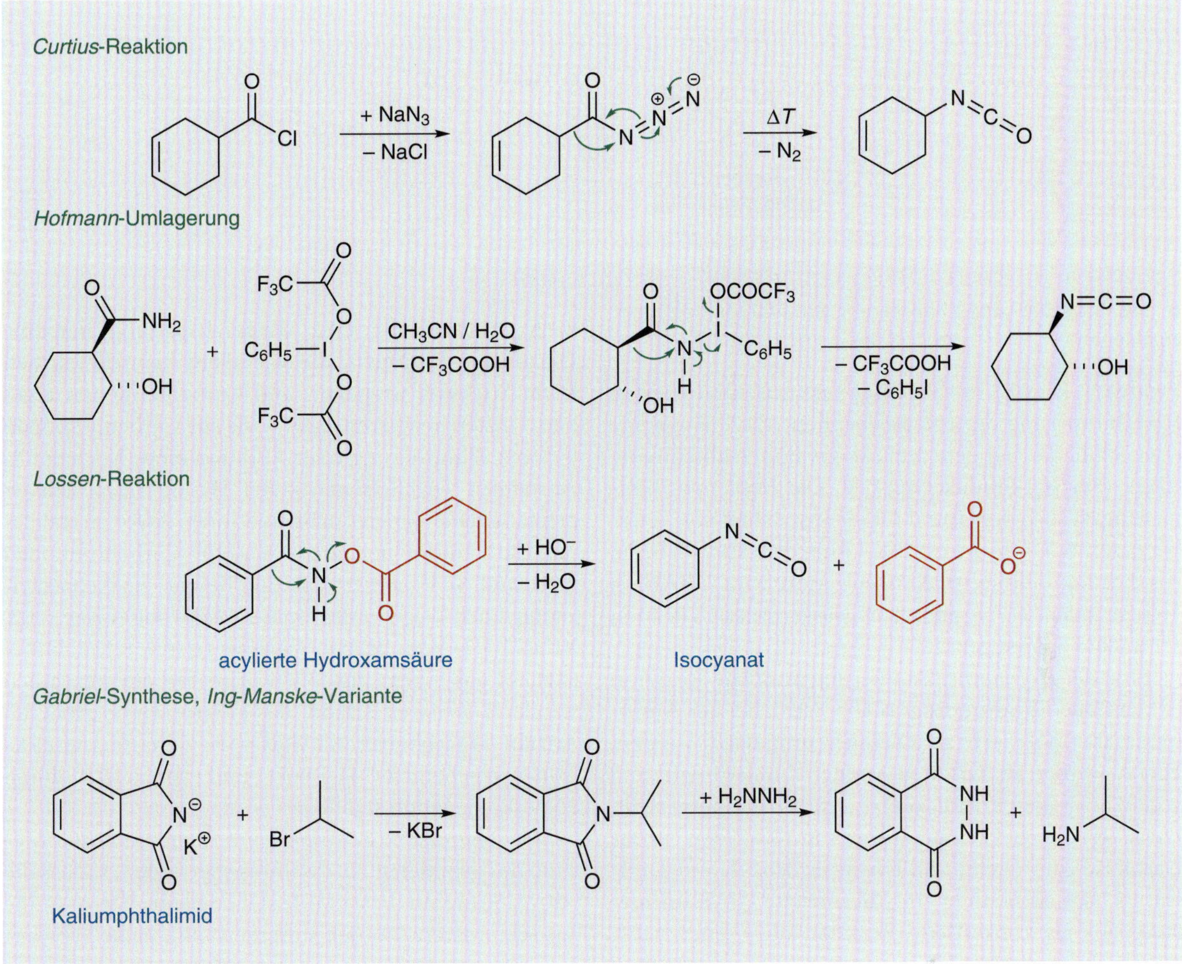


**Abb. 8.11** Synthese von Aminen über Isocyanate oder *N*-Alkylphthalimide

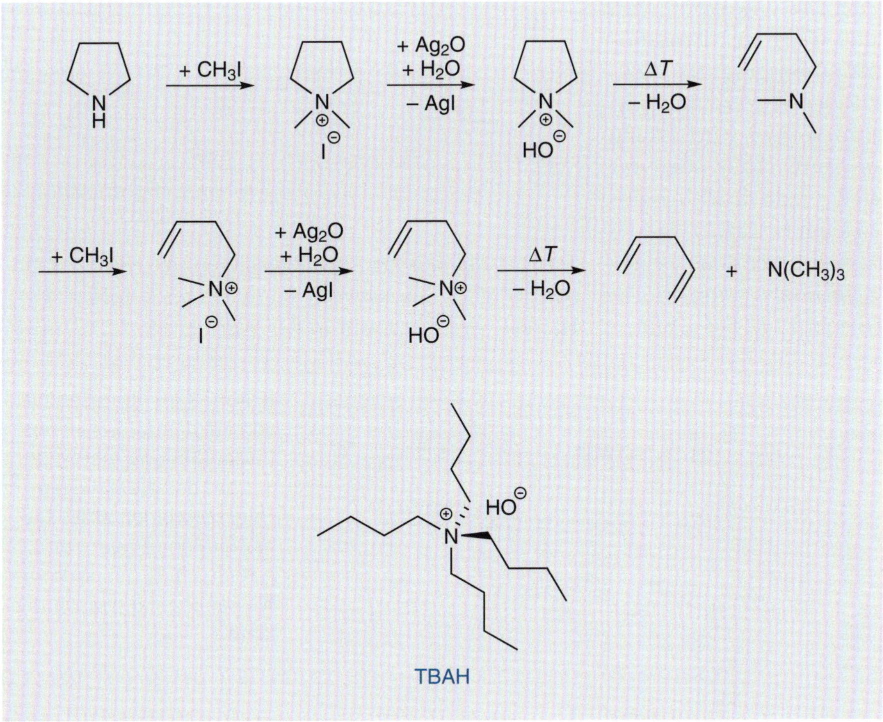


**Abb. 8.12** Zweifache *Hofmann*-Eliminierung von Pyrrolidin zu Penta-1,4-dien sowie Struktur von Tetrabutylammoniumhydroxid (TBAH)

8

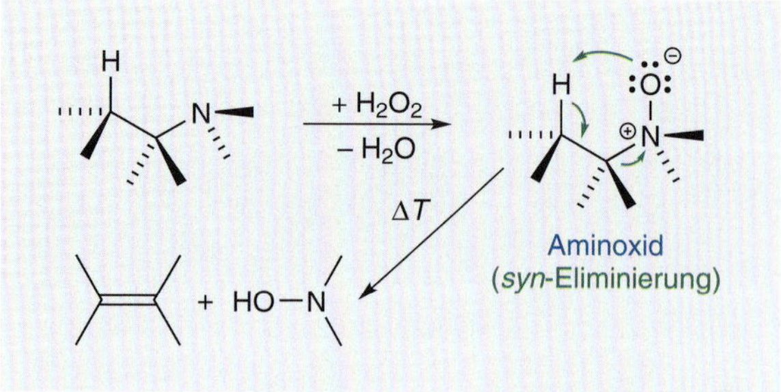


**o Abb. 8.13** Die *Cope*-Eliminierung von Aminoxiden führt zu Alkenen.

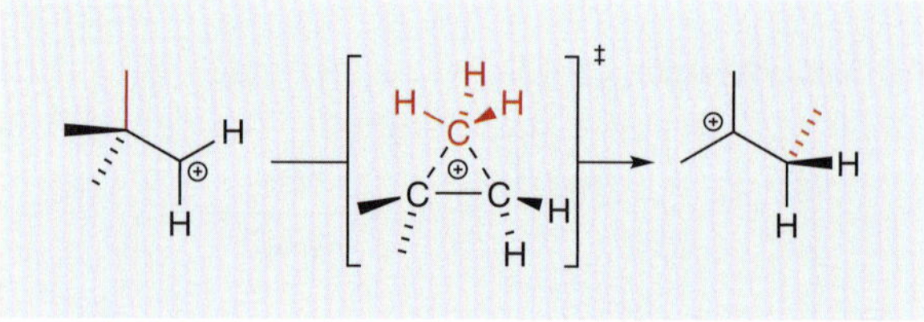

**o Abb. 8.15** *Wagner-Meerwein*-Umlagerung eines primären Carbeniumions zu einem stabileren, tertiären Carbeniumion

**Produkt**). Dies ist im Gegensatz zur baseninduzierten E2-Eliminierung der entsprechenden Alkylhalogenide oder Alkohole, bei denen meist das höhersubstituierte Alken (*Saytzeff*-Produkt) entsteht. Die *Hofmann*-Eliminierung ist auch der Grund für die Instabilität von Tetrabutylammoniumhydroxid-Maßlösungen, kurz TBAH. Als Lösung definierter Konzentration wird TBAH in Toluen oder 2-Propanol zur wasserfreien Titration schwacher Säuren genutzt.

Eine der *Hofmann*-Eliminierung ähnliche Reaktion ist die ***Cope*-Eliminierung** (o Abb. 8.13), bei der **Aminoxide** thermolytisch zu Olefinen umgesetzt werden. Hierzu werden aus tertiären Aminen durch Einwirkung von Wasserstoffperoxid zuerst Aminoxide hergestellt. Diese zerfallen bei Temperaturen von 100–170 °C in der Gasphase zum Olefin und einem Hydroxylamin-Derivat. Es handelt sich um eine **thermische *syn*-Eliminierung**, die als konzertierte Reaktion über einen fünfgliedrigen, cyclischen Übergangszustand verläuft.

Eine weitere wichtige Reaktion der Amine ist ihre Umsetzung mit salpetriger Säure. Diese Reaktion wird als **Nitrosierung** bezeichnet und führt zu **Nitrosaminen** (o Abb. 8.14). Je nach Substitutionsgrad des Stickstoffs können diese zu verschiedenen Verbindungen weiterreagieren. Als Nitrosierungsmittel wird häufig das Anhydrid der salpetrigen Säure $N_2O_3$ oder das Nitrosylkation $NO^+$ verwendet, das man durch Ansäuern von Nitritlösungen erhalten kann (▸ Kap. 2).

Primäre Nitrosamine lagern sich unter einer Protonenwanderung, analog einer Keto-Enol-Tautomerie, in instabile Diazohydroxide um (o Abb. 8.14). Diese bilden nach Protonierung und Wasserabspaltung **instabile Diazonium-Kationen**, die vor allem beim Erwärmen leicht Stickstoff abspalten und Carbeniumionen ergeben. Letztere reagieren dann – wie alle Carbeniumionen – durch Eliminierung oder Addition eines Nucleophils zu stabilen Verbindungen weiter. Häufig lagern sich die primär entstandenen Carbeniumionen zuvor zu stabileren Carbeniumionen um – was für Carbeniumionen typisch ist. So stabilisiert sich zum Beispiel ein Neopentylkation durch *Wagner-Meerwein*-Umlagerung (▸ Kap. 6.1.3, ▸ Kap. 7.1.3) zum Isopentylkation (o Abb. 8.15). Dabei entsteht aus einem instabilen primären ein wesentlich stabileres tertiäres Kation, das aufgrund der größeren Anzahl benachbarter Alkylgruppen durch deren elektronenschiebenden +I-Effekt und vor allem durch Hyperkonjugation stabilisiert wird.

Bei sekundären Aminen kann keine Tautomerisierung des gebildeten Nitrosamins stattfinden, sodass die Nitrosierung auf dieser Stufe stehen bleibt. Nitrosamine aus sekundären Aminen sind meist ölig-gelbe Substanzen, die cancerogen und toxisch wirken.

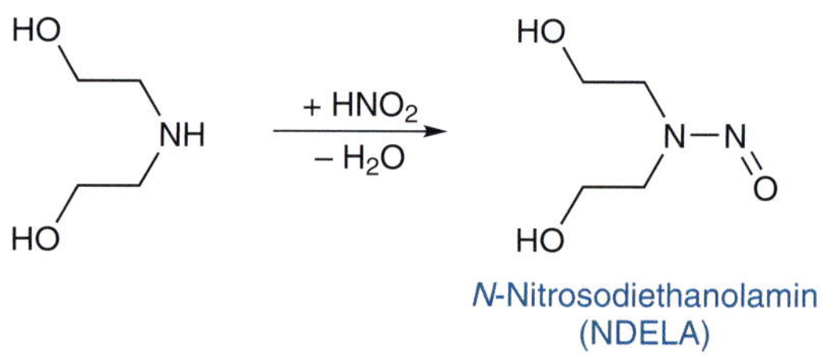


Tertiäre aliphatische Amine reagieren mit Nitrosylkationen lediglich im schwach sauren Bereich (pH = 3–6). Hierbei wird das Amin in der Wärme (68–70 °C) in ein

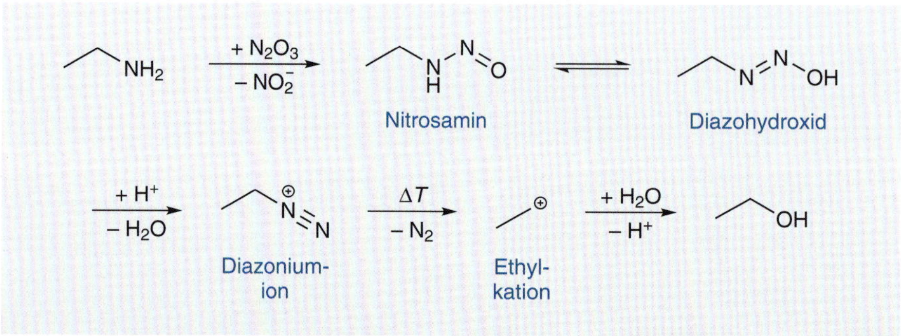


**o Abb. 8.14** Nitrosierung von Ethylamin: Zerfall des Diazoniumions zum Ethyl-Kation, das die üblichen Folgereaktionen eines Carbeniumions eingeht und z. B. durch Nucleophile wie Wasser abgefangen werden kann.

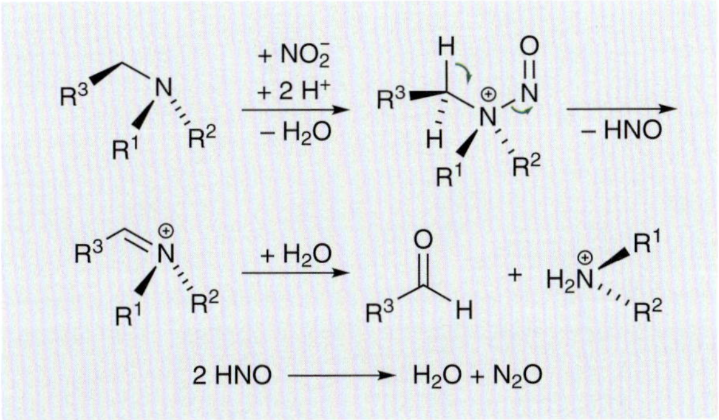

**Abb. 8.16** Die Nitrosierung tertiärer Amine im sauren Milieu führt unter Zersetzung zu einem Aldehyd und einem sekundären Amin.

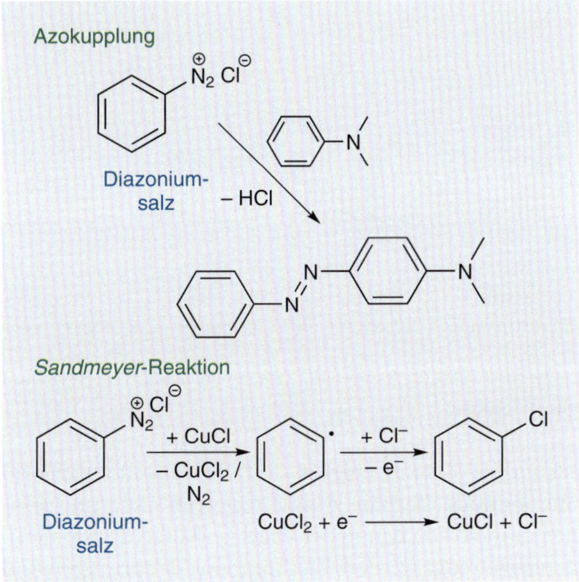


**Abb. 8.17** Folgereaktionen aromatischer Diazoniumverbindungen: die Azokupplung (**oben**), die über radikalische Zwischenstufen verlaufende *Sandmeyer*-Reaktion (**unten**)

sekundäres Amin und einen Aldehyd gespalten (Abb. 8.16). Als Mechanismus wird eine Addition des Nitrosylkations an das Stickstoffatom mit anschließender Eliminierung von hyposalpetriger Säure angenommen. Es entsteht ein Iminiumion, welches durch Wasser zum Aldehyd hydrolysiert wird (▸Kap. 12). Die bei der Reaktion entstehende hyposalpetrige Säure, HNO, zerfällt in Wasser vollständig zu Distickstoffmonoxid und Wasser.

**Aromatische Amine** (▸Kap. 22.1, ▸Kap. 2) gehen bei der Nitrosierung je nach Sustitutionsgrad am N-Atom ebenfalls unterschiedliche Reaktionen ein. Primäre aromatische Amine bilden im Sauren unter Wasserabspaltung zumindest bei tiefer Temperatur stabile **aromatische Diazoniumsalze**. Diese können elektrophile, aromatische Reaktionen, z. B. Azokupplungen, eingehen oder stehen für radikalische Reaktionen, wie die *Sandmeyer*-Reaktion, zur Verfügung (Abb. 8.17).

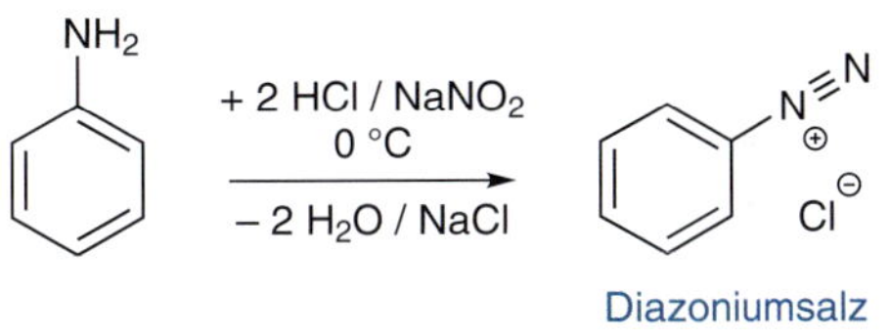


Die Nitrosierung sekundärer aromatischer Amine bleibt ebenso wie die sekundärer aliphatischer Amine auf der Stufe der Nitrosamine stehen, die nicht reagieren.

Bei tertiären aromatischen Aminen findet eine **Nitrosierung des aromatischen Rings** statt. Diese elektrophile, aromatische Substitution (▸Kap. 19.1) kann an verschiedenen Positionen des Aromaten erfolgen. An welcher Stelle der Angriff erfolgt, hängt maßgeblich von den bereits vorhandenen Substituenten am Aromaten ab (▸Kap. 19.1). In dem in Abb. 8.18 dargestellten Beispiel findet die Nitrosierung in *para*-Position zur schon vorhandenen Aminogruppe, einem

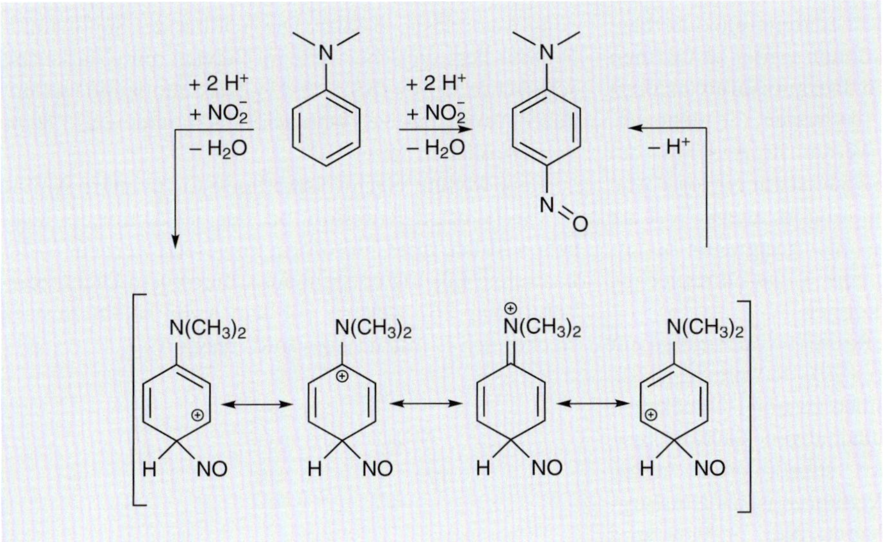

**Abb. 8.18** Nitrosierung eines tertiären aromatischen Amins in *para*-Position

8

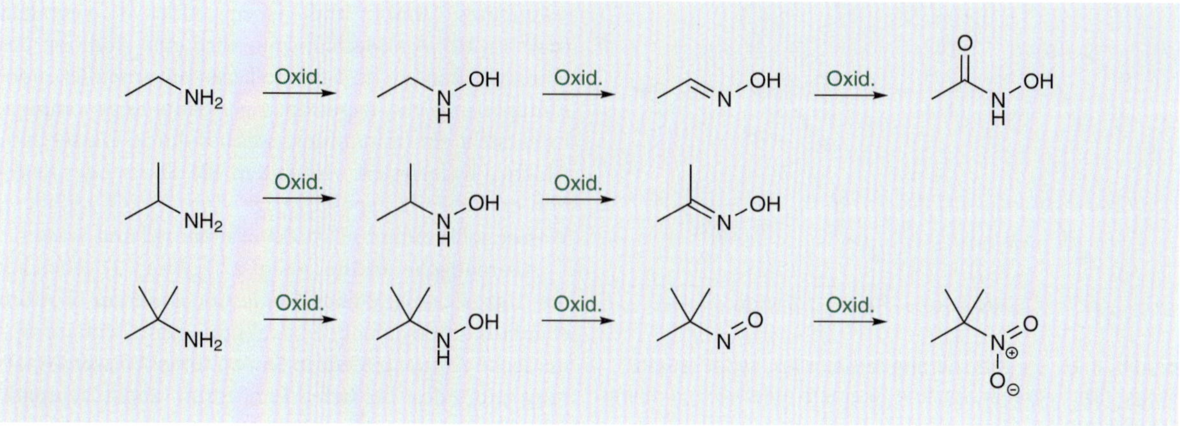


**Abb. 8.19** Die Oxidation primärer Amine führt je nach Anzahl von Alkylresten in $\alpha$-Position zu unterschiedlichen Oxidationsprodukten.

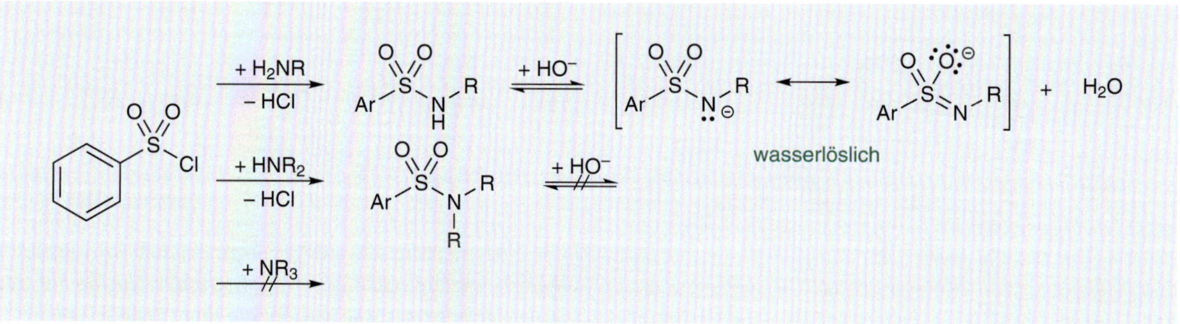


**Abb. 8.20** Die *Hinsberg*-Trennung von Aminen mit Benzensulfonylchlorid

elektronenschiebenden und damit aktivierenden Substituenten, statt.

Für die **Oxidation von Aminen** sind nicht nur die Substituenten am Stickstoff, sondern auch die Substituenten des $\alpha$-Kohlenstoffs von entscheidender Bedeutung (Abb. 8.19). Die Oxidierbarkeit beruht auf dem freien Elektronenpaar des Stickstoffs. Bei primären und sekundären Aminen ist die erste Oxidationsstufe das **Hydroxylamin**. Primäre und sekundäre Kohlenstoffatome in $\alpha$-Position, die noch über weitere oxidierbare C—H-Bindungen verfügen, können weiter zu **Oximen** und primäre nochmals zu **Hydroxamsäuren** oxidiert werden. Amine mit tertiären Alkylresten, die nicht weiter oxidiert werden können, werden im Anschluss an die Bildung des Hydroxylamins zuerst zur Nitroso- und abschließend zur Nitroverbindung oxidiert. Tertiäre Amine bilden Aminoxide, die unter geeigneten Bedingungen beispielsweise über eine *Cope*-Eliminierung (Abb. 8.13) weiterreagieren können.

Von Bedeutung ist auch die Reaktion von Aminen mit **Benzensulfonylchlorid** (Abb. 8.20), die mit primären, sekundären und tertiären Aminen zu unterschiedlichen Produkten führt und so zum qualitativen Nachweis bzw. zur Trennung unterschiedlich substituierter Amine genutzt werden kann. Dieses Verfahren ist als ***Hinsberg*-Trennung** (▸Kap. 19.3.3) bekannt. Nur primäre und sekundäre Amine ergeben mit Benzensulfonylchlorid **Sulfonamide**. Tertiäre Amine reagieren nicht und können deshalb von den in der Regel kristallinen Sulfonamiden abgetrennt werden. Zur Trennung der primären und sekundären Amine nutzt man das unterschiedliche Löseverhalten der gebildeten Sulfonamide in Basen. Lediglich primäre Amine besitzen ein durch die eingefügte Sulfonylgruppe ausreichend acides NH-Wasserstoffatom. Mit einer Base wie z. B. NaOH entstehen durch Deprotonierung wasserlösliche Salze. Die Acidität des Sulfonamid-Protons liegt typischerweise im Bereich mittelstarker bis schwacher Säuren ($pK_S \approx 6–11$). Die Sulfonamide sekundärer Amine besitzen kein acides NH, bilden also keine wasserlöslichen Salze.

Eine weitere Nachweismethode für primäre Amine ist die **Isonitril-Reaktion**, bei der die Amine im basischen Milieu mit Chloroform umgesetzt werden. In der basischen Lösung entsteht aus Chloroform Dichlorcarben (▸Kap. 16), welches mit dem Amin zu einem stark riechenden Isonitril (Isocyanid) reagiert.

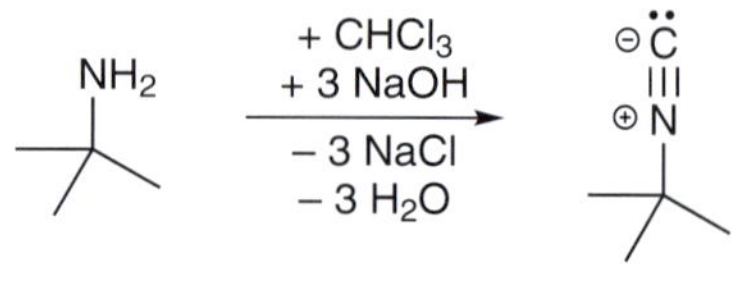

### 8.1.4 Ausgewählte Verbindungen

#### Einfache Amine

Viele einfache Amine sind wichtige Synthesereagenzien, werden als Lösemittel verwendet oder besitzen technische Bedeutung. **Methylamin,** $CH_3NH_2$, ist beispielsweise ein häufig genutztes Edukt für organische Synthesen, da sich die *N*-Methylamin-Gruppe in vielen Verbindungen wie Löse- und Pflanzenschutzmitteln, Arzneistoffen und Farbstoffen wiederfindet. **Dimethylamin,** $(CH_3)_2NH$, besitzt ähnliche Eigenschaften und wird in ähnlichen Reaktionen wie Methylamin für Synthesen genutzt: Es findet z. B. Verwendung in der Vulkanisationschemie, als Antioxidationsmittel, als Raketentreibstoff sowie zur Synthese chemischer Waffen. Methylamin und Dimethylamin lassen sich technisch durch die Reaktion von Methanol mit Ammoniak gewinnen. Bei dieser Synthese entstehen Mono-, Di- und Trimethylamin, welche destillativ voneinander getrennt werden können. Aufgrund der niedrigen Siedepunkte der Verbindungen werden sie als Gase eingesetzt oder aus der Lösung heraus als Reagenz genutzt. Eine weitere wichtige Verbindung ist **Triethylamin,** $(C_2H_5)_3N$. In der Synthesechemie dient es als basisches Lösemittel (p$K_S$ der konjugierten Säure 10,65) und als nucleophiler Katalysator bei Acylierungsreaktionen. Ebenso findet es Anwendung bei der Herstellung von Pflanzenschutzmitteln, Arzneistoffen und Farbstoffen. Technisch wird Triethylamin in der Gießereitechnik zur Aushärtung von Gussformen mit Sand-Binder-Gemischen oder in der Analytik als Markierungsstoff von Gasen (z. B. in experimentellen Verbrennungsmotoren) bei der laserinduzierten Fluoreszenz genutzt. Ein weiteres wichtiges tertiäres Amin ist **Diisopropylethylamin** (DIPEA), das auch als ***Hünig*-Base** bezeichnet wird (benannt nach *Siegfried Hünig*, einem deutschen Chemiker). Aufgrund des sterischen Anspruchs der Verbindung, der damit verbundenen geringen Nucleophilie und der guten Löslichkeit in vielen organischen Lösemitteln wird die *Hünig*-Base typischerweise bei der Alkylierung sekundärer Amine mit Alkylhalogeniden sowie bei Acylierungs- oder Eliminierungsreaktionen als kaum nucleophile Base eingesetzt.

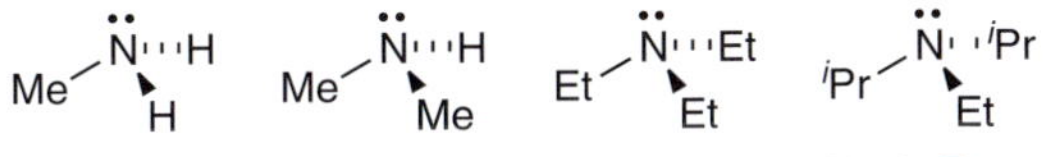


Ohne Zugabe der *Hünig*-Base wird z. B. bei der Alkylierung eines Amins das bei der Reaktion eingesetzte Amin durch die bei der Umsetzung freiwerdende Halogenwasserstoffsäure protoniert. Damit steht es nicht mehr als Nucleophil zur Verfügung, und die Ausbeute sinkt. Von Vorteil für die Prozessführung chemischer Synthesen ist auch die jeweilige Löslichkeit der freien Base und des Salzes in organischen Lösemitteln bzw.

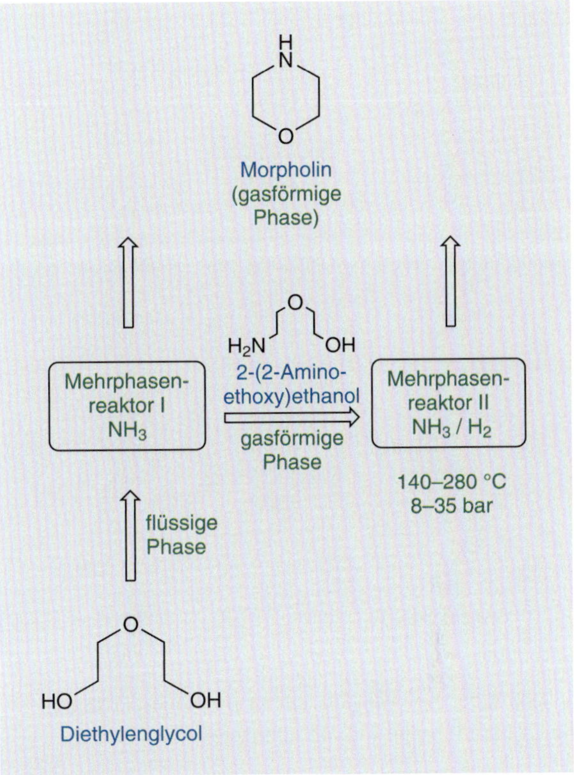


**Abb. 8.21** Technische bzw. industrielle Synthese von Morpholin

Wasser. Die freie Base ist zwar gut in organischen Lösemitteln löslich, aber mit 3,9 g/L bei 20 °C nur wenig wasserlöslich, wohingegen sich die durch Protonierung gebildeten Ammoniumsalze gut in Wasser lösen. Dies ermöglicht die Extraktion der Ammoniumsalze aus nicht mit Wasser mischbaren Reaktionslösungen.

Ein Beispiel für ein vielfältig genutztes heterocyclisches Amin ist **Morpholin** (Abb. 8.21). Es wird als Korrosionsinhibitor, als Reagenz in der Gummi- und Vulkanisationschemie sowie in der Pharma- und Agrarindustrie angewendet. Die großtechnische Herstellung von Morpholin erfolgt in Mehrschichtreaktoren (engl. *tickle bed reactor*), in denen Diethylenglycol aus einer flüssigen Phase heraus mit Ammoniak umgesetzt wird. Hierbei entstehen als Hauptprodukte Morpholin und 2-(2-Aminoethoxy)ethanol in der Gasphase. Nach Trennung beider Verbindungen wird 2-(2-Aminoethoxy)ethanol in einem zweiten Reaktor mit Ammoniak und Wasserstoff bei 140–280 °C und 8–35 bar ebenfalls zu Morpholin umgesetzt.

#### Biogene Amine

Neben den Alkaloiden (▸ Kap. 36) und den Aminosäuren (▸ Kap. 38.1) gibt es viele weitere wichtige Amine mit Bedeutung für Biologie und Pharmazie. Ein Beispiel ist das aus der Aminosäure Lysin im Körper entstehende 1,5-Diaminopentan (Abb. 8.22, oben). Bei dieser Verbindung handelt es sich – wie ihr Trivialname

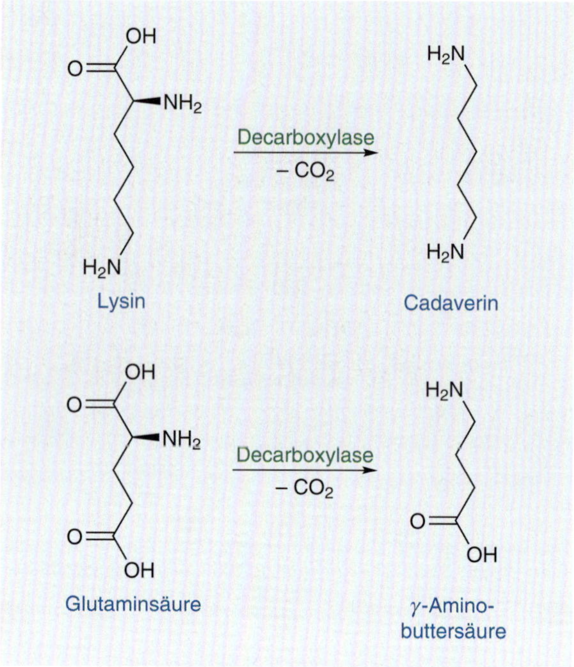


**○ Abb. 8.22** Viele biogene Amine entstehen im Körper durch Decarboxylierung von Aminosäuren.

**Cadaverin** erkennen lässt – um eine Fäulnisbase, die mitverantwortlich für den Verwesungsgeruch von Leichen ist. Ein weiteres Beispiel ist **γ-Aminobuttersäure** (GABA, ○Abb. 8.22, unten), die *in vivo* durch die Decarboxylierung (▸Kap. 8.1.2) von Glutaminsäure entsteht und der wichtigste inhibitorische Neurotransmitter im Zentralnervensystem ist.

Ein weiteres biologisch wichtiges Amin ist die Aminosulfonsäure **Taurin**. Taurin fungiert als Transporter für Mineralstoffe und versorgt beispielsweise das Herz und das ZNS mit Kalium-, Natrium- und Calciumionen. Zusätzlich schützt Taurin als Antioxidans Gewebe vor der Oxidation und beeinflusst über die Konjugation mit Gallensäure den Fettstoffwechsel. Bekannt ist Taurin als Bestandteil von *Energy Drinks*, in denen es als Psychotonikum eingesetzt wird. Die Wirkung von Taurin in solchen Getränken ist jedoch fraglich. Im Körper wird Taurin aus der Aminosäure Cystein synthetisiert (○Abb. 8.23). Dabei wird Cystein im ersten Schritt durch die Cysteindioxygenase zu 3-Sulfinoalanin (▸Kap. 10.2) oxidiert, das anschließend durch die Sulfinoalanindecarboxylase zum Hypotaurin decarboxyliert und zum Schluss durch die Hypotaurindehydrogenase mit dem Cofakor Nicotinamidadenindinucleotid ($NAD^+$) zu Taurin oxidiert wird.

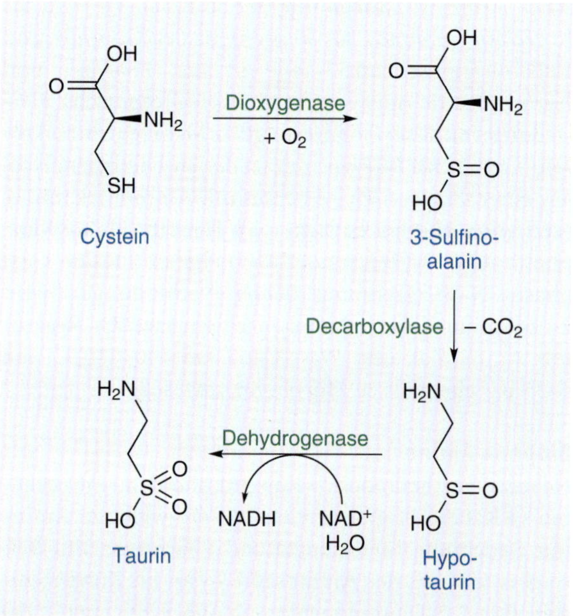


**○ Abb. 8.23** Biosynthese von Taurin aus Cystein

Als biologisch wirksame Substanzen von Bedeutung sind auch die sogenannten **Weckamine** (▸Kap. 18.2.3) zu nennen. Zu dieser Gruppe gehören z. B. Amphetamin und Methamphetamin, wie auch das Ephedrin. Alle drei Wirkstoffe haben eine stimulierende Wirkung auf den menschlichen Körper (▸Kap. 18.2.3).

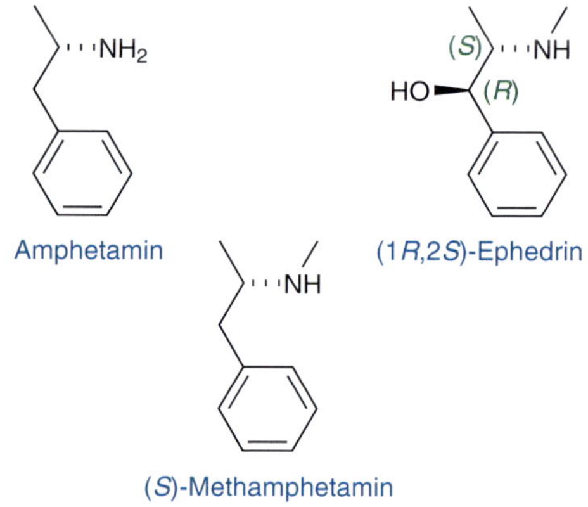


**Amphetamin** wurde früher als Arzneimittel bei Asthma verwendet, heute wird es, vor allem in den USA, zur Steigerung der Aufmerksamkeit und des Konzentrationsvermögens bei Patienten mit Aufmerksamkeitsdefizit-Hyperaktivitätsstörung (ADHS) genutzt. **Methamphetamin** fand als Wirkstoff gegen Müdigkeit, Hungergefühl und Schmerzen, zur Steigerung der Leistungs- und Konzentrationsfähigkeit sowie zur Unterdrückung von Angstgefühlen vor allem zu Beginn des zweiten Weltkriegs durch die Wehrmacht Anwendung. Verglichen mit Amphetamin kann Methamphetamin die Blut-Hirn-Schranke leichter überwinden und somit in größeren Mengen im ZNS wirken. **Ephedrin** (▸Kap. 18.2.3) wird aufgrund seiner sehr ähnlichen pharmakologischen Eigenschaften als Dopingmittel, Appetitzügler und Wachmacher genutzt. Durch die Anwendung als Arzneimittel und den geringeren Miss-

**o Abb. 8.24** Ein im Jahr 2011 entdecktes illegales Amphetamin-Labor in Nordrhein-Westfalen

**o Abb. 8.25** Aufnahme des BASF-Standorts Ludwigshafen, wo neben vielen weiteren Chemikalien auch Polyvinylamin produziert wird.

brauch im Vergleich zu anderen Weckaminen wurde der Einsatz von Ephedrin erst im Jahr 2002 durch die Verordnung der Europäischen Wirtschaftsgemeinschaft im Handel bzw. durch das Grundstoffüberwachungsgesetz (GÜG) eingeschränkt, da es als Edukt zur Synthese von Methamphetamin genutzt werden kann. Außerdem sind seit dem Jahr 2006 synthetische sowie pflanzliche Zubereitungen aus der Gruppe der *Ephedra*-Arten zur oralen Anwendung durch die Arzneimittelverschreibungsverordnung (AMVV) rezeptpflichtig.

Alle drei Verbindungen werden nicht nur als Wirkstoffe genutzt, deren Einsatz aber engen staatlichen Kontrollen unterliegt, sondern auch **illegal** als **nichthalluzinogene Rauschmittel** („Partydrogen") konsumiert (Amphetamin z. B. unter dem Namen *speed* und Methamphetamin unter dem Namen *crystal meth*). Als Nebenwirkungen bei übermäßigem Konsum treten Lethargie, Depression, psychische Abhängigkeit, Apathie, Angstgefühle und Schlafstörungen auf. Die Zahl der Delikte im Zusammenhang mit Amphetamin und Methamphetamin nahm in den letzten Jahren tendenziell zu. Im Jahr 2011 wurden allein in Deutschland 1,4 Tonnen beider Verbindungen beschlagnahmt (o Abb. 8.24).

### Mehrwertige Amine

Mehrwertige Amine, das heißt Verbindungen mit zwei oder mehr Aminofunktionen, sind in ihren Reaktionen und Eigenschaften den Monoaminen sehr ähnlich. Ein wichtiges Anwendungsgebiet dieser Amine ist die **Herstellung von Kunststoffen** (insbesondere Polyamiden und Polyurethanen), wobei die mehrwertigen Amine wie z. B. 1,6-Diaminohexan häufig als Vernetzer, Stabilisator oder Härter eingesetzt werden. Aber auch Polymere mit freien Aminogruppen wie Polyvinylamin (o Abb. 8.25) finden technische Anwendung, zum Beispiel als Prozesschemikalie in der Papierindustrie, um die Papierqualität zu steigern und den Produktionsvorgang zu vereinfachen. Der Zusatz von Polyvinylamin bewirkt eine schnellere Bildung der Papierbahnen, eine bessere Fixierung von Störstoffen sowie eine Steigerung der Reißfestigkeit. Durch die variable Einstellung der Kettenlänge und der Ladungsdichte des Polymers können maßgeschneiderte Produkte für unterschiedliche Anwendungen erstellt werden.

### Ungesättigte Amine – Enamine und Imine

Wegen ihrer Verwandtschaft mit den $\alpha,\beta$-ungesättigten Alkoholen, den Enolen, und Ketonen bzw. Aldehyden nehmen Enamine und Imine eine Sonderstellung unter den Aminen ein. Daher wird diese Stoffklasse im Zusammenhang mit den aliphatischen Carbonylverbindungen (▸Kap. 12) behandelt.

## 8.2 Diazoverbindungen, Diazirine, Diaziridine

Diazoverbindungen, Diazirine und Diaziridine sind Moleküle mit einer funktionellen Gruppe aus einem Kohlenstoff- und zwei Stickstoffatomen. Während Diazoverbindungen eine dipolare, lineare Verknüpfung dieser drei Atome aufweisen, sind Diazirine und Diaziridine ungesättigte bzw. gesättigte Dreiringe.

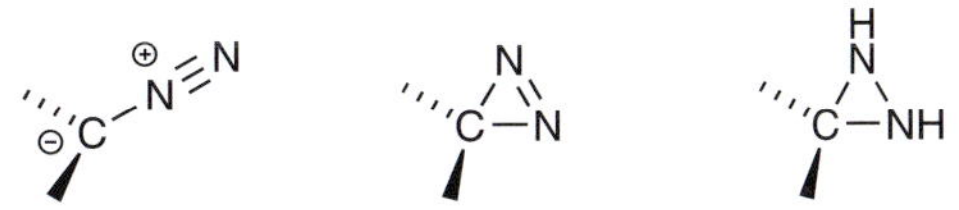

2-Diazopropan 2-Propandiazirin 2-Propandiaziridin

### 8.2.1 Struktur und Eigenschaften

Die Struktur von **Diazoalkanen** lässt sich nicht allein auf der Basis einer einzelnen *Lewis*-Struktur beschreiben, da es sich um Teilchen mit einer delokalisierten Elektronenstruktur handelt. Diese lässt sich nur mit

**Tab. 8.2** Farben ausgewählter Diazoverbindungen

| Name | Summenformel | Farbe |
|---|---|---|
| Diazomethan | $CH_2N_2$ | gelb |
| Diazoethan | $CH_3CHN_2$ | dunkelgelb |
| Diazoisopropan | $(CH_3)_2CN_2$ | rot |
| 1-Diazo-diphenylmethan | $(C_6H_5)CN_2$ | blaurot |
| 2-Diazobutanon | $(CH_3CO)(CH_3)CN_2$ | orange |

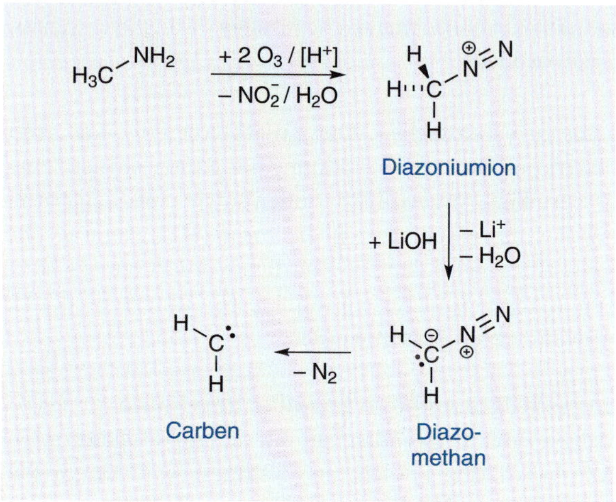


**Abb. 8.26** Aliphatische Diazoverbindungen können durch Diazotierung primärer Amine hergestellt werden. Sie dienen als Vorläufer zur Erzeugung von Carbenen.

zwei mesomeren Grenzstrukturen näherungsweise wiedergeben, von denen eine einem Stickstoff-Ylid entspricht. Die drei an der funktionellen Gruppe beteiligten Atome sind linear angeordnet.

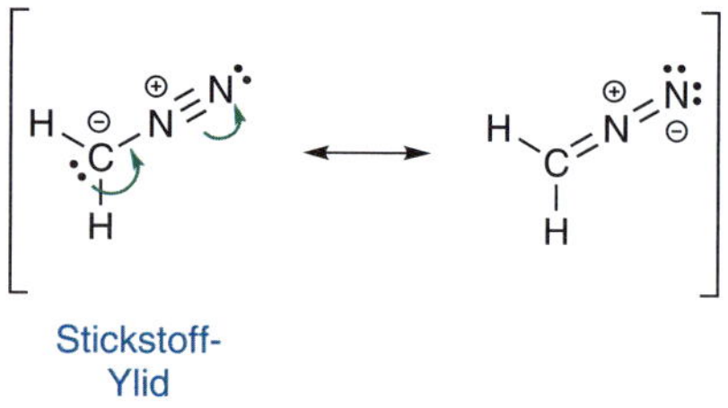


Diazoverbindungen sind sehr reaktive Verbindungen, die leicht den thermodynamisch stabilen Stickstoff abspalten, wobei eine hochreaktive Elektronenmangelverbindung zurückbleibt: ein **Carben** (▸Kap. 16.4). Reaktionen mit Diazoverbindungen werden daher meist bei tiefen Temperaturen durchgeführt, um eine ungewollte Zersetzung zu vermeiden. Diazoverbindungen sind giftig und zum Teil explosiv, was ihre Handhabung im Labor problematisch macht. Viele Diazoverbindungen sind farbig, wobei die Farbigkeit

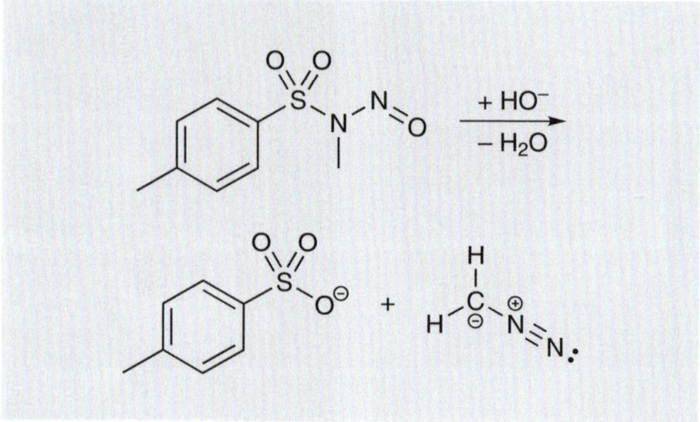

**Abb. 8.27** Synthese von Diazomethan aus *N*-Methyl-*N*-nitroso-*p*-toluensulfonamid

stark von den Substituenten am Kohlenstoffatom abhängt (Tab. 8.2).

Die Struktur der **cyclischen Diazirine** ähnelt der von Cyclopropan und Aziridin. Der dreigliedrige Ring besteht aus einen Kohlenstoffatom und zwei Stickstoffatomen. Das Kohlenstoffatom ist mit beiden Stickstoffatomen jeweils über eine Einfachbindung verbunden, diese untereinander über eine Doppelbindung. Diazirine sind somit cyclische Konstitutionsisomere der Diazoverbindungen. Somit kann man das Diazirin selbst auch als Cyclodiazomethan bezeichnen. Ebenso wie hydrierte Diazoverbindungen, die sogenannten Hydrazine (▸Kap. 8.3), gibt es auch hydrierte Diazirine, die **Diaziridine**. Diese weisen somit ebenfalls eine cyclische Struktur auf, sind jedoch gesättigte Verbindungen, bei denen an die beiden Stickstoffatome jeweils noch ein Wasserstoffatom gebunden ist.

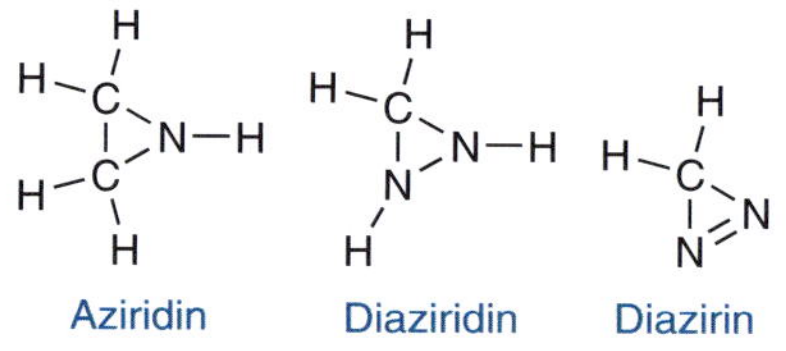


## 8.2.2 Gewinnung und Synthese

Aliphatische **Diazoverbindungen** lassen sich auf unterschiedliche Arten herstellen. Eine Möglichkeit ist die Umsetzung primärer Amine mit salpetriger Säure, wie sie bereits in (▸Kap. 8.1.3) bei der Nitrosierung von Aminen beschrieben wurde. Diese Reaktion, die auch als **Diazotierung** bezeichnet wird, führt zu Diazoniumsalzen, die in basischer Lösung leicht zu neutralen Diazoverbindungen deprotoniert werden (Abb. 8.26). Beim Erwärmen, Bestrahlen oder in Gegenwart von Metallsalzen zersetzen sich die Diazoverbindungen rasch unter Stickstoffabspaltung zum entsprechenden Carben (Abb. 8.26).

Die Bildung von Diazoverbindungen erfolgt aufgrund ihrer Instabilität sowie schwierigen Handhabung häufig *in situ*. Einige Vertreter dieser Stoffklasse, so zum Beispiel

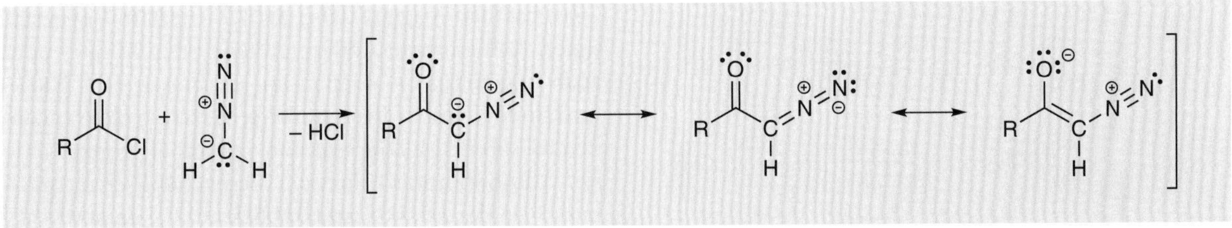

**Abb. 8.28** Bildung von Diazoketonen durch Umsetzung von Carbonsäurechloriden mit Diazomethan

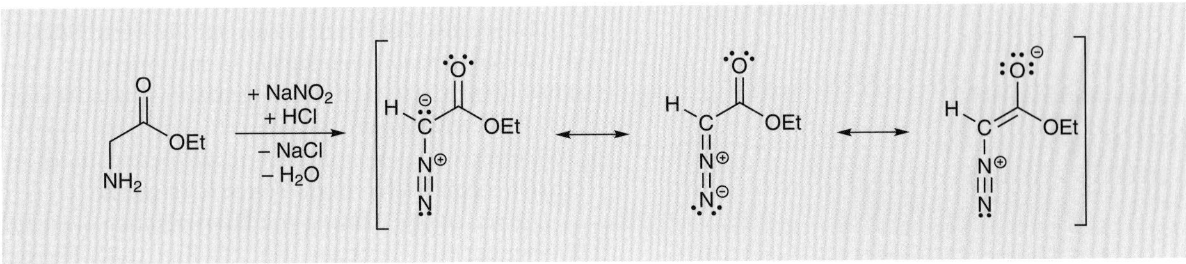

**Abb. 8.29** Durch Diazotierung von Aminosäureestern, wie hier Glycinethylester, entstehen Diazoessigester.

**Diazomethan,** sind jedoch in Lösung ausreichend stabil, um sie für eine gewisse Zeit in der Kälte zu lagern. Diazomethan entsteht beispielsweise durch die Alkali-vermittelte Zersetzung von *N*-Methyl-*N*-nitroso-*p*-toluensulfonamid (Diazald®) in Diethylether (Abb. 8.27). Diethylether dient dabei nicht nur als Lösemittel, sondern wird durch kontinuierliches Abdestillieren auch zur Extraktion des entstandenen, gasförmigen Diazomethans verwendet. Da bereits der Kontakt mit rauen Glasoberflächen oder Metallen zur Zersetzung des Diazomethans führen kann, muss die Herstellung in speziellen, schlifffreien Glasapparaturen erfolgen.

**Diazoketone** lassen sich durch die Umsetzung von Diazomethan mit Carbonsäurechloriden herstellen (Abb. 8.28). Die Reaktion ist eine Acylsubstitution, der negativ polarisierte Kohlenstoff des Diazomethans reagiert als Nucleophil mit dem Säurechlorid. Für ein Diazoketon lässt sich im Vergleich zum Diazoalkan eine zusätzliche mesomere Grenzstruktur formulieren. Diazoketone sind aufgrund der Resonanzwechselwirkung mit der benachbarten Carbonylgruppe deutlich stabiler als Diazoalkane. Von Bedeutung ist ihre thermische Zersetzung im Rahmen der *Arndt-Eistert*-Reaktion (Abb. 8.34), bei der sie als zentrale Intermediate auftreten.

Eine weitere Reaktion zur Herstellung von Diazoverbindungen ist die Umsetzung von Aminosäureestern mit Natriumnitrit und Salzsäure. Hierbei entstehen **Diazoessigester**, für die sich – wie für die Diazoketone – drei mesomere Grenzstrukturen formulieren lassen (Abb. 8.29). Diazoessigester werden für enantioselektive Cyclopropanierungen von Alkenen verwendet (Abb. 8.35).

Die **Synthese von Diaziridinen** lässt sich sowohl in der Gas- als auch in der Flüssigphase durchführen. In der Gasphase können Diaziridine durch die direkte

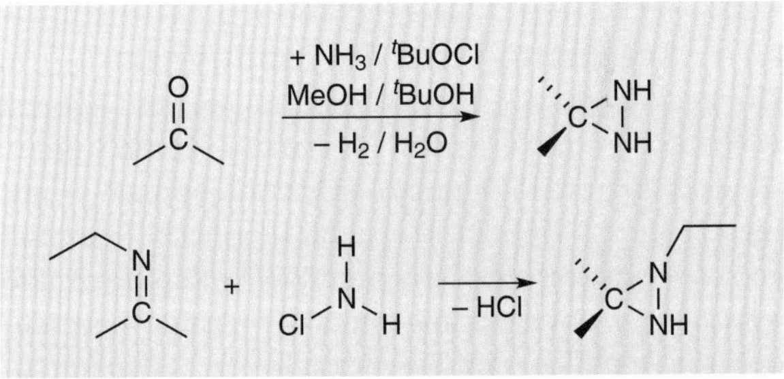

**Abb. 8.30** Synthese von Diaziridinen: Reaktion von Carbonylverbindungen mit Hypochlorit und Ammoniak **(oben)** oder von Iminen mit Chloramin **(unten)**

Umsetzung von Aldehyden oder Ketonen mit Ammoniak und Chlor erhalten werden. Für ihre Gewinnung in Lösung werden Carbonylverbindungen mit Ammoniak und *tert*-Butylhypochlorit in alkoholischer Lösung (Methanol/*tert*-Butanol) bei Temperaturen von –70 °C umgesetzt (Abb. 8.30, oben). Eine weitere Synthese in Lösung beruht auf der Umsetzung von Iminen (auch *Schiff*sche Basen genannt; ▸Kap. 12) mit Chloraminen (Abb. 8.30, unten). Der Vorteil bei der Darstellung aus Iminen ist die mögliche Verwendung *N*-substituierter Imine, wodurch sich entsprechend substituierte Diaziridine gewinnen lassen.

**Diazirine** lassen sich ausgehend von Diaziridinen durch Oxidation gewinnen (Abb. 8.31, oben). Hierzu eignen sich unterschiedliche Reagenzien wie Chromtrioxid/Schwefelsäure oder Iod in einer Triethylamin-Methanol-Pufferlösung (pH-Wert >7). Synthesewege, die nicht über die Diaziridine verlaufen, gehen beispielsweise von Iminen aus (Abb. 8.31, unten). So reagiert *tert*-Butylazomethin mit Difluoramin in Tetrachlormethan oder mit Methylendiaminsalzen unter Einwirkung von Hypochlorit- oder Hypobromit-Lösung zu Diazirin.

8

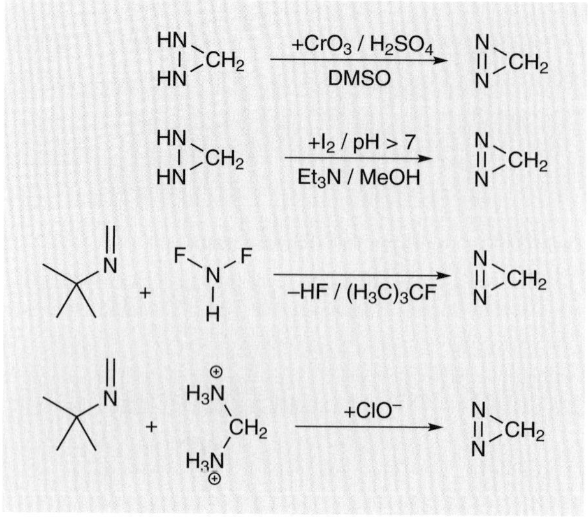

**Abb. 8.31** Synthese von Diazirin durch die Oxidation von Diaziridin (oben); weitere Beispiele für die Herstellung von Diazirin (unten)

### 8.2.3 Reaktionen und Anwendungen

Die Reaktionen von **Diazoverbindungen** sind äußerst vielfältig. Von mittelstarken bis starken Säuren werden sie als Basen unter Bildung von Diazoniumionen protoniert ($pK_S \approx 8–10$). Diese spalten sehr leicht Stickstoff ab – es entsteht ein Carbeniumion (▸Kap. 8.1.3 und ▸Kap. 8.2.2), das dann mit den in der Lösung anwesenden Nucleophilen oder Basen reagiert, z. B. den konjugierten Basen der zur Protonierung verwendeten Säuren. Die Umsetzung von Diazomethan mit Carbonsäuren oder Phenolen ist eine sehr milde Methode zur Darstellung von Methylestern oder Methylethern (Abb. 8.32). Mit aliphatischen Alkoholen findet hingegen keine Veretherung statt, da diese nicht acide genug sind, um Diazomethan zu protonieren.

Eine weitere wichtige Reaktion von Diazoverbindungen ist die **1,3-dipolare Cycloaddition** (▸Kap. 30.1). Diazomethan reagiert dabei als 1,3-Dipol mit ungesättigten Kohlenwasserstoffen (Alkene oder Alkine) oder auch ungesättigten Gruppen mit Carbonyl- bzw. Nitrilfunktionen, wobei **fünfgliedrige Heterocyclen** entstehen (Abb. 8.33). Die Reaktion verläuft als konzertierte *syn*-Addition unter Erhalt der stereochemischen Informationen der Edukte. Im Hinblick auf die an der Reaktion beteiligte Anzahl an $\pi$-Elektronen handelt es sich bei der 1,3-dipolaren Cycloaddition um eine [2+4]-Cycloaddition. Bezieht man sich auf die Anzahl der an der Reaktion jeweils beteiligten Atome spricht man von einer (2+3)-Cycloaddition. Allgemein verwendet man bei Cycloadditionen zur Bezeichnung der $\pi$-Elektronenzahl eckige Klammern und zur Bezeichnung der Anzahl reagierender Atome runde Klammern.

Die gezielte **Belichtung von Diazoalkanen** dient zur Erzeugung von Carbenen, $R_2C$: (▸Kap. 16.4). Hierbei wird die Photosensivität der Diazofunktion ausgenutzt, um gezielt durch Stickstoffabspaltung das Carben freizusetzen. Dieses entsteht zunächst im Singulettzustand und geht dann – zumindest im Falle des Methylens $CH_2$ – nach einigen Mikrosekunden durch *Intersystem Crossing* in den stabileren Triplettzustand über.

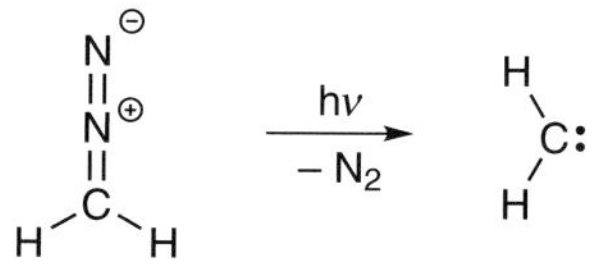

Die Reaktion von Diazoalkanen mit Säurechloriden liefert die bereits beschriebenen Diazoketone (▸Kap. 8.2.2). Diese Verbindungen können für die Kettenverlängerung von Carbonsäuren (▸Kap. 13) verwendet werden. Bei dieser als ***Arndt-Eistert*-Synthese** bezeichneten Reaktion werden die entstandenen Diazoketone thermisch zersetzt (Abb. 8.34). Dazu werden dem Reaktionsgemisch Katalysatoren, z. B.

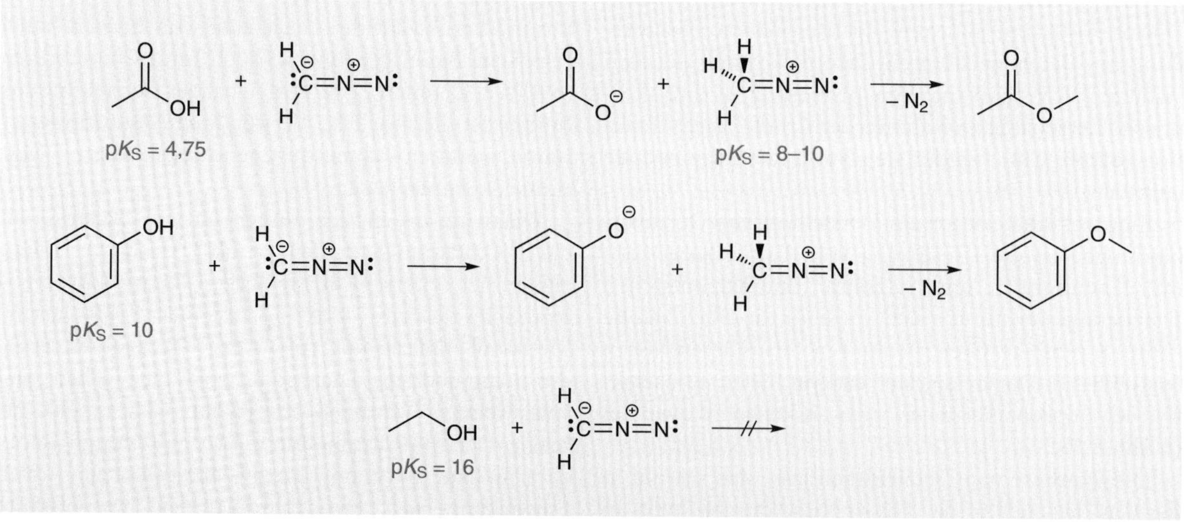

**Abb. 8.32** Reaktivität des Diazomethans mit unterschiedlich starken Säuren

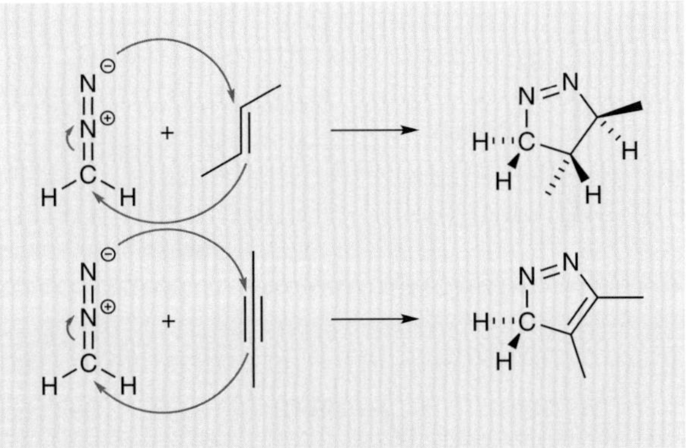

**Abb. 8.33** 1,3-Dipolare Cycloaddition von Diazomethan an Alkene oder Alkine unter Erhalt der stereochemischen Informationen am beteiligten Alken

Silbersalze, zugesetzt. Unter Abspaltung von Stickstoff entsteht ein **Acylcarben**, das durch Wanderung der benachbarten Alkylgruppe (***Wolff*-Umlagerung**) zu einem Keten (▸Kap. 14.3) umlagert. Dieses wiederum wird leicht durch Nucleophile angegriffen, wodurch eine Vielzahl an funktionellen Gruppen bzw. Verbindungen – beispielsweise Säuren (mit Wasser als Nucleophil), Ester (mit Alkoholen) und Amide (mit Aminen) – gebildet werden kann.

Als wichtige Reaktionen von Diaziridinen und Diazirinen sind besonders **Cyclisierungsreaktionen** zu nennen. Aus 3-Methyldiaziridin, Ethylamin und Formaldehyd entsteht in einer *Mannich/Biginelli*-ähnlichen Reaktion (▸Kap. 21.2.3) ein fünfgliedriger Cyclus mit drei Stickstoffatomen, das 6-Methyl-1,3,5-triazabicyclo[3.1.0]hexan. Von Interesse sind Triazabicyclohexane aufgrund ihrer biologischen Aktivität als potenzielle Neurotrophine sowie als antineoplastisch und cytotoxisch wirkende Substanzen.

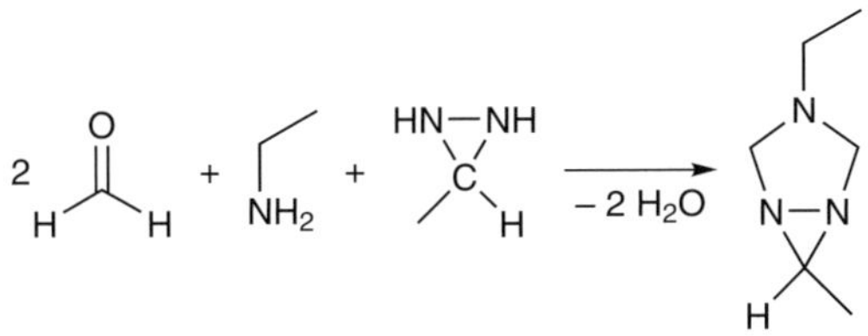

Auch aus Diazirinen lassen sich heterocyclische Fünfringe gewinnen. Hierbei wird das Diazirin – analog zu den verwandten Diazoverbindungen – als Carben-Vorläufer eingesetzt. Aus Acetonitril, Acrylnitril und Diazirin lassen sich z. B. Dihydropyrrol-Derivate herstellen, die anschließend zum Pyrrol-Derivat oxidiert werden können. Als Oxidationsmittel eignet sich beispielsweise 2,3-Dichlor-5,6-dicyano-1,4-benzochinon (DDQ).

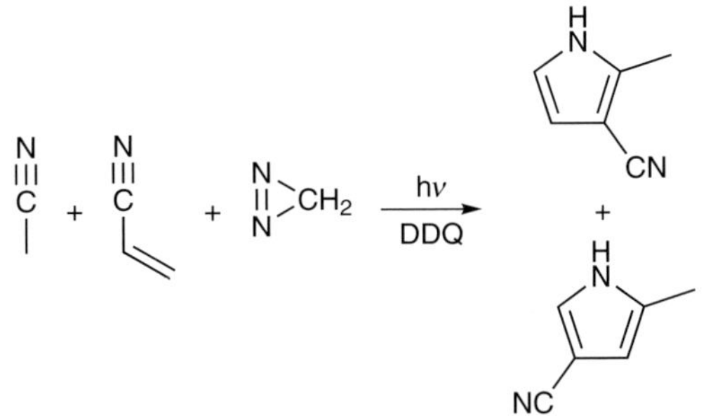

Diazoessigester sind vielfach verwendete Reagenzien zur **Cyclopropanierung**. Um ausgehend von substituierten Alkenen einzelne stereoisomere Cyclopropane möglichst selektiv zu erhalten, kann man chirale Metall-Komplexe als Katalysatoren einsetzen. Nach Bildung des chiralen Katalysators (aus einem chiralen Liganden und einem Metallsalz) reagiert dieser im ersten Schritt mit dem Diazoessigester. Der Alkoholrest des Esters ist in dem in ▸Abb. 8.35 gezeigten Beispiel eine Butylhydroxytoluyl-Gruppe, kurz BHT. Bei der Bildung des Carbenkomplexes wird Stickstoff abgespalten. Der Carbenkomplex reagiert anschließend mit Alkenen wie Styrol zu Cyclopropanen. Die Ausbeute, das *trans:cis*-Diastereomerenverhältnis und die Enantiomerenverhältnisse für die jeweiligen Diastereomere hängen von der Wahl des Katalysators sowie von den Resten am Alken oder am Ester ab. Häufig können sehr gute Diastereoselektivitäten (*trans:cis*) und exzellente Enantioselektivitäten mit ee-Werten von > 99 % erzielt werden.

### 8.2.4 Ausgewählte Verbindungen

Zu den bedeutendsten Diazoalkanen zählt das im Zusammenhang mit dieser Stoffklasse bereits mehrfach erwähnte Diazomethan. Bei reinem **Diazomethan**, $CH_2N_2$, handelt es sich sowohl im gasförmigen Zustand (Sdp. −23 °C) als auch in Lösung um einen sich spontan zersetzenden, hochexplosiven Stoff. Die Zersetzung kann bereits durch raue Oberflächen, Kris-

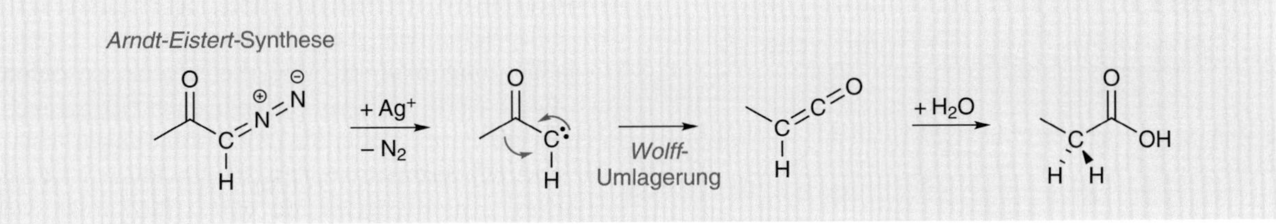


**Abb. 8.34** Bei der *Arndt-Eistert*-Synthese werden Diazoketone thermisch zu Acylcarbenen zersetzt, die über ein Keten als Zwischenstufe zur homologen, um ein C-Atom verlängerten Carbonsäurederivaten reagieren.

8

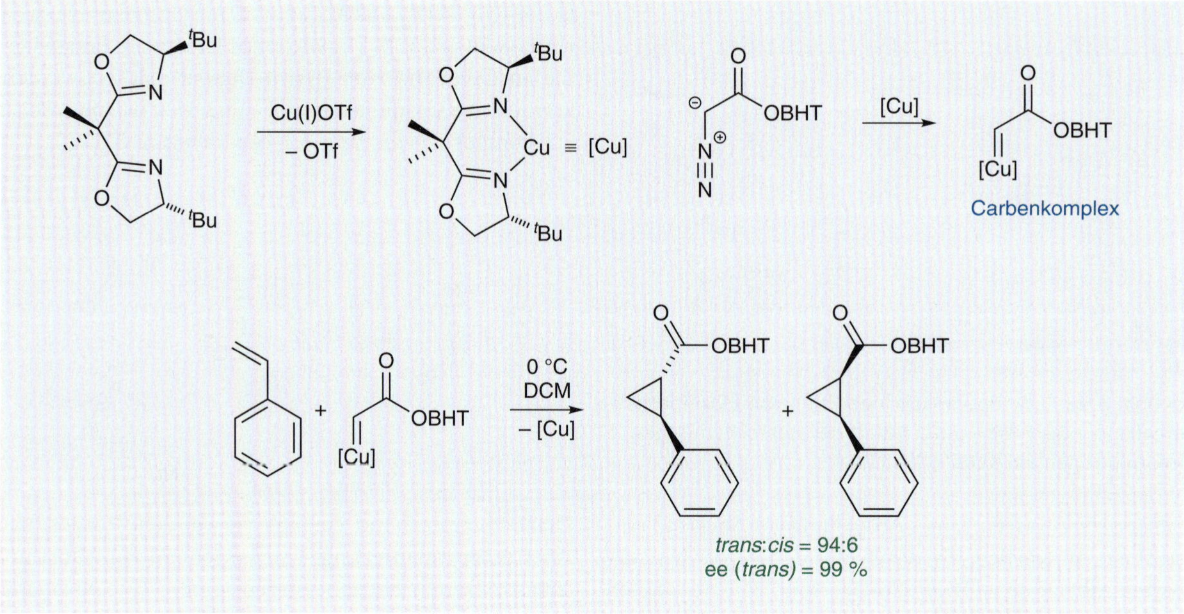


**o Abb. 8.35** Enantioselektive Cyclopropanierung von Alkenen mit Diazoessigester und einem chiralen Bis(oxazolin)-Kupfer-Komplex als Katalysator

talle in der Lösung oder das Gefrieren der Lösung ausgelöst werden, was dann zur Explosion führt. Die Verwendung von Diazomethan in Lösung (z. B. in Ether, Alkohol, Dioxan, Tetrahydrofuran, Benzen oder Hexan) ist aufgrund der komplexierenden und damit stabilisierenden Wirkung des Lösemittels etwas weniger problematisch. Trotzdem sind beim Umgang mit Diazomethan größtmögliche Vorsicht und Sorgfalt geboten. Auf die Verwendung spezieller, schlifffreier Glasapparaturen wurde bereits hingewiesen (▸ Kap. 8.2.2).

Diazirin (**Cyclodiazomethan**), das cyclische Konstitutionsisomer des Diazomethans, ist ein farbloses Gas (Sdp. –14 °C). Es ist zwar weniger reaktiv als Diazomethan, neigt aber wie alle Diazirine zur explosionsartigen Zersetzung unter Bildung von Stickoxiden.

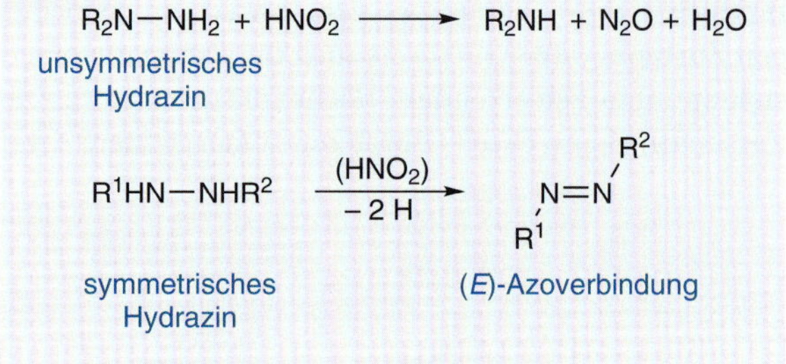


**o Abb. 8.36** Reaktionen von Hydrazinen mit salpetriger Säure

## 8.3 Aliphatische Hydrazine und Azide

### 8.3.1 Struktur und Eigenschaften

#### Hydrazine

Neben unsubstituiertem Hydrazin, $N_2H_4$, werden verschiedene substituierte Hydrazine unterschieden. Dialkylierte Hydrazine können z. B. symmetrisch oder unsymmetrisch substituiert sein. Ebenso sind drei- und vierfach substituierte Hydrazine bekannt (im Folgenden nicht gezeigt).

Die Alkylhydrazine sind **basische Flüssigkeiten** ($pK_S$ der protonierten Form ca. 8). Sie sind allerdings etwas weniger basisch als Ammoniak ($pK_S \approx 9{,}3$) und wirken zudem stark **reduzierend**. Mit salpetriger Säure reagieren unsymmetrische Dialkylhydrazine unter Desaminierung zum sekundären Amin und Distickstoffmonoxid (**o** Abb. 8.36). Die symmetrischen Dialkylhydrazine werden dagegen durch salpetrige Säure zu den entsprechenden **Azoverbindungen** mit N=N-Doppelbindung oxidiert. Wie die Alkene existieren auch die Azoverbindungen sowohl in einer (*E*)- als auch in einer (*Z*)-Form, wobei die (*Z*)-Verbindungen instabiler sind. **(*E*)-Azomethan**, (*E*)-Dimethyldiazen, ist ein gelbliches, explosives Gas mit einem Siedpunkt von 1,5 °C, das bei 60–100 °C in Methylradikale und Stickstoff zerfällt und daher als **Radikalbildner** dienen kann.

Hydrazine und Azoverbindungen wirken stark carcinogen, so z. B. das 1,1-Dimethylhydrazin, 1,2-Dimethylhydrazin, 1,2-Diethylhydrazin sowie Azomethan.

### Azide

Die Azide sind Derivate der **Stickstoffwasserstoffsäure**, $HN_3$. Ihr einfachster Vertreter ist **Methylazid**, $CH_3N_3$ (Sdp. 20 °C), das sich durch Umsetzung einer wässrigen Natriumazidlösung mit Dimethylsulfat darstellen lässt. Die **Azidgruppe** weist eine nahezu **lineare Struktur** auf (Winkel im Methylazid 172,5°) und lässt sich durch mehrere mesomere Grenzformeln beschreiben (o Abb. 8.37). Diese dipolaren Strukturen erklären die Reaktivität als 1,3-Dipol (▸Kap. 8.3.3), sowie die Regioselektivität der Reaktionen mit Elektrophilen (an N1) und Nucleophilen (an N3). Alkylazide detonieren beim raschen Erhitzen, während beim allmählichen Erwärmen Zerfall in ein Alken und Stickstoffwasserstoffsäure eintritt. Für organische Azide gilt häufig die Regel, dass eine noch handhabbare, nichtexplosive Verbindung dann erhalten wird, wenn die Zahl *N* der N-Atome die der C-Atome nicht übersteigt und der Quotient ($N_{\text{C-Atome}} + N_{\text{O-Atome}}/N_{\text{N-Atome}}$) größer als drei ist (*Smith*).

## 8.3.2 Gewinnung und Synthese

### Hydrazine

Ähnlich wie die Alkylierung von Ammoniak (▸Kap. 8.1.2) lässt sich auch die Reaktion von Alkylhalogeniden oder -sulfaten mit Hydrazin nicht auf der Stufe des Monosubstitutionsprodukts anhalten. Als Hauptprodukt entstehen häufig die ***N,N,N*-Trialkylhydraziniumsalze**, z. B. bei der Umsetzung von Hydrazin mit Methyliodid *N,N,N*-Trimethylhydraziniumiodid.

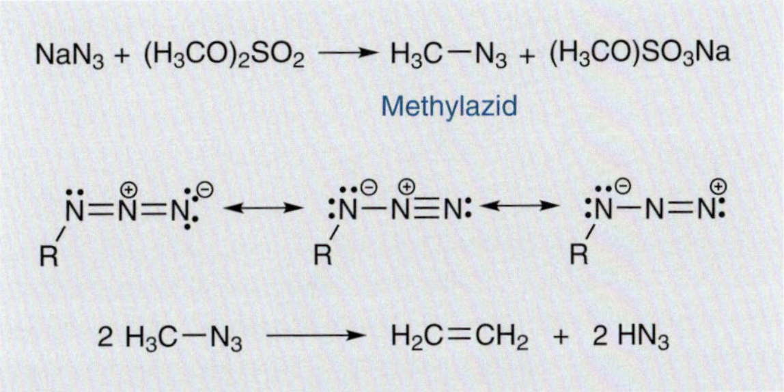


o **Abb. 8.37** Die Darstellung von Methylazid durch Methylierung von Azid (oben), die Mesomerie in der Azidgruppe (Mitte) und der Zerfall von Methylazid (unten)

$$H_2N{-}NH_3 + 3\,CH_3I \xrightarrow[-2\,HI]{} (H_3C)_3\overset{\oplus}{N}{-}NH_2\,I^{\ominus}$$

Um **Monoalkylhydrazine** zu erhalten, muss die Mehrfachalkylierung verhindert werden. Zu diesem Zweck setzt man z. B. Benzaldazin mit Dimethylsulfat um und hydrolysiert das entstehende quartäre Ammoniumsalz zu Monomethylhydrazinhydrogensulfat, Benzaldehyd und Methanol (o Abb. 8.38).

Die **symmetrischen Dialkylhydrazine** lassen sich nur darstellen, wenn die beiden Stickstoffatome vorher jeweils einfach acyliert und dadurch vor Mehrfachalkylierung geschützt werden. Da der Ersatz eines Wasserstoffatoms durch eine Acylgruppe die Basizität des betreffenden Stickstoffatoms herabsetzt, erhält man bei der Acylierung von Hydrazin selektiv **symmetrische Diacylhydrazine**, AcNHNHAc, und nicht unsymmetrische, nur an einem N-Atom diacylierte Verbindungen, $(Ac)_2NNH_2$. Die symmetrischen Diacylhydrazine werden anschließend z. B. mit Dimethylsulfat in Gegenwart von Natronlauge methyliert und zum gewünschten symmetrischen Dimethylhydrazin hydrolysiert (o Abb. 8.39).

8

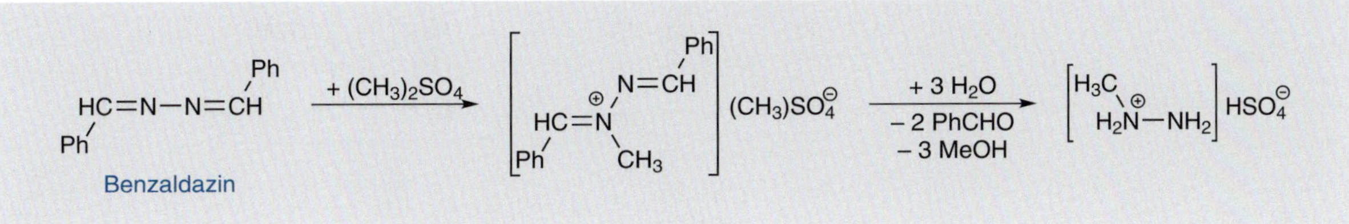


o **Abb. 8.38** Darstellung von Monomethylhydrazinhydrogensulfat

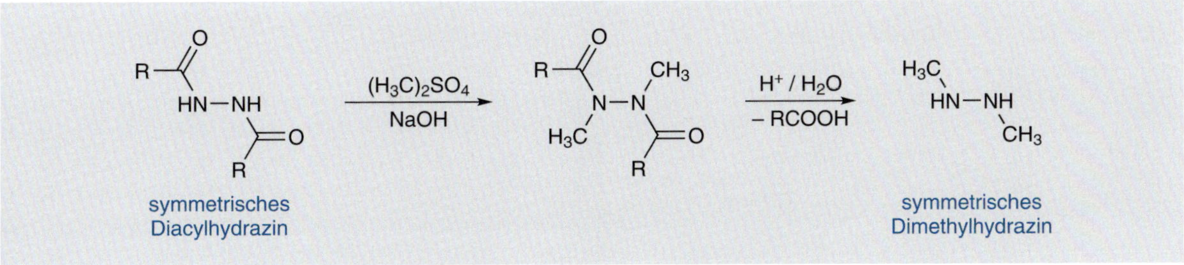


o **Abb. 8.39** Darstellung von symmetrischem Dimethylhydrazin aus Diacylhydrazinen

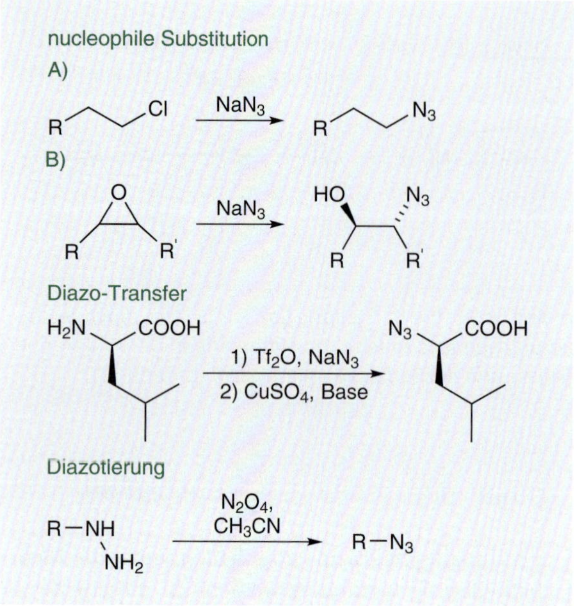


**o Abb. 8.40** Synthese von Aziden durch nucleophile Substitution: (A) klassische $S_N2$-Reaktion oder (B) Ringöffnung von Epoxiden zu Azidoalkoholen; Diazo-Transfer auf Amine mit Triflylazid; Diazotierung von Hydrazinen.

**Unsymmetrische Dialkylhydrazine** erhält man durch Reduktion von Dialkylnitrosaminen mit Zink und Essigsäure. *N,N*-Dimethylhydrazin kann beispielsweise wie folgt synthetisiert werden.

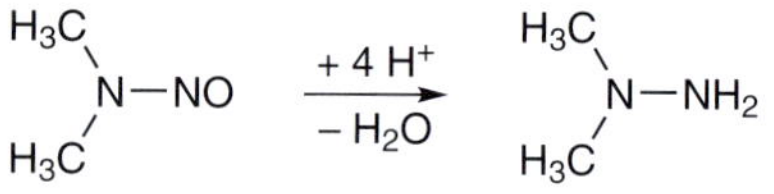


## Azide

Azide lassen sich prinzipiell auf mehrere Arten synthetisieren (**o** Abb. 8.40), u. a. durch:

- Einführung einer $N_3$-Gruppe durch Substitution oder Addition,
- Einführung einer $N_2$-Gruppe (Diazo-Transfer auf Amine),
- Einführung eines N-Atoms (Diazotierung von Hydrazinen).

Weitere, hier nicht besprochene Reaktionen sind z. B. die Spaltung von Triazenen (Diazoaminen, R—NH—N=N—R) oder analogen Verbindungen mit drei N-Atomen sowie die Umlagerung von Aziden.

Für **Alkylazide** $RN_3$ ist in den meisten Fällen die klassische nucleophile Substitution ($S_N2$-Reaktion) eines Elektrophils RX mit dem sehr nucleophilen Azid-Anion die Methode der Wahl. Meist werden Natriumazid als Azidquelle, DMF als Lösemittel und Halogenide, Mesylate, Triflate oder andere typische gute Abgangsgruppen im Elektrophil gewählt. Setzt man Epoxide als Elektrophile ein, entstehen Azidoalkohole. Statt Natriumazid wird auch Trimethylsilylazid ($TMSN_3$) eingesetzt.

Ausgehend von Alkoholen können Azide auch mit Hilfe einer abgewandelten *Mitsunobu*-Reaktion (**o** Abb. 8.41) synthetisiert werden. Primäre oder sekundäre Alkohole werden mit Triphenylphosphin, $HN_3$ und DEAD (Diethylazodicarboxylat) umgesetzt. Die Reaktion verläuft bei sekundären Alkoholen unter Inversion der Konfiguration. Statt Stickstoffwasserstoffsäure kann DPPA (Diphenylphosphorylazid) verwendet werden.

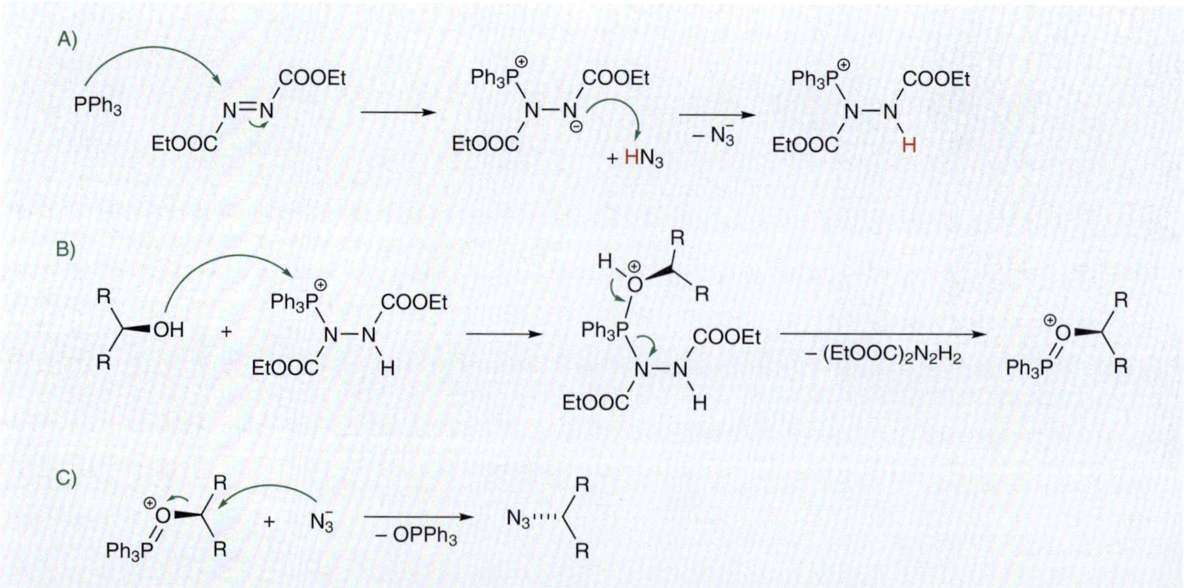


**o Abb. 8.41** Mechanismus der *Mitsunobu*-Reaktion zur Synthese von Aziden

## Exkurs: Hydrazine in der Raketentechnik

Hydrazin sowie zwei seiner Derivate, unsymmetrisches Dimethylhydrazin (UDMH) und Monomethylhydrazin (MMH), werden in der Raketentechnik in **Flüssigraketentreibstoffen** genutzt (o Abb. 8.42).

Als **monergoler Treibstoff** (Treibstoff aus einer Komponente) kann reines Hydrazin verwendet werden. Bei Kontakt mit einem Katalysator (meist $Ir/Al_2O_3$) zersetzt es sich in Wasserstoff und Stickstoff. Der Rückstoß der dabei entstehenden Gasmengen kann in Triebwerken genutzt werden. Da der spezifische Impuls jedoch relativ gering ist, eignet sich dieses System ausschließlich für Lageregelungstriebwerke von Sonden oder Satelliten.

In **diergolen Treibstoffen** (Treibstoffe aus zwei Komponenten) finden Hydrazin, UDMH und MMH Anwendung. Als starke Reduktionsmittel kommen sie in Kombination mit Oxidationsmitteln wie Sauerstoff, rauchender Salpetersäure, Wasserstoffperoxid oder Distickstofftetroxid ($N_2O_4$) zum Einsatz. Die bei der Verbrennung der Stoffe entstehenden, sehr hohen Temperaturen sorgen zusammen mit den großen Gasmengen für den nötigen Schub. Alle oben genannten Oxidationsmittel (außer Sauerstoff) bilden mit Hydrazin, UDMH und MMH **hypergole**, also **selbstzündende Treibstoffe**, bei denen die beiden Komponenten bei Kontakt sofort, auch ohne äußere Zündung, reagieren. Diesen Vorteil macht man sich vor allem bei Interkontinentalraketen und Oberstufen von Trägerraketen zunutze, bei denen eine sichere Zündung oberste Priorität hat. Da rauchende Salpetersäure und Wasserstoffperoxid sehr schwierig zu lagern sind, wird heute nur noch Distickstofftetroxid als Oxidans verwendet.

Wie gefährlich hypergole Treibstoffe sein können, zeigte sich am 24. Oktober 1960. Bei den Startvorbereitungen zum Teststart der ersten sowjetischen Zweitschlag-geeigneten Interkontinentalrakete R-16 kam es zu einem Desaster. Bereits am Vortag waren Startvorbereitungen wegen technischer Probleme abgesagt worden, mussten jedoch aufgrund der Anweisung des Chefs der strategischen Raketentruppen, *Mitrofan Nedelin*, wieder aufgenommen werden. Aufgrund eines vorangegangen Tests ohne Zündung befanden sich die Bord- und Bodenkontrollsysteme noch in Bereitschaftsposition. Durch einen Bedienungsfehler kam es dann noch vor dem Start zur Zündung des Marschtriebwerks der Rakete, wodurch die Tanks der darunterliegenden ersten Stufe zerrissen wurden. Eine gewaltige Explosion war die Folge, bei der innerhalb von neunzig Sekunden 124 Tonnen Treibstoff verbrannten. 126 Menschen kamen dabei ums Leben, unter ihnen auch *Nedelin*, weshalb dieses tragische Unglück unter dem Namen ***Nedelin*-Katastrophe** als größter offiziell bekannter Raketenunfall der Geschichte traurige Berühmtheit erlangte.

o **Abb. 8.42** Start der dreistufigen russischen Trägerrakete Proton-K (A). Alle Stufen verwenden UDMH und $N_2O_4$ als Treibstoffkomponenten, insgesamt befinden sich ca. 620 Tonnen Treibstoff an Bord. Hydrazin-Tank (B) einer US-amerikanischen Rakete zur Untersuchung der Entwicklung der Mars-Atmosphäre (NASA – Mars Atmosphere and Volatile EvolutioN Program, MAVEN). Der Tank ist ca. 1,90 m hoch und fasst 1 700 Liter Hydrazin.

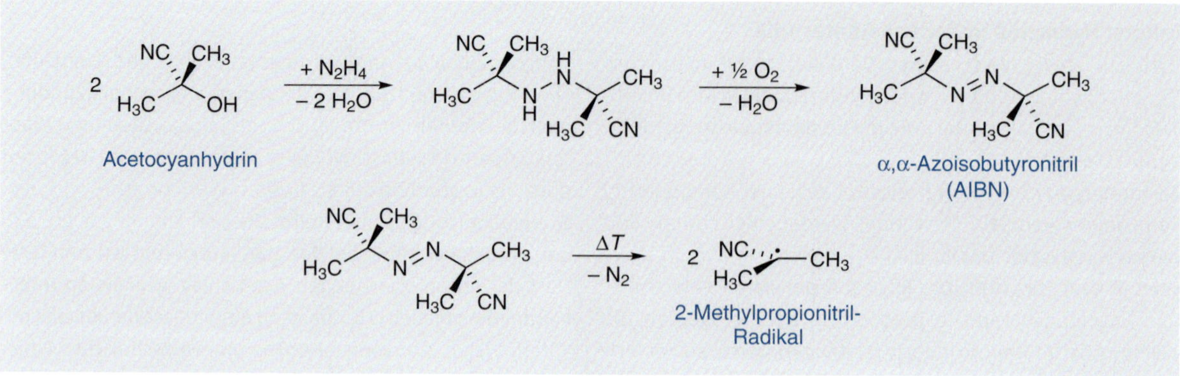


**o Abb. 8.43** Darstellung und Thermolyse von Azobisisobutyronitril

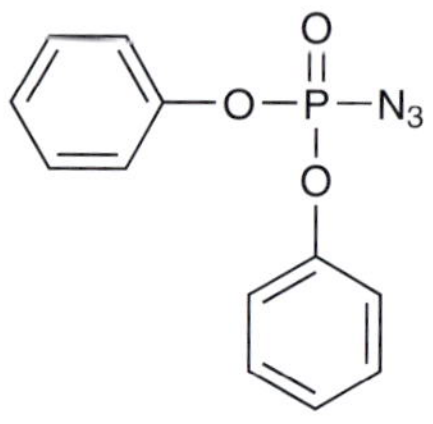

Diphenylphosphorylazid

Dieses Reagenz dient nicht nur zur Synthese von Aziden oder Carbonsäureaziden – die anschließend nach *Schmidt* oder *Curtius* zu Isocyanaten und aus diesen zu Aminen, Urethanen oder Harnstoffderivaten umgesetzt werden können (▸Kap. 8.1.2) – sondern ist auch ein gutes Peptidkupplungsreagenz (▸Kap. 37.2).

**Triflylazid**, $CF_3SO_2N_3$, das aus Trifluormethansulfonsäureanhydrid ($Tf_2O$) und Natriumazid hergestellt wird, ist ein Reagenz, das sich für den **Diazo-Transfer auf Amine** eignet. Diese Reaktionen liefern sowohl mit aromatischen als auch aliphatischen Aminen mit hohen Ausbeuten und unter milden Bedingungen die Azide.

Eine weitere etablierte Methode, die sich für die Synthese von aromatischen, aliphatischen Aziden, Säureaziden und Sulfonylaziden eignet, ist die Umsetzung von Hydrazinen mit Nitrosylionen oder deren Vorstufen (z. B. $N_2O_4$, $NaNO_2$). Die Reaktion verläuft analog der Diazotierung von Aminen (▸Kap. 8.2).

## 8.3.3 Reaktionen und Anwendungen

### Hydrazine

**Hydrazin** ist ähnlich reaktiv wie $H_2O_2$ und wird u. a. als Treibstoff für Raketen und andere Flugkörper in der Raumfahrt verwendet (▸Exkurs: Hydrazine in der Raketentechnik). Gemischt mit Oxidationsmitteln wie Distickstofftetroxid, $N_2O_4$, oder Salpetersäure werden selbstentzündliche, sogenannte **hypergole Treibstoffe** gebildet. Diese zersetzen sich bei Kontakt der einzelnen Komponenten explosionsartig bzw. unter Flammenbildung und setzen bei diesem Vorgang große Mengen Energie frei, die zum Raketenantrieb genutzt werden kann. Neben dem Einsatz für militärische Raketen sowie in Notaggregaten von Flug- und Unterwasserfahrzeugen findet Hydrazin auch in der zivilen Raumfahrt Anwendung. Es wurde z. B. früher im Space-Shuttle als Treibstoff genutzt. Hydrazin ist jedoch auch für die chemische Synthese von Interesse, vor allem als Reduktionsmittel, z. B. in der *Wolff-Kishner-* oder *Mitsunobu*-Reaktion und in der *Gabriel*-Synthese (o Abb. 8.11).

Bei Polymerisationen und als schaumerzeugendes Mittel bei der Fabrikation von Schaumgummi und anderen Schaumstoffen verwendet man als Initiator ***α,α′*-Azoisobutyronitril**. Es wird durch Reaktion von Acetoncyanhydrin mit Hydrazin und anschließende Oxidation hergestellt wird und zerfällt in der Hitze in Stickstoff und zwei 2-Methylpropionitrilradikale (o Abb. 8.43). Letztere dienen als Initialstarter für weitere Radikalreaktionen.

### Azide

Die Reaktionen der Acylazide zu Isocyanaten wurden bereits in (▸Kap. 8.1.2) beschrieben. Azide eignen sich als 1,3-Dipole auch für **1,3-dipolare Cycloadditionen**. Setzt man Alkine als Dipolarophile ein, entstehen 1,2,3-Triazole, mit Nitrilen entsprechend Tetrazole, mit Alkenen 1,2,3-Triazoline. Eine Cu(I)-katalysierte Variante dieser klassischen *Huisgen*-Reaktion (o Abb. 8.44) ist eine der bekanntesten sogenannten ***Click*-Reaktionen** (*Sharpless*, *Kolb*, *Finn*, 2001). Darunter versteht man Reaktionen, mit deren Hilfe man schnell und zielgerichtet aus kleineren Molekülen größere Verbindungen über C—X—C-Bindungen herstellen kann (X = Heteroatom).

Eine weitere bekannte Reaktion der Alkylazide ist die ***Staudinger*-Reaktion** (o Abb. 8.45). Durch nucleophilen Angriff von Triphenylphospin $PH_3P$ am N3 des Azids entsteht über ein Phosphazid ein Iminophosphoran (Phosphazen), das bei wässriger Aufarbeitung das Alkylamin und Triphenylphosphinoxid liefert. Setzt man das Iminophosphoran als Aza-Analogon zu einem Phosphor-Ylid mit Aldehyden um, erhält man in einer sogenannten Aza-*Wittig*-Reaktion Imine. Die Reaktion

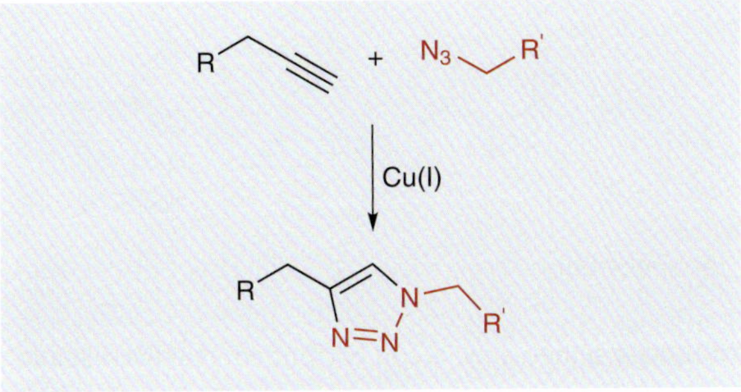


**Abb. 8.44** Die *Huisgen*-Reaktion ist eine 1,3-dipolare Cycloaddition, bei der ein Azid als 1,3-Dipol mit einem Alkin als Dipolarophil zu einem Triazol reagiert. Als Cu(I)-katalysierte Variante zählt sie zu den sog. *Click*-Reaktionen.

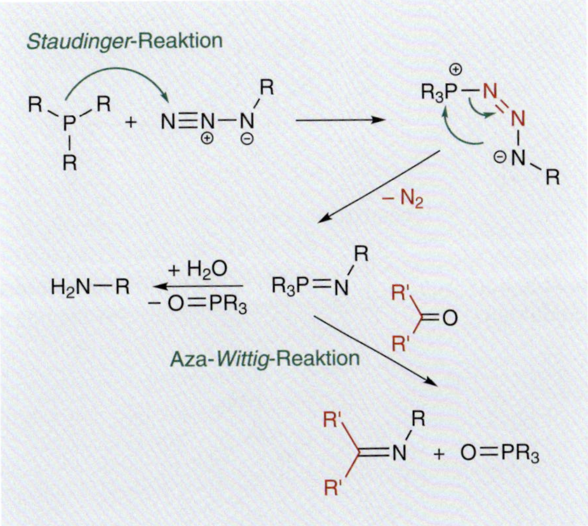


**Abb. 8.45** *Staudinger*-Reaktion: aus Alkylaziden und Triphenylphosphin werden primäre Amine synthetisiert; Aza-*Wittig*-Reaktion zu Iminen.

verläuft analog zur *Wittig*-Reaktion von Phosphor-Yliden (▸Kap. 8.3.3), die mit Aldehyden zu Alkenen führt.

## 8.3.4 Ausgewählte Verbindungen

### Hydrazine

Einige pharmazeutische Wirkstoffe sind substituierte Hydrazine. Die wohl bekannteste Substanz ist **Isonicotinsäurehydrazid** (**Isoniazid**, **INH**).

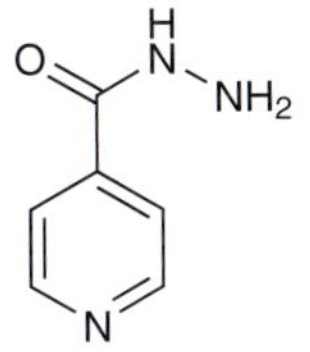

Isoniazid

In Kombination mit **Rifampicin** wird Isoniazid zur Bekämpfung von *Mycobacterium tuberculosis*, dem Erreger der Tuberkulose, eingesetzt. Durch die Katalase-Peroxidase (KatG) der für die Tuberkulose verantwortlichen Mycobakterien wird das Säurehydrazid zum Isonicotinacyl-Radikal gespalten, welches anschließend an $NAD^+$ bindet. Das dabei entstehende Isonicotinacyl-NAD-Addukt ist ein potenter Hemmstoff eines Enzyms der Fettsäurebiosynthese der Mycobakterien (InhA, Enoyl-Acyl-Carrier-Protein-Reduktase).

Zwei weitere wichtige Arzneistoffe sind **Benserazid** und **Carbidopa** (Abb. 8.46). Beide Wirkstoffe werden in Kombination mit Levodopa zur Therapie der nicht medikamentös bedingten *Parkinson*-Erkrankung eingesetzt. Die pharmakologische Wirkung von Benserazid und Carbidopa beruht auf der Hemmung der L-DOPA-Decarboxylase, die L-DOPA (Levodopa) in seine Wirkform, den Neurotransmitter Dopamin (▸Kap. 8.1.2), umsetzt. Beide Substanzen können die Blut-Hirn-Schranke nicht passieren und verhindern somit die Umsetzung von Levodopa zu Dopamin außerhalb des ZNS. Somit werden unerwünschte Nebenwirkungen bei der Therapie mit Levodopa, die auf die Bildung von DOPA in der Körperperipherie zurückgehen, verringert. Benserazid ist ein Prodrug; die Wirkform ist das Hydrazin, das durch Hydrolyse des Serinhydrazids entsteht.

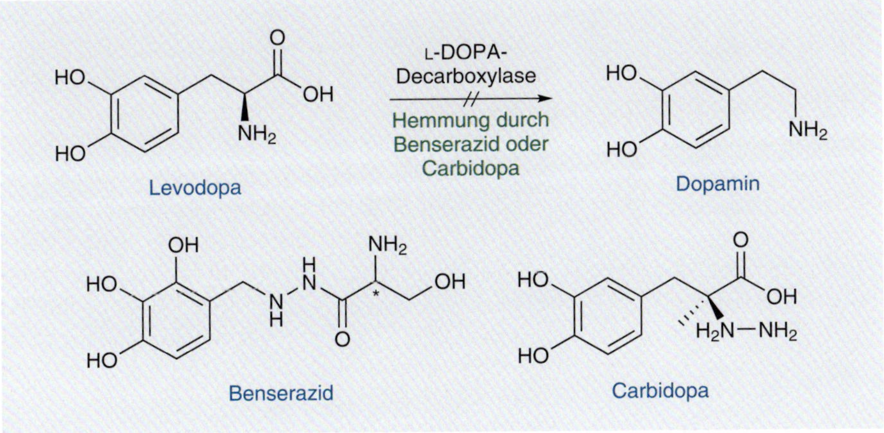


**Abb. 8.46** Metabolismus von Levodopa sowie Strukturformeln von Benserazid und Carbidopa

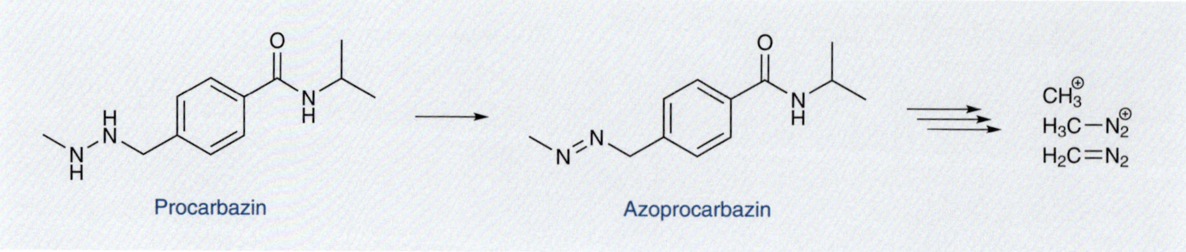


**○ Abb. 8.47** Strukturformeln von Procarbazin und Azoprocarbazin sowie seinen alkylierend wirkenden, reaktiven Spaltprodukten

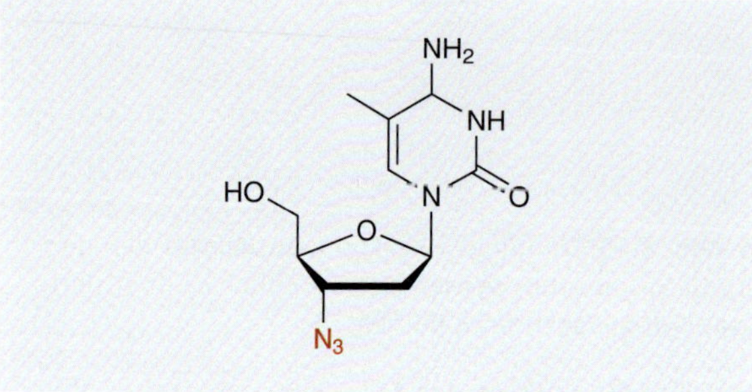


**○ Abb. 8.48** Azidothymidin ist das Azid-Derivat des Nucleosids Thymidin. Es wird zur Therapie von HIV-Infektionen eingesetzt.

**Procarbazin** ist ein weiteres Hydrazinderivat, welches als alkylierend wirkendes Cytostatikum zur Tumortherapie eingesetzt wird. Seine Wirkung beruht auf der Biotransformation der Hydrazin-Einheit zu einer Azogruppe (**Azoprocarbazin**) und anschließender Spaltung zu reaktiven Spezies, wie dem Methyldiazoniumion, Diazomethan, dem Methylkation und evtl. Radikalen, die DNA-Methylierungen verursachen (○ Abb. 8.47).

## Azide

Ein bekanntes Beispiel für einen Arzneistoff mit Azidgruppe ist das Azidothymidin (Zidovudin, AZT, (○ Abb. 8.48). Es ist ein Derivat des Thymidins (▸ Kap. 38.1.4) – die 3'-OH-Gruppe ist durch die Azidgruppe ersetzt – und gehört zu den sog. Nucleosidischen Reverse-Transkriptase-Inhibitoren (NRTI). Als solcher wird es in Kombination mit anderen Arzneistoffen zur Therapie einer HIV-Infektion verwendet.

# 9 Ether und Thioether

Ether ... 245 | Thioether ... 251

In einem Ether sind zwei Alkylgruppen an ein Sauerstoffatom gebunden. Ether kann man daher entweder als Anhydride der Alkohole oder als Dialkylderivate des Wassers auffassen. Die niedermolekularen Ether finden im Labor überwiegend als Lösemittel Anwendung. Je nachdem, ob die beiden Alkylgruppen gleich oder verschieden sind, spricht man von einfachen (R—O—R) oder von gemischten Ethern (R—O—R').

Die zu den Ethern analogen Thioether, die auch als Dialkylsulfide bezeichnet werden, leiten sich vom Schwefelwasserstoff ab, in dem beide H-Atome durch Alkylgruppen ersetzt sind. Flüchtige Thioether besitzen meist einen unangenehmen Geruch. Je nachdem, ob die beiden Alkylreste gleich oder verschieden sind, unterscheidet man wiederum einfache (R—S—R) und gemischte Thioether (R—S—R').

## 9.1 Ether

### 9.1.1 Struktur und Eigenschaften

In einem Ether (früher: Äther) sind zwei Alkyl- bzw. Arylgruppen an ein Sauerstoffatom gebunden. Es handelt sich bei Ethern also um Dialkyl- bzw. Diarylderivate des Wassers bzw. um Alkyl- oder Arylderivate der Alkohole.

Der Name eines Ethers setzt sich aus dem Namen der jeweiligen Alkylgruppen und der Nachsilbe „ether" zusammen, z.B. Dimethylether, $H_3C—O—CH_3$, Diethylether, $H_5C_2—O—C_2H_5$, Ethylmethylether, $H_3C—O—C_2H_5$ (o Abb. 9.1, bei unterschiedlichen Resten werden die Alkylgruppen in alphabetischer Reihenfolge genannt). Zudem gibt es noch die Phenolether (R = Aryl, R' = Alkyl oder R = R'= Aryl). Methylphenylether werden auch als Anisole bezeichnet. Nach den IUPAC-Regeln werden die Ether als Alkoxy- oder Aryloxy-Derivate bezeichnet. Die größere Alkylgruppe wird dabei als Wortstamm verwendet, z. B. wird Ethylmethylether in der IUPAC-Nomenklatur als Methoxyethan bezeichnet.

Ether sind meist leicht bewegliche Flüssigkeiten von großer Flüchtigkeit und Brennbarkeit. Während die verwandten Alkohole noch weitgehend die Eigenschaften des Wassers zeigen, ist dies bei den Ethern nicht

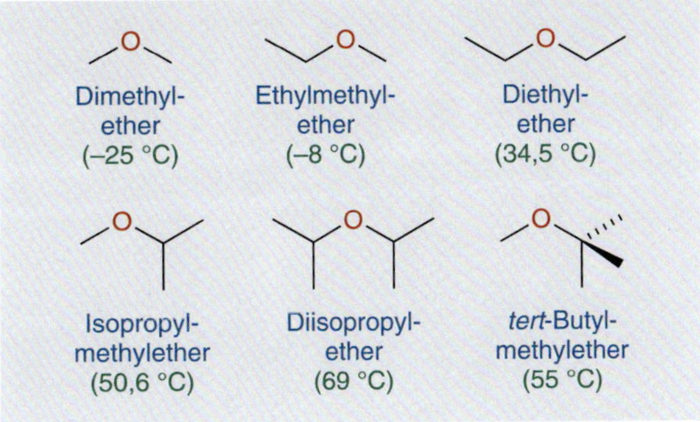


o **Abb. 9.1** Strukturformeln und Siedepunkte einiger niedermolekularer Ether

◘ **Tab. 9.1** Vergleich der Siedepunkte von Ethern und der zu ihnen konstitutionsisomeren Alkohole

| Alkohol | Siedepunkt in °C | Ether | Siedepunkt in °C |
|---|---|---|---|
| Ethanol | +78,4 | Dimethylether | −25 |
| *n*-Propanol | +97 | Ethylmethylether | +8 |
| *n*-Butanol | +117,5 | Diethylether | +34,5 |

mehr der Fall. Sie enthalten keine an Sauerstoff gebundenen H-Atome und können demnach nicht über H-Brücken assoziieren. Dies geht eindeutig aus der Gegenüberstellung der Siedepunkte von Ethern und den zu ihnen konstitutionsisomeren Alkoholen mit gleicher Summenformel hervor. Die Siedepunkte der Ether liegen wesentlich tiefer (◘ Tab. 9.1).

Anders als Alkohole, sind die meisten Ether gegen Natrium bei gewöhnlicher Temperatur beständig; daher verwendet man Natrium (in Drahtform) als Trockenmittel zur Herstellung „absoluten“ Ethers. Bei längerem Aufbewahren von Ethern an der Luft und im Licht entstehen durch eine **radikalische Autoxidation** schwer flüchtige Peroxide (Peroxoverbindungen, ▸ Exkurs: Autoxidation), die sich beim Abdampfen bzw. Destillieren des Ethers im Rückstand anreichern und zu gefährlichen Explosionen führen können. Die Bildung solcher Peroxide ist durch Schütteln einer Probe des Ethers mit essigsaurer Kaliumiodid-Lösung an der Iodabscheidung leicht erkennbar. Durch Zugabe einer Lösung von Titan(III)-sulfat in 50%iger Schwefelsäure oder von Eisen(II)-Salzen lassen sich die Peroxide reduktiv zerstören.

Der wichtigste Vertreter der Stoffklasse ist der **Diethylether**, meist einfach nur „Ether“ genannt. Er wird im Labor als wichtiges Lösemittel bei chemischen Reaktionen sowie zur Extraktion (▸ Kap. 1) von Substanzen aus wässrigen Lösungen verwendet. Ether ist nur wenig polar und in Wasser schlecht (69 g/L bei 20 °C), in Alkoholen jedoch gut löslich. Da sich Salze oder salzartige Verbindungen nicht in Ether lösen, können z. B. organische Ammoniumsalze aus alkoholischen Lösungen durch Zugabe von Ether ausgefällt und so isoliert werden. Etherdämpfe erzeugen beim Einatmen zuerst rauschartige Zustände, in höherer Konzentration tritt Narkotisierung ein. Ether wurde daher früher in der Medizin als Narkosemittel verwendet (▸ Exkurs: Diethylether als Narkosemittel).

Etherdämpfe sind schwerer als Luft und können mit ihr hochexplosive Gemische bilden, die für eine Vielzahl teils sehr schwerer Unfälle in Laboren und Chemieanlagen verantwortlich sind. Hinzu kommt, dass Diethylether wie oben erwähnt beim Stehenlassen an Luft leicht Peroxide bildet, die ebenfalls explosiv sind. Er ist daher mittlerweile – zumindest in der Technik –

**Exkurs: Diethylether als Narkosemittel**

Diethylether hat einen angenehm süßlichen Geruch und ruft bei längerem Einatmen **Bewusstlosigkeit** hervor (*Jackson* u. *Morton* 1846, ○ Abb. 9.2). Durch seine **fettlösenden Eigenschaften** führt er zu Veränderungen in den Lipidummantelungen der Nervenzellen. Er betäubt zunächst die Hirnrinde und schaltet die Schmerzempfindung aus. Nach Narkose mit Diethylether treten jedoch häufig Übelkeit und Erbrechen auf, sodass er heutzutage als Narkosemittel *(Aether pro narcosi)* durch die nicht brennbaren und besser verträglichen halogenierten Ether, wie 2-Chlor-1,1,2-trifluorethyl(difluormethyl)ether ($F_2HC{-}O{-}CF_2CHFCl$, Enfluran) oder den dazu konstitutionsisomeren 1-Chlor-2,2,2-trifluorethyl(difluormethyl)ether ($F_2HC{-}O{-}CHCl{-}CF_3$, Isofluran), ersetzt wurde. Ether ist ebenfalls in den als Kreislaufmittel verwendeten **Hoffmannstropfen** enthalten (1 Teil Ether, 3 Teile Ethanol).

○ **Abb. 9.2** Erste öffentliche Ethernarkose am 16. Oktober 1846 durch *William T. G. Morton* (1819–1868) im Massachusetts General Hospital in Boston (**A**). Historische Ethermaske, 19. Jahrhundert (**B**)

## Exkurs: Autoxidation

Die Autoxidation des Diethylethers ist eine **radikalische Kettenreaktion**, bei der am Kohlenstoffatom in $\alpha$-Position zum Ethersauerstoff ein H-Atom abstrahiert wird. Es entsteht ein **Alkylradikal**, das durch die freien Elektronenpaare des benachbarten Sauerstoffatoms resonanzstabilisiert wird. Die Reaktion mit Luftsauerstoff $O_2$ (einem Diradikal) führt zu einem **Alkylperoxylradikal**, das in einer Kettenfortpflanzungsreaktion von einem weiteren Ethermolekül erneut ein H-Atom abstrahiert. Es entstehen **1-Ethoxyethylhydroperoxid** und wieder ein Alkylradikal, das die Kette fortführt (Abb. 9.3).

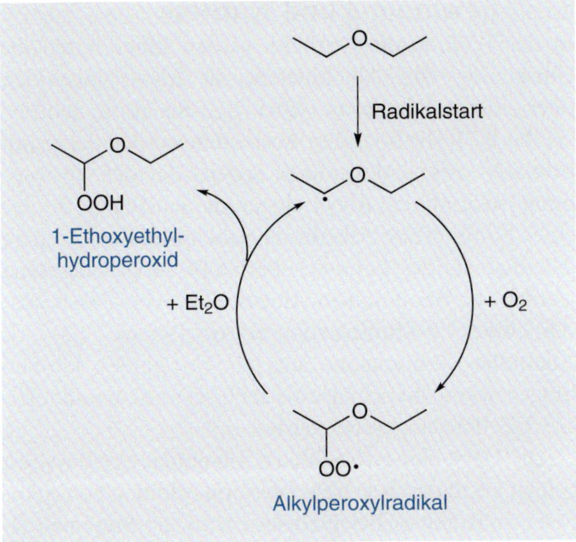


**Abb. 9.3** Autoxidation von Diethylether. Der Mechanismus des Radikalstarts ist bislang noch nicht vollständig geklärt. Es wird angenommen, dass Spuren von Metall dafür verantwortlich sind.

Das bei der Autoxidation von Diethylether entstehende 1-Ethoxyethylhydroperoxid ist nicht oder nur schwierig in Substanz zu isolieren. Besser lässt es sich aus Hydroxyethylhydroperoxid $H_3C—CH(OOH)—OH$ und Ethanol in Gegenwart von Phosphor(V)-oxid darstellen (*Rieche*) (Abb. 9.4). Hydroxyethylhydroperoxid selbst ist leicht aus Ethoxyethen und Wasserstoffperoxid zugänglich. 1-Ethoxyethylhydroperoxid kondensiert unter Abspaltung von Ethanol weiter zum hochexplosiven, polymeren **„Etherperoxid"**.

Als sicherere Alternative zu Diethylether benutzt man heutzutage ***tert*-Butylmethylether** (auch Methyl-*tert*-butylether genannt, abgekürzt MTBE), bei dem diese Autoxidation unter normalen Bedingungen nicht auftritt, da keine stabilen Radikale gebildet werden können. Bei der *tert*-Butyl-Gruppe fehlt ein zum Ethersauerstoffatom $\alpha$-ständiges Wasserstoffatom. Auf der Seite der Methylgruppe kann nur ein relativ instabiles primäres Alkylradikal entstehen, das trotz der Stabilisierung durch das benachbarte Sauerstoffatom deutlich weniger stabil ist als das beim Diethylether gebildete, sekundäre Radikal.

Ähnliche Autoxidationen treten auch bei reinen Kohlenwasserstoffen auf, erfordern dort aber i. d. R. drastischere Reaktionsbedingungen (z. B. höhere Temperaturen), da die gebildeten Alkylradikale noch instabiler sind als die von einem Ether abgeleiteten, mesomeriestabilisierten Radikale.

Die Prüfung auf Peroxide erfolgt im Labor mithilfe von **Peroxidteststäbchen** (Abb. 9.5). Im Testfeld reagiert das Peroxid mit einer Peroxidase und einem organischen Redoxindikator zu einem blaugefärbten Oxidationsprodukt. Diese Reaktion ist im Bereich pH 2–9 unabhängig vom pH-Wert der Prüflösung. Stark saure wässrige Lösungen müssen gepuffert werden, alkalische Lösungen müssen mit Citronensäure auf pH 5–7 eingestellt werden.

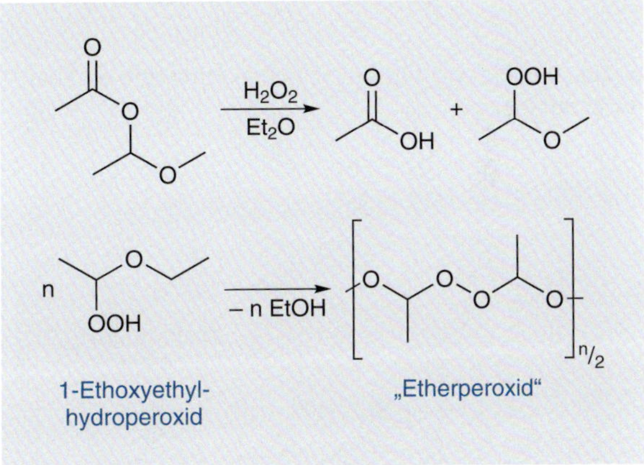


**Abb. 9.4** Darstellung von $\alpha$-Hydroperoxydialkylethern aus Acetalen mit Wasserstoffperoxid nach *Rieche* (oben), Kondensation von 1-Ethoxyethylhydroperoxid zu polymerem Etherperoxid (unten)

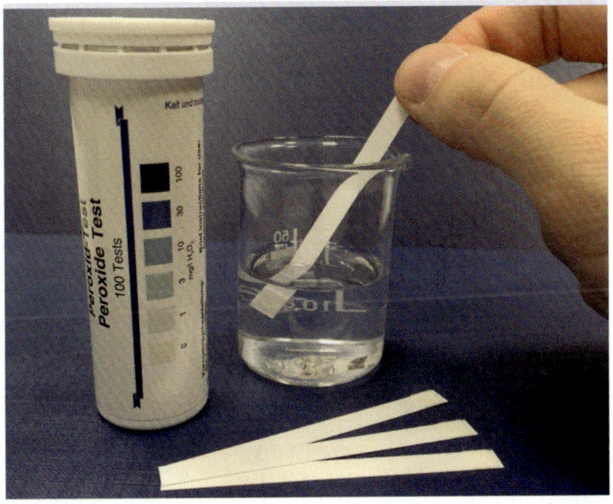


**Abb. 9.5** Teststreifen zur Prüfung auf Peroxide

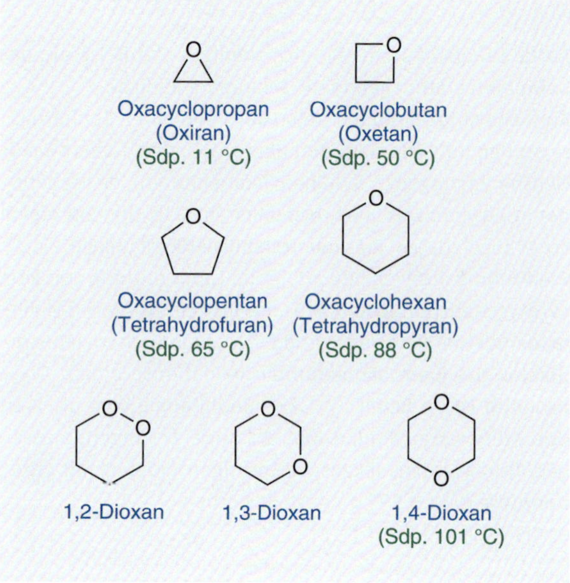


**Abb. 9.6** Die wichtigsten cyclischen Ether und die drei isomeren Dioxane

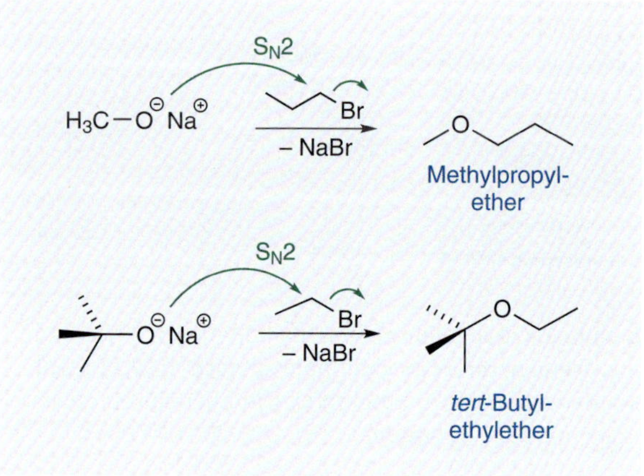


**Abb. 9.7** *Williamson*-Ethersynthese: Substitutionsreaktionen von Alkylhalogeniden durch Alkoholate

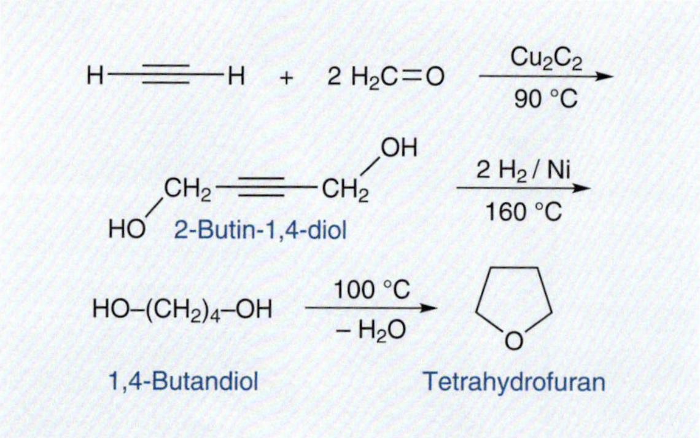


**Abb. 9.8** Darstellung von Tetrahydrofuran aus Acetylen

durch andere, weniger flüchtige oder nicht brennbare Lösemittel ersetzt worden bzw. durch solche Ether, die wie *tert*-Butylmethylether (MTBE) nicht so leicht Peroxide bilden können.

**Cyclische Ether** leiten sich formal von den Cycloalkanen ab und werden mit zunehmender Ringgröße vom Drei- zum Sechsring als Oxiran (Epoxid, Ethylenoxid), Oxetan, Tetrahydrofuran (THF) und Tetrahydropyran bezeichnet. Durch Ersatz von zwei Methylengruppen im Cyclohexan durch Sauerstoffatome erhält man drei isomere Dioxane (Abb. 9.6), von denen insbesondere 1,4-Dioxan im Labor als Lösemittel eingesetzt wird. Es ist eine farblose, niedrigviskose Flüssigkeit mit einem Siedepunkt von 101 °C und einem Schmelzpunkt von 11 °C. Im Gegensatz zu Diethylether ist 1,4-Dioxan vollständig mit Wasser mischbar.

### 9.1.2 Gewinnung und Synthese

In der ***Williamson*-Synthese** werden Ether durch die Umsetzung von Alkoholaten mit Alkylhalogeniden oder Alkyltosylaten in einer $S_N2$-Reaktion gebildet (Abb. 9.7). Die höchsten Ausbeuten werden daher mit primären Alkylhalogeniden erzielt. Bei der Verwendung sekundärer Alkylhalogenide entstehen infolge einer Eliminerung Alkene als Nebenprodukte. Tertiäre Alkylhalogenide können überhaupt nicht eingesetzt werden, da bei ihnen in Anwesenheit von Basen ausschließlich E2-Eliminierung eintritt (▸Kap. 7.1.3). Als Alkoholat-Komponente, also als Nucleophil, können hingegen sowohl primäre als auch sekundäre und tertiäre Alkohole eingesetzt werden.

Die Darstellung von Ethern mit einem *tert*-Butylrest gelingt leicht durch säurekatalysierte Addition von Alkoholen an Isobuten. Beispielsweise wird *tert*-Butylmethylether (MTBE oder auch TBME) aus Isobuten und Methanol in Gegenwart von Schwefelsäure hergestellt:

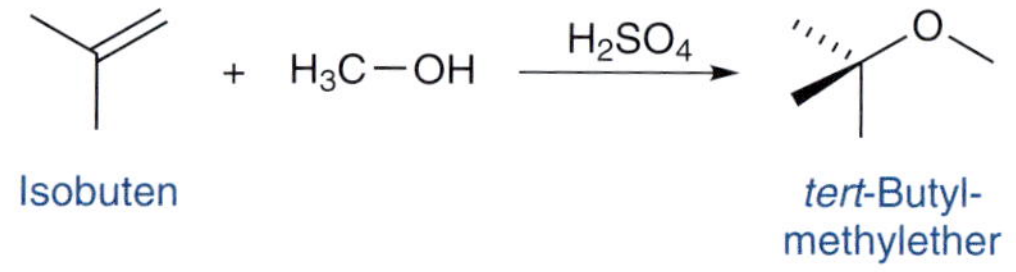


Die Verbindung ist, wie bereits erwähnt, wesentlich stabiler gegenüber Sauerstoff als Diethylether. Sie dient als Lösemittel in der Chromatographie und – als Ersatz für das giftige Tetraethylblei – als **Antiklopfmittel** in Kraftstoffen (▸Kap. 11.7). Die Darstellung von **Tetrahydrofuran** (THF, ▸Kap. 28.1) erfolgt technisch aus Acetylen und Formaldehyd in Gegenwart von Kupfercarbid (▸Kap. 5.4). Dabei entsteht aus Acetlyen und zwei Molekülen Formaldehyd zunächst 2-Butin-1,4-diol (Abb. 9.8), das anschließend bei 160 °C am Nickel-Katalysator zu 1,4-Butandiol hydriert wird. Unter Wasserabspaltung bildet sich daraus durch intramolekulare Kondensation bei 100 °C Tetrahydrofuran.

**Epoxide**, cyclische Dreiringether, lassen sich leicht aus Alkenen durch Reaktion mit **Peroxycarbonsäuren** (z. B. *m*-Chlorperbenzoesäure, MCPBA; ***Prileschajew*-Reaktion**) oder **Dimethyldioxiran** darstellen (Abb. 9.9).

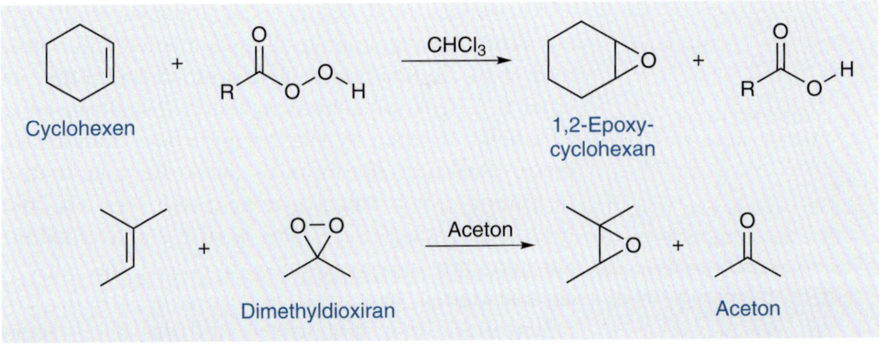


**o Abb. 9.9** Darstellung von Epoxiden mit Peroxycarbonsäuren (oben) und Peroxiden (unten)

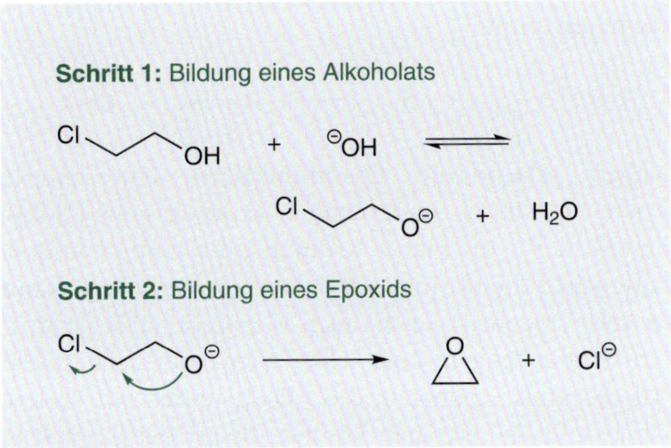


**o Abb. 9.10** Intramolekulare $S_N2$-Reaktion bei der Bildung eines Epoxids aus einem Halogenhydrin

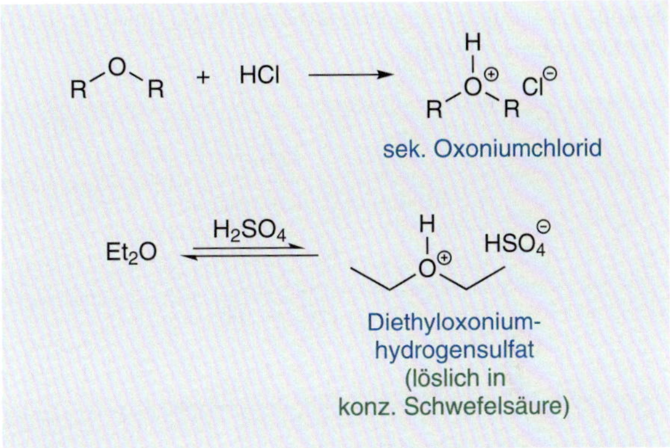


**o Abb. 9.11** Bildung von sekundären Oxoniumsalzen aus Etherverbindungen. Der p$K_S$-Wert der protonierten Spezies beträgt ca. −2.

Epoxide entstehen auch bei der Umsetzung von 2-Halogenalkoholen (Halogenhydrine) mit einer Base (o Abb. 9.10). Zunächst bildet sich durch Deprotonierung des Alkohols das entsprechende Alkoholat-Ion. Dann wird das Halogenid in einer **intramolekularen $S_N2$-Reaktion** durch das Alkoholat verdrängt. Der Angriff erfolgt dabei wie bei jeder $S_N2$-Reaktion von der Rückseite der C—X-Bindung. Der intramolekulare Angriff des Alkoholates und damit die Bildung des Epoxides konkurriert mit dem intermolekularen Angriff der nucleophilen Base, der bei der Verwendung von Hydroxid als Base z. B. zur Bildung von Ethylenglycol führt. Aus entropischen Gründen erfolgt der intramolekulare Angriff, also die Epoxidbildung, bei nicht zu hohen Konzentrationen an Base allerdings sehr viel schneller als die Ethylenglycolbildung. Die Geschwindigkeit der intermolekularen, bimolekularen Reaktion lässt sich jedoch über die Konzentration an externem Nucleophil beeinflussen. Bei sehr hoher Basekonzentration wird zunehmend mehr Ethylenglycol gebildet.

Größere cyclische Ether werden auf die gleiche Weise aus bifunktionellen Verbindungen hergestellt. Besonders die spannungsfreien Fünf- und Sechsringe bilden sich besonders leicht. Der Bildung von Drei- und Vierringen steht hingegen ihre hohe Spannungsenergie entgegen (***Baeyer*-Spannung,** ▸ Kap. 4.2.1). Aus entropischen Gründen sind Dreiringe wiederum leichter zu bilden als Vier- oder Fünfringe. Hierfür ist die Anzahl der frei drehbaren Bindungen im Edukt ausschlaggebend. Während für die Bildung des Dreirings nur eine C—C-Bindung gedreht werden muss, um das O-Atom in die richtige Ausgangslage für eine intramolekulare Substitution des Bromids zu bringen, müssen für den Vierring bereits zwei C—C-Bindungen in die richtige Anordnung gedreht werden. Aus dem gleichen Grund wird auch die Bildung von größeren Ringen mit mehr als sechs Gliedern zunehmend schwieriger.



### 9.1.3 Reaktionen und Anwendungen

Im Gegensatz zu Alkoholen reagieren Ether nicht mit Basen (▸ Kap. 6), da sie keine aciden H-Atome aufweisen. Durch die freien Elektronenpaare am Sauerstoffatom sind Ether aber genau wie Wasser und Alkohole ***Lewis*-Basen.** THF bildet z. B. mit der *Lewis*-Säure Boran, $BH_3$, in Lösung ein *Lewis*-Säure/Base-Paar. Mit einem p$K_S$-Wert von ca. −2 für die protonierte Form sind Ether jedoch genau wie Wasser (p$K_S$ = −1,7) nur sehr schwache Basen, sodass eine Protonierung nur durch starke Säuren (z. B. Halogenwasserstoffsäuren oder Schwefelsäure) stattfindet. Dabei entsteht ein **sekundäres Oxoniumsalz** (o Abb. 9.11). Die Bezeichnung „*sekundär*" bezieht sich hier nicht auf den Substitutionsgrad der C-Atome, sondern auf den Sauerstoff. In einem Oxoniumion ist das O-Atom dreibindig.

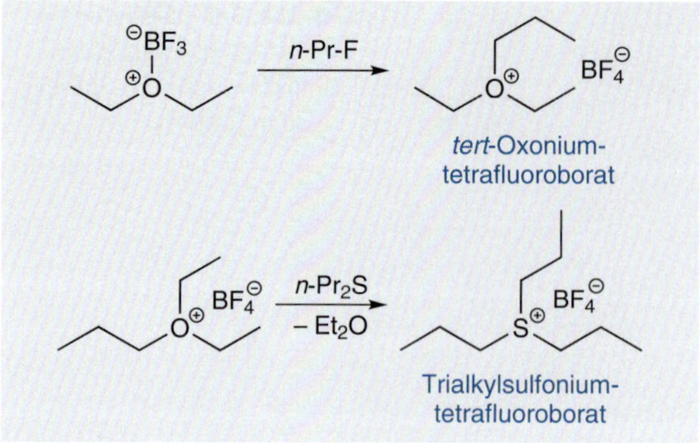


**○ Abb. 9.12** Darstellung von *tertiären* Oxoniumsalzen und Trialkylsulfoniumsalzen

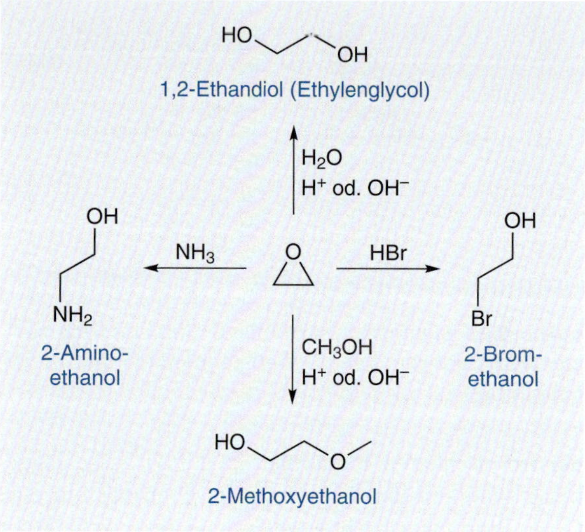


**○ Abb. 9.13** Reaktivität von Epoxiden

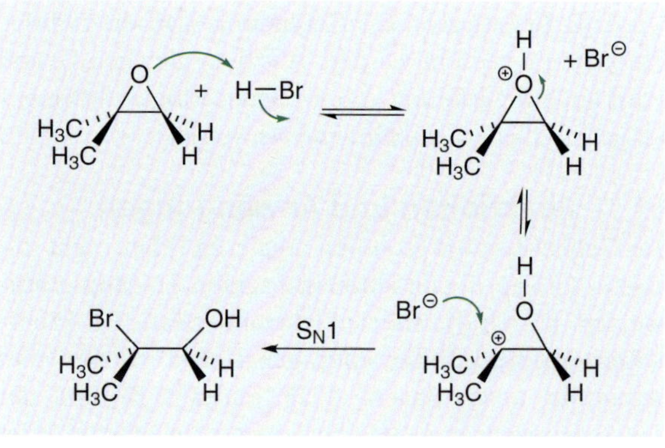


**○ Abb. 9.14** Mechanismus der Ringöffnung von Epoxiden durch Säuren

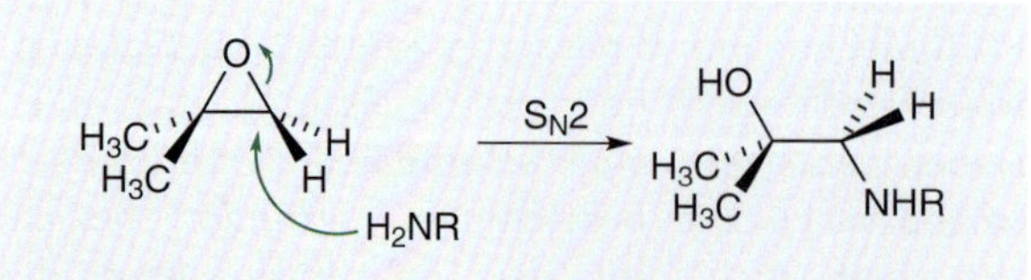


**○ Abb. 9.15** Mechanismus der Ringöffnung von Epoxiden durch Basen

Verwendet man Brom- oder Iodwasserstoffsäure zur Protonierung, können die sehr nucleophilen Bromid- bzw. Iodidanionen den protonierten Ether in einer $S_N2$-Reaktion angreifen. Unter Abspaltung eines Alkohols entstehen so Alkylbromide bzw. -iodide. Auf dieser Reaktion beruht z. B. auch die quantitative Bestimmung von Alkoxygruppen, wie $-OCH_3$ oder $-OC_2H_5$, nach *Zeisel*. Dabei wird die alkoxylhaltige Substanz mit Iodwasserstoffsäure erhitzt, das entweichende Methyl- bzw. Ethyliodid in einer alkoholischen Silbernitratlösung aufgefangen und das dabei abgeschiedene Silberiodid gravimetrisch oder maßanalytisch bestimmt:

$$R{-}O{-}CH_3 + HI \longrightarrow R{-}OH + CH_3I$$

Neben **sekundären Oxoniumsalzen** („protonierte Ether") existieren auch **tertiäre Oxoniumsalze** („alkylierte Ether"), die man z. B. durch Umsetzung von Bortrifluorid-Etherat mit Alkylfluoriden erhalten kann (○ Abb. 9.12, oben). Solche auch ***Meerwein*-Salze** genannten Verbindungen sind selbst wiederum sehr starke Alkylierungsreagenzien, die Alkylgruppen auf andere Nucleophile übertragen können. So ist der einfachste Vertreter, das auch kommerziell erhältliche Trimethyloxoniumtetrafluoroborat, ein sehr reaktives Methylierungsreagenz, das z. B. Dialkylsulfide unter Bildung von **Sulfoniumsalzen** methyliert (○ Abb. 9.12, unten).

**Epoxide**, die kleinsten Vertreter der cyclischen Ether, reagieren leicht unter Ringöffnung mit Nucleophilen (○ Abb. 9.13). Diese Reaktivität ist auf die hohe Ringspannung von ca. 114 kJ/mol und die infolge der nur geringen Überlappung der $\sigma$-Bindungen schwachen C—C-Bindungen zurückzuführen.

In saurer Lösung wird der Epoxid-Sauerstoff dabei zunächst protoniert. Der Ring kann jetzt leicht durch ein Nucleophil in einer **nucleophilen Substitution** angegriffen und geöffnet werden (○ Abb. 9.14). Die säurekatalysierte Ringöffnung von substituierten Epoxiden erfolgt bei unterschiedlich substituierten Epoxiden nach einem $S_N1$-artigen-Mechanismus und damit bevorzugt an der höher substituierten Seite des Epoxids, da so im Übergangszustand die positive Partialladung am angegriffenen C-Atom besser durch benachbarte Alkylgruppen stabilisiert wird.

Starke Nucleophile wie Hydroxid, Amine oder Thiole können den Epoxidring auch ohne Säurekatalyse öffnen (○ Abb. 9.15). Die Reaktion verläuft im Gegensatz zur säurekatalysierten Ringöffnung nach einem $S_N2$-Mechanismus. Der Angriff des Nucleophils erfolgt daher bevorzugt auf der sterisch leichter zugänglichen Seite. Das heißt, bei unterschiedlich substituierten Epoxiden greift das Nucleophil am weniger hoch substituierten C-Atom an. Dabei kommt es wie bei jeder $S_N2$-Reaktion zu einer **Inversion der Konfiguration** am angegriffenen C-Atom.

## 9.2 Thioether

### 9.2.1 Struktur und Eigenschaften

Thioether, häufiger als Dialkylsulfide bezeichnet, sind in Wasser unlösliche, penetrant riechende Flüssigkeiten. Mit Halogenen, Halogenalkanen oder Metallsalzen bilden sie Salze, die wegen des dreibindigen Schwefelatoms in Analogie zu den Oxoniumsalzen als **Sulfoniumsalze** bezeichnet werden.

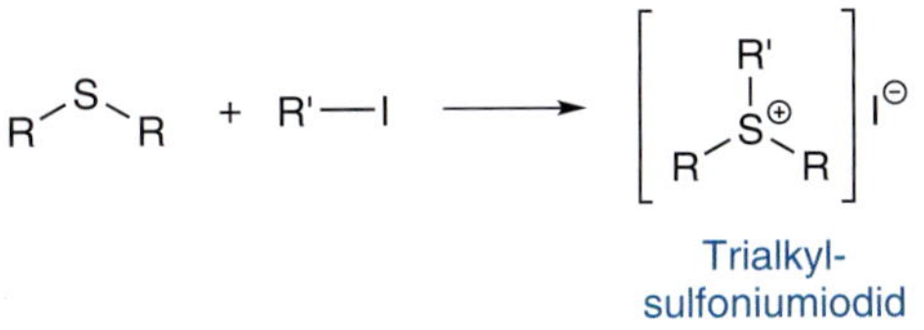


Die aus den Sulfoniumiodiden mit feuchtem Silberoxid darstellbaren Sulfoniumhydroxide zerfallen beim Erhitzen in Dialkylsulfide, Alken und Wasser. Die Reaktion verläuft analog zur ***Hofmann*-Eliminierung** quartärer Alkylammoniumhydroxide (▸Kap. 8.1):

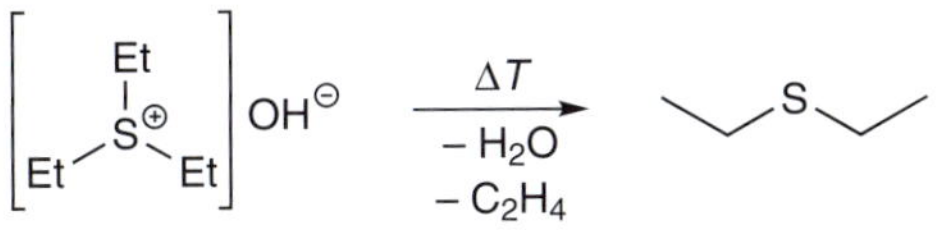

Genau wie ein $sp^3$-hybridiertes C-Atom mit vier verschiedenen Resten sind auch Sulfoniumsalze mit drei verschiedenen Substituenten am S-Atom chiral. Dies liegt an der tetraedrischen Bindungsgeometrie des Schwefelatoms, wobei das freie Elektronenpaar am Schwefel die Funktion des vierten Substituenten übernimmt. Entsprechende Racemate können wie bei anderen chiralen Verbindungen auch in die **Enantiomere** getrennt werden (*Smiles* 1900).

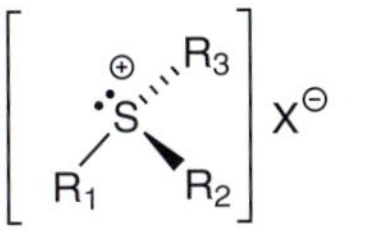


Aufgrund der guten Abgangsgruppeneigenschaften von Dialkylsulfiden werden Sulfoniumsalze gerne als starke Alkylierungsmittel eingesetzt. Biochemisch wird diese Eigenschaft beispielsweise beim *S*-Methylmethionin ausgenutzt, das als körpereigenes Methylierungsreagenz fungiert.

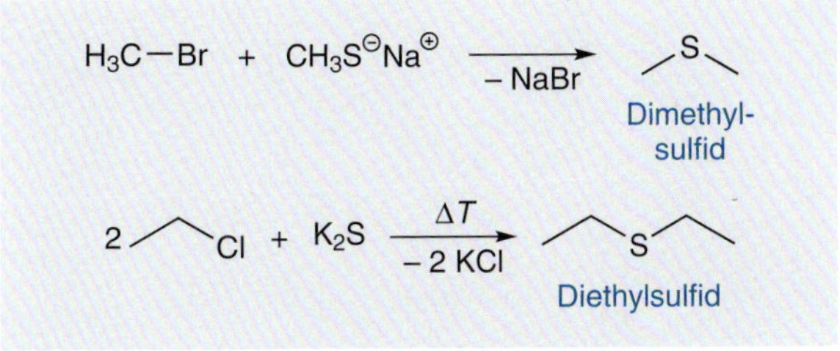


**Abb. 9.16** Herstellung verschiedener Dialkylsulfide

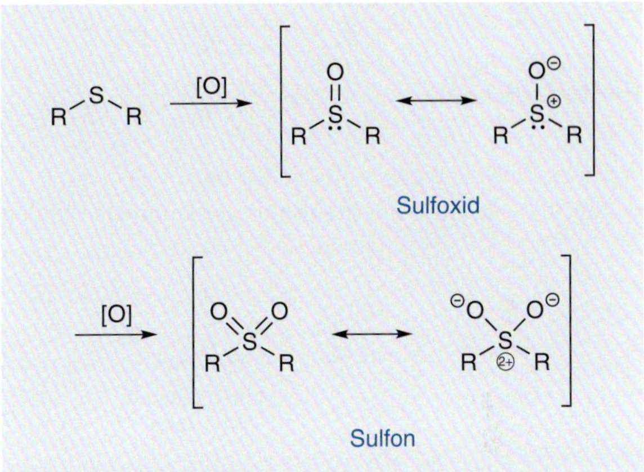


**Abb. 9.17** Durch Oxidation der Thioether sind Sulfoxide und Sulfone zugänglich.

### 9.2.2 Gewinnung und Synthese

Symmetrische und gemischte Dialkylsulfide sind durch Erhitzen von Alkylhalogeniden R'X mit Alkalimercaptiden RSH zugänglich (Abb. 9.16). Sie sind zudem durch Erhitzen von Alkylhalogeniden mit Kaliumsulfid darstellbar.

### 9.2.3 Reaktionen und Anwendungen

Durch Oxidation der Dialkylsulfide mit einer stöchiometrischen Menge Wasserstoffperoxid oder verdünnter Salpetersäure erhält man **Sulfoxide**, die durch einen Überschuss von Wasserstoffperoxid, durch konz. Salpetersäure oder Kaliumpermanganat leicht zu **Sulfonen** weiter oxidiert werden (Abb. 9.17). Technisch stellt man Sulfoxide und Sulfone durch katalytische Oxidation der Dialkylsulfide mit Luftsauerstoff her.

Beide Stoffklassen wurden früher meist mit einer S=O-Doppelbindung in den *Lewis*-Formeln gezeichnet. In diesen Formeln weist der Schwefel ein Elektronendezett bzw. -dodezett auf (Oktettaufweitung). Die Idee hinter dieser Formulierung war, dass der Schwefel als Element der 3. Periode über zusätzliche, leere d-Orbitale verfügt, die für eine solche **Oktettaufweitung** verfügbar sein sollten. Heutzutage wissen wir aber, dass die freien d-Orbitale bei den Hauptgruppenelementen anders als bei den Übergangsmetallen für die chemische Bindung keine Rolle spielen. Sie sind energetisch zu weit von den s- und p-Orbitalen entfernt, als dass sie für eine solche Oktettaufweitung

9

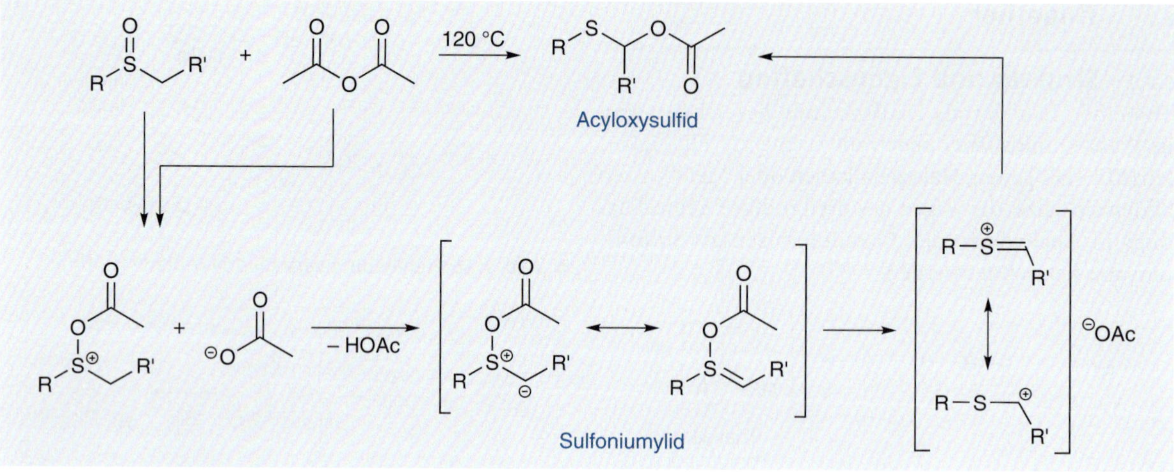


**Abb. 9.18** Reaktionsmechanismus der *Pummerer*-Umlagerung

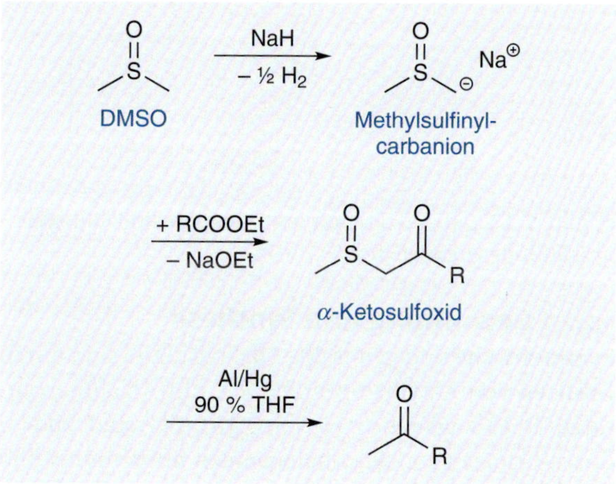


**Abb. 9.19** Carbonsäureester können mit dem aus DMSO durch Deprotonierung mit Natriumhydrid zugänglichen Carbanion letztendlich zu Ketonen umgesetzt werden.

verfügbar wären. So zeigen sowohl experimentelle Elektronendichtebestimmungen als auch quantenchemische Rechnungen, dass Sulfoxide und Sulfone keine echte S=O-Doppelbindungen aufweisen, sondern eher semipolare und damit verkürzte $S^+$—$O^-$-Einfachbindungen. Die entsprechenden Resonanzformeln mit $S^+$—$O^-$-Einfachbindungen sind somit die realistischere Darstellung der tatsächlichen Bindungsverhältnisse der Sulfoxide bzw. Sulfone. Allerdings wird auch nach wie vor der Einfachheit halber häufig die Resonanzformel mit S=O-Doppelbindung verwendet.

Unter der Einwirkung von Säureanhydriden lagern sich Sulfoxide zu **α-Acyloxysulfiden** um (***Pummerer*-Umlagerung**, Abb. 9.18). Diese Redoxreaktion ist von großer präparativer Bedeutung, weil auf diese Weise letztendlich ein Alkylhalogenid nach Überführung in ein Sulfid und Oxidation zum Sulfoxid in einen „geschützten Aldehyd“ in Form eines *O,S*-Acetals umgewandelt werden kann (▸Kap. 12.1). Im ersten Reaktionsschritt greift das Acetanhydrid den Sauerstoff des Sulfoxides an. Dieses Zwischenprodukt wird durch Acetat deprotoniert. Es entsteht ein **Sulfoniumylid**, das unter Abspaltung des Acetatrestes ein mesomeriestabilisiertes **Carbenium-Ion** bildet. Dieses wird schließlich vom Acetat-Ion unter Bildung des Endprodukts abgefangen.

**Dimethylsulfoxid** (DMSO), $(H_3C)_2SO$, ist eine farblose, hygroskopische Flüssigkeit mit einem Siedepunkt von 189 °C, die mit Wasser, Alkoholen, Aceton, Chloroform und Benzen, aber nicht mit Paraffinen mischbar ist. Es dient als Lösemittel für PVC und Polyacrylnitril sowie deren Copolymere, Polyurethane, Terylen, Perlon und Cellulosederivate und kann in geringen Mengen für viele Verbindungen als Lösungsvermittler die Löslichkeit in Wasser verbessern. Dimethylsulfoxid gehört – wie **Dimethylformamid** – zu den aprotischen (oder aprotonischen) Lösemitteln. Daher solvatisiert es Kationen wie $H^+$, $Na^+$ oder $K^+$ relativ gut, nicht aber Anionen, sodass diese in Dimethylsulfoxid z. B. für $S_N2$-Reaktionen besonders reaktiv sind („nackte“ Anionen). Dimethylsulfoxid ist zudem durch starke Basen wie Natriumhydrid deprotonierbar (Abb. 9.19). Das entstehende **Methylsulfinylcarbanion** ist als nucleophiles Reagenz vielseitig verwendbar. Es ist z. B. in der Lage, Carbonsäureethylester unter Verdrängung der Alkoholat-Gruppe anzugreifen. Das resultierende α-Ketosulfoxid, besser als Methansulfinylketon bezeichnet, kann mit Aluminiumamalgam in 90%igem wässrigem Tetrahydrofuran (THF) zum entsprechenden Keton reduziert werden. Diese Reaktion weist große Ähnlichkeit zur oben diskutierten ***Pummerer*-Umlagerung** auf. Als vielfälig einsetzbares, selektives Oxidationsmittel ist Dimethylsulfoxid von erheblicher präparativer Bedeutung. So wird es z. B. bei der *Swern*-Oxidation zur Darstellung von Aldehyden aus Alkoholen genutzt (▸Kap. 12.1).

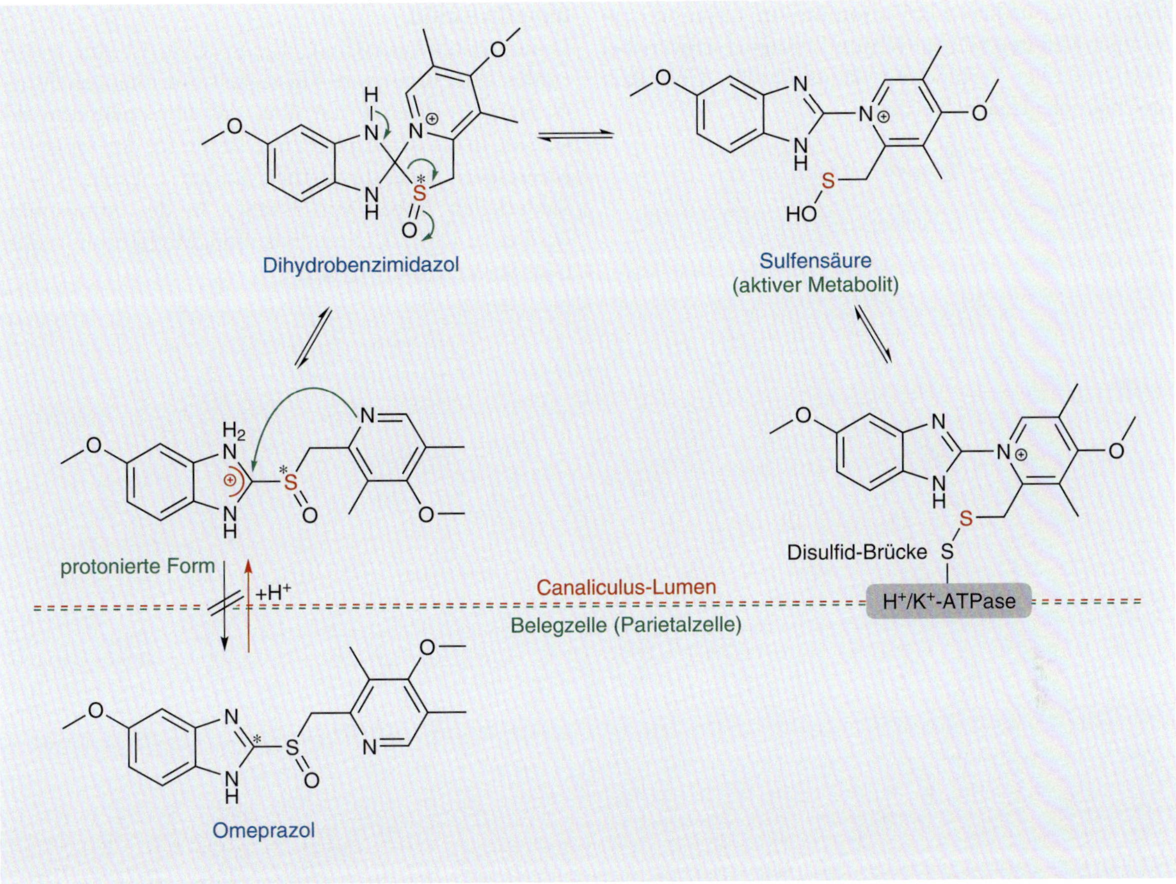


**Abb. 9.20** Omeprazol, ein chirales Sulfoxid, wird im Lumen der sekretorischen Kanälchen (Canaliculi) protoniert und so in den aktivien Metaboliten, eine Sulfensäure umgewandelt. Diese hemmt durch eine kovalente Disulfidbrucke die Protonenpumpe ($H^+/K^+$-ATPase) und verringert so die Produktion von Magensäure.

DMSO wird wegen seiner penetrationsfördernden Eigenschaften in der Dermatologie zur Verbesserung des Membrantransports von topisch applizierten Arzneistoffen verwendet (*penetration enhancer*). So fördert es auch die Aufnahme von Salzen durch die Haut. Es verfügt selbst ebenfalls über antientzündliche und analgetische Eigenschaften und findet sich in zahlreichen Dermatika. Es sollte jedoch bei Kindern unter fünf Jahren nicht angewandt werden.

Ein weiteres Sulfoxid, das als Arzneistoff eingesetzt wird, ist das Psychostimulans **Modafinil**, $(C_6H_5)_2CH{-}SO{-}CH_2{-}(C{=}O)NH_2$. Die Verbindung ist ein wirksames Mittel gegen das unkontrollierte und plötzliche Einschlafen bei Tage (Narkolepsie). Modafinil ist aufgrund der Sulfoxid-Gruppe chiral, verwendet wird das Racemat.

Eine chirale Sulfoxid-Gruppe findet sich auch in den **Protonenpumpenblockern**, z. B. **Omeprazol**. Diese Protonen-Kalium-ATPase („Protonenpumpe") ist in den Belegzellen (Parietalzellen) des Magens für die Sekretion der Magensäure verantwortlich. Durch die irreversible Hemmung der Protonenpumpe wird der pH-Wert des Magens angehoben und das Volumen der zu bildenden Magenflüssigkeit herabgesetzt. Omeprazol wird sowohl als Racemat, als auch als (*S*)-Enantiomer (Esomeprazol) verwendet. Die Protonenpumpenblocker sind sog. *Prodrugs*, die erst durch das saure Milieu (pH < 4) an ihrem Wirkort, den sekretorischen Kanälchen der Belegzellen, in die wirksamen Metabolite (*drug*), umgewandelt werden. Letztlich entsteht eine Sulfensäure, die die Protonenpumpe durch Bildung einer Disulfid-Brücke irreversibel blockiert (Abb. 9.20).

### 9.2.4 Ausgewählte Verbindungen

**Bis(2-chlorethyl)-sulfid**

*β,β'*-Dichlordiethylsulfid, $Cl{-}CH_2{-}CH_2{-}S{-}CH_2{-}CH_2{-}Cl$, ist ein chemischer Kampfstoff, der bereits im Ersten Weltkrieg unter dem Namen **Senfgas** oder **Lost** eingesetzt wurde. Die Dämpfe der bei 217 °C siedenden Flüssigkeit üben wegen des bei der Hydrolyse durch Wasser freiwerdenden HCl eine zerstörende Wirkung auf die Bronchien und die Haut (Blasenbildung) aus. Lost wirkt zudem stark **carcinogen** Bei Kontakt mit Wasser reagiert Senfgas aufgrund eines sogenannten Nachbargruppeneffekts sehr schnell zu einem hochre-

9

aktiven intermediären **Episulfoniumion**, das innerhalb weniger Minuten DNA, RNA und Proteine irreversibel alkyliert. Die Verbindung kann durch Chlorkalk unschädlich gemacht werden.

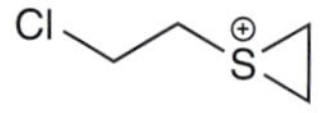


Episulfoniumion

### Dimethylsulfid

Dimethylsulfid (DMS), $CH_3{-}S{-}CH_3$, ist eine wasserunlösliche, brennbare Flüssigkeit mit unangenehmen Geruch. Es gelangt v. a. über das Phytoplankton der Ozeane in die Atmosphäre und ist mit für den typischen Meeresgeruch verantwortlich. Zudem entsteht es beim bakteriellen Abbau von DMSO. In der Atmosphäre wird es zu DMSO, Dimethylsulfon, Methansulfonsäure oder Schwefelsäure oxidiert.

# 10 Organische Derivate anorganischer Säuren, organische Derivate der Elemente P, B, Si und As

Ester anorganischer Säuren ... 255 | Sulfon-, Sulfin- und Sulfensäuren ... 263 | Nitroalkane ... 266 | Organische Phosphor- und Arsenverbindungen ... 272 | Organische Silicium- und Borverbindungen ... 277

Für viele Reaktionen und Anwendungen, z. B. als Alkylierungsreagenzien, Tenside oder Arzneistoffe, sind organische Derivate anorganischer Säuren von großer Bedeutung. Verbindungen, in denen Nichtmetalle wie Phosphor oder die Halbmetalle Silicium oder Bor direkt mit einem organischen Rest verbunden sind, sind zudem als Intermediate für eine Vielzahl chemischer Reaktionen (z. B. für die *Wittig*-Reaktion oder die Hydroborierung) wichtig. Aufgrund der starken Si—O-Bindung werden siliciumhaltige Organyle auch häufig als Schutzgruppen verwendet oder finden in Form von Siliconen Anwendung in der Technik.

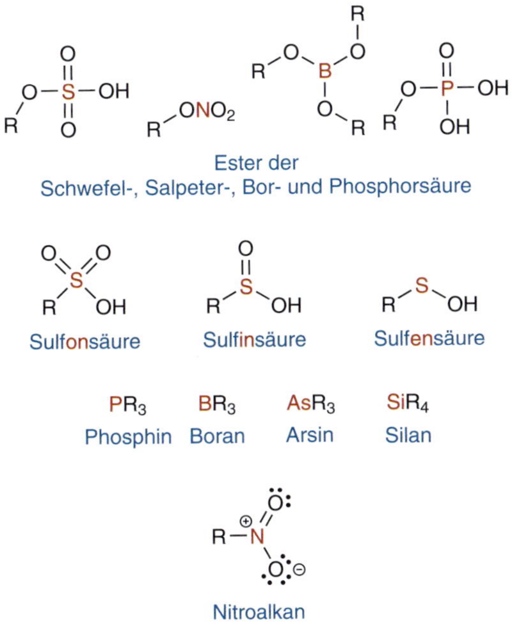


## 10.1 Ester anorganischer Säuren

Genau wie mit Carbonsäuren (▸Kap. 13) bilden Alkohole auch mit anorganischen Säuren unter Wasserabspaltung entsprechende **anorganische Ester**. Diese sind eine wichtige Schnittstelle zwischen der Organischen und der Anorganischen Chemie. Am häufigsten anzutreffen sind die Ester der Schwefel-, der Salpeter-, der salpetrigen und der Phosphorsäure (○Abb. 10.1). Davon abgeleitete Ester spielen als Syntheseintermediate insbesondere bei technischen Verfahren eine wichtige Rolle. Die Ester der Borsäure (○Abb. 10.1) entstehen z. B. als Zwischenprodukt bei der Hydroborierung (▸Kap. 10.5.3). Auch viele Tenside und einige Arzneistoffe sind Ester anorganischer Säuren.

### 10.1.1 Struktur und Eigenschaften

**Schwefelsäure** ($H_2SO_4$) kann als zweiprotonige Säure neutrale sowie saure Ester bilden. Die **Monoester** sind nach wie vor Säuren, die in Wasser entsprechende Sulfatanionen bilden. Es handelt sich somit um polare Verbindungen, die aber mit steigender Kettenlänge des zugrunde liegenden Alkohols zunehmend auch unpolare Eigenschaften ausweisen. Die Monoester langkettiger Alkohole sind daher **Amphiphile**. Bei den neutralen Diestern ist der polare Charakter hingegen von vorneherein nicht so ausgeprägt wie bei den Monoestern (○Abb. 10.2).

Die S—O-Bindungen in den Estern werden am besten durch sogenannte **semipolare Einfachbindungen** beschrieben. Die in den *Lewis*-Formeln meistens gezeigten S=O-Doppelbindungen geben die tatsächliche Bindungssituation nur ungenau wieder. Wie moderne experimentelle Untersuchungen zur Elektronendichteverteilung im Einklang mit theoretischen Berechnungen zeigen, liegen keine wirklichen Doppelbindungen vor. Als Element der 3. Periode kann der Schwefel keine Doppelbindungen mehr ausbilden: Die Bindungsabstände zwischen den beteiligten Atomen sind zu groß und die Orbitale am Schwefel zu diffus, um

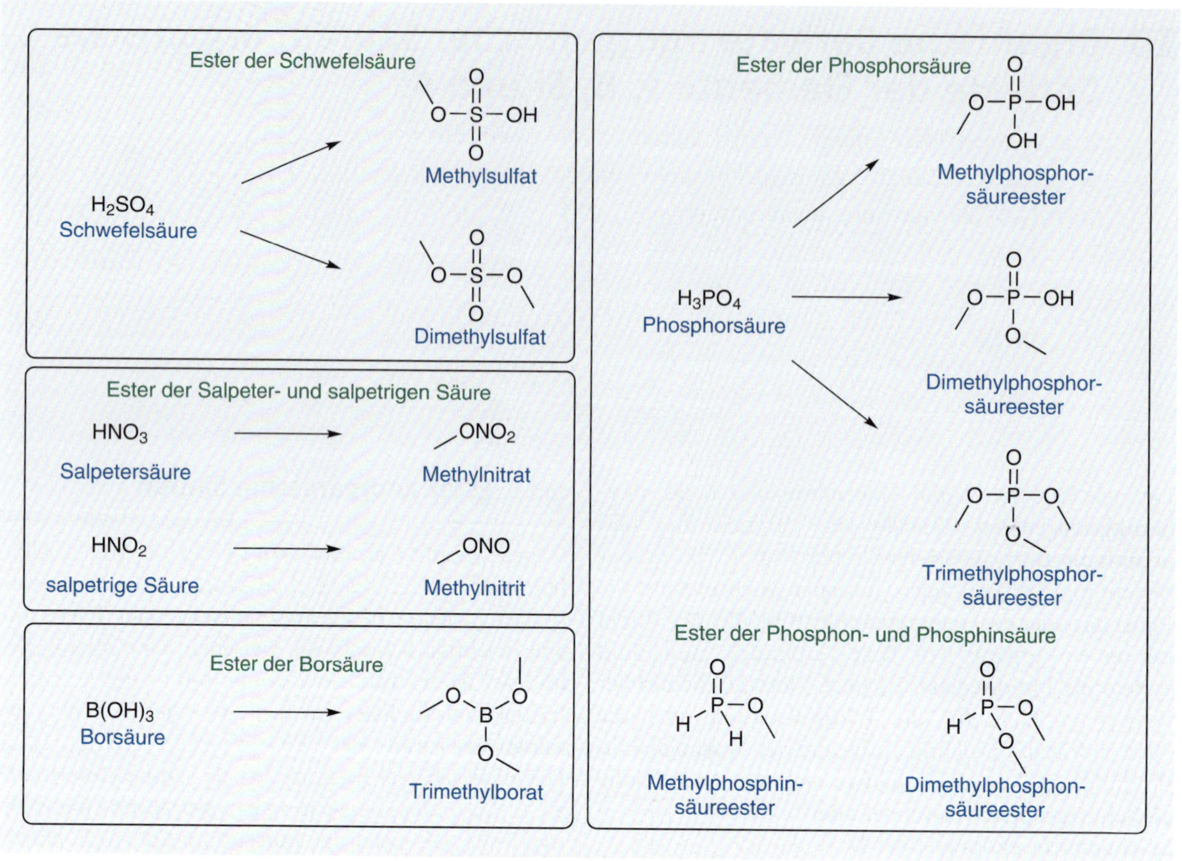


**Abb. 10.1** Methylester einiger anorganischer Säuren. Dargestellt sind die heutzutage immer noch gebräuchlichen mesomeren Grenzformeln, bei denen auch die Elemente höherer Perioden (P, S) unter Oktettaufweitung Doppelbindungen ausbilden. Wir wissen allerdings mittlerweile aus experimentellen Elektronendichtebestimmungen und quantenchemischen Berechnungen, dass die mesomeren Grenzformeln ohne Oktettaufweitung der Realität näher kommen.

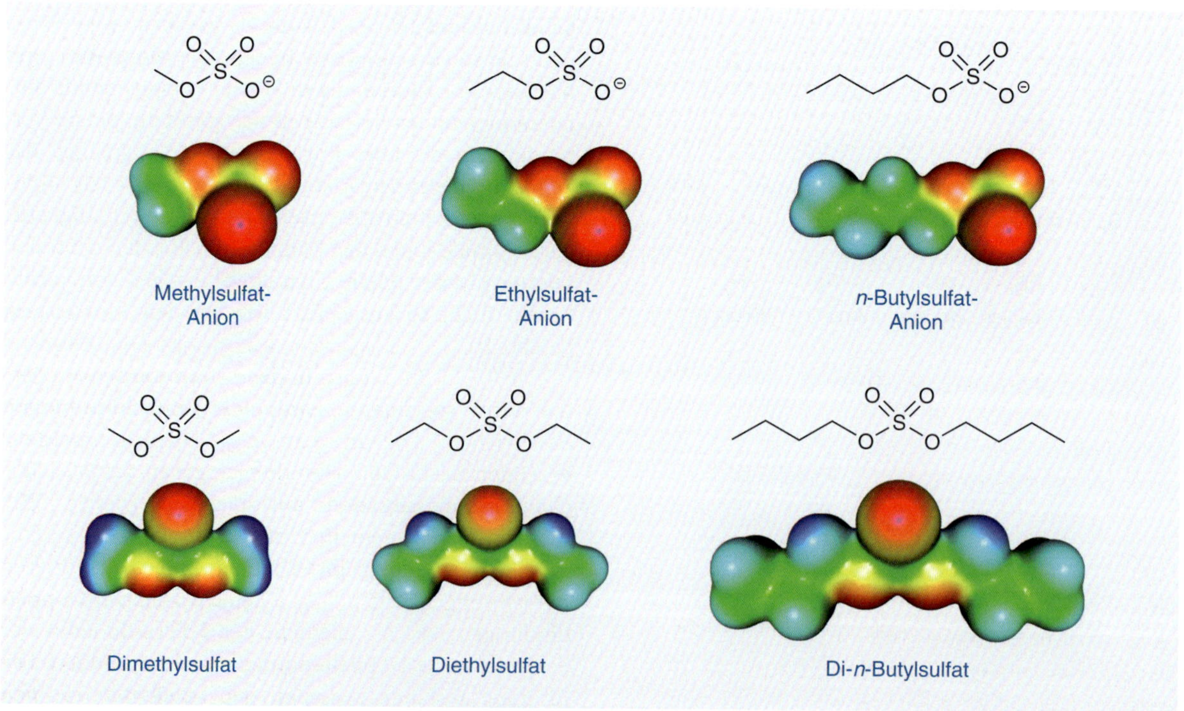


**Abb. 10.2** Homologe Reihe der Mono- und Dialkylester der Schwefelsäure. Anhand des elektrostatischen Oberflächenpotenzials ist der mit steigender Kettenlänge zunehmend unpolare Charakter deutlich zu erkennen.

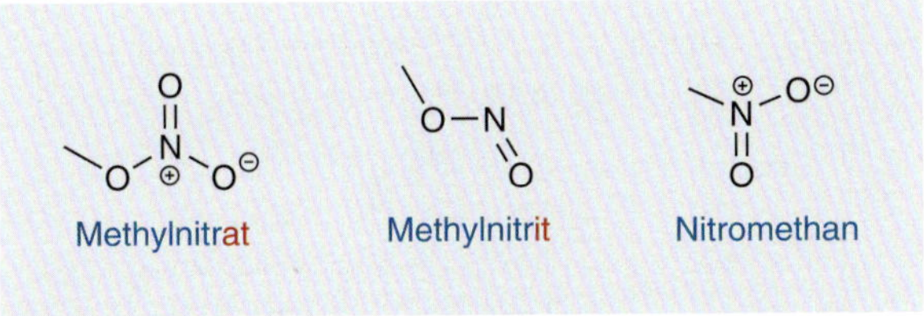


**Abb. 10.3** Methylnitrat und Methylnitrit als einfachste Vertreter von Estern der Salpeter- und der salpetrigen Säure. Im Gegensatz zu den Nitroverbindungen enthalten sie keine C—N-, sondern eine C—O—N-Gruppe.

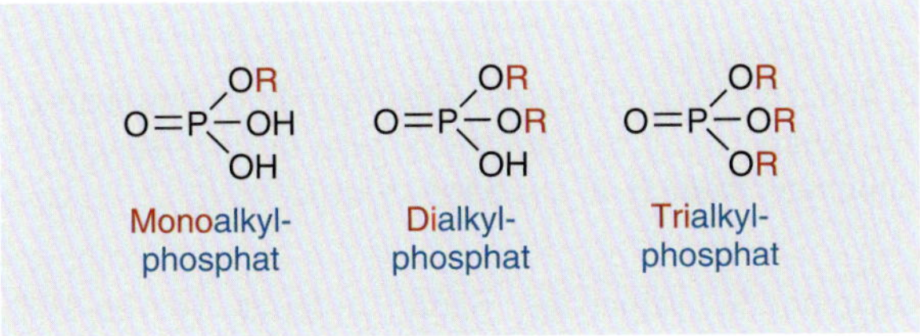


**Abb. 10.4** Allgemeine Strukturen von Alkylphosphorsäurederivaten (Phosphorsäureestern)

eine ausreichende seitliche Überlappung der p-Orbitale – wie sie für eine $\pi$-Bindung nötig wäre – zu gewährleisten. Stattdessen sollte die S—O-Bindung besser durch eine semipolare $S^+$—$O^-$-Einfachbindung beschrieben werden. Bei den beiden Schreibweisen handelt es sich um zwei Resonanzformeln, die beide die tatsächliche Elektronenverteilung nur annähernd wiedergeben. Der Realität näher kommt aber, wie erläutert, die rechte Resonanzformel mit der semipolaren $S^+$—$O^-$-Einfachbindung:

$$R_3S{=}O \longleftrightarrow R_3\overset{+}{S}{-}O^-$$

**Hinweis:** Im Folgenden werden in den meisten Fällen weiterhin die für viele Leser vertrauteren Resonanzformeln mit S=O-Bindungen benutzt. Entsprechendes gilt für andere formale X=O-Doppelbindungen (X = P, Se, As etc.).

**Salpetersäure**, $HNO_3$, sowie **salpetrige Säure**, $HNO_2$, sind einprotonige Säuren und können daher nur Monoester bilden. Die Strukturen und Eigenschaften dieser Ester werden durch die Nitrat- (—$ONO_2$) bzw. Nitritgruppe (—ONO) und den Alkylrest bestimmt. Sie sollten nicht mit Nitroverbindungen (—$NO_2$) verwechselt werden (Abb. 10.3).

Bei **Phosphorsäure** handelt es sich, wie bei Schwefelsäure, um eine mehrprotonige Säure. Es existieren daher Mono-, Di- und Triester (Abb. 10.4). Ähnlich wie bei der Schwefelsäure sind die Mono- und Diester Säuren und reagieren in Wasser unter Protolyse zu entsprechenden Phosphatanionen. Die Triester sind neutrale Verbindungen. Sie zeigen ein ähnliches Polaritätsverhalten wie die Schwefelsäureester, d. h., mit zunehmender Kettenlänge und steigendem Substitutionsgrad werden sie unpolarer. Phosphorsäureester spielen in der Biochemie

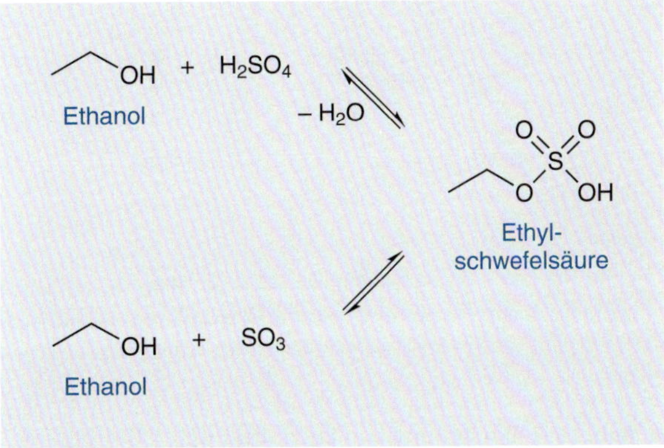


**Abb. 10.5** Die Darstellung von Ethylschwefelsäure. Wasserfreie Ethylschwefelsäure erhält man durch direkte Umsetzung von Ethanol mit Schwefeltrioxid.

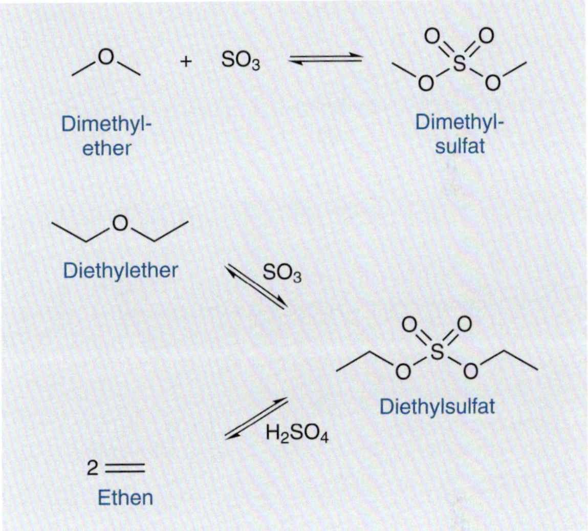


**Abb. 10.6** Darstellungsmöglichkeiten von Dimethylsulfat und Diethylsulfat

eine wichtige Rolle, z. B. beim Aufbau der Nucleinsäuren (DNA, RNA, ▸Kap. 38). Phosphorsäureester sind unter physiologischen Bedingungen sehr beständig gegen Hydrolyse, werden *in vivo* allerdings schnell enzymatisch durch sogenannte **Phosphatasen** gespalten.

### 10.1.2 Gewinnung und Synthese

Die sauren **Monoester der Schwefelsäure** können entweder durch Reaktion des jeweiligen Alkohols mit konzentrierter Schwefelsäure oder Schwefeltrioxid ($SO_3$) dargestellt werden (Abb. 10.5). **Dimethylsulfat** wird technisch aus Dimethylether und Schwefeltrioxid hergestellt (Abb. 10.6). **Diethylsulfat** ist durch das Einleiten von Ethen (im Überschuss) in kalte konzentrierte Schwefelsäure (auch ▸Kap. 6.1) zugänglich.

Die **Ester der Salpetersäure** sind durch Umsetzung der entsprechenden Alkohole mit konzentrierter Salpetersäure zugänglich (Abb. 10.7, oben). Da konzentrierte Salpetersäure aber auch ein starkes Oxidations-

10

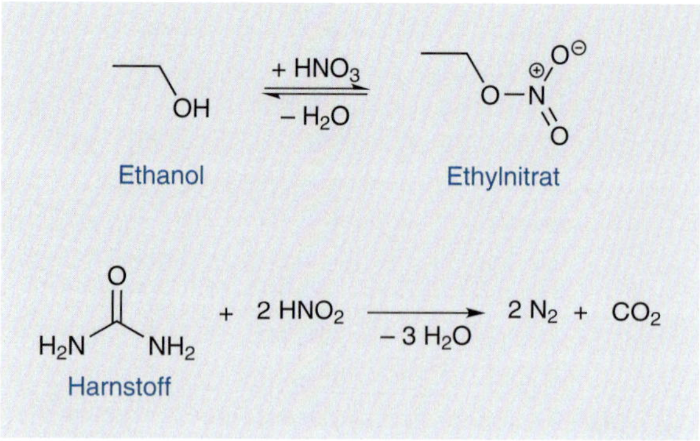


**o Abb. 10.7** Darstellung von Ethylnitrat durch Umsetzung von Ethanol mit Salpetersäure (oben). Durch die Zugabe von Harnstoff bei der Synthese von Alkylnitraten wird die durch Reduktion der Salpetersäure entstandene salpetrige Säure abgefangen (unten).

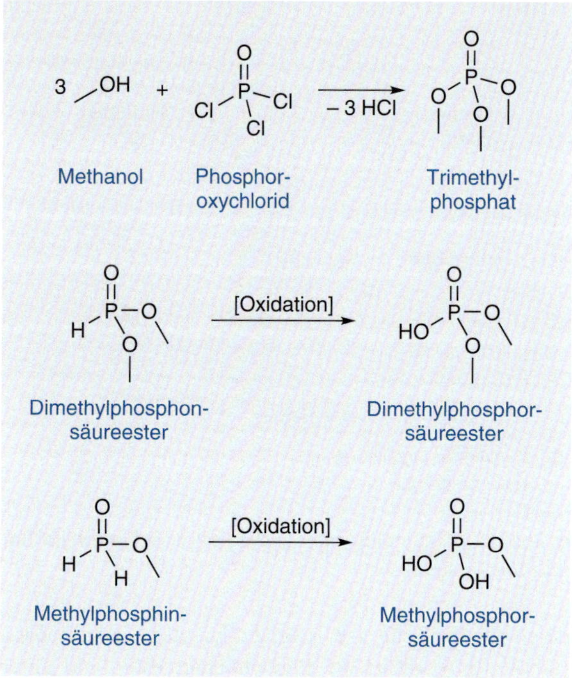


**o Abb. 10.9** Die Triester der Phosphorsäure sind durch Umsetzung von Phosphoroxychlorid mit dem entsprechenden Alkohol leicht zugänglich (oben). Die Darstellung von Dimethyl- und Methylphosphorsäureester gelingt durch Oxidation der entsprechenden Phosphon- bzw. Phosphinsäureester (Mitte und unten).

mittel ist, tritt als Nebenreaktion die Oxidation des Alkohols ein, wobei als Reduktionsprodukt salpetrige Säure entsteht. Die salpetrige Säure ist ebenfalls in der Lage, Alkohole zu oxidieren. Dabei wird sie selbst zu Stickstoffmonoxid reduziert, das wiederum durch Luftsauerstoff zu salpetriger Säure oxidiert werden kann. Sie wirkt somit als Katalysator für die Oxidation des Alkohols, sodass die Reaktion explosionsartig beschleunigt wird. Um diese **Autokatalysereaktion** zu vermeiden, setzt man der Reaktionsmischung Harnstoff zu, der die

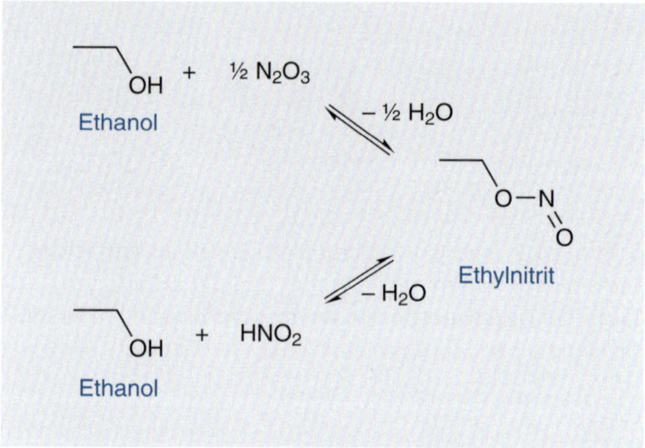


**o Abb. 10.8** Darstellung von Ethylnitrit durch Umsetzung von Ethanol mit Distickstofftrioxid oder *in situ* erzeugter salpetriger Säure (z. B. aus $NaNO_2$ + HCl)

entstehende salpetrige Säure abfängt (o Abb. 10.7, unten). Dabei findet zunächst eine Diazotierung des Harnstoffs statt; das diazotierte Produkt zerfällt zu Stickstoff und Kohlendioxid.

Die **Ester der salpetrigen Säure**, die selbst in freier Form nicht beständig ist, können durch Reaktion von Distickstofftrioxid, $N_2O_3$, mit dem entsprechenden Alkohol dargestellt werden. Auch eine direkte Umsetzung der Alkohole mit wässriger Natriumnitritlösung unter Zugabe einer äquimolaren Menge konzentrierter Salz- oder Schwefelsäure ist möglich (o Abb. 10.8).

Die neutralen **Phosphorsäuretriester** lassen sich aus Phosphoroxychlorid, $POCl_3$, und dem entsprechenden Alkohol darstellen (o Abb. 10.9). **Mono- und Diester** sind durch Umsetzung von Phosphorsäurederivaten und Alkoholen nur nach aufwändigen Reinigungsprozeduren zugänglich, da bei dieser Darstellungsmethode stets Mono-, Di- und Triester nebeneinander entstehen. Die Reindarstellung von Mono- und Dieestern der Phosphorsäure ist jedoch durch die Oxidation der entsprechenden Phosphin- bzw. Phosphonsäureester möglich (o Abb. 10.9).

### 10.1.3 Reaktionen und Anwendungen

Für die präparative organische Synthese sind die neutralen Diester der Schwefelsäure als **Alkylierungsmittel** von großer Bedeutung. **Dimethylsulfat**, $(H_3CO)_2SO_2$, dient im technischen Maßstab zur Methylierung z. B. von Hydroxy-, Mercapto-, Amino- oder Iminogruppen. Die Reaktion wird üblicherweise in Gegenwart einer Base (meist NaOH oder KOH) durchgeführt. Gewöhnlich wird nur eine Methylgruppe des Dimethlysulfats übertragen, da das entstehende Monomethylsulfat als Anion für einen weiteren Angriff durch ein Nucleophil zu wenig reaktiv ist (o Abb. 10.10). Da Dimethylsulfat als **carcinogen** eingestuft ist, wird es zumindest im Labor als Methylierungsmittel zunehmend durch das weniger gesundheitsschädliche Dimethylcarbonat ersetzt.

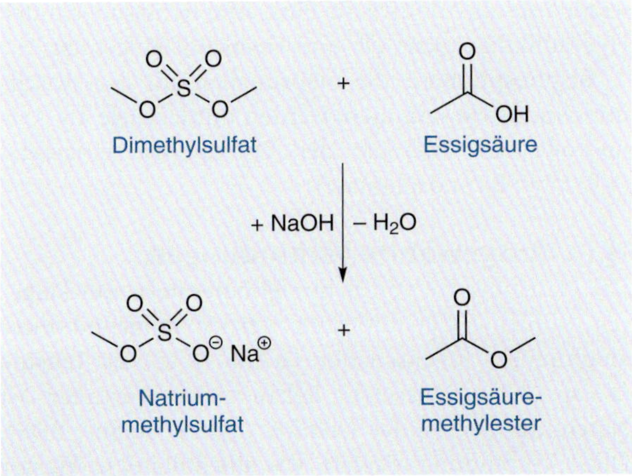


**Abb. 10.10** Methylierung von Essigsäure durch Dimethylsulfat

**Alkylnitrite**, z. B. Isoamylnitrit, zerfallen in Gegenwart von Säurespuren in die entsprechenden Alkohole und $NO^+$. Sie dienen daher in der präparativen Chemie bei Reaktionen in organischen Lösungmitteln, z. B. bei Diazotierungen, anstelle anorganischer Nitritsalze wie $NaNO_2$ als Quelle für salpetrige Säure. In der Medizin wurde Isoamylnitrit ähnlich wie Glyceroltrinitrat zur Vasodilatation, z. B. bei *Angina-pectoris*-Anfällen, eingesetzt (▸Kap. 10.1.4). Missbräuchlich werden Alkylnitrite als Rauschmittel („Poppers") benutzt.

Die Übertragung von Phosphatgruppen auf Proteine, die **Phosphorylierung**, spielt in der Natur eine wichtige Rolle. Kovalent an Proteine gebundenes Phosphat wirkt als molekularer Schalter und ermöglicht die Regulation von Stoffwechselvorgängen. Übertragen werden die Phosphatgruppen von **Proteinkinasen**, wieder abge-

## Exkurs: Bisphosphonate

Als hydrolysestabile Pyrophosphat-Analoga gehören Bisphosphonate einer Gruppe von Arzneistoffen an, die seit den 1980er Jahren für diagnostische (z. B. DPD, HEDP) und therapeutische Zwecke bei Knochen- und Calciumstoffwechselkrankheiten eingesetzt werden. Ursprünglich stammt die Substanzklasse aus der Waschmittelindustrie. Bisphosphonate wurden aufgrund ihrer Calciumbindenden Eigenschaften den Waschmitteln als Wasserenthärter zugesetzt. Einige Verbindungen dieses Typs sind in Deutschland u. a. zur Therapie der postmenopausalen **Osteoporose** bei Frauen, zur Reduzierung des Risikos von Wirbel- und Hüftfrakturen und zur Behandlung der Tumor-assoziierten Hypercalcämie zugelassen (Abb. 10.11). Darüber hinaus finden sie Einsatz bei der Behandlung von Knochenmetastasen.

**Bisphosphonate** üben zwei Effekte auf den Knochen aus. Zum einen hemmen sie die Mineralisation der Knochensubstanz durch Wechselwirkungen mit dem normalen Calcium-Einbau. Andererseits – und das ist die medizinisch erwünschte Wirkung – hemmen sie den Knochenabbau (Knochenresorption) durch Verminderung der Osteoklasten-Aktivität, d. h. der Aktivität der Knochen abbauenden Zellen. Bisphosphonate können aufgrund ihrer Hydrophilie Biomembranen nur schlecht überwinden und sind bei oraler Verabreichung daher sehr schlecht bioverfügbar. Die Osteoklasten nehmen jedoch im Rahmen des Knochenabbaus das an der Oberfläche des Knochens haftende Bisphosphonat mit auf. Insbesondere die neueren, basisch substituierten Derivate reichern sich im sauren Milieu der sogenannten Resorptionslakune (Ausbuchtungen in der Knochenmatrix, die durch Abbau der Knochen entstehen) an und besitzen daher ein besseres Verhältnis von Resorptions- zu Mineralisationshemmung. Die Wirkungsmechanismen der Bisphosphonate als Hemmstoffe des Knochenabbaus auf molekularer Ebene sind nur teilweise bekannt. Die Wirkung beruht jedoch nicht, wie ursprünglich vermutet, auf dem Ersatz von Diphosphat im Knochen durch das hydrolysestabilere Bisphosphonat. Bisphosphonate sind also keine Stoffe, die den Knochen aufbauen. Ihr Einbau und die Speicherung im Knochen mit einer Halbwertszeit von mehreren Jahren ist vielmehr als Nachteil anzusehen.

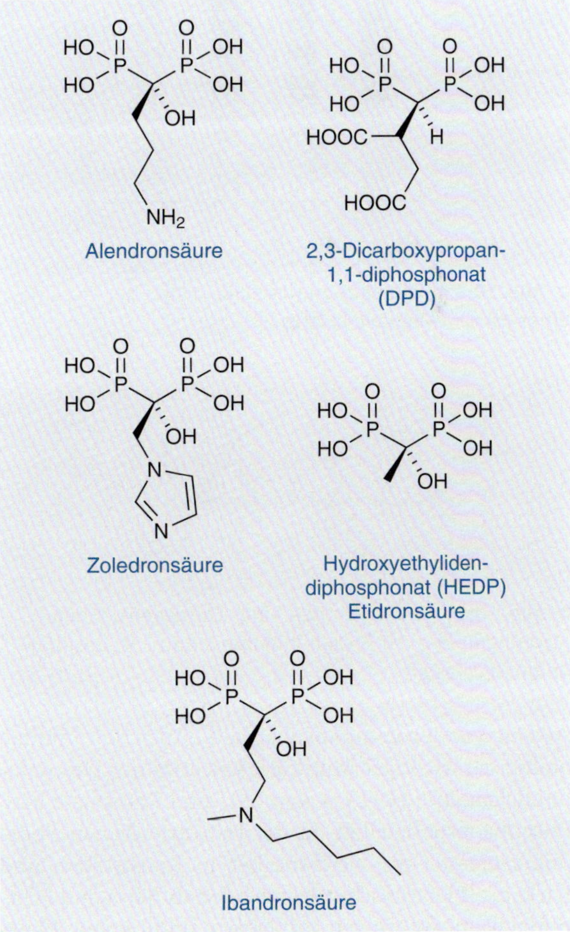


**Abb. 10.11** Auswahl in Deutschland als Medikament zugelassener Bisphosphonate

10

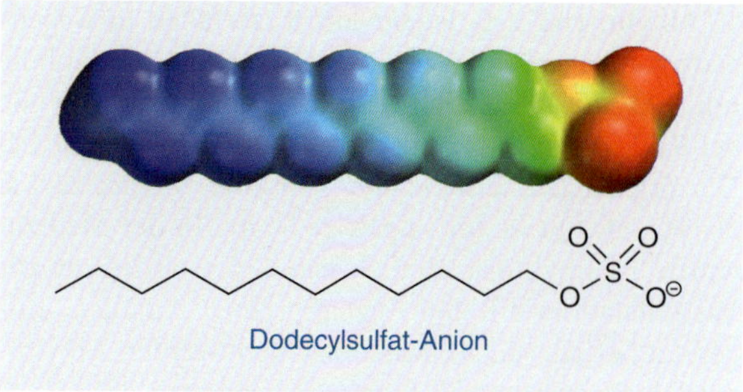


**Abb. 10.12** Elektrostatisches Oberflächenpotenzial des amphiphilen Natriumdodecylsulfats. Die negativ geladene, polare Sulfat-Kopfgruppe (rot) und der unpolare Alkylrest (blau) sind deutlich zu erkennen.

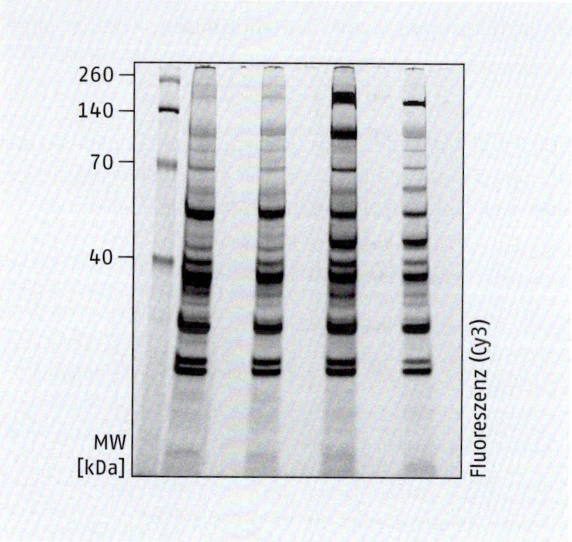


**Abb. 10.13** Gelelektrophorese (SDS-PAGE) der Proteine eines *Escherichia-coli*-Lysates

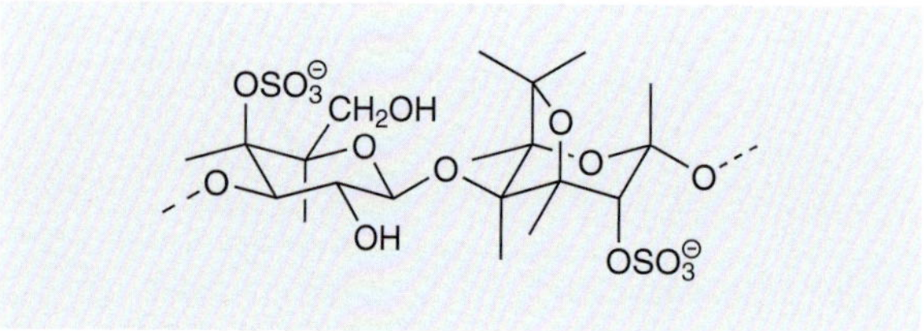

**Abb. 10.14** Struktureinheit eines Carrageens. Einige Alkoholgruppen der Zuckereinheiten sind zu Monosulfat-Anionen verestert.

spalten von **Proteinphosphatasen**. Auch am Aufbau biologisch wichtiger Moleküle, wie etwa der Desoxyribonucleinsäure (DNA, ▸Kap. 38), sind Phosphate bzw. Phosphatreste beteiligt. In der Industrie dienen Phosphorsäureester als Weichmacher in Kunststoffen und Lacken, als Flammschutzmittel oder als Beiz- und Haftmittel beim Aufbringen von Farben und Lacken. Phosphorsäureester werden als reinigende, korrosionshemmende und haftvermittelnde Substanzen auch zur Metalloberflächenbehandlung verwendet. Weiterhin werden sie als Additive für Putz- und Reinigungsmittel, Hydraulikflüssigkeit, Öl- und Treibstoffe eingesetzt.

**Bisphosphonate**, die ursprünglich aus der Waschmittelindustrie stammen, werden mittlerwiele als Arzneistoffe zur Therapie der Osteoporose eingesetzt (▸Exkurs: Bisphosphonate).

### 10.1.4 Ausgewählte Verbindungen

Die Natriumsalze von Schwefelsäureestern mit längeren Kohlenwasserstoffresten werden aufgrund ihrer amphiphilen Eigenschaften (Abb. 10.12) als **Tenside** (▸Kap. 13.2) eingesetzt. Bekanntester Vertreter ist **Natriumdodecylsulfat** (*sodium dodecyl sulfate*, SDS). Diese Verbindung reagiert, wie alle Sulfate, in Wasser neutral und bildet – anders als normale Carboxylatanionen langkettiger Fettsäuren (Seifen, ▸Kap. 13.2) – mit Calcium- und Magnesium-Ionen keine schwerlöslichen Salze. Natriumdodecylsulfat ist deshalb in Feinwaschmitteln enthalten. Es wird auch zur Reinigung empfindlicher Laborgeräte verwendet, z. B. für Glaselektroden, die zu lange in fett- oder proteinhaltige Lösungen getaucht waren. Weiterhin findet sich Natriumdodecylsulfat als Emulgator in Salben und Lotionen sowie als Schäumungsmittel in Zahnpasten. Bei einer besonderen Variante der **Polyacrylamid-Gelelektrophorese** zur Analyse von Proteinen wird Natriumdodecylsulfat als Zusatz verwendet, um die Eigenladung der Proteine zu überdecken (**SDS-PAGE**, *sodium dodecyl sulfate polyacrylamide gel electrophoresis*; Abb. 10.13). Durch die Wechselwirkung der negativ geladenen Dodecylanionen mit polaren Gruppen der Proteine erhalten die Proteine eine konstante negative Ladungsverteilung unabhängig von der tatsächliche Oberflächenladung des Proteins. Werden die Proteine zusätzlich durch Hitzeeinwirkung oder durch den Zusatz von Harnstoff bzw. Guanidiniumchlorid denaturiert, bewirken die negativen Ladungen der Dodecylanionen durch ihre gegenseitige Abstoßung eine fast lineare Anordnung der Proteine. Durch die geeignete Wahl des Elektrophorese-Gels können die Proteine dann nach ihrer Kettenlänge – proportional zu ihrer Molekülmasse – aufgetrennt werden. Ohne SDS-Zusatz ist die Wanderungsgeschwindigkeit der Proteine im elektrischen Feld auch von ihrem Ladungszustand und ihrer Struktur abhängig, was eine Auftrennung nach dem Kriterium der Molekülmasse erschwert.

Schwefelsäureester finden auch in der **Lebensmittelindustrie** Verwendung. Carrageene, pflanzliche Polysaccharide, die hauptsächlich aus Galactose- und 3,6-Anhydrogalactoseresten bestehen (▸Kap. 17), enthalten Sulfat- oder Carboxylatreste (Abb. 10.14). Man nutzt sie in der Lebensmitteltechnologie als Gelbildner.

Die Veresterung von Hydroxygruppen mit Schwefelsäure ist eines der Prinzipien, mit denen Fremdstoffe im Organismus in wasserlösliche und damit besser ausscheidbare Derivate überführt werden (Phase-II-Meta-

### Exkurs: Biotransformation – Metabolisierung von Xenobiotika

Unter dem Begriff **„Biotransformation"** versteht man Stoffwechselvorgänge von Lebewesen, bei denen nicht ausscheidbare, meist toxische Stoffe, in wasserlösliche – und damit ausscheidbare – Derivate umgewandelt werden. Die häufig schlecht wasserlöslichen, nicht ausscheidbaren Stoffe können sehr unterschiedlichen Ursprungs sein. Es kann sich einerseits um physiologische Stoffwechselprodukte des Körpers handeln, z. B. Gallenfarbstoffe oder Steroidhormone (▸Kap. 27), andererseits um natürliche Fremdstoffe, die mit der Nahrung aufgenommen werden, oder auch um Arznei- oder Giftstoffe. Die Biotransformation dieser Fremdstoffe (**Xenobiotika**) ist notwendig, um ihre Akkumulation (Anreicherung) im Körper zu verhindern. Den Hauptbeitrag zur **Entgiftung** solcher Substanzen leistet die Leber.

Die Biotransformation wird in zwei Phasen unterteilt (○Abb. 10.15). In **Phase I** werden die unpolaren Moleküle z. B. durch Oxidationsreaktionen (Hydroxylierungen) funktionalisiert oder bestehende funktionelle Gruppen in polarere Gruppen umgewandelt (z. B. Esterhydrolyse). In **Phase II** werden die so funktionalisierten Verbindungen mit wasserlöslichen Molekülen (z. B. Glucuronsäure, Glycin oder Schwefelsäure) konjugiert. Die nun wasserlöslichen Konjugate können dann über die Nieren oder – im Fall großer Moleküle – über die Galle ausgeschieden werden.

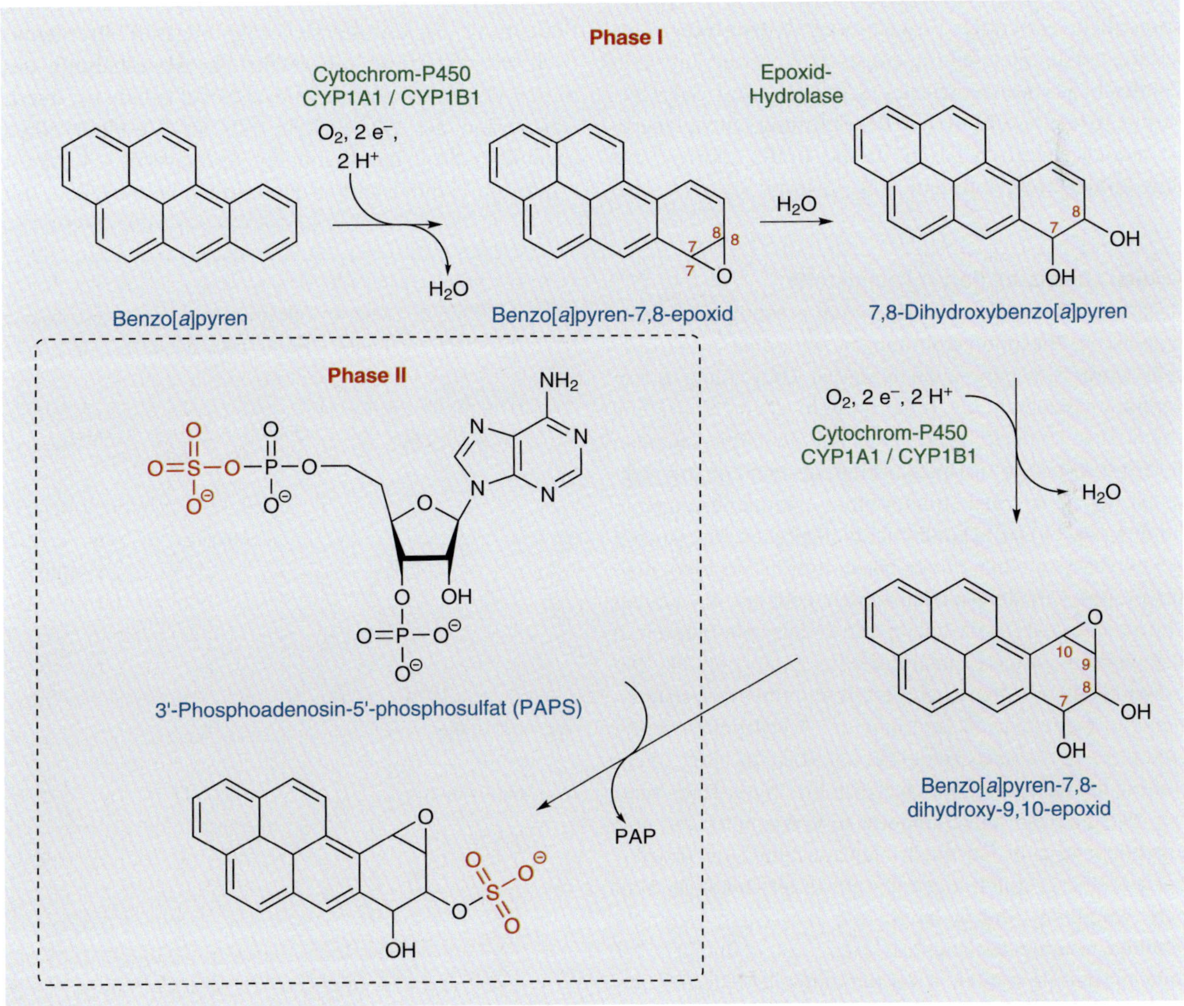


○ **Abb. 10.15** Schema der Biotransformation am Beispiel von Benzo[*a*]pyren. Benzo[*a*]pyren ist eine seit Langem bekannte und sehr gut untersuchte, krebserregende Substanz. Der in Phase I entstehende Metabolit Benzo[*a*]7,8-dihydroxy-9,10-epoxid stellt das eigentliche Carcinogen dar, da seine Epoxidgruppe mit der DNA reagiert und deren Struktur verändert; dadurch können Zellteilungen verhindert oder Mutationen begünstigt werden. Die Reaktion mit der DNA wird durch die Ausscheidung des Carcinogens aus dem Körper verhindert. Hierfür wird das Epoxid in Phase II mit PAPS sulfatiert; es kann dann über den Harn oder den Gallensaft ausgeschieden werden.

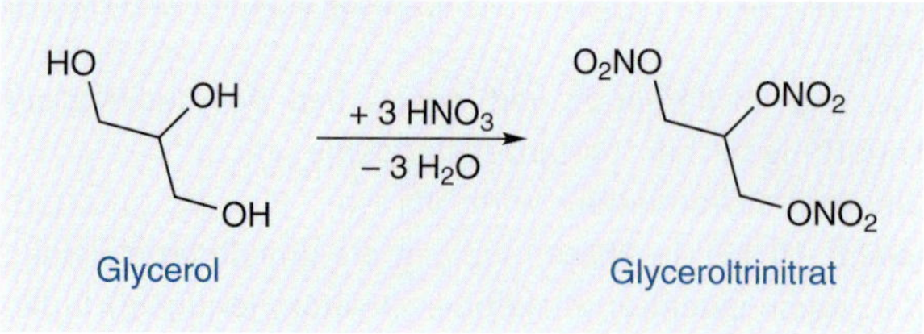


**Abb. 10.16** Veresterung von Glycerol mit Salpetersäure. Die relativ einfach wirkende Synthese birgt enorme Gefahren in sich!

bolismus, ▸Exkurs: Biotransformation – Metabolisierung von Xenobiotika).

Der bekannteste Vertreter der Salpetersäureester ist das **Glyceroltrinitrat**, das von dem italienischen Chemiker *Sobrero* erstmalig synthetisiert wurde. Die umgangssprachlich verwendete Bezeichnung „**Nitroglycerin**" ist auf die bei der Herstellung eingesetzte Nitriersäure (ein Gemisch aus konzentrierter Schwefel- und Salpetersäure) zurückzuführen. Die Bezeichnung Nitroglycerin ist jedoch chemisch falsch, da das Präfix „Nitro-" auf eine kohlenstoffgebundene $NO_2$-Gruppe hinweist, also auf eine Verbindung des Typs $R—NO_2$. Im Glyceroltrinitrat sind jedoch die Alkylreste über die Sauerstoffatome an die Stickstoffatome gebunden ($RONO_2$); es handelt sich demnach um Ester der Salpetersäure (Abb. 10.16). Glyceroltrinitrat ist eine farblose, giftige, ölige Flüssigkeit, die in kleinen Mengen gefahrlos abbrennt, aber bei Schlag oder Stoß bzw. bei rascher Überhitzung heftig explodiert. Zur technischen Gewinnung lässt man wasserfreies Glycerol unter starker Kühlung in ein Gemisch aus konzentrierter Salpetersäure und Schwefelsäure einfließen. Die Temperatur darf dabei 30 °C nicht überschreiten. Das entstehende Glyceroltrinitrat schwimmt als farbloses Öl an der Oberfläche des Reaktionsgemischs und wird durch Waschen mit Wasser und Natriumcarbonatlösung gereinigt.

Aufgrund der preiswerten Ausgangschemikalien erlangte Glyceroltrinitrat im 19. Jahrhundert sehr große Bedeutung als kommerzieller Sprengstoff. Problematisch war allerdings die gefährliche Handhabung des reinen Glyceroltrinitrats. *Alfred Nobel* gelang es, durch Absorption des Glyceroltrinitrats an Kieselgur einen gegenüber Stoß handhabbaren Sprengstoff – bekannt unter den Handelsnamen **Dynamit** – herzustellen, der

### Exkurs: Chemische Nervenkampfstoffe

Nachdem man in den 1930er Jahren erkannt hatte, dass **organische Phosphorverbindungen** wirksame Insektizide sein können, begann eine intensive Erforschung dieser Verbindungsklassen, die in der unrühmlichen Entwicklung chemischer Kampfstoffe gipfelte. Der deutsche Chemiker *G. Schrader* stellte als erster einen Zusammenhang zwischen der chemischen Struktur einer Organophosphorverbindung (Abb. 10.17) und ihrer biologischen Wirksamkeit am Nervensystem her. Zu den bekanntesten Vertretern dieser Gruppe von Nervenkampfstoffen gehören die beiden Phosphonsäurederivate **Soman** und **Sarin** sowie **Tabun** und der vielfach giftigere, neurotoxische Kampfstoff **VX**. Die Giftwirkung beim Menschen beruht auf einer irreversiblen Hemmung des aktiven Zentrums der Acetylcholinesterase (▸Kap. 36.1). Dadurch kommt es zunächst zu einer Überflutung der Rezeptoren mit Acetylcholin. In der Folge führen die ständigen Nervenimpulse zu Verkrampfungen und anschließend zum Tod durch Atemstillstand. Die Toxizität der einzelnen Verbindungen ist sehr unterschiedlich. Mildere Symptome sind verlangsamter Herzschlag, verengte Pupillen, erhöhter Speichelfluss, Atemnot und Übelkeit. Zur Antagonisierung werden in der Notfallmedizin Atropin und Obidoximchlorid verabreicht.

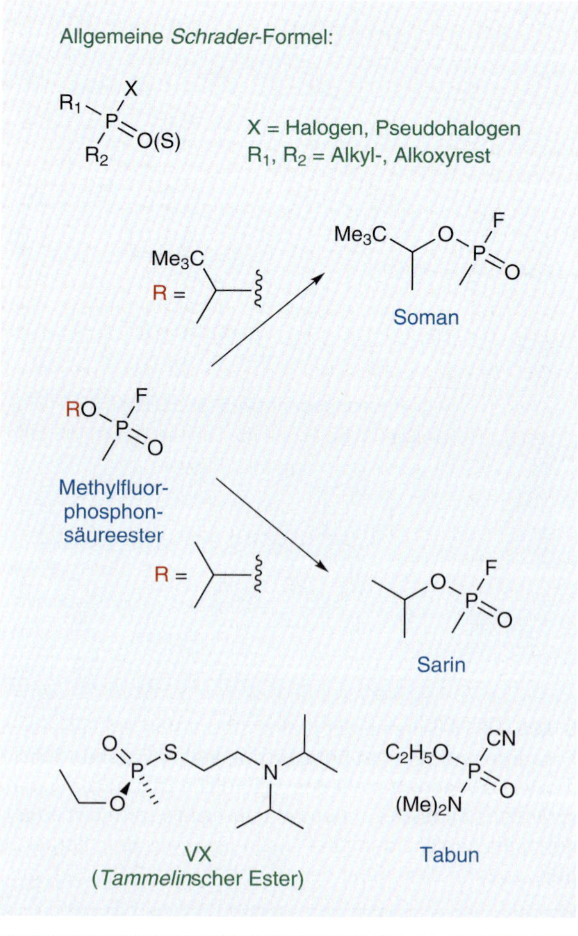


**Abb. 10.17** Die chemischen Kampfstoffe Soman und Sarin sind Methylfluorphosphonsäureester. Sie unterscheiden sich in der Art ihres Alkoxyrestes. Tabun ist ein Cyanophosphonsäureester und -amid, VX ein Thiophosphonsäureester.

nur durch eine Initialzündung zur Detonation gebracht werden konnte. Heutzutage findet Dynamit als Sprengstoff immer weniger Anwendung und wird durch Ammoniumnitrat-basierte Sprengstoffe ersetzt. Glyceroltrinitrat findet aber auch Anwendung in der Medizin als **NO-Donor**. NO-Donatoren sind Arzneistoffe, die in einer nichtenzymatischen oder auch enzymatischen Reaktion das gefäßerweiternde Stickstoffmonoxid (NO) freisetzen. Solche Nitromedikamente werden als Kapseln oder Aerosol („Nitrospray“) zur Prophylaxe des Herzinfarkts und bei *Angina pectoris* angewendet (▸Kap. 6.2.4).

Ester der Phosphorsäure, Thiophosphorsäure und Dithiophosphorsäure werden als Insektizide verwendet; einige Derivate der Phosphonsäure wie Soman und Sarin finden unrühmlichen Einsatz als chemische Kampfstoffe (▸Exkurs: Chemische Nervenkampfstoffe).

Als **Ester der Borsäure** spielt der Borsäuretrimethylester zum analytischen Nachweis der Borsäure und des Methanols eine Rolle. Der leichtflüchtige Ester entsteht beim Erwärmen von Borsäure und Methanol in Gegenwart von Schwefelsäure (o Abb. 10.18) und verbrennt mit grüner Flamme. Bei der **Hydroborierungsreaktion**, der Addition von Boran, $BH_3$, an C=C-Doppelbindungen, treten Borsäureester als isolierbare Zwischenprodukte auf (▸Kap. 10.5.3). Durch anschließende Oxidation mit Wasserstoffperoxid und alkalische Hydrolyse werden die entsprechenden Alkohole und Borsäure erhalten (▸Kap. 10.5).

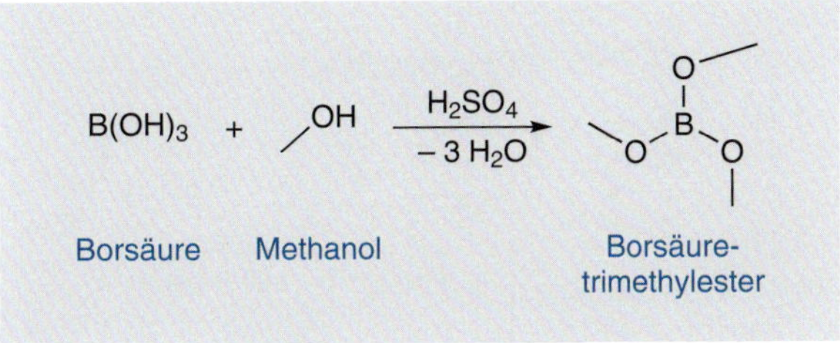


o **Abb. 10.18** Darstellung von Trimethylborsäureester zum analytischen Nachweis von Borsäure

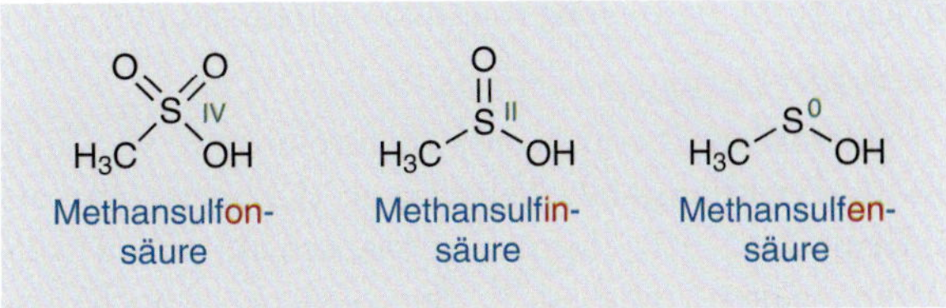


o **Abb. 10.19** Oxidationsstufen des Schwefelatoms in Sulfon-, Sulfin- und Sulfensäuren

## 10.2 Sulfon-, Sulfin- und Sulfensäuren

### 10.2.1 Struktur und Eigenschaften

Bei den Sulfon-, Sulfin- und Sulfensäuren ist ein organischer Rest direkt an ein Schwefelatom gebunden. Die Struktur sowie die Eigenschaften der Sulfon-, Sulfin- und Sulfensäuren werden durch die Oxidationsstufe des Schwefelatoms (+IV, +II, ±0) bestimmt (o Abb. 10.19).

Die homologe Reihe der **Alkansulfonsäuren**, $C_nH_{2n+1}SO_3H$, leitet sich von den Alkanen ab, indem ein Wasserstoffatom durch eine Sulfonsäuregruppe, $-SO_3H$, ersetzt wird. Es handelt sich um stark hygroskopische Substanzen, deren Acidität an die der Mineralsäuren heranreicht. Trifluormethansulfonsäure ($pK_S \approx -15$) ist sogar stärker sauer als Perchlorsäure, $HClO_4$ ($pKs \approx -10$), und wird daher zur Gruppe der Supersäuren gezählt.

**Sulfinsäuren** sind chemische Verbindungen der allgemeinen Struktur R—S(=O)—OH. Sie leiten sich von der instabilen Sulfinsäure, H—S(=O)—OH, ab, einem Tautomer der Sulfoxylsäure, HO—S—OH. Sulfinsäuren sind im Allgemeinen instabil und können nur in Ausnahmefällen in Substanz isoliert werden, da sie leicht zu Sulfonsäuren oxidieren. Ihre Derivate, z. B. die entsprechenden Ester, sind jedoch stabil. Die Säurekonstanten der Sulfinsäuren entsprechen ungefähr denen der schwefligen Säure ($pK_S \approx 2$). Der Schwefel in den Sulfinsäuren ist ein Chiralitätszentrum (▸Kap. 3), aber wie bei den Carbonsäuren (▸Kap. 13) sind die beiden Sauerstoffatome infolge eines schnellen Protonenaustausches nicht unterscheidbar. Die beiden Enantiomere wandeln sich schnell ineinander um und können daher nicht in Substanz isoliert werden. Dies gilt jedoch nicht für die Ester der Sulfinsäure. Benzensulfinsäureester lassen sich z. B. enantiomerenrein isolieren (o Abb. 10.20).

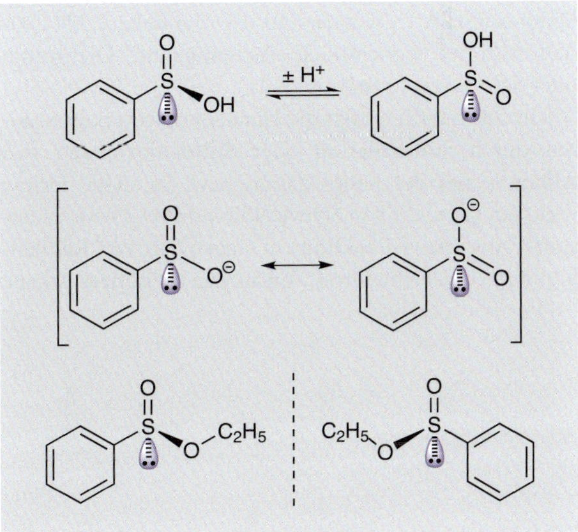

o **Abb. 10.20** Bei der Benzensulfinsäure (oben) lassen sich aufgrund von Tautomerie die Enantiomere (das Schwefelatom ist ein Chiralitätszentrum) nicht isolieren. Im Säureanion (Mitte) liegt hingegen aufgrund von Mesomerie kein Chiralitätszentrum am Schwefelatom mehr vor. Erst die Ester der Benzensulfinsäure (unten) lassen sich enantiomerenrein isolieren.

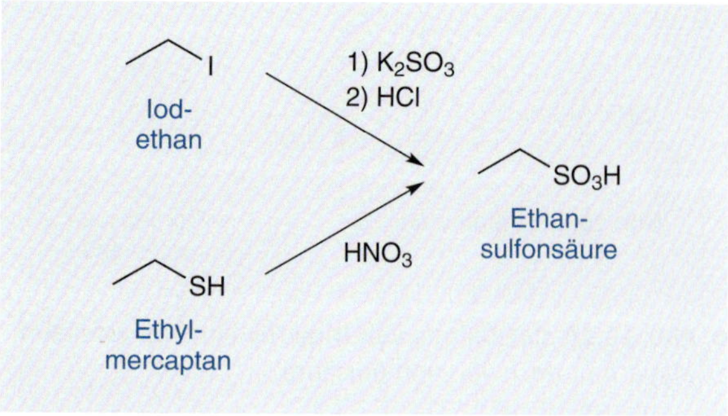


**Abb. 10.21** Darstellung von Sulfonsäuren im Labor

**Sulfensäuren** besitzen die Struktureinheit R—S—OH. Es sind sehr instabile Substanzen, die meist nur als Intermediate, z. B. beim enzymatischen Abbau von Alliin, einem Inhaltsstoff verschiedener Laucharten (▸Kap. 10.2.4), auftreten. Sulfensäurederivate, z. B. Sulfensäurehalogenide (RSX), Thiocyanate (RSCN), Sulfensäureamide ($RSNR'_2$) und Sulfensäureester (RSOR'), lassen sich dagegen gut darstellen. Viele dieser Sulfensäurederivate finden Verwendung zur Herstellung anderer Schwefelverbindungen, u. a. zur Herstellung unsymmetrischer Disulfide, Thioether oder Thiosulfonsäureester.

## 10.2.2 Gewinnung und Synthese

### Sulfonsäuren

Im Gegensatz zu den aromatischen Sulfonsäuren (▸Kap. 19.3) sind die aliphatischen Sulfonsäuren nicht durch direkte Sulfonierung von Alkanen mit Schwefelsäure darstellbar. Sie lassen sich durch eine nucleophile Substitution aus Alkyliodiden mit Sulfit oder durch Oxidation von Thiolen (▸Kap. 6.3) darstellen. Als Oxidationsmittel eignen sich Permanganat, Dichromat oder Salpetersäure (Abb. 10.21).

Großtechnisch erfolgt die Darstellung von Sulfonsäuren durch **Sulfoxidation** oder **Sulfochlorierung von Alkanen**. Bei der Sulfoxidation bzw. Sulfochlorierung wirkt ein Gemisch von Schwefeldioxid ($SO_2$) bzw. Sauerstoff/Chlor (***Reed*-Reaktion**) in Gegenwart von Radikalbildnern (UV-Licht, Ozon, Persäuren) auf höhere Alkane

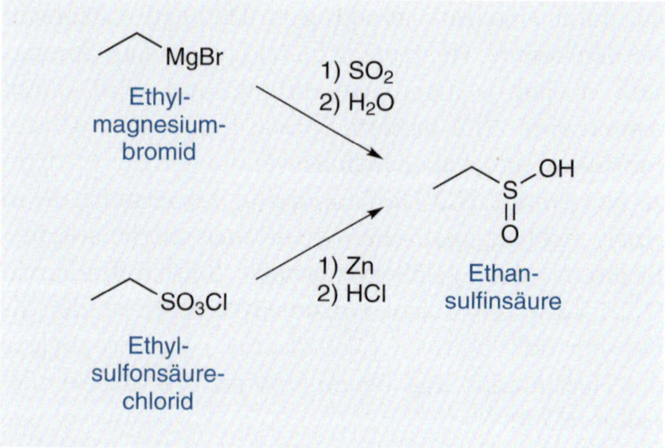


**Abb. 10.23** Darstellungsmöglichkeiten von Alkylsulfinsäuren

ein. Je nach Art der Reaktionsführung wird ein Gemisch verschiedener Alkansulfonsäuren bzw. -chloride erhalten (Abb. 10.22). Die auf diese Weise hergestellten Gemische werden technisch als Tenside eingesetzt.

### Sulfinsäuren

Aliphatische Sulfinsäuren können durch Umsetzung von metallorganischen Verbindungen (▸Kap. 11) mit Schwefeldioxid und anschließende wässrige Aufarbeitung dargestellt werden. Neben *Grignard*-Verbindungen können auch Lithiumorganyle als C-Nucleophile verwendet werden. Durch eine Reduktion von Sulfonsäurechloriden mit Zinkstaub sind Sulfinsäuren ebenfalls zugänglich (Abb. 10.23). Eine photochemische Darstellung von Sulfinsäuren durch Umsetzungen von Alkanen mit Schwefeldioxid unter UV-Bestrahlung ist ebenfalls möglich, es wird jedoch ein statistisch verteiltes Produktgemisch von primären und sekundären Sulfinsäuren erhalten.

### Sulfensäuren

Aliphatische Sulfensäuren sind instabile Verbindungen, die sich nur selten in Substanz isolieren lassen. Einige ihrer Derivate lassen sich aber synthetisieren, die Säurechloride (Abb. 10.24) sollten jedoch am besten *in situ* erzeugt und sofort weiter umgesetzt werden.

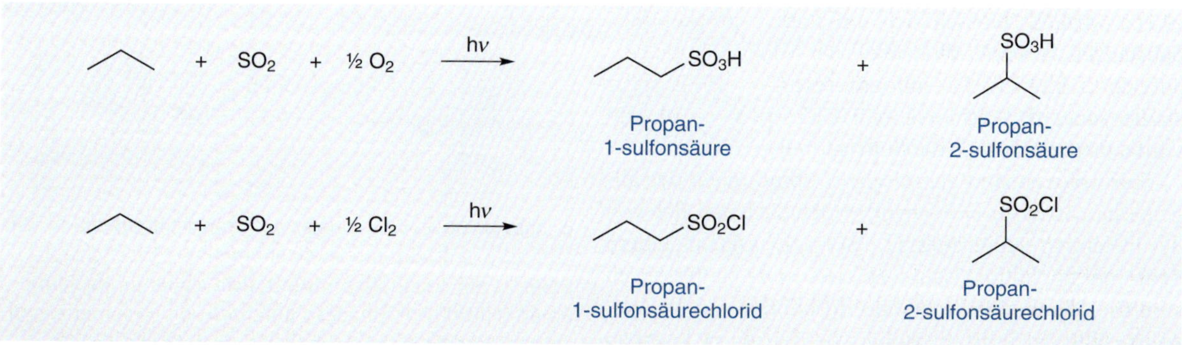


**Abb. 10.22** Industrielle Synthese von Sulfonsäuren und Sulfonsäurechloriden durch Sulfoxidation (oben) bzw. Sulfochlorierung (unten).

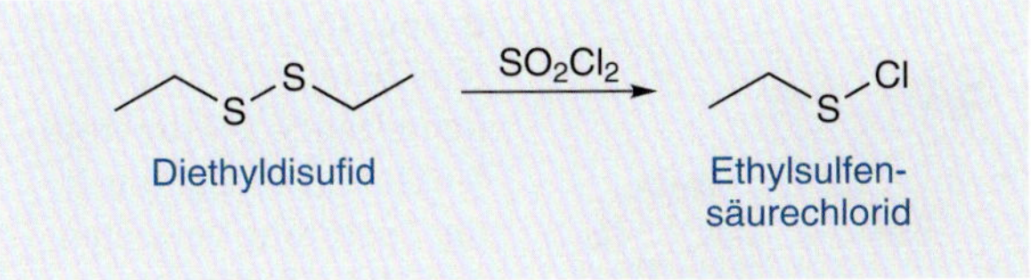


**o Abb. 10.24** Sulfensäurechloride lassen sich durch Oxidation der entsprechenden Disulfide darstellen. Als Oxidationsmittel können Sulfurylchlorid ($SO_2Cl_2$) oder Chlor verwendet werden.

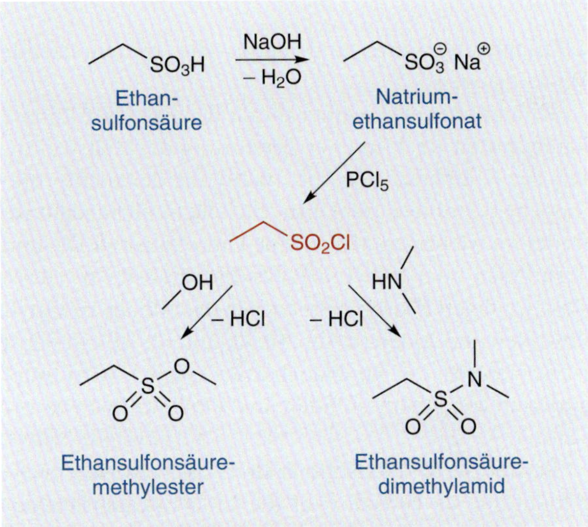


**o Abb. 10.25** Derivatisierungsmöglichkeiten aliphatischer Sulfonsäuren, ausgehend von Sulfonsäurechlorid

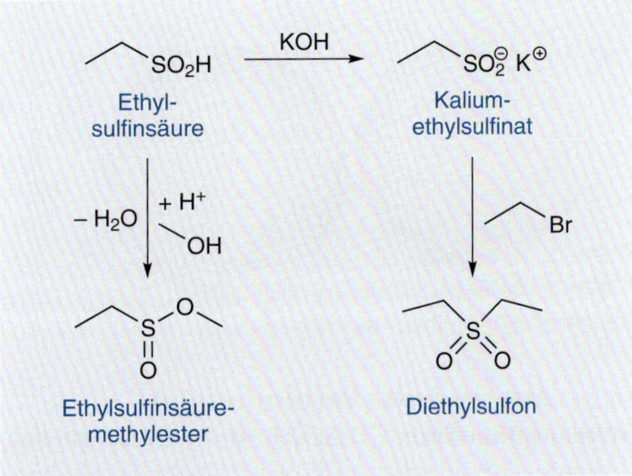


**o Abb. 10.26** Reaktionen der Sulfinsäure. Das Sulfinatanion ist ein gutes S-Nucleophil, aus dem sich Sulfone darstellen lassen.

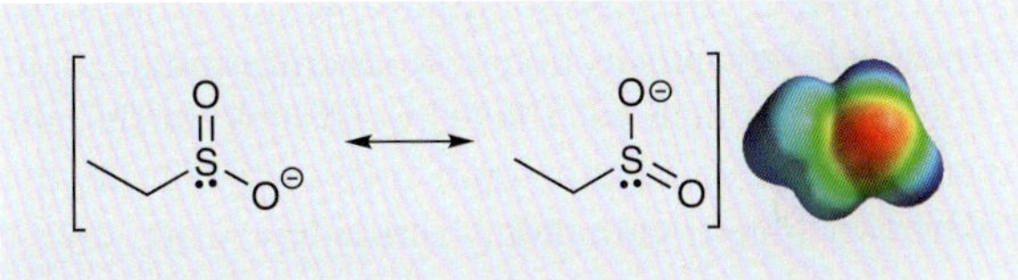

**o Abb. 10.27** Bei den Sulfinaten ist das Schwefelatom (im Oberflächenpotenzial rot gefärbt) das nucleophile Zentrum und nicht, wie bei den Carbonsäureanionen, die Sauerstoffatome, obwohl diese die formale negative Ladung tragen.

### 10.2.3 Reaktionen und Anwendungen

Die Darstellung von Sulfonsäurederivaten erfolgt am besten ausgehend von der „aktivierten" Sulfonsäure, dem **Sulfonsäurechlorid**, das durch Umsetzung des entsprechenden Sulfonatanions mit Phosphorpentachlorid zugänglich ist. Das Sulfonsäurechlorid kann nun mit Alkohol zum Sulfonsäureester oder mit dem entsprechenden Amin zum Sulfonsäureamid umgesetzt werden (**o** Abb. 10.25).

**Sulfinsäuren** reagieren, wie die Carbonsäuren, mit Alkoholen in einer Gleichgewichtsreaktion zu den entsprechenden Estern, R—S(=O)OR'. Mit Metallhydroxiden erfolgt eine Säure-Base-Reaktion zu den **Sulfinaten** (**o** Abb. 10.26). Das Sulfinatanion kann als Nucelophil eingesetzt werden, um Sulfone darzustellen. Denn nicht die Sauerstoffatome, sondern das Schwefelatom stellt das nucleophile Zentrum der Sulfinate dar (**o** Abb. 10.27).

#### Derivate der Sulfensäure

Über **Sulfenylchloride** können durch Alkoholyse oder Aminolyse die entsprechenden Sulfensäureester bzw. Sulfensäureamide hergestellt werden. Durch eine Addition von Sulfenylchloriden an Alkene lassen sich $\beta$-Chlorthioether synthetisieren (**o** Abb. 10.28).

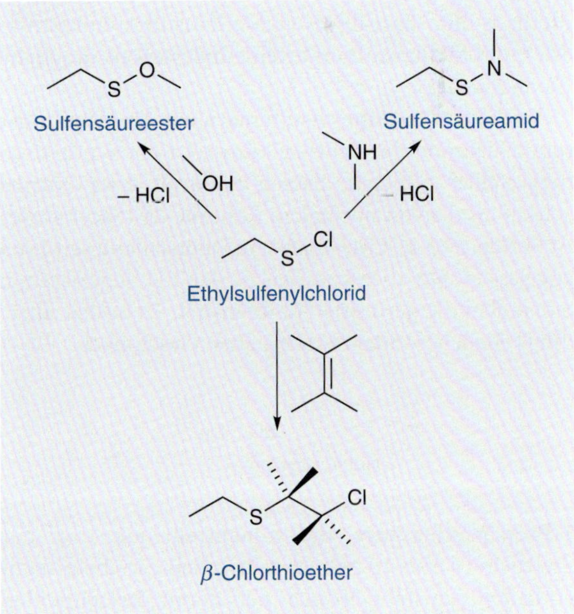


**o Abb. 10.28** Möglichkeiten der Synthese von Sulfensäureestern bzw. Sulfensäureamiden, ausgehend von Ethylsulfensäurechlorid. Die Umsetzung mit Alkoholen führt zu Sulfensäureestern, mit Aminen werden Sulfensäureamide erhalten, die Addition an Doppelbindungen liefert $\beta$-Chlorthioether.

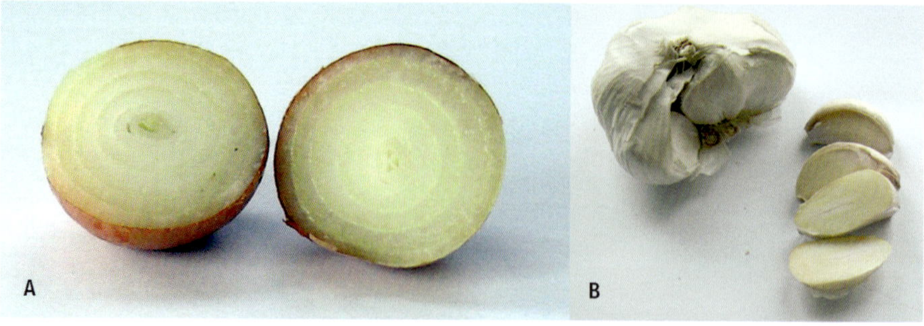


**Abb. 10.29** Aufgeschnittene Zwiebel (A); die tränenreizende 1-Propensulfensäure wird erst durch die Zerstörung der Zellen gebildet. Auch bei der Knoblauchzwiebel (B) findet eine ähnliche Reaktion statt (Abb. 10.30).

### 10.2.4 Ausgewählte Verbindungen

**Methansulfonsäure**, $CH_3SO_3H$, ist die einfachste Sulfonsäure. Die organischen Salze und Ester der Methansulfonsäure werden als Methansulfonate oder **Mesylate** bezeichnet. Methansulfonsäure ist mit einem $pK_S$-Wert von −1,9 eine starke Säure. Sie ist mit Wasser in jedem Verhältnis mischbar und kann selbst als Lösemittel dienen. Methansulfonsäure wirkt, anders als Schwefelsäure, auch in hohen Konzentrationen nicht oxidierend. Ähnlich wie die Schwefelsäure ist sie sehr hygroskopisch und kann somit organische Stoffe, die Hydroxygruppen enthalten, verkohlen. Auf dieser Eigenschaft beruht die leicht gelbbraune Färbung der Methansulfonsäure, die gelegentlich beobachtet werden kann. Die **Mesylgruppe** ist eine sehr gute Abgangsgruppe, die durch Nucleophile leicht unter Substitution verdrängt werden kann. Alkylmesylate sind daher **gute Alkylierungsmittel**. Da sie *in vivo* auch die DNA alkylieren, gelten Mesylverbindungen, wie z. B. Methansulfonsäureallylester, Methansulfonsäureethylester und Methansulfonsäuremethylester, als mögliche Cancerogene.

**Cyclamat** (**Cyclohexylsulfamat**), ein Amidosulfonat (ein Säureamid der Schwefelsäure), ist ein synthetisch hergestellter Süßstoff, dessen Süßkraft etwa 35-mal stärker als die von normalem Rohrzucker (Saccharose) ist (▸ Kap. 19.3.3). Cyclamat ist in Deutschland seit 1963 zugelassen, hat aber von den in der EU zugelassenen Süßstoffen die geringste Süßintensität. Es besitzt allerdings einen besonders zuckernahen Geschmack.

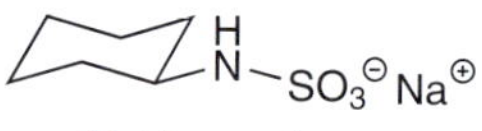


Natriumcyclamat

**1-Propensulfensäure**, der tränentreibende Stoff der Zwiebeln (Abb. 10.29), ist in frischen Zwiebeln nicht enthalten, entsteht jedoch bei deren Zerschneiden durch enzymatischen Abbau von (+)-(*S*)-Propenyl-L-cystein-*S*-oxid mithilfe des Enzyms Alliinase (Abb. 10.30, oben). Das Enzym und sein Substrat befinden sich in der unversehrten Zwiebel in verschiedenen Zelltypen. Erst nach der Zerstörung der Zellen beim Zerschneiden, setzt die Bildungsreaktion der 1-Propensulfensäure und damit die tränenreizende Wirkung ein.

**Allicin** entsteht in einer durch das Enzym Alliinase katalysierten Reaktion bei Zerstörung der Zellstrukturen des Knoblauchs (Abb. 10.29) aus der nichtproteinogenen Aminosäure **Alliin**. Da Allicin nicht stabil ist, findet im wässrigen Milieu eine Umsetzung zu Di- und Trisulfiden oder höheren Polysulfiden ($R_2S_n$, n = 1–6) statt. In öligen Phasen zersetzt sich das Allicin zu Vinyldithiinen und Ajoen (Abb. 10.30, unten). Allicin selbst ist geruchslos, der knoblauchartige Geruch wird unter anderem von Dialkylsulfiden und Vinyldithiinen verursacht.

Perfluorierte Alkylsulfonsäuren besitzen eine große Bedeutung als Tenside, auf die im ▸ Exkurs: Perfluorierte Sulfonsäuren näher eingegangen wird.

## 10.3 Nitroalkane

### 10.3.1 Struktur und Eigenschaften

Nitroverbindungen leiten sich von Alkanen ab, indem formal ein H-Atom durch die **Nitrogruppe**, $-NO_2$, ersetzt wird. Der einfachste Vertreter dieser Stoffklasse ist somit das Nitromethan. Nitroalkane (auch **Nitroparaffine** genannt) sind Konstitutionsisomere der Alkylester der salpetrigen Säure, also der Alkylnitrite (▸ Kap. 10.1.3). Allerdings weisen beide Verbindungsklassen sehr unterschiedliche physikalische und chemische Eigenschaften auf. So unterscheiden sich z. B. die Siedepunkte von Nitromethan und Methylnitrit um etwa 113 °C. Und während die Nitroalkane beispielsweise bei der Reduktion in primäre Amine übergehen, entstehen aus den Alkylnitriten mit naszierendem Wasserstoff der betreffende Alkohol und Ammoniak (Abb. 10.31).

In der **Nitrogruppe** bilden die p-Orbitale der beiden $sp^2$-hybridisierten Sauerstoffatome mit dem p-Orbital des ebenfalls $sp^2$-hybridisierten Stickstoffatoms delokalisierte Molekülorbitale, die sich über alle drei Atomkerne erstrecken. Die vier $\pi$-Elektronen (zwei von der N=O-Doppelbindung und zwei vom anderen Sauerstoffatom) sind in diesen Molekülorbitalen daher ebenfalls über die gesamte Nitrogruppe verteilt und bilden

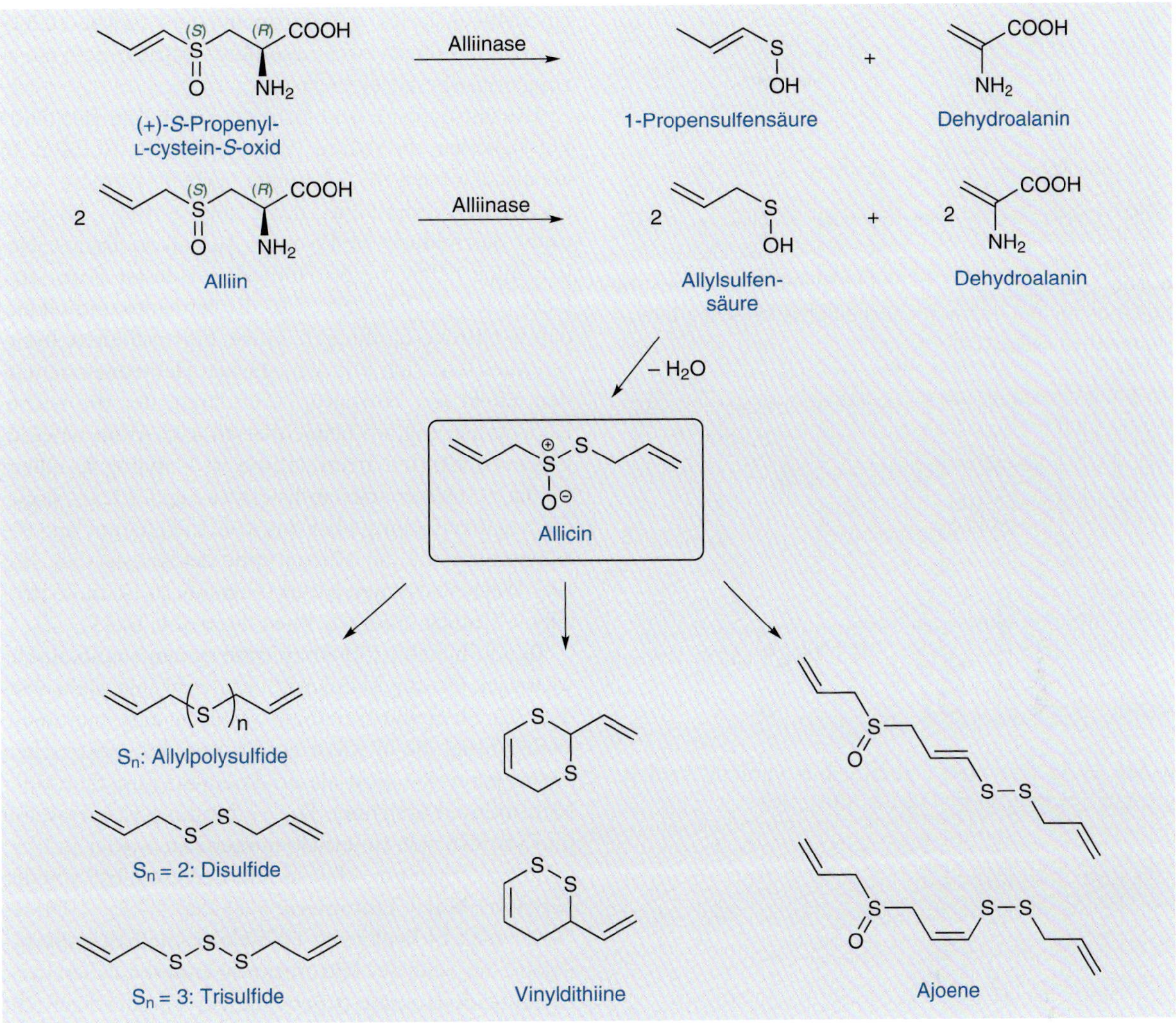


**Abb. 10.30** Durch Zerstörung der Zwiebelzellen wird (+)-*S*-Propenyl-L-cystein-*S*-oxid durch das Enzym Alliinase zu 1-Propensulfensäure abgebaut, die den Reizstoff der Zwiebel darstellt. Knoblauchzellen enthalten Alliin, das durch das gleiche Enzym zu Allylsulfensäure gespalten wird, die sofort zu Allicin kondensiert.

## Exkurs: Perfluorierte Sulfonsäuren

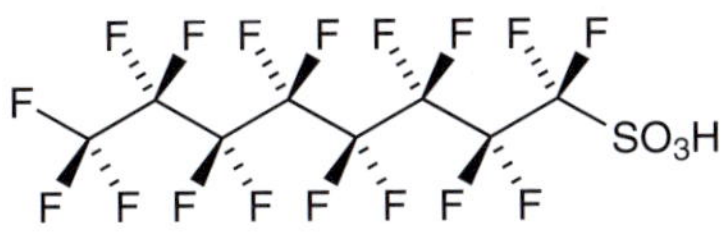


Unter den Alkylsulfonsäuren hatten insbesondere die **perfluorierten Derivate** eine große Bedeutung als Tenside (**perfluorierte Tenside, PFT**), da sie zum einen eine hohe thermische und chemische Stabilität und zum anderen einen **amphiphilen Charakter** aufweisen; die Kohlenstoffkette der Verbindung ist hydrophob, während die Kopfgruppe hydrophile Eigenschaften besitzt. Im Gegensatz zu den üblichen Tensiden ist die perfluorierte Kohlenstoffkette zudem lipophob. Sie weist also neben Wasser auch Öl, Fette und andere unpolare Verbindungen sowie Schmutzpartikel ab. Aufgrund dieser Eigenschaften waren perfluorierte Sulfonsäuren, insbesondere die Perfluoroctansäure (PFOS), für verschiedene Industriezweige von Interesse: für die Textilindustrie zur Herstellung atmungsaktiver Gewebe (Outdoor-Bekleidung u. a.) oder für die Papierindustrie zur Produktion schmutz-, fett- und wasserabweisender Papiere. Leider sind perfluorierte Tenside für Mensch und Tier gesundheitsschädlich und stehen im Verdacht, Krebserkrankungen zu verursachen. Im Körper reichern sich perfluorierte Tenside im Blut und im Organgewebe an und werden nur langsam ausgeschieden. Erste Nachweise im Blut von Chemiearbeitern wurden in den 1960er Jahren erbracht. Erst im Jahr 2001 wurden entsprechend empfindliche Messmethoden veröffentlicht, die auch den Nachweis von PFT-Belastungen in der Allgemeinbevölkerung ermöglichten. Im Jahr 2006 wurde PFT in Niedersachsen auch in der Muttermilch in erhöhten Konzentrationen nachgewiesen. 2006 wurden PFOS und ihre Derivate von der EU verboten.

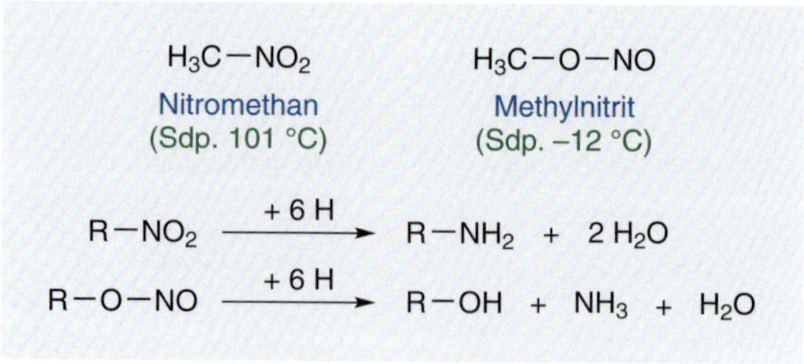


**Abb. 10.31** Nitromethan und Methylnitrit sind Konstitutionsisomere mit unterschiedlichen physikalischen und chemischen Eigenschaften.

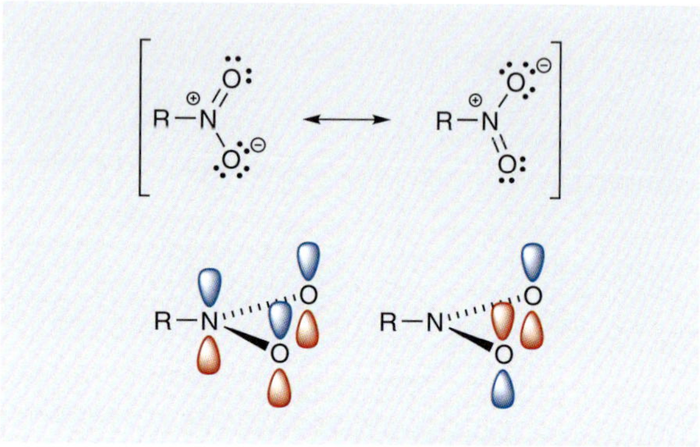

**Abb. 10.32** Mesomere Grenzstrukturen und die beiden besetzten $\pi$-Molekülorbitale der Nitrogruppe

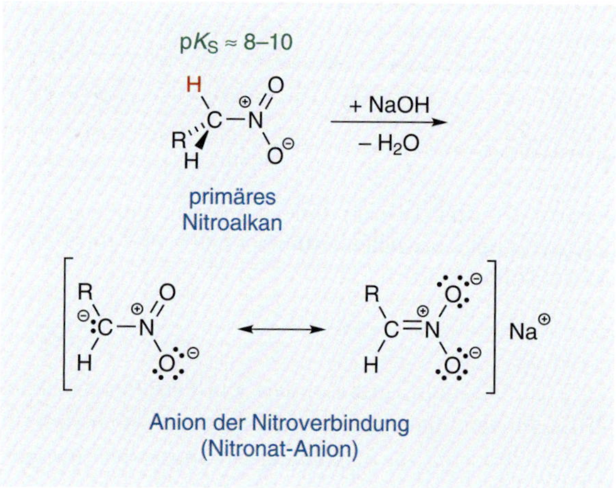


**Abb. 10.33** Nitroalkane sind aufgrund der Resonanzstabilisierung des Nitronatanions mit einem p$K_S$-Wert von ca. 8–10 am $\alpha$-CH ähnlich sauer wie Phenole.

**Tab. 10.1** p$K_S$-Werte von Nitroalkanen

| Verbindung | p$K_S$-Wert |
|---|---|
| Nitromethan | 10,2 |
| Nitroethan | 8,6 |
| 1-Nitropropan | 9 |
| 2-Nitropropan | 7,74 |

ein delokalisiertes $\pi$-Elektronensystem (Abb. 10.32), das sich nur durch zwei mesomere Grenzformeln näherungsweise beschreiben lässt.

Die Nitroalkane sind farblose, angenehm riechende Flüssigkeiten, die sich in Wasser nur schlecht lösen. In alkalisch-wässrigen Lösungen gehen primäre und sekundäre Nitroalkane, nicht aber tertiäre, langsam unter Salzbildung in Lösung. Aus alkoholischer Natronlauge fallen die Natriumsalze in fester Form aus. Daraus lässt sich folgern, dass die primären und sekundären Nitroverbindungen **saure Eigenschaften** besitzen; dies lässt sich mit dem starken **elektronenziehenden Effekt** der Nitrogruppe erklären, der die leichte Deprotonierung am benachbarten $\alpha$-C-Atom bewirkt. Das entstehende **Nitronatanion** ist – analog zu einem Enolat – mesomeriestabilisiert (▸Kap. 12.1.3), wobei die negative Ladung über das Kohlenstoffatom und die Sauerstoffatome der Nitrogruppe delokalisiert ist. Mit p$K_S$-Werten zwischen 8 und 10 (Tab. 10.1) sind Nitroalkane ähnlich sauer wie Phenole (Abb. 10.33).

Beim Phenylnitromethan isoliert man aus alkalisch-wässriger Lösung beim Ansäuern zunächst nicht wieder das Phenylnitromethan, sondern eine tautomere Verbindung, die in wässriger Lösung den elektrischen Strom leitet. Sie wird als *aci*-Phenylnitromethan oder Nitronsäure bezeichnet. Die Verbindung ist metastabil und wandelt sich innerhalb kurzer Zeit wieder in Phenylnitromethan um. Man spricht in diesem Fall von der **Nitro-*aci*-Nitro-Tautomerie** (▸Kap. 3.2.3). Dieses Gleichgewicht liegt beim Phenylnitromethan vollständig auf der Seite der Nitroform. In anderen Fällen existieren beide Isomere nebeneinander im Gleichgewicht (Abb. 10.34). Beispielsweise liegt *p*-Nitrophenylnitromethan in wässrigem Methanol zu 0,79 % und in Pyridin zu 16 % in der *aci*-Nitro-Form vor.

## Polynitroalkane

Neben den Mononitroalkanen mit nur einer Nitrogruppe sind auch Polynitroalkane mit mehreren Nitrogruppen bekannt, zu denen beispielsweise **Trinitromethan** (Nitroform), $HC(NO_2)_3$, und **Tetranitromethan**, $C(NO_2)_4$, gehören. Auch die Polynitromethane existieren in zwei tautomeren Formen, einer Nitro- und einer *aci*-Nitroform (Abb. 10.35). Der saure Charakter der aciden H-Atome am $\alpha$-C-Atom steigt mit zunehmender Anzahl an Nitrogruppen, da sowohl der auf das $\alpha$-C-Atom wirkende elektronenziehende Effekt als auch die Mesomeriestabilisierung des gebildeten Anions zunimmt. Der p$K_S$-Wert des aciden H-Atoms sinkt demzufolge von 10,2 bei Nitromethan über 3,57 bei Dinitromethan auf 0,17 bei Trinitromethan. Trinitromethan liegt daher in wässriger Lösung nahezu vollständig dissoziiert als Trinitromethid-Anion vor. Da das intensiv gelb gefärbte Anion des Trinitromethans 14 $\pi$-Elektronen besitzt und pla-

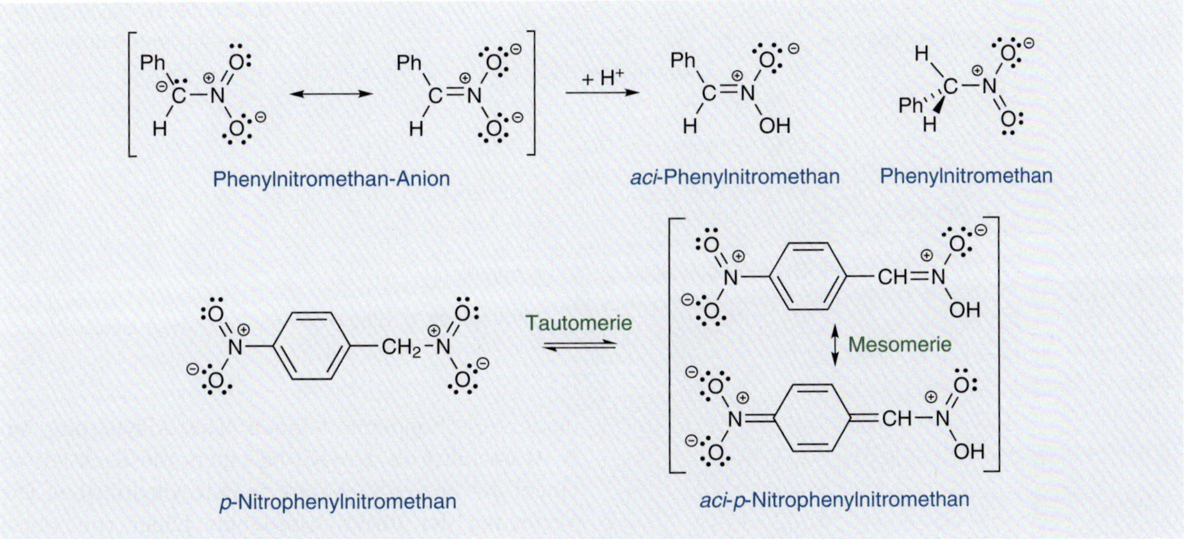


**Abb. 10.34** Nitro-*aci*-Nitro-Tautomerie am Beispiel von *aci*-Phenylnitromethan und *aci*-*p*-Nitrophenylnitromethan.

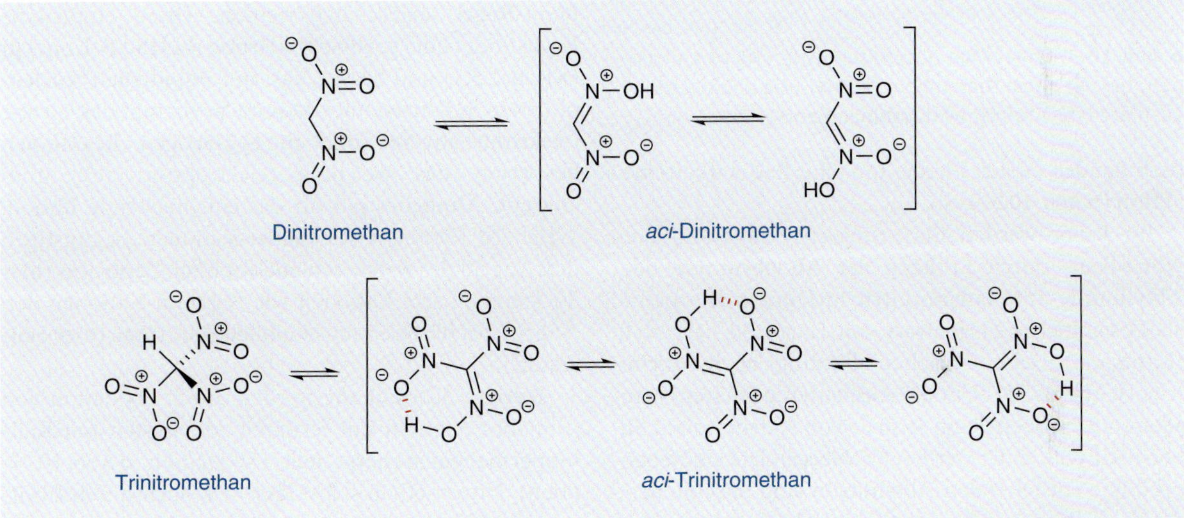


**Abb. 10.35** Tautomere Formen von *aci*-Di- und -Trinitromethan

nar ist, weist es einen gewissen **aromatischen Charakter** auf (im Einklang mit der *Hückel*-Regel für cyclische Verbindungen).

**MERKE** Di- und Trinitromethan sind instabile, zum explosiven Zerfall neigende Verbindungen. Da Dinitromethan bei der Reaktion von Aceton mit konzentrierter Salpetersäure entstehen kann, dürfen Glasgeräte niemals direkt hintereinander mit diesen Substanzen gesäubert werden!

Die Salze der Polynitromethane sind mäßig stabile bis stabile Verbindungen. Tetranitromethan ist eine gelbliche, extrem stark brandfördernde Flüssigkeit. Für sich alleine ist die Substanz nur mäßig explosiv, mit Kohlenwasserstoffen bildet sie jedoch hochbrisante Gemische. Tetranitromethan kann, vor allem unter basischen Reaktionsbedingungen, auch zur Nitrierung verwendet werden.

### 10.3.2 Gewinnung und Synthese

Die **direkte Nitrierung** von Alkanen durch Salpetersäure ist nur in der Gasphase bei Temperaturen von 400–500 °C bei kurzen Reaktionszeiten erfolgreich durchführbar (*Hass* 1936). Bei der Nitrierung höherer Alkane wie Propan entsteht allerdings ein Gemisch verschiedener Nitroverbindungen. Die Gesamtausbeute beträgt 35–45 %, mit der in Abb. 10.36 angegebenen Zusammensetzung. Mithilfe einer solchen Gasphasennitrierung lassen sich die niederen Nitroalkane technisch darstellen.

Da bei der Gasphasennitrierung von Propan auch Nitromethan und Nitroethan entstehen, findet offensichtlich auch eine Spaltung der Alkane statt. Mechanis-

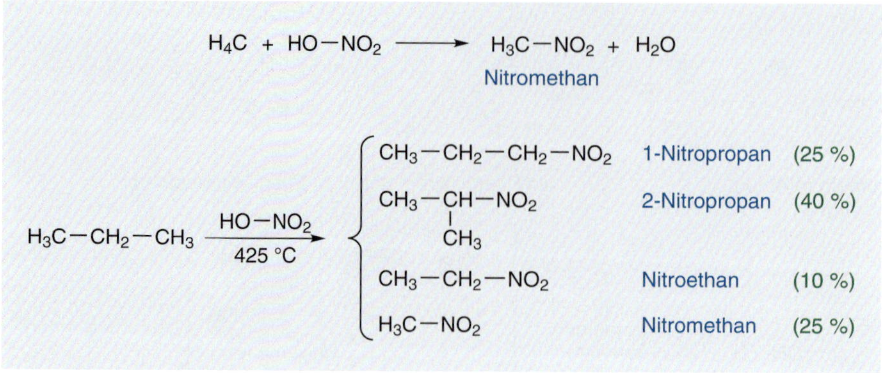


**○ Abb. 10.36** Gasphasennitrierung von Propan

$$R^1\text{—H} \longrightarrow R^1\cdot + \cdot H$$

$$\text{bzw. } R^1\text{–}R^2 \longrightarrow R^1\cdot + \cdot R^2$$

$$R^1\cdot + \text{HO—NO}_2 \longrightarrow R^1\text{—NO}_2 + \cdot OH$$

$$R^1\text{—H} + \cdot OH \longrightarrow R^1\cdot + H_2O$$

**○ Abb. 10.37** Ablauf der Gasphasennitrierung von Alkanen, bei der durch thermolytische Spaltung der Alkane auch niedere Alkylnitroverbindungen entstehen.

tisch handelt es sich hierbei um eine **Radikalkettenreaktion** (○ Abb. 10.37).

Im Labor werden die primären und sekundären Nitroalkane durch Erhitzen der **Alkylbromide** oder **Alkyliodide** mit **Natriumnitrit** in Dimethylformamid als Lösemittel in Gegenwart von Harnstoff hergestellt (*Kornblum*). Dabei entstehen allerdings auch Alkylnitrite (○ Abb. 10.38). Um die Ausbeuten primärer Nitroalkane zu erhöhen, kann anstelle von Natriumnitrit **Silbernitrit** verwendet werden (*V. Meyer*). Die als Nebenprodukte entstehenden Alkylnitrite sind anschließend durch fraktionierende Destillation leicht abtrennbar. Das Nitrit-Ion ist ein typisches **ambifunktionelles** (ambidentes) **Anion**, in dem sowohl die beiden O-Atome als auch das N-Atom als nucleophile Reaktionszentren fungieren können. Die Alkylierung am N-Atom führt zu den Nitroalkanen, die Reaktion an einem der beiden O-Atome zu den Alkylnitriten. Die Verteilung der Reaktionsprodukte hängt von vielen Faktoren ab, beispielsweise vom verwendeten Lösemittel oder vom Kation, und kann grob nach der ***Kornblum*-Regel** abgeschätzt werden. Diese empirische Regel findet eine gewisse Erklärung im **HSAB-Konzept** (▸ Kap. 2.3.1) und besagt, dass bei ambidenten Nucleophilen in $S_N1$-artigen Reaktionen bevorzugt das härtere (elektronegativere) und in $S_N2$-artigen Reaktionen bevorzugt das weichere (elektropositivere) Atom angreift. Ähnliches gilt für das entsprechende Kation: Weichere Kationen wie Silber-Kationen begünstigen den Angriff des weicheren nucleophilen Zentrums (hier Stickstoff), harte Kationen wie Natrium-Kationen den Angriff des härteren nucleophilen Zentrums (hier Sauerstoff).

**Tertiäre Nitroalkane** werden durch Oxidation von primären Aminen mit tertiären Alkylresten mit Kaliumpermanganat hergestellt (*Kornblum*; ○ Abb. 10.39, oben). Nitromethan selbst lässt sich auch durch Erhitzen von Chloressigsäure mit wässriger Natriumnitritlösung darstellen, wobei die intermediär auftretende Nitroessigsäure sofort decarboxyliert (*Kolbe*; ○ Abb. 10.39, unten).

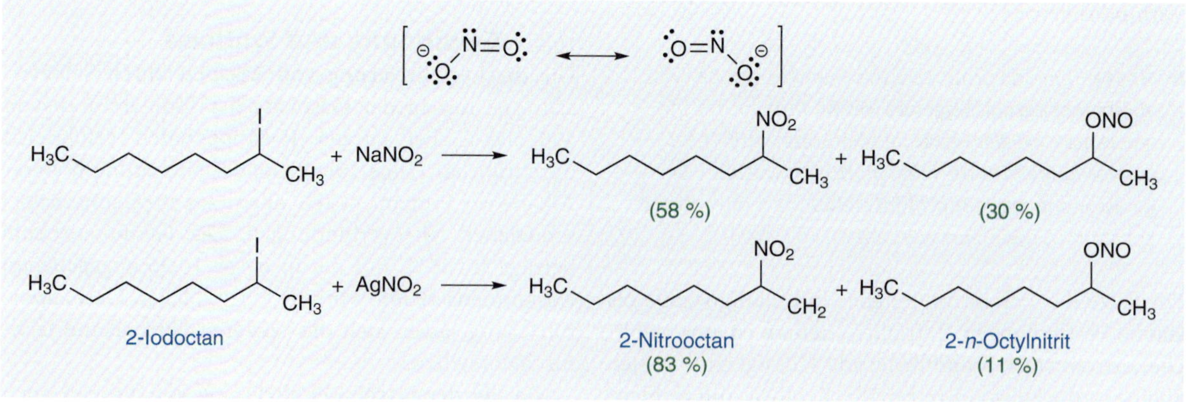


**○ Abb. 10.38** Mesomerie im Nitrit-Ion und Laborsynthese der Nitroalkane

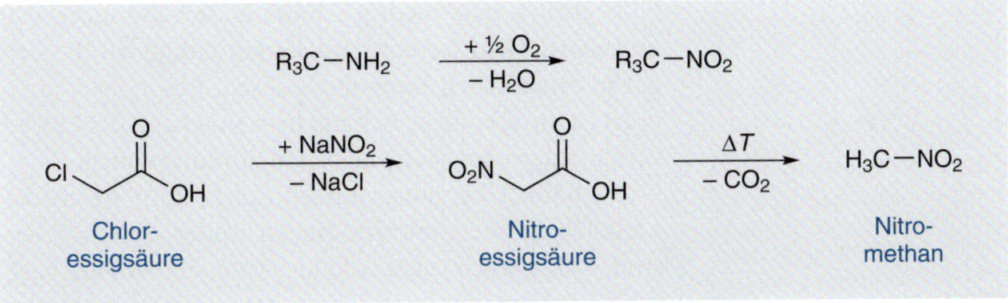


**Abb. 10.39** Darstellung von tertiären Nitroalkanen (oben) sowie Nitromethan (unten)

**Tetranitromethan** (Sdp. 126 °C) entsteht bei der Einwirkung von rauchender Salpetersäure auf Essigsäureanhydrid in der Kälte (Abb. 10.40).

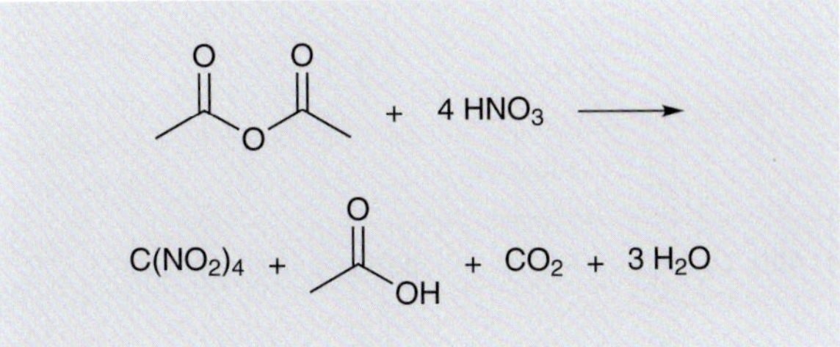


**Abb. 10.40** Darstellung von Tetranitromethan

## 10.3.3 Reaktionen und Anwendungen

Die niederen primären Nitroalkane sind flüssig und dienen als ausgezeichnete **Lösemittel** für Vinylharze, Polystyrol, Nitro- und Acetylcellulose sowie Polyacrylnitril. Sie werden auch für Synthesen verwendet: z. B. erhält man aus Nitromethan durch Chlorieren das im Ersten Weltkrieg verwendete Kampfgas **Chlorpikrin (Grünkreuz-1)**.

$$H_3C{-}NO_2 + 3\,Cl_2 \longrightarrow \underset{\text{Chlorpikrin}}{Cl_3C{-}NO_2} + 3\,HCl$$

Mit Carbonylverbindungen reagieren Nitroalkane unter Einfluss von Basen zu **β-Nitroalkoholen**, die – unter geeigneten Reaktionsbedingungen – anschließend durch Wasserabspaltung in ein Nitroolefin übergehen können (Abb. 10.41). Diese Reaktion, die auch mit anderen CH-aciden Verbindungen abläuft, wird als ***Knoevenagel*-Kondensation** bezeichnet; mechanistisch handelt es sich um eine Variante einer Aldoladdition bzw. -kondensation (▸Kap. 12).

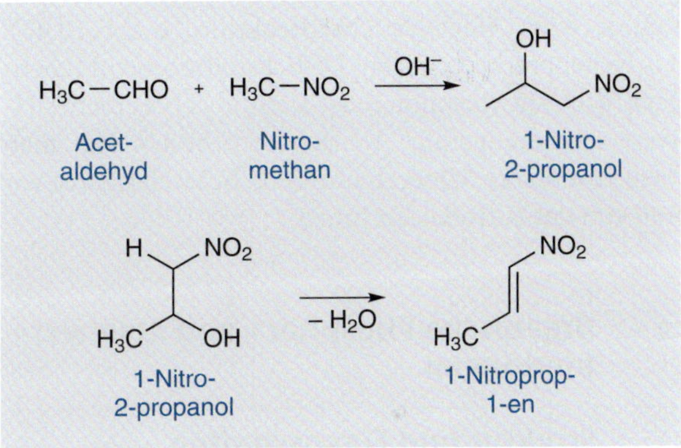


**Abb. 10.41** Aldoladdition und *Knoevenagel*-Kondensation mit Nitromethan als CH-acider Komponente

### Nitroalkanspaltung

Die C—N-Bindung in primären und sekundären Nitroverbindungen lässt sich mit starken Mineralsäuren wie Salz- oder Schwefelsäure spalten, wobei ein intramolekularer Redoxprozess stattfindet, bei dem das α-C-Atom oxidiert und das N-Atom reduziert wird (*V. Meyer*). Primäre Nitroalkane gehen hierbei über die **Hydroxamsäure** (▸Kap. 14.6.3) in die entsprechende Carbonsäure und **Hydroxylamin** über, das technisch auf diesem Wege aus 1-Nitropropan gewonnen wird (Abb. 10.42)

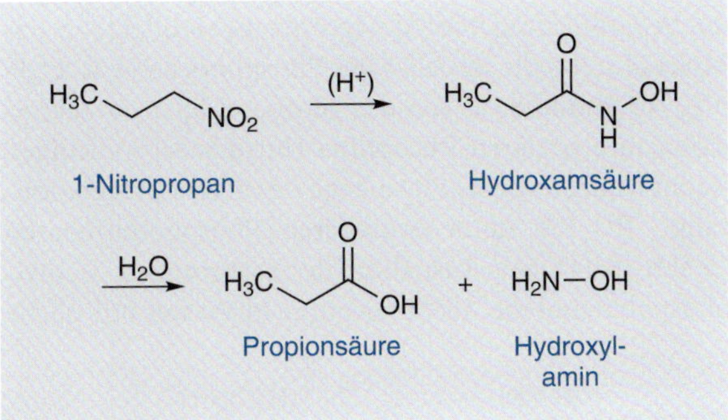


**Abb. 10.42** Nitroalkanspaltung am Beispiel von 1-Nitropropan

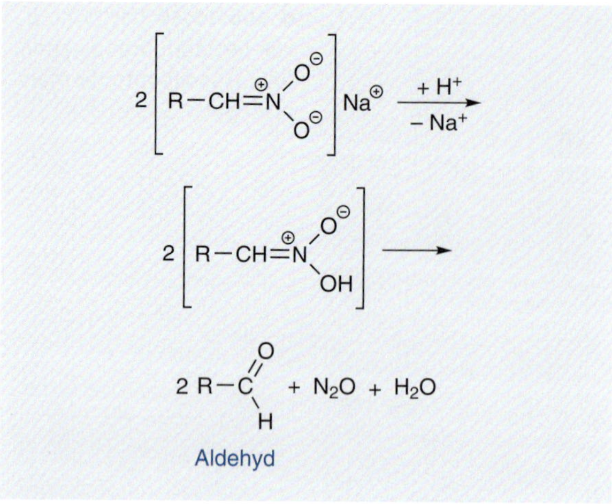


**o Abb. 10.43** *Aci*-Nitroalkanspaltung (*Nef*-Reaktion)

### *Aci*-Nitroalkanspaltung (*Nef*-Reaktion)

Beim Behandeln der Salze einer Nitroverbindungen mit 50%iger Schwefelsäure erhält man in guten Ausbeuten Ketone bzw. Aldehyde (***Nef*-Reaktion**, o Abb. 10.43). Als Nebenprodukt entsteht Distickstoffmonoxid (Lachgas), $N_2O$. Die Reaktion muss allerdings bei einem pH-Wert < 1 durchgeführt werden. Am besten legt man dazu eine starke Mineralsäure (z. B. Schwefelsäure) vor und gibt das Nitronatsalz hinzu.

## 10.4 Organische Phosphor- und Arsenverbindungen

### 10.4.1 Struktur und Eigenschaften

Organische Phosphorverbindungen leiten sich vom Phosphorwasserstoff, $PH_3$, ab, der im Vergleich zum Ammoniak kaum noch basisch reagiert ($pK_B = 27$). Erst durch Einführung von Alkylgruppen (+I-Effekt) in das Molekül steigt die Basizität des Phosphors an (z. B. $Et_3P$: $pK_B = 5{,}3$) und zwar von den primären über die sekundären und tertiären **Phosphine** (im deutschsprachigen Raum häufig auch als Phosphane bezeichnet; Oxidationzahl: +III) bis zu den quartären Phosphoniumbasen (o Abb. 10.44). Mit Ausnahme des gasförmigen Methylphosphins sind die Alkylphosphine in Wasser unlösliche Flüssigkeiten bzw. niedrig schmelzende Substanzen von unangenehmem Geruch und starker Giftigkeit, die sich gut in organischen Lösemitteln lösen. Besonders ausgeprägt ist ihre Tendenz, sich mit dem Sauerstoff der Luft zu verbinden, wobei häufig **Selbstentzündung** eintritt.

Da beim Übergang vom Phosphor zum Arsen der Metallcharakter zunimmt, haben weder Arsenwasserstoff, $AsH_3$, noch seine Alkylderivate, die **Arsine**, basische Eigenschaften; nur die quartären Arsoniumhydroxide sind Basen, was allerdings auf die Hydroxidionen zurück zu führen ist (o Abb. 10.45). Arsine sind auch nicht nucleophil. Daher lassen sich die primären, sekundären und tertiären Arsine – im Gegensatz zu den Aminen und Phosphinen – nicht durch Alkylierung von Arsenwasserstoff gewinnen. Die Arsine sind, mit Ausnahme des gasförmigen Methylarsins, leicht flüchtige, giftige, wasserunlösliche Flüssigkeiten von knoblauchartigem Geruch, die sich durch starke Reduktionswirkung auszeichnen. Mit Luftsauerstoff reagieren die tertiären Arsine zu Arsinoxiden, in denen die Arsen-Sauerstoff-Bindung polarer als die Phosphor-Sauerstoff-Bindung bei den Phosphinoxiden ist. Wie schon bei den Schwefelverbindungen erläutert (▸ Kap. 10.1) handelt es sich um semipolare Bindungen, die am besten als Resonanzhybrid beschrieben werden. Die Resonanzformel mit einer formalen Einfachbindung kommt dabei der realen Elektronenverteilung am nächsten:

$$R_3As{=}O \longleftrightarrow R_3\overset{+}{As}{-}O^-$$

Mit Alkylhalogeniden bilden die tertiären Arsine quartäre Arsoniumsalze.

### 10.4.2 Gewinnung und Synthese

In Analogie zu den Aminen lassen sich die aliphatischen Phosphine durch Umsetzung von Phosphorwasserstoff mit Alkylhalogeniden gewinnen, jedoch werden die ersten Alkylierungsstufen so rasch durchlaufen, dass nur **tertiäre Phosphine** und **quartäre Phosphoniumsalze** isolierbar sind (o Abb. 10.46, oben). **Primäre** und **sekundäre Alkylphosphine** sind dagegen aus Phosphoniumiodid und Alkylhalogenid bei einer Temperatur von

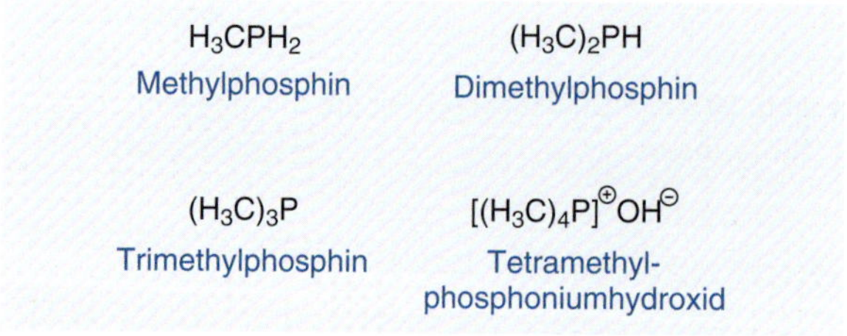


**o Abb. 10.44** Mit der Einführung von Alkylgruppen nimmt die Basizität der Phosphine über die primären, sekundären und tertiären Phosphine bis hin zu den quartären Phosphoniumbasen zu.

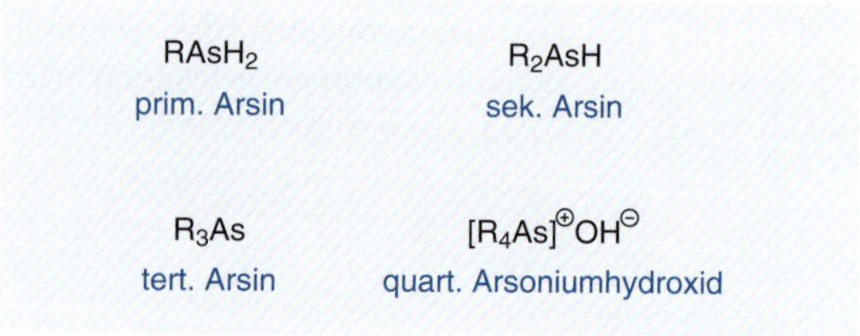


**o Abb. 10.45** Die primären, sekundären und tertiären Arsine weisen keine basischen Eigenschaften auf. Lediglich die quartären Arsoniumhydroxide reagieren aufgrund der vorhandenen Hydroxidionen basisch.

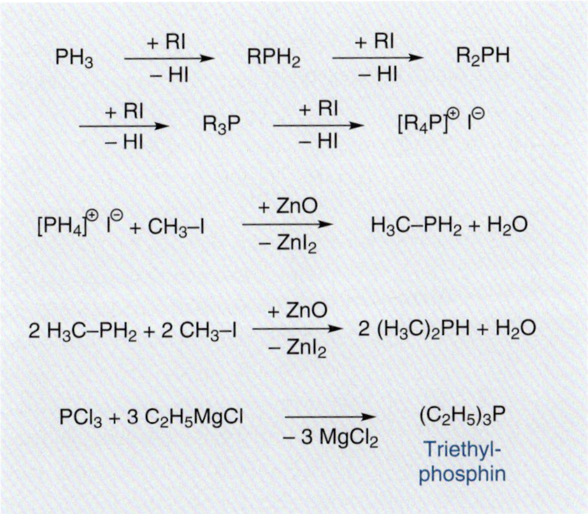

**o Abb. 10.46** Die Umsetzung von Phosphorwasserstoff mit Alkylhalogeniden führt zu tertiären Phosphinen und quartären Phosphoniumsalzen (oben). Zur Darstellung von primären und sekundären Alkylphosphinen benötigt man Zinkoxid als säurebindendes Mittel (Mitte). Tertiäre Phosphine lassen sich auch ausgehend von Phosphortrichlorid durch Umsetzung mit Alkylmagnesiumsalzen herstellen (unten).

150 °C in Gegenwart von Zinkoxid als säurebindendem Mittel zugänglich (o Abb. 10.46, Mitte). **Tertiäre Phosphine** erhält man auch durch Einwirkung von Alkylmagnesiumsalzen (oder Dialkylzink) auf Phosphor(III)-chlorid (Phosphortrichlorid) (o Abb. 10.46, unten). Dieses Verfahren ist generell zur Synthese organischer Verbindungen auch anderer Nichtmetalle sowie vieler Metalle anwendbar. Im Gegensatz zu den Aminen (▸ Kap. 8.1) sind tertiäre Phosphine mit drei unterschiedlichen Resten, $R_1R_2R_3P$, auch bei Raumtemperatur konfigurationsstabil und können in die **Enantiomere** getrennt werden (*Horner* 1961).

Zur Herstellung **aromatischer tertiärer Phosphine** bedient man sich der Umsetzung von Arylhalogeniden mit Phosphor(III)-chlorid in Gegenwart von Natrium (modifizierte ***Wurtz-Fittig*-Synthese**, ▸ Kap. 18.2.2). Nach dieser Methode können auch die aromatisch substituierten Arsine und **Stibine**, z. B. Triphenylstibin, $(C_6H_5)_3Sb$, erhalten werden.

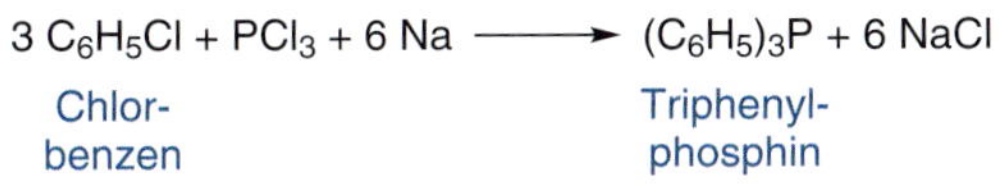

**Primäre Arsine** erhält man bei der Reduktion von Monoalkyl(aryl)arsonsäuren, die durch Alkylierung bzw. Arylierung von arseniger Säure zugänglich sind. **Sekundäre Arsine** entstehen bei der Reduktion von Dialkyl- bzw. Diarylarsanchloriden. **Tertiäre Arsine** lassen sich – in Analogie zu den tertiären Phosphinen – durch Umsetzung von Arsen(III)-chlorid mit *Grignard*-Verbindungen herstellen (o Abb. 10.47).

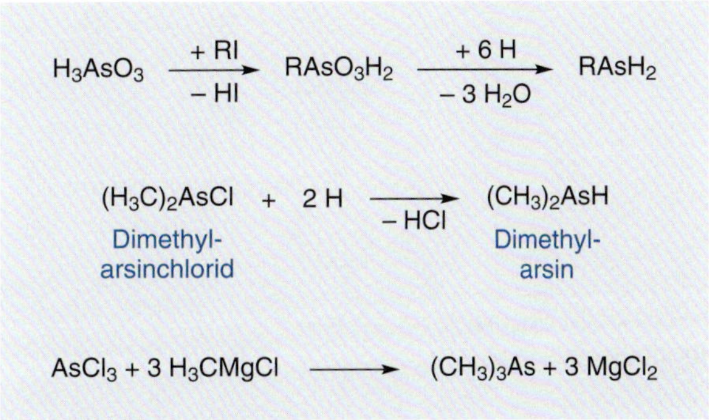

**o Abb. 10.47** Darstellung primärer, sekundärer und tertiärer Arsine

Die mit den Phosphinen und Arsinen verwandten **Stibine** und **Bismutine** leiten sich vom Antimon- bzw. Bismutwasserstoff ab. In diesen Verbindungen sind die Alkylderivate umso unbeständiger, je stärker der metallische Charakter des Elements ist.

## 10.4.3 Reaktionen und Anwendungen

### Oxidation

Bei vorsichtiger **Oxidation** von primären, sekundären und tertiären Alkylphosphinen mit Luft oder Salpetersäure entstehen Alkylphosphonsäuren, Dialkylphosphinsäuren bzw. Trialkylphosphinoxide (o Abb. 10.48).

### *Michaelis-Arbusow*-Reaktion

Die Ester der Alkylphosphonsäuren sind über die ***Michaelis-Arbusow*-Reaktion** aus Trialkylphosphiten, den Estern der Phosphonsäure, $H_3PO_3$, leicht zugänglich (o Abb. 10.48). Die Reaktion ist vielseitig variierbar und stellt eine gute Methode zur Knüpfung von Kohlenstoff-Phosphor-Bindungen dar. Die entstehenden Verbindungen sind die Edukte der ***Horner-Wadsworth-Emmons*-Reaktion**, einer Alternative zur ***Wittig*-Reaktion** (▸ Kap. 10.4.3).

### *Wittig*-Reaktion

Bei der ***Wittig*-Reaktion** (Carbonyl-Olefinierung, 1949) wird eine Carbonylverbindung unter Kettenverlängerung in ein Alken überführt. Dazu wird ein Alkylidenphosphoran, z. B. Methylentriphenylphosphoran, mit einem Aldehyd oder (in etwas schlechteren Ausbeuten) mit einem Keton, z. B. Benzophenon, umgesetzt. In Gegenwart einer Base entstehen bei Raumtemperatur 1,1-Diphenylethen und Triphenylphosphinoxid. Bei Verwendung von Allylenphosphoranen (2-Propenylidenphosphoranen) liefert die *Wittig*-Reaktion Butadienderivate (o Abb. 10.49). Der entscheidende Schritt ist die Addition eines **Phosphoniumylids** an die Carbonylgruppe (▸ Exkurs: Mechanismus der *Wittig*-Reaktion).

10

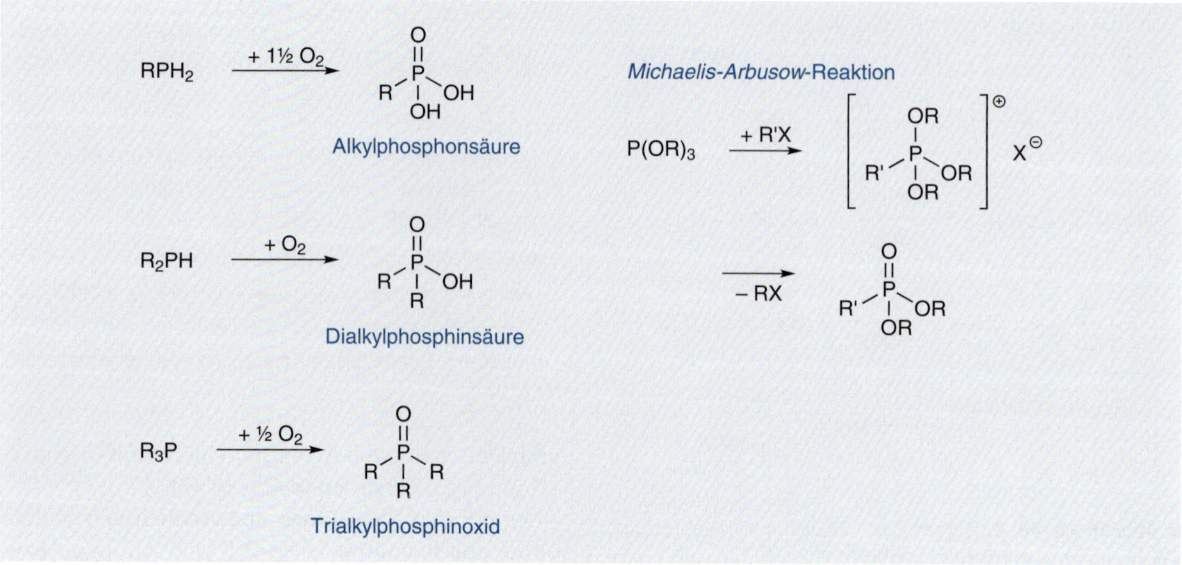


**o Abb. 10.48** Oxidation von Alkylphosphinen zu Alkylphosphonsäuren, Dialkylphosphinsäuren und Trialkylphosphinoxiden; *Michaelis-Arbusow*-Reaktion zur Darstellung von Alkylphosphonsäureestern aus Trialkylphosphiten

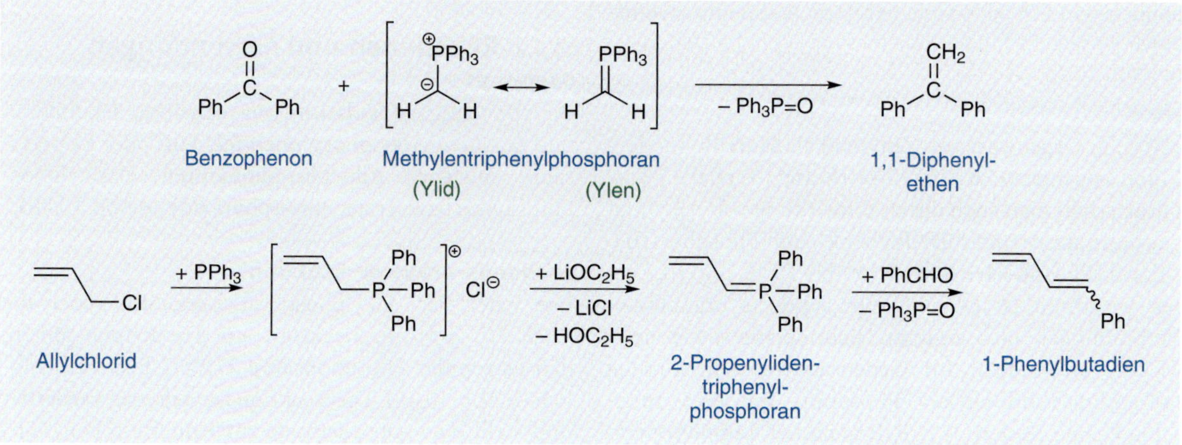


**o Abb. 10.49** Bei der *Wittig*-Reaktion entstehen aus Aldehyden bzw. Ketonen durch die Umsetzung mit Triphenylphosphoranen Olefine.

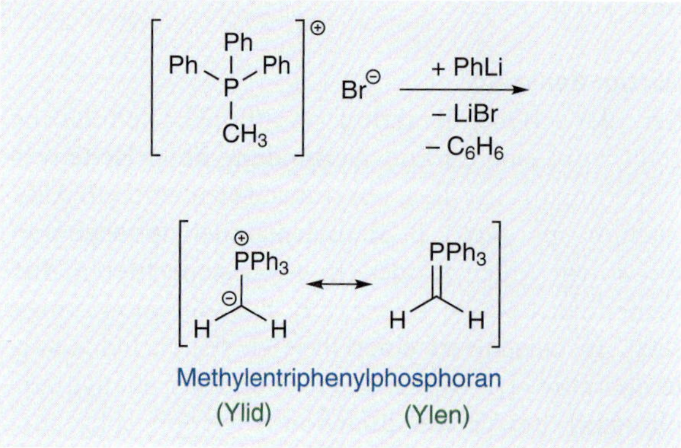


**o Abb. 10.50** Bei der Deprotonierung von Phosphoniumsalzen durch starke Basen entsteht ein Phosphoran, das sich durch die zwei Resonanzformeln beschreiben lässt; die Ylid-Form stellt dabei die realistischere Beschreibung dar.

Zur **Darstellung der Alkylidenphosphorane** (Phosphinalkylene, Phosphorylide, Phosphorylene, Phosphoniumylide) werden Halogenalkane in der Regel mit Triphenylphosphin zu den entsprechenden Phosphoniumsalzen umgesetzt. Anschließend erfolgt eine Deprotonierung (o Abb. 10.50) durch eine starke Base (z. B. Methyl-, Ethyl- oder Phenyllithium) zum Phosphoniumylid, das sich als Resonanzhybrid eines Phosphorans (auch als **Ylen** bezeichnet) und eines **Ylids** beschreiben lässt. Wie schon im Zusammenhang mit den Sulfonsäuren besprochen, ist die Ylid-Resonanzformel die realistischere Darstellung der elektronischen Struktur des Teilchens.

$$R_3P{=}CH_2 \longleftrightarrow R_3\overset{+}{P}{-}\overset{-}{C}H_2$$

Ylen — Ylid

## Exkurs: Mechanismus der *Wittig*-Reaktion

Der Reaktionsmechanismus der *Wittig*-Reaktion entspricht einer konzertierten (d. h. nicht über Zwischenstufen verlaufenden), aber asynchronen (d. h. über einen unsymmetrischen Übergangszustand verlaufende) [2+2]-Cycloaddition unter Bildung eines **Oxaphosphetans**, wobei das nucleophile C-Atom des Phosphoniumylids das elektrophile C-Atom der C=O-Gruppe angreift. Im zweiten Schritt zerfällt das Oxaphosphetan in einer [2+2]-Cycloreversion zu Triphenylphosphinoxid und dem Alken (**o** Abb. 10.51). Dieser Zerfall ist stereoselektiv; ein *cis*-substituiertes Oxaphosphetan ergibt ein *cis*-Alken, aus einem *trans*-Oxaphosphetan entsteht ein *trans*-Alken.

Welches Oxaphosphetan im ersten Schritt gebildet wird, ist abhängig von der Stabilität des Ylids. **Nichtstabilisierte Ylide** führen bevorzugt zum *cis*-Oxaphosphetan, das beim Zerfall dann das (*Z*)-**Alken** ergibt. Besonders hohe Stereoselektivität lässt sich bei der Verwendung von natrium- oder kaliumhaltigen Basen zur Deprotonierung der Phosphoniumsalze unter den Bedingungen der sogenannten **„salzfreien" *Wittig*-Reaktion** erzielen. Die bevorzugte Bildung des thermodynamisch instabileren *cis*-Oxaphosphetans ergibt sich aus der Geometrie des Übergangszustands, der bei labilen Yliden früh auf der Reaktionskoordinate liegt und damit noch wenig dem entstehenden Oxaphosphetan ähnelt. Verwendet man hingegen Lithiumorganyle zur Deprotonierung, liegen also in der Reaktionsmischung Lithiumsalze vor, sinkt die Stereoselektivität und der Anteil an (*E*)-Alken steigt. So liefern **semi-labile Ylide**, z. B. Benzylidenphosphoran, insbesondere in Gegenwart von **Li-Salzen** Mischungen von **(*Z*)- und (*E*)-Alkenen**. Mit **stabilisierten Yliden**, die über zusätzliche elektronenziehende Gruppen, wie z. B. Ester- oder Cyanogruppen, am Ylid-C-Atom verfügen, erhält man bevorzugt

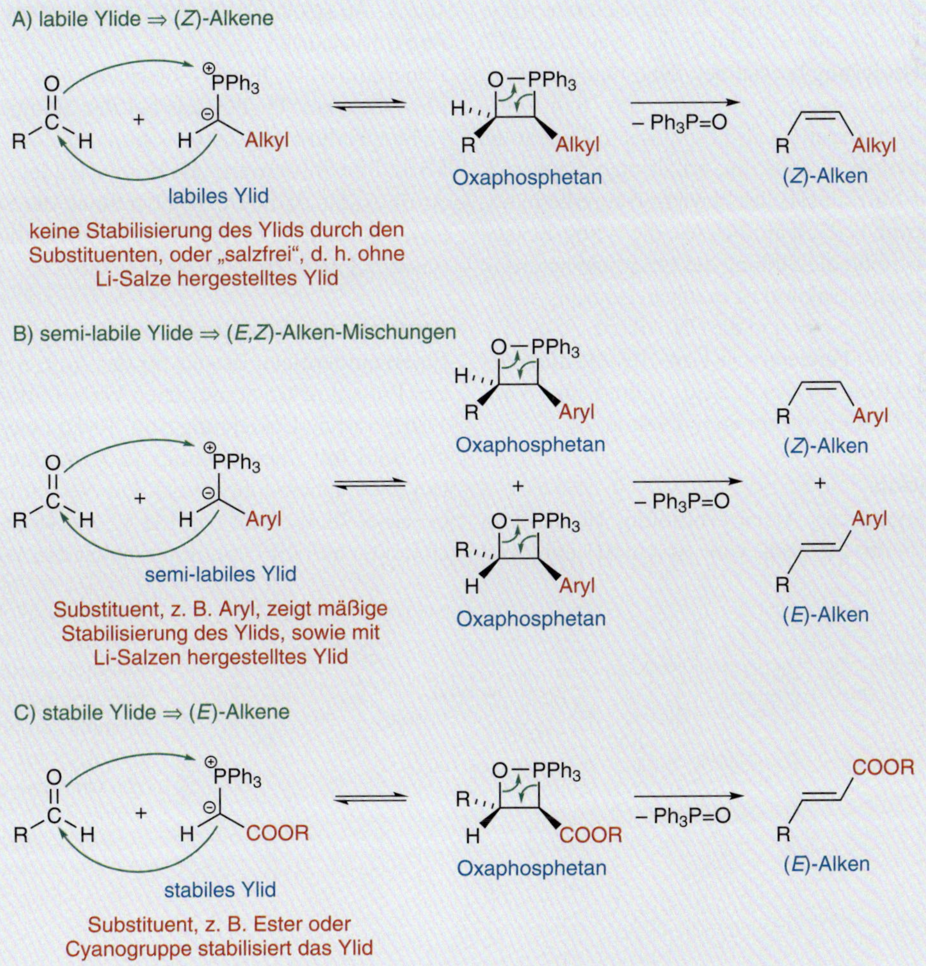


**o Abb. 10.51** Mechanismus der *Wittig*-Reaktion. (A) Labile Ylide ergeben insbesondere unter „salzfreien" Bedingungen bevorzugt (*Z*)-Alkene; (B) semi-labile Ylide führen zu Mischungen von (*Z*)- und (*E*)-Alken; (C) stabile Ylide führen zu (*E*)-Alkenen als Hauptprodukt.

das *trans*-Oxaphosphetan, das beim Zerfall dann das (*E*)-Alken ergibt. Bei stabilen Yliden liegt der Übergangszustand sehr viel später auf der Reaktionskoordinate, er ist „produktähnlich" und ähnelt daher schon weitgehend dem entstehenden Oxaphosphetan. Das stabilere *trans*-Oxaphosphetan bildet sich daher schneller.

Die *Wittig*-Reaktion ist auch auf die C=O-Doppelbindung aktivierter Amide und auf andere Doppelbindungen, wie C=N und C=S, anwendbar. Nach diesem Verfahren wurden Naturstoffe wie Carotinoide sowie Beta-Carotin und die Vitamine A und D synthetisiert (▸Kap. 26.2.1).

### *Horner-Wadsworth-Emmons*-Reaktion

Analog zur *Wittig*-Reaktion lassen sich Carbonylverbindungen auch durch die Umsetzung mit Alkylphosphinoxiden (*Wittig-Horner*-Reaktion) oder mit Phosphonsäureestern (***Horner-Wadsworth-Emmons*-Reaktion**, ○Abb. 10.52), die eine α-ständige, acide CH-Gruppe tragen, in Alkene überführen. Während die *Wittig-Horner*-Reaktion kaum noch praktische Bedeutung besitzt, ist die *Horner-Wadsworth-Emmons*-Reaktion eine wertvolle und oft genutzte Alternative zur *Wittig*-Reaktion. Die aus Trialkylphosphiten durch die *Michaelis-Arbusow*-Reaktion (○Abb. 10.48) leicht zugänglichen Phosphonsäureester sind reaktionsfähiger als vergleichbare Alkylenphosphorane; deshalb wird die Reaktion auch als **PO-aktivierte Olefinierung** bezeichnet. Setzt man z. B. Phenylmethan-phosphonsäurediethylester mit Benzophenon in 1,2-Dimethoxyethan als Lösemittel in Gegenwart von Natriumhydrid als Base um, erhält man Triphenylethen und das Natriumsalz des Phosphorsäurediethylesters. Die Reaktion verläuft ähnlich wie die *Wittig*-Reaktion, allerdings erfolgt die Bildung des Oxaphosphetans in zwei Schritten. Die Reaktion ist in der Regel *trans*-selektiv, d. h., man erhält bevorzugt die (*E*)-Alkene.

Auch mit der ***Peterson***- (▸Kap. 10.5.3) und der ***McMurry*-Reaktion** (▸Kap. 12.2.3) gelingt die Umwandlung von Carbonylgruppen in Olefine.

### Kakodylreaktion

Die älteste organische Arsenverbindung ist das von *Cadet* 1760 beim Erhitzen von Arsen(III)-oxid mit Kaliumacetat erhaltene **Kakodyloxid**, eine widerwärtig riechende, selbstentzündliche Flüssigkeit mit einem Siedepunkt von 150 °C. Die Verbindung wurde von *Bunsen* erstmals rein dargestellt. Die Bildung des Kakodyloxids wurde früher zum qualitativen Nachweis von Arsen genutzt.

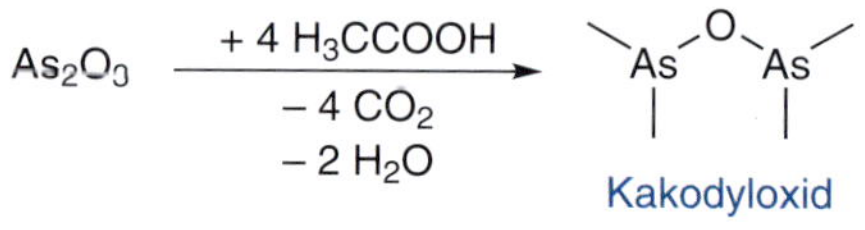


## 10.4.4 Ausgewählte Verbindungen

### Phosphinoxide

**Phosphinoxide, $R_3PO$** – beispielsweise das Triphenylphosphinoxid, $Ph_3PO$, das bei der *Wittig*-Reaktion als Nebenprodukt entsteht – sind farblose, beständige, kristalline Substanzen. Sie unterscheiden sich von den Aminoxiden dadurch, dass bei ihnen der Sauerstoff viel fester gebunden ist und durch gewöhnliche Reduktionsmittel nicht entfernt werden kann.

### Pentaphenylphosphoran

Einen eindeutigen Beweis für das Auftreten **fünfbindigen Phosphors** in organischen Verbindungen erbrachte *Wittig* durch Umsetzung von Tetraphenylphosphoniumiodid mit Phenyllithium zu **Pentaphenylphosphoran** (Pentaphenylphosphor). Die Verbindung schmilzt bei einer Temperatur von 121 °C und weist keinen Salzcharakter auf; ihr Dipolmoment hat den Wert Null. Die

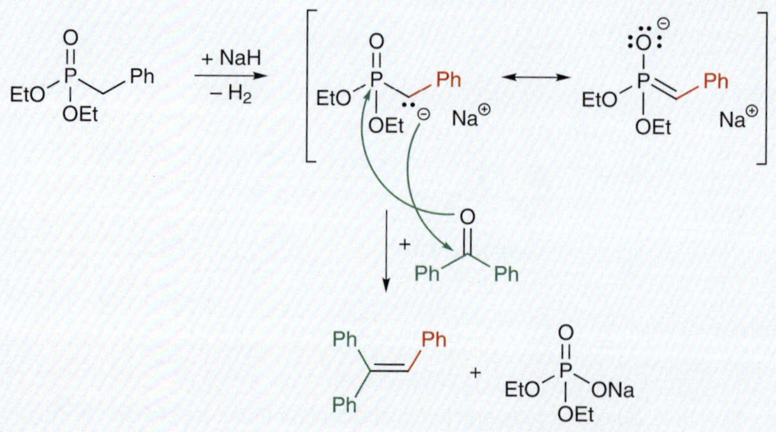


○ **Abb. 10.52** Bei der *Horner-Wadsworth-Emmons*-Reaktion werden Alkylphosphonsäureester anstelle von Phosphoniumsalzen zur Olefinierung von Carbonylverbindungen eingesetzt.

fünf Phenylgruppen sind trigonal-bipyramidal an das Phosphoratom gebunden. Analoge organische Pentaphenylderivate konnten auf ähnlichen Wegen auch von Arsen, Antimon und Bismut dargestellt werden (*Wittig*). Interessanterweise unterscheiden sich aber die Strukturen. Während Pentaphenylphosphor trigonal-bipyramidal gebaut ist, weist Pentaphenylantimon im Kristall eine quadratisch-pyramidale Struktur auf.

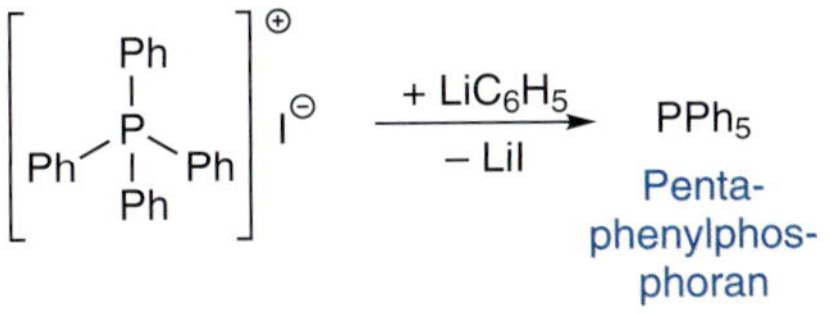


Bei der Einwirkung von Methyllithium auf Tetramethylphosphoniumbromid in Ether oder Tetrahydrofuran entsteht hingegen nicht das erwartete Pentamethylphosphoran, sondern man erhält, unter Methanabspaltung, das entsprechende Phosphorylid, das Trimethylmethylenphosphoran (○ Abb. 10.53).

## 10.5 Organische Silicium- und Borverbindungen

### 10.5.1 Struktur und Eigenschaften

**Siliciumorganische Verbindungen** besitzen große Bedeutung für die Synthesechemie. Da das Silicium im Periodensystem unter dem Kohlenstoff steht, ähneln die **Alkylsilane**, die sich vom einfachsten Siliciumwasserstoff, dem **Silan**, $SiH_4$, ableiten, in ihrem Aufbau den Alkanen (▸ Kap. 4). Man unterscheidet zwischen Mono-, Di-, Tri- und Tetraalkylsilanen, bei denen es sich meist um farblose, luft- und feuchtigkeitsempfindliche Öle handelt. Alkylsilane sind im Gegensatz zu den entsprechenden Alkanen so reaktiv, dass sie sich an der Luft selbst entzünden und spontan zu Siliciumdioxid und Wasser verbrennen. Nur die Tetraalkylderivate sind gegen Luftsauerstoff sowie gegen Säuren und Basen relativ beständig. Die hohe Reaktivität der Silane resultiert aus den polaren und damit leicht durch Sauerstoff (und Nucleophile) angreifbaren Si—H-Bindungen, in denen der Wasserstoff partiell negativ und das Silicium partiell positiv polarisiert ist. Die analoge Oxidation der Alkane, die zwar ebenfalls thermodynamisch günstig ist, weist aufgrund der unpolaren und damit wenig reaktiven C—H-Bindungen hingegen eine so hohe Aktivierungsenergie auf, dass die Reaktion kinetisch gehemmt ist und bei Normalbedingungen praktisch nicht stattfindet. Alkylhalogensilane sind Ausgangsmaterial für die technische Herstellung der **Silicone.**

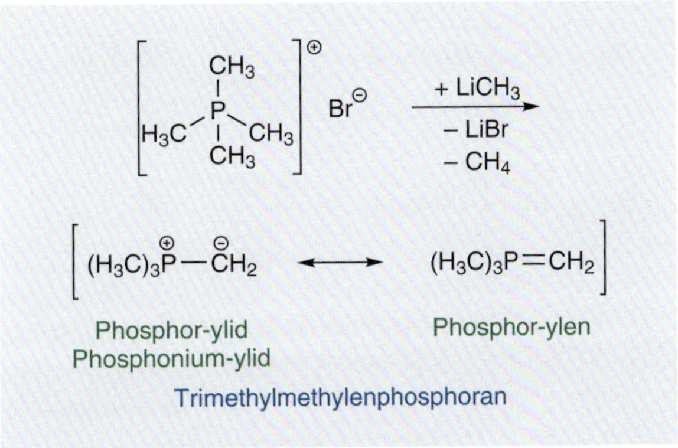


○ **Abb. 10.53** Bei der Reaktion von Methyllithium mit Tetramethylphosphoniumbromid entsteht unter Methanabspaltung Trimethylmethylenphosphoran.

| $SiH_3R$ | $SiH_2R_2$ | $SiHR_3$ | $SiR_4$ |
|---|---|---|---|
| Mono-alkyl-silane | Di-alkyl-silane | Tri-alkyl-silane | Tetra-alkyl-silane |

Die **Trialkylborane**, $BR_3$, sind – mit Ausnahme des gasförmigen Trimethylborans, $B(CH_3)_3$, das einen Siedepunkt von −21,8 °C besitzt – farblose Flüssigkeiten mit einem an Zwiebeln oder Rettich erinnernden Geruch. In Berührung mit Luftsauerstoff tritt sofort Oxidation ein, die meist zur Selbstentzündung führt. Die Trialkylborane werden daher im Allgemeinen nicht isoliert, sondern *in situ* weiterverarbeitet. Sie treten als Zwischenstufen bei der Darstellung von Alkoholen durch die **Hydroborierung** vonAlkenen auf (▸ Kap. 10.5.3).

### 10.5.2 Gewinnung und Synthese

In ○ Abb. 10.54 sind verschiedene Möglichkeiten der Darstellung von Alkylsilanen aufgeführt. Durch Umsetzung von Tetrachlorsilan mit Dialkylzink (*Friedel* u. *Crafts* 1863) können **Tetraalkylsilane** gewonnen werden. Auch bei der Einwirkung von *Grignard*-Verbindungen auf Tetrachlorsilan (*Kipping* 1904) entstehen Tetraalkylsilane. In einer modifizierten *Wurtz*-Synthese (▸ Kap. 4) lassen sie sich auch durch Erhitzen von Tetrachlorsilan und Alkylhalogeniden mit Natrium darstellen. Die gleichen Verfahren können auch zur Darstellung aromatisch substituierter Silane genutzt werden. Durch partielle Substitution der Halogenatome in Silicium(IV)-chlorid mittels *Grignard*-Verbindungen lässt sich z. B. Dichlordiethylsilan herstellen. Dichlordimethylsilan lässt sich durch die Einwirkung von Methylchlorid in der Dampfphase bei 350 °C auf gepulvertes Silicium in Gegenwart von Kupfer als Katalysator (***Müller-Rochow*-Synthese**) herstellen. Die Reaktion verläuft jedoch nicht einheitlich, da durch Disproportionierung von Dichlordimethylsilan auch Trichlormethylsilan (Methyltrichlorsilan), $H_3CSiCl_3$, und Chlortrimethylsilan, $(H_3C)_3SiCl$, als Nebenprodukte auftreten.

10

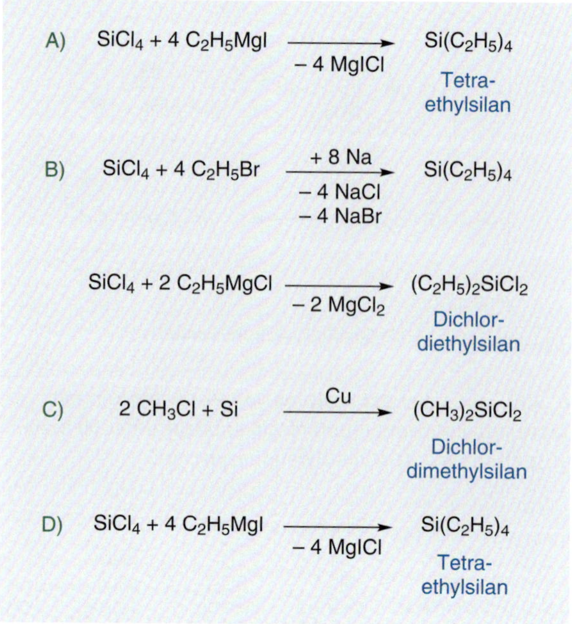


**Abb. 10.54** Darstellung von Alkylsilanen nach *Kipping* (A), *Wurtz* (B), *Müller-Rochow* (C) und *Friedel-Crafts* (D)

Dieses Verfahren wird in der Praxis nur beim Methylchlorid angewandt.

Durch Umsetzung von Borfluorid mit aliphatischen oder aromatischen *Grignard*-Verbindungen (*E. Krause*) lassen sich analog die entsprechenden **Alkylborane** gewinnen (Abb. 10.55). Auch bei der Addition von $BH_3$ an Alkene entstehen Trialkylborane; diese Reaktion wird in (▸Kap. 10.5.3) im Zusammenhang mit der Hydroborierung besprochen.

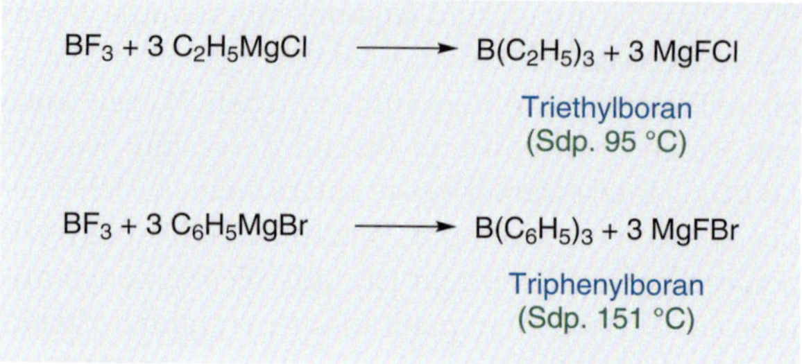


**Abb. 10.55** Gewinnung der Alkylborane durch Umsetzung von $BF_3$ mit metallorganischen Verbindungen

### 10.5.3 Reaktionen und Anwendungen

Silylgruppen wie z. B. die Trimethylsilylgruppe (TMS-Gruppe), $—Si(CH_3)_3$, sind nicht nur als **Schutzgruppen** (▸Exkurs: Silicium in der Schutzgruppenchemie) in der organischen Synthese von großer Bedeutung. Sie können auch benachbarte **Ladungen stabilisieren,** und zwar negative Ladungen in Carbanionen in $\alpha$-Stellung und positive Ladungen in Carbeniumionen in $\beta$-Stellung zum Silicium. Die Ursache hierfür liegt in der im Vergleich zu einer C—C-Bindung günstigeren energetischen Lage der Orbitale einer Si—C-Bindung (▸Exkurs: $\alpha$- und $\beta$-Effekt des Siliciums). Solche stabilisierenden Effekte von Silylgruppen auf benachbarte Ladungen spielen bei einer Vielzahl chemischer Reaktionen eine wichtige Rolle.

Von den Reaktionen organischer Bor-Verbindungen werden in diesem Kapitel insbesondere die Hydrobo-

**Exkurs: $\alpha$- und $\beta$-Effekt des Siliciums**

Unter dem **$\alpha$-Effekt** versteht man die stabilisierende Wirkung einer Silylgruppe auf eine negative Ladung an einem direkt benachbarten $\alpha$-C-Atom (Abb. 10.56, oben). Es handelt sich um eine **negative Hyperkonjugation**, also eine Stabilisierung des „anionischen" *lone-pair*-Orbitals n des negativ geladenen C-Atoms durch das im Vergleich zu einer C—C-Bindung energetisch sehr viel tiefer liegende, leere $\sigma^*$-Orbital der direkt benachbarten Si—R-Bindung. Früher wurde der $\alpha$-Effekt des Siliciums durch die Beteiligung freier d-Orbitale erklärt. Es ist aber mittlerweile bekannt, dass die d-Orbitale bei Hauptgruppenelementen für deren chemisches Verhalten keine Rolle spielen und daher auch nicht an der Stabilisierung der negativen Ladung beteiligt sind.

Silylgruppen wirken auch stabilisierend auf die positive Ladung eines Carbeniumions in $\beta$-Position (**$\beta$-Effekt,** Abb. 10.56, unten). Ursache ist die **Hyperkonjugation** zwischen dem im Vergleich zu einer C—C-Bindung energetisch höher liegenden $\sigma$-Orbital der $C—SiR_3$-Bindung und dem leeren p-Orbital des Carbeniumions.

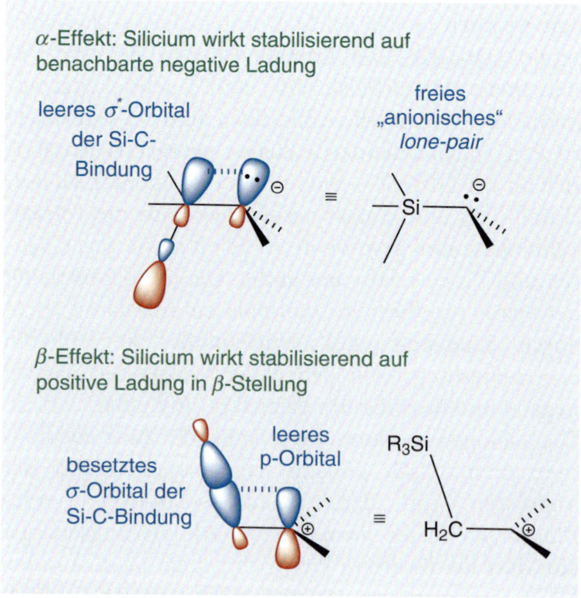


**Abb. 10.56** Eine Silylgruppe wirkt stabilisierend auf eine unmittelbar benachbarte negative Ladung ($\alpha$-Effekt) bzw. auf eine positive Ladung in $\beta$-Stellung ($\beta$-Effekt)

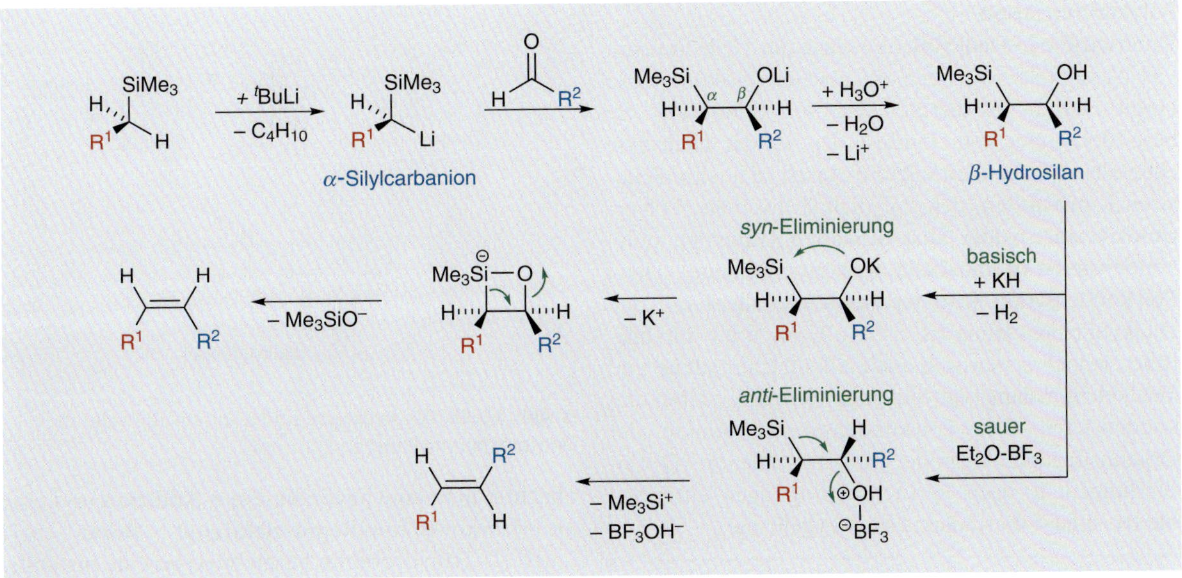


**o Abb. 10.57** *Peterson*-Reaktion zur Darstellung von Alkenen. Die Stereoselektivität der Alkenbildung ist über die Reaktionsbedingungen steuerbar (*syn*-Eliminierung im Basischen, *anti*-Eliminierung im Sauren).

rierungen näher erläutert; auf die *Suzuki*-Kupplung, bei der Organoborane in einer der *Heck*-Reaktion (▸Kap. 11.8.2) verwandten C—C-Verküpfung mit Halogenaromaten umgesetzt werden, wird in ▸Kap. 11.8.2 eingegangen.

### Exkurs: Silicium in der Schutzgruppenchemie

In der Schutzgruppenchemie fasst man eine Reihe siliciumhaltiger Reste als **Silyl-Schutzgruppen** zusammen. Vor allem Hydroxygruppen in Alkoholen und Phenolen können durch Silylgruppen aufgrund der relativ stabilen Si—O-Bindung leicht vor unerwünschten Reaktionen geschützt werden. Das Proton der Hydroxyfunktion wird dabei durch eine Silylgruppe ersetzt und kann später durch Hydrolyse wieder eingeführt werden. Verwendung als Schutzgruppen finden v. a. die Trimethyl- (TMS), Triethyl- (TES) und die *tert.*-Butyldimethylsilylgruppe (TBDMS). Je größer der sterische Anspruch der eingesetzten Silylgruppen ist, desto stabiler sind diese; auf diese Weise lassen sich unterschiedliche Silylgruppen durch die Wahl der geeigneten Reaktionsbedingungen teilweise sehr selektiv einführen und wieder abspalten.

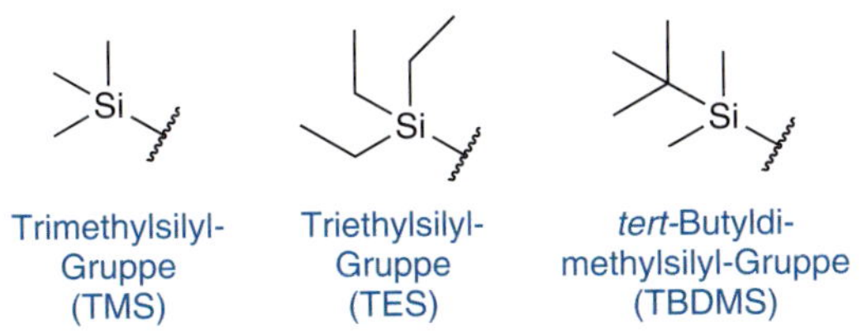


### *Peterson*-Olefinierung

Die in o Abb. 10.57 formulierte ***Peterson*-Olefinierung** stellt eine Alternative zur *Wittig*-Reaktion und zur *Horner-Wadsworth-Emmons*-Reaktion dar (▸Kap. 10.4.3). Sie ist insbesondere für die Darstellung von Olefinen mit sterisch anspruchsvollen Gruppen von Bedeutung, die auf andere Weise nur schwierig zu synthetisieren sind. Selbst sterisch anspruchsvolle Ketone können leicht mit α-Silylcarbanionen zu Alkenen umgesetzt werden. Eine *Wittig*-Reaktion an Ketonen ist hingegen aufgrund der voluminösen Triphenylphosphingruppe am Ylid sterisch schwierig und führt oft zu schlechten Ausbeuten. Die aufgrund des β-Effekts der Silylgruppe stabilisierten α-Silylcarbanionen (▸Exkurs: α- und β-Effekt des Siliciums) lassen sich leicht durch Deprotonierung aus den entsprechenden Alkylsilanen darstellen. Ihre Addition an eine Carbonylgruppe führt zu β-Hydroxysilanen, die isoliert werden können und anschließend in basischer oder saurer Lösung zu den entsprechenden Alkenen weiter reagieren. Die Stereoselektivität der Alkenbildung lässt sich über die Reaktionsbedingungen steuern. Die säurekatalysierte *Peterson*-Olefinierung verläuft nach einem E2-Mechanismus über eine *antiperiplanare* Anordnung der beiden zu eliminierenden Gruppen, $SiMe_3$ und OH, in einem einzigen konzertierten Schritt; es erfolgt eine ***anti*-Eliminierung**. Die basenkatalysierte Reaktion verläuft über eine, dem Oxaphosphetan der *Wittig*-Reaktion analoge cyclische Zwischenstufe mit einem fünffach koordinierten, negativ geladenen Silicium, aus der heraus dann nur eine ***syn*-Eliminierung** stattfinden kann.

## Polykondensation

Unterwirft man Dialkyldichlorsilane der Hydrolyse mit viel Wasser oder wässrigen organischen Lösemitteln, so erhält man in exothermer Reaktion **Silandiole**, die besonders unter dem Einfluss der bei der Hydrolyse ebenfalls entstehenden Salzsäure rasch zu hochmolekularen **Kunststoffen**, den Polydialkylsiloxanen (Polyorganosiloxanen) oder kurz **Siliconen** (*Kipping*), polykondensieren (◘ Abb. 10.58, ▸Exkurs: Silicone). Diese Polykondensation wird technisch vor allem mit den Dialkyldichlorsilanen (R = $CH_3$, $C_2H_5$ u. a.) durchgeführt, jedoch lassen sich auch Alkyltrichlorsilane und Trialkylchlorsilane (vgl. Siliconharz) hydrolysieren und kondensieren. Die Polykondensationsprodukte der Organosiliciumhalogenide enthalten alle Si—O—Si-Bindungen. Je nach Versuchsbedingungen entstehen nieder- oder höhermolekulare Alkylsilicone.

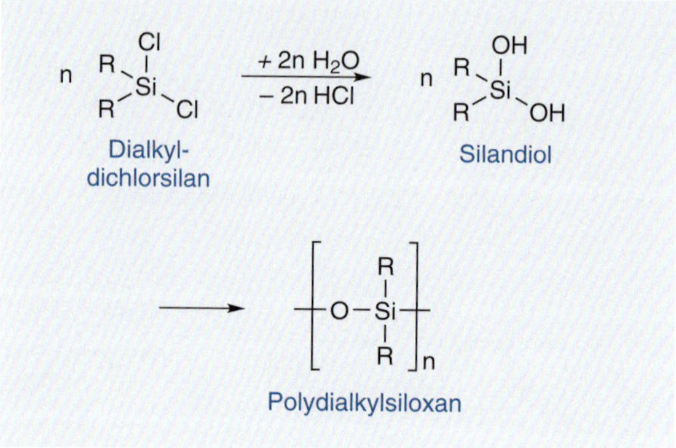


◘ **Abb. 10.58** Die Hydrolyse und Kondensation der Dialkyldichlorsilane führt zu Siliconen.

### Exkurs: Silicone

Die äußerst wärmebeständigen **Siliconöle** sind lineare, verzweigte oder cyclische niedermolekulare Methylsilicone und werden z. B. als Heizflüssigkeit für Hochtemperaturbäder, Diffusionspumpen und als Ersatz für polychlorierte Biphenyle (PCB) im Transformatorenbau sowie in der Kosmetik zur Herstellung von Hautschutzsalben verwendet. Aus hochmolekularen, vornehmlich linearen Siliconen, die durch Einbau von Vinylgruppen vernetzbar gemacht werden, besteht der plastische **Siliconkautschuk** (Siloxanelastomer): Die mehr oder weniger festen und harten **Siliconharze** entstehen aus Siliconketten, die durch Einbau trifunktioneller Siloxaneinheiten dreidimensional vernetzt werden. Diese beiden Siliconarten dienen vor allem in der Elektrotechnik als Isoliermaterial. Durch Variation der Substituenten, z. B. teilweisen Ersatz der Methyl- durch Phenylgruppen, entstehen die Methylphenylsiliconöle, die als Hochtemperaturschmiermittel bzw. als Hochvakuumfett dienen. In der Pharmazeutischen Technologie werden Silicone zur Herstellung implantierbarer Arzneimittelträger verwendet. Wegen ihrer geringen Oberflächenspannung werden Siliconöle als Entschäumer eingesetzt, z. B. Dimeticon, $(CH_3)_3Si—O—[Si(CH_3)_2—O]_n—Si(CH_3)_3$. Der Effekt wird durch Kombination mit hochdisperser Kieselsäure so verstärkt, dass Blähungen im Magen-Darm-Trakt beseitigt werden können (Antiflatulenzmittel, z. B. Simeticon).

## Hydroborierung mit anschließender Oxidation: Darstellung von Alkoholen aus Alkenen

Trialkylborane treten als Zwischenstufen bei der **Hydroborierung** (*H. C. Brown*), der Addition von Boran, $BH_3$, oder Alkylboranen, $R_2BH$, an Alkene, auf. Die anschließende Oxidation der dabei gebildeten Trialkylborane mit $H_2O_2$ in basischer Lösung (NaOH) führt zu Alkoholen. In Summe findet also eine Addition von Wasser an die Doppelbindung statt. Dabei beobachtet man eine bevorzugte ***syn*-Addition** und eine ***anti-Markownikow*-Regioselektivität**. Boran $BH_3$ (auch als Trihydroboran bezeichnet) ist eine instabile, selbstentzündliche Verbindung, die im Gleichgewicht mit Diboran, $B_2H_6$, steht. Diboran kann am besten *in situ* aus Bortrifluorid und Natriumborhydrid in Tetrahydrofuran, Ether oder Diethylenglycoldimethylether als Lösemittel hergestellt werden. Als starke ***Lewis*-Säure** bildet Boran mit *Lewis*-Basen stabile Additionsverbindungen ($Base^+—BH_3^-$). In koordinierenden Lösemitteln wie THF liegt daher im Wesentlichen der entsprechende Komplex vor, das Tetrahydrofurantrihydroboran. Solche Additionsverbindungen (z. B. auch mit Dimethylsulfid, $(CH_3)_2S$) sind als Lösung auch kommerziell erhältlich und dem freien, gasförmigen Diboran aus Sicherheitsgründen vorzuziehen. Die Hydroborierung mit $BH_3$ verläuft schrittweise in drei Stufen, jedoch meist so rasch, dass sich nur die Trialkylborane isolieren lassen (◘ Abb. 10.59). Bei unsymmetrischen Alkenen findet eine ***anti-Markownikow*-Addition** der B—H-Bindung an das Alken statt, da das Boratom in den Boranen der elektrophile Bindungspartner ist (◘ Abb. 10.59, unten). Zudem ist der Übergangszustand bei der *anti-Markownikow*-Addition sterisch weniger überfrachtet als bei einer *Markownikow*-Addition, bei der es zu starken ekliptischen Wechselwirkungen zwischen den Resten am Bor und den Alkylresten am höher substituierten C-Atom der Doppelbindung kommt. Man erhält daher z. B. aus Propen in regioselektiver Reaktion bevorzugt das Tri-*n*-propylboran.

Durch Addition an optisch aktives *α*-Pinen (▸Kap. 26.1) erhält man (+)-Di-3-pinanylboran [(+)-Diisopinocamphenylboran], **$Ipc_2BH$**, das als chirales Reagenz für **enantioselektive Hydroborierungen** geeignet ist. Die Regioselektivität der Hydroborierung kann erhöht werden, indem man Borane mit sperrigen Gruppen verwendet. Beispiele hierfür sind in ◘ Abb. 10.60 dargestellt: 2,3-Dimethylbut-2-ylboran (**Thexylboran**), Bis-[3-methylbut-2-yl]boran (**Diiso-**

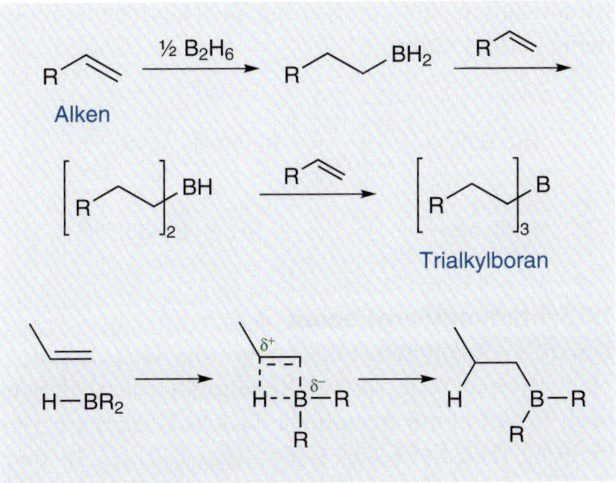


**o Abb. 10.59** Die Hydroborierung von Alkenen mit $B_2H_6$ führt in drei Schritten zu den Trialkylboranen. Die Addition der B—H-Bindung an das Alken (unten) ist eine *syn*-Addition, die einer *anti-Markownikow*-Regioselektivität folgt.

**amylboran**) oder das aus 1,5-Cyclooctadien und Diboran gewinnbare **9-Bora-bicyclo[3.3.1]nonan (9-BBN)**. Die hohe Regioselektivität dieser Reagenzien zeigt der Vergleich der Hydroborierung von (*Z*)-4-Methyl-2-penten. Während mit $B_2H_6$ fast ein 1:1-Gemisch der beiden Regioisomere gebildet wird, greift das Boratom des 9-BBN im Sinne einer *anti-Markownikow*-Addition nahezu ausschließlich das primäre C-Atom an (o Abb. 10.60).

Durch Einwirkung von alkalischem Wasserstoffperoxid auf die bei der Hydroborierung gebildeten Trialkylborane erhält man dann die entsprechenden **Alkohole** (o Abb. 10.61). Bei dieser Oxidation tritt die OH-Gruppe an die gleiche Stelle, die vorher das Bor eingenommen hatte. Die Konfiguration bleibt also

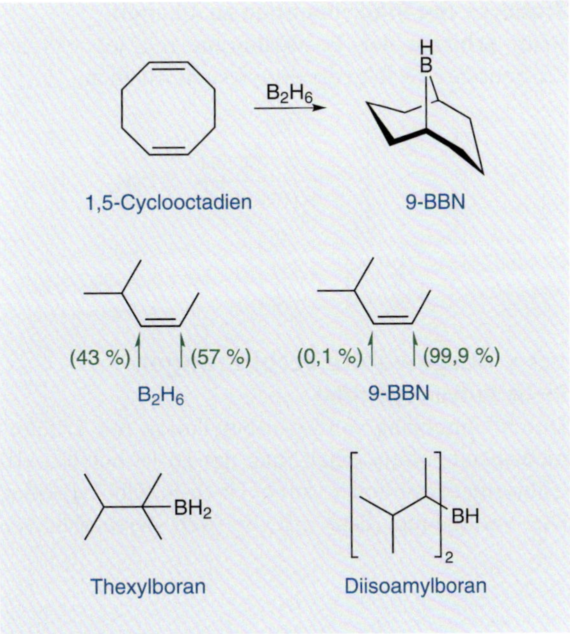


**o Abb. 10.60** Je sterisch anspruchsvoller die Hydroborierungsreagenzien sind, desto höher ist die *anti-Markownikow*-Regioselektivität der Addition.

erhalten, das heißt, der Alkohol ist formal das Ergebnis einer *syn*-Addition von $H_2O$ mit einer *anti-Markownikow*-Regioselektivität. So entsteht z. B. aus 1-Methylcyclopenten durch Hydroborierung und Oxidation (*E*)-2-Methylcyclopentanol (o Abb. 10.61). Aus Isobuten entsteht durch Hydroborierung der primäre Alkohol Isobutanol anstelle von *tert*-Butanol, das durch säurekatalysierte Addition von Wasser an die Doppelbindung entsteht.

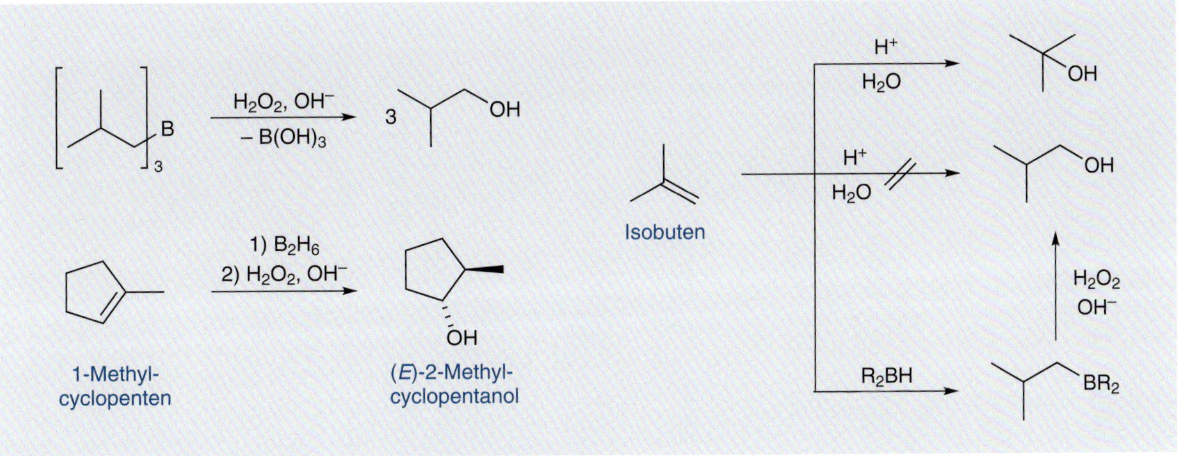


**o Abb. 10.61** Die Oxidation von Alkylboranen führt zu Alkoholen. Die Konfiguration bleibt dabei erhalten. Durch eine Hydroborierung mit anschließender Oxidation lassen sich also aus Alkenen in einer *syn*-Addition Alkohole mit einer *anti-Markownikow*-Regioselektivität herstellen. Die Reaktion ist somit komplementär zur direkten säurekatalysierten Addition von Wasser, die einer *Markownikow*-Regioselektivität folgt.

**Protolyse von Trialkylboranen zu Alkanen**

Beim **Erhitzen der Trialkylborane** mit wasserfreien Carbonsäuren erfolgt die Protolyse zu Alkanen:

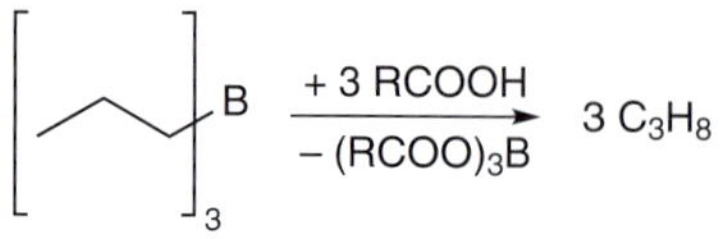


### 10.5.4 Ausgewählte Verbindungen

**Di-(*n*-butylboryl)triflat**

Durch Umsetzung von Tri-*n*-butylboran mit Trifluormethansulfonsäure erhält man das Di-(*n*-butylboryl)-trifluormethansulfonat, kurz: Di-(*n*-butylboryl)triflat. Die Verbindung dient z. B. bei der stereoselektiven Aldolreaktion zur Aktivierung der Methylenkomponente in der Enolform.

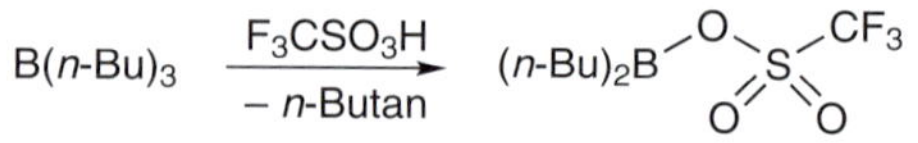


**Tri(pentafluorphenyl)boran**

Durch Tieftemperaturumsetzung von Tri(pentafluorphenyl)boran, $(C_6F_5)_3B$, mit Xenondifluorid erhält man nach Reaktion mit Acetonitril die kristallisierbare Verbindung $[H_3CCN{-}Xe{-}C_6F_5]^+[(C_6F_5)_2BF_2]^-$. In dem darin enthaltenen Acetonitril(pentafluorphenyl)-xenon(II)-Kation gelang erstmals der Nachweis einer **Xenon-Kohlenstoff-Bindung**.

# 11 Metallorganische Verbindungen

Alkalimetallorganische Verbindungen (Alkalimetallorganyle) ... 283 | Organische Magnesiumverbindungen ... 286 | Organische Zinkverbindungen ... 290 | Organische Quecksilberverbindungen ... 292 | Organische Aluminiumverbindungen ... 293 | Organische Zinnverbindungen ... 295 | Organische Bleiverbindungen ... 296 | Organische Übergangsmetallkomplexe ... 297

Zu den metallorganischen Verbindungen zählt man Verbindungen des Typs R—M (M = Metall), bei denen ein Metall direkt an ein Kohlenstoffatom gebunden ist. Ihre Darstellung erfolgt entweder direkt durch Umsetzungen von z. B. Akylhalogeniden mit dem Metall oder durch eine Metallaustauschreaktion aus anderen Metallorganylen

Man unterscheidet je nach Bindungsart zwischen **Metall-Kohlenstoff-σ-Bindungen** und **Alken-Metall-π-Komplexen.** Hauptgruppenmetalle bilden bevorzugt Verbindungen des ersten Typs, während Übergangsmetalle auch zur π-Komplexbindung befähigt sind. Aufgrund der unterschiedlichen Elektronegativitäten der beiden Bindungspartner ist die Metall-Kohlenstoff-Bindung mehr oder weniger polar und weist partiellen Ionenbindungscharakter auf. Dabei ist das C-Atom negativ und das Metall positiv polarisiert. Organometallverbindungen sind daher **Carbanionen-Äquivalente.** Die Polarität der Bindung und damit die Reaktivität ist umso größer, je elektropositiver das Metall ist – eine Eigenschaft, die diese Stoffgruppe für die chemische Synthese interessant macht. Am reaktionsfähigsten sind die alkalimetallorganischen Verbindungen, von denen insbesondere **Lithiumorganyle** R—Li wie *n*-Butyllithium große Bedeutung in der Synthese haben. Ebenfalls sehr wichtig sind Magnesiumorganyle R—MgX, die sogenannten ***Grignard*-Reagenzien** (z. B. $CH_3MgCl$). Solche Verbindungen sind nicht nur starke Basen, sondern gleichzeitig gute **C-Nucleophile,** also Verbindungen mit einem nucleophilen C-Atom, die präparativ wichtig für die Knüpfung von C—C-Bindungen sind. Organometallverbindungen finden aber auch Verwendung als homogene **Katalysatoren** und bei der Herstellung von Polymeren durch anionische Polymerisation. Im Folgenden werden einige ausgewählte Organometallverbindungen behandelt, deren Verhalten durch Metall-Kohlenstoff-σ-Bindungen bestimmt ist.

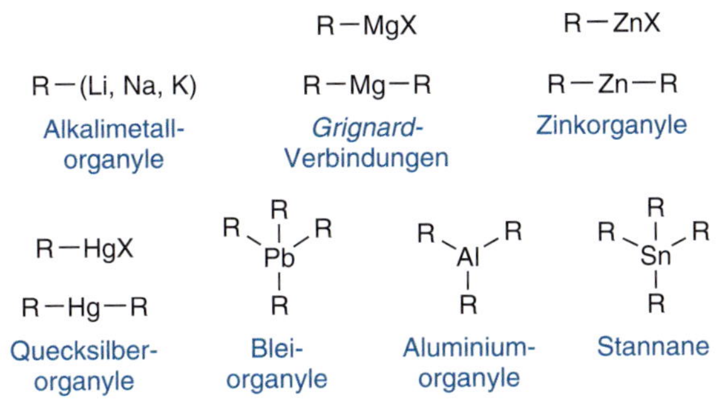


## 11.1 Alkalimetallorganische Verbindungen (Alkalimetallorganyle)

### 11.1.1 Struktur und Eigenschaften

**Alkalimetallorganyle** gehören zu den reaktivsten Organometallverbindungen überhaupt. Die Reaktivität steigt innerhalb der Gruppe der Alkalimetalle von oben nach unten an, da sich in dieser Reihenfolge die Polarität der C—M-Bindung erhöht. Aber selbst bei den Alkalimetallorganylen handelt sich nicht um echte Ionenbindungen, sondern um stark polarisierte, kovalente Bindungen. Die hohe Polarität dieser R—M-Bindung bedingt die Nucleophilie des C-Atoms und die hohe Basizität der Verbindungen. Die Bindungspolarität zeigt sich in dem hohen Dipolmoment der Verbindungen ($CH_3Li$ weist ein Dipolmoment von 6 D auf) und kann bei Lithiumorganylen auch direkt durch Li-NMR-spektroskopisch bestimmt werden. So verschiebt sich mit zunehmenden Ionenanteil der Bindung das $^7$Li-NMR-Signal nach höherem Feld. Die sehr reaktionsfähigen Natrium- und Kaliumorganyle sind in Reinform farblose, amorphe Feststoffe, die sich an der Luft spontan entzünden und zuweilen explosionsartig verpuffen. Noch stärker ausgeprägt ist die Polarität bei den Natriumverbindungen der aromatischen Reihe, z. B. bei Benzylnatrium und besonders bei Triphenylmethylnatrium. Bei solchen arylstabilisierten alkalimetallorganischen Verbindungen, bei denen die negative Ladung über den benachbarten Arylrest delokalisiert ist (was sich durch die Formulierung chinoider mesomerer

**Tab. 11.1** Ausbeuten von primären Organolithium-Verbindungen R—Li durch Halogen-Metall-Austausch zwischen Halogenalkanen (R—X) und [a]*n*-BuLi bzw. [b]*t*-BuLi in Diethylether bei −75 °C

| Li—R | X | Produkt [%] |
|---|---|---|
| $Li—CH_3$[a] | Br | 64 |
| $Li—C_4H_9$[b] | I | 91 |
| $Li—C_8H_{17}$[b] | I | 93 |
| $Li—(CH_2)_2C_6H_5$[b] | I | 91 |

Grenzstrukturen zeigen lässt), tritt eine intensive Färbung auf. Benzylnatrium ist beispielsweise intensiv rot gefärbt. Der Energiegewinn, der durch die Resonanzstabilisierung erzielt wird, ist so groß, dass die R—M-Bindungen einen ausgeprägten ionischen Charakter haben und die Elektronen der Metall-Kohlenstoff-Bindung nahezu vollständig zum Kohlenstoffatom hin verschoben sind. Vergleichbar einem Ionenpaar leiten solche Verbindungen, in Schwefeldioxid oder organischen Lösemitteln gelöst, den elektrischen Strom (*W. Schlenk*).

Viele **Organolithiumverbindungen**, R—Li, sind an der Luft **selbstentzündlich**, in einer Stickstoffatmosphäre lassen sie sich hingegen unzersetzt sublimieren bzw. destillieren. Wegen ihrer höheren Reaktivität nutzt man sie oft anstelle von *Grignard*-Verbindungen zur Einführung des Alkyl- oder Arylrestes in organische Verbindungen (*Wittig, Gilman*). Organolithiumverbindungen sind sowohl in Ethern (THF, Diethylether) als auch in unpolaren, organischen Lösemitteln, wie Benzen oder Hexan, löslich. Vor allem in unpolaren Lösemitteln liegen die Verbindungen jedoch nicht monomer, sondern oft als Aggregate, in Form von **oligomeren** oder **polymeren Clustern** vor. So bildet Methyllithium im Kristall und in etherischer Lösung Tetramere. *n*-Butyllithium liegt in Cyclohexan hexamer und in Ether tetramer vor. In THF bei −108 °C liegt es als Gemisch aus Dimeren und Tetrameren vor. Phenyllithium ist ein Gemisch aus Monomeren und Dimeren. *tert*-Butyllithium bildet in Hexan Tetramere. Durch Li-NMR-Spektroskopie oder ESR-Spektroskopie können diese oligomeren Formen direkt nachgewiesen werden. Das Fragment $[Li_4(t\text{-}Bu)_3]^+$ wurde zudem in der Gasphase durch MS-Untersuchungen beobachtet. Diese **Bildung von Assoziaten** wird sowohl in Lösung als auch im festen Zustand durch den **Elektronenmangel** im monomeren Molekül R—Li verursacht. Da die Zahl der Valenzelektronen in einer kovalenten Zweielektronen-Zweizentrenbindung zu gering ist, um alle verfügbaren Li-Valenzorbitale mit Elektronen zu besetzen, kommt es zur Ausbildung von **Mehrzentrenbindungen**. Der Assoziationsgrad beeinflusst unmittelbar die Reaktivität der Organolithiumverbindung: Je höher der Assoziationsgrad, desto unreaktiver wird die Verbindung. Durch Zusatz von *Lewis*-Basen lässt sich der Assoziationsgrad reduzieren. So werden z. B. durch Zugabe von Tetramethylethylendiamin (TMEDA) die $Li^+$-Kationen komplexiert und somit die Assoziate aufgebrochen und der ionische Charakter der R—M-Bindung verstärkt, wodurch sich in Summe die Reaktivität der Lithiumorganyle deutlich erhöht.

### 11.1.2 Gewinnung und Synthese

Organische **Lithiumverbindungen** entstehen durch Einwirkung von metallischem Lithium auf Alkyl- oder Arylhalogenide (**Halogen-Metall-Austausch**) in inerten Lösemitteln wie Ether oder Benzen unter Ausschluss von Feuchtigkeit, Sauerstoff und Kohlendioxid (*K. Ziegler* 1930).

$$H_3C—Cl + 2\,Li \longrightarrow H_3C—Li + LiCl$$

Methyllithium

$$C_6H_5—Cl + 2\,Li \longrightarrow C_6H_5—Li + LiCl$$

Phenyllithium

Mit den besten Ausbeuten verlaufen diese Reaktionen bei Alkyl- oder Arylchloriden, da sich die Bromide und Iodide leicht mit der entstehenden lithiumorganischen Verbindung im Sinne einer ***Wurtz-Fittig*-Synthese** (▸Kap. 4, ▸Kap. 18.2.2) zu Kohlenwasserstoffen umsetzen. In Sonderfällen, z. B. bei (Chloromethyl)methylether, verwendet man ein Gemisch aus Natrium und Lithium zur **reduktiven Metallierung**. Andere Methoden setzen zusätzlich Elektronenüberträger, wie Naphthalen oder Anthracen, ein. Zur Darstellung von Lithiumverbindungen können auch Brom- oder Iodverbindungen mit anderen, kommerziell erhältlichen Lithiumorganylen bei −75 °C in Diethylether oder THF umgesetzt werden (◘ Tab. 11.1).

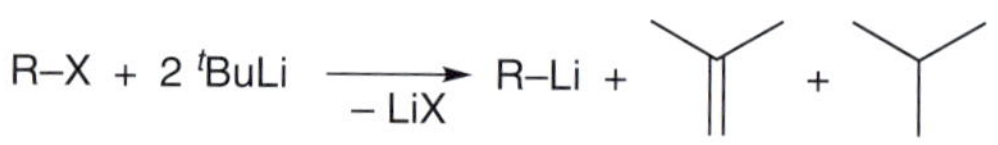


Chlorverbindungen verhalten sich in der Regel relativ inert gegenüber dieser Behandlung. Die Fähigkeit der Lithiumverbindung, einen solchen **Halogen-Metall-Austausch** durchzuführen, hängt von der Stabilität der intermediär entstehenden Carbanionen ab. Je acider

der zugrunde liegende Kohlenwasserstoff ist, desto leichter bildet sich das entsprechende Carbanion: $Li{-}C(CH_3)_3$ ($pK_S = 53$) < $Li{-}CH(CH_3)C_2H_5$ < $Li{-}CH_2C_3H_7$ < $Li{-}CH_3$ ($pK_S = 48$) < $Li{-}C_6H_5$ ($pK_S \approx 40$).

Einen weiteren Zugang zu Lithiumorganylen bietet der Ersatz von Wasserstoff in hinreichend aciden C—H-Bindungen. Eine solche direkte **Metallierung** gelingt mit metallischem Lithium, Lithiumamiden (z. B. Lithiumdiisopropylamid, LDA, $pK_S$ von Diisopropylamin ca. 35) oder den kommerziell zugänglichen lithiumorganischen Verbindungen wie *n*-BuLi (▶ Abb. 11.1). Für viele Metallierungen hat sich als Lösemittel Tetrahydrofuran bewährt. Auch Diethylether wird oft verwendet.

Um wenig reaktive Kohlenwasserstoffverbindungen zu metallieren, benötigt man entweder Unterstützung durch eine Seitengruppe (**„Nachbargruppeneffekt“**) oder eine **„Superbase“**. Eine viel genutzte Seitengruppe mit *ortho*-dirigierendem Effekt ist die MOM-Schutzgruppe für Phenole (MOM = Methoxymethylether). Sie kann mit ihren Sauerstoffatomen ($\sigma$-Donor) das Lithiumkation in Butyllithium komplexieren, erhöht dadurch die Reaktivität der Organometallverbindung und erleichtert so die Deprotonierung am Aromaten in der direkt benachbarten *ortho*-Position (***ortho*-Metallierung**).

*n*-BuLi/KO*t*-Bu, MeLi/KO*t*-Bu, *t*-BuLi/KO*t*-Bu und *n*-BuLi/NaO*t*-Bu (jeweils im Verhältnis 1:1) zählen zu den sogenannten **Superbasen**. Die Anwesenheit einer Base wie KO*t*-Bu führt sowohl zu einer Deaggregation der Organolithiumverbindung als auch zu einer erhöhten Kohlenstoff-Metall-Polarisierung (Austausch des stärker koordinierenden Lithium-Kations durch das weniger stark koordinierende Kalium-Ion, da das härtere Lithium-Kation bevorzugt an das harte O-Atom des Alkoholats bindet). Beides hat eine erhöhte Reaktivität zur Folge.

**Natriumorganyle** sind aus Alkylhalogeniden und Natrium nicht zugänglich (vgl. ***Wurtz*-Synthese**, ▶ Kap. 4). Dagegen lassen sie sich durch Metallierung (Reaktion von CH-aciden Substanzen wie Acetylen mit Metallen) sowie aus Dialkylquecksilber und Natrium unter Luft- und Feuchtigkeitsausschluss darstellen (*W. Schlenk sen.*). In gleicher Weise erhält man durch **Metall-Metall-Austausch** die **Kaliumorganyle.** Die entsprechenden Arylverbindungen werden durch Halogen-Metall-Austausch nach dem Verfahren von *Ziegler* gewonnen.

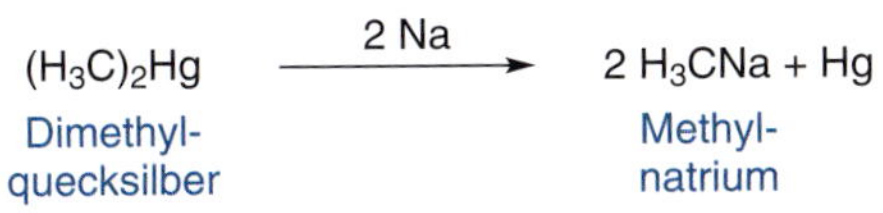


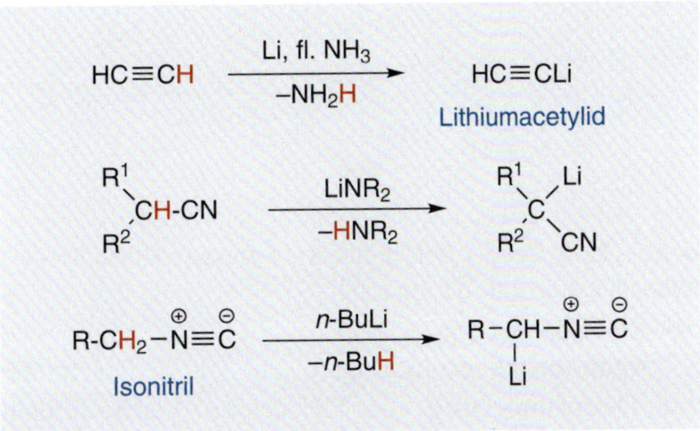


▶ **Abb. 11.1** Hinreichend CH-acide Verbindungen können leicht durch Lithium oder Lithiumorganyle deprotoniert werden.

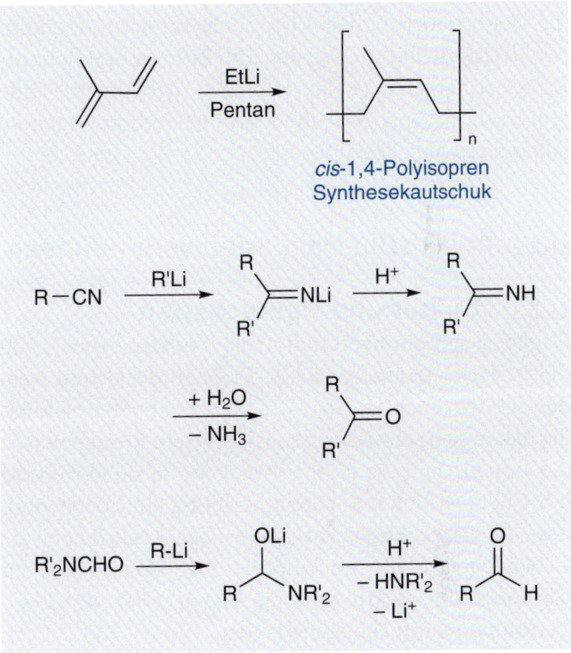


▶ **Abb. 11.2** Anionische Polymerisation von Isopren zu Synthesekautschuk (oben). Die Addition von Lithiumorganylen an Nitrile führt zu Ketonen (Mitte). Durch die Umsetzung von Lithiumreagenzien mit tertiären Formamiden wie DMF lassen sich Aldehyde herstellen (unten).

11

### 11.1.3 Reaktionen und Anwendungen

Lithiumorganische Verbindungen ähneln in ihrem Verhalten den *Grignard*-Reagenzien (▶ Kap. 11.2), sie sind jedoch deutlich reaktiver. Sie werden zur Darstellung von Ketonen aus Nitrilen, von Alkoholen aus Carbonylverbindungen (▶ Kap. 12) und zur Synthese von Aldehyden aus Formamiden genutzt. Bei höheren Temperaturen erfolgt die Zersetzung der Lithiumorganyle über eine Lithiumhydrid-Eliminierung unter Bildung von Alkenen. Lithiumorganyle addieren auch an C—C-Mehrfachbindungen. So lässt sich z. B. die **Polymerisation** von Isopren zu Polyisopren (▶ Kap. 26.2) durch Addition von Butyl- oder Ethyllithium einleiten (▶ Abb. 11.2, oben).

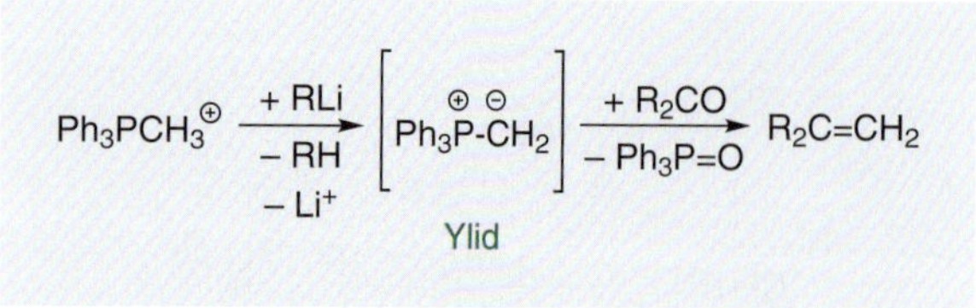


**o Abb. 11.3** Bei der *Wittig*-Reaktion werden Lithiumorganyle als starke Basen eingesetzt.

Organometallverbindungen sind starke Basen, die zur **Deprotonierung** von CH-aciden Verbindungen genutzt werden können (▸Kap. 11.1.2). Meist werden Lithiumorganyle eingesetzt. Der Zusatz von Tetramethylethylendiamin (TMEDA) erhöht dabei die Reaktivität der Lithiumreagenzien (▸Kap. 11.1.1). Auch für die Deprotonierung von Organophosphoniumionen in der ***Wittig*-Reaktion** werden oft Lithiumorganyle als Basen eingesetzt (▸Kap. 10). Die gebildeten Ylide reagieren im Anschluss mit Carbonylverbindungen zu Alkenen (o Abb. 11.3).

## 11.2 Organische Magnesiumverbindungen

### 11.2.1 Struktur und Eigenschaften

Organomagnesiumverbindungen wurden um 1900 durch *Victor Grignard* (o Abb. 11.4) entdeckt und werden seitdem auch als ***Grignard*-Reagenzien** bezeichnet. Sie haben sich schnell zu den wichtigsten Reagenzien in der organischen Synthese entwickelt, da sie leicht und billig herzustellen und zudem vielfältig einsetzbar sind, u. a. als starke Basen für Säure-Base-Reaktionen, als **C-Nucleophile für nucleophile Additionen** z. B. an Carbonyle und elektronenarme Alkene, oder zur C—C-Verknüpfung mit Halogenalkanen.

Nach Untersuchungen von *W. Schlenk jun.* liegt in den *Grignard*-Lösungen ein Gleichgewicht zwischen der monoalkylierten (R—MgX, X = $Cl^-$, $Br^-$, $I^-$) und der dialkylierten Magnesiumverbindungen ($R_2Mg$) vor (***Schlenk*-Gleichgewicht**, o Abb. 11.5, oben). Es handelt sich hierbei um ein komplexes System schneller **Austauschreaktionen** zwischen Magnesiumatom und Ethermolekülen, Halogenid- und Alkylresten. Die Lage des Gleichgewichts hängt von der Assoziation und der Aggregation der einzelnen Komponenten ab. Die Werte für die Gleichgewichtskonstanten können durch kinetische Experimente wie **thermometrische Titration** (die Bestimmung des Äquivalenzpunktes einer Titration mittels Temperaturmessung), **IR**- und **NMR-Spektroskopie** (▸Kap. 2.5.3, ▸Kap. 2.5.5) bestimmt werden. Die Gleichgewichtslage kann durch Zugabe einer der Komponenten im Überschuss (Dialkylmagnesium oder Magnesiumhalogenid) verschoben werden.

**o Abb. 11.4** *Victor Grignard* (1871–1935) erhielt 1912 den Nobelpreis für Chemie *„for the discovery of the so-called* Grignard *reagent, which in recent years has greatly advanced the progress of organic chemistry"*.

Mithilfe der NMR-Spektroskopie konnte bestätigt werden, dass ***Grignard*-Verbindungen** in Lösung vorwiegend dimolekular vorliegen und wahrscheinlich eine der in o Abb. 11.5 (Mitte) gezeigten Komplexstrukturen besitzen. Der Einfachheit halber soll jedoch die vereinfachte monomere Schreibweise R—MgX im Folgenden beibehalten werden. Auf das Vorliegen von *Grignard*-Verbindungen prüft man mit ***Gilmans*-Reagenz**, das aus ***Michlers*-Keton** (o Abb. 11.5, unten), Wasser und Iod in essigsaurer Lösung besteht. Die drei Komponenten werden nacheinander der Lösung zugesetzt, bei Vorliegen einer *Grignard*-Verbindung tritt eine grünblaue Färbung auf, die auf der Bildung von Di- bzw. Triphenylmethanfarbstoffen beruht.

### 11.2.2 Gewinnung und Synthese

Bringt man Magnesium in trockenem Ether mit einem Alkylhalogenid R—X zusammen, so geht das Metall unter Bildung eines Alkylmagnesiumhalogenids R—MgX in Lösung. Die *Grignard*-Verbindungen enthalten meist zwei komplex gebundene Ethermoleküle, die nach dem Abdestillieren des Lösemittels erst durch längeres Erwärmen im Vakuum auf 100 °C entfernt

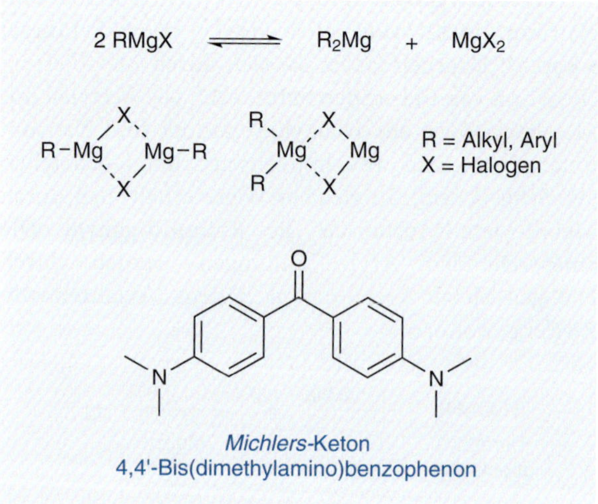


**o Abb. 11.5** *Schlenk*-Gleichgewicht (oben), Komplexstrukturen von *Grignard*-Verbindungen (Mitte) sowie Strukturformel von *Michlers*-Keton (unten) werden können. Etherfrei erhält man *Grignard*-Verbindungen bei Verwendung von Ligroin, Benzen oder Xylen als Lösemittel. Zuweilen tritt die Reaktion des Alkyl- oder Arylhalogenids mit Magnesium bzw. die nachfolgende Umsetzung erst bei höheren Temperaturen ein. In diesem Fall ist die Verwendung von Butyl- oder Amylether als Lösemittel ratsam.

$$R{-}X + Mg \longrightarrow R{-}MgX$$

Eine gängige Labormethode, um die Bildung der *Grignard*-Verbindungen zu beschleunigen, ist die Zugabe von einigen Iodkristallen zu Magnesiumspänen (○ Abb. 11.6). Ioddämpfe ätzen dabei die oberste Schicht des Magnesiums an und aktivieren so die Oberfläche. Alternativ lassen sich die Magnesiumspäne auch direkt im trockenen Lösemittel mit wenigen Tropfen 1,2-Dibromethan aktivieren.

Zu weitaus reaktiverem Magnesium führt die Variante nach *Rieke*: Hier wird feinstes Magnesiumpulver *in situ* aus Magnesiumchlorid durch Reduktion mit Kalium in einem inerten Lösemittel hergestellt. Dieses kolloidale Magnesium („***Rieke*-Magnesium**") besitzt eine so große aktive Oberfläche, dass damit auch weniger reaktive Halogenide umgesetzt werden können.

### 11.2.3 Reaktionen und Anwendungen

Die Entdeckung der Organomagnesiumverbindungen, die für organische Synthesen herausragende Bedeutung besitzen, geht auf Beobachtungen von *Cahours* (1860) und *Barbier* zurück. Ein Beispiel ist die Synthese von Vinylessigsäure aus Allylbromid unter Verwendung von Magnesium und Kohlendioxid in einer Eintopf-Reaktion (***Barbier*-Reaktion:** Umsetzung halogenierter Kohlenwasserstoffe an einer metallischen Oberfläche mit Carbonylverbindungen zu Alkoholen oder wie im vorliegenden Fall mit Kohlendioxid zu Carbonsäuren). Die *Barbier*-Reaktion ist auch mit vielen anderen Metallen als Magnesium durchführbar, z. B. Lithium (**Li-*Barbier*-Reaktion**).

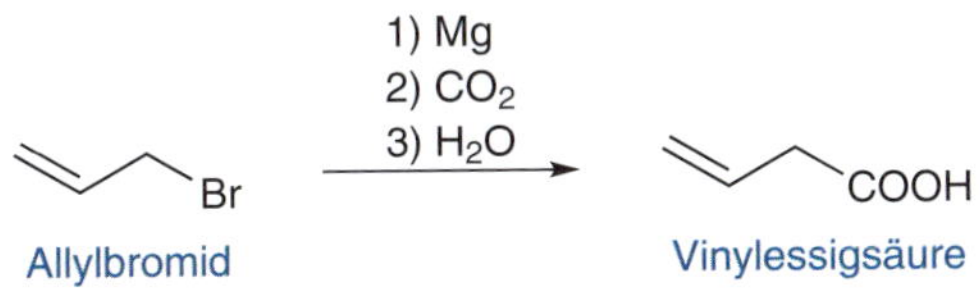


Auf die umfassenden Untersuchungen von *Barbiers* Schüler *Grignard* (1900) geht die zweistufige Variante der Reaktion zurück, deren erster Schritt die Synthese der *Grignard*-Verbindung ist. Die Reaktivität der *Grignard*-Verbindungen zeigt sich in ihrem Verhalten als **starke Basen** gegenüber Substanzen, die acide H-Atome (OH-, $NH_2$-Gruppen) besitzen. Die einfachste dieser Reaktionen ist die Zersetzung von RMgX durch Wasser

○ **Abb. 11.6** Magnesiumspäne

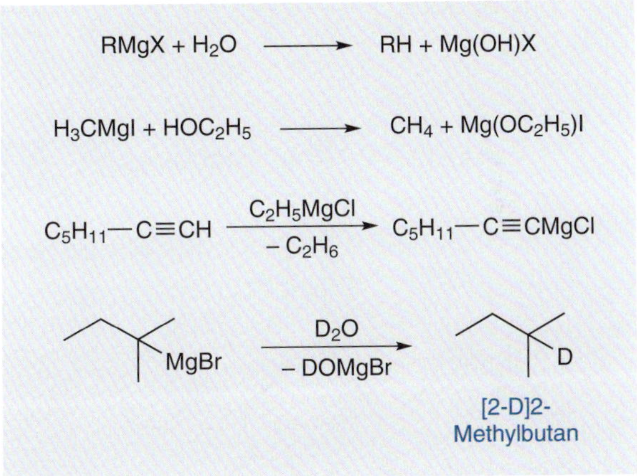


○ **Abb. 11.7** Säure-Base-Reaktionen mit *Grignard*-Reagenzien

zum Kohlenwasserstoff R—H und dem Salz Mg(OH)X (X = Cl, Br, I; ○ Abb. 11.7). Entsprechend reagieren Alkohole mit *Grignard*-Verbindungen, wobei ebenfalls die Kohlenwasserstoffe und die entsprechenden Alkoholate entstehen; beispielsweise reagieren Methylmagnesiumiodid und Ethanol zu Methan und dem gemischten Magnesiumsalz Mg(OEt)I. Die gleiche Reaktion läuft mit Phenolen, Enolen, Carbonsäuren, primären und sekundären Aminen usw. ab (○ Abb. 11.7). Daher müssen Arbeiten mit *Grignard*-Verbindungen stets im **wasserfreien Medium** durchgeführt werden, um hohe Ausbeuten zu erzielen. Sogar H-Atome, die direkt an das C-Atom einer Alkingruppe gebunden sind, reagieren aufgrund ihrer hohen Acidität ($pK_S = 25$) mit *Grignard*-Reagenzien.

Verwendet man Methylmagnesiumiodid, so erhält man für jedes acide H-Atom der zu untersuchenden Verbindung ein Mol Methan, das sich nach der **Methode von Zerewitinow** gasvolumetrisch bestimmen lässt. Diese Reaktion kann somit zum Nachweis von aciden Wasserstoffatomen bei der Konstitutionsermittlung organischer Verbindungen genutzt werden.

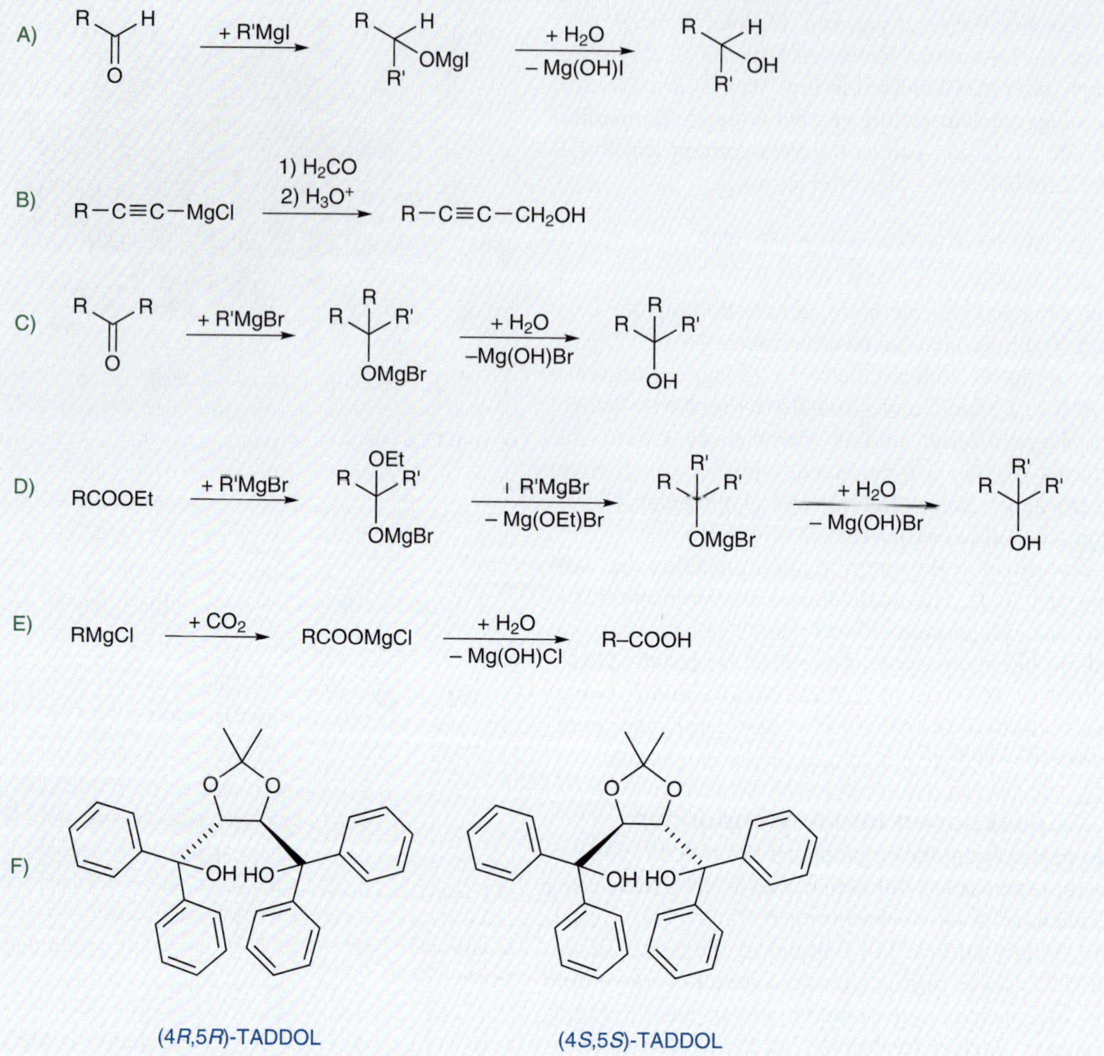


**Abb. 11.8** Die Darstellung von sekundären Alkoholen erfolgt durch Umsetzung von *Grignard*-Reagenzien mit Aldehyden (**A**); Reaktion mit Formaldehyd (**B**); Ketone (**C**) und Carbonsäureester (**D**) reagieren mit *Grignard*-Verbindungen unter Bildung tertiärer Alkohole; *Grignard*-Verbindungen reagieren mit Kohlendioxid zu Carbonsäuren (**E**); Strukturformeln von Tetraaryl-1,3-dioxolan-4,5-dimethanol (TADDOL, *Seebach*-Reagenz; **F**)

Andererseits kann die Hydrolyse einer *Grignard*-Verbindung mit $D_2O$ zur **selektiven Deuterierung** verwendet werden: Man kann z. B. aus 2-Methylbutan nach radikalischer Halogenierung, Bildung des *Grignard*-Reagenz und dessen Umsetzung mit $D_2O$ [2-D]2-Methylbutan, ein **Isotopomer** des 2-Methylbutans, erhalten. Isotopomere sind Verbindungen mit gleicher Strukturformel, aber unterschiedlichem Isotopengehalt. Das Beispiel in Abb. 11.7 zeigt eine Möglichkeit der Nomenklatur deuterierter Substanzen; alternativ sind die Bezeichnungen [2-$^2$H]2-Methylbutan, 2-Deuterio-2-methylbutan und 2-Methylbutan-2-d für derartige isotopomere Verbindungen gebräuchlich.

Die wichtigste Reaktion der Organomagnesiumverbindungen ist die **nucleophile Addition an polare Mehrfachbindungen** wie C=O, C=N, C≡N, N=O und S=O (▸Exkurs: Carotinoid-Farbstoff Zeaxanthin). Bei diesen *Grignard*-Reaktionen lagert sich der Alkyl- oder Arylrest formal als Carbanion an ein elektrophiles C-Atom z. B. eines Halogenalkans oder einer Carbonylgruppe an. Die Bildung einer *Grignard*-Verbindung aus einem Halogenalkan ist somit ein Beispiel für eine **Umpolung**. Aus dem elektrophilen C-Atom des Edukts R−X wird im *Grignard*-Reagenz R−MgX ein nucleophiles C-Atom. Die nucleophile Addition einer *Grignard*-Verbindung an eine Carbonylgruppe verläuft über einen sechsgliedrigen Übergangszustand, an dem zwei Äquivalente des *Grignard*-Reagenzes beteiligt sind. Aus dem einem Äquivalent wird der nucleophile Alkylrest auf das Carbonyl-C-

Atom übertragen und das andere Äquivalent aktiviert die Carbonylgruppe.

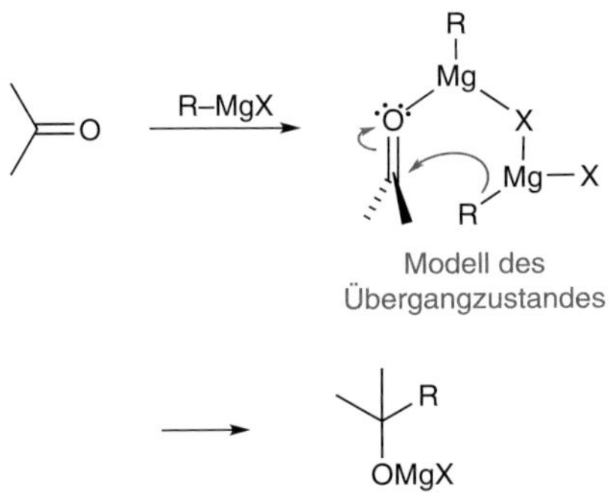


Aus Aldehyden entstehen durch Addition eines *Grignard*-Reagenzes sekundäre Alkohole (○ Abb. 11.8 A). Nur bei Formaldehyd (R=H) erhält man primäre Alkohole (○ Abb. 11.8 B). Ketone reagieren zu tertiären Alkoholen (○ Abb. 11.8 C). Wenn die Umsetzung in Gegenwart von **chiralen Komplexbildnern**, wie z. B. TADDOL (*α,α,α',α'*-Tetraaryl-1,3-dioxolan-4,5-dimethanol, ***Seebach*-Reagenz**, ○ Abb. 11.8 F), vorgenommen wird, entstehen optisch aktive, tertiäre Alkohole mit großem Enantiomerenüberschuss (zum Teil ee > 98 %). Die ansonsten meist schwierige Erzeugung tertiärer Chiralitätszentren gelingt mit dieser Reaktion besonders gut. Auch die Umsetzung von *Grignard*-Lösungen mit Carbonsäureestern führt in zwei Reaktionsschritten zu tertiären Alkoholen. Zunächst erfolgt die Addition an die C=O-Gruppe mit anschließender Eliminierung von Alkoholat (Acylsubstitution, ▸ Kap. 14). Das entstandene Keton reagiert jedoch mit einem zweiten Mol der *Grignard*-Verbindung weiter zum tertiären Alkohol (○ Abb. 11.8 D). Durch Einleiten von trockenem Kohlendioxid in eine *Grignard*-Lösung erhält man Carbonsäuren (○ Abb. 11.8 E).

**Exkurs: Carotinoid-Farbstoff Zeaxanthin**

Heute sind *Grignard*-Reaktionen aus der organischen Synthese nicht mehr wegzudenken. Bei vielen Naturstoffsynthesen spielen magnesiumorganische Verbindungen eine wichtige Rolle. Ein Beispiel ist das kommerziell erhältliche **Vinylmagnesiumchlorid**. Für die BASF-Synthese des Carotinoid-Farbstoffs Zeaxanthin ist es unverzichtbar (○ Abb. 11.9, vgl. ▸ Kap. 26.2.1). In der Natur kommt Zeaxanthin als gelber Farbstoff in Spinat und Mais vor und es findet Verwendung als Lebensmittelfarbe. Beim Menschen findet es sich im Gelben Fleck der Netzhaut (*Macula lutea*) in besonders hoher Konzentration; es besitzt antioxididative Eigenschaften. Zeaxanthin kann im menschlichen Körper nicht gebildet werden, sondern muss über die Nahrung aufgenommen werden. Es reichert sich dann selektiv im Auge an.

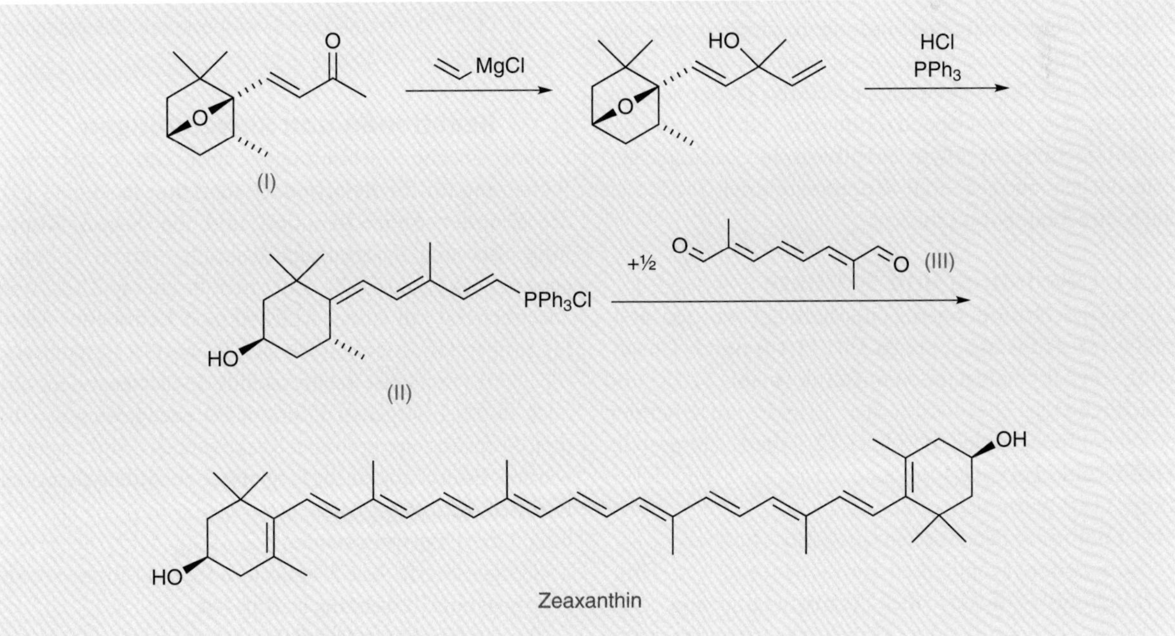


○ **Abb. 11.9** Darstellung von Zeaxanthin; durch Vinylierung von (4*R*,6*R*)-1-(3-Oxobut-1-en-1-yl)-2,2,6-trimethyl-7-oxa-bicyclo[2.2.1]heptan (I) mit Vinylmagnesiumchlorid und anschließende Umsetzung mit Triphenylphosphin erhält man ein Triphenylphosphoniumsalz (II), das mit 2,7-Dimethylocta-2,4,6-trien-1,8-dial (III) im Verhältnis 2:1 zu Zeaxanthin reagiert.

**Abb. 11.10** *Edward Frankland* gelang bereits 1849 die Darstellung und die Handhabung der luftempfindlichen Zinkorganyle. Später gelang ihm auch die Darstellung der wichtigen Quecksilberalkyle, z. B. $Hg(CH_3)_2$, sowie weiterer Hauptgruppenmetallorganyle.

**Abb. 11.11** Zinkgranalien

## 11.3 Organische Zinkverbindungen

### 11.3.1 Struktur und Eigenschaften

Die binären Zinkorganyle, $ZnR_2$ (R = Alkyl, Aryl), sind lineare **Monomere** und haben niedrige Schmelz- und Siedepunkte. Die Zink-Kohlenstoff-Bindung besitzt einen stärker **kovalenten Charakter** als dies bei den entsprechenden Metall-Kohlenstoff-Bindungen in *Grignard*-Verbindungen (▸Kap. 11.2) der Fall ist. Zwar reagieren Organozinkverbindungen ähnlich wie die Organolithium- und Organomagnesiumverbindungen, sie sind aber deutlich weniger reaktiv. Daher werden Zinkorganyle überwiegend dann verwendet, wenn relativ milde und vor allem nichtbasische Bedingungen erforderlich sind. Durch Komplexbildner lässt sich auch ihre Reaktivität erhöhen.

### 11.3.2 Gewinnung und Synthese

Dialkylzinkverbindungen (Zinkdialkyle) wurden erstmalig von *Frankland* 1849 (Abb. 11.10) durch Umsetzung von Alkylhalogeniden mit Zink (Abb. 11.11) und anschließende Destillation der primär entstehenden Alkylzinkhalogenide (Abb. 11.12, oben) dargestellt. Diethylzink $Zn(C_2H_5)_2$ ist eine wasserklare Flüssigkeit (Sdp. 118 °C), die sich an der Luft von selbst entzündet. Sie ist nur unter Feuchtigkeitsausschluss haltbar.

Eine weitere Möglichkeit zur Gewinnung von Zinkverbindungen bietet die Transmetallierung von Lithium-, *Grignard*- oder Aluminiumorganylen unter Verwendung von wasserfreien Zinksalzen wie $ZnCl_2$ oder $Zn(OAc)_2$ (Abb. 11.12, unten).

$$2\,C_2H_5I \xrightarrow{+2\,Zn} 2\,C_2H_5ZnI \xrightarrow[-\,ZnI_2]{} Zn(C_2H_5)_2$$

$$ZnCl_2 + 2\,RLi \longrightarrow R_2Zn + 2\,LiCl$$

$$ZnCl_2 + 2\,RMgX \longrightarrow R_2Zn + 2\,MgXCl$$

$$3\,Zn(OAc)_2 + 2\,R_3Al \longrightarrow 3\,R_2Zn + 2\,Al(OAc)_3$$

**Abb. 11.12** Reaktionen zur Gewinnung von Zinkorganylen

### 11.3.3 Reaktionen und Anwendungen

Zinkorganische Verbindungen sind von präparativer Bedeutung für die ***Reformatsky*-Reaktion** (Abb. 11.13), die ***Simmons-Smith*-Reaktion** und die ***Negishi*-Kupplung**. Bei der *Reformatsky*-Reaktion werden α-Halogenester (▸Kap. 15.2.2) mit metallischem Zink und anschließend mit einem Aldehyd oder Keton zum Alkohol umgesetzt. Dabei bilden sich in inerten Lösemitteln, z. B. THF, zunächst relativ stabile Zwischenstufen, die auch durch Röntgenstrukturanalyse nachgewiesen wurden. Aufgrund der geringen Reaktivität der Zinkorganyle werden Estergruppen im Gegensatz zu Aldehyden oder Ketonen nicht angegriffen. Deswegen gelingt die Darstellung der entsprechenden Zinkorganyle aus den α-Halogenestern. Mit Magnesium oder Lithium würde hingegen eine Zersetzung stattfinden.

Bei der ***Simmons-Smith*-Reaktion** (Abb. 11.14) zur Darstellung von Cyclopropanen (▸Kap. 4) lässt man Diiodmethan und ein Olefin in wasserfreiem Diethyl-

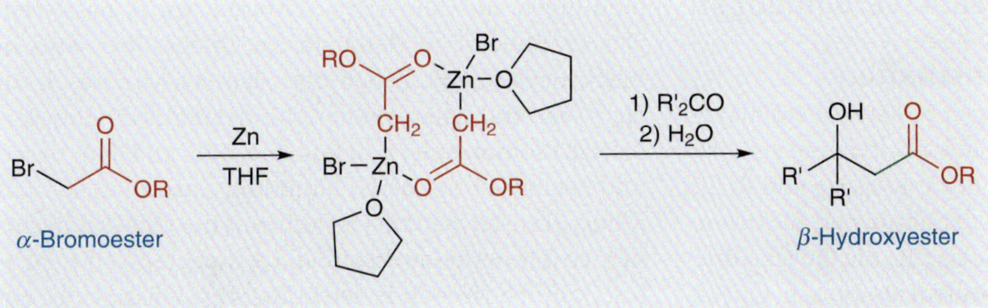


**Abb. 11.13** *Reformatsky*-Reaktion

ether auf aktiviertes Zink im Überschuss einwirken. Die Reaktion verläuft über das Iodmethylzinkiodid. Sie ist stereospezifisch, d. h. *cis*-Olefine liefern *cis*-Cyclopropanderivate und *trans*-Olefine *trans*-Cyclopropanderivate. Es findet also eine *syn*-Addition an die C=C-Doppelbindung statt. Dies spricht für eine konzertiert ablaufendende Übertragung der Methylengruppe durch ein carbenoides Reagenz. Die Ausbeute des entstehenden Cyclopropan-Derivats kann durch Anwendung von Ultraschall erhöht werden.

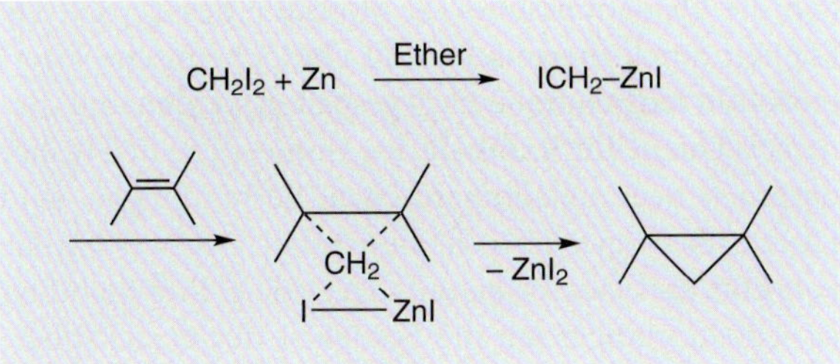


**Abb. 11.14** *Simmons-Smith*-Reaktion zur Darstellung von Cyclopropanen

Bei der ***Negishi*-Kupplung** (Nobelpreis 2010 zusammen mit *Suzuki* und *Heck* für die Entwicklung Pd-katalysierter Kreuzkupplungen; ▸Kap. 11.8.2) werden Arylhalogenide Nickel- oder Palladium-katalysiert mit Organozinkverbindungen unter C—C-Bindungsknüpfung zu alkylierten Aromaten umgesetzt (Abb. 11.15). Die Reaktion ähnelt der *Stille*- und der *Suzuki*-Kupplung (▸Kap. 11.6.3 bzw. ▸Kap. 11.8.2). Im ersten Schritt wird das Alkylhalogenid oxidativ an den Katalysator, meistens ein $Pd^0$-Komplex, addiert, wodurch sich dessen Oxidationsstufe von 0 auf +II erhöht, es entsteht eine Organopalladium- oder Organonickel-Species. Diese reagiert mit der Organozinkverbindung unter Transmetallierung. Das heißt, der nucleophile Alkylrest R aus dem Zinkorganyl wird auf den Pd-Komplex übertragen. Gleichzeitig wird Zink(II)halogenid als Salz freigesetzt, was die Triebkraft der Reaktion liefert. Durch *trans*/*cis*-Isomerisierung kommen die beiden organischen Reste im Pd-Komplex in unmittelbare Nachbarschaft, sodass dann im nächsten Schritt eine reduktive Eliminierung stattfinden kann, bei der das Produkt R—R' freigesetzt wird und der Palladium- bzw. Nickel-(0)-Katalysator zurückgebildet wird.

Wie die anderen genannten Reaktionen gehört auch die *Negishi*-Reaktion zu den **Kreuzkupplungen**. Darunter versteht man Reaktionen, bei denen mittels metallorganischer Katalyse C—C-Bindungen zwischen zwei Molekülen geknüpft werden. Typische Teilschritte der Palladium-katalysierten Kreuzkupplungen sind oxidative Addition, Transmetallierung, *trans*/*cis*-Isomerisierung und reduktive Eliminierung (auch ▸Kap. 11.8.2).

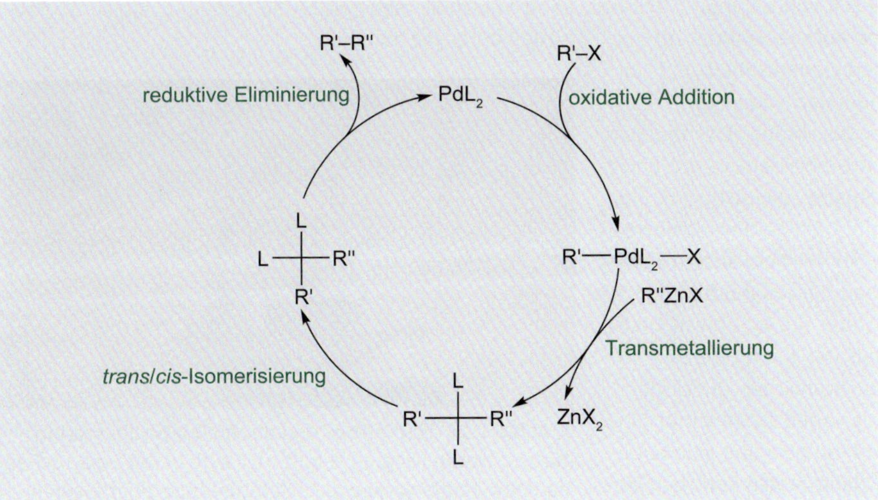


**Abb. 11.15** Die *Negishi*-Kupplung verwendet Organozinkverbindungen zur Palladium-katalysierten C—C-Verknüpfung.

## 11.4 Organische Quecksilberverbindungen

### 11.4.1 Struktur und Eigenschaften

Dialkylquecksilberverbindungen (Quecksilberdialkyle) sind leichtflüchtige, farblose Flüssigkeiten und gefährliche Atemgifte. Verbindungen des Typs $R_2Hg$ und RHgX sind linear gebaut. Aufgrund der ähnlichen Elektronegativitäten beider Bindungspartner ist die **Quecksilber-Kohlenstoff-Bindung** eher **kovalent** als ionisch. Quecksilber besitzt in seinen Metallorganylen fast ausschließlich die Oxidationsstufe +2. Moleküle des Typs $R_2Hg$ können durch thermische und photochemische Energiezufuhr leicht homolytisch gespalten werden und dienen als **Quelle für Radikale**. Im Vergleich zu den bisher besprochenen metallorganischen Verbindungen sind Quecksilberorganyle recht beständig, z. B. werden sie von Luft und Wasser kaum angegriffen. Ihre Stabilität ist jedoch weniger auf die Festigkeit der Quecksilber-Kohlenstoff-Bindung als vielmehr auf die geringe Bildungsgeschwindigkeit der Hg—O-Bindung zurückzuführen.

Organische Quecksilberverbindungen können sehr gut über die Haut resorbiert werden. Der geringste Hautkontakt mit **Dimethylquecksilber** kann bereits zum Tode führen (▸Exkurs: Minamata-Krankheit). Daher ist bei der Arbeit der Eigenschutz mit entsprechenden beständigen und undurchlässigen Handschuhen unablässig. Die $Hg^{2+}$-Ionen aus oral aufgenommenen Salzen werden im Magen-Darm-Trakt zu 2–15 % resorbiert und gelangen von dort direkt in die Blutbahn. Beim Einatmen von Quecksilberdämpfen können dagegen über die Lunge bis zu 80 % aufgenommen werden. $Hg^{2+}$-Ionen können im Gegensatz zu elementarem Quecksilber und organischen Quecksilberverbindungen die Blut-Hirn-Schranke nicht passieren. Der größte Teil an elementarem Quecksilber wird in Erythrocyten, der Leber und dem Gehirn rasch zu $Hg^{2+}$-Verbindungen oxidiert, bindet dann an schwefelhaltige Biomoleküle, z. B. Enzyme, oder an DNA-Basen und beeinträchtigt deren Funktion. Zusätzlich können Methyltransferasen im Organismus die Quecksilberionen zu **Dimethylquecksilber** methylieren (eine farblose, süßlich riechende, leichtflüchtige Flüssigkeit); ein starkes Gift, das sich aufgrund seiner hohen Membrandurchgängigkeit im Körper noch schneller ausbreiten kann.

### 11.4.2 Gewinnung und Synthese

Die Darstellung von Organoquecksilberverbindungen erfolgt im Allgemeinen durch **Transmetallierung** von Organolithium- oder *Grignard*-Verbindungen mit wasserfreien Quecksilber(II)-halogeniden $HgX_2$ (⚬Abb. 11.17, oben). Auf diese Weise sind auch gemischte Quecksilberorganyle zugänglich. Bei der **Mercurierung** wird ein H-Atom in einem Aromaten direkt durch Quecksilber ersetzt. Der Austausch erfolgt unter Verwendung polarer Quecksilbersalze, wie Quecksilber(II)-acetat, nicht aber mit $HgCl_2$. Bei der Reaktion mit aromatischen Kohlenwasserstoffen entstehen **Arylquecksilbersalze ArHgX** (⚬Abb. 11.17, Mitte). Ebenso lassen sich auch Heteroaromaten mercurieren. Sind die Aromaten substituiert, so gelten die gleichen Orientierungsregeln wie bei der elektrophilen Substitution am Benzenkern. Die Reaktion lässt sich durch starke, nichtkoordinierende Säuren katalysieren. Aus Quecksilberacetat und Perchlorsäure wird dabei intermediär das **Elektrophil $HgOAc^+$** erzeugt (⚬Abb. 11.17, unten).

**Exkurs: Minamata-Krankheit**

Eine Vergiftungsserie, die in der Zeit von 1956 bis 1978 in der japanischen Stadt Minamata auftrat, konnte auf Methylquecksilberchlorid und Methylquecksilbersulfid zurückgeführt werden. Die Verbindungen waren von Mikroorganismen aus anorganischen Quecksilberverbindungen erzeugt worden, die mit Industrieabwässern in die Bucht von Minamata gelangten. Organische Quecksilberverbindungen sind meist giftiger als die häufig schwerlöslichen, anorganischen Quecksilbersalze; sie reichern sich in Seefischen als Endstufe der natürlichen Nahrungskette an (z. B. im Thunfisch mit 0,4 mg Quecksilber pro kg). Diese Fische waren Hauptnahrungsbestandteil der umliegenden Dorfbewohner. Ihr Verzehr führte zu chronischen Quecksilbervergiftungen. Die betroffenen Personen litten unter Sinnesstörungen, Wachstumsbehinderungen und Muskeldeformationen (⚬Abb. 11.16). Offizielle Zahlen sprechen von 1435 Toten und 2265 Opfern, man vermutet jedoch, dass es in Wahrheit mehr als 3000 Tote und bis zu 10000–30000 Opfer gegeben hat.

⚬ **Abb. 11.16** Hochgiftige organische Quecksilberverbindungen waren für eine Vergiftungsserie in der japanischen Stadt Minamata verantwortlich (Abbildung zeigt elementares Quecksilber).

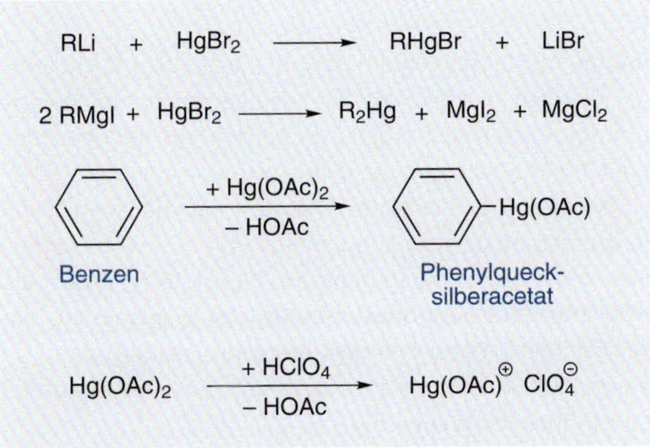


**o Abb. 11.17** Darstellung von Organoquecksilberverbindungen

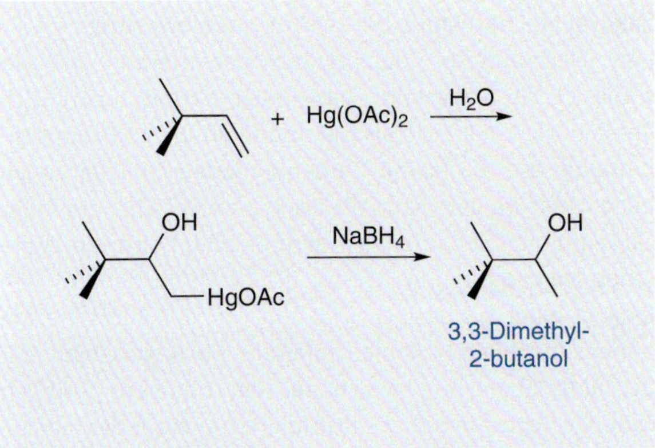


**o Abb. 11.18** Darstellung von 3,3-Dimethyl-2-butanol durch Hydroxymercurierung

### 11.4.3 Reaktionen und Anwendungen

Bei der **Hydroxymercurierung** eines Alkens mit Quecksilber(II)-acetat in wässrigem Tetrahydrofuran entsteht in einer regioselektiven Reaktion eine hydroxylierte organische Quecksilberverbindung, die *in situ* mit Natriumborhydrid zum Alkohol reduziert wird (o Abb. 11.18). Die mit sehr guter Ausbeute und unter milden Bedingungen verlaufende Reaktion führt im Endergebnis zur Anlagerung von Wasser an die C=C-Doppelbindung im Sinne der *Markownikow*-Regel (▸ Exkurs: Mechanismus der Hydroxymercurierung). Störungen durch andere funktionelle Gruppen oder Umlagerungen, wie sie bei der direkten säurekatalysierten Wasseraddition an ein Alken auftreten, werden selten beobachtet.

## 11.5 Organische Aluminiumverbindungen

### 11.5.1 Struktur und Eigenschaften

Im Unterschied zu den Organylen der 1. und 2. Hauptgruppe zeichnen sich **Aluminiumorganyle** durch ihre hohe Reaktivität gegenüber Alkenen und Alkinen aus. Die Trialkylaluminiumverbindungen $AlR_3$ sind farblose, destillierbare, leicht bewegliche Flüssigkeiten, die gegen Feuchtigkeit und Luftsauerstoff sehr empfindlich sind. Bei Berührung mit der Haut rufen Trialkylaluminiumverbindungen starke und schmerzhafte Verätzungen hervor. Die Anfangsglieder der homologen Reihe entzünden sich an der Luft von selbst und zersetzen sich mit Wasser explosionsartig. Arbeiten mit Aluminiumorganylen müssen daher stets unter inerten Bedingungen durchgeführt werden.

Aluminiumorganyle liegen für gewöhnlich sowohl in flüssigem Zustand als auch dicht oberhalb des Siedepunkts als **dimere Aggregate** $Al_2R_6$ vor. Voluminöse Reste wirken einer Assoziierung zu einem Dimer jedoch entgegen, z. B. liegt Triisobutylaluminium monomer vor. Die dimere Struktur lässt sich wie beim Boran $B_2H_6$ durch eine **Zweielektronen-Dreizentrenbindung (2e3c)** beschreiben. Dabei wechselwirken jeweils zwei $sp^3$-Hybridorbitale des Aluminiums und ein $sp^3$-Orbital des Kohlenstoffs z. B. einer $CH_3$-Gruppe miteinander. Jede der Al—C—Al-Brücken wird somit durch zwei Elektronen gebildet (o Abb. 11.20). In den Dimeren liegen die Aluminiumatome tetraedrisch koordiniert vor, in den Monomeren trigonal planar.

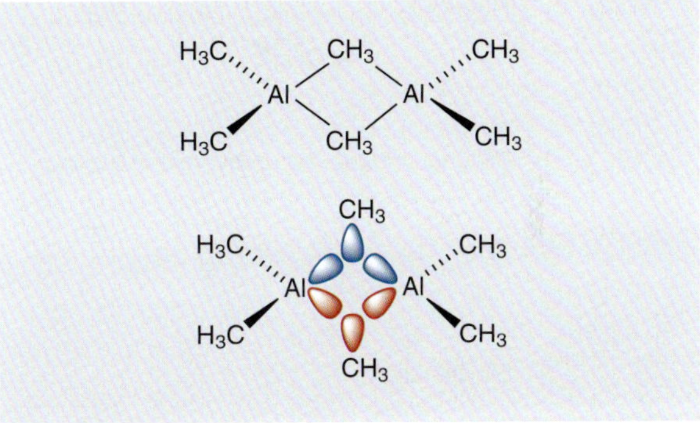


**o Abb. 11.20** Zweielektronen-Dreizentren-Bindung im dimeren $Al_2(CH_3)_6$

### 11.5.2 Gewinnung und Synthese

Die wichtigsten Aluminiumorganyle sind die Trialkylaluminiumverbindungen (Aluminiumtrialkyle), $AlR_3$, die insbesondere durch die Arbeiten von *K. Ziegler* zugänglich wurden. Beim ***Ziegler*-Direktverfahren** (o Abb. 11.21) reagieren Aluminium, Wasserstoffgas, Ethen und eine katalytische Menge $Et_3Al$ bei 80–160 °C und 100–200 bar zunächst zu $Et_2AlH$ („**Vermehrung**") und anschließend bei 80–110 °C und 1–30 bar weiter zu $Et_3Al$ („**Anlagerung**"). Dabei macht man sich zunutze, dass zum einen Aluminium in Gegenwart von $R_3Al$ mit Alkenen reagiert und zum anderen Aluminiumhydride an Alkene addieren (**Hydroaluminierung**). Eine andere Darstellung von Trialkylaluminiumverbindungen erfolgt durch reduktive Metallierung von Alkylhalogeniden mit einer Al-Mg-Legierung. Die Reaktionsfähigkeit von Aluminium kann

## Exkurs: Mechanismus der Hydroxymercurierung

Der Mechanismus der Hydroxymercurierung ist in ▢Abb. 11.19 dargestellt. Das HgOAc-Kation lagert sich ähnlich wie ein Proton als Elektrophil an die C=C-Doppelbindung an. Da keine Carbeniumionen-Umlagerungen beobachtet werden, kann die Reaktion nicht über ein freies Carbeniumion verlaufen, sondern es bildet sich ein **cyclisches Mercuriniumion**. Wasser öffnet als Nucleophil den Ring in einer $S_N2$-artigen Reaktion von der Rückseite am höher substituierten Kohlenstoffatom. Die Regioselektivität der Ringöffnung ergibt sich aus der höheren positiven Ladungsdichte am höher substituierten C-Atom des Merculiniumions. Dieses C-Atom ist daher gegenüber Nucleophilen deutlich reaktiver als das weniger hoch substituierte C-Atom. Nach Abspaltung eines Protons aus dem gebildeten Addukt erhält man die Hydroxy-Quecksilberacetat-Zwischenstufe. Diese wird im nächsten Reaktionsschritt mit Natriumboranat zum Alkohol reduziert. Dabei wird vermutlich zuerst das Acetatanion am Quecksilber durch ein Hydridion (aus dem Natriumborhydrid) ausgetauscht. Das so gebildete Quecksilberhydridorganyl zerfällt dann in einer **Radikalreaktion** zum Alkohol, wobei elementares Quecksilber gebildet wird.

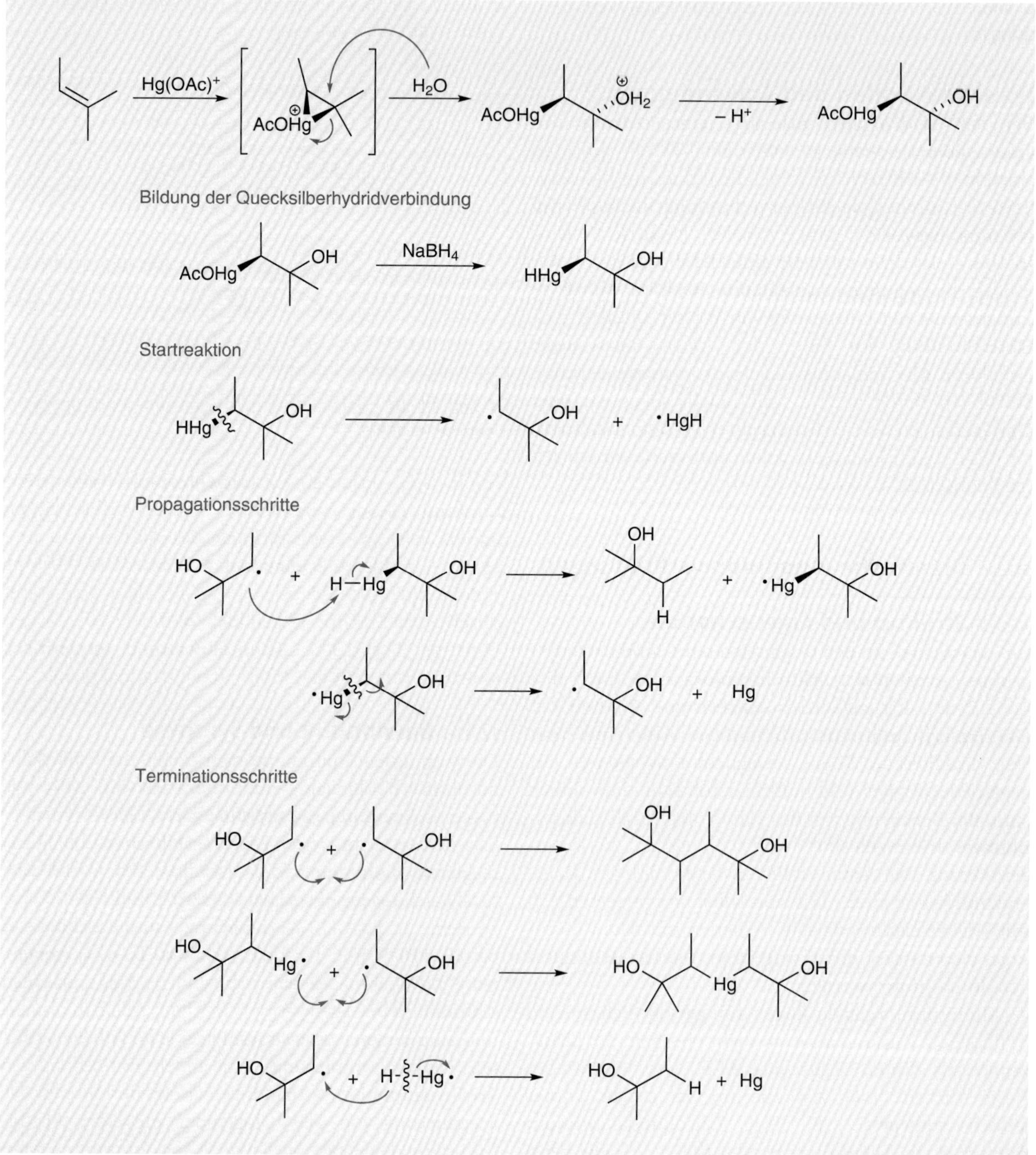


▢ **Abb. 11.19** Mechanismus der Hydroxymercurierung

durch Zulegierung von 0,01–2 % Titan erhöht werden. Eine weitere Methode zur Herstellung von Triethylaluminium besteht in der Einwirkung von Ethylen auf Aluminiumhydrid bei etwa 70 °C. Die genannten Methoden zur Darstellung von Aluminiumorganylen sind in ○ Abb. 11.21 zusammengefasst.

### 11.5.3 Reaktionen und Anwendungen

Technisch spielen die Trialkylaluminiumverbindungen als Bestandteil der ***Ziegler-Natta*-Katalysatoren** (▸ Kap. 5) und bei der Herstellung von 1-Monoolefinen (***Mülheimer*-Olefinsynthese,** siehe (▸ Kap. 5) eine wichtige Rolle. Im ***Mülheimer*-Normaldruck-Verfahren** wird $TiCl_4/Et_2AlCl$ als homogener Katalysator bei 1 bar und 25 °C zur Gewinnung von Polyethylen (HDPE) aus Ethylen genutzt. Unverzweigte, primäre Alkohole können durch eine mehrstufige Insertion von Ethylen in Al—C-Bindungen, Oxidation und anschließende Hydrolyse dargestellt werden. Die Kettenlänge kann dabei bis zu 200 Methyleneinheiten betragen. Die katalytische Dimerisierung von Propen mit Hilfe von Trialkylaluminium bildet die Grundlage für die Isoprenherstellung nach dem *Goodyear*-SD-Verfahren (▸ Kap. 26).

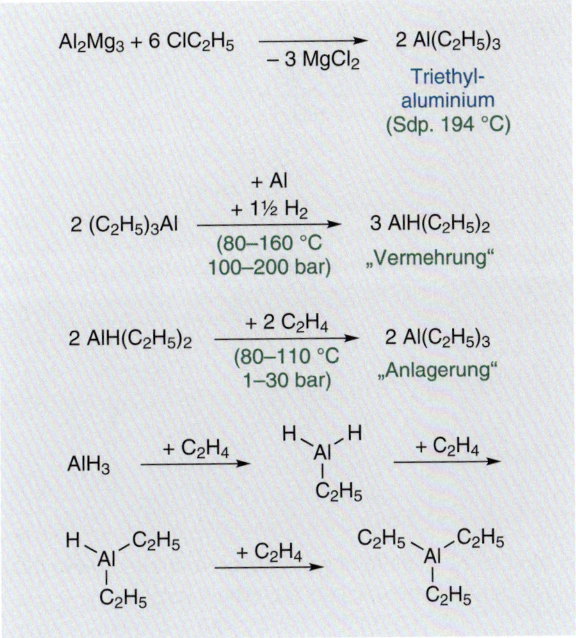


○ **Abb. 11.21** Unterschiedliche Methoden zur Darstellung von Aluminiumorganylen

## 11.6 Organische Zinnverbindungen

### 11.6.1 Struktur und Eigenschaften

Im Vergleich zur C—C- oder C—Si-Bindung ist die homologe C—Sn-Bindung stärker polar und daher leichter zu spalten. Am stabilsten ist sie in den Tetraalkyl- bzw. Tetraarylstannanen. Die niederen Tetraalkylstannane sind farblose, kohlenwasserstoffähnliche Flüssigkeiten (z. B. Tetramethylstannan $Sn(CH_3)_4$, Sdp. 77 °C), die höheren sind wachsartig und nicht destillierbar. Bei den Tetraarylstannanen handelt es sich meist um feste Stoffe mit hohem Schmelzpunkt, z. B. schmilzt Tetraphenylstannan, $SnPh_4$, bei einer Temperatur von 225 °C. Die Organozinnhalogenide der allgemeinen Formel $R_nSnX_{4-n}$ (n = 1–3; X = Cl, Br) sind meist gut kristallisierende, reaktionsfähige Substanzen.

### 11.6.2 Gewinnung und Synthese

Tetraalkyl- bzw. Tetraarylstannane lassen sich am besten durch Umsetzung von *Grignard*-Verbindungen (oder Lithiumorganylen) mit wasserfreien Zinn(IV)-halogeniden in inerten Lösemitteln (Ether, Benzen) darstellen.

$$SnCl_4 + 4\,RMgBr \xrightarrow[-\,2\,MgCl_2\;-\,2\,MgBr_2]{} R_4Sn$$

Die Organozinnhalogenide der allgemeinen Formel $R_nSnX_{4-n}$ (n = 1–3; X = Cl, Br) lassen sich aus Tetraalkyl(aryl)stannanen und Zinn(IV)-halogeniden durch Komproportionierung oberhalb von 180 °C erhalten (*Kotscheschkow*). Durch Umsetzung solcher Organozinnhalogenide z. B. mit Organolithium oder *Grignard*-Verbindungen erhält man unsymmetrische Tetraorganozinnverbindungen.

$$3\,R_4Sn + SnCl_4 \longrightarrow 4\,R_3SnCl$$

$$R_3SnX + R'Li \longrightarrow R_3SnR'$$

### 11.6.3 Reaktionen und Anwendungen

Tetraorganozinnverbindungen dienen als Edukte für die präparativ wichtige ***Stille*-Reaktion** (▸ Kap. 11.8.2) einer Palladium-katalysierten C—C-Verknüpfung. Dabei wird z. B. ein Arylstannan mit einem Vinylhalogenid zu einem arylierten Olefin umgesetzt. Die Reaktion folgt dem schon beschriebenen Verlauf solcher Pd-katalysierter Kreuzkupplungsreaktionen (▸ Kap. 11.8.2). Die Selektivität der Reaktion beruht darauf, dass Methyl- und andere gesättigte Alkylgruppen (R) im Gegensatz zu ungesättigten Gruppen ($R^1$) wie Vinyl-, Allyl-, Aryl- oder Benzyl-Gruppen nicht reagieren. Es wird daher selektiv die Gruppe $R^1$ aus dem Zinnorganyl $R_3SnR^1$ auf den Pd-Komplex übertragen.

$$R_3SnR^1 + R^2X \xrightarrow{\text{„Pd(Ln)“}} R^1\text{–}R^2 + R_3SnX$$

Einige Dialkylzinnverbindungen, z. B. Dibutylzinndilaurat oder -maleinat, die aus Dibutylzinndichlorid

11

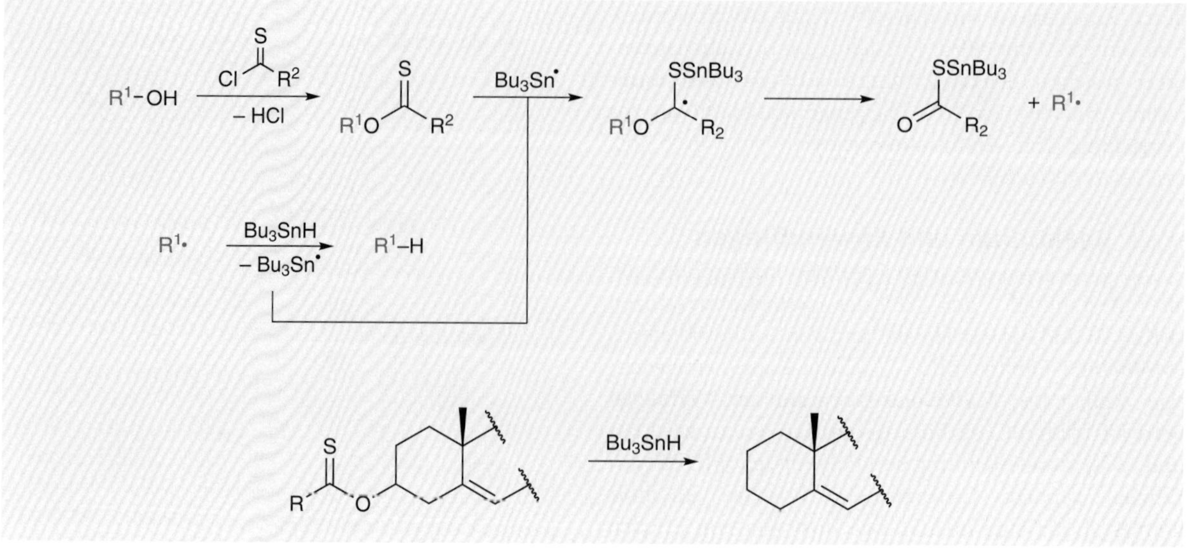


○ **Abb. 11.22** Reduktion von Alkoholen mit $Bu_3SnH$ in der *Barton-McCombie*-Reaktion (oben); Darstellung von Cholesten durch Desoxygenierung von Cholesterol (unten)

und dem Natriumsalz der entsprechenden Carbonsäure zugänglich sind, werden als Licht- und Wärmestabilisatoren für PVC und chlorierte Transformatorenöle verwendet, da sie die HCl-Abspaltung aus dem PVC unterdrücken. Als stark wirkende Fungizide werden Tributylzinnacetat, Triphenylzinnacetat (Brestan, Fentinacetat) und Bis(tributylzinn)oxid, $(C_4H_9)_3$-$SnOSn(C_4H_9)_3$ (TBTO), genutzt. **Tributylzinnhydrid**, $Bu_3SnH$ (TBT), wurde über Jahre als Schutzanstrich für Schiffsrümpfe verwendet, damit sich dort keine Muscheln festsetzten. Nachdem allerdings bekannt wurde, dass TBT durch die Nahrungskette in den menschlichen Organismus gelangt, und der Verdacht aufkam, dass Zinnverbindungen hormonelle Veränderungen hervorrufen könnten, wurde der Einsatz als Schiffsfarbe verboten. Das $Bu_3Sn\bullet$-Radikal spielt in der ***Barton-McCombie*-Reaktion** (○ Abb. 11.22, oben) bei der Desoxygenierung von Alkoholen eine wichtige Rolle und wird mit dem Radikalstarter AIBN aus $Bu_3SnH$ gebildet. Durch einen Additions-Eliminierungs-Mechanismus können Thiocarbonylverbindungen mit $Bu_3SnH$ reduziert werden. Triebkraft dieser Reaktion ist die Bildung einer starken C=O-Bindung anstelle einer schwachen C=S-Bindung und die hohe Affinität von Zinn zu Schwefel. Sekundäre und tertiäre Alkohole ROH können über ihre Thiocarboxylate, R'C(S)OR, oder über ihre Dithiocarbonate (Xanthate, ▸Kap. 16.1.1), R'S(C=S)OR, zum Alkan RH reduziert werden. Die Reaktion gelingt am besten mit sekundären Alkoholen. Xanthate aus tertiären Alkoholen sind bei Raumtemperatur meist instabil, sodass die Reduktion bei niedrigen Temperaturen durchgeführt werden muss. Xanthate primärer Alkohole reagieren unter C—O-Bindungsspaltung nur bei hohen Temperaturen. Das von Cholesterol (Strukturformel: ▸Kap. 27.1.3, ○ Abb. 27.6) abgeleitete Xanthat reagiert z. B. mit Tributylzinnhydrid in 18 %iger Ausbeute zu Cholesten (○ Abb. 11.22, unten).

## 11.7 Organische Bleiverbindungen

### 11.7.1 Struktur und Eigenschaften

Während Blei in anorganischen Verbindungen überwiegend in der Oxidationsstufe +2 auftritt, liegt es in Bleiorganylen meist als Pb(IV) vor (z. B. in Form von **Tetraalkylbleiverbindungen**, $PbR_4$). Die geringe Bindungsstärke der C—Pb-Bindung lässt neben polaren Reaktionen auch radikalische Reaktionen zu. Organoplumbane sind unter Normalbedingungen gegenüber Luft, Wasser und Licht inert, zerfallen aber bei höheren Temperaturen. **Tetraethylblei** (Bleitetraethyl), $Pb(C_2H_5)_4$, ist eine farblose, stark giftige, bei etwa 200 °C siedende Flüssigkeit, die früher als **Antiklopfmittel** dem Autobenzin zugesetzt wurde (vgl. ▸Kap. 7.1.2, ▸Kap. 9.1.2). Zum gleichen Zweck setzte man aromatenreichen Benzinen zuweilen auch Tetramethylblei, $Pb(CH_3)_4$ (Sdp. 110 °C), zu. Aufgrund der Giftigkeit des dabei in die Umwelt freigesetzten Bleis wurde der Einsatz solcher Bleiverbindungen als Antiklopfmittel 1988 in Deutschland verboten. Heute gibt es daher nur noch „bleifreies Benzin". Beim thermischen Zerfall von bleiorganischen Verbindungen konnte *Paneth* 1927 erstmalig das Auftreten äußerst kurzlebiger, freier Kohlenstoffradikale, z. B. Methyl ($\bullet CH_3$) und Ethyl ($\bullet CH_2—CH_3$), nachweisen.

### 11.7.2 Gewinnung und Synthese

○ Abb. 11.23 zeigt verschiedene Möglichkeiten zur Darstellung von Organobleiverbindungen: Tetraethylblei

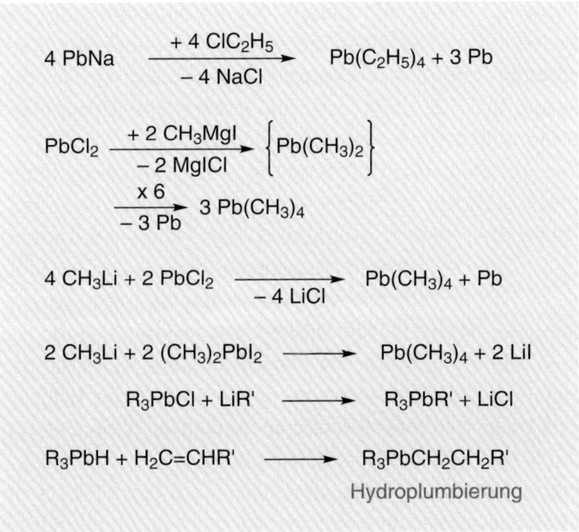


**○ Abb. 11.23** Verschiedene Darstellung von Organobleiverbindungen

wird durch Erhitzen einer Pb-Na-Legierung mit Ethylchlorid unter Druck hergestellt. Tetramethylblei, $Pb(CH_3)_4$, lässt sich aus Blei(II)-chlorid und Methylmagnesiumiodid oder Methyllithium herstellen. Durch Umsetzung von elementarem Blei mit Methyliodid lässt sich im Sinne einer *Grignard*-Reaktion $Pb(CH_3)_2I_2$ darstellen. Die Zugabe von Methyllithium zu $Pb(CH_3)_2I_2$ führt zur Bildung von Tetramethylblei. Gemischte Organobleiverbindungen $R_3PbR'$ sind durch Reaktion von Lithiumorganylen R'Li mit $R_3PbCl$ oder durch Addition von Organobleihydriden an Alkene (**Hydroplumbierung**) zugänglich.

### 11.7.3 Reaktionen und Anwendungen

Mithilfe organischer Bleiverbindungen wie $Bu_3PbH$ können **Reduktionen** von organischen Halogen- und Carbonylverbindungen selektiv und unter milden Bedingungen durchgeführt werden (○ Abb. 11.24). Diese

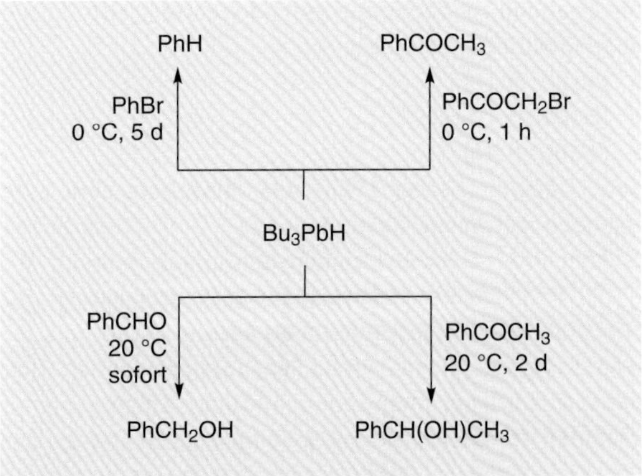


**○ Abb. 11.24** Mithilfe von Organobleiverbindungen können Reduktionen durchgeführt werden. Präparativ spielen dieser Reaktionen heutzutage aber keine große Rolle mehr.

Reaktionen verlaufen vermutlich nach einem radikalischen Mechanismus wie bei den Stannanen (vgl. ***Barton-McCombie*-Reaktion**, ▸ Kap. 11.6.3). Plumbane wie $Bu_3PbH$ sind jedoch im Vergleich zu den Stannanen von deutlich geringerer präparativer Bedeutung.

## 11.8 Organische Übergangsmetallkomplexe

### 11.8.1 Struktur und Eigenschaften

Außer den bisher behandelten metallorganischen Verbindungen, deren Verhalten vorwiegend von den darin vorkommenden Metall-$\sigma$-Bindungen geprägt wird, gibt es eine große Zahl von Metallkomplexen, bei denen die organischen Liganden zwei Elektronen zu den Metall-Kohlenstoff-Bindungen beitragen (▸ Exkurs: Achtzehn-Elektronen-Regel). Insbesondere bei den präparativ bedeutsamen Edelmetall-katalysierten Reaktionen treten derartige **Alken-Metall-$\pi$-Komplexe** auf.

**Exkurs: Achtzehn-Elektronen-Regel**

Mit Hilfe der **Achtzehn-Elektronen-Regel** lassen sich Aussagen über die von einem Übergangsmetallatom ausgehenden Einflüsse auf Bau und Eigenschaften seiner Komplexe treffen und feststellen, ob ein koordinativ gesättigter oder ungesättigter Komplex vorliegt. Das bei Carbonylierungen im Rahmen der ***Reppe*-Synthese** (▸ Kap. 4) verwendete Nickeltetracarbonyl, $Ni(CO)_4$, ist z. B. ein koordinativ gesättigter Komplex. Dies ergibt sich aus folgender Überlegung: Gemäß seiner Stellung im Periodensystem besitzt Nickel zehn Valenzelektronen (inkl. der 3d-Elektronen). Die zum Erreichen der nächst höheren Edelgaskonfiguration fehlenden 8 Elektronen werden durch die freien Elektronenpaare von vier Molekülen Kohlenmonoxid beigesteuert, die also als ***Lewis*-Basen** wirken; Nickel wirkt als ***Lewis*-Säure**. Auch das Hexacyanoferrat-(II)-Anion, $[Fe(CN)_6]^{4-}$, ist ein koordinativ gesättigter Komplex, da auch hier durch die 12 Elektronen der sechs Cyanid-Liganden zusammen mit den 6 Elektronen des $Fe^{2+}$-Kations die Edelgaskonfiguration erreicht wird. Ein koordinativ gesättigter Komplex des Eisens der Oxidationsstufe 0 ist beispielsweise $Fe(CO)_5$. Da bei chemischen Reaktionen organischer Übergangsmetallkomplexe meistens **koordinativ ungesättigte Komplexe** beteiligt sind, ist eine Notierung nützlich, die die Elektronenkonfiguration des Metalls kennzeichnet. Dazu gibt man die Oxidationszahl des Metalls an sowie die Gesamtelektronenzahl des Metalls (also die Summe aus seinen Valenzelektronen und der Elektronen, die durch die Liganden zur Verfügung gestellt werden); also für die oben erwähnten Komplexe:

- $Ni(CO)_4$: 0 (18),
- $[Fe(CN)_6]^{4-}$: +2 (18),
- $Fe(CO)_5$: 0 (18).

Auch **Carbene** (*Fischer* 1964) und **Phosphine** sind gute Liganden mit freien Elektronenpaaren für Übergangsmetallkomplexe. Chlor-tris(triphenylphosphin)-rhodium (I), $(Ph_3P)_3RhCl$, hat beispielsweise als ***Wilkinson*-Katalysator** (1965) sowohl im Laboratorium als auch in der Technik zur **Hydrierung von Alkenen** große Bedeutung gewonnen. Hier handelt es sich um einen koordinativ ungesättigten, planar gebauten 16-Valenzelektronen-Komplex (8 Elektronen des $Rh^+$-Kations sowie 8 Elektronen der drei Phosphinmoleküle und des Chloridanions), d. h. die nächst höhere Edelgaskonfiguration wird *nicht* erreicht. Die Labilität der gebundenen Phosphinliganden ist für die Reaktion von entscheidender Bedeutung. So wird durch die Freisetzung eines $PPh_3$-Liganden eine Bindungsstelle am Metall frei und Wasserstoff $H_2$ kann an die gebildete 14-Valenzelektronen-Spezies oxidativ addiert werden (Abb. 11.26). Das Alken koordiniert danach an die freie Bindungsstelle im Komplex und wird nach der Insertion in die Rh—H-Bindung und einer **reduktiven Eliminierung** als Alkan wieder abgespalten.

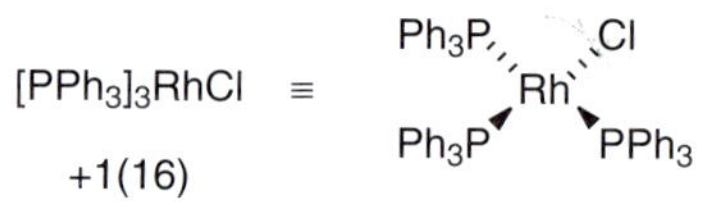


*Wilkinson*-Katalysator

Eine wichtige Größe in der Komplexchemie ist die sogenannte **Haptizität** $\eta$. Darunter versteht man die Anzahl der Ligandenatome, die direkt an das Metallzentrum gebunden sind. Ein Alkylrest, der eine kovalente $\sigma$-Bindung mit einem Übergangsmetall ausbildet, ist ein $\eta^1$-Ligand. Bindet ein Alken als Ligand über sein $\pi$-Elektronenpaar als ***Lewis*-Base** an ein Metallzentrum, so liegt ein $\eta^2$-Alken-Komplex vor. Benzenringe, die mit ihren sechs $\pi$-Elektronen an der Komplexbildung beteiligt sind, werden entsprechend als $\eta^6$-Liganden bezeichnet.

Kohlenmonoxid, Carbene und Alkene haben leere $\pi^*$-Orbitale niedriger Energie und einer Symmetrie, die sie zur Überlappung mit besetzten d-Orbitalen des Übergangsmetalls befähigt. Dadurch können Elektronen vom Metall auf den Liganden zurückübertragen werden (**Rückbindung**, *back donation*). Vom Ausmaß dieser Rückbindung werden Stabilität und Eigenschaften der Komplexe beeinflusst. In Abb. 11.25 A sind die verschiedenen Donor- und Akzeptor-Wechselwirkungen zwischen einem CO-Liganden und einem Metall gezeigt. Je stärker diese Wechselwirkungen sind, desto höher ist die Bindungsordnung der M—C-Bindung. Umgekehrt nimmt die Bindungsordnung der C—O-Bindung im Liganden mit der **$\pi$-Donor-Wechselwirkung** und der **$\pi$-Akzeptor-Wechselwirkung** ab. Das äußert sich z. B. im IR-Spektrum in einer Erniedrigung der Wellenzahl der C—O-Valenzschwingung.

Die Metall-Kohlenstoff-Bindung von **Carben-Liganden** (Abb. 11.25 B) ist kürzer als die von $\eta^1$-Alkylliganden. Man unterscheidet zwischen *Fischer*- (Singulett-Carben) und *Schrock*-Carbenen (Triplett-Carben) (▸ Kap. 16.4.1). Beim ***Fischer*-Carben** erfolgt die $\sigma$-Hinbindung durch ein doppelt besetztes $sp^2$-Orbital des Carbens und die $\pi$-Rückbindung durch das doppelt besetzte d-Orbital des Metalls in das leere p-Orbital des Carbens. Beim ***Schrock*-Carben** werden diese Bindungen durch jeweils ein Elektron des Metalls und des Liganden gebildet.

Die **$\pi$-Elektronendichte** von Alkenen (Abb. 11.25 C) im Übergangsmetallkomplex hängt vom Ausmaß der Rückbindung ab; sie kann kleiner oder größer sein als im freien Alken. Mit zunehmender Rückbindung nimmt die C—C-Bindungslänge zu und die Stärke der Doppelbindung ab. Derartige Elektronenverschiebungen zwischen dem Metall und den Liganden sind für die **katalytischen Eigenschaften** organischer Übergangsmetallkomplexe ausschlaggebend. So ist die Rückbindung bei Kohlenmonoxid sehr ausgeprägt, wodurch die Elektronendichte in den d-Orbitalen des Metalls vermindert wird. Bei den Phosphinen dagegen ist die Rückbindung gering, sodass in solchen Komplexen die Elektronendichte am Metall hoch ist, was z. B. bei Nickel-Komplexen zu einem Gleichgewicht zwischen den Koordinationszahlen 3 und 4 führt.

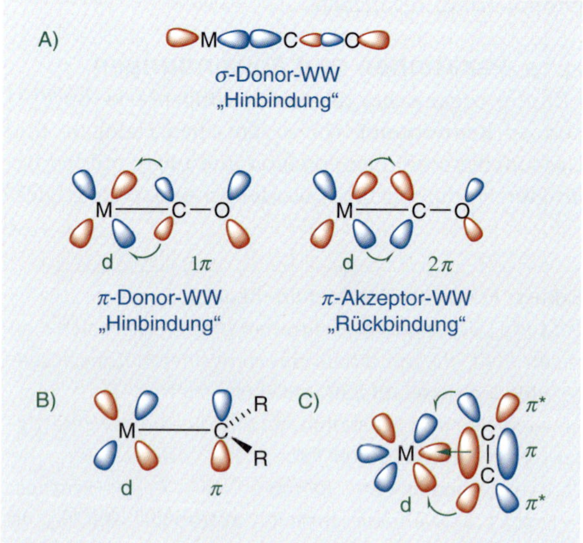


**Abb. 11.25** Rückbindungstypen in verschiedenen organischen Übergangsmetallkomplexen: Kohlenmonoxid (A), Carben (B), Alken (C)

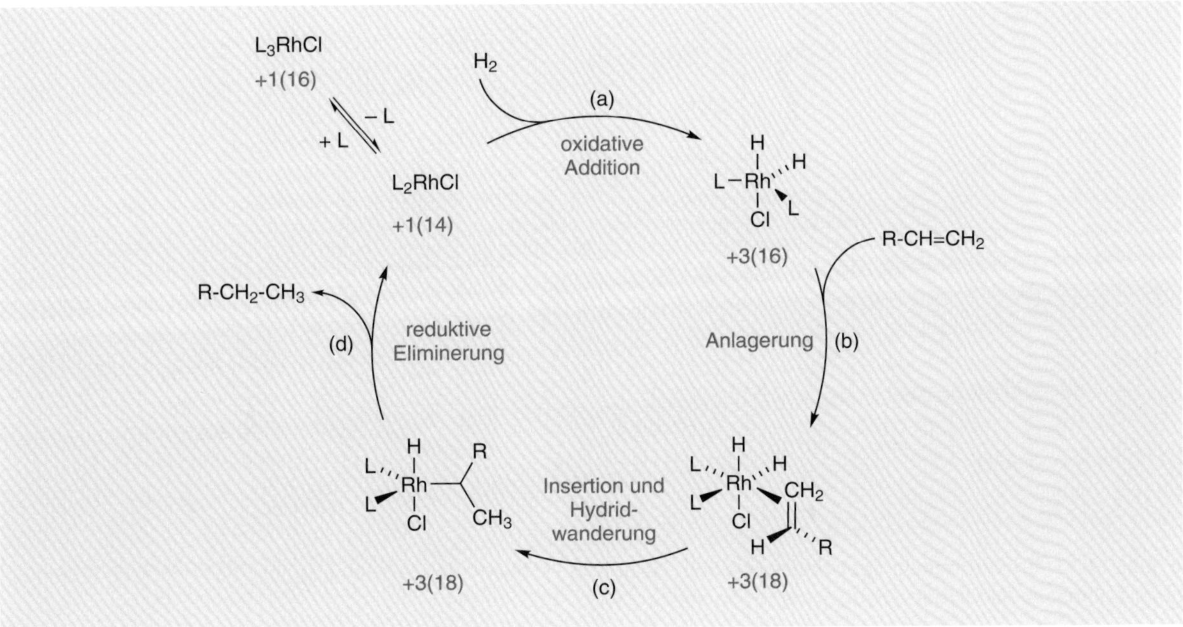


**Abb. 11.26** Rhodium-katalysierte Addition von $H_2$ an Alkene

## 11.8.2 Reaktionen und Anwendungen

### Oxidative Addition und reduktive Eliminierung

Als Beispiel für eine typische Reaktion unter Beteiligung von Alken-Metall-$\pi$-Komplexen ist in Abb. 11.26 in vereinfachter Form die katalytische Hydrierung von Alkenen mit Hilfe des ***Wilkinson*-Katalysators,** eines Rhodiumtriphenylphosphinkatalysators ($L = P(C_6H_5)_3$), dargestellt: Die Reaktion wird durch die Abspaltung eines der Phosphinliganden am Rhodium eingeleitet. Die **oxidative Addition** von $H_2$ erfolgt unter Ausbildung eines Intermediats mit trigonal-bipyramidaler Geometrie, also unter Erhöhung der Koordinationszahl des Rhodiums. Die Oxidationszahl des Metalls erhöht sich dabei von +1 auf +3 (a). Im folgenden Schritt wird das Alken als $\pi$-Komplex angelagert (b) und schiebt sich im geschwindigkeitsbestimmenden Schritt (c) in die *cis*-ständige Metall-Wasserstoffbindung ein (**Insertion**). Dabei entsteht unter **Hydridwanderung** aus dem oktaedrischen Komplex mit einem $\eta^2$-Alken als Liganden ein trigonal-bipyramidaler Komplex mit einem $\eta^1$-Alkylliganden (**$\sigma$-Komplex**). Mit der Abspaltung des Alkans (d) wird der Katalysator regeneriert, d. h. die Oxidationsstufe des Rhodiums von +3 auf +1 verringert (**reduktive Eliminierung**).

*Wilkinson*-Katalysatoren mit chiralen Liganden lassen sich für **stereoselektive Hydrierungen** nutzen. Dazu können entweder **chirale tertiäre Phosphine** als Liganden verwendet werden (*Knowles* u. *Horner* 1968) oder chirale **Bisphosphine** (*Kagan* 1971) (Abb. 11.27). Ein solches chirales Bisphosphin ist z. B. (−)-(*R*,*R*)-(DIOP), das man in einer 4-stufigen Synthese aus (*R*,*R*)-Weinsäure gewinnt. Der chirale ***Wilkinson*-Katalysator** wird daraus *in situ* durch Umsetzung mit dem Präkatalysator $[RhCl(Cycloocten)_2]_2$ hergestellt. Ein Anwendungsbeispiel für eine **stereoselektive Hydrierung** ist der *Monsanto*-Prozess zur Darstellung von L-DOPA, einem wichtigen Medikament zur Behandlung der *Parkinson*schen Krankheit (▸Kap. 20.2).

### Oxosynthese (Hydroformylierung)

Ziel der Oxosynthese ist es, durch eine intramolekulare Insertionsreaktion an einem Cobaltkatalysator aus Kohlenmonoxid und einem Alken einen Aldehyd darzustellen (**Hydroformylierung**). Die Wirkung des bei der Oxosynthese (▸Kap. 12.1.4) verwendeten **Cobalt-Katalysators** beruht auf der Bildung von Tetracarbonylcobalthydrid $HCo(CO)_4$, das durch **oxidative Addition** von Wasserstoff aus Cobaltoctacarbonyl entsteht (Abb. 11.28). Mit Alkenen bildet es einen trigonal-bipyramidalen **$\pi$-Komplex**, der durch Insertion des Kohlenwasserstoffs in die Co-H-Bindung in einen **$\sigma$-Komplex** übergeht. Nach Aufnahme von Kohlenmonoxid kommt es zu einer erneuten Insertion, in diesem Fall von CO in die Metall-Alkyl-Bindung. Unter Mitwirkung eines weiteren Moleküls Tetracarbonylcobalthydrid wird dann unter **reduktiver Eliminierung** der *n*-Butyraldehyd freigesetzt und Cobaltoctacarbonyl zurückgebildet.

Wegen ihrer höheren Selektivität wurden seit 1975 vermehrt Rhodiumtriphenylphosphin-Katalysatoren für die industrielle Hydroformylierung eingesetzt. Bei einem solchen Rhodiumkontakt entspricht $HRh(CO)_2L_2$, +1 (18) formal dem Cobaltkatalysator $HCo(CO)_4$, +1 (18).

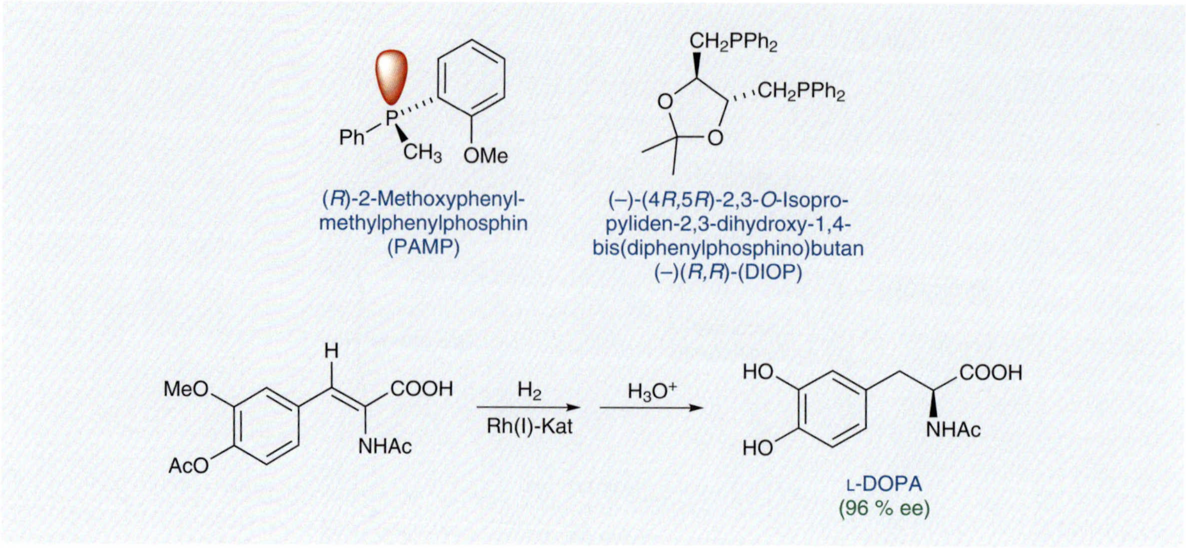


**Abb. 11.27** Strukturformeln des chiralen tertiären Phosphins PAMP und des chiralen Bisphosphins (−)-(*R*,*R*)-DIOP (oben). Rhodium-katalysierte Hydrierung zur Darstellung von L-DOPA (unten)

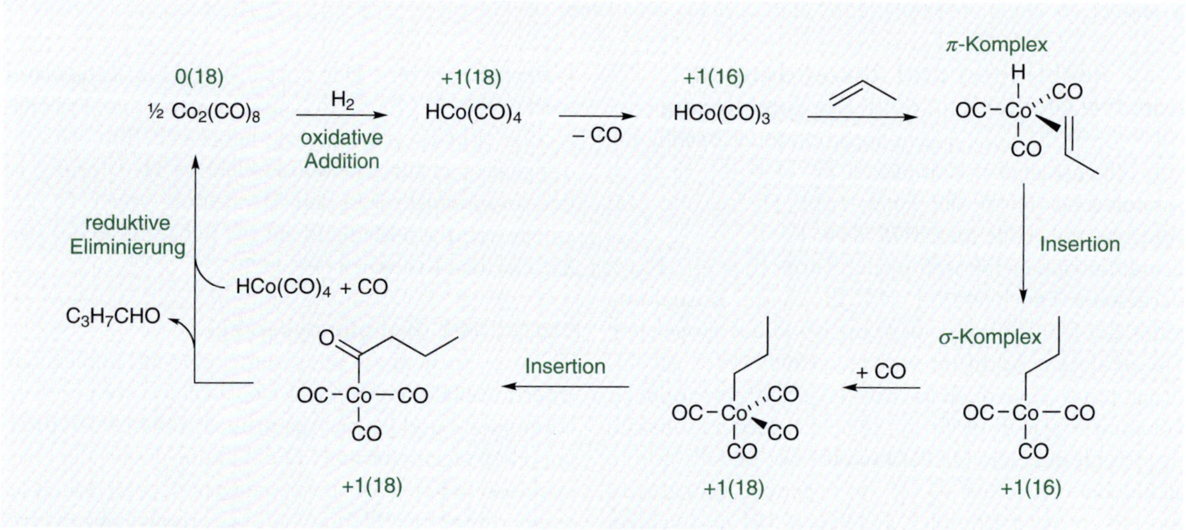


**Abb. 11.28** Mechanismus der Hydroformulierung zur Darstellung von Aldehyden aus Alkenen, CO und $H_2$

### *Wacker-Hoechst*-Verfahren

Auch bei der Oxidation von Ethylen zu Acetaldehyd nach dem ***Wacker-Hoechst*-Verfahren** (▸Kap. 12.1.4) spielen $\pi$-Alken-Komplexe eine wichtige Rolle. Bei der Reaktion werden folgende Umwandlungen des zunächst aus Ethen, $PdCl_2$ und Wasser entstandenen $\pi$-Komplexes (I) angenommen (Abb. 11.29). Durch einen nucleophilen Angriff von $OH^-$ auf das im $\pi$-Komplex (I) gebundene Alken, entsteht ein $\sigma$-Komplex, der sich unter **$\beta$-Eliminierung** in einen weiteren $\pi$-Komplex (II) umwandelt; dieser Schritt ist die **Umkehrung der Insertion** eines Alkens in eine M—H-Bindung (▸Kap. 11.8.2). Im $\pi$-Komplex (II) ist nun ein Enol an das Palladium gebunden, das nach Freisetzung zum stabileren Acetaldehyd tautomerisiert.

### *Heck*-Reaktion

In Abb. 11.30 ist der typische Ablauf einer Pd-katalysierten Kupplungsreaktion am Beispiel der *Heck*-Reaktion gezeigt. Als Katalysator der ***Heck*-Reaktion**, die der Olefinierung von Arylhalogeniden dient, wirkt ein Pd(0)-Komplex, der *in situ* durch Reduktion von Palladium(II)-Verbindungen, z. B. von $Pd(OAc)_2$ mit $PPh_3$, erzeugt wird. Im ersten Schritt der Reaktion wird das Halogenid, z. B. Brombenzen, oxidativ an den Pd(0)-Komplex addiert (a) und dann das Alken als **$\pi$-Komplex** angelagert (b). Aus diesem Komplex heraus findet eine Insertion des Alkens in die Pd-Arylbindung statt (c). Die **$\beta$-Eliminierung** (e), bei der das Reaktionsprodukt freigesetzt wird, erfordert eine *syn*-Anordnung von Pd und H, die z. B. durch eine Rotation (d) erreicht werden kann. Am Schluss des Katalysecyclus steht eine

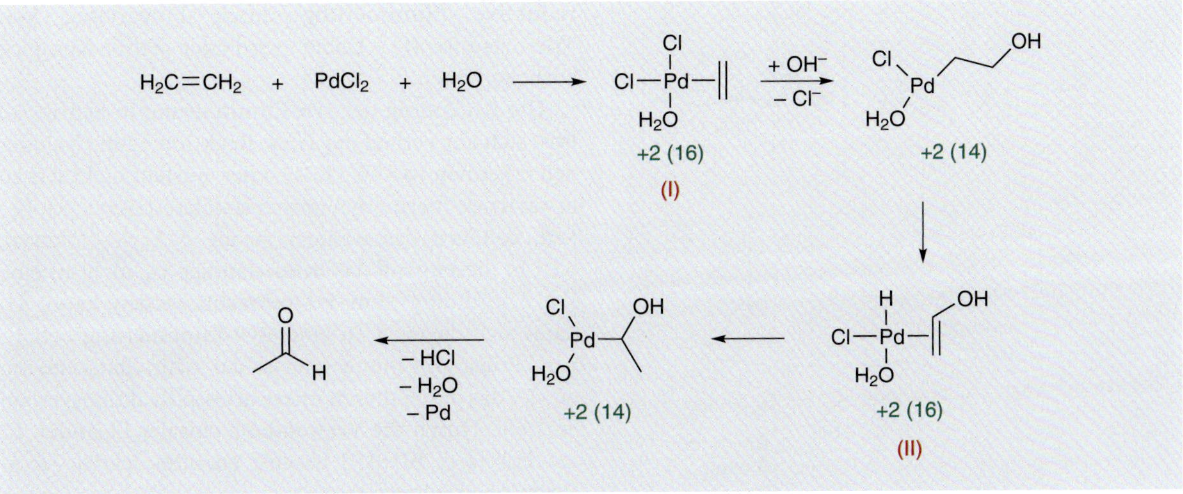


**Abb. 11.29** Mechanismus der Oxidation von Ethen zu Acetaldehyd nach dem *Wacker-Hoechst*-Verfahren

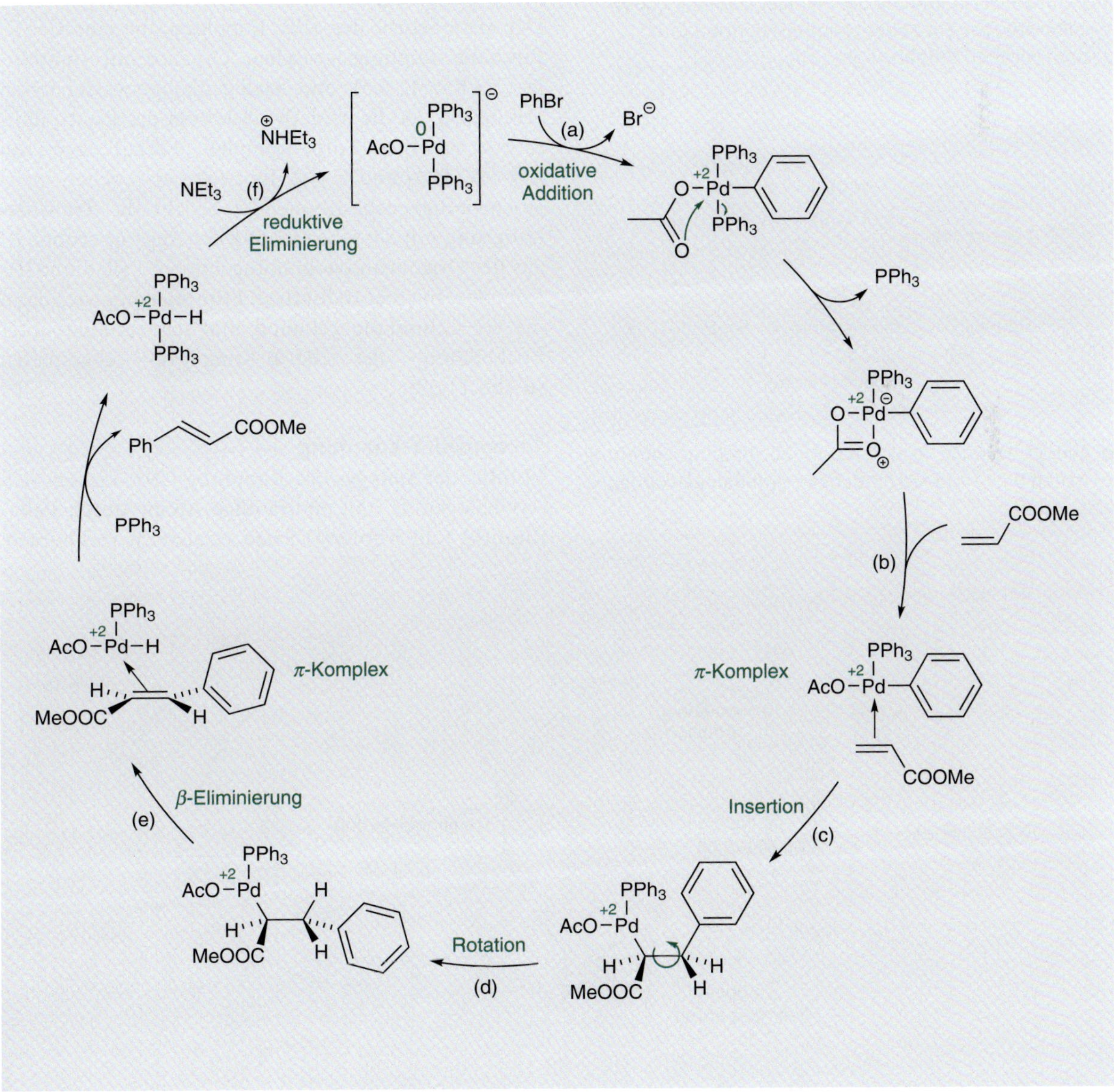


**Abb. 11.30** Mechanismus der *Heck*-Reaktion am Beispiel der Reaktion von Brombenzen und Methylacrylat zum Zimtsäureester

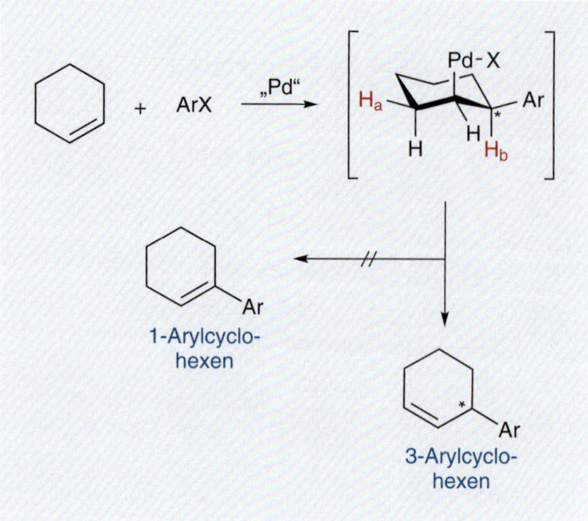


**Abb. 11.31** Die *syn*-Eliminierung von H—Pd—X führt ausschließlich zur Bildung des weniger stabilen 3-Arylcyclohexens, das ein neues Chiralitätszentrum (mit * gekennzeichnet) enthält.

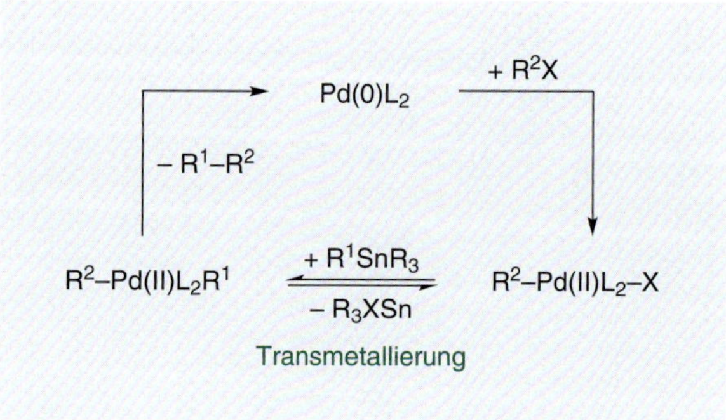


**Abb. 11.32** *Stille*-Reaktion zur C—C-Bindungsknüpfung zwischen Organozinnverbindungen und Halogenkohlenwasserstoffen

**reduktive Eliminierung** durch Einwirkung von Triethylamin (f). Dabei wird der Pd(0)-Komplex zurückerhalten.

Die Bedeutung der ***syn*-Eliminierung** in Schritt (e) lässt sich am Verlauf der ***Heck*-Reaktion** beim Cyclohexen erkennen (Abb. 11.31). Hier entsteht nicht das zu erwartende thermodynamisch stabilere 1-Arylcyclohexen, sondern das weniger stabile 3-Arylcyclohexen, weil in diesem Fall das *trans*-ständige $H_b$ nicht in eine *syn*-Anordnung zum Pd gebracht werden kann. $H_a$ kann sich dagegen an einer *syn*-Eliminierung beteiligen. Präparativ interessant ist das Chiralitätszentrum an C3, das durch diesen unerwarteten Reaktionsverlauf entsteht. Durch die Verwendung chiraler Liganden L* am $Pd^0$ (z. B. BINAP) ist eine enantioselektive *Heck*-Reaktion möglich.

### *Stille*-Kupplung

Der erste Schritt der *Stille*-Kupplung, die eine C—C-Bindungsknüpfung zwischen Organozinnverbindungen (▸Kap. 11.6.3) und Halogenkohlenwasserstoffen ermöglicht, ist die oxidative Addition des Elektrophils $R^2$—X an einen Pd(0)-Komplex „Pd($L_n$)“, z. B. mit L = $P(C_6H_5)_3$ und n = 2. Ihm folgt als zweiter, meist geschwindigkeitsbestimmender Schritt die **Transmetallierung** mit der Übertragung der Abgangsgruppe $R^1$ aus der Organozinnverbindung auf den Palladium(II)-Komplex. In einer **reduktiven Eliminierung** wird dann die C—C-Bindung geknüpft und das Produkt unter Rückbildung des Pd(0)-Komplexes abgespalten (Abb. 11.32).

### *Sonogashira*-Kupplung

Mithilfe der ***Sonogashira*-Kupplung** (1975) lassen sich Arylhalogenide und endständige Alkine durch **Palladium(0)** und **Kupfer(I)-Salze** katalytisch verknüpfen.

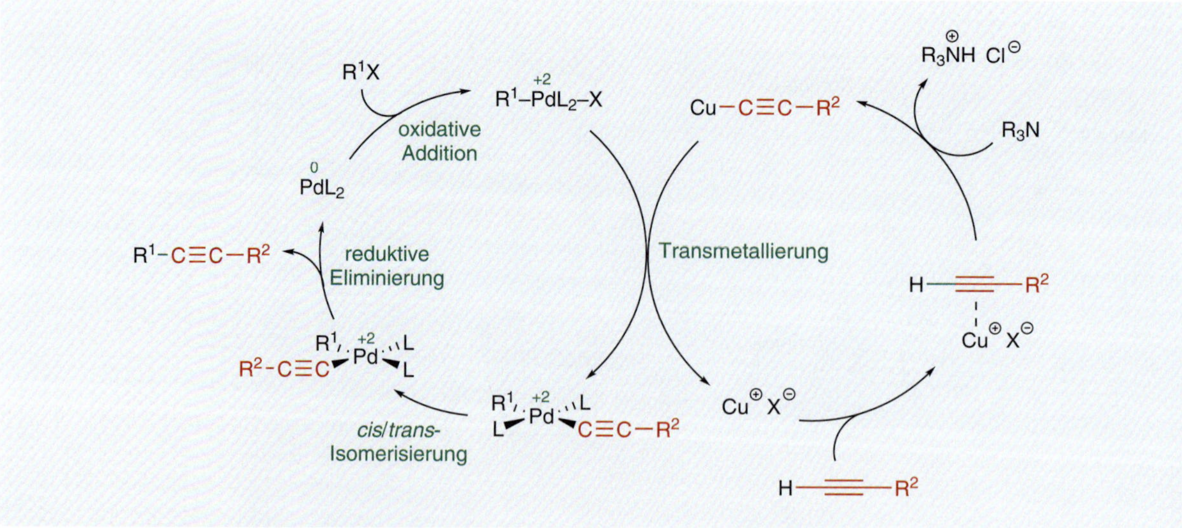


**Abb. 11.33** Mechanismus der *Sonogashira*-Reaktion zur Alkylierung von Alkinen

In der Regel werden dabei zwei Katalysecyclen durchlaufen: der Palladiumcyclus und der Kupfercyclus. Es gibt jedoch auch Beispiele, bei denen keine Kupfersalze nötig sind. Beide Cyclen sind durch einen Transmetallierungsschritt miteinander verbunden (o Abb. 11.33).

Im Palladiumcyclus reagiert der 14-Elektronen-Komplex Pd(0)$L_2$ mit dem Arylhalogenid in einer **oxidativen Addition** zu einem Pd(II)-Komplex. In einer Transmetallierung reagiert dieser Komplex mit dem zuvor im Kupfercyclus gebildeten Kupferacetylid. Dabei wird der Acetylidrest auf das Palladium übertragen und ein Kupferhalogenid freigesetzt. Die Bildung des Kupferhalogenids ist der geschwindigkeitsbestimmende Schritt. Beide organischen Liganden stehen im Pd-Komplex zunächst in *trans*-Stellung zueinander. Nach einer *cis/trans*-Isomerisierung wird durch **reduktive Eliminierung** das alkylierte Alkin freigesetzt und der Pd(0)-Katalysator regeneriert.

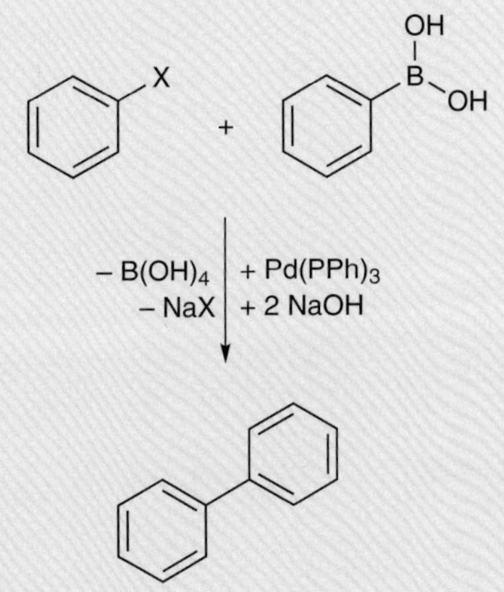


o **Abb. 11.34** Reaktionsschema der *Suzuki*-Kupplung

### *Suzuki*-Kupplung

Bei der *Suzuki*-Kupplung (o Abb. 11.34) handelt es sich um eine Pd(0)-katalysierte Reaktion zur Kupplung von Arylboronsäuren (▸ Kap. 10.5.3) mit Halogenaromaten unter Bildung von Biphenylderivaten. Der Reaktionsmechanismus ist ähnlich der *Heck*-Reaktion. In den letzten Jahren ist es mit speziellen Palladium-Phosphan-Katalysatoren gelungen, auch wenig reaktive Chloraromaten und Alkylbromide bei Raumtemperatur erfolgreich umzusetzen.

# 12 Aliphatische Carbonylverbindungen

Alkanale (aliphatische Aldehyde) ... 305 | Alkanone (aliphatische Ketone) ... 323

Carbonylverbindungen enthalten als charakteristische funktionelle Gruppe eine C=O-Doppelbindung, die sogenannte **Carbonylgruppe**. Die einfachste Carbonylverbindung ist der Formaldehyd ($H_2C{=}O$), von dem sich alle anderen Carbonylverbindungen ableiten. Bei den Aldehyden ist einer der beiden Wasserstoffatome durch einen Alkyl- oder Arylrest ersetzt, bei den Ketonen beide. **Aldehyde**, RC(=O)H, besitzen damit eine **Formylgruppe (—CHO)**. Die Oxidationszahl von +1 des Carbonylkohlenstoffatoms bei Aldehyden (Ausnahme Formaldehyd, der die Oxidationszahl ±0 besitzt) kann durch Oxidations- oder Reduktionsreaktionen aus anderen funktionellen Gruppen, wie z. B. Alkoholen oder Carbonsäuren, erreicht werden. Umgekehrt sind Aldehyde sowohl Reduktionsmittel als auch Oxidationsmittel. Kaum eine andere funktionelle Gruppe verfügt über beide dieser Eigenschaften. Die Stoffklasse der **Ketone** enthält als charakteristisches Merkmal die **Ketogruppe** (R(C=O)R', Oxidationszahl +2). Je nachdem, ob die beiden Alkylreste (R, R') identisch oder verschieden sind, spricht man von einfachen oder gemischten Ketonen. Ketone dienen in der Industrie z. B. als Lösemittel, Aldehyde werden vorwiegend als Desinfektions- oder Konservierungsmittel eingesetzt. Ketone sind aufgrund des elektronenschiebenden Effekts der zwei Alkylgruppen, durch den die positive Partialladung des Carbonylkohlenstoffatoms teilweise ausgeglichen wird, weniger reaktiv als Aldehyde. Die charakteristischen Eigenschaften der Carbonylgruppe, die sowohl das Reaktionsverhalten der Aldehyde als auch der Ketone bestimmt, werden bei den Alkanalen diskutiert.

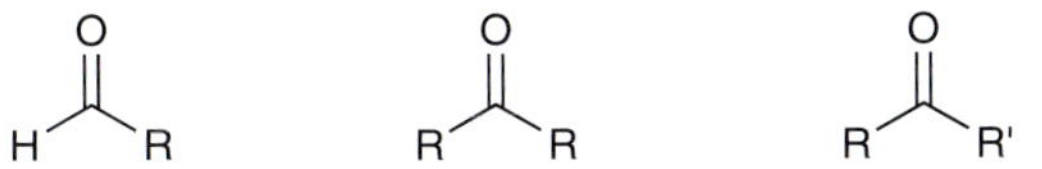


Aldehyd | einfaches Keton | gemischtes Keton

## 12.1 Alkanale (aliphatische Aldehyde)

### 12.1.1 Struktur und Eigenschaften

Der Name **Aldehyd** leitet sich von „*alcohol dehydrogenatus*" ab. Das charakteristische Merkmal der Aldehyde ist die Aldehyd- oder Formylgruppe, bei der eine Carbonylgruppe an ein H-Atom und einen Alkylrest R gebunden ist.

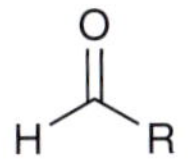


Die Trivialnamen der einzelnen Aldehyde leiten sich von den lateinischen Namen der entsprechenden Carbonsäuren ab. Für Methanal ist das die Ameisensäure (lat. *acidum formicum,* H—(C=O)OH), daher Formaldehyd, für Ethanal die Essigsäure (lat. *acidum aceticum,* $CH_3$—(C=O)OH), daher Acetaldehyd. Entsprechend werden auch die Trivialnamen der weiteren Aldehyde gebildet. Nach den IUPAC-Regeln hängt man zur Bezeichnung der Aldehyde die Endung „al" an den Namen des betreffenden Stammkohlenwasserstoffs, z. B. Methanal oder Ethanal. Mit der Nachsilbe „-carbaldehyd" kann die Aldehydgruppe als Substituent angegeben werden, z. B. Cyclohexancarbaldehyd (▸ Kap. 12.1.2, ○ Abb. 12.4).

Die **Carbonylgruppe** ist eine der wichtigsten und vielseitigsten funktionellen Gruppe in der organischen Chemie. Das chemische Verhalten von Aldehyden und Ketonen (▸ Kap. 12.2) wird maßgeblich durch die hohe **Reaktivität der Carbonylgruppe** gegenüber Nucleophilen bestimmt. Typische Reaktionen sind Additions- und Kondensationsreaktionen. In Analogie zur C=C-Doppelbindung kann auch die C=O-Doppelbindung der Carbonylgruppe durch eine $\sigma$- und eine $\pi$-Bindung beschrieben werden. Infolge der unterschiedlichen Elektronegativität der beiden Atome ist aber die C=O-Doppelbindung – wie auch eine C—O-Einfachbindung – polarisiert, was beispielsweise durch Messung der Dipolmomente von Aldehyden und Ketonen nachgewiesen werden kann. Dabei besitzt das Kohlenstoffatom

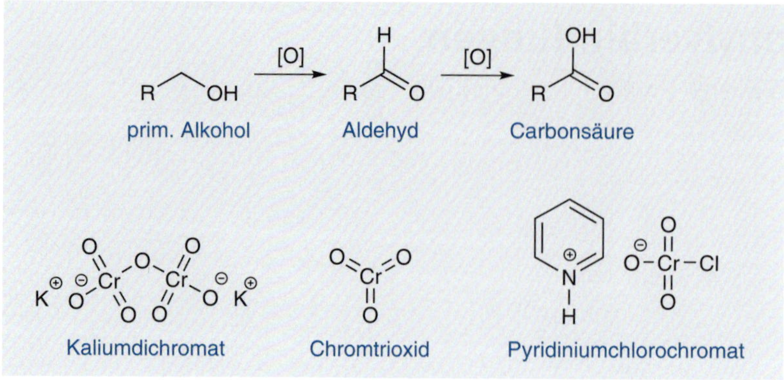


**Abb. 12.1** Oxidationsmittel für die Synthese von Aldehyden

eine positive, das Sauerstoffatom eine negative Partialladung:

Das Dipolmoment (▸Kap. 2.3) der Carbonylgruppe beträgt $9{,}01 \cdot 10^{-30}$ Cm, während C—O-Einfachbindungen ($\sigma$-Bindungen) in einfachen Ethern nur ein Dipolmoment von $4{,}00 \cdot 10^{-30}$ Cm aufweisen. Die $\pi$-Bindung ist also stärker polarisiert als die $\sigma$-Bindung.

Aufgrund dieser Polarisierung ist eine typische Reaktion der Carbonylgruppe die Addition eines Nucleophils, also eines Atoms oder einer Atomgruppe mit freien Elektronenpaaren bzw. eines Anions, an das positivierte und damit elektrophile C-Atom der C=O-Doppelbindung. Protonen, *Lewis*-Säuren oder Metallkationen (Elektrophile) werden hingegen vom negativ polarisierten Sauerstoff gebunden und erhöhen so zusätzlich die Polarisierung und damit die Reaktivität der Carbonylgruppe für den nachfolgenden Angriff eines Nucleophils.

## 12.1.2 Gewinnung und Synthese

### Oxidation von primären Alkoholen

Aldehyde können durch **Oxidation** bzw. Dehydrierung **primärer Alkohole** (▸Kap. 6.1.3) dargestellt werden. Typische Oxidationsmittel, die hierfür verwendet werden, sind z. B. Kaliumdichromat in Schwefelsäure, Chromtrioxid (Chromsäureanhydrid) in Pyridin (*Collins*-Reagenz) oder Pyridiniumchlorochromat (PCC, ○ Abb. 12.1). Je nach Reaktionsbedingungen und Oxidationsmittel kann der Aldehyd dabei auch direkt weiter zur Carbonsäure oxidiert werden, da Aldehyde bzw. die in wässriger Lösung vorliegenden Aldehyd-Hydrate (○ Abb. 12.15) schneller oxidiert werden als die ursprünglichen Alkohole. Da die Siedepunkte der Aldehyde in der Regel aber niedriger sind als die der Alkohole, aus denen sie hergestellt werden, kann die weitere Oxidation zur Carbonsäure zumindest bei den niedermolekularen Aldehyden durch destillative Entfernung des Aldehyds aus der Reaktionsmischung verhindert werden.

Ein Reagenz der Wahl zur selektiven Oxidation von Alkoholen zu Aldehyden ist durch Oxalylchlorid aktiviertes Dimethylsulfoxid (DMSO) (▸Kap. 9.2.3) (*Swern* 1978), das bereits bei −60 °C in Methylenchlorid mit Alkoholen reagiert und in den meisten Fällen über 90 % Ausbeute liefert. Zunächst entsteht bei dieser ***Swern*-Oxidation** aus der Reaktion von DMSO und Oxalylchlorid durch spontane Decarboxylierung und Decarbonylierung ein Dimethylchlorsulfonium-Ion (I) (○ Abb. 12.2). Dieses reagiert mit dem Alkohol zu einem Alkoxysulfoniumsalz, das in Gegenwart einer Base deprotoniert wird und zum Aldehyd und Dimethylsulfid zerfällt.

Neben Oxalylchlorid eignen sich auch andere Reagenzien zur Aktivierung von DMSO für die Oxidation von Alkoholen, z. B. Dicyclohexylcarbodiimid (DCC) und Phosphorsäure (*Moffatt* 1963, ○ Abb. 12.3). Im Zuge der ***Moffatt*-Oxidation** entsteht durch die Reaktion des DMSO mit dem Carbodiimid ein Alkoxysulfoniumylid statt des Alkoxysulfoniumsalzes als Zwischenstufe.

### Reduktion von Carbonsäurederivaten

Eine andere Darstellungsmöglichkeit von Aldehyden ist die **partielle Reduktion von Carbonsäurederivaten** (○ Abb. 12.4). Früher wurde hierfür die ***Rosenmund*-Reduktion** genutzt, bei der Säurechloride mit Wasserstoff zu Aldehyden reduziert werden. Heutzutage ist diese Methode weitgehend durch die Verwendung von Metallhydriden bei tiefer Temperatur verdrängt worden, wobei außer Lithiumaluminiumhydrid, $LiAlH_4$, auch Lithiumalkoxyaluminiumhydride, z. B. $LiAlH(OC_2H_5)_3$, $LiAlH(\textit{tert}\text{-}OC_4H_9)_3$ (LTBA), oder Diisobutylaluminiumhydrid (DIBAH, $((CH_3)_2CHCH_2)_2AlH$) eingesetzt werden. Des Weiteren ist die Reduktion auch mit Tri-*n*-butylzinnhydrid ($(n\text{-}Bu)_3SnH$) möglich. Der Vorteil dieser Zinnverbindung besteht darin, dass im Vergleich zum Arbeiten mit Aluminiumverbindungen ein weitaus geringeres Explosionsrisiko besteht. Nachteilig ist jedoch, dass Zinnverbindungen toxisch sind.

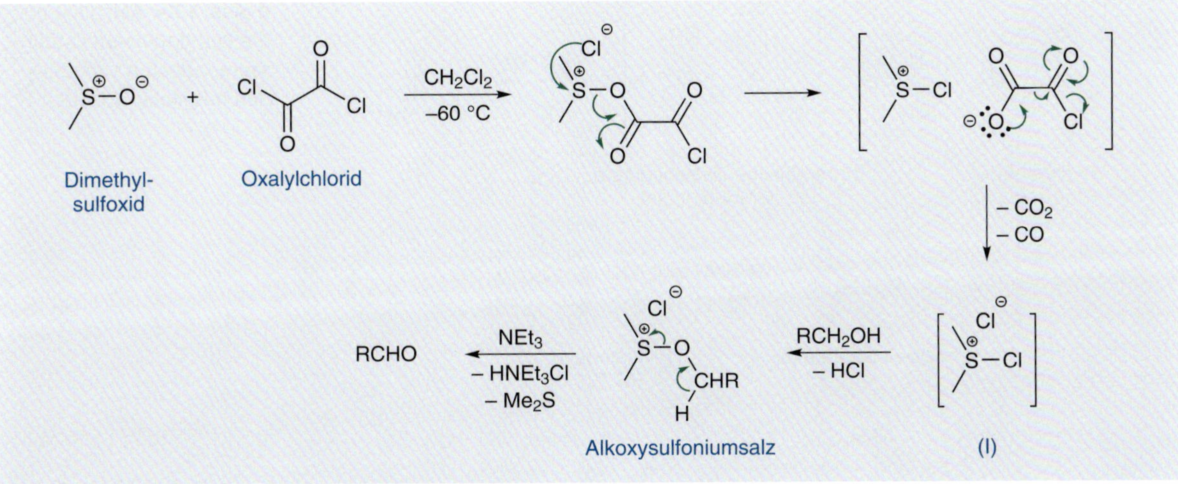


○ **Abb. 12.2** *Swern*-Oxidation mit DMSO/Oxalylchlorid

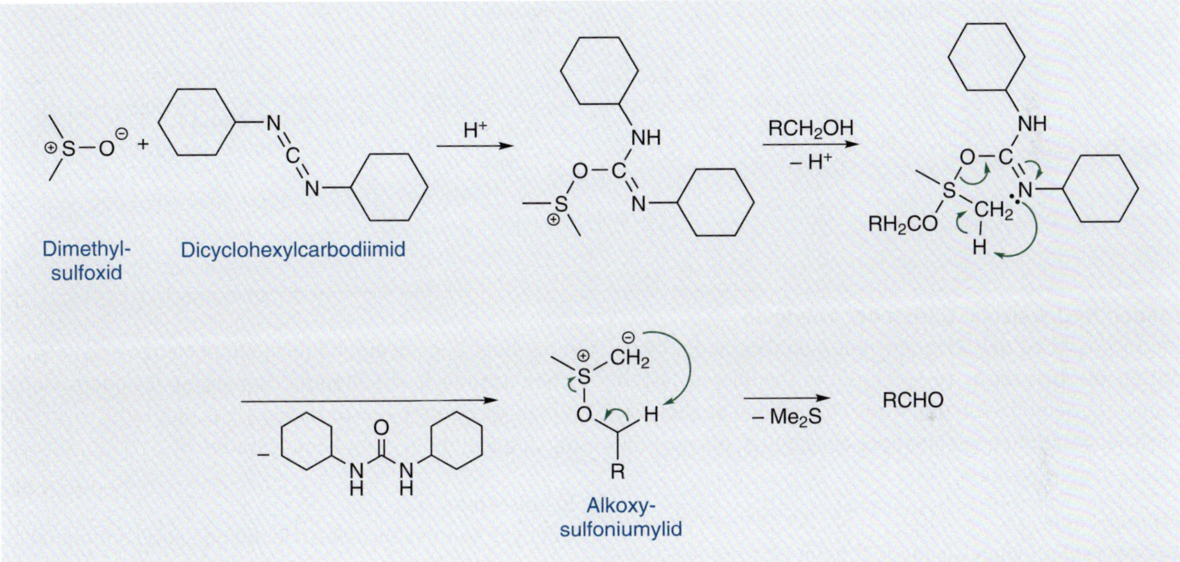


○ **Abb. 12.3** *Moffatt*-Oxidation mit DMSO/Dicyclohexylcarbodiimid

Aldehyde können aus Carbonsäurederivaten auch über die Reduktion des sogenannten ***Weinreb*-Amids** mit DIBAH dargestellt werden (○ Abb. 12.4). Die Reaktion muss bei niedriger Temperatur durchgeführt werden, da das durch die Reduktion des Amids zunächst gebildete Halbaminal, das bei der nachfolgenden Hydrolyse den Aldehyd ergibt, nur in der Kälte stabil ist. Bei zu hoher Temperatur zerfällt das Halbaminal in den Aldehyd, der dann weiter zum Alkohol reduziert wird.

Häufig wird auch zur präparativen Darstellung von Aldehyden das Carbonsäurederivat erst bis zur Stufe des Alkohols reduziert und dieser anschließend wieder zum Aldehyd oxidiert. Dieser Zweistufen-Prozess ist oftmals hinsichtlich der Selektivität besser zu steuern und ergibt damit bessere Ausbeuten als der Versuch, die Reduktion eines Carbonsäurederivates auf der Stufe des Aldehyds anzuhalten.

Nitrile bilden bei der Reduktion mit Metallhydriden zunächst ein **Aldimin**, das dann bei der sauren Hydrolyse in den Aldehyd übergeht (○ Abb. 12.5). Die Reduktion bleibt auf der Stufe des Aldimins stehen, da dieses als deprotoniertes Anion entsteht, das unter diesen Bedingungen unreaktiv ist und nicht weiter reduziert werden kann. Erst bei der Aufarbeitung, nach Säurezugabe, entsteht das Aldimin, das dann zum Aldehyd hydrolysiert.

### 12.1.3 Reaktionen und Anwendungen

Die wichtigsten Reaktionen der Aldehyde sind Additionen von Nucleophilen an die C=O-Doppelbindung und sich daran anschließende Kondensationen, sowie Redoxreaktionen, die auch für einige nasschemische Nachweise genutzt werden (▸ Exkurs: Nachweisreaktionen der Aldehyde).

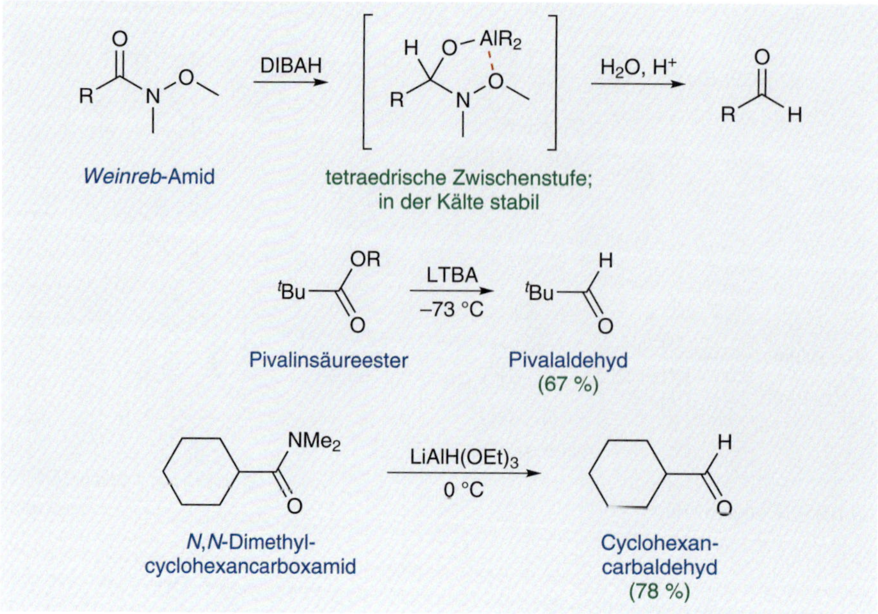

**Abb. 12.4** Beispiele für die Reduktion von Carbonsäurederivaten zu Aldehyden mit Metallhydriden

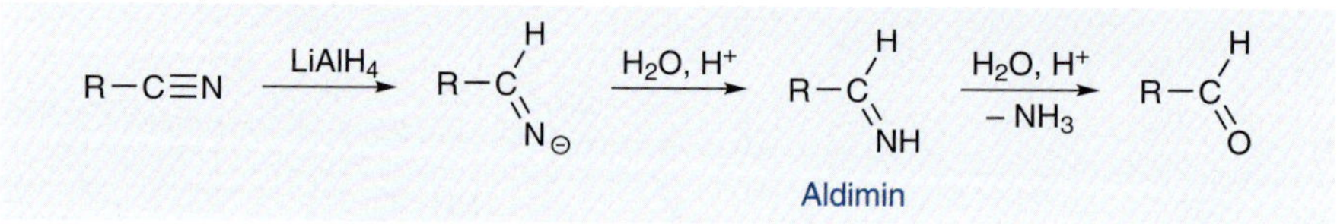

**Abb. 12.5** Aldehydsynthese aus Nitrilen

## Exkurs: Nachweisreaktionen der Aldehyde

Im Gegensatz zu den Ketonen sind Aldehyde Reduktionsmittel, die sich leicht zu Carbonsäuren oxidieren lassen. Diese reduzierende Wirkung wird z. T. auch bei qualitativen Nachweisreaktionen der Aldehyde ausgenutzt, die nachfolgend erläutert werden.

### *Fehling*-Probe

Aus der ***Fehling*schen Lösung** fällt beim Erhitzen mit Aldehyden ein roter oder dunkelbrauner Niederschlag aus, der Kupfer(I)-oxid enthält (Abb. 12.6). Die Nachweisreaktion fällt auch bei Kohlenhydraten positiv aus, die wie z. B. Glucose als cyclisches Halbacetal vorliegen (sogenannte reduzierende Zucker), sowie bei anderen $\alpha$-Hydroxycarbonylverbindungen und ebenso bei Ascorbinsäure (▸Kap. 17.1.5). Der Reaktionsablauf ist sehr komplex und hängt von den weiteren funktionellen Gruppen des Moleküls ab. *Fehling*sche Lösung bereitet man aus einer Kupfersulfatlösung durch Zugabe einer äquivalenten Menge einer alkalischen Lösung von Kaliumnatriumtartrat (*Seignette*-Salz). Dieses verhindert die Ausfällung von Kupfer(II)-hydroxid durch die Bildung eines Komplexsalzes.

**Abb. 12.6** Ausfallen von rotbraunem Niederschlag einer positiven *Fehling*-Probe (links), negative *Fehling*-Probe (rechts)

### *Tollens*-Probe

Aldehyde können auch durch Reduktion einer ammoniakalischen Silbernitratlösung (***Tollens*-Reagenz**) zu metallischem Silber nachgewiesen werden (Abb. 12.7). Diese Nachweisreaktion ist jedoch veraltet und wird heute kaum noch genutzt, da ammoniakalische Silbernitratlösung beim Stehenlassen hochexplosive Silberazide („Knallsilber") bildet (▸Exkurs: Knallsäure und Isoknallsäure, ▸Kap 16.2.1).

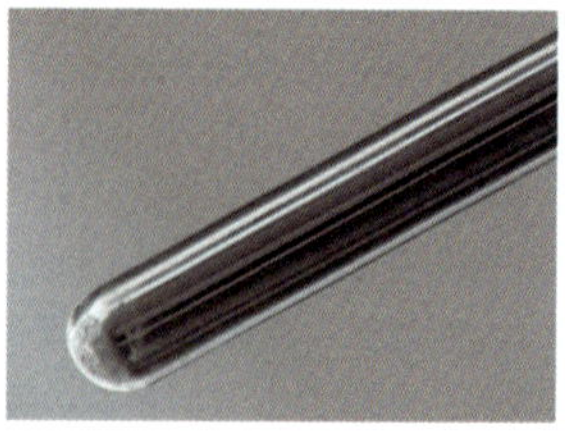

**Abb. 12.7** Silberspiegel einer positiven *Tollens*-Probe

### *Nylander*-Probe

Auch die Reduktion von ***Nylander*-Reagenz**, einer alkalischen Lösung von Bismut(III)-hydroxid mit Weinsäure als Komplexbildner, zu metallischem, schwarzem Bismut (Abb. 12.8) wird kaum mehr genutzt.

**Abb. 12.8** Bildung von schwarzem metallischem Bismut bei positiver *Nylander*-Probe

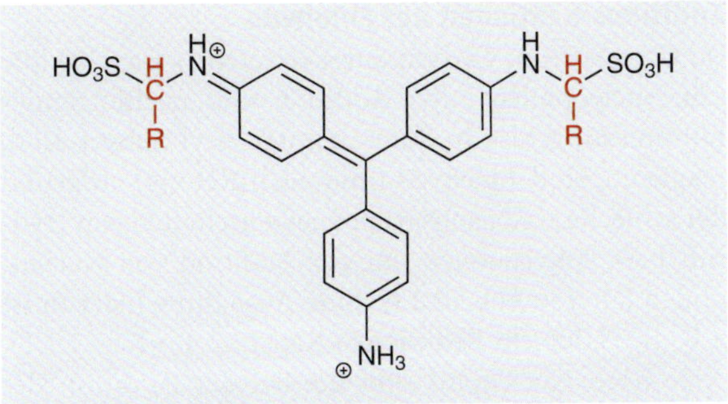


**Abb. 12.9** Produkt der *Mannich*-Kondensation: farbiges Derivat der Fuchsinschwefligen Säure

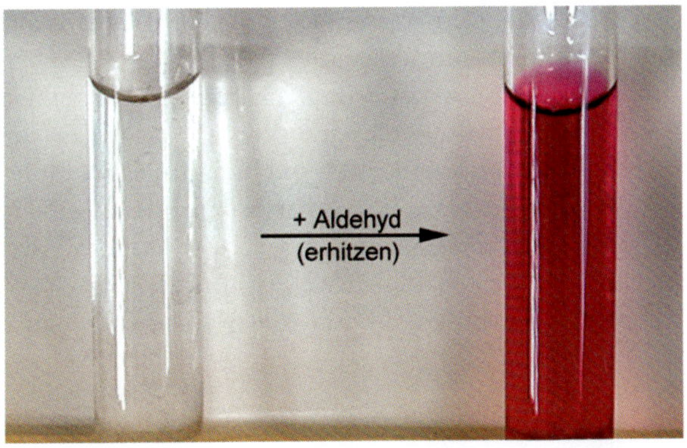


**Abb. 12.10** Violettfärbung einer Lösung von Fuchsinschwefliger Säure bei Zugabe eines Aldehyds (*Schiff*sche Probe)

Weitere Nachweisreaktionen für Aldehyde beruhen auf Kondensationsreaktionen, dazu zählen die *Schiff*sche Probe, die *Nash*-Reaktion und die Purpald-Probe (vgl. ▸Kap. 2.4).

### *Schiff*sche Probe

Fuchsinschweflige Säure (*Schiff*-Reagenz), eine durch $SO_2$ entfärbte, wässrige Fuchsinlösung, färbt sich durch Spuren von Aldehyden rotviolett. Die Reaktion ist allerdings wenig typisch und beruht nicht auf der Reduktionswirkung der Aldehyde. Entscheidend für diese Reaktion ist die Elektrophilie des Aldehyds. Durch *Mannich*-Kondensationen der primären, aromatischen Aminoguppen mit dem Aldehyd und Hydrogensulfit entsteht ein farbiges Derivat der Fuchsinschwefligen Säure (Abb. 12.9, Abb. 12.10).

### *Nash*-Reaktion

Durch die *Hantzsch*sche Dihydropyridin-Synthese wird aus Ammoniak, Acetylaceton und Aldehyd ein Dihydropyridinderivat gebildet. In einer weiteren Umsetzung lassen sich diese durch den Einsatz von Salpetersäure zu Pyridinderivaten oxidieren (Abb. 12.11).

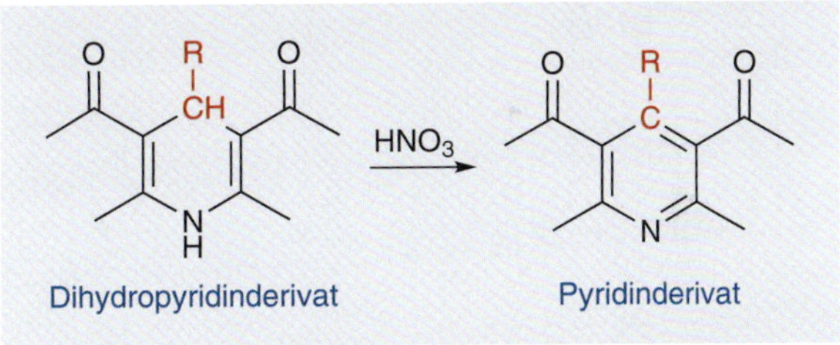


**Abb. 12.11** Dihydropyridine, die zum Nachweis von Aldehyden R—CHO mittels *Nash*-Reaktion nachgewiesen werden können, lassen sich zu Pyridinen oxidieren.

### Purpald-Probe

Aldehyde ergeben bei der Umsetzung mit NaOH und Purpald (4-Amino-3-hydrazino-5-sulfanyl-1,2,4-triazol) ein Aminal, welches unter Lufteinwirkung weiterreagiert und zu einer tiefvioletten Reaktionslösung führt (Abb. 12.12). Diese Reaktion ist sehr empfindlich und spezifisch für Aldehyde. Ketone, Ester, Amide, Chinone sowie Hydrazine führen unter den Reaktionsbedingungen nicht zur Farbentwicklung.

Instrumentell-analytisch sind Aldehyde sehr gut mittels NMR-Spektroskopie (▸Kap. 2.5.5) nachzuweisen. Im $^1H$-NMR-Spektrum ist für das Wasserstoffatom der Aldehydgruppe meist ein scharfes Singulett-Signal im Bereich von 9,5 bis 10,5 ppm zu beobachten. In diesem Bereich weisen nur sehr wenig weitere Protonen Resonanz auf, was das Signal so charakteristisch für Aldehyde macht.

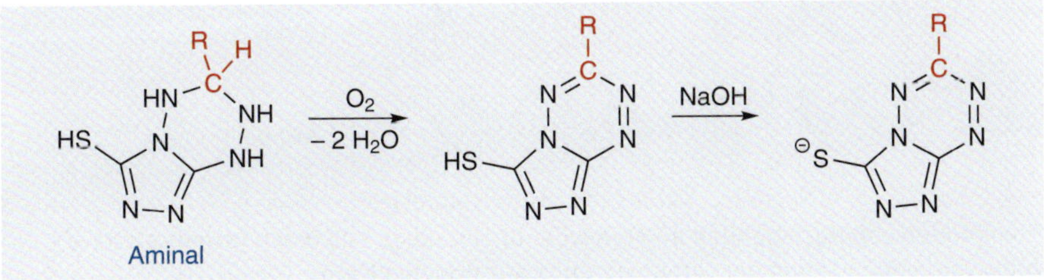


**Abb. 12.12** Reaktionsprodukte der Purpald-Probe

12

## Additionsreaktionen der Aldehyde

Im Gegensatz zu Carbonsäurederivaten (▸Kap. 14), die mit Nucleophilen unter Addition und nachfolgender Eliminierung, also in Summe unter Acyl-Substitution, reagieren, sind Aldehyde (und auch Ketone) aufgrund der schlechten Abgangsgruppeneigenschaften von Hydrid- bzw. Alkylanionen nur zur Addition von Nucleophilen fähig (○Abb. 12.13). Eine Ausnahme hiervon ist z. B. die Haloform-Reaktion (▸Kap. 12.2.4, ▸Kap. 7.2.1).

Je nach Nucleophil sind die bei der Addition des Nucleophils an die Carbonylgruppe entstehenden tetraedrischen Intermediate (○Abb. 12.14) stabil oder gehen Folgereaktionen ein, z. B. Kondensationen.

Die Addition von Wasser führt zu **Aldehydhydraten**, die allerdings nur in einigen wenigen Fällen isolierbar sind (vgl. Chloralhydrat, ▸Kap. 7.2.2). Diese Instabilität geminaler Diolen wurde unter dem Namen ***Erlenmeyer*-Regel** verallgemeinert. Sie besagt, dass Verbindungen mit mehr als einer Hydroxygruppe an einem Kohlenstoffatom nicht stabil sind, sondern unter Eliminierung von Wasser Kohlenstoff-Sauerstoff-Doppelbindungen ausbilden. Die Bildung der Hydrate muss entweder im basischen oder im sauren Milieu durchgeführt werden (○Abb. 12.15). In neutraler Lösung ist die Bildungsgeschwindigkeit zu langsam. Im Basischen greift zuerst ein Hydroxid-Ion am Carbonylkohlenstoff an, das entstehende Anion wird im nächsten Schritt von Wasser protoniert. Im Sauren hingegen wird die Carbonylgruppe zur Aktivierung erst protoniert und im anschließenden Schritt von einem Wassermolekül nucleophil angegriffen. Nachfolgende Protonenabspaltung ergibt das Hydrat.

Eine aufgrund der anschließenden möglichen Folgereaktionen vielseitig anwendbare Additionsreaktion ist die **Cyanhydrinbildung** (○Abb. 12.16). Die Addition von Blausäure an Aldehyde – besonders unter dem katalytischen Einfluss von Basen – führt zu $\alpha$-Hydroxynitrilen (Cyanhydrinen), wichtigen Zwischenprodukten der organischen Synthese. Die Reaktion beginnt mit dem nucleophilen Angriff des freien Elektronenpaars am C-Atom des Cyanid-Ions auf das positivierte C-Atom der Carbonylgruppe. Das entstehende Additionsprodukt stabilisiert sich durch Aufnahme eines Protons aus dem Wasser zum Cyanhydrin. Die Reaktion kann auch

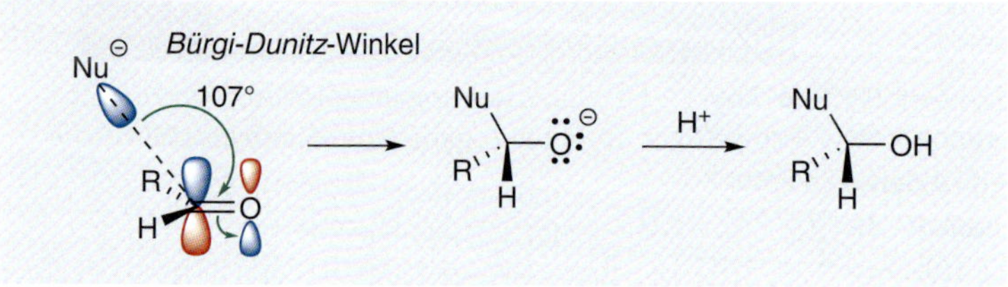


○ Abb. 12.13 Addition eines Nucleophils an einen Aldehyd. Das Nucleophil kann die Carbonylgruppe mit gleicher Wahrscheinlichkeit auch von unten angreifen (zumindest bei achiralen Aldehyden). Daher entsteht das Additionsprodukt als Racemat.

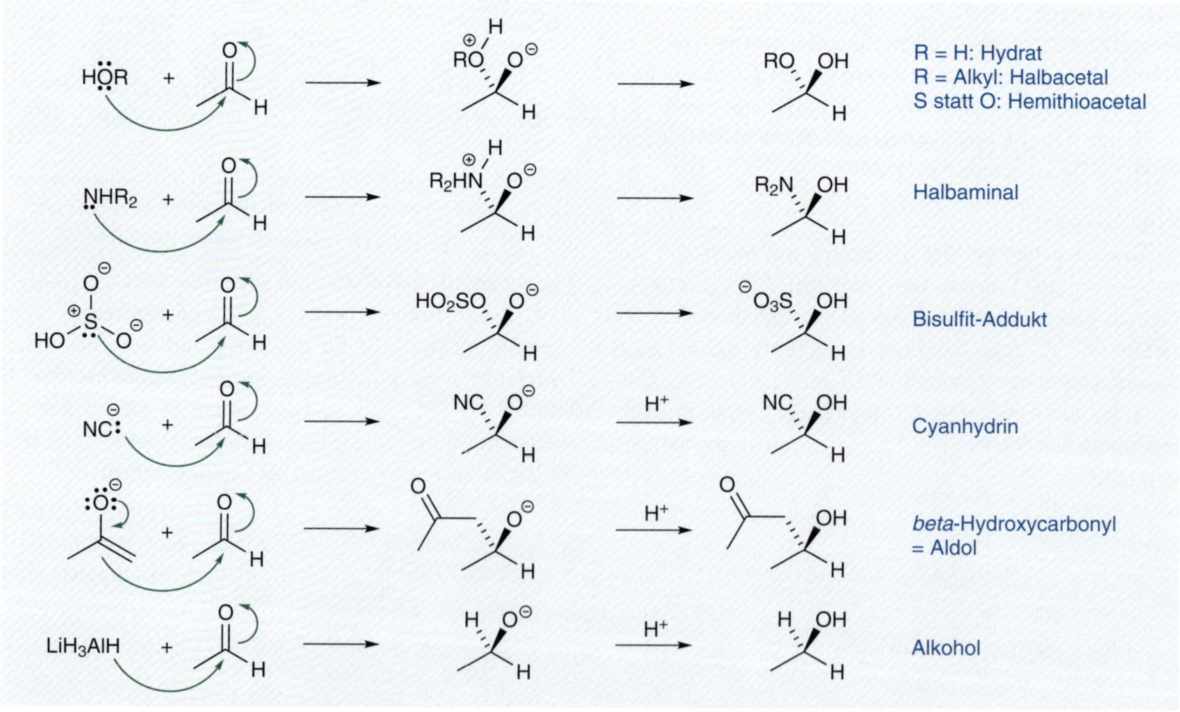


○ Abb. 12.14 Typische Additionsreaktionen von Nucleophilen an Aldehyde. Die Produkte entstehen jeweils als Racemate, da der Angriff des Nucleophils von beiden Seiten der Carbonylgruppe aus erfolgen kann.

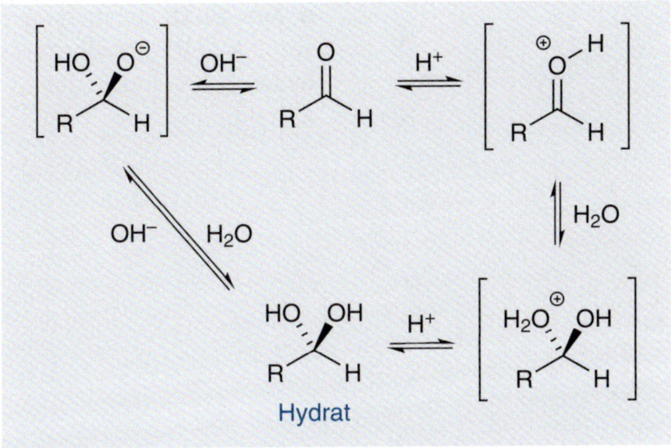


**Abb. 12.15** Säure- bzw. basenkatalysierte Aldehydhydratbildung

durch Säure katalysiert werden. In diesem Fall findet zuerst eine Protonierung und damit Aktivierung der Carbonylgruppe statt. Der Angriff eines Cyanidions führt dann direkt zum Cyanhydrin. Die Reaktion ist eine Gleichgewichtsreaktion; im sauren Medium liegt das Gleichgewicht weiter auf der Seite des Cyanhydrins als in basischer Lösung. Die Hydrolyse von Cyanhydrinen bietet einen Zugang zu $\alpha$-Hydroxycarbonsäuren (Abb. 12.17).

Wird die Reaktion mit Natriumcyanid und Ammoniumchlorid als schwacher Säure durchgeführt, entstehen bei langer Reaktionsdauer statt der Cyanhydrine Aminonitrile. Die Hydrolyse der Aminonitrile führt zu $\alpha$-Aminosäuren (*Strecker*-**Synthese**, ▸Kap. 37.1.2; Abb. 12.17).

Bei der Addition von Natriumhydrogensulfit entstehen „Hydrogensulfit-Addukte" (**Bisulfit-Addukte**), die meist als gut kristallisierende Natriumsalze spontan ausfallen oder durch überschüssiges Natriumhydrogensulfit ausgesalzen werden. Diese Reaktion verläuft – in Analogie zur Cyanhydrinsynthese – über die nucleophile Addition eines Hydrogensulfit-Anions und nachfolgende Protonierung/Deprotonierung. Durch Erwärmen der Hydrogensulfit-Addukte mit verdünnten Säuren oder mit Natriumcarbonat lässt sich der Aldehyd wieder aus dem Additionsprodukt freisetzen. Die Bildung der Bilsufit-Addukte wurde daher früher vor allem als Abtrennungs- bzw. Reinigungsverfahren für Aldehyde genutzt.

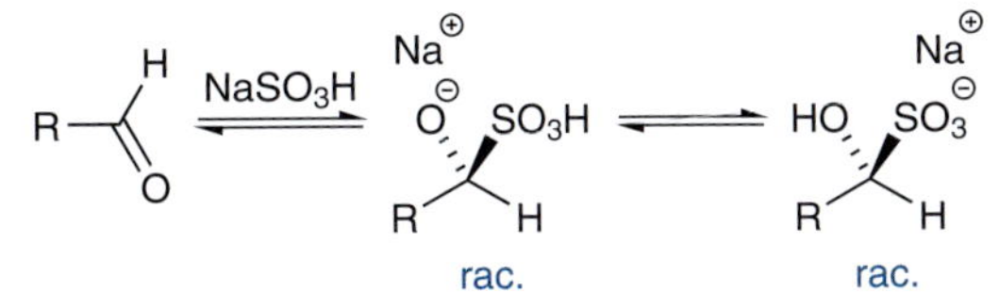


Beim Einleiten von trockenem Ammoniak in die etherische Lösung eines Aldehyds erfolgt zunächst die Addition von $NH_3$ an das positivierte C-Atom der Carbonylgruppe (Abb. 12.18). Die hierbei entstehenden **Halbaminale** (früher: „Aldehydammoniake") sind meist instabil und gehen unter Wasseraustritt in **Aldimine** über, die häufig in einer Folgereaktion zu heterocyclischen Verbindungen trimerisieren. Beispielsweise entsteht aus Acetaldehyd und Ammoniak über Acetaldimin (Ethanimin) 2,4,6-Trimethylhexahydro-1,3,5-triazin. Bei der Umsetzung von Formaldehyd mit Ammoniak läuft die Reaktion weiter bis zum Urotropin (Hexamethylentetramin, ▸Kap. 12.1.4, Abb. 12.33).

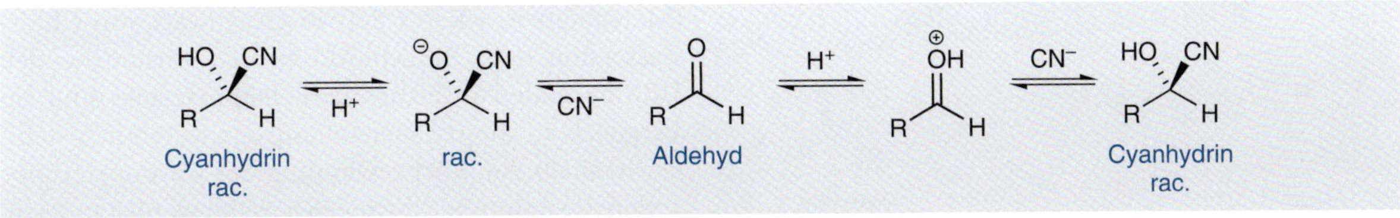


**Abb. 12.16** Cyanhydrinbildung aus Blausäure und Aldehyd

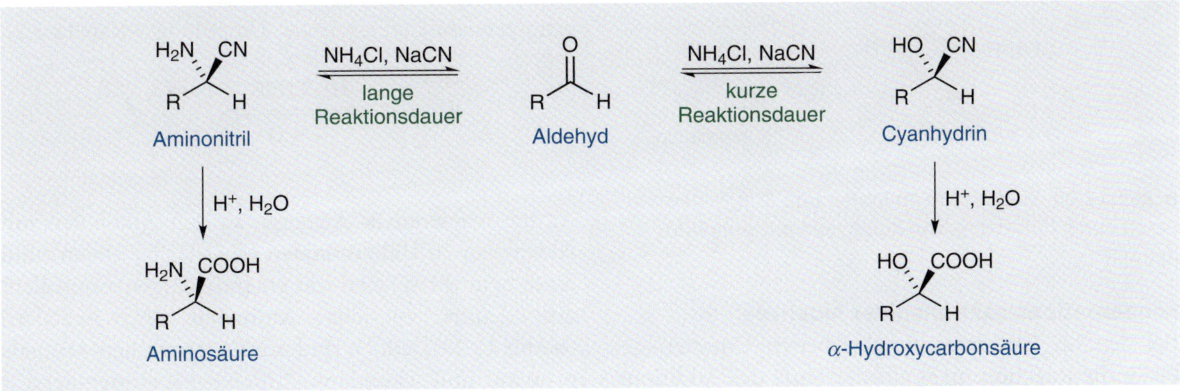


**Abb. 12.17** *Strecker*-Synthese von $\alpha$-Hydroxycarbonsäuren bzw. $\alpha$-Aminosäuren (die Produkte entstehen jeweils in racemischer Form)

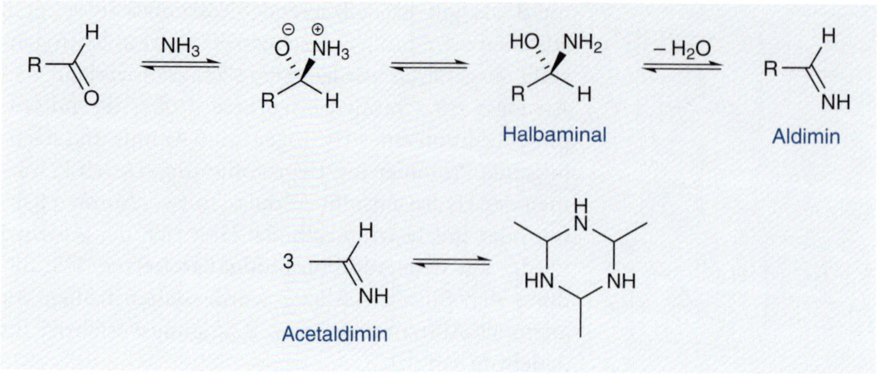


**o Abb. 12.18** Darstellung von 2,4,6-Trimethylhexahydro-1,3,5-triazin aus Acetaldimin

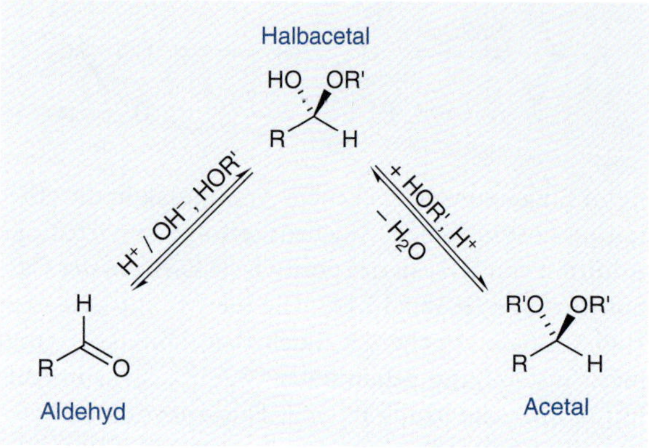


**o Abb. 12.19** Acetalbildung aus einem Aldehyd und zwei Äquivalenten Alkohol

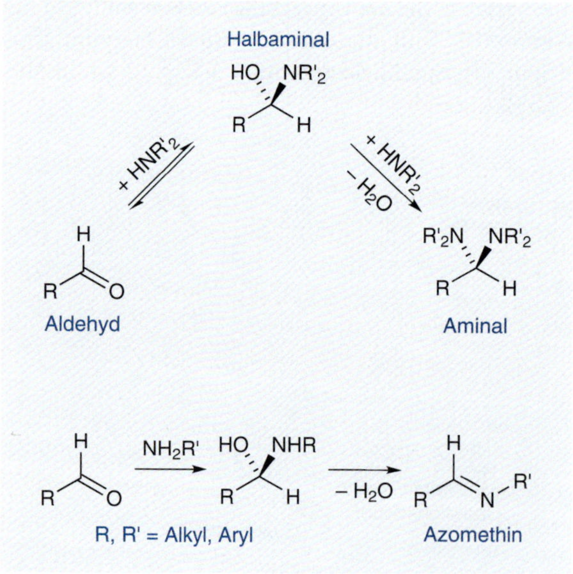


**o Abb. 12.20** Bildung von Aminalen und *Schiff*schen Basen durch Umsetzung von Aldehyden mit primären Aminen

## Kondensationsreaktionen der Aldehyde

Bei den im Folgenden beschriebenen Umsetzungen bleibt die Reaktion nicht auf der Stufe des Additionsprodukts stehen, sondern es findet eine Folgereaktion statt, bei der das O-Atom der Carbonylgruppe des Aldehyds in der Regel als Wasser eliminiert wird (Kondensationsschritt). Aldehyde reagieren – analog der Reaktion mit Wasser – auch mit Alkoholen zu sogenannten **Halbacetalen** (o Abb. 12.19). Die Anlagerung des Alkohols erfolgt sowohl im basischen wie auch im sauren Milieu. In saurer Lösung (aber nicht in basischer) kann sich im Folgeschritt durch Wasseraustritt ein **Acetal** bilden.

Acetale sind formal die Dialkylether der Aldehydhydrate, man beachte jedoch, dass es sich immer noch um die Oxidationsstufe des Aldehyds handelt, sowohl Hydrat- als auch Halbacetal- oder Acetalbildung sind keine Redox-Reaktionen! Acetale sind gegen Alkalien sehr beständig, werden jedoch von verdünnten Säuren in Umkehrung der Bildungsreaktion wieder in Aldehyd und Alkohol gespalten. Somit liegt in den Acetalen eine „maskierte Aldehydgruppe" vor. Acetale werden daher als **Schutzgruppe für Aldehyde** (und Ketone) in der organischen Synthese genutzt. Analog zur Reaktion mit Alkoholen reagieren Aldehyde auch leicht mit Thiolen (Mercaptanen; ▸Kap. 6.3.3) in Gegenwart von Chlorwasserstoff oder Zinkchlorid zu den entsprechenden **Dithioacetalen** (Mercaptalen). Dithioacetale sind im Vergleich zu ihren Sauerstoffanaloga wesentlich stabiler, weshalb zur Rückgewinnung der Carbonylgruppe andere Reaktionsbedingungen gewählt werden müssen. Sie werden ebenfalls als Schutzgruppen für Carbonylverbindungen und zur Ketonsynthese aus Aldehyden genutzt (siehe *Corey-Seebach*-Umpolung, ▸Kap. 12.2.2).

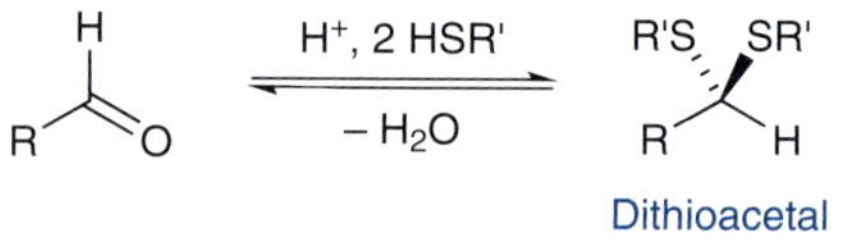


Amine reagieren in Analogie zu den Alkoholen mit Aldehyden zu **Halbaminalen** (*N,O*-Halbacetalen) und diese beim Erwärmen mit einem weiteren Äquivalent des Amins zu den **Aminalen** (*N,N*-Acetalen) (o Abb. 12.20), jedoch sind nur die cyclischen Aminale primärer und sekundärer Amine bei Raumtemperatur stabil (z. B. Urotropin). Primäre Amine bilden mit Aldehyden durch Wasserabspaltung aus dem Halbami-

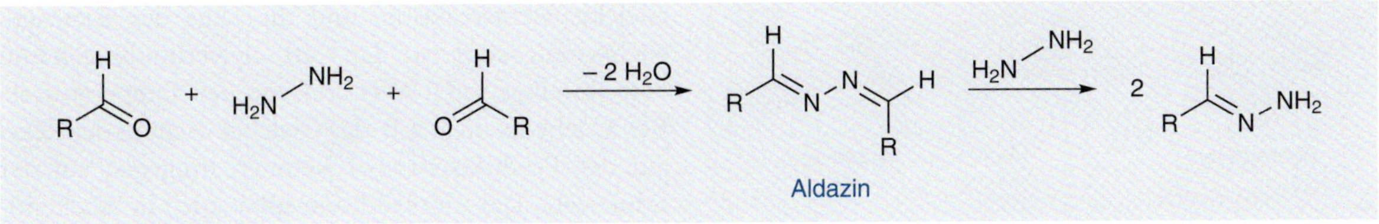


**o Abb. 12.21** Spezialfall einer Iminbildung: Reaktion mit Hydrazin

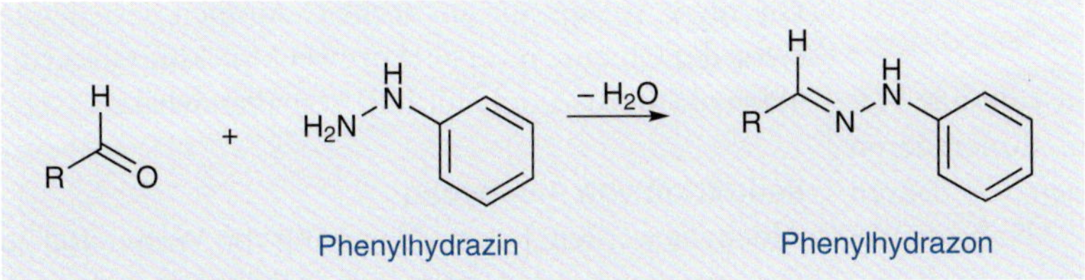


**o Abb. 12.22** Phenylhydrazonbildung

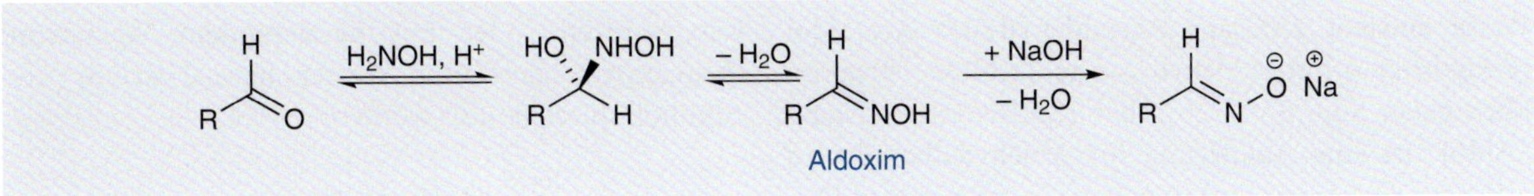


**o Abb. 12.23** Aldoximbildung

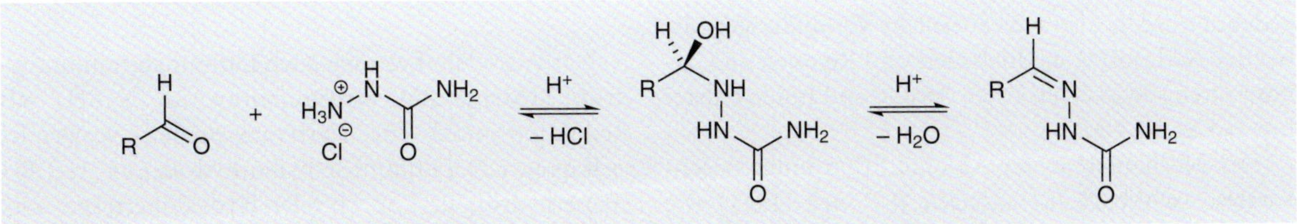


**o Abb. 12.24** Darstellung von Semicarbazonen

nal Azomethine (Aldimine), auch ***Schiff*sche Basen** genannt.

Hydrazin bzw. sein Hydrat reagiert aufgrund der beiden primären $NH_2$-Gruppen mit zwei Aldehyd-Äquivalenten zu Aldazinen (o Abb. 12.21). Aus den Aldazinen wiederum lassen sich durch kurzes Erhitzen mit einem weiteren Äquivalent Hydrazinhydrat die relativ unbeständigen Aldehydhydrazone gewinnen. Da die einfachen Aldehyde gewöhnlich flüssig sind, benutzt man diese Reaktion, um Aldehyde aus Reaktionsgemischen kristallin abzuscheiden bzw. zu reinigen oder zu identifizieren.

Ein weiteres Beispiel einer Reaktion eines Aldehyds mit einem Hydrazinderivat ist in o Abb. 12.22 dargestellt. Bei der Reaktion substituierter Hydrazinderivate mit Aldehyden in essigsaurer Lösung erhält man **Hydrazone**, z. B. mit 1-Phenylhydrazin oder 2,4-Dinitrophenylhydrazin das entsprechende Phenylhydrazon. Die Reaktion kann auch zur Darstellung von Alkenen nach *Shapiro* genutzt werden (▸ Kap. 12.2.3, o Abb. 12.49).

Bei der Umsetzung von Aldehyden mit Hydroxylammoniumhydrochlorid entstehen **Aldoxime** (o Abb. 12.23). Mit Ausnahme des Formaldoxims handelt es sich um farblose, kristalline Substanzen. Bei Aldoximen, wie auch bei Iminen und Hydrazonen, tritt (*E*/*Z*)-Isomerie (▸ Kap. 3.5.2) auf. Die Isomere sind jedoch meist nicht isolierbar. Oxime reagieren schwach sauer und bilden mit Alkalien Salze, aus denen die Oxime bereits mit Kohlensäure durch Reprotonierung wieder freigesetzt werden können. Durch verdünnte Säuren lassen sich die Aldoxime wieder in den Aldehyd und das Hydroxylammoniumsalz hydrolysieren.

Die Kondensation der Aldehyde mit Semicarbazidhydrochlorid (ebenfalls ein Hydrazinderivat) führt zu gut kristallisierenden **Semicarbazonen** (o Abb. 12.24). Wie bei der Oxim-, Hydrazin- und Iminbildung findet auch hier primär ein nucleophiler Angriff der $NH_2$-Gruppe am C-Atom der Aldehydgruppe statt. Als geschwindigkeitsbestimmender Schritt folgt dann die säurekatalysierte Wasserabspaltung unter Semicarbazonbildung; das pH-Optimum der Reaktion liegt bei etwa 5.

Die oben genannten Kondensationsreaktionen mit Stickstoffnucleophilen wurden vor allem früher auch zur Analytik der Aldehyde eingesetzt (z. B. zur Identifizierung der Aldehyde über die charakteristischen Schmelzpunkte der gut kristallisierenden Semicarbazone).

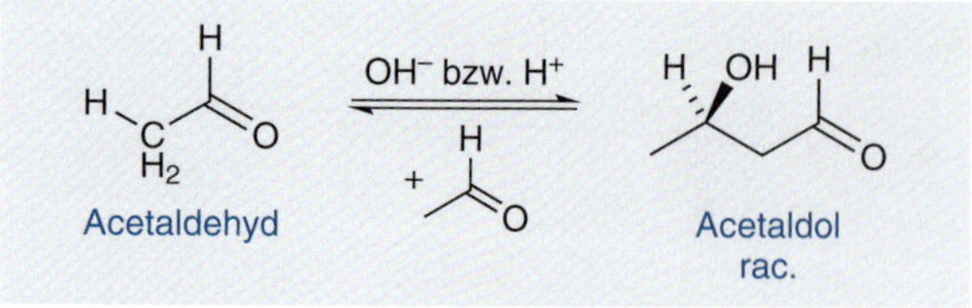


**Abb. 12.25** Dimerisierung von Aldehyden mit $\alpha$-ständiger Methylgruppe am Beispiel des Acetaldehyds

## Aldoladdition

**Aldehyde**, die eine **zur Cabonylgruppe $\alpha$-ständige Methyl- oder Methylengruppe** enthalten, **dimerisieren** unter dem katalytischen Einfluss von Basen oder Säuren (verdünnte Laugen, Alkalicarbonate, Alkalicyanide, Natriumacetat oder verdünnte Salzsäure) zu $\beta$-Hydroxyaldehyden (Aldolen) (Abb. 12.25). Auf diese Weise entsteht z. B. aus Acetaldehyd das Acetaldol ($\beta$-Hydroxy-*n*-butyraldehyd), eine farblose, sirupöse Flüssigkeit, Sdp. 83 °C/26 mbar (26 hPa). Der Name „Aldol" ist eine Abkürzung für Aldehydalkohol und weist auf die beiden funktionellen Gruppen dieser Verbindungen hin. Mittlerweile ist die Bezeichnung Aldol jedoch auf alle **$\beta$-Hydroxycarbonylverbindungen** ausgedehnt worden, also auch auf solche Verbindungen, die bei der Addition von Aldehyden und Ketonen an Carbonsäuren sowie deren Ester, Amide und Imide entstehen (▸Kap. 14.4.3).

Der Mechanismus der **Aldoladdition** unter Basenkatalyse (Abb. 12.26) ist nach *R. P. Bell* (1941) wie folgt: Bei der Basenkatalyse bewirkt das Hydroxid-Ion ($pK_S(H_2O) = 15{,}7$) die Ablösung des durch den elektronenziehenden Effekt der Carbonylgruppe aktivierten Protons aus der Methylgruppe des Acetaldehyds ($pK_S \approx 17$). Das entstehende, mesomeriestabilisierte **Enolat**-Anion addiert sich als Nucleophil an das elektrophile C-Atom der Carbonylgruppe eines zweiten Aldehydmoleküls unter Bildung des Aldolat-Anions. Dieses wird dann als Base von einem anwesenden Protonendonator, z. B. Wasser, protoniert und es entsteht Acetaldol.

Die Reaktion ist nicht auf zwei gleiche Aldehyde beschränkt, sondern kann auch zwischen zwei verschiedenen Aldehyden, zwischen einem Aldehyd und einem Keton sowie zwischen zwei Ketonen ablaufen. Da die Carbonylgruppe in Aldehyden reaktiver ist als die in Ketonen (das Keton ist aufgrund der beiden Alkylreste weniger reaktiv), fungiert bei einer **gekreuzten Aldoladdition** mit einem Keton der Aldehyd immer als elektrophile Carbonylkomponente, wenn nicht besondere Bedingungen angewandt werden. Die Aldoladdition kann nur stattfinden, wenn zur Carbonylgruppe $\alpha$-ständige Protonen vorhanden sind. Je größer die C—H-Acidität der Methylenkomponente ist, desto leichter erfolgt die Addition. Die Aldoladdition ist eine Gleichgewichtsreaktion, und die Lage des Gleichgewichts hängt stark von den Carbonylverbindungen und vom jeweiligen pH-Wert und von der Temperatur ab. Bei Aldehyden liegt z. B. das Gleichgewicht in der Regel auf der Produktseite, bei Ketonen hingegen auf der Eduktseite. Die Aldoladdition spielt auch in biochemischen Prozessen eine Rolle, beispielsweise bei dem wichtigen Schritt der alkoholischen Gärung und der Glycolyse, in dem die aus sechs C-Atomen bestehende Kette der Glucose reversibel in zwei Moleküle Glycerinaldehyd (Retro-Aldoladdition) gespalten wird.

## Reduktion von Aldehyden

Aldehyde werden durch Anlagerung von Wasserstoff zu den entsprechenden primären Alkoholen reduziert. Diese **Hydrierung** kann katalytisch ($H_2$ an Ni- bzw. Pd-Katalysatoren) oder mit naszierendem Wasserstoff (Natriumamalgam und Wasser bzw. Natrium und Alkohol) durchgeführt werden:

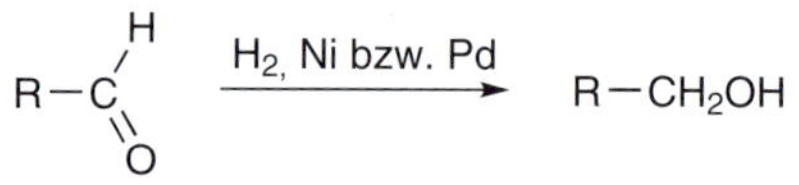


Neben Wasserstoff werden auch Lithiumaluminiumhydrid, $LiAlH_4$, und Natriumborhydrid, $NaBH_4$, als Reduktionsmittel für Carbonylgruppen verwendet (▸Kap. 12.1.2). Lithiumtriethylborhydrid, $Li(C_2H_5)_3BH$ (Superhydrid) und als chiraler Hydridüberträger z. B. Lithiumtri-*sec*-butylborhydrid (L-Selectride) übertreffen diese Substanzen an Reaktivität erheblich und zeichnen sich zudem durch besondere Selektivität aus. Zuweilen wird auch die ***Meerwein-Ponndorf-Verley*-Reduktion** (1925, Abb. 12.27) mit Aluminiumisopropylat in Isopropylalkohol angewandt, wobei in einem Redoxprozess der entsprechende primäre Alkohol und Aceton entstehen. Diese Reduktionsmethode ist chemoselektiv für Carbonylgruppen und wird daher vor allem bei Aldehyden (oder Ketonen) benutzt, die noch andere reduzierbare Gruppen, z. B. C=C-Doppelbindungen oder Nitrogruppen, enthalten. Da diese Redoxreaktion reversibel ist, kann umgekehrt auch ein primärer Alkohol durch Aceton in Gegenwart von Aluminiumalkoholat zum Aldehyd oxidiert werden, wobei Isopropanol als zweites Produkt entsteht (vgl. *Oppenauer*-Oxidation, ▸Kap. 12.2.2).

Auch die **Addition von Grignard-Verbindungen** an Aldehyde ist eine Reduktion. Dabei entstehen sekundäre Alkohole; mit Formaldehyd wird ein primärer Alkohol erhalten (▸Kap. 11.1.2). Aldehyde und Ketone lassen sich ferner mit Ammoniak und Wasserstoff in Gegenwart von Nickel als Katalysator zu Aminen reduzieren (reduktive Aminierung). Alternativ kann Natriumcyanoborhydrid in Gegenwart

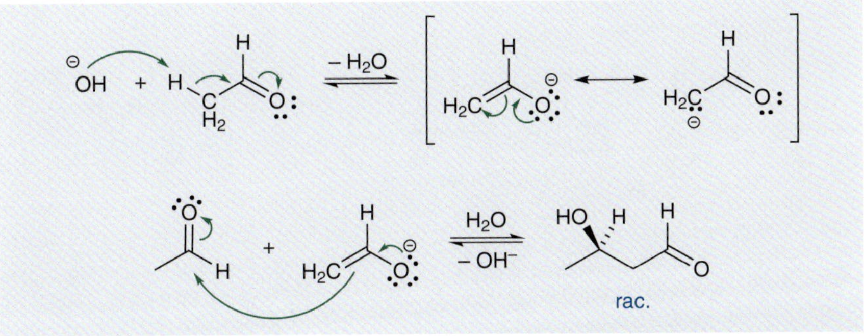


**o Abb. 12.26** Mechanismus der basenkatalysierten Aldoladdition

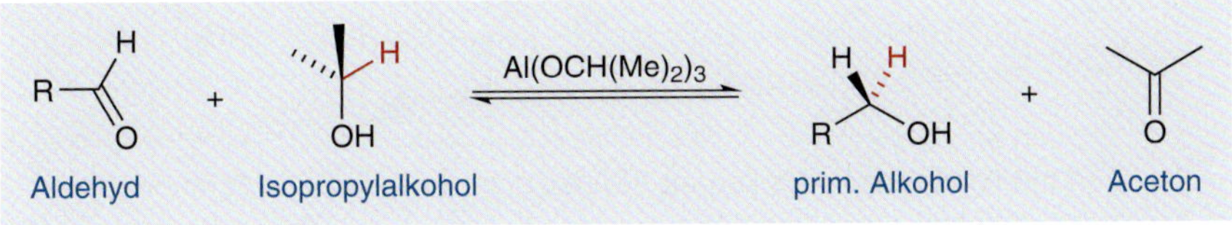


**o Abb. 12.27** *Meerwein-Ponndorf-Verley*-Reduktion

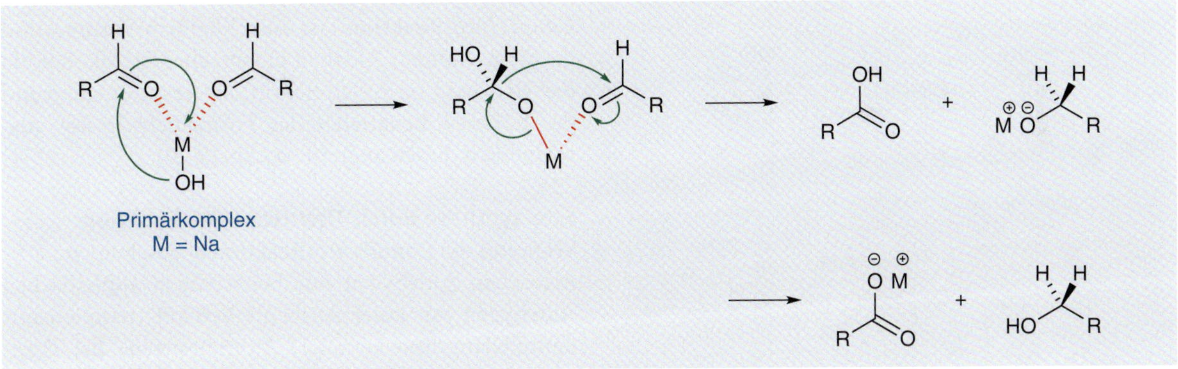


**o Abb. 12.28** Mechanismus der *Cannizzaro*-Reaktion

von Ammoniumchlorid als schwacher Säure als Reduktionsmittel verwendet werden. Zwischenstufe ist dabei das Imin:

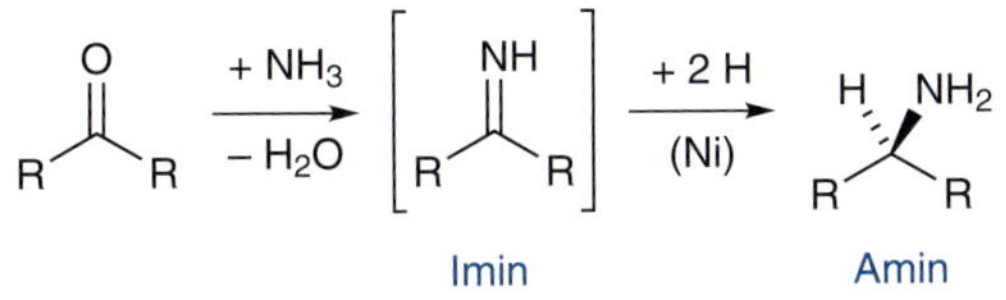


## *Cannizzaro*-Reaktion der Aldehyde

Aldehyde, die kein zur Carbonylgruppe $\alpha$-ständiges acides H-Atom besitzen, somit kein Enolat bilden und folglich keine Aldoladdition eingehen können, reagieren mit starken Alkalien in einer ***Cannizzaro*-Reaktion** (1853). Aus zwei Äquivalenten Aldehyd entstehen hierbei der primäre Alkohol und das Alkalisalz der Carbonsäure.

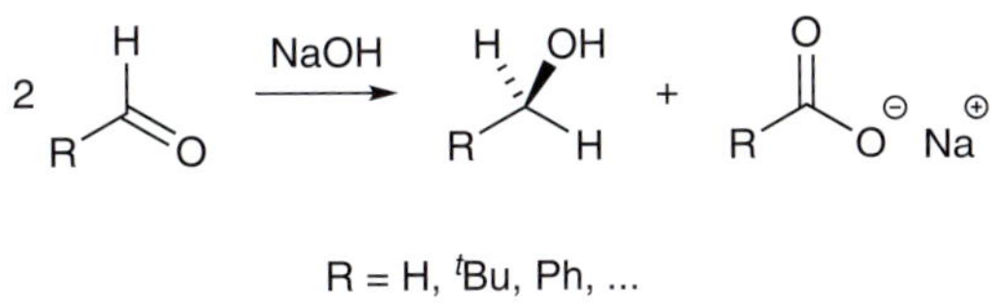


Einen solchen gekoppelten Übergang einer Verbindung in eine höhere und eine niedere Oxidationsstufe bezeichnet man als **Disproportionierung**. Zu den aliphatischen Aldehyden, die kein $\alpha$-H-Atom aufweisen und daher in basischer Lösung disproportionieren, gehören z. B. Formaldehyd und Pivalaldehyd (Trimethylacetaldehyd). Die Geschwindigkeit der *Cannizzaro*-Reaktion hängt nicht nur von der Aldehyd- und $OH^-$-Ionen-Konzentration, sondern auch vom Kation der Base ab. So katalysieren Basen wie z. B. $Ca(OH)_2$, $Ba(OH)_2$ oder Thallium(I)-hydroxid die Disproportionierung besser als Alkalilaugen (NaOH, KOH).

Man nimmt an, dass sich in der ersten Reaktionsstufe ein „Primärkomplex" aus zwei Aldehydmolekülen und einem Metallhydroxidmolekül bildet (o Abb. 12.28). In diesem *Lewis*-Säure-Base-Komplex ist das Metall-Ion an das O-Atomen der Carbonylgruppen koordiniert, wodurch die positive Ladung an den C-Atomen verstärkt wird. Daher kann ein Hydroxid-Ion besonders leicht das C-Atom der so polarisierten C=O-Gruppe angreifen. Es bildet sich ein Hydrat (o Abb. 12.14). Anschließend wandert im langsamen, geschwindigkeitsbestimmenden Schritt ein Hydrid-

12

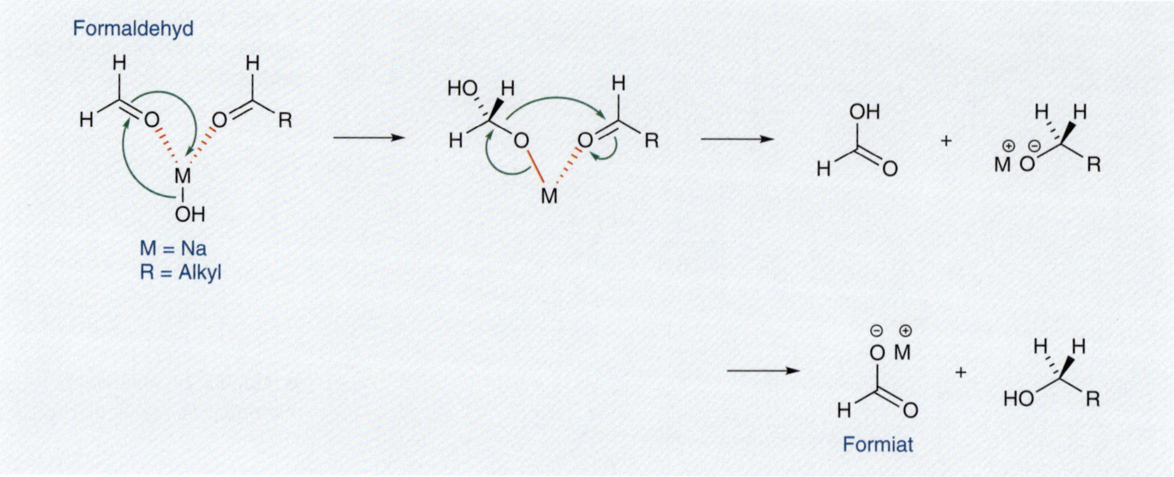


**o Abb. 12.29** Gekreuzte *Cannizzaro*-Reaktion mit Formaldehyd. Es kommt bevorzugt zur Oxidation des Formaldehyds unter Bildung von Formiat, während der andere Aldehyd zum Alkohol reduziert wird.

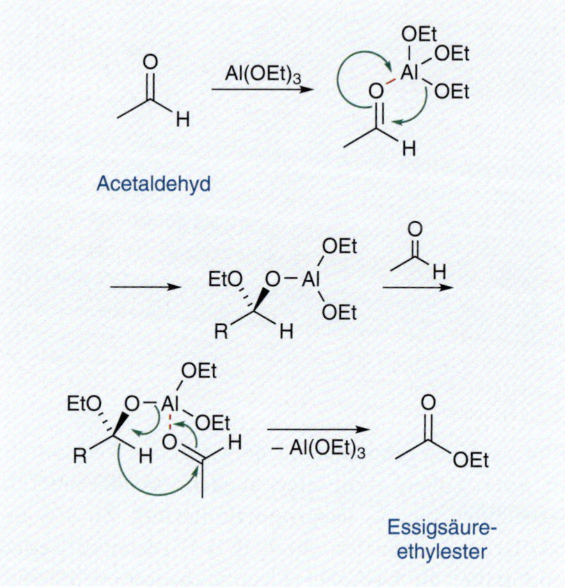


**o Abb. 12.30** Mechanismus der *Tischtschenko*-Reaktion

Anion aus diesem Hydrat an das positivierte C-Atom der zweiten Carbonylgruppe. Dieser Schritt ähnelt der schon besprochenen *Meerwein-Pondorf-Verley*-Reduktion (o Abb. 12.27). Es entstehen so eine Säure und ein Alkoholat-Anion, die sofort in einer Säure-Base-Reaktion zum Säure-Anion und dem Alkohol weiter reagieren. Die Hydrid-Wanderung wurde von *Bonhoeffer* und *Fredenhagen* (1938) bei der *Cannizzaro*-Reaktion von Benzaldehyd zu Benzoesäure und Benzylalkohol in schwerem Wasser ($D_2O$) nachgewiesen. Es zeigte sich, dass im Benzylalkohol kein an Kohlenstoff gebundenes Deuterium auftritt. Folglich muss der Wasserstoff, der den Benzaldehyd zum Alkohol reduziert, aus einem anderen Aldehydmolekül stammen.

Wird Formaldehyd im Gemisch mit einem anderen Aldehyd umgesetzt, so entstehen bei dieser **gekreuzten** *Cannizzaro*-**Reaktion** fast ausschließlich Formiat und der dem anderen Aldehyd entsprechende Alkohol, da das Hydroxid im ersten Schritt der Reaktion aufgrund der höheren Reaktivität des Formaldehyds fast ausschließlich diesen angreift (o Abb. 12.29).

## Estersynthese durch *Tischtschenko*-Reaktion

Während die *Cannizzaro*-Reaktion abgesehen von aromatischen Aldehyden nur bei wenigen aliphatischen Aldehyden mit guter Ausbeute verläuft (nämlich nur dann, wenn diese kein α-H-Atom besitzen), hat *Tischtschenko* (1906) mit Aluminiumalkoholat ein Kondensationsmittel gefunden, das auch aliphatische Aldehyde mit α-H-Atom einer solchen Disproportionierung präparativ zugänglich macht (o Abb. 12.30). Da die Alkoholate durch Wasser zersetzt werden, muss die Disproportionierung der Aldehyde in wasserfreiem Ethanol durchgeführt werden. Hierbei bilden sich allerdings nicht wie bei der *Cannizzaro*-Reaktion der Alkohol und die Carbonsäure, sondern man erhält den entsprechenden Ester. So reagiert z. B. Acetaldehyd in Gegenwart katalytischer Mengen Aluminiumethanolat (3–5 % der Aldehydmenge) in fast quantitativer Ausbeute zu Essigsäureethylester (Ethylacetat, ▸Kap. 14.4). Dieser wird vor allem als Lösemittel in der Lackindustrie verwendet.

## Polymerisation der Aldehyde

Eine weitere typische Eigenschaft der aliphatischen Aldehyde ist ihre Neigung, besonders in Gegenwart von $H^+$-Ionen oder in Anwesenheit von Basen unter starker Wärmeentwicklung zu oligomeren und polymeren Acetalen zu reagieren, die sowohl Ring- als auch Kettenstruktur besitzen können. Die **Polymerisation des Formaldehyds** zu niedermolekularem Paraformaldehyd tritt bereits beim Eindampfen **wässriger Formaldehydlösungen** oder bei Zusatz saurer bzw. basischer

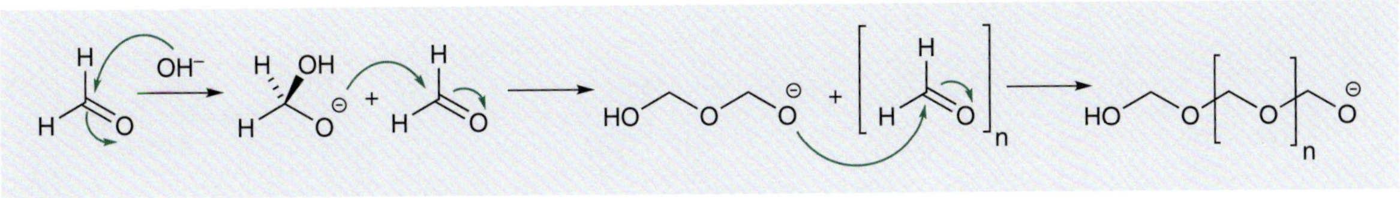


**Abb. 12.31** Polymerisation von Formaldehyd zur Paraformaldehyd

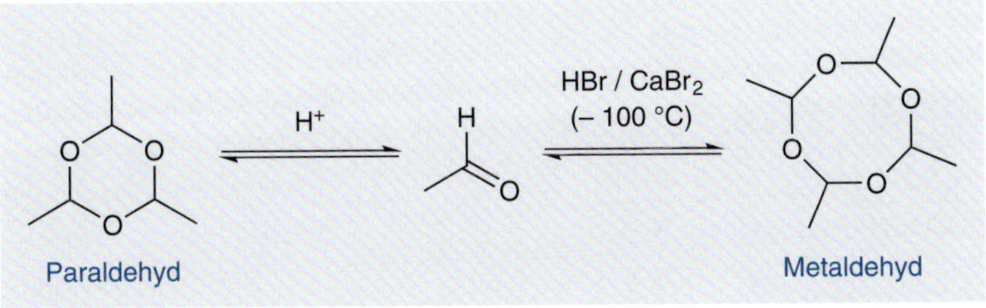


**Abb. 12.32** Oligomerisierung von Acetaldehyd

Katalysatoren ein. Dabei entstehen lineare Kettenmoleküle:

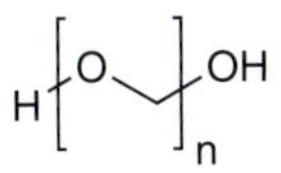

Paraformaldehyd

Flüssiger oder in inerten Lösemitteln gelöster, wasserfreier Formaldehyd polymerisiert bei tiefen Temperaturen (–80 °C) in Gegenwart von Alkoholat oder einem tertiären Amin als Initiator zu mehr oder weniger durchsichtigen, harten Massen bzw. pulverigen Produkten. In diesen liegt hochmolekularer Polyformaldehyd (**Paraformaldehyd**, Polyoxymethylen) vor, der sich bei höherer Temperatur zu Filmen oder Fäden verarbeiten lässt (Delrin). Polyoxymethylen wurde auch im Schweif des *Halley*schen Kometen nachgewiesen. Die Polymerisationen verlaufen in Gegenwart von Basen nach einem anionischen Ionenkettenmechanismus (Abb. 12.31). Der Kettenabbruch erfolgt durch Kationen.

Neben kettenförmigen Polymeren existiert vom Formaldehyd auch ein cyclisches Trimer, das 1,3,5-Trioxan (**Trioxymethylen**), das sich aus Formaldehyddampf in Nadeln (Smp. 63 °C) abscheidet. Es ist in Wasser und organischen Lösemitteln leicht löslich und zeigt – anders als Formaldehyd selbst – wie alle Acetale keine reduzierenden Eigenschaften mehr.

1,3,5-Trioxan

Acetaldehyd trimerisiert beim Versetzen mit einigen Tropfen konzentrierter Schwefelsäure in einer heftigen Reaktion zu flüssigem **Paraldehyd** (2,4,6-Trimethyl-1,3,5-trioxan; Abb. 12.32), Siedepunkt 124 °C, und in Gegenwart von Bromwasserstoff und Calciumdibromid zu **Metaldehyd** (2,4,6,8-Tetramethyltetroxan), Schmelzpunkt 246 °C (im geschlossenen Röhrchen), Sublimationspunkt 112 °C. Metaldehyd schädigt die Schleimzellen im Darm der Schnecken, sodass die Tiere infolge massiven Wasserverlustes verenden. Darauf beruht die Anwendung von Metaldehyd als „Schneckenkorn".

Die oben beschriebenen cyclischen Trimere und Tetramere haben keine freien Aldehydgruppen, wirken also weder reduzierend, noch reagieren sie mit den üblichen Aldehydreagenzien. Wie alle Acetale sind sie gegen Alkalien beständig. Paraldehyd und 1,3,5-Trioxan lassen sich aber unter dem Einfluss von Säuren in der Hitze wieder zu den Aldehyden depolymerisieren.

### 12.1.4 Ausgewählte Verbindungen

#### Formaldehyd (Methanal)

Formaldehyd, ein **stechend riechendes, giftiges Gas,** liegt in wässriger Lösung nahezu quantitativ als Hydrat, HO—$CH_2$—OH, vor. Gasförmiger Formaldehyd ist ein Bestandteil des Tabakrauches. Formaldehyd wird als **Desinfektionsmittel** für Wohnräume sowie in Form seiner wässrigen Lösung als Konservierungs- und Härtungsmittel (**Formalin**) für anatomische Präparate verwendet, da er mit Proteinen wasserunlösliche Kondensationsprodukte bildet (Gerbung). Auch die konservierende Wirkung des Räucherns geht vorwiegend auf Formaldehyd zurück. Mit Phenol oder Naphthalensulfonsäuren (früher: Naphthalinsulfonsäuren) kondensiert er zu synthetischen Gerbstoffen. Formaldehyd ist wichtiges Ausgangsprodukt für die Herstellung von Farbstoffen und wird für die Härtung von Casein und Gelatine sowie vor allem für die Gewinnung von Kunstharzen (Pheno- bzw. Aminoplaste, **Bakelit**) verwendet. Das Natriumsalz der Hydroxymethansulfinsäure (Rongalit), $H_2C(OH)—SO_2Na$, das aus Formaldehyd und Natriumdithionit, $Na_2S_2O_4$, darstellbar ist, dient als Reduktionsmittel in der Küpenfärberei und im Ätzdruck.

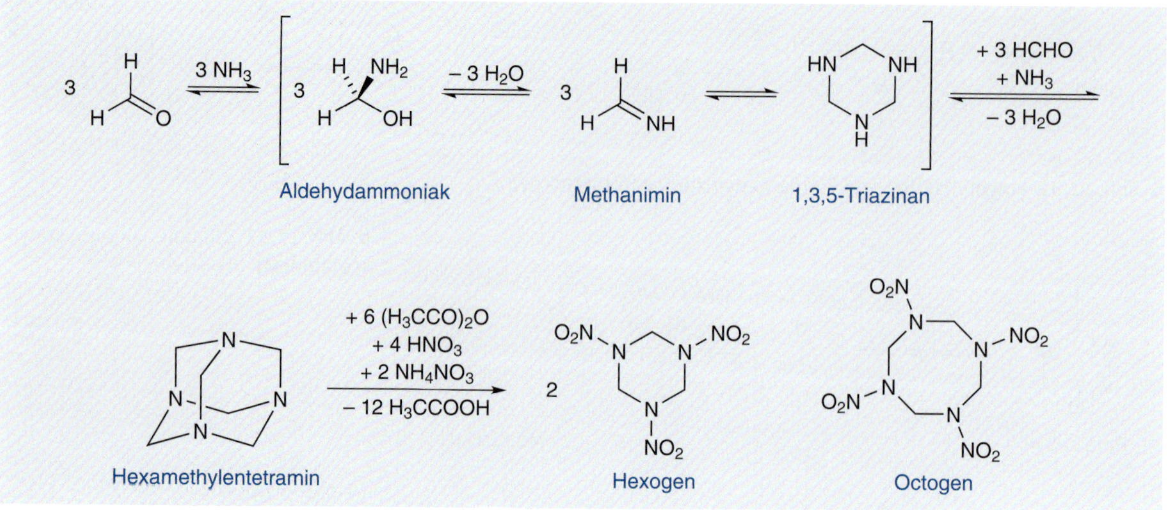


**Abb. 12.33** Darstellung von Urotropin und dessen Umsetzung zu hochexplosiven Nitroderivaten

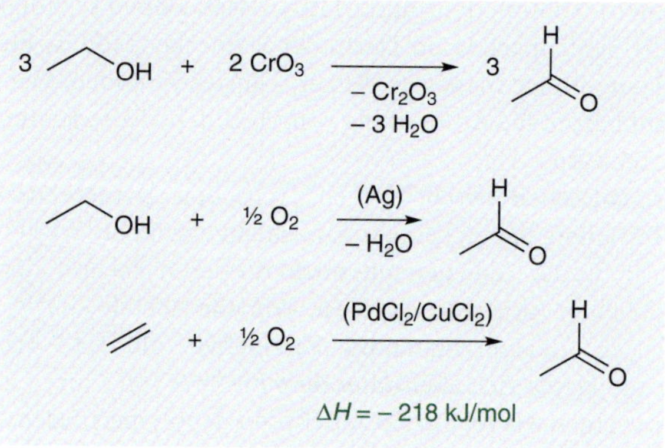


**Abb. 12.34** Technische Darstellung von Acetaldehyd

Technisch wird Formaldehyd hauptsächlich durch **Dehydrierung von Methanol** mit Luftsauerstoff am Silber- oder Kupfer-Kontakt bei etwa 600 °C hergestellt. Der Luftsauerstoff reagiert mit dem gebildeten Wasserstoff am Katalysator zu Wasser. Man gewinnt eine 40%ige Formaldehydlösung, die daneben noch 10–15 % Methanol enthält und unter der Bezeichnung Formalin (s. oben) im Handel ist.

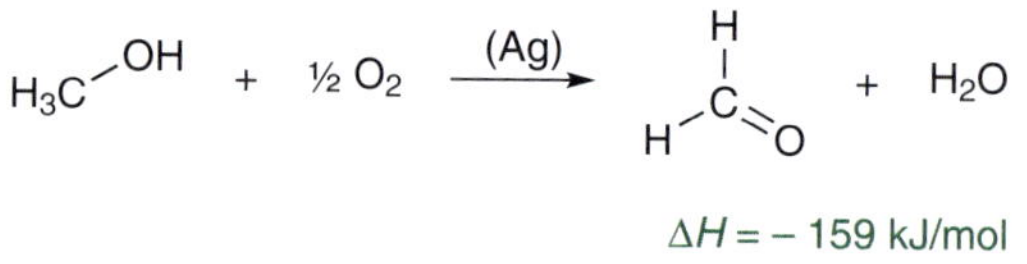


Formaldehyd geht die üblichen Aldehydreaktionen ein (▸Kap. 12.1.3), unterscheidet sich aber von den höheren aliphatischen Aldehyden durch einige spezielle Umsetzungen. So tritt z. B. mit verdünnter Kalilauge eine Disproportionierung zu Methanol und Ameisensäure ein (vgl. *Cannizzaro*-Reaktion, ▸Kap. 12.1.3). Die Sonderstellung des Formaldehyds ist dadurch bedingt, dass die Carbonylgruppe lediglich mit zwei H-Atomen verbunden ist. Dadurch ist die Carbonylgruppe des Formaldehyds deutlich elektrophiler als in anderen Aldehyden, die auf Grund des elektronenschiebenden Effektes des Alkylrestes am Carbonylkohlenstoff alle eine erhöhte Elektronendichte und damit verminderte Reaktivität gegenüber Nucleophilen aufweisen.

Aus Formaldehyd und Ammoniak entsteht über das Halbaminal und Methanimin durch Cyclisierung zunächst 1,3,5-Triazinan, das sofort zu dem tetracyclischen Hexamethylentetramin (1,3,5,7-Tetraazaadamantan, Methenamin, **Urotropin**; ○Abb. 12.33) weiterreagiert. Hexamethylentetramin, $(CH_2)_6N_4$, ist eine kristalline, wasserlösliche Substanz, die in Umkehrung der Bildungsreaktion bei der sauren Hydrolyse leicht wieder Formaldehyd abspaltet und daher zur „Härtung" von Kunstharzen benutzt wird. In der Medizin diente Hexamethylentetramin früher zum Desinfizieren der Harnwege. Durch Nitrierung von Hexamethylentetramin mit starker Salpetersäure in Gegenwart von Ammoniumnitrat und Acetanhydrid gewinnt man den hochbrisanten (Brisanz beschreibt in diesem Fall das Zertrümmerungsvermögen) Sprengstoff 1,3,5-Trinitro-1,3,5-triazinan (Hexogen, Cyclonit, RDX). Als Nebenprodukt entsteht 1,3,5,7-Tetranitro-1,3,5,7-tetrazocan (Octogen, HMX), ein Sprengstoff, der noch explosiver als Hexogen ist.

### Acetaldehyd (Ethanal)

Acetaldehyd ist eine farblose, stechend riechende Flüssigkeit mit einem Siedepunkt von 20,2 °C, die sich mit Wasser, Alkohol und Ether leicht mischt. Seine Polymerisationsprodukte wurden bereits beschrieben (○Abb. 12.32). Er tritt als Zwischenprodukt beim biochemischen Zuckerabbau auf (vgl. alkoholische Gärung, ▸Kap. 6.1.2). Technisch dient Acetaldehyd zur Herstellung von Essigsäure, Essigsäureanhydrid, Aceton, Ethanol, Acrolein, Acetaldol und Crotonaldehyd sowie Butadien.

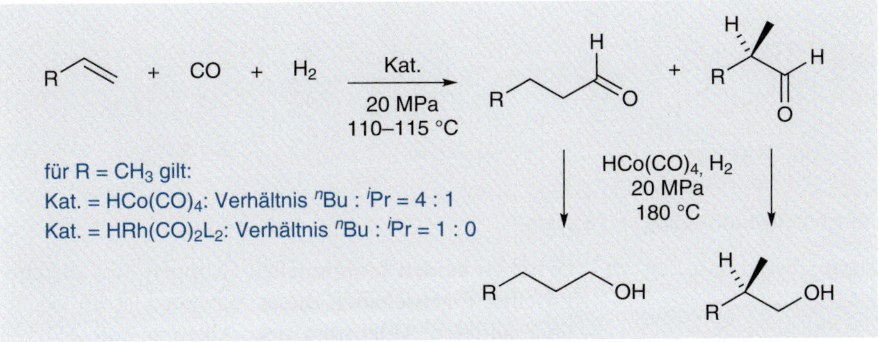


**Abb. 12.35** Aldehyddarstellung durch Hydroformylierung von Olefinen und anschließende Hydrierung zu Alkoholen

Abb. 12.34 zeigt verschiedene Möglichkeiten zur Darstellung von Acetaldehyd. Im Labor wird er durch **Oxidation von Ethanol** mit Kaliumdichromat und Schwefelsäure hergestellt. In Ländern mit guten Wachstumsbedingungen für kohlenhydratreiche Pflanzen (z. B. Mais, Zuckerrüben oder Zuckerrohr) wird der daraus gewonnene **Bioethanol** mit Luft am Silber-Kontakt bei etwa 500 °C **dehydriert**, der entstandene Acetaldehyd mit Ethanol ausgewaschen und rektifiziert. Die Ausbeute beträgt 85–95 %. Des Weiteren kann Acetaldehyd nach dem ***Wacker-Hoechst*-Verfahren** durch Oxidation von Ethylen mit Luft oder Sauerstoff in wässriger $PdCl_2/CuCl_2$-Lösung in 95%iger Ausbeute dargestellt werden. Mit dieser Synthese hat die Darstellung von Acetaldehyd aus Ethanol oder durch Wasseranlagerung an Acetylen (▸Kap. 5.5) technisch an Bedeutung verloren. Da aber über die Hälfte des Acetaldehyds zu Essigsäure weiterverarbeitet wird, stellen wirtschaftlichere Verfahren zur Synthese der Essigsäure (▸Kap. 13.1) eine Konkurrenz für das *Wacker-Hoechst*-Verfahren dar. Die Oxidation homologer Alkene liefert im *Wacker-Hoechst*-Verfahren Ketone, z. B. erhält man aus Propen Aceton und aus 1-Buten Butanon. In ▸Kap. 11.8.2 wird der Reaktionsablauf genauer behandelt.

## Propionaldehyd (Propanal)

Propionaldehyd, eine erstickend riechende Flüssigkeit, lässt sich technisch durch hydrierende Carbonylierung (**Hydroformylierung**, Oxosynthese) des Ethylens darstellen. Darunter versteht man die gleichzeitige Anlagerung von Kohlenmonoxid und Wasserstoff an C═C-Doppelbindungen unter Bildung von kettenverlängerten Aldehyden. Die Hydroformylierung ist eine Druckreaktion, die bei Temperaturen zwischen 50 und 200 °C durchgeführt wird (*O. Roelen* 1938). Als Katalysatormetall dienen meist Cobalt, homogen als $HCo(CO)_4$ eingesetzt (▸Kap. 11.8.2), oder Rhodium in Form von $HRh(CO)_2L_2$ (L = Ligand). Zur Synthese von Propionaldehyd werden Ethylen und Wassergas bei etwa 20 MPa und einer optimalen Temperatur von 100–115 °C am Cobalt-Kontakt umgesetzt.

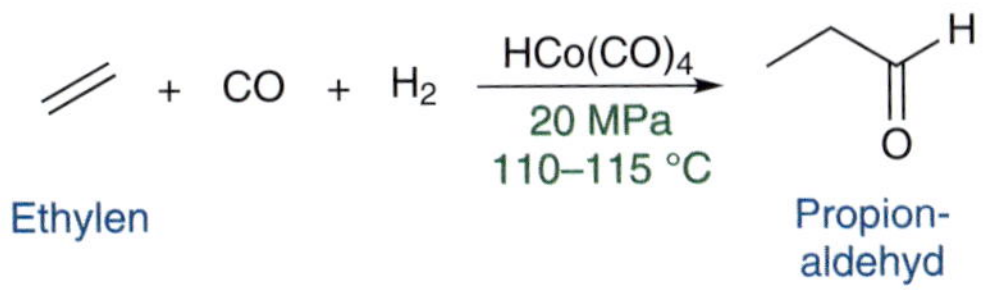


In längerkettigen, endständigen Alkenen kann sich Kohlenmonoxid sowohl an das C1- als auch an das C2-Atom anlagern (Abb. 12.35). Im ersten Fall entsteht ein Aldehyd unter geradliniger Kettenverlängerung, im zweiten unter $\alpha$-Methylverzweigung. Welche der beiden Reaktionen bei der **Olefin-Hydroformylierung** überwiegt, hängt außer vom Katalysator auch von der Art des Substituenten R ab. So entstehen bei der Hydroformylierung von Propen (R = $CH_3$) am Cobalt-Kontakt *n*-Butyraldehyd und Isobutyraldehyd im Verhältnis 4:1, während am Rhodium-Kontakt nur *n*-Butyraldehyd gebildet wird. Weiterhin lassen sich mithilfe der Oxosynthese (Abb. 12.35) auch Alkohole gewinnen. Steigert man die Temperatur auf 180 °C und darüber, so erfolgt am Cobalt-Katalysator gleichzeitig eine Hydrierung der primär entstandenen Aldehyde zu Alkoholen. Man erhält unter diesen Bedingungen z. B. aus Ethen, Kohlenmonoxid und Wasserstoff *n*-Propanol. Technische Anwendung findet dieses derzeit bedeutendste homogene Katalyseverfahren besonders bei der Darstellung höherer Alkohole. Als Ausgangsmaterial dienen Olefingemische, die beim Cracken anfallen. Die Olefinfraktionen mit 5 bis 11 C-Atomen liefern Alkohole für Lösemittel und Weichmacher, diejenigen mit 12 bis 18 C-Atomen Alkohole für Tenside, die in Waschmitteln verwendet werden.

## Halogenaldehyde

Von den Halogenaldehyden haben vor allem die **Trihalogenderivate des Acetaldehyds** Bedeutung erlangt. **Chloral** (Trichloracetaldehyd) dient z. B. als Ausgangsstoff für die Gewinnung von reinem Chloroform (▸Kap. 7.2.2) und von Dichlordiphenyltrichlorethan (DDT, ein Insektizid). Technisch wird Chloral durch Einleiten von Chlor in wasserhaltiges Ethanol gewonnen. Die Reaktion verläuft unter Oxidation des Alko-

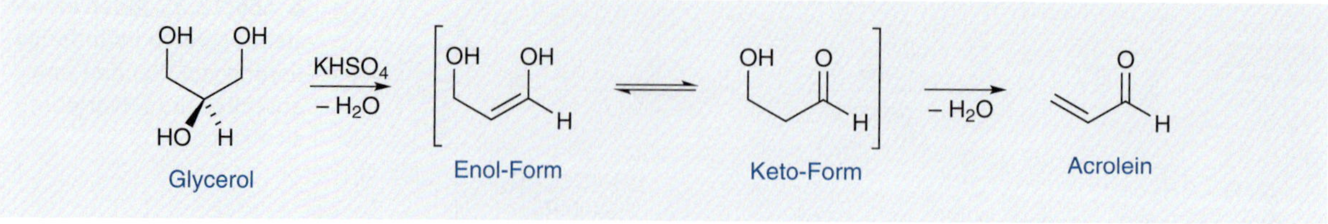


**Abb. 12.36** Acroleinsynthese durch Dehydratisierung von Glycerol

hols über verschieden chlorierte Zwischenstufen zu Chloralhydrat.

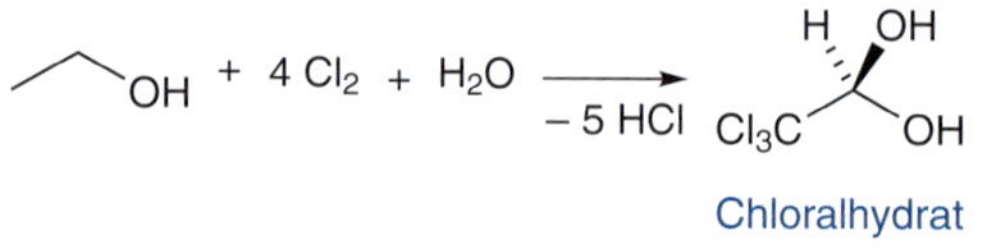


Aus Chloralhydrat (Smp. 58 °C) erhält man durch Destillation mit konzentrierter Schwefelsäure im Verhältnis 1:1 Chloral, eine stechend riechende Flüssigkeit, Sdp. 98 °C. Chloralhydrat ist ein Beispiel für ein stabiles Hydrat (Ausnahme der *Erlenmeyer*-Regel, ▸Kap. 12.1.3) und wird als eines der ältesten Schlafmittel noch heute unter dem Namen Chloraldurat® verwendet. Auch die aus Trichloracetaldehyd und Alkoholen bzw. Ammoniak entstehenden kristallinen Halbacetale bzw. Das Halbaminal sind relativ beständig. Die im Vergleich zu anderen Aldehyden ungewöhnliche Stabilität dieser Addukte ist auf die elektronenziehende induktive Wirkung der Trichlormethylgruppe (–I-Effekt) zurückzuführen, die die Carbonylgruppe im Aldehyd zusätzlich destabilisiert und damit die Gleichgewichtslage für die Adduktbildung auf die Produktseite verschiebt.

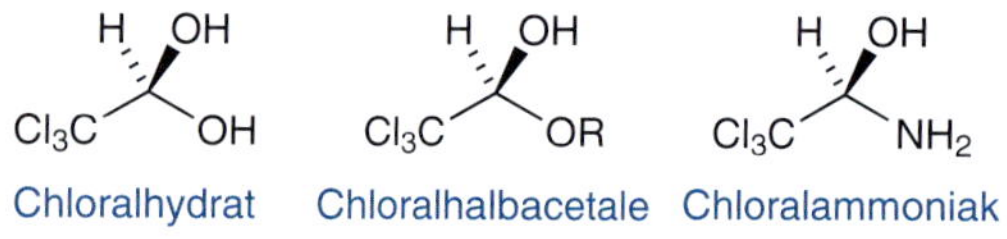


Das analoge **Bromal** (Tribromacetaldehyd, klassische Schwerflüssigkeit; $\delta$ = 2,55 g/mL) erhält man durch Bromierung von Paraldehyd in Gegenwart von Schwefel. Bromal ist eine bei 174 °C siedende Flüssigkeit, aus der mit Wasser Bromalhydrat (Smp. 53 °C) entsteht.

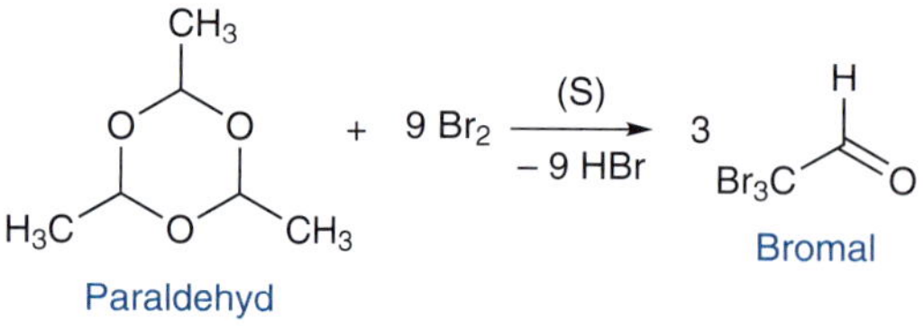


### $\alpha,\beta$-ungesättigte Aldehyde (Alkenale und Alkinale)

Bei dieser Stoffklasse ist eine Aldehydgruppe (Formylgruppe) direkt an die Doppel- bzw. Dreifachbindung eines Alkens bzw. eines Alkins gebunden. Man spricht auch von **$\alpha,\beta$-ungesättigten Carbonylverbindungen**. Dadurch kommt es zu einer Resonanzwechselwirkung zwischen beiden funktionellen Gruppen, was die chemischen Eigenschaften dieser Substanzklassen gegenüber anderen Aldehyden bzw. Alkenen und Alkinen verändert. Wichtige Vertreter sind Acrolein, 2-Butenal oder Propargylaldehyd.

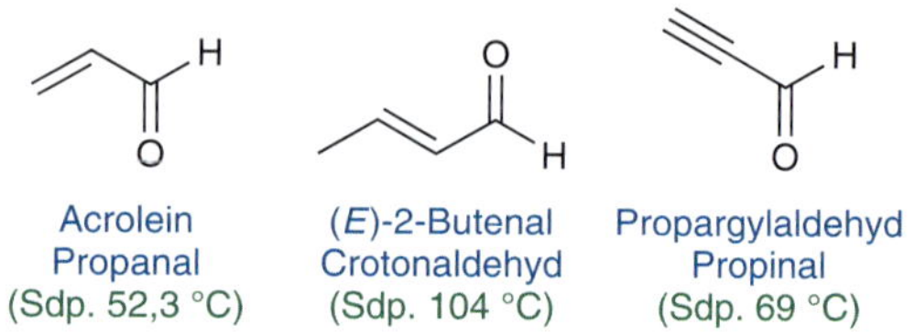


**Acrolein**, das einfachste Alkenal, ist das primäre Dehydrierungsprodukt des Allylalkohols und kann leicht weiter zu Acrylsäure oxidiert werden. Acrolein ist eine farblose, tränenreizende, leicht polymerisierbare Flüssigkeit (Sdp. 52 °C), deren Dämpfe einen scharfen, stechenden Geruch haben. Es entsteht z. B. beim Überhitzen von Fetten durch die Zersetzung des in den Fetten enthaltenen Glycerols. Davon leitet sich auch der Name Acrolein ab (*acer* = scharf, *oleum* = Öl). Als $\alpha,\beta$-ungesättigte Carbonylverbindung besitzt Acrolein ein konjugiertes Doppelbindungssystem, es ist ein **Heterodien**. Acrolein reagiert mit Nucleophilen nicht nur an der Carbonylgruppe, sondern auch unter **1,4-Addition** an der C=C-Doppelbindung (***Michael*-Addition**, ▸Kap. 13.1). Dargestellt wird es (Abb. 12.36) durch Erhitzen von Glycerol (▸Kap. 6.2.1) mit wasserabspaltenden Mitteln wie Kaliumhydrogensulfat auf etwa 200 °C. Hierbei wird zunächst die sekundäre Alkoholgruppe säurekatalysiert eliminiert. Der entstehende $\beta$-Hydroxyallylalkohol (Enol-Form) lagert sich in einer Gleichgewichtsreakion in $\beta$-Hydroxypropionaldehyd (Keto-Form) um (▸Kap. 3.2.3), der dann unter Wasserabspaltung in Acrolein übergeht.

Technisch wurde Acrolein früher durch eine **gekreuzte Aldolkondensation** von Acetaldehyd und Formaldehyd in Gegenwart alkalischer Dehydratisierungskatalysatoren (Silicagel) in der Gasphase bei 300 °C dargestellt (Abb. 12.37).

Das Verfahren wurde zugunsten der Darstellung von Acrolein durch **Luftoxidation von Propen** bei 200–500 °C und 0,1–1 MPa an Vielkomponenten-Kontakten aufgegeben.

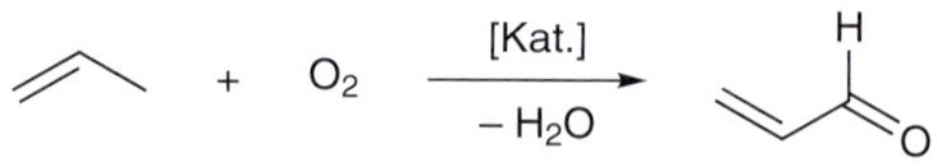

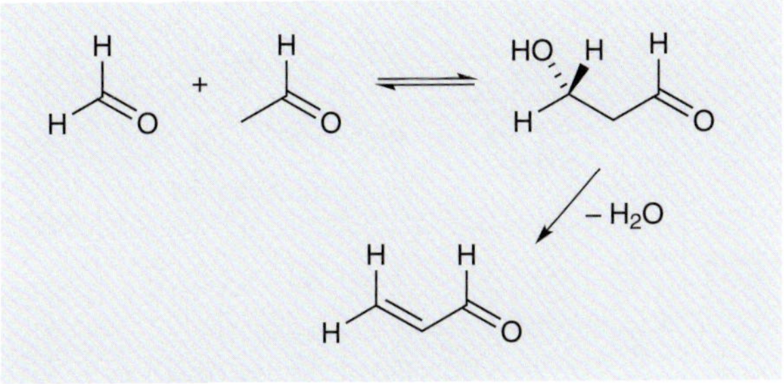


**o Abb. 12.37** Früher genutzte, technische Acroleindarstellung durch gekreuzte Aldolkondensation

**2-Butenal** (Crotonaldehyd) ist eine farblose Flüssigkeit, die in ihren Eigenschaften dem Acrolein ähnelt. Es existiert in zwei diastereomeren (*E*/*Z*)-Formen, die sich trotz unterschiedlicher physikalischer Eigenschaften nur schwer voneinander trennen lassen.

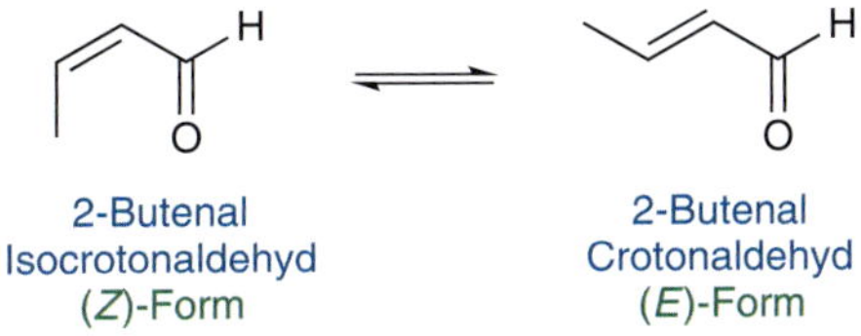


Die Darstellung von Crotonaldehyd gelingt am besten durch Dehydratisierung von Acetaldol, dem Produkt der Aldoladdition von Acetaldehyd (o Abb. 12.25), mit Essigsäure als Katalysator. Führt man die Aldoladdition des Acetaldehyds mit Piperidinacetat als Katalysator durch, so wird die Wasserabspaltung aus dem primär gebildeten Acetaldol so beschleunigt, dass direkt der Crotonaldehyd entsteht. Man spricht von einer **Aldolkondensation**.

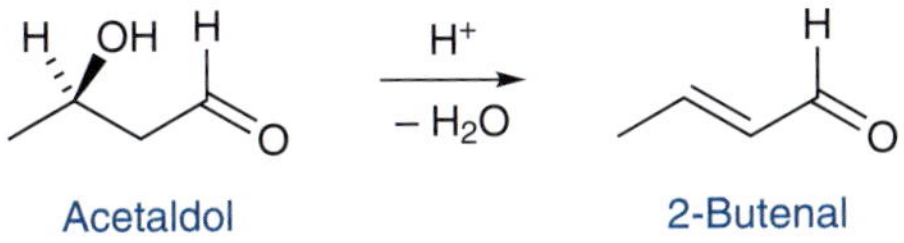


Crotonaldehyd kann auch mit der endständigen Methylgruppe in einer Aldolkondensation reagieren (o Abb. 12.38), da durch die benachbarte *α*,*β*-ungesättigte Aldehydfunktion die Acidität der Methylgruppe ähnlich wie bei einer Carbonylgruppe erhöht ist. Bei der Deprotonierung entsteht in diesem Fall ein resonanzstabilisiertes **Dienolat-Anion**. Die C=C-Doppelbindung überträgt also die Möglichkeit zur Resonanzwechselwirkung mit der Carbonylgruppe auf die *γ*-Position (**Vinylogie-Prinzip**, ▸Kap. 2.3.2). Crotonaldehyd kann daher mit anderen Aldehyden zur Synthese höherer, mehrfach ungesättigter Aldehyde verwendet werden. So entsteht z. B. aus Crotonaldehyd und Acetaldehyd in Gegenwart von Piperidinacetat in einer Aldolkondensation Hexadienal. Da die Aldehydgruppe des Crotonaldehyds durch die elektronenschiebende benachbarte Doppelbindung deaktiviert wird, ist die

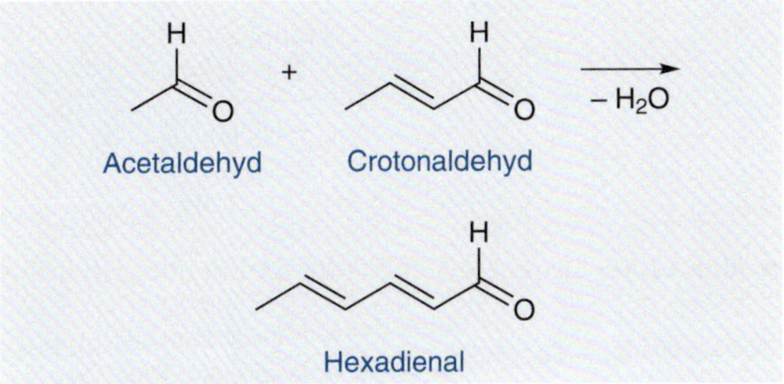


**o Abb. 12.38** Gekreuzte Aldolkondensation mit Crotonaldehyd als nucleophiler Komponente

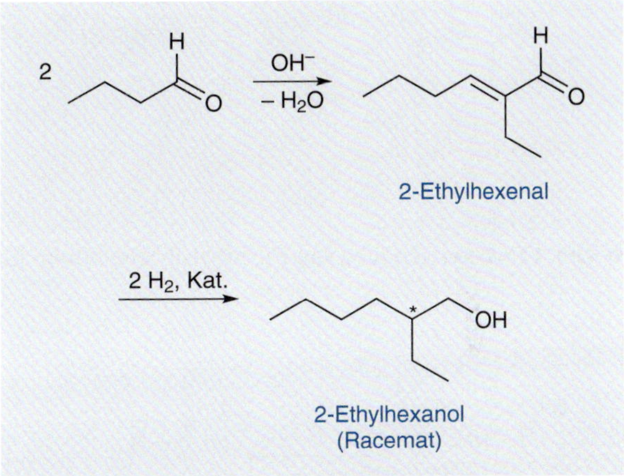


**o Abb. 12.39** Synthese von 2-Ethylhexanol aus Butanal

Neigung des Crotonaldehyds zur Selbstkondensation relativ gering, sodass sich die gekreuzte Aldolreaktion mit einem anderen Aldehyd vergleichsweise gut steuern lässt.

Die **Aldolkondensation** von *n*-Butyraldehyd führt zu 2-Ethylhexenal (o Abb. 12.39), das sich am Nickel- oder Kupfer-Kontakt zum 2-Ethylhexanol hydrieren lässt. Durch Veresterung mit Phthalsäure wird daraus in großem Maßstab der Weichmacher Di-(2-ethylhexyl)phthalat (DEHP) hergestellt (▸Kap. 21.2).

Um in einer gekreuzten Aldolreaktion gezielt nur einen von mehreren möglichen ungesättigten Aldehyden als Produkt zu erhalten, ist es wichtig, die beiden eingesetzten Carbonylverbindungen durch entsprechende Vorreaktionen soweit zu modifizieren, dass ein Reaktionsweg möglichst stark bevorzugt wird. Beispielsweise kann eine Carbonylgruppe soweit in ihrer Reaktivität abgeschwächt werden, dass sie nicht mehr als Elektrophil reagiert. Wird die Verbindung dann in einer Vorreaktion in eine reaktive, nucleophile Spezies umgewandelt, kann mit einer neu zugegebenen zweiten Carbonylverbindung selektiv nur ein Produkt entstehen. Ein Beispiel einer solchen Modifikation ist die Umwandlung von Acetaldehyd in eine *Schiff*sche Base mit anschließender Lithiierung durch Lithiumdiisopropylamid. Da infolge der Umwandlung der Carbonylgruppe in ein

12

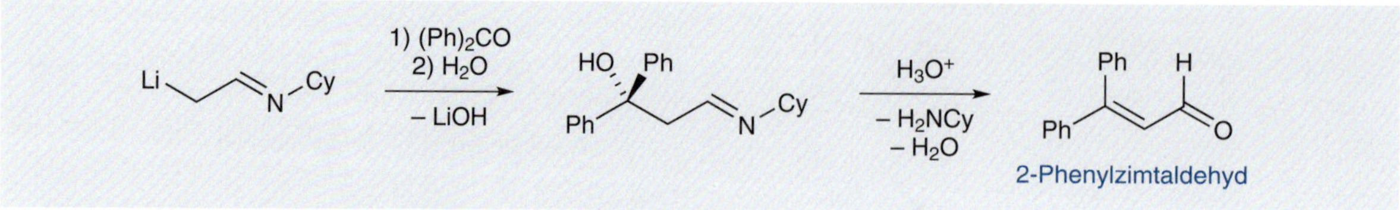


**Abb. 12.40** Gekreuzte Aldolkondensation über ein lithiiertes Imin

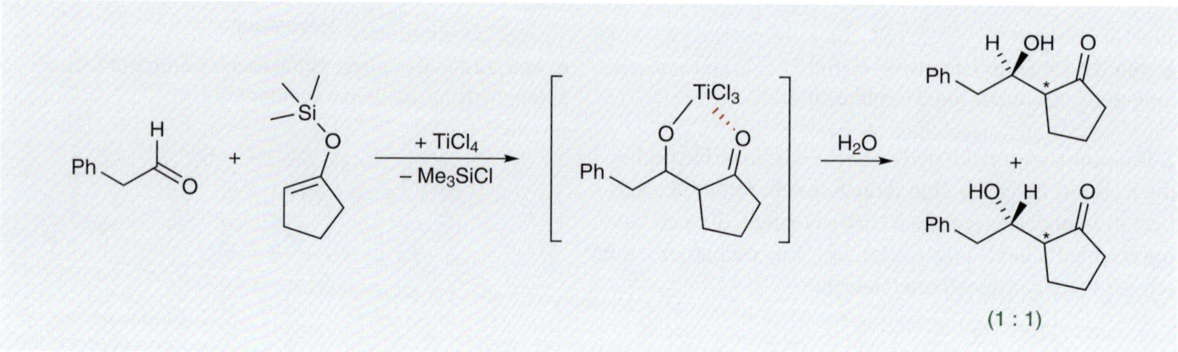


**Abb. 12.41** Verwendung von Trimethylsilylenolethern für eine gekreuzte *Mukaiyama*-Aldoladdition

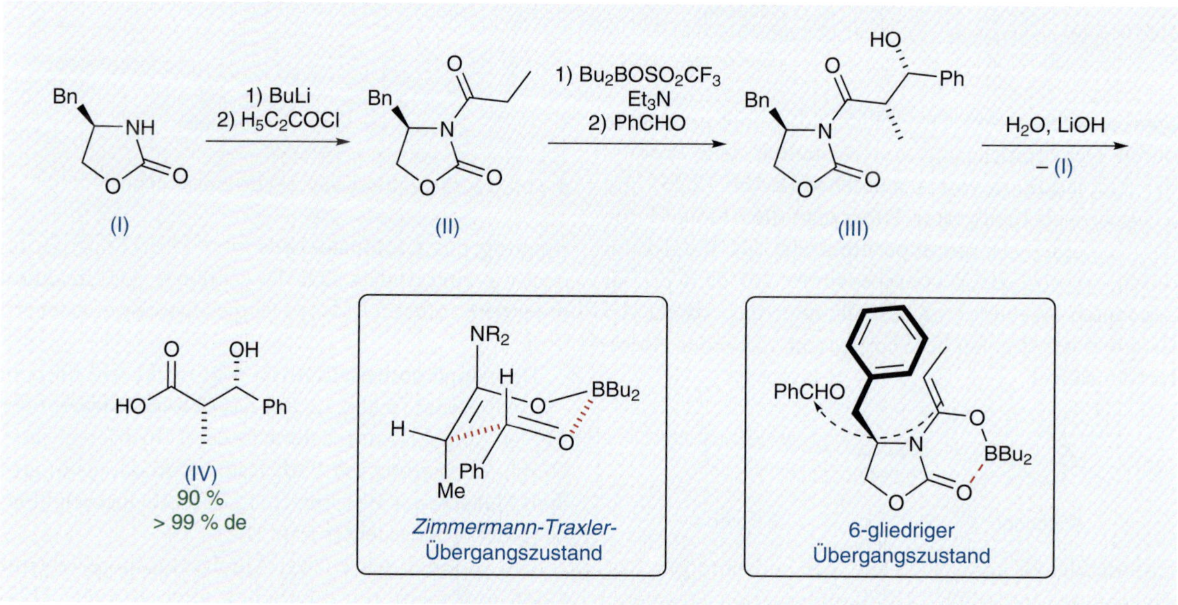


**Abb. 12.42** Stereoselektive Aldoladdition mithilfe des *Evans*-Auxiliars

lithiiertes Imin kein Elektrophil mehr vorhanden ist, reagiert die Methylenkomponente erst bei weiterer Zugabe eines Elektrophils (Abb. 12.40).

Eine weitere Möglichkeit, eine gekreuzte Aldolreaktion zu steuern, besteht in der Umwandlung einer Carbonylkomponente in einen Silylenolether (***Mukaiyama*-Aldoladdition**; Abb. 12.41). Dadurch kann diese Komponente in der nachfolgenden Aldoladdition in Gegenwart einer *Lewis*-Säure nur als Nucleophil (Methylenkomponente) reagieren, es entsteht also wiederum gezielt nur ein Produkt. Insbesondere Trimethylsilylenolether, z. B. 1-Trimethylsiloxycyclopenten, sind präparativ wertvolle Ausgangsverbindungen. Vorteile der *Mukaiyama*-Reaktion sind die milden Reaktionsbedingungen und die hohe Regioselektivität.

Allerdings verläuft die Aldoladdition nicht stereoselektiv. Das entstehende Aldol entsteht daher als Gemisch der verschiedenen möglichen Diastereomeren, die, sofern es sich um chirale Verbindungen handelt, zudem jeweils als Racemat entstehen. Durch hohe Stereoselektivität zeichnet sich dagegen die ***Evans*-Aldolreaktion** aus (Abb. 12.42). Sie arbeitet mit Säureimiden (II), die einen chiralen Oxazolidonring (I) enthalten (***Evans*-Auxiliar**, ▸ Kap. 30.3), der in diesem Fall in der (*R*)-Form (▸ Kap. 3.4.4) vorliegt. Nach Umwandlung des *Evans*-Auxiliars (I) in das Säureimid (II) wird dieses

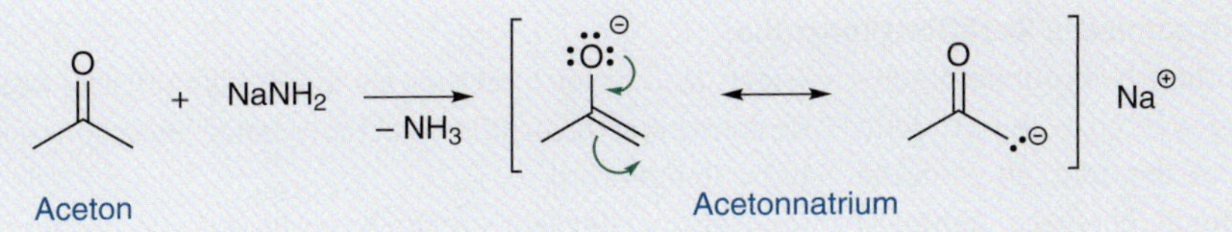


**Abb. 12.43** Bei der Deprotonierung von Ketonen in α-Position entstehen resonanzstabilisierte Enolat-Anionen.

mit Di-(*n*-butylboryl)triflat ($Bu_2BOSO_2CF_3$) und Triethylamin mit hoher Selektivität zum (*Z*)-Enolat umgesetzt, aus dem mit Benzaldehyd das Aldol (III) erhalten wird. Von den beiden möglichen *Zimmermann-Traxler*-Übergangszuständen für diesen Additionsschritt ist derjenige, bei dem sich das H-Atom des Aldehyds in axialer Position befindet, bevorzugt. Es findet also stereoselektiv eine *syn*-Addition statt. Zusätzlich ergibt sich aus der Stellung der im chiralen Auxiliar vorhandenen Benzylgruppe, dass der Angriff des Elektrophils nur von einer Seite des Enolats erfolgen kann, da von der anderen Seite sterisch die Benzylgruppe den Angriff blockiert. Daher entsteht nur eines der beiden möglichen *syn*-Enantiomere. Durch Hydrolyse erhält man unter Rückgewinnung des Auxiliars (I) als Produkt die (2*S*,3*S*)-3-Hydroxy-2-methyl-3-phenylpropionsäure (IV) mit >99 % Diastereomerenüberschuss (de) (▸Kap. 3.4.2). Diese enthält zwei Chiralitätszentren der gleichen absoluten Konfiguration. Statt dieser sogenannten relativen (l)-Konfiguration (l: *like*, ▸Kap. 17.1) erhält man überwiegend die (u)-Konfiguration (2*S*,3*R*) (u: *unlike*), wenn man die Aldoladdition in Gegenwart von *Lewis*-Säuren, z. B. $TiCl_4$ oder $SnCl_4$, durchführt.

## 12.2 Alkanone (aliphatische Ketone)

### 12.2.1 Struktur und Eigenschaften

Da ein **Keton** immer **zwei Alkyl- oder Arylreste** besitzt, die an die Carbonylgruppe gebunden sind, besteht jedes Keton mindestens aus drei Kohlenstoff-Atomen. Das **einfachste Keton** ist somit **Aceton** (Propanon), $H_3C{-}C({=}O){-}CH_3$. Besteht ein Keton aus mehr als drei Kohlenstoff-Atomen, kann sich die Carbonylgruppe an verschiedenen Positionen entlang der Alkylkette befinden. Es gibt dann mehrere konstitutionsisomere Ketone. Bei der Namensgebung nach IUPAC wird für die Carbonylgruppe die Endung „on" an den Stammnamen des zugrundeliegenden Alkans angefügt. Für die Positionsangabe der Carbonylgruppe verwendet man die kleinstmögliche Nummer. Alternativ wird der Name des Ketons aus den beiden Alkylresten mit der Endung „keton" gebildet, z. B. Ethylmethylketon ($H_3C{-}C({=}O){-}CH_2{-}CH_3$), das man nach den IUPAC-Regeln als Butanon, Butan-2-on oder 2-Oxobutan bezeichnet.

Die niederen Ketone sind farblose Flüssigkeiten von charakteristischem Geruch. Die höheren Ketone (ab 13 C-Atomen) sind bei Raumtemperatur fest. Während Aceton in jedem Verhältnis mit Wasser mischbar ist, nimmt die Wasserlöslichkeit der Homologen mit steigender Kohlenstoffzahl rasch ab. Im Unterschied zu Aldehyden lassen sich Ketone nur **sehr schwer oxidieren**; sie wirken daher **nicht reduzierend**. Ein Beispiel für eine Oxidation von Ketonen ist die *Baeyer-Villiger*-Oxidation (▸Kap. 21.2.3). Dabei werden Ketone unter C—C-Bindungsspaltung zu Estern bzw. Lactonen oxidiert. Lässt man starke Basen wie Natrium, Natriumamid in wasserfreiem Ether, LDA oder Kalium-*tert*-butanolat auf Ketone einwirken, die in **α-Position** zur Carbonylgruppe **Wasserstoffatome** aufweisen, so entstehen wie bei den Aldehyden (▸Kap. 12.1.3) durch Deprotonierung mesomeriestabilisierte **Enolat-Anionen** (Abb. 12.43), die als gute Nucleophile reagieren (▸Exkurs: Kinetische und thermodynamische Reaktionskontrolle). Die Acidität der Ketone ist allerdings aufgrund der geringeren Elektrophilie der Carbonylgruppe mit einem $pK_S$ von ca. 18–20 etwas geringer als die der Aldehyde ($pK_S \approx 16–18$).

### 12.2.2 Gewinnung und Synthese

#### Oxidation oder Dehydrierung sekundärer Alkohole

Ketone können durch Oxidation beispielsweise mit stöchiometrischen Mengen Chrom(VI)-oxid in verdünnter Schwefelsäure (***Jones*-Reagenz**) oder mit aktiviertem Dimethylsulfoxid (▸Kap. 12.1.2) dargestellt werden. Alternativ sind auch andere typische Oxidationsmittel wie Kaliumpermanganat, Chromtrioxid (Chromsäureanhydrid) in Pyridin (*Collins*-Reagenz) oder Pyridiniumchlorochromat (PCC, ▸Kap. 12.1.2) einsetzbar.

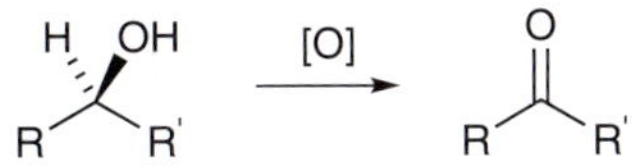


Ein schonendes Verfahren mit sehr guten Ausbeuten ist die **heterogene Oxidation** in einem unpolaren Lösemittel mit einem Tonmineral, z. B. Bentonit, das mit Eisen(III)-nitrat (Clayfen) oder Kupfer(II)-nitrat (Claycop) imprägniert ist. Der Verlauf der Reaktion kann an der Entwicklung der nitrosen Gase verfolgt werden; die Ausbeuten liegen meist über 80 %.

12

### Exkurs: Kinetische und thermodynamische Reaktionskontrolle

Aus unsymmetrischen Ketonen können zwei unterschiedliche, regioisomere Enolate gebildet werden – je nachdem, auf welcher Seite der Carbonylgruppe deprotoniert wird. Die Regioselektivität lässt sich (in einem gewissen Rahmen) durch die Wahl der Reaktionsbedingungen steuern. So bildet sich das höher substituierte und damit thermodynamisch stabilere Enolat bei der Verwendung von Basen wie Kalium-*tert*-butanolat in *tert*-Butanol bei Raumtemperatur und längeren Reaktionszeiten. Das weniger hoch substituierte und damit instabilere Enolat erhält man hingegen bei der Verwendung der sterisch anspruchsvollen, starken Base LDA bei tiefer Temperatur. Es handelt sich hier um ein Beispiel für thermodynamische bzw. kinetische Reaktionskontrolle.

Bei der Verwendung von Kalium-*tert*-butanolat in *tert*-Butanol ist die Enolatbildung reversibel, da das gebildete Enolat (p$K_S$ des Enols ca. 18) durch den Alkohol (p$K_S \approx 18$) auch wieder reprotoniert wird. Das heißt, es stellt sich letztendlich ein Gleichgewicht ein, in dem das thermodynamisch stabilere, also höher substituierte Enolat überwiegt. Man bezeichnet dies als **thermodynamische Reaktionskontrolle** (reversible Reaktion, lange Reaktionszeiten, hohe Temperatur).

Beim Einsatz der sehr starken Base LDA (p$K_S$ von Diisopropylamin ca. 36) ist die Deprotonierung hingegen irreversibel. Das einmal gebildete Enolat kann durch das aus dem LDA gebildete Amin nicht wieder protoniert werden. Da die sterisch anspruchsvolle Base schneller und leichter auf der weniger hoch substituierten Seite der Carbonylgruppe angreifen kann, bildet sich das geringer substituierte Enolat entsprechend schneller. Man spricht von einer **kinetischen Reaktionskontrolle** (irreversible Reaktion, tiefe Temperatur, kurze Reaktionszeiten).

Bei dem in ○Abb. 12.44 dargestellten Beispiel findet – ausgehend vom jeweiligen Enolat – als Folgereaktion eine intramolekulare nucleophile Substitution statt. Dies führt nach wässriger Aufarbeitung und Tautomerisierung zu einem 5-Ring beim höher substituierten und zu einem 7-Ring beim niedriger substituierten Enolat.

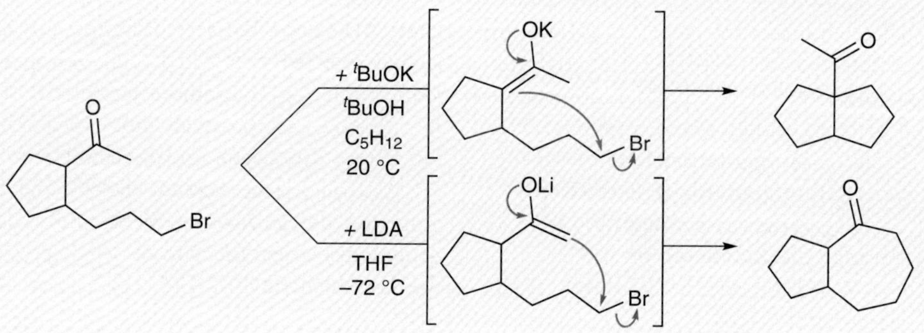


**○ Abb. 12.44** Deprotonierung eines unsymmetrischen Ketons unter thermodynamischer (oben) bzw. kinetischer (unten) Reaktionskontrolle mit anschließender Cyclisierung durch eine intramolekulare nucleophile Substitution

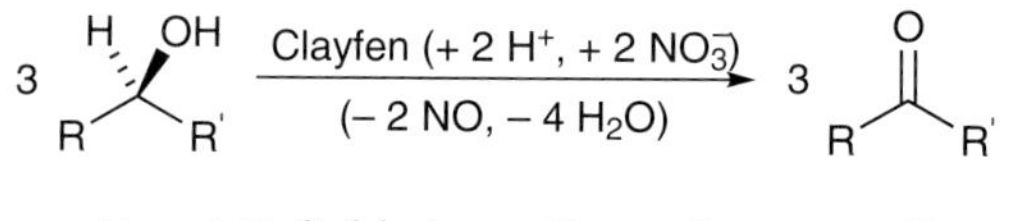


Eine weitere Möglichkeit zur Darstellung von Ketonen ist die ***Oppenauer*-Oxidation** (1937; ○Abb. 12.45). Beim Erhitzen eines sekundären Alkohols mit einem Überschuss an Keton, z. B. Cyclohexanon, entstehen in Gegenwart von Aluminium-*tert*-butanolat in einem Redoxprozess das entsprechende Keton und Cyclohexanol. Diese Methode wird vornehmlich in der Naturstoffsynthese, z. B. von Steroiden und Alkaloiden, angewandt (▸Kap. 12.1).

### Destillation der Calciumsalze von Carbonsäuren

Dieses Verfahren ist nur historisch von Bedeutung und nicht allgemein anwendbar. Lediglich in Einzelfällen ergibt diese Methode gute Ausbeuten. So liefert Erhitzen von Calciumacetat ohne Lösemittel bei 300 °C Aceton.

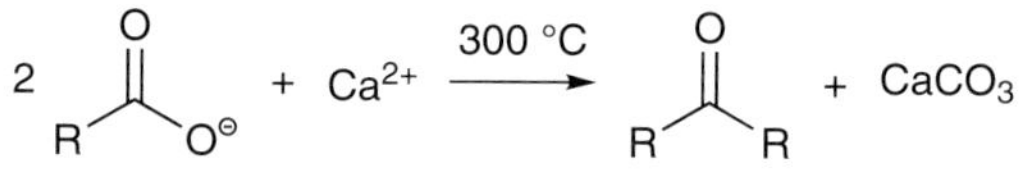


### Addition von *Grignard*-Verbindungen an Nitrile

Durch die **Addition** von ***Grignard*-Verbindungen** an Nitrile werden nach wässriger Aufarbeitung ebenfalls Ketone erhalten (○Abb. 12.46). Die Addition an das Nitril bleibt bei tiefer Temperatur auf der Stufe des Magnesiumsalzes des primär entstehenden Imins stehen, da durch den negativ geladenen Stickstoff die Elektrophilie des Imin-Kohlenstoffs soweit herabgesetzt wird, dass ein weiterer Angriff eines Nucleophils unter diesen Bedingungen nicht möglich ist (▸Kap. 12.1.2).

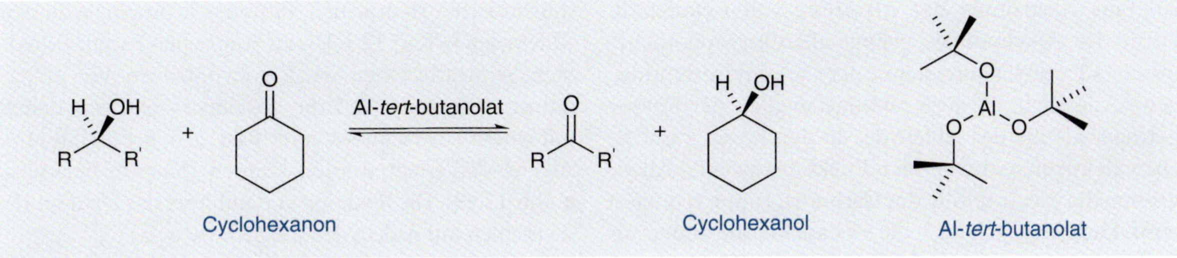


**Abb. 12.45** *Oppenauer*-Oxidation

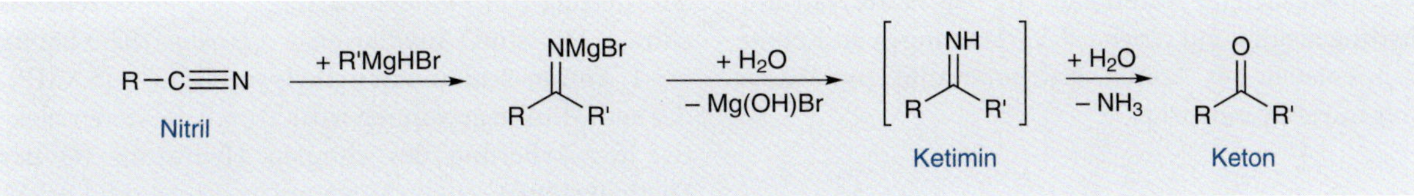


**Abb. 12.46** Darstellung von Ketonen aus Nitrilen durch *Grignard*-Addition

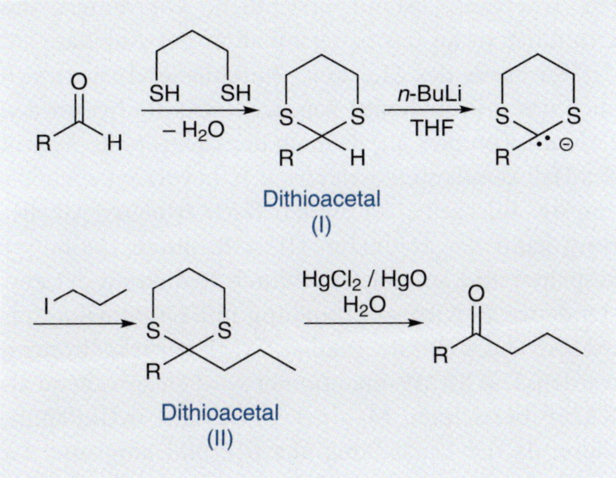


**Abb. 12.47** Synthese von Ketonen aus Aldehyden durch *Corey-Seebach*-Umpolung

## Umsetzung von *Grignard*-Verbindungen mit Säurechloriden

In Gegenwart katalytischer Mengen von Mangansalzen wie $Li_2MnCl_4$ (erhältlich durch Umsetzung von $MnCl_2$ mit zwei Äquivalenten LiCl in wasserfreiem THF) können ***Grignard*-Verbindungen** mit Säurechloriden umgesetzt werden. Die Reaktion verläuft über manganorganische Verbindungen, deren Reaktivität geringer ist als die der ursprünglichen *Grignard*-Verbindung, sodass das gebildete Keton nicht erneut angegriffen wird. Selbst mit Säurechloriden, die noch weitere funktionelle Gruppen enthalten, erhält man die funktionalisierten Ketone häufig in Ausbeuten von mehr als 80 %.

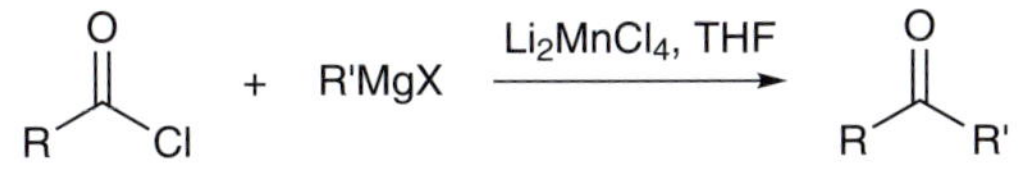


## Darstellung von Methylketonen

Zur Darstellung von Methylketonen eignen sich besonders die Alkylierung von Acetessigester mit anschließender **Ketonspaltung** (▸Kap. 15.4.3) oder die Umsetzung des Methylsulfinylcarbanions mit Carbonsäureestern zu $\beta$-Ketosulfoxiden, die anschließend reduktiv gespalten werden (▸Kap. 9.2.3).

## *Corey-Seebach*-Umpolung von Aldehyden

Mit der **Umpolungsreaktion nach *Corey-Seebach*** (1965; Abb. 12.47) können Ketone aus Aldehyden hergestellt werden. Ziel dieser Umpolung ist die Erzeugung eines Syntheseäquivalentes, das wie ein (nicht existentes) **Acylanion** $[RC{=}O]^-$ reagiert. Dazu wird zuerst eine Aldehydgruppe mit Propan-1,3-dithiol in das Dithioacetal (I) überführt. Dieses lässt sich mit *n*-Butyllithium am „maskierten" ursprünglichen Carbonylkohlenstoffatom deprotonieren, da die negative Ladung durch die beiden benachbarten Schwefelatome gut stabilisiert wird (negative Hyperkonjugation: Stabilisierung der negativen Ladung durch Wechselwirkung mit den tiefliegenden antibindenden $\sigma^*$-Orbitalen der Kohlenstoff-Schwefel-Bindung). Das so erzeugte Carbanion kann mit Alkylhalogeniden in einer nucleophilen Substitution alkyliert werden. Das entstandene Dithioacetal (II) kann z. B. mit Quecksilberchlorid/Quecksilberoxid oder mit Claycop zum Keton hydrolysiert werden.

## 12.2.3 Reaktionen und Anwendungen

### Additions- und Kondensationsreaktionen

Die Ketone gehen **fast die gleichen Additions- und Kondensationsreaktionen ein wie die Aldehyde** (▸Kap. 12.1.3), da diese Reaktionen allein durch die in beiden Stoffklassen vorhandene Carbonylgruppe bedingt sind. Wie auch bei den Aldehyden findet nur in Ausnahmefällen (Haloform-Reaktion) eine Substitution statt, da ein Alkylanion keine gute Abgangsgruppe ist. Eine Abspaltung der Alkylreste von Ketonen in Form der Alkylradikale gelingt allerdings photochemisch (▸ Exkurs: Photochemie der Carbonylverbindungen). Allgemein ist die Reaktionsfähigkeit der Ketone geringer als die der Aldehyde, da durch den zusätzlichen **elektronenschiebenden Effekt** der zweiten Alkylgruppe die Elektrophilie der Carbonylgruppe reduziert wird. Dies zeigt sich auch darin, dass Ketone anders als Formaldehyd oder Acetaldehyd nicht zur Polymerisation neigen. Analog zu den Reaktionen an Aldehyden verlaufen auch die Additionen von Blausäure, Natriumhydrogensulfit und *Grignard*-Verbindungen an Ketone, z. B. entsteht aus Aceton, Natriumcyanid und Wasser folgendes Cyanhydrin.

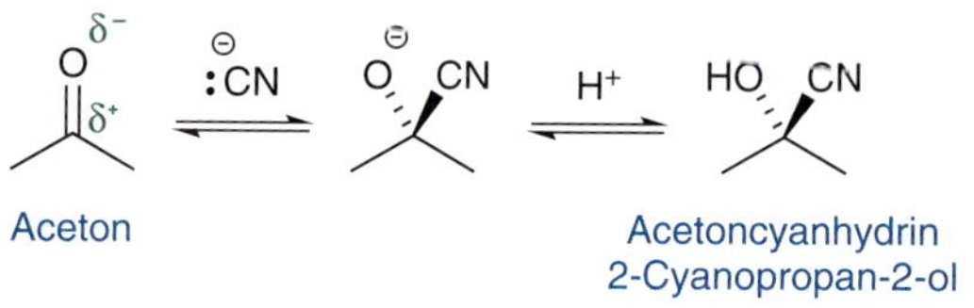


**Acetoncyanhydrin** ist ein Bestandteil des „cyanogenen" Glycosids Linamarin, aus welchem nach Abspaltung von Cyanid die hochgiftige Blausäure entsteht. Die Cyanhydrine dienen vielfach als Ausgangsstoffe zur Darstellung ungesättigter Nitrile oder von α-Hydroxysäuren (○ Abb. 12.48).

Die Kondensationsreaktionen der Ketone, z. B. mit primären Aminen, Hydroxylamin, Semicarbazid und substituierten Hydrazinen, führen – in Analogie zu den Aldehyden (▸ Kap. 12.1.3) – zu *Schiff*schen Basen, Ketoximen, Semicarbazonen bzw. Ketohydrazonen. Von präparativer Bedeutung sind die Tosylhydrazone, aus denen mit einem Überschuss starker Base, z. B. *n*-Butyllithium, Alkene dargestellt werden können (***Shapiro*-Reaktion**, ○ Abb. 12.49). Die Reaktion verläuft über das Dianion (I); sie ist auch mit Aldehyden möglich ($R^1$ = H).

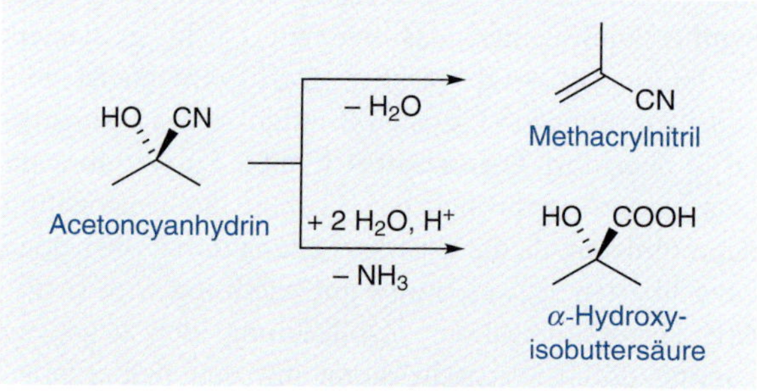


○ **Abb. 12.48** Darstellung ungesättigter Nitrile oder α-Hydroxysäuren

Chirale Hydrazone lassen sich zur Darstellung chiraler α-Alkylcarbonylverbindungen durch stereoselektive Alkylierung von Ketonen (○ Abb. 12.51) einsetzen. Als chiraler Hilfsstoff (Auxiliar, engl. *adjuvant*) dient häufig **(*S*)-1-Amino-2-methoxymethylpyrrolidin (SAMP)**, das aus L-Prolin gewonnen wird. Durch die stereoselektive α-Alkylierung des chiralen Hydrazons (I) des Diethylketons (Pentan-3-on) mit *n*-Propyliodid erhält man z. B. (*S*)-4-Methyl-3-heptanon, das Alarmpheromon einiger Ameisengattungen. Wie aus dem skizzierten Übergangszustand ersichtlich, koordiniert das Lithiumatom an das Sauerstoffatom des Auxiliars auf der Rückseite des Moleküls. Anschließend lagert sich auch das *n*-Propyliodid von der Rückseite her an den Lithium-Komplex an, weshalb der elektrophile Angriff des Halogenids stereoselektiv, d. h. bevorzugt ebenfalls von der Rückseite, stattfindet. Nach erfolgter Alkylierung kann das Hydrazon (II) z. B. durch Ozonolyse gespalten und anschließend durch Reduktion der entstandenen *N*-Nitrosoverbindung mit Lithiumaluminiumhydrid das chirale Auxiliar SAMP zurückgewonnen werden. Das SAMP-Enantiomer wird entsprechend als RAMP bezeichnet. Man gewinnt es aus D-Glutaminsäure, da die Darstellung aus D-Prolin aufgrund der sehr hohen Kosten dieser Substanz zu teuer ist. So können durch Wahl des entsprechenden chiralen Hilfsstoffes, SAMP oder RAMP, beide Enantiomere des alkylierten Ketons gezielt hergestellt werden.

## Enamine

**Sekundäre Amine** (○ Abb. 12.52) bilden mit Aldehyden oder Ketonen α,β-ungesättigte Amine, die in Analogie zu den Enolen als **Enamine** bezeichnet werden. Von präpara-

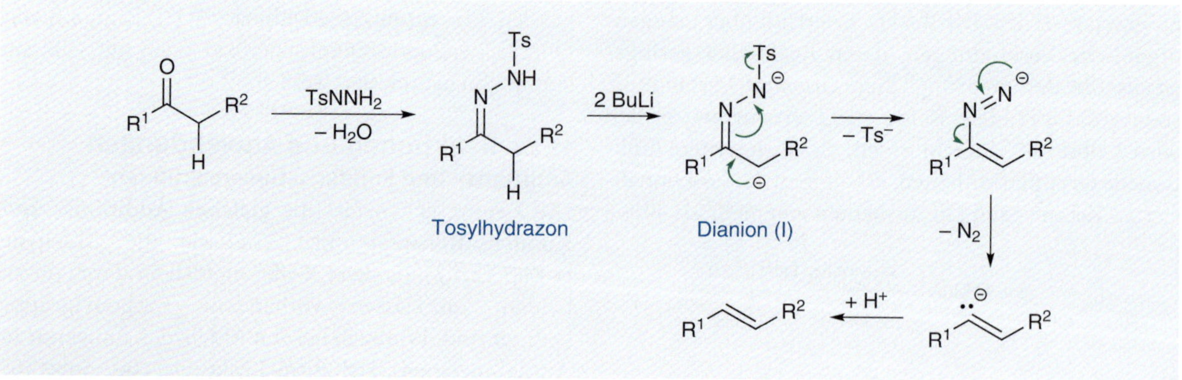


○ **Abb. 12.49** *Shapiro*-Reaktion

### Exkurs: Photochemie der Carbonylverbindungen

Der photoinduzierte Zerfall von Ketonen bewirkt die Spaltung zwischen dem Carbonylkohlenstoff und einem $\alpha$-Kohlenstoff, wobei ein Radikalpaar (Acylradikal und Alkylradikal) entsteht. Dies ist die ***Norrish*-Typ-I-Spaltung** oder **$\alpha$-Spaltung**:

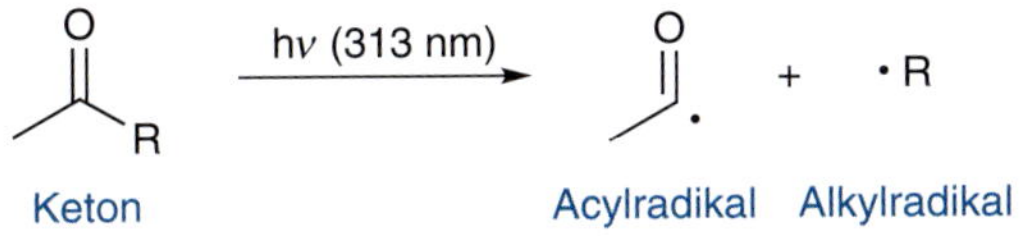


Erfolgt die Photolyse eines Ketons in einem Alken als Lösemittel, kann dieses mit der angeregten Carbonylverbindung reagieren. So beobachtet man bei der Photolyse von Aceton in Cyclopenten eine (2+2)-Cycloaddition, die sogenannte ***Paterno-Büchi*-Reaktion** (1954), die zu einem Oxetanderivat führt.

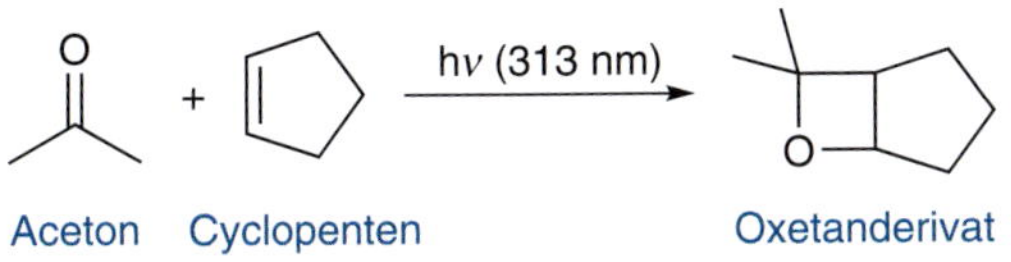


Bei der Photolyse höherer Alkanone, z. B. bei 2-Pentanon, tritt außer der $\alpha$-Spaltung eine weitere Reaktion auf, bei der Aceton und Ethen entstehen. Es handelt sich um die ***Norrish*-Typ-II-Spaltung** (Abb. 12.50), die über ein 1,4-Diradikal als Zwischenstufe verläuft. Dieses entsteht unter Verschiebung eines Wasserstoffatoms aus der $\gamma$-Position zum Sauerstoff der angeregten Carbonylgruppe. Das 1,4-Diradikal zerfällt in ein Enol und in Ethen, wobei das Enol anschließend zum stabileren Keton tautomerisiert. Die *Norrish*-Typ-II-Spaltung ist vergleichbar mit der bei massenspektrometrischen Untersuchungen häufig auftretenden *McLafferty*-Umlagerung (▸Kap. 2.5.2).

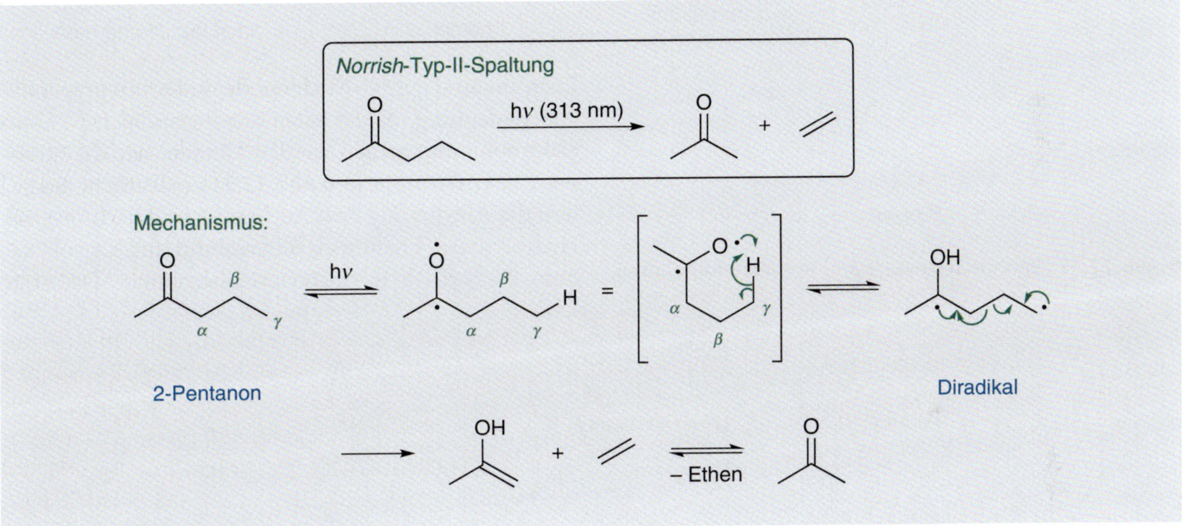


**Abb. 12.50** *Norrish*-Typ-II-Spaltung

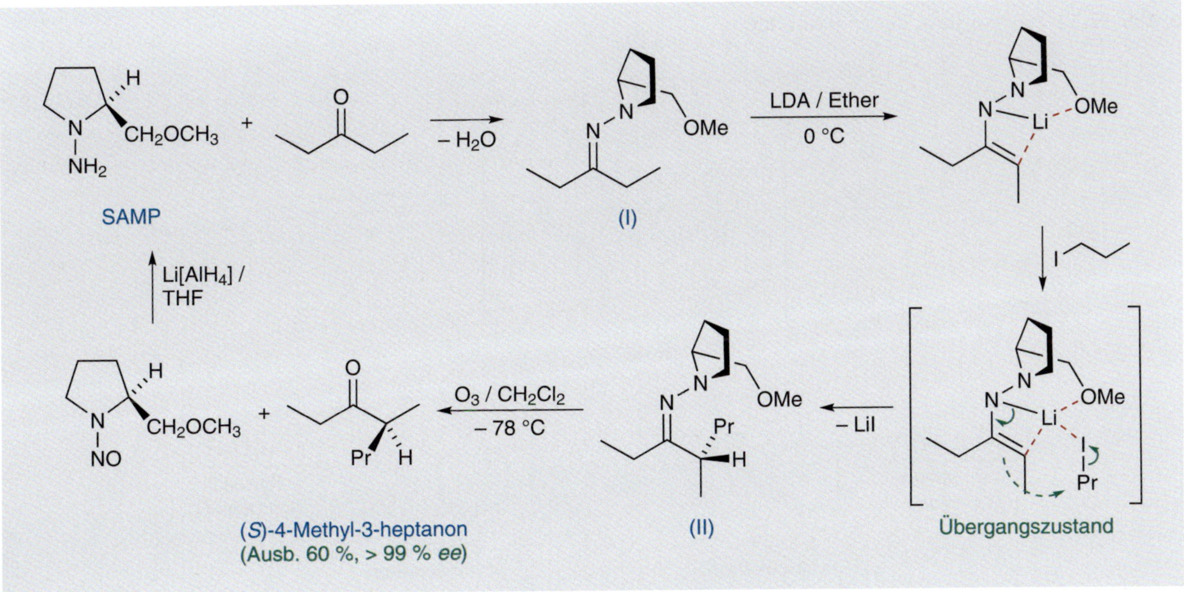


**Abb. 12.51** SAMP, ein chirales Auxiliar zur enantioselektiven $\alpha$-Alkylierung von Ketonen

tiver Bedeutung sind vor allem Enamine aus heterocyclischen Aminen wie Pyrrolidin, Piperidin oder Morpholin.

Die Enamin-Bildung wird durch Säure katalysiert (o Abb. 12.53). Nach der nucleophilen Addition des Amins an die Carbonylgruppe wird die OH-Gruppe des gebildeten Halbaminals protoniert und dann Wasser abgespalten. Das dabei entstehende Iminium-Ion stabilisiert sich durch Abspaltung eines Protons aus der $\beta$-Stellung zum Enamin. Die Reaktion ist reversibel; das **Gleichgewicht** kann durch Entfernung des Wassers (z. B. durch azeotrope Destillation) **zum Enamin verschoben werden.**

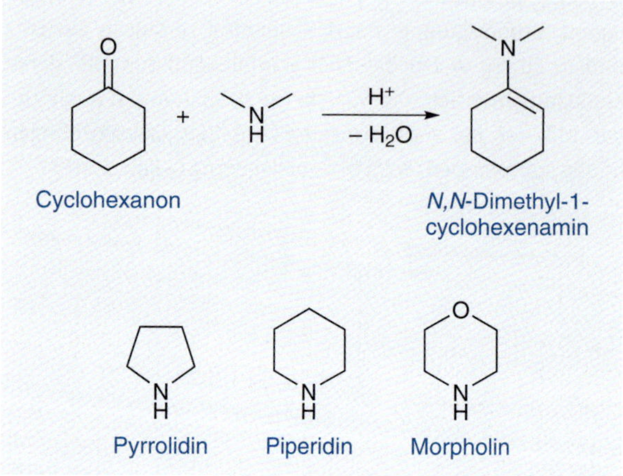


o **Abb. 12.52** Typische sekundäre Amine zur Enaminbildung

Die Kondensationsprodukte von Aldehyden und Ketonen mit primären Aminen zeigen eine der Keto-Enol-Tautomerie entsprechende **Imin-Enamin-Tautomerie**, wobei das Gleichgewicht meist vollständig auf der Seite der *Schiff*schen Base liegt, also des Imins. Von sekundären Aminen abgeleitete Enamine können dagegen nicht zum Imin tautomerisieren, da bei ihnen kein H-Atom am Stickstoffatom vorhanden ist. Damit wird verständlich, weshalb zur Darstellung von Enaminen besonders sekundäre Amine geeignet sind.

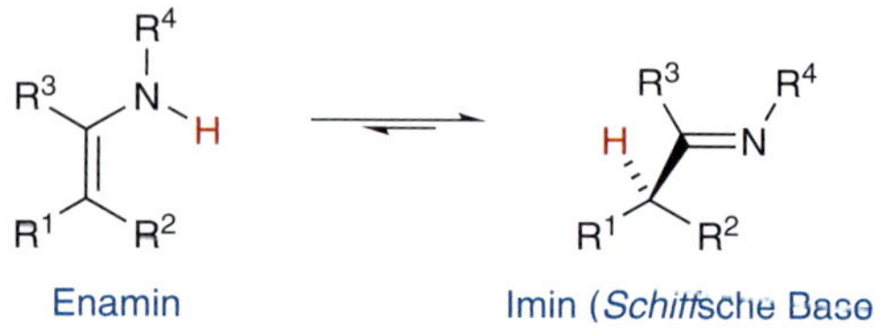


Enamine sind gute **C-Nucleophile** und somit präparativ von Bedeutung, da sie leicht am $\beta$-ständigen C-Atom elektrophil angegriffen werden können, wie die mesomere Grenzstruktur in o Abb. 12.54 verdeutlicht. So liefern die Alkylierung bzw. Acylierung und nachfolgende Hydrolyse des Enamins aus Pyrrolidin und Cyclohexanon 2-Alkyl- bzw. 2-Acylcyclohexanone. Derartige

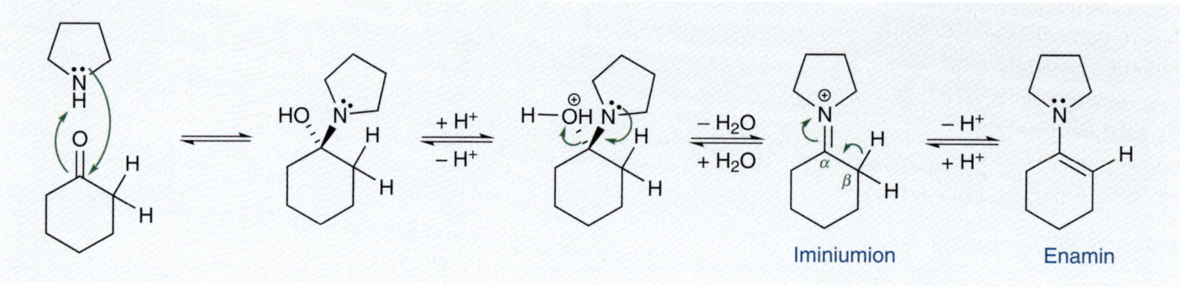


o **Abb. 12.53** Mechanismus der Enaminbildung

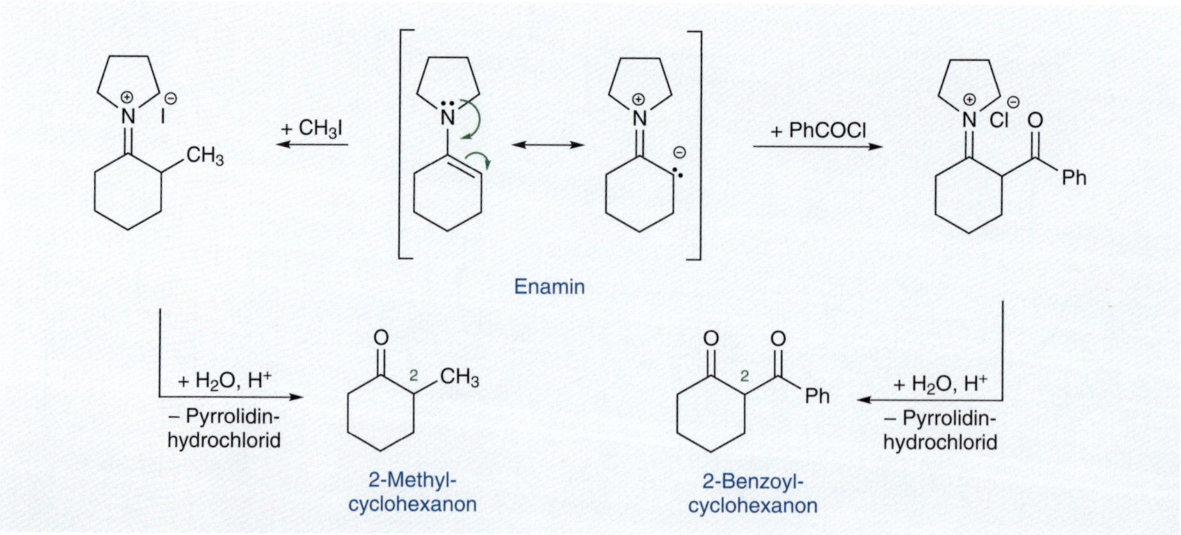


o **Abb. 12.54** *Stork*sche Enaminsynthesen

Reaktionen von Enaminen werden auch als *Stork*-**Reaktionen** bezeichnet. Ihre große Bedeutung liegt in der Knüpfung einer neuen C—C-Bindung bei der Reaktion.

## Ketonacetale und Enolether

In Gegenwart saurer Katalysatoren bilden Ketone mit mehrwertigen (nicht aber mit einwertigen) Alkoholen Ketonacetale (Ketale, ▸Kap. 12.1.3). Die Acetalbildung führt jedoch nur bei der Entstehung von 5- oder 6-Ringen zu guten Ausbeuten. Häufig genutzt wird die Acetalbildung eines Ketons mit Ethylenglycol (vicinale Diole können umgekehrt durch Umsetzung mit Aceton als Acetonide geschützt werden).

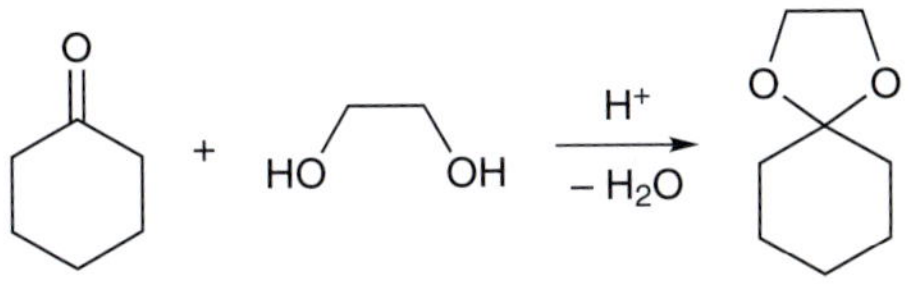


Die quantitative Acetalbildung von einwertigen Alkoholen mit Ketonen ist mit Orthoameisensäureethylester möglich. Das in ▫Abb. 12.55 dargestellte Cyclohexanondiethylacetal lässt sich durch Erhitzen mit 0,5%iger *p*-Toluensulfonsäure (TsOH) in den **Enolether**, 1-Ethoxycyclohexen, überführen.

Enolether besitzen ähnlich wie Enamine eine elektronenreiche Doppelbindung und sind daher ebenfalls gute C-Nucleophile. Präparativ wichtig sind zudem **Silylenolether**, da sie zwar etwas weniger reaktive, aber dafür genau wie die Enolether regiostabile Derivate der Enolate sind. Aus diesen können sie durch Umsetzung mit Chlortrimethylsilan dargestellt werden. Silylenolether zeigen die gleiche Regioselektivität wie Enamine. Dies lässt sich z. B. bei der gezielten Aldolreaktion (▸Kap. 12.1.4) ausnutzen.

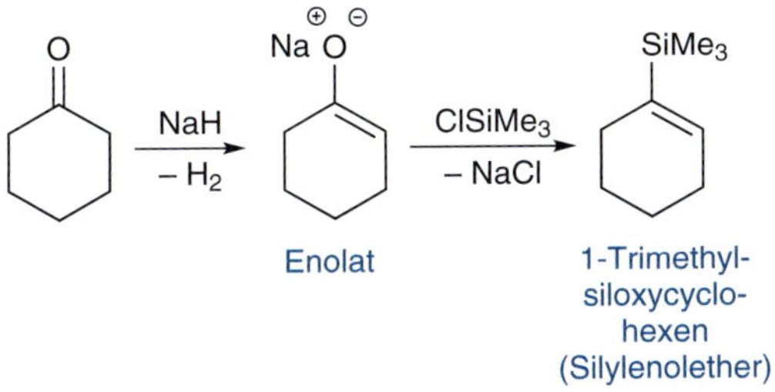


## Reduktionsprodukte der Ketone

Die Reduktion der Ketone führt je nach Reaktionsbedingungen zu unterschiedlichen Produkten. Durch katalytische Hydrierung an Platin oder *Raney*-Nickel bzw. mit naszierendem Wasserstoff (aus Metallen und Säure) sowie bei der *Meerwein-Ponndorf-Verley*-Reduktion (▸Kap. 12.1.3) entstehen aus Ketonen sekundäre Alkohole.

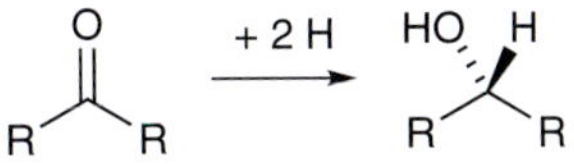


Ketone und Aldehyde lassen sich auch mit **Metallhydriden**, wie Lithiumaluminumhydrid, in hoher Ausbeute zu Alkoholen reduzieren (▫Abb. 12.56). Dabei werden alle vier H-Atome der Aluminiumverbindung zur Reduktion genutzt. Der Reaktionsverlauf ähnelt dem Angriff einer *Grignard*-Verbindung: Der Wasserstoff wird als **Hydrid-Ion** nucleophil an das C-Atom der Carbonylgruppe addiert. Enthält die Carbonylverbindung weitere reduzierbare Gruppen, verwendet man Natriumborhydrid, $NaBH_4$, als Reduktionsmittel. Im Gegensatz zu $LiAlH_4$ reduziert es mit hoher **Chemose-**

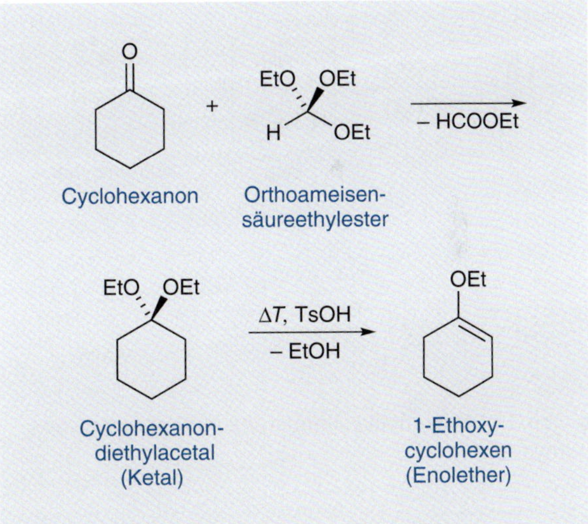


▫ **Abb. 12.55** Bildung von Enolethern aus Ketalen

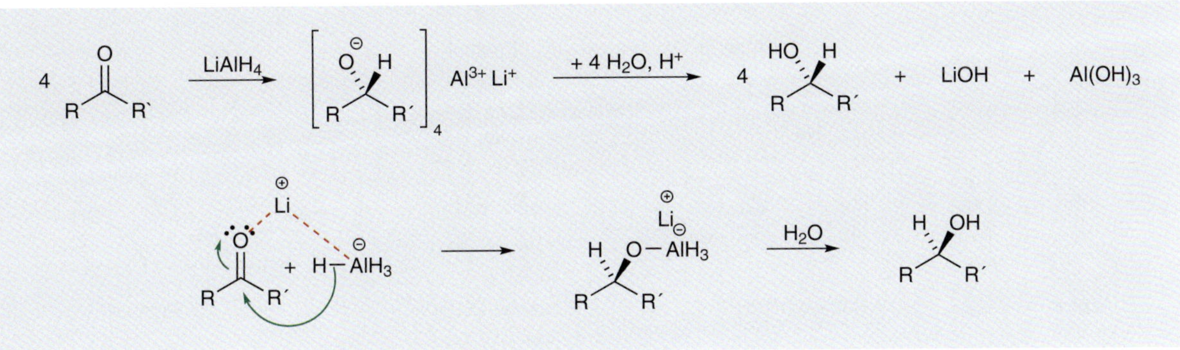


▫ **Abb. 12.56** Reduktion von Ketonen zu Alkoholen mit Lithiumaluminiumhydrid

12

**lektivität** Aldehyde und Ketone, nicht aber Carbonsäuren oder deren Ester.

### *Clemmensen*-Reduktion

Erhitzt man Ketone mit **amalgamiertem Zink und konzentrierter Salzsäure**, so wird die **Carbonylgruppe bis zur Methylengruppe reduziert**. In Einzelfällen gelingt die Reaktion auch mit Aldehyden. Der Mechanismus dieser Carbonyl-Methylen-Reduktion ist noch nicht vollständig geklärt. Offenbar verläuft sie nicht über den Alkohol als Zwischenstufe, da sich Alkohole auf diese Weise nicht zu Kohlenwasserstoffen reduzieren lassen.

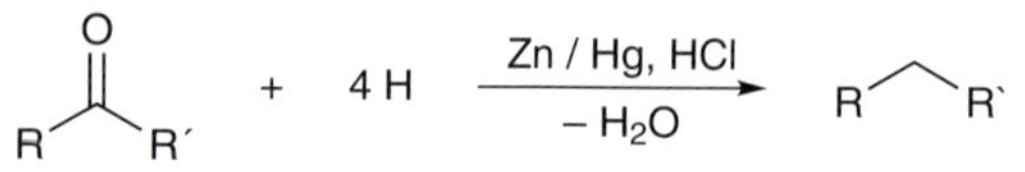


### *Wolff-Kishner*-Reduktion

Besser gelingt die Reduktion der Carbonyl- in die Methylen-Gruppe durch Erhitzen der Ketonhydrazone (oder Aldehydhydrazone, ▸Kap. 12.1.3) mit Natriumethanolat auf etwa 200 °C, wobei unter Stickstoffabspaltung die entsprechenden Kohlenwasserstoffe entstehen. Nach einer modifizierten Methode von ***Huang-Minlon*** werden die Ketonhydrazone nicht isoliert, sondern *in situ* erzeugt und direkt weiter zersetzt. Dazu wird die Carbonylverbindung in Ethylenglycol mit hochprozentigem Hydrazinhydrat und Natriumhydroxid auf etwa 150 °C erhitzt. Mit Kalium-*tert*-butylat in Dimethylsulfoxid gelingt die Reduktion in vielen Fällen bereits bei Raumtemperatur.

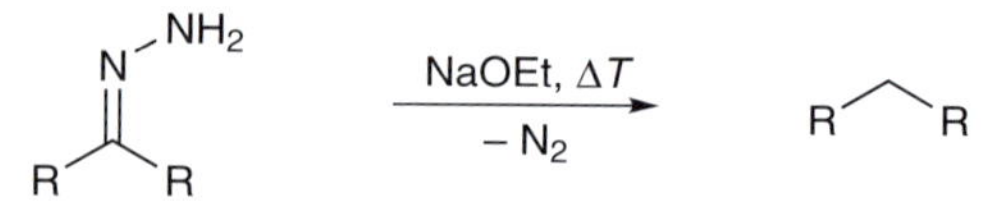


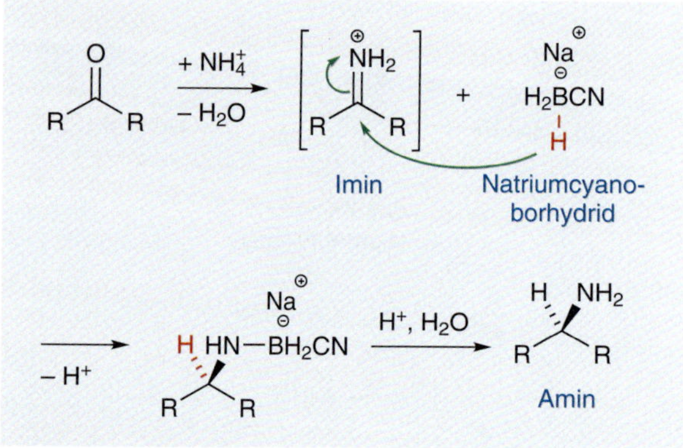


**o Abb. 12.57** Reduktive Aminierung mit Natriumcyanoborhydrid

Dank der unterschiedlichen Reaktionsbedingungen der *Clemmensen*-Reduktion (saure Lösung) und der *Wolff-Kishner*-Reduktion (alkalische Lösung) kann man durch geeignete Wahl der Reduktionsmethode sowohl Ketone mit säure- als auch solche mit baseempfindlichen funktionellen Gruppen in die entsprechende Methylenverbindung überführen.

### Reduktive Aminierung

Aldehyde und Ketone lassen sich mit Ammoniak und Wasserstoff in Gegenwart von Nickel als Katalysator zu Aminen reduzieren. Alternativ kann als selektives Reduktionsmittel auch Natriumcyanoborhydrid (o Abb. 12.57) eingesetzt werden. Da es in schwach saurer Lösung weniger reaktiv gegenüber Carbonylgruppen ist als $NaBH_4$, reduziert es ausschließlich die durch Protonierung aus den Iminen entstehenden Iminium-Kationen, während andere im Molekül vorhandene Keto- oder Aldehydgruppen nicht angegriffen werden.

### Reduktive Kupplung

Reduziert man Ketone elektrolytisch bzw. mit Natrium- oder Magnesiumamalgam, so entsteht z. B. aus Aceton neben Isopropylalkohol vorwiegend **Pinakol** (Tetramethylethylenglycol; o Abb. 12.58), das als Hexahydrat in Tafeln mit einem Schmelzpunkt von 46 °C auskristallisiert. Daraus kann die wasserfreie Verbindung, eine bei

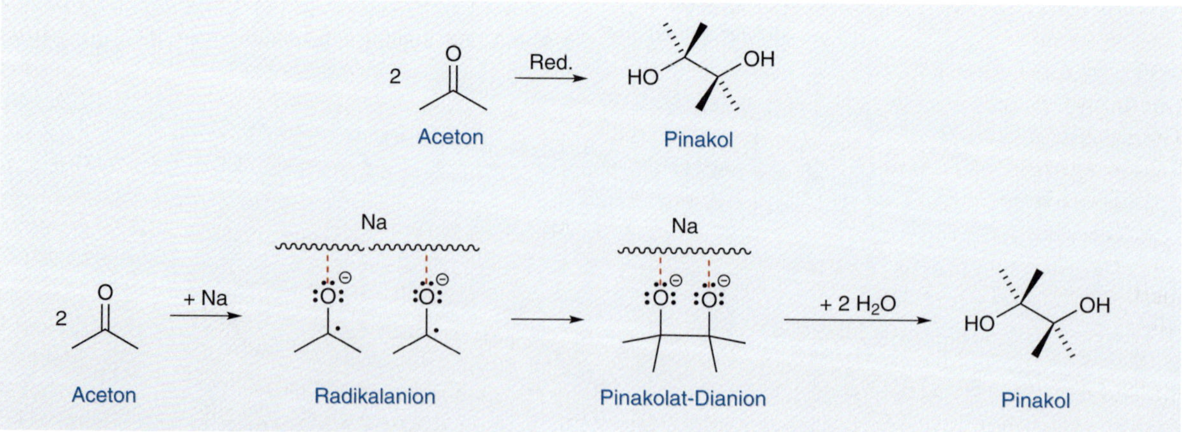


**o Abb. 12.58** Mechanismus der Pinakol-Darstellung

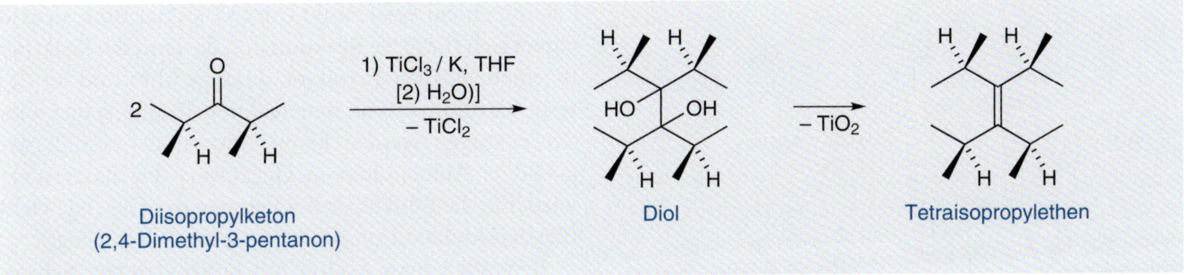


**Abb. 12.59** Die *McMurry*-Reaktion: Eine präparativ wertvolle Synthesemethode, die sich besonders gut zur Darstellung von Alkenen mit raumerfüllenden Gruppen aus sterisch anspruchsvollen Ketonen eignet.

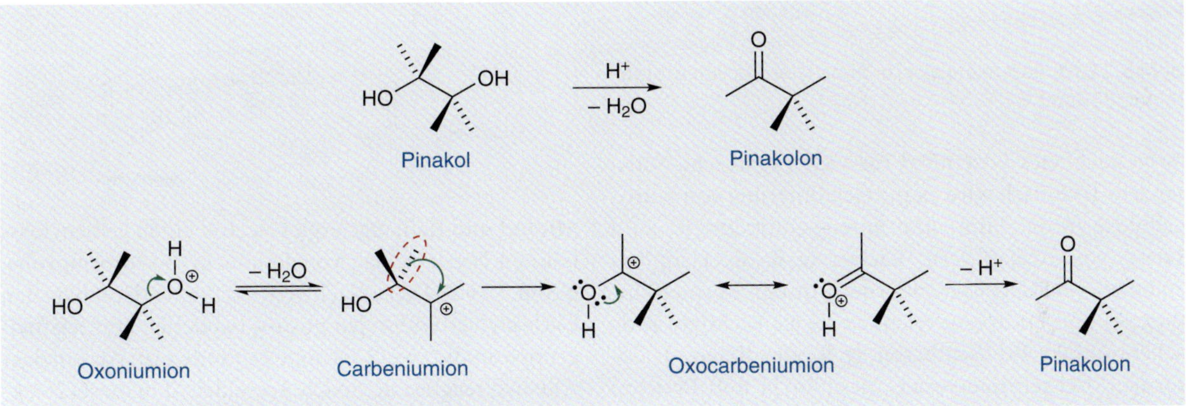


**Abb. 12.60** Säurekatalysierte Pinakol-Pinakolon-Umlagerung

174 °C siedende Flüssigkeit, durch azeotrope Destillation mit Benzen erhalten werden. Diese reduktive Kupplung (Hydrodimerisierung) verläuft über die Zwischenstufe eines Radikalanions, das durch einen Einelektronentransfer vom Metall auf die Carbonylgruppe entsteht. Zwei dieser Radikalanionen dimerisieren, vermittelt durch das Metallkation, zum Pinakolat-Dianion, das bei der anschließenden Aufarbeitung mit Wasser Pinakol ergibt.

### *McMurry*-Reaktion

Ähnlich wie die Pinakol-Bildung verläuft die ***McMurry*-Reaktion** (Abb. 12.59), bei der zwei Aldehyde bzw. Ketone durch niedervalente **Titanverbindungen reduktiv dimerisiert** werden. Die Reaktion bleibt allerdings nicht auf der Stufe des Diols stehen, sondern führt weiter zum Alken. Sie findet wahrscheinlich an der Oberfläche von fein verteiltem Titan statt, das aus Titantrichlorid und Lithiumaluminiumhydrid oder Kalium erzeugt wird. Die reduktive Kupplung zum Diol verläuft wie beim Pinakol über ein Radikalanion. Aufgrund der sehr großen Affinität des Titans zum Sauerstoff wird das Diol dann aber direkt weiter desoxygeniert, es bilden sich Titan(IV)-oxid, $TiO_2$, und das Alken.

### Pinakol-Pinakolon-Umlagerung

Bei der Destillation von Pinakol bzw. seines Hexahydrats mit starker Schwefelsäure wird säurekatalysiert ein Molekül Wasser abgespalten. Gleichzeitig erfolgt eine intramolekulare **Umlagerung zum Pinakolon** (Methyl-*tert*-butylketon, Dimethyl-2-butanon, früher Pinakolin, Sdp. 106 °C). Bei der Reaktion entsteht zunächst durch Protonierung des Pinakols ein Oxonium-Ion, das unter Wasserabspaltung ein Carbenium-Ion ergibt (Abb. 12.60). Dieses stabilisiert sich durch die Wanderung eines Alkylrestes vom benachbarten C-Atom zu einem deutlich stabileren Oxocarbenium-Ion (***Wagner-Meerwein*-Umlagerung**, ▸Kap. 6.1.3, ▸Exkurs: *Wagner-Meerwein*-Umlagerung). Die Deprotonierung führt zum Pinakolon (*Whitmore* 1932). Triebkraft dieser anionotropen Umlagerung (d. h. Umlagerung unter Mitnahme des bindenden Elektronenpaares, sigmatrope Umlagerung, Alkylrestwanderung) ist die Bildung eines thermodynamisch stabileren Carbeniumions. Befinden sich verschiedene Alkylreste im Molekül, so wandert daher stets der Rest, der zum stabilsten Carbenium-Ion führt.

## 12.2.4 Ausgewählte Verbindungen

### Aceton (Propanon)

Aceton ist eine farblose, charakteristisch riechende Flüssigkeit mit einem Siedepunkt von 56,2 °C, die sich mit Wasser, Ethanol und Ether in jedem Verhältnis mischt. Bei der Zuckerkrankheit (*Diabetes mellitus*) tritt es als anormales Stoffwechselprodukt auf und lässt sich im kritischen Stadium eines Diabetes im Harn (Acetonurie) und in der Atemluft nachweisen. Aceton ist ein

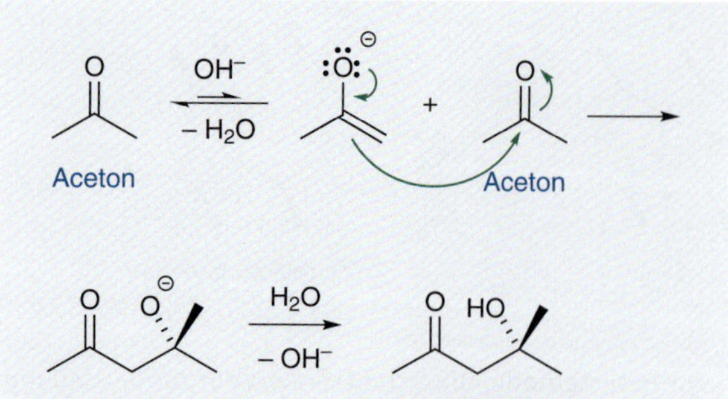


**o Abb. 12.61** Basenkatalysierte Dimerisierung von Aceton (Aldoladdition)

ausgezeichnetes Lösemittel für viele organische Substanzen. Technisch wird es zur Gelatinierung von Nitrocellulose in der Film- und Sprengstoffindustrie, zum Lösen von Acetatfasern, Lacken (z. B. als Hauptbestandteil von Nagellackentfernern in der Kosmetikindustrie) und Ethin (Acetylen) sowie als wichtiges Zwischenprodukt für Synthesen (z. B. für Keten, Haloforme, Methacrylsäureester, Mesityloxid und Phoron) verwendet.

Aceton tritt als Nebenprodukt bei der Phenolsynthese nach *Hock* (▸Kap. 20.1) und bei der trockenen Destillation des Holzes auf und wurde erstmalig durch Erhitzen von Bleiacetat hergestellt. Technisch wird Aceton heute meist auf petrochemischer Basis gewonnen. Gezielt hergestellt werden kann es zudem durch **katalytische Dehydrierung** von Isopropylalkohol am Kupfer-Kontakt bei 250 °C.

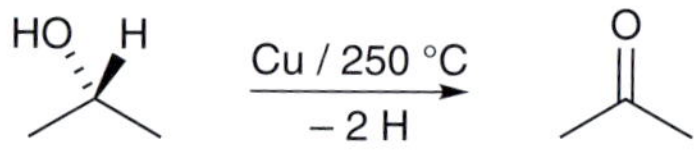

Isopropylalkohol Aceton

Auch bei der **Luftoxidation von Propen** in Gegenwart von wässriger $PdCl_2$/$CuCl_2$-Lösung bei 110–120 °C und 1–1,4 MPa (Ausbeute 92–94 %) entsteht Aceton. Die Reaktion verläuft intermediär über einen $PdCl_2$-Olefinkomplex (vgl. *Wacker*-Verfahren, ▸Kap. 11.8.2), der durch Hydrolyse in Aceton, metallisches Palladium und Chlorwasserstoff zerfällt (vgl. Acetaldehyd-Synthese, ▸Kap. 12.1.4). Kupfer(II)-chlorid dient als Sauerstoffüberträger.

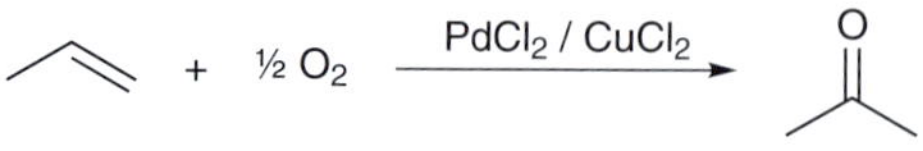

$\Delta H = -255$ kJ/mol

Unter dem Einfluss **basischer Reagenzien**, z. B. $Ba(OH)_2$, **dimerisiert Aceton** in einer Aldoladdition zu Diacetonalkokol (o Abb. 12.61), einer farblosen Flüssigkeit mit einem Siedepunkt von 165 °C. Bariumhydroxid eignet sich für diese Reaktion gut, da dann die Reaktion in einem *Soxhlet*-Extraktor durchgeführt und so das feste Bariumhydroxid der Reaktionslösung sofort wieder entzogen werden kann. Andernfalls zerfällt das gebildete Aldoladdukt in Gegenwart der Base sofort wieder in die Edukte, da bei Ketonen das Gleichgewicht für die Aldoladdition auf der Seite der Edukte liegt.

Behandelt man **Aceton mit konzentrierter Schwefelsäure**, so kondensieren drei Moleküle zu Mesitylen (1,3,5-Trimethylbenzen).

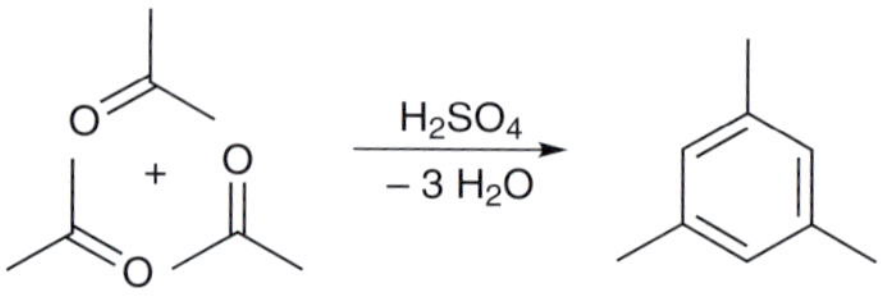

Mesitylen

Mit Iod und Kalilauge ergibt Aceton einen gelben, kristallinen Niederschlag von Iodoform (**Iodoformprobe**, o Abb. 12.62). Diese Nachweisreaktion verläuft bei allen Carbonylverbindungen positiv, bei denen eine Methylgruppe an die C=O-Gruppe gebunden ist. Als einziger Aldehyd reagiert demnach Acetaldehyd in dieser Reaktion. Auch Ethanol ist nach Oxidation zu Acetaldehyd auf diese Art nachweisbar.

Aceton reagiert in einer komplexen Reaktionsfolge mit *o*-Nitrobenzaldehyd zu **Indigo**, dem Farbstoff der *Blue Jeans*. Die beiden rot markierten Kohlenstoff-Atome stammen aus einem Aceton-Molekül. Ein Aceton-Molekül reagiert demnach mit zwei Molekülen *o*-Nitrobenzaldehyd. Diese Reaktion dient ebenfalls zum Nachweis von Aceton. Auch der Nachweis von Acetylsalicylsäure (ASS) nach dem Europäischen Arzneibuch beruht auf dieser Reaktion. Erhitzt man ASS mit $Ca(OH)_2$, so entstehen durch Hydrolyse das Calcium-Salz der Salicylsäure und Calciumacetat. Letzters zerfällt wie in (▸Kap. 12.2.2) beschrieben zu Aceton, das mit 2-Nitrobenzaldehyd zu Indigo reagiert.

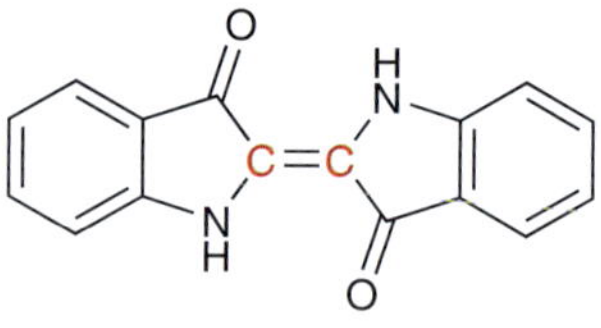

### Butanon (Ethylmethylketon)

Butanon, das nächst höhere Homologe des Acetons, ist eine „ätherisch" riechende Flüssigkeit mit einem Siedepunkt von 79,6 °C. Es dient als universelles Lösemittel für Nitro- und Acetylcellulose, Vinylharze, Chlorkautschuk und Celluloid in der Lack- und Klebstoffindustrie sowie zur Entparaffinierung von Schwerölen. Dargestellt wird es durch katalytische Dehydrierung von *sec*-Butylalkohol bei 250–330 °C am Kupfer-Kontakt.

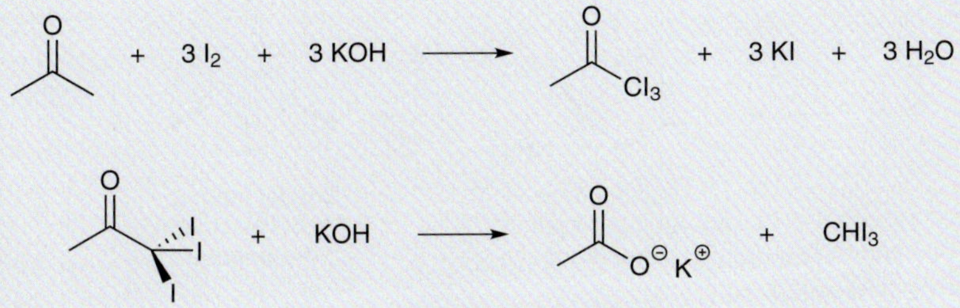

Triiodaceton

Iodoform

**o Abb. 12.62** Iodoform-Reaktion zum Nachweis von Methylketonen und Acetaldehyd

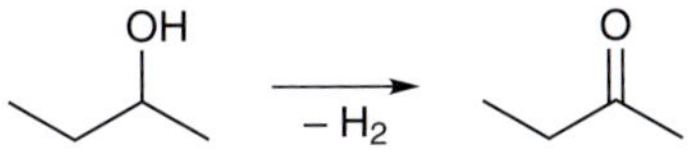

*sec*-Butylalkohol

Butanon (Ethylmethylketon)

Eine weitere Darstellungsmöglichkeit bietet das ***Wacker-Hoechst*-Verfahren** (▸Kap. 12.1.4). Aus 1-Buten entsteht durch Luftoxidation in Gegenwart wässriger $PdCl_2/CuCl_2$-Lösung in etwa 55%iger Ausbeute Butanon.

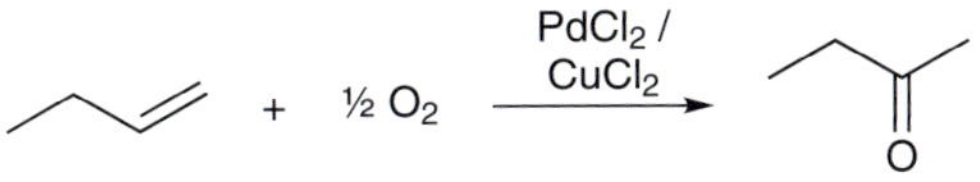


## Halogenketone

Wie bei der Haloform-Reaktion bereits beschrieben (▸Kap. 7.2.2), lassen sich die α-ständigen Wasserstoffatome der Carbonylgruppe eines Ketons leicht durch Halogene ersetzen. Die Reaktion wird sowohl durch Säuren als auch durch Basen katalysiert. So erhält man bei der Chlorierung von Aceton **Chloraceton**, eine farblose, zu Tränen reizende Flüssigkeit mit Siedepunkt 119 °C. Derartige Monohalogenketone wurden wegen ihrer stark augenreizenden Wirkung früher als Tränengas benutzt. In der präparativen organischen Chemie verwendet man α-Halogenketone zur Synthese heterocyclischer Verbindungen.

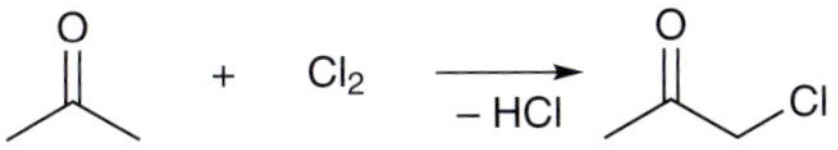

Chloraceton

Die bei der Chlorierung anfallende Salzsäure kann wiederum als Katalysator dienen. Die Reaktion verläuft daher autokatalytisch. In Gegenwart von sauren Katalysatoren bilden sich bevorzugt die monohalogenierten Ketone. Unter basischen Bedingungen entsteht jedoch nur das vollständig dreifach halogenierte Endprodukt. Wie das Beispiel der basenkatalysierte Bromierung des Acetons zeigt, verläuft diese so rasch, dass keine Zwischenprodukte abgefangen werden können, sondern nur **1,1,1-Tribromaceton** (1,1,1-Tribrom-2-propanon) erhalten wird. Trihalogenacetone reagieren unter basischen Bedingungen weiter zu den Haloformen und Acetat (vgl. Iodoform-Reaktion, o Abb. 12.62).

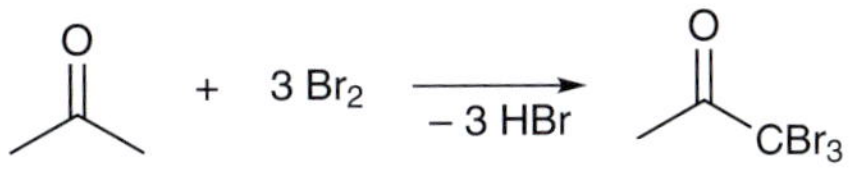

1,1,1-Tribromaceton

## α,β-ungesättigte Ketone

Von dieser Stoffklasse seien im Folgenden Methylvinylketon, Mesityloxid, und Phoron, ein zweifach ungesättigtes Keton, erwähnt.

**Methylvinylketon**, 1-Buten-3-on, das einfachste α,β-ungesättigte Keton, lässt sich durch Hydratisierung von Vinylacetylen (Butenin, But-1-en-3-in) in Gegenwart von Schwefelsäure und Quecksilber(II)-sulfat herstellen (vgl. Darstellung von Acetaldehyd aus Acetylen, ▸Kap. 5.4.3). Es ist eine bei 81,4 °C siedende, stechend riechende Flüssigkeit, die leicht polymerisiert.

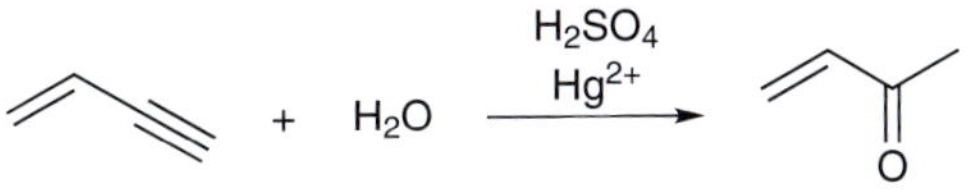

Vinylacetylen (1-Buten-3-in)

Methylvinylketon

**Mesityloxid**, eine farblose, pfefferminzartig riechende Flüssigkeit (Sdp. 130 °C), entsteht beim Erhitzen von Diacetonalkohol mit einer Spur Säure oder Iod unter Wasserabspaltung.

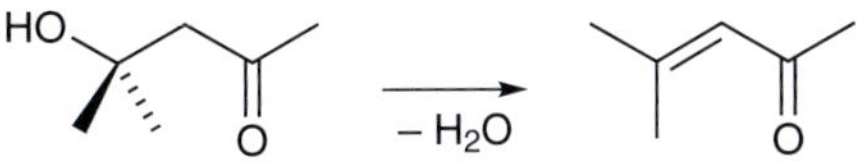

Diacetonalkohol

Mesityloxid, 4-Methyl-3-penten-2-on

**Phoron**, eine gelbe, bei 28 °C schmelzende Verbindung (Sdp. 197 °C), erhält man bei der Einwirkung von Chlorwasserstoff auf Aceton. Hierbei kondensieren drei

12

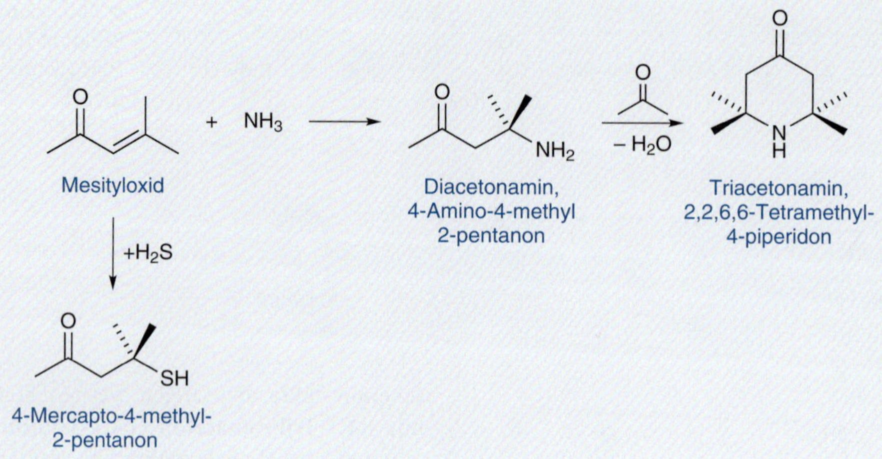


**o Abb. 12.63** Bildung von Triacetonamin und 4-Mercapto-4-methyl-2-pentanon

Moleküle Aceton zu Phoron. Als Nebenprodukt entsteht Mesityloxid.

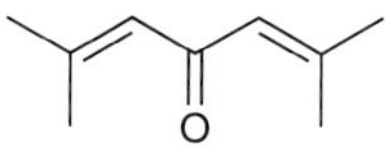

Phoron
(2,6-Dimethyl-2,5-heptadien-4-on)

Mesityloxid reagiert mit Ammoniak zu Diacetonamin. Setzt man dieses mit Aceton um entsteht Triacetonamin. Phoron liefert mit Ammoniak direkt das Triacetonamin (o Abb. 12.63). Mit Schwefelwasserstoff entsteht aus Mesityloxid 4-Mercapto-4-methyl-2-pentanon, das widerlich nach Katzenurin riecht; die Verbindung tritt gelegentlich in acetonhaltigen Abwässern auf.

**Übersicht: Gegenüberstellung der Aldehyde und Ketone**

Die Aldehyde und Ketone sind für die Organische Chemie von so großer Bedeutung, dass ihre wichtigsten Reaktionen im Folgenden kurzgefasst gegenübergestellt werden, um Gemeinsamkeiten und Gegensätze zu verdeutlichen (□ Tab. 12.1).

**□ Tab. 12.1** Gegenüberstellung der Aldehyde und Ketone

| Aldehyde | Ketone |
|---|---|
| **Oxidation** | |
| Oxidation leicht möglich | Oxidation nur schwer möglich |
| 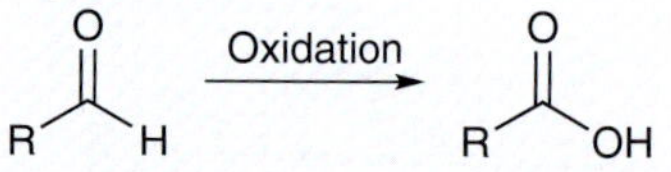 | 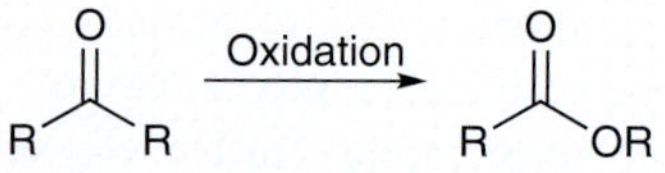 |
| Reduktionsmittel bei nasschemischen Nachweisreaktionen | Oxidation z. B. möglich in *Baeyer-Villiger*-Oxidation |
| **Reduktion** | |
| 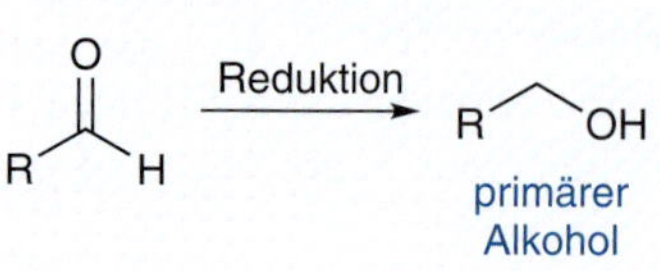 | 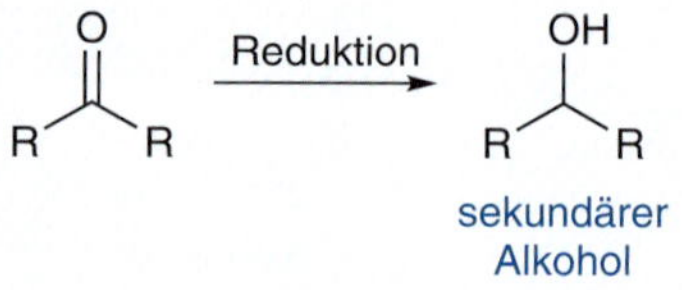 |
| Als Reduktionsmittel dienen z. B.: $H_2$ (Kat.); $LiAlH_4$; $NaBH_4$ | Als Reduktionsmittel dienen z. B.: $H_2$ (Kat.); $LiAlH_4$ |
| Auch eine Reduktion vom Aldehyd oder Keton zum Alkan ist möglich: *Clemmensen*-Reduktion; *Wolff-Kishner*-Reduktion | |

**Tab. 12.1** Gegenüberstellung der Aldehyde und Ketone (Fortsetzung)

| Aldehyde | Ketone |
|---|---|
| **Disproportionierung** | |
| 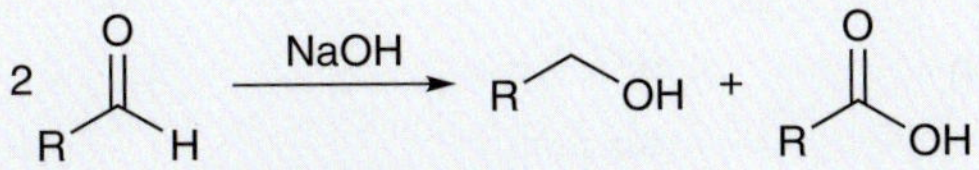 *Cannizzaro*-Reaktion: Tritt ein, wenn R kein α-H-Atom trägt | Nicht möglich |
| **C—O-Bindungsknüpfung** | |
| 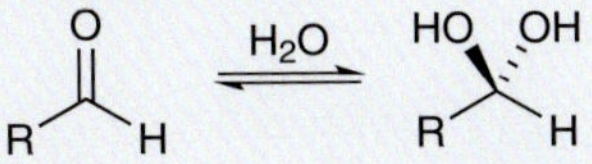 Hydrat | 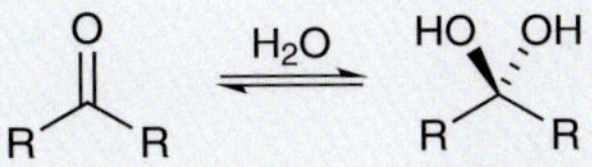 Hydrat |
| 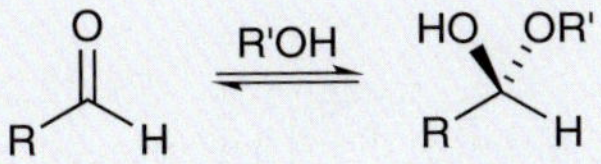 Halbacetal | 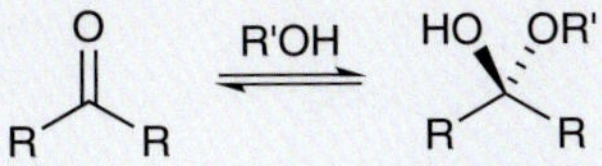 Halbketal |
| 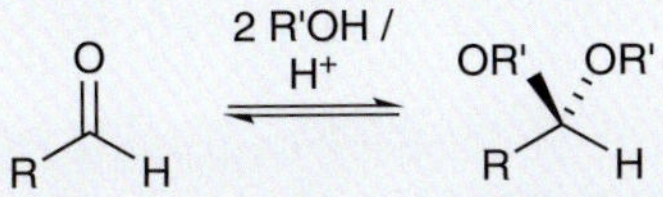 Acetal | 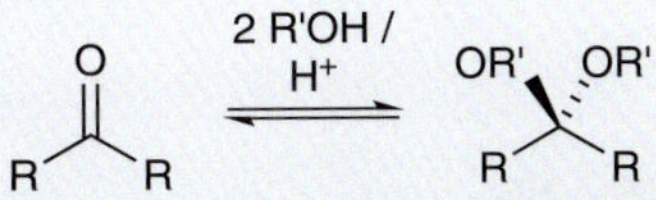 Ketal |
| **C—S-Bindungsknüpfung** | |
| 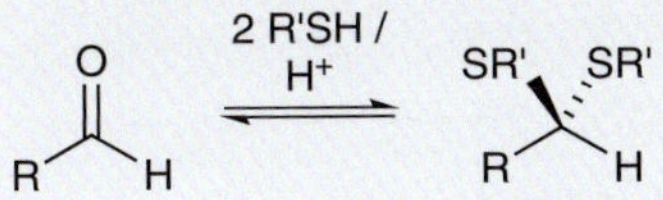 Dithioacetal |  Dithioketal |
| 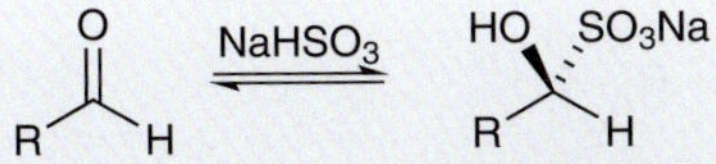 Hydrogensulfit-verbindung |  Hydrogensulfit-verbindung<br>Bei Methylketonen und cyclischen Ketonen |
| **C—N-Bindungsknüpfung** | |
| 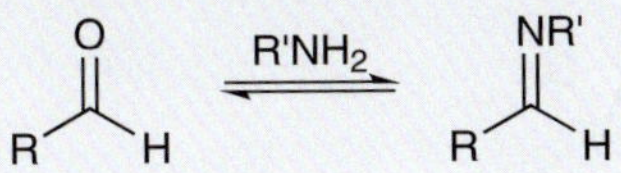 Aldimin | 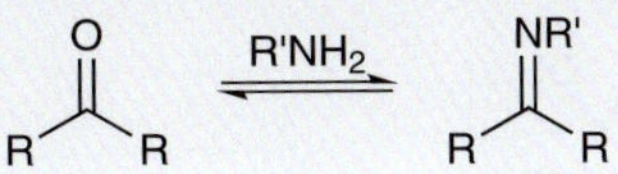 Ketimin |
| 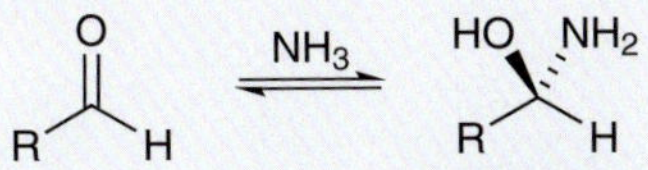 Aldehyd-ammoniak<br>Es treten weitere Folgereaktionen ein | *Leuckart-Wallach*-Reaktion, z. B. Triacetonamin (vgl. Abb. 8.8, Abb. 12.63) |

**Tab. 12.1** Gegenüberstellung der Aldehyde und Ketone (Fortsetzung)

| Aldehyde | Ketone |
|---|---|
| 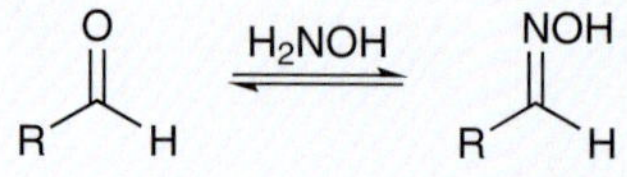 Aldoxim | 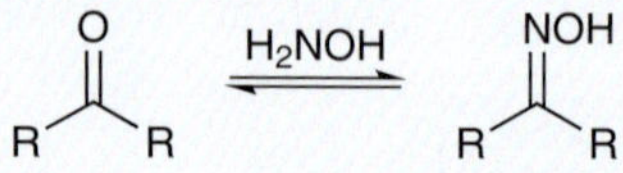 Ketoxim |
| 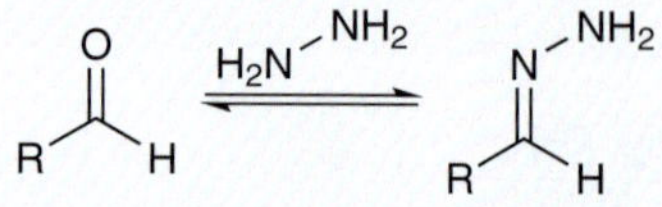 Hydrazon | 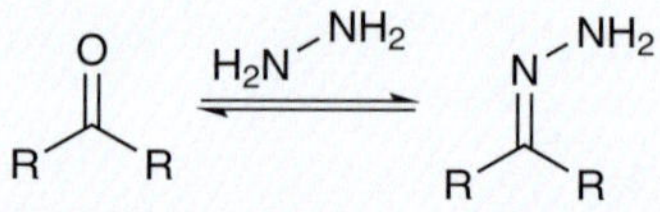 Hydrazon |
| 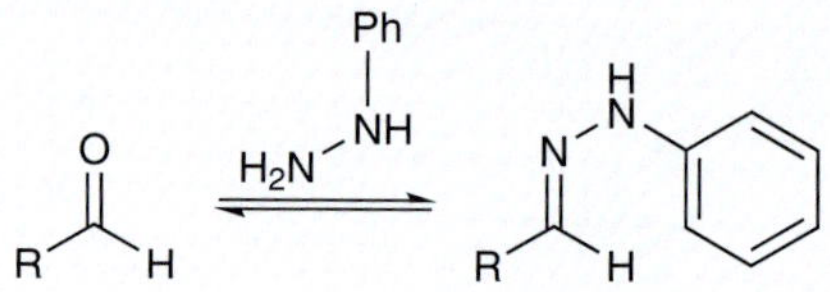 Phenylhydrazon | 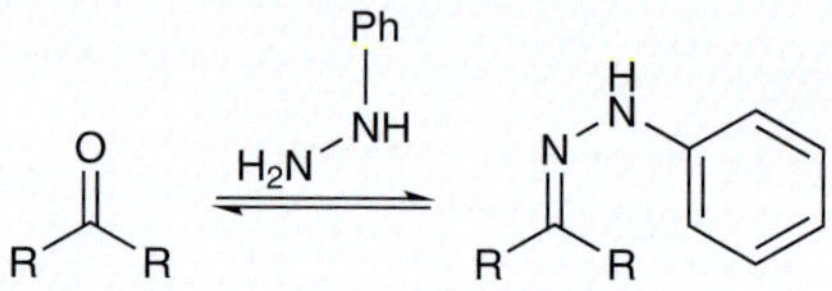 Phenylhydrazon |
| 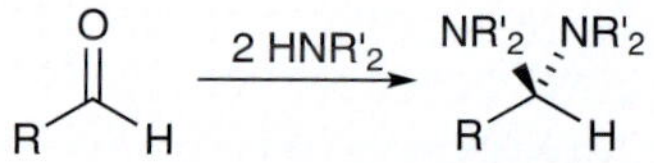 Aminal | |
| 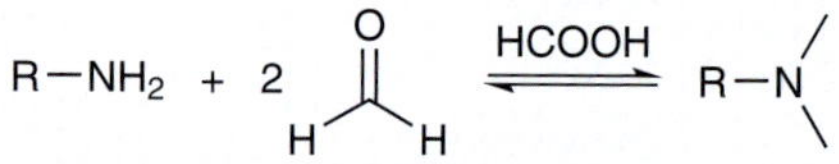 *Eschweiler-Clarke*-Methylierung führt zu tertiärem Amin | |
| **C—C-Bindungsknüpfung** | |
| 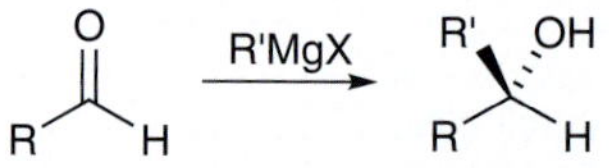 sekundärer Alkohol<br>*Grignard*-Reaktion | 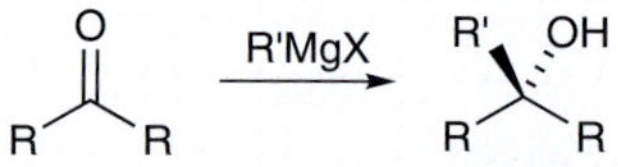 tertiärer Alkohol<br>*Grignard*-Reaktion |
| 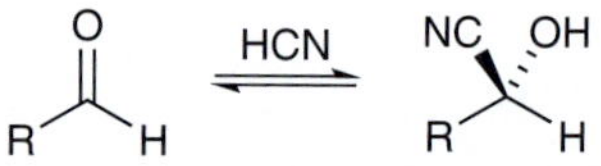 Cyanhydrin | 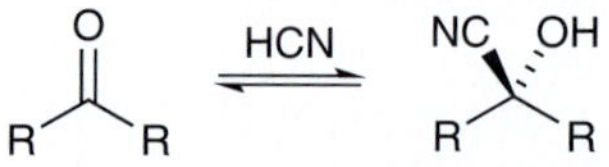 Cyanhydrin |
| 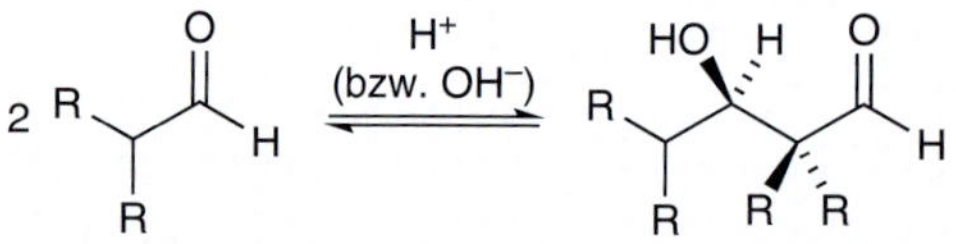 Aldoladdition | Bei Ketonen, wenn Kondensation folgt; bei gekreuzten Reaktionen: Aldehyd = Elektrophil, Keton = Nucleophil |

**Tab. 12.1** Gegenüberstellung der Aldehyde und Ketone (Fortsetzung)

| Aldehyde | Ketone |
|---|---|
| 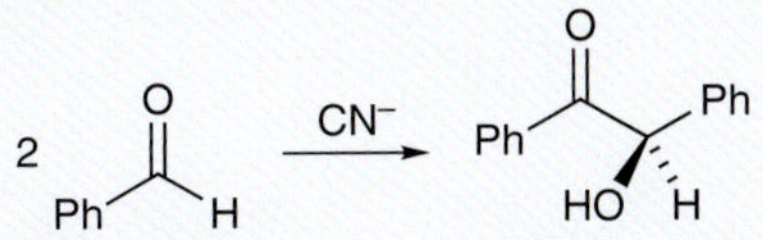<br>Benzoinaddition | Nicht möglich |
| 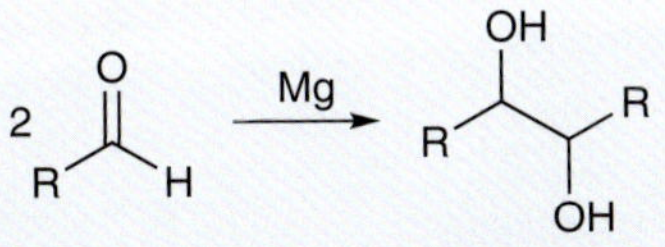<br>1,2-Diole | 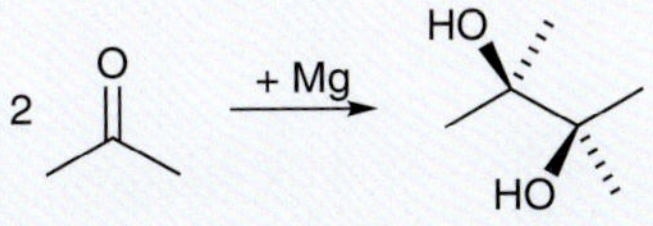<br>Pinakolbildung |
| 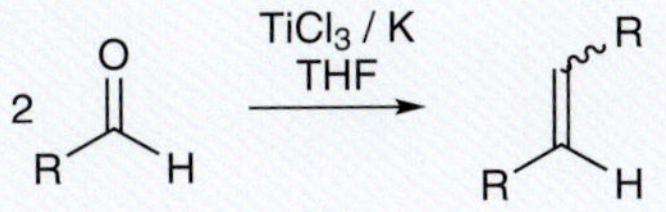 | 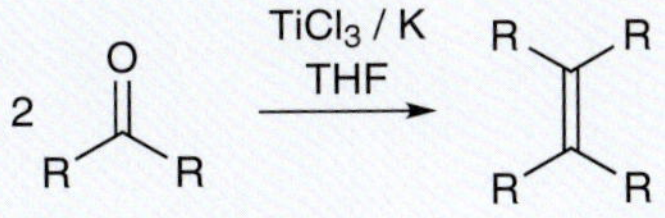<br>*McMurry*-Reaktion |
| 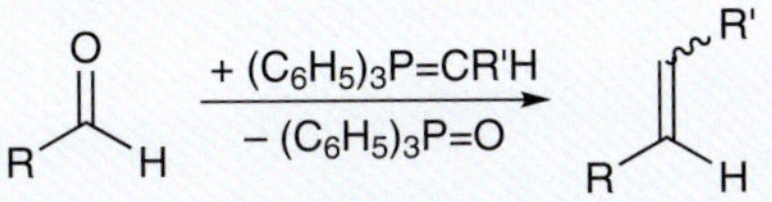 | 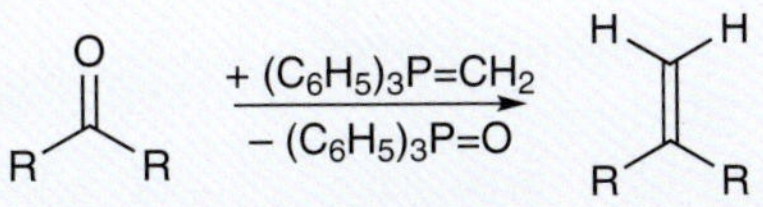<br>*Wittig*-Reaktion (auch *Horner-Emmons*-Variante) |

# 13 Aliphatische Mono- und Dicarbonsäuren

Gesättigte Mono- und Dicarbonsäuren ... 339 | Ungesättigte aliphatische Mono- und Dicarbonsäuren ... 358

Als Carbonsäuren bezeichnet man alle organischen Verbindungen mit mindestens einer Carboxygruppe —C(=O)OH; Monocarbonsäuren tragen eine und Dicarbonsäuren zwei Säuregruppen. Carbonsäuren mit Doppelbindung(en) im Alkylrest bezeichnet man als ungesättigte Carbonsäuren. Carbonsäuren reagieren im wässrigen Milieu sauer, da die Wasserstoffatome der —C(=O)OH-Funktion sehr leicht als Protonen abgespalten werden können; dabei entstehen resonanzstabilisierte Carboxylatanionen. Die Säurestärke wird stark von induktiven und mesomeren Effekten der an die Carboxygruppe gebundenen Reste bestimmt.

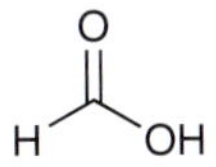
Ameisensäure

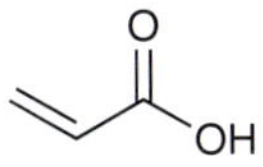
Acrylsäure

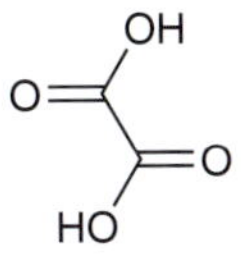
Oxalsäure

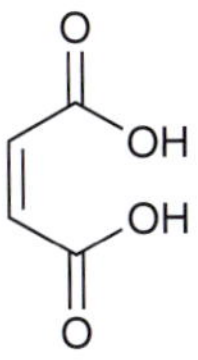
Maleinsäure

## 13.1 Gesättigte Mono- und Dicarbonsäuren

### 13.1.1 Struktur und Eigenschaften

Die Substanzklasse der **Carbonsäuren** umfasst alle organischen Verbindungen, die als funktionelle Gruppe eine Carboxygruppe **–C(=O)OH** (auch Carboxylgruppe genannt) tragen. Formal leiten sie sich aus dem zugrunde liegenden primären Alkohol $RCH_2OH$ (▸Kap. 6.1) durch Substitution der beiden verbliebenen Wasserstoffatome am Kohlenstoffatom durch einen doppelt gebundenen Sauerstoff ab. Wie bei den Aldehyden oder Ketonen ist der Kohlenstoff $sp^2$-hybridisiert und die Carboxygruppe somit planar. Die $sp^2$-Hybridorbitale bilden jeweils die $\sigma$-Bindungen aus, die Doppelbindung zum Sauerstoff erfolgt entsprechend durch Überlappung je eines p-Orbitals am Kohlenstoff und am Carbonyl-Sauerstoffatom. Durch den +M-Effekt des Sauerstoffs der Hydroxygruppe ist die Carbonylgruppe in einer Carbonsäure im Vergleich zu einem Aldehyd oder Keton bereits erheblich stabilisiert (◘Abb. 13.1, oben).

Nach der **IUPAC-Nomenklatur** bezeichnet man einfache gesättigte aliphatische Carbonsäuren nach dem zugrunde liegenden Alkangerüst und hängt die Endung „-säure" an. Bei verzweigten Verbindungen mit Substituenten entspricht das Grundgerüst der längsten Kohlenstoffkette, die die —C(=O)OH-Gruppe an Position 1 (bzw. *n*) trägt. Gebräuchlich sind bei den Carbonsäuren auch ihre Trivialnamen, die sich meist vom Namen des Naturprodukts oder des Organismus ableiten, in dem sie bevorzugt auftreten bzw. aus dem sie erstmals isoliert wurden.

Ein weiteres wichtiges Zählsystem, das besonders bei biologisch relevanten Carbonsäuren, beispielsweise beim Neurotransmitter GABA, benutzt wird, verwendet griechische Buchstaben. Hierbei wird der Carboxygruppe selbst kein Buchstabe zugeteilt, sondern der Buchstabe $\alpha$ dem zweiten C-Atom unmittelbar neben der Carboxygruppe zugeordnet ($\beta$ dem dritten, $\gamma$ dem

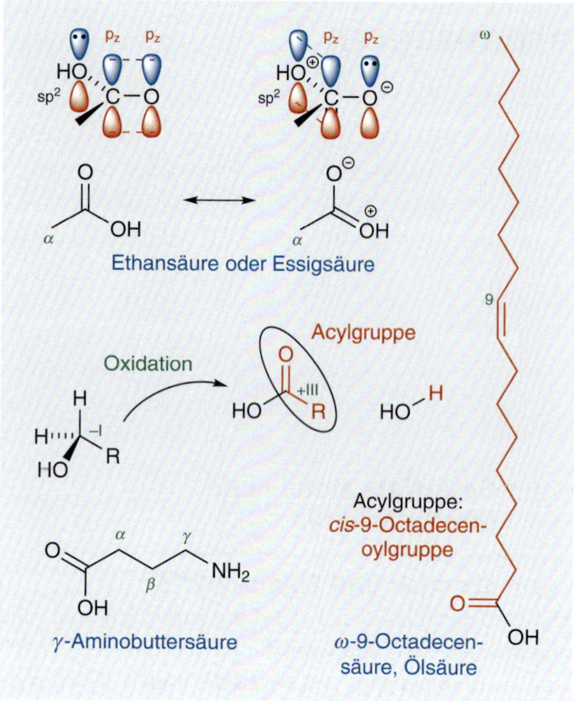


**Abb. 13.1** Struktur, Bindungsverhältnisse und Nomenklatur der Carbonsäuren

vierten usw.) und $\omega$ – unabhängig von der Kettenlänge – dem letzten C-Atom (Abb. 13.1, unten). Damit wird die 4-Aminobutansäure auch als GABA = $\gamma$-Aminobuttersäure (engl. $\gamma$-amino butyric acid) bezeichnet.

Fasst man die Carboxygruppe in einer Verbindung als Substituenten auf, verwendet man die Bezeichnung der entsprechenden **Acylgruppe**. Der Begriff Acylgruppe (lat. *acidum* = Säure) beschreibt in Carbonsäuren die Carbonylgruppe und den zugehörigen Alkylrest RCO. Die Benennung erfolgt, der IUPAC-Nomenklatur entsprechend, als Alkan**oyl**-Gruppe oder **1-Oxo**alkyl-Gruppe (üblich ist es auch noch, die Endung „-yl" an den **Trivialnamen** anzuhängen, z. B. Propanoyl-, 1-Oxopropyl- oder Propionyl-). Carbonsäuren lassen sich somit auch als acylierte Derivate des Wassers auffassen (Abb. 13.1, Mitte).

Trägt eine organische Verbindung zwei Carboxygruppen so bezeichnet man sie als **Dicarbonsäuren**. Sie entstehen durch Oxidation der entsprechenden Diole. Nach der IUPAC-Nomenklatur wird für die Bezeichnung der Name des zugrunde liegenden Alkans verwendet und die Endung „-disäure" angehängt.

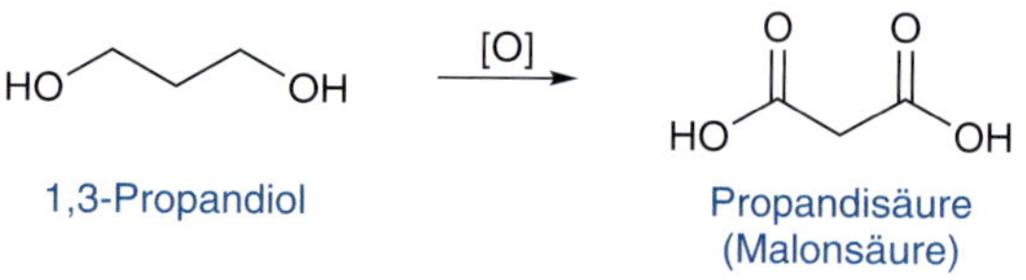


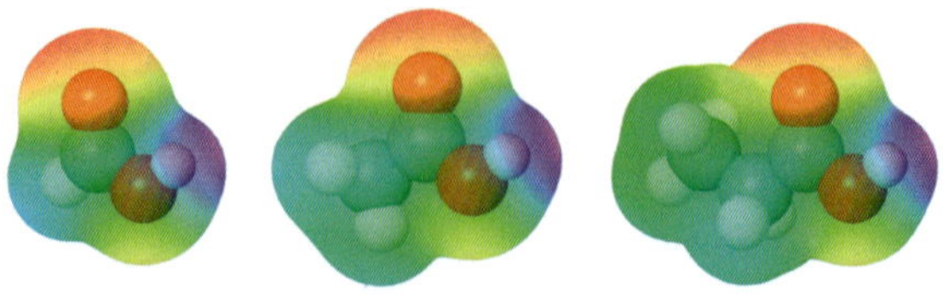

**Abb. 13.2** Elektrostatisches Oberflächenpotenzial von Ameisensäure, Essigsäure und Propionsäure

Die niedermolekularen Monocarbonsäuren Ameisen- (Methan-), Essig- (Ethan-) und Propionsäure (Propansäure) sind farblose, stechend riechende, polare Flüssigkeiten, die mit Wasser unbegrenzt mischbar sind. Aliphatische Monocarbonsäuren mit mindestens vier C-Atomen werden häufig auch als **Fettsäuren** bezeichnet, da sie in natürlichen Fetten vorkommen. Die einfachste Fettsäure ist damit die Buttersäure. Ab zehn Kohlenstoffatomen sind sie fest, geruchlos und eher alkanähnlich, da ihre Carboxygruppe im Vergleich zur unpolaren Alkylkette nur noch einen geringen Einfluss auf die physikalischen Eigenschaften des Moleküls hat. Bereits die beiden konstitutionsisomeren Butansäuren (die Buttersäure und die 2-Methylpropansäure) sind schon nicht mehr unbegrenzt mit Wasser mischbar. Carbonsäuren mit vier bis neun Kohlenstoffatomen haben einen ranzigen, schweißigen und sehr unangenehmen Geruch. Sie entstehen z. B. aus tierischen und pflanzlichen Fetten durch Luftoxidation beim „Ranzigwerden". Ihre Freisetzung geht meist mit Zersetzung und Verwesung einher, weshalb diesen Säuren ein entsprechender Signalcharakter zukommt. Für den Menschen ist ein ranzig riechendes Stück Fleisch abstoßend, auf Fliegen dagegen wirkt es anziehend (▸Kap. 6.1.4, ▸Exkurs: Botenstoffe).

Die vergleichsweise hohen Siedepunkte (Tab. 13.1) der Carbonsäuren resultieren aus der Polarität der Carboxygruppe und ihrer Fähigkeit, intermolekulare Wasserstoffbrücken auszubilden. Durch die hohe Elektronegativität des Sauerstoffs ist der Kohlenstoff der Carbonylgruppe positiv polarisiert. Sowohl der daraus resultierende negative induktive Effekt (–I-Effekt) als auch der +M-Effekt des Sauerstoffs der OH-Gruppe erhöhen den Zug auf die Bindungselektronen zum Wasserstoff der OH-Gruppe, sodass diese Bindung noch stärker polarisiert ist als in Alkoholen (Abb. 13.2, Abb. 13.3 oben links).

Carbonsäuren sind daher noch besser als Alkohole in der Lage, Wasserstoffbrücken untereinander auszubilden. Sie weisen einen Wasserstoffbrückendonator und gleichzeitig zwei Wasserstoffbrückenakzeptoren auf. Im Gegensatz zu Wasser oder Methanol führt die Geometrie der Carboxygruppe dazu, dass sich neben ausgedehnten H-Brücken-Netzwerken auch stabile Dimere bilden. Bei der Dimerbildung entstehen zwei Wasserstoffbrücken zwischen den beiden Carboxygruppen zweier Carbonsäuren (○ Abb. 13.3, oben rechts). Diese intermolekularen, nichtkovalenten Wechselwirkungen sind zwar schwächer als kovalente Bindungen, jedoch stark genug, um stabile Dimere in festen und flüssigen reinen Carbonsäuren sowie in unpolaren Lösemitteln zu bilden. Sogar in der Gasphase können die Dimere noch beobachtet werden. Aus diesem Grund weisen z. B. die IR-Spektren von Carbonsäuren eine Temperaturabhängigkeit auf: Die charakteristische OH-Absorptionsbande von monomerer Ameisensäure (3 570 $cm^{-1}$) kann beispielsweise nur bei hohen Temperaturen beobachtet werden, wenn die thermische Energie die Dissoziationsenergie (etwa 60 kJ/mol) der Wasserstoffbrückenbindungen im Dimer übersteigt und die Dimere daher durch die thermische Bewegung der Teilchen auseinander brechen. Bei tieferen Temperaturen dagegen ist die OH-Absorptionsbande aufgrund der Wasserstoffbrücken in den Dimeren zu niedrigeren Frequenzen hin verschoben. In polaren Lösemitteln wie Wasser werden die Dimere ebenfalls aufgebrochen und die Carbonsäuremoleküle in das Wasserstoffbrückennetzwerk des Lösemittels integriert (○ Abb. 13.3, unten). Niedere Carbonsäuren sind daher in polar-protischen Lösemitteln gut löslich.

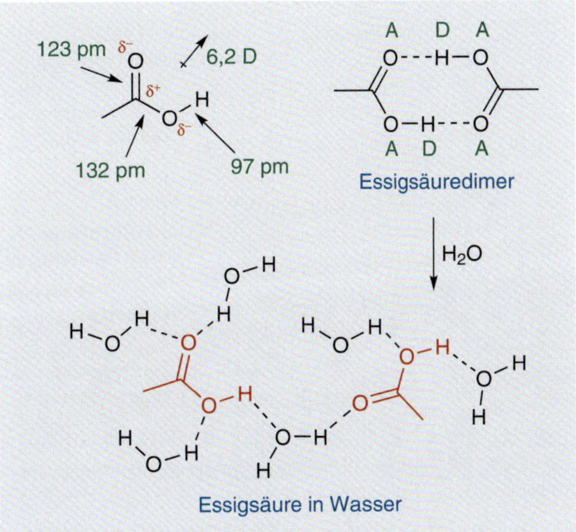


○ **Abb. 13.3** Aufgrund der stark polaren Carboxygruppe bildet Essigsäure stabile, durch Wasserstoffbrückenbindungen zusammengehaltene Dimere und ist gut in Wasser löslich (A = H-Brücken-Akzeptor, D = H-Brücken-Donor)

Im Gegensatz zu den Monocarbonsäuren sind alle Dicarbonsäuren bei Raumtemperatur fest (□ Tab. 13.1), da sie wegen ihren Difunktionalität nicht nur Dimere,

□ **Tab. 13.1** Homologe Reihe der Carbonsäuren

| Name (Trivialname) | Summenformel | Siedepunkt (Schmelzpunkt) in °C |
|---|---|---|
| **Monocarbonsäuren** | | |
| Methansäure (Ameisensäure) | H—COOH | 100,7 (8,4) |
| Ethansäure (Essigsäure) | $CH_3$—COOH | 118 (16,6) |
| Propansäure (Propionsäure) | $C_2H_5$—COOH | 141 (−22) |
| Butansäure (Buttersäure) | $C_3H_7$—COOH | 164 (−5) |
| Pentansäure (Valeriansäure) | $C_4H_9$—COOH | 187 (−34,5) |
| Hexansäure (Capronsäure) | $C_5H_{11}$—COOH | 205,5 (−1,5) |
| Octansäure (Caprylsäure) | $C_7H_{15}$—COOH | 237 (16,5) |
| Hexadecansäure (Palmitinsäure) | $C_{15}H_{31}$—COOH | (63) |
| Octadecansäure (Stearinsäure) | $C_{17}H_{35}$—COOH | (69,5) |
| **Dicarbonsäuren** | | |
| Ethandisäure (Oxalsäure) | HOOC—COOH | (198,5) |
| Propandisäure (Malonsäure) | HOOC—$CH_2$—COOH | (135,6) |
| Butandisäure (Bernsteinsäure) | HOOC—$C_2H_4$—COOH | (186) |
| Pentandisäure (Glutarsäure) | HOOC—$C_3H_6$—COOH | (99) |
| Hexandisäure (Adipinsäure) | HOOC—$C_4H_8$—COOH | (153) |
| Heptandisäure (Pimelinsäure) | HOOC—$C_5H_{10}$—COOH | (105) |

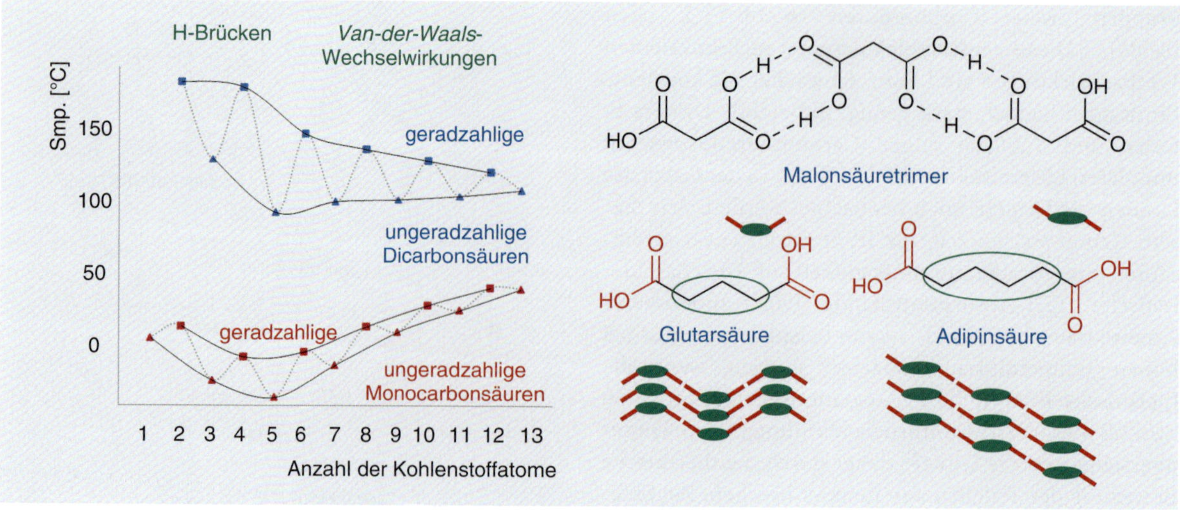


**o Abb. 13.4** Abhängigkeit der Schmelzpunkte von Mono- und Dicarbonsäuren von der Kohlenstoffanzahl (links) sowie von der Ausrichtung der Dicarbonsäuremoleküle im Festkörper (rechts)

sondern ausgedehnte Wasserstoffbrücken-Netzwerke untereinander aufbauen (o Abb. 13.4). Dies ist auch der Grund dafür, dass die Schmelzpunkte sowohl der Mono- als auch der Dicarbonsäuren mit steigender Kettenlänge nicht streng den üblichen Gesetzmäßigkeiten der Alkane folgen (▸Kap. 4). Zum einen sind die Schmelzpunkte der niederen Carbonsäuren ungewöhnlich hoch, zum anderen sticht die Oszillation der Schmelzpunkte in Abhängigkeit von der Anzahl der Kohlenstoffatome ins Auge: Ungeradzahlige Carbonsäuren schmelzen bei deutlich niedrigeren Temperaturen als geradzahlige. Um dies zu verstehen, muss man sich zunächst vor Augen führen, dass der Schmelzpunkt eines Festkörpers umso höher ist, je mehr Energie benötigt wird, um die Interaktionen zwischen den Molekülen im Kristall aufzubrechen. Bei Carbonsäuren sind es letztlich zwei verschiedenartige Wechselwirkungen, die zwischen den Molekülen im Festkörper zum Tragen kommen: Einerseits interagieren die Carboxygruppen, wie schon erwähnt, über die relative starken Wasserstoffbrücken miteinander. Andererseits wirken zwischen den Alkylresten nur die sehr schwachen *Van-der-Waals*-Kräfte. Das bedeutet: Je kleiner die Carbonsäuren sind, umso größer ist der relative Beitrag der Wasserstoffbrücke zur Gitterenergie. Bei den höhermolekularen Carbonsäuren überwiegen dann die nur sehr schwachen *Van-der-Waals*-Kräfte, die allerdings stetig mit der Länge des Alkylrestes zunehmen, während der Einfluss der Carboxygruppe konstant bleibt. Daher liegen die Schmelzpunkte der niedermolekularen Dicarbonsäuren deutlich höher als die der höhermolekularen (o Abb. 13.4, links). Ab einer Kettenlänge von vier bzw. fünf Kohlenstoffatomen werden dann zunehmend die schwachen *Van-der-Waals*-Wechselwirkungen ausschlaggebend. Mit steigender Kohlenstoffanzahl steigen daher die Schmelzpunkte der Carbonsäuren – wie bei den Alkanen – wieder an (▸Kap. 4). Nur die Schmelzpunkte der geradzahligen Dicarbonsäuren sinken weiterhin (o Abb. 13.4, links).

Diese **Schmelzpunktoszillation** der Carbonsäuren hat folgende Ursachen: Sowohl bei Mono- als auch bei Dicarbonsäuren kann bei geradzahligen Carbonsäuren generell eine dichtere, energetisch etwas günstigere Packung erreicht werden als bei ungeradzahligen Carbonsäuren. Somit ist auch die Interaktion zwischen den einzelnen Molekülen größer, und entsprechend geordneter und dichter erfolgt die Packung der Moleküle. Dieser Unterschied zwischen geradzahligen und ungeradzahligen Carbonsäuren wird mit zunehmender Kettenlänge immer geringer. Besonders leicht zu verstehen ist dieser Oszillationseffekt bei den Dicarbonsäuren: In ungeradzahligen Dicarbonsäuren ist nur eine gewinkelte und somit eine weniger geordnete Anordnung möglich, wenn die beiden Carboxygruppen nebeneinander liegender Moleküle miteinander in Wechselwirkung treten wollen (o Abb. 13.4, rechts oben und Mitte). Im Gegensatz dazu können sich geradzahlige Dicarbonsäuren linear zueinander ausrichten und somit besonders hochgeordnete Kristalle bilden, die die Eigenschaften der Schmelztemperatur sogar bis zu hohen Molekulargewichten dominieren (o Abb. 13.4, rechts unten).

Die kurzkettigen Vertreter der Dicarbonsäuren sind in unpolaren Lösemitteln unlöslich, aber auch in Wasser ist ihre Löslichkeit begrenzt, weil die Kristallbildung und Präzipitation (oft auch als Hydrate, d. h. Kristallisation mit Kristallwasser) aufgrund der hohen Gitterenergie begünstigt ist. Die Wasserlöslichkeit der längerkettigen Dicarbonsäuren nimmt wiederum aufgrund ihres mit der Länge der Alkylketten zunehmend hydrophoben Charakters ab.

### Acidität der Carboxygruppe

Die deutlich höhere Acidität der Carboxygruppe im Vergleich zu den entsprechenden Alkoholen ist auf zwei Effekte zurückzuführen:

- Durch die elektronenziehenden Eigenschaften der Carboxygruppe kann der Wasserstoff der OH-Gruppe sehr leicht als Proton abgespalten werden.
- Das daraus resultierende **Carboxylatanion** ist resonanzstabilisiert.

Die beiden Sauerstoffe im Carboxylatanion sind völlig äquivalent und die negative Ladung ist über die gesamte Carbxylatgruppe delokalisiert. Zusätzlich spielt auch die Stabilisierung des Anions durch die Hydrathülle (Hydratisierung) eine Rolle.

Die jeweilige Säurestärke (in Wasser, bei 25 °C) kann durch die **Aciditätskonstante** $K_S$ (abgeleitet aus dem Massenwirkungsgesetz) bzw. durch den mit Minus 1 multiplizierten dekadischen Logarithmus p$K_S$ beschrieben werden (▸Exkurs: *Henderson-Hasselbalch*-Gleichung). Der p$K_S$-Wert ist also umso kleiner, je stärker die betreffende Säure ist, d. h. je stärker die Säure in Lösung dissoziiert vorliegt (Abb. 13.5).

Verglichen mit Mineralsäuren (z. B. HCl) sind Carbonsäuren mit p$K_S$-Werten im Bereich von ca. 3–6 nur schwache Säuren. Das Dissoziationsgleichgewicht liegt auf der Seite der Edukte (undissoziierte Säure und Wasser). Nur ein geringer Teil der Säuremoleküle liegt in Wasser demnach deprotoniert, d. h. als Anion vor (Abb. 13.6).

Bei Carbonsäuren wird die Säurestärke zusätzlich noch durch weitere elektronenziehende oder elektronenschiebende Substituenten in der Nähe der Carboxygruppe beeinflusst (Abb. 13.7). Alkylketten üben im Allgemeinen über das $\sigma$-Gerüst einen +I-Effekt aus, der der Polarisierung der OH-Bindung entgegenwirkt. Somit ist die Acidität von Essigsäure geringer als die der Ameisensäure. Der +I-Effekt, der durch längerkettige oder verzweigte Alkylketten ausgeübt wird, ist nicht wesentlich stärker als der einer Methylgruppe, allerdings ist die Hydratisierung des Anions bei größerer Verzweigung und längerer Kettenlänge weniger gut möglich, sodass die Acidität im Vergleich zur Essigsäure etwas sinkt. Bei Substituenten mit –I-Effekt kann hingegen das Proton leichter abgespalten werden und die Säurestärke nimmt zu.

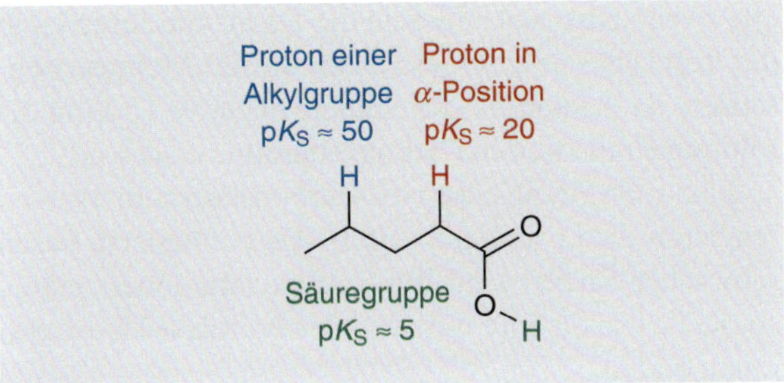


**Abb. 13.5** Aciditäten verschiedener H-Atome in einer Carbonsäure

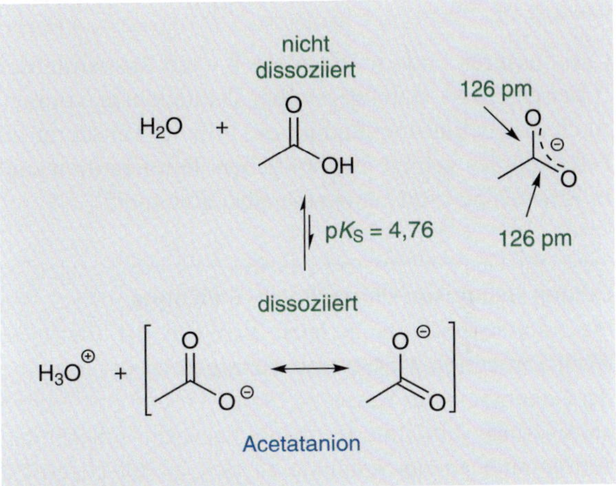


**Abb. 13.6** Essigsäure ist eine schwache Säure, die in Wasser in ein resonanzstabilisiertes Carboxylatanion dissoziiert.

Dementsprechend sind z. B. halogensubstituierte Carbonsäuren (z. B. Trifluoressigsäure: p$K_S$ = 0,23) sehr viel stärkere Säuren als unsubstituierte Carbonsäuren.

Dicarbonsäuren dissoziieren in zwei Stufen. Dabei reagieren die niederen Vertreter der Dicarbonsäuren zunächst deutlich acider als ihre entsprechenden Monocarbonsäuren, da die zweite Carboxygruppe einen starken –I-Effekt auf die erste ausübt. So liegt der p$K_{S1}$-Wert der ersten Dissoziation der Oxalsäure mit 1,23 deutlich unter dem der Essigsäure (4,75). Allerdings nimmt der Einfluss der zweiten Carboxygruppe mit zunehmender Kettenlänge ab, sodass bereits Bernsteinsäure (p$K_{S1}$ 4,17) bereits fast wieder eine für Carbonsäuren „normale" Acidität aufweist (Abb. 13.7).

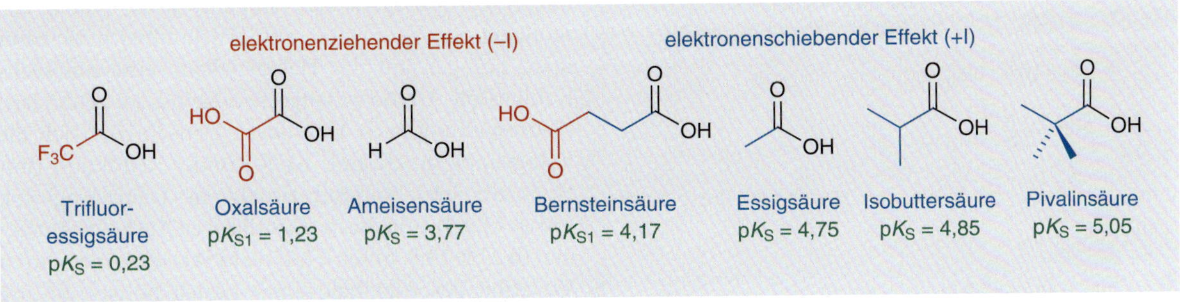


**Abb. 13.7** Aciditäten unterschiedlicher Mono- und Dicarbonsäuren

13

Die zweite Dissoziationsstufe der Dicarbonsäuren ist in der Regel ein wenig schwächer als die der Monocarbonsäuren, da die bereits vorhandene negative Ladung die Bildung eines zweiten Carboxylatanions erschwert.

Löst man Alkalisalze von Carbonsäuren in Wasser, reagieren die Lösungen basisch. Als konjugierte Basen schwacher Säuren sind die Carboxylatanionen mäßig starke Basen, die mit Wasser unter Protolyse Hydroxidionen bilden.

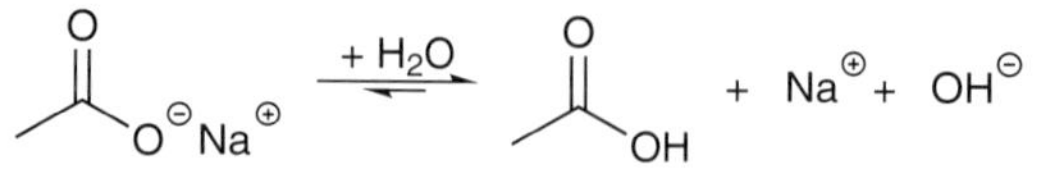


Carbonsäuren sind im Allgemeinen – mit Ausnahme der Ameisensäure – stabil gegenüber Oxidationsreaktionen. Auch die Hydrierung (Reduktion) höherer Fettsäuren zu Fettalkoholen gelingt erst bei hohen Temperaturen und in Anwesenheit von Schwermetallkatalysatoren.

**Exkurs: *Henderson-Hasselbalch*-Gleichung**

Die Aciditätskonstante $K_S$ leitet sich von der Gleichgewichtskonstanten $K$ (**Massenwirkungsgesetz**) der Reaktion der Carbonsäure mit Wasser zu Carboxylat und $H_3O^+$-Ionen ab. Sie ist das Verhältnis der im Gleichgewicht vorliegenden Konzentrationen der Produkte zu den im Gleichgewicht vorliegenden Konzentrationen der Edukte unter der Annahme, dass die Konzentration an Wasser als konstant angesehen werden kann. Dabei geht man in der Regel von ideal verdünnten Lösungen aus, sodass auch alle Aktivitätskoeffizienten $\alpha_i = 1$ sind. Bildet man nun den mit −1 multiplizierten dekadischen Logarithmus und formt um, ist der Zusammenhang von p$K_S$- und pH-Wert leicht ersichtlich. Die resultierende *Henderson-Hasselbalch*-Gleichung wird vor allem zur pH-Wert-Berechnung von Pufferlösungen verwendet. In Lösungen, in denen die Konzentrationen an Säure und konjugierter Base gleich groß sind (halbneutralisierte Lösungen) entspricht der pH-Wert der Lösung dem p$K_S$-Wert der Säure (**Halbäquivalenzpunkt**).

$$K_S = \frac{[\text{Produkte}]}{[\text{Edukte}]} = \frac{[\text{AcO}^-][\text{H}^+]}{[\text{AcOH}]} \cdot \frac{\alpha_{\text{AcO}^-} \cdot \alpha_{\text{H}^+}}{\alpha_{\text{AcOH}}}$$

In verdünnten Lösungen gilt:

$$\frac{\alpha_{\text{AcO}^-} \cdot \alpha_{\text{H}^+}}{\alpha_{\text{AcOH}}} = 1$$

$$\begin{aligned} \text{p}K_S &= -\log K_S = -\log \frac{[\text{AcO}^-][\text{H}^+]}{[\text{AcOH}]} \\ &= -\log [\text{H}^+] - \log \frac{[\text{AcO}^-]}{[\text{AcOH}]} \\ &= \text{pH} - \log \frac{[\text{AcO}^-]}{[\text{AcOH}]} \end{aligned}$$

Umstellen nach pH führt zur *Henderson-Hasselbalch*-Gleichung

$$\text{pH} = \text{p}K_S + \log \frac{[\text{AcO}^-]}{[\text{AcOH}]}$$

## 13.1.2 Gewinnung und Synthese

### Allgemeine Darstellungsweisen

Carbonsäuren lassen sich durch **Oxidation** aus den primären Alkoholen oder Aldehyden darstellen (▸Kap. 6.1.3). Eine weitere wichtige Darstellungsmöglichkeit ist die Hydrolyse von Nitrilen. Nitrile wiederum lassen sich durch Substitutionsreaktionen aus Halogenalkanen beispielsweise mit KCN erzeugen. Anschließend kann das Nitril mit Wasser zur entsprechenden Carbonsäure und Ammoniak hydrolisiert werden. Diese Reaktion ist eine gute Möglichkeit, eine Säuregruppe unter gleichzeitiger Kettenverlängerung einzuführen (○Abb. 13.8, oben). Von besonderem Interesse für die industrielle Produktion von Carbonsäuren ist die Umsetzung von Doppelbindungen mit CO unter Druck. Dabei aktiviert man die Doppelbindung mit einer starken Säure (z. B. HCl) an Katalysatoren wie beispielsweise Pd(II)-Komplexen und erzeugt so zunächst ein Carbeniumion, welches im Anschluss CO addiert. Das gebildete Acyliumion reagiert in Gegenwart von Wasser zur Carbonsäure. Über diese **Carbonylierung von Olefinen** sind durch Aufarbeitung mit anderen nucleophilen Lösungsmitteln als Wasser auch Carbonsäurederivate zugänglich. So kann man mit Alkoholen, Aminen oder Thiolen entsprechende Ester, Amide und Thioester der Carbonsäure erzeugen (○Abb. 13.8, Mitte). Ein Beispiel ist die großtechnische Synthese von Pivalinsäure aus Isobuten (2-Methylpropen). Das benötigte Kohlenmonoxid wird dabei *in-situ* durch Dehydratisierung von Ameisensäure mit konzentrierter Schwefelsäure freigesetzt (***Koch-Haaf*-Reaktion**). Auf diese Weise ist CO auch in Laboratorien sehr leicht zugänglich.

Im Labor lassen sich Carbonsäuren auch durch die Umsetzung von *Grignard*-Reagenzien (▸Kap. 11.2) mit $CO_2$ (in Form von Trockeneis) herstellen (○Abb. 13.8, oben rechts) oder aus Malonsäurediestern mithilfe der **Malonestersynthese** (▸Kap. 13.1.3). Auf vergleichbare Weise können auch aus anderen 1,3-Dicarbonylverbindungen Carbonsäuren hergestellt werden. *Stetter* entwickelte eine Methode zur Darstellung von langkettigen Monocarbonsäuren, indem er ausgehend von 1,3-Cyclohexadion (Dihydroresorcin) durch Deprotonierung mit Natriumethanolat ein Enolat herstellte, das dann mit einem Halogenalkan, alkyliert wird. Durch anschließendes Verkochen mit Natriumhydroxid kann man, bezogen auf das Halogenalkan, eine um sechs Kohlenstoff-Atome verlängerte $\delta$-Ketosäure generieren (Säurespaltung nach *Vorländer*). Danach lässt sich die Ketogruppe durch eine *Wolff-Kishner*-Reduktion (mit Hydrazin und Kaliumhydroxid in Diethylenglycol, ▸Kap. 12.2.3) in nahezu quantitativer Ausbeute entfernen (○Abb. 13.8, unten). Auf diese Weise können durch Variation des Alkylhalogenids gezielt höhere, lineare oder verzweigte Monocarbonsäuren erzeugt werden.

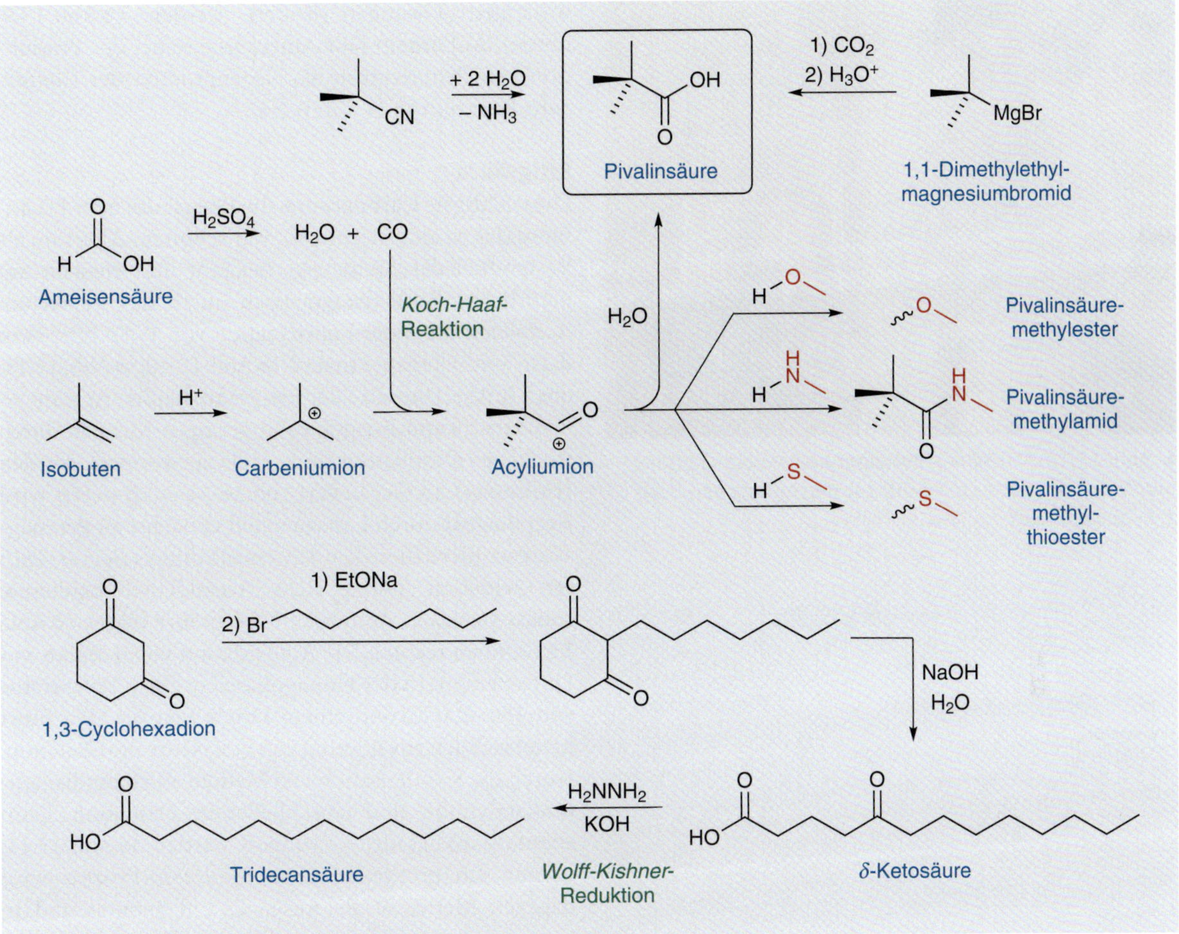


**Abb. 13.8** Methoden zur Darstellung von Carbonsäuren

Sehr viel leichter lassen sich Fettsäuren aber durch die Säure-katalysierte, enzymatische oder alkalische (Verseifung) Hydrolyse von Fetten und Ölen generieren (▸Kap. 6.2.2).

## Ameisensäure, Methansäure

Die **Ameisensäure** (Methansäure, lat. *acidum formicum*, *formica* = die Ameise), die einfachste Carbonsäure, findet sich nicht nur in Ameisen, aus denen sie erstmals im Jahr 1671 von *Ray* isoliert werden konnte, sondern ist ein weitverbreiteter Abwehr- und Angriffsstoff in der Natur (z. B. in Brennnesseln, verschiedenen Insektenarten).

Die Salze der Ameisensäure werden als **Formiate** bezeichnet. Ameisensäure kann durch die Oxidation von Methanol oder Formaldehyd oder durch die Hydrolyse von Chloroform in alkoholischer Kaliumhydroxidlösung dargestellt werden (Abb. 13.9, oben). Chloroform ist das Trichlorid der Orthoameisensäure, der es auch seinen Namen verdankt. Großtechnisch wird Ameisensäure bei 120–130 °C aus gepulvertem Natriumhydroxid und Kohlenmonoxid (bei 600–800 Pa) dargestellt. Das dabei entstehende, trockene Natriumformiat lässt sich durch Zusatz von hochprozentiger Ameisensäure und wasserfreier Schwefelsäure proto-

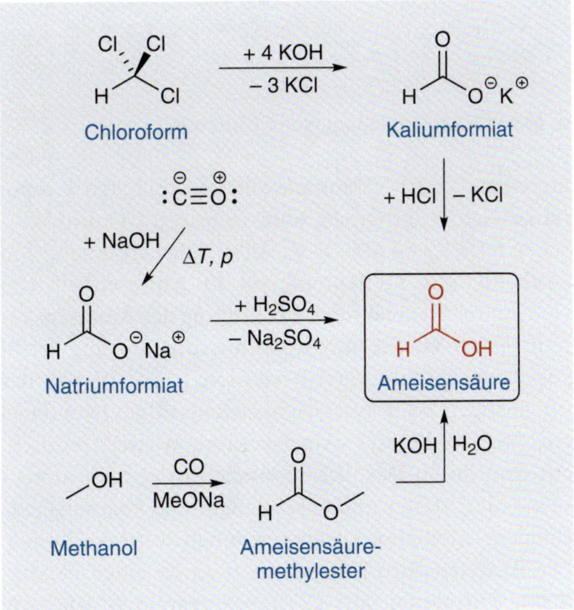


**Abb. 13.9** Darstellung von Ameisensäure

**o Abb. 13.10** Petrischale mit einer *Acetobacter*-Kultur (auch als Essigmutter bekannt) zur Herstellung von Essig z. B. aus Apfelsaft

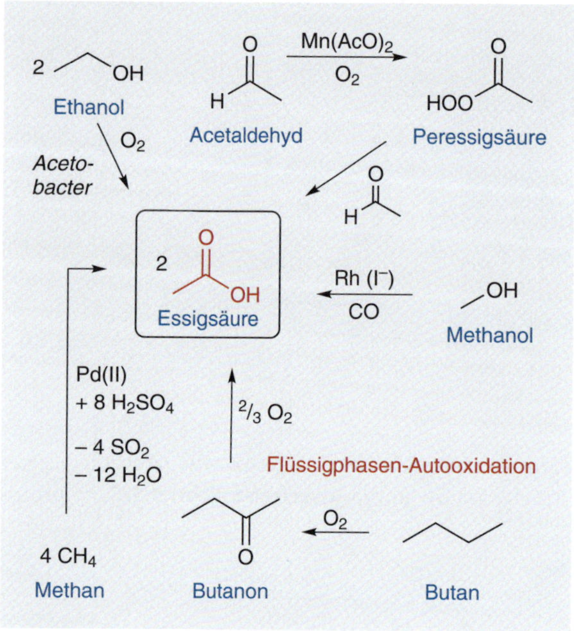


**o Abb. 13.11** Darstellung von Essigsäure

nieren und durch Vakuumdestillation bei tiefen Temperaturen leicht abtrennen, ohne *in situ* zu CO und Wasser zu zerfallen (o Abb. 13.9, Mitte). Die Umsetzung von Methanol mit Kohlenmonoxid in Anwesenheit von Natriummethanolat führt zur Bildung des Ameisensäuremethylesters, der mit Kaliumhydroxidlösung leicht zur Ameisensäure verseift werden kann. Wegen des ungünstigen Hydrolysegleichgewichts erhält man dabei ein hochverdünntes Ameisensäure-Wasser-Gemisch, aus dem durch Destillation zunächst der nicht umgesetzte Methylester und anschließend das ebenfalls entstandene Methanol wiedergewonnen werden können. Die Ameisensäure kann dann mithilfe einer Flüssig-flüssig-Extraktion mit Carbonsäureamiden wie z. B. dem Lösemittel *N,N*-Di-*n*-butylformamid, aus den wässrigen Lösungen isoliert werden (o Abb. 13.9, unten). Außerdem fällt Ameisensäure bei der Produktion von Pentaerythrit als Nebenprodukt der *Cannizzaro*-Reaktion an (▸Kap. 6.2.4).

### Essigsäure

Die wichtigste Carbonsäure, die **Essigsäure** oder Ethansäure (lat. *acidum aceticum*), war schon im Altertum als Bestandteil des Weinessigs bekannt und entsteht auf natürliche Weise (enzymatisch durch das Bakterium *Acetobacter*) bei der Luftoxidation von Wein bzw. dem darin enthaltenen Ethanol (o Abb. 13.10; o Abb. 13.11, oben links). Die Salze der Essigsäure heißen **Acetate**.

Ebenso kann Essigsäure in geringen Mengen durch trockene Destillation aus Holz gewonnen werden (Holzessig). In Gegenwart von Mangan(II)-acetat wird Acetaldehyd durch Luftsauerstoff zunächst zu Peressigsäure oxidiert; diese kann ihrerseits mittels *Baeyer-Villiger*-Oxidation (▸Kap. 21.1) Acetaldehyd oxidieren, sodass sich zwei Äquivalente Essigsäure bilden (o Abb. 13.11, oben rechts). Die Autoxidation von *n*-Butan mit Luftsauerstoff in der Flüssigphase bei einer Temperatur von 160–200 °C und einem Druck von 6,5 MPa führt hauptsächlich zur Bildung von Essigsäure und Butanon. Durch die Kondensation von Methan an einem Palladiumkatalysator und anschließende Oxidation kann ebenfalls Essigsäure gewonnen werden (o Abb. 13.11, unten). Im großtechnischen *Monsanto*-Prozess wird dagegen Methanol als Ausgangsstoff genutzt und in Gegenwart von Iodiden am Rhodiumkontakt bei etwa 175 °C mit CO carbonyliert (o Abb. 13.11, Mitte). Eine weitere Synthese geht von Methan aus, das mittels Pd(II)-Katalysator oxidiert wird. Sauerstofflieferant ist Schwefelsäure. Methan wird in dieser Dreistufen-Reaktion dabei zuerst zu Synthesegas (CO + $H_2$) oxidiert, das weiter zu Methanol reagiert, welches schließlich zu Essigsäure carbonyliert wird.

### Propionsäure, Propansäure

Auch die **Propionsäure** (Propansäure) ist in geringen Mengen im Holzessig enthalten. Sie lässt sich leicht durch die Oxidation von 1-Propanol darstellen. Großtechnisch wird sie durch die Hydrocarboxylierung von Ethen mit CO und Wasser mit Nickelpropionat hergestellt (***Reppe*-Synthese**). Dabei bildet sich *in situ* das katalytisch wirksame Nickeltetracarbonyl (▸Kap. 11.8.1). Propionsäure lässt sich, anders als Ameisen- oder Essigsäure, durch die Zugabe von $CaCl_2$ als öliges **Calciumpropionat** aus wässrigen Lösungen abscheiden. Grundsätzlich bilden Fettsäuren schwerlösliche Calciumsalze, die aus wässrigen Lösungen abscheidbar bzw. ausfällbar sind.

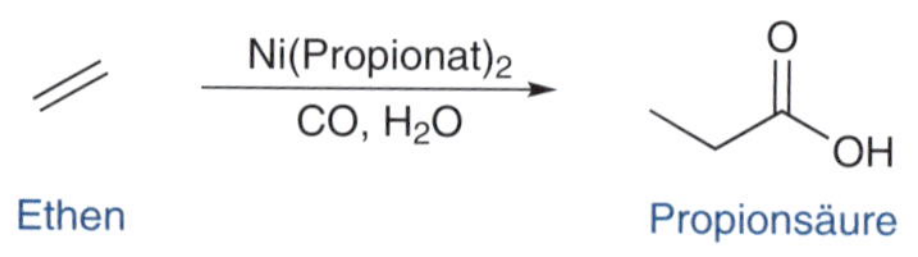

### Niedere Fettsäuren (C4 – C7)

Unter dem Namen **Buttersäuren** oder Butansäuren werden die beiden Konstitutionsisomere 1-Butansäure (1-Buttersäure) und 2-Methylpropansäure (Isobuttersäure) zusammengefasst (o Abb. 13.12, oben). Buttersäure kommt, wie der Name schon andeutet, in Form von Glycerolestern in der Butter vor, aus der sie im Jahre 1823 von *Chevreul* isoliert werden konnte. Freie Buttersäure findet man in der Natur in erheblicher Konzentration in den Früchten weiblicher Ginkgobäume (lat. *Ginkgo biloba*, o Abb. 13.13); sie ist auch die Ursache für deren unangenehmen Geruch. Die Früchte männlicher Ginkgobäume riechen hingegen nicht.

Buttersäure kann auch durch Oxidation von 1-Butanol dargestellt werden oder enzymatisch mithilfe des anaeroben Bakteriums *Clostridium tyrobutyricum* aus Kohlenhydraten bei der Buttersäuregärung entstehen. Dieser Prozess findet auch im Darm von Säugetieren statt. Die dabei vornehmlich aus Ballaststoffen freigesetzten Salze der Buttersäure, die **Butyrate**, leisten einen wesentlichen Beitrag zur Vitalität der Darmflora. Aus diesem Grund werden beispielsweise Natriumbutyrateinläufe gegen eine radiogen induzierte, akute Proctitis (Entzündung des Enddarms) eingesetzt, die während der Strahlentherapie zur Behandlung von z. B. Darm- oder Prostatakrebs auftritt. Die Butyrate helfen wahrscheinlich, die bei der Bestrahlung ebenfalls angegriffene, aber nicht von Krebs betroffene Darmschleimhaut zu schützen und tragen zu einer schnellen Regeneration bei. Calciumbutyrat wird aus ähnlichem Grund häufig in der Ferkelzucht bzw. allgemein in der Tiermast eingesetzt. Nach dem Verbot antibiotisch wirksamer Leistungsförderer sollen so die Abwehrkräfte der Schweine durch eine verbesserte Darmvitalität gestärkt und eine gesteigerte Mastleitung garantiert werden.

**Isobuttersäure** ist ein Inhaltstoff in Johannisbrot. Ihre Ester finden sich im ätherischen Öl der römischen Kamille. Isobuttersäure lässt sich am besten aus Isobutyraldehyd durch Luftoxidation darstellen. Im Gegensatz zu 1-Buttersäure ist sie wegen des tertiären Kohlenstoffatoms oxidationsempfindlich: Es entstehen Aceton und $CO_2$ oder durch oxidative Dehydrierung Methacrylsäure.

**Valeriansäuren** bzw. Pentansäuren umfassen eine Gruppe von vier Konstitutionsisomeren (o Abb. 13.12, unten). 1-Pentansäure kommt wie seine niederen Homologen in geringen Mengen im Holzessig vor. Der Trivialname leitet sich vom Vorkommen der Isovaleriansäure (3-Methylbutansäure) und der 2-Methylbutansäure im Baldrian (lat.: *Valeriana officinalis*, o Abb. 13.14) ab. Die Enantiomere der 2-Methylbutansäure sind starke Geruchstoffe. (*R*)-2-Methylbutansäure findet man in Kakaobohnen, während das Enantiomer in vielen Früchten (z. B. Erdbeeren, Äpfeln) enthalten ist.

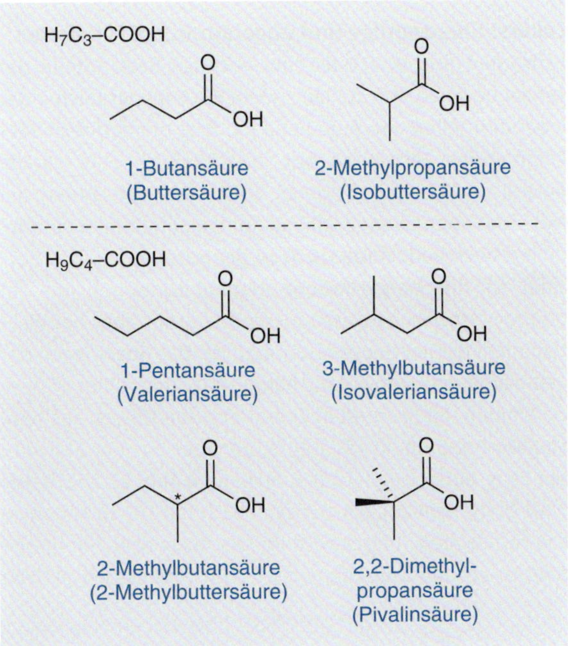


o **Abb. 13.12** Strukturformeln der verschiedenen isomeren Butan- und Pentansäuren

o **Abb. 13.13** Ginkgoblätter und -früchte im Herbst

o **Abb. 13.14** Getrocknete Wurzeln des Baldrians (*Valeriana officinalis*), Namensgeber der Valeriansäure

### Exkurs: Geradzahlige und ungeradzahlige Fettsäuren

Fettsäuren und ihre Ester sind wichtige Bestandteile der Zellmembranen und stellen zudem die Energiespeicher der lebenden Zellen dar. Auffallend ist, dass die natürlich vorkommenden Fettsäuren fast ausschließlich eine gerade Anzahl an Kohlenstoffatomen aufweisen. Fettsäuren, die aus einer ungeraden Anzahl an Kohlenstoffatomen zusammengesetzt sind, finden sich in der Natur kaum. Ein Beispiel ist die **Margarinsäure** (Heptadecansäure), die im Hammelfett nachgewiesen werden konnte, aber bei Weitem nicht dessen Hauptbestandteil ist. Das Überwiegen der geradzahligen Fettsäuren hängt mit ihrer Biosynthese zusammen. Sie werden in Zeiten des Überflusses aus dem Stoffwechselprodukt Essigsäure, genauer aus der aktivierten Essigsäure (Acetyl-CoA) aufgebaut (**o** Abb. 13.15). Dabei wird Acetyl-CoA zunächst enzymatisch mit $CO_2$ zu Malonyl-CoA carboxyliert. Dieses wird im Anschluss über Thiolgruppen an ein multifunktionelles Enzym (mit sieben aktiven Zentren), die Fettsäure-Synthase, gebunden. Jetzt kann es mit einem weiteren Äquivalent Acetyl-CoA, das an die Acyl-Carrier-Protein-Domäne (ACP) gebunden ist, verknüpft werden. Dabei wird das zuvor aufgenommene Kohlendioxid wieder freigesetzt. Der entstandene Aceto-Acetyl-Rest wird nun mehreren enzymatischen Modifikationen unterworfen und sukzessive um weitere Acetyl-Gruppen aus Malonyl-CoA erweitert. Anschließend wird die fertige Fettsäure abgespalten. Da die so synthetisierten Fettsäuren somit letztendlich aus Essigsäure-Einheiten aufgebaut werden, sind sie immer geradzahlig. Ungeradzahlige Fettsäuren werden auf die gleiche Weise und am gleichen Enzymkomplex aufgebaut, allerdings besteht der erste Baustein aus einer $C_3$-Einheit, nämlich Propionyl-CoA (**o** Abb. 13.15, oben rechts), das aber nur in sehr geringen Mengen im Stoffwechsel anfällt.

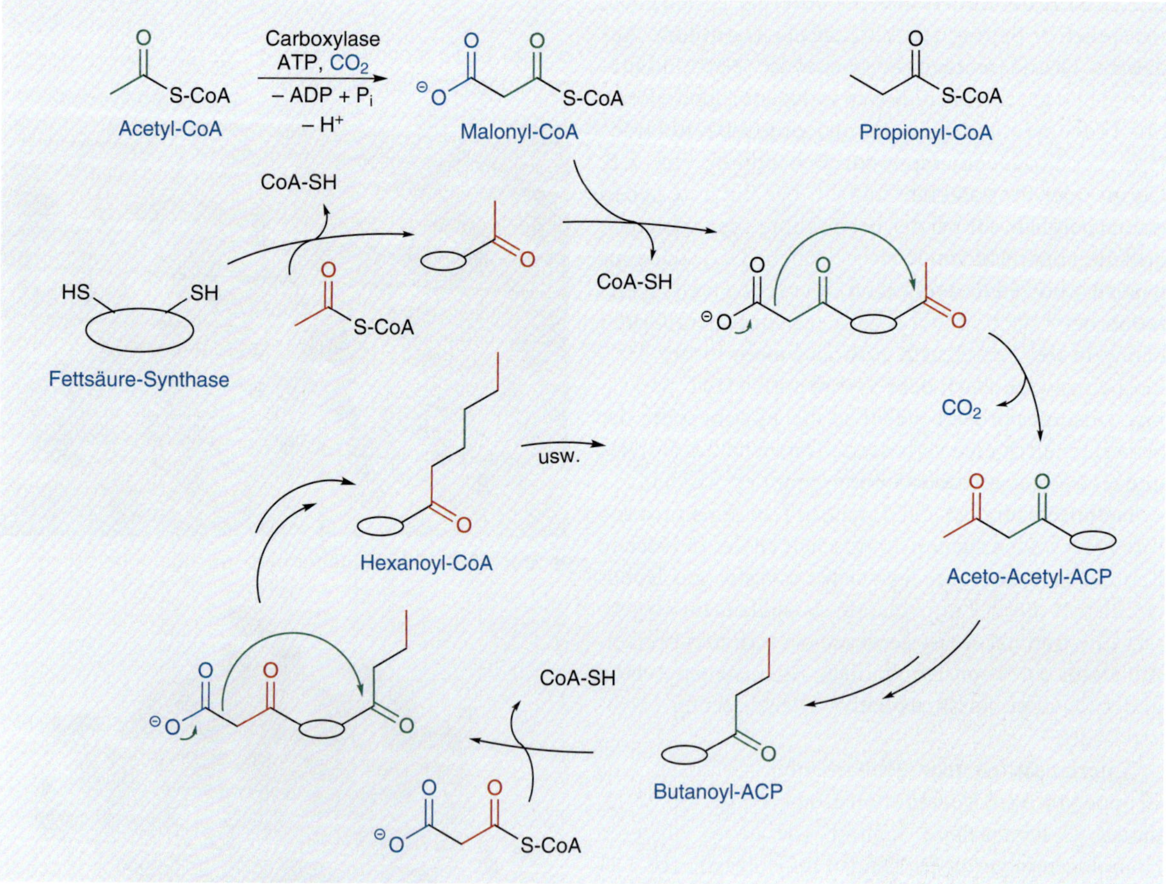


**o Abb. 13.15** Schematische Darstellung der Fettsäurebiosynthese: Fettsäuren werden in der Regel aus Acetateinheiten aufgebaut und sind damit immer geradzahlig. Nur wenn die Synthese mit Propionyl-CoA anstelle von Acetyl-CoA beginnt, entstehen ungeradzahlige Fettsäure.

### Höhermolekulare Fettsäuren

Die Bezeichnung **Fettsäuren** für langkettige Carbonsäuren geht in erster Linie darauf zurück, dass ihre Ester in Wachsen, in Fetten und Ölen vorkommen. In ätherischen Ölen findet man Ester der Fettsäuren mit niederen einwertigen Alkoholen, Ester mit höheren einwertigen Alkoholen (Wachsalkoholen) finden sich in Wachsen. In Fetten und fetten Ölen finden sich Ester der Fettsäuren mit dem dreiwertigen Alkohol Glycerol (Triacylglycerole, Triglyceride). Fettsäuren besitzen wie die Fette ausgeprägte hydrophobe Eigenschaften. Hier sollen nur die wichtigsten, in der Natur vorkommenden, einwertigen Fettsäuren erwähnt werden, bei denen es sich ausnahmslos um unverzweigte, geradzahlige Carbonsäuren handelt (▸Exkurs: Geradzahlige und ungeradzahlige Fettsäuren). **Capronsäure** (Hexansäure), **Caprylsäure** (Octansäure) und **Caprinsäure** (Decansäure) finden sich im Kokosnussöl und kommen in Glycerolestern der Butter sowie einiger Käsesorten aus Ziegenmilch vor (lat. *capra* = die Ziege). Capronsäure entsteht auch als Nebenprodukt bei der Buttersäuregärung. **Laurinsäure** (Dodecansäure) ist ebenfalls Bestandteil von Kokosnussöl sowie der ätherischen Öle des Lorbeers (lat. *Laurus nobilis*). **Palmitinsäure** (Hexadecansäure) und **Stearinsäure** (Octadecansäure) bilden zusammen mit der Ölsäure als gemischte Glycerolester den Hauptbestandteil tierischer und pflanzlicher Fette und Öle. Das Lithiumsalz der Stearinsäure dient zur thermischen Stabilisierung der Viskosität von Schmierfetten.

### Oxalsäure

Die einfachste Dicarbonsäure, die **Oxalsäure** (Ethandisäure), zählt zu den am weitesten verbreiteten Pflanzensäuren. Man findet sie in freier Form in ihrem Namensgeber, dem Sauerklee (lat. *Oxalis acetosella*, ○Abb. 13.16). Ihr Kaliumsalz (Kaliumhydrogenoxalat) ist ebenfalls in Sauerklee, sowie z. B. in Sauerampfer und Rhabarber enthalten. In Algen, Flechten und der Rinde einiger Arten von Eucalyptusbäumen findet man **Oxalate** als Calciumsalz. In geringen Mengen kommt die Oxalsäure auch, hauptsächlich als Abbauprodukt, im Harn tierischer Organismen vor. Da Calciumoxalate schwer löslich sind, kann es bei übermäßigem Genuss Oxalat-haltiger Lebensmittel zur Bildung von Blasen- und Nierensteinen (Oxalatsteine) und zur Störung des Calciumstofffwechsels kommen.

Im Jahr 1824 wurde Oxalsäure erstmals von *Wöhler* durch die saure Hydrolyse von Dicyan, dem Dinitril der Oxalsäure, auch Oxalonitril genannt (▸Kap. 16.2) dargestellt. Heute wird Oxalsäure technisch durch rasches Erhitzen von Natriumformiat in Gegenwart von Natriumhydroxid bei einer Temperatur von 360 °C hergestellt. Dabei entsteht zuerst Natriumoxalat, das mit Calciumhydroxid in das schwerlösliche Calciumoxalat überführt, abgetrennt und mit konzentrierter Schwefelsäure zur Oxalsäure umgesetzt wird. Oxalsäure erhält man auch durch die Oxidation von Rohrzucker mit konzentrierter Salpetersäure in Gegenwart eines Vanadium(V)-oxid-Katalysators (○Abb. 13.17). Oxalsäure kristallisiert aus wässrigen Lösungen mit zwei Molekülen Kristallwasser in farblosen Prismen, die einen deutlich niedrigeren Schmelzpunkt (101,5 °C) haben als reine Oxalsäure (189,5 °C). Letztere kann durch Erhitzen des Hydrates z. B. in Tetrachlormethan gewonnen werden. Oxalsäure-Dihydrat dient in der Analytik als Urtitersubstanz in der Alkali- und Manganometrie, zur quantitativen Bestimmung von Calciumionen sowie zur Abscheidung von seltenen Erden. Oxalsäuremono- und -diester, -amide und ihr Säuredichlorid sind besonders als Ausgangsstoffe für Synthesen interessant.

○ **Abb. 13.16** Blüten und Blätter des Sauerklees (*Oxalis acetosella*), der größere Mengen Oxalsäure enthält.

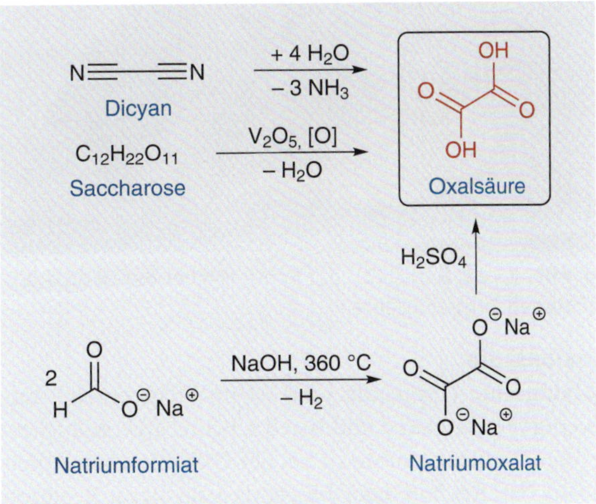


○ **Abb. 13.17** Darstellung von Oxalsäure

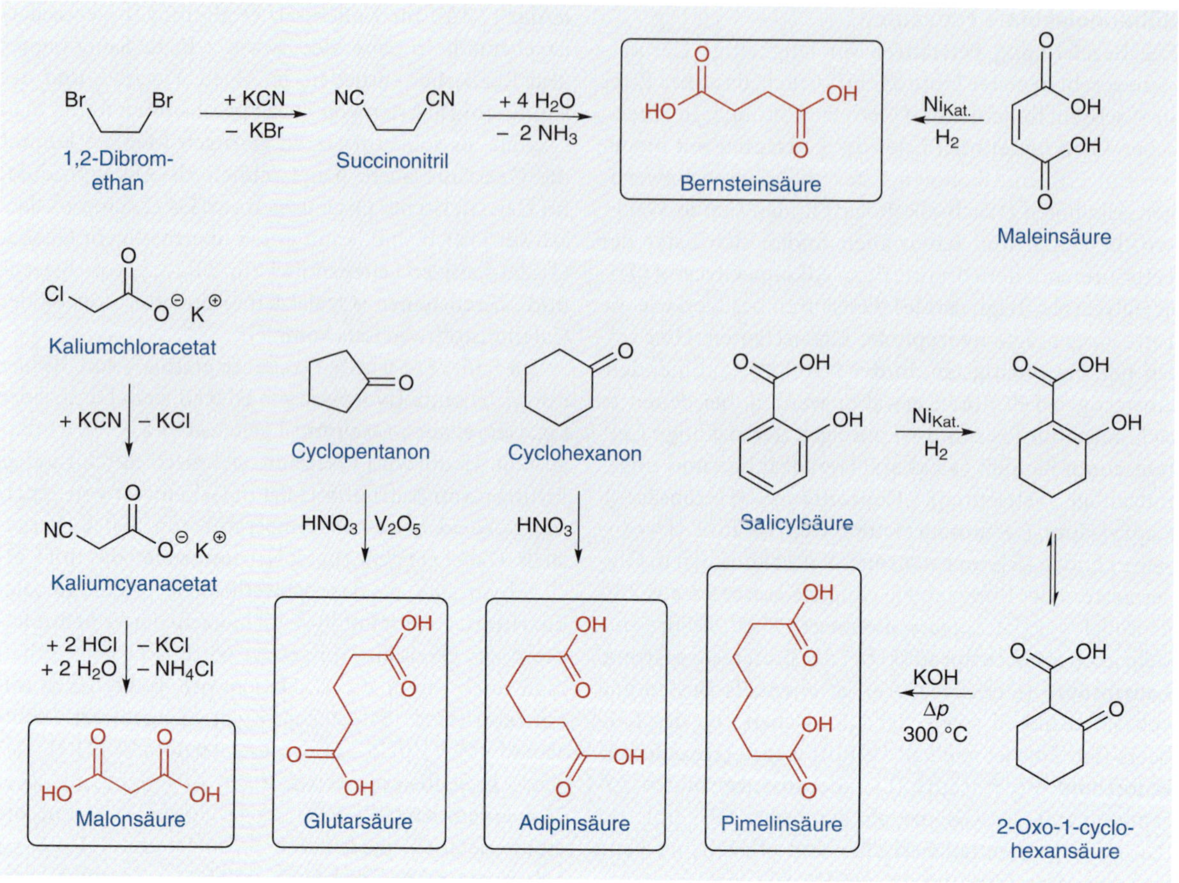


**Abb. 13.18** Darstellung von Dicarbonsäuren

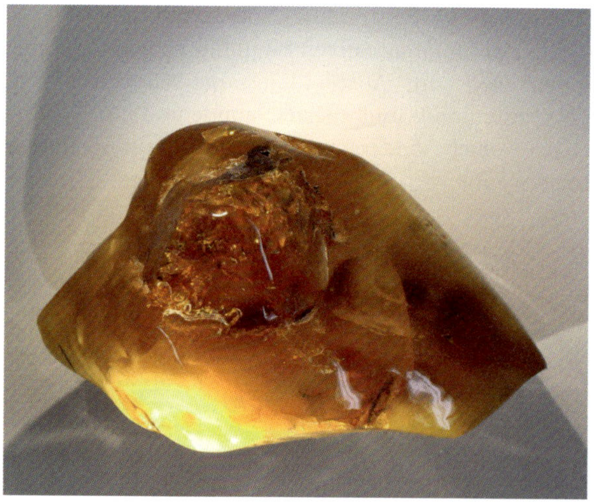

**Abb. 13.19** Bernstein, der Namensgeber der darin enthaltenen Bernsteinsäure

## Malonsäure

**Malonsäure** (Propandisäure) ist im Pflanzenreich nur wenig verbreitet und findet sich z. B. im Saft von Zuckerrüben. Entdeckt wurde sie bei der Oxidation von Äpfelsäure (lat. *Acidum malicum*), sodass sie dieser Reaktion ihren Namen verdankt. Durch das Erhitzen des Kaliumsalzes von Chloressigsäure und Kaliumcyanid erhält man zunächst Cyanessigsäure (das Mononitril der Malonsäure), deren saure Hydrolyse in guten Ausbeuten Malonsäure liefert (Abb. 13.18, links unten). Die Salze der Malonsäure werden als **Malonate** bezeichnet.

## Bernsteinsäure

Wie der Name bereits andeutet, ist **Bernsteinsäure** (Butandisäure) im Bernstein (lat. *succinum*, Abb. 13.19) enthalten, sie kommt aber auch in anderen Harzen, manchen Braunkohlen und zahlreichen Pflanzen, z. B. Algen, Pilzen, Flechten, Rhabarber und Tomaten, vor. Außerdem ist sie ein wichtiges Intermediat im Citratcyclus der aeroben Energiegewinnung durch den Abbau von Glucose. Ihre Salze heißen **Succinate**.

Im Labor kann Bernsteinsäure durch die Substitution von 1,2-Dibromethan mit Kaliumcyanid zu Succinonitril (Butandinitril) und dessen anschließende saure Hydrolyse dargestellt werden. Technisch wird sie durch die katalytische Hydrierung von Maleinsäure, die leicht aus *n*-Butan zugänglich ist, hergestellt (Abb. 13.18, oben). Man erhofft sich, Bernsteinsäure zukünftig auch biotechnologisch durch die Fermentation nachwachsender Rohstoffe (v. a. Stärke und Oligosaccharide) großtechnisch darstellen zu können. Dabei macht man sich zunutze, dass Bernsteinsäure ein Intermediat des

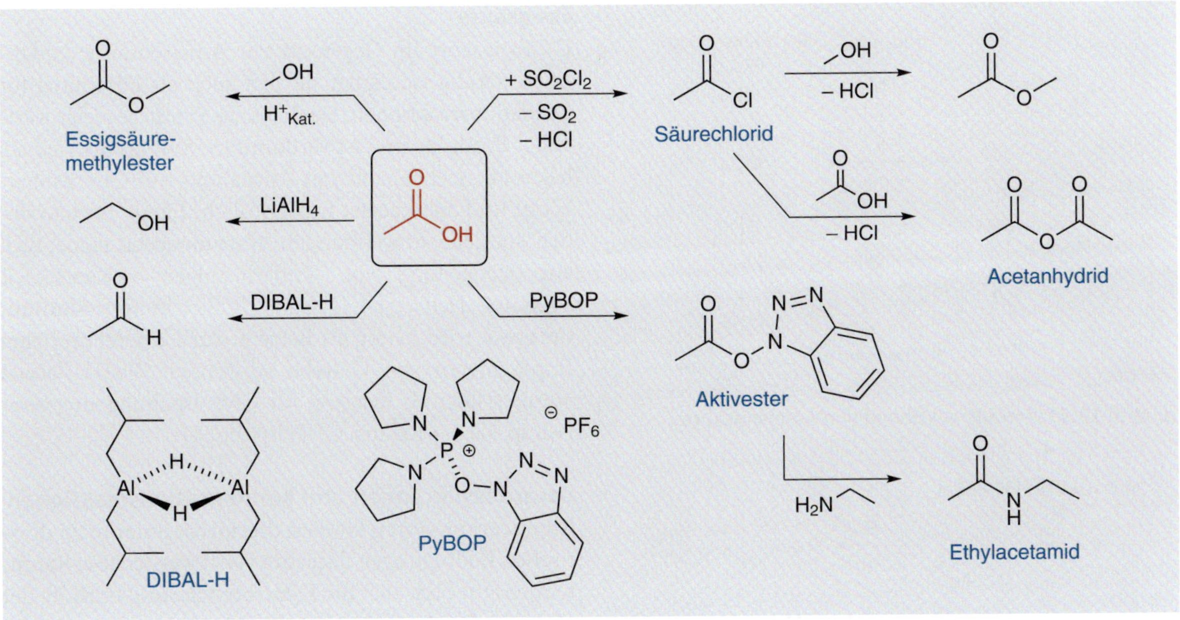


**o Abb. 13.20** Ausgewählte Reaktionen der Carbonsäuren

Citratcyclus ist und von geeigneten, rekombinanten Bakterien, z. B. *Escherichia coli*, hergestellt werden kann.

### Höhere Dicarbonsäuren

**Glutarsäure** (Pentandisäure) ist eine kristalline Substanz und kommt neben Malonsäure in Rübensaft vor. Sie wird technisch durch oxidative Ringspaltung von Cyclopentanon mit halbkonzentrierter Salpetersäure in Gegenwart von Vanadium(V)-oxid hergestellt. Die im technischen Maßstab durchgeführte oxidative Ringöffnung von Cyclohexanol bzw. Cyclohexanon gelingt mit 65%iger Salpetersäure bei 30–40 °C bereits ohne die Anwesenheit eines Katalysators und führt zu der um ein Kohlenstoffatom längeren **Adipinsäure** (Hexandisäure). Adipinsäure ist ebenfalls in Rübensaft enthalten. **Pimelinsäure** (Heptandisäure) kann durch katalytische Hydrierung von Salicylsäure (▸Kap. 21.3.3) und anschließende Säurespaltung der tautomeren 2-Oxo-1-cyclohexancarbonsäure durch Erhitzen (300 °C) mit starker Kalilauge unter Druck gewonnen werden (o Abb. 13.18, unten Mitte). **Suberinsäure** oder **Korksäure** (Octandisäure) entsteht in geringen Mengen bei der Oxidation von Kork (lat. *Quercus suber*, Korkeiche) mit Salpetersäure. Sie und die beiden nächsthöheren Dicarbonsäuren, **Azelain-** und **Sebacinsäure** (Nonan- und Decandisäure), sind auch durch die Oxidation von Rizinusöl mit Salpetersäure zugänglich.

## 13.1.3 Reaktionen und Anwendungen

Carboxygruppen können unter geeigneten Reaktionsbedingungen mit Nucleophilen, wie z. B. Alkoholen, Aminen oder Thiolen, in einem Additions-Eliminierungs-Prozess unter Substitution umgesetzt werden, wodurch letztendlich Ester, Amide oder Thioester entstehen (o Abb. 13.20, oben links; ▸Kap. 16). Carbonsäuren spielen daher eine große Rolle in der Synthesechemie und eignen sich auch besonders, um zwei Moleküle in einer Kondensationsreaktion miteinander zu verknüpfen. Dazu kann z. B. die Carbonsäurefunktion mit Sulfurylchlorid in das reaktivere Säurechlorid überführt werden oder mit sogenannten Kupplungsreagenzien (z. B. PyBOP, Benzotriazol-1-yl-oxytripyrrolidinophosphonium-hexafluorophosphat) einen Aktivester bilden (o Abb. 13.20, rechts). Die Umsetzung von Monocarbonsäuren mit einem Säurechlorid führt zu einem acyclischen Anhydrid, wohingegen Dicarbonsäuren leicht unter Ringschluss cyclische Anhydride bilden. Weiterhin lassen sich Carbonsäuren mit Lithiumaluminiumhydrid, $LiAlH_4$, zum Alkohol oder mit dem weniger reaktiven Diisobutylaluminiumhydrid, DIBAL-H, bei tiefen Temperaturen selektiv zum Aldehyd reduzieren (o Abb. 13.20, links; ▸Kap. 12.1).

### Ameisensäure

Die Ameisensäure nimmt in der Reihe der Carbonsäuren eine Sonderstellung ein, da sie nicht nur als Säure, sondern auch als Aldehyd reagieren kann. Sie weist daher, wie alle Aldehyde, reduzierende Eigenschaften auf, die besonders für verschiedene Nachweisreaktionen genutzt werden können. Ameisensäure reagiert entsprechend mit ammoniakalkalischer Silbernitratlösung unter Ausbildung eines Silberspiegels (*Tollens*-Reaktion, ▸Kap. 12.1). Sie führt zur Abscheidung von metallischem Quecksilber aus Quecksilber(II)-nitratlösungen, entfärbt $KMnO_4$ und reduziert Dichromatlösungen zu Cr(III)-Salzen. Die Ameisensäure selbst bildet bei der Oxidation Kohlensäure, die sofort in $CO_2$ und $H_2O$ zerfällt. In Anwesenheit von wasserstoffbindenden Edelmetallen (Pt und Pd)

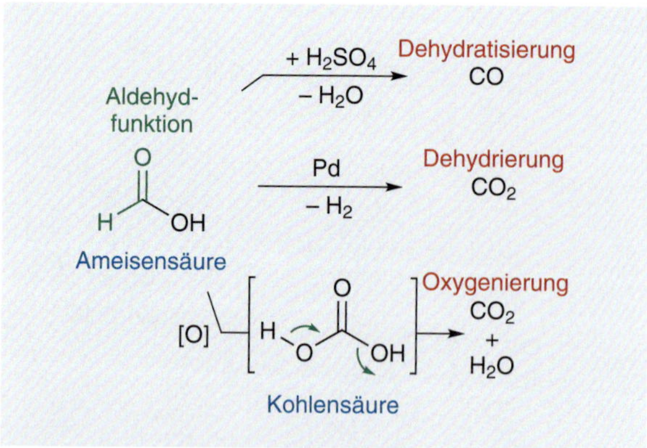


**o Abb. 13.21** Zerfallsreaktionen von Ameisensäure

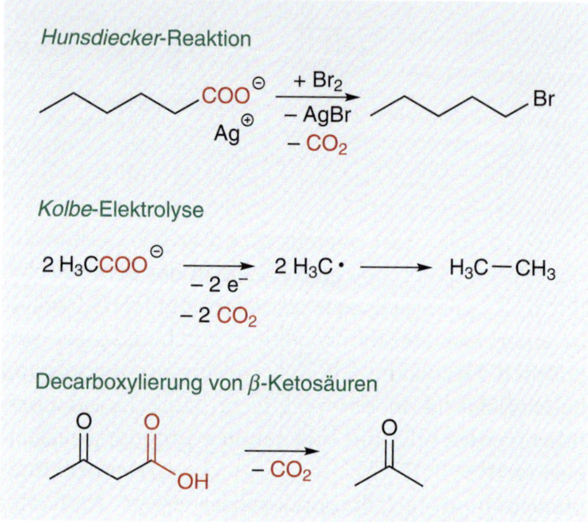


**o Abb. 13.22** Die ***Hunsdiecker*-Reaktion** führt unter Decarboxylierung zu verkürzten Alkylhalogeniden (oben). In der *Kolbe*-Elektrolyse dimerisieren Säuren unter Decarboxylierung zu Alkanen (Mitte). Die instabile Acetessigsäure zerfällt leicht unter Decarboxylierung (unten).

kann bereits bei Raumtemperatur eine Dehydrierung der Ameisensäure erfolgen (o Abb. 13.21).

Früher wurden die Ameisensäure und ihre Salze wegen ihrer mit Formaldehyd vergleichbaren, bakteriziden Eigenschaften zum Konservieren von z. B. Fruchtsäften, Gemüse und Fischprodukten verwendet. Seit dem Jahr 1998 ist Ameisensäure jedoch auf dem europäischen Markt als Konservierungsstoff nicht mehr zulässig, man findet sie aber weiterhin in Desinfektionsmitteln. In der Woll- und Lederproduktion wird Ameisensäure zum Beizen und Imprägnieren verwendet. Auf Flughäfen wird Natriumformiat zum Enteisen von Tragflächen und Landebahnen benutzt, da es ein eutektisches Gemisch mit Wasser bildet, das erst bei Temperaturen um −50 °C gefriert. Die Formiate sind zudem biologisch leicht abbaubar und besitzen eine besonders hohe Materialverträglichkeit, sodass ihr Einsatz die Korrosionsgefahr an Flugzeugen verringert, die durch den Einsatz von Streusalz hervorgerufen würde.

### Essigsäure

Da Essigsäure im Gegensatz zur Ameisensäure oxidationsbeständig ist, eignet sie sich auch als Lösemittel für Oxidationsreaktionen. Sie dient zur Synthese vieler wertvoller Produkte und ist verdünnt (5–8 %) als **Speiseessig** bekannt. Acetate sind mit Ausnahme von Quecksilberacetat und Silberacetat wasserlöslich. Einige Acetate finden spezielle Anwendungen: Natriumacetat eignet sich zur Herstellung von Pufferlösungen (▸Kap. 13.1.1, ▸Exkurs: *Henderson-Hasselbalch*-Gleichung), Aluminiumacetat wird häufig als Beize in der Färberei und zum Imprägnieren von Gewebe verwendet. Blei(IV)-acetat wurde früher als Reagenz zur Glycolspaltung eingesetzt (▸Kap. 6.2.3, ▸Exkurs: Glycolspaltung).

### Decarboxylierungen und Kondensationsreaktionen

Monocarbonsäuren können thermisch unter recht drastischen Bedingungen decarboxyliert werden. Bei Raumtemperatur lässt sich die Decarboxylierung mithilfe der ***Hunsdiecker*-Reaktion** (o Abb. 13.22, oben) erreichen. Dabei werden Silbercarboxylate in Gegenwart von Halogenen, z. B. Brom, radikalisch zum Halogenalkan abgebaut (▸Kap. 7.1.2). Durch die Abspaltung von Kohlendioxid wird die Alkylkette um ein Kohlenstoffatom verkürzt. Mittels der ***Kolbe*-Elektrolyse** (o Abb. 13.22, Mitte) lassen sich Carbonsäuren in einer anodischen Oxidation unter Decarboxylierung zu Alkanen dimerisieren (▸Kap. 4.1.2). Auch hierbei werden die Carboxygruppen als Kohlendioxid abgespalten. Das gebildete Alkan weist also zwei C-Atome weniger auf, als die beiden ursprünglichen Carbonsäuren. Beide Reaktionen sind wegen ihrer radikalischen Zwischenstufen oft wenig selektiv und tolerieren kaum andere funktionelle Gruppen. Leichter decarboxylieren lassen sich dagegen Carbonsäuren, die in *β*-Position eine weitere Carbonylgruppe aufweisen (o Abb. 13.22, unten; ▸Kap. 15.4).

Die chemischen Eigenschaften der Dicarbonsäuren werden – wie bei den Monocarbonsäuren – von den Carboxygruppen dominiert. Je nach der relativen Stellung der beiden Carboxygruppen zueinander, treten allerdings einige spezielle Decarboxylierungsreaktionen auf. So zersetzt sich Oxalsäure bei längerem Erhitzen auf Temperaturen oberhalb ihres Schmelzpunktes zunächst unter Abspaltung von $CO_2$ zu Ameisensäure und zerfällt anschließend zu CO und Wasser. Sie ist zudem als einzige Dicarbonsäure nicht oxidationsstabil und zerfällt unter oxidativen Bedingungen, z. B. mit $KMnO_4$, leicht zu zwei Äquivalenten $CO_2$.

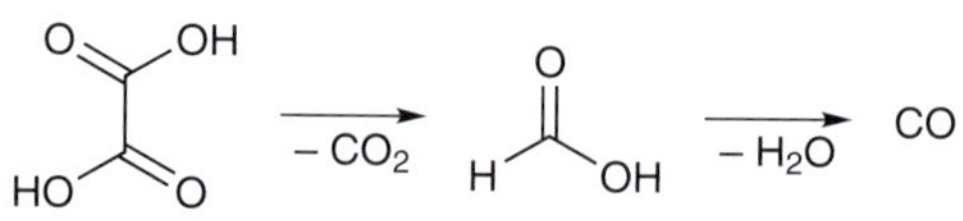

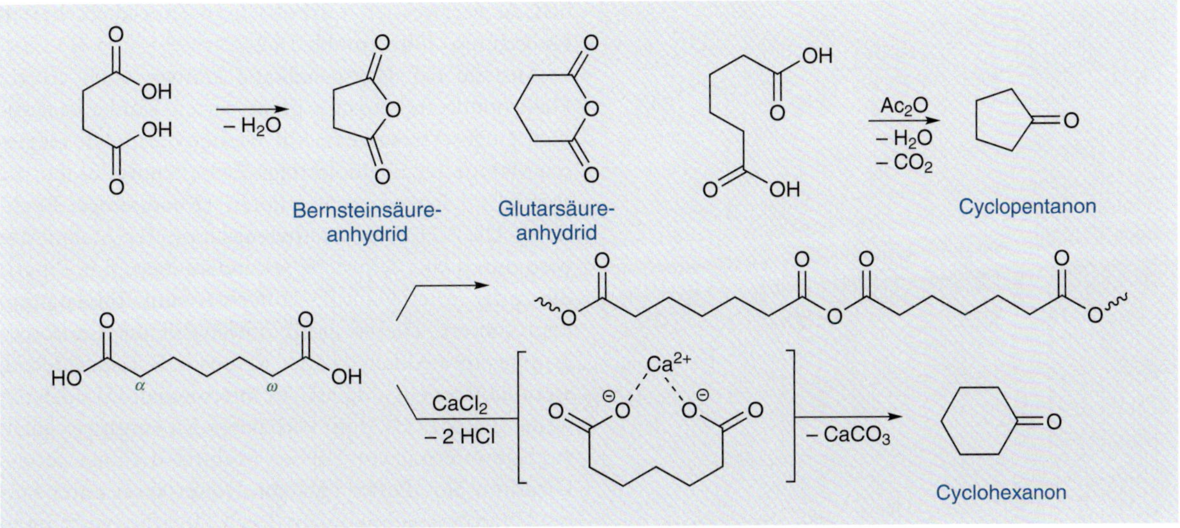


**o Abb. 13.23** Thermische Kondensationsreaktionen und Decarboxylierungsreaktionen von Dicarbonsäuren

Analog decarboxyliert Malonsäure bei Temperaturen ab 140 °C zu Essigsäure. Die höheren Homologen reagieren allerdings anders (sog. *Blancsche* Regel): Bernsteinsäure und Glutarsäure kondensieren bei längerem Erhitzen intramolekular unter Wasserabspaltung zu den entsprechenden cyclischen Anhydriden (o Abb. 13.23, oben links), während Adipinsäure und Pimelinsäure in Anwesenheit von Acetanhydrid unter Decarboxylierung hauptsächlich (neben linearer Verknüpfung) zu entsprechenden cyclischen Ketonen reagieren (o Abb. 13.23, oben rechts). Bei Dicarbonsäuren, deren Carboxygruppen noch weiter voneinander entfernt sind, kommt es dagegen beim Erhitzen zu intermolekularer Kondensation und zur Bildung langkettiger Anhydride. Um cyclische Produkte lankettiger $\alpha,\omega$-Dicarbonsäuren zu erhalten, muss man Calcium- oder Bariumsalze zusetzen. Durch die Ausbildung chelatisierender Komplexe werden die Carboxygruppen trotz der langen Alkylbrücke zueinander präorganisiert, sodass dann – wiederum unter Decarboxylierung – die Ausbildung des cyclischen Ketons erfolgen kann (o Abb. 13.23, unten). Die Verwendung noch größerer Kationen ermöglicht sogar die Bildung cyclischer Ketone mit bis zu 34 Kohlenstoffatomen.

## Malonsäure

Wird Malonsäure mit Phosphorpentoxid auf eine Temperatur von 150 °C erhitzt, werden zwei Moleküle Wasser abgespalten, wobei in geringen Mengen auch **Kohlensuboxid**, $C_3O_2$, entsteht. Kohlensuboxid ist ein Diketen mit vier kumulierten Doppelbindungen. Es handelt sich dabei um ein stechend riechendes, giftiges Gas, das bereits bei Raumtemperatur (insbesondere in Gegenwart von Protonen) zu einer roten, amorphen Substanz polymerisiert. Dabei handelt es sich um ein Polymer mit einer bandartigen Struktur, aufgebaut aus $\alpha$-Pyron-Einheiten.

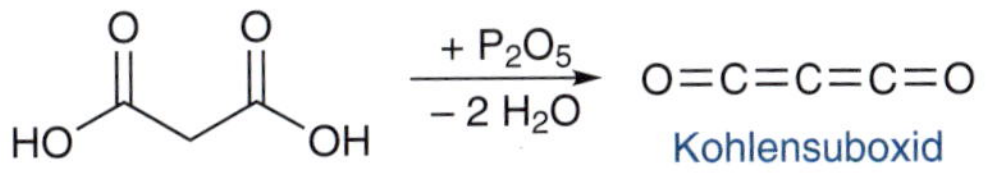


Mit Blick auf seine zahlreichen Anwendungsmöglichkeiten sowohl in der Industrie als auch im Labor ist weniger die freie Malonsäure als vielmehr der **Malonsäurediethylester** (vereinfacht auch als **Malonester** bezeichnet) wichtig. Der Ester wird aus dem Kaliumsalz der Cyanessigsäure in Ethanol mit konzentrierter Schwefelsäure oder Chlorwasserstoff gewonnen. Intermediär verläuft diese Reaktion über den Imidoester, der anschließend zum Malonester hydrolysiert.

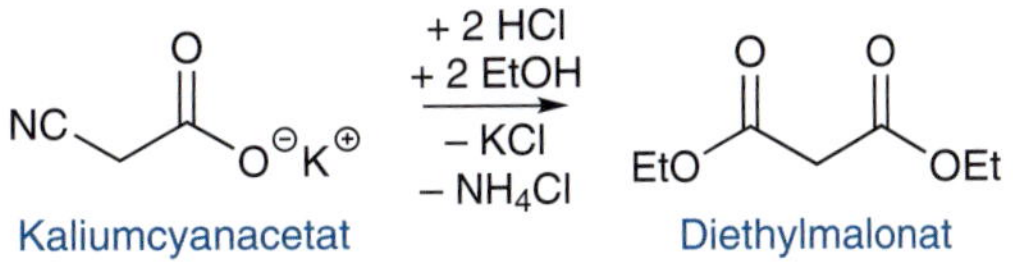


Durch den elektronenziehenden Effekt der beiden Estergruppen ist die Methylengruppe so acide ($pK_S \approx 13$), dass sie bereits durch Basen wie z. B. Natriumethanolat oder Piperidin deprotoniert werden kann. Das gebildete Esterenolat-Anion ist ein gutes *C*-Nucleophil, das beispielsweise mit Halogenalkanen zu den $\alpha$-alkylierten Derivaten umgesetzt werden kann. Durch saure Hydrolyse des alkylierten Malonesters und anschließendes Erhitzen kommt es spontan zur Decarboxylierung und Ausbildung der Monocarbonsäure, einer alkylierten Essigsäure (**Malonester-Synthese**). Auch der zweite acide $\alpha$-Wasserstoff in den alkylierten Malonestern kann analog substituiert werden, was letzt-

13

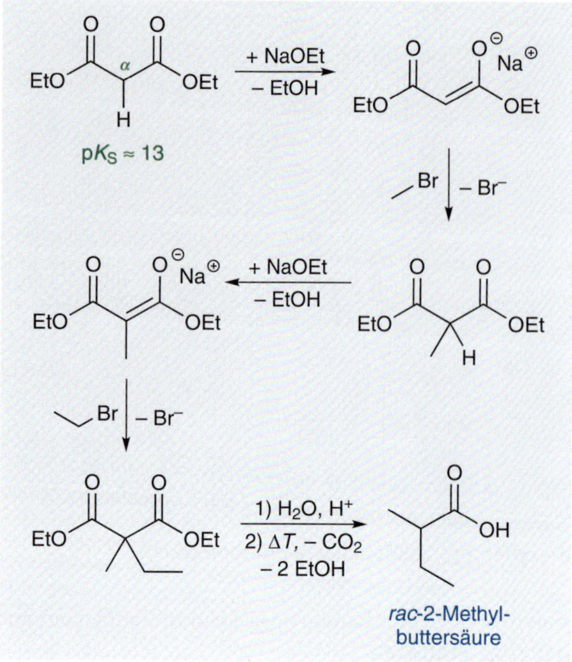


**o Abb. 13.24** Synthese von $\alpha,\alpha'$-dialkylierten Essigsäurederivaten über die Malonester-Synthese

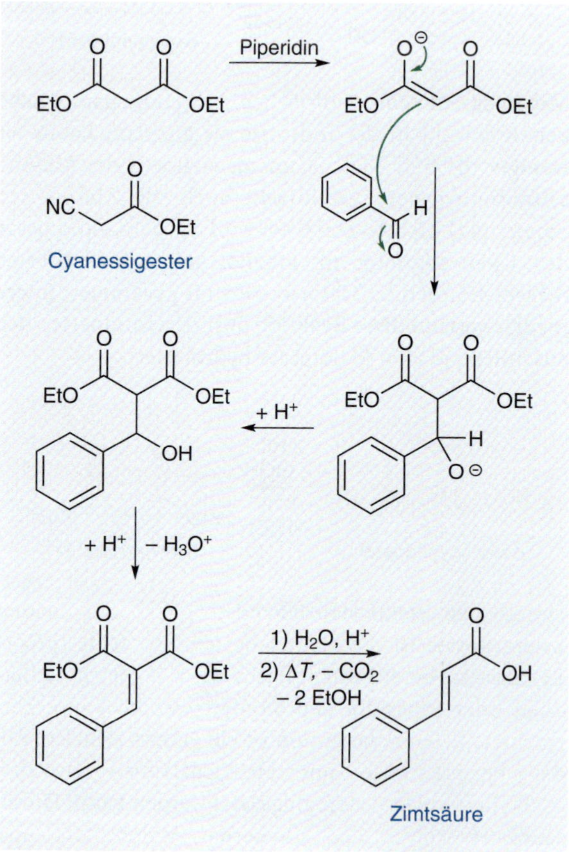


**o Abb. 13.25** Synthese von $\alpha,\beta$-ungesättigten Carbonsäuren durch *Knoevenagel*-Kondensation. Dabei reagieren Malonsäureester mit Aldehyden in einer aldolartigen Reaktion zu entsprechenden Kondensationsprodukten, die anschließend decarboxylieren.

lich zu verzweigten Carbonsäuren ($\alpha,\alpha'$-dialkylierten Essigsäuren) führt (o Abb. 13.24).

Anstelle der Halogenalkane können auch andere Elektrophile mit positiv polarisierten Kohlenstoffatomen eingesetzt werden. Mit Carbonylgruppen reagieren Malonester zu aldolartigen Zwischenprodukten, die ebenfalls leicht decarboxylieren (***Knoevenagel*-Reaktion**). Die CH-acide Methylengruppe der Malonester wird durch eine schwache sekundäre Base, z. B. Piperidin oder Diethylamin, zunächst zum Enolatanion deprotoniert. Dieses greift nucleophil die Carbonylgruppe eines Aldehyds oder Ketons, z. B. Benzaldehyd, an und bildet ein aldolartiges Intermediat. Da noch ein weiteres acides H-Atom vorhanden ist, kommt es leicht zur Eliminierung von Wasser, wodurch der ungesättigte Dicarbonsäurediester entsteht. Dieser kann unter sauren Hydrolysebedingungen durch Decarboxylierung in die Monocarbonsäure, hier Zimtsäure, übergehen. Ein analoges Ergebnis erhält man, wenn anstelle des Malonesters Cyanessigester oder Malonodinitril verwendet werden, da diese ähnlich reaktiv sind (o Abb. 13.25).

Auch an aktivierte Doppelbindungen, z. B. an $\alpha,\beta$-ungesättigte Carbonylverbindungen, Carbonsäureester oder Nitrile (*Michael*-Akzeptoren), kann deprotonierter Malonester wie andere CH-acide Methylengruppen, z. B. im Acetessigester (▸Kap. 15.4), nucleophil in 1,4-Stellung addiert werden (***Michael*-Addition**) (▸Exkurs: Vinylogie-Prinzip). Wie zuvor beschrieben reichen aufgrund der relativ hohen CH-Acidität des Malonesters bereits schwache Basen wie Piperidin zur

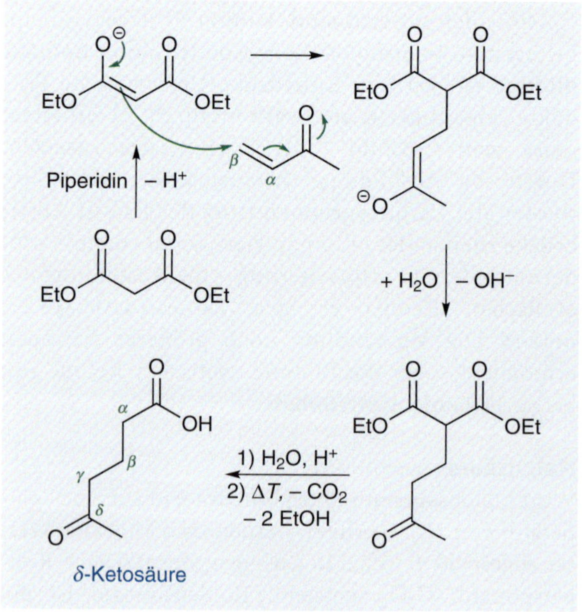


**o Abb. 13.26** Synthese von $\delta$-Ketosäuren durch *Michael*-Addition von deprotonierten Malonestern an aktivierte C=C-Doppelbindungen, anschließende Hydrolyse und Decarboxylierung

**Exkurs: Vinylogie-Prinzip**

Wieso erfolgt der Angriff des Enolats bei der *Michael*-Addition nicht direkt an der Carbonylfunktion (1,2-Addition), sondern an der Doppelbindung (1,4-Addition)? Durch die benachbarte, elektronenziehende Carboxygruppe (einen analogen Einfluss üben Carbonyl-, Nitril- oder Nitrogruppen aus) wird die Doppelbindung polarisiert und die Eigenschaften der Carboxygruppe auf das $\beta$-Kohlenstoffatom übertragen (**Vinylogie-Prinzip**, ○ Abb. 13.27). Nach dem **HSAB-Prinzip** (▸ Kap. 2.3.1) ist der Angriff von weichen Kohlenstoffnucleophilen, wie Enolaten, an dieser Position favorisiert, während der Carbonylkohlenstoff bevorzugt von harten Nucleophilen, z. B. Methyllithium, angegriffen wird

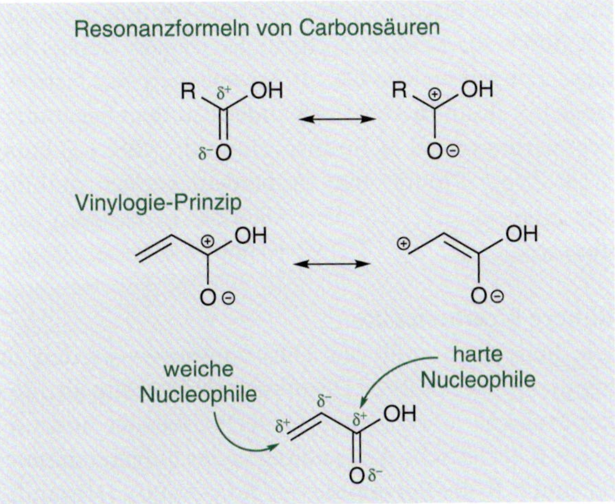


○ **Abb. 13.27** Vinylogieprinzip am Beispiel von *Michael*-Systemen

Deprotonierung aus. Auch hier unterliegen die Endprodukte nach der sauren Hydrolyse wiederum der Decarboxylierung, sodass man als Produkte letztlich $\delta$-Ketosäuren erhält (○ Abb. 13.26).

## Bernsteinsäure

Freie Bernsteinsäure ist ein wertvoller Synthesebaustein in der **Polymerchemie**. Sie wird als eine der Basischemikalien zur biotechnologischen Erzeugung von chemischen und pharmazeutischen Produkten angesehen und gehört somit zu den derzeit intensiv untersuchten Produkten, die zukünftig mittels Bioraffinerie-Technologien hergestellt werden sollen. Ähnlich der *Knoevenagel*-Kondensation kann man Bernsteinsäurediethylester mit Aldehyden oder Ketonen reagieren lassen (***Stobbe*-Kondensation**, (○ Abb. 13.28, oben). Mit starken Basen, z. B. Kaliumethanolat, kommt es zur Abstraktion eines $\alpha$-H-Atoms unter Bildung des entsprechenden Enolatanions. Bei der anschließenden Kondensationsreaktion mit einer Carbonylverbindung entsteht ein $\alpha,\beta$-ungesättigter Carbonsäureester (ein Alkylidenbersteinsäurediester). Die zweite, nicht konjugierte und damit reaktivere Estergruppe wird nachfolgend in der basischen Lösung hydrolysiert. Es resultiert ein Alkylidenbernsteinsäurehalbester. Dieser bildet bei nachfolgender saurer Hydrolyse (am besten mit Bromwasserstoff in Eisessig) unter Decarboxylierung die $\beta,\gamma$-ungesättigte Carbonsäure, aber auch durch intramolekularen Ringschluss das entsprechende $\gamma$-Lacton. Beide Verbindungen lassen sich unter reduktiven Bedingungen zur gesättigten Monocarbonsäure hydrieren.

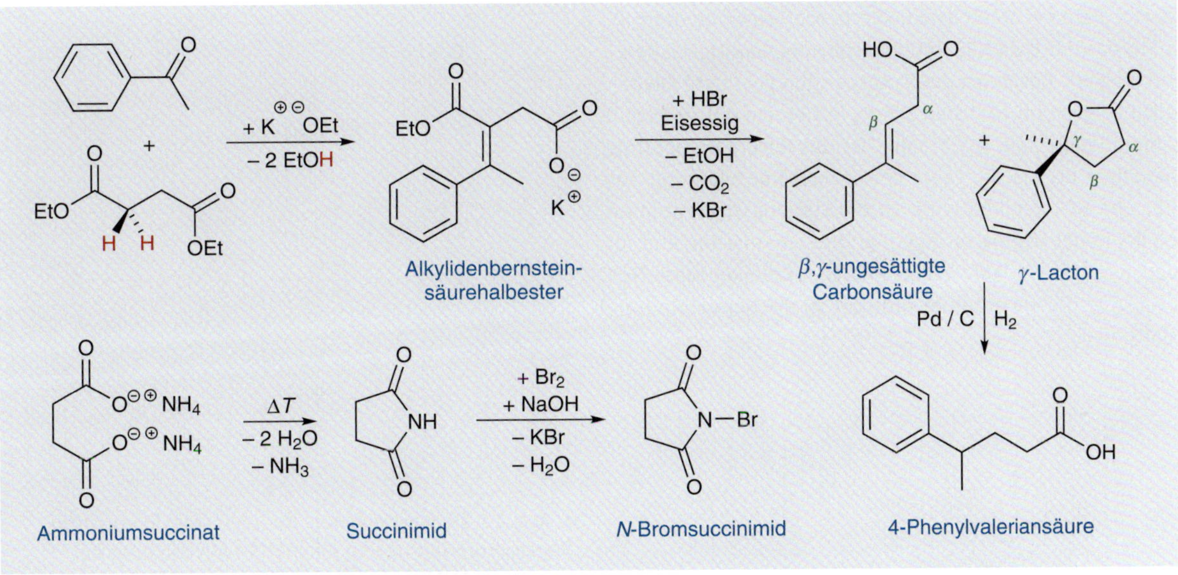


○ **Abb. 13.28** *Stobbe*-Kondensation (oben) sowie Bildung von Succinimid und *N*-Bromsuccinimid (NBS; unten)

Als Synthesereagenz ist ferner **Succinimid** von Bedeutung, das bei rascher Destillation aus Ammoniumsuccinat durch Ringschluss entsteht. Es reagiert bereits bei einer Temperatur von 0 °C in Anwesenheit von Natronlauge mit Brom (○Abb. 13.28, unten) zu dem bekannten Bromierungsmittel ***N*-Bromsuccinimid** (NBS; ▸Exkurs: *Wohl-Ziegler*-Bromierung). Außerdem können mithilfe von NBS selektiv sekundäre Alkohole zu Ketonen oxidiert werden (*Barakat*-Dehydrierung).

### Höhere Dicarbonsäuren

Die höheren homologen Dicarbonsäuren werden in Synthesen wegen ihrer Difunktionalität häufig als Linker-Moleküle oder Abstandhalter verwendet und finden z. B. technische Anwendung in der Polymerchemie. So sind z. B. die **Polyamide** der Adipinsäure (Hexandisäure) mit Hexamethylendiamin unter dem Namen **Nylon** für ihre besondere Reißfestigkeit und Elastizität bekannt (in Autos älteren Baujahrs konnten Nylonstrümpfe sogar kurzfristig als Keilriemenersatz dienen). Zur Herstellung der Polyamide wird allgemein ein äquimolares Gemisch einer Dicarbonsäure und eines Diamins bei etwa 280 °C verschmolzen und das Polykondensat direkt aus der Schmelze zu Fäden versponnen (*Carothers* 1935).

Im Gegensatz zur radikalischen oder ionischen Polymerisation (▸Kap. 5.1) werden bei der **Polykondensation** kleinere Moleküle (z. B. Wasser) abgespalten, die dem Gleichgewicht meist durch Hitze entzogen werden. Die Bezeichnung Nylon diente ursprünglich als Gattungsname für alle Polyamide. Zur Unterscheidung werden sie heute noch mit den Zahlen für die entsprechende Kohlenstoffkettenlänge der beiden Edukte versehen, z. B. Nylon-6,6 bzw. Polyamid-6,6, da sowohl das ursprüngliche Diamin (erste Zahl) als auch die Dicarbonsäure (zweite Zahl) sechs Kohlenstoffatome aufweisen. Bei Polyamiden, die durch Kondensation von $\omega$-Aminocarbonsäuren entstehen, wird nur eine Zahl angegeben, z. B. Polyamid-6 für das Polymer aus 6-Aminohexansäure, das aus $\varepsilon$-Caprolactam synthetisiert wird. Das als Edukt für solche Polyamide benötigte **Hexamethylendiamin** kann in vier Stufen aus Butadien durch Chlorierung und Substitution mit Cyanid, anschließende Hydrierung der Doppelbindung zu Adiponitril sowie abschließende katalytische Hydrierung der Nitrilfunktionen dargestellt werden (○Abb. 13.30). Nach der selektiven Hydrierung der Doppelbindung kann die Hälfte des Adiponitrils zur Adipinsäure hydrolysiert werden, sodass beide Edukte für die Nylon-

### Exkurs: *Wohl-Ziegler*-Bromierung

*N*-Bromsuccinimid (NBS) ermöglicht die regioselektive Bromierung von Alkenen in Allylposition, ohne dass die Doppelbindung angegriffen wird. Im Gegensatz zur elektrophilen Addition von Brom an eine Doppelbindung verläuft die *Wohl-Ziegler*-Bromierung über einen radikalischen Mechanismus. Abstrahiert ein Bromradikal von einem Alken ein H-Atom, bildet sich vorrangig das stabilste Radikal, also das resonanzstabilisierte Allylradikal (○Abb. 13.29). Daraus ergibt sich die Regioselektivität der Reaktion. Als Radikalstarter dient bei dieser Reaktion z. B. Azobis(isobutyronitril), AIBN, das mit dem NBS unter Freisetzung von Bromradikalen reagiert. Das durch die H-Abstraktion gebildete Allylradikal reagiert im nächsten Schritt mit einem Brommolekül zum Produkt, dem Allylbromid. Da das für die Bromierung benötigte $Br_2$ erst im Laufe der Reaktion fortwährend aus HBr und NBS gebildet wird, ist die Stationärkonzentration an $Br_2$ in der Lösung sehr gering. Dies ist entscheidend für den Reaktionsverlauf, da bei höherer Bromkonzentration bevorzugt die elektrophile Addition an die Doppelbindung stattfindet.

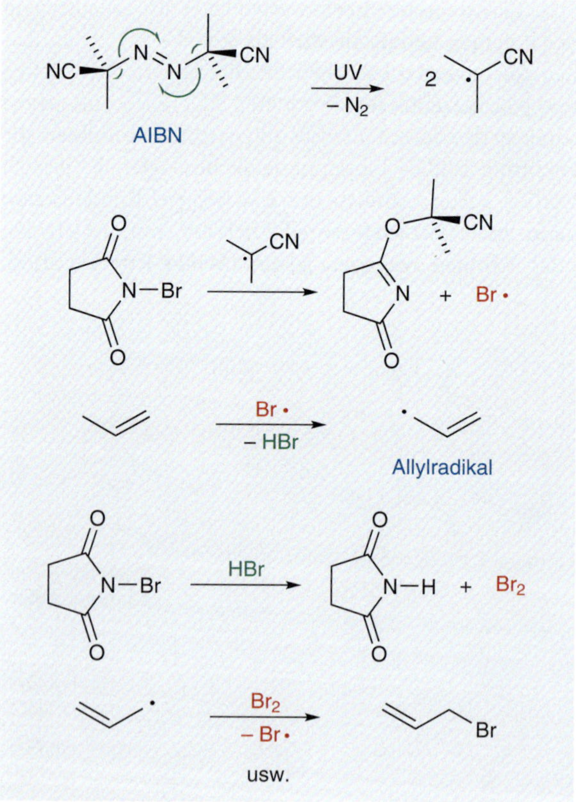


○ **Abb. 13.29** Mechanismus der regioselektiven *Wohl-Ziegler*-Bromierung von Alkenen in Allylstellung mit *N*-Bromsuccinimid (NBS) als Bromierungsreagenz synthese in nahezu derselben Produktionsanlage hergestellt werden können.

**Adiponitril** kann auch direkt elektrochemisch aus Acrylnitril synthetisiert werden. Bei sehr guten Stromausbeuten von bis zu 90 % (die Stromausbeute bezieht sich darauf, welcher Anteil der eingesetzten Strommenge zur Produktbildung führt) kann Acrylnitril nahezu quantitativ in Adipodinitril umgewandelt werden (chemische Ausbeuten bis zu 95 %), wenn wässrige Lösungen eines quartären Ammoniumsalzes als Leitsalz verwendet werden. Dieses Verfahren der **E**lektro**h**ydro**d**imerisierung (EHD) kann auch bei anderen Verbindungen mit elektronenarmen Doppelbindungen angewandt werden. Im Gegensatz zur oxidativen *Kolbe*-Elektrolyse (▸Kap. 4.1.2) verläuft die reduktive EHD jedoch nicht über das neutrale Carboxyradikal, sondern über ein Radikalanion. Obwohl der Mechanismus noch nicht vollständig geklärt ist, wird das Radikalanion wahrscheinlich zunächst protoniert und zum Cyanoethylanion reduziert (Redoxumpolung). Dieses kann nun als *Michael*-Donor ein zweites Molekül Acrylnitril angreifen (o Abb. 13.31). Das Carbanion entsteht demnach nach einem ECE-Mechanismus, bei dem es zunächst zum **E**lektronentransfer kommt, dem sich eine **c**hemische Reaktion anschließt, gefolgt von einem weiteren **e**lektrochemischen Prozess.

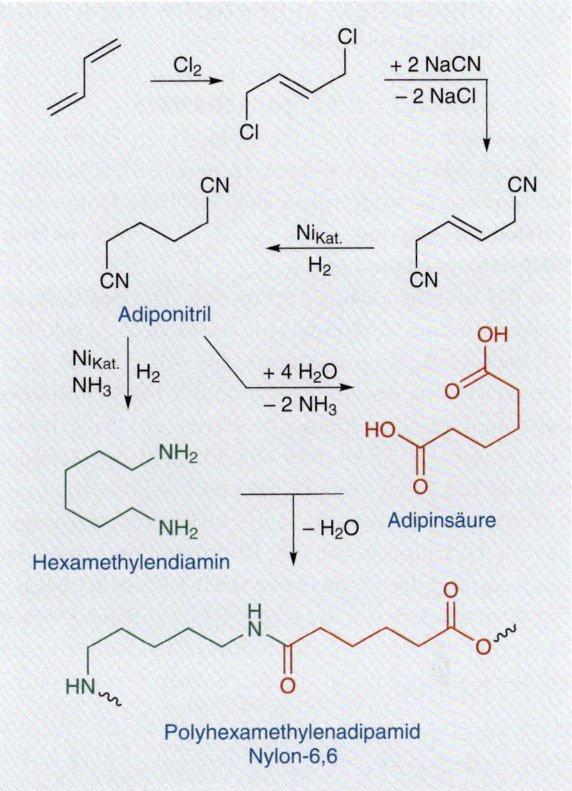


o **Abb. 13.30** Synthese des Polyamid-Kunststoffs Nylon-6,6

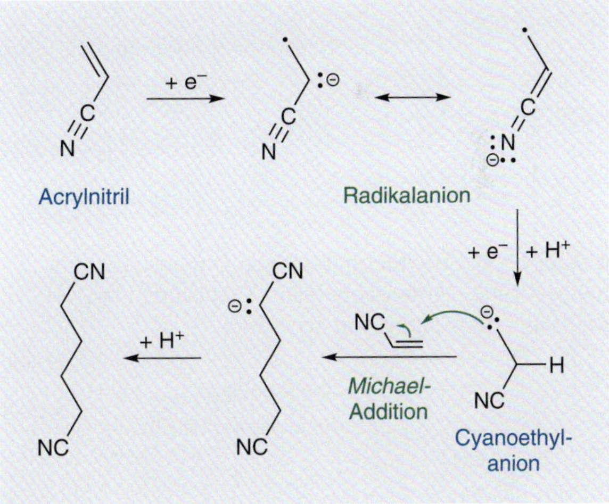


o **Abb. 13.31** ECE-Mechanismus zur Bildung von Adipinonitril

### 13.1.4 Ausgewählte Verbindungen

#### Ibuprofen

Von der Propionsäure leiten sich antirheumatisch und analgetisch wirksame Arzneistoffe ab, z. B. der **nichtsteroidale Entzündungshemmer** (NSAR: nichtsteroidales Antirheumatikum, NSAID: *non steroidal antiinflammatory drug*) 2-(4-Isobutylphenyl)-propionsäure (**Ibuprofen**). Ibuprofen besitzt ein Chiralitätszentrum. Das wirksamere Enantiomer (**Eutomer**), das (*S*)-(+)-Ibuprofen (Dexibuprofen), ist 150-mal effektiver als sein Spiegelbild. Im Organismus wird allerdings im Falle von Ibuprofen das unwirksamere *(R)*-Enantiomer unidirektional in das wirksamere *(S)*-Isomer umgewandelt. Ein solches unwirksameres Isomer bezeichnet man als **Distomer**. Als **eudismisches Verhältnis** bezeichnet man den Quotienten aus der Wirksamkeit des Eutomers und der Wirksamkeit des Distomers. Wenn das Distomer keine stärkeren Nebenwirkungen aufweist, werden Arzneistoffe häufig als Racemate eingesetzt, da deren großtechnische Synthese meist billiger ist als die stereoselektive Synthese des Eutomers. Inzwischen wird jedoch versucht, die Belastung des Patienten durch das unwirksame Enantiomer zu senken; die Zulassungsbehörden empfehlen daher den Firmen, nur noch das wirksame Enantiomer auf den Markt zu bringen, um auf diese Weise die Gesamtdosis senken zu können. Bei Verwendung eines Racemates muss natürlich nachgewiesen werden, dass beide Enantiomere keine Toxizität aufweisen.

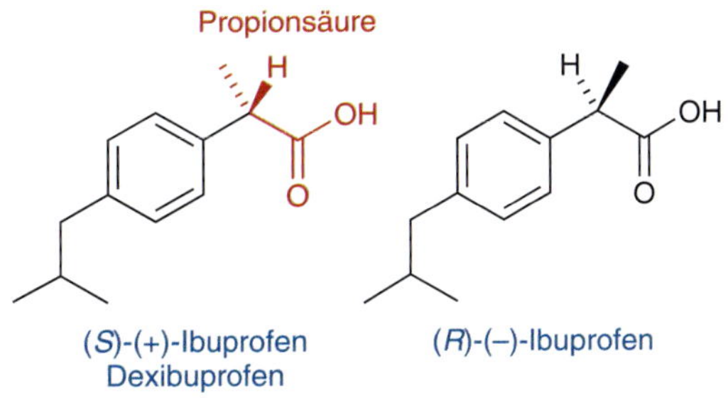


13

## 13.2 Ungesättigte aliphatische Mono- und Dicarbonsäuren

### 13.2.1 Struktur und Eigenschaften

Ungesättigte Mono- und Dicarbonsäuren besitzen im Unterschied zu den in ▸Kap. 13.1 behandelten, gesättigten Monocarbonsäuren eine oder mehrere Doppelbindungen im Alkylrest. Nach der **IUPAC-Nomenklatur** setzt sich der Name aus dem zugrunde liegenden Alken und der Endung „-säure" zusammen. Die Position der Doppelbindung wird durch eine arabische Zahl gekennzeichnet (z. B. Prop-2-ensäure für Acrylsäure). Zur Kennzeichnung der Konfiguration der Doppelbindung stellt man gegebenenfalls die Präfixe *cis-* bzw. *trans-* oder besser (*E*)/(*Z*) voran (◦Abb. 13.32, oben). Befindet sich die Doppelbindung in direkter Nachbarschaft zur Carboxygruppe, spricht man auch von ***α,β*-ungesättigten Carbonsäuren**; ihre Reaktivität unterscheidet sich aufgrund der Resonanzwechselwirkung der beiden Gruppen deutlich von der eines herkömmlichen Alkens bzw. einer gesättigten Carbonsäure. Die kleinste ungesättigte Carbonsäure ist die **Acrylsäure** (Propensäure; ◦Abb. 13.32, unten). Sie ist das Oxidationsprodukt des Allylalkohols bzw. des Acroleins (Vinylaldehyd).

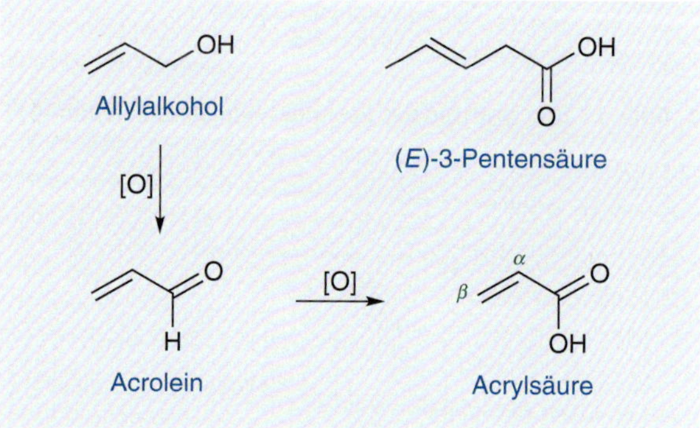


◦ **Abb. 13.32** Struktur ungesättigter Carbonsäuren am Beispiel der 3-Pentensäure (Pent-3-ensäure) bzw. der Acrylsäure; Darstellung von Acrylsäure

Eine Modifikation der Zählweise unter Verwendung griechischer Positionsangaben findet man bei den ungesättigten, langkettigen Fettsäuren. Hier wird die Carbonsäure häufig vom hinteren Ende her betrachtet, um die Position der Doppelbindung anzugeben. Dazu wird das letzte Kohlenstoffatom unabhängig von der Alkylkettenlänge mit dem letzten griechischen Buchstaben *ω* versehen. Von hier ausgehend zählt man nun die Kohlenstoffatome bis zur Doppelbindung durch und benennt die ungesättigten Fettsäuren z. B. als *ω*-9-, *ω*-6- und *ω*-3-Fettsäuren (▸Kap. 13.2.2), je nachdem, an welcher Position vom letzten C-Atom aus sich die Doppelbindung befindet.

#### Acidität

Die direkt benachbarte Doppelbindung beeinflusst die Acidität der Carboxygruppe (◦Abb. 13.33). Aufgrund der $sp^2$-Hybridisierung zieht das *α*-Kohlenstoffatom die Elektronen der *σ*-Bindung zur Carboxygruppe stärker zu sich als ein $sp^3$-hybridisiertes C-Atom in einer gesättigten Carbonsäure. Folglich ist auch der resultierende +I-Effekt der ungesättigten Alkylkette geringer, sodass *α,β*-ungesättigte Carbonsäuren entsprechend acider sind als ihre gesättigten Analoga. Dieser Effekt ist bei einer benachbarten Dreifachbindung, deren *α*-Kohlenstoffatom sp-hybridisiert ist, noch stärker ausgeprägt, sodass eine Alkinylgruppe einen starken −I-Effekt auf die Carboxygruppe ausübt. Propinsäure (Propiolsäure) hat beispielsweise einen $pK_S$-Wert von 1,85 (zum Vergleich: Die Propansäure besitzt einen $pK_S$-Wert von 4,87).

Infolge der zweiten Carbonylgruppe unterscheiden sich die Aciditäten ungesättigter Dicarbonsäuren etwas von denen der ungesättigten Monocarbonsäuren. So hat die **Fumarsäure** ((*E*)-Butendisäure) einen geringfügig

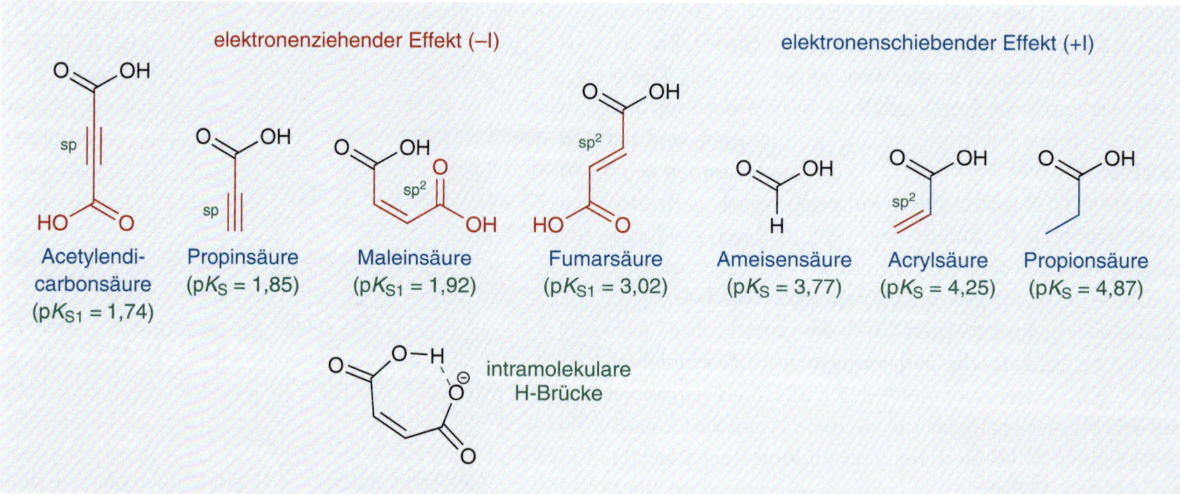


◦ **Abb. 13.33** Aciditäten ausgewählter ungesättigter Carbonsäuren im Vergleich zu Ameisensäure und Propionsäure

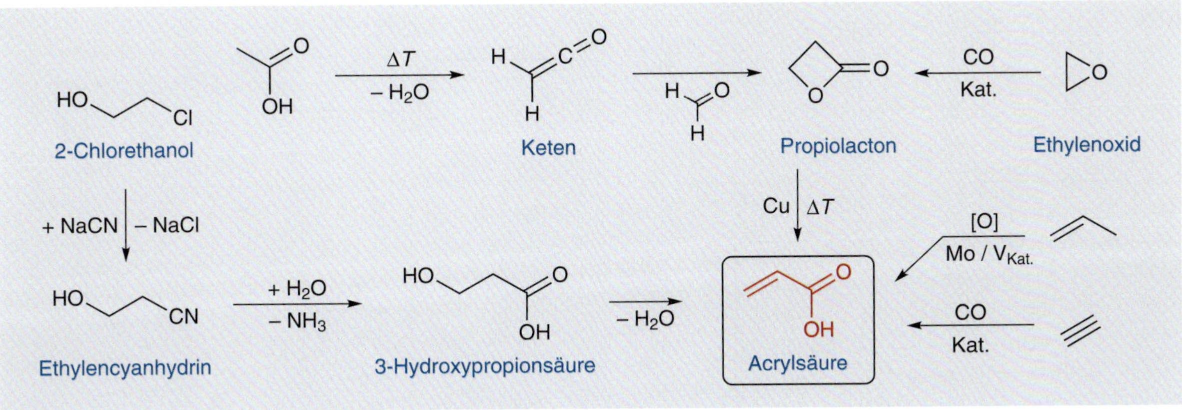


**Abb. 13.34** Methoden zur Darstellung von Acrylsäure

niedrigeren ersten $pK_S$-Wert als die entsprechende Acrylsäure, da die zweite Carboxygruppe durch die Doppelbindung mit der ersten in Konjugation steht und sich ihr elektronenziehender Effekt dadurch auch über zwei Kohlenstoffe hinweg auf die erste Carboxygruppe auswirkt. Die zweite Carboxygruppe hingegen lässt sich deutlich schwerer deprotonieren. Aufgrund der räumlichen Nähe der beiden Carboxygruppen in der **Maleinsäure** ((*Z*)-Butendisäure) nimmt diese hinsichtlich ihrer Acidität eine Sonderstellung ein, da durch die Ausbildung einer intramolekularen Wasserstoffbrücke im Monoanion (Abb. 13.33, unten) die erste Deprotonierung besonders leicht erfolgt ($pK_{S1}$ =1,92). Noch acider ist die **Acetylendicarbonsäure** ($pK_S$ =1,74), da hier wiederum sowohl die sp-Hybridisierung als auch die Konjugation mit der zweiten Carboxygruppe die Deprotonierung besonders erleichtern.

### 13.2.2 Gewinnung und Synthese

*α,β*-ungesättigte Carbonsäuren lassen sich z. B. über die *Knoevenagel*-Reaktion (▸Kap. 13.1.3) oder durch die baseninduzierte Abspaltung von Halogenwasserstoff aus *β*-Halogencarbonsäuren darstellen.

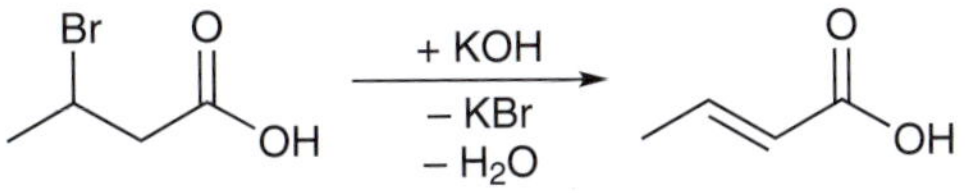


Aus *α*-Halogencarbonsäuren dagegen ist die Darstellung auf diese Weise nicht möglich, da aufgrund des Nachbargruppeneffekts der Carboxylatgruppe bevorzugt eine Substitution stattfindet (schnelle intramolekulare Bildung eines *α*-Lactons, das im Anschluss intermolekular zur *α*-Hydroxycarbonsäure geöffnet wird) (▸Kap. 15.2).

#### Acrylsäure, Propensäure

**Acrylsäure** (Propensäure) ist eine farblose, stechend riechende Flüssigkeit. Sie ist mit Wasser in jedem Verhältnis mischbar. Acrylsäure ist aus 2-Chlorethanol (Ethylenchlorhydrin; Abb. 13.34, oben links) durch Umsetzung mit Natriumcyanid zu Ethylencyanhydrin (3-Hydroxypropionitril) zugänglich, da dieses beim Erhitzen mit starker Schwefelsäure zur 3-Hydroxypropionsäure hydrolysiert und anschließend dehydratisiert werden kann. Acrylsäure kann auch durch die Carbonylierung von Acetylen nach der *Reppe*-Synthese erzeugt werden (Abb. 13.34, rechts unten). Großtechnisch von Bedeutung ist die direkte Oxidation von Propen mithilfe eines Molybdän-Vanadiumoxid-Katalysators (Abb. 13.34, rechts Mitte). Eine weitere Darstellungsmethode ist die kupferkatalysierte Thermolyse von Propiolacton. Ursprünglich wurde Propiolacton aus Essigsäure erzeugt, die durch starkes Erhitzen zunächst zu Keten und dann weiter mit Formaldehyd zum Lacton umgesetzt wurde. Dieses Verfahren ist allerdings unwirtschaftlich, sodass diese Synthese heute kaum noch Anwendung findet. Mittlerweile könnte ein relativ neues, dafür nachhaltigeres Verfahren zur Propiolactonsynthese für Konkurrenz zur direkten Oxidation von Propen sorgen: Ausgehend von Ethylenoxid kann mithilfe eines komplexen Katalysators CO insertiert werden, welches aus Abgasen gewonnen werden kann (Abb. 13.34, oben rechts).

#### Höhere Homologe

Es gibt vier isomere, ungesättigte Carbonsäuren mit vier Kohlenstoffatomen: die verzweigte **Methacrylsäure** (2-Methylpropensäure), die linearen (*E*/*Z*)-isomeren **2-Butensäuren** und die **Vinylessigsäure** (3-Butensäure). Methacrylsäure ist im Kamillenöl enthalten. Wichtiger als die Säure sind jedoch ihre Ester, z. B. der Methacrylsäuremethylester (Methylmethacrylat, MMA), der technisch durch die Hydrolyse und Dehydratisierung von Acetoncyanhydrin (*α*-Hydroxypropionitril) in Schwefelsäure unter Methanolzusatz hergestellt werden kann (Abb. 13.35, links). **Crotonsäure** ist das *trans*- bzw. (*E*)-Isomer der 2-Butensäure und **Isocrotonsäure** entsprechend das *cis*- bzw. (*Z*)-Isomer, das beim Erhitzen oder durch UV-Bestrahlung in die thermodynamisch

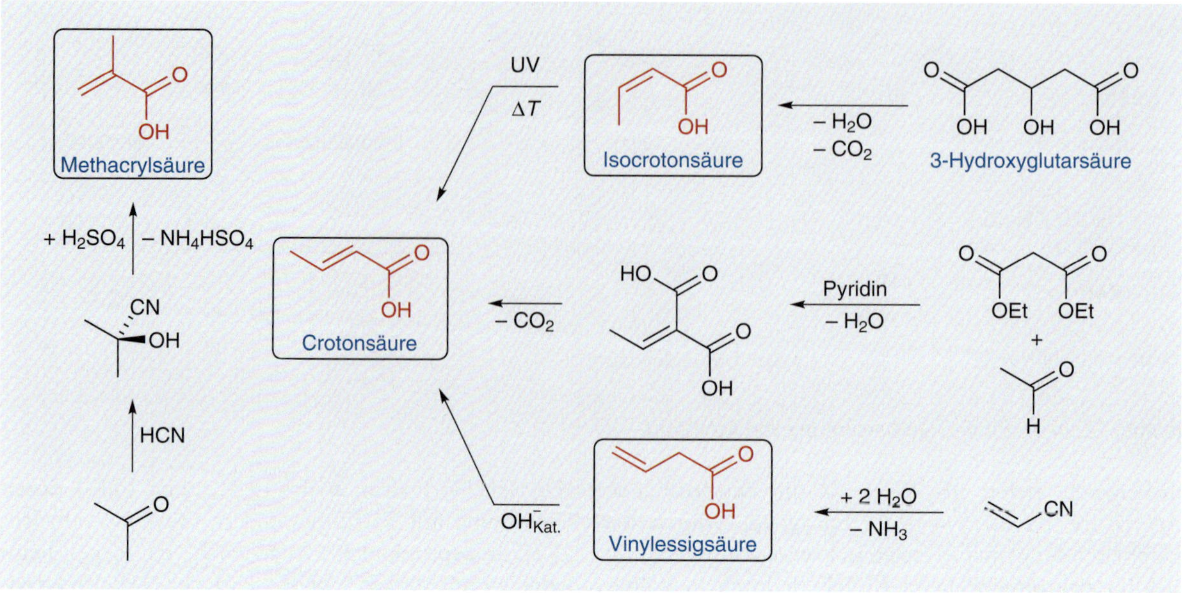


**Abb. 13.35** Darstellung der ungesättigten Carbonsäuren mit vier C-Atomen

stabilere Crotonsäure überführt werden kann (Abb. 13.35, rechts oben). Um die Isocrotonsäure gezielt herzustellen, kann man 3-Hydroxyglutarsäure unter vermindertem Druck destillieren. Dabei kommt es zur Decarboxylierung und unter Eliminierung von Wasser zur Ausbildung der (*Z*)-Konfiguration. Crotonsäure dagegen ist leicht aus Aceton mittels *Knoevenagel*-Kondensation (Abb. 13.35, rechts Mitte) oder aus Acetaldehyd mittels Aldolkondensation und anschließender Oxidation darstellbar (▸Kap. 12.1). **Vinylessigsäure** (3-Butensäure) lässt sich mithilfe der *Barbier*-Reaktion durch saure Hydrolyse von Allylcyanid herstellen. Vinylessigsäure isomerisiert allerdings unter Basen- oder Säureeinfluss leicht zur stabileren Crotonsäure (Abb. 13.35, rechts unten). Dabei handelt es sich um eine generelle Eigenschaft $\beta,\gamma$-ungesättigter Carbonsäuren, da eine mit der Carboxygruppe konjugierte Doppelbindung stabiler ist als eine nichtkonjugierte Doppelbindung.

### Ölsäure

Die **Ölsäure** oder 9-Octadecensäure ist eine der wichtigsten **ungesättigten Fettsäuren** und bildet den Hauptbestandteil der nativen Öle, z. B. des Oliven-, Sonnenblumen- und Mandelöls, aber auch des Fischtrans. Aus diesen Ölen kann sie leicht durch hydrolytische Verseifung der Triacylglycerole gewonnen werden. Ölsäure ist eine farblose Flüssigkeit und in Wasser unlöslich, dafür aber in Ethanol oder Ether löslich. Beim Stehenlassen an der Luft verfärbt sie sich und nimmt einen ranzigen Geruch an. Die Lage der Doppelbindung, also die Konstitution, konnte durch Ozonolyse nachgewiesen werden. Dabei entstehen zum einem die Nonansäure und zum anderen die Nonandisäure (**Azelainsäure**). Somit muss sich die Doppelbindung in der Ölsäure zwischen dem neunten und zehnten Kohlenstoffatom befinden. Dieses Verfahren wird auch zur technischen Darstellung der Azelainsäure angewandt. Unter Einwirkung von Stickoxiden lagert sich die Ölsäure, die in der *cis*- bzw. (*Z*)-Konfiguration vorliegt, in einer Gleichgewichtsreaktion (ausgelöst durch die reversible Addition von NO an die Doppelbindung) in die thermodynamisch stabilere **Elaidinsäure**, die die *trans*- bzw. (*E*)-Konfiguration besitzt, um (Elaidinierung von Fetten; Abb. 13.36, oben). „**Transfette**", also Fette mit *trans*-konfigurierten Fettsäuren anstelle der üblicherweise in Pflanzenfetten und -ölen vorkommenden *cis*-konfigurierten Fettsäuren, entstehen besonders bei der industriellen Nahrungsmittelproduktion durch unvollständige Härtung von Pflanzenölen (durch Isomerisierung der Doppelbindung während der Hydrierung). Sie sind aber auch natürlicherweise in tierischen Fetten enthalten, besonders in Milchprodukten und dem Fleisch von Wiederkäuern. *trans*-Fettsäuren besitzen einen deutlich höheren Schmelzpunkt als ihre *cis*-Isomere, da sie eine dichtere, höher geordnete Packung im Festkörper einnehmen können. Sie verhalten sich im Stoffwechsel dadurch eher wie gesättigte Fettsäuren und erhöhen im Gegensatz zu den *cis*-Isomeren den LDL-Gehalt (*Low-density-Lipoprotein*) im Blut. Transfette gelten daher im Vergleich zu *cis*-Fettsäuren als ungesünder.

### Mehrfach ungesättigte Monocarbonsäuren

Von besonderer Bedeutung sind Verbindungen, deren Doppelbindungen in Konjugation zueinander stehen. Die **Sorbinsäure** oder (*E*,*E*)-2,4-Hexadiensäure kommt in Wein und einigen Triacylglycerolen vor. Ihre natürliche Vorstufe, das Parasorbinsäure genannte Lacton,

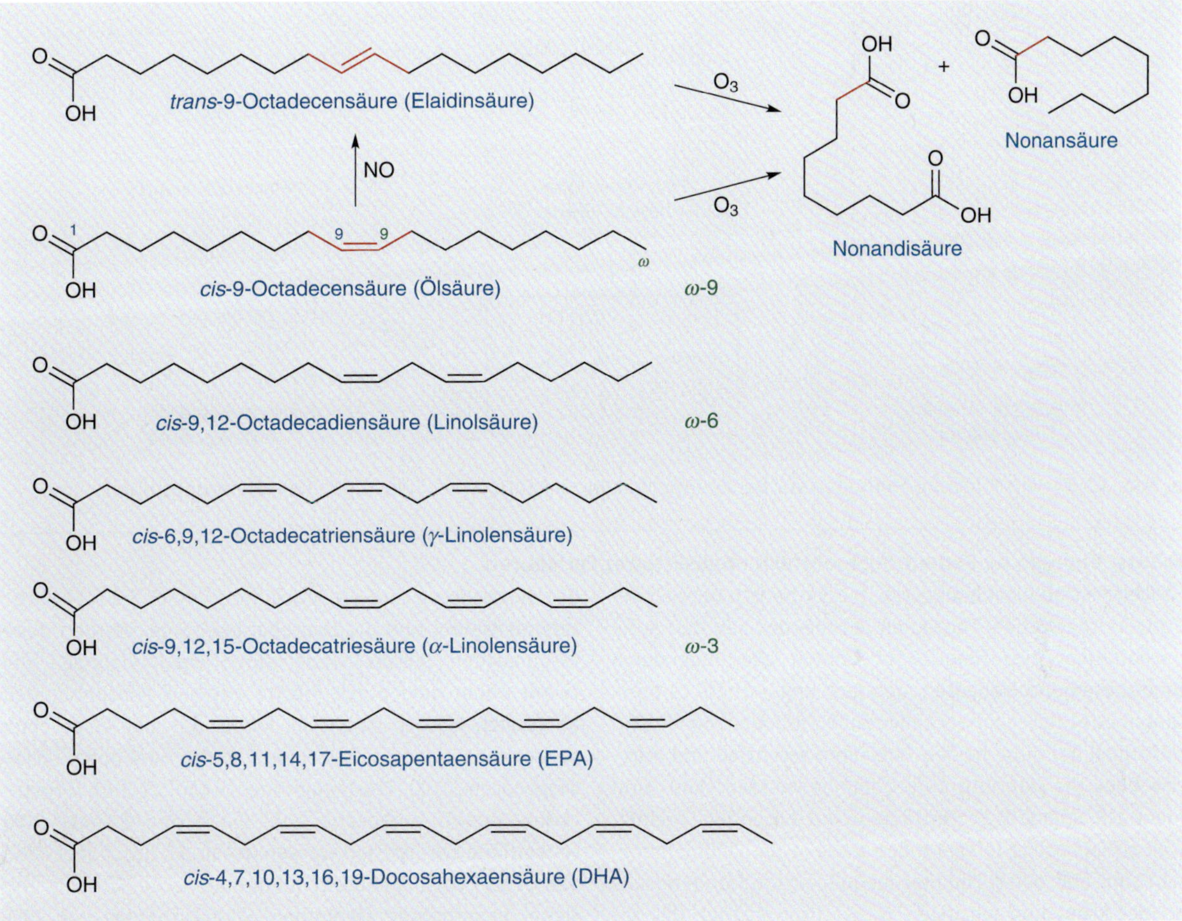


**Abb. 13.36** Struktur einfach und mehrfach ungesättigter Fettsäuren; Elaidinierung von Fetten, ausgelöst durch die reversible Addition von NO an die Doppelbindung (oben); Konstitutionsaufklärung von ungesättigten Fettsäuren durch Ozonolyse (oben rechts)

wird aus dem Saft der Vogelbeeren (lat. *Sorbus aucuparia*) gewonnen, aus dem sie auch erstmals dargestellt werden konnte. Sorbinsäure wirkt hemmend auf das Wachstum von Pilzen und Bakterien, sodass sie ein wichtiges Konservierungsmittel für Lebensmittel ist und deshalb im großtechnischen Maßstab hergestellt wird. Ihre Laborsynthese verläuft folgendermaßen: Durch die Umsetzung von Crotonaldehyd mit Keten entsteht zunächst das 3-Hydroxy-4-hexen-1-säurelacton (4-Hexenolid), das anschließend mit Schwefelsäure hydrolysiert und gleichzeitig zu Sorbinsäure dehydratisiert wird (Abb. 13.37). In der Technik wird die Reaktion in Gegenwart von Zinksalzen durchgeführt. Dabei entsteht anstelle des Lactons ein Polymerisat der 3-Hydroxy-4-hexen-1-säure, das anschließend basisch oder sauer hydrolysiert wird.

In natürlichen Fetten und Ölen finden sich neben der Ölsäure auch Säuren mit zwei oder mehr, meist konjugierten Doppelbindungen (▸Exkurs: Biologische Bedeutung mehrfach ungesättigter Fettsäuren). Einen hohen Gehalt dieser **mehrfach ungesättigten Fettsäuren** (PUFA, *polyunsaturated fatty acid*) weisen besonders Pflanzenöle und Fischöle auf. Die wichtigsten Vertreter sind die **Linolsäure** (9,12-Octadecadiensäure) und die **α-Linolensäure** bzw. **γ-Linolensäure** (9,12,15-Octadecatrien- bzw. 6,9,12-Octadecatriensäure) sowie die **Eicosapentaensäure** (5,8,11,14,17-Icosapentaensäure, EPA) und die **Docosahexaensäure** (4,7,10,13,16,19-Docosahexaensäure, DHA).

## Fette, Öle und Wachse

**Fette und Öle** stellen neben den Kohlenhydraten einen wichtigen Teil der nachwachsenden Rohstoffe dar und sind in Organismen Speicherstoffe für Energie. Sie sind fast ausnahmslos Ester des dreiwertigen Alkohols Glycerol mit drei höheren und meist unterschiedlichen geradzahligen Fettsäuren. Fette lassen sich somit hydrolytisch wieder in Glycerol und drei Fettsäuren spalten (▸Exkurs: Seifen und synthetische Waschmittel). Obwohl gemischte **Triacylglycerole** (Triglyceride) ein Chiralitätszentrum besitzen, zeigen sie meist keine messbare optische Aktivität (Abb. 13.39, oben links). Die Unterschiede zwischen den Fettsäureketten sind anscheinend so gering, dass dies kaum Einfluss auf die

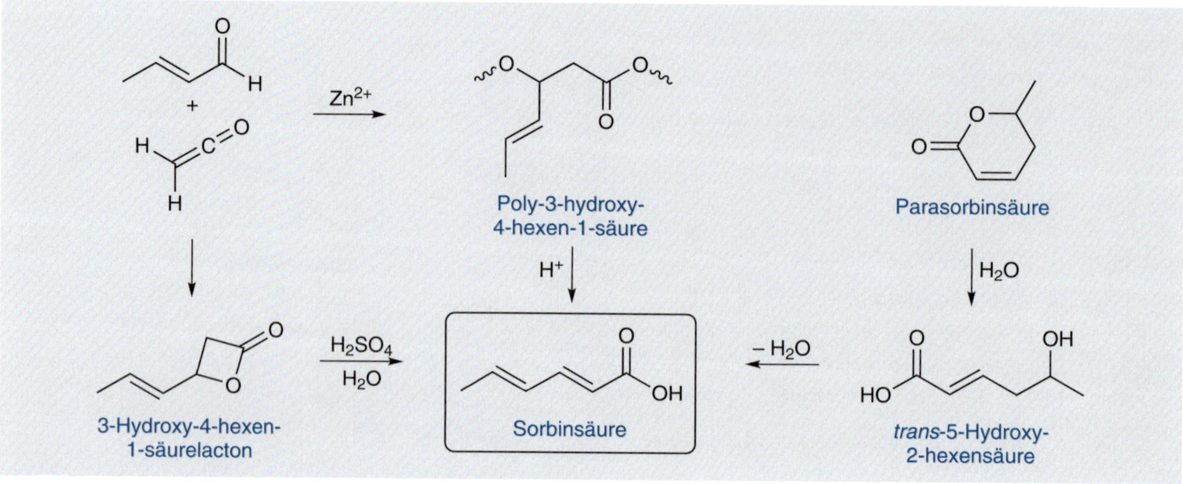


**Abb. 13.37** Verschiedene Methoden zur Darstellung von Sorbinsäure, einem wichtigen Konservierungsmittel

### Exkurs: Biologische Bedeutung mehrfach ungesättigter Fettsäuren

Säugetiere sind nicht in der Lage, biosynthetisch Doppelbindungen in gesättigte Fettsäuren jenseits des neunten Kohlenstoffatoms einzuführen. Sie können allerdings durch Desaturasen und Elongasen mehrfach ungesättigte Carbonsäuren aus Linol- und $\alpha$-Linolensäure aufbauen. Somit sind prinzipiell nur diese beiden Fettsäuren **essenziell** und müssen über die Nahrung aufgenommen werden. Ein- und mehrfach ungesättigte Fettsäuren sind besonders wichtig, weil sie einerseits integrale Bestandteile der Zelllmembranen sind und deren Fluidität modulieren und andererseits an der Regulation wichtiger Stoffwechselvorgänge (bis zur Ebene der Genexpression) beteiligt sind. Des Weiteren halten sie den Cholesterolgehalt im Blut niedrig und stellen das Grundgerüst für die Biosynthese wichtiger, vielseitig aktiver, lokaler Mediatoren. Ausgangsstoffe für diese hochwirksamen Gewebshormone sind die **Arachidonsäure** (5,8,11,14-Eicosatetraensäure) und die Eicosapentaensäure. Werden diese Carbonsäuren beispielsweise durch Beschädigungen der Zellmembran oder durch Infekte aus den Phospholipiden freigesetzt, können daraus im Körper auf dem Wege einer partiellen Oxidation sowie einer Modifizierung durch Cyclooxygenasen (COX) **Prostaglandine** (▸Kap. 15.2.4), **Prostacycline** und **Thromboxane** bzw. durch Lipoxygenase (LOX) **Leukotriene** synthetisiert werden (Abb. 13.38). Dabei handelt es sich vorwiegend um inflammatorische, Schmerz und Fieber vermittelnde Mediatoren. Die Einnahme von Cyclooxygenase-Hemmstoffen, z. B. Acetylsalicylsäure (Aspirin®, ▸Kap. 21.3.3) und Ibuprofen, ▸Kap. 13.1.4) unterbindet die Biosynthese der Prostaglandine und wirkt damit schmerz- und entzündungshemmend.

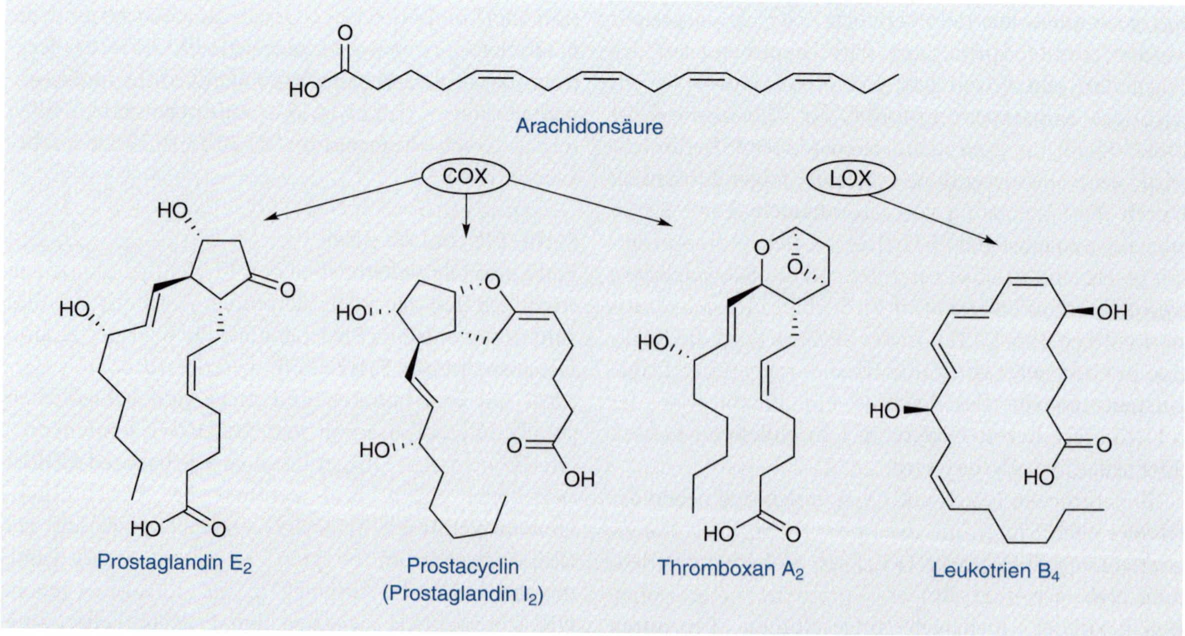


**Abb. 13.38** Arachidonsäure ist biosynthetisch der Vorläufer einer Reihe von Gewebshormonen

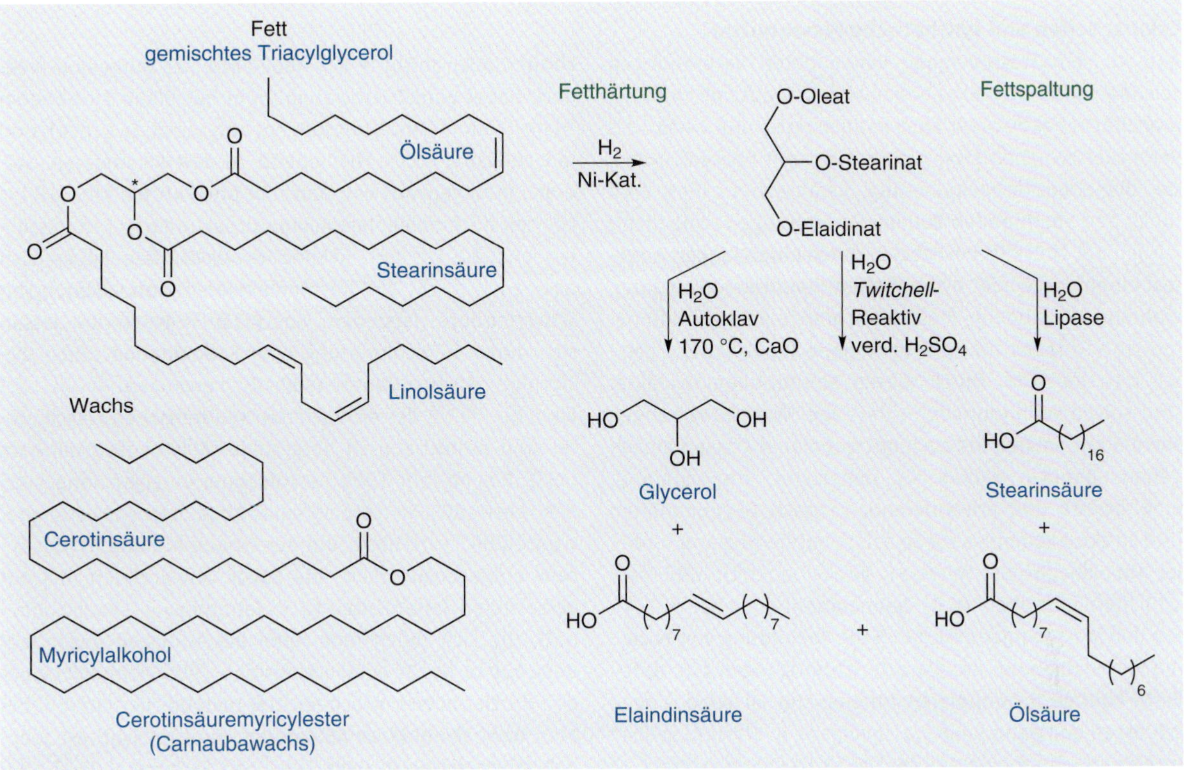


**Abb. 13.39** Gemischtes Triacylglycerol (oben links), dessen Härtung und Hydrolyse (oben rechts) zu Glycerol und Fettsäuren sowie die Strukturformel von Carnaubawachs (unten links; vgl. auch Abb. 13.40)

Wechselwirkung der Enantiomere mit linear polarisiertem Licht hat. Die Schmelzpunkte der Fette hängen stark vom Anteil natürlicher, ungesättigter Fettsäuren ab. Da diese in der *cis*-Konfiguration vorliegen, sind die langen Alkylketten gewinkelt, was eine geordnete Packung im Festkörper erschwert. Triacylglycerole mit einem geringeren Anteil ungesättigter Fettsäuren in ihren Estern sind daher eher fest (Fette), solche mit einem höheren Anteil eher flüssig (Öle).

**Tierische Fette** sind in der Regel zähflüssig und enthalten hauptsächlich Ester mit Palmitin- und Stearinsäure (Körperfette und Talge) sowie zusätzlich Ölsäure (Schweine- und Geflügelschmalz). Butter (oder Milchfett) enthält neben diesen drei Fettsäuren noch niedermolekulare Fettsäuren (z. B. Buttersäure). Tierfette werden meist durch Ausschmelzen, seltener durch Auspressen oder Extrahieren der Tierkörper mit organischen Lösemitteln (z. B. Ethern) gewonnen. Bei den meisten **pflanzlichen Fetten** handelt es sich dagegen um Öle (z. B. Sonnenblumen-, Soja-, Oliven-, Nuss- oder Leinöl), da sie sehr hohe Anteile ungesättigter und mehrfach ungesättigter Fettsäuren enthalten. Diese Öle sind vor allem in Samen und Früchten gespeichert und werden oft hydraulisch ausgepresst oder nach dem Zerkleinern des Pflanzenmaterials extrahiert. Auch die Fette von Meerestieren besitzen sehr hohe Anteile ungesättigter und mehrfach ungesättigter Fettsäuren. Diese sind entsprechend auch bei den kälteren Temperaturen im Meer noch flüssig. Man spricht von **Tran** (ungereinigt) oder Fisch- bzw. Tieröl (gereinigt).

Die im Rahmen der Ernährung steigende Nachfrage nach „harten“, streichfähigen Fetten, die direkt nur aus Tierfett oder Kokosfett gewonnen werden können, führte dazu, dass heute uneinheitlich aufgebaute, vor allem pflanzliche Öle chemisch in einheitlichere Fette überführt werden (Abb. 13.39). Dazu bedient man sich der **katalytischen Hydrierung**, um die ungesättigten Fettsäuren in den Ölen abzusättigen

**Abb. 13.40** Carnaubawachs, ein flüssiges Pflanzenöl, wird z. B. in der Lebensmittel- und Kosmetikindustrie sowie in Lackpolituren verwendet.

**Exkurs: Seifen und synthetische Waschmittel**

Alle für den Waschvorgang verwendeten Verbindungen zeichnen sich durch eine Gemeinsamkeit aus: sie sind alle **grenzflächenaktiv** (oder auch kapillaraktiv) und wirken als Vermittler zwischen zwei nichtmischbaren Phasen, indem sie die Grenzflächenspannung herabsetzen. Dies wird durch den **amphiphilen Bau** der Verbindungen ermöglicht: Ein Teil des Moleküls besitzt z. B. durch einen langen Alkylrest einen ausgeprägt hydrophoben (lipophilen) Charakter, während ein anderer Molekülteil durch polare und/oder ionische Gruppen deutlich hydrophile (lipophobe) Eigenschaften aufweist. Durch diesen amphiphilen Charakter sind solche Verbindungen in der Lage, Wechselwirkungen sowohl mit polaren als auch mit unpolaren Phasen einzugehen. Dadurch wirken sie benetzend, dispergierend, emulgierend und adsorbierend. Je nach Gegebenheiten und Struktur kommt es zur Selbstassemblierung amphiphiler Moleküle, wobei Mizellen, Vesikel oder Lipiddoppelschichten entstehen (z. B. Zellmembranen, ▸Kap. 6.2.4). Für den Waschvorgang ist dabei die Ausbildung von Mizellen von Bedeutung: unpolare Verschmutzungen z. B. durch Fette können im unpolaren Inneren der Mizellen eingeschlossen und dann beim Waschvorgang in Wasser „gelöst" und somit entfernt werden (○Abb. 13.41, oben rechts).

Grenzflächenaktive Stoffe werden in **anionaktive** (negativ geladene), **nichtionogene** (neutrale) und **kationaktive** (positiv geladene) Verbindungen eingeteilt. In der Technik werden solche Stoffe unter den Begriffen **Detergenz** oder **Tensid** zusammengefasst.

Zu den anionaktiven Verbindungen zählen die einfachsten Waschmittel, die **Seifen** (○Abb. 13.41, oben links). Sie entstehen aus Fetten oder direkt aus freien Fettsäuren, nach dem *Leblanc*-Verfahren mit Natriumcarbonat in Form von Natriumcarboxylaten und sind heute noch Hauptbestandteil fester und pulverförmiger **Kernseifen** (besonders in der Naturkosmetik). Kaliumcarboxylate dagegen sind Bestandteil von **Schmierseifen**. Der Nachteil von Seifen ist die Unlöslichkeit ihrer Calciumsalze, sodass sich Kalkseifen als Ränder und in Textilien abscheiden, wenn dem Waschmittel keine Wasserenthärter ($Ca^{2+}$-Ionenaustaucher wie Zeolith oder $Ca^{2+}$-Komplexbildner wie EDTA) zugesetzt werden.

Die Entwicklung synthetischer Waschmittel, um natürliche Fette zu umgehen, führte zu Alkylsulfaten, -sulfonaten und -benzensulfonaten (▸Kap. 10). **Alkylsulfate** erhält man durch die Umsetzung primärer oder sekundärer Fettalkohole mit konzentrierter Schwefelsäure oder Chlorsulfonsäuren (○Abb. 13.41, Mitte links). Primäre Fettalkohole sind beispielsweise durch Oxosynthese (▸Kap. 6.1.2) oder aus Fettsäuren mittels Hydrierung am Kupferchromit-Kontakt (250 °C, 20 MPa) nach *Schrauth* und *Bertsch* zugänglich. Sie können auch mithilfe des Alfol-Prozesses aufgebaut werden. Dabei wird Triethylaluminium mit Ethen zu höheren Trialkylaluminiumverbindungen umgesetzt (▸Kap. 4) und mit Luftsauerstoff anschließend zu den Alkoholaten oxidiert. In Gegenwart von Borsäure und Luft bei 140–180 °C können hochmolekulare Alkane zu sekundären Fettalkoholen oxidiert werden. Sekundäre Alkylsulfate lassen sich aber auch direkt aus hochmolekularen Monoalkenen mit Schwefelsäure darstellen. Aus Alkanen wiederum lassen sich durch Sulfochlorierung oder Sulfoxidation durch UV-Strahlung **Alkansulfonate** radikalisch erzeugen.

Etwa die Hälfte der produzierten synthetischen Waschmittel sind petrochemisch hergestellte **Alkylbenzensulfonate** (ABS). Das im Jahr 1961 beschlossene Detergenziengesetz, das eine 80%ige biologische Abbaubarkeit verlangte, wurde 2007 verschärft, um der Schaumbildung in Abwässern entgegenzuwirken. Die zuvor verwendeten ABS mit verzweigten Seitenketten (u. a. Tetrapropylenbenzensulfonat), die sich durch eine hohe Beständigkeit gegenüber dem Abbau durch Mikroorganismen „auszeichnen", wurden durch die wesentlich leichter metabolisierbaren, linearen bzw. sekundären ABS ersetzt. Zu ihrer Synthese werden Monoolefine in Gegenwart von Fluorwasserstoff oder Aluminiumchlorid zunächst mit Benzen zu Alkylbenzenen umgesetzt. Anschließend werden diese mit Schwefeltrioxid sulfoniert und mit Natronlauge neutralisiert (○Abb. 13.41, unten). Wie auch schon bei der Produktion der Alkylsulfate, erfolgt die Addition an die Doppelbindung unter Isomerisierung, sodass z. B. Dodecylbenzensulfonat aus einem statistisch verteilten Isomerengemisch besteht.

Unempfindlich gegen die Härtebildner des Wassers sind auch die nichtionogenen, meist flüssigen Waschmittel. Hierbei handelt es sich um Produkte aus der Umsetzung von Ethylenoxid oder Zuckern mit Fettalkoholen, Alkylphenolen oder Fettsäuren. **Fettalkoholethoxylate** und **Alkylpolyglycoside** besitzen zwar keine dissoziierbaren Gruppen, sind aber wegen ihre zahlreichen Hydroxy- bzw. Ethergruppen (in Polyethylenglycolresten) stark oberflächenaktiv (○Abb. 13.41, Mitte rechts; vgl. auch ▸Kap. 6.2.4).

Zu den kationaktiven Tensiden zählen solche, deren hydrophobe Gruppen z. B. mit Ammoniumgruppen verbunden sind. Solche **Ammonium-Amphiphile** werden auch als Invert-Seifen bezeichnet. Sie spielen zwar als Waschmittel keine Rolle, werden aber wegen ihrer tensidischen und meist antistatischen Eigenschaften für wichtige Spezialanwendungen genutzt, z. B. in der Textil- und Lederveredelung, in Shampoos oder als Färbehilfsmittel. Einige besitzen zudem bakterizide Eigenschaften, z. B. Alkylbenzyldimethylammoniumchlorid (○Abb. 13.41, Mitte rechts).

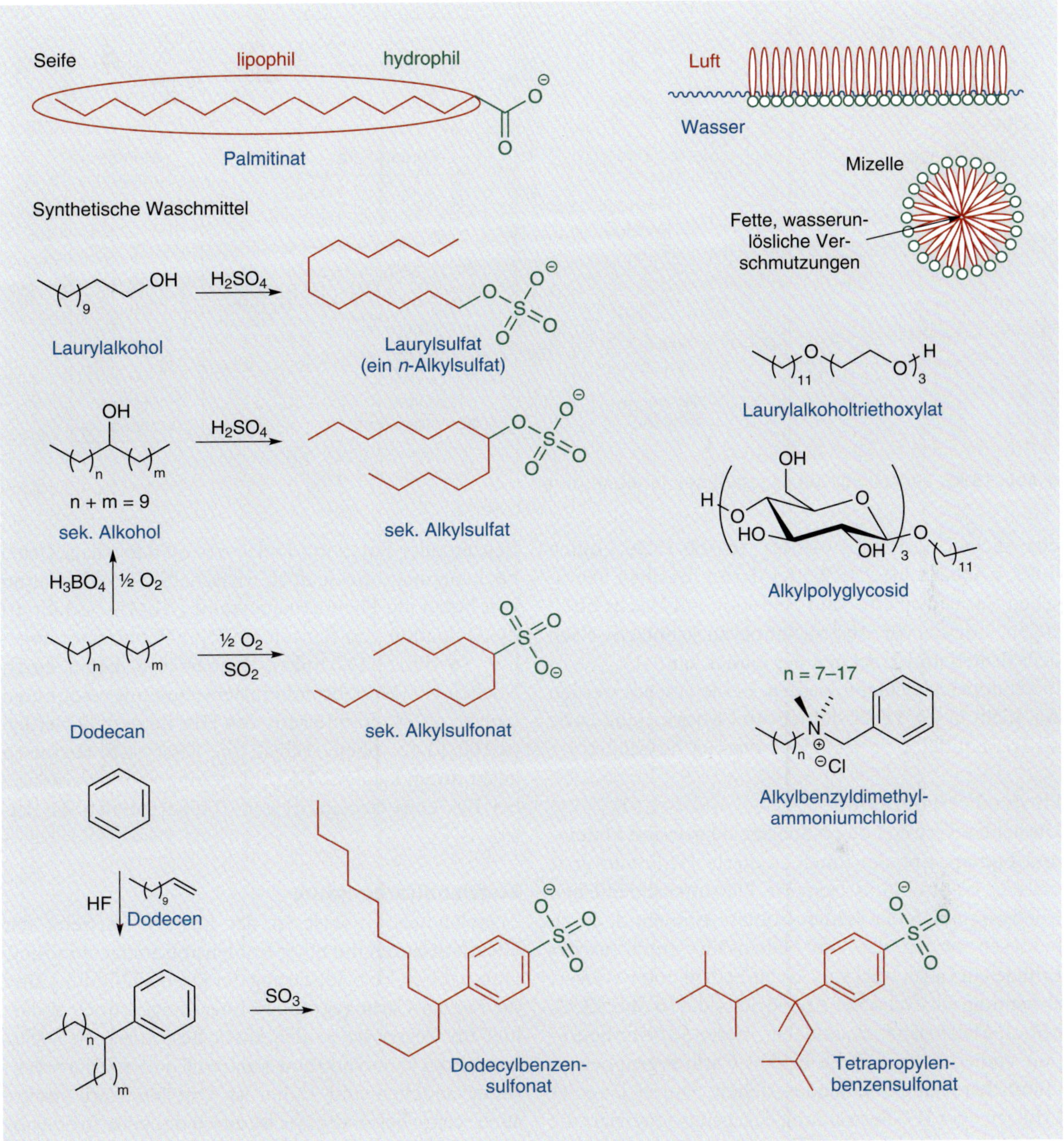


**o Abb. 13.41** Oberflächenaktive Verbindungen: Seife (oben links) und synthetische Waschmittel

(**o** Abb. 13.39, oben). Bei einer Temperatur von 180 °C und einem Druck von 0,5 MPa werden je nach Reaktionsbedingungen alle oder alle bis auf eine Doppelbindungen katalytisch an fein verteiltem Nickel hydriert (*Normann* 1902). Problematisch ist dabei die Entstehung erheblicher Mengen langkettiger *trans*-Fettsäuren, da der Katalysator auch eine Isomerisierung der *cis*- in die stabileren *trans*-Fettsäuren bewirkt.

Im Gegensatz zu Fetten handelt es sich bei **Wachsen** um Ester verschiedener gesättigter Fettsäuren mit primären, einwertigen höheren Alkoholen, den Fettalkoholen (Wachsalkoholen) (▸ Kap. 6.1.1). Das von Honigbienen abgesonderte Bienenwachs wird zum Aufbau von Waben zur Larvenaufzucht und zur Vorratsspeicherung benutzt. Es besteht zu 75 % aus Palmitinsäuremyricylester, $H_{31}C_{15}{-}C({=}O)O{-}C_{30}H_{61}$, und zu etwa 10 % aus Cerotinsäuremyricylester, $H_{51}C_{26}{-}C({=}O)O{-}C_{30}H_{61}$. Letzterer ist auch der Hauptbestandteil des

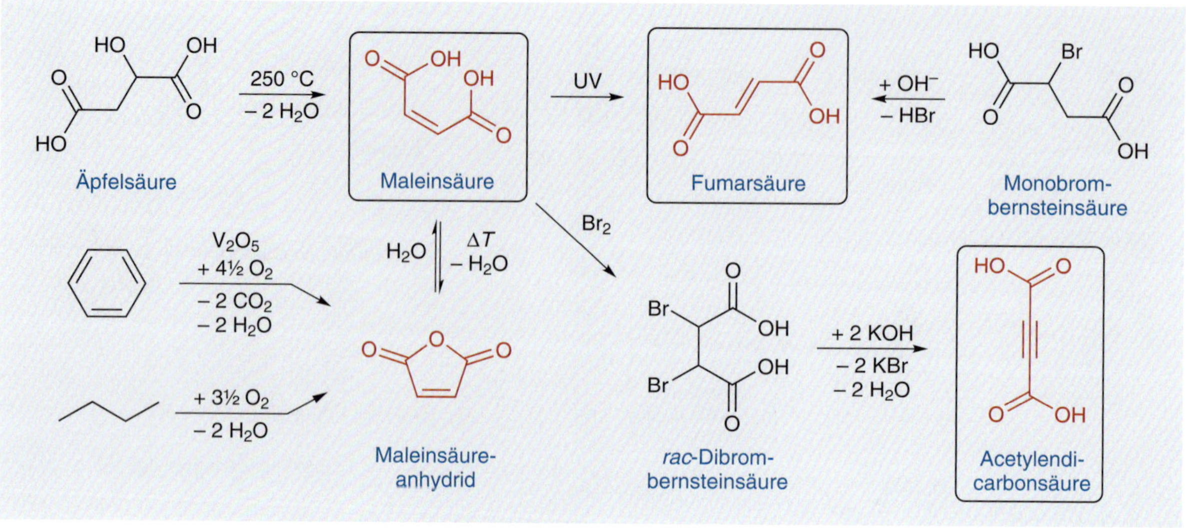


**Abb. 13.42** Darstellung von ungesättigten Dicarbonsäuren

pflanzlichen Carnaubawachses (Abb. 13.39, unten links; Abb. 13.40). Die Blätter der in Brasilien heimischen Carnaubapalme sind beidseitig mit Wachs überzogen, um sie vor Austrocknung zu schützen. Nach dem Ernten und Trocknen der Blätter kann das Wachs in Schuppen abgeklopft werden. Beide Wachse werden vor allem in der Lebensmittel- und Kosmetikindustrie als Trennmittel sowie als Schutzüberzug verwendet.

### Ethylendicarbonsäuren

Die beiden Vertreter dieser Substanzklasse sind **Malein-** und **Fumarsäure**. An ihnen studierte *Wislicenus* erstmals die *cis-* und *trans-*Isomerie. Die unterschiedlichen Konfigurationen der beiden Isomere konnten dadurch bewiesen werden, dass nur Maleinsäure durch rasches Erhitzen in Gegenwart von Acetanhydrid unter Wasserabspaltung ein cyclisches Anhydrid bildet (Abb. 13.42, Mitte). Maleinsäure muss daher in der (*Z*)-Konfiguration vorliegen, in der die beiden Carboxygruppen in räumlicher Nähe zueinander stehen. Durch längeres Erhitzen oder UV-Bestrahlung dagegen isomerisiert die Maleinsäure, also die (*Z*)-Form, vollständig zur thermodynamisch stabileren (*E*)-Form, der Fumarsäure. Bei sehr hohen Temperaturen isomerisiert die Fumarsäure auch wieder zur instabileren Maleinsäure, allerdings kommt es dann direkt unter Wasserabspaltung zur Ausbildung von Maleinsäureanhydrid. Im Gegensatz zur Fumarsäure, die in einer Reihe von Pflanzen, z. B. im Erdrauch (lat. *Fumaria officinalis*), im isländischen Moos, in Pilzen und in Flechten, vorkommt und als Zwischenprodukt bei der Dehydrierung von Bernsteinsäure im Citratcyclus von physiologischer Bedeutung ist, findet man Maleinsäure nicht in der Natur. Ihr Name leitet sich von der Äpfelsäure (lat. *Acidum malicum*) ab, aus der sie unter Wasserabspaltung zugänglich ist. Technisch lässt sie sich durch katalytische Oxidation von Benzen oder Butan mit Luftsauerstoff darstellen. Dabei hat heutzutage die deutlich wirtschaftlichere Oxidation von Butan am Fließbettkatalysator (ALMA-Verfahren) die Oxidation von Benzen am $V_2O_5$-Katalysator abgelöst (Abb. 13.42, links). Fumarsäure kann durch Kochen von Monobrombernsteinsäure mit verdünnten Laugen unter Eliminierung von HBr hergestellt werden (Abb. 13.42, oben rechts). Sie lässt sich technisch leicht durch katalytische Umlagerung von Maleinsäure bei 100 °C in Gegenwart von Thioharnstoffen darstellen.

### Acetylendicarbonsäure

Acetylendicarbonsäure ist der kleinste Vertreter der Dicarbonsäuren mit einer Kohlenstoffdreifachbindung. Durch die sp-Hybridisierung der Dreifachbindung sind die beiden Carboxygruppen linear angeordnet, sodass hier im Gegensatz zu den zuvor besprochenen Dicarbonsäuren keine intramolekularen Kondensationsreaktionen möglich sind. Daher ist Acetylendicarbonsäure auch relativ beständig. Sie ist durch doppelte Bromwasserstoff-Eliminierung aus $\alpha,\beta$-Dibrombernsteinsäure (Racemat oder *meso*-Verbindung) in methanolischer Kalilauge leicht zugänglich. Das Racemat der Dibrombernsteinsäure kann wiederum einfach durch Bromaddition an Maleinsäure erhalten werden (Abb. 13.42, unten rechts).

## 13.2.3 Reaktionen und Anwendungen

### $\alpha,\beta$-ungesättigte Carbonsäuren

Generell gehen ungesättigte Carbonsäuren einerseits die für Carboxygruppen typischen Reaktionen ein. Andererseits weisen sie Merkmale von Verbindungen mit einer „normalen" Doppelbindung auf (▸Kap. 5.1), d. h. sie gehen Additionsreaktionen mit Halogenen und Halogenwasserstoffen (regioselektiv) ein, können durch

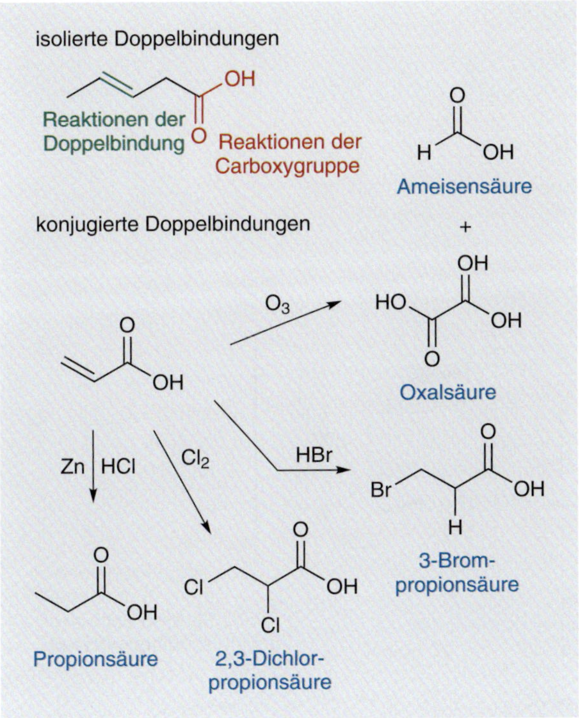


**Abb. 13.43** Typische Reaktionen von ungesättigten Carbonsäuren am Beispiel der Acrylsäure

$KMnO_4$ oder $O_3$ oxidativ gespalten werden und lassen sich katalytisch zu gesättigten Carbonsäuren hydrieren (Abb. 13.43). Die Reaktivität ist aber aufgrund des elektronenziehenden Effektes der Carboxygruppe auf die $\pi$-Bindung gegenüber einem normalen Alken verringert. Es handelt sich um elektronenarme Alkene. Im Gegensatz zu einfachen, nicht aktivierten Alkenen addieren $\alpha,\beta$-ungesättigte Carbonsäuren aufgrund der Polarisierung der Doppelbindung durch die Carboxygruppe aber auch nascierenden Wasserstoff (z. B. aus Zn/HCl).

### *Michael*-Additionen

Eine weitere spezifische Reaktion von $\alpha,\beta$-ungesättigten Carbonsäuren ist die ***Michael*-Addition, eine nucleophile 1,4-Addition an das konjugierte System aus Carboxygruppe und $\pi$-Bindung** (▸Exkurs: Vinylogie-Prinzip, ▸Kap. 13.1.3). Acrylsäure beispielsweise ist nach dem Vinylogieprinzip als vinyloge Ameisensäure aufzufassen (▸Kap. 13.1.3). Solche *Michael*-Systeme reagieren z. B. mit Blausäure unter 1,4-Addition an die Doppelbindung zu einer $\beta$-Cyanocarbonsäure. Zwar reagiert die Blausäure auch mit der Carboxygruppe, aber das so gebildete Cyanhydrin ist nicht stabil und zerfällt reversibel wieder in die entsprechenden Edukte (Abb. 13.44). Stattdessen addiert sich das Cyanidion nucleophil an das $\beta$-C-Atom der Acrylsäure. Es entsteht ein Esterenolatanion, aus dem nach Protonierung und Tautomerisierung eine stabile $\beta$-Cyanopropionsäure entsteht.

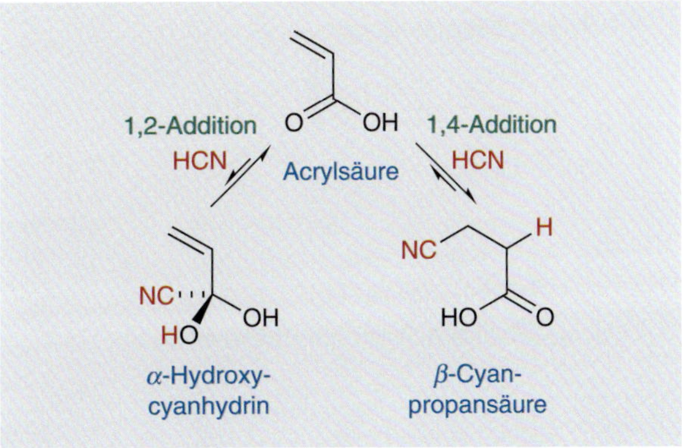


**Abb. 13.44** *Michael*-Addition von Blausäure an Acrylsäure

### Polymerisationsreaktionen

$\alpha,\beta$-ungesättigte Carbonsäuren sind wichtige Edukte für technische Polymere (▸Exkurs: Gruppen-Transfer-Polymerisation (GTP) – „Lebende Polymerisation"). Bereits bei Raumtemperatur, schneller aber beim Erhitzen, polymerisiert z. B. die Acrylsäure zu einer glasartigen Masse, der **Polyacrylsäure** (Abb. 13.45, oben). Die radikalische Polymerisation von Methacrylsäuremethylester (MMA) führt zu harten, glasklaren Polymerisaten (PMMA), die als splitterfreies „organisches Glas" (O-Glas, Piacryl oder **Plexiglas**) für Kraftfahrzeugscheiben, Flugzeugkanzeln oder optische Linsen verwendet werden. Für Brillengläser dagegen hat sich ein anderes Polymer bewährt, das durch Polymerisation des monomeren Diethylenglycolbis(allylcarbonat) erhalten werden kann. Ein Gemisch aus gelöstem PMMA und noch monomeren MMA wird in der Chirurgie als Reaktionskleber verwendet. Das Gemisch härtet nach Zugabe von Peroxid in der Klebefuge entsprechend vollständig aus. Zur Polymerisation von Methacrylsäuremethylester siehe auch ▸Exkurs: Gruppen-Transfer-Polymerisation (GTP) – „Lebende Polymerisation".

Da die C=C-Doppelbindung der Acrylsäure **prochiral** ist (▸Kap. 3.6.1), entstehen bei der Addition von Radikalen an die Doppelbindung Enantiomere. Deren absolute Konfiguration hängt davon ab, von welcher Seite der Angriff erfolgt, die beiden Angriffsflächen der $\pi$-Bindung sind somit **enantiotop**; ohne Stereokontrolle entsteht also das Racemat. Nach *Cahn-Ingold-Prelog* erfolgt die Nomenklatur der beiden enantiotopen Seiten mithilfe der Prioritäten der Substituenten am $sp^2$-Hybridatom, aus dem das neue Chiralitätszentrum entsteht. Sind diese Substituenten mit abnehmender Priorität im Uhrzeigersinn angeordnet, handelt es sich um die *Re*-Seite; sind sie entgegen dem Uhrzeigersinn angeordnet, handelt es sich entsprechend um die *Si*-Seite (Abb. 13.45, unten links). In Estern und Amiden der Acrylsäure mit chiralen Alkoholen oder Aminen (sog. Auxiliare, lat. *auxiliari* = helfen) sind die

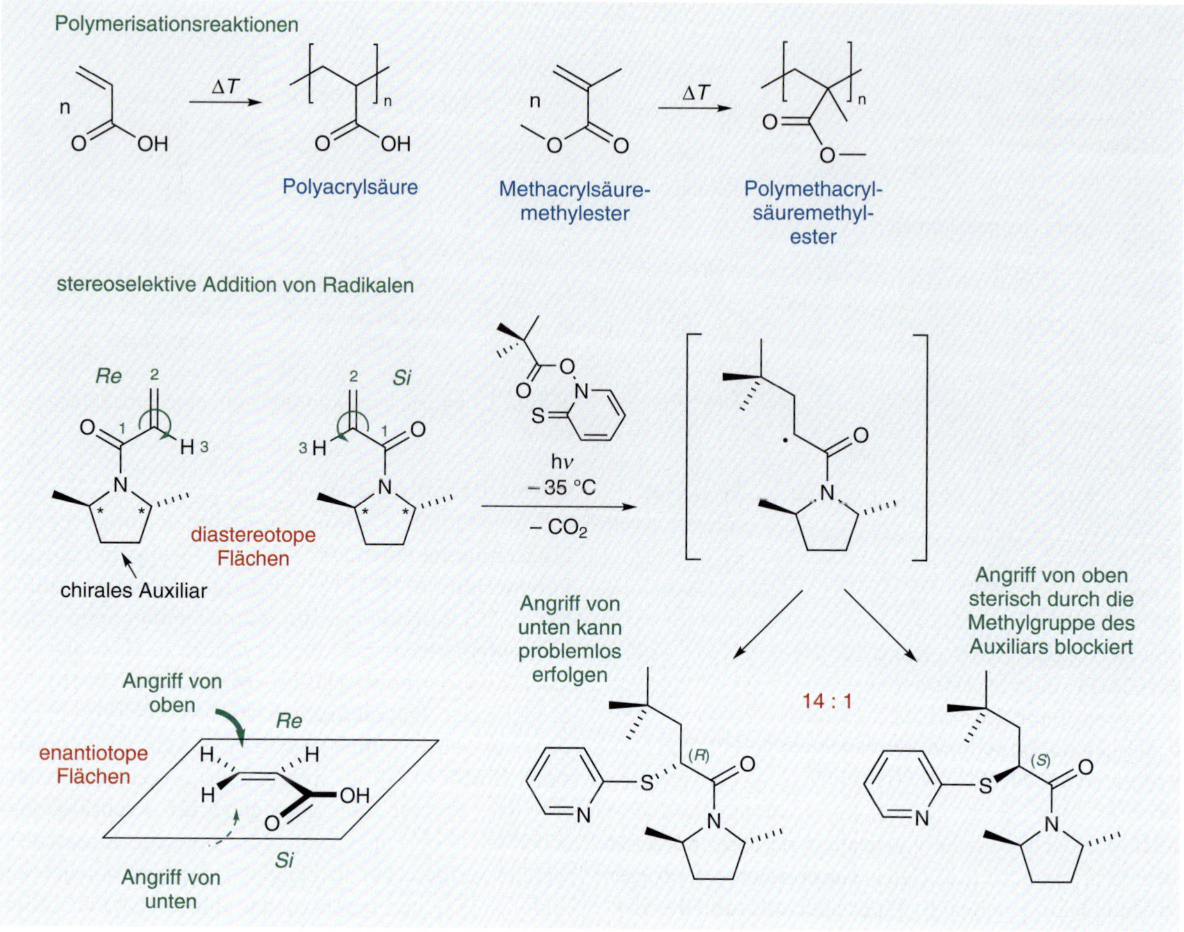


**Abb. 13.45** α,β-ungesättigte Carbonsäuren wie die Acrylsäure oder die Methacrylsäure polymerisieren leicht (oben). Die Addition von Radikalen an die prochirale Doppelbindung der Acrylsäure kann bei Verwendung eines chiralen Auxiliars stereoselektiv durchgeführt werden (unten).

Angriffsflächen **diastereotop**, da durch das Auxiliar bereits ein oder mehrere Chiralitätszentren vorhanden sind. Der Angriff von oben bzw. unten ist damit nicht mehr äquivalent, sodass in der Regel ein Diastereomer bevorzugt gebildet wird. Chirale Acrylsäureester und -amide werden somit zu wertvollen Edukten für die **asymmetrische Synthese**, da stereoselektiv gezielt die unterschiedlichen Enantiomere der Produkte hergestellt werden können. Acrylsäureamide des (2*R*,5*R*)-Dimethylpyrrolidins beispielsweise lassen sich diastereoselektiv mit Alkylradikalen umsetzen (Abb. 13.45, unten rechts).

### *Diels-Alder*-Reaktion

α,β-ungesättigte Carbonsäuren und andere *Michael*-Systeme sind als elektronenarme Alkene gute Edukte für *Diels-Alder*-Reaktionen. Bei der *Diels-Alder*-Reaktion handelt es sich um eine Cycloadditionsreaktion eines konjugierten Diens, wie beispielsweise Butadien, mit einer Verbindung, die eine elektronenarme Doppelbindung enthält (Dienophil). Gute Dienophile sind daher Verbindungen, die in direkter Nachbarschaft zur Doppelbindung eine elektronenziehende Gruppe, wie z. B. C(=O)OH, CN oder $NO_2$, tragen. Die *Diels-Alder*-Reaktion ist somit typisch für α,β-ungesättigte Carbonsäuren und Dicarbonsäuren insbesondere für deren Anhydride, wie z. B. Maleinsäureanhydrid. Bei der Umsetzung von Butadien mit Maleinsäureanhydrid kommt es zu einer [4+2]-Cycloaddition, bei der die vier π-Elektronen des Diens mit den zwei π-Elektronen des Dienophils zu einem Cyclohexenderivat reagieren. Dabei werden über einen aromatischen, cyclischen Übergangszustand (konzertierte 6π-Elektronenverschiebung) aus drei π-Bindungen zwei neue σ-Bindungen und eine neue π-Bindung gebildet, ohne dass eine Zwischenstufe durchlaufen wird (Abb. 13.47, oben). *Diels-Alder*-Reaktionen können aber nur dann ablaufen, wenn die Doppelbindungen des Diens in der s-*cis*-Anordnung vorliegen. Diese Angabe bezieht sich auf die Konformation an der formalen C—C-Einfachbindung des 1,3-Diens (engl.: *single bond*) und bedeutet, dass die beiden Doppelbindungen auf die gleiche Seite der Einfachbindung zeigen. Die stabilere Anordnung, bei der die beiden Doppelbindungen entgegengesetzt angeordnet sind, wird als s-*trans* bezeichnet. *Diels-Alder*-Reaktionen können also nur mit Dienen stattfinden, die um die Einfachbindung generell frei rotierbar sind oder mit cyclischen Dienen, in denen die s-*cis* Konformation fixiert ist. Cyclische Diene, die in der s-*trans*-Konformation fixiert sind, reagieren nicht, z. B. 1,2,3,5,6,7-Hexahydronaphthalen.

Bei Cycloadditionen mit cyclischen Dienen, beispielsweise bei der Reaktion von Furan mit Maleinsäureanhydrid, können grundsätzlich zwei unterschiedliche Cycloadditionsprodukte entstehen, da Dien und Dienophil auf zwei Arten relativ zueinander angeordnet werden können. Zeigen die Substituenten des Dienophils unter das $\pi$-System des Diens (wie bei einem Sandwich), dann bildet sich das *endo*-Produkt. Weisen die Substituenten des Dienophils hingegen vom $\pi$-System des Diens weg (wie bei Treppenstufen), dann entsteht das *exo*-Produkt (○ Abb. 13.47, Mitte). Welches Produkt bevorzugt entsteht, wird vom Zusammenspiel kinetischer und thermodynamischer Effekte bestimmt und ist somit von der Temperatur abhängig. Obwohl das *exo*-Produkt thermodynamisch stabiler ist, wird bei niedrigen Temperaturen fast ausschließlich das *endo*-Produkt gebildet (kinetische Kontrolle, *Alder*sche *endo*-Regel). Die Gründe hierfür sind bislang nicht genau bekannt. Möglich ist, dass der Übergangszustand über sekundäre Orbitalwechselwirkungen zwischen der Doppelbindung und den Carbonylgruppen stabilisiert wird und somit zu seiner Bildung eine niedrigere Aktivierungsenergie aufgebracht werden muss. Außerdem ist der *endo*-Übergangszustand kompakter, sodass er in Lösung besser solvatisiert werden kann. Bei 90 °C wird hingegen das *exo*-Produkt zum Hauptprodukt, denn bei höheren Temperaturen ist die *Diels-Alder*-Reaktion reversibel, sodass dann bevorzugt das thermodynamisch stabilere Produkt gebildet wird (thermodynamische Kontrolle). Ebenso kann man das *endo*-Produkt durch Erhitzen in das *exo*-Produkt überführen. Die *Diels-Alder*-Reaktion lässt sich also auch umkehren (Retro-*Diels-Alder*).

Die *Diels-Alder*-Reaktion zählt wie die elektrocyclischen Reaktionen, die sigmatropen Umlagerungen oder die En-Reaktion (▸ Exkurs: En-Reaktion) zu den **pericyclischen Reaktionen**, die nach den Erkenntnissen von *Woodward* und *Hoffmann* (▸ Kap. 27.1.3) unter Erhalt der Orbitalsymmetrie verlaufen. Dabei ist im Übergangszustand eine bindende Überlappung des HOMO des einen Reaktionspartners mit dem LUMO des anderen Reaktionspartners erforderlich. Dazu müssen die beiden reagierenden $\pi$-Systeme so miteinander wechselwirken, dass die Orbitallappen an den Enden der Grenzorbitale phasengleich miteinander überlappen. Es kommt zu einer synchronen Elektronenverschiebung, Umhybridisierung und Ausbildung der neuen Bindungen (○ Abb. 13.48, oben links). Auch

### Exkurs: Gruppen-Transfer-Polymerisation (GTP) – „Lebende Polymerisation"

Eine vielversprechende technische Anwendung der *Michael*-Addition ist die Gruppen-Transfer-Polymerisation (GTP), mithilfe derer Polymere mit verhältnismäßig einheitlichen Molekülmassen hergestellt werden können. Die GTP zählt (wie auch die anionische Polymerisation) zu den sogenannten **„lebenden Polymerisationen"**, da sie keine Abbruch- oder Übertragungsreaktion besitzt. In Anwesenheit eines Katalysators, z. B. Fluorid, kann beispielsweise Dimethylketenmethyltrimethylsilylacetal (als Initiator) an Methacrylsäuremethylester addiert werden, wodurch die Trimethylsilylgruppe bei jedem Polymerisationsschritt wieder an das Ende der wachsenden Kette wandert und erneut eine Methyltrimethylsilylketenacetalgruppe erzeugt. Diese Polymerisation erfolgt bei Raumtemperatur und kann z. B. durch Zusatz von Methanol abgebrochen werden (○ Abb. 13.46). Da der Polymerisationsinitiator quantitativ als Kettenstarter fungiert, wachsen alle Ketten unter gleichen Bedingungen, und zwar so lange, bis die Kette von außen abgebrochen wird oder alle Monomere verbraucht sind. Dadurch kann der Polymerisationsgrad durch den Initiatorgehalt relativ genau gesteuert werden. Es muss jedoch strikt mit Schutzgastechnik gearbeitet werden, um Sauerstoff- und Wasserabwesenheit zu gewährleisten.

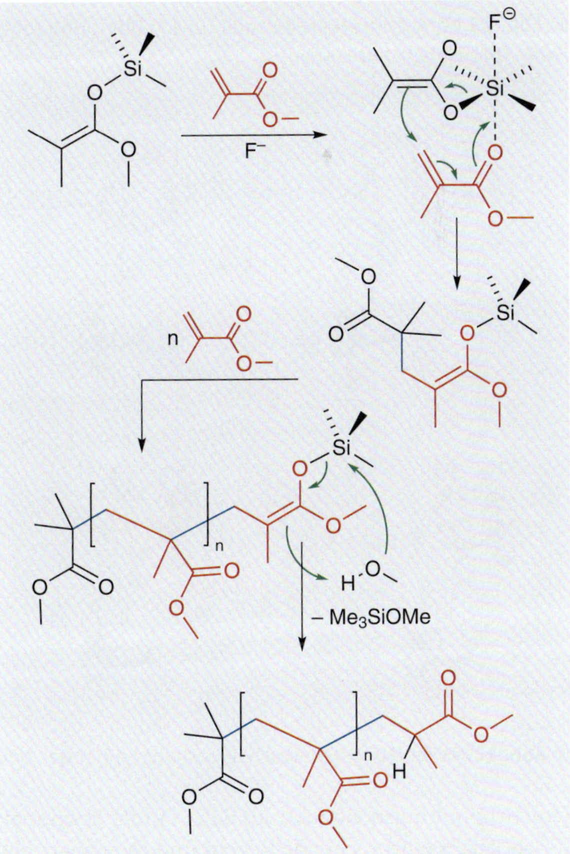


○ **Abb. 13.46** Prinzip der Gruppen-Transfer-Polymerisation (GTP) am Beispiel der Polymerisation von Methacrylsäuremethylester (MMA)

13

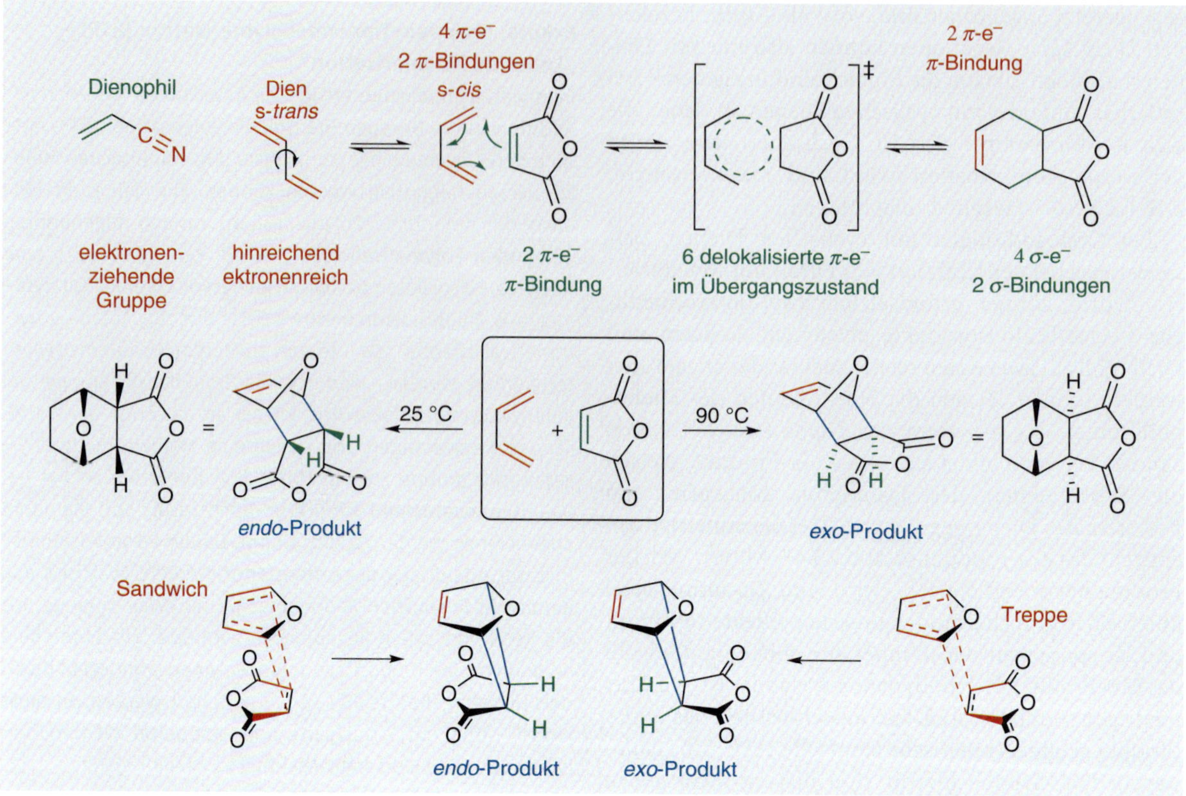


**Abb. 13.47** Acrylnitril als Beispiel für ein Dienophil (oben) sowie der Mechanismus der *Diels-Alder*-Reaktion zwischen Furan und Maleinsäureanhydrid.

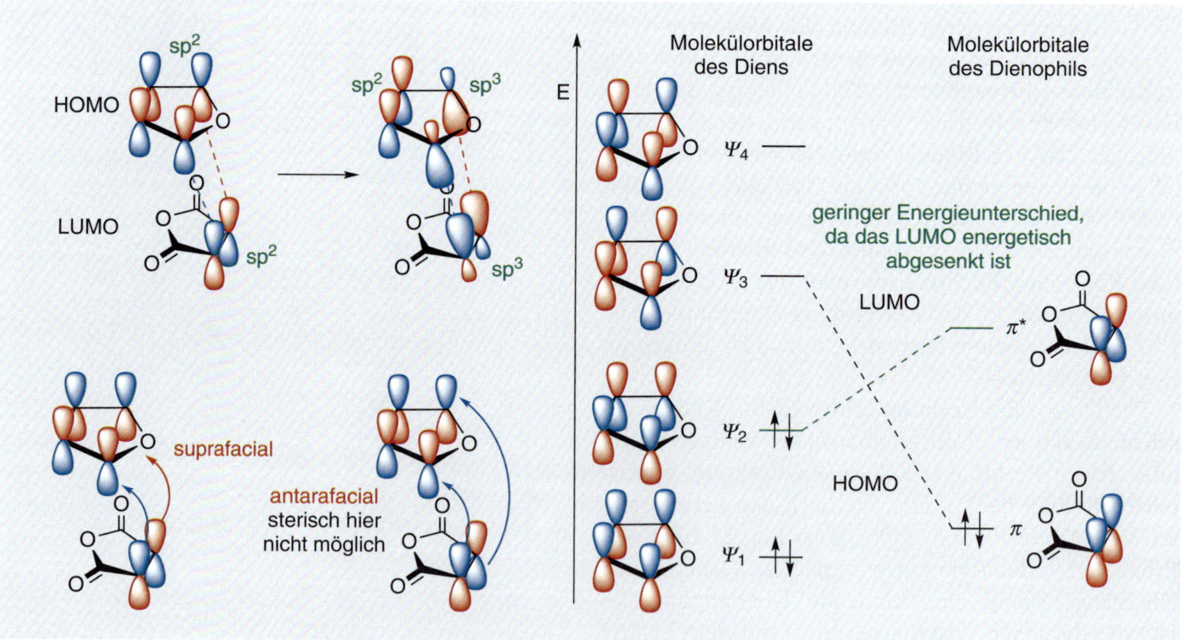


**Abb. 13.48** HOMO-LUMO-Wechselwirkungen bei der *Diels-Alder*-Reaktion

Dreifachbindungen können als Dienophile reagieren; für sie gelten entsprechende Regeln und es reagiert nur eine der beiden vorhandenen π-Bindungen, während die zweite erhalten bleibt.

Bei der *Diels-Alder*-Reaktion sind nur sogenannte **suprafaciale Wechselwirkungen** erlaubt, bei denen der Angriff an beiden Enden des π-Systems jeweils von derselben Seite erfolgt (Abb. 13.48, unten links). Entsprechend den *Woodward-Hoffmann*-Regeln wird die *Diels-*

## Exkurs: En-Reaktion

Unter einer **En-Reaktion** versteht man die Umsetzung eines Alkens (z. B. Propen), das ein allylisches Wasserstoffatom (**En-Komponente**) besitzt, mit einer aktivierten $\pi$-Bindung (**Enophil**), z. B. Acetylendicarbonsäuremethylester. Dabei wird der Wasserstoff auf das Enophil übertragen, eine neue C—C-Bindung zwischen beiden Komponenten geknüpft und gleichzeitig die Doppelbindung der En-Komponente in die Allylstellung verschoben (○ Abb. 13.49). Auch bei der En-Reaktion handelt es sich um eine pericyclische Reaktion, die – ähnlich wie die *Diels-Alder*-Reaktion – über einen cyclischen Übergangszustand formuliert werden kann, an dem sechs Elektronen beteiligt sind: Zum einen die vier $\pi$-Elektronen der beiden Doppelbindungen, zum anderen die zwei Elektronen der $\sigma$-C—H-Bindung. Der Übergangszustand weist eine Bootform auf. Wegen der Flexibilität des Systems im Bereich des allylischen Wasserstoffatoms ist wiederum eine *suprafaciale* Wechselwirkung der beiden Reaktionspartner möglich, sodass die En-Reaktion nach *Woodward* und *Hoffmann* also eine $[2\sigma s+2\pi s+2\pi s]$-Reaktion ist.

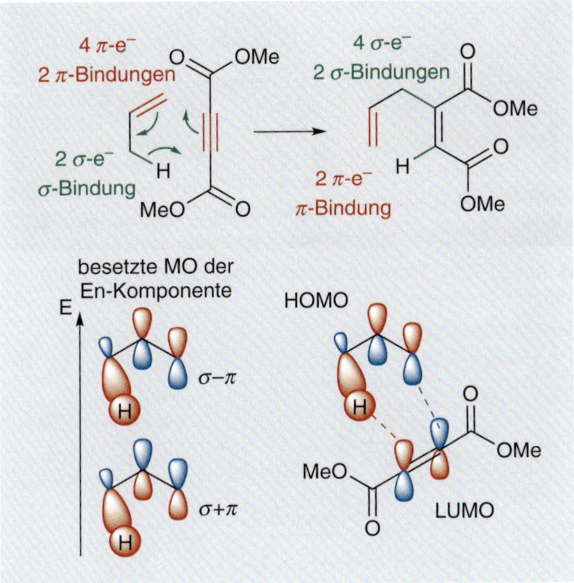


○ **Abb. 13.49** Bei der En-Reaktion reagiert ein Alken mit allylischem Wasserstoffatom mit einer aktivierten Doppelbindung.

*Alder*-Reaktion somit als eine $[2\pi s+4\pi s]$-Reaktion bezeichnet (s für suprafacial). Durch die *suprafaciale* Wechselwirkung sind die beiden Wasserstoffatome im Produkt zueinander *cis* konfiguriert. Eine ebenfalls denkbare [2+2]-Cycloaddition, z. B. zwischen zwei Ethenmolekülen, findet im Gegensatz zu einer *Diels-Alder*-Reaktion thermisch nicht statt. Damit es in diesem Fall zu einer bindenden Überlappung des HOMO mit dem LUMO der anderen Komponente kommt, müsste ein Alken die beiden neuen σ-Bindungen von entgegengesetzten Seiten der $\pi$-Bindung ausbilden (sogenannte *antarafaciale* Anordnung), was sterisch in diesem Fall unmöglich ist.

Die *Diels-Alder*-Reaktion läuft dann besonders gut ab, wenn der Energieunterschied zwischen dem HOMO des einen und dem LUMO des anderen Reaktionspartners nicht allzu groß ist. Dazu muss z. B. das Dien elektronenreich sein oder zumindest keine elektronenziehenden Substituenten aufweisen (energetisch hoch liegendes HOMO). Umgekehrt muss das Dienophil eine besonders elektronenarme Doppelbindung aufweisen, also elektronenziehende Gruppen in Nachbarschaft zur Doppelbindung besitzen, die das LUMO energetisch absenken (○ Abb. 13.48, rechts).

Die Geschwindigkeit der *Diels-Alder*-Reaktion ist wie bei allen pericyclischen Reaktionen kaum von der Polarität des Lösemittels abhängig. Dagegen bewirkt die Zugabe von *Lewis*-Säuren wie $AlCl_3$ eine deutliche Beschleunigung der Reaktion, da diese den elektronenziehenden Effekt der Carboxygruppe auf die Doppelbindung des Dienophils verstärken und das LUMO weiter absenken.

### Ethylendicarbonsäuren

Maleinsäure und Fumarsäure dienen als Komponenten von **Alkydharzen** und ungesättigten **Polyesterharzen**. Fumarsäure ist zudem als Lebensmittelzusatz zugelassen und wird als Säuerungsmittel verwendet. Sowohl **Fumarate** als auch **Maleinate** (verkürzt auch **Maleate** genannt; nicht verwechseln mit Malaten, den Salzen der Äpfelsäure) finden sich als Anionen in zahlreichen Arzneistoffen mit basischen Aminogruppen, beispielsweise in Formoterolfumaratdihydrat, einem bronchienerweiternden Wirkstoff aus der Gruppe der $Beta_2$-Sympathomimetika, oder im $H_1$-Antihistaminikum Dimetindenmaleat. Mit Hydrazinhydrat reagiert Maleinsäureanhydrid zum Maleinsäurehydrazid, das als Wachstumsregulator im der Pflanzenzucht eingesetzt wird (Handelsname Fazor® oder Itcan®). In der organischen Synthese ist Maleinsäureanhydrid ein wertvoller Partner bei *Diels-Alder*-Reaktionen.

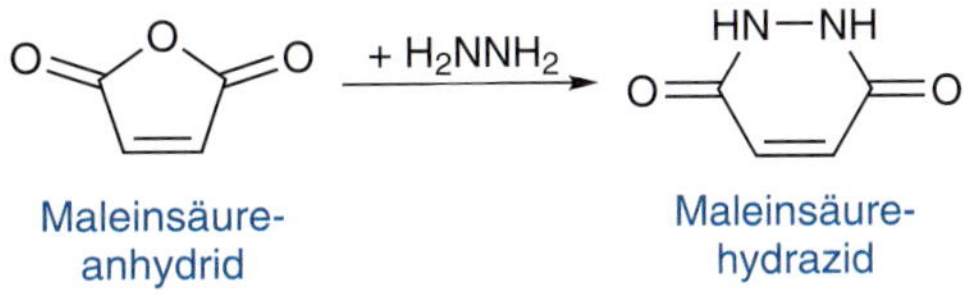


13

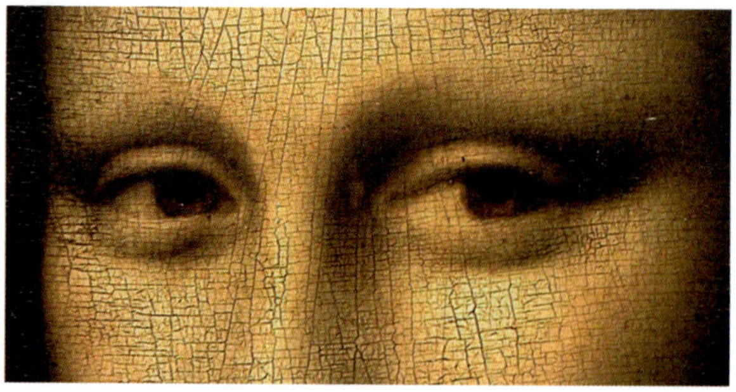

**Abb. 13.50** Krakelee an der Mona Lisa von *Leonardo da Vinci*

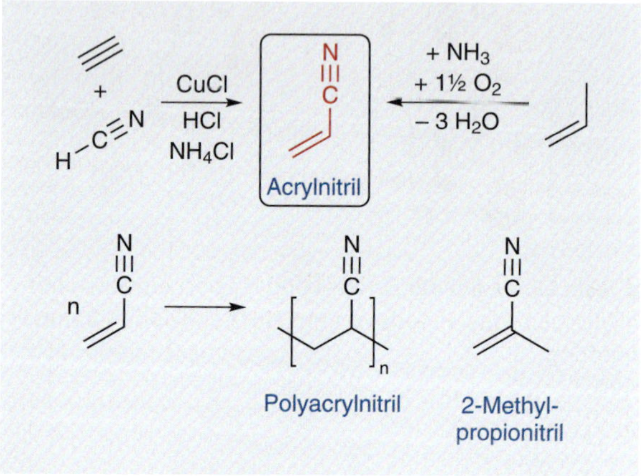


**Abb. 13.51** Darstellung und Reaktion von Acrylnitril

### Mehrfach ungesättigte Carbonsäuren

Öle, die einen hohen Gehalt ungesättigter und mehrfach ungesättigter Fettsäuren enthalten, finden einige interessante Anwendungen. Beispielsweise enthalten die Triacylglycerole in **Leinöl** zu mehr als 90 % ungesättigte Fettsäuren, hauptsächlich Linolen-, Linol- und Ölsäure. Diese unterliegen bereits an der Luft leicht der **Autoxidation** und der radikalischen Polymerisation, sodass sich nach einiger Zeit eine „Haut" auf Leinölfilmen bildet. Im Gegensatz zu gesättigten Fettsäuren können ungesättigte Fettsäuren sehr viel leichter radikalische Zwischenstufen bilden, da die Radikale durch die benachbarten Doppelbindungen mesomeriestabilisiert sind. Das Resultat ist ein uneinheitlich quervernetztes, elastisches Harz, **Linoxin**, das beispielsweise Ausgangsstoff für die Linoleumherstellung ist. Dieser Polymerisationsprozess, der auch als „Trocknen" bezeichnet wird, kann zur Konservierung und Imprägnierung von Holz in Fachwerkhäusern, Fenster- und Türrahmen, Holzfassaden etc. ausgenutzt werden. Dabei zieht das Leinöl zum Teil tief in das Holz ein und polymerisiert dort. Leinöl ist außerdem ein seit Jahrhunderten bewährtes Bindemittel in vielen Ölfarben und spielt daher in der Kunstmalerei eine große Rolle. Bilder, die mit solchen Leinölfarben gemalt wurden, sind leicht zu erkennen. Da das Öl durch die Oxidation zunächst an Volumen gewinnt, wird die obere bereits getrocknete, bindemittelärmere Schicht gesprengt, sodass die für Ölfarben typische „Rissbildung" zu beobachten ist (Abb. 13.50). Diese Rissbildung wird als **Krakelee** (frz.: *craqueler* = rissig werden lassen) bezeichnet. Bei dunklen Farbtönen, deren Pigmente Kohle, Ruß oder Erde enthalten, sind oft sehr hohe Bindemittelgehalte notwendig; durch die Volumenausdehnung kommt es dann meist zur Bildung von Falten und Runzeln.

Um die Trocknung zu beschleunigen, werden oftmals 1–5 % sogenannter **Sikkative** zugesetzt. Das sind katalytisch aktive Substanzen, z. B. Cobalt-, Mangan- oder Bleisalze von Linol-, Harz- und Naphthensäuren, die als Sauerstoffträger die Oxidation erleichtern und bereits innerhalb eines Tages zur Ausbildung eines festen Films führen. Solche Gemische aus trocknenden Ölen und Sikkativ bezeichnet man als **Firnis**.

### 13.2.4 Ausgewählte Verbindungen

Ein wichtiges Derivat der Acrylsäure ist das **Acrylnitril** (Abb. 13.51, oben). Dieser kleinste Vertreter der ungesättigten Nitrile ist ein sehr reaktives *Michael*-System und ermöglicht somit die Einführung von Cyanoethylgruppen bei der Umsetzung mit Aminen oder Thiolen (▸ Exkurs: Cyanethylierung zur Herstellung verzweigter Dendrimere) oder mit Verbindungen mit aciden α-Wasserstoffatomen. Acrylnitril ist eine farblose Flüssigkeit, die leicht polymerisiert. Sie hat sich in Tierversuchen als cancerogen erwiesen, sodass der Umgang mit dieser Substanz unter äußerster Sorgfalt erfolgen muss. Die Darstellung von Acrylnitril durch die Addition von Blausäure an Acetylen wurde mittlerweile durch die Ammonoxidation ersetzt. Dabei werden im Sohio-Verfahren (*Standard-oil-of-Ohio*) Propen und Ammoniak bei einer Temperatur von 450 °C und einem Druck von 1,5 MPa am Bismut-Molybdän-Eisen-Kontakt im Fließbett umgesetzt; durch diesen Prozess wird in 67%iger Ausbeute Acrylnitril neben Acetonitril und Blausäure generiert. Auf analoge Weise lässt sich aus Isobuten 2-Methylpropionitril erzeugen. Die Reaktion ähnelt der *Adrussow*-Reaktion zur industriellen Darstellung von Blausäure aus Methan, Ammoniak und Sauerstoff.

Die gezielte Polymerisation mit Peroxiden in Wasser führt zu Polyacrylnitril (PAN, Abb. 13.51, unten). Im Gegensatz zu anderen Polymeren lässt sich PAN nicht ohne weiteres zu Fäden verspinnen, da es sich bei einer Temperatur von 250 °C zersetzt, ohne zuvor zu schmelzen. Erst durch den Zusatz von Dimethylformamid (DMF) als Lösemittel konnte man Polyacrylnitrilfasern (Orlon®, Dralon®) nach dem Trocken- bzw. Nassverfahren gewinnen. Sie besitzen hohe Festigkeit, hervorragende Licht- und Wetterbeständigkeit und wollähnlichen Charakter.

Durch Pyrolyse der Fasern in Abwesenheit von Sauerstoff lassen sie sich in Kohlenstofffasern mit graphitähnlicher Struktur überführen. Durch die Einarbeitung in herkömmliche Polymere entstehen **Carbonfaserverstärkte Kunststoffe** (CFK), deren mechanische Eigenschaften sogar Stahl übertreffen. Da CFKs zudem deutlich leichter sind, werden sie vor allem in der Luft- und Raumfahrt sowie im Brückenbau und als Konstruktionswerkstoffe verwendet (Abb. 13.52).

**α-Cyanacrylsäure** polymerisiert im Gegensatz zu Acrylnitril bereits spontan unter Einfluss von Luftfeuchtigkeit zu Polycyanacrylat, weswegen sie in großem Maßstab als **Reaktionskleber** verwendet wird.

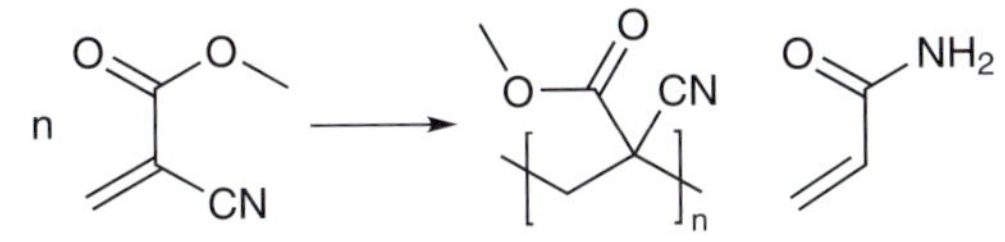


Hydrolysiert man Acrylnitril partiell, so kann Acrylamid dargestellt werden, aus dem technisch **Polyacrylamid** erzeugt wird. Polyacrylamid kann aufgrund seiner gelartigen Eigenschaften für die **Gelelektrophorese** eingesetzt werden, einer Technik zur Trennung von Proteinen (▸Kap. 37.3) und anderen, geladenen Makromolekülen in einem elektrischen Feld. In der Kosmetik dient Polyacrylamid als Gelbildner, in der Papierindustrie als Bindemittel. Das monomere Acrylamid ist in den letzten Jahren des Öfteren in den Medien aufgetaucht. Es entsteht beim starken Erhitzen von kohlenhydrat- und proteinhaltigen Lebensmitteln mit Fett. Dabei kommt es zunächst zum nichtenzymatischen Röst- und Bräunungsvorgang, bei dem Glucose mit Asparagin oder Glutamin unter Wasserabspaltung zu entsprechenden *Schiff*schen Basen reagiert (vgl. *Maillard*-Reaktion, ▸Kap. 17.1.3). Aus diesen kann anschließend bei hohen Temperaturen Acrylamid freigesetzt werden. Entsprechend kann es vermehrt in Lebensmitteln, die bei hohen Temperaturen frittiert oder in Fett gebraten werden, wie Bratkartoffeln, Pommes Frites, Kartoffelchips und Grillfleisch, auftreten.

**Abb. 13.52** Carbonfaserverstärkte Materialien befanden sich beispielsweise im Hitzeschutzschild der Space-Shuttle-Raumfähren.

## Exkurs: Cyanethylierung zur Herstellung verzweigter Dendrimere

**Dendrimere** (griech. *dendron* = der Baum) sind fächerartig verzweigte, an den Enden funktionalisierte Moleküle, die stufenweise aufgebaut werden können. Setzt man z. B. Acrylnitril mit Ammoniak um, bilden sich zunächst das β-Alaninnitril, das Bis(2-cyanethyl)amin und das Tris(2-cyanethyl)amin; sie werden als Dendrimere der ersten Generation bezeichnet und sind noch CN-funktionalisiert. Durch die Reduktion mit *Raney*-Nickel können daraus die freien Aminofunktionen generiert werden. Diese lassen sich nun erneut mit Acrylnitril umsetzten (Generationensprung), worauf die Prozedur bis zum hochmolekularen Dendrimer wiederholt werden kann (o Abb. 13.53). Dendrimere sind zum einen wegen ihrer hohen Oberflächenfunktionalität interessant: Beispielsweise können aminfunktionalisierte Dendrimere (z. B. SuperFect®) erfolgreich zur Gentransfektion eingesetzt werden, also zur Einschleusung von genetischer Information in Zellen. Wenn die positiv geladenen Ammoniumgruppen der Dendrimere an das negativ geladene Phosphatrückgrat der DNA binden, kommt es zu einer Kondensation der DNA zu kleinen Partikeln, die anschließend von Zellen z. B. durch Endocytose aufgenommen werden können. Zum anderen können in den inneren Kavitäten solcher Dendrimere Gastmoleküle eingelagert, transportiert und unter geeigneten Bedingungen wieder freigesetzt werden. Dendrimere sind daher derzeit im Rahmen der Entwicklung von Wirkstoffträgern von großem Interesse.

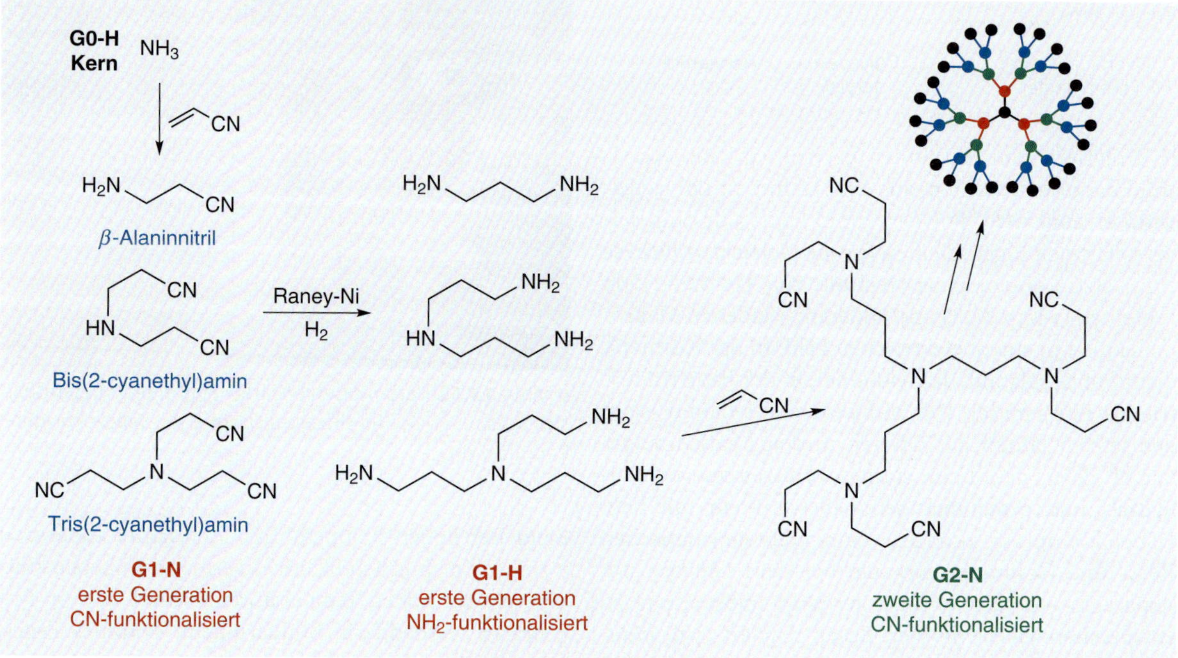


o **Abb. 13.53** Die Cyanethylierung von Ammoniak führt in einer Kaskadenreaktion zur Bildung verzweigter Dendrimere.

# 14 Carbonsäurederivate

Carbonsäurehalogenide ... 375 | Carbonsäureanhydride ... 378 | Ketene ... 382 | Ester und Orthoester ... 383 | Carbonsäureamide ... 389 | Sonstige N-Derivate der Carbonsäuren ... 392

Die Carbonsäurederivate, RC(=O)X, leiten sich formal von den Carbonsäuren, RC(=O)OH, ab: Am Carbonyl-Kohlenstoff ist anstelle der Hydroxygruppe —OH ein anderes Heteroatom bzw. eine andere Heteroatomgruppe X (z. B. —OR, $—NH_2$, Halogen) gebunden. Die Oxidationsstufe des Kohlenstoffs ist in allen Fällen +3 (Ausnahme: Ameisensäure und ihre Derivate: +2). Bei der basischen oder sauren Hydrolyse der Carbonsäurederivate entstehen letztendlich Carbonsäuren. Die typische Reaktion der Carbonsäurederivate ist die Acylsubstitution (▸Kap. 14.1.3), also der Ersatz der Heteroatomgruppe X durch ein angreifendes Nucleophil. Allerdings unterscheiden sich die Carbonsäurederivate deutlich in ihrer Reaktivität gegenüber Nucleophilen.

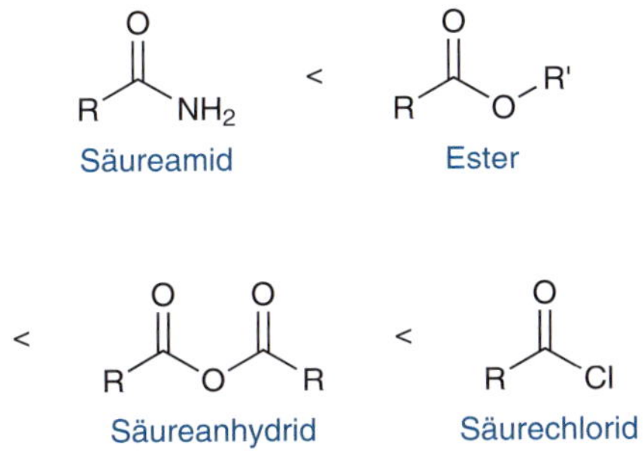


## 14.1 Carbonsäurehalogenide

### 14.1.1 Struktur und Eigenschaften

In den **Carbonsäurehalogeniden** ist die OH-Gruppe einer Carboxygruppe durch ein Halogenatom ersetzt.

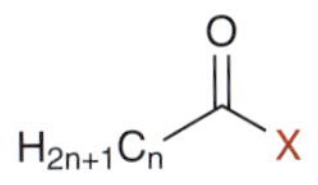

Man bezeichnet die Carbonsäurehalogenide auch als Acylhalogenide, z. B. Acetyl- (Ethanoyl-), Propionyl- (Propanoyl-), *n*-Butyryl- (*n*-Butanoyl-), *n*-Valerylchlorid usw. **Formylchlorid** (HC(=O)Cl, Methanoylchlorid), das Säurechlorid der Ameisensäure, ist nur bei sehr tiefer Temperatur beständig und zerfällt bei höherer Temperatur in CO und HCl. Allerdings reagiert umgekehrt ein Gemisch von Kohlenmonoxid und Chlorwasserstoff bei einigen Synthesen so, als ob Formylchlorid vorläge.

Die niederen Säurehalogenide sind farblose, stechend riechende Flüssigkeiten, die an der Luft rauchen und eine starke Reizwirkung auf die Schleimhäute ausüben; die höheren sind kristalline Feststoffe. Säurechloride sieden bei niedrigeren Temperaturen als die entsprechenden Säuren, z. B. Acetylchlorid bei 52 °C und Essigsäure bei 118 °C, da die Säurechloride – anders als die Carbonsäuren – keine über H-Brücken verbundenen Dimere bilden können. Im Vergleich zu den Carbonsäuren sind die Säurehalogenide aber deutlich reaktionsfähiger und werden daher gerne zur Einführung des Acylrestes in organische Verbindungen genutzt (**Acylierung**).

### 14.1.2 Gewinnung und Synthese

Säurechloride können durch Umsetzung von Carbonsäuren bzw. deren Alkalisalzen mit Säurehalogeniden des Phosphors (z. B. **Phosphorpentachlorid**, $PCl_5$, bzw. **Phosphortrichlorid**, $PCl_3$) oder des Schwefels (z. B. **Sulfurylchlorid**, $SO_2Cl_2$, oder **Thionylchlorid**,

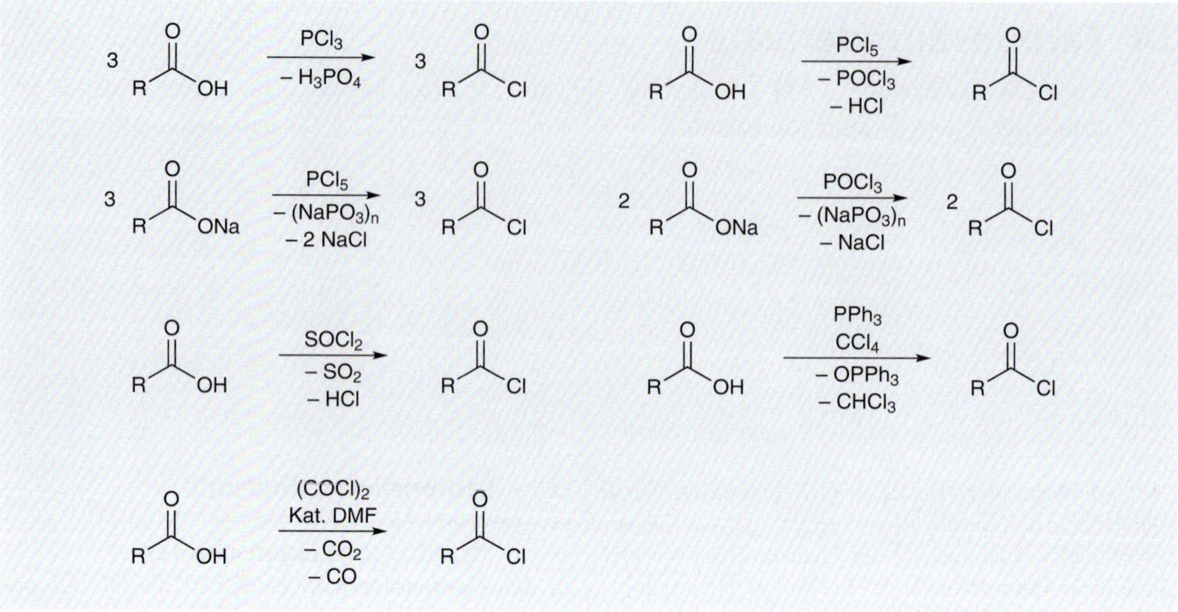

**Abb. 14.1** Darstellungsmethoden von Säurechloriden

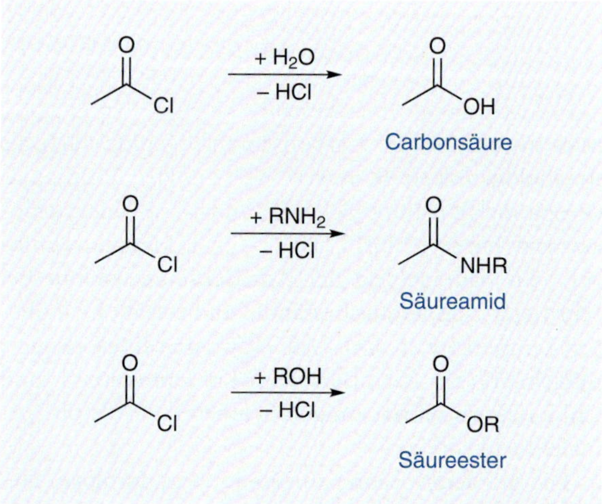

**Abb. 14.2** Darstellung von Carbonsäuren, Säureamiden und -estern aus Säurechloriden am Beispiel von Acetylchlorid

$SOCl_2$) gewonnen werden (Abb. 14.1). Je nach Chlorierungsreagenz werden dabei allerdings nicht alle Cl-Atome für die Säurechloridbildung genutzt. So reagiert **Phosphorpentachlorid** $PCl_5$ nur mit einem Äquivalent Carbonsäure. Als weitere Produkte entstehen neben dem Säurechlorid noch jeweils ein Äquivalent HCl und Phosphoroxychlorid (Phosphorylchlorid, Phosphoroxidchlorid, $POCl_3$). Dieses ist nicht reaktiv genug, um mit weiteren Äquivalenten Carbonsäure zu reagieren. Setzt man allerdings die reaktiveren Natriumsalze der Carbonsäuren ein, können drei der fünf Cl-Atome des $PCl_5$ zur Chlorierung genutzt werden, da auch das intermediär entstehende $POCl_3$ mit den Natriumsalzen der Carbonsäuren weiterreagiert. Im Laboratorium benutzt man vielfach **Thionylchlorid**, $SOCl_2$, da es nur gasförmige Nebenprodukte (HCl und $SO_2$) liefert. Auch mit **Oxalylchlorid** $(COCl)_2$ lassen sich Säuren zu den Säurechloriden umsetzen. Hier entstehen ebenfalls nur gasförmige Nebenprodukte (HCl, $CO_2$, CO), was die Aufarbeitung erleichtert. Unter besonders milden Bedingungen gewinnt man Säurechloride durch Umsetzung der Carbonsäuren mit Triphenylphosphin in Tetrachlormethan.

Säurebromide, -iodide und einige -fluoride können aus den betreffenden Säurechloriden durch Einwirkung von trockenem Brom-, Iod- oder Fluorwasserstoff (bzw. von Antimonfluoriden) erhalten werden. Eine weitere Möglichkeit zur Synthese von Säurefluoriden besteht in der Reaktion von Carbonsäuren in Dichlormethan und Pyridin bei Raumtemperatur mit **Cyanurfluorid**.

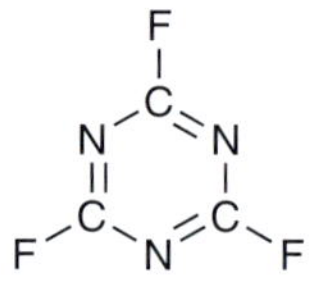

Cyanurfluorid

### 14.1.3 Reaktionen und Anwendungen

Aus Carbonsäurechloriden sind durch die Umsetzung mit Nucleophilen zahlreiche andere Carbonsäurederivate leicht zugänglich. Dabei findet eine **Acylsubstitution** statt. So reagiert z. B. **Acetylchlorid** $CH_3C(=O)Cl$ bereits bei Raumtemperatur oder unter leichtem Erwärmen mit Wasser, Alkoholen, Ammoniak, primären und sekundären Aminen zur Carbonsäure, zu Säureestern bzw. Säureamiden (Abb. 14.2). Derartige **Acetylierungen** können auch zum Nachweis acider H-Atome in Hydroxy-, Amino-,

Imino- und Mercaptogruppen genutzt werden. Die Acylsubstitution verläuft nach einem **Additions-Eliminierungs-Mechanismus.** Zunächst greift das Nucleophil das Carbonyl-Kohlenstoffatom an, und es entsteht ein tetraedrisches Intermediat. Im zweiten Schritt wird Chlorid als gute Abgangsgruppe abgespalten und so die stabile C=O-Doppelbindung zurückgebildet.

Um den bei der Acylsubstitution entstehenden Chlorwasserstoff abzufangen, kann man Pyridin hinzufügen (*Einhorn*). Pyridin dient jedoch nicht nur als Base, sondern auch als **nucleophiler Katalysator** und beschleunigt die Bildung des Acetylderivats. Das Stickstoffatom des Pyridins kann ebenfalls nucleophil am Carbonylkohlenstoff angreifen und ein ***N*-Acylpyridinium-Ion** bilden (o Abb. 14.3). Dieses Intermediat ist gegenüber dem Angriff eines Nucleophils sogar noch reaktiver als das ursprüngliche Säurechlorid. Da beide Reaktionsschritte, die Bildung des Pyridiniumsalzes aus dem Säurechlorid und dessen Weiterreaktion mit dem eigentlichen Nucleophil, auch zusammengenommen schneller sind als der direkte Angriff des Nucleophils an das Säurechlorid, findet insgesamt eine schnellere Acylierung statt.

Noch besser eignet sich **4-Dimethylaminopyridin (4-DMAP)** als Katalysator für die Umsetzung von Säurechloriden, da der Pyridinstickstoff hier aufgrund des +M-Effektes der *para*-ständigen Dimethylaminogruppe noch elektronenreicher und damit deutlich nucleophiler als in Pyridin selbst ist. Als Zwischenstufe entsteht ebenfalls ein *N*-Acylpyridiniumsalz (o Abb. 14.4). Auch bei Acylsubstitutionen an anderen Carbonsäurederivaten wird 4-DMAP häufig als nucleophiler Katalysator eingesetzt, z. B. bei der ***Steglich*-Veresterung**.

Metallorganische Verbindungen (**Lithiumorganyle** oder ***Grignard*-Verbindungen**) reagieren mit Säurechloriden zuerst zu einem Keton und dann weiter zum tertiären Alkohol. Bei Verwendung der weniger reaktiven **Kupferorganyle** (Cuprate) bleibt die Reaktion jedoch auf der Stufe des Ketons stehen (o Abb. 14.5).

Mit Reduktionsmitteln wie Lithiumaluminiumhydrid kann ein Carbonsäurechlorid leicht zum primären

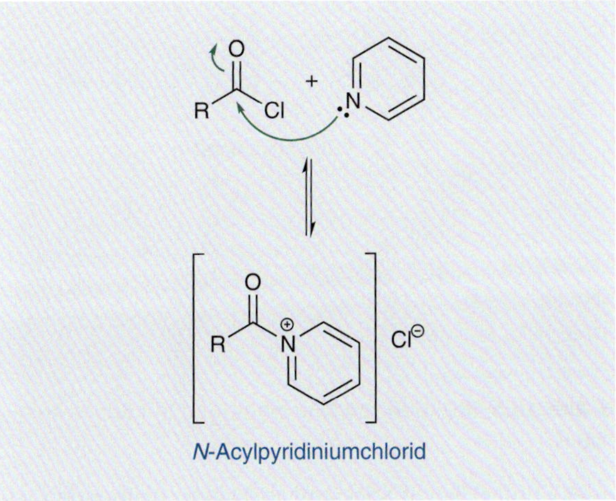


o **Abb. 14.3** Bildung eines *N*-Acylpyridinium-Ions durch Umsetzung von Pyridin mit einem Säurechlorid

Alkohol reduziert werden. Der zuerst bei der Reduktion gebildete Aldehyd kann isoliert werden, wenn weniger reaktive Reduktionsmittel wie z. B. $LiAlH(OR)_3$ bei −78 °C eingesetzt werden; Bedingungen, bei denen die weitere Reduktion des Aldehyds zum Alkohol nicht stattfindet.

Auch bei der ***Rosenmund*-Reduktion**, der palladiumkatalysierten Hydrierung mit Wasserstoff, werden Säurechloride selektiv zum Aldehyd reduziert (▸Kap. 12.1.2). Zugesetztes Chinolin verhindert die weitere Reduktion zum Alkohol, indem es den Katalysator teilweise „vergiftet" und damit partiell deaktiviert. Ein so vergifteter Katalysator ist zwar noch ausreichend reaktiv, um das Säurechlorid zu reduzieren, aber nicht mehr reaktiv genug, um den weniger reaktiven Aldehyd zum Alkohol zu reduzieren.

Bei der ***Arndt-Eistert*-Synthese** erfolgt wie bereits in ▸Kap. 8.2 beschrieben eine Umsetzung der Säurechloride mit Diazomethan, wobei aus dem intermediär entstehenden Diazoniumbetain unter Abspaltung von Chlorwasserstoff sofort ein Diazoketon entsteht. Diazoketone spalten bei höherer Temperatur, besonders in Gegenwart von Metallkatalysatoren (kolloidem Silber

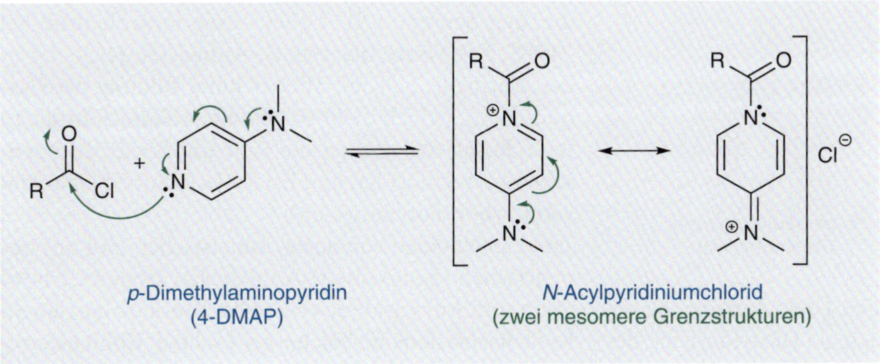


o **Abb. 14.4** Bildung eines *N*-Acylpyridiniumchlorids aus einem Säurechlorid und 4-DMAP

14

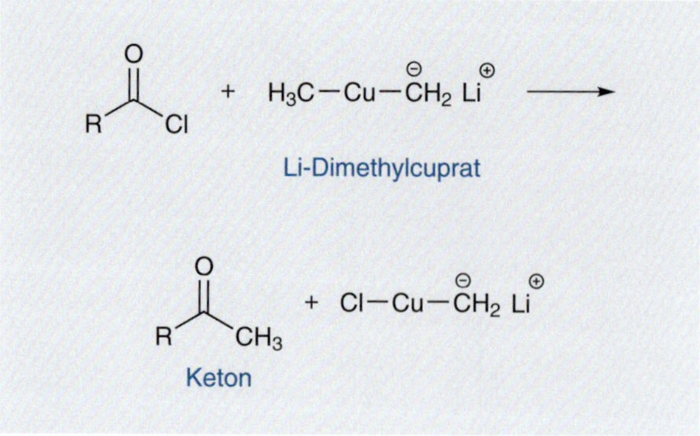


**o Abb. 14.5** Reaktion von Säurechloriden mit Kupferorganylen

oder Kupfer), leicht Stickstoff ab. Das verbleibende Zwischenprodukt, ein Acylcarben, stabilisiert sich unter Wanderung des Restes R (formal als Anion, ***Wolff*-Umlagerung**) und Ausbildung einer neuen Doppelbindung zu einem Keten. Je nachdem, ob die Zersetzung des Diazoketons in Wasser, Alkohol oder Ammoniak durchgeführt wird, entstehen die um ein C-Atom verlängerten Carbonsäuren, deren Ester bzw. Amide.

Die *Arndt-Eistert*-Synthese bietet somit die Möglichkeit, ein Säurechlorid in Derivate der nächsthöheren homologen Carbonsäure zu überführen. Man spricht daher von **Homologisierung.** Auf diesem Wege lassen sich z. B. aus *N*-geschützten $\alpha$-Aminosäuren die als Bausteine für $\beta$-Peptide benötigten $\beta$-Aminosäuren gewinnen. Die Konfiguration am Chiralitätszentrum (*) der $\alpha$-Aminosäure bleibt bei der Synthese erhalten.

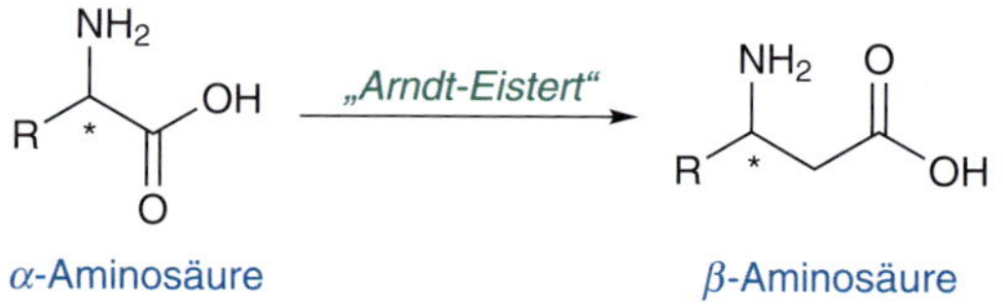


## 14.2 Carbonsäureanhydride

### 14.2.1 Struktur und Eigenschaften

Säureanhydride entstehen formal durch Kondensation zweier Carbonsäuremoleküle unter Wasserabspaltung.

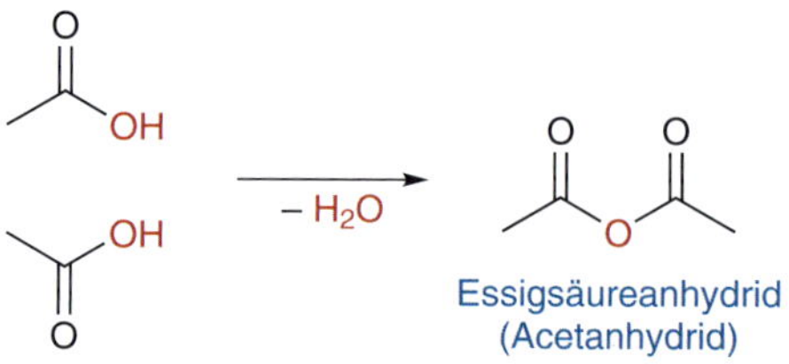


In Analogie zu den Ethern, den Dialkyloxiden, lassen sich Säureanhydride daher auch als Diacylderivate des Wassers auffassen. Der wichtigste Vertreter ist **Essigsäureanhydrid** (Acetanhydrid). Das Anhydrid der Ameisensäure (Sdp. 24 °C, 20 mmHg) ist nur bei niedrigen Temperaturen (–10 °C) oder in etherischer Lösung stabil und zerfällt sehr leicht in Ameisensäure und Kohlenmonoxid. Stabiler dagegen ist das unsymmetrische (gemischte) Anhydrid der Ameisen- und Essigsäure (Sdp. 103 °C). Ein weiteres unsymmetrisches Anhydrid der Ameisensäure ist Pivaloylformylanhydrid, das für Formylierungsreaktionen genutzt werden kann. Aufgrund der sterisch anspruchsvollen *tert*-Butylgruppe wird aus diesem Anhydrid ausschließlich die Formyl- und nicht die Pivaloylgruppe auf Nucleophile übertragen.

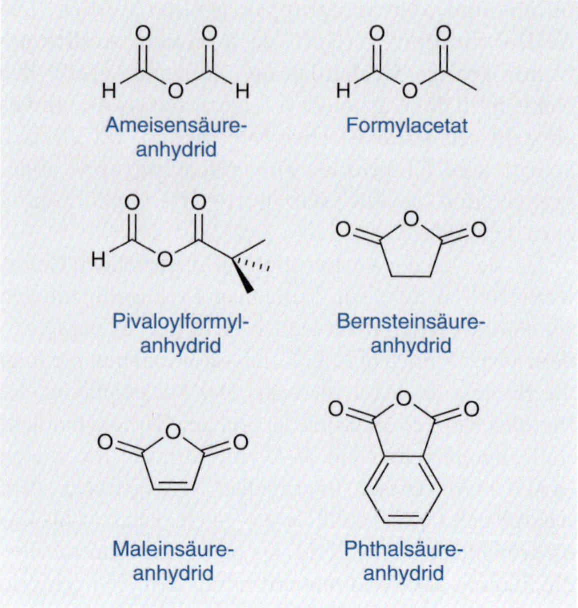


**o Abb. 14.6** Verschiedene symmetrische und gemischte Anhydride

Weitere wichtige Anhydride sind Phthalsäure- (Smp. 131 °C, Sublimation ab 285 °C), Bernsteinsäure- (Smp. 119 °C) und Maleinsäureanhydrid (Smp. 53 °C) als Beispiele für symmetrische, cyclische Anhydride von Dicarbonsäuren (o Abb. 14.6).

Die meisten Säureanhydride niederer aliphatischer Carbonsäuren sind farblose, stechend riechende Flüssigkeiten, deren Siedepunkte allerdings höher liegen als die der Säuren; z. B. siedet Essigsäureanhydrid bei 140 °C, Essigsäure bei 118 °C. Anhydride reagieren in der Wärme lebhaft mit Wasser unter Bildung der Carbonsäuren, jedoch nicht so heftig wie Säurechloride. In ihrer Reaktivität stehen die Säureanhydride also zwischen Säurechloriden und Estern (▸ Exkurs: Reaktivität von Carbonsäurederivaten).

Zu unterscheiden von den symmetrischen und unsymmetrischen (gemischten) Anhydriden zweier Carbonsäure sind Anhydride aus einer Carbonsäure und einem Kohlensäurederivat. Solche gemischten **Kohlensäure-Carbonsäure-Anhydride** entstehen *in situ*, wenn ein

**Exkurs: Reaktivität von Carbonsäurederivaten**

Die Reaktivität der Carbonsäurederivate gegenüber Nucleophilen und damit auch ihre Hydrolyselabilität in Wasser hängt einerseits von der Resonanzstabilisierung der Carbonylgruppe durch den vorhandenen Substituenten X und andererseits von der Stabilität des tetraedrischen Intermediates ab, das im ersten Schritt der Acylierungsreaktion (○ Abb. 14.7) entsteht. Ein Säurederivat ist umso reaktiver, je geringer die Resonanzstabilisierung der Carbonylgruppe ist, d. h. je geringer also z. B. der +M-Effekt (▸ Kap. 19.1.3) des Substituenten X ist, und je besser die tetraedrische Zwischenstufe durch den –I-Effekt der Abgangsgruppe ($X^-$ bei anionischer Zwischenstufe) oder durch deren anomeren Effekt (XH bei neutraler Zwischenstufe) stabilisiert wird. Letztlich laufen alle diese Effekte darauf hinaus, dass die Reaktivität umso größer ist, je acider die zur Abgangsgruppe konjugierte Säure HX ist. Daher lassen sich z. B. Ester durch Reaktion mit Aminen in Amide überführen (Aminolyse eines Esters), umgekehrt jedoch nicht (vgl. auch ○ Abb. 14.8).

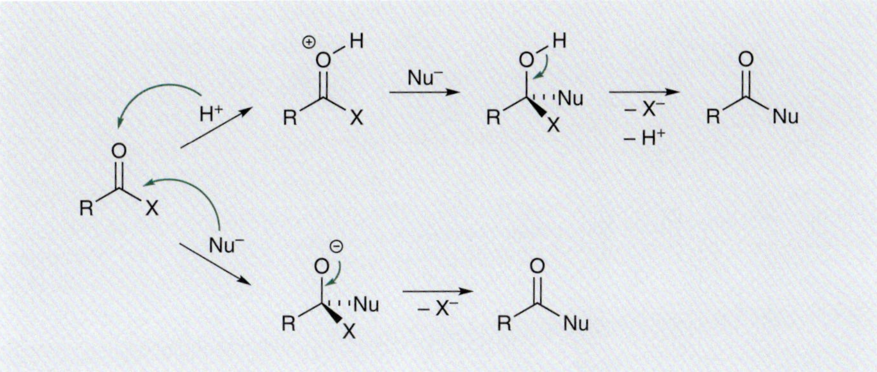


○ **Abb. 14.7** Reaktion von Carbonsäurederivaten mit Nucleophilen in saurer (oben) und in basischer Lösung (unten). Je geringer die Resonanzstabilisierung der Carbonylgruppe durch den Substituenten X ist, und je besser die tetraedrische Zwischenstufe (z. B. durch einen –I-Effekt der Abgangsgruppe X) stabilisiert wird, umso reaktiver ist das Säurederivat.

Carboxylat mit einem Chlorameisensäureester (z. B. *tert*-Butylchloroformiat) umgesetzt wird. In solchen Anhydriden ist in der Regel die Carbonylgruppe der Carbonsäure (a) weniger resonanzstabilisiert und damit reaktiver als die der Kohlensäure (b) (○ Abb. 14.8). Dadurch erhält man bei der Reaktion mit Nucleophilen (z. B. Aminen) selektiv das *N*-acylierte Derivat und nicht das Urethan. Diese Methode der Bildung eines Amids wird z. B. in der Peptidchemie (▸ Kap. 37.2) angewandt.

## 14.2.2 Gewinnung und Synthese

Ein Reagenz zur Kondensation der Carbonsäuren zu Anhydriden ist DCC (**Dicyclohexylcarbodiimid**). Im ersten Reaktionsschritt entsteht als reaktives Zwischenprodukt aus einem Äquivalent Carbonsäure und DCC ein *O*-Acylisoharnstoff, der mit einem zweiten Äquivalent der Carbonsäure das Anhydrid und Dicyclohexylharnstoff ergibt (○ Abb. 14.9). Mit dieser Methode kann auch das wenig stabile Anhydrid der Ameisensäure synthetisiert werden. DCC wird insbesondere in der Peptidchemie eingesetzt. Dazu werden entweder direkt die aus einer *N*-geschützten Aminosäure und DCC gebildeten *O*-Acylisoharnstoffe mit einer C-geschützten Aminosäure zum Dipeptid umgesetzt. Oder es wird zuerst durch Umsetzung mit einem weiteren Äquivalent der *N*-geschützten Aminosäure ein symmetrisches Anhydrid hergestellt, das dann mit einer weiteren, diesmal C-geschützten Aminosäure zu einem Dipeptid umgesetzt wird. Die zweite Methode hat den Vorteil, dass die Aminolyse des Anhydrids eindeutig verläuft, allerdings wird nur die Hälfte der im Anhydrid eingesetzten Aminosäure in das Produkt eingebaut.

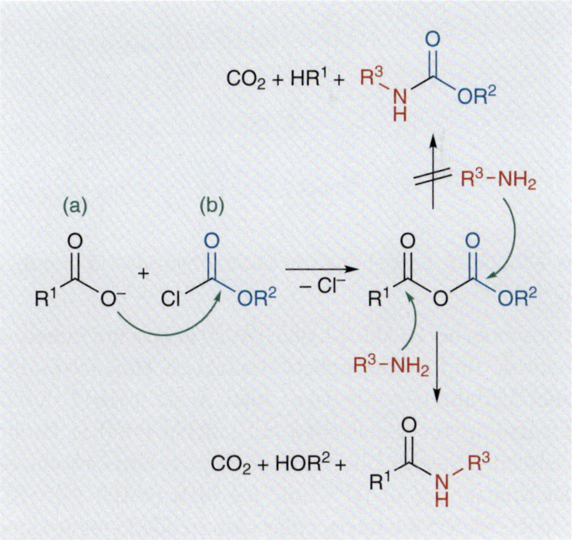


○ **Abb. 14.8** Reaktionen gemischter Kohlensäure-Carbonsäure-Anhydride mit Nucleophilen. Es entstehen selektiv Carbonsäurederivate und keine Urethane.

Im Labor stellt man Säureanhydride z. B. durch Einwirkung von Säurechloriden auf die Alkalisalze der Car-

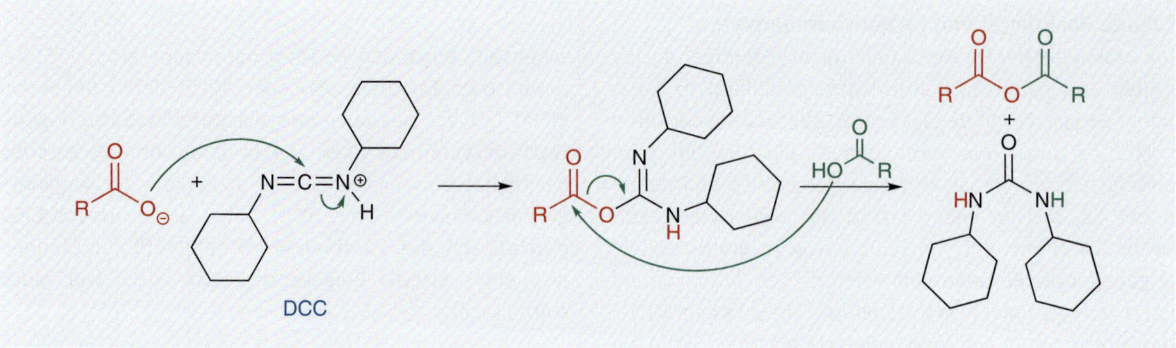


**o Abb. 14.9** Synthese symmetrischer Anhydride durch Kondensation zweier Carbonsäuren mit DCC

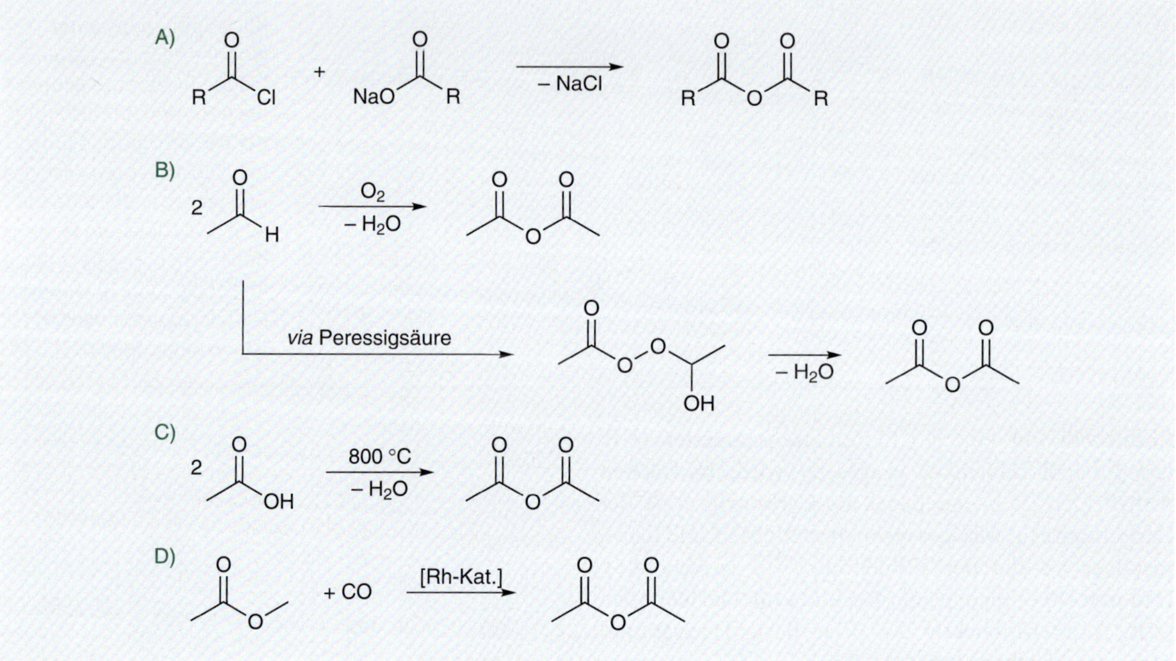


**o Abb. 14.10** Darstellung von Säureanhydriden (**A** und **B**), technische Verfahren zur Darstellung von Essigsäureanhydrid (**C** und **D**)

bonsäuren her (o Abb. 14.10 A). Auch gemischte Säureanhydride sind so zugänglich. Nach dem ***Hoechst-Knapsack*-Verfahren** synthetisiert man **Acetanhydrid** durch Oxidation von Acetaldehyd mit Luftsauerstoff in Essigsäureethylester als Lösemittel am Kupfer- und Cobaltacetat-Kontakt bei 50–60 °C und 0,4 MPa (o Abb. 14.10 B). Dabei reagiert die intermediär auftretende Peressigsäure mit Acetaldehyd unter Wasserabspaltung zu Acetanhydrid. Bei optimaler Reaktionsführung werden Essigsäureanhydrid und Essigsäure im Verhältnis 56:44 erzeugt. Eine weitere großtechnische Synthese beruht auf der Dehydratisierung von Essigsäure bei 800 °C (o Abb. 14.10 C). Um die Hydrolyse des Anhydrids durch das entstandene Wasser zu vermeiden, müssen die Produkte rasch voneinander getrennt werden. Alternativ wird im ***Tennessee-Eastman*-Verfahren** (angelehnt an das ***Monsanto*-Verfahren)** Methylacetat Rhodium-katalysiert zu Acetanhydrid carbonyliert (o Abb. 14.10 D).

Technisch wird **Acetanhydrid** durch Umsetzung von Keten mit Eisessig im sogenannten ***Wacker*-Verfahren** (▸ Kap. 14.3.2) in über 95%iger Ausbeute gewonnen (vgl. auch o Abb. 14.15). **Phthalsäureanhydrid** wird technisch durch Oxidation von *ortho*-Xylen oder Naphthalen mit Vanadiumpentoxid als Katalysator gewonnen (***Gibbs-Wohl*-Verfahren**). Dabei entsteht auch **Maleinsäureanhydrid** als Nebenprodukt. Dieses wird technisch auch durch Oxidation von *n*-Butan oder der *n*-Butan-reichen $C_4$-Fraktion, die beim *steam cracken* (thermisches Cracken, ▸ Kap. 4) entsteht, mithilfe eines VPO-Katalysators (Vanadium-Phosphor-Oxid) synthetisiert. Die katalytische Hydrierung des Maleinsäureanhydrids führt zu **Bernsteinsäureanhydrid**, das auch aus Bernsteinsäure durch Erhitzen auf 200 °C oder mit Hilfe wasserentziehender Mittel (z. B. Phosphoroxychlorid) gewonnen werden kann.

### 14.2.3 Reaktionen und Anwendungen

Wie Acetylchlorid findet **Essigsäureanhydrid** Verwendung als Acetylierungsmittel (Abb. 14.11). Anstelle von Chlorwasserstoffsäure HCl wird bei der Verwendung von Acetanhydrid ein Äquivalent Essigsäure frei. Dank seiner guten Wasserlöslichkeit (in 100 ml kaltem Wasser lösen sich 13,6 g) eignet sich Essigsäureanhydrid insbesondere für Acetylierungen in wässriger Phase. Oft aktiviert man diese Acetylierung durch Zugabe von wenig wasserfreiem Natriumacetat oder etwas konzentrierter Schwefelsäure. In der Technik benutzt man für Acetylierungen fast ausschließlich Essigsäureanhydrid anstelle von Acetylchlorid, z. B. bei der Herstellung von Arzneistoffen, Farbstoffen und vor allem von Acetylcellulose.

Aus Essigsäureanhydrid und Natriummetaboratperoxidhydrat wird außerdem **Diacetylperoxid** dargestellt (Abb. 14.12), das als Radikalbildner bei technischen Polymerisationsreaktionen verwendet wird. Es ist eine farblose Flüssigkeit, die in der Wärme leicht explodiert.

**Phthalsäureanhydrid** wird als Ausgangsstoff für Weichmacher für Kunststoffe (z. B. PVC) auf Phthalsäureester-Basis (z. B. Dibutylphthalat, DBP, Bis(2-etyhlhexylphthalat, DEHP, Dioctylphthalat, DOP) verwendet. Die WHO bzw. die EFSA (Europäische Behörde für Lebensmittelsicherheit) stufen insbesondere die niedermolekularen Phthalsäureester als frucht- und entwicklungsschädigend bzw. fortpflanzungsgefährdend ein, sodass ihre Verwendung in Babyartikeln, Kosmetika und Spielzeug verboten wurde. Aufgrund der in Tierversuchen ermittelten toxikologischen Daten wurde 2005 der TDI-Wert (*tolerable daily intake*, erlaubte Tagesdosis) für DBP auf 10 µg/kg Körpergewicht/Tag gesenkt. DBP u. a. Phthalate (z. B. Diethylphthalat, DET, Polyvinylacetatphthalat, PVAP) werden auch als Hilfsstoffe in der pharmazeutischen Technologie für magensaftresistente Bezüge von Kapseln, Filmtabletten und Dragees eingesetzt. Obwohl es bisher keine Hinweise auf Schädigungen durch Phthalat-haltige Arzneimittel gibt, sollte die Anwendung solcher Arzneimittel, insbesondere bei schwangeren Frauen und Kleinkindern, kritisch geprüft werden (EMA Guideline von 2013, EMA *European Medicines Agency*, Europäische Zulassungsbehörde für Arzneimittel). Zur Darstellung der Phthalsäurediester wird das Anhydrid mit zwei Äquivalenten des entsprechenden Alkohols unter destillativer Abtrennung des entstehenden Wassers zum Diester umgesetzt (Abb. 14.13). Bei allen cyclischen Anhydriden findet der erste Angriff des Alkohols sehr schnell und ohne Katalysator statt. Die Umsetzung mit dem zweiten Äquivalent Alkohol z. B. zur Einführung der zweiten Estergruppe aus diesem Halbester muss dann wie bei einer normalen Estersynthese z. B. unter Säurekatalyse und Entfernung des Wassers durchgeführt werden.

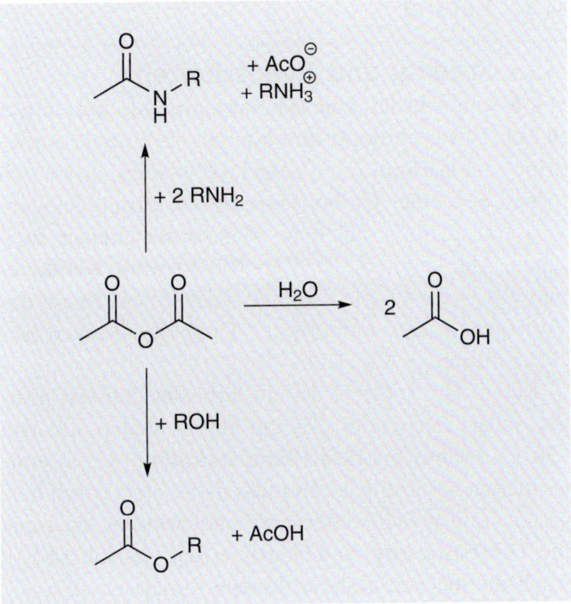


**Abb. 14.11** Acetylierungsreaktionen mit Essigsäureanhydrid

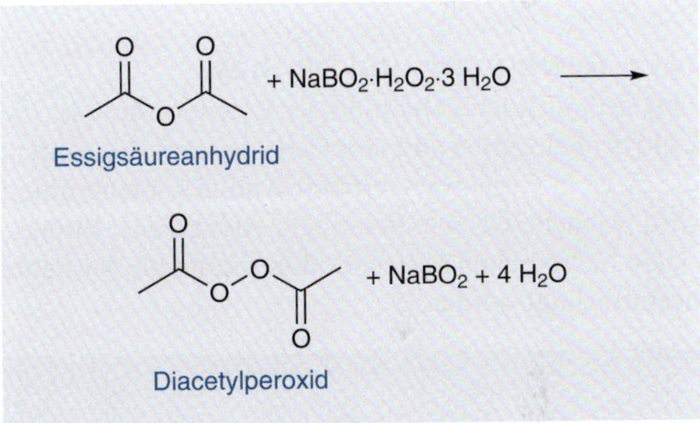


**Abb. 14.12** Darstellung von Diacetylperoxid aus Essigsäureanhydrid

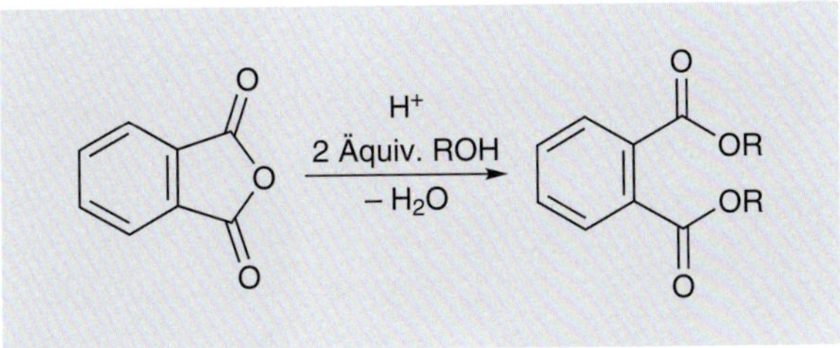


**Abb. 14.13** Synthese von Phthalsäurediestern aus Phthalsäureanhydrid

**Maleinsäureanhydrid** und **Bernsteinsäureanhydrid** sind vielfach verwendete Synthesechemikalien. Aus Maleinsäureanhydrid werden u. a. ungesättigte Polyester oder alternierende Copolymere hergestellt. Aus Bernsteinsäureanhydrid lassen sich z. B. *N*-Chlor- oder *N*-Bromsuccinimid synthetisieren (NCS, NBS), die z. B. für Chlorierungen und Bromierungen (*Wohl-Ziegler*-Verfahren, ▸Kap. 4) eingesetzt werden.

## 14.3 Ketene

### 14.3.1 Struktur und Eigenschaften

Die Ketene wurden von *Wilsmore* und von *Staudinger* (○ Abb. 14.14) entdeckt und können als „innere Anhydride" der Carbonsäuren aufgefasst werden, da sie sich formal von einer Carbonsäure durch intramolekulare Wasserabspaltung ableiten. Man unterscheidet zwischen **Aldoketenen**, R–CH=C=O, und **Ketoketenen**, $R_2C{=}C{=}O$. Die Reaktivität der Ketene ist auf das Vorliegen zweier kumulierter Doppelbindungen zurückzuführen (▸ Kap. 5.1).

**Keten**, $H_2C{=}C{=}O$, ist ein farbloses, äußerst giftiges, scharf riechendes Gas mit einem Siedepunkt von –56 °C, das nur bei tiefen Temperaturen (–80 °C) einigermaßen beständig ist. Es muss daher stets frisch hergestellt und gleich weiterverarbeitet werden, da sonst die **Dimerisierung** zu Diketen erfolgt (○ Abb. 14.15). Auch die meisten anderen Ketene dimerisieren rasch. Eine Ausnahme ist **Diphenylketen**, $Ph_2C{=}C{=}O$, das bei Raumtemperatur beständig ist und nicht dimerisiert.

### 14.3.2 Gewinnung und Synthese

Eine gebräuchliche Methode der Ketensynthese ist die **Dehydrohalogenierung** von Carbonsäurehalogeniden, die meist in Gegenwart tertiärer Amine vorgenommen wird. Manche Ketene, besonders Aldoketene, dimerisieren im basischen Milieu. Dadurch kann die Ausbeute beeinträchtigt werden.

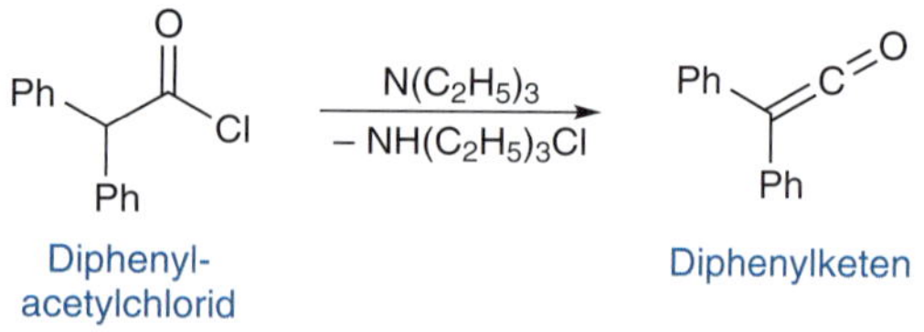


Alternativ können auch α-Chlorcarbonsäurechloride mit Zink zu Ketenen dehalogeniert werden.

**Keten** entsteht bei der **pyrogenen Spaltung** von Aceton (*Schmidlin*-Verfahren), die technisch mit sehr guter Ausbeute an einer Chrom-Nickel-Spirale bei 780 °C durchgeführt wird (○ Abb. 14.15). Es wird aus dem in der „Ketenlampe" entstandenen Gasgemisch mit tiefgekühltem Aceton herausgewaschen und so vom ebenfalls entstehenden Methan getrennt.

Beim ***Wacker*-Verfahren** entsteht Keten als Zwischenstufe, indem Essigsäure bei 700 °C in Gegenwart geeigneter Katalysatoren, z. B. Triethylphosphat, dehydratisiert wird (○ Abb. 14.15). Da der Prozess reversibel verläuft, muss das Wasser durch Kühlen rasch aus dem Gleichgewicht entfernt werden. Die tiefgekühlten Ketendämpfe werden sofort zu Essigsäureanhydrid umgewandelt oder zu Diketen (4-Methylen-2-oxetanon, Sdp. 127 °C) dimerisiert. Aus dem Diketen gewinnt man durch Umsetzung mit Ethanol technisch Acetessigester.

○ **Abb. 14.14** *Hermann Staudinger* war ein deutscher Chemiker und der Begründer der makromolekularen Chemie. Er entdeckte zudem die Substanzklasse der Ketene.

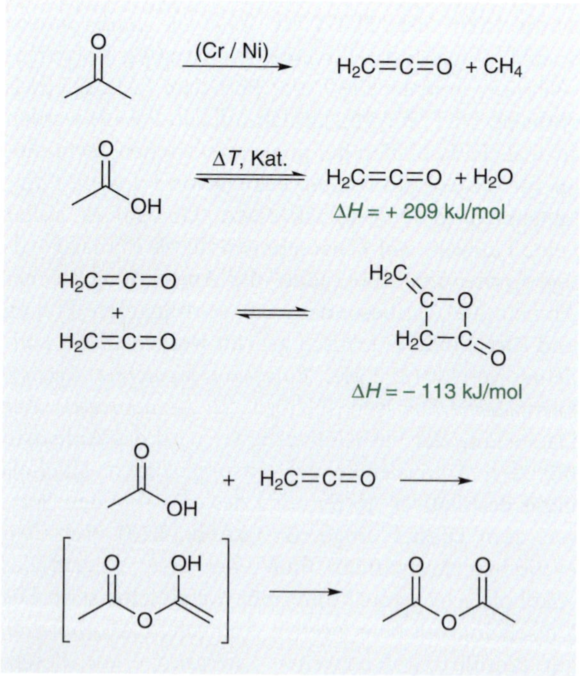


○ **Abb. 14.15** Darstellung und Reaktionen von Keten und Diketen

### 14.3.3 Reaktionen und Anwendungen

Ketene dienen hauptsächlich als **Acylierungsmittel** für Nucleophile. So führt z. B. die Umsetzung von Keten mit Wasser zu Essigsäure, mit Ethanol zu Essigsäureethylester und mit Ammoniak oder primären Aminen zu den entsprechenden Acetamiden (Abb. 14.16). Weiterhin können Ketene in Cycloadditionen eingesetzt werden. Mit elektronenreichen Alkinen entstehen so z. B. in [2+2]-Cycloadditionen Cyclobutenone, mit Alkenen Cyclobutanone, mit Carbonylverbindungen $\beta$-Lactone und mit Iminen $\beta$-Lactame (***Staudinger*-Reaktion**) (Abb. 14.17).

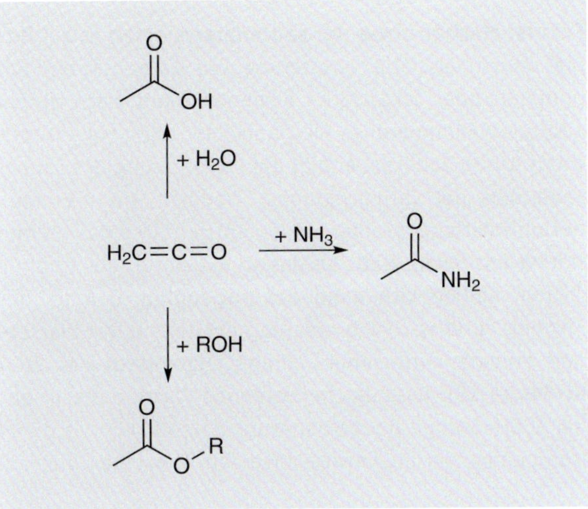


Abb. 14.16 Umsetzung von Keten mit Nucleophilen

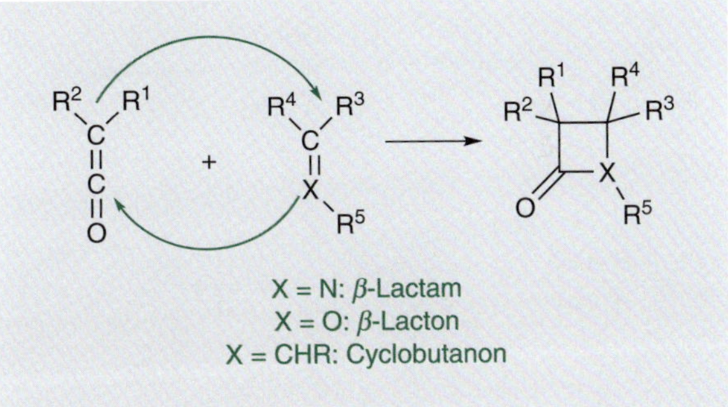


Abb. 14.17 Umsetzung von Ketenen in [2+2]-Cycloadditionen (*Staudinger*-Reaktionen)

## 14.4 Ester und Orthoester

### 14.4.1 Struktur und Eigenschaften

**Ester** RC(=O)OR' sind Kondensationsprodukte einer Carbonsäure und eines Alkohols. Zur Bezeichnung der Ester stellt man üblicherweise den Namen der Säure voran, dann folgen der Name des Alkylrestes des Alkohols und das Suffix „-ester", z. B. Essigsäureethylester. Eine andere Bezeichnung, die auch in der IUPAC-Nomenklatur benutzt wird, fasst die Ester als „Alkylsalze" (vgl. Natriumacetat) der Carbonsäuren auf, z. B. Ethylacetat, Butylacetat oder Isopentylbutyrat. In einer weiteren IUPAC-Nomenklatur bezeichnet man die Ester als **Alkylalkanoate**. Das heißt, man stellt den Namen des Alkylrestes des Alkohols dem IUPAC-Namen der Säure voran und ersetzt „-säure" durch „-oat". Essigsäureethylester heißt dann Ethylethanoat, Butylacetat entsprechend Butylethanoat.

Die niederen Carbonsäureester (in der Regel bis etwa acht C-Atome) sind farblose Flüssigkeiten von fruchtartigem Geruch (Abb. 14.18), die höheren sind geruchlos. Sie reagieren neutral, sind spezifisch leichter als Wasser und in diesem nur wenig löslich. Im Gegensatz zu den Carbonsäuren sind Ester nicht über H-Brücken assoziiert und sieden daher tiefer als die entsprechenden Säuren, z. B. Essigsäureethylester bei 77 °C und Essigsäure bei 118 °C.

**Orthocarbonsäureester** haben die allgemeine Formel $RC(OR')_3$. Die einfachen Orthoester, z. B. Orthoameisensäureethylester (Triethoxymethan, Sdp. 146 °C) und Orthoessigsäureethylester (Sdp. 145 °C) sind Flüssigkeiten. Sie sind gegen Alkalien beständig, werden jedoch leicht durch verdünnte Säuren zu Alkohol und Carbonsäure hydrolysiert, denn die den Orthoestern zugrunde liegenden Orthosäuren $RC(OH)_3$ sind instabil und zerfallen unter Wasserabspaltung in normale Carbonsäuren.

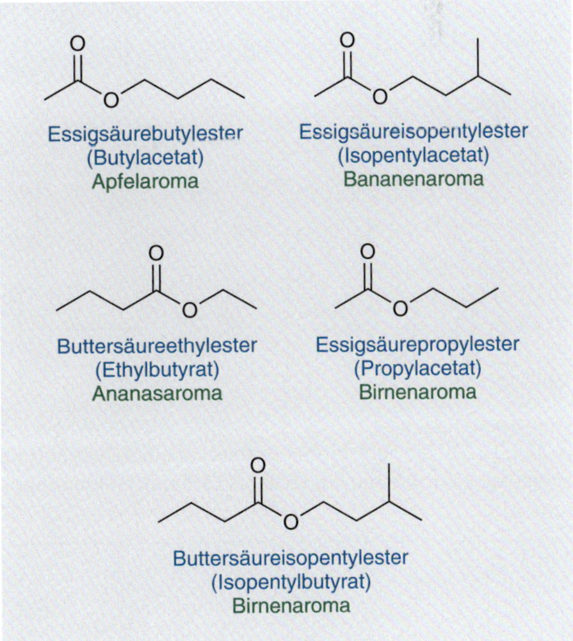


Abb. 14.18 Niedermolekulare Ester kommen in der Natur als Aromastoffe vor und sind häufig mitverantwortlich für den charakteristischen Geruch von z. B. Obst.

### 14.4.2 Gewinnung und Synthese

Die Bildung der Carbonsäureester erfolgt in Analogie zu den Estern anorganischer Mineralsäuren aus den

## Exkurs: Mechanismus der säurekatalysierten Esterbildung

Die säurekatalysierte Veresterung von Carbonsäuren mit primären oder sekundären Alkoholen läuft nach einem Additions-Eliminierungs-Mechanismus ab (vgl. auch ○ Abb. 14.7): Zunächst erfolgt die Protonierung des Sauerstoffatoms der Carbonylgruppe, wodurch ein mesomeriestabilisiertes Oxocarbeniumion entsteht und das C-Atom stärker positiviert wird. An das so aktivierte, elektrophile C-Atom addiert sich dann das nucleophile O-Atom des Alkohols, und nach Protonierung entsteht unter Wasser- und erneuter Protonenabspaltung letztendlich der Ester (○ Abb. 14.19). Dass das freiwerdende Wassermolekül aus der COOH-Gruppe der Carbonsäure stammt, konnte durch Isotopenmarkierung bewiesen werden. Führt man die Veresterung mit einem Alkohol durch, dessen O-Atom z. T. aus dem Isotop $^{18}O$ besteht, so findet sich dieses Isotop nicht im abgespaltenen Wasser, sondern im Ester.

Dieser Mechanismus gilt jedoch nur für primäre und sekundäre Alkohole. Bei der säurekatalysierten Veresterung von Carbonsäuren mit tertiären Alkoholen wird dagegen nicht die OH-Gruppe der Carbonsäure, sondern des Alkohols als Wasser abgespalten (○ Abb. 14.20). Durch den +I-Effekt und die Hyperkonjugation der drei Alkylgruppen ist die Bildung eines stabilisierten, tertiären **Carbenium-Ions** aus dem Alkohol begünstigt. Dieses Carbenium-Ion wird dann vom Sauerstoffatom der Carboxygruppe nucleophil abgefangen; es entsteht der Ester.

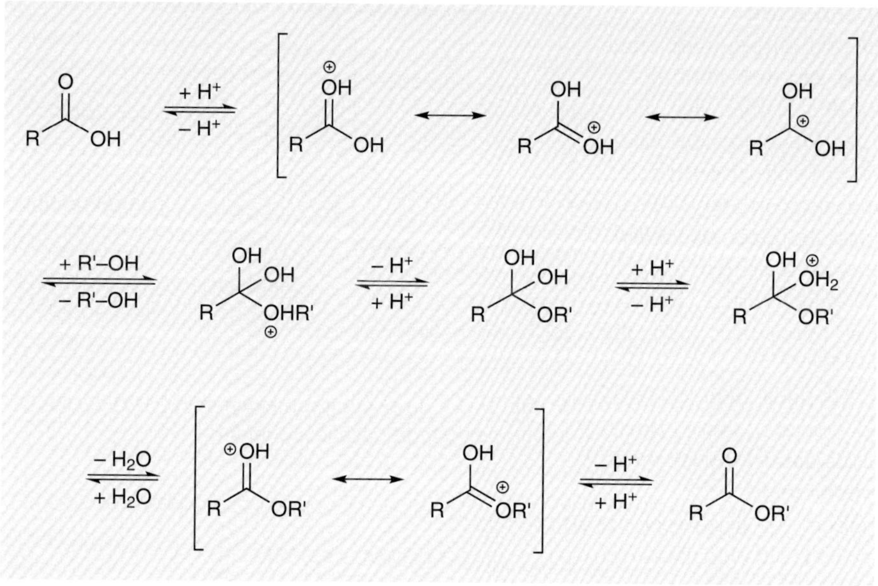

○ **Abb. 14.19** Mechanismus der säurekatalysierten Veresterung von Carbonsäuren

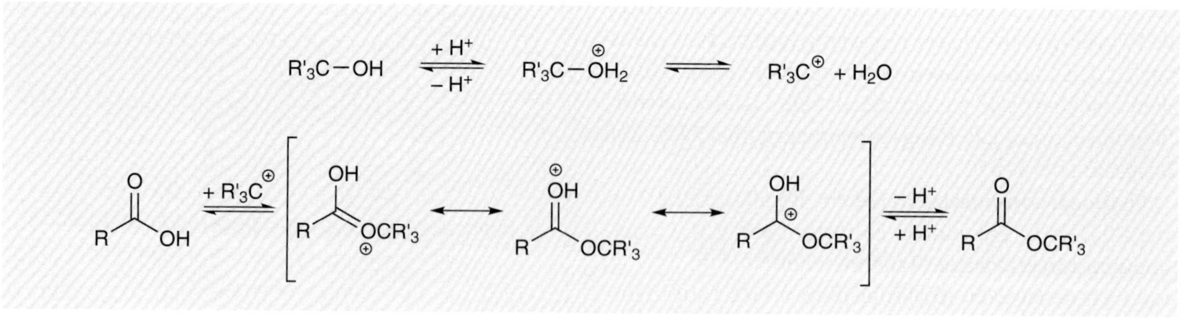

○ **Abb. 14.20** Die Veresterung tertiärer Alkohole verläuft über ein Carbenium-Ion. Dabei bildet sich in saurer Lösung zuerst aus dem Alkohol ein tertiäres Carbenium-Ion (oben), das dann von der Carbonsäure nucleophil abgefangen wird (unten).

Carbonsäuren und Alkoholen in einer **Gleichgewichtsreaktion**:

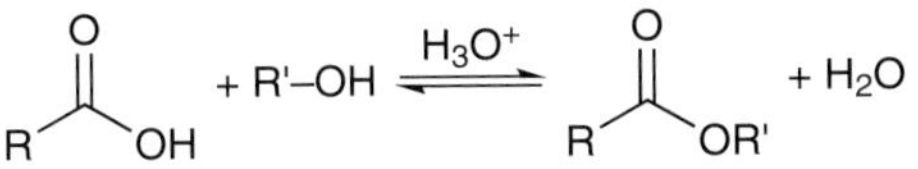


Die rasche Einstellung des Gleichgewichts der Esterbildung erfordert erhöhte Temperaturen und die Zugabe von Mineralsäuren (konz. $H_2SO_4$ oder HCl-Gas) als Katalysator (Säurekatalyse, ▸Exkurs: Mechanismus der säurekatalysierten Esterbildung), denn die Veresterungsgeschwindigkeit ist direkt proportional zur $H^+$-Ionen-Konzentration. Auch Hafnium(IV)-salze sind besonders wirksame Katalysatoren.

Wie für alle chemischen Gleichgewichte gilt auch für die Veresterung der Carbonsäuren das **Massenwirkungsgesetz**. Danach errechnet sich die **Gleichgewichtskonstante** *K* aus den Konzentrationen der Reaktionspartner wie folgt:

$$K = \frac{[\text{Ester}] \cdot [\text{Wasser}]}{[\text{Säure}] \cdot [\text{Alkohol}]} \quad \text{Gleichung 14.1}$$

Das Ziel jeder Veresterung ist eine weitgehend quantitative Überführung der Säure in den Ester, d. h. der Parameter [Ester] soll möglichst groß werden:

$$[\text{Ester}] = K \frac{[\text{Säure}] \cdot [\text{Alkohol}]}{[\text{Wasser}]} \quad \text{Gleichung 14.2}$$

Da Ester und Carbonsäure, genauso wie Wasser und Alkohol, thermodynamisch ähnlich stabil sind, liegen sie im Gleichgewicht nahezu in gleichen Konzentrationen vor (Gleichgewichtskonstante *K* liegt bei ca. 1). Setzt man Säure und Alkohol im stöchiometrischen Verhältnis ein, würde man also nur eine Ausbeute von ca. 50 % erzielen. Eine Verschiebung der Gleichgewichtskonzentrationen hin zur vollständigen Veresterung der vorgelegten Säuremenge gelingt nur durch Zugabe des Alkohols im Überschuss und/oder Entfernung des Reaktionswassers aus dem Reaktionsgemisch. Zu diesem Zweck setzt man z. B. dem Alkohol-Säure-Gemisch eine chemisch indifferente organische Flüssigkeit zu, z. B. Benzen oder Toluen, die beim Destillieren mit Wasser ein binäres und mit Wasser/Alkohol ein ternäres azeotropes Gemisch bildet. Führt man die Veresterung knapp oberhalb des Siedepunkts des azeotropen Gemischs in einem Wasserabscheider durch, wird Wasser bei relativ niedriger Temperatur ständig durch Destillation entfernt und das Gleichgewicht zugunsten des Esters verschoben. Auch die den Reaktionen häufig zugesetzte konzentrierte Schwefelsäure erfüllt diesen Zweck, da sie aufgrund ihres Hydratationsvermögens eine gewisse Menge Wasser binden kann.

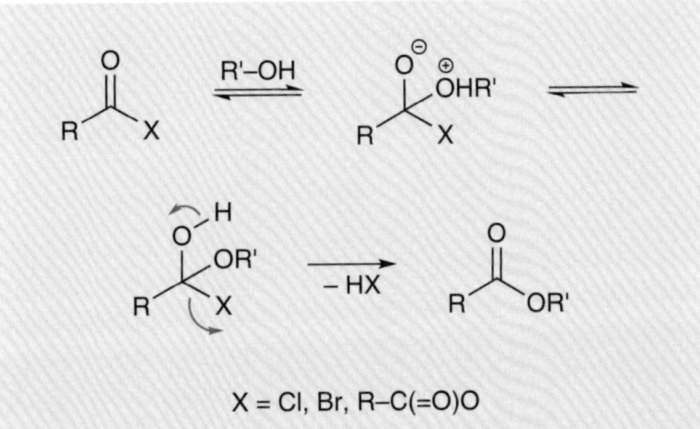


**○ Abb. 14.21** Darstellung von Carbonsäureestern aus Carbonsäurehalogeniden oder -anhydriden durch Alkoholyse

Carbonsäureester erhält man auch durch Umsetzung von **Säurechloriden** oder **-anhydriden** mit Alkoholen (○ Abb. 14.21; vgl. auch ○ Abb. 14.2). Die Reaktionen verlaufen ebenfalls nach einem Additions-Eliminierungs-Mechanismus.

Eine weitere Möglichkeit zur Bildung von Carbonsäureestern bietet die Umsetzung von Silbersalzen der Carbonsäuren mit Alkylhalogeniden, bei der in einer $S_N$-Reaktion das Carboxylat als Nucleophil das durch das Silberkation zusätzlich aktivierte Alkylhalogenid angreift. Diese Methode ist jedoch teuer und wird nur angewandt, wenn die direkte Veresterung versagt oder schlechte Ausbeuten liefert.

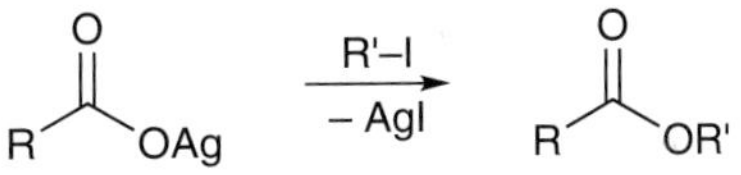


**Essigsäureethylester** (Ethylacetat) wird technisch aus Acetaldehyd über die ***Tischtschenko*-Reaktion** gewonnen (▸Kap. 12.1.3).

Bei der ***Mitsunobu*-Reaktion** wird im Gegensatz zur säurekatalysierten Esterbildung nicht die Säure, sondern der Alkohol aktiviert, und zwar durch Umsetzung eines Azodicarbonsäureesters, z. B. des Diethylesters $EtO_2C{-}N{=}N{-}CO_2Et$ (Diethylazodicarboxylat, DEAD), mit Triphenylphosphin in Gegenwart der Carbonsäure (○ Abb. 14.22). Durch den Angriff des nucleophilen Phosphins am Stickstoff des Azodicarbonsäureesters entsteht ein Zwitterion, das durch die Carbonsäure protoniert wird. Das resultierende Phosphoniumsalz reagiert mit dem Alkohol unter Abspaltung von Hydrazindicarbonsäureester zu einem Oxyphosphoniumcarboxylat, das sich in einer $S_N2$-Reaktion zum Ester und zu Phosphinoxid umsetzt. Die Konfiguration des C-Atoms, an dem sich die OH-Gruppe befindet, wird dabei invertiert. Die Bildung des Phosphinoxids liefert die thermodynamische Triebkraft der Reaktion. Auch andere Nucleophile (HNu) wie Phosphorsäureester, Phenole, Imide, Thio-

14

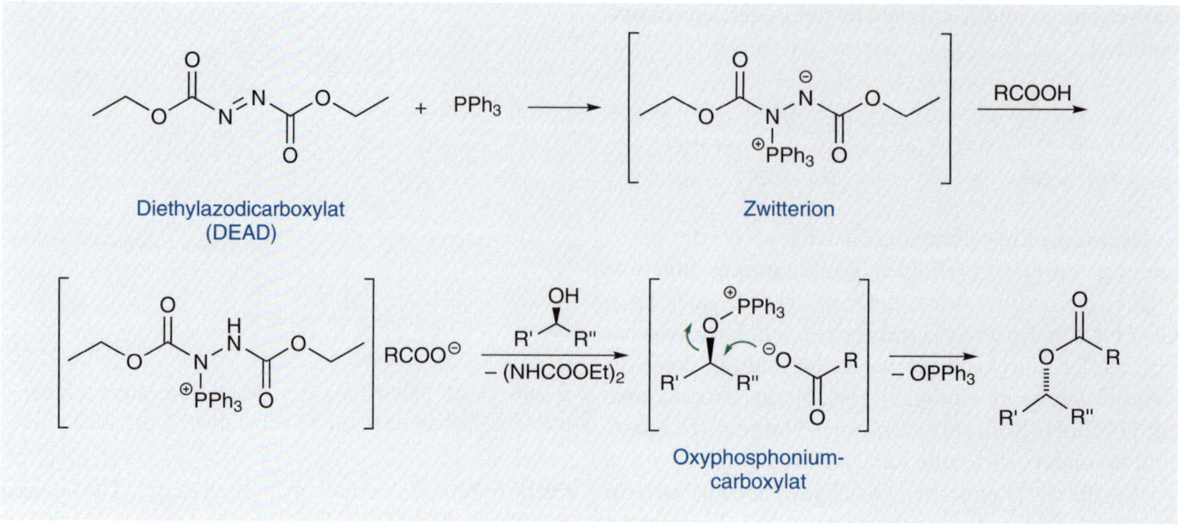


**o Abb. 14.22** Die *Mitsunobu*-Reaktion verläuft auch unterhalb Raumtemperatur schnell, was an der Entfärbung des DEAD verfolgt werden kann. Sie ist auf primäre und sekundäre Alkohole beschränkt. Es kommt zur Inversion der Konfiguration am Kohlenstoffatom, das den Alkoholrest trägt.

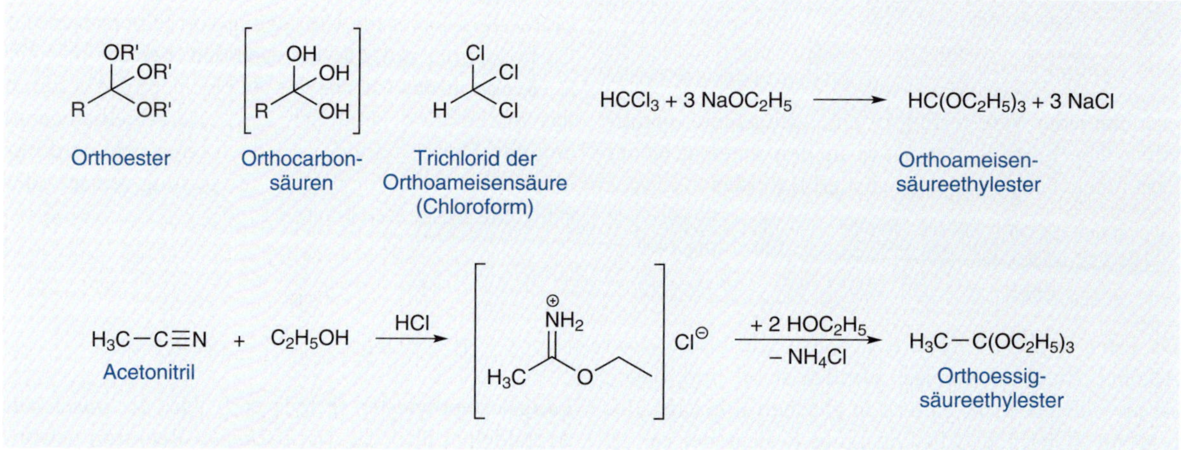


**o Abb. 14.23** Strukturformeln von Orthoestern, Orthocarbonsäuren und dem Trichlorid der Orthoameisensäure (Chloroform); Darstellung von Orthoameisensäureethylester aus Chloroform und von Orthoessigsäureethylester aus Acetonitril

amide, $\beta$-Ketosäureester etc. reagieren nach diesem Mechanismus.

**Orthoester** leiten sich von den in freier Form nicht existenten Orthocarbonsäuren ab, den Additionsprodukten von Carbonsäuren und Wasser (vgl. ***Erlenmeyer*-Regel**, ▸Kap. 12.1.3). **Orthoameisensäureester** lassen sich analog der Ether-Synthese durch Umsetzung von Chloroform (dem Trichlorid der Orthoameisensäure) mit Natriumalkoholaten herstellen (*Williamson*) (vgl. auch o Abb. 14.19). Meist geht man jedoch von den Nitrilen aus, die mit alkoholischer Salzsäure Imidoesterhydrochloride bilden. So entsteht z. B. aus Acetonitril Acetimidoethylesterhydrochlorid, das beim Erwärmen mit überschüssigem Alkohol in **Orthoessigsäureethylester** übergeht (o Abb. 14.23). Orthocarbonsäureester sind in der Regel nicht besonders stabil und stehen insbesondere in Gegenwart von Säurespuren im Gleichgewicht mit ihren entsprechenden Carbonsäureestern. Trimethoxymethan, der Orthoameisensäuremethylester, wird in der organischen Synthese zum Schützen von Carbonylverbindungen als Acetal oder Ketal eingesetzt.

### 14.4.3 Reaktionen und Anwendungen

Säureester, vor allem Essigsäureethylester und -butylester, dienen als Lösemittel für Nitrocellulose und Harze in der Lackindustrie sowie als Ausgangsstoff für Esterkondensationen im organisch-chemischen Labor. Einige Ester werden als künstliche Aromen und Essenzen verwendet, z. B. Ameisensäureethylester (Rum, Arrak), Essigsäureisobutylester (Banane), Buttersäuremethylester (Apfel), Buttersäureethylester (Ananas) und Buttersäureisopentylester (Birne) (vgl. auch o Abb. 14.18).

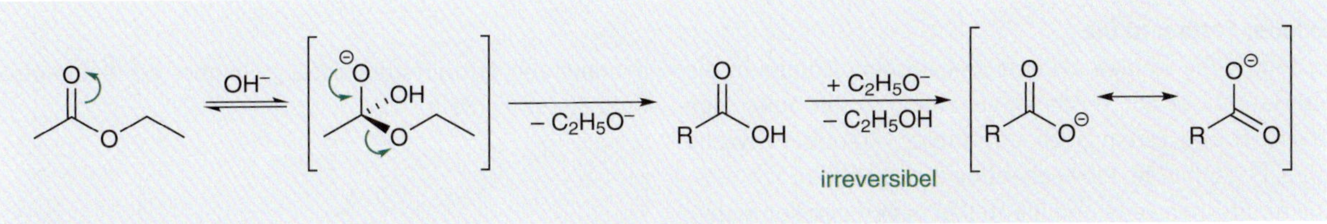


**Abb. 14.24** Die alkalische Hydrolyse von Carbonsäureestern (Verseifung) verläuft quantitativ.

Die **Hydrolyse der Ester** zu Carbonsäuren kann sowohl im sauren als auch im alkalischen Medium durchgeführt werden. Die saure Hydrolyse verläuft genau in Umkehrung der schon besprochenen säurekatalysierten Veresterung (▸Exkurs: Mechanismus der säurekatalysierten Esterbildung). Um eine quantitative Hydrolyse zu erreichen, reicht es in der Regel, einen Überschuss an Wasser einzusetzen, um das Gleichgewicht auf die Produktseite zu verschieben. Bei der alkalischen Hydrolyse (Verseifung) der Ester greift zunächst ein Hydroxid-Ion das C-Atom der Carbonylgruppe nucleophil an. Das tetraedrische Intermediat stabilisiert sich dann unter Alkoholatabspaltung und nachfolgendem Protonentransfer zum Natriumsalz der Carbonsäure und dem Alkohol (Additions-Eliminierungs-Mechanismus, Abb. 14.24). Der Vorzug der **alkalischen Esterverseifung** besteht darin, dass der letzte Schritt praktisch irreversibel ist, wodurch die Hydrolyse quantitativ erfolgt. Da das Hydroxid-Ion bei der Verseifung verbraucht wird, ist mindestens ein Äquivalent Base erforderlich. Bei der alkalischen Hydrolyse von natürlichen Fetten, Ester des dreiwertigen Alkohols Glycerols (▸Exkurs: Fette und Öle), entstehen die Alkalisalze langkettiger Fettsäuren, die als amphiphile Teilchen waschaktive Eigenschaften aufweisen („Seifen"). Daher rührt der Name „Verseifung" für diese Reaktion.

In Analogie zur Hydrolyse der Ester ist mit Alkoholen eine Alkoholyse möglich (Abb. 14.25). Derartige **Umesterungen** verlaufen unter dem katalytischen Einfluss von Mineralsäuren oder Laugen zuweilen schon bei Raumtemperatur. Unter neutralen Bedingungen gelingt die Umesterung in Gegenwart von Titanaten $[Ti(OR)_4]$. Vorteil dieses Verfahrens ist, dass zahlreiche andere funktionelle Gruppen, die sonst ebenfalls mit Säuren oder Laugen reagieren, nicht angegriffen werden.

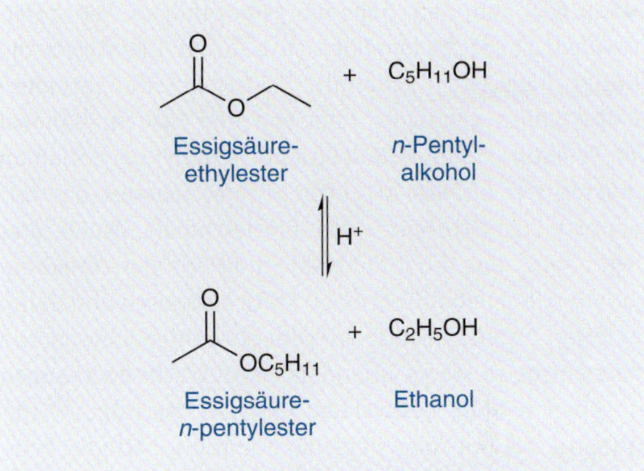


**Abb. 14.25** Bei der Alkoholyse eines Esters findet eine Umesterung statt, die z. B. unter dem katalytischen Einfluss von Mineralsäuren abläuft.

Carbonsäureester, die am $\alpha$-C-Atom mindestens ein H-Atom tragen, können in Analogie zu Ketonen und Aldehyden (▸Kap. 12) **Ester-Enolate** bilden, aus denen wiederum die den Enolethern analogen Ketenacetale dargestellt werden können. So führt z. B. die Reaktion von Isobuttersäuremethylester mit Lithiumdiisopropylamid (LDA) und Chlortrimethylsilan (TMS-Cl) zu Dimethylketen-methyltrimethylsilylacetal (Abb. 14.26) das für die **Gruppen-Transfer-Polymerisation** von Bedeutung ist. Die CH-Acidität der Ester ist mit einem $pK_S$-Wert von ca. 25 allerdings geringer als die der Aldehyde und Ketone ($pK_S \approx 18$–20), da durch den elektronenschiebenden (+)-M-Effekt der Alkoxygruppe die Elektrophilie der Carbonylgruppe reduziert wird, und damit auch die Stabilisierung der negativen Ladung im Enolatanion schwächer ist.

Die Reduktion der Carbonsäureester zu primären Alkoholen ist auf verschiedenen Wegen möglich, z. B. durch Reduktion mit Natrium und Ethanol (***Bouveault-***

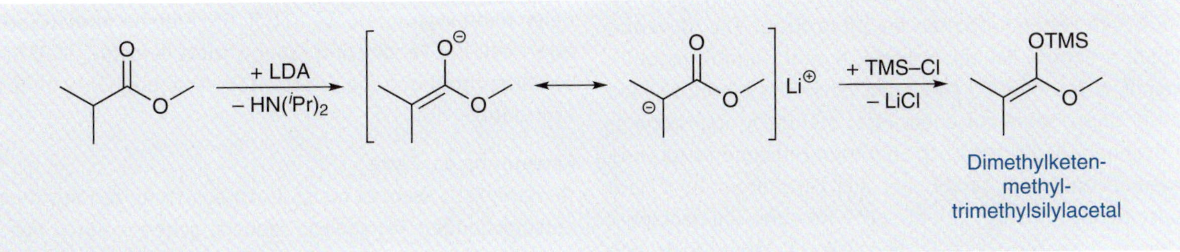


**Abb. 14.26** Carbonsäureester, die am $\alpha$-C-Atom mindestens ein H-Atom tragen, können Enolate bilden.

## Exkurs: Fette und Öle

Fette und Öle werden als eine gemeinsame Gruppe in die Substanzklasse der **Lipide** eingeordnet, zu der außer den Wachsen und Fetten auch Carotinoide, Steroide, Glycolipide, Phosphatide, Prostaglandine usw. gehören.

Die natürlichen Fette und Öle stellen neben den Kohlenhydraten einen wichtigen Teil der nachwachsenden Rohstoffe dar. Sie sind fast ausnahmslos Ester des Alkohols Glycerol (▸Kap. 6.2) mit den höheren geradzahligen Fettsäuren (*Chevreul* 1823). Es handelt sich also um **Triacylglycerole** (früher Triglyceride genannt). Tierische Fette enthalten hauptsächlich gemischte Ester von drei Säuren, nämlich von Palmitin-, Stearin- und Ölsäure. Je höher der Gehalt an ungesättigter Ölsäure ist, umso leichter schmilzt das Fett beim Erhitzen (Schweine- oder Gänseschmalz, Walöl). Dies liegt daran, dass die Ölsäurereste aufgrund der *cis*-konfigurierten Doppelbindung einen Knick aufweisen und daher im festen Zustand nicht so gut gepackt werden können und daher nicht so starke intermolekulare Wechselwirkungen eingehen wie die gestreckten Alkylreste gesättigter Fettsäuren. Fette mit überwiegendem Anteil gesättigter Fettsäuren wie Rinder- oder Hammeltalg schmelzen daher bei wesentlich höheren Temperaturen. Butter (Milchfett) enthält außer den drei oben genannten langkettigen Fettsäuren noch niedere, geradzahlige Fettsäuren (▸Kap. 13.1). Triacylglycerole mit unterschiedlichen Acylresten enthalten ein **Chiralitätszentrum** (C*), sind also chirale Verbindungen. Sie zeigen jedoch in der Regel keine messbare optische Aktivität.

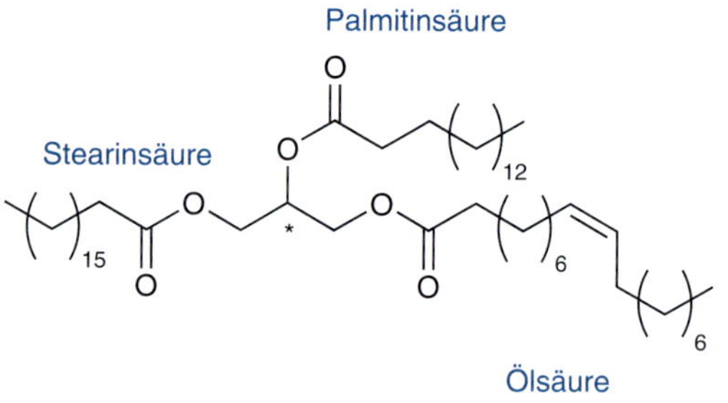


Behandelt man Fette in der Wärme mit Alkalilauge, so erfolgt die hydrolytische Spaltung in Glycerol und die Alkalisalze der höheren Fettsäuren, die **„Seifen"**. Daher spricht man bei der alkalischen Esterhydrolyse (und allgemein bei hydrolytischen Spaltungen in Gegenwart von Basen) auch von einer **„Verseifung"** (○Abb. 14.27). Im Vergleich zu den tierischen Fetten enthalten die pflanzlichen Öle (Olivenöl, Rüböl = Rapsöl, Palmöl, Kokosöl, Nussöl, Hanföl, Mohnöl, Leinöl, Rizinusöl usw.) außer den Estern der Palmitin-, Stearin- und Ölsäure vor allem Ester mehrfach ungesättigter Fettsäuren. Besonders reich an diesen Fettsäuren sind Sonnenblumenöl und Sojaöl. Der aus Fettsäuremethylestern bestehende Kraftstoff **„Biodiesel"** wird durch eine entsprechende Umesterung, z. B. von Rapsöl, aber auch von gebrauchten Frittierfetten erzeugt, wobei als Nebenprodukt Glycerol anfällt.

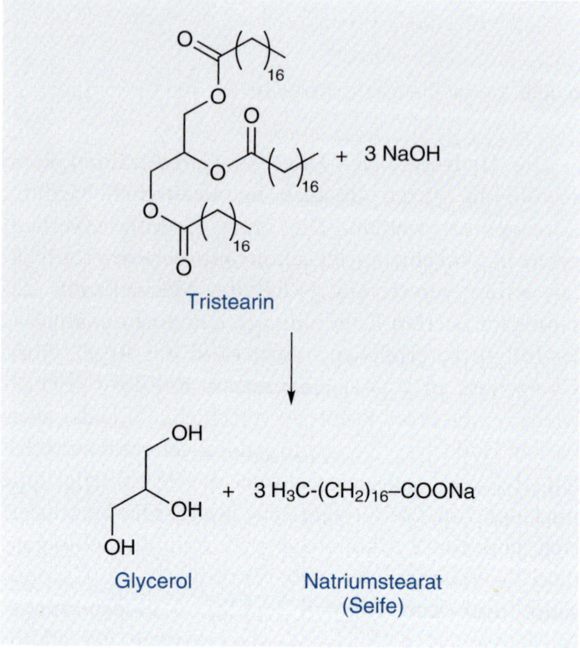


○ **Abb. 14.27** Verseifung von Tristearin

### Fettanalyse

Zur Charakterisierung der Zusammensetzung der verschiedenen Fette und Öle dienten früher vor allem die Verseifungs- und die Iodzahl. Die **Verseifungszahl** gibt an, wie viel mg KOH notwendig sind, um die in einem Gramm natürlichem Fett vorliegenden freien Carbonsäuren zu neutralisieren und die Ester zu hydrolysieren. Die **Iodzahl** ist ein Maß für den Anteil ungesättigter Fettsäuren in einem Fett und gibt an, wie viel Gramm Iod an 100 g Fett addiert werden können. Heutzutage werden Fette zur Analytik durch Umesterung mit Methanol und Salzsäure zu Fettsäuremethylestern umgesetzt, die gaschromatographisch getrennt und analysiert werden können. IR- und NMR-Spektroskopie liefern Informationen über die Struktur der Fette, insbesondere über die Konfiguration der ungesättigten Fettsäuren, (▸Kap. 2). Weitere Kennzahlen, die der Qualitätskontrolle und Charakterisierung von Fetten dienen, sind die **Säurezahl** (quantifiziert die sauren Bestandteile, z. B. freie Fettsäuren), die **Hydroxylzahl** (Gehalt an freien Hydroxygruppen, wenn z. B. Glycerol nur partiell verestert ist), die **Peroxidzahl** (quantifiziert Peroxide, Maß für Verdorbenheit) und die **Esterzahl** (= Verseifungszahl minus Säurezahl).

### Gewinnung der Fette

Tierische Fette werden meist durch Ausschmelzen aus dem entsprechenden Fettgewebe isoliert, seltener durch Auspressen oder durch Extraktion mit Ether, Schwefelkohlenstoff, Benzen oder Trichlorethylen. Pflanzliche Fette, die vor allem in den Samen oder Früchten gespeichert sind, werden entweder hydraulisch als Öl ausgepresst (z. B. Olivenöl) oder nach Zerkleinerung mit organischen Lösemitteln extrahiert. Der beim Pressen zurückbleibende Ölkuchen sowie das Extraktionsschrot stellen hochwertige, eiweißreiche Futtermittel für die Tierhaltung dar.

**Fetthärtung**

Die meisten natürlich vorkommenden Fette sind Gemische verschiedener Acylglycerole und bei Raumtemperatur flüssig. Um den ständig steigenden Bedarf an festen Fetten – vor allem für die menschliche Ernährung – zu decken, ist die Überführung der flüssigen Öle in feste Fette erforderlich. Eine Lösung der damit verbundenen technischen Probleme bietet die katalytische Hydrierung der in den Ölen vorliegenden ungesättigten Fettsäuren an einem Katalysator aus fein verteiltem Nickel bei 180 °C und 0,5 MPa in flüssiger Phase (*Normann* 1902). Diese **Fetthärtung** dient vor allem dazu, aus flüssigen pflanzlichen Ölen das Ausgangsmaterial zur Fabrikation von Margarine – in Form einer Wasser-in-Öl-Emulsion – zu gewinnen. Durch geeignete Wahl der Reaktionsbedingungen erreicht man eine partielle Hydrierung, bei der nur ein Teil der C=C-Doppelbindungen in den Fettsäuren hydriert wird. Dabei entstehen durch Isomerisierung am Katalysator allerdings in erheblicher Menge aus den *cis*-konfigurierten Fettsäuren auch *trans*-Fettsäuren, die im Verdacht stehen, die Bildung von Gefäßablagerungen zu fördern und damit die Gefahr von Herz-Kreislauf-Erkrankungen zu erhöhen.

**Fettspaltung**

Die hydrolytische Spaltung von Fetten in freie Fettsäuren und Glycerol kann technisch auf verschiedenen Wegen durchgeführt werden:

1. Durch überhitzten Wasserdampf lassen sich Fette im Autoklaven bei 170 °C in Gegenwart basischer Katalysatoren, z. B. CaO, MgO oder ZnO, in wenigen Stunden verseifen. Die unlöslichen Fettsäuren schwimmen auf dem Glycerol/Wasser-Gemisch, das abgelassen wird.
2. ***Twitchell*-Verfahren**: Die direkte saure Hydrolyse der Fette, z. B. mit verdünnter Schwefelsäure, wird dadurch erschwert, dass sich Fett und Wasser nicht benetzen. Während bei der alkalischen Hydrolyse die Seifen eine Emulsionsbildung bewirken, muss man in saurem Medium externe Emulgatoren zusetzen. Als geeignet hat sich das „*Twitchell*-Reaktiv" erwiesen, das aus Ölsäure und Naphthalen durch Einwirkung von konzentrierter Schwefelsäure hergestellt wird. Dieses Reagenz wird in 0,5–1 % der Fettmenge zugesetzt und bewirkt bei 100 °C in 24 Stunden eine 90%ige Spaltung.
3. Durch enzymatische Fettspaltung mit der im Ricinussamen vorkommenden **Lipase** bei niedriger Temperatur (nicht über 40 °C) erhält man sehr reine Fettsäuren. Diese Methode ist aber nur beschränkt anwendbar.

**Wachse**

Wachse sind Fettsäureester, die in tierischen und pflanzlichen Produkten vorkommen, sich aber von Fetten und Ölen dadurch unterscheiden, dass die Fettsäuren nicht mit Glycerol, sondern mit höheren, primären, einwertigen Alkoholen verestert sind. Bienenwachs z. B. enthält hauptsächlich Myricylpalmitat (etwa 75 %) sowie Myricylcerotinat (etwa 10 %) und Paraffin (etwa 15 %). Cetylpalmitat, $H_{31}C_{15}C(=O)OC_{16}H_{33}$, kommt im Walrat und Cerylcerotinat, $H_{51}C_{25}C(=O)OC_{26}H_{53}$, im chinesischen Wachs vor. Von den pflanzlichen Wachsen sei Carnaubawachs erwähnt, das sich in Form von Schuppen auf den Blättern der brasilianischen Wachspalme bildet und vornehmlich aus Myricylcerotinat besteht.

Extremophile Bakterien, insbesondere thermophile, enthalten anstelle der als Esterlipide aufzufassenden Triacylglycerole die thermisch wesentlich stabileren Etherlipide, in denen Glycerol mit $C_{20}$- bis $C_{40}$-Isoprenoiden (▸Kap. 26) verethert ist.

---

***Blanc*-Reduktion**), mit Lithiumaluminiumhydrid oder katalytisch am Kupferchromit-Kontakt.

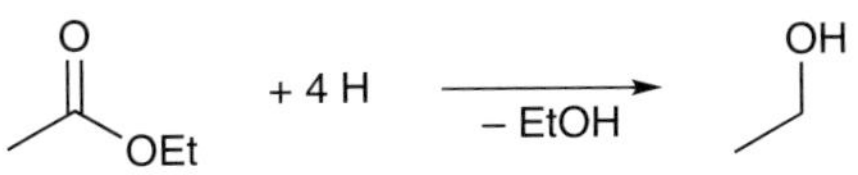


Carbonsäureester ergeben mit ***Grignard*-Verbindungen** tertiäre Alkohole (▸Kap. 6).

## 14.5 Carbonsäureamide

### 14.5.1 Struktur und Eigenschaften

Wird die OH-Gruppe der Carbonsäuren durch die $NH_2$-Gruppe ersetzt, so erhält man Säureamide $RC(=O)NH_2$ (○Abb. 14.28, oben). Amide sind also Monoacylderivate des Ammoniaks. Von primären bzw. sekundären Aminen leiten sich die entsprechenden *N*-substituierten Säureamide ab. Die **Nomenklatur der Säureamide** geht entweder von der Acylgruppe der betreffenden Carbonsäure aus, wobei man die Endung „-yl" durch das Suffix „-amid" ersetzt (z. B. Formamid, Acetamid, Propionamid usw.) oder vom betreffenden Amin. So bezeichnet man die durch zweifache Acylierung des Ammoniaks oder der primären Amine entste-

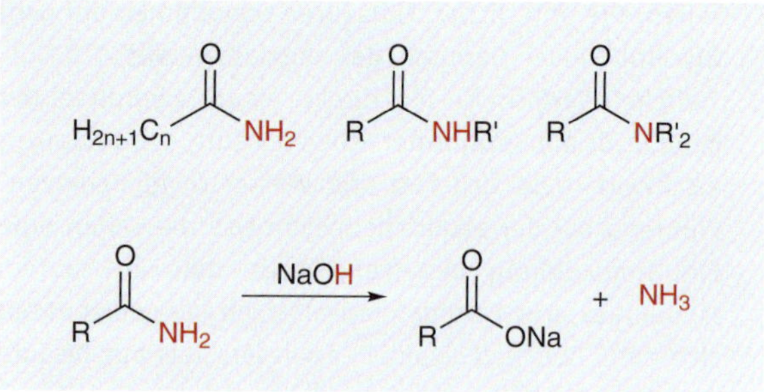

**Abb. 14.28** Strukturformeln (oben) und Verseifung (unten) von Amiden

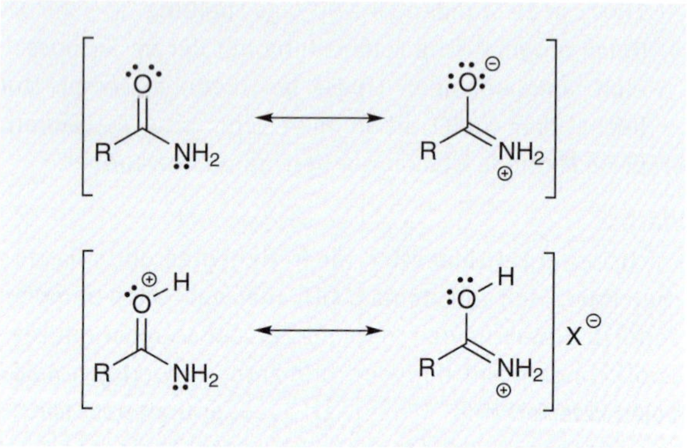

**Abb. 14.29** Mesomere Grenzformeln der Säureamide und ihrer durch Protonierung entstandenen Salze

henden Verbindungen $(RCO)_2NH$ (bzw. $(RCO)_2NR$) als Diacylamine (**Imide**). Die bekanntesten Vertreter sind die beiden cyclischen Imide, Bernsteinsäureimid (Succinimid) und Phthalimid.

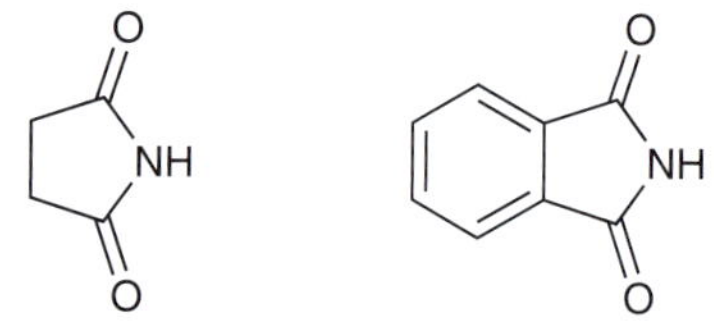

Bernsteinsäureimid (Succinimid) Phthalimid

Formamid, *N*-Methylformamid und *N*,*N*-Dimethylformamid (DMF) sind bei Zimmertemperatur flüssig, die höheren Säureamide sind farblose, kristalline Substanzen, die sich unzersetzt destillieren lassen. Wie alle anderen Säurederivate auch, können Amide zu Carbonsäuren hydrolysiert werden (Abb. 14.28, unten). Die Reaktion erfordert aber sehr viel drastischere Reaktionsbedingungen (höhere Temperatur, längere Reaktionszeiten) als z. B. bei den Estern (▸Exkurs: Reaktivität von Carbonsäurederivaten).

Säureamide sind genau wie Ester durch **Mesomerie** stabilisiert (Abb. 14.29). Allerdings ist ihre Resonanzstabilisierung aufgrund des stärkeren +M-Effektes der Aminogruppe im Vergleich zur Alkoxygruppe eines Esters deutlich größer. Die C—N-Bindung weist aufgrund dieser Resonanzwechselwirkung einen deutlichen **partiellen Doppelbindungscharakter** auf. Man beobachtet im Fall *N*-alkylierter Säureamide daher entsprechende Diastereomere, sogenannte **Rotamere**. Da das freie Elektronenpaar des N-Atoms über die benachbarte Carbonylgruppe delokalisiert ist, steht es auch nicht mehr für die Aufnahme eines Protons zur Verfügung. Säureamide sind somit anders als Amine nur äußerst schwache Basen, d. h., sie bilden nur mit konzentrierten Mineralsäuren Salze. Die Protonierung findet dann am Carbonyl-O-Atom und nicht am Stickstoff statt. Die wässrigen Lösungen der Säureamide reagieren also – anders als die der Amine – neutral.

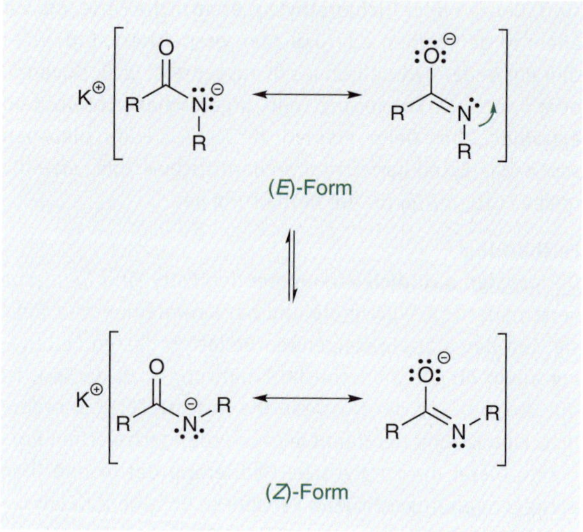

**Abb. 14.30** Die Anionen von Säureamiden sind durch Mesomerie stabilisiert und kommen in zwei diastereomeren Formen vor.

Andererseits verhalten sich Säureamide auch wie schwache Säuren ($pK_S > 15$), z. B. entstehen mit Kaliumhydrid die ebenfalls mesomeriestabilisierten Anionen (Abb. 14.30). Mithilfe der NMR-Spektroskopie können die (*E*)- und (*Z*)-Formen der Anionen nachgewiesen werden. Es hat sich herausgestellt, dass die Isomerisierung nicht wie bei den neutralen Amiden durch Rotation, sondern, wie bei der (*E*)-Form in Abb. 14.30 durch den grünen Pfeil angedeutet, durch Inversion erfolgt. Diese Stereoisomere sind als **Invertomere** von den oben erwähnten Rotameren der freien Amide zu unterscheiden.

### 14.5.2 Gewinnung und Synthese

Säureamide erhält man durch Umsetzung von Säurehalogeniden, -anhydriden oder -estern mit Ammoniak bzw. Aminen. Bei den Säurehalogeniden und den -anhydriden verlaufen die Reaktionen bereits in der Kälte nach einem **Additions-Eliminierungs-Mechanismus** (Abb. 14.31 oben). Der freiwerdende Halogenwasserstoff bzw. die Carbonsäure wird durch das im Überschuss (zwei Äqui-

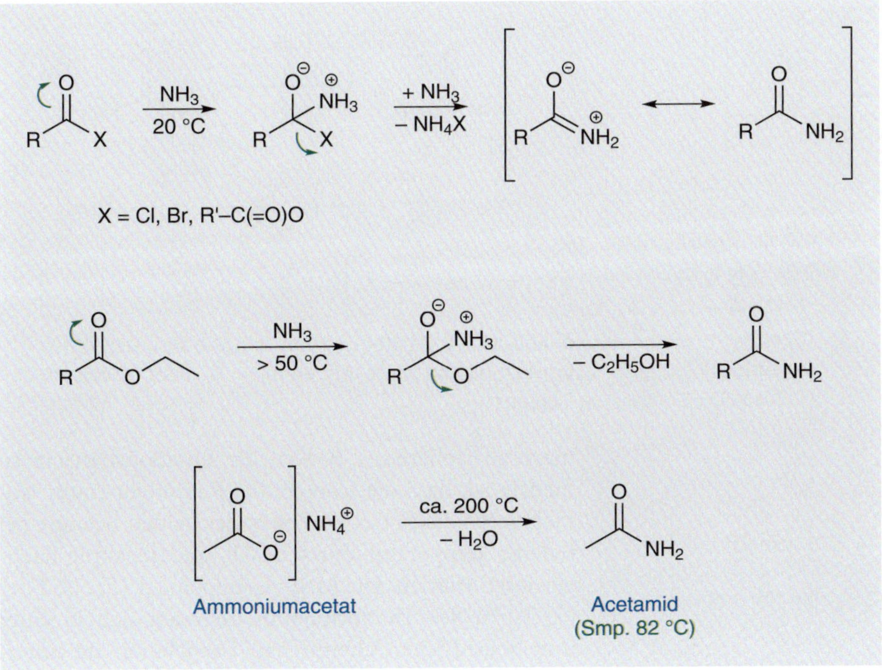


**o Abb. 14.31** Additions-Eliminierungs-Mechanismus bei der Amidsynthese aus Säureanhydriden und Säurehalogeniden (oben). Bei leicht erhöhter Temperatur lassen sich Säureamide auch aus Carbonsäureestern herstellen (Aminolyse; Mitte). Acetamid lässt sich auch durch Erhitzen von Ammoniumacetat auf > 200 °C synthetisieren (unten).

valente) eingesetzte Ammoniak (bzw. Amin) als Salz gebunden. Bei den weniger reaktiven Säureestern erfolgt die Umsetzung meist erst bei höherer Temperatur (o Abb. 14.31, Mitte). Auch beim starken Erhitzen der Ammoniumsalze von Carbonsäuren entstehen unter Austritt von Wasser Säureamide. Allerdings sind hierfür Temperaturen von mehreren Hundert Grad Celsius notwendig, weswegen die Reaktion praktisch kaum von Bedeutung ist (o Abb. 14.31, unten).

### 14.5.3 Reaktionen und Anwendungen

Mono- oder auch Dimethylformamid werden als Extraktionsmittel zur technischen Reinigung von Kohlenwasserstoffen verwendet (▸ Kap. 4 und ▸ Kap. 18).

Durch **Reduktion** primärer Säureamide mit Natrium und Ethanol oder mit Lithiumaluminiumhydrid bzw. Diboran in siedendem Tetrahydrofuran erhält man primäre Amine. Mit Phosphor(V)-oxid liefern Säureamide unter **Wasserabspaltung** Nitrile. Ein ähnliches Verhalten wie aliphatische Amine (▸ Kap. 8) zeigen Säureamide gegenüber salpetriger Säure in mineralsaurer Lösung, wobei unter Stickstoffentwicklung Carbonsäuren entstehen. Ferner sei an den ***Hofmann*-Abbau** (▸ Kap. 8) der Säureamide zu primären Aminen erinnert.

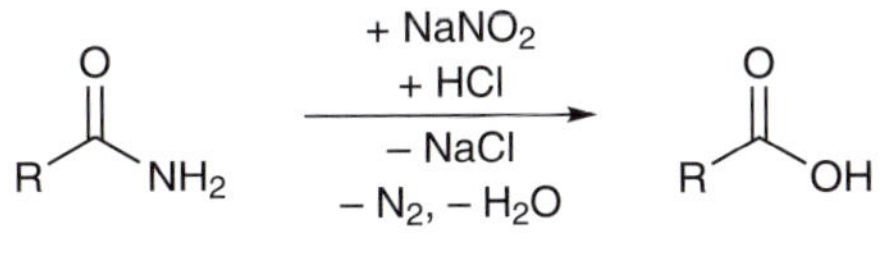


Durch Einwirkung von **Phosgen** auf tertiäre Amide erhält man „Amidchloride“ (Chlormethyleniminium-

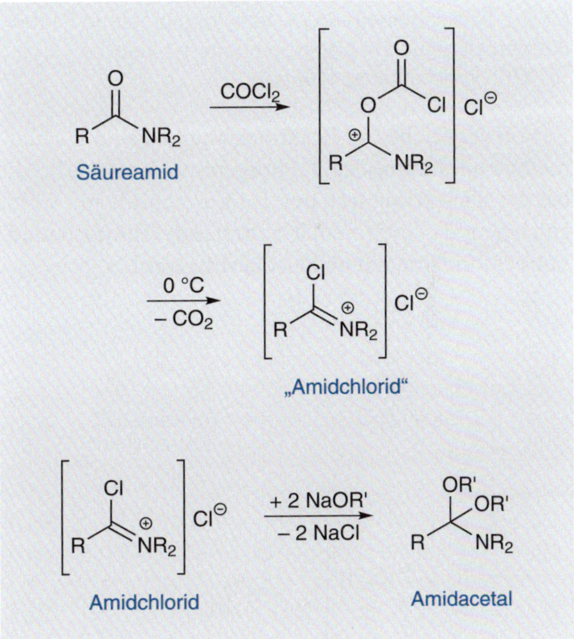


**o Abb. 14.32** Die Einwirkung von Phosgen auf Säureamide führt zur Bildung von Amidchloriden (oben), deren Umsetzung mit Alkoholaten zur Darstellung von Amidacetalen genutzt wird (unten).

salze; o Abb. 14.32, oben). Genauer werden sie als Carbonsäureimidiumhalogenide bezeichnet. Aus Amidchloriden und Alkoholaten können die sehr reaktionsfähigen Amidacetale dargestellt werden (o Abb. 14.32, unten). Die hohe Reaktivität des aus DMF und $POCl_3$ hergestellten Chlormethyleniminiumsalzes spielt eine wichtige Rolle bei der ***Vilsmeier-Haack*-Formylierung** (▸ Kap. 20).

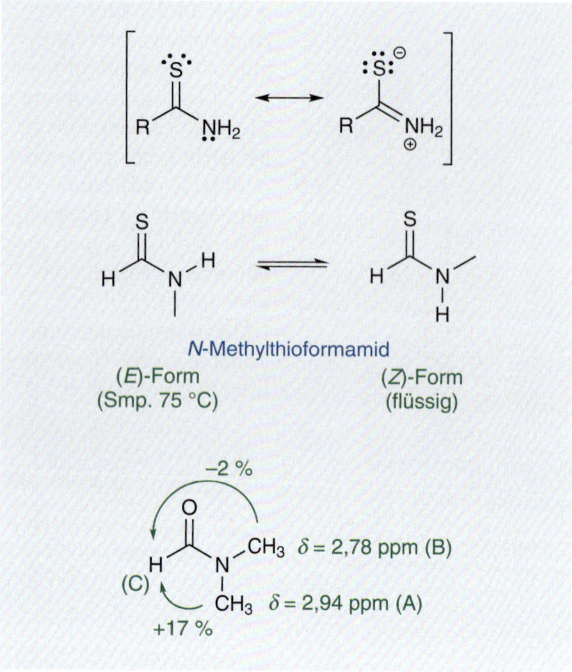


**o Abb. 14.33** Mesomerie von Thiocarbonsäureamiden (oben), Diastereomere von *N*-Methylthioformamid (Mitte). Die Methylgruppen in DMF zeigen unterschiedliche $^1$H-NMR-Verschiebungen (unten).

Von vergleichbarer Reaktionsfähigkeit sind Dichlormethyleniminiumsalze („Phosgeniminiumsalze"), die bei der Umsetzung tertiärer Thioformamide mit Chlor entstehen; das intermediär auftretende Thiocarbamidsäurechlorid braucht nicht isoliert zu werden.

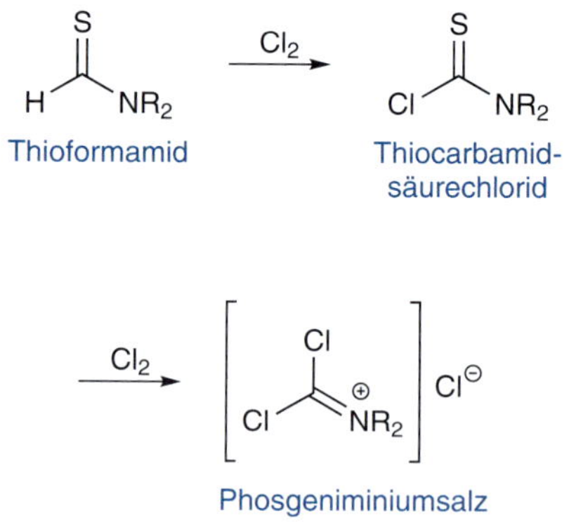


## 14.6 Sonstige N-Derivate der Carbonsäuren

### Thioamide

Wie Amide sind auch **Thioamide** RC(=S)$NH_2$ mesomeriestabilisiert, sodass die C—N-Bindung partiellen Doppelbindungscharakter aufweist. *N*-alkylierte Thioamide sollten daher ebenfalls in zwei diastereomeren Formen vorliegen. 1968 gelang es erstmals, die beiden Rotationsisomere eines *N*-alkylierten Thioformamids zu trennen. Aber auch wenn es nicht gelingt, die **Rotamere** zu isolieren, z. B. weil die Rotationsbarriere so niedrig ist, dass die Isomere bei Raumtemperatur isomerisieren, kann das Vorliegen der beiden Isomere bei tieferer Temperatur durch NMR-Spektroskopie nachgewiesen werden. Die Methylgruppen der (*E*)- und der (*Z*)-Form des Thioformamids befinden sich in einer unterschiedlichen chemischen Umgebung; sie unterscheiden sich daher in ihrer chemischen Verschiebung. Auch wenn Amide bzw. Thioamide zwei gleiche Substituenten am Stickstoff tragen, wie z. B. Dimethylformamid, sind die beiden Methylgruppen chemisch und magnetisch unterschiedlich und ergeben daher im NMR-Spektrum bei tiefer Temperatur zwei getrennte Signale (o Abb. 14.33). Die Angaben unter den gebogenen Pfeilen geben das Ergebnis eines NOE-Experimentes an (▸ Kap. 2), auf dem die Zuordnung der beiden NMR-Signale beruht. In diesem Fall liegt also eine gehinderte Rotation zwischen zwei „Isomeren" mit gleicher Konstitution vor. Derartige Isomere werden als **Topomere** bezeichnet. Gleichartige Liganden, welche diese Eigenschaft besitzen, heißen **stereoheterotope** oder **heterotope Liganden** (*Mislow* u. *Raban* 1969). Bei Substitution einer Methylgruppe (z. B. durch Wasserstoff) entstehen wieder unterscheidbare **Rotamere** (also **Diastereomere**). Aus diesem Grund werden solche Liganden als **diastereotope Liganden** bezeichnet; es handelt sich hier um eine **Protostereoisomerie** der Methylgruppen. Auch die **Prochiralität** gehört in das Gebiet der Protostereoisomerie (▸ Kap. 3).

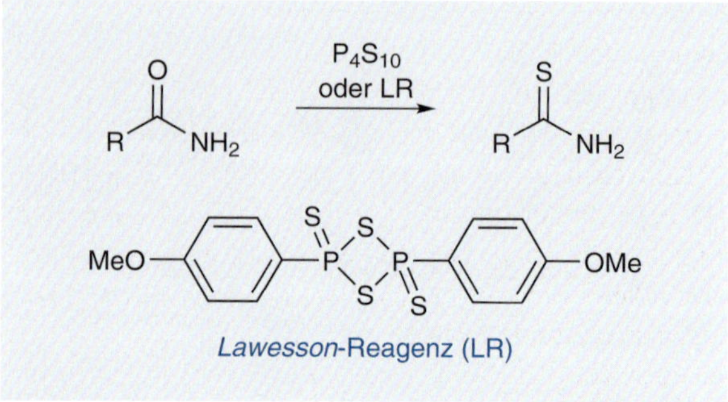


**o Abb. 14.34** Darstellung von Thiocarbonsäuren durch Umsetzung von Säureamiden mit $P_4S_{10}$ oder *Lawesson*-Reagenz

Thioamide entstehen aus Säureamiden, z. B. durch Erhitzen mit Tetraphosphordecasulfid $P_4S_{10}$ (Phosphorpentasulfid, Diphosphorpentasulfid) oder 2,4-Bis-[4-methoxyphenyl]-2,4-dithioxo-1,3,2,4-dithiadiphosphetan (***Lawesson*-Reagenz**, o Abb. 14.34). Dabei wird der Sauerstoff des Amids durch Schwefel ersetzt.

### Blausäure und Nitrile (Carbonitrile)

In engem Zusammenhang mit den Carbonsäureamiden stehen die Nitrile, R—CN. Beide Stoffklassen sind durch Dehydratisierung bzw. Wasseranlagerung ineinander überführbar.

## Exkurs: Blausäure

Blausäure ist formal das Nitril der Ameisensäure. Sie kommt in freier Form im Weltraum vor und spielt eine Rolle in der präbiotischen Synthese z. B. der Nucleobasen. In gebundener Form findet sie sich in einigen Giftpflanzen (z. B. Maniok, Leinsamen, Bambus, Aprikosenkerne), deren Zellen bei Verletzung, katalysiert durch Enzyme, aus den cyanogenen Glycosiden Blausäure freisetzen. Reine, wasserfreie Blausäure ist eine farblose Flüssigkeit, die nach Bittermandel riecht und bei 26 °C siedet. Sie ist eine schwache Säure (p$K_S$ = 9,2), ihre Salze werden als Cyanide bezeichnet. Bei der alkalischen **Hydrolyse** geht Blausäure in Ammoniak und Ameisensäure über:

Das Kohlenstoffatom der Blausäure kann sowohl als Elektrophil wie als Nucleophil fungieren: In der undissoziierten Säure ist es positiv polarisiert und elektrophil, im Cyanid-Ion dagegen nucleophil. Blausäure ist ein äußerst gefährliches Gift: Die geringste bekannte tödliche Dosis ($TD_{Lo}$) beim Menschen (peroral) beträgt 1,471 mg/kg Körpergewicht. Sie kommt aber in geringer Konzentration auch im Körper des Menschen vor und Spuren davon werden ständig mit der Atemluft ausgeschieden. Blausäure kann an Kieselgur adsorbiert werden und lässt sich daraus durch leichtes Erwärmen wieder freisetzen. Zyklon B (○ Abb. 14.35) war ein solches zur Entwesung von Räumen verwendetes Präparat; es wurde von den Nationalsozialisten im Dritten Reich als Mordwerkzeug in den Gaskammern von Auschwitz missbraucht.

Technisch wird Blausäure überwiegend nach dem ***Andrussow*-Verfahren** durch Oxidation eines Ammoniak-Methan-Gemischs am Pt/Rh-Kontakt bei etwa 1 000 °C hergestellt; alternativ lässt sie sich durch Wasserabspaltung aus Formamid bei 300 °C am Aluminiumoxid-Kontakt gewinnen:

○ **Abb. 14.35** Zyklon B enthält die hochgiftige Blausäure.

$$CH_4 + NH_3 + \tfrac{1}{2}\,O_2 \xrightarrow{(Pt/Rh)} HCN + 3\,H_2O \qquad \Delta H = -474\ \text{kJ/mol}$$

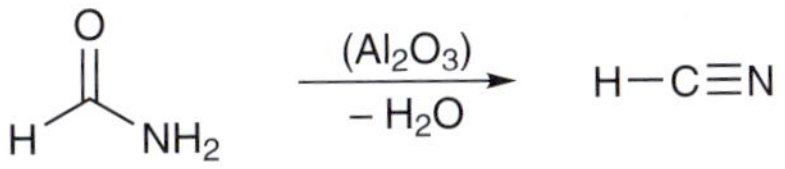

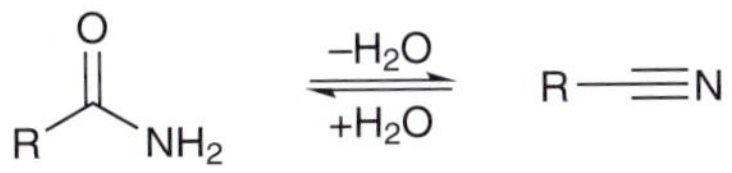

Carbonsäureamid — Nitril (Carbonitril)

Nitrile sind die Alkylderivate der Blausäure (▸ Exkurs: Blausäure). Die CN-Gruppe wird allgemein Nitrilgruppe oder Carbonitrilgruppe genannt, z. B. bei Ethannitril oder Methancarbonitril. Ist sie jedoch als Substituent zu benennen, so verwendet man das Präfix „Cyan-", z. B. bei Cyanessigsäure; das Suffix „-carbonsäure" oder „-säure" hat Vorrang vor „-carbonitril" oder „-nitril".

Das Oxid der Blausäure, die **Knallsäure** (○ Abb. 14.36), wurde anhand des IR-Spektrums und des Mikrowellenspektrums der gasförmigen Verbindung als Blausäureoxid (Formonitriloxid) identifiziert. Knallsäure ist mesomeriestabilisiert und isomer zur Cyansäure, HO—CN. An diesen beiden Verbindungen wurde das Phänomen der Isomerie entdeckt (*Liebig* u. *Wöhler* 1824, ○ Abb. 14.37). **Isoknallsäure** (○ Abb. 14.36) wurde durch Belichtung von Dibromformoxim ($Br_2C{=}NOH$) in einer Argonmatrix bei 12 K nachgewiesen (*G. Maier* 1988). Sie ist das Oxim des Kohlenmonoxids (Carboxim), für das Knallsäure lange Zeit gehalten wurde.

Knallsäure ist instabil und polymerisiert leicht. Ihre Salze unterscheiden sich von den isomeren Cyanaten dadurch, dass sie beim Entzünden oberhalb 190 °C explosionsartig unter Aufblitzen zerfallen. Sie werden daher als Fulminate (lat. *fulmen* = Blitz) bezeichnet. Knallsäure selbst hat diese Eigenschaft nicht. **Quecksil-**

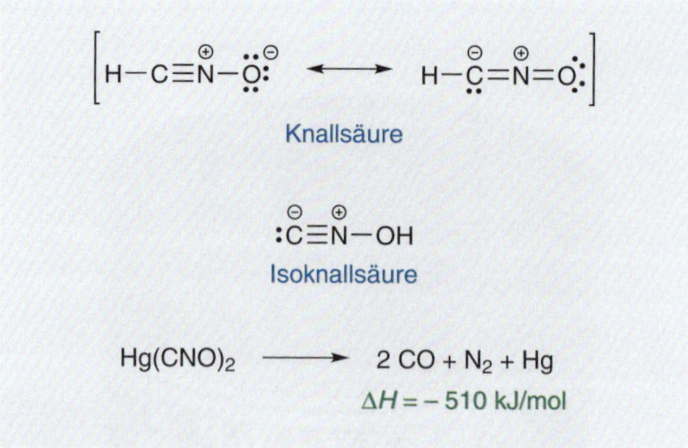


**Abb. 14.36** Knallsäure, Isoknallsäure und der Zerfall von Knallquecksilber

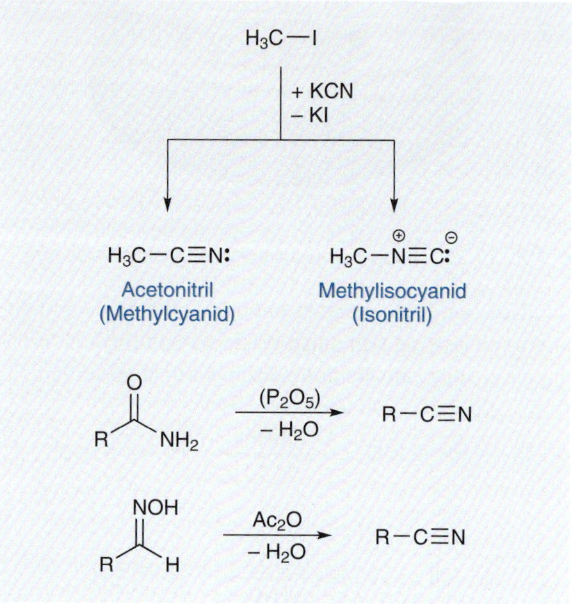


**Abb. 14.38** Darstellung von Nitrilen

**Abb. 14.37** *Justus Liebig* entdeckte Knallsäure 1824, formulierte sie aber irrtümlicherweise als $H_2C_2N_2O_2$.

**berfulminat** („Knallquecksilber", $Hg(CNO)_2$), das vor der Entdeckung des Bleiazids als Initialzünder für Sprengstoffe diente, wird durch Auflösen von Quecksilber in konzentrierter Salpetersäure und Hinzufügen von Ethanol erhalten. Bei Schlag oder Stoß erfolgt unter Detonation der Zerfall des Knallquecksilbers in Kohlenmonoxid, Stickstoff und Quecksilber (Abb. 14.36).

### Nitrile

Die ersten Vertreter in der homologen Reihe der **Nitrile** sind Acetonitril, Propionitril und Butyronitril:

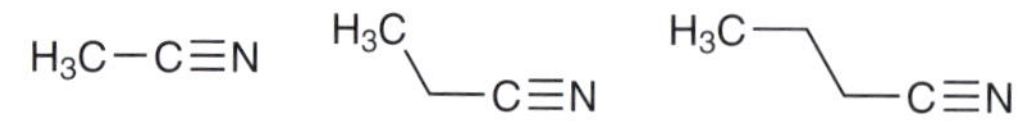


Die niederen Nitrile sind beständige, farblose Flüssigkeiten von relativ angenehmem Geruch, die höheren sind kristalline Substanzen. Sie sind bei Weitem nicht so giftig wie Blausäure. Einige Cyanopolyine $HC_nN$ (n = 3–11) sind als hoch ungesättigte Nitrile im Weltraum (Interstellare Materie, ISM) nachgewiesen worden.

Nitrile lassen sich z. B. durch die Umsetzung von Alkylhalogeniden mit Kaliumcyanid in wässrig-alkoholischer Lösung darstellen (***Kolbe*-Nitril-Synthese**, Abb. 14.38, oben). In geringen Mengen entsteht bei dieser Cyanidalkylierung auch Isocyanid (Isonitril), das sich aus dem Gemisch durch Schütteln mit verdünnter Salzsäure in der Kälte entfernen lässt. Die Alkylierung des ambidenten Cyanid-Ions verläuft in polar-aprotischen Lösemitteln nach dem **$S_N2$-Mechanismus** und damit in der Regel bevorzugt am stärker nucleophilen C-Atom und nur in geringem Maß am N-Atom. In polar-protischen Lösemitteln verläuft die Reaktion eher nach einem **$S_N1$-artigen Mechanismus**, wobei auch die Kationen die Reaktionsrichtung stark beeinflussen (***Kornblum*-Regel**). Verwendet man z. B. statt Kaliumcyanid Silbercyanid, so erhält man überwiegend das Isonitril. Die Silberkationen fungieren dabei als ***Lewis*-Säuren** und koordinieren an das weichere C-Atom des Cyanids (siehe HSAB-Prinzip, ▸Kap. 2.3.1), sodass die Alkylierung bevorzugt am N-Atom unter Bildung des Isonitrils erfolgt.

Andere Möglichkeiten zur Darstellung von Nitrilen sind das Erhitzen von Säureamiden mit Wasser abspal-

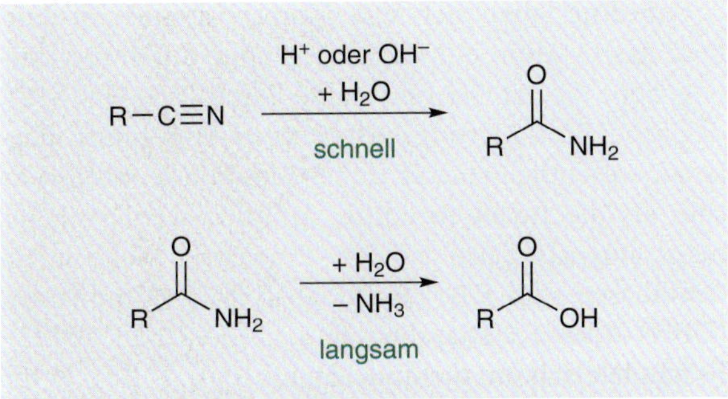


**Abb. 14.39** Nitrile können durch Hydrolyse schrittweise in Amide und Säuren umgewandelt werden.

tenden Mitteln (Abb. 14.38, Mitte) oder das Erhitzen von Aldoximen mit Acetanhydrid (Abb. 14.38, unten).

Nitrile gehen beim Erhitzen mit starken Basen oder Mineralsäuren unter Abspaltung von Ammoniak in die entsprechende Carbonsäure über. Diese Überführung der Nitril- in die Carboxygruppe hat große präparative Bedeutung, da damit z. B. Alkylhalogenide über eine nucleophile Substitution mit Cyanid-Ionen und anschließende Hydrolyse der Nitrile in die homologen (also um ein C-Atom verlängerten) Carbonsäuren oder durch Reduktion in die homologen Amine überführt werden können. Das als Zwischenstufe bei der Hydrolyse auftretende Säureamid kann bei der Hydrolyse bei Raumtemperatur mit 96%iger Schwefelsäure oder alkalischem Wasserstoffperoxid bei erhöhter Temperatur isoliert werden. Die Hydrolyse des Amids gelingt erst unter drastischeren Bedingungen, z. B. durch mehrstündiges Erhitzen unter Rückfluss (Abb. 14.39).

Bei der Reduktion der Nitrile mit Natrium und Alkohol, Lithiumaluminiumhydrid oder mit Wasserstoff an Nickel-Katalysatoren entstehen primäre Amine (▸Kap. 8):

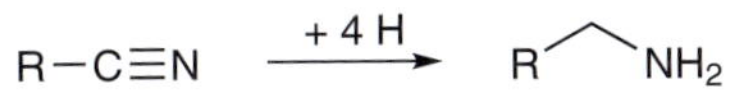


In Analogie zur **Aldoladdition** des Acetaldehyds (▸Kap. 12) dimerisieren auch Nitrile mit $\alpha$-ständigem, acidem H-Atom ($pK_S \approx 25$) unter der Einwirkung von Basen (Natrium oder Natriumalkoholat) in etherischer Lösung. So entsteht z. B. aus Acetonitril $\beta$-Iminobutyronitril, das jedoch größtenteils in der tautomeren Enamin-Struktur als $\beta$-Aminocrotonsäurenitril vorliegt (Abb. 14.40). Bei der intramolekularen Variante, der ***Thorpe-Ziegler*-Reaktion**, reagiert ein Dinitril unter intramolekularem Ringschluss zunächst zu einem Iminonitril, das dann bei der sauren Aufarbeitung zu einem Ketonitril hydrolysiert (Abb. 14.41); dieses kann je nach Reaktionsbedingungen zur Ketocarbonsäure und beim Erhitzen unter Decarboxylierung auch zu einem cyclischen Keton weiterreagieren.

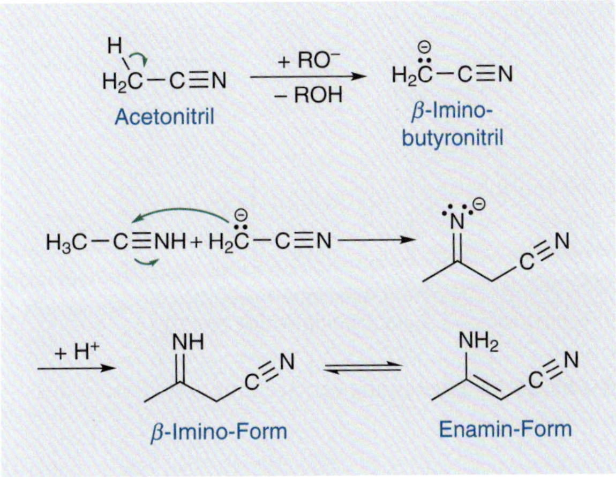


**Abb. 14.40** Nitrile mit $\alpha$-ständigem H-Atom dimerisieren unter Einwirkung von Basen

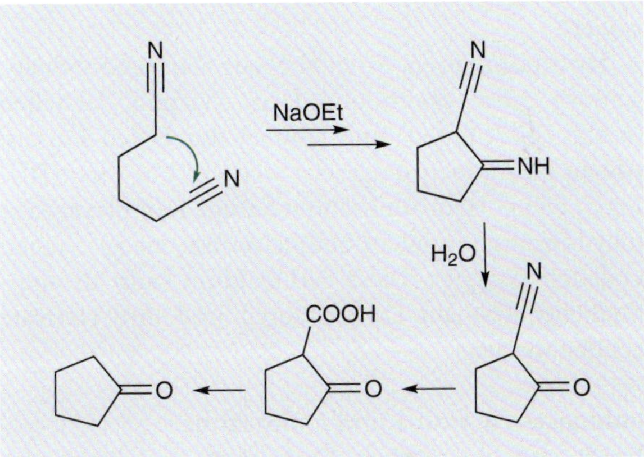


**Abb. 14.41** *Thorpe-Ziegler*-Reaktion von Dinitrilen

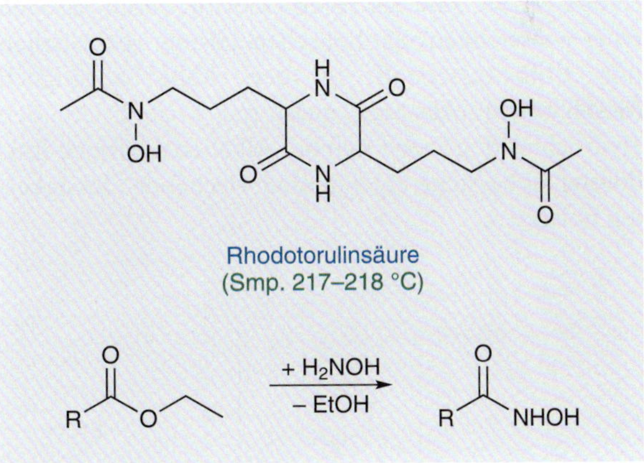


**Abb. 14.42** Rhodotorulinsäure (oben); Darstellung von Hydroxamsäuren aus Carbonsäureestern (unten)

### Hydroxamsäuren

**Hydroxamsäuren**, RC(=O)NHOH, sind schwache, reduzierend wirkende Säuren ($pK_S \approx 9$), die eine positive *Fehling*-Probe (▸Kap. 2) ergeben. Rhodotorulinsäure (Abb. 14.42, oben), ein Derivat des Siderophors 2,5-Dioxopiperazin, ist ein Beispiel für eine N-substituierte Hydroxamsäure. Siderophore (Eisenträger, ▸Kap. 20.2) sind natürlich vorkommende Verbindun-

14

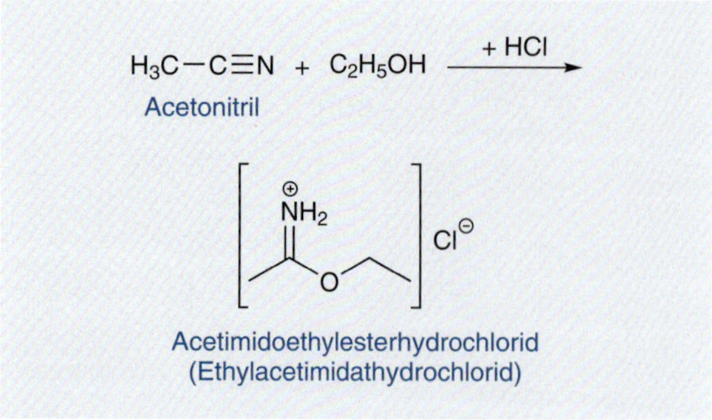


**o Abb. 14.43** Darstellung von Acetimidoethylestern aus Nitrilen

gen, die eine wichtige Rolle bei der Eisenaufnahme von Pflanzen, Bakterien und Pilze spielen. Rhodotorulinsäure wurde aus der roten Hefe *Rhodotorula pilimanae* isoliert.

Hydroxamsäuren lassen sich aus Carbonsäurehalogeniden oder -estern und Hydroxylamin darstellen (o Abb. 14.42, unten) und können durch den ***Lossen*-Abbau** zu Aminen umgesetzt werden. Mit Eisen(III)-Ionen bilden Hydroxamsäuren farbige Komplexe. Acetohydroxamsäure bildet beispielsweise mit $Fe^{3+}$ einen violetten Komplex. Diese Farbreaktion kann als empfindlicher Test auf Carbonsäuren und ihre Derivate genutzt werden.

### Imidoester, Amidine und Amidrazone

**Imidoester** entsprechen Säureestern, in denen das O-Atom der Carbonyl- durch die Iminogruppe —NH ersetzt ist. Sie sind als Hydrochloride durch Sättigen einer wasserfreien, alkoholischen Lösung von Nitrilen mit Chlorwasserstoff in der Kälte zugänglich (o Abb. 14.43). Aus den meist gut kristallisierenden Hydrochloriden lassen sich mit Alkalien die freien Imidoester als basische, eigentümlich riechende Flüssigkeiten freisetzen.

**Amidine** leiten sich von Säureamiden ab, in dem man das O-Atom der Carbonylgruppe durch die Iminogruppe ersetzt. Sie sind starke Basen ($pK_S \approx 11–12$), da die bei Protonierung entstehenden Amidinium-Kationen wesentlich stärker durch Mesomerie stabilisiert sind als die freien Amidine; Amidine werden daher meist nur als Salze isoliert. Präparativ vielgenutzte Amidbasen sind z. B. 1,5-Diazabicyclo(4.3.0)non-5-en (DBN) oder 1,5-Diazabicyclo(4.3.0)non-5-en (DBU). Es handelt sich um nichtnucleophile Basen, die z. B. für Eliminierungsreaktionen genutzt werden (▸Kap. 7). Die Darstellung der Amidine gelingt durch Einwirkung von wasserfreiem Ammoniak auf Imidoesterhydrochloride (o Abb. 14.44, oben).

**Amidrazone** sind als Säureamidhydrazone oder in tautomerer Form als Hydrazide der Imidosäuren aufzufassen. Sie lassen sich durch aufeinanderfolgende Einwirkung von Natriumhydrazid (bei –20 °C unter Stickstoff) und Wasser auf Nitrile darstellen (*Th. Kauffmann*, o Abb. 14.44, unten).

### Säurehydrazide und Säureazide

Die freien, basisch reagierenden **Säurehydrazide** ($pK_S$ der protonierten Form ca. 2) sind kristalline Verbindungen und reduzieren ammoniakalische Silbersalzlösung sowie *Fehling*sche Lösung. In Analogie zu den Säureamiden werden Säurehydrazide durch Einwirkung von Hydrazin auf Säurehalogenide, -anhydride oder -ester (*Curtius*) erhalten (o Abb. 14.45, links oben). Unter der Einwirkung von salpetriger Säure gehen die Hydrazide in **Säureazide** über (o Abb. 14.45, rechts oben), die meist kristallin sind und beim Erwärmen oft explosionsartig verpuffen. Ursprünglich wurde von *Curtius* eine ringförmige Anordnung der drei N-Atome vorgeschlagen. Heutzutage ist aufgrund physikalischer Messungen und durch Isotopenmarkierung ($^{15}N$) eindeutig bewiesen, dass Säureazide, wie erstmals von *Angeli* und *Thiele* vorgeschlagen, eine lineare, mesome-

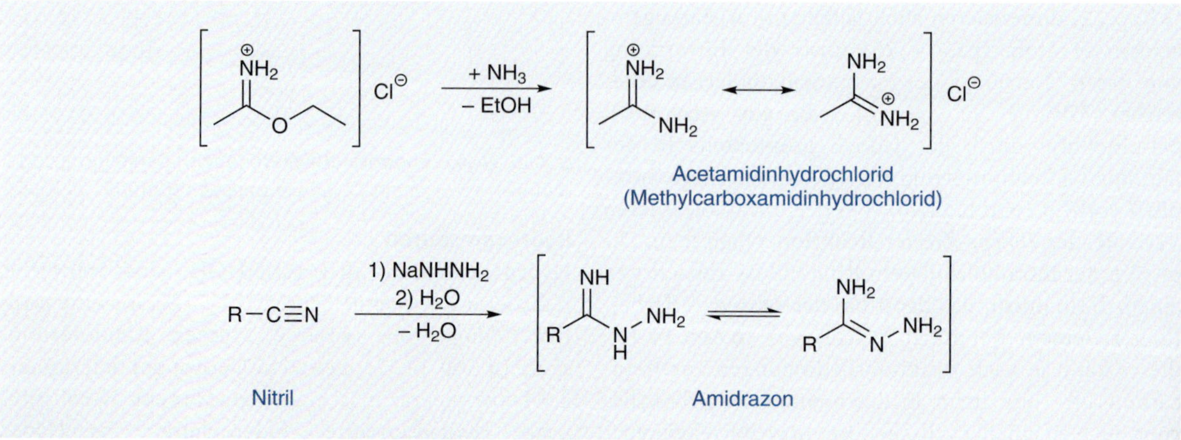


**o Abb. 14.44** Darstellung von Acetamidinhydrochlorid und Amidrazon

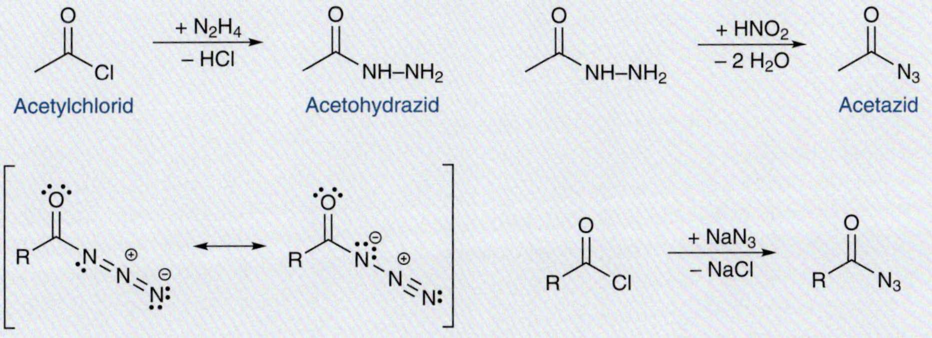


**Abb. 14.45** Methoden zur Darstellung von Säurehydraziden und Säureaziden sowie mesomere Grenzstrukturen von Säureaziden

riestabilisierte Azideinheit enthalten (Abb. 14.45, links unten). Säureazide entstehen auch direkt durch die Umsetzung von Säurechloriden mit Natriumazid (Abb. 14.45, rechts unten).

# 15 Carbonsäuren mit zusätzlichen funktionellen Gruppen

Halogencarbonsäuren ... 399 | Hydroxycarbonsäuren und Lactone ... 403 |
Aminocarbonsäuren ... 414 | Aldehyd- und Ketocarbonsäuren ... 422

Bei dieser Stoffklasse sind ein oder mehrere Wasserstoffatome im Alkylrest einer Carbonsäure durch andere Atome oder Atomgruppen, insbesondere durch Halogene, —OH- bzw. $-NH_2$-Gruppen oder durch eine Carbonylfunktion (=O), ersetzt. Vor allem in $\alpha$- oder $\beta$-Position, also in unmittelbarer Nachbarschaft zur Carboxygruppe, beeinflussen diese Substituenten die Eigenschaften der Verbindungen deutlich. Viele solcher funktionalisierten Carbonsäuren spielen als Synthesebausteine oder Stoffwechselzwischenprodukte in der Natur eine wichtige Rolle, so z. B. $\alpha$-Aminosäuren wie Alanin als Bausteine der Proteine oder Brenztraubensäure, die einfachste $\alpha$-Ketocarbonsäure, die im Organismus sowohl beim aeroben als auch beim anaeroben Abbau von Glucose entsteht.

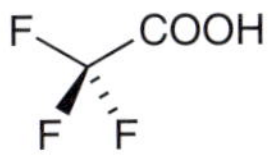

Trifluoressigsäure

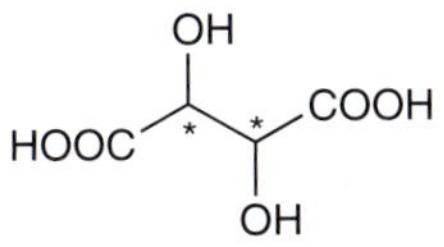

Weinsäure

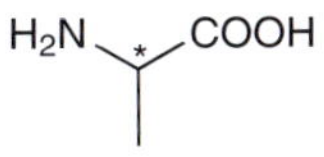

Alanin

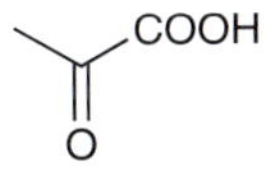

Brenztraubensäure

## 15.1 Halogencarbonsäuren

### 15.1.1 Struktur und Eigenschaften

Die einfachste Halogencarbonsäure ist **Monochloressigsäure**, $Cl-CH_2-COOH$. Von der Propionsäure leiten sich bereits zwei konstitutionsisomere Monochlorpropionsäuren ab, $\alpha$- und $\beta$-Chlorpropionsäure. Ausgehend von der Carboxygruppe bezeichnet man die sich anschließenden C-Atome mit den griechischen Buchstaben $\alpha$, $\beta$, $\gamma$, $\delta$ etc., dabei wird das C-Atom der Carboxygruppe selbst nicht mitgezählt. Bei der Verwendung von Ziffern zur Bezeichnung der Substitutionsstellen wird dagegen die Carboxygruppe mitgezählt: Sie erhält die Positionsnummer 1. 2-Chlorpropionsäure besitzt im Gegensatz zur 3-Chlorpropionsäure ein Chiralitätszentrum (*) und kommt damit in zwei enantiomeren Formen vor.

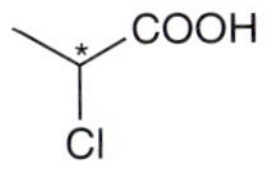

$\alpha$-Chlorpropionsäure (2-Chlorpropionsäure)

$\beta$-Chlorpropionsäure (3-Chlorpropionsäure)

Die Halogencarbonsäuren sind – mit wenigen Ausnahmen – kristalline Substanzen. Sie weisen in Lösung gegenüber den betreffenden Carbonsäuren eine wesentlich höhere Acidität auf, da das stärker elektronegative Halogenatom die Bindungselektronen des C-Atoms zu sich heranzieht (**–I-Effekt**). Dieser Effekt setzt sich auch in der benachbarten Carboxygruppe fort, erhöht die Polarisierung der O—H-Bindung und erleichtert so die Ablösung des Protons. Auch das entstehende Anion wird durch den elektronenziehenden Effekt des Halogenatoms stabilisiert. Beide Effekte führen dazu, dass die Acidität der Verbindung gegenüber der unsubstituierten Carbonsäure steigt. Die Wirkung dieses –I-Effekts ist nicht nur auf das $\alpha$-ständige C-Atom beschränkt, sondern lässt sich auch bei $\beta$- und $\gamma$-Halogencarbonsäuren beobachten. Die Stärke des Effektes nimmt jedoch rasch ab, wie aus den steigenden

**Tab. 15.1** Vergleich der Aciditäten von chlorierten Buttersäure- und Essigsäurederivaten

| | $pK_S$ | | $pK_S$ |
|---|---|---|---|
| α-Chlor-*n*-buttersäure | 2,84 | Essigsäure | 4,76 |
| β-Chlor-*n*-buttersäure | 4,06 | Monochlor-essigsäure | 2,86 |
| γ-Chlor-*n*-buttersäure | 4,52 | Dichlor-essigsäure | 1,29 |
| *n*-Buttersäure | 4,82 | Trichlor-essigsäure | 0,65 |

$pK_S$-Werten von α-, β- und γ-Chlor-*n*-buttersäuren ersichtlich ist (Tab. 15.1). Durch Einführung mehrerer elektronegativer Atome wird der –I-Effekt weiter verstärkt, wie ein Vergleich der $pK_S$-Werte der mehrfach chlorierten Essigsäuren zeigt (Tab. 15.1). **Trifluoressigsäure**, $CF_3COOH$ (Abb. 15.1, unten rechts), eine an der Luft rauchende Flüssigkeit, weist daher aufgrund der starken Elektronegativität der drei Fluoratome unter den funktionalisierten Monocarbonsäuren die stärkste Acidität auf ($pK_S = 0{,}23$).

Umgekehrt übt auch die Carboxygruppe der Halogencarbonsäuren einen –I-Effekt aus, besonders auf die α-Position; dadurch erhöht sich die Reaktivität dieser Position im Vergleich zu Halogenalkanen, z. B. bei einem nucleophilen Austausch des Halogenatoms durch eine OH-Gruppe oder andere Nucleophile. Durch Wechselwirkung des $\pi^*$-Orbitals der C=O-Bindung mit dem $\sigma^*$-Orbital der C—Hal-Bindung wird entsprechend der Molekülorbitaltheorie (MO-Theorie) das **LUMO** energetisch weiter abgesenkt, was zu einer erhöhten Reaktivität (Elektrophilie) gegenüber Nucleophilen führt.

## 15.1.2 Gewinnung und Synthese

Die Synthese der Halogencarbonsäuren hängt davon ab, an welcher Stelle der Kette das Halogenatom eingeführt werden soll. Am leichtesten sind die α-ständigen H-Atome substituierbar, da sie durch die benachbarte Carboxygruppe aktiviert werden (–I-Effekt). Auf diese Weise lassen sich auch mehrfach in α-Position halogenierte Carbonsäuren gewinnen.

### Halogenierte Essigsäuren

Abb. 15.1 zeigt verschiedene Verfahren zur Darstellung halogenierter Essigsäuren. Die direkte Halogenierung von Essigsäure mit Chlor oder Brom verläuft nur träge. Sie kann aber durch Belichten oder durch Halogenüberträger wie Iod oder Schwefel sowie durch Temperaturerhöhung beschleunigt werden. Unter diesen Bedingungen entsteht aus Essigsäure und Chlor zunächst Monochloressigsäure. Mit einem Überschuss an Halogen erhält man Di- bzw. Trichloressigsäure. Technisch gewinnt man **Monochloressigsäure** nach den folgenden zwei Verfahren: entweder durch Erhitzen von Trichlorethylen mit 70%iger Schwefelsäure oder durch Oxidation von 2-Chlorethanol mit Salpetersäure. **Dichloressigsäure** wird auch aus Chloralhydrat durch das Behandeln mit Calciumcarbonat unter katalytischem Einfluss von Natriumcyanid und die nachfolgende Umsetzung mit konzentrierter Salzsäure synthetisiert. **Trichloressigsäure** stellt man auch durch Oxidation von Chloralhydrat mit konzentrierter Salpetersäure dar. **Trifluoressigsäure** ist durch Oxidation von *m*-Trifluormethylanilin mit Chromsäure zugänglich.

### Höhere halogenierte Carbonsäuren

Durch die ***Hell-Volhard-Zelinsky*-Reaktion** (Abb. 15.2, oben) können die α-ständigen H-Atome von Carbonsäuren durch Brom oder Chlor unter Bildung von **α-Halogencarbonsäuren** substituiert werden. Man versetzt die zu halogenierende Säure mit rotem Phosphor, lässt allmählich Brom zutropfen und erwärmt auf etwa 80 °C. Intermediär entstehendes Phosphor(III)-bromid (Phosphortribromid) bildet zunächst mit der Carbonsäure das entsprechende Säurebromid, das zur Enolform tautomerisiert und durch Reaktion mit dem Halogen leicht in das α-Bromcarbonsäurebromid übergeht. Meist reicht eine kleine Menge Phosphor aus, da das entstandene α-halogenierte Säurebromid anschließend durch Austauschreaktion unter Entstehung der α-halogenierten Säure ein weiteres Carbonsäuremolekül für die Reaktion aktivieren kann. Das so gebildete Carbonsäurebromid unterliegt dann erneut der α-Halogenierung. Anstelle von elementarem Phosphor ist es auch möglich, direkt ein Phosphortrihalogenid einzusetzen. Mechanistisch gilt als gesichert, dass nicht das Halogen aus dem Phosphortrihalogenid in die α-Position des Moleküls eingeführt wird. Die Umsetzung von Carbonsäuren mit Phosphortribromid und Chlor führt somit ausschließlich zur Chlorierung und nicht zur Bromierung der α-Position. Leicht enolisierbare Säuren bzw. Säurederivate wie z. B. Säureanhydride, Malonsäure oder Säurehalogenide reagieren auch ohne Zugabe von Phosphor. Sind zwei α-Wasserstoffatome vorhanden, kann auch das zweite durch Halogen substituiert werden, was die Isolierung monosubstituierter Produkte erschwert.

Fluor- oder Iod-Substituenten lassen sich auf die oben geschilderte Weise nicht einführen. Besonders die **Einführung von Iod** ist jedoch von präparativem Interesse, da Iodid eine bessere Abgangsgruppe als Chlorid oder Bromid ist. Man bedient sich zur Synthese Iod-substituierter Säuren der folgenden synthetischen Möglichkeiten:

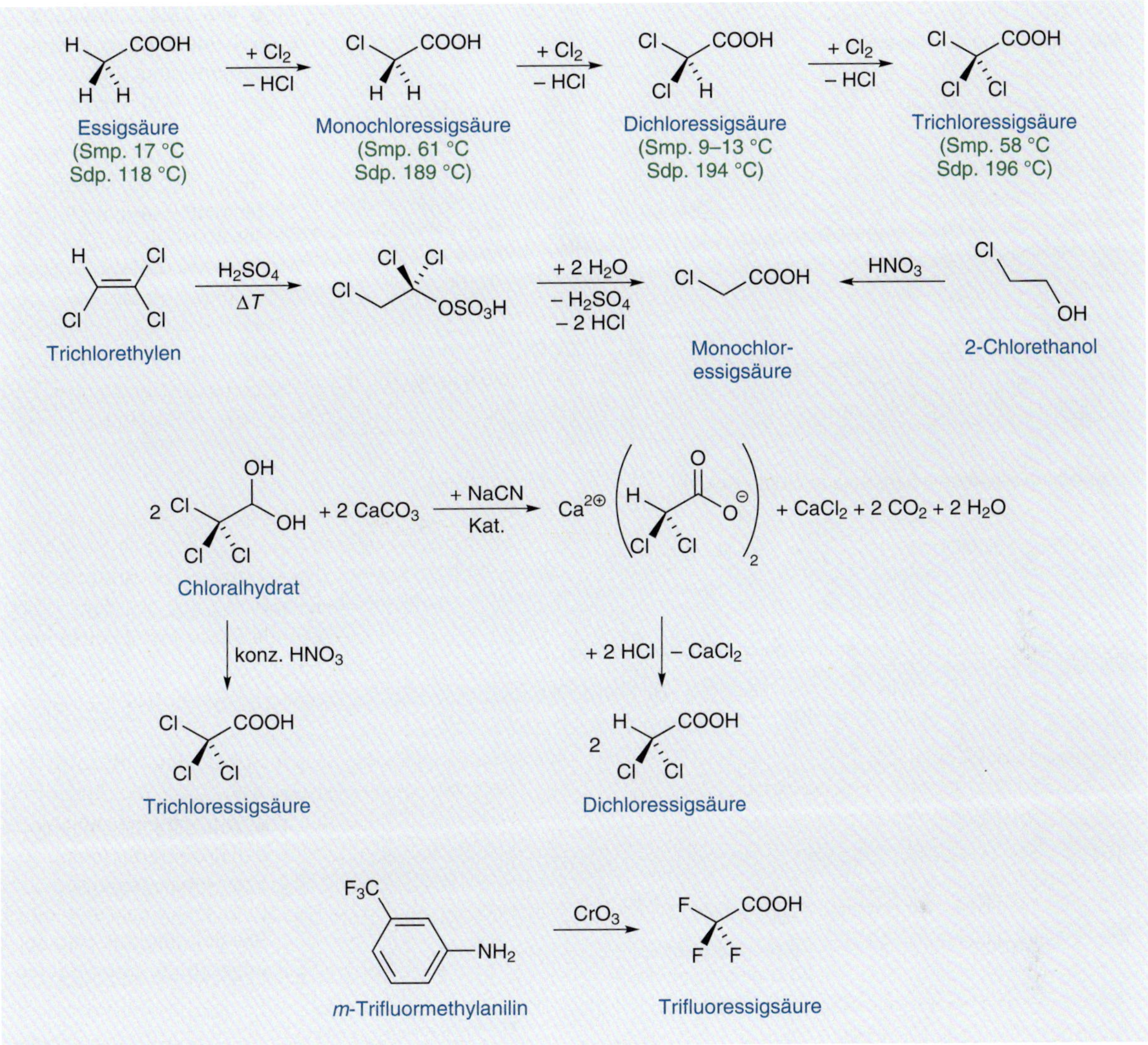


**Abb. 15.1** Darstellung halogenierter Essigsäuren

- Bei der Umsetzung der Carbonsäure mit Chlorsulfonsäure (stark hygroskopisch), erhält man intermediär durch Eliminierung von Wasser ein Keten (▸Kap. 14.3); dieses kann mit Iod, Brom oder Chlor zur gewünschten $\alpha$-halogenierten Säure umgesetzt werden (Abb. 15.2, Mitte).
- $\alpha$-Iodcarbonsäuren lassen sich auch aus $\alpha$-Chlor- oder $\alpha$-Bromcarbonsäuren durch Erwärmen mit Kaliumiodid in Methanol oder Aceton darstellen (Abb. 15.2, unten).

**$\beta$-Halogencarbonsäuren** gewinnt man durch elektrophile Addition von Halogenwasserstoff an $\alpha,\beta$-ungesättigte Carbonsäuren (Abb. 15.3, oben). Die Halogenierung erfolgt regioselektiv in der $\beta$-Position, da das intermediär entstehende Oxonium-Carbenium-Ion dort die elektrophilste Stelle aufweist (Abb. 15.3, rechts). **$\gamma$-Halogencarbonsäuren** erhält man durch Einwirkung von Halogenwasserstoff auf $\beta,\gamma$-ungesättigte Carbonsäuren (Abb. 15.3, unten). Hierbei entsteht bevorzugt das *anti-Markownikow*-Produkt, d. h. die Halogenierung erfolgt in der $\gamma$-Position und nicht in der höher substituierten $\beta$-Position. Diese Regioselektivität entspricht allerdings wiederum der relativen Stabilität der beiden möglichen intermediär entstehenden Carbeniumionen. Durch den –I-Effekt der Carboxygruppe ist die Bildung eines Carbeniumions in $\beta$-Position zur Carboxygruppe energetisch ungünstiger als in der weiter entfernten $\gamma$-Position.

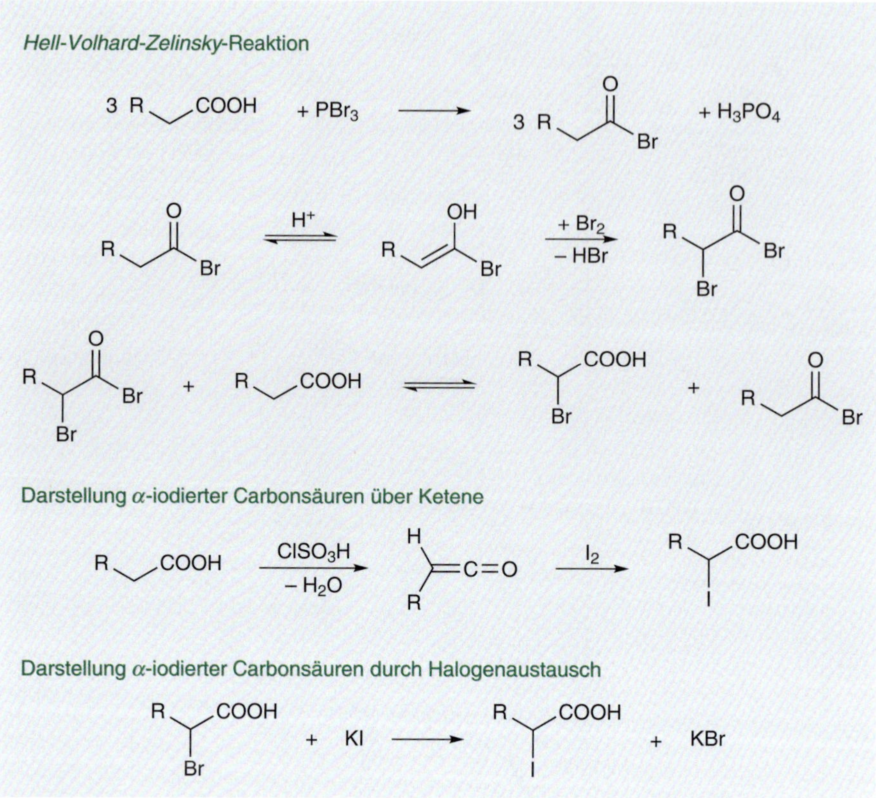


**Abb. 15.2** Darstellung $\alpha$-halogenierter höherer Carbonsäuren durch die *Hell-Volhard-Zelinsky*-Reaktion (oben) sowie Möglichkeiten zur Einführung eines Iod-Substituenten (Mitte, unten)

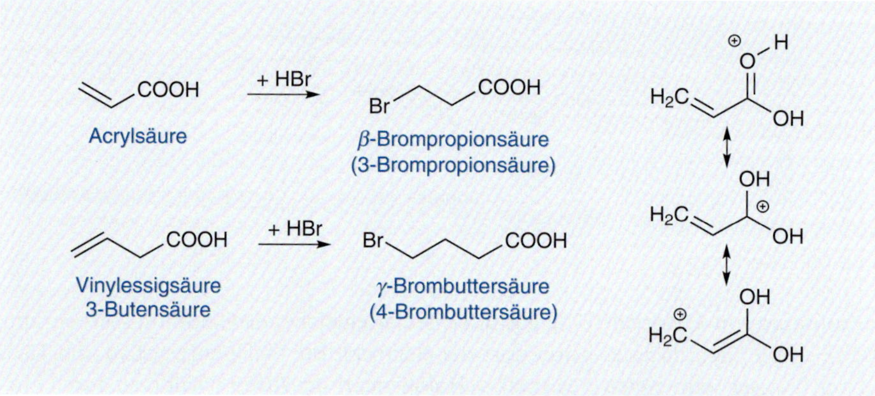


**Abb. 15.3** Darstellung $\beta$-halogenierter (oben) bzw. $\gamma$-halogenierter (unten) Carbonsäuren durch HX-Addition (z. B. HBr) an ungesättigte Carbonsäuren

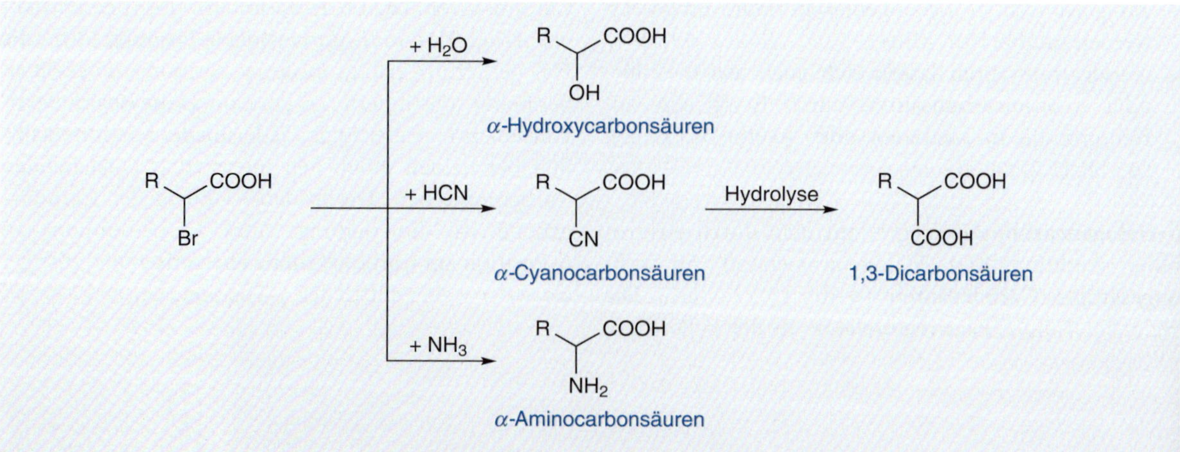


**Abb. 15.4** $\alpha$-Halogencarbonsäuren sind wichtige Synthese-Intermediate.

### 15.1.3 Reaktionen und Anwendungen

Die aus der *Hell-Volhard-Zelinsky*-Reaktion erhaltenen $\alpha$-Halogencarbonsäuren stellen wichtige **Synthese-Intermediate** dar (⚬Abb. 15.4). Sie lassen sich z. B. durch Reaktion mit Wasser in **$\alpha$-Hydroxycarbonsäuren** überführen. Die Umsetzung mit Cyanid liefert **$\alpha$-Cyanocarbonsäuren**, die durch Hydrolyse in **1,3-Dicarbonsäuren** überführt werden können. Die Behandlung mit Ammoniak ergibt **$\alpha$-Aminosäuren**.

### 15.1.4 Ausgewählte Verbindungen

**Trichloressigsäure** (TCA) wird in der klinischen Chemie bei der Harn- und Blutanalyse als eiweißfällendes Mittel verwendet. Medizinisch wird es äußerlich als Ätzmittel gegen Warzen sowie zum Abschälen von Hornhaut eingesetzt. Das Natriumsalz der Trichloressigsäure, **Natriumtrichloracetat** (TCA-Na), wurde früher als Herbizid verwendet. Die Substanz wird jedoch – zumindest in Deutschland und den meisten anderen europäischen Ländern – heutzutage nicht mehr verwendet.

**Trifluoressigsäure** (TFA) wird, wie auch Salzsäure, zur Abspaltung der BOC-Schutzgruppe (BOC = *tert*-Butyloxycarbonyl) von Aminen verwendet. Die BOC-Schutzgruppe ist im sauren Milieu unbeständig. Sie spielt eine wichtige Rolle bei Peptidsynthesen (▸Kap. 37.1.3).

## 15.2 Hydroxycarbonsäuren und Lactone

### 15.2.1 Struktur und Eigenschaften

#### Hydroxycarbonsäuren

Hydroxycarbonsäuren sind Derivate der Carbonsäuren, bei denen ein H-Atom der Alkylkette durch die Hydroxygruppe —OH ersetzt ist. Die Stellung der Hydroxygruppe relativ zur Carboxygruppe wird wie bei den Halogencarbonsäuren (▸Kap. 15.1.1) durch griechische Buchstaben gekennzeichnet. Hydroxycarbonsäuren sind in Wasser leichter, in Ether dagegen schwerer löslich als die entsprechenden Carbonsäuren ohne Hydroxyfunktion. In Analogie zum Halogenatom in den Halogencarbonsäuren erhöht besonders eine $\alpha$-ständige Hydroxygruppe – wenn auch in geringerem Maße – die Acidität der Hydroxysäuren (–I-Effekt).

Die einfachste Hydroxycarbonsäure ist Hydroxyessigsäure **(Glycolsäure)**, HO—$CH_2$—COOH. **Glycolsäure** besitzt einen Schmelzpunkt von 79 °C. Sie findet sich im Pflanzenreich, z. B. in unreifen Weintrauben und im Zuckerrohr. Ihr folgt als nächsthöheres Homologes die biologisch wichtige $\alpha$-Hydroxypropionsäure **(Milchsäure)**, $H_3C$—CH(OH)—COOH. Sie besitzt ein Chiralitätszentrum und kommt daher in zwei enantiomeren Formen vor (▸Kap. 3.2.2).

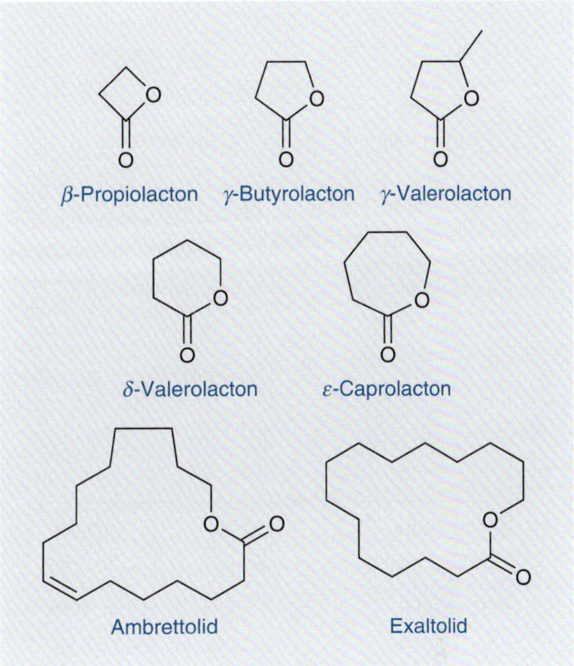


⚬ **Abb. 15.5** Strukturformeln einiger Lactone

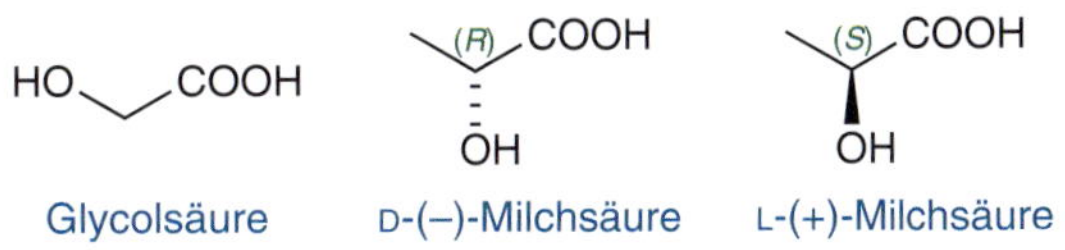


Die racemische **D,L-Milchsäure** (engl.: *lactic acid*) wurde zuerst von *Scheele* (1780) in der sauren Milch entdeckt. Sie entsteht durch Vergärung der Lactose (Milchzucker) durch Milchsäurebakterien, z. B. *Lactococcus lactis*. Je nach Bakterium entstehen bei der Milchsäuregärung **D-(*R*)-(–)-Milchsäure** und/oder L-(*S*)-(+)-**Milchsäure**. Reine D,L-Milchsäure ist eine sirupartige Flüssigkeit, die schwer zur Kristallisation zu bringen ist. Sie besitzt einen Schmelzpunkt von 16,8 °C. Ihre Salze werden als Lactate bezeichnet. Im menschlichen Organismus entsteht L-(*S*)-(+)-Milchsäure als Stoffwechselprodukt beim anaeroben Abbau von Glucose. Ihrem Vorkommen in Muskelsaft verdankt sie den Namen Fleischmilchsäure (*Berzelius* 1808). Die Enantiomeren-reinen D- und L-Milchsäuren schmelzen bei einer Temperatur von 52,8 °C und besitzen einen $pK_S$-Wert von 3,86.

#### Lactone

Lactone, sind **innere (cyclische) Ester der Hydroxycarbonsäuren** (⚬Abb. 15.5). Man unterscheidet $\alpha$-, $\beta$-, $\gamma$-, $\delta$- und höhergliedrige Lactone. Nach IUPAC benennt man Lactone entweder als die zugrunde liegenden Heterocyclen unter Angabe der Position der Carbonylgruppe (Tetrahydrofuran-2-on oder 1-Oxa-cyclopentan-2-on für $\gamma$-Butyrolacton) oder man verwendet die

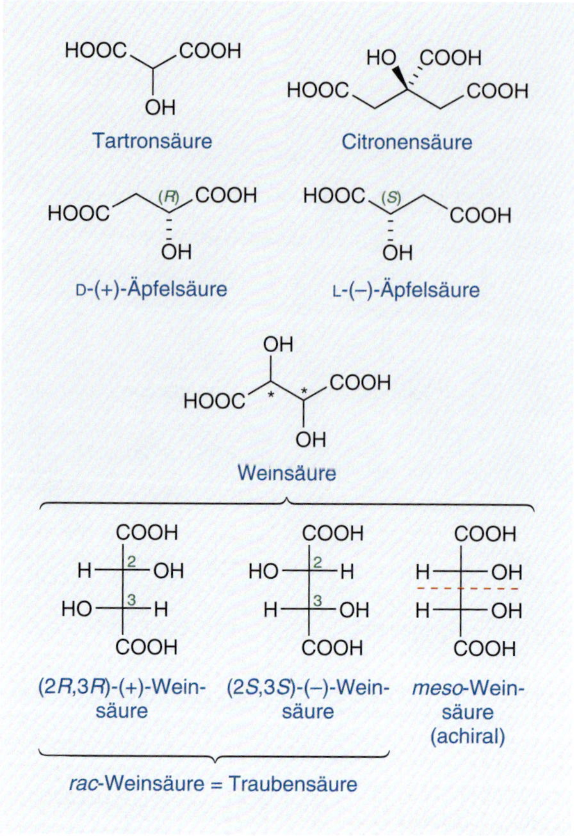


**o Abb. 15.6** Beispiele wichtiger aliphatischer Hydroxydi- und -tricarbonsäuren

Endung „-lacton" und gibt die Positionen der (ehemaligen) Hydroxy- und Carbonsäurefunktionen an, aus denen das Lacton formal entstanden ist: Butyro-1,4-lacton für γ-Butyrolacton. Eine ältere Benennung der Lactone erfolgt durch Anhängen der Endung „**-olid**" an den Namen des nicht hydroxylierten Kohlenwasserstoffes mit der gleichen Zahl von Kohlenstoffatomen. Dabei wird die Positionsziffer des am Ringschluss beteiligten C-Atoms vor der Endung angegeben, z. B. Butan-4-olid für γ-Butyrolacton, Propan-3-olid (= β-Propiolacton), 7-Hexadecen-16-olid (= Ambrettolid), Pentadecan-15-olid (= Exaltolid). Während die aufgrund ihrer hohen Ringspannung instabilen α-Lactone im Allgemeinen nur in Lösung nachgewiesen werden können und sich β-Lactone nur mithilfe spezieller Verfahren darstellen lassen, entstehen γ- und die δ-Lactone leicht aus den entsprechenden Hydroxysäuren. Die wichtigsten Vertreter sind **γ-Butyrolacton** sowie γ- und **δ-Valerolacton** (o Abb. 15.5).

Lactone sieden niedriger als die zugehörigen Hydroxysäuren. Sie weisen einen ausgeprägten, meist angenehmen Geruch auf, vor allem die höhergliedrigen Lactone mit 15–17 Ringgliedern. Zu Letzteren zählen z. B. Ambrettolid (o Abb. 15.5, unten links), der Duftstoff des Moschuskörneröls, sowie das Lacton des Angelikawurzelöls, das unter dem Namen Exaltolid (o Abb. 15.5, unten rechts) in der Parfumindustrie verwendet wird. In Ringen, die bis zu sieben Glieder haben, liegt die Lactongruppe in der (*E*)-Konfiguration (= *cis*) vor; bei mehr als zehn Ringgliedern ist die (*Z*)-Konfiguration (= *trans*) begünstigt.

### Aliphatische Hydroxydi- und -tricarbonsäuren

Zu dieser Stoffklasse zählen einige wichtige α-Hydroxycarbonsäuren, z. B. Tartron-, Äpfel-, Wein- und Citronensäure (o Abb. 15.6). Die drei letztgenannten Pflanzensäuren wurden zuerst von *Scheele* aus Fruchtsäften als schwer lösliche Calciumsalze gefällt und daraus durch Umsetzen mit der äquivalenten Menge Schwefelsäure als freie Säuren isoliert.

Die einfachste Hydroxydicarbonsäure, **Tartronsäure**, kommt aufgrund ihrer Oxidationsempfindlichkeit (leichte Oxidation zur einfachsten Ketodicarbonsäure, der Mesoxalsäure) nicht in der Natur vor. Tartronsäure liegt als Hemihydrat vor und bildet farblose Prismen, die bei einer Temperatur von 160 °C schmelzen. Durch thermische Decarboxylierung entsteht Glycolsäure (Hydroxyessigsäure, ▸Kap. 15.2.1).

**Äpfelsäure** enthält ein Chiralitätszentrum und kann demnach in zwei Enantiomeren und als Racemform auftreten. Die natürliche, linksdrehende (–)-Äpfelsäure gehört der L-Reihe an und besitzt die gleiche absolute Konfiguration wie L-(+)-Milchsäure und L-(+)-Alanin. Dies ist im *Cahn-Ingold-Prelog*-System die (*S*)-Konfiguration. L-(–)-Äpfelsäure findet sich in unreifen Äpfeln, Stachelbeeren sowie anderen Früchten und kann aus dem Saft der Vogelbeeren oder der Berberitze gewonnen werden (*Scheele* 1785). D-(+)-Äpfelsäure kommt im Pflanzenreich nicht vor. Sie lässt sich durch Racematspaltung aus der D,L-Äpfelsäure oder aus L-(–)-Äpfelsäure durch *Walden*-Umkehr erhalten (▸Kap. 3.8.2; ▸Exkurs: *Walden*-Umkehr und Nachbargruppeneffekt). Die Salze der Äpfelsäuren werden als **Malate** bezeichnet. L-(–)-Äpfelsäure bildet zerfließende Nadeln mit einem Schmelzpunkt von 100–101 °C. Die spezifische Drehung ihrer wässrigen Lösungen hängt von der Konzentration ab; enthalten sie weniger als 25 % Säure, so beobachtet man eine Linksdrehung, die mit steigender Konzentration abnimmt und schließlich in eine Rechtsdrehung umschlägt. Die Ursache dieses anomalen Verhaltens in wässrigen Lösungen dürfte in der bereits bei den Carbonsäuren erwähnten Assoziation z. B. der Bildung von Dimeren bzw. in einer Änderung der Solvatation der Säuremoleküle zu suchen sein. In Aceton zeigen sämtliche Lösungen unabhängig von der Konzentration eine Linksdrehung. D,L-Äpfelsäure schmilzt bei einer Temperatur von 130 °C.

**Weinsäure** enthält zwei Chiralitätszentren (▸Kap. 3.5.1), es existieren jedoch nur drei verschiedene stereoisomere Weinsäuren: die beiden Enantiomere, also (2*R*,3*R*)-(+)-Weinsäure und (2*S*,3*S*)-(–)-

**Exkurs: *Walden*-Umkehr und Nachbargruppeneffekt am Beispiel von Halogen-, Amino- und Hydroxycarbonsäuren**

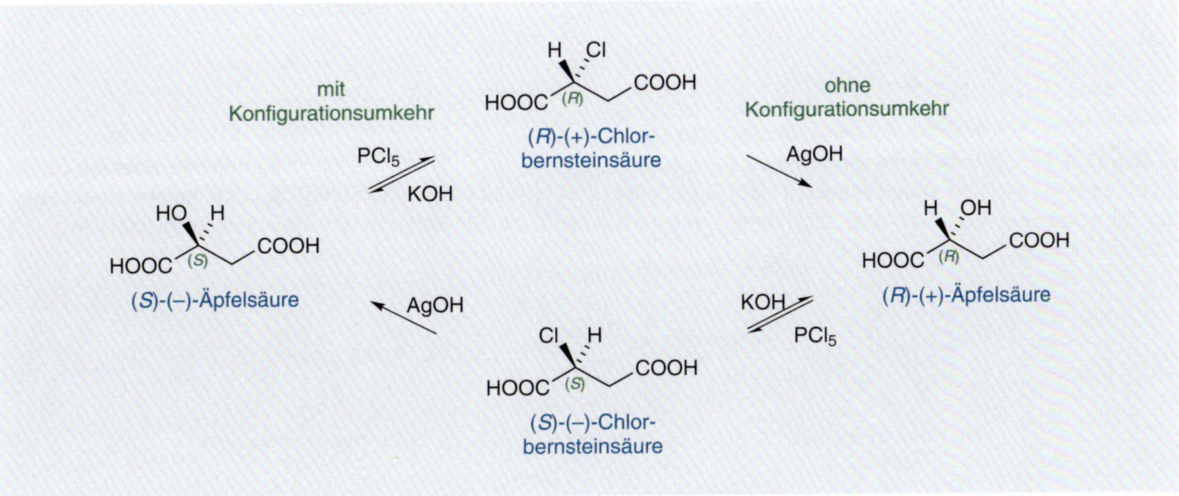


**Abb. 15.7** Die *Walden*-Umkehr wurde erstmals an Äpfelsäure beobachtet.

Bei $S_N2$-Reaktionen an einem Chiralitätszentrum findet normalerweise eine Konfigurationsumkehr statt. Sie wurde zuerst von *Walden* (1895) an **Äpfelsäure** beobachtet (***Walden*-Umkehr**, Abb. 15.7; ▸Kap. 3.8.2): Bei Einwirkung von Phosphor(V)-chlorid auf (*S*)-Äpfelsäure bildet sich in einer normalen $S_N2$-Reaktion mit Konfigurationsumkehr (*R*)-Chlorbernsteinsäure. Diese geht allerdings bei Behandlung mit feuchtem Silberoxid ohne Konfigurationsänderung in (*R*)-Äpfelsäure über. Mit dieser Reaktionssequenz kann man somit (*S*)-(−)-Äpfelsäure in (*R*)-(+)-Äpfelsäure überführen. Auch bei der zweiten Umsetzung findet eine $S_N$-Reaktion statt, Austausch von —Cl durch —OH, die aber diesmal nicht zu einer Konfigurationsumkehr führt. Die mechanistische Ursache hierfür wurde erst später erkannt (siehe unten). Durch eine analoge Reaktionssequenz konnte *Walden* aus (*R*)-Äpfelsäure über (*S*)-Chlorbernsteinsäure als Zwischenstufe (*S*)-Äpfelsäure erhalten. Ferner beobachtete er, dass die Überführung von (*S*)-Chlorbernsteinsäure in (*S*)-Äpfelsäure entscheidend von den Reaktionsbedingungen abhängt. Setzt man nämlich anstelle von Silberhydroxid Kalilauge ein, erhält man aus (*S*)-Chlorbernsteinsäure wie für eine $S_N2$-Reaktion erwartet unter *Walden*-Umkehr (*R*)-Äpfelsäure.

Abb. 15.8 zeigt ein Beispiel für ähnliche Reaktionen bei **Aminosäuren**. (*S*)-(+)-Alanin geht durch die Einwirkung von Nitrosylchlorid ohne Konfigurationsumkehr in (*S*)-(−)-$\alpha$-Chlorpropionsäure über, (*R*)-(−)-Alanin reagiert unter den gleichen Bedingungen zur (*R*)-(+)-$\alpha$-Chlorpropionsäure. Hierbei tritt zwar eine Änderung des Drehsinns ein, aber eben keine Konfigurationsumkehr, d. h. es findet keine einfache $S_N2$-Reaktion statt. Dagegen erfolgt bei der Umsetzung von (*S*)-(−)- bzw. (*R*)-(+)-$\alpha$-Chlorpropionsäure mit Ammoniak ein Wechsel der Konfiguration: Es entsteht (*R*)-(−)- bzw. (*S*)-(+)-Alanin. Der Drehsinn ändert sich trotz Konfigurationsumkehr jedoch nicht. Diese Beobachtungen unterstreichen noch einmal deutlich, dass zwischen dem Drehsinn, also der optischen Aktivität einer chiralen Verbindung und der absoluten Konfiguration kein direkter Zusammenhang besteht (▸Kap. 3).

Wieso beobachtet man bei einigen der oben beschriebenen Substitutionsreaktionen keine Konfigurationsumkehr, obwohl es sich um scheinbar typische $S_N2$-Reaktionen handelt? Bei diesen Reaktionen kommt ein sogenannter **Nachbargruppeneffekt** zum Tragen.

Die Konfiguration am Chiralitätszentrum bleibt erhalten, weil unter Beteiligung einer nucleophilen Nachbargruppe, hier der Carboxylatgruppe, eine zweifache *Walden*-Umkehr, also eine doppelte Inversion und damit in Summe

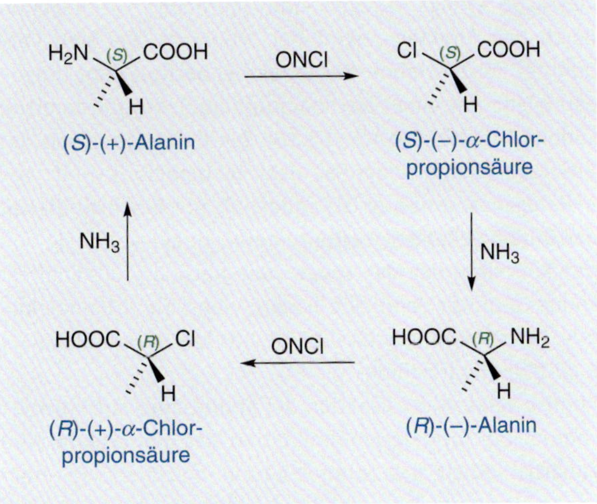


**Abb. 15.8** *Walden*-Umkehr und Nachbargruppeneffekt am Beispiel der Aminosäure Alanin

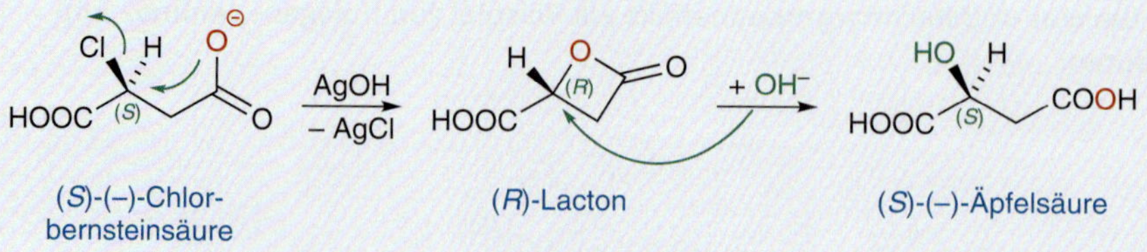


**o Abb. 15.9** Bei der Umsetzung von Chlorbernsteinsäure mit AgOH findet aufgrund des Nachbargruppeneffektes der Carbonsäure eine zweifache *Walden*-Umkehr statt. Zuerst bildet sich in einer schnellen Reaktion das intramolekulare Lacton, das dann unter erneuter Konformationsänderung durch den Angriff von $OH^-$ weiter zur (*S*)-Äpfelsäure umgesetzt wird.

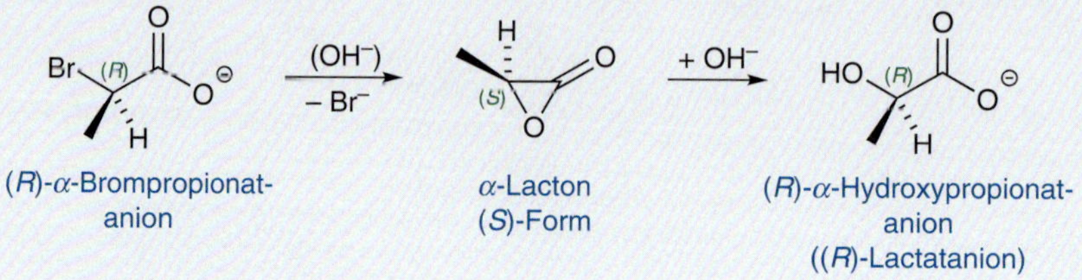


**o Abb. 15.10** Der Nachbargruppeneffekt kann $S_N$-Reaktionen beschleunigen und führt in Summe zur Retention der Konfiguration. So verläuft die Umsetzung von α-Halogencarbonsäuren mit Hydroxidionen bei nicht zu hoher Konzentration der Lauge unter Retention. Es bildet sich zuerst in einer intramolekularen Reaktion unter Inversion ein α-Lacton, das dann in einer zweiten, intermolekularen Reaktion ebenfalls unter Inversion vom Hydroxid zum Produkt geöffnet wird.

eine Retention der Konfiguration erfolgt. Im Falle der Reaktion mit feuchtem Silberoxid (o Abb. 15.9 entspricht formal der Umsetzung mit AgOH) bildet sich intermediär durch eine intramolekulare nucleophile Substitution des Chlorid-Ions durch das Carboxylat-Ion zuerst ein Lacton. Diese Reaktion verläuft unter Umkehr der Konfiguration, sie verläuft schneller als der direkte Angriff eines Hydroxidions, da es sich um eine intramolekulare Reaktion handelt. Anschließend wird der Lacton-Ring durch nucleophilen Angriff eines Hydroxidions und nochmaliger Inversion der Konfiguration zur Äpfelsäure geöffnet.

Verwendet man (eine hohe Konzentration von) KOH anstelle von AgOH erfolgt dagegen eine „normale" $S_N2$-Reaktion durch den direkten Angriff der OH-Ionen. Bei sehr verdünnter Konzentration der Lauge beobachtet man hingegen wiederum einen Nachbargruppeneffekt und damit in Summe Retention (o Abb. 15.10). Die Geschwindigkeit des intermolekularen Angriffs des Hydroxidions auf die α-Halogencarbonsäure ist, anders als die Geschwindigkeit der intramolekularen Lactonbildung, direkt abhängig von der Konzentration der Lauge. Der Nachbargruppeneffekt kommt also nur dann zum Tragen, wenn die intramolekulare Lactonbildung schneller ist, als der intermolekulare Angriff des Hydroxidions.

Ähnlich verläuft die Reaktion der Aminosäure mit Nitrosylchlorid. Die primäre Aminofunktion der Aminosäure wird zunächst durch das Nitrosyl-Kation diazotiert. In einer intramolekularen nucleophilen Substitution entsteht durch Rückseitenangriff der Carbonsäure-Gruppe unter Inversion der Konfiguration und $N_2$-Abspaltung erneut ein α-Lacton. Dieses wird anschließend durch Chlorid als Nucleophil unter nochmaliger Inversion der Konfiguration zur Chlorpropionsäure geöffnet.

Unter dem **Nachbargruppeneffekt** versteht man also den Einfluss bestimmter funktioneller Gruppen (z. B. Carboxylat-Anion, Carbonsäure), die eine negative Ladung oder freie Elektronenpaare besitzen, auf eine $S_N$-Reaktion am benachbarten Reaktionszentrum. In einer ersten intramolekularen und damit in der Regel schnellen nucleophilen Substitution entsteht durch Rückseitenangriff des internen Nucleophils unter Konfigurationsumkehr zuerst ein cyclisches Intermediat, das anschließend in einer zweiten nucleophilen Substitution mit einem externen Nucleophil unter nochmaliger Inversion zum Produkt weiter reagiert. In Summe entsteht das Produkt somit unter Retention der Konfiguration. Obwohl zwei Reaktionen stattfinden, sind diese häufig schneller als der direkte Angriff des externen Nucleophils auf das Edukt.

Nachbargruppeneffekte ändern somit nicht nur den stereochemischen Verlauf einer Reaktion, sondern auch deren Geschwindigkeiten. Man spricht auch von **anchimerer Beschleunigung** (*Winstein*).

Substitutionsreaktionen an einem Chiralitätszentrum können aber auch unter partieller oder kompletter **Racemisierung** ablaufen. So kann z. B. schon beim Erwärmen einer optisch aktiven Verbindungen in Gegenwart basischer oder saurer Katalysatoren das Racemat entstehen, wenn die Reaktion über achirale Carbeniumionen (wie bei der klassischen $S_N1$-Reaktion) oder enolartige Zwischenprodukte bzw. nicht konfigurationsstabile Carbanionen verläuft. Beispielsweise verliert die optisch aktive 2-Methylbuttersäure in der Wärme ihre optische Aktivität, wobei intermediär das Auftreten eines planaren und damit achiralen Enols als Zwischenprodukt angenommen wird (o Abb. 15.11). Bei der erneuten Keto-Enol-Tautomerisierung entstehen beide Enantiomere in gleichen Mengen, es kommt daher im Laufe der Zeit zu einer vollständigen Racemisierung.

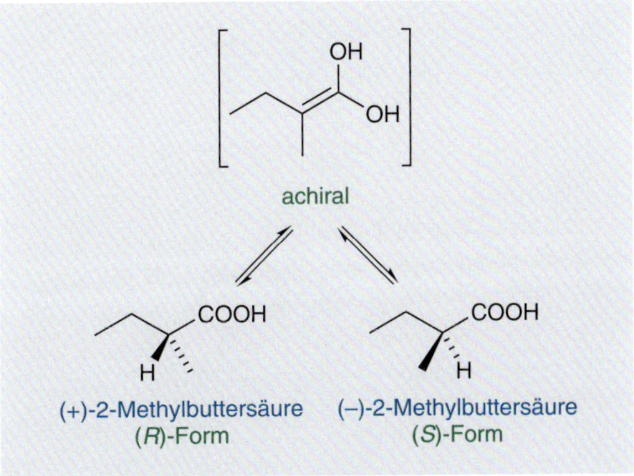


o **Abb. 15.11** Racemisierung von optisch aktiver 2-Methylbuttersäure über das achirale Enol als Zwischenstufe

Weinsäure, sowie die optisch inaktive dazu diastereomere *meso*-(2*R*,3*S*)-Weinsäure, deren Molekül eine Symmetrieebene aufweist. Das Racemat der beiden optisch aktiven Weinsäuren ist die Traubensäure. Die absolute Konfiguration des Natrium-Rubidiumsalzes der (2*R*,3*R*)-(+)-Weinsäure konnte durch anomale Beugung von Röntgenstrahlen (Kα-Strahlung des Zirkoniums) experimentell bestimmt werden (*Bijvoet* 1949). Es handelte sich um die erstmalige experimentelle Bestimmung der absoluten Konfiguration einer chiralen Verbindung. (2*R*,3*R*)-(+)-Weinsäure kommt sowohl frei als auch in Form ihres Salzes in vielen Früchten vor. Diese Salze bezeichnet man als **Tartrate**. Bei der Weinbereitung scheidet sie sich z. T. als Kaliumhydrogentartrat (**Weinstein**) ab. (+)-Weinsäure bildet durchscheinende Prismen mit einem Schmelzpunkt von 170 °C. Die optische Drehung ihrer wässrigen Lösungen ändert sich ähnlich wie bei Äpfelsäure mit steigender Konzentration von rechts nach links. (2*S*,3*S*)-(−)-Weinsäure kommt in den Blättern der in Zentralafrika heimischen Strauch-Gattung *Bauhinia* vor. **Traubensäure** (racemische Weinsäure, *acidum racemicum*) ist kein Naturprodukt. Sie kristallisiert aus wässriger Lösung als Monohydrat und schmilzt bei einer Temperatur von 206 °C. An ihrem Natriumammoniumsalz hat *Pasteur* 1848 erstmals die Trennung eines Racemates in die beiden Enantiomeren vorgenommen (▸ Kap. 3.4.1). Auch ***meso*-Weinsäure** kommt in der Natur nicht vor. Ihr kristallines Monohydrat schmilzt bei einer Temperatur von 140 °C. Sie besitzt eine intramolekulare Spiegelebene und ist aus diesem Grunde achiral.

**Citronensäure** ist die vorherrschende Säure in Zitronen, Orangen, Ananas, Preisel-, Johannis- und Erdbeeren sowie in vielen anderen Früchten. Sie kann aus Zitronensaft, der 5–7 % Citronensäure enthält, gewonnen werden (*Scheele* 1784). Citronensäure kommt auch in der Milch sowie in kleinen Mengen im Blut und im Harn vor. Sie spielt eine entscheidende Rolle als Zwischenprodukt im Stoffwechsel (**Citratcyclus**). Citronensäure kristallisiert aus wässriger Lösung als Monohydrat in rhombischen Prismen, die in Wasser leicht löslich sind; wasserfrei schmilzt sie bei einer Temperatur von 153 °C. Ihre Salze werden als **Citrate** bezeichnet. Calciumcitrat gehört zu den wenigen Salzen, die in heißem Wasser schwerer löslich sind als in kaltem.

## 15.2.2 Gewinnung und Synthese

### Hydroxycarbonsäuren

**α-Hydroxycarbonsäuren** bzw. 2-Hydroxycarbonsäuren erhält man entweder durch nucleophile Substitution des Halogens in α-Halogencarbonsäuren gegen die Hydroxygruppe (o Abb. 15.12, oben) oder durch die **Cyanhydrinsynthese** (▸ Kap. 21.1.3) aus Aldehyden und anschließende Hydrolyse der Nitrilgruppe zur Carboxygruppe (o Abb. 15.12, Mitte). **Milchsäure** gewinnt man technisch auch durch enzymatische Verzuckerung von Kohlenhydraten (meist Kartoffel- oder Getreidestärke) mittels Diastase zu Maltose, die bei Temperaturen von 35–50 °C in Gegenwart von *Lactobacillus delbrueckii* über Glucose zu Milchsäure vergoren wird (o Abb. 15.12, unten). Da die Vergärung der Zucker an einen bestimmten pH-Bereich gebunden ist, fängt man die entstehende Milchsäure durch Zugabe von Calciumcarbonat als Calciumlactat ab. Aus Calciumlactat kann Milchsäure mithilfe von Schwefelsäure freigesetzt werden. Meist erhält man auf diese Weise D,L-Milchsäure (Gärungsmilchsäure); mit speziellen Bakterien ist es jedoch auch möglich, überwiegend D-(−)-bzw. L-(+)-Milchsäure zu erhalten: z. B. bilden *Streptococcus thermophilus* oder *Streptococcus lactis* hauptsächlich L-(+)-Milchsäure. Eine wirtschaftliche Bedeutung hat dieser Gärprozess bei der **Futtersilierung**, der Erzeugung der sogenannten Silage (durch Milchsäuregärung konserviertes Futtermittel für Nutztiere, meist werden Rübenblätter, Grünfutter oder Futtermais verwendet).

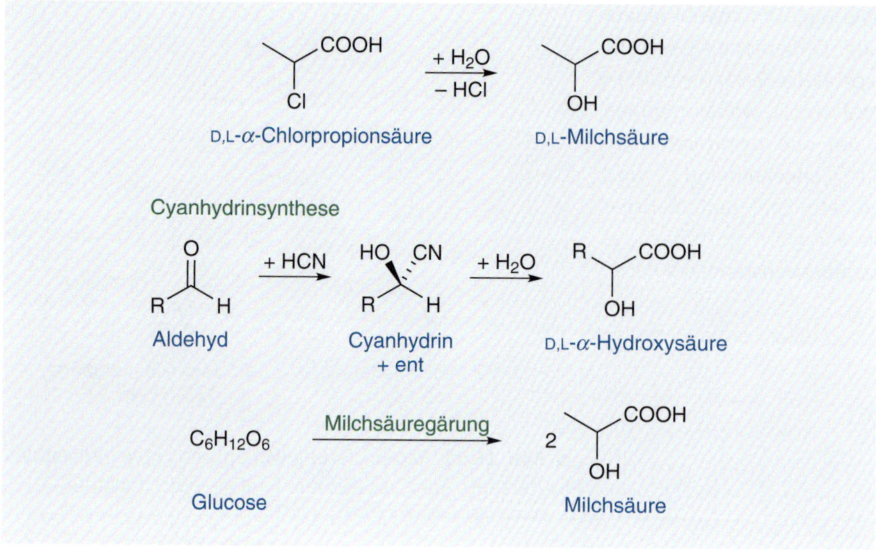


**o Abb. 15.12** Möglichkeiten zur Darstellung von α-Hydroxycarbonsäuren

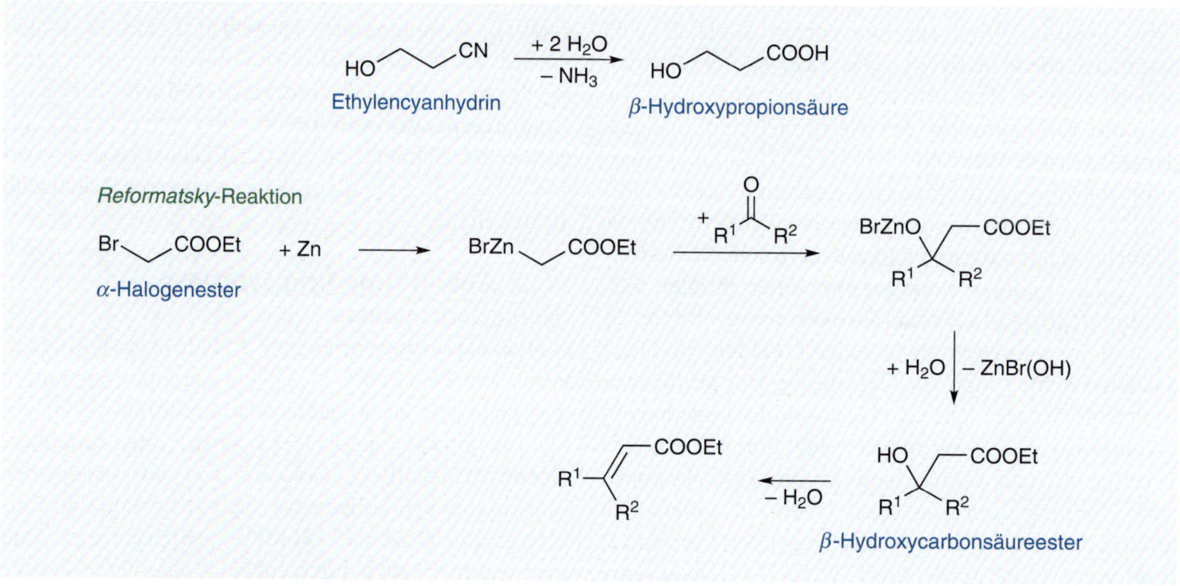


**o Abb. 15.13** Darstellung von β-Hydroxypropionsäure (oben). β-Hydroxycarbonsäureester lassen sich mit der *Reformatsky*-Reaktion herstellen (unten).

**β-Hydroxypropionsäure** (3-Hydroxypropionsäure, Hydracrylsäure) ist durch Hydrolyse von Ethylencyanhydrin zugänglich (o Abb. 15.13, oben). Eine Alternative bietet die ***Reformatsky*-Reaktion** (1890; o Abb. 15.13, unten). Bei dieser Reaktion werden Organozinkverbindungen der α-Halogencarbonsäureester in inerten Lösemitteln (Ether, Tetrahydrofuran, Dioxan) an die C=O-Doppelbindung von Ketonen oder Aldehyden addiert, wobei **β-Hydroxycarbonsäureester** entstehen. Im Gegensatz zu *Grignard*-Reagenzien reagieren die reaktionsträgeren Zinkorganyle nur sehr langsam mit einer Estergruppe, sodass keine Zersetzung der aus dem α-Halogencarbonsäureester hergestellten Organometallverbindung auftritt. Bei der wässrigen Aufarbeitung des Reaktionsprodukts entstehen zunächst β-Hydroxycarbonsäureester, die jedoch leicht unter Wasseraustritt in **α,β-ungesättigten Carbonsäureester** übergehen. Diese metallorganische Variante der Aldoladdition kann auf breiter Basis für Synthesen verwendet werden. Als Carbonylkomponente kommen aliphatische und aromatische Aldehyde sowie aliphatische, cyclische oder aromatische Ketone in Frage (vgl. auch *Iwanow*-Reaktion, ▸ Kap. 21.4.3). Aldehyde sind dabei im Allgemeinen reaktiver als Ketone. Als Methylenkomponente werden in der Regel unverzweigte und verzweigte aliphatische α-, β- oder γ-Bromcarbonsäureester verwendet. Durch besondere Methoden der Metallaktivierung (z. B. durch eine sehr feine Verteilung und vorherige Entfernung der passivierenden Oxidschicht) wurde die Anwendungsbreite dieser Reaktion stark vergrößert. Die Aktivierung mit Iod

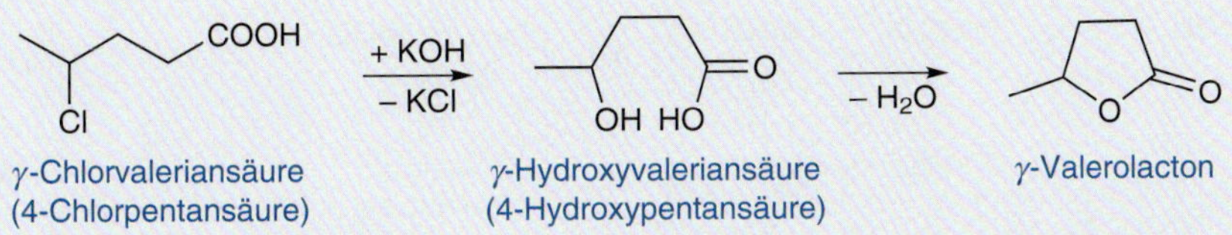


**○ Abb. 15.14** $\gamma$-Hydroxysäuren, die leicht aus den entsprechenden $\gamma$-Halogencarbonsäuren durch Umsetzung mit Kalilauge zugänglich sind, gehen unter Wasserabspaltung insbesondere beim Ansäuern leicht in die entsprechenden Lactone über.

oder Dibromethan sowie das Waschen mit verdünnter Salzsäure sind weniger effektiv als die Verwendung von z. B. Zink/Kupfer-Legierungen, die Reduktion von Zinkhalogeniden mit Kalium (*Rieke*-Verfahren), die Reduktion mit Kaliumgraphit oder die Anwendung von Ultraschall.

**$\gamma$- und $\delta$-Hydroxycarbonsäuren** erhält man durch nucleophile Substitution mit Alkalilauge aus $\gamma$- bzw. $\delta$-Halogencarbonsäuren (○ Abb. 15.14). Sie können jedoch nur in Form ihrer Alkalisalze isoliert werden, da sie beim Ansäuern sofort unter Wasseraustritt in $\gamma$- bzw. $\delta$-Lactone übergehen.

## Lactone

Lactone können durch Cyclisierung aus den entsprechenden aliphatischen Hydroxycarbonsäuren gewonnen werden (▸ Kap. 15.2.3). Für einige Lactone existieren jedoch auch noch andere technische Darstellungsmöglichkeiten: So erhält man $\varepsilon$-Caprolacton industriell mittels *Baeyer-Villiger*-Oxidation aus Cyclohexanon. **$\beta$-Propiolacton** wird durch Cycloaddition aus Keten und Formaldehyd in wasserfreiem Medium in Gegenwart von Zinkchlorid dargestellt (○ Abb. 15.15, oben); die Ausbeuten liegen bei bis zu 90 %. $\beta$-Propiolacton ist außerordentlich reaktionsfähig und wird häufig bei Synthesen verwendet. Die Verbindung wirkt desinfizierend, hat sich im Tierversuch jedoch als stark carcinogen erwiesen. **$\gamma$-Butyrolacton** (Butan-4-olid) entsteht durch Dehydrierung von 1,4-Butandiol am Kupferkontakt bei einer Temperatur von 200 °C (*Reppe;* ○ Abb. 15.15, Mitte). **Höhergliedrige Lactone** sind durch die Oxidation cyclischer Ketone mit Peroxoschwefelsäure (*Carosche* Säure), $H_2SO_5$, zugänglich (*Ruzicka;* ○ Abb. 15.15, unten).

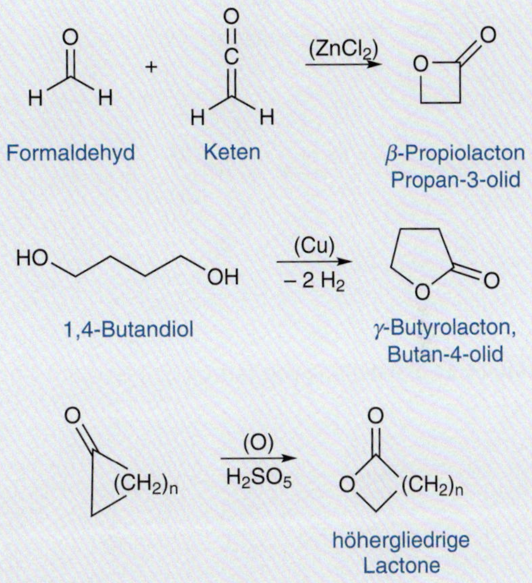


**○ Abb. 15.15** Möglichkeiten zur Darstellung von Lactonen

## Aliphatische Hydroxydi- und -tricarbonsäuren

Die einfachste Hydroxydicarbonsäure, **Tartronsäure**, lässt sich durch Hydrolyse von Monobrommalonsäure mit feuchtem Silberoxid oder durch Reduktion von Mesoxalsäure mit Natriumamalgam darstellen (○ Abb. 15.16, oben links).

Die racemische **Äpfelsäure** wird durch Umsetzung von (*R,S*)-Monobrombernsteinsäure (D,L) mit Alkalien oder Silberoxid und Wasser dargestellt, oder auch durch Erhitzen von Maleinsäure mit verdünnter Schwefelsäure unter Druck (○ Abb. 15.16, oben rechts).

**Citronensäure** kann entweder durch Gärung von Kohlenhydraten (Glucose, Rohrzucker, Melasse oder Stärke) mithilfe bestimmter *Penicillium*-Arten unter Luftzutritt in 50- bis 70%iger Ausbeute gewonnen oder synthetisch aus 1,3-Dichloraceton dargestellt werden (○ Abb. 15.16, unten).

Um freie (+)-**Weinsäure** zu isolieren, überführt man Weinstein (Kaliumhydrogentartrat) mit Calciumhydroxid in Calciumtartrat und versetzt dieses nach der Isolierung mit Schwefelsäure (*Scheele* 1769). **Traubensäure** (racemische Weinsäure) kann synthetisch auf mehreren Wegen dargestellt werden, z. B. durch Oxidation von Maleinsäureanhydrid mit Wasserstoffperoxid, durch Cyanhydrinsynthese aus Glyoxal oder aus Dibrombernsteinsäure und Silberoxid. ***Meso*-Weinsäure** lässt sich durch Oxidation von Maleinsäure mit Kaliumpermanganat oder von D-(–)-Erythrose mit Salpetersäure darstellen.

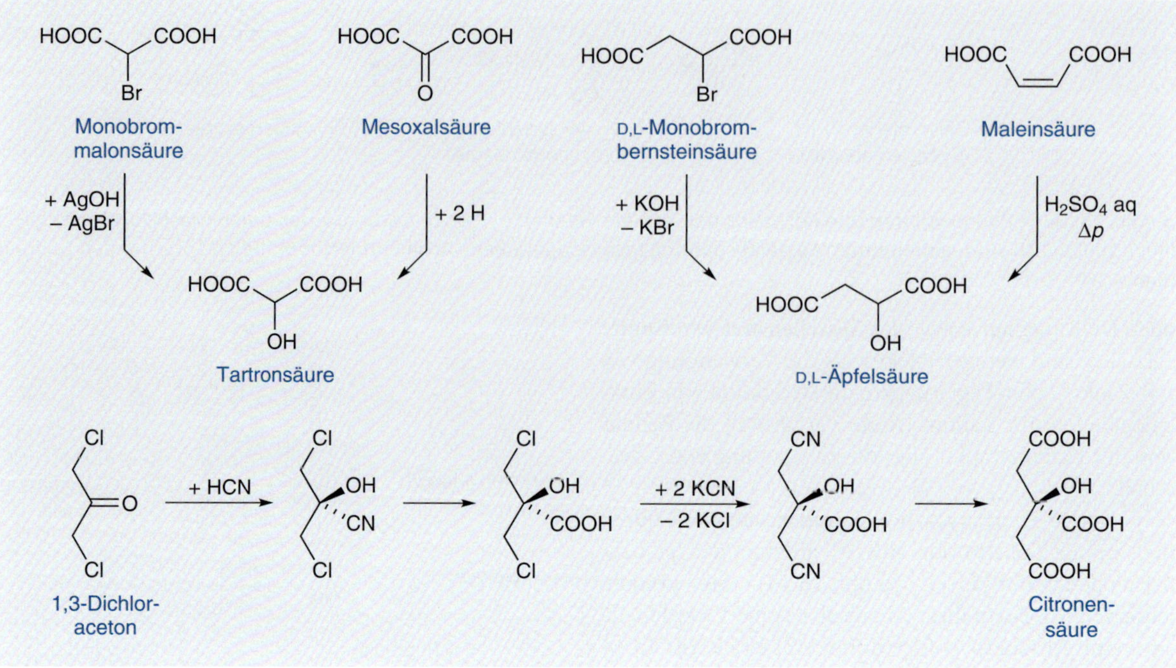


**Abb. 15.16** Darstellung von Tartron-, Äpfel- und Citronensäure

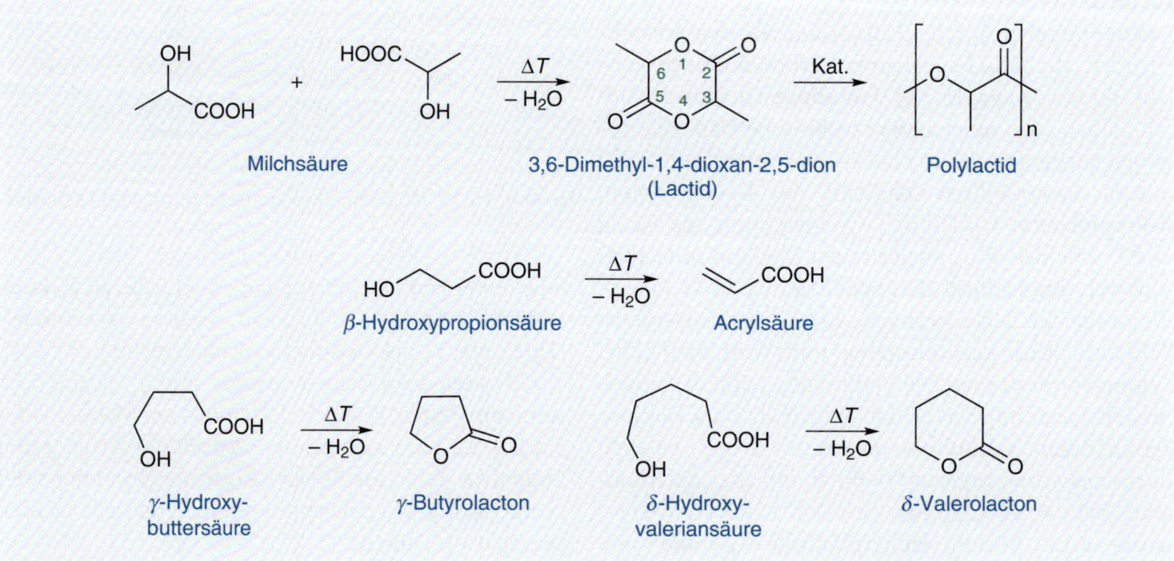


**Abb. 15.17** Je nach Position der Hydroxygruppe finden bei Hydroxycarbonsäuren intermolekulare oder intramolekulare Wasserabspaltungen statt, wobei unterschiedliche Produkten wie Lactide (oben), ungesättigte Carbonsäuren (Mitte) oder Lactone (unten) entstehen.

## 15.2.3 Reaktionen und Anwendungen

### Hydroxycarbonsäuren

Beim Erhitzen spalten Hydroxycarbonsäuren leicht Wasser ab und bilden je nach Stellung der OH-Gruppe unterschiedliche Produkte. Aus **α-Hydroxysäuren** entstehen unter intermolekularer Wasserabspaltung dimere **Lactide** (Abb. 15.17, oben). Durch Ringöffnungspolymerisation, z. B. mit Zinkoxid als Katalysator, erhält man daraus **Polymilchsäure** (Polylactid). Der Name „Lactide" leitet sich von der Milchsäure (*acidum lacticum*) ab, an der diese Reaktion zuerst beobachtet wurde. **β-Hydroxysäuren** spalten intramolekular Wasser ab, unter Bildung α,β-ungesättigter Carbonsäuren (Abb. 15.17, Mitte). γ- bzw. **δ-Hydroxysäuren** gehen – zuweilen schon bei Raumtemperatur – unter intramolekularer Wasserabspaltung in γ- bzw. **δ-Lactone** über (Abb. 15.17, unten). Analog cyclisieren γ-Thiocarbonsäuren spontan zu γ-Thiolactonen.

**α-Hydroxycarbonsäuren** (engl. *α-hydroxy acid*, **AHA**; ▸Kap. 15.2.1) wirken keratolytisch, d. h., sie

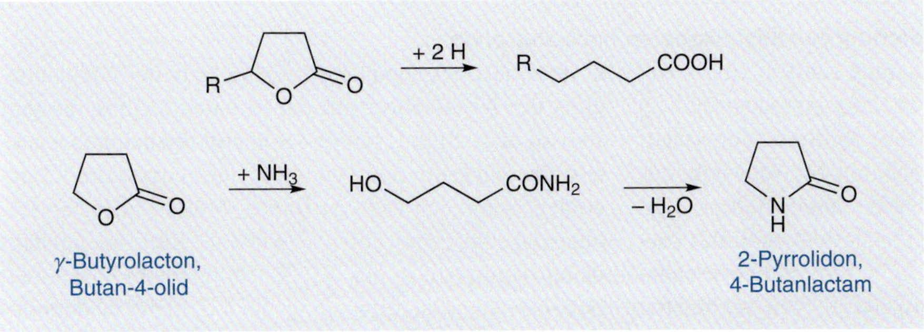


**Abb. 15.18** Ringöffnungsreaktionen von Lactonen

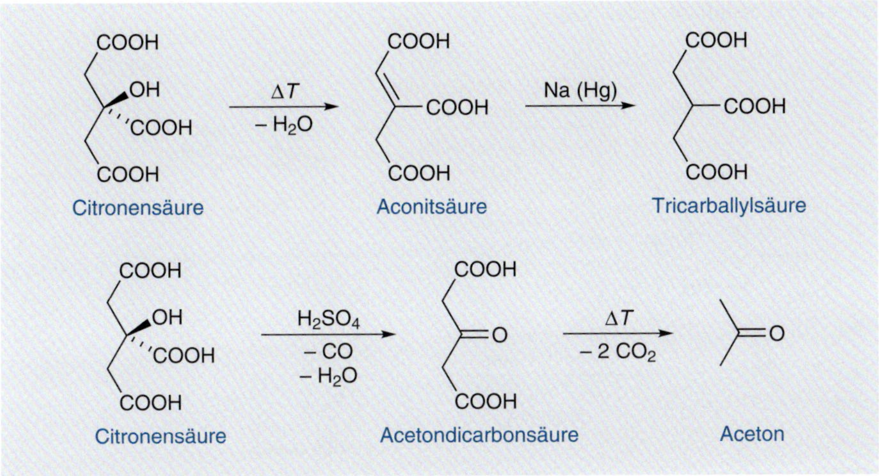


**Abb. 15.19** Abbaureaktionen der Citronensäure

lockern die oberen, aus abgestorbenen Zellen bestehenden Schichten der Haut (*Stratum corneum*) auf und fördern das Wachstum der darunter liegenden, lebenden Hautzellen; sie werden daher in **Kosmetika** verwendet.

**Milchsäure** wird zum Entkalken von Fellen in der Gerberei, als Reduktionsmittel in der Chrombeizenfärberei und wegen ihrer leichten Verdaulichkeit als konservierendes Säuerungsmittel (Genusssäure) für alkoholfreie Getränke verwendet. Aus **Polymilchsäure** (Polylactid, Abb. 15.17, oben rechts) werden resorbierbare chirurgische Nahtmaterialien hergestellt.

## Lactone

Je nach Vorhandensein weiterer funktioneller Gruppen und Wahl des Reduktionsmittels werden bei Lactonen das C-Atom, das die (ehemalige) OH-Gruppe der Hydroxycarbonsäure trägt oder die Carbonsäuregruppe selbst reduziert. So entstehen bei einfachen Lactonen durch Reduktion mit Natriumamalgam in saurem Medium die entsprechenden Carbonsäuren (Abb. 15.18, oben). Reduktion mit Lithiumaluminiumhydrid liefert unter Reduktion der Säuregruppe die Diole, aus γ-Butyrolacton entsteht so Butan-1,4-diol. Dagegen führt die Reaktion mit Natriumamalgam bei Polyhydroxylactonen, d. h. bei Lactonen mit zusätzlichen Hydroxygruppen, in schwach saurer Lösung zu Aldosen; D-Glucono-δ-lacton z. B. wird so zu D-Glucose reduziert.

Die Reaktion von Lactonen mit konzentrierten Halogenwasserstoffsäuren, Alkalicyanid oder Natriumhydrogensulfit führt zur Öffnung des Lactons unter Bildung der entsprechend substituierten Carbonsäuren, also zu Halogencarbonsäuren, Cyanocarbonsäuren oder zu sulfonierten Carbonsäuren. Mit Ammoniak entstehen hingegen Hydroxycarbonsäureamide, die leicht zu Lactamem kondensieren (Abb. 15.18, unten).

## Aliphatische Hydroxydi- und -tricarbonsäuren

Weinsäure wird als Konservierungsstoff für Lebensmittel verwendet. Kaliumnatriumtartrat, ein Salz der Weinsäure (***Seignette*-Salz**), ist in der *Fehling*schen Lösung (▸Kap. 12.1.3) enthalten. Auf die besondere Bedeutung von **Äpfel-**, v. a. aber **Weinsäure**, bei der Aufklärung stereochemischer Vorgänge und bei modernen, stereoselektiven Synthesen wird im ▸Exkurs: *Walden*-Umkehr und Nachbargruppeneffekt sowie im ▸Exkurs: Asymmetrische Epoxidierung von Allylalkoholen nach *Sharpless* eingegangen.

**Citronensäure** spaltet beim Erhitzen auf 175 °C intramolekular Wasser ab und geht in **Aconitsäure** über (Abb. 15.19, oben). Diese ungesättigte Tricarbonsäure kommt in einigen Pflanzen, z. B. im Eisenhut (*Aconitum napellus*), vor. Die aus ihr durch Reduktion mit Natriumamalgam entstehende **Tricarballylsäure**, Propan-1,2,3-tricarbonsäure, kommt beispielsweise in der

15

### Exkurs: Asymmetrische Epoxidierung von Allylalkoholen nach *Sharpless*

Mit der stereoselektiven Epoxidierung substituierter Allylalkohole wurde im Jahr 1980 von *Sharpless* (▸Kap. 36.4.3) eine wegweisende, stereoselektive Synthese entwickelt. Verwendet wird ein chiraler Katalysator, der wahlweise aus einem (+)- oder (−)-Weinsäureester (**Diethyltartrat**, **DET**) und Titantetraisopropylalkoholat hergestellt wird. Das Oxidationsmittel für die Epoxidierung ist *tert.*-Butylhydroperoxid (**TBHP**; Vorsicht: Explosionsgefahr!). Den Verlauf der enantioselektiven Reaktion mit dem *Sharpless*-Reagenz zeigt ○Abb. 15.20 am Beispiel von (*Z*)-2-Tridecenol. Der chirale Katalysator koordiniert an das Sauerstoffatom des Allylalkohols. Im Komplex wird eine Seite der Doppelbindung des Allylalkohols von den chiralen Weinsäureestern sterisch abgeschirmt, sodass der Angriff des Oxidationsmittels überwiegend nur von der entgegengesetzten Seite erfolgen kann. Im Fall von (*R*,*R*)-(+)-Weinsäureester z. B. überwiegend „von unten" (○Abb. 15.20); es entsteht damit hauptsächlich das (2*S*,3*R*)-konfigurierte Epoxid. Mit (*S*,*S*)-(−)-Weinsäureester erfolgt der Angriff des Oxidationsmittels dagegen überwiegend „von oben", sodass das (2*R*,3*S*)-konfigurierte Epoxid gebildet wird.

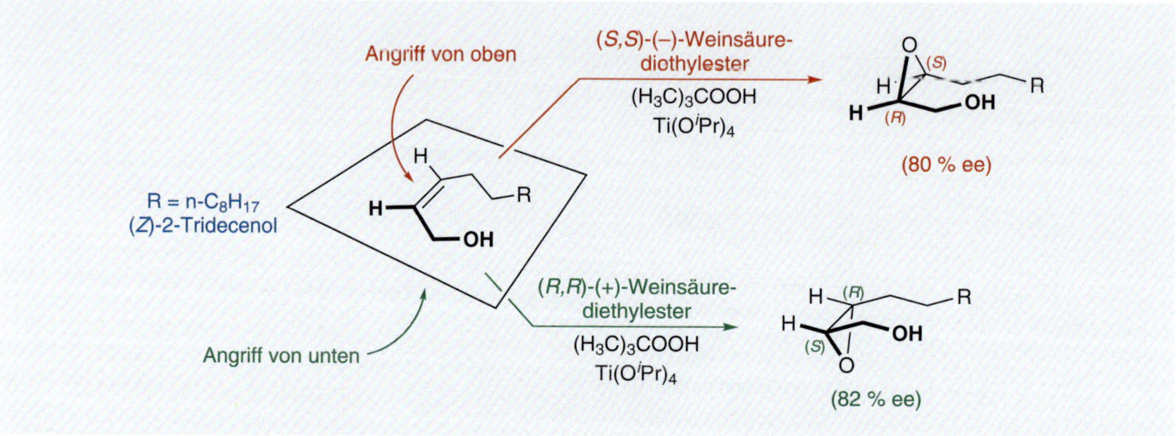


○ **Abb. 15.20** Stereoselektive Epoxidierung substituierter Allylalkohole nach *Sharpless*

Zuckerrübe vor. Bei der Einwirkung von konzentrierter Schwefelsäure spaltet Citronensäure als $\alpha$-Hydroxysäure unter Bildung von **Acetondicarbonsäure** Wasser und Kohlenmonoxid ab (○Abb. 15.19, unten). Acetondicarbonsäure zerfällt bei stärkerem Erhitzen in Aceton und zwei Moleküle Kohlendioxid; beständiger als die freie Acetondicarbonsäure sind dagegen ihre Diester.

## 15.2.4 Ausgewählte Verbindungen

**Polyhydroxybuttersäure** (PHB; ○Abb. 15.21, oben links) ist ein linearer Polyester der (*R*)-3-Hydroxybuttersäure und wird von vielen Bakterien als Speicherstoff für Energie gebildet. Der Polymerisationsgrad von PHB liegt dabei meistens zwischen 60 und 25 000. Das Polymer lagert sich häufig in Form kleiner Kügelchen (Granula) im Zellplasma ab und kann bis zu 90 % des Trockengewichts der Zellen ausmachen. PHB ist in Chloroform löslich. Als **biologisch abbaubares Polymer** gewinnt es z. B. als Verpackungsmaterial zunehmend an Bedeutung. Unter besonderen Anzuchtbedingungen lässt sich auch ein **Copolymer** aus (*R*)-3-Hydroxybut-

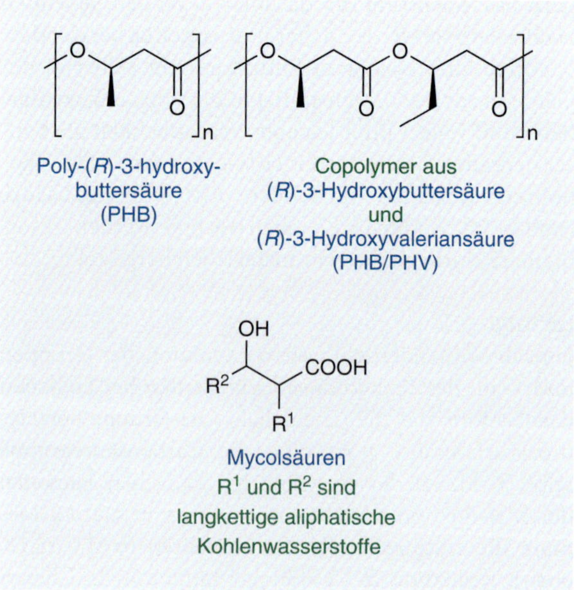


○ **Abb. 15.21** Wichtige in der Natur vorkommende polymere und längerkettige Hydroxycarbonsäuren tersäure und (*R*)-3-Hydroxyvaleriansäure herstellen (PHB/PHV; ◦ Abb. 15.21, oben rechts). In seinen Eigenschaften kommt das Copolymer Polypropylen nahe. Es ist unter dem Namen **Biopol** im Handel.

**Mycolsäuren** (◦ Abb. 15.21, unten) kommen in den Zellwänden von z. B. Mycobakterien vor. Sie tragen die aliphatischen Reste $R^1$ und $R^2$ mit mehr als 20 (in Summe bis zu 60–90) Kohlenstoffatomen; sehr häufig finden sich Cyclopropanringe in der längeren Kette $R^2$. Die Zellwände dieser Bakterien sind aufgrund der langen Alkylketten stark hydrophob und extrem undurchlässig gegenüber Arzneistoffen.

Zahlreiche, als **Statine** bezeichnete Derivate der 3,5-Dihydroxycarbonsäuren (◦ Abb. 15.22) wirken als CSE-Hemmer (Cholesterol-Synthese-Enzym-Hemmer, HMG-CoA-Reduktase-Hemmer, HMG-CoA = Hydroxymethylglutaryl-Coenzym A). Sie senken den Lipidspiegel im Blut. Je nach Derivat werden Hydroxysäuren oder Lactone eingesetzt, die wirksame Form ist in allen Fällen die durch Lactonhydrolyse entstehende offenkettige Form.

*N*-**A**cyl**h**omoserin**l**actone (**AHL**s, *N*-AHLs), z. B. *N*-Hexanoylhomoserinlacton, gehören zu einer Klasse von Signalmolekülen, die am sogenannten ***„quorum sensing“*** von Bakterien beteiligt sind. Als *quorum sensing* wird die Fähigkeit von Einzellern bezeichnet, über chemische Kommunikation die Zelldichte der eigenen Population messen zu können. Wird eine bestimmte Zelldichte über- oder unterschritten, kommt es zur Aktivierung bestimmter Gene. Auf diese Weise können Prozesse gesteuert werden, die ineffizient wären, wenn sie nur von einzelnen Zellen durchgeführt werden würden (z. B. Biolumineszenz, Bildung von Biofilmen etc.).

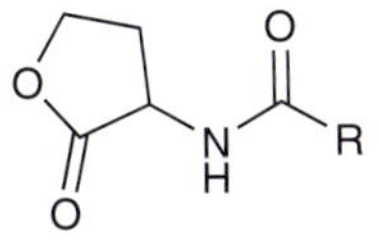

*N*-Acylhomoserinlacton

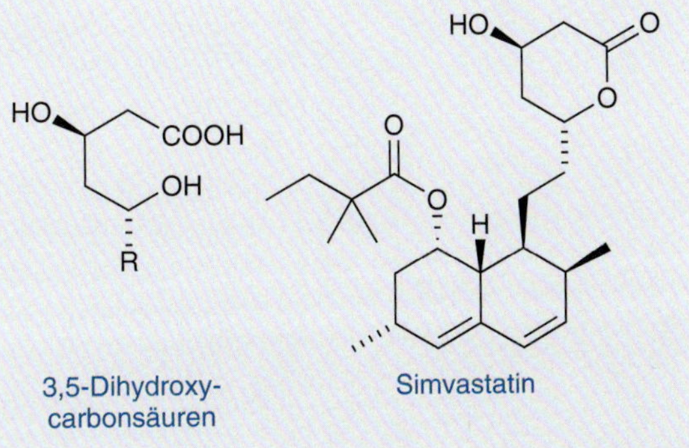


◦ **Abb. 15.22** Allgemeine Struktur von 3,5-Dihydroxycarbonsäuren (links); Simvastatin liegt in einer geschlossenkettigen Lactonform davon vor (rechts).

## Prostaglandine

Prostaglandine sind ungesättigte Hydroxy- oder Hydroxyketosäuren mit zwanzig C-Atomen, die im Jahr 1957 erstmals aus der Prostata von Schafen isoliert wurden (*Bergström*). Sie entstehen u. a. in den Leukozyten aus essenziellen Fettsäuren wie **Arachidonsäure** ($C_{19}H_{31}COOH$; ◦ Abb. 15.23, oben). Das Grundgerüst der Prostaglandine (Prostanoide) ist der Kohlenwasserstoff Prostan bzw. Prostansäure (◦ Abb. 15.23). Prostaglandine, die nach der Zahl ihrer Kohlenstoffatome auch zu den **Icosanoiden** (Eicosanoide, C20) gezählt werden, sind hochwirksame Modulatoren zellulärer Funktionen. Sie finden auch Anwendung als Arzneistoffe, z. B. $PGE_2$ (Dinoproston) oder $PGF_{2\alpha}$ (Dinoprost) aufgrund seiner uteruskontrahierenden Wirkung sowie Latanoprost (Xalatan®; ◦ Abb. 15.23, unten Mitte) zur Senkung des Augeninnendrucks bei der Glaukombehandlung. Der dem Namen zugeordnete Buchstabe (z. B. Prostaglandin E bzw. F) bezeichnet die Struktur des Fünfrings, der Index die Anzahl der Doppelbindungen in den Seitenketten und $\alpha$ oder $\beta$ die Stellung der OH-Gruppe am C9-Atom.

Neben den Prostaglandinen entstehen *in vivo* aus der Arachidonsäure auch **Thromboxane**, **Prostacyclin** und **Leukotriene**. Durch Acetylierung eines Serins im aktiven Zentrum der Cyclooxygenase (COX), einem zentralen Enzym bei der Biosynthese der Prostaglandinderivate, hemmt **Acetylsalicylsäure** (ASS, Aspirin®; ◦ Abb. 15.23, unten rechts; ▸ Kap. 21.3.3) den Sauerstoffeinbau im Verlauf der Arachidonsäurekaskade irreversibel. Da manche Prostaglandine auch Schmerzreize auslösen können, erklärt dies den Einsatz von Acetylsalicylsäure z. B. als Analgetikum. Einige andere physiologische Derivate der Arachidonsäure wirken im Organismus als Endocannabinoide (▸ Kap. 32.2.3).

Bei der Synthese der Prostaglandine geht man in der Regel von einem bicyclischen Lactonderivat aus, das im Jahr 1971 von *Corey* eingeführt wurde und nach ihm benannt ist (***Corey*-Lacton**; ◦ Abb. 15.23, unten links). Es enthält bereits alle am Ring F erforderlichen Substituenten (teils maskiert) in der richtigen Konfiguration für den weiteren Aufbau der Seitenketten.

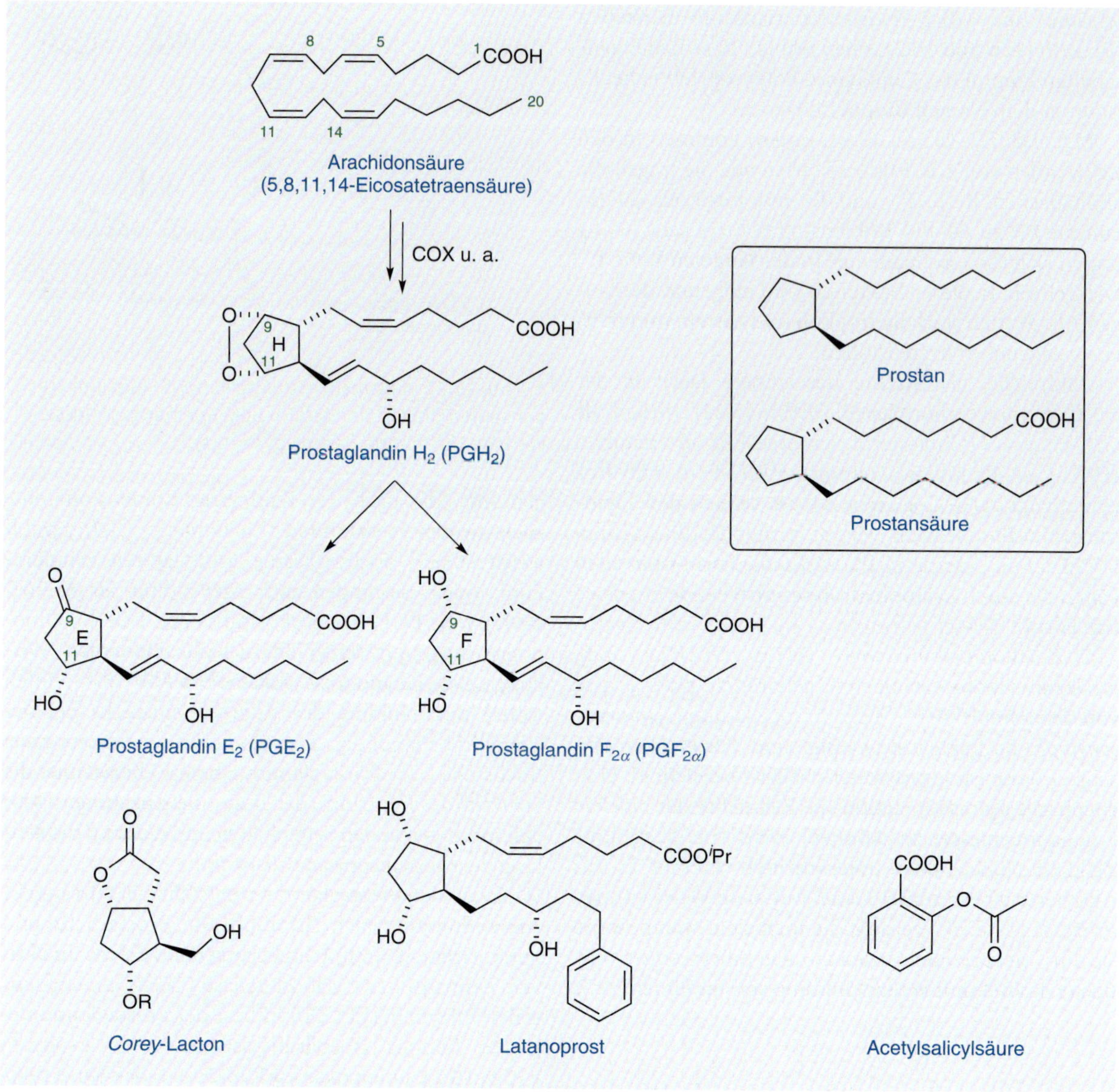


**Abb. 15.23** Schematischer Ausschnitt der biochemischen Arachidonsäurekaskade, aus der u. a. die Prostaglandine resultieren. Prostan bzw. Prostansäure bilden das Grundgerüst der Prostaglandine. Das *Corey*-Lacton dient als Ausgangssubstanz für die chemische Synthese der Prostaglandine bzw. deren Derivate und enthält bereits die korrekte stereochemische Information. Strukturformeln von Latanoprost und Acetylsalicylsäure

## 15.3 Aminocarbonsäuren

### 15.3.1 Struktur und Eigenschaften

Ersetzt man formal ein H-Atom in einer Carbonsäuren durch eine Aminogruppe ($-NH_2$), erhält man die betreffenden **Aminocarbonsäuren** (**Aminosäuren**). Die einfachste Aminosäure ist **Glycin** (Glykokoll, Aminoessigsäure, $H_2N-CH_2-COOH$). Sie wurde von *Braconnot* (1819) bei der Hydrolyse von Leim erhalten (Glykokoll = Süßleim). Glycin ist eine der proteinogenen Aminosäuren (▸Kap. 37), aus denen die Proteine aufgebaut sind, und tritt daher als Spaltprodukt fast aller Proteine auf. Glycin schmilzt bei Temperaturen von 232–236 °C unter Zersetzung.

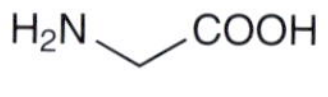


Glycin

Analog den Halogen- und Hydroxycarbonsäuren (▸Kap. 15.1 und ▸Kap. 15.2) unterscheidet man je nach der Stellung der $NH_2$-Gruppe $\alpha$-, $\beta$-, $\gamma$-Aminocarbonsäuren usw. Im Allgemeinen wird die Kurzform „Aminosäuren“ als Bezeichnung verwendet. Die weitaus größte Bedeutung besitzen **α-Aminosäuren**, da sie die wesentlichen Bausteine der Proteine sind (▸Kap. 37).

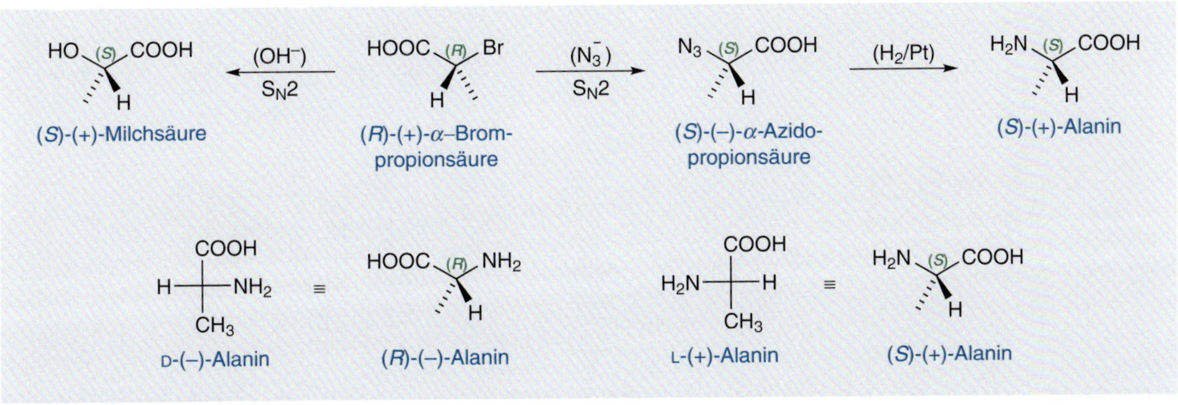


**Abb. 15.24** Bestimmung der absoluten Konfiguration von Aminosäuren durch stereochemisch eindeutige Überführung in andere chirale Verbindungen mit bekannter Konfiguration (oben); Darstellung von Alanin in der *Fischer*-Projektion sowie dreidimensional in der Tetraederstruktur (unten)

Außer Glycin sind sämtliche andere α-Aminosäuren **optisch aktiv**. Unabhängig von ihrem Drehsinn weisen alle natürlich vorkommenden proteinogenen Aminosäuren in der *Fischer*-Projektion die **L-Konfiguration** auf. In bestimmten Meteoriten, den sogenannten kohligen Chondriten (▸Kap. 35.1.4), ließen sich ebenfalls Aminosäuren nachweisen. Diese liegen ausschließlich in der racemischen D,L-Form (nach *Fischer*) bzw. (*R,S*)-Form (nach *CIP*, ▸Kap. 3.4.4) vor, was auf ihre abiotische Entstehung im Weltraum schließen lässt. Zur experimentellen Bestimmung der absoluten Konfiguration der Aminosäuren überführt man diese z. B. in andere Verbindungen bekannter Konfiguration (oder umgekehrt); dabei muss bei jedem Reaktionsschritt eindeutig klar sein, dass die Reaktion entweder unter Retention oder Inversion der Konfiguration erfolgt. (+)-α-Brompropionsäure geht beispielsweise bei Reaktion mit konzentrierter Alkalilauge in einem $S_N2$-Mechanismus in (*S*)-(+)-Milchsäure über (vgl. auch *Walden*-Umkehr, ▸Kap. 15.2, ▸Exkurs: *Walden*-Umkehr- und Nachbargruppeneffekt); der (+)-α-Brompropionsäure kommt somit die (*R*)-Konfiguration zu (Abb. 15.24, oben links). Wenn man diese Säure mit Natriumazid in (*S*)-(−)-α-Azidopropionsäure ($S_N2$-Reaktion) überführt und die Azidosäure katalytisch nach *Adams* reduziert, erhält man (+)-Alanin (Abb. 15.24, oben rechts). Da bei der Reduktion die absolute Konfiguration des Chiralitätszentrums nicht verändert wird, muss (+)-Alanin ebenfalls (*S*)-Konfiguration besitzen. Beachtet man, dass bei der *Fischer*-Projektion die mit dem Chiralitätszentrum verbundene Carboxygruppe in den Aminosäuren definitionsgemäß nach oben zu schreiben ist und nach dem *CIP*-System die Prioritätsreihenfolge $NH_2 > COOH > CH_3 > H$ besteht, dann ist L-Alanin (*S*)-konfiguriert und D-Alanin besitzt nach CIP (*R*)-Konfiguration (Abb. 15.24, unten).

Aminosäuren sind kristalline, relativ hochschmelzende Substanzen von meist süßlichem Geschmack, die sowohl basische als auch saure Eigenschaften aufweisen und daher mit Mineralsäuren und mit Laugen Salze bilden (Abb. 15.25). Derartige Verbindungen, die sowohl als Säure als auch als Base reagieren können, bezeichnet man als amphotere Elektrolyte oder **Ampholyte**. In wässriger Lösung reagieren Aminosäuren, sofern keine weiteren sauren oder basischen Substituenten im Molekül vorhanden sind, entweder neutral oder schwach sauer. Demnach liegt eine Aminosäure überwiegend als „inneres Salz" bzw. **Zwitterion** $H_3N^+—CHR—COO^-$ (engl. *amphion*) vor. Auch im Kristall liegen die Aminosäuren als Zwitterionen vor; die häufig verwendete ungeladene Schreibweise stellt somit eine nicht dem tatsächlichen Zustand entsprechende Formel dar. Für das Vorliegen der Aminosäuren als Zwitterion sprechen die folgenden physikalischen Eigenschaften: Aminosäuren besitzen relativ hohe Schmelzpunkte (230 °C und höher), sie lassen sich nicht unzersetzt destillieren und sie lösen sich z. T. in Wasser, schwerer dagegen in Alkohol und gar nicht in Ether sowie in anderen organischen Lösemitteln. Im elektrischen Feld erfährt eine zwitterionische Aminosäure, $H_3N^+—CHR—COO^-$, die nach außen hin insgesamt ungeladen ist, lediglich eine Ausrichtung wie ein Magnet im Magnetfeld. Somit wandern die Aminosäuren in einer wässrigen Lösung, in der ausschließlich das Zwitterion vorliegt, im elektrischen Feld nicht. Diesen pH-Wert, bei dem Aminosäuren als Zwitterionen vorliegen, bezeichnet man als **isoelektrischen Punkt (IEP)**; er ist von den genauen $pK_S$-Werten aller vorhandenen sauren oder basischen Gruppen im Molekül abhängig (Abb. 15.25, unten links). Am isoelektrischen Punkt weisen Aminosäuren auch die geringste Löslichkeit in Wasser auf. Bei pH-Werten, die niedriger oder höher als der IEP sind, findet zunehmend eine Protonierung der Carboxylatgruppe bzw. eine Deprotonierung der Ammoniumgruppe statt. Die entsprechende Aminosäure liegt dann überwiegend als Kation (pH < IEP) oder Anion (pH > IEP) vor und

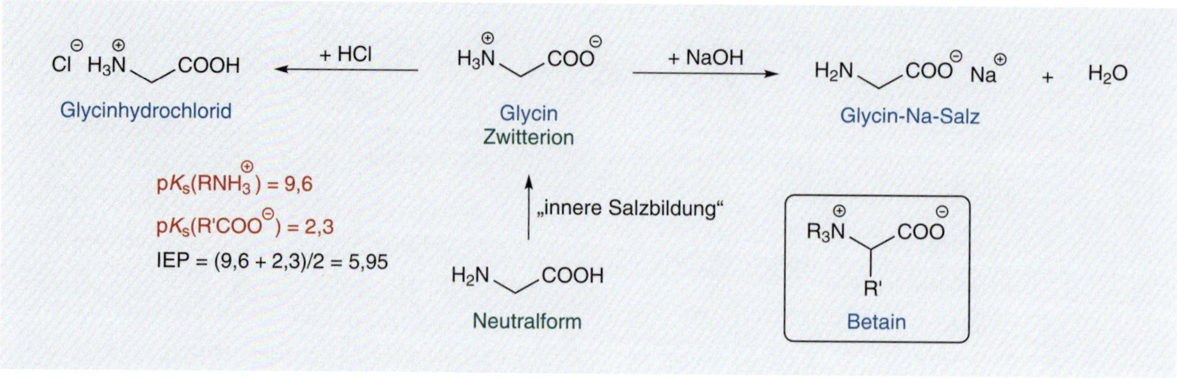


**Abb. 15.25** Beispiel für das amphotere Verhalten der Aminosäure Glycin sowie die zwitterionische Strukturformel eines Betains

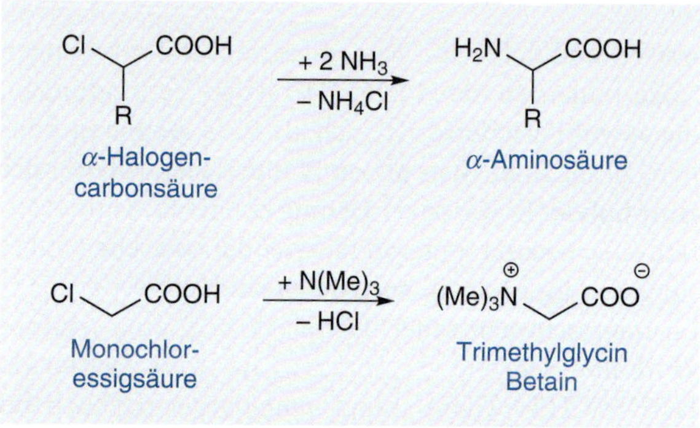


**Abb. 15.26** Möglichkeiten zur Darstellung von α-Aminosäuren bzw. Betainen (hier: Trimethylglycin)

wandert entsprechend im elektrischen Feld zum Minuspol bzw. Pluspol.

Das vor allem in der Zuckerrübe (*Beta vulgaris*) vorkommende Trimethylglycin oder **Betain** ist eine Aminosäure mit quartärer Ammoniumgruppe und tritt daher, außer bei sehr niedrigen pH-Werten (pH < 4), nur als Zwitterion auf. Nach dieser Verbindung bezeichnet man allgemein am Stickstoff peralkylierte Zwitterionen der Formel $R_3N^+—CH(R')—COO^-$ als **Betaine** (Abb. 15.25, unten rechts). Der systematische Name für den Grundkörper lautet Carboxymethyltrimethylammonium oder Trimethylammoniumacetat. Auch Phosphor kann als Phosphoniumkation den positiven Teil eines Betains bilden, z. B. bei der *Wittig*-Reaktion (▸Kap. 10.4.3). Die Phosphatidylgruppe kann anstelle eines Carboxylates den negativen Teil von Betainen bilden; dies ist z. B. bei Phospholipiden der Fall.

### 15.3.2 Gewinnung und Synthese

α-Aminosäuren erhält man durch Umsetzung von α-Halogencarbonsäuren mit konzentriertem Ammoniak im Überschuss (Abb. 15.26, oben). Analog ist Trimethylglycin (Betain) durch Erwärmen einer wässrigen Lösung von Monochloressigsäure mit Trimethylamin darstellbar (Abb. 15.26, unten).

α-Aminocarbonsäuren sind synthetisch auch durch die sogenannte ***Strecker*-Synthese** (1850) zugänglich (Abb. 15.27, oben). Durch Reaktion von Aldehyden mit Blausäure und Ammoniak oder Ammoniumchlorid erhält man Aminonitrile, die bei der Hydrolyse mit konzentrierter Mineralsäure in α-Aminosäuren übergehen. Im Verlauf der Reaktion reagiert wahrscheinlich zuerst die Aldehydgruppe mit Ammoniak zu einem Iminium-Ion (vgl. *Mannich*-Reaktion; ▸Kap. 21.2.3), an das sich dann Cyanid zum Aminonitril addiert. Nachteile der Reaktion sind neben der Toxizität von Blausäure auch die oft schwierige Zugänglichkeit mancher Aldehyde. Eine Variante der *Strecker*-Synthese, die über ein Hydantoin verläuft und insgesamt bessere Ausbeuten liefert, ist die ***Bucherer-Bergs*-Reaktion** (Abb. 15.27, unten). Alternativ lassen sich α-Aminosäuren auch mit der sogenannten *Gabriel*-Reaktion (▸Kap. 8.1.2) darstellen.

Nachteil der oben genannten synthetischen Verfahren ist, dass die Aminosäuren als Racemate entstehen und daher eine anschließende **Racematspaltung** (▸Kap. 3.4.6) durchgeführt werden muss. Trotz der Entwicklung einiger **enantioselektiver Synthesen**, z. B. mit Rhodiumkomplexen, haben daher synthetische Verfahren heute vorwiegend nur für solche Aminosäuren eine großtechnische Bedeutung, die in der Racemform verwendet werden können oder die sich z. B. nach Acetylierung mithilfe stereospezifischer Acylasen in die Enantiomeren spalten lassen. Heute werden zahlreiche Aminosäuren mit chromatographischen Methoden aus **Proteinhydrolysaten** gewonnen. Hier kann im Labormaßstab die Ausbeute einzelner Aminosäuren durch Auswahl geeigneter organischer Rohstoffe gesteigert werden. Auch **enzymatische Verfahren** werden industriell genutzt. Hierzu zählt, neben der bereits erwähnten Spaltung der Acylaminosäuren mit Acylasen, z. B. die Umwandlung von Ammoniumfumarat mittels L-Aspartase zu Asparaginsäure (Aspartinsäure). Biotechnologisch findet auch die **fermentative Herstellung** von Aminosäuren mit Bakterienmutanten Anwendung.

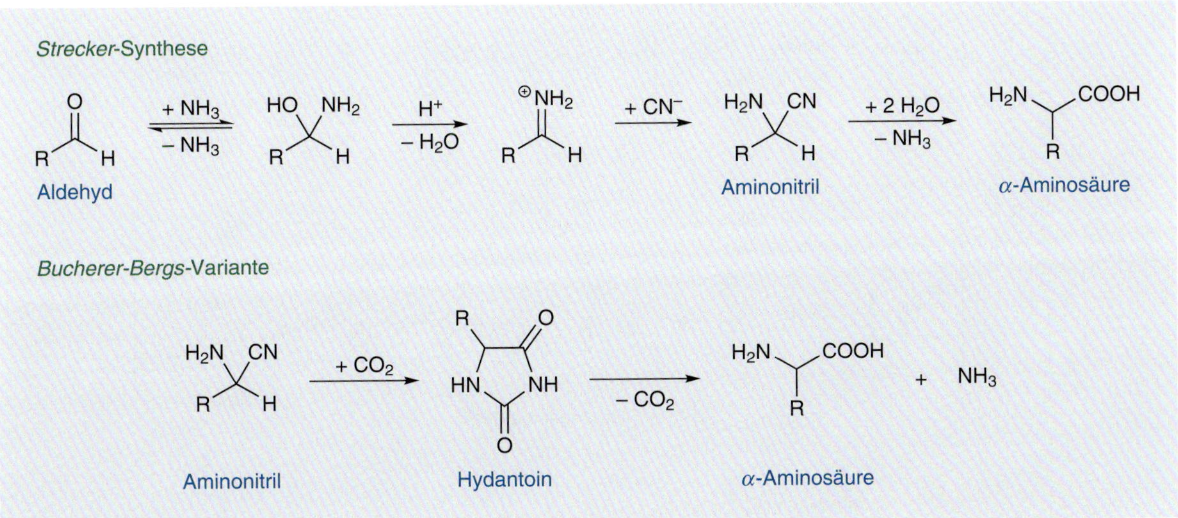


**Abb. 15.27** Die *Strecker*-Synthese (oben) bzw. die *Bucherer-Bergs*-Variante (unten) dienen der Darstellung von α-Aminosäuren.

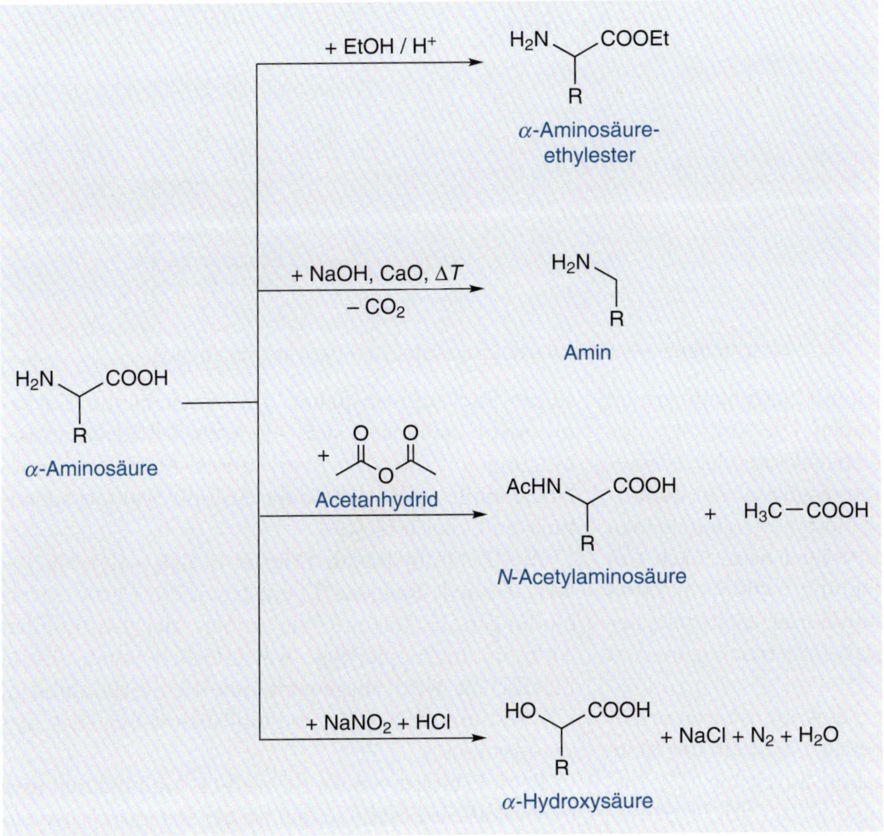


**Abb. 15.28** Verschiedene Reaktionen von α-Aminosäuren

### 15.3.3 Reaktionen und Anwendungen

Aminosäuren werden als wichtige **Futterzusatzstoffe in der Tiermast** eingesetzt. Beim Erhitzen mit **Ninhydrin** in wässriger Lösung ergeben Aminosäuren eine intensiv blaue bis blauviolette Färbung. Die Farbreaktion ist sehr empfindlich, jedoch nicht spezifisch für Aminosäuren (▸ Kap. 24.1.4).

Aminosäuren können sowohl an der Carboxygruppe als auch an der Aminogruppe vielfältige Reaktionen eingehen (Abb. 15.28). Bei der Veresterung gehen die Aminosäuren beispielsweise in die zugehörigen **Ester** über, die – wenn keine weiteren sauer reagierenden Substituenten vorhanden sind – aufgrund der verbliebenen Aminogruppe basisch reagieren. Beim trocke-

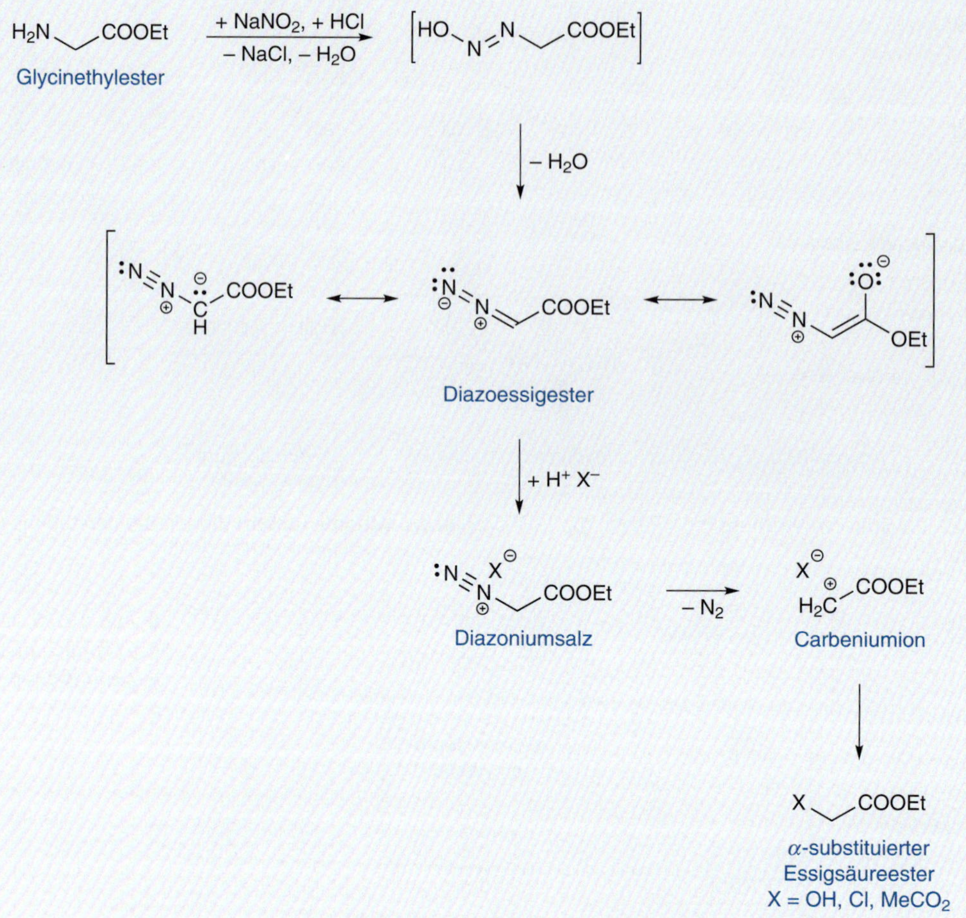


○ Abb. 15.29 Über Diazoessigester sind verschiedene α-substituierte Essigsäureester-Derivate zugänglich.

nen Erhitzen von Aminosäuren mit Natronkalk erfolgt eine **Decarboxylierung** zu Aminen. Die Aminogruppe der Aminosäuren kann mit Acetylchlorid oder Acetanhydrid zu *N*-Acetylaminosäuren reagieren. Zur **quantitativen Bestimmung** der α-Aminosäuren benutzte man früher die Umsetzung mit salpetriger Säure nach *van Slyke*, wobei unter Abspaltung von Stickstoff (○ Abb. 15.28) α-Hydroxycarbonsäuren entstehen; der entstandene Stickstoff kann gasvolumetrisch gemessen werden.

Im Gegensatz zu den freien α-Aminosäuren erhält man aus ihren Estern mit salpetriger Säure in der Kälte die relativ stabilen **Diazocarbonsäureester** (*Curtius* 1883), z. B. entsteht aus Glycinethylester mit Natriumnitrit und einem Äquivalent HCl bei einer Temperatur von 0–3 °C der mesomeriestabilisierte **Diazoessigester** (○ Abb. 15.29, vgl. auch ▸ Kap. 8.2.2, ○ Abb. 8.29). Diazoessigester ist eine gelbe Flüssigkeit mit einem Siedepunkt von 45 °C bei 16 hPa, die sich nicht in Wasser, wohl aber in Ethanol und Ether löst. Bei der Einwirkung verdünnter Säuren auf Diazoessigester lagert sich zunächst ein Proton an das C-Atom an; dabei bildet sich das entsprechende Diazoniumsalz, das jedoch sofort Stickstoff abspaltet. Das entstehende **Carbenium-Ion** stabilisiert sich – je nach den Reaktionsbedingungen – in der Regel unter Aufnahme eines Nucleophils (z. B. des Säure-Anions) zum α-substituierten Essigsäureester.

Aus Betainhydrazid, $(Me)_3N^+—CH_2—CO—NH—NH_2$, ***Girards*-Reagenz T**) entstehen mit Carbonylverbindungen Hydrazone, die infolge der hydrophilen Ammoniumgruppierung wasserlöslich sind. Diese Eigenschaft wird ausgenutzt, um Ketoverbindungen, z. B. bestimmte Steroide, von unlöslichen Begleitstoffen abzutrennen.

Beim **Erhitzen** von α-, β-, γ-, δ-, ε-Aminosäuren usw. treten ähnliche Reaktionen auf wie bei den entsprechenden Halogen- oder Hydroxycarbonsäuren (▸ Kap. 15.2.3, ○ Abb. 15.17). Beispielsweise gehen **α-Aminosäuren** unter Wasseraustritt in cyclische Anhydride oder **2,5-Dioxopiperazine** (2,5-Diketopiperazine) über (○ Abb. 15.30, oben). Bessere Ausbeuten erhält man allerdings bei der Cyclisierung der Aminosäureester. So entstehen beispielsweise beim Rösten von Kakaobohnen substituierte Dioxopiperazine (u. a. 2,5-Dimethyldioxopiperazin). Diese rufen in einem Synergismus mit Theobromin (▸ Kap. 35.1.4) den für Kakao typischen bitteren Geschmack hervor. **β-Aminosäuren** ergeben beim Schmelzen unter Abspaltung von Ammoniak α,β-ungesättigte Carbonsäuren. Die umgekehrte Reaktion kann zur Darstellung von β-Aminosäuren genutzt werden. **γ-** bzw. **δ-Aminosäuren** ergeben beim Erhitzen unter Wasserabspaltung innere Anhydride, die – in Analogie zu den Lactonen – als **γ-** bzw. **δ-Lactame** bezeichnet werden. Diese γ- bzw. δ-Lactame werden durch Säuren oder Alkalien in der Wärme wieder zu den Aminosäuren hydrolysiert (o Abb. 15.30).

Bei Aminosäuren, in denen die Aminogruppe weiter als drei oder vier C-Atome von der Carboxygruppe entfernt ist, erfolgt eine **Polykondensation** zu hochmolekularen **Polyamidfasern**. Das wichtigste Ausgangsmaterial ist hierbei **ε-Aminocapronsäure** (6-Aminohexansäure) bzw. **ε-Caprolactam**, das technisch aus Phenol oder Benzen bzw. Cyclohexan hergestellt wird (o Abb. 15.31). Die katalytische Oxidation von Cyclohexan verläuft als Radikalkettenreaktion über Cyclohexylhydroperoxid (▸Kap. 4.2.3), aus dem primär Cyclohexanol (Anol) und Cyclohexanon (Anon) im Verhältnis 1:1 entstehen. Die Ringerweiterung von Cyclohexanonoxim mit rauchender Schwefelsäure zum ε-Caprolactam ist eine ***Beckmann*-Umlagerung** (▸Kap. 21.2.3). Die Polykondensation von ε-Caprolactam verläuft in Gegenwart von wenig Wasser über ε-Aminocapronsäure. Diese reagiert mit weiteren cyclischen Monomeren in einer ringöffnenden Kettenreaktion zum Polymer (*P. Schlack* 1938). Diese synthetische Polyamidfaser (**Perlon**, 6-Polyamid; o Abb. 15.32) wird aus der Schmelze ersponnen (Schmelzspinnverfahren). Perlon war somit nach Nylon (*Carothers* 1935) eine der ersten

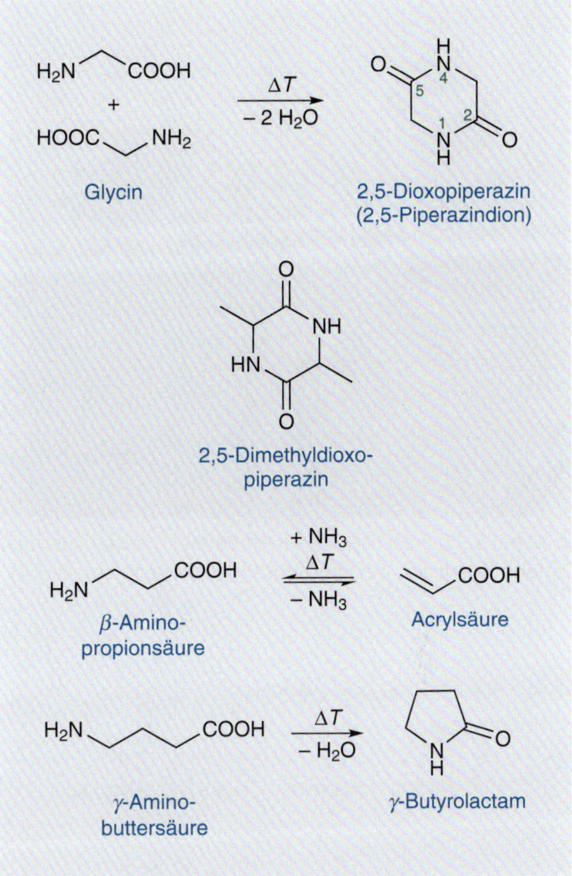


o **Abb. 15.30** Je nach Position der Aminogruppe in Relation zur Carboxygruppe führt das Erhitzen von Aminocarbonsäuren, ähnlich wie bei Hydroxycarbonsäuren, zu unterschiedlichen Produkten.

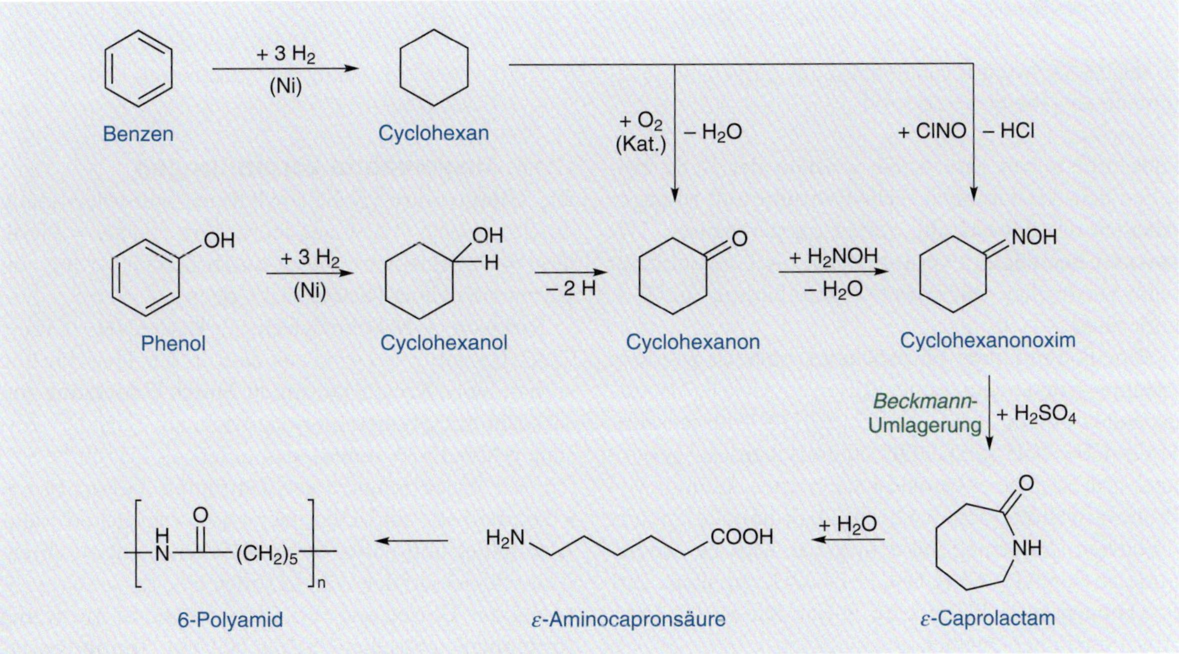


o **Abb. 15.31** Darstellung von Perlon, einer der ersten vollsynthetischen Kunststoffe, der z. B. zur Herstellung von Feinstrumpfhosen verwendet wird.

**Abb. 15.32** Präsentation verschiedener „Perlon Mischgarne" auf einem Messestand (A); Ausspinnen eines Perlon-Fadenbündels aus der Spinndüse (Perlon-Teppichfaser; B)

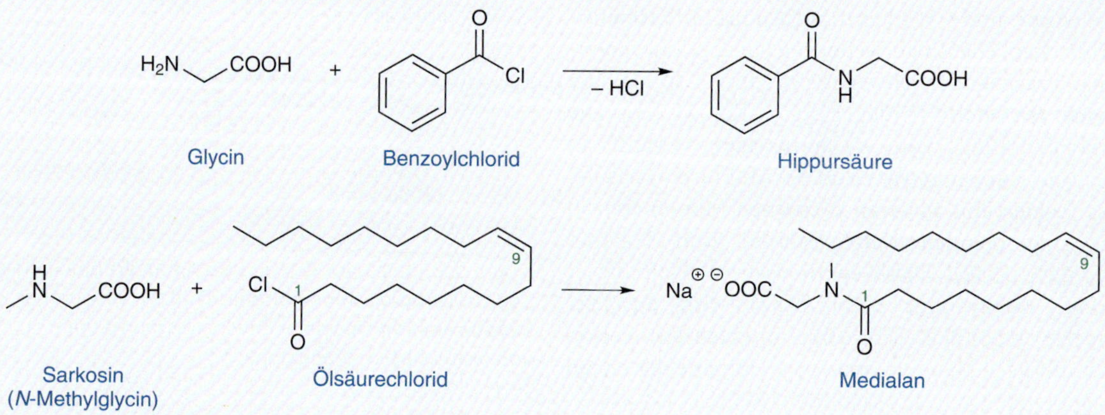


**Abb. 15.33** Synthese von Hippursäure, ausgehend von Glycin (oben), sowie Herstellung des Waschmittels Medialan (unten), ausgehend von Sarkosin

vollsynthetischen Fasern. Sie weist in der Kette zwischen den NH-Gruppen sechs C-Atome auf, ist gegen Alkalien relativ beständig, weniger gegen Säuren. Wie andere Chemiefasern verfestigt sich die Polyamidfaser beim Verstrecken sehr stark (Kristallitbildung und Orientierung).

Eine Polyamidfaser pflanzlichen Ursprungs wurde in Frankreich unter dem Namen **Rilsan** entwickelt. Als Ausgangsstoff dient Undecylensäure (10-Undecensäure, $H_2C{=}CH{-}(CH_2)_8{-}COOH$), die aus Rizinusöl gewonnen wird. Nach einer Peroxid-katalysierten Addition von Bromwasserstoff (▸Kap. 5.1.3) zur 11-Bromundecansäure und deren Umsetzung mit Ammoniak wird 11-Aminoundecansäure, $H_2N{-}(CH_2)_{10}{-}COOH$, erhalten. Ihre Polykondensation liefert eine Polyamidfaser (11-Polyamid) von hoher Qualität.

### 15.3.4 Ausgewählte Verbindungen

Die **Hippursäure** (*N*-Benzoylglycin) wurde erstmalig durch *v. Liebig* (1829) aus Pferdeharn (*hippos* = Pferd, *uron* = Harn) isoliert. Sie ist durch Benzoylierung von Glycin darstellbar (Abb. 15.33, oben).

**Sarkosin** (*N*-Methylglycin), $H_3C{-}NH{-}CH_2{-}COOH$, konnte *v. Liebig* aus dem in der Fleischbrühe vorhandenen Kreatin gewinnen. Durch Umsetzung von Sarkosin mit Ölsäurechlorid entsteht ein Tensid (Medialan; Abb. 15.33, unten), das anders als klassische Seifen, die Salze langkettiger Fettsäuren (▸Kap. 14.4.3, ▸Exkurs: Fette und Öle), keine schwerlöslichen Kalksalze bildet und daher beim Waschen nicht zu einem Grauschleier auf der Wäsche führt.

Bei der Umsetzung von Chloressigsäure mit wenig Ammoniak entstehen neben Glycin **Iminodiessig-**

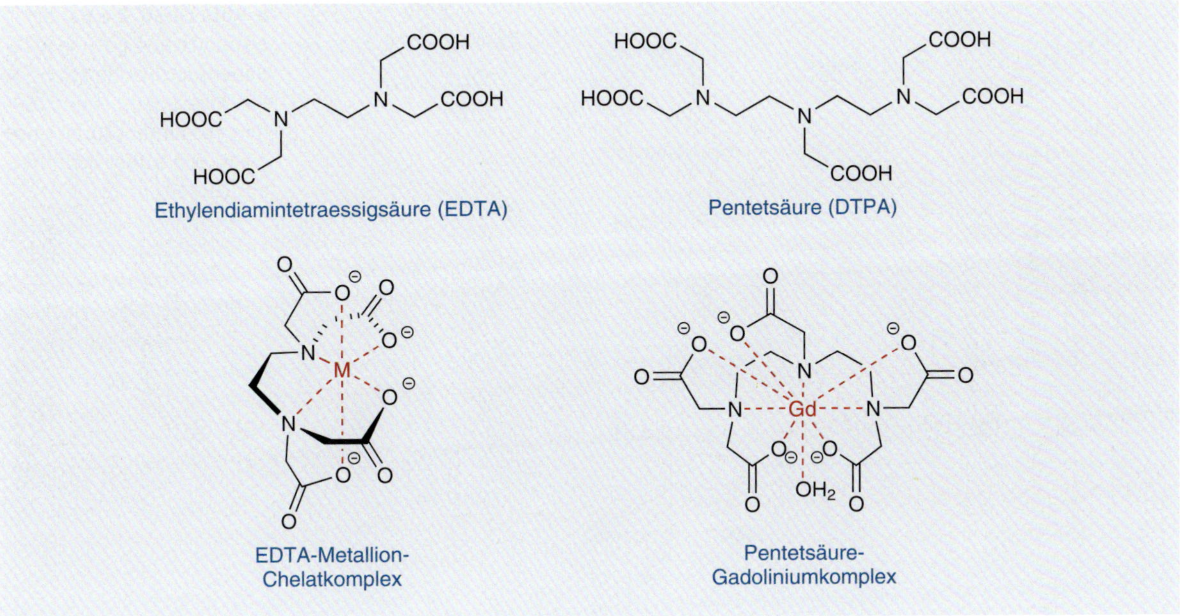


**Abb. 15.34** EDTA und DTPA bilden als mehrzähnige Liganden mit mehrwertigen Metallkationen stabile Chelat-Komplexe.

**säure**, $HN(CH_2{-}COOH)_2$, und **Nitrilotriessigsäure**, $N(CH_2{-}COOH)_3$. Letztere bildet mit Calcium- oder Magnesium-Ionen stabile, wasserlösliche **Chelat-Komplexe** und wird in Form des Natriumsalzes (Trilon A, NTA) als Ersatz von Phosphaten in Waschmitteln und Reinigungsmitteln verwendet. Wesentlich stabiler sind die entsprechenden Komplexe der **Ethylendiamintetraessigsäure** (**EDTA**, Edetinsäure) (Abb. 15.34, links), die durch die *Strecker*-Synthese (Abb. 15.27) aus Formaldehyd und Blausäure in Gegenwart von Ethylendiamin über Tetranitril und eine anschließende alkalische Hydrolyse zugänglich ist. Ihr Dinatriumsalz ist unter dem Namen Trilon B, Titriplex III oder Chelaplex III im Handel. Nach *Schwarzenbach* bezeichnet man derartige, stark zur Komplexbildung neigende Säuren als **Komplexone**. Sie besitzen als Titrationsmittel für komplexometrische Titrationen, als kolorimetrische Reagenzien und in der Polarographie Bedeutung und werden technisch zum Enthärten von Wasser sowie zum Maskieren störender Metall-Ionen bei Färbeprozessen verwendet. Der Gadoliniumkomplex der **Pentetsäure** (*Diethylenetriaminopentaacetic acid*, DTPA; Abb. 15.34, rechts) ist ein Kontrastmittel für die NMR-Tomographie. Aufgrund der sehr hohen Bildungskonstante des Komplexes liegen in Lösung so gut wie keine freie Gadoliniumionen vor, die sehr giftig sind.

**L-(+)-Alanin** (α-Aminopropionsäure), $H_3C{-}CH(NH_2){-}COOH$, erhält man bei der Hydrolyse von Seidenfibroin, D-(−)-Alanin durch Spaltung des Racemats von D,L-Alanin. ***β*-Alanin** (β-Aminopropionsäure, β-Ala), $H_2N{-}CH_2{-}CH_2{-}COOH$, gehört zu den auch in der Natur vorkommenden β-Aminosäuren. Sie

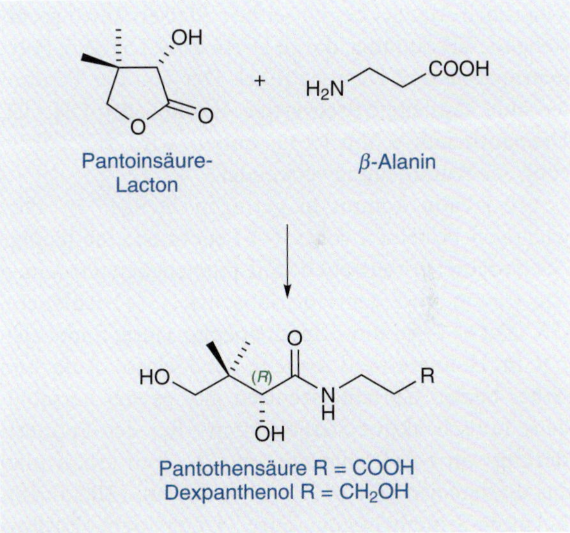


**Abb. 15.35** Synthese von Panthotensäure bzw. Dexpanthenol

entsteht im Organismus durch Decarboxylierung der Asparaginsäure und tritt als Baustein in der **Pantothensäure** (Vitamin $B_5$) auf. Pantothensäure gehört zu den wasserlöslichen Vitaminen des B-Komplexes und ist ein essenzieller Wachstumsfaktor (*R. J. Williams* 1933). Biologisch ist nur (*R*)-(+)-Pantothensäure wirksam, die vor allem in Hefe sowie in Leber vorkommt und Bestandteil von **Coenzym A** ist. Die Konstitution der Pantothensäure (Abb. 15.35, unten) wurde durch Synthese aus α-Hydroxy-β,β-dimethyl-γ-butyrolacton (Lacton der Pantoinsäure; Abb. 15.35, oben links) und β-Alanin bewiesen (*R. Kuhn* u. *Th. Wieland* 1940). Ein Mangel an Pantothensäure führt bei Küken zu pellagraähnlichen

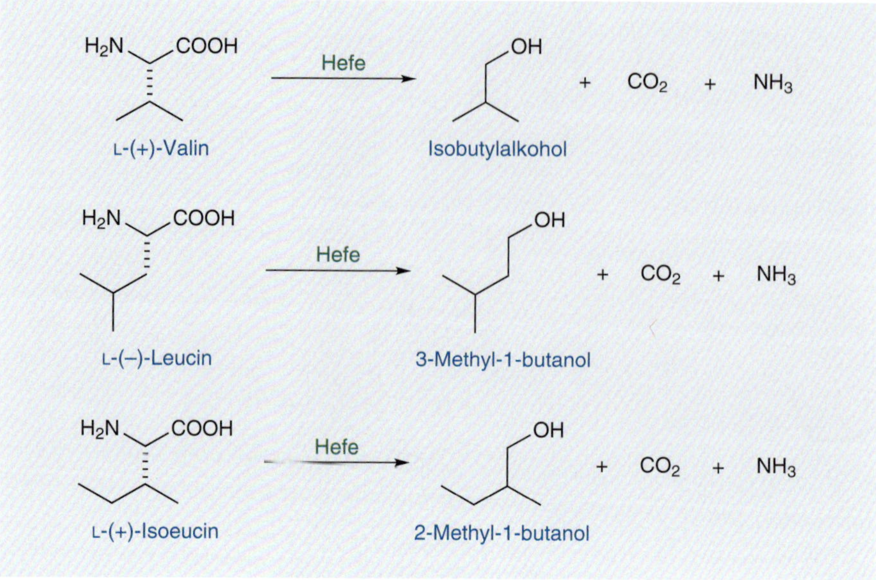


**Abb. 15.36** Die bei der alkoholischen Gärung als Nebenprodukte entstehenden Fuselalkohole entstehen aus Aminosäuren und nicht, wie früher vermutet, aus Zuckern.

Erkrankungen und bei Ratten zum Ergrauen des Fells. Pellagra ist eine durch Niacin- und durch multiplen Vitamin-B-Mangel bei einseitiger Maisernährung entstehende Erkrankung, die zu Dermatitis, Diarrhö, Polyneuropathie und Demenz führt. Der von der Panthotensäure abgeleitete dreiwertige Alkohol (R = $CH_2OH$, **Dexpanthenol**; Abb. 15.35, unten) wird zur Förderung der Wundheilung verwendet.

**L-(+)-Valin** kommt in geringen Mengen in allen wichtigen Proteinen vor. **L-(−)-Leucin** ist eine häufige Aminosäure in tierischen und pflanzlichen Proteinen wie Casein und der Hornsubstanz. **L-(+)-Isoleucin**, (2*S*,3*S*)-(+)-2-Amino-3-methylpentansäure, findet sich z. B. im Hühnereiweiß sowie in der Melasse. Aufgrund seiner beiden Chiralitätszentren gibt es vier verschiedene optisch aktive Stereoisomere. Bei der Epimerisierung von L-(+)-Isoleucin am C2-Atom erhält man das diastereoisomere D-(−)-Alloisoleucin, (2*R*,3*S*)-(−)-2-Amino-3-methylpentansäure. Unter dem Einfluss von Hefeenzymen geht L-(+)-Valin bei der alkoholischen Gärung in Isobutylalkohol über, aus L-(−)-Leucin und L-(+)-Isoleucin entstehen 3-Methyl-1-butanol und 2-Methyl-1-butanol (Bestandteile des „Gärungsamylalkohols"; Abb. 15.36). So wurde nachgewiesen, dass die als Nebenprodukte der alkoholischen Gärung im **Fuselöl** auftretenden Alkohole (▸Kap. 6) nicht aus Zuckern, sondern aus den im Eiweiß enthaltenen Aminosäurebausteinen stammen.

Von den zurzeit etwa 500 bekannten natürlichen Aminosäuren werden einige in ▸Kap. 37 ausführlicher behandelt. An dieser Stelle soll nur noch darauf hingewiesen werden, dass kohlenstoffhaltige Meteoriten (▸Kap. 15.3.1) häufig auch **α-Aminoisobuttersäure**, $(H_3C)_2C(NH_2)COOH$, sowie **Isovalin**, $C_2H_5(CH_3)C(NH_2)COOH$, enthalten.

## 15.4 Aldehyd- und Ketocarbonsäuren

### 15.4.1 Struktur und Eigenschaften

Aldehyd- und Ketocarbonsäuren sind die Oxidationsprodukte der entsprechenden Hydroxycarbonsäuren. Je nach Stellung der Carbonyl- zur Carboxygruppe unterscheidet man $\alpha$-, $\beta$-, $\gamma$-, $\delta$- usw. Aldehydcarbonsäuren bzw. $\alpha$-, $\beta$-, $\gamma$-, $\delta$- usw. Ketocarbonsäuren (kurz: **Ketosäuren**).

#### Aldehydcarbonsäuren

**Glyoxylsäure**, die einfachste Aldehydcarbonsäure, ist in der Natur weit verbreitet und kommt besonders in unreifen Früchten, z. B. in Stachel- und Johannisbeeren, vor; bei der Reifung verschwindet sie wieder. Aus wässriger Lösung kristallisiert Glyoxylsäure als Hydrat aus (Abb. 15.37, oben; eine Ausnahme der *Erlenmeyer*-Regel, ▸Kap. 12.1.3). Die homologe **Formylessigsäure** (Abb. 15.37, unten links) ist in Substanz nicht isolierbar. Allerdings sind ihre Ester als Enolate beständig. Es handelt sich um eine CH-acide 1,3-Dicarbonylverbindung mit einem $pK_S$-Wert von ca. 11, die daher leicht z. B. von Natronlauge zu einem stabilen Enolatanion deprotoniert werden kann (Abb. 15.37, unten rechts).

#### Ketocarbonsäuren

##### α-Ketosäuren

Im Gegensatz zu Aldehydcarbonsäuren sind $\alpha$-Ketosäuren in freiem Zustand beständig. **Brenztraubensäure** (Pyruvinsäure, $\alpha$-Ketopropionsäure, 2-Oxopropionsäure) ist die einfachste $\alpha$-Ketocarbonsäure. Es handelt sich dabei um eine farblose, mit Wasser mischbare Flüssigkeit, die wie Essigsäure riecht und bei einer Temperatur von 165 °C siedet, wobei teilweise Zersetzung auftritt. Ihre Acidität ($pK_S$ = 2,49) ist – ähnlich wie bei

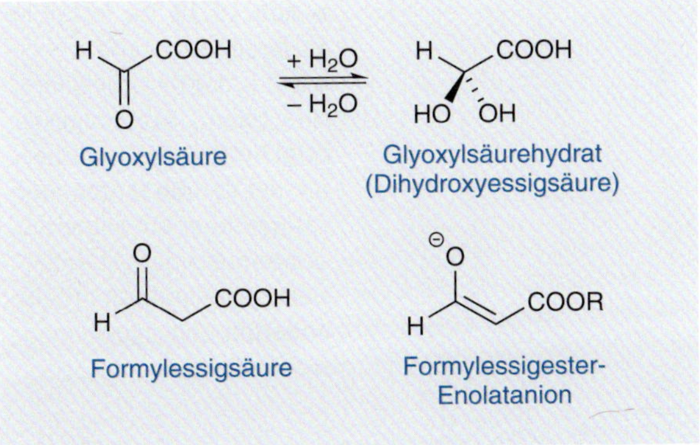


**o Abb. 15.37** Glyoxylsäure (oben) und die homologe Formylessigsäure (unten) als Beispiele für Aldehydcarbonsäuren

Milchsäure ($pK_S$ = 3,86) – aufgrund des elektronenziehenden Effekts der Carbonylgruppe höher als die von Propionsäure ($pK_S$ = 4,87). Das Anion der Brenztraubensäure wird als **Pyruvat** bezeichnet und ist ein wichtiges Zwischenprodukt des aeroben und anaeroben Stoffwechsels.

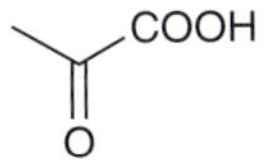

Brenztraubensäure

### $\beta$-Ketosäuren

Im Gegensatz zu $\alpha$-Ketosäuren sind $\beta$-Ketosäuren als freie Säuren unbeständig und nur unter besonderen Vorsichtsmaßregeln in freiem Zustand isolierbar. **Acetessigsäure** (Acetylessigsäure, 3-Oxobuttersäure), $H_3C—CO—CH_2—COOH$, die einfachste $\beta$-Ketosäure, zerfällt leicht in Aceton und Kohlendioxid (o Abb. 15.38, oben). Acetessigsäure findet sich neben (*R*)-3-Hydroxybuttersäure und Aceton bei katabolischer Stoffwechsellage im Harn (Ketonkörper, Ketonurie), z. B also bei *Diabetes mellitus*, Hungern oder kohlenhydratarme Diät.

Wichtiger als Acetessigsäure ist der beständige **Acetessigsäureethylester** (kurz: **Acetessigester**), eine farblose, angenehm riechende Flüssigkeit mit einem Siedepunkt von 181 °C. Actessigester ist mit einem $pK_S$-Wert von 11 eine **CH-acide Verbindung**, die leicht z. B. mit metallischem Natrium unter Wasserstoffentwicklung zu einem mesomeriestabilisierten Enolatanion deprotoniert werden kann (**Natriumacetessigester**, Natracetessigester). *Geuther* hatte Acetessigester 1863 entdeckt. Da Acetessigester eine ausgeprägte Keto-Enol-Tautomerie zeigt (▸ Kap. 3.2.3), entbrannte bei der Formulierung der Strukturformel zwischen *Geuther* und *Frankland* ein Meinungsstreit, der erst im Jahr 1911 von *L. Knorr* entschieden wurde: Unter normalen Bedingungen liegen Acetessigester (Keto-Form) und $\beta$-Hydroxycrotonsäureester (Enol-Form) im Gleichgewicht im Verhältnis 92,5/7,5 vor (o Abb. 15.38, unten). Aufgrund dieses signifikanten Anteils an Enol im Gleichgewicht, zeigt Acetessigester Eigenschaften beider Stoffklassen, also eine „zweifache Reaktionsfähigkeit" (*Nesmejanow*). Die reine Keto-Form wurde von *Knorr* durch Ausfrieren der etherischen Lösung des gewöhnlichen Acetessigesters (Gleichgewichtsmischung der Keto- und der Enol-Form) bei einer Temperatur von −78 °C kristallin erhalten. Die Enol-Form ließ sich aus einer Suspension des entsprechenden Enolat-Anions (z. B. als Natriumsalz) in Dimethylether durch Einleiten von trockenem Chlorwasserstoff bei −78 °C als Öl isolieren. Bei Raumtemperatur stellt sich aus beiden Formen nach kurzer Zeit wieder das oben erwähnte Keto/Enol-Gleichgewicht ein. Diese Umwandlung wird durch Spuren von Säuren oder Basen katalysiert.

Einfache Aldehyde oder Ketone mit der Gruppierung $—CO—CH_2—R$ liegen hingegen praktisch nur als Ketoverbindungen vor, z. B. beträgt der Enolgehalt des Acetons nur $2{,}5 \cdot 10^{-4}$ %. Bei **1,3-Dicarbonyl-Verbindungen**, $R—CO—CH_2—CO—R$, wie Acetessigester, liegt dagegen wie oben erwähnt ein beträchtlicher Anteil des Enols im Gleichgewicht vor (o Abb. 15.38, unten). Die genaue Lage des Keto-Enol-Gleichgewichts hängt v. a. vom Lösemittel sowie von der Temperatur und der Konzentration ab. Der Enolgehalt ist in hydrophoben, wenig polaren Lösemitteln größer als in Wasser oder Alkoholen, z. B. beträgt er für Acetessigester bei einer Temperatur von 18 °C in Wasser 0,4 %, in Ethanol 10,52 %, in Benzen 16,2 %, in Schwefelkohlenstoff 32,4 % und in Hexan 46,4 %. Die Enolisierung wird energetisch dadurch begünstigt, dass die Enol-Form – im Gegensatz zur Keto-Form – ein konjugiertes $\pi$-Bindungssystem besitzt und außerdem durch die Ausbildung einer intramolekularen Wasserstoffbrückenbindung stabilisiert wird. Wie *K. H. Meyer* durch Destillation in Quarzgefäßen zeigen konnte, siedet die Enol-Form des Acetessigesters niedriger als die Keto-Form. Die größere Flüchtigkeit des Enols ist durch diese chelatartige Wasserstoffbrücke bedingt.

### $\gamma$-Ketosäuren

**Lävulinsäure** ($\gamma$-Ketovaleriansäure, 4-Oxopentansäure) ist die einfachste $\gamma$-Ketosäure. Sie bildet farblose Blättchen mit einem Schmelzpunkt von 34 °C, die sich in Wasser, Ethanol und Ether leicht lösen. Sie zeigt sowohl Keton- als auch Säureeigenschaften. Einige Reaktionen deuten darauf hin, dass Lävulinsäure im Gleichgewicht mit dem entsprechenden Hydroxylacton (o Abb. 15.54) vorliegen kann.

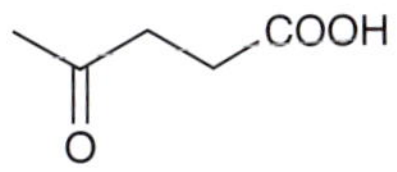

Lävulinsäure

15

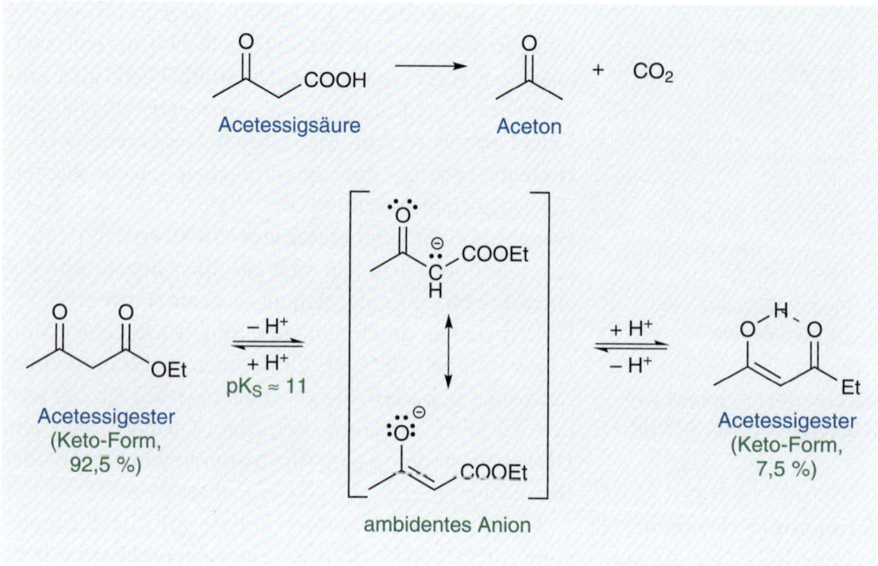


**o Abb. 15.38** Die instabile Acetessigsäure zerfällt leicht unter Decarboxylierung (oben). Acetessigester zeigt Keto-Enol-Tautomerie, bei der die tautomeren Formen über ein gemeinsames mesomeriestabilisiertes Enolatanion miteinander im Gleichgewicht stehen (unten).

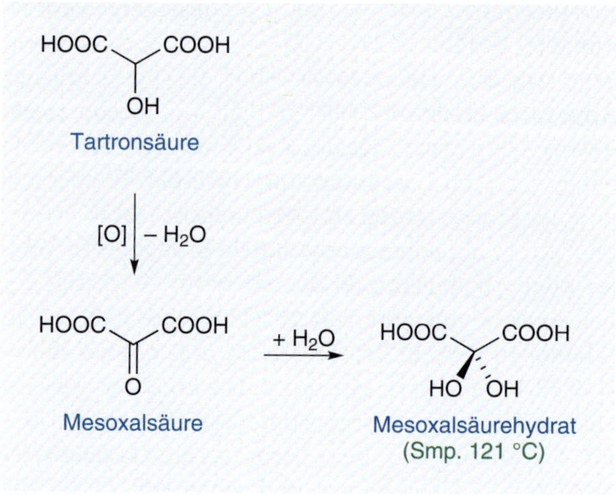


**o Abb. 15.39** Mesoxalsäure ist das Oxidationsprodukt der Tartronsäure und nur als Hydrat isolierbar.

### Aliphatische Ketodicarbonsäuren

Die einfachste Ketodicarbonsäure ist **Mesoxalsäure** (Oxomalonsäure). Sie ist das Oxidationsprodukt von Tartronsäure und ist nur als Hydrat isolierbar (o Abb. 15.39; Ausnahme der *Erlenmeyer*-Regel, ▸ Kap. 12.1.3). Beim Erhitzen in wässriger Lösung zerfällt Mesoxalsäure in Kohlendioxid und Glyoxylsäurehydrat.

**Oxalessigsäure** (Oxobernsteinsäure) zeigt ebenfalls Keto-Enol-Tautomerie; das Enol kommt zudem in Form zweier (*E*/*Z*)-Diastereomere vor (o Abb. 15.40). Freie Oxalessigsäure ist in Substanz nicht bekannt. Dagegen lässt sich, je nach den Versuchsbedingungen und damit abhängig von der Gleichgewichtslage, Hydroxymaleinsäure (Smp. 152 °C) oder Hydroxyfumarsäure (Smp. 184 °C) isolieren. Ihre wässrigen Lösungen geben die für Enole typische Eisen(III)-chlorid-Reaktion. Oxalessigsäure tritt als wichtiges biochemisches Zwischenprodukt auf. Aus Oxalacetat entsteht z. B. im Citronensäurecyclus durch Reaktion mit Acetyl-Coenzym A letztendlich Citrat. Durch Transaminierung wird *in vivo* zudem aus Oxalacetat die Aminosäure Aspartat. Beständiger als die freie Oxalessigsäure sind ihre Diester.

## 15.4.2 Gewinnung und Synthese

### Aldehydcarbonsäuren

**Glyoxylsäurehydrat** lässt sich am besten durch Hydrolyse von Dichloressigsäure oder durch elektrolytische Reduktion von Oxalsäure in schwefelsaurer Lösung darstellen (o Abb. 15.41). In wasserfreier Form kann **Glyoxylsäure** aus dem Hydrat durch Vakuumdestillation über Phosphor(V)-oxid als zähe Flüssigkeit erhalten werden.

Die Ester der homologen **Formylessigsäure**, deren Natriumsalze anders als die freie Säure beständig sind, lassen sich durch *Claisen*-Kondensation aus Ameisensäure- und Essigsäureester mit Natriumalkoholat in etherischer Lösung darstellen (o Abb. 15.42). Als 1,3-Dicarbonylverbindung ist **Formylessigsäureester** deutlich CH-acide (p$K_S$ ≈ 11).

### Ketocarbonsäuren

#### α-Ketosäuren

**Brenztraubensäure** verdankt ihren Namen der ersten Darstellung durch Destillation von Traubensäure (▸ Kap. 15.2.1) mit Kaliumhydrogensulfat (*Berzelius* 1835). Die Bildung erfolgt offenbar über mehrere Zwischenstufen (o Abb. 15.43, oben). Diese „Brenzreaktion" ist auch heute noch die beste Methode, um Brenztraubensäure herzustellen. Außer durch Oxidation von α-Hydroxycarbonsäuren lassen sich α-Ketosäuren auch durch Hydrolyse von Acylcyaniden, die aus Säurechloriden und Cyaniden darstellbar sind, gewinnen (o Abb. 15.43, unten).

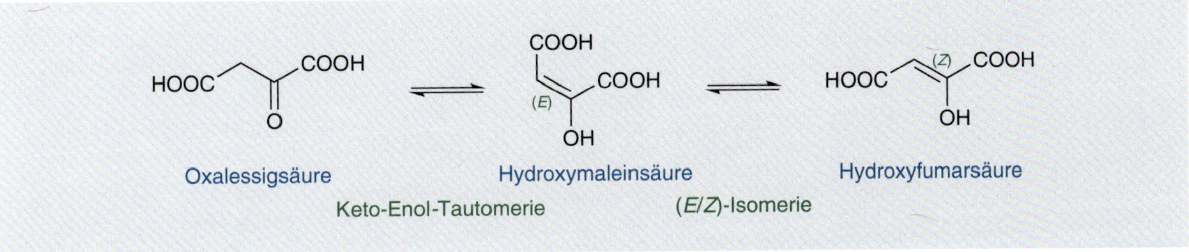


**o Abb. 15.40** Oxalessigsäure (Keto-Form) steht im Gleichgewicht mit Hydroxymaleinsäure bzw. mit Hydroxyfumarsäure (Enol-Formen).

### β-Ketosäuren

**Acetessigsäureethylester** (Acetessigester) gewinnt man technisch durch Umsetzung von Diketen (▸Kap. 14.3) mit Ethanol.

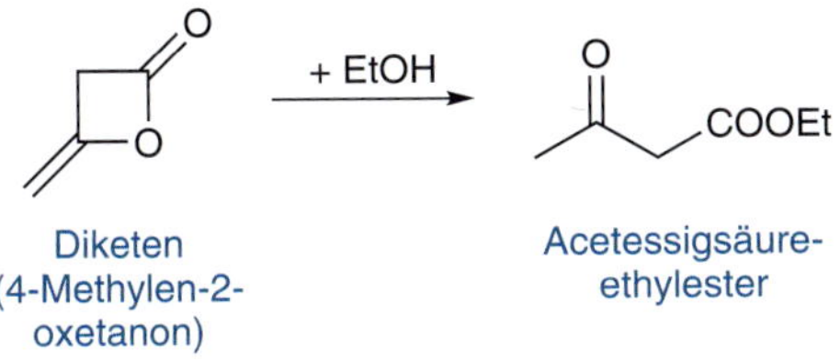


Eine allgemeine Möglichkeit zur Darstellung von β-Ketocarbonsäureestern ist die ***Claisen*-Kondensation** (1887), die daher auch als **Acetessigester-Kondensation** bezeichnet wird (o Abb. 15.44). Dabei findet eine Kondensation von zwei Molekülen Essigsäureethylester unter Einwirkung stark alkalischer Reagenzien, z. B. Natriumethylat, metallischem Natrium oder Natriumamid, statt. Die Esterkondensation wird – in Analogie zur Aldoladdition – unter dem Einfluss des stark basischen Ethanolat-s bzw. Amid-Anions durch Deprotonierung an der α-Position des Carbonsäureesters eingeleitet. Das gebildete mesomeriestabilisierte Esterenolat-Anion addiert sich nucleophil an die Carbonylgruppe eines zweiten Estermoleküls. Aus dem tetraedrischen Zwischenprodukt wird Alkoholat abgespalten. Es bildet sich Acetessigester, der in basischer Lösung durch das freigesetzte Alkoholat aufgrund seiner hohen CH-Aci-

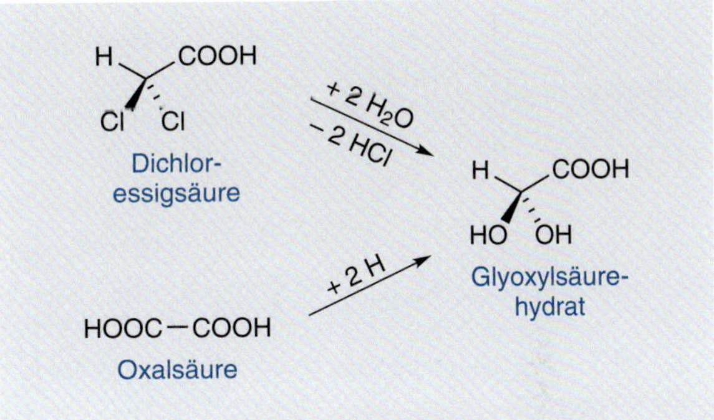


**o Abb. 15.41** Darstellung von Glyoxylsäurehydrat

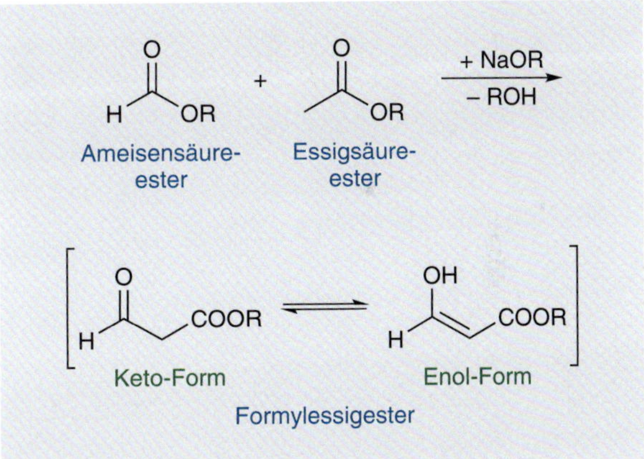


**o Abb. 15.42** Darstellung von Formylessigester durch eine gekreuzte *Claisen*-Kondensation von Essigsäure- und Ameisensäureester

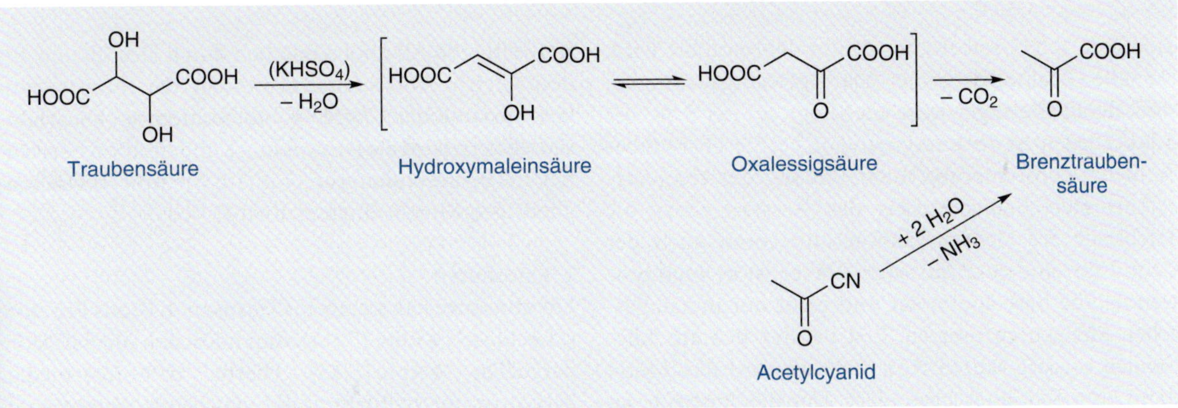


**o Abb. 15.43** Möglichkeiten zur Darstellung von Brenztraubensäure

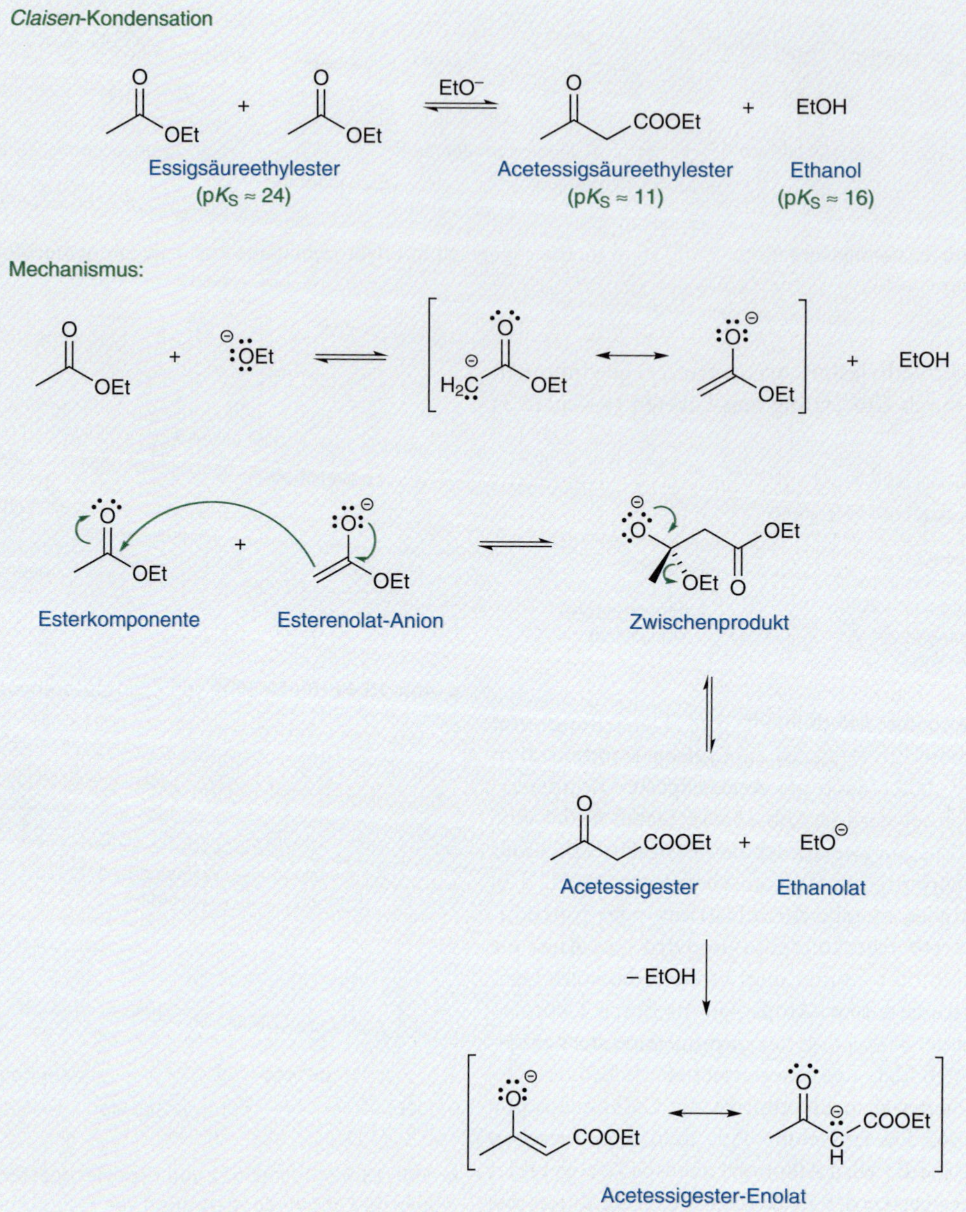


**Abb. 15.44** Die Kondensation von Carbonsäureestern zu β-Ketoestern bezeichnet man als *Claisen*-Kondensation

dität (p$K_s$ = 11) sofort zum Anion deprotoniert wird. Da alle Reaktionsschritte Gleichgewichtsreaktionen sind, deren Gleichgewichte allerdings auf der Seite der Edukte liegen, ist der Energiegewinn bei dieser abschließenden Deprotonierung unter Bildung des resonanzstabilisierten Enolat-Anions des Acetessigesters die Triebkraft der Gesamtreaktion und somit auch der Grund für eine gute Ausbeute. Daher ist es auch notwendig, die Base äquimolar und nicht nur in katalytischen Mengen zuzusetzen. Erst bei der sich anschließenden wässrig-sauren Aufarbeitung wird das Anion dann zum Ketoester protoniert. Um die Ausbeute an dem entstehenden β-Ketoester zu erhöhen, kann der freiwerdende Alkohol zusätzlich durch Destillation aus dem Gleichgewicht entfernt werden. Die intramolekulare Variante der *Claisen*-Kondensation bei Dicarbonsäureestern wird als *Dieckmann*-Kondensation bezeichnet, die insbesondere zur Synthese von fünf- bis siebengliedrigen Ringen eingesetzt wird.

### γ-Ketosäuren

**Lävulinsäure** kann man aus Hexosen, z. B. aus Fructose („Lävulose"; ▸ Kap. 17.1.4), durch Kochen mit Salzsäure darstellen (Abb. 15.45). Hierbei tritt intermediär 5-Hydroxymethylfurfural auf, das gegen Säuren empfindlich ist und in Lävulinsäure und Ameisensäure

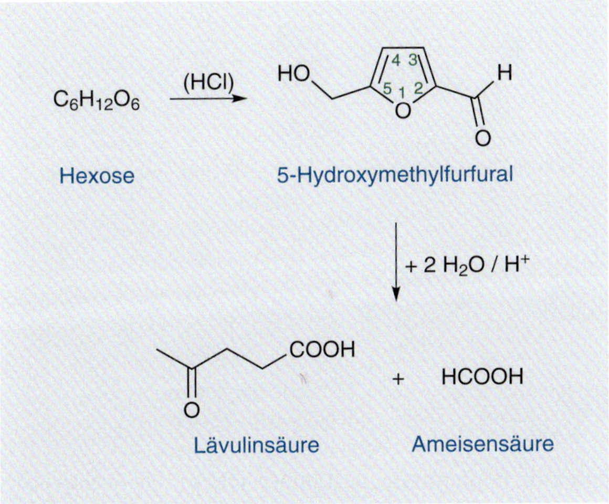


**o Abb. 15.45** Darstellung von Lävulinsäure aus Hexosen

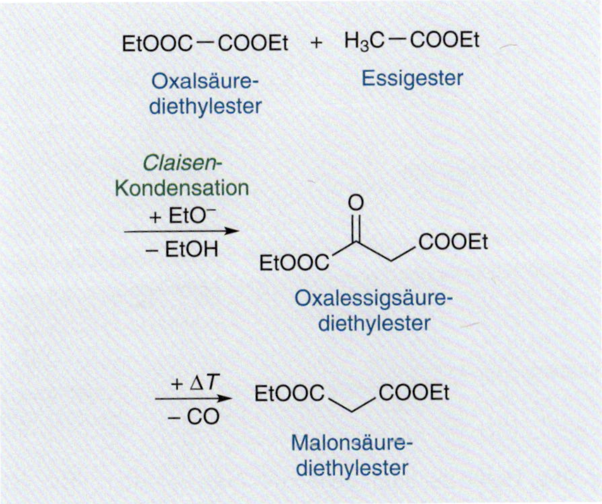


**o Abb. 15.46** Darstellung von Oxalessigsäurediethylester

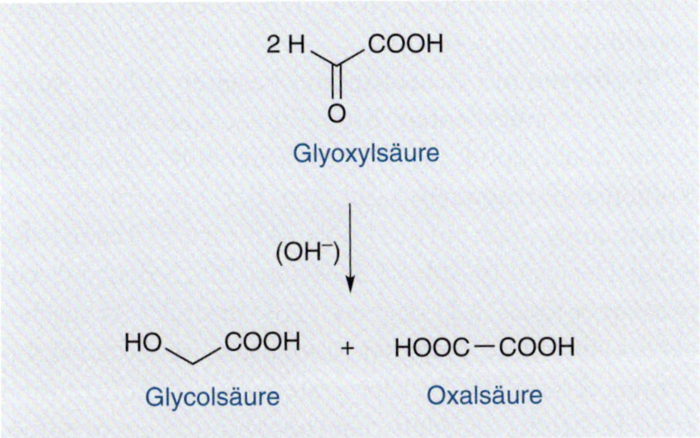


**o Abb. 15.47** Aus Glyoxylsäure entstehen im Basischen in einer *Cannizzaro*-Reaktion Glycolsäure und Oxalsäure.

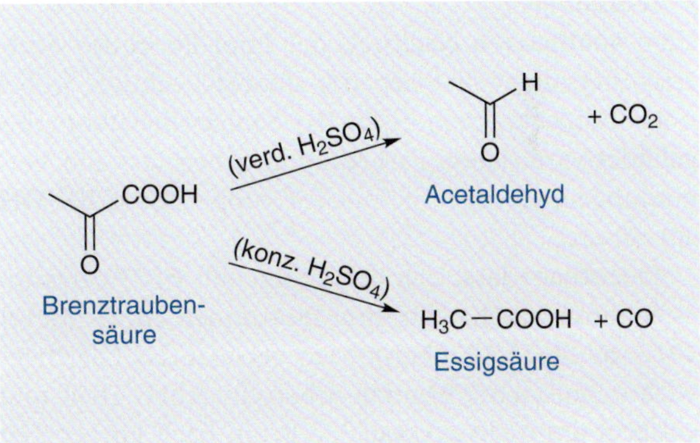


**o Abb. 15.48** Reaktionen der Brenztraubensäure in verdünnter und konzentrierter Schwefelsäure unter Erhitzen

gespalten wird. Bessere Ausbeuten erhält man bei der Einwirkung von Salzsäure auf Rohrzucker unter Druck.

#### Aliphatische Ketodicarbonsäuren

**Oxalessigsäurediethylester** kann durch *Claisen*-Kondensation aus Oxalsäurediethylester und Essigester in Gegenwart von Natriumalkoholat synthetisiert werden (o Abb. 15.46). Der flüssige Diester liegt zu etwa 80 % in der Enol-Form vor und lässt sich unter vermindertem Druck destillieren (Sdp. 131 °C/32 hPa). Bei der Destillation unter Atmosphärendruck spaltet er Kohlenmonoxid ab und geht in Malonsäurediethylester über (Kohlenmonoxidspaltung, **Decarbonylierung**).

### 15.4.3 Reaktionen und Anwendungen

#### Aldehydcarbonsäuren

**Glyoxylsäurehydrat** reagiert sowohl als Säure als auch als Aldehyd. Beim Erhitzen mit Alkalien erfolgt in einer ***Cannizzaro*-Reaktion** (▸ Kap. 12.1.3) eine Disproportionierung zu Glycolsäure und Oxalsäure (o Abb. 15.47).

#### Ketocarbonsäuren

#### α-Ketosäuren

**Brenztraubensäure** reagiert sowohl als Säure als auch als Keton. Sie bildet z. B. ein Oxim oder ein Phenylhydrazon. Durch Reduktion mit nascierendem Wasserstoff (Natriumamalgam) geht Brenztraubensäure in D,L-Milchsäure über. Beim Erhitzen mit verdünnter Schwefelsäure auf eine Temperatur von 150 °C zerfällt sie in Acetaldehyd und Kohlendioxid (o Abb. 15.48, oben). Unter der Einwirkung des Enzyms **Pyruvat-Decarboxylase** findet diese **Decarboxylierung** schon bei Raumtemperatur statt. Diese biochemisch wichtige Reaktion spiegelt die zentrale Stellung der Brenztraubensäure als Zwischenprodukt im Stoffwechsel beim Abbau der Kohlenhydrate und Fette wider. Eine für α-Ketocarbonsäuren typische Reaktion tritt beim Erwärmen mit konzentrierter Schwefelsäure ein: Aus Brenztraubensäure entstehen dabei Essigsäure und Kohlenmonoxid (**Decarbonylierung**; o Abb. 15.48, unten).

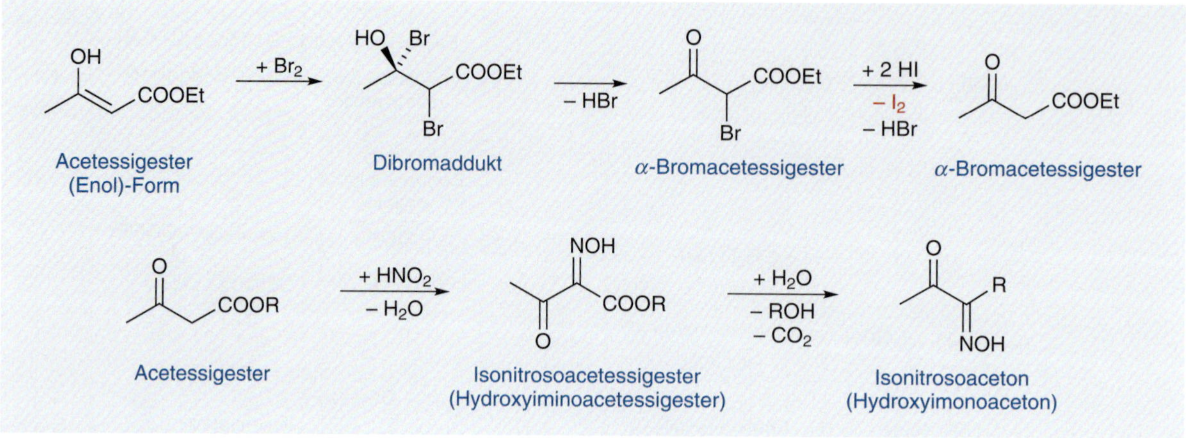


**Abb. 15.49** Der Enol-Gehalt des Acetessigesters lässt sich iodometrisch quantitativ bestimmen (oben). Die Reaktivität der aciden Methylengruppe zeigt sich z. B. durch Reaktion mit salpetriger Säure (unten).

### β-Ketosäuren

Zum **qualitativen Nachweis der Enol-Form** des Acetessigesters dient die Eisen(III)-chlorid-Reaktion, wobei unter Rotfärbung ein Eisen(III)-enolat-Chelatkomplex gebildet wird. Diese Farbreaktion geben fast alle Verbindungen, die die funktionelle Gruppe >C=CR—OH aufweisen.

Quantitativ lässt sich der **Enolgehalt** von Acetessigester durch rasche Titration bestimmen (*K. H. Meyer* 1912; Abb. 15.49, oben): Man versetzt das Gleichgewichtsgemisch mit Brom im Überschuss bei –10 °C und entfernt das nicht verbrauchte Brom nach kurzer Zeit durch Zugabe von β-Naphthol (das als elektronenreicher Aromat durch das überschüssige Brom in einer schnellen elektrophile Substitution bromiert wird). Das durch die Addition von Brom an die C=C-Doppelbindung des Enols gebildete Dibromaddukt geht unter HBr-Abspaltung in α-Bromacetessigester über. Da α-Bromketoverbindungen durch Iodwasserstoff reduziert werden, säuert man die Lösung an, fügt Kaliumiodid hinzu und titriert das ausgeschiedene Iod mit Natriumthiosulfatlösung. Da die Geschwindigkeit der Bromaddition unter den obigen Reaktionsbedingungen wesentlich größer ist als die der Keto-Enol-Tautomerie, reicht die Genauigkeit dieser Bestimmungsmethode zur Ermittlung des Enolgehalts aus. Das Keto-Enol-Verhältnis kann auch mit physikalischen Methoden (z. B. NMR-Spektroskopie) bestimmt werden. Die Ketogruppe des Acetessigesters reagiert mit den üblichen Carbonylreagenzien, z. B. entsteht mit Phenylhydrazin ein Phenylhydrazon, das anschließend zu 5-Methyl-2-phenyl-3(1*H*)-pyrazolon (▸ Kap. 30.1.4) cyclisiert. Solche Reaktionen sind z. B. für die technische Fabrikation von Pyrazolonfarbstoffen wichtig. Die acide Methylengruppe des Acetessigesters geht die typischen Kondensationen ein, z. B. bildet sich mit salpetriger Säure die Isonitrosoverbindung, die jedoch leicht in Isonitrosoaceton (Monoxim des Methylglyoxals), Kohlendioxid und Ethanol (bzw. den jeweiligen Alkohol) zerfällt (Abb. 15.49, unten).

**Synthesen mit Acetessigester** basieren auf der Reaktivität des ambidenten Ester-Enolat-Anions, das mit einem Elektrophil sowohl am Sauerstoff als auch am Kohlenstoff reagieren kann. Bei der Einwirkung von Alkylhalogeniden auf das Enolat-Anion erhält man α-C-Alkyl-Derivate (Abb. 15.50, oben). Nach dem HSAB-Prinzip (▸ Kap. 2.3.1) reagieren Alkyliodide hier rascher als Alkylbromide, denn der Kohlenstoff ist in dem ambidenten Anion die weichere Stelle. Nach Substitution eines H-Atoms der Methylengruppe durch einen Alkylrest kann der Vorgang wiederholt werden; dies führt zu einem C-Dialkyl-Derivat des Acetessigesters.

Lässt man nacheinander je ein Mol Natriumhydrid und ein Mol Butyllithium auf Acetessigester einwirken, erhält man das Dianion des Acetessigesters (*Hauser* 1958). Bei der Reaktion des Dianions mit einem Alkylhalogenid bildet sich die γ-C-Alkylverbindung (Abb. 15.50, unten). Zuerst findet mit Natriumhydrid eine Deprotonierung zwischen den beiden Carbonylgruppen statt, da sich dort die acideste Stelle im Molekül befindet. Durch Butyllithium wird anschließend noch ein zweites Mal, diesmal in der weniger aciden γ-Position deprotoniert. Die Deprotonierung ist an dieser Stelle schwieriger, umgekehrt ist dafür die Reaktivität beim Angriff eines Elektrophils größer. Bei der Umsetzung mit einem Alkylhalogenid bildet sich also regioselektiv die γ-C-Alkylverbindung.

Bei der Reaktion von Säurechloriden mit dem Enolat des Acetessigesters, werden mit dem harten Elektrophil R'COCl, gemäß dem HSAB-Prinzip, vorwiegend ***O*-Acyl-Derivate** erhalten (Abb. 15.51, Mitte). Das *O*-Acyl-Derivat, ein Enolester, kann man aber auch aus Säurechlorid und Acetessigester in Pyridin als Lösemittel (Abb. 15.51, unten) synthetisieren. Dabei beteiligt sich Pyridin an der Reaktion: Es wirkt als Katalysator, vergleichbar mit einer „Schablone", die die räumliche

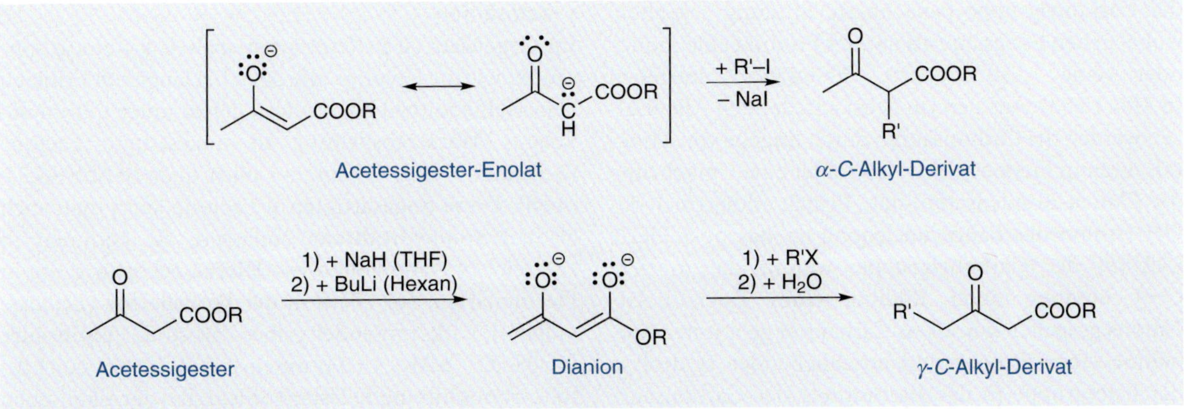


**Abb. 15.50** Die Alkylierung von Acetessigester kann je nach Reaktionsbedingungen zu α-C-Alkylverbindung (Alkylierung des Monoanions) oder zu γ-C-Alkylverbindung (Alkylierung des Dianions) führen.

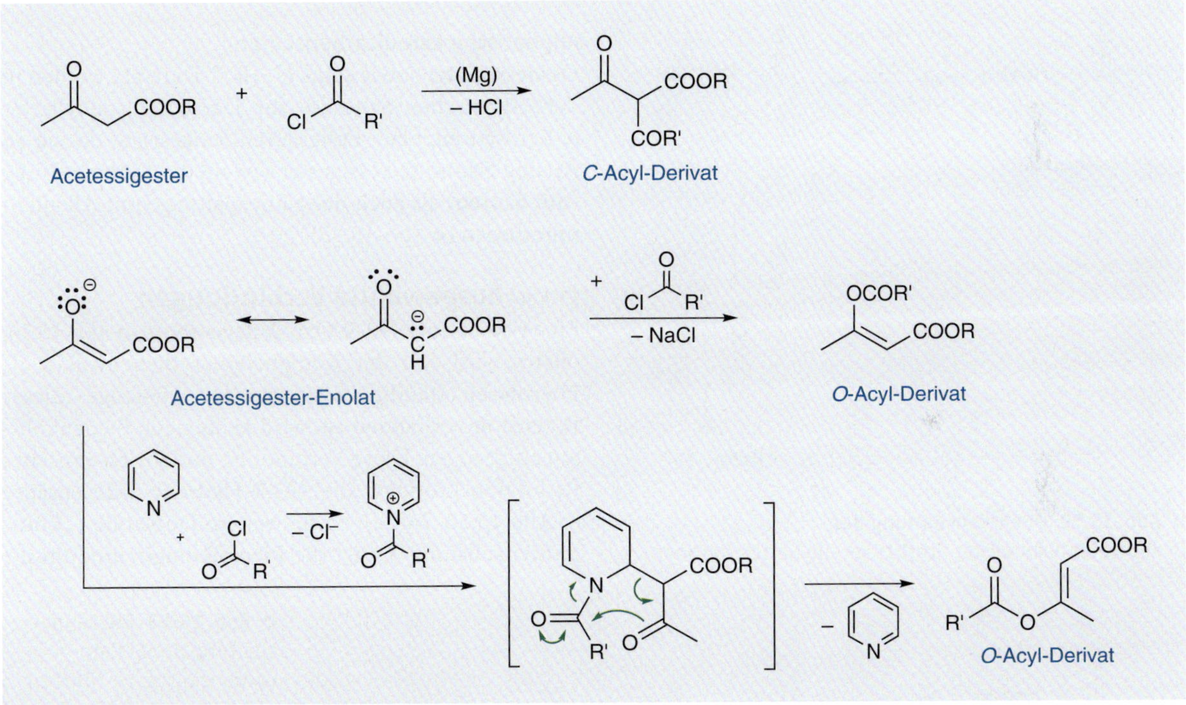


**Abb. 15.51** Bei der Reaktion von Acetessigester mit Acylhalogeniden entstehen in Abhängigkeit von den Reaktionsbedingungen entweder O- oder C-Acyl-Derivate.

Anordnung der Atome bzw. Moleküle so beeinflusst, dass ein definierter Reaktionsablauf bevorzugt abläuft. Man bezeichnet dies auch als **Templat-Effekt**. In diesem Fall bildet sich nach Acylierung des Pyridin-Stickstoffs durch das Säurechlorid und nucleophilem Angriff des Esterenolats am C2-Atom des Pyridinrings ein Intermediat aus, das über einen sechsgliedrigen Übergangszustand und nach der Abspaltung von Pyridin in das O-Acyl-Derivat übergeht. Dagegen entsteht aus der Umsetzung von Acetessigester mit Magnesium und einem Säurechlorid in Benzen als Lösemittel das C-Acyl-Derivat (*Spassov* 1937; Abb. 15.51, oben). Auch das Gegenion (z. B. Natrium oder Magnesium) beeinflusst also die Regioselektivät der Alkylierung.

β-Ketocarbonsäureester und ihre Derivate lassen sich je nach den Versuchsbedingungen in Ketone oder Carbonsäuren spalten. Bei der **Ketonspaltung** der Acetessigesterderivate mit **verdünnten Säuren oder Laugen** erfolgt in der Hitze zunächst eine Hydrolyse des Esters und anschließend der Zerfall der freien, unbeständigen β-Ketosäure in das Keton und Kohlendioxid (Abb. 15.52). Die auf diese Weise darstellbaren Ketone enthalten immer die Gruppierung $H_3C—CO—$. Sehr gute Ausbeuten an Keton liefert die Hydrolyse mit wasserhaltigem Dioxan in Gegenwart von Aluminiumoxid oder mit Triethylendiamin (DABCO) in *o*-Xylen.

Bei der **Säurespaltung**, die beim Erhitzen der Acetessigesterderivate mit **starken Laugen** eintritt, wird die der Carbonylgruppe benachbarte Bindung gespalten, wobei neben Essigsäure als zweites Produkt eine mono- oder eine disubstituierte Essigsäure entstehen (o Abb. 15.53). Aus den zunächst anfallenden Alkalisalzen werden die Carbonsäuren durch Zugabe von Mineralsäuren in Freiheit gesetzt. Es findet eine Umkehrung der *Claisen*-Kondensation statt. Primär addiert sich das $OH^-$-Anion der Lauge nucleophil an das positivierte C-Atom der Carbonylgruppe, worauf die mittlere C—C-Bindung unter Bildung eines Ester-Enolat-Anions gespalten wird. Das Carbanion geht unter Aufnahme eines Protons und anschließender Hydrolyse der Estergruppe in das Natriumsalz der Carbonsäure über.

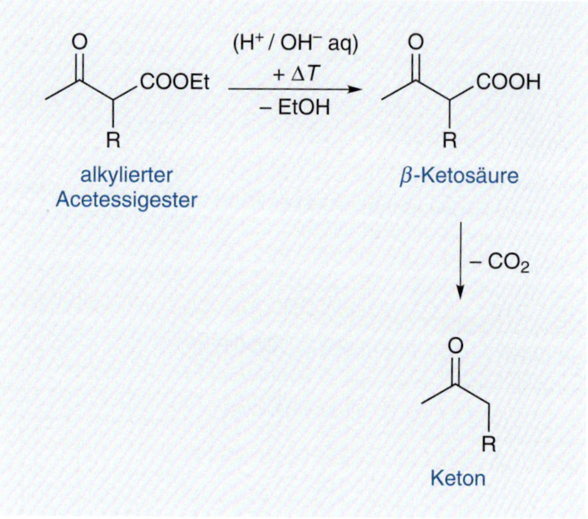


o **Abb. 15.52** Die Ketonspaltung der β-Ketocarbonsäureester führt zu α-alkylierten Ketonen.

### γ-Ketosäuren

Im Gegensatz zu β-Ketosäuren spalten γ-Ketocarbonsäuren wie die Lävulinsäure auch bei längerem Erhitzen kein Kohlendioxid ab, sondern gehen unter intramolekularer Wasserabspaltung in ungesättigte Lactone (3-Penten-4-olid, 2-Penten-4-olid) über (o Abb. 15.54, oben). Diese **ungesättigten γ-Lactone** kann man auch als α-Ketodihydrofurane auffassen; sie kommen in zahlreichen Naturstoffen vor. Hierzu gehört u. a. ein in Flechtenarten, vor allem in der Wolfsflechte (*Letharia vulpina*), vorkommender gelber Farbstoff, **Vulpinsäure** ($C_{19}H_{14}O_5$; o Abb. 15.54, unten links), in der ein Lactoncarbonsäuremethylester vorliegt. Bei der alkalischen Hydrolyse wird der Ester zur **Pulvinsäure** verseift, die beim Erhitzen zu **Pulvinsäurelacton** ($C_{18}H_{10}O_4$; o Abb. 15.54, unten rechts) cyclisiert.

### Aliphatische Ketodicarbonsäuren

**Oxalessigester** sowie seine *C*-Alkyl-Derivate werden in der organischen Synthese zur Darstellung alkylierter α-Ketosäuren bzw. Essigsäuren eingesetzt, da sie in Analogie zum Acetessigester sowohl der Ketonspaltung (mit Säuren) als auch der Säurespaltung (mit Alkalien) unterliegen (o Abb. 15.55).

## 15.4.4 Ausgewählte Verbindungen

Eine γ-Ketosäure, **(*E*)-9-Oxo-2-decensäure** (o Abb. 15.56, oben), wird von der Königin eines Bienenvolkes als Pheromon ständig ausgeschieden. Solange dieser Botenstoff vorhanden ist, wird keine neue Bienenkönigin aufgezogen. Diese Verbindung und ihr racemisches Reduktionsprodukt, die (*E*)-9-Hydroxy-2-decensäure (o Abb. 15.56, Mitte), sowie weitere Duftstoffe („**Königinnensubstanz**“) setzt die Bienenkönigin ein, um ihr

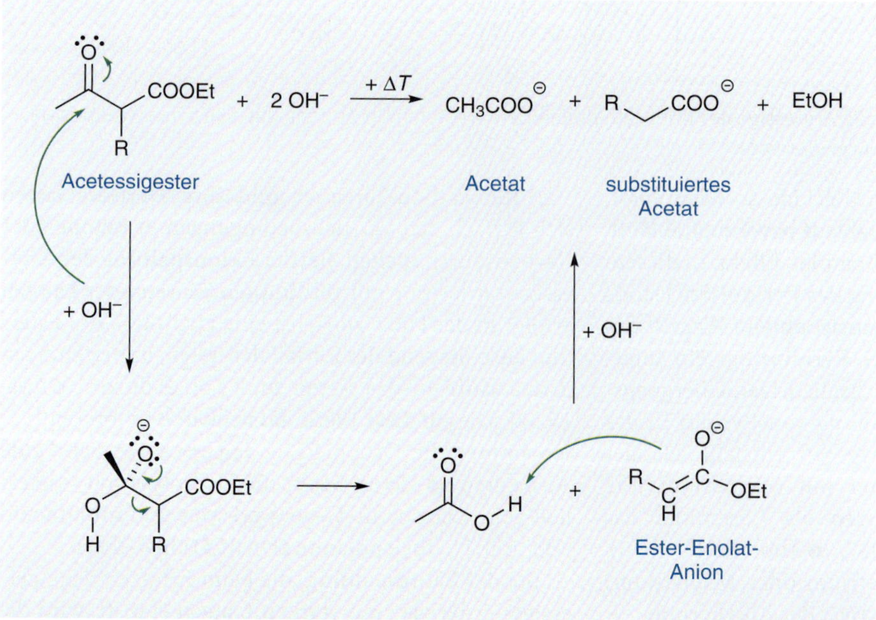


o **Abb. 15.53** Die Säurespaltung der β-Ketocarbonsäureester führt zu alkylierten Essigsäurederivaten.

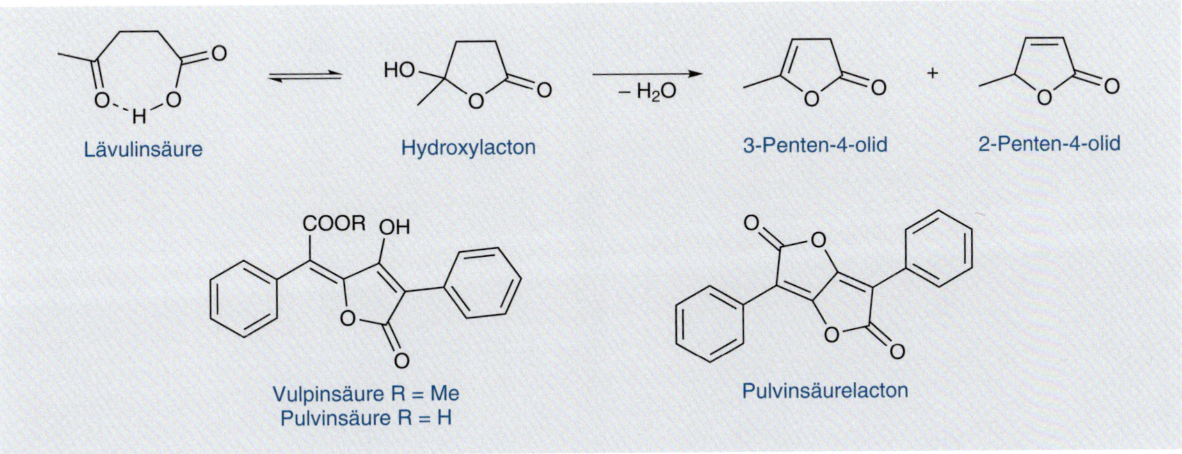


**Abb. 15.54** Aus Lävulinsäure entstehen durch Erhitzen und intramolekulare Wasserabspaltung ungesättigte Lactone (oben), die Bestandteil vieler Naturstoffe (unten) sind.

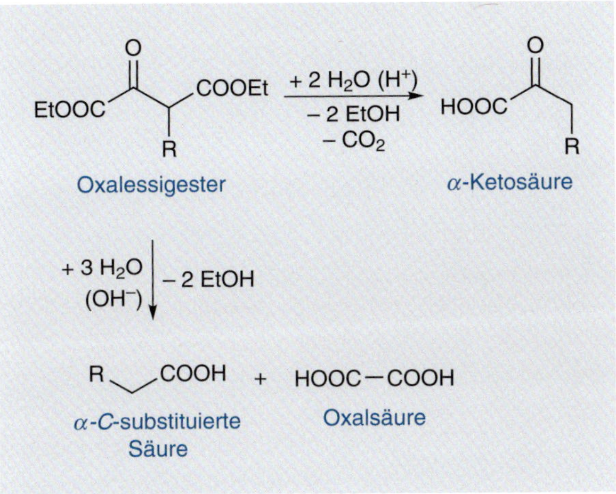


**Abb. 15.55** Oxalessigester kann, in Analogie zum Acetessigester, abhängig von den Reaktionsbedingungen entweder eine Keton- oder eine Säurespaltung eingehen.

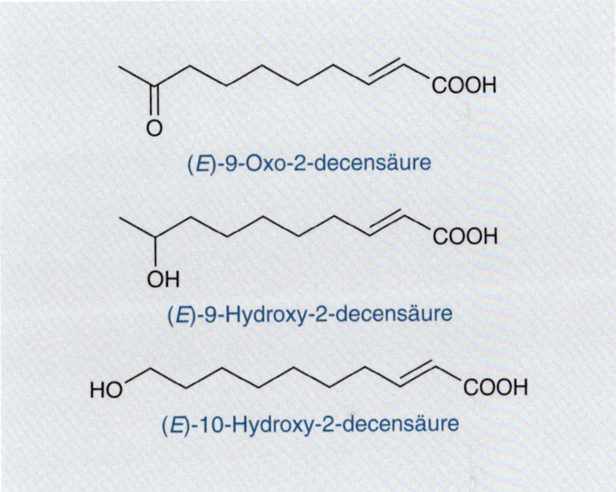


**Abb. 15.56** Bestimmte Ketosäuren und deren racemische Reduktionsprodukte (z. B. die entsprechenden Hydroxysäuren) benutzen Bienenvölker u. a. als „chemisches" Kommunikationsmittel.

Volk nach dem Schwärmen zu beruhigen (Traubenbildung). Zur Aufzucht einer Bienenkönigin dient ein von den Arbeiterinnen bereitetes und als ***Gelée Royale*** (Weiselfuttersaft) bezeichnetes Substanzgemisch aus Proteinen, Kohlenhydraten und Lipiden, das $C_{10}$-Carbonsäuren enthält, darunter hauptsächlich (*E*)-10-Hydroxy-2-decensäure (Abb. 15.56, unten).

# 16 Derivate von Kohlensäure, Cyansäure und Kohlenstoffmonoxid sowie Carbene und Nitrene

Kohlensäure und ihre Derivate ... 433 | (Iso-)Cyansäure und ihre Derivate ... 444 | Kohlenstoffmonoxid und seine Derivate ... 455 | Carbene, Carbine und Nitrene als instabile Zwischenprodukte ... 459

Zur Gruppe der Kohlensäurederivate gehören z. B. die (Thio-)Harnstoffe, Schwefelkohlenstoff ($CS_2$) und Phosgen ($Cl_2C{=}O$). Orthokohlensäureester werden in der organischen Chemie als Schutzgruppen für Carbonsäuren eingesetzt.

Cyansauerstoffsäure kann in zwei tautomeren Formen auftreten, als Isocyansäure (OCN—H) und als Cyansäure (H—OCN). Die Derivate der Isocyansäure finden Anwendung bei der Herstellung von Polyurethanen.

Kohlenstoffmonoxid (CO) spielt eine wichtige Rolle als Ausgangssubstanz für die industrielle Darstellung von Produkten wie Ameisensäure, höheren Alkoholen, Paraffinen oder Polyketonen.

Nitrile (R—CN) leiten sich von Blausäure (HCN) ab. Ihre Bedeutung liegt u. a. darin, dass diese funktionelle Gruppe leicht mittels nucleophiler Substitution einzuführen ist und zu Carbonsäuren, Amiden oder Aminen umgewandelt werden kann. Isonitrile (Isocyanide, R—NC) sind Isomere der Nitrile. Sie spielen u. a. bei Mehrkomponentenreaktionen eine Rolle. In der präparativen Chemie sind Isonitrile wichtige Ausgangsverbindungen zur Darstellung von sekundären Aminen, Isocyanaten bzw. Isothiocyanaten.

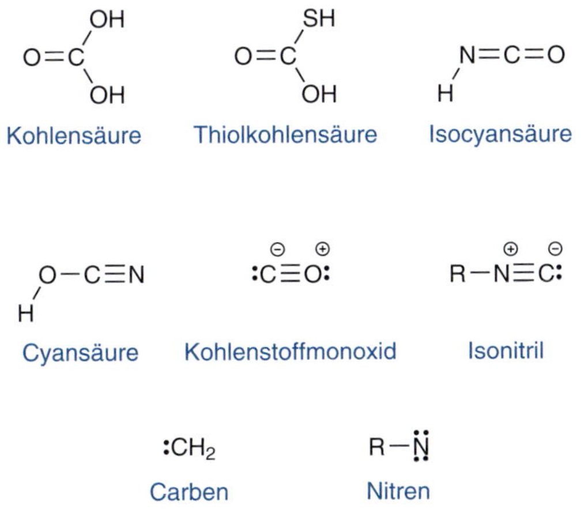


Carbene sind zweibindige Kohlenstoffverbindungen, die aufgrund des Elektronensextetts am Carben-C-Atom instabil sind und daher meist nur als nicht fassbare, sehr reaktive Zwischenstufen bei chemischen Reaktionen auftreten.

## 16.1 Kohlensäure und ihre Derivate

### 16.1.1 Struktur und Eigenschaften

**Kohlensäure**

Während Kohlendioxid (Kohlenstoffdioxid, Carbondioxid) und die Carbonate traditionell in der anorganischen Chemie behandelt werden, zählt man die Derivate der Kohlensäure zu den organischen Verbindungen. **Kohlensäure**, $H_2CO_3$ (HOC(=O)OH), die man entweder als Hydrat des Kohlendioxids oder als Hydroxyameisensäure auffassen kann, dissoziiert in Wasser zu Hydrogencarbonat (Bicarbonat). Das Dissoziationsgleichgewicht liegt aber nahezu vollständig auf der linken Seite ($pK_S = 6{,}35$).

$$CO_2 + H_2O \rightleftharpoons H_2CO_3 \rightleftharpoons H^{\oplus} + HCO_3^{\ominus}$$

In der gesättigten, wässrigen Lösung des Kohlendioxids (1 700 mg/L bei 20 °C) liegen jedoch nur 0,2 % als Kohlensäure vor. 99,8 % des Kohlendioxids sind lediglich physikalisch gelöst, d. h. haben nicht mit Wasser reagiert. Je höher der Druck, desto mehr Kohlendioxid löst sich in Wasser. Je höher die Temperatur, desto weniger Kohlendioxid löst sich in Wasser.

Wegen der hohen Aktivierungsenergie von 55 kJ/mol für die Reaktion von $CO_2$ mit Wasser entstehen Kohlensäure und damit auch Hydrogencarbonat nur langsam; im Organismus wird die Reaktion durch das Enzym Carboanhydrase katalysiert und um den Faktor $10^7$ beschleunigt. Kohlendioxid entsteht im Körper als Abfallprodukt des Energiestoffwechsels (Verbrennung von Glucose zu Wasser und Kohlendioxid). Umgekehrt werden in grünen Pflanzen mit Hilfe der Photosynthese

**Exkurs: Die Radiokarbonmethode zur Altersbestimmung**

In der Stratosphäre entsteht durch Einwirkung der Höhenstrahlung aus Stickstoff-Atomen ständig das radioaktive Kohlenstoffisotop $^{14}C$, das mit Sauerstoff zu $^{14}CO_2$ reagiert (○ Abb. 16.1). Dieses wird durch die Photosynthese zu einem geringen Anteil auch in Pflanzen eingebaut und erzeugt damit in der weiteren Nahrungskette eine charakteristische **$^{14}C$-Markierung** aller organischen Substanzen.

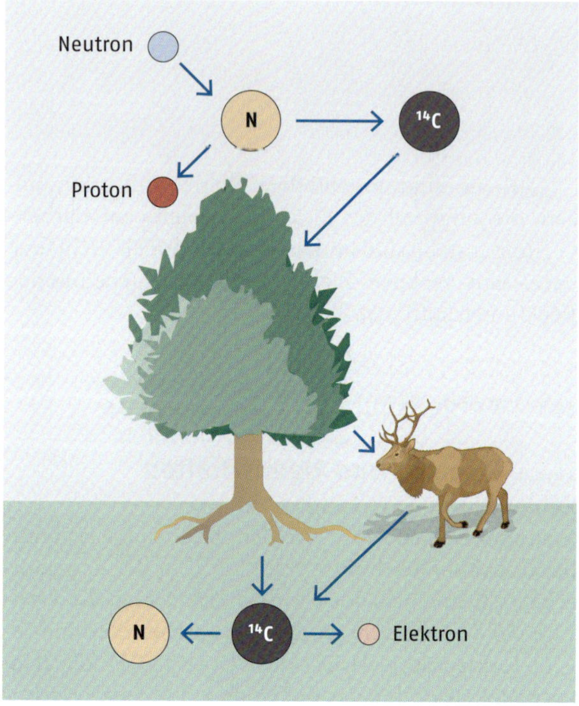


○ **Abb. 16.1** In der Stratosphäre entsteht durch Einwirkung von Höhenstrahlung auf Stickstoffatome das $^{14}C$-Atom.

Das heißt, alle lebenden Organismen weisen seit Jahrtausenden ein weitgehend konstantes $^{12}C/^{14}C$-Verhältnis ($1/1{,}2 \cdot 10^{-12}$) auf.

Beim Absterben eines Organismus beginnt das radioaktive Kohlenstoffisotop $^{14}C$ mit einer Halbwertszeit von 5 730 Jahren zu zerfallen, sodass sich das Verhältnis $^{12}C/^{14}C$ verändert. Deshalb kann aus der Messung des $^{14}C$-Gehalts organischer Substanzen ihr Alter abgeleitet werden (**Radiokohlenstoff-Datierung**). Mithilfe der Radiokohlenstoff-Datierung konnte z. B. das Alter der Gletschermumie „Ötzi", die 1991 in den Ötztaler Alpen gefunden wurde, auf 5 250 Jahre bestimmt werden (○ Abb. 16.2).

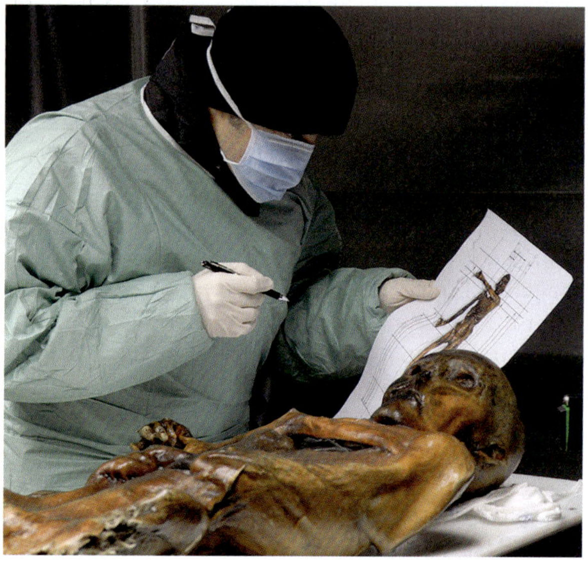

○ **Abb. 16.2** Das Alter der Gletschermumie „Ötzi" konnte durch die Radiokohlenstoff-Methode auf 5 250 Jahre bestimmt werden.

Kohlenhydrate aus Kohlendioxid und Wasser aufgebaut (▸ Exkurs: Die Radiokarbonmethode zur Altersbestimmung).

Festes Kohlendioxid (**Trockeneis**) geht bei einer Temperatur von –78,5 °C ohne zu schmelzen in den Gaszustand über (○ Abb. 16.3) und dient als wichtiges Kühlmittel im Labor. Flüssiges Kohlendioxid existiert bei Normaldruck nicht, sondern nur unter hohem Druck (z. B. in Gasflaschen). Oberhalb des kritischen Punktes (der bei einer Temperatur von etwa 31 °C und einem Druck von 7,37 MPa liegt) geht Kohlendioxid in einem fluiden überkritischen Zustand über, dessen Eigenschaften sich deutlich von einer normalen Flüssigkeit unterscheiden. **Superkritisches Kohlendioxid** (sc-$CO_2$, supercritical $CO_2$) hat z. B. die Dichte einer Flüssigkeit aber gleichzeitig die Viskosität eines Gases. Überkritisches Kohlenddioxid löst polare organische Verbindungen sehr gut; es wird z. B. als mobile Phase in der Flüssig-Chromatographie verwendet und dient technisch zur Extraktion von Coffein aus Kaffeebohnen und Tee sowie von Nicotin aus Tabak. Als Lösemittel bei asymmetrischen katalytischen Hydrierungen ermöglicht es in manchen Fällen eine besonders hohe Enantioselektivität. Unpolare Verbindungen können in sc-$CO_2$ mithilfe fluorhaltiger Blockpolymere (▸ Kap. 26.2.2) in Lösung gebracht werden.

## Halogenide der Kohlensäure

Von Kohlensäure leiten sich ein Monochlorid (Chlorameisensäure) und ein Dichlorid (Phosgen) ab. Von der **Chlorameisensäure** sind nur die Ester beständig. Die freie Säure ist nicht existent, sondern zerfällt sofort in HCl und $CO_2$. **Phosgen**, das Dichlorid der Kohlensäure, ist ein farbloses Gas, das sich bei 8 °C verflüssigen lässt und in Stahlflaschen komprimiert in den Handel kommt. Es reagiert mit Wasser in der Kälte nur langsam, rascher in der Wärme (○ Abb. 16.4). Phosgen ist Ausgangsmaterial für die technische Synthese von z. B.

Isocyanaten (▸Kap. 16.2) und für Produkte der Farbstoffchemie. Physiologisch wirkt Phosgen als starkes Atemgift.

## Stickstoffderivate der Kohlensäure

**Carbamidsäure** (Carbaminsäure) ist das Monoamid der Kohlensäure. Sie ist genauso wie Chlorameisensäure im freien Zustand unbekannt, da sie sofort unter Abspaltung von $CO_2$ zerfällt. Beständig sind dagegen ihre anorganischen Salze, die **Carbamate**, und ihre Ester, die **Urethane**, die ebenfalls häufig als Carbamate (▸Kap. 16.1.3) bezeichnet werden. **Ammoniumcarbamat** entsteht aus trockenem Kohlendioxid und Ammoniakgas (o Abb. 16.5, oben). Es ist eine farblose, kristalline Substanz, die sich in Wasser leicht löst; beim Erwärmen der wässrigen Lösungen erfolgt oberhalb einer Temperatur von 60 °C die Hydrolyse zu Ammoniumcarbonat, das in Ammoniak und Kohlendioxid zerfällt (o Abb. 16.5, unten).

**Harnstoff** (Carbamid, „*urea*"), das Diamid der Kohlensäure, ist eine stabile Verbindung, die von *Rouelle* 1773 im Harn entdeckt wurde. Es ist eines der Endprodukte des Eiweißabbaus bei Menschen und Säugetieren. Ein erwachsener Mensch scheidet täglich etwa 20 g Harnstoff aus. Ferner wurde Harnstoff in vielen Pflanzen, besonders in Pilzen, nachgewiesen. Harnstoff kristallisiert in tetragonalen Prismen mit einem Schmelzpunkt von 132,7 °C, die sich in Wasser und Alkohol lösen. Er denaturiert in wässriger Lösung Proteine und Nucleinsäuren. Gegenüber Mineralsäuren fungiert Harnstoff als sehr schwache Base (protonierter Harnstoff: $pK_S = 0{,}18$). Er lässt sich daher nur durch starke Mineralsäuren protonieren und seine Salze reagieren in Lösung stark sauer. Ähnlich wie Carbonsäureamide (▸Kap. 14.5) ist auch das Harnstoffmolekül durch **Mesomerie** stabilisiert (o Abb. 16.6, oben).

Auch in chemischen Reaktionen verhält sich Harnstoff als Säureamid. So wird er beim Erhitzen mit Säuren oder Basen hydrolysiert, wobei wegen der Instabilität der freien Carbamidsäure Kohlensäure $CO_2$ und Ammoniak $NH_3$ entstehen (o Abb. 16.6, Mitte). Die gleiche Reaktion erfolgt bei **Urease**-katalysierter Zer-

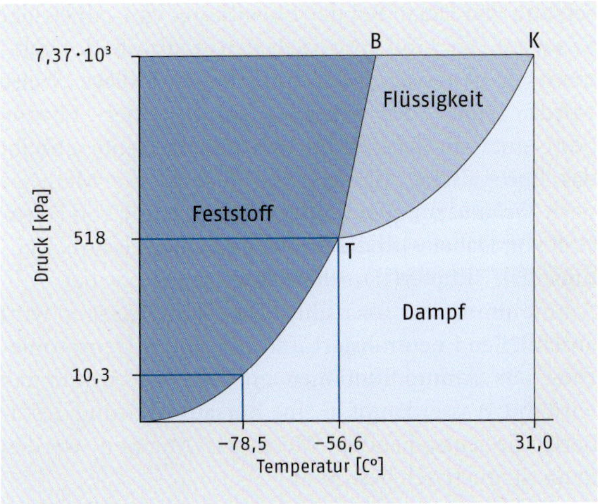


**o Abb. 16.3** Phasendiagramm von Kohlendioxid. T-B = Schmelzpunktkurve; T—K = Dampfdruckkurve; K = kritischer Punkt: Dichte von flüssiger und gasförmiger Phase sind gleich, keine Unterscheidung zwischen den beiden Aggregatzuständen feststellbar, oberhalb dieser Temperatur kann das Gas nicht mehr durch Druckerhöhung verflüssigt werden, oberhalb des kritischen Punktes liegt Kohlendioxid als überkritisches (superkritisches, sc) Fluid vor; T = Tripelpunkt: die drei Aggregatzustände befinden sich im thermodynamischen Gleichgewicht. Mit 518 kPa liegt dieser Punkt weit oberhalb des Atmosphärendrucks von 10,3 kPa; damit ist flüssiges Kohlendioxid bei Normaldruck nicht existent. „Trockeneis", d. h. festes Kohlendioxid sublimiert unter Atmosphärendruck bei −78,5 °C.

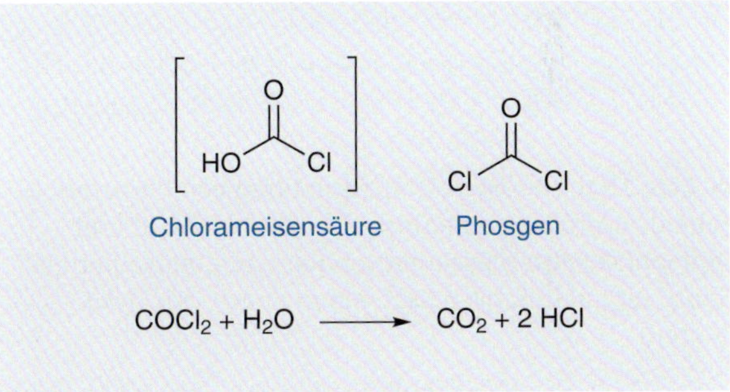


**o Abb. 16.4** Halogenide der Kohlensäure sowie Hydrolyse von Phosgen

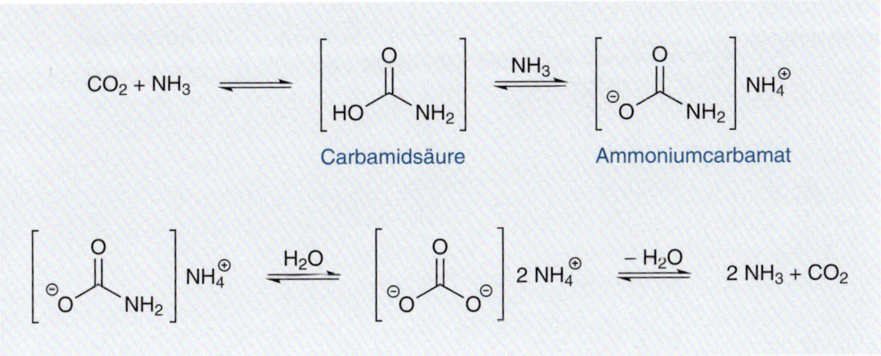


**o Abb. 16.5** Bildung von Ammoniumcarbamat aus Kohlendioxid und Ammoniak (oben); Hydrolyse und Zerfall von Ammoniumcarbamat zu Ammoniak und Kohlendioxid (unten) setzung von Harn. Bei der Einwirkung von salpetriger Säure auf Harnstoff entwickelt sich Stickstoff, der volumetrisch gemessen werden kann. Auf diese Weise wurde früher der Harnstoffgehalt einer Lösung bestimmt (*van Slyke*; o Abb. 16.6, unten). Heute schreibt das Europäische Arzneibuch (Ph. Eur.) die Methode nach *Kjeldahl* zur quantitativen Bestimmung von Harnstoff vor. Dabei wird die Probe mit Schwefelsäure, Kaliumsulfat, Kupfer(II)-sulfat und Selen oxidativ in Ammoniumsulfat überführt. Die Schwefelsäure wird anschließend neutralisiert und der durch Deprotonierung aus Ammoniumionen entstehende Ammoniak wird mit Wasserdampf in eine Borsäure-Lösung destilliert; die entstehenden Metaborat-Anionen werden dann titrimetrisch bestimmt.

### Thioderivate der Kohlensäure

Ersetzt man die Sauerstoff-Atome der Kohlensäure nacheinander durch Schwefel-Atome, so kommt man

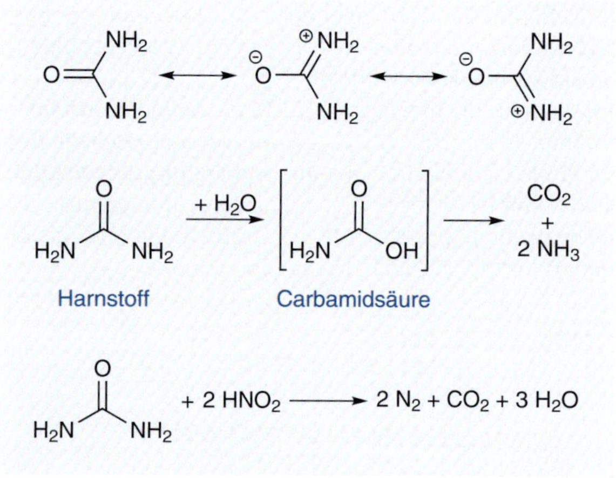


o **Abb. 16.6** Mesomere Grenzstrukturen von Harnstoff (oben); Hydrolyse von Harnstoff zu Kohlendioxid und Ammoniak (Mitte); Reaktion von Harnstoff mit salpetriger Säure zur quantitativen Bestimmung nach *van Slyke* (unten)

zu den in o Abb. 16.7 dargestellten Thiokohlensäurederivaten. Im freien Zustand ist nur **Trithiokohlensäure** bekannt. Als wichtige Derivate der **Thiolthionkohlensäure** sind ihr Anhydrid, Kohlenstoffdisulfid, und ihre O-Ester, die Xanthogensäureester, zu nennen. Ursprünglich wurde der *O*-Ethylester der Thiolthionkohlensäure Xanthogensäure genannt. Allerdings bezeichnet man korrekterweise die hypothetische frei Thiolthionkohlensäure als **Xanthogensäure** und ihre *O*-Ester als Xanthogensäureester, sowie deren Salze als **Xanthogenate. Kohlenstoffdisulfid** (Schwefelkohlenstoff, Carbondisulfid, $CS_2$) ist eine farblose, etherisch riechende, stark lichtbrechende Flüssigkeit mit einem Siedepunkt von 46 °C, die nicht mit Wasser, jedoch mit Alkohol und Ether mischbar ist. Die Dämpfe sind giftig. Wichtige stickstoffhaltige Derivate der Thionkohlensäure sind **Thioharnstoff, Thiosemicarbazid** (wird z. B. als Detektionsreagenz auf Dünnschichtchromatographie-Platten angewendet) und **Thiocarbonohydrazid** (wird unter anderem als Anfärbereagenz in der Elektronenmikroskopie verwendet).

**Thioharnstoff** kristallisiert in farblosen, rhombischen Prismen mit einem Schmelzpunkt von 180–182 °C, die sich in Wasser lösen (90 g/L, 20 °C). Wie Harnstoff ist auch Thioharnstoff durch **Mesomerie** stabilisiert (o Abb. 16.8).

## 16.1.2 Gewinnung und Synthese

### Phosgen

Phosgen (Kohlensäuredichlorid, Carbonylchlorid) wurde erstmals von *Davy* 1812 aus Kohlenmonoxid und Chlor unter Einwirkung von Sonnenlicht dargestellt (*phosgen* = durch Licht erzeugt). Die Strahlungsenergie bewirkt die Spaltung des Chlormoleküls in Cl-Atome und löst eine Radikalkettenreaktion aus. Technisch gewinnt man Phosgen heutzutage durch Überleiten von Chlor und Kohlenmonoxid bei 100–120 °C über Aktivkohle als Katalysator. Im Labor kann es aus Tetrachlormethan und rauchender Schwefelsäure

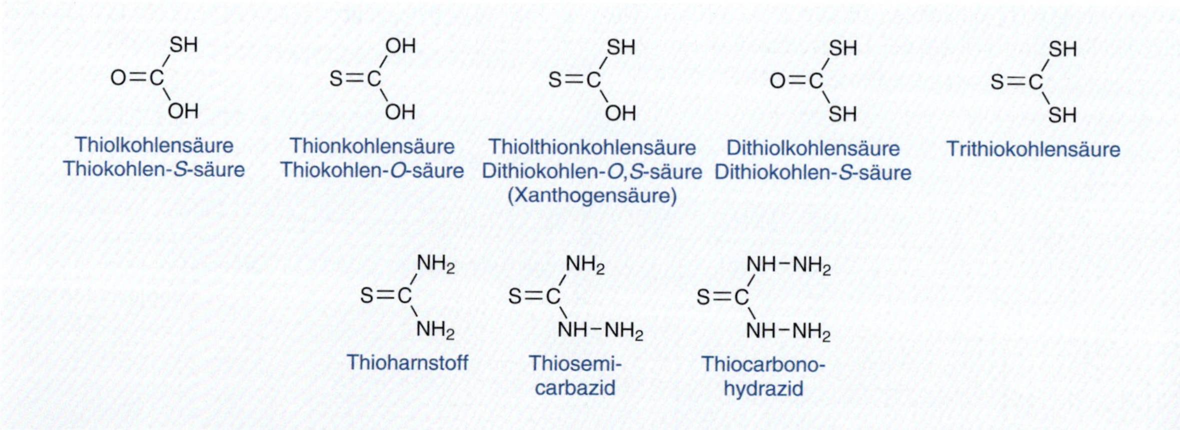


o **Abb. 16.7** Thioderivate der Kohlensäure

(45 % Oleum) bei 78 °C hergestellt werden, wobei Chlorsulfonsäure als zweites Produkt entsteht.

$$CO + Cl_2 \xrightarrow{h\nu} COCl_2 \qquad \Delta H = -96\ \text{kJ/mol}$$

$$CCl_4 + SO_3 + H_2SO_4 \longrightarrow COCl_2 + 2\ ClSO_3H$$

### Harnstoff

In ○ Abb. 16.9 sind verschiedene Methoden zu Darstellung von Harnstoff dargestellt. Harnstoff lässt sich nach der ***Wöhler*schen Synthese** (▸ Kap. 1) durch Eindampfen einer wässrigen Lösung von Ammoniumcyanat herstellen. Im Labor erfolgt die Darstellung durch Einwirkung von Ammoniak auf Phosgen, Chlorameisensäureester, Urethane oder Kohlensäurediester, analog zur Darstellung von Carbonsäureamiden aus entsprechenden Carbonsäurederivaten (▸ Kap. 14.5). Allerdings sind die Ausbeuten bei der Harnstoffsynthese wesentlich niedriger als bei den Carbonsäureamiden. Technisch setzt man Kohlendioxid und Ammoniak zu Ammoniumcarbamat um, das bei 135–150 °C und 3,5–4 MPa in Gegenwart der dreifachen Menge Ammoniak in Harnstoff übergeht. *N*-alkylierte Harnstoffe werden durch Umsetzung primärer oder sekundärer Amine mit Kaliumcyanat oder Isocyansäureestern dargestellt.

### Semicarbazid

**Semicarbazid** (Aminoharnstoff) ist das Hydrazid der Carbamidsäure, wobei die Bezeichnung als Semicarb*azid* allerdings irreführend ist, da keine Azidgruppe vorliegt. Semicarbazid entsteht in Analogie zur *Wöhler*schen Harnstoffsynthese aus Kaliumcyanat und Hydrazinsulfat (○ Abb. 16.10, oben). Bei einem Überschuss von Kaliumcyanat führt die Reaktion in essigsaurer Lösung weiter zu 1,2-Hydrazindicarboxamid (**Bisharnstoff**, $H_2N{-}C({=}O){-}NH{-}NH{-}C({=}O){-}NH_2$). Semicarbazid ist eine kristalline Base mit einem Schmelzpunkt von 96 °C, deren Hydrochlorid häufig zur Isolierung von Carbonylverbindungen benutzt wird. Hierbei entstehen die schwer löslichen und gut kristallisierenden **Semicarbazone** (○ Abb. 16.10, unten), die anhand ihrer Schmelzpunkte auch zur Identifizierung von Carbonylverbindungen herangezogen werden können (▸ Kap. 12.1.3). Durch verdünnte Mineralsäuren lassen sich die Semicarbazone unter Rückgewinnung der Carbonylverbindung hydrolysieren. Semicarbazid kann auch anstelle von Hydrazin bei der ***Wolff-Kishner*-Reduktion** (▸ Kap. 12.2.3) verwendet werden.

### Schwefelkohlenstoff

Technisch gewinnt man Schwefelkohlenstoff durch Überleiten von Schwefeldampf über glühende Kohle bei 900 °C oder aus Methan und Schwefeldampf (bzw. aus Methan und Pyrit) bei 700 °C am Aluminiumoxid-Kontakt:

$$C + 2\ S \rightleftharpoons S{=}C{=}S \qquad \Delta H = +88\ \text{kJ/mol}$$

$$CH_4 + 4\ S \xrightarrow{(Al_2O_3)} CS_2 + 2\ H_2S$$

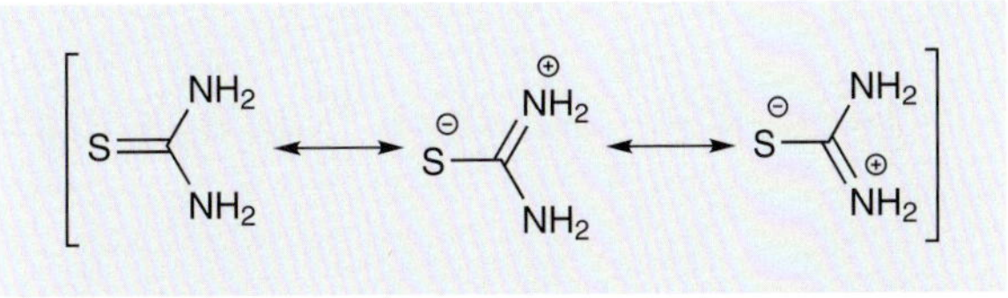


○ **Abb. 16.8** Mesomere Grenzstrukturen von Thioharnstoff

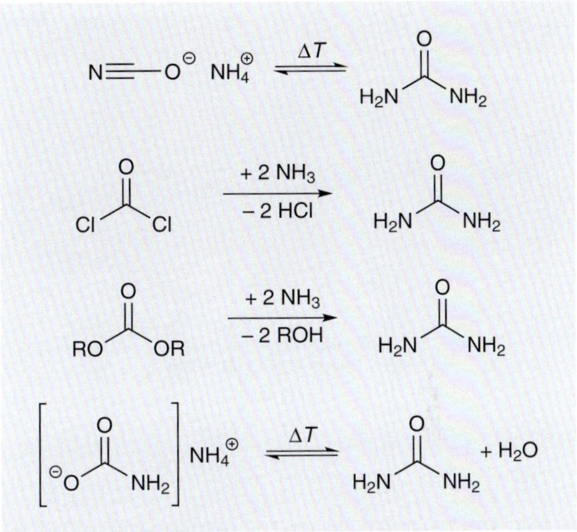


○ **Abb. 16.9** Methoden zur Darstellung von Harnstoff

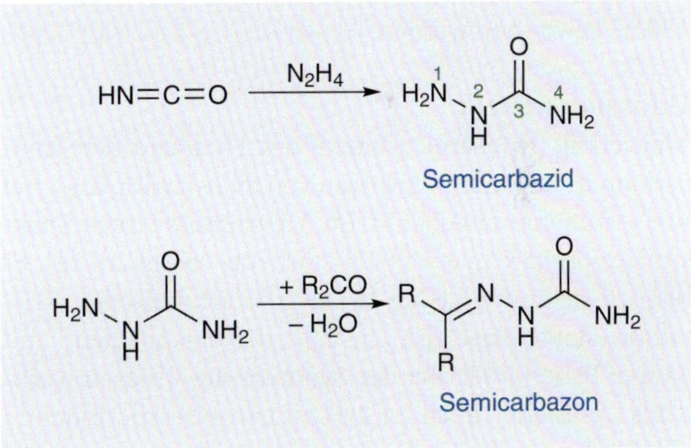


○ **Abb. 16.10** Darstellung von Semicarbazid (oben) und Semicarbazonen (unten)

### Thioharnstoff

**Thioharnstoff** (○ Abb. 16.11) kann analog zur *Wöhler*schen Harnstoffsynthese durch Schmelzen von Ammoniumrhodanid $NH_4SCN$ bei 140–180 °C dargestellt werden (Ausbeute 15–20 %). Technisch kann es aus

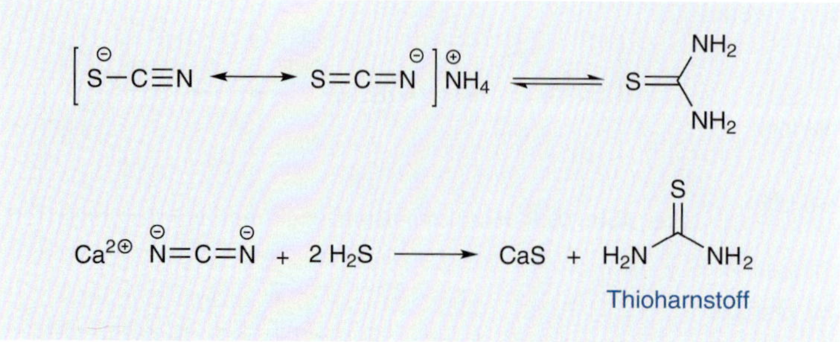


**Abb. 16.11** *Wöhler*sche Thioharnstoffsynthese (oben) sowie technische Darstellung von Thioharnstoff (unten)

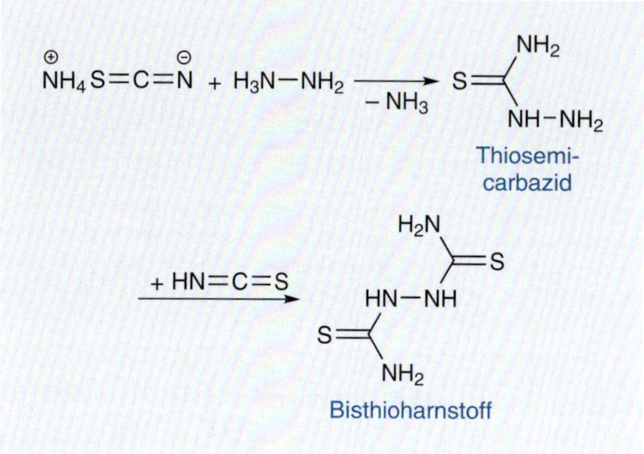


**Abb. 16.12** Darstellung von Thiosemicarbazid und Bisthioharnstoff

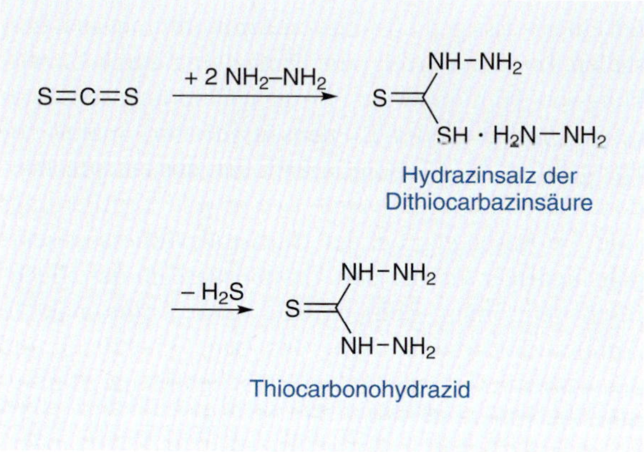


**Abb. 16.13** Darstellung von Thiocarbonohydrazid

Calciumcyanamid und Schwefelwasserstoff bei 150–180 °C gewonnen werden.

#### Thiosemicarbazid

Man erhält **Thiosemicarbazid**, das Hydrazid der Thiocarbamidsäure, durch Erhitzen von 85 % Hydrazinhydrat mit Ammoniumrhodanid im Überschuss unter Stickstoffatmosphäre in etwa 60 % Ausbeute (Abb. 16.12). Es handelt sich um eine bei 181–183 °C schmelzende, kristalline, starke Base ($pK_B$ = 2,0), die entsprechend mit Säuren Salze bildet. Bei der Synthese des Thiosemicarbazids entsteht auch 1,2-Hydrazin-biscarbothioamid (**Bisthioharnstoff**). Erwärmt man Hydrazinsulfat und Kaliumrhodanid in wässriger Lösung auf 90 °C und gibt Aceton zu, so fällt in sehr guter Ausbeute Acetonthiosemicarbazon aus, das leicht wieder zum freien Thiosemicarbazid hydrolysiert werden kann.

#### Thiocarbonohydrazid

**Thiocarbonohydrazid** ist in Wasser und den üblichen organischen Lösemitteln sehr wenig löslich, schmilzt bei einer Temperatur von 171 °C, besitzt zwei basische Stickstoffatome und kann daher z. B. ein Dihydrochlorid bilden. Es wird durch Erhitzen von Schwefelkohlenstoff mit wässrigem Hydrazin im Überschuss dargestellt (Abb. 16.13).

### 16.1.3 Reaktionen und Anwendungen

#### Kohlensäureester und Orthokohlensäureester

Durch Umsetzung von Phosgen mit Alkoholen entstehen je nach Reaktionsbedingungen **Chlorameisensäureester** (Chlorkohlensäureester) oder **Kohlensäurediester**, wie Kohlensäuredimethylester (Dimethylcarbonat, Sdp. 91 °C) oder Kohlensäurediethylester (Diethylcarbonat, Sdp. 126 °C), die etherisch riechen und sich leicht in Wasser lösen (Abb. 16.14). Die Chlorameisensäureester sind erstickend riechende Flüssigkeiten und als Säurechloride sehr reaktionsfähig. So benutzt man z. B. Chlorameisensäureethylester (Ethylchlorformiat, Sdp. 94,5 °C), um die Ethoxycarbonylgruppe ($-C(=O)OC_2H_5$) in Verbindungen wie Alkohole, Ammoniak, primäre und sekundäre Amine oder CH-acide Verbindungen einzuführen. Durch **Photochlorierung** von Chlorameisensäuremethylester erhält man flüssigen Chlorameisensäuretrichlormethylester (**Diphosgen**), während die Photochlorierung von Kohlensäuredimethylester (Sdp. 91 °C) kristallinen Kohlensäure-bis(trichlormethylester) (**Triphosgen**, Smp. 80 °C) liefert. Diphosgen und Triphosgen weisen ähnliche chemische Eigenschaften wie Phosgen auf, sind aber wesentlich ungefährlicher. Sie sind einfacher in der Handhabung als gasförmiges Phosgen und werden daher im Labor als Alternative für Phosgen genutzt. Alle drei Verbindungen können für viele Reaktionen durch den noch unproblematischer zu

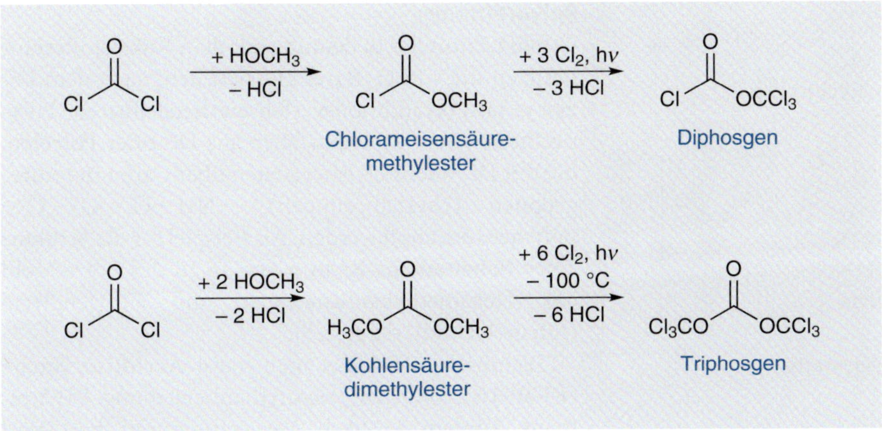


**o Abb. 16.14** Darstellung von Diphosgen (oben) und Triphosgen (unten)

handhabenden Kohlensäurediethylester ersetzt werden.

**Orthokohlensäureester** leiten sich von der nicht existierenden Orthokohlensäure, $C(OH)_4$, ab und entstehen bei der Umsetzung von Chlorpikrin (Nitrochloroform) mit den entsprechenden Natriumalkoholaten. Der so z. B. zugängliche Orthokohlensäuretetraethylester ($C(OC_2H_5)_4$) ist eine farblose, etherisch riechende Flüssigkeit, die bei einer Temperatur von 158 °C siedet.

$$Cl_3CNO_2 + 4\,NaOC_2H_5 \xrightarrow[-\,3\,NaCl,\ -\,NaNO_2]{} C(OC_2H_5)_4$$

Die Orthoester sind allgemein farblose, gegen Wasser relativ beständige Flüssigkeiten, die in der organischen Synthese als Schutzgruppen für Carbonsäuren verwendet werden (▸Kap. 14.4). Die Reaktion von Orthoestern mit Ketonen liefert Ketale und Carbonsäureester.

## Urethane

Urethane (**Carbamate**) sind Ester der Carbamidsäure (Monoamid der Kohlensäure), d. h. sie enthalten als Strukturelement die Gruppe —NH—C(=O)—O—. Sie werden aus Chlorameisensäureestern und Ammoniak bei niedrigen Temperaturen (0–40 °C) dargestellt. Als **Urethan** wird der Carbamidsäureethylester (Ethylcarbamat) bezeichnet; er hat sich im Tierversuch als carcinogen erwiesen.

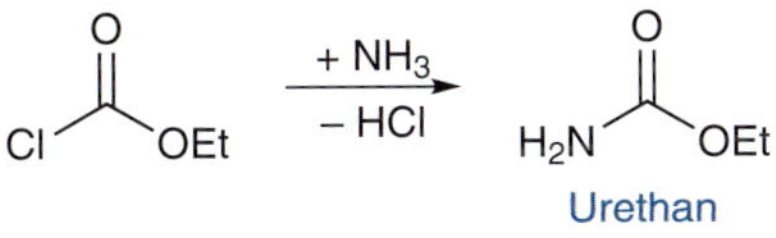


**Meprobamat**, 2-Methyl-2-propyl-1,3-propandiyldicarbamat (o Abb. 16.15, oben), wurde früher als Beruhigungsmittel und Muskelrelaxans verwendet. Es besaß ein hohes Suchtpotenzial. **Rivastigmin** (o Abb. 16.15, unten) hemmt den Abbau des Neurotransmitters Acetylcholin durch kovalente Blockade des aktiven Zentrums der Acetylcholinesterase und findet Anwendung

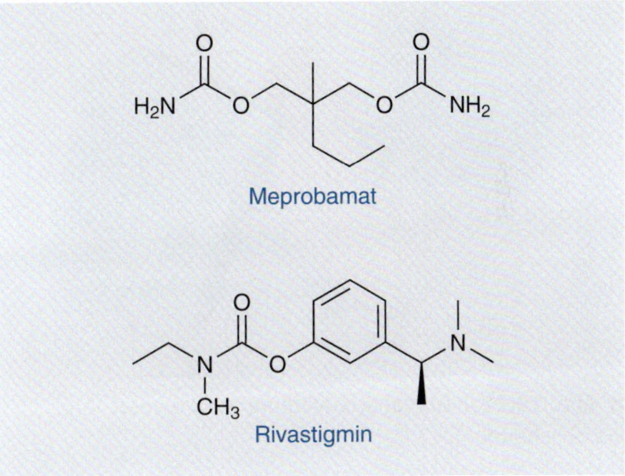


**o Abb. 16.15** Strukturformeln von Meprobamat und Rivastigmin, zwei Arzneistoffen mit Urethanstruktur

bei der Behandlung der Symptome der leichten bis mittelschweren Form der Alzheimer-Erkrankung.

Am Stickstoff substituierte Carbamidsäureester (Carbamate) entstehen beim Erhitzen von Isocyansäureestern (*N*-Alkyl- oder -Arylisocyanaten) mit Alkoholen (vgl. ***Curtius*-Abbau** der Säureazide, ▸Kap. 8.1.2) oder Phenolen. Das auf diese Weise zugängliche 1-Naphthyl-*N*-methylcarbamat (**Carbaryl, Sevin®**) wird z. B. als Insektizid für Nutzpflanzen verwendet.

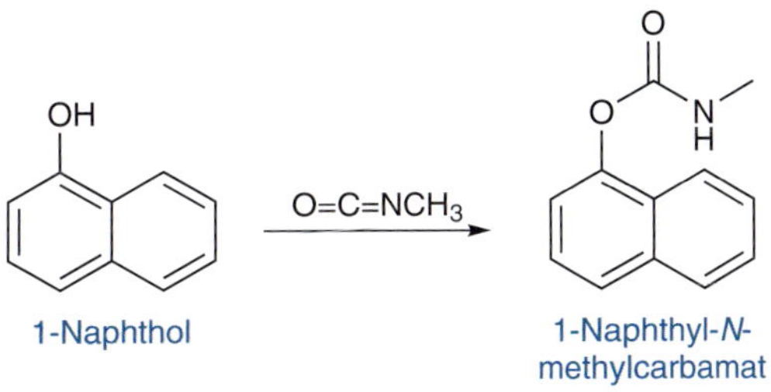


Aus *N*-Arylisocyanaten (▸Kap. 16.2.1) erhält man mit wasserfreien Alkoholen gut kristallisierende Addukte, z. B. aus Phenylisocyanat und Ethanol *N*-Phenylurethan (Smp. 53 °C). Daher werden Phenyl- bzw. *p*-Nitrophe-

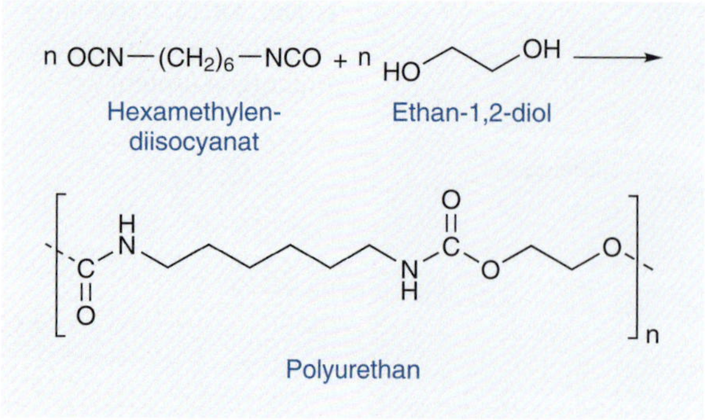


○ **Abb. 16.16** Darstellung von Polyurethanen

○ **Abb. 16.17** Haushaltsschwämme aus Polyurethan-Weichschaum

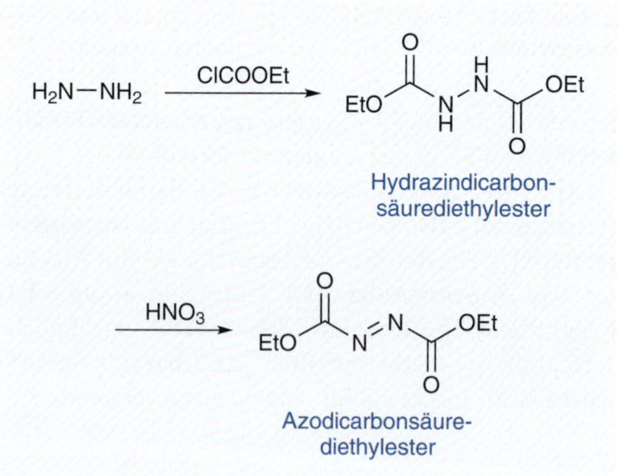


○ **Abb. 16.18** Darstellung von DEAD (Azodicarbonsäurediethylester) aus Hydrazin

nyl- sowie 1-Naphthylisocyanat auch zum Nachweis von Alkoholen eingesetzt.

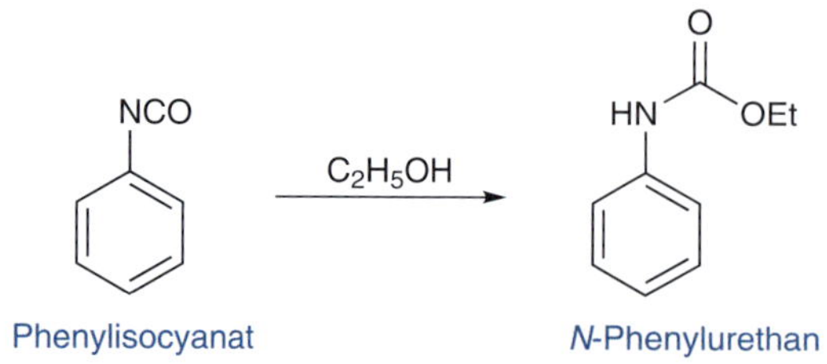


### Polyurethane

Große technische Bedeutung auf dem Kunststoffsektor besitzen die von *O. Bayer* entwickelten, nach dem Diisocyanat-Polyadditionsverfahren herstellbaren **Polyurethane** (PUR). Sie entstehen aus Di- oder Polyolen, die mit Di- oder Polyisocyanaten über Carbamidsäuregruppen (Urethangruppen) —NH—C(=O)—O— polymer verknüpft werden. Als Beispiel für die Struktur eines Polyurethans ist in ○ Abb. 16.16 das Polyaddukt aus Hexamethylendiisocyanat und Ethylenglycol (Ethan-1,2-diol) dargestellt.

Technisch verwendet man meist **Aryldiisocyanate** (▸ Kap. 16.2.3) für die Polyurethanherstellung. Polyurethane können je nach Vernetzungsgrad hart und spröde, aber auch weich und elastisch sein, was eine Vielzahl von Anwendungsmöglichkeiten zulässt. Zu den **Polyurethan-Elastomeren** zählen **Vulkollan**® (Polyurethan-Kautschuk), das aus Polyadipinsäureglycolester und 1,5-Naphthalendiisocyanat hergestellt wird, und die aus **Polyurethan-Harnstoffen** bestehenden Elastofasern wie **Elastan** oder **Spandex**.

Bei Zugabe von Wasser zur Polyadditionsreaktion reagiert dieses mit einem Teil des Isocyanats über die Zersetzung der intermediär gebildeten Carbamidsäure zum entsprechenden Amin und Kohlendioxid; dies hat eine Aufschäumung des Reaktionsgemischs zur Folge. In Form dieser Schaumstoffe finden Polyurethane beispielsweise im Haushalt als Küchenschwämme (○ Abb. 16.17) oder in Schaumstoffmatratzen Verwendung. Weitere Anwendungsgebiete reichen von Lacken über Fußbodenbeläge, Klebstoffe, Dichtungen, Dämmstoffe bis zu Vergussmassen.

### Hydrazin- und Azodicarbonsäureester

Mit Hydrazin (▸ Kap. 8.3) reagieren Chlorameisensäurealkylester zu den entsprechenden Hydrazindicarbonsäuredialkylestern, die – z. B. mit Salpetersäure – zu Azodicarbonsäureestern oxidiert werden können (○ Abb. 16.18). Aus Chlorameisensäureethylester beispielsweise erhält man so **Azodicarbonsäurediethylester** (**DEAD**: *diethylazodicarboxylate*, ein wichtiges Reagenz z. B. bei der *Mitsunobu*-Reaktion, ▸ Kap. 14.4.2) als orangefarbenes Öl mit einem Siedepunkt von 121 °C bei 16 mbar. Aufgrund der thermischen Instabilität wird dieser Ester im Sinne des Sprengstoffgesetzes als explosionsgefährlich eingestuft und gelangt meist nur als Lösung (z. B. in Toluen) in den Handel. Eine weniger gefährliche Alternative ist der entsprechende Diisopropylester (Azodicarbonsäurediisopropylester, DIAD).

### Harnstoff

**Harnstoff** ist ein Düngemittel mit besonders hohem Stickstoffgehalt. Er dient außerdem als stickstoffreiches Futtermittel und in der Technik als Ausgangsmaterial für die Synthese von Melamin und für die Fabrikation der **Harnstoff-Formaldehyd-Harze** (Aminoplaste, Kaurit, Iporka). Letztere entstehen durch Kondensation von Harnstoff mit Formaldehyd und bauen sich aus den in ◦ Abb. 16.19 gezeigten Kettenmolekülen auf. Durch Formaldehyd im Überschuss lassen sich die einzelnen Ketten untereinander vernetzen. Man erhält so ein gut härtbares Isoliermaterial (Pollopas).

**Tetramethylharnstoff**, $(H_3C)_2N{-}CO{-}N(CH_3)_2$, ist eine Flüssigkeit mit einem Siedepunkt von 176,5 °C. Es wird als **Lösemittel** für organische Substanzen und als Reaktionsmedium für basenkatalysierte Isomerisierungen, Alkylierungen, Acylierungen und andere Kondensationsreaktionen verwendet.

Des Weiteren findet sich Harnstoff als Strukturelement in **Schlafmitteln** und **Insektiziden** der Ureidklasse. **Ureide** sind Amide organischer Säuren mit Harnstoff, die demnach die Gruppe $R{-}C({=}O){-}NH{-}C({=}O){-}NH_2$ oder $R{-}C({=}O){-}NH{-}C({=}O){-}NH{-}C({=}O){-}R'$ aufweisen, z. B. Acetylharnstoff $(H_3CCO{-}NH{-}CO{-}NH_2)$. Acyclische Ureide finden sich z. B. in den früher als Hypnotika eingesetzten Arzneistoffen **Carbromal** oder **Bromisoval** (◦ Abb. 16.20). Sie lassen sich durch Umsetzung von Säurechloriden oder Säureestern mit Harnstoff darstellen. Es sind kristalline Verbindungen, die – im Gegensatz zum Harnstoff – mit Säuren keine Salze mehr bilden. **Barbitursäure** (◦ Abb. 16.20) ist ein bekannter Vertreter der cyclischen Ureide. Die Derivate der Barbitursäure wurden früher allgemein als **Barbiturate** bezeichnet – was aus chemischer Sicht nicht ganz korrekt ist, da dies genau genommen die Bezeichnung für die Salze der Barbitursäure ist. Von den vielen Derivaten der Barbitursäure, die als Hypnotika Anwendung fanden, werden nur noch **Phenobarbital** (als Antiepileptikum) und **Thiopental-Natrium** (als kurzwirksames Narkotikum, Trapanal®) eingesetzt.

1-(4-Chlorphenyl)-3-(2,6-difluorbenzoyl)-harnstoff (**Diflubenzuron**, ◦ Abb. 16.20, unten) hemmt die Chitinsynthese der Insekten und ist daher ein sehr selektives Insektizid.

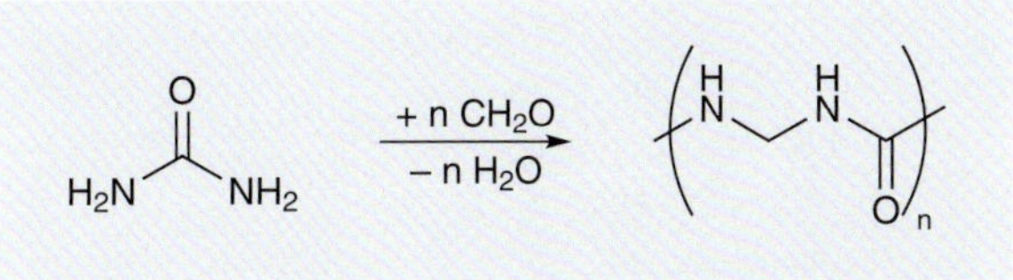


◦ **Abb. 16.19** Darstellung der Harnstoff-Formaldehyd-Harze (Aminoplaste) aus Formaldehyd und Harnstoff

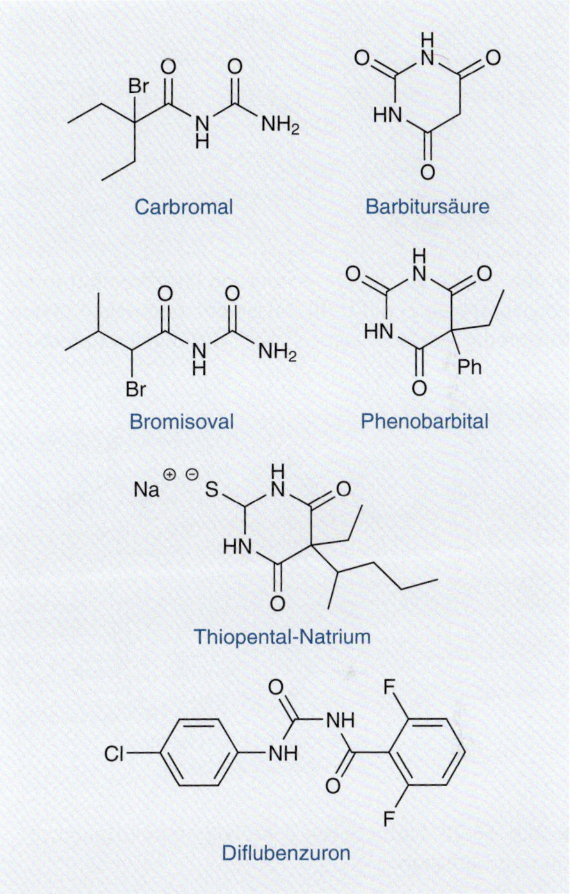


◦ **Abb. 16.20** Strukturformeln von Carbromal, Bromisoval, Barbitursäure und Phenobarbital; Struktur des Narkotikums Thiopental sowie des Insektizids Diflubenzuron

## Schwefelkohlenstoff

**Schwefelkohlenstoff**, $CS_2$, ist ein hervorragendes Lösemittel für Schwefel, weißen Phosphor, Iod sowie für organische Stoffe, vor allem für Fette, Öle und Harze. Ein Nachteil ist seine leichte Entflammbarkeit. Technisch dient er zur Fabrikation der Viskoseseide sowie zur Darstellung von Ammoniumrhodanid und Tetrachlormethan. Die Alkalisalze der Xanthogensäureester, die **Xanthogenate**, sind durch Addition von Alkoholaten an Schwefelkohlenstoff darstellbar (*Tschugajew*-Reaktion):

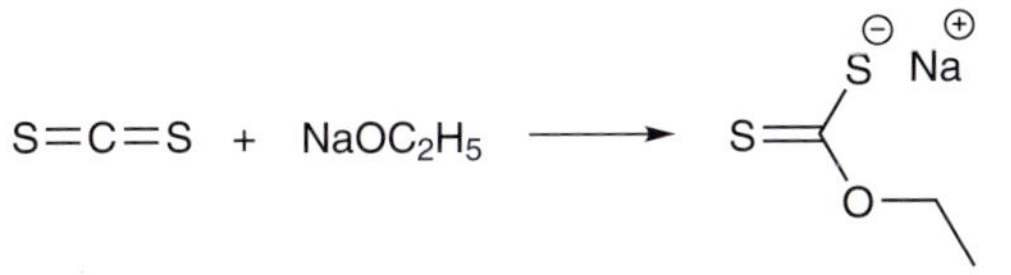


Bei der Umsetzung von Natriumethylxanthogenat mit Kupfer(II)-sulfat scheidet sich neben **Dixanthogen** das gelbe Kupfer(I)-ethylxanthogenat („Xanthogen-Kupfer") ab (◦ Abb. 16.21). Von der Bildung solcher gelben Niederschläge mit Schwermetallen wie Kupfer, Silber oder Blei leitet sich der Name der Xanthogensäure ab (*xanthogen* = Gelb erzeugend).

## Thioharnstoff

Thioharnstoff lässt sich leicht mit Alkylhalogeniden zu **S-Alkylisothiuroniumsalzen** umsetzen – durch Resonanz ist die Elektronendichte am Schwefel erhöht, während die Elektronenpaare an den *N*-Atomen nicht verfügbar sind; aus diesem Grund greifen insbesondere weiche Elektrophile, wie z. B. Alkylhalogenide, bevor-

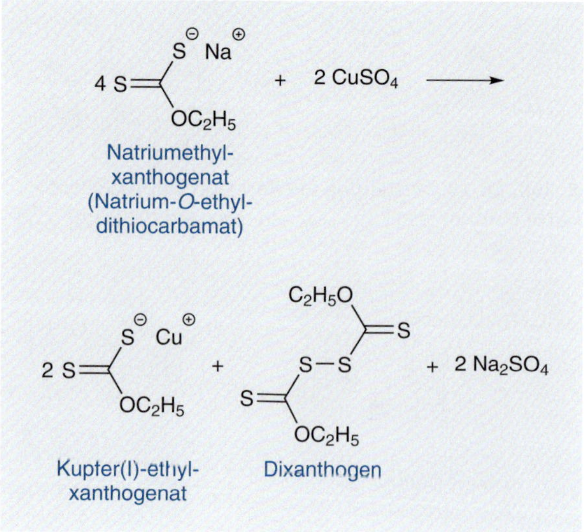


**o Abb. 16.21** Bei der Umsetzung von löslichem Natriumethylxanthogenat mit Cu(II)-Salzen entsteht neben Dixanthogen das gelbe, schwerlösliche „Xanthogen-Kupfer".

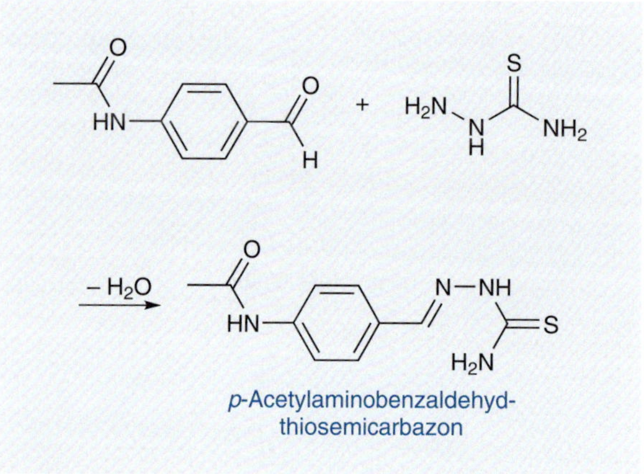


**o Abb. 16.22** Synthese von *p*-Acetylaminobenzaldehydthiosemicarbazon

zugt am S-Atom an. Die analoge Reaktion am Harnstoff ist deutlich schwieriger und erfordert sehr viel härtere und reaktivere Alkylierungsreagenzien wie z. B. Alkylsulfate oder Carbokationen. Durch Wasserstoffperoxid in neutraler Lösung kann Thioharnstoff bei niedriger Temperatur zu Formamidinsulfinsäure oxidiert werden, die jedoch, wie die Röntgenstrukturanalyse beweist, als **Thioharnstoff-*S*-dioxid** vorliegt.

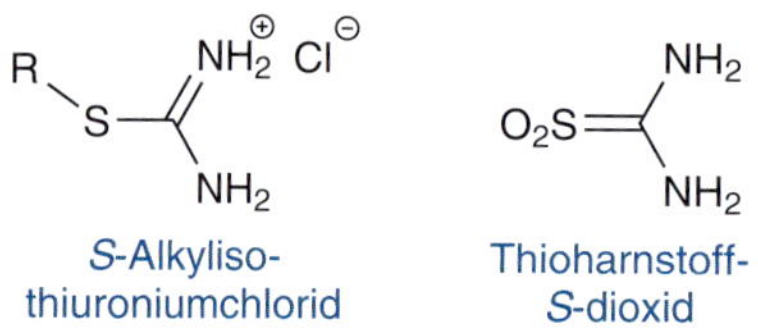


*S*-Alkyl- bzw. *S*-Arylisothioharnstoffe, vor allem *S*-Benzylisothioharnstoff, reagieren mit Carbon- oder Sulfonsäuren zu gut kristallisierenden **Isothiuroniumsalzen**. Einige Thioharnstoff-Derivate werden als Nutzpflanzenschutzmittel verwendet, sowohl als Insektizide als auch als Rodentizide (Mittel zur Bekämpfung von Nagetieren). Die Thioharnstoffgruppierung ist zudem charakteristisch für einige heterocyclische **Thyreostatika** (▸Exkurs: Thioharnstoffderivate zur Behandlung von Stoffwechselkrankheiten).

**Exkurs: Thioharnstoffderivate zur Behandlung von Stoffwechselkrankheiten**

Bei der **Hyperthyreose** (Schilddrüsenüberfunktion), die meist durch Schilddrüsentumore oder Autoimmunerkrankungen verursacht wird, kommt es zu einer erhöhten Ausschüttung der für den Stoffwechsel wichtigen Hormone Thyroxin und Triiodthyronin (▸Kap. 34.2). Durch den damit erhöhten Grundumsatz leiden die Patienten oft unter Symptomen wie erhöhte Körpertemperatur, Herzklopfen, Durchfall und Schwitzen. Auffälliges äußeres Erscheinungsbild der Patienten sind oft Struma (Kropf), Untergewicht und bei *Morbus Basedow* (autoimmunogenes Krankheitsbild) hervortretende Augäpfel. Unter den **Thyreostatika** gibt es cyclische Thioharnstoff-Derivate, welche die Biosynthese der Schilddrüsenhormone hemmen. Bekannte Vertreter sind **Thiamazol** und **Propylthiouracil**. Die Wirkungsweise der Substanzen beruht auf der kompetitiven Hemmung der Schilddrüsenperoxidase (Iodid-Wasserstoffperoxid-Oxidoreduktase, Thyroidperoxidase), die Iodid zu Iod oxidiert. Daher wird kein Iod in die Tyrosylreste von Thyreoglobulin eingebaut.

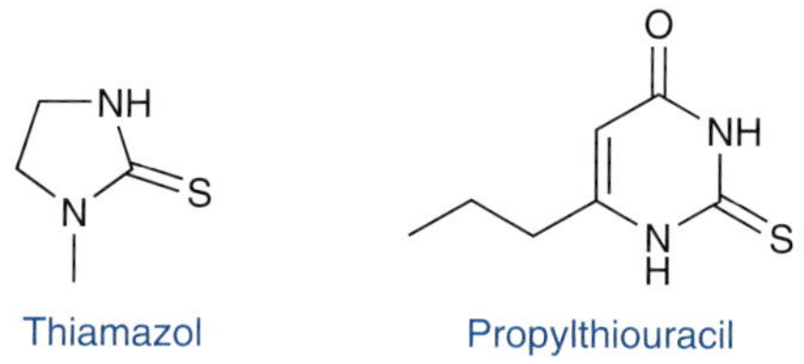


## Thiosemicarbazid

Die wichtigste Reaktion von **Thiosemicarbazid** ist seine Kondensation mit Aldehyden oder Ketonen in wässriger oder alkoholischer Lösung, wobei die entsprechenden **Thiosemicarbazone** entstehen (o Abb. 16.22). Die Stoffklasse der Thiosemicarbazone gewann durch die Untersuchungen von *G. Domagk* Bedeutung. Es zeigte sich, dass bestimmte Thiosemicarbazone die Fähigkeit haben, das Wachstum von *Mycobacterium tuberculosis*, dem Erreger der Tuberkulose, zu hemmen. Zu den Arzneistoffen, mit denen klinische Heilerfolge bei der Tuberkulose erzielt wurden, zählte das heute allerdings nicht mehr im Handel befindliche *p*-Acetylaminobenzaldehydthiosemicarbazon. Die Substanz kann zu gefährlichen Hautreaktionen bei HIV-positiven Patienten führen.

Erhitzt man **Thiosemicarbazid** mit Eisessig, so entsteht 1-Acetylthiosemicarbazid (○ Abb. 16.23), das wie Thiosemicarbazid vielfach als Ausgangssubstanz für Synthesen von Heterocyclen verwendet wird.

### Thiocarbonohydrazid

Thiocarbonohydrazid hat vor allem Bedeutung in der analytischen Chemie. So wird das zweifach phenylierte Dehydroderivat des Thiocarbonohydrazids, **Dithizon** (3-Mercapto-1,5-diphenylformazan), als Reagenz zur quantitativen **Analyse von Schwermetallen** wie Ag, Hg, Cu, Pb, Zn und Cd verwendet. Dithizon bildet mit diesen Schwermetallen intensiv gefärbte Komplexe, die kolorimetrisch bestimmt werden können.

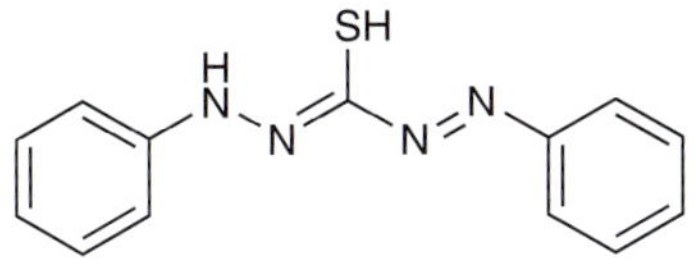

Dithizon

## 16.1.4 Ausgewählte Verbindungen

### Guanidin

**Guanidin** (Iminoharnstoff) findet sich im Saft der Zuckerrübe sowie in den Samen der Wicken. Es wurde erstmalig beim oxidativen Abbau des im Guano vorkommenden **Guanins** erhalten (*Strecker* 1861). Ferner tritt es z. B. als Baustein in der Aminosäure **Arginin** und im Antibiotikum **Streptomycin** auf. Die Darstellung von Guanidin in Form seines Hydrochlorids erfolgt durch Erhitzen von Cyanamid (oder Dicyandiamid) mit Ammoniumchloridlösung (○ Abb. 16.24, oben). Technisch lässt sich Guanidin als Nitrat aus Dicyandiamid und Ammoniumnitrat mit einer Ausbeute von 85 % darstellen (○ Abb. 16.24, unten). Als Zwischenprodukt bildet sich **Biguanid**, dessen 1,1-Dimethylderivat (**Metformin**) ein bewährtes, peroral wirksames Antidiabetikum ist.

Guanidin ist in freier Form nur schwer isolierbar und bildet leicht zerfließende Kristalle, die bei einer Temperatur von etwa 50 °C schmelzen. Seine erstaunlich hohe Basizität ($pK_B = 0{,}35$) entspricht der von Alkalilaugen und erklärt sich durch die ausgeprägte Mesomeriestabilisierung des bei Protonierung gebildeten **Guanidiniumkations** (○ Abb. 16.25, oben). Die Röntgenstrukturanalyse zeigt im Einklang mit der Mesomeriestabilisierung, dass die drei $NH_2$-Gruppen im Kation völlig symmetrisch angeordnet und vom zentralen C-Atom gleich weit entfernt sind. Die Länge der C—N-Bindung beträgt 132,5 pm (*Baldwin* 1986). Als freie Base zieht Guanidin (ähnlich wie KOH oder NaOH) an Luft Kohlendioxid und Wasser an und es entsteht **Guanidiniumhydrogencarbonat**. Meist wird Guanidin daher als Nitrat isoliert, das in Wasser schwer löslich ist.

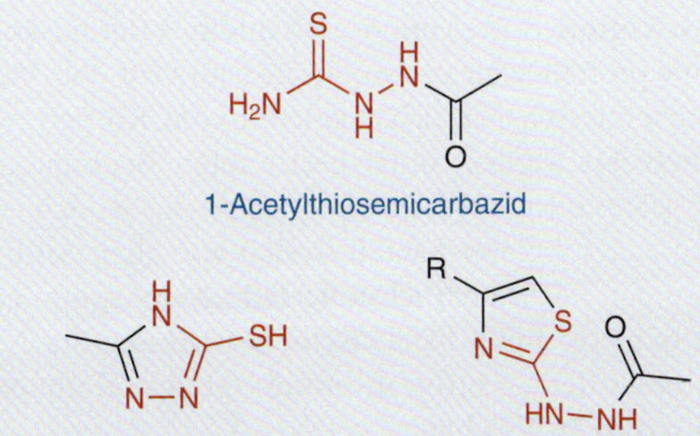


○ **Abb. 16.23** 1-Acetylthiosemicarbazid ist die Ausgangssubstanz vieler Heterocyclen; das Thiosemicarbazid-Strukturelement ist rot hervorgehoben.

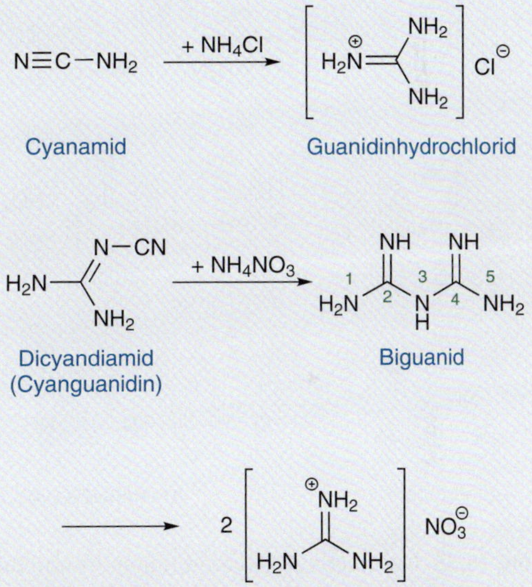


○ **Abb. 16.24** Darstellung von Guanidinhydrochlorid (oben) sowie technische Darstellung von Guanidiniumnitrat aus Dicyandiamid (unten)

Bei der Einwirkung von kalter, konzentrierter Schwefelsäure auf Guanidiniumnitrat entsteht **Nitroguanidin** (○ Abb. 16.25, Mitte). Nitroguanidin ist explosiv und wird als Bestandteil von Sprengstoffen verwendet. Durch Reduktion mit Zinkstaub und Eisessig geht es in **Aminoguanidin** über, das meist über das schwer lösliche Hydrogencarbonat isoliert wird. Es kann zum Nachweis von Carbonylgruppen, mit denen es Amidinohydrazone bildet, verwendet werden (○ Abb. 16.25, unten).

Zu den biologisch wichtigen Guanidinderivaten zählen L-(+)-**Arginin**, **Kreatin** und **Kreatinin**, die nachfolgend näher beschrieben werden.

### L-(+)-Arginin

**L-(+)-Arginin** (α-Amino-δ-guanidinovaleriansäure) ist eine proteinogene α-Aminosäure und für den Menschen semiessenziell, d.h., sie kann vom Körper zwar synthetisiert werden, unter bestimmten Bedingungen (z.B. während des Wachstums) muss sie jedoch von außen zugeführt werden. Sie besitzt von allen Aminosäuren den höchsten Stickstoffgehalt. Aus Arginin entsteht oxidativ durch katalytische Einwirkung der **NO-Synthase** der Neurotransmitter Stickstoffmonoxid (NO, ○ Abb. 16.26, oben).

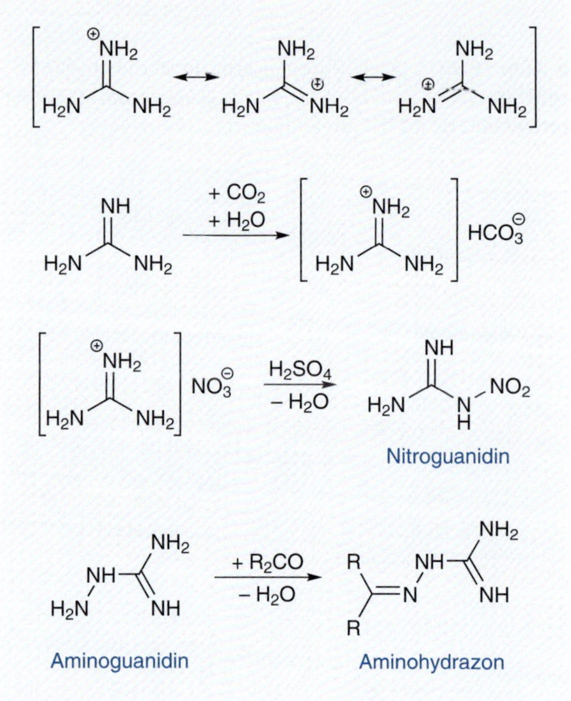


○ **Abb. 16.25** Mesomerie des Guanidiniumions und Bildung von Guanidiniumhydrogencarbonat (oben); Darstellung von Nitroguanidin (Mitte); Darstellung von Aminohydrazon (unten)

### Kreatin

**Kreatin** (*N*-Methylguanidinoessigsäure) findet sich in der Muskulatur der Wirbeltiere und in geringer Menge im Gehirn und im Blut. Es wurde im 19. Jahrhundert von *Chevreul* als Bestandteil der Fleischbrühe entdeckt. Synthetisch lässt es sich durch Addition von **Sarkosin** (*N*-Methylglycin) an Cyanamid erhalten (○ Abb. 16.26, unten).

### Kreatinin

**Kreatinin** (○ Abb. 16.26, unten) kann aus **Kreatin** durch Einwirkung von konzentrierter Salzsäure unter Abspaltung von Wasser dargestellt werden. Im Organismus entsteht es aus **Kreatinphosphat**, dem energiereichen Phosphatspeicher des Muskels. Als Endprodukt des Muskelstoffwechsels ist es ein regelmäßiger Bestandteil des Harns. Kreatinin wird in der Klinischen Chemie als wichtiger Nierenfunktionsparameter bestimmt. Die Menge im menschlichen Körper ist abhängig von der Muskelmasse und dem Alter. Die Konzentrationen in Blutplasma und Urin geben Auskunft über die Leistungsfähigkeit der Niere (Kreatinin-Clearance).

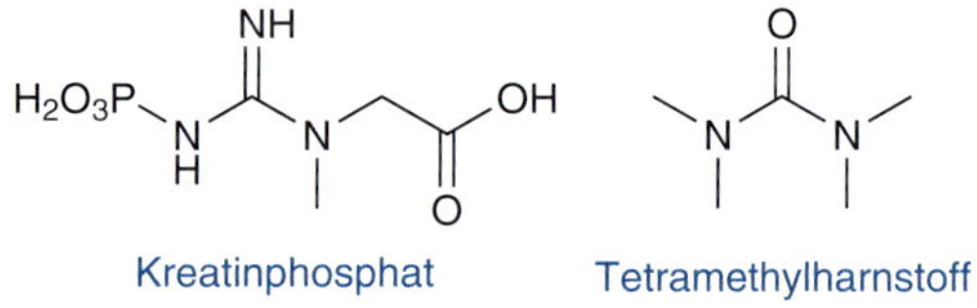


## 16.2 (Iso-)Cyansäure und ihre Derivate

**Cyansauerstoffsäure** kann in vier isomeren Formen auftreten (○ Abb. 16.27), von denen Isocyansäure und Cyansäure sowie Knallsäure (Fulminsäure, Blausäureoxid, Formonitriloxid, ▸ Exkurs: Knallsäure und Iso-

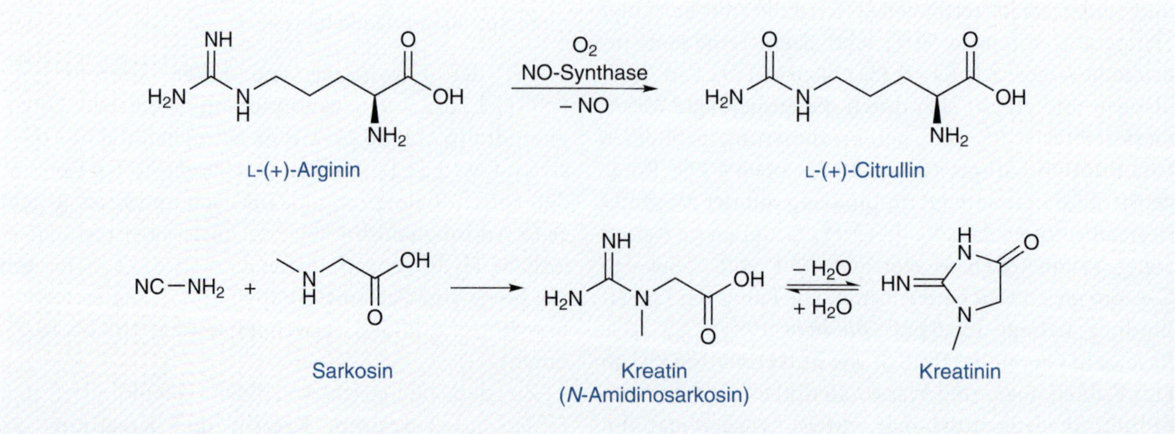


○ **Abb. 16.26** Bildung von L-(+)-Citrullin aus L-(+)-Arginin durch die NO-Synthase (oben); Darstellung von Kreatin aus Sarkosin (unten)

knallsäure) und Isoknallsäure (Carboxim) jeweils tautomer zueinander sind.

### 16.2.1 Struktur und Eigenschaften

#### Cyansäure und Isocyansäure

Bei Raumtemperatur und Normaldruck ist von den Cyansauerstoffsäuren ausschließlich **Isocyansäure**, HNCO, einigermaßen beständig. **Cyansäure**, HOCN (Schmelzpunkt −86 °C), ist in reiner Form instabil; gelöst in Wasser, Benzen oder Ether bei unter 0 °C ist sie jedoch relativ stabil. Sie konnte erstmals nach Bestrahlung von Isocyansäure mit kurzwelligem UV-Licht (224 nm) in einer Argonmatrix bei −253 °C nachgewiesen werden. Isocyansäure ist ein **Heterokumulen** (▸Kap. 5.3) mit einem HNC-Winkel von etwa 128°.

Die freie Isocyansäure entsteht neben Ammoniak beim Erhitzen von Harnstoff über seinen Schmelzpunkt (132–134 °C), polymerisiert jedoch leicht zu einem Gemisch aus etwa 70 % **Cyanursäure** und 30 % **Cyamelid**. Erstere ist das Trimerisierungsprodukt der Isocyansäure und gehört formal als 2,4,6-Trihydroxy-1,3,5-tri-

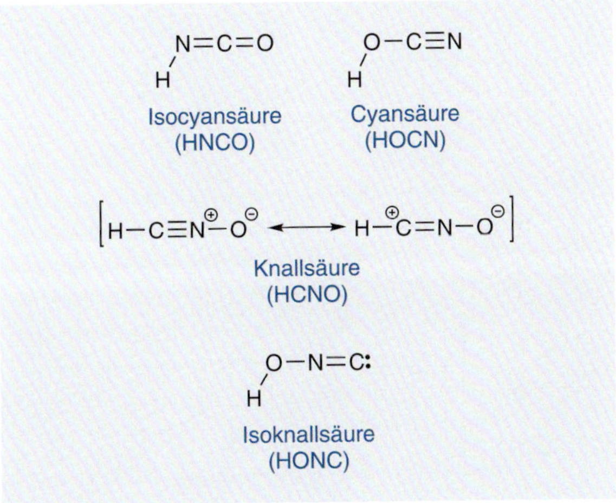


**○ Abb. 16.27** Strukturformeln der vier isomeren Cyansauerstoffsäuren

#### Exkurs: Knallsäure und Isoknallsäure

**Knallsäure** (vgl. auch ▸Kap. 14.5.4) ist ein farbloses, giftiges Gas. Sie ist nur bei sehr niedrigen Temperaturen stabil und polymerisiert leicht zu Diisocyansäure. Noch instabiler ist **Isoknallsäure**, was auf den Carbencharakter des Kohlenstoffatoms zurückzuführen ist. Aufgrund ihrer Unbeständigkeit gibt es keinerlei Verwendung für diese beiden Cyansauerstoffsäuren. Ihre organischen Derivate, die **Nitriloxide** (RCNO) bzw. ***O*-Alkylcarboxime** (ROCN), finden jedoch in der organischen Synthese Anwendung. Nitriloxide können in einer 1,3-dipolaren Cycloaddition zu **Isoxazolinen** reagieren (▸Kap. 30.3.2). Während sich aromatische Nitriloxide isolieren lassen und durch Oxidation von Oximen mit Chlor gewonnen werden, können aliphatische Nitriloxide nur *in situ* durch Dehydratisierung der entsprechenden Nitroverbindungen mit Triethylamin und Phenylisocyanat erzeugt werden.

Wie bei Cyan- und Isocyansäure entsteht sowohl aus Knall- als auch aus Isoknallsäure das gleiche, mesomeriestabilisierte Anion (**Fulminat**). Unter den Fulminaten sind vor allem das farblose **Quecksilberfulminat** (Knallquecksilber, $Hg(CNO)_2$; vgl. auch ▸Kap. 14.5.4) und das ebenfalls farblose **Silberfulminat** (Knallsilber, AgCNO) bekannt. Wie alle Schwermetallfulminate sind sie **hochexplosiv, äußerst sensibel** und **hochgiftig**, wobei Silberfulminat Quecksilberfulminat hinsichtlich dieser Eigenschaften noch übertrifft. Dargestellt werden sie durch Einwirkung von Alkohol auf eine salpetersaure Lösung des jeweiligen Elements unter strengsten Sicherheitsvorkehrungen. Quecksilberfulminat lässt sich noch einigermaßen sicher handhaben und diente daher früher als **Initialsprengstoff**. *Alfred Nobel* nutzte es in Zündkapseln zur Zündung von Dynamit. Bis zur Einführung von Bleiazid ($PbN_3$) diente es als Initialsprengstoff in Aufschlagszündern von Bomben und Artilleriegranaten; Anfang des 20. Jahrhunderts wurde es im 100-Tonnen-Maßstab hergestellt. Silberfulminat ist noch weitaus sensibler als Quecksilberfulminat. Es explodiert bereits in winzigen Mengen, sogar unter Wasser. Der häufigste Anwendungsbereich für Knallsilber ist die Verwendung in Knallerbsen (auch Knallteufel genannt; ○Abb. 16.28) mit einer maximalen Menge von 2,5 mg Silberfulminat pro Stück (Werte gültig für Deutschland).

**○ Abb. 16.28** Knallerbsen enthalten Silberfulminat (Knallsilber).

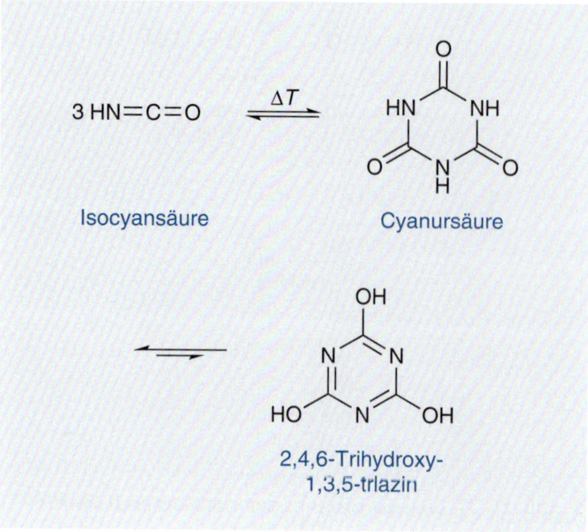


**o Abb. 16.29** Isocyansäure ist wenig beständig und trimerisiert leicht zu Cyanursäure.

azin zu den 1,3,5-Triazinderivaten. Die Triketostruktur, die sie als 1,3,5-Trioxotriazin (1,3,5-Triazintrion) aufweist (o Abb. 16.29), wurde per Röntgenstrukturanalyse nachgewiesen.
Bei dem als weißes, porzellanartiges Nebenprodukt entstehenden **Cyamelid** $(HNCO)_x$ handelt es sich wahrscheinlich um ein vernetztes Polymer, bei dem Cyanursäure überwiegend über die C=N-Bindungen polymerisiert. Es handelt sich also um ein Polyimid (—C(=O)—NH—C(=O)—). Daneben findet aber auch in geringem Umfang eine Verknüpfung über die C=O-Bindung statt (—C(=O)—O—C(=NH)—). Über die N-Atome kann es zudem zu einer dreidimensionalen Vernetzung der linearen Polymere kommen. Das resultierende Polymer ist vollständig unlöslich in allen Lösemitteln („unlösliche Cyanursäure"). Beim Erhitzen der Cyanursäure tritt **Depolymerisation** zu Isocyansäure ein, die sich durch rasches Abkühlen unter eine Temperatur von 0 °C als farblose, stechend riechende Flüssigkeit isolieren lässt (*Wöhler*).

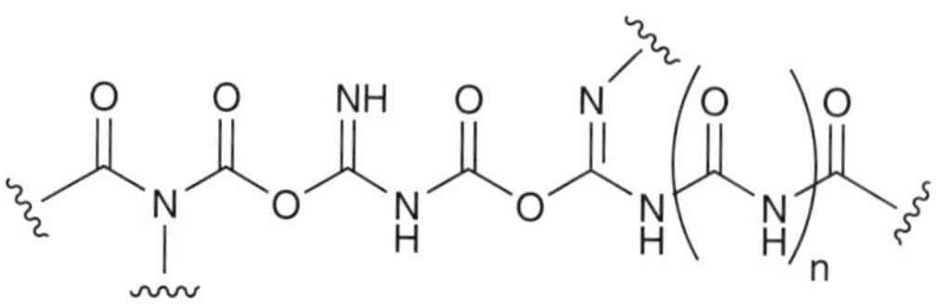

Cyamelid

**Isocyansäure** hydrolysiert in Gegenwart von Wasser rasch zur instabilen **Carbamidsäure** (▸Kap. 16.1.4), die in Kohlendioxid und Ammoniak zerfällt. Ihre Ester, die **Urethane**, hingegen sind stabil und bilden die Ausgangsprodukte der wichtigsten Polymerklasse, der **Polyurethane** (▸Kap. 16.1.3). Aus Urethanen entstehen mit überschüssiger Isocyansäure **Allophanate**, die Ester der bisher nicht isolierten **Allophansäure** (o Abb. 16.30).

Die Salze der Cyansäure ($pK_S$ = 3,46) und der Isocyansäure ($pK_S$ = 3,92) werden **Cyanate** genannt. Eine Unterscheidung zwischen Cyanaten und Isocyanaten ist aufgrund der Mesomeriestabilisierung des Anions nicht möglich, d. h., aus den beiden tautomeren Säuren entsteht das gleiche resonanzstabilisierte Anion. **Kaliumcyanat** bildet farblose, gut wasserlösliche Kristalle, die in wässriger Lösung langsam zu Ammoniumcarbonat hydrolysieren.

**Arylcyanate** sind farblose, stechend riechende Flüssigkeiten, die sich unter vermindertem Druck destillieren lassen und in reinem Zustand längere Zeit haltbar sind. In Gegenwart von Säuren erfolgt leicht Trimerisierung zu den entsprechenden Cyanursäuretriarylestern. Gegenüber nucleophilen Reaktionspartnern sind die Cyansäurearylester reaktionsfähig, beispielsweise addieren sie Wasser zu *O*-Arylurethanen und Schwefelwasserstoff zu *O*-Arylthiocarbamaten (o Abb. 16.31).

Analoge Reaktionen lassen sich z. T. auch mit Alkylcyanaten durchführen. **Alkyl-** und **Arylisocyanate** sind giftige, stechend riechende, beständige Flüssigkeiten (▸Exkurs: Methylisocyanat – Die Katastrophe von Bhopal), die wegen ihres kumulierten Bindungssystems besonders reaktionsfähig sind. Sie addieren leicht Alkohole, Ammoniak sowie primäre und sekundäre Amine. Dabei entstehen *N*-Alkylurethane bzw. *N*-Alkylharnstoffderivate (o Abb. 16.32, oben). Da diese Verbindungen gut kristallisieren, wurden früher v. a. die durch Umsetzung mit Phenylisocyanat, einer bei 166 °C siedenden Flüssigkeit, erhältlichen Phenylurethane zur Charakterisierung von Alkoholen und Aminen genutzt wurde. In Gegenwart von Basen trimerisieren die Alkyl- bzw. Arylisocyanate zu ***N,N,N*-Trialkyl-** oder **Triarylcyanursäuren** (o Abb. 16.32, Mitte). Die hydrolytische Spaltung der **Isocyansäureester** (Alkyl- bzw. Arylisocyanate) in der Wärme führt zu primären Aminen und Kohlendioxid (o Abb. 16.32, unten). Alkylisocyanate treten auch als Zwischenprodukte beim Abbau der Säureamide (*Hoffmann*-Abbau) bzw. -azide (*Curtius*-Abbau) und der Hydroxamsäuren (*Lossen*-Abbau) auf (▸Kap. 8.1).

## Stickstoffderivate der (Iso-)Cyansäure

**Cyanamid**, $H_2N{-}C{\equiv}N$, kann als Amid der Cyansäure oder als Nitril der **Carbamidsäure** aufgefasst werden. Das *Raman*-Spektrum deutet auf das Vorliegen einer Tautomerie zwischen Cyanamid und **Carbodiimid** hin (o Abb. 16.34, oben). Cyanamid ist eine farblose, kristalline Substanz mit einem Schmelzpunkt von 43–44 °C, die in Wasser, Ethanol und Ether sehr leicht löslich ist. Cyanamid weist **amphotere Eigenschaften** auf: Es bildet mit starken Basen Metallsalze,

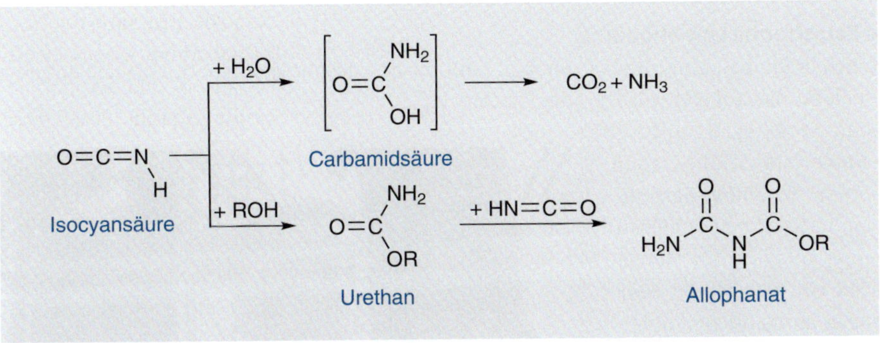


**Abb. 16.30** Hydrolyse von Isocyansäure und Bildung von Urethanen bzw. Allophanaten aus Isocyansäure und Alkoholen

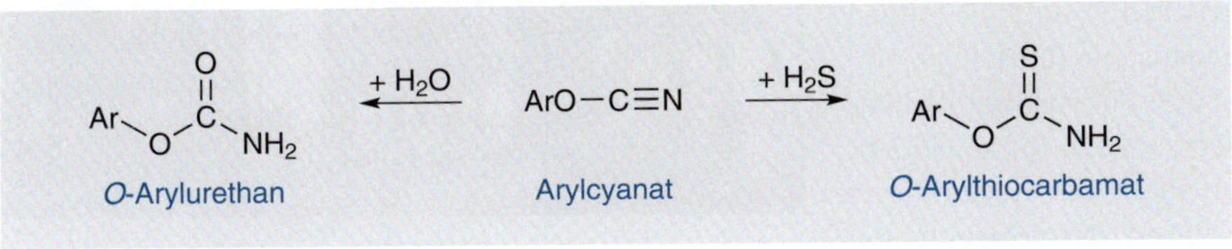


**Abb. 16.31** Reaktion von Arylcyanat mit Wasser bzw. Schwefelwasserstoff

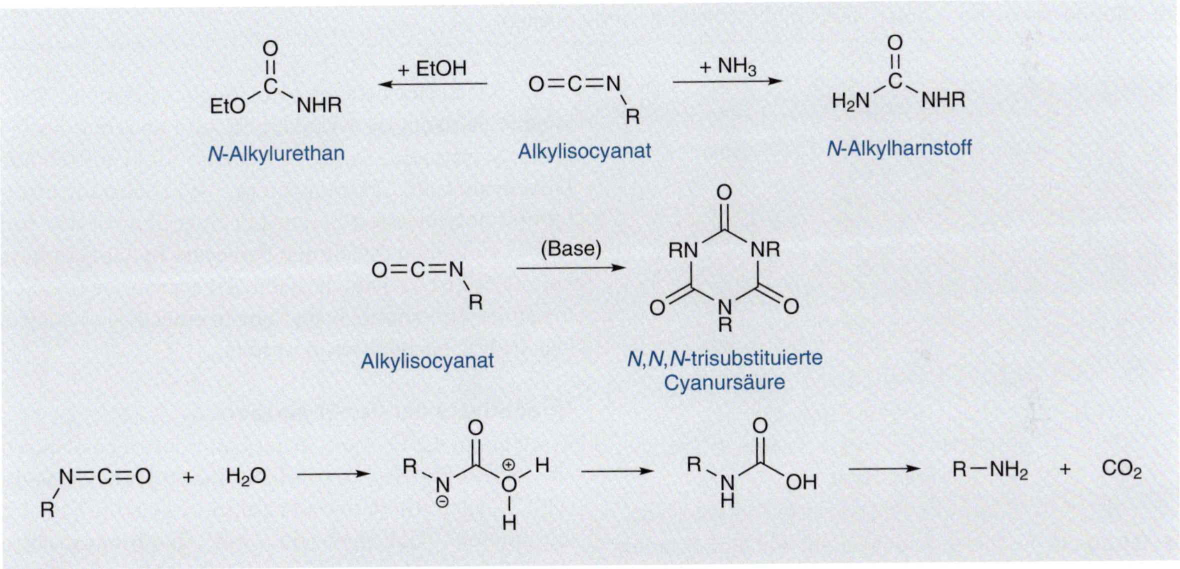


**Abb. 16.32** Addition von Ammoniak bzw. Ethanol an Alkylisocyanate (oben) sowie deren Trimerisierung (Mitte) und Hydrolyse (unten). Analoge Reaktionen gehen auch die Arylisocyanate ein.

von denen das Calciumsalz das wichtigste ist, und mit starken Säuren Salze, die leicht wieder dissoziieren. In wässriger Lösung ist Cyanamid bei einem pH-Wert < 5 stabil, jedoch dimerisiert es bei pH 8–9,5 leicht zum technisch wichtigen **Dicyandiamid** (**Cyanguanidin**; Abb. 16.34, unten).

**Dicyan** (**Cyanogen**), N≡C—C≡N, ist ein farbloses, stechend bittermandelartig riechendes Gas mit einem Siedepunkt von −21 °C. Es ist äußerst giftig (▸Exkurs: Jenseits der Vernunft), extrem leicht entzündlich und verbrennt an der Luft mit einer pfirsichblütenroten, blau gesäumten Flamme, deren Temperatur bis zu 4 500 °C erreichen kann. Formal ist Dicyan als Oxalsäuredinitril aufzufassen, chemisch verhält es sich halogenartig, weshalb es auch als **Pseudohalogen** bezeichnet wird. Da es eine lineare, symmetrische Struktur und somit kein Dipolmoment besitzt, ist es in Wasser nur mäßig löslich. Die Hydrolyse mit konzentrierten Halogenwasserstoffsäuren führt zunächst zum **Oxamid** und anschließend zu **Ammoniumoxalat**; durch die dazu analoge, stufenweise Anlagerung von Schwefelwasserstoff an die C≡N-Dreifachbindungen entstehen zunächst **Flaveanwasserstoff** (**Cyanthioformamid**) und anschließend **Rubeanwasserstoff** (**Dithiooxamid**) in Form gelber bzw. rotgelber Kristalle (Abb. 16.35). Die, wenn auch langsame, Zersetzung von Dicyan unter Bildung von Blausäure bei neutralen bzw. alkalischen pH-Werten ist die Ursache für seine enorme Giftigkeit.

Die durch homolytische Spaltung der C—C-Bindung gebildeten **Cyanradikale** reagieren mit Wasser zu Blausäure und Isocyansäure, in alkalisch-wässriger

**Exkurs: Methylisocyanat – die Katastrophe von Bhopal**

Am 3. Dezember 1984 ereignete sich in Bhopal, einer Stadt in Zentralindien, ein schweres Unglück, das auf Methylisocyanat (MIC) zurückzuführen war. In einer technischen Anlage des US-Chemiekonzerns Union Carbide Corporation, die für die industrielle Produktion des Schädlingsbekämpfungsmittels Sevin® ausgelegt war, traten durch unglückliche Pannen bei der Reinigung einer Anlage große Mengen an Wasser in den Lagertank für MIC ein. Das bei der Reaktion von Methylisocyanat mit Wasser entstandene Kohlendioxid erhöhte den Innendruck im Behälter so stark, dass innerhalb von zwei Stunden zwischen 25 und 40 Tonnen MIC sowie andere Reaktionsprodukte, wie (Di)Methylamin, 1,3,5-Trimethylisocyanurat und 1,3-Dimethylisocyanurat, durch Sicherheitsventile freigesetzt wurden (o Abb. 16.33). 3 800 bis 25 000 Menschen starben an den Folgen dieses Unfalls durch schwerste Verätzungen der Schleimhäute, Augen und Atemwege sowie die hohe Toxizität von MIC; bis zu 500 000 Menschen wurden verletzt. Das Unglück von Bhopal zählt zu den bisher größten Chemiekatastrophen der Geschichte.

o **Abb. 16.33** Lagertanks für Methylisocyanat, aus denen nach Kontakt mit Wasser große Mengen giftiger Stoffe entwichen

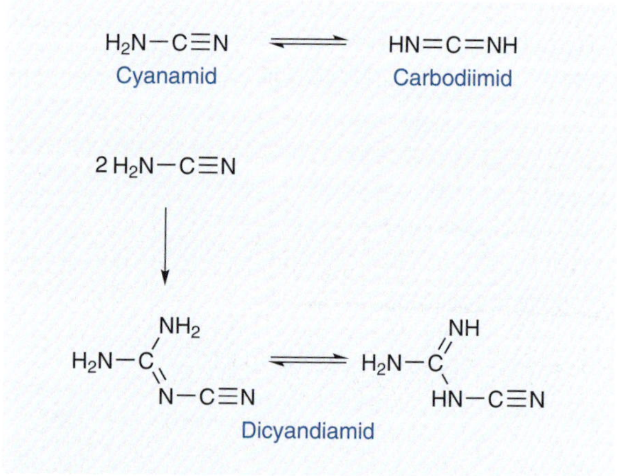


o **Abb. 16.34** Tautomerisierung (oben) und Dimerisierung (unten) von Cyanamid

Lösung erfolgt analog eine Disproportionierung zu Cyanid und (Iso-)Cyanat:

$$2\,{\cdot}CN + 2\,H_2O \longrightarrow HCN + O{=}C{=}N{-}H$$

Bei Temperaturen von 300–500 °C und unter Einfluss eines Katalysators polymerisiert Dicyan unter Sauerstoffausschluss zu **Paracyan**, einem braunschwarzen Festkörper. Erhöht man die Temperatur auf 800 °C oder höher, erfolgt die Spaltung des Polymers und man erhält wieder Dicyan. Bei Temperaturen über 850 °C spaltet dieses sich in die bereits oben erwähnten Cyanradikale.

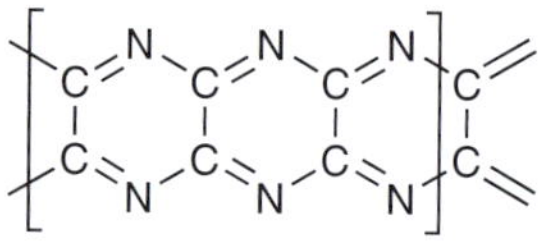

Paracyan

Zum Dicyan existieren zwei mögliche Isomere. Zum einen **Cyanisocyan**, NCNC, und zum anderen das bei seiner Synthese als isomeres Nebenprodukt auftretende **Diisocyan**, CNNC. Cyanoisocyan ist in Substanz instabil und polymerisiert bereits bei einer Temperatur von −30 °C zum oben erwähnten Paracyan. In der Gasphase bei 500 °C ist es jedoch stabil. Diisocyan ist deutlich instabiler und konnte bisher nur in einer Argon-Matrix bei −261 °C nachgewiesen werden.

## Thioderivate der (Iso-)Cyansäure

Ersetzt man das O-Atom in der Cyansäure formal durch ein Schwefelatom, so erhält man **Thiocyansäure** (HSCN, auch Rhodanwasserstoffsäure genannt), die im tautomeren Gleichgewicht mit **Isothiocyansäure** (HNCS) steht. Im Gegensatz zu ihren Sauerstoffanaloga, der Cyansäure und der Isocyansäure, liegt das Gleichgewicht bei den Cyanschwefelsäuren jedoch fast komplett auf der Seite der Thiocyansäure. Die freie Thiocyansäure ist allerdings nur bei sehr tiefen Temperaturen längere Zeit stabil, bereits oberhalb einer Temperatur von −40 °C tritt Polymerisation zu einem gelben, amorphen Feststoff ein. Beständiger sind hingegen ihre wässrigen Lösungen. Da ihre Acidität ($pK_S = -1{,}85$) nahe an die der Halogenwasserstoffsäuren heranreicht, liegt in Lösung daher nicht die freie Säure vor, sondern die sehr viel beständigeren Anionen, die **Thiocyanate** (**Rhodanide**). Wie bei den Salzen der Cyansauerstoffsäuren entsteht durch Deprotonierung der Thiocyansäure und der Isothiocyansäure das gleiche, mesomeriestabilisierte Anion (o Abb. 16.37).

Einige organische Thiocyanate wirken sensibilisierend auf den menschlichen Körper und stehen im Verdacht, Krebs zu erzeugen. Der analytische Nachweis von

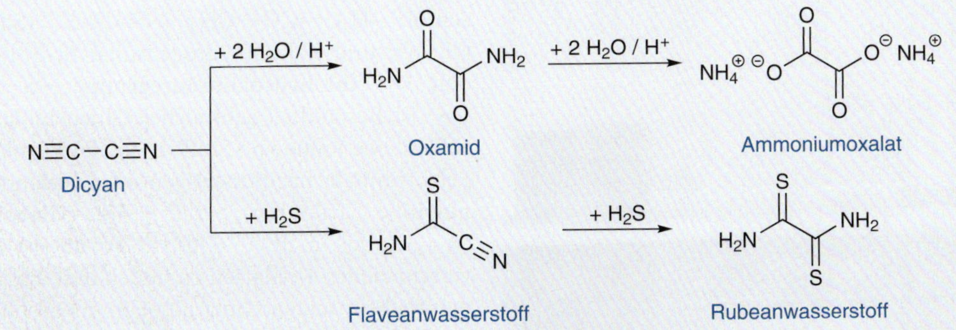


**o Abb. 16.35** Hydrolyse von Dicyan und Addition von Schwefelwasserstoff an Dicyan

## Exkurs: Jenseits der Vernunft – Weltweite Panik vor dem „Kometen-Gift" im Jahre 1910

Der *Halleysche Komet* (o Abb. 16.36) zieht auf einer langgestreckten, elliptischen Umlaufbahn zwischen der Neptunbahn und einem Gebiet zwischen Merkur und Venus durch unser Sonnensystem und kommt dabei etwa alle 76 Jahre in Erdnähe. Bereits die alten Babylonier berichteten vor über 2000 Jahren von seiner Sichtung, im Jahre 1705 errechnete *Halley* erstmals die periodische Wiederkehr des Kometen. Auch im Jahre 1910 sollte sich dieser 76-jährige Rhythmus wiederholen. Nicht nur Astronomen, sondern auch der Großteil der Bevölkerung erwartete voller Spannung die „Ankunft" des Kometen, der die Erde in diesem Jahr besonders nahe passieren sollte. Nachdem erstmals Spektralanalysen des Kometen durchgeführt werden konnten und in seinem Schweif Dicyan entdeckt wurde, mischte sich zunehmend Angst unter die Vorfreude. Warnungen, der Kometenschweif könnte die Erdatmosphäre berühren und Dicyan „womöglich alles Leben auf dem Planeten ersticken", wurden von den Massenmedien und vor allem von der Boulevardpresse aufgegriffen und sorgten für allgemeine Panik. „Comet Pills", Tabletten mit angeblicher prophylaktischer Wirkung gegen das „Kometen-Gift", wurden zum Verkaufsschlager, ebenso wie Inhalations-Sprays mit „Gegengift" oder gar Gasmasken und „Anti-Kometen-Schirme". Als der Komet im April 1910 bereits mit bloßem Auge sichtbar wurde, breitete sich vor allem in den USA Hysterie aus. Zwischen dem 14. und 22. Mai, als der Komet am nächsten und hellsten war, erreichte sie ihren Höhepunkt. Menschen verbarrikadierten sich in Häusern und dichteten Fenster- und Türrahmen ab, Kirchen hielten rund um die Uhr Dauergottesdienste ab, manche Zeitungen schrieben sogar, man könne nur in U-Booten überleben. Als der Komet 1986 wiederkam, blieb die Panik aus. Viele Menschen konnten den Kometen nicht sehen, da die Erde sich zu diesem Zeitpunkt auf der anderen Seite der Sonne befand. Im Juli 2061 wird der *Halleysche Komet* erneut in Erdnähe sein, und man darf wohl heute schon davon ausgehen, dass die Menschheit auch zu diesem Zeitpunkt vom „Kometen-Gift" verschont bleiben wird!

**o Abb. 16.36** Ein im Jahre 1910 aufgenommenes Foto des *Halley*schen Kometen

Rhodanidionen beruht auf der Bildung tiefroter, oktaedrischer Komplexe mit Eisen(III)-Ionen, die in wässriger Lösung als $[Fe(SCN)_3(H_2O)_3]$, $[Fe(SCN)_2(H_2O)_4]^+$ und $[Fe(SCN)(H_2O)_5]^{2+}$ vorliegen (o Abb. 16.38). Davon leitet sich auch der Name Rhodanid ab (*rhodon* = Rose). Quecksilber(II)-rhodanid zeigt das eigentümliche Verhalten, sich beim Abbrennen stark aufzublähen (*Pharaoschlangen*).

Die **Alkylthiocyanate** (**Thiocyansäureester**, **Alkylrhodanide**), R—SCN, sind wenig stabile, in Wasser

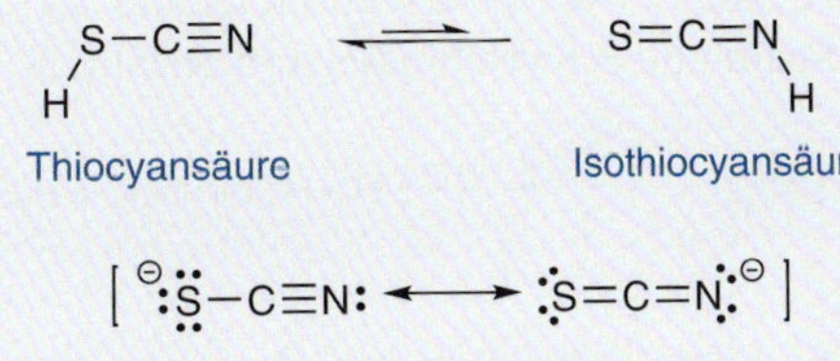


**o Abb. 16.37** Thiocyansäure und Isothiocyansäure sind Tautomere, bilden aber das gleiche mesomeriestabilisierte Anion.

**○ Abb. 16.38** Nachweis von Eisen mit Thiocyanat (bzw. umgekehrt): links eine Eisen(III)-Lösung, rechts nach Zugabe von Thiocyanat

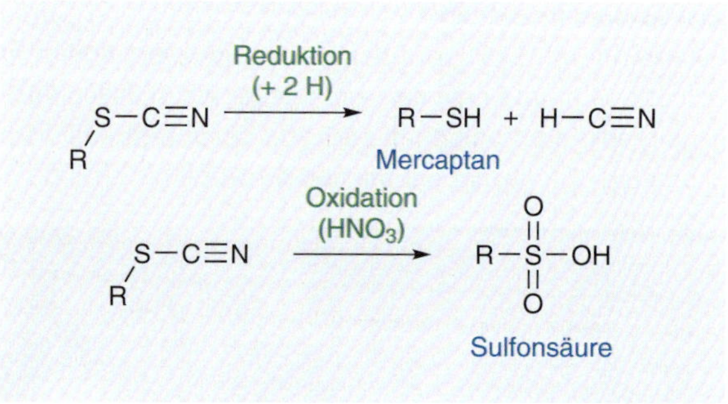


**○ Abb. 16.39** Verhalten von Alkylthiocyanaten gegenüber Oxidation bzw. Reduktion

unlösliche Öle von knoblauchartigem Geruch. Bei der Oxidation mit konzentrierter Salpetersäure gehen sie in **Sulfonsäuren** über, bei der Reduktion mit Zink und Schwefelsäure entstehen **Mercaptane** (○ Abb. 16.39).

**Alkylisothiocyanate (Isothiocyansäurereste, Senföle)**, R—NCS, sind ebenfalls in Wasser unlösliche, ölartige Substanzen mit einem stechenden, zu Tränen reizenden Geruch; sie wirken auf der Haut blasenbildend. Beim Erhitzen mit Salzsäure auf eine Temperatur von 100 °C erfolgt die Hydrolyse zu primären Aminen und Kohlenoxidsulfid (COS), das anschließend weiter in Kohlendioxid und Schwefelwasserstoff zerfällt.

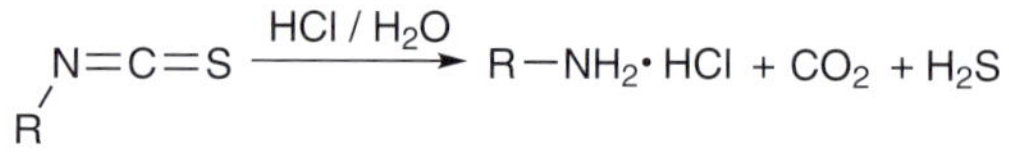

Der Name **Senföl** leitet sich von dem aus schwarzen Senfsamen *(Brassica nigra)* gewonnenen Öl ab, dessen Hauptbestandteil das Thioglycosid Sinigrin (Allylglucosinolat, ○ Abb. 16.40, oben) ist. Sinigrin kann durch Säuren oder durch das Enzym Myrosinase zu **Allylsenföl**, $H_2C{=}CH{-}CH_2{-}N{=}C{=}S$ (Sdp. 152 °C), Glucose und Kaliumhydrogensulfat hydrolysiert werden. Die **Thiohydroximsäuregruppe** —S—CR=N—O— ist Bestandteil zahlreicher **Glucosinolate**. Hierzu zählen eine Reihe von Stoffen, die die Verwertung von Lebensmitteln beeinträchtigen oder verhindern (**antinutritive Faktoren**), z. B. die **Glucobrassicine** (R = 3-Indolylmethyl-; ○ Abb. 16.40, unten). Sie sind in verschiedenen Kohlarten zu finden und dienen hier als natürliche Insektenschutzmittel; im menschlichen Körper wirken sie krebsvorbeugend.

**Dirhodan**, N≡C—S—S—C≡N, ist ein unbeständiger, gelber Festkörper mit gewinkelter Struktur, der bereits bei Temperaturen über –7 °C zu **Polyrhodan**, einer roten, unlöslichen Substanz, polymerisiert. Chemisch verhält sich Dirhodan, genau wie Dicyan (▸Kap. 16.2.1), halogenartig: Analog zur Bildung von Metallhalogeniden aus Metallen und Halogenen lassen sich beispielsweise Schwermetallrhodanide durch Umsetzung von Dirhodan mit Schwermetallen darstellen.

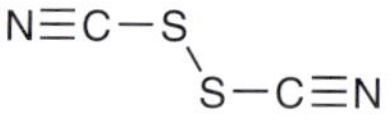

Dirhodan

## 16.2.2 Gewinnung und Synthese

Cyansäure und Isocyansäure lassen sich durch vorsichtiges Ansäuern der Salze, der Cyanate, erhalten, wobei allerdings fast ausschließlich Isocyansäure gebildet wird. Unter 0 °C ist sie in Benzen oder Ether haltbar, oberhalb von 0 °C polymerisiert sie (vgl. ○ Abb. 16.29). **Kaliumcyanat** wird durch Oxidation von Kaliumcyanid mit Blei(IV)-oxid bzw. Kaliumdichromat oder durch Einleiten von Sauerstoff in eine Kaliumcyanidschmelze hergestellt. Beim Erhitzen von Cyanaten auf hohe Temperaturen zerfallen sie wieder in Cyanide und Sauerstoff.

$$K^{\oplus}\ {}^{\ominus}C{\equiv}N \ + \ \tfrac{1}{2}\,O_2 \longrightarrow K^{\oplus}\ {}^{\ominus}O{-}C{\equiv}N$$

**Cyanhalogenide** kann man entweder als Säurehalogenide der Cyansäure oder als Halogensubstitutionsprodukte der Blausäure auffassen. Sie entstehen bei der Einwirkung von Halogenen auf Blausäure oder Metallcyanide; beispielsweise kann Bromcyan durch Einwirkung von Brom auf Kaliumcyanid dargestellt werden (○ Abb. 16.41, oben). **Bromcyan** schmilzt bei einer Temperatur von 52 °C, **Iodcyan** sublimiert oberhalb 45 °C ohne zu schmelzen. **Chlorcyan**, Cl—C≡N, ist ein giftiges, tränenreizendes Gas, das sich bei 13 °C verflüssigt und leicht zu **Cyanurchlorid** (2,4,6-Trichlor-1,3,5-triazin) trimerisiert. Mit Schwefeltrioxid bildet es Chlorsulfonylisocyanat (Sdp. 106–107 °C; ○ Abb. 16.41, unten).

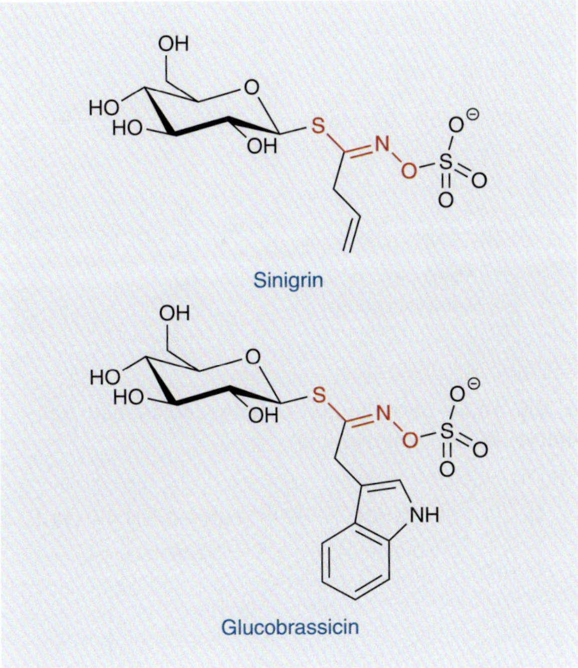


**o Abb. 16.40** Strukturformeln von Sinigrin und Glucobrassicin. Die Thiohydroximsäuregruppe ist rot markiert.

Im Gegensatz zu den lange bekannten Alkyl- und Arylestern der Isocyansäure (s. unten) konnten **Cyansäureester** (Alkyl- und Arylcyanate) erst im Jahr 1963 in monomerer Form isoliert werden. Normalerweise erhält man nämlich bei der Umsetzung von Halogencyanen mit Alkoholen oder Phenolen im alkalischen Medium nicht die zu erwartenden Cyansäureester, sondern gleich **Imidokohlensäurediester**, die allmählich zu Cyanursäuretriestern trimerisieren (o Abb. 16.42).

**Cyanursäuretriester** leitet sich von der tautomeren Iminolform der Cyanursäure ab (R = H), die nicht nachweisbar ist, früher aber Cyanursäure als Struktur zugeschrieben wurde. Demgegenüber lassen sich die intermediär entstehenden Cyansäureester der aromatischen Reihe unter veränderten Reaktionsbedingungen in sehr guter Ausbeute isolieren, wenn man die Base, z. B. Triethylamin, zu einer acetonischen Lösung äqui-

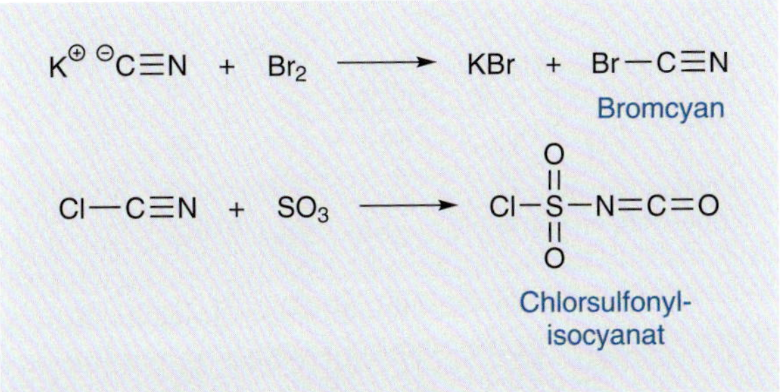


**o Abb. 16.41** Darstellung von Bromcyan (oben) und Reaktion von Chlorcyan mit Schwefeltrioxid (unten)

molekularer Mengen eines Phenols und des Halogencyans bei etwa 0 °C tropft (*Grigat*). Die Herstellung aliphatischer Cyansäureester ist nach dieser Methode nur in speziellen Fällen, beispielsweise bei Trihalogenethanolen und einigen Enolen, möglich.

Bei der Umsetzung von Thiokohlensäure-*O*-phenylesterchlorid mit Natriumazid bei 0 °C entsteht das instabile 5-Phenoxy-1,2,3,4-thiatriazol, das schon bei Raumtemperatur unter Abspaltung von Stickstoff und elementarem Schwefel das explosive Phenylcyanat in hohen Ausbeuten liefert (*Martin*; o Abb. 16.43). In analoger Weise konnte *K. A. Jensen* (1964) erstmals aus Thiokohlensäure-*O*-alkylesterhydraziden und salpetriger Säure bei etwa 0 °C über 5-Alkoxy-1,2,3,4-thiatriazole **Alkylcyanate** erhalten (Ausbeute etwa 90 %). Diese lagern sich jedoch schon bei Raumtemperatur innerhalb von 1 bis 2 Tagen in die entsprechenden Alkylisocyanate bzw. *N,N,N*-Trialkylcyanursäuren um.

**Isocyansäureester** lassen sich durch Erhitzen von Kaliumcyanat mit Dialkylsulfat in Gegenwart von trockenem Natriumcarbonat darstellen (o Abb. 16.44).

Eine weitere Methode zur Darstellung von Aryl- und Alkylisocyanaten ist die Umsetzung eines primären Amins mit Phosgen (o Abb. 16.45).

**Cyanamid** lässt sich aus Cyanhalogeniden und Ammoniak gewinnen (o Abb. 16.46, oben). Eine weitere Möglichkeit ist das vorsichtige Ansäuern von Dinatriumcyanamid, $Na_2(N{=}C{=}N)$, mit Schwefelsäure, die zusätzlich die Aufgabe hat, das entstehende Wasser

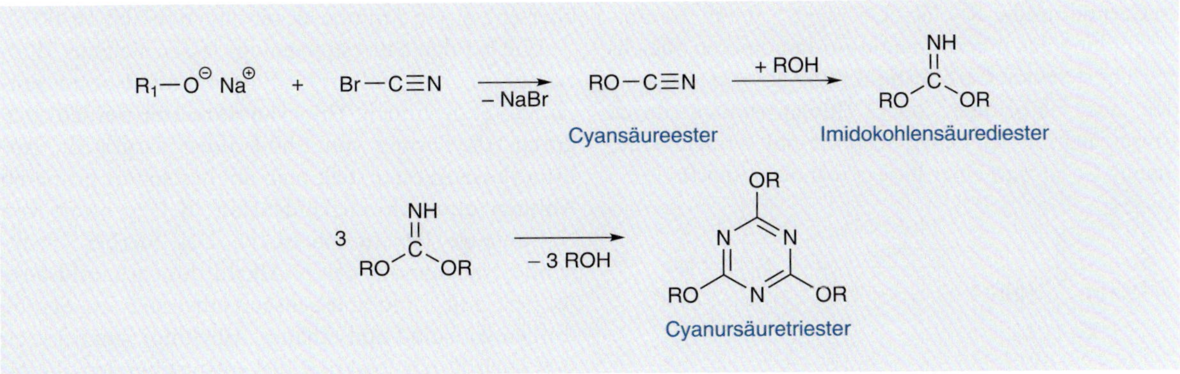


**o Abb. 16.42** Reaktion von Cyansäureester zu Imidokohlensäurediester und anschließende Trimerisierung

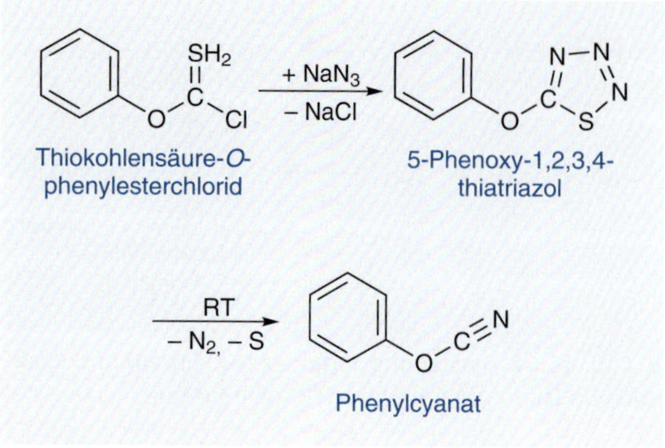


**Abb. 16.43** Darstellung von Phenylcyanat

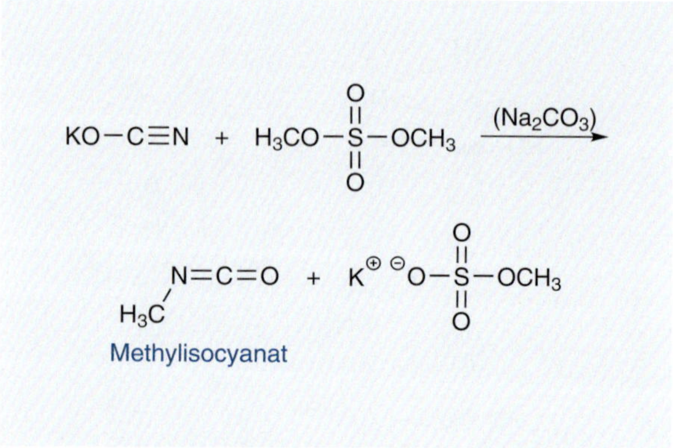


**Abb. 16.44** Darstellung von Methylisocyanat aus Kaliumcyanat und Dimethylsulfat

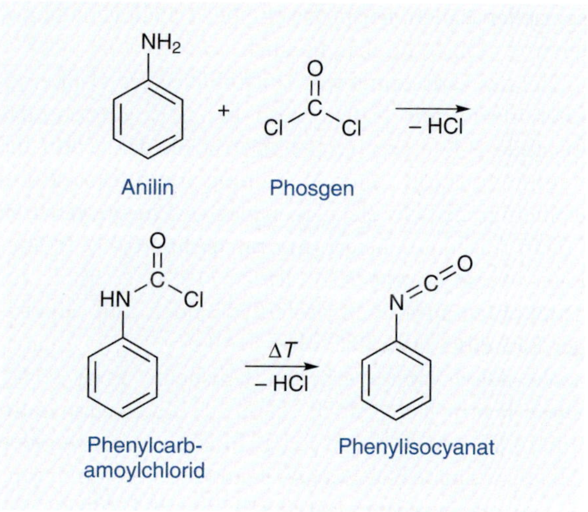


**Abb. 16.45** Darstellung von Phenylisocyanat aus Anilin und Phosgen

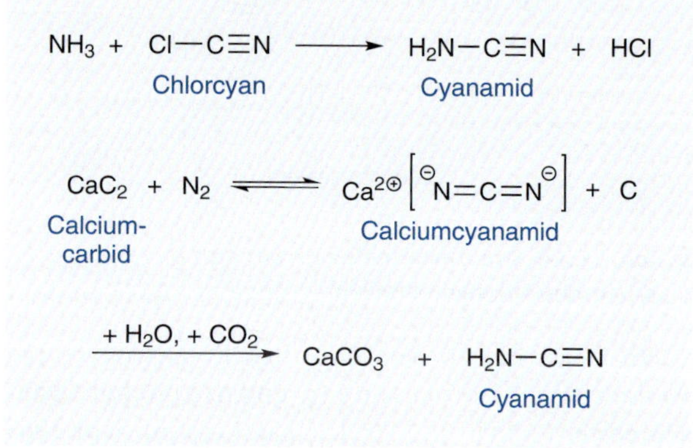


**Abb. 16.46** Darstellungsmöglichkeiten von Cyanamid

als Kristallwasser an Natriumsulfat zu binden. Cyanamid wird der Reaktionsmischung mit absolutem Ethanol oder Ether entzogen. Großtechnisch erhält man Cyanamid durch das Einleiten von Kohlendioxid in eine wässrige Suspension von Calciumcyanamid, das nach dem *Frank-Caro*-Verfahren (1897) aus Calciumacetylid im Stickstoffstrom bei etwa 1 000 °C gewonnen wird (Abb. 16.46, unten).

**Carbodiimide**, $R^1{-}N{=}C{=}N{-}R^2$, deren Stammverbindung das mit Cyanamid im tautomeren Gleichgewicht stehende **Carbodiimid** ($R^1 = R^2 = H$) ist, werden aus Harnstoffen oder Thioharnstoffen durch Umsetzung mit Triphenylphosphin und Tetrachlormethan in Gegenwart einer Base gewonnen (*Appel*).

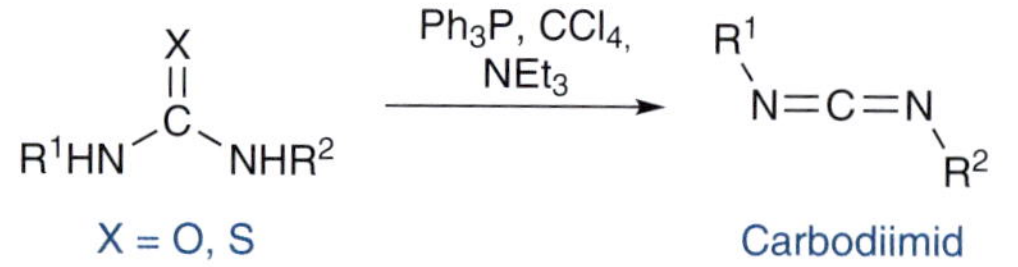


**Dicyan** wird durch Erhitzen von Quecksilber(II)-cyanid *(Gay-Lussac* 1815) oder einer wässrigen Lösung von Kaliumcyanid- und Kupfer(II)-sulfat gewonnen (Abb. 16.47). Bei der zweiten Darstellungsmethode bildet sich zunächst Kupfer(II)-cyanid, das spontan in Kupfer(I)-cyanid und freie Cyanradikale zerfällt. Die Cyanradikale rekombinieren anschließend zu Dicyan.

**Rhodanwasserstoffsäure**, HSCN, lässt sich aus ihren Salzen durch vorsichtige Zugabe von Schwefelsäure unter starker Kühlung darstellen. **Rhodanide (Thiocyanate)** werden analog zu Cyanaten durch Schmelzen von Cyaniden mit Schwefel erhalten. Ammoniumrhodanid wird technisch durch Umsetzung von Schwefelkohlenstoff mit überschüssigem Ammoniak gewonnen (Abb. 16.48)

Wie bei den Sauerstoffanaloga lassen sich aus Thiocyansäure Thio- und aus Isothiocyansäure Isothiocyansäureester gewinnen. **Thiocyansäureester** werden auch durch Alkylierung von Rhodaniden dargestellt, **Isothiocyansäureester** stellt man am besten aus primären Aminen und Schwefelkohlenstoff in Gegenwart von Natronlauge her (Abb. 16.49). Das hierbei entstehende Natriumsalz der ***N*-Alkyldithiocarbamidsäure** reagiert mit Chlorameisensäureethylester zu Senföl, Kohlenoxidsulfid und Ethanol. Alkylthiocyanate lassen sich auch durch Reaktion der entsprechenden ***Bunte*-Salze**, $R{-}S{-}SO_3^-$, mit Natriumcyanid gewinnen.

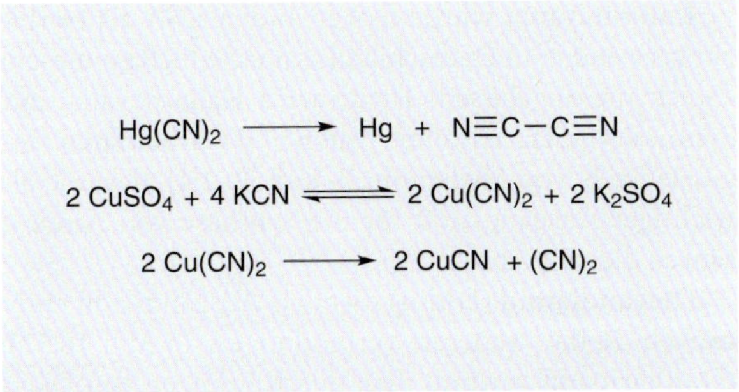

**o Abb. 16.47** Darstellungsmethoden für Dicyan

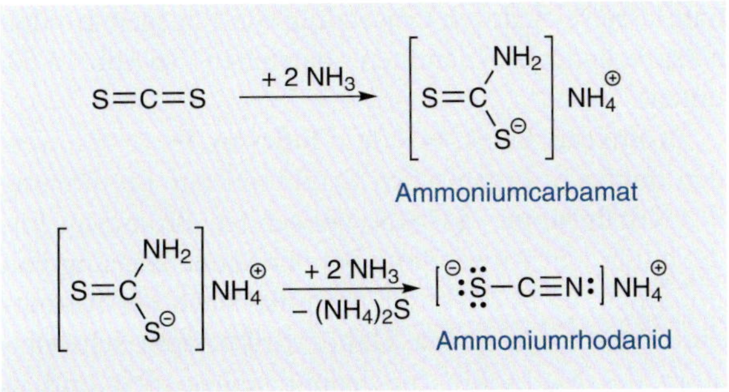


**o Abb. 16.48** Technische Darstellung von Ammoniumrhodanid

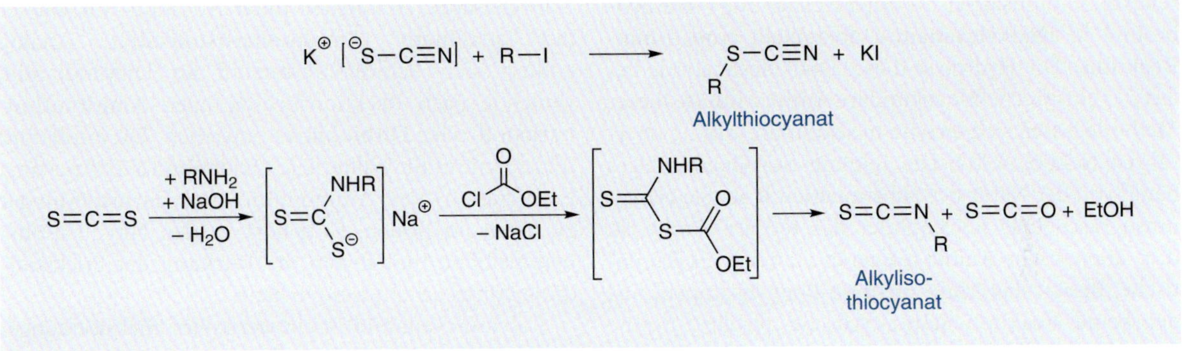


**o Abb. 16.49** Darstellung von Alkylthiocyanaten und Alkylisothiocyanaten

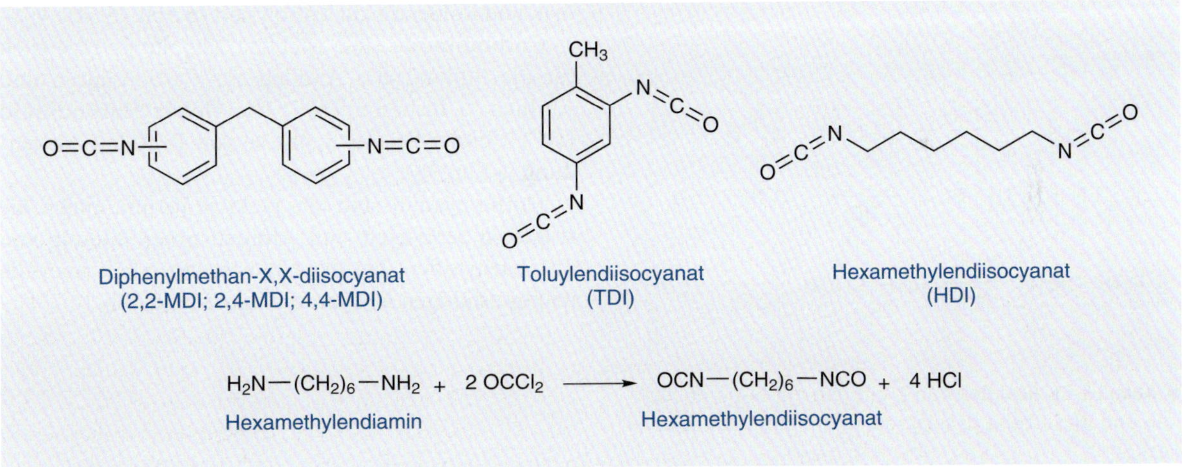


**o Abb. 16.50** Beispiele verschiedener Diisocyanate (oben); Darstellung von Diisocyanaten aus Diaminen durch Umsetzung mit Phosgen (unten)

**Dirhodan** wird aus Schwermetallrhodaniden durch Oxidation mit Brom in inerten Lösemitteln wie $CS_2$ gewonnen (*Söderbäck*).

$$2\ Ag{-}SCN + Br_2 \longrightarrow 2\ AgBr + \underset{\text{Dirhodan}}{(SCN)_2}$$

### 16.2.3 Reaktionen und Anwendungen

Das Hauptanwendungsgebiet der (Iso-)Cyansäure bzw. ihrer Derivate ist zweifelsohne die Herstellung von **Polyurethanen** (▸Kap. 16.1.3). Hierbei entstehen durch eine Polyadditionsreaktion von Polyalkoholen mit Polyisocyanaten Kunststoffe oder -harze. Ein Vorteil dieser Polyaddition, die analog zur Addition von Monoalkoholen an Monoisocyanate (vgl. o Abb. 16.30) abläuft, ist, dass keine Neben- oder Kondensationsprodukte auftreten. Polyurethane können eine Vielzahl unterschiedlicher Eigenschaften aufweisen, die über die Struktur der verwendeten Polyalkohole gesteuert werden können. In der Regel werden für die Polymerisation nur bestimmte **Diisocyanate** eingesetzt. Häufig verwendete Diisocyanate sind z. B. Diphenylmethandiisocyanat, Toluylendiisocyanat oder Hexamethyldiisocyanat (o Abb. 16.50, oben). Die genannten Diisocyanate lassen sich durch Umsetzung von Phosgen mit den entsprechenden Diaminen darstellen (o Abb. 16.50, unten).

**Bromycan**, Br—C≡N, und **Iodcyan**, I—C≡N, werden häufig in organischen Synthesen zur Einführung der **Nitrilgruppe**, —C≡N, verwendet. Bromcyan findet außerdem Anwendung bei der Sequenzierung von Proteinen, da es selektiv C-terminal nach der Aminosäure Methionin spaltet. Dabei wird es vom Schwefelatom des Methionins nucleophil angegriffen und in Folge dessen wird Methylisothiocyanat freigesetzt.

Mit tertiären Aminen reagiert Bromcyan zu quartären Ammoniumsalzen, die unter Abspaltung von Alkylbromid in **Dialkylcyanamid** übergehen (***von-Braun*-Reaktion**). Die Hydrolyse dieser Dialkylcyanamide liefert das entsprechende sekundäre Amin. Mithilfe dieser Methode lassen sich tertiäre in sekundäre Amine überführen (o Abb. 16.51). Die Bildung des Quartärsalzes hängt von der Natur des Substituenten R ab. Sie erfolgt umso rascher, je nucleophiler das tertiäre Amin ist, d. h., aliphatische Amine reagieren schneller als aromatische. Besitzt das Amin mehrere Phenylgruppen, findet keine Reaktion statt; cyclische tertiäre Amine reagieren bei der *von-Braun*-Reaktion unter Ringöffnung.

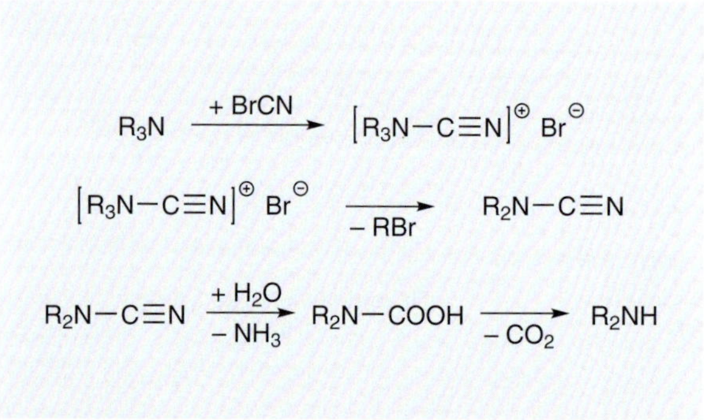


o **Abb. 16.51** Reaktion von Bromcyan mit tertiären Aminen und Umsetzung zu sekundären Aminen (*von-Braun*-Reaktion)

**Kaliumcyanat** wurde früher in den USA als Herbizid verwendet, in Deutschland war es jedoch zu diesem Zweck nie zugelassen. Heute wird Kaliumcyanat zur Synthese von **Harnstoffderivaten** und **Carbamaten** eingesetzt, z. B. von Hydantoin (▸ Kap. 30.2.4), das u. a. als wichtiger Ausgangsstoff für die Synthese von Aminosäuren dient (o Abb. 16.52).

**Dicyandiamid** (**Didin**) dient als Ausgangsstoff einer ganzen Reihe weiterer Verbindungen (o Abb. 16.53): **Cyanharnstoff** gewinnt man durch Erhitzen von Dicyandiamid mit 3 M NaOH-Lösung in 50 % Ausbeute. Erwärmt man Dicyandiamid kurzzeitig mit 50%iger Schwefelsäure, so entsteht unter Addition von Wasser fast quantitativ **Amidinoharnstoffsulfat**. Analog addiert sich Schwefelwasserstoff an Dicyandiamid, wobei je nach Reaktionsbedingungen **Amidinothioharnstoff** oder **Dithiobiuret** entstehen. Dicyandiamid selbst hemmt die bakterielle Oxidation (Nitrifizierung, Nitrifikation) von Ammonium- und Harnstoffdünger zu Nitrit im Boden. Es gehört zu den Nitrifikationshemmstoffen, mit denen die Wirkung der Stickstoffdüngemittel erhöht werden kann.

**Calciumcyanamid** ist ein wertvolles Stickstoffdüngemittel (**Kalkstickstoff**) für kalkarme Böden. Es wird über die Zwischenstufen Cyanamid und Harnstoff zu Ammoniak und Kohlendioxid hydrolysiert (o Abb. 16.54).

**Carbodiimide** sind wichtige Kupplungsreagenzien für die Bildung von Amiden aus Carbonsäuren und Aminen. Insbesondere **Dicyclohexylcarbodiimid** (**DCC**) findet bei der Synthese von Peptiden Anwendung (▸ Kap. 38).

**Isothiocyanate** sind sehr reaktive Verbindungen. Sie reagieren sehr leicht mit Aminen unter Bildung von **Thioharnstoffen**, bei der Chlorierung erhält man die reaktionsfähigen **Isocyaniddichloride** (o Abb. 16.55).

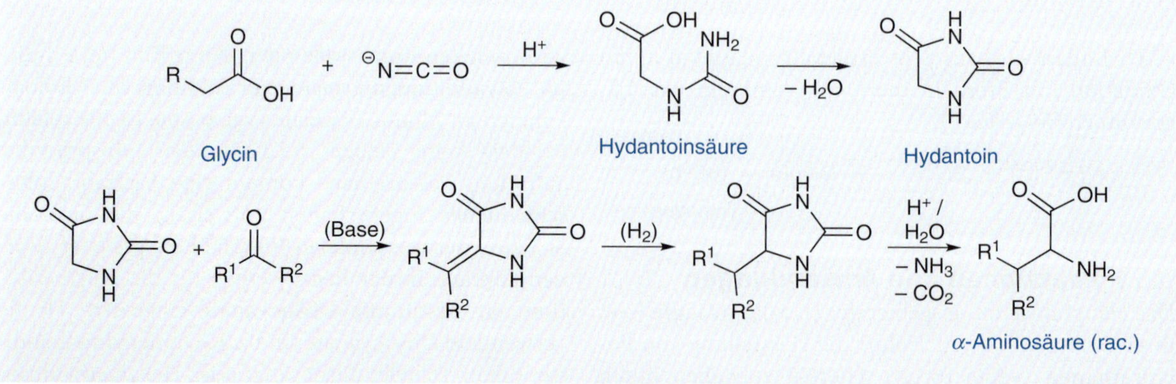


o **Abb. 16.52** Darstellung von Hydantoin und seine Reaktion mit Carbonylverbindungen zur Synthese von Aminosäuren

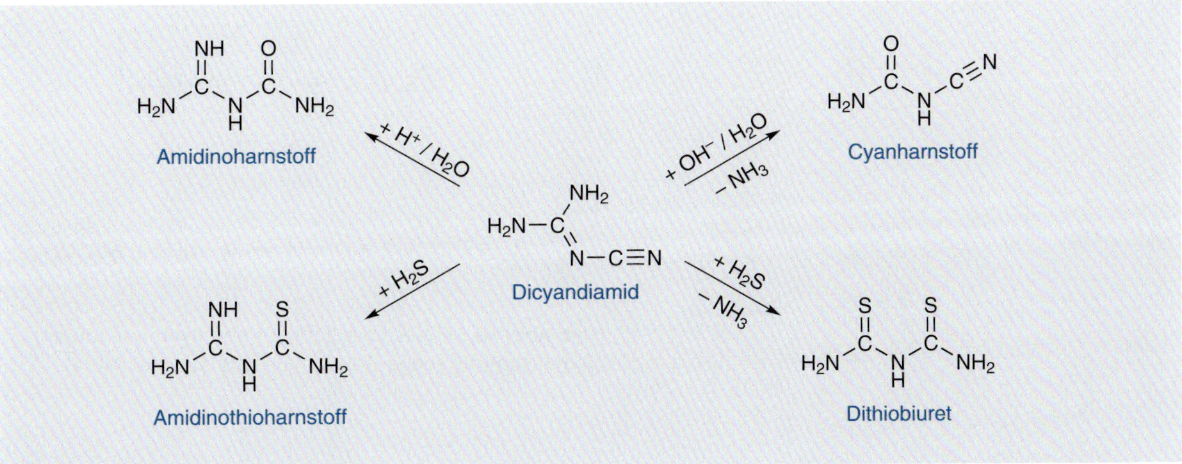


**Abb. 16.53** Produkte der Reaktionen von Dicyandiamid mit Wasser oder Schwefelwasserstoff bei verschiedenen Reaktionsbedingungen bzw. pH-Werten

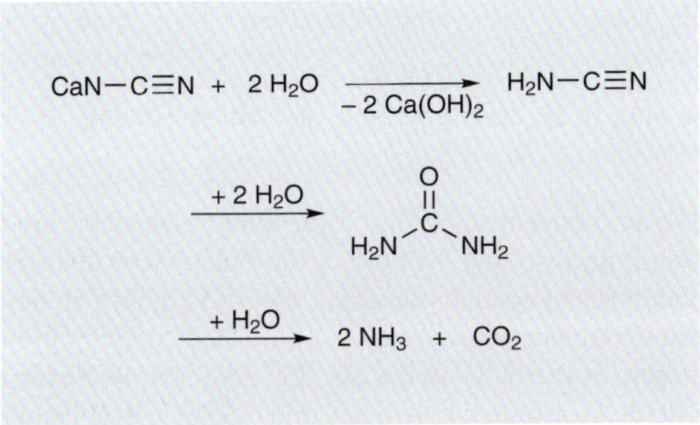


**Abb. 16.54** Hydrolytischer Abbau von Calciumcyanamid zu Ammoniak und Kohlendioxid

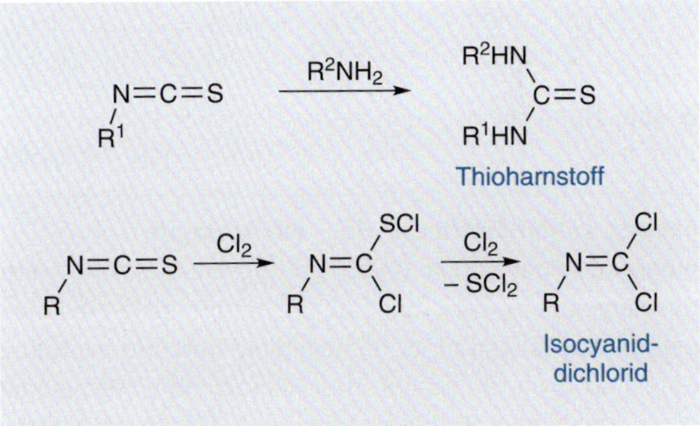


**Abb. 16.55** Reaktionen von Alkylisothiocyanaten

## 16.3 Kohlenstoffmonoxid und seine Derivate

### 16.3.1 Struktur und Eigenschaften

#### Kohlenstoffmonoxid

**Kohlenstoffmonoxid** (CO, Kohlenmonoxid) ist ein farb-, geruch- und geschmackloses giftiges Gas (▸Exkurs: Kohlenstoffmonoxid – ein Atemgift). Es ist mit einem Dipolmoment von 0,12 Debye nahezu unpolar. Wegen seiner Bindungsverhältnisse kommt Kohlenmonoxid eine Sonderstellung unter den Kohlenstoffverbindungen zu: Das Prinzip der Vierbindigkeit des Kohlenstoffs wird hier formal verletzt. Für Kohlenmonoxid können unterschiedliche Resonanzstrukturen formuliert werden, die eine, zwei oder drei Bindungen vom C zum O enthalten. Der Realität am nächsten kommt die Resonanzformel mit der formalen Dreifachbindung, da in dieser Resonanzformel beide Atome jeweils acht Außenelektronen aufweisen. Solche Resonanzformeln sind günstiger als andere, bei denen einzelne Atome, wie hier das C-Atom, nur sechs oder gar vier Außenelektronen haben.

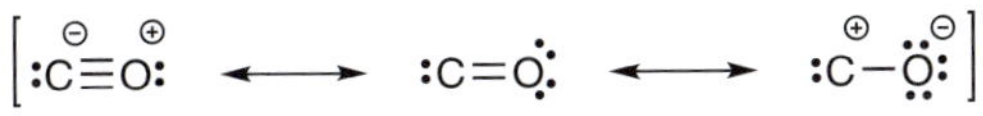

Gasförmiges Kohlenmonoxid hat eine C—O-Bindungslänge von 112,8 pm. Die Bindung ist um 10 pm kürzer als die klassische C=O-Carbonylbindung, was ebenfalls auf eine partielle Dreifachbindung hinweist. Für diesen Bindungstyp sprechen auch das *Raman*-Spektrum von Kohlenmonoxid, das eindeutig auf eine Dreifachbindung hinweist, sowie das völlige Fehlen der Carbonyleigenschaften. Im Einklang damit ergibt sich auch aus der Molekülorbitaltheorie eine Bindungsordnung von 3 für die C—O-Bindung (Abb. 16.56). Alle besetzten Orbitale – bis auf das 2$\sigma$-Orbital – sind bindende Orbitale. Letzteres hat antibindenden Charakter. Dies ergibt eine Bindungsordung von 3 [(Anzahl der bindenden Elektronen minus Anzahl der antibindenden Elektronen) : 2].

Kohlenstoffmonoxid ist metastabil und steht in einem **Disproportionierungsgleichgewicht** mit Kohlenstoff und Kohlenstoffdioxid (vgl. Abb. 16.59). Bei Raumtemperatur ist die Geschwindigkeit der Umwandlung allerdings unmessbar klein, daher lässt sich Kohlenmonoxid isolieren.

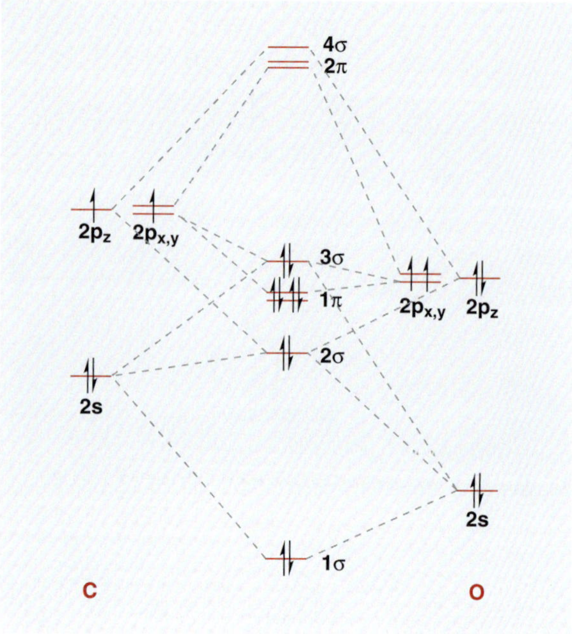


**o Abb. 16.56** Molekülorbital-Diagramm von Kohlenstoffmonoxid

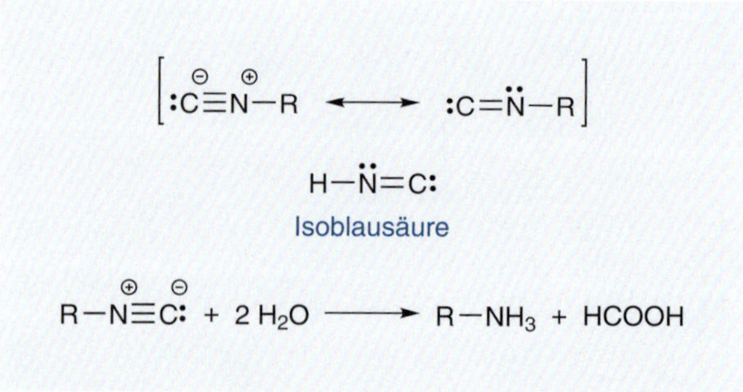


**o Abb. 16.57** Mesomerie (oben) und Hydrolyse (unten) der Isonitrile sowie Struktur von Isoblausäure (Mitte)

$$2\,C + O_2 \rightleftharpoons 2\,CO + H_2 \qquad \Delta H = -222\ \text{kJ/mol}$$

$$C + H_2O \rightleftharpoons CO + H_2 \qquad \Delta H = +130\ \text{kJ/mol}$$

**o Abb. 16.58** Reaktionsschritte der Kohleveredlung

**Exkurs: Kohlenstoffmonoxid – ein Atemgift**

Aufgrund seiner starken Bindungsfähigkeit an das $Fe^{2+}$-Ion des Hämoglobins verhindert Kohlenstoffmonoxid die Anlagerung von Sauerstoff an Hämoglobin. Trotz des evolutionären Schutzmechanismus des Hämoglobins, das durch einen proximalen Histidinrest über dem Porphyrin-Makrocyclus die optimale lineare Anlagerung des Kohlenmonoxids verhindert, bindet dieses immer noch 328-mal stärker als Sauerstoff. Ist die CO-Konzentration in der Atemluft größer als 1 %, tritt rascher Tod durch inneres Ersticken ein. Kohlenmonoxid bildet mit $Fe^{2+}$ tiefrote Charge-Transfer-Komplexe. Opfer einer Kohlenmonoxidvergiftung weisen daher oft kirschrote Flecken auf, deren Farbe auf den gebildeten Komplex aus CO und Häm-Liganden des Hämoglobins beruht.

### Isocyanide (Isonitrile)

In den Isocyaniden liegt eine ähnliche Bindungssituation vor wie im Kohlenstoffmonoxid. Isocyanide sind somit isoelektronische Derivate des Kohlenmonoxids (o Abb. 16.57, oben). Man spricht in solchen Fällen von **Isosterie**, d. h., beide Moleküle besitzen dieselbe Anzahl und Anordnung von Atomen, gleich viele Außenelektronen und eine analoge Gesamtladung. Das O-Atom wird durch die N−R-Gruppierung ersetzt. Da Isocyanide mit Nitrilen (Alkylcyaniden) isomer sind, werden sie auch als **Isonitrile** bezeichnet. Die ihnen zugrunde liegende, sehr instabile Isoblausäure (o Abb. 16.57, Mitte) tritt neben Blausäure im interstellaren Raum auf. Dort ist sie aufgrund der extrem hohen Verdünnung und der daraus resultierenden äußerst geringen Gesamtkonzentration an Molekülen metastabil und damit nachweisbar. Isocyanide sind meist sehr unangenehm riechende Flüssigkeiten, die im Vergleich zu den isomeren Nitrilen toxisch sind. Ihre Siedetemperaturen liegen etwa 20 °C tiefer als die der entsprechenden Nitrile. Acetonitril (Methylcyanid) siedet z. B. bei einer Temperatur von 81,6 °C, während der Siedepunkt von **Methylisocyanid** (Methylisonitril) bei 60 °C liegt. Gegen Alkalien sind Isocyanide beständig, jedoch werden sie durch verdünnte Mineralsäuren schon bei Raumtemperatur zum primären Amin und Ameisensäure hydrolysiert (o Abb. 16.57, unten).

## 16.3.2 Gewinnung und Synthese

### Kohlenstoffmonoxid

**Kohlenstoffmonoxid** tritt als Spaltprodukt der Ameisensäure, von α-Ketosäuren und der Oxalsäure auf (**Kohlenmonoxidspaltung** oder **Decarbonylierung**). Zur Erzeugung *in situ* eignet sich ein gekühltes Gemisch von Ameisensäure und Schwefelsäure. Technisch kann es durch Tieftemperaturzerlegung (*Linde*-Verfahren) aus Synthesegas hergestellt werden. Gegenüber der Herstellung aus Methan (▸Kap. 4.1) gewinnt die **Kohleveredlung** (Kohlevergasung) bei steigenden Preisen von Erdöl und Erdgas wieder an Bedeutung. Parallel zur exotherm verlaufenden partiellen Verbrennung der Kohle erfolgt die endotherme Bildung von Wassergas (Mischung aus Kohlenstoffmonoxid und Wasserstoff; o Abb. 16.58). Solche unter Eigenwärme verlaufenden Reaktionen werden als „autotherm" bezeichnet. Verfahren, bei denen insgesamt Fremdwärme zugeführt werden muss, verlaufen „allotherm". Das Verhältnis von Kohlenmonoxid zu Wasserstoff kann durch das Wassergas-Gleichgewicht (Kohlenoxid-Konvertierung) und das *Boudouard*-Gleichgewicht verändert werden (o Abb. 16.59).

### Isocyanide (Isonitrile)

Durch Umsetzung von Alkylhalogeniden mit festem Silbercyanid entstehen ausschließlich **Isocyanide** (o Abb. 16.60). Verwendet man anstelle von Silbercyanid Kupfer(I)-cyanid, entstehen ca. 60 % Isocyanid neben dem entsprechenden Nitril. Mit Natrium- oder Kaliumcyanid erhält man nahezu ausschließlich das Nitril und nur geringe Mengen Isocyanid (sog. *Kornblum*-Regel). Dies kann auf der Grundlage des HSAB-Prinzips (▸Kap. 2.3.1) folgendermaßen erklärt werden: Wenn die Reaktion mit Schwermetallcyaniden ausgeführt wird, verläuft sie bevorzugt nach einem $S_N1$-Mechanismus. Es entsteht ein Carbeniumion, das als relativ harte Säure bevorzugt Stickstoff als die härtere Base des ambidenten Cyanidions angreift. Mit Kalium- oder Natriumcyanid verläuft die Reaktion überwiegend nach einem $S_N2$-Mechanismus, wobei das C-Atom des Alkylhalogenids als relativ weiche Säure die weichere Base, also das C-Atom des Cyanidions, angreift.

Frei von Nitrilen erhält man Isocyanide auch durch Einwirkung von Chloroform und Kalilauge auf primäre Amine. Reaktionen mit Chloroform und starkem Alkali verlaufen intermediär über das instabile, sehr reaktionsfähige **Dichlormethylen** ($CCl_2$, Dichlorcarben, o Abb. 16.61; ▸Kap. 21.1.2, *Reimer-Tiemann*-Synthese), das sich mit seiner Oktettlücke an das freie Elektronenpaar des N-Atoms von primären Aminen anlagert. Das entstehende Betain mit Ylid-Struktur geht mit Alkali unter Abspaltung zweier Moleküle HCl in das vom primären Amin abgeleitete Isocyanid über.

Am besten lassen sich Isocyanide aus formylierten, primären Aminen mit Phosphoroxychlorid (oder Phosgen) in Gegenwart einer Base, z. B. Pyridin oder Triethylamin, unter Wasserabspaltung darstellen (o Abb. 16.62).

$$CO + H_2O \rightleftharpoons CO_2 + H_2 \qquad \Delta H = -42\ \text{kJ/mol}$$

$$C + CO_2 \rightleftharpoons 2\,CO \qquad \Delta H = +172\ \text{kJ/mol}$$

o **Abb. 16.59** Wassergas-Gleichgewicht (oben) und *Boudouard*-Gleichgewicht

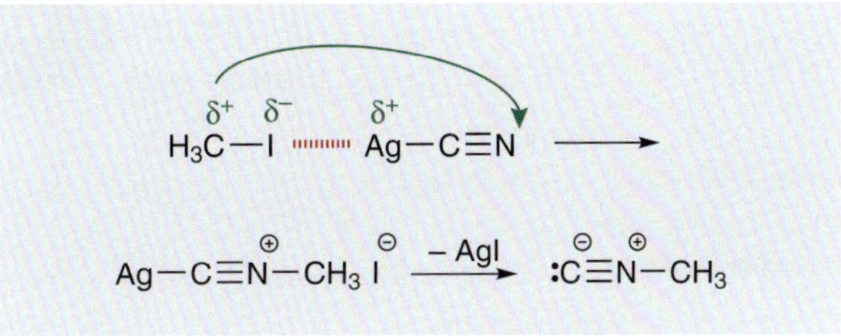

o **Abb. 16.60** Selektive Synthese von Methylisonitril

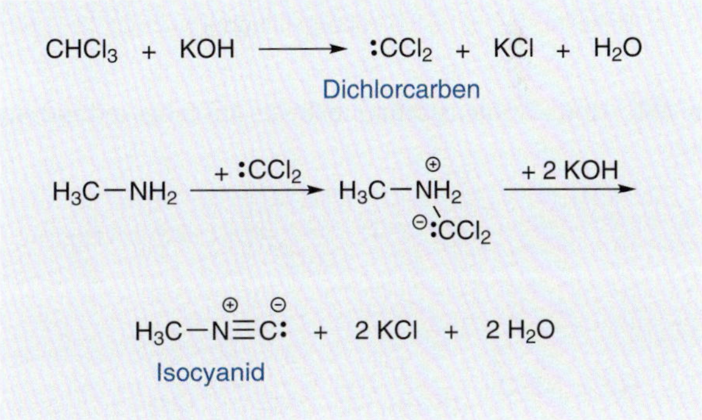


o **Abb. 16.61** Darstellung von Isocyaniden unter Verwendung von Dichlorcarben

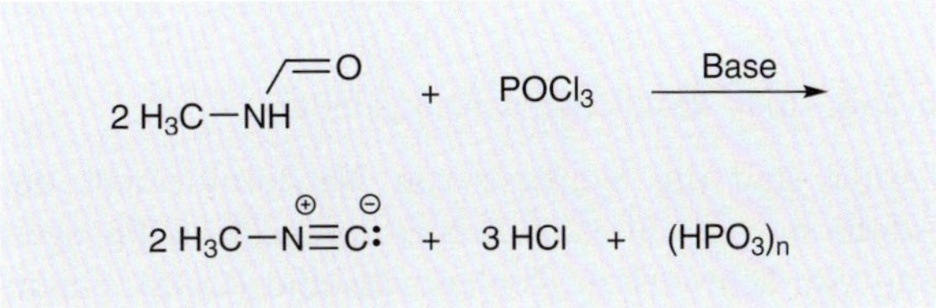

o **Abb. 16.62** Darstellung von Isocyaniden durch Dehydratisierung von Amiden

## 16.3.3 Reaktionen und Anwendungen

### Kohlenstoffmonoxid

Kohlenstoffmonoxid dient neben Olefinen und Acetylen als wichtiges Ausgangsmaterial für eine Reihe von **technischen Synthesen** aliphatischer Verbindungen. Dabei kann in vielen Fällen unmittelbar **Synthesegas** eingesetzt werden. So erhält man durch Hydrierung – je nach Reaktionsbedingungen – Paraffine, Methanol oder höhere Alkohole (*Fischer-Tropsch*-Verfahren). Die Carbonylierung von Olefinen führt zu Carbonsäuren bzw. deren Derivaten, die Carbonylierung von Acetylenen zu $\alpha,\beta$-ungesättigten Carbonsäuren. Die Hydroformylierung von 1-Monoolefinen mit Kohlenmonoxid und Wasserstoff liefert Aldehyde oder auch Alkohole (vgl. Oxosynthese, ▸Kap. 12.1.4). Die wichtigsten vom Kohlenmonoxid ausgehenden Reaktionen sind in o Abb. 16.63 zusammengefasst.

Die Carbonylierung von Methanol zu Essigsäure (▸Kap. 6.1, ▸Kap. 13.1) ist besonders wirtschaftlich, weil in dem gesamten Verfahren der Sauerstoff des Kohlenmonoxids im Produkt verbleibt.

Die katalytische Copolymerisation von Olefinen mit Kohlenmonoxid in Gegenwart kationischer Palladiumkomplexe mit chelatisierendem Liganden (abgekürzt [Pd]) liefert **Polyketone**, die als Thermoplaste verwendet werden:

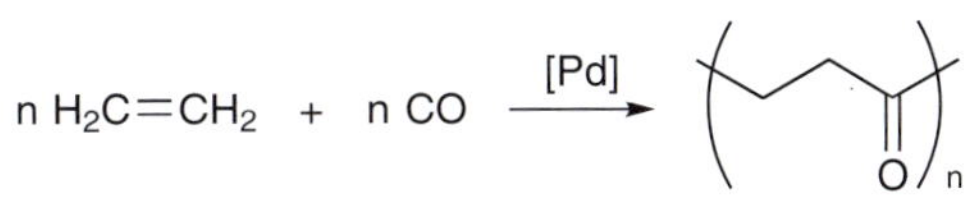

16

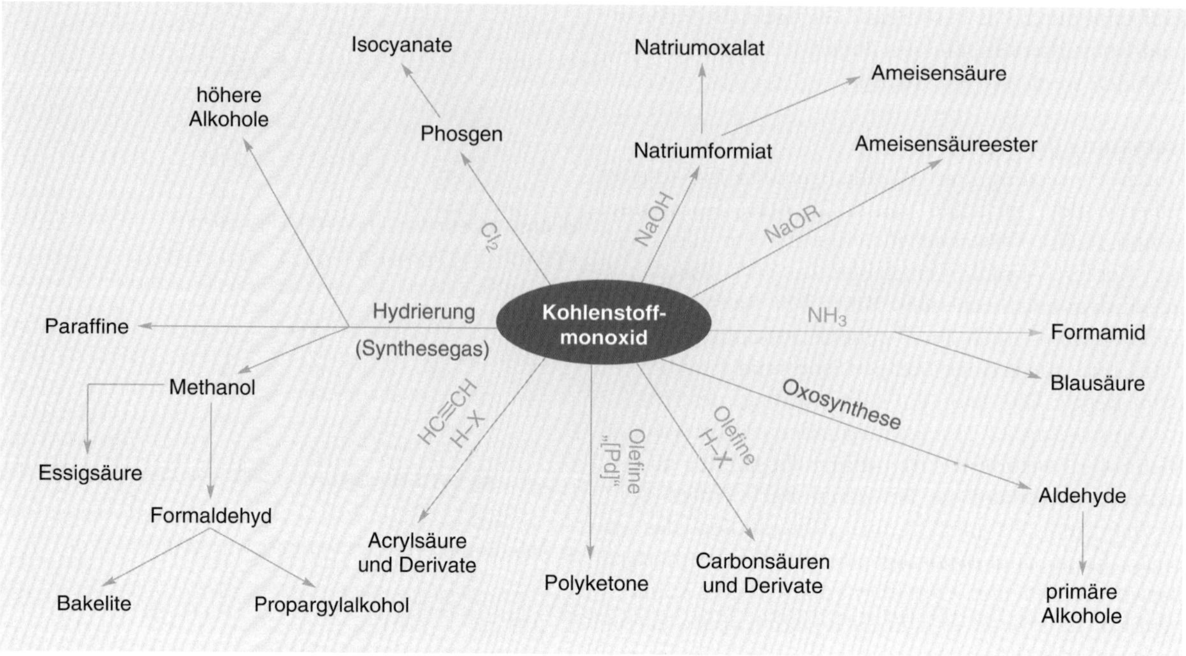


**o Abb. 16.63** Kohlenstoffmonoxid als Ausgangsverbindung für die technische Synthese vieler wichtiger Grundchemikalien

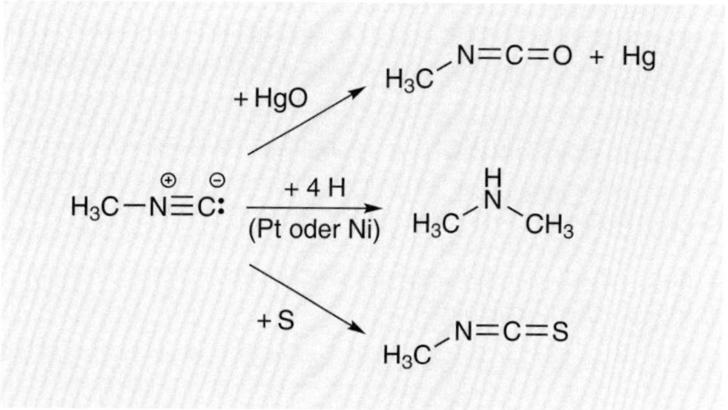


**o Abb. 16.64** Reaktionen der Isocyanide

Ferner sind die Synthese von Natriumformiat, die Addition von Chlor an Kohlenmonoxid zu Phosgen und von Schwefel zu Kohlenoxidsulfid (COS), einem geruchlosen, giftigen Gas mit einem Siedepunkt von −50 °C von Bedeutung.

Da es sich beim Kohlenmonoxid um einen starken **$\pi$-Akzeptor-Liganden** handelt, der eine hohe Ligandenfeldaufspaltung bewirkt, ist seine Tendenz zur Bildung von **Metallcarbonylen** charakteristisch. Besonders interessant sind hierbei die Metallkomplexe, bei denen das jeweilige Metall mit einer Oxidationsstufe von Null vorliegt (z. B. $Ni(CO)_4$).

### Isocyanide (Isonitrile)

Bei der katalytischen Reduktion der Isocyanide entstehen sekundäre Amine. Diese Reaktion ist analog der Hydrierung von Kohlenmonoxid zu Methanol und ermöglicht die Synthese sekundärer Amine, die eine Methylgruppe tragen. Isocyanide addieren Sauerstoff (aus Quecksilber(II)-oxid) bzw. Schwefel unter Bildung von Isocyanaten bzw. Isothiocyanaten (o Abb. 16.64).

Das mit dem Stickstoffatom der Isonitrilgruppe verknüpfte Kohlenstoffatom ist aufgrund der Resonanzstabilisierung des Carbanions zudem **CH-acide** und daher leicht metallierbar und anschließend alkylierbar (o Abb. 16.65). Dies lässt sich synthetisch zur Umpolung des $\alpha$-Kohlenstoffs von Aminen nutzen. Dieses C-Atom zeigt normalerweise eher Akzeptoreigenschaften (Elektrophilie), durch die Überführung der Aminogruppe in die Isonitrilgruppe und die anschließende Deprotonierung wird das C-Atom jedoch zu einem nucleophilen Zentrum umgepolt.

Isonitrile dienen auch als Edukte bei der ***Ugi*-Reaktion**. Diese, erstmals von *Ivar Ugi* 1962 beschriebene Mehrkomponentenreaktion ist mit der *Passerini*-Reaktion verwandt. Bei der *Ugi*-Reaktion werden eine Carbonsäure, ein Amin, eine Carbonylverbindung und ein Isonitril, d. h. vier Komponenten, zu einem Bisamid umgesetzt (o Abb. 16.66, oben). Die *Passerini*-Reaktion (1921) setzt eine Carbonsäure, eine Carbonylverbindung und ein Isonitril, d. h. drei Komponenten, zu einem Ester eines $\alpha$-Hydroxycarbonsäureamids um (o Abb. 16.66, unten). Beide Reaktionen finden Anwendung in der **kombinatorischen Chemie**. Hierbei werden durch Kombination und Variation verschiedener Komponenten eine Vielzahl von Verbindungen mit gleichem Grundgerüst, aber unterschiedlichen Resten synthetisiert.

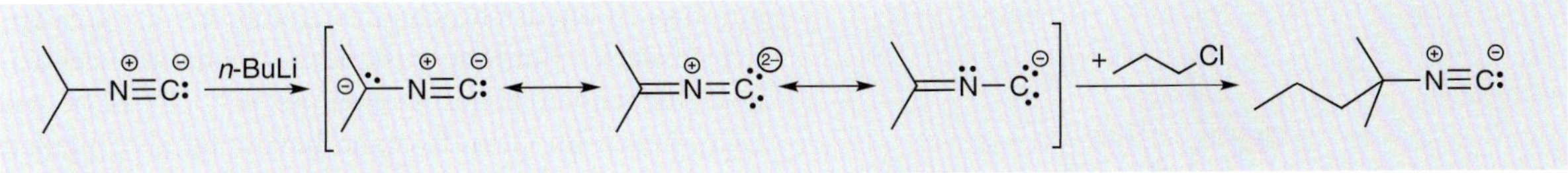


**Abb. 16.65** Alkylierung eines Isonitrils

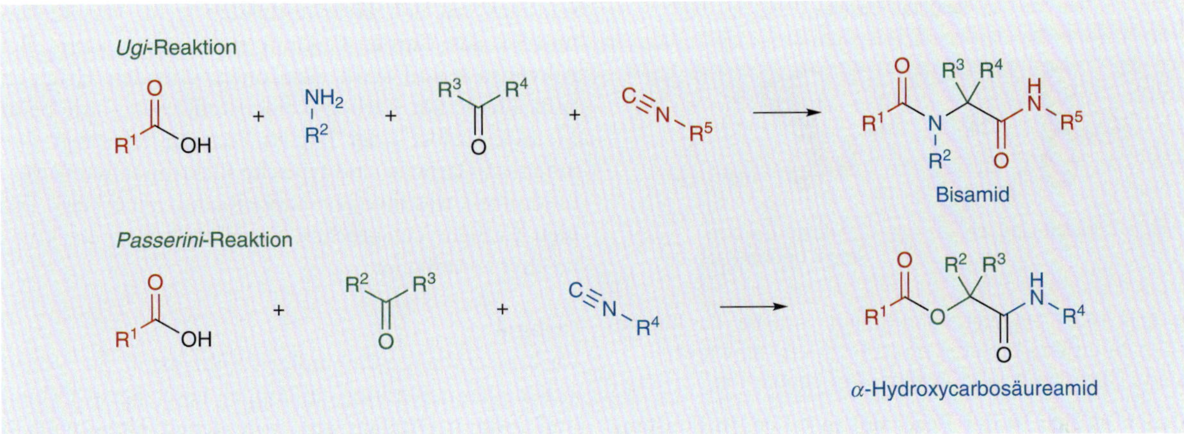


**Abb. 16.66** Die *Ugi*-Reaktion, eine Vier-Komponenten-Reaktion, resultiert in Bisamiden (oben); *Passerini*-Reaktion zur Herstellung von α-Hydroxycarboxamiden

### 16.3.4 Ausgewählte Verbindungen

#### Nickeltetracarbonyl

**Nickeltetracarbonyl**, $Ni(CO)_4$, ist eine farblose Flüssigkeit mit einem Siedepunkt von 45 °C und einer Dichte von 1,32 g/cm$^3$. Es ist giftig und hat sich im Tierversuch als carcinogen erwiesen. Bei einer Temperatur von über 60 °C entzündet es sich an der Luft. Nickeltetracarbonyl ist ein starkes Reduktionsmittel. Es entsteht als Zwischenprodukt beim sogenannten *Mond*-Verfahren, das zur Reinigung des Nickelmetalls dient. Hierbei wird Kohlenmonoxid bei ca. 80 °C über das verunreinigte Metall geleitet. In einer exothermen Reaktion entsteht das bei dieser Temperatur gasförmige Nickeltetracarbonyl, welches in eine heißere Kammer (ca. 200 °C) geleitet wird und sich dort wieder in seine Elemente aufspaltet. Die strukturelle Ähnlichkeit der Isocyanide mit Kohlenmonoxid tritt besonders deutlich bei der Bildung von Komplexverbindungen zutage; z. B. lassen sich die vier CO-Gruppen im Nickeltetracarbonyl durch das reaktionsfähigere Phenylisocyanid verdrängen, wobei **Nickeltetraphenylisocyanid** – eine gelbe, kristalline Substanz – entsteht (*Hieber* u. *Klages*).

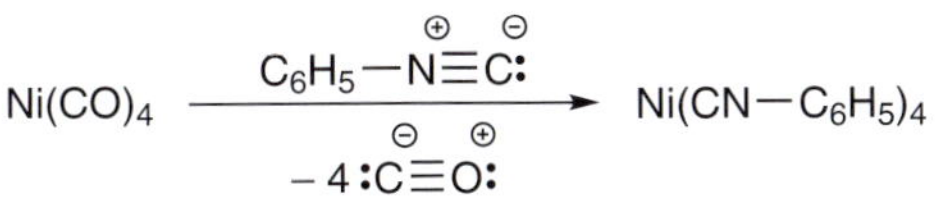


#### Xantocillin

**Xantocillin** ist einer der ersten Naturstoffe, in denen die Isonitrilstruktur nachgewiesen werden konnte. Es handelt sich um eine lokalanästhetisch wirkende Substanz aus *Penicillium notatum* mit hohem Allergierisiko, das jedoch klinisch bislang nicht von Bedeutung war.

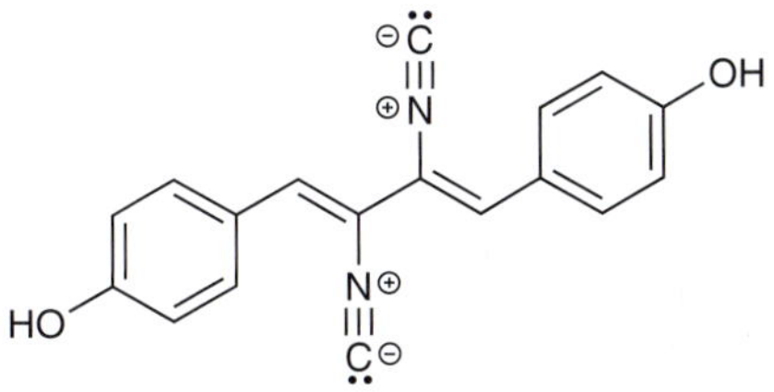


## 16.4 Carbene, Carbine und Nitrene als instabile Zwischenprodukte

### 16.4.1 Struktur und Eigenschaften

Zahlreiche Reaktionen verlaufen intermediär über kurzlebige, sehr reaktionsfähige Zwischenprodukte. Kohlenstoffradikale treten z. B. bei der Halogenierung von Alkanen auf; Carbenium-Ionen ($R_3C^+$) bzw. nichtklassische Carbonium-Ionen wie das Norbornylkation ($R_5C^+$) z. B. bei $S_N1$-Reaktionen. Da Kohlenstoff nicht 5-bindig sein kann, liegt in nichtklassischen Carboniumionen wie z. B. $CH_5^+$ eine Zwei-Elektronen-drei-Zentren-Bindung vor, d. h. zwei der fünf H-Atomen werden nur über zwei Bindungselektronen an das C-Atom gebunden. Das $CH_5^+$-Kation entsteht z. B. bei der Reaktion von Methan mit Fluorsulfonsäure. Carbanionen ($R_3C{:}^-$), insbesondere die mesomeriestabilisierten Enolate, sind wichtige Intermediate bei Reaktionen CH-acider Verbindungen wie der *Claisen*- oder *Knoevenagel*-Kondensation. Ein weitere Klasse wichtiger reaktiver Zwischenstufe sind die **Carbene $R_2C$**, bei

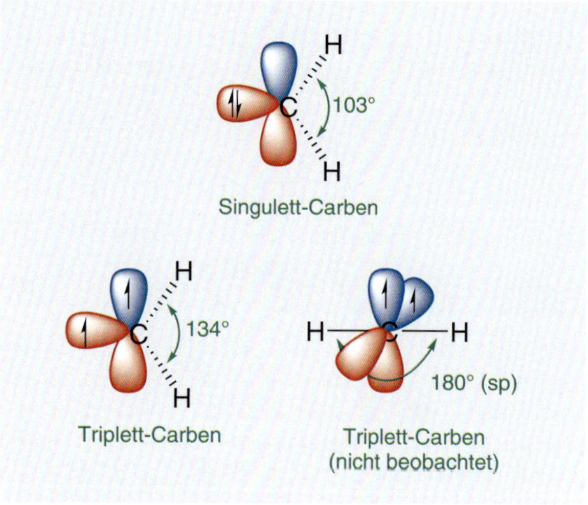


**o Abb. 16.67** Singulett- und Triplett-Carbene; das lineare sp-hybridisierte Triplett-Carben beschreibt eine idealisierte Darstellung, wird so aber nicht beobachtet

denen es sich in der Regel um instabile, in Substanz meist nicht fassbare Verbindungen mit einem **Elektronensextett** am C-Atom handelt. Das einfachste Carben ist **Methylen** ($CH_2$). Die entsprechenden Stickstoffanaloga werden als **Nitrene** bezeichnet (RN). Des Weiteren sind die **Carbine** (Derivate des Methylidens, CH) zu nennen, die formal eine Elektronenpentett-Struktur aufweisen. Carbenium-Ionen sind formal Protonierungsprodukte der Carbene.

## Carbene

**Carbene** enthalten zweibindigen Kohlenstoff mit einem Elektronensextett. Für ihren Bindungszustand lassen sich zwei Strukturen diskutieren, je nachdem, ob die beiden freien Elektronen am C-Atom gepaart (**Singulett-Carben**) oder ungepaart (**Triplett-Carben**, 1,1-Diradikal) vorliegen (o Abb. 16.67). Im ersten Fall ist das C-Atom $sp^2$-hybridisiert und die gepaarten Elektronen befinden sich in einem der drei Hybridorbitale; das $p_z$-Orbital ist leer. Im zweiten Fall kann das C-Atom entweder ebenfalls $sp^2$-hybridisiert sein (jeweils ein ungepaartes Elektron in einem der drei $sp^2$-Hybridorbitale und im $p_z$-Orbital) oder sp-hybridisiert (mit zwei einfach besetzten p-Orbitalen am C-Atom). Der Grundzustand des Methylens, $CH_2$, ist das Triplett-Carben, während das Singulett-Carben dem ersten Anregungszustand des Methylens entspricht. Die Energiedifferenz zwischen den beiden Zuständen beträgt etwa 36 kJ/mol. Triplett-Methylen weist einen H—C—H-Winkel von ca. 134° auf. Das heißt, der Kohlenstoff lässt sich am besten als $sp^2$-hybridisiert beschreiben. Die beiden ungepaarten Elektronen besetzen eines der drei $sp^2$-Hybridorbitale und das dazu senkrecht stehende $p_z$-Orbital. Diese Elektronenkonfiguration ist offensichtlich günstiger als ein linearer, sp-hybridisierter Bindungszustand. Carbene mit elektronenschiebenden Heteroatomen (z. B. O, N, Cl), wie $CCl_2$, liegen im Grundzustand bevorzugt als Singulett vor, da das Heteroatom durch seinen +M-Effekt eines seiner freien Elektronenpaare in das freie p-Orbital, das senkrecht zu den Hybridorbitalen steht, verschieben und so das Carben-C-Atom stabilisieren kann. Bei Alkylresten und stark elektronenziehenden Gruppen (z. B. Fluor) am Carben-Kohlenstoff, wird – wie beim Methylen selbst – der Triplett-Zustand bevorzugt. Die Singulett-Carbene sind typische Elektronenmangelverbindungen, was ihre besondere Reaktivität erklärt. Triplett-Carbene entsprechen hinsichtlich ihrer Reaktivität eher Diradikalen.

## Carbine

**Carbine** enthalten einbindigen Kohlenstoff. Sie weisen außer einer $\sigma$-Bindung ein doppelt besetztes sp-Orbital und zwei p-Orbitale auf, von denen eines einfach besetzt und das andere leer ist. Im Gegensatz zu Carbenen ist bei Carbinen der erste angeregte Zustand so energiereich, dass chemische Reaktionen nur aus dem Grundzustand heraus möglich sind. Selbst dieser ist so reaktiv, dass Reaktionen in der Gasphase bei praktisch jedem Zusammenstoß mit organischen Molekülen eintreten. Spektroskopisch ist **Methyliden**, CH, beim Verbrennen von Kohlenwasserstoffen (Flamme des *Bunsen*brenners) und im Weltraum nachgewiesen worden.

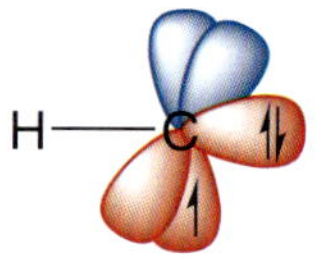


## Nitrene

Die den Carbenen analogen Stickstoffverbindungen werden als **Nitrene** oder auch als Azene, Imene oder Imidogene bezeichnet. Sie enthalten einbindigen Stickstoff mit einem Elektronensextett und sind daher, wie Carbene, typische Elektronenmangelverbindungen. In einer festen Argonmatrix konnten Alkyl- und Arylnitrene im Grundzustand bei einer Temperatur von −269 °C ESR-spektroskopisch untersucht und als Triplett-Strukturen, also 1,1-Diradikale, charakterisiert werden. Unter den üblichen Photolysebedingungen entstehen im Allgemeinen jedoch zuerst die angeregten Singulettnitrene.

### 16.4.2 Gewinnung und Synthese

#### Carbene

Carbene entstehen bei der thermischen oder photochemischen **Spaltung von Diazoalkanen** oder Ketenen. Auf diesem Wege erhält man auch substituierte Carbene, wie Acylcarbene und Alkoxycarbonylcarbene (o Abb. 16.68). Dihalogencarbene wie Dichlorcarben, $CCl_2$, und Dibromcarben, $CBr_2$, treten – wie bereits in ▸Kap. 16.3.2 besprochen – bei der Einwirkung von Alkali auf Chloroform oder Bromoform auf (vgl. *Reimer-Tiemann*-Reaktion, ▸Kap. 21.1.3). Die Reaktionen werden am besten unter Phasentransferkatalyse durchgeführt. Dibromcarben entsteht auch aus Tetrabrommethan und Methyllithium in Ether bei –60 °C.

#### Nitrene

Nitrene entstehen als normalerweise nicht isolierbare Zwischenprodukte bei der photochemischen **Spaltung von Aziden**, die analog zur Carbenbildung aus Diazoverbindungen verläuft. Arylnitrene werden bei der Reaktion aromatischer Nitro- oder Nitrosoverbindungen mit Phosphor(III)-Verbindungen gebildet.

$$Ar{-}NO + PCl_3 \longrightarrow ArN + POCl_3$$

Einen weiteren Zugang *in situ* bieten z. B. bei Ethoxycarbonylnitren entweder die Photolyse von Azidoameisensäureethylester oder die Deprotonierung von *p*-Nitrobenzensulfonyloxyurethan, z. B. mit Triethylamin, und anschließende Solvolyse (o Abb. 16.69).

### 16.4.3 Reaktionen und Anwendungen

#### Carbene

Die Folgereaktionen der instabilen Carbene basieren auf dem Bestreben, das Elektronensextett zum Oktett aufzufüllen, und lassen sich in mehrere Gruppen einteilen:

1. **Insertionsreaktionen:** Carbene können sich durch Einschiebung in unmittelbar benachbarte C—H- und C—C-Bindungen unter Bildung von Alkenen stabilisieren. Bei Singulett-Carbenen erfolgt die Reaktion konzertiert, bei Triplett-Carbenen über Radikale als Zwischenstufen. Bei verzweigten Alkylcarbenen kann auch eine Insertion des Carbenkohlenstoffs in eine CH-Bindung in $\beta$-Position erfolgen (o Abb. 16.70). Dabei entstehen Cyclopropanderivate (▸Kap. 4.2).
2. **Umlagerungen**: Acylcarbene lagern sich in Ketene um (*Wolff*-Umlagerung, o Abb. 16.71; vgl. auch ▸Kap. 14.1.3).
3. **Additionsreaktionen:** Carbene reagieren als elektrophile Agenzien mit nucleophilen Partnern, z. B. lagern sie sich an C=C-Doppelbindungen unter Bildung von Cyclopropanderivaten an (▸Kap. 4.2). So erhält man durch Addition von Methylen an Cyclo-

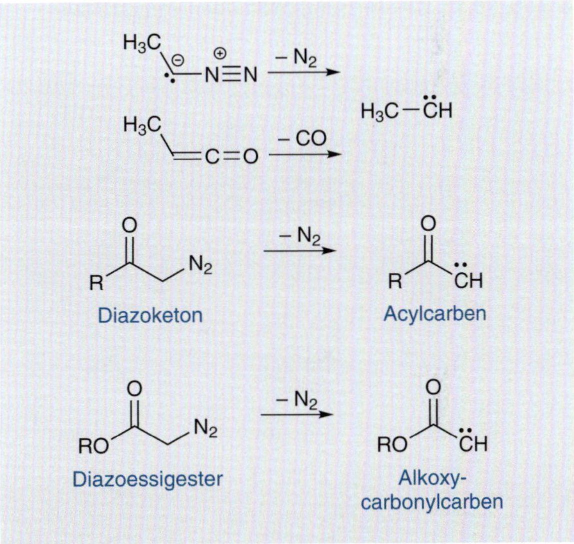


o **Abb. 16.68** Darstellung von Carbenen mit verschiedenen funktionellen Gruppen

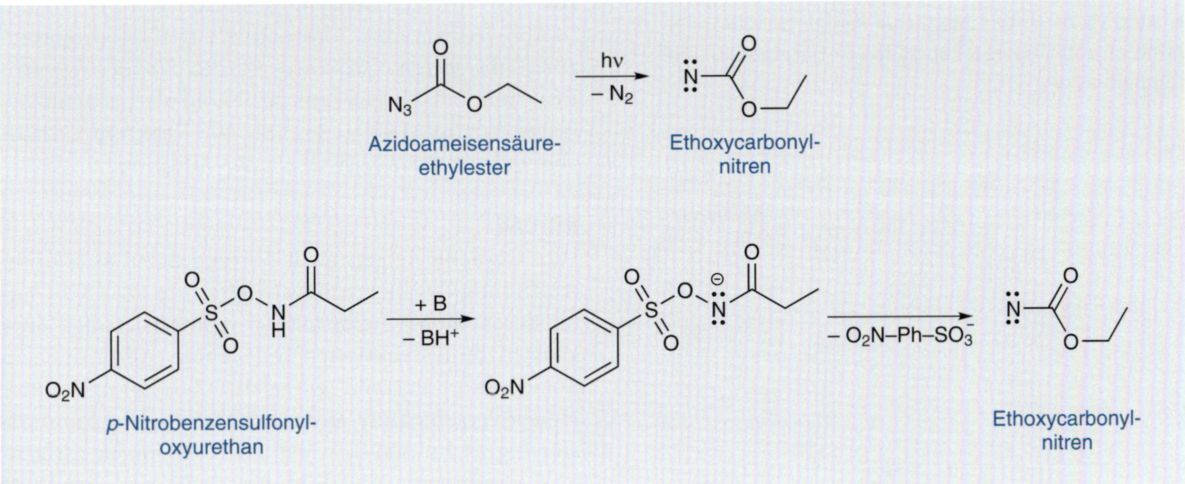


o **Abb. 16.69** Darstellung von Ethoxycarbonylnitren

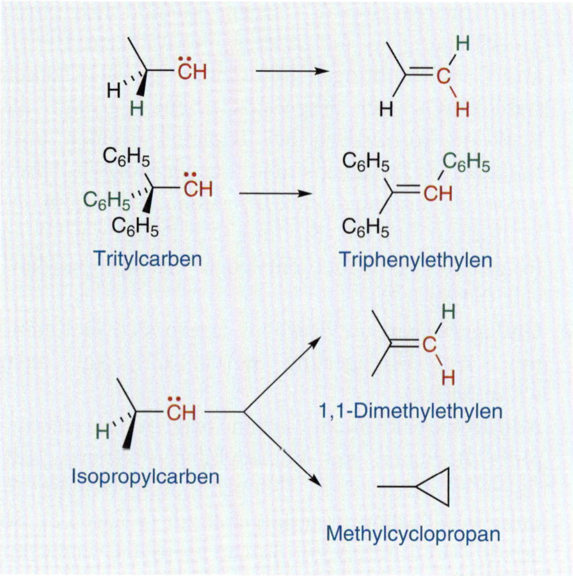


**o Abb. 16.70** Einschiebungsreaktionen von Carbenen

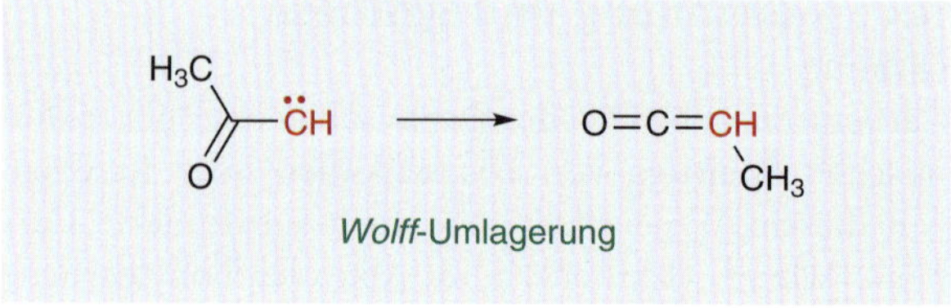


**o Abb. 16.71** *Wolff*-Umlagerung von Acylcarbenen

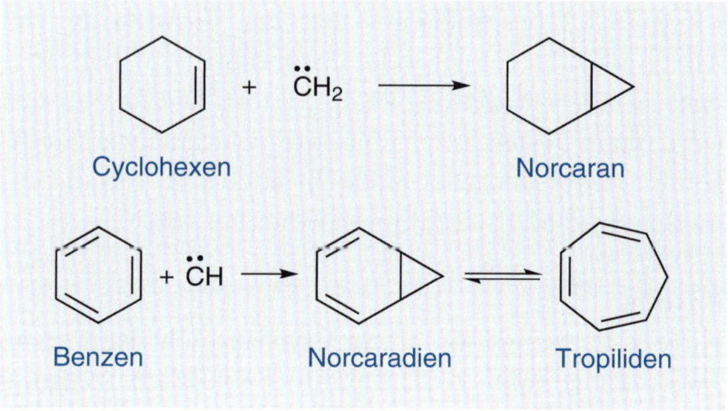


**o Abb. 16.72** Additionsreaktionen von Carbenen an Doppelbindungen

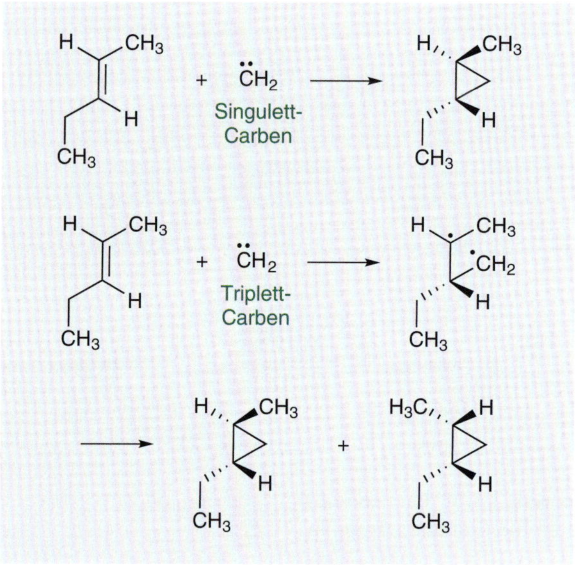


**o Abb. 16.73** Unterschiedlicher Reaktionsverlauf der Addition von Singulett- und Triplett-Carbenen an eine Doppelbindung

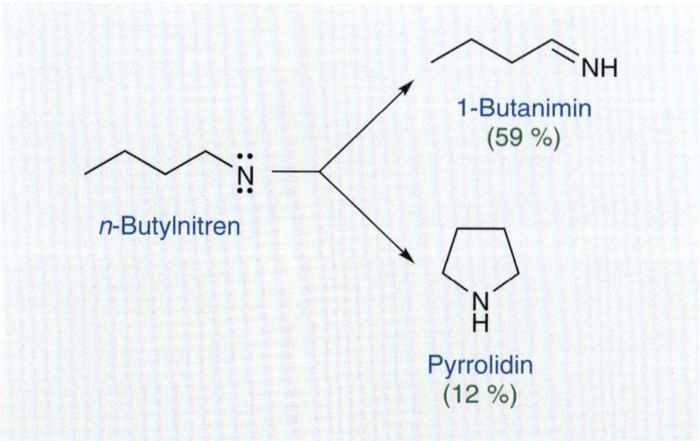


**o Abb. 16.74** Isomerisierung von Nitrenen

hexen Bicyclo[4.1.0]heptan, 8,9,10-Trinorcaran, kurz **Norcaran** (o Abb. 16.72, oben); das Präfix „nor" bezeichnet das Fehlen mindestens einer $CH_2$- oder $CH_3$-Gruppe. Dieser Reaktionstyp wird auch als ***syn*-1,1-Cycloaddition** bezeichnet. Bei aromatischen Verbindungen schließt sich zusätzlich noch eine elektrocyclische Ringöffnung des zuerst gebildeten Norcaradiens an. Das heißt, es findet eine Ringerweiterung statt; z. B. entsteht aus Benzen und Methylen das **Tropiliden** (Cycloheptatrien; o Abb. 16.72, unten).

Kommt es zur Reaktion von Carbenen mit Doppelbindungen, an denen verschiedene Reste gebunden sind, hängt der stereochemische Verlauf der Addition vom Carben-Typ ab. Singulett-Carbene reagieren in einer konzertierten *syn*-Addition. Triplett-Carbene hingegen reagieren als Diradikal zweistufig, wobei es zum Verlust der Stereoinformation kommen kann (o Abb. 16.73). Eine Alternative zur Cyclopropanierung mit freien Carbenen ist die *Simmons-Smith*-Reaktion, bei der ein Zinkcarbenoid als Carbenüberträger fungiert (▸ Kap. 11.3.3). Die Reaktion verläuft ebenfalls stereospezifisch als *syn*-Addition.

## Nitrene

Wie Carbene neigen auch Nitrene dazu, sich unter Auffüllung des Elektronensextetts zum Oktett zu stabilisieren, wobei sie bevorzugt Isomerisierungs- und Einschiebungsreaktionen und weniger Additionen an nucleophile Partner eingehen. So erfolgt unter Hydridverschiebung aus der $\alpha$-Stellung die **Isomerisierung** zu Iminen bzw. bei der Insertion in entferntere Bindungen die Bildung cyclischer Produkte (o Abb. 16.74).

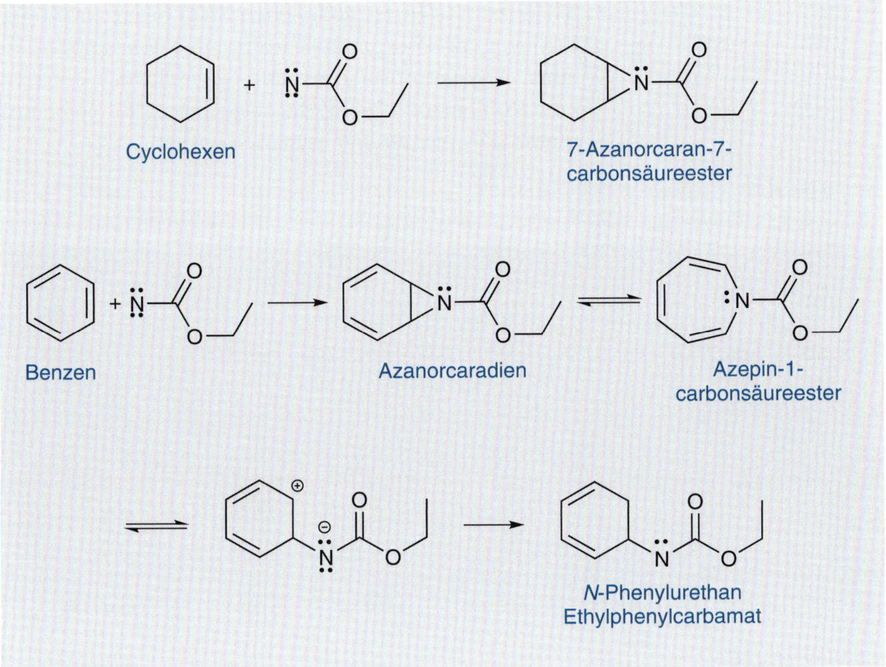


**○ Abb. 16.75** Additionsreaktionen von Nitrenen

Charakteristisch für **Arylnitrene** ist ihre Dimerisierung zu Azobenzenen:

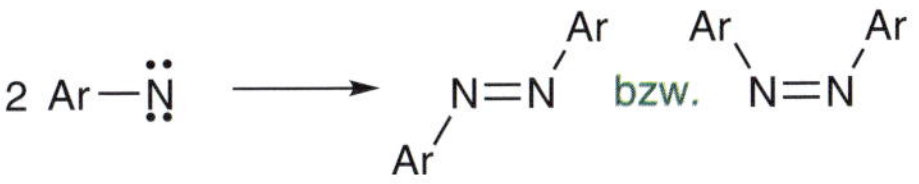


**Additionsreaktionen** an nucelophile Partner gelingen z. B. mit Ethoxycarbonylnitren; wie bei Carbenen erhält man dabei mit Cyclohexen ein bicyclisches Produkt (○ Abb. 16.75, oben). Mit Benzen tritt eine Ringerweiterung zum 7-Ring ein (Azepin), der teilweise unter Umlagerung zu einem *N*-Phenylurethan weiterreagiert (○ Abb. 16.75, unten).

## 16.4.4 Ausgewählte Verbindungen

### Stabile Carbene

Die Darstellung **stabiler Carbene** gelang erstmalig 1991 durch *Arduengo* (*Arduengo*-Carbene). Sie verdanken ihre Stabilität der sterischen Hinderung und der Auffüllung der Elektronenlücke am Carben-Kohlenstoff durch stark elektronenschiebende Stickstoffatome (○ Abb. 16.76, oben). Die polaren Grenzformeln verdeutlichen den **nucleophilen** Charakter dieser Carbene (○ Abb. 16.76, unten), die schon in den 1960er Jahren von *Wanzlick* an einigen Imidazolinderivaten als reaktive Zwischenstufen erkannt worden waren, jedoch nicht isoliert werden konnten. Die heute in großer Zahl bekannten donorstabilisierten Carbene, die mit Tetraaminoethylenen im Gleichgewicht stehen (*Wanzlick*-Gleichgewicht), werden in ▸Kap. 30.2.3 ausführlicher behandelt.

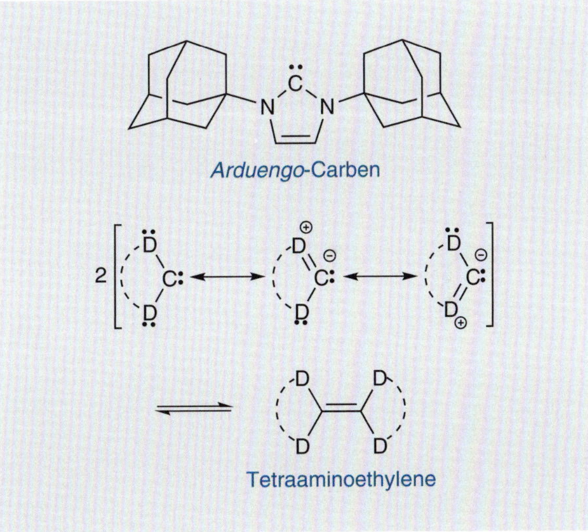


**○ Abb. 16.76** Erstes durch *Arduengo* dargestelltes stabiles Carben (oben); Stabilisierung von Carbenen durch Elektronendonatoren (D) (unten)

### Poly(phenylcarbin)

Poly(**phenylcarbin**), $(PhC)_n$, erhält man bei der Ultraschallbehandlung einer stöchiometrischen Emulsion einer Natrium/Kalium-Legierung in Tetrahydrofuran und Benzotrichlorid (○ Abb. 16.77). Das Polymer fällt als bräunliches, in organischen Lösemitteln lösliches Pulver an und unterscheidet sich deutlich von Poly(diphenylacetylen), das die gleiche Summenformel hat. Im Poly(phenylcarbin)-Gerüst liegen entlang der Polymerkette hauptsächlich $sp^3$-hybridisierte Koh-

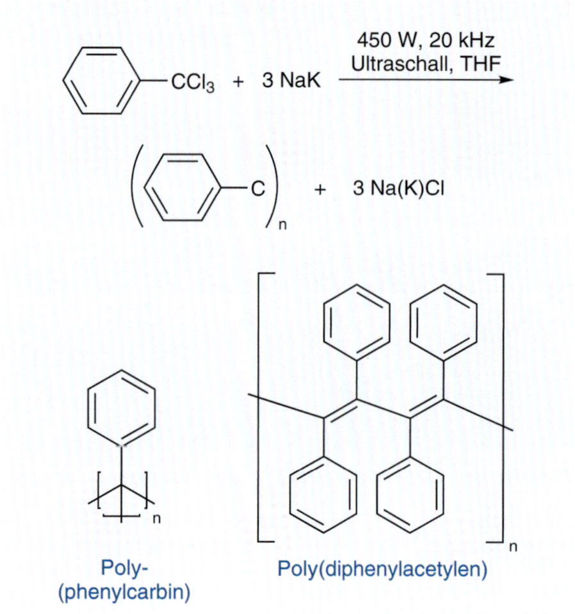


**Abb. 16.77** Synthese von Poly(phenylcarbin)

lenstoffatome in tetraedrischen Strukturen vor. Beim Erhitzen von Poly(phenylcarbin) auf 1 000–1 600 °C in einer Argonatmosphäre unter Normaldruck entsteht eine Kohlenstoffschicht, die ausgedehnte Bereiche mit diamantähnlichen Eigenschaften enthält.

# 17 Kohlenhydrate

Monosaccharide ... 466 | Oligosaccharide ... 493 | Polysaccharide (Glycane) ... 500



Als Kohlenhydrate bezeichnet man die im Tier- und Pflanzenreich vorkommenden Zucker, die gemeinsam mit Fett und Proteinen die Ernährungsgrundlage bilden. Kohlenhydrate gehören zu den nachwachsenden Rohstoffen und können in drei Hauptgruppen eingeteilt werden:

- **Monosaccharide** (Einfachzucker, ▸Kap. 17.1);
- **Oligosaccharide** (▸Kap. 17.2): Typischerweise sind 2–6 Monosaccharide durch glycosidische Bindungen, d. h. als Acetale, miteinander verknüpft. Man unterscheidet:
  - Disaccharide, z. B. Saccharose (Rohrzucker), Maltose (Malzzucker), Lactose (Milchzucker),
  - Trisaccharide, z. B. Raffinose,
  - Tetra-, Penta- und Hexasaccharide;
- **Polysaccharide** (▸Kap. 17.3): Durch die Verknüpfung vieler Einfachzucker gelangt man zu den Polysacchariden, deren Eigenschaften wesentlich von denen der Mono- und Oligosaccharide abweichen. Die wichtigsten hochmolekularen Naturstoffe dieser Art sind:
  - Stärke (Amylose und andere Bestandteile),
  - Glycogen,
  - Cellulose.

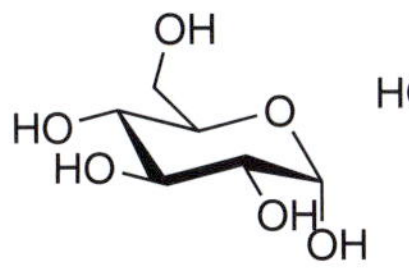


Glucose

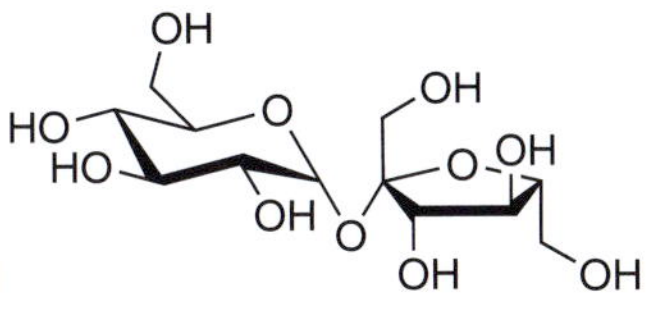


Saccharose

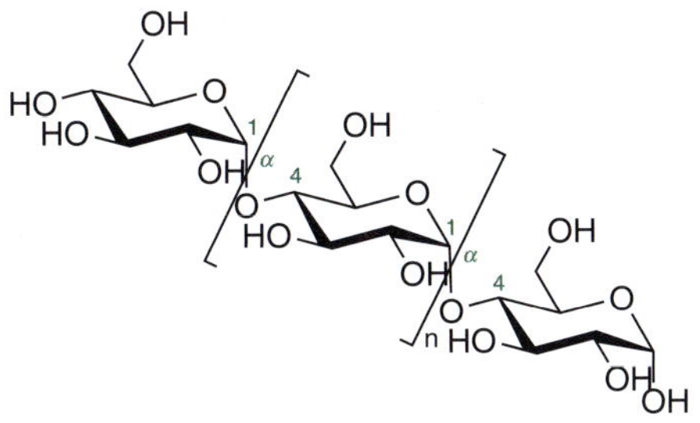


Amylose
(1,4)-α-D-Glucopyranan

Unter der Bezeichnung „Kohlenhydrate" verstand man ursprünglich Verbindungen, die neben Kohlenstoff die Elemente Wasserstoff und Sauerstoff im Verhältnis von Wasser (2 : 1) enthalten und denen die Summenformel $C_nH_{2n}O_n$ (= $C_n(H_2O)_n$) zukommt (*Carl Schmidt* 1844). Diese Definition ist heute nicht mehr streng gültig, da zahlreiche natürliche Zucker mit davon abweichenden Summenformeln existieren. Außerdem gibt es einige Zucker, die neben C, H und O noch Stickstoff oder Schwefel enthalten. Dennoch hat man den Sammelbegriff „Kohlenhydrate" für die gesamte Stoffklasse beibehalten.

Kohlenhydrate erfüllen eine Reihe unterschiedlicher Aufgaben in Organismen. Sie dienen als **Energiequelle** bzw. Energiespeicher. Pflanzen speichern durch den komplexen Prozess der Photosynthese die Energie von Sonnenlicht in Form von Stärke, einem Polysaccharid. Andere Lebewesen können umgekehrt den Abbau von Kohlenhydraten zur Energiegewinnung für ihren eigenen Stoffwechsel nutzen. Kohlenhydrate dienen auch als **strukturelle Komponenten**. Cellulose bildet den Gerüststoff in Pflanzen und verleiht ihnen so Festigkeit und Form. Auf ähnliche Weise dient Chitin, beispielsweise im Panzer von Krebsen, als Gerüststoff. Kohlenhydrate finden sich auch auf Zelloberflächen. Diese Zuckerschicht (Glycocalix), die sich auf allen eukaryotischen Zellen wiederfindet, spielt eine entscheidende Rolle bei **Erkennungsprozessen** und ist somit wichtig für die Zell-Zell-Kommunikation oder auch bei Entzündungsprozessen, Metastasierung von Tumorzellen und Infektionen von Zellen durch Viren oder Bakterien. Eine weitere Funktion der Kohlenhydrate ist ihre Rolle als **Ausgangsstoffe für Biosynthesen**. *In vivo* dienen Kohlenhydrate beispielsweise als Bausteine für Vitamin C oder für Nucleoside, die Bestandteile von DNA und RNA sind (▸Kap. 38).

## 17.1 Monosaccharide

### 17.1.1 Struktur und Eigenschaften

**Monosaccharide** (Einfachzucker) sind die einfachsten Kohlenhydrate. Es handelt sich um Polyhydroxycarbonylverbindungen. Sie leiten sich von mehrwertigen Alkoholen durch Oxidation einer OH-Gruppe ab. Je nachdem, ob eine primäre oder sekundäre Alkoholgruppe oxidiert wird, entsteht eine Aldehyd- oder Ketogruppe. Dementsprechend spricht man von Polyhydroxyaldehyden (**Aldosen**; „Ald-“ für Aldehyd und „-ose“ als Namensendung aller Monosaccharide) und Polyhydroxyketonen (**Ketosen**). In der Regel sind Monosaccharide aufgrund ihrer vielen Hydroxygruppen sehr hydrophile Moleküle, die gut in Wasser löslich sind. Gewöhnlich handelt es sich um farblose, kristalline Feststoffe mit mehr oder weniger süßem Geschmack.

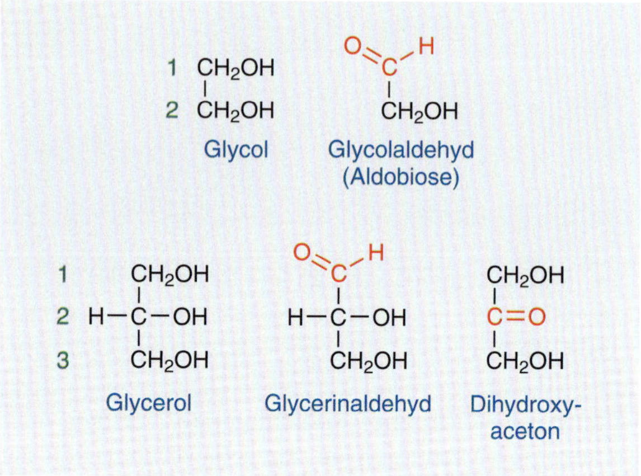


**Abb. 17.1** Aldobiose leitet sich von Glycol ab, während Triosen auf Glycerol zurückzuführen sind.

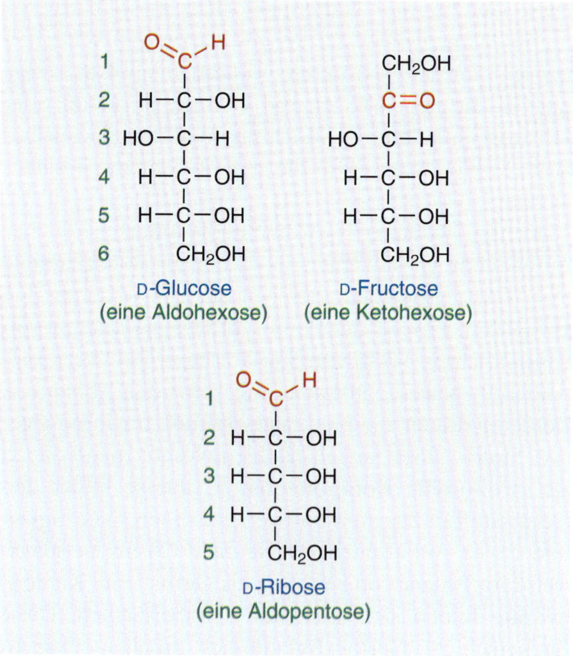


**Abb. 17.2** Häufig vorkommende Hexosen und Pentosen

Entsprechend der Anzahl der Kohlenstoffatome werden die Monosaccharide als **Biose** (n = 2), **Triosen** (n = 3), **Tetrosen** (n = 4), **Pentosen** (n = 5) und **Hexosen** (n = 6) klassifiziert. In der Natur wurden bisher Zucker mit maximal neun Kohlenstoffatomen in der Kette gefunden, wobei jedoch Hexosen und Pentosen die am häufigsten vorkommenden Einfachzucker sind. Je nachdem, ob es sich um Aldosen oder Ketosen handelt, spricht man zum Beispiel von Aldohexosen oder Ketopentosen. Durch Oxidation von Glycol erhält man Glycolaldehyd, den einfachsten Aldehydzucker, der aufgrund der Anzahl der Kohlenstoffatome in der unverzweigten Kette (n = 2) als Aldobiose bezeichnet wird. Die nächsthöheren Zucker mit jeweils drei Kohlenstoffatomen (n = 3) in der unverzweigten Kette, Triosen, leiten sich von Glycerol ab. Es gibt zwei Triosen, Glycerinaldehyd (Aldotriose, ▸Kap. 3) und Dihydroxyaceton (Ketotriose) (Abb. 17.1). Zwei häufig vorkommende *Hexosen,* $C_6H_{12}O_6$, sind zum Beispiel D-Glucose (Traubenzucker, Aldose) und D-Fructose (Fruchtzucker, eine Ketose) Abb. 17.2; vgl. *Fischer*-Projektion ▸Kap. 17.1.1 sowie ▸Kap. 3.4.3). Zu den wichtigsten Pentosen, $C_5H_{10}O_5$, zählt D-Ribose (Abb. 17.2).

#### Konfiguration von Monosacchariden

Die Strukturen der Monosaccharide in ihrer offenkettigen Form werden meist in der ***Fischer*-Projektion** dargestellt: Das höchstoxidierte C-Atom steht oben, horizontale Bindungen liegen vor der Papierebene, senkrechte Bindungen liegen hinter der Papierebene und als Stereodeskriptoren werden D und L verwendet (▸Kap. 3.4.3). Bezugssubstanz für die Zugehörigkeit der Einfachzucker zur D- oder L-Reihe ist **Glycerinaldehyd** (Abb. 17.3). Dieser kommt, wie viele andere Monosaccharide auch, in der Natur nur in der D-Form vor.

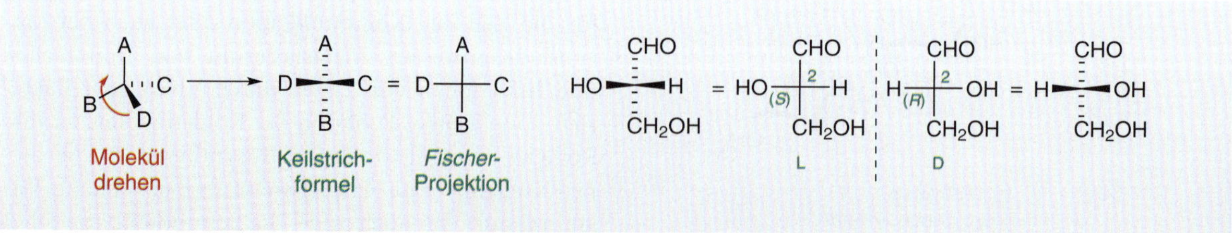


**Abb. 17.3** Keilstrichformel und *Fischer*-Projektion am Beispiel von Glycerinaldehyd

Bei Monosacchariden mit mehr als einem Chiralitätszentrum beziehen sich die Deskriptoren D oder L auf das Chiralitätszentrum, das am weitesten von der Aldehyd- oder Ketogruppe entfernt ist. Da von einer Verbindung mit n Chiralitätszentren maximal $2^n$ Stereoisomere existieren (▸Kap. 3.5.1), gibt es z. B. von den Aldohexosen $2^4 = 16$ Stereoisomere (8 Enantiomerenpaare) und von den Ketohexosen $2^3 = 8$ Stereoisomere (4 Enantiomerenpaare). Zu den Zuckern mit zwei Chiralitätszentren gehören Aldotetrosen, die in $2^2 = 4$ Stereoisomeren vorkommen. Da bei Verwendung der *Fischer*-Nomenklatur die Konfiguration der einzelnen Chiralitätszentren nicht wie bei der *Cahn-Ingold-Prelog*-Konvention explizit angegeben werden kann, ist es unvermeidlich, diastereomeren Zuckern unterschiedliche Namen zu geben. Von den vier Stereoisomeren der Aldotetrosen werden die beiden zueinander diastereomeren Verbindungen als **Erythrose** und **Threose** (siehe auch ▸Exkurs: *erythro*- und *threo*-Formen) bezeichnet, die jeweils in den beiden zueinander enantiomeren D- und L-Formen existieren.

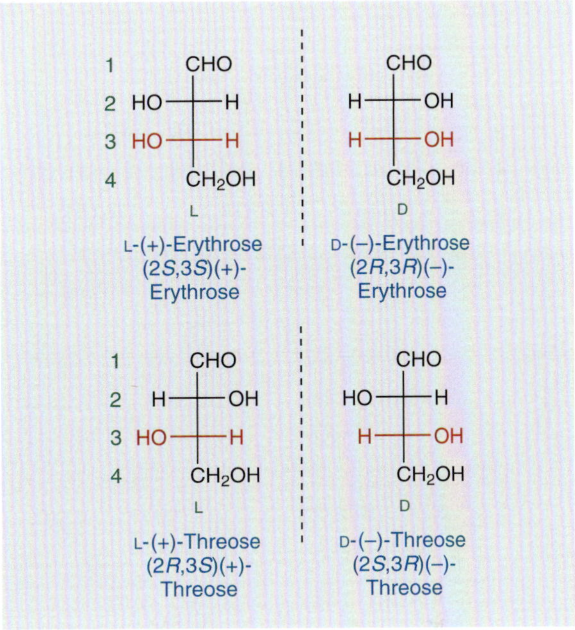


○ **Abb. 17.4** *Fischer*-Projektionen der vier stereoisomeren Aldotetrosen

■ **MERKE** Ein D-Zucker und der dazu enantiomere L-Zucker unterscheiden sich in der Konfiguration an **allen** Chiralitätszentren (○Abb. 17.4) und nicht nur in der Konfiguration an dem Zentrum, das entsprechend der *Fischer*-Projektion über D und L entscheidet!

**Exkurs: *erythro*- und *threo*-Formen**

Da Verbindungen mit zwei Chiralitätszentren vielfach zum Studium von Reaktionsmechanismen herangezogen werden, dienen die von den beiden Aldotetrosen Erythrose und Threose abgeleiteten Vorsilben ***erythro***- und ***threo***- häufig zur Kennzeichnung von Diastereomeren, die an den beiden benachbarten Chiralitätszentren zwei gleiche oder zumindest ähnliche Substituenten tragen. Liegen die beiden gleichen Liganden auf derselben Seite der *Fischer*-Projektionsformel, wie die OH-Gruppen in Erythrose, dann bezeichnet man die Form des betreffenden Isomers mit der Vorsilbe „*erythro*-". Liegen sie jedoch auf entgegengesetzten Seiten, wie die OH-Gruppen bei Threose, bezeichnet man das Isomere als *threo*-Form.

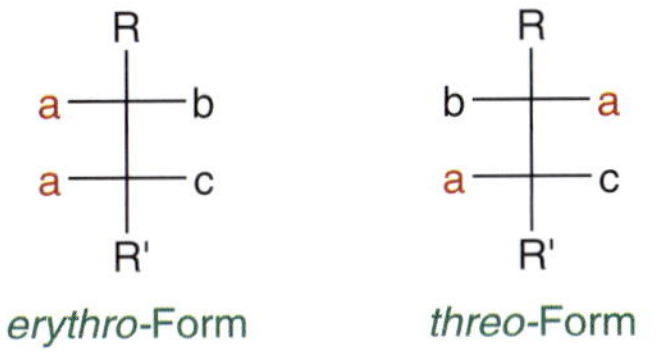


Eine Ketose weist im Vergleich zur entsprechenden Aldose mit gleicher Anzahl an Kohlenstoffatomen immer ein Chiralitätszentrum weniger auf. Daher gibt es nur zwei stereoisomere Ketotetrosen, die beiden Enantiomere der **Erythrulose**. Systematisch werden Ketosen mit der Endsilbe „**-ulose**" bezeichnet; die Namen einzelner Hexulosen (Psicose, Fructose, Sorbose, Tagatose) bilden dabei Ausnahmen.

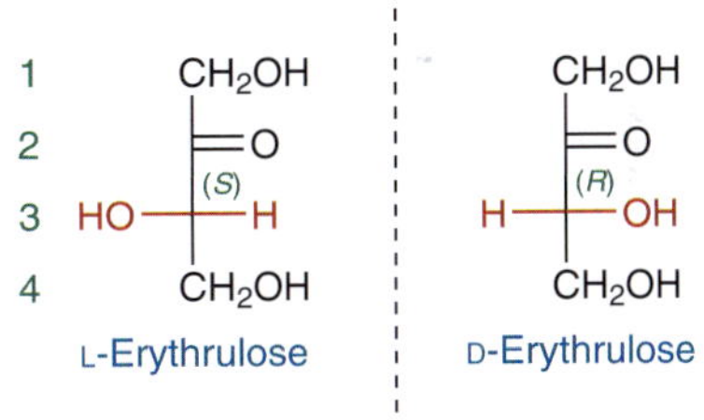


Die meisten natürlichen Monosaccharide sind Pentosen und Hexosen mit unverzweigter Kohlenstoffkette. Die wichtigsten natürlichen Aldopentosen und Aldohexosen sowie die Ketohexose Fructose besitzen die in ○Abb. 17.5 dargestellten *Fischer*-Konfigurationsformeln.

D-Glucose und D-Mannose unterscheiden sich nur in der Konfiguration am C2-Atom, D-Glucose und D-Galactose entsprechend in der am C4-Atom. Es handelt sich demnach jeweils um **Epimere** (Diastereomere, die sich nur an der Konfiguration eines von mehreren Chiralitätszentren unterscheiden, ▸Kap. 3.5.1). In basischer Lösung stehen D-Glucose und D-Mannose über eine Keto-Enol-Tautomerie im Gleichgewicht (basenkatalysierte **Epimerisierung**, ○Abb. 17.6). Durch Deprotonierung des $\alpha$-Protons am C2-Atom entsteht aus Glucose ein Enolat. Das C2-Atom ist im Enolat als Teil der Doppelbindung $sp^2$-hybridisiert und somit kein

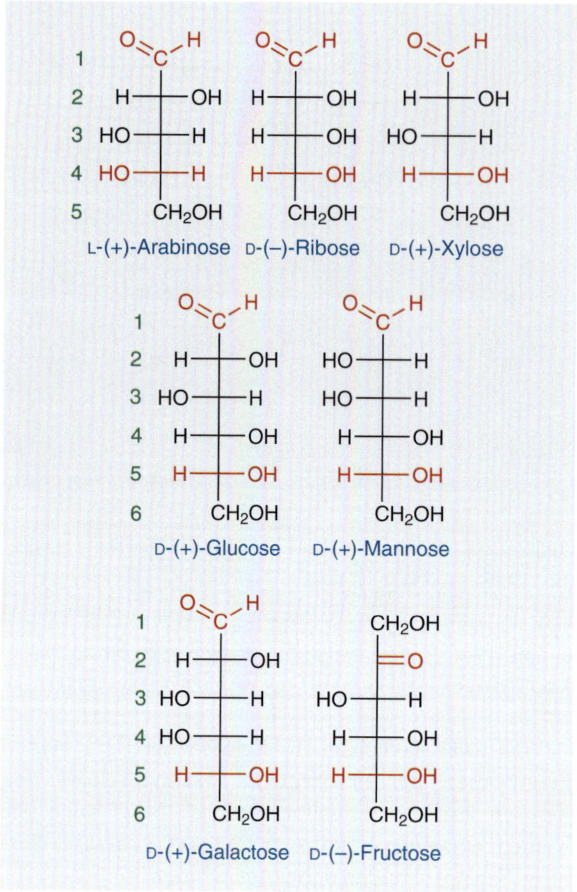


**Abb. 17.5** Wichtige natürliche Aldopentosen und Aldohexosen sowie die Ketohexose Fructose, dargestellt in der *Fischer*-Projektion

Chiralitätszentrum mehr. Die Reprotonierung durch Wasser kann mit gleicher Wahrscheinlichkeit von beiden Seiten der planaren Doppelbindung erfolgen, sodass entweder D-Glucose oder D-Mannose gebildet werden.

Abb. 17.7 zeigt den Stammbaum der D-Aldosen, die sich, wie oben erwähnt, von D-(+)-Glycerinaldehyd ableiten. Analog zeigt Abb. 17.8 den Stammbaum von D-Ketosen, die sich vom optisch inaktiven Dihydroxyaceton (Ketotriose) ableiten. Da die systematischen Namen der Monosaccharide bei komplexeren Zuckerverbindungen schnell unübersichtlich werden, existiert eine einfachere Schreibweise. Für jeden Zucker wird ein Code aus je drei Buchstaben verwendet (z. B. Glucose = Glc, Galactose = Gal, Mannose = Man, Fructose = Fru).

### Ring-Ketten-Tautomerie bei Monosacchariden

Pentosen und Hexosen liegen in Lösung nicht in der bisher abgebildeten offenkettigen Form vor. Vielmehr bilden sich durch intramolekulare Reaktion der Carbonylgruppe mit einer der Alkoholgruppen (Abb. 17.9 zeigt ein allgemeines Schema der Acetalbildung) des gleichen Zuckermoleküls **cyclische Halbacetale** (Abb. 17.10, ▸ Kap. 12.1.3).

Der bei der intramolekularen Halbacetalbildung entstehende sechsgliedrige Ring mit einem Sauerstoffatom kann auch als Pyran-Derivat (▸ Kap. 32.2) betrachtet werden, weshalb die sechsgliedrigen Zuckerringe auch als **Pyranosen** bezeichnet werden. Die vollständigen Namen der cyclischen Halbacetale von D-Glucose lauten demnach $\alpha$-D-Glucopyranose und $\beta$-D-Glucopyranose.

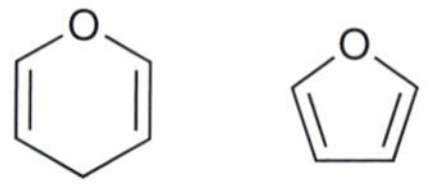

$\gamma$-Pyran Furan

Im Folgenden soll am Beispiel von D-Glucose die Bildung eines cyclischen Halbacetals erläutert werden. Hierzu betrachtet man D-Glucose in der *Fischer*-Projektion von der Seite, faltet sie ringförmig und dreht so um die C4—C5-Bindung, dass die OH-Gruppe am C5-Atom intramolekular mit der Aldehydgruppe reagieren kann (Abb. 17.10). Resultat dieser Addition ist ein **Sechsring-Halbacetal**, bei dem aus dem ehemaligen Carbonylkohlenstoffatom C1 ein neues Chiralitätszentrum entstanden ist, das (*R*)- oder (*S*)-konfiguriert sein kann. Die beiden diastereoisomeren Formen des cyclischen Halbacetals werden als $\alpha$- und $\beta$-Form bezeichnet. Die Zuordnung der Deskriptoren $\alpha$ und $\beta$ richtet sich dabei nach der Konfiguration des C-Atoms, das über D und L entscheidet: Steht die neue OH-Gruppe auf der gleichen Seite wie die ursprünglich vorhandene oder noch vorhandene OH-Gruppe an diesem C-Atom, d. h. bei D-Zuckern nach unten, liegt die $\alpha$-Konfiguration vor. Liegt die neue OH-Gruppe auf der anderen Seite, d. h. bei D-Zuckern oben, liegt $\beta$-Konfiguration vor.

Da sich die beiden diastereomeren Formen nur in der Konfiguration des Chiralitätszentrums am C1-Atom nicht aber in der Konfiguration der anderen Chiralitätszentren unterscheiden, handelt es sich um Epimere. Die $\alpha$- und $\beta$-Diastereomere eines Zuckers in der cyclischen Halbacetalform werden als **Anomere** bezeichnet. Damit ist das Enantiomere von $\beta$-D-Glucopyranose $\beta$-L-Glucopyranose und nicht $\alpha$-L-Glucopyranose!

Die verschiedenen Möglichkeiten der Formeldarstellung cyclischer Monosaccharide sind in Abb. 17.11 am Beispiel der $\alpha$-D-Glucopyranose gegenübergestellt.

In wässriger Lösung stehen die beiden Anomere der Glucose über die offenkettige Form miteinander im Gleichgewicht. Sie unterscheiden sich als Diastereomere in ihren physikalischen Eigenschaften, wie Löslichkeit, Schmelzpunkt und optischer Drehung. Für das Vorliegen der Ringformen spricht das Fehlen der C=O-

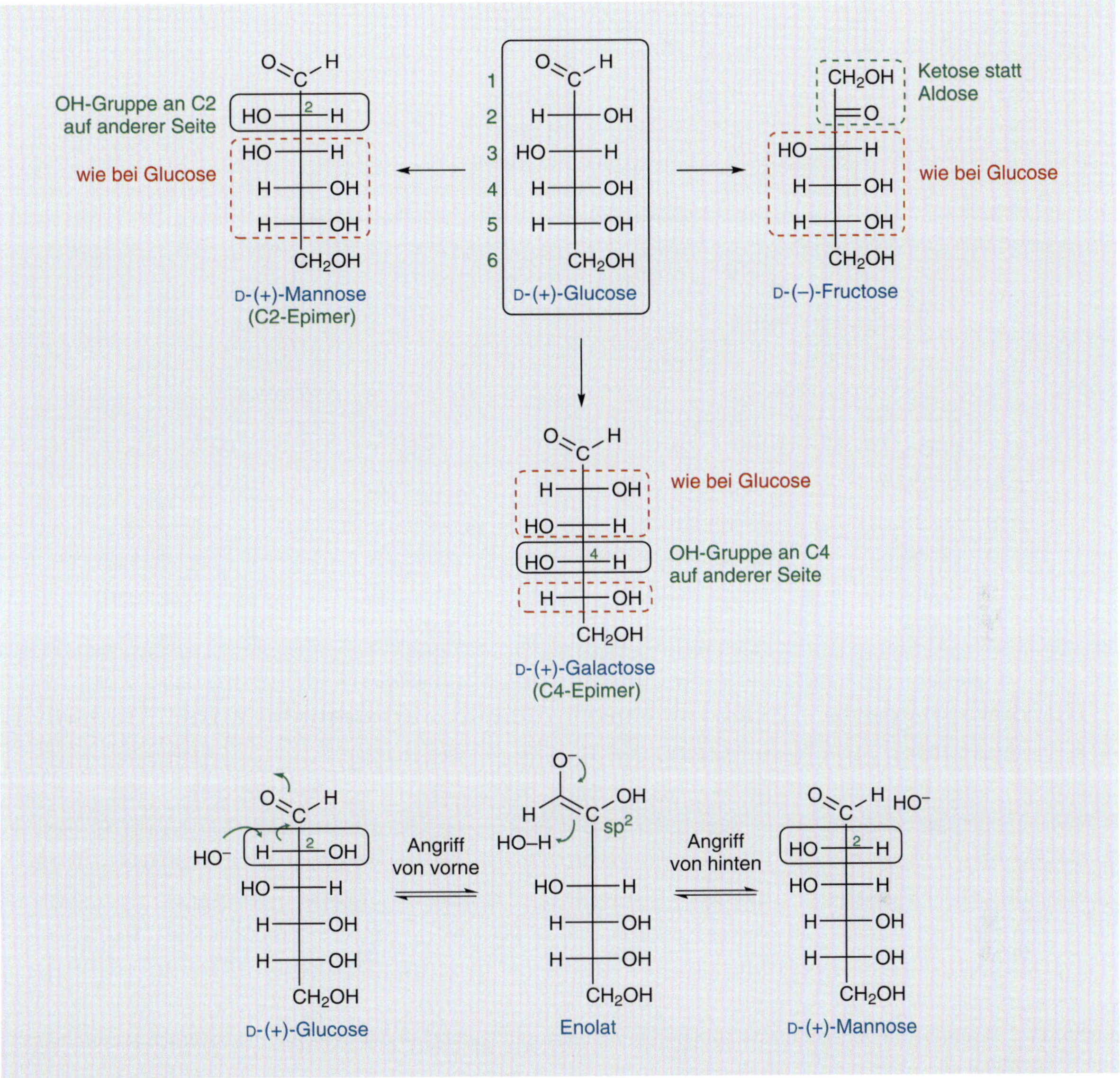


**○ Abb. 17.6** D-Glucose und D-Mannose sind Epimere am C2-Atom, D-Glucose und D-Galactose sind Epimere am C4 Atom. In basischer Lösung stehen D-Glucose und D-Mannose über eine Keto-Enol-Tautomerie im Gleichgewicht. Es findet eine basenkatalysierte Epimerisierung statt.

Valenzschwingung im IR-Spektrum der D-Glucose, eine Beobachtung, die 1846 erstmalig von *Dubrunfaut* gemacht wurde. Da die Anomere der cyclischen Zucker chirale Verbindungen sind, sind sie auch optisch aktiv. Man beobachtet, dass frisch bereitete Zuckerlösungen beim Stehenlassen eine kontinuierliche Änderung ihrer optischen Drehung zeigen, die schließlich einen konstant bleibenden Endwert erreicht, der abhängig vom Lösemittel ist. Werden z. B. α-D-Glucose und β-D-Glucose jeweils in Wasser gelöst, so liegen die Anfangswerte der spezifischen Drehung bei $[\alpha]_{D20}$ = +112,2 für β-D-Glucose und bei $[a]_{D20}$ = +18,7 für α-D-Glucose. Erst nach einiger Zeit zeigen beide Lösungen den gleichen Endwert der spezifischen Drehung von +52,5. Die Geschwindigkeit der Einstellung des Gleichgewichts zwischen α- und β-D-Glucose hängt stark von der Temperatur und vom pH-Wert der Lösung ab. Geringe Mengen Alkali führen zu einer sehr schnellen Gleichgewichtseinstellung. Diese Veränderung des Drehwertes beim Einstellen des Gleichgewichts bezeichnet man als **Mutarotation**. Aus dem erreichten Endwert der spezifischen Drehung lässt sich die Zusammensetzung der Gleichgewichtsmischung berechnen. Im Gleichgewicht in wässriger Lösung überwiegt β-D-Glucose mit etwa 64 % gegenüber α-D-Glucose mit etwa 36 % (○ Abb. 17.10). Die offenkettige Form kommt nur in Spuren von etwa 0,01 % vor.

Pentosen und Hexosen können theoretisch bei der Bildung der cyclischen Zucker sowohl Fünf- als auch Sechsringe bilden. Während D-Glucose ausschließlich

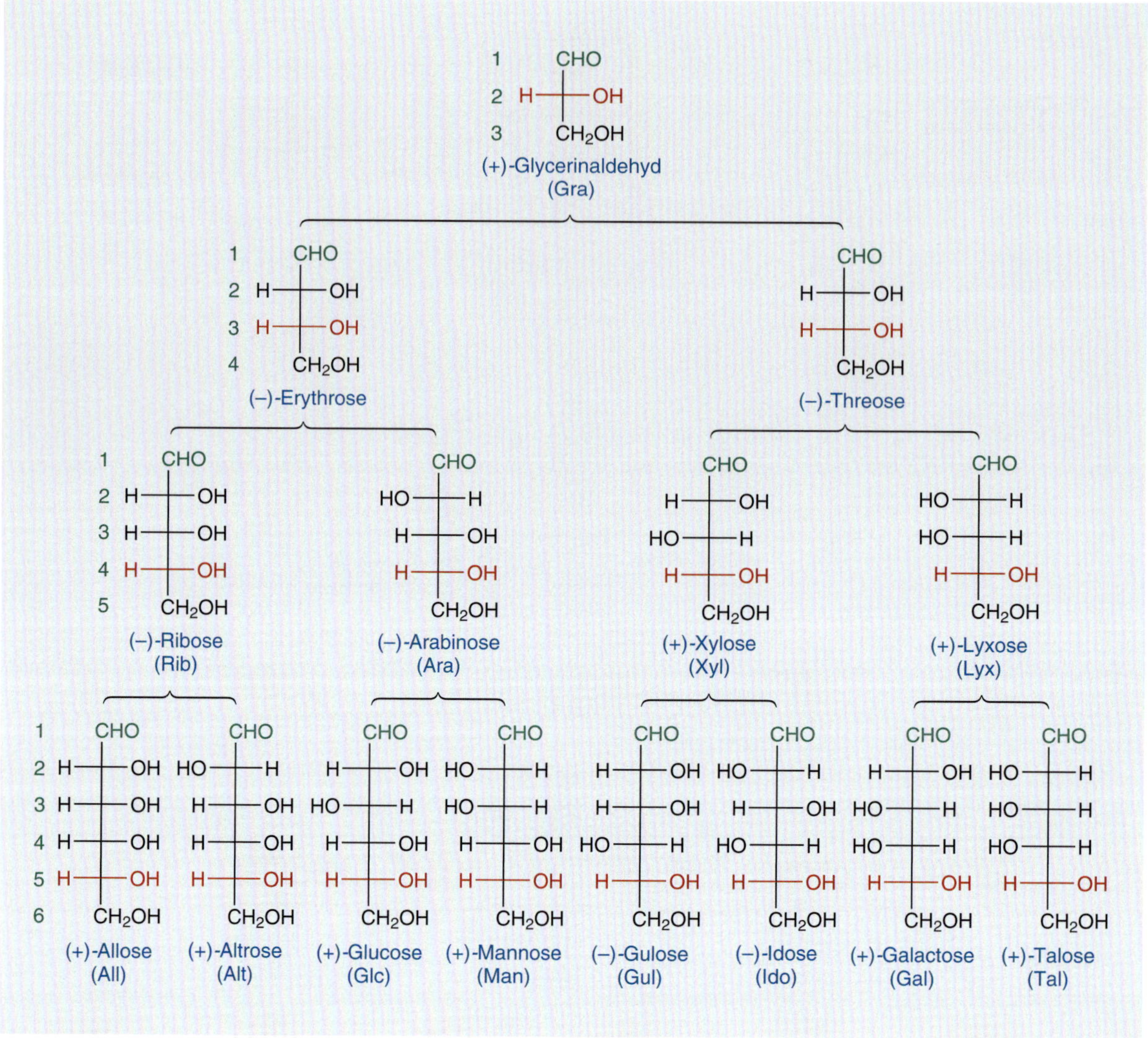


**Abb. 17.7** Stammbaum der acht diastereomeren D-Aldohexosen (gezeigt sind jeweils nur die natürlich vorkommenden D-Enantiomere)

Sechsringe bildet, liegt z. B. D-Ribose sowohl in Form eines Fünfring-Halbacetals als auch in Form eines Sechsring-Halbacetals vor. Die Fünfringe der Zucker werden aufgrund der Ähnlichkeit des fünfgliedrigen Rings mit dem Furan als **Furanosen** bezeichnet. Somit sind die cyclischen Halbacetale von D-Ribose $\alpha$-D-Ribofuranose, $\beta$-D-Ribofuranose, $\alpha$-D-Ribopyranose und $\beta$-D-Ribopyranose (Abb. 17.12).

Genauso wie ein Aldehyd mit einem Alkohol zum Halbacetal reagieren kann, kann auch ein Keton mit einem Alkohol reagieren und ein Halbketal bilden. Im Falle der **D-Fructose** kann die C5-Hydroxygruppe mit dem C2-Atom der Ketogruppe der offenkettigen Form unter Bildung einer Furanose reagieren, oder – wenn der Ringschluss zwischen der OH-Gruppe an C6 mit der Carbonylgruppe an C2 stattfindet – unter Bildung einer Pyranose. Von beiden Formen existieren jeweils $\alpha$- und $\beta$-Anomere, sodass in Lösung insgesamt fünf Formen miteinander im Gleichgewicht stehen (Abb. 17.13).

Bisher konnte nur $\beta$-D-Fructopyranose in Substanz isoliert werden. Fructofuranosen sind nicht in Substanz bekannt, sondern treten als Bausteine in den Glycosiden, in diesem Fall als Furanoside, auf. D-Fructofuranose findet sich z. B. im Rohrzucker und im Polysaccharid Inulin.

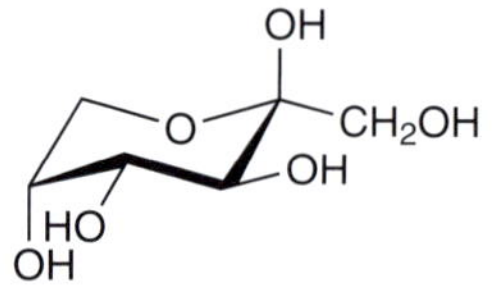

$\beta$-D-Fructopyranose

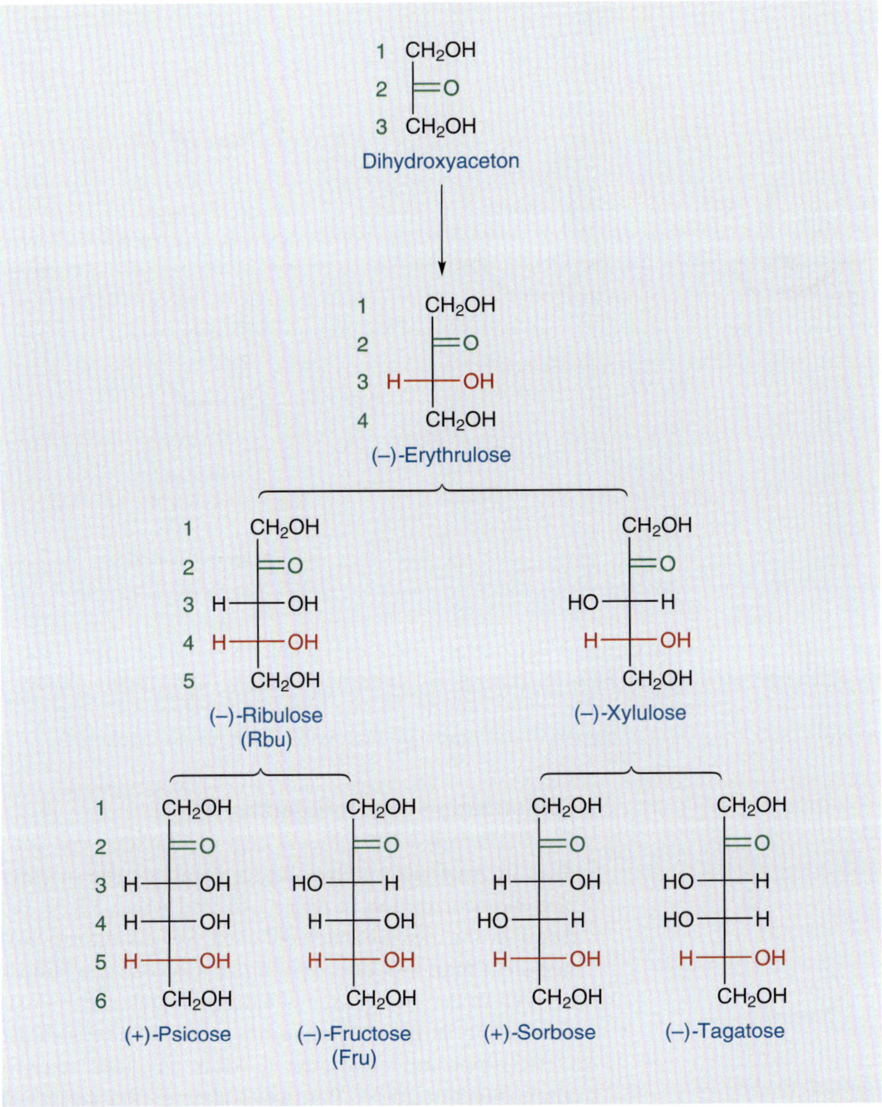


**Abb. 17.8** Stammbaum der vier diastereomeren D-Ketohexosen (gezeigt sind jeweils nur die natürlich vorkommenden D-Enantiomere)

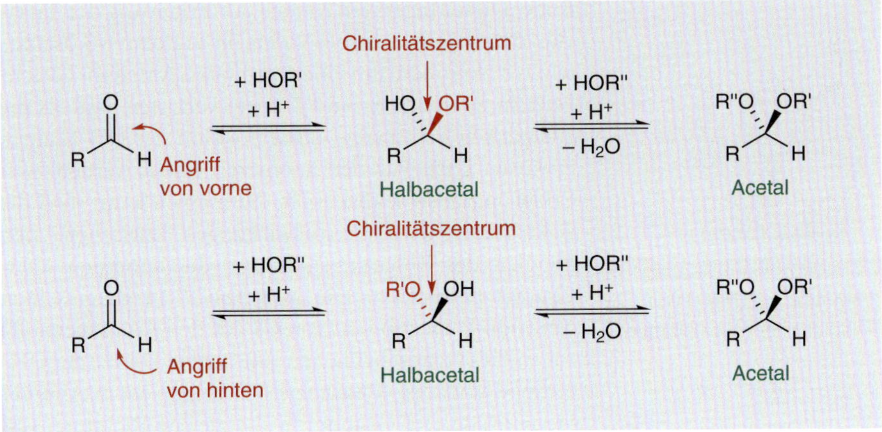


**Abb. 17.9** Reaktion eines Aldehyds mit einem Alkohol zum Halbacetal und weiter zum Acetal

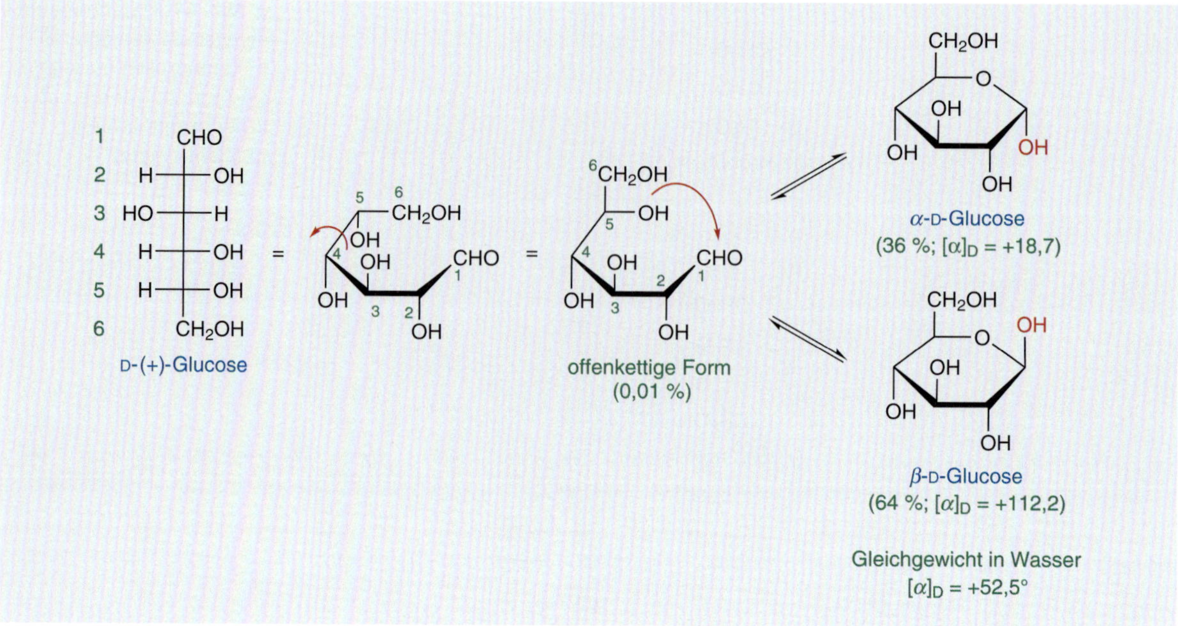


**Abb. 17.10** Pentosen und Hexosen bilden in Lösung cyclische Halbacetale und liegen damit als Furanosen bzw. Pyranosen vor. Gezeigt ist die Bildung eines Pyranoserings am Beispiel Glucose. Ein einfacher Merksatz zur richtigen Anordnung der Substituenten in der Pyranoseform ist die sogenannte „FloH"-Regel: „Fischer links → oben Haworth", d. h., Substituenten, die in der *Fischer*-Projektion links stehen, stehen in der *Haworth*-Projektion oben (und umgekehrt).

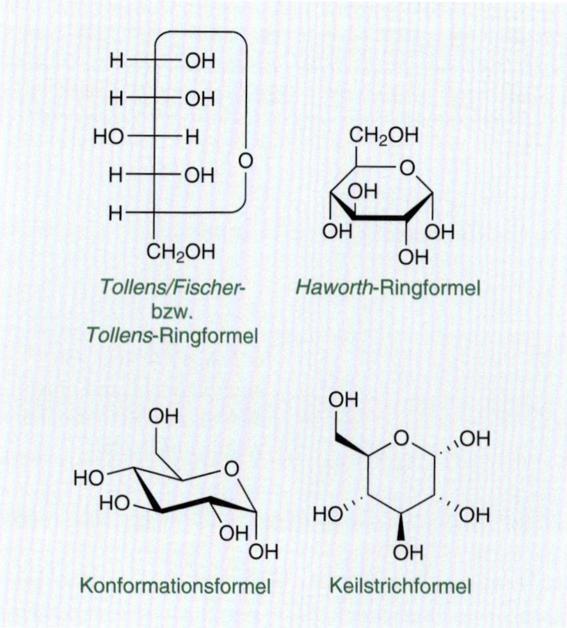


**Abb. 17.11** Unterschiedliche Formeldarstellungen von cyclischen Monosacchariden am Beispiel α-D-Glucopyranose

## Konformation von Monosacchariden

Der Sechsring der D-Glucose liegt nicht planar vor, sondern in Analogie zu Cyclohexan vorzugsweise in einer **Sesselkonformation** (Abb. 17.15 und ▸Kap. 3.8.2). Bei Betrachtung der unterschiedlichen Sesselkonformationen stellt man fest, dass sich in β-D-Glucose alle Substituenten in der energetisch günstigen, äquatorialen Position befinden. Im α-Anomer hingegen befindet sich die OH-Gruppe am anomeren C-Atom in einer sterisch ungünstigeren axialen Position. Neben diesen sterischen Effekten spielt auch der sogenannte **anomere Effekt** eine Rolle. Dieser liefert ein Modell zur Erklärung der Tatsache, dass häufig – insbesondere in unpolaren Lösemitteln – α-Anomere mit einem größeren Anteil im Gleichgewicht zwischen α- und β-Form vertreten sind als die energetisch ungünstige axiale Position der OH-Gruppe erwarten lässt. Für den anomeren Effekt werden zwei Erklärungsansätze diskutiert. Zum einen kann man die elektrostatischen Wechselwirkungen zwischen den Dipolen des Ringsauerstoffs und der anomeren OH-Gruppe betrachten. Die in Abb. 17.14 dargestellten *Newman*-Projektionen (von C1 auf den Ringsauerstoff) sollen dies veranschaulichen. Die beiden Dipole der OH-Gruppe und des Ringsauerstoffs zeigen im β-Anomer (äquatoriale OH-Gruppe) in die gleiche Richtung, was gegenüber dem α-Anomer zu einer ungünstigen elektrostatischen Wechselwirkung führt. Im α-Anomer hingegen kompensiert die axiale OH-Gruppe teilweise den Dipol des Ringsauerstoffs. Zum anderen gibt es neben dieser einfachen, auf klassischer Physik basierenden

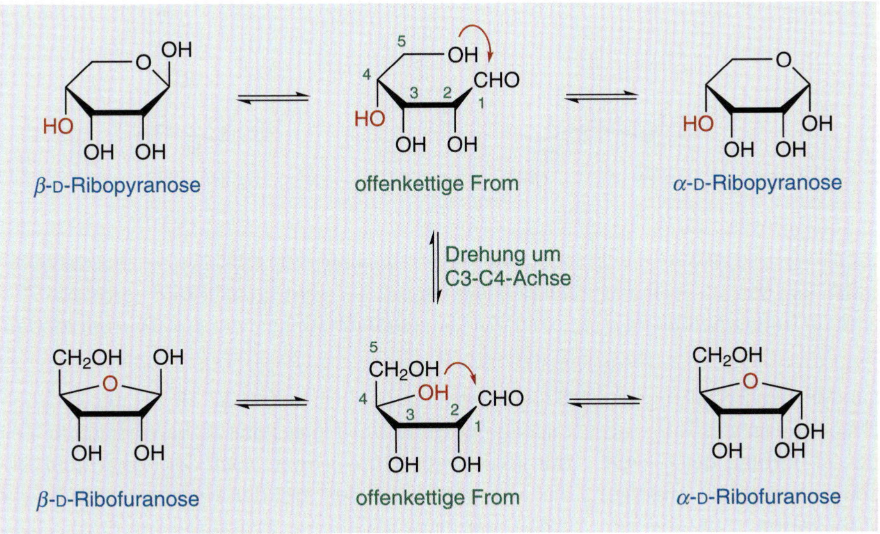


**Abb. 17.12** Cyclische Halbacetale von Ribose

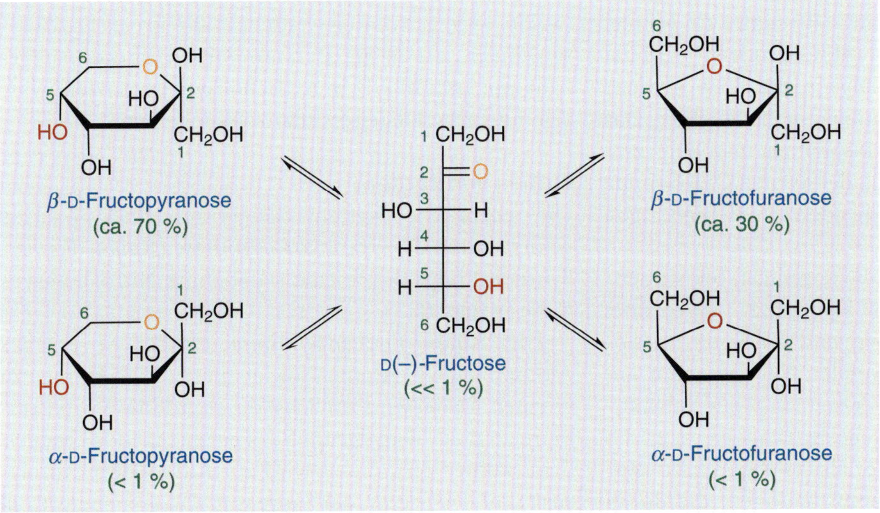


**Abb. 17.13** Die Cyclisierung führt bei Fructose zur Bildung von vier Halbacetalen, von denen aber in wässriger Lösung nur zwei in nennenswerten Mengen vorliegen.

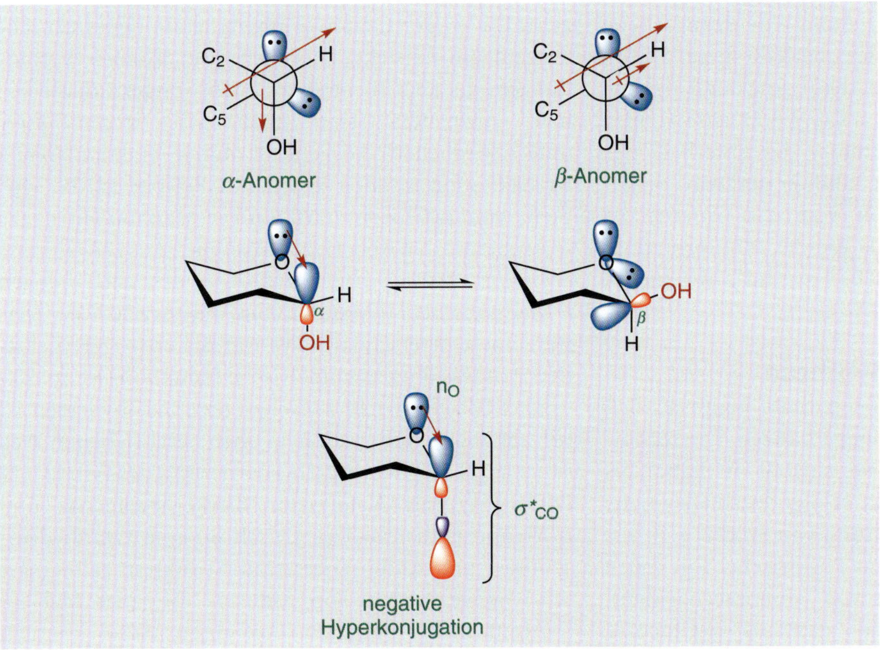


**Abb. 17.14** Der anomere Effekt führt bei den Zuckern dazu, dass das α-Anomer stabiler ist, als man aufgrund der sterisch ungünstigen axialen Stellung der OH-Gruppe erwartet.

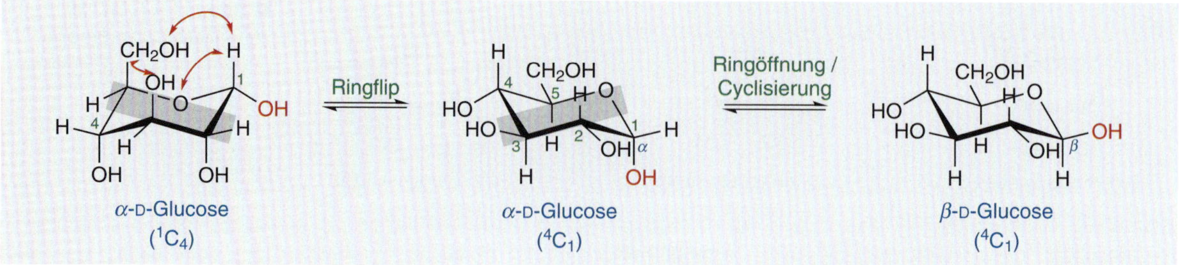


**Abb. 17.15** Sesselkonformationen von Glucose. 1,3-Wechselwirkungen der axialen Substituenten sind durch rote Pfeile dargestellt, die Bezugsebene zur Unterscheidung der $^1C_4$- und $^4C_1$-Sesselkonformationen von α-D-Glucose ist grau hinterlegt.

Erklärung noch einen zweiten, modernen Erklärungsansatz. Zwischen dem freien Elektronenpaar des Ringsauerstoffs und dem antibindenden $\sigma^*$-Orbital der C—O-Bindung findet im α-Anomer eine energetisch günstige, sogenannte **negative Hyperkonjugation** statt, die zur Stabilisierung des α-Anomers führt. Eines der beiden freien Elektronenpaare des Ringsauerstoffes ist parallel zum energetisch tiefliegenden, antibindenden $\sigma^*$-Orbital der axialen C—O-Bindung angeordnet. Eine analoge Wechselwirkung ist im β-Anomer nicht möglich. Das α-Anomer ist daher weniger instabil als man aufgrund der sterischen Wechselwirkung der axialen OH-Gruppe mit den benachbarten axial stehenden C—H-Bindungen erwarten sollte.

In den Sesselformen sind die jeweiligen Substituenten entweder axial oder äquatorial angeordnet (Abb. 17.15). Im Allgemeinen sind die Konformationen mit den meisten äquatorialen Substituenten am Pyranosering energetisch bevorzugt, da axiale Substituenten infolge von 1,3-Wechselwirkungen sterisch ungünstiger sind als äquatoriale (▸Kap. 3.8.2). Zur Unterscheidung der Sesselkonformationen, die durch Umklappen des Pyranoserings entstehen, wird aus den C-Atomen 2, 3, 5 und dem O-Atom eine Bezugsebene gebildet. Die Positionsziffer des oberhalb dieser Ebene stehenden Atoms wird vor die Abkürzung der Ringkonformation (hier C = chair, ▸Kap. 3.8.2) gesetzt und hochgestellt, die Positionsnummer des unterhalb der Ebene stehenden Atoms steht dahinter und wird tiefgestellt. Die $^1C_4$-Konformation von α-D-Glucose ist 13,4 kJ/mol energiereicher als die $^4C_1$-Konformation. Der Energieunterschied zwischen α- und β-D-Glucose beträgt dagegen nur 1 kJ/mol.

### 17.1.2 Gewinnung und Synthese

In der Natur entstehen Kohlenhydrate hauptsächlich durch die **Photosynthese grüner Pflanzen**. Die technische Gewinnung von **Glucose**, sowohl im Labor als auch im industriellen Maßstab, erfolgt durch enzymatische oder **hydrolytische Spaltung von Stärke**, z. B. aus Mais oder Kartoffeln (▸Exkurs: Historischer Rückblick auf die chemische Synthese von Monosacchariden). Stärke ist ein Polysaccharid, das aus α-Glucose-Bausteinen aufgebaut ist (▸Kap. 17.3). Bei der hydrolytischen Spaltung wird das Polysaccharid längere Zeit mit verdünnter Säure erhitzt. Nach dem Abkühlen fällt das Monosaccharid aus. Bei der Hydrolyse von Stärke erhält man reine α-Glucose. **Fructose** kann durch enzymatische oder hydrolytische Spaltung aus Inulin (▸Kap. 17.3) gewonnen werden. Inulin ist aus Fructosemolekülen, die in der Pyranoseform vorliegen, aufgebaut und kommt z. B. in Artischocken, Löwenzahnwurzeln und verschiedenen Pflanzenknollen vor.

#### Aufbau von Zuckern

Die chemische Kettenverlängerung eines Zuckers gelingt durch die Cyanhydrinsynthese (*Kiliani-Fischer*-Synthese) oder durch eine sogenannte Nitroalkansynthese (▸Kap. 10.3).

Die ***Kiliani-Fischer*-Synthese** ermöglicht es, aus Aldosen mit n C-Atomen solche mit (n+1) C-Atomen zu erhalten. Dabei wird zunächst durch Addition von Blausäure an die Aldehydgruppe das entsprechende Cyanhydrin synthetisiert, dieses wird zur Aldonsäure hydrolysiert und das Lacton der Säure mit Natriumamalgam in schwach saurer Lösung zur nächsthöheren Aldose reduziert. Da bei der Cyanhydrinbildung ein neues Chiralitätszentrum entsteht, entstehen zwei isomere Verbindungen, die aber nicht enantiomer, sondern diastereomer zueinander sind und sich wegen ihrer unterschiedlichen Löslichkeit durch fraktionierende Kristallisation trennen lassen. Als Beispiel ist die Synthese von D-Glucononitril und D-Mannononitril aus D-Arabinose in Abb. 17.18 aufgeführt. Aus L-Arabinose erhielt *E. Fischer* nach Hydrolyse des entstandenen L-Mannononitril L-Mannonsäure mit etwa 50 % de (Diastereomerenüberschuss); dies war die erste stereoselektive Synthese über asymmetrische Induktion (▸Kap. 3.).

Das Gleichgewicht zwischen den Cyanhydrinen ist pH-abhängig. Außer auf dem oben beschriebenen Weg ist es auch möglich, durch Hydrierung des Nitrils mit $PdO/BaSO_4$ als Katalysator direkt D-Glucose und D-Mannose zu erhalten. Durch erneute Cyanhydrinsynthese und Aldonsäurelacton-Reduktion gelingt der schrittweise Aufbau von Aldosen, die jedes Mal ein C-Atom mehr enthalten. Auf diese Weise konnten

## Exkurs: Historischer Rückblick auf die chemische Synthese von Monosacchariden

Die erste chemische Zuckersynthese aus einfachen Bausteinen gelang *Butlerow* (1861) bei der Einwirkung einer verdünnten Calciumhydroxidlösung auf Paraformaldehyd in der Wärme. Der dabei entstehende, süß schmeckende Sirup zeigte die üblichen Zuckerreaktionen, war jedoch optisch inaktiv. Als *Loew* (1886) den Versuch mit Formaldehyd bei Raumtemperatur wiederholte, entstand ebenfalls ein schwer trennbares Zuckergemisch („Formose"). Gleichzeitig beobachtete *Loew*, dass die Reaktion vom Kation der verwendeten Base abhängt und umso schneller verläuft, je verdünnter die Formaldehydlösung ist. Die Reaktionsgeschwindigkeit nimmt also mit steigender Formaldehydkonzentration ab. Wie heute bekannt ist, findet bei einer hohen Konzentration an Formaldehyd bevorzugt die *Cannizzaro*-Reaktion statt, die zur Bildung von Ameisensäure und Methanol führt (▸Kap. 12.1). Nur bei niedrigen Konzentrationen, also in verdünnten Lösungen, entstehen Zucker. Erst *E. Fischer* (1889) konnte aus dem bei der Formaldehyd-Kondensation auftretenden Reaktionsgemisch von Hydroxyaldehyden bzw. Hydroxyketonen über die entsprechenden **Osazone** (▸Kap. 17.1.3, ○Abb. 17.37) in geringer Menge D,L-Fructose ($\alpha$-Acrose) und D,L-Sorbose ($\beta$-Acrose) isolieren. Durch Reduktion von D,L-Fructose stellte *Fischer* D,L-Mannit her. Die nach Oxidation erhaltene racemische D,L-Mannonsäure konnte er durch eine Racematspaltung in die beiden Enantiomeren trennen. Durch Reduktion von D-Mannonsäure (bzw. genauer des entsprechenden Lactons) erhielt *Fischer* dann letztendlich D-Mannose. Damit gelang ihm erstmalig die Synthese einer optisch aktiven Hexose (○Abb. 17.16).

Die **Formaldehyd-Kondensation** erfolgt bei Verwendung von Alkali- und insbesondere Erdalkalihydroxiden und verdünnten Formaldehydlösungen. Sie ist eine autokatalytisch beschleunigte Reaktion, bei der in der ersten Reaktionsphase die Carbonylgruppe eines Formaldehyd-Moleküls durch das Kation des verwendeten Metallhydroxids unter Bildung eines *Lewis*-Säure-Base-Komplexes so aktiviert wird, dass sie mit einem zweiten Formaldehyd-Molekül zu Glycolaldehyd dimerisieren kann. Dieser wirkt nun als Reaktionsbeschleuniger, indem er durch weitere Komplexbildung den Formaldehyd-Metallhydroxid-Komplex stabilisiert. Als nächster Schritt ist die Bildung von D,L-Glycerinaldehyd anzunehmen, der mit dem im Gleichgewicht vorliegenden Dihydroxyaceton (vgl. *Lobry-de-Bruyn-van-Ekenstein*-Umlagerung, ▸Kap. 12.1) in einer Aldoladdition zu D,L-Fructose bzw. D,L-Sorbose reagiert (○Abb. 17.17). Den Beweis für einen derartigen Reaktionsablauf erbrachte *H. O. L. Fischer* (1936), der aus D-Glycerinaldehyd und verdünnter Bariumhydroxidlösung D-Fructose und D-Sorbose in je etwa 45%iger Ausbeute erhielt. Noch rascher verläuft diese Aldoladdition, wenn D-Glycerinaldehyd und Dihydroxyaceton direkt als Ausgangsstoffe eingesetzt werden.

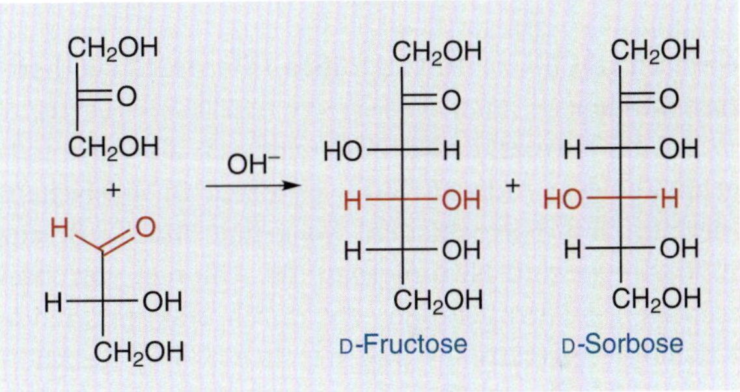


○ **Abb. 17.17** Aldoladdition von Triosen zu Hexosen

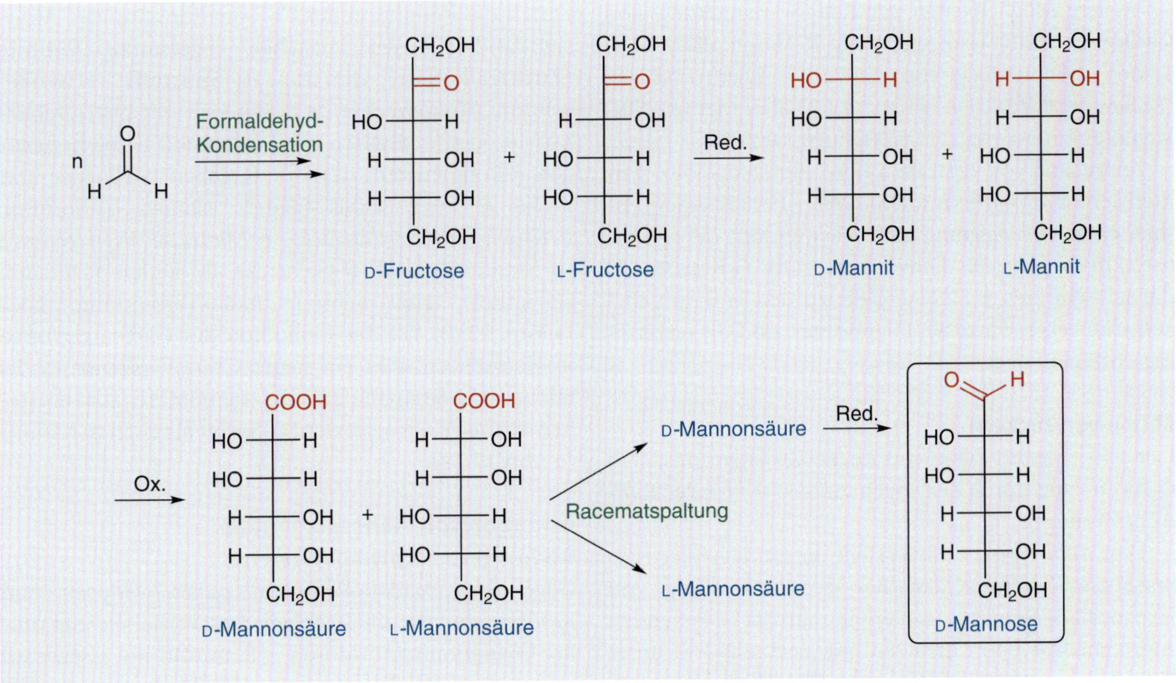


○ **Abb. 17.16** Die erste Synthese einer optisch aktiven Hexose (D-Mannose) durch *Emil Fischer*

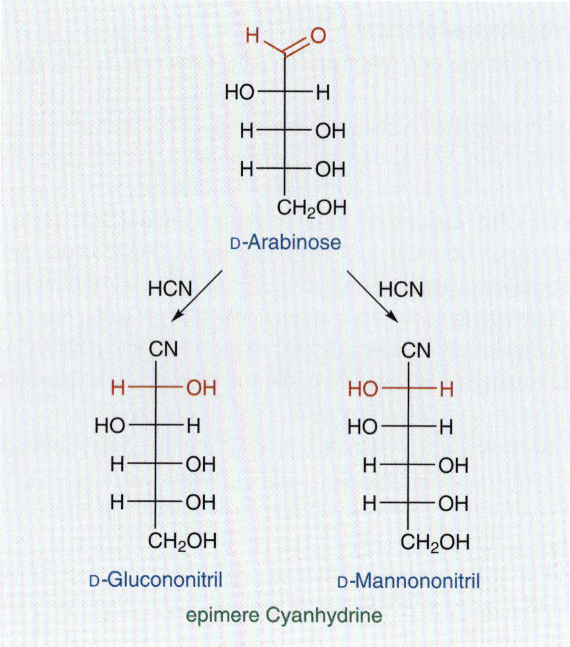


**Abb. 17.18** *Kiliani-Fischer*-Synthese (Beispiel)

Aldosen mit bis zu 10 C-Atomen (Decosen) synthetisiert werden.

Bei der **Nitroalkansynthese** reagieren die Carbonylgruppen der Aldosen und Ketosen in basischem Medium mit Nitroalkanen. So erhält man z. B. aus D-Arabinose und Nitromethan die Anionen von zwei epimeren 1-Nitropentiten, die durch fraktionierende Kristallisation getrennt und durch eine *Nef*-Reaktion (▸Kap. 10.3.3) zu D-Glucose und D-Mannose gespalten werden können (Abb. 17.19).

Weitere Möglichkeiten zur Kettenverlängerung sind Carbonyl-Alkenylierungen (*Wittig*-Reaktion, ▸Kap. 10.4) sowie Malonestersynthesen mit Diethylmalonat (*Knoevenagel*-Reaktion, ▸Kap. 13.1.3) über mehrere Stufen unter Einsatz von Hydroxyschutzgruppen.

Ausgehend von achiralem (*Z*)-2-Buten-1,4-diol synthetisierten *Masamune* und *Sharpless* 1983 in einer synthetischen Glanzleistung unter Verwendung der enantioselektiven *Sharpless*-Dihydroxylierung (▸Kap. 36.4.3) die acht chiralen L-Hexosen, die zu den in Abb. 17.7 aufgeführten D-Hexosen enantiomer sind, in enantiomerenreiner Form.

### Abbau von Zuckern

Der schrittweise Abbau von Zuckergerüsten um je ein C-Atom kann durch den sogenannten *Wohl*- oder *Ruff*-Abbau erfolgen.

Der ***Wohl*-Abbau** (1893) stellt die Umkehr der *Kiliani-Fischer*-Synthese dar. Bei der Einwirkung von Hydroxylamin auf Aldosen erhält man die betreffenden Aldoxime, die beim Erhitzen mit Acetanhydrid unter Dehydratisierung der Oximgruppe in vollständig acetylierte Aldononitrile übergehen. Diese spalten beim Erwärmen mit ammoniakalischer Silberoxidlösung Blausäure ab, sodass eine Aldose entsteht, die um ein C-Atom verkürzt ist. Gleichzeitig werden die Acetylgruppen hydrolysiert (Abb. 17.20). Wesentlich bessere Ausbeuten (60–70 %) erzielt man nach der Methode von *Zemplén* (1927) durch Abspaltung der Nitrilgruppe mit Natriummethylat in Chloroform.

Beim ***Ruff*-Abbau** (1898) führt man zunächst die abzubauende Aldose durch Oxidation in die Aldonsäure über und versetzt diese mit Wasserstoffperoxid in Gegenwart von Eisen(III)-acetat. Dabei entsteht unter Abspaltung von Kohlendioxid und Wasser eine Aldose, die ein C-Atom weniger enthält, z. B. bildet sich aus D-Glucose D-Arabinose (Abb. 17.21). Als Zwischenprodukt ist das Anion der 2-Ketogluconsäure anzunehmen, das leicht decarboxyliert. Ebenso geht die zu D-Glucose an C2 epimere D-Mannose in D-Arabinose über.

## 17.1.3 Reaktionen und Anwendungen

Die Monosaccharide weisen aufgrund ihrer funktionellen Gruppen sowohl die Eigenschaften von Alkoholen als auch von Aldehyden bzw. Ketonen auf (▸Kap. 6, ▸Kap. 12). Bemerkenswert ist die leichte Oxidierbarkeit von Hydroxygruppen, die in $\alpha$-Stellung zur Carbonylgruppe stehen. Daher wirken auch Ketosen – im Gegensatz zu einfachen Ketonen – reduzierend, d. h., der Unterschied im chemischen Verhalten der Aldosen und Ketosen ist nicht so ausgeprägt wie der zwischen einfachen Aldehyden und Ketonen.

### Reduktion zu Zuckeralkoholen

Durch die Reduktion der Carbonylfunktion der Aldosen und Ketosen entstehen sogenannte **Alditole** (**Zuckeralkohole**), die u. a. als **Süßstoffe** verwendet werden. Monosaccharide lassen sich mit Natriumborhydrid oder katalytisch mit Wasserstoff zu mehrwertigen Alkoholen reduzieren, z. B. gehen D-Glucose und L-Gulose in D-Sorbit (andere Namen: D-Sorbitol, D-Glucit bzw. D-Glucitol), D-Mannose in D-Mannit (D-Mannitol) und D-Galactose in Dulcit (Dulcitol, Galactitol), eine achirale *meso*-Verbindung, über (▸Kap. 6.2.4). Bei der Reduktion der Carbonylgruppe in Ketosen entsteht ein neues Chiralitätszentrum. Es bilden sich demnach zwei Diastereomere, z. B. entstehen aus D-Fructose sowohl D-Sorbit als auch D-Mannit (Abb. 17.22).

### Oxidation von Monosacchariden

#### Oxidation zu Polyhydroxysäuren

Gegenüber Oxidationsmitteln zeigen Aldosen und Ketosen ein sehr unterschiedliches Verhalten. Bei milder Oxidation von Aldosen, z. B. mit Bromwasser, wird nur die am leichtesten zu oxidierende funktionelle

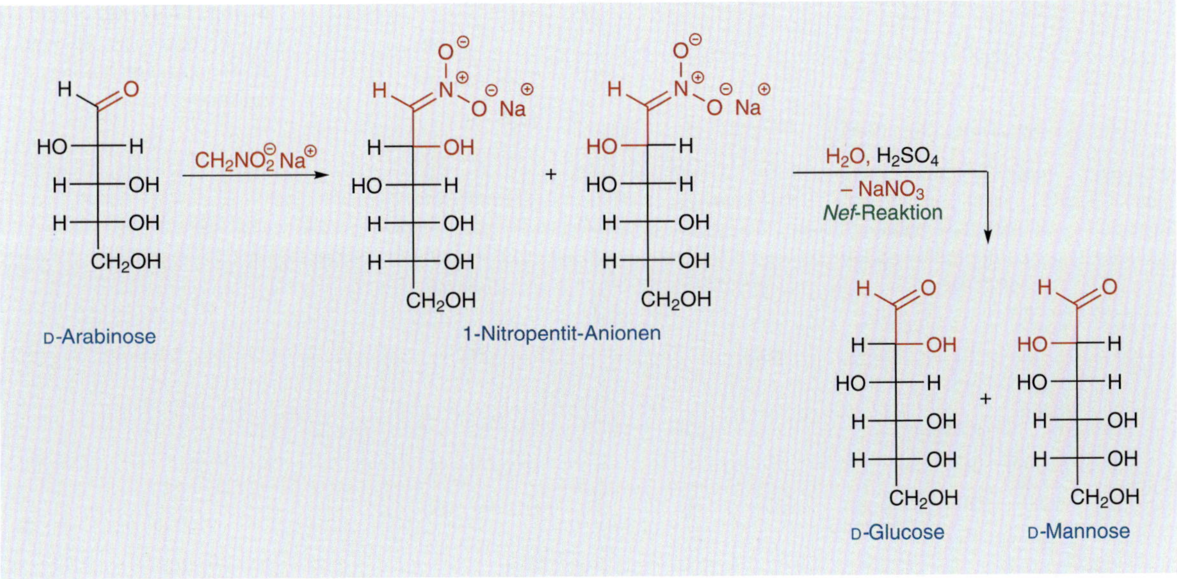


○ **Abb. 17.19** Nitroalkansynthese am Beispiel von Glucose und Mannose

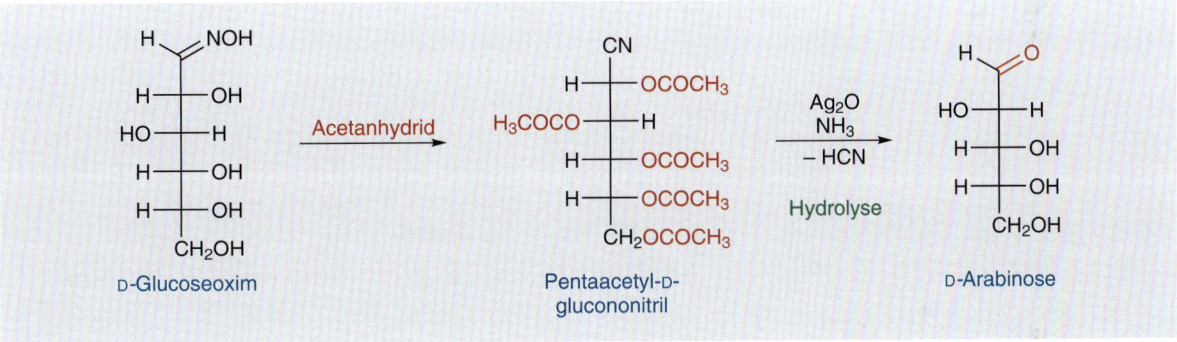


○ **Abb. 17.20** *Wohl*-Abbau: z. B. der Abbau von D-Glucose zu D-Arabinose

Gruppe, also die Aldehydfunktion, zur Carboxygruppe oxidiert. Es entstehen die sogenannten **Aldonsäuren**, z. B. aus D-Glucose D-Gluconsäure (Abkürzung GlcA) (○ Abb. 17.23; ▸ Kap. 3).

Aldonsäuren gehen analog zu anderen $\gamma$- und $\delta$-Hydroxysäuren im sauren Medium unter Wasserabspaltung leicht in $\gamma$- oder $\delta$-Lactone (▸ Kap. 15.2) über. Bevorzugt bilden sich $\gamma$-Lactone. Durch stärkere Oxidation der Aldosen, z. B. mit konzentrierter $HNO_3$, wird nicht nur die Aldehyd-, sondern auch die primäre Alkoholgruppe in die Carboxygruppe übergeführt. Man erhält so Polyhydroxydicarbonsäuren, sogenannte **Zuckersäuren** (**Aldarsäuren**, ○ Abb. 17.24), z. B. geht D-Glucose in D-Zuckersäure, D-Mannose in D-Mannozuckersäure und D-Galactose in Schleimsäure (Galactarsäure) über. Letztere ist wegen der im Molekül vorhandenen Symmetrieebene eine *meso*-Verbindung (▸ Kap. 3.8.2), ihre Salze heißen Mucate.

Alle Zuckersäuren bilden leicht Monolactone (Lactonsäuren), in einigen Fällen auch Dilactone. Physiologisch bedeutsam sind **Uronsäuren**, die durch Oxidation der endständigen primären Alkoholgruppe der Ein-

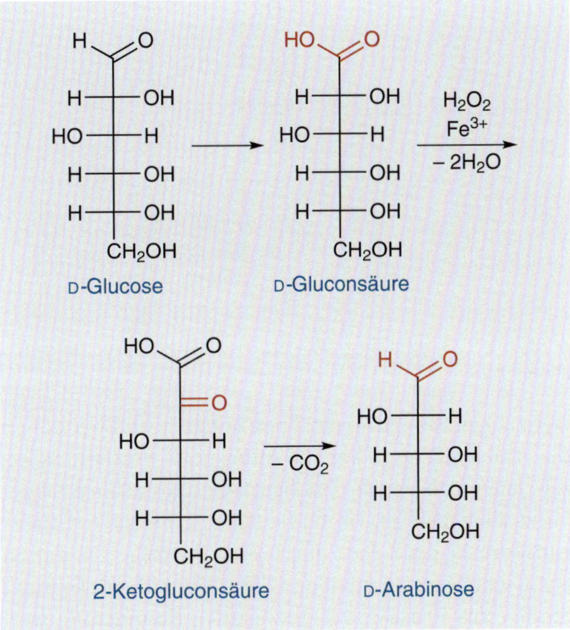


○ **Abb. 17.21** *Ruff*-Abbau: z. B. der Abbau von D-Glucose zu D-Arabinose

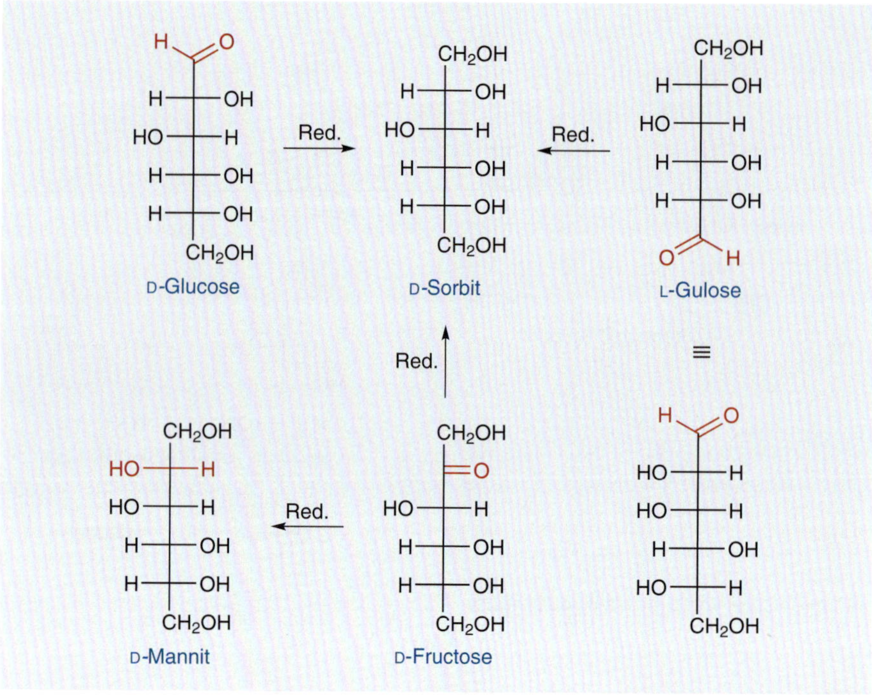


**○ Abb. 17.22** Reduktion von Aldosen bzw. Ketosen zu den entsprechenden Zuckeralkoholen

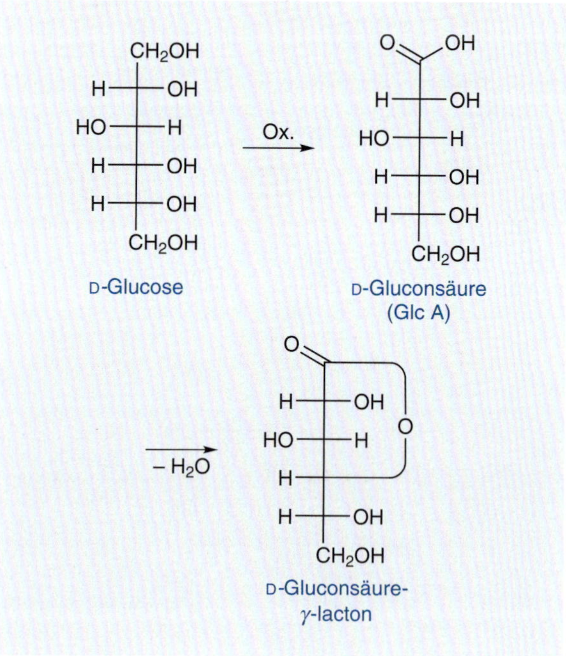


**○ Abb. 17.23** Oxidation von Glucose zur entsprechenden Aldonsäure

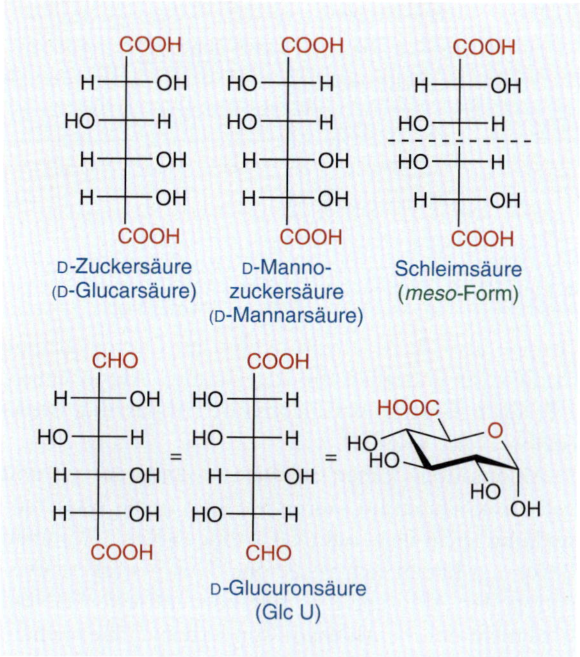


**○ Abb. 17.24** Verschiedene Aldarsäuren (Zuckersäuren) und D-Glucuronsäure als Beispiel einer Uronsäure; man beachte, dass D-Glucuronsäure in Anlehnung an D-Glucose, aus der sie durch Oxidation der primären Alkoholgruppe (C6) entsteht, weiterhin mit dem Stereodeskriptor D bezeichnet wird, obwohl in der *Fischer*-Projektion die Säuregruppe als höchstoxidierte Gruppe nach oben zeigen müsste, was gleichbedeutend mit der L-Konfiguration wäre. Um die Verwandtschaft zur Glucose zu betonen, wird hierbei aber von den normalen Regeln der *Fischer*-Projektion abgewichen.

fachzucker zur Carboxygruppe entsteht und bei denen die Aldehydgruppe am C1-Atom noch vorhanden ist; z. B. leitet sich von D-Glucose D-Glucuronsäure (abgekürzt als GlcU) ab. Im Organismus entsteht **D-Glucuronsäure** in der Leber durch enzymatische Oxidation aus D-Glucose; sie dient zur Entgiftung körperfremder Stoffe (sog. Phase-II-Metabolismus). Fremdstoffe werden durch Konjugation mit Glucuronsäure besser wasserlöslich und können mit dem Harn ausgeschieden

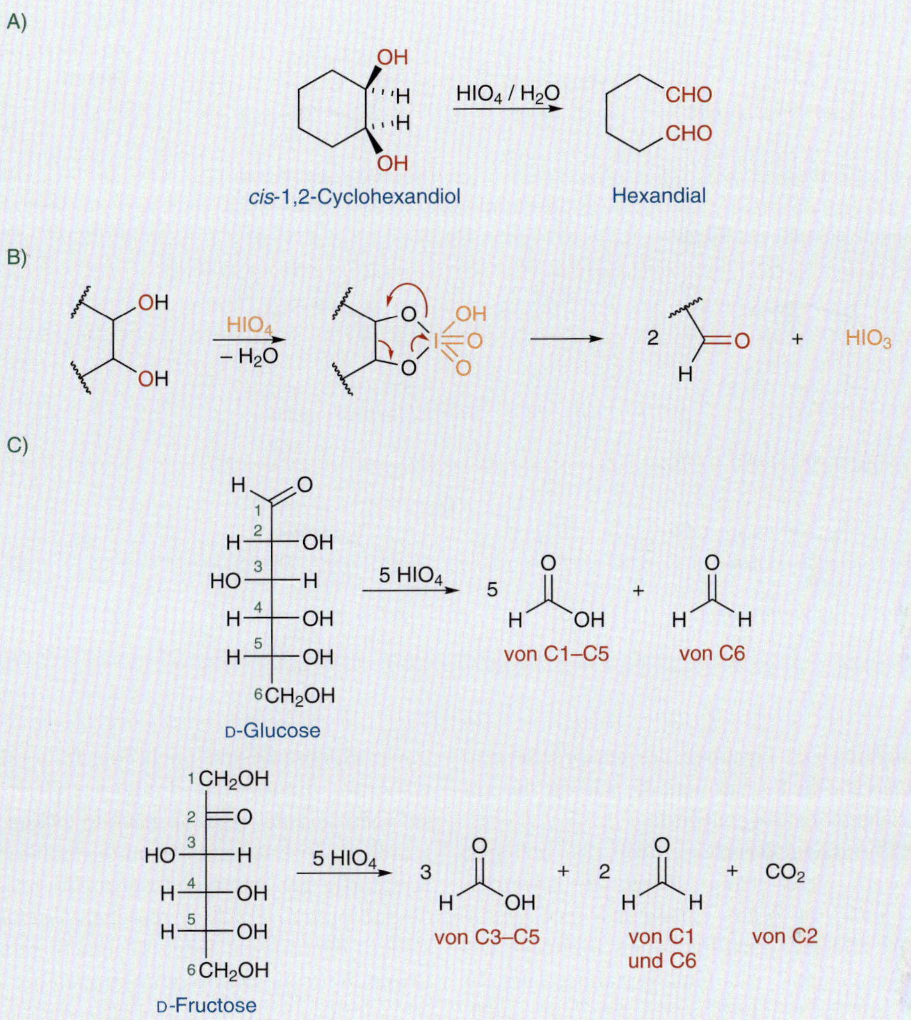


**o Abb. 17.25** Oxidative Spaltung von vicinalen Alkoholen (A, B: Mechanismus) und Zuckern mit Periodsäure (*Malaprade*-Spaltung; C)

werden. D-Glucuronsäure findet sich daher in gebundener Form als Glucuronid im Blut und im Harn. Ethylglucuronid lässt sich bei Alkoholgenuss selbst noch nach Tagen im Blut nachweisen.

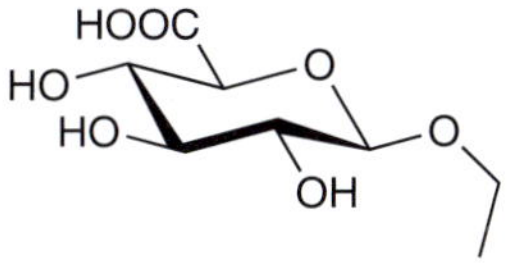


Ethylglucuronid

**Oxidative Spaltung von Monosacchariden**

Bei den bisher diskutierten Oxidationsreaktionen blieb das Kohlenstoffgrundgerüst der Zucker intakt. Ein Oxidationsreagenz, das zur Spaltung der C—C-Bindungen in Zuckern genutzt werden kann, ist **Periodsäure**, $HIO_4$. Periodsäure zersetzt oxidativ vicinale 1,2-Diole (▸Kap. 6.2) zu Carbonylverbindungen (***Malaprade*-Spaltung**, ▸Kap. 6.2.3). Der Mechanismus dieser Zersetzung verläuft über einen cyclischen Periodsäureester, der zu zwei Carbonylverbindungen zerfällt. Bei der oxidativen Spaltung von Zuckern können Ameisensäure, Formaldehyd und Kohlenstoffdioxid entstehen. Die Konstitution der Zucker bestimmt die Produkte und deren Mengenverhältnis. Bei der Umsetzung von Glucose mit fünf Äquivalenten Periodsäure entstehen Ameisensäure und Formaldehyd, während die Spaltung der isomeren Fructose mit ebenfalls fünf Äquivalenten Periodsäure zur Bildung von Ameisensäure, Formaldehyd und Kohlenstoffdioxid führt (o Abb. 17.25). Auch bei der energischen Oxidation von Ketosen treten unter Spaltung der C-Kette Carbonsäuren mit geringerer Anzahl von C-Atomen, z. B. Oxalsäure, auf.

**Ester und Etherbildung: Glycosidbildung**

Aufgrund ihrer vielen Alkoholgruppen können Zucker in unterschiedliche Alkoholderivate umgewandelt werden. Hierzu gehört die Bildung von Ethern und Estern

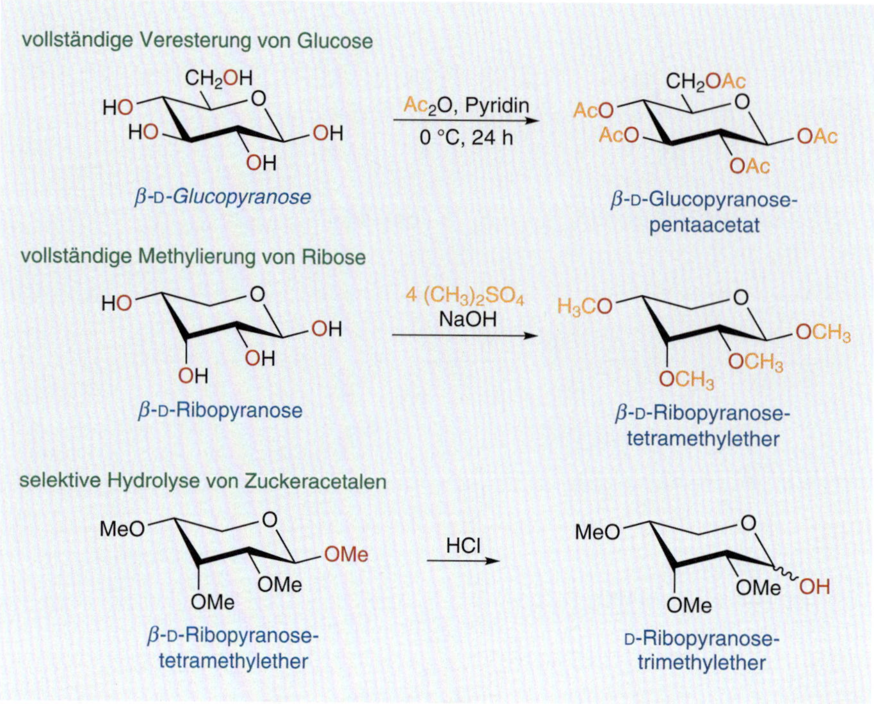


**o Abb. 17.26** Verschiedene Möglichkeiten zur Veresterung bzw. Veretherung von Zuckern

an allen vorhanden OH-Gruppen des entsprechenden Zuckers, ebenso wie die Reaktionen, die selektiv nur am anomeren Kohlenstoffatom stattfinden.

**Ester der Einfachzucker** können mit den üblichen Methoden der Veresterung hergestellt werden (o Abb. 17.26; ▸ Kap. 14.4). Ein Überschuss an Carbonsäure verestert alle Hydroxyfunktionen inklusive der Hemiacteal-OH-Gruppe. Aus Glucopyranose entsteht zum Beispiel mit Essigsäureanhydrid das Pentaacetat. Durch die ***Williamson*sche Ethersynthese** (▸ Kap. 9.1.2) können analog alle OH-Funktionen z. B. methyliert werden. Dabei wird auch das Halbacetal an C1 in eine Acetalgruppe überführt, die allerdings wieder selektiv im Sauren hydrolysiert werden kann, ohne dass die anderen Ethergruppen gespalten werden.

Im Zucker direkt benachbarte Hydroxygruppen ermöglichen die Bildung von fünf- oder sechsgliedrigen Ketalen durch Reaktion mit Carbonylverbindungen. Monosaccharide, die zwei benachbarte, *cis*-ständige OH-Gruppen enthalten, reagieren beispielsweise mit Aldehyden oder Ketonen in Gegenwart von Schwefelsäure, Zinkchlorid oder Phosphor(V)-oxid zu cyclischen Acetalen bzw. Ketalen (*E. Fischer* 1895). Bei der Einwirkung von Aceton auf D-Glucose erhält man in Gegenwart von Schwefelsäure bei Raumtemperatur 1,2:5,6-Di-*O*-isopropyliden-α-D-glucofuranose (Diaceton-α-D-glucose, o Abb. 17.27), ein sogenanntes **Acetonid**. Bei dieser Reaktion geht der Sechsring der Glucose in einen Fünfring über. Man darf daher aus der Konstitution der Isopropylidenderivate keine Rückschlüsse auf die Ringstruktur der freien Zucker ziehen. Diaceton-D-glucose besitzt noch eine freie OH-Gruppe am C3-Atom, die methyliert oder acetyliert werden kann; sie reduziert *Fehling*sche Lösung (▸ Kap. 12.1.3) nicht. Durch Hydrolyse mit verdünnten Säuren lassen sich die acetalartig gebundenen Isopropylidenreste leicht wieder abspalten. Solche cyclischen Acetale und Ketale stellen, ebenso wie Ester, geeignete **selektive Schutzgruppen** für die Hydroxyfunktionen der Zucker dar, da die verbleibenden freien Hydroxygruppen zu Carbonylgruppen oxidiert, in gute Abgangsgruppen überführt oder durch Eliminierungen umgewandelt werden können.

Die OH-Gruppe am anomeren C-Atom in der cyclischen Halbacetalform der Aldo- bzw. Ketohexosen ist besonders reaktiv und lässt sich leicht und selektiv mit einem Alkohol (oder Phenol) bei Anwesenheit von wenig Chlorwasserstoff in das Acetal (▸ Kap. 12) überführen. Derartige Zuckeracetale bezeichnet man allgemein als **Glycoside** (*Gerhardt* 1852). Je nachdem, welcher Zucker im Speziellen vorliegt, spricht man von Glucosiden, Mannosiden, Fructosiden usw., bzw. je nach Vorliegen eines heterocyclischen Fünf- oder Sechsrings auch von **Furanosiden** bzw. **Pyranosiden**.

### *O*-Glycoside

Als einfachster Vertreter dieser großen Stoffklasse ist Methyl-D-glucopyranosid zu nennen, das bei der Umsetzung von D-Glucose mit Methanol/HCl entsteht und in zwei anomeren Formen, **Methyl-α-D-** und **Methyl-β-D-glucopyranosid** vorliegen kann (*E. Fischer* 1893). Die beiden Anomeren unterscheiden sich als

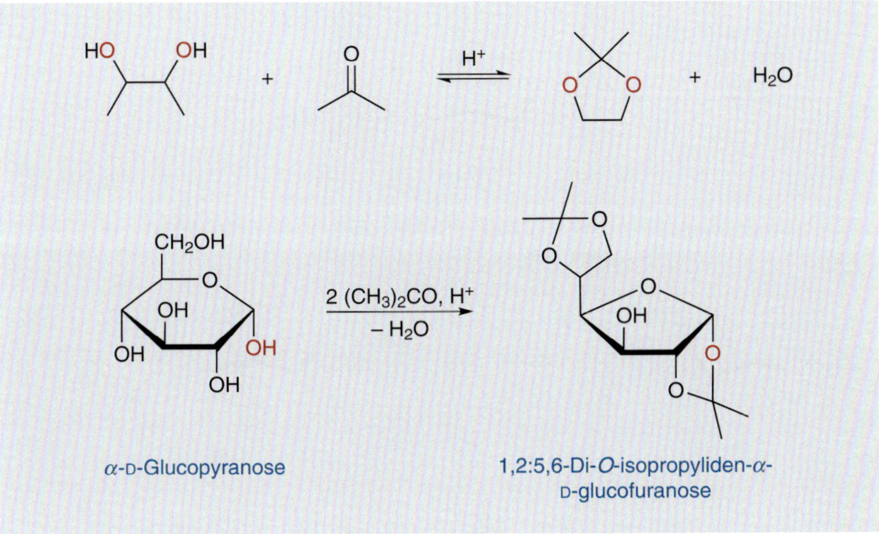


**Abb. 17.27** Cyclische Ketale sind Schutzgruppen für *cis*-ständige Hydroxyfunktionen von Zuckern.

17

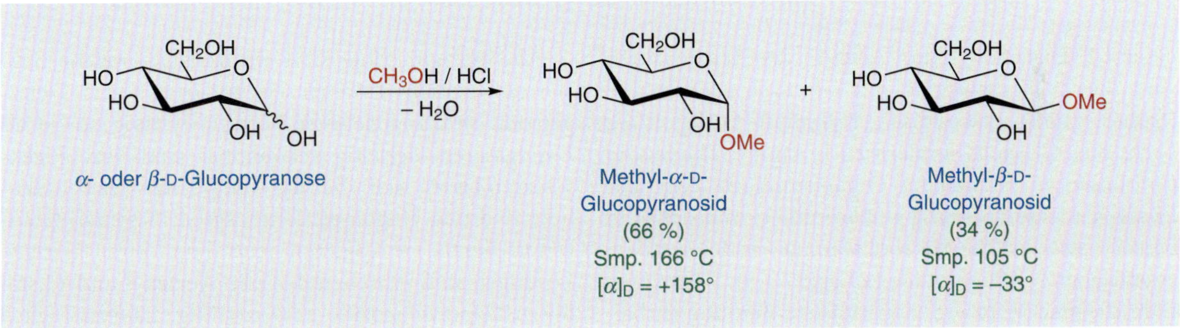


**Abb. 17.28** Darstellung von *O*-Glycosiden

Diastereomere im Schmelzpunkt und im Wert ihrer spezifischen Drehung (Abb. 17.28).

In angesäuerter methanolischer Lösung stellt sich zwischen α- und β-Methylglucosid ein Gleichgewicht ein: Bei einer Temperatur von 35 °C (308 K) beträgt der Anteil des α-Anomeren im Gleichgewicht 66 %; dies ist wiederum auf den anomeren Effekt zurückzuführen, der im Falle von Methylglucosid sogar noch ausgeprägter ist als in der Glucose selbst. Glycoside sind im allgemeinen gut kristallisierende, in Wasser lösliche Substanzen und zeigen das typische Verhalten von Acetalen, d. h., sie sind gegen Alkalien beständig, werden aber von warmen, verdünnten Mineralsäuren leicht zum Zucker und das Aglycon (allgemein die „Nicht-Zucker“-Komponente, bei der die Glycosylgruppe eines Glycosides formal durch ein Wasserstoffatom ersetzt wurde) hydrolysiert. Da Glycoside keine Aldehydgruppe mehr besitzen und in neutraler sowie in basischer Lösung stabil sind, reduzieren sie *Fehling*sche Lösung nicht (Glycoside sind **nichtreduzierende Zuckerderivate**, ▸Kap. 17.2.3), und sie reagieren auch nicht mit Nucleophilen. Somit lässt sich durch Glycosylierung die anomere OH-Gruppe schützen, was von großem Nutzen für Synthesen und strukturelle Analysen ist.

Setzt man einen Zucker mit freier OH-Gruppe am anomeren C-Atom, z. B. β-Tetraacetylglucose mit Hexamethyldisilazan, $(CH_3)_3Si—NH—Si(CH_3)_3$, und Chlortrimethylsilan, $ClSi(CH_3)_3$, um, so entsteht 2,3,4,5-Tetra-*O*-acetyl-1-*O*-trimethylsilyl-β-D-glucopyranose (Abb. 17.29). Sie lässt sich stereospezifisch in Acetale überführen, weil bei dieser Reaktion die C—O-Bindung am anomeren C-Atom erhalten bleibt. Mit einem Aldehyddimethylacetal entstehen aus 2,3,4,5-Tetra-*O*-acetyl-1-*O*-trimethylsilyl-β-D-glucopyranose bei –70 °C in Gegenwart von Trimethylsilyltrifluormethansulfonat (Trimethylsilyltriflat) β-Glucoside mit 1,1'-Diacetalstruktur (**Acetal-Glucoside**). Mit freien Aldehyden bilden sich Acetal-β,β-diglycoside, die eine ungewöhnliche Triacetalstruktur aufweisen.

Zu den *O*-Glycosiden zählen auch *O*-**Glucuronide** sowie Oligo- und Polysaccharide. Bei den Glucuroniden ist die anomere OH-Gruppe der Glucuronsäure mit einem Alkohol glycosidisch verknüpft. Bei Oligo- und Polysacchariden ist die anomere OH-Gruppe des Zuckers nicht mit einem beliebigen Alkohol (oder Phenol), sondern mit der anomeren OH-Gruppe oder einer der anderen alkoholischen OH-Gruppen eines zweiten Monosaccharids acetalisiert. Die Verknüpfungen bei Saccharose und Trehalose (▸Kap. 17.2.4) entsprechen

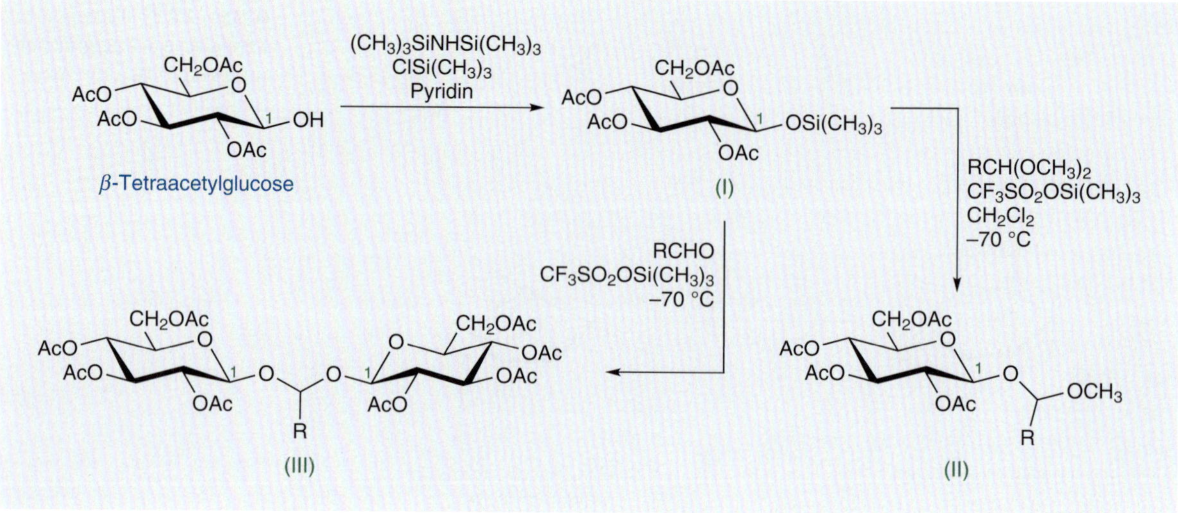


**Abb. 17.29** Stereospezifische Synthese von *O*-Glycosiden. 2,3,4,5-Tetra-*O*-acetyl-1-*O*-trimethylsilyl-*β*-D-glucopyranose (I), *β*-Glucosid (II) mit 1,1'-Diacetalstruktur (Acetal-Glucosid), Acetal-*β*,*β*-diglycosid (III) mit Triacetalstruktur

einer 1,1'-Diacetalstruktur. Auch in den Teichosäuren sind die Zuckerbausteine mit Glycerol oder Ribitol (früher: Ribit) glycosidisch verknüpft (▸Kap. 17.2). Nicht nur Alkohole, sondern auch Amine, Thiole und Carbonsäuren können im Organismus im Zuge der Phase-II-Metabolisierung glucuronidiert und damit in besser wasserlösliche Metabolite umgewandelt werden; es entstehen *N*-Glucuronide (▸Kap. 17.1.3), *S*-Glucuronide, die eine *N*- bzw. *S*-glycosidische Bindung enthalten, bzw. Acylglucuronide mit einer **Acylalgruppe** (acylierte Halbacetalgruppe).

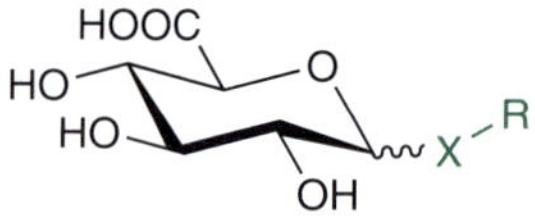


Glucuronide
(X = N, S, Acyl)

### Alkylpolyglucoside

**Alkylpolyglucoside** (APG, Plantaren®) werden aus Glucose und Fettalkoholen (Kettenlänge C8 bis C16) in Gegenwart starker Säuren in größerem Maßstab technisch erzeugt. Dabei entstehen in Abhängigkeit von den Reaktionsbedingungen unter teilweiser Oligomerisierung der Glucose Glucosidgemische, die ein bis drei Glucosebausteine pro Molekül enthalten. Korrekt sollten sie daher als Alkyloligoglucoside bezeichnet werden, was sich jedoch nicht eingebürgert hat.

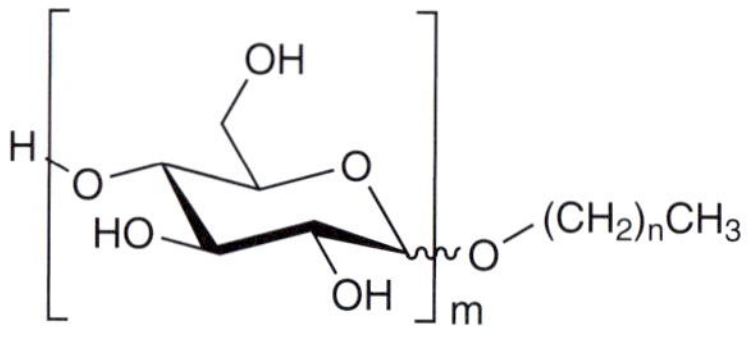


Alkylpolyglycosid, basierend auf Glucose
(m = 1–5, n = 11–15)

Alkylpolyglucoside sind wachsartige, weiche Substanzen, die sich in Wasser sehr gut lösen und als **Detergenzien** mit angenehmer Schaumwirkung sowie als Emulgatoren vielseitig verwendbar sind. Ihre Eigenschaften lassen sich über die Kettenlänge der Fettalkohole und den Oligomerisierungsgrad in weiten Grenzen variieren. Sie reagieren neutral und ihre wässrigen Lösungen sind zwischen den pH-Werten 3 und 13 stabil. Alkylpolyglucoside sind ungiftig, hautverträglich und biologisch leicht abbaubar; im Zusammenhang mit anderen Tensiden wirken sie so stark synergistisch, dass bei Verwendung von APG in den Formulierungen von Waschmitteln und Kosmetika bei gleicher Leistung 20–50 % weniger andere Tenside benötigt wird.

### *N*-Glycoside

Zu den *N*-Glycosiden gehören die **Nucleoside**, die für den Aufbau der Nucleinsäuren (▸Kap. 38) von fundamentaler Bedeutung sind. Bei der Nucleosid-Synthese kommt es darauf an, zuverlässig die *β*-Konfiguration der *N*-Glycoside mit D-Ribose oder 2-Desoxy-D-ribose zu erhalten; dies gelingt z. B. mit D-Ribosederivaten, die eine 2-Acetoxygruppe enthalten (○ Abb. 17.30). Für den stereochemischen Verlauf der Reaktion ist das als Zwischenstufe entstehende **Acetoxonium-Ion** maßgebend. Es kann von einer Nucleobase (in Form eines geeigneten Derivates, ▸Kap. 38.1) nur von der Oberseite des Furanoserings angegriffen werden; die Unterseite ist durch die Acetoxoniumgruppe blockiert, sodass ausschließlich die *β*-Konfiguration entsteht. *N*-Glycoside werden zudem in stereoselektiven Synthesen als chirale Auxiliare genutzt (▸Exkurs: *N*-Glycosylamine als chirale Reagenzien).

### Reaktionen von Hydroxygruppen

Die Methylierung alkoholischer Hydroxygruppen der Zucker kann entweder mit Methyliodid und Silberoxid (*Purdie* u. *Irvine*) oder mit Dimethylsulfat (▸Kap. 10) und Alkali (*Haworth*) durchgeführt werden; besonders wirksam ist Fluorsulfonsäuremethylester („magisches Methyl", Vorsicht: carcinogene Verbindung!). Die halbacetalische Hydroxygruppe muss vorher durch Acetalisierung geschützt werden(▸Kap. 17.1.3), d. h., man geht meist von den gegen Alkalien beständigen Methylglycosiden aus. So entsteht z. B. aus Methyl-$\beta$-D-glucopyranosid mit Dimethylsulfat in alkalischer Lösung unter Veretherung aller Hydroxygruppen Methyl-2,3,4,6-tetra-*O*-methyl-$\beta$-D-glucopyranosid. Erhitzt man dieses mit verdünnter Salzsäure, wird nur die glucosidische Bindung hydrolysiert, und zwar unter Bildung von 2,3,4,6-Tetra-*O*-methyl-$\beta$-D-glucopyranose, die Mutarotation zeigt und reduzierend wirkt (○Abb. 17.32).

Bei der **Acetylierung von Zuckern** mit Acetanhydrid setzt man saure oder basische Katalysatoren, z. B. *Lewis*-Säuren (Zinkchlorid, Aluminiumchlorid), konzentrierte Schwefelsäure, wasserfreies Natriumacetat, Pyridin oder *p*-Toluensulfonsäure ein (○Abb. 17.33). Hexosen gehen dabei in Pentaacetate und Pentosen in Tetraacetate über, z. B. entsteht aus Glucose Pentaacetylglucose. Pentaacetate reduzieren *Fehling*sche Lösung nicht, da die halbacetalische Funktion als Acylal vorliegt. Acetate treten jeweils in $\alpha$- und $\beta$-Form auf; welches Anomer überwiegt, hängt entscheidend vom Katalysator ab (○Abb. 17.33).

*Lewis*-Säuren begünstigen die Dissoziation der Acetatgruppe am anomeren C-Atom, wobei intermediär ein Carboxonium-Ion entsteht. Durch Zusatz eines anderen Alkohols erfolgt dann ein Aglycon-Austausch (**Transglycosidierung**, ○Abb. 17.34).

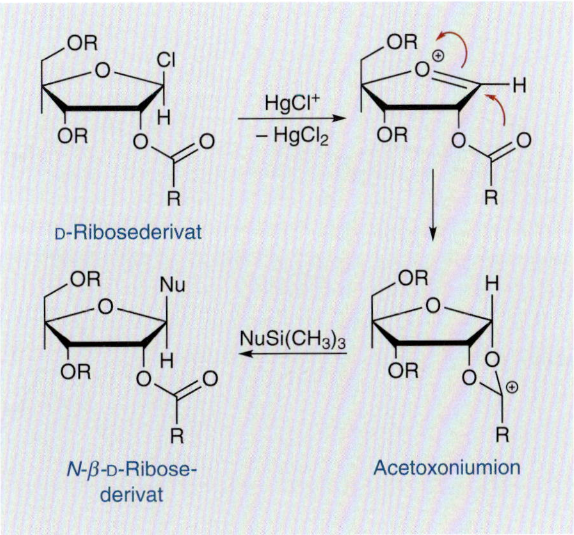


○ **Abb. 17.30** D-Ribosederivate, die eine 2-Acetoxygruppe enthalten, ermöglichen die Synthese von *N*-Glycosiden mit $\beta$-Konfiguration.

Allgemein lässt sich die Acetoxy-Gruppe am C1-Atom in $\alpha$- oder $\beta$-Hexose-pentaacetaten auch durch ein Bromatom ersetzen. Hierbei wird das Pentaacetat mit Eisessig, der mit Bromwasserstoff gesättigt ist, behandelt. So entsteht z. B. aus Pentaacetyl-D-glucose „Acetobromglucose", die ein wichtiger Ausgangsstoff für die Synthese von Zuckerderivaten ist. Diese als ***Königs-Knorr*-Methode** bezeichnete Synthese erlaubt es, $\beta$-Glycoside stereospezifisch über $\alpha$-Glycosylhalogenide zu erhalten (○Abb. 17.35, oben). Acetobromglucose mit $\alpha$-ständigem Bromatom bildet

---

**Exkurs: *N*-Glycosylamine als chirale Reagenzien**

*O*-acylierte geschützte *N*-Glycosylamine (○Abb. 17.31) eignen sich als chirale Bausteine für asymmetrische Synthesen (▸Kap. 3), denn sie sind als chiral substituiertes Ammoniakmolekül aufzufassen. Die säurelabile *N*-glycosidische Bindung kann am Ende der Synthese, wenn die vom Auxiliar induzierten Chiralitätszentren eingebaut sind, leicht gespalten werden. So wurde z. B. bei den Synthesen der enantiomerenreinen Alkaloide (+)-Coniin und (–)-Anabasin (▸Kap. 36.1.1) 2,3,4,6-Tetra-*O*-pivaloyl-$\beta$-D-galactopyranosylamin als chirales Auxiliar eingesetzt.

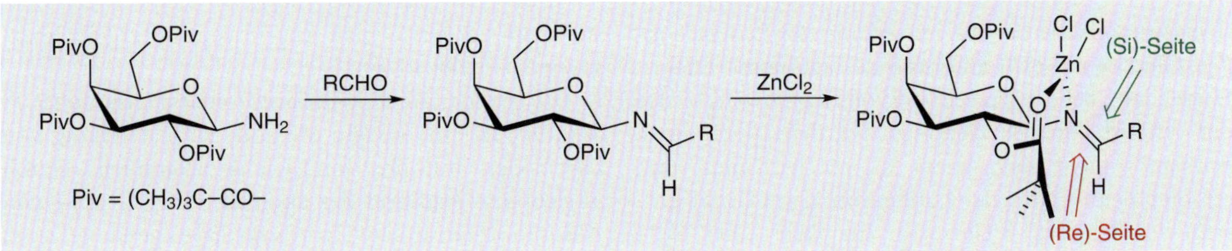


○ **Abb. 17.31** *O*-Pivaloyl-geschützte *N*-Glycosylamine können als chirale Reagenzien eingesetzt werden. Galactosylamin (links) kondensiert z. B. stereoselektiv mit einem Aldehyd. Das gebildete *N*-Glycosylimin (Mitte) weist eine *trans*-konfigurierte Doppelbindung auf. Koordiniert es mit der *Lewis*-Säure $ZnCl_2$, bildet sich ein Komplex (rechts), in dem ein angreifendes Nucleophil an eine der beiden diastereotopen Seiten der Doppelbindung dirigiert wird.

---

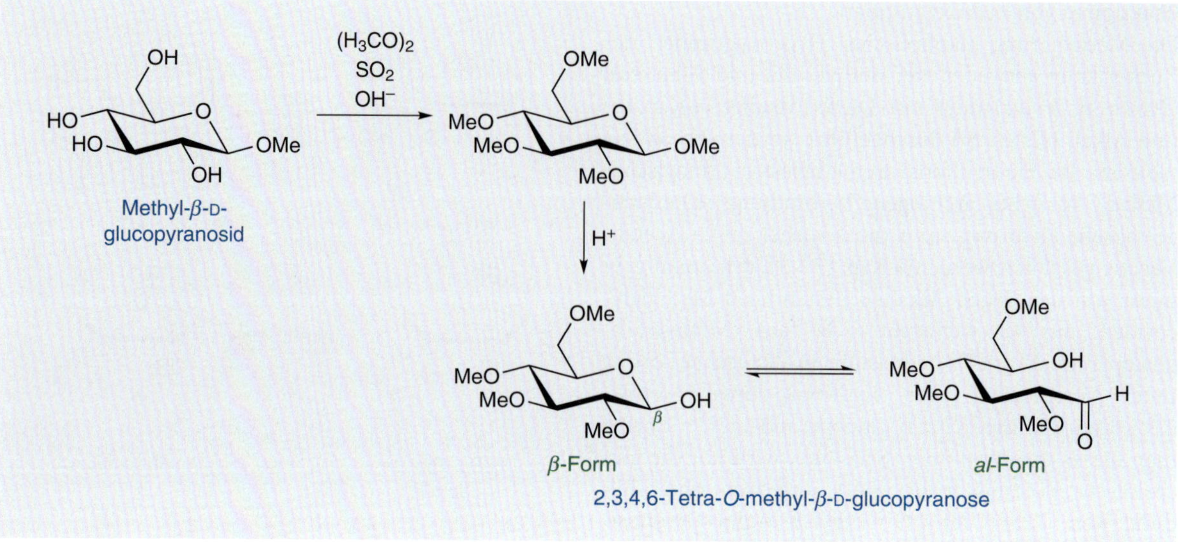


**Abb. 17.32** Selektiver Schutz der Hydroxygruppen von Zuckern (*al*-Form: Aldehyd-Form des Zuckers)

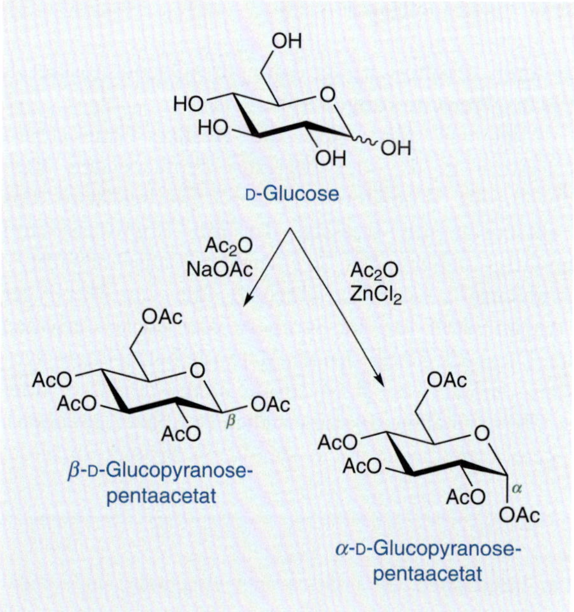


**Abb. 17.33** Acetylierung von Zuckern unter sauren bzw. basischen Bedingungen

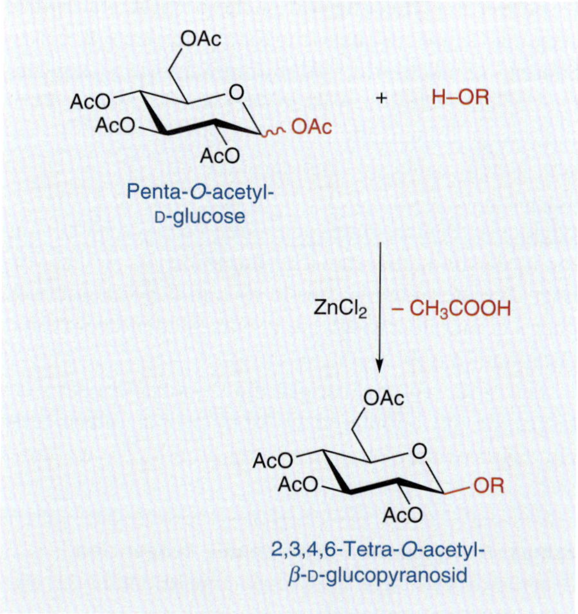


**Abb. 17.34** Transglycosidierung von Penta-*O*-acetyl-D-glucose zu 2,3,4,6-Tetra-*O*-acetyl-D-glucopyranosid; d. h. Übertragung des Zuckerrestes von Essigsäure auf einen Alkohol R—OH

sich stereoselektiv bei der Umsetzung der Pentaacetat-$\beta$-D-Glucose mit HBr aufgrund des anomeren Effekts. Findet dann bei der Umsetzung von Acetobromglucose der Angriff eines Nucleophils auf den $\alpha$-ständigen Bromsubstituent nach einem $S_N2$-Mechanismus statt, erfolgt eine Inversion der Konfiguration am C1. Es entsteht folglich das $\beta$-Glucosid. Im Falle eines $S_N1$-Mechanismus bildet sich zuerst unter Abspaltung von Bromid ein Carboxoniumion (Abb. 17.30), das vom Nucleophil nur von der $\beta$-Seite aus angegriffen werden kann, da die Acetylgruppe am benachbarten Kohlenstoffatom C2 den axialen Angriff verhindert (Nachbargruppen-Effekt, ▸Kap. 15.2).

Die sogenannte **Trichloracetimidat-Methode** (*R. R. Schmidt*) ist eine neuere Methode zu Darstellung von Glycosiden mithilfe von Trichloracetonitril. Durch nucleophile Addition der anomeren OH-Gruppe von Aldosen, deren andere Hydroxygruppen geschützt sind, bilden sich die entsprechenden Trichloracetimidate (Abb. 17.35, unten). Kurze Reaktionszeiten liefern $\beta$-Trichloracetimidate, die nach längeren Zeiten zu den $\alpha$-Anomeren isomerisieren. Diese Acetimidate stellen

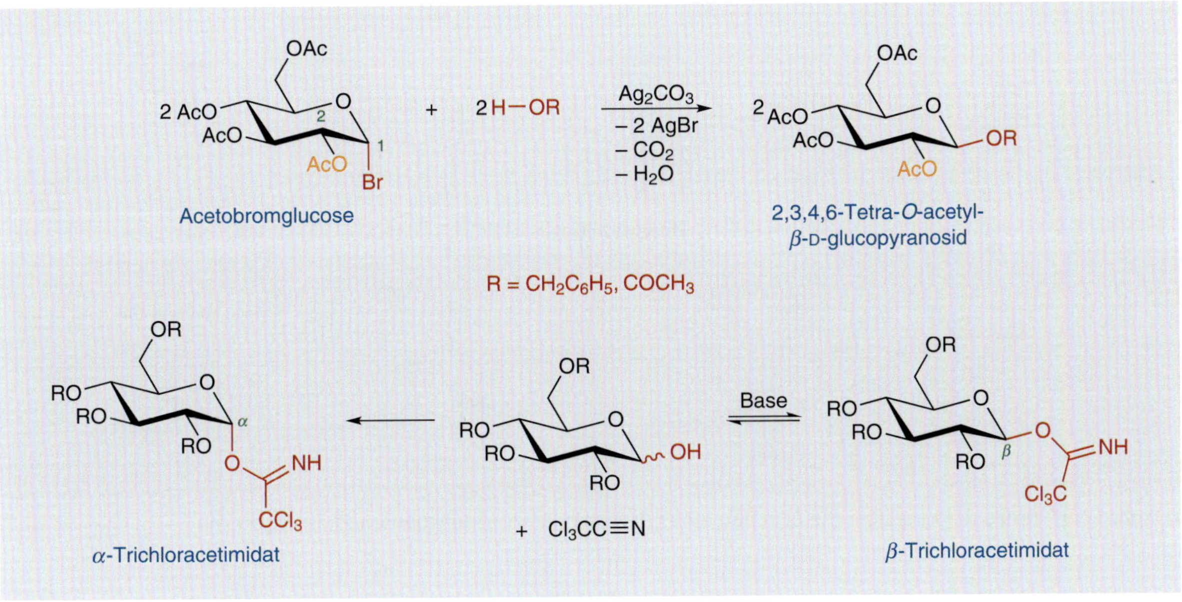


**○ Abb. 17.35** Synthese von $\beta$-Glycosiden über die *Königs-Knorr-* (oben) und die Trichloracetimidat-Methode (unten)

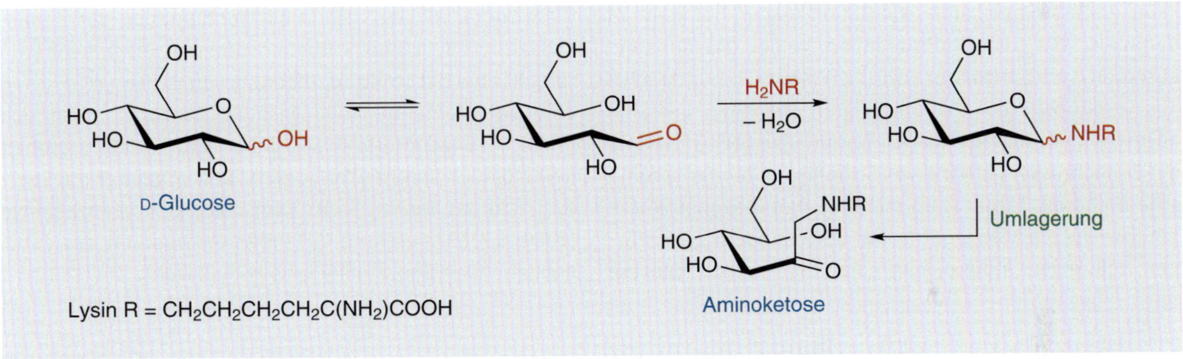


**○ Abb. 17.36** Die *Maillard*-Reaktion ist verantwortlich für die Braunfärbung von Lebensmitteln und die charakteristischen Koch- und Bratarومen.

gute Glycosylierungsreagenzien bei der Umsetzung mit Nucleophilen dar.

### *Maillard*-Reaktion (nichtenzymatische Bräunung)

Reduzierende Zucker reagieren in der Hitze mit der Aminogruppe von Aminosäuren, Peptiden oder Proteinen unter Braunfärbung (*L. C. Maillard* 1912). Dabei entstehen u. a. Stoffe, die für die Koch- und Bratarومen von Lebensmitteln charakteristisch sind. Im ersten Schritt der Reaktion tritt das Derivat eines *N*-Glycosylamins auf (vgl. *N*-Glycoside, ▸ Kap. 17.1.3), aus dem durch ***Amadori*-Umlagerung** das Derivat einer 1-Amino-1-desoxy-2-ketose, kurz „Aminoketose“ entsteht. Die Umsetzung ist in ○ Abb. 17.36 mit Lysin formuliert. Die essenzielle Aminosäure Lysin wird bei unsachgemäßer Behandlung von Lebensmitteln durch diese als **nichtenzymatische Glycosylierung** oder „Glycation“, im vorliegenden Fall speziell als Fructosylierung bezeichnete Reaktion, irreversibel zerstört. Bei der Reaktion von Glucose mit Asparagin entsteht Acrylamid (▸ Kap. 13.2.4). Der weitere Verlauf der *Maillard*-Reaktion, bei dem sich Wasserabspaltungen, Ringschlüsse sowie der *Strecker*-Abbau vollziehen, ist bislang nicht vollständig aufgeklärt, genauso wenig wie die genaue Struktur der am Ende gebildeten Produkte (▸ Kap. 37).

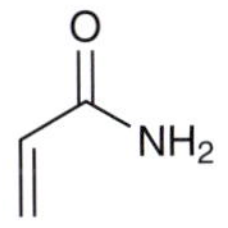


Acrylamid

### Reaktion der Carbonylfunktion mit Aminderivaten

Die Carbonylfunktion in Aldosen und Ketosen reagiert mit Aminderivaten in einer Kondensationsreaktion (▸ Kap. 12). Glucose reagiert zum Beispiel mit Phenylhydrazin zum entsprechenden **Phenylhydrazon**. Überraschenderweise bleibt die Reaktion nicht auf dieser Stufe stehen, sondern das Glucosephenylhydrazon

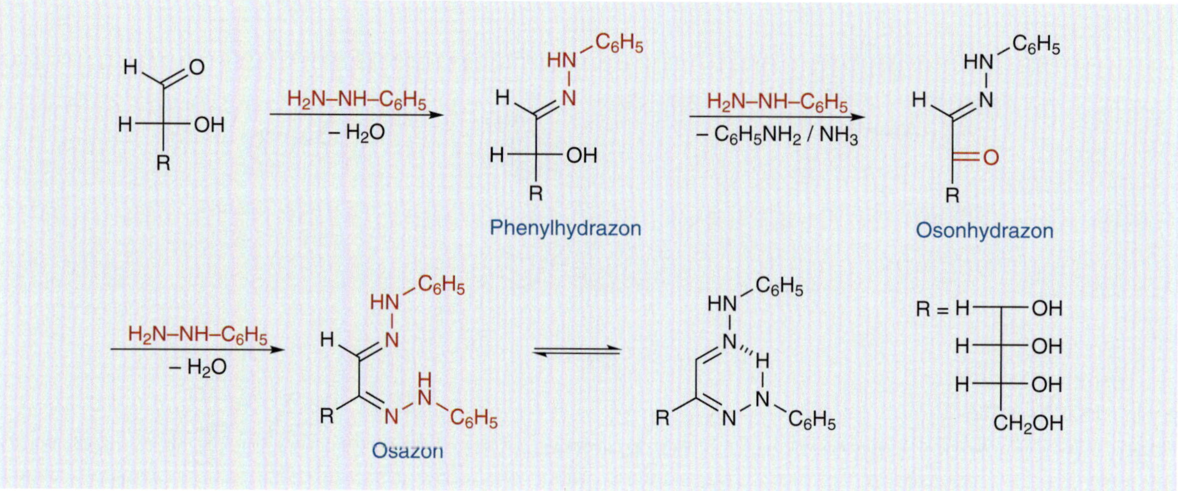


**Abb. 17.37** Osazonbildung über die Reaktion eines Zuckers mit zwei Äquivalenten Phenylhydrazon

**Exkurs: Eigenschaften von Osazonen**

Während die farblosen Monophenylhydrazone der Zucker keine große Neigung zur Kristallisation zeigen, hat man mit den meist sehr gut kristallisierenden, gelben **Osazonen** ein ausgezeichnetes Mittel zur Hand, um Monosaccharide auch aus verdünnten oder verunreinigten Lösungen kristallin abzuscheiden. Zugleich dienen Osazone zur Identifizierung der Einfachzucker (anhand von Schmelzpunkt oder spezifische Drehung). Ferner kann man aus den Osazonen Rückschlüsse auf die Konfiguration der betreffenden Zucker ziehen, z. B. ergeben die beiden epimeren Zucker D-Glucose und D-Mannose sowie D-Fructose das gleiche Osazon. Diese Zucker müssen also in der Konfiguration der Chiralitätszentren 3, 4 und 5 übereinstimmen. Diese Beobachtung hat bei der Strukturaufklärung von Zuckern (*E. Fischer*) eine entscheidende Rolle gespielt. Osazone lassen sich durch konzentrierte Salzsäure zu den **Osonen** (α-Ketoaldehyden) hydrolysieren. Besser gelingt die Spaltung durch Kochen mit überschüssigem Benzaldehyd (Abb. 17.38) aufgrund der größeren Stabilität des dabei entstehenden Benzaldehydphenylhydrazons.

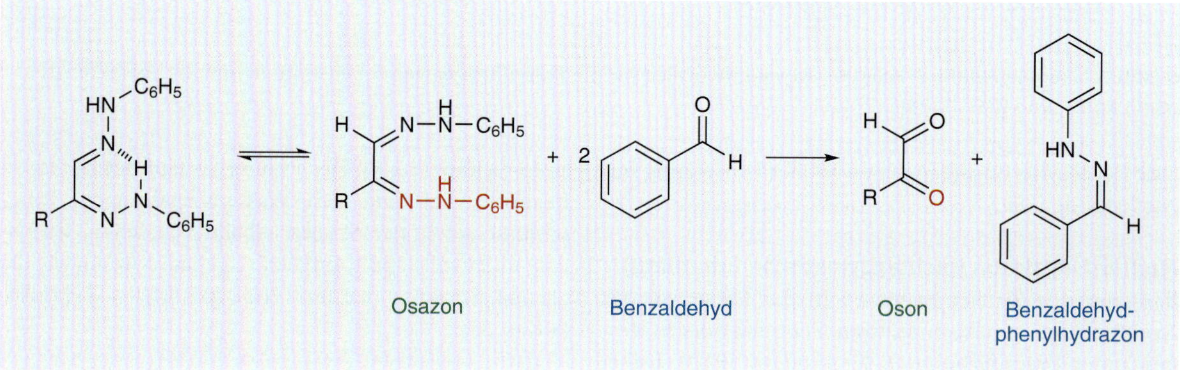


**Abb. 17.38** Bildung von Osonen aus Osazonen

reagiert in schwach essigsaurer Lösung bei einem Überschuss an Phenylhydrazin (zwei zusätzliche Äquivalente) zu einem doppelten Phenylhydrazon, einem sogenannten **Osazon**, weiter (Abb. 17.37). Die gelben, in Wasser schwerlöslichen Osazone fallen aus der Lösung aus (▸Exkurs: Eigenschaften von Osazonen), als Nebenprodukte entstehen Anilin und Ammoniak.

Der Mechanismus der Osazonbildung verläuft vermutlich über ein 2-Ketoamin, gefolgt von einer komplexen Abfolge von Eliminierungen und Kondensationsreaktionen. *E. Fischer* postulierte, dass die der Carbonylgruppe benachbarte Alkoholgruppe durch Einwirkung eines zweiten Moleküls Phenylhydrazin oxidiert wird, wobei intermediär die Osonhydrazon-Bildung anzunehmen ist. Dabei wird Phenylhydrazin zu Anilin, $C_6H_5NH_2$, und Ammoniak reduziert. Im Anschluss daran reagieren ein drittes Molekül Phenylhydrazin und die neu entstandene Carbonylgruppe zum Osazon, das durch eine intramolekulare Wasserstoffbrücke stabilisiert ist (*Fieser* 1944).

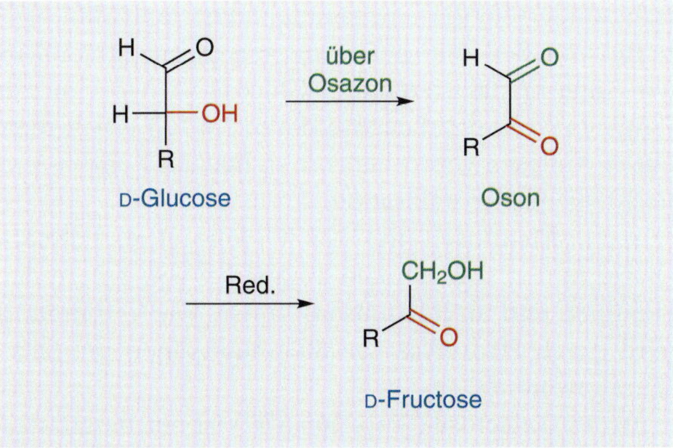


**Abb. 17.39** Überführung einer Aldose in die zugehörige Ketose über die Zwischenstufen Osazon und Oson

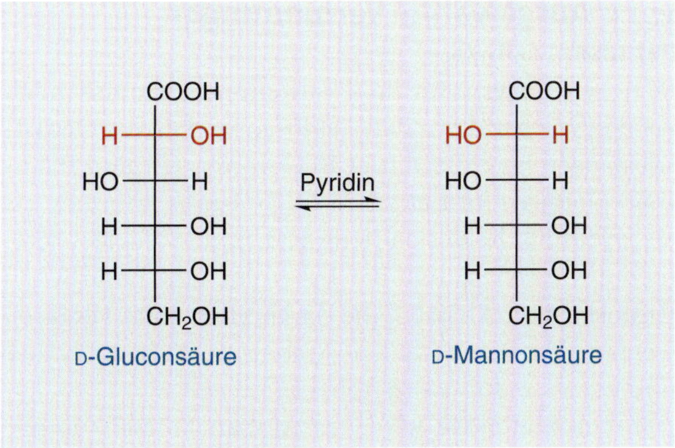


**Abb. 17.40** Stereoselektive Umwandlung von D-Gluconsäure in D-Mannonsäure und umgekehrt

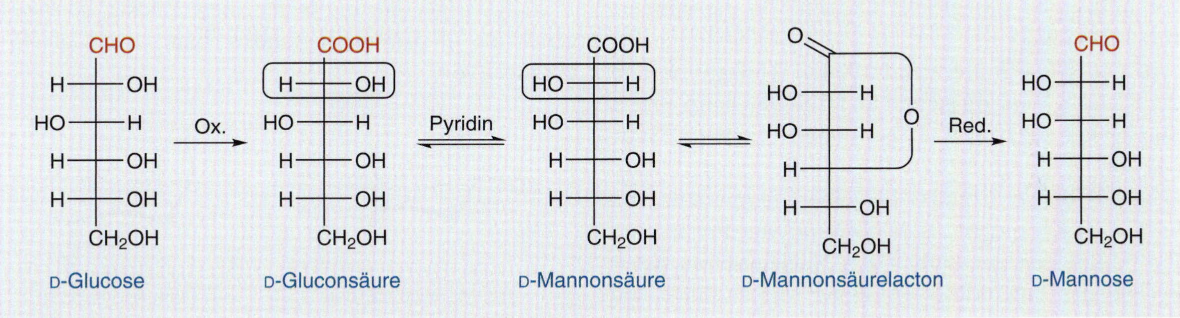


**Abb. 17.41** Umwandlung von Glucose in die epimere Mannose

## Umwandlung von Monosacchariden

Osazone lassen sich durch starke Salzsäure oder durch Kochen mit überschüssigem Benzaldehyd zu **Osonen** ($\alpha$-Ketoaldehyden) hydrolysieren (▸Exkurs: Eigenschaften von Osazonen). Die entstandenen Diketone eröffnen einen Weg, um Aldosen in Ketosen mit gleicher Konfiguration an den übrigen C-Atomen zu überführen. Bei der Reduktion der Osone mit Natriumamalgam in schwach saurer Lösung reagiert die Aldehydgruppe wesentlich rascher als die Ketogruppe, z. B. entsteht aus D-Glucose über das Osazon und bei der Reduktion des entsprechenden Osons D-Fructose (○Abb. 17.39).

Eine weitere, ebenfalls von *E. Fischer* (1890) entdeckte, stereochemische Umwandlung der Zucker erfolgt beim Erhitzen von Aldonsäuren mit Pyridin, Chinolin oder verdünnten Alkalien. Hierbei epimerisiert nur das der Carboxygruppe benachbarte Chiralitätszentrum an C2, sodass sich zwischen den beiden epimeren Aldonsäuren ein Gleichgewicht ausbildet; z. B. geht D-Gluconsäure zum Teil in D-Mannonsäure über und umgekehrt (○Abb. 17.40).

Die epimere Aldonsäure wird als Lacton isoliert, aus dem durch Reduktion mit Natriumamalgam der betreffende Einfachzucker entsteht. Somit lässt sich eine Aldose, z. B. Glucose, auf dem folgenden Weg in den C2-epimeren Zucker überführen: D-Glucose → D-Gluconsäure → D-Mannonsäure → D-Mannonsäurelacton → D-Mannose (○Abb. 17.41; vgl. Epimerisierung, ▸Kap. 17.1.1).

## Nachweisreaktionen von Monosacchariden

Die Nachweisreaktionen von Monosacchariden beruhten früher meist auf der leichten Oxidierbarkeit der Monosaccharide in alkalischer Lösung. Die *Tollens*-, *Fehling*- sowie die *Nylander*-Reaktion sind bereits in ▸Kap. 12.1.3 beschrieben. Die *Trommer*-Reaktion ist eine Variante der *Fehling*-Reaktion, bei der auf den Zusatz von Tartrat als Komplexbildner verzichtet wird. Heute verwendet man für den Nachweis der unterschiedlichen Zucker in der Regel spezifische enzymatische Reaktionen.

### Osazonreaktion

Beim Erhitzen mit überschüssigem Phenylhydrazin in verdünnt essigsaurer Lösung fallen kristalline gelbe Osazone aus (▸Exkurs: Eigenschaften von Osazonen).

### Vergärung

Die wichtigsten Hexosen lassen sich durch Hefe zu Ethanol und Kohlendioxid vergären. Pentosen werden hierbei nicht umgesetzt (Trennungsmethode).

### 17.1.4 Ausgewählte Verbindungen

#### Pentosen, $C_5H_{10}O_5$

Pentosen finden sich im Pflanzenreich hauptsächlich als Polysaccharide in den Pentosanen, z. B. als Gerüstsubstanzen im Holz, ferner in Gummiarten und Pflanzenschleimen. Im tierischen Organismus kommen sie als glycosidische Bestandteile, z. B. in den Nucleoproteinen des Pankreas und der Leber vor. Alle natürlichen Pentosen sind Aldosen, die durch Hefe nicht vergoren werden. Zu ihnen zählen Arabinose, Xylose, Lyxose und vor allem Ribose (o Abb. 17.7).

L-(+)-**Arabinose** wird aus Araban (Kirschgummi) durch Kochen mit verdünnter Schwefelsäure erhalten und bildet Nadeln mit einem Schmelzpunkt von 160 °C.

D-(−)-**Arabinose** kommt als Glycosid in der Aloë vor und ergibt das gleiche Osazon wie die epimere D-(−)-Ribose.

D-(+)-**Xylose** findet sich im Xylan (Holzgummi), in der Kleie, in Maiskolben und im Stroh und kann daraus durch saure Hydrolyse gewonnen werden (Smp. 145 °C).

D-(−)-**Ribose** schmilzt bei einer Temperatur von 95 °C (368 K) und ist als *N*-Glycosid von Purin- und Pyrimidinbasen am Aufbau von Nucleinsäuren beteiligt. Bei der Einwirkung verdünnter Mineralsäuren auf Pentosen in der Wärme entsteht Furfural.

#### Hexosen, $C_6H_{12}O_6$

Von den 16 optisch aktiven Aldohexosen (o Abb. 17.7) kommen nur vier in der Natur vor, nämlich D-(+)-Glucose, D-(+)-Mannose, D-(+)-Galactose und D-(+)-Talose. Als Hauptquelle dienen natürlich vorkommende Oligo- und Polysaccharide wie Milchzucker, Stärke oder Mannane, in denen Hexosen glycosidisch miteinander verbunden sind. Im Gegensatz zu den Pentosen lassen sich einige Hexosen mithilfe von Hefe vergären, z. B. D-Glucose, D-Mannose, D-Galactose und D-Fructose.

D-(+)-**Glucose** (Traubenzucker, Dextrose) findet sich häufig in süßen Früchten, z. B. in Trauben, und ist neben Fructose der Hauptbestandteil von Honig. Im Organismus tritt D-Glucose im Blut (normaler Blutzuckerspiegel etwa 0,1 %) und anderen Körperflüssigkeiten auf, bei nicht therapeutisch behandeltem *Diabetes mellitus* auch im Harn; D-(+)-Glucose spielt im Pflanzen- und Tierreich eine zentrale Rolle bei zahlreichen Stoffwechselvorgängen (biogenetische Schlüsselverbindung). Ihre Süßkraft ist nur halb so groß wie die des Rohrzuckers. Technisch wird D-Glucose durch Hydrolyse von Kartoffel- oder Maisstärke mit verdünnter Salzsäure unter Druck gewonnen. Mithilfe immobilisierter Enzyme kann D-Glucose partiell in D-Fructose umgewandelt werden. Das dabei entstehende Gemisch (Isomerose, Isomeratzucker, Isoglucose) hat die gleiche Süßkraft wie Rohrzucker. Der Glucose-Fructose-Sirup ist besonders für die Lebensmittelindustrie als Süßungsmittel von Bedeutung. Die aus wässrigem Ethanol in der Kälte kristallisierende D-Glucose ist α-D-Glucose (Smp. 146 °C). β-D-Glucose (Smp. 150 °C) erhält man durch Auflösen von D-Glucose in heißem Pyridin und nachfolgende Kristallisation.

D-(+)-**Mannose** (Smp. 132 °C) kommt als Polysaccharid in den sogenannten Mannanen vor, z. B. in der Steinnuss und im Johannisbrotsamen. Die Verbindung wird durch Hydrolyse von Steinnussspänen mit Salzsäure gewonnen.

D-(+)-**Galactose** (Smp. 165,5 °C) ist ein Bestandteil des Milchzuckers (Lactose) und wird daraus durch Hydrolyse hergestellt. Ferner findet sie sich in einigen Gummiarten, den Galactanen.

In wässriger Lösung liegen diese Zucker überwiegend als β-D-Mannopyranose bzw. α-D-Galactopyranose vor:

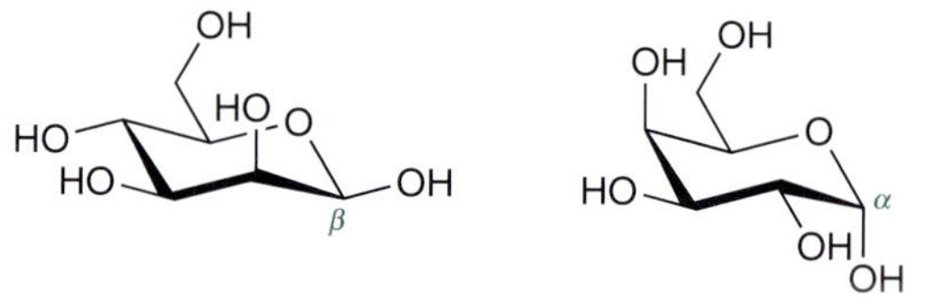


β-D-Mannopyranose α-D-Galactopyranose

D-(−)-**Fructose** (Fruchtzucker, Lävulose) wurde von *Dubrunfaut* (1847) bei der Hydrolyse von Rohrzucker entdeckt. Die Verbindung findet sich reichlich in süßen Früchten sowie in Honig. Ihre Süßkraft ist strukturabhängig: β-D-Fructopyranose ist etwa doppelt so süß wie Rohrzucker, der aus je einem Molekül D-Glucose und D-Fructose aufgebaut ist, β-D-Fructofuranose ist dagegen fast geschmacklos. Das Kristallisationsvermögen von D-Fructose ist gering, sie schmilzt bei 102–104 °C. Auf *Fehling*sche und ammoniakalische Silbernitrat-Lösung wirkt Fructose reduzierend (▸ Kap. 12.2).

L-(−)-**Sorbose** ist ebenfalls eine Ketohexose, die aus D-Sorbit durch Dehydrierung am C5-Atom mithilfe von *Acetobacter xylinum* erhalten wird. Sie schmeckt süß, schmilzt bei einer Temperatur von 165 °C und wird von Hefe nicht vergoren. Bei der technischen Vitamin-C-Synthese tritt sie als Zwischenprodukt auf (vgl. Ascorbinsäure).

#### Desoxyzucker

Einige natürliche Aldopentosen oder Aldohexosen enthalten anstelle einer oder mehrerer OH-Gruppen Wasserstoffatome und werden als **Desoxyzucker** bezeichnet. Hierzu zählen u. a. die biochemisch wichtige **2-Desoxy-D-ribose**, die am Aufbau der Desoxyribonucleinsäure (DNA, ▸ Kap. 38) beteiligt ist, sowie die sehr häufig z. B. in Pektinen oder in Quercetin-Glycosiden (▸ Kap. 33.1.4) vorkommende L-(+)-Rhamnose (6-Desoxy-L-(+)-mannose) und die als Baustein der Blutgrup-

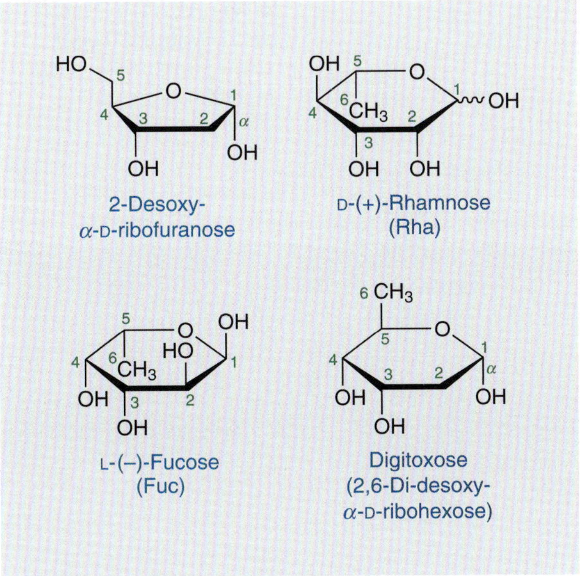


**Abb. 17.42** Desoxyzucker (Auswahl)

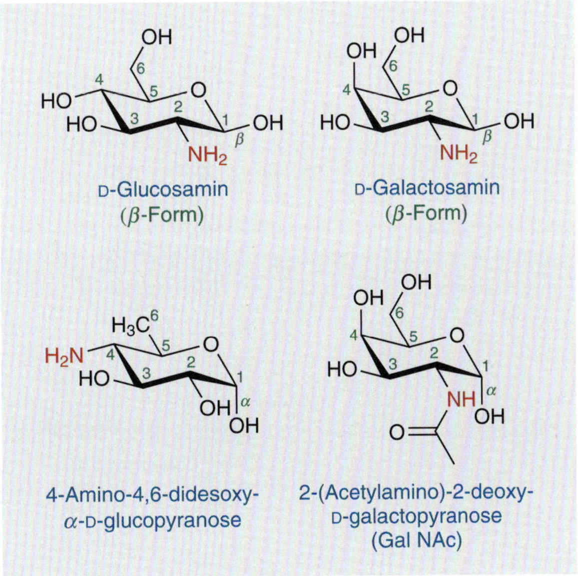


**Abb. 17.43** Aminozucker (Auswahl)



pendeterminanten wichtige L-(–)-Fucose. Ferner ist Digitoxose (2,6-Di-desoxy-D-ribohexose), ein Hydrolyseprodukt des Digitoxins (▸Kap. 27, aus *Digitalis*-Arten) zu erwähnen (Abb. 17.42).

## Aminozucker

Unter Aminozuckern versteht man Derivate der Monosaccharide, in denen eine alkoholische Hydroxygruppe (also nicht die halbacetalische am anomeren C-Atom) durch eine Aminogruppe ersetzt ist. Die beiden wichtigsten Vertreter sind D-**Glucosamin** und D-**Galactosamin**, die vor allem in Form ihrer *N*-Acetylderivate als Bausteine N-haltiger Polysaccharide vorkommen, z. B. Gal NAc (Abb. 17.43). Ihre Strukturen leiten sich von den cyclischen Halbacetalformen der D-Glucose bzw. D-Galactose ab.

Die Aminozucker lassen sich auch von den entsprechenden Desoxyzuckern ableiten, in denen ein H-Atom der $CH_2$-Gruppe durch die Aminogruppe substituiert wird. Sie können in der α- oder β-Form vorliegen. Das 4-Aminoderivat von 6-Desoxy-D-glucose, 4-Amino-4,6-didesoxy-α-D-glucopyranose, wurde als Baustein von Pseudooligosacchariden in Actinomyceten gefunden.

**D-Glucosamin** (Chitosamin) findet sich vor allem in dem **Polysaccharid Chitin**, aus dem es als erster Aminozucker bei der sauren Hydrolyse von Hummerschalen isoliert wurde (*Ledderhose* 1876). **D-Galactosamin** (Chondrosamin) tritt als *N*-Acetylderivat in den Mucopolysacchariden auf. Beide Aminozucker bilden gut kristallisierende Hydrochloride, reduzieren *Fehling*sche Lösung und zeigen Mutarotation. Eine Laborsynthese von D-Glucosamin (bzw. D-Galactosamin), die nicht auf der Hydrolyse eines Polysaccharids, sondern auf dem Umbau eines anderen Monosaccharids beruht, gelang mithilfe der *Strecker*-Synthese (▸Kap. 15.3) durch Umsetzung von D-Arabinose (bzw. D-Lyxose) mit Ammoniak und Blausäure zu Aminonitril, das durch katalytische Hydrierung in verdünnter saurer Lösung direkt in den Aminozucker überführbar ist (*R. Kuhn* 1956; Abb. 17.44, oben).

***N*-Methyl-L-glucosamin** ist ein Baustein von **Streptomycin**, einem Antibiotikum, und lässt sich ebenfalls nach dem oben beschriebenen Verfahren aus L-Arabinose, Methylamin und Blausäure darstellen.

Durch Veretherung der 3-OH-Gruppe des D-Glucosamin mit Milchsäure entsteht **Muraminsäure**, 3-*O*-(1'-Carboxyethyl)-D-glucosamin (Abb. 17.44, unten), die als Baustein von Peptiden in Bakterienzellwänden Bedeutung besitzt.

**Neuraminsäure** ist zentraler Bestandteil membranbildender Glycolipide. Sie liegt in den Glycolipiden in acylierter, meist acetylierter Form vor; ihre *N*-Acetyl- und *O*-Acetylderivate haben den Sammelnamen **Sialinsäuren** (gr.: *sialon* = Speichel). **Sialinsäuren** sind starke Säuren ($pK_S = 2$) und zählen zu den wichtigsten Bestandteilen der Schleimstoffe (Mucoide), die von den Schleimhäuten im Atmungs- und Urogenitaltrakt abgesondert werden. Sie spielen außerdem bei der organspezifischen Erkennung von Glycoproteinen eine wichtige Rolle (▸Exkurs: Neuraminidase-Hemmer) (▸Kap. 38.2). Neuraminsäure entsteht aus Brenztraubensäure und D-Mannosamin durch Aldoladdition. Die neu entstandene OH-Gruppe (an C4 der Neuraminsäure) orientiert sich *trans* zur Aminogruppe (an C5 der Neuraminsäure). Die C=O-Gruppe der ursprünglichen Brenztraubensäure (an C2 der Neuraminsäure) bildet mit der C6-OH-Gruppe der Neuraminsäure (entspricht C3 des ursprünglichen Mannosamins) einen Pyranosering in der $^2C_5$-Konformation (Abb. 17.45, rot hervorgehoben).

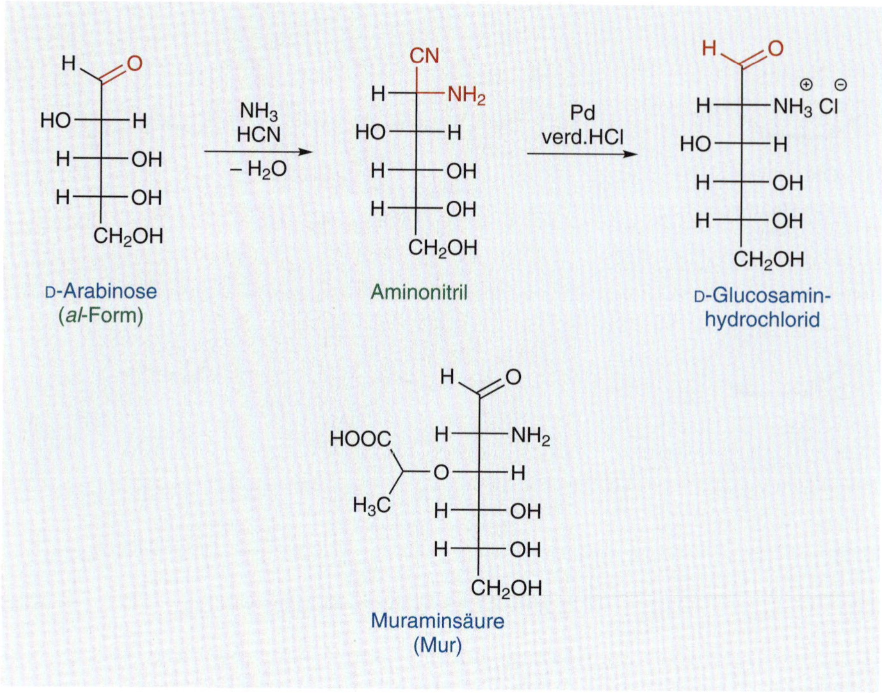


**o Abb. 17.44** D-Glucosamin-Synthese (oben) sowie Strukturformel von Muraminsäure (unten)

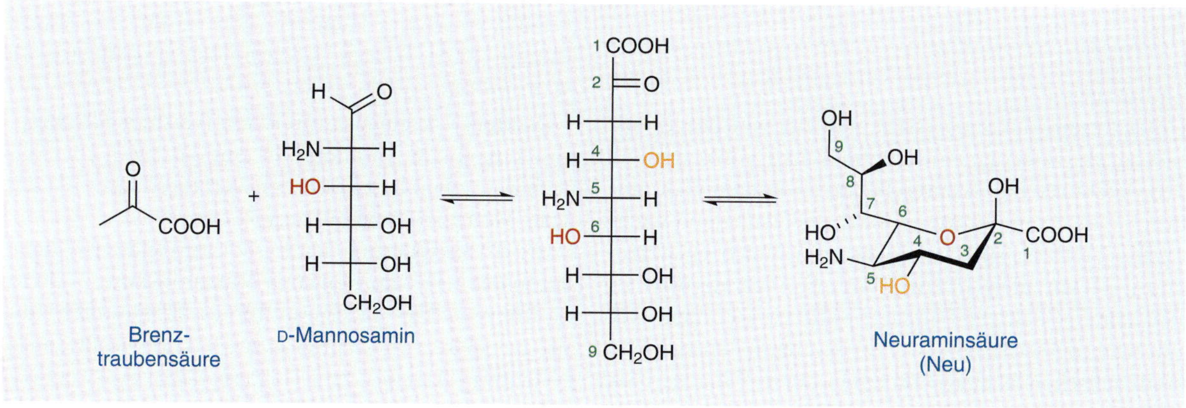


**o Abb. 17.45** Neuraminsäure-Synthese

(+)-**Muscarin**, einer der Giftstoffe des Fliegenpilzes (*Amanita muscaria*, o Abb. 17.46; ▸Kap. 30.3.4), ist ein Derivat von Tetrahydrofuran (*Eugster* 1956). (+)-Muscarinchlorid ($[\alpha]_D$ = +6,7, Smp. 178–179 °C) besitzt die Summenformel $C_9H_{20}O_2N^+ Cl^-$ und liegt als Trimethylammoniumchlorid des 3-Hydroxy-2-methyl-5-(aminomethyl)-tetrahydrofuran vor. Die Verbindung kann als Derivat eines Desoxyaminozuckers betrachten werden. Entsprechend gelang es, Muscarinchlorid aus Glucosamin zu synthetisieren (*Hardegger* 1958).

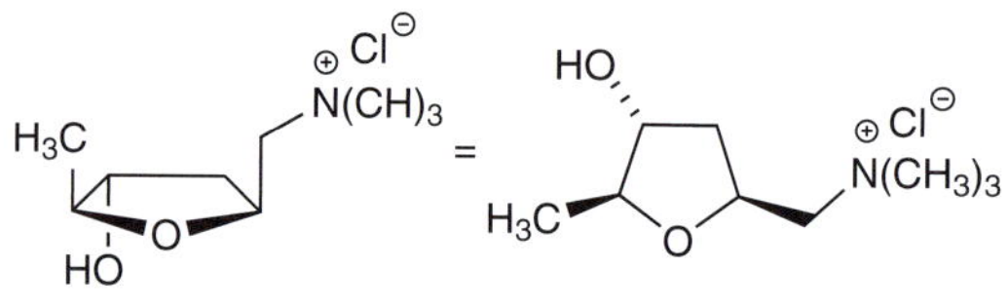

(2*S*,3*R*,5*S*)-(+)-Muscarinchlorid

## Zuckermercaptale

In ▸Kap. 17.1.3 wurde beschrieben, dass Zucker mit Alkoholen Glycoside bilden, in denen die cyclische Halbacetalform der Zucker erhalten bleibt und die anomere OH-Gruppe mit dem Alkohol zum gemischten Acetal reagiert. Demgegenüber reagieren Mercaptane mit Zuckern in Gegenwart von Protonen zu **Zuckermercaptalen** (Thioacetalen), die ausschließlich in der offenkettigen Form vorliegen; z. B. erhält man aus D-Glucose und Ethylmercaptan über Ethylthioglucosid D-Glucosediethylmercaptal (o Abb. 17.47). Die Zuckermercaptale wurden insbesondere früher wegen ihrer Schwerlöslichkeit und ihres guten Kristallisationsvermögens zur Reinigung und Charakterisierung von Zuckern herangezogen. Wie die Mercaptale der Aldehyde und Ketone sind sie gegen Alkalien beständig.

**Exkurs: Neuraminidase-Hemmer**

Neuraminidasen (Sialidasen) sind Enzyme, die Sialinsäuren von Glycoproteinen abspalten und diese somit verdaubar machen. Durch das Abspalten einer Sialinsäure ändert sich das Merkmal des Glycoproteins, z. B. mit dem Ergebnis, dass es dem Blutkreislauf durch Abbau in der Leber entzogen wird. Neuraminidasen kommen häufig in Viren und Bakterien vor, finden sich aber auch in den Lysosomen (Zellorganellen in tierischen Zellen) und den Zellmembranen von Tier und Mensch. Viren nutzen Neuraminidasen u. a. für die Spaltung von Glycoproteinen der Wirtszelle, um aus der infizierten Zelle wieder freigesetzt werden zu können. Neuraminidase-Hemmer sind Wirkstoffe, die diesen Prozess durch Bindung an das aktive Zentrum der Neuraminidase verlangsamen können. **Oseltamivir**, unter dem Handelsnamen Tamiflu® bekannt, ist ein Neuraminidase-Hemmer, der in der Therapie von **Infektionen mit Influenzaviren** eingesetzt wird. Allerdings ist die klinische Wirksamkeit solcher Hemmstoffe zur Behandlung von Grippe-Erkrankungen in letzter Zeit in Frage gestellt worden.

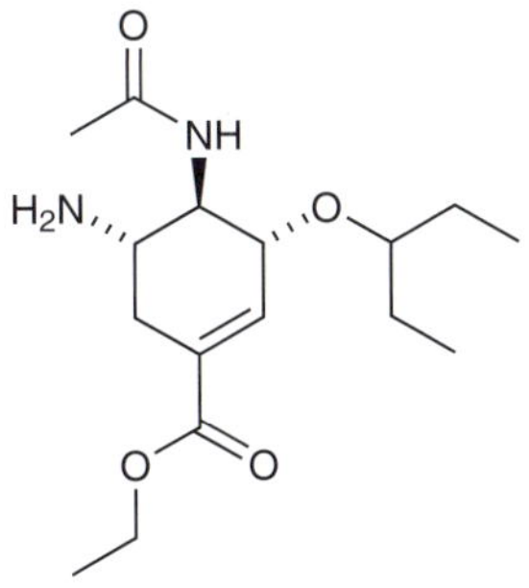


Oseltamivir

**o Abb. 17.46** Der Fliegenpilz (*Amanita muscaria*) enthält u. a. den Giftstoff (+)-Muscarin.

## Ascorbinsäure, Vitamin C

**Vitamine** sind organische Wirkstoffe, die vor allem in Pflanzen gebildet werden und für den Stoffwechsel im menschlichen Organismus unentbehrlich sind. Wenn sie in der Nahrung fehlen, treten Mangelkrankheiten, die sogenannten „Avitaminosen", auf.

Die (+)-**Ascorbinsäure** (L-*xylo*-Ascorbinsäure, ▸Kap. 3.4.3) gehört zu den wasserlöslichen Vitaminen und findet sich besonders in frischen Früchten bzw. Beeren, wie Hagebutten, Sanddorn (o Abb. 17.48), schwarzen Johannisbeeren, Apfelsinen und Zitronen, sowie in Kartoffeln, Paprikaschoten und Kohlarten. Ascorbinsäure wirkt im Organismus als hydrophiles Antioxidans. Das Fehlen dieses Wirkstoffes in der Nahrung führt zu **Skorbut**, einer Vitaminmangelkrankheit, die durch Haut- und Zahnfleischblutungen und in schweren Fällen durch Zahnausfall charakterisiert ist. Man spricht daher auch vom „antiskorbutischen Vitamin" (**Vitamin C**), das erstmals 1926 von *Szent-Györgyi* isoliert wurde und um dessen Konstitutionsaufklärung sich vor allem *Micheel* und *Hirst* (1932/33) verdient

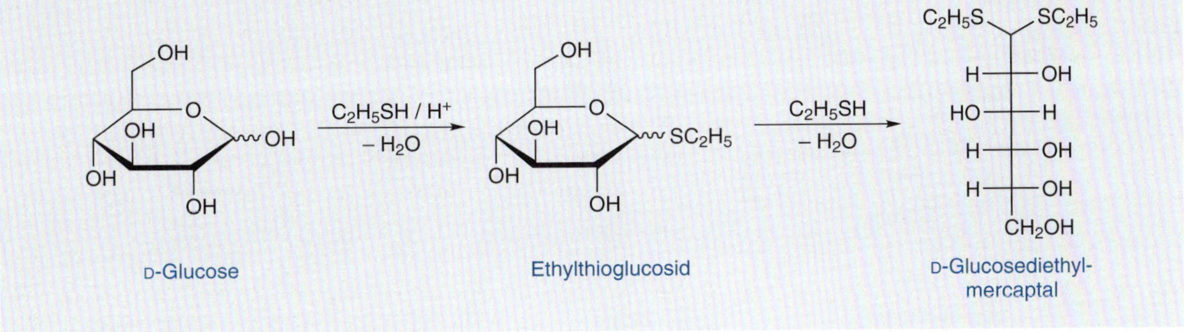


**o Abb. 17.47** Synthese von Zuckermercaptalen

**Abb. 17.48** Die Sanddornbeeren (*Hippophae rhamnoides*) enthalten Vitamin C in hoher Konzentration.

gemacht haben. Vitamin C ist das γ-Lacton einer Ketohexonsäure, deren Ketogruppe jedoch in der Enol-Form vorliegt. Die Synthese gelang unabhängig voneinander durch *Haworth* und *Reichstein* (1933).

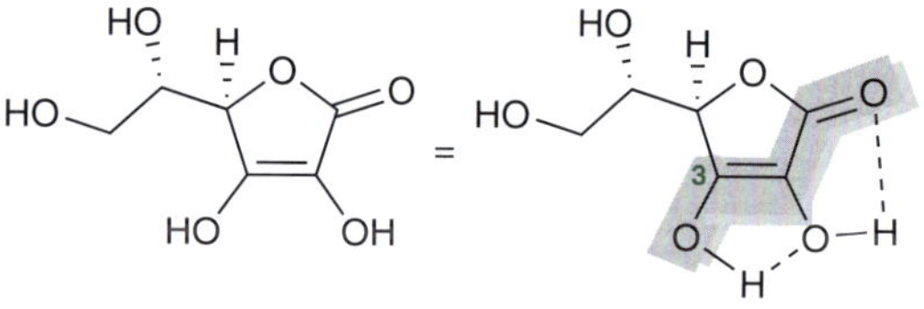

Ascorbinsäure

Die aus der oben stehenden Formel ersichtliche Anordnung zweier benachbarter OH-Gruppen an einer C=C-Doppelbindung (Endiol) in Nachbarschaft zu einer Carbonylgruppe (Redukton) bedingt den sauren Charakter von Ascorbinsäure und ihr starkes Reduktionsvermögen. Es handelt sich um eine **vinyloge Säure** (grau hinterlegt), die OH-Gruppe am C3-Kohlenstoff ist dabei die acide Gruppe. Aus der rechten Formel wird zudem die Stabilisierung der Endiol-Form durch intramolekulare H-Brücken erkennbar. Zur Bestimmung der Ascorbinsäure verwendet man u. a. *Tillmanns* Reagenz (2,6-Dichlorphenolindophenol), das in saurer Lösung durch Vitamin C zur farblosen Leukoverbindung reduziert wird.

Bei der technischen Synthese von Ascorbinsäure geht man von D-Glucose aus, die durch katalytische Hydrierung in D-Sorbitol überführt wird. Dieses Hexitol liefert bei der biochemischen Dehydrierung mittels *Acetobacter* L-Sorbose, deren C5-Atom bereits die Konfiguration der natürlichen Ascorbinsäure besitzt (Abb. 17.49, rot markiert). Die Oxidation von L-Sorbose zur 2-Keto-L-gulonsäure erfolgt entweder direkt mit Sauerstoff am Platinkontakt (*Heyns* 1942) oder über die Diisopropyliden-Verbindung mit Kaliumpermanganat und anschließender Abspaltung der Acetonreste durch saure Hydrolyse. Beim Erhitzen von 2-Keto-L-gulonsäure mit verdünnten Säuren tritt eine γ-Lactonisierung zur Ascorbinsäure ein. Ascorbinsäure ist damit das Lacton der 2-Keto-L-gulonsäure. Dies ist der Grund, warum natürlich vorkommender Ascorbinsäure in der *Fischer*-Nomenklatur der Deskriptor L zugeordnet wird. Diese Synthese ist ein Beispiel für die Ausnutzung einer bereits in der korrekten Konfiguration vorliegenden Verbindung aus der Natur, d. h. aus dem *„chiral pool"* (in diesem Fall D-Glucose), für die stereoselektive Synthese (▸ Exkurs: Der „chiral pool").

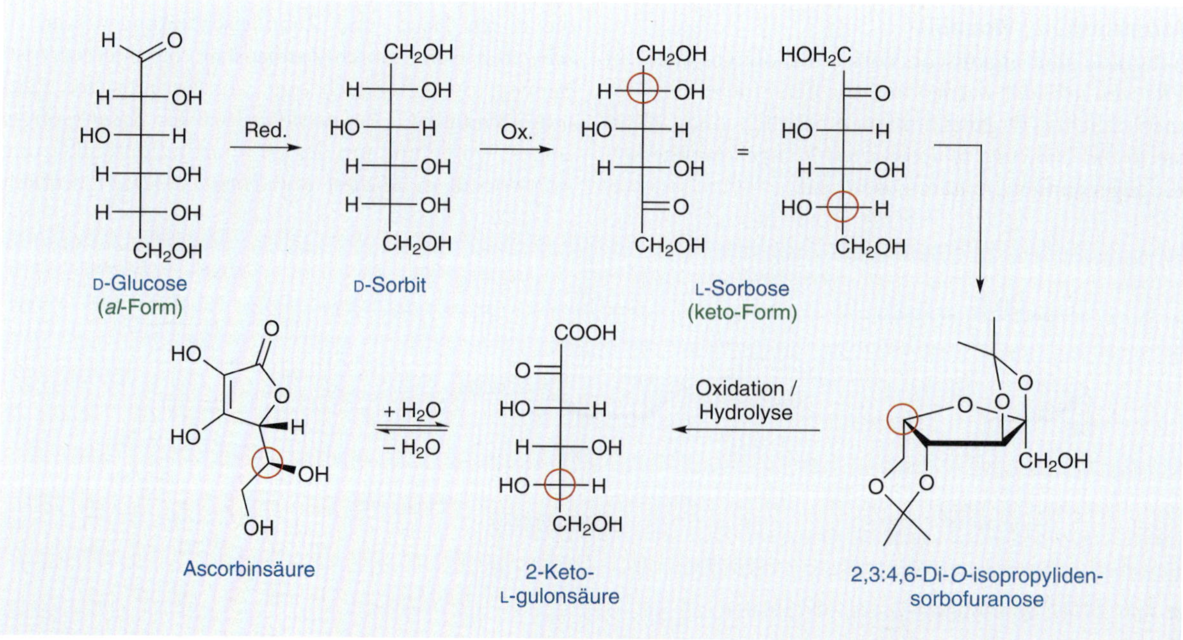


**Abb. 17.49** Ascorbinsäure-Synthese

**Exkurs: Der „chiral pool"**
Gemeinsam mit anderen leicht zugänglichen chiralen Verbindungen, z. B. (*S*)-Milchsäure, (*S*)-Äpfelsäure, (*R*,*R*)-Weinsäure, (*S*,*S*)-Weinsäure und (*S*)-Glutaminsäure (▸Kap. 37.1 und ▸Kap. 15), gewinnen Kohlenhydrate an Bedeutung für asymmetrische Synthesen mit dem Ziel, Chiralitätszentren von Anfang an mit der richtigen Konfiguration in die Reaktion einzubringen. Die im vorigen Abschnitt beschriebene Synthese der Ascorbinsäure aus D-Glucose ist ein Beispiel dafür. Es handelt sich um eine lineare Synthese, da das Zielmolekül mit Glucose als Edukt in aufeinander folgenden Schritten dargestellt wird, im Gegensatz zu der konvergenten Synthese, die bei der Darstellung von Vitamin $B_{12}$ angewandt wird (▸Kap. 28.1.4). Die Weinsäure ist wegen der leichten Zugänglichkeit ihrer beiden Enantiomeren und der vielfältigen Möglichkeiten ihrer Überführung in reaktive Derivate (Funktionalisierung) ein bevorzugtes Ausgangsprodukt für die Synthese homochiraler Verbindungen (EPC, *enantiomeric pure compounds*; ▸Kap. 3.4.6).

## 17.2 Oligosaccharide

In den Oligosacchariden sind typischerweise zwei bis sechs Monosaccharide über glycosidische Bindungen als Acetale miteinander verbunden. Je nach Anzahl der miteinander verbundenen Monosaccharide spricht man von

- Disacchariden, z. B. Saccharose (Rohrzucker), Maltose (Malzzucker), Lactose (Milchzucker),
- Trisacchariden, z. B. Raffinose,
- Tetra-, Penta- und Hexasacchariden etc.

### 17.2.1 Struktur und Eigenschaften

Da Oligosaccharide aus glycosidisch miteinander verknüpften Monosacchariden bestehen, lassen sie sich mit Säuren wieder in die Monosaccharide spalten. Bei der glycosidischen Verknüpfung sind zwei funktionell verschiedene Hydroxygruppen zu unterscheiden: die halbacetalischen (in Aldosen am C1-Atom, in Ketosen am C2-Atom) und die alkoholischen Hydroxygruppen. Die glycosidische Verknüpfung zweier Zuckermoleküle zum Disaccharid ist daher auf zweierlei Weisen möglich: Entweder kann die Kondensation zwischen den beiden halbacetalischen Hydroxygruppen oder zwischen einer halbacetalischen und einer alkoholischen Hydroxygruppe erfolgen. Der Zucker, dessen Halbacetal die reaktive Stelle ist, wird als **Glycosyl-Donor** bezeichnet, während derjenige, der die OH-Gruppe liefert, als **Glycosyl-Akzeptor** bezeichnet wird (o Abb. 17.50).

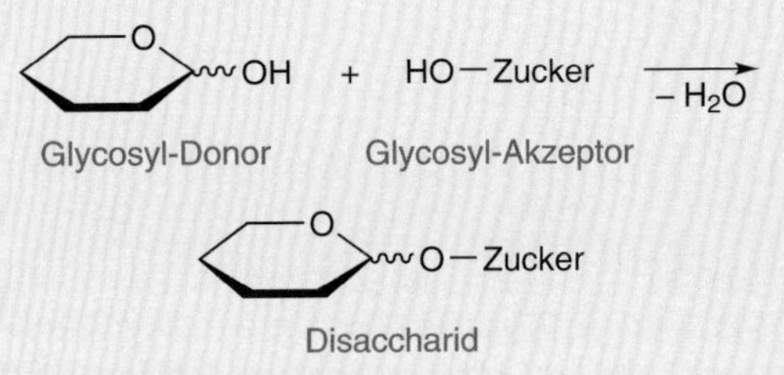


**o Abb. 17.50** Glycosylbildung aus Glycosyl-Donor und Glycosyl-Akzeptor

Die Art der glycosidischen Bindung in einem Di- oder Oligosaccharid wird in der Regel durch die Angabe der Kohlenstoffnummer, an der sich die OH-Gruppe befindet, die mit dem Halbacetal reagiert hat, bezeichnet. Reagiert im Glycosyl-Akzeptor die OH-Gruppe am C4 so spricht man z. B. von einer 1,4'-glycosidischen Bindung (o Abb. 17.51). Je nach Verknüpfungsart wird zwischen **nichtreduzierenden** und **reduzierenden Disacchariden** unterschieden. Bei den nichtreduzierenden Zuckern erfolgt die Bildung der glycosidischen Bindung über die anomere OH-Gruppe des Glycosyl-Akzeptors. Es entsteht ein Vollacetal, das nicht mehr reduzierend wirkt. Bei einem reduzierenden Zucker wird die Glycosidbindung stattdessen mit einer alkoholischen OH-Gruppe des Akzeptors gebildet. Die reduzierend wirkende Halbacetalgruppierung des Akzeptors ist also nach wie vor noch vorhanden.

Bei komplexeren Zuckern werden die einzelnen Monosaccharide mit einem **Drei-Buchstaben-Code** bezeichnet, den Kürzeln stellt man jeweils noch die Konfiguration des anomeren Kohlenstoffatoms des Donors voran. Maltose zum Beispiel ist ein reduzierendes Disaccharid; der vollständige Name lautet α-D-Glucopyranosyl-1,4'-D-Glucopyranose, die vereinfachte Schreibweise ist α-Glc-1,4'-Glc.



### 17.2.2 Gewinnung und Synthese

Lange Zeit wurden Zucker nur als physiologische Energiespeicher und hochmolekulare Gerüstsubstanzen gesehen, sodass das Interesse an ihrer chemischen Synthese – im Gegensatz zur Synthese von Proteinen und Nucleotiden – relativ gering war. Seit den 1980er Jahren aber hat sich zunehmend die Erkenntnis durchgesetzt, dass Zucker eine weit wichtigere Rolle als bisher gedacht spielen. Oligosaccharide sind ein entscheidender Bestandteil sogenannter Glycopeptide (Verbindungen aus komplexen Oligosaccharidbausteinen und Proteinen). Die Erkennung dieser Oligosaccharidstrukturen durch **Lectine** (kohlenhydratbindende Proteine) spielt eine zentrale Rolle bei vielen biologischen Prozessen, von der Angiogenese über Entzündungsprozesse bis hin zur Metastasierung von Tumorzellen. Dementsprechend entwickelte sich auch ein zunehmendes Interesse

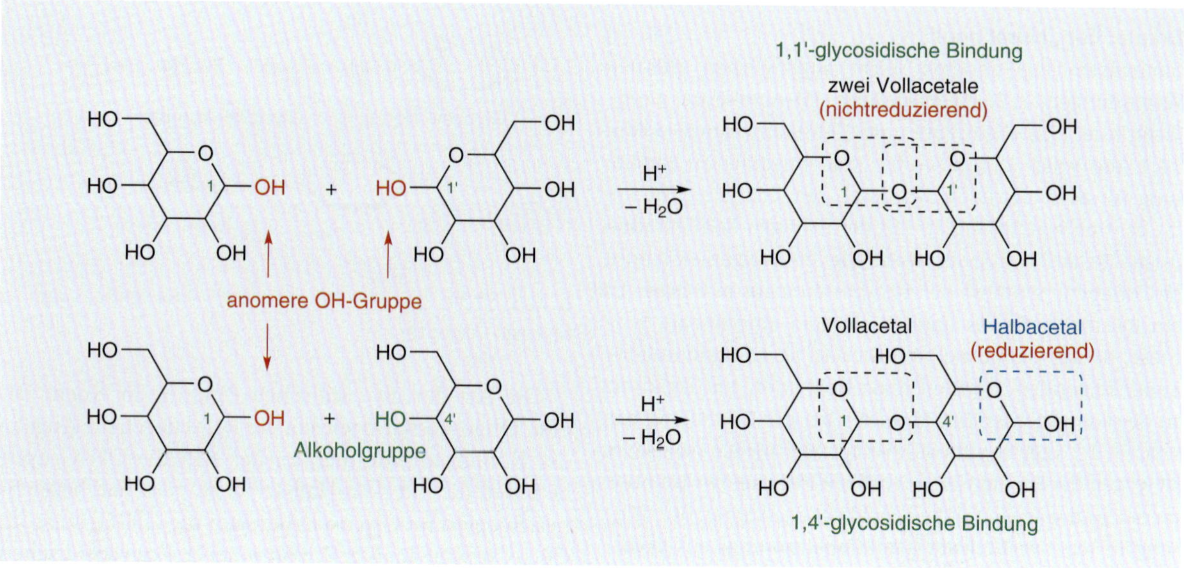


**o Abb. 17.51** Glycosidische Bindungen in reduzierenden und nichtreduzierenden Disacchariden

an Methoden zur Oligosaccharidsynthese. Die Herausforderung liegt dabei in der Kontrolle der Konfiguration am anomeren Zentrum und in den vielen potenziellen Verknüpfungsmöglichkeiten, die schon ein Monosaccharid hat. In der Regel sind daher eine effektive Schutzgruppenstrategie und stereoselektive Synthesemethoden erforderlich. Bei den in der Ringform vorliegenden Monosacchariden hat man grundsätzlich zwischen drei unterschiedlich reaktiven Hydroxygruppen zu unterscheiden:

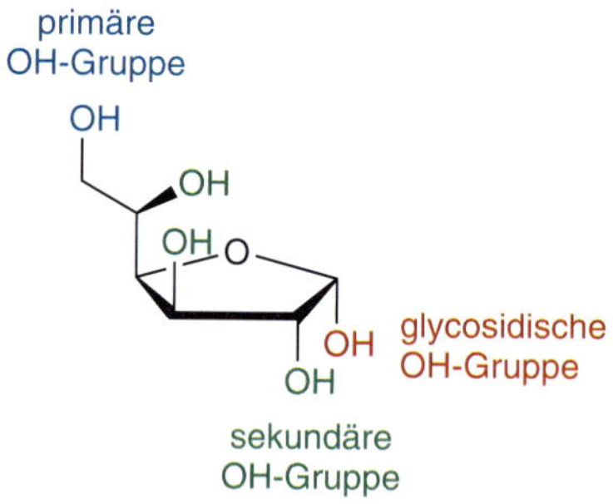


Bei der Synthese von Oligosacchariden müssen diese verschiedenen OH-Gruppen entsprechend selektiv geschützt und Glycosyl-Donor und Glycosyl-Akzeptor gezielt für die Bildung der glycosidischen Bindung aktiviert werden.

### Festphasensynthese von Oligosacchariden

Die grundlegenden Prinzipien der **Festphasensynthese von Oligosacchariden** sind dieselben wie bei der Festphasensynthese von Peptiden (▸Kap. 37.2). Hierzu wird eines der beiden Edukte über einen Linker kovalent an einen polymeren Träger gebunden. An dieses Festphasengebundene Edukt wird dann der zweite Zucker angeknüpft. Der Linker muss während der Synthese chemisch inert sein und eine selektive Produktabspaltung am Ende der Reaktion ermöglichen. Mit der entsprechenden Aktivierung und Schutzgruppenstrategie lassen sich so verschiedene Oligosaccharide mittlerweile auch automatisiert herstellen. In o Abb. 17.52 ist die Festphasensynthese von verschieden α-Mannosiden gezeigt. Zuerst wird ein Trichloracetimidatbaustein (▸Kap. 17.1.3) unter sauren Bedingungen aktiviert (TMSOTf, Trimethylsilyltrifluormethansulfonat) und reagiert dann als Glycosyl-Donor (▸Kap. 17.2.1) mit der freien OH-Gruppe (Glycosyl-Akzeptor) des Linkers, um den ersten Zucker an die Festphase anzubinden. Dann wird unter basischen Bedingungen (NaOMe/MeOH) gezielt eine der geschützten OH-Gruppen, nämlich die durch eine Acetatgruppe geschützte OH-Gruppe an C2, freigesetzt. Die Benzylschutzgruppen (Bn) sind unter diesen Bedingungen stabil und werden nicht abgespalten. Nach dem erfolgreichen Entschützen liegt wieder ein freier Glycosyl-Akzeptor vor, der erneut mit einem durch TFA aktiviertem Trichloracetamidat (dem Glycosyl-Donor) reagieren kann. Danach beginnt der Synthesecyclus von vorne, solange bis das fertige Mannosid schließlich von der Festphase abgespalten wird. Der Olefin-Linker ist unter den Kupplungsbedingungen stabil und wird erst zum Schluss der Synthese mittels Olefin-Metathese (▸Kap. 5.1.2) gespalten; anschließend wird das Produkt isoliert.

## 17.2.3 Reaktionen und Anwendungen

### Disaccharide, $C_{12}H_{22}O_{11}$

In der Natur kommen nur wenige Disaccharide frei vor, z. B. Rohr-, Milch- und Malzzucker (Saccharose, Lactose und Maltose). Die Besonderheiten der nichtreduzierenden und reduzierenden Disaccharide sollen am Beispiel von Rohr- und Milchzuckers näher erläutert werden.

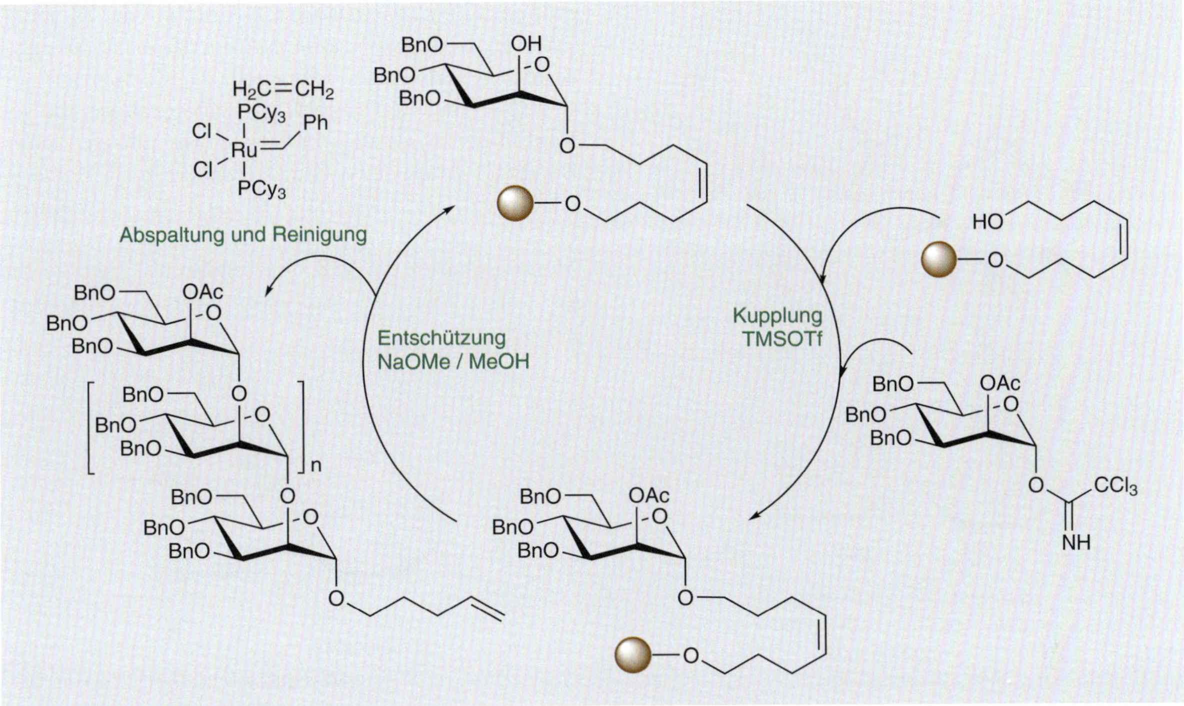


o **Abb. 17.52** Automatisierte Oligosaccharidsynthese mit Trichloracetimidaten als Bausteinen. Ausbeuten für n = 3: 74 %, n = 5: 42 % und n = 8: 34 %

o **Abb. 17.53** Zuckerrüben (A), Zuckerrohr (B) und kristalliner Haushaltszucker (C)

**Nichtreduzierende Disaccharide**

Der normale Haushaltszucker (Rohrzucker, **Saccharose**, Sucrose) wird in vielen Pflanzen gebildet. Als Hauptquellen für die industrielle Isolierung von Saccharose werden Zuckerrüben und Zuckerrohr genutzt (o Abb. 17.53).

Saccharose besteht aus je einem Molekül D-Glucose und D-Fructose, die über ihre halbacetalischen Hydroxygruppen glycosidisch verknüpft sind (über das C1-Atom der Glucose und das C2-Atom der Fructose). Die beiden Monosaccharide sind somit über ein Vollacetal miteinander verbunden. Es liegt kein freies Halbacetal und somit auch keine damit im Gleichgewicht stehende Carbonylgruppe mehr vor. Damit fehlen dem Rohrzucker die typischen Eigenschaften von Monosacchariden, z. B. das Reduktionsvermögen gegenüber *Fehling*scher Lösung, die Möglichkeit zur Osazonbildung und die Mutarotation. Ferner kann Saccharose keine einfachen Alkylglycoside bilden. Nähere Untersuchungen ergaben, dass Rohrzucker aus α-D-Glucopyranose und der seltener auftretenden β-D-Fructofuranose besteht. Demnach kann man Rohrzucker, α-D-Glucopyranosyl-1,2'-β-D-fructofuranosid oder auch als 2-β-D-Fructofuranosyl-1-α-D-glucopyranosid bezeichnen. Im Hinblick auf eine korrekte Nomenklatur ist der zweiten Bezeichnung der Vorzug zu geben. Die in o Abb. 17.54 dargestellte Struktur wurde durch Röntgenstrukturanalyse und durch Synthese (*Lemieux* 1956) bewiesen.

Bei der Hydrolyse von Rohrzucker entstehen D-Glucopyranose und D-Fructopyranose, d. h., der Fünfring der D-Fructofuranose geht nach der Hydrolyse wieder in den stabileren Sechsring über. Dieses 1:1-Gemisch der beiden Zucker wird als **Invertzucker** (Invertose) bezeich-

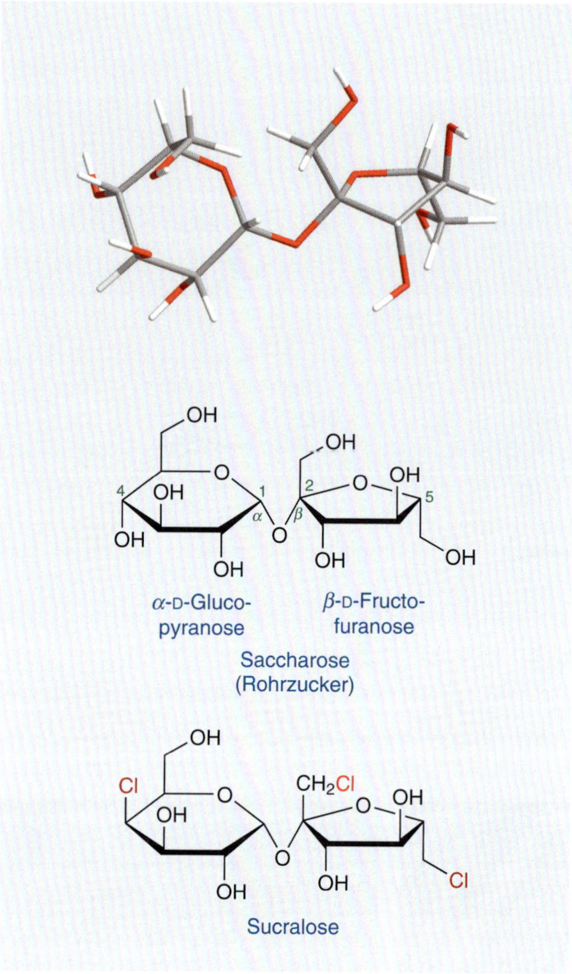


**○ Abb. 17.54** 3D-Struktur und Formel von Saccharose sowie Formel von Sucralose

net (▸Kap. 17.2.4). Durch Chlorierung von Saccharose mit Sulfurylchlorid und Pyridin erhält man u. a. Trichlorgalactosaccharose (**Sucralose**, Chlorsucrose; ○ Abb. 17.54, unten) als weißes, fast geruchloses Pulver. Die erstmals im Jahr 1976 beschriebene Substanz ist 650-mal süßer als Saccharose; sie ist als Süßstoff in Kanada und Australien zugelassen, nicht aber in Deutschland.

Ein Gemisch aus Saccharosepolyestern (Hexa-, Hepta- und Octaester von Saccharose mit Fettsäuren aus Pflanzenölen) ist unter dem Namen ***Olestra*** bekannt und wird als Fettersatzstoff genutzt (in Europa nicht zugelassen). Die Verbindungen gleichen weitgehend den natürlichen Fetten, werden aber im Organismus durch Lipasen nicht gespalten und sind daher unverdaulich. Ein Nachteil dieses Fettersatzstoffes ist, dass er die Aufnahme wichtiger Vitamine und auch Arzneistoffe einschränkt.

#### Reduzierende Disaccharide

Im **Milchzucker** (**Lactose**), der aus je einem Molekül D-Galactose und D-Glucose besteht, ist die Hydroxygruppe der D-Galactose am C1-Atom mit der alkoholischen Hydroxygruppe am C4-Atom der D-Glucose glycosidisch verbunden. Demnach ist Milchzucker die 4-*O*-(β-D-Galactopyranosyl)-D-glucopyranose, die sowohl in der α- als auch in der β-Form auftreten kann. Da am C1-Atom der D-Glucose weiterhin ein Halbacetal vorliegt, wirkt Milchzucker nach wie vor reduzierend und geht die typischen Carbonylreaktionen der Monosaccharide ein (z. B. Osazonbildung). Das Gleiche gilt für Allolactose, 6-*O*-(β-D-Galactopyranosyl)-D-glucopyranose.

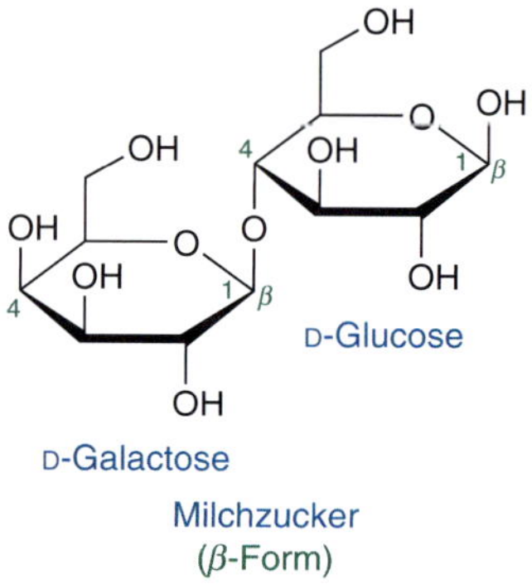


### 17.2.4 Ausgewählte Verbindungen

#### Die wichtigsten Disaccharide

#### (+)-Saccharose (Rohrzucker)

Rohrzucker ((+)-Saccharose, Sucrose; ▸Kap. 17.2.3) ist das im Pflanzenreich am häufigsten vorkommende Disaccharid. Er findet sich in fast allen Früchten und in vielen Pflanzensäften, vor allem in der Zuckerrübe (16–20 %) und im Zuckerrohr (14–16 %). Als Hauptquellen für die Isolierung von Saccharose werden Zuckerrüben und Zuckerrohr genutzt. Die Rübenschnitzel aus der **Zuckerrübe** (Runkelrübe, *Beta vulgaris*) werden mit Wasser im Gegenstromprinzip ausgelaugt. Die Zuckerlösung wird anschließend mit Kalkwasser versetzt, um die Pflanzensäuren (Oxalsäure, Weinsäure und andere Hydroxysäuren) sowie die Eiweißstoffe auszufällen. Der überschüssige Kalk, der als lösliches Calciumsaccharat vorliegt, lässt sich durch Einleiten von Kohlendioxid als Calciumcarbonat abscheiden (Saturation). Nach dem Abpressen des Niederschlages wird der „Dünnsaft" im Vakuum zum „Dicksaft" eingeengt und der auskristallisierende Rohrzucker durch Zentrifugieren vom Sirup getrennt. Den zurückbleibenden braunen Sirup, die „Melasse" (engl. *molasses*), verwendet man als Viehfutter oder unterwirft ihn der alkoholischen Gärung. Der nicht vergärbare Rückstand, die „Schlempe" (engl. *vinasse*), kann z. B. zur Bodenverbesserung verwendet werden. Der kristalline, noch siruphaltige Zucker kann durch Umkristallisieren, Filtrieren über Aktivkohle und Eindampfen im Vakuum raffiniert werden. Aus dem **Zuckerrohr** (*Saccharum officinarum*) gewinnt man durch Auspressen den Zuckersaft, der mit

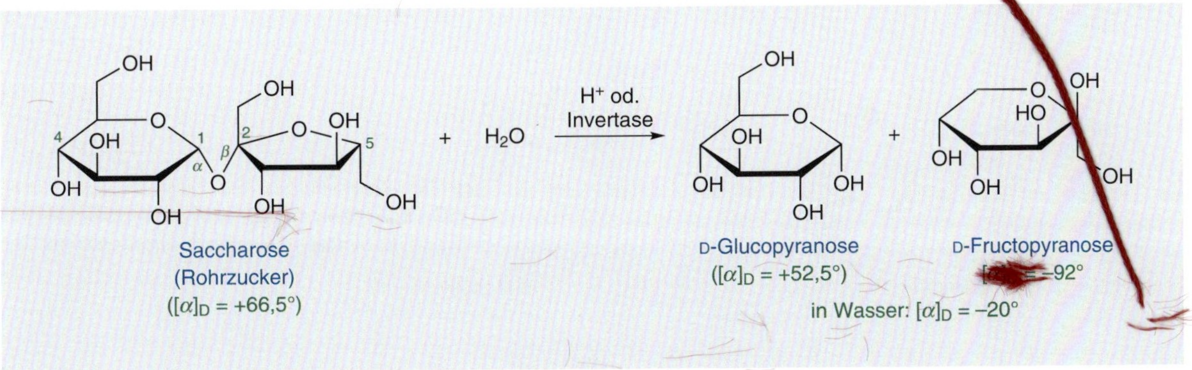


**Abb. 17.55** Bei der Spaltung von Rohrzucker entsteht Invertzucker ($[\alpha]_D$ = −20°).

Calciumhydroxid neutralisiert und im Vakuum bis zur Kristallisation eingedampft wird.

Rohrzucker kristallisiert in monoklinen Prismen, die in Wasser leicht löslich, in hochprozentigem Ethanol schwer löslich sind. Durch verdünnte Mineralsäuren wird Rohrzucker in je ein Molekül D-Glucopyranose und D-Fructopyranose gespalten (Abb. 17.55; auch ▸Kap. 17.2.3). Da D-Fructose bei gleicher Konzentration stärker nach links als D-Glucose nach rechts dreht, geht die Rechtsdrehung der (+)-Saccharose bei der Hydrolyse in eine Linksdrehung über. Daher bezeichnet man diese Spaltung als Inversion des Rohrzuckers und das entstehende Zuckergemisch als **Invertzucker**. Kunsthonig besteht z. B. aus technisch hergestellten Invertzucker, der Bienenhonig dagegen aus natürlichem, durch enzymatische Hydrolyse entstandenem Invertzucker. Invertzucker schmeckt milder und fruchtähnlicher als Saccharose. Er kristallisiert nicht so leicht wie Saccharose, sodass der Sirup länger flüssig bleibt als eine Saccharoselösung gleicher Konzentration. Die Inversion von Rohrzucker mit verdünnten Säuren verläuft viel rascher als die Spaltung anderer Disaccharide, wobei die Geschwindigkeit der $H^+$-Ionen-Konzentration proportional ist. Auch durch spezifische Enzyme (Saccharase, Invertase) wird Rohrzucker gespalten und kann dann z. B. durch Hefe vergoren werden. Beim Erhitzen von Rohrzucker über seinen Schmelzpunkt hinaus erhält man eine braune Masse, die aus einem Gemisch verschiedener Zersetzungsprodukte besteht und als „**Karamell**" bezeichnet wird (vgl. *Maillard*-Reaktion, ▸Kap. 17.1.3). Bei der Einwirkung von konzentrierter Schwefelsäure auf Rohrzucker erfolgt eine heftige Reaktion unter Abscheidung fast reinen Kohlenstoffs („**Zuckerkohle**").

### (+)-Trehalose

(+)-Trehalose kommt in Pilzen sowie niederen Pflanzen vor und gehört – wie Rohrzucker – zu den nichtreduzierenden Disacchariden. Bei der sauren Hydrolyse entstehen zwei Moleküle D-Glucose. Trehalose ist ein α-D-Glucopyranosyl-α-D-glucopyranosid, d. h. in ihr sind die C1-Atome zweier Glucosemoleküle zu einem 1,1'-Diacetal verknüpft.

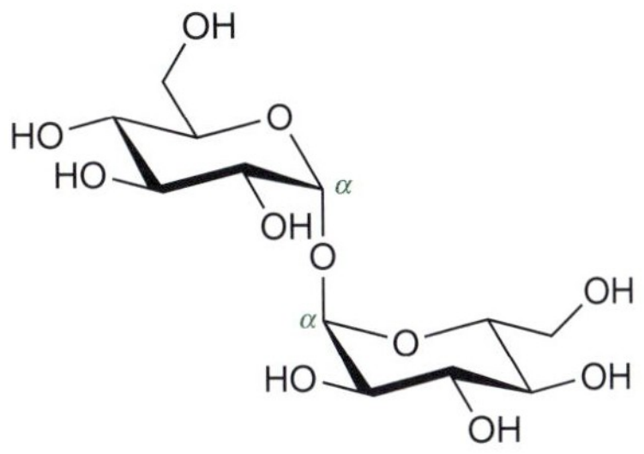

α,α-Trehalose

### (+)-Lactose

(+)-Lactose (**Milchzucker**, ▸Kap. 17.2.3) findet sich neben (+)-Allolactose als wichtigster Zucker in der Milch, und zwar in der Frauenmilch zu 5–7 %, in der Kuhmilch zu 4–5 %. Als Ausgangsmaterial für die Gewinnung von Milchzucker dient tierische Milch, der zunächst das emulgierte Fett (als Rahm) und das Casein entzogen werden. Aus der zurückbleibenden Molke scheidet sich beim Eindampfen erst Lactalbumin und dann Milchzucker ab.

Lactose ist eine farblose, kristalline Substanz, die sich in Wasser leicht löst, schwach süß schmeckt und reduzierend wirkt. Sie zeigt Mutarotation, wobei der Endwert der spezifischen Drehung im Gleichgewicht der α- und β-Lactose in Wasser $[\alpha]_D$ = +52,3 beträgt. Durch saure Hydrolyse oder durch das Enzym Lactase (β-Galactosidase) wird Lactose in je ein Molekül D-Glucose und D-Galactose gespalten. Teile der erwachsenen Weltbevölkerung besitzen keine Lactase, sodass sie die Lactose der Milch nicht hydrolysieren können; eine Folge kann eine **Lactoseintoleranz** sein, einhergehend z. B. mit Darmbeschwerden nach dem Genuss von Milchprodukten, da die Lactose dann nicht im Dünndarm, sondern erst im Dickdarm durch die dort vorhandenen Darmbakterien vergoren wird. Bei der Sauermilch- oder Joghurtbereitung findet ein bakterieller Abbau von Milchzucker zu Milchsäure statt.

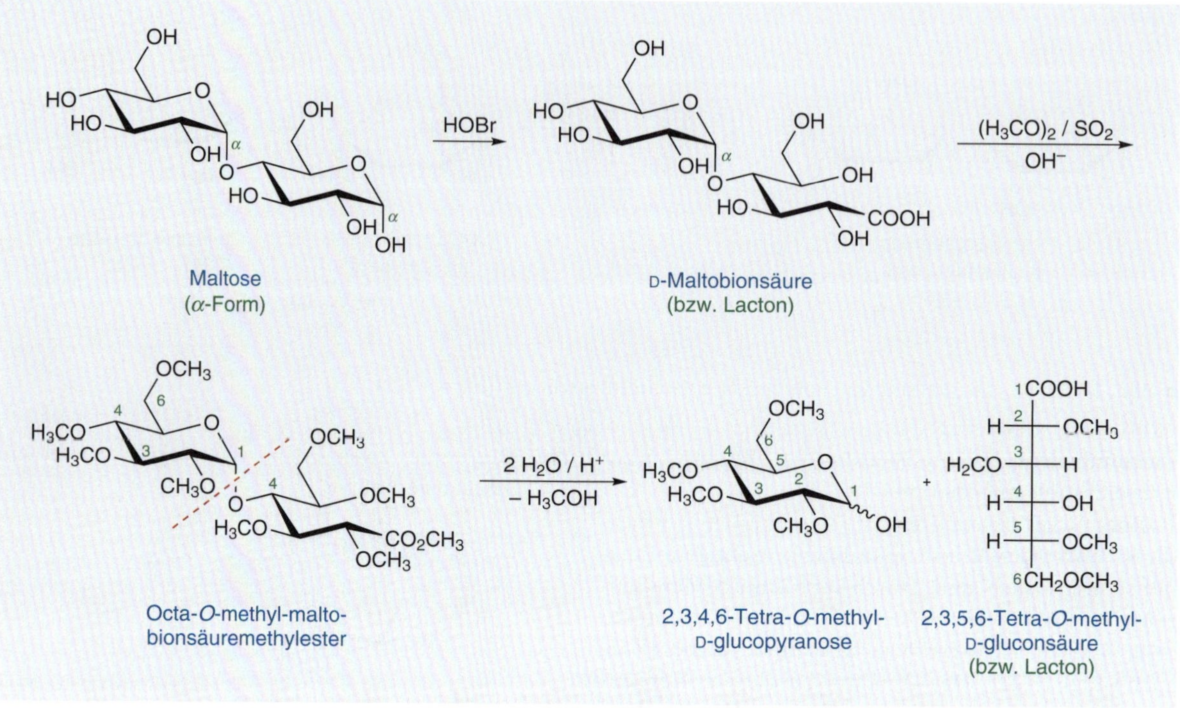


**o Abb. 17.56** Eine Methode zur Konstitutionsaufklärung von Disacchariden (z. B. Maltose)

### (+)-Maltose

(+)-Maltose (**Malzzucker**) tritt vor allem im keimenden Samen, z. B. im Gerstenmalz, auf und fungiert als wasserlösliches Zwischenprodukt beim biochemischen Abbau der Stärke. Bei der enzymatischen Spaltung von Stärke mittels Diastase erhält man Maltose. Sie kristallisiert in Nadeln, die sich leicht in Wasser, aber nur schwer in Ethanol lösen. Bei der Einwirkung verdünnter Säuren bzw. von (in der Hefe enthaltener) Maltase (α-Glucosidase) wird Maltose in zwei Moleküle D-Glucose gespalten. Maltose reduziert *Fehling*sche Lösung, bildet ein Osazon, zeigt Mutarotation und ähnelt somit in ihrem chemischen Verhalten von Lactose. Der Endwert der spezifischen Drehung in Wasser beträgt $[\alpha]_D = +128{,}5$. Sie gehört zu den reduzierenden Disacchariden; die Verknüpfung erfolgt zwischen dem C1-Atom des einen Glucosemoleküls und dem C4-Atom des zweiten, sodass das Halbacetal am C1-Atom des zweiten Glucosemoleküls unverändert vorliegt. Die chemische Bezeichnung für Maltose lautet 4-*O*-(α-D-Glucopyranosyl)-D-glucopyranose; sie kann in α- bzw. β-Form auftreten.

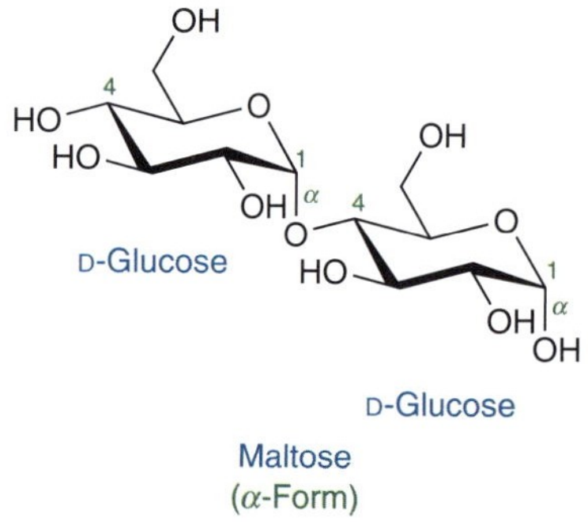


Eine häufig angewandte Methode zur **Konstitutionsaufklärung** von Disacchariden wird im Folgenden am Beispiel der Maltose erläutert. Zunächst wird Maltose mit Bromwasser zu Maltobionsäure oxidiert und diese dann durch Methylierung mit Dimethylsulfat in alkalischer Lösung in den Octa-*O*-methylmaltobionsäuremethylester überführt. Bei der Hydrolyse zerfällt der Ester in 2,3,4,6-Tetra-*O*-methyl-D-glucose und 2,3,5,6-Tetra-*O*-methyl-D-gluconsäure (o Abb. 17.56). Das erste Spaltprodukt von Octa-*O*-methylmaltobionsäuremethylester stammt aus der „Halbacetal-Komponente" (dem Glycosyl-Donor), das zweite aus der „Alkohol-Komponente" (dem Glycosyl-Akzeptor). Aus diesen Spaltprodukten lässt sich dann umgekehrt auf die Strukturformel der Maltose schließen.

### (+)-Cellobiose

(+)-Cellobiose ist ein Abbauprodukt von Cellulose und besteht – wie Maltose – aus zwei Molekülen D-Glucose. Die beiden Disaccharide unterscheiden sich durch ihre Struktur: Bei Maltose liegt das α-Glucosid, bei Cellobiose dagegen das entsprechende β-Glucosid vor. Die chemische Bezeichnung von Cellobiose lautet daher 4-*O*-(β-D-Glucopyranosyl)-D-glucopyranose. Sie entsteht durch Acetolyse von reiner Cellulose mit Acetanhydrid in Gegenwart von konzentrierter Schwefelsäure, wobei zunächst das Octaacetat der Cellobiose gebildet wird, das durch Zugabe von Kaliumhydroxid oder Natriummethylat zur Cellobiose hydrolysiert. Cellobiose ist eine farblose, kristalline Substanz. Sie ist in Wasser löslich und zeigt die üblichen Eigenschaften der reduzierenden Disaccharide. Sie ist rechtsdrehend ($[\alpha]_D$ = +34,6). Durch das Enzym Emulsin (β-Glucosidase) wird Cellobiose in zwei Moleküle D-Glucose gespalten.

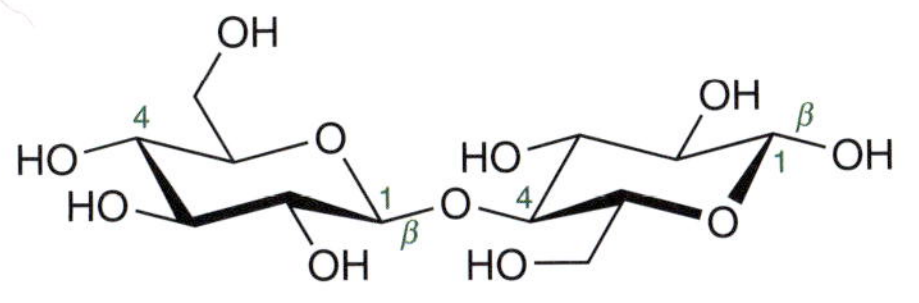


Cellobiose
(β-Form)

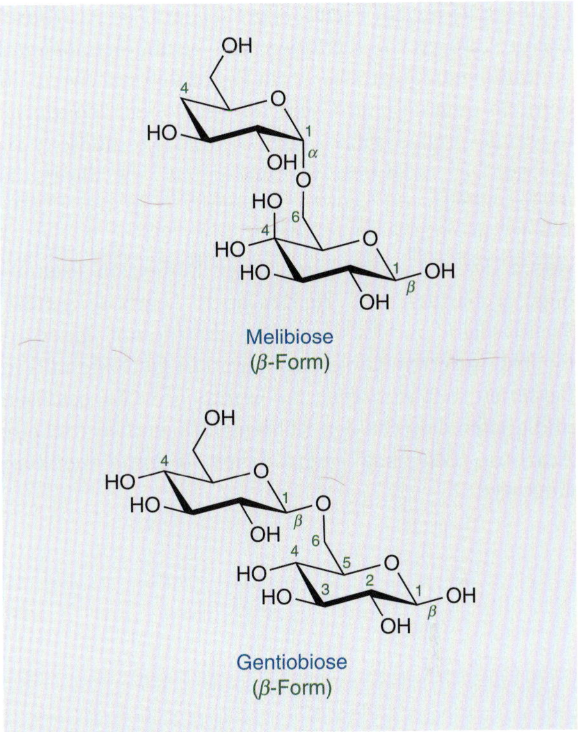


**o Abb. 17.57** Strukturformeln von Melibiose und Gentiobiose

#### Gentiobiose und Melibiose

Gentiobiose und Melibiose kommen nicht frei in der Natur vor, sondern werden bei der Hydrolyse der Trisaccharide Gentianose bzw. Raffinose erhalten. Gentiobiose ist außerdem ein Bestandteil von Amygdalin, einem Glycosid, das in bitteren Mandeln vorkommt und aus dem in saurer wässriger Lösung u. a. Blausäure freigesetzt wird (worauf die Giftigkeit von rohen Bittermandeln beruht). Gentiobiose und Melibiose unterscheiden sich von den anderen Disacchariden dadurch, dass die OH-Gruppe am C6-Atom an der Glycosidbildung beteiligt ist. Die chemische Bezeichnung von Gentiobiose lautet daher 6-*O*-(β-D-Glucopyranosyl)-D-glucopyranose, von Melibiose 6-*O*-(α-D-Galactopyranosyl)-D-glucopyranose (o Abb. 17.57).

#### Streptomycin

**Streptomycin** wurde aus den Kulturen von *Streptomyces griseus* isoliert (*Waksman* 1944) und hat als **Antibiotikum** gegen Tuberkulose, Meningitis oder Pneumonie chemotherapeutisch große Bedeutung erlangt. Antibiotika im ursprünglichen Sinne sind von Pilzen oder Mikroorganismen produzierte Wirkstoffe, die das Wachstum oder die Vermehrung bestimmter Bakterien oder Mikroorganismen hemmen. Streptomycin enthält als Disaccharid Streptobiose, die glycosidisch mit Streptidin verknüpft ist (*Folkers*, *Wolfrom*, *Wintersteiner* u. a.; o Abb. 17.58). Streptidin leitet sich von *scyllo*-Inosit, dem all-*trans*-Isomeren von Inosit (▸ Kap. 4.2.1) ab, in dem zwei Hydroxygruppen durch Guanidinoreste ersetzt sind. Bemerkenswert ist, dass im Streptomycin zwei L-konfigurierte Zucker vorliegen, nämlich *N*-Methyl-L-glucosamin (▸ Kap. 17.1.4) und ein Dialdehyddesoxyzucker, L-Streptose (*Wintersteiner*).

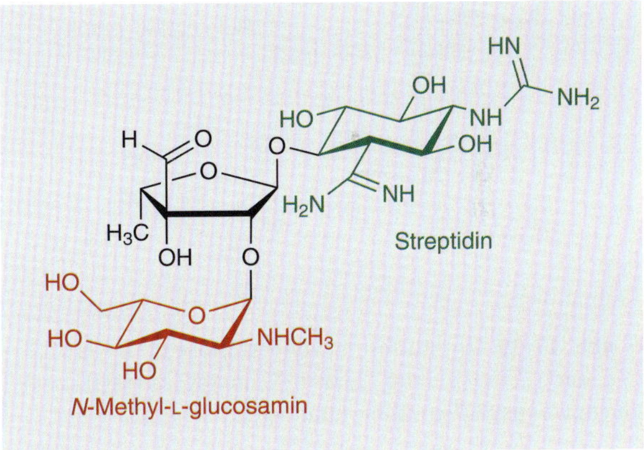


**o Abb. 17.58** Strukturformel von Streptomycin, das aus dem Disaccharid Streptobiose und dem Inositderivat Streptidin besteht

#### Trisaccharide, $C_{18}H_{32}O_{16}$

Die wenigen bekannten Trisaccharide ähneln in ihrem Bau den Disacchariden. Als Beispiel soll die in der Zuckerrübe vorkommende **Raffinose** (o Abb. 17.59) angeführt werden, in der je ein Molekül D-Glucose, D-Fructose und D-Galactose glycosidisch miteinander verknüpft sind. Raffinose gehört zu den nichtreduzierenden Zuckern. Bei der enzymatischen Spaltung mittels Invertase (β-Fructosidase) entstehen D-Fructose und Melibiose, während mit dem Enzym Emulsin (β-Glucosidase) Rohrzucker und D-Galactose entstehen.

#### Pseudooligosaccharide

In den Pseudooligosacchariden ist – im Gegensatz zu den Oligosacchariden – ein Monosaccharidbaustein durch eine **Cycliteinheit** ersetzt (Cyclit: Bezeichnung für Cyclohexane und Cyclopentane mit jeweils einer OH-Gruppe an mindestens drei Ringkohlenstoffatomen).

17

Ein Beispiel für ein Pseudooligosaccharid ist **Acarbose**. Die in Kulturen von Bakterien der Gattung *Actinoplanes* vorkommende Acarbose ist ein Pseudotetrasaccharid, in dem ein ungesättigter Cyclit (Hydroxymethylcondurit) α-pseudo-*N*-glycosidisch mit 4-Amino-4,6-didesoxy-D-glucose zu Acarbiose verbunden ist, die ihrerseits α-glycosidisch mit Maltose verknüpft ist (◉ Abb. 17.60). Die beiden pseudoglycosidisch verknüpften Bausteine stellen das Kernstück (*core*) einer Reihe von Pseudooligosacchariden dar, zu der auch Acarbose gehört. Pseudooligo- und Pseudopolysaccharide mit andersartig strukturierten Kernstücken sind in Getreide und in Bakterien weit verbreitet. Sie hemmen α-Glucosidasen und greifen daher in den Kohlenhydratstoffwechsel ein. **Acarbose** (Glucobay®) wird daher als Antidiabetikum eingesetzt.

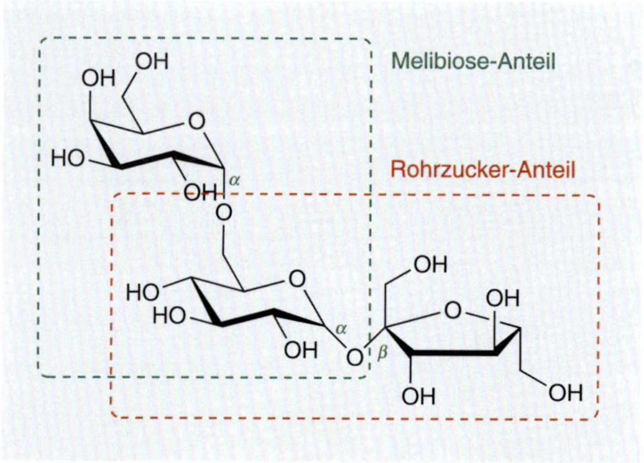


◉ **Abb. 17.59** Strukturformel von Raffinose (α-D-Gal(1,6)-α-D-Glc(1,2)-β-D-Fru6-O-(α-D-Galactopyranosyl)-α-D-glucopyranosyl-β-D-fructofuranosid)

## 17.3 Polysaccharide (Glycane)

Die wichtigsten Polysaccharide sind **Stärke**, **Glycogen** und **Cellulose**, die aus D-Glucosemolekülen aufgebaut sind. In ihnen liegen überwiegend 1,4-glycosidische Bindungen vor. Es können viele Hunderte oder sogar Tausende Monosaccharid-Einheiten in einem solchen Polysaccharid miteinander verknüpft sein. Besteht ein solches Makromolekül aus nur einem Monosaccharid spricht man von einem **Homoglycan**, ist es aus zwei oder mehr unterschiedlichen Monosacchariden aufgebaut, handelt es sich um ein **Heteroglycan**. Derartige hochpolymere Zucker zeigen ganz andere physikalische und chemische Eigenschaften als die Mono- und Oligosaccharide, zumal die glycosidische Verknüpfung der Einfachzucker in einer linearen Kette oder unter Verzweigung erfolgen kann. Die meisten Polysaccharide mit der Summenformel $(C_6H_{10}O_5)_n$ sind entweder in Wasser gar nicht oder nur kolloidal löslich. Der kolloide Zustand lässt auf eine hohe relative Molekülmasse schließen, die bis zu mehrere Millionen betragen kann. Bei der Ermittlung der Struktur und der relativen Molekülmasse von Polysacchariden werden chemische, enzymatische und physikalische Methoden angewandt (Messung des osmotischen Drucks, Bestimmung der Viskosität, Verhalten in der Ultrazentrifuge, Elektronenmikroskopie, Röntgenstrukturanalyse etc.). Darüber hinaus versuchte man insbesondere früher, die Frage nach der Molekülgröße von Hochpolymeren mithilfe der sogenannten Endgruppenbestimmung zu lösen. Hierbei wird der mengenmäßige Anteil einer spezifischen Endgruppe der Kette in Bezug auf das Gesamtmolekül ermittelt (*Staudinger*, *Haworth*).

### Stärke (Amylum)

**Stärke** besteht aus D-Glucosemolekülen, die α-glycosidisch miteinander verknüpft sind. Die Stärke ist das Assimilationsprodukt der grünen Pflanzenzellen und dient als **Energiespeichermolekül** (**Reservekohlenhy-**

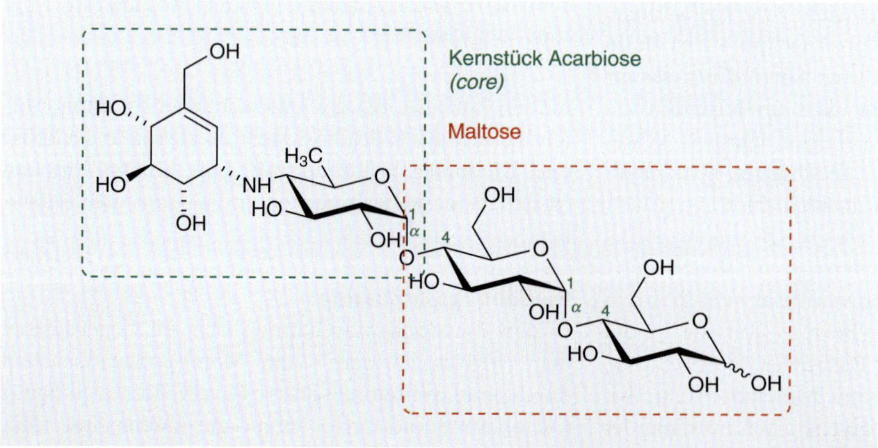


◉ **Abb. 17.60** Das Pseudooligosaccharid Acarbose ist aus Acarbiose und Maltose zusammengesetzt.

**drat**). Unter Assimilation versteht man die Überführung von Kohlendioxid der Luft in organische Kohlenstoffverbindungen unter katalytischer Mithilfe des grünen Pflanzenfarbstoffs Chlorophyll und gleichzeitiger Einwirkung von Sonnenlicht; bei diesem als **Photosynthese** bezeichneten Prozess gibt die Pflanze molekularen Sauerstoff ab. Auf der Erde entstehen auf diese Weise jährlich etwa 100 Milliarden Tonnen Stärke. Die biochemisch erzeugte Stärke lagert sich in Form von kleinen, weißen Stärkekörnern mit konzentrischer Schichtung in den „Chloroplasten" ab (o Abb. 17.61).

Ein direkter Transport der Stärke innerhalb der Pflanze ist nicht möglich, da die Pflanzenmembranen für Kolloide undurchlässig sind. Die Pflanze hat aber die Fähigkeit, die durch Assimilation entstandene Stärke enzymatisch über das Disaccharid Maltose zu Glucose abzubauen, die die Zellmembran mit Hilfe eines speziellen Glucosetransporters passieren kann. Bei Frost bleibt in winterharten Pflanzen so viel Glucose im Saft gelöst, dass dieser bis weit unter den Gefrierpunkt von Wasser flüssig bleibt und die Pflanze so vor Frost geschützt wird. Glucose kann in Depots, vor allem in den Wurzelknollen (Kartoffeln) und Samen (Getreidekörnern), wieder zu „Reservestärke" aufgebaut werden. Die Stärkekörner bestehen aus wasserunlöslichem **Amylopektin** (etwa 80 %) und wasserlöslicher **Amylose** (etwa 20 %), die sich in ihren chemischen und physikalischen Eigenschaften unterscheiden. Das Verhältnis Amylose zu Amylopektin ist sortenabhängig; es gibt z. B. Maissorten, die über 98 % Amylopektin enthalten.

Als Rohprodukte für die **Stärkegewinnung** dienen meist Kartoffeln, Getreide, Mais und Reis. Das fein zermahlene Getreidemehl ist fast reine Stärke, aus der die eiweißreichen Kleberstoffe durch Schlämmen von den schwereren Stärkekörnern abgetrennt werden. Bei Kartoffeln werden die Zellwände durch Zerreiben aufgerissen und die Stärkekörnchen herausgewaschen. Nach Abtrennen der groben Zellbestandteile durch ein Sieb setzen sich die Stärkekörner aus der milchigen Suspension ab. Sie werden bei 25–30 °C getrocknet und ergeben beim Zermahlen das Stärkemehl.

Stärke ist ein weißes, hygroskopisches Pulver, das sich in kaltem Wasser nicht löst. Beim Erhitzen mit Wasser auf etwa 90 °C bildet sich **Stärkekleister**, dessen gelatinöse Beschaffenheit vom Aufquellen von Amylopektin herrührt. Im Gegensatz dazu geht Amylose kolloidal in Lösung. Amylose lässt sich dann mit Alkohol als lösliche Stärke aus dem Filtrat abscheiden. Durch Kochen mit verdünnten Säuren wird Stärke (Amylose + Amylopektin) bis zu D-Glucose abgebaut, und man erhält einen Sirup (engl. *corn syrup*, wenn Maisstärke hydrolysiert wurde). Dessen Süßkraft kann erhöht werden, indem man einen Teil der D-Glucose mittels Glucose-Isomerase in die süßer schmeckende D-Fructose umwandelt; ihr Anteil lässt sich sogar auf über 50 % erhöhen. Der so erhaltene „high fructose corn syrup" (HFCS), *corn sweetener* oder Isosirup verdrängt allmählich den Rohrzucker in der Getränkeindustrie. Wird die Hydrolyse von Stärke vorzeitig unterbrochen, erhält man ein schwer trennbares Gemisch aus Bruchstücken der Polysaccharidketten, die **Dextrine**, die u. a. als Klebstoffe und Appreturmittel verwendet werden. Es handelt sich dabei um amorphe Substanzen, die sich in Wasser kolloidal lösen und deren freie Aldehydgruppen *Fehling*sche Lösung reduzieren. Ein gezielter Abbau von Stärke ist auf enzymatischem Wege möglich.

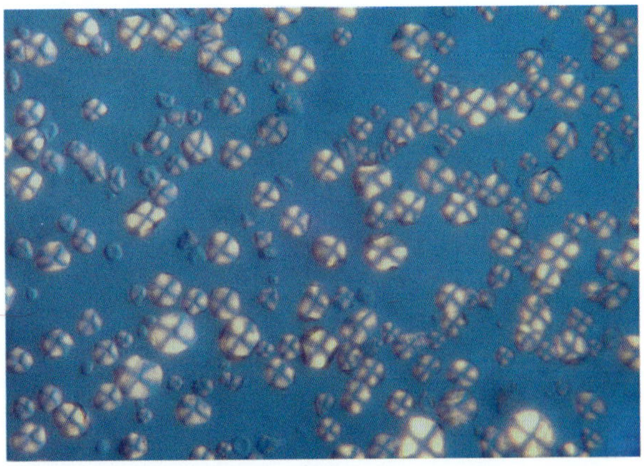

**o Abb. 17.61** Stärke ist optisch aktiv. Stärkekörner bei 800-facher Vergrößerung mit Polarisationsfilter. Polarisationsfilter dienen u. a. zur Messung der optischen Aktivität organischer Substanzen.

17

#### Amylose

**Amylose** besteht überwiegend aus unverzweigten Ketten von Glucosemolekülen, die $\alpha(1,4')$-glycosidisch miteinander verknüpft sind ($\alpha(1,4')$-Glucan, o Abb. 17.62).

Die Amylose bildet eine **spiralförmige Helix** (Schraube) mit sechs D-Glucose-Einheiten pro Windung aus. Ihre relative Molekülmasse schwankt typischerweise zwischen 17 000 und 225 000, das entspricht einer Sequenz von etwa 100 bis 1 400 Glucose-Einheiten innerhalb der Kette. In den hohlen Innenraum der Helix kann sich Iod einlagern. Dabei ändert sich die Farbe von freiem, braunem Iod zu gebundenem, blauem Iod für die Einschlussverbindung. Diese **Iod-Stärke-Reaktion** (o Abb. 17.63) ist sehr empfindlich und dient zum Nachweis von Amylose oder umgekehrt von Iod. Stärke wird daher auch als Indikator bei iodometrischen Titrationen verwendet. In der Wärme verschwindet die Blaufärbung, in der Kälte tritt sie wieder auf.

Wertvolle Informationen über die Struktur und die relative Molekülmasse der Amylose erhält man – wie bei den Disacchariden – durch Methylierung und anschließende Hydrolyse. Wie aus o Abb. 17.63 ersichtlich, besitzt jede Glucose-Einheit innerhalb der Amylosekette drei freie OH-Gruppen. Tatsächlich entsteht bei

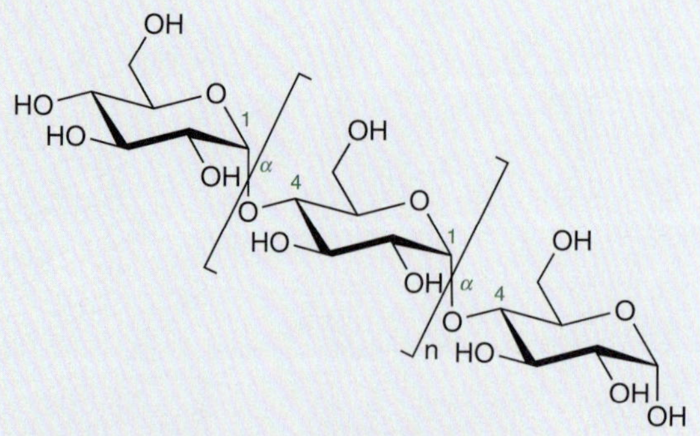

Amylose
$\alpha$(1,4')-D-Glucopyranan

**Abb. 17.62** Struktur von Amylose (Ausschnitt)

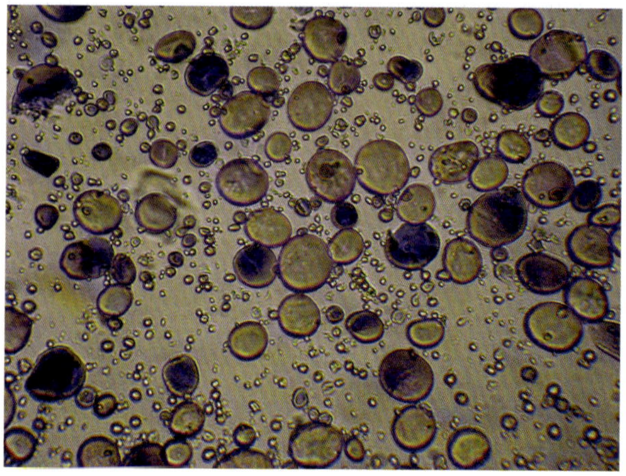

**Abb. 17.63** Granulat von Stärkekörnern, versetzt mit Iod (lichtmikroskopische Aufnahme)

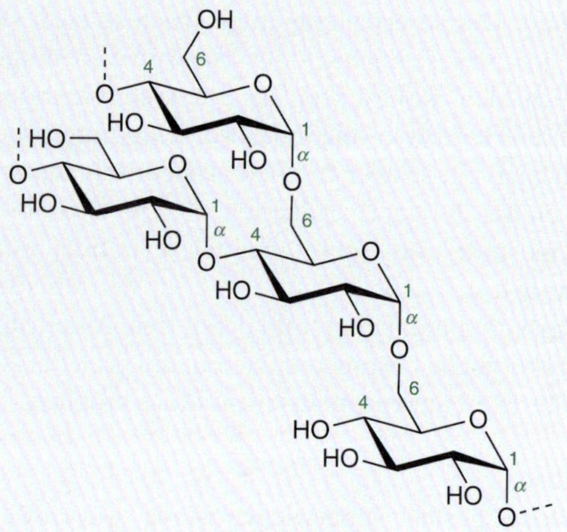

**Abb. 17.64** Struktur einer verzweigten Amylopektinkette (Ausschnitt)

der Methylierung und der Hydrolyse von Amylose vorwiegend die 2,3,6-Tri-*O*-methyl-D-glucose neben einer geringen Menge 2,3,4,6-Tetra-*O*-methyl-D-glucose (ca. 0,5 %), die aus der Endgruppe der Amylosekette stammt (**Endgruppen-Analyse**).

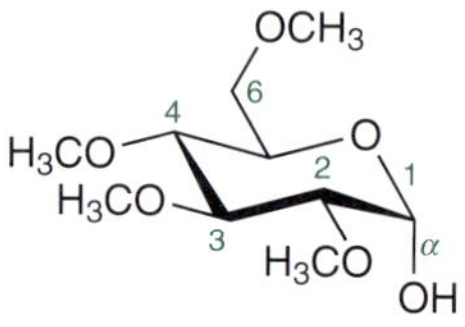

2,3,4,6-Tetra-*O*-methyl-D-glucose ($\alpha$-Form)

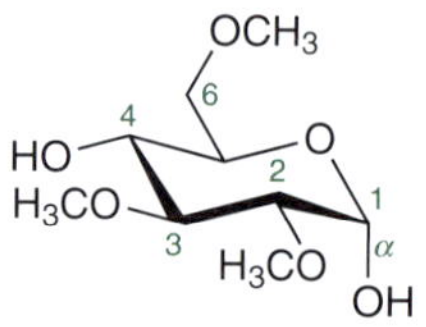

2,3,6-Tri-*O*-methyl-D-glucose ($\alpha$-Form)

## Amylopektin

**Amylopektin**, der Hauptbestandteil von Stärke, besteht – wie Amylose – aus $\alpha$-D-Glucose-Einheiten, die jedoch in buschartig verzweigten, kürzeren Ketten angeordnet sind, die je 20–25 Glucose-Einheiten enthalten. Die Verknüpfung innerhalb der Kette erfolgt $\alpha$(1,4')-glycosidisch, an den Verzweigungsstellen dagegen $\alpha$(1,6')-glycosidisch (Abb. 17.64). Die relative Molekülmasse von Amylopektin wird zwischen 200 000 und 1 000 000 oder höher angegeben. Somit gehört Amylopektin zu den größten in der Natur vorkommenden Molekülen. Amylopektin ergibt mit Iod keine Blaufärbung wie Amylose, sondern eine rotviolette Farbe.

## Cyclodextrine

**Cyclodextrine** entstehen durch die Einwirkung von CGTase (Cyclodextrin-Glycosyltransferase) aus *Bacillus macerans* auf Stärke. Sie enthalten als Cyclooligomere 6, 7 oder 8 $\alpha$(1,4')-verknüpfte Glucosebausteine ($\alpha$-, $\beta$- oder $\gamma$-Cyclodextrine). Cyclodextrine besitzen eine torsusartige, konische Struktur mit einem inneren Durchmesser von 500–800 pm. Aus der kleineren Öffnung („*upper rim*") ragen die primären $CH_2OH$-Gruppen heraus, während die sekundären 2- und 3-ständigen OH-Gruppen an der großen Öffnung („*lower rim*") lokalisiert sind (Abb. 17.65). Cyclodextrine sind wasserlöslich und bilden mit apolaren, organischen Verbindungen Einschlussverbindungen. Diese Eigenschaften sind für die pharmazeutische Forschung von Interesse, da Cyclodextrinkomplexe mit Arzneistoffen besser löslich sind als die reinen Arzneistoffe. Weiter finden Cyclodextrine aufgrund ihrer komplexbildenden Eigenschaften Verwendung als **Emulgatoren** in der Nahrungsmittel- und Kosmetikindustrie. Auch in Produkten zur **Geruchsneutralisation** werden Cyclodextrine verwendet, um geruchsverursachende unpolare Stoffe in ihrem Hohlraum einzuschließen und dafür zuvor dort gebundene Duftstoffe freizusetzen. Cyclodextrine finden auch Anwendung als Säulenmaterialien für die **Chromatographie**, insbesondere zur Trennung chiraler Substanzen (▸ Kap. 3.4.6). Durch die Veretherung der OH-Gruppen der Glucosebausteine von $\alpha$-

und $\beta$-Cyclodextrinen mit *n*-Pentylresten erhält man amorphe, wachsartige Verbindungen, die sich als chirale Trennphasen in der Kapillar-Gaschromatographie eignen. Von den vielfältigen Cyclodextrin-Addukten sollen die Einschlussverbindungen linearer Polymere hervorgehoben werden. Dabei entstehen **Polyrotaxane** (▸ Kap. 20.2.2), bei denen bis zu 40 Cyclodextrinmoleküle als „Wirte" wie Perlen auf ein Gastmolekül aufgefädelt sind.

Analog aufgebaute cyclische Glucane aus 1,2'-verknüpfter $\beta$-D-Glucose spielen in Bakterien bei der osmotischen Regulierung in wechselnden Umgebungen eine Rolle.

## Dextrane

**Dextrane** sind verzweigte Polysaccharide aus Glucosebausteinen, die in der Natur als Stoffwechselprodukte von Mikroorganismen, vorwiegend der *Leuconostoc*-Gruppe, gebildet werden. Die Glucosebausteine der Dextrane weisen in der Mehrzahl 1,6'-Verknüpfungen auf, daneben kommen jedoch auch 1,2'-, 1,3'- und 1,4'-Verknüpfungen vor. Dextrane werden als **Plasma-Ersatz bei Bluttransfusionen** verwendet und bilden die Grundlage der **Sephadex-Gele** für die Gel-Permeations-Chromatographie (GPC, ▸ Kap. 1.3.5), die durch dreidimensionale Vernetzung von Dextranen mit Epichlorhydrin dargestellt werden. Der Vernetzungsgrad bestimmt die Porengröße des Gels und damit dessen Trenneigenschaften.

## Xanthan

**Xanthan** (*xanthan gum*) ist ein von dem Bakterium *Xanthomonas campestris* ausgeschiedenes Polysaccharid mit einer relativen Molekülmasse zwischen $10^6$–$10^7$ g/mol. An einer aus $\beta$(1,4')-Glucan bestehenden Hauptkette sind durchschnittlich mit jedem Baustein in der 3-Position Trisaccharide der folgenden Struktur verknüpft: $\beta$-D-Man-(1,4')-$\beta$-D-GlcU-(1,2')-$\alpha$-D-Man.

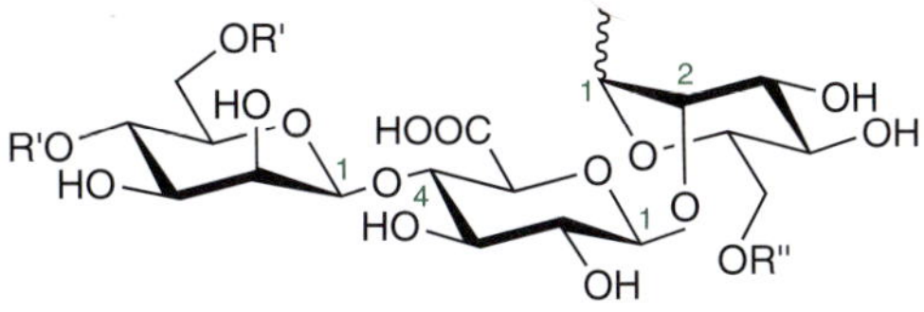

Xanthan (Seitenkette)

Etwa 50 % der endständigen $\beta$-D-Mannose-Moleküle jeder Seitenkette sind in 4,6-Stellung mit Brenztraubensäure acetalisiert (R′); die mit Glucose (3-Stellung) der Hauptkette verbundene $\alpha$-D-Mannose (1-Stellung) ist in der 6-Stellung acetyliert (R″). Xanthan bildet hochviskose wässrige Lösungen, die in der Technik und bei der Lebensmittelherstellung als Emulgatoren, Stabilisatoren und Gelierungsmittel in großem Maßstab verwendet werden. Xanthan hat als Lebensmittelzusatzstoff die E-Nummer 415.

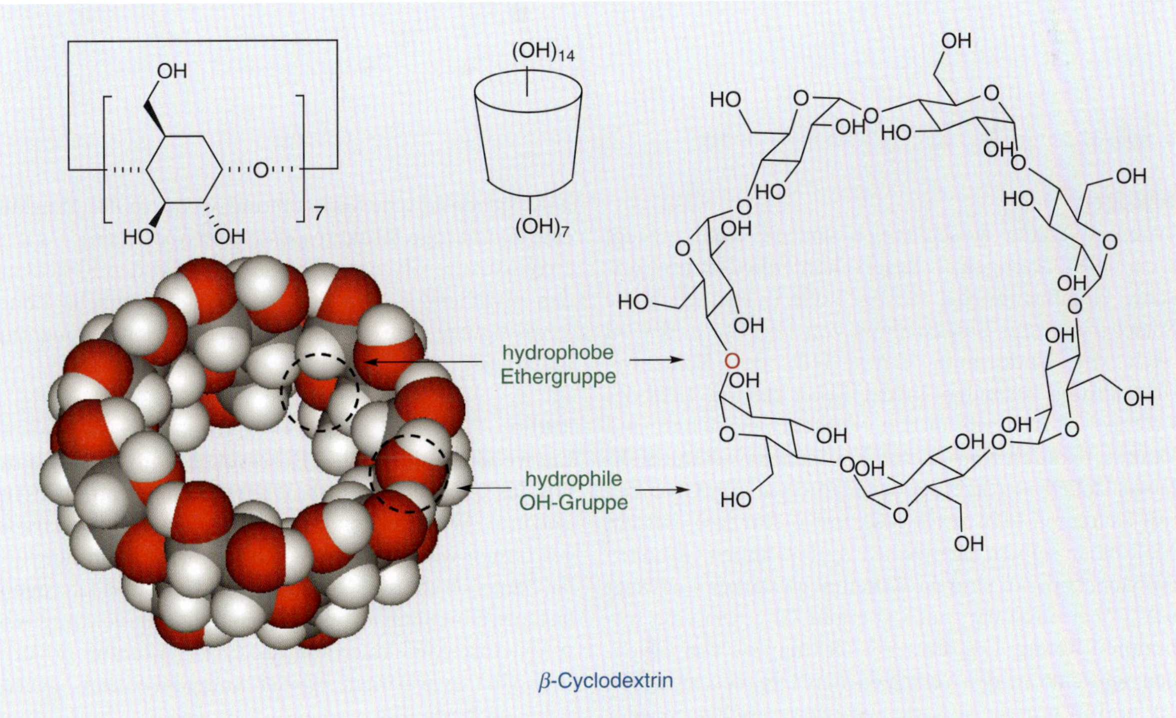


**Abb. 17.65** Cyclodextrine sind cyclische Polysaccharide, bestehend aus n $\alpha$(1,4')-glycosidisch verknüpften D-Glucose-Molekülen. $\alpha$-Cyclodextrin: n = 6, $\beta$-Cyclodextrin: n = 7; $\gamma$-Cyclodextrin: n = 8

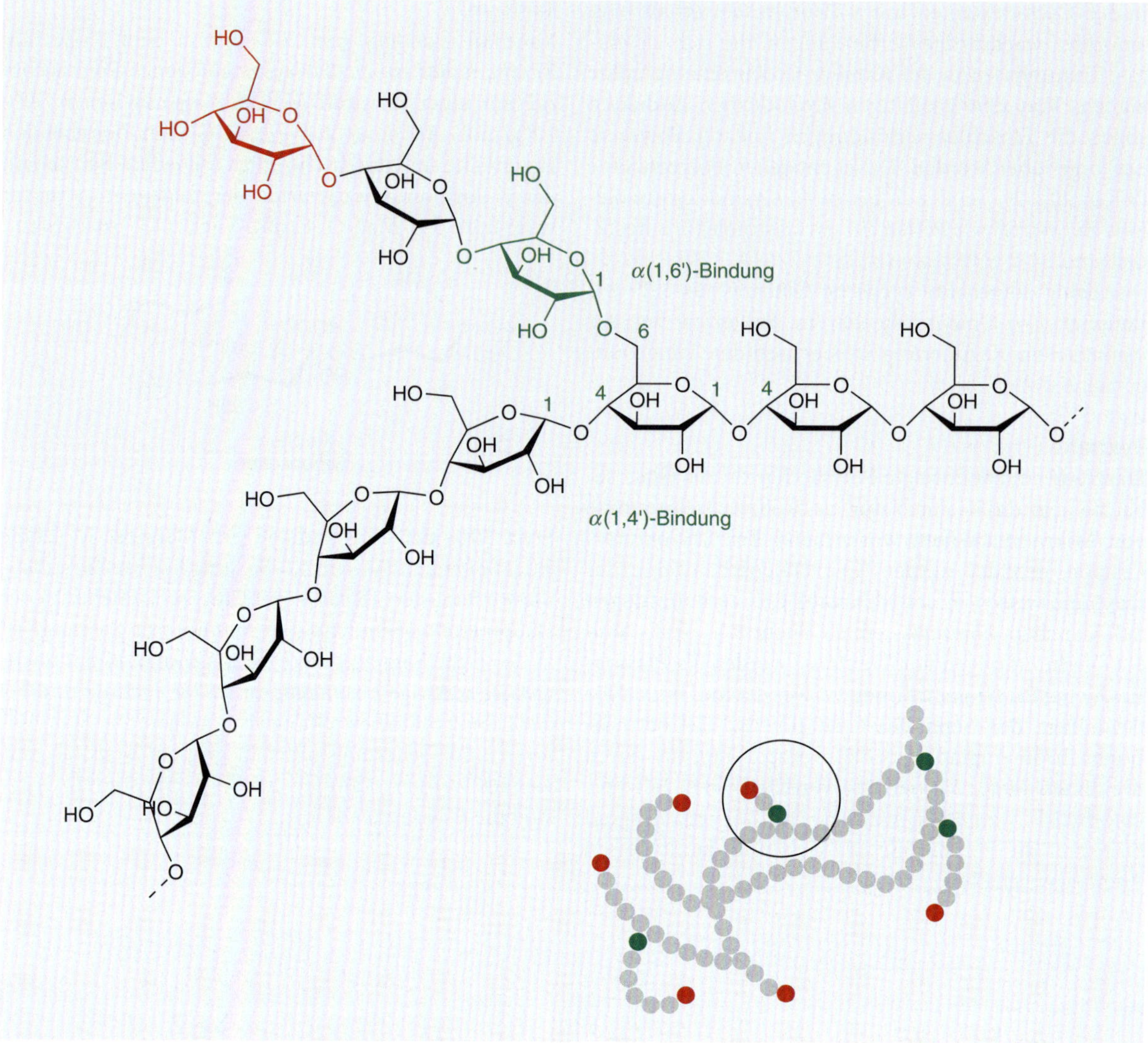


Abb. 17.66 Struktur von Glycogen (Ausschnitt)

## Glycogen

Während Stärke ausschließlich von Pflanzen erzeugt wird, spielt **Glycogen** als **Reservekohlenhydrat im tierischen Organismus** eine wichtige Rolle. Es ermöglicht die Speicherung und Bereitstellung von Glucose und wird nach der Umformung eines Teils der Kohlenhydratnahrung besonders in der Leber (bis zu 18 % des Lebergewichts) sowie in den Muskeln gespeichert und kann, z. B. durch Kochen von Kaninchenleber mit Kalilauge, isoliert werden. Bei der Hydrolyse von Glycogen mit Säuren entsteht D-Glucose, mit $\beta$-Amylase entsteht Maltose. In seinem chemischen Aufbau ähnelt Glycogen Amylopektin, nur sind die Ketten noch stärker verzweigt und höhermolekular; mit Iod ergibt Glycogen eine rotbraune Färbung. Die relative Molekülmasse von Glycogen schwankt in den verschiedenen Organen zwischen $10^5$ und $10^7$ g/mol. Die Ketten verzweigen sich nach jeder dritten bis zwölften D-Glucose-Einheit. Neben der $\alpha$(1,4')-glycosidischen Bindung erfolgt eine weitere $\alpha$-1,6'-glycosidische Verknüpfung, wodurch das Molekül eine baumartige Struktur aufweist (Abb. 17.66). Da der enzymatische Glycogenabbau immer von den Kettenenden ausgehend stattfindet, bedeutet eine möglichst hohe Verzweigung eine schnellere Energiebereitstellung im Bedarfsfall.

## Inulin

Ein weiteres **pflanzliches Reservekohlenhydrat** ist Inulin, das besonders in den Wurzelknollen von Dahlien und in Artischocken vorkommt und auch daraus gewonnen werden kann. Auch Inulin ist hochmolekular, baut sich aber im Gegensatz zu Stärke und Glycogen fast ausschließlich aus $\beta$(1,2')-glycosidisch verknüpften D-Fructose-Molekülen auf ((2→1)-$\beta$-D-Fructofuranan). Inulin ist in warmem Wasser kolloidal löslich, gegen Alkalien beständig und reduziert *Fehling*sche Lösung nicht. Da bei der enzymatischen Hydrolyse von Inulin in geringer Menge auch D-Glucopyranose isoliert wurde, nimmt man an, dass ein Saccharosemolekül als Endgruppe in der Inulinkette auftritt. Die relative Molekülmasse von Inulins beträgt annähernd 5 200, d. h., die Kette besteht aus etwa 30 Fructose-Einheiten mit einer Glucose-Einheit am Ende (o Abb. 17.67).

### Chitin

Das Polysaccharid Chitin findet sich in den **Schalen von Crustaceen**, in der **Gerüstsubstanz von Insekten** und in der **Cellulose von Pilzen**. Das Gesamtmolekül besteht aus langen Ketten von *N*-Acetyl-D-glucosamin-Einheiten (Glc NAc), die $\beta$(1,4')-glycosidisch verknüpft sind (o Abb. 17.68). Die Röntgenstrukturanalyse ergab, dass die Struktur von Chitin derjenigen von Cellulose ähnelt, nur mit dem Unterschied, dass die OH-Gruppe am C2-Atom durch eine Acetylaminogruppe ersetzt ist. Chitin ist Ausgangstoff bei der technischen Herstellung von Chitosan und Glucosamin. Beim Erhitzen mit verdünnter Salzsäure erfolgt die Spaltung von Chitins in D-Glucosamin und Essigsäure. Beide Verbindungen finden Anwendung in der Arzneimittelindustrie.

### Polyuronsäuren (Glycuronane)

Auch aus den Uronsäuren (▸Kap. 17.1.3) können die für die Zucker charakteristischen cyclischen Halbacetale entstehen, die dann miteinander zu Oligomeren und Polymeren verknüpft werden können.

#### Pektine

Pektine finden sich besonders in Früchten, Knollen und Stängeln aller höheren Landpflanzen (z. B. in Früchten wie Äpfeln oder Orangen). Bei Pektinen handelt es sich um **Polygalacturonane**, in denen ein Teil der Carboxygruppen der D-Galacturonsäure-Bausteine (GalU) mit Methanol verestert ist (o Abb. 17.69). Die Pektinkette enthält in größeren Abständen zudem L-Rhamnose-Bausteine [~4)-GalU-(1→2)-Rha-(1→4) GalU-(1~], die für den dreidimensionalen Aufbau verantwortlich sind. Die Rhamnose-Bausteine führen zu einem „Knick" in der ansonsten geraden Polygalacturonsäure-Kette. Darauf ist die Fähigkeit von Pektinen zurückzuführen, bei Anwesenheit von Säuren und Zucker zu gelieren. Sie werden daher zur Herstellung von Gelee, Marmelade und anderen Genussmitteln verwendet. Obstbranntweine, z. B. Himbeergeist, enthalten wechselnde Mengen von Methanol, das aus Pektin durch Hydrolyse der Methylestergruppen entsteht. Auch bei der Weinherstellung bilden sich geringe Mengen Methanol; zugelassen sind Konzentrationen bis zu 0,02 %.

#### Alginsäuren

Alginsäuren (**Algine**) kommen in Braunalgen vor, z. B. in *Laminaria digitata*. Aus den Algen werden sie mit alkoholischen Lösungen in Form ihrer Salze, der **Alginate**, extrahiert und auf diese Weise in großen Mengen

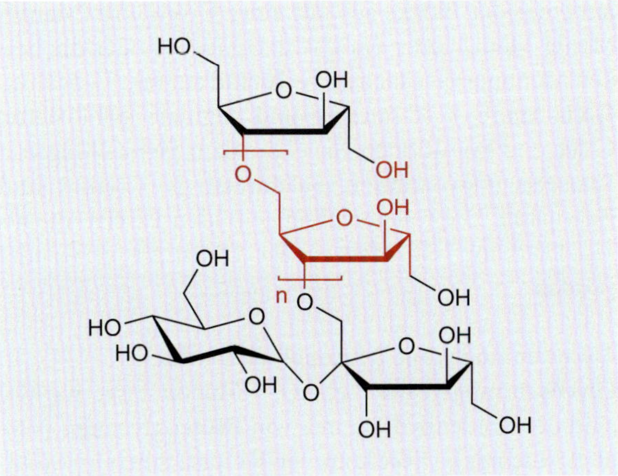

o **Abb. 17.67** Struktur von Inulin (Ausschnitt)

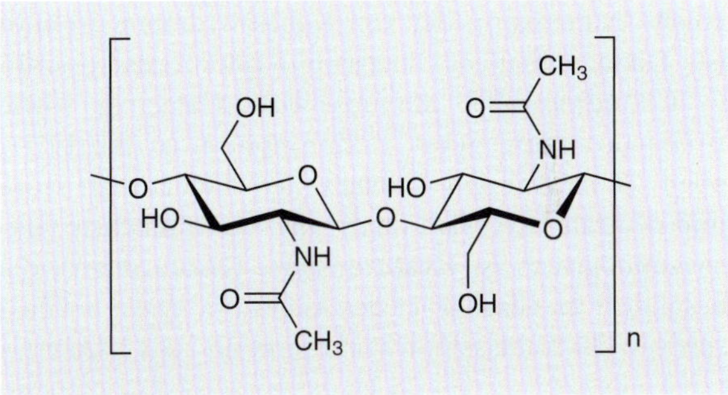

o **Abb. 17.68** Ausschnitt der Struktur von Chitin (2-Acetamido-2-desoxy-D-glycan)

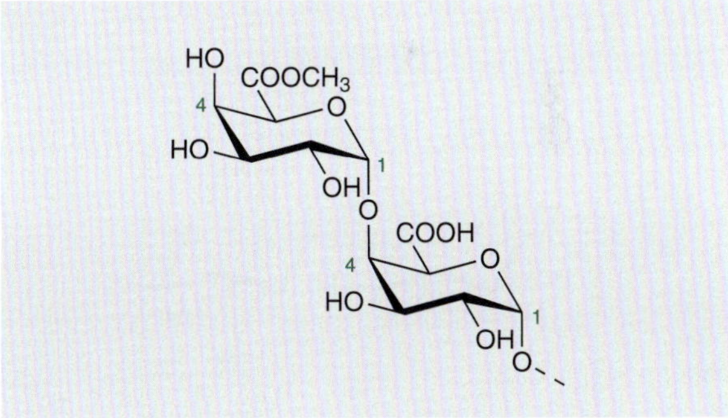

o **Abb. 17.69** Struktur von Pektin (Ausschnitt)

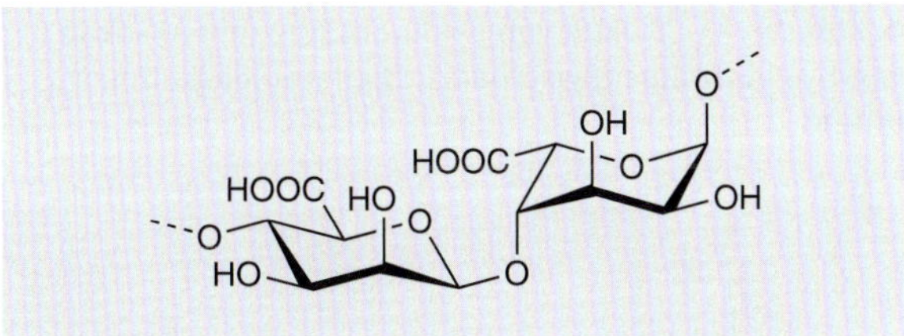

o **Abb. 17.70** Struktur von Algin (Ausschnitt). Die Formel zeigt links den D-ManU-Baustein, rechts den L-GulU-Baustein.

gewonnen. Alginsäuren werden aus den Uronsäuren D-Mannuronsäure (ManU) und L-Guluronsäure (GulU) aufgebaut (o Abb. 17.70). Die Alginsäure-Ketten enthalten entweder Blöcke aus nur einer Uronsäure (ManU-ManU-ManU- oder GulU-Gul U-GulU-) oder die beiden Monomeren treten abwechselnd auf (GulU-ManU-GulU-ManU-). Alginsäure und Alginate stabilisieren Gelee und Emulsionen. Sie dienen zur Herstellung von Speiseeis, Mayonnaisen, Salatdressings, Cremes und Zahnpasta. Die Calciumalginate bilden Fasern, die als resorbierbare Nähfäden in der Chirurgie verwendet werden.

### Glycosaminoglycane (Mucopolysaccharide)

**Glycosaminoglycane** (GAG, Mucopolysaccharide) sind der Kohlenhydratanteil von **Proteoglycanen** (veraltet Mucoide). Diese kommen hauptsächlich im Stütz- und Bindegewebe sowie als Schleimstoffe (**Mucine**) in tierischen Organen und Sekreten vor. Sie bestehen aus einem Proteinkern, der von Kohlenhydraten umhüllt ist. Diese enthalten Glucosamin oder Galactosamin (= Chondrosamin), Mannose bzw. Galactose sowie D-Glucuronsäure oder L-Iduronsäure (o Abb. 17.71, oben). Je nach ihrem Aufbau unterscheidet man saure und neutrale Glycosaminoglycane. Das einfachste Glycosaminoglycan ist **Hyaluronsäure** (Hyaluronan), die besonders im Glaskörper des Auges (gr. *hyalos* = Glas) sowie in der Nabelschnur vorkommt und aus *N*-Acetylglucosamin und D-Glucuronsäure besteht (o Abb. 17.71, unten). Die physiologische Bedeutung von Hyaluronsäure beruht auf ihrer Fähigkeit, die Permeabilität von Zellmembranen zu verändern und das Eindringen infektiöser Keime zu verhindern. Diese Wirkungen werden durch das Enzym Hyaluronidase aufgehoben, wobei das Polysaccharid unter Abnahme der Viskosität in kleinere Bruchstücke gespalten wird. Die Hyaluronidase kommt auch im Sperma vor und spielt beim Befruchtungsvorgang eine Rolle.

Zu den sauren Mucopolysacchariden gehört **Heparin**, das ursprünglich aus der Leber (gr. *hepar*) gewonnen wurde. Es setzt sich aus Glucosamin, das mehrfach mit Schwefelsäure verestert ist, und Schwefelsäureestern von D-Glucuronsäure und L-Iduronsäure zusammen (o Abb. 17.72).

Als **Antikoagulans** hemmt Heparin die Blutgerinnung, weshalb die Substanz zur Therapie und Prophylaxe von Thrombosen verwendet wird. Unfraktioniertes Heparin (Standardheparin) ist ein Gemisch aus Heparinen mit Molmassen zwischen 6000 und 30000. Die chemische oder enzymatische Spaltung und Fraktionierung führt zu niedermolekularen Heparinen (z. B. Dalteparin, Enoxaparin, Nadroparin) mit Molmassen von ca. 5000. Fondaparinux dagegen ist ein synthetischer Blutgerinnungshemmer mit definierter Struktur (o Abb. 17.73). Es besitzt die für eine Hemmung der Blutgerinnung notwendigen fünf sulfatierten Zucker: drei Glucosamine und zwei Uronsäuren.

Zu den mit Schwefelsäure veresterten Mucopolysacchariden gehören ebenfalls die aus Knorpeln und Sehnen isolierten **Chondroitinsulfate**, die sich aus *N*-Acetylchondrosamin, D-Glucuronsäure oder L-Iduronsäure und Schwefelsäure aufbauen (o Abb. 17.74). Der Schwefelsäurerest in Chondroitinsulfat (C) ist an der primären Alkoholgruppe des Chondrosamin gebunden. Im Jahr 2008 kam es zu dem sogenannten Heparin-Skandal, bei dem Heparin mit billigerem, übersulfatiertem Chondroitinsulfat gestreckt worden war – mit der Folge einer Vielzahl schwerwiegender Nebenwirkungen bis hin zu Todesfällen.

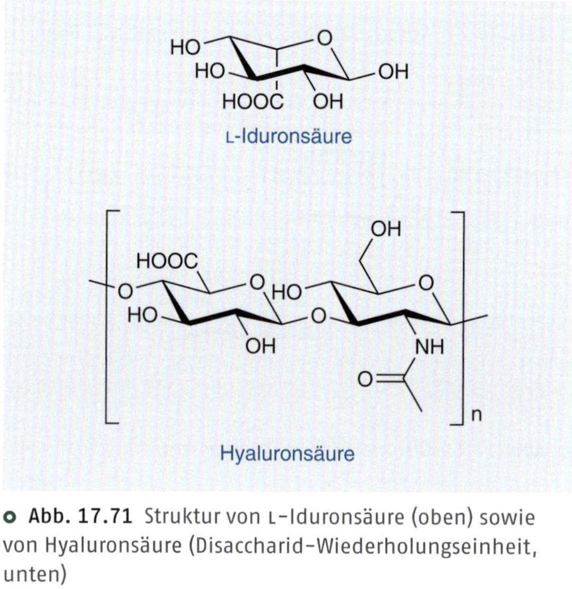


o **Abb. 17.71** Struktur von L-Iduronsäure (oben) sowie von Hyaluronsäure (Disaccharid-Wiederholungseinheit, unten)

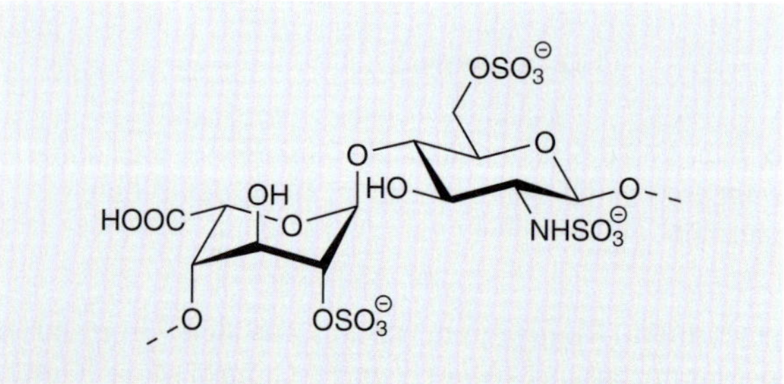

o **Abb. 17.72** Struktur von Heparin (Ausschnitt)

### Cellulose

**Cellulose** bildet als Gerüstsubstanz den **Hauptbestandteil von pflanzlichen Zellwänden** und ist das in der Natur am häufigsten vorkommende Polysaccharid. Pflanzenfasern wie Baumwolle, Jute, Flachs, Hanf und Ramie (Chinagras) bestehen mehr oder weniger aus reiner Cellulose. Das Holz der Nadel- und Laubbäume bildet einen natürlichen Verbundwerkstoff, es besteht zu 40–50 % aus Cellulose, neben je 25–30 % Hemicellulosen (s. unten) und inkrustiertem Lignin (▸ Kap. 6.1). Der Begriff „Inkrustierung“ bezeichnet die Einlagerung organischer oder anorganischer Stoffe in die Zellwand. Die Einlagerung von Lignin in das Cellulosegerüst von

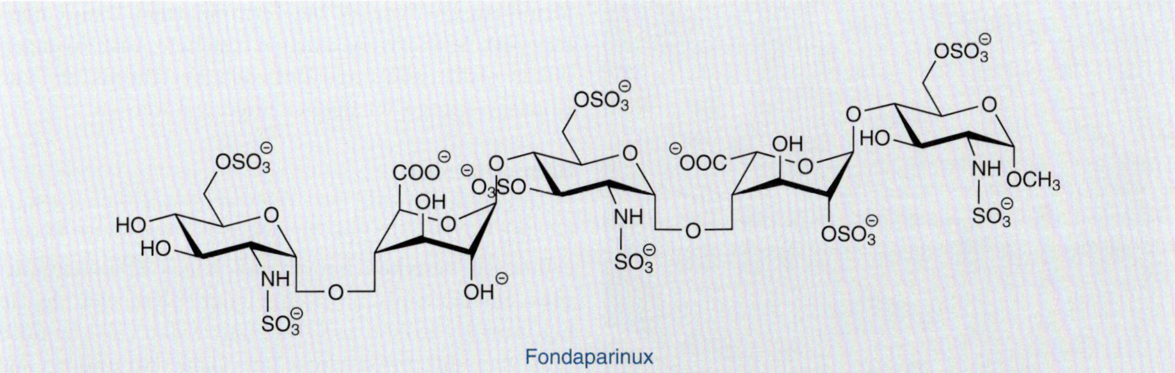


**Abb. 17.73** Struktur von Fondaparinux, einem selektiven Hemmstoff des Faktors Xa der Blutgerinnungskaskade

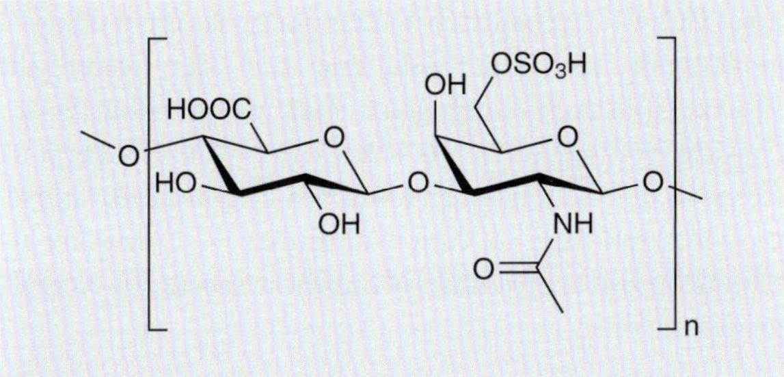

**Abb. 17.74** Struktur von Chondroitinsulfat C (Ausschnitt)

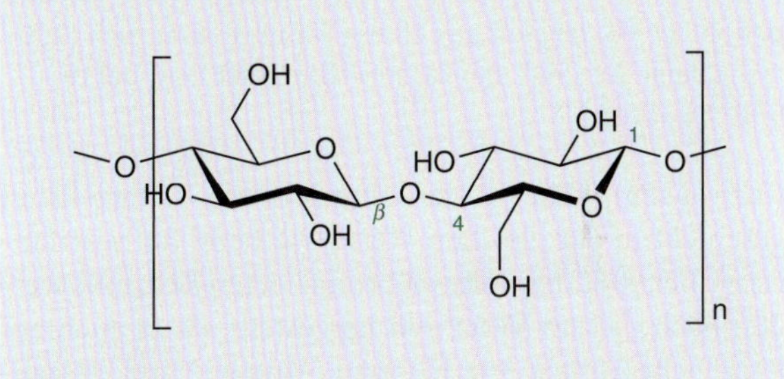

**Abb. 17.75** Struktur von Cellulose (Ausschnitt)

Pflanzen führt zur Verholzung der Zellen. Stroh enthält etwa 30 % Cellulose.

Reine Cellulose kann man aus **Baumwolle** nach vorherigem Entfetten durch Behandeln mit verdünnter Natronlauge gewinnen. Bei der sauren oder enzymatischen Hydrolyse wird die Cellulose bis zur D-Glucose abgebaut. Unter bestimmten Reaktionsbedingungen lassen sich hierbei Cellobiose, Cellotriose bzw. Cellotetrose als Zwischenprodukte isolieren. Die Hydrolyse der vollständig methylierten Cellulose ergibt in hoher Ausbeute 2,3,6-Tri-*O*-methyl-D-glucose, d. h., Cellulose ist ähnlich gebaut wie Stärke. Im Gegensatz zu Stärke sind die D-Glucosemoleküle in Cellulose jedoch $\beta$(1,4')-glycosidisch miteinander verknüpft ($\beta$(1,4')-Glucan, o Abb. 17.75), worauf auch die unterschiedlichen physikalischen Eigenschaften dieser beiden Naturstoffe zurückzuführen sind. Cellulose bildet lange Ketten, die zu Bündeln vereinigt sind. Die Bestimmung der relativen Molekülmasse ergibt, je nach Herkunft der Cellulose, Werte von 200 000 bis zu einigen Millionen. Cellulose ist eine farblose, in Wasser und den meisten organischen Lösemitteln unlösliche Substanz. Gut löst sie sich in ammoniakalischer Kupfer(II)-hydroxidlösung (*Schweizers* Reagenz) unter Komplexbildung. Auch in hochprozentiger Salzsäure ist sie löslich, jedoch tritt hier bereits ein Abbau zu niedermolekularen Produkten auf. Während der Mensch Cellulose nicht verstoffwechseln und somit nicht als Energiequelle nutzen kann, wird sie von Wiederkäuern zum Teil verdaut. Durch Behandlung mit Hydroperoxid in verdünnter alkalischer Lösung kann die Verdaulichkeit von Cellulose in Tierfutter bedeutend gesteigert werden. Die Cellulose besitzt technisch große Bedeutung. Sie wird in Deutschland aus Holz gewonnen und kommt als „**Zellstoff**" in den Handel.

### Zellstoff

Die Herstellung von **Zellstoff** (o Abb. 17.76) erfolgt nach unterschiedlichen Verfahren. Bei dem in Deutschland angewandten sauren Aufschlussverfahren, dem **Sulfitverfahren**, werden etwa nussgroße Holzstückchen (Fichten- oder Buchenholz) in Druckkesseln bei etwa 4 bar (0,4 MPa) mit einer Calciumhydrogensulfitlösung, $Ca(HSO_3)_2$, verkocht. Hierbei gehen Lignin (als Sulfonsäure) sowie Hemicellulosen und Harzstoffe weitgehend in Lösung und bilden die Sulfitablauge. Diese enthält vergärbare Zucker, aus denen Ethanol hergestellt werden kann. Der zurückbleibende Sulfitzellstoff bildet nach gründlichem Auswaschen und Bleichen mit Sauerstoff, Ozon oder Chlordioxid (außerhalb Deutschlands) weiße Platten, die zu etwa 85–90 % aus Cellulose bestehen (Cellulosebleiche).

Beim alkalischen Aufschlussverfahren, dem **Sulfatverfahren**, wird Cellulose durch das Verkochen von zerkleinertem Holz mit Natronlauge weitgehend von Begleitstoffen befreit. Der Natronlauge ist dabei ein bestimmter Prozentsatz an Natriumsulfid und Natriumsulfat zugesetzt, der Druck beträgt 7–10 bar

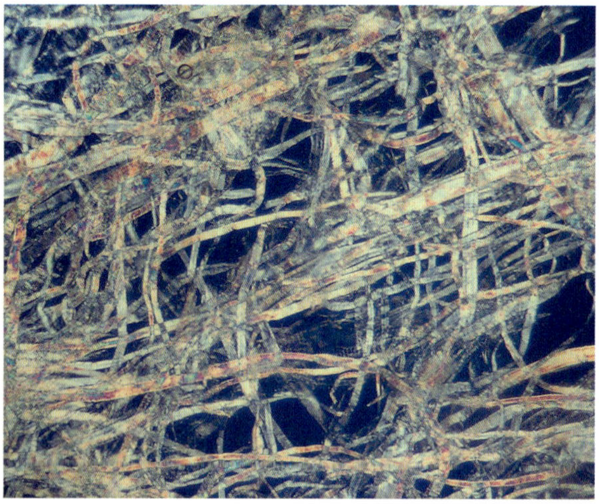

**o Abb. 17.76** Zellstoff aus einem Papiertaschentuch (200-fache Vergrößerung). Der Faserdurchmesser liegt bei ca. 600–800 µm.

(0,7–1 MPa). Die Aufarbeitung von Sulfatzellstoff geschieht in der gleichen Weise wie beim Sulfitverfahren. Über 90 % des weltweit produzierten Zellstoffs werden nach diesem Verfahren hergestellt, da es auch auf harzreiche Hölzer wie Kiefernholz sowie auf Holzabfälle angewandt werden kann. Zudem liefert es einen Zellstoff von höherer Festigkeit als das Sulfitverfahren. In Deutschland wird Sulfatzellstoff aufgrund der starken Umweltbelastung durch das Verfahren nicht produziert.

#### Papier

Zur Papierfabrikation wird der durch die oben beschriebenen Aufschlussverfahren erhaltene Zellstoff mit Wasser zu einem Brei verrührt, geformt und getrocknet. Das gewonnene Papier ist porös und ähnelt dem aus besonders reinem Zellstoff bestehenden **Filtrierpapier** (ungeleimtes Papier). Zur Herstellung hochwertiger Papiere fügt man dem Faserbrei verschiedene Zusätze bei, z. B. Barium- oder Calciumsulfat sowie Kaolin und vor allem Harzseifen (Kolophonium). Auf diese Weise erhält man die sogenannten geleimten Papiere. Durch kurzes Eintauchen von ungeleimtem Papier, z. B. Filtrierpapier, in 75%ige Schwefelsäure und sofortiges Nachwaschen mit Wasser entsteht **Pergamentpapier**.

Seit der Mitte des vorigen Jahrhunderts sind viele Papiersorten erzeugt worden, die Säure enthalten und instabil sind. Beispielsweise entsteht durch Kombination von Harzsäuren mit Alaun ein Leim, der pH-Werte bis zu 4,8 aufweisen kann. Im Zusammenwirken mit dem im Papier vorhandenen Wasser (4–6 %) wird die Cellulose langsam hydrolysiert. Ein solches Papier wird im Lauf der Zeit brüchig und zerfällt schließlich. Dieser Prozess, durch den große Bücher- und Zeitschriftenbestände gefährdet sind, kann z. B. dadurch unterbunden werden, dass man die Säure durch Anwendung von gasförmigem Diethylzink bei vermindertem Druck neutralisiert. Mittlerweile existieren sichere Ausführungen dieses nicht ganz ungefährlichen Verfahrens, die zur Konservierung alter Bücher eingesetzt werden

### Hemicellulosen

**Hemicellulosen** sind stets mit Cellulose vergesellschaftet und treten vor allem in den Zellwänden auf. Hemicellulosen bestehen hauptsächlich aus **Pflanzengummen**, einem Gemisch verschiedener Polysaccharide, die bei ihrer Hydrolyse D-Xylose (aus Xylan), D-Mannose (aus Mannan), D-Galactose (aus Galactan) und D-Glucuronsäure liefern. **Pentosane** (Xylan, Araban, Arabinan) finden sich reichlich im Getreidestroh (20–30 %) und in der Kleie. Im Xylan sind die D-Xylopyranosereste $\beta(1,4')$-glycosidisch miteinander zu einer Hauptkette verknüpft, die, abhängig von der jeweiligen Pflanze, unterschiedlich stark über Mono- oder Disaccharide verzweigt ist (o Abb. 17.77). Als Zuckerbausteine in den Seitenketten kommen L-Arabinofuranose, D-Xylopyranose, D-Glucuronsäure, 4-*O*-Methyl-D-Glucuronsäure, D-Galacturonsäure sowie O-Acetylgruppen vor.

### Celluloseether

Die drei freien OH-Gruppen in jedem Cellulosebaustein können mit Alkylhalogeniden wie Ethylchlorid oder dem Natriumsalz der Chloressigsäure zu Ethern umgesetzt werden. Dabei entsteht im ersten Fall die wasserunlösliche, aber in vielen Lösemitteln lösliche **Ethylcellulose** (EC), im zweiten Fall das wasserlösliche Natriumsalz der **Carboxymethylcellulose** (CMC, CM-Cellulose). In der Regel wird nur ein Teil der vorhandenen OH-Gruppen substituiert. Celluloseether sind je nach Substitutions- und Polymerisationsgrad, d. h. je nach Quellbarkeit und Löslichkeit, vielseitig einsetzbar in Waschmitteln, Anstrichstoffen, Klebstoffen sowie zur Verdickung und Gelierung von Lebensmitteln. In der Pharmazeutischen Technologie werden sie als Hilfsstoffe, z. B. in Salbengrundlagen, und in Überzügen für feste Arzneiformen verwendet.

### Cellulosenitrate

Jede Glucose-Einheit in der Cellulosekette hat drei freie Hydroxygruppen, die sich mit Salpetersäure in Gegenwart von Schwefelsäure (Nitriersäure) zu Mono-, Di- und Trinitrocellulose verestern lassen (▸ Kap. 10.1.3). Es handelt sich dabei nicht um Nitroverbindungen, sondern um die entsprechenden Ester, also um „Nitrate". Der Name Nitrocellulose ist daher im Grunde chemisch unzutreffend.

Eine hochnitrierte Cellulose (etwa 13 % Stickstoff) ist die **Schießbaumwolle** (*C. F. Schönbein* 1846), die an der Luft harmlos abbrennt, aber in gepresster Form bei Initialzündung explosionsartig verpufft. Durch Gelie-

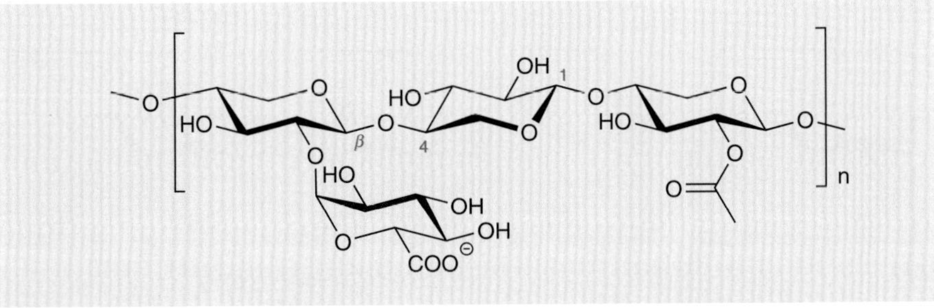


**o Abb. 17.77** Struktur von Xylan (Ausschnitt)

ren von Schießbaumwolle mit Ethanol-Ether-Gemischen gewinnt man das sogenannte rauchschwache Pulver, das als Treibladung für Geschosse verwendet wird. Die niedernitrierte Cellulose (etwa 10 % Stickstoff) liefert nach Auflösen in Ethanol-Ether die **Kollodiumwolle**, die zur Gelatinierung von Sprengölen sowie medizinisch für Wundverschlüsse benutzt wird. Beim Durchkneten von Kollodiumwolle mit alkoholischer Campherlösung entsteht das elastische, hornartige **Celluloid** (*J. W. Hyatt* 1868). Celluloid ist der älteste bekannte Kunststoff und noch heute als thermoplastische Masse äußerst wertvoll. Campher fungiert hierbei als Weichmacher.

Nitrocellulose dient u. a. zur Herstellung von Nitrolacken. **Cellulosenitrate** wurden früher als **Trägermaterial für Filme** verwendet. Da dieses Trägermaterial jedoch bei Kontakt mit Hitzequellen fast explosionsartig verbrennt, kam es früher in Kinos häufig zu Bränden, wenn das Filmmaterial in den Projektoren zu heiß wurde. Im Jahr 1951 wurde daher der sogenannte „Sicherheitsfilm" aus schwerer entflammbarem Cellulosetriacetat eingeführt.

### Cellulosische Chemiefasern (halbsynthetische Fasern)

Die Fabrikation halbsynthetischer Fasern basiert hauptsächlich auf Cellulose (cellulosische Fasern) als Ausgangsmaterial. Man unterscheidet dabei zwischen Cellulose-Regenerat-Fasern („Hydratcellulose") und Celluloseestern. Die „Hydratcellulose" stellt kein Hydrat im eigentlichen Sinne dar, sondern eine durch Abbau und Depolymerisation in ihrer Struktur veränderte Cellulose. Früher wurden Fasern, die auf modifizierten Biopolymeren beruhen, als „**Kunstfasern**" bezeichnet. Von den Endlosfasern (früher: Filamente oder „Seiden") sind die längenbegrenzten Spinnfasern (Stapelfasern) zu unterscheiden. Ihre Herstellung erfolgt entweder durch Auflösen von Zellstoff oder Baumwoll-Linters bzw. Celluloseestern in dafür geeigneten Lösemitteln und Wiederausfällen durch feine Spinndüsen in Fällbädern (Nassspinnverfahren) oder durch Verdampfen des betreffenden Lösemittels (Trockenspinnverfahren).

#### Viskosefaser

Behandelt man Zellstoff mit 15- bis 25%iger Natronlauge, quillt die Cellulose in einem Reifungsprozess auf, und es entsteht unter Verminderung der durchschnittlichen Kettenlänge die sogenannte **Alkalicellulose**. Diese lässt sich mit Schwefelkohlenstoff in **Cellulosexanthogenat** überführen (o Abb. 17.78). Das Cellulosexanthogenat enthält im Durchschnitt zwei Glucose-Einheiten auf ein Molekül $CS_2$ und wird nach einem weiteren Reifungsprozess in ein Bad aus verdünnter Schwefelsäure gepresst, wobei das Xanthogenatsalz in Cellulose, Schwefelkohlenstoff und Natriumsulfat zerfällt. Die regenerierte Cellulose (Hydratcellulose) bildet nach Verstreckung die **Viskosefaser**. Ungeschnittene Viskosefasern wurden früher als Viskose-Reyon bezeichnet, geschnittene als Zellwolle. Die Viskosefasern ähneln in ihrem Aufbau und ihren Eigenschaften der Baumwolle. **Cellophan** (Viskosefolie) erhält man, wenn das Cellulosexanthogenat aus breiten Filmgießern in das saure Fällbad gegossen und die regenerierte Cellulose mit Glycerol als Weichmacher behandelt wird.

#### Cellulosefaser

Cellulose kann auch ohne vorherige chemische Modifizierung zu Fasern versponnen werden. Dieses heute überholte Verfahren beruht auf der Löslichkeit von Cellulose in Tetramminkupfer(II)-hydroxid, $[Cu(NH_3)_4](OH)_2$ (*Schweizers* Reagenz). Man erhält so die Cuprofaser (Kupfer-Reyon-Glanzstoff) als endlosen Faden, der sich auch in 4-Methyl-morpholin-4-oxid löst.

#### Acetat- und Triacetatfaser

Im Gegensatz zur Viskosefaser, die aus Regenerat-Cellulose besteht, liegen in den Acetatfasern die Essigsäureester der Cellulose vor. Bei der Einwirkung von Acetanhydrid und wenig Schwefelsäure auf Cellulose (meist Baumwollfasern) erfolgt eine Acetylierung zu Cellulosetriacetat (Primäracetat). Da dieses allerdings schlechte Löseeigenschaften aufweist, wird es durch Zugabe einer genau berechneten Menge Wasser partiell zu gemischten Celluloseacetaten hydrolysiert, sodass im Durchschnitt auf jede Glucose-Einheit der Cellulose 2 bis 2,5 Acetylgruppen entfallen (Sekundäracetat). Die so erhaltene **Acetylcellulose** ist in Aceton löslich und

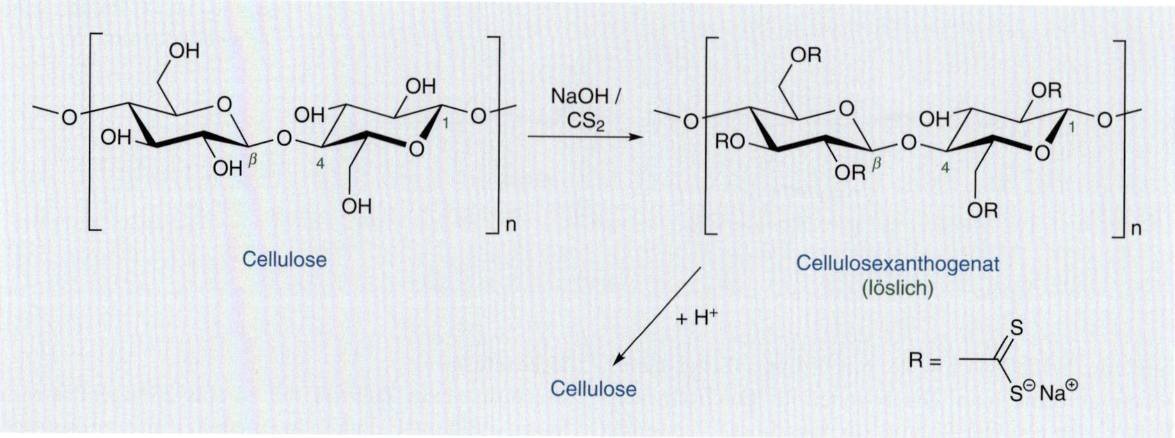


**o Abb. 17.78** Herstellung von Viskosefasern

wird nach dem Trockenspinnverfahren zur Acetatfaser (früher **Acetatseide**) verarbeitet.

Acetatfasern dienen hauptsächlich zur Herstellung von Zigarettenfiltern. Mithilfe von Weichmachern, meist Phthalsäureestern, kann man die Acetylcellulose in schwer brennbare Produkte (Cellon, Ecarit) überführen, die anstelle des feuergefährlichen Celluloid (s. oben) verwendet werden. Auch Folien und der nicht brennbare Cellitfilm (Sicherheitsfilm) können aus Acetylcellulose hergestellt werden. Acetylcellulose-Lacke zeichnen sich durch besonderen Glanz sowie durch ihre Beständigkeit gegen Licht und Wärme aus.

Von den Chemiefasern auf der Grundlage natürlicher makromolekularer Verbindungen, wie Cellulose und deren Modifizierungsprodukten, sind die synthetischen Chemiefasern (Synthesefasern), z.B. die Polyamidfasern und die Polyesterfasern, zu unterscheiden. Sie übertreffen die cellulosischen Chemiefasern bei Weitem an Bedeutung.

# 18 Aromatische Kohlenwasserstoffe (Arene)

Benzen ... 511 | Alkylderivate des Benzens (Alkylbenzene) ... 516 | Benzenderivate mit heteroatomhaltigen Seitenketten ... 519 | Benzenderivate mit ungesättigten Substituenten ... 522



Aromaten zeichnen sich gegenüber anderen ungesättigten Verbindungen durch eine besondere Stabilität aus, die auf ein cyclisch-delokalisiertes $\pi$-System aus sechs Elektronen (beim Benzen und seinen Derivaten) zurückzuführen ist. Sie reagieren daher – anders als ihre Summenformel oder die formalen Doppelbindungen in der Strukturformel erwarten lassen – nicht wie Alkene unter Addition, sondern fast ausschließlich in Substitutionsreaktionen, bei denen das aromatische $\pi$-System erhalten bleibt. Die vorherrschende Reaktion ist dabei die elektrophile aromatische Substitution, mit der sich eine Vielzahl unterschiedlicher funktioneller Gruppen einführen lassen. Bei Substitutionsreaktionen an Benzenderivaten bestimmt der bereits vorhandene Substituent sowohl die Reaktivität als auch die Regioselektivität der Zweitsubstitution.

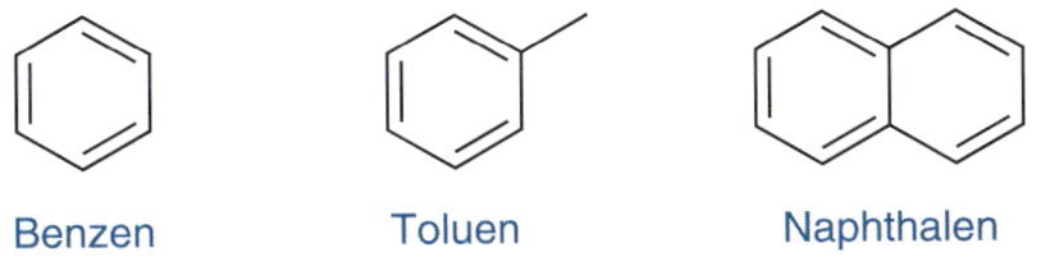


## 18.1 Benzen

### 18.1.1 Struktur und Eigenschaften

Benzen (früher als Benzol bezeichnet) ist eine farblose, lichtbrechende Flüssigkeit von charakteristischem Geruch (Sdp. 80,1 °C, Smp. 5,5 °C). Es brennt mit stark rußender Flamme (○ Abb. 18.1). Mit den meisten organischen Lösemitteln, wie Ether, Alkoholen, Aceton oder Eisessig, ist Benzen in jedem Verhältnis mischbar; auch Wasser wird bis zu 1 % in Benzen gelöst. Physiologisch wirkt Benzen bei längerem Einatmen als **starkes Gift** (▸Exkurs: Umweltkatastrophe in einer chinesischen Millionenstadt), das zu Schwindel, Erbrechen und Bewusstlosigkeit führt. Die Wirkung beruht auf

○ **Abb. 18.1** Benzen verbrennt mit stark rußender Flamme.

**Exkurs: Umweltkatastrophe in einer chinesischen Millionenstadt**

Im November 2005 wurde in der chinesischen Metropole Harbin mehrere Tage lang die Wasserversorgung für fast vier Millionen Menschen abgestellt. Die Stadtverwaltung sprach zunächst von „Rohrwartungsarbeiten" (FAZ 24.11.2005). Der wahre Grund für die Wassersperrung war jedoch ein anderer: Die Millionenmetropole bezog einen Großteil ihres Trink- und Nutzwassers aus dem durch Harbin fließenden Songhua-Fluss. Dieser war durch einen großen Chemieunfall in der Nachbarprovinz Jilin auf eine Länge von 80 Kilometern hochgradig mit Benzen, Nitrobenzen und anderen giftigen Chemikalien verseucht worden. Am 24. November erreichte der Giftteppich die Großstadt Harbin. Mitte Dezember wurde auch Russland von dem Giftteppich erreicht, der sich in der Folge auf die Großstadt Chabarowsk zubewegte.

der leichten Löslichkeit von Fetten bzw. Lipiden in Benzen. **Chronische Vergiftungen** rufen eine Schädigung des Knochenmarks, der Leber und der Nieren sowie Leukämie hervor. Benzen wirkt **carcinogen.**

In Analogie zu den sehr reaktionsfähigen aliphatischen Alkenen und Polyenen sollte man von Benzen, das formal aufgrund seiner Summen- und Strukturformel ein Cyclohexatrien darstellt, ein ähnliches chemisches Verhalten erwarten. Benzen ist jedoch relativ reaktionsträge. Dies zeigt sich z. B. bei der Reaktion mit Brom, die – anders als bei den Alkenen – erst in Gegenwart einer *Lewis*-Säure als Katalysator stattfindet und dann auch nicht zur Addition führt, sondern zu einer Substitution. Ebenso verläuft die *Baeyer*sche Probe (▸Kap. 5.1.3) auf C=C-Doppelbindungen sogar in der Wärme negativ, d. h., eine schwach alkalische Kaliumpermanganatlösung wird *nicht* entfärbt (▸Kap. 2.4.1). Ferner beobachtet man keine Polymerisationsreaktionen des Benzens, die ebenfalls für mehrfach ungesättigte Verbindungen typisch sind.

Benzen zeichnet sich also im Vergleich zu anderen ungesättigten Verbindungen durch eine besondere **Stabilität** aus. Es ist wesentlich energieärmer und damit auch reaktionsträger, als man es für eine Verbindung mit drei formalen C=C-Doppelbindungen erwarten sollte. Nur bei sehr drastischen Reaktionsbedingungen oder mit sehr reaktiven Reagenzien verhält sich Benzen erwartungsgemäß. Es bildet z. B. mit Ozon ein Triozonid, aus dem durch Hydrolyse oder durch Reduktion mit Zinkstaub und Essigsäure in drei Moleküle Glyoxal entstehen (○Abb. 18.2, oben). Auch die **katalytische Hydrierung** des Benzens, die unter stufenweiser Aufnahme von Wasserstoff über Dihydro- und Tetrahydrobenzen zum „Hexahydrobenzen" (Cyclohexan, $C_6H_{12}$) führt, entspricht dem Reaktionsverhalten einer Verbindung mit drei C=C-Doppelbindungen. Auffällig ist jedoch, dass einige Dihydrobenzenderivate wie z. B. das 1,3-Cyclohexadien leicht wieder zwei H-Atome abgeben und den Benzenring zurückbilden. Während für die Ausbildung einer C=C-Doppelbindung durch Abspaltung von zwei H-Atomen gewöhnlich eine Energiezufuhr von ca. 120 kJ/mol erforderlich ist, geht 1,2-Dihydrobenzen (1,3-Cyclohexadien) sogar in einer schwach exothermen Reaktion in Benzen über (○Abb. 18.2, unten); auch dies lässt darauf schließen, dass das Bindungssystem des Benzens energetisch besonders begünstigt ist.

Benzen und davon abgeleitete aromatische Verbindungen sind also stabiler als andere ungesättigte Verbindungen und weisen daher auch ein völlig anderes

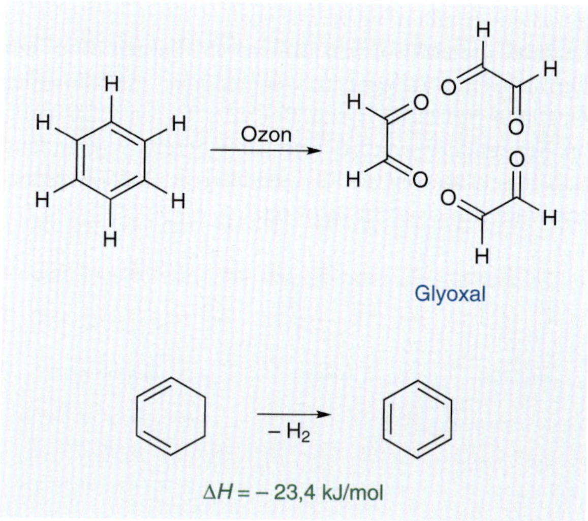


○ **Abb. 18.2** Ozonolyse des Benzens führt zur Bildung von jeweils drei Molekülen Glyoxal (oben). 1,2-Dihydrobenzen geht in schwach exothermer Reaktion rasch in Benzen über (unten).

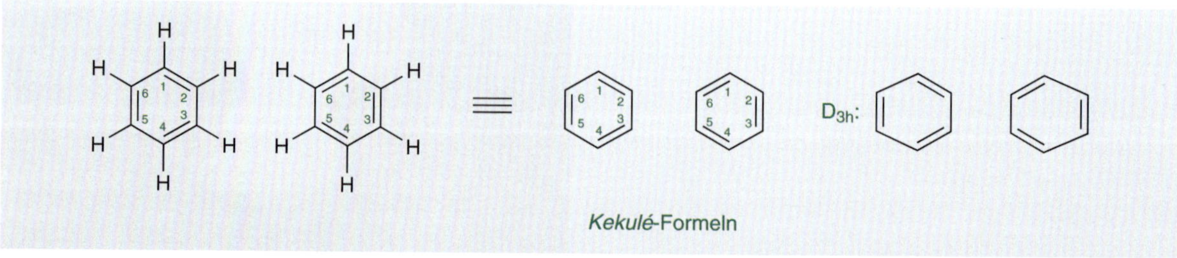


○ **Abb. 18.3** *Kekulé* postulierte als Erster eine dreifach ungesättigte Sechsringformel für Benzen. Aufgrund der unterschiedlichen Bindungslängen würde ein solches Cyclohexatrien jedoch eine $D_{3h}$-Symmetrie aufweisen.

chemisches Reaktionsverhalten als Alkene auf. Eine diesen Besonderheiten und der Summenformel $C_6H_6$ gerecht werdende Benzenformel aufzustellen, hat jedoch historisch große Schwierigkeiten bereitet und die Chemiker lange Zeit beschäftigt. Als Erster postulierte *Kekulé* 1865/67 eine dreifach ungesättigte Sechsringformel für das Benzen, in der sechs CH-Gruppen abwechselnd durch C—C-Einfach- und C=C-Doppelbindungen miteinander verknüpft sind (○ Abb. 18.3, links). Allerdings lassen sich in diesem Fall zwei äquivalente Benzenformeln formulieren, die sich nur darin unterscheiden, welche C-Atome jeweils durch eine Doppel- und welche durch eine Einfachbindung miteinander verbunden sind. Aufgrund der unterschiedlichen Bindungslängen von Einfach- und Doppelbindungen sollte ein solches Cyclohexatrien zudem kein symmetrisches Sechseck sein, sondern eine verzerrte $D_{3h}$-Symmetrie mit alternierenden Bindungslängen (kurze Doppel- und lange Einfachbindungen) aufweisen (▸ Kap. 3.4.1, ○ Abb. 18.3, rechts).

Es wurde allerdings schnell klar, dass die *Kekulé*-Formeln einige Eigenschaften und Reaktionen des Benzens nicht korrekt erklären können. Denkt man sich z. B. die beiden H-Atome an den benachbarten C-Atomen 1 und 2 durch andere Atome oder Atomgruppen (X) substituiert, so müssten theoretisch zwei isomere Verbindungen auftreten, bei denen zwischen den C-Atomen 1 und 2 entweder eine Einfach- oder eine Doppelbindung lokalisiert wäre. Derartige Isomere von in „*ortho*-Stellung" disubstituierten Aromaten sind aber bisher nie gefunden worden. Aus dieser Tatsache folgerte bereits *Kekulé*, dass die Bindungen im Benzenring nicht fixiert sein können, sondern ein ständiger Platzwechsel zwischen Einfach- und Doppelbindungen stattfinden muss (**Oszillationstheorie**).

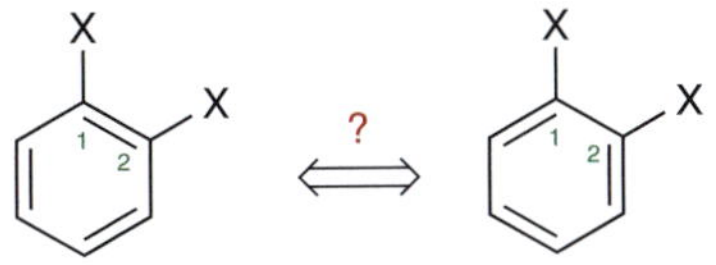


Um die oben beschriebenen Unstimmigkeiten zwischen der *Kekulé*-Formel und dem chemischen Verhalten des Benzens zu umgehen, wurden auch zahlreiche andere mehr oder weniger sinnvolle Konstitutionsformeln vorgeschlagen. Hierzu zählen z. B. die Benzenformel von *J. Dewar* (1867), die Diagonalformel von *Claus* (1867) und die zentrische Formel von *Armstrong* und *Baeyer* (1887), welche eine Variante der Diagonalformel darstellt (○ Abb. 18.4). Letztendlich unterstreichen alle diese Strukturvorschläge nur die Schwierigkeiten der damaligen Zeit, das Benzen mit seinen besonderen Eigenschaften durch eine normale *Lewis*-Formel wiederzugeben. Während die Verbindung von *Claus* nicht darstellbar ist, stellte sich das *Dewar*-Benzen später als

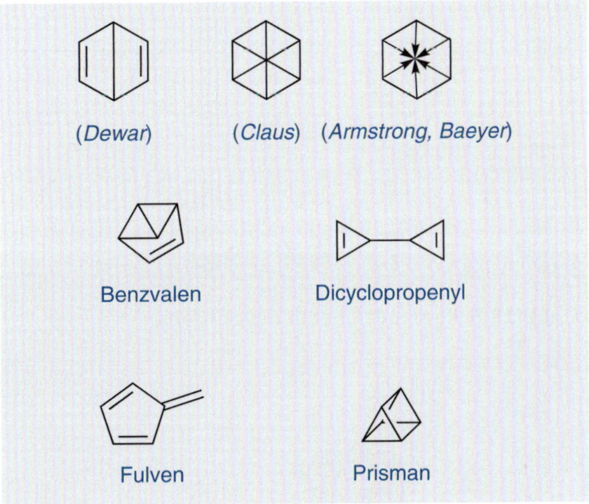


○ **Abb. 18.4** Strukturvorschläge für Benzen. *Dewar*-Benzen, Benzvalen, Dicyclopropenyl, Fulven und Prisman konnten tatsächlich dargestellt werden, während die Strukturen von *Claus* sowie von *Armstrong* und *Baeyer* nur hypothetische Formulierungen sind.



zwar instabile, aber synthetisierbare Verbindung heraus. Es ist ein sogenanntes **Valenzisomer** des Benzens (▸ Kap. 4.3.1), genauso wie Prisman, Fulven, Benzvalen oder das Dicyclopropenyl, das anfangs allerdings nur in Form seines Hexaphenylderivates darstellbar war (*Breslow* 1959). Die Synthese des reinen Kohlenwasserstoffs gelang erst 1989 (*Billups*). Die genannten Valenzisomere sind im Gegensatz zu Benzen thermodynamisch instabil und wandeln sich beim Erwärmen in dieses um. Insgesamt lassen sich übrigens 217 isomere Verbindungen mit der Formel $C_6H_6$ formulieren.

Ein weiteres Problem mit der *Kekulé*-Formel zeigte sich, als die **Struktur von Benzen** im Festkörper experimentell durch Röntgenstrahlbeugung (▸ Kap. 2.5.6) bestimmt wurde. Benzen weist in sehr guter Näherung eine $D_{6h}$-Symmetrie auf (▸ Kap. 2.4.1). Die C-Atome sind also in einem ebenen, gleichseitigen Sechseck angeordnet, dessen Kantenlänge 139,7 pm beträgt. Die Bindungslänge aller C—C-Bindungen ist gleich und liegt somit zwischen den Werten einer Einfachbindung (147,6 pm) und einer Doppelbindung (133,8 pm). Diese Struktur entspricht nicht der *Kekulé*-Formel, die eine $D_{3h}$-Symmetrie mit alternierenden Bindungsabständen aufweist.

Die Erklärung der besonderen Eigenschaften des Benzens gelang erst Anfang des 19. Jahrhunderts mit dem Aufkommen der Quantenmechanik. Im Benzen liegt ein **mesomeres System** vor, dessen sechs $\pi$-Elektronen gleichmäßig über alle sechs Ringatome delokalisiert sind. Typisch für mesomere Systeme ist, dass sie sich nicht adäquat durch eine einzige *Lewis*-Formel beschreiben lassen. Stattdessen kann man nur mehrere, sogenannte **Resonanzformeln** angeben (in der Formel durch einen Resonanzpfeil verbunden), von

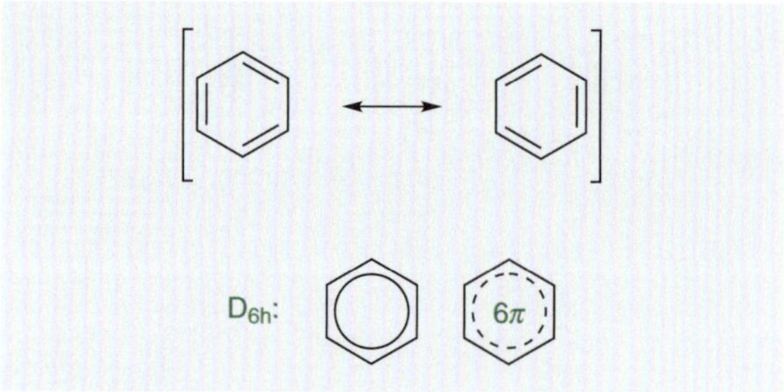


**Abb. 18.5** Resonanzformeln des Benzens

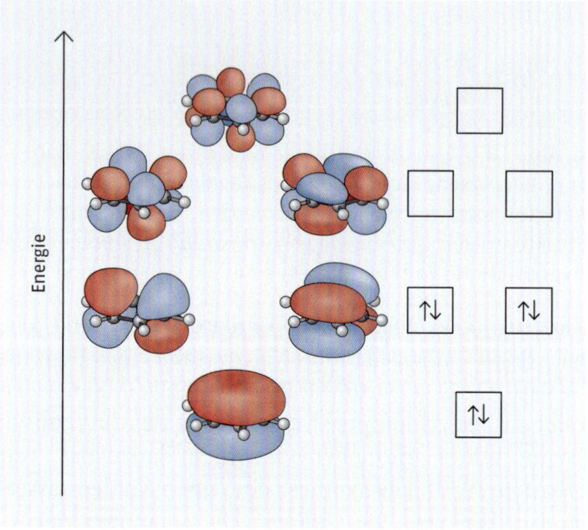


**Abb. 18.6** Molekülorbitale des Benzens

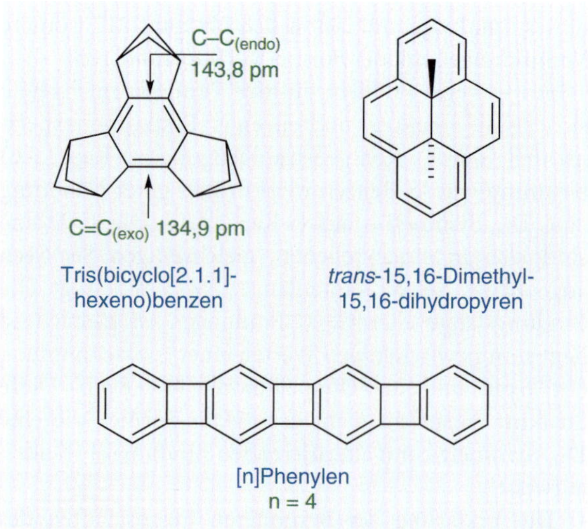


**Abb. 18.7** In Tris(bicylclo[2.1.1]-hexeno)benzen und *trans*-15,16-Dimethyl-15,16-dihydropyren existieren zwei unterschiedliche C—C-Bindungslängen (oben). Strukturformel von linearem [4]Phenylen (unten).

denen keine für sich betrachtet real ist, sondern die als hypothetische Grenzformulierungen alle gemeinsam die tatsächliche delokalisierte Elektronenstruktur der Verbindung nur näherungsweise wiedergeben (Abb. 18.5). Aus heutigem Verständnis heraus entsprechen also die beiden *Kekulé*-Formeln jeweils einer Resonanzformel des Benzens. Zur Vereinfachung wird – nach einem Vorschlag von *R. Robinson* (1925) – anstelle dieser beiden Grenzfomeln das für Benzen und seine Derivate charakteristische **$\pi$-Elektronensextett**, das die Stabilität und die besonderen Eigenschaften dieser Stoffklasse bedingt, durch einen Kreis im Inneren des Sechsrings dargestellt.

Genauer ließen sich die elektronischen Eigenschaften des Benzens erst auf Basis quantenmechanischer Überlegungen verstehen, die auf *E. Hückel* (1931) und *L. Pauling* (1933) zurückgehen. Der **Orbitaltheorie** (▸Kap. 2) zufolge sind alle C-Atome im Benzen $sp^2$-hybridisiert. Nach der Ausbildung der $\sigma$-Bindungen verbleibt an jedem C-Atom ein $2p_z$-Orbital. Diese sechs p-Orbitale sind parallel zueinander angeordnet und senkrecht zur Ringebene orientiert, sodass sie miteinander überlappen können. Die dabei entstehenden sechs neuen Molekülorbitale erstrecken sich über das gesamte Molekül oberhalb und unterhalb der Ringebene. Die Ringebene bildet in allen sechs Molekülorbitalen eine Knotenfläche (Abb. 18.6). Da nach dem *Pauli*-Prinzip jedes Molekülorbital nur zwei Elektronen aufnehmen kann, verteilen sich die sechs $\pi$-Elektronen im Benzen auf die drei energetisch günstigsten Molekülorbitale. Die beiden auf das energetisch günstigste, unterste Molekülorbital folgenden Orbitale besitzen zusätzlich noch je eine Knotenfläche senkrecht zur Ringebene, in der das Vorzeichen der Wellenfunktion wechselt. Diese beiden Orbitale unterscheiden sich nicht in ihrer Energie, sie sind entartet.

Die Energiedifferenz zwischen einer hypothetischen *Kekulé*-Grenzformel und der tatsächlichen, delokalisierten Elektronenstruktur des Benzens, die sogenannte **Resonanzenergie** (auch als Mesomerie-, Delokalisierungs- oder aromatische Stabilisierungsenergie bezeichnet), kann aus der experimentell gefundenen **Hydrierungswärme** abgeschätzt werden. Die Hydrierung von Cyclohexen zu Cyclohexan verläuft mit 120 kJ/mol exotherm. Damit sollten theoretisch bei der Hydrierung von Benzen zu Cyclohexan, sofern Benzen ein Cyclohexatrien wäre, 3 · 120 kJ/mol = 360 kJ/mol frei werden. Nach *Kistiakowsky* (1936) beträgt die Hydrierungswärme des Benzens zu Cyclohexan jedoch nur 209 kJ/mol. Es werden also 151 kJ/mol weniger Energie frei als erwartet. Benzen ist somit um eben diese 151 kJ/mol energieärmer als ein hypothetisches Cyclohexatrien.

Allerdings liegt nicht in allen Benzenderivaten eine symmetrische $D_{6h}$-Struktur vor. Inzwischen gibt es eindeutige Befunde für das Auftreten alternierender Bindungen in einigen Benzenderivaten, z. B. im Tris(bicyclo[2.1.1]hexeno)benzen (Abb. 18.7, oben links). In diesem Molekül sind die vom Benzenkern

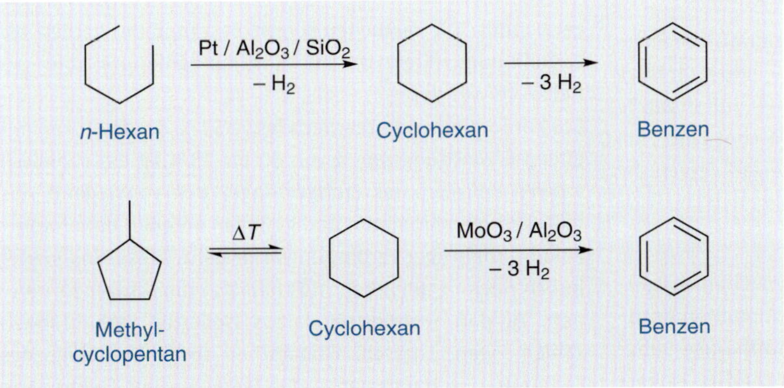


**Abb. 18.8** *Reforming*-Verfahren (oben); Gewinnung von Benzen durch Dehydrierung (unten)

und den gespannten, bicyclischen Ringen gemeinsam beanspruchten *endo*-Bindungen aufgeweitet und die *exo*-Bindungen verkürzt, sodass tatsächlich die $D_{3h}$-Symmetrie eines formalen Cyclohexatriens vorliegt. Ähnliche Verhältnisse findet man bei den [n]Phenylenen (Abb. 18.7, unten). Auch die $^1$H-NMR-chemischen Verschiebungen bei Derivaten des *trans*-15,16-Dimethyl-15,16-dihydropyrens, einem [14] Annulenderivat (Abb. 18.7, oben rechts), weisen eher auf alternierende Doppel- und Einfachbindungen als auf ein delokalisiertes aromatisches $\pi$-Elektronensystem hin (vgl. auch ▸Kap. 25).

### 18.1.2 Gewinnung und Synthese

Benzen wurde erstmalig von *Faraday* (1825) in den kondensierten Anteilen des durch Pyrolyse von Fischölen gewonnenen Leuchtgases (Ölgas) gefunden und später durch Decarboxylierung von Benzoesäure, $C_6H_5CO_2H$, erhalten (*E. Mitscherlich* 1833). Auf die Cyclisierung des Acetylens zu Benzen wurde bereits hingewiesen (▸Kap. 5.5). Benzen ist zudem Bestandteil von Erdöl (▸Exkurs: Gewinnung aromatischer Kohlenwasserstoffe aus Steinkohleteer) und entsteht auch beim *Reforming*-Verfahren in unterschiedlichen Mengen, z. B. durch dehydrierendes Cyclisieren von *n*-Paraffinen zu Cycloparaffinen und deren Aromatisierung (Abb. 18.8, oben). Das Pyrolysebenzin aus dem *Steam*-

#### Exkurs: Gewinnung aromatischer Kohlenwasserstoffe aus Steinkohlenteer

Eine wichtige Quelle für aromatische Kohlenwasserstoffe und deren Abkömmlinge ist der **Steinkohlenteer**, eine schwarze, charakteristisch riechende Flüssigkeit, die bei der Verkokung der Steinkohle in Kokereien und Gaswerken als wertvolles Nebenprodukt anfällt. Chemisch besteht dieser Teer, der sich als carcinogen erwiesen hat, aus einem Gemisch von neutralen, sauren und basischen Substanzen, aus dem bisher etwa 350 verschiedene Verbindungen mit Sicherheit nachgewiesen oder isoliert wurden. Die **BTX-Aromaten** Benzen, Toluen und die Xylene (*o*-, *m*-, *p*-Xylen) werden allerdings in zunehmendem Maß aus Erdöl gewonnen, z. B. stammte Benzen im Jahr 1990 in den USA zu 98 % und in der Bundesrepublik Deutschland zu 88 % aus Erdöl. In den letzten Jahrzehnten sind zudem alternative Herstellungsverfahren zur Gewinnung des Benzens und seiner Homologen für die sinkende Bedeutung der Kohle und damit des Steinkohlenteers als Rohstoffgrundlage verantwortlich. Der Bedarf an drei- und mehrkernigen Aromaten wird fast vollständig durch Kohle gedeckt. Die erste Stufe der technischen Aufarbeitung des Steinkohlenteers ist die fraktionierende Destillation, bei der etwa 40 % des Rohteers als Destillat abgetrennt werden können, das anschließend weiter in die nachfolgend beschriebenen fünf Hauptfraktionen getrennt wird.

**80–170 °C Leichtöl (1–2 %)**

Leichtöl besteht vor allem aus den BTX-Aromaten und Trimethylbenzenen (Mesitylen, Pseudocumol, Hemellitol), aus Durol und isomeren Tetramethylbenzenen sowie aus Styrol, Cyclopentadien, Dicyclopentadien, Inden, Hydrinden und anderen Kohlenwasserstoffen, deren Trennung durch erneute fraktionierende Destillation in Kolonnenapparaten erreicht werden kann. An stickstoffhaltigen Basen, die mit Säuren als Salze abtrennbar sind, finden sich im Leichtöl Pyridin und seine Methylderivate sowie Anilin; ferner treten schwefelhaltige Verbindungen, wie Thiophen, auf.

**170–215 °C Carbolöl (2–3 %)**

Carbolöl enthält vorwiegend Naphthalen und Phenol, ferner Cresolisomere und Xylenole sowie stickstoffhaltige Basen, wie Toluidine, Chinoline und Isochinoline. Die sauren Phenole lassen sich mit Natronlauge herauswaschen, die Basen mit Schwefelsäure als Salze abtrennen.

**215–240 °C Naphthalenöl (8–10 %)**

Außer Naphthalen, Phenol und deren Homologen (Alkylnaphthalene, Cresole und Xylenole) enthält Naphthalenöl höhere Kohlenwasserstoffe, z. B. Acenaphthen und Fluoren, sowie Dibenzofuran. Ferner finden sich darin Basen der Indol-, Chinolin- und Isochinolin-Reihe. Die Hauptmenge des Naphthalens wird durch Ausfrieren abgetrennt.

**230–290 °C Waschöl (8–10 %)**
Waschöl enthält außer den Bestandteilen der dritten Fraktion Biphenyl sowie Dibenzofuran und bildet infolge gegenseitiger Schmelzpunkterniedrigung der Inhaltsstoffe oberhalb von 0 °C keinen Niederschlag. Waschöl wird zum Auswaschen von Benzen aus dem Kokereigas verwendet (Benzenwäsche).

**270–350 °C Anthracenöl (18–25 %)**
Anthracenöl erstarrt in der Kälte zu einem weichen, kristallinen Brei, aus dem u. a. die dreikernigen Aromaten Anthracen, Phenanthren, Fluoren sowie stickstoffhaltige Substanzen, z. B. Carbazol, Acridin und Phenanthridin, isolierbar sind. Es wird zur Herstellung von Gasruß (*carbon black*) verwendet. Die restlichen öligen Bestandteile werden als Carbolineum (Kreosot) zur Holzimprägnierung und als Heizöl verwendet.
Das zurückbleibende **Teerpech** (etwa 55 % des Rohteers) mit einem Erweichungspunkt von 60 bis 75 °C ist ein chemisch schwer definierbares Stoffgemenge, das vorwiegend aus mehrkernigen Aromaten und geringen Anteilen höhermolekularer, rußartiger Verbindungen besteht. Diese sind weder löslich noch destillierbar und chemisch nur schwer zu trennen. Zu den wichtigsten daraus isolierten Verbindungen zählen Pyren, Chrysen, Fluoranthen sowie Homologe des Carbazols. Die Hauptmenge des Teers wird als Elektrodenpech und zur Herstellung von Pechkoks verwendet.

---

*cracking* muss allerdings vor der Aromatengewinnung durch Hydrierung von polymerisierbaren Olefinen befreit werden. Analog gewinnt man Benzen durch Dehydrierung von Methylcyclopentan-Cyclohexan-Gemischen (◦Abb. 18.8, unten).

Die Dealkylierung der Alkylbenzene zu Benzen gelingt rein thermisch; Toluen wird z. B. in Gegenwart von Wasserstoff unter Druck bei 600–700 °C (**Hydrodealkylierung**) in Methan und Benzen gespalten. Die aromatischen Kohlenwasserstoffe, die bei diesen Verfahren entstehen, werden durch Extraktion mit selektiven Lösemitteln angereichert, z. B. im **UDEX-Verfahren** mit Glycolen (▸Kap. 6.2.3), im **Sulfolanverfahren** mit Tetrahydrothiophendioxid oder im **Arosolvan-Verfahren** mit *N*-Methyl-2-pyrrolidon. Die anschließende Isolierung erfolgt durch Destillation.

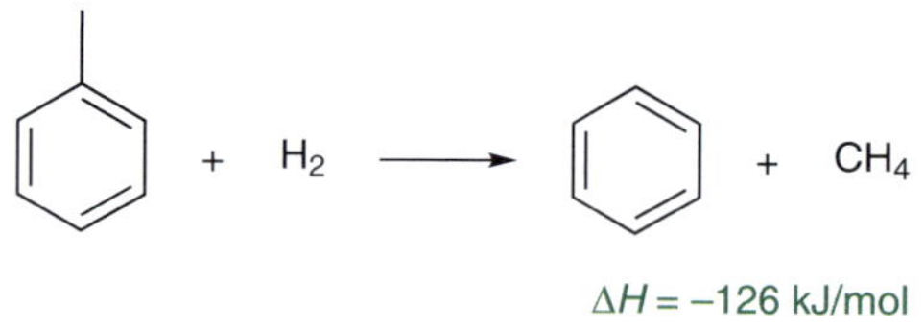


### 18.1.3 Reaktionen und Anwendungen

Benzen dient vor allem in der chemischen Industrie als wichtiges Ausgangsprodukt, z. B. zur Herstellung von Chlorbenzenen, Phenol, Nitrobenzen, Anilin, Styrol, Alkylbenzenen, Cyclohexan und Maleinsäureanhydrid sowie von Farbstoffen, Insektiziden und pharmazeutischen Präparaten.

## 18.2 Alkylderivate des Benzens (Alkylbenzene)

### 18.2.1 Struktur und Eigenschaften

Von Benzenderivaten mit zwei oder mehr Substituenten am Benzenring gibt es verschiedene **Konstitutionsisomere (Stellungsisomere)** (▸Kap. 3). So existieren z. B. drei stellungsisomere Dimethylbenzene oder **Xylene** (▸Kap. 18.2.3), die nach *Körner* (1867) durch die Präfixe ***ortho-***, ***meta-***, ***para*** (abgekürzt *o-*, *m-*, *p-*) gekennzeichnet werden (◦Abb. 18.9). Nach IUPAC wird die Bezifferung 1,2-, 1,3-, 1,4- verwendet. Die Ziffern geben die Positionen der Substituenten am Benzenkern an, wobei die Nummerierung der Kohlenstoffatome des Rings so erfolgt, dass die Summe der Substituentenpositionen möglichst klein ist. Die Positionen 2 und 6 bzw. 3 und 5 sind natürlich gleichwertig.

Neben der systematischen IUPAC-Bezeichnung besitzen viele Benzenderivate Trivialnamen, die meist auf ihr natürliches Vorkommen zurückgehen. Bei dreifach substituierten Benzenderivaten hängt die Zahl der Stellungsisomere von der Art der Substituenten ab. Sind diese gleich, so gibt es drei isomere Trisubstitutionsprodukte. Die drei Substituenten können benachbart (*vicinal*, abgekürzt *vic.*) oder symmetrisch (*sym.*) bzw. asymmetrisch (*asym.*) angeordnet sein und entweder mit diesen Präfixen oder als 1,2,3-, 1,3,5- und 1,2,4-Benzenderivate bezeichnet werden.

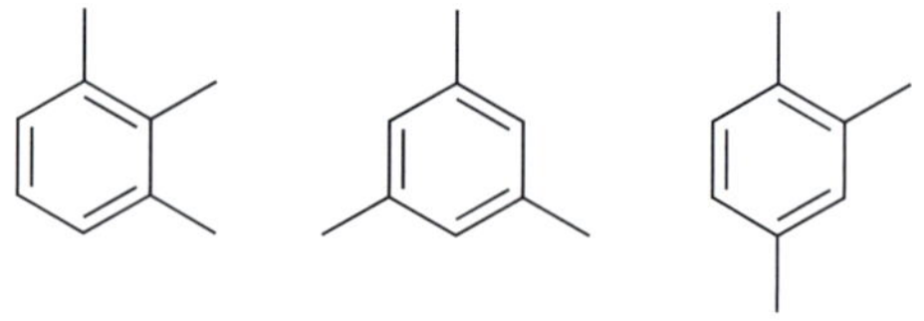

*vic.*- oder 1,2,3-Trimethylbenzen (Hemellitol) — *sym.*- oder 1,3,5-Trimethylbenzen (Mesitylen) — *asym.*- oder 1,2,4-Trimethylbenzen (Pseudocumol)

Liegen drei verschiedene Substituenten vor, erhöht sich die Zahl der Isomeren auf zehn. Sofern mehr als drei Substituenten im Benzenkern vorhanden sind, wird ihre Stellung generell nur noch durch Ziffern angegeben.

Wird formal ein H-Atom aus dem Kern des aromatischen Kohlenwasserstoffs entfernt, so verbleiben die **Arylgruppen** (allgemein abgekürzt als „Ar—"), z. B. die Phenyl- (Ph—, —$C_6H_5$), Tolyl- (—$C_6H_4$—$CH_3$) oder Mesitylgrup-

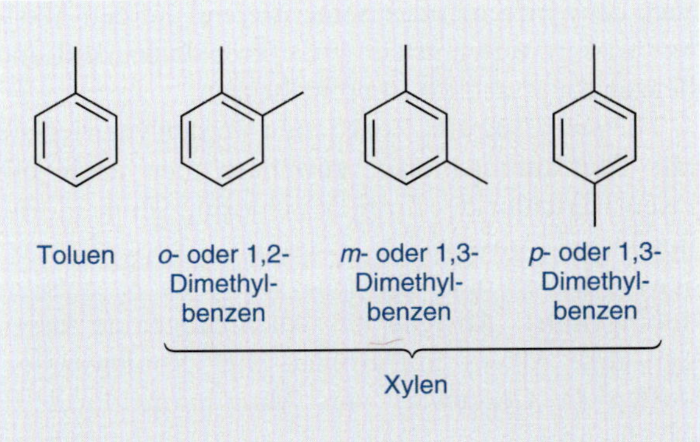


**Abb. 18.9** Strukturformeln des Toluens und der drei Isomere des Xylens (Dimethylbenzens)

pe (Mes, $-C_6H_2-1,3,5(CH_3)_3$). Die vom Toluen abgeleitete $C_6H_5-CH_2$-Gruppe bezeichnet man als Benzylgruppe. In der Formelschreibweise wird die Phenylgruppe oft anstelle von „Ph—" auch als „$\Phi$—" symbolisiert.

### 18.2.2 Gewinnung und Synthese

Neben der technischen Gewinnung von Benzenhomologen aus Erdöl, Kokereigas oder Steinkohlenteer lassen sich Alkylbenzene auch synthetisch darstellen.

#### *Wurtz-Fittig*-Synthese

Die Darstellung von Alkanen nach *Wurtz* (▸Kap. 4.1.2) wurde von *Fittig* auf aromatische Kohlenwasserstoffe übertragen. Die Umsetzung von Halogenbenzen mit einem Alkylhalogenid in Gegenwart von Natrium in etherischer Lösung führt in zwei Schritten zu Alkylbenzenen, wobei intermediär alkalimetallorganische Verbindungen auftreten (Abb. 18.10). Im Allgemeinen verlaufen derartige Reaktionen nicht einheitlich; als Nebenprodukte entstehen die entsprechenden Bialkyle und Biphenyle. Die Ausbeute an Alkylbenzen hängt wesentlich davon ab, ob das aromatisch gebundene Halogen rascher gegen Natrium ausgetauscht wird als das aliphatisch gebundene. Ferner muss das so gebildete Phenylnatrium schneller mit dem Alkyl- als mit dem Arylhalogenid reagieren. Dazu muss die Kohlenstoff-Halogen-Bindung im Alkylhalogenid ($C_{sp^3}$) leichter polarisierbar und reaktiver sein als die im Arylhalogenid ($C_{sp^2}$), was allerdings meistens der Fall ist.

#### *Friedel-Crafts*-Alkylierung

Bei der Einwirkung von Alkylhalogeniden auf aromatische Kohlenwasserstoffe in Gegenwart katalytischer Mengen wasserfreien Aluminiumchlorids entstehen – oft unter heftiger Halogenwasserstoffentwicklung – alkylierte aromatische Kohlenwasserstoffe.

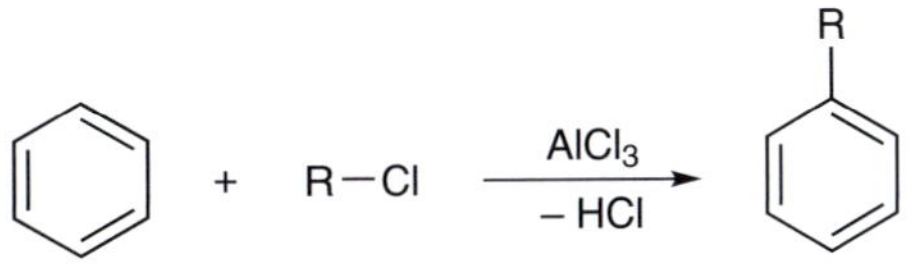


Diese als *Friedel-Crafts*-Alkylierung bezeichnete Reaktion ist eine **elektrophile aromatische Substitution** (Abb. 18.11): Das $AlCl_3$-Molekül ist als *Lewis*-Säure in

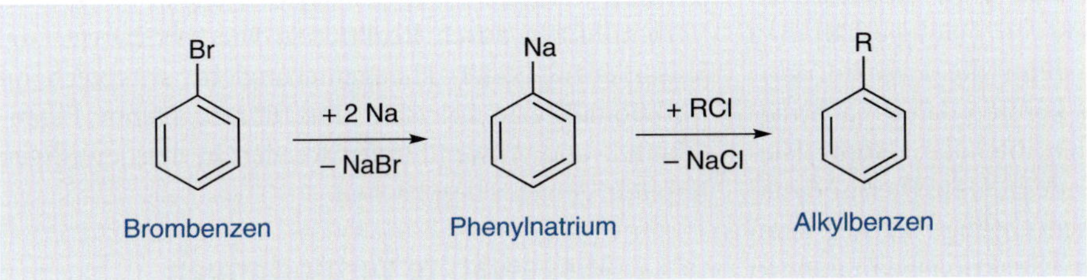


**Abb. 18.10** *Wurtz-Fittig*-Synthese zur Darstellung von Alkylbenzenen

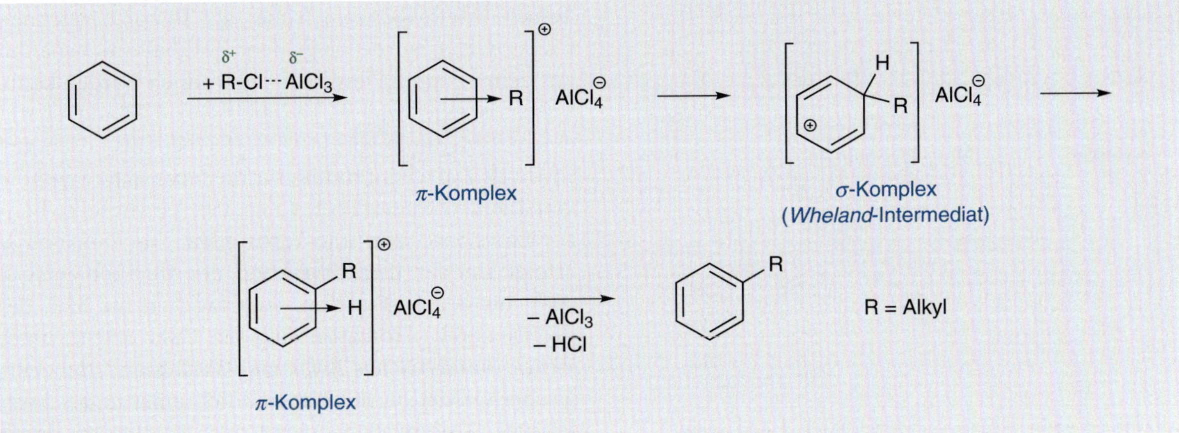


**Abb. 18.11** Mechanismus der *Friedel-Crafts*-Alkylierung

der Lage, aufgrund seines Elektronenmangels das Alkylhalogenid zu polarisieren (▸Kap. 2). Das in diesem *Lewis*-Säure-Base-Komplex stark positivierte C-Atom des Alkylhalogenids greift das aromatische $\pi$-Elektronensextett elektrophil an. Der primär entstehende **$\pi$-Komplex** kann zu einem Carbenium-Ion weiterreagieren, das auch als „**$\sigma$-Komplex**" oder nach seinem Entdecker als „*Wheland*-Intermediat" bezeichnet wird, und dessen positive Ladung über fünf C-Atome delokalisiert ist. Das dabei freiwerdende Halogenidion wird im Komplex $[AlCl_4]^-$ gebunden. Bis hierher entspricht der Mechanismus der elektrophilen Addition an die C=C-Doppelbindung eines Alkens (Addition eines Elektrophils unter Bildung eines Carbenium-Ions). Während jedoch bei der Umsetzung eines Alkens anschließend ein Anion an das Carbenium-Ion addiert wird und insgesamt eine Additionsreaktion stattfindet, erfolgt bei aromatischen Verbindungen die Abspaltung eines Protons aus dem $\sigma$-Komplex (wahrscheinlich wieder über einen $\pi$-Komplex) unter Rückbildung des energetisch begünstigten aromatischen Systems. Es findet somit eine Substitution statt.

Ein wesentlicher Nachteil von *Friedel-Crafts*-Alkylierungen aromatischer Kohlenwasserstoffe besteht darin, dass die Reaktion wegen der **Aktivierung** des aromatischen Rings durch den neu eintretenden Alkylsubstituenten oft nicht auf der Stufe des Monoalkylierungsprodukts stehen bleibt. Dieses reagiert meist rascher mit dem Alkylhalogenid weiter als die Ausgangsverbindung, sodass vorwiegend höher alkylierte Derivate entstehen (▸Kap. 18.2.4). Aus kinetischen Gründen sollten die *ortho*- und *para*-substituierten Derivate bevorzugt gebildet werden. Häufig erhält man allerdings auch *m*-Derivate, denn die *Friedel-Crafts*-Alkylierung ist **reversibel**. Es können daher nachträglich sowohl intra- als auch intermolekulare **Isomerisierungen** erfolgen, sodass am Ende stets ein thermodynamisch gesteuertes Stoffgemisch vorliegt. Ferner kann Aluminiumchlorid je nach Reaktionsbedingungen auch dehydrierend oder isomerisierend auf den Alkylrest wirken, z. B. entsteht aus *n*-Propylhalogenid und Benzen hauptsächlich Isopropylbenzen.

Die *Friedel-Crafts*-Reaktionen werden vorwiegend mit Aluminiumchlorid, zuweilen aber auch mit Eisen(III)-chlorid, Zinn(IV)-chlorid, Zinkchlorid, Borfluorid, wasserfreier Flusssäure, konzentrierter Schwefelsäure oder Phosphorsäure als Katalysator durchgeführt. Anstelle der Alkylhalogenide lassen sich auch Alkene mit aromatischen Kohlenwasserstoffen in Gegenwart von Aluminiumchlorid zu Alkylbenzenen umsetzen, z. B. wird Ethylbenzen auf diesem Wege aus Benzen und Ethylen technisch dargestellt. Durch einen großen Überschuss an Benzen wird die Weiteralkylierung zum Diethyl- und Polyethylbenzen unterdrückt.

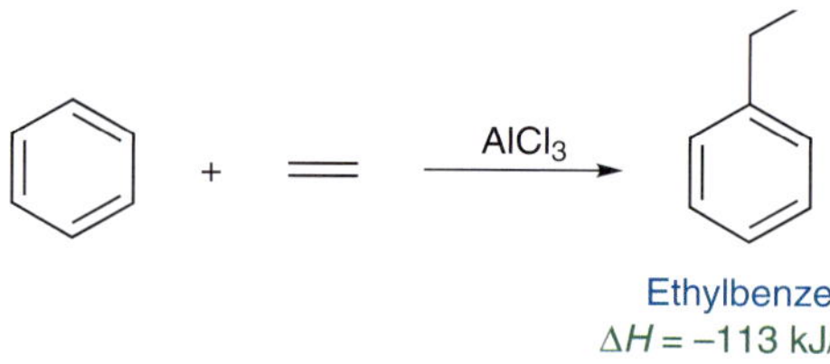


Ferner lassen sich Aromaten unter den Bedingungen der *Friedel-Crafts*-Reaktion nicht nur alkylieren, sondern auch acylieren (▸Kap. 21.1). Als Acylierungsmittel dienen z. B. Säurechloride oder Säureanhydride.

### 18.2.3 Reaktionen und Anwendungen

Die Reaktionen und Anwendungen alkylierter Aromaten sind vielfältig. Sie lassen sich wie alle aromatischen Verbindungen durch Reaktionen wie z. B. Nitrierung, Sulfonierung oder Halogenierung in entsprechend funktionalisierte Derivate überführen. Deren Eigenschaften und Anwendungen werden in den jeweiligen Kapiteln genauer besprochen.

### 18.2.4 Ausgewählte Verbindungen

**Toluen**

Toluen (Methylbenzen, früher als Toluol bezeichnet, $C_6H_5{-}CH_3$) wurde nach dem **Tolubalsam** benannt, aus dem es durch Destillation gewonnen werden kann. Toluen ist eine farblose, benzenähnliche Flüssigkeit mit einem Siedepunkt von 110,8 °C. Es dient als Lösemittel sowie als Zwischenprodukt für die technische Synthese von Trinitrotoluen (TNT, ▸Kap. 19), Vinyltoluen, Benzoesäure, Saccharin und Farbstoffen. Die Gewinnung erfolgt aus der Leichtölfraktion des Steinkohlenteers, oder aus der $C_7$-Fraktion der Crackbenzine bzw. des Erdöls durch Aromatisierung bei etwa 500 °C unter Druck (**katalytisches *Reforming*-Verfahren**). Bei energischer **Oxidation** mit Natriumdichromat und Schwefelsäure, Kaliumpermanganat oder katalytisch durch Luft geht Toluen in Benzoesäure über (○Abb. 18.12).

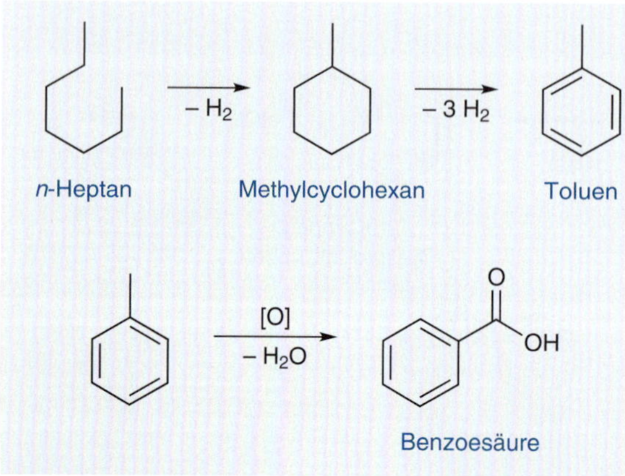


○ **Abb. 18.12** Darstellung von Toluen aus *n*-Heptan (oben); Oxidation von Toluen zu Benzoesäure (unten)

Die Oxidation der Methyl- zur Carboxygruppe wird häufig zur Überführung aromatischer Kohlenwasserstoffe in die entsprechenden Carbonsäuren benutzt. Ebenso lassen sich auch längere Seitenketten oxidativ bis zur Carboxygruppe abbauen.

### Xylene

Xylene (Dimethylbenzene, früher als Xylole bezeichnet) sind farblose Flüssigkeiten (*xylon* = Holz, wegen des Vorkommens in Holzteer). Das Teerxylen ist ein Gemisch der drei isomeren Dimethylbenzene mit folgender Zusammensetzung:

- *m*-Xylen (50–60 %),
- *o*- und *p*-Xylen (je 20–25 %).

***o*-Xylen** siedet bei einer Temperatur von 143,6 °C (Smp. –28 °C), ***m*-Xylen** bei 139,2 °C (Smp. –49 °C) und ***p*-Xylen** bei 138,4 °C (Smp. 13 °C). Die Trennung der Xylene war wegen dieser sehr nahe beieinander liegenden Siedepunkte lange Zeit nur über die reversible **Sulfonierung** zu den leichter zu trennenden Sulfonsäuren möglich. Technisch wird heute das höher siedende *o*-Xylen in Kolonnenapparaten abgetrennt und *p*-Xylen aus dem Gemisch mit *m*-Xylen ausgefroren. Man gewinnt die Xylene auch durch Aromatisierung von Benzinfraktionen. Daraus trennt man das für die Darstellung von Terephthalsäure erforderliche *p*-Xylen mithilfe sogenannter Zeolithe ab, die auch als Molekularsiebe bezeichnet werden.

### Cumol

**Cumol** (Isopropylbenzen, im englischen *cumene*, Sdp. 152 °C) gewinnt man technisch am besten durch ***Friedel-Crafts*-Alkylierung** (▸Kap. 18.2.2.2) von Benzen mit Propen in Gegenwart von Phosphorsäure als Katalysator bei 250 °C und 40 MPa. Bei dieser Reaktion wird zunächst ein Isopropyl-Kation gebildet, das als sekundäres Carbenium-Ion stabiler ist als das alternative, primäre Propyl-Kation. Dieses Carbenium-Ion greift das Benzen elektrophil an. Es findet eine elektrophile aromatische Substitution statt, bei der am Ende Cumol entsteht. Dieses dient technisch als Ausgangsverbindung für die Synthese von Phenol und Aceton (***Hock*-Reaktion**, ▸Kap. 20.1.2).

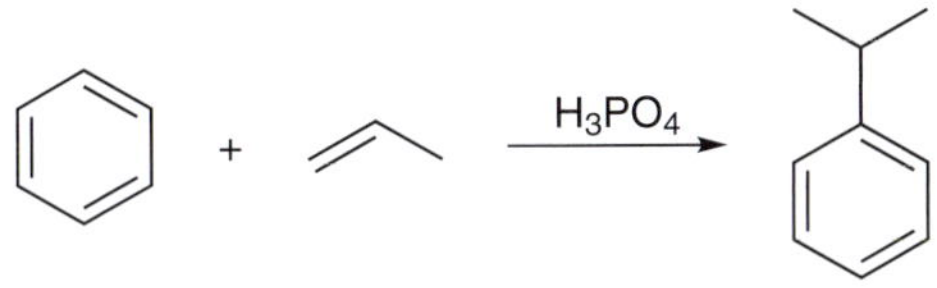


Propen Cumol
$\Delta H = -113$ kJ/mol

***p*-Cymol** (*p*-Isopropyltoluen, Sdp. 177 °C) findet sich in ätherischen Ölen, z. B. in Thymian-, Eucalyptus- und Kümmelöl, und ist strukturell mit den **Terpenen** (▸Kap. 26) verwandt. Es kann daher aus einigen Verbindungen dieser Substanzklasse durch Dehydrierung sowie aus den Harzstoffen des Holzes als Nebenprodukt bei der Zellstoffgewinnung erhalten werden.

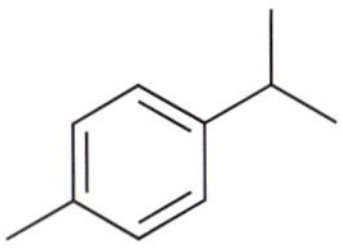

*p*-Cymol

## 18.3 Benzenderivate mit heteroatomhaltigen Seitenketten

### Benzylalkohol

**Benzylalkohol,** $C_6H_5{-}CH_2OH$, entsteht bei der alkalischen Hydrolyse von Benzylchlorid (○Abb. 18.13, oben). Benzylalkohol ist eine farblose, in Wasser wenig lösliche Flüssigkeit von angenehmem Geruch mit einem Siedepunkt von 205 °C. In Analogie zu den primären aliphatischen Alkoholen (▸Kap. 6.1) lässt sich Benzylalkohol zu Benzaldehyd und Benzoesäure oxidieren (○Abb. 18.13, unten). Einige Ester des Benzylalkohols kommen in ätherischen Ölen vor und werden als Riechstoffe benutzt, z. B. enthält das Jasminöl Essigsäurebenzylester (Benzylacetat), der synthetisch aus Benzylalkohol und Acetanhydrid zugänglich ist.

***o*-Hydroxybenzylalkohol** (Salicylalkohol, Saligenin) kommt in Form seines Glucosids (Salicin) in den Blättern und der Rinde von Weidenarten (*Salix*) vor. Die Verbindung kristallisiert in Form von Blättchen (Smp. 86 °C). Salicylalkohol lässt sich durch Reduktion von Salicylsäure darstellen (▸Kap. 21.3.3).

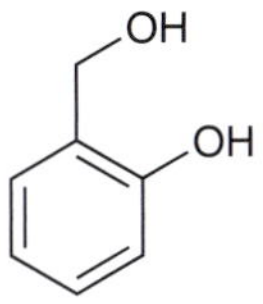


Salicylalkohol

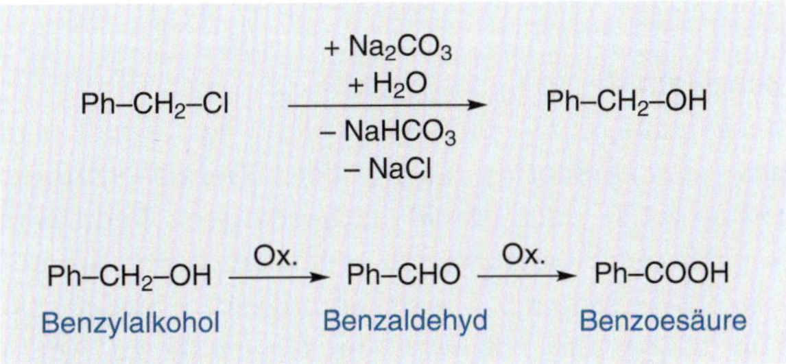


○ **Abb. 18.13** Darstellung von Benzylalkohol aus Benzylchlorid (oben); Oxidation von Benzylalkohol zu Benzoesäure (unten)

18

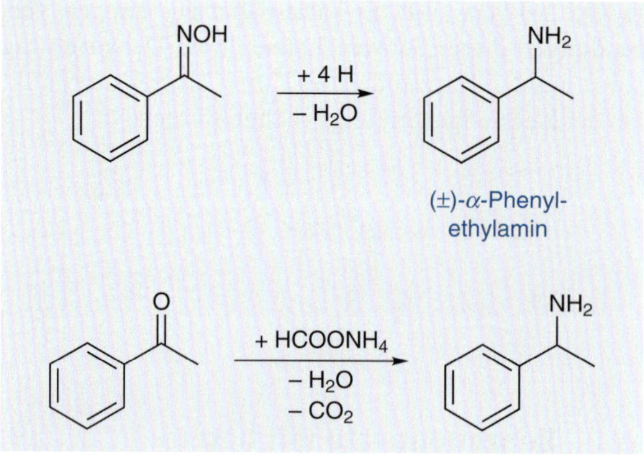


**Abb. 18.14** *α*-Phenylethylamin lässt sich durch Reduktion von Acetophenonoxim (oben) oder durch Reduktion von Acetophenon nach *Leuckart-Wallach* (unten) herstellen.

**α-Phenylethanol**, $C_6H_5$—CH(OH)—$CH_3$, ist chiral und ein wichtiges Zwischenprodukt in der Parfümindustrie. Es wird als Racemat durch Reduktion von Acetophenon gewonnen, sein Siedepunkt liegt bei 204 °C. **β-Phenylethanol** (Phenethylalkohol), $C_6H_5$—$CH_2$ — $CH_2OH$, der Hauptbestandteil des Rosenöls, spielt ebenso wie seine Ester eine bedeutende Rolle in der Parfümherstellung; sein Siedepunkt liegt bei 220 °C. β-Phenylethanol wurde früher durch Reduktion von Phenylessigsäureethylester mit Natrium und Alkohol (***Bouveault-Blanc*-Reduktion**) dargestellt (heute verwendet man dafür Reduktionsmittel wie $LiAlH_4$).

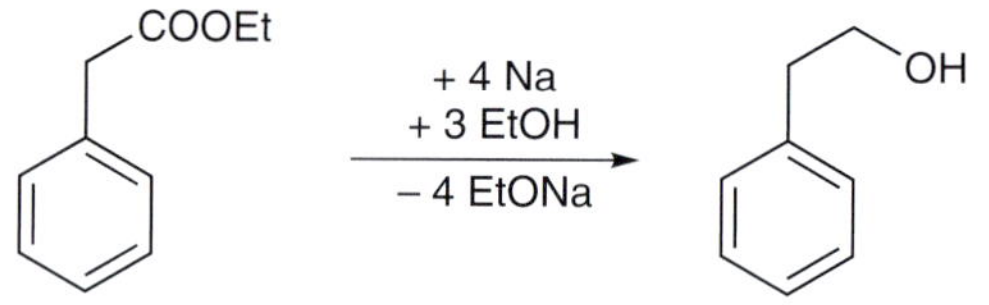


**Zimtalkohol** ((*E*)-3-Phenylpropenol), $C_6H_5$—CH=CH—$CH_2OH$, kristallisiert in farblosen, bei 34 °C schmelzenden Nadeln (Sdp. 257,5 °C), besitzt einen hyazinthartigen Geruch und wird ebenso wie seine Ester in der Parfümerie verwendet. Technisch lässt sich Zimtalkohol durch die ***Meerwein-Ponndorf-Verley*-Reduktion** (▸Kap. 12.1.3) von Zimtaldehyd ((*E*)-3-Phenylpropenal), $C_6H_5$—CH=CH—CHO, darstellen.

## Benzylamin

Benzylamin, $C_6H_5$—$CH_2NH_2$ (p$K_b$ = 4,6), erhält man aus Benzylchlorid nach der ***Gabriel*-Synthese** (▸Kap. 8.1.2) oder durch die katalytische Reduktion von Benzonitril. Benzylamin ist eine rauchende, ammoniakalisch riechende Flüssigkeit mit einem Siedepunkt von 184 °C und reagiert – im Gegensatz zu Anilin (p$K_b$ = 9,4) – in wässriger Lösung stark basisch.

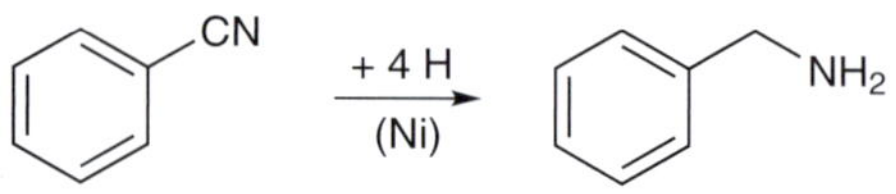


## α-Phenylethylamin

α-Phenylethylamin (Sdp. 186 °C) ist chiral. Seine Darstellung erfolgt durch Reduktion des Acetophenonoxims mit Natrium in ethanolischer Lösung oder mit Natriumamalgam in verdünnter Essigsäure (Abb. 18.14, oben). Eine weitere Darstellungsmethode ist die reduktive Carbonylaminierung von Acetophenon mit Ammonium formiat bei 150–180 °C (***Leuckart-Wallach*-Reaktion**, Abb. 18.14, unten). Als Reduktionsmittel fungiert die Ameisensäure. Dieses Verfahren bietet gegenüber dem erstgenannten den Vorteil, dass am Benzenkern gebundene Halogenatome und Nitrogruppen unter den Reaktionsbedingungen nicht angegriffen werden.

## β-Phenylethylamin

β-Phenylethylamin (manchmal abgekürzt als PEA, Sdp. 186 °C) ist die Stammverbindung der physiologisch wichtigen **Catecholamine**. Es entsteht im Organismus durch Decarboxylierung von Phenylalanin und wirkt blutdrucksteigernd und stimmungsaufhellend (ähnlich dem Amphetamin). Im Labor wird es aus Benzylcyanid durch Reduktion mit Zink und Salzsäure oder durch Hydrierung an *Raney*-Nickel bei 100–130 °C in flüssigem Ammoniak (13,8 MPa) erhalten. Das Arbeiten in flüssigem Ammoniak unterdrückt die Entstehung des sonst als Nebenprodukt auftretenden, sekundären Di-β-phenylethylamins. Ein gutes Reduktionsmittel für Nitrile ist auch Lithiumaluminiumhydrid.

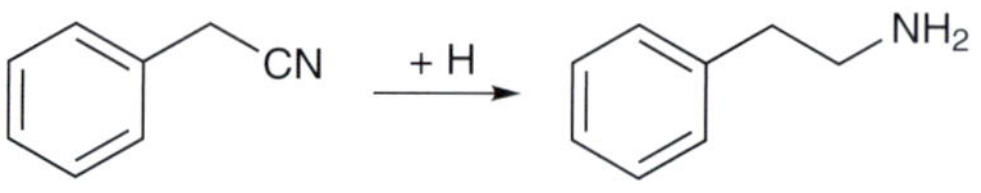


## Mescalin

Mescalin (3,4,5-Trimethoxy-phenylethylamin) kristallisiert in Nadeln mit einem Schmelzpunkt von 35–36 °C und wurde erstmals aus dem Peyotl-Kaktus (*Lophophora williamsii*) isoliert. Die Konstitution dieses **Halluzinogens** konnte durch Synthese bewiesen werden (Abb. 18.15). Aus 3,4,5-Trimethoxybenzaldehyd entsteht durch eine Kondensation mit Nitromethan das 3,4,5-Trimethoxy-β-nitrostyrol, dessen Reduktion zum Mescalin führt (*E. Späth*).

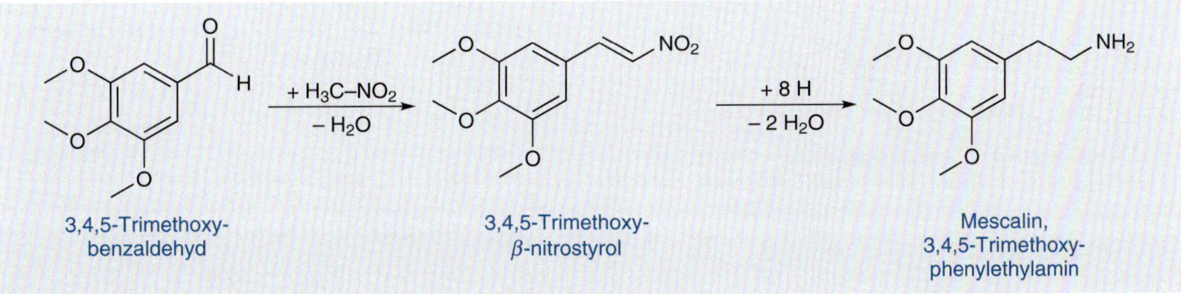


**Abb. 18.15** Darstellung von Mescalin aus 3,4,5-Trimethoxybenzaldehyd

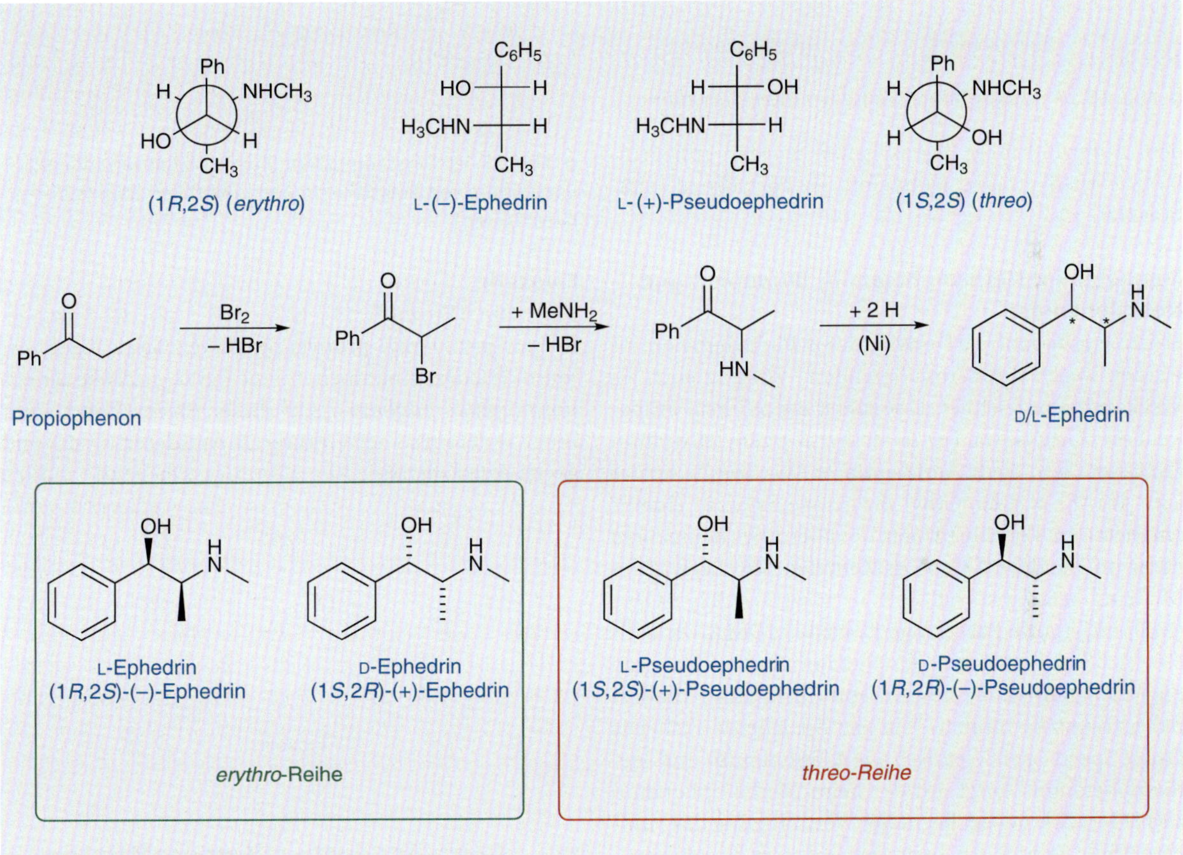


**Abb. 18.16** (1*R*,2*S*)-Ephedrin und (1*S*,2*S*)-Pseudoephedrin sowie Darstellung von racemischem Ephedrin. In der *Fischer*-Projektion muss das Molekül so gezeichnet werden, dass das am höchsten oxidierte C-Atom – hier also der Phenylring und nicht die Methylgruppe, wie häufig fälschlicherweise in der Literatur und in Büchern zu finden ist – oben steht. Allerdings sollte die *Fischer*-Projektion nur noch für Kohlenhydrate, Aminosäuren und davon abgeleitete Verbindungen verwendet werden.

## Ephedrin

Ephedrin, (1*R*,2*S*)-2-Methylamino-1-phenylpropan-1-ol, wurde in der chinesischen „*Ma-Huang*"-Droge, die aus verschiedenen *Ephedra*-Arten gewonnen wird, gefunden (*Nagai* 1887). Es besitzt zwei Chiralitätszentren, sodass außer den beiden enantiomeren Ephedrinen (*erythro*-Form) noch ein zum Ephedrin diastereomeres zweites Enantiomerenpaar (*threo*-Form) existiert, die sogenannten **Pseudoephedrine** (*ψ*-Ephedrine) (Abb. 18.16). Die beiden natürlich vorkommenden L-Formen unterscheiden sich nur durch die Konfiguration der sekundären Alkoholgruppe. Bei der Synthese von racemischem Ephedrin (Ephetonin) geht man vom Propiophenon aus (*Eberhardt*), das zunächst bromiert, dann mit Methylamin umgesetzt und anschließend reduziert wird.

**Ephedrin** wirkt blutdrucksteigernd und zugleich anregend auf das sympathische Nervensystem. Ebenso wie Pseudoephedrin ist es Bestandteil von Kombinationspräparaten, die zur symptomatischen Behandlung von Erkältungen, grippalen Infekten und Rhinitis (zur Abschwellung der Nasenschleimhaut) eingesetzt wer-

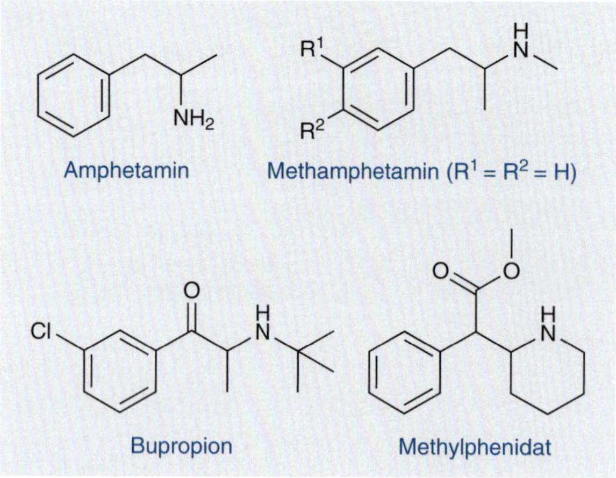


**o Abb. 18.17** Strukturformeln ausgewählter Weckamine

den. Aufgrund ihrer Eigenschaften wurden ephedrinhaltige Medikamente früher oft als Partydroge missbraucht.

### Amphetamin, Methamphetamin, Bupropion und Methylphenidat

Hydroxygruppenfreie Derivate des $\beta$-Phenylethylamins werden wegen ihrer stimulierenden Wirkung auch als **Weckamine** bezeichnet. Das zuerst eingeführte Präparat dieser Gruppe war (±)-$\alpha$-Methyl-$\beta$-phenylethylamin (Amphetamin, auch Amfetamin, **o** Abb. 18.17). Später kam (+)-(*S*)-*N*,$\alpha$-Dimethyl-$\beta$-phenylethylamin (Methamphetamin, Pervitin) hinzu, das allerdings heute nicht mehr im Handel ist. Das 3,4-Methylendioxyderivat des Methamphetamins, $-(R^1-R^2)- = -(O-CH_2-O)-$ (MDMA), ist die Partydroge **Ecstasy**; MDMA wirkt als eine Art Superserotonin. Amphetamin hemmt dagegen die Wiederaufnahme des Neurotransmitters Noradrenalin (*reuptake*-Inhibitor) in die Speichervesikel. Die Droge Speed ist ein Gemisch aus **Amphetamin** und Methamphetamin. Aufgrund der beim Methamphetamin als Nebenwirkung beobachteten Verdrängung des Hungergefühls wurden davon ausgehend auch einige Appetitzügler (Anorektika) entwickelt, die aber wegen ihrer Nebenwirkungen, z. B. der Suchtgefahr, nicht mehr verwendet werden. Das racemische **Bupropion** (Zyban®) wird im Organismus zu ephedrinähnlichen Verbindungen reduziert. Bupropion wirkt antidepressiv und wird auch zur Raucherentwöhnung eingesetzt. Im racemisch verwendeten **Methylphenidat** (Ritalin®) befindet sich der Stickstoff der Seitenkette in einem Piperidinring. Die Verbindung wird, so wie auch Dexamfetamin ((*S*)-Amphetamin), bei Patienten mit Aufmerksamkeitsdefizit-Hyperaktivitätsstörung (ADHS) angewandt. Missbräuchlich werden die Substanzen auch zur Steigerung der Hirnleistung („*cognitive enhancement*“) eingesetzt.

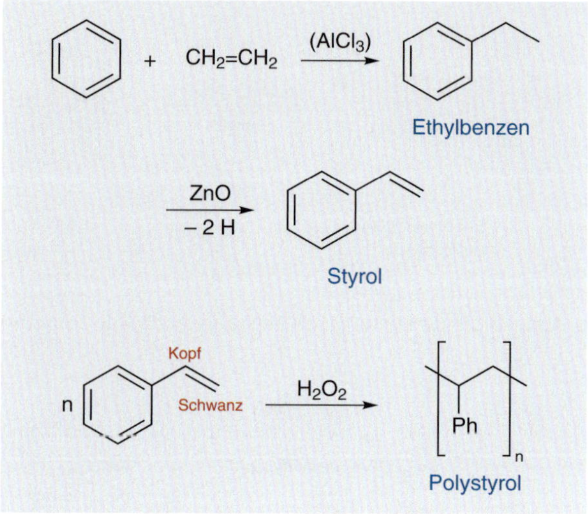


**o Abb. 18.18** Darstellung von Styrol aus Benzen (oben); Darstellung von Polystyrol in Gegenwart von Radikalbildnern (unten)

### Fluoxetin

Fluoxetin (Prozac®, (±)-*N*-Methyl-3-phenyl-3-($\alpha$,$\alpha$,$\alpha$-trifluor-*p*-tolyloxy)-propylamin) ist ein selektiver Serotonin-Wiederaufnahmehemmer (SSRI, *selective serotonin reuptake inhibitor*). Auf dieser Eigenschaft beruht unter anderem seine Wirkung als Antidepressivum und gegen Angstzustände.

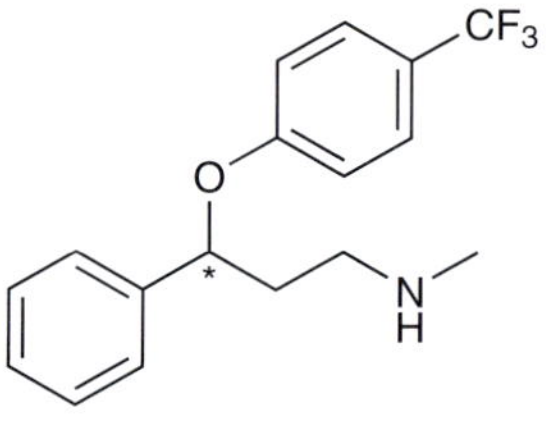


Fluoxetin

## 18.4 Benzenderivate mit ungesättigten Substituenten

Die wichtigsten Phenylderivate (Arylalkene) des Ethylens sind Styrol und Stilben. Die C=C-Doppelbindung beider Verbindungen zeigt bei Additionen und Polymerisationen ähnliche Reaktivität wie aliphatische Alkene.

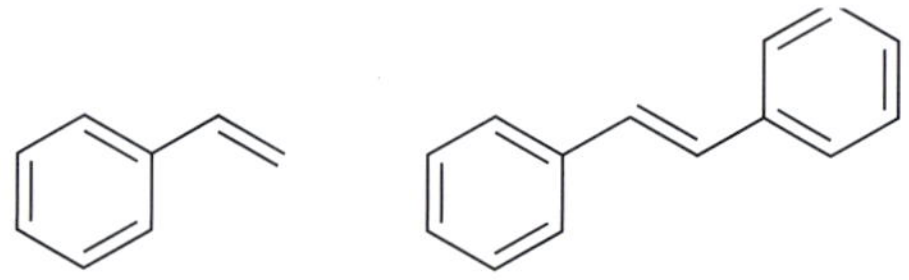

Styrol Stilben

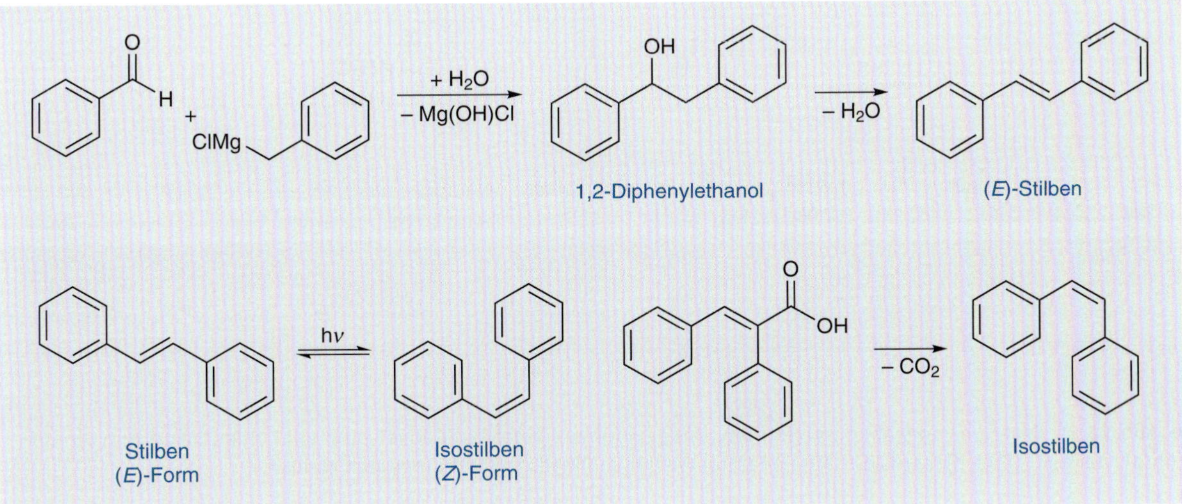


**Abb. 18.19** Darstellung von (*E*)-Stilben aus Benzaldehyd (oben); Gleichgewichtsreaktion zwischen (*E*)-Stilben und (*Z*)-Stilben sowie Darstellung von (*Z*)-Stilben durch Decarboxylierung von 1-Phenylzimtsäure



### Styrol (Vinylbenzen)

Styrol (Styren) wurde erstmals 1831 bei der Destillation von Styrax (Storax), einer aromatisch riechenden Balsamart, isoliert. Es ist auch im Steinkohlenteer enthalten und der wichtigste ungesättigte Kohlenwasserstoff der Aromatenreihe. Die Darstellung erfolgt technisch durch *Friedel-Crafts*-Alkylierung (▸Kap. 18.2.2) von Benzen mit Ethylen in Gegenwart von Aluminiumchlorid. Hierbei entsteht Ethylbenzen, das durch Dehydrierung am Zinkoxid-Kontakt bei 600 °C in Styrol übergeht (Abb. 18.18, oben). Styrol ist eine bei 146 °C siedende Flüssigkeit, die schon bei Raumtemperatur unter Lichteinwirkung zu einer glasharten Masse, dem **Polystyrol** (Poly(1-phenylethylen)), erstarrt. Technisch wird die Styrolpolymerisation unter Kopf-Schwanz-Verknüpfung in Gegenwart von Radikalbildnern, z. B. von Wasserstoffperoxid, durchgeführt (Abb. 18.18, unten).

Polystyrol (PS) ist eines der ältesten bekannten Polymerisationsprodukte und wird als Spritzgussmasse und als elektrisches Isoliermaterial (Trolitul) verwendet. Durch Zugabe eines Blähmittels (Treibmittels) bei der Polymerisation erhält man geschäumtes oder **e**xpandiertes **P**oly**s**tyrol (EPS, **Styropor**), das in vielfältiger Form verwendet wird, z. B. zur Herstellung von Leichtbeton oder zur Wärmedämmung. In Form schwimmfähiger Kugeln dient es zum Abdecken von Wasserflächen in moskitogefährdeten Gebieten, um die Vermehrung der Mücken und damit die Ausbreitung der Malaria ohne Insektizide zu unterbinden. Durch statistische Copolymerisation von Styrol mit Butadien entsteht der synthetische Styrol-Butadien-Kautschuk (SBR, *styrene butadiene rubber*; früher: **Buna S**). Mit Divinylbenzenen, $C_6H_4(CH{=}CH_2)_2$, als Copolymerisationspartner können Produkte mit definiertem Vernetzungsgrad erzeugt werden, die ein von der Vernetzung abhängiges Quellverhalten zeigen. Sie eignen sich nach Sulfonierung oder Aminierung als Ionenaustauschermaterialien für Anionen oder Kationen (▸Kap. 20.1).

### Stilben

Stilben, (*E*)-1,2-Diphenylethylen, entsteht bei der Umsetzung von Benzaldehyd mit Benzylmagnesiumchlorid nach *Grignard*. Das zunächst gebildete 1,2-Diphenylethanol liefert beim Erhitzen unter Wasserabspaltung (*E*)-Stilben (*trans*-Stilben) (Abb. 18.19, oben). Stilben bildet farblose Kristalle mit einem Schmelzpunkt von 124 °C, ist leicht löslich in Benzen und mit Wasserdampf flüchtig. Beim Bestrahlen mit UV-Licht geht das stabilere (*E*)-Stilben in das energiereichere Isostilben, (*Z*)-Form, über. Das *trans*:*cis*-Isomerenverhältnis liegt im photostationären Gleichgewicht bei 93:7. Wird die Wellenlänge so eingestellt, dass nur das *trans*-Isomer absorbiert, kann *trans*-Stilben auch vollständig in *cis*-Stilben umgewandelt werden. **Isostilben**, (*Z*)-1,2-Diphenylethylen, ist ein Öl mit blütenähnlichem Geruch und kann auch durch Decarboxylierung der 1-Phenylzimtsäure erhalten werden (Abb. 18.19, unten).

Im Gegensatz zu den einfachen Alkenen entsteht aus Stilben mit metallischem Natrium das braunviolette Dinatriumderivat des 1,2-Diphenylethans (Abb. 18.20). Hierbei findet eine zweifache Reduktion der C=C-Doppelbindung des Stilbens durch Natrium statt. Es bildet sich das Dianion. Noch leichter erfolgt diese Reduktion beim Tetraphenylethylen. Die so gebildeten Carbanionen (früher auch als Metalladdukte bezeichnet) reagieren analog wie andere metallorganische Verbindungen wie z. B. *Grignard*-Verbindungen (▸Kap. 11); z. B. entsteht mit Wasser oder Alkohol 1,2-Diphenyl-ethan (Dihydrostilben) und mit Kohlendioxid das Dinatriumsalz der $\alpha,\alpha'$-Diphenylbernsteinsäure.

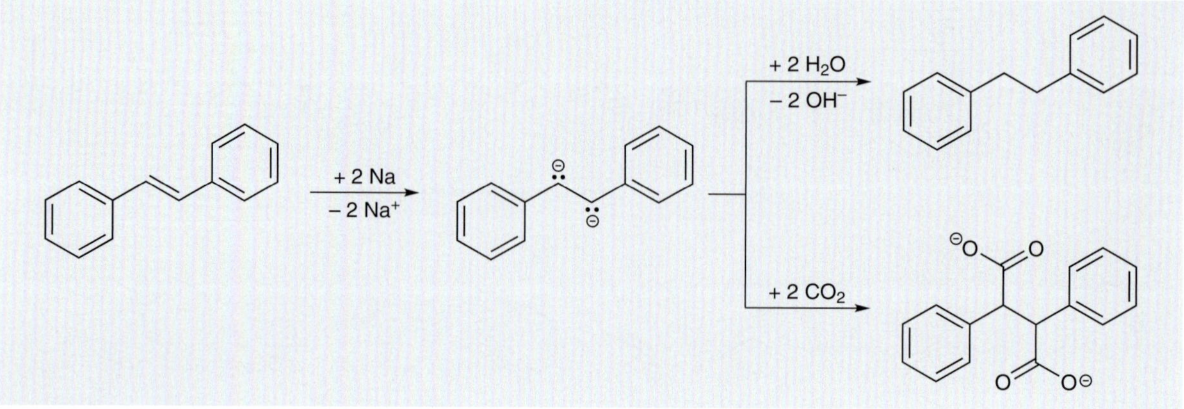


**Abb. 18.20** Reaktion von Stilben mit Natrium. Das gewonnene Dinatriumderivat kann mit Kohlendioxid zum Dinatriumsalz der $\alpha,\alpha'$-Diphenylbernsteinsäure oder mit Wasser zu Dihydrostilben umgesetzt werden.

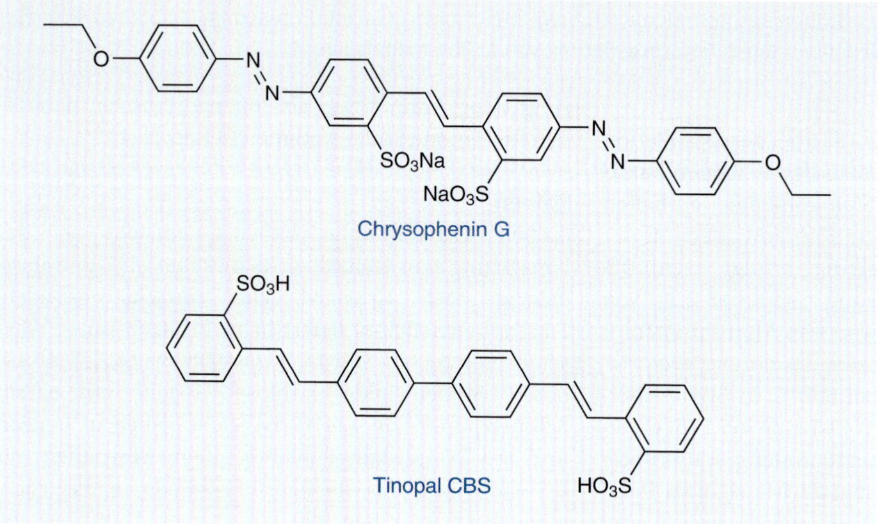


**Abb. 18.21** Strukturformeln ausgewählter Stilbenfarbstoffe

## Stilbenfarbstoffe

Stilbenfarbstoffe leiten sich vom 4,4'-Diaminostilben ab und werden zu den **Bisazofarbstoffen** (▸ Kap. 2) gezählt. Ein wichtiger Vertreter ist das gelbe Chrysophenin G (Abb. 18.21), das durch Diazotierung von 4,4'-Diaminostilben-2,2'-disulfonsäure und Kupplung mit zwei Äquivalenten Phenol erhalten und anschließend zur Erhöhung der Alkalibeständigkeit an den phenolischen Gruppen mit Ethylbromid ethyliert wird. Chrysophenin G ist ein Substantivfarbstoff für Wolle, Seide und Baumwolle. Zahlreiche Stilbenderivate sind Fluorophore und eignen sich als Weißtöner. Solche **optischen Aufheller** absorbieren Energie aus dem nicht sichtbaren UV-Bereich und geben die Anregungsenergie anschließend in Form von sichtbarem Licht wieder ab. Dabei tritt eine bläuliche Fluoreszenz auf, die als Komplementärfarbe von gelb wirkt (▸ Kap. 22.2); Wäsche mit einem graugelblichen Farbstich wird dadurch optisch aufgehellt. Ein Beispiel eines solchen optischen Aufhellers ist 4,4'-Di(2-sulfostyryl)-biphenyl (Tinopal CBS, Ciba-Geigy, Abb. 18.21), das aus dem durch Chlormethylierung von Biphenyl zugänglichen 4,4'-Di(chlormethyl)-biphenyl gewonnen wird. Dieses wird mit Trimethylphosphit [$P(OCH_3)_3$] in einer *Michaelis-Arbusow*-Reaktion (▸ Kap. 10.4.3) in den entsprechenden Phosphonsäureester umgewandelt. In einer *Horner-Emmons*-Reaktion (▸ Kap. 10.4.3) mit 2-Formylbenzensulfonsäure entsteht daraus das Endprodukt. Bereits 0,1–0,2 % des Weißtöners, der während des Waschvorganges auf die Faser aufzieht, reichen in einem Waschmittel zur Aufhellung der Wäsche aus.

## Ungesättigte Phenoletheralkohole

*K. Freudenberg* konnte einige ungesättigte Phenoletheralkohole (Abb. 18.22), zu denen der Coniferyl- und der Sinapinalkohol zählen, als Bausteine des Lignins identifizieren. Beide Alkohole lassen sich als Phenylpropenol-Derivate vom Guajacyl- bzw. Syringyl-Typ oder als Abkömmlinge der Hydroxyzimtalkohole auffassen. Coniferylalkohol kommt als Glucosid Coniferin im Cambialsaft verschiedener Nadelbäume vor und

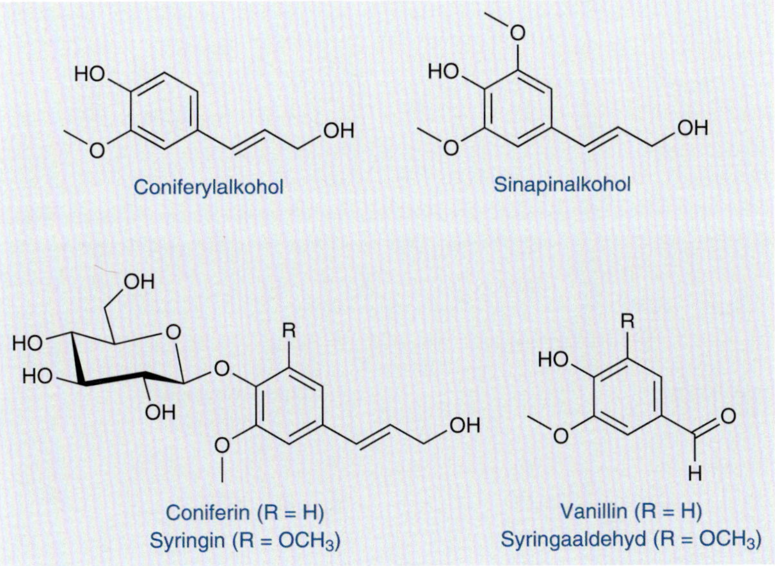


**Abb. 18.22** Strukturformeln einiger ungesättigter Phenoletheralkohole



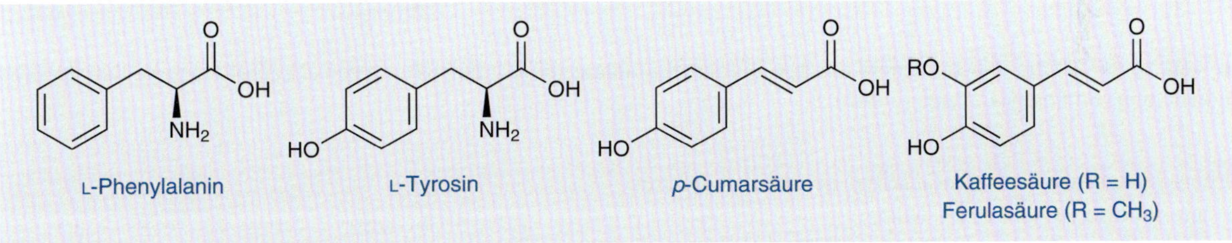


**Abb. 18.23** Die Biosynthese von Lignin verläuft über die Zwischenprodukte L-Phenylalanin, L-Tyrosin, *p*-Cumarsäure zu Ferula- bzw. Kaffeesäure, die enzymatisch zu Coniferylalkohol reduziert werden kann.

lässt sich zu Vanillin oxidieren (Ausbeute 25 %). Die Oxidation von Laubholzligninen, die neben Coniferin vor allem Syringin enthalten, ergeben neben Vanillin auch den Syringaaldehyd (auch Syringaldehyd).

**Lignin** ist neben Cellulose und Hemicellulose ein wesentlicher Bestandteil des Holzes (30 %). Erste Hinweise auf die Struktur des Lignins ergab die Isolierung von Vanillin aus dem Coniferenlignin, das wesentlich einfacher gebaut ist als das Laubholzlignin. Demnach ist Lignin ein Oxidationsprodukt des Coniferylalkohols. Bei der Einwirkung von Phenoldehydrogenase (aus Champignonsaft) auf Coniferylalkohol erhielt *Freudenberg* ein amorphes Pulver, das ähnliche Eigenschaften wie das natürliche Fichtenlignin aufwies. Durch Kochen des Lignins mit einer Hydrogensulfitlösung werden, wie wir heute wissen, die im Lignin vorhandenen Etherbrücken gespalten und Ligninsulfonsäuren gebildet, die oberflächenaktiv wirken. Lignin setzt bei der trockenen Destillation des Holzes Methanol frei (▸ Kap. 6). Die genaue Konstitution des Lignins ist jedoch bis heute ungeklärt. Seine Biosynthese verläuft anscheinend über die Shikimisäure (▸ Kap. 4.2) sowie über Phenylalanin und Tyrosin als Zwischenstufen bis hin zur Ferulasäure (Abb. 18.23), die enzymatisch zum Coniferylalkohol reduziert werden kann. *Freudenberg* konnte radioaktives L-[$^{14}$C]Phenylalanin in junge Fichtenzweige eintragen und nach wenigen Tagen geringe Mengen von markiertem Coniferin und Syringin nachweisen.

### 1,4-Diphenylbutadien und höhere Diphenylpolyene

Verbindungen, die eine längere Folge konjugierter Doppelbindungen besitzen, bezeichnet man als **Polyene** (▸ Kap. 5). Die Diphenylpolyene besitzen folgende $\alpha,\omega$-Diphenyl-poly(vinylen)-Struktur:

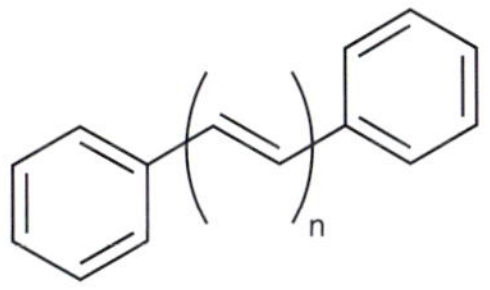


**1,4-Diphenylbutadien** kann in drei diastereoisomeren Formen ((*E*/*E*), (*E*/*Z*) und (*Z*/*Z*)) auftreten, die alle bekannt sind (Abb. 18.24, oben). Von diesen drei Isomeren ist nur das bei 152 °C schmelzende (*E*/*E*)-Isomer rein isolierbar. Die beiden anderen gehen schon im Sonnenlicht in die stabilere (*E*/*E*)-Form über. Diese bildet gelbstichige Kristalle, die in Lösung blauviolett fluoreszieren. Sie entsteht z. B. durch Kondensation von

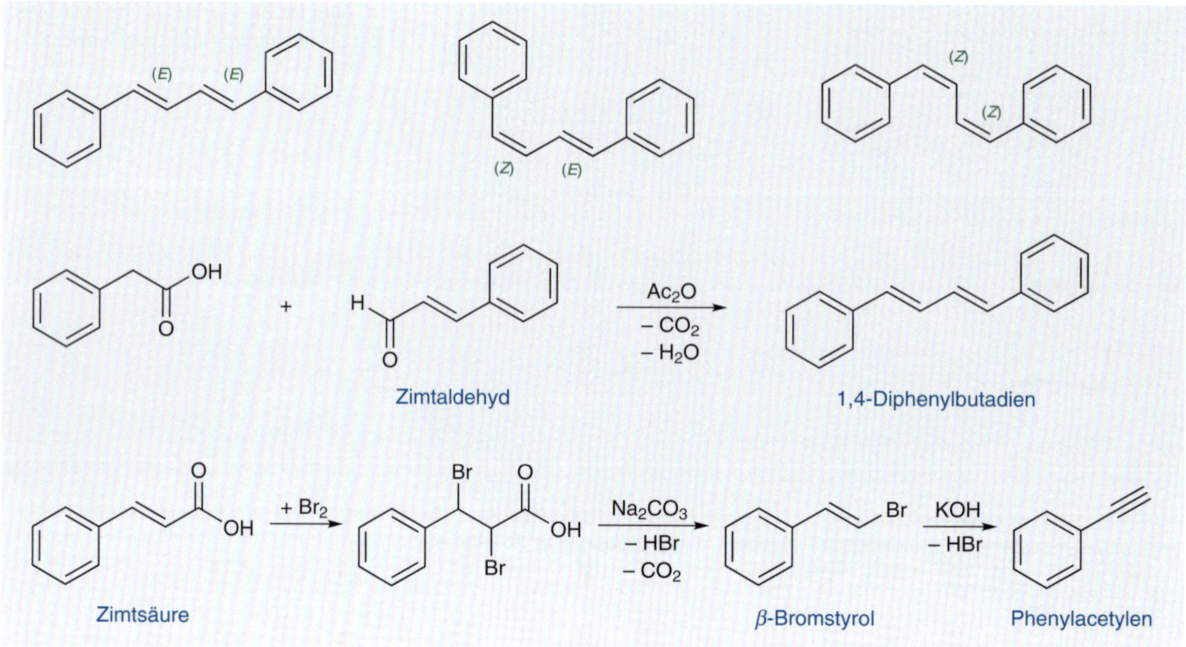


**Abb. 18.24** Die drei Diastereomere des 1,4-Diphenylbutadiens (oben); Darstellung von 1,4-Diphenylbutadien (Mitte); Darstellung von Phenylacetylen (unten)

Phenylessigsäure und Zimtaldehyd beim Erhitzen mit Acetanhydrid (Abb. 18.24, Mitte).

Bei **höheren Diphenylpolyenen** beobachtet man mit zunehmender Kettenlänge nicht nur ein regelmäßiges Ansteigen des Schmelzpunkts, sondern auch eine Farbvertiefung. Das Diphenylpolyen mit 15 Vinylengruppen ist z. B. grünschwarz und löst sich mit violettroter Farbe.

## Phenylacetylen

Phenylacetylen (Phenylethin), $C_6H_5{-}C{\equiv}CH$, ist eine Flüssigkeit mit einem Siedepunkt von 142 °C und lässt sich aus der Zimtsäure darstellen (Abb. 18.24, unten). Diese wird zunächst in die α,β-Dibrom-β-phenylpropionsäure überführt, aus der man mit Natriumcarbonatlösung in der Wärme β-Bromstyrol erhält. Beim Schmelzen von β-Bromstyrol mit Alkali destilliert Phenylacetylen ab. Als Acetylenderivat reagiert Phenylacetylen mit ammoniakalischen Silber- oder Kupfer(I)-Salzlösungen zu den entsprechenden Phenylacetyliden (▸ Kap. 5.4.1).

## Tolan

Tolan (Diphenylacetylen, Diphenylethin), $C_6H_5{-}C{\equiv}C{-}C_6H_5$, bildet farblose Blättchen mit einem Schmelzpunkt von 62 °C und ist aus 1,2-Dibrom-1,2-diphenylethan (Stilbendibromid) durch Erhitzen mit alkoholischer Kalilauge zugänglich.

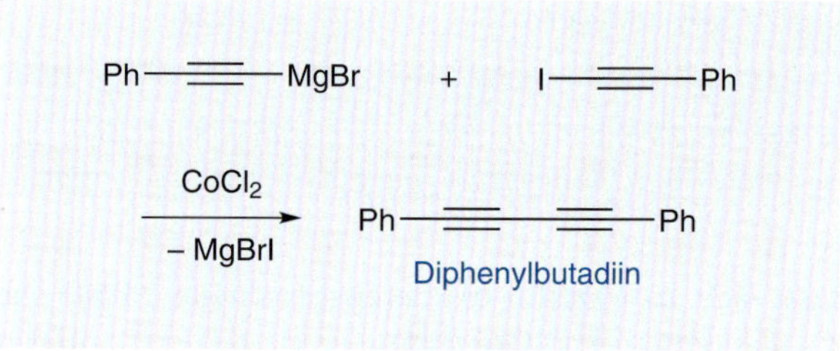


**Abb. 18.25** Darstellung von Diphenylbutadiin

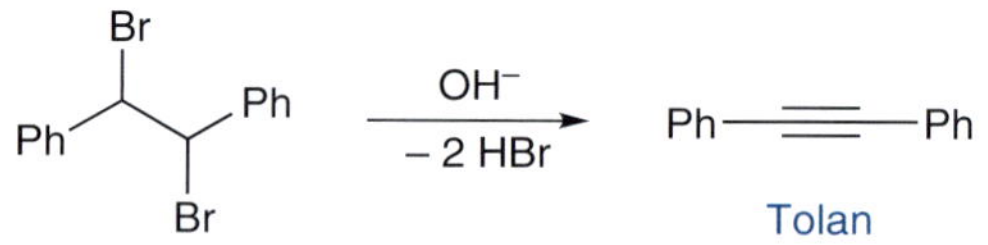


## Diphenylpolyine

Im Gegensatz zu dem sehr unbeständigen Butadiin ist das entsprechende Diphenylderivat, 1,4-Diphenylbuta-1,3-diin, auch an der Luft und im Licht längere Zeit bei Raumtemperatur stabil. Diphenylbutadiin entsteht bei der Umsetzung der *Grignard*-Verbindung des Phenylacetylens mit 2-Iod-1-phenylacetylen in Gegenwart von Cobalt(II)-chlorid (*Schlubach*; Abb. 18.25). Durch katalytische Perhydrierung gehen die Diphenylpolyine in die betreffenden Diphenylalkane über.

# 19 Aromaten mit Halogen-, Nitro- und Sulfonsäuregruppen

Halogenierte Aromaten (Arylhalogenide) ... 527 | Nitroaromaten ... 537 |
Aromatische Sulfonsäuren ... 543

In aromatischen Kohlenwasserstoffen können ein oder mehrere Wasserstoffatome durch Halogen-, Nitro-, oder Sulfonsäuregruppen ersetzt werden. Die Darstellung dieser Verbindungen erfolgt in der Regel durch eine elektrophile aromatische Substitution (Halogenierung, Nitrierung, Sulfonierung). Halogenierte Aromaten (Ar—X, insbesondere mit X = Cl, Br, I) sind wichtige Grundbausteine in der organischen Synthese und gleichen in ihren physikalischen Eigenschaften den aliphatischen Halogenverbindungen. Chlorbenzen dient z. B. als wichtiges Zwischenprodukt bei der Herstellung von Anilin, Phenol und Farbstoffen. Nitroaromaten (Ar—$NO_2$) finden neben der Verwendung als Sprengstoff (z. B. TNT, Trinitrotoluen) schon seit langem Anwendung in der pharmazeutischen Industrie und als Farbstoffe. Aromatische Sulfonsäuren (Ar—$SO_3H$) zeichnen sich durch ihre gute Löslichkeit in Wasser aus. Sie dienen als Edukte oder Reagenzien für zahlreiche Synthesen organischer Verbindungen.

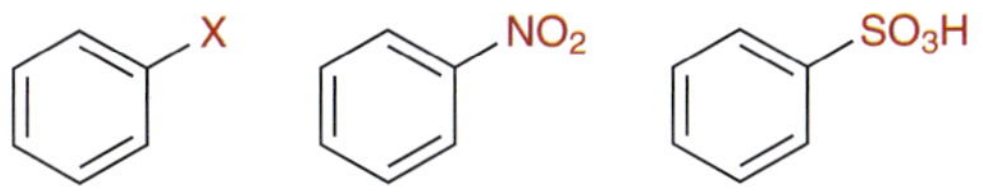


Halogenbenzen X = F, Cl, Br, I — Nitrobenzen — Benzensulfonsäure

## 19.1 Halogenierte Aromaten (Arylhalogenide)

### 19.1.1 Struktur und Eigenschaften

**Arylhalogenide** sind in der Regel farblose Flüssigkeiten, deren physikalische Eigenschaften sich – ähnlich wie die der Halogenalkane (▸Kap. 7) – mit der Anzahl und der relativen Atommasse des Halogens ändern; z. B. steigen die Siedepunkte der Monohalogenbenzene von Fluorbenzen ($C_6H_5F$, 85 °C) über Chlorbenzen ($C_6H_5Cl$, 132 °C) und Brombenzen ($C_6H_5Br$, 156 °C) bis zum Iodbenzen ($C_6H_5I$, 188,5 °C) an, da mit zunehmender Größe des Halogenatoms die *Van-der-Waals*-Wechselwirkungen zwischen den Molekülen deutlich zunehmen. Beachtenswert ist die geringe Erhöhung des Siedepunkts beim Austausch eines H-Atoms im Benzen (Sdp. 80,1 °C) gegen Fluor (Sdp. 85 °C).

### 19.1.2 Gewinnung und Synthese

Aromatische Kohlenwasserstoffe können auf unterschiedliche Weise mit Halogenen derivatisiert werden. Zum einen ist eine **Addition an das aromatische $\pi$-System** möglich, wobei allerdings die Aromatizität und die damit einhergehende zusätzliche Stabilisierung verloren gehen. Präparativ sind diese oft nur schlecht steuerbaren Reaktionen daher von untergeordneter Bedeutung. Eine wesentlich wichtigere Reaktion ist die **elektrophile aromatische Substitution** zur Einführung von einem oder mehreren Halogenatomen am Benzenkern sowie die radikalische Substitution zur Seitenkettenhalogenierung von Alkylaromaten (z. B. Toluen).

#### Einführung von Halogenen durch elektrophile aromatische Substitution

##### Darstellung von Monohalogenbenzenen

Die direkte Chlorierung bzw. Bromierung des Benzens mit den elementaren Halogenen $X_2$ gelingt nur in Anwesenheit von Katalysatoren wie z. B. Eisen, Eisen(III)-chlorid, Aluminiumchlorid oder den entsprechenden Bromiden. Diese polarisieren als *Lewis*-

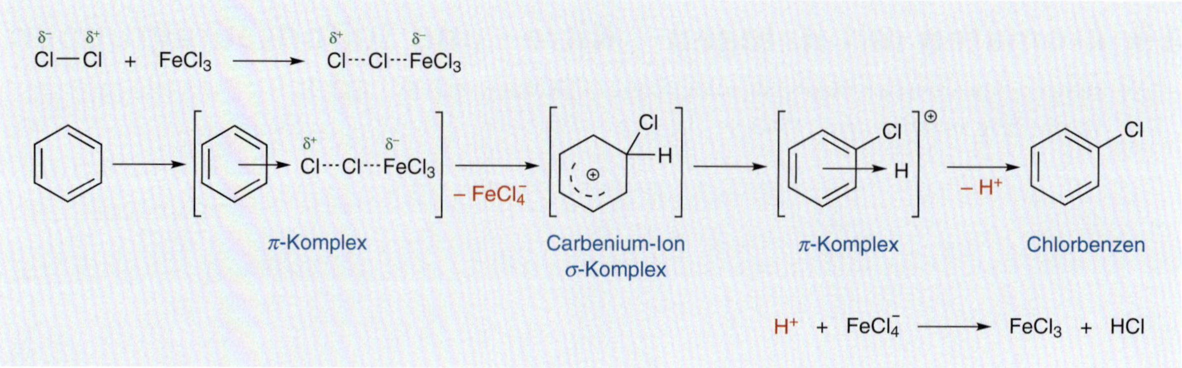


**Abb. 19.1** Reaktionsschema der Chlorierung von Benzen mithilfe von Eisen(III)-chlorid als Katalysator

Säuren die Halogene und erzeugen so ein ausreichend reaktives Elektrophil, welches dann das nur schwach nucleophile $\pi$-Elektronensextett des Aromaten angreift (Abb. 19.1). Über einen vorgelagerten **$\pi$-Komplex** wird unter Abspaltung von z. B. $FeCl_4^-$ ein **Carbenium-Ion** gebildet (auch *Wheland*- oder $\sigma$-Komplex genannt, ▸Kap. 18.2.2, *Friedel-Crafts*-Alkylierung), aus dem sich unter Ablösung eines Protons über einen erneuten $\pi$-Komplex das aromatische System zurückbildet. Das Proton reagiert mit dem $FeCl_4^-$ unter Rückbildung des Katalysators und Freisetzung von HCl.

Als Hauptprodukte bei der Chlorierung bzw. Bromierung entstehen Chlor- bzw. Brombenzen in 80–90 % Ausbeute. Als Nebenprodukte bilden sich *p*- und *o*-Dihalogenbenzene. Setzt man direkt zwei Äquivalente Chlor ein, erhält man vorwiegend *p*-Dichlorbenzen (1,4-Dichlorbenzen) und *o*-Dichlorbenzen (1,2-Dichlorbenzen), neben nur sehr geringen Mengen an *m*-Dichlorbenzen. *p*-Dichlorbenzen dient als Mottengift und *o*-Dichlorbenzen, dem man etwas *p*-Verbindung zusetzt, als Füllmasse für Wärmeaustauscher im Bereich von 150–250 °C. Technisch wird Chlorbenzen allerdings nicht durch direkte Chlorierung sondern durch **Oxychlorierung** nach dem *Raschig*-Verfahren durch Überleiten von Benzen, Chlorwasserstoff und Luft in der Dampfphase über einen Kupferkontakt gewonnen (Abb. 19.2). Die Bromierung von Toluen mit Brom in Gegenwart von Eisen führt zu einem Gemisch von *o*- und *p*-Bromtoluen.

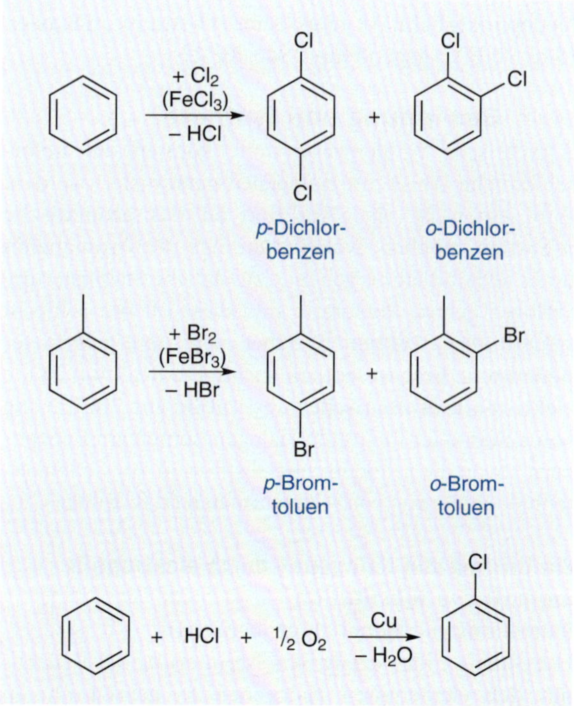


**Abb. 19.2** Chlorierung von Benzen (oben), Bromierung von Toluen (Mitte) und das *Raschig*-Verfahren (unten) zur Herstellung von Chlorbenzen

Eine direkte **Iodierung** aromatischer Kohlenwasserstoffe ist nicht ohne Weiteres durchführbar, da die Reaktion thermodynamisch ungünstig ist und das Gleichgewicht daher auf der Seite der Edukte liegt. Die Reaktion gelingt allerdings in Gegenwart von Salpetersäure oder Quecksilber(II)-oxid, welche die entstehende Iodwasserstoffsäure HI durch Oxidation bzw. das Ausfällen von schwerlöslichem Quecksilberiodid aus dem Gleichgewicht entfernen.

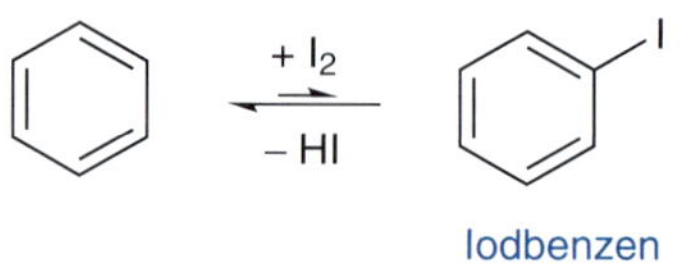


$$4\,HI + 2\,HNO_3 \longrightarrow 2\,I_2 + N_2O_3 + 3\,H_2O$$

$$2\,HI + HgO \longrightarrow HgI_2 + H_2O$$

Eine Iodierung kann im Gegensatz zu einer Fluorierung auch über eine *Sandmeyer*-ähnliche Reaktion erreicht werden. Die Reaktion verläuft über ein entsprechendes Diazoniumsalz, welches aus einem Amin durch Umsetzung mit $NaNO_2$ erhalten wird. Anders als bei der klassischen ***Sandmeyer*-Reaktion** (▸Kap. 22.2) braucht in diesem Fall kein Kupfer(I)-Salz als Redox-Katalysator zugesetzt werden. Die Umsetzung gelingt direkt mit

**Tab. 19.1** Dirigierende induktive und mesomere Effekte der Erstsubstituenten bei der elektrophilen aromatischen Substitution (die jeweils farbig gedruckten Effekte sind auschlaggebend)

| Reaktivität | Dirigierender Effekt | Erstsubstituent | Induktiver Effekt (I-Effekt) | | Mesomerer Effekt (M-Effekt) | |
|---|---|---|---|---|---|---|
| | | | +I | −I | +M | −M |
| Aktivierend | *ortho* und/oder *para* | $-O^-$ | × | | × | |
| | | $-OH$ $-NH_2$ $-SR$<br>$-OR$ $-NR_2$<br>$-OCOR$ $-NHCOR$ | | × | × | |
| | | −Metall $-COO^-$<br>−Alkyl $-CH{=}CH_2$ | × | | | |
| Deaktivierend | *ortho* und/oder *para* | −F, −Cl, −Br, −I | | × | × | |
| Deaktivierend | *meta* | $-CO{-}H$ $-COOH$ $-NO_2$<br>$-CO{-}R$ $-COOR$ $-C{\equiv}N$<br>$-CO{-}X$ $-CONH_2$ $-SO_3H$ | | × | | × |
| | | $-NR_3^+$, $-NH_3^+$ | | × | | |

Kaliumiodid, das anders als Chlorid oder Bromid selbst ausreichend redoxaktiv ist, um den radikalischen Zerfall des Diazoniumsalzes zu induzieren.

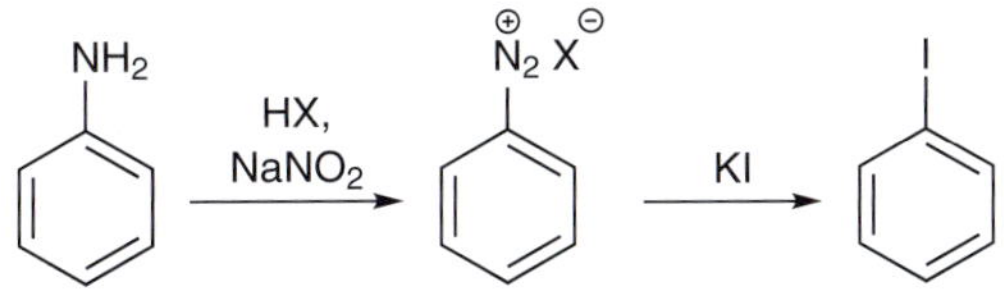


Die direkte **Fluorierung** eines Aromaten lässt sich mit Xenondifluorid $XeF_2$ erreichen. Elementares Fluor ist zu reaktiv und reagiert daher explosionsartig zu Gemischen unterschiedlich fluorierter Verbindungen. Mit dem weniger reaktiven Xenondifluorid ist die Reaktion besser steuerbar. Alternativ lassen sich die Fluoraromaten aus den entsprechenden aromatischen Aminen über die Diazoniumsalze mit der ***Balz-Schiemann*-Reaktion** herstellen. Dabei wird z. B. Anilin mit $HBF_4$ und $NaNO_2$ umgesetzt. Hierbei bildet sich zunächst das Diazoniumsalz als Tetrafluoroborat, welches sich dann bei trockener, thermischer Zersetzung in das gewünschte Fluorbenzen sowie Stickstoff und $BF_3$ zersetzt (alternativ können auch HF, Pyridin und $NaNO_2$ eingesetzt werden).

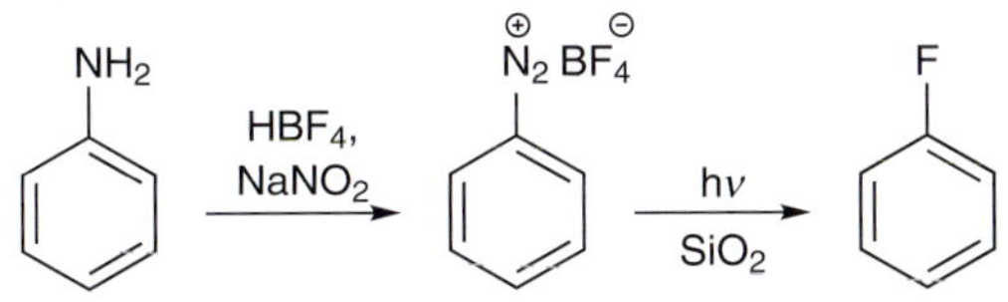


Wesentlich umweltfreundlicher ist die Fluorierung mit Kupfer(II)-fluorid, das mit Luftsauerstoff regeneriert werden kann, sodass in dem Prozess nur Wasser als Abfallprodukt entsteht.

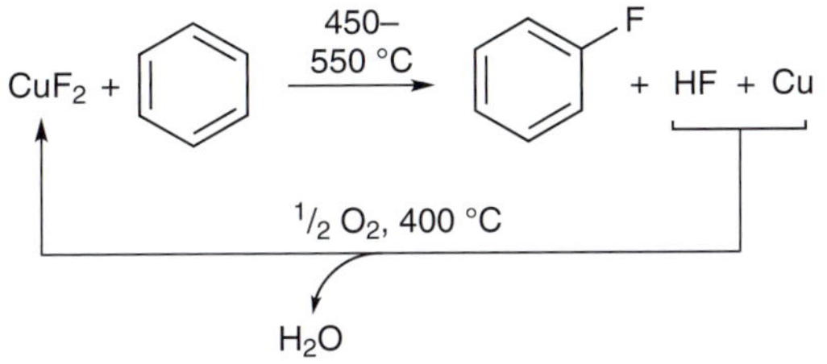


## Mehrfache Substitution am Benzen

Bei der Einführung eines zweiten Substituenten an einem schon substituiertem Benzenderivat hängen sowohl die Reaktivität als auch die Regioselektivität von der Natur des schon vorhandenen ersten Substituenten ab. Der neu eintretende Substituent wird durch den vorhandenen Erstsubstituenten entweder bevorzugt in *p*- und *o*-Stellung oder vorwiegend in *m*-Stellung dirigiert (Tab. 19.1). Entscheidend ist hierfür die elektronische Wechselwirkung des vorhandenen Erstsubstituenten mit dem aromatischen π-System. Solche **elektronischen Substituenteneinflüsse** lassen sich allgemein durch zwei Effekte beschreiben, die jeweils die Elektronendichte im Benzenkern entweder erhöhen oder erniedrigen können, den **induktiven** (I-) und den **mesomeren** (M-) **Effekt** (▸Kap. 2): Elektronenschiebende Substituenten aktivieren den Ring für eine elektrophile Zweitsubstitution und dirigieren den zweiten Substituenten hauptsächlich in *ortho*- und *para*-Stellung, wobei die Ausbeute an *p*- diejenige an *o*-Derivat gewöhnlich übertrifft. Eine Zweitsubstitution in *meta*-Stellung findet hingegen so gut wie nicht statt. Elektronenziehende Reste deaktivieren den Ring und dirigieren den zweiten Substituenten bevorzugt in *meta*-Position, wobei aber auch meistens signifikante Mengen an *ortho*-Produkt gebildet werden. Beispielsweise erhält man bei der Chlorierung von Nitrobenzen, einem deaktivierten Aromaten, außer dem Hauptprodukt *m*-Chlornitrobenzen auch 17,6 % *o*-Chlornitrobenzen (1-Chlor-2-nitrobenzen), aber nur 1,5 % *p*-Chlornitrobenzen (1-Chlor-4-nitrobenzen). Bei der Nitrierung von Benzoesäureethylester entstehen außer dem *m*-Derivat sogar 28,3 % *o*- und 3,3 % *p*-Nitrobenzoesäureethylester. Eine Sonderstellung nehmen die Halogene ein, die zwar den Ring für eine Zweitsubstitution deaktivieren, aber trotzdem *ortho*/*para*-dirigierend wirken.

### I-Effekt

Unter einem **induktiven Effekt** versteht man eine **Verschiebung von Elektronendichte entlang von σ-Bindungen** von einem elektropositiveren zu einem elektronegativeren Bindungspartner. Alkylgruppen und Alkoholate üben einen **+I-Effekt** aus und erhöhen dadurch die Elektronendichte im π-System des Aromaten. Demgegenüber wirken die meisten anderen Substituenten, wie $NR_3^+$, Halogenatome, —OH, —OR, $NH_2$, $NR_2$, $SO_3H$ usw., in entgegengesetzter Richtung, d. h., sie entziehen aufgrund der größeren Elektronegativität im Vergleich zum H-Atom dem Ring induktiv Elektronen und üben somit einen **–I-Effekt** aus. Der jeweilige Elektronendruck oder Elektronenzug kann durch eine Pfeilschreibweise symbolisiert werden:

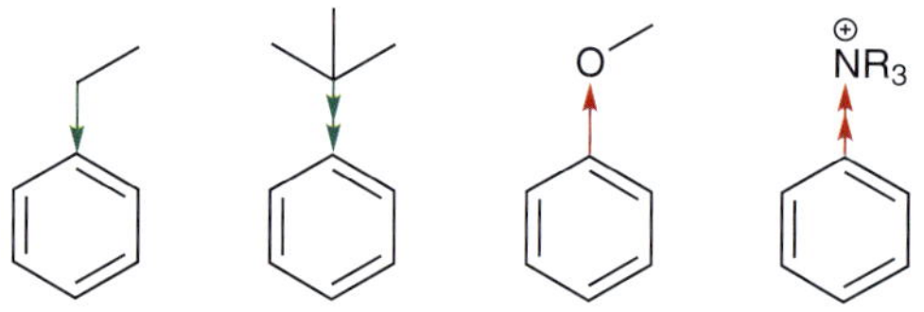


### M-Effekt

In den meisten Fällen überlagert den I-Effekt ein zweiter Effekt, der dadurch zustande kommt, dass sich freie Elektronenpaare oder π-Elektronen von Doppelbindungen des Substituenten an der Mesomerie des Benzenkerns beteiligen. Diese Wechselwirkung bezeichnet man daher als **Mesomerie-Effekt** (M-Effekt). Auch dieser kann je nach der Natur des Substituenten eine Erhöhung oder Erniedrigung der Elektronendichte im Kern bewirken, sodass man zwischen dem +M- und dem –M-Effekt unterscheidet. Besitzt das direkt am Kern gebundene Atom des Substituenten mindestens ein freies Elektronenpaar, so kann sich dies, z. B. beim Anilin, an der Mesomerie des Kerns beteiligen (○ Abb. 19.3). Aus den möglichen Grenzformeln ist ersichtlich, dass das N-Atom sein freies Elektronenpaar partiell in den aromatischen Ring verschiebt, wodurch dessen Elektronendichte erhöht wird (+M-Effekt). Analoge Grenzformeln lassen sich z. B. auch für Phenol und Chlorbenzen aufstellen. Allerdings nimmt der +M-Effekt in der Reihe $NH_2$ > OH >> Cl deutlich ab. Enthält der Substituent hingegen eine zum π-System des Rings in Konjugation stehende Doppelbindung mit einer stark elektronegativen Atomgruppe am äußeren Ende, wie z. B. eine Nitrogruppe —$NO_2$, so können dem aromatischen π-System durch Mesomerie Elektronen entzogen werden, d. h. die Elektronendichte im Ring wird vermindert (–M-Effekt) (○ Abb. 19.3). Entsprechende Grenzformeln können z. B. auch für Alkylphenylketone, Benzensulfonsäure und Benzonitril formuliert werden.

Die Deutung der Zweitsubstitution fällt nicht immer leicht, da bei den meisten Substituenten sowohl mesomere als auch induktive Effekte eine Rolle spielen. Diese können gleichsinnig oder entgegengesetzt gerichtet sein und führen insgesamt zu einer Erniedrigung bzw. Erhöhung der Elektronendichte im Benzen, was jeweils für die relative Geschwindigkeit der elektrophilen

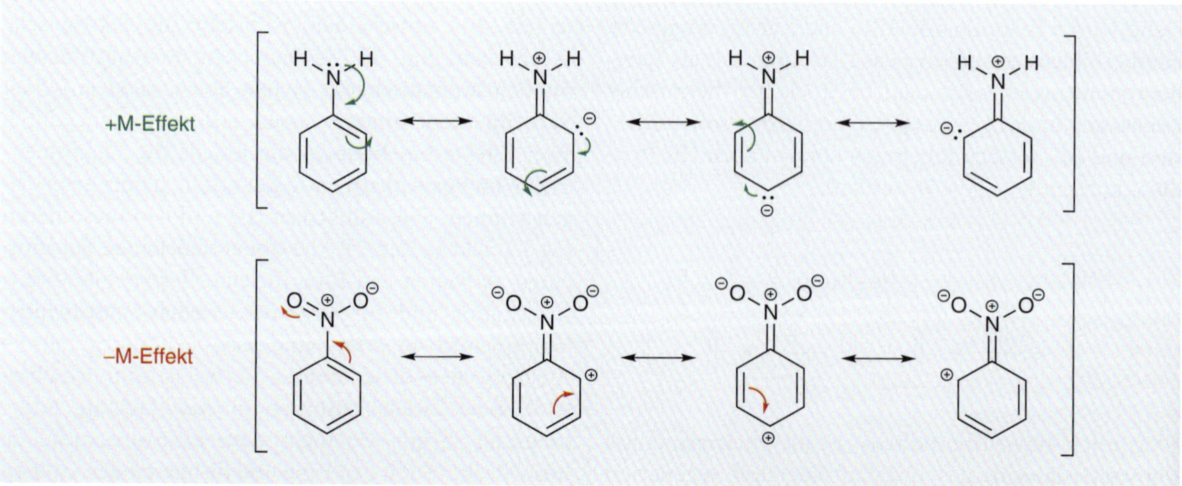


○ **Abb. 19.3** Mesomere Grenzstrukturen zur Veranschaulichung eines +M-Effekts am Beispiel von Anilin und eines –M-Effekts am Beispiel von Nitrobenzen

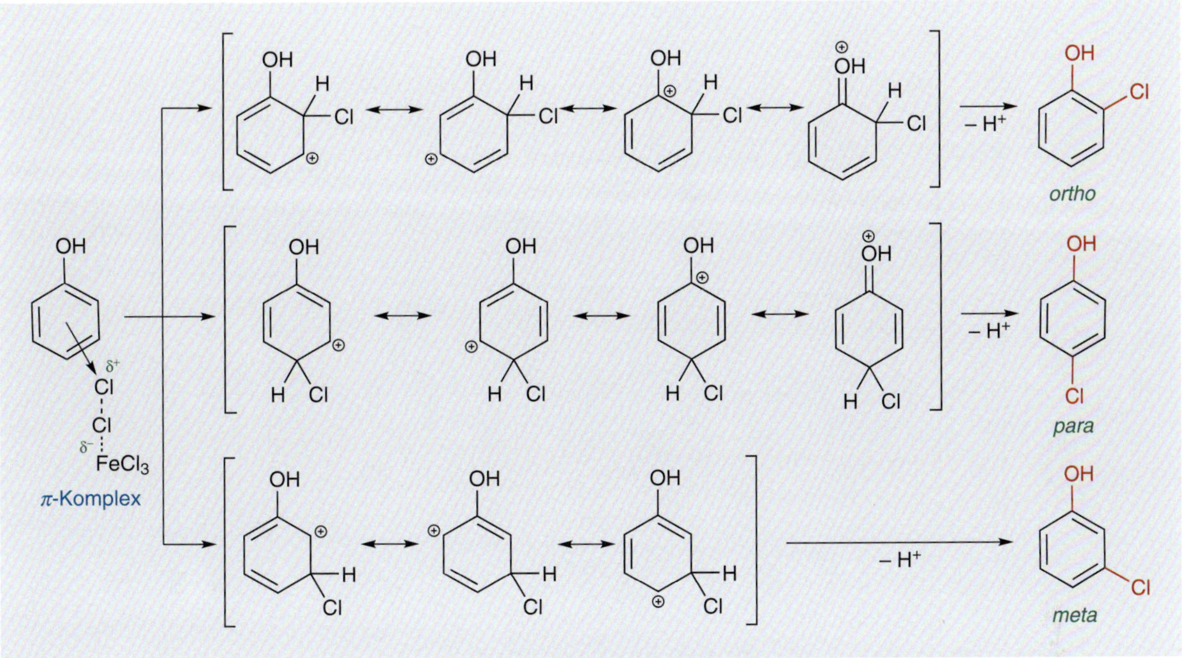


**o Abb. 19.4** Zweitsubstitution am Phenol. Durch den elektronenschiebenden Effekt der OH-Gruppe wird die Zweitsubstitution in *o*- und *p*-Stellung begünstigt.

Zweitsubstitution, also die **Reaktivität des Aromaten**, verantwortlich ist. Welcher Effekt im speziellen Fall überwiegt, ist nicht immer eindeutig vorauszusagen. Beispielsweise erfolgt die elektrophile Zweitsubstitution von Chlorbenzen langsamer als die Substitution des Benzens selbst. Der Grund hierfür ist die Tatsache, dass das Chloratom infolge seiner größeren Elektronegativität einen deutlichen –I-Effekt hat, der nur partiell durch den nur sehr schwach ausgeprägten +M-Effekt des Chloratoms kompensiert wird. Auf diese Weise verarmt der Aromat im Endeffekt an Elektronen. Der Angriff eines Elektrophils ist daher erschwert. Überwiegt dagegen der +M-Effekt gegenüber dem –I-Effekt, wie es beim Anilin und Phenol der Fall ist, so wird die elektrophile Zweitsubstitution durch die erhöhte Elektronendichte im Kern erleichtert. Im Phenolat-Anion wirken beide Effekte (+I- und +M-Effekt) aktivierend auf den Benzenkern, wodurch die elektrophile Zweitsubstitution besonders begünstigt wird. Demgegenüber wirken im Nitrobenzen beide Effekte (–I- und –M-Effekt) desaktivierend auf den Kern und erschweren den Eintritt elektrophiler Reagenzien.

Für die **dirigierende Wirkung des Erstsubstituenten** ist hingegen nicht die Elektronendichte im Edukt, sondern die Elektronenverteilung in den intermediär auftretenden verschiedenen Carbenium-Ionen, den σ-Komplexen, maßgebend. Genau genommen ist die Elektronenverteilung im entsprechenden Übergangszustand entscheidend. Da es sich bei der Bildung der σ-Komplexe aber um einen endothermen Reaktionsschritt handelt, kann gemäß des *Hammond*-Postulats das nachfolgende Intermediat, also der σ-Komplex, als Modell für den vorgelagerten Übergangszustand betrachtet werden. Ob der zweite Substituent in *o*-, *m*- oder *p*-Stellung zum Erstsubstituenten angreift, hängt in erster Linie davon ab, welcher Übergangszustand und damit also welcher σ-Komplex energetisch günstiger ist. Dies wiederum hängt entscheidend von dem bereits vorhandenen Erstsubstituenten und seiner relativen Position ab, insbesondere da die σ-Komplexe infolge ihrer Polarität für elektronische Substituenteneinflüsse wesentlich empfindlicher sind als die Grundzustände. Chloriert man z. B. Phenol, so kann der zunächst entstehende π-Komplex zu drei konstitutionsisomeren Carbeniumionen weiterreagieren, je nachdem, ob der Angriff des Elektrophils an einem *o*-, *m*- oder *p*-ständigen C-Atom erfolgt (o Abb. 19.4). Hierbei wird sich bevorzugt das stabilste (energieärmste) Carbenium-Ion bilden, d. h. in diesem Fall das Kation, dessen positive Ladung am stärksten delokalisiert ist. Da die elektronenschiebende Hydroxygruppe nur bei einer Substitution in *o*- und *p*-Stellung zu einer Mesomeristabilisierung des Carbenium-Ions führen kann, sind diese beiden σ-Komplexe gegenüber dem *m*-Derivat energetisch begünstigt und bilden sich damit auch schneller. So lässt sich erklären, dass außer je 50 % *o*- und *p*-Chlorphenol kein *m*-Chlorphenol gebildet wird. Analoge Betrachtungen gelten auch für die Regioselektivität der Zweitsubstitution an Anilin, Chlorbenzen oder Styrol.

Bei der weiteren Nitrierung von Nitrobenzen liegen die Verhältnisse dagegen genau andersherum. Die schon vorhandene Nitrogruppe führt als elektronen-

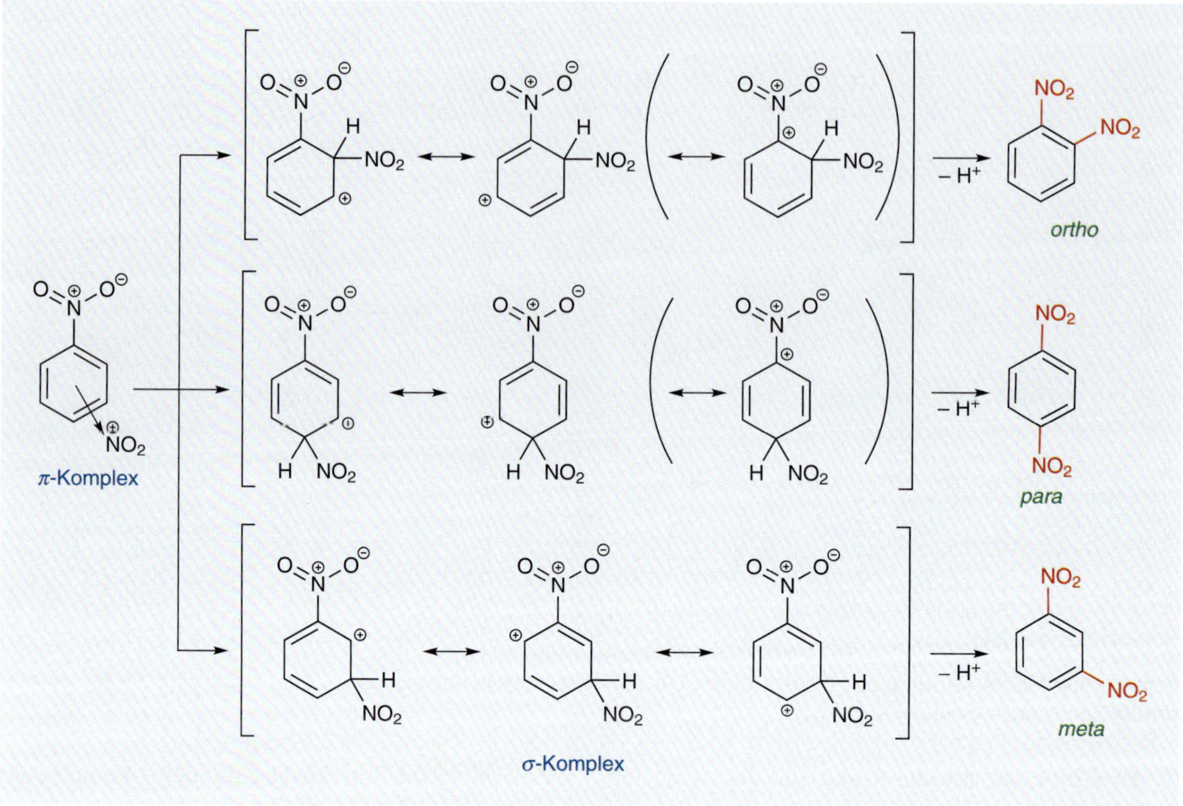


**o Abb. 19.5** Zweitsubstitution am Nitrobenzen. Durch den elektronenziehenden Effekt der Nitrogruppe wird eine Substitution in *m*-Position bevorzugt.

ziehender Substituent diesmal zu einer Destabilisierung des Carbeniumions. Diese Destabilisierung ist besonders ausgeprägt, wenn der Angriff des Elektrophils in *ortho*-oder *para*-Stellung zur schon vorhandenen Nitrogruppe erfolgt. Denn dann befinden sich in je einer der Grenzformeln die beiden positiven Formalladungen am N- und C-Atom in direkter Nachbarschaft (o Abb. 19.5). Eine solche energetisch sehr ungünstige Resonanzformel gibt es bei einer Substitution in *m*-Stellung nicht. Diese ist daher noch am wenigstens ungünstig, sodass jetzt das *m*-Derivat gegenüber den *o*- und *p*-Substitutionsprodukten energetisch bevorzugt ist. Daher entstehen bei der Nitrierung von Nitrobenzen 93 % *m*-, 6 % *o*- und 1 % *p*-Dinitrobenzen. Analoge Betrachtungen gelten auch für die elektrophile Zweitsubstitution an Benzenderivaten, die $SO_3H$-, $SO_3Na$-, COOH-, CN-, $NR_3^+$-, $CF_3$- oder $CCl_3$-Gruppen tragen.

In bestimmten Fällen können auch andere Faktoren wie Temperatur, Lösemittel, Konzentration, Katalysator und die Polarität des neu eintretenden Substituenten sowohl die Geschwindigkeit als auch den Ort der elektrophilen Zweitsubstitution am Aromaten und das Mengenverhältnis von *o*-, *p*- und *m*-Derivaten beeinflussen. Darauf wird hier nicht weiter eingegangen.

**MERKE** Die Halogenierung aromatischer Verbindungen mit einem Alkylrest, wie z. B. Toluen (Methylbenzen), kann entweder am Kern durch eine **elektrophile aromatische Substitutionsreaktion** oder an der Seitenkette durch eine **radikalische Substitutionsreaktion** stattfinden. Welche Reaktion stattfindet, hängt von den Reaktionsbedingungen ab. Als „Daumenregel" kann man sich hierfür die SSS-/KKK-Regel merken:

- **SSS-Regel:** Die drei „S" stehen für Siedehitze, Sonnenlicht und Seitenkette. Dies bedeutet, dass unter Einfluss von Hitze und/oder einem Radikalstarter (hier Sonnenlicht) bevorzugt eine radikalische Substitution und damit eine **Halogenierung an der Seitenkette** stattfinden.
- **KKK-Regel:** In der Kälte und bei Anwesenheit eines Katalysators läuft hingegen bevorzugt eine **elektrophile aromatische Substitution** am Kern ab.

### Seitenkettenhalogenierung der Alkylbenzene

In Analogie zu den aliphatischen Kohlenwasserstoffen lassen sich die Alkylderivate des Benzens unter bestimmten Reaktionsbedingungen selektiv in der Seitenkette halogenieren. Im Gegensatz zur Kernsubstitution erfolgt die Seitenkettenhalogenierung in Abwesenheit einer

*Lewis*-Säure als Katalysator bei höheren Temperaturen oder unter dem Einfluss von kurzwelligem Licht. Die Reaktion verläuft nach einem **Radikalkettenmechanismus** (▸Exkurs: Mechanismus der radikalischen Substitution in der Seitenkette). Ihre Geschwindigkeit ist größer als die der radikalischen Addition oder der elektrophilen aromatischen Substitution am Kern (in Abwesenheit eines Katalysators). Lässt man z. B. Brom in der Hitze und im Sonnenlicht bzw. in Gegenwart von Tetraethylblei (Radikalbildner, ▸Kap. 11) auf Toluen einwirken, so werden die drei H-Atome der Methylgruppe nacheinander durch Br-Atome ersetzt (○Abb. 19.6). Man erhält Benzyl-, Benzylidendi- bzw. Benzotribromid (Benzylidintribromid). Im Gegensatz zu den aromatisch gebundenen Halogenatomen sind die Halogene der Seitenkette sehr reaktionsfähig, z. B. für nachfolgende nucleophile Substitutionsreaktionen.

Die Einführung eines Chlormethylrestes in einen aromatischen Ring gelingt auch über eine **Chlormethylierung** (*Blanc*-Reaktion). Dabei werden Formaldehyd, Benzen und Chlorwasserstoff in Gegenwart eines Katalysators (Zinkchlorid, Aluminiumchlorid oder Phosphorsäure) in einer elektrophilen aromatischen Substitution direkt zu **Benzylchlorid** umgesetzt.

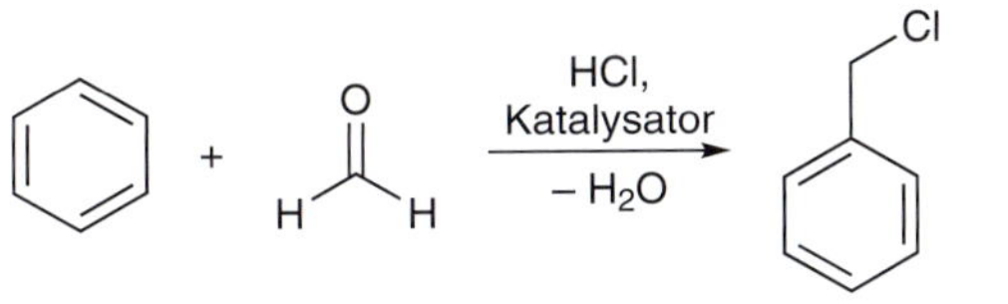


Benzylchlorid

Benzylchlorid ist eine farblose Flüssigkeit mit einer Siedetemperatur von 179 °C, deren Dämpfe tränenreizend wirken. Es verhält sich chemisch wie andere Alkylhalogenide, beispielsweise geht es beim Erhitzen mit verdünnter Alkalilauge in Benzylalkohol, Ph—$CH_2OH$ (Sdp. 205 °C), mit wässriger Kaliumcyanidlösung in Benzylcyanid, Ph—$CH_2CN$ (Sdp. 233 °C), und mit alkoholischem Ammoniak in Benzylamin, Ph—$CH_2NH_2$ (Sdp. 184,5 °C), über.

Die *Blanc*-Reaktion stellt eine sehr effiziente Methode zur Darstellung von Benzylchlorid dar. Ein Nachteil ist jedoch, dass während der Reaktion aus Chlorwasserstoff und Formaldehyd auch der hochgradig carcinogene Bis(chlormethyl)ether ($O(CH_2Cl)_2$) entsteht. Aus diesem Grund sollte der Einsatz der *Blanc*-Reaktion im Labor nur mit entsprechenden Schutzmaßnahmen (Abzug, Handschuhe) erfolgen.

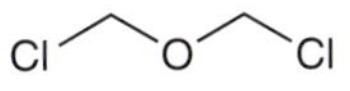

Bis(chlormethyl)ether

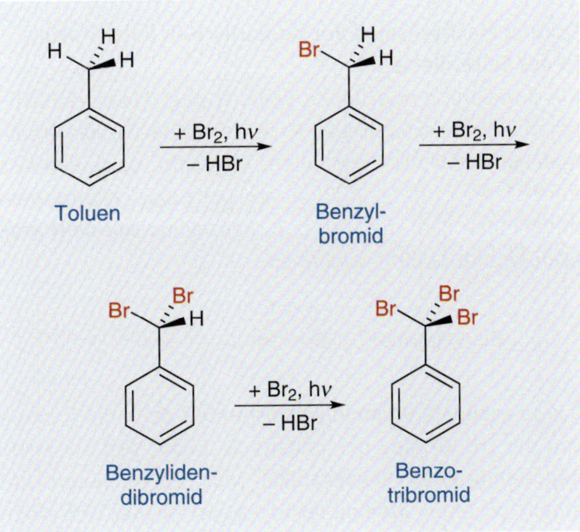


○ **Abb. 19.6** Radikalische Bromierung von Toluen in der Seitenkette

Die höher substituierten Vertreter der Benzylchloride, Benzalchlorid (Ph—$CHCl_2$, Sdp. 205 °C) und Benzotrichlorid (Ph—$CCl_3$, Sdp. 221 °C) können über die radikalische Chlorierung analog zur Bromierung hergestellt werden. Um den Anteil an Benzotrichlorid bei der Herstellung von Benzalchlorid gering zu halten, arbeitet man unterhalb des Siedepunktes von Benzalchlorid und chloriert unter photochemischen Bedingungen in der Gasphase. Auf diese Weise entsteht fast ausschließlich das gewünschte zweifach chlorierte Produkt. Durch die Hydrolyse von Benzalchlorid kann Benzaldehyd gewonnen werden. Benzotrichlorid lässt sich durch Hydrolyse in Benzoesäure überführen.

### Addition von Halogenen an das $\pi$-System von Benzen

Im Zusammenhang mit der radikalischen Halogenierung von Alkylaromaten sei auch die radikalische Addition von Halogenen an das $\pi$-System von Benzen erwähnt. Diese Reaktion ist energetisch ungünstig, da das stabile aromatische System zerstört wird. Es entstehen gesättigte oder ungesättigte halogenierte Cycloalkane bzw. Cycloalkene. Die Addition von Chlor oder Brom an Benzen gelingt daher nur bei UV-Bestrahlung unter ständiger Energiezufuhr. Letztendlich kommt es zur Bildung unterschiedlicher, isomerer mehrfach halogenierter Cyclohexanderivate. Da die Addition nicht selektiv ist, spielt sie in der organischen Synthese im Labor nur eine untergeordnete Rolle. Sie ist jedoch für technische Prozesse relevant. In einer Startreaktion kommt es zu einer homolytischen Spaltung der Halogenmoleküle in zwei hochreaktive Halogenatome, die sich dann nach einem **Radikalkettenmechanismus** an das $\pi$-System des Benzens addieren (○Abb. 19.9). Über

19

### Exkurs: Mechanismus der radikalischen Substitution in der Seitenkette

Die Bromierung von Toluen verläuft über einen radikalischen Kettenmechanismus. Dazu wird zunächst das Brommolekül homolytisch gespalten. Dies kann beispielsweise durch Energiezufuhr in Form von Licht bzw. Wärme oder durch einen Radikalstarter (z. B. Benzoylperoxid oder Azaisobutyronitril (AIBN) geschehen.

Das so gebildete Bromradikal abstrahiert dann ein H-Atom von der $CH_3$-Gruppe des Toluens. Es bildet sich ein resonanzstabilisiertes **Benzylradikal**, das anschließend mit einem weiteren Brommolekül reagiert. Dabei entstehen Benzylbromid und erneut ein Bromradikal, welches dann die Kettenreaktion weiterführen kann (o Abb. 19.7). Bei einem entsprechenden Überschuss an Brom kann auch eine Mehrfachbromierung bis hin zum dreifachsubstituierten Benzotribromid ablaufen. Diese Reaktionen sind aber deutlich langsamer als die Bildung des monobromierten Produkts, sodass bei einem Äquivalent Brom selektiv das Benzylbromid als Hauptprodukt entsteht.

Durch eine Reaktion von zwei Radikalen miteinander kann die Kettenreaktion abgebrochen werden (o Abb. 19.8). Aufgrund der relativ kleinen Konzentration an freien Radikalen in der Lösung ist die Wahrscheinlichkeit eines solchen Kettenabbruchs aber äußerst gering, sodass die beiden Kettenfortpflanzungsschritte viele Tausend Mal hintereinander ablaufen können, bevor es zu einem Abbruch kommt.

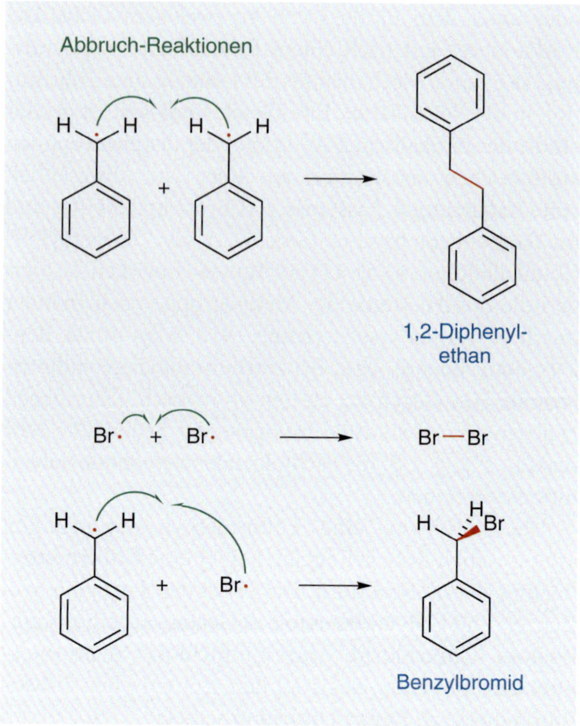


o **Abb. 19.8** Die Kettenreaktion kann durch Rekombination zweier Radikale abgebrochen werden.

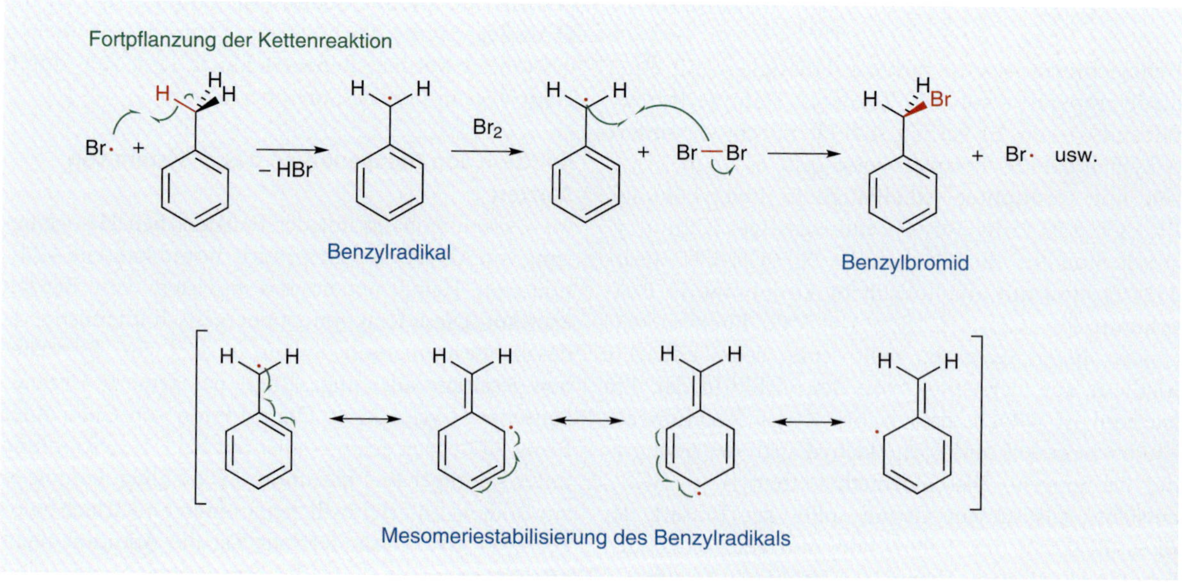


o **Abb. 19.7** Kettenfortpflanzungsschritte der radikalischen Bromierung von Toluen

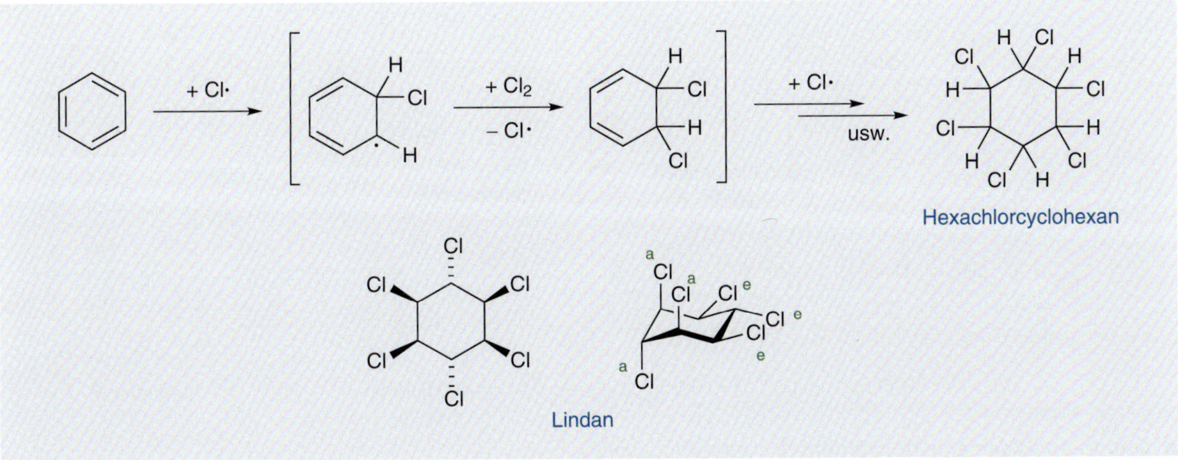


**Abb. 19.9** Die Addition von Chlor an Benzen verläuft unter UV-Licht über einen Radikalkettenmechanismus zum Hexachlorcyclohexan (HCC, HCH). Lindan (Gammexan, γ-Hexachlorcyclohexan), ein Isomer der Hexachlorcyclohexane, wurde früher als Insektizid verwendet.



verschiedene Zwischenstufen entstehen als Endprodukte Hexachlorcyclohexan (Benzenhexachlorid, $C_6H_6Cl_6$) bzw. Hexabromcyclohexan (Benzenhexabromid $C_6H_6Br_6$).

Hexachlorcyclohexan besitzt sechs Chiralitätszentren und kann in acht diastereomeren Formen vorkommen, die sich durch die relativen Positionen der Chloratome zueinander unterscheiden. Nur das α-Isomer (oder chiro-HCC), in dem zwei benachbarte Chlorsubstituenten des Cyclohexanrings in axialer Position (a), die übrigen in äquatorialer Position (e) angeordnet sind, ist chiral (die Anordnung in der enantiomeren α-Verbindung ist genau umgekehrt: eeaaaa). Die anderen sieben Diastereomere sind *meso*-Verbindungen. Die Konzentrationsbestimmung der beiden Enantiomere des chiro-HCC im Meerwasser gibt Einblicke in biologische Abbau- und Umbauvorgänge der Hexachlorcyclohexane (*Hühnerfuß* 1990) und lässt so Rückschlüsse auf die Umweltbelastung durch diese Stoffklasse zu. Im sogenannten γ-Isomer nehmen die Chlorsubstituenten die aaaeee-Position am Cyclohexanring ein. Es wurde in der EU bis Ende 2007 als Insektizid unter dem Namen **Lindan** (oft auch als Benzenhexachlorid bezeichnet, obwohl dieser Name chemisch nicht korrekt ist, aber dafür die Bildung der Verbindung aus Benzen widerspiegelt) eingesetzt und ist nach dem niederländischen Chemiker *T. van den Linden* benannt. Die Verbindung ist schwer flüchtig (Smp. 112 °C) und zudem schwer biologisch abbaubar. Sie reichert sich durch ihren lipophilen Charakter in der Nahrungskette an (**Bioakkumulation**) und belastet daher auch in sehr geringer Konzentration über Jahre hinweg die Umwelt. Als Folgeprodukte der Anwendung von Lindan können auch Dioxine, unter Hitzeeinwirkung sogar Chlorwasserstoff und Phosgen entstehen. In geringen Dosen diente es früher in der Humanmedizin oder dem täglichen Hausgebrauch als Mittel gegen Läuse, Milben, Motten, Schaben oder Ameisen sowie als Holzschutzmittel. Seit Mitte der 1980er Jahre wird Lindan in Deutschland nicht mehr hergestellt.

### 19.1.3 Reaktionen und Anwendungen

In Analogie zu den Alkylhalogeniden reagieren die Arylbromide und -iodide mit Magnesium in etherischer Lösung zu *Grignard*-Verbindungen (▸Kap. 11), mit denen sich die üblichen, für *Grignard*-Reagenzien typischen Umsetzungen durchführen lassen. Arylhalogenide sind allerdings reaktionsträger als Alkylhalogenide, daher werden für die Bildung der *Grignard*-Verbindungen häufig reaktivere Formen von Magnesium (z. B. *Rieke*-Magnesium, eine feinst-verteilte und damit hochreaktive Form von Magnesium, die man durch Reduktion von $MgCl_2$ mit Kalium in THF erhält) oder anstelle von Diethylether das besser koordinierende THF als Lösemittel verwendet. Anstatt der *Grignard*-Verbindungen benutzt man zur Einführung des Arylrestes in andere Verbindungen häufig auch die entsprechenden Lithiumverbindungen (▸Kap. 11). Bei der *Wurtz-Fittig*-Synthese reagieren Arylhalogenide mit Natrium zu alkylierten Aromaten.

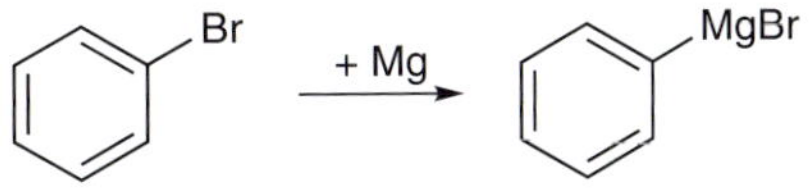


Phenyl-
magnesiumbromid

Im Gegensatz zu den Alkylhalogeniden, in denen das halogentragende Kohlenstoffatom $sp^3$-hybridisiert ist, sind die Halogenatome in den Arylhalogeniden an ein $sp^2$-hybridisiertes C-Atom gebunden. Dadurch sind sie

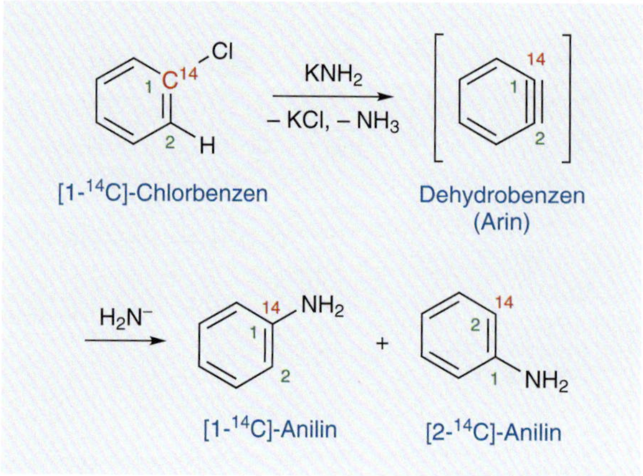


**o Abb. 19.10** Eliminierungs-Additions-Mechanismus von $^{14}$C-markiertem Chlorbenzen zu Anilin über ein Arin als Zwischenstufe

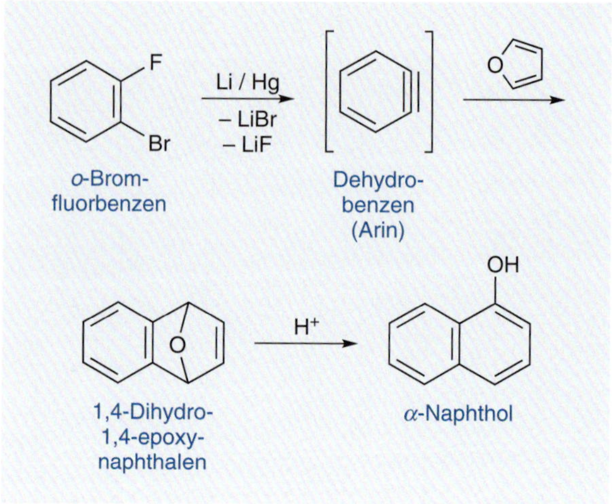


**o Abb. 19.11** Dihydrobenzen kann auch durch die Umsetzung von *o*-Bromfluorbenzen mit Lithiumamalgam und anschließende *Diels-Alder*-Reaktion mit Furan nachgewiesen werden.

gegenüber Nucleophilen wenig reaktiv, d. h. beim Erhitzen mit Ammoniak, Kaliumcyanid, Kaliumsulfid oder alkoholischer Silbernitratlösung erfolgt anders als bei Alkylhalogeniden kein Austausch bzw. keine Abspaltung des Halogens. Es finden also keine nucleophilen Substititonsreaktionen oder Eliminierungen statt, die für Alkylhalognide typisch sind (▸Kap. 7). Ist hingegen eine benachbarte, stark elektronenziehende funktionelle Gruppe vorhanden, z. B. $-NO_2$, $-CN$, $-COOH$, werden die Halogenatome so aktiviert, dass ein Austausch durch eine nucleophile aromatische Substitutionsreaktion möglich wird.

Auch bei der Umsetzung von Arylhalogeniden mit Alkaliamiden in flüssigem Ammoniak findet eine **nucleophile aromatische Substitution** statt. Sie verläuft nach einem **Eliminierungs-Additions-Mechanismus**, bei dem intermediär das kurzlebige, mittlerweile auch in einer Argonmatrix als Substanz nachgewiesene **Dehydrobenzen** (Arin, *o*-Benzyn) entsteht. Indirekt konnte erstmals *J. D. Roberts* (1953) die Bildung von Dehydrobenzen bei der nucleophilen aromatischen Substitution nachweisen. Bei der Reaktion von [1-$^{14}$C]-Chlorbenzen mit Kaliumamid in flüssigem Ammoniak entstehen nebeneinander [1-$^{14}$C]-Anilin und [2-$^{14}$C]-Anilin in etwa gleichen Mengen. Dieser Befund lässt sich durch eine direkte Substitution des Chlors durch das Amid nicht erklären, wohl aber durch die intermediäre Bildung eines Arins, das aus dem Chlorbenzen durch baseninduzierte Abspaltung von HCl gebildet wird. An die formale Dreifachbindung des Arins kann sich das Amid an beiden Enden mit gleicher Wahrscheinlichkeit addieren, sodass in gleichen Mengen sowohl [1-$^{14}$C]-Anilin als auch [2-$^{14}$C]-Anilin gebildet werden (o Abb. 19.10).

Damit wird auch verständlich, wieso der Austausch von Halogen mit starken Amid-Basen in *o*- und *p*-substituierten Arylhalogeniden oft zur *m*-Verbindung führt. Auch bei der Umsetzung von *o*-Bromfluorbenzen mit Lithiumamalgam tritt intermediär ein Arin auf, das sich z. B. in Gegenwart von Furan durch eine *Diels-Alder*-Reaktion abfangen und so indirekt nachweisen lässt (o Abb. 19.11). Es entsteht 1,4-Dihydro-1,4-epoxynaphthalen, welches in methanolischer Salzsäure glatt zu α-Naphthol isomerisiert (*G. Wittig* 1955).

Im Unterschied zu den anderen Halogenen haben die Iodatome in aromatischen Iodverbindungen die Neigung, ihre Bindigkeit ähnlich wie Oxoniumionen zu erhöhen. Beim Einleiten von Chlor in eine kalte Lösung von Iodbenzen in Chloroform entsteht nach *C. Willgerodt* gelbes, kristallines Phenyliododichlorid, $PhICl_2$, das sich im Licht oder beim Erhitzen auf 110 °C in *p*-Chloriodbenzen umlagert. Bei der Einwirkung von Alkalien auf Phenyliododichlorid erfolgt Hydrolyse der Chloratome und Wasserabspaltung zu dem gelben, amorphen Iodosylbenzen, PhIO (o Abb. 19.12). Iodosylbenzen, das sich auch durch Oxidation von Iodbenzen mit Ozon darstellen lässt, ist eine unbeständige Substanz, die schon beim Stehenlassen, rascher beim Kochen mit Wasser, zu Iodylbenzen $PhIO_2$ und Iodbenzen PhI disproportioniert. Iodylbenzen kann auch durch Oxidation von Iodbenzen mit Peroxoschwefelsäure (*Caro*sche Säure) oder von Iodosylbenzen mit Chlorkalk erhalten werden. Iodosyl- und noch eher Iodylverbindungen verpuffen beim Erhitzen. Aus angesäuerter Kaliumiodidlösung setzen sie die äquivalente Menge Iod frei und werden dabei zu Iodbenzen reduziert. Iodosyl- und Iodylverbindungen ähneln in ihrer Struktur den Sulfoxiden und Sulfonen (▸Kap. 9.2.1).

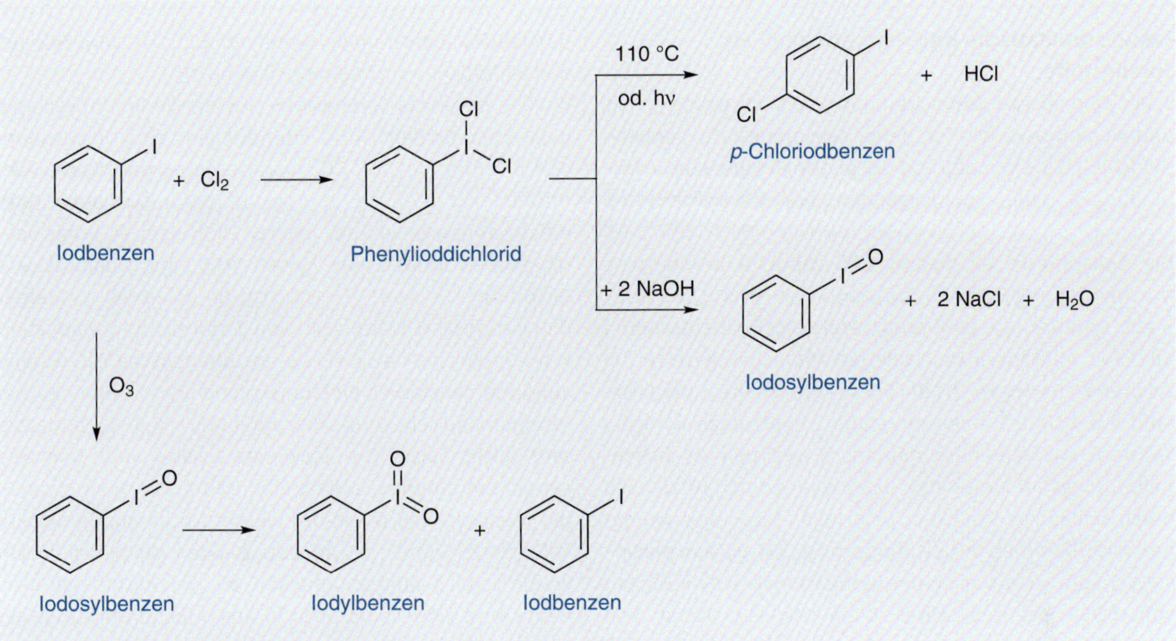


**Abb. 19.12** Iodbenzen ergibt mit Chlor unter Wärmezufuhr *p*-Chloriodbenzen. Unter Einwirkung von Base entsteht Iodosylbenzen, welches nicht sehr stabil ist und schon beim Stehenlassen in Iodylbenzen und Iodbenzen disproportioniert. Iodosylbenzen entsteht auch bei der Reaktion von Iodbenzen mit Ozon.



## 19.2 Nitroaromaten

Unter der Abkürzung **TNT** ist der Sprengstoff **Trinitrotoluen** wohl die bekannteste aller aromatischen Nitroverbindungen. Auch bei vielen anderen Sprengstoffarten macht man sich die explosiven Eigenschaften aromatischer Nitroverbindungen zunutze. Diese Eigenschaften sind seit Langem bekannt, weshalb diese Verbindungklasse industriell auch schon deutlich länger von großer Bedeutung ist als ihre nichtaromatischen Verwandten, die Nitroalkane (▸Kap. 10.3). Die meisten aromatischen Nitroverbindungen sind feste, farblose oder gelbe Substanzen, einige wenige sind wie z.B. Nitrobenzen bei Raumtemperatur flüssig. In der Praxis nitriert man die Aromaten meist bei leichter Hitze mit der sogenannten **Nitriersäure**, einem Gemisch von konzentrierter $HNO_3$ und konzentrierter $H_2SO_4$. Als weitere **Nitrierungsmittel** können rauchende Salpetersäure (mit 6–12% $NO_2$), Nitroniumtetrafluoroborat, $NO_2[BF_4]$, und Acetylnitrat, $H_3CC(=O)ONO_2$, verwendet werden.

### 19.2.1 Struktur und Eigenschaften

**Nitrobenzen**, $C_6H_5—NO_2$, ist eine gelbliche, bei 211 °C siedende Flüssigkeit von stark bittermandelölartigem Geruch. Es ist in Wasser kaum löslich, mit Wasserdampf jedoch flüchtig; die dabei entstehenden Nitrobenzendämpfe wirken giftig. Nitrobenzen besitzt ein Dipolmoment von $13{,}18 \cdot 10^{-30}$ Cm, dessen Ursache die Elektronenverschiebung durch den –I-Effekt und –M-Effekt der Nitrogruppe ist (vgl. Halogenderivate der aromatischen Kohlenwasserstoffe, ▸Kap. 19.1). ***m*-Dinitrobenzen** ist eine blassgelbe Substanz mit einem Schmelzpunkt von 0 °C und ist, wie Nitrobenzen, in Wasser fast unlöslich, jedoch ebenfalls mit Wasserdampf flüchtig. Wie alle Dinitrobenzene ist *m*-Dinitrobenzen stark giftig, zudem haben sich alle drei Isomere im Tierversuch als carcinogen erwiesen. **1,3,5-Trinitrobenzen (TNB)** bildet bei Raumtemperatur farblose Blättchen und schmilzt bei 125 °C. Es ist unlöslich in Wasser, wenig löslich in Alkohol, Ether und Benzen, gut löslich in Aceton oder Ethylacetat. Wie die Dinitrotoluene ist es stark giftig. 1,3,5-Trinitrobenzen ist explosiv und besitzt eine leicht größere Explosivkraft als 2,4,6-Trinitrotoluen (TNT), ist aber sehr viel schwerer darstellbar und wird daher aus Kostengründen nicht als Sprengstoff genutzt. **2,4,6-Trinitrotoluen (TNT)** ist ein farbloser bis blassgelber Feststoff (▸Exkurs: Aromatische Nitroverbindungen als Sprengstoffe), der bei Raumtemperatur Nadeln oder Kristalle bildet. Er besitzt ähnlich gute explosive Eigenschaften wie 1,3,5-Trinitrobenzen, ist jedoch leichter herstellbar als dieses und wird daher sowohl zivil als auch militärisch als Sprengstoff genutzt.

### 19.2.2 Gewinnung und Synthese

Beim Erwärmen von Benzen mit konzentrierter $HNO_3$ oder Nitriersäure (ein Gemisch aus Salpeter- und Schwefelsäure) entsteht Nitrobenzen mit einer Ausbeute von ca. 85 %. Die **Nitrierung** verläuft – in Analo-

### Exkurs: Aromatische Nitroverbindungen als Sprengstoffe

Viele aromatische Nitroverbindungen sind hochexplosiv und werden bzw. wurden daher als Sprengstoffe verwendet (Abb. 19.13). Aufgrund der enormen Fülle dieser Verbindungen seien im Folgenden nur die wichtigsten erwähnt.

Die bekannteste als Sprengstoff genutzte aromatische Nitroverbindung ist 2,4,6-Trinitrotoluen (TNT). 1863 erstmalig synthetisiert (*Wilbrand*), wurde es in Deutschland ab 1902 militärisch in Artilleriegranaten eingesetzt. Im Zweiten Weltkrieg wuchs die Produktion allein in Deutschland auf 18000 Tonnen pro Monat. Heutzutage wird die Substanz ebenfalls noch militärisch und zivil als Sicherheitssprengstoff eingesetzt, da es weder durch Hitze noch durch Schlag zur Explosion zu bringen ist – dies gelingt nur mithilfe eines Initialsprengstoffs. TNT ist ein mittelstarker Sprengstoff mit einer Detonationsgeschwindigkeit von 6900 m/s und einer Bleiblockausbuchtung von 30 $cm^3$/g; seine Explosionskraft dient als Vergleichsmaß bei der Bestimmung der Explosionskraft von Fissions- und Fusionsbomben („Atombombe" bzw. „Wasserstoffbombe"). Zu diesem Zwecke wurde z. B. am 7. Mai 1945 in der Wüste Mexikos die gewaltige Menge von 100 Tonnen TNT gezündet, um die Messgeräte für die Atombombentests zu kalibrieren.

Das ebenfalls bereits erwähnte 1,3,5-Trinitrobenzen (TNB) besitzt eine Detonationsgeschwindigkeit von 7300 m/s und eine Bleiblockausbuchtung von 32,5 $cm^3$/g. Beide Werte liegen nur leicht über denjenigen von TNT; da die Herstellung jedoch ungleich aufwändiger ist, wird TNB aus wirtschaftlichen Gründen nicht genutzt.

Weitere bekannte Sprengstoffe aus der Verbindungsklasse der aromatischen Nitroverbindungen sind Pikrinsäure (2,4,6-Trinitrophenol, TNP) und ihre Salze, die Pikrate. Pikrinsäure war der erste Explosivstoff, der in (Artillerie-)Granaten eingesetzt wurde, bereits 1886 kam es unter verschiedenen Namen zum Einsatz. Mit einer Bleiblockausbuchtung von 31,5 $cm^3$/g und einer Detonationsgeschwindigkeit von 7350 m/s ist sie ein stärkerer Sprengstoff als TNT. Da die phenolische OH-Gruppe aufgrund der starken elektronenziehenden Effekte der drei Nitrogruppen sehr stark sauer wirkt ($pK_S \approx 0{,}3-1$), bildet sie sehr leicht Salze. Die Schwermetallsalze sind teilweise extrem empfindlich, sodass Pikrinsäure in Artilleriegranaten relativ schnell durch das wesentlich unempfindlichere TNT ersetzt wurde. Bis in den Zweiten Weltkrieg hinein wurde jedoch Ammoniumpikrat als Sprengstoff genutzt. Heute wird Pikrinsäure noch in der Farbstoffindustrie, der Mikroskopie, der organischen Analytik und vielen anderen Bereichen eingesetzt.

Hauptsächlich auf Pikrinsäure ist auch die größte unfallbedingte Explosion der Geschichte zurückzuführen, die Halifax-Explosion. Hier kam es 1917 nach der Kollision eines französischen Munitionsfrachters mit einem norwegischen Schiff zur Explosion der gesamten Ladung, die aus ca. 2300 t Pikrinsäure sowie über 250 t anderer Sprengstoffe bestand (Abb. 19.14). Die gewaltige Explosion löste eine Flutwelle aus und zerstörte große Teile der Stadt Halifax, ca. 2000 Menschen kamen dabei ums Leben.

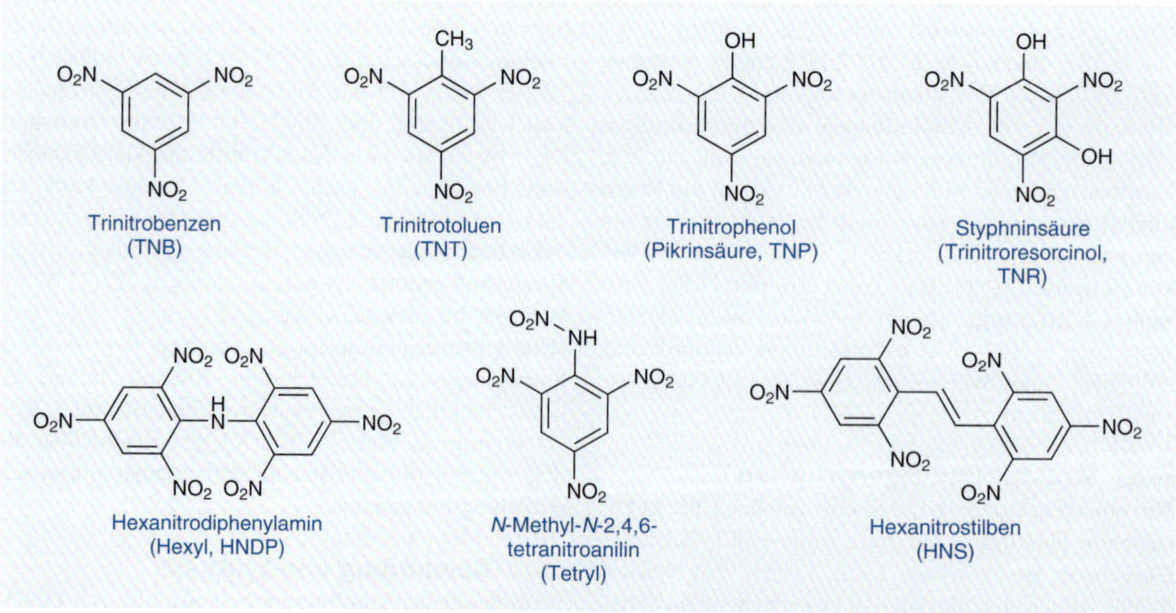


Abb. 19.13 Strukturformeln verschiedener Sprengstoffe auf Basis von Nitroaromaten

Ein naher Verwandter der Pikrinsäure ist Styphninsäure (2,4,6-Trinitroresorcin, TNR) bzw. ihre Salze, die Styphnate. Die Sprengleistung liegt geringfügig unterhalb derjenigen von TNT, genutzt wird lediglich Bleistyphnat in Zündsätzen. Hexanitrodiphenylamin (2,2,4,4,6,6-Hexanitrodiphenylamin, Dipikrylamin, Hexyl, HNDP), ein gegen Ende des 19. Jahrhunderts entdeckter roter Farbstoff, zeigt ebenfalls explosive Eigenschaften. In den 30er Jahren des 20. Jahrhunderts wurde von der deutschen Wehrmacht ein Gemisch aus TNT, HNDP und Aluminium unter dem Namen Schießwolle 36 entwickelt, das in Seeminen, Wasserbomben und Torpedos eingesetzt wurde. Mit einer Bleiblockausbuchtung von 32,5 $cm^3/g$ und einer Detonationsgeschwindigkeit von 7 200 m/s ist es ein starker Sprengstoff, der zudem eine hohe Stoßunempfindlichkeit besitzt, was seine Nutzung erleichtert.

Unter dem Namen Tetryl ist *N*-Methyl-*N*-2,4,6-tetranitroanilin unter den Sprengstoffen bekannt. Eine Bleiblockausbuchtung von 41 $cm^3/g$ und eine Detonationsgeschwindigkeit von 7 850 m/s zeichnen diesen hochbrisanten Sprengstoff aus und machten ihn zu einem weit verbreiteten Initialsprengstoff, der jedoch im Laufe der Zeit durch günstiger herstellbare Sprengstoffe ersetzt worden ist.

Ein noch heute aufgrund seiner großen Temperaturbeständigkeit genutzter Sprengstoff ist Hexanitrostilben (1,2-Bis(2,4,6-trinitrophenyl)ethylen, HNS). HNS ist in einem großen Temperaturbereich von −200 °C bis 250 °C einsetzbar und wird beispielsweise in der Raumfahrt oder in heißen Erdöllagerstätten eingesetzt.

**Abb. 19.14** Explosion eines Munitionsfrachters vor der kanadischen Küstenstadt Halifax im Jahr 1917. Die Explosionswolke stieg bis auf 3,6 km Höhe, noch in 70 km Entfernung gingen Fensterscheiben zu Bruch.



gie zur Halogenierung – als elektrophile Substitution. Das nitrierende Agens ist das **Nitronium-Ion**, $NO_2^+$, das in Nitriersäure durch Protonierung und Wasserspaltung aus Salpetersäure entsteht (*Hughes* u. *Ingold* 1946).

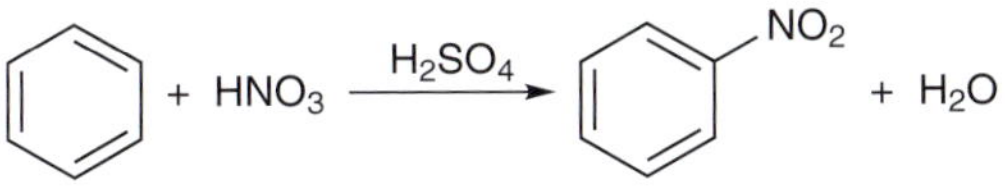

Nitrobenzen

$$HNO_3 + 2\,H_2SO_4 \rightleftharpoons NO_2^{\oplus} + H_3O + 2\,HSO_4^{\ominus}$$

$$2\,HNO_3 \rightleftharpoons NO_2^{\oplus} + H_2O + NO_3^{\ominus}$$

Die Rolle der Schwefelsäure in der Nitriersäure besteht demnach hauptsächlich in der Protonierung der Salpetersäure zum **Nitracidium-Ion**, $H_2NO_3^+$, aus dem unter Wasserabspaltung das Nitronium-Ion entsteht. In konzentrierter Salpetersäure bildet sich das Nitronium-Ion durch Autoprotolyse. Bei der Reaktion von Benzen mit einem nitrierenden Agens greift das Nitronium-Ion das aromatische System des Benzenrings elektrophil an und wird dabei über einen **π-Komplex** gebunden. Aus dem daraus entstehenden ***Wheland*-Komplex** wird ein Proton abgespalten, wobei unter Rückbildung des aromatischen Systems Nitrobenzen entsteht (Abb. 19.15).

Auch mit Verbindungen wie **Nitroniumtetrafluoroborat**, in denen bereits Nitronium-Ionen vorliegen, lassen sich aromatische Verbindungen nitrieren (*Olah*).

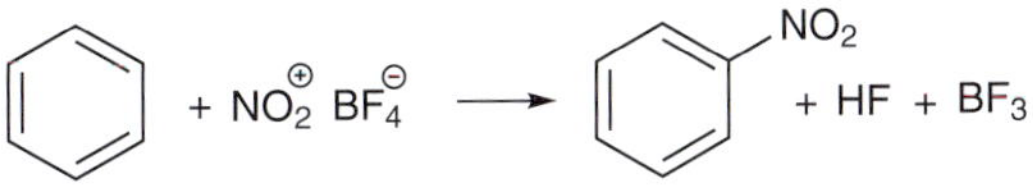

Die weitere Nitrierung des Nitrobenzens mit überschüssiger Nitriersäure bei höherer Temperatur führt nur bis zum *m*-**Dinitrobenzen** mit einer Ausbeute von etwa 80 %.

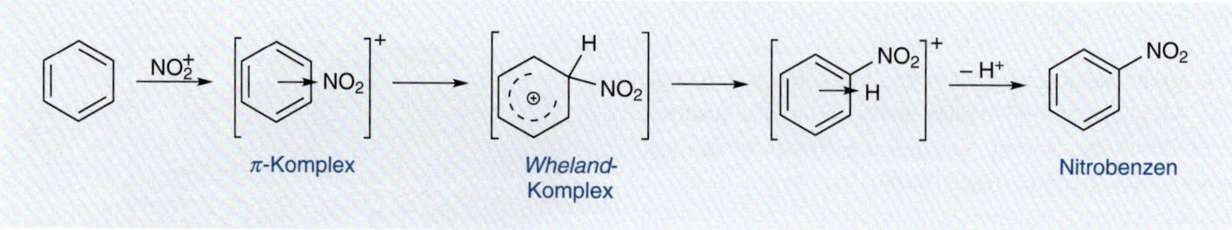


**Abb. 19.15** Mechanismus der Nitrierung von Benzen

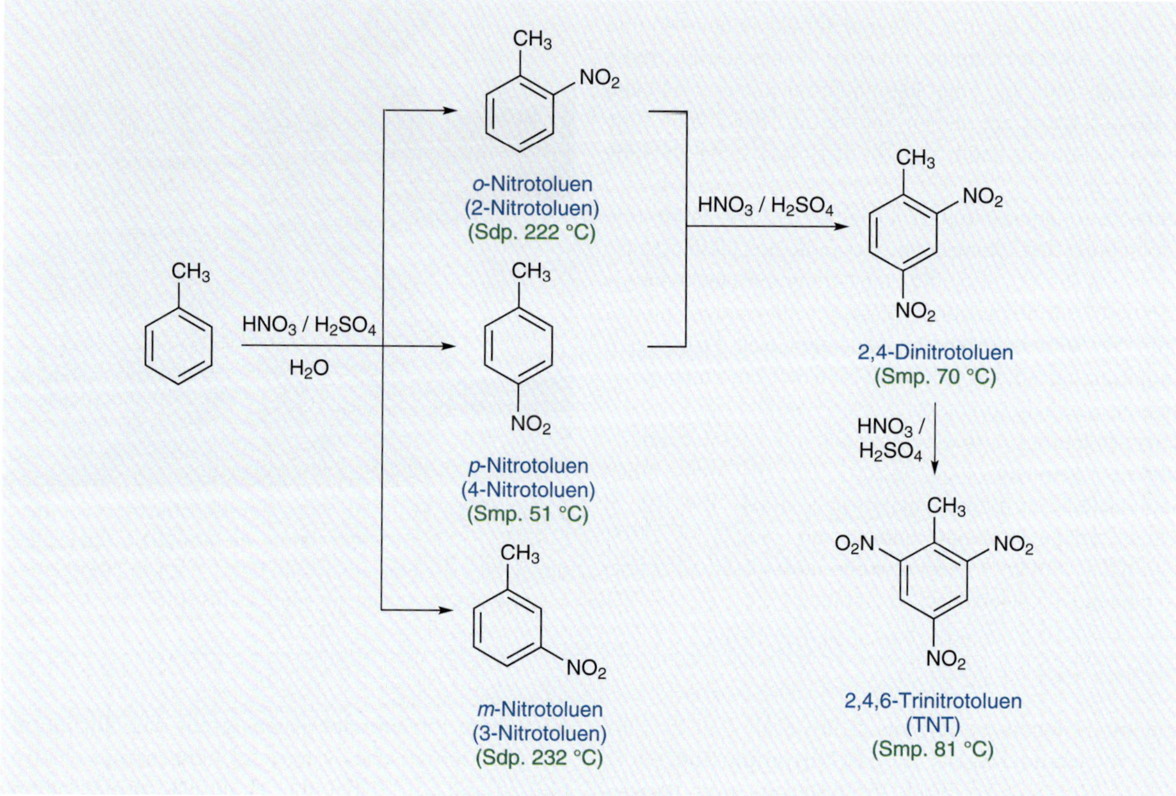


**Abb. 19.16** Synthese von 2,4,6-Trinitrotoluen, ausgehend von Toluen

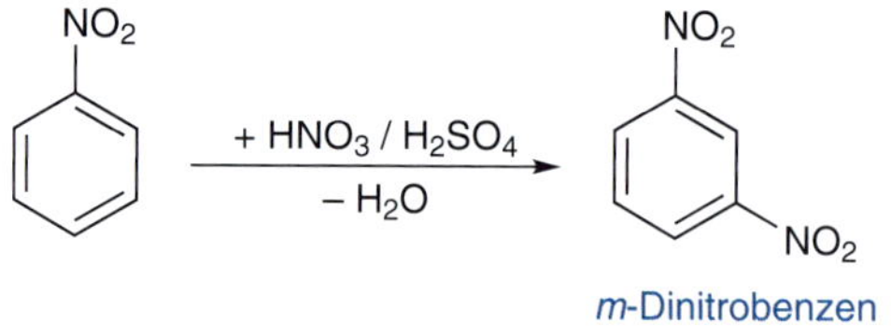


Die direkte Einführung einer dritten Nitrogruppe in den Benzenkern gestaltet sich äußerst schwierig. Auch die Bildung des *m*-Dinitrobenzen aus Nitrobenzen ist unter ansonsten gleichen Reaktionsbedingungen bereits etwa 10 000-mal langsamer als die Bildung von Nitrobenzen aus Benzen. Die Ursachen für diesen Effekt sind, wie bereits erläutert, der –M- und der –I-Effekt der Nitrogruppe, die dem Benzenring Elektronendichte entziehen und somit den Angriff eines weiteren Elektrophils stark erschweren. Bei Anwesenheit einer zweiten Nitrogruppe verstärkt sich diese Eigenschaft entsprechend, sodass eine dritte Nitrierung nicht mehr stattfindet.

Leichter als Benzen werden Aromaten mit Alkylseitenketten nitriert, was auf den +I-Effekt der Alkylgruppe zurückzuführen ist. Bei der **Nitrierung von Toluen** bei 0 °C entstehen *o*-Nitrotoluen (etwa 65 %) und *p*-Nitrotoluen (30 %), neben wenig *m*-Nitrotoluen (5 %). Die ersten beiden Isomere lassen sich durch fraktionierende Destillation trennen. Durch weitere Nitrierung erhält man 2,4-Dinitrotoluen und schließlich **2,4,6-Trinitrotoluen** (TNT, Abb. 19.16).

Als Nebenprodukt bei der Nitrierung von Toluen tritt das in der Seitenkette nitrierte Phenylnitromethan (*ω*-Nitrotoluen), $C_6H_5—CH_2—NO_2$, auf. Es reagiert wie ein primäres aliphatisches Nitroalkan (▸Kap. 10.3) und lässt sich sowohl in der Neutralform, Sdp. 225 °C,

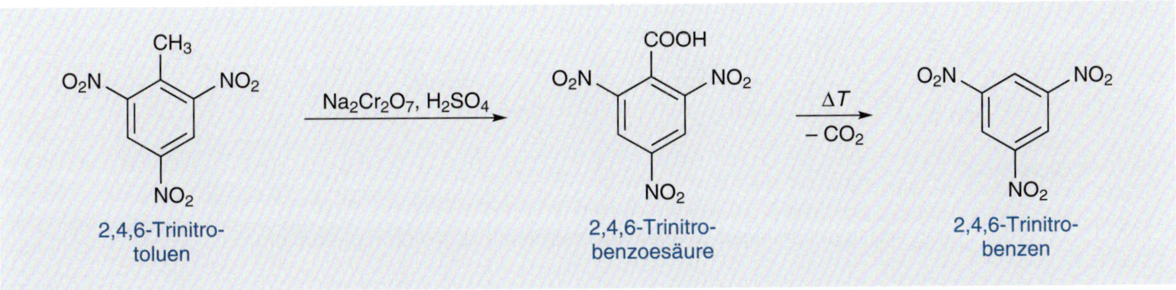


**o Abb. 19.17** Darstellung von Trinitrobenzen

als auch in der tautomeren *aci*-Form, Smp. 84 °C, isolieren (*Hantzsch*).

1,3,5-Trinitrobenzen wird nicht durch direkte Nitrierung des Benzens dargestellt, sondern durch Decarboxylierung von 2,4,6-Trinitrobenzoesäure, die aus 2,4,6-Trinitrotoluen (TNT) durch Oxidation mit Natriumdichromat in konz. Schwefelsäure gewonnen wird (Ausbeute etwa 45 %; o Abb. 19.17).

## 19.2.3 Reaktionen und Anwendungen

Nitrobenzen dient hauptsächlich als Ausgangsmaterial für die Synthese von Anilin, dem Reduktionsprodukt des Nitrobenzens, das für die Farbstoffindustrie von großer Bedeutung ist. Ferner wird Nitrobenzen als inertes Lösemittel sowie zuweilen als Oxidationsmittel in der präparativen Chemie verwendet. Einige pharmazeutische Wirkstoffe enthalten nitroaromatische Gruppen (▸Kap. 19.2.4). Manche trinitrierten Alkylbenzene, die eine tertiäre Butylgruppe enthalten, duften moschusähnlich und werden daher in der Parfümerie benutzt. Zu den synthetischen Produkten dieser Art zählen z. B. Toluen- und Xylenmoschus.

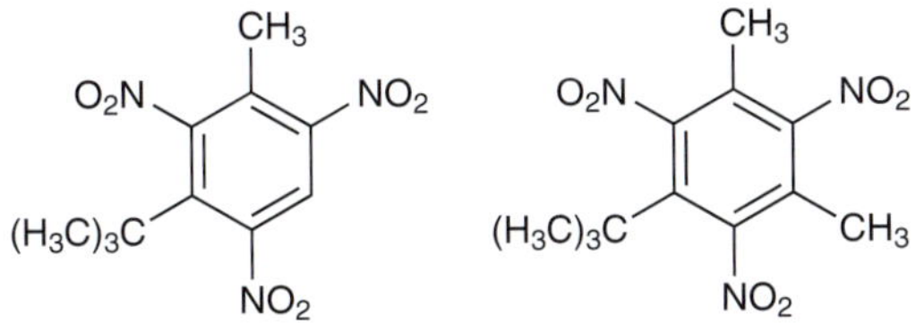

Toluenmoschus Xylenmoschus

### Reduktionsprodukte der aromatischen Nitroverbindungen

Ebenso wie die aliphatischen lassen sich auch die aromatischen Nitroverbindungen reduzieren. Die Reduktion des Nitrobenzens in **neutraler** oder **schwach saurer** Lösung verläuft über das Nitrosobenzen zum ***N*-Phenylhydroxylamin**. In **stark mineralsaurer** Lösung erfolgt die weitere Reduktion zum **Anilin** (▸Kap. 22.1.2), im alkalischen Medium entsteht das dimere Reduktionsprodukt **Hydrazobenzen** (**symmetrisches Diphenylhydrazin**, $C_6H_5{-}NH{-}NH{-}C_6H_5$). Der Verlauf der Reduktion aromatischer Nitroverbindungen hängt also entscheidend vom pH-Wert der Lösung ab.

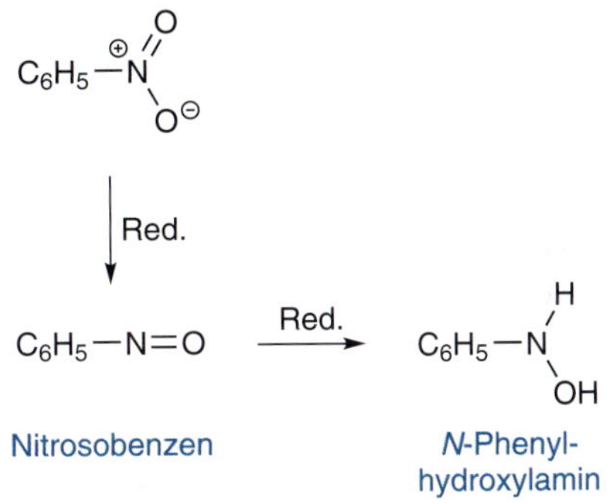


***N*-Phenylhydroxylamin** lässt sich beispielsweise auch durch Reduktion von Nitrobenzen mit Zinkstaub in wässriger Ammoniumchloridlösung darstellen. Alternativ kann es durch kathodische Reduktion von Nitrobenzen in mineralsaurer Lösung (10%ige Schwefelsäure) an Blei-, Quecksilber-, Kupfer- oder Graphitelektroden gewonnen werden. Das Verfahren ist auch auf Derivate des Nitrobenzens anwendbar und liefert die entsprechend substituierten Phenylhydroxylamine in hohen Ausbeuten.

$$C_6H_5{-}NO_2 + 4\,H \longrightarrow C_6H_5{-}NHOH + H_2O$$

Nitrobenzen → *N*-Phenylhydroxylamin

*N*-Phenylhydroxylamin bildet farblose, seidenglänzende Nadeln, Smp. 83 °C, die sich in Wasser, Ethanol und Ether lösen, reagiert neutral, ist unter Normalbedingungen jedoch unbeständig. Wie Hydroxylamin wirkt es auf ammoniakalische Silbersalz- und *Fehling*sche Lösung reduzierend. Behandelt man eine etherische Lösung von *N*-Phenylhydroxylamin mit trockenem Ammoniak und *n*-Butylnitrit, so entsteht das Ammoniumsalz des ***N*-Nitroso-*N*-phenylhydroxylamins**, das als „Cupferron" zum Nachweis und zur quantitativen Bestimmung von Metallionen wie Kupfer, Eisen und Titan unter Bildung unlöslicher Metallkomplexe benutzt wird.

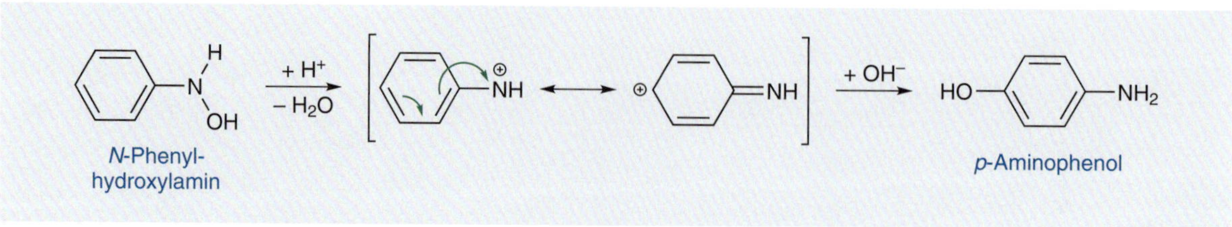


**○ Abb. 19.18** Unter sauren Bedingungen lagert *N*-Phenylhydroxylamin zu *p*-Aminophenol um.

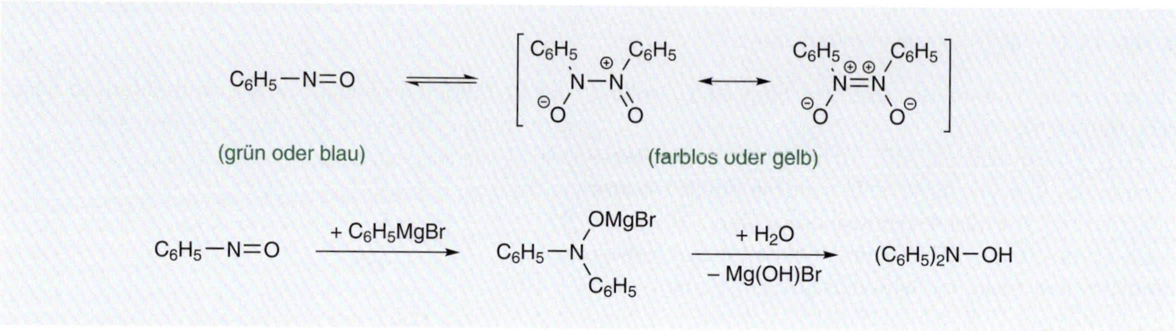


**○ Abb. 19.19** Dimerbildung, ausgehend von Nitrosobenzen (oben); Addition von Phenylmagnesiumbromid an Nitrosobenzen (unten)

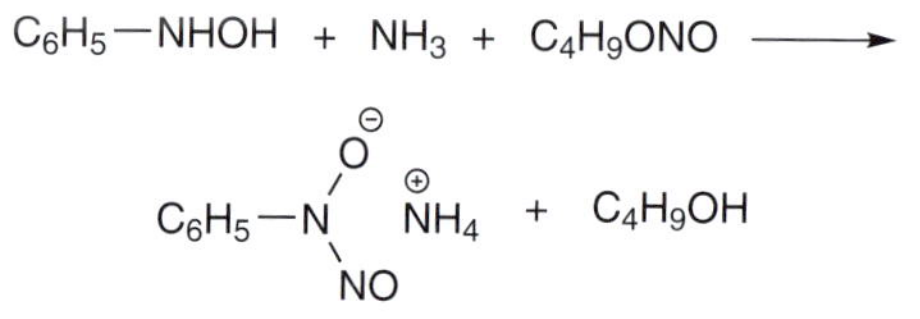

In **stark mineralsaurer** Lösung lagert sich *N*-Phenylhydroxylamin in ***p*-Aminophenol** um (*Bamberger* 1894). Die Umlagerung verläuft intermolekular über ein intermediäres Kation, das durch Abspaltung von Wasser aus dem protonierten *N*-Phenylhydroxylamin entsteht und anschließend nucleophil in der *para*-Stellung durch Wasser angegriffen wird (○ Abb. 19.18). Technisch wird ***p*-Aminophenol** (Smp. 186 °C) aber durch elektrolytische Reduktion von Nitrophenol in stark schwefelsaurer Lösung hergestellt und dient unter dem Namen Rodinal ebenso wie ***p*-Methylaminophenolsulfat** (Metol) als **photographischer Entwickler.**

**Nitrosobenzen,** $C_6H_5{-}N{=}O$, lässt sich als Primärprodukt der Reduktion von Nitrobenzen nicht isolieren, da es sofort weiter zum Hydroxylamin reduziert wird. Stattdessen stellt man es durch Oxidation von *N*-Phenylhydroxylamin mit Kaliumdichromat und Schwefelsäure bei 0 °C dar. Es bildet farblose Kristalle mit einem Schmelzpunkt von 68 °C, die sich aber beim Lösen, Schmelzen und Verdampfen grün färben. In der festen, farblosen Form liegt es als Dimer $(C_6H_5NO)_2$ vor. In dieser dimeren Form wurde mit Hilfe der Röntgenstrukturanalyse eine N—N-Bindung nachgewiesen. In der monomeren Form des Nitrosobenzens wirkt die Nitrosogruppe farbgebend. Bei der Einwirkung von Phenylmagnesiumbromid auf Nitrosobenzen entsteht ***N,N*-Diphenylhydroxylamin** (○ Abb. 19.19).

### 19.2.4 Ausgewählte Verbindungen

**Chloramphenicol** (Chloromytecin, Leukomycin, Paraxin, (1*R*,2*R*)-2-(2,2-Dichloracetamido)-1-(4-nitrophenyl)propan-1,3-diol), ein von *Streptomyces venezuelae* erzeugtes Antibiotikum, kann man auch als Phenylethylamin-Derivat auffassen. Es kristallisiert in gelben Nadeln mit einem Schmelzpunkt von 150 °C, ist optisch aktiv und besitzt die in ○ Abb. 19.20 dargestellte Struktur. Seine Konfiguration entspricht der von D-(−)-Threose (▸ Kap. 17.1). Neben der Nitrogruppe tritt hier ungewöhnlicherweise auch der Dichloressigsäure-Rest in einem Naturstoff auf. Therapeutisch ist Chloramphenicol nicht nur gegen Bakterien, sondern auch gegen Rickettsien und große Viren, z. B. gegen die Erreger der *Psittakose* (Papageienkrankheit) und des Fleckfiebers, wirksam. Der äußerst bittere Geschmack der Verbindung kann durch Veresterung mit Palmitinsäure beseitigt werden. Dieser Ester wird als **Prodrug** im Darm durch Esterhydrolasen in die Wirkform zurückverwandelt. Aufgrund möglicher schwerer Nebenwirkungen sowie zunehmender Resistenzentwicklungen wird Chloramphenicol heute nur noch selten eingesetzt, beispielsweise bei bakteriellen Infektionen des Auges.

Auch der ebenfalls zu den Antibiotika gehörende Wirkstoff **Nitrofurantoin** (▸ Kap. 28.1) enthält einen Nitroaromaten. Seine antibiotische Wirkung ist auf den mutagenen Effekt auf die bakterielle DNA durch die bei der Reduktion der Nitrogruppe auftretenden Zwischenstufen zurückzuführen. Nitrofurantoin dient hauptsächlich als Antibiotikum bei Harnwegsinfektionen.

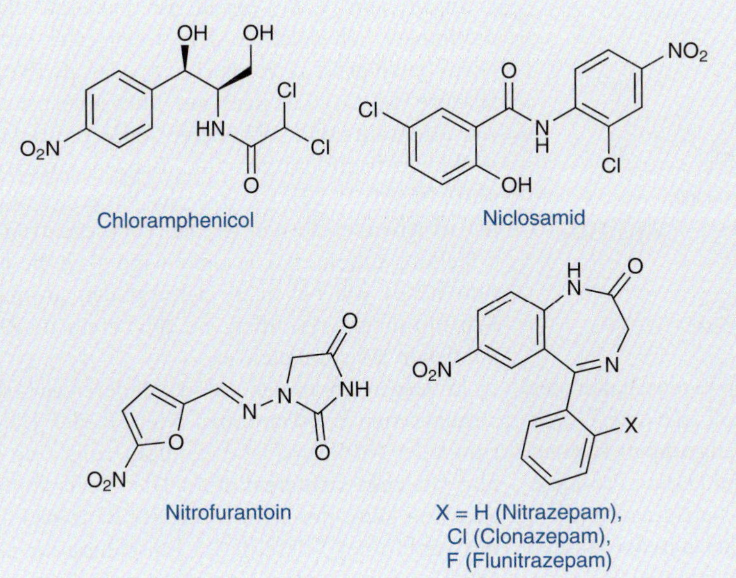


**Abb. 19.20** Strukturformeln ausgewählter Arzneistoffe, die Nitroaromaten enthalten

**Niclosamid** ist ein gegen Bandwürmer wirksames Anthelminthikum (Wirkstoff gegen Würmer und deren Larven). Es besitzt eine gute Verträglichkeit, da es oral nur sehr gering absorbiert wird.

Ein bekannter Vertreter aus der Wirkstoffklasse der **Benzodiazepine** ist **Nitrazepam**. Benzodiazepine gehören zu den **Tranquillanzien** (Beruhigungsmittel, Psychosedativa) und können sedativ (beruhigend), antikonvulsiv (antiepileptisch, krampflösend), hypnotisch (schlafanstoßend), anxiolytisch (angstlösend) und muskelrelaxierend (muskelentspannend) wirken. Die in 2′-Position durch Chlor- bzw. Fluoratome substituierten Derivate **Clonazepam** und **Flunitrazepam** werden als Antiepileptikum (Clonazepam) bzw. zur Behandlung von Schlafstörungen (Flunitrazepam) eingesetzt (Abb. 19.20).

## 19.3 Aromatische Sulfonsäuren

### 19.3.1 Struktur und Eigenschaften

Aromatische Kohlenwasserstoffe reagieren bei der Umsetzung mit Schwefelsäure bzw. Schwefeltrioxid in einer elektrophilen aromatischen Substitution unter direkter Substitution eines oder mehrerer H-Atome durch die Sulfonylgruppe $—SO_3H$ zu **Sulfonsäuren.** Diese sind farblose, kristalline, stark hygroskopische Substanzen, die sich in Wasser leicht lösen und darin vollständig dissoziieren. Da Sulfonsäuren nur schwer wasserfrei zu erhalten sind, isoliert man sie häufig durch „Aussalzen“ mit gesättigter Natriumchloridlösung als Sulfonate.

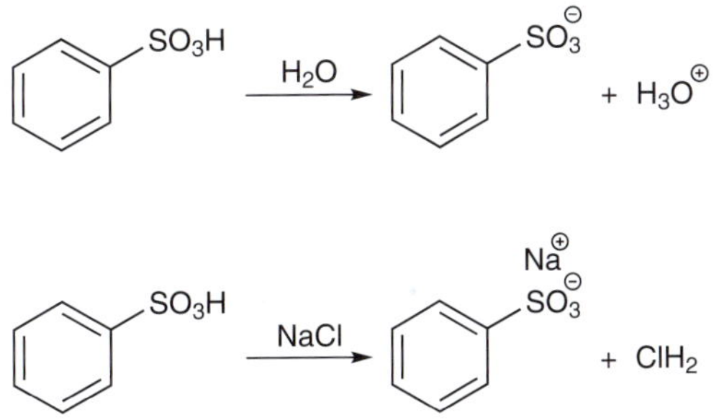


Die Acidität der Benzensulfonsäure ($pK_S$ = 0,70) ist etwas niedriger als die von Schwefelsäure ($pK_S$ = −3). Bei Anwesenheit elektronenziehender Substituenten in *o*- bzw. *p*-Stellung steigt die Acidität, z. B. ist 2,4-Dinitrobenzensulfonsäure stärker sauer als Schwefelsäure. Daher werden die freien aromatischen Sulfonsäuren häufig als starke, aber im Gegensatz zur Schwefelsäure nicht oxidierend wirkende Säuren bei der sauren Katalyse anstelle von Schwefelsäure eingesetzt.

Da die Sulfonylgruppe in Aromaten durch andere Atomgruppen ausgetauscht werden kann (***ipso*-Substitution**), dienen Sulfonsäuren technisch als Zwischenprodukte bei Synthesen. Praktische Bedeutung besitzt beispielsweise der nucleophile Austausch der Sulfonylgruppe gegen die Hydroxy- oder Nitrilgruppe. So entstehen aus Natriumbenzensulfonat beim Schmelzen mit Natriumhydroxid Natriumphenolat und mit Natriumcyanid Benzonitril.

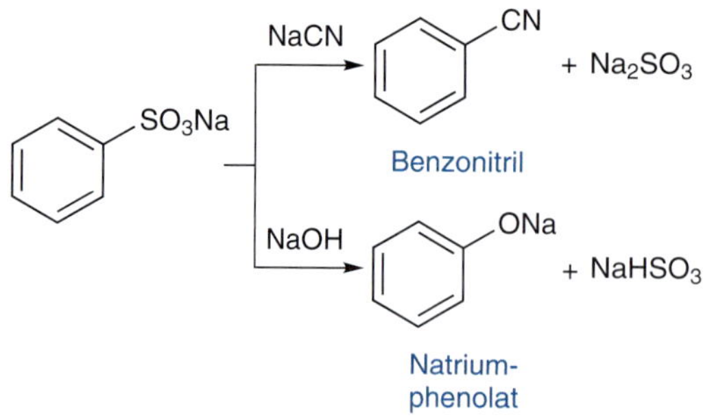


Aber auch die löslichkeitsfördernden Eigenschaften der Sulfonsäuregruppe macht man sich oft zu Nutze. Durch die Einführung von Natriumsulfonatgruppen können unpolare Farbstoffe, Arzneistoffe und andere Produkte wasserlöslich gemacht werden. Die Natriumsalze alkylierter aromatischer Sulfonsäuren spielen in der Waschmittelindustrie (▸Kap. 14) eine bedeutende Rolle, da die Calcium- und Magnesiumsalze dieser Säuren wasserlöslich und daher – anders als die entsprechenden Salze normaler Fettsäuren – auch in hartem Wasser wirksam sind. Die Barium- und Bleisulfonate sind im Gegensatz zu den entsprechenden Sulfaten ($BaSO_4$, $PbSO_4$) ebenfalls wasserlöslich.

### 19.3.2 Gewinnung und Synthese

Die Darstellung der aromatischen Sulfonsäuren erfolgt über die Sulfonierung von Benzen mit konzentrierter oder rauchender Schwefelsäure (Oleum) oder Schwefeltrioxid ($SO_3$) gelöst in Dioxan oder Pyridin. Aromatische Sulfonsäuren sind somit viel leichter zugänglich als aliphatische (▸Kap. 10.2). Der Reaktionsmechanismus der Sulfonierung entspricht der elektrophilen aromatischen Substitution mit $SO_3$ als angreifendem Elektrophil (○Abb. 19.21). Aufgrund kinetischer Untersuchungen von *C.K. Ingold* ist bekannt, dass das monomere Schwefeltrioxid in freier oder maskierter Form beteiligt ist (z.B. als $H_3SO_4^+$ oder als Pyroschwefelsäure $H_2S_2O_7$). Die Reaktion führt zunächst zur Benzensulfonsäure und bei höheren Temperaturen über die *m*-Benzendisulfonsäure zur Benzen-1,3,5-trisulfonsäure (○Abb. 19.22). Derivate des Benzens mit elektronenschiebenden Resten werden vorwiegend in *p*- und *o*-Stellung sulfoniert. Die Geschwindigkeit dieser Reaktion hängt wie bei allen elektrophilen aromatischen Substitutionen wesentlich von den bereits im Ring vorhandenen Substituenten ab.

Im Gegensatz zu den meisten anderen elektrophilen aromatischen Substitutionen wie z.B. der Halogenierung oder Nitrierung ist die Sulfonierung eine **reversible Gleichgewichtsreaktion**. Die Reversibilität der Reaktion kann durch Erhitzen der Benzensulfonsäure mit verdünnter Salzsäure im Einschlussrohr auf 150–180 °C gezeigt werden. Unter diesen Bedingungen wird die Sulfonylgruppe durch Wasserstoff ersetzt, d.h., es findet eine Desulfonierung statt. Die Sulfonierung muss daher reversibel sein.

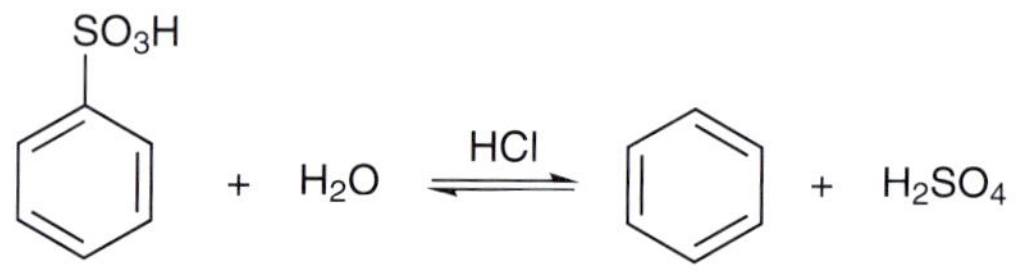


### 19.3.3 Reaktionen und Anwendungen

In Analogie zu den Carbonsäuren (▸Kap. 13) und den aliphatischen Sulfonsäuren (▸Kap. 10.2) kann man auch aus den aromatischen Sulfonsäuren Sulfonylchloride, Sulfonsäureester, Sulfonamide usw. herstellen. Die wichtigsten Vertreter der Sulfonylchloride leiten sich

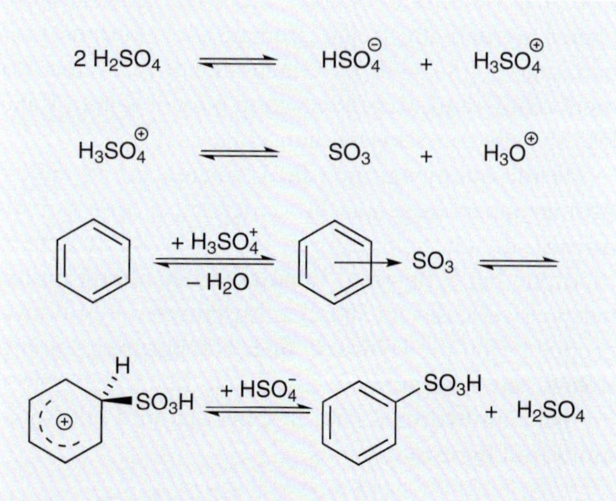


○ **Abb. 19.21** Sulfonierung von Benzen. Das angreifende Nucleophil ist $SO_3$, welches auch „maskiert" (z.B. $H_3SO_4^+$) vorliegen kann.

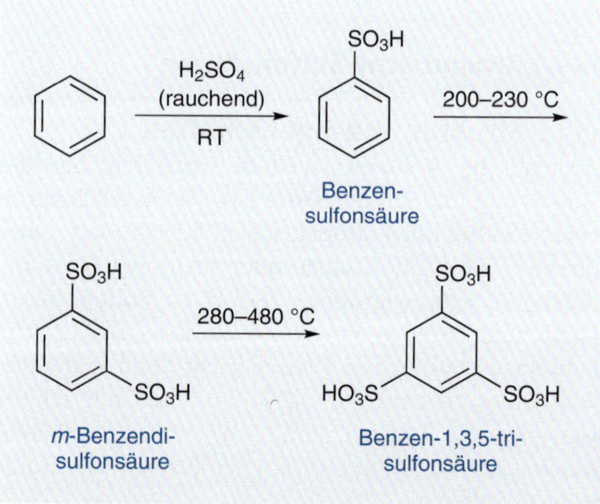


○ **Abb. 19.22** Schrittweise Sulfonierung von Benzen

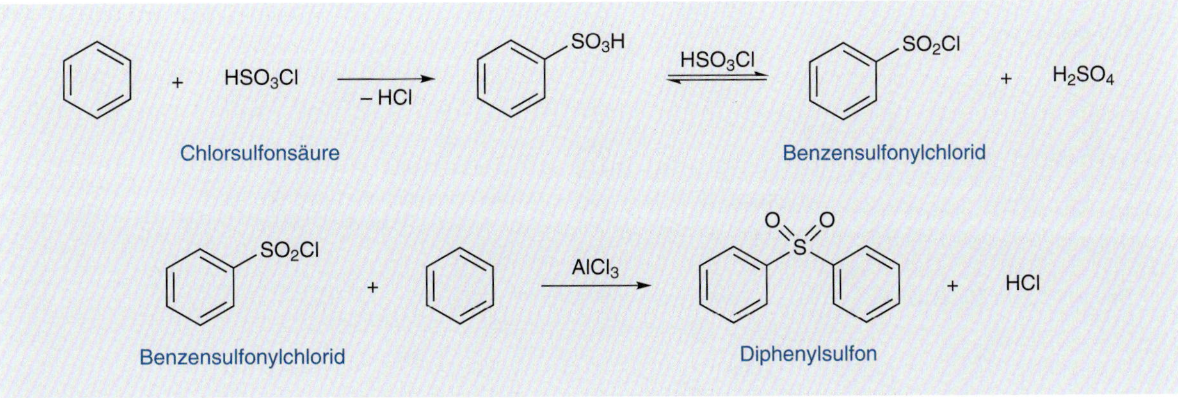


**Abb. 19.23** Chlorsulfonierung von Benzen. Diphenylsulfon entsteht als Nebenprodukt, kann aber auch gezielt hergestellt werden.

von der Benzen- und Toluensulfonsäure ab. Sulfonylchloride können durch Einwirken von Phosphor(V)-chlorid auf aromatische Sulfonsäuren oder besser auf Natriumsulfonate dargestellt werden.

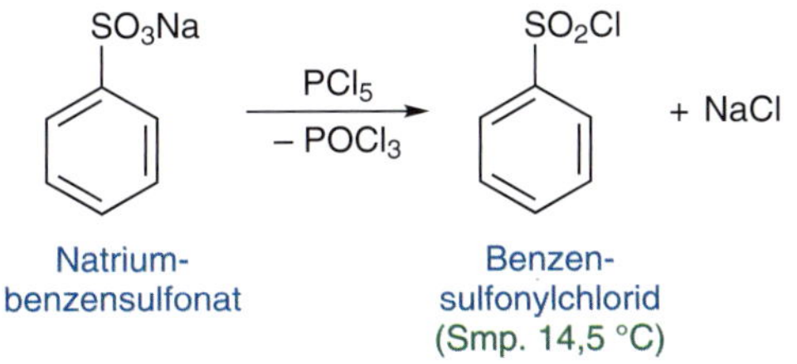


Eine weitere Möglichkeit zur Synthese von Benzensulfonylchlorid, welche auch technische Bedeutung hat, ist die Chlorsulfonierung von Benzen mit überschüssiger Chlorsulfonsäure (Chlorschwefelsäure). Hierbei finden zunächst eine Sulfonierung und dann die Umsetzung der Sulfonsäure mit Chlorsulfonsäure zum Sulfonylchlorid statt. Als Nebenprodukt entsteht Diphenylsulfon (Smp. 128 °C), welches auch gezielt durch eine *Friedel-Crafts*-Reaktion aus Benzensulfonylchlorid mit Benzen und Aluminiumchlorid hergestellt werden kann (Abb. 19.23).

Die Chlorsulfonierung von Toluen führt zu einem Gemisch von *o*- und *p*-Toluensulfonylchlorid. Eine weitere Möglichkeit, *p*-Toluensulfonsäurechlorid herzustellen, ist eine Art *Friedel-Crafts*-Acylierung von Toluen mit Sulfurylchlorid ($SO_2Cl_2$) in Anwesenheit von Aluminiumchlorid als Katalysator.

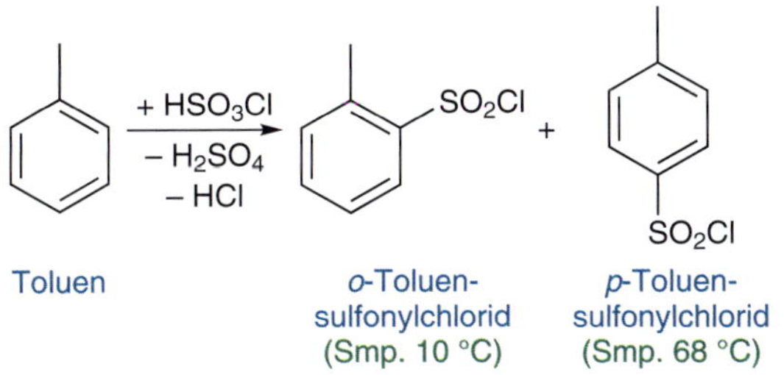


Die Sulfonylchloride der Aromaten sieden niedriger als die entsprechenden Sulfonsäuren und lassen sich durch Destillation unter vermindertem Druck oder durch Umkristallisation reinigen. Sie reagieren mit Wasser aufgrund ihrer Schwerlöslichkeit sehr langsam. Nur bei längerem Erhitzen werden die freien Sulfonsäuren zurückgebildet.

19

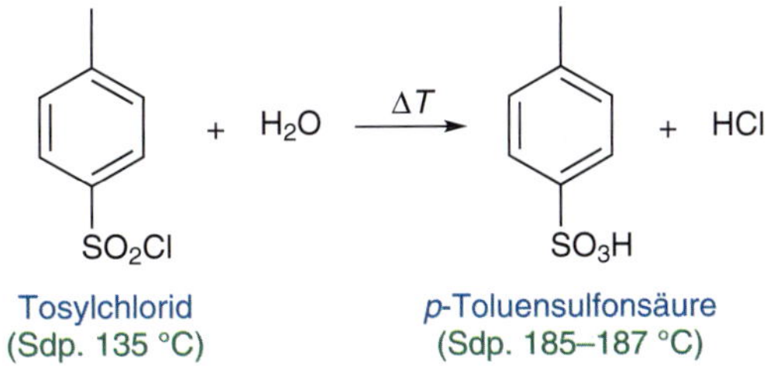


Der *p*-Toluensulfonyl-Rest ($H_3CPh—SO_2—$) wird auch als **Tosyl-Gruppe** (Ts) bezeichnet (entsprechend: TsCl = Tosylchlorid). Die Ester dieser Säure nennt man, im Gegensatz zur IUPAC-Empfehlung, meist Alkyl- bzw. Aryltosylate statt Alkyl- bzw. Aryl-*p*-toluensulfonate. Die Einführung des Tosylrestes bezeichnet man als Tosylierung. So kann man durch die Reaktion von Tosylchlorid mit einem Alkohol unter Einwirkung verdünnter Basen (Alkalilaugen oder besser Pyridin) Sulfonsäurealkylester („Tosylate") (Abb. 19.24) herstellen und somit aus der schlechten Abgangsgruppe HO— eine gute (TsO—) machen. Die aus Alkoholen leicht zugänglichen Alkyltosylate werden daher oft anstelle von Alkylhalogeniden als Alkylierungsmittel bei nucleophilen Substitutionsreaktionen verwendet.

Durch Reduktion der aromatischen Sulfonylchloride entstehen Thiophenole (Arylmercaptane). Das einfachste **Thiophenol** (Ph—SH) (Abb. 19.24) (vgl. auch ▸Kap. 6.3 Thiole) ist eine farblose, unangenehm riechende, giftige Flüssigkeit, die bei 170 °C siedet und aufgrund ihrer Acidität ($pK_S$ = 6,50) mit Basen beständige Metallsalze bildet. An der Luft wird Thiophenol leicht zu Diphenyldisulfid oxidiert (Abb. 19.24). Je

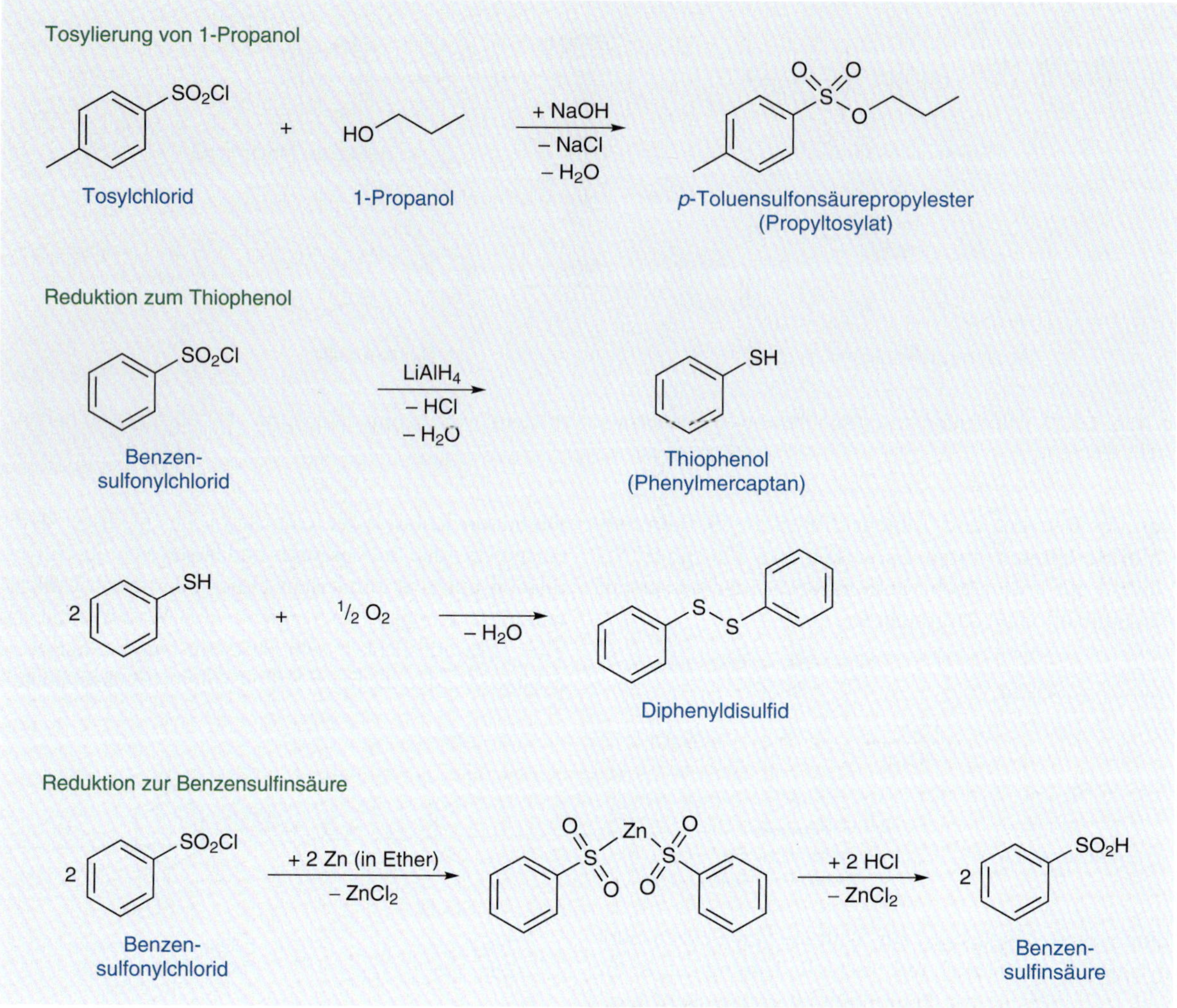


**o Abb. 19.24** Mit Sulfonylchloriden können aus Alkoholen gute Abgangsgruppen hergestellt werden. Benzensulfonylchlorid lässt sich zum Thiophenol oder zur Benzensulfinsäure reduzieren. An der Luft wird Thiophenol leicht zum Diphenyldisulfid oxidiert.

nach Reaktionsbedingungen können aber durch Reduktion von aromatischen Sulfonsäuren auch Sulfinsäuren (Ph—$SO_2H$) entstehen. Die Arensulfinsäuren sind instabile Verbindungen, die an der Luft leicht wieder zu Sulfonsäuren oxidiert werden.

Bei der Einwirkung von wässrigem Ammoniak auf aromatische Sulfonylchloride entstehen **Sulfonamide** (Sulfamide). Entsprechend reagieren Sulfonylchloride mit primären und sekundären Aminen zu *N*-substituierten Benzensulfonamiden (o Abb. 19.25). Sulfonamide aus primären Aminen lösen sich in Alkalien, da das noch vorhandene Proton am Stickstoff sehr acide ist und bereits durch eine Base wie NaOH deprotoniert werden kann. Die entstehenden Salze sind wasserlöslich. Bei sekundären Amiden ist kein acides H-Atom mehr vorhanden, die Verbindungen sind daher in Alkalien unlöslich. Auf diesem unterschiedlichen Verhalten beruht eine Trennungsmethode der primären und sekundären Amine (vgl. *Hinsberg*-Trennung, ▸Kap. 8.1.3). Arensulfonamide sind gut kristallisierende Verbindungen, die sich nur schwer hydrolysieren lassen. Am besten verläuft die Spaltung beim Erhitzen mit 30 % Bromwasserstoffsäure in Eisessig unter Hinzufügen von etwas Phenol.

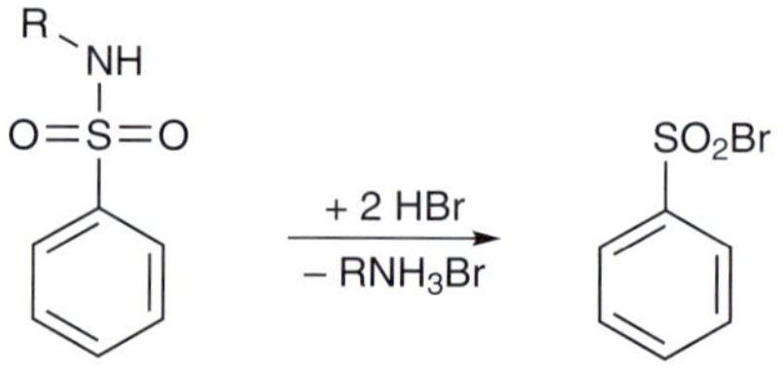


Bei der Herstellung des ältesten künstlichen Süßungsmittels **Saccharin** (▸Exkurs: Saccharin) nach dem *Remsen-Fahlberg*-Verfahren geht man von Toluen aus, das zunächst durch Chlorsulfonierung in ein Gemisch der beiden isomeren *o*/*p*-Tosylchloride überführt wird. Die *o*-Verbindung wird abgetrennt, mit Ammoniak zum *o*-Toluensulfonsäureamid umgesetzt und anschließend durch Natriumpermanganat oder Chrom(VI)oxid zum Saccharin oxidiert (o Abb. 19.26).

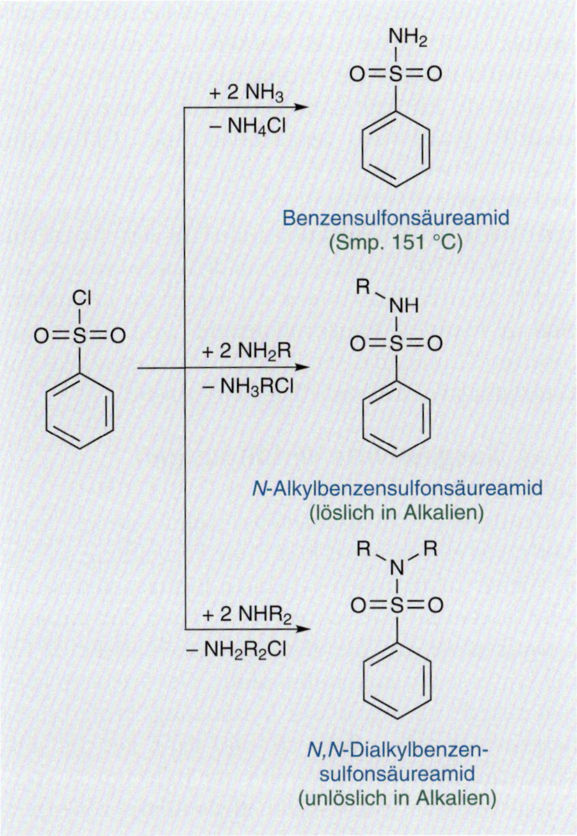


**o Abb. 19.25** Darstellung von Benzensulfonamiden durch Umsetzung von Benzensulfonylchlorid mit Ammoniak bzw. Aminen. Die unterschiedliche Löslichkeit der verschiedenen Benzensulfonamide in Alkalien kann als Trennungsmethode für primäre und sekundäre Amine genutzt werden (*Hinsberg*-Reaktion).

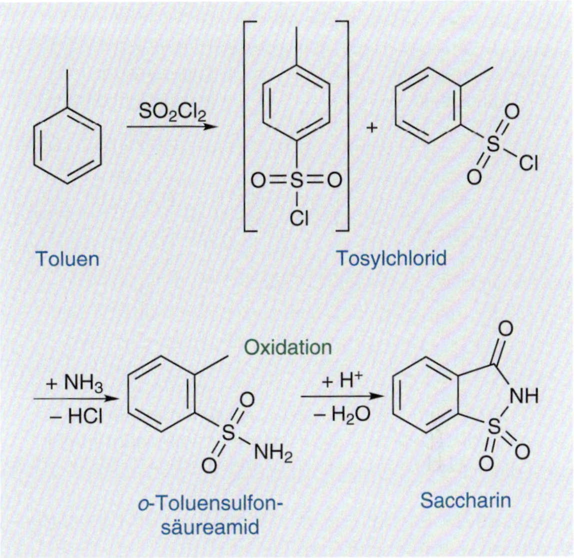


**o Abb. 19.26** Herstellung des Süßungsmittels Saccharin nach dem *Remsen-Fahlberg*-Verfahren, ausgehend von Toluen



## Exkurs: Saccharin

Das künstliche Süßungsmittel Saccharin (altgr. *sakcharon* = Zucker; o Abb. 19.27) wurde wie die meisten synthetischen Süßstoffe durch Zufall entdeckt. Der Chemiker *C. Fahlberg* bemerkte im Jahre 1878 nach einer missglückten Reaktion den süßen Geschmack der Chemikalie auf seinen Händen und untersuchte die Substanz zusammen mit *I. Remsen*. In seiner Süßkraft ist Saccharin 400- bis 700-mal süßer als der Haushaltszucker (Saccharose) und gleichzeitig günstiger in der Herstellung. Im Körper wird Saccharin nicht abgebaut, liefert somit keine Energie und wird daher in vielen Diät- und Light-Produkten als Zuckerersatz eingesetzt. Dadurch ist es auch für Diabetiker geeignet. Die enorme Süße von Saccharin macht die Dosierung in haushaltsüblichen Mengen und Anwendungen allerdings schwierig. Es besitzt zudem einen bitteren, leicht metallischen Nachgeschmack. In Kombination mit anderen Süßstoffen wie Aspartam oder Cyclamat verstärkt es deren Süßkraft. Als Zusatzstoff in Lebensmitteln (Abkürzung E 954) ist es in der EU nur für bestimmte Lebensmittel zugelassen (*acceptable daily intake*, ADI-Wert = 5 mg/kg Körpergewicht), in den USA und Kanada war es lange Zeit historisch bedingt verboten. Dieser Sachverhalt geht auf einen nicht bestätigten Verdacht zurück, dass Saccharin (Blasen-)Krebs verursachen könnte. Die zugrundliegenden Studien mit Ratten gelten aber als nicht aussagekräftig aufgrund der hohen Substanzdosen, mit denen die Tiere täglich gefüttert wurden. Heutzutage ist Saccharin in den meisten Ländern als Lebensmittelzusatzstoff erlaubt und seit 2000 auch in den USA als unbedenklich eingestuft. Vom Körper wird es unverändert wieder ausgeschieden. Durch seine gute Stabilität gegenüber Hitze und Kälte ist es auch zum Backen geeignet. Ebenso behält es in wässrigen und säurehaltigen Lebensmitteln (z. B. Limonade) seine Süßkraft und seine Struktur. Aufgrund der besseren Wasserlöslichkeit wird üblicherweise das Natriumsalz eingesetzt.

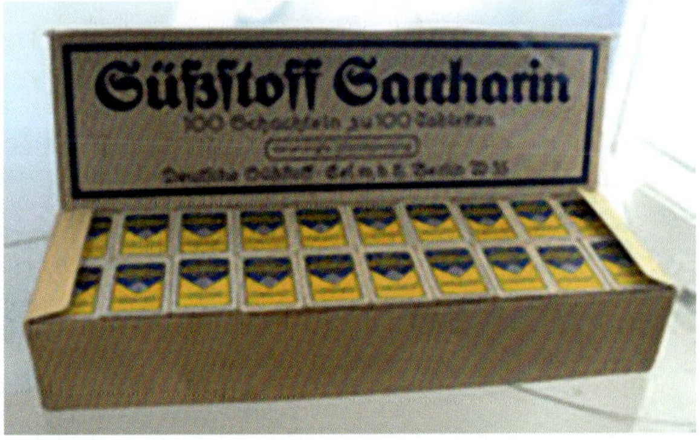


**o Abb. 19.27** Historische Verkaufsverpackung aus dem Zuckermuseum Berlin

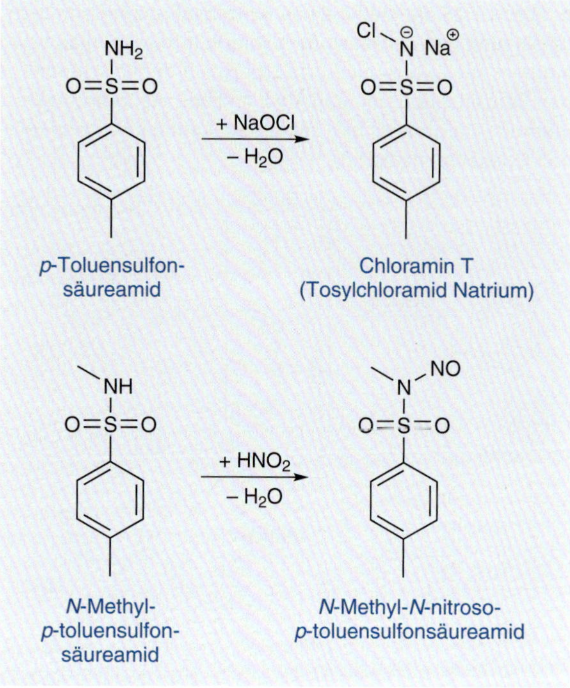


**o Abb. 19.28** Darstellung von Chloramin T und *N*-Methyl-*N*-nitroso-*p*-toluensulfonamid

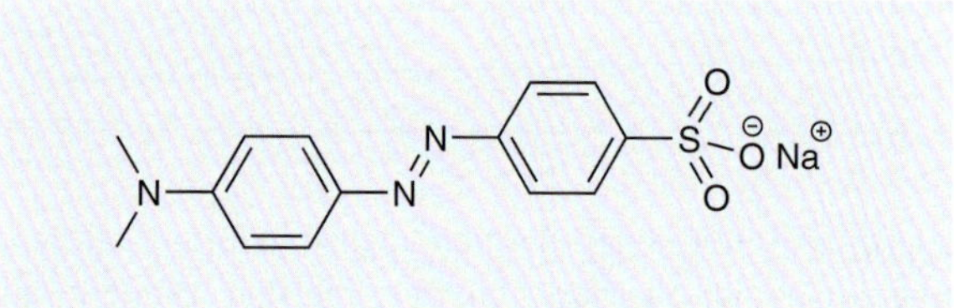

**o Abb. 19.29** Strukturformel von Methylorange

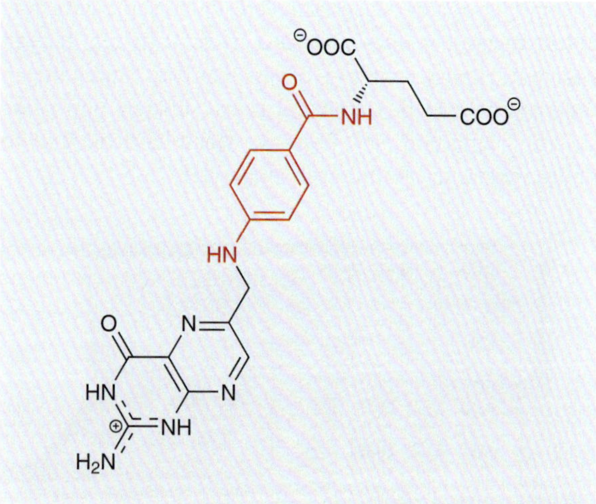

**o Abb. 19.30** Strukturformel von Folsäure

Bei der Synthese von Saccharin entsteht im zweiten Schritt als Nebenprodukt *p*-Tosylchlorid, welches man zunächst in das Sulfonamid überführt und dieses dann mit Natriumhypochlorit-Lösung umsetzt. So entsteht das Natriumsalz des *N*-Chlor-*p*-toluensulfonamids (o Abb. 19.28). Dieses, in trockenem Zustand stabile Salz, wirkt in wässriger Lösung wie hypochlorige Säure und ist als Antiseptikum unter dem Namen **Chloramin T** (nicht zu verwechseln mit Chloramin, ▸Kap. 8.2) bekannt. Da Chloramin T wasserlöslich ist und sich nicht im Organismus anreichert, wird es beispielsweise als Desinfektionsmittel in der Aquaristik (z. B. bei der Koi-Zucht) angewandt, um Parasitenbefall und bakterielle Infektionen der Fische zu behandeln. Aus *N*-Methyl-*p*-toluensulfonamid und salpetriger Säure erhält man das stabile *N*-Nitrosoderivat, das zur Darstellung von Diazomethan benutzt wird.

### 19.3.4 Ausgewählte Verbindungen

#### Sulfanilsäure

**Sulfanilsäure** (4-Aminobenzensulfonsäure, Smp. 288 °C) ist eine farblose, kristalline Verbindung, welche in Wasser kaum löslich ist. Durch Erhitzen von Anilin oder Acetanilid mit Schwefelsäure kann Sulfanilsäure gewonnen werden. Sie dient zum einen als Edukt für die Synthese diverser **Sulfonamide**. Des Weiteren können ausgehend von dieser Verbindung Azofarbstoffe hergestellt werden. Beispielsweise kann aus Sulfanilsäure und *N,N*-Dimethylanilin der Indikator Methylorange (Na-Salz der 4′-(Dimethylamino)-azobenzen-4-sulfonsäure, o Abb. 19.29) hergestellt werden (▸Kap. 2). Bei qualitativen Analysen verwendet man ***Lunges*-Reagenz** (benannt nach *G. Lunge*) zum Nachweis von Nitrit und Nitrat (letzteres nach Reduktion zu Nitrit). Das Reagenz besteht aus einer Mischung von essigsaurer Sulfanilsäure-Lösung (*Lunge* I) und $\alpha$-Naphtylamin in Essigsäure (*Lunge* II). Dabei wird die $NH_2$-Gruppe der Sulfanilsäure durch das Nitrit diazotiert und bildet mit dem $\alpha$-Naphtylamin einen roten Azofarbstoff. Aufgrund dieser Reaktion kann Sulfanilsäure auch in der Pharmazie als Urtitersubstanz nach Arzneibuch zur Einstellung von Natriumnitrit-Maßlösungen verwendet werden (▸Kap. 2).

#### Sulfanilamide

**Sulfonamide** sind Amide von Sulfonsäuren und enthalten die Gruppe $-SO_2NHR-$. Sie liegen in der Regel in kristalliner Form vor. In Wasser lösen sich Sulfonamide nur schwer, allerdings sind ihre Natriumsalze gut löslich (▸Kap. 19.3.3, *Hinsberg*-Reaktion).

Vertreter aus der Gruppe der *p*-Amino-substituierten Sulfonamide (Sulfanilamide) sind **antibakterielle Arzneistoffe**. Ihre Wirkungsweise beruht auf der Hemmung eines bakteriellen Enzyms (Dihydropteroat-Synthase), welches die mikrobielle Folsäuresynthese katalysiert. Sie fungieren als Antimetabolite der *p*-Aminobenzoesäure, werden also an deren Stelle in die Folsäure eingebaut. Die entstehende Verbindung kann aber nicht weiter zur Tetrahydrofolsäure umgesetzt werden, die für die bakterielle DNA-Synthese benötigt wird. Darauf beruht die bakteriostatische Wirkung der Sulfonamide. Da der menschliche Organismus im Gegensatz zu den Bakterien keine Folsäure (○ Abb. 19.30) produzieren kann, sondern diese mit der Nahrung aufgenommen wird, bleiben die humanen Zellen während der Therapie unbeeinträchtigt.

**Prontosil** (○ Abb. 19.31) war die erste Substanz dieser Verbindungsklasse, die 1932 als Antibiotikum zufällig entdeckt und anschließend eingesetzt wurde. Der Pathologe und Bakteriologe *Gerhard J. P. Domagk* erhielt für die Entwicklung der Sulfonamide 1939 den Nobelpreis für Medizin. Er fand heraus, dass die eigentlich wirksame Spezies dieser Verbindung das Sufanilamid war, welches im Körper durch Reduktion der Azobindung im Prontosil freigesetzt wird.

Heutzutage finden nur noch wenige Vertreter dieser Stoffklasse in der Human- und Veterinärmedizin Anwendung. Ein Beispiel ist Sulfamethoxazol, das zusammen mit dem Dihydrofolat-Reduktase-Hemmer Trimethoprim als Kombipräparat (Cotrimoxazol) u. a. bei Lungenentzündung und Harnwegsinfekten eingesetzt wird.

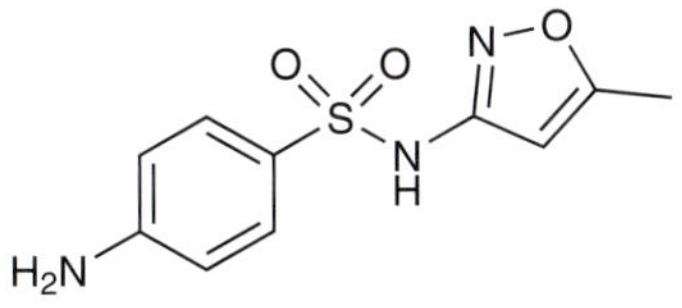

Sulfamethoxazol

Das Prodrug **Sulfasalazin** (○ Abb. 19.32) wird, ähnlich wie Prontosil, erst im Körper in den eigentlichen Wirkstoff umgewandelt. In diesem besonderen Fall entstehen gleich zwei wirksame Komponenten. Aus der ursprünglichen Verbindung werden durch ein Enzym (Azoreduktase) im Darm die beiden Stoffe Sulfapyridin und 5-Aminosalicylsäure (Mesalazin) freigesetzt. Beide Substanzen haben entzündungshemmende Eigenschaften.

Der einfachste Vertreter *p*-Amino-substituierter Sulfonamide ist **Sulfanilamid** selbst. Die Herstellung erfolgt ausgehend von Acetanilid, welches mit Chlorsulfonsäure sulfoniert und anschließend mit Ammoniak umgesetzt wird. Nach Abspaltung der Schutzgruppe und Deprotonierung des Ammoniumions erhält man Sulfanilamid (○ Abb. 19.33). Die Verbindung wird allerdings heute nicht mehr als Antibiotikum eingesetzt.

## Sulfonylharnstoffe

Sulfonylharnstoff-Derivate werden als **Antidiabetika** bei der Zuckerkrankheit (*Diabetes mellitus* Typ 2) eingesetzt. Die Verbindungen wirken in den *β*-Zellen der Bauchspeicheldrüse (Pankreas) und erhöhen die Freisetzung von Insulin. Sie blockieren Kalium-Kanäle in den Zellen,

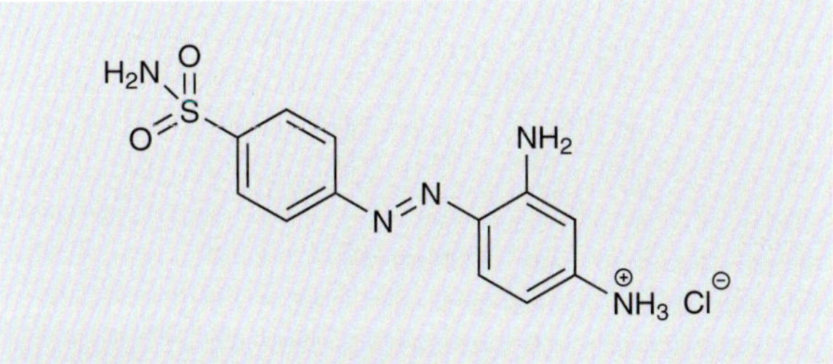

○ **Abb. 19.31** Strukturformel von Prontosil (Sulfamidochrysoidin)

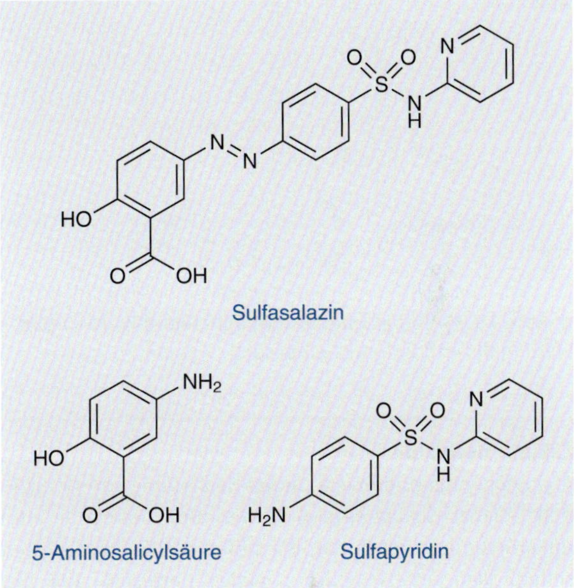


○ **Abb. 19.32** Das Prodrug Sulfasalazin wird enzymatisch in die beiden Stoffe 5-Aminosalicylsäure und Sulfapyridin gespalten.

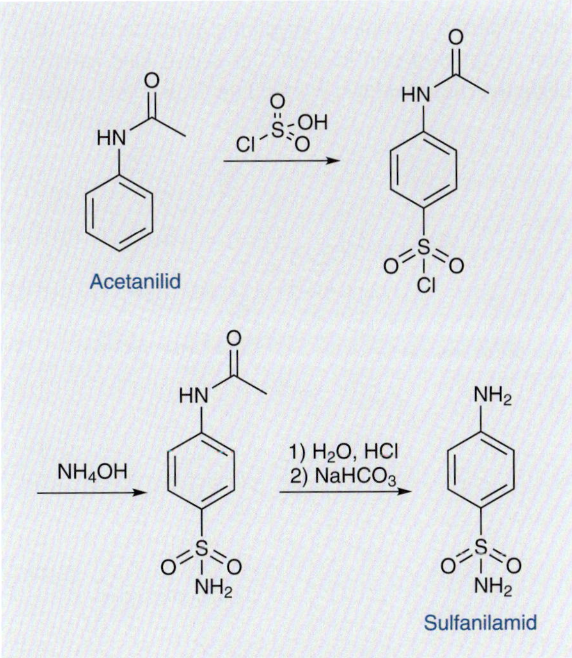


○ **Abb. 19.33** Synthese von Sulfanilamid, ausgehend von Acetanilid

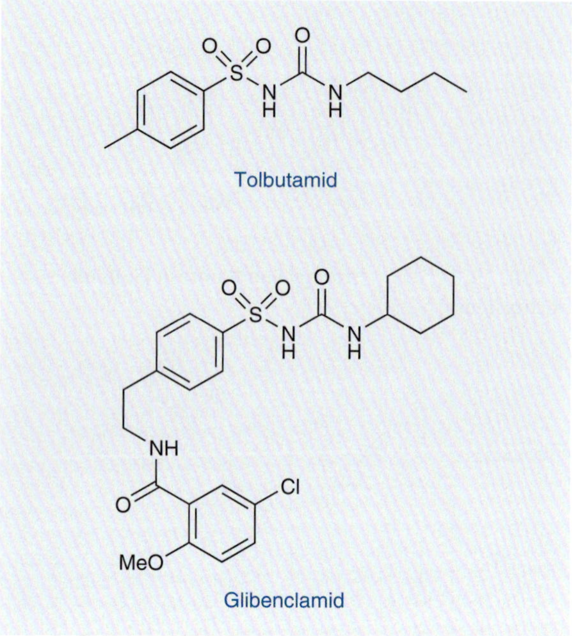


**o Abb. 19.34** Tolbutamid und Glibenclamid wurden bzw. werden als Antidiabetika eingesetzt.

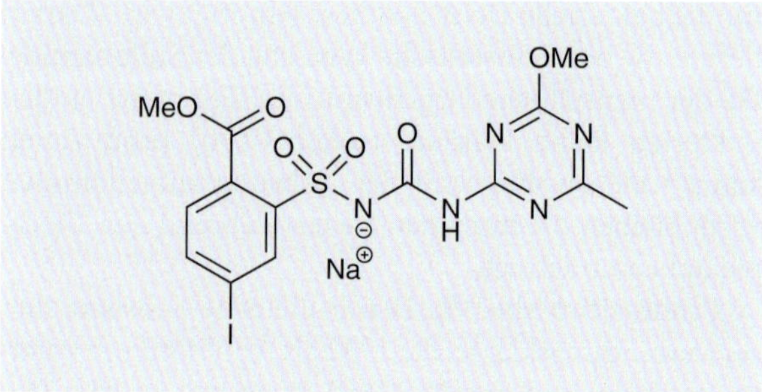

**o Abb. 19.35** Iodosulforonmethyl-Natrium findet als Herbizid in der Landwirtschaft Verwendung.

wodurch der intrazelluläre Calciumgehalt steigt und vermehrt Insulin ausgeschüttet wird. Beispiele hierfür sind das allerdings heutzutage nicht mehr verwendete Tolbutamid und Glibenclamid (o Abb. 19.34). Nachteil dieser Therapie ist eine mit der Zeit abnehmende Insulinausschüttung.

In der Landwirtschaft finden Sulfonylharnstoffe als **Herbizide** (▸ Exkurs: Herbizide) z. B. im Getreide- und Maisanbau Verwendung. Sie wirken gegen zweikeimblättrige Unkräuter (Gräser) über die Hemmung der

## Exkurs: Herbizide

Arylhalogenide finden u. a. in der Herstellung von Herbiziden (Pflanzenschutzmitteln) Verwendung. Herbizide sind Unkrautvernichtungsmittel, die störende Pflanzen abtöten sollen. Man unterscheidet selektive Herbizide, die nur bestimmte Pflanzen vernichten, und Breitbandherbizide (z. B. Photosynthesehemmer, Wuchsstoffherbizide), die gegen eine Vielzahl verschiedener „Unkräuter" wirken. Der Begriff Unkraut ist allerdings irreführend, da so bezeichnete Pflanzen in anderer Umgebung durchaus auch Nutz- oder Heilpflanze sein können. Der Begriff Beikräuter oder Begleitwuchs ist weniger wertend und somit vorzuziehen.

Im Jahre 1942 wurde als erstes hochwirksames synthetisches Herbizid 2,4-D (2,4-Dichlorphenoxyessigsäure, o Abb. 19.36) entwickelt, welches als **Wuchsstoffherbizid** eingesetzt wurde. Es führt zu einem schnellen Wachstum des Unkrauts, wodurch die Nährstoffe im Boden knapp werden und die nicht gewünschte Pflanze letztendlich aufgrund des Nährstoffmangels abstirbt. Unrühmliche Bekanntheit erlangte 2,4-D während des Vietnamkrieges. Damals wurde die Substanz in einem Stoffgemisch mit dem verwandten 2,4,5-T (2,4,5-Trichlorphenoxyessigsäure, o Abb. 19.36) unter dem Namen *Agent Orange* als Entlau-

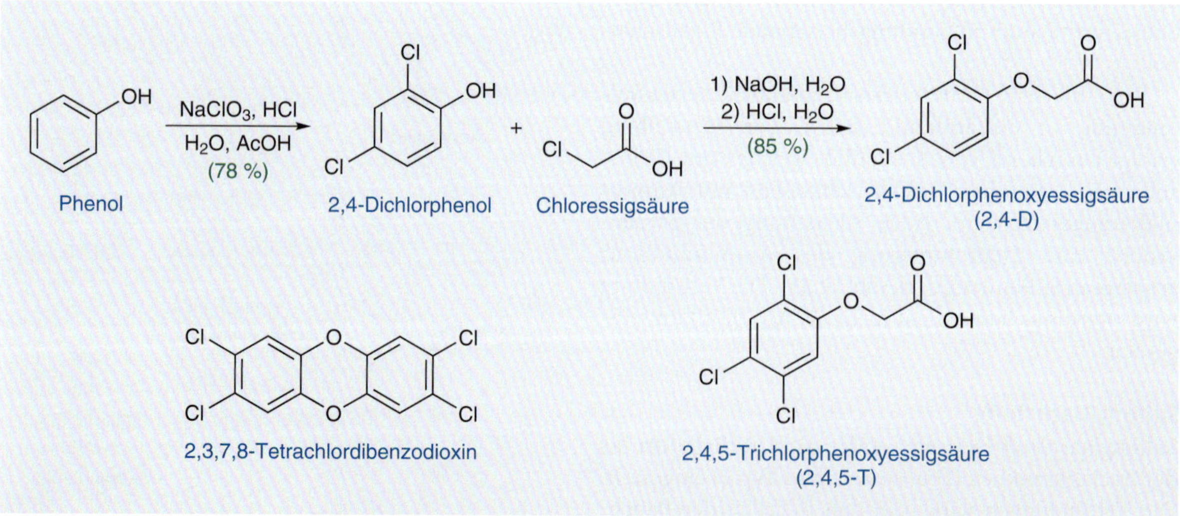


**o Abb. 19.36** Syntheseschema für 2,4-D und die Strukturen von 2,3,7,8-Tetrachlodibenzodioxin und 2,4,5-T bungsmittel und zur Zerstörung von Nutzpflanzen von der US-Armee eingesetzt. Den Kämpfern des kommunistischen Vietcong sollte auf diese Weise der Sichtschutz durch die Blätter der Bäume sowie die Möglichkeit zur Ernährung genommen werden. Da das eingesetzte Herbizidgemisch jedoch herstellungsbedingt mit hochgiftigem 2,3,7,8-Tetrachlordibenzodioxin verunreinigt war, kam es bei der Bevölkerung zu schweren Erkrankungen. Bis heute werden eine erhöhte Fehlbildungsrate bei Kindern, eine gesteigerte Krebserkrankungsrate sowie vermehrt auftretende Immunschwächeerkrankungen auf die erhöhte Dioxinbelastung zurückgeführt: *„Nach vietnamesischen Angaben waren bis zu drei Millionen Vietnamesen dem Mittel ausgesetzt. Unter ihnen seien mindestens 150 000 Kinder, die behindert geboren wurden"* (FAZ 09.08.2012). (Vgl. auch ▸Kap. 29, Benzoannellierte Ringsysteme der Pyrrol-, Furan- und Thiophengruppe.)

Ein Beispiel für ein die Photosynthese hemmendes Herbizid ist **Propanil**, welches vor allem im Reisanbau eingesetzt wird. Dort wirkt es gegen Gräser und zweikeimblättrige Unkräuter, indem deren Photosystem II gehemmt wird. Die Reispflanze wird von dieser Substanz jedoch nicht beeinträchtigt. Während es in den USA zu den am häufigsten verwendeten Herbiziden gehört, wurde seine Zulassung für die Europäische Union 2007 zurückgezogen. Ähnlich wie 2,4-D ist auch **Dicamba** ein Wuchsstoffherbizid und wird auf Getreidefeldern, in Obstplantagen, auf Grünland und Rasenflächen eingesetzt. Es wirkt gegen zweikeimblättrige Pflanzen und wird über Wurzeln und Blätter aufgenommen. Mittlerweile wurden gentechnisch veränderte Sojabohnen entwickelt, die gegen Dicamba resistent sind. Die Strukturformeln von Propanil und Dicamba sind nachfolgend dargestellt.

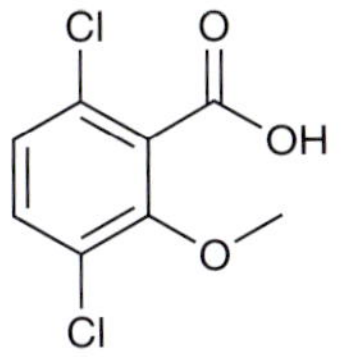

3,6-Dichlor-2-methoxy-benzoesäure (Dicamba)

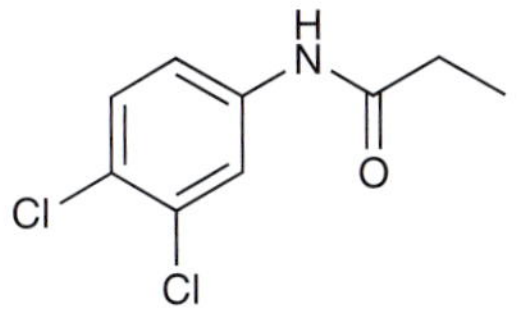

3,4-Dichlorpropionanilid (Propanil)



Aminosäuresynthese. Beispielsweise wird durch Sulfonylharnstoffe wie Iodosulforonmethyl-Natrium (○ Abb. 19.35) das pflanzliche Enzym Acetolactat-Synthase gehemmt, welches für den ersten Schritt der Synthese von Valin, Leucin und Isoleucin verantwortlich ist. Die weltweit zunehmende Anwendung dieser Herbizide ist auf ihre geringe Säugetiertoxizität, ihre niedrigen Ausbringungsraten (7–45 g/ha) sowie ihr hohes Wirkungsvermögen zurückzuführen.

# 20 Phenole und Derivate

Einwertige Phenole ... 553 | Mehrwertige Phenole ... 563 | Phenylether ... 571 |
Benzochinone ... 572

In Phenolen sind eine oder mehrere OH-Gruppen direkt an einen Benzenkern gebunden. Es handelt sich also um aromatische Alkohole. Der Name dieser Stoffklasse leitet sich von „Phen“ ab, einer alten Bezeichnung für Benzen (*Laurent* 1837). Je nach Anzahl der OH-Gruppen unterscheidet man ein-, zwei- und dreiwertige Phenole. Benzochinone sind die Oxidationsprodukte zweiwertiger Phenole. Sie spielen u. a. eine große Rolle bei der Synthese von Farbstoffen und als biologische Elektronenüberträger.

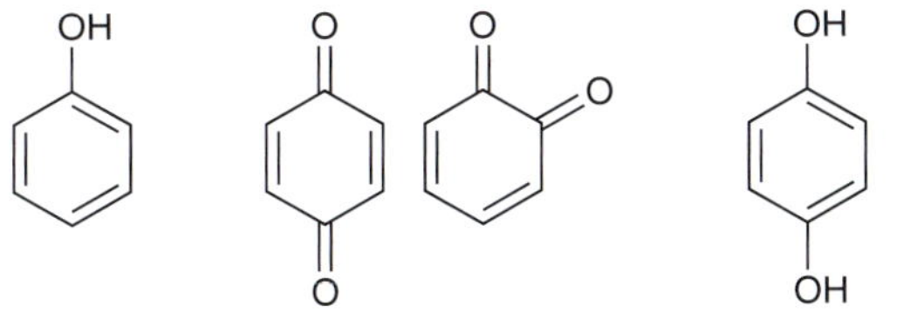


Phenol    Benzochinon    Hydrochinon

**o Abb. 20.1** Phenol kristallisiert nadelförmig.

## 20.1 Einwertige Phenole

### 20.1.1 Struktur und Eigenschaften

**Phenol**, $C_6H_5OH$, kristallisiert in farblosen Nadeln (Smp. 41 °C, o Abb. 20.1), die sich unter Licht- und Lufteinfluss durch Oxidation langsam rötlich färben und in Wasser mäßig, in Alkohol oder Ether dagegen leicht löslich sind. Phenol ist schwach sauer ($pK_S = 10$) und zeigt in wässriger Lösung mit Eisen(III)-chlorid eine charakteristische Farbreaktion. Die im Vergleich zu gesättigten aliphatischen Alkoholen ($pK_S \approx$. 16) erhöhte **Acidität** der Phenole ist durch die **Mesomeriestabilisierung** des Phenolat-Anions zu erklären: Die negative Ladung des Sauerstoffs ist über den aromatischen Ring verteilt und wird so stabilisiert (o Abb. 20.2).

In verdünnten Alkalien gehen Phenole daher als Phenolate in Lösung (o Abb. 20.3). Phenolate sind mittelstarke Basen, die Lösungen ihrer Salze reagieren somit alkalisch. Bereits durch Einleiten von Kohlendioxid in die Lösung eines Phenolats lässt sich das Phenol zurückgewinnen.

### 20.1.2 Gewinnung und Synthese

Phenol wird durch Alkalischmelze von Natrium-Benzensulfonat bei etwa 300 °C gewonnen (o Abb. 20.4). Bei dieser ältesten der gebräuchlichen Phenolsynthesen findet

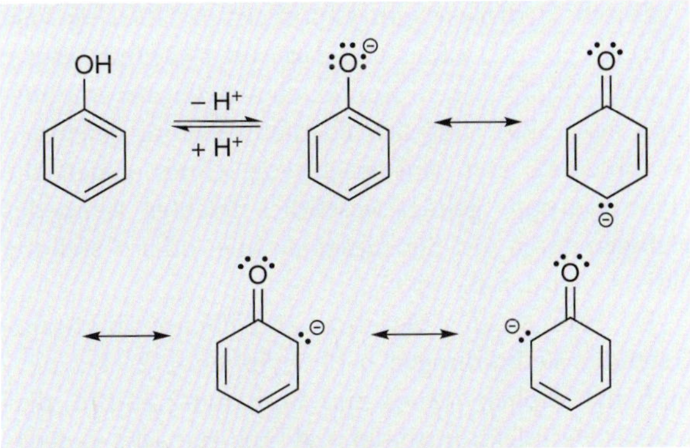


**o Abb. 20.2** Mesomere Grenzformeln des Phenolatanions

20

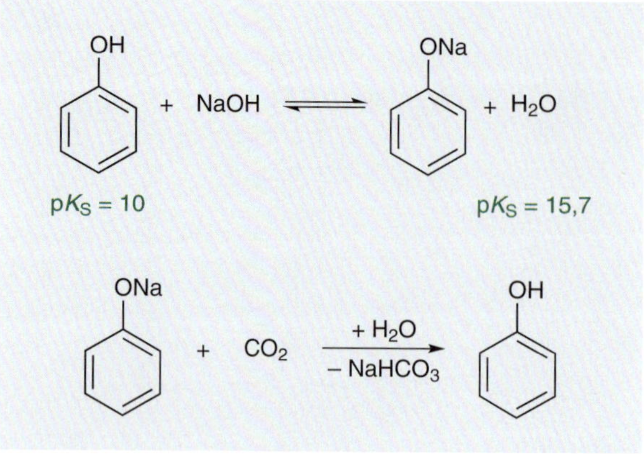


**Abb. 20.3** Phenol geht in verdünnten Laugen als Phenolatsalz in Lösung. Durch Einleiten von Kohlendioxid lässt sich Phenol aus Phenolat zurückgewinnen.

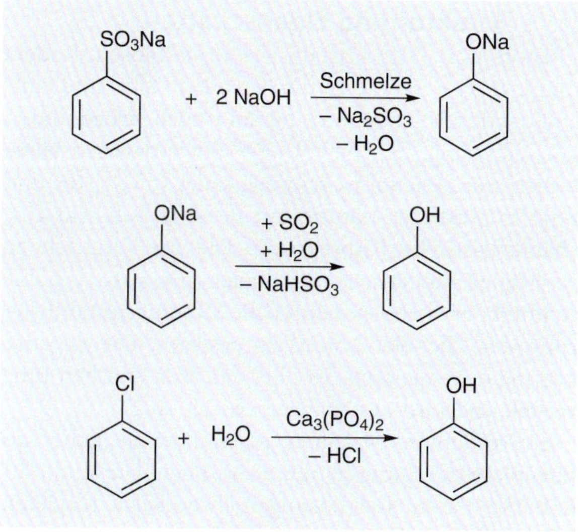


**Abb. 20.4** Darstellung von Phenolen durch Alkalischmelze von Natrium-Benzensulfonat (oben) und saure Aufarbeitung (Mitte); *Raschig*-Verfahren zur Darstellung von Phenolen aus Chlorbenzen (unten)

eine nucleophile aromatische Substitution statt, bei der das stark basische $OH^-$-Anion die Sulfonat-Gruppe ersetzt. Aus Natriumphenolat erhält man durch anschließende wässrig-saure Aufarbeitung freies Phenol.

Durch Hydrolyse von Chlorbenzen (***Raschig*-Verfahren**, vgl. auch ▸Kap. 19.1.2, Abb. 19.2) mit Wasser in der Dampfphase an Kontakten aus Tricalciumphosphat oder $SiO_2$ lässt sich ebenfalls Phenol gewinnen (Abb. 20.4). Der Austausch von Chlor gegen die Hydroxygruppe gelingt wesentlich leichter, wenn das Halogen durch –M-Substituenten in *o*- oder *p*-Stellung aktiviert wird, z. B. $-NO_2$.

Die beim *Raschig*-Verfahren als Nebenprodukte auftretenden Verbindungen, ***o*-Phenylphenol** (2-Hydroxybiphenyl, Biphenyl-2-ol) und **Biphenyl-2,2'-diol**, dienen als Desinfektionsmittel und fungistatische Konservierungsmittel (E 231) für Citrusfrüchte.

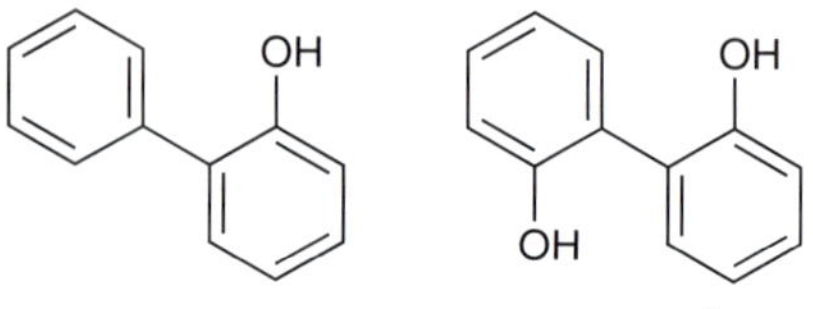


Im Labor lässt sich Phenol durch **Phenolverkochung** aus Diazoniumionen darstellen (▸Kap. 22.2.2).

Bei der ***Hock*-Reaktion** wird Cumolhydroperoxid ($\alpha,\alpha$-Dimethylbenzylhydroperoxid), das durch Luftoxidation von Cumol (Cumen, ▸Kap. 18) zugänglich ist, mit verdünnten Säuren in Phenol und Aceton gespalten (**Cumolverfahren**, ▸Exkurs: Mechanismus der *Hock*-schen Phenol-Synthese). Dieses Verfahren hat sich mittlerweile gegen andere Verfahren in der Industrie durchgesetzt (90 % der weltweiten Produktion). Das als Nebenprodukt entstehende Aceton findet ebenfalls Absatz als Lösemittel.

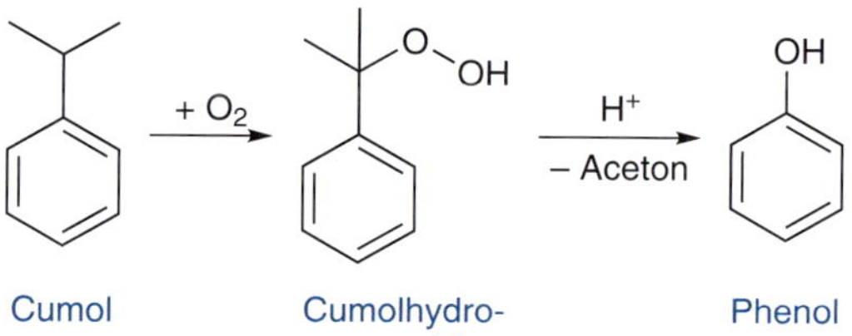


### 20.1.3 Reaktionen und Anwendungen

Phenol ist ein wichtiges technisches Ausgangsprodukt und dient zur Herstellung von Farbstoffen, Kunststoffen, Antioxidanzien und synthetischen Gerbstoffen. Auch bei zahlreichen organischen Synthesen spielt es eine bedeutende Rolle. Aufgrund des **+M-Effekts** des OH-Substituenten ist Phenol ein besonders elektronenreicher Aromat, sodass leicht **elektrophile Substitutionen** in *ortho*- und *para*-Position am Benzenkern möglich sind, z. B. ***Friedel-Crafts*-Reaktionen** (▸Kap. 18.2.2) oder eine ***Fries*-Umlagerung**. Bei der *Friedel-Crafts*-Reaktion wird Phenol in der Regel mehrfach alkyliert. In anderen Reaktionen, z. B. Veresterungen oder Alkylierungen, kann die OH-Funktion, insbesondere nach Deprotonierung zum Phenolat-Anion, auch als gutes Nucleophil dienen.

#### Halogenierung

Phenol lässt sich als besonders elektronenreicher und damit reaktiver Aromat bereits mit Bromwasser leicht bromieren (▸Kap. 19). Der Zusatz einer *Lewis*-Säure als Katalysator ist nicht notwendig. Es findet die Bromierung aller *ortho*- und *para*-Positionen statt (Abb. 20.6). Die Reaktion bleibt auch nicht beim 2,4,6-Tribromphenol stehen, sondern führt zu einem schwer löslichen

### Exkurs: Mechanismus der *Hock*schen Phenol-Synthese

Bei der säurekatalysierten Zersetzung von Cumolhydroperoxid zu Phenol findet eine sogenannte **anionotrope Umlagerung** statt (○ Abb. 20.5). Durch die Säure wird das Hydroperoxid protoniert und eine Abspaltung von Wasser induziert. Dabei würde formal ein positiv geladenes Sauerstoffatom mit einem Elektronensextett zurückbleiben (das Sauerstoff-Analogon eines Carbenium-Ions), was energetisch aber sehr ungünstig wäre. Daher wandert gleichzeitig mit der Eliminierung von Wasser der Phenylrest unter Mitnahme seines bindenden Elektronenpaares, also formal als Anion, zum benachbarten elektrophilen Sauerstoffatom. Es entsteht ein stabilisiertes **Oxocarbenium-Ion**, das anschließend mit Wasser zu einem Halbacetal reagiert. Dieses zerfällt in der sauren Lösung sofort weiter zu Phenol und Aceton (▸ Kap. 12).

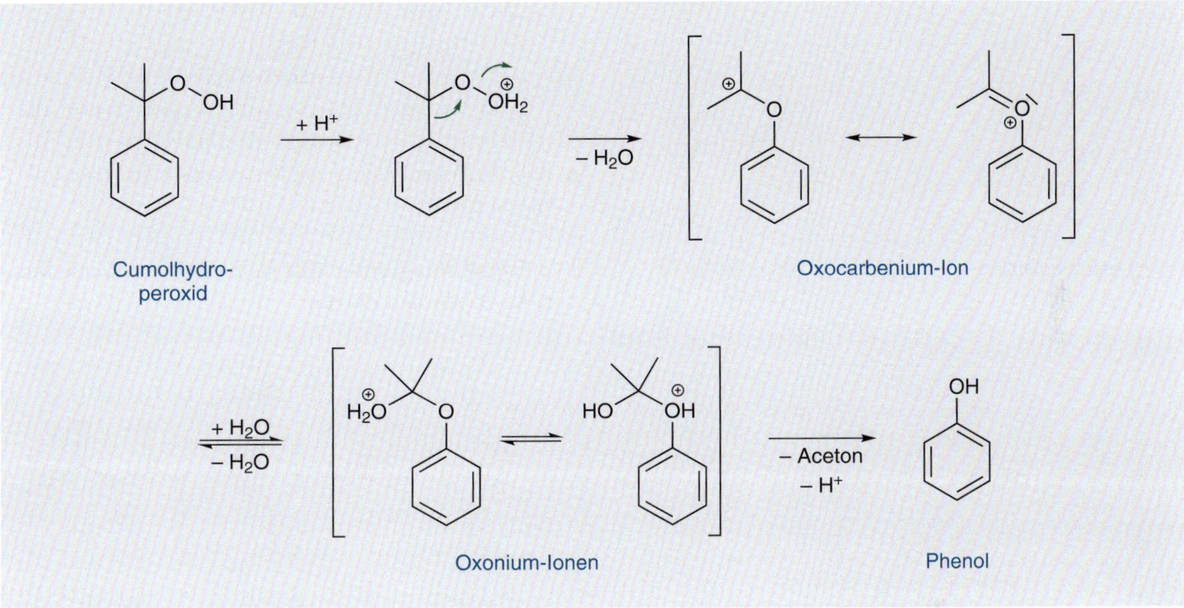


○ **Abb. 20.5** Mechanismus der *Hock*schen Phenol-Synthese

Niederschlag von gelbem 2,4,4,6-Tetrabrom-2,5-cyclohexadien-1-on (früher **Tribromphenolbrom** genannt), das bei der Einwirkung von Natriumhydrogensulfit in 2,4,6-Tribromphenol übergeht. Die Reaktion zu Tribromphenol bzw. Tetrabromcyclohexadienon wird zum qualitativen Nachweis und zur quantitativen Bestimmung von Phenol und seinen Derivaten genutzt (***Koppeschaar*-Titration**). 2,4,4,6-Tetrabrom-2,5-cyclohexadien-1-on kann wie *N*-Bromsuccinimid (▸ Kap. 13.1) als Dehydrierungsmittel verwendet werden (*Messmer*).

Wird die Bromierung von Phenol in wasserfreien Lösemitteln, z. B. in Schwefelkohlenstoff bei 5 °C vorgenommen, erhält man als Hauptprodukt *p*-Bromphenol und etwas *o*-Bromphenol.

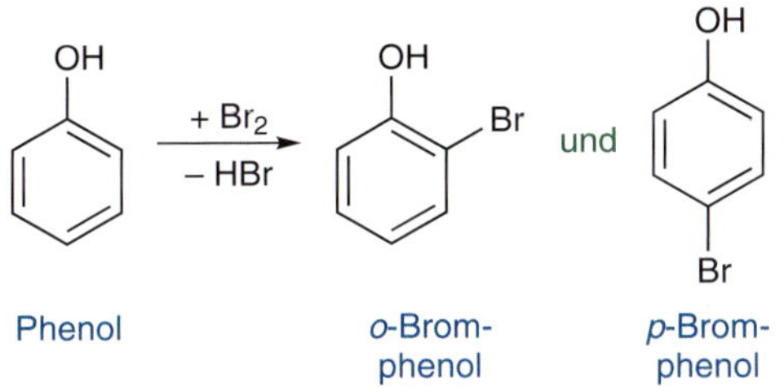


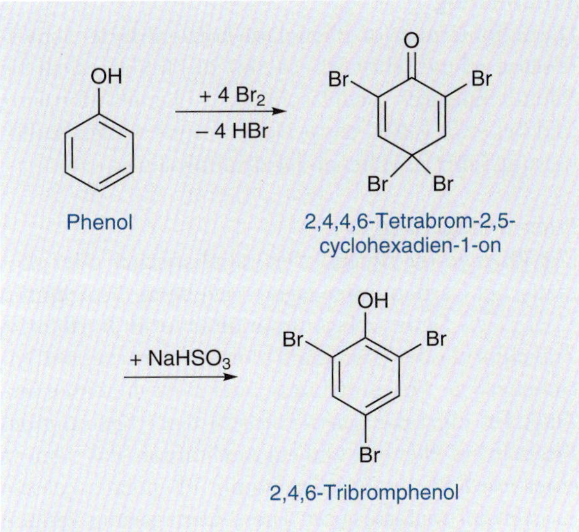


○ **Abb. 20.6** Die Bromierung von Phenol führt unter gleichzeitiger Oxidation zu 2,4,4,6-Tetrabrom-2,5-cyclohexadien-1-on, das anschließend mit Natriumhydrogensulfit zu Tribromphenol umgesetzt werden kann.

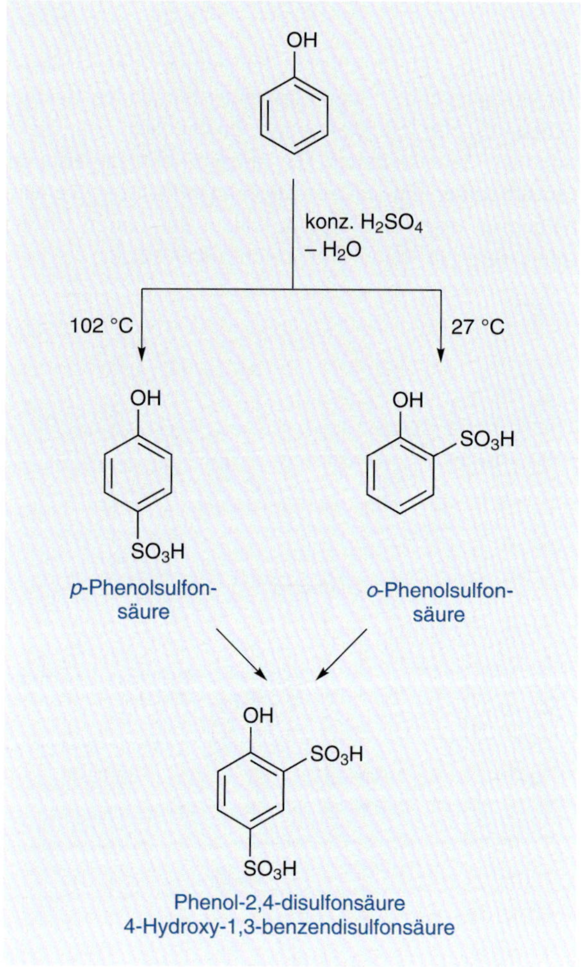


**Abb. 20.7** Sulfonierung von Phenol bei 27 °C führt zu *o*-Phenolsulfonsäure und bei 102 °C zu *p*-Phenolsulfonsäure.

## Sulfonierung

Die Sulfonierung von Phenol mit konzentrierter Schwefelsäure gelingt sehr leicht (Abb. 20.7). Man erhält bei Raumtemperatur hauptsächlich *o*-Phenolsulfonsäure und bei etwa 100 °C das *p*-Derivat. Eine weitere Sulfonierung führt zur Phenol-2,4-disulfonsäure.

## *Fries*-Umlagerung

Die **Phenylester** (Phenolester) aliphatischer oder aromatischer Carbonsäuren lagern sich beim Erhitzen mit einer *Lewis*-Säure (z. B. Aluminiumchlorid, Borfluorid, Zinkchlorid oder Titantetrachlorid) in trockenem Nitrobenzen als Lösemittel in *p*- oder *o*-Acylphenole um. Zunächst führt die *Lewis*-Säure zu einer Spaltung des Esters in ein Phenolat und ein Acyliumion, das dann in einer *Friedel-Crafts*-Acylierung mit Phenolat zu einem Acylphenol weiterreagiert. Diese Umlagerung verläuft weitgehend, aber nicht ausschließlich, intramolekular. Bei Temperaturen unter 100 °C wandert der Acylrest vom O-Atom vorwiegend in die *p*-Stellung, in der Hitze (über 100 °C) dagegen in der Regel in die *o*-Stellung.

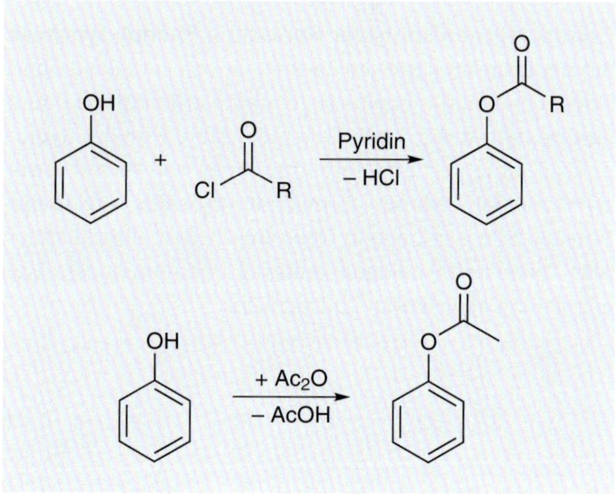


**Abb. 20.8** Darstellung von Phenylestern durch Acylierung von Phenol

Die ***Fries*-Umlagerung** lässt sich somit zur Darstellung von Acylphenolen nutzen.

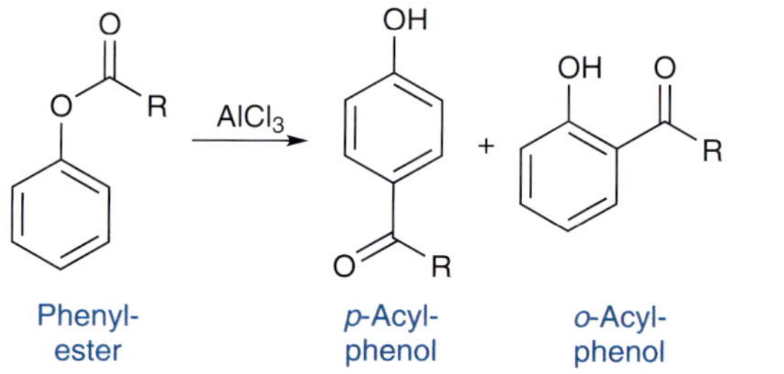


**Phenylester** werden allgemein durch Reaktion von Säurechloriden oder Säureanhydriden mit Phenolen in Gegenwart von Kaliumcarbonat oder Pyridin nach *Schotten-Baumann* dargestellt (Abb. 20.8).

### 20.1.4 Ausgewählte Verbindungen

## Kresole und Xylenole

Die drei stellungsisomeren Hydroxy-Derivate des Toluens werden als **Kresole**, die der Xylene (Dimethlybenzene, ▸Kap. 18) als **Xylenole** bezeichnet (Abb. 20.9). Sie kommen im Stein- und Braunkohlenteer vor. Rohkresol dient als **Desinfektionsmittel**, das gelöst in flüssiger Seife als Lysol bekannt ist. Die größte antiseptische Wirkung hat *m*-Kresol. *p*-Kresol entsteht bei der Fäulnis von Eiweiß aus Tyrosin und findet sich wie Phenol in Form des Schwefelsäureesters, $H_3C—C_6H_4—O—SO_3H$, im menschlichen Harn. Die Veresterung mit Schwefelsäure ist ein metabolischer Standardvorgang, um unlösliche Xenobiotika (= körperfremde Stoffe) wie Kresol in wasserlösliche und damit ausscheidbare Substanzen zu überführen. Die so gebildeten Sulfate sind starke Säuren und liegen damit dissoziiert als wasserlösliche Salze in Lösung vor, die über den Harn eliminiert werden können. **Trikresylphosphat**, das aus Phosphorchloridoxid und techni-

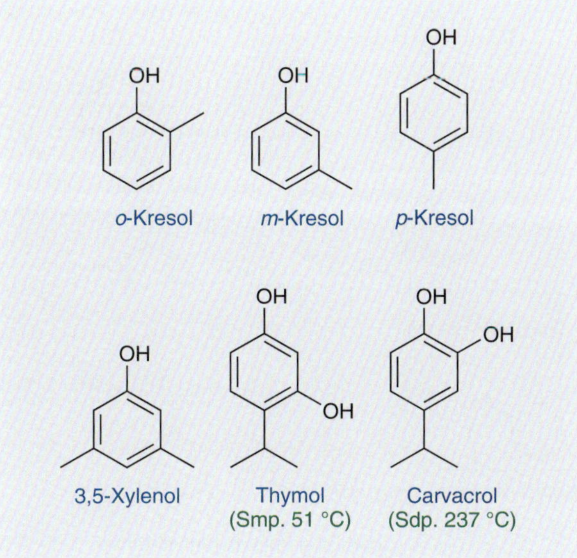


**o Abb. 20.9** Verschiedene alkylierte Phenolderivate

**o Abb. 20.10** Bakelit, der erste technisch hergestellt Kunststoff, wurde früher insbesondere für Telefone oder Lichtschalter verwendet.

schem Natriumkresolat erhalten wird, dient als Weichmacher für PVC-Thermoplaste, ist aber wegen seiner Giftigkeit bei der Herstellung von Bedarfsgütern des täglichen Lebens mittlerweile durch andere Weichmacher ersetzt worden. 4,6-Dinitro-*o*-kresol (DNOC) wird u. a. in der Forstwirtschaft, im Obst- und Weinbau als Nutzpflanzenschutzmittel verwendet. Höhere Homologe des Phenols (o Abb. 20.9) sind **Thymol** (2-Isopropyl-5-methylphenol; ▸Kap. 26.1), das z. B. im Thymianöl vorkommt und antiseptisch wirkt, sowie das dazu isomere, ebenfalls in ätherischen Ölen auftretende **Carvacrol** (5-Isopropyl-2-methylphenol, Isothymol).

## Phenoplaste

Großtechnische Bedeutung als Kunststoffe und Lacke besitzen die Polykondensationsprodukte aus Phenolen und Formaldehyd, die allgemein als **Phenoplaste** oder nach ihrem Entdecker *Baekeland* als **Bakelite** bezeichnet werden (o Abb. 20.10, vgl. auch ▸Exkurs: Ionenaustauscherharze). Bakelit wurde um 1905 entwickelt und war der erste industriell produzierte Kunststoff. Als Ausgangsmaterialien dienen Phenol sowie seine Alkylderivate (Kresole und Xylenole). Da die im Steinkohlenteer vorkommenden Mengen dieser Verbindungen den Bedarf nicht deckten, wurden bereits früh technische Synthesen insbesondere für Phenol entwickelt (vgl. z. B. ▸Kap. 20.1.2, o Abb. 20.5). Die Darstellung der Phenol-Formaldehyd-Kondensate kann im alkalischen oder sauren Medium erfolgen. Bakelit ist ein guter thermischer und elektrischer Isolator und wird heutzutage noch entsprechend in technischen Bauteilen verwendet. Da es relativ spröde ist, ist es allerdings heutzutage im Alltag bei vielen anderen Anwendungen (z. B. Telefone, Lichtschalter) nahezu vollständig durch modernere Kunststoffe ersetzt worden.

Als **Resole** (o Abb. 20.11, oben) bezeichnet man niedere, lineare Kondensate, die durch elektrophile Substitution von Formaldehyd (30–40%ige Formaldehydlösung) an Phenol und Kondensation der entstehenden Benzylalkohole (Methylole) unter basischen Bedingungen (Molverhältnis Phenol : Formaldehyd = 1 : 1,2 bis 1 : 1,5 mit Ammoniak, Natriumhydroxid oder Natriumcarbonat als Katalysator) entstehen (o Abb. 20.11, unten). Resole enthalten daher sowohl Methylengruppen als auch Etherbrücken zwischen den Phenylringen. Sie tragen noch reaktive Methylolgruppen, die beim Erhitzen oder unter Säurekatalyse weitere Kondensationsreaktionen eingehen. Der Kunststoff härtet dadurch aus. Resole sind leicht schmelzende Harze, die sich in organischen Lösemitteln und in wässrigem Alkali lösen. Bei der Herstellung von Hartfaserplatten werden z. B. Holzspäne mit einer alkalischen wässrigen Resollösung getränkt und nach Ansäuern unter Druck bei 140–170 °C gehärtet.

Die säurekatalysierte elektrophile Substitution von Phenol mit Formaldehyd mit einem geringen Phenolüberschuss (etwa 1,2 Äquivalente Phenol auf 1 Äquivalent Formaldehyd) führt zu **Novolaken** (o Abb. 20.11, oben). Neben *p*-Hydroxybenzylalkohol (o Abb. 20.11, unten) kann sich im ersten Kondensationsschritt auch *o*-Hydroxybenzylalkohol bilden. Bei der nächsten elektrophilen Substitution können damit drei isomere Dihydroxydiphenylmethane entstehen (4,4'-, 2,2'- und 2,4'-Dihydroxydiphenylmethan). Das Produktverhältnis hängt vom pH-Wert der Reaktionslösung ab. Die Isomere reagieren mit überschüssigem Formaldehyd und Phenol weiter zu höhermolekularen Verbindungen. Novolake sind wie Resole lineare, lösliche und schmelzbare Kondensate. Ebenso wie Resole lassen sich auch Novolake härten, und zwar durch Zugabe von Hexame-

20

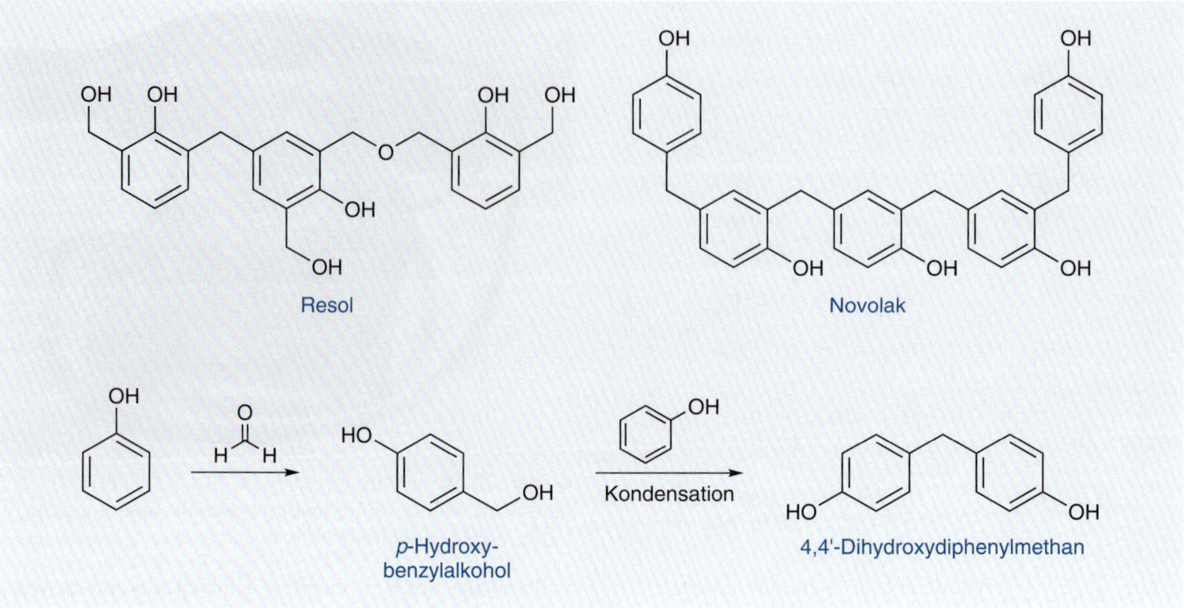


**o Abb. 20.11** Beispiel für die Struktur eines Resols und eines Novolaks (oben); Darstellung von 4,4'-Dihydroxydiphenylmethan aus Phenol (unten)

thylentetramin (▸Kap. 12, das den für die weitere Vernetzung der linearen Kettenmoleküle benötigten Formaldehyd zur Verfügung stellt. Dadurch entsteht aus einem bei Temperaturerhöhung erweichenden **Thermoplast** ein im erwärmten Zustand formstabiles **Duroplast**.

## Calixarene

Bei der Reaktion *p*-substituierter Phenole, insbesondere von *p*-*tert*-Butylphenolen mit Formaldehyd in Gegenwart von Basen entstehen kristalline **Metacyclophane** (*Zinke* 1941; o Abb. 20.13). Die IUPAC-Nomenklatur dieser Verbindungen ist so kompliziert, dass sich die von *Gutsche* vorgeschlagene, abgekürzte Bezeichnung **Calix[n]arene** durchgesetzt hat. Dabei steht n für die Anzahl der Phenolringe, die üblicherweise zwischen 4 und 8 liegt. Die Struktur der Calixarene wurde insbesondere von *Cornforth* (1955) und *Gutsche* aufgeklärt. Je nach Reaktionsbedingungen, z. B. der Basenkonzentration, können Verbindungen mit gerader Anzahl an Phenolringen in Ausbeuten von 60–70 % dargestellt werden. Die Calixarene (lat. *calix* = Kelch) haben hohe Schmelzpunkte, z. B. schmilzt das Tetramer (n = 4) bei 342–344 °C. Sie sind in Wasser

### Exkurs: Ionenaustauscherharze

Spezielle Phenol-Formaldehyd-Kondensate, die erstmalig in Großbritannien (entwickelt wurden *Adams* u. *Holmes* 1935) und unter dem Namen **Wofatite** oder **Levatite** bekannt sind, lassen sich als **Ionenaustauscher** verwenden. Diese gelartigen Kunstharze enthalten phenolische Hydroxygruppen und sind somit schwach acide.

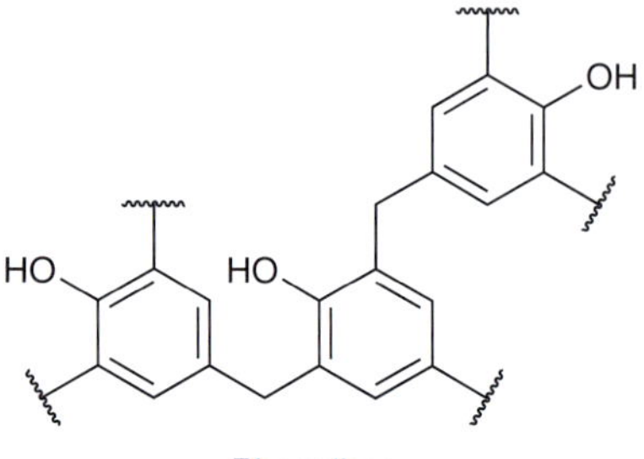


Phenolharz
(Ausschnitt)

Der saure Charakter dieser Kunstharze wird durch den Einbau von Phenolen, die Carboxy- oder vor allem Sulfonylgruppen im Kern tragen, weiter erhöht. Sie reagieren wie die anorganischen **Zeolithe** (kristalline Alumosilikate mit mikroporöser Gerüststruktur) als Kationenaustauscher und werden in einigen Industriezweigen, z. B. zur Melassereinigung und bei der Enthärtung von Wassers, verwendet. Im letzteren Fall erfolgt ein Austausch der $H^+$- bzw. $Na^+$-Ionen in den Ionenaustauscherharzen gegen die $Ca^{2+}$-Ionen des Wassers (o Abb. 20.12, links).

Phenol-Formaldehyd-Harze, die Methylensulfonsäure-Gruppen (**Amberlit**) oder aromatische Sulfonsäure-Gruppen (**Dowex 50**) enthalten, konnten z. B. erfolgreich zur Trennung von Lanthanoid-Ionen nach der Ionenaustauschmethode und so zu deren Reingewinnung auch in größeren Mengen herangezogen werden.

Der Austausch von Anionen, z. B. Hydroxid-Ionen, gelingt mit bestimmten **Aminoplasten**, basischen Kondensationsprodukten, die reaktionsfähige aromatische oder aliphatische Aminogruppen enthalten (o Abb. 20.12, rechts). Die Synthese der Aminoplaste erfolgt durch die Kondensation von Harnstoff, Harnstoffderivaten oder aromatischen Diaminen (z. B. *m*-Phenylendiamin) mit Formaldehyd. Als Aminkomponenten können auch Dicyandiamid, Melamin und Thioharnstoff (▸ Kap. 16.1) eingesetzt werden.

Benutzt man saure und basische Austauscherharze nacheinander, so ist eine völlige Entsalzung der betreffenden Lösung möglich (z. B. mit sogenannten **Mischbett-Ionenaustauschern**). Ferner werden Ionenaustauscher zur Rückgewinnung von Edelmetallen oder seltenen Naturstoffen aus stark verdünnten Lösungen eingesetzt. Schließlich lassen sich Ionenaustauscher bei organisch-chemischen Reaktionen nutzen, die durch $H^+$- oder $OH^-$-Ionen katalysiert werden, sowie bei der Beseitigung radioaktiven Spaltmaterials.

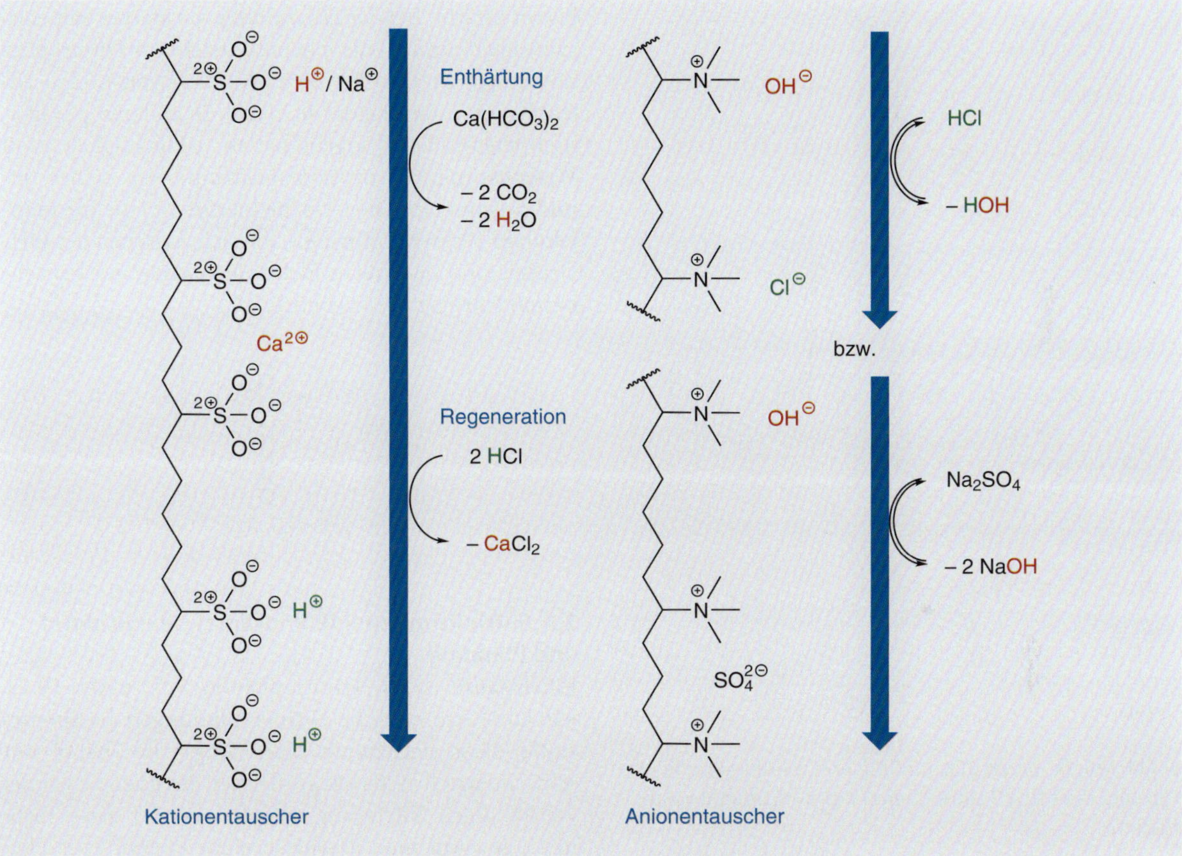


o **Abb. 20.12** Enthärtung von Wasser und Regeneration eines Kationenaustauschers (links); Anionenaustauscher (rechts). Beide Ionenaustauscher bestehen aus Phenol-Formaldehyd-Kondensaten.

und vielen organischen Lösemitteln unlöslich. Ihre Löslichkeit in Chloroform, Pyridin oder Schwefelkohlenstoff reicht dagegen aus, um sie durch Extraktion zu trennen und in Lösung spektroskopisch zu untersuchen.

## Nitrophenole

Die **Nitrierung** von Phenol mit verdünnter Salpetersäure bei Raumtemperatur führt zu einem Gemisch von *o*-Nitrophenol (etwa 35 %) und *p*-Nitrophenol (etwa 15 %).

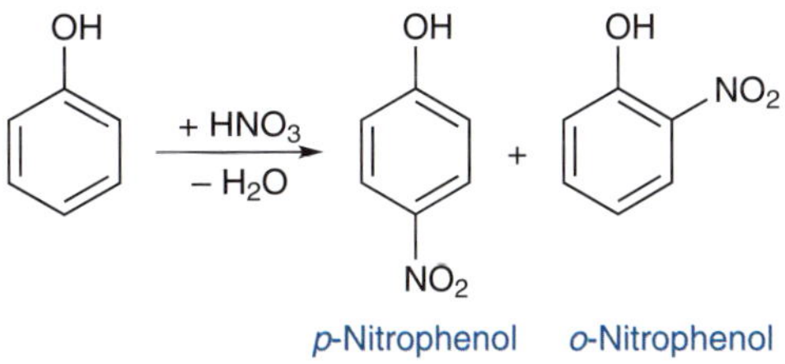


Die Trennung der Regioisomere erfolgt durch Wasserdampfdestillation, bei der nur *o*-Nitrophenol übergeht. Die Darstellung von *m*-Nitrophenol aus Phenol gelingt nicht direkt durch Nitrierung, sondern erfolgt durch **Diazotierung** von *m*-Nitroanilin und anschließendem

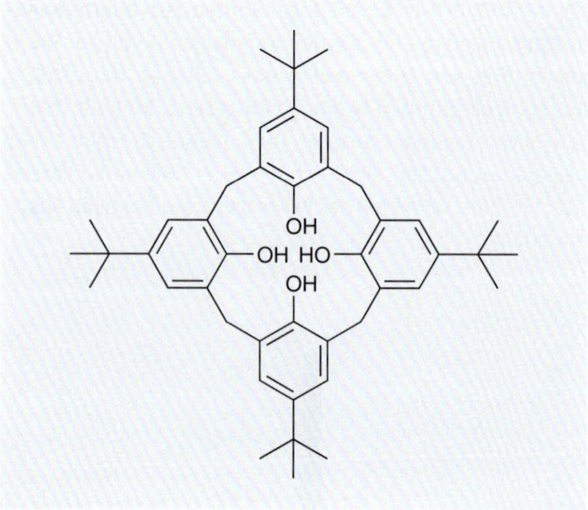


**Abb. 20.13** Calix[4]aren

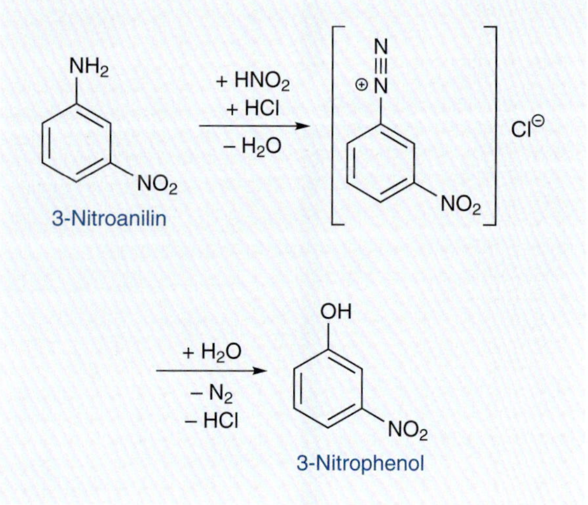


**Abb. 20.14** Durch Diazotierung und anschließende Verkochung lässt sich 3-Nitrophenol aus 3-Nitroanilin darstellen.

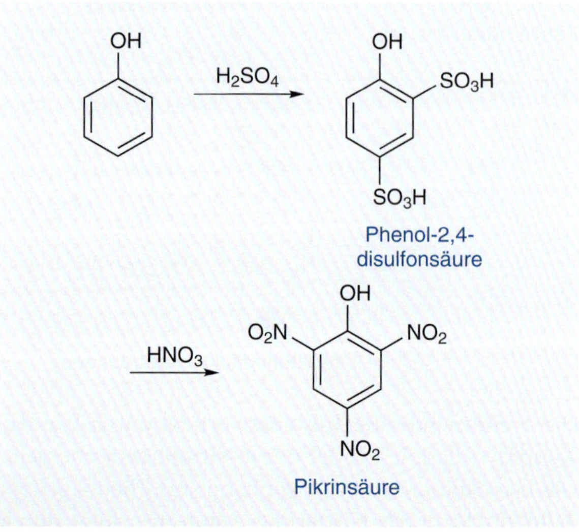


**Abb. 20.15** Darstellung von Pikrinsäure aus Phenol

Verkochen des Diazoniumsalzes (Abb. 20.14). *m*-Nitroanilin lässt sich durch Reduktion von 1,3-Dinitrobenzen mit Natriumsulfid herstellen.

***o*-Nitrophenol** ist eine gelbe, stechend riechende Substanz mit einem Schmelzpunkt von 45 °C, ***m*-** und ***p*-Nitrophenol** sind farblos und schmelzen bei 93 °C bzw. 114 °C. Die Acidität von *o*- und *p*-Nitrophenol ($pK_S \approx 7{,}15$) ist jeweils größer als die von *m*-Nitrophenol ($pK_S = 8{,}35$), alle drei übertreffen die von Phenol ($pK_S = 10$). Die Alkalisalze der drei Nitrophenole sind tiefgelb bis rot gefärbt. Bei der Einwirkung von starker Salpetersäure auf *o*- und *p*-Nitrophenol entsteht 2,4-Dinitrophenol, Smp. 114 °C, mit einem $pK_S$-Wert von 4,02. *o*-Nitrophenol unterscheidet sich auch in anderen physikalisch-chemischen Eigenschaften (Flüchtigkeit mit Wasserdampf, Absorptionsspektrum) von seinen *m*- und *p*-Isomeren. Die Ursache hierfür ist eine **intramolekulare Wasserstoffbrücke**, die sich zwischen der OH-Gruppe und den freien Elektronenpaaren der benachbarten Nitrogruppe ausbildet.

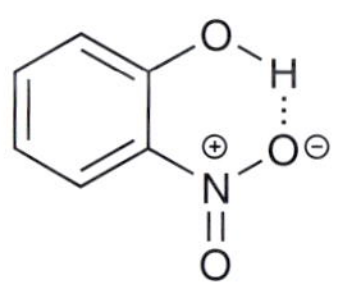


## 2,4,6-Trinitrophenol (Pikrinsäure), Pikrylchlorid und Pikramid

**Pikrinsäure** (2,4,6-Trinitrophenol; vgl. Abb. 19.13, ▸Exkurs: Aromatische Nitroverbindungen als Sprengstoffe) lässt sich durch Nitrierung von Phenol nur schwer darstellen, da ein großer Teil des Phenols vor der vollständigen Nitrierung oxidativ zerstört wird. Technisch gewinnt man Pikrinsäure aus Phenol über Phenol-2,4-disulfonsäure (4-Hydroxy-1,3-benzendisulfonsäure, ▸Kap. 20.1.3), die anschließend nitriert wird (Abb. 20.15). Hierbei erfolgt nicht nur eine Nitrierung am Aromaten in der noch freien *ortho*-Position, sondern gleichzeitig ein elektrophiler Austausch der beiden Sulfonylgruppen gegen zwei Nitrogruppen, eine sogenannte ***ipso*-Substitution**.

Pikrinsäure (gr. *pikros* = bitter) kristallisiert aus Wasser in hellgelben Blättchen mit einem Schmelzpunkt von 122 °C und ist giftig. Die wässerige Lösung reagiert stark sauer ($pK_S \approx 0{,}3–1$). Pikrinsäure dient zur Charakterisierung organischer Basen, mit denen sie meist schwer lösliche und gut kristallisierende **Pikrate** bildet. Ihre Ammoniumsalze explodieren im trockenen Zustand durch Schlag und werden als Sprengstoffe (▸Kap. 19) verwendet. Mit kondensierten, aromatischen Kohlenwasserstoffen, z. B. Naphthalen, ergibt Pikrinsäure in quantitativer Ausbeute farbige ***Charge-***

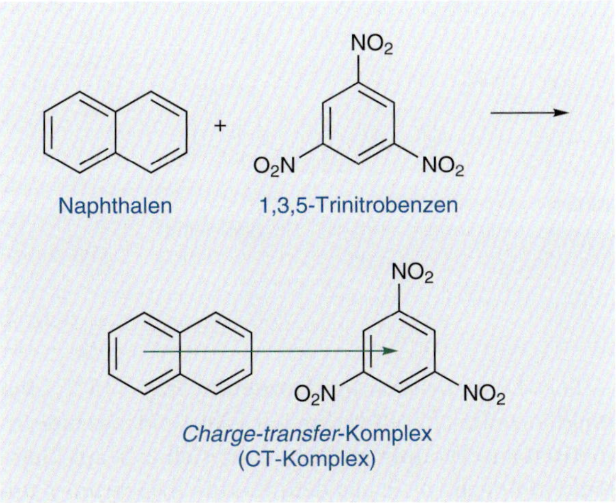


**o Abb. 20.16** *Charge-transfer*-Komplex von Naphthalen mit 1,3,5-Trinitrobenzen

***transfer*-Komplexe** (CT-Komplexe, ▸Kap. 20.2.2). Analoge Addukte bilden auch andere Polynitroaromaten, z. B. 1,3,5-Trinitrobenzen, in denen der Benzenring infolge der –I- und –M-Effekte der Nitrogruppen besonders elektronenarm ist (o Abb. 20.16).

Bei der Einwirkung von Phosphor(V)-chlorid auf Pikrinsäure wird die Hydroxygruppe gegen Chlor ausgetauscht. Das dabei entstehende **Pikrylchlorid** (Chlor-2,4,6-trinitrobenzen) verhält sich wie ein Säurechlorid und geht mit Ammoniak in **Pikramid** (Smp. 190 °C) über (o Abb. 20.17) (▸Exkurs: $S_NAr$-Mechanismus der nucleophilen Substitution am Aromaten).

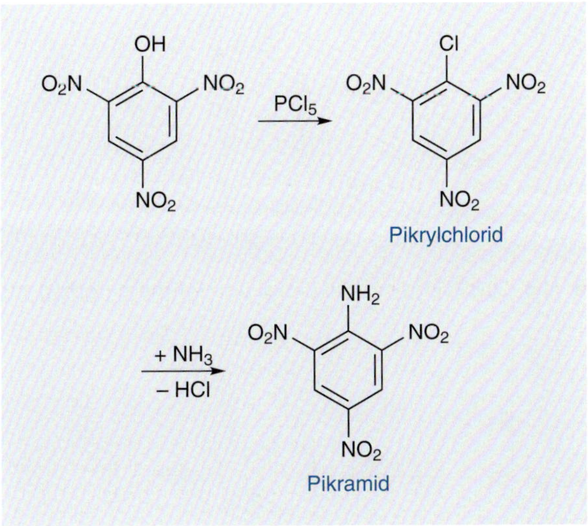


**o Abb. 20.17** Bei der Einwirkung von Phosphor(V)-chlorid auf Pikrinsäure wird die Hydroxygruppe gegen Chlor ausgetauscht.

### Tyramin und Derivate

*p*-Hydroxyphenylethylamin, **Tyramin**, findet sich in faulendem Fleisch und entsteht durch enzymatische Decarboxylierung der in vielen Lebensmitteln enthaltenen Aminosäure L-Tyrosin (▸Kap. 37). Synthetisch lässt sich Tyramin durch Reduktion von *p*-Hydroxyphenylacetonitril erhalten (o Abb. 20.19). Tyramin kristallisiert in Prismen mit einem Schmelzpunkt von 164–165 °C und wirkt – ähnlich wie *β*-Phenylethylamin – blutdrucksteigernd.



### Exkurs: $S_N$Ar-Mechanismus der nucleophilen Substitution am Aromaten

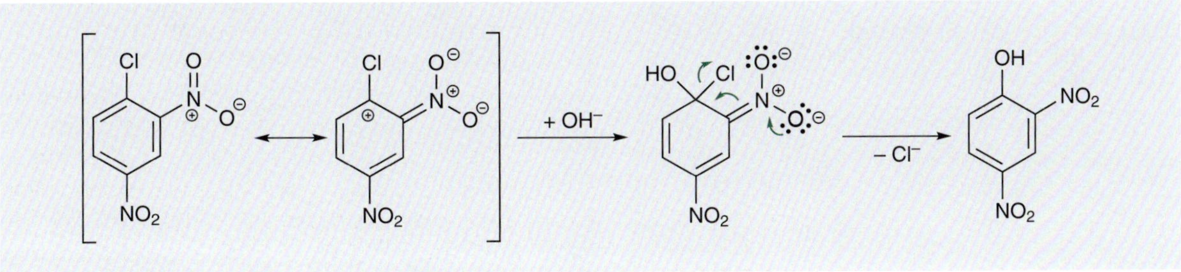


**o Abb. 20.18** Nucleophile Substitution unter Bildung eines *Meisenheimer*-Komplexes

Reaktionen wie die Umsetzung von 2,4-Dinitrochlorbenzen zu 2,4-Dinitrophenol gehören zum Typ der **nucleophilen Substitution** an elektronenarmen Aromaten (o Abb. 20.18). Diese Reaktionen verlaufen nach einem **$S_N$Ar-Mechanismus** (auch als $S_N2Ar$, Additions-Eliminierungs-Mechanismus oder (veraltet) als Zwischenkomplex-Mechanismus bezeichnet). Die Nitrogruppen verringern durch ihren **–I-** und **–M-Effekt** die Elektronendichte im aromatischen Ring so stark, dass der nucleophile Angriff z. B. eines Hydroxid-Ions möglich wird. Dieser erste Schritt, bei dem die Aromatizität vorübergehend zerstört wird, ist geschwindigkeitsbestimmend. In einigen Fällen können die *σ*-Addukte (***Meisenheimer*-Komplexe**, ▸Kap. 2.4.3) isoliert werden, aus denen sich im zweiten Reaktionsschritt durch Abspaltung z. B. eines Chlorid-Ions das aromatische System zurückbildet.

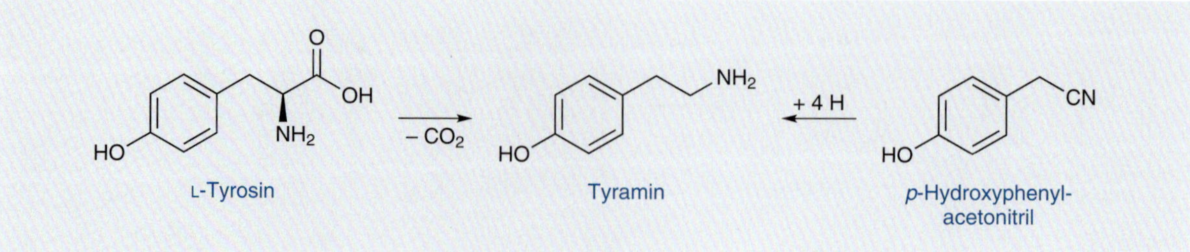


**o Abb. 20.19** Biosynthese (links) und Synthese (rechts) von Tyramin

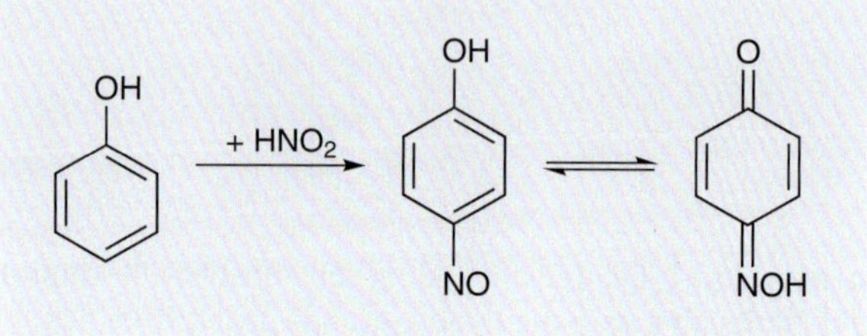


**o Abb. 20.20** Nitrosophenol steht im Gleichgewicht mit Benzochinonmonoxim. Die Darstellung erfolgt aus Phenol mit salpetriger Säure.

*N,N*-Dimethyltyramin (**Hordenin**, Smp. 118 °C), ein im Pflanzenreich weit verbreitetes Alkaloid, das biosynthetisch aus Tyramin entsteht, lässt sich z. B. aus Gerstenkeimlingen sowie aus dem Kaktus *Ariocarpus fissuratus* isolieren.

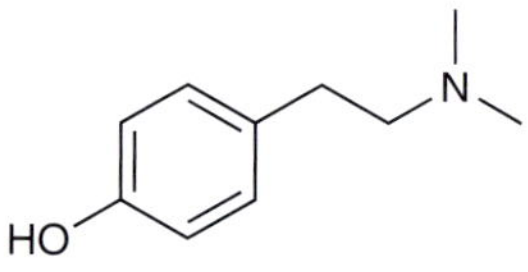


## Exkurs: *Liebermann*-Reaktion

Setzt man Phenol mit salpetriger Säure in konzentrierter Schwefelsäure um, so kondensiert das entstehende *p*-Nitrosophenol umgehend mit Phenol zu dem in Lösung blaugrünen **Indophenolmonosulfat**. Beim Verdünnen der sauren Lösung mit Wasser schlägt die Farbe nach Rot und nach Zusatz von Alkali in Tiefblau um (o Abb. 20.21). Diese Farbreaktion dient zum Nachweis von Phenolen, Nitrit und Nitrosogruppen (***Liebermann*-Reaktion**).

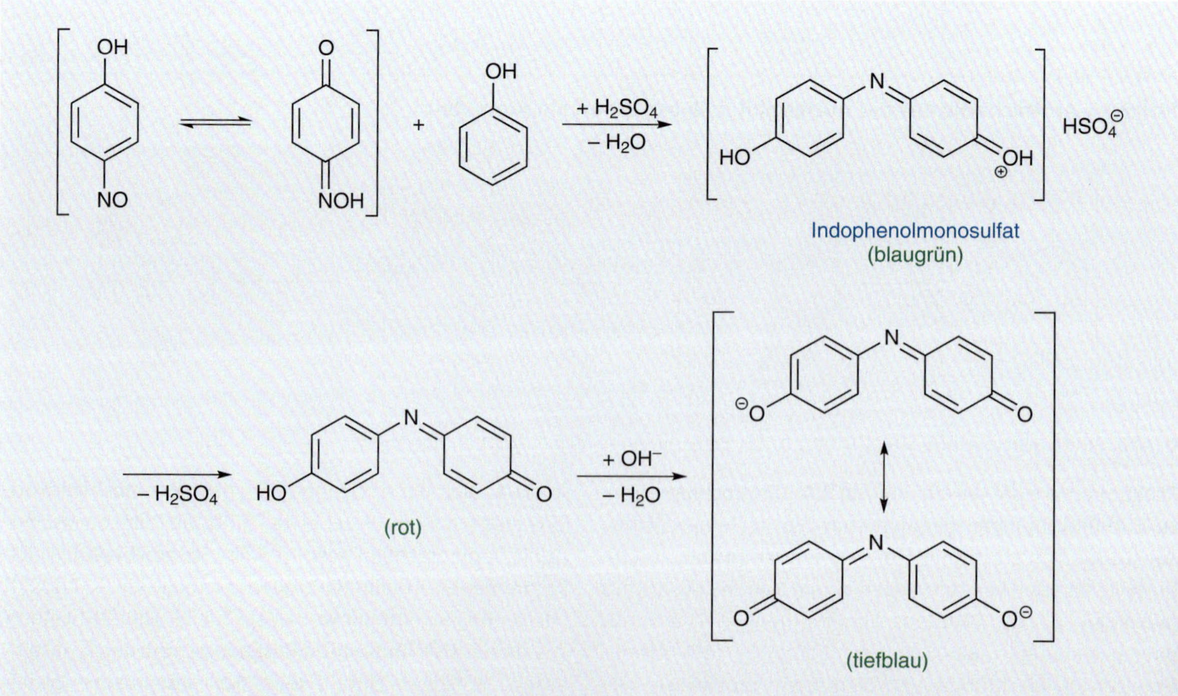


**o Abb. 20.21** Die *Liebermann*-Reaktion dient zum Nachweis von Phenolen, Nitrit und Nitrosogruppen.

**Nitrosophenole**
Der +M-Effekt der OH-Gruppe ist so ausgeprägt, dass Phenol im Gegensatz zu Benzen mit salpetriger Säure zu *p*-Nitrosophenol reagiert (o Abb. 20.20). Als Nebenprodukt entsteht *o*-Nitrosophenol. *p*-Nitrosophenol kristallisiert aus heißem Wasser in gelblichen Nadeln, (Smp. 133 °C), die sich an der Luft durch Oxidation schnell braun färben (vgl. auch ▸Exkurs: *Liebermann-*Reaktion). Es ist tautomer zu *p*-Benzochinonmonoxim. Durch NMR-Experimente konnte der **chinoide Charakter** der Verbindung bestätigt werden. In Lösung liegt das Verhältnis von *p*-Benzochinonmonoxim und *p*-Nitrosophenol bei 80 : 20.

## 20.2 Mehrwertige Phenole

### 20.2.1 Struktur und Eigenschaften
Die drei stellungsisomeren Dihydroxybenzene sind Brenzcatechin (Catechol, *o*-Hydrochinon), Resorcin und p-Hydrochinon, die stellungsisomeren Trihydroxybenzene nennt man Pyrogallol, Phloroglucin und Hydroxyhydrochinon (o Abb. 20.22). Prinzipiell entsprechen die Eigenschaften und Synthesen der mehrwertigen Phenole denen der einwertigen.

### 20.2.2 Ausgewählte Verbindungen
**Brenzcatechin**
**Brenzcatechin** wurde erstmalig bei der trockenen Destillation der Catechine (Catechugerbstoffe) erhalten und verdankt dieser „**Brenzreaktion**" seinen Namen. Die chemische Synthese von Brenzcatechin erfolgt durch Alkalischmelze der Phenol-*o*-sulfonsäure oder technisch durch Erhitzen von *o*-Chlorphenol mit 20%iger Natronlauge unter Druck in Gegenwart von Kupfer(II)-sulfat bei etwa 200 °C (o Abb. 20.23). Brenzcatechin (1,2-Dihydroxybenzen) ist kristallin und in Wasser leicht löslich, der Schmelzpunkt beträgt 104 °C. In alkalischer Lösung wirkt es stark reduzierend, z. B. auf ammoniakalische Silbersalz- oder alkalische Kupfersalzlösung. Die Substanz wird daher auch als photographischer Entwickler verwendet. Mit Eisen(III)-chlorid gibt Brenzcatechin eine charakteristische, smaragdgrüne Farbreaktion, die mit Alkali oder Natriumacetat nach Dunkelrot bzw. Violett umschlägt. Die Methylierung von Brenzcatechin mit Dimethylsulfat in alkalischer Lösung führt stufenweise zu **Guajacol** bzw. **Veratrol**.

Der Brenzcatechin-Baustein findet sich in der Natur z. B. in **Siderophoren** (gr. *sideros* = Eisen, *phoron* = Träger) wie Enterobactin (o Abb. 20.24) aus *Escherichia coli*. Siderophore werden von aeroben Bakterien, Pilzen und Pflanzenwurzeln gebildet und ausgeschieden. Sie dienen zur biologischen Mobilisierung von Eisensalzen durch Komplexbildung. Die entstehenden Chelatkomplexe werden dann über spezifische Transportsysteme von den Zellen aufgenommen und das Eisen dem Stoffwechsel des Organismus zugänglich gemacht. Die Molekülmasse der Siderophore liegt zwischen 300 und 2 000 g/mol. Das zentrale **Trilacton** des Enterobactins ist aus L-Serin aufgebaut, und nur diese Konfiguration ist biologisch wirksam. Die drei Brenzcatechingruppen des Siderophors bilden einen oktaedrischen Eisen(III)-Komplex, dessen Stabilität so groß ist, dass selbst mit EDTA kein Herauslösen des Fe(III)-Kations möglich ist.

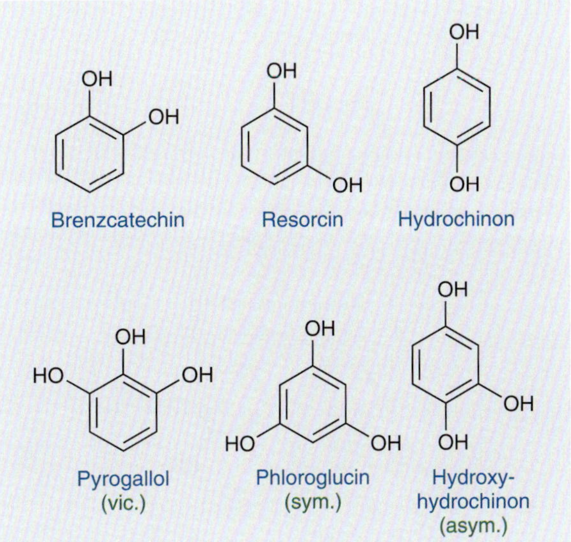


o **Abb. 20.22** Beispiele für mehrwertige Phenole

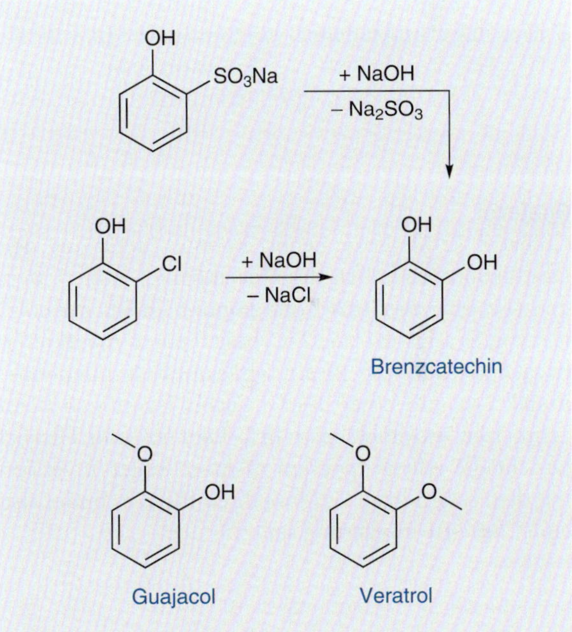


o **Abb. 20.23** Darstellungsmethoden von Brenzcatechin (oben); Strukturformeln von Gujacol und Veratrol (unten)

20

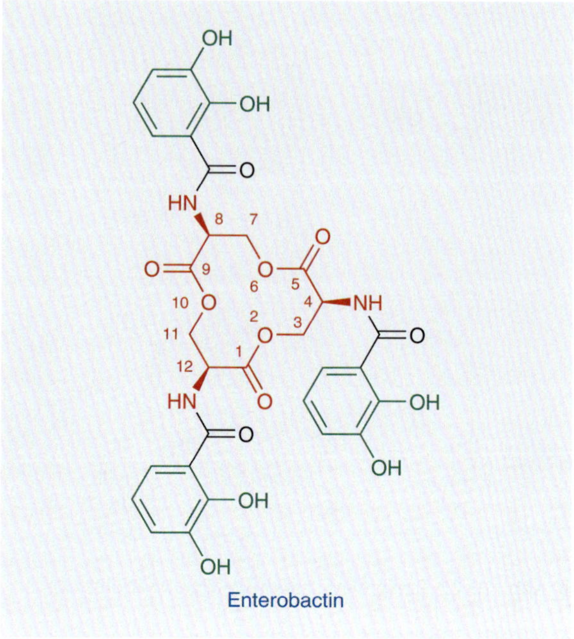


**o Abb. 20.24** Strukturformel von Enterobactin [*N*,*N'*,*N''*-((3*S*,7*S*,11*S*)-2,6,10-Trioxo-1,5,9-trioxacyclododecan-3,7,11-triyl)tris(2,3-dihydroxybenzamid)]

## Guajacol

**Guajacol** (2-Methoxyphenol) konnte zuerst aus den Destillationsprodukten des Guajakharzes isoliert werden (*Unverdorben* 1826) und kommt im Buchenholzteer vor. Es schmilzt bei 32 °C, besitzt einen charakteristischen Geruch und ist ein wirksames Desinfektionsmittel. Der Allylether des Guajacols lagert sich beim Schmelzen intramolekular in *o*-Eugenol um. Hierbei tauscht die Allylgruppe am O-Atom unter Inversion mit dem *o*-ständigen H-Atom ihren Platz, es findet also eine ***Claisen*-Umlagerung** statt.

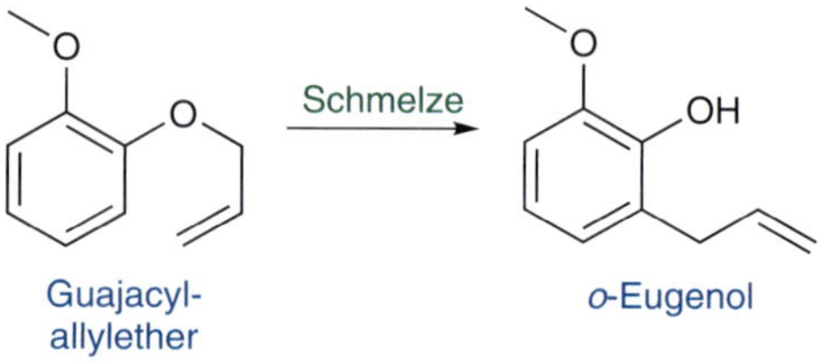


## Catecholamine: Adrenalin, Noradrenalin und Dopamin

Wegen ihrer Verwandtschaft mit Brenzcatechin (engl. *catechol*) bezeichnet man die Neurotransmitter Adrenalin, Noradrenalin und Dopamin auch als **Catecholamine**. Adrenalin wurde als erstes Hormon aus dem Nebennierenmark (lat. *ad* = bei, *renes* = Niere) isoliert (*Takamine* 1901).

**Adrenalin** ist ein *β*-Phenylethylamin-Derivat und besitzt ein Chiralitätszentrum. In der Natur kommt die linksdrehende Form vor. Seine Konstitution als 1-(3,4-Dihydroxyphenyl)-2-methylaminoethanol konnte schon im Jahre 1904 durch die in o Abb. 20.25 gezeigte Synthese bewiesen werden (*F. Stolz*). Aus Brenzcatechin und Chloracetylchlorid entsteht in Gegenwart von Phosphorchloridoxid über ein *O*-Chloracetylderivat unter ***Fries*-Umlagerung** (▸Kap. 20.1.3) 3,4-Dihydroxy-*ω*-chloracetophenon. Nach der Umsetzung mit Methylamin zu Adrenalon führt dessen Reduktion mit Natrium- oder Aluminiumamalgam zu (±)-Adrenalin (auch Epinephrin genannt). Das so erhaltene Racemat lässt sich z. B. mittels Weinsäure in die Enantiomere trennen (▸Kap. 3).

(*R*)-(−)-Adrenalin wirkt stark blutdrucksteigernd und fördert den Glycogenabbau in Leber und Muskel. Es gehört zu den **Stresshormonen** des Nebennierenmarks. Adrenalin wirkt vorwiegend auf zwei Adreno-

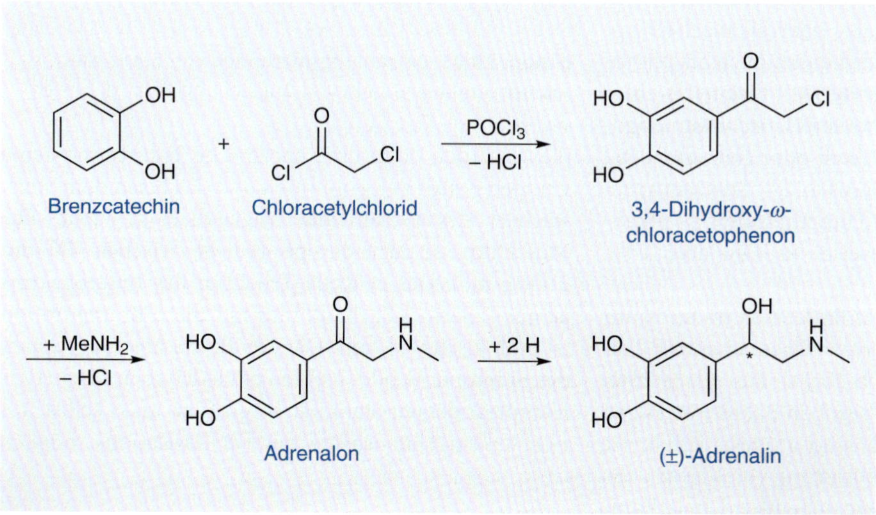


**o Abb. 20.25** Darstellung von Adrenalin aus Brenzcatechin

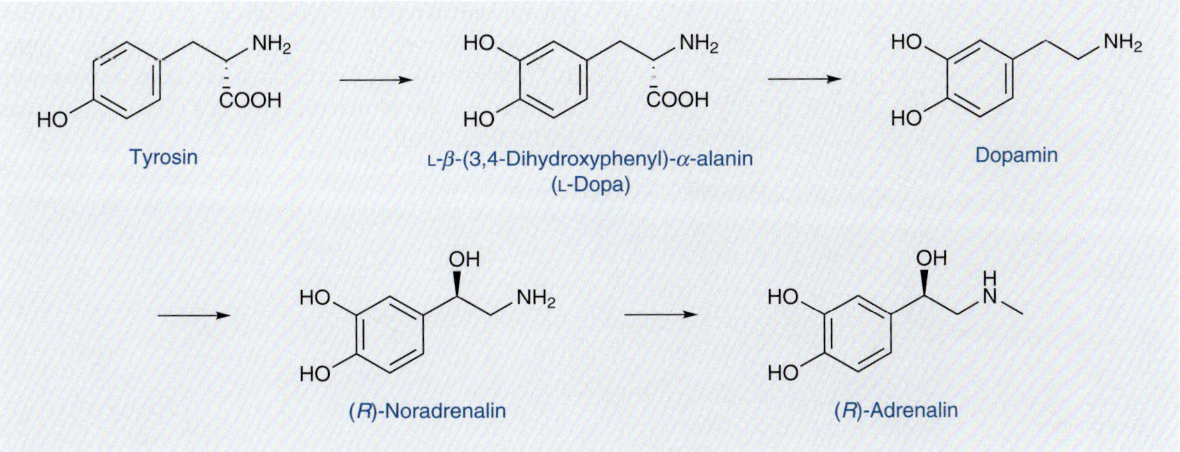


**o Abb. 20.26** Enzymatische Biosynthese von Dopamin, Noradrenalin und Adrenalin

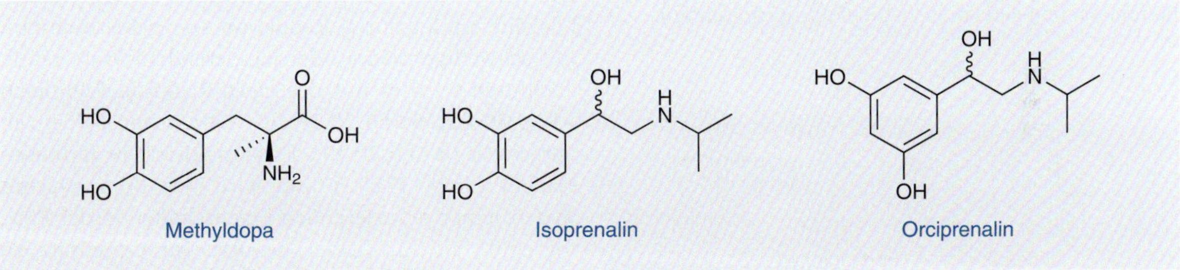


**o Abb. 20.27** Strukturformeln von Methyldopa, Isoprenalin und Orciprenalin



rezeptortypen: α- oder β-Rezeptoren. Durch spezifische Blockierung (α- oder β-Blocker oder α-/β-Adrenorezeptor-Antagonisten) kann seine Wirkung unterbunden werden. In der Notfallmedizin werden Adrenalin-Injektionen bei Herzstillstand und anaphylaktischem Schock eingesetzt. Die Biosynthese von Adrenalin beginnt beim Phenylalanin, welches zuerst enzymatisch zu Tyrosin hydroxyliert wird. Über weitere Hydroxylierung entsteht Dopa, durch Decarboxylierung Dopamin. Seitenkettenhydroxylierung und Methylierung der Aminogruppe liefern Noradrenalin und schließlich Adrenalin (o Abb. 20.26).

**(*R*)-Noradrenalin** (Normethyladrenalin, Norepinephrin; o Abb. 20.26), ein weiteres Catecholamin aus dem Nebennierenmark, unterscheidet sich vom Adrenalin durch das Fehlen der $CH_3$-Gruppe am N-Atom. Es wirkt wie Adrenalin an α- und β-Rezeptoren und ist ein Neurotransmitter des sympathischen Nervensystems. Es wird bei septischem Schock zur Kreislaufstabilisierung eingesetzt.

**Dopamin** ist ebenfalls ein Neurotransmitter, auf dessen Mangel im Gehirn die *Parkinson*sche Krankheit zurückzuführen ist.

o Abb. 20.27 zeigt die Strukturformeln von weiteren als Arzneistoffe verwendeten Catecholaminen bzw. Derivaten: Methyldopa, Isoprenalin und Orciprenalin. **Methyldopa** (L-α-Methyl-β-(3,4-dihydroxyphenyl)-alanin), das im Organismus zu α-Methylnoradrenalin metabolisiert wird, wird als Arzneistoff gegen Bluthochdruck (Antihypertonikum) eingesetzt. (*R,S*)-*N*-Isopropylnoradrenalinsulfat, **Isoprenalin** (Aludrin), aktiviert wie Adrenalin β-Rezeptoren. Es wurde gegen Bronchialasthma verwendet. Befindet sich eine der phenolischen OH-Gruppen nicht in der 4-, sondern in der 5-Stellung, erhält man (*R,S*)-1-(3,5-Dihydroxyphenyl)-2-isopropylaminoethanol, **Orciprenalin** (Alupent®), das nicht wie Adrenalin metabolisiert werden kann und deshalb länger wirksam ist. Es wird bei akuten asthmatischen Zuständen und im *off-label-use* (zulassungsüberschreitende Anwendung) in der Notfallmedizin zur Behandlung von bradykarden Herzrhythmusstörungen verwendet.

## Resorcin und Derivate

**Resorcin** (1,3-Dihydroxybenzen) ist ein Destillationsprodukt natürlicher Harze, das durch Alkalischmelze der *m*-Benzendisulfonsäure hergestellt wird (o Abb. 20.28) und ein wichtiges Ausgangsmaterial in der Farbstoffindustrie ist. Resorcin ist eine farblose, kristalline Substanz mit einem Schmelzpunkt von 110 °C, löst sich leicht in Wasser, Ethanol und Ether, reduziert aber ammoniakalische Silbernitratlösung im Gegensatz zu Brenzcatechin erst in der Hitze. Eisen(III)-chlorid färbt wässrige Resorcin-Lösungen violett.

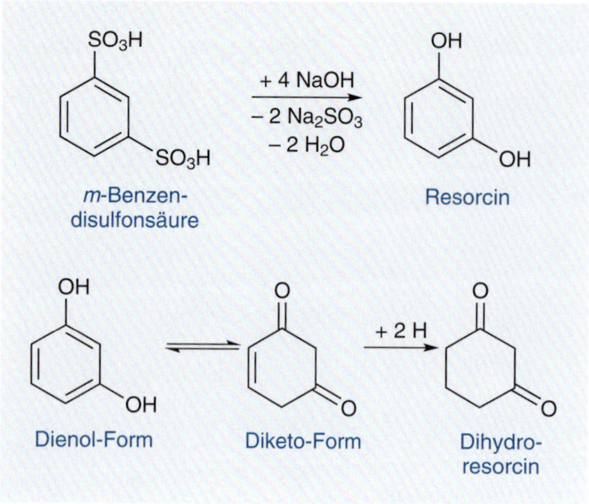


**o Abb. 20.28** Darstellung von Resorcin (oben); Keto-Enol-Tautomerie und Reduktion zu Dihydroresorcin (unten)

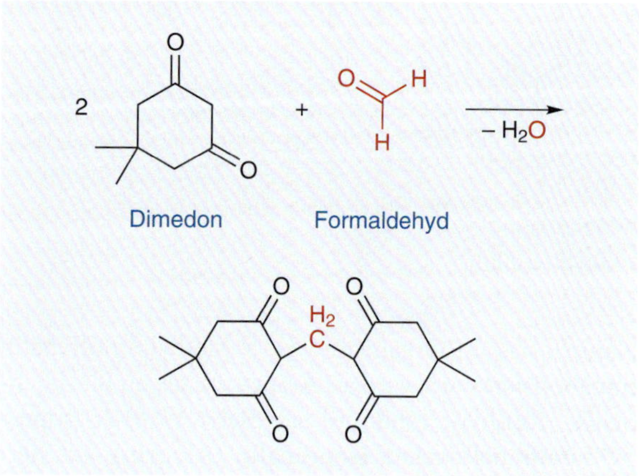


**o Abb. 20.29** Nachweis von Aldehyden mit Dimedon

Bemerkenswert ist die Leichtigkeit, mit der Resorcin, z. B. schon bei der Einwirkung von Natriumamalgam und Wasser, zwei H-Atome aufnimmt und in Dihydroresorcin (1,3-Cyclohexandion) übergeht (o Abb. 20.28). Triebkraft der Reaktion ist der Energiegewinn durch die Bildung von zwei Ketogruppen aus formal zwei Enolen aufgrund von **Keto-Enol-Tautomerie**, der in diesem Fall die Größenordnung der Mesomerieenergie des aromatischen Systems erreicht. Ebenfalls aus der Ketoform heraus entsteht mit Hydroxylamin ein Dioxim. Mit Acetanhydrid reagiert Resorcin als Diephenol zur Diacetylverbindung.

Aus Mesityloxid und Malonester leicht zugänglich ist **Dimedon** (5,5-Dimethyl-1,3-cyclohexandion). Dieses Dihydroresorcinderivat wird als empfindliches Reagenz zum Nachweis und zur gravimetrischen Bestimmung von Formaldehyd und anderen Aldehyden genutzt (o Abb. 20.29).

Bei der Nitrierung von Resorcin entsteht **Styphninsäure** (2,4,6-Trinitroresorcin, ▸Kap. 19), Smp. 175 °C, die ähnlich wie Pikrinsäure mit organischen Basen zu gut kristallisierenden **Styphnaten** führt. Ein Homologes von Resorcin, **Orcin** (5-Methylresorcin, Smp. 107 °C), konnte aus bestimmten Flechten isoliert werden und ist die Muttersubstanz des Orseille- und des Lackmusfarbstoffs.

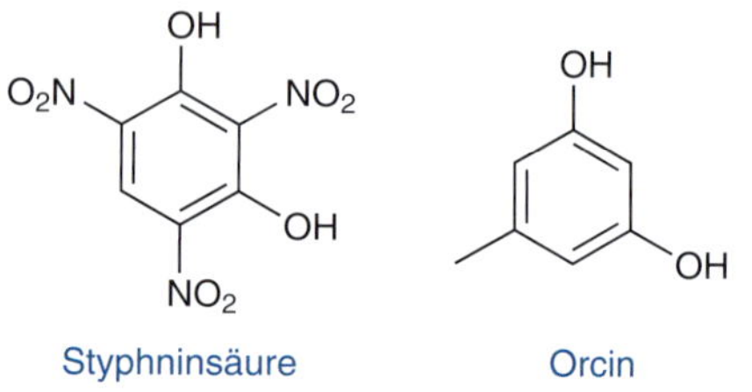


## Hydrochinon

Die Darstellung von ***p*-Hydrochinon** (1,4-Dihydroxybenzen) erfolgt durch Reduktion von *p*-Benzochinon mit schwefliger Säure oder nascierendem Wasserstoff. Technisch wird es mit der ***Hock*-Reaktion** (vgl. auch ▸Kap. 20.1.2, o Abb. 20.5) aus 1,4-Diisopropylbenzen hergestellt (o Abb. 20.30). Es kristallisiert in farblosen Nadeln (Smp. 172 °C) und wird wie Brenzcatechin wegen seiner reduzierenden Eigenschaften in der Photographie als Entwickler benutzt. Im Gegensatz zu Resorcin färben sich *p*-Hydrochinon und auch Brenzcatechin im feuchten Zustand an der Luft durch Autoxidation rasch braunrot. Der in Wasser schlecht lösliche Komplex von Chinon und Hydrochinon wird als **Chinhydron** bezeichnet (▸Kap. 20.4.3). Es handelt sich wiederum um ein Beispiel für einen *Charge-transfer*-Komplex (▸Kap. 20.1.4 und o Abb. 20.16).

## Cyclophenylalkane (Cyclophane)

Durch Veretherung zweiwertiger Phenole (*p*-Hydrochinon, Resorcin) mit $\omega,\omega'$-Dihalogenalkanen (o Abb. 20.31) lassen sich unter Anwendung des ***Ruggli-Ziegler*schen Verdünnungsprinzips** (▸Kap. 4) cyclische Ether mit großer Ringweite darstellen (*K. Ziegler, A. Lüttringhaus*). Der zunächst entstehende Halbether wird in Gegenwart von Natriumalkoholat zu einer Gruppe von Cyclophenylalkanen (Cyclophane) cyclisiert, die früher als **Ansa-Verbindungen** (gr. *ansa* = Henkel) bezeichnet wurden. Dazu sind beim *p*-Hydrochinon mindestens acht, beim Resorcin sieben Methylengruppen in der Brücke erforderlich. Es entstehen Dioxa[8]paracyclophan und Dioxa[7]metacyclophan (▸Exkurs: Cyclophenylalkane).

Bei sterisch anspruchsvollen Substituenten am Benzenkern der Ansa-Verbindungen kann die freie Drehbarkeit des Benzenkerns um die *para*-Achse bei geeigneter Ringweite des „Henkels" sterisch behindert werden, was zur Molekülasymmetrie und damit zur optischen Aktivität führt. Tatsächlich lassen sich solche Ansa-Verbindungen in ihre Enantiomere trennen.

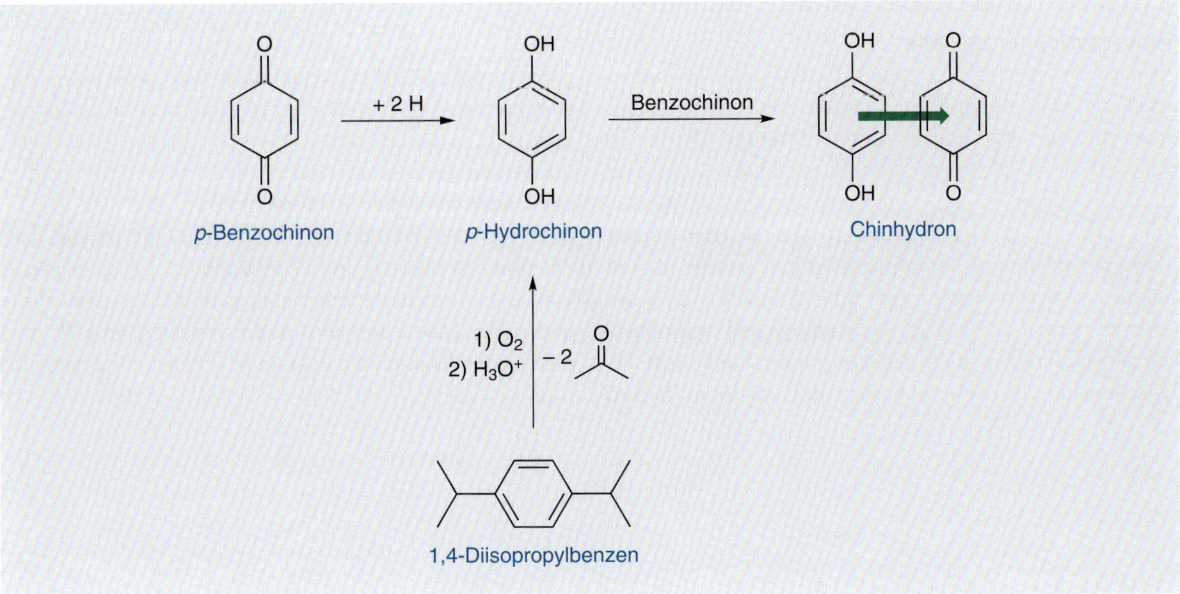


**Abb. 20.30** *Hock*-Reaktion zur Synthese von *p*-Hydrochinon

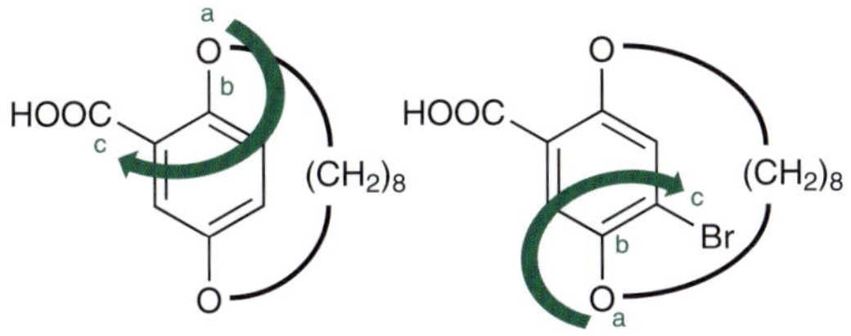


Es handelt sich dabei um Moleküle mit einer sogenannten **Chiralitätsebene**. Zur Bezeichnung der absoluten Konfiguration wählt man im CIP-System (▸Kap. 3) ein sogenanntes Pilotatom. Es ist dasjenige Atom, das von den unmittelbar an ein Atom der Chiralitätsebene gebundenen, aber außerhalb der Ebene liegenden Atomen dasjenige mit der höchsten Priorität ist (a). Von diesem Pilotatom aus betrachtet man die drei ersten Atome in der Chiralitätsebene nach fallender Priorität (a – b – c). Beschreibt diese Reihenfolge von dem Pilotatom aus gesehen eine Bewegung im Uhrzeigersinn, so liegt eine ($R_p$)-Konfiguration vor (der Index „p" steht für *plane* = Ebene). Dies ist in den oben dargestellten Ansa-Verbindungen der Fall. Ansonsten liegt eine $S_p$-Konfiguration vor.

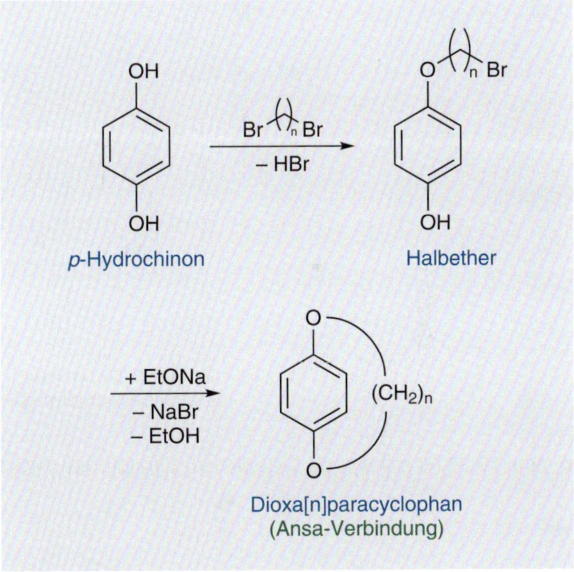


**Abb. 20.31** Darstellung von Ansa-Verbindungen aus *p*-Hydrochinon

## Trihydroxybenzene: Pyrrogallol, Phloroglucin, Hydroxyhydrochinon

**Pyrogallol** (1,2,3-Trihydroxybenzen) wurde von *Scheele* 1786 beim Erhitzen von Gallussäure erhalten und wird noch heute nach diesem Verfahren gewonnen.

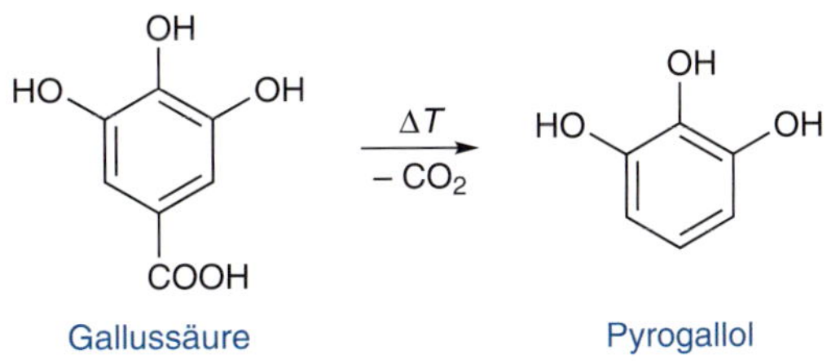


Pyrogallol ist ein in Wasser leicht lösliches Kristallpulver, das bei 133 °C schmilzt und sich bei Zugabe von Eisen(III)-chloridlösung blau färbt. In alkalischer Lösung wirkt es stark reduzierend und dient daher als

### Exkurs: Cyclophenylalkane

Die nach *Cram* auch als **Cyclophane** bezeichneten **Cyclophenylalkane** sind überbrückte aromatische Verbindungen, deren Struktur, Nomenklatur und Bezifferung an den in **o** Abb. 20.32 dargestellten Vertretern dieser Stoffklasse erläutert werden.

Man gewinnt **[2.2]Paracyclophan** aus *p*-Xylen durch Dehydrierung in der Dampfphase. Durch anschließende thermische Polymerisation (ca. 500 °C) erhält man beim Abschrecken auf 50 °C Poly-*p*-xylylen (Parylen) mit relativen Molekülmassen über 500 000 g/mol. Dabei tritt als Zwischenstufe 1,4-Chinodimethan auf. Im Laboratorium gewinnt man [2.2]Paracyclophan meist durch ***Hofmann*-Eliminierung** von *p*-Methylbenzyltrimethylammoniumhydroxid.

Die beiden Benzenringe von [2.2]Paracyclophan liegen in einer Boot-ähnlichen Konformation vor. Die sich gegenüberliegenden C-Atome, die die Ethylgruppe tragen, d. h. C11 und C14 bzw. C6 und C3 in **o** Abb. 20.32, sind jeweils um ca. 11° aus der Ebene herausgedreht. Die Delokalisation der $\pi$-Elektronen wird dadurch soweit gestört, dass ***Diels-Alder*-Reaktionen** an einem der Benzenringe möglich sind.

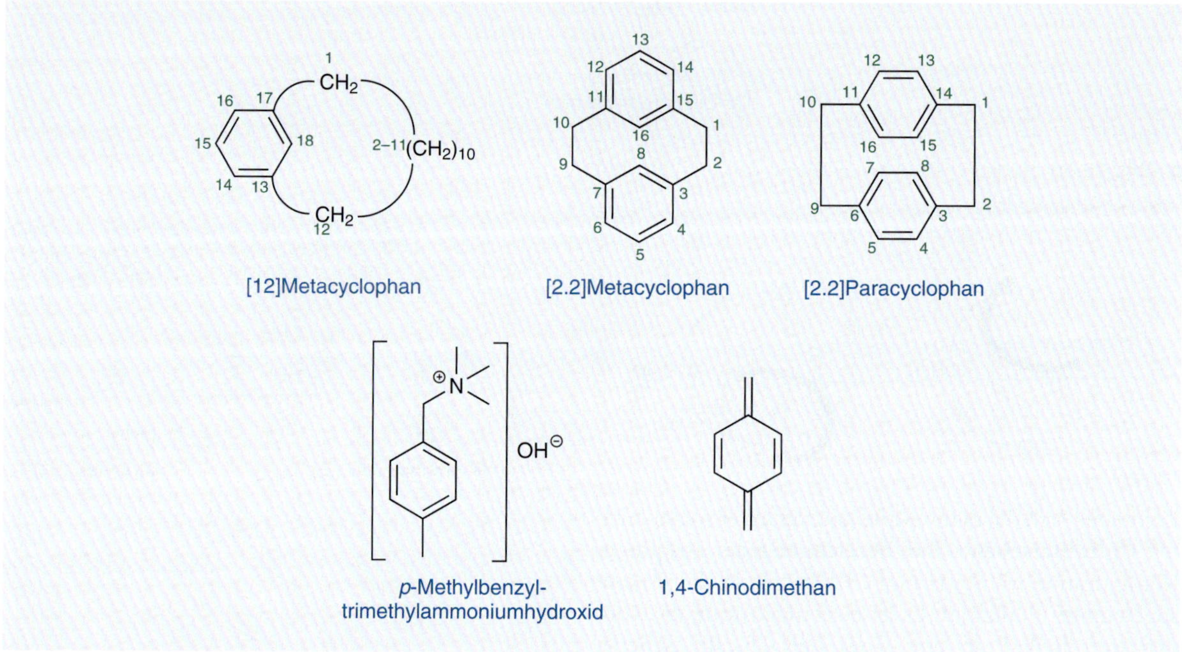


**o Abb. 20.32** Verschiedene Cyclophane, 1,4-Chinodimethan und *p*-Methylbenzyltrimethylammoniumhydroxid

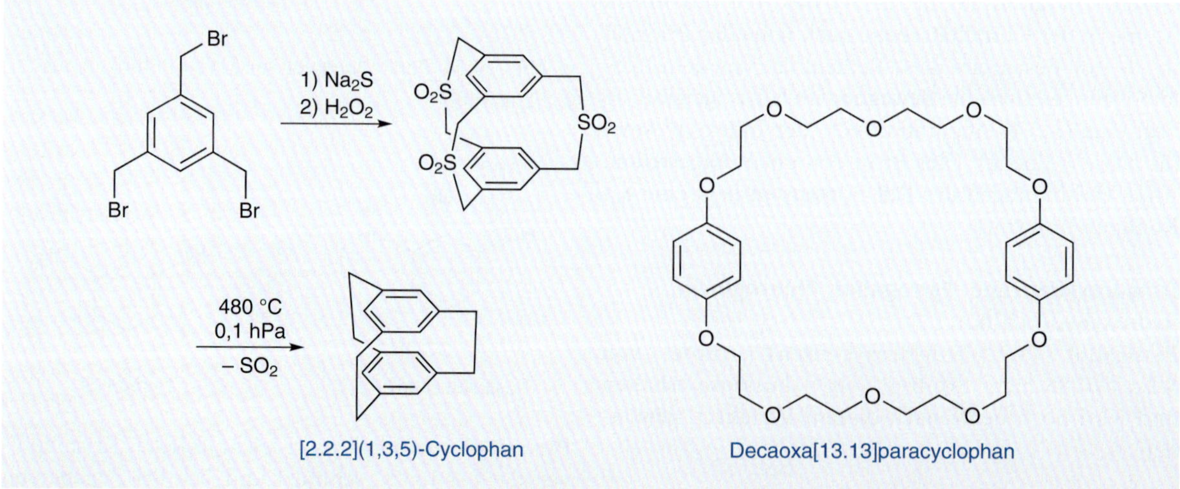


**o Abb. 20.33** Darstellung von [2.2.2](1,3,5)-Cyclophan (links); Strukturformel von 1,4,7,10,13,20,23,26,29,32-Deca oxa[13.13]paracyclophan (rechts)

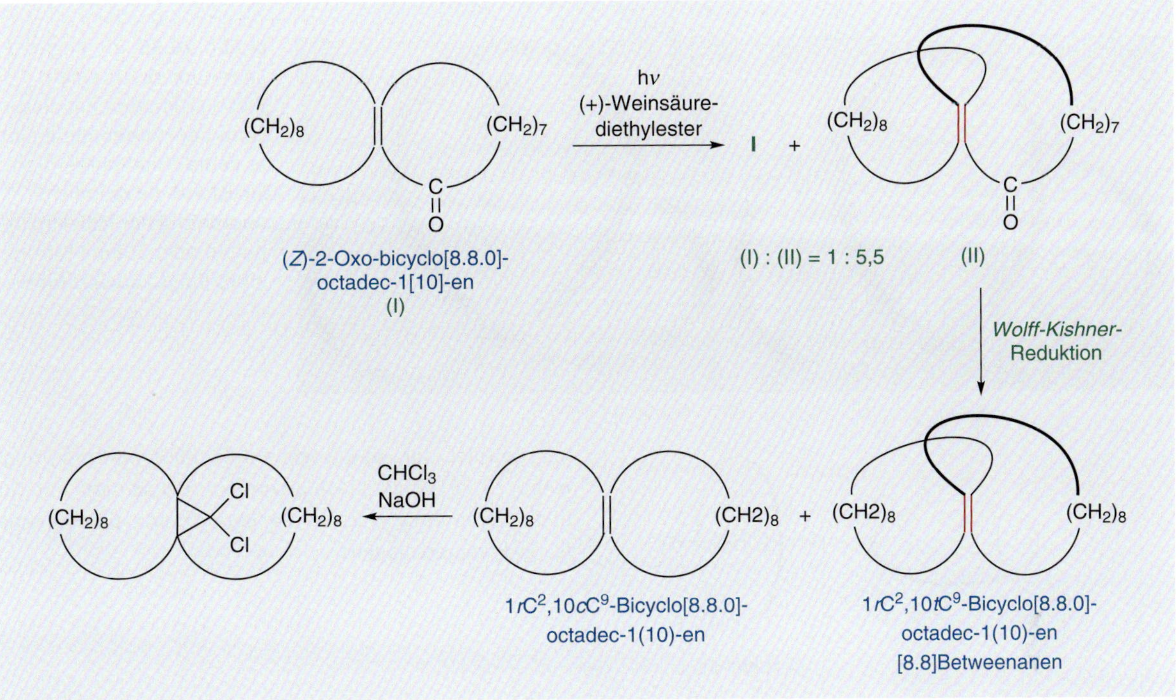


**o Abb. 20.34** Die Bestrahlung von (*Z*)-2-Oxobicyclo[8.8.0]octadec-1(10)-en (I) in (*R,R*)-(+)-Weinsäurediethylester führt nach Reduktion zu einem chiralen Betweenan mit geringem Enantiomerenüberschuss.



1,4,7,10,13,20,23,26,29,32-Decaoxa[13.13]paracyclophan (o Abb. 20.33) ist ein $\pi$-elektronenreicher Makrocyclus, der die Struktur eines Kronenether besitzt. Daher ist es nicht verwunderlich, dass viele Cyclophane für die supramolekulare Chemie von Bedeutung sind. Die bereits erwähnten Calixarene (▸ Kap. 20.1.4) gehören ebenfalls zu den Cyclophanen, z. B. ist Calix[4]aren ein [1.1.1.1]Metacyclophanderivat.

Große Fortschritte sind in der Cyclophanchemie durch Anwendung der **Sulfonpyrolyse** erzielt worden, die unter Extrusion von $SO_2$ verläuft. Als Beispiel diene die erste Synthese eines mehrfach verklammerten Cyclophans (*Boekelheide* 1973, o Abb. 20.33).

Versieht man einen Benzenkern mit zwei Henkeln, so erhält man die chiralen **[m.n]Paracyclophane**, z. B. (*S*)-(+)-[8.8] Paracyclophan (*Nakazaki*). Ersetzt man den zentralen Benzenkern der [m.n]Paracyclophane durch eine Ethylengruppe, gelangt man zu den **[m.n]Betweenanenen**, in denen die Liganden an den Brückenköpfen nicht coplanar sein können:

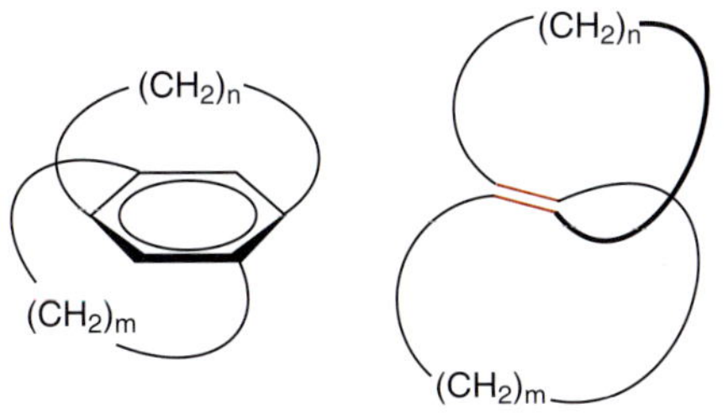


(*S*)-(+)-[8.8]Para-cyclophan [m.n]-Betweenanen

Der Name [m.n]Betweenanen drückt durch die Nachsilbe „-anen" aus, dass der Bindungszustand der *trans*-Brücke zwischen dem für eine Einfach- und eine Doppelbindung liegt. Die Betweenanene sind ebenfalls chiral. Sie sind photochemisch z. B. aus den achiralen *cis*-Bicyclo[8.8.0] octadecenen zugänglich und können von diesen aufgrund ihrer unterschiedlichen Reaktivität gegenüber Dichlorcarben getrennt werden, denn nur die *cis*-Verbindung reagiert mit $:CCl_2$.

Die Anreicherung eines der beiden [8.8]Betweenanen-Enantiomeren lässt sich durch die Bestrahlung eines geeigneten Derivates, z. B. von (*Z*)-2-Oxobicyclo[8.8.0]octadec-1(10)-en (I) in (*R,R*)-(+)-Weinsäurediethylester erreichen (o Abb. 20.34). Das dabei auftretende Gemisch der Verbindungen (I) und (II) wird dann nach *Wolff-Kishner* (▸ Kap. 12.2.3) reduziert. Das so erhaltene [8.8]Betweenanen ist linksdrehend, weist aber nur einen Enantiomerenüberschuss von etwa 1 % auf (wahrscheinlich (*R*)-konfiguriertes Enantiomer).

Ausgehend von bestimmten [n]Cyclophanen gelang es auch, zwei Makrocyclen wie Kettenglieder miteinander zu verknüpfen und so erstmalig Moleküle darzustellen, deren Teile nicht durch kovalente Bindungen zusammengehalten werden (*Lüttringhaus* u. *Schill* 1964). Derartige Verbindungen werden als **Catenane** (lat. *catena* = Kette) bezeichnet. In den verwandten **Rotaxanen** dagegen umschließt ein Ring ein lineares Molekül, dessen sperrige Endgruppen R, R' den Ring in seiner Position festhalten:

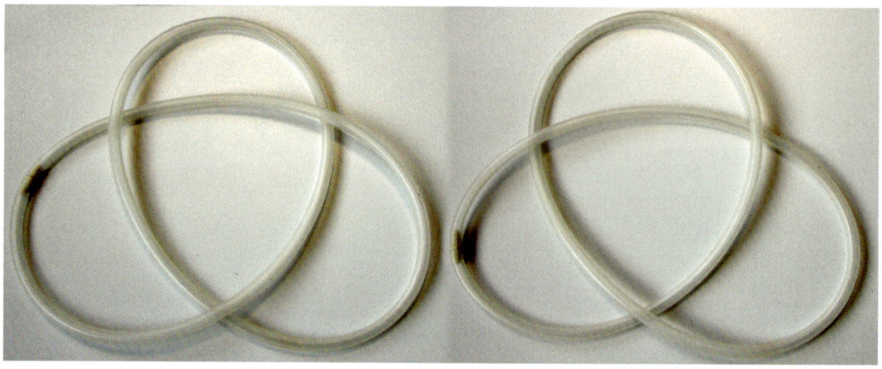

**Abb. 20.35** Topologische Enantiomere bei einem Kleeblattknoten: Bei dieser Form der Enantiomerie gibt es keine Chiralitätszentren. Sie ist auf die räumliche Anordnung der Moleküleinheiten oder auf die Faltung eines Rings zurückzuführen.

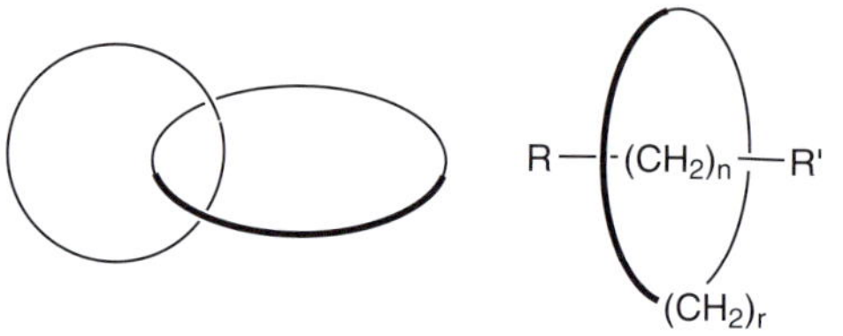


Catenan Rotaxan

Als Beispiel für das sogenannte Knotenprinzip zeigt Abb. 20.35 einen Kleeblattknoten. *Wasserman* hat für diese Verbindungsklassen die Bezeichnung **topologische Isomere** vorgeschlagen.

photographischer Entwickler in der Analog-Photographie. Da eine alkalische Pyrogallollösung auch molekularen Sauerstoff zu binden vermag, wird sie in der Gasanalyse zur Sauerstoffabsorption verwendet.

**Phloroglucin** (1,3,5-Trihydroxybenzen) ist ein Abbauprodukt der Flavon- und Flavyliumfarbstoffe. Seine Darstellung gelingt am besten ausgehend von 2,4,6-Triaminobenzoesäure, die aus 2,4,6-Trinitrobenzoesäure durch Reduktion zugänglich ist (Abb. 20.36). Aus Wasser kristallisiert Phloroglucin mit zwei Molekülen Kristallwasser, wasserfrei schmilzt es bei 218 °C. Es wird zum Nachweis von Lignin im Holz benutzt, wobei in Gegenwart von Salzsäure eine purpurrote Färbung auftritt.

Einerseits zeigt Phloroglucin wie andere Phenole auch mit Eisen(III)-chlorid eine blauviolette Färbung und kann mit Diazomethan zum Trimethylether und mit Acetanhydrid zum Triacetylderivat umgesetzt werden. Andererseits reagiert es mit Hydroxylamin unter Bildung eines Trioxims. Demnach kann Phloroglucin (aus dem gleichen Grunde wie Resorcin, ▸Kap. 20) sowohl aus der Trienol- als auch der damit im Gleichgewicht stehenden tautomeren Triketo-Form heraus reagieren.

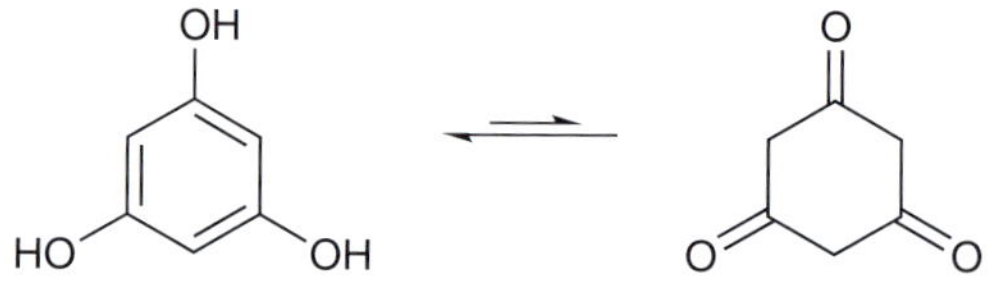


Die UV-Absorptionskurve von Phloroglucin zeigt, dass es im freien Zustand überwiegend in der Trienol-Form vorliegt. Bislang konnte die Keto-Form von Phloroglucin durch keine spektroskopische Methode, weder in Lösung noch in fester Form, direkt nachgewiesen werden.

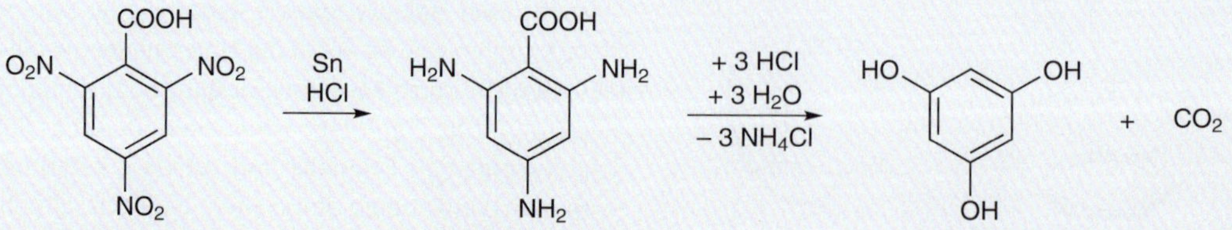


**Abb. 20.36** Darstellung von Phloroglucin aus 2,4,6-Trinitrobenzoesäure

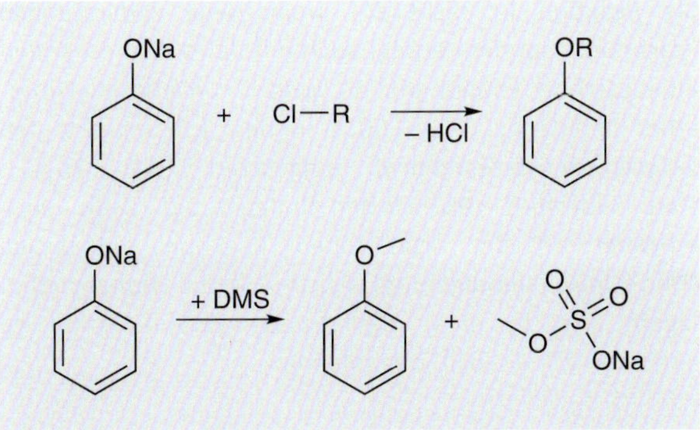


**o Abb. 20.37** Methoden zur Darstellung von Phenylethern

**Hydroxyhydrochinon**, das dritte Trihydroxybenzen-Isomer (Smp. 140 °C), wird aus *p*-Benzochinon und Acetanhydrid synthetisiert. Dabei erfolgt Addition von Acetat an die Doppelbindung und Acetylierung der beiden entstehenden phenolischen OH-Gruppen. Die Triacetylverbindung wird anschließend zu Hydroxyhydrochinon hydrolysiert.

## 20.3 Phenylether

### 20.3.1 Struktur und Eigenschaften

Alkylphenylether sind gegen Alkalien beständig, unlöslich in Wasser und z. T. angenehm riechend. Zu ihren wichtigsten Vertretern zählen **Anisol** (Methylphenylether, Methoxybenzen; Sdp. 154 °C), **Phenetol** (Ethylphenylether, Ethoxybenzen; Sdp. 170 °C) und **Anethol** (4-[1-Propenyl]anisol; Sdp. 235 °C), der Hauptbestandteil von Anisöl.

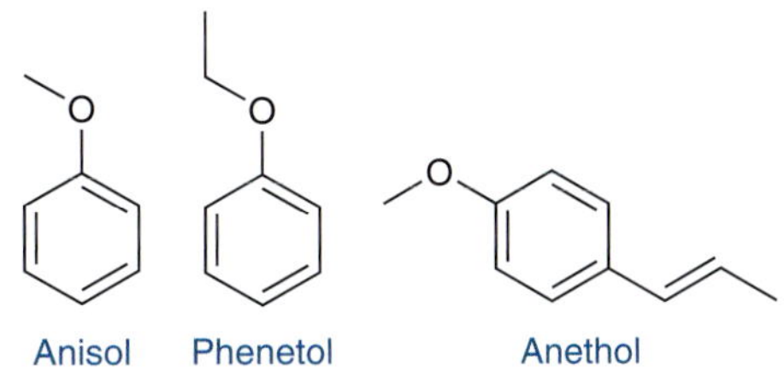


### 20.3.2 Gewinnung und Synthese

#### *Williamson*-Synthese

Phenylether können entweder über die ***Williamson*-Synthese** (▸Kap. 9) durch Umsetzung von Natriumphenolat mit Alkylhalogeniden in ethanolischer bzw. wässriger Lösung oder technisch durch Behandeln einer alkalischen Phenollösung mit Dialkylsulfat (z. B. DMS = Dimethylsulfat) synthetisiert werden (o Abb. 20.37). Mit Allylhalogeniden entstehen Allylphenolether, die als Edukte für *Claisen*-Umlagerungen (▸Exkurs: *Claisen*-Umlagerung) synthetisch von Interesse sind.



**Exkurs: *Claisen*-Umlagerung**

Der aus Phenol und Allylbromid in acetonischer Lösung in Gegenwart von Kaliumcarbonat darstellbare Allylphenylether lagert sich beim Erhitzen auf etwa 200 °C fast quantitativ in *o*-Allylphenol um (o Abb. 20.38). Hierbei handelt es sich um eine **[3,3]-sigmatrope Umlagerung**, die analog zur ***Cope*-Umlagerung** abläuft (▸Kap. 5).

Mithilfe einer Isotopenmarkierung lässt sich am Beispiel von [$\gamma$-$^{14}$C]-Allylphenylether zeigen, dass die Umlagerung intramolekular, über ein Cyclohexadienonderivat, und unter vollständiger Inversion der Allylkette zu *o*-[$\alpha$-$^{14}$C]-Allylphenol verläuft (o Abb. 20.39). Nach Markierung des Allylphenylethers am Sauerstoff ($^{18}$O) und an den $\alpha$-, $\gamma$-

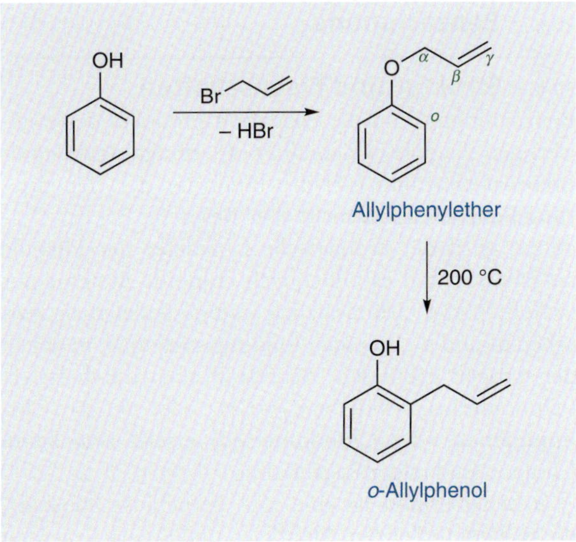


**o Abb. 20.38** *Claisen*-Umlagerung

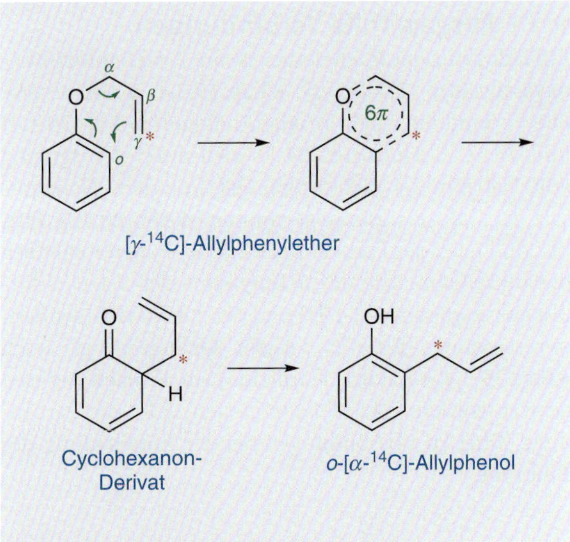


**o Abb. 20.39** Der Mechanismus der *Claisen*-Umlagerung wurde mithilfe eines isotopenmarkierten (*) Allyl-Rests bewiesen.

und *o*-Kohlenstoffatomen ($^{14}C$) sind die kinetischen Isotopeneffekte (KIE) gemessen worden. Dabei zeigte sich, dass im cyclischen Übergangszustand der Reaktion die $C_\alpha$—O-Bindung bereits zu 50–60 % gelöst ist, während sich die $C_\gamma$—$C_o$-Bindung erst zu 10–20 % gebildet hat. Es liegt also eine konzertierte Reaktion vor, die jedoch nicht synchron verläuft.

Sind die beiden *o*-Stellungen im Allylphenylether besetzt, so entsteht das betreffende *p*-Allylphenol (○ Abb. 20.40). Wie Kreuzungsexperimente mit radioaktiv markierten Verbindungen ergaben, verläuft auch diese Umlagerung streng intramolekular. Zunächst findet eine *ortho*-Umlagerung unter Bildung eines Cyclohexadienon-Derivats statt, das aber nicht zu einem Phenol tautomerisieren kann. Daher lagert es sich rasch zum entsprechenden *p*-Allylphenol um. Die Allylkette wird somit zweimal invertiert.

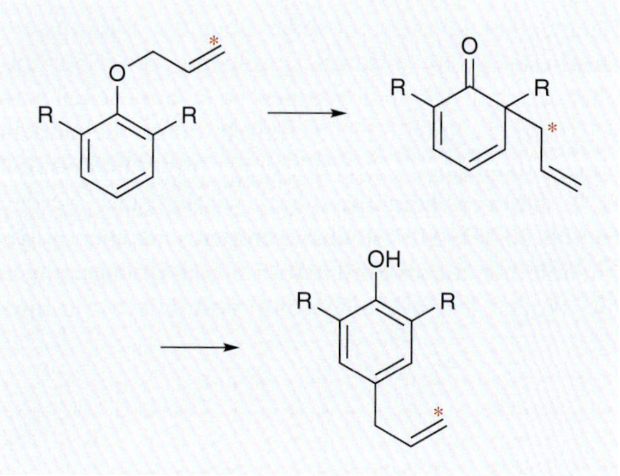


○ **Abb. 20.40** Die *Claisen*-Umlagerung an einem zweifach *ortho*-substituierten Phenolether führt zur Verschiebung der Allylkette in die *para*-Stellung unter zweifacher Inversion.

Die Reaktion ist nicht auf aromatische Verbindungen beschränkt, sondern erfolgt auch mit den entsprechenden aliphatischen Enolethern. So wird 2-Cyclohexenylvinylether bereits bei 150–160 °C in den $\gamma,\delta$-ungesättigten 2-Cyclohexenylacetaldehyd umgelagert (○ Abb. 20.41). Statt Sauerstoff (**Oxo-*Claisen*-Umlagerung**) kann auch Schwefel an der sigmatropen Reaktion teilnehmen (**Thio-*Claisen*-Umlagerung**). Penta-2,4-dienylphenylether lagern sich in einer sigmatropen [5,5]-Reaktion zu 4-(Penta-2,4-dienyl)-phenolen um.

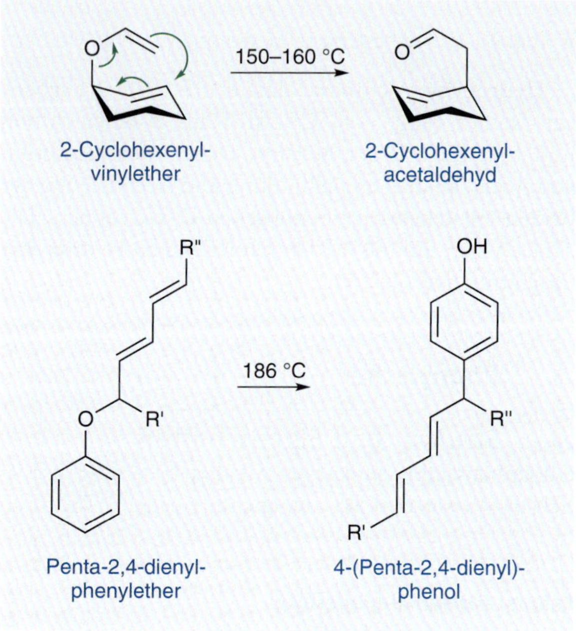


○ **Abb. 20.41** Beispiele zur *Claisen*-Umlagerung

### 20.3.3 Ausgewählte Verbindungen

Ein halogenierter Phenylether ist die **2,4-Dichlorphenoxyessigsäure** (2,4-D; vgl. ▸ Kap. 19.3.4, ○ Abb. 19.36). Die Verbindung ist ein **Auxin**-Analogon (▸ Kap. 29.1.4) und dient als Herbizid. 2,4-D wird durch Umsetzung von Natrium-2,4-dichlorphenolat mit dem Natriumsalz der Chloressigsäure gewonnen (○ Abb. 20.42). Früher sind nach der Farbkennzeichnung an den Behältern benannte Gemische der *n*-Butylester der 2,4-Dichlorphenoxyessigsäure (2,4-D) und der 2,4,5-Trichlorphenoxyessigsäure (2,4,5-T, **„Agent Orange“**, vgl. auch ▸ Kap. 19.3.4, ▸ Exkurs: Herbizide) zur Entlaubung eingesetzt worden. 2,4,5-T ist teratogen, d. h., die Verbindung führt zu Missbildungen bei der Entwicklung des Embryos.

## 20.4 Benzochinone

### 20.4.1 Struktur und Eigenschaften

Benzochinone sind die Oxidationsprodukte der zweiwertigen Phenole (▸ Kap. 20.2). Allerdings ergeben nur Brenzcatechin und *p*-Hydrochinon bei der Dehydrierung Benzochinone, nicht aber Resorcin. Bei der Oxidation wird der aromatische Charakter der Phenole aufgehoben und es bilden sich **chinoide Systeme** aus (○ Abb. 20.43). Grundsätzlich unterscheidet man zwischen *o*- und *p*-chinoiden Bindungssystemen, in denen der doppelt gebundene Sauerstoff auch durch =NH (Chinonimin), =NR bzw. $=CH_2$ oder $=CR_2$ (**Chinonmethan** oder **Chinonmethid**) ersetzt sein kann. Chinone sind in der Regel farbig.

***o*-Benzochinon** ist eine rote, geruchlose Substanz, die sich gut in Benzen, Alkoholen und Ethern löst. Man erhält es aus Brenzcatechin durch Oxidation, z. B. durch

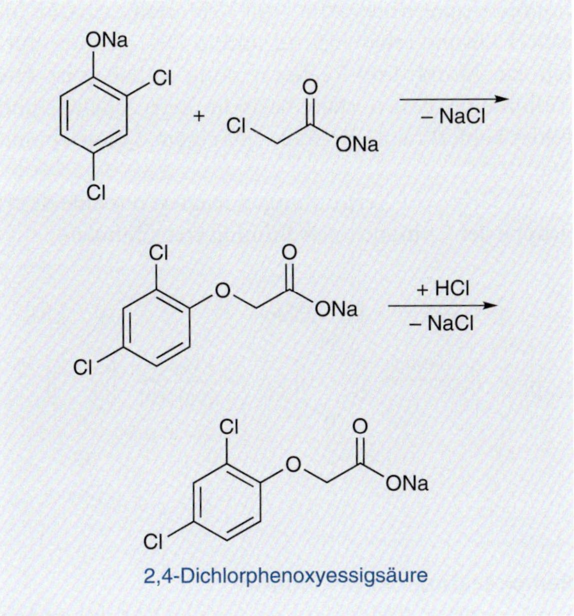


**Abb. 20.42** Darstellung der früher als Entlaubungsmittel genutzten 2,4-Dichlorphenoxyessigsäure (2,4-D)

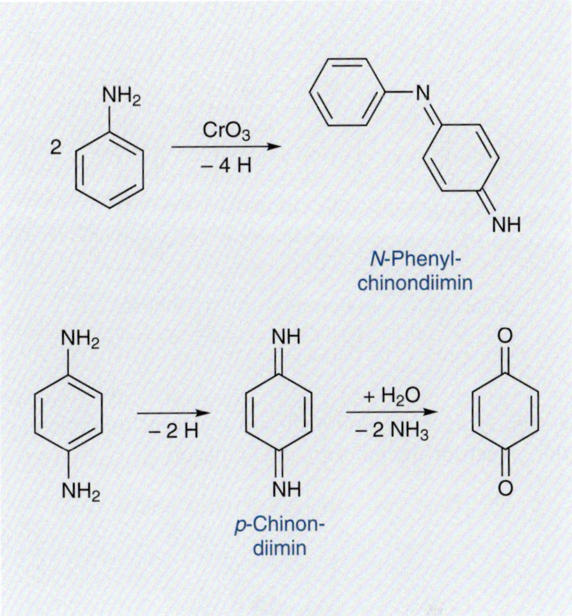


**Abb. 20.44** Darstellung von *N*-Phenylchinondiimin aus Anilin (oben); Darstellung von p-Benzochinon aus p-Phenylendiimin (unten)



vorsichtige Dehydrierung mit Silberoxid in absolutem Ether in Gegenwart von wasserfreiem Natriumsulfat. Hierbei entsteht zunächst ein farbloses Zwischenprodukt, das sofort in das rote *o*-Benzochinon übergeht. Die Zugabe von wasserfreiem Natriumsulfat ist notwendig, da *o*-Benzochinon in Gegenwart von Wasser relativ instabil ist und zerfällt, was sich an einer Braunfärbung zeigt. *o*-Benzochinon ist ein starkes Oxidationsmittel, das z. B. aus saurer Kaliumiodidlösung Iod freisetzt.

***p*-Benzochinon**, auch *p*-Chinon oder einfach Chinon genannt, bildet goldgelbe, stechend riechende Kristalle, die bei 116 °C sublimieren und mit Wasserdampf flüchtig sind. Sie sind unlöslich in Wasser, aber gut löslich in Alkohol oder Ethern. Entdeckt wurde *p*-Benzochinon bei der Oxidation der Chinasäure, eines Bestandteils der Chinarinde (*Woskressensky* 1838). Dieser Herkunft verdankt es seinen Namen. Derivate von *p*-Benzochinon kommen im Wehrstoff der Bombardierkäfer vor: Die Substanzen werden bei Bedarf aus den entsprechenden Hydrochinonen und konzentriertem Wasserstoffperoxid unter Zuführung einer Oxidoreduktase explosionsartig erzeugt und nach außen versprüht. *p*-Benzochinon wird z. B. durch Dehydrierung

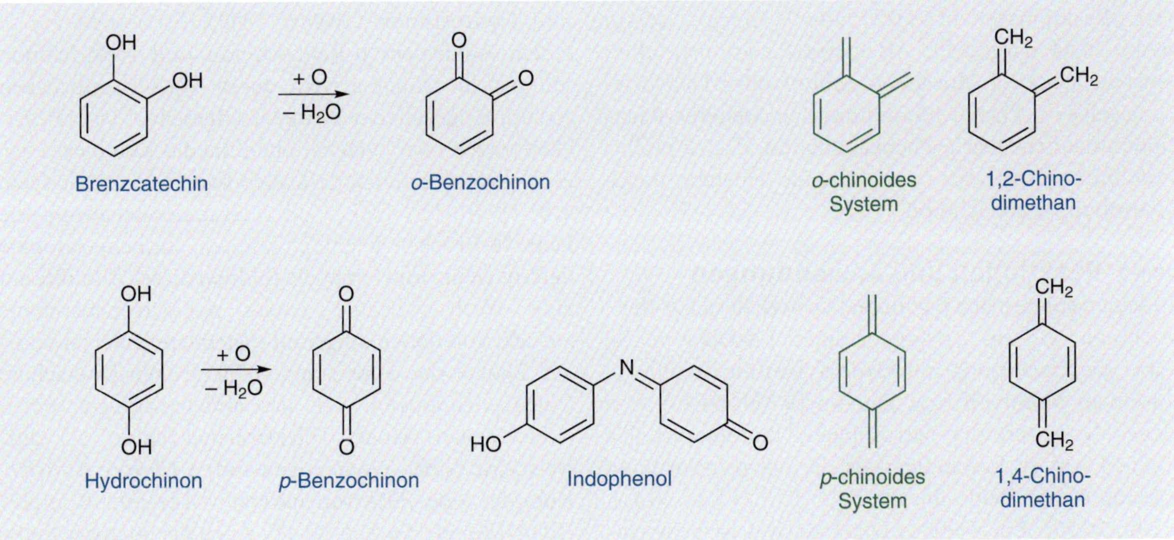


**Abb. 20.43** Benzochinone sind Oxidationsprodukte der entsprechenden zweiwertigen Phenole (links); Strukturformel von Indophenol, einem Chinonimin (Mitte); *o*- und *p*-chinoide Systeme (rechts)

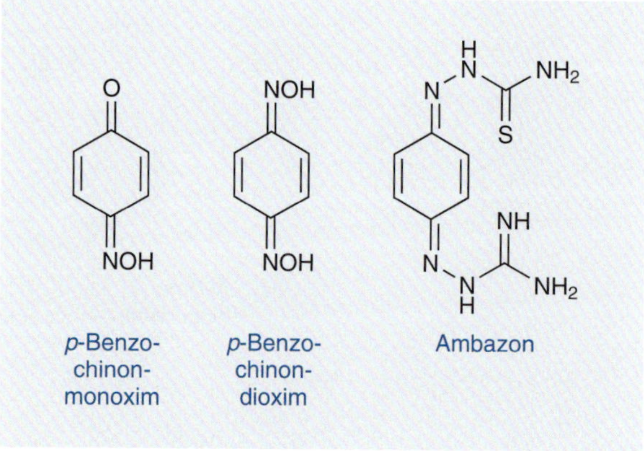


**o Abb. 20.45** Strukturformeln von *p*-Benzochinonmonoxim, *p*-Benzochinondioxim und Ambazon

**o Abb. 20.46** Chinhydron-Kristalle sind tiefgrün schimmernd und in Wasser schwer löslich.

von Anilin mit Chromsäure oder Mangan(IV)-oxid (Mangandioxid) in schwefelsaurer Lösung hergestellt. Der Reaktionsverlauf (*Willstätter*, *Green*) ist in o Abb. 20.44 dargestellt. Als erstes Reaktionsprodukt entsteht aus zwei Molekülen Anilin unter Dehydrierung gelbes *N*-Phenylchinondiimin. Im weiteren Reaktionsverlauf entsteht *p*-Phenylendiamin, das zu *p*-Chinondiimin dehydriert wird. Daraus entsteht durch Hydrolyse *p*-Benzochinon.

### 20.4.2 Reaktionen und Anwendungen

In seinen chemischen Eigenschaften verhält sich *p*-Benzochinon wie ein 2,3-ungesättigtes 1,4-Diketon. So führt die Umsetzung mit Hydroxylaminhydrochlorid zu einem **Monoxim** bzw. **Dioxim** (o Abb. 20.45), von denen das Erstere zu *p*-Nitrosophenol tautomer ist. Die Oxim-Form ist beständiger als die Nitroso-Form; in Lösung stehen beide im Gleichgewicht (▸ Kap. 20.1.4, o Abb. 20.20). Ein weiteres Diketoderivat ist *p*-Benzochinonamidinohydrazonthiosemicarbazon (**Ambazon**, o Abb. 20.45), das durch Umsetzung von *p*-Benzochinonmonoguanylhydrazon mit Thiosemicarbazid in saurer Lösung erhalten wird und in Desinfektionsmitteln zur Mund- und Rachenspülung enthalten ist. Die Verbindung besitzt stark basische Eigenschaften und bildet kupferbraune Kristalle mit einem Schmelzpunkt von 193 °C.

Mit ***Grignard*-Verbindungen** reagiert nur eine Ketogruppe der Chinone unter Bildung von Chinolen.

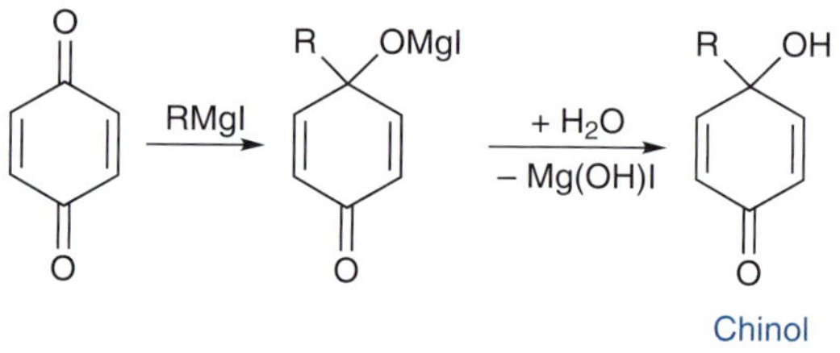


#### Redoxreaktion der *p*-Chinone

Eine wichtige Redoxreaktion ist die Reduktion von *p*-Benzochinon zu Hydrochinon (▸ Kap. 20.2.2) bzw. die Oxidation von Hydrochinon zu *p*-Benzochinon. Bei beiden Reaktionen entsteht als Zwischenprodukt eine in Wasser schwer lösliche, tiefgrün schillernde Substanz, das **Chinhydron** (o Abb. 20.46). Das Redoxgleichgewicht zwischen Hydrochinon und Chinon ist pH-abhängig. Bevor die heute üblichen Glaselektroden entwickelt wurden, wurde die sogenannte **Chinhydron-Elektrode** zur pH-Messung verwendet. Dabei dient ein Platindraht in einer gesättigten Lösung von Chinhydron in Wasser zur Ableitung des sich in dieser Halbzelle einstellenden, pH-abhängigen Redoxpotenzials. Als Referenzelektrode kann z. B. eine Kalomel- oder Silberchloridelektrode verwendet werden.

Chinhydron erhält man auch beim Zusammengießen äquimolekularer Lösungen von *p*-Benzochinon und Hydrochinon (*Wöhler* 1844). Es besteht aus je einem Äquivalent *p*-Benzochinon und Hydrochinon und wurde früher als ein durch Wasserstoffbrücken zusammengehaltener Komplex angesehen. Die H-Brücken tragen zwar auch zur Stabilität des Komplexes bei, es zeigte sich jedoch, dass auch andere Verbindungen, z. B. Hydrochinonether oder Hexamethylbenzen, die keine H-Brücken ausbilden können, ähnliche Addukte liefern. Heute führt man die Bildung dieser Addukte auf eine Wechselwirkung zweier $\pi$-Elektronensysteme zurück, von denen aufgrund mesomerer oder induktiver Effekte das eine einen $\pi$-Elektronen-Überschuss (Elektronendonator: D), das andere dagegen einen $\pi$-Elektronen-Mangel (Elektronenakzeptor: A) aufweist. Sie bilden einen sogenannten ***Charge-transfer*-Komplex** oder **E**lektronen**d**onator-**A**kzeptor-Komplex (EDA-Komplex; o Abb. 20.47). Auch die intensive Farbe der Chinhydrone ist auf die Wechselwirkung der $\pi$-Elektronen beider Ringsysteme zurückzuführen.

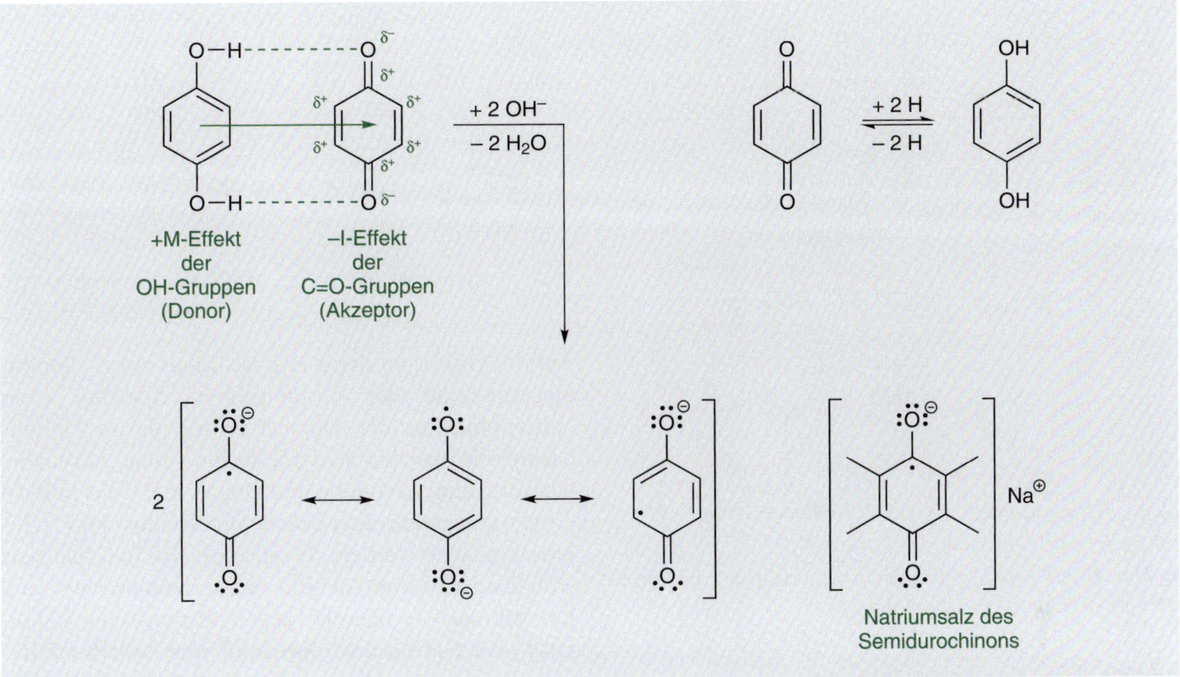


**Abb. 20.47** Elektronendonator-Akzeptor-Komplex (links); Redoxgleichgewicht von p-Benzochinon und Hydrochinon (rechts oben); Natriumsalz von Semidurochinon (rechts unten)



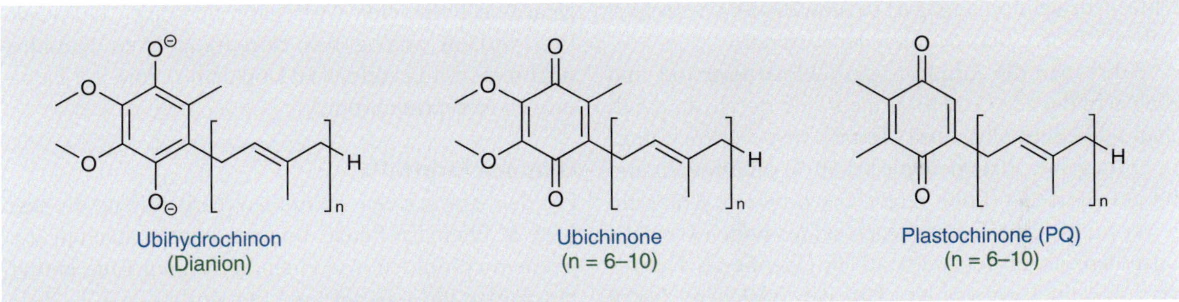


**Abb. 20.48** Beispiele für biogene Chinone bzw. Hydrochinone

Im alkalischen Medium sind Chinhydrone unbeständig und zerfallen unter Übertragung eines Elektrons vom Donator D zum Akzeptor A in Semichinon-Anionen, die zu den Radikal-Anionen zählen und mesomeriestabilisiert sind (Abb. 20.47, links unten). Das ungepaarte Elektron ist über sämtliche C- und die beiden O-Atome delokalisiert. Die **Semichinone** entstehen auch bei der Reduktion der *p*-Benzochinone im alkalischen Medium, jedoch lässt sich im Fall von *p*-Benzochinon nur Chinhydron isolieren. Demgegenüber kann man aus *p*-Durochinon (2,3,5,6-Tetramethyl-*p*-benzochinon) Semidurochinon als braunes Natriumsalz in Substanz isolieren (Abb. 20.47, rechts unten). Der **Radikalcharakter** dieses Semichinons gibt sich durch seinen **Paramagnetismus** zu erkennen. Derartige Semichinone sind nur in alkalischer Lösung stabil. In neutraler oder saurer Lösung gehen sie in das entsprechende Chinon und Hydrochinon bzw. Chinhydron über.

Chinone sind leicht reduzierbare Verbindungen. Das Oxidationspotenzial eines Chinons wird entscheidend von den Substituenten im Ring beeinflusst: Elektronen liefernde Gruppen wie $-NH_2$, $-NR_2$, $-OH$, $-OR$ oder $-CH_3$ verringern das Oxidationspotenzial, während Elektronen ziehende Gruppen wie $-NO_2$, $-SO_3Na$, $-CN$ und Halogenatome es erhöhen. Im Zusammenhang mit der Redoxwirkung der *p*-Chinone sind die **Ubichinone** und die **Plastochinone** (Abb. 20.48) interessant, die man in den Tier- und Pflanzenzellen findet. Sie sind Hilfssubstrate für Elektronenübertragung und Wasserstoffaustausch in der Atmungskette. Die Ubichonone und Plastochinone besitzen ähnliche isoprenoide Seitenketten wie die strukturell verwandten Vitamine $K_2$ und E.

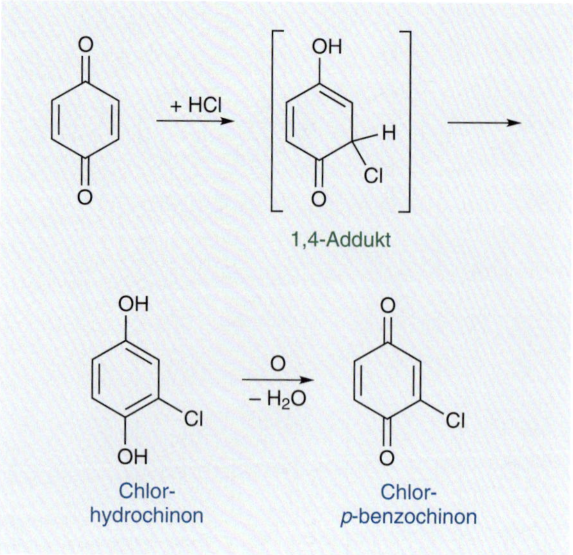


**o Abb. 20.49** Reaktion von Chlorwasserstoff mit *p*-Benzochinon zu Chlor-*p*-benzochinon

## Additionsreaktionen der Chinone

Chlorwasserstoff reagiert mit *p*-Benzochinon zum 1,4-Addukt, das sich jedoch spontan in das aromatische Chlorhydrochinon umlagert (o Abb. 20.49). Dieses lässt sich zu Chlor-*p*-benzochinon dehydrieren.

Führt man die Addition von Chlorwasserstoff und die nachfolgende Oxidation mehrfach durch, so erhält man schließlich **Chloranil** (Tetrachlor-*p*-benzochinon) in Form gelber Blättchen, die bei 80 °C sublimieren und im geschlossenen Rohr bei 90 °C schmelzen. Chloranil wirkt fungizid und wird wegen seines hohen Oxidationspotenzials in der präparativen Chemie als Dehydrierungsmittel verwendet. Für den gleichen Zweck benutzt man auch das noch wirksamere 2,3-Dichlor-5,6-dicyano-*p*-benzochinon (DDQ).

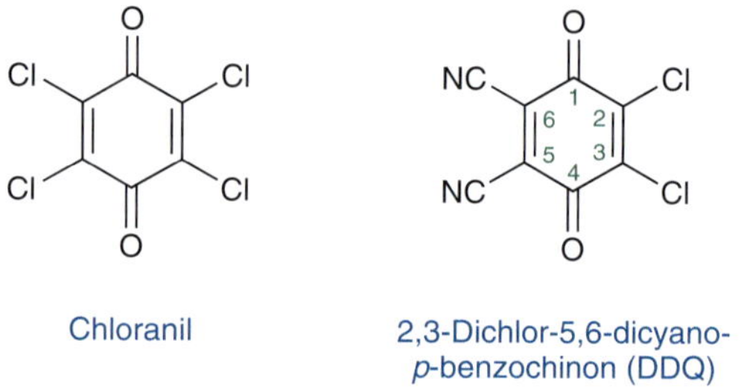


Auf der Oxidation der *o*-Hydrochinon- zur *o*-Chinon-Struktur und der nachfolgenden Addition eines Nucleophils an die Doppelbindung des *o*-Chinons beruht die Instabilität der Catecholamine Adrenalin, Noradrenalin, Levodopa und Dopamin. Daher müssen diese Arzneistoffe unter Sauerstoffausschluss und Lichtschutz gelagert werden, sie zersetzen sich in Gegenwart von Oxidationsmitteln und Schwermetallsalzen, und ihre gebrauchsfertigen Lösungen müssen einen Stabilisator (z. B. Natriumhydrogensulfit oder Ascorbinsäure) enthalten. Die Reaktion, die in o Abb. 20.50 am Beispiel von Adrenalin dargestellt ist, führt über Adrenochrom und andere Zwischenprodukte letztlich zu schwarz gefärbten Polymeren (Adrenalin-Schwarz). Die Reaktion verläuft analog mit Noradrenalin zu Noradrenochrom, mit Levodopa zu Dopachrom und mit Dopamin zu Norepinochrom.

## Chinoide Farbstoffe

Zu den einfachsten chinoiden Farbstoffen, die sich vom *N*-Phenyl-*p*-benzochinonmonimin ableiten und je einen chinoiden und einen benzoiden Ring enthalten, zählen Indophenole und Indoaniline (o Abb. 20.51, oben). **Indophenol** bildet braune, metallisch glänzende Blättchen mit einem Schmelzpunkt von 160 °C. Es lässt sich durch Oxidation äquimolarer Mengen von

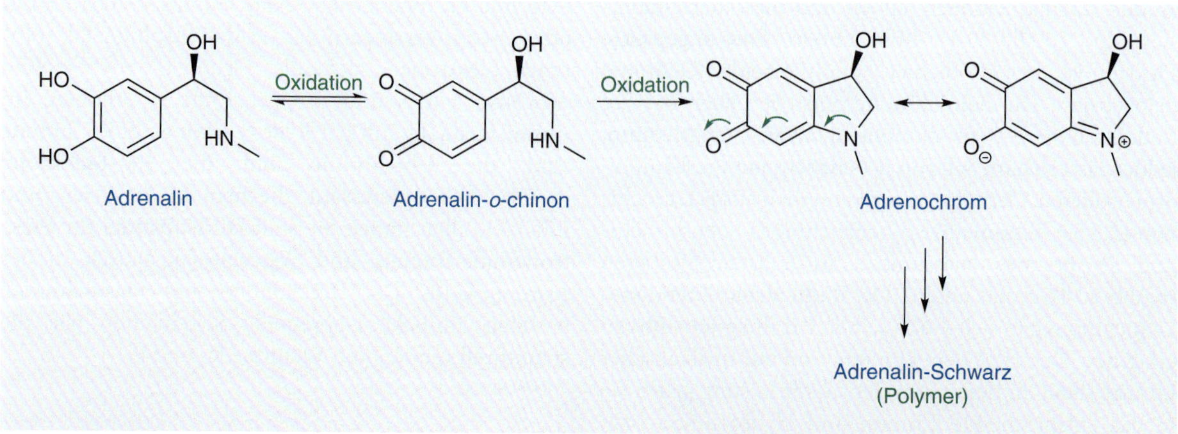


**o Abb. 20.50** Adrenalin zersetzt sich Gegenwart von Oxidationsmitteln wie Luft und Licht über eine *o*-Chinon-Form zu schwarzen Polymeren.

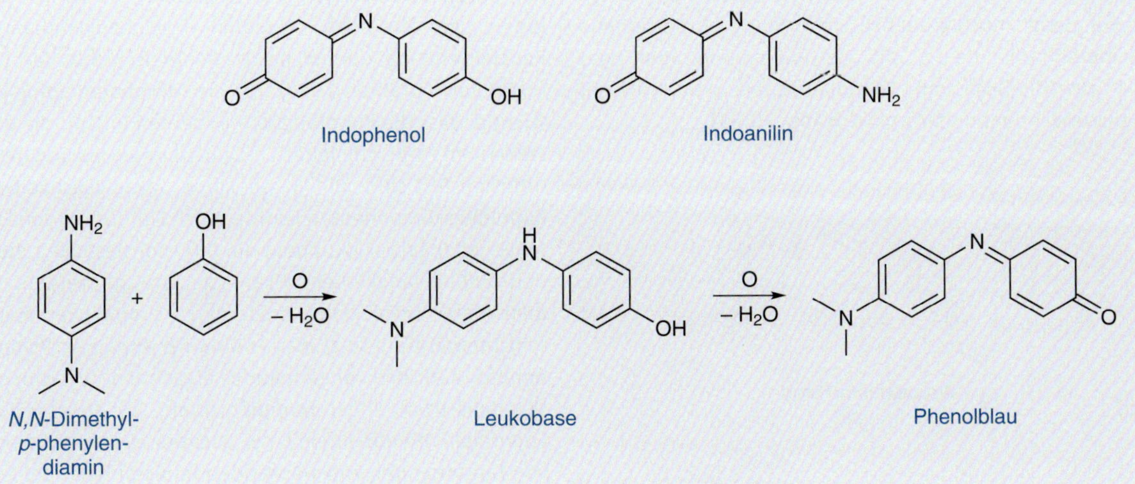


**Abb. 20.51** Strukturformeln von Indophenol und Indoanilin (oben); Phenolblau erhält man durch Oxidation von N,N-Dimethyl-*p*-phenylendiamin und Phenol mit Kaliumhexacyanoferrat(III) (unten).

## Exkurs: Farbphotographie

Eines der wichtigsten farbphotographischen Verfahren ist die farbgebende (chromogene) Entwicklung, deren Prinzip von *Rudolf Fischer* (1911) entdeckt wurde. Sie beruht darauf, dass bei der Entwicklung einer Silberhalogenidemulsion mit *N,N*-Dialkyl-*p*-phenylendiamin die Silberionen der belichteten Körner in metallisches Silber und *p*-Phenylendiamin in das entsprechende Chinondiimin übergehen. Dieses reagiert dann mit einem geeigneten „Farbkuppler", d. h. einer organischen Verbindung mit reaktiver Methylen- oder Methingruppe, zu gelben, purpurnen und blaugrünen Farbstoffen in der Emulsionsschicht. Als „Methylenkuppler" werden offenkettige oder cyclische Verbindungen verwendet, z. B. entstehen mit $\beta$-Ketoaniliden gelbe Azomethinfarbstoffe (Abb. 20.52).

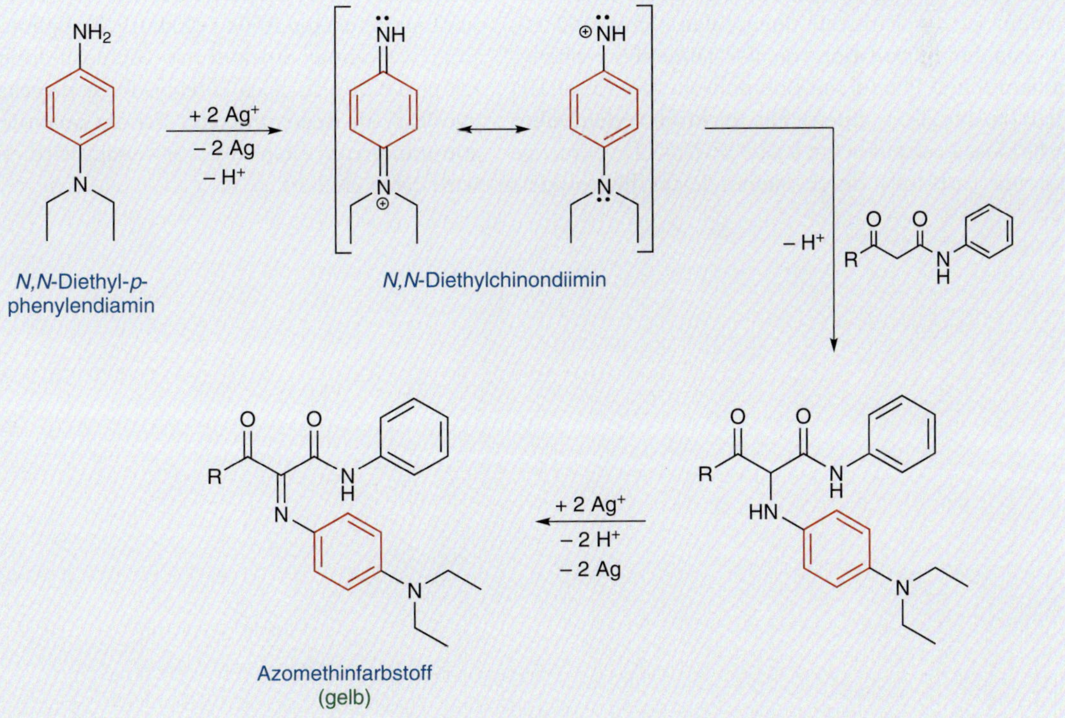


**Abb. 20.52** Chromogene Entwicklung in der Farbphotographie. Das gebildete *N,N*-Diethylchinondiimin reagiert mit einem geeigneten Farbkuppler weiter zu einem Azomethinfarbstoff.

Analog erhält man mit Pyrazolonen als „cyclischen Methylenkupplern" durch oxidative Entwicklung purpurfarbene Azomethinfarbstoffe und mit „Methinkupplern", und zwar fast ausschließlich mit Phenolen oder $\alpha$-Naphtholen, blaugrüne Indoanilinfarbstoffe (o Abb. 20.53).

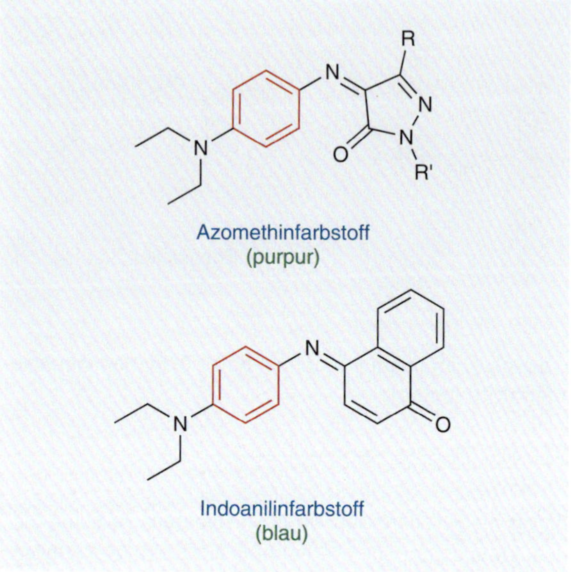


o **Abb. 20.53** Strukturformeln von Azomethinfarbstoffen und Indoanilinfarbstoffen

Auf diesen drei Farbtypen, in denen der Benzenkern des ihnen gemeinsamen *N,N*-Dialkyl-*p*-phenylendiamin-Bausteins rot markiert ist, basiert der **Dreischichtenfarbfilm** (Agfacolor-Verfahren 1936). Für die Farbphotographie war wichtig, dass die Kupplungskomponenten löslich, die entstehenden Farbstoffe jedoch möglichst unlöslich und damit diffusionsfest sind. Die Wasser- bzw. Alkalilöslichkeit der Kupplungskomponenten konnte durch Einführung von Sulfonyl- oder Carboxygruppen, die Diffusionsfestigkeit durch den Einbau langkettiger Alkanreste erreicht werden. Bei dem später entwickelten moderneren subtraktiven **Mehrschichtenfarbfilm** setzt man je eine der Kupplungskomponenten den drei übereinander liegenden, verschieden sensibilisierten Silberbromidschichten zu, sodass beim Entwickeln mit nur einem Entwickler die drei der subtraktiven Farbmischung entsprechenden farbigen Teilbilder entstehen.

Heutzutage ist – zumindest im Privatbereich – die klassische Farbphotographie allerdings nahezu vollständig durch die Digitalphotographie verdrängt worden.

---

*p*-Aminophenol und Phenol in alkalischer Lösung mit Natriumhypochlorit darstellen. Ein Beispiel für ein Indoanilin ist der Farbstoff **Phenolblau** (Smp. 162 °C), den man durch Oxidation von *N,N*-Dimethyl-*p*-phenylendiamin und Phenol mit Kaliumhexacyanoferrat(III) erhält (o Abb. 20.51, unten). Die Reaktion verläuft über die farblose **Leukobase** (gr. *leukos* = weiß). Da derartige chinoide Farbstoffe durch Säuren leicht hydrolysiert werden, spielen sie nur als Zwischenprodukte bei der Fabrikation von Schwefelfarbstoffen sowie in der Farbphotographie eine Rolle (▸ Exkurs: Farbphotographie). Eine verwandte Struktur ist Dichlorindophenol-Natrium (DCIP), auch als *Tillmans* Reagenz bekannt, welches z. B. als Redoxindikator bei der quantitativen Bestimmung von Vitamin C verwendet wird. Vitamin C wird dabei oxidiert.

# 21 Aromatische Carbonyl- und Carboxyverbindungen

Aromatische Aldehyde ... 579 | Aromatische Ketone ... 592 | Aromatische Monocarbonsäuren – Benzoesäure und ihre Derivate ... 599 | Gesättigte arylsubstituierte aliphatische Monocarbonsäuren ... 608 | Ungesättigte arylsubstituierte aliphatische Monocarbonsäuren ... 611 | Aromatische Dicarbonsäuren ... 614

Bei den aromatischen Aldehyden und Ketonen ist mindestens ein aromatischer Rest direkt an die Carbonylgruppe gebunden. Der einfachste Vertreter der aromatischen Aldehyde ist Benzaldehyd. Bei den aromatischen Ketonen wird zwischen Monoarylketonen (z. B. Acetophenon) und Diarylketonen (z. B. Benzophenon) unterschieden.

Bei den aromatischen Carbonsäuren unterscheidet man zwischen aromatischen Säuren, in denen eine oder mehrere Carboxygruppen direkt mit dem aromatischen Kern verbunden sind (z. B. Benzoesäure oder Terephthalsäure), und solchen, die die Carboxygruppe am Ende einer an einem aromatischen Ring gebundenen aliphatischen Seitenkette tragen (z. B. Zimtsäure).

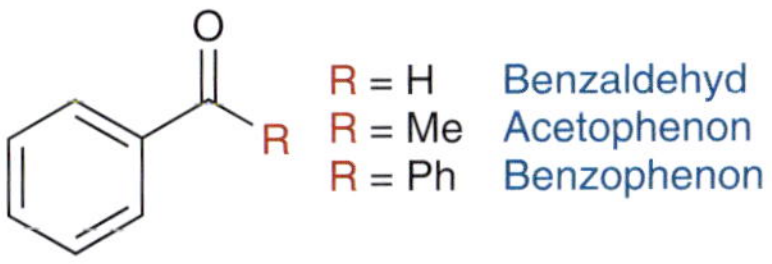


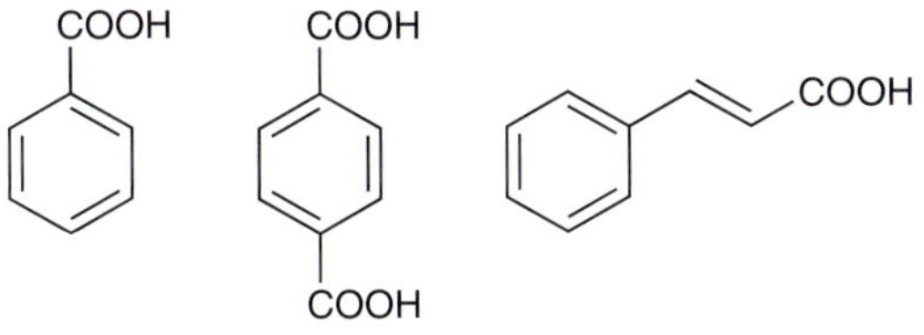


Benzoesäure Terephthalsäure Zimtsäure

## 21.1 Aromatische Aldehyde

### 21.1.1 Struktur und Eigenschaften

Aromatische Aldehyde, bei denen die Aldehydgruppe direkt an einen Benzenkern gebunden ist, unterscheiden sich nur unwesentlich von ihren aliphatischen Vertretern (▸Kap. 12.1). Die einfachste und zugleich wichtigste Verbindung dieser Klasse ist **Benzaldehyd** (Ph—CHO), eine farblose, nach Bittermandeln riechende Flüssigkeit (Sdp. 179 °C). Aufgrund seines Geruchs bzw. seines natürlichen Vorkommens wird es auch als „Bittermandelöl" bezeichnet. Man findet es in einigen Pflanzenölen und als Bestandteil des cyanogenen (d. h. Blausäure bildenden) Glycosids Amygdalin in Bittermandeln. Im Amygdalin liegt Benzaldehydcyanhydrin (Mandelsäurenitril) vor, das glycosidisch mit einem Disaccharid, Gentiobiose, verknüpft ist. Bei der Spaltung mit verdünnten Säuren oder durch das Enzymgemisch Emulsin entstehen neben zwei Äquivalenten Glucose auch je ein Äquivalent Benzaldehyd und Blausäure (HCN).

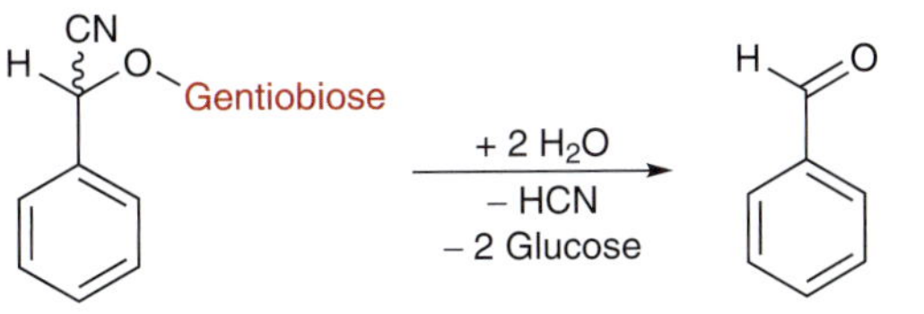


Benzaldehyd

Benzaldehyd dient hauptsächlich als Ausgangsprodukt in der Farbstoffindustrie und für organische Synthesen. Außerdem wird es zur Geruchs- und Geschmacksverbesserung sowie bei der Herstellung von Parfüms und Duftstoffen verwendet (▸Kap. 21.1.3).

Es zeigt alle Eigenschaften der aliphatischen Aldehyde, ist jedoch aufgrund der Resonanzwechselwirkung zwischen der Carbonylgruppe und dem aromatischem Ring etwas weniger reaktiv. Beispielsweise reduziert es ammoniakalische Silbersalzlösung, aber nicht *Fehling*sche Lösung. Mit Natriumhydrogensulfit bzw. Blau-

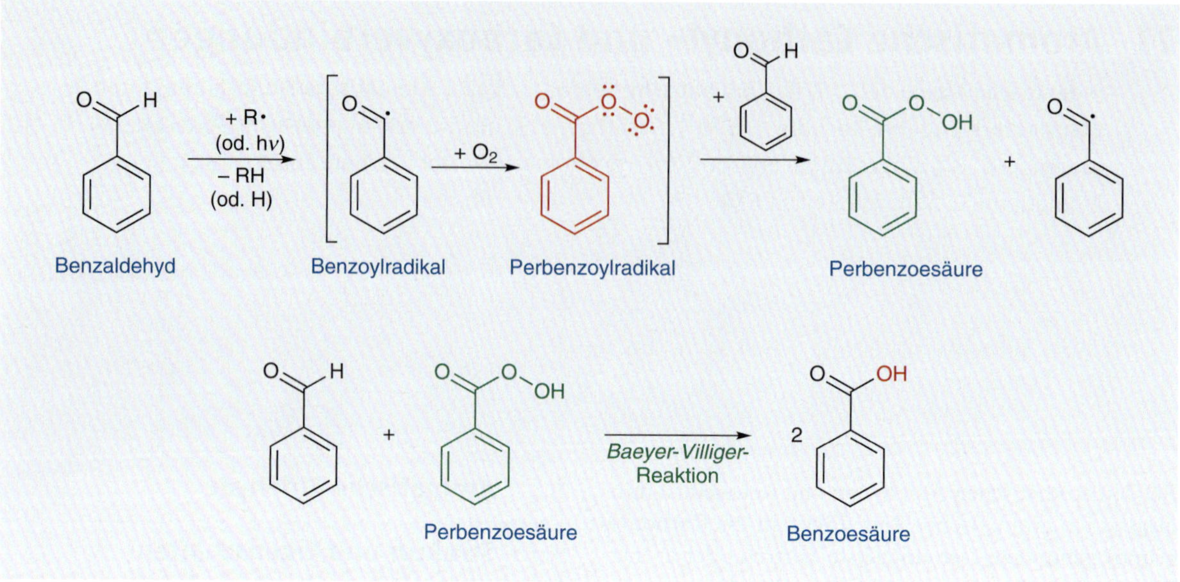


**o Abb. 21.1** Autoxidation von Benzaldehyd zu Benzoesäure

säure bildet Benzaldehyd die üblichen Additionsverbindungen. Auffallend ist seine leichte Oxidierbarkeit durch Luft zu Benzoesäure (▸Kap. 21.3) – eine autokatalytisch verlaufende Reaktion, die durch Licht, Radikalbildner oder Metallionen (Fe, Ni, Cu) beschleunigt wird. Durch Zugabe von Antioxidanzien, z. B. Hydrochinon, lässt sich die Autoxidation hemmen bzw. verhindern (*C. Moureu, C. Dufraisse*). Die **Autoxidation** von Benzaldehyd verläuft nach *H. L. J. Bäckström* (1934) über einen Radikalkettenmechanismus, wobei zunächst ein Benzoylradikal gebildet wird, das zuerst mit Sauerstoff über ein Perbenzoylradikal weiter zu Perbenzoesäure reagiert (o Abb. 21.1). Die als Zwischenprodukt auftretende Perbenzoesäure ist im Oxidationsgemisch nachweisbar. Aus Benzaldehyd und Perbenzoesäure bilden sich in einer *Baeyer-Villiger*-Reaktion (▸Kap. 21.2.3) zwei Äquivalente Benzoesäure.

## 21.1.2 Gewinnung und Synthese

Für die Darstellung aromatischer Aldehyde im Labor oder auch für die technische Synthese gibt es eine Reihe von Möglichkeiten. Die gebräuchlichsten werden im Folgenden am Beispiel Benzaldehyd vorgestellt. Benzaldehyd entsteht beispielsweise durch Hydrolyse von Benzylidendichlorid (Benzalchlorid, ▸Kap. 19.1.2) mit Kaliumcarbonat bei 130 °C in einer $CO_2$-Atmosphäre. Im großtechnischen Prozess wird dazu Benzylidendichlorid mit Wasser in Gegenwart von Eisenpulver oder Eisen(III)-benzoat langsam auf 100 °C erhitzt. Das gebildete Benzaldehyd wird mittels Wasserdampfdestillation isoliert. Die Ausbeuten liegen zwischen 80–90 %, wobei als Nebenprodukt etwa 10 % Benzoesäure auftreten. Besonders reines Benzaldehyd wird technisch durch katalytische Oxidation von Toluen mit Luftsauerstoff erzeugt.

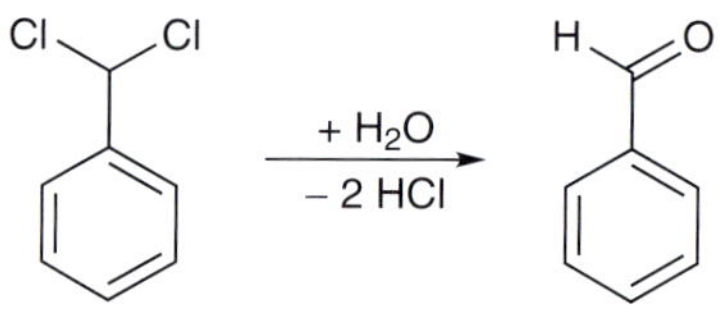


### *Sommelet*-Reaktion

Bei der ***Sommelet*-Reaktion** (1913) entsteht Benzaldehyd durch Erhitzen von Benzylchlorid mit Hexamethylentetramin in wässrigem Ethanol oder verdünnter Essigsäure bei einem pH-Wert von 3,0 bis 6,5 (Ausbeute etwa 70 %). Die Reaktion läuft über eine Dehydrierung des zuerst entstehenden Benzylamins zum Aldimin ab, gefolgt von dessen Hydrolyse zum Aldehyd (o Abb. 21.2). Als Wasserstoffakzeptor fungiert Methylenimin, das im Verlauf der Reaktion zu Methylamin reduziert wird. Mechanistisch gesehen bildet sich aus Benzylchlorid und Hexamethylentetramin zunächst das quartäre Ammoniumsalz, das bei der Hydrolyse in Benzylamin übergeht. Aus dem gleichzeitig freigesetzten Ammoniak und Formaldehyd entsteht Methylenimin, das in der leicht sauren Lösung ein Proton unter Bildung eines stark elektrophilen Iminiumkations aufnimmt. Durch Isotopenmarkierung mit Deuterium konnte nachgewiesen werden, dass ein H-Atom der $CH_2$-Gruppe des Benzylamin als Hydrid-Anion auf das elektrophile C-Atom des Methyleniminiumkations übertragen wird. Hierbei entstehen Methylamin und ein Benzyliminiumkation, dessen Hydrolyse zu Benzaldehyd führt.

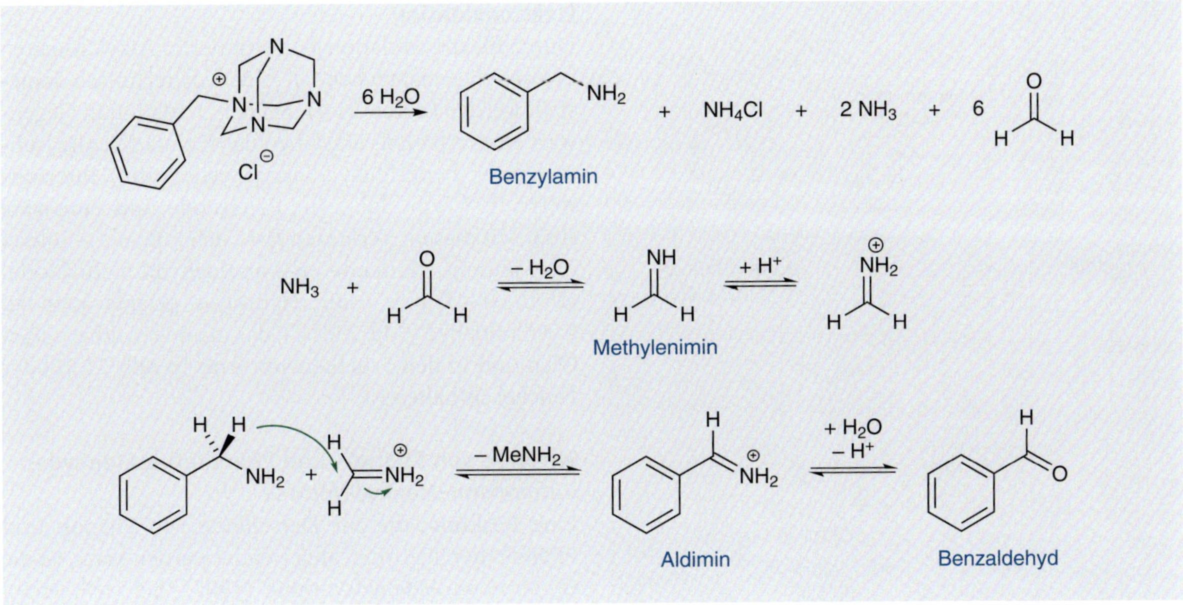


**o Abb. 21.2** Synthese von Benzaldehyd über die *Sommelet*-Reaktion, bei der aus einem Alkylhalogenid (hier Benzylchlorid) und Hexamethylentetramin (Urotropin) ein Aldehyd entsteht.

## Reduktion von Benzoylchlorid

Eine weitere Darstellungsmöglichkeit für Benzaldehyd ist die Reduktion von **Benzoylchlorid** bei −75 °C mit Lithium-tri-*tert*-butyloxyaluminiumhydrid (LTBA, $LiAlH(OCMe_3)_3$). LTBA ist aus *tert*-Butylalkohol und Lithiumaluminiumhydrid in etherischer Lösung bei Raumtemperatur in 78 % Ausbeute zugänglich. Unter gleichen Bedingungen erhält man *p*-Nitrobenzaldehyd aus *p*-Nitrobenzoylchlorid in 69 % Ausbeute (▸Kap. 12.1).

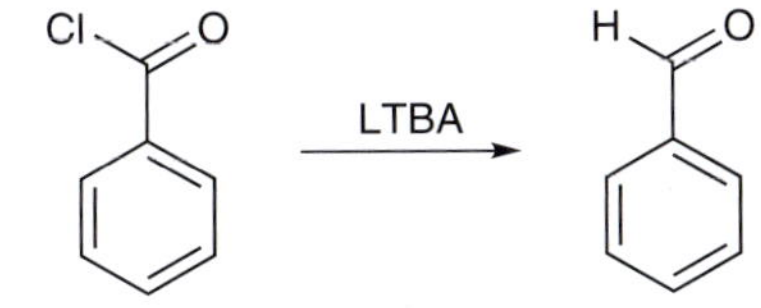


Benzoylchlorid

## *Stephen*-Reduktion

Bei der *Stephen*-Reduktion (1956) erhält man aromatische Aldehyde durch Einleiten von Chlorwasserstoff in eine wasserfreie, etherische Lösung eines aromatischen Nitrils in Gegenwart von wasserfreiem Zinn(II)-chlorid. Dabei entsteht offenbar durch Reduktion mittels Tetrachlorozinn(II)-säure als Zwischenstufe ein Aldiminhexachlorostannat, das leicht zum Aldehyd hydrolysiert werden kann. Auf diese Weise erhält man Benzaldehyd aus Benzonitril in 97 % Ausbeute (o Abb. 21.3). Als Lösemittel ist beispielsweise auch Ameisensäureethylester (Ethylformiat) oder Essigsäureethylester einsetzbar.

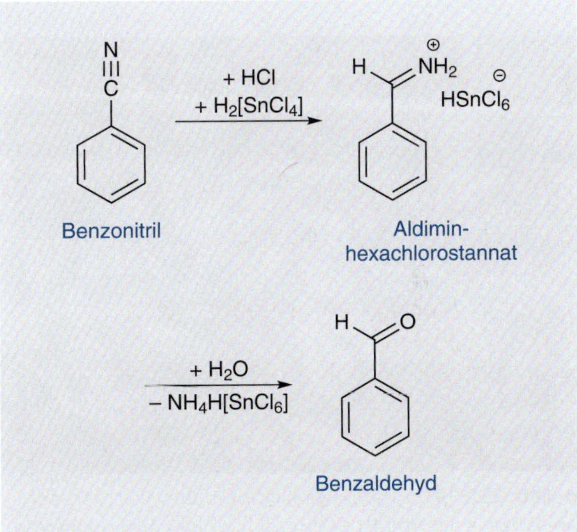


**o Abb. 21.3** *Stephen*-Reduktion von aromatischen Nitrilen zu Aldehyden

## *Gattermann-Koch*-Synthese

Homologe Verbindungen des Benzaldehyd können durch direkte Formylierung nach der *Gattermann-Koch*-Synthese (1897) dargestellt werden. Diese Reaktion ist ein Spezialfall einer *Friedel-Crafts*-Acylierung (▸Kap. 21.2.21), bei der man anstelle des nur bei −190 °C beständigen Formylchlorides (▸Kap. 14.1) ein Gemisch aus trockenem Chlorwasserstoff und Kohlenmonoxid in Gegenwart von Aluminiumchlorid und Kupfer(I)-chlorid mit einem Aromaten umsetzt. Die Aldehydgruppe tritt meist in *p*-Stellung zum vorhandenen Substituenten ein. Aufgrund stark schwankender Ausbeu-

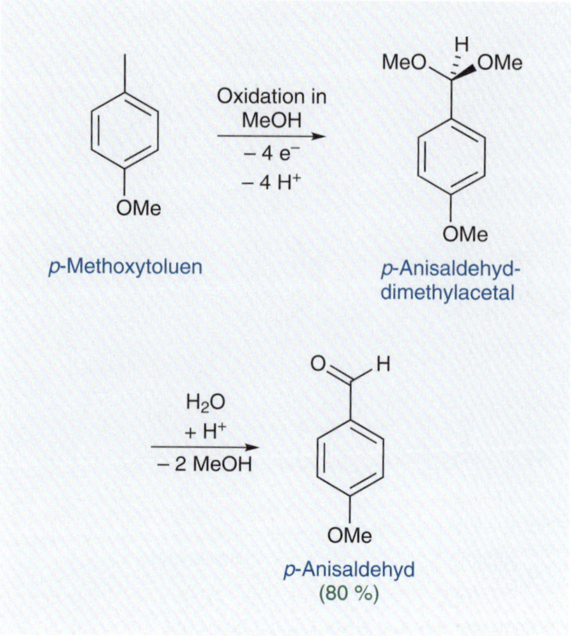


**o Abb. 21.4** Darstellung von *p*-Anisaldehyd durch anodische Oxidation von *p*-Methoxytoluen

**o Abb. 21.5** *p*-Anisaldehyd kommt in den Früchten der Anispflanze vor und ist Bestandteil einiger ätherischer Öle

ten wird diese Reaktion heutzutage nur noch selten angewandt.

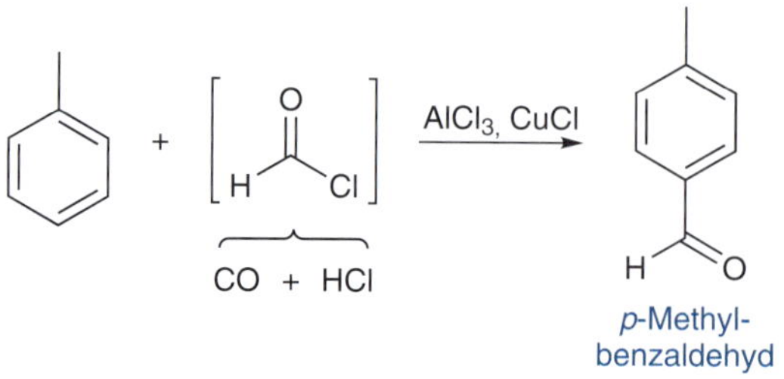


### Elektrooxidation

Durch Elektrooxidation *p*-substituierter Alkylaromaten können die entsprechenden Aldehyde technisch dargestellt werden (o Abb. 21.4). Bei der Oxidation in Gegenwart eines Alkohols entstehen dabei zunächst alkylsubstituierte Benzaldehyddialkylacetale, die ihrerseits wertvolle Vorprodukte für Riechstoffe und Fungizide sind. Mit diesem Verfahren lässt sich z. B. aus *p*-Toluen das blumig duftende *p*-Anisaldehyddimethylacetal gewinnen. Durch saure Hydrolyse gelangt man zu *p*-Anisaldehyd (Sdp. 248 °C), das in einigen ätherischen Ölen und in den Früchten von Anis (o Abb. 21.5) oder Fenchel enthalten ist.

### Synthese von Phenol- und Phenoletheraldehyden

#### *Gattermann*-Aldehydsynthese

Eine Reaktion, die zur Darstellung von Phenol- und Phenoletheraldehyden angewendet werden kann, ist die *Gattermann*-Aldehydsynthese (1907). Sie stellt einen Spezialfall der *Friedel-Crafts*-Acylierung dar. Im Gegensatz zur *Gattermann-Koch*-Synthese (▸ Kap. 21.1.2) wird hierbei anstelle von Kohlenmonoxid wasserfreie Blausäure in Gegenwart einer *Lewis*-Säure verwendet. Dabei kann anstelle von Aluminiumchlorid auch das schwächer wirkende Zinkchlorid benutzt werden. Bei sehr reaktiven, mehrwertigen Phenolen ist die Formylierung auch ohne *Lewis*-Säuren als Katalysatoren durchführbar. Als Lösemittel dienen Ether, Chloroform, Benzen, Chlorbenzen oder 1,1,2,2-Tetrachlorethan. Man nimmt an, dass die Reaktion über das nicht isolierbare Formimidchlorid als Acylierungsreagenz verläuft. Diese setzt sich mit Phenol bzw. Phenolether zu Aldiminhydrochlorid um, das beim Erwärmen mit verdünnten Säuren zum Aldehyd hydrolysiert wird (o Abb. 21.6). Auch hier entstehen vornehmlich die *p*-Verbindungen. Die *Gattermann*-Aldehydsynthese wurde weitgehend durch die *Vilsmeier-Haack*-Synthese (▸ Kap. 21.1.2) verdrängt.

#### *Vilsmeier-Haack*-Synthese

Die *Vilsmeier-Haack*-Synthese (1927) diente zunächst zur **Formylierung aromatischer Verbindungen**, besonders von Phenolethern und Dialkylanilinen. Durch Einwirken eines äquimolaren Gemischs von *N*-Methylformanilid und Phosphoroxychlorid z. B. auf Anisol bei etwa 10 °C und anschließende Hydrolyse entsteht in sehr guter Ausbeute *p*-Anisaldehyd. Anstelle von *N*-Methylformanilid werden auch *N*-Methyl- oder *N*,*N*-Dimethylformamid (DMF) verwendet. Durch *Z. Arnold* (1958) ist die Reaktion dann später auch auf enolisierbare aliphatische Ketone und andere Verbindungsklassen ausgedehnt worden.

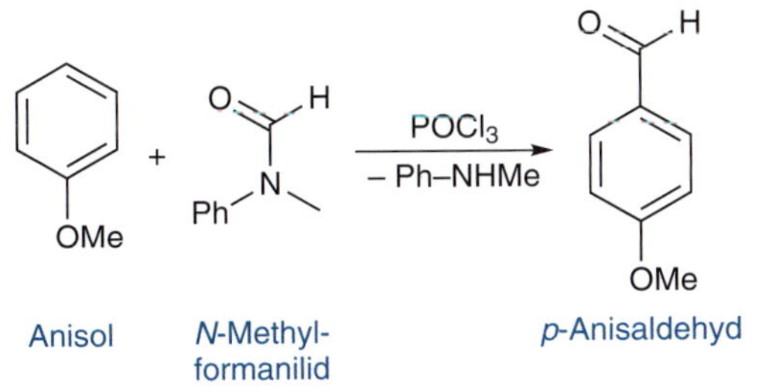


Der Reaktionsmechanismus lässt sich ebenfalls als Spezialfall einer *Friedel-Crafts*-Acylierung (▸Kap. 18.2.2) formulieren. Zunächst bildet sich das „*Vilsmeier-Haack*-Reagenz" durch die Reaktion von Phosphoroxychlorid mit der Formylgruppe des DMF (○ Abb. 21.7). Dieser greift als Chloriminiumion den aromatischen Kern bevorzugt in *p*-Stellung elektrophil an. Das dabei entstehende Addukt geht unter Hydrolyse in Dimethylamin und *p*-Anisaldehyd über (○ Abb. 21.8). Dieser ist, wie alle Phenoletheraldehyde, im Gegensatz zu Benzaldehyd und Zimtaldehyd gegen Luftsauerstoff sehr viel beständiger.

### *Reimer-Tiemann*-Synthese

Zur Darstellung von Phenolaldehyden wurde früher häufig die *Reimer-Tiemann*-Synthese (1876) genutzt. Dabei reagiert Phenol mit Chloroform und Alkali bei 65–70 °C und es entsteht vorwiegend *o*-Hydroxyaldehyd (**Salicylaldehyd**) neben wenig *p*-Hydroxyaldehyd (○ Abb. 21.9). Die Ausbeuten sind jedoch relativ gering, da weitgehend Verharzung eintritt (vgl. Bakelit, ▸Kap. 20.1.4). Das Verfahren nach *Reimer-Tiemann* wird daher heutzutage nur noch selten angewandt, z. B. wenn die Einführung der Aldehydgruppe bevorzugt in die *o*-Stellung erreicht werden soll, in anderen Fällen wird eine Phasentransferkatalyse bevorzugt.

Die *Reimer-Tiemann*-Reaktion führt überwiegend zu *ortho*-formylierten Phenolen (im Gegensatz zur *Gattermann*-Synthese, bei der die *para*-Verbindung das Hauptprodukt ist). Zunächst entsteht *in situ* aus Chloroform und Alkali **Dichlorcarben** (:$CCl_2$; ▸Kap. 16.4), was allerdings erst viel später tatsächlich nachgewiesen werden konnte (*J. Hine* 1950, *W. von Eggers Doering* 1954).

$$CHCl_3 \xrightarrow[-\,H_2O]{+\,OH^-} :\overset{\ominus}{C}Cl_3 \xrightarrow[-\,Cl^-]{} :CCl_2$$

Dichlorcarben greift als Elektrophil das elektronenreiche Phenolatanion an (○ Abb. 21.10). Im nächsten Schritt erfolgt eine Protonenwanderung unter Rearomatisierung und Ausbildung einer Chlormethylengruppe, die im alkalischen Medium zur Aldehydgruppe verseift wird. Nach Ansäuern isoliert man den Salicylaldehyd (Sdp. 196,5 °C) durch Wasserdampfdestillation.

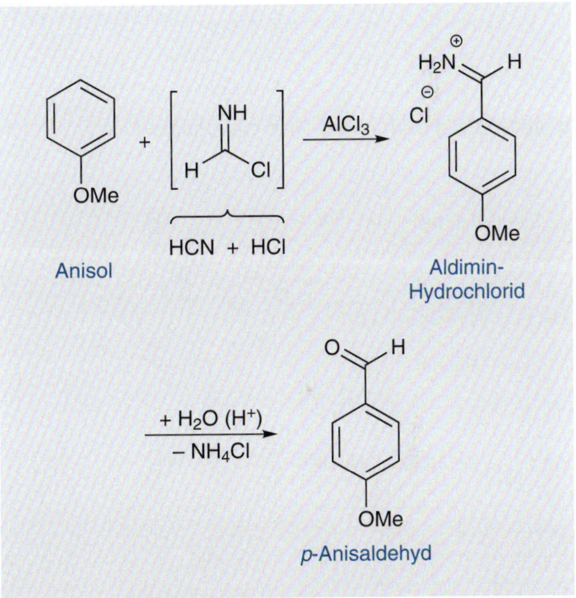


○ **Abb. 21.6** Reaktionsschema der *Gattermann*-Aldehydsynthese



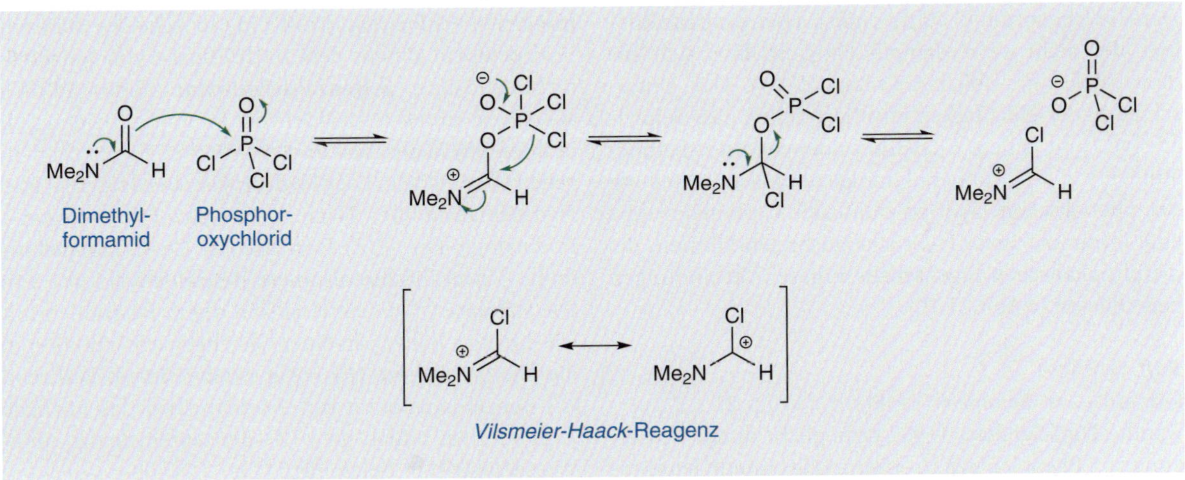


○ **Abb. 21.7** Bildung des *Vilsmeier-Haack*-Reagenz

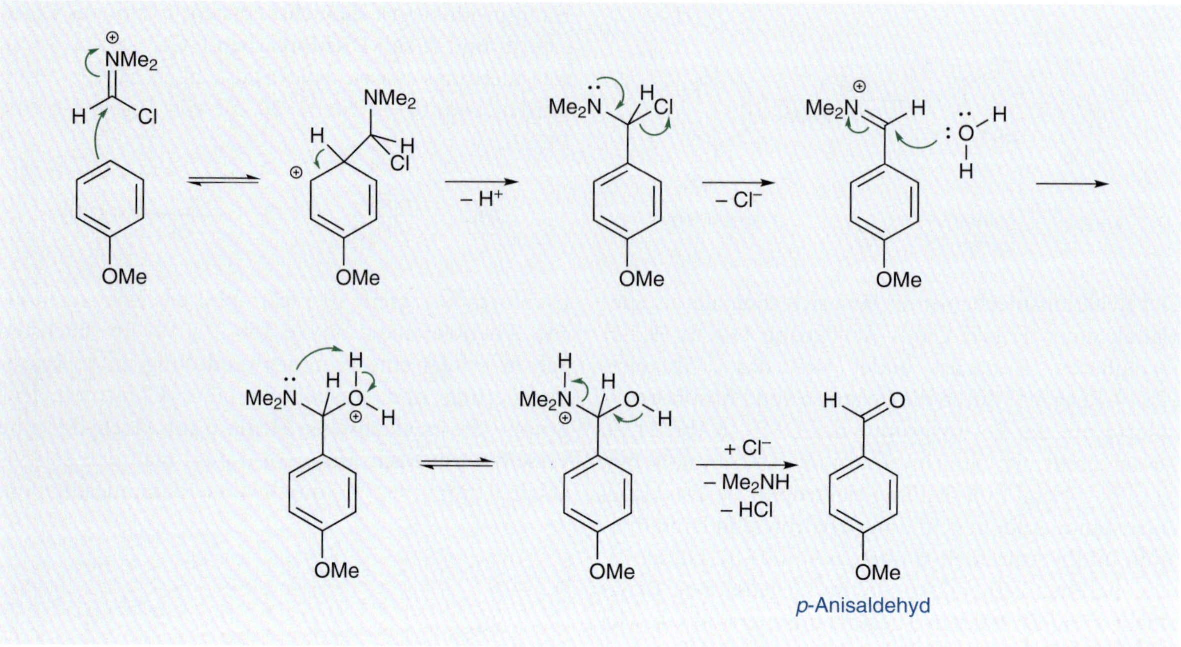


**o Abb. 21.8** Reaktion des *Vilsmeier-Haack*-Reagenz mit Anisol zu *p*-Anisaldehyd

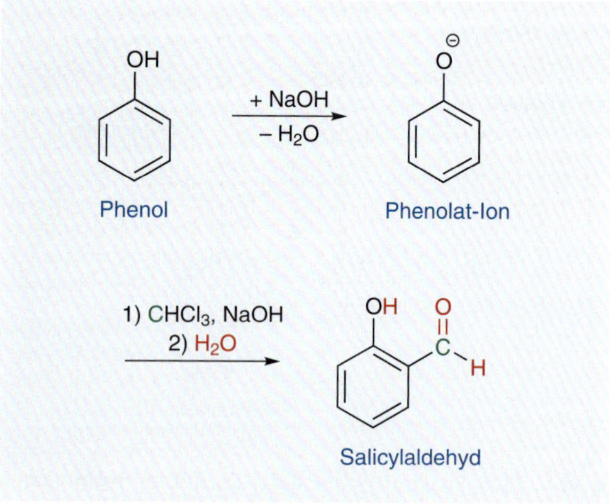


**o Abb. 21.9** *Reimer-Tiemann*-Reaktion

Der als Nebenprodukt auftretende *p*-Hydroxybenzaldehyd, der nicht wasserdampfflüchtig ist, lässt sich aus dem Rückstand isolieren (▸Kap. 21.3.3). Der Unterschied in der Flüchtigkeit resultiert daher, dass Salicyladehyd (und andere *o*-Hydroxyaldehyde und -ketone) ähnlich wie *o*-Nitrophenol infolge der Nachbarstellung der phenolischen Hydroxy- und der Carbonylgruppe eine intramolekulare H-Brücke ausbilden können, die die physikalischen Eigenschaften dieser Verbindungen beeinflussen (o Abb. 21.10).

### *Duff*-Synthese

Die mit der *Sommelet*-Reaktion (▸Kap. 21.1.2) verwandte *Duff*-Synthese (1932 ermöglicht durch Umsetzung von Phenolen mit Urotropin (Hexamethylentetramin) deren **Formylierung in *o*-Stellung**. Zum Beispiel entsteht aus 2,4-Di-*tert*-butylphenol 3,5-Di-*tert*-butylsalicylaldehyd (o Abb. 21.11), der z. B. für die Darstellung eines leistungsfähigen Katalysators zur stereoselektiven Epoxidierung benötigt wird (vgl. ▸Exkurs: Imine und *Schiff*sche Basen, Mn(III)-(*salen*)-Komplex).

## 21.1.3 Reaktionen und Anwendungen

Aromatische Aldehyde wie z. B. Benzaldehyd können eine Vielzahl von Reaktionen eingehen, was sie zu interessanten Synthesebausteinen für die organische Synthese macht. Einige dieser Reaktionen sind nachfolgend aufgeführt.

### Umsetzung mit Hydroxylamin

Bei der Umsetzung von Benzaldehyd mit Hydroxylamin entsteht **α-Benzaldehydoxim** (Smp. 35 °C). Leitet man in die etherische Lösung von α-Benzaldehydoxim trockenen Chlorwasserstoff ein, so scheidet sich ein Hydrochlorid ab, aus dem nach Zugabe von Natriumcarbonatlösung **β-Benzaldehydoxim** (Smp. 132 °C) ausfällt. α- und β-Benzaldehydoxim unterscheiden sich in ihren physikalischen und chemischen Eigenschaften, gehen aber beide bei der Hydrolyse in Benzaldehyd und Hydroxylamin über. Nach *A. Hantzsch* (1890) liegen – in Analogie zur (*E*/*Z*)-Isomerie der C=C-Doppelbindung – zwei diastereoisomere Benzaldehydoxime vor. Die stabilere (*Z*)-Form lässt sich durch Bestrahlen mit UV-Licht in Benzen in einer Gleichgewichtsreaktion in die energiereichere (*E*)-Form isomerisieren. Während (*E*)-Benzaldehydoxim mit Acetanhydrid das normale Acetylderivat bildet, geht (*Z*)-Benzaldehydoxim unter Wasseraustritt in Benzonitril (Ph—CN) über.

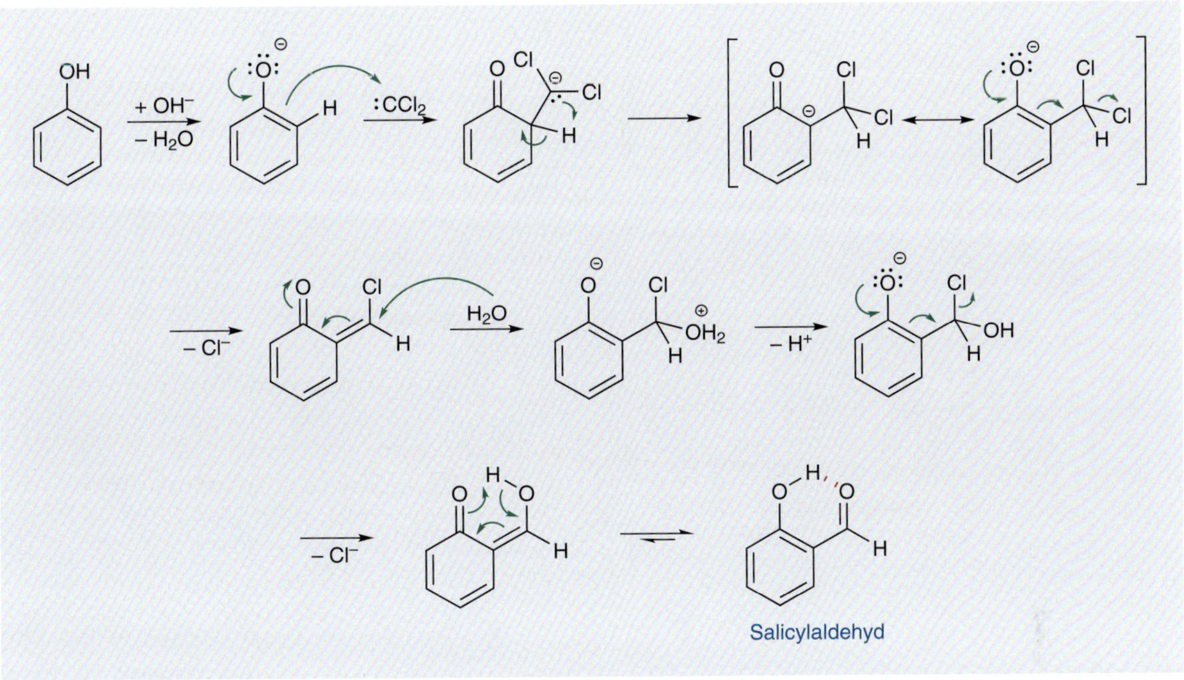


**o Abb. 21.10** Mechanismus der *Reimer-Tiemann*-Reaktion

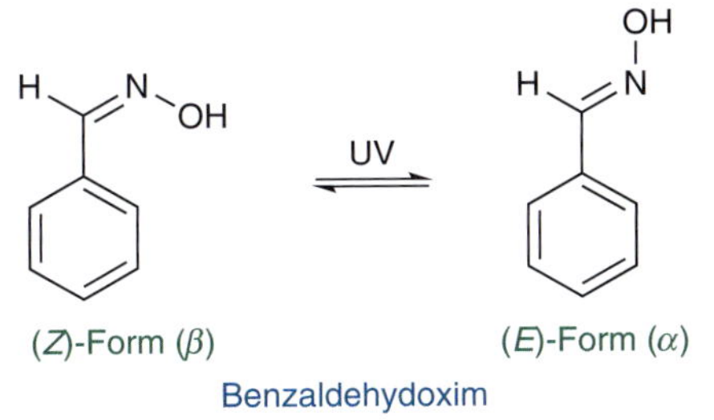


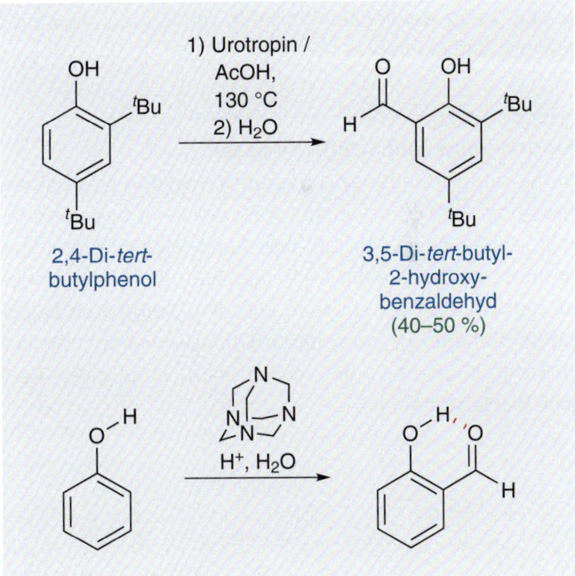


**o Abb. 21.11** *Duff*-Synthese zur Formylierung von Phenolen in *o*-Stellung

## Kondensation mit primären Aminen und Ammoniak

Bei der Kondensation aromatischer Aldehyde mit primären Aminen entstehen die entsprechenden *Schiff*-schen Basen (Azomethine, ▸Exkurs: Imine und *Schiff*-sche Basen); z. B. erhält man aus Benzaldehyd und Anilin **Benzylidenanilin** (Smp. 54 °C, o Abb. 21.12, oben). Benzaldehyd reagiert mit Ammoniak nicht wie die aliphatischen Aldehyde, sondern das primär auftretende Benzylidenimin kondensiert mit Benzaldehyd sofort weiter zu **Hydrobenzamid** (*N,N'*-Benzyliden-bis[benzylidenamin], o Abb. 21.12, unten).

## Kondensationsreaktionen mit Aldehyden und Ketonen

Aromatische Aldehyde lassen sich mit Aldehyden oder Ketonen, die mindestens zwei acide Wasserstoffatome auf einer Seite der Carbonylgruppe besitzen, unter dem Einfluss von verdünnter Natronlauge zu **Benzylidenverbindungen** (Benzalverbindungen) kondensieren (o Abb. 21.16). Die intermediär auftretenden Aldole spalten viel leichter Wasser ab als bei den entsprechenden aliphatischen Vertreter, da die neu entstehende C=C-Doppelbindung sowohl mit der Carbonylgruppe als auch mit dem aromatischen Ring in Konjugation steht. Beispielsweise führt die Reaktion von Benzaldehyd mit Acetaldehyd oder Aceton zu (*E*)-Zimtaldehyd bzw. (*E*)-Benzylidenaceton (**Benzalaceton**). Da Benzaldehyd mit sich selbst keine Aldoladdition eingehen kann (kein α-H-Atom vorhanden), kann es lediglich als Elektophil in solchen gekreuzten Aldolreaktionen reagieren. Die weitere Umsetzung des primären

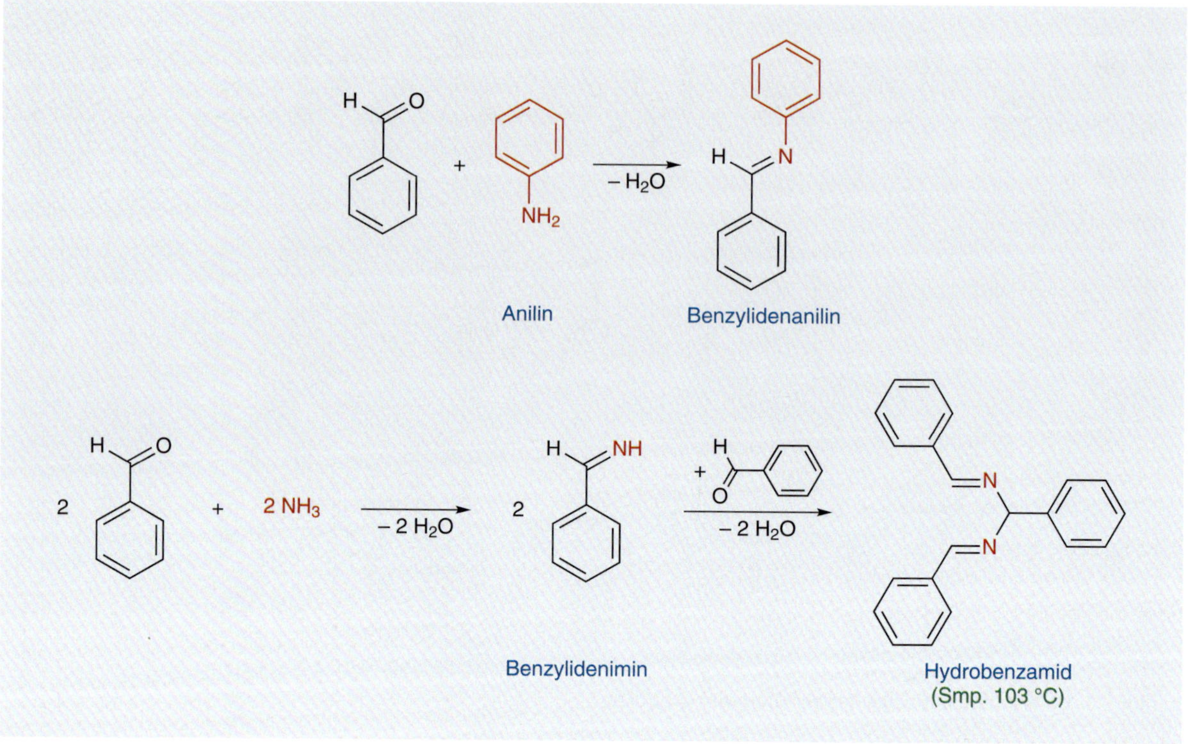


**Abb. 21.12** Bei der Kondensation von Benzaldehyd mit primären Aminen entstehen *Schiff*sche Basen (oben). Benzaldehyd und Ammoniak reagieren dagegen zu Benzylidenimin, das sofort zu Hydrobenzamid umgesetzt wird.

---

### Exkurs: Imine und *Schiff*sche Basen

**Imine** sind Verbindungen, die durch Reaktion eines Aldehyds oder Ketons mit einem primären Amin oder Ammoniak entstehen (▸Kap. 12). Die funktionelle Gruppe der Imine besteht aus einer C═N-Doppelbindung und einem an den Stickstoff gebundenen Rest. Von ***Schiff*schen Basen** (Azomethinen), die nach ihrem Entdecker, dem Chemiker *H. Schiff*, benannt wurden, spricht man, wenn dieser Rest kein Wasserstoffatom ist.

Bei der Bildung von Iminen wird zuerst durch eine nucleophile Addition eines Amins an eine Carbonylgruppe ein Halbaminal (▸Kap. 12) gebildet und anschließend Wasser eliminiert. Die **Iminbildung** ist in allen Schritten reversibel. Da das Gleichgewicht der Reaktion üblicherweise auf der Eduktseite liegt, muss das entstehende Wasser beispielsweise durch azeotrope Destillation oder wasserentziehende Reagenzien (z. B. Molsieb) aus der Reaktionsmischung ent-

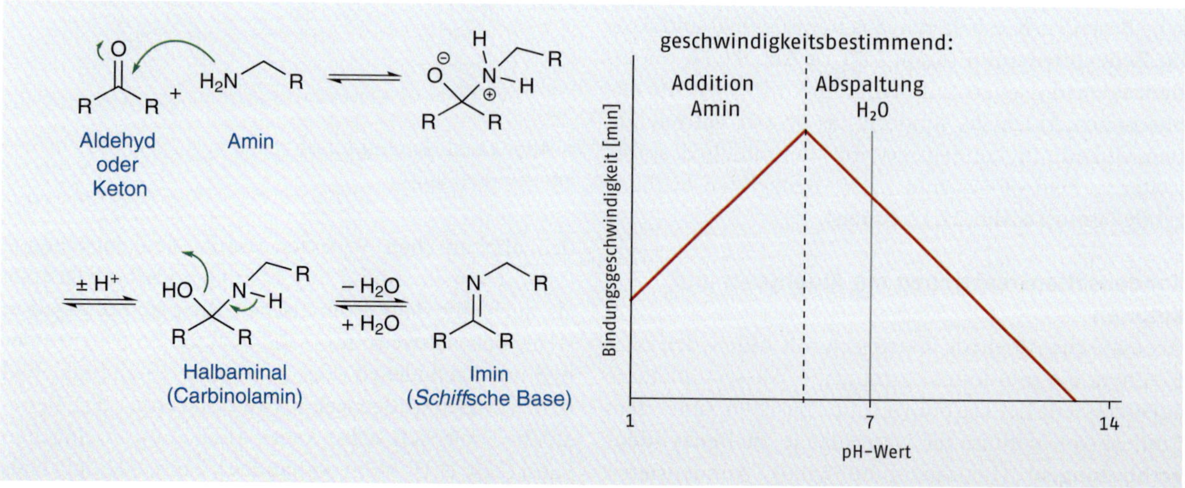


**Abb. 21.13** Die Iminbildung (links) ist vom pH-Wert abhängig und hat ihr Geschwindigkeitsmaximum im leicht sauren Bereich (rechts).

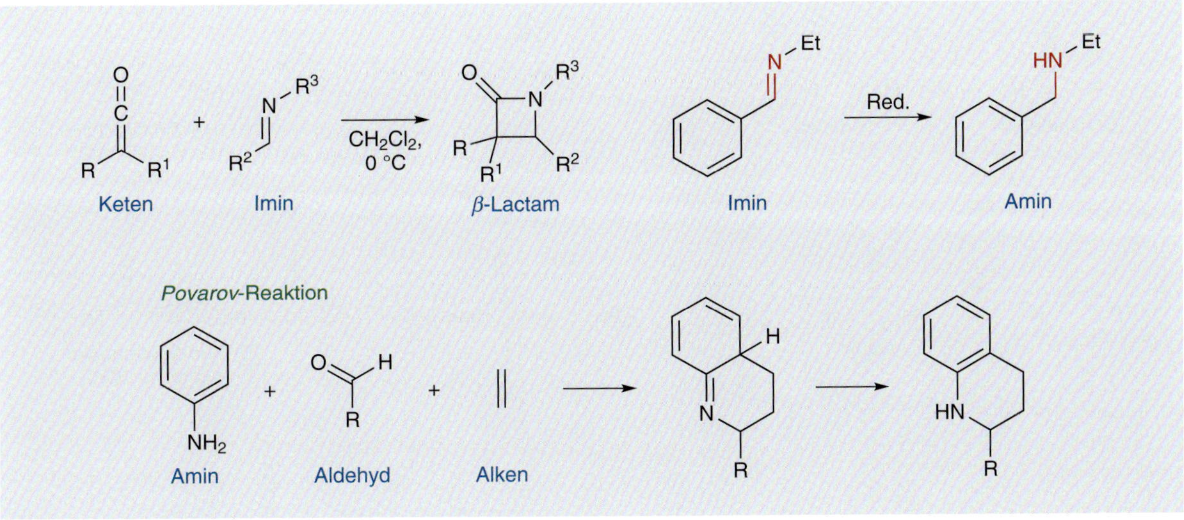


**Abb. 21.14** Reaktionen von *Schiff*schen Basen: Bildung eine β-Lactams aus einem Imin und einem Keten (links oben); Gewinnung von Aminen durch reduktive Aminierung von *Schiff*schen Basen (rechts oben). Bei der *Povarov*-Reaktion entsteht in einer Eintopfsynthese ein Chinolin-Derivat (unten).

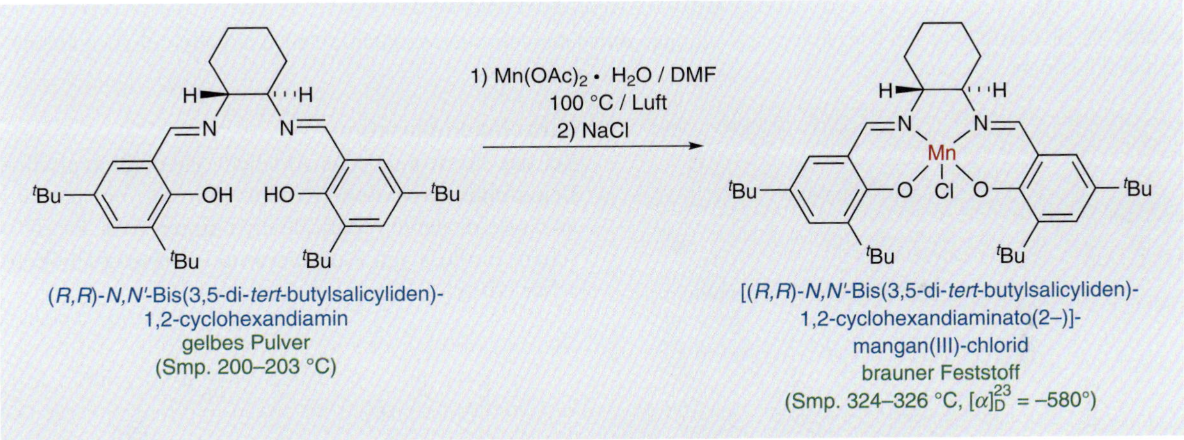


**Abb. 21.15** Für die *Jacobsen*-Epoxidierung verwendet man einen chiralen Mn(III)-(*salen*)-Komplex.

fernt werden. Die Iminbildung kann im neutralen Milieu (Abb. 21.13, links) und unter Säurekatalyse erfolgen. Dabei beeinflusst der pH-Wert die Bildungsgeschwindigkeit des Imins. Der geschwindigkeitsbestimmende Schritt ist im Sauren die Addition des Amins an die Carbonylgruppe und im neutralen bis leicht basischen Milieu die Abspaltung von Wasser aus dem Halbaminal (Abb. 21.13, rechts).

Verschiedene Reaktionsmöglichkeiten von *Schiff*schen Basen sind in Abb. 21.14 dargestellt. *Schiff*sche Basen werden beispielsweise bei der ***Staudinger*-Reaktion** eingesetzt, um zusammen mit Ketenen in einer [2+2]-Cycloaddition β-Lactame zu bilden (▸Kap. 14.3). Hierbei greift der nucleophile Iminstickstoff den Keten-Carbonylkohlenstoff an. Durch **reduktive Aminierung** können aus Carbonylverbindungen über die *Schiff*schen Basen die jeweiligen Amine gewonnen werden. In Biosynthesen werden auf diese Weise durch Enzyme (Transaminasen) α-Ketosäuren zu Aminosäuren reduziert. Ein weiteres Beispiel für die Reaktion einer *Schiff*schen Base ist die *Povarov*-Reaktion. Hier entsteht aus einem aromatischen Imin und einem Alken ein Chinolin-Derivat. Vorteil dieser Reaktion ist, dass alle drei Komponenten (Aldehyd, Amin und Alkene) in einem Schritt zur Reaktion gebracht werden können (Eintopfsynthese).

Die *Schiff*sche Base aus *(R,R)*-1,2-Diaminocyclohexan und 3,5-Di-*tert*-butylsalicylaldehyd (vgl. *Duff*-Synthese, Abb. 21.11) gibt mit Mangandiacetat und Luftsauerstoff einen chiralen Mn(III)-(*salen*)-Komplex (*salen* = *N,N'*-Bis-(salicyliden)-ethylendiamin), mit dem sich Olefine, die keine weitere funktionelle Gruppe tragen, stereoselektiv epoxidieren lassen (***Jacobsen*-Epoxidierung**, Abb. 21.15). Der enantiomere *ent(salen)*-Komplex wird aus dem ebenfalls leicht zugänglichen (*S,S*)-1,2-Diaminocyclohexan gewonnen. Mit beiden chiralen Katalysatoren erhält man enantiomere Epoxide mit bis zu 90–98 % ee.

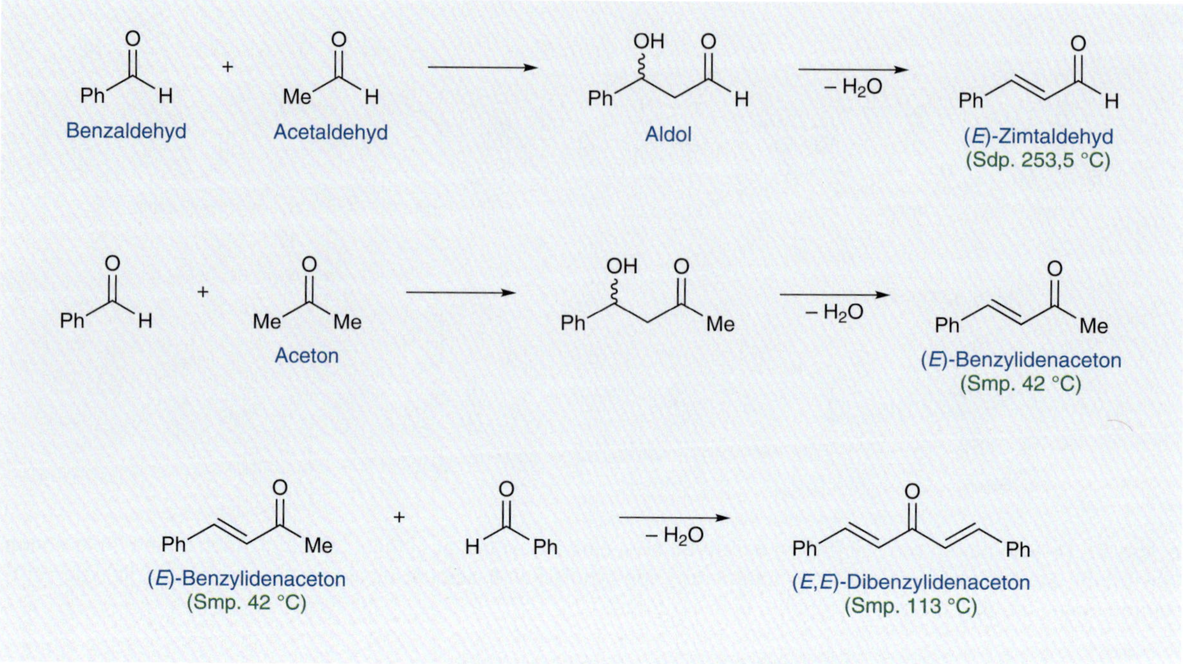


**Abb. 21.16** Darstellung von Benzylidenverbindungen durch Kondensation von Benzaldehyd mit aliphatischen Aldehyden und Ketonen

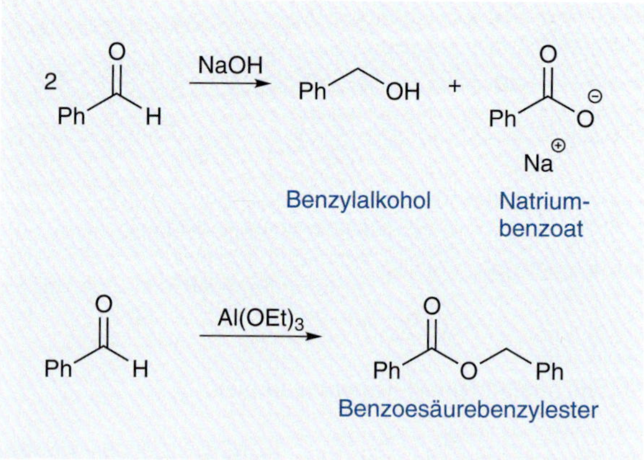


**Abb. 21.17** *Cannizzaro*-Reaktion bzw. *Tischtschenko*-Reaktion von Benzaldehyd

Kondensationsprodukts mit Benzaldehyd führt zu in der all-*trans*-Form vorliegenden Dibenzylidenaceton, (1*t*,5*t*)-Diphenylpenta-1,4-dien-3-on (*t* für *trans*).

## *Cannizzaro*-Reaktion

Die ***Cannizzaro*-Reaktion** verläuft bei aromatischen Aldehyden in der Regel problemlos und mit guten Ausbeuten (Abb. 21.17; zum Mechanismus ▸Kap. 12.1.3). Bei Einwirkung von starken Alkalien disproportioniert Benzaldehyd in Benzylalkohol und Benzoesäure bzw. deren Alkalisalzen. Unter katalytischer Wirkung von Aluminiumethylat geht Benzaldehyd in den Benzoesäurebenzylester (Benzylbenzoat) über (vgl. *Tischtschenko*-Reaktion, ▸Kap. 12.1.3).

## Benzoinkondensation

Bei der für aromatische Aldehyde ebenfalls typischen **Benzoinkondensation** (Benzoinaddition) entsteht aus zwei Äquivalenten Benzaldehyd unter dem katalytischem Einfluss von Kaliumcyanid in wässrig-alkoholischer Lösung Benzoin (als Racemat).

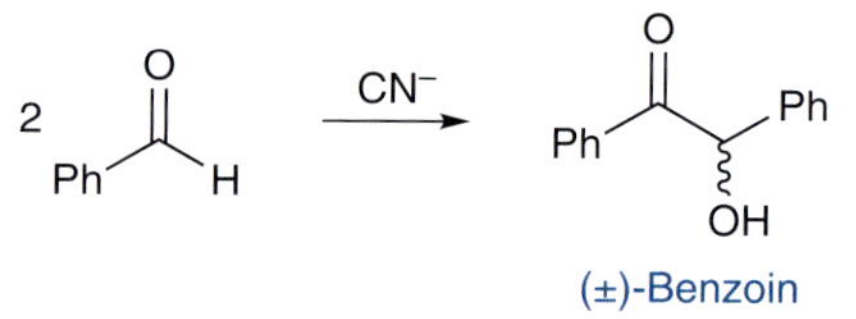


Bei der Benzoinkondensation erfolgt zunächst eine nucleophile Addition eines Cyanid-Anions am elektrophilen C-Atom der Carbonylgruppe des Benzaldehyd. Im entstehenden Cyanhydrin-Anion wird das H-Atom am ehemaligen Carbonyl-C-Atom durch die Cyanogruppe so acide, dass daraus leicht durch Protonentransfer ein durch die Cyanogruppe resonanzstabilisiertes Carbanion entsteht. Dieses addiert sich nucleophil an ein zweites Benzaldehydmolekül. Unter Abspaltung des Cyanid-Anions und gleichzeitiger Protonenwanderung geht das primäre Additionsprodukt dann in **Benzoin** über (Abb. 21.18). Bei der Benzoinkondensation handelt es sich um eine Gleichgewichtsreaktion. Der mechanistisch entscheidende Schritt ist die **Umpolung** des normalerweise elektrophilen Benzaldehyd in einen nucleophilen Reaktionspartner.

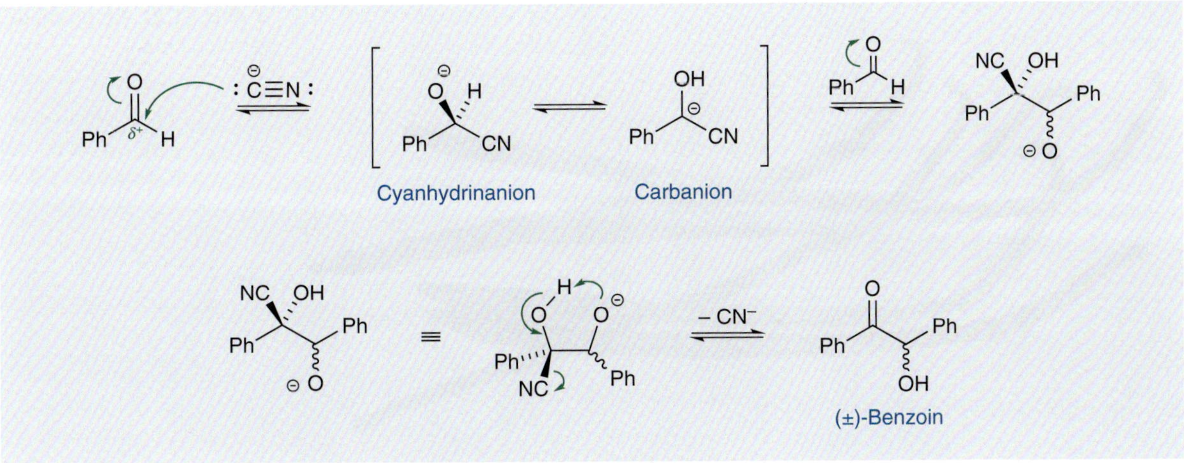


**Abb. 21.18** Mechanismus der Benzoinkondensation

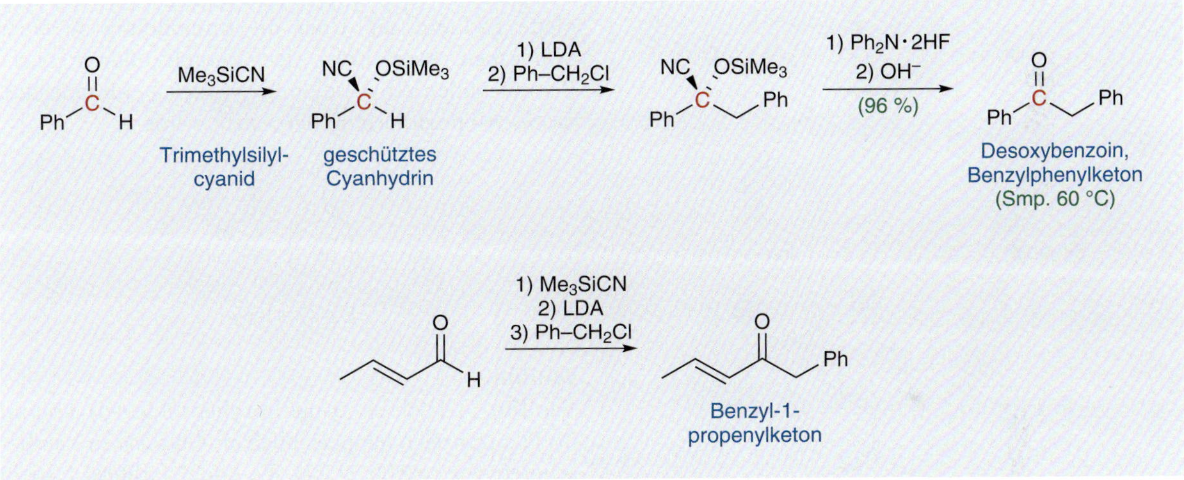


**Abb. 21.19** Geschützte Cyanhydrine können leicht in Carbanionen überführt werden, die als Syntheseäquivalente für die nicht existenten Acylanionen vielseitig einsetzbare Nucleophile für weitere präparative Umsetzungen sind.

## Geschützte Cyanhydrine

Geschützte Cyanhydrine eröffnen vielfältige präparative Anwendungen durch eine Umpolung, wie sie auch bei der Benzoinkondensation stattfindet. So erhält man durch Umsetzung von Benzaldehyd mit aus Chlortrimethylsilan und Kaliumcyanid in *N*-Methylpyrrolidinon leicht zugänglichem Trimethylsilylcyanid ein **geschütztes Cyanhydrin.** Dieses kann mit LDA in ein Carbanion überführt werden, das z. B. mit Alkylhalogeniden alkyliert werden kann. Nach der Aufarbeitung erhält man aus Benzaldeyhd das entsprechende Keton. Das durch Deprotonierung aus dem geschützten Cyanhydrin zugängliche Carbanion ist somit ein **Syntheseäquivalent für ein nicht existentes Acylanion.** Mit Crotonaldehyd statt Benzaldehyd erhält man analog Benzyl-1-propenylketon in 76 % Ausbeute (Abb. 21.19).

Auch durch Umsetzung mit Ethylvinylether (Ethoxyethylen) können die Cyanhydrine sehr vieler Aldehyde – mit Ausnahme von Formaldehyd – geschützt und so die Reaktivität der Aldehydfunktion umgepolt werden (*G. Stork* 1971; Abb. 21.20). Die Acetalgruppierung lässt sich unter sehr milden Bedingungen wieder spalten. Wenn Formaldehyd als Carbanion alkyliert werden soll, geht man von Diethylaminoacetonitril ($Et_2N{-}CH_2CN$) aus.

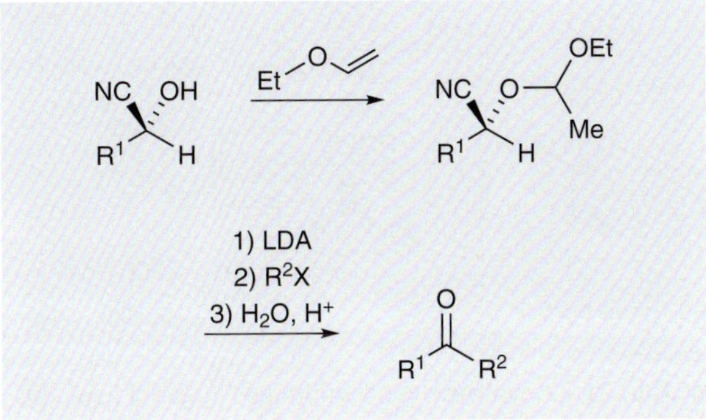


**Abb. 21.20** Umsetzung eines Cyanhydrins mit einem Ethylvinylether

**○ Abb. 21.21** Getrocknete Vanilleschoten

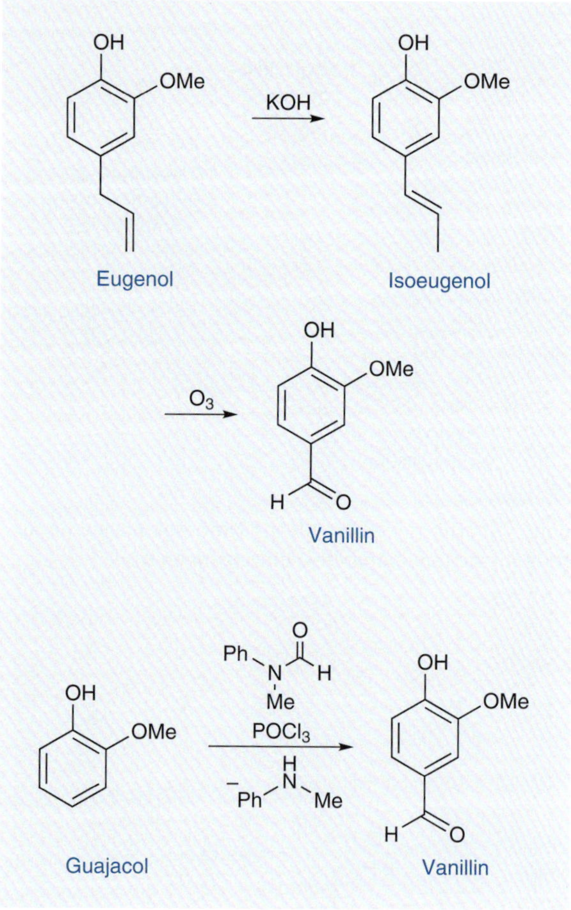


**○ Abb. 21.22** Synthese von Vanillin aus Eugenol bzw. aus Guajacol (*Vilsmeier-Haack*-Synthese)

## 21.1.4 Ausgewählte Verbindungen

### Salicylaldehyd

**Salicylaldehyd** kommt unter anderem in Pflanzen (ätherischen Ölen) vor und kann als Duftstoff in Parfümen verwendet werden. Die Verbindung dient unter anderem auch zum Nachweis von Fuselölen im Alkohol und zur Herstellung von Cumarin (*Perkin*-Reaktion, ▸Kap. 21.5.3). Mit Eisen(III)-chlorid tritt eine tiefrotviolette Färbung auf. Über die Iminbildung zu einer *Schiff*schen Base kann der Komplexbildner *N,N'*-Bis(salicyliden)ethylendiamin (*salen*, ▸Kap. 21.1.3, *Jacobsen*-Epoxidierung) hergestellt werden.

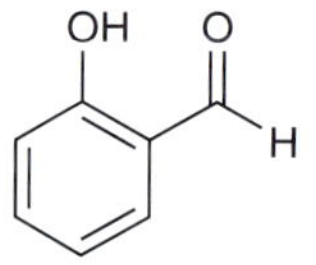


Salicylaldehyd

### Vanillin

**Vanillin** (4-Hydroxy-3-methoxybenzaldehyd) kommt im Pflanzenreich hauptsächlich als Glycosid in Vanilleschoten vor (○Abb. 21.21). Es bildet farblose Nadeln (Smp. 81 °C) und gibt mit Eisen(III)-chlorid eine blauviolette Färbung. Seine Verwendung als **Speisearoma** sowie als Komponente zur Herstellung künstlicher Riechstoffe hat zu einer Reihe synthetischer Verfahren für seine Synthese geführt.

Als Ausgangspunkt für die Synthese von Vanillin dient vornehmlich Eugenol (▸Kap. 20.2.2), das aus dem Öl der Gewürznelke (*Syzygium aromaticum*, Syn.: *Eugenia caryophyllata*) gewonnen wird. Eugenol isomerisiert unter dem Einfluss von Alkalien zu Isoeugenol, dessen C=C-Doppelbindung in der Seitenkette nun mit den Doppelbindungen des Benzenrings in Konjugation steht (Allyl-Propenyl-Umlagerung). Bei der Oxidation von Isoeugenol mit Ozon entsteht dann Vanillin (Ausbeute 84 %; ○Abb. 21.22). Eine weitere Möglichkeit für die synthetische Herstellung von Vanillin ist die *Vilsmeier-Haack*-Synthese aus Guajacol bei etwa 10 °C. Hierbei erhält man den Aromastoff in 70 % Ausbeute (○Abb. 21.22). Aus den beim Holzaufschluss in der Sulfitlauge anfallenden Ligninsulfonsäuren kann man ebenfalls Vanillin durch Oxidation mit Luft im alkalischen Medium gewinnen. Die Ausbeute beträgt je nach Holzart 7–25 %.

### Piperonal

**Piperonal** (3,4-Methylendioxybenzaldehyd) ist als Riechstoff unter dem Namen Heliotropin bekannt. Synthetisch stellt man es aus dem Naturprodukt Safrol dar, das in einigen tropischen Pflanzen, z. B. dem Kampferbaum (*Cinnamomum camphora*), vorkommt. Safrol isomerisiert mit Alkali zu Isosafrol und wird dann mit Ozon zum Aldehyd oxidiert (o Abb. 21.23; vgl. Vanillinsynthese aus Eugenol).

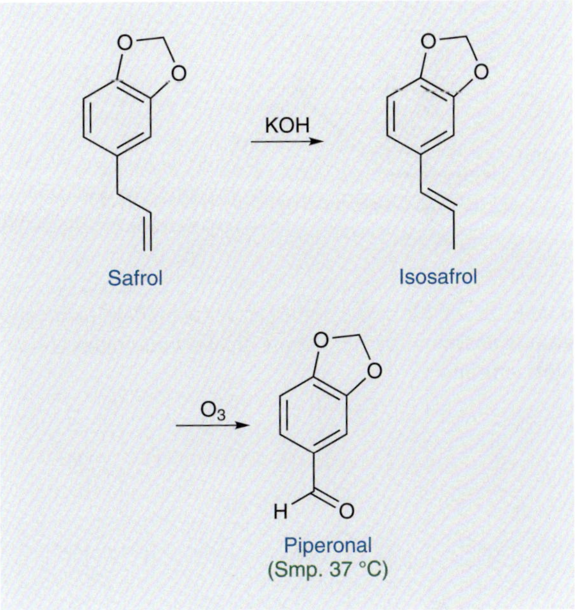


o **Abb. 21.23** Darstellung von Piperonal aus Safrol

### Benzoin

**Benzoin** (Ph—CO—CH(OH)—Ph) ist eine kristalline Substanz mit einer Schmelztemperatur von 137 °C, die Alkohol- und Ketoneigenschaften in sich vereint. Es wurde 1832 von *J. von Liebig* und *F. Wöhler* entdeckt und lässt sich durch eine Cyanid-katalysierte Reaktion aus Benzaldehyd (**Benzoin-Kondensation**, ▸Kap. 21.1.3) herstellen. Es kommt in der Natur – genau wie Benzaldehyd und Blausäure (HCN) – im Bittermandelöl vor. Die Oxidation von Benzoin mit Salpetersäure führt zu **Benzil** (1,2-Diketon, Smp. 95 °C).

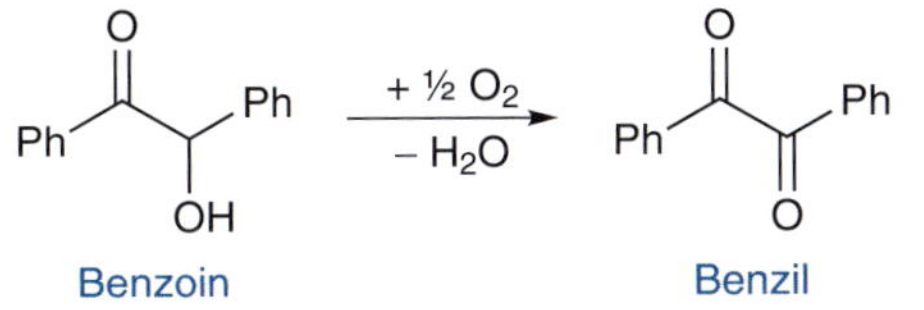


Bei der Reduktion von Benzoin mit Natriumamalgam erhält man *meso*-Hydrobenzoin. Die racemische Form (Isohydrobenzoin, Smp. 119 °C) kristallisiert aus Ether als Konglomerat der beiden enantiomeren Formen aus. Diese lassen sich durch Auslesen der Kristalle in (+)- und (−)-Hydrobenzoin trennen. Lässt man metallisches Natrium auf eine etherische Lösung von Benzaldehyd einwirken, entsteht direkt in einer reduktiven Kupplung die *meso*-Form des Hydrobenzoin (o Abb. 21.24; vgl. Pinakole, ▸Kap. 12.2.3).

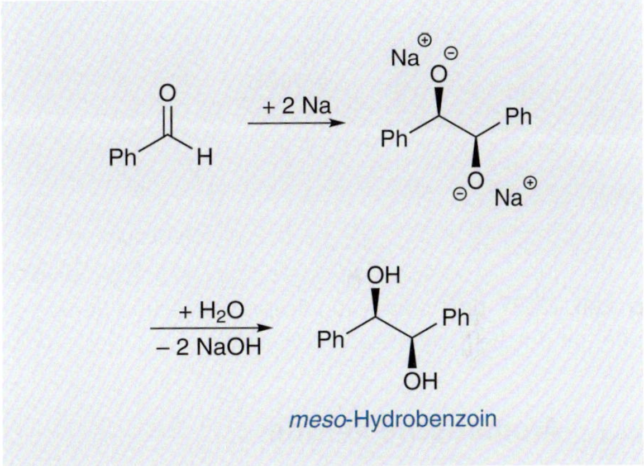


o **Abb. 21.24** Darstellung von *meso*-Hydrobenzoin aus Benzaldehyd durch reduktive Dimerisierung

Unter der Einwirkung anorganischer Säurechloride, z. B. Thionylchlorid, geht Benzoin in **Desylchlorid** (Smp. 68 °C) über (o Abb. 21.25, oben). In Analogie zu den aliphatischen α-Hydroxyketonen und den Zuckern bildet Benzoin mit Phenylhydrazin ein Osazon (o Abb. 21.25, unten).

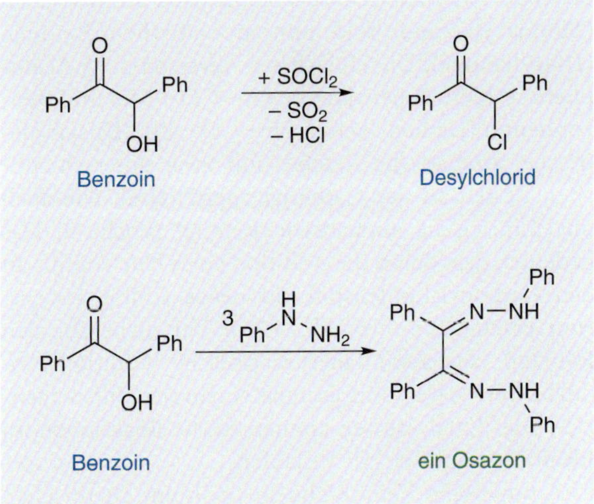


o **Abb. 21.25** Umsetzung von Benzoin zu Desylchlorid (oben) und zu Osazonen (unten)

21

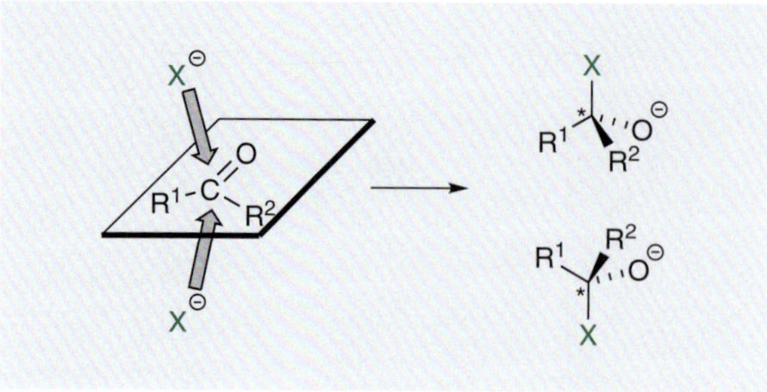


**o Abb. 21.26** Durch die Addition an die planare Carbonylgruppe unsymmetrischer Ketone entsteht ein neues Chiralitätszentrum.

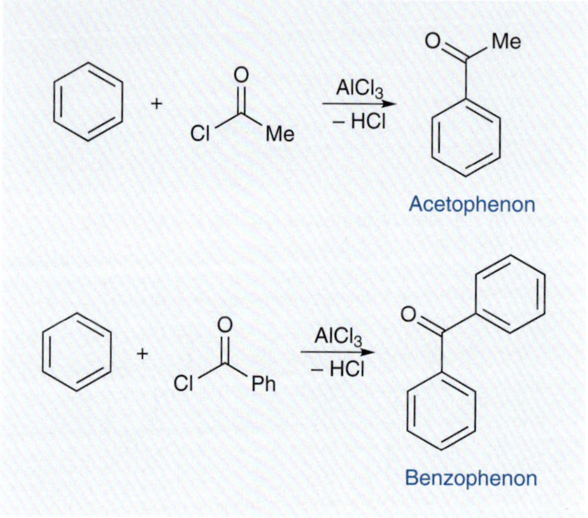


**o Abb. 21.27** Darstellung von Acetophenon und Benzophenon durch *Friedel-Crafts*-Acylierung

## 21.2 Aromatische Ketone

### 21.2.1 Struktur und Eigenschaften

Bei der Stoffklasse der aromatischen Ketone unterscheidet man zwischen gemischt aliphatisch-aromatischen (**Monoarylketone**) und rein aromatischen Ketonen (**Diarylketone**). Die einfachsten Vertreter sind **Acetophenon** (Methylphenylketon, Ph—CO—Me) und **Benzophenon** (Diphenylketon, Ph—CO—Ph). Unsymmetrische, aromatische Ketone (mit zwei unterschiedlichen Resten an der Carbonylgruppe) sind, wie auch unsymmetrische aliphatische Ketone, prochiral. Das bedeutet, dass durch die Addition eines Nucleophils an den Carbonyl-Kohlenstoff ein neues Chiralitätszentrum erzeugt wird (o Abb. 21.26). Bei nicht chiralen Edukten entstehen daher racemische Additionsprodukte. Bei Verwendung geeigneter chiraler Hilfsreagenzien oder Katalysatoren können solche Reaktionen im Idealfall enantioselektiv verlaufen.

Aromatische Ketone ähneln in ihrem chemischen Verhalten weitgehend den aliphatischen Ketonen, sie sind allerdings wegen des elektronenschiebenden +M-Effekts des aromatischen Rings etwas weniger reaktiv. Sie kommen in zahlreichen Syntheserouten als Ausgangssubstanzen und Zwischenprodukte vor. Aromatische Ketone spielen aber auch als Bestandteil einiger Wirkstoffe eine wichtige Rolle. Einige Butyrophenone (Peridole) sind beispielsweise bei psychischen Störungen (Schizophrenie) wirksam. Dazu gehört **Haloperidol** (z. B. Haldol®), ein hochpotentes Neuroleptikum, das zur Unterdrückung von Halluzinationen und Bewusstseinsstörungen eingesetzt wird.

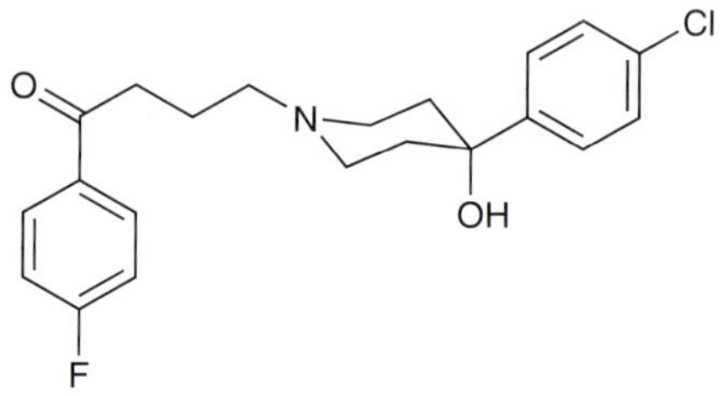


Haloperidol

### 21.2.2 Gewinnung und Synthese

#### *Friedel-Crafts*-Acylierung

Durch die Umsetzung aromatischer Kohlenwasserstoffe mit aliphatischen oder aromatischen Säurechloriden in Gegenwart von Aluminiumchlorid können aromatische Ketone in einer *Friedel-Crafts*-Acylierung gewonnen werden (o Abb. 21.27).

Der Reaktionsverlauf entspricht einer normalen elektrophilen Substitution am aromatischen Kern (▸ Kap. 18.2.2). Primär stellt sich bei Zugabe einer *Lewis*-Säure (z. B. Aluminiumchlorid) zu einem Acylhalogenid ein Gleichgewicht zwischen einem Säurechlorid-Aluminiumchlorid-Komplex und einem Acylium-Ion ein. Der beim elektrophilen Angriff auf den Benzenkern entstehende $\sigma$-Komplex bildet dann unter Protonenabgabe das aromatische System zurück (o Abb. 21.28). Da das entstehende Keton ein Äquivalent $AlCl_3$ komplexiert, das erst bei der sich anschließenden Hydrolyse wieder abgespalten und dann zersetzt wird, erfordert die *Friedel-Crafts*-Acylierung – im Unterschied zur Alkylierung – stöchiometrische Mengen $AlCl_3$.

Die Ketofunktion erschwert als elektronenziehender Substituent den Eintritt weiterer Ketogruppen, sodass – ebenso im Gegensatz zur *Friedel-Crafts*-Alkylierung (▸ Kap. 18.2.2) – eine elektrophile Zweitsubstitution in der Regel nicht stattfindet.

Ähnlich wie die Säurehalogenide reagieren auch die Säureanhydride mit aromatischen Kohlenwasserstoffen in Gegenwart von Aluminiumchlorid zu Ketonen. Auch bei dieser Reaktion bildet sich im Gleichgewicht ein Acylium-Ion, das dann in der oben beschriebenen Weise weiterreagiert (o Abb. 21.28). Da hierbei sowohl von der Säure als auch vom Keton jeweils ein Äquivalent Aluminiumchlorid gebunden wird, müssen in die-

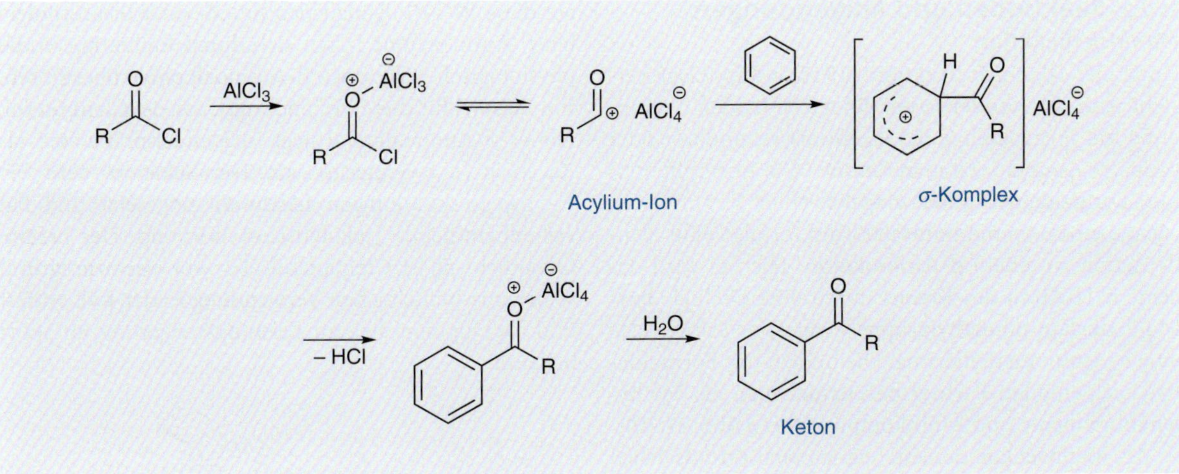


**Abb. 21.28** Mechanismus der *Friedel-Crafts*-Acylierung zur Darstellung aromatischer Ketone

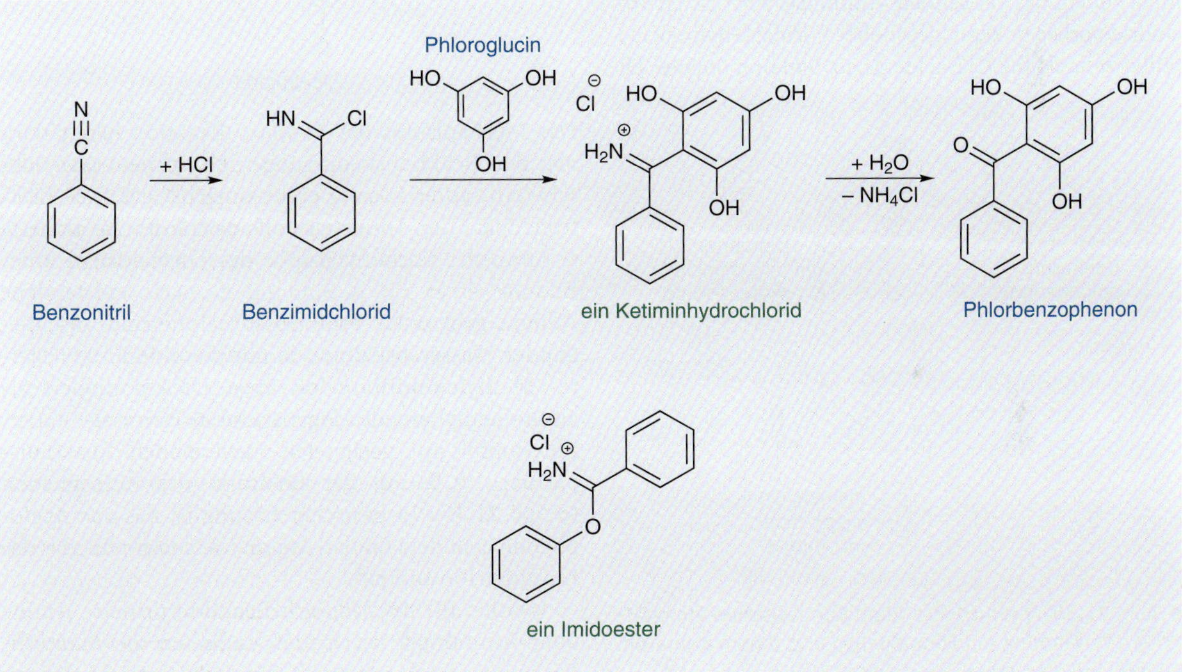


**Abb. 21.29** Aromatische Ketone können mit der *Hoesch*-Ketonsynthese hergestellt werden (oben). Einwertige Phenole bilden stattdessen Hydrochloride der Imidoester (unten).

sem Fall mindestens drei Äquivalente $AlCl_3$ eingesetzt werden.

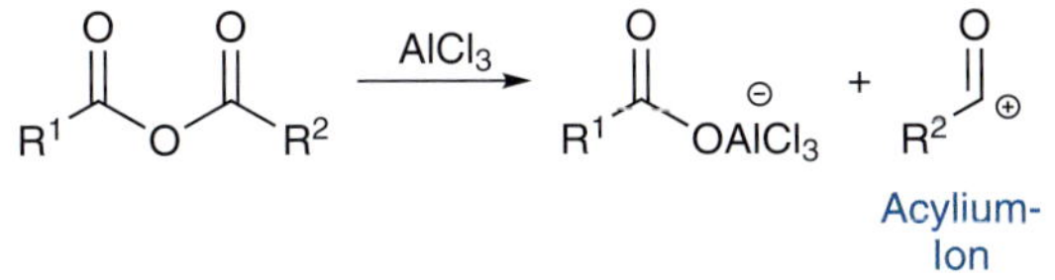


### *Hoesch*-Ketonsynthese

Aromatische Ketone können mit der *Hoesch*-Ketonsynthese (1927) aus mehrwertigen Phenolen und aliphatischen oder aromatischen Nitrilen in Gegenwart von Chlorwasserstoff in etherischer Lösung hergestellt werden (Abb. 21.29, oben). Dabei bildet sich aus einem Nitril zunächst ein Imidchlorid und daraus mit Phenol ein Ketiminhydrochlorid. Durch Erhitzen mit Wasser entsteht aus Letzterem unter Abspaltung von Ammoniumchlorid ein aromatisches Keton. So lässt sich z. B. Benzonitril mit Phloroglucin zu 2,4,6-Trihydroxyphenylphenylketon (**Phlorbenzophenon**) umsetzen (vgl. *Gattermann*-Aldehydsynthesen, ▸Kap. 21.1.3). Einwertige Phenole bilden dagegen keine Ketimine, sondern Hydrochloride der Imidoester (Abb. 21.29, unten).

### 21.2.3 Reaktionen und Anwendungen

#### *Mannich*-Reaktion

Unter der *Mannich*-Reaktion (1912; ▸Kap. 22.1) versteht man die Kondensation einer CH-aciden Verbindung mit Formaldehyd in Gegenwart sekundärer oder primärer Amine. Setzt man Ketone (z. B. Acetophenon) mit Formaldehyd unter Zugabe einer äquimolaren Menge eines Ammoniumsalzes um, erfolgt eine Kondensation zu einem **β-Aminoketon**. Hierbei wird das acide α-H-Atom des Ketons durch eine Dialkyl- bzw. Monoalkylaminomethylgruppe ersetzt, es erfolgt also eine α-Aminomethylierung. Die beiden mit Formaldehyd reagierenden Partner bezeichnet man als Methylenkomponente und Aminkomponente (○ Abb. 21.30).

Als Methylenkomponente eignen sich grundsätzlich nur Verbindungen, die unter den Kondensationsbedingungen nucleophil reagieren. Damit die Reaktion gelingt, muss zudem das verwendete Amin, das auch als Hydrochlorid vorliegen kann, gegenüber Formaldehyd nucleophiler sein als die CH-acide Methylenkomponente. Die

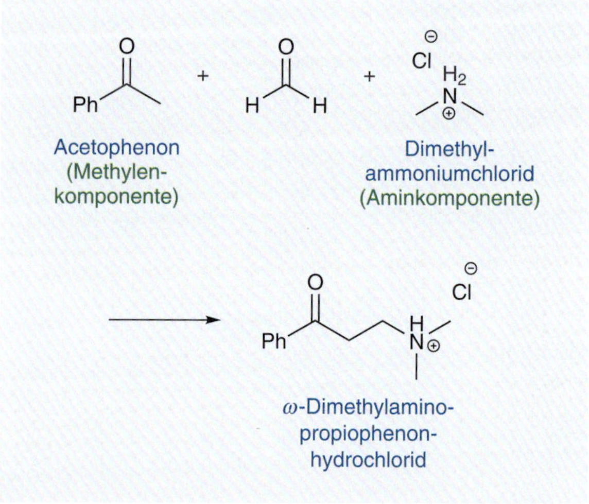


○ **Abb. 21.30** *Mannich*-Reaktion: Kondensation einer CH-aciden Verbindung mit Formaldehyd und einem primären oder sekundären Amin

auf diese Weise zugänglichen mono- oder disubstituierten β-Aminoketone lassen sich durch Reduktion in die physiologisch wirksamen β-Aminoalkohole überführen. Ein Beispiel für diese Verbindungsklasse ist **Clenbuterol**. Dieser β-Aminoalkohol liegt in Handelspräparaten als Racemat (1:1-Gemisch) vor. Die Substanz wird bei Atemwegserkrankungen (Asthma) eingesetzt und hat wehenhemmende (tokolytische) Wirkung. Der breiten Öffentlichkeit ist Clenbuterol aber vor allem aufgrund seiner missbräuchlichen Verwendung in der Kälbermast und als Dopingmittel zur Leistungssteigerung im Sport bekannt.

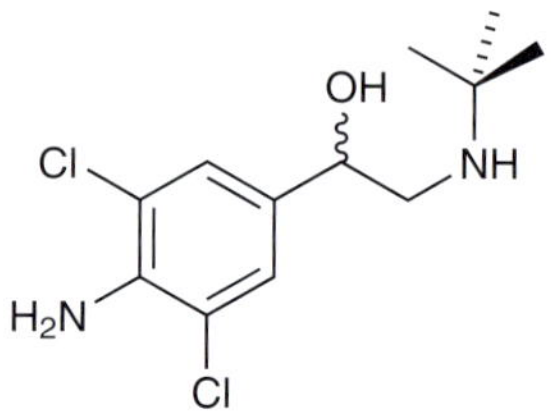

Clenbuterol

Der Mechanismus der *Mannich*-Reaktion hängt stark von den Reaktionsbedingungen ab. In neutraler oder schwach saurer Lösung greift zunächst das freie Elektronenpaar des Aminstickstoffs das positiv polarisierte C-Atom der Carbonylgruppe des Formaldehyd unter Bildung einer C—N-Bindung an. Das entstandene Addukt geht unter Protonenaufnahme und anschließender Wasserabspaltung in ein mesomeriestabilisiertes **Methyleniminium-Ion** über. Dieses fungiert als aminomethylierendes Agens und reagiert als starkes Elektrophil mit geeigneten nucleophilen Reaktionspartnern, z. B. mit der Enolform des Acetophenon (○ Abb. 21.31). In basischer Lösung ist das aus Acetophenon gebildete Enolat-Anion das Nucleophil, das das Iminium-Ion angreift.

Werden für die *Mannich*-Reaktion primäre Amine oder Ammoniak verwendet, enthalten die *Mannich*-Basen am Stickstoff noch ein oder zwei H-Atome.

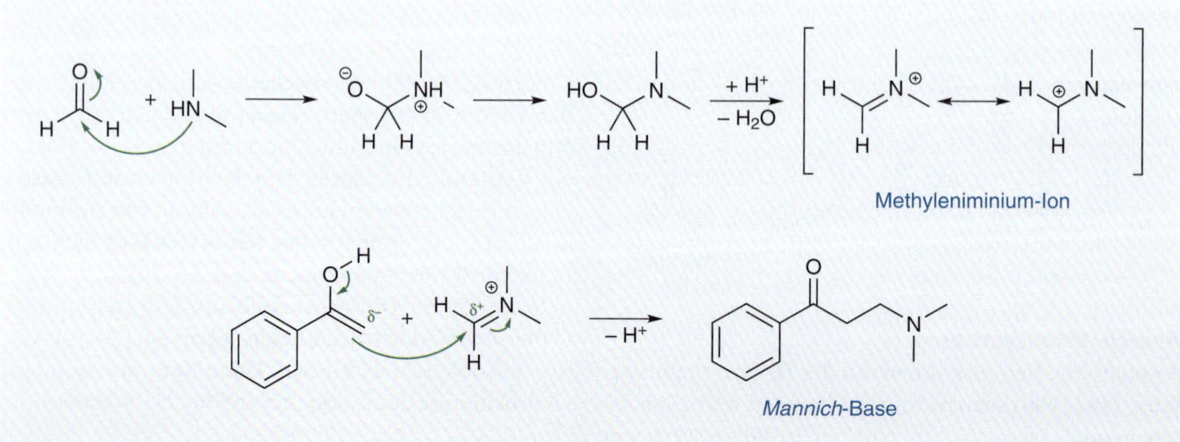


○ **Abb. 21.31** Reaktionsverlauf der *Mannich*-Reaktion

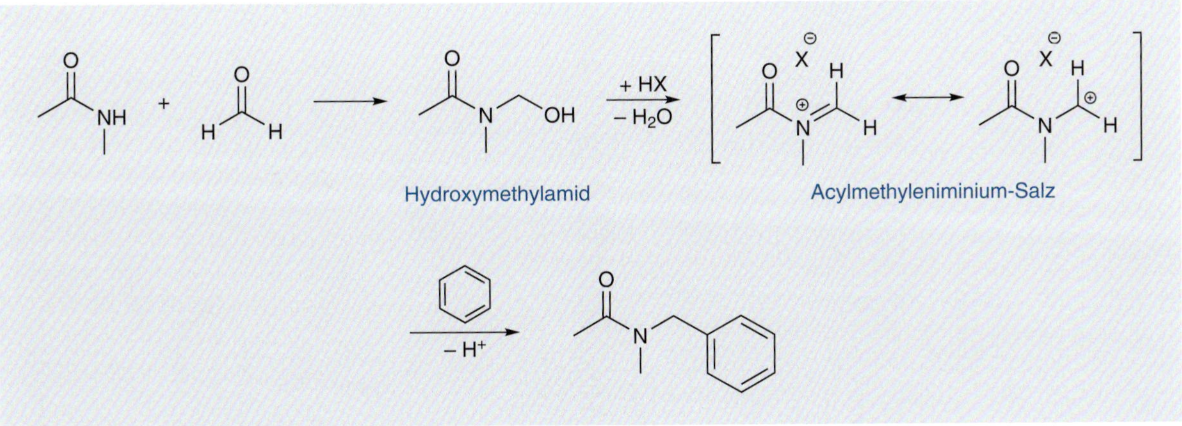


**○ Abb. 21.32** Auch Amide können als Substrate in einer *Mannich*-Reaktion eingesetzt werden.

Diese können ebenfalls an der Reaktion teilnehmen und so den Gesamtverlauf komplizierter gestalten. Daher werden meist sekundäre Amine eingesetzt. Durch Umsetzung von Amiden mit Formaldehyd erhält man **Hydroxymethylamide**. Daraus entstehen in Gegenwart von Säuren Acylmethyleniminiumsalze, mit denen sich $\alpha$-Amidomethylierungen durchführen lassen (○ Abb. 21.32). Es können auch andere Aldehyde anstelle von Formaldehyd zur Darstellung des Iminiumsalzes verwendet werden. Man spricht dann von einer **$\alpha$-Amidoalkylierung**. Die Acylmethyleniminiumsalze sind synthetisch sehr vielseitig verwendbar, insbesondere zur Knüpfung von C—C-Bindungen.

Für Verbindungen wie die Acylmethyleniminiumsalze hat sich die Bezeichnung **Synthone** („Molekülbauteile") eingebürgert. Auch Chloriminiumsalze, die bei der *Vilsmeier-Haack*-Reaktion auftreten, sowie Dichlormethyleniminiumsalze zählen zu den Synthonen. Der ursprüngliche Vorschlag von *E. J. Corey* zur Definition der Synthone lautete: „*Structural units within a molecule, which are related to possible synthetic operations.*" Das Konzept der Synthone findet im Zusammenhang mit der Retrosyntheseplanung Verwendung. Bei der Bindungsteilung entstehen (theoretische) Moleküle, die als Synthone aufgefasst und einem Reaktionsschritt zugeordnet werden. So ist z. B. $CH_3I$ ein konkretes Reagenz für das allgemeine Synthon $CH_3^+$.

## *Willgerodt-Kindler*-Reaktion

Werden aliphatisch-aromatische Ketone mit Schwefel in Morpholin erhitzt, so gehen sie in **Carbonsäurethioamide** – in diesem Fall in Thiomorpholide – mit gleicher Kohlenstoffzahl über (zu Carbonsäurethioamiden ▸ Kap. 14.5.4). Dabei wird die ursprüngliche Carbonylgruppe zu einer $CH_2$-Gruppe reduziert (*Willgerodt-Kindler*-Reaktion, im Jahr 1887 von *C. Willgerodt* entdeckt, 1923 von *K. Kindler* verbessert).

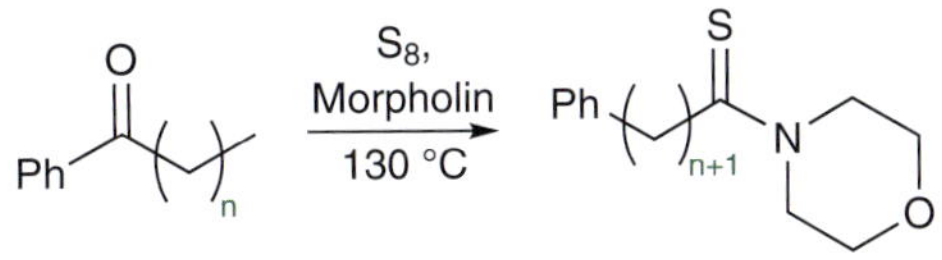


Durch alkalische Hydrolyse der Thiomorpholide lassen sich arylsubstituierte, aliphatische Carbonsäuren darstellen. Der Mechanismus der Reaktion (○ Abb. 21.33) verläuft dabei über eine **Aziridin**-Zwischenstufe. Zu Beginn der *Willgerodt-Kindler*-Reaktion bildet sich aus einem Keton und einem sekundären Amin (hier Morpholin) ein Enamin, welches dann mit elementarem Schwefel zu einer Thiocarbonylverbindung reagiert. Aus dieser entsteht über ein Aziridinderivat ein Carbonsäurethioamid, welches durch Hydrolyse (z. B. mit alkoholischer Kalilauge) zur korrespondierenden Carbonsäure verseift werden kann.

## *Beckmann*-Umlagerung

Bei der Einwirkung von anorganischen Säurechloriden (z. B. Phosphor(V)-chlorid in Ether, Benzensulfonylchlorid in Pyridin) oder von konzentrierten Mineralsäuren (konz. $H_2SO_4$, HCl-Gas) auf **Ketoxime** erfolgt bei der *Beckmann*-Umlagerung (1886) eine Umlagerung zu den entsprechenden ***N*-substituierten Carbonsäureamiden** bzw. -aniliden. Beispielsweise lagert sich Benzophenonoxim in Benzanilid um.

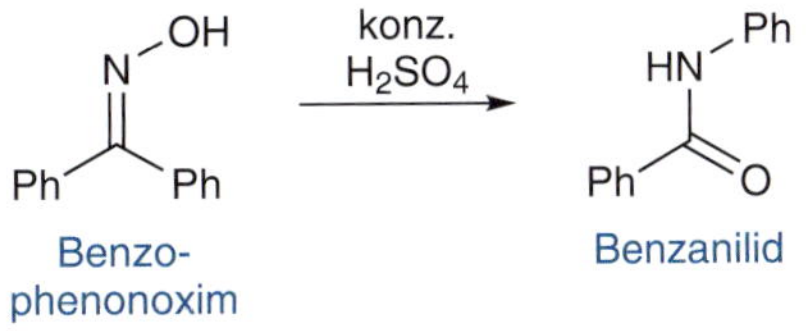


Bei dieser **Oxim-Amid-Umlagerung** durch konzentrierte Mineralsäuren lagert sich zunächst ein Proton der Säure an ein freies Elektronenpaar des N- oder O-Atoms im Ketoxim unter Bildung eines Iminium-

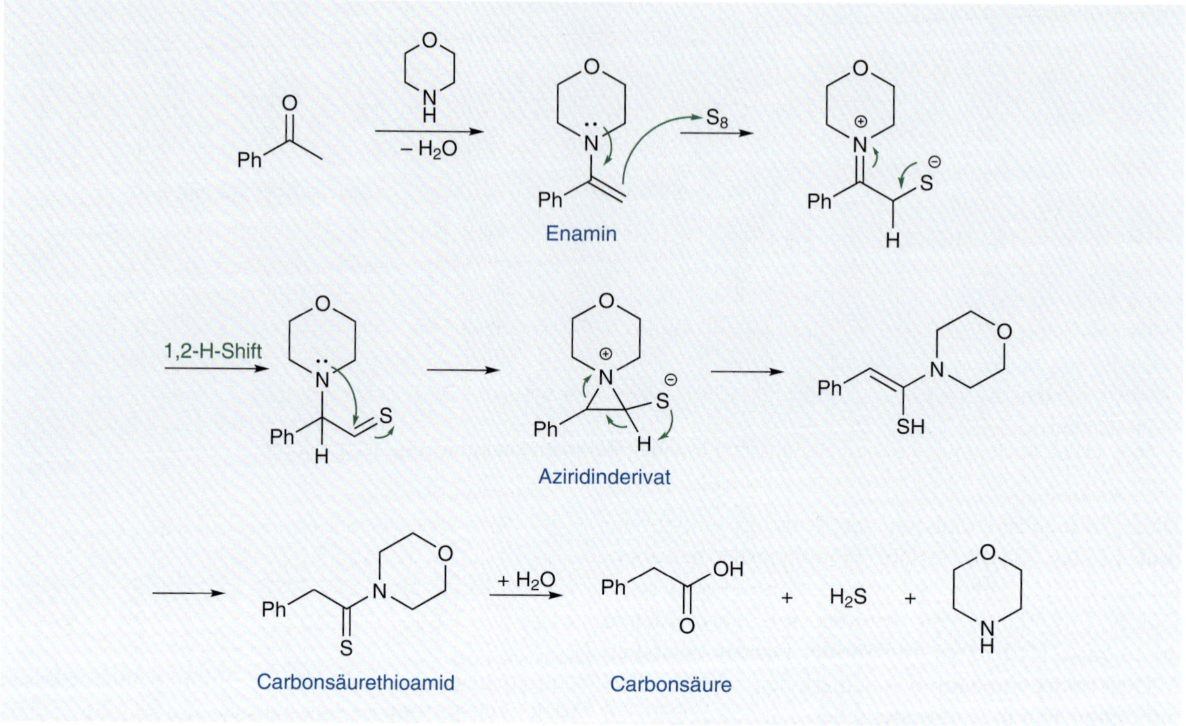


**Abb. 21.33** Mechanismus der *Willgerodt-Kindler*-Reaktion: Aus aliphatisch-aromatischen Ketonen entstehen Carbonsäurethioamide. Im letzten Schritt wird das Carbonsäurethioamid zur korrespondierenden Carbonsäure verseift.

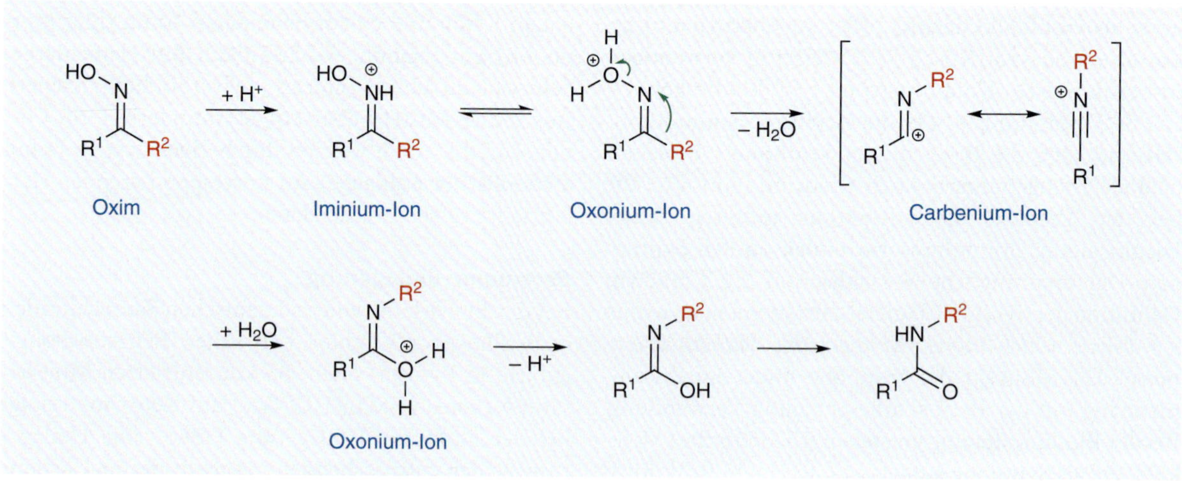


**Abb. 21.34** Reaktionsmechanismus der *Beckmann*-Umlagerung

oder Oxonium-Ions an. Aus dem Oxonium-Ion kann dann $H_2O$ abgespalten werden. Dies hinterlässt eine Elektronenlücke am N-Atom, die durch gleichzeitige, konzertierte Wanderung des Restes $R^2$ (formal als Anion, also unter Mitnahme des Bindungselektronenpaares) ausgeglichen wird. So entsteht ein durch den benachbarten Stickstoff resonanzstabilisiertes Carbeniumion, an das sich anschließend ein Wassermolekül nucleophil addiert (Abb. 21.34). Schon im Jahr 1921 konnte *J. Meisenheimer* zeigen, dass bei der *Beckmann*-Umlagerung nur der zur OH-Gruppe *anti*-ständige Substituent $R^2$ wandert. Von dieser Stereospezifität sind nur wenige Ausnahmen bekannt.

Von technischer Bedeutung ist die *Beckmann*-Umlagerung cyclischer Ketoxime, aus denen unter Ringerweiterung um ein Kohlenstoffatom cyclische Carbonsäureamide zugänglich sind. Beispielsweise geht Cyclohexanonoxim mit konzentrierter Schwefelsäure in **ε-Caprolactam** über (Abb. 21.35), das Ausgangssubstanz für die Herstellung von Perlon (Polyamid-6) ist (▸ Kap. 15.3).

### *Baeyer-Villiger*-Reaktion

Von präparativer Bedeutung ist die gezielte Oxidation von Ketonen zu Estern, ohne dass ein weiterer Molekülabbau erfolgt. Diese Möglichkeit bietet die *Baeyer-Villiger*-Oxidation mit Persäuren oder Wasserstoffperoxid, deren Mechanismus in ○ Abb. 21.36 formuliert ist. Im ersten Schritt lagert sich Persäure an die Carbonylgruppe des Ketons an. Im Additionsprodukt wird die O—O-Bindung heterolytisch unter Abspaltung des Carboxylats der ursprünglichen Persäure gebrochen. Dabei wandert gleichzeitig der Rest R (formal als Anion) zum benachbarten, elektrophilen O-Atom. Es entsteht der entsprechende Ester. Für die **Wanderungstendenz von R** gilt folgende Reihenfolge: H (bei Aldehyden) > $CR_3$ > Cyclohexyl > $CHR_2$ ≈ Phenyl > $CH_2R$ > $CH_3$. Daraus ergibt sich für Ketone, dass in der Regel der sterisch anspruchsvollere Rest wandert und sich damit in der Alkoholkomponente des Esters wiederfindet.

## 21.2.4 Ausgewählte Verbindungen

### Acetophenon

**Acetophenon** (Ph—CO—Me) kann durch Oxidation von Ethylbenzen mit Luftsauerstoff in Anwesenheit fettsaurer Cobaltsalze (= Cobaltsalze aliphatischer Fettsäuren) hergestellt werden (○ Abb. 21.37, oben). Acetophenon bildet Kristalle mit einer Schmelztemperatur von 20 °C. Wie im Aceton sind auch die H-Atome der Methylgruppe des Acetophenon acide und damit reaktionsfähig. Bei der Chlorierung oder Bromierung von Acetophenon entsteht *ω*-Chloracetophenon (Phenacylchlorid, Smp. 60 °C), oder *ω*-Bromacetophenon (Phenacylbromid, Smp. 51 °C; ○ Abb. 21.37, unten). Beide *α*-Halogenketone werden vielfach in Synthesen genutzt; physiologisch wirken sie als starke **Tränenreizstoffe** (Lacrimatoren). Eine Lösung von *ω*-Chloracetophenon, Trichlorethan und Trichlortrifluorethan wird in Spraydosen als chemische Keule („chemical mace", CN-Gas) verwendet. Als Tränengas wird heute jedoch vorwiegend 2-Chlorbenzyliden-malonsäuredinitril (CS-Gas) eingesetzt.

Phenacylbromid oder besser noch *p*-Brom- bzw. *p*-Nitrophenacylbromid reagieren mit den Natriumsalzen von Carbonsäuren unter Bildung gut kristallisierender Ester (○ Abb. 21.38), die früher zur Identifizierung von Carbonsäuren über die entsprechenden Schmelzpunkte dienten.

Mit Benzaldehyd kondensiert Acetophenon zu Benzylidenacetophenon (1,3-Diphenyl-2-propen-1-on, Smp. 58 °C, ○ Abb. 21.39; zu Benzylidenverbindungen ▸ Kap. 21.1.3). Die *α*,*β*-ungesättigten Ketone der aromatischen Reihe werden nach dem einfachsten Vertreter auch **Chalkone** genannt.

Bei der Einwirkung von Acetanhydrid auf Acetophenon in Gegenwart von Borfluorid erhält man in sehr guter Ausbeute **Benzoylaceton** (Smp. 59 °C, *H. Meerwein* 1934). In Analogie zur Keto-Enol-Tautomerie des Acetylaceton (▸ Kap. 12) überwiegt auch beim Benzoylaceton

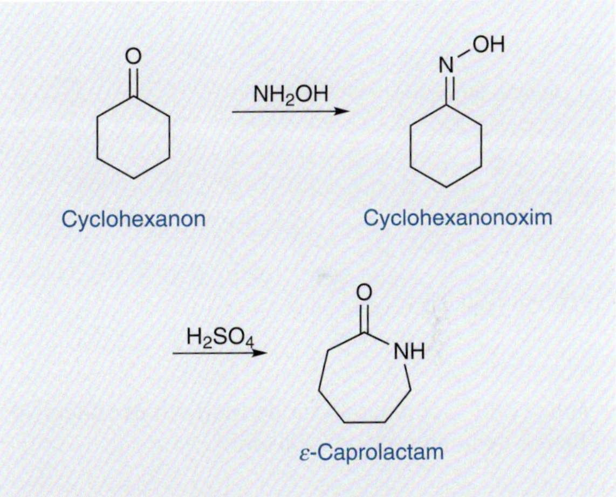


○ **Abb. 21.35** Ringerweiterung cyclischer Ketoxime durch *Beckmann*-Umlagerung am Beispiel von *ε*-Caprolactam

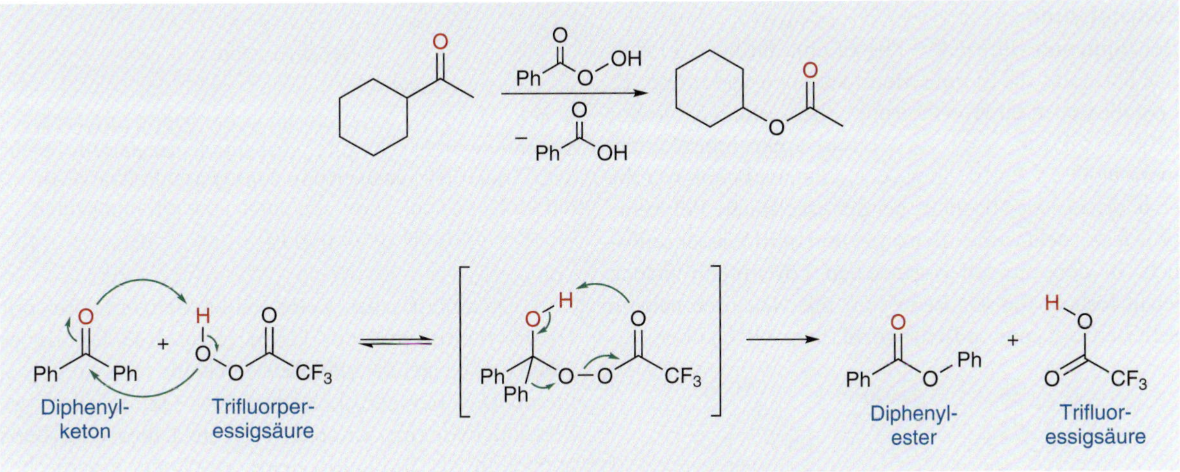


○ **Abb. 21.36** Reaktionsmechanismus (unten) der *Baeyer-Villiger*-Reaktion (oben)

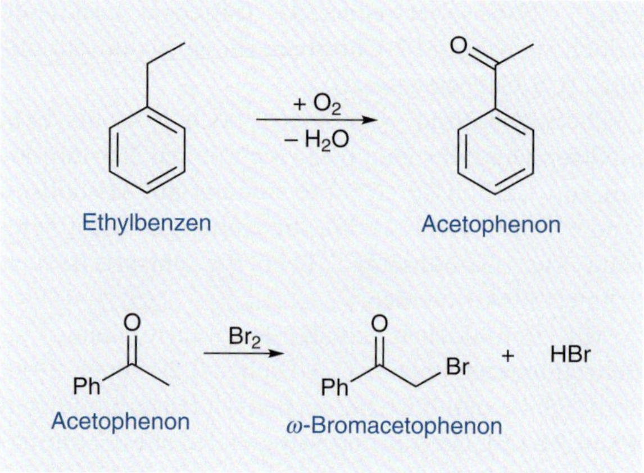


**Abb. 21.37** Acetophenon kann durch Oxidation von Ethylbenzen gewonnen werden (oben). Durch Bromierung von Acetophenon entsteht die tränenreizende Substanz ω-Bromacetophenon (unten).

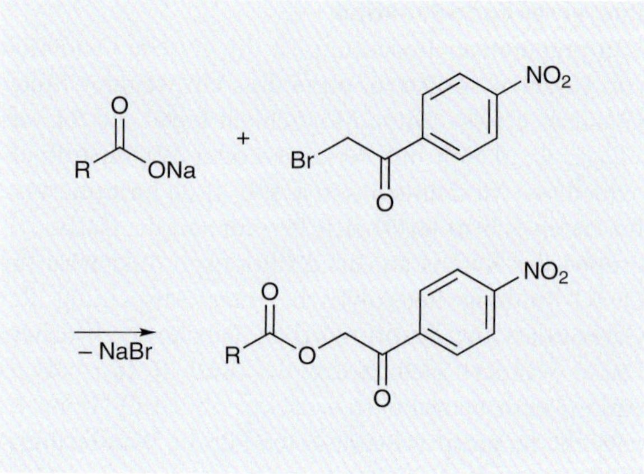


**Abb. 21.38** *p*-Nitrophenacylbromid reagiert mit den Natriumsalzen von Carbonsäuren zu gut kristallisierenden Estern.

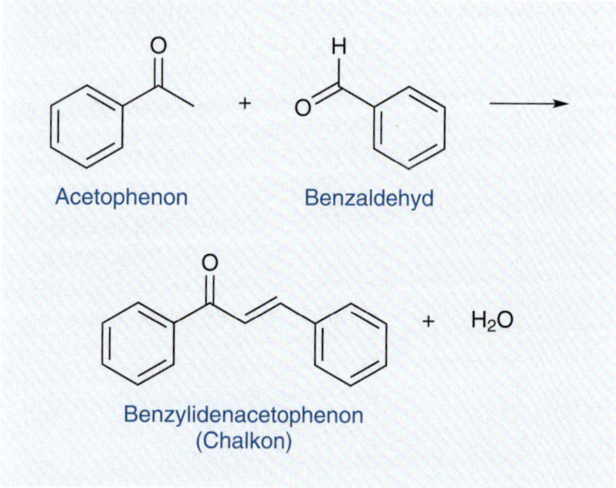


**Abb. 21.39** Acetophenon kondensiert mit Benzaldehyd zu Benzylidenacetophenon (Chalkon)

mit 99 % die Enol-Form, da sie durch eine intramolekulare Wasserstoffbrücke stabilisiert ist (Abb. 21.40).

## Benzophenon

**Benzophenon** (Ph—CO—Ph) ist eine farblose, kristalline Substanz, die in zwei Modifikationen vorkommt. Es kristallisiert in einer orthorombischen, stabilen Modifikation (α-Form, Smp. 48 °C) und einer monoklinen, metastabilen β-Form (Smp. 26 °C). Benzophenon war die erste organische Substanz, bei der eine solche **Polymorphie** festgestellt wurde. Benzophenon ist in Wasser unlöslich, in den meisten organischen Lösemitteln jedoch leicht löslich. Bei der Reduktion mit Natriumamalgam geht Benzophenon in **Benzhydrol** (Smp. 69 °C) über.

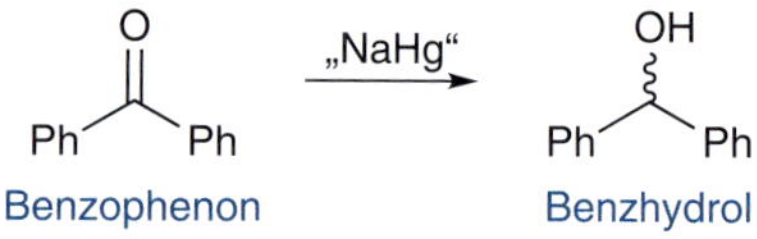


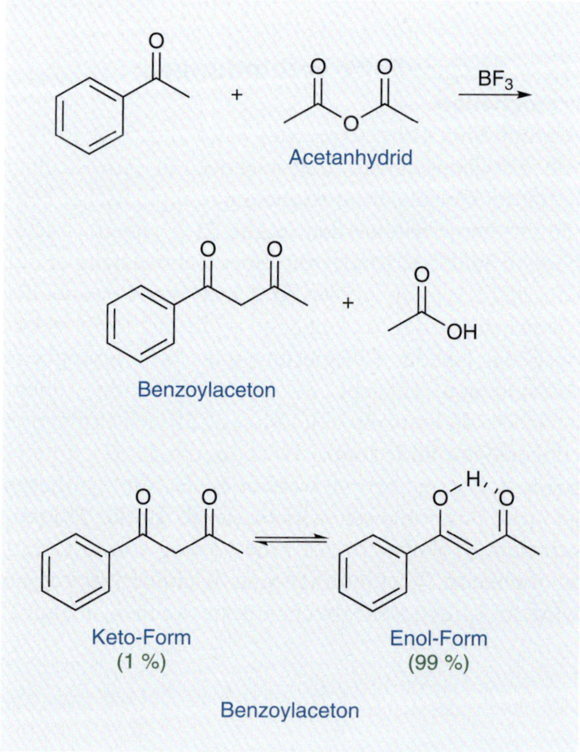


**Abb. 21.40** Die Reaktion von Acetanhydrid und Acetophenon ergibt in sehr guter Ausbeute Benzoylaceton. Beim Keto-Enol-Gleichgewicht von Benzoylaceton überwiegt mit 99 % die Enol-Form, die durch eine intramolekulare Wasserstoffbrücke stabilisiert ist.

Als symmetrisches Keton bildet Benzophenon mit Hydroxylamin nur ein Oxim (Smp. 143 °C), da es anders als bei gemischten Ketonen keine zwei stereoisomeren (*E*)- bzw. (*Z*)-konfigurierten Oxime gibt (vgl. Benzaldehydoxim, ▸Kap. 21.1.3). Im Labor wird Benzophenon als Indikator beim Trocknen organischer Lösemittel mit Natrium eingesetzt. Dabei entsteht das tiefblaue **Ketylradikal**, das unter Luft- und Wasserausschluss eine Zeit lang stabil ist (o Abb. 21.41).

Benzophenon wird auch als **UV-Blocker** bzw. als Photosensibilisator eingesetzt. Es absorbiert beispielsweise die schädliche UVB- und kurzwellige UVA-Strahlung in Plastikverpackungen oder Kosmetikartikeln und schützt so die Inhalts-, Duft- und Farbstoffe vor der Zerstörung durch UV-Licht. Benzophenon gibt nach Strahlungsanregung die aufgenommene Energie strahlungslos als Wärme an die umgebenden Moleküle ab. So wird eine photochemische Zersetzung der anderen Bestandteile der Mischung weitgehend vermieden. Ein Derivat von Benzophenon, Benzophenon-3 (Oxybenzon), wird aufgrund seiner UV-absorbierenden Eigenschaften verschiedenen Sonnencremes als UV-Blocker zugesetzt. Die Verbindung produziert jedoch bei Bestrahlung mit Licht freie Radikale, die Haut- und Gewebeschäden sowie allergische Reizzustände hervorrufen können. Aus diesem Grund muss in der Europäischen Union der Benzophenon-3-Gehalt ab einer Menge von 0,5 Gew.-% auf den Produktverpackungen gekennzeichnet sein.

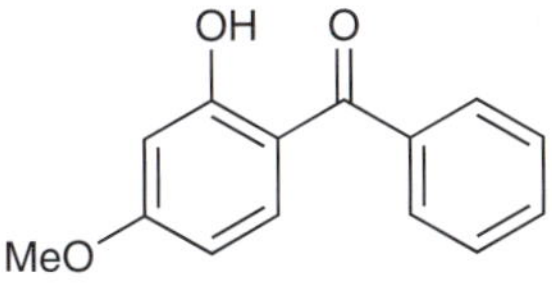


Benzophenon-3
(Oxybenzon)

o **Abb. 21.41** Beim Trocknen organischer Lösemittel mit Natrium wird Benzophenon als Indikator eingesetzt. Das durch Reduktion aus Benzophenon entstehende Ketylradikal ist für die blaue Farbe verantwortlich, die aber erst auftritt, wenn kein Wasser mehr vorhanden ist.

## 21.3 Aromatische Monocarbonsäuren – Benzoesäure und ihre Derivate

**Benzoesäure** – die einfachste und wichtigste aromatische Carbonsäure – wurde erstmals Ende des 16. Jahrhunderts bei der trockenen Destillation des Harzes (o Abb. 21.42) verschiedener Benzoebäume gewonnen. Außer im Pflanzenreich kommt Benzoesäure in Form von Benzoylglycin (**Hippursäure**) auch im Harn Pflanzen fressender Säugetiere vor.

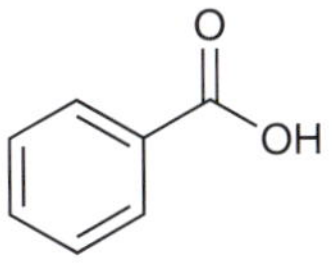


Benzoesäure

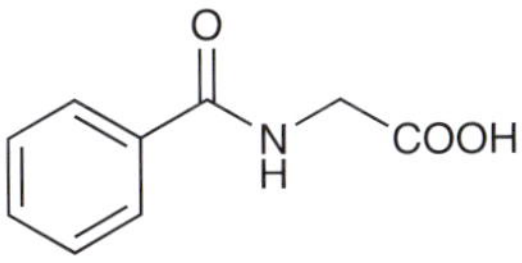


Benzoylglycin
(Hippursäure)

o **Abb. 21.42** Benzoeharz aus Indonesien

### 21.3.1 Struktur und Eigenschaften

**Benzoesäure** kristallisiert in glänzenden Blättchen mit einem Schmelzpunkt von 122 °C, ist sublimierbar (vgl. auch ▸Kap. 1.3.4, o Abb. 1.9). und in heißem Wasser sowie in Alkohol und Ether löslich. Mit Wasserdampf ist sie flüchtig, die Dämpfe wirken stark hustenreizend.

Beim Schmelzen von Natriumbenzoat mit Natrium- und Calciumhydroxid erfolgt die **Decarboxylierung** zu Benzen.

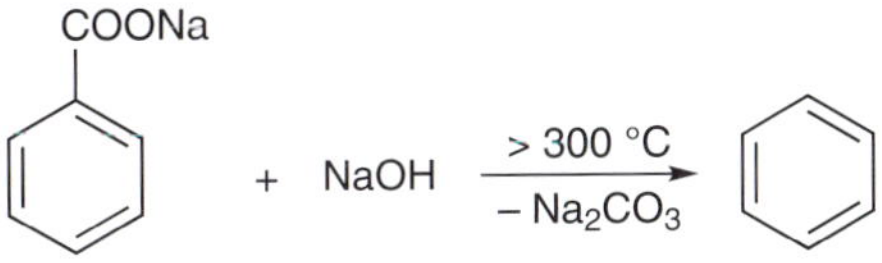

**Tab. 21.1 Acidität substituierter Benzoesäuren**

| Substituierte Benzoesäure | p$K_S$ |
|---|---|
| *p*-Methylbenzoesäure | 4,35 |
| *p*-Brombenzoesäure | 4,18 |
| *p*-Chlorbenzoesäure | 4,01 |
| *m*-Nitrobenzoesäure | 3,45 |
| *p*-Nitrobenzoesäure | 3,42 |
| *o*-Nitrobenzoesäure | 2,17 |

Benzoesäure (p$K_S$ = 4,21) ist etwas acider als die analoge, gesättigte Cyclohexancarbonsäure (p$K_S$ = 4,86), aber etwas schwächer sauer als die Ameisensäure (p$K_S$ = 3,77). Die Säurestärke substituierter Benzoesäuren hängt wesentlich von der Art der vorhandenen Substituenten (elektronenschiebend oder elektronenziehend) und ihrer relativen Position (*o*-, *m*- oder *p*-Stellung) ab (▸Exkurs: Die *Hammet*-Gleichung). In Tab. 21.1 ist beispielsweise der Einfluss von Methyl- (Elektronendonator) bzw. Halogen- oder Nitrogruppen (Elektronenakzeptoren) auf die **Acidität** der entsprechend substituierten Benzoesäuren erkennbar.

## Exkurs: Die *Hammet*-Gleichung

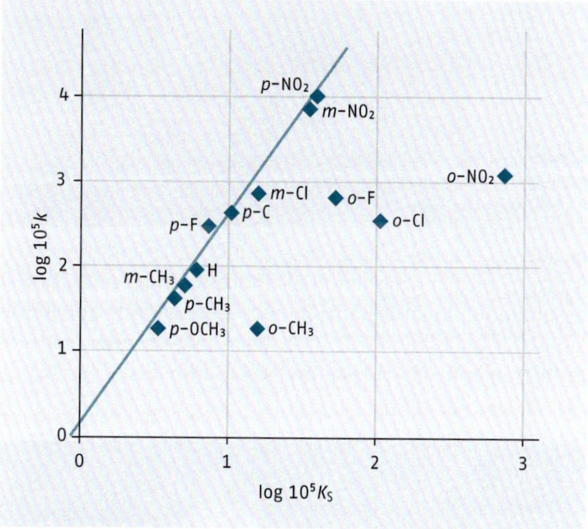


**Abb. 21.43** Korrelation zwischen Geschwindigkeit (*k*) der alkalischen Hydrolyse substituierter Benzoesäureethylester bei 30 °C in 85 % Ethanol/Wasser und den Dissoziationskonstanten $K_S$ der entsprechenden Benzoesäuren in Wasser bei 25 °C

*Hammett* zeigte 1935, dass die p$K_S$-Werte unterschiedlich substituierter Benzoesäuren mit ihren chemischen Gleichgewichten und Reaktionsgeschwindigkeiten sowie spektroskopischen und physikalischen Eigenschaften korrelieren. Grundlage dieses Korrelationssystems ist die empirische Beobachtung, dass bei ähnlichen Reaktionen häufig zwischen den freien Enthalpien der Gleichgewichte ($\Delta G^0$) und den Reaktionsgeschwindigkeiten ($\Delta G^{\neq}$) eine lineare Beziehung besteht; man spricht von einer **linearen freien Energiebeziehung** (*Linear Free Energy Relationship*, LFER). Im deutschen Sprachraum müsste streng genommen eigentlich von einer „freien Enthalpiebeziehung" gesprochen werden, da hier $\Delta G$ als „freie Enthalpie" und nicht – wie im Englischen – als „freie Energie" bezeichnet wird.

Um zu prüfen, ob eine lineare freie Energiebeziehung vorliegt, können z. B. die Logarithmen der Gleichgewichts- oder Geschwindigkeitskonstanten der betreffenden Verbindungen bei einer bestimmten Reaktion gegen die Logarithmen der Gleichgewichtskonstanten einer Standardreaktion aufgetragen werden. *Hammett* hat z. B. die Geschwindigkeiten der alkalischen Hydrolyse substituierter Benzoesäureethylester (ausgedrückt durch die Geschwindigkeitskonstante *k*) gegen die Dissoziationskonstanten *K* (also die Säurestärke) der entsprechenden substituierten Benzoesäure aufgetragen. Man erkennt eine lineare freie Energiebeziehung für die *m*- und *p*-Verbindungen, nicht aber für die *o*-Verbindungen (Abb. 21.43). Bezeichnet man die Steigung der Geraden mit $\rho$ und den Achsenabschnitt mit C, ergibt sich die folgende Geradengleichung:

$$\log k = \rho \cdot \log K + C \qquad \text{Gleichung 21.1}$$

Für Benzoesäure selbst erhält man entsprechend:

$$\log k_0 = \rho \cdot \log K_0 + C \qquad \text{Gleichung 21.2}$$

Durch eine Subtraktion der beiden Gleichungen ergibt sich:

$$\log \frac{k}{k_0} = \rho \cdot \log \frac{K}{K_0} \qquad \text{Gleichung 21.3}$$

Die verschiedenen Substituenten üben also den gleichen relativen Einfluss auf die Säurestärke wie auf die Geschwindigkeit der Esterverseifung aus. *p*-Nitrobenzoesäure ist z. B. deutlich saurer als Benzoesäure und sie wird auch sehr viel schneller verseift als diese. Umgekehrt ist *p*-Methoxybenzoesäure weniger sauer und reagiert langsamer. Dies ist die Kernaussage einer linearen freien Energiebeziehung.

Somit erhält man die ***Hammet*-Gleichung**:

$$\log \frac{k}{k_0} = \rho \cdot \sigma \; mit \; \sigma = \log \frac{K}{K_0} \qquad \text{Gleichung 21.4}$$

Die $\sigma$-Werte (Tab. 21.2) werden als **Substituentenkonstanten** bezeichnet, weil sie den elektronischen Einfluss des in *m*- oder *p*-Stellung am Benzenkern befindlichen Substituenten charakterisieren. Dabei wird Wasserstoff definitionsgemäß gleich Null gesetzt. Damit ergeben sich für Substituenten, die im Vergleich zu Wasserstoff Elektronendonatoren sind, negative Werte für $\sigma$. Elektronenziehende Substituenten erhalten dagegen positive $\sigma$-Werte. Diese Vorzeichenkonvention ist auf die benutzte Standardreaktion – die Dissoziation der Benzoesäure – zurückzuführen, da elektronenanziehende Gruppen die Säurestärke der betreffenden Benzoesäure erhöhen und zu einem positiven Wert für $\log \frac{K}{K_0}$ führen.

Die **Reaktionskonstante** $\rho$ gibt an, wie stark die betrachtete Reaktion von den elektronischen Eigenschaften der Substituenten beeinflusst wird. Für die Standardreaktion, die Dissoziation der Benzoesäure, wurde $\rho = 1$ gesetzt. Alle Reaktionen, die durch elektronenziehende Substituenten begünstigt werden, haben einen positiven $\rho$-Wert. Für die in ○ Abb. 21.43 gezeigte alkalische Esterverseifung ist $\rho = 2{,}43$. Die Esterverseifung reagiert also empfindlicher auf die elektronischen Eigenschaften der Substituenten als die Dissoziation der Benzoesäuren. Wird eine Reaktion durch eine hohe Elektronendichte am Reaktionszentrum begünstigt, erhält man negative $\rho$-Werte (○ Abb. 21.44). Die Reaktion wird durch elektronenschiebende Reste am Aromaten beschleunigt. Die Reaktionskonstanten $\rho$ sind von Temperatur und Lösemittel abhängig.

Aufgrund einer Vielzahl tabellierter $\rho$- und $\sigma$-Werte ermöglicht die *Hammett*-Gleichung Voraussagen von Gleichgewichtslagen (z. B. $pK_S$-Werten) und Reaktionsgeschwindigkeiten, die weit über das hinausgehen, was sich aufgrund rein qualitativer Überlegungen zu den jeweiligen Substituenteneffekten abschätzen lässt. Zahlreiche Versuche, die *Hammett*-Gleichung – neben den *m*- und *p*-substituierten Benzenderivaten – auch auf andere Systeme auszuweiten, lieferten jedoch zum Teil sehr unsichere Voraussagen und schlechte Korrelationen, weshalb hier Vorsicht geboten sein sollte.

□ **Tab. 21.2** *Hamett*sche Substituentenkonstanten $\sigma$

| Substituent | $\sigma_p$ | $\sigma_m$ |
|---|---|---|
| $NH_2$ | −0,66 | −0,16 |
| OH | −0,37 | +0,12 |
| $OCH_3$ | −0,27 | +0,12 |
| $CH_3$ | −0,17 | −0,07 |
| $C_6H_5$ | −0,01 | +0,06 |
| H | 0,00 | 0,00 |
| F | +0,06 | +0,34 |
| Cl | +0,23 | +0,37 |
| COOH | +0,41 | +0,36 |
| CHO | +0,45 | +0,36 |
| $COCH_3$ | +0,50 | +0,38 |
| $NO_2$ | +0,78 | +0,71 |
| $^+N(CH_3)_3$ | +0,88 | +0,90 |
| $N_2^+$ | +1,91 | +1,76 |

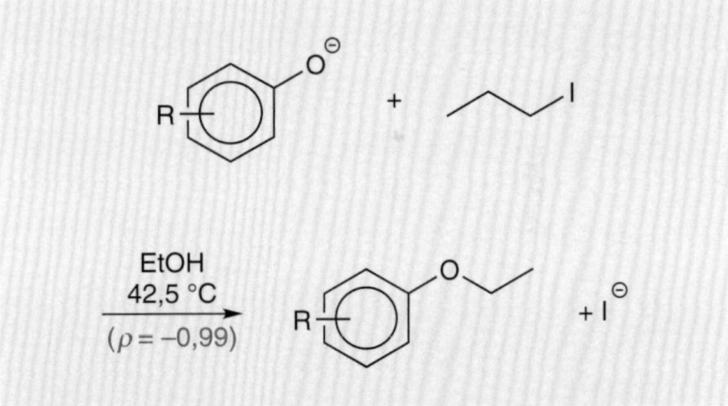


○ **Abb. 21.44** Bei der *Williamson*-Synthese von Phenolalkylethern beobachtet man einen negativen Wert für die Reaktionskonstante $\rho$. Je stärker elektronenschiebend ein Rest R ist, desto höher ist die Elektronendichte am Sauerstoffatom und desto schneller reagiert es als Nucleophil.

Bei der säurekatalysierten Veresterung (▸Kap. 14.4) eines Alkohols mit einer aromatische Säure, die in Nachbarstellung zur Carboxygruppe sterisch anspruchsvolle Substituenten besitzt, treten Besonderheiten auf. Während Benzoesäure mit Methanol in Gegenwart von Chlorwasserstoff gut verestert werden kann, sinkt die Veresterungsgeschwindigkeit unter den gleichen Bedingungen für 2,6-Dimethylbenzoesäure deutlich ab und erreicht für 2,6-Diisopropylbenzoesäure fast den Wert Null (*V. Meyer* 1874). 2,6-Dinitrobenzoesäure lässt sich unter diesen Bedingungen überhaupt nicht in den Ester überführen. Die Probleme bei der Veresterung sind in erster Linie auf die sterische Abschirmung der Carboxygruppe durch die 2,6-ständigen Substituenten zurückzuführen, was auch als **F-Strain-Effekt** *(front strain effect)* bezeichnet wird. Die Synthese solcher sterisch gehinderten Benzoesäureester gelingt stattdessen z. B. durch Reaktion von Säurechloriden mit dem entsprechenden Alkohol. Auch die *Mitsunobu*-Reaktion (▸Kap. 14.4.2) liefert in vielen Fällen noch sehr gute Ausbeuten.

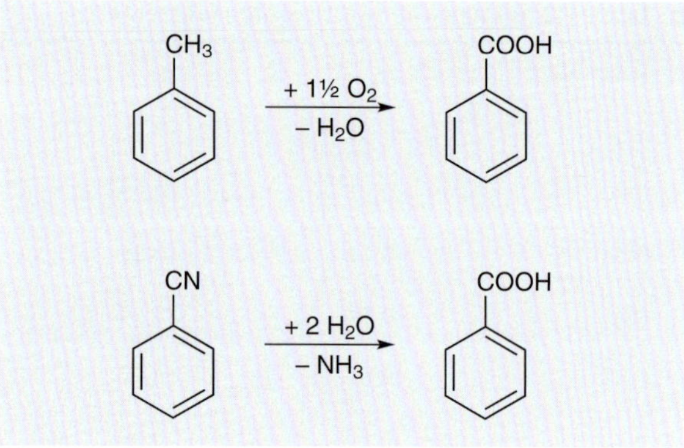


**o Abb. 21.45** Technische Synthese von Benzoesäure aus Toluen bzw. aus Benzonitril

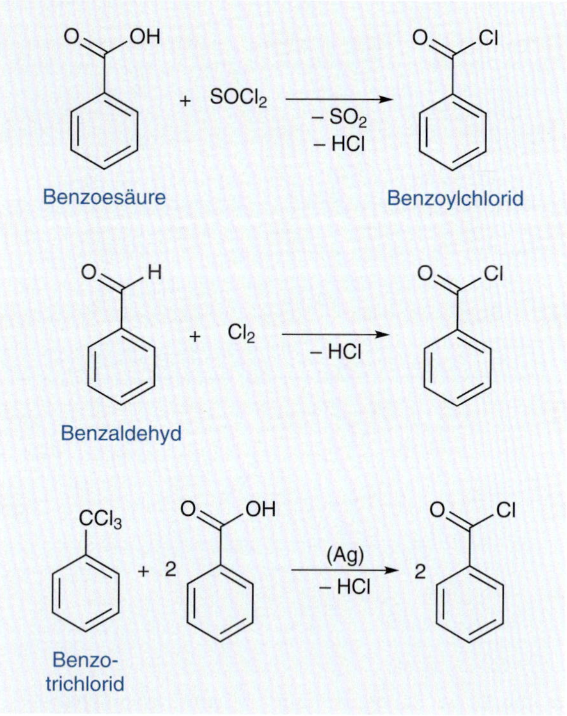


**o Abb. 21.46** Verschiedene Möglichkeiten der Synthese von Benzoylchlorid

## 21.3.2 Gewinnung und Synthese

Die großtechnische Synthese von **Benzoesäure** erfolgt durch Oxidation einer am Benzenkern sitzenden Alkylseitenkette zur Carboxygruppe. Als Oxidationsmittel lassen sich $KMnO_4$, $CrO_3$, $HNO_3$ oder Luftsauerstoff in Gegenwart von Co- oder Mn-Naphthenat verwenden. Am leichtesten und mit sehr guter Ausbeute verläuft die Oxidation von Toluen. Des Weiteren lässt sich Benzoesäure durch saure oder alkalische Hydrolyse von Benzonitril gewinnen (o Abb. 21.45).

## 21.3.3 Reaktionen und Anwendungen

Benzoesäure und ihre Natrium-, Kalium-, und Calciumsalze sind als Zusatzstoffe für Lebensmittel, Tabakerzeugnisse und Kosmetika zugelassen. Aufgrund der bakteriostatischen und fungistatischen Wirkung werden sie als **Konservierungsmittel** eingesetzt. Viele sauer eingelegte Lebensmittel, Saucen, Fisch- und Wurstprodukte enthalten Benzoesäure(salze) in typischen Konzentrationen von 0,05–0,1 %.

### Benzoylchlorid

Das Säurechlorid der Benzoesäure (**Benzoylchlorid**) ist als Ausgangs- und Zwischenprodukt für die Synthese zahlreicher Verbindungen das wichtigste Derivat der Benzoesäure. Seine Darstellung im Labor gelingt, wie bei anderen Carbonsäuren, durch Destillation von Benzoesäure mit Phosphor(V)-chlorid oder Thionylchlorid (▸Kap. 14.1). Die technische Synthese erfolgt durch Chlorierung von Benzaldehyd in der Kälte oder durch Umsetzung von Benzotrichlorid mit Benzoesäure (1:1) am Silber-Kontakt (o Abb. 21.46).

Benzoylchlorid ist eine farblose, stechend riechende Flüssigkeit mit einem Siedepunkt von 197 °C, die sich in Wasser nur wenig löst und daher viel langsamer hydrolysiert wird als aliphatische Säurechloride. Es dient hauptsächlich zur Einführung der Benzoylgruppe in Alkohole, Phenole und Amine. Die **Benzoylierungen** zu den entsprechenden Estern oder Amiden werden häufig in wässrigem Alkali (*Schotten-Baumann*) oder Pyridin (*Einhorn*) durchgeführt.

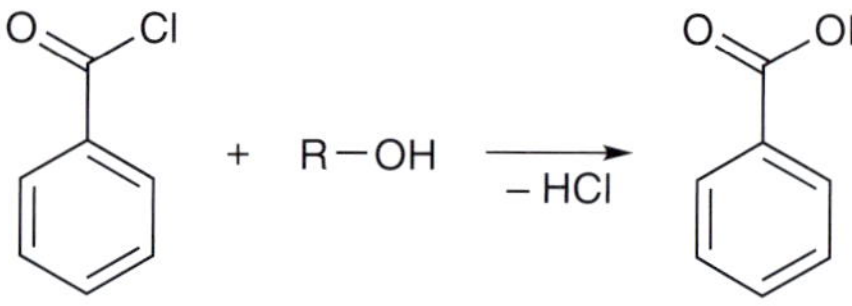


Bei der *Einhorn*-Variante bindet Pyridin nicht nur als schwache Base den entstehenden Chlorwasserstoff als Pyridinhydrochlorid, sondern wirkt auch als **nucleophiler Katalysator** (▸Kap. 14.1.3). Pyridin reagiert als gutes Nucleophil zuerst mit einem Säurechlorid, wobei ein Acylpyridiniumsalz entsteht, das ein noch reaktiveres Acylierungsreagenz ist als das Säurechlorid und daher rasch mit Alkohol bzw. Amin zum gewünschten Produkt reagiert. Ein besonders wirksamer Katalysator ist 4-Dimethylaminopyridin (DMAP, *Steglich*-Veresterung).

Setzt man zwei Äquivalente Benzoylchlorid mit Wasserstoffperoxid in alkalischer Lösung um, erhält man **Dibenzoylperoxid** (o Abb. 21.47), das vor allem als **Radikalbildner** bei Polymerisationen verwendet wird. Aufgrund der schwachen Bindung zwischen den beiden Sauerstoffatomen zerfällt Dibenzoylperoxid schon bei geringer thermischer oder photolytischer Energiezufuhr in zwei Benzoyloxyradikale. Diese spalten in der Wärme leicht Kohlendioxid ab, wobei Phenylradikale entstehen, die dann andere radikalische Kettenreaktionen (z. B. Polymerisationsreaktionen) starten können. Dibenzoylperoxid findet außerdem als Bleichmittel

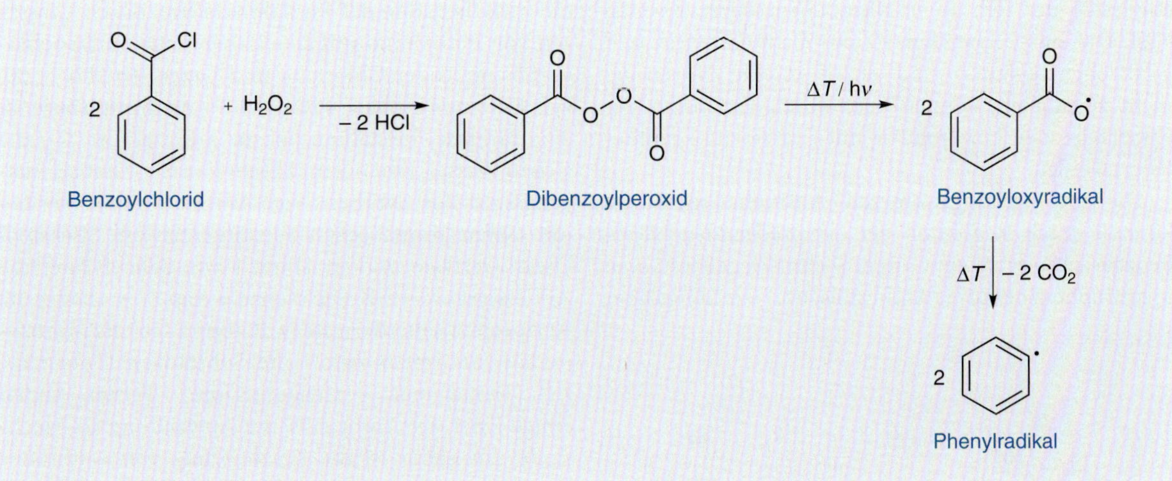


**Abb. 21.47** Darstellung von Dibenzoylperoxid. Die Substanz zerfällt leicht in zwei Phenylradikale und kann als Starter für andere Radikalreaktionen dienen.

Verwendung und wird als Wirkstoff in der Dermatologie eingesetzt, hauptsächlich zur topischen Behandlung der Akne.

Versetzt man Dibenzoylperoxid in Ether mit Natriumethylat in Alkohol, erfolgt eine Spaltung in das Natriumsalz der **Perbenzoesäure** und Benzoesäureethylester (Abb. 21.48). Perbenzoesäure und vor allem *m*-Chlorperbenzoesäure (MCPBA) sind gebräuchliche Oxidations- und Epoxidierungsmittel in der präparativen organischen Chemie, z. B. für die *Bayer-Villiger*-Oxidation (▸Kap. 21.2.3).

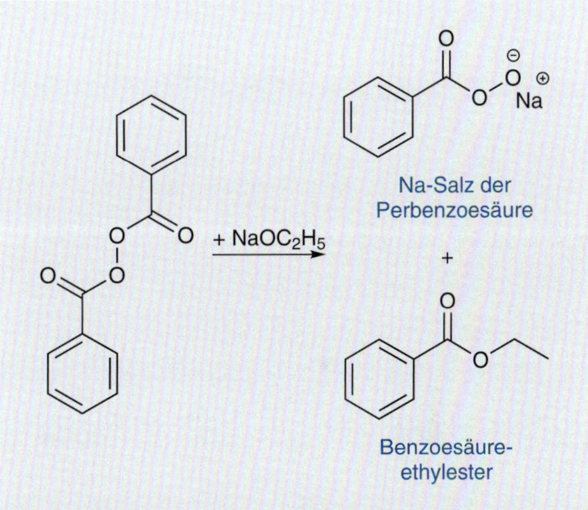


**Abb. 21.48** Spaltung von Dibenzoylperoxid unter Einwirkung von Natriumethylat

### Amino- und Nitrobenzoesäuren

Die direkte Nitrierung von Benzoesäure liefert in einer elektrophilen aromatischen Substitution hauptsächlich die zweifach substituierte 3,5-Dinitrobenzoesäure (Abb. 21.49). Geht man jedoch von Benzoesäuremethylester aus, erhält man den *m*-Nitrobenzoesäure-

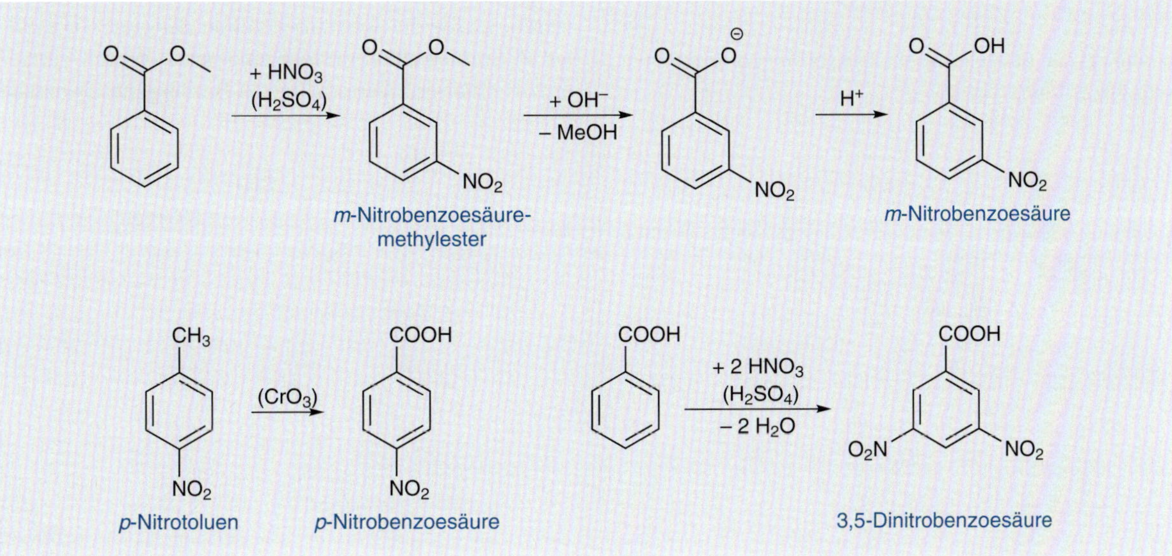


**Abb. 21.49** Darstellung von Nitrobenzoesäuren

ethylester, der sich zu *m*-Nitrobenzoesäure verseifen lässt. Die entsprechenden, monosubstituierten *o*- und *p*-Nitrobenzoesäuren sind durch direkte Nitrierung nicht zugänglich, können aber durch Oxidation der entsprechenden Nitrotoluene mit Chromsäure synthetisiert werden.

Die drei stellungsisomeren **Aminobenzoesäuren** können durch Reduktion der entsprechenden Nitrobenzoesäuren erhalten werden. Technisch gewinnt man ***o*-Aminobenzoesäure** (Anthranilsäure) allerdings über

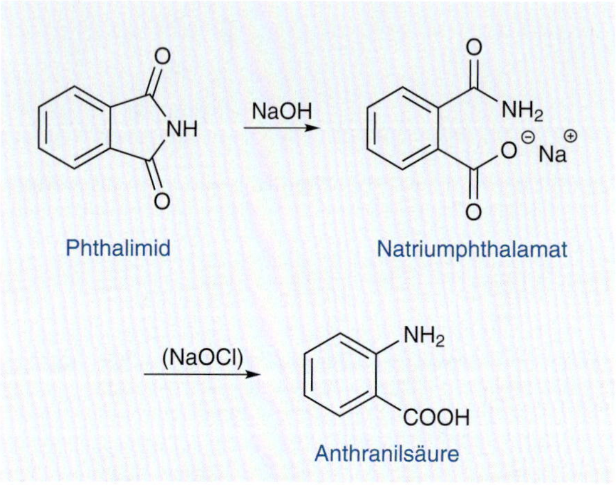


**o Abb. 21.50** Technische Synthese von Anthranilsäure

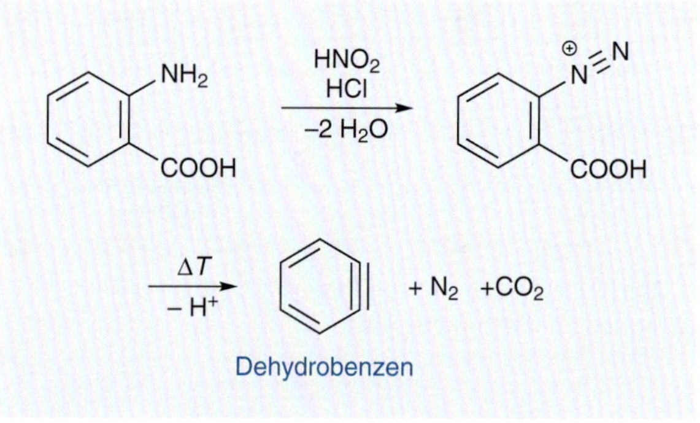


**o Abb. 21.51** Darstellung von Arin (*ortho*-Dehydrobenzen) aus Anthranilsäure

die Zwischenstufe der Phthalimidsäure, durch Umsetzen von Phthalimid mit alkalischer Natriumhypochlorit-Lösung (oder Chlorkalk und Lauge) (o Abb. 21.50; vgl. *Hofmann*-Abbau, ▸Kap. 8.1.3). **Anthranilsäure** ist eine farblose, kristalline Substanz (Smp. 146 °C), die sich in Wasser, Ethanol und Ether löst. Sie dient als Ausgangsstoff zur Synthese von Anthranilsäurederivaten mit einem aromatischen Substituenten am Stickstoff. Diese Derivate wirken ähnlich wie Salicylsäure, die Arylessigsäure- (z. B. Diclofenac, ▸Kap. 21.4.4) oder die Arylpropionsäurederivate (z. B. Ibuprofen) als nichtsteroidale, antiinflammatorische Substanzen (Fenamate, z. B. Etofenamat, Flufenaminsäure). Ferner finden einige Ester der Anthranilsäure Anwendung als Riechstoffe. Im Labor ist die Diazotierung von Anthranilsäure mit anschließender Thermolyse eine wichtige Methode zur Darstellung von **Arinen** (*ortho*-Dehydrobenzen, o Abb. 21.51).

***p*-Aminobenzoesäure** (PABA) gewinnt man durch Oxidation von 4-Methylacetanilid zu *p*-Acetylaminobenzoesäure. Bei dieser Oxidation fungiert die Acetylgruppe als Schutzgruppe der Aminofunktion, sodass diese nicht oxidiert wird. Durch anschließende Abspaltung der Acetylgruppe erhält man *p*-Aminobenzoesäure (o Abb. 21.52). Sie ist ein Intermediat der bakteriellen **Folsäurebiosynthese** und daher ein für Bakterien lebenswichtiger Wuchsstoff. Einige Sulfonamide fungieren als PABA-Antimetabolite und wirken somit als Antibiotika (▸Kap. 34.1.3, o Abb. 34.7). In diesen Verbindung wird die Carbonsäurefunktion der PABA durch die bioisostere Sulfonamidgruppe imitiert, was zu einer kompetitiven Hemmung des für die Folsäurebiosynthese essenziellen Enzyms Dihydropteroatsynthase führt.

Da PABA – ähnlich wie Benzophenon (▸Kap. 21.2.4) – in der Lage ist, kurzwellige UVB-Strahlung (Wellenlängenbereich 290–320 nm) strahlungslos zu desaktivieren, wurde die Substanz als einer der ersten **UV-Filter** in Sonnenschutzmitteln eingesetzt. Wegen einiger unvorteilhafter Eigenschaften (z. B. allergenes Potenzial

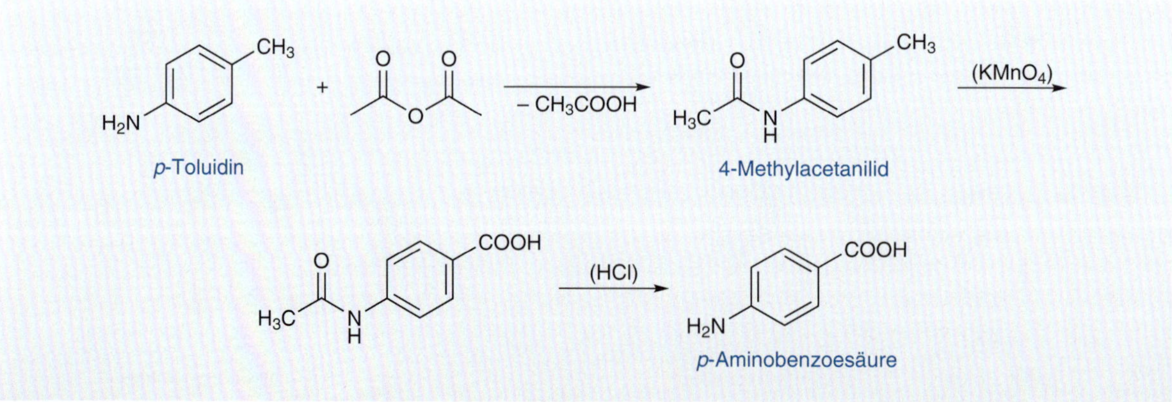


**o Abb. 21.52** Darstellung von *p*-Aminobenzoesäure (PABA) oder Verfärbung von Kleidungsstücken) wurde sie mittlerweile jedoch weitgehend durch modernere Wirkstoffe ersetzt. Einige PABA-Derivate, wie Benzocain, Procain oder Tetracain (o Abb. 21.53), werden als Lokalanästhetika eingesetzt (▸Exkurs: Derivate von 2-Aminoacetanilid als Lokalanästhetika).

**Exkurs: Derivate von 2-Aminoacetanilid als Lokalanästhetika**

Von 2-Aminoacetanilid leitet sich eine Gruppe von Lokalanästhetika ab, die als Ersatz für das auch lokalanästhetisch wirksame und daher in der Zahnmedizin verwendete Cocain dienen, z. B. die Hydrochloride von 2-Diethylamino-2,6-dimethylacetanilid (**Lidocain**) und 2-*n*-Butylamino-(2-chlor-6-methyl)acetanilid (**Butanilicain**). Lidocain und seine Analogpräparate haben wegen ihrer geringen Latenzzeit in der Zahnheilkunde Procain weitgehend verdrängt. Lidocain wird auch – neben seinem Einsatz in der kleinen Chirurgie – zur Behandlung der mit einem akuten Herzinfarkt häufig verbundenen Arrhythmien eingesetzt.

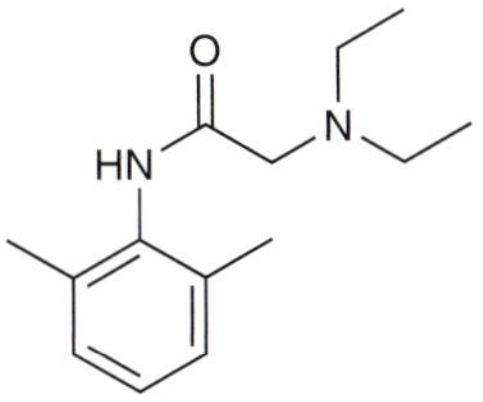


Lidocain

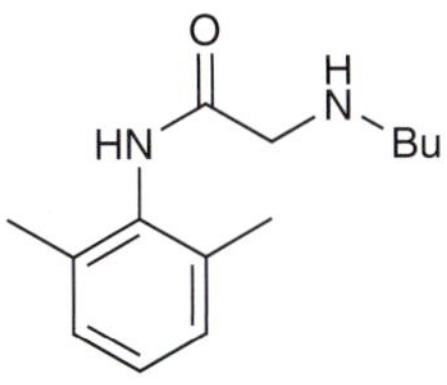


Butanilicain

## Sulfobenzoesäuren

Während *m*-Sulfobenzoesäure durch direkte Sulfonierung von Benzoesäure zugänglich ist, werden die *o*- und *p*-Isomeren durch Oxidation von *o*- bzw. *p*-Toluensulfonsäure dargestellt. *o*-Sulfamidobenzoesäure ist ein wichtiges Zwischenprodukt bei der Herstellung des Süßstoffes **Saccharin**. Die Synthese beginnt mit der Chlorsulfonierung von Toluen mit Chlorsulfonsäure bei etwa 0 °C zu *o*- und *p*-Toluensulfonylchlorid. Nach Trennung der beiden Säurechloride setzt man *o*-Toluensulfonylchlorid mit Ammoniak zu *o*-Toluensulfonamid um und oxidiert dieses mit Chromsäure zur *o*-Sulfamoylbenzoesäure, die beim Erhitzen intramolekular Wasser abspaltet (o Abb. 21.54). Das dabei ausfallende schwer lösliche Saccharin wird mit Natronlauge in das wasserlösliche Natriumsalz überführt. Das Oxidationsmittel, die Chromsäure, wird während des Prozesses elektrochemisch durch anodische Oxidation ständig wieder zurück gebildet, sodass keine stöchiometrischen Mengen benötigt werden. Derartige Prozesse, bei denen die Elektrolyse nicht direkt auf die Edukte einer Umsetzung wirkt, sondern indirekt durch

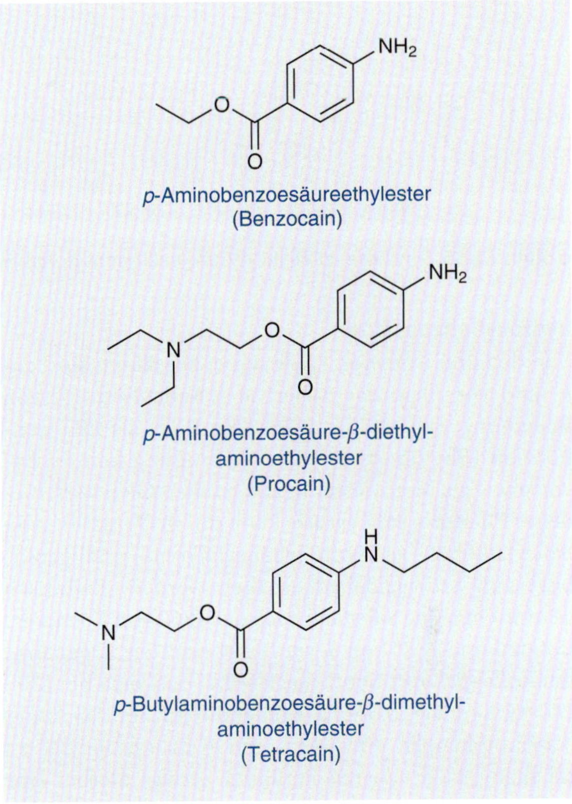


o **Abb. 21.53** Von *p*-Aminobenzoesäure abgeleitete Lokalanästhetika

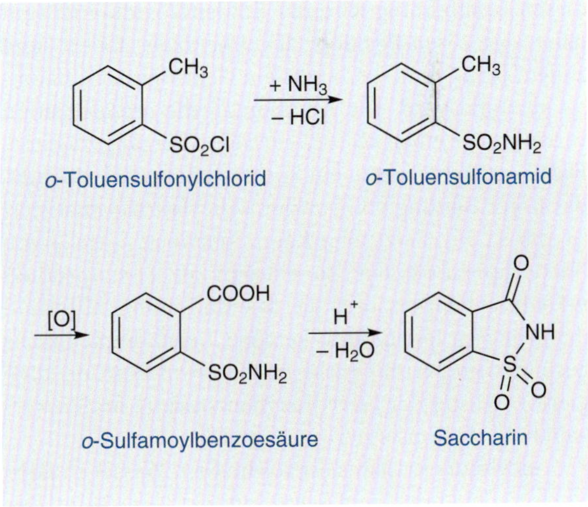


o **Abb. 21.54** Synthese des Süßstoffes Saccharin

Nachbildung eines Reagenzes, bezeichnet man als **indirekte elektrochemische Reaktionen**. Das 1879 erstmals synthetisierte Saccharin (*Fahlberg, Remsen*) ist ein farbloses, kristallines Pulver (Smp. 228 °C), das in Wasser schwer, in Alkohol jedoch leicht löslich ist. Die Süßkraft von Saccharin ist etwa 300 Mal größer als die von Rohrzucker; die Substanz hat jedoch keinen Nährwert, da sie nicht verstoffwechselt wird.

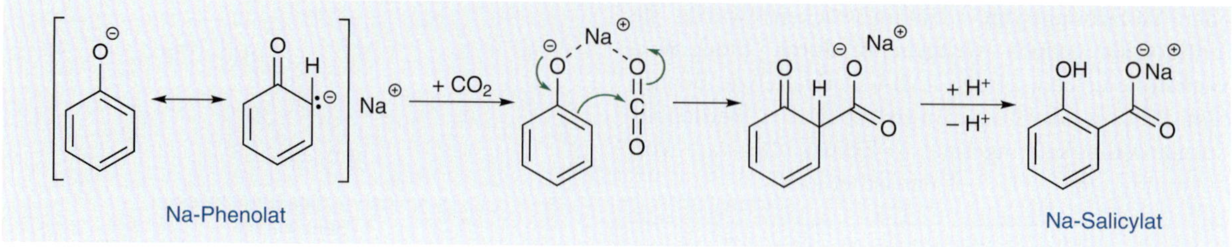


**o Abb. 21.55** Synthese von Salicylsäure nach dem *Kolbe-Schmitt*-Verfahren

## Hydroxybenzoesäuren

Von den drei Isomeren Hydroxybenzoesäuren sind das *p*- und vor allem das *o*-Derivat – **Salicylsäure** – von Bedeutung. Salicylsäure spielt eine Rolle als Pflanzenhormon (Phytohormon). Die Verbindung kommt frei vor sowie als Methylester in ätherischen Ölen verschiedener Pflanzen. Salicylsäure kann durch Oxidation von Salicylalkohol (*o*-Hydroxybenzylalkohol, Saligenin) oder von Salicylaldehyd erhalten werden. Technisch gewinnt man die Substanz nach der 1860 von *Kolbe* entdeckten und 1885 von *Schmitt* verbesserten, sogenannten ***Kolbe-Schmitt*-Synthese.** Hierbei lässt man bei 120–140 °C und 0,5–0,6 MPa Kohlendioxid auf trockenes Natriumphenolat einwirken, um Natriumsalicylat zu erhalten. Nach neueren Befunden erfolgt hierbei eine direkte Carboxylierung des Phenolat-Anions. Dabei wird das Natriumion zunächst gleichzeitig vom Phenolat-Sauerstoffatom und von $CO_2$ koordiniert. Durch diese Chelatbildung wird der Kohlendioxidkohlenstoff nahe der *ortho*-Position des Phenolats fixiert und zudem polarisiert, wodurch sein elektrophiler Charakter verstärkt wird. Die Addition an die *ortho*-Position verläuft über einen sechsgliedrigen Übergangszustand. Dabei entsteht zuerst ein nichtaromatisches Addukt, das unter Bildung von Natriumsalicylat rearomatisiert (o Abb. 21.55). Setzt man Kaliumphenolat anstelle von Natriumphenolat ein, so entsteht als Hauptprodukt *p*-Hydroxybenzoesäure, da das Kaliumion aufgrund des größeren Ionenradius keinen Chelatkomplex mehr ausbildet und damit nicht in die *ortho*-Position dirigiert. Die Ester der *p*-Hydroxybenzoesäure finden Verwendung als Konservierungsmittel.

Salicylsäure kristallisiert aus heißem Wasser in farblosen Nadeln mit einem Schmelzpunkt von 159 °C. Der $pK_S$-Wert von Salicylsäure beträgt 2,98, das heißt, sie ist wesentlich saurer als Benzoesäure ($pK_S$ = 4,21) und *p*-Hydroxybenzoesäure ($pK_S$ = 4,56). Von *p*-Hydroxybenzoesäure (Smp. 215 °C) unterscheidet sich Salicylsäure durch ihre höhere Flüchtigkeit und die charakteristische blauviolette Farbreaktion mit Eisen(III)-Salzen. Diese besonderen Eigenschaften der Salicylsäure sind auf die Ausbildung einer **intramolekularen Wasserstoffbrücke** zurückzuführen. Durch diese wird das korrespondierende Carboxylatanion stabilisiert, was die relativ hohe Säurestärke erklärt. Da durch die intramolekulare Wasserstoffbrücke weniger intermolekulare Wechselwirkungen auftreten, ist Salicylsäure vergleichsweise flüchtig und ihr Schmelzpunkt relativ niedrig.

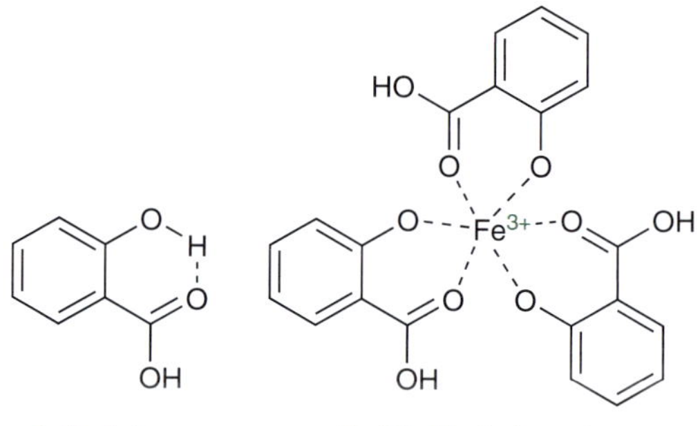


Salicylsäure wird vielseitig verwendet, z. B. zur Herstellung von Farb- und Riechstoffen (Salicylsäureester) oder als Antiseptikum in der Medizin. Früher wurde Salicylsäure aufgrund ihrer antimikrobiellen Wirkung auch zur Konservierung von Lebensmitteln genutzt; sie ist für diesen Zweck jedoch heute nicht mehr zugelassen.

Das sicherlich wichtigste Salicylsäure-Derivat ist ihre Acetylverbindung, **Acetylsalicylsäure** (ASS, Aspirin®, o Abb. 21.56) – ein wertvolles Antipyretikum, Nichtopioidanalgetikum und nichtsteroidales Antiphlogistikum (NSAID, *non steroidal anti-inflammatory drug*, bzw. NSAR, nichtsteroidales Antirheumatikum). Acetylsalicylsäure wurde 1897 von dem Chemiker *Felix Hoffmann* bei der Firma Bayer entwickelt. Es ist nach wir vor eines der umsatzstärksten Medikamente weltweit und steht seit 1977 auf der Liste der unentbehrlichen Arzneimittel der Weltgesundheitsorganisation WHO. Acetylsalicylsäure unterbindet im Organismus die Prostaglandin-Biosynthese durch die Hemmung des daran beteiligten Enzyms Cyclooxygenase (COX) (▸ Kap. 15.2.4). Diese Hemmung beruht auf der irreversiblen Acetylierung des aktiven Serin-Restes des Enzyms. Wegen dieser im Gegensatz zu anderen NSAIDs irreversiblen COX-Hemmung wirkt Acetylsalicylsäure zugleich als Thrombozytenaggregationshemmer (TAH), da auch die Biosynthese des für die Thrombozytenaggregation wichtigen Thromboxan gehemmt wird. Die Neusyntheserate der COX in Thrombozyten ist relativ gering, sodass bereits durch geringe ASS-

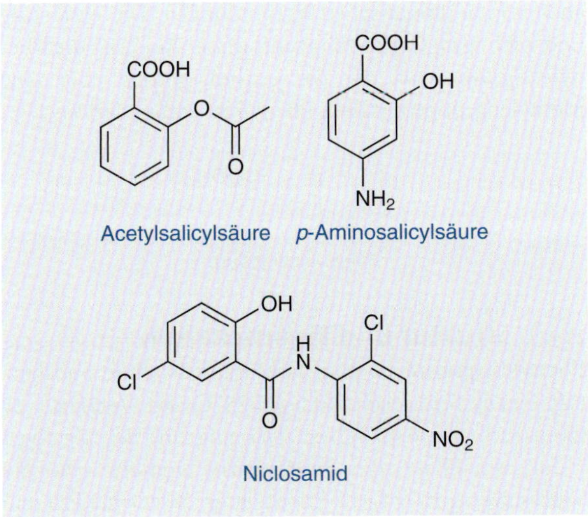


**o Abb. 21.56** Arzneistoffe mit Salicylsäure-Baustein

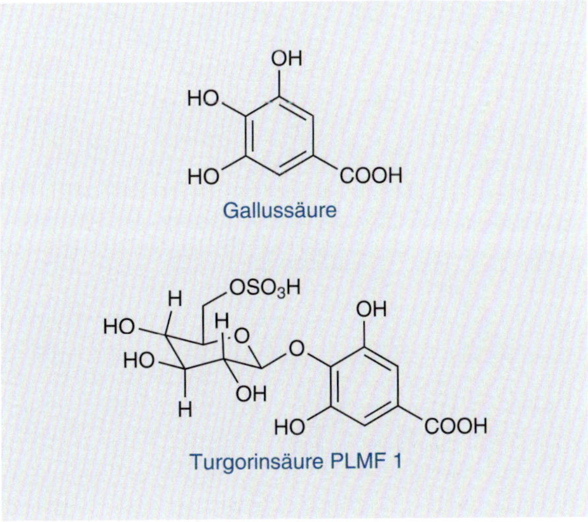


**o Abb. 21.57** Gallussäure und ihr Derivat Turgorinsäure PLMF 1

Dosierungen die Aggregation über die gesamte Lebenszeit des Thrombozyten (ca. 10 Tage) effektiv gehemmt wird. Acetylsalicylsäure wird in geringer Dosierung zur Prophylaxe von Herzinfarkten verwendet, da es als Thrombozytenaggregationshemmer die Bildung von Blutgerinnseln verhindern soll. Auch vor der Entdeckung der Acetylsalicylsäure wurden die Salicylsäure und ihre Salze bereits als Arzneimittel verwendet. Salicylsäure ist jedoch weniger gut verträglich als ASS. Auch die seit Jahrhunderten bekannte, Fieber senkende Wirkung von Weidenrindenextrakten geht letztlich auf Salicylsäure zurück. Weidenrinde enthält **Salicin**, ein $\beta$-Glucosid (▸Kap. 17.1) des Salicylalkohols. Salicin wird im Darm in Glucose und Salicylalkohol gespalten. Salicylalkohol wird anschließend in der Leber zur Salicylsäure – dem eigentlichen Wirkstoff – oxidiert.

Zur Chemotherapie der Tuberkulose wird ***p*-Aminosalicylsäure** (PAS, 4-Aminosalicylsäure, o Abb. 21.56) verwendet (*J. Lehmann* 1946); ihre Wirkung wird durch *p*-Aminobenzoesäure aufgehoben. 5-Aminosalicylsäure (**Mesalazin**) ist eines der wenigen Medikamente, die in der Behandlung der chronisch entzündlichen Darmerkrankungen *Morbus Crohn* und *Colitis ulcerosa* wirksam sind. 2',5-Dichlor-4'-nitrosalicylanilid (**Niclosamid**, o Abb. 21.56) ist ein Anthelminthikum zur Anwendung gegen Bandwürmer.

**Gallussäure** (3,4,5-Trihydroxybenzoesäure, o Abb. 21.57) findet sich frei vorkommend z. B. im Tee, in der Eichenrinde und in Granatwurzeln sowie als Glucosid in den Gerbstoffen der Galläpfel, den **Tanninen**. Technisch gewinnt man Gallussäure aus den tanninreichen, wässrigen Galläpfelextrakten durch hydrolytische Spaltung mit verdünnter, heißer Schwefelsäure oder enzymatisch mithilfe des Enzyms Tannase (aus Schimmelpilzen). Gallussäure ist eine kristalline, stark reduzierend wirkende Substanz, die in wasserfreiem Zustand bei einer Temperatur von 253 °C schmilzt. In der Hitze spaltet sie unter Bildung von Pyrogallol Kohlendioxid ab (▸Kap. 20.2). Mit Eisen(III)-chlorid bildet sie einen schwarzen Niederschlag von Eisengallat (Eisengallustinte). Gallussäurepropylester wird als Antioxidans für Lebensmittel verwendet. Gallussäure ist neben anderen in den Pflanzen vorkommenden Hydroxysäuren und den Zuckern ein wichtiger Baustein für eine Reihe von Naturstoffen, vor allem für Turgorine sowie für Gerb- und Flechtenstoffe.

**Turgorine** sind Pflanzenhormone (Phytohormone), die den Saftdruck (Turgor) in den Pflanzen beeinflussen und auf hydrodynamischem Wege Pflanzenbewegungen auslösen, z. B. tagesperiodische Blattbewegungen oder die Reaktion von *Mimosa pudica* auf das Berühren ihrer Blätter. Die Turgorinsäure PLMF 1 (*periodic leaf movement factor* 1) wurde als erster Vertreter dieser Substanzklasse aus einer Akazienart isoliert und in ihrer Struktur aufgeklärt (*Schildknecht* 1981; o Abb. 21.57). Die Verbindung ist ein $\beta$-Glucosid der *p*-OH-Gruppe der Gallussäure, nämlich 4-*O*-(6-*O*-Sulfo-$\beta$-D-glucopyranosyl) gallussäure, und wurde auch in anderen Pflanzen, z. B. Hülsenfrüchten, nachgewiesen.

In den Gerb- und Flechtenstoffen ist die Carboxygruppe der Gallussäure mit der OH-Gruppe eines zweiten Moleküls der gleichen oder einer anderen Hydroxybenzoesäure verestert. Diese Ester werden als **Depside** (gr. *depsein* = gerben) bezeichnet und je nach der Anzahl der veresterten Moleküle in Didepside, Tridepside usw. unterteilt. Einige Ester wurden von *E. Fischer* synthetisiert, u. a. das wichtige Didepsid ***m*-Digallussäure** (3-*O*-Galloylgallussäure), deren Säurechlorid mit Glucose in Pentadigalloylglucose überführt werden konnte (o Abb. 21.58).

Die natürlichen **Gerbstoffe** oder Gerbsäuren (Tannine) sind meist farblose, amorphe, in Wasser leicht lös-

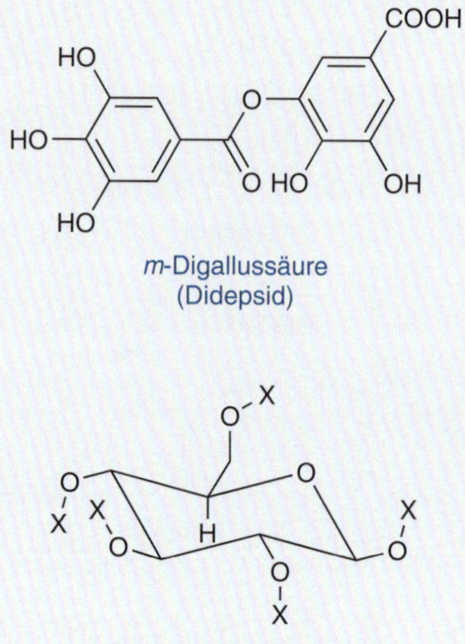


○ **Abb. 21.58** Gallussäure-Derivate

○ **Abb. 21.59** Traditionelle Gerberei und Färberei in Marokko

liche Pulver und besitzen die Fähigkeit, Eiweiß zu fällen, wovon in der Ledergerberei Gebrauch gemacht wird (○ Abb. 21.59). Die bei der Gerbung stattfindenden chemischen Prozesse sind nicht genau geklärt. Für die Praxis ist maßgebend, dass der Gerbstoff die tierische Haut gegen Fäulnis widerstandsfähig macht, das Leder seine Geschmeidigkeit behält und mit Wasser nicht wesentlich quillt.

## 21.4 Gesättigte arylsubstituierte aliphatische Monocarbonsäuren

In diesen Verbindungen ist die Carboxygruppe nicht direkt mit dem aromatischen Kern verbunden, sondern befindet sich in einer aliphatischen Seitenkette, die an den aromatischen Kern gebunden ist. Man spricht allgemein auch von araliphatischen Verbindungen. Die einfachste und wichtigste Carbonsäure aus dieser Reihe ist die **Phenylessigsäure**, bei der die Carboxygruppe über eine Methylengruppe mit dem Phenylrest verbunden ist.

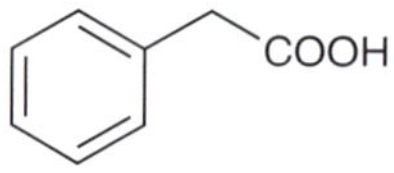


Phenylessigsäure

### 21.4.1 Struktur und Eigenschaften

**Phenylessigsäure** ist eine farblose, kristalline Substanz mit einem Schmelzpunkt von 78 °C. Im Vergleich zu Essigsäure ($pK_S = 4{,}75$) besitzt sie aufgrund des negativen induktiven Effekts des Benzenkerns eine etwas höhere Säurestärke ($pK_S = 4{,}31$). Ein weiterer Unterschied zu rein aliphatischen Carbonsäuren besteht in der höheren CH-Acidität der zur Carboxygruppe α-ständigen H-Atome, wodurch Reaktionen an dieser Position erleichtert werden. Phenylessigsäure unterliegt in Deutschland dem Grundstoffüberwachungsgesetz, da sie zur Synthese verschiedener Amphetaminderivate dienen kann. Der Verkauf und die Herstellung von Phenylessigsäure sind ab einer Grenzmenge von 1 000 g meldepflichtig.

### 21.4.2 Gewinnung und Synthese

Die technische Synthese von **Phenylessigsäure** erfolgt ausgehend von Benzylchlorid. Dieses kann unter Katalyse von Palladium- oder Cobaltverbindungen direkt durch Carbonylierung zum Natriumsalz der Phenylessigsäure umgesetzt werden. Eine andere Syntheseroute verläuft über das Benzylcyanid, welches aus Benzylchlorid und Kaliumcyanid zugänglich ist und durch saure Hydrolyse über 2-Phenylacetamid in die Phenylessigsäure überführt werden kann (○ Abb. 21.60).

Eine weitere araliphatische Hydroxycarbonsäure, die **Mandelsäure** (α-Hydroxyphenylessigsäure), wurde erstmals beim Erhitzen eines Extrakts von Bittermandeln mit verdünnter Salzsäure entdeckt. Mandelsäure weist ein Chiralitätszentrum auf, sie ist somit chiral und kommt in zwei enantiomeren Formen vor. Synthetisch erhält man racemische (*R*/*S*)-Mandelsäure aus Benzaldehyd und Blausäure über das α-Hydroxynitril (Cyanhydrin) und dessen saure Hydrolyse (○ Abb. 21.61). Die Racemattrennung zu (*R*)-(−)- und (*S*)-(+)-Mandelsäure (bzw. D-(−)- und L-(+)-Mandelsäure nach *Fischer*) gelingt z. B. mit (+)-Cinchonin als Base. (*R*)-(−)-Mandelsäure kommt im Amygdalin vor (▸ Kap. 21.1.1).

Das Phenylderivat der Mandelsäure, **Benzilsäure** (Hydroxydiphenylessigsäure), gewinnt man durch Erhitzen von Benzil mit wässrig-alkoholischer Kalilauge, wobei zunächst ein Additionsprodukt entsteht, das sich fast quantitativ in das Kaliumsalz der Benzilsäure umlagert; aus diesem ist dann durch Zugabe von Säuren die freie Benzilsäure zugänglich. Man bezeichnet diese Reaktion, deren Mecha-

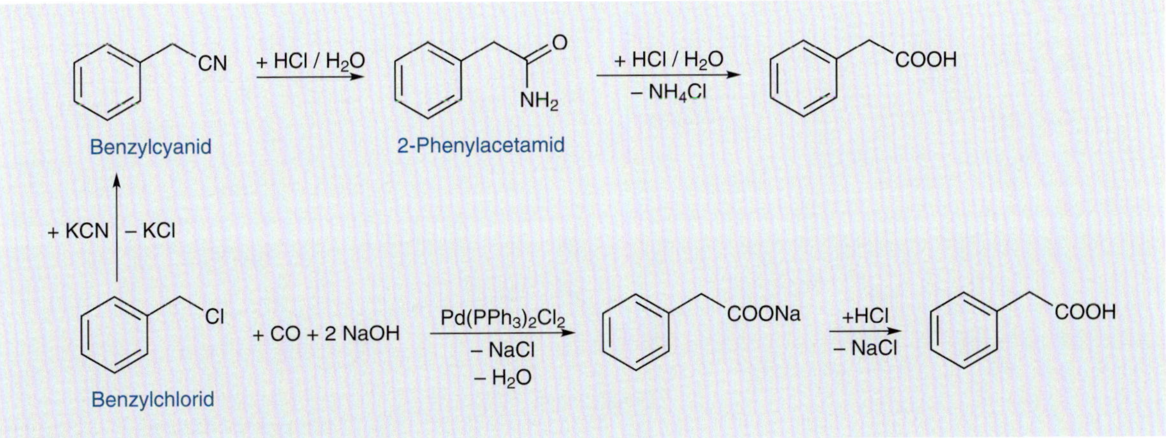


○ **Abb. 21.60** Verschiedene technische Synthesen von Phenylessigsäure

nismus dem der *Cannizzaro*-Reaktion (▸Kap. 12.1.3) ähnelt, als **Benzilsäureumlagerung** (○Abb. 21.62). Die von *J. v. Liebig* (1838) entdeckte Benzilsäureumlagerung ist auch mit anderen 1,2-Diketonen der aliphatischen, alicyclischen und heterocyclischen Reihe durchführbar. Benzilsäure kristallisiert in Nadeln mit einem Schmelzpunkt von 150 °C (423 K), die sich in konzentrierter Schwefelsäure mit karminroter Farbe lösen.

Mechanistisch gesehen erfolgt hier zunächst eine Komplexierung der beiden Carbonylgruppen des Benzil durch das Metallkation. Dadurch wird die Polarität der C=O-Gruppe und somit die Elektrophilie des Carbonylkohlenstoffs erhöht, sodass der nucleophile Angriff des Hydroxid-Ions erleichtert wird. In dem Zwischenprodukt übt das negativ geladene O-Atom einen starken +I-Effekt aus, der den −I-Effekt der OH-Gruppe übertrifft. Der am C-Atom entstehende Elektronenüberschuss ermöglicht die Wanderung der Arylgruppe (formal als Anion) an das benachbarte positivierte C-Atom in einem konzertierten Prozess (○Abb. 21.63).

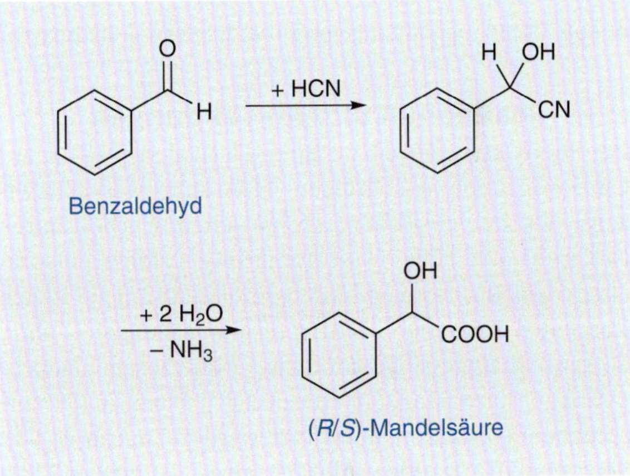


○ **Abb. 21.61** Synthese von (*R*/*S*)-Mandelsäure aus Benzaldehyd

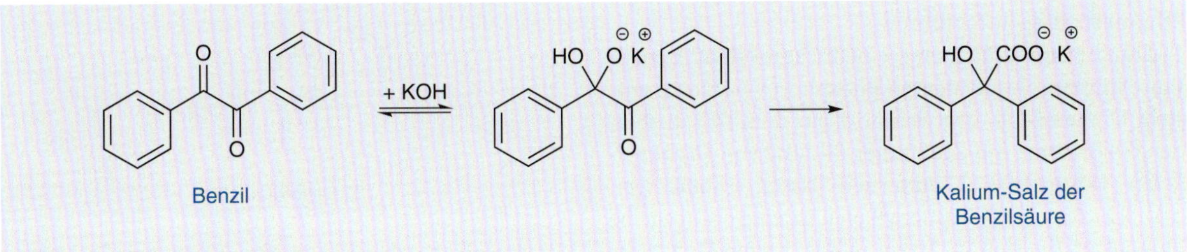


○ **Abb. 21.62** Benzilsäureumlagerung

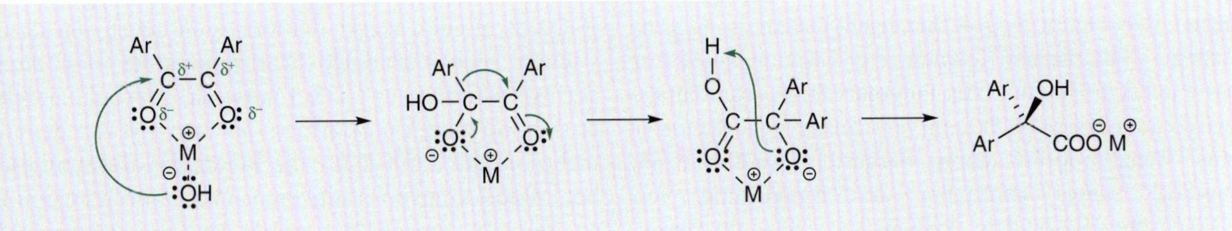

○ **Abb. 21.63** Mechanismus der Benzilsäureumlagerung

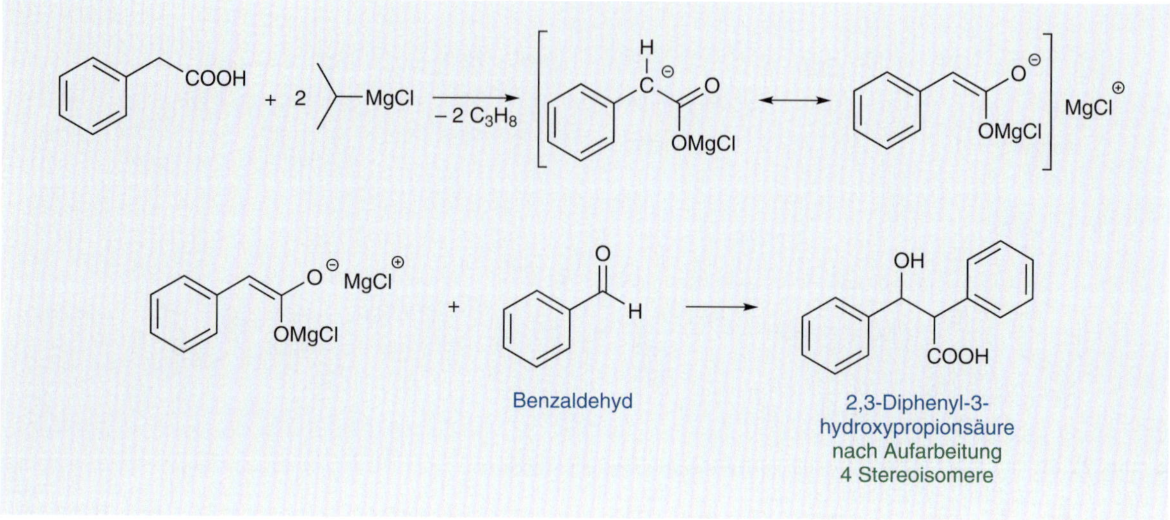


**o Abb. 21.64** Darstellung von substituierten *β*-Hydroxycarbonsäuren (*Iwanow*-Reaktion)

### 21.4.3 Reaktionen und Anwendungen

Bei **Phenylessigsäure** bzw. ihren Derivaten sind die zur Carboxygruppe *α*-ständigen H-Atome stärker CH-acide als bei einfachen aliphatischen Carbonsäuren (▸Kap. 21.4.1). Die Deprotonierung erfolgt entsprechend leichter, da das gebildete Enolat-Anion zusätzlich durch den aromatischen Ring resonanzstabilisiert wird. So kann Phenylessigäure mit zwei Äquivalenten Isopropylmagnesiumchlorid in etherischer Lösung in das entsprechende Dianion überführt werden (o Abb. 21.64). Setzt man die resultierende *Grignard*-Lösung mit Aldehyden oder unsymmetrisch substituierten Ketonen um, erhält man **substituierte *β*-Hydroxycarbonsäuren** (***Iwanow*-Reaktion** 1931). Es entsteht z. B. mit Benzaldehyd 2,3-Diphenyl-3-hydroxypropionsäure, die zwei Chiralitätszentren enthält und somit in zwei zueinander diastereomeren Enantiomerenpaaren vorkommt (o Abb. 21.64). Die Reaktion lässt sich auch mit Butyllithium als Base durchführen.

Durch Umsetzung von einem Äquivalent Benzilsäure mit zwei Äquivalenten Phosphor(V)-chlorid entsteht Diphenylchloracetylchlorid, aus dem sich die beiden Chloratome mit Zink unter Bildung von ***Diphenylketen*** (▸Kap. 14.3.1) entfernen lassen (*Staudinger*, o Abb. 21.65, oben). Diphenylketen ist eine orangegelbe Flüssigkeit, die sich im Vakuum destillieren lässt (Sdp. 146 °C/16 mbar) und in einer Kältemischung zu gelben Kristallen erstarrt. Sie ist in inerten Lösemitteln, wie Ether, Benzen und Petrolether, leicht löslich. Im Gegensatz zu aliphatischen Ketenen zeigt Diphenylketen nur eine geringe Neigung zur Polymerisation. Heutzutage wird es am besten nach dem Verfahren von *G. Schroeter* aus Benzilmonohydrazon dargestellt (o Abb. 21.65, unten). Dieses geht bei der Einwirkung von Quecksilber(II)-oxid in Azibenzil (1-Diazonio-2-oxo-1,2-diphenyl-1-ethanid) über, das beim Erhitzen unter Ausschluss von Luft und Feuchtigkeit Stickstoff abspaltet; es kommt zur Bildung eines instabilen Carbens. Dieses stabilisiert sich zum Diphenylketen, indem ein Phenylrest als Anion an den zweibindigen Kohlenstoff wandert (vgl. *Wolff*-Umlagerung, ▸Kap. 14.1.3).

### 21.4.4 Ausgewählte Verbindungen

**Diclofenac** ist ein Derivat der Phenylessigsäure und wird in Form seiner Salze als NSAID (*non steroidal anti-inflammatory drug*) im Wesentlichen zur Behandlung von Schmerzen und Entzündungen des Bewegungsapparates verwendet. Die Substanz wirkt ähnlich wie Acetylsalicylsäure durch eine nichtselektive Hemmung der Cyclooxygenasen (vgl. Hydroxybenzoesäuren, ▸Kap. 21.3.3), die an der Bildung der Prostaglandine beteiligt sind (▸Exkurs: Geiersterben in Indien).

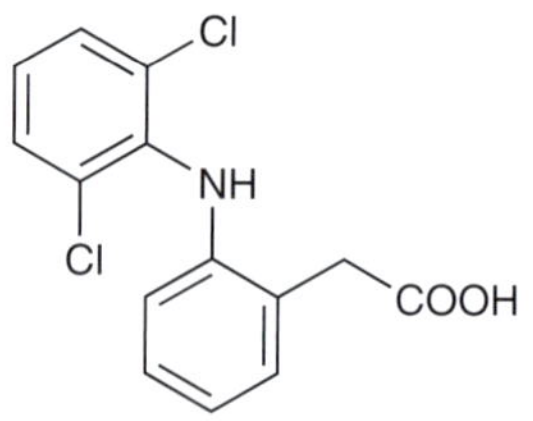


Diclofenac

Mit **Lumiracoxib**, dessen Struktur von Diclofenac abgeleitet wurde, kam in Deutschland im Jahr 2006 ein selektiver Hemmstoff des Enzyms Cyclooxygenase-2 (**COX-2**) auf den Markt, der im Gegensatz zu den klassischen nichtsteroidalen Antirheumatika nur eine geringe Affinität zur COX-1 aufweist. Hierbei handelt es sich um zwei Unterformen des Enzyms, von denen insbesondere COX-2 für die Prostaglandin-Synthese bei Entzündungen verantwortlich ist, während COX-1 an anderen Prozessen beteiligt ist (Nierenfunktion, Schutz der Magenschleimhaut). Kurze Zeit (2008) spä-

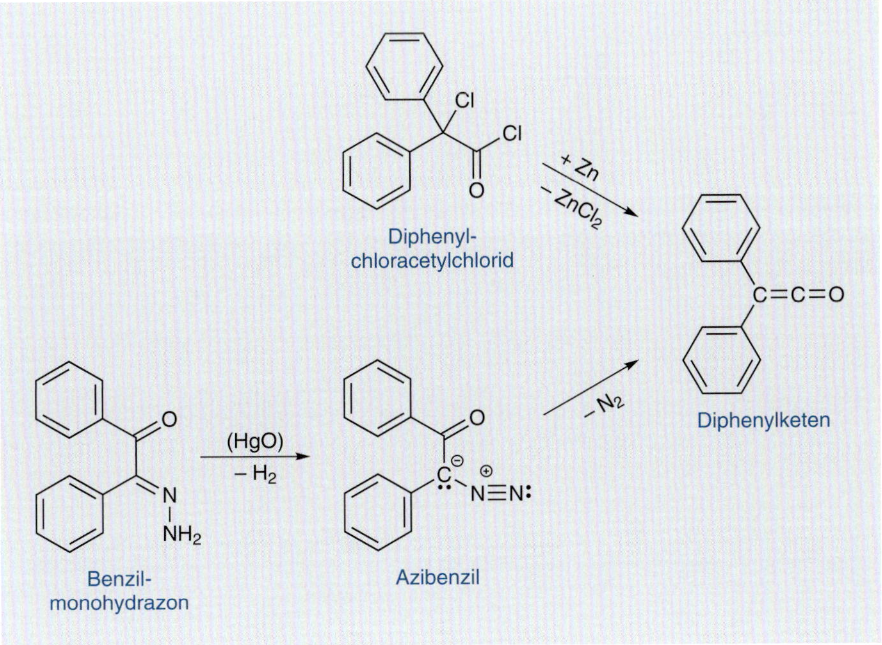


**Abb. 21.65** Synthese von Diphenylketen nach *Staudinger* (oben) und *G. Schroeter* (unten)

ter wurde diesem Arzneistoff aus der Gruppe der Coxibe jedoch aufgrund zahlreicher Berichte über eine hepatotoxische Wirkung die Zulassung wieder entzogen.

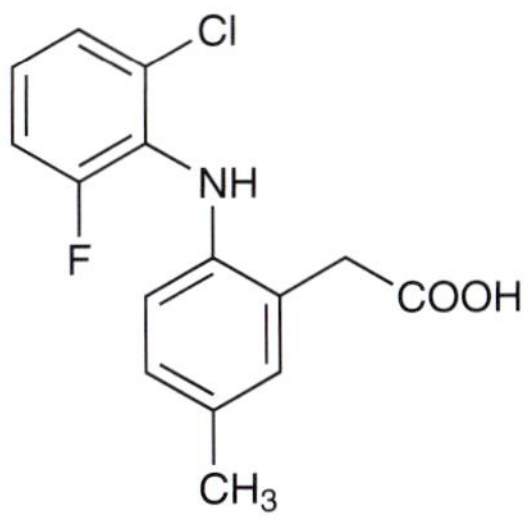

Lumiracoxib

**Exkurs: Geiersterben in Indien**

Ende der 1990er Jahre konnte in Indien ein massiver Rückgang der dort heimischen Geierpopulation auf zeitweise gerade einmal 1–3 % der ursprünglichen Population beobachtet werden. Nachdem zunächst ein unbekannter Virus als Ursache für das Geiersterben vermutet wurde, konnte schließlich Diclofenac, das in Indien auch in der Tiermedizin – vor allem zur Behandlung von Rindern – eingesetzt wurde, als Ursache ausgemacht werden. Die Geier nahmen Diclofenac über das Fleisch verendeter Rinder auf, die zuvor mit dem Arzneistoff behandelt worden waren. Die betroffenen Vögel zeigten zunächst gichtähnliche Symptome und starben schließlich an Nierenversagen. Durch gezielte Zuchtprogramme und ein Verbot von Diclofenac in der Veterinärmedizin wird mittlerweile versucht, dem Geiersterben entgegenzuwirken.

## 21.5 Ungesättigte arylsubstituierte aliphatische Monocarbonsäuren

Die einfachste aromatische Monocarbonsäure mit ungesättigter Seitenkette ist **Zimtsäure** (*β*-Phenylacrylsäure). Sie kommt frei oder verestert in ätherischen Ölen, Harzen sowie Balsamen (Peru-, Tolubalsam) vor.

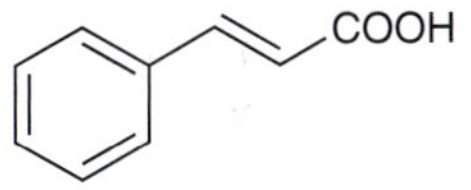

Zimtsäure

### 21.5.1 Struktur und Eigenschaften

**Zimtsäure** existiert in zwei diastereomeren Konfigurationen, die sich in ihren physikalischen Eigenschaften deutlich unterscheiden. (*E*)-konfigurierte Zimtsäure besitzt eine weitaus größere Bedeutung als die energiereichere (*Z*)-Form (Allozimtsäure). Bei UV-Bestrahlung in benzolischer Lösung lässt sich die (*E*)-Form teilweise in die (*Z*)-Form überführen, wobei sich ein photostationäres Gleichgewicht zwischen den beiden Isomeren einstellt. So liegt z. B. nach dreitägiger Bestrahlung Zimtsäure zu 60 % in der (*E*)-Form vor.

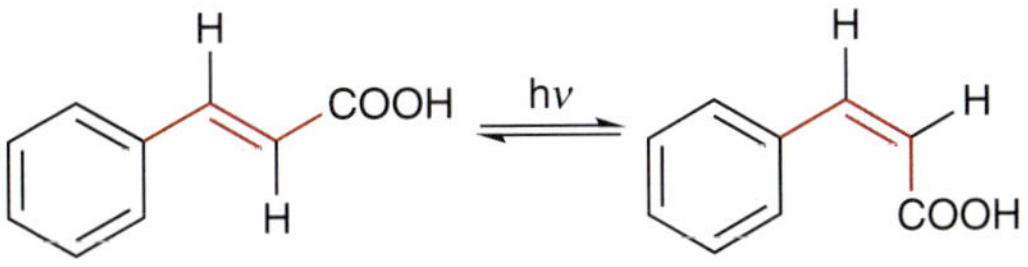


Zimtsäure (*E*)- oder *trans*-3-Phenylpropensäure (Smp. 135 °C p$K_S$ = 4,44)

Allozimtsäure (*Z*)- oder *cis*-3-Phenylpropensäure (Smp. 68 °C p$K_S$ = 3,96)

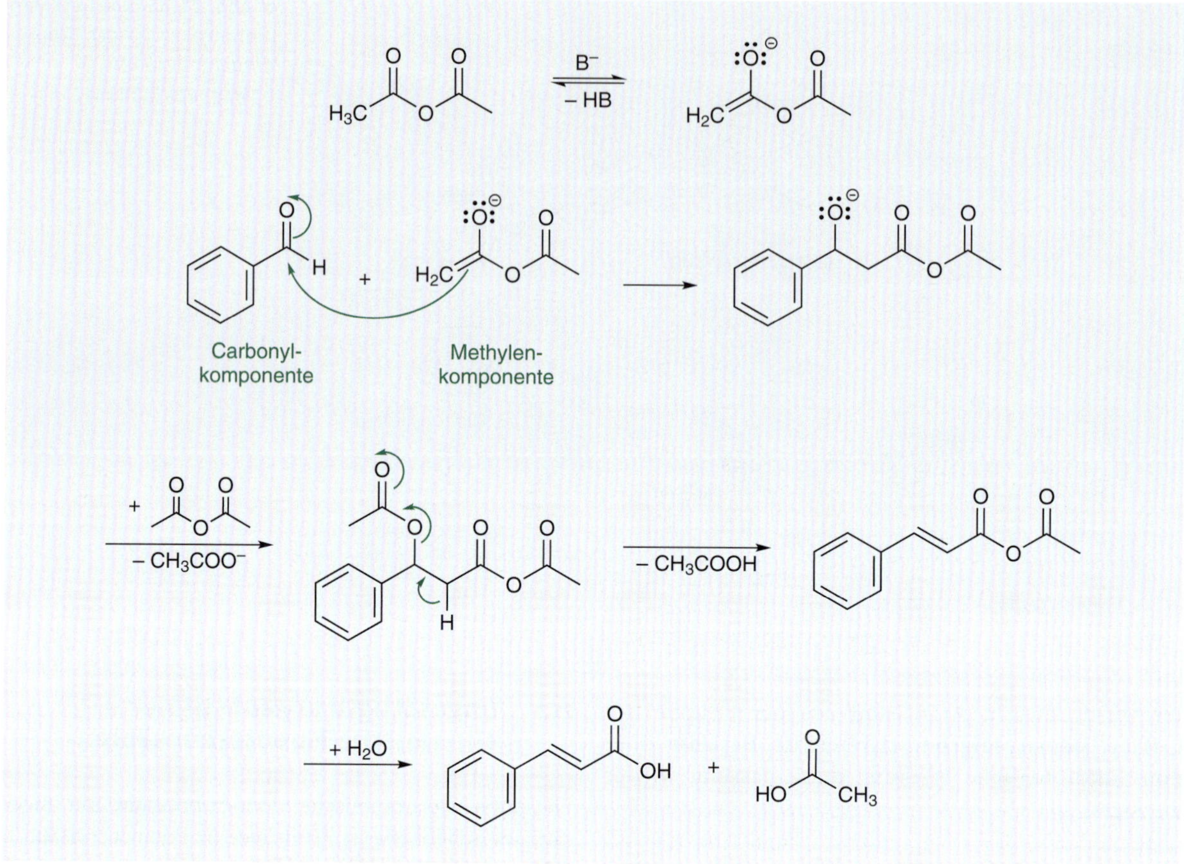


**o Abb. 21.66** Mechanismus der *Perkin*-Synthese

Viele Ester der Zimtsäure weisen einen stark fruchtig-aromatischen Geruch auf. Man findet sie in zahlreichen Pflanzen und deren Früchten als **Aromastoff**. Zimtsäuremethylester kommt unter anderem in Erdbeeren und einigen Basilikumarten vor, während der Ethylester als wichtiger Aromastoff in Wein enthalten ist. Aufgrund dieser Eigenschaften werden Zimtsäureester auch als künstliche Aroma- und Duftstoffe eingesetzt.

## 21.5.2 Gewinnung und Synthese

Einen Zugang zu Zimtsäure bietet die ***Perkin*-Synthese** ausgehend von Benzaldehyd und Acetanhydrid (o Abb. 21.66). Der Reaktionsmechanismus gleicht dem der *Claisen*-Esterkondensation (▸Kap. 14.4). In Gegenwart von Basen wie z. B. Natriumacetat oder Pyridin stellt sich zunächst ein Gleichgewicht zwischen dem CH-aciden Acetanhydrid und dem entsprechenden Enolat-Anion (**Methylenkomponente**) ein. Letzteres greift nucleophil den Benzaldehyd (**Carbonylkomponente**) an. Das entstehende aldolartige Addukt, ein Alkoholat, wird durch Acetanhydrid acetyliert (alternativ wird auch diskutiert, dass die Acetylierung des Aldol-Adduktes intramolekular erfolgt und anschließend die so gebildete freie Carbonsäure mit Acteanhydrid erneut in das Anhydrid überführt wird). Aus dem resultierenden Zwischenprodukt spaltet sich unter Bildung eines konjugierten π-Systems Acetat ab. Anschließend erfolgt die Hydrolyse zu Zimtsäure und Essigsäure.

Verwendet man bei der *Perkin*-Synthese anstelle von Benzaldehyd den Salicylaldehyd, so führt die Kondensation zu ***o*-Hydroxyzimtsäure** (**Cumarinsäure**), die sofort unter Wasserabspaltung in den inneren Ester **Cumarin** übergeht. Cumarinsäure muss somit (*Z*)-Konfiguration besitzen. Cumarin verleiht z. B. Waldmeister seinen typischen Geruch und schmilzt bei einer Temperatur von 71 °C. Die Verbindung hat sich als carcinogen erwiesen. Die ebenfalls in der Natur vorkommende (*E*)-*o*-Hydroxyzimtsäure (Cumarsäure) mit einem Schmelzpunkt von 208 °C bildet aus geometrischen Gründen kein Lacton.

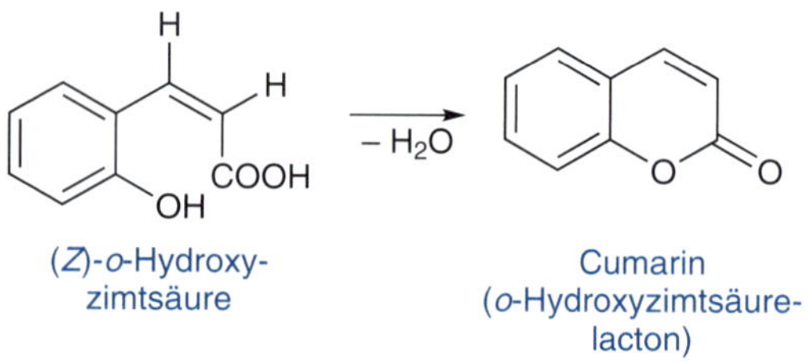

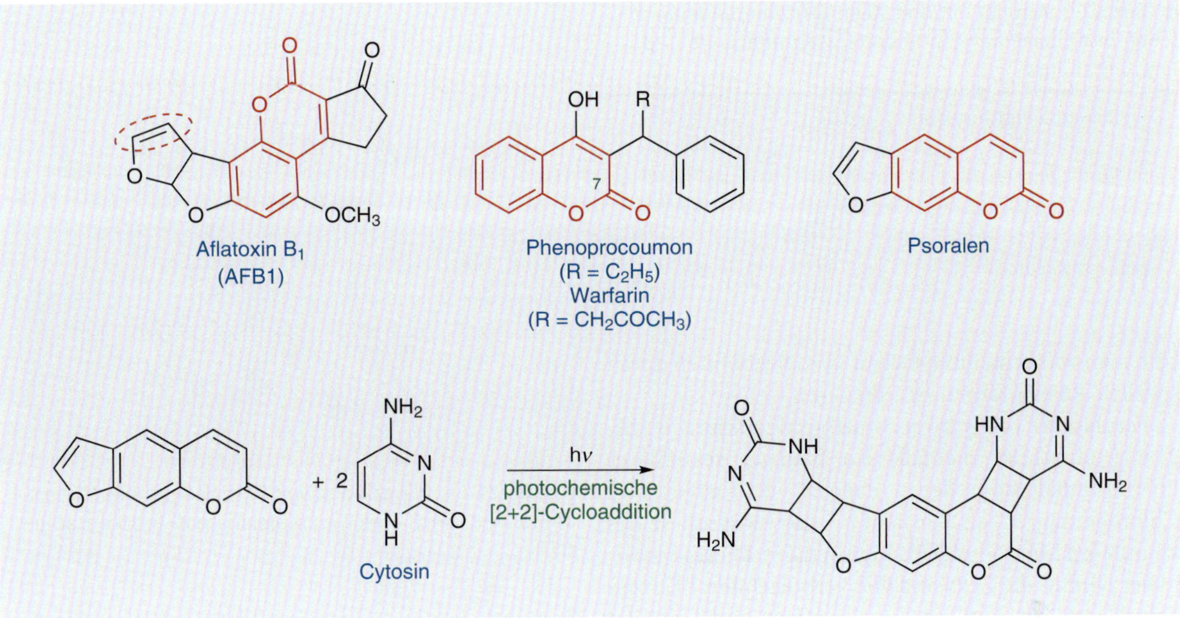


**o Abb. 21.67** Cumarinderivate, die Cumarineinheit ist rot hervorgehoben (oben); Reaktion von Psoralen mit der Pyrimidinbase Cytosin unter UV-Einwirkung (unten)

## 21.5.3 Ausgewählte Verbindungen

### Cumarinderivate

Zu den Cumarinderivaten (o Abb. 21.67, oben) gehören unter anderem die äußerst giftigen **Aflatoxine**, die von verschiedenen Schimmelpilzgattungen (z. B. *Aspergillus flavus*) als Stoffwechselprodukt (Mykotoxin) ausgeschieden werden und dadurch in Lebensmittel gelangen können. Aflatoxin $B_1$ ($AFB_1$) ist eines der stärksten bekannten Carcinogene. Wie beim Benzo[*a*]pyren ist auch hier die eigentliche krebserregende Verbindung ein *in vivo* an der in der Abbildung markierten Doppelbindung entstehendes Epoxid . Auch andere Furocumarine, wie das in Feigen, Sellerie und Petersilie vorkommende **Psoralen** (7*H*-Furo[3,2-g][1]benzopyran-7-on), wirken carcinogen, da sie unter UV-Einwirkung in einer [2+2]-Cycloaddition mit den Pyrimidinbasen der DNA reagieren können, was zu einer irreversiblen Verknüpfung von DNA-Doppelsträngen führt (o Abb. 21.67, unten). Cumarinderivate wie **Phenprocoumon** (Marcumar®) und **Warfarin** (Coumadin®) sind Vitamin-K-Antagonisten. Sie hemmen die Blutgerinnung und werden mit dieser Zielsetzung therapeutisch verwendet. Antikoagulanzien dieses Typs sind zudem sehr wirksame Rodentizide (Rattengifte).

### Kaffeesäure, Chlorogensäure, Ferulasäure

**Kaffeesäure** (3,4-Dihydroxyzimtsäure, o Abb. 21.68, oben) findet man außer in den namensgebenden Kaffeebohnen in sehr vielen anderen Pflanzen. Sie ist einer der häufigsten **sekundären Pflanzeninhaltsstoffe** (so nennt man Stoffe, die von Pflanzen – meist in speziellen Zelltypen – produziert werden, aber im Gegensatz zu den primären Pflanzeninhaltsstoffen nicht für das Überleben der Pflanze notwendig sind).

**Chlorogensäure** (o Abb. 21.68, Mitte) ist der Ester der Kaffeesäure mit der Chinasäure. Chlorogensäure findet sich ebenfalls in hoher Konzentration in Kaffeebohnen. Sie wird unter anderem für Magenbeschwerden nach Kaffeekonsum verantwortlich gemacht, wes-

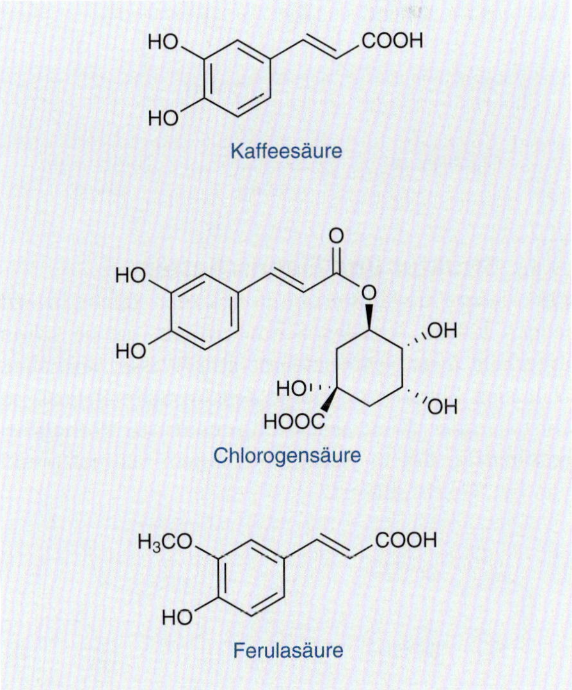


**o Abb. 21.68** Kaffeesäure und deren Derivate (Chlorogensäure, Ferulasäure)

21

▫ **Tab. 21.3** Acidität der drei stellungsisomeren aromatischen Dicarbonsäuren Phthalsäure, Isophthalsäure und Terephthalsäure

| Aromatische Dicarbonsäure | $pK_{S1}$ | $pK_{S2}$ |
|---|---|---|
| Phthalsäure | 2,98 | 5,28 |
| Isophthalsäure | 3,46 | 4,46 |
| Terephthalsäure | 3,51 | 4,82 |

halb man versucht, ihren Gehalt in Kaffeebohnen durch spezielle Röstverfahren zu reduzieren.

**Ferulasäure** (4-Hydroxy-3-methoxyzimtsäure, ▫ Abb. 21.68, unten) ist ebenfalls ein häufiger sekundärer Pflanzeninhaltsstoff, der – ebenso wie Kaffee- und Chlorogensäure – als Baustein bei der Biosynthese des komplexen Makromoleküls **Lignin** dient. Dieses Biopolymer wird in die Zellwand von verholzenden Pflanzen eingelagert, wo es für deren Festigkeit und Stabilität verantwortlich ist.

## 21.6 Aromatische Dicarbonsäuren

Vom Benzen leiten sich drei stellungsisomeren aromatischen Dicarbonsäuren Phthalsäure, Isophthalsäure und Terephthalsäure ab. Technische Bedeutung besitzen Phthalsäure und Terephthalsäure.

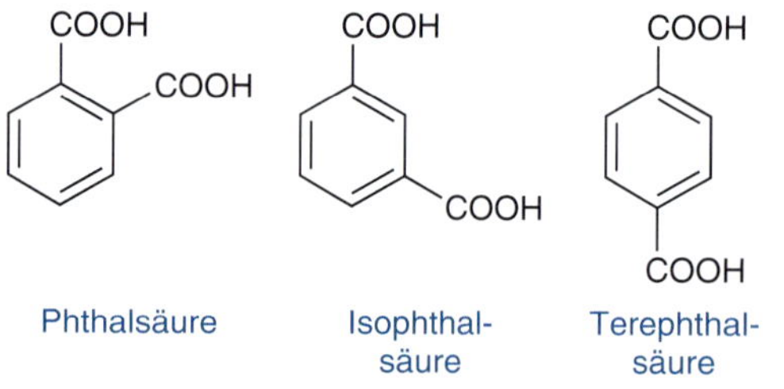


### 21.6.1 Struktur und Eigenschaften

**Phthalsäure** kristallisiert in monoklinen Tafeln, besitzt jedoch keinen scharfen Schmelzpunkt, da sie schon unterhalb ihrer Schmelztemperatur Wasser abspaltet. Hält man Phthalsäure einige Zeit im Schmelzfluss, so entsteht unter Wasserabspaltung quantitativ **Phthalsäureanhydrid**, das in Nadeln mit einem Schmelzpunkt von 131 °C kristallisiert.

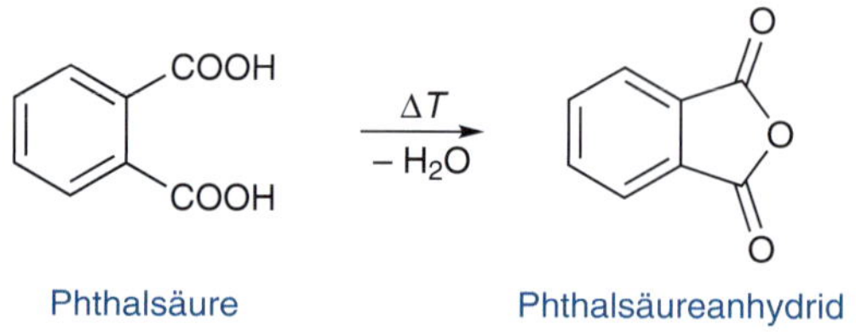


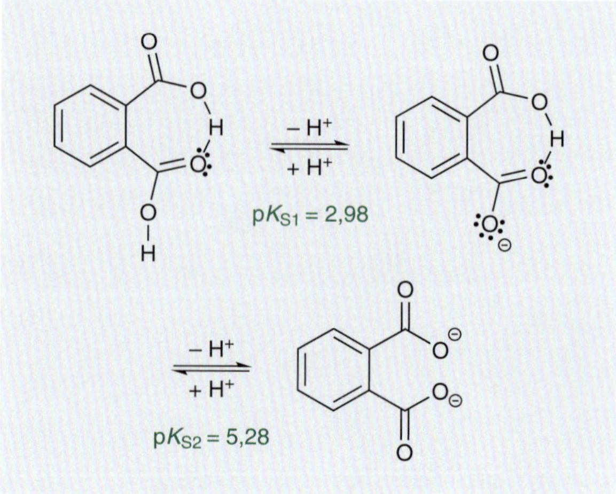


▫ **Abb. 21.69** Dissoziation von Phthalsäure. Das Monoanion wird durch eine intramolekulare H-Brücke stabilisiert.

**Terephthalsäure** hingegen bildet – ebenso wie Isophthalsäure – kein Anhydrid. Sie kristallisiert in farblosen Nadeln, die bei einer Temperatur von etwa 300 °C sublimieren. Terephthalsäure ist in Wasser und organischen Lösemitteln schwer löslich.

Vergleicht man die $pK_S$-Werte der drei stellungsisomeren Säuren, fällt auf, dass der $pK_{S1}$-Wert von Phthalsäure deutlich unter dem der beiden anderen Isomeren liegt, während der $pK_{S2}$-Wert deutlich erhöht ist (▫ Tab. 21.3). Dieser Effekt beruht – ähnlich wie bei Salicylsäure (▸ Kap. 21.3.3, Hydroxybenzoesäuren) – auf der bei Phthalsäure vorhandenen intramolekularen Wasserstoffbrückenbindung zwischen den beiden direkt benachbarten Carboxygruppen. Dadurch wird eine der beiden O—H-Bindungen gelockert, sodass das erste Proton leichter abgespaltet werden kann als bei den beiden anderen Isomeren, die keine intramolekularen Wasserstoffbrücken ausbilden können. Gleichzeitig stabilisiert diese intramolekulare H-Brücke das gebildete Monoanion, sodass der $pK_{S2}$-Wert im Vergleich zu Isophthal- und Terephthalsäure deutlich höher ist (▫ Abb. 21.69).

### 21.6.2 Gewinnung und Synthese

▫ Abb. 21.70 zeigt verschiedene Möglichkeiten für die Synthese aromatischer Dicarbonsäuren. Allgemein lassen sich die drei Benzendicarbonsäuren durch Oxidation der entsprechenden Dialkylbenzene (Xylene, ▸ Kap. 18.2) darstellen. **Phthalsäure** erhält man außerdem durch Oxidation von Naphthalen mit Luftsauerstoff bei 380–450 °C in Gegenwart von Vanadium(V)-oxid als Katalysator. Die Reaktion verläuft über 1,4-Naphthochinon und Phthalsäure zu Phthalsäureanhydrid, aus dem man nach Auflösen in Wasser und Fällen mit Salzsäure die Phthalsäure erhält (Ausbeute 85–88 %). Als Nebenprodukte treten Maleinsäureanhydrid und *p*-Benzochinon auf. **Terephthalsäure** lässt sich durch Carboxylierung von Benzoe-

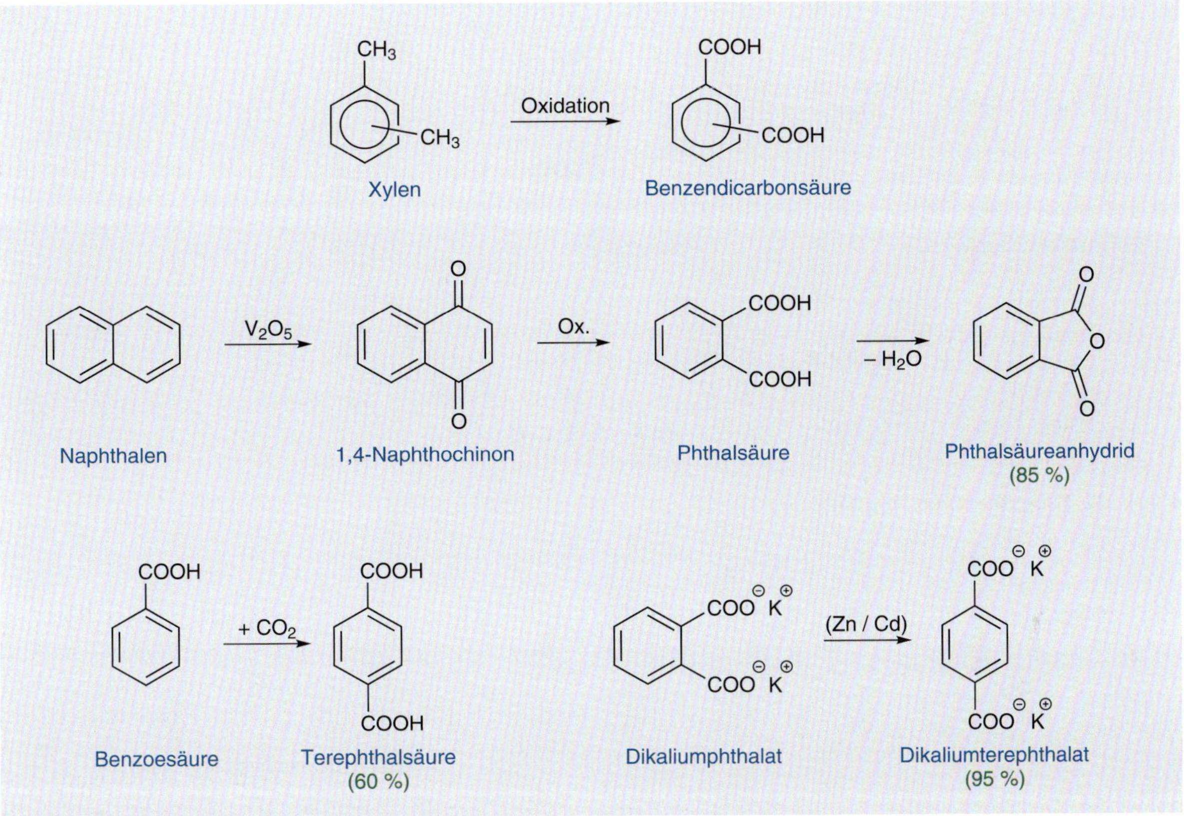


**o Abb. 21.70** Unterschiedliche Möglichkeiten zur Synthese von Benzendicarbonsäuren

säure bei 340 °C und 300 bar in Gegenwart von Kaliumhydrogencarbonat nach dem Prinzip der *Kolbe-Schmitt*-Synthese (▸Kap. 21.3.3, Hydroxybenzoesäuren) mit einer Ausbeute von 60 % gewinnen. Bessere Ausbeuten liefert die thermische Isomerisierung von Dikaliumphthalat nach dem ***Henkel*-Verfahren** bei 20 bar und 400 °C in Kohlendioxid als Schutzgas am Zn/Cd-Kontakt (Ausbeute 95 %).

### 21.6.3 Reaktionen und Anwendungen

**Phthalsäureanhydrid** und **Phthalsäure** dienen als Ausgangsmaterial in der Farbstoffindustrie sowie zur Herstellung von Anthrachinon (o Abb. 21.71) und Phthalsäuredinitril (für Phthalocyanine). Phthalsäureester höherer Alkohole, wie **Dioctylphthalat** (DOP) und das isomere **Di**-(2-**e**thyl**h**exyl)-**p**hthalat (DEHP), werden als PVC-Weichmacher (Palatinole) und die Ester mehr-

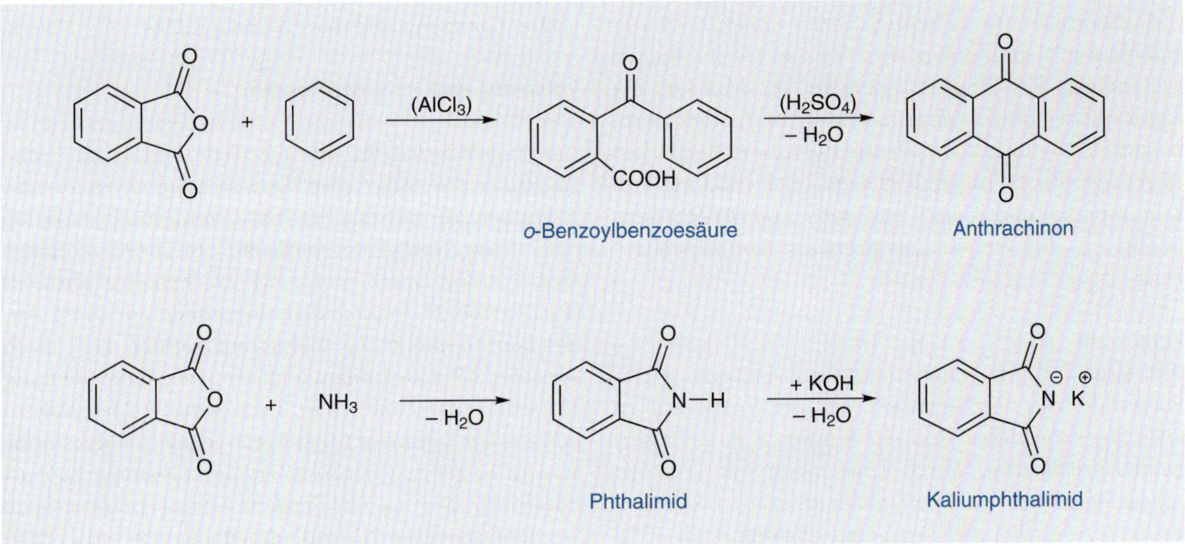


**o Abb. 21.71** Reaktionen von Phthalsäureanhydrid

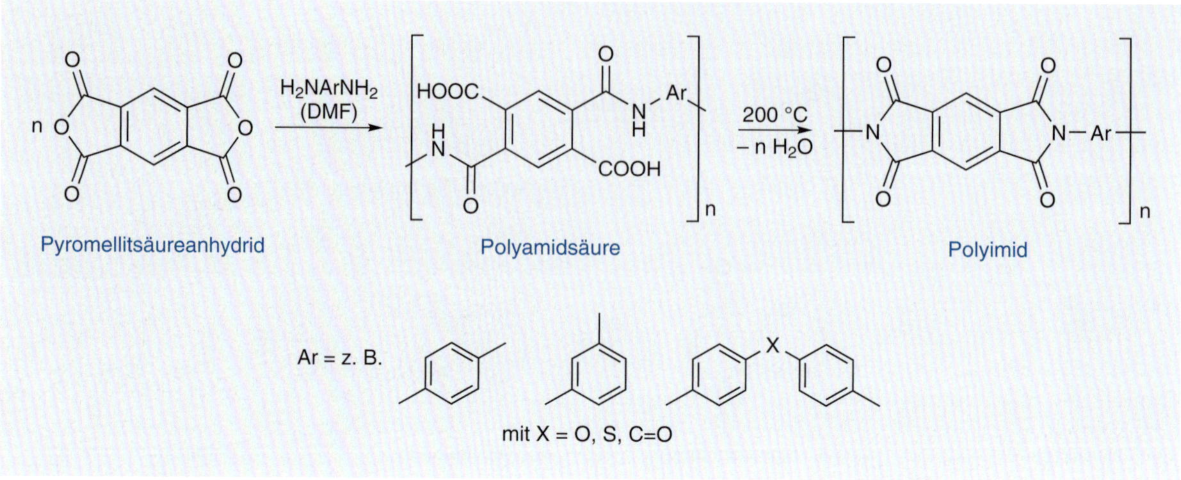


**Abb. 21.72** Synthese von Polyimiden

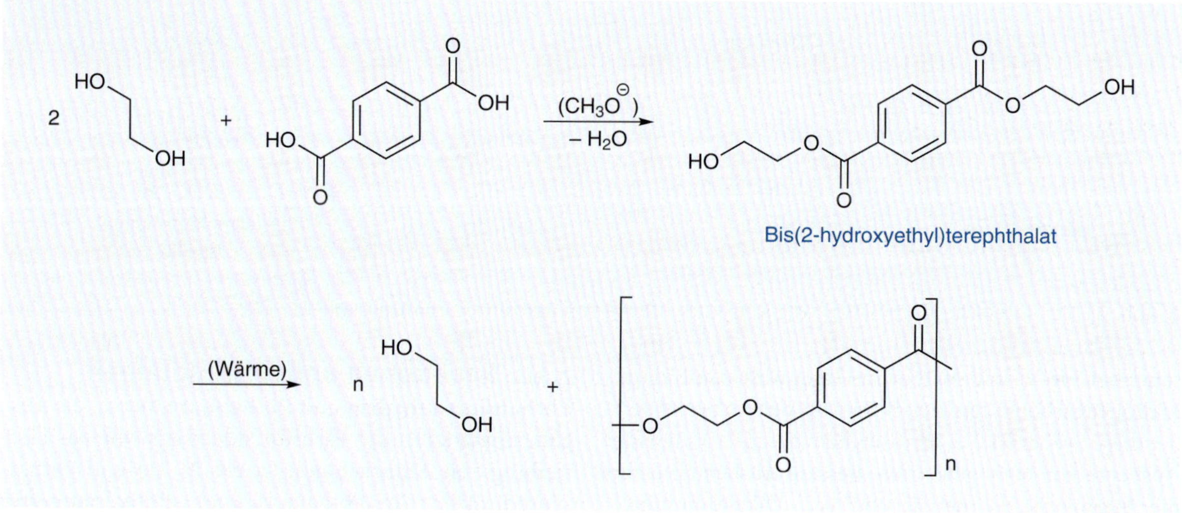


**Abb. 21.73** Synthese von Polyethylenterephthalat (PET)

wertiger Alkohole zur Herstellung wertvoller Lackrohstoffe (▸Kap. 6.2) verwendet.

**Phthalimid** entsteht beim Erhitzen von Phthalsäureanhydrid mit Ammoniak unter Druck. Da die beiden $\alpha$-ständigen CO-Doppelbindungen im Molekül die Ablösung des Imid-Wasserstoffs als Proton erleichtern, reagiert Phthalimid schwach sauer ($pK_S = 8{,}3$); z. B. löst es sich in alkoholischer Kalilauge unter Bildung von Kaliumphthalimid, das bei der *Gabriel*-Synthese (▸Kap. 8.1) zur Herstellung primärer Amine benutzt wird.

### Polyimide

**Phthalimid** ist der charakteristische Baustein vieler Polyimide, die als thermisch belastbare Materialien vielseitig verwendbar sind. Sie können z. B. aus Pyromellitsäureanhydrid durch Umsetzung mit aromatischen Diaminen in Dimethylformamid als Lösemittel gewonnen werden. Bei Temperaturen unterhalb 50 °C entsteht zunächst eine lösliche **Polyamidsäure**, die bei 200 °C fast vollständig zu einem unlöslichen Polyimid kondensiert wird. Das Diamin $H_2N{-}Ar{-}NH_2$ ist in weiten Grenzen variierbar (Abb. 21.72).

### Polyester und Polyesterfasern

Terephthalsäure bzw. ihr Dimethlylester dienen als Ausgangsmaterial für Thermoplaste und synthetische Chemiefasern. Aus Terephthalsäuredimethylester und Ethylenglycol entsteht durch Umesterung zunächst Bis(2-hydroxyethyl)-terephthalat. Durch Polykondensation erhält man hieraus **Polyethylenterephthalat** (PET, Abb. 21.73), aus dem unter anderem Getränkeflaschen (Abb. 21.74) hergestellt werden (vgl. auch ▸Exkurs: Polycarbonate), deren Wiederverwertung besonders wirtschaftlich ist. Dazu wird PET hauptsächlich aus der Schmelze unter Verstrecken in **Polyesterfasern** (z. B. Terylen, Dacron, Trevira, Grisuten, Diolen) überführt. Die in Großbritannien 1941 entwickelte Terylenfaser, eine hydrophobe Polyesterfaser (*Whinfield, Dickson*), ist zurzeit die meistproduzierte Chemiefaser weltweit. Die daraus hergestellten Textilien sind knitterfrei und aufgrund der geringen Wasseraufnahme witterungsbeständig. Die Faser ist überdies überaus reißfest. Wenn die Polykondensation bei tiefer Temperatur mit Zirkoniumdioxid als Katalysator durchgeführt wird, erhält man einen brillanten, glasklaren Kunststoff.

Durch Copolykondensation der monomeren Bausteine von Polyestern und Polyimiden erzeugt man **Polyesterimide**, die als temperaturbeständige Drahtlacke im Transformatorenbau verwendet werden. Analog entsteht aus Terephthalsäuredichlorid und *p*-Phenylendiamin das aromatische **Polyamid** Poly-*p*-phenylenterephthalamid und entsprechend aus Isophthalsäuredichlorid und *m*-Phenylendiamin Poly-*m*-phenylenisophthalamid. Durch Nassspinnen aus konzentrierter Schwefelsäure erhält man aus den beiden erstgenannten Komponenten die Para-Aramidfaser (Kevlar, Twaron, ○ Abb. 21.75), die bei nur einem Fünftel der Dichte die Festigkeit und Steifheit von Stahldrähten übertrifft. Die Faser ist daher für die Raumfahrt sowie für den Automobilbau, z. B. für Bremsbeläge, von großem Interesse. Hauptsächlich dient sie aber zur Herstellung von schuss- und stichfesten Westen und ähnlicher Kleidung im Sicherheitsbereich (Polizei, Militär, Sicherheitsdienste etc.). Die Meta-Aramidfaser (Nomex, ○ Abb. 21.75) ist bei ähnlichen Eigenschaften der Para-Aramidfaser in manchen Anwendungen noch überlegen, z. B. bei der Verwendung von Nomexpapier zur Isolierung in Trockentransformatoren.

**○ Abb. 21.74** PET-Rohlinge, die zu Getränkeflaschen weiterverarbeitet werden.

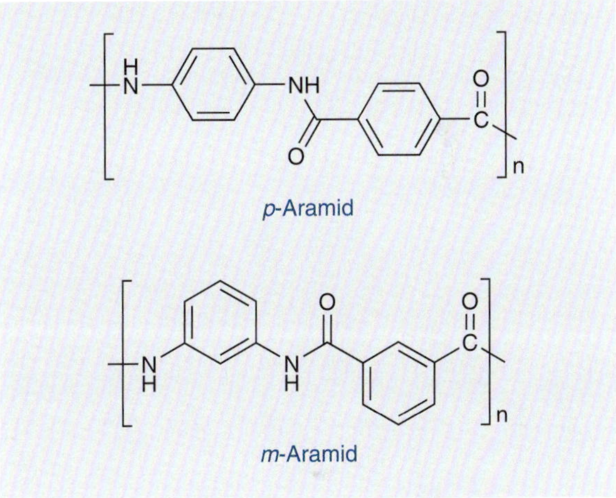


**○ Abb. 21.75** Strukturen von *p*- und *m*-Aramid

## Exkurs: Polycarbonate

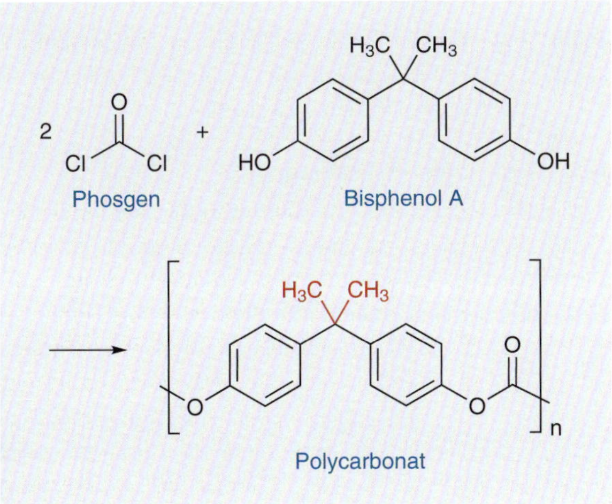


**○ Abb. 21.76** Darstellung von Polycarbonaten

Werden zur Veresterung anstelle von Terephthalsäure Kohlensäurediester oder Phosgen verwendet, erhält man **Polycarbonate** (PC). Polycarbonate, z. B. das aus Bisphenol A erhältliche Makrolon®, sind Kunststoffe mit wertvollen Eigenschaften, die durch Variation der Diolmonomere – im Fall der Bisphenole insbesondere des rot markierten Zentralbereichs (○ Abb. 21.76) – sowie durch Austausch der Endgruppen des linearen Polymeren in ihren Eigenschaften sehr variabel sind. Essbestecke, Schutzhelme, Seitenscheiben für Kraftfahrzeuge und selbst feinmechanische Präzisionsteile, keramische Bauelemente sowie Compact Discs (CD, CD-ROM) können daraus hergestellt werden.

### Selbstverstärkende Flüssigkristall-Polymere

Der geradkettige Aufbau der Polycarbonate kann bei der Abkühlung von Schmelzen zur Bildung von Flüssigkristallen (*liquid crystal*, LC) führen, in denen die Makromoleküle parallel ausgerichtet sind. Diese Ordnung verändert sich bei der weiteren Abkühlung nicht und führt zu einer besonderen Festigkeit in einer bestimmten Richtung, während quer dazu die normale Festigkeit erhalten bleibt. Man bezeichnet diese Verbindungen daher im Gegensatz zu faserverstärkten Polymeren als selbstverstärkende Polymere. Auch die Natur macht sich das Prinzip der Flüssigkristalle zunutze, z. B. beim Weben der Fäden für ein Spinnennetz.

# 22 Aromatische Stickstoffverbindungen

Aromatische Amine ... 619 | Aromatische Azo- und Diazoniumverbindungen ... 627

Bei den **aromatischen Aminen** ist eine Aminogruppe —$NR_2$ (R = H, Alkyl- oder Arylgruppe) direkt mit einem C-Atom des Benzenkerns verbunden. Wie in der aliphatischen Reihe unterscheidet man zwischen primären, sekundären und tertiären Aminen und unterteilt diese in aliphatisch-aromatische (wie z. B. *N*-Methylamin) und aromatische Amine (z. B. Diphenylamin). Aus primären aromatischen Aminen lassen sich durch Diazotierung sogenannte **Diazoniumsalze** erhalten, die wichtige Intermediate für die Herstellung von Azoverbindungen darstellen. Letztere haben als **Azofarbstoffe** auch technische Bedeutung.

## 22.1 Aromatische Amine

### 22.1.1 Struktur und Eigenschaften

Der wichtigste Vertreter der aromatischen Amine ist **Anilin** (Aminobenzen), $C_6H_5NH_2$, das erstmals vom Apotheker *Otto Unverdorben* (1826) durch Kalkdestillation von natürlichem Indigo erhalten wurde. Im Jahr 1834 isolierte *F. F. Runge* Anilin mittels Chlorkalkreaktion aus Steinkohlenteer. Im Jahr 1841 entdeckte *Fritsche* die Verbindung als Spaltprodukt des Indigos (portugiesisch: *anil*) wieder, und nannte es Anilin. Frisch destilliertes Anilin ist ein farbloses, unangenehm riechendes Öl mit einem Siedepunkt von 184 °C, das sich an der Luft infolge Autoxidation rasch braun färbt. Es ist fast unlöslich in Wasser, aber mit Wasserdampf flüchtig. Seine Dämpfe wirken giftig und rufen ein Schwindelgefühl hervor. Zum Nachweis von Anilin dient die *Runge*sche Chlorkalkreaktion, die bereits Spuren freien Anilins – jedoch nicht der Salze! – durch eine rotviolette Färbung anzeigt. Die Konstitution der bei dieser Oxidation aus Anilin entstehenden Farbstoffe ist bislang unbekannt.

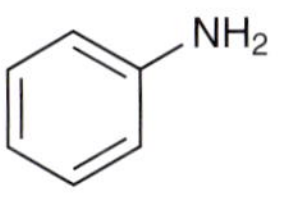


Anilin
(prim. Amin)

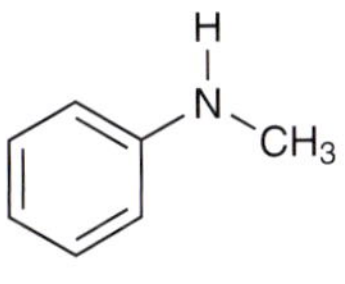


*N*-Methylanilin
(sek. Amin)

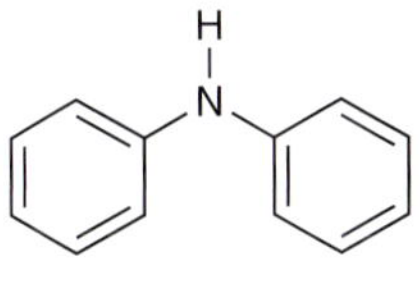


Diphenylamin
(sek. Amin)

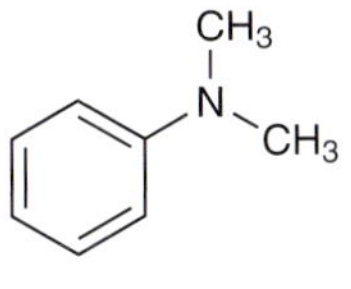


*N,N*-Dimethylanilin
(tert. Amin)

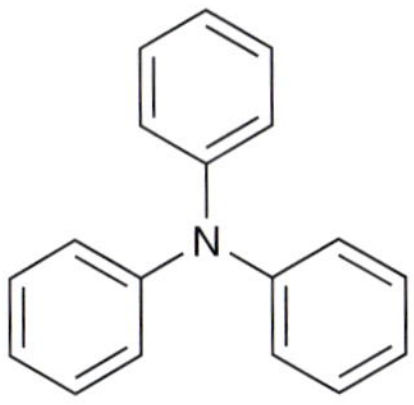


Triphenylamin
(tert. Amin)

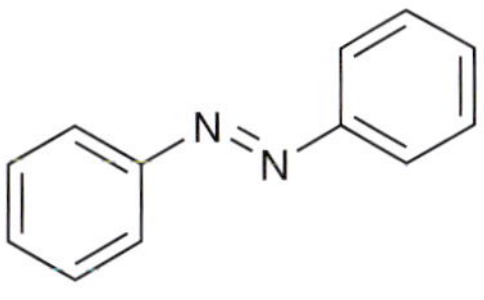


Azobenzen

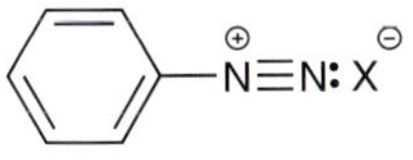


Benzendiazoniumsalz
X = Cl, Br, $HSO_4$, $NO_3$ usw.

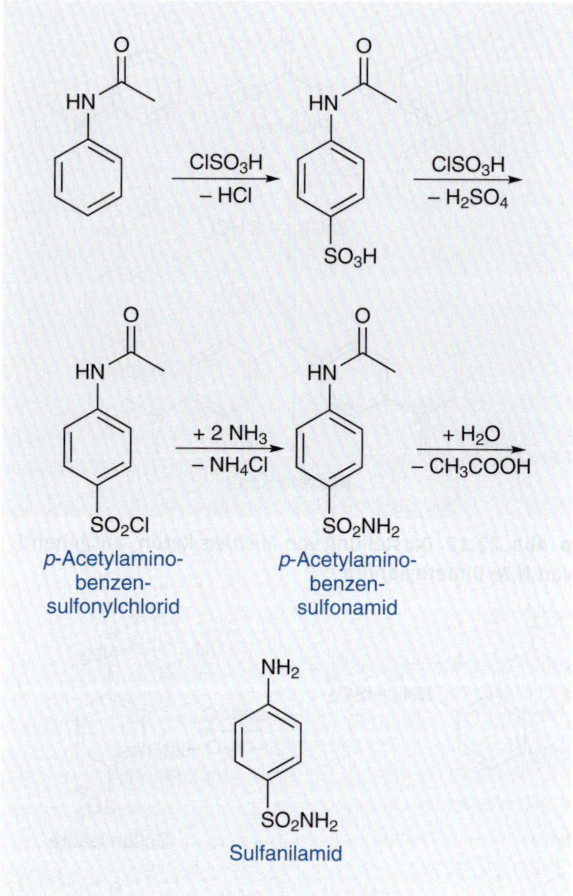


**o Abb. 22.14** Synthese von Sulfanilamid

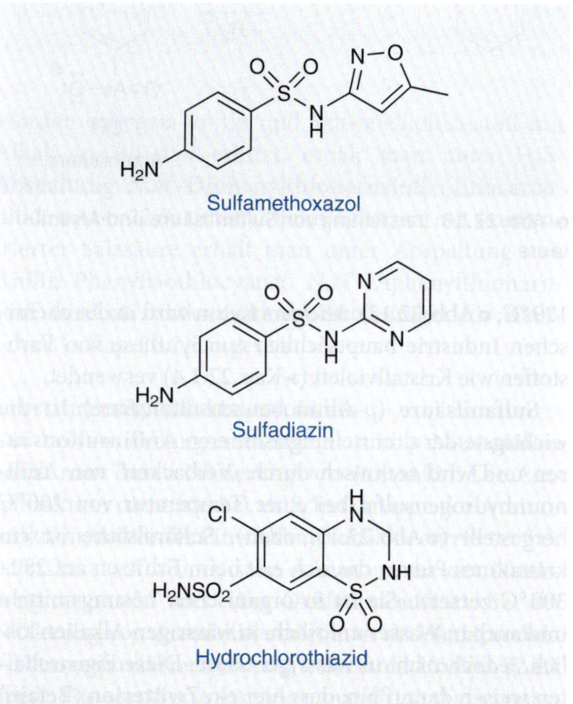


**o Abb. 22.15** Strukturformeln wichtiger Arzneistoffe mit Sulfonamidstruktur

Wie Sulfanilsäure kann **Arsanilsäure** (*p*-Aminobenzenarsonsäure) durch Erhitzen von Aniliniumarsenat auf eine Temperatur von ca. 200 °C erhalten werden (o Abb. 22.13, unten).

## 22.1.4 Ausgewählte Verbindungen

### Sulfanilamid

Die technische Synthese von Sulfanilamid (*p*-Aminobenzensulfonamid) erfolgt durch die Umsetzung von *p*-Acetylaminobenzensulfonylchlorid (zugänglich aus Acetanilid und Chlorsulfonsäure) mit wässrigem Ammoniak und eine anschließende, meist alkalische Hydrolyse (o Abb. 22.14).

Sulfanilamid, besonders aber die sich davon ableitenden **Sulfonamide**, wurden vor allem früher als **Chemotherapeutika gegen Bakterieninfektionen** verschiedener Art eingesetzt. Zu verdanken ist ihre Entdeckung *G. Domagk*, der dafür im Jahr 1939 den Nobelpreis für Medizin erhielt. Sulfonamide sind N1-substituierte Abkömmlinge von Sulfanilamid. Im Handel befinden sich heute nur noch wenige Derivate, z. B. Sulfadiazin und Sulfamethoxazol (o Abb. 22.15, oben, Mitte). Die bakteriostatische Wirkung von Sulfonamiden beruht auf der Verdrängung von *p*-Aminobenzoesäure durch Sulfonamid im Bakterienstoffwechsel (Wuchsstoff-Hemmstoff-Antagonismus, *Wood-Fildes*-Theorie). *p*-Aminobenzoesäure wird in Bakterien für die Synthese von Folsäure benötigt (▸Kap. 35.2.4). Da der Mensch Folsäure nicht selbst herstellen kann, sondern mit der Nahrung aufnehmen muss, wirken Sulfonamide selektiv auf Bakterien. Man kann Sulfonamide daher auch als eine Art „Bakterien-Antivitamine" auffassen. Ein anderes Sulfonamid, das cyclische Sulfonamid Hydrochlorothiazid (o Abb. 22.15, unten; Esidrix®), ist eines der wichtigsten Diuretika.

### Cyclamat

Durch katalytische Hydrierung von Anilin erhält man Cyclohexylamin, aus dem durch Sulfonierung mit Chlorsulfonsäure in Gegenwart von Natronlauge das Natriumsalz der Cyclohexylsulfamidsäure entsteht (o Abb. 22.16). Cyclohexylsulfamidsäure hat etwa die 35-fache Süßkraft von Rohrzucker und wird als Süßstoff verwendet (Cyclamat, Assugrin, Sucaryl). Im Gegensatz zu Saccharin (▸Kap. 21.2) wird es beim Kochen nicht zerstört. Cyclamat geriet allerdings in einem Tierversuch bei extrem hoher Dosierung in den Verdacht, carcinogen zu sein und ist aus diesem Grunde in den USA verboten, obgleich sich der Befund nicht reproduzieren ließ.

### Kristallviolett

Kristallviolett ist ein violetter Farbstoff aus der Klasse der **Triphenylmethanfarbstoffe**. Es kann durch die Kondensation von zwei aromatischen Stickstoffverbin-

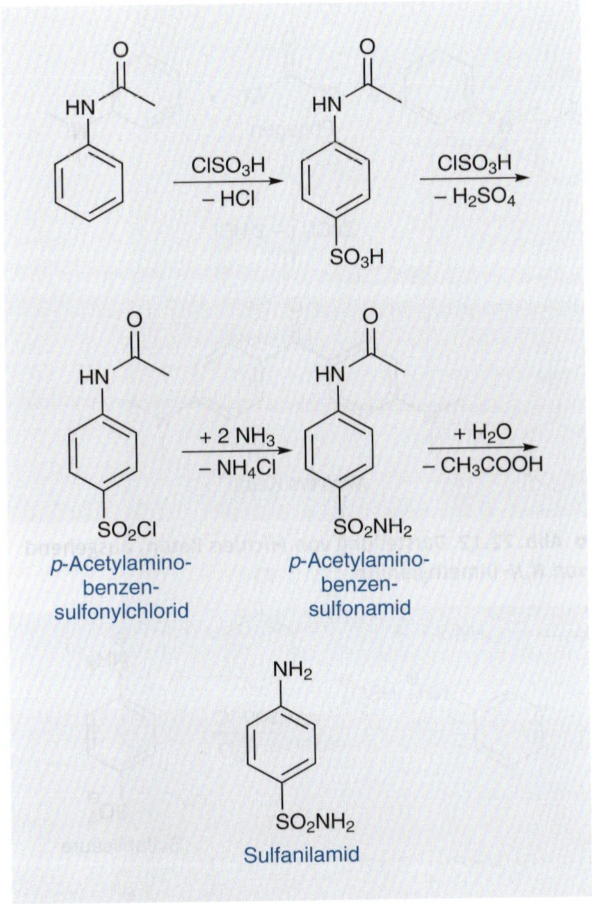


**o Abb. 22.14** Synthese von Sulfanilamid

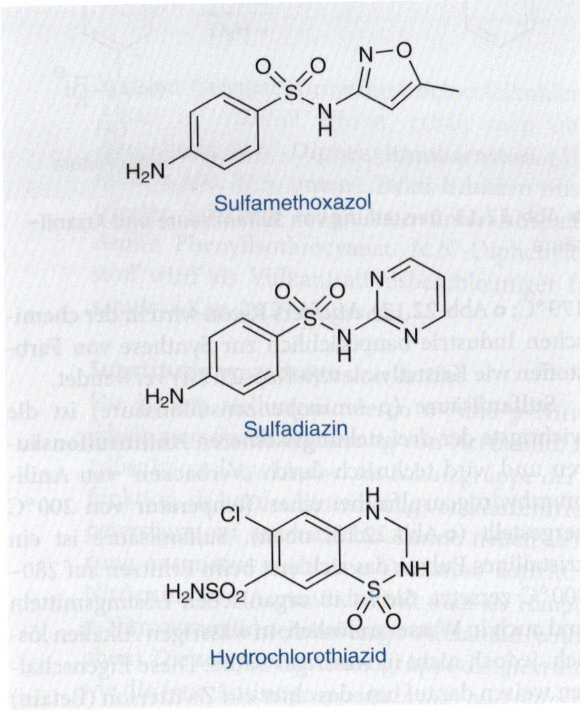


**o Abb. 22.15** Strukturformeln wichtiger Arzneistoffe mit Sulfonamidstruktur

Wie Sulfanilsäure kann **Arsanilsäure** (*p*-Aminobenzenarsonsäure) durch Erhitzen von Aniliniumarsenat auf eine Temperatur von ca. 200 °C erhalten werden (o Abb. 22.13, unten).

## 22.1.4 Ausgewählte Verbindungen

### Sulfanilamid

Die technische Synthese von Sulfanilamid (*p*-Aminobenzensulfonamid) erfolgt durch die Umsetzung von *p*-Acetylaminobenzensulfonylchlorid (zugänglich aus Acetanilid und Chlorsulfonsäure) mit wässrigem Ammoniak und eine anschließende, meist alkalische Hydrolyse (o Abb. 22.14).

Sulfanilamid, besonders aber die sich davon ableitenden **Sulfonamide**, wurden vor allem früher als **Chemotherapeutika gegen Bakterieninfektionen** verschiedener Art eingesetzt. Zu verdanken ist ihre Entdeckung *G. Domagk*, der dafür im Jahr 1939 den Nobelpreis für Medizin erhielt. Sulfonamide sind N1-substituierte Abkömmlinge von Sulfanilamid. Im Handel befinden sich heute nur noch wenige Derivate, z. B. Sulfadiazin und Sulfamethoxazol (o Abb. 22.15, oben, Mitte). Die bakteriostatische Wirkung von Sulfonamiden beruht auf der Verdrängung von *p*-Aminobenzoesäure durch Sulfonamid im Bakterienstoffwechsel (Wuchsstoff-Hemmstoff-Antagonismus, *Wood-Fildes*-Theorie). *p*-Aminobenzoesäure wird in Bakterien für die Synthese von Folsäure benötigt (▸Kap. 35.2.4). Da der Mensch Folsäure nicht selbst herstellen kann, sondern mit der Nahrung aufnehmen muss, wirken Sulfonamide selektiv auf Bakterien. Man kann Sulfonamide daher auch als eine Art „Bakterien-Antivitamine" auffassen. Ein anderes Sulfonamid, das cyclische Sulfonamid Hydrochlorothiazid (o Abb. 22.15, unten; Esidrix®), ist eines der wichtigsten Diuretika.

### Cyclamat

Durch katalytische Hydrierung von Anilin erhält man Cyclohexylamin, aus dem durch Sulfonierung mit Chlorsulfonsäure in Gegenwart von Natronlauge das Natriumsalz der Cyclohexylsulfamidsäure entsteht (o Abb. 22.16). Cyclohexylsulfamidsäure hat etwa die 35-fache Süßkraft von Rohrzucker und wird als Süßstoff verwendet (Cyclamat, Assugrin, Sucaryl). Im Gegensatz zu Saccharin (▸Kap. 21.2) wird es beim Kochen nicht zerstört. Cyclamat geriet allerdings in einem Tierversuch bei extrem hoher Dosierung in den Verdacht, carcinogen zu sein und ist aus diesem Grunde in den USA verboten, obgleich sich der Befund nicht reproduzieren ließ.

### Kristallviolett

Kristallviolett ist ein violetter Farbstoff aus der Klasse der **Triphenylmethanfarbstoffe**. Es kann durch die Kondensation von zwei aromatischen Stickstoffverbin-

## Aromatische Diazoniumverbindungen

Bei der Umsetzung primärer aromatischer Amine mit salpetriger Säure entstehen – im Gegensatz zu den primären aliphatischen Aminen – unter bestimmten Reaktionsbedingungen, z. B. in mineralsaurer Lösung bei Temperaturen um 0 °C, mit Natriumnitrit die entsprechenden **Diazoniumsalze** (*P. Grieß*, 1858). Diese allgemein als **Diazotierung** bezeichnete Reaktion führt bei Anilin in salzsaurer Lösung zu Benzendiazoniumchlorid (o Abb. 22.22, oben). Aufgrund der Resonanzstabilisierung durch den aromatischen Rest sind die aromatischen Diazoniumsalze im Vergleich zu den nicht weiter stabilisierten aliphatischen Diazoniumsalzen sehr viel stabiler und zerfallen erst bei höherer Temperatur unter Bildung von Phenolen (**Phenolverkochung**). Trotzdem werden Diazoniumsalze meist nicht isoliert, sondern in wässriger Lösung bei einer Temperatur von 0 °C hergestellt und sofort *in situ* weiter umgesetzt. Für Reaktionsbedingungen, unter denen eine hinreichende Konzentration des freien Amins vorliegt, wurde der Mechanismus der Diazotierung durch umfassende Untersuchungen von *J. H. Ridd* aufgeklärt. Ähnlich wie bei der Nitrierung sind bei der Diazotierung je nach der eingesetzten Mineralsäure verschiedene elektrophile Reagenzien ON—X wirksam (o Abb. 22.22, unten links). In wässriger Perchlorsäure liegt vor allem Distickstofftrioxid, ON—$NO_2$ (X = $NO_2$), in Halogenwasserstoffsäuren das betreffende Nitrosylhalogenid (X = Cl, Br) und in Schwefelsäure je nach Wassergehalt das Nitrosoacidium- ($H_2NO_2^+$) oder das Nitrosylsulfat-Ion (ON—$OSO_3^-$) vor, während das Nitrosyl-Kation ($NO^+$) nur in stark saurer Lösung eine Rolle spielt. Demnach verläuft die Diazotierung wie in o Abb. 22.22 (unten rechts) dargestellt. Ein besonders wirksamer Katalysator der Nitrosierung und Diazotierung ist das Thiocyanat-Ion ($SCN^-$), das im menschlichen Speichel sowie im Magen-Darm-Trakt

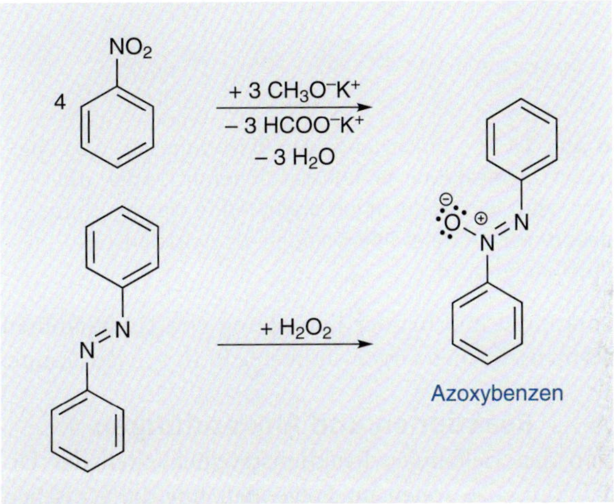


o **Abb. 22.21** Methoden zur Darstellung von Azoxybenzen

22

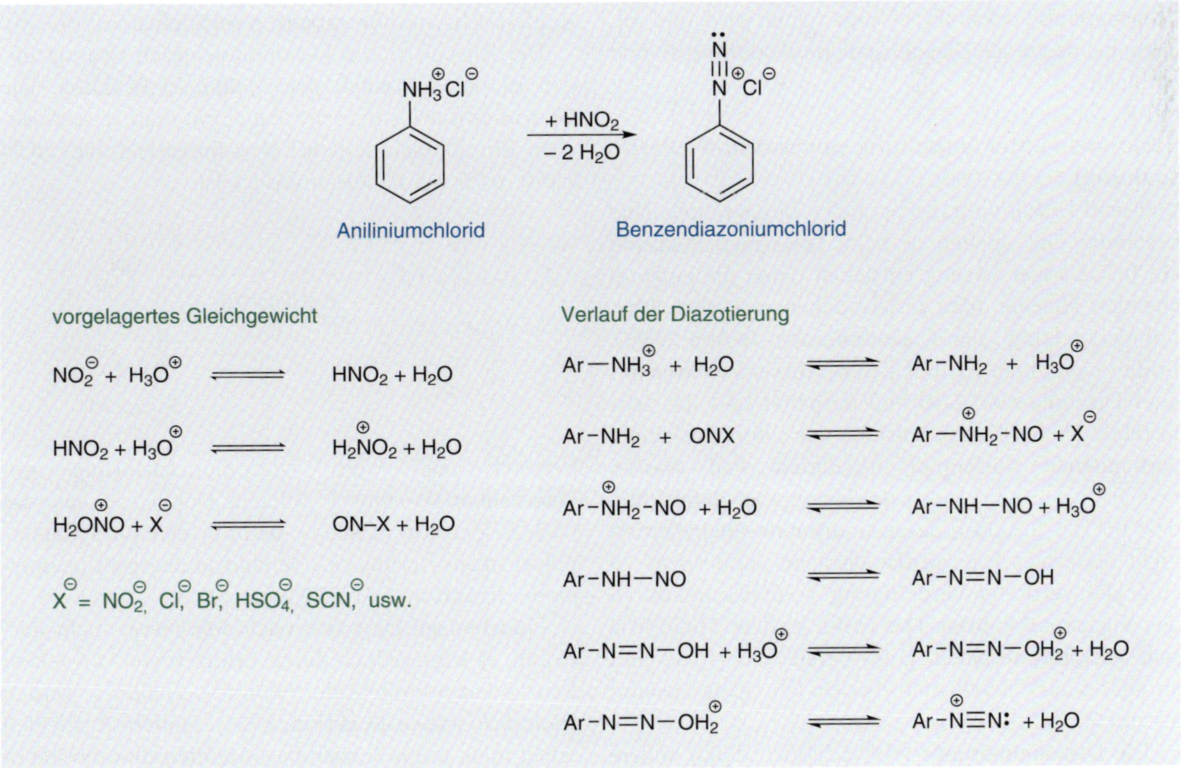


o **Abb. 22.22** Als Diazotierung bezeichnet man die Umsetzung primärer aromatischer Amine mit salpetriger Säure, wobei Diazoniumsalze entstehen. Die Reaktion beginnt mit einem Angriff einer elektrophilen Spezies ON-X an das N-Atom des Amins und verläuft über Tautomerie und Wasserabspaltung.

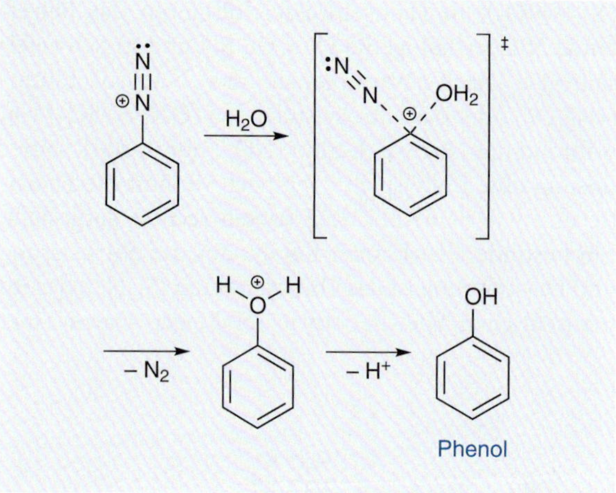


**o Abb. 22.23** „Verkochung" von Diazoniumsalzen zu Phenolen. Die Reaktion verläuft wahrscheinlich unter direktem Ersatz von $N_2$ durch das angreifende Wasser, ohne dass dabei ein freies Phenylkation als Zwischenstufe durchlaufen wird.

vorkommt und bei der Entstehung von Nitrosaminen im menschlichen Organismus eine Rolle spielen könnte.

### 22.2.3 Reaktionen und Anwendungen

Von den vielfältigen Reaktionsmöglichkeiten der Diazoniumsalze sollen im Folgenden nur die typischen Umsetzungen behandelt werden. Grundsätzlich unterscheidet man zwischen Reaktionen, bei denen die Diazogruppe als Stickstoff ($N_2$) abgespalten wird, und solchen, bei denen die Diazogruppe im Reaktionsprodukt verbleibt.

#### Reaktionen unter Abspaltung von Stickstoff (Diazospaltung)

Während Diazoniumsalze bei tiefer Temperatur relativ beständig sind, spalten sie beim Erwärmen Stickstoff ab: In wässriger Lösung entstehen dabei die entsprechenden Phenole. Man spricht daher auch von **„Phenol-Verkochung"** der Diazoniumsalze (o Abb. 22.23). Früher nahm man an, dass sich bei dieser Reaktion aus dem Diazoniumion Stickstoff abspaltet und das sehr instabile Phenyl-Kation entsteht, das sofort mit einem vorhandenen Nucleophil, in diesem Fall Wasser, reagiert. Neuere Erkenntnisse deuten aber darauf hin, dass bei der Reaktion das sehr instabile Phenylkation nicht als echtes Intermediat entsteht, sondern es zu einer „konzertierten Verdrängung" von Stickstoff durch das Nucleophil kommt. Das heißt, in dem Maße, wie sich Stickstoff abspaltet, greift bereits das Nucleophil an, sodass das Phenylkation eher ein Übergangszustand als eine Zwischenstufe ist.

Die Diazoniumgruppe lässt sich auch durch andere Substituenten, z. B. $I^-$, $N_3^-$, $H_2AsO_3^-$ oder $H_2SbO_3^-$ ersetzen, jedoch verlaufen derartige Substitutionen nach sehr unterschiedlichen Mechanismen (o Abb. 22.24). Die Umsetzung mit $H_2AsO_3^-$, die zu Benzenarsonsäure führt, ist als ***Bart*-Reaktion** (1910) bekannt. In konzentrierter saurer Lösung gelingt es, auch Chlorid- und Bromid-Ionen über die Diazoniumsalze direkt in den aromatischen Kern einzuführen; besser eignet sich jedoch hierfür die ***Sandmeyer*-Reaktion**. Durch das Erwärmen von Benzendiazoniumsalzen in methanolischer Lösung entsteht **Anisol**, bei höheren Alkoholen erhält man durch die Reduktionswirkung von Alkohol anstelle des entsprechenden Ethers vor allem die aromatischen Kohlenwasserstoffe.

#### *Sandmeyer*-Reaktion

Zur Einführung von Cyanid- und anderen Gruppen, insbesondere Halogenatome, in aromatische Verbindungen eignet sich insbesondere die ***Sandmeyer*-Reaktion** (1884). Hierbei wird die Diazoniumsalzlösung in Gegenwart von Kupfer(I)-Salzen oder metallischem Kupfer als Katalysator umgesetzt (o Abb. 22.25). Zunächst reagiert das Kupfer(I)-Salz mit dem Diazoniumion. Dabei findet ein Elektronenübergang vom Kupfer zum Stickstoff statt. Das Diazoniumsalz wird zum **Diazenylradikal** reduziert, Kupfer(I) wird zu Kupfer(II) oxidiert. Das Diazenylradikal spaltet Stickstoff ab und bildet ein Phenylradikal, das wiederum mit Kupfer(II)-Salz zu Chlorbenzen unter Rückbildung von Kupfer(I)-Salz reagiert. Als Nebenprodukte entstehen stets Azoverbindungen und Biphenyl-Derivate. Analog ist mit Kupfer(I)-bromid Brombenzen zugänglich.

Der Austausch von Diazonium- gegen Cyanogruppen ist ein Spezialfall der *Sandmeyer*-Reaktion. Die Diazoniumsalzlösung wird dabei mit dem wasserlöslichen Komplexsalz $K_3[Cu(CN)_4]$ umgesetzt, da CuCN selbst in Wasser nahezu unlöslich ist.

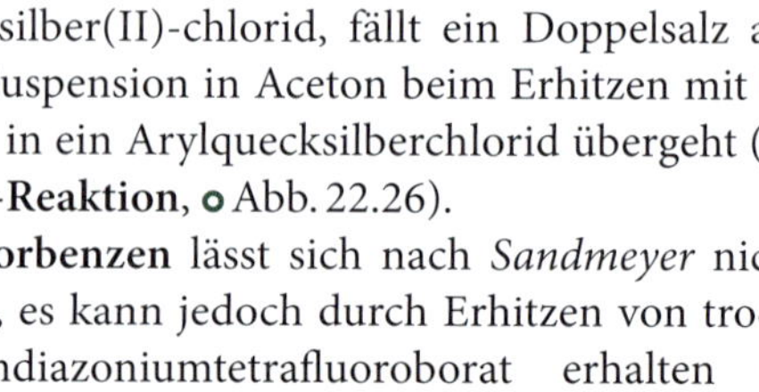


Versetzt man eine Diazoniumsalzlösung mit Quecksilber(II)-chlorid, fällt ein Doppelsalz aus, das nach Suspension in Aceton beim Erhitzen mit Kupferpulver in ein Arylquecksilberchlorid übergeht (***Nesmejanow*-Reaktion**, o Abb. 22.26).

**Fluorbenzen** lässt sich nach *Sandmeyer* nicht darstellen, es kann jedoch durch Erhitzen von trockenem Benzendiazoniumtetrafluoroborat erhalten werden (***Balz-Schiemann*-Reaktion**, 1934). Höhere Ausbeuten erhält man, wenn Benzendiazoniumtetrafluoroborat in Aceton in Gegenwart einer geringen Menge Kupferpulver bei Raumtemperatur zersetzt wird (*E. D. Bergmann* 1956).

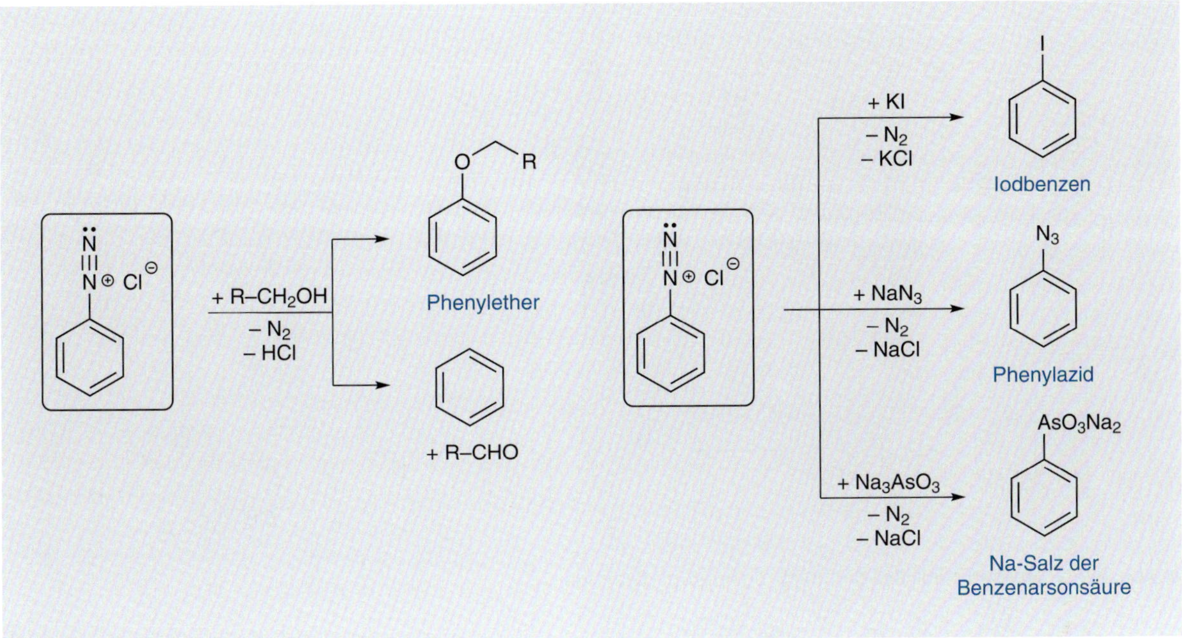


**Abb. 22.24** Substitution der Diazoniumgruppe durch verschiedene Substituenten

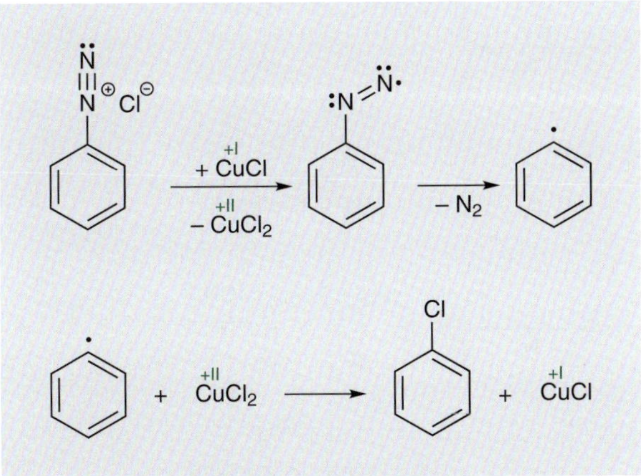


**Abb. 22.25** Mechanismus der *Sandmeyer*-Reaktion

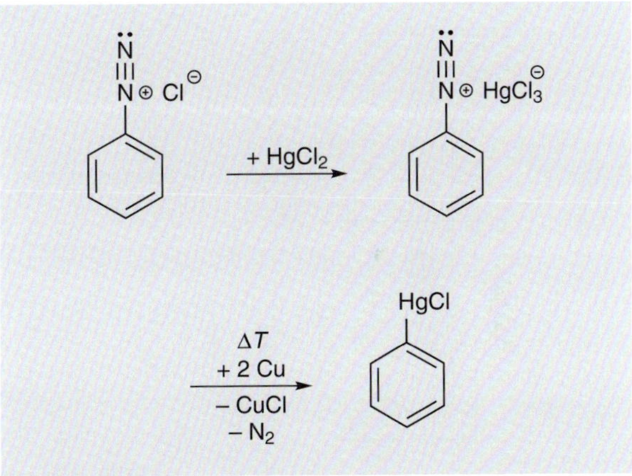


**Abb. 22.26** *Nesmejanow*-Reaktion

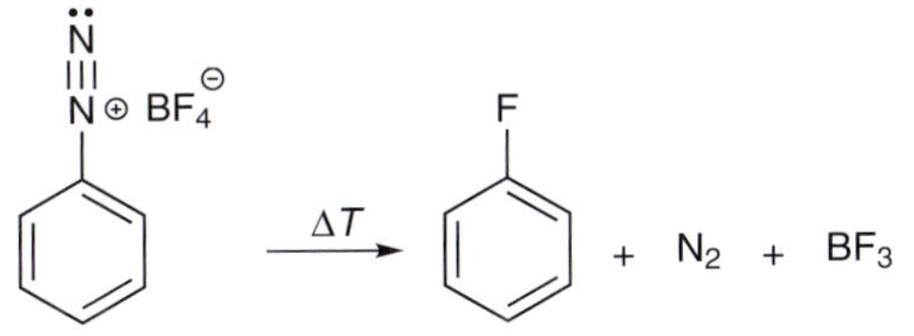

Die Darstellung von **Iodbenzen** aus Diazoniumsalz und Kaliumiodid gelingt, wie in **o** Abb. 22.24 (rechts oben) dargestellt, auch ohne Zusatz von Kupfer(I)-Salzen und stellt somit einen Spezialfall der *Sandmeyer*-Reaktion dar. Hierbei übernehmen Iodid und die entstehenden Iod-Spezies aufgrund ihrer Redoxaktivität die Rolle des Kupfer(I)-Katalysators.

### *Gomberg-Bachmann*-Reaktion

Eine **Arylierung am Benzenkern** der Diazoniumsalze lässt sich erreichen, wenn man die Diazoniumsalzlösung z. B. mit Benzen unter Rühren vermischt und verdünnte Natronlauge hinzutropft (*Gomberg-Bachmann*-Reaktion). Die Ausbeute an **Biphenyl** beträgt etwa 20 %. Die Reaktion verläuft über das Diazohydroxid, das nach einem Radikalmechanismus weiterreagiert (**o** Abb. 22.27).

### *Meerwein-Schuster*-Reaktion

Bei dieser Reaktion wird der aromatische Rest eines Diazoniumsalzes auf eine α,β-ungesättigte Carbonylverbindung oder Carbonsäure übertragen, wobei sowohl eine Addition des Arylrestes und des Halogen-

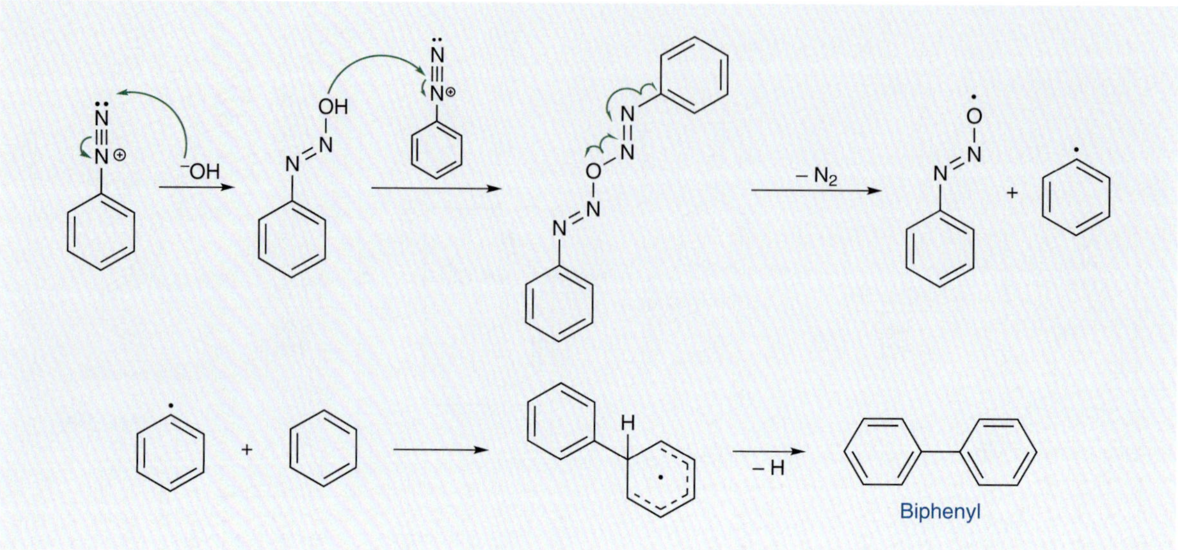


Abb. 22.27 Mechanismus der *Gomberg-Bachmann*-Reaktion

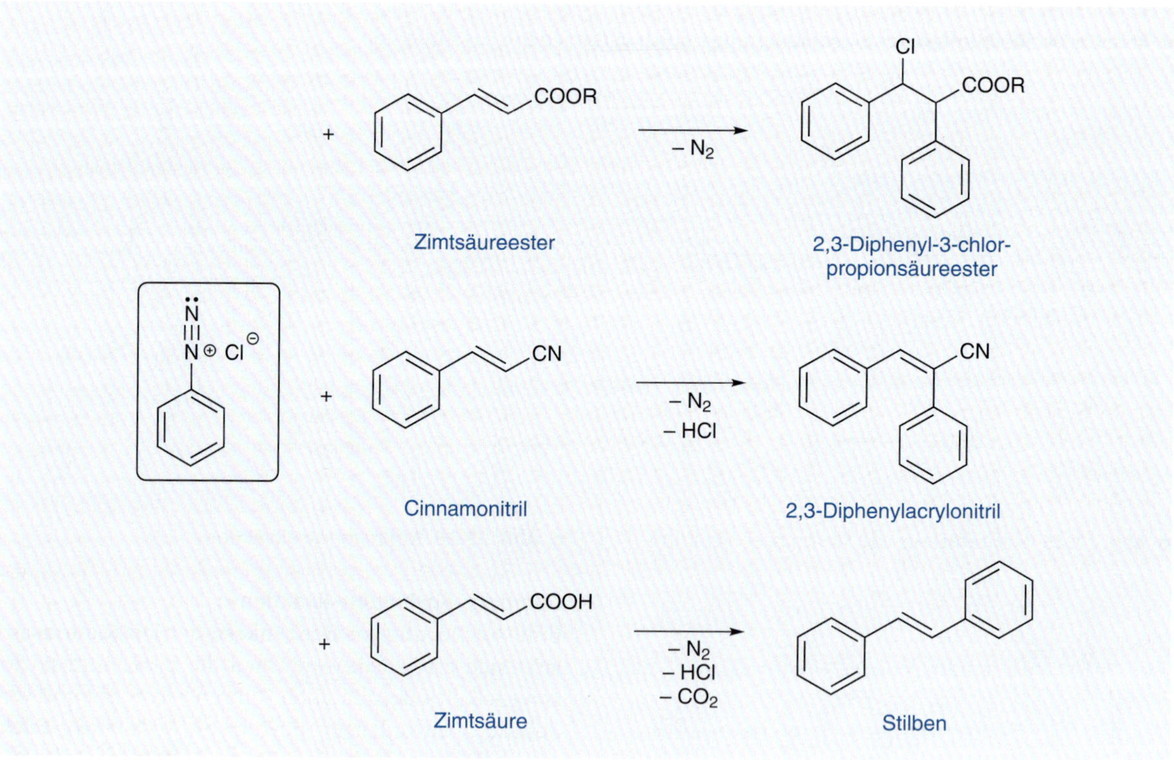


Abb. 22.28 *Meerwein-Schuster*-Reaktion mit verschiedenen $\alpha,\beta$-ungesättigten Verbindungen

atoms an die C=C-Doppelbindung (Abb. 22.28, oben) als auch eine Substitution von Wasserstoff durch den Arylrest (Arylierung der Doppelbindung; Abb. 22.28, Mitte) erfolgen kann. Bei Verwendung $\alpha,\beta$-ungesättigter Carbonsäuren findet zugleich eine Decarboxylierung zu Stilbenderivaten statt (Abb. 22.28, unten). Auch diese Reaktionen verlaufen nach einem Radikalmechanismus und werden durch Kupfer(II)- und Kupfer(I)-Salze katalysiert.

## Reaktionen ohne Abspaltung von Stickstoff

Zu dieser Gruppe von Umsetzungen aromatischer Diazoverbindungen zählen die Darstellung von Diazotaten und analogen Ar—N=N—X-Verbindungen, von Phenylhydrazin sowie Phenylazid und die vor allem auch für technische Prozesse wichtigen Kupplungsreaktionen (*P. Grieß* 1858).

**Diazotate** entstehen bei der Einwirkung von Alkalien auf Diazoniumsalze. Hierbei wird das Diazonium-

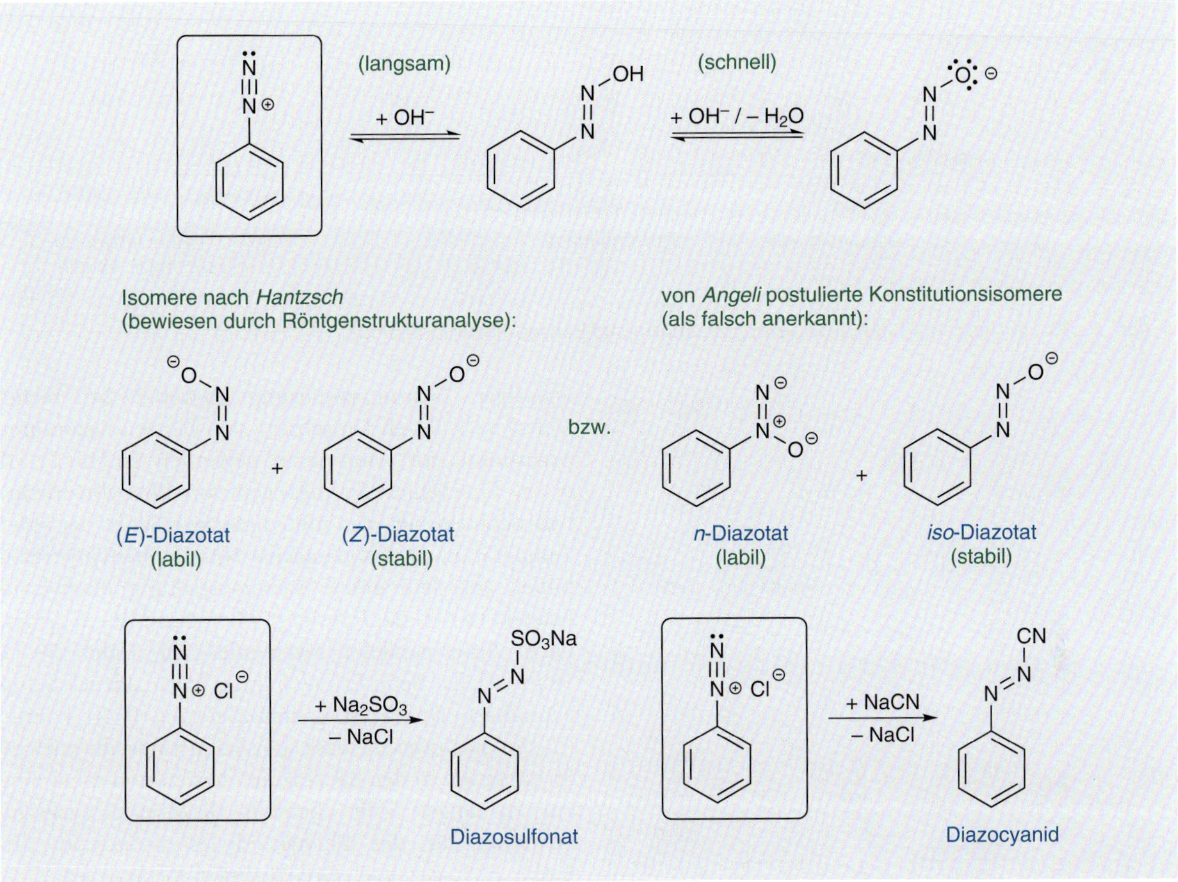


**o Abb. 22.29** Bei den Umsetzungen von Diazoniumsalzen mit Hydroxidionen entstehen Diazotate, die als (*E*/*Z*)-Isomere vorliegen. Analog entstehen mit Cyanid- oder Hydrogensulfitionen die entsprechenden Diazocyanide bzw. Diazosulfonate.

ion von einem Hydroxid-Ion abgefangen. Das entstandene Diazohydroxid ist jedoch Gleichgewichtsmessungen zufolge als eine instabile Zwischenstufe anzusehen, die sofort mit einem zweiten Hydroxid-Ion unter Bildung eines Diazotat-Anions reagiert (o Abb. 22.29, oben). Die Eigenschaften von Diazotaten hängen wesentlich von den Reaktionsbedingungen bei ihrer Herstellung ab. Die beim Zusammengeben der Lösungen sofort ausfallenden Produkte sind äußerst reaktionsfähig. Anders verhalten sich Diazotate, die erst bei längerer Einwirkung von überschüssigem Alkali – teilweise erst unter Erwärmen – ausfallen. Aufgrund der experimentellen Befunde wurde die Existenz zweier isomerer Diazotate postuliert, die zunächst entweder nach *Hantzsch* als *cis(syn)-trans(anti)*-Isomere oder nach *Angeli* als Konstitutionsisomere aufgefasst wurden (o Abb. 22.29, Mitte). Durch IR-spektroskopische Untersuchungen und durch eine Röntgenstrukturanalyse wurde bewiesen, dass Diazotate die von *Hantzsch* angegebene Struktur haben und somit als *syn*/*anti*-Isomere auftreten können. Analog werden bei der Einwirkung von Sulfit- oder Cyanid-Ionen auf Diazoniumsalze die entsprechenden **Diazosulfonate** oder **Diazocyanide** gebildet (o Abb. 22.29, unten). Physikalische Untersuchungen von *Le Fèvre* an arylsubstituierten Diazocyaniden ergaben, dass diese wie Diazotate ebenfalls als (*Z*/*E*)- bzw. *syn*/*anti*-Isomere auftreten können.

**Phenylhydrazin** wurde bereits als wertvolles Reagenz zur Identifizierung der Carbonylgruppe in Aldehyden, Ketonen und Zuckern erwähnt (▸Kap. 12.1.3, ▸Kap. 17.1.3). Sowohl technisch als auch im Labor wird Phenylhydrazin durch Reduktion von Benzendiazoniumchlorid mit einer Natriumsulfitlösung synthetisiert (*E. Fischer* 1875; o Abb. 22.30). Dabei entsteht wie oben beschrieben zuerst Diazoniumsulfit, das sich rasch in Diazosulfonat umlagert (o Abb. 22.30). Nach Zugabe von Salzsäure reduziert dann die frei werdende schweflige Säure die Azogruppe unter Bildung von Natriumphenylhydrazinsulfonat. Schließlich wird beim Erhitzen in stark saurer Lösung die Sulfonylgruppe abgespalten, wobei Phenylhydrazinhydrochlorid ausfällt. Freies Phenylhydrazin erhält man anschließend aus dem Salz durch Umsetzen mit der entsprechenden Menge Natronlauge. Phenylhydrazin ist in reinem Zustand ein fast farbloses Öl, das in der Kälte kristallin erstarrt (Smp. 19,6 °C). In Gegenwart von Luftsauerstoff, beson-

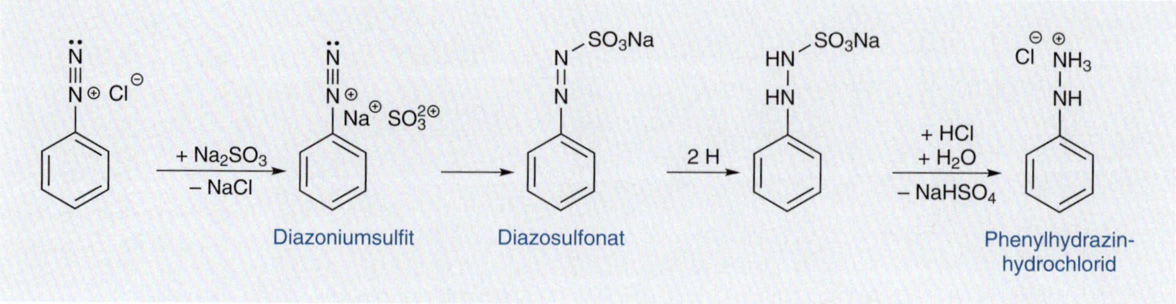


**Abb. 22.30** Synthese von Phenylhydrazinhydrochlorid aus Benzendiazoniumchlorid

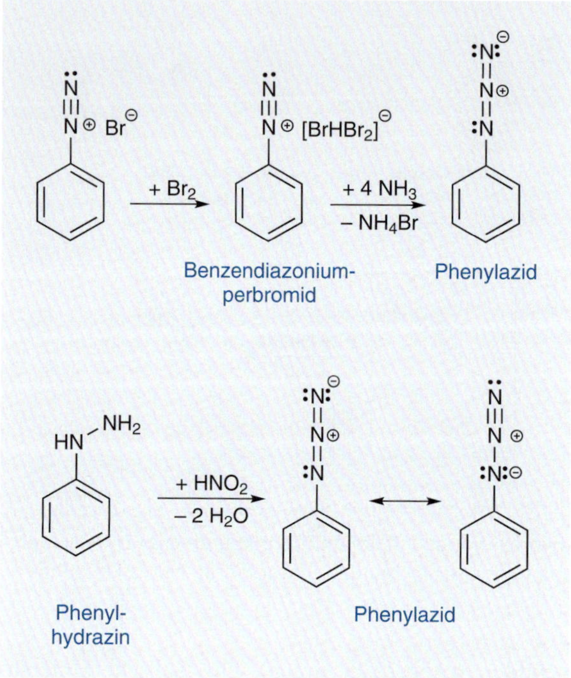


**Abb. 22.31** Synthese und mesomere Grenzformeln von Phenylazid

ders im Licht, färbt es sich rasch braun. Phenylhydrazin ist eine Base, deren Salze in Wasser leicht löslich sind; als Hydrazinderivat besitzt es ein starkes Reduktionsvermögen. Umgekehrt kann Phenylhydrazin durch energische Reduktion in Anilin und Ammoniak gespalten werden. Physiologisch wirkt die Verbindung als **Methämoglobinbildner** (Methämoglobin ist Hämoglobin, in dem Fe(III) statt Fe(II) vorliegt; die Bindung von Sauerstoff ist nicht mehr möglich, ab einem Methämoglobinanteil von 30 % zeigen sich Anzeichen von Sauerstoffmangel im Gewebe), auf der Haut kann es Ekzeme hervorrufen. Verschiedene Phenylhydrazin-Derivate, z. B. aus Pilzen, haben sich im Tierversuch als carcinogen erwiesen. Neben seiner Bedeutung als Reagenz zum Nachweis von Carbonylgruppen spielt Phenylhydrazin als Ausgangssubstanz bei der Synthese von Farbstoffen und Indolderivaten eine Rolle.

**Phenylazid** lässt sich außer durch die bereits erwähnte Reaktion von Benzendiazoniumsalzen mit wässriger Natriumazidlösung (Abb. 22.24, rechts Mitte) auch durch Umsetzung von Benzendiazoniumperbromid mit Ammoniak gewinnen (Abb. 22.31, oben). Eine weitere Synthese geht vom Phenylhydrazinhydrochlorid aus, das mit salpetriger Säure bei einer Temperatur von 0 °C zunächst Nitrosophenylhydrazin bildet, aus dem unter Wasserabspaltung Phenylazid entsteht (Abb. 22.31, unten). Phenylazid ist ein gelbes, nach Bittermandelöl riechendes Öl (Sdp. 59 °C, 18 mbar), das beim Erhitzen unter Normaldruck heftig explodiert. Durch Isotopenmarkierung ($^{15}N$) konnte *Clusius* nachweisen, dass die Azidgruppe die gleiche Struktur wie in den Säureaziden besitzt und nicht eine zur damaligen Zeit ebenfalls diskutierte cyclische Struktur. Für das Phenylazid lassen sich die in Abb. 22.31 gezeigten Grenzformeln formulieren.

## Kupplungsreaktionen

Unter einer **Azo-Kupplung** versteht man die Verknüpfung von aromatischen Diazoniumverbindungen mit einer zweiten, nucleophilen Komponente (▸Kap. 2.4.2). Große Bedeutung haben die Umsetzungen von Diazoniumsalzen mit aromatischen Aminen und Phenolen zu Diazoamino- bzw. Azoverbindungen (N- bzw. C-Kupplung). Der jeweilige Reaktionsverlauf hängt entscheidend vom pH-Wert der Lösung ab. Technische Anwendung finden solche Kupplungsreaktionen hauptsächlich in der **Farbstoffindustrie**.

### Kupplungsreaktion mit aromatischen Aminen

Mit einigen primären Aminen erhält man bei der Reaktion mit Diazoniumionen in schwach saurer Lösung die entsprechenden Diazoaminoverbindungen (**N-Kupplung**). So entsteht **Diazoaminobenzen** bei der Einwirkung von Anilin auf Benzendiazoniumchlorid in essigsaurer Lösung (Abb. 22.32). In der Praxis versetzt man dazu eine Anilinhydrochloridlösung bei einer Temperatur von 0 °C mit so viel Natriumnitrit, dass nur die Hälfte des Anilins diazotiert wird, und fügt dann Natriumacetat als Puffer hinzu. Diese N-Kupplung ist allerdings auf wenige primäre aromatische Amine wie Anilin, dessen *o*- oder *p*-Substitutionsprodukte und *p*-Toluidin beschränkt. Meist erfolgt mit aromatischen Aminen, z. B.

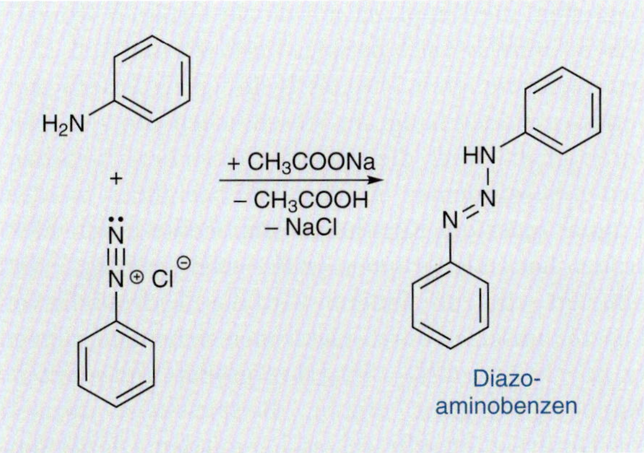


**o Abb. 22.32** *N*-Kupplung von Benzendiazoniumchlorid mit Anilin

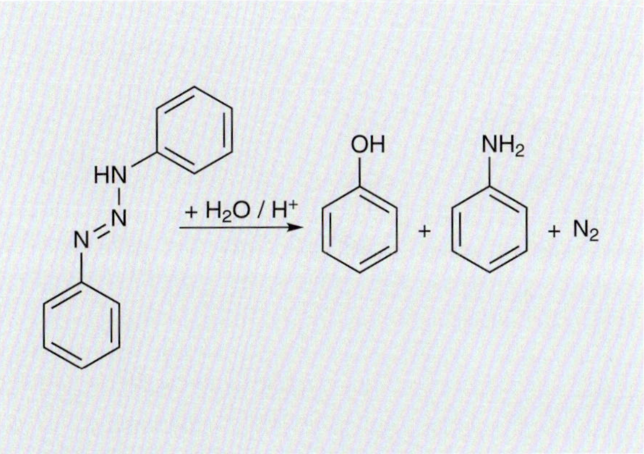


**o Abb. 22.33** Spaltung von Diazoaminobenzen durch Erhitzen mit verdünnten Mineralsäuren

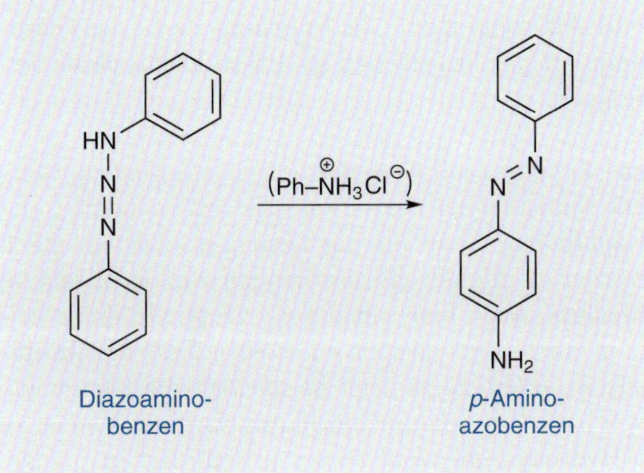


**o Abb. 22.34** Umlagerung von Diazoaminobenzen zu *p*-Aminoazobenzen durch Einwirkung von katalytischen Mengen Anilin

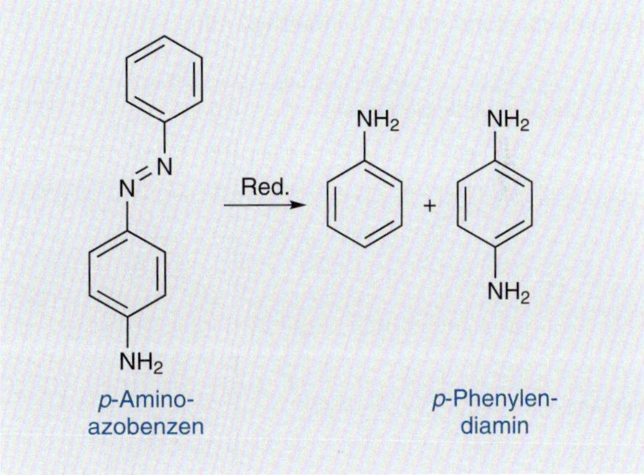


**o Abb. 22.35** Reduktive Spaltung von *p*-Aminoazobenzen

mit *m*-Toluidin, *m*-Phenylendiamin und *m*-Naphthylamin, sofort eine C-Kupplung (siehe unten).

**Diazoaminobenzen** kristallisiert in goldgelben Blättchen (Smp. 100 °C), die beim raschen Erhitzen explodieren. Es ist unlöslich in Wasser, etwas besser löslich in heißem Ethanol und leicht löslich in Benzen oder Ether. Diazoaminobenzen reagiert nur schwach basisch und ergibt daher mit Säuren keine beständigen Salze. Beim Erhitzen mit verdünnten Mineralsäuren findet eine Spaltung in Phenol, Anilin und Stickstoff statt (o Abb. 22.33).

Charakteristisch für Diazoaminoverbindungen ist ihre leicht durchführbare **Umlagerung zu Aminoazoverbindungen**. Erwärmt man z. B. Diazoaminobenzen in Anilin mit geringen Mengen Anilinhydrochlorid auf etwa 40 °C, lagert es sich zu dem stabileren *p*-Aminoazobenzen um (o Abb. 22.34). Die Umlagerung verläuft intermolekular, d. h., es erfolgt primär eine Spaltung in das Diazoniumsalz und Anilin, anschließend kommt es zu einer **C-Kupplung**. Ist die *p*-Stellung des primären Amins substituiert, entstehen *o*-Aminoazoverbindungen.

*p*-Aminoazobenzen kristallisiert in gelben Nadeln mit einem Schmelzpunkt von 127 °C, ist in Wasser, Ethanol und Ether wenig, jedoch in siedendem Benzen gut löslich. Es kann durch Reduktion mit Zinn und Salzsäure, oder besser durch Titan(III)-chlorid, in Anilin und *p*-Phenylendiamin gespalten werden (o Abb. 22.35).

Im Gegensatz zu der oben aufgeführten N-Kupplung reagieren insbesondere tertiäre aromatische Amine mit Diazoniumsalzen in schwach saurer Lösung sofort in *p*-Stellung zu *p*-Aminoazoverbindungen (**C-Kupplung**). Beispielsweise liefert die Reaktion von Benzendiazoniumchlorid mit *N*,*N*-Dimethylanilin das Kupplungsprodukt *p*-Dimethylaminoazobenzen (**Buttergelb**; o Abb. 22.36). Die Verbindung bildet gelbe Blättchen mit einem Schmelzpunkt von 117 °C und hat sich im Tierversuch als carcinogen erwiesen. Wie der Trivialname bereits andeutet, wurde diese Verbindung früher zum Färben von Butter eingesetzt; aufgrund ihrer gesundheitsschädlichen Eigenschaften wurde von diesem Verwendungszeck jedoch später wieder Abstand genommen. Ist die *p*-Stellung zur Amino-

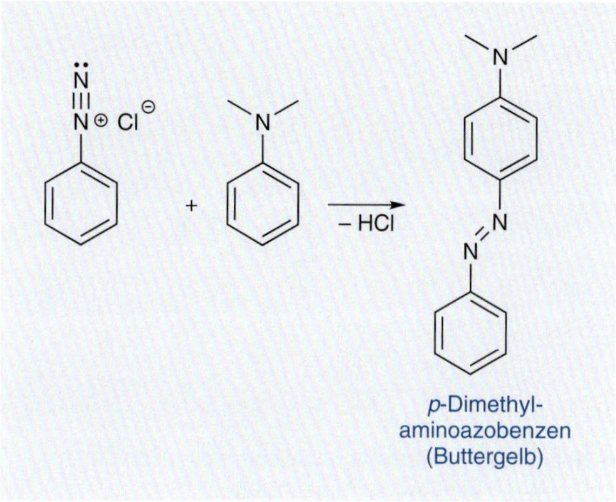


**o Abb. 22.36** C-Kupplung (Azo-Kupplung) von Benzendiazoniumchlorid und *N,N*-Dimethylanilin

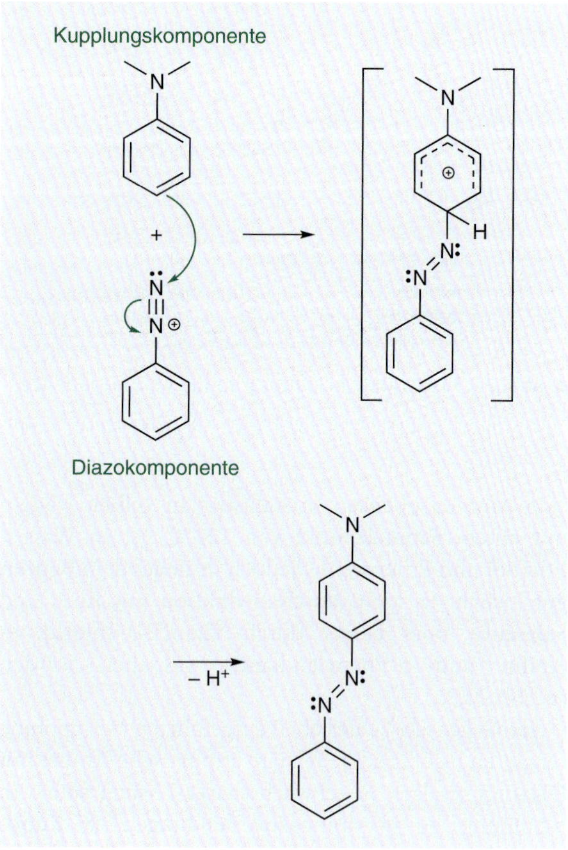


**o Abb. 22.37** Mechanismus der Azo-Kupplung

gruppe besetzt, tritt die Azogruppe wie erwähnt in die *o*-Stellung ein.

### Mechanismus von Azo-Kupplungsreaktionen

Das endständige N-Atom der Diazoniumgruppe ist durch den –I-Effekt des positiv geladenen N-Atoms an Elektronen verarmt. Das Diazonium-Ion kann daher als schwaches Elektrophil ein anderes, insbesondere ein elektronenreiches aromatisches System elektrophil angreifen; die Kupplung mit einem tertiären aromatischen Amin lässt sich beispielsweise wie in o Abb. 22.37 gezeigt formulieren. Die Geschwindigkeit dieser Kupplungsreaktionen hängt im Wesentlichen von zwei Faktoren ab, die durch die am Benzenkern bereits vorhandenen Substituenten entscheidend beeinflusst werden. Einmal muss die Kupplungskomponente durch Elektronen liefernde Gruppen (z. B. $-NH_2$, $-NR_2$, $-O^-$) aktiviert sein, zum anderen wird die Elektrophilie von Diazoniumsalzen durch Elektronen ziehende Gruppen (z. B. $-NO_2$, $-CN$, $-SO_3H$) vergrößert und somit die Kupplungsfähigkeit erhöht. Beispielsweise reagiert 2,4-Dinitroanilin sehr viel rascher mit dem Diazoniumion von *p*-Nitroanilin als mit Benzendiazoniumchlorid. Umgekehrt erschweren Elektronen liefernde Substituenten am Benzenkern von Diazoniumsalzen, wie Alkyl- oder Alkoxylgruppen, die Kupplung, da sie das Diazoniumion stabilisieren und so dessen Elektrophilie verringern.

### Azo-Kupplung mit Phenolen

Die Kupplung der Diazoniumsalze mit Phenolen (oder Naphtholen) in alkalischer Lösung erfolgt wesentlich rascher als die der entsprechenden Amine in saurem Medium. Auch hier tritt die Azogruppe in die *p*-Stellung zur Hydroxygruppe ein, sofern diese unsubstituiert ist. o Abb. 22.38 zeigt beispielhaft die Umsetzung von Benzendiazoniumchlorid mit Natriumphenolat zu ***p*-Hydroxyazobenzen**. Dieses kristallisiert in orangefarbenen Prismen (Smp. 152 °C) und ist wie jedes Phenol in wässrigem Ammoniak und in Laugen leicht löslich. Ist die *p*-Stellung zur Hydroxygruppe bereits besetzt, wird die Azogruppe in *o*-Stellung eingeführt. Man kommt somit zu *p*-Hydroxy- bzw. *o*-Hydroxyazoverbindungen.

Einige Hydroxyazoverbindungen lassen sich auch durch Kondensation der betreffenden Chinone mit Phenylhydrazin (oder dessen Derivaten) herstellen, da die dabei gebildeten *p*-Benzochinonmonophenylhydrazone in einem Tautomeren-Gleichgewicht mit Hydroxyazoverbindungen stehen.

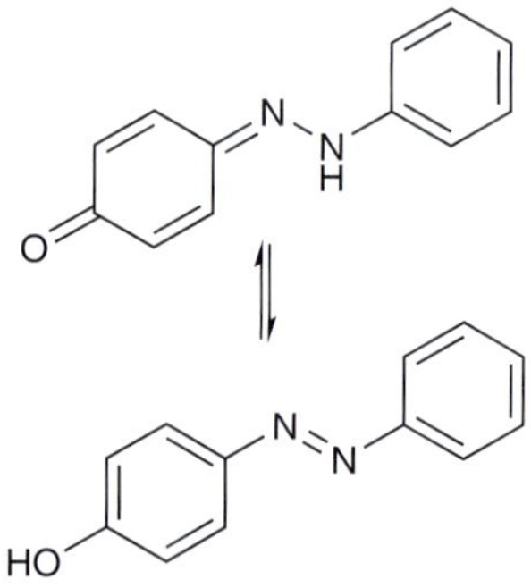

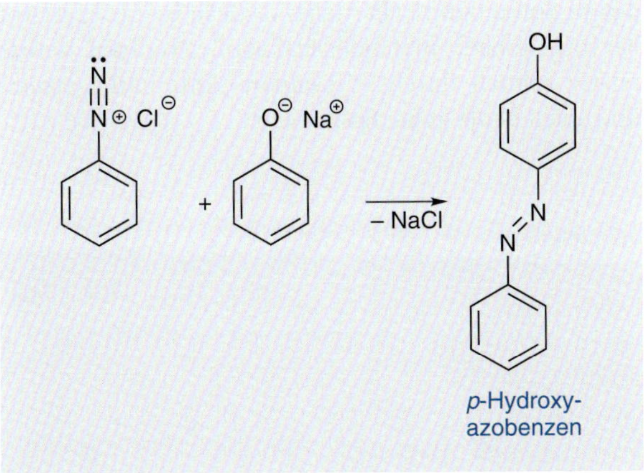


**o Abb. 22.38** Bei der Umsetzung von Benzendiazoniumchlorid mit Natriumphenolat findet eine Azo-Kupplung in *para*-Position statt.

### Kupplung mit reaktionsfähigen Methylengruppen

Diazoniumsalze können auch mit Verbindungen, die wie Acetessigester, Malonester u. a. „aktive Methylengruppen" besitzen, reagieren. Die primär entstehenden Azoverbindungen lagern sich jedoch sofort in die tautomeren Arylhydrazone um (o Abb. 22.39). Zu dieser Gruppe von Reaktionen gehören auch die Kupplungen von 1-Aryl-3-methyl-5-pyrazolonen und deren Derivaten (▸Kap. 30.1.4).

## 22.2.4 Ausgewählte Verbindungen

Eine wichtige Gruppe innerhalb der aromatischen Azoverbindungen sind **Azofarbstoffe**, die in der Farbstoffindustrie Verwendung finden; sie wurden bereits in ▸Kap. 2.5.4 näher beschrieben. Daneben beinhaltet diese Strukturklasse aber auch verschiedene Arzneistoffe.

### Sulfasalazin

Das entzündungshemmende Sulfasalazin wird hauptsächlich zur Behandlung chronisch entzündlicher Darmerkrankungen wie *Colitis ulcerosa* und *Morbus Crohn* eingesetzt. Sulfasalazin ist ein Prodrug, das erst im Dickdarm von dem bakteriellen Enzym Azoreduktase aktiviert wird (o Abb. 22.40). Dabei findet eine reduktive Spaltung an der Azogruppe statt, wodurch neben Sulfapyridin der aktive Metabolit 5-Aminosalicylsäure freigesetzt wird.

### Sulfamidochrysoidin

Das auch unter dem Handelsnamen **Prontosil** bekannte Antibiotikum Sulfamidochrysoidin (o Abb. 22.41) wurde bereits in den 1930er Jahren bei Bayer entwickelt und war der erste Vertreter aus der Klasse der Sulfonamide (▸Kap. 22.1.4). Der Arzneistoff spielte vor allem während des Zweiten Weltkrieges auf deutscher Seite eine große Rolle, da hier Penicillin noch nicht verfügbar war. Prontosil ist, ähnlich wie Sulfasalazin, ein Prodrug,

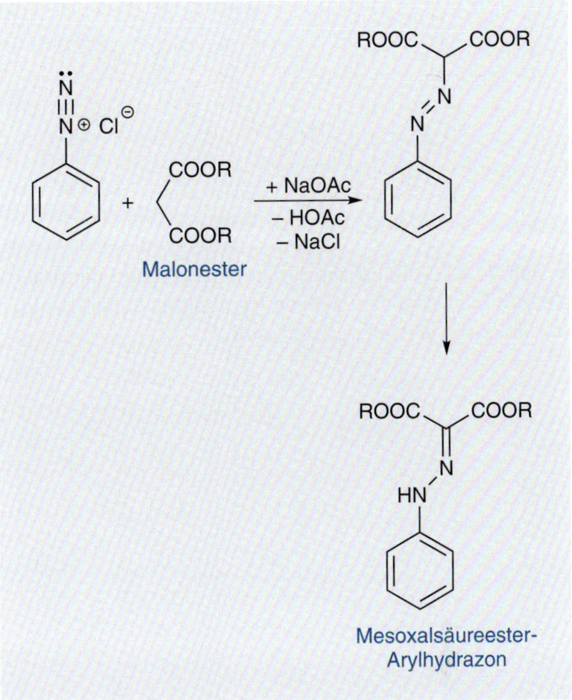


**o Abb. 22.39** Kupplung von Benzendiazoniumchlorid mit Malonester mit anschließender Umlagerung zu Arylhydrazon

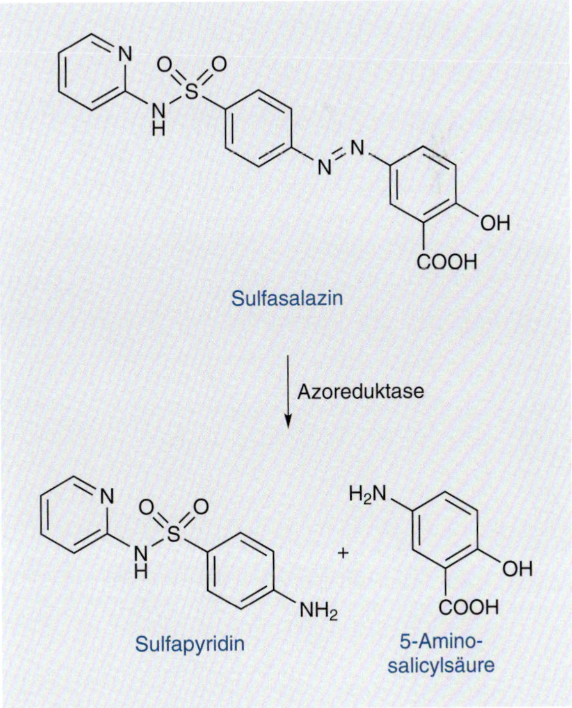


**o Abb. 22.40** Enzymatische Spaltung von Sulfasalazin, das als Prodrug zur Behandlung entzündlicher Darmerkrankungen eingesetzt wird.

22

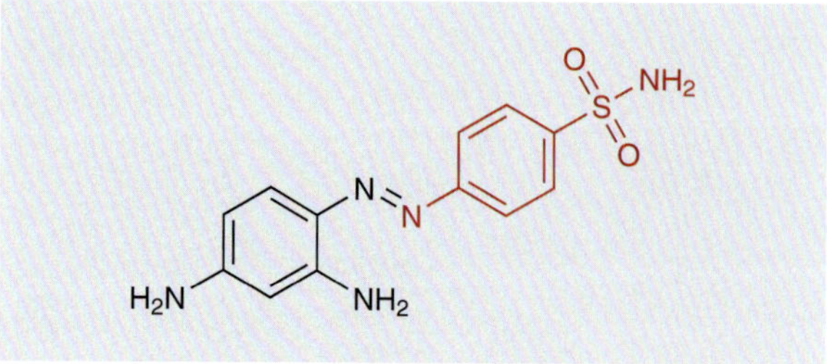


**○ Abb. 22.41** Struktur von Sulfamidochrysoidin (Prontosil), das *in vivo* zu dem aktiven Metaboliten Sulfanilamid (rot markiert) verstoffwechselt wird.

das zu Sulfanilamid (Partialstruktur in ○ Abb. 22.41 rot hervorgehoben) metabolisiert wird. Prontosil wurde relativ schnell durch wirksamere Antibiotika ersetzt und spielt heute keine Rolle mehr.

# 23 Oligo- und Polyphenyle, Arylalkane

Biphenyle ... 639 | Terphenyle und Polyphenyle ... 641 | Arylmethane ... 644 |
Arylethane und freie Radikale ... 653

Als Oligo- bzw. Polyphenyle werden organische Verbindungen bezeichnet, in denen zwei oder mehr Benzenringe direkt über eine C—C-Bindung miteinander verknüpft sind. Die bedeutendsten Vertreter der Oligophenyle sind die Bi- und Terphenyle. Strukturell ähnlich aufgebaut sind die Arylmethane, die sich von Methan durch sukzessiven Ersatz der H-Atome durch Arylgruppen ableiten. Der wichtigste Vertreter ist Triphenylmethan, von dem sich die Triphenylmethanfarbstoffe ableiten, zu denen auch Phenolphthalein gehört. Ersetzt man die Methylenbrücke zwischen den Phenylresten durch längere Kohlenwasserstoffbrücken, gelangt man zu den höheren Arylalkanen, z. B. Diphenylethan oder Tetraphenylethan.

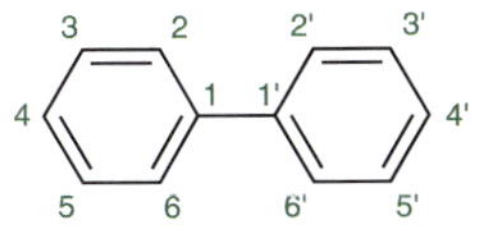


Biphenyl

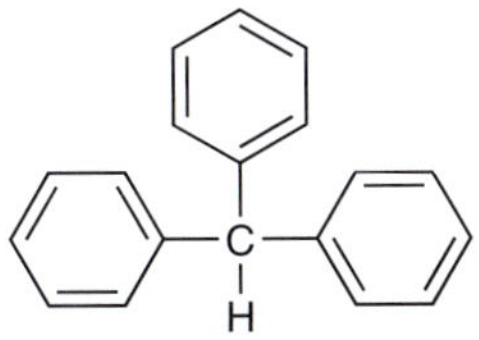


Triphenylmethan (Tritan)

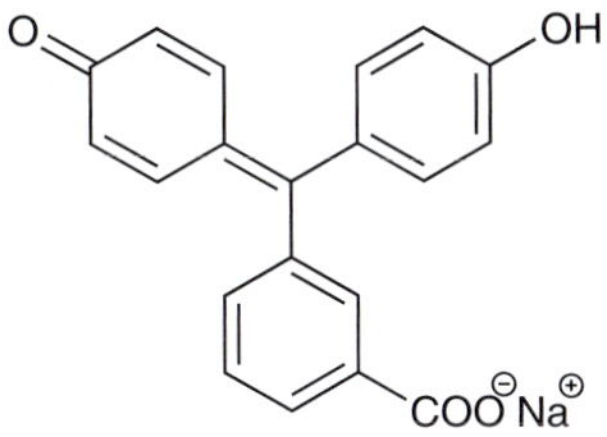


Phenolphthalein

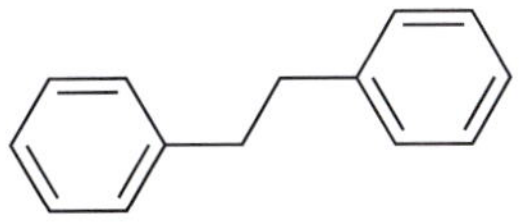

1,2-Diphenylethan

*p*-Terphenyl

## 23.1 Biphenyle

### 23.1.1 Struktur und Eigenschaften

**Biphenyl** (früher: Diphenyl) ist der einfachste Vertreter der Stoffklasse der **Polyphenyle**, bei denen zwei oder mehr Benzenringe über eine C—C-Bindung direkt miteinander verknüpft sind. Biphenyl kristallisiert in farblosen, glänzenden Blättchen mit einem Schmelzpunkt von 69,2 °C, die sich nicht in Wasser, wohl aber in Ethanol, Benzen und Ether lösen. Das chemische Verhalten des Biphenyls entspricht dem anderer aromatischer Kohlenwasserstoffe. Die beiden Ringe sind wegen der sterischen Wechselwirkungen der *ortho*-ständigen H-Atome nicht planar, sondern um 44° gegeneinander verdreht. Die Rotation um die zentrale C—C-Achse ist allerdings nahezu ungehindert möglich. Bei größeren *ortho*-Substituenten kommt es hingegen zu einer sterischen Behinderung bei der Rotation, sodass die Rotationsbarrieren *ortho,ortho*'-substituierter Biphenyle stark zunehmen. Dies kann zum Auftreten von **Atropisomerie** führen (▸Exkurs: Atropisomerie bei Biphenylderivaten). Zur systematischen Kennzeichnung der Stellung weiterer Substituenten an den beiden Kernen werden beide Ringe von der gemeinsamen C—C-Bindung ausgehend durchnummeriert. Demnach wird z. B. Benzidin als 4,4'-Biphenyldiamin bezeichnet.

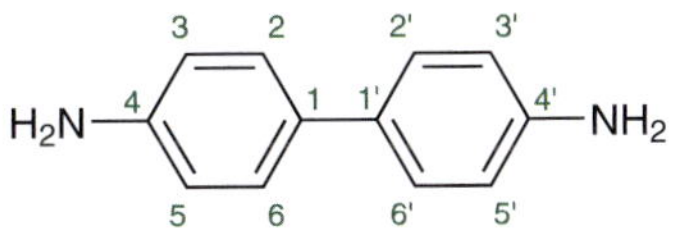


Benzidin

Bei der Anknüpfung weiterer Benzenringe an die 4- oder 4'-Position des Biphenyls kommt man zu den ***p*-Oligophenylen** und schließlich zum **Poly-*p*-phenylen (PPP)**.

**Exkurs: Atropisomerie bei Biphenylderivaten**

Die freie Drehbarkeit der aromatischen Ringe ist bei Biphenyl und seinen *para*-substituierten Derivaten nur leicht eingeschränkt; die Rotationsbarriere beträgt 6,0 kJ/mol bei 0 °C und 6,5 kJ/mol bei 90 °C. Der Gleichgewichtstorsionswinkel liegt bei ca. 44°. Die Rotationsbarriere steigt jedoch bei **2,2'(*ortho*)-disubstituierten Biphenylen** so stark an, dass sie bereits für das 2,2'-Dimethyl-Derivat bei 72,8 kJ/mol liegt, wodurch keine freie Drehbarkeit bei Raumtemperatur mehr gegeben ist. Bei noch voluminöseren Substituenten muss noch mehr Energie aufgewendet werden. Diese Einschränkung der Drehbarkeit führt dazu, dass bei 2,2'- und 6,6'-unsymmetrisch substituierten Biphenylen **Atropisomerie** auftritt und entsprechende Verbindungen chiral sind und in Form zweier Enantiomere vorkommen. Zwar besitzen diese kein Chiralitätszentrum wie bei der zentralen Chiralität, wohl aber eine **Chiralitätsachse**; diese Form der Chiralität wird daher als **axiale Chiralität** bezeichnet (▸Kap. 3.4.5). ○ Abb. 23.1 verdeutlicht dies am Beispiel der beiden Atropisomere der 2,2'-Dinitrodiphensäure.

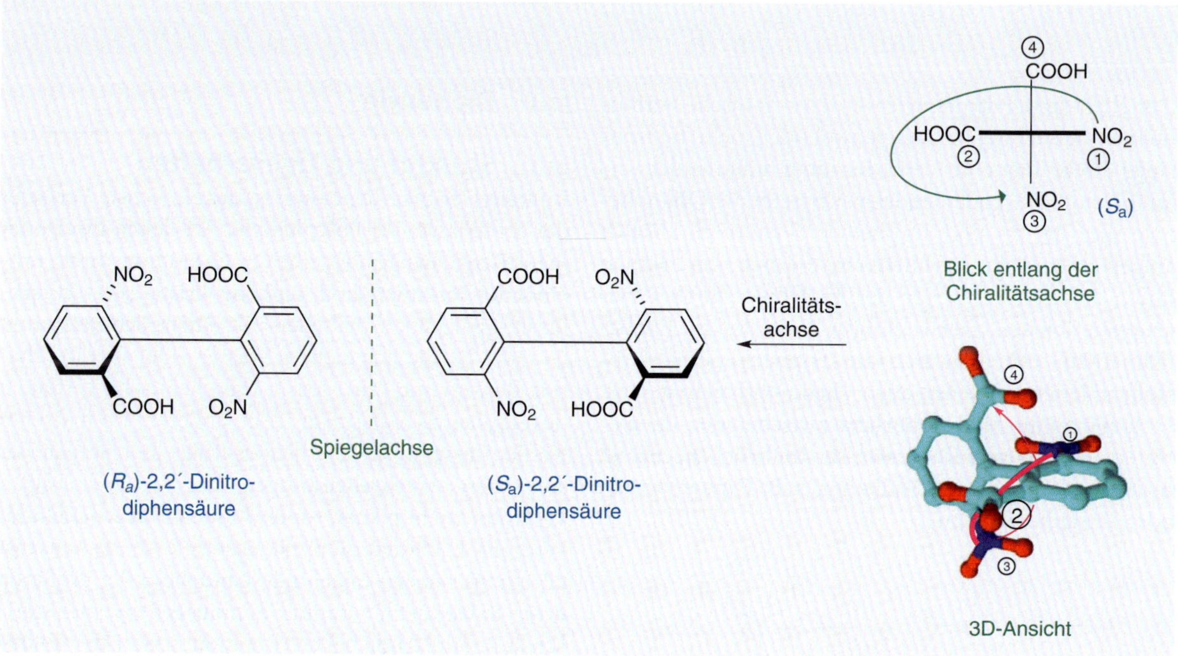


○ **Abb. 23.1** Bestimmung der Konfiguration von Atropisomeren. Die Verbindung wird entlang der Chiralitätsachse (= Verbindungsachse der Ringe) betrachtet. Die Bestimmung der Prioritäten der Substituenten erfolgt nach dem CIP-System, wobei die Substituenten des vorderen Rings mit 1 und 2, die des hinteren Rings mit 3 und 4 beziffert werden.

### 23.1.2 Gewinnung und Synthese

Biphenyl ist in geringem Umfang in Steinkohlenteer, Rohöl und Erdgas enthalten und kann daraus durch fraktionierende Destillation im Rahmen der Erdölaufbereitung gewonnen werden. Verschiedene (labor-)technische Methoden zur Darstellung von Biphenylen sind in ○ Abb. 23.2 zusammengefasst: Biphenyle können technisch durch **pyrogene Dehydrierung** von Benzen in glühenden, mit Bimssteinstücken gefüllten Eisenröhren dargestellt werden. Im Labormaßstab synthetisiert man Biphenyl nach dem ***Ullmann*-Verfahren** durch Erhitzen von Iodbenzen mit Kupferbronze, in einer ***Grignard*-Reaktion**, z. B. von Phenylmagnesiumbromid mit Brombenzen, oder durch **Elektrolyse** eines Benzenderivats, bei der anodisch ein Radikalkation auftritt, das mit einem weiteren Äquivalent des Benzenderivates zum Biphenyl reagiert.

### 23.1.3 Reaktionen und Anwendungen

Das chemische Verhalten der Biphenyle unterscheidet sich nicht von dem entsprechender monocyclischer Aromaten. Somit sind prinzipiell alle Reaktionen möglich, die auch andere aromatische Verbindungen, wie z. B. das Benzen, eingehen (▸Kap. 18–21). Der Phenylrest – als Erstsubstituent betrachtet – ist ein induktiv elektronenziehender Rest, der jedoch auch über einen +M-Effekt verfügt und daher in elektrophilen, aromatischen Substitutionen, z. B. bei einer Bromierung oder Nitrierung, in *ortho*- und *para*-Stellung dirigiert.

**Biphenyl** wurde früher wegen seiner wachstumshemmenden Eigenschaften gegenüber Schimmelpilzen als **Konservierungsmittel** auf Schalen von Citrusfrüchten verwendet. Derart behandelte Schalen sind jedoch nicht zum Verzehr geeignet. Biphenyl wurde daher im Jahr 2005 in der EU aus der Liste der zulässigen Ober-

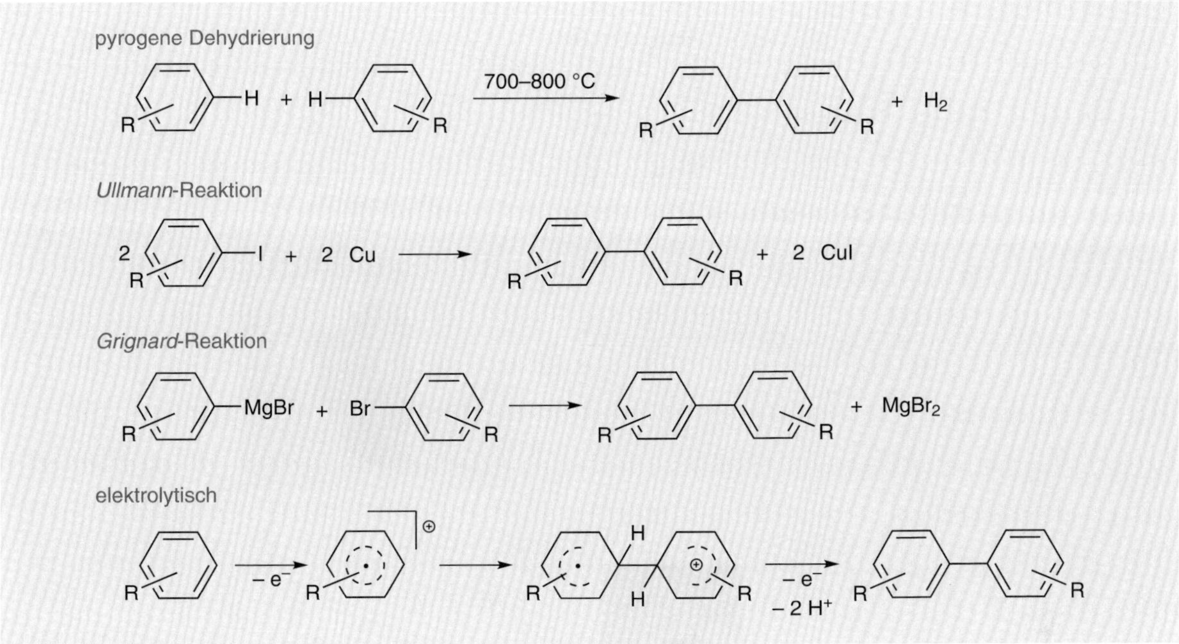


**○ Abb. 23.2** Darstellung von Biphenylen durch pyrogene Dehydrierung, nach der *Ullmann*-Reaktion, nach der *Grignard*-Reaktion und durch Elektrolyse. Zu beachten ist, dass nur die Synthesen über die *Ullmann*- und die *Grignard*-Reaktion regioselektiv ablaufen, d. h. im Falle substituierter Ausgangsverbindungen Produkte mit definierten Substitutionsmustern liefern.

flächenbehandlungsmittel gestrichen; außerhalb der EU, beispielsweise in den USA, wird Biphenyl allerdings nach wie vor zu diesem Zweck eingesetzt. Die Substanz kam auch als **Schädlingsbekämpfungsmittel** zum Einsatz, was jedoch in der EU ebenfalls nicht mehr zulässig ist. Wegen seiner hohen Zersetzungstemperatur unter Luftausschluss eignet sich Biphenyl als **Wärmeträger** sowie als Arbeitsmittel in Dampfkraftwerken. Es dient außerdem als Grundkörper und Ausgangsstoff für eine Vielzahl chemischer Produkte. So fungieren *o*-Tolidin und *o*-Dianisidin (○ Abb. 23.3, oben links) als Diazokomponenten bei der Herstellung von **Azofarbstoffen** (z. B. Kongorot; ○ Abb. 23.3, oben rechts), deren Einsatz wegen möglicher carcinogener Eigenschaften der Abbauprodukte in der EU jedoch stark reguliert ist. Polyhalogenierte Biphenyle, insbesondere die **Polychlorbiphenyle (PCB)** wurden früher in großen Mengen wegen ihrer guten elektrischen Eigenschaften und ihrer Beständigkeit in Transformatoren und Kondensatoren verbaut (○ Abb. 23.3, unten links); aufgrund ihrer umweltschädigenden Wirkung und chronischen Toxizität wurden sie jedoch im Jahr 2001 im Rahmen der *Stockholmer* Konvention weltweit verboten. Die Cyanobiphenyle waren die ersten kommerziell erfolgreichen **nematischen Flüssigkristalle**, die Anfang der 1970er Jahre in Digitaluhren und Taschenrechnern zum Einsatz kamen (○ Abb. 23.3, unten rechts).

## 23.2 Terphenyle und Polyphenyle

### 23.2.1 Struktur und Eigenschaften

Höhere Oligophenyle wie das aus drei Benzenkernen bestehende, lineare **$p$-Terphenyl** (○ Abb. 23.4, unten) sind sehr stabile Verbindungen, die mit steigender Kettenlänge farbig werden: Durch das größer werdende $\pi$-System verringert sich generell der HOMO-LUMO-Abstand und die für die Elektronenanregung notwendige Energie verschiebt sich in den Bereich des sichtbaren Lichts. Derselbe Effekt ist übrigens für die intensive Farbe von $\beta$-Carotin (▸ Kap. 26.2.1) verantwortlich. Ebenso nimmt mit steigender Kettenlänge die Oxidationsempfindlichkeit der Verbindungen unter Bildung von **Radikal-Kationen** $[Ar]^{\bullet+}$ zu.

Mit zunehmender Anzahl von Benzenringen werden die $p$-Oligophenyle schnell unlöslich, so dass ihre Synthese und eindeutige Charakterisierung schwierig ist. Die für das unsubstituierte **Poly-$p$-phenyl (PPP**; ○ Abb. 23.4, oben) typischerweise erreichbaren Polymerisationsgrade sind daher recht klein (ca. 10 bis 30). Substituierte **Poly-$p$-phenyle** sind sehr viel besser löslich, sodass hier auch Polymerisationsgrade von > 150 erreichbar sind. Poly-$p$-phenyle sind als elektrisch leitende Kunststoffe von Interesse, da sie sich durch Oxidation (z. B. durch Dotierung mit $AsF_5$) in leitfähige Radikal-Kationen überführen lassen, bei denen die ungepaarten Elektronen entlang der Polymerkette delokalisiert sind. Typische Materialien haben eine „Spinkonzentration" von etwa $10^{18}$ spins/g und erreichen

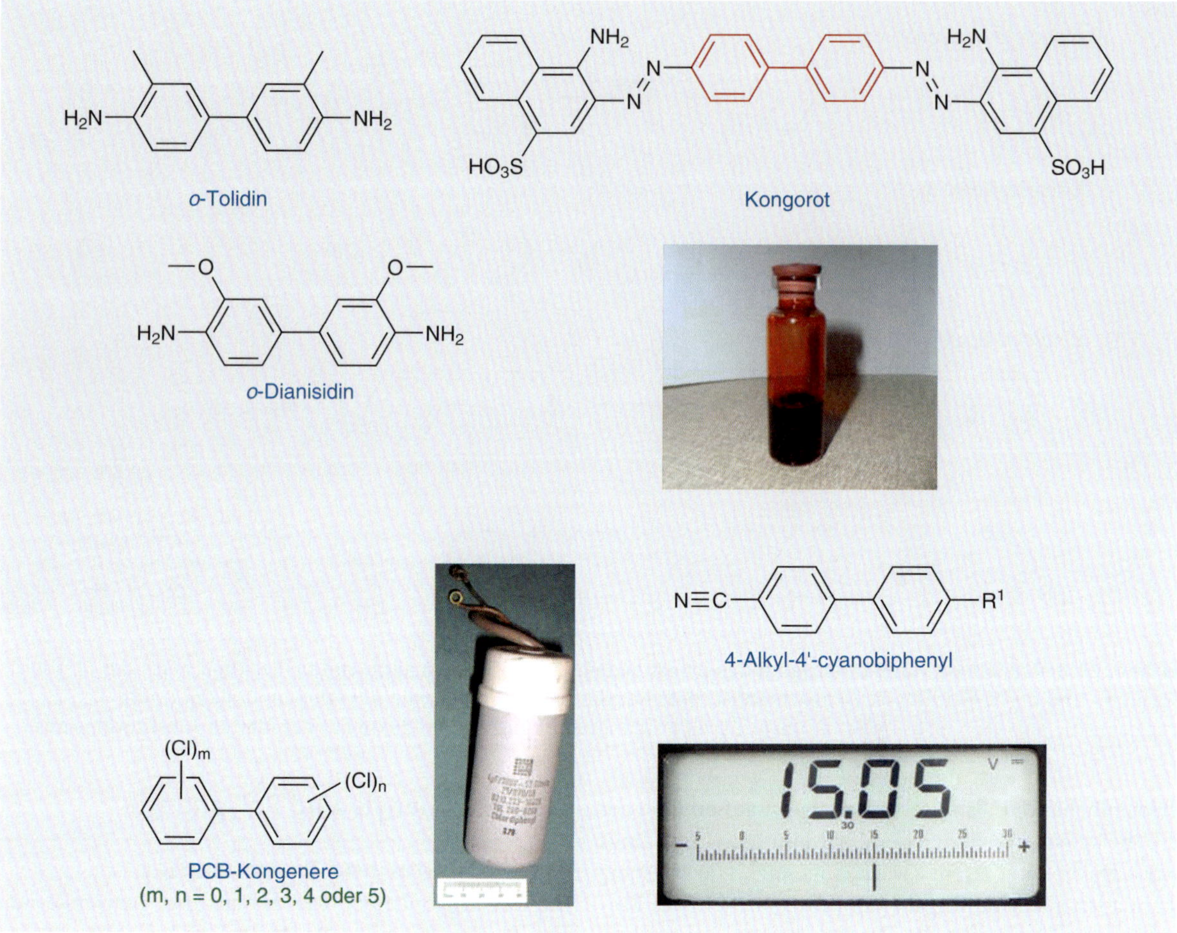


**o Abb. 23.3** Oben links: Strukturformeln von *o*-Tolidin und *o*-Dianisidin; oben rechts: Struktur des Azofarbstoffs Kongorot sowie eine Phiole mit einer wässrigen Kongorotlösung; unten links: generelles Grundgerüst polychlorierter Biphenyle (PCB) mit der Abbildung eines typischen PCB-haltigen Kondensators aus einer Wäscheschleuder (ehemalige DDR, Baujahr ca. 1979); unten rechts: 4-Alkyl-4'-cyanobiphenyl, das beispielsweise in Digitalanzeigen verwendet wird

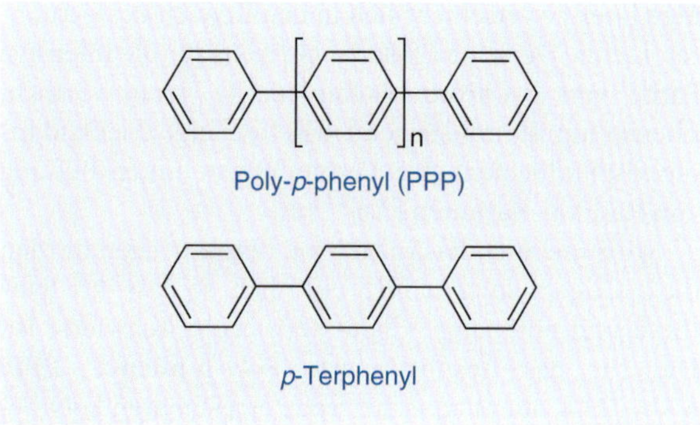


**o Abb. 23.4** Grundstruktur von Poly-*p*-phenyl sowie von *p*-Terphenyl

elektrische Leitfähigkeiten, die die Verbindungen zu einem organischen Halbleiter machen. Diese Polymere sind potenziell interessant für Anwendungen in der modernen Elektronik.

### 23.2.2 Gewinnung und Synthese

Die Darstellung von **Poly-*p*-phenyl** erfolgt z. B. aus *cis*-5,6-Dihydroxy-1,3-cyclohexadien (DHCD, o Abb. 23.5), das durch mikrobielle Oxidation von Benzen synthetisiert werden kann. Zur Polymerisation werden aus Gründen der Löslichkeit und Katalysatorverträglichkeit in der Regel geschützte Derivate wie z. B. das Trimethylsilylderivat von DHCD eingesetzt. Der verwendete Nickelkomplex wird auch bei der Polymerisation von 1,3-Butadien verwendet (▸Kap. 4) und führt hier zu der stereoregulären 1,4-Verknüpfung der Cyclohexadienringe. Nach Überführung in das entsprechende Acetat des Poly(*cis*-5,6-dihydroxy)-cyclohexens erhält man durch thermische *syn*-Eliminierung das PPP.

### 23.2.3 Reaktionen und Anwendungen

Breite Anwendung findet vor allem das ***p*-Terphenyl** als Farbstoff, als Lasermaterial (z. B. für Excimerlaser) und mit einem Absorptionsmaximum bei ca. 275 nm als potenter UV-Absorber in Sonnencremes. Polyphenyle sind aufgrund ihrer physikalischen Eigenschaften

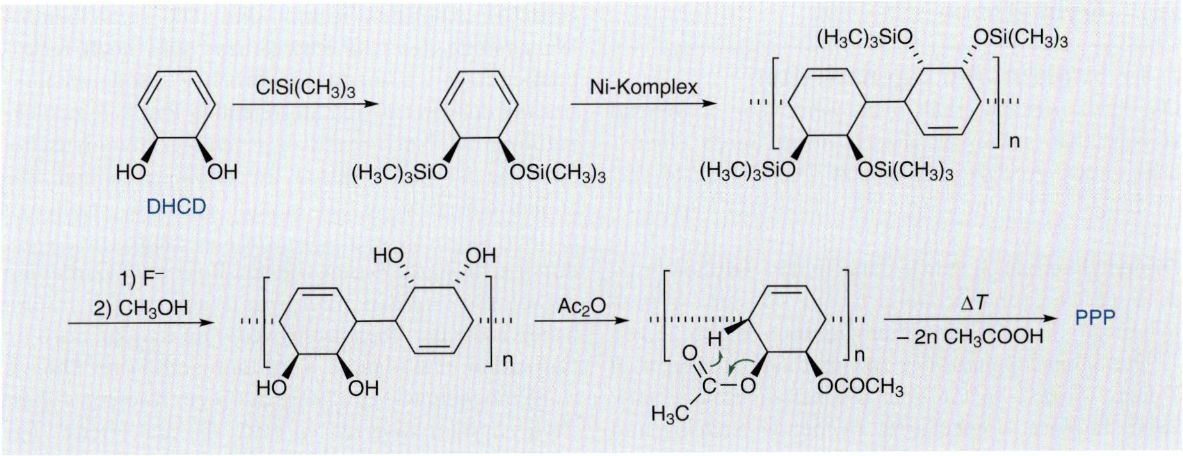


**○ Abb. 23.5** Reaktionsschema zur Darstellung von Poly-*p*-phenyl (PPP) durch Polymerisation eines 1,3-Cyclohexadien-derivates

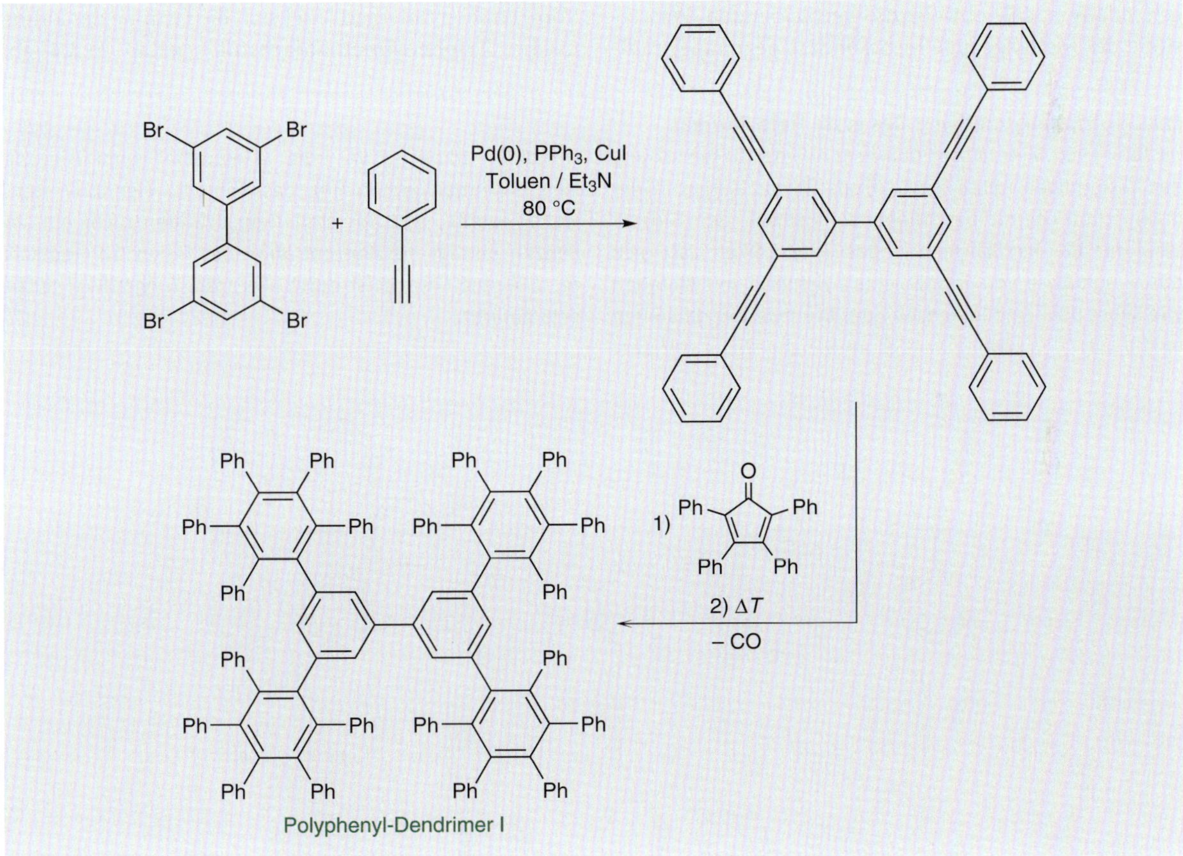


**○ Abb. 23.6** Darstellung des Polyphenyl-Dendrimers I, beginnend mit einer *Sonogashira*-Kupplung, gefolgt von einer *Diels-Alder*-Reaktion mit abschließender Abspaltung von Kohlenstoffmonoxid

(Extrudierbarkeit) und der chemischen Beständigkeit auch unter physiologischen Bedingungen Gegenstand aktueller Forschung hinsichtlich der Verwendung als vielversprechende Werkstoffe, z. B. für die Kieferorthopädie als Haltebögen für Zahnspangen. Für die Anwendung als organische Halbleiter greift man hingegen immer häufiger auf Polyphenylderivate mit konjugierten Linkern zwischen den Benzenringen zurück, wie etwa das **Poly(*p*-phenylenvinylen)** (**PPV**) oder das **Poly(*p*-phenylensulfid)** (**PPS**), die im Vergleich zu PPP nach Dotierung eine noch höhere Leitfähigkeit aufweisen. Auch dendritische Polyphenyle werden als Werkstoffe erforscht. Die Darstellung des Polyphenylen-Dendrimers I verdeutlicht die enge Verwandtschaft der Polyphenylene zu den entsprechenden Benzenderivaten (○ Abb. 23.6).

## 23.3 Arylmethane

### 23.3.1 Struktur und Eigenschaften

Die Arylkmethane erhält man, wenn man ausgehend vom Methan sukzessive die H-Atome durch Phenyl- oder andere Arylgruppen ersetzt. Die einfachste Verbindung dieser Reihe ist somit das **Toluen** (▸Kap. 18.2). Beim Ersatz eines weiteren Wasserstoffs erhält man **Diphenylmethan** (Ditan), danach das **Triphenylmethan** (Tritan) und schließlich das vollständig phenylierte Methan, das **Tetraphenylmethan** (○Abb. 23.10).

Die Schmelzpunkte der Arylmethane steigen vom Toluen (Smp. −95 °C) über Diphenylmethan (Smp. 26 °C, farblose, orangenartig riechende Nadeln) und Triphenylmethan (Smp. 93 °C, farblose Kristalle) zum Tetraphenylmethan (Smp. 283 °C, farblose bis rosafarbene Prismen) an. Toluen ist unter Normalbedingungen relativ stabil, obwohl die verbleibenden Wasserstoffe der Methylgruppe insbesondere gegenüber radikalischen Angriffen reaktiv sind. Die verbleibenden Wasserstoffe des Diphenylmethans sind noch reaktionsfreudiger, was auf die zunehmende Resonanzstabilisierung der intermediär auftretenden Radikale zurückzuführen ist. Noch reaktiver gegenüber homolytischer Spaltung ist das H-Atom im Triphenylmethan, das zudem eine gewisse CH-Acidität aufweist. Triphenylmethan kann als sehr schwache CH-Säure ($pK_S \approx 33$) durch sehr starke Basen wie *tert*-BuLi zum Carbanion deprotoniert werden. Allerdings ist aufgrund der räumlichen Nähe der Phenylreste weder im Radikal noch im Carbanion eine planare Anordnung aller drei Phenylringe möglich, wie es eigentlich für ein resonanzstabilisiertes System zu erwarten wäre; die drei Phenylringe im Triphenylmethylradikal (**Tritylradikal**, ▸Exkurs: Triphenylmethyl – Das erste freie Radikal) sind z. B. um etwa 120° gegeneinander verdreht.

Vom Triphenylmethan leitet sich die Gruppe der kationischen **Triphenylmethanfarbstoffe** (▸Kap. 23.3.4) ab,

**Exkurs: Triphenylmethyl – Das erste freie Radikal**

Im Jahr 1900 legte *Moses Gomberg* mit der Untersuchung des beständigen freien Tritylradikals (I), als erstem in der organischen Chemie beschriebenem Radikal, den Grundstein für die Radikalchemie. Das Tritylradikal lässt sich durch Homolyse von Triphenylmethylchlorid mit Metallen wie Silber oder Zink in Benzen oder Diethylether darstellen (○Abb. 23.7). In Lösung liegt es im Gleichgewicht mit dem chinoiden Dimer (II) vor; die „klassische" Dimerisierung zum Hexaphenylethan (III), das *Gomberg* eigentlich herstellen wollte, tritt aus sterischen Gründen nicht ein. In Benzen beträgt die Konzentration des freien Tritylradikals ca. 2 %. Die Lösung ist durch das freie Tritylradikal leicht gelb gefärbt.

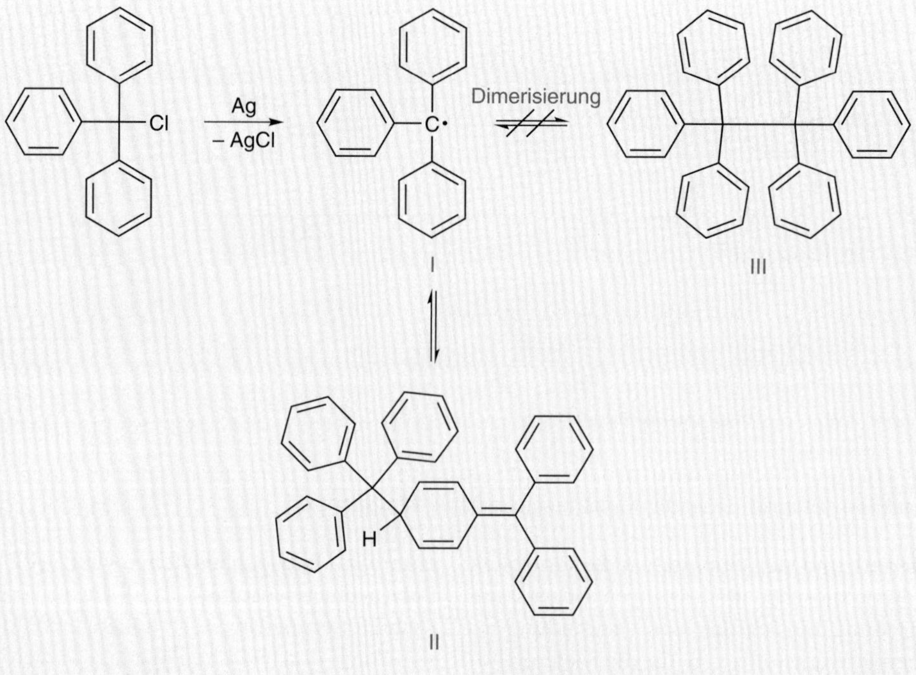


○ **Abb. 23.7** Bei der Umsetzung von Triphenylmethylchlorid mit Silber entsteht das Tritylradikal (I), das mit einem chinoiden Dimer (II) im Gleichgewicht steht. Das ebenfalls zu erwartende Hexaphenylethan (III) entsteht aus sterischen Gründen nicht.

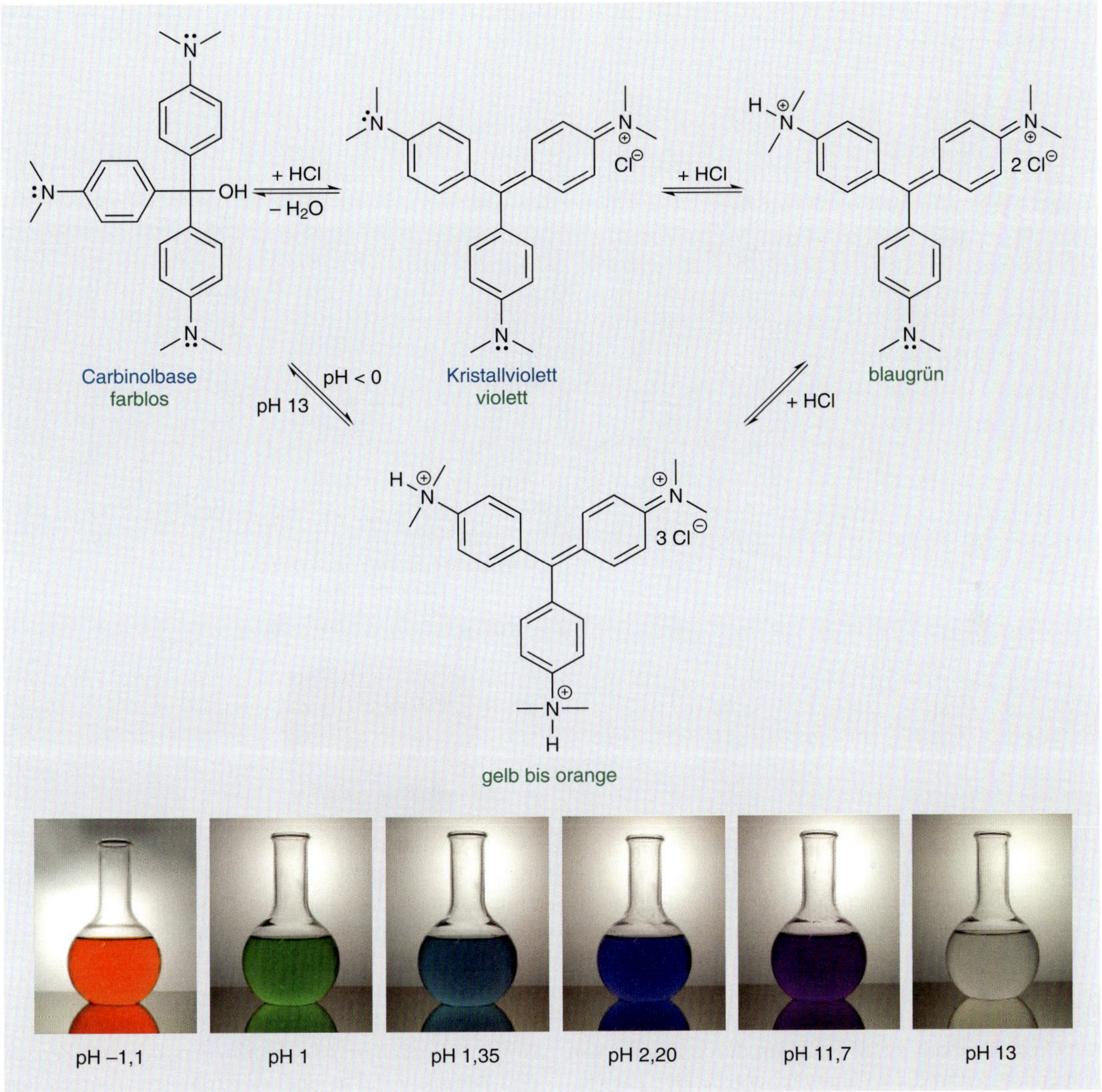


**o Abb. 23.8** Herstellung und pH-Abhängigkeit der Färbung von Kristallviolett

die in der Regel zusätzliche **auxochrome Gruppen** (▸Kap. 2.5.4) an den Phenylringen aufweisen. Durch Substituenten mit +M-Effekt, wie —OR oder —$NR_2$, verstärkt sich die Mesomerie im Carbokation, was zu einer Verringerung des HOMO-LOMO-Abstands führt. Die Verbindungen absorbieren daher sichtbares Licht und erscheinen farbig. Ihre Absorptionsmaxima und damit die Farbigkeit hängen von der Anzahl und Art der Substituenten sowie bei protonierbaren Gruppen auch vom pH-Wert ab. Vorläufer der kationischen Triphenylmethanfarbstoffe sind oft die Alkohole (Carbinolbasen) Aus diesen farblosen **Leukobasen** entstehen dann erst in Gegenwart von Säure die eigentlichen, kationischen Farbstoffe (o Abb. 23.8). Je nach pH-Wert weisen diese dann, wie z. B. das Kristallviolett, unterschiedliche Farben auf, da durch die schrittweise Protonierung der Dimethylaminogruppen die elektronischen Eigenschaften des delokalisierten $\pi$-Systems verändert werden. Alternativ lassen sich die farblosen Triarylmethane $Ar_3CH$ durch Oxidation z. B. mit Blei(IV)-oxid in die kationischen Farbstoffe überführen.

Auch Carbonsäuregruppen, die einen elektronenziehenden Effekt (-M-Effekt) auf das chromophore System ausüben, sind zu einer entsprechenden Verschiebung der Absoprtionsmaxima in den sichtbaren Bereich in der Lage, wie das Beispiel des **Phenolphthaleins** zeigt (o Abb. 23.9). Hier tritt jedoch bei pH-Wert-Änderung eine grundlegendere strukturelle Änderung auf als es bei den Amino- und Hydroxytriphenylmethanfarbstoffen der Fall ist. Oberhalb von etwa pH 8 liegt das Molekül überwiegend in einer farblosen Lacton-Form vor. Im Basischen findet eine reversible Ringöffnung des

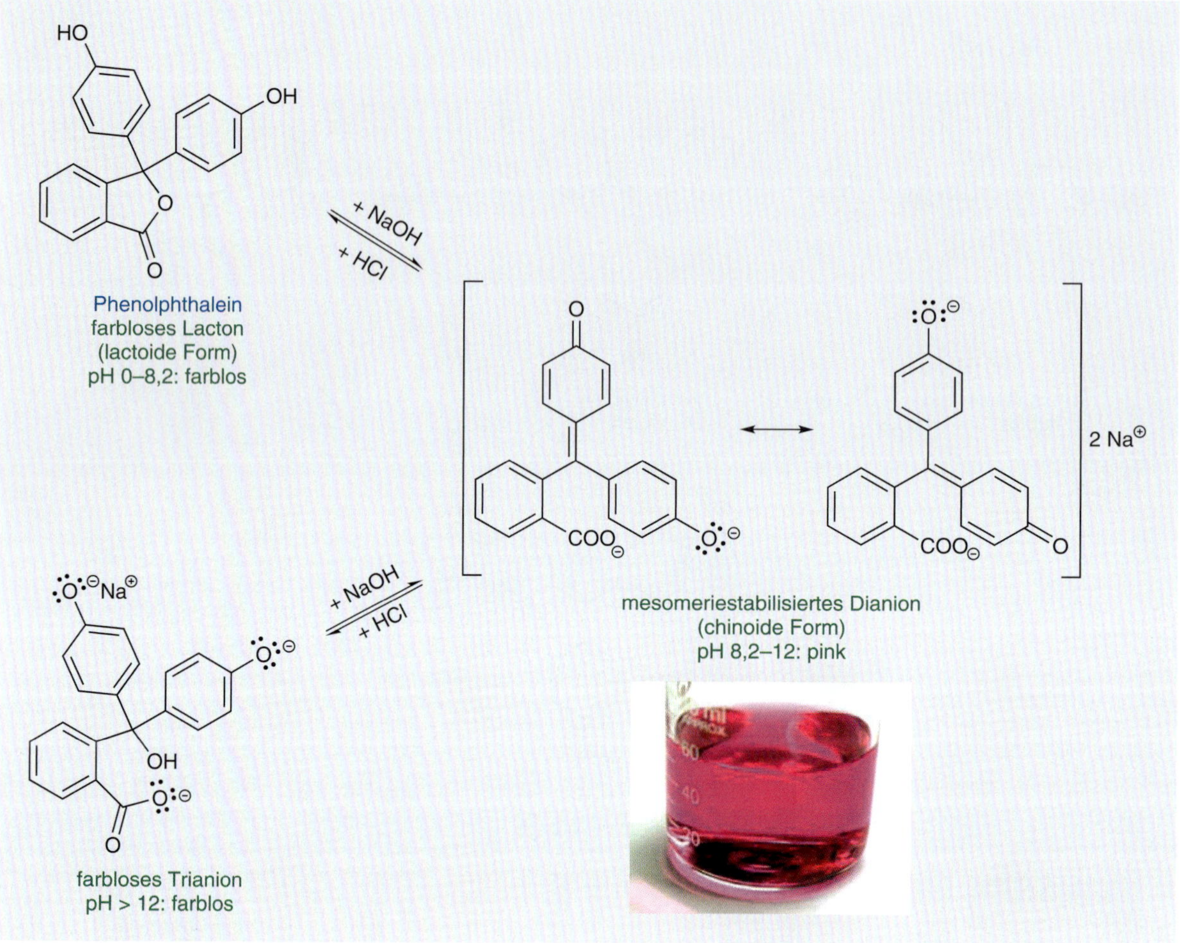


**o Abb. 23.9** Die reversible Öffnung des Lactonrings im Phenolphthalein durch Zusatz von Basen führt zur charakteristischen Violettfärbung der wässrigen Lösung bei pH-Werten von 8,2 bis 12; bei pH-Werten >12 bildet sich der erneut farblose Alkohol (der bei diesem pH-Wert als Trianion vorliegt)

Lactons zum farbigen Dianon statt (o Abb. 23.9). Durch die Umkehrbarkeit dieser Reaktion durch Zugabe von Mineralsäuren und die damit einhergehenden Farbänderungen (tiefrot nach farblos) eignet sich Phenolphthalein sehr gut als **pH-Indikator**.

## 23.3.2 Gewinnung und Synthese

Für die **Darstellung der Arylmethane** bietet sich in der Regel die *Friedel-Crafts*-Alkylierung (▸ Kap. 18.2.2) an (o Abb. 23.10). Trotz teils geringer Ausbeuten wird dieser Weg aufgrund der günstigen Ausgangsverbindungen auch heute noch industriell zur **Toluenherstellung** genutzt. Toluen fällt zwar auch bei der Herstellung diverser Kohlenwasserstoffe durch Steamcracking von Erdöl an, in dem es in geringer Menge enthalten ist. Wirtschaftlich ist diese Form der Toluengewinnung aufgrund der hohen Erdölpreise jedoch nicht.

**Diphenylmethan** lässt sich durch die *Clemmensen*-Reduktion (▸ Kap. 12.2.3) von Benzophenon darstellen.

**Triphenylmethan** kann per *Friedel-Crafts*-Alkylierung aus Benzen und Trichlormethan oder aus Benzen und Benzalchlorid in einer elektrophilen aromatischen Substitution synthetisiert werden. Alternativ kann es durch eine *Grignard*-Reaktion von Benzoesäureestern oder auch von Benzophenon mit Phenylmagnesiumbromid hergestellt werden. Dabei entsteht zuerst Triphenylmethanol, der z. B. mit Zinkstaub und Eisessig oder durch Kochen mit Ameisensäure in Triphenylmethan überführt werden kann.

**Tetraphenylmethan** ist durch *Friedel-Crafts*-Reaktionen nicht darstellbar, da bei der Reaktion von Tetrachlorkohlenstoff mit Benzen nur drei der vier Chloratome reagieren und somit Chlortriphenylmethan entsteht. Dieses lässt sich jedoch leicht zum Triphenylmethanol hydrolysieren, welches dann in saurer Lösung mit Anilin umgesetzt werden kann. Anschließende Diazotierung und Desaminierung liefert schließlich Tetraphenylmethan.

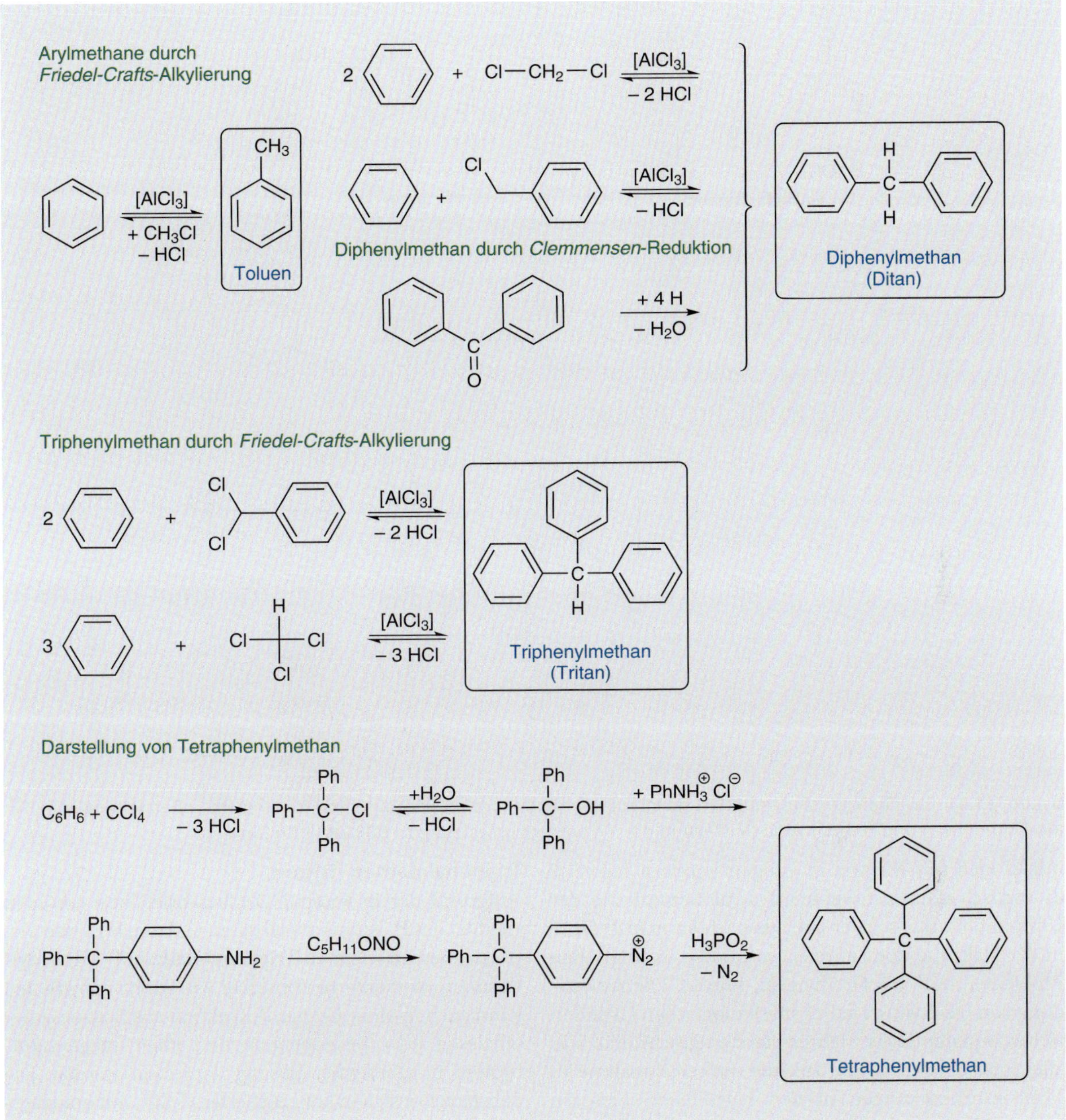


**o Abb. 23.10** Darstellungsmöglichkeiten für die vier Phenylmethane Toluen, Di-, Tri- und Tetraphenylmethan

## 23.3.3 Reaktionen und Anwendungen

### Toluen (Phenylmethan)

Chemie und Anwendungen des Toluens werden in ▸Kap. 18.2 behandelt.

### Diphenylmethan

Wichtige Derivate des Diphenylmethans sind das **germizid** (keimtötend) und **insektizid** wirkende Bis(3,5,6-trichlor-2-hydroxyphenyl)methan („2,2'-Methylen-bis-[3,4,6-trichlorphenol]", **Hexachlorophen**; o Abb. 23.11, oben links) bzw. das 1,1-Bis(4-chlorphenyl)-2,2,2-trichlorethan („1,1,1-Trichlor-2,2-bis[4-chlorphenyl]-ethan", Chlorophenothan), das besser bekannt ist unter der Abkürzung des englischen Namens **Dichlorodiphenyltrichloroethane: DDT** (*p,p2*-DDT). DDT ist durch Kondensation von zwei Äquivalenten Chlorbenzen mit einem Äquivalent Chloralhydrat in Gegenwart von Schwefelsäure leicht zugänglich (o Abb. 23.11, Mitte). Es übt eine stark toxische Wirkung auf verschiedene Insekten aus. Als Insektizid dient es zur **Bekämpfung der Malaria**, einer Infektionskrankheit, deren Erreger durch die Weibchen der *Anopheles*-Stechmücke übertragen werden; nach wie vor sterben jedes Jahr mehrere Millionen Menschen (vorwiegend Kinder in Afrika) an Malaria. Im Zuge der massenhaften Anwendung von DDT konnten die Neu-

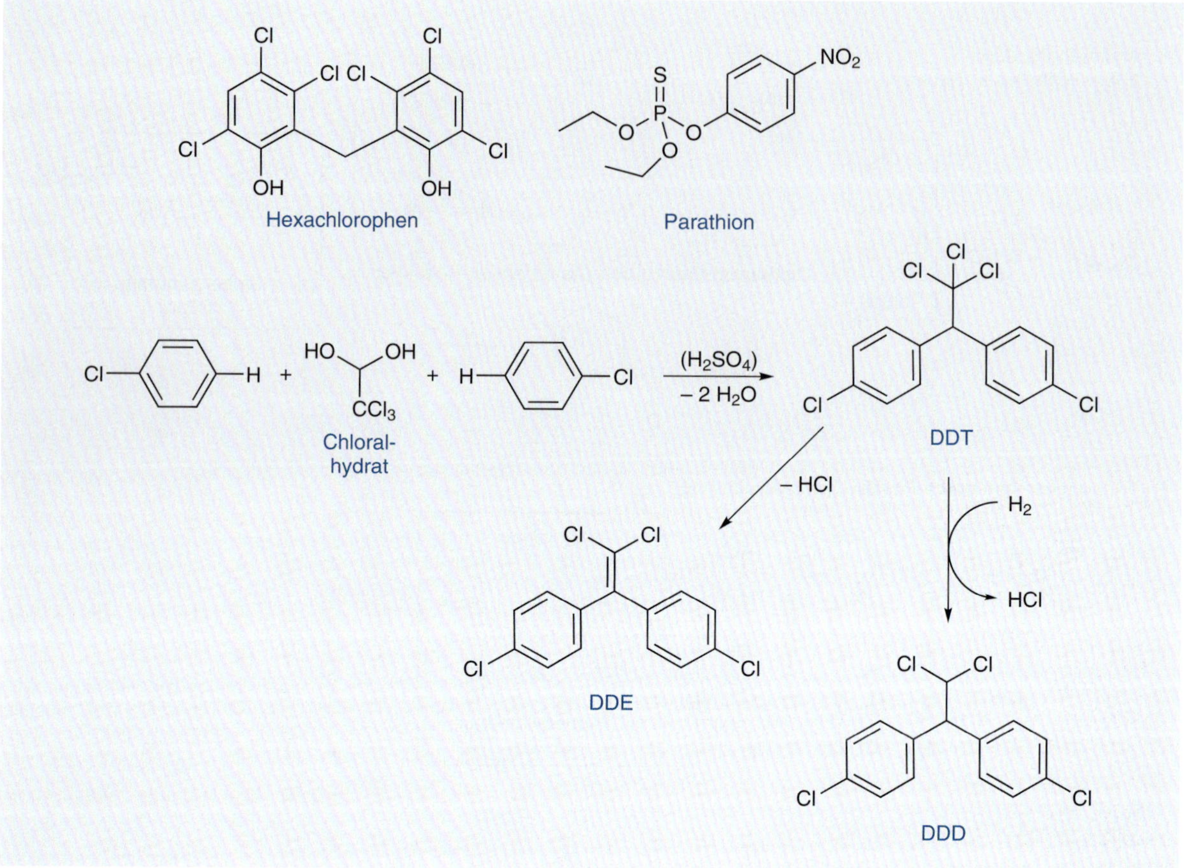


**o Abb. 23.11** Das Pflanzenschutzmittel Hexachlorophen (oben links) sowie Parathion (oben rechts). Darstellung von DDT aus Chlorbenzen und Chloralhydrat (Mitte) und dessen weitere Umsetzung zu DDE und DDD (unten)

infektionen mit Malaria in einigen Ländern teilweise dramatisch reduziert werden. Da die Substanz in der Umwelt aber nur schwer abbaubar ist, kann sich DDT in der Nahrungskette anreichern und zu ökologischen Problemen, z. B. bei Greifvögeln, führen. Die Anwendung von DDT wurde daher aus ökologischen Gründen weltweit in den 1980er Jahren stark eingeschränkt, was allerdings in Folge wieder zu einer starken Zunahme an Malaria-Erkrankungen in den betroffenen Ländern führte. Mittlerweile empfiehlt die Weltgesundheitsorganisation daher wieder ausdrücklich den Einsatz von DDT zur Malariabekämpfung. In der Landwirtschaft ist DDT hingegen nur noch in wenigen Gebieten erlaubt. Man verwendet stattdessen heutzutage die leichter hydrolysierbaren Insektizide vom Typ des **Parathions**.

Einige Abbauprodukte ohne Insektizidwirkung sind stabiler als das DDT selbst, z. B. **Dichlordiphenyldichlorethan** (**DDD**) und **Dichlordiphenyldichlorethylen** (**DDE**) (o Abb. 23.11, unten). Es hat sich mittlerweile herausgestellt, dass DDE als **Antiandrogen** wirksam ist und damit zu den sogenannten „Antihormonen“ gehört (▸Kap. 27). Diese Beeinflussung des endokrinen Systems ist ein weiterer bedenklicher Aspekt im Rahmen der Umweltverträglichkeitsbeurteilung von DDT.

### Triphenylmethan (Tritan)

Aufgrund der in ▸Kap. 23.3.1 beschriebenen erhöhten Acidität des H-Atoms am tertiären C-Atom lässt sich Triphenylmethan leicht zu **Triphenylmethanol** (Triphenylcarbinol) oxidieren (o Abb. 23.12 A). Triphenylmethanol kann auch in einer *Grignard*-Reaktion aus Benzoesäureethylester oder Benzophenon und Phenylmagnesiumbromid in etherischer Lösung dargestellt werden. Die Substanz löst sich in konzentrierter $H_2SO_4$ mit orangeroter Farbe, die auf das in saurer Lösung im Gleichgewicht mit dem Triphenylmethanol vorliegende **Tritylkation** zurückgeht. Obwohl Triphenylmethanol der Konstitution nach ein tertiärer Alkohol ist, weicht sein chemisches Verhalten von dem anderer Alkohole (▸Kap. 6) ab. Beispielsweise lassen sich mit organischen Säurechloriden oder -anhydriden keine Ester bilden, was im Wesentlichen durch die starke sterische Abschirmung der OH-Gruppe durch die drei Phenylringe bedingt ist. Mit Acetylchlorid entsteht anstelle des Tritylessigsäureesters in einer Substitutionsreaktion das Chlortriphenylmethan, das in seiner Reaktivität den Säurechloriden ähnelt. Beim Auflösen in flüssigem Schwefeldioxid färbt sich die Lösung gelb und leitet den elektrischen Strom (*Walden* 1902). Demnach liegt das Tritylchlorid in dieser Lösung in dissoziierter Form als Carbeniumion vor. Auch bei der

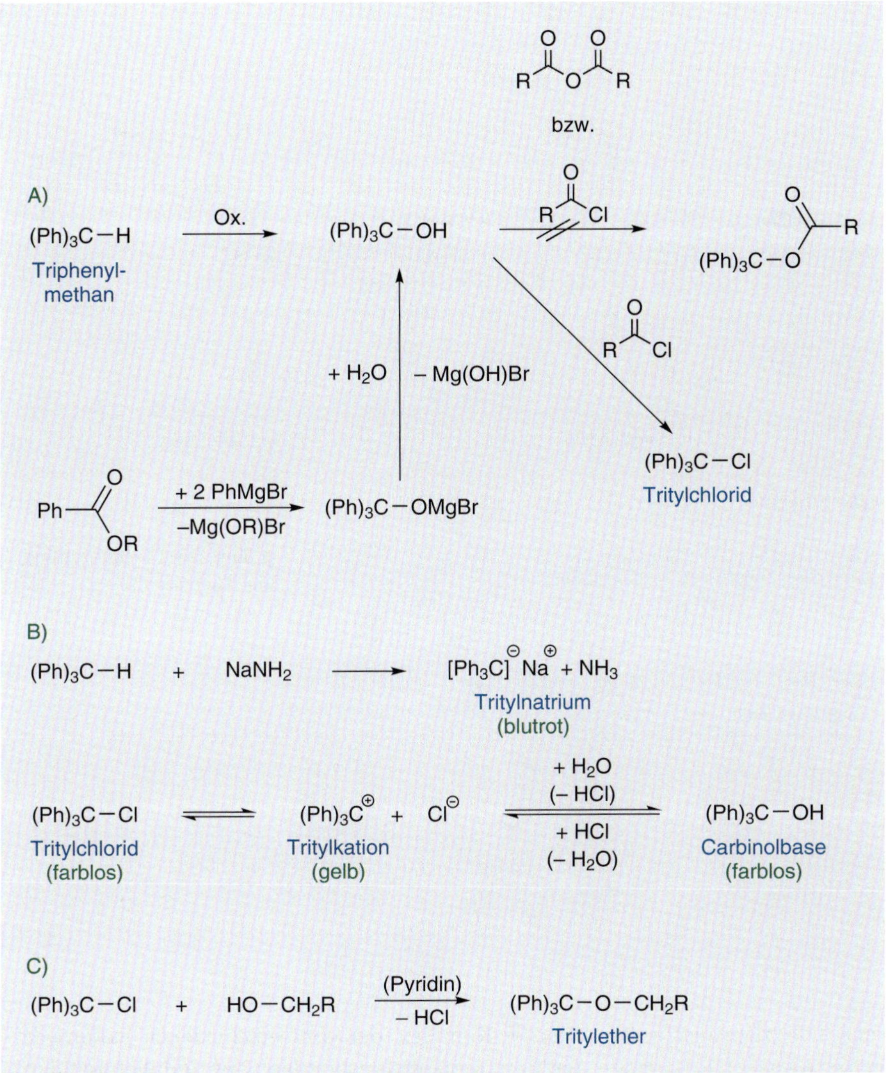


**o Abb. 23.12** Darstellung von Triphenylmethanol und Tritylchlorid (A); Dissoziationsgleichgewichte von Triphenylmethan, Triphenylmethanol und Tritylchlorid (B); Reaktion des Tritylchlorids zu Tritylethern (C)

schon in heißem Wasser erfolgenden Hydrolyse des Tritylchlorids tritt intermediär das farbige Tritylkation auf, bevor die farblose, undissoziierte Carbinolbase, das Triphenylmethanol, ausfällt (o Abb. 23.12 B). Durch Einwirkung von Natriumamid auf Triphenylmethan in Ether entsteht eine blutrote Lösung von Tritylnatrium (Triphenylmethylnatrium, Natriumtriphenylmethid), des Natriumsalzes des entsprechenden Tritylcarbanions. Zu **Tritylethern** reagiert Tritylchlorid in Gegenwart von Pyridin ausschließlich mit primären Alkoholgruppen, z. B. von Zuckern (*B. Helferich* 1923; o Abb. 23.12 C).

### 23.3.4 Ausgewählte Verbindungen

Die auf der Struktur des Triphenylmethans basierenden **Triphenylmethanfarbstoffe** lassen sich in drei Gruppen einteilen:

- Aminotriphenylmethanfarbstoffe,
- Hydroxytriphenylmethanfarbstoffe,
- Phthaleine (abgeleitet von der *o*-Carbonsäure des Triphenylmethanols).

#### Aminotriphenylmethanfarbstoffe

Die Synthese von **Malachitgrün** (*O. Fischer* 1877) geht von der Kondensation von einem Molekül Benzaldehyd mit 2 Äquivalenten *N*,*N*-Dimethylanilin in Gegenwart von Zinkchlorid aus, wobei zunächst die farblose Leukobase des Farbstoffs entsteht. Diese wird mit Blei(IV)-oxid oder Mangan(IV)-oxid in saurer Lösung zum Malachitgrün oxidiert (o Abb. 23.13).

**Fuchsin** (Rosanilin) wird durch Oxidation eines Gemischs gleicher Teile Anilin, *o*-Toluidin und *p*-Toluidin mit Nitrobenzen in Gegenwart von Salzsäure hergestellt (o Abb. 23.14), wobei intermediär wahrscheinlich *p*-Aminobenzaldehyd aus *p*-Toluidin entsteht. Das Nitrobenzen dient als Oxidationsmittel und wird dabei selbst zum Anilin reduziert. Fuchsin bildet grüne, metallisch glänzende Kristalle, die sich in Wasser mit tiefroter Farbe lösen. Es färbt Wolle und Seide leuchtend rot. Der Farbstoff enthält drei Aminogruppen, wodurch die Mesomerie im Kation und damit auch die Farbigkeit gegenüber dem unsubstituierten Triphenyl-

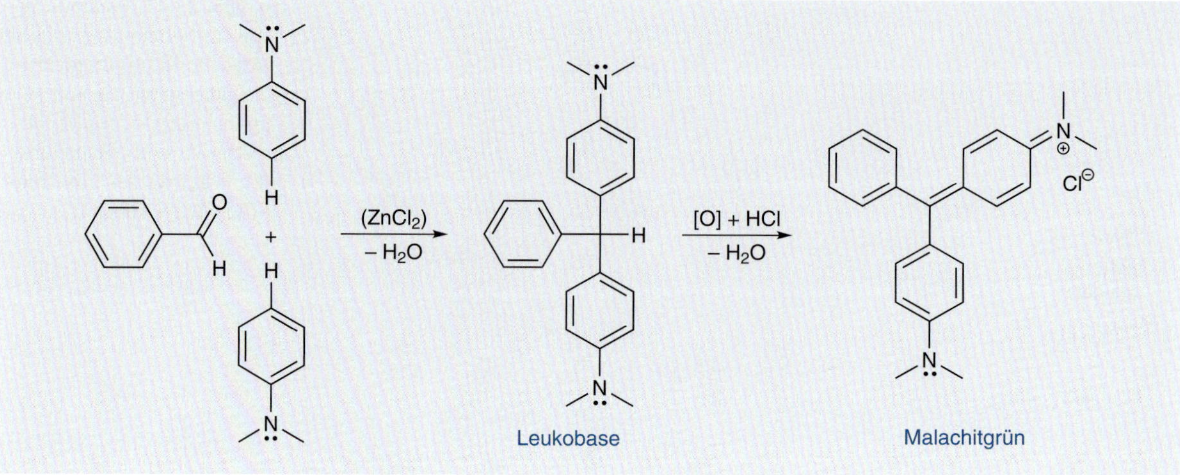


**○ Abb. 23.13** Darstellung von Malachitgrün

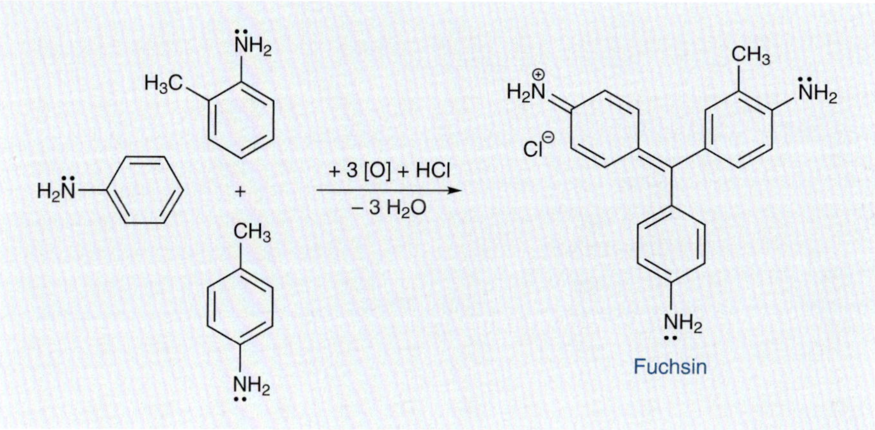


**○ Abb. 23.14** Darstellung von Fuchsin

methan deutlich verstärkt werden. Die „fuchsinschweflige Säure“ (*Schiff*sches Reagenz, ▸Kap. 21.1.3), eine durch Schwefeldioxid entfärbte, wässrige Fuchsinlösung, ergibt mit Aldehyden eine Rotviolettfärbung (*H. Schiff* 1865).

**Parafuchsin** (Pararosanilin) gleicht bis auf die fehlende *o*-ständige Methylgruppe dem Fuchsin („Para…“ ist in diesem Fall keine Stellungsbezeichnung).

**Kristallviolett** (Hexamethylparafuchsin, Gentianaviolett) wird bei der Kondensation von *Michler*s Keton (4,4'-Bisdimethylaminobenzophenon, ▸Kap. 22.1.2) mit *N*,*N*-Dimethylanilin in Gegenwart von Phosphorchloridoxid erhalten (○ Abb. 23.15). Der Farbstoff löst sich in Wasser mit intensiv violetter Farbe (○ Abb. 23.16 A und B). Durch die Methylierung der drei $NH_2$-Gruppen im Parafuchsin wird der elektronenschiebende Effekt der auxochromen Gruppen im Kristallviolett verstärkt und somit der Farbton von Rot nach Violett verschoben. Obgleich Kristallviolett Wolle, Seide und tannierte Baumwolle leuchtend violett färbt, wird der Farbstoff wegen seiner geringen Waschechtheit nur zur Herstellung von Kopierstiften, Kopiertinten und Farbbändern verwendet. Mit Iod bildet Kristallviolett einen *Charge-transfer*-Komplex, der von verschiedenen Bakterienarten unterschiedlich gebunden wird und dadurch deren Einteilung in grampositive und gramnegative Bakterien ermöglicht (*Gram*-Färbung, ○ Abb. 23.16 C).

## Hydroxytriphenylmethanfarbstoffe

Die Hydroxytriphenylmethanfarbstoffe leiten sich von der Stammverbindung Fuchson (Diphenylchinomethan; ○ Abb. 23.17, links) ab, die jedoch selbst noch keinen Farbstoffcharakter besitzt. **Benzaurin** (*p*-Hydroxyfuchson) ist der einfachste Farbstoff dieser Art und entsteht beim Zusammenschmelzen von Benzotrichlorid mit zwei Äquivalenten Phenol (○ Abb. 23.17, rechts). Als Phenolabkömmling besitzt das gelbrote Benzaurin saure Eigenschaften; mit verdünnten Laugen entstehen Salze, die aufgrund des stärkeren +M-Effekts der negativ geladenen Phenolatgruppe violett gefärbt sind.

## Phthaleine

Die Farbstoffklasse der **Phthaleine** leitet sich von der *o*-Carbonsäure des Benzaurins ab und zählt daher ebenfalls zu den Triphenylmethanfarbstoffen. **Phenolphthalein**, 3,3-Bis(4-hydroxyphenyl)phthalid, erhält

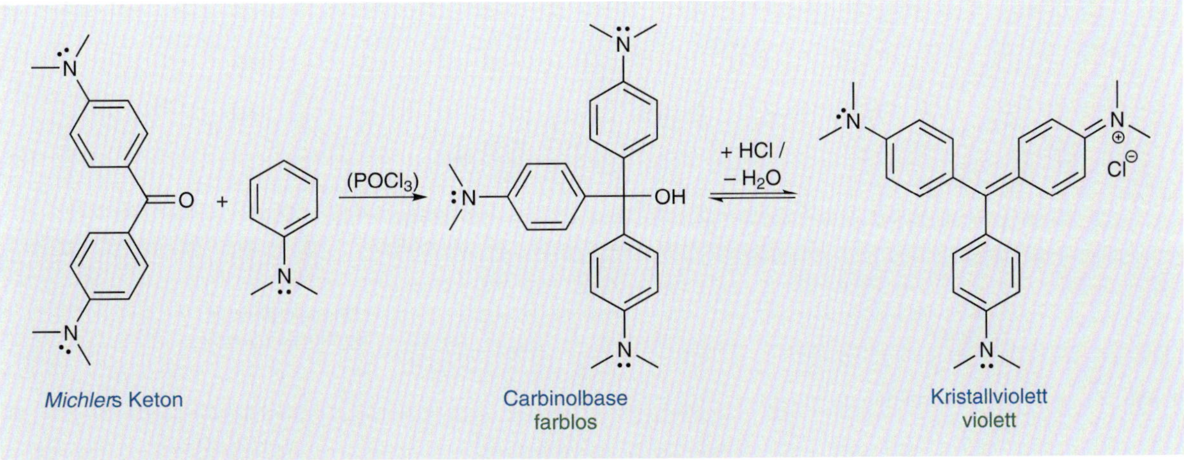


**Abb. 23.15** Darstellung von Kristallviolett, ausgehend von *Michler*s Keton

**Abb. 23.16** Kristallviolett in Substanz (A) und in wässriger Lösung (B); Mikroskopaufnahme rot gefärbter Stäbchen (gramnegativ) und dunkelviolett gefärbter Kokken (grampositiv) (C)

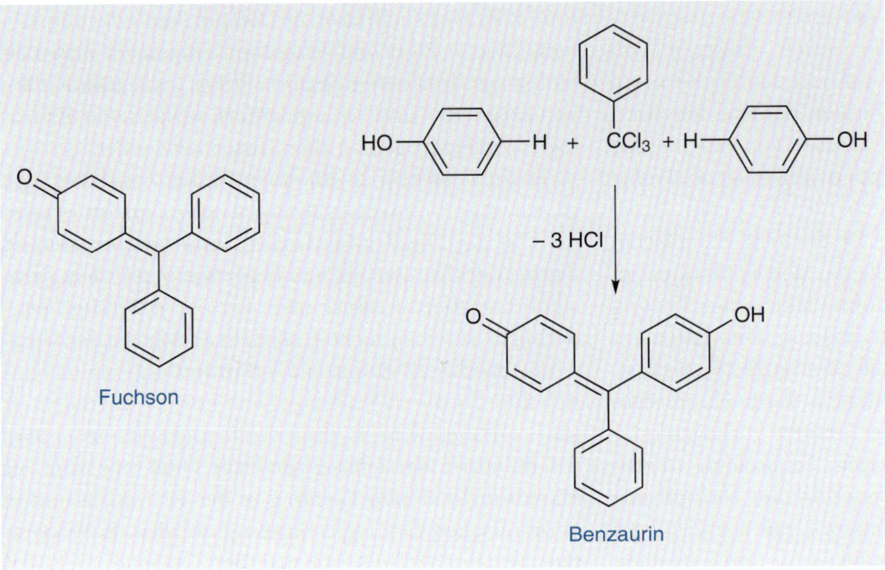


**Abb. 23.17** Strukturformel von Fuchson (links) und die Darstellung von Benzaurin (rechts)

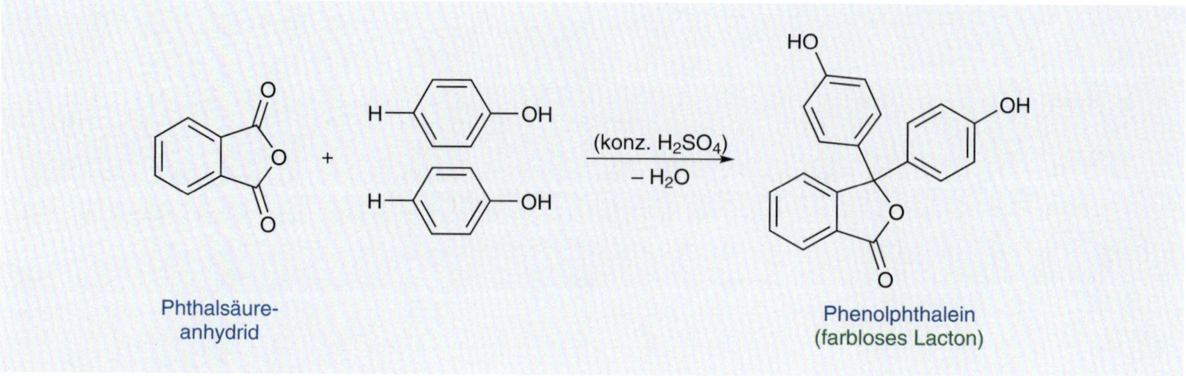


**Abb. 23.18** Synthese von Phenolphtalein

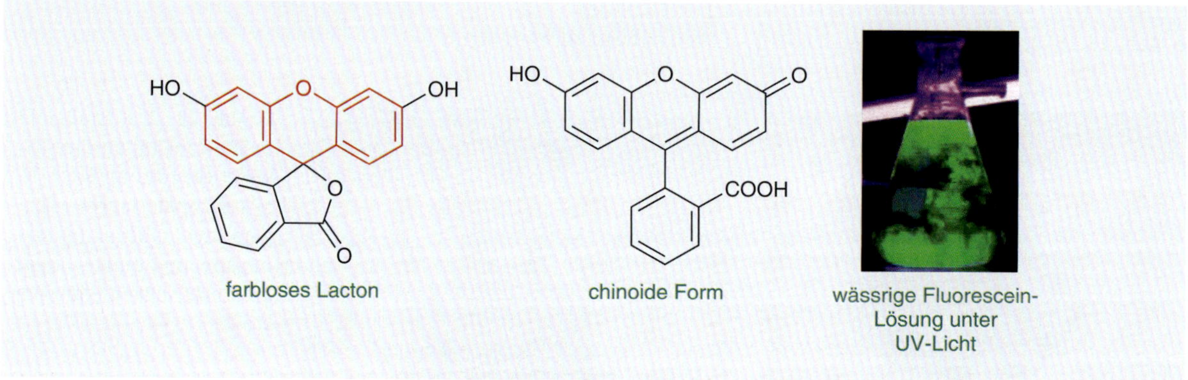


**Abb. 23.19** Fluorescein als farbloses Lacton (links) und in seiner farbigen chinoiden Form (Mitte) sowie eine wässrige Lösung von Fluorescein unter UV-Licht (rechts)

man durch Erhitzen von Phthalsäureanhydrid mit zwei Äquivalenten Phenol in Gegenwart von konzentrierter Schwefelsäure. Bei dieser Kondensation führt die Wasserabspaltung in saurer Lösung zuerst zum farblosen Lacton (Abb. 23.18). Bei Zusatz von Base wird, wie schon oben beschrieben (▸Kap. 23.3.1), der Lactonring geöffnet. Die resultierende tiefrote Farbe ($\lambda_{ma}$ = 553 nm) ist auf die Mesomerie des chinoiden Dianions (Abb. 23.9) zurückzuführen (▸Kap. 26.3.1).

**Fluorescein** gewinnt man durch Erhitzen von Phthalsäureanhydrid mit zwei Äquivalenten Resorcin auf etwa 200 °C. Hierbei wird neben der Kondensation zum Phthalein noch 1 Mol Wasser aus den beiden *ortho*-ständigen Hydroxygruppen abgespalten, wobei das heterocyclische Ringsystem Dibenzopyran (Xanthen; rot markiert in Abb. 23.19) entsteht. Fluorescein ist ein braunrotes Kristallpulver, das sich in Alkohol mit gelbroter Farbe löst. In verdünnt alkalischer Lösung rufen schon Spuren von Fluorescein eine intensive grüngelbe Fluoreszenz hervor (Abb. 23.19, rechts). Ähnlich wie beim Phenolphthalein kann Fluorescein entweder in einer farblosen Lactonform vorliegen oder in einer geöffneten farbigen chinoiden Form (Abb. 23.19, Mitte). Das wasserlösliche Natriumsalz des Fluoresceins trägt den Namen **Uranin** und ist ein vielfältig verwendeter gelber, unter UV- und Tageslicht grün fluoreszierender Farbstoff, der in wässriger Lösung ein enormes Färbevermögen besitzt. So kann bei Schiffbrüchigen beziehungsweise nach Notwasserungen von Flugzeugen mit einer Menge von lediglich 500 g Uranin eine Meeresfläche von ca. 4 000 $m^2$ auffällig gefärbt und somit die Entdeckung durch Suchtrupps, v. a. aus der Luft, erleichtert werden. Uranin wird wegen seiner unter UV-Licht intensiven Färbung auch zur Dekoration, z. B. als Leuchtfarbe in Diskotheken oder für Szenenbilder in Film und Fernsehen eingesetzt. Da es als biologisch unbedenklich gilt, wird es auch zum Färben von Kosmetika und Schaumbädern sowie in der Hydrologie und Hydrogeologie als Tracer verwendet.

**Eosin Y** (Abb. 23.20, oben links; abgeleitet von griech. εως = Morgenröte und engl. *yellowish* = gelblich) ist das Dinatriumsalz des Tetrabromfluoresceins, das bei der Bromierung von Fluorescein in Eisessig entsteht. Daneben existiert auch das **Eosin B** (engl. *blue*; Abb. 23.20, oben rechts), bei dem es sich um das Dinatriumsalz des 2,7-Dinitro-4,5-dibromfluoresceins handelt und das durch Nitrierung von Eosin Y mit Salpetersäure erhalten wird. Es färbt Wolle und Seide leuchtend rot, dient zur Herstellung von roter Tinte und kann zur **Hämatoxylin-Eosin-Färbung** in der Histologie und in der klinischen Cytologie eingesetzt werden. In Präparaten erscheinen mit Eosin B gefärbtes Cytoplasma, Kolla-

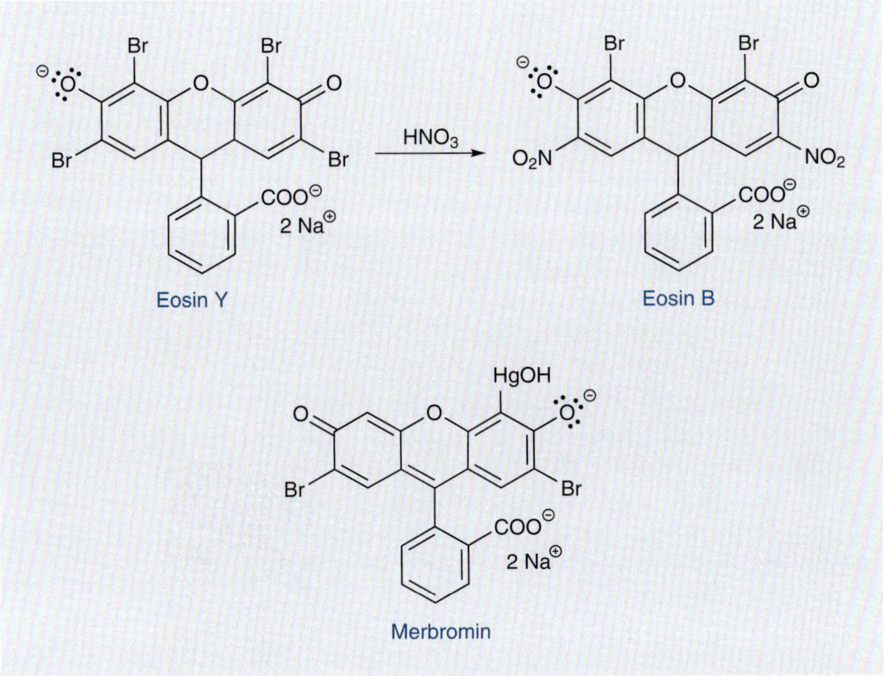


**o Abb. 23.20** Strukturformeln von Eosin Y, Eosin B und Merbromin

gen und Elastin rot, Erythrocyten hingegen rot-orange. Beide Eosin-Formen werden – wenn auch eher selten – außerdem als pH-Indikatoren eingesetzt. Eosin Y schlägt bei einem pH-Wert von ca. 2 von gelb (< 2) nach grün-fluoreszierend (> 2) um. Eosin B schlägt bei einem pH-Wert von etwa 1,7–1,8 von farblos (< 1,7) nach rosa-fluoreszierend (> 1,7) um. Das Dinatriumsalz des 2',7'-Dibrom-4'-(hydroxymercurio)fluoresceins (**Merbromin**) diente früher als Antiseptikum zur Wundbehandlung (o Abb. 23.20, unten).

## 23.4 Arylethane und freie Radikale

### 23.4.1 Struktur und Eigenschaften

Besondere Bedeutung kommt den symmetrisch substituierten **Arylethanen** zu. Deren homolytischer Zerfall führt – ähnlich wie beim bereits erwähnten Tritylradikal (▸ Kap. 23.3.1) – zu stabilen freien Radikalen, die unterteilt werden können in:

- Kohlenstoffmono- und Kohlenstoffdiradikale,
- Aroxylradikale,
- Phenoxyradikale,
- Radikalionen.

Generell zeichnen sich die freien Arylmethylradikale durch **paramagnetisches Verhalten** (Substanz wird in ein externes Magnetfeld hineingezogen) und eine für Radikale erstaunlich hohe Beständigkeit (**Persistenz**) aus, welche die Beständigkeit einfacher Alkylradikale weit übertrifft.

### 23.4.2 Gewinnung und Synthese

Die symmetrischen Arylethane wie das 1,2-Diphenylethan (**Bibenzyl**) und das **1,1,2,2-Tetraphenylethan** sind nach der *Wurtz-Fittig*-Synthese (▸ Kap. 18.2.2, *Wurtz-Fittig*-Synthese) aus Chlorphenylmethanen und Natrium oder Kupfer darstellbar. Auf diese Weise sind jedoch nur Diphenyl- bzw. Tetraphenylethane synthetisierbar (o Abb. 23.21, oben, Mitte). Bibenzyl (Diphenylethan) kristallisiert in farblosen Prismen (Smp. 53 °C). Tetraphenylethan kristallisiert in farblosen Nadeln (Smp. 211 °C). Die sterische Wechselwirkung zwischen den Phenylgruppen im Tetraphenylethan bewirkt eine Schwächung der zentralen C—C-Bindung, sodass Tetraphenylethan z. B. in etherischer Lösung durch Kalium in zwei Moleküle Diphenylmethylkalium (Kaliumdiphenylmethid) gespalten wird. Entsprechend sollte man für Hexaphenylethan eine noch leichtere Spaltung der mittleren C—C-Bindung erwarten. Bei dem Versuch, durch Schütteln einer Lösung von Chlortriphenylmethan in Benzen mit Silberpulver das Hexaphenylethan zu synthetisieren, erhielt *Gomberg* 1900 allerdings stets das Triphenylmethylperoxid, $(C_6H_5)_3C{-}O{-}O{-}C(C_6H_5)_3$. Dieses musste aus der Reaktion eines Zwischenprodukts mit Luftsauerstoff entstanden sein. Führte er die gleiche Reaktion unter Luftausschluss durch, entstand eine gelbe Lösung, aus der nach Zugabe von Aceton farblose Kristalle mit einem Schmelzpunkt von 145–147 °C ausfielen. Bei erneutem Lösen dieser farblosen Substanz trat wieder eine gelbe Farbe auf. Diese Ergebnisse wurden von *Gomberg* so gedeutet, dass beim Schütteln von Chlortriphenylmethan mit Silber in Tetrachlormethan zunächst stabile **Tritylradikale** entstehen (▸ Kap. 23.3.1). Deren

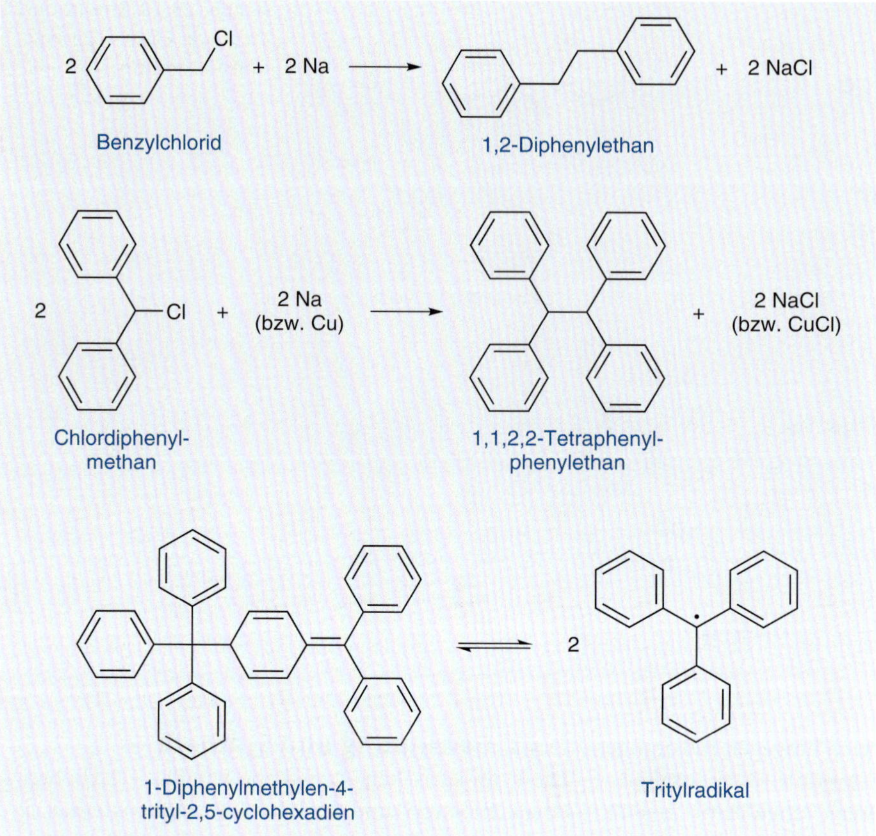


**o Abb. 23.21** Darstellung von 1,2-Diphenylethan (oben) und 1,1,2,2-Tetraphenylethan (Mitte); Gleichgewicht des Tritylradikals in Lösung mit dem *α,p*-Dimer (unten)

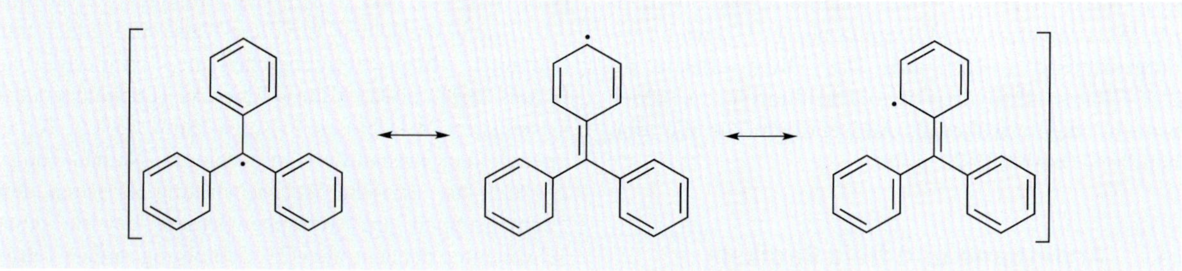

**o Abb. 23.22** Für das Tritylradikal können zehn weitere Grenzformeln angeben werden, die in erster Näherung energiegleich sind: die Methylformel (links), drei *para*-Formeln (Mitte) und sechs *ortho*-Formeln (rechts)

Reaktion mit Sauerstoff ergibt das von ihm aus diesen Lösungen isolierte Peroxid. Die Rekombination der Radikale liefert hingegen nicht das *α,α*-Dimere, das Hexaphenylethan, da dies sterisch zu stark gespannt ist, sondern stattdessen 1-Diphenylmethylen-4-trityl-2,5-cyclohexadien, das *α,p*-Dimere. Seine Struktur wurde erst Jahrzehnte später durch UV- und NMR-Spektren eindeutig bewiesen (*Lankamp* 1968). Demnach liegt in den gelben Lösungen ein Gleichgewicht zwischen dem farblosen Dimer und den freien, gelben Tritylradikalen vor (o Abb. 23.21, unten). Die Lage des Gleichgewichts ist vom Lösemittel, von der Temperatur und vom Grad der Verdünnung abhängig. In der Wärme nimmt die Dissoziation zu, ebenso tritt mit zunehmender Verdünnung eine Farbvertiefung auf, da sich die Konzentration der freien Radikale erhöht.

## Monoradikale

Während freie Alkylradikale äußerst kurzlebig sind und unter Ausbildung normaler Atombindungen spontan miteinander oder mit anderen Radikalen rekombinieren, ist das oben erwähnte Tritylradikal relativ **persistent**. Dies ist vor allem darauf zurückzuführen, dass das Radikalzentrum sterisch weitgehend abgeschirmt ist und zudem durch die drei benachbarten Phenylringe eine starke Resonanzstabilisierung erfährt. Für das Tritylradikal kann man – abgesehen von den beiden *Kekulé*-Formeln für jeden Benzenring – zehn weitere Grenzformeln angeben, die in erster Näherung energiegleich sind, nämlich die Methylformel, drei *para*-Formeln und sechs *ortho*-Formeln (o Abb. 23.22).

Aufgrund des ungepaarten Elektrons ist das Tritylradikal, wie alle freien Radikale, paramagnetisch. Aus seinem ESR-Spektrum ergibt sich, dass das ungepaarte Elektron zwar vorwiegend am zentralen C-Atom, jedoch im Einklang mit den in Abb. 23.22 gezeigten Resonanzformeln auch an den *p*- oder *o*-ständigen C-Atomen der drei Phenylringe lokalisiert ist. Dies erklärt die Dimerisierung des Tritylradikals zum 1-Diphenylmethylen-4-trityl-2,5-cyclohexadien, die sterisch sehr viel einfacher ist als die Dimerisierung zum Hexaphenylethan. Das ungepaarte Elektron des Tritylradikals besetzt ein $\pi$-Orbital. Die meisten organischen Radikale oder Radikalionen haben diese Eigenschaft. Sie werden daher auch als **$\pi$-Radikale** bezeichnet, im Unterschied zu den selteneren **$\sigma$-Radikalen**, in denen das ungepaarte Elektron ein $\sigma$-Orbital besetzt, z. B. im Phenylradikal $C_6H_5^{\bullet}$.

## Diradikale

Im Unterschied zu den Monoradikalen sind **Diradikale** (Biradikale) durch die Anwesenheit zweier ungepaarter Elektronen im Molekül gekennzeichnet. Substituiert man z. B. in nachfolgend gezeigten Verbindung die vier *ortho*-ständigen H-Atome der Biphenyleinheit durch sterisch anspruchsvolle Reste, z. B. Cl-Atome, so entsteht eine orangegelbe, stark paramagnetische Verbindung, d. h. es liegt ein echtes Diradikal vor (*Eu. Müller*; Abb. 23.23, oben). Ein Bindungsausgleich der beiden ungepaarten Elektronen ist aufgrund der durch die Cl-Atome bedingten Verdrehung der beiden Phenylkerne gegeneinander nicht möglich, da dadurch die Konjugation zwischen den beiden Molekülhälften unterbrochen wird

Das erste bekannte *m*-chinoide System war das ***m*-Chinomethan** (Abb. 23.23, unten), das mit seinem Valenzisomer, einem aromatischen Diradikal, im Gleichgewicht steht.

## Stickstoffradikale

In den zu den Kohlenstoffradikalen strukturanalogen freien Stickstoffradikalen tritt Stickstoff formal zweibindig auf. **Tetraphenylhydrazin** lässt sich durch Oxidation von Diphenylamin mit Kaliumpermanganat in Aceton darstellen Abb. 23.24, links). Es handelt sich um eine farblose, gut kristallisierende Substanz (Smp. 149 °C), die sich in konzentrierter Schwefelsäure mit tiefblauer Farbe löst. Eine merkliche Dissoziation des Tetraphenylhydrazins in das freie **Diphenylaminyl-Radikal** (Diphenylstickstoff) tritt erst beim Erhitzen in Xylen auf etwa 80 °C ein, jedoch ist das in Abb. 23.24 rechts dargestellte Gleichgewicht auch dann noch weitgehend in Richtung des Tetraphenylhydrazins verschoben (*H. Wieland*).

**Diphenylaminyloxid** (Abb. 23.25) wird durch Dehydrierung des *N,N*-Diphenylhydroxylamins mit Silberoxid in Ether erhalten (*H. Wieland*) und liegt in Form granatroter Kristalle vor. Die Diarylaminyloxidradikale treten monomer auf; sie zeigen ein dem Stickstoffdioxid analoges chemisches Verhalten und sind wie dieses paramagnetisch.

## Aroxyle, Phenoxyradikale

Einen weiteren Radikaltyp stellen die **Aroxyle** (allgemeiner Name für substituierte Phenoxyradikale) dar, in denen neben dem Kohlenstoff auch der Phenolsauerstoff als Träger des ungepaarten Elektrons fungieren kann und die deshalb häufig auch als **Sauerstoffradikale** bezeichnet werden. Ihre Existenz ist auf die Anwesenheit raumfüllender Gruppen in den beiden *o*-Stel-

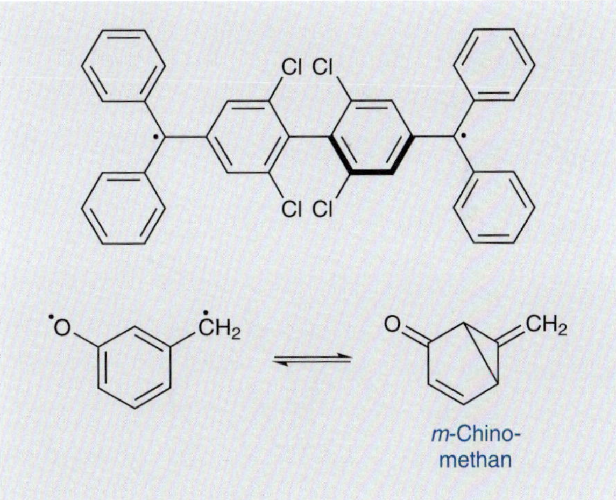


**Abb. 23.23** Ein echtes Diradikal (oben) sowie *m*-Chinomethan, das erste bekannte *m*-chinoide System, mit seinem valenzisomeren, aromatischen Diradikal (unten)

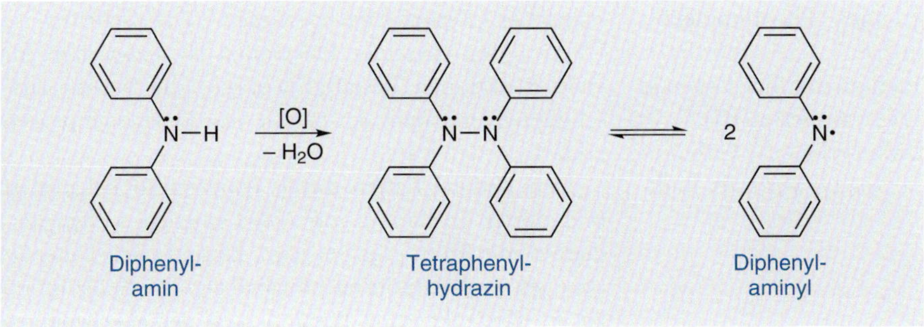


**Abb. 23.24** Erzeugung des Diphenylaminylradikals durch Oxidation von Diphenylamin

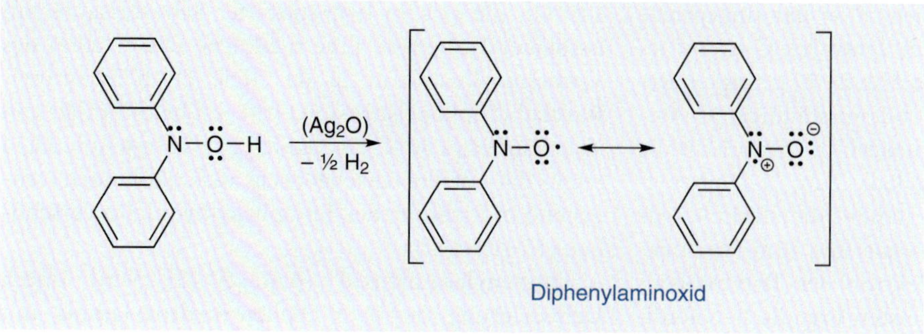


**o Abb. 23.25** Darstellung von Diphenylaminoxid aus *N,N*-Diphenylhydroxylamin

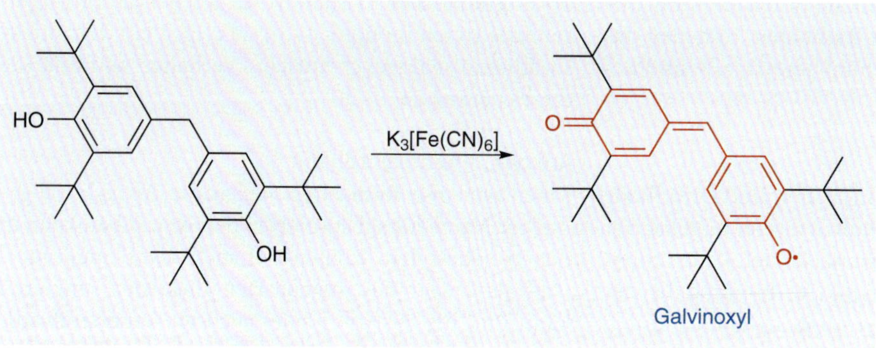


**o Abb. 23.26** Darstellung von Galvinoxyl durch Behandlung von 3,3′,5,5′-Tetra-*tert*-butyl-4,4′-dihydroxy-diphenylmethan mit Kaliumhexacyanoferrat(III). Das ESR-Spektrum der Verbindung zeigt, dass das ungepaarte Elektron vollständig über den rot markierten Teil des Moleküls delokalisiert ist.

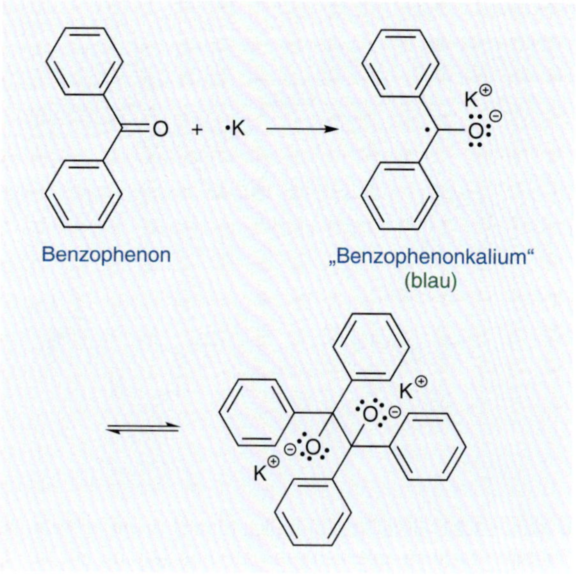


**o Abb. 23.27** Darstellung von „Benzophenonkalium", einem Verteter der Metallketyle

lungen und der *p*-Stellung eines Phenolmoleküls zurückzuführen. Oxidiert man z. B. 3,3',5,5'-Tetra-*tert*-butyl-4,4'-dihydroxydiphenylmethan mit Blei(IV)-oxid oder noch besser mit Kaliumhexacyanoferrat(III), färbt sich die Lösung sofort tiefblau. Man erhält das **Galvinoxyl-Radikal** (o Abb. 23.26). Galvinoxyl wird als Radikalfänger verwendet.

## Radikal-Ionen

Beim Schütteln einer etherischen Lösung von Benzophenon mit Kaliumpulver in einer Stickstoffatmosphäre entsteht ein Ionenpaar aus dem tiefblauen Radikal-Anion der Carbonylverbindung und $K^+$ („Benzophenonkalium", o Abb. 23.27). Von ihrem Entdecker *W. Schlenksen* wurden diese Ionenpaare als **Metallketyle** bezeichnet.

Die nähere Untersuchung ergab, dass „Benzophenonkalium" zu 77 % als freies Ionenpaar vorliegt und zu 23 % zum Pinakolat (vgl. Pinakol, ▸Kap. 12.2.3) dimerisiert ist. Der Radikalcharakter der Metallketyle lässt sich mit der ESR-Spektroskopie untersuchen. Radikal-Anionen entstehen auch, wenn *Grignard*-Verbindungen nach dem Einelektronenübertragungsmechanismus (SET = *single electron transfer*) mit aromatischen Ketonen reagieren (o Abb. 23.28). Der **SET-Mechanismus** wird durch Delokalisierung des einsamen Elektrons über die beiden Benzenringe begünstigt; er wurde auch bei der *Meerwein-Ponndorf-Verley*-Reduktion aromatischer Ketone sowie bei der Aldol-Reaktion aromatischer Ketone nachgewiesen. Die schrittweise Übertragung einzelner Elektronen ist inzwischen für viele Reaktionen bestätigt worden, die vorher ausschließlich mit dem Austausch von Elektronenpaaren erklärt worden waren.

Dem Radikal-Kation, das als ***Wursters* Rot** bekannt ist und durch Oxidation von *N,N*-Dimethyl-*p*-phenylendiamin mit Brom erhalten wird, kommt nach Untersuchungen von *Weitz* die nachfolgend gezeigte Konstitution zu. Es verdankt seine Beständigkeit der gleichzeitigen

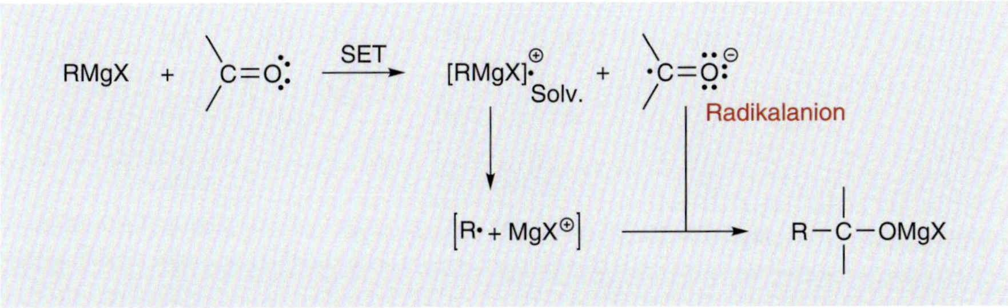


**o Abb. 23.28** Der SET-Mechanismus am Beispiel der Reaktion von *Grignard*-Verbindungen mit (aromatischen) Ketonen

Wirkung der Elektronen abgebenden $-NH_2$-Gruppe (Donor) und der Elektronen anziehenden $=N^+(CH_3)_2$-Gruppe (Akzeptor). Auch andere persistente Radikale wie die Semichinon-Anionen weisen eine derartige Stabilisierung durch **capto-dative** Substitution auf (*Viehe*).

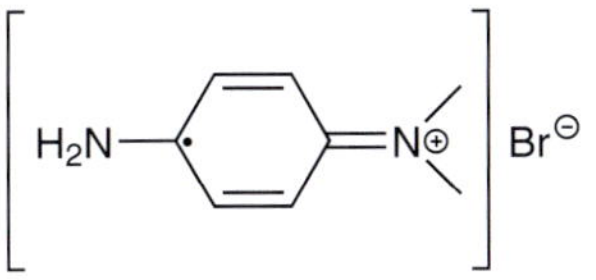


*Wursters* Rot

### 23.4.3 Reaktionen und Anwendungen

#### Monoradikale

Chemisch lassen sich freie Radikale durch Abfangreaktionen, z. B. mit Stickstoffmonoxid, Sauerstoff oder Natrium, nachweisen.

$$(C_6H_5)_3C\cdot + \cdot NO \longrightarrow (C_6H_5)_3C{-}N{=}O$$

$$(C_6H_5)_3C\cdot + \cdot Na \longrightarrow [(C_6H_5)_3C:]^{\ominus} Na^{\oplus}$$

Triphenylmethylnatrium (Tritylnatrium)

#### Diradikale

Bei **Diradikalen** stellt sich die Frage, inwieweit die beiden Elektronen miteinander in Wechselwirkung treten können, sodass schließlich ein Elektronenpaar entsteht; in diesem Fall dürfte die Substanz kein paramagnetisches Verhalten mehr zeigen. So zeigten genauere Untersuchung des im Jahr 1907 erstmals dargestellten, dunkelvioletten ***Tschitschibabin*-Kohlenwasserstoffs**, den man lange Zeit für ein Diradikal hielt, dass die Verbindung diamagnetisch ist. Demnach haben sich die beiden ungepaarten Elektronen über die Phenylringe hinweg unter Ausbildung eines chinoiden Systems zu einem $\pi$-Elektronenpaar vereinigt. Eine ESR-Untersuchung zeigte, dass nur 4 % als freies Diradikal vorliegen (o Abb. 23.29).

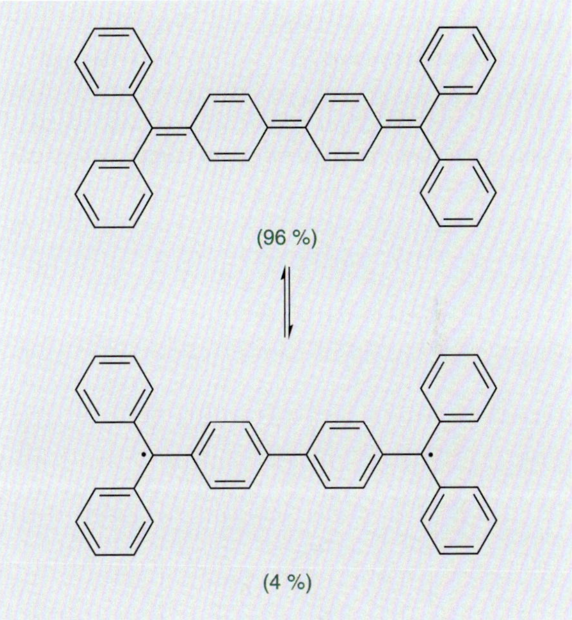


**o Abb. 23.29** Gleichgewichtslage des *Tschitschibabin*-Kohlenwasserstoffs, in dem lediglich 4 % als freies Diradikal vorliegen

#### Stickstoffradikale

Die Existenz der **Diphenylaminyl-Radikale** in der heißen Lösung des Tetraphenylhydrazins kann man durch Abfangreaktionen mit anderen freien Radikalen, z. B. mit Stickstoffmonoxid, nachweisen. Dabei bildet sich quantitativ Diphenylnitrosamin, $(C_6H_5)_2N{-}N{=}O$, da in dem Maße, wie freie Diphenylaminylradikale dem Gleichgewicht entzogen werden, weiteres Tetraphenylhydrazin zerfällt. Allgemein sind die Diphenylaminylradikale mit zweibindigem Stickstoff wesentlich unbeständiger als die Kohlenstoffradikale, was darauf zurückgeführt wird, dass die Elektronegativität des Stickstoffs größer ist als die des Kohlenstoffs. Ist das Elektronenseptett am N-Atom erst einmal entstanden, versucht es möglichst schnell wieder ein Elektron einzufangen. Eine *p*-Substitution durch $-OCH_3$ oder $-N(CH_3)_2$, d. h. durch Gruppen mit +M-Effekt, führt zu einer Stabilisierung der Radikale und damit zu einem größeren Anteil im Gleichgewicht; z. B. zerfällt Tetraanisylhydrazin in Lösung schon bei Zimmertemperatur teilweise in zwei Moleküle Dianisylaminyl (Di-[*p*-methoxyphenyl]-stickstoff; hellgrüne Färbung) (o Abb. 23.30). In der Wärme und beim Verdünnen verschiebt sich das Gleichgewicht nach rechts (blaugrüne Färbung), in der Kälte wird die Lösung wieder heller. Gegenüber molekularem Sauerstoff sind die

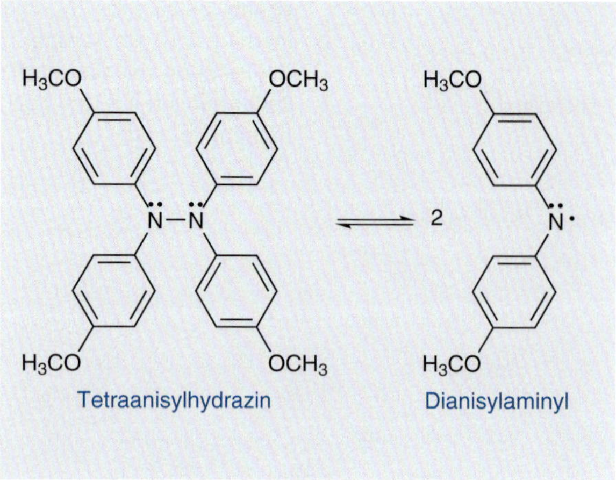


**Abb. 23.30** Gleichgewicht zwischen Tetraanisylhydrazin und Dianisylaminyl

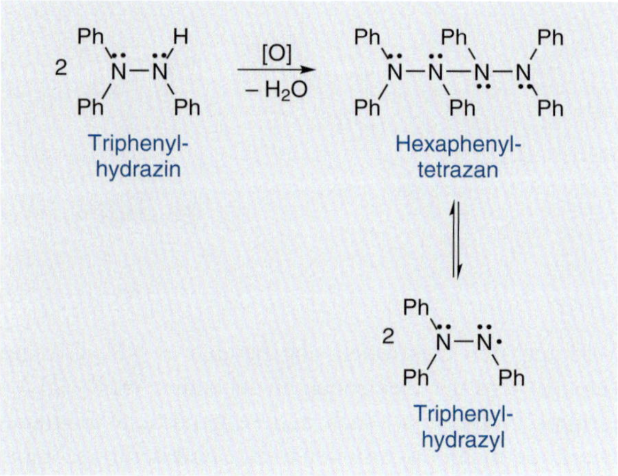


**Abb. 23.31** Erzeugung von Triphenylhydrazyl über Hexaphenyltetrazan als dimere Zwischenstufe

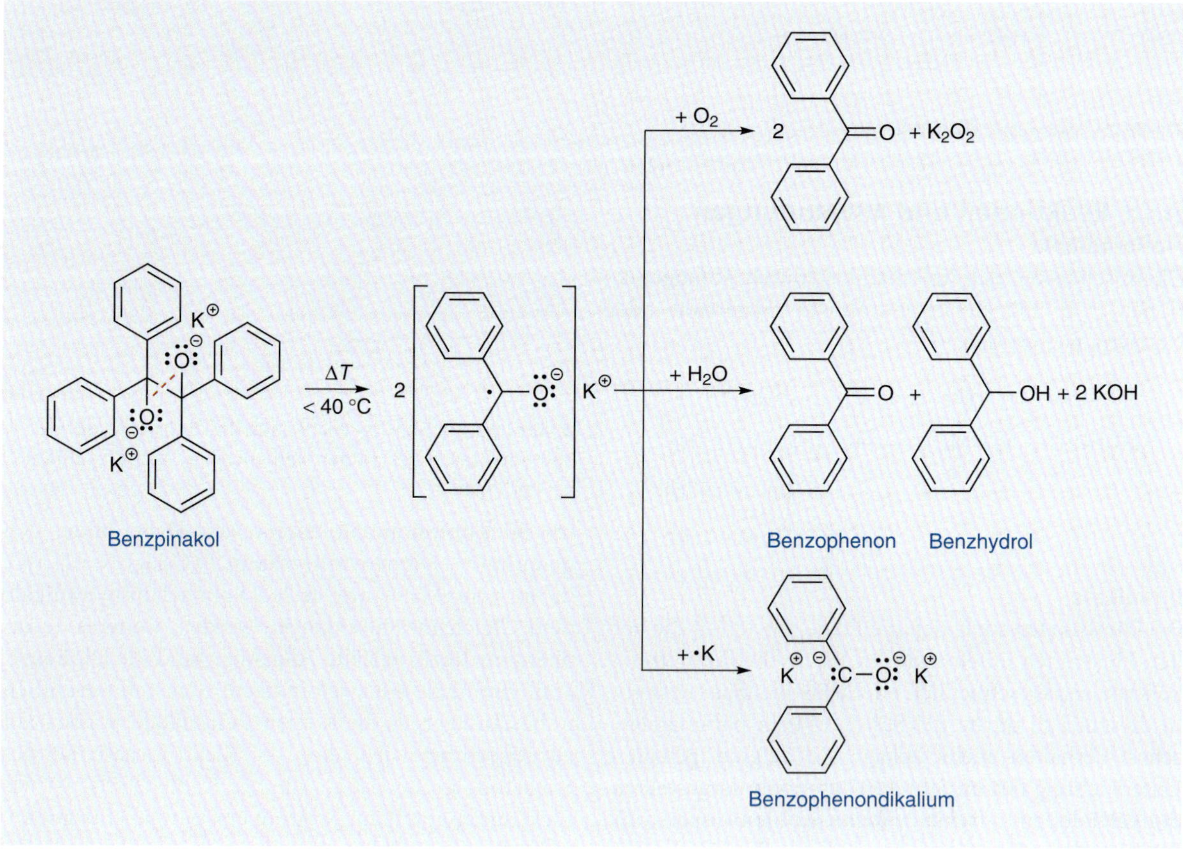


**Abb. 23.32** Reaktionsmöglichkeiten der Metallketyle

Stickstoffradikale anders als z. B. das Tritylradikal persistent.

Eine weitere Radikalklasse mit zweibindigem Stickstoff liegt in den **Hydrazylen** (*St. Goldschmidt* 1922) vor; z. B. entsteht bei der Oxidation von Triphenylhydrazin zunächst das farblose Hexaphenyltetrazan, das mit dem tiefgefärbten Radikal **Triphenylhydrazyl** im Gleichgewicht steht (Abb. 23.31). Während das Dissoziationsgleichgewicht hier noch weitgehend in Richtung des farblosen Hexaphenyltetrazans verschoben ist, gelangt man durch Einführung eines Pikrylrestes zu dem stabilen, blauschwarzen *N,N*-Diphenyl-*N'*-trinitrophenylhydrazyl (2,2-Diphenyl-1-pikryl-hydrazyl, DPPH), das im kristallinen Zustand ausschließlich in der monomeren Radikalform vorliegt.

## Radikal-Ionen

Die **Metallketyle** (Abb. 23.27) sind außerordentlich reaktionsfähig: Mit Luftsauerstoff wird sofort das Keton regeneriert, mit Wasser erfolgt Disproportionierung in

Benzophenon und Benzhydrol (Abb. 23.32). Dagegen gehen die Metallketyle bei der Hydrolyse mit verdünnten Säuren vorwiegend in Pinakole über. Im Falle von Benzophenon ist das Ketylradikal tiefblau gefärbt, das entsprechende Benzpinakol ist dagegen farblos; dadurch ist dieser Farbwechsel gut geeignet, um die Trocknung organischer Lösemittel zu verfolgen. Da schon geringe Mengen Wasser die Ausbildung von Ketylradikalanionen verhindern, ist dieser Nachweis sehr empfindlich. Bei einem Überschuss an Alkalimetall nimmt das zentrale C-Atom im „Benzophenonkalium" noch zusätzlich ein Valenzelektron eines weiteren Metallatoms unter Bildung des rotvioletten Dianions **Benzophenondikalium** auf.

# 24 Kondensierte aromatische Ringsysteme

Inden ... 662 | Fluoren ... 664 | Naphthalen ... 666 | Anthracen ... 674 | Phenanthren ... 680 | Polycyclische aromatische Kohlenwasserstoffe mit vier und mehr Ringen ... 682

Zu der großen Stoffklasse der kondensierten (synonym: mehrkernigen, polycyclischen, anellierten) aromatischen Ringsysteme gehören Verbindungen, bei denen zwei oder mehr aromatische Ringe *ortho*-kondensiert sind und damit zwei gemeinsame C-Atome aufweisen. Diese Ringsysteme unterscheiden sich grundlegend von anderen mehrcyclischen Aromaten wie z. B. den Biphenylen (▸Kap. 23.1), bei denen die Ringe isoliert sind und keine gemeinsamen C-Atome besitzen. Einfachster Vertreter ist Naphthalen (früher: Naphthalin), in dem zwei Benzen-Ringe über eine gemeinsame Bindung verknüpft sind. Die Strukturisomere Anthracen und Phenanthren sind Beispiele für lineare bzw. gewinkelte (angulare) kondensierte Ringsysteme. Allgemein werden solche Verbindungen als **polycyclische aromatische Kohlenwasserstoffe (PAK)** bezeichnet. Lineare PAK bezeichnet man auch allgemein als **Acene** (▸Kap. 24.6). Es handelt sich um aromatische Verbindungen mit vollständig durchkonjugierten $\pi$-Elektronensystemen; nicht alle Verbindungen entsprechen allerdings formal der *Hückel*-Regel (▸Kap. 18.1). Die typische Reaktion ist wie bei Benzen daher die elektrophile aromatische Substitution. Verglichen mit Benzen sind sie jedoch reaktiver und gehen auch Additionen ein.

Auch Verbindungen wie **Inden** (▸Kap. 24.1) oder **Fluoren** (▸Kap. 24.2), bei denen ein bzw. zwei Benzenringe mit einem Cyclopentadienring kondensiert sind, werden üblicherweise zu den PAK gezählt, auch wenn in diesem Fall einer der kondensierten Ringe nicht aromatisch ist.

Polycyclische aromatische Kohlenwasserstoffe sind **Bestandteile von Steinkohlenteer**. Da viele dieser Verbindungen cancerogen sind, ist der Einsatz von Steinkohlenteer im Straßenbau in Deutschland seit 1970 verboten. PAK entstehen auch bei der unvollständigen Verbrennung organischer Stoffe bei höheren Temperaturen (oberhalb von ca. 700 °C), insbesondere unter Luftausschluss, z. B. bei der Verarbeitung von Erdöl (Petrochemie) oder Kohle (Kokereien), bei der Aluminiumproduktion, der Eisen- oder Stahlerzeugung sowie bei der Energieerzeugung durch Verbrennung fossiler Energieträger. Heutzutage sind mehrere Hundert PAK bekannt. Sie finden sich weltweit und sind sogar als Bestandteile der interstellaren Materie nachgewiesen

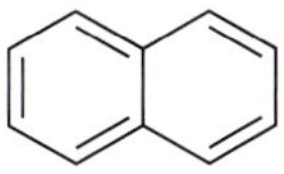
Naphthalen

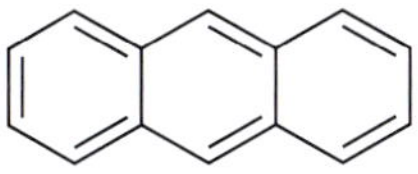
Anthracen

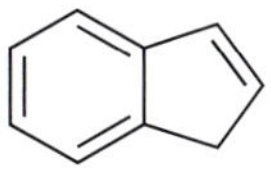
Inden

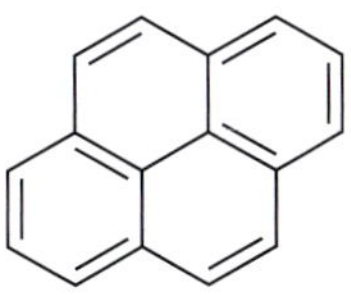
Pyren

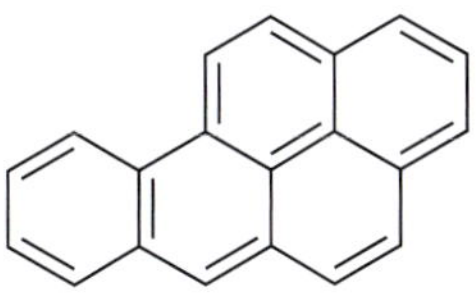
Benzo[*a*]pyren

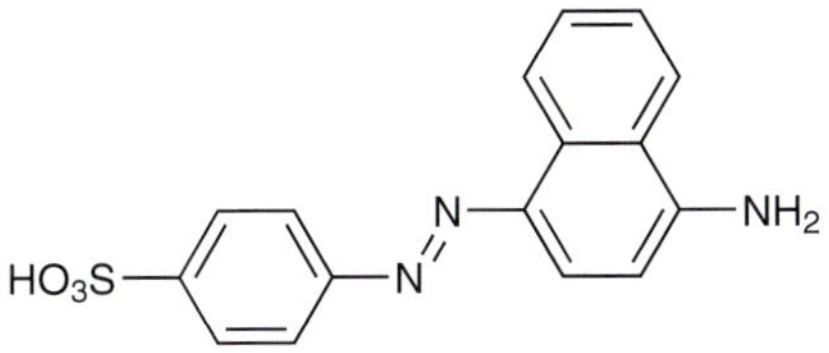

Azofarbstoff

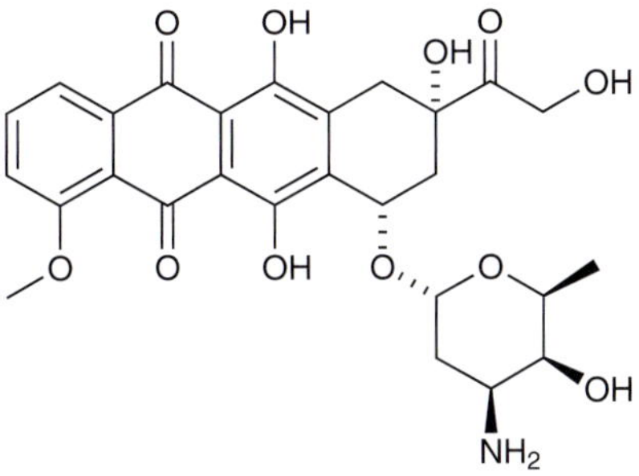

Doxorubicin
(Krebsmedikament)

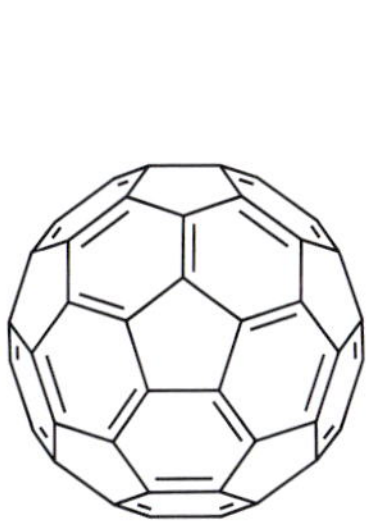
Fulleren $C_{60}$

**Exkurs: PAK als Umweltschadstoffe – EPA-PAK**

Die amerikanische Bundesumweltbehörde (US *environmental protection agency*, EPA) hat aus der umfangreichen Gruppe der PAK bereits in den 1980er Jahren 16 Einzelsubstanzen als ***„priority pollutants"*** definiert, die stellvertretend für die ganze Stoffgruppe analysiert und überwacht werden. Bei diesen 16 „EPA-PAK" handelt es sich um die folgenden Verbindungen: Naphthalen, Acenaphthylen, Acenaphthen, Fluoren, Anthracen, Phenanthren, Fluoranthen, Pyren, Chrysen, Benzo[*a*]anthracen, Benzo[*k*]fluoranthen, Benzo[*a*]fluoranthen, Benzo[*a*]pyren, Dibenzo[*a*,*h*]anthracen, Indeno[1,2,3-*cd*]pyren und Benzo[*ghi*]perylen (**o** Abb. 24.1).

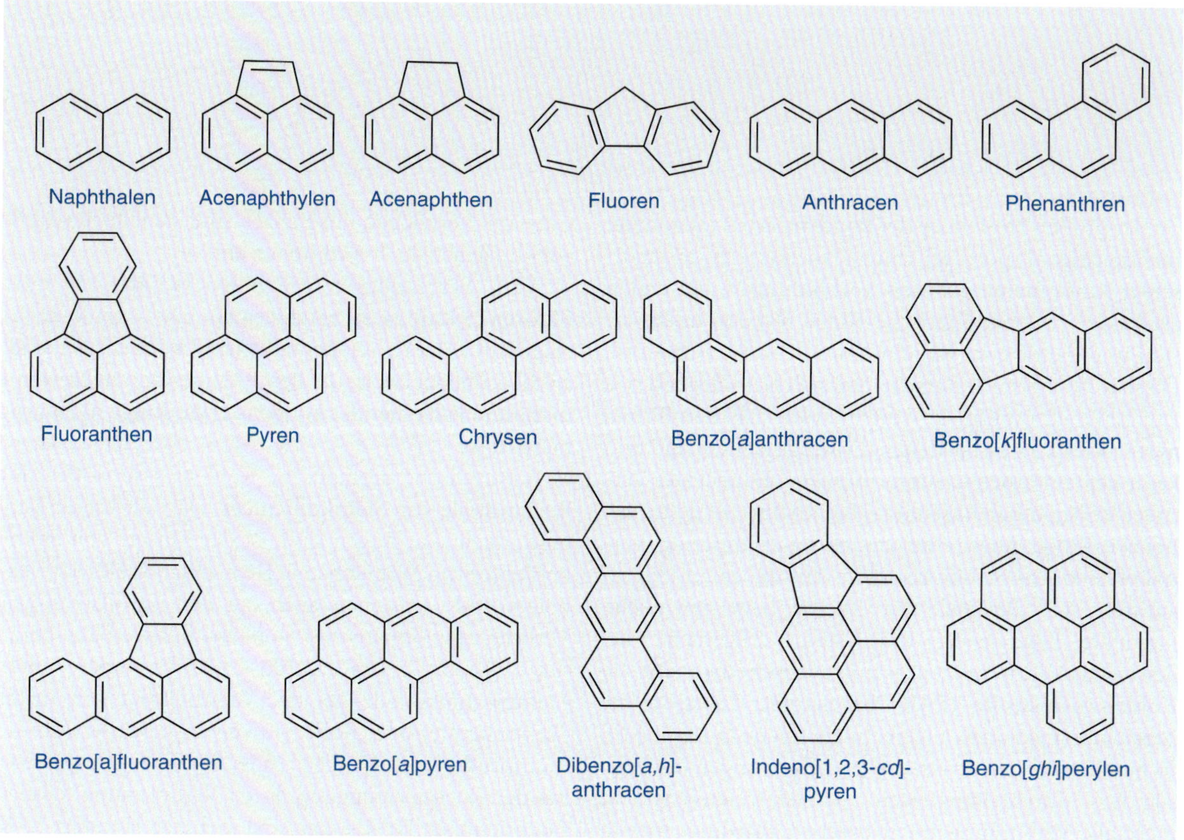


**o Abb. 24.1** Die 16 EPA-PAK, die von der amerikanischen Umweltbehörde EPA als Umweltschadstoffe, stellvertretend für die gesamte Gruppe der PAK, überwacht werden.

worden. PAK werden in der Umwelt nur sehr langsam biologisch abgebaut und reichern sich daher z. B. im unpolaren Fettgewebe von Fischen an. Aufgrund ihrer hohen **Persistenz** und **Toxizität** werden PAK generell als **Umweltschadstoffe** eingestuft (▸Exkurs: PAK als Umweltschadstoffe – EPA-PAK).

## 24.1 Inden

### 24.1.1 Struktur und Eigenschaften

Bei **Inden** (1*H*-Cyclopentabenzen), $C_9H_8$, ist ein Benzenring mit einem Cyclopentadienring *ortho*-kondensiert. Da es ein C-Atom mit $sp^3$-Hybridisierung gibt, handelt es sich nicht um ein vollständig durchkonjugiertes Ringsystem. Die Bezifferung der C-Atome (▸Kap. 24.1.2) beginnt an der gesättigten Methylengruppe; die beiden Verknüpfungspositionen werden nicht nummeriert, da an ihnen keine weiteren Substituenten gebunden sein können. Inden ist eine farblose, leicht entflammbare Flüssigkeit mit einem Siedepunkt von 182 °C, die in der Kälte kristallin erstarrt (Smp. −2 °C). Beim Stehenlassen oder rascher noch in der Wärme tritt Polymerisation ein.

### 24.1.2 Gewinnung und Synthese

Inden kommt in **Steinkohlenteer** vor. Zur Isolierung wird die bei etwa 175–185 °C siedende Fraktion des Steinkohlenteers mit metallischem Natrium (in annähernd berechneter Menge zum Indengehalt) auf etwa 150 °C erhitzt. Aufgrund der schwachen CH-Acidität von Inden (▸Kap. 24.1.3), entsteht dabei festes **Inden-**

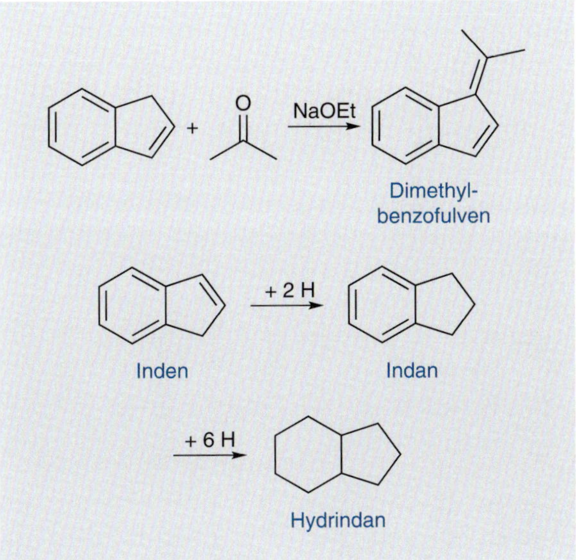


**o Abb. 24.2** Inden reagiert mit Carbonylverbindungen zu Benzofulvenen (oben). Bei der Hydrierung entsteht zuerst Indan (Mitte), dann Hydrindan (unten).

**natrium**, $C_9H_7Na$. Die restlichen Kohlenwasserstoffe werden dann im Vakuum destillativ entfernt. Bei der anschließenden wässrigen Aufarbeitung von Indennatrium erhält man nach Wasserdampfdestillation reines Inden.

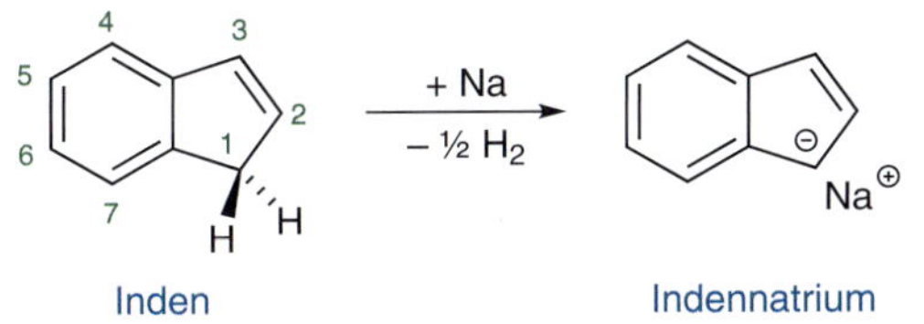


### 24.1.3 Reaktionen und Anwendungen

Ähnlich dem Cyclopentadien ist Inden **CH-acide** ($pK_S \approx 20$ in DMSO) und kann durch starke Basen oder Alkalimetalle in das entsprechende **Indenylanion** überführt werden, das wie das Cyclopentadienylanion z. B. als **Komplexligand** in der Organometallchemie genutzt wird. Bei der Umsetzung mit Aldehyden oder Ketonen im alkalischen Medium entstehen aus Inden in einer Kondensationsreaktion **Benzofulvene** (o Abb. 24.2, oben). Die C=C-Doppelbindung des Cyclopentadienrings lässt sich schon mit naszierendem Wasserstoff (z. B. durch Reaktion von Natrium mit Alkohol) unter Bildung von **Indan** (Hydrinden) reduzieren (o Abb. 24.2, Mitte). Die katalytische Hydrierung von Inden führt zum gesättigten **Hydrindan** (Octahydro-1*H*-inden; o Abb. 24.2, unten), das als *cis*- oder *trans*-Isomer vorliegen kann.

### 24.1.4 Ausgewählte Verbindungen

#### Ninhydrin

**Ninhydrin**, das Hydrat von 1,2,3-Indantrion, dient zum **Nachweis von Aminosäuren**, Polypeptiden und Proteinen (*Ruhemann* 1910; o Abb. 24.3). Dazu wird die zu untersuchende Substanz mit Ninhydrin-Lösung versetzt und erwärmt. In Anwesenheit von primären Aminen bzw. Aminosäuren ist eine blau-violette Färbung zu beobachten. Der Reaktionsmechanismus lässt sich wie folgt formulieren: Das Triketon reagiert mit der Aminofunktion der Säure unter Bildung eines Imins, das in der Wärme decarboxyliert und sich in ein Imin-Enolat umlagert. Dessen Hydrolyse führt zu 2-Amino-1,3-indandion. Es findet also eine **Transaminierung** statt, bei der die Aminosäure oxidativ zum Aldehyd desaminiert wird (*Strecker*-Abbau, ▸ Kap. 37). 2-Amino-1,3-indandion reagiert dann mit einem weiteren Molekül Ninhydrin zu einem blau-violetten Kondensationsprodukt. Da letztendlich also nur die Aminogruppe der Aminosäure in das farbige Kondensationsprodukt eingebaut wird, ergeben alle Aminosäuren, ebenso wie Ammoniak oder andere primäre Amine, die gleiche Farbreaktion. Eine Ausnahme ist jedoch die Aminosäure Prolin, die als sekundäres Amin keine $NH_2$-Gruppe besitzt, sodass die Reaktion auf der Stufe eines gelben Zwischenprodukts stehen bleibt.

In der Medizin werden mit der Ninhydrin-Farbreaktion Schädigungen an peripheren Nerven nachgewiesen (***Moberg*-Test**). Dazu drückt man die Hand oder den Fuß mehrere Minuten lang auf ein Blatt Papier und färbt hinterher die im abgesonderten Schweiß enthaltenen Aminosäuren mit Ninhydrin an. Nervenschädigungen beeinträchtigen die Schweißsekretion und lassen sich so durch ein verändertes Farbmuster nachweisen. In der Kriminalistik wird Ninhydrin zum Sichtbarmachen von Fingerabdrücken eingesetzt (o Abb. 24.4).

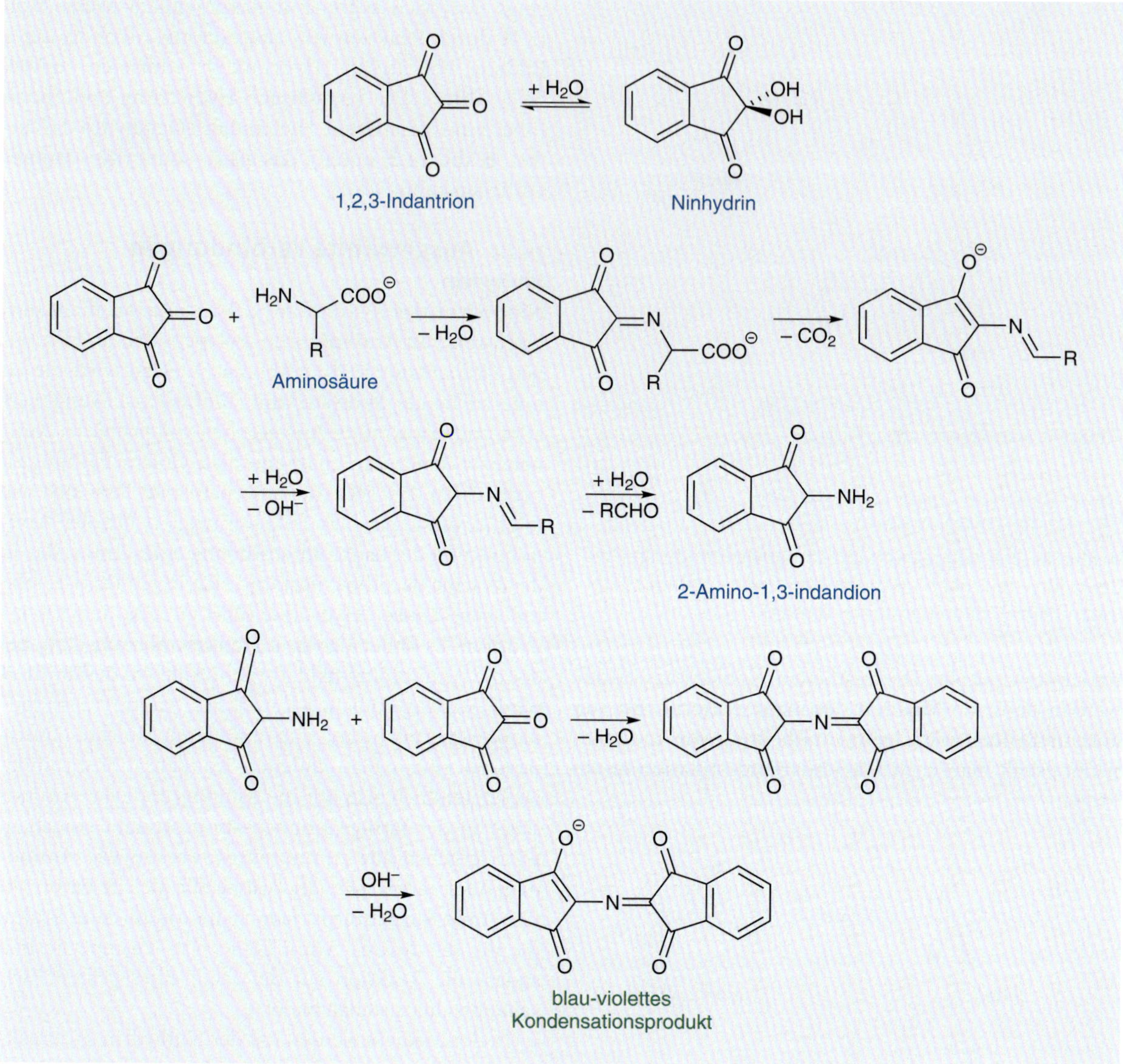


**o Abb. 24.3** Ninhydrin-Farbreaktion zum Nachweis von Aminosäuren

**o Abb. 24.4** Mit Ninhydrin lassen sich Fingerabdrücke sichtbar machen: Schweiß enthält geringe Aminosäuremengen, die mit Ninhydrin die typische Farbreaktion ergeben.

## 24.2 Fluoren

### 24.2.1 Struktur und Eigenschaften

**Fluoren** (2,2'-Methylenbiphenyl), $C_{13}H_{10}$, ist eine farblose, beständige Verbindung, die – im Gegensatz zu Cyclopentadien und Inden – nicht polymerisiert. Fluoren kristallisiert in glänzenden Blättchen mit einem Schmelzpunkt von 116 °C. Seinen Namen verdankt es einer durch Verunreinigungen bedingten Fluoreszenz. Es ist nahezu unlöslich in Wasser, aber gut löslich in organischen Lösemitteln wie Benzen, Diethylether oder auch Aceton.

### 24.2.2 Gewinnung und Synthese

Fluoren wird entweder wie Inden aus dem Steinkohlenteer als Natriumverbindung isoliert oder synthetisch durch Dehydrierung von Diphenylmethandämpfen, die durch glühende Röhren geleitet werden, gewonnen.

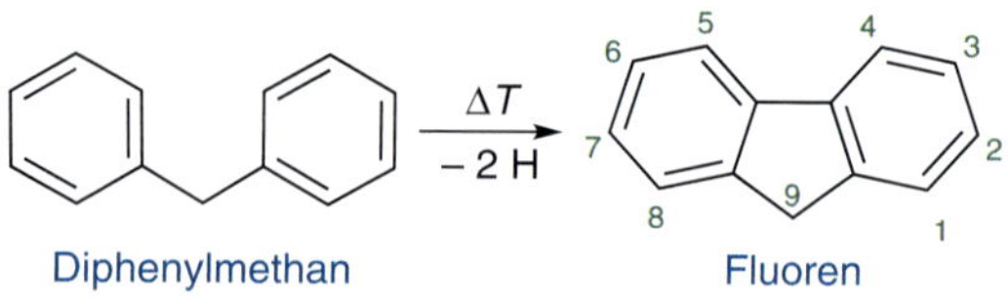

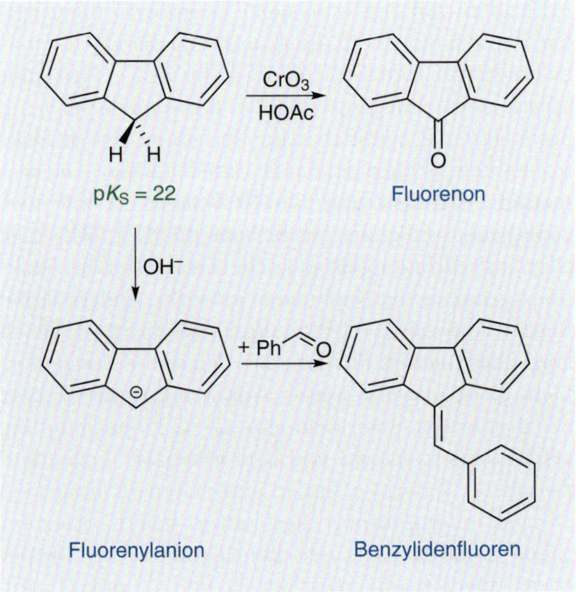


**o Abb. 24.5** Die reaktive Position von Fluoren ist die $CH_2$-Gruppe, die zu Fluorenon oxidiert werden kann (oben) und in Gegenwart von Basen mit Carbonylverbindungen unter Kondensation zu Dibenzofulven-Derivaten reagiert (unten).

### 24.2.3 Reaktionen und Anwendungen

Bei der Halogenierung, Nitrierung und Sulfonierung von Fluoren erfolgt eine stufenweise Substitution in der 2- und 7-Stellung, also in *meta*-Stellung zur Methylengruppe. Durch Oxidation mit Chromsäure in Eisessig geht Fluoren in **Fluorenon** (Smp. 85 °C) über (o Abb. 24.5, oben). Die tiefgelbe Farbe von Fluorenon wird, ähnlich wie bei den Fulvenen (▸Kap. 5.2.3), durch das gekreuzte System konjugierter Doppelbindungen hervorgerufen. Ähnlich gebaute, meist gelbe Verbindungen erhält man durch Kondensation der CH-aciden Methylengruppe von Fluoren mit Aldehyden oder Ketonen in Gegenwart von Kaliumalkoholat; z. B. entsteht mit Benzaldehyd das in Lösung und in der Schmelze gelbe 9-Benzylidenfluoren (**Benzalfluoren**; o Abb. 24.5, unten).

Von Fluoren leiten sich einige Farb- und Kunststoffe ab. Das durch Polymerisation erhältliche **Polyfluoren** wird beispielsweise als guter Halbleiter in organischen Leuchtdioden (OLEDs, *organic light emitting diode*) verwendet, da es beim Anlegen einer Spannung blaues Licht emittiert. Einige Fluorenderivate wirken als Mitogene, d. h. sie leiten die Zellteilung ein; ihre potenzielle Verwendung als Pflanzenwuchsstoffe wird derzeit diskutiert.

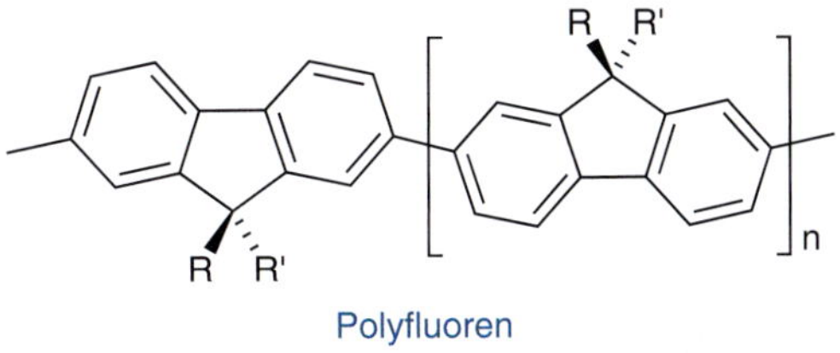


### 24.2.4 Ausgewählte Verbindungen

#### 9-Fluorenylmethoxycarbonyl-Gruppe (Fmoc)

Die 9-Fluorenylmethoxycarbonyl-Gruppe (**Fmoc-Gruppe**) ist eine **Schutzgruppe für Aminofunktionen**, die beispielsweise häufig in der Festphasenpeptidchemie (▸Kap. 37) eingesetzt wird. Es handelt sich dabei um eine **Carbamatschutzgruppe**, die durch Umsetzung der freien Amine z. B. mit Fmoc-Cl leicht eingeführt werden kann (o Abb. 24.6). Die Schutzgruppe ist säurestabil und somit in ihrem chemischen Verhalten komplementär zu anderen Schutzgruppen, wie der Boc-Gruppe oder den *tert*-Butylestern, die durch Säuren



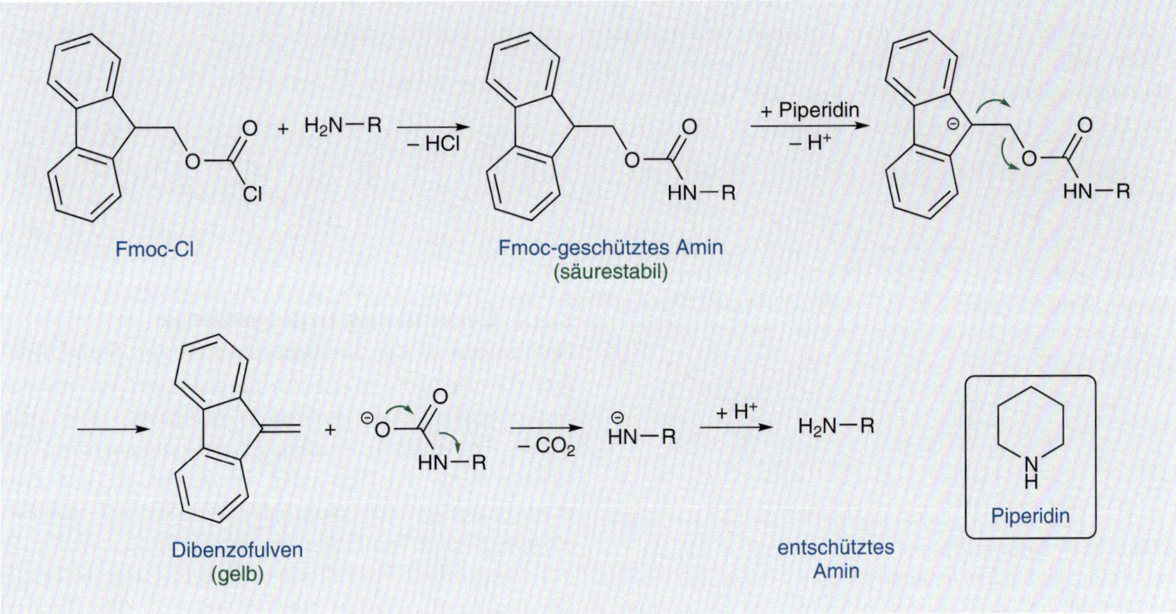


**o Abb. 24.6** Fmoc dient als basenlabile Schutzgruppe für Aminogruppen.

leicht abgespalten werden. Man bezeichnet dies als **Orthogonalität der Schutzgruppen.** Die Fmoc-Gruppe kann durch Behandlung mit schwachen Basen entfernt werden. Meistens wird dazu eine 10%ige Lösung von Piperidin (o Abb. 24.6, unten rechts) in DMF verwendet. Die Entschützung verläuft nach einem **E1cb-Mechanismus.** Die Base deprotoniert das acide CH der Methingruppe ($pK_S \approx 22$ in DMSO). Das gebildete aromatische Anion zerfällt in Dibenzofulven und ein instabiles Carbaminsäureanion, das sofort $CO_2$ abspaltet und wieder das freie Amin ergibt. Das gelbe Dibenzofulven kann photometrisch quantifiziert werden, um z. B. bei Festphasensynthesen die Ausbeute der einzelnen Schützungs- und Entschützungsschritte zu bestimmen.

## 24.3 Naphthalen

Neben Inden und Fluoren findet sich in Steinkohlenteer eine Anzahl kondensierter aromatischer Kohlenwasserstoffe, die nur aus Benzenringen bestehen. Die wichtigsten sind Naphthalen, Anthracen und Phenanthren.

### 24.3.1 Struktur und Eigenschaften

**Naphthalen** (o Abb. 24.7; früher: Naphthalin), $C_{10}H_8$, wurde im Jahr 1819 von *Garden* im Steinkohlenteer entdeckt. Der Name leitet sich von der griechischen Bezeichnung *naphtha* für Erdöl ab. Es kristallisiert in farblosen, glänzenden Blättchen (Smp. 80 °C), die einen charakteristischen Geruch nach Teer aufweisen. Früher war Naphthalen aufgrund dieses Geruchs der Hauptbestandteil von Mottenpulver; es wirkt allerdings kaum insektizid und wird daher heutzutage nicht mehr verwendet. Naphthalen ist in Wasser unlöslich, jedoch mit Wasserdampf flüchtig. In den üblichen organischen Lösemitteln löst sich Naphthalen leicht, besonders in der Wärme. Die Dämpfe verbrennen mit stark rußender Flamme. Wie für Benzen (▸Kap. 18.1) lassen sich für Naphthalen drei äquivalente Grenzformeln aufstellen, die sich nur durch die Anordnung der C=C-Doppelbindungen unterscheiden (o Abb. 24.7). Physikalische Untersuchungen, vor allem das Ramanspektrum, bestätigen die symmetrische Verteilung der $\pi$-Elektronen über beide planar angeordneten Ringe. Die aromatische Stabilisierung von Naphthalen ist mit etwa 255 kJ/mol größer als von Benzen (150 kJ/mol); sie ist allerdings *nicht* doppelt so hoch, was sich auf das Reaktionsverhalten von Naphthalen auswirkt. Anders als bei Benzen sind die C—C-Bindungslängen nicht alle gleich lang. Dies steht im Einklang mit den drei Resonanzformeln: Beispielsweise weisen zwischen C1 und C2 zwei der drei Resonanzformeln eine C=C-Doppelbindung auf (Resonanzformel I und II in o Abb. 24.7), während zwischen C2 und C3 nur in einer Grenzstruktur eine Doppelbindung vorliegt (Resonanzformel III). Entsprechend ist die Bindung zwischen C2 und C3 mit 140 pm etwas länger als die zwischen C1 und C2 mit 136 pm. Die vor allem früher oft genutzte Darstellung von Naphthalen mit je einem Kreis in jedem der beiden Benzenringe (o Abb. 24.7, unten rechts) ist falsch. Sie täuscht ein 12-$\pi$-Elektronensystem vor, da jeder der Kreise ein 6-$\pi$-Elektronensystem symbolisiert.

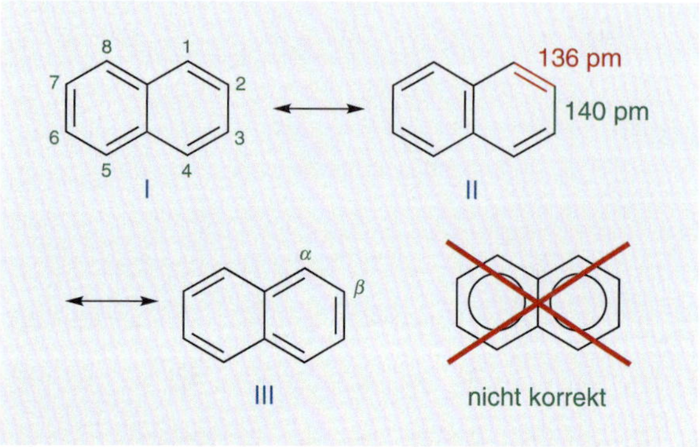


**o Abb. 24.7** Resonanzformeln von Naphthalen. Die in Anlehnung an die Benzenformel häufig verwendete Darstellung mit zwei Kreisen ist nicht korrekt, da sie fälschlicherweise ein 12-$\pi$-Elektronensystem impliziert.

Wie bei allen polycyclischen Aromaten erfolgt die **Bezifferung der C-Atome** so, dass die beiden Brückenatome nicht mitgezählt werden (o Abb. 24.7). Nach einer älteren Nomenklatur werden für die beiden unterschiedlichen Monosubstitutionsprodukte auch die Buchstaben $\alpha$ (1-Position) und $\beta$ (2-Position) benutzt. Die Anzahl der möglichen stellungsisomeren **Disubstitutionsprodukte** von Naphthalen beträgt bei gleichen Substituenten 10, bei ungleichen Substituenten 14. Die Substitution in 1,8-Stellung wurde früher durch das Präfix „*peri*-“, die in 2,6-Stellung durch das Präfix „*amphi*-“ gekennzeichnet.

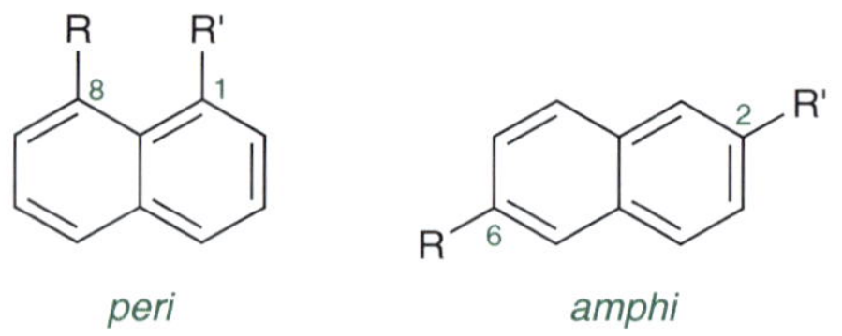


### 24.3.2 Gewinnung und Synthese

Naphthalen ist der **Hauptbestandteil von Steinkohleteer** (bis zu 11 %) und kann daraus – ebenso wie aus Braunkohlen- und Holzteer, Crackgasöl oder auch Kohle – gewonnen werden. Es entsteht auch bei der Verbrennung von Holz oder Tabak. Die größten Produktionsanlagen für Naphthalen befinden sich in Westeuropa, gefolgt von Osteuropa, Japan und den USA. In der weltgrößten Produktionsanlage in Castrop-Rauxel (Deutschland) werden jährlich etwa 70 000 Tonnen Naphthalen produziert.

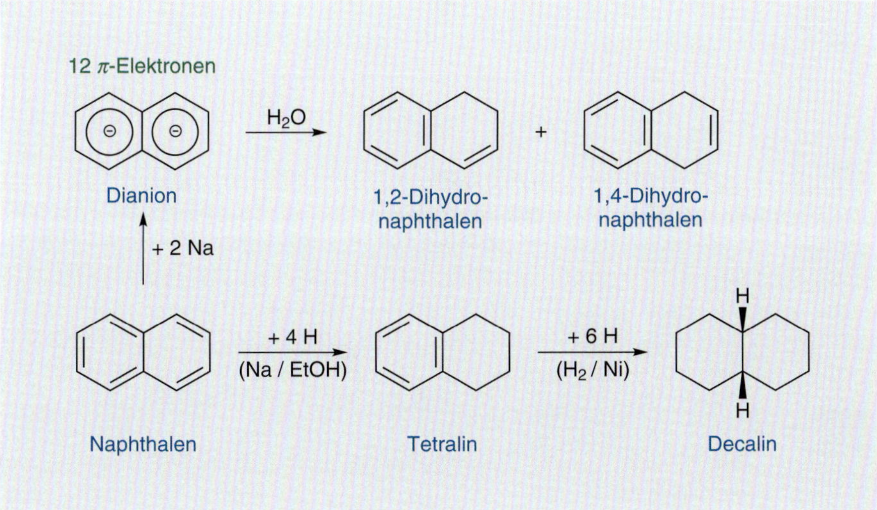


**Abb. 24.8** Reduktion von Naphthalen. Bei der Reduktion mit Alkalimetallen entsteht ein Dianion mit 12 $\pi$-Elektronen, die über beide Ringe delokalisiert sind. Bei der Protonierung dieses Dianions entsteht ein Gemisch aus 1,2- und 1,4-Dihydronaphthalen (oben). Bei der Reduktion mit Wasserstoff erhält man zuerst Tetralin, das unter drastischeren Bedingungen weiter zu Decalin hydriert werden kann (unten). Als Hauptprodukt entsteht *cis*-Decalin.

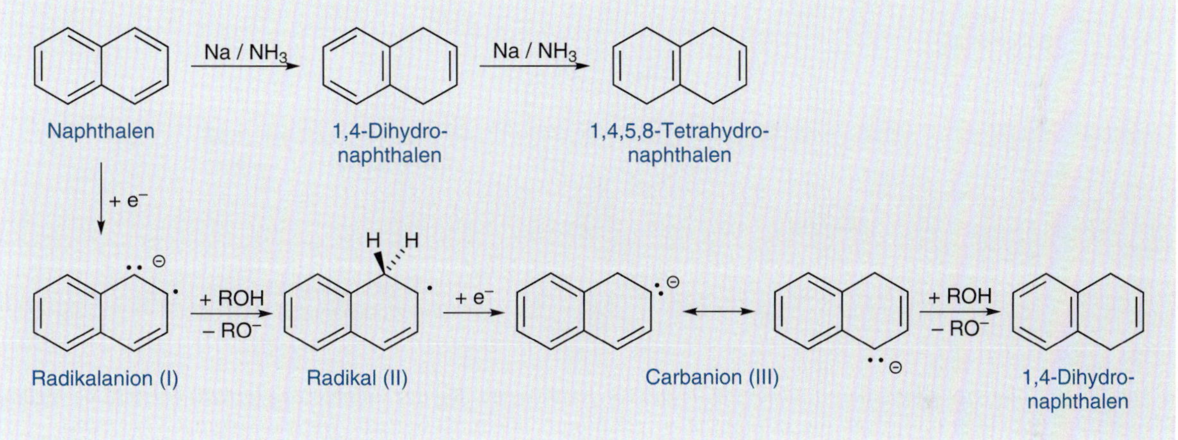


**Abb. 24.9** Bei der *Birch*-Reduktion von Naphthalen mit Natrium in flüssigem Ammoniak bildet sich durch Elektronenaufnahme zuerst ein Radikalanion (I), das durch Protonenaufnahme in ein Radikal (II) übergeht. Das nach erneuter Elektronenaufnahme entstandene Carbanion (III) wird kinetisch bevorzugt unter Bildung des thermodynamisch weniger stabilen 1,4-Dihydronaphthalens protoniert.

### 24.3.3 Reaktionen und Anwendungen

Naphthalen ist ein wichtiger **petrochemischer Grundstoff**. Es wird hauptsächlich zur Synthese von **Phthalsäureanhydrid** (▸Kap. 23.3.4) genutzt, das dann zu Lösemitteln, Kunststoffen und Kraftstoffen weiterverarbeitet wird. Naphthalen wird aber auch für die Herstellung von Azofarbstoffen, Holzschutzmittel (Chlornaphthalen), Insektiziden oder PVC-Weichmachern verwendet. Alkylnapthhalensulfate werden als Seifen eingesetzt.

Im Gegensatz zu Benzen lässt sich Naphthalen mit Natrium und Alkohol stufenweise über 1,4-Dihydro- bzw. 1,2-Dihydronaphthalen zu 1,2,3,4-Tetrahydronaphthalen (**Tetralin**) hydrieren (Abb. 24.8). Außer dieser Reduktion mit naszierendem Wasserstoff ist die Addition von Wasserstoff in 1,4- bzw. 1,2-Stellung auch durch Alkalimetalle in Ether möglich. Hierbei erfolgt zunächst eine Reduktion durch das Alkalimetall unter Bildung eines Dianions, in dem die zwei zusätzlich aufgenommenen Elektronen nicht an bestimmten C-Atomen lokalisiert sind, sondern gemeinsam mit den zehn $\pi$-Elektronen des Bicyclus ein delokalisiertes $\pi$-Elektronensystem mit 12 $\pi$-Elektronen bilden. Durch die Protonierung dieses Dianions erhält man **1,4-** bzw. **1,2-Dihydronaphthalen** (Abb. 24.8, oben). Auch bei der katalytischen Hydrierung von Naphthalen entsteht zunächst Tetralin, das wegen der hohen Stabilität der Benzenteilstruktur nur unter drastischen Bedingungen weiter zu **Decalin** (Decahydronaphthalen; Abb. 24.8, unten) hydriert werden kann (*G. Schroeter*). Dabei entsteht als Hauptprodukt *cis*-Decalin (▸Kap. 3).

#### *Birch*-Reduktion

Die regioselektive Hydrierung von Naphthalen zu 1,4-Dihydronaphthalen (Smp. 25 °C) lässt sich mit Natrium in flüssigem Ammoniak und Alkohol erreichen (***Birch*-Reduktion**; Abb. 24.9). Löst man Natrium in flüssigem Ammoniak auf, erhält man eine **tiefblaue Lösung von solvatisierten Elektronen**. Die Elektronen re-

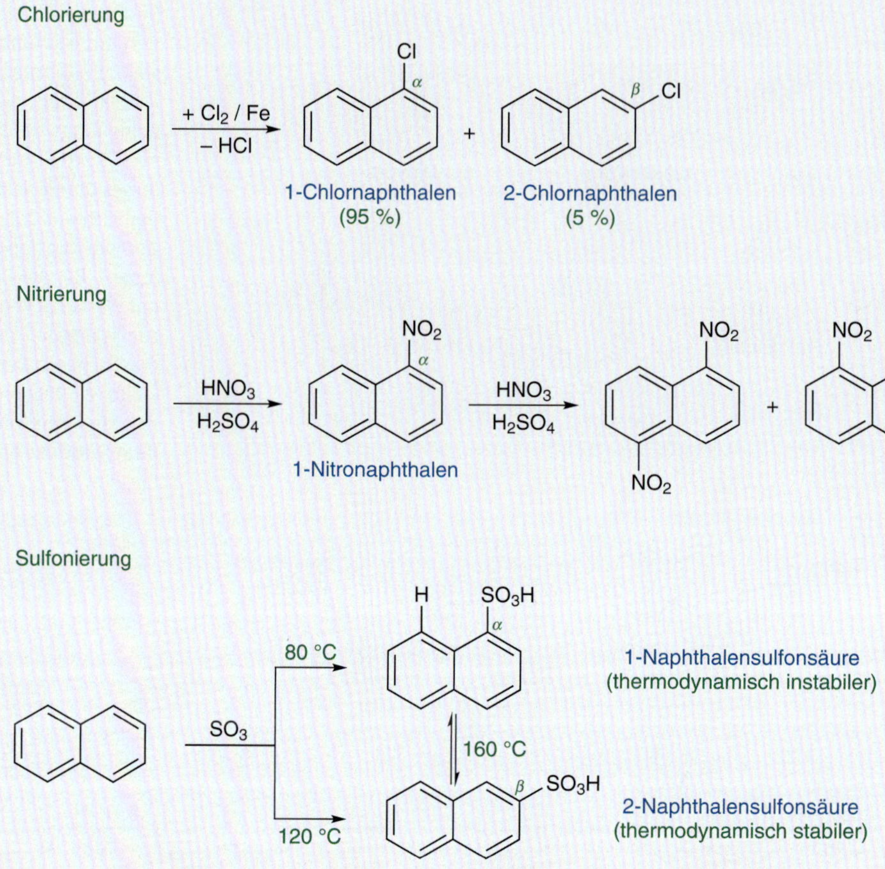


**Abb. 24.10** Chlorierung (oben) und Nitrierung (Mitte) von Naphthalen. Bei der Sulfonierung (unten) entsteht bei tiefen Temperaturen kinetisch kontrolliert die 1-Naphthalensulfonsäure, die durch sterische Wechselwirkungen mit dem H-Atom in Position 8 jedoch thermodynamisch instabiler ist als die 2-Naphthalensulfonsäure. Diese entsteht, da die Sulfonierung reversibel ist, bei höheren Temperaturen thermodynamisch kontrolliert als Hauptprodukt.

duzieren den Aromaten zu einem Radikal-Anion (I), das durch den Alkohol zu einem Radikal (II) protoniert wird. Dieses nimmt ein weiteres Elektron auf. Aus dem resultierenden, mesomeriestabilisierten Carbanion (III) entsteht durch Protonierung das Reaktionsprodukt. Das Carbanion (III) wird dabei kinetisch bevorzugt unter Bildung des thermodynamisch weniger stabilen 1,4-Dihydronaphthalens protoniert. Verwendet man Natrium im Überschuss, erhält man 1,4,5,8-Tetrahydronaphthalen (Smp. 58 °C). Die *Birch*-Reduktion ist präparativ sehr wertvoll und daher vielfältig weiterentwickelt worden. Im Gegensatz zum planaren Naphthalen ist 1,4-Dihydronaphthalen wegen der $sp^3$-Hybridisierung von C1 und C4 an diesen Stellen abgewinkelt.

### Elektrophile aromatische Substitution

Naphthalen reagiert bei **elektrophilen aromatischen Substitutionen** wie Benzen, es ist jedoch reaktiver und die Monosubstitution erfolgt hauptsächlich in **$\alpha$-Stellung.** Eine Ausnahme bilden die Sulfonierung bei höherer Temperatur und die *Friedel-Crafts*-Reaktion in Nitrobenzen: hier überwiegt das $\beta$-Produkt. Grund für den bevorzugten Angriff des Elektrophils in $\alpha$-Position ist die höhere Stabilität des gebildeten $\sigma$-Komplexes; zwei von fünf Resonanzstrukturen weisen in diesem Fall formal noch einen intakten aromatischen Benzenring auf, beim Angriff in $\beta$-Position nur eine von fünf. Letztendlich ist der Verlust an aromatischer Stabilisierung beim Angriff in $\alpha$-Stellung geringer als beim Angriff in $\beta$-Position, weswegen der Angriff dort schneller erfolgt. Bei der **Chlorierung** von Naphthalen in Gegenwart von Eisen erhält man z. B. 95 % 1-Chlornaphthalen und nur 5 % 2-Chlornaphthalen (Abb. 24.10, oben). Analog wird bei der **Nitrierung** mit konzentrierter Salpetersäure fast ausschließlich 1-Nitronaphthalen (neben wenig 2-Nitronaphthalen) gebildet (Abb. 24.10, Mitte). Bei der weiteren Nitrierung von 1-Nitronaphthalen mit Nitriersäure ($HNO_3/H_2SO_4$-Gemisch) entstehen 1,5- und 1,8-Dinitronaphthalen.

Die **Sulfonierung** von Naphthalen führt – in Abhängigkeit von der Reaktionstemperatur – entweder zu 1-Naphthalensulfonsäure (unterhalb 80 °C) oder zu 2-Naphthalensulfonsäure (oberhalb 120 °C) als Hauptprodukt (o Abb. 24.10, unten). Es handelt sich hier um ein Beispiel von **kinetischer versus thermodynamischer Reaktionskontrolle**. Die 1-Naphthalensulfonsäure bildet sich zwar schneller, ist aber thermodynamisch instabiler als die 2-Naphthalensulfonsäure, da es zu einer sterischen Wechselwirkung der Sulfonsäuregruppe in 1-Position mit dem H-Atom an Position 8 kommt. Da die Sulfonierung aber reversibel ist, lagert sich die zuerst gebildete 1-Naphthalensulfonsäure bei höherer Temperatur reversibel in die stabilere 2-Naphthalensulfonsäure um. Bei 160 °C liegen im Gleichgewicht beispielsweise 15 % 1-Naphthalensulfonsäure neben 85 % 2-Naphthalensulfonsäure vor. Beide Säuren gehen bei der weiteren Sulfonierung in 1,5- und 1,6-Naphthalendisulfonsäure bzw. in 2,6- und 2,7-Naphthalendisulfonsäure über. Die Sulfonsäuren der Naphthalenreihe sind wichtige Zwischenprodukte für die Herstellung von Naphtholen und ihren Sulfonsäuren, die als Kupplungskomponenten in der Azofarbstoffindustrie eine bedeutende Rolle spielen.

Auch bei der ***Friedel-Crafts*-Acylierung** von Naphthalen (o Abb. 24.11) entsteht stets ein Gemisch aus 1- und 2-Substitutionsprodukten, deren Mengenverhältnis von den Reaktionsbedingungen abhängt. Lässt man Naphthalen mit Acetylchlorid in Schwefelkohlenstoff reagieren, erfolgt überwiegend die 1-Substitution und nur zu etwa 25 % die 2-Substitution. Demgegenüber führt die gleiche Umsetzung in Nitrobenzen als Lösemittel fast ausschließlich zur 2-Substitution.

Die **Zweitsubstitution** im Naphthalen kann sowohl an dem bereits substituierten als auch am noch unsubstituierten Ring stattfinden. Als Richtlinien gelten, in Abhängigkeit von der chemischen Natur des ersten Substituenten, die folgenden Substitutionsregeln:

- **Elektronenschiebende Reste,** wie —OH oder —$NH_2$, in 1-Stellung dirigieren den neu eintretenden Substituenten vornehmlich in die *p*- und *o*-Stellung, d. h. in die Positionen 4 und 2 (bedingt auch in die Positionen 5 und 7). Befinden sich diese Substituenten in 2-Stellung, dirigieren sie nach 1, 8 und 6.
- **Elektronenziehende Reste,** wie —$NO_2$, —$SO_3H$ oder —COOH, in 1-Stellung zeigen keine ausgesprochene *m*-Orientierung, sondern dirigieren meist in den noch unsubstituierten zweiten Kern und zwar in die Positionen 5, 6 oder 8. Bei Anwesenheit derartiger Substituenten in Stellung 2 werden die Positionen 5, 6 und 7 bevorzugt angegriffen.

### 24.3.4 Ausgewählte Verbindungen

#### Acenaphthen und Naphthalsäure

**Acenaphthen** (1,8- oder *peri*-Ethylennaphthalen; o Abb. 24.12), $C_{12}H_{10}$, wurde zuerst aus der bei einer Temperatur von etwa 300 °C siedenden Fraktion des

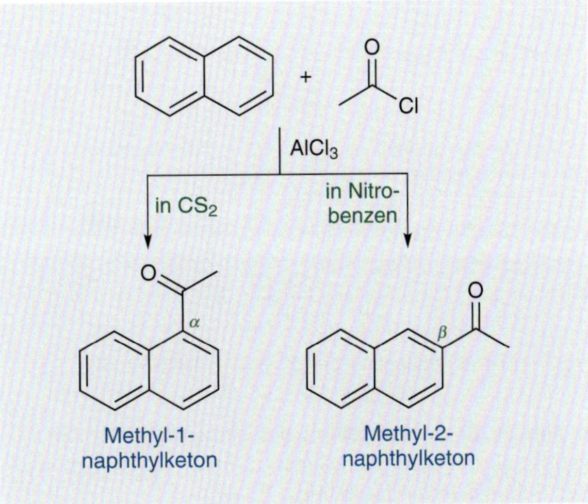


o **Abb. 24.11** Bei der Acylierung von Naphthalen hängt die Regioselektivität vom verwendeten Lösemittel ab. In Kohlenstoffdisulfid entsteht überwiegend das α-Isomer, in Nitrobenzen das β-Isomer.

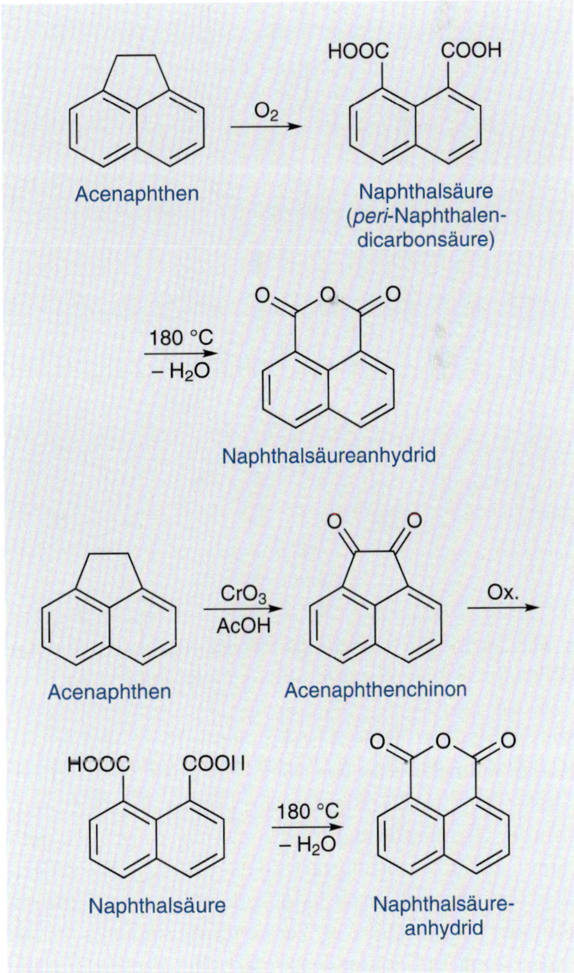


o **Abb. 24.12** Bei der Oxidation von Acenaphthen entsteht über Acenaphthenchinon Naphthalsäure, die beim Erhitzen unter Wasserabspaltung zu einem cyclischen Anhydrid reagiert.

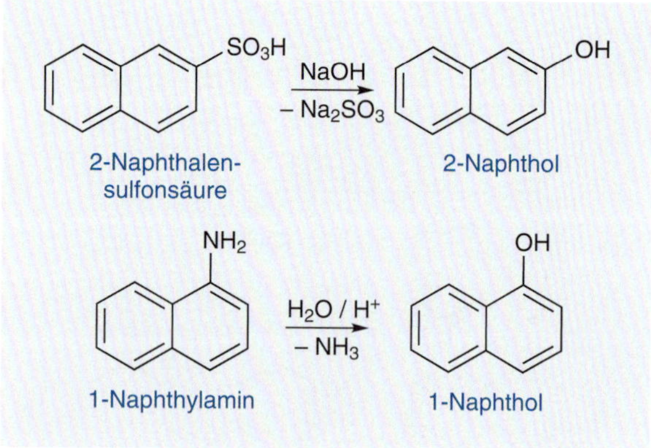


**o Abb. 24.13** Die Darstellung der isomeren Naphthole gelingt durch nucleophile Substitution der entsprechenden Sulfonsäuren oder Amine.

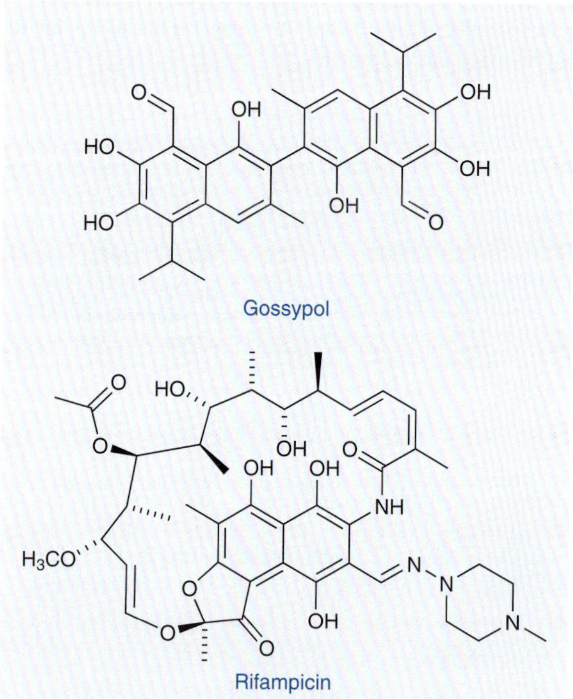


**o Abb. 24.14** Von Naphthol leiten sich Naturstoffe wie das giftige Gossypol oder das Antibiotikum Rifampicin ab.

Steinkohlenteers isoliert und bildet farblose Nadeln mit einem Schmelzpunkt von 96 °C. Bei der Oxidation mit Chromsäure in Eisessig entsteht primär Acenaphthenchinon (**Acenaphthochinon**), das in gelben Nadeln (Smp. 262 °C) kristallisiert (o Abb. 24.12). Es verhält sich reaktionschemisch jedoch nicht wie ein Chinon, sondern wie ein Diketon. Verwendung findet es für die Darstellung indigoider Küpenfarbstoffe sowie für die Synthese von z. B. von Corannulen. Die weitere Oxidation von Acenaphthenchinon führt zu **Naphthalsäure** (o Abb. 24.12). Diese wird als Ausgangsstoff in der Farbstoffindustrie verwendet. Beim Erhitzen auf 180 °C bildet sich das entsprechende Anhydrid, da die beiden Carboxygruppen in *peri*-Stellung, d. h. benachbart, stehen.

## Naphthole (Hydroxynaphthalene)

**α-Naphthol** (1-Naphthol) und **β-Naphthol** (2-Naphthol) kommen in geringer Menge im Steinkohlenteer vor. Technisch werden sie durch Alkalischmelze von 1- bzw. 2-Naphthalensulfonsäure gewonnen (o Abb. 24.13, oben). Reines α-Naphthol wird auch durch Hydrolyse von α-Naphthylamin mit 10%iger Schwefelsäure bei 180 °C (450 K) und 10 bar (1 MPa) hergestellt (o Abb. 24.13, unten; Ausbeute etwa 85 %).

α-Naphthol kristallisiert in Nadeln (Smp. 95 °C), β-Naphthol in rautenförmigen, glänzenden Kristallen (Smp. 123 °C). Beide Verbindungen sind in kaltem Wasser sehr schwer löslich. In Analogie zu den Phenolen besitzen sie schwach sauren Charakter, lösen sich also in Laugen zu Naphtholaten. Mit Eisen(III)-chlorid gibt α-Naphthol eine violette und β-Naphthol eine grüne Färbung. In ihrem Reaktionsverhalten unterscheiden sich Naphthole von Phenol durch die größere Reaktionsfähigkeit der OH-Gruppe, z. B. lässt sich diese rascher verestern bzw. verethern. Wie bei den Phenolen wirkt die OH-Gruppe der Naphthole bei elektrophilen Substitutionen aktivierend. Die entsprechenden Reaktionen erfolgen bei α-Naphthol bevorzugt in 2- und 4-Stellung, bei β-Naphthol in 1-Stellung, so z. B. auch die Kupplung mit Diazoniumsalzen zu Azofarbstoffen; eine Reaktion, die auch zum Nachweis primärer aromatischer Amine eingesetzt wird (▸ Kap. 2).

In Baumwollsamen kommt das giftige **Gossypol** (o Abb. 24.14, oben) vor. Es besitzt eine Chiralitätsachse und zeigt Atropisomerie (▸ Kap. 23.1.1) ($[\alpha]_D$ = +445°, $CDCl_3$). Strukturell handelt es sich formal um ein Derivat eines dimeren Sesquiterpens. Erst nachdem es gelungen war, Gossypol aus dem Baumwollsaatöl zu entfernen, konnte dieses als Lebensmittel verwendet werden – ein charakteristisches Beispiel für die Bedeutung der Lebensmitteltechnologie.

Das Antibiotikum **Rifampicin** (o Abb. 24.14, unten) ist gegen Tuberkulose und Lepra wirksam. Seine Wirkung ist auf eine Hemmung der DNA-abhängigen RNA-Polymerase zurückzuführen. Rifampicin gehört zu den **Ansamycinen** (griech. *ansa* = Henkel), da die Kohlenstoffkette das Naphthalengerüst wie einen Henkel überspannt (o Abb. 24.15).

## Naphthylamine

Die leichte Austauschbarkeit der Hydroxygruppe bei β-Naphthol gegen die Aminogruppe macht man sich technisch zur Herstellung von **β-Naphthylamin** zunutze. Bei der ***Bucherer*-Reaktion** (o Abb. 24.16) erhitzt man β-Naphthol (2-Naphthol) mit einer wässrigen Ammoniumhydrogensulfit-Lösung und konzentriertem Ammo-

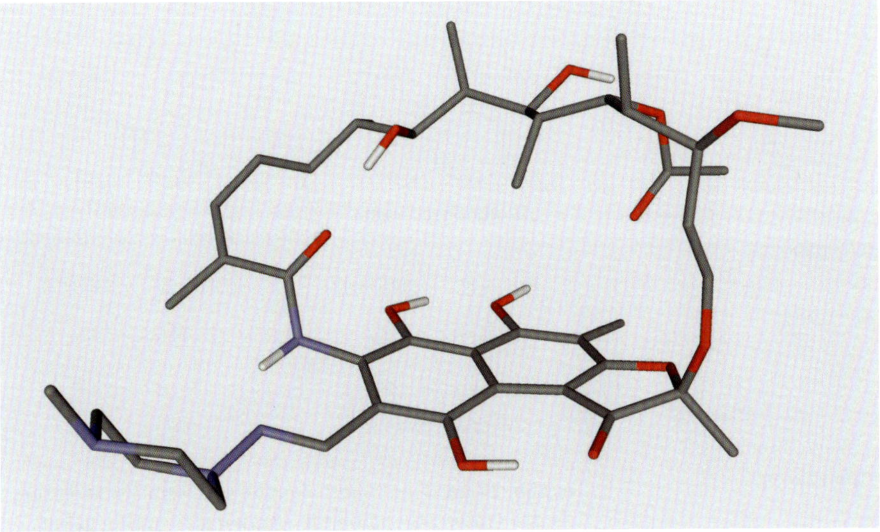

**Abb. 24.15** Die 3D-Struktur von Rifampicin zeigt die Zugehörigkeit zu den Ansamycinen (griech. *ansa* = Henkel).

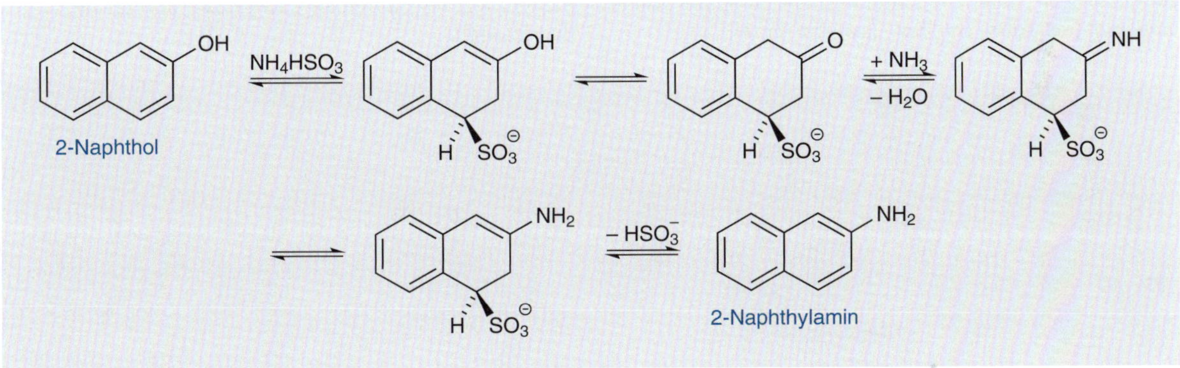


**Abb. 24.16** Bei der *Bucherer*-Reaktion werden Naphthole mit Ammoniak in Gegenwart von Natriumhydrogensulfit in die entsprechenden Naphthylamine umgewandelt. Die Reaktion ist reversibel.

niak (1:1) im Autoklaven auf eine Temperatur von 150 °C. Die reversible Reaktion verläuft nach *Rieche* und *Seeboth* wie folgt: Zunächst wird Ammoniumhydrogensulfit in 3,4-Stellung von $\beta$-Naphthol addiert. Das entstandene Ammoniumsalz der 2-Tetralon-4-sulfonsäure wird durch Einwirkung von Ammoniak und anschließender Hydrogensulfit-Abspaltung in $\beta$-Naphthylamin überführt. $\beta$-Naphthylamin wirkt carcinogen. Analog ist **$\alpha$-Naphthylamin** (1-Naphthylamin) aus $\alpha$-Naphthol über die 1-Tetralon-3-sulfonsäure zugänglich. Befindet sich in *m*-Stellung zur OH-Gruppe des Naphthols bereits eine Sulfonylgruppe, versagt die Reaktion. Einen besseren Zugang zu $\alpha$-Naphthylamin bietet die Reduktion von $\alpha$-Nitronaphthalen (in Analogie zur Anilinherstellung aus Nitrobenzen). $\alpha$-Naphthylamin kristallisiert in Nadeln mit einem Schmelzpunkt von 50 °C, $\beta$-Naphthylamin dagegen in Blättchen (Smp. 110 °C). Beide Amine ergeben mit Mineralsäuren gut kristallisierende, beständige Salze.

Die Naphthylamine können, wie andere primäre aromatische Amine, in die entsprechenden **Diazoniumsalze** überführt werden (▸ Kap. 22.2). Ebenso können Naphthylamine, wie die Naphthole, als elektronenreiche Aromaten aber auch als Kupplungskomponenten für andere Diazoniumsalze genutzt und damit zur Herstellung einer breiten Palette von **Azofarbstoffen** verwendet werden. Auf einer solchen Azokupplung beruht z. B. eine Nachweisreaktion für Nitrat und Nitrit in der anorganischen Analytik. Dazu wird eine Mischung aus Sulfanilsäure und $\alpha$-Naphthylamin (***Lunges* Reagenz**, ▸ Kap. 2.4.2) in essigsaurer Lösung mit der zu untersuchenden Substanz versetzt. In Anwesenheit von Nitrit bildet sich ein leuchtend roter Azofarbstoff (Abb. 24.17, oben). Nitrat muss zuerst durch Zinkstaub zu Nitrit reduziert werden.

Ein Derivat von $\alpha$-Naphthylamin, *N*-(1-Naphthyl)ethylendiamin (Abb. 24.17, unten), wird als sogenanntes ***Bratton-Marshall*-Reagenz** (▸ Kap. 2.4.2) zum Nachweis primärer Amine verwendet. Dazu wird die zu untersuchende Probe zuerst mit saurer $NaNO_2$-Lösung und dann mit dem *Bratton-Marshall*-Reagenz versetzt. Die Bildung eines rot-violetten Azofarbstoffes zeigt die Anwesenheit eines primären Amins in der Substanzprobe an.

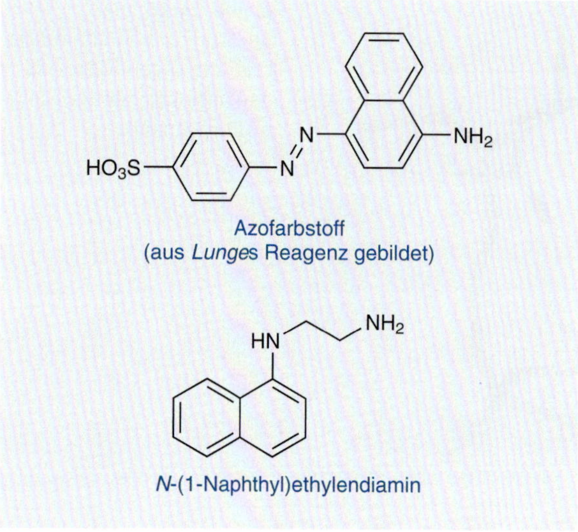


**Abb. 24.17** Nachweisreaktion für Nitrit mithilfe von *Lunges* Reagenz (oben); das zum Nachweis primärer Amine verwendete *Bratton-Marshall*-Reagenz (unten)

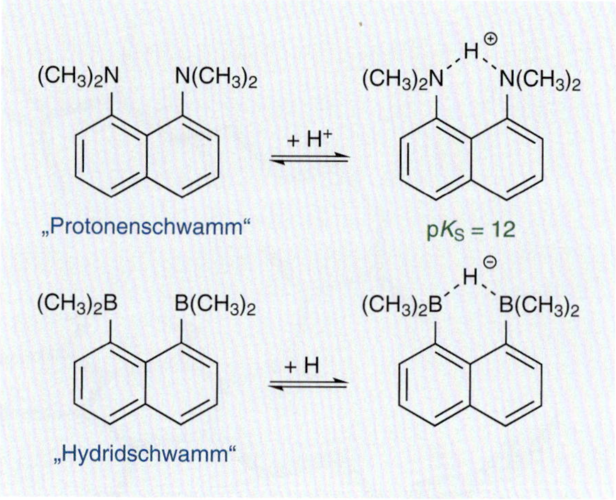


**Abb. 24.18** 1,8-Dimethylamine sind sehr starke Basen, da das Proton von beiden N-Atomen gleichzeitig gebunden werden kann (oben). Entsprechende Borderivate haben als *Lewis*-Säuren eine sehr hohe Affinität zu Hydridionen.

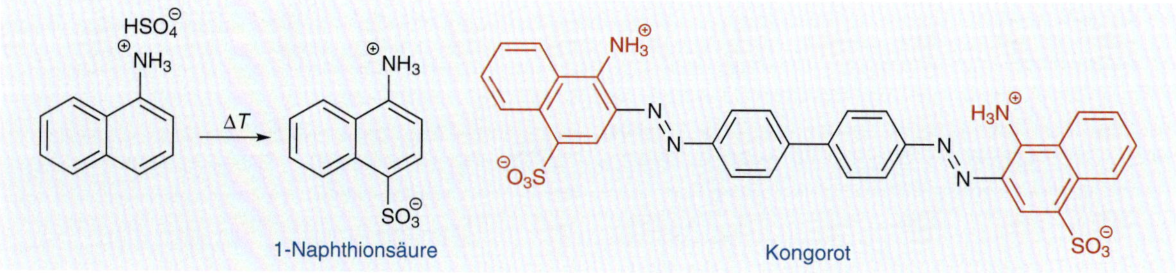


**Abb. 24.19** Naphthionsäure ist eine wichtige Kupplungskomponente für Azofarbstoffe (z. B. Kongorot).

**1,8-Bis(dimethylamino)-naphthalen** zeichnet sich aufgrund der auf engem Raum konzentrierten, freien Elektronenpaare der beiden Stickstoffatome durch eine so hohe Basizität aus, dass es auch als **„Protonenschwamm"** bezeichnet wird (Abb. 24.18, oben). Es handelt sich um eine der stärksten bekannten Aminbasen ($pK_S$-Wert der konjugierten Säure in Wasser = 12). **1,8-Naphthalendiylbis(dimethylboran)** hat eine ähnlich hohe Affinität für Hydridionen (**„Hydridschwamm"**; Abb. 24.18, unten).

## Naphthol- und Naphthylaminsulfonsäuren

Beide Stoffklassen sind als Kupplungskomponenten für Azofarbstoffe wichtig. Die einfachste Sulfonsäure aus der $\alpha$-Naphthylamin-Reihe ist **Naphthionsäure** (Abb. 24.19, links), die durch „Verbacken" von $\alpha$-Naphthylaminhydrogensulfat entsteht. Naphthionsäure dient z. B. als Kupplungskomponente für den Bisazofarbstoff Kongorot (Abb. 24.19, rechts).

## Hydroxynaphthoesäuren

**3-Hydroxy-2-naphthoesäure** besitzt als Ausgangsmaterial für **Naphthol-AS-Farbstoffe** technische Bedeutung und wird in einer *Kolbe-Schmitt*-Synthese durch Einwirkung von Kohlendioxid auf das Natriumsalz von $\beta$-Naphthol bei höherer Temperatur (240 °C) gewonnen (Abb. 24.20). Demgegenüber entsteht bei niedrigerer Temperatur (150 °C) fast ausschließlich die konstitutionsisomere 2-Hydroxy-1-naphthoesäure, die jedoch oberhalb von 240 °C in die 3-Hydroxy-2-napthoesäure übergeht. Das entsprechende Anilid wird unter dem Namen Naphthol AS vertrieben; der Zusatz „AS" steht für „saure Anilide" und weist auf das Vorhandensein der sauren Phenolgruppe und der Anilidgruppierung hin.

## Naphthochinone

Von Naphthalen sind drei Chinone bekannt (Abb. 24.21): **1,4-Naphthochinon** ($\alpha$-Naphthochinon) entsteht bei der Oxidation von Naphthalen bzw. von 4-Amino-1-naphthol mit Chromsäure in Eisessig. Es bildet gelbe Kristalle mit einem Schmelzpunkt von 126 °C und ähnelt in seinen physikalischen Eigenschaften dem *p*-Benzochinon (▸ Kap. 20.4). **1,2-Naphthochinon** ($\beta$-Naphthochinon) erhält man durch Oxidation von 1-Amino-2-naphthol in Form gelber Nadeln, die bei 145–147 °C unter Zersetzung schmelzen. Es ist im Gegensatz zu $\alpha$-Naphthochinon geruchlos und mit Wasserdampf nicht flüchtig. In **2,6-Naphthochinon**

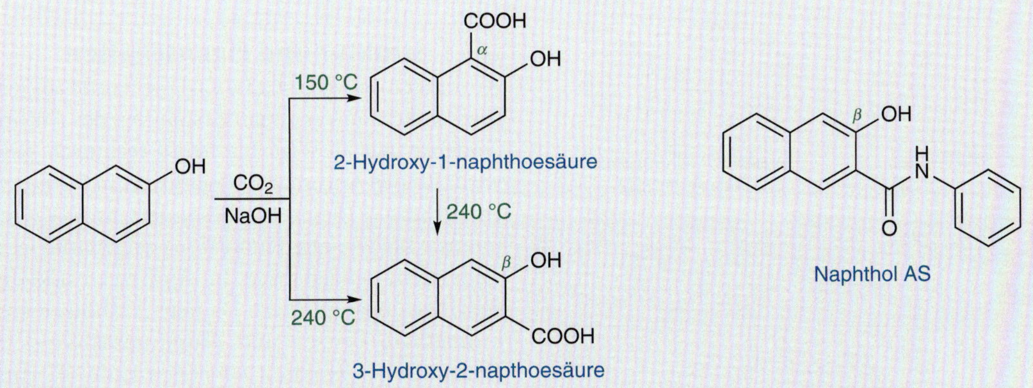


**Abb. 24.20** Von 3-Hydroxy-2-naphthoesäure leiten sich die wichtigen Naphthol-AS-Farbstoffe ab.

(*amphi*-Naphthochinon) sind anders als bei den vorherigen Naphthochinonen beide Naphthalenringe oxidiert. Es wird durch Oxidation von 2,6-Dihydroxynaphthalen in Benzen mit Blei(IV)-oxid in Form gelbroter Prismen (Smp. 130–135 °C unter Zersetzung) erhalten. Seine Oxidationswirkung ist stärker als die der beiden anderen Naphthochinone.

Einige Derivate von 1,4-Naphthochinon kommen in der Natur vor: **Juglon** (5-Hydroxy-1,4-naphthochinon) aus den Fruchtschalen der Walnüsse färbt die Haut braun. Die **Vitamine $K_1$** und **$K_2$** leiten sich formal von 2-Methyl-1,4-naphthochinon (**Menadion, Vitamin** $K_3$) ab (Abb. 24.22). Vitamin $K_1$ spielt eine essenzielle Rolle bei der **Blutgerinnung**, aber auch z. B. bei der **Knochenmineralisation.** Vitamin-K-Mangel, führt daher zu Störungen der Blutgerinnung („K" steht für Koagulation). **Vitamin $K_1$** (2-Methyl-3-phytyl-1,4-naphthochinon, Phyllochinon, Phytomenadion, Konakion), $C_{31}H_{46}O_2$, findet sich in grünen Pflanzenteilen wie Spinat, Broccoli und Grünkohl. Es wurde von *Karrer* erstmals 1939 aus Alfalfa (Luzerne) durch Extraktion mit Petrolether als gelbes, viskoses Öl isoliert. Seine Konstitution ließ sich durch

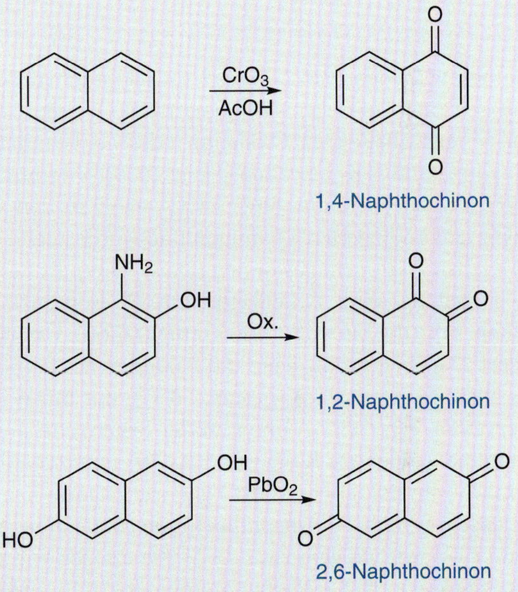


**Abb. 24.21** Oxidationsprodukte von Naphthalenen

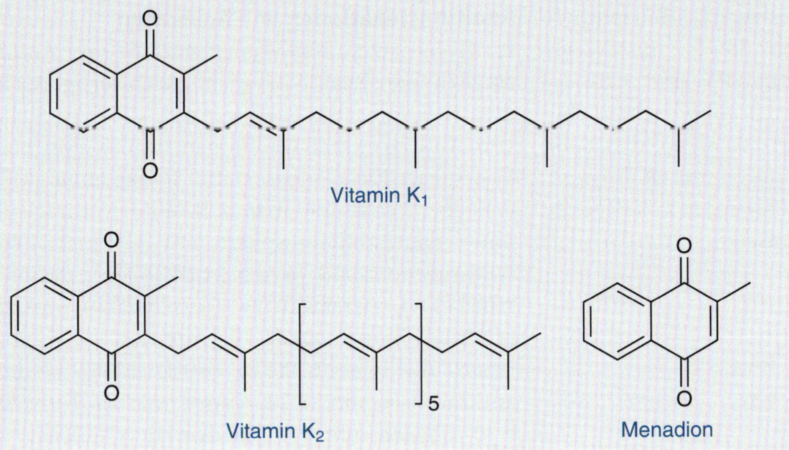


**Abb. 24.22** Die Vitamine $K_1$ und $K_2$ sowie davon abgeleitete synthetische Verbindungen wie Menadion beeinflussen die Blutgerinnung und Knochenmineralisation

24

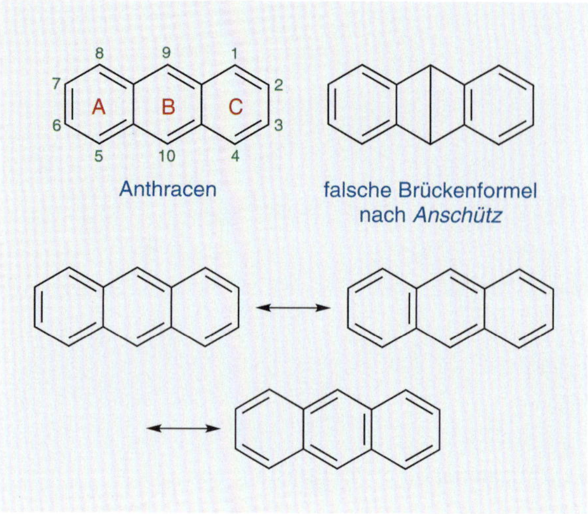


**○ Abb. 24.23** Struktur und Resonanzformeln von Anthracen

Synthese ausgehend von 2-Methyl-1,4-naphthohydrochinon und Phytol in Gegenwart wasserfreier Oxalsäure und durch anschließende Oxidation des entstandenen Dihydrovitamins $K_1$ beweisen (*Fieser* 1939). **Vitamin $K_2$**, $C_{46}H_{64}O_2$ (Menachinon, Smp. 54 °C), zählt zu den von Bakterien produzierten Vitaminen und wurde zuerst aus faulendem Fischmehl gewonnen (*Doisy* 1939). Es besitzt in 3-Stellung eine Seitenkette mit 7 Isoprenresten (▸Kap. 26), die in *all-trans*-Konfiguration vorliegen (*Isler*). Daneben produzieren die Bakterien ein homologes Vitamin $K_2$, $C_{41}H_{56}O_2$ (Smp. 50 °C), mit nur 6 Isoprenresten, d. h. 30 C-Atomen in der Seitenkette. Beide Vitamine werden als $K_2(35)$ und $K_2(30)$ unterschieden. Ähnliche physiologische Wirkungen wie Vitamin $K_1$ und $K_2$ zeigen 2-Methyl-1,4-naphthochinon (Menadion, Vitamin $K_3$) sowie einige verwandte Verbindungen wie z. B. das Amino-Derivat 2-Methyl-4-amino-1-napthol (Vitamin $K_5$).

### Binaphthylderivate

Die bei Biphenylderivaten auftretende **Atropisomerie** (▸Kap. 3 und ▸Kap. 23.1.1) gibt es auch bei Binaphthylderivaten; beispielsweise weisen die 2,2'-Bis(diarylphosphino)-1,1'-binaphthyle (**BINAP**) eine Chiralitätsachse auf. Sie können mit Metallsalzen leicht in chirale Metallkomplexe überführt werden, die sehr effiziente asymmetrische Katalysatoren sind (*R. Noyori*). Für enantioselektive Hydrierungen werden z. B. BINAP-Ru(II)dicarboxylatkomplexe eingesetzt.

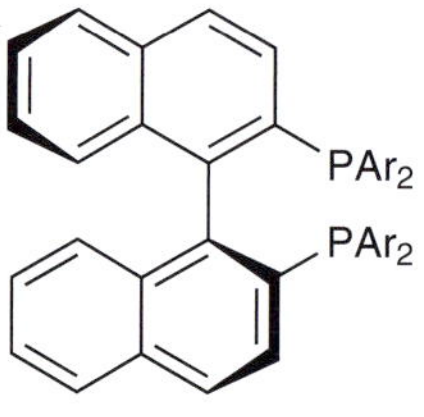


(*R*)-BINAP

## 24.4 Anthracen

### 24.4.1 Struktur und Eigenschaften

**Anthracen** (○Abb. 24.23), $C_{14}H_{10}$, wurde im Jahr 1832 im Steinkohlenteer als ein Bestandteil des Anthracenöls entdeckt, aus dem es bis heute technisch gewonnen wird. Reines Anthracen kristallisiert in farblosen Blättchen (Smp. 218 °C), die besonders im UV-Licht eine intensiv blauviolette Fluoreszenz zeigen und sich gut in siedendem Benzen lösen. Im Anthracen sind drei Benzenringe linear anelliert. Da man Anthracen aus Tetrabromethan, Benzen und Aluminiumchlorid in einer *Friedel-Crafts*-Reaktion herstellen kann (*R. Anschütz*), hatte man lange Zeit für Anthracen eine sich später als falsch herausstellende „Brückenformel" angenommen (○Abb. 24.23). Erst *Armstrong* und *Hinsberg* konnten später die korrekte Strukturformel von Anthracen identifizieren.

Die Bezifferung von Anthracen erfolgt ähnlich wie bei Naphthalen, die C-Atome des mittleren Rings werden allerdings zum Schluss nummeriert. Diese 9,10-Stellungen bezeichnet man manchmal auch als *meso*-Stellungen (*ms*). Für das 14-$\pi$-Elektronensystem im Anthracen gelten die gleichen Betrachtungen wie für Naphthalen (▸Kap. 24.3.1). Durch die drei Ringe erhöht sich die Zahl der Stellungsisomere bei substituierten Anthracenderivaten, z. B. existieren drei konstitutionsisomere Monosubstitutionsprodukte, nämlich die $\alpha$- und $\beta$- sowie die *ms*-Verbindung. Von den Disubstitutionsprodukten mit gleichartigen Substituenten gibt es jeweils 15 Isomere.

### 24.4.2 Gewinnung und Synthese

Anthracen wird industriell ausschließlich aus Steinkohlenteer isoliert. Im Labor kann Anthracen durch die Reduktion von Anthrachinon (▸Kap. 24.4.4) oder durch eine *Friedel-Crafts*-Alkylierung von Benzen mit Tetrabromethan hergestellt werden.

### 24.4.3 Reaktionen und Anwendungen

#### Additionsreaktionen von Anthracen

Im Gegensatz zu Naphthalen sind die drei Anthracenringe in ihrer Reaktivität nicht gleichwertig. Als besonders reaktionsfähig erweisen sich die 9,10-Stellungen von Anthracen bei Additionen, wobei zwei benzoide Systeme ($\pi$-Elektronensextette) in den äußeren Ringen entstehen. Bestrahlt man z. B. eine Anthracenlösung unter Sauerstoffatmosphäre mit UV-Licht, entsteht **Anthracenperoxid** (○Abb. 24.24, oben), dessen Kristalle beim Erhitzen auf 120 °C explosionsartig verpuffen (*Dufraisse* und *Gérard*). Die Addition von Chlor oder Brom führt in der Kälte zu 9,10-Dichlor-9,10-dihydroanthracen (○Abb. 24.24, Mitte) bzw. zu 9,10-Dibrom-9,10-dihydroanthracen. In der Hitze (100 °C) spaltet sich daraus ein Äquivalent Halogenwasserstoff ab und es entsteht unter Rearomatisierung 9-Chlor- bzw. 9-Bromanthracen. Dieses kann allerdings erneut halogeniert werden, sodass auch 9,10-Dichlor- bzw. 9,10-Dibromanthracen gebildet werden (Abb. 24.24, unten).

Beim Schütteln einer etherischen Suspension von Anthracen mit Natriumpulver unter Stickstoff im *Schlenk*-Rohr entsteht eine tiefblaue Dinatrium-Additionsverbindung (Abb. 24.25). Diese liefert nach Protonierung **9,10-Dihydroanthracen** und nach Einleiten von trockenem Kohlendioxid das Dinatriumsalz der 9,10-Dihydroanthracen-9,10-dicarbonsäure. 9,10-Dihydroanthracen erhält man auch durch Reduktion von Anthracen mit naszierendem Wasserstoff. Ebenso führt die stufenweise katalytische Hydrierung von Anthracen zunächst zu 9,10-Dihydroanthracen, aus dem dann 1,2,3,4-Tetrahydro- und 1,2,3,4,5,6,7,8-Octahydroanthracen entstehen (Abb. 24.25) (*G. Schroeter*). Die Hydrierung des mittleren benzoiden Rings von Octahydroanthracen erfolgt mit geringerer Geschwindigkeit unter Entstehung verschiedener *cis-trans*-isomerer Perhydroanthracene, $C_{14}H_{24}$.

Anthracen reagiert in 9- und 10-Position mit Dienophilen, z. B. mit Maleinsäureanhydrid, aber auch mit Dehydrobenzen (Arin, ▸Kap. 19.1.3) in einer ***Diels-Alder*-Addition**. Das instabile Dehydrobenzen kann z. B. durch Diazotierung von Anthranilsäure mit *n*-Amylnitrit in einem inerten Lösemittel erzeugt und von Anthracen unter Bildung von **Triptycen** (9,10-*o*-Benzenoanthracen; Ausbeute ca. 60 %) abge-

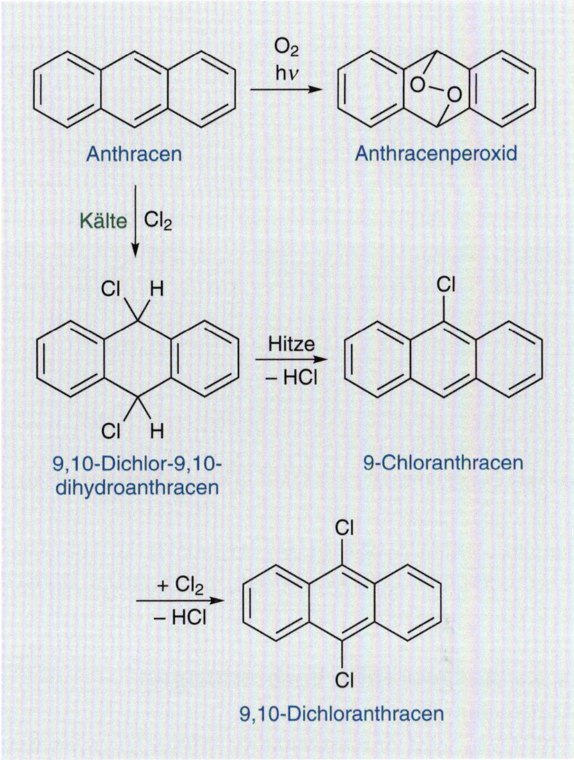


**Abb. 24.24** An den Positionen 9 und 10 von Anthracen finden leicht Additionsreaktionen statt, da in den Addukten zwei aromatische Benzenringe erhalten bleiben.

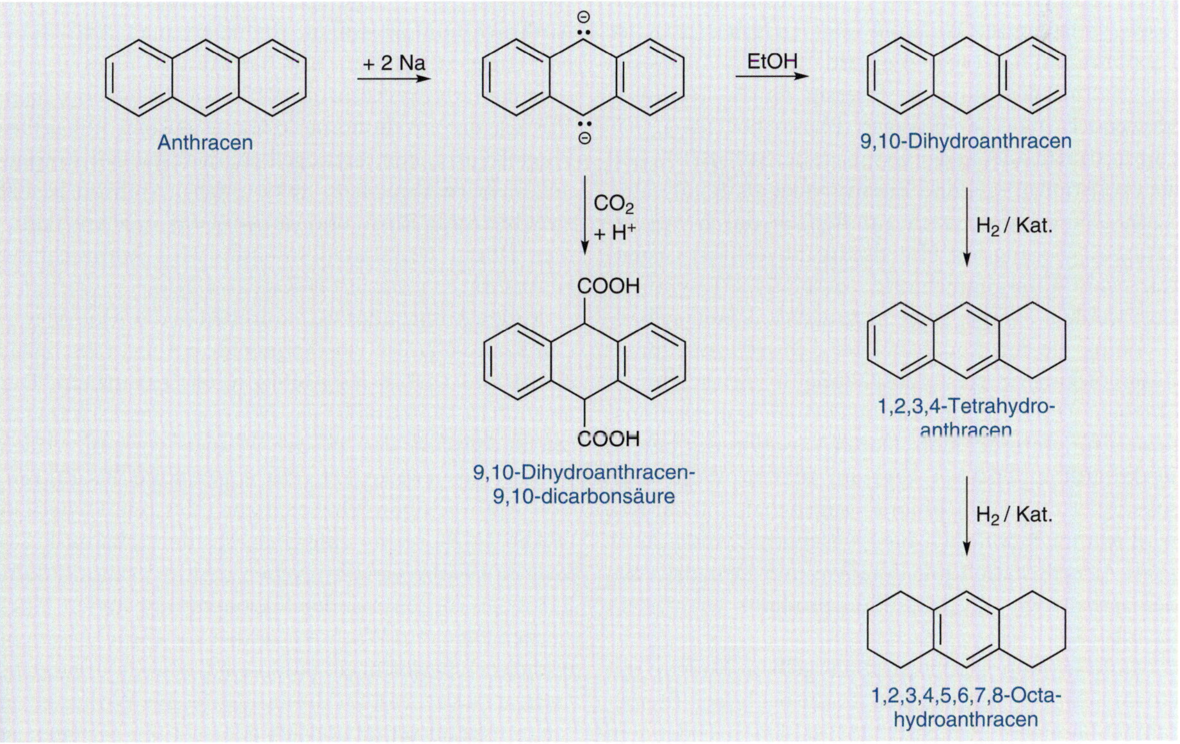


**Abb. 24.25** Reduktionsprodukte von Anthracen

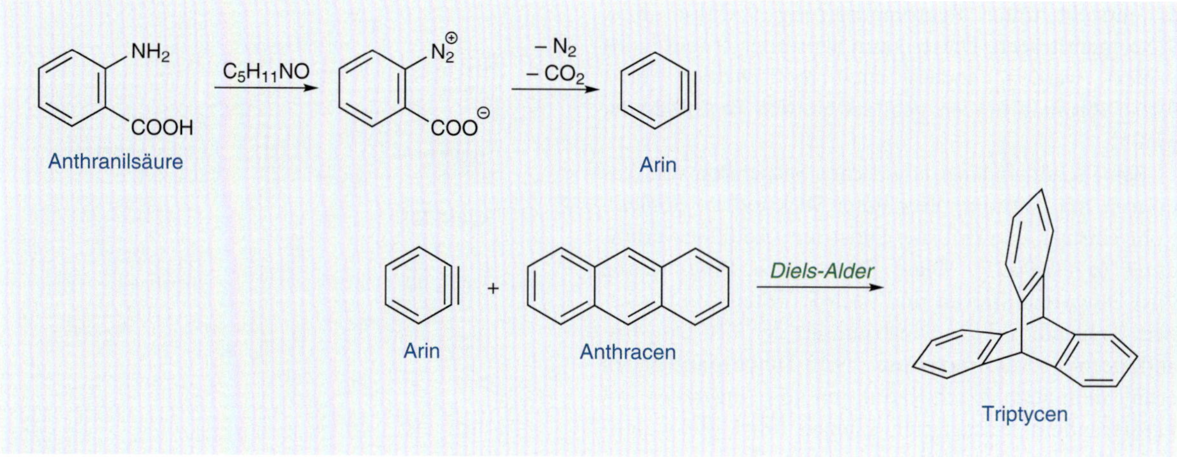


**o Abb. 24.26** Anthracen reagiert in einer *Diels-Alder*-Reaktion mit Dehydrobenzen (Arin) zu Triptycen.

fangen werden (o Abb. 24.26). Triptycen ist eine farblose, beständige Substanz mit einem Schmelzpunkt von 255 °C.

## 24.4.4 Ausgewählte Verbindungen

### Anthrachinon

Anthracen wird durch Oxidationsmittel leicht an den Positionen 9 und 10 unter Bildung von **9,10-Anthrachinon** (9,10-Anthracendion) angegriffen (o Abb. 24.27). Anthrachinon dient als Ausgangsmaterial zur Herstellung von Alizarin- und Indanthrenfarbstoffen. Erstmalig wurde es bei der Einwirkung von Salpetersäure auf Anthracen erhalten (*Laurent* 1840). Bei dieser Reaktion findet keine Nitrierung, sondern fast ausschließlich die rasch verlaufende Oxidation statt (o Abb. 24.27). Im Laboratorium führt man die Oxidation von Anthracen mit Natriumdichromat in Eisessig durch. Technisch verwendet man in flüssiger Phase bei 50–100 °C Chromtrioxid oder in der Gasphase bei 340–400 °C Luft als Oxidationsmittel und Eisenvanadat als Katalysator. Anthrachinon kann auch aus Benzen durch *Friedel-Crafts*-Acylierung mit Phthalsäureanhydrid in Gegenwart von Aluminiumchlorid (o Abb. 24.27) synthetisiert werden. Hierbei entsteht zunächst *o*-Benzoylbenzoesäure, die mit konzentrierter Schwefelsäure unter intramolekularer Wasserabspaltung in Anthrachinon übergeht. Das Verfahren ist zugleich ein Konstitutionsbeweis für Anthrachinon. Durch Variation der beiden Reaktionskomponenten sind auf diesem Wege auch substituierte Anthrachinone zugänglich. Technisch wird Anthrachinon auch aus 1,4-Naphthochinon durch *Diels-Alder*-Reaktion mit Butadien und Dehydrierung des erhaltenen Cycloadditionsprodukts dargestellt (o Abb. 24.27).

Anthrachinon kristallisiert in gelben Nadeln mit einem Schmelzpunkt von 286 °C, die bei hoher Temperatur sublimieren. Am besten löst es sich in siedendem Benzen. Im Gegensatz zu *p*-Benzochinon ist es sehr stabil und wird von Oxidationsmitteln nur schwer angegriffen. Anthrachinon besitzt keinen echten Chinoncharakter, sondern nimmt eine Mittelstellung zwischen Chinonen und Diketonen ein. Ihm fehlen die typischen Eigenschaften der *p*-Chinone (▸ Kap. 20.4), nämlich stark oxidierend zu wirken und mit Wasserdampf flüchtig zu sein.

Die wichtigste Reaktion von Anthrachinon ist die leicht ablaufende Reduktion mit Natriumdithionit und Natronlauge zu **9,10-Anthrahydrochinon**, das als Phenol alkalilöslich ist; bei der Einwirkung von Luftsauerstoff wird das wasserunlösliche Anthrachinon zurückgebildet (o Abb. 24.28, links oben). Dieser Redoxprozess bildet die Grundlage für die Küpenfärberei mit **Anthrachinonfarbstoffen**. Reduziert man Anthrachinon dagegen mit Zinn und Salzsäure in Eisessig, entsteht das farblose **Anthron**, 9(10*H*)-Anthracenon (Smp. 155 °C), das im Tautomerie-Gleichgewicht mit seiner Phenol-Form, dem braungelben, metastabilen Anthranol, steht (o Abb. 24.28, links unten). Anthron besitzt zwei benzoide Ringe und ist somit das stabilere Tautomer. Durch Zinkstaubdestillation wird Anthrachinon zu Anthracen reduziert (▸ Kap. 24.4.2).

Einige Anthronderivate kommen in der Aloe oder in den Sennesblättern vor (**Sennoside** o Abb. 24.28, rechts oben) und wirken als Abführmittel (Laxanzien). Der eigentliche Wirkstoff ist das *in vivo* enzymatisch freigesetzte Aglycon des in der Pflanze vorkommenden *β*-Glucosids (▸ Kap. 17), das sogenannte Bisanthron. Von Anthrachinon leitet sich auch das rote **Hypericin** (o Abb. 24.28, rechts unten) ab, das den Johanniskräutern ihre Farbe verleiht. Neben den in Johanniskraut-Extrakten vorkommenden Flavonen, Gerbstoffen, ätherischen Ölen und Wachsen werden vor allem Hypericin und das Hyperforin, ein polyprenyliertes Phloroglucin-Derivat (▸ Kap. 26), für die antidepressive Wirkung von Johanniskraut verantwortlich gemacht. Zu beachten ist jedoch, dass diese Inhaltsstoffe mit andern Arzneistof-

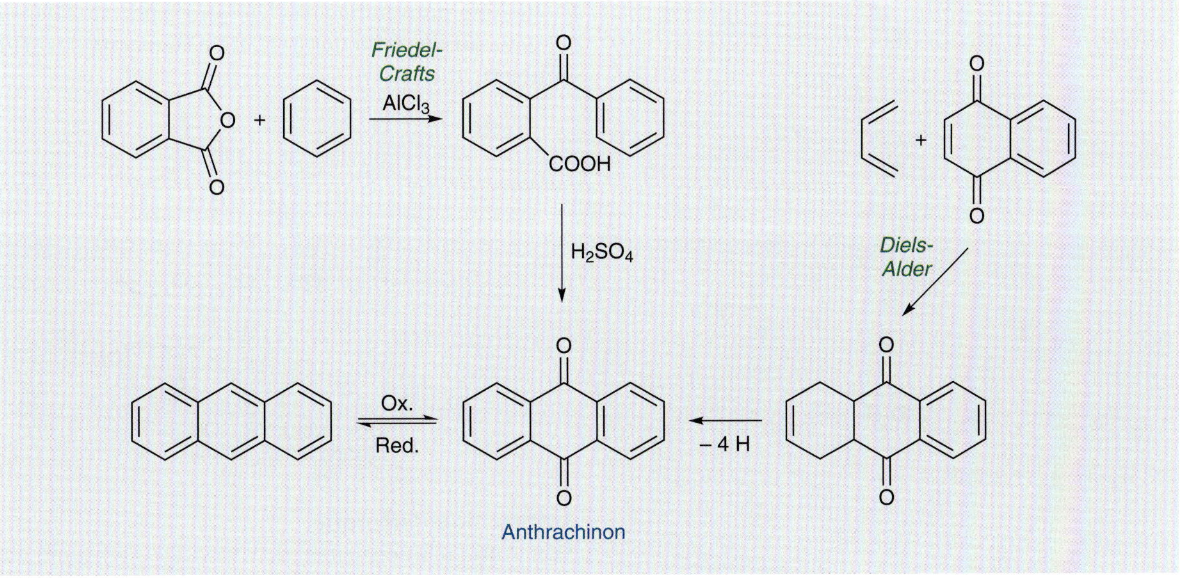


**o Abb. 24.27** Verschiedene Möglichkeiten zur Darstellung von Anthrachinon

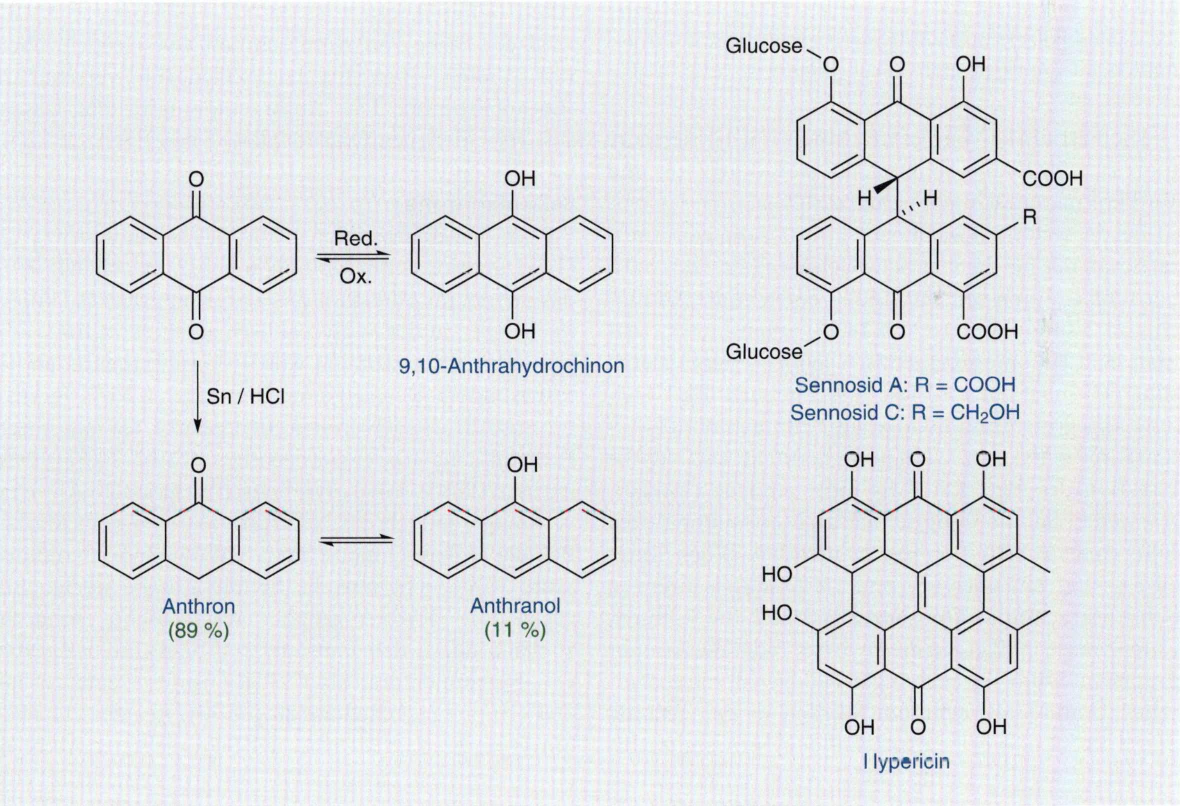


**o Abb. 24.28** Reduktionsprodukte von Anthrachinon. Von Anthron bzw. Anthrachinon leiten sich u. a. Wirkstoffe wie Sennoside und Hypericin ab.

fen unerwünschte Wechselwirkungen eingehen können, sodass evtl. die Dosis angepasst werden muss.

## Substitutionsprodukte von Anthrachinon

Substitutionsreaktionen an den beiden äußeren Benzenringen von Anthrachinon verlaufen langsam, da diese durch die beiden Carbonylgruppen desaktiviert sind. Die direkte **Halogenierung** ist schwierig und führt zu keiner einheitlichen Verbindung. Daher gewinnt man die Halogensubstitutionsprodukte von Anthrachinon meist nicht ausgehend von Anthrachinon, sondern durch Aufbau des Ringsystems aus bereits entsprechend substituierten Vorläufern.

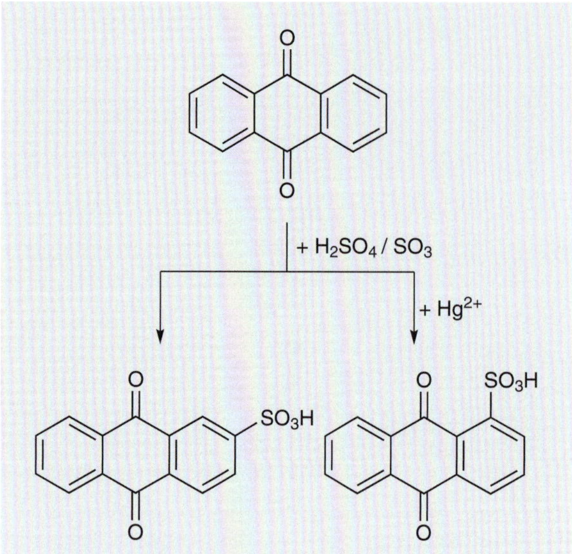


**o Abb. 24.29** Bei der Sulfonierung von Anthrachinon entsteht je nach Reaktionsbedingungen entweder Anthrachinon-1- oder Anthrachinon-2-sulfonsäure.

Die **Nitrierung** von Anthrachinon mit Nitriersäure führt zu 1-Nitroanthrachinon, das stets durch 1,5- und 1,8-Dinitroanthrachinon verunreinigt ist.

Bei der technisch wichtigen **Sulfonierung** von Anthrachinon mit rauchender Schwefelsäure (40–50 % $SO_3$) bei Temperaturen von 140–160 °C entsteht die Anthrachinon-2-sulfonsäure (o Abb. 24.29, unten links). Setzt man dem Sulfonierungsgemisch jedoch etwas Quecksilber(II)-sulfat zu, wird fast ausschließlich die 1-Stellung angegriffen und man erhält Anthrachinon-1-sulfonsäure (o Abb. 24.29, unten rechts). Die katalytische Funktion der $Hg^{2+}$-Ionen ist nicht eindeutig geklärt. Die weitere Sulfonierung der beiden Monosulfonsäuren führt unter Substitution des zweiten benzoiden Rings zu 2,6- und 2,7- oder 1,5- und 1,8-Disulfonsäuren. In den **Anthrachinonsulfonsäuren** lässt sich die Sulfonylgruppe nucleophil gegen die Hydroxy- oder die Aminogruppe und zum Teil auch gegen Halogenatome austauschen. **Aminoanthrachinone** werden in der Technik durch Reduktion der entsprechenden Nitroanthrachinone dargestellt. 1-Amino- und 2-Aminoanthrachinon kristallisieren in roten Nadeln mit einem Schmelzpunkt von 252 °C bzw. 302 °C.

Von Anthrachinon leitet sich die Wirkstoffklasse der aus einigen Pilzarten (*Streptomyces* sp.) isolierten **Anthracycline** ab. Hierzu zählen insbesondere Verbindungen wie **Doxorubicin** oder **Daunorubicin**, die als Zytostatika in der Chemotherapie verschiedener Krebserkrankungen (z. B. Mammacarcinom, Bronchialcarcinom) eingesetzt werden. Die Verbindungen interkalieren in die DNA und unterbinden die für eine Zellteilung notwendige Nucleinsäuresynthese. Ebenso wird die für die Zellteilung wichtige Topoisomerase IIα inhibiert.

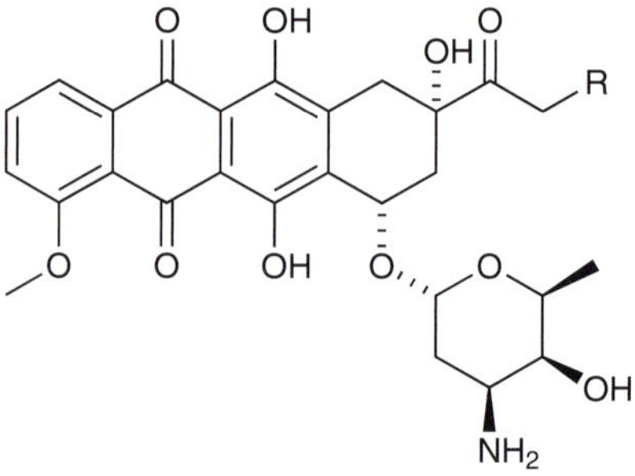

Doxorubicin: R = OH
Daunorubicin: R = H

### Anthrachinonfarbstoffe

Von Anthrachinon leiten sich wichtige Farbstoffe ab, die meist aus Anthrachinonsulfonsäure hergestellt werden. Mit zunehmender Anzahl auxochromer Substituenten (▸ Kap. 2.5.4), z. B. —OH, —NH oder —NHR, wird die Farbe von Anthrachinon von Hellgelb über Rot, Violett, Blau bis nach Blaugrün verschoben (**Bathochromie**). Die Anthrachinonfarbstoffe lassen sich verschiedenen Farbstoffklassen zuordnen.

#### Beizenfarbstoffe

Zu den Beizenfarbstoffen gehört das bekannte **Alizarin** (1,2-Dihydroxyanthrachinon; o Abb. 24.30, oben links), das schon im Altertum aus der Krappwurzel (*Rubia tinctorum*), in der es glycosidisch als Ruberythrinsäure gebunden ist, gewonnen wurde. Berühmtheit erlangte insbesondere das nach einem besonderen Färbeverfahren aus Alizarin gewonnene **Türkischrot**, ein feuerroter Farbstoff mit großer Farbechtheit (o Abb. 24.31). Das im Jahr 1869 erstmals synthetisch hergestellte Alizarin verdrängte jedoch das Naturprodukt bald vom Markt. Bei der Alkalischmelze von Anthrachinon-2-sulfonsäure wird nicht nur die Sulfonylgruppe nucleophil gegen die Hydroxygruppe ausgetauscht, sondern zugleich durch den Luftsauerstoff oder durch Zugabe von Natriumchlorat als Oxidationsmittel eine zweite OH-Gruppe in 1-Stellung eingeführt. Aus der Dinatriumverbindung erhält man mit Schwefelsäure Alizarin (*Caro*, *Graebe* u. *Liebermann*). Alizarin kristallisiert aus Eisessig in orangeroten Nadeln (Smp. 289 °C) und löst sich in Alkalien mit blauvioletter Farbe. Es wird daher auch als **pH-Indikator** verwendet (Umschlagsbereich: pH 4,5–6,0). Die Färbetechnik mit Alizarin erfordert eine besondere, mehrere Tage dauernde Vorbehandlung des zu färbenden Gewebes (Türkischrotfärberei). Hierbei wird die Faser zunächst mit sulfoniertem Rizinusöl getränkt und nach dem Trocknen in ein Bad von Aluminiumsulfat getaucht und gedämpft. Der entstehende Aluminiumfarblack ist leuchtend rot. Obwohl

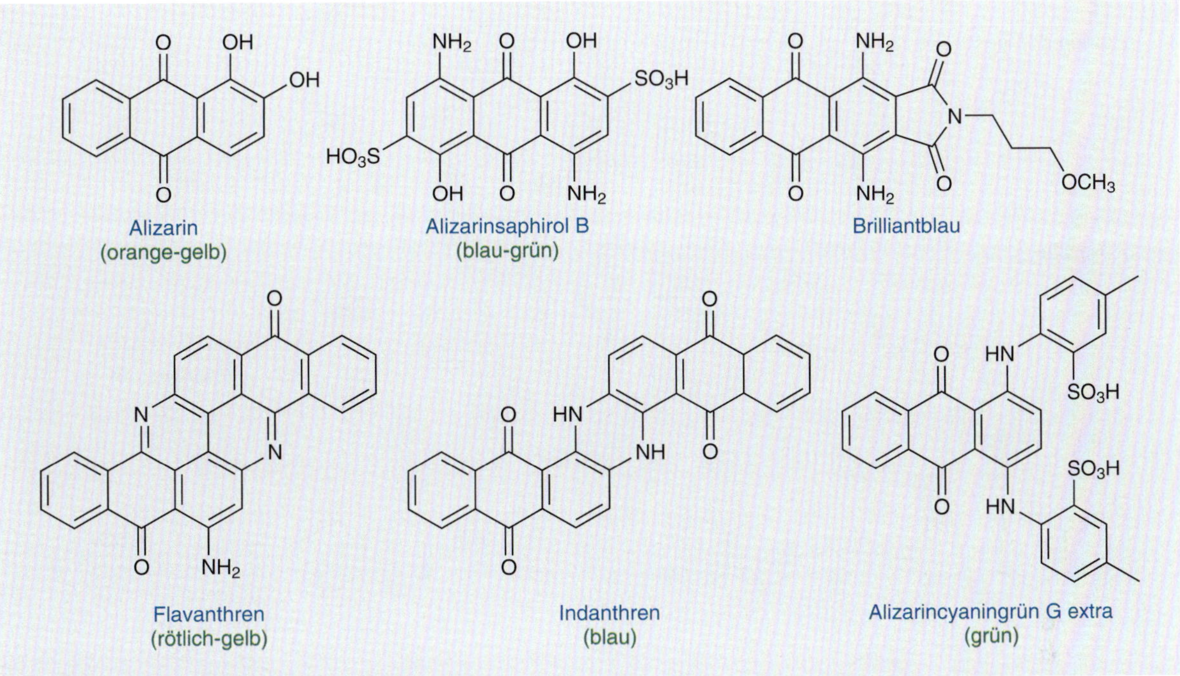


**Abb. 24.30** Beispiele für Anthrachinonfarbstoffe

Alizarin und höhere Hydroxyderivate jahrhundertelang als hervorragende Beizenfarbstoffe für Baumwolle, aber auch für Wolle und Seide verwendet wurden, sind sie heute nicht mehr in Gebrauch. Dagegen werden sulfonierte Öle, die als Netzmittel dienen, immer noch als Türkischrotöl bezeichnet.

### Saure Farbstoffe

Als Ausgangsmaterial dienen Anthrachinone mit mehreren Amino- oder Hydroxygruppen, die nach Einführung von Sulfonylgruppen als sogenannte direktziehende, saure Wollfarbstoffe verwendet werden. Wichtige Vertreter dieser Farbstoffgruppe mit grünen oder blauen Nuancen von starker Leuchtkraft und Echtheit sind **Alizarinsaphirol B** (Abb. 24.30, oben Mitte), das aus 1,5-Dihydroxyanthrachinon durch zweifache Sulfonierung, Nitrierung und Reduktion der Nitro- zu Aminogruppen hergestellt wird, und **Alizarincyaningrün G extra** (Abb. 24.30, unten rechts). Letzteres lässt sich durch Kondensation von *p*-Toluidin mit Chinizarin (1,4-Dihydroxyanthrachinon), das aus Phthalsäureanhydrid und Chlorbenzen mit borsäurehaltiger Schwefelsäure zugänglich ist, und anschließende Sulfonierung gewinnen.

### Dispersionsfarbstoffe

Die Farbstoffe der Anthrachinonreihe werden an Brillanz von anderen Farbstofftypen kaum übertroffen. Ausgesprochenen Farbstoffcharakter besitzen 1,4-, 1,4,5- und 1,4,5,8-substituierte Anthrachinonderivate einschließlich der entsprechenden $\beta$-Substitutionsprodukte. Je nach den weiteren vorhandenen funktionellen Gruppen

**Abb. 24.31** Aus Alizarin gewonnenes Türkischrot, ein feuerroter Farbstoff

sind sie als Dispersionsfarbstoffe mit Violett-, Blau- und Türkistönen verwendbar. Sie zeichnen sich, besonders auf Polyesterfasern, durch eine hohe Thermofixier- und Lichtechtheit aus. In Abb. 24.30 (oben rechts) ist **Brilliantblau** exemplarisch für diese Farbstoffklasse aufgeführt.

### Küpenfarbstoffe

Zu dieser Gruppe von Farbstoffen gehören – neben dem ältesten Küpenfarbstoff **Indigo** – auch die Indanthrene und Flavanthrene, die von *Bohn* 1901 entdeckt wurden und deren Synthese von Aminoanthrachinonen ausgeht (▸Kap. 29). **Indanthren** (Indanthrenblau RS, Indanthron; Abb. 24.30, unten Mitte) entsteht beim Verschmelzen von 2-Aminoanthrachinon mit Kaliumhydroxid unter Zusatz von Kaliumnitrat bei 150–200 °C. Nimmt man die Schmelze dagegen bei höherer Temperatur (270–300 °C) in Gegenwart saurer Kondensati-

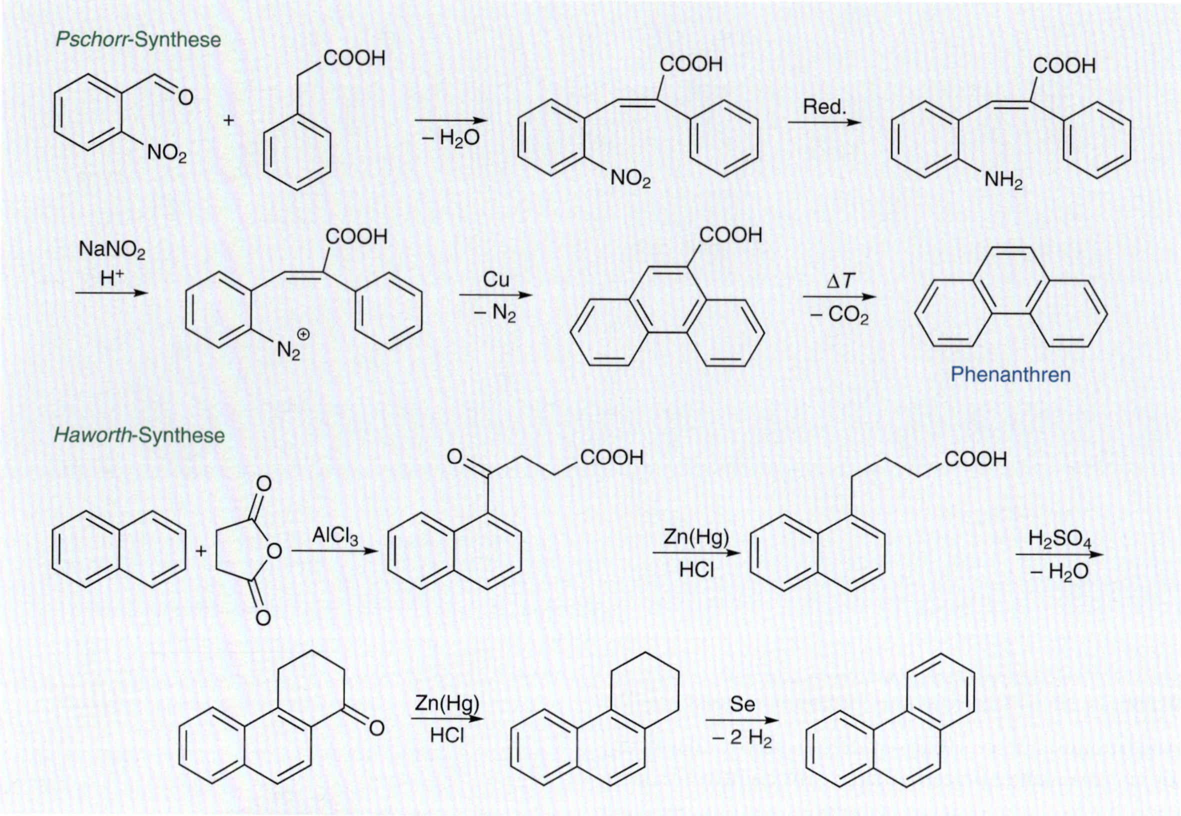


**Abb. 24.32** Zwei Darstellungsmethoden für Phenanthren: Die *Pschorr*-Synthese (oben) geht von zwei Benzenderivaten aus, die miteinander verknüpft werden, die *Haworth*-Synthese (unten) startet mit Naphthalen.

onsmittel wie Antimon(V)-chlorid, Aluminiumchlorid u. a. vor, erhält man **Flavanthren** (Indanthrengelb G, Flavanthron; Abb. 24.30, unten links).

Unter **Küpenfärberei** versteht man die Überführung bestimmter, in Wasser unlöslicher Farbstoffe durch Reduktion (Verküpung) in alkalischer Lösung, vornehmlich mit Natriumdithionit (Hydrosulfitküpe), zu einer wasserlöslichen Dihydro- oder Leukoverbindung, deren Anion eine ausreichende Affinität zur Faser (Baumwolle, Viskose) besitzt. Bei der Reoxidation der Dihydroverbindung durch „Verhängen an der Luft" oder schneller durch Behandlung mit Oxidationsmitteln entsteht der Farbstoff als unlösliches Pigment direkt in der Faser in feinster Verteilung und garantiert somit eine hochgradige Wasch- und Lichtechtheit. Bei der Verküpung der beiden oben aufgeführten Farbstoffe wird nur ein chinoider Ring zur Dihydroverbindung reduziert. Während im Fall von Indanthren Farbstoff und Küpe gleich aussehen, ist die Küpe des gelben Flavanthrens tiefblau. Indanthrenblau RS ist bedeutend wasch- und reibechter als der Indigo.

## 24.5 Phenanthren

### 24.5.1 Struktur und Eigenschaften

**Phenanthren**, $C_{14}H_{10}$, ist strukturisomer zu Anthracen (▸Kap. 24.4) und kann ebenfalls aus dem Anthracenöl des Steinkohlenteers isoliert werden. Es kristallisiert in farblosen, glänzenden Blättchen mit einem Schmelzpunkt von 101 °C und ist in Benzen sowie Ether leicht löslich; die Lösungen zeigen blaue Fluoreszenz. Die drei Benzenringe von Phenanthren sind im Gegensatz zu Anthracen angular anelliert, d. h., die Verbindungslinien der Mittelpunkte der Ringe bilden einen Winkel. Man kann Phenanthren daher formal auch als 2,2'-Vinylenbiphenyl auffassen. Im Einklang damit entsteht es auch in geringen Mengen beim Durchleiten von Biphenyldämpfen und Ethylen durch glühende Röhren. Wie bei Anthracen liegt auch bei Phenanthren ein 14-$\pi$-Elektronensystem vor.

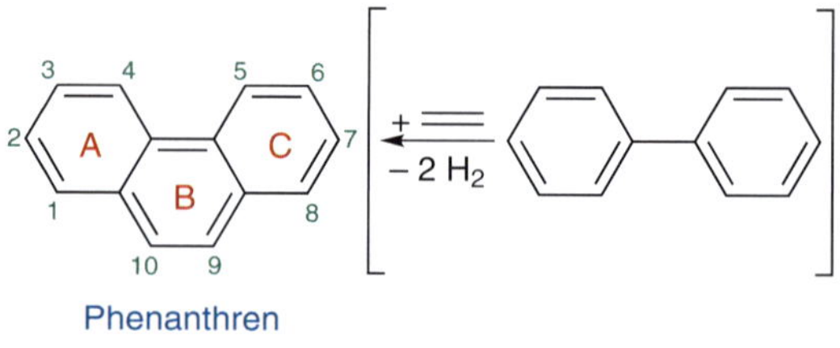

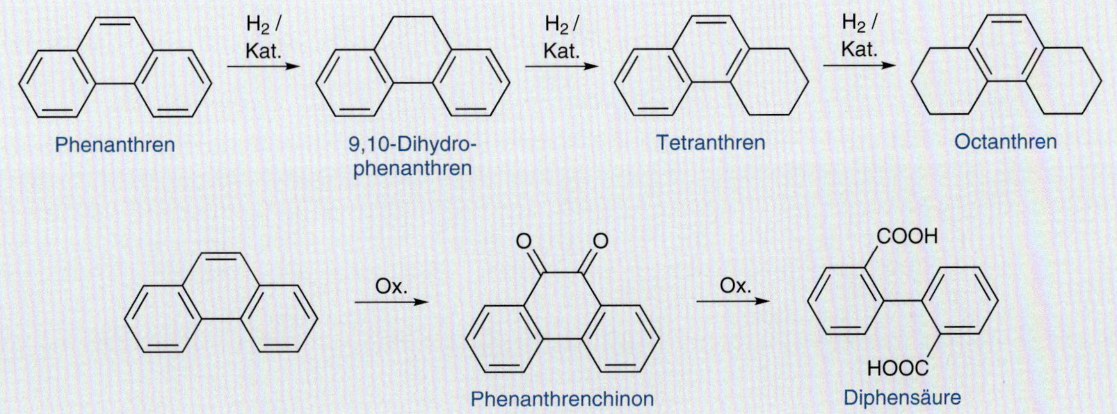


**Abb. 24.33** Reduktions- und Oxidationsprodukte von Phenanthren

### 24.5.2 Gewinnung und Synthese

Neben der technischen Gewinnung von Phenanthren aus Steinkohlenteer sind im Labor die nachfolgend beschriebenen Synthesen präparativ von Bedeutung.

#### *Pschorr*-Synthese (1896)

In Analogie zur *Perkin*-Synthese (▸Kap. 21.5.2) zur Darstellung von Zimtsäure wird bei der ***Pschorr*-Synthese** zunächst *o*-Nitrobenzaldehyd mit Phenylessigsäure zu $\alpha$-Phenyl-*o*-nitrozimtsäure kondensiert (○Abb. 24.32, oben). Dabei entsteht bevorzugt das *cis*-Diastereomer, in dem die beiden Phenylreste benachbart angeordnet sind, sodass die Möglichkeit zur Verknüpfung beider Ringe gegeben ist. Dazu wird die Nitrogruppe zum Amin reduziert, dieses diazotiert und schließlich das Diazoniumsalz in Gegenwart von Kupferpulver unter Stickstoffentwicklung intramolekular zu Phenanthren-9-carbonsäure cyclisiert. Diese spaltet bei der Destillation im Vakuum Kohlendioxid ab und geht in Phenanthren über. Nach diesem Verfahren lassen sich durch Variation der Ausgangsmaterialien auch substituierte Phenanthrene darstellen.

#### *Haworth*-Synthese (1932)

Bei der Acylierung von Naphthalen mit Bernsteinsäureanhydrid nach *Friedel-Crafts* entsteht zunächst die $\beta$-(1-Naphthoyl)-propionsäure, die durch eine *Clemmensen*-Reduktion in die $\gamma$-(1-Naphthyl)-buttersäure übergeht (○Abb. 24.32, unten). Diese spaltet nach Einwirken konzentrierter $H_2SO_4$ unter Ringschluss in 2-Stellung Wasser ab. Die *Clemmensen*-Reduktion des Ketons und eine anschließende Dehydrierung mit Selen ergeben Phenanthren. Obwohl die Acylierung von Naphthalen, in Abhängigkeit von den Reaktionsbedingungen, prinzipiell auch in 2-Stellung erfolgen kann, findet bei der ***Haworth*-Synthese** der Ringschluss nur in 1-Position statt, sodass stets Phenanthren und kein Anthracen gebildet wird. Das *Haworth*-Verfahren dient hauptsächlich zur Synthese von Phenanthren-Alkylderivaten.

### 24.5.3 Reaktionen und Anwendungen

Chemische Reaktionen von Phenanthren erfolgen meist an den Positionen 9 und 10. Beispielsweise wird bei der katalytischen Hydrierung von Phenanthren mit einem Kupfer-Chromoxid-Katalysator primär die 9,10-Doppelbindung reduziert, wobei **9,10-Dihydrophenanthren** entsteht (○Abb. 24.33, oben). Letzteres kristallisiert aus Methanol in Form von Nadelbüscheln, sein Schmelzpunkt liegt bei einer Temperatur von 35 °C. Die weitere Hydrierung führt – in Analogie zu der von Anthracen – zu **Tetranthren** (1,2,3,4-Tetrahydrophenanthren) und **Octanthren** (1,2,3,4,5,6,7,8-Octahydrophenanthren).

Durch stufenweisen oxidativen Abbau von Phenanthren mit Chromsäure gelangt man zu **Phenanthrenchinon** und **Diphensäure** (Biphenyl-2,2'-dicarbonsäure; ○Abb. 24.33, unten). Phenanthrenchinon bildet orangefarbene Nadeln (Smp. 207 °C), ist geruchlos, mit Wasserdampf nicht flüchtig und zeigt die typischen Eigenschaften eines 1,2-Diketons.

Technisch wird Phenanthren bisher nicht verwendet, jedoch weisen einige wichtige Naturstoffe, z. B. bestimmte Opiumalkaloide (Morphin, ▸Kap. 3.5) und v. a. die umfangreiche Stoffklasse der Steroide (▸Kap. 27), das Phenanthrenskelett auf. 7-Isopropyl-1-methylphenan-

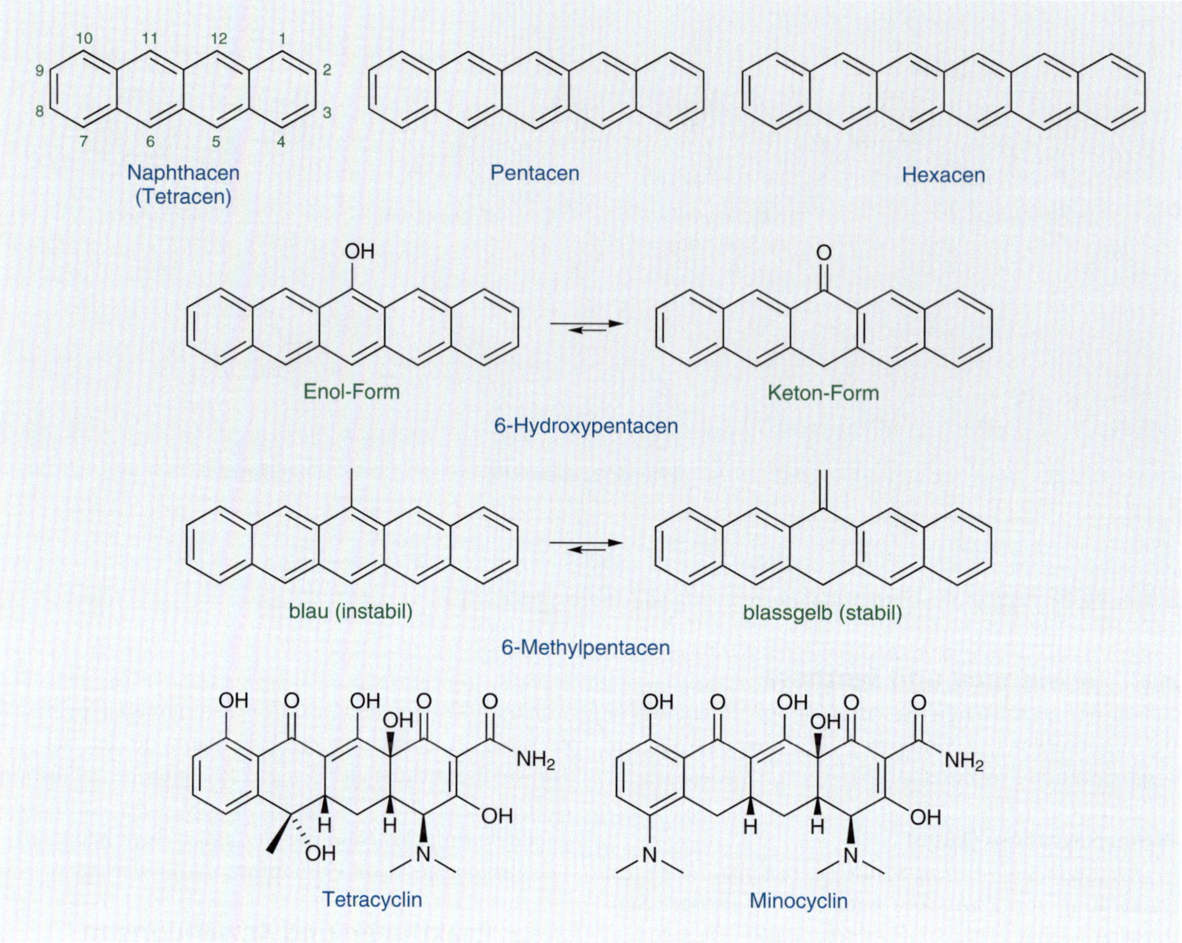


**o Abb. 24.34** Die homologe Reihe der Acene (oben); Stabilisierung substituierter Acene durch Protonenwanderung (Mitte); zwei Antibiotika der Tetracyclingruppe (unten), die sich von den Acenen ableiten

thren (Reten) entsteht aus Harzsäuren und ist in Böden und Sedimenten weit verbreitet; bei der Verbrennung von Koniferenholz tritt es in sehr großer Menge auf. Das gehäufte Vorkommen in Sedimenten weist auf die Entstehung im Zusammenhang mit Waldbränden hin.

## 24.6 Polycyclische aromatische Kohlenwasserstoffe mit vier und mehr Ringen

### Acene

Höhere **Acene** leiten sich formal von Anthracen (▸Kap. 24.4) durch lineare Anellierung weiterer Benzenringe ab (o Abb. 24.34, oben). Sie zeichnen sich durch im Vergleich zu Benzen und Naphthalen erhöhte Reaktivität und Farbigkeit aus. **Naphthacen** (Tetracen) ist orange-gelb, **Pentacen** blauviolett und **Hexacen** tiefgrün; die beiden Letzteren sind äußerst luft- und lichtempfindlich. Pentacenkristalle (Smp. 271 °C) werden als organische Halbleiter verwendet.

Bei Additionen an den reaktionsfähigen *ms*-Stellungen, z. B. der *Diels-Alder*-Reaktion mit Maleinsäureanhydrid, geht das Acensystem in zwei kleinere aromatische Bindungssysteme über. Die gebildeten Addukte sind farblos und wesentlich stabiler als die Acene selbst. Eine vergleichbare Stabilisierung des Acengerüstes kann aber auch durch Protonenwanderung in den *ms*-Stellungen über den Ring hinweg erfolgen; z. B. liegt 6-Hydroxypentacen nur in der tautomeren Keto-Form vor. Gleiches gilt für einige Methylderivate der Acene, die sich in Abhängigkeit von der Temperatur unter Bildung der tautomeren Methylenform stabilisieren (o Abb. 24.34, Mitte).

Strukturell verwandt mit Tetracen sind die Antibiotika der **Tetracyclingruppe**, deren Stammverbindung die in o Abb. 24.34 (unten links) gezeigte Struktur besitzt. Die ersten Tetracyclinderivate wurden aus *Streptomyces*-Stämmen isoliert und dann durch systematische Variation der Substituenten am „unteren" Teil des Tetracengerüstes abgewandelt. Der „obere" Teil mit den Carbonyl- und Hydroxygruppen ist für die biologische Wirkung essenziell und darf nicht verändert werden. Die Tetracyclingruppe, aus der exemplarisch **Tetracyclin** sowie **Minocyclin** (o Abb. 24.34, unten rechts) erwähnt werden sollen, weist ein breites Wirkungsspektrum gegen Infektionskrankheiten auf, u. a. auch gegen die Erreger der Pest oder der Cholera. Von klinischer Bedeutung ist auch ihre Wirkung auf intrazelluläre Keime (Mykoplasmen, Rikettsien, Chlamydien). Sie beruht auf der Hemmung der Proteinsynthese in den Ribosomen der Bakterien. Die in den Formeln der o Abb. 24.34 (unten) wiedergegebene, absolute Konfiguration wurde von *Schemjakin* 1962 ermittelt.

### Chrysen und Pyren

**Chrysen** bzw. **Pyren** entstehen formal durch Ankondensieren eines weiteren Benzenrings an Phenanthren. Chrysen bildet farblose, rhombische Kristalle (Smp. 256 °C), Pyren ist ein weißlich-gelber Feststoff (Smp. 156 °C). Wie bei allen polycyclischen aromatischen Kohlenwasserstoffen (PAK) handelt es sich auch bei Chrysen und Pyren um unpolare, wasserunlösliche Verbindungen, die gut in organischen Lösemitteln wie Benzen, Hexan, Cyclohexan oder Decalin löslich sind. Die Lösungen zeigen eine blaue Fluoreszenz, wobei Pyren in höherer Konzentration bei Anregung mit UV-Licht mit sich selbst sogenannte Excimere (*exited dimers*) bildet. Diese **Excimere** weisen eine nach Rot verschobene Fluoreszenzbande bei ca. 466 nm auf. Monomeres Pyren fluoresziert hingegen bei 388 nm.

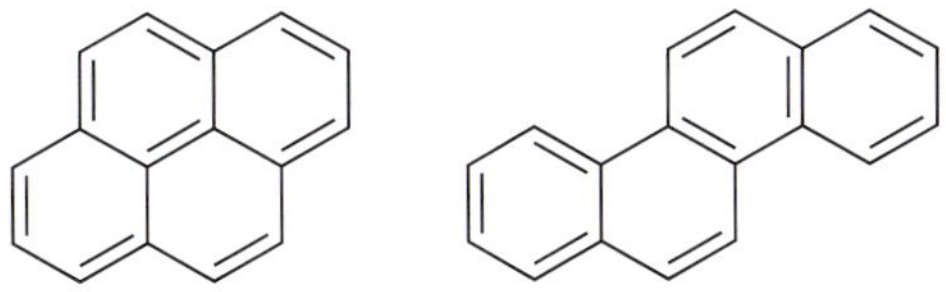

Pyren Chrysen

Chrysen wirkt im Tierversuch cancerogen, ebenso wie die meisten anderen PAK. Besonders krebserregend ist das in Steinkohlenteer vorkommende **Benzo[*a*]pyren** („1,2-Benzpyren", Benzo[*def*]chrysen; *J. W. Cook* 1932; o Abb. 24.35). Benzo[*a*]pyren wird für die häufig bei Arbeitern in der Teerfarbenindustrie auftretenden Hautcarcinome verantwortlich gemacht. Es ist darüber hinaus auch mutagen und teratogen. Experimentell kann man durch längere Einwirkung carcinogener Kohlenwasserstoffe, z. B. von Chrysen, auf der Haut von Versuchstieren (Kaninchen, Mäuse) bösartige Carcinome erzeugen.

Die krebserregende Wirkung dieser Verbindungen beruht auf der Umwandlung der PAK in hochreaktive Epoxide. Aus dem Benzo[*a*]pyren entsteht z. B. durch Oxidation *in vivo* ein Diolepoxid (o Abb. 24.35). Diese **Arenoxide** sind die eigentlich carcinogenen Verbindungen, da sie in die DNA interkalieren und dort zur Alkylierung der Nucleobasen (▸Kap. 38) führen.

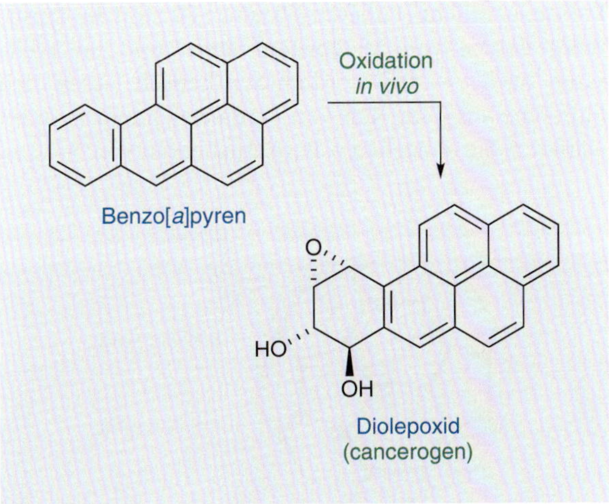


**o Abb. 24.35** Die cancerogene Wirkung von polycyclischen aromatischen Kohlenwasserstoffen, z. B. von Benzo[*a*]-pyren, beruht auf der Bildung hochreaktiver Arenoxide *in vivo*, die nach Interkalation in die DNA zu einer Alkylierung der Nucleobasen führen.

Dadurch kann die DNA nicht mehr korrekt abgelesen und repliziert werden. Es kommt zu Mutationen, in deren Folge Krebserkrankungen entstehen können.

Das Auftreten von Arenoxiden bei der biologischen Oxidation aromatischer Verbindungen ist zum ersten Mal im Zusammenhang mit der sogenannten **NIH-Verschiebung** beobachtet worden (*Witkop* 1967). Die U. S. *National Institutes of Health* (NIH), der Namensgeber für diesen 1,2-Hydrid-Shift, hatten beobachtet, dass bei der enzymatischen Oxidation von Aromaten auch eine intramolekulare Verschiebung von H-Atomen oder Alkylgruppen auftreten kann. Es wird vermutet, dass diese Verschiebung auf der Zwischenstufe der Arenoxide stattfindet.



### Fullerene

Die im Jahr 1985 von *Curl*, *Kroto* und *Smalley* entdeckten **Fullerene** stellen neben Diamant und Graphit die dritte **allotrope Modifikation** von Kohlenstoff dar (o Abb. 24.36). Fullerene bestehen aus einer homologen Reihe sphärischer Kohlenstoffcluster, deren wichtigstes Glied, **Buckminsterfulleren**, aus 60 Kohlenstoffatomen aufgebaut ist ($C_{60}$, Fulleren-60, [60]Fulleren) und die Struktur eines Fußballs aufweist (o Abb. 24.37). Mathematisch handelt es sich bei dieser Struktur um ein **gekapptes Ikosaeder**. Ein Ikosaeder (20-Flächner) zählt zu den fünf regulären *Platon*ischen Körpern (▸Kap. 4.3.1) und besteht aus zwanzig gleichseitigen Dreiecken. Jeweils fünf Dreiecke treffen sich an jeder der 12 Ecken eines Ikosaeders. Wenn die Ecken gekappt werden, entstehen an den Schnittflächen Fünfecke, und von den 20 Dreiecken des Ikosaeders verbleiben Sechsecke (o Abb. 24.38). Die $I_h$-Symmetrie (▸Kap. 3) verändert sich durch die Kappung des

Ikosaeders nicht. Fulleren-60 und -70 sind in Trümmergesteinen von Meteoritenkratern und im Weltraum nachgewiesen worden. Synthetisch lassen sich Fullerene aus dem Ruß von verdampfendem Graphit isolieren. Sie entstehen z. B. in Ausbeuten von 5–10 %,

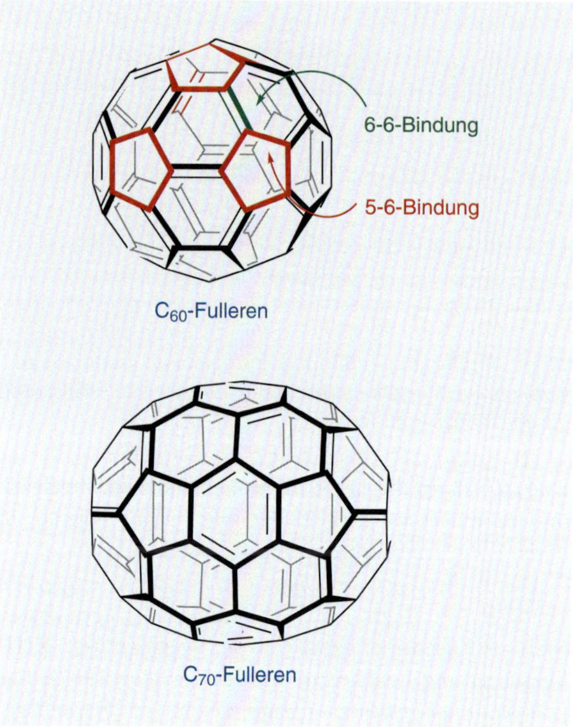


**o Abb. 24.36** Fullerene wie $C_{60}$ oder $C_{70}$ sind käfigartige Verbindungen aus reinem Kohlenstoff. Es handelt sich dabei um die dritte Modifikation von Kohlenstoff (neben Graphit und Diamant).

wenn Graphit in einem Lichtbogen unter vermindertem Druck mit Helium von 160 mbar (160 hPa) als Schutzgas verdampft und der entstandene Ruß abgeschreckt wird (*Krätschmer, Huffmann* 1990). Ausschließlich $C_{60}$ entsteht bei der Vakuum-Blitzthermolyse (*flash vacuum pyrolysis,* FVP) eines synthetischen Polycyclus, der 13 der 20 Benzenringe und 75 der 90 C—C-Bindungen des Fulleren-60 enthält.

**Fulleren-60** bildet schwach-gelbe Kristalle, die sich in Toluen mit purpurner Färbung lösen. Die Doppelbindungen sind in der stabilsten von 12 500 Grenzformeln so verteilt, dass sie ausschließlich in Sechsringen liegen, während die stets voneinander isolierten Fünfringe nur exocyclische Doppelbindungen aufweisen (*isolated pentagon rule,* IPR). Es liegt also bevorzugt eine [5]-Radialen-Struktur vor, die sich auch bei **Corannulen** findet, einem gewölbten Kohlenwasserstoff aus sechs anellierten Benzenringen, der der kleinsten nichtebenen Teilstruktur des Fullerens entspricht (o Abb. 24.39). Dementsprechend sind die sogenannten 6–6-Bindungen innerhalb der Sechsringe mit 138 pm deutlich kürzer als die 5–6-Bindungen mit 145 pm, die sowohl Fünf- als auch Sechsringen angehören. Sämtliche Kohlenstoffatome der Fullerene sind $sp^2$-hybridisiert; sie können jedoch keine trigonal-planare Bindungsgeometrie einnehmen und stehen daher unter einer erheblichen sterischen Spannung. Die Standardbildungsenthalpie für jedes Kohlenstoffatom beträgt +21,7 ± 0,05 kJ/mol im Vergleich zu 0 kJ/mol für Graphit.

Fulleren $C_{60}$ nimmt leicht bis zu sechs Elektronen auf; die entsprechenden Fullerid-Ionen $C_{60}^{-}$ bis $C_{60}^{6-}$ wurden elektrochemisch nachgewiesen. Unter Ausnut-

**o Abb. 24.37** Das bekannteste Fulleren ist $C_{60}$, das die Struktur eines Fußballs hat.

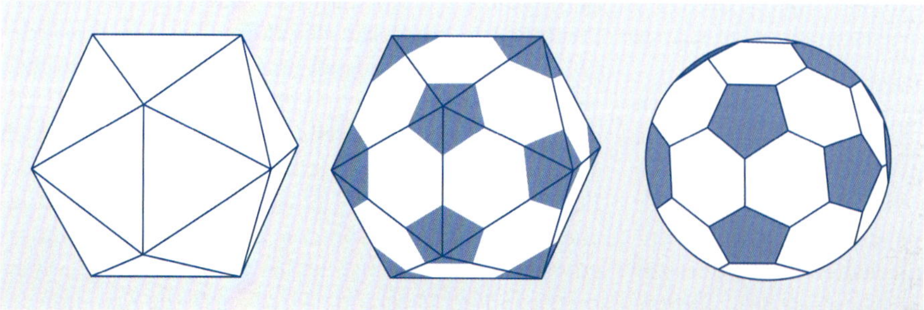

**o Abb. 24.38** Die Struktur eines Fußballs leitet sich mathematisch von einem Ikosaeder ab: Schneidet man die Ecken ab, entstehen an den Schnittflächen Fünfringe, dazwischen Sechsringe; die Symmetrie des Ikosaeders bleibt dabei erhalten.

zung der großen Elektronenaffinität von Fullerenen wurden Metallverbindungen dargestellt, u. a. $K_3C_{60}$, das **supraleitende Eigenschaften** aufweist.

### Exohedrale Fullerenreaktionen

Gegenüber organischen Reagenzien verhält sich $C_{60}$ wie ein **elektronenarmes Polyolefin** mit elektrophilem Charakter, an das sich Nucleophile wie Carbanionen, *Grignard*-Verbindungen oder organische Lithiumverbindungen anlagern. Die Reaktionen werden dadurch begünstigt, dass sich die oben erwähnte sterische Spannung durch die Addition vermindert, weil dabei zwei $sp^3$-hybridisierte Kohlenstoffatome entstehen. Die Anlagerungen erfolgen ausschließlich an den 6-6-Bindungen. Brommalonester addiert sich z. B. in Gegenwart von Natriumhydrid nucleophil an Fulleren, wobei ein Carbanion entsteht, aus dem durch eine intramolekulare nucleophile Substitution ein Cyclopropanring entsteht (o Abb. 24.40, oben). Bei der Reaktion wurden auch Produkte mit mehreren Cyclopropanringen erhalten, von denen einige chiral sind; aus ihrer Struktur ließen sich erste Regeln zur Regioselektivität der Mehrfachsubstitution an der dreidimensionalen Oberfläche von $C_{60}$ ableiten.

Die 6–6-Doppelbindungen der Fullerene beteiligen sich als Dienophile an *Diels-Alder*-Reaktionen und als Ene an (3 + 2)-, (2 + 2)- und (2 + 1)-Cycloadditionen.

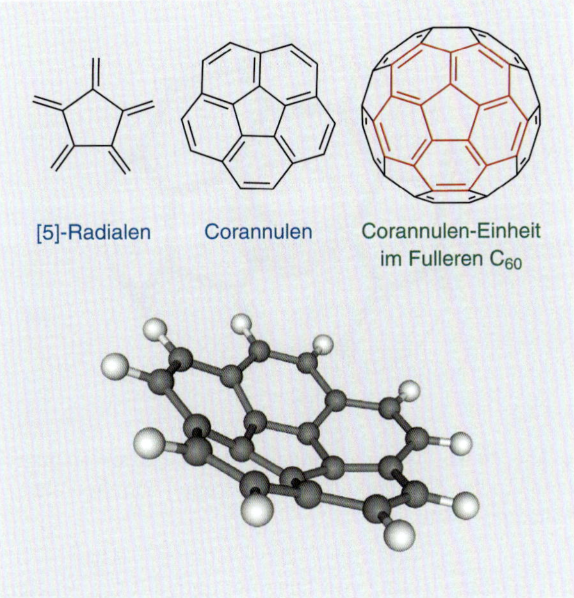


o **Abb. 24.39** Corannulen besteht aus sechs anellierten Benzenringen, die ein zentrales Pentagon umschließen. Es weist daher keine planare, sondern eine gewölbte Struktur mit $C_{5v}$-Symmetrie auf und kann als kleinster $C_{60}$-Fullerenbaustein angesehen werden.

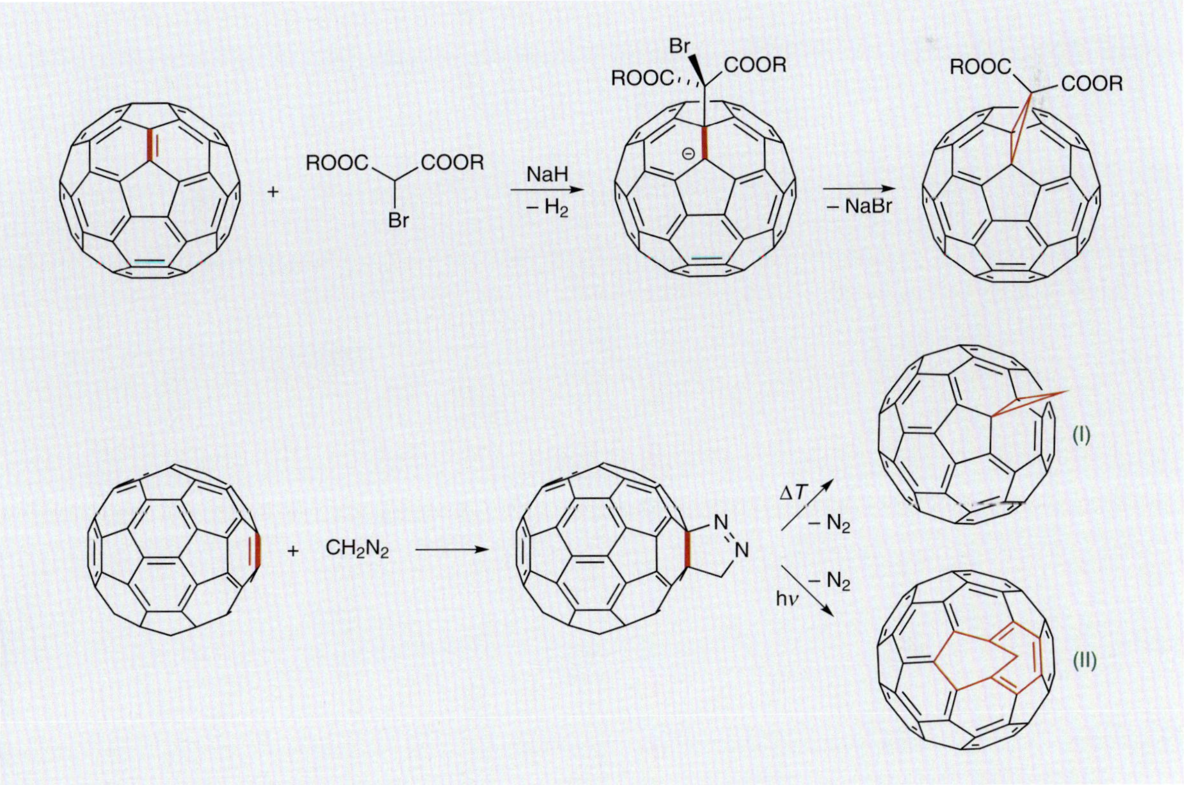


o **Abb. 24.40** $C_{60}$ reagiert bevorzugt an einer der 6–6-Bindungen unter Addition. Es verhält sich dabei entweder wie ein elektronenarmes Olefin (Addition von Nucleophilen; oben) oder wie ein Dienophil (Cycloaddition; unten).

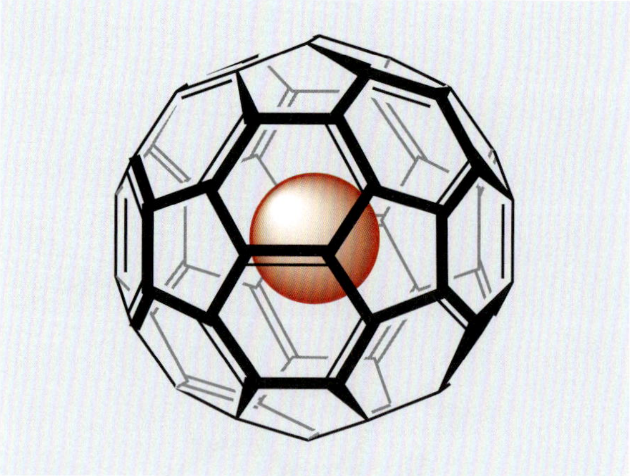

**○ Abb. 24.41** Durch den Einbau von Edelgasatomen oder Ionen in den Fullerenhohlraum entstehen endohedrale Fullerenderivate.

Bei der Einwirkung von Diazomethan auf $C_{60}$ reagiert dieses als 1,3-Dipolarophil und es entsteht ein Pyrazolderivat, das beim Erhitzen Stickstoff abspaltet (○ Abb. 24.40, unten). Dabei wird vorwiegend das 1,2-Cyclopropanderivat (I) gebildet. Bei der Photolyse entsteht dagegen außer dem 1,2-Cyclopropanderivat (I) auch eine homoaromatische Verbindung (II), wobei sich unter Ringöffnung eine Methanobrücke zwischen die Positionen 1 und 6 einschiebt. Die so zugängliche Substanzklasse der **Fulleroide** zeigt in diesem Bereich Ähnlichkeit mit den Methano[10]-annulenen (▸ Kap. 25.1). Die Stickstoff-Extrusionen verlaufen unter Erhaltung der maximalen Zahl von 6–6-Doppelbindungen.

### Endohedrale Fullerenderivate

Endohedrale Fullerenderivate entstehen durch den Einbau von z. B. Edelgasatomen oder Metallionen in den Hohlraum der Fullerene (○ Abb. 24.41). Diese **Kryptate** werden mit dem Symbol @ bezeichnet, z. B. $M@C_n$ mit M = La, Sc, Ni, K, Cs, U und n = 60, 70, 74, 82 … Zu dieser Klasse von Verbindungen gehört auch die Helium-Einschlussverbindung **$He@C_{60}$**. In den Fullerenkäfig eingeschlossenes $^3$He kann als Sonde für $^3$He-NMR-spektroskopische Untersuchungen verwendet werden.

# 25 Nichtbenzoide Aromaten und Annulene

Annulene ... 687 | Azulene ... 690 | Kationische, nichtbenzoide Aromaten ... 694 | Anionische, nichtbenzoide Aromaten ... 696

Nichtbenzoide Aromaten sind cyclische, ungesättigte Verbindungen, die sich zwar in ihrer Ringgröße vom Benzen ($C_6H_6$) unterscheiden, jedoch ansonsten – alle Kriterien für Aromatizität entsprechend der *Hückel*-Regel erfüllen. Sie zeigen aufgrund der Delokalisierung ihrer $\pi$-Elektronen typische aromatische Eigenschaften, z. B. eine Tieffeldverschiebung der Protonensignale in der NMR-Spektroskopie. Nichtbenzoide Aromaten können neutral, dipolar oder ionisch sein. Zu dieser Verbindungsklasse gehören z. B. einige Annulene, Azulene, Cycloheptatrienyl- oder Cyclopentadienyl-Ionen.

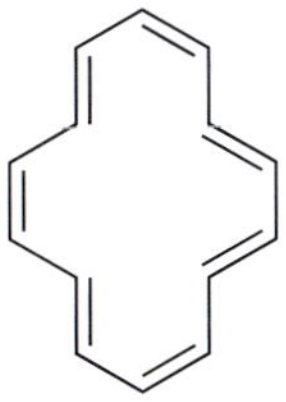

[14]-Annulen

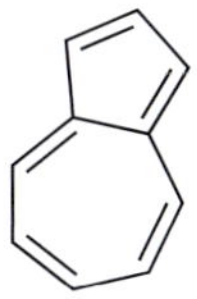

Azulen

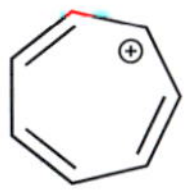

Cycloheptatrienyl-Kation

Cyclopentadienyl-Anion

## 25.1 Annulene

**Annulene** sind monocyclische, vollständig konjugierte Kohlenwasserstoffe mit der allgemeinen **Summenformel $C_mH_m$**. Hierbei ist m eine natürliche Zahl, die größer oder gleich vier ist. Die Ringgröße von Annulenen, d. h. die Summe der Ringkohlenstoffe bzw. der $\pi$-Elektronen wird als Präfix in eckigen Klammern vor den Stoffgruppennamen Annulen gestellt (○ Abb. 25.1). Benzen kann demnach als [6]-Annulen bezeichnet werden. Aufgrund der besonderen Bedeutung dieser Verbindung werden Benzen und seine Derivate in einem eignen Kapitel behandelt (▸ Kap. 18).

### 25.1.1 Struktur und Eigenschaften

**MERKE** *Erich Hückel* formulierte auf der Basis quantenchemischer Betrachtungen eine Reihe von Voraussetzungen, die eine Verbindung erfüllen muss, um eine besondere aromatische Stabilisierung zu erfahren. Gemäß dieser ***Hückel*-Regel** ist eine Verbindung dann ein **Aromat**, wenn sie
- **cyclisch**,
- **planar** und
- **vollständig konjugiert** ist sowie
- **(4n+2) $\pi$-Elektronen**

besitzt. Hierbei ist n eine natürliche ganze Zahl, inklusive Null, also n =0, 1, 2, 3, usw.

Nicht alle Annulene erfüllen die *Hückel*-Regel zur Aromatizität. Neben der Verletzung der (4n+2)-$\pi$-Elektronen-Regel, wie beispielsweise bei [4]- oder [8]-Annulen, sorgen **Ringspannungen** und **sterische Wechselwirkungen** dafür, dass häufig nicht alle Ringkohlenstoffe in einer Ebene liegen. Allgemein lässt sich feststellen, dass im Fall von (4n) $\pi$-Elektronen nichtplanare Strukturen vorliegen, während (4n+2) $\pi$-Elektronensysteme – durch die dann mögliche, besondere aromatische Stabilisierung der $\pi$-Elektronen – Planarität anstreben. Häufig können bei Annulenen mit mehr

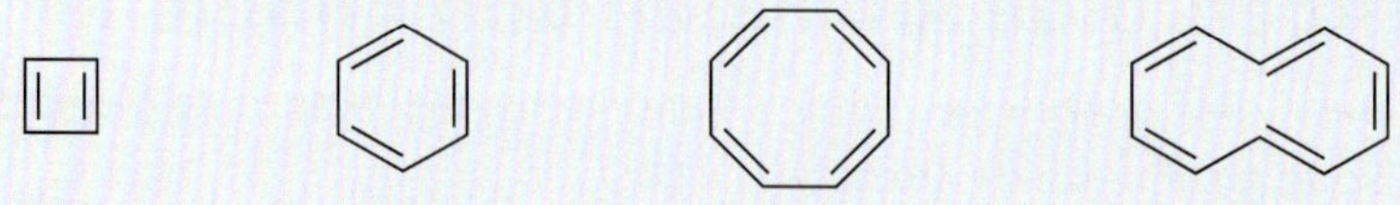

| | | | | |
|---|---|---|---|---|
| $\pi$-Elektronen / Ringglieder | 4 | 6 | 8 | 10 |
| Name | Cyclobutadien [4]-Annulen | „Cyclohexatrien" Benzen [6]-Annulen | Cyclooctatetraen [8]-Annulen | Cyclodecapentaen [10]-Annulen |

**o Abb. 25.1** Die einfachsten Vertreter der Annulene (Zahl der $\pi$-Elektronen/Ringglieder in grün)

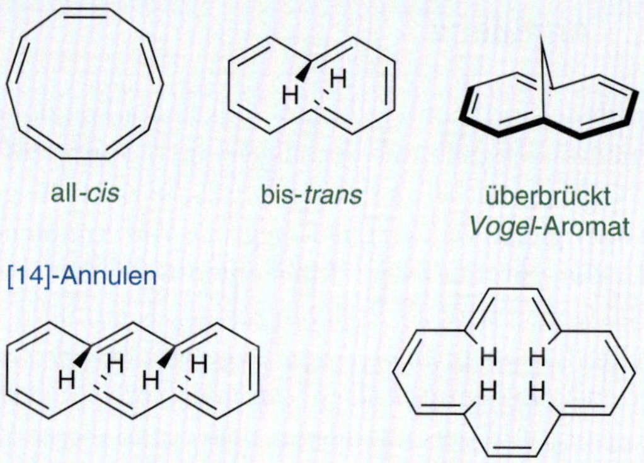


**o Abb. 25.2** Strukturisomere von [10]-Annulen (die all-*cis*-Struktur konnte bislang nicht nachgewiesen werden) und [14]-Annulen

als sechs Ringgliedern verschiedene Isomere beobachtet werden, die aufgrund von Ringspannungen und sterischen Wechselwirkungen auftreten. **Ringspannungen** entstehen durch Abweichungen der inneren Bindungswinkel vom Idealzustand (▸Kap. 3.8.1). Erkennbar wird dies beispielsweise beim (nicht stabilen) all-*cis*-Isomer von [10]-Annulen (o Abb. 25.2, links), in dem alle Doppelbindungen *cis*-konfiguriert sind. Für einen solchen 10-Ring ergibt sich ein Bindungswinkel von 144°. Dieser wäre 24° größer als der für eine $sp^2$-Hybridisierung optimale Winkel von 120°. Die Abweichung führt zu einer Destabilisierung der Konfiguration, weshalb das all-*cis*-Isomer von [10]-Annulen bis heute auch nicht beobachtet werden konnte. Die all-*cis*-Isomere existieren nur von [4]-, [6]- und [8]-Annulen, wobei nur die beiden Ersteren planar sind, und davon wiederum nur [6]-Annulen, Benzen, aromatisch ist. Durch die Umlagerung einzelner Doppelbindungen von der *cis*- in die *trans*-Konfiguration kann ab der Ringgröße des **[10]-Annulens** die Ringspannung verringert werden. Durch diese Konfigurationsänderung kommt es jedoch zu neuen destabilisierenden Wechselwirkungen aufgrund sterischer Abstoßungen zwischen den an den (*E*)-konfigurierten Doppelbindungen innen liegenden Substituenten (**transannulare Wechselwirkungen**). Im Falle von [10]-Annulen sind dies die beiden nach innen zeigenden Wasserstoffatome der beiden *trans*-konfigurierten Doppelbindungen. Deren sterische Wechselwirkung ist so groß, dass eine Planarität des 10-Rings verhindert wird und somit keine Delokalisierung der zehn $\pi$-Elektronen möglich ist. Daher ist auch das [10]-Annulenmolekül mit zwei *trans*-Doppelbindungen nicht aromatisch. Erst durch Verringerung der sterischen Wechselwirkungen erhält man aromatische [10]-Annulene, z. B. indem man die beiden nach innen zeigenden H-Atome durch eine Methylenbrücke ersetzt (vgl. *Vogel*-Aromat, ▸Kap. 25.1.2).

Das nächstgrößere, unsubstituierte aromatische Annulen nach Benzen ist daher **[14]-Annulen**. Es besitzt zwei stabile Konfigurationen mit jeweils drei *cis*- und vier *trans*-Doppelbindungen. Eine der beiden Konfigurationen entspricht dabei einer Pyrenstruktur, die andere einer Anthracen-Struktur (o Abb. 25.2, rechts; ▸Kap. 24). Die Strukturen beider Isomere weichen aufgrund sterischer Wechselwirkungen der inneren Wasserstoffatome zu einem gewissen Grad von der idealen Planarität ab, jedoch nur so wenig, dass eine weitgehende Delokalisierung der $\pi$-Elektronen möglich bleibt.

Annulene verhalten sich entsprechend ihrer $\pi$-Elektronenzahl alternierend wie aliphatische oder aromatische Verbindungen. Für aromatische Annulene beobachtet man beispielsweise wie für Benzen **magnetische Ringstromeffekte** und entsprechend im $^1$H-NMR-Spektrum für die äußeren Protonen eine Entschirmung (Tieffeldverschiebung), für die inneren eine Abschirmung (Hochfeldverschiebung). Durch Konformationsänderungen kommt es allerdings zur Umorientierung der inneren Wasserstoffatome nach außen und umgekehrt. Erkennen lässt sich dies beispielsweise am $^1$H-Kernspinresonanzspektrum von [14]-Annulen. Bei einer Temperatur von −60 °C ist die Konformationsänderung relativ langsam, sodass man im NMR-Spektrum zwei Signale bei $\delta = 0$ und $\delta = 7{,}6$ mit einem Intensitätsverhältnis von 2 : 5 für die vier inneren und zehn äuße-

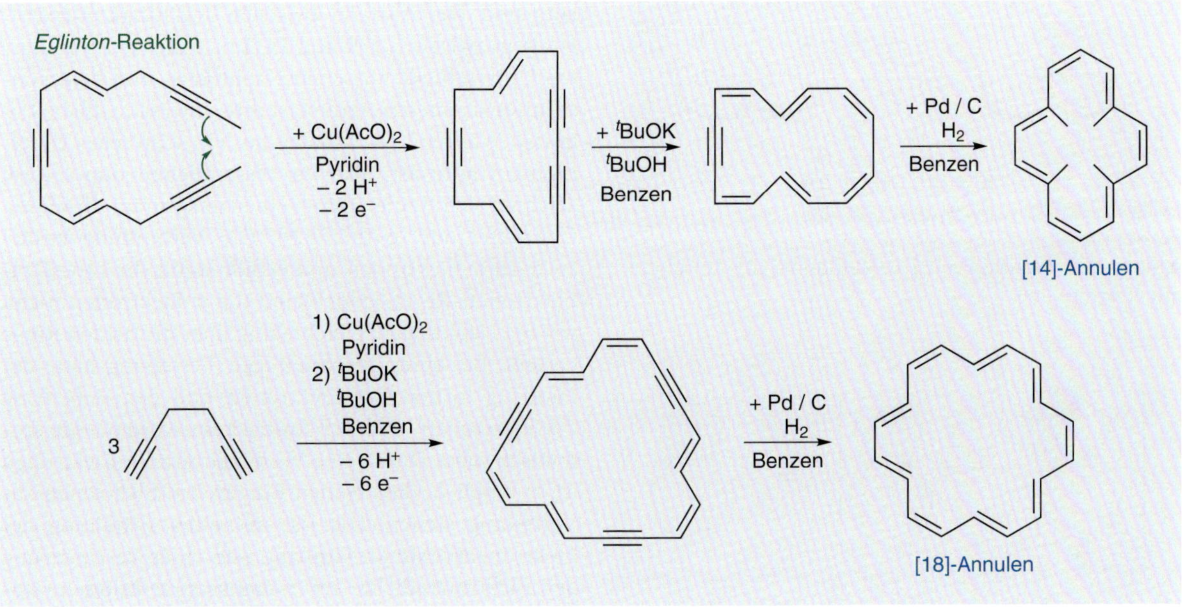


**o Abb. 25.3** Annulen-Synthesen durch Kupplung von Alkinen nach *Eglinton* und anschließende partielle Hydrierung

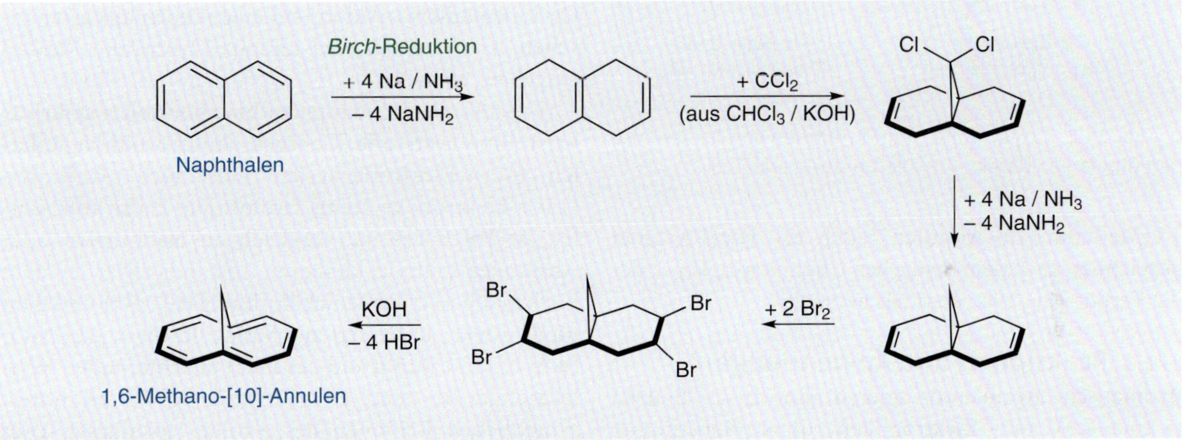


**o Abb. 25.4** Synthese von 1,6-Methano-[10]-Annulen (*Vogel*-Aromat)

ren Wasserstoffatome erhält. Bei Raumtemperatur sind die Konformationsänderungen so schnell, dass ausschließlich ein gemitteltes Signal bei $\delta = 5{,}58$ beobachtet wird.

## 25.1.2 Gewinnung und Synthese

Eine Methode zur Herstellung von Annulenen ist die Kupplung terminaler Alkine. Hierzu wird häufig eine Variante der *Glaser*-Kupplung (▸ Kap. 5.4.3), die durch Kupfer(I)-acetat und Pyridin katalysierte ***Eglinton*-Reaktion**, genutzt (o Abb. 25.3). Im Anschluss an die Kupplung isomerisieren die cyclischen Diine basenkatalysiert zu den vollständig durchkonjugierten Cyclen. Durch partielle katalytische Hydrierung mit Wasserstoff werden diese schließlich zu den entsprechenden Annulenen reduziert.

Die **Synthese überbrückter Annulene** ist ausgehend von ihren anellierten Benzen-Analoga möglich. Hierbei werden Verbindungen wie Naphthalen (▸ Kap. 24.3) im ersten Schritt nach *Birch* (▸ Kap. 24.3.3) zu 1,4,5,8-Tetrahydronaphthalen reduziert (o Abb. 25.4). Im nächsten Schritt findet eine [2+1]-Cycloaddition von Dichlorcarben ($CCl_2$, ▸ Kap. 16.4) oder von Persäuren (z. B. Peroxybenzoesäure, $C_6H_5CO_3H$, ▸ Kap. 21.2) an die zentrale Doppelbindung statt. Da das sehr reaktive Methylen mit allen drei Doppelbindungen im Molekül reagiert, setzt man für diese Reaktion bevorzugt das deutlich weniger reaktive Dichlorcarben ein, das selektiv die elektronenreichste, nämlich die mittlere Doppelbindung angreift. Die Dehalogenierung des entstandenen Tricyclus führt zu Tricyclo[4.4.1.0$^{1,6}$]undecan-3,8-dien. Dieses wird mit elementarem Brom bromiert (▸ Kap. 5.1) und anschließend unter dem Einfluss von Basen dehydrobromiert (▸ Kap. 7). Infolge einer elektrocyclischen Ringöffnung des 10-Rings entsteht so das aromatische, monocyclische 10-$\pi$-Elektronensystem

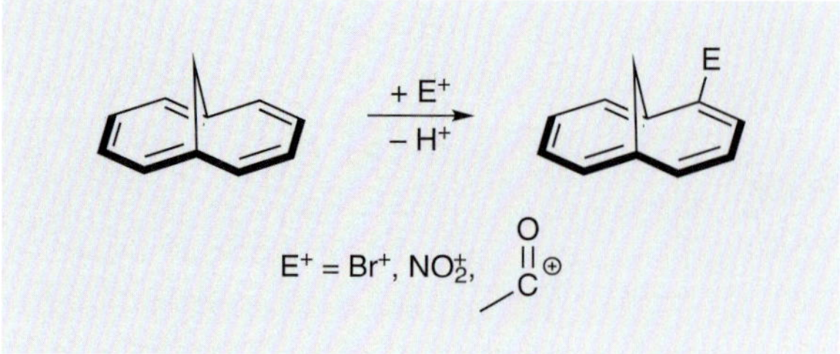


**Abb. 25.5** Reaktion von 1,6-Methano-[10]-Annulen mit Elektrophilen

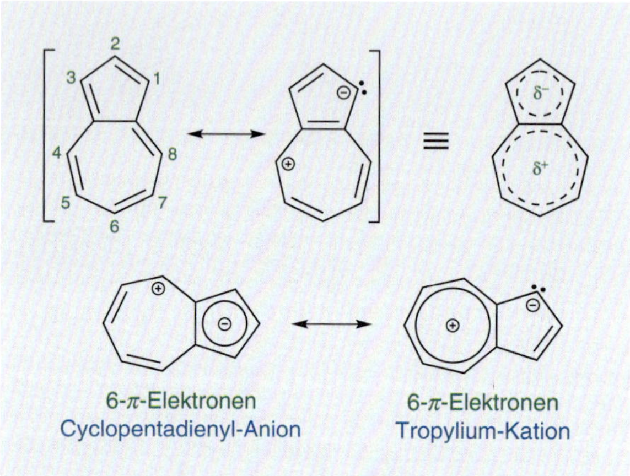


**Abb. 25.6** Ausgewählte Grenzstrukturen von Azulen, die den dipolaren Charakter der Verbindung erklären

**1,6-Methano-[10]-Annulen** (auch als *Vogel*-**Aromat** bezeichnet, nach dem deutschen Chemiker *E. Vogel*, der die Verbindung 1964 erstmals herstellte).

### 25.1.3 Reaktionen und Anwendungen

Aromatische Annulene reagieren ähnlich wie Benzen (▸Kap. 18.1) mit Elektrophilen unter Substituion. Durch eine elektrophile aromatische Substitution können beispielsweise in 2-Position am 1,6-Methano-[10]-annulen Brom-, Nitro- und Acetylgruppen eingeführt werden (Abb. 25.5). Trotz ihrer Polyenstruktur gehen aromatische Annulene in der Regel keine *Diels-Alder*-Reaktionen mit Dienophilen wie Maleinsäureanhydrid ein (▸Kap. 13.2.3).

## 25.2 Azulene

Azulene sind **Konstitutionsisomere des Naphthalens** (▸Kap. 24.3). Anstelle zweier verknüpfter Sechsringe wie in Naphthalen, enthalten Azulene einen Fünf- und einen Siebenring.

### 25.2.1 Struktur und Eigenschaften

Wie die meisten Aromaten sind Azulene planare Verbindungen, deren C—C-Bindungslängen nahezu gleich lang sind. Der Abstand zwischen den Ringkohlenstoffen liegt zwischen 139 und 141 pm. Einer der wichtigsten Unterschiede zwischen Naphthalen und dem konstitutionsisomeren Azulen ist ihre unterschiedliche Polarität: Während Naphthalen nur ein schwaches Dipolmoment aufweist, also im Wesentlichen unpolar ist, zeichnet sich Azulen durch einen ausgeprägt **dipolaren Charakter** aus (Abb. 25.6). Die Verbindung besitzt zwar 10 π-Elektronen und erfüllt somit die (4n+2)-π-Elektronen-Regel, jedoch sind die π-Elektronen nicht, wie bei Naphthalen, gleichmäßig über die beiden Ringe verteilt. Bei einer gleichmäßigen Verteilung hätte der Fünfring formal 5 π-Elektronen und der Siebenring 7 π-Elektronen, wodurch formal keiner von beiden aromatisch wäre. Durch eine Verschiebung der Elektronen ist es möglich, dass beiden Ringen 6 π-Elektronen zur Verfügung stehen. Dies ist mit einer Erhöhung der Elektronendichte im Fünfring und einer Verringerung der Elektronendichte im Siebenring verbunden, wodurch Azulen einen dipolaren Charakter erhält. Formal kann man sich Azulen also aus einem aromatischen Cyclopentadienyl-Anion und einem ebenfalls aromatischen Cycloheptatrienyl-Kation (Tropylium-Kation) aufgebaut vorstellen.

Viele Azulene sind intensiv **blau bis violett gefärbte, kristalline Feststoffe**. Dagegen sind sowohl Naphthalen (10-π-Elektronensystem) als auch Anthracen (14-π-Elektronensystem) farblos. Die Farbe von Azulen ist Folge des im Vergleich zu Naphthalen oder Anthracen sehr viel kleineren Abstands zwischen dem höchsten besetzten Molekülorbital (HOMO) und dem niedrigsten unbesetzten Molekülorbital (LUMO) (Abb. 25.7). Aufgrund des nicht alternierenden Kohlenstoffgerüsts sind HOMO und LUMO an unterschiedlichen Regionen des Azulens lokalisiert. Dies bedeutet, dass die Überlappung zwischen HOMO und LUMO bei Azulen sehr viel geringer ist als bei Naphthalen oder Anthracen, bei denen HOMO und LUMO weitgehend an identischen C-Atomen lokalisiert sind. Durch die geringere Überlappung zwischen HOMO und LUMO bei Azulen ist die Energiedifferenz zwischen beiden Orbitalen entsprechend kleiner (Orbitale, die in gleichen Raumbereichen lokalisiert sind, stoßen sich stärker ab, wodurch sich ihr energetischer Abstand erhöht). Für die Elektronenanregung bei Azulen reicht daher sichtbares Licht aus, was die Farbigkeit der Verbindung bedingt.

Azulene sind im neutralen pH-Bereich in Wasser unlöslich. Aufgrund ihrer Polarität sind sie, analog zum Cyclopentadienyl-Anion, gute **Liganden für niedervalente Metallionen** wie Eisen-, Mangan- oder Iridium-Ionen (Abb. 25.8, ▸Kap. 25.4.3); die Komplexierung kann dabei von einem oder von beiden Ringen ausgehen.

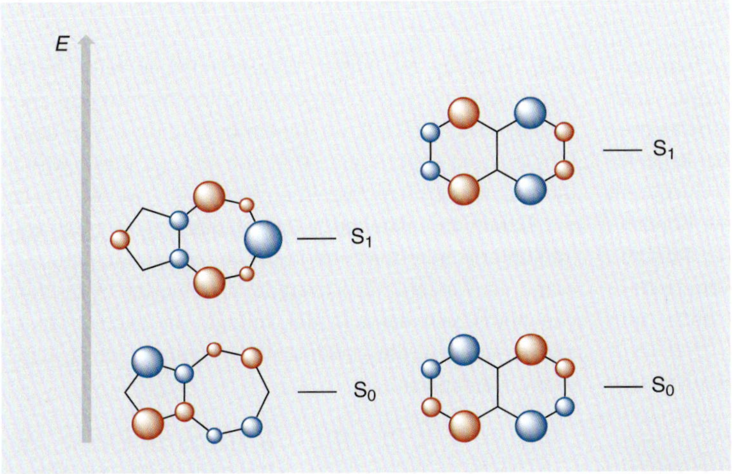


**Abb. 25.7** Bei Azulen (links) sind HOMO und LUMO, anders als bei Naphthalen (rechts), überwiegend an unterschiedlichen Atomen lokalisiert. Dadurch ist der Energieunterschied zwischen Grundzustand ($S_0$) und angeregtem Zustand ($S_1$) bei Azulen kleiner als bei Naphthalen. Zur Anregung reicht bereits sichtbares Licht. Azulen ist intensiv blau gefärbt, während Naphthalen im UV-Bereich absorbiert und daher farblos ist.

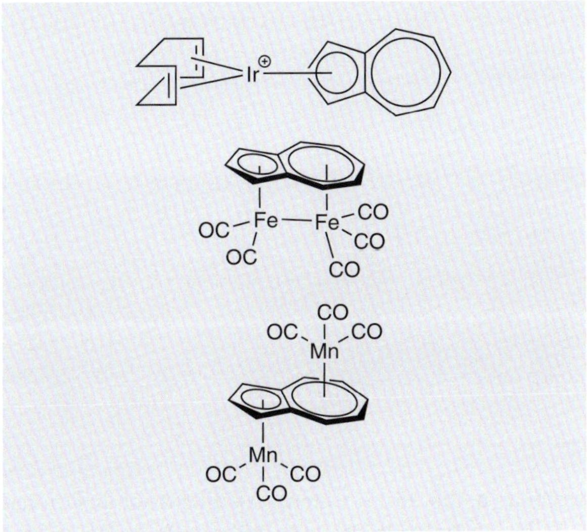


**Abb. 25.8** Metall-Azulen-Komplexe (Beispiele)

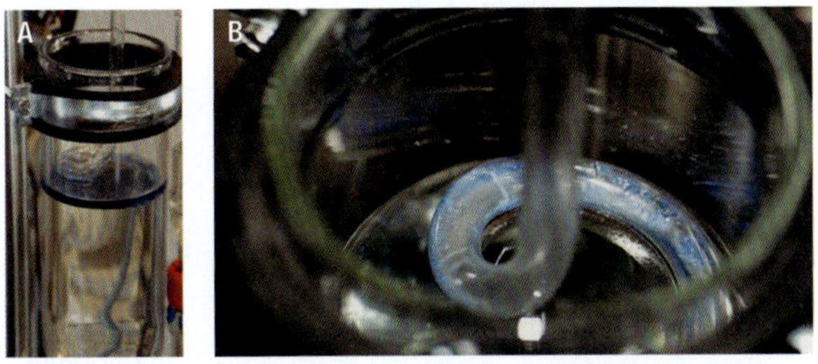


**Abb. 25.9** Die ätherischen Öle aus der Kamille werden durch Wasserdampfdestillation isoliert (**A**). Im Kondensat erkennt man die blaue Farbe der in Kamillenöl enthaltenen Chamazulene (**B**).

## 25.2.2 Gewinnung und Synthese

Bereits im 15. Jahrhundert wurden die ersten Azulene durch Wasserdampfdestillation (▸Exkurs: Wasserdampfdestillation) aus Kamille isoliert. Das Interesse galt dabei den entzündungshemmenden Eigenschaften des gewonnenen ätherischen Öls. Die tiefblaue Farbe dieses Öls (○Abb. 25.9) beruht auf dem darin enthaltenen **Chamazulen** (▸Kap. 26.2, Sesquiterpene), während die pharmakologische Wirkung größtenteils auf andere Inhaltsstoffe zurückzuführen ist. Chamazulen selbst ist allerdings nicht in der Kamille enthalten; es entsteht erst bei der Wasserdampfdestillation durch die Zersetzung nichtaromatischer Vorläufer (▸Kap. 25.2.4).

Die chemische **Synthese von Azulenen** gelingt auf unterschiedlichsten Wegen: über die Ringerweiterung von Indenen, die transannulare Cyclisierung von Cyclodecan oder die Annelierung des zweiten Rings an einen bereits bestehenden Cyclopentan- oder Cycloheptanring. Allen Synthesen gemeinsam ist die abschließende katalytische Dehydrierung der zunächst gebildeten Zwischenstufen zum eigentlichen aromatischen Azulen. Von Nachteil ist, dass bei diesem Schritt in der Regel hohe Temperaturen von etwa 400 °C benötigt werden, die die **thermische Isomerisierung zu Naphthalen** zur Folge haben können und somit die Ausbeute an Azulen verringern (▸Kap. 25.2.3).

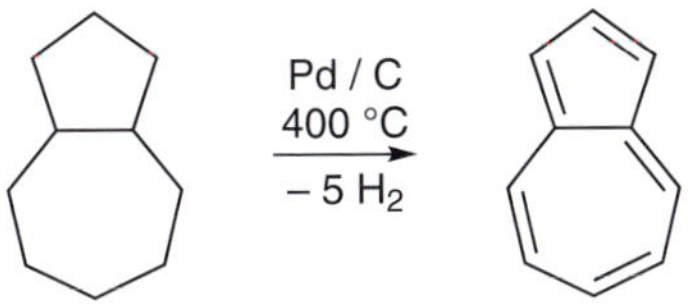


Eine etablierte Methode zur Herstellung von Azulenen ist die ***Ziegler-Hafner*-Synthese** (1955). Bei dieser Reaktion wird zuerst der sogenannte ***Zincke*-Aldehyd** (▸Kap. 32.1.3) gebildet (○Abb. 25.11). Die Synthese des *Zincke*-Aldehyds gelingt aus Pyridiniumderivaten, den sogenannten *Zincke*-Salzen. Diese werden von *N*-Methylanilin (NMA) nucleophil in 2-Position angegriffen. Durch Deprotonierung und Protonierung entsteht zuerst das Pyridinium-Kation, das anschließend eine Ringöffnung erfährt. Hierbei wird aus dem Pyridin-Stickstoff ein *sekundäres* Amin und aus dem *N*-Methylanilin-Stickstoff ein Iminium-Kation. Das *sekundäre* Amin wird nun wiederum durch ein *N*-Methylanilinmolekül angegriffen. Unter Abspaltung von 2,4-Dini-

25

**Exkurs: Wasserdampfdestillation**

Die Wasserdampfdestillation (▸Kap. 1.3.3) ist ein Trennverfahren, mit dem temperaturempfindliche Stoffe durch azeotrope Destillation schonend aus einem Gemisch extrahiert werden können. Dieses Verfahren wird in der Regel für Stoffe verwendet, die nach der Kondensation nicht mit Wasser mischbar sind. Dieser als Mischungslücke bezeichnete Zustand tritt beispielsweise bei Ölen oder aromatischen Verbindungen mit Wasser auf. Der eingeleitete Wasserdampf verflüchtigt die zu isolierenden Stoffe und schleppt diese aus dem Gemisch heraus.

Apparaturen, die zur Wasserdampfdestillation genutzt werden, bestehen aus einem Wasserdampfgenerator, einem Extraktionskolben, einem Kondensationsbereich und einer Vorlage (o Abb. 25.10). Im Generator wird unter Wärmezufuhr Wasserdampf für die Extraktion erzeugt. Dieser wird in die ebenfalls erhitzte Extraktionslösung eingeleitet. Das bei der Extraktion entstehende Dampf-Destillat-Gemisch wird im Kühler kondensiert und in der Vorlage gesammelt. Aufgrund der Wasserunlöslichkeit der extrahierten Verbindungen bildet sich dann in der Vorlage ein Zweiphasengemisch, aus dem die gewünschte Verbindung leicht abgetrennt werden kann.

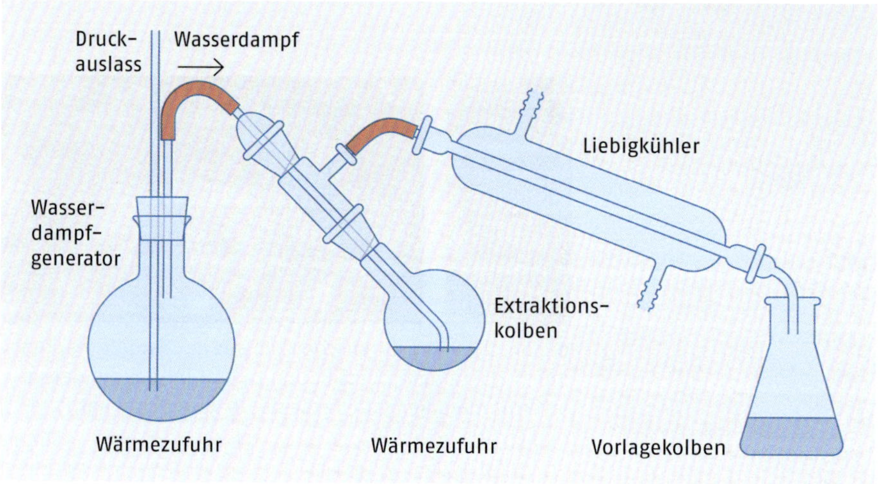


o **Abb. 25.10** Apparatur zur Wasserdampfdestillation

troanilin entsteht das ***König*sche Salz**. Dieses Iminiumion wird basisch zum *Zincke*-Aldehyd hydrolysiert. Der Aldehyd kondensiert anschließend in basischem Milieu mit Cyclopentadien zuerst zu Fulven (rot markiert), das weiter zum Bicyclus reagiert und bei Temperaturen von 200–250 °C thermisch *N*-Methylanilin abspaltet. Über diese Reaktion sind durch den Einsatz entsprechender *Zincke*-Salze sowie substituierter Cyclopentadiene auch substituierte Azulene zugänglich.

### 25.2.3 Reaktionen und Anwendungen

Als metastabile Substanzen lagern sich Azulene bei Temperaturen über 330 °C in ihre stabileren Isomere, die Naphthalene, um.

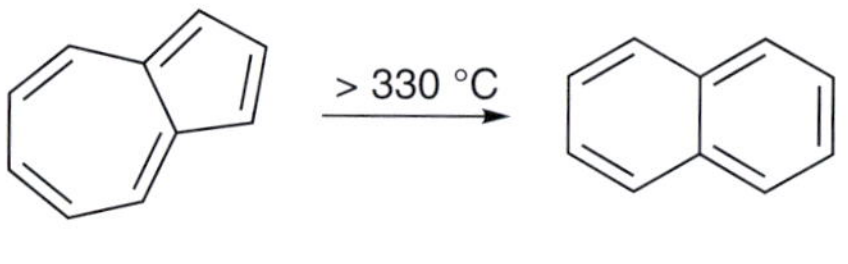


Aufgrund ihrer Polarität (▸Kap. 25.2.1) zeigen Azulene ein besonderes Reaktionsverhalten, das sie vom Naphthalen unterscheidet. Entsprechend ihres dipolaren Charakters können Azulene am Fünfring in 1- oder 3-Position durch Elektrophile (▸Kap. 19.2) angegriffen werden (o Abb. 25.12, unten). Als Elektrophile können z. B. Halogene, Sulfonsäuren, Nitroverbindungen oder Säurehalogenide (▸Kap. 20.2) reagieren. Dieses entspricht dem normalen Reaktionsverhalten aromatischer Verbindungen. Zusätzlich lassen sich Azulene aber auch am Siebenring durch Nucleophile wie beispielsweise Lithiumorganyle (▸Kap. 20.1), meist in 4- und 8-Position, substituieren (o Abb. 25.12, oben).

### 25.2.4 Ausgewählte Verbindungen

Azulenderivate (o Abb. 25.13) kommen in den verschiedensten Organismen vor. Sie sind dort für die Farbgebung verantwortlich oder dienen als aktive Substanzen dem Schutz gegenüber Bakterien. Eine natürliche Quelle von Azulenen ist beispielsweise die Koralle *Euplexaura erecta*, in der man **Chamazulen** findet, oder der blaue Pilz *Lactarius indigo*, in dem **Methylstearat-Azulen** vorhanden ist.

Azulene können aus den in vielen Pflanzen natürlicherweise enthaltenen **Sesquiterpenlactonen** (▸Kap. 26.2.1) gewonnen werden. Die Extraktionsmethode ist dabei von entscheidender Bedeutung. Durch Wasserdampfdestillation können aus der Kamille Chamazulen und aus Hölzern der Guajak-Familie **Guajazulen**

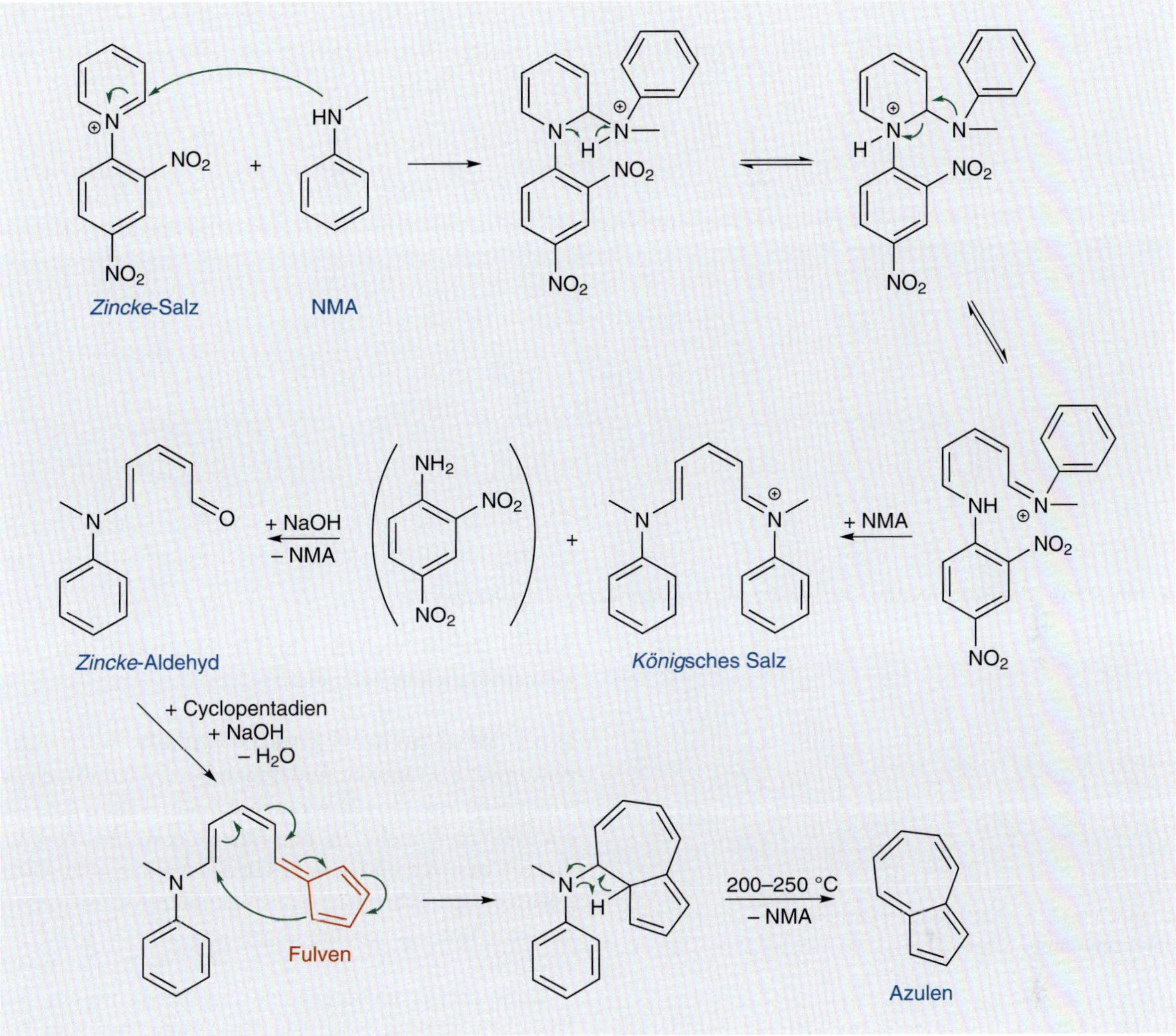


**Abb. 25.11** Azulen-Synthese nach *Ziegler-Hafner*, NMA = *N*-Methylanilin

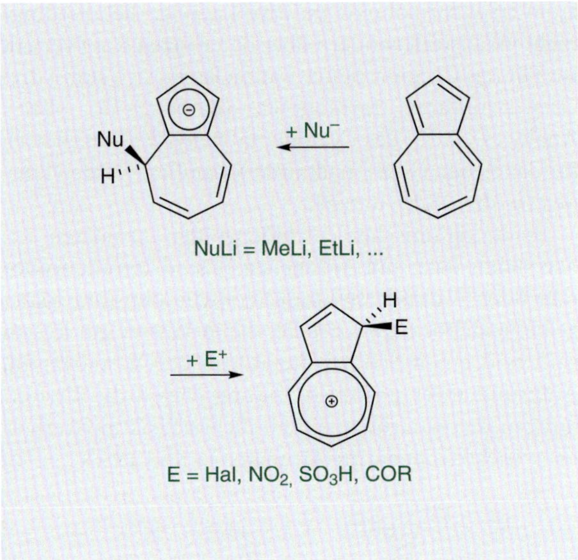


**Abb. 25.12** Nucleophiler (oben) und elektrophiler (unten) Angriff an Azulen

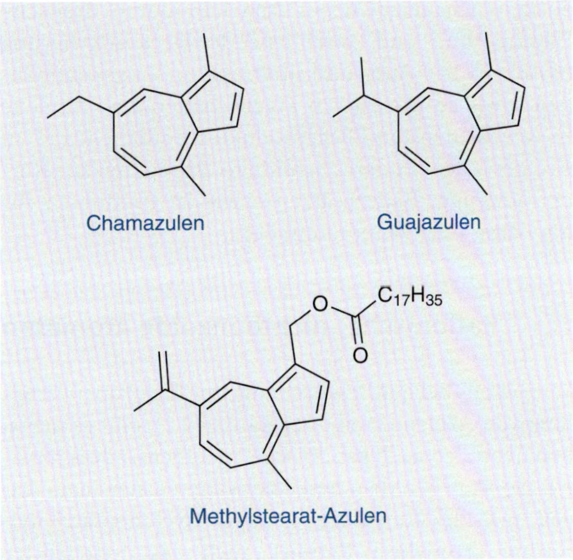


**Abb. 25.13** Azulene aus natürlichen Quellen (Auswahl)

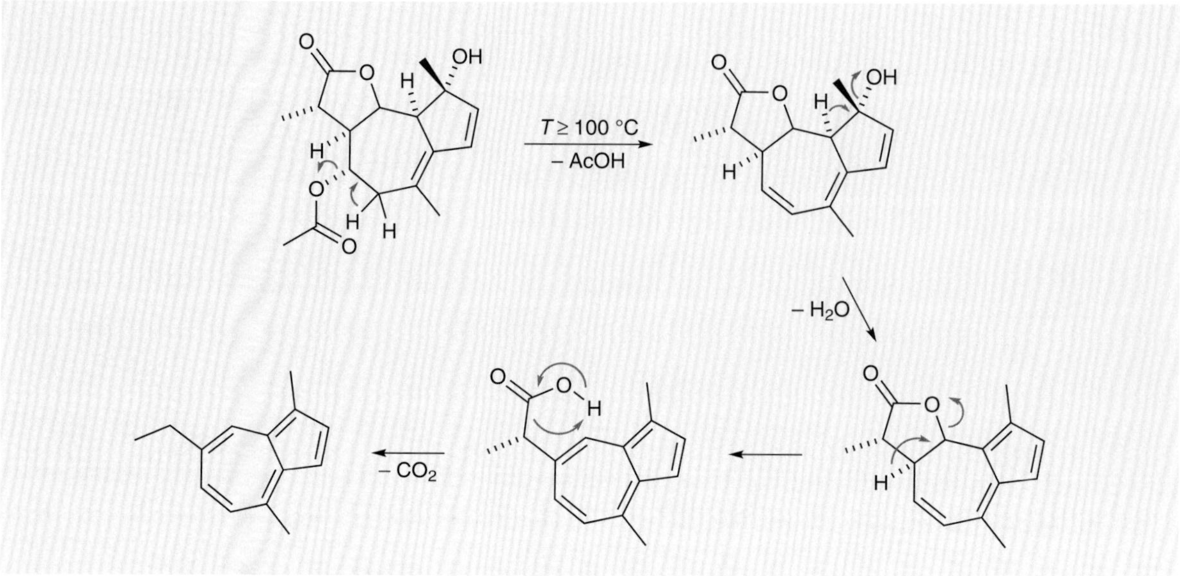


**o Abb. 25.14** Thermische und saure Zersetzung von Matricin zu Chamazulen

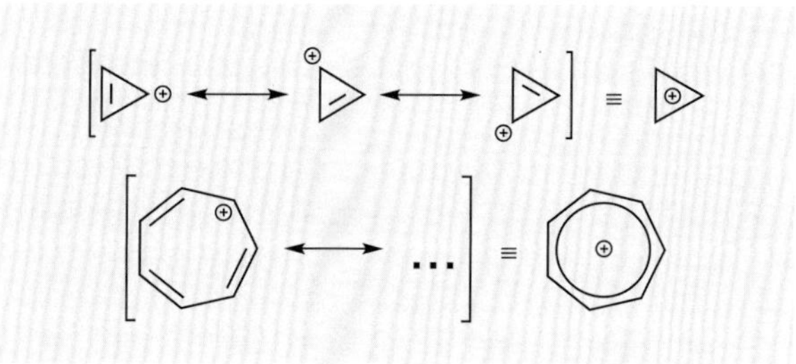

**o Abb. 25.15** Grenzstrukturen kationischer, nichtbenzoider Aromaten

isoliert werden. Die hierzu notwendige Temperatur von ≥100 °C führt zur Bildung entsprechender Azulene aus den Sesquiterpenlactonen. Beispielsweise entsteht Chamazulen aus **Matricin** durch dreifache Eliminierung und anschließende Decarboxylierung (o Abb. 25.14). Aufgrund ihrer entzündungshemmenden sowie antioxidativen Eigenschaften sind Azulene in verschiedensten Pflegeprodukten enthalten, z. B. in Cremes, Ölen, Pudern, Schminke, Produkten zur Körperreinigung, Badezusätzen sowie in Produkten für die Zahn- oder Mundraumpflege.

## 25.3 Kationische, nichtbenzoide Aromaten

Wie bereits bei der Beschreibung der Elektronenverteilung von Azulen erwähnt (▸Kap. 25.2.1), gibt es neben den neutralen auch kationische, nichtbenzoide Aromaten. So ist neben dem bereits erwähnten siebengliedrigen 6-$\pi$-Elektronensystem, dem **Cycloheptatrienyl-Kation** (**Tropylium-Kation**), auch das dreigliedrige 2-$\pi$-Elektronensystem, das **Cyclopropenyl-Kation**, bekannt. Bei Letzterem handelt es sich bezogen auf die Anzahl der Ringglieder und $\pi$-Elektronen um den kleinstmöglichen Aromaten.

### 25.3.1 Struktur und Eigenschaften

Kationische Aromaten findet man bei Cyclen mit einer Ringgröße von (4n+3) Atomen. Dies bedeutet, dass sie ein Ringglied mehr als neutrale aromatische Verbindungen besitzen und zum Erhalt der Aromatizität einen positiven $sp^2$-hybridisierten Ringkohlenstoff aufweisen müssen, um alle Bedingungen der *Hückel*-Regel zu erfüllen.

Kationische, nichtbenzoide Aromaten weisen die typischen Strukturmerkmale von Aromaten (▸Kap. 18) auf. Dem **Cyclopropenyl-Kation** (n = 0) z. B. stehen zwei $\pi$-Elektronen zur Verfügung. Ein Ringkohlenstoffatom trägt formal eine positive Ladung, die allerdings nicht lokalisiert, sondern über den ganzen Ring verteilt ist. Für das Cyclopropenyl-Kation lassen sich somit drei Grenzstrukturen formulieren (o Abb. 25.15, oben). Analoges gilt für das **Cycloheptatrienyl-Kation** (n = 1), für das sieben Grenzstrukturen formuliert werden können (o Abb. 25.15, unten).

Beide kationischen, nichtbenzoiden Aromaten bilden stabile Salze mit Anionen, z. B. sind Tetrafluoroborate oder Bromide bekannt. Tropyliumbromid bildet gelbe, nadelförmige Kristalle, die in Wasser gut löslich sind und einen Schmelzpunkt von 203 °C aufweisen. Aufgrund ihrer positiven Ladung zeigen die Verbindungen dieser Gruppe ein ähnliches Reaktionsverhalten wie elektronenarme Aromaten (▸Kap. 19.2).

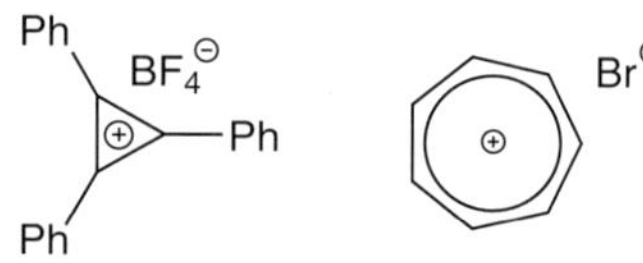

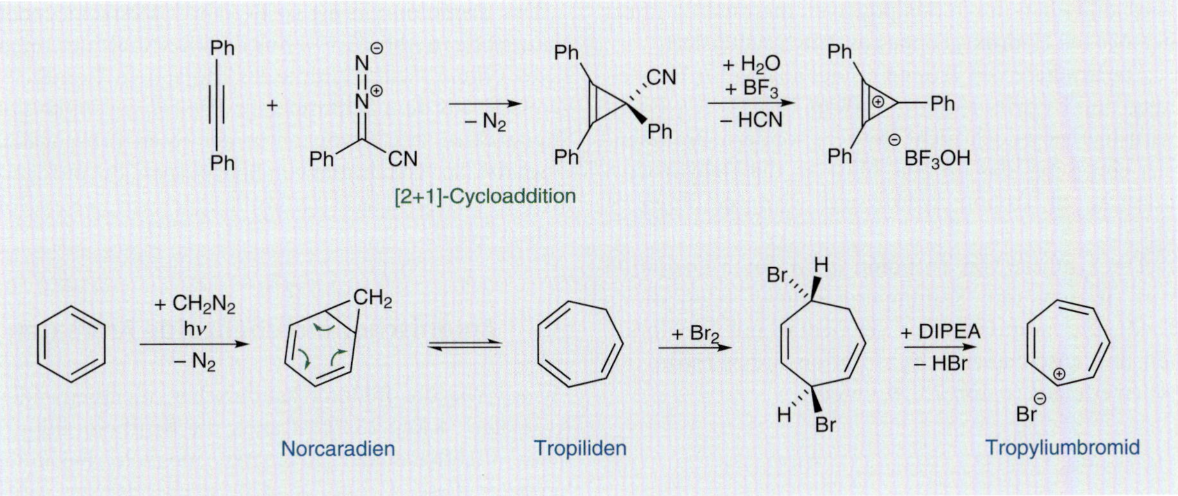


**Abb. 25.16** Synthesewege zur Darstellung kationischer, nichtbenzoider Aromaten

## 25.3.2 Gewinnung und Synthese

Für die Synthese kationischer, nichtbenzoider Aromaten werden häufig Verbindungen verwendet, die intermediär Carbene bilden. So lassen sich aus der Cyclisierung von Diphenylethin mit Phenyldiazoacetonitril unter Stickstoffabspaltung zuerst der Dreiring und durch anschließende Umsetzung mit Borfluorid im wässrigen Medium das Kation als Triphenylcyclopropenyliumtetrafluoroborat herstellen (Abb. 25.16, oben).

Zur Darstellung von Tropyliumbromid wird im ersten Schritt Benzen mit Diazomethan über eine photoinduzierte Homologisierung zu Tropiliden (Cycloheptatrien) erweitert (Abb. 25.16, unten). Intermediär entsteht bei dieser Reaktion Norcaradien, das mit Tropiliden durch eine thermisch erlaubte, disrotatorische elektrocyclische Reaktion im Gleichgewicht vorliegt (▸ Kap. 16). Tropiliden wird mit Brom in 1,4-Position halogeniert und nachfolgend thermisch oder unter dem Einfluss von Basen wie Diisopropylethylamin (DIPEA) zum Bromid-Salz des Tropyliumkations umgesetzt.

## 25.3.3 Reaktionen und Anwendungen

Kationische, nichtbenzoide Aromaten verhalten sich wie besonders elektronenarme Aromaten und gehen daher **Reaktionen mit Nucleophilen** ein. Die entstehenden Reaktionsprodukte sind abhängig von der Art des Nucleophils: Cyanid-Anionen oder Metallorganyle führen zu Additionsprodukten, also z. B. ausgehend vom Tropyliumion zu cyano- oder alkyl-substituierten Cycloheptatrienen (Abb. 25.17, oben). Bei Nucleophilen mit der Möglichkeit zur Mehrfachreaktion, z. B. Wasser oder Schwefelwasserstoff, lassen sich Zweifachadditionen zu den verbrückten Oxo- oder Thiobiscycloheptatrienen beobachten (Abb. 25.17, unten). Reaktionen mit Elektrophilen werden aufgrund der besonders energiereichen $\sigma$-Zwischenstufen, in der zwei positive Ladungen im Ring stabilisiert werden müssten, in der Regel nicht beobachtet.

Eine weitere Reaktion ist die **Ringverengung** des Tropylium-Kations mit starken Oxidationsmitteln zur Benzoesäure. Als Oxidationsmittel eignet sich beispielsweise Dichromat in Essigsäure.

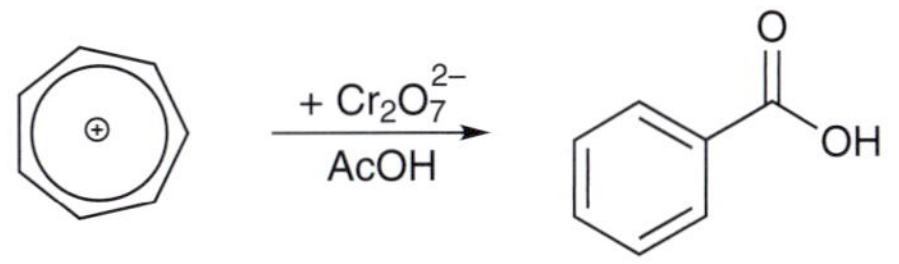


## 25.3.4 Ausgewählte Verbindungen

Ein ähnliches aromatisches Verhalten wie das Tropyliumkation zeigen auch seine beiden oxidierten Verwandten, **Tropon** und **Tropolon**. Die Verbindungen unterscheiden sich in der Anzahl der Sauerstoffsubstituenten und in der Stärke der Elektronenverschiebung zwischen Carbonyl-Sauerstoff und -Kohlenstoff. Durch die Polarisierung der Carbonylgruppe, die sich in der mesomeren, zwitterionischen Form mit einem Cycloheptatrienyl-Kation ausdrückt (Abb. 25.18, oben rechts), erhält der Siebenring aromatischen Charakter. Entscheidend für das Ausmaß dieser aromatischen Stabilisierung ist der Grad der Polarisierung der Carbonylgruppe. Diese ist für Tropolon aufgrund einer **intramolekularen Wasserstoffbrückenbindung** stärker als für Tropon. Erkennen lässt sich der aromatische Charakter am chemischen Verhalten beider Verbindungen. Tropon und Tropolon reagieren nicht wie klassische Carbonylverbindungen (▸ Kap. 12). Die Reaktion mit Nucleophilen wird aufgrund der aromatischen Stabilisierung des (formalen) Cyclohepatrienyl-Kations verhindert, da diese zum einen mit der Delokalisierung der positiven Partialladung des Carbonylkohlenstoffs über den Siebenring verbunden ist und zum anderen bei der Addition eines Nucleophils verloren ginge. Tropolon

25

wird außerdem durch den positiven mesomeren Effekt der zweiten Hydroxygruppe zusätzlich stabilisiert.

Die Synthese von **Tropon** erfolgt analog zur Darstellung des Tropyliumkations (▸Kap. 25.3.2). Als Edukt wird hierbei jedoch nicht Benzen, sondern Brombenzen eingesetzt, das im Anschluss an die Dehydrobromierung zu Tropon hydrolysiert wird (○Abb. 25.18, oben).

Die Synthese von **Tropolon** kann durch Oxidation von Tropon mit Kaliumpermanganat oder durch [2+2]-Cycloaddition von Cyclopentan mit Dichlorketen und anschließende Substitution durch Hydroxidionen erfolgen (○Abb. 25.18, unten).

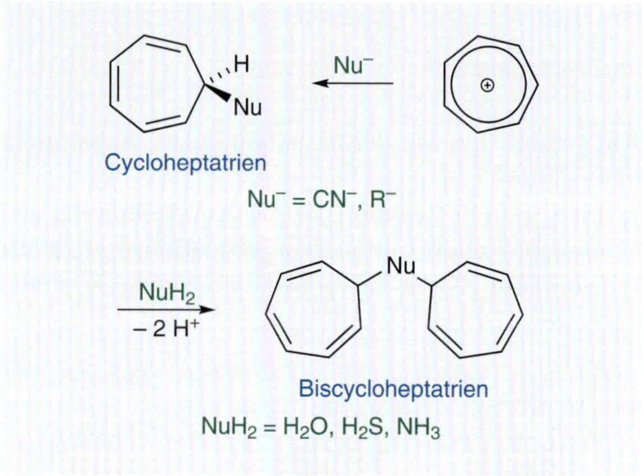


○ **Abb. 25.17** Additionsreaktionen kationischer, nichtbenzoider Aromaten mit Nucleophilen

Das **Tropolon**-Gerüst ist Bestandteil verschiedener Naturstoffe (○Abb. 25.19). Aus dem Kernholz der roten Zeder (*Thuja plicata*) konnte das Thujaplicin-Isomerengemisch, aus dem Schimmelpilz *Penicillium stipitatum* Stipitatsäure, aus Dryophantin der roten Erbsengalle, einer Art Larvenkammer von Blattwespen, Purpurogallin und aus der Herbstzeitlosen Colchicin (▸Kap. 36) isoliert werden.

## 25.4 Anionische, nichtbenzoide Aromaten

Ebenso wie die Bildung kationischer, nichtbenzoider Aromaten (▸Kap. 25.3) ist auch die Synthese anionischer, nichtbenzoider Aromaten möglich. Bekannte Vertreter dieser Gruppe sind beispielsweise das fünfgliedrige **Cyclopentadienyl-Anion**, mit einem 6-$\pi$-Elektronensystem, oder das achtgliedrige **Cyclooctatetraenyl-Dianion**, mit einem 10-$\pi$-Elektronensystem.

### 25.4.1 Struktur und Eigenschaften

Anionische, nichtbenzoide Aromaten besitzen formal mindestens ein Kohlenstoffatom mit einem **freien Elektronenpaar**, das somit **negativ geladen** ist. Damit dieses Elektronpaar in das konjugierte Elektronensystem einbezogen werden kann, muss auch dieses Kohlenstoffatom **sp²-hybridisiert** sein. Dies bedeutet, dass infolge der Konjugation nicht die für Kohlenstoffatome einfacher Alkylcarbanionen ansonsten bevorzugte sp³-Hybridisierung vorliegt. Entsprechend der Delokalisierung

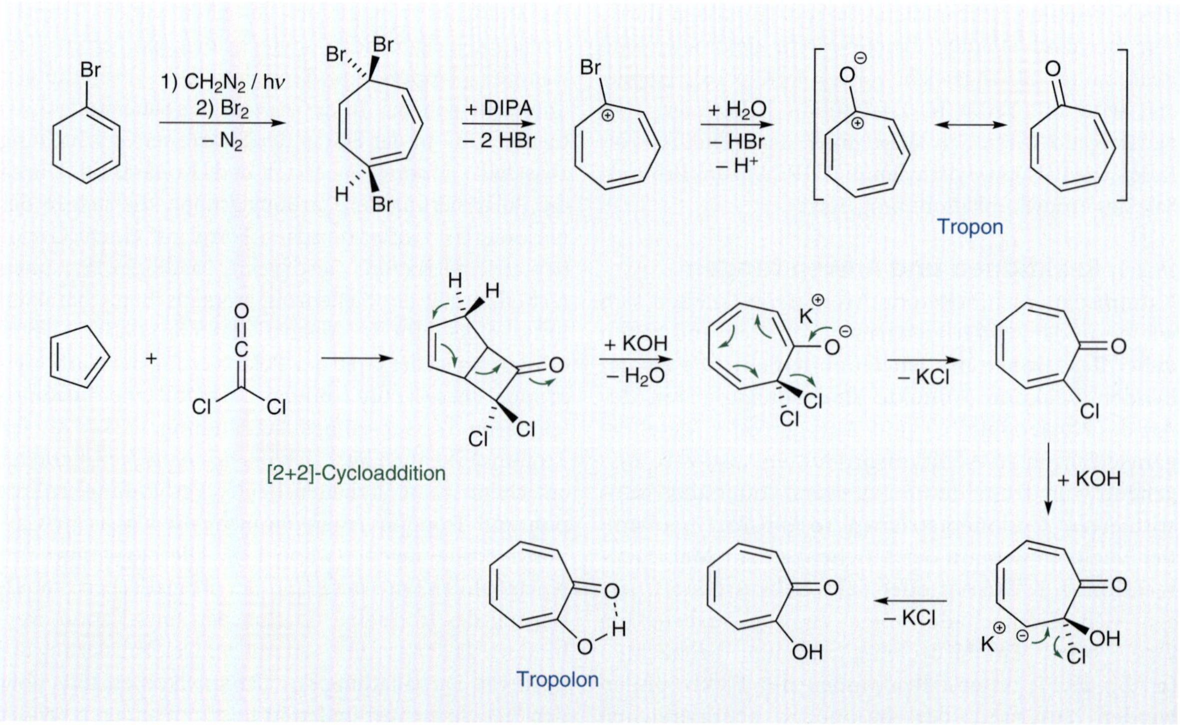


○ **Abb. 25.18** Synthese von Tropon und Tropolon, DIPA = Diisopropylamin

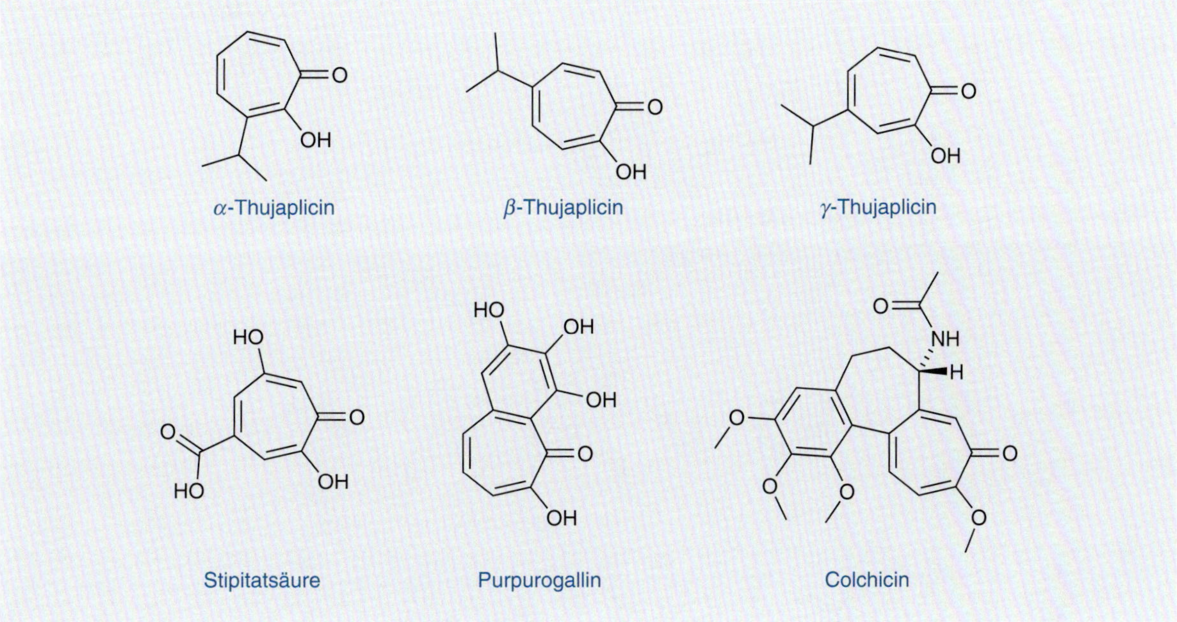


**Abb. 25.19** Tropolonderivate aus natürlichen Quellen

der Elektronen ist die negative Ladung allerdings nicht an einem einzelnen Ringkohlenstoff lokalisiert, sondern über alle Ringkohlenstoffatome gleichmäßig verteilt. Beispielsweise lassen sich für das Cyclopentadienyl-Anion fünf Grenzstrukturen und für das Cyclooctatetraenyl-Dianion sechzehn Grenzstrukturen aufstellen (Abb. 25.20). Die C—C-Bindungslänge im Cyclooctatetraenyl-Dianion (141 pm) ist vergleichbar mit der von Benzen (139 pm); zum Vergleich: C—C-Einfachbindung 154 pm, C=C-Doppelbindung 133 pm.

Anionische, nichtbenzoide Aromaten zeichnen sich durch ihre deutlich **geringere Basizität** im Vergleich zu anderen anionischen Kohlenwasserstoffen aus. Umgekehrt sind die entsprechenden neutralen Kohlenwasserstoffe deutlich CH-acide. Cyclopentadien besitzt z. B. einen $pK_S$-Wert von etwa 16 und ist damit ähnlich sauer wie Wasser oder Alkohole, während Cyclopentan mit einem geschätzten $pK_S$-Wert von >50 keinerlei messbare CH-Acidität aufweist. Diese Unterschiede lassen sich durch den Gewinn an Aromatizität bei der Deprotonierung – gleichbedeutend mit einer besonders starken Stabilisierung der negativen Ladung in der konjugierten Base – erklären.

Anionische, nichtbenzoide Aromaten werden aufgrund ihrer hohen Elektronendichte häufig als **Liganden in der Komplexchemie** verwendet (Kap. 25.4.2), wobei der **Cyclopentadienyl-Ligand** mit **Cp** und der **Cyclooctatetraenyl-Ligand** mit **COT** abgekürzt werden.

### 25.4.2 Gewinnung und Synthese

Cyclopentadienylanionen lassen sich über eine Vielzahl von Reaktionen herstellen (Abb. 25.21), am einfachsten durch **Deprotonierung** der entsprechenden Kohlenwasserstoffe. Hierzu eignen sich z. B. Alkalimetalle, Alkoholate oder Hydride von Alkalimetallen. Eine weitere Methode ist die Reaktion von halogeniertem Cyclopentadien mit Pyridin. Hierbei entstehen aromatische **Stickstoff-Ylide** (Kap. 8.2). Diese unterscheiden sich von Alkalisalzen des Cyclopentadienylanions in ihrem Bindungscharakter. Während diese einen ionischen, salzähnlichen Charakter besitzen, entsprechen die Ylide stabilen aromatischen Verbindungen. Eine weitere Verbindung dieser Art ist **Diazocyclopentadien**, das sich durch die Umsetzung der bereits aromatischen Metallorganyle wie Lithiumcyclopentadien mit Tosylazid herstellen lässt.

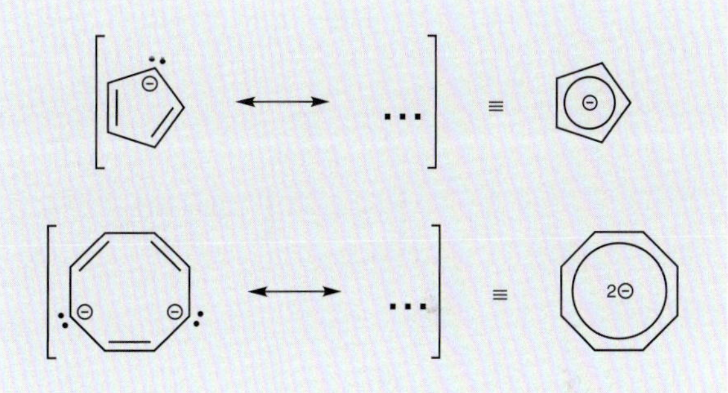


**Abb. 25.20** Grenzstrukturen anionischer, nichtbenzoider Aromaten

Ähnliche Synthesewege werden zur Herstellung anderer anionischer, nichtbenzoider Aromaten gewählt. So lassen sich **Cyclooctatetraenyl-Dianionen** durch **Reduktion** des nichtaromatischen Cyclooctatetraens mit Alkalimetallen synthetisieren. Hierbei treten zwei Einelektronen-Übertragungen auf. Die erste Übertragung vom Alkalimetall zum cyclischen System führt

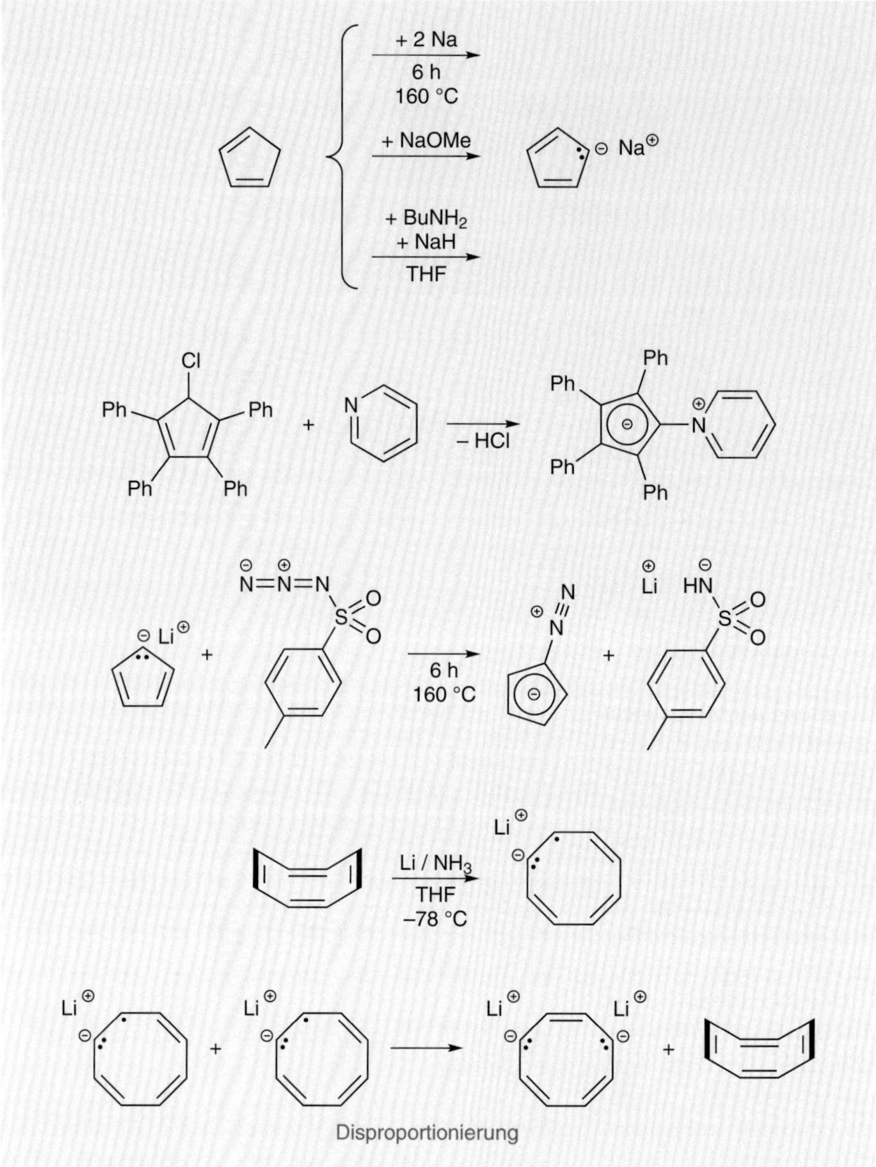


**o Abb. 25.21** Synthese anionischer, nichtbenzoider Aromaten

zur Einebnung des Rings. Das Monoanion disproportioniert anschließend zum dianionischen Aromaten und dem neutralen Edukt.

## 25.4.3 Reaktionen und Anwendungen

Cyclopentadienyl-Anionen werden, wie schon erwähnt, häufig als **Liganden für Übergangsmetall-Komplexe** genutzt. Hierbei gibt es verschiedene Möglichkeiten, wie der Ligand an das Zentralion binden kann. Die Zahl der Ligandenatome, über die die Koordination an das Zentralion erfolgt, wird durch die **Haptizität** $\eta$ beschrieben und ist abhängig vom Zentralion und den weiteren Liganden. Am häufigsten tritt eine $\eta^5$-Koordination auf, bei der alle fünf C-Atome des Cp-Liganden an das Metall-Ion gebunden sind. Wenn mehrere Cyclpentadienyl-Anionen in einem Komplex vorkommen und die Cp-Ringe parallel zueinander liegen, spricht man von einem **Sandwich-Komplex**. Dieser kann in **zwei Konformationen** vorliegen, mit **ekliptisch** oder **gestaffelt** angeordneten Cp-Liganden (o Abb. 25.22, rechts). Für die bekannteste Sandwich-Verbindung, **Ferrocen** (▸ Exkurs: Ferrocen – historische Grundlagen), lassen sich im Kristall beide Konformere beobachten. Bei Temperaturen unterhalb von –163 °C ist die ekliptische Konformation bevorzugt, unterhalb von –109 °C findet man einen Diederwinkel von 9°. Bei Raumtemperatur lassen sich Fehlordnungen in den Kristallen feststellen, wodurch eine gestaffelte Konformation vorgetäuscht wird. In der Gasphase wird wiederum die stabilere ekliptische Konformation bevorzugt.

**Exkurs: Ferrocen – historische Grundlagen**

Die ersten zufälligen Synthesen von Ferrocenen gelangen etwa zeitgleich, aber unabhängig voneinander zwei Gruppen von Forschern. 1951 erhielten *T. J. Kealy* und *P. L. Pauson* beim Versuch der Herstellung von Fulvalen durch Reaktion von Eisen(III)-chlorid mit dem *Grignard*-Reagenz Cyclopentadienylmagnesiumbromid stattdessen Ferrocen. Die zweite Ferrocen-Synthese gelang *S. A. Miller, J. A. Tebboth* und *J. F. Termaine* 1952 beim Versuch der Synthese von Aminen aus Cyclopentadien mit Ammoniak nach einem modifizierten *Haber-Bosch*-Verfahren. Die Struktur dieser neu synthetisierten Verbindung formulierten beide Gruppen als einen Di-$\sigma$-Komplex (also mit $\eta^1$-Koordination; Abb. 25.22, links). Diese Struktur wurde von verschiedenen Forschern angezweifelt und später auch widerlegt. Bereits im selben Jahr (1952) klärten *G. Wilkinson* und *R. B. Woodward* (durch Infrarotspektroskopie) sowie *E. O. Fischer* und *W. Pfad* durch Röntgenstrukturuntersuchungen die richtige Struktur von Ferrocen als Sandwich-Komplex mit $\eta^5$-Koordination der beiden Cyclopentadienyl-Ringe auf (Abb. 25.22, rechts). Der Begriff *Sandwich* stammt von *L. E. Orgel* und *J. D. Dunitz*, die im Jahr 1953 erstmals eine MO-Beschreibung der Bindungsverhältnisse von Ferrocen veröffentlichten.

Ferrocen war die erste Verbindung dieser Art, mit einer damals revolutionären, neuen Struktur. Für ihre bahnbrechenden Arbeiten zu Ferrocen und zu anderen Sandwich-Komplexen wurden die beiden Chemiker *E. O. Fischer* und *G. Wilkinson* im Jahr 1973 gemeinsam mit dem Nobelpreis für Chemie ausgezeichnet.

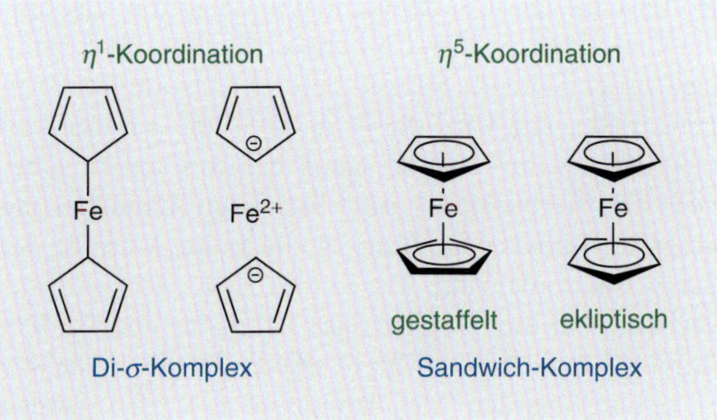


**Abb. 25.22** Ferrocen, die bekannteste Sandwich-Verbindung

Es sind allerdings auch Komplexe mit $\eta^1$-koordinierten Cp-Liganden bekannt. Der Bindungsmodus ist nicht nur abhängig vom Liganden, sondern auch von der Art und Größe des Zentralions. Beispielsweise koordiniert das kleine Ti(IV) (Ordnungszahl 22) zwei $\eta^5$- und zwei $\eta^1$-Cp-Ringe, das etwas größere Zr(IV) (Ordnungszahl 40) drei $\eta^5$-Cp-Ringe und einen $\eta^1$-Cp-Ring und das sehr viel größere Uran(IV) (Ordnungszahl 92) vier $\eta^5$-Cp-Liganden. Das größere aromatische Cyclooctatetraenyl-Dianion (COT) wird ebenfalls als Ligand genutzt. Von ihm sind $\eta^8$-Sandwichkomplexe wie $U(COT)_2$ bekannt, in dem die Liganden im Feststoff ekliptisch angeordnet sind und in Lösung frei rotieren.

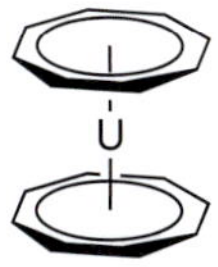


Uranocen
$UCp_2$
(ekliptisch)

Aufgrund der hohen Elektronendichte sind anionische, nichtbenzoide Aromaten **gute Reaktionspartner für Elektrophile** (Abb. 25.23). Ferrocen reagiert, genau wie Benzen, mit Schwefelsäure zur Sulfonsäure, mit Quecksilberchlorid zu Organoquecksilber-Verbindungen, mit dem *Vilsmeier*-Reagenz zum Aldehyd und mit aktivierten Säurederivaten (z. B. Säureanhydriden) zu den entsprechenden Acyl-substituierten Cyclopentadienyl-Derivaten (▸ Kap. 18.1).

Anionische, nichtbenzoide Aromaten wie das Cyclooctatetraenyl-Dianion, die mehr als eine Ladung tragen, können mit mehr als einem Elektrophil reagieren. Bei Verwendung bifunktioneller Elektrophile, z. B. Dibromalkane, entstehen sowohl die 1,2- als auch die 1,4-Additionsprodukte. Von beiden Konstitutionsisomeren lassen sich zusätzlich jeweils zwei Diastereomere erhalten, das (*E*)-und das (*Z*)-Isomer. Bei der Reaktion von 1,7-Dibromheptan mit dem Cyclooctatetraenyl-Dianion werden nur zwei Isomere gebildet, das (*E*)-1,4- und das (*Z*)-1,2-Produkt (Abb. 25.24). Von diesen ist das 1,4-Isomer mit einem Verhältnis von 4:1 das Hauptprodukt.

### 25.4.4 Ausgewählte Verbindungen

Die wichtigste Anwendung anionischer Aromaten ist die bereits erwähnte Nutzung als Liganden für Metallkomplexe (▸ Kap. 25.4.2). Beispielsweise wird **Ferrocen** als Vermittler zur Sauerstoffbindung in Ölen, als Antiklopfmittel in Treibstoffzusätzen oder als Referenzsubstanz in der Cyclovoltammetrie nichtwässriger Lösungen genutzt. (Die Cyclovoltammetrie ist ein vielseitig einsatzbares elektrochemisches Analyseverfahren, das z. B. zur Aufklärung von Reaktionsmechanismen oder zur Bestimmung von Thermodynamik und Kinetik von Elektronentransferprozessen genutzt werden kann.) Daneben gibt es weitere, synthetisch relevante Komplexe (Abb. 25.25).

Das ***Schwartz*-Reagenz** ist ein Komplex aus zwei Cyclopentadienyl-Anionen und einem zentralen Zirconiumchlorhydrid. Anwendung findet es in der **Hydrozirconierung**, die eine Möglichkeit zur terminalen Funktionalisierung von Alkylketten bietet. Die Hydro-

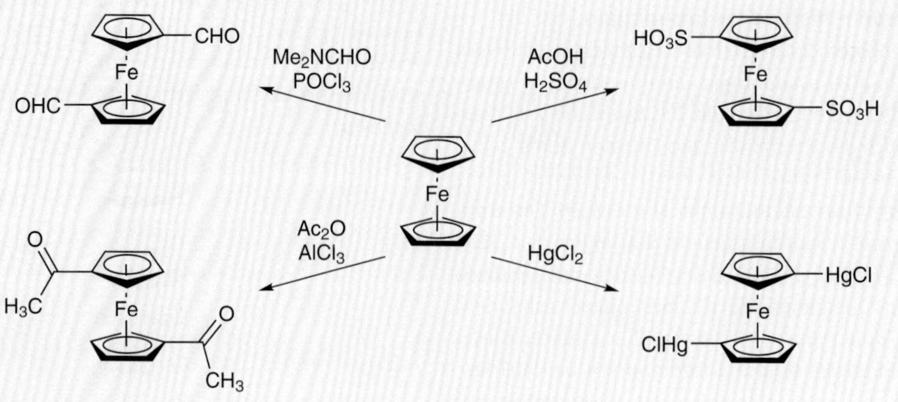


**Abb. 25.23** Elektrophile Substitutionen an Cyclopentadienyl-Anionen

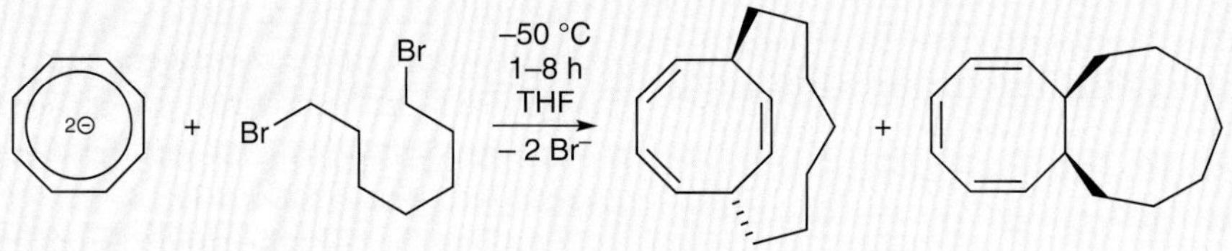


**Abb. 25.24** Umsetzung von Dibromheptan mit dem Cyclooctatetraenyl-Dianion

zirconierung selbst ist eine Reduktion von Alkenen mit dem *Schwartz*-Reagenz zum Alkylzirconium-Komplex. Der Komplex kann hierbei mehreren Umlagerungen unterliegen. Aufgrund des großen Raumbedarfs von Zirconium können Eliminierungen und erneute Anlagerungen auftreten, wodurch das Zentralion letztlich an den endständigen Kohlenstoff der Alkylgruppe gebunden wird. Abschließend lässt sich Zirconium durch Elektrophile, wie Protonen, Sauerstoff oder Halogene, unter Bildung eines endständig funktionalisierten Alkans abspalten.

Weitere Reagenzien mit Cp-Liganden sind das ***Petasis***- und das ***Tebbe*-Reagenz**. Das *Petasis*-Reagenz besteht aus zwei Cyclopentadienyl-Anionen, die eine Dimethyltitan-Einheit (oder eine analoge Dialkyltitanspezies) in einer Art *clamshell*-Struktur umgeben, d. h. beide von der gleichen Seite angelagert sind, ähnlich einer Klammer oder Zange. Es handelt sich also nicht um einen Sandwich-Komplex, bei dem die beiden Cp-Ringe parallel zueinander liegen, sondern das zentrale Titanion ist annähernd tetraedrisch koordiniert. Das *Tebbe*-Reagenz ist ein Mehrkernkomplex. Es besteht aus einem Titan(II)-Zentralion mit zwei Cyclopentadienyl-Anionen und einem Aluminium(III)-Zentralion mit zwei Methylgruppen. Verbrückt werden die Metallkerne über ein Chlorid und eine Methylengruppe. Beide Reagenzien dienen zur **Methenylierung** bzw. im Falle des *Petasis*-Reagenzes allgemein zur **Alkenylierung von Carbonylfunktionen** (vgl. *Wittig*-Reaktion, ▸Kap. 10.4.3). Das aktive Reagenz ist hier nicht der eingesetzte Metallkomplex selbst, sondern ein aus ihm gebildetes *Schrock*sches Carben (▸Kap. 16.4 und ▸Kap. 11.8.1). (*Schrock*-Carbene besitzen im Gegensatz zu *Fischer*-Carbenen elektronenschiebende Substituenten und damit nucleophilen Charakter; *Fischer*-Carbene sind umgekehrt durch elektronenziehende Substituenten Elektrophile.) Beim *Petasis*-Reagenz wird dieses durch Temperaturen von 60–80 °C, beim *Tebbe*-Reagenz baseninduziert generiert. Die Triebkraft der anschließenden Alkenylierung einer Carbonylverbindung ist die hohe Affinität des Sauerstoffatoms zum Titanatom. Der Mechanismus verläuft über ein viergliedriges Titanaoxetan, aus dem durch Abspaltung von $Cp_2Ti{=}O$ das Olefin entsteht.

Genutzt werden Metallkomplexe mit Cp-Liganden auch als Katalysatoren, beispielsweise bei der **Polymerisation von Alkenen**. So ist das *Tebbe*-Reagenz bekannt für die ringöffnende Metathese-Polymerisation (**ROMP**) von Norbornen (o Abb. 25.26). Bei dieser Reaktion findet eine Cycloaddition des Carbens an die Norbornen-Doppelbindung statt, die anschließend einer Ringöffnung unterliegt. Anschließend kann das neue entstandene Carben mit weiteren Norbornenmolekülen in identischen Schritten zu einem Polymer reagieren.

Von größerer Bedeutung als Katalysatoren bei Polymerisationen als das *Tebbe*-Reagenz sind jedoch Zirconium-Komplexe, sogenannte **Zirconocene** (o Abb. 25.27). Sie werden z. B. neben Titankomplexen als *Zieg-*

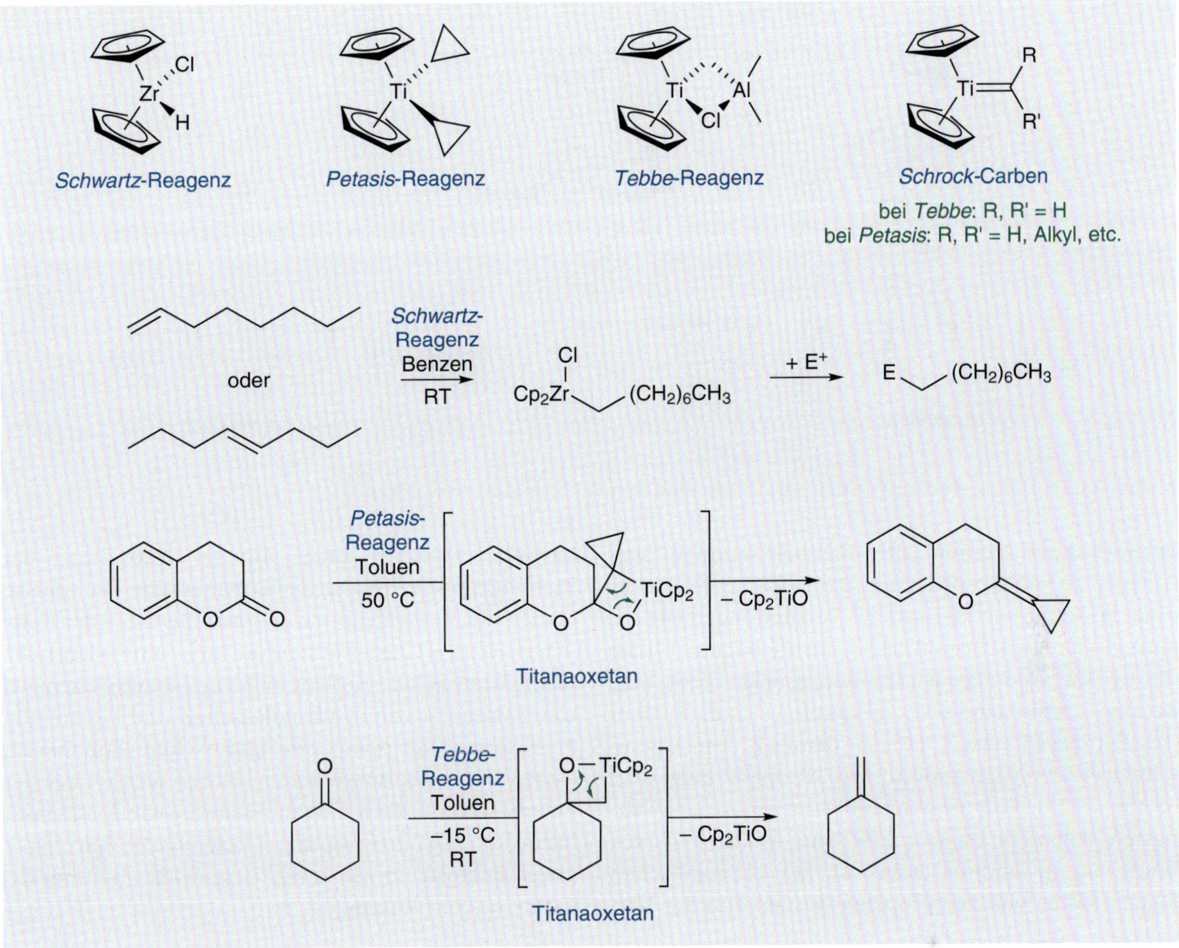


**Abb. 25.25** Reaktionen synthetisch wichtiger Cyclopentadienyl-Komplexe

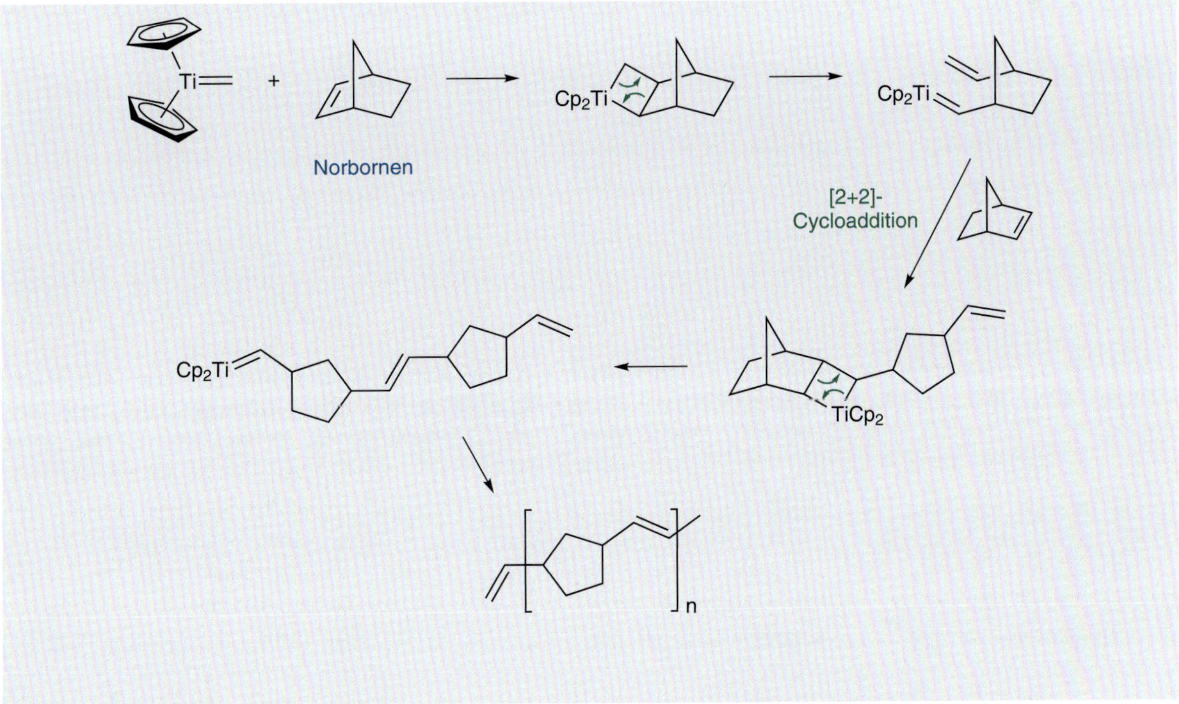


**Abb. 25.26** Polymerisation von Norbornen durch das aus dem *Tebbe*-Reagenz gebildete Carben

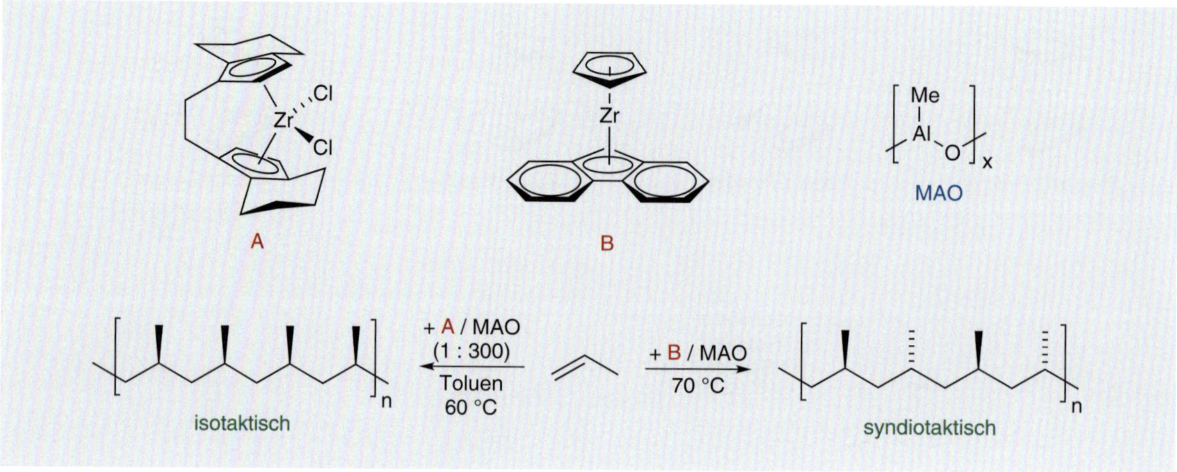


**Abb. 25.27** Stereoselektive Polymerisation von Propen mit Zirconium-Komplexen

*ler-Natta*-Katalysatoren für Polymerisationen von Alkenen zu Polyalkenen eingesetzt (▸Kap. 5.1.3, Koordinative Kettenpolymerisation). Verbindungen wie das *ansa*-Zirconocen-Derivat (**A**) („*ansa*-" bedeutet, dass die beiden aromatischen Bindungsstellen über eine Brücke miteinander verknüpft sind) oder ($\eta^5$-Fluorenyl)Cp$ZrCl_2$ (**B**) werden z. B. zur stereoselektiven Polymerisation von Propen eingesetzt (Abb. 25.27). **Polypropylen** (PP) ist eines der wichtigsten Polymere unserer Zeit und findet in vielen Branchen Anwendung (▸Kap. 4). Die physikalischen Eigenschaften von Polypropylen werden von der Kettenlänge, aber vor allem von der Anordnung der Methylgruppen entlang der Polymerkette beeinflusst. Stehen die Methylgruppen alle auf einer Seite der Kette – weisen die Chiralitätszentren also eine identische Konfiguration auf – spricht man von **isotaktischen**, bei alternierenden von **syndiotaktischen** und bei zufällig orientierten Gruppen von **ataktischen Polymeren**. Neben den Zirconocen-Katalysatoren werden bei der Polymerisation auch Cokatalysatoren wie Methylaluminoxan (MAO) verwendet. Diese überführen Zirconocendichlorid in die katalytisch aktive Zirconocenmethylen-Verbindung.

# 26 Terpene

Monoterpene ... 703 | Terpene aus drei bis acht Isopreneinheiten ... 715 | Polyterpene ... 726

Zu den **Terpenen** bzw. **Terpenoiden**, die wie auch die Steroide (▸Kap. 27) zur Stoffklasse der **Isoprenoide** gehören, zählen Naturstoffe wie Myrcen, Menthol, α-Terpen, Campher oder Vitamin A, deren Moleküle alle aus zwei oder mehr $C_5$-Isopreneinheiten (Isopren = 2-Methyl-1,3-butadien) aufgebaut sind. Als Terpene bezeichnet man streng genommen nur die reinen Kohlenwasserstoffe. Ist das Kohlenwasserstoffgerüst der Terpene durch funktionelle Gruppen substituiert, wie z. B. bei den Terpenalkoholen, Terpenaldehyden oder -estern, spricht man von Terpenoiden. Häufig verzichtet man jedoch auf diese Unterscheidung und fasst sowohl die reinen Kohlenwasserstoffe als auch ihre Derivate unter dem Begriff Terpene zusammen – so auch im Folgenden. Gegenwärtig sind mehr als 30 000 natürlich vorkommende Terpene bekannt, es handelt sich damit um die zahlenmäßig **größte Naturstoffgruppe**. Terpene kommen sowohl in Pflanzen als auch bei Tieren vor, aber nur von wenigen ist die genaue biologische Funktion bekannt.

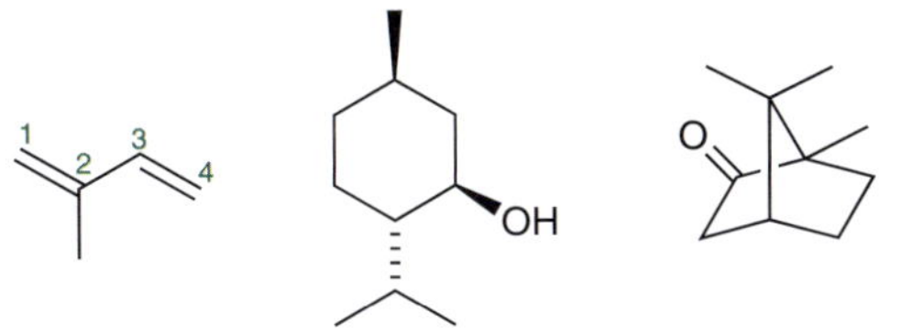


Isopren (–)-Menthol (+)-Campher

## 26.1 Monoterpene

Die Klasse der natürlich vorkommenden **Terpene**, deren Erforschung vornehmlich *Wallach, v. Baeyer, Semmler* und *Tiemann* zu verdanken ist, umfasst neben reinen Kohlenwasserstoffen (Terpene im engeren Sinne) auch Alkohole, Ether, Aldehyde und Ketone und andere funktionalisierte Derivate (sogenannte **Terpenoide**). Wir werden im Folgenden die Bezeichnung Terpene, wie häufig üblich, sowohl für die reinen Kohlenwasserstoffe als auch ihre Derivate verwenden. Trotz der auf den ersten Blick großen Vielfalt weisen alle Terpene große Ähnlichkeit in ihrem strukturellen Aufbau auf, da sie biochemisch letztendlich alle aus zwei oder mehr **Isopren**-Einheiten (2-Methyl-1,3-butadien, $C_5H_8$) aufgebaut werden. Dies wurde bereits im Jahre 1922 von *Ruzicka* erstmals vermutet. Die von Isopren abgeleiteten Naturstoffe, die nur eine Isopreneinheit enthalten, werden **Hemiterpene** genannt.

In den Terpenen können die Isopren-Einheiten je nach ihrer relativen Orientierung zueinander entweder Kopf-Kopf-, Kopf-Schwanz- oder Schwanz-Schwanz-verknüpft sein. Als „Kopf" bezeichnet man dabei das der Methylgruppe nahestehende C1-Ende der Dieneinheit und als „Schwanz" analog das von der Methylgruppe entfernte C4-Ende. So führt die **Kopf-Schwanz-Verknüpfung**, auch [1+4]-Verknüpfung genannt, zweier aktivierter Isopreneinheiten zum $C_{10}$-Gerüst des **Geranyldiphosphats** (○Abb. 26.1), welches die Ausgangssubstanz für alle anderen **Monoterpene** ist. Durch die Addition weiterer Isopreneinheiten erhält man dann Sesqui- ($C_{15}$), Di- ($C_{20}$), Tri- ($C_{30}$) oder Tetraterpene ($C_{40}$). Diese **„Isoprenregel"** wurde später in dem Sinne erweitert, dass primär nicht nur Verknüpfungen von Isoprenmolekülen erfolgen (Bildung von Terpenen im engeren Sinne), sondern sekundär auch „Umwandlungen" (also Funktionalisierungen) bzw. Gerüst-Umlagerungen eintreten können (Bildung von Isoprenoiden bzw. Terpenoiden). So entstehen neben acyclischen Terpenen auch mono- und bicyclische Terpene. Es hat

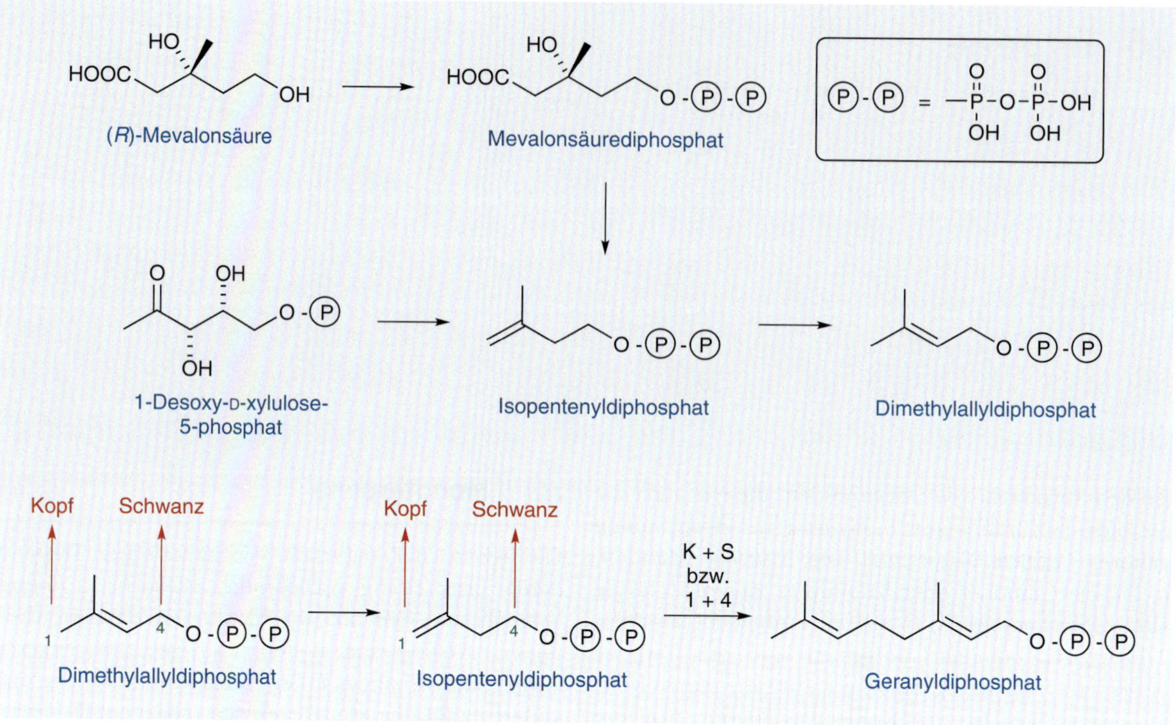


**Abb. 26.1** Geranyldiphosphat (rechts unten) ist die Muttersubstanz aller Monoterpene und wird biosynthetisch durch eine Kopf-Schwanz-Verknüpfung von zwei aktivierten Isoprenenheiten, Isopentenyldiphosphat und Dimethylallyldiphosphat, gebildet.

sich mittlerweile gezeigt, dass beim Aufbau der Terpene, Polyterpene und Steroide im Pflanzen- und Tierreich als aktivierter „Isoprenbaustein" **Isopentenyldiphosphat** genutzt wird, das entweder aus 1-Desoxy-D-xylulose-5-phosphat oder vor allem aus (*R*)-Mevalonsäure entsteht (Abb. 26.1). Auf die Bildung von höheren Terpenen aus Geranlydiphosphat wird in ▸Kap. 26.2 eingegangen.

### 26.1.1 Struktur, Eigenschaften und Anwendungen

#### Acyclische Terpene

Innerhalb der Stoffklasse der **acyclischen Terpene** sind zwei isomere Kohlenwasserstoffe mit je drei C=C-Doppelbindungen besonders erwähnenswert: **Ocimen** und **Myrcen**, $C_{10}H_{16}$. Ocimen ist die geruchsgebende Komponente in Basilikumöl, Myrcen ist ein Inhaltsstoff im ätherischen Öl von Hopfen. Beide Verbindungen besitzen ein konjugiertes Diensystem und eine davon isolierte weitere Doppelbindung. Sie unterscheiden sich nur in der Lage einer Doppelbindung der Dieneinheit. In Ocimen ist die Dieneinheit Teil der Hauptkette des Moleküls, in Myrcen dagegen nicht. Es handelt sich also um Konstitutionsisomere.

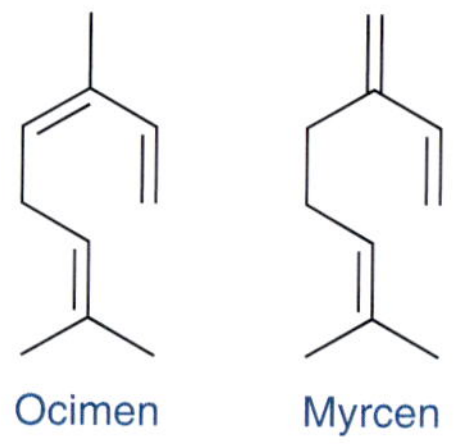


Wichtiger als die genannten Kohlenwasserstoffe sind allerdings die davon abgeleiteten, natürlich vorkommenden **Terpenalkohole** (Abb. 26.2), die durch Wasseraddition an die Doppelbindungen entstehen. **Geraniol**, $C_{10}H_{18}O$, bildet den Hauptbestandteil von Geranium- und Rosenöl. Die primäre Alkoholgruppe am C1-Atom steht in *trans*-Stellung zur Methylengruppe in Position 4 der Hauptkette ((*E*)-Form). Das stereoisomere **Nerol**, (*Z*)-Form, kommt in Neroli- und in Bergamotteöl vor. Beide (*E*/*Z*)-isomeren Alkohole sind Riechstoffe mit rosenartigem Duft. Sie leiten sich von Ocimen bzw. Myrcen formal durch eine 1,4-Addition von Wasser an das Dien ab. **Linalool** ($C_{10}H_{18}O$), das durch eine formale 1,2-Addition von Wasser an das Dien entsteht, ist ein tertiärer, optisch aktiver Alkohol und zu Geraniol und Nerol strukturisomer. Es ist Hauptbestandteil von Korianderöl und in erster Linie bestimmend für dessen Aroma. (3*S*)-(+)-Linalool weist in reiner Form einen maiglöckchenartigen Duft auf, während das enantiomere (3*R*)-(−)-Linalool im Aroma deutlich abweicht.

**Citronellol**, $C_{10}H_{20}O$, das Reduktionsprodukt von Geraniol bzw. Nerol, besitzt ein Chiralitätszentrum, sodass zwei Enantiomere existieren. In Rosenöl kommt (*S*)-Citronellol, in Zitronenöl (*R*)-Citronellol und in Geraniumöl das Racemat vor. **(*S*)-(−)-Ipsenol,** $C_{10}H_{18}O$, ist ein **Pheromon** von Borkenkäfern der Gattung *Ips*. Seine Biosynthese geht von Myrcen aus. Es handelt sich aber nicht um eine einfache (formale) Wasseraddition, wie bei den zuvor besprochenen Terpenalokoholen. Die Wirkung chiraler Pheromone wie Ipsenol ist bei bestimmten Arten dann besonders groß, wenn sie als Gemisch aus (*S*)- und (*R*)-Enantiomer vorliegen und nicht enantiomerenrein. Hier liegt ein bemerkenswerter Synergismus von Enantiomeren vor.

Unter den zweifach ungesättigten **Terpenaldehyden** sind **Citral A** (Geranial) und **Citral B** (Neral), $C_{10}H_{16}O$, erwähnenswert, die als Oxidationsprodukte von Geraniol und Nerol ebenfalls (*E*/*Z*)-Isomere sind. Sie werden als gelbliche Öle von zitronenartigem Geruch aus Zitronenöl oder Lemongrasöl isoliert.

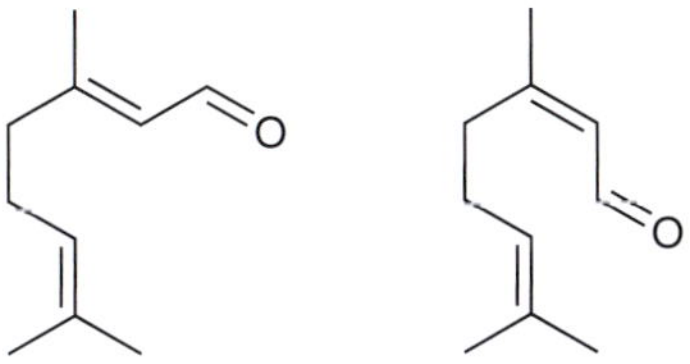


Citral A (Geranial) Citral B (Neral)

Die **Terpenketone** der **Jonon**-Reihe (▸Kap. 26.1.1) stellen einen Übergang zu den monocyclischen Terpenabkömmlingen her. Sie sind Bausteine der Carotine und des Vitamin A (▸Kap. 26.2), für deren Synthese sie auch als Intermediate verwendet werden. Sie finden sich in zahlreichen Pflanzenölen (z. B. Veilchen, Henna, Tamarinde). $\alpha$- und $\beta$-Jonon unterscheiden sich nur durch die Lage der Doppelbindung im Ring, außerdem besitzt $\alpha$-Jonon ein Chiralitätszentrum (*). Beide Enantiomere finden sich in der Natur und werden wegen ihres veilchenartigen Dufts als Riechstoffe verwendet.

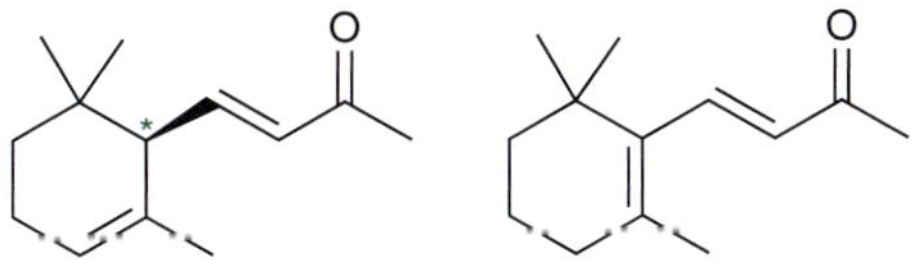


$\alpha$-(*R*)-Jonon $\beta$-Jonon

Alle oben genannten Verbindungen werden vornehmlich als **Duft- und Aromastoffe** verwendet (aus natürlichen Quellen isoliert oder synthetisch hergestellt). Allgemein lässt sich feststellen, dass die Riechstoffeigenschaften der Substanzen aus ätherischen Ölen beim Überschreiten einer relativen Molekülmasse von ca. 300 häufig verloren gehen, weil die Flüchtigkeit der Substanzen dann zu gering wird.

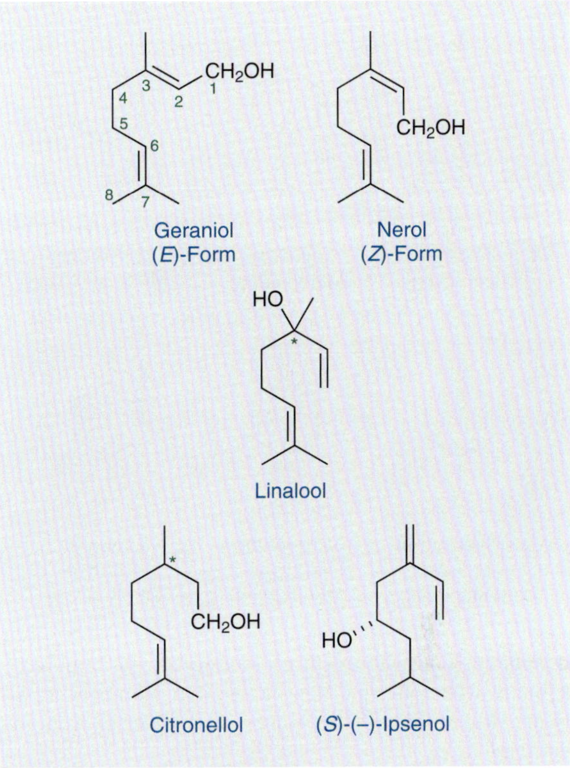


**o Abb. 26.2** Auswahl wichtiger acyclischer Terpenalkohole

## Monocyclische Terpene

Die monocyclischen Terpene leitet sich von ***p*-Menthan** (4-Isopropyl-1-methylcyclohexan, $C_{10}H_{20}$) bzw. den einfach ungesättigten Menthenen, $C_{10}H_{18}$, und den zweifach ungesättigten Menthadienen, $C_{10}H_{16}$, ab. *p*-Menthan ist eine pfefferminzartig riechende Flüssigkeit, die in zwei optisch inaktiven, *cis*/*trans*-isomeren Formen (▸Kap. 3.8.2) vorkommt.

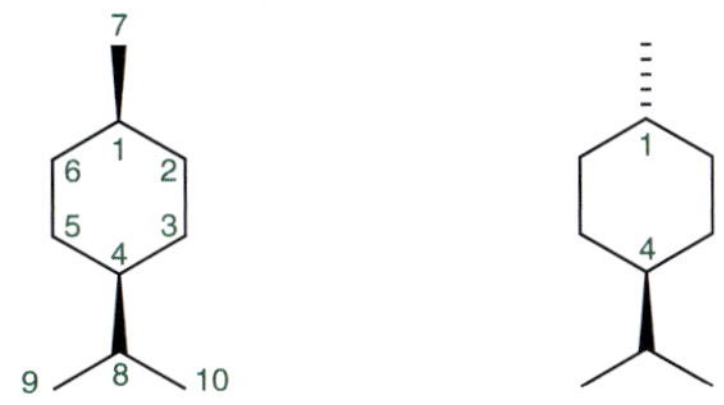


*cis-p*-Menthan (Sdp. 168,5 °C) *trans-p*-Menthan (Sdp. 169–170 °C)

Zu den monocyclischen Terpenkohlenwasserstoffen zählen vor allem die natürlich vorkommenden **Menthadiene**. Von den zahlreichen möglichen Strukturisomeren wurden bisher die sechs in o Abb. 26.3 gezeigten Verbindungen in ätherischen Ölen gefunden. Hervorzuheben ist vor allem das **Limonen,** $C_{10}H_{16}$. Die Bezifferung der monocyclischen Terpene entspricht der von *p*-Menthan. Liegt eine exocyclische, d. h. eine vom Ring in eine Seitenkette führende Doppelbindung oder eine ganz in der Seitenkette befindliche Doppelbindung vor, so wird außer dem Anfangspunkt auch der Endpunkt

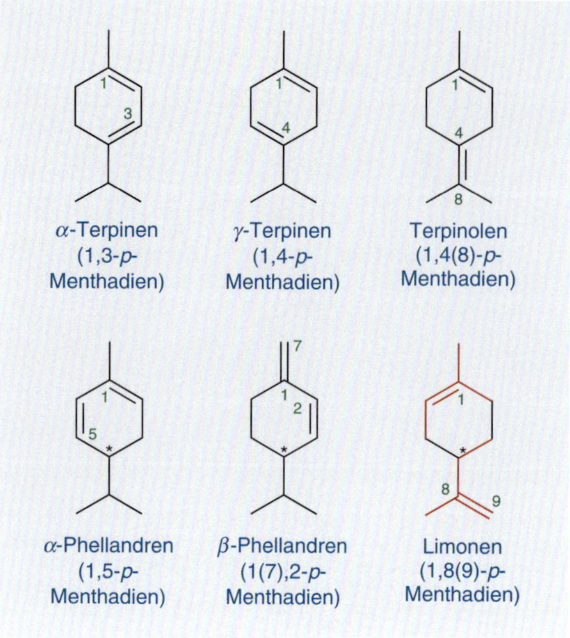


**Abb. 26.3** Auswahl wichtiger monocyclischer Terpenkohlenwasserstoffe vom Menthadien-Typ. Man beachte die in der Strukturformel von Limonen rot markierten Isopreneinheiten.

der Doppelbindung in Klammern angegeben. Vor Einführung dieser IUPAC-Nomenklatur wurden die Doppelbindungen als Exponenten hinter dem Zeichen $\Delta$ gekennzeichnet. So wurde z.B. 1,8(9)-*p*-Menthadien früher als $\Delta^{1,8(9)}$-Menthadien bezeichnet.

**(*R*)-(+)- und (*S*)-(–)-Limonen**, $C_{10}H_{16}$, sowie die Racemform **Dipenten** finden sich ebenfalls in ätherischen Ölen. (*R*)-(+)-Limonen ist in Bitterorangenschalenöl und in Kümmelöl enthalten und weist einen orangenartigen Geruch auf. (*S*)-(–)-Limonen riecht zitronenartig und kommt in Edeltannen- und Pfefferminzöl vor. Das Racemat Dipenten ist zum Beispiel ein Bestandteil von Muskatnuss- sowie von Terpentinöl.

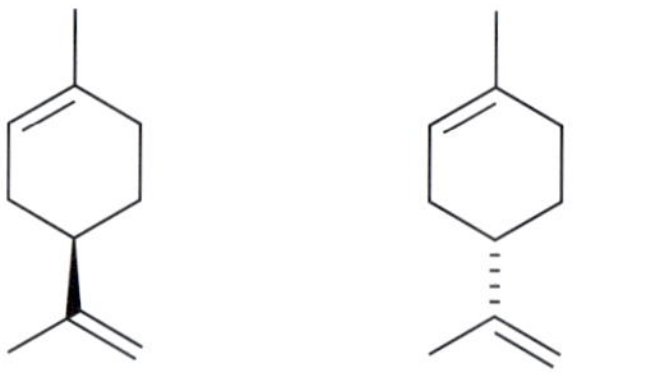

(*R*)-(+)-Limonen (*S*)-(–)-Limonen

**Menthol** (3-Menthanol, $C_{10}H_{20}O$) ist der wichtigste gesättigte **Terpenalkohol** der *p*-Menthan-Reihe. Das Molekül weist drei Chiralitätszentren auf, somit existieren acht ($2^3$) Stereoisomere, bestehend aus vier zueinander diastereomeren Enantiomerenpaaren. In der Natur kommt als Hauptbestandteil von Pfefferminzöl nur (–)-Menthol mit einem Schmelzpunkt von 43 °C vor, bei dem es sich um das (1*R*,3*R*,4*S*)-Stereoisomer handelt, bei dem alle drei Substituenten am Cyclohexanring äquatorial angeordnet sind (▸ Kap. 3.8).

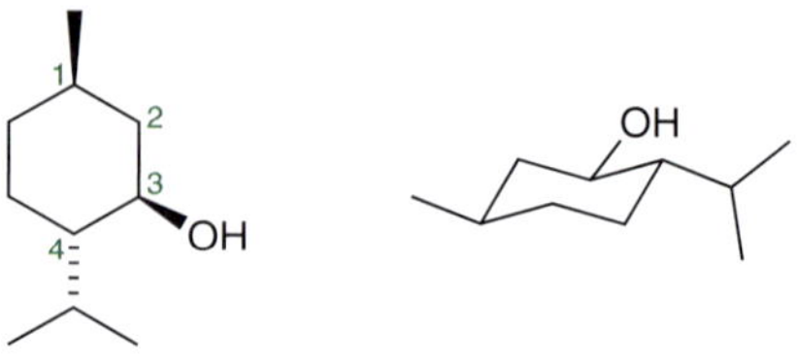

(–)-Menthol (1*R*,3*R*,4*S*)-(–)-Menthol

**α-Terpineol**, $C_{10}H_{18}O$, zählt zu den ungesättigten Alkoholen dieser Reihe. Es ist eine chirale Verbindung mit fliederartigem Duft, die sowohl in rechts- als auch in linksdrehender Form in ätherischen Ölen vorkommt, z. B. in Cardamomöl. Durch Addition von Wasser an die Doppelbindung des Terpineol entsteht **1,8-Terpin**, $C_{10}H_{20}O_2$. α-Terpineol und 1,8-Terpin werden zusammen mit weiteren Monoterpenen wie z. B. Linalool und Citronellol in der Weinanalytik zur Charakterisierung verschiedener Rebsorten genutzt (**Terpenprofile**). Das Schwefelanaloge von Terpineol, **1-*p*-Menthen-8-thiol,** ist als Aromakomponente von frischem Grapefruitsaft identifiziert worden. Der Geschmacksschwellenwert seiner Racemform in Wasser beträgt $10^{-4}$ ppb; das entspricht einer Konzentration von 1 mg in 10 000 t Wasser.

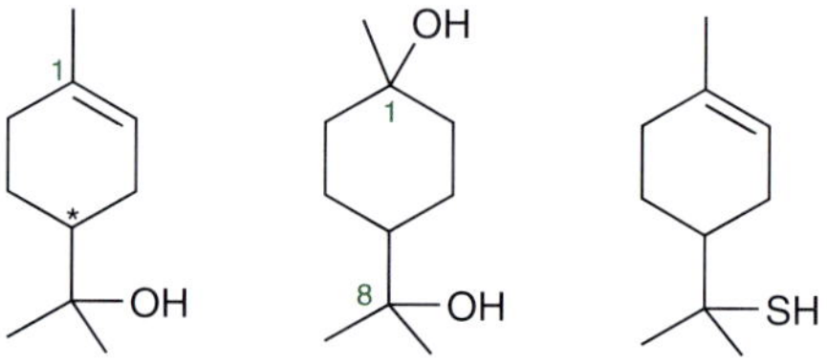

α-Terpineol 1,8-Terpin 1-*p*-Menthen-8-thiol

Der campherartig riechende, bicyclische Ether **1,8-Cineol** (Eucalyptol, $C_{10}H_{18}O$) enthält ein 2-Oxabicyclo[2.2.2]octan Ringsystem und ist der Hauptbestandteil von Eucalyptusöl aus *Eucalyptus globulus*. Er leitet sich von Terpineol durch eine formale intramolekulare Addition der OH-Gruppe an die Doppelbindung ab. Das ähnlich gebaute, bicyclische Peroxidderivat **Ascaridol** (1,4-Epidioxy-2-*p*-menthen, $C_{10}H_{16}O_2$), kommt in Chenopodiumöl vor, das aus dem Wohlriechenden Gänsefuß (*Chenopodium ambrosioides*) gewonnen wird. Es wurde früher als Anthelminthikum (Anti-Wurmmittel) gegen Askariden (Spulwürmer) eingesetzt, woher auch der Name stammt.

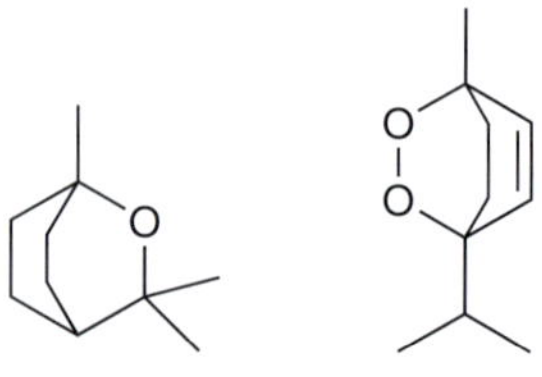

1,8-Cineol Ascaridol

Die drei wichtigsten monocyclischen **Terpenketone** (o Abb. 26.4) sind Menthon, Pulegon und Carvon. **Menthon** (*p*-Menthan-3-on, $C_{10}H_{18}O$) enthält zwei Chiralitätszentren und kommt in der Natur als (1*S*,4*R*)-(+)-Menthon in Geraniumöl und als (1*R*,4*S*)-(−)-Menthon in Pfefferminzöl vor. Es wird zudem als chiraler Baustein zur Enantiomerentrennung in der Chromatographie und für stereoselektive Synthese genutzt (▸ Exkurs: Menthon als chiraler Hilfsstoff), da beide Enantiomere heutzutage in reiner Form gut zugänglich sind.

**Pulegon**, $C_{10}H_{16}O$, ist ein ungesättigtes Keton, das in der rechtsdrehenden Form den Hauptbestandteil von Poleiöl (Poleiminze, *Mentha pulegium*) bildet. **Carvon** (6,8(9)-*p*-Menthadien-2-on, $C_{10}H_{14}O$) ist ein zweifach ungesättigtes Keton, dessen (4*S*)-(+)-Stereoisomer sich in Kümmel- und Dillöl findet und nach Kümmel riecht. Das enantiomere (4*R*)-(−)-Carvon hat dagegen einen minzartigen Duft. Beim Erhitzen mit Salzsäure auf eine Temperatur von 125 °C erfolgt Isomerisierung zum aromatischen Carvacrol (▸ Kap. 20.1.4), wodurch

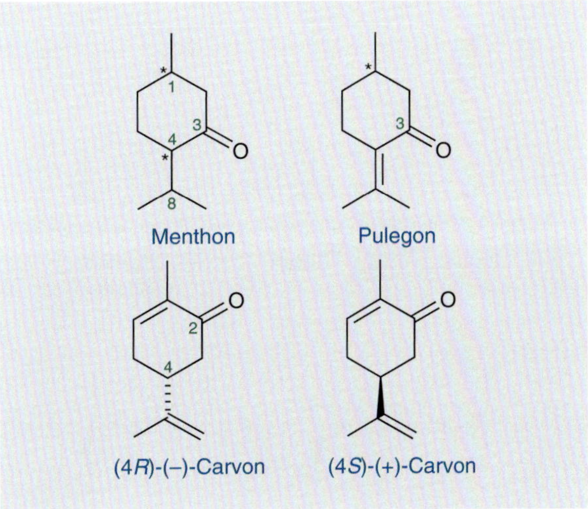


o **Abb. 26.4** Auswahl wichtiger monocyclischer Terpenketone

### Exkurs: Menthon als chiraler Hilfsstoff

Menthon ist ein wichtiger chiraler Naturstoff, dessen Enantiomere z. B. für die Herstellung **chiraler Stationärphasen** (o Abb. 26.5) für die Chromatographie (▸ Kap. 1.3.5) oder als **chirales Auxiliar** für stereoselektive Synthesen genutzt werden.

So lässt sich z. B. (−)-Menthonoxim diastereoselektiv mit Natrium in siedendem Ethanol zu (−)-Menthylamin reduzieren, das mit BOC-L-Leucin (BOC = *tert*-Butyloxycarbonyl-Schutzgruppe) unter Aktivierung durch Chlorameisensäureethylester zu L-Leucyl-(−)-*N*-menthylamid umgesetzt wird. Nach Abspaltung der Schutzgruppe durch Trifluoressigsäure (TFA) erhält man durch Umsetzung des Amids mit Methacrylchlorid ein chirales Monomer, das anschließend über die Doppelbindung des Acrylamids (▸ Kap. 15.2) mit einer geeigneten Trägermatrix verknüpft werden kann (z. B. durch Copolymerisation).

Ausgehend von Menthon bzw. Menthol leiten sich außerdem eine Reihe **chiraler Auxiliare** ab, z. B. 8-Phenylmenthol, das bei der Prostaglandinsynthese von *Corey* eine bedeutende Rolle spielt (▸ Kap. 15.2.4).

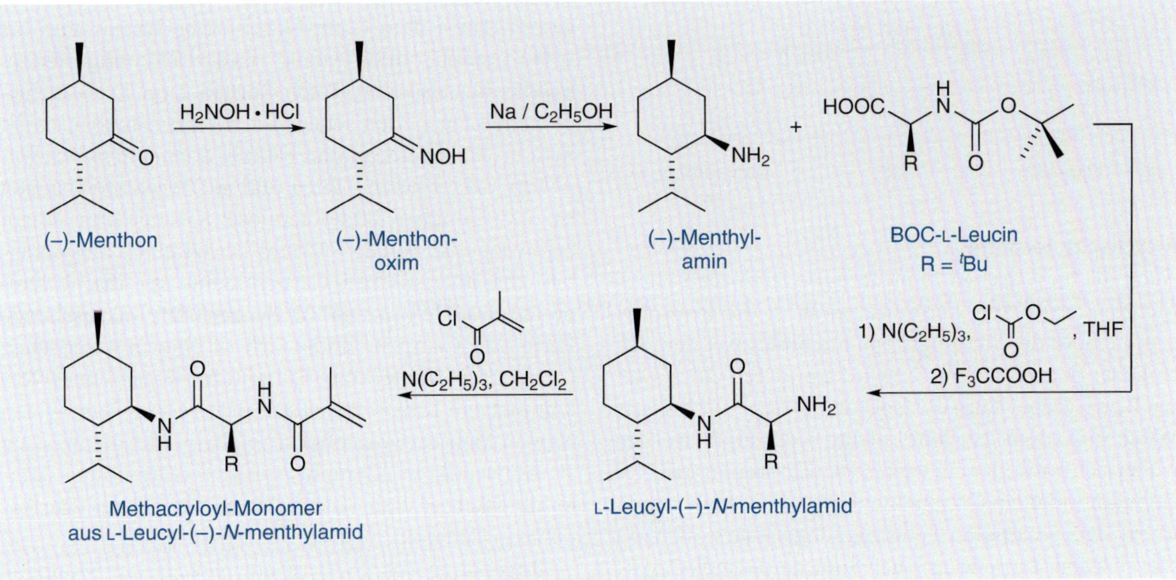


o **Abb. 26.5** Herstellung chiraler Bausteine für chirale Stationärphasen aus Menthon

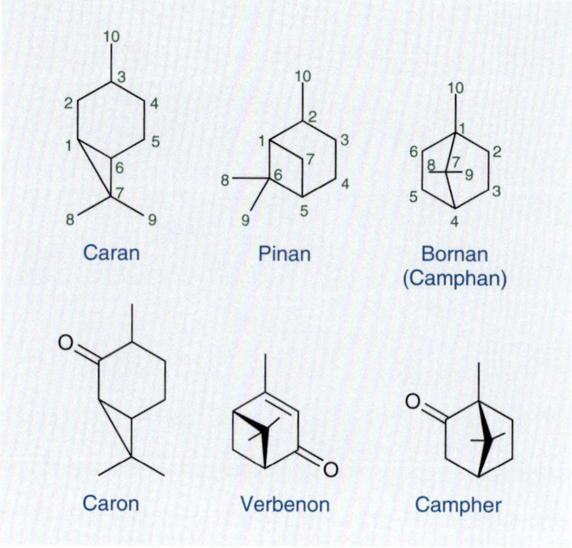


**o Abb. 26.6** Gesättigte Stammverbindungen bicyclischer Monoterpene sowie ihre wichtigsten Oxoderivate

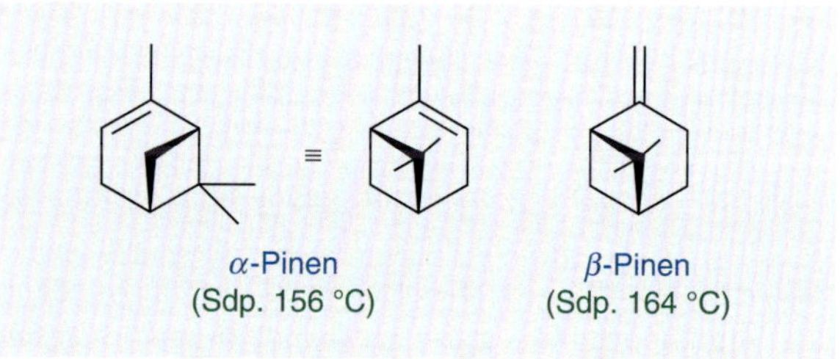


**o Abb. 26.7** α- und β-Pinen, die beiden wichtigsten Vertreter der Pinangruppe

die 2-Stellung der Ketogruppe in Carvon bewiesen wurde.

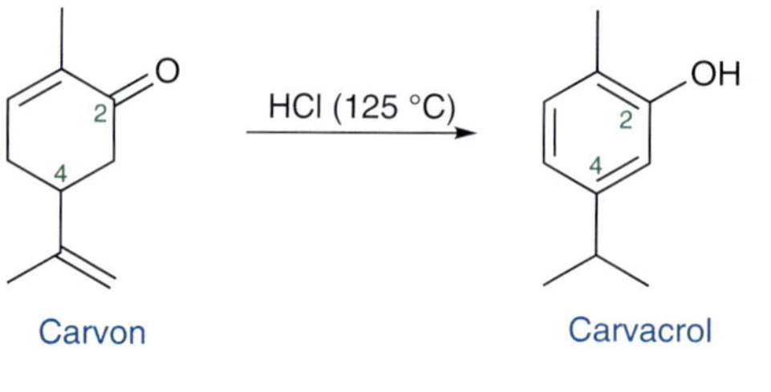


### Bicyclische Terpene

Auch die **bicyclischen Monoterpene** leiten sich von *p*-Menthan ab (o Abb. 26.6), und zwar ist die Isopropylgruppe über die Methingruppe nochmals mit dem Cyclohexanring verknüpft. Sie wird somit Teil eines zweiten Rings. Dabei kann die Isopropylgruppe auf dreierlei Weise mit dem Cyclohexanring verknüpft werden, wobei sich entweder ein weiterer Cyclopropan-, ein Cyclobutan- oder ein Cyclopentanring bildet. Man gelangt so zu den gesättigten Stammkohlenwasserstoffen der bicyclischen Terpene mit der Summenformel $C_{10}H_{18}$, **Caran**, **Pinan** und **Bornan** (früher: Camphan), die trotz ihrer scheinbaren strukturellen Unterschiede somit sämtlich nach der Isoprenregel aufgebaut sind. Die Bezifferung der C-Atome in den Formeln entspricht den IUPAC-Regeln (o Abb. 26.6).

Die wichtigste Verbindung der Carangruppe ist das optisch aktive **Caron** (Caran-2-on, $C_{10}H_{16}O$) (o Abb. 26.6), eine bei einer Temperatur von 101 °C und einem Druck von 20 hPa siedende Flüssigkeit von campherartigem Geruch. Die Hauptabkömmlinge der Pinangruppe sind die ungesättigten Kohlenwasserstoffe **α- und β-Pinen** (o Abb. 26.7). Beide sind wesentliche Bestandteile von Terpentinöl (80–90 %), wobei α-Pinen, $C_{10}H_{16}$, den überwiegenden Anteil (etwa 60 %) ausmacht. Es tritt in der Natur entweder in rechts- bzw. linksdrehender Form oder als Racemat auf. β-Pinen ist konstitutionsisomer zu α-Pinen und enthält eine exocyclische Doppelbindung. Das Terpentinöl ist wegen seines hervorragenden Lösungsvermögens für Öle und Harze ein fast unersetzbares **Lösemittel** in der Firnis- und Lackindustrie. Pinene stellen neben Isopren einen erheblichen Anteil der von Methan verschiedenen, flüchtigen, organischen Verbindungen (**NMOC**, ***non methane organic compounds***), von denen jährlich etwa $10^9$ t aus der Biosphäre in die Atmosphäre gelangen.

Die wichtigste Verbindung der Bornangruppe ist **Campher**, $C_{10}H_{16}O$, ein bicyclisches Keton (o Abb. 26.8), dessen Struktur von *Bredt* 1893 aufgeklärt wurde. Das Camphermolekül enthält zwei Chiralitätszentren, sodass man vier Stereoisomere erwarten sollte. Man findet jedoch nur ein Enantiomerenpaar, dessen Cyclopentanringe in *cis*-Stellung miteinander verknüpft sind. Für die beiden dazu diastereomeren *trans*-Formen würden sich innerhalb des Moleküls so starke Ringspannungen (▸Kap. 4) ergeben, dass sie nicht existieren. *Freudenberg* hat die absolute Konfiguration von (+)-Campher bestimmt und mit der von D-Glucose in Beziehung gesetzt. Nach dem *Cahn-Ingold-Prelog*-System sind bei D-(+)-Campher die C-Atome 1 und 4 (*R*)-konfiguriert; es handlet sich also um (1*R*,4*R*)-Bornan-2-on. Diese rechtsdrehende Form, den sogenannten Japancampher, findet man im Holz des Campherbaumes (*Cinnamomum camphora*), der in Japan, China und auf Taiwan beheimatet ist. (+)-Campher bildet farblose Kristalle mit einem Schmelzpunkt von 177 °C und besitzt einen ausgeprägten, charakteristischen Geruch. Seine spezifische Drehung beträgt $[\alpha]_D = +44°$ (in Benzen). Die linksdrehende Form von Campher findet sich in einigen ätherischen Ölen, z. B. in Mutterkrautöl, und führt wegen seines Vorkommens in Kamillenöl aus *Matricaria parthenium* den Namen Matricariacampher. Campher findet medizinisch als Antiseptikum (**Campherspiritus**) Anwendung. Weiterhin diente er früher als Weichmacher bei der Fabrikation von Celluloid.

**Borneol** (o Abb. 26.9) ist ein bicyclischer Monoterpenalkohol, der sich ebenfalls von Bornan ableitet. Es handelt sich um das Reduktionsprodukt von (+)-Campher. Es existieren vier Stereoisomere: das Enantiomerenpaar von *endo*-2-Bornanol (Borneole) sowie das diastereomere Enantiomerenpaar des *exo*-2-Bornanol (Isoborneole). (+)-Borneol, das wegen seiner Ähnlichkeit mit Campher auch Borneocampher genannt wird, kommt in den Hölzern des Campherbaumes *Dryobalanops aromatica* auf Borneo und Sumatra und in zahlreichen ätherischen Ölen, z. B. in Lavendel- und Rosmarinöl vor. Das enantiomere (−)-Borneol (Ngaicampher) kann aus Baldrian isoliert werden.

### 26.1.2 Gewinnung und Synthese

Natürlich vorkommende Monoterpene finden sich in Pflanzen, vor allem in Blüten und Früchten, seltener in Tieren (▸Kap. 26.1.1). Die Verbindungen werden meistens durch **Wasserdampfdestillation** oder durch **Extraktion** aus den zerkleinerten Pflanzenteilen als ätherische (flüchtige) Öle (engl. *essential oils*) gewonnen. Im Folgenden werden für ausgewählte Terpenverbindungen chemisch-synthetische Darstellungsverfahren vorgestellt. Häufig handelt es sich dabei um die Partialsynthese eines Terpens aus einem anderen, das in größeren Mengen aus natürlichen Quellen isoliert oder durch chemische Synthese aus einfachen Vorläufern hergestellt werden kann. Es existieren natürlich auch stereoselektive Totalsynthesen für viele Terpene, die zwar in der Regel für praktische Anwendungen keine Rolle spielen, aber z. B. zum eindeutigen Strukturbeweis wichtig waren. Auf die Darstellung solcher speziellen Totalsynthesen wird im Folgenden allerdings verzichtet.

#### Acyclische Terpene

Die zweifach ungesättigten Terpenaldehyde Citral A (**Geranial**) und B (**Neral**) können durch Oxidation aus den Alkoholen Geraniol, (*E*)-Isomer, und Nerol, (*Z*)-Isomer, dargestellt werden. Umgekehrt basiert eine großtechnische Synthese von **Geraniol** auf der Hydrierung (Reduktion) von Geranial. Aus Geraniol oder Nerol lässt sich durch partielle Hydrierung racemisches **Citronellol** synthetisieren, das aber auch durch selektive Reduktion aus Citral gewonnen werden kann (○Abb. 26.10).

Eine günstige Synthese von **Citral**, das, wie weiter unten ausgeführt, auch für die Synthese von β-Jonon und daraus nachfolgend für die Vitamin-A-Synthese (▸Kap. 26) benötigt wird, geht von Dehydrolinalool aus. Dieses kann in großem Maßstab aus 2-Methyl-5-hepten-2-on und Acetylen gewonnen werden und lässt sich mit verschiedensten Vanadium-Katalysatoren zu Citral isomerisieren (○Abb. 26.11).

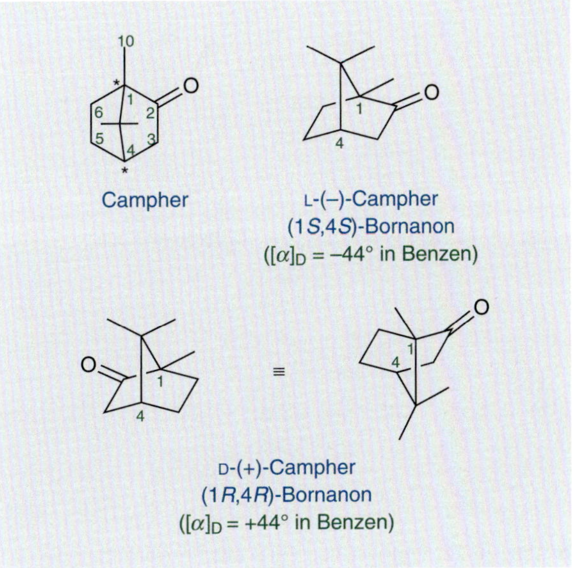


○ **Abb. 26.8** Verschiedene Formeldarstellungen der beiden Campher-Enantiomere

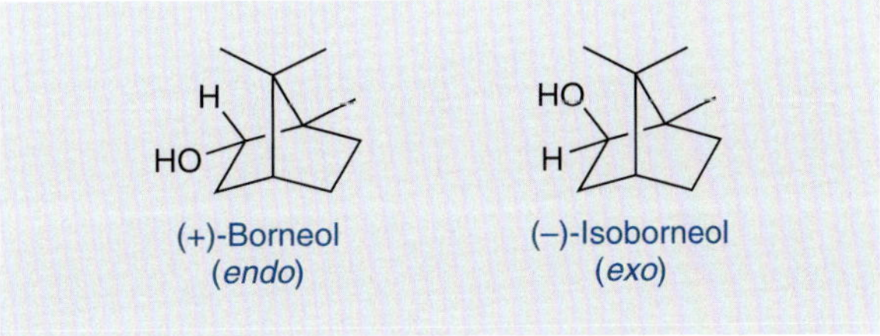


○ **Abb. 26.9** Borneol und Isoborneol, die beiden Reduktionsprodukte von (+)-Campher, zählen zu den diastereomeren bicyclischen Monoterpenalkoholen.

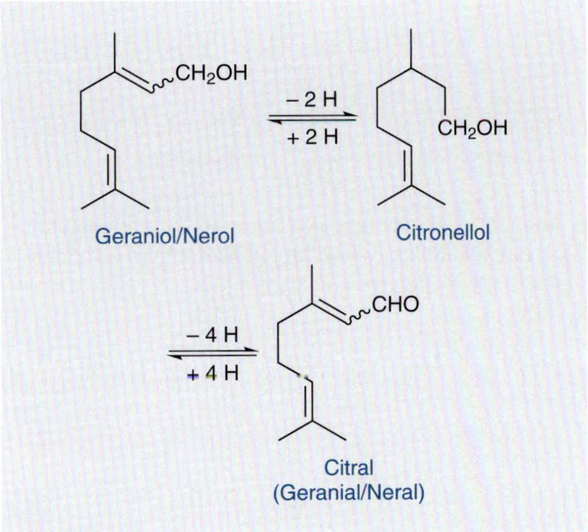


○ **Abb. 26.10** Synthese von Citronellol aus Geraniol bzw. Citral

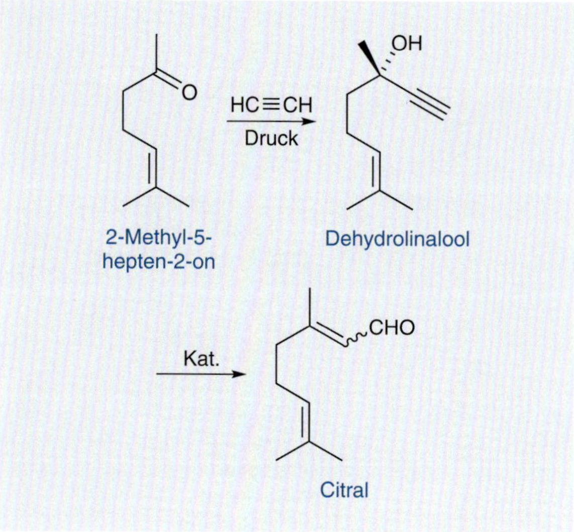


**o Abb. 26.11** Synthese von Citral aus Dehydrolinalool bzw. 2-Methyl-5-hepten-2-on

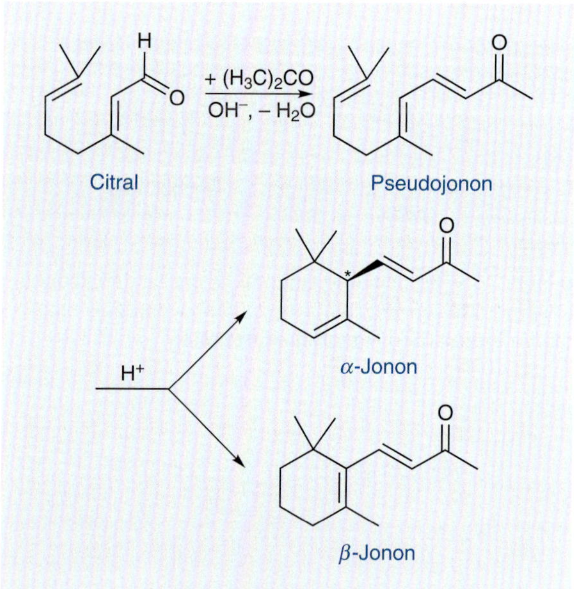


**o Abb. 26.12** Darstellung von Jononen, ausgehend von Citral durch Aldolkondensation mit Aceton und anschließendem säurekatalysiertem Ringschluss

Beim Erhitzen von Geraniol mit Alkoholaten erfolgt eine (*E*/*Z*)-Isomerisierung zu Nerol.

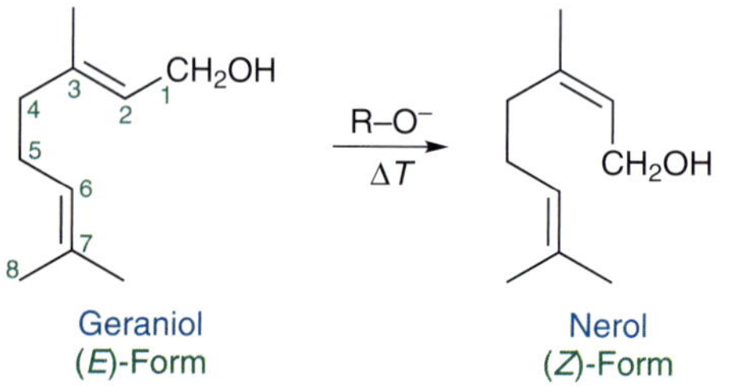


Bei der Aldol-Kondensation von Citral mit Aceton im alkalischen Medium entsteht **Pseudojonon**, $C_{13}H_{20}O$, das beim Erhitzen mit Säuren unter Ringschluss in $\alpha$- und $\beta$-Jonon übergeht (o Abb. 26.12). Konzentrierte Schwefelsäure ergibt fast ausschließlich $\beta$-Jonon, das als Zwischenprodukt für die Vitamin-A-Synthese (▸Kap. 26.2) wichtig ist, wohingegen 85%ige Phosphorsäure $\alpha$-Jonon in 80%iger Reinheit liefert. Im technischen Maßstab können Jonone auch als Isomerengemisch synthetisiert und durch fraktionierende Destillation getrennt werden.

## Monocyclische Terpene

***p*-Menthan** als Stammverbindung der monocyclischen Terpene lässt sich durch katalytische Hydrierung von *p*-Cymol darstellen.

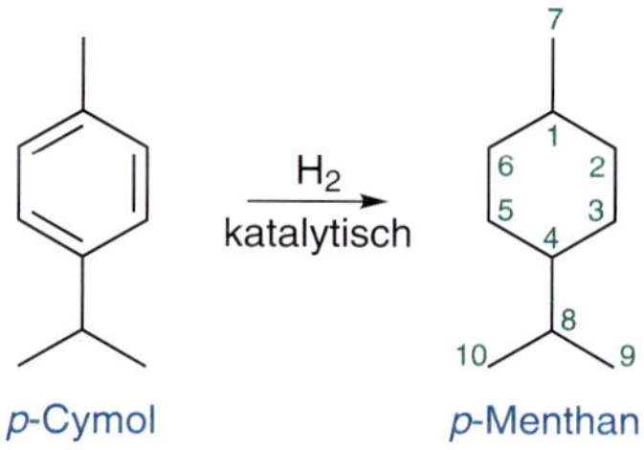


Das Racemat **Dipenten**, bestehend aus den Terpenkohlenwasserstoffen (*R*)-(+)- und (*S*)-(−)-Limonen, ist durch Dimerisierung von Isopren in einer *Diels-Alder*-Reaktion darstellbar.

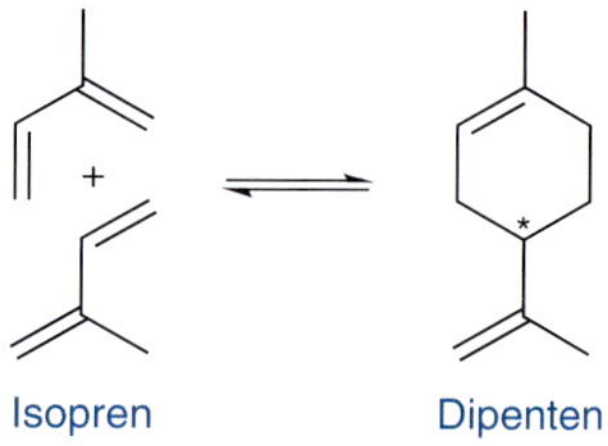


**Racemisches Menthol** kann durch katalytische Hydrierung von Thymol (Isopropylmethylphenol), das in Thymianöl enthalten ist, oder von Pulegon hergestellt werden.

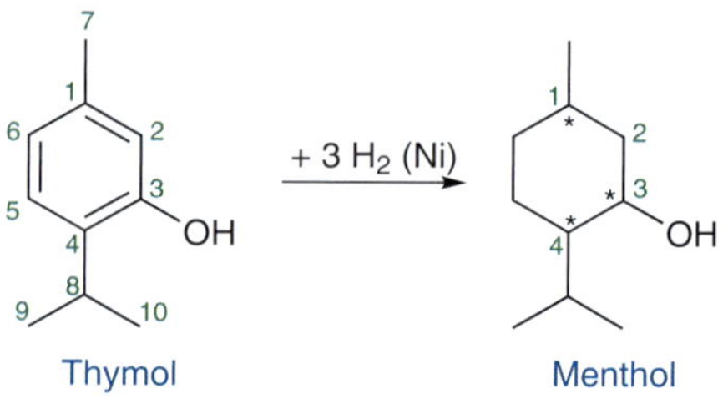


(−)-**Menthol** gewinnt man technisch durch den ***Takasago*-Menthol-Prozess** (o Abb. 26.13) aus Myrcen, das zunächst mit Lithium und Diethylamin funktionali-

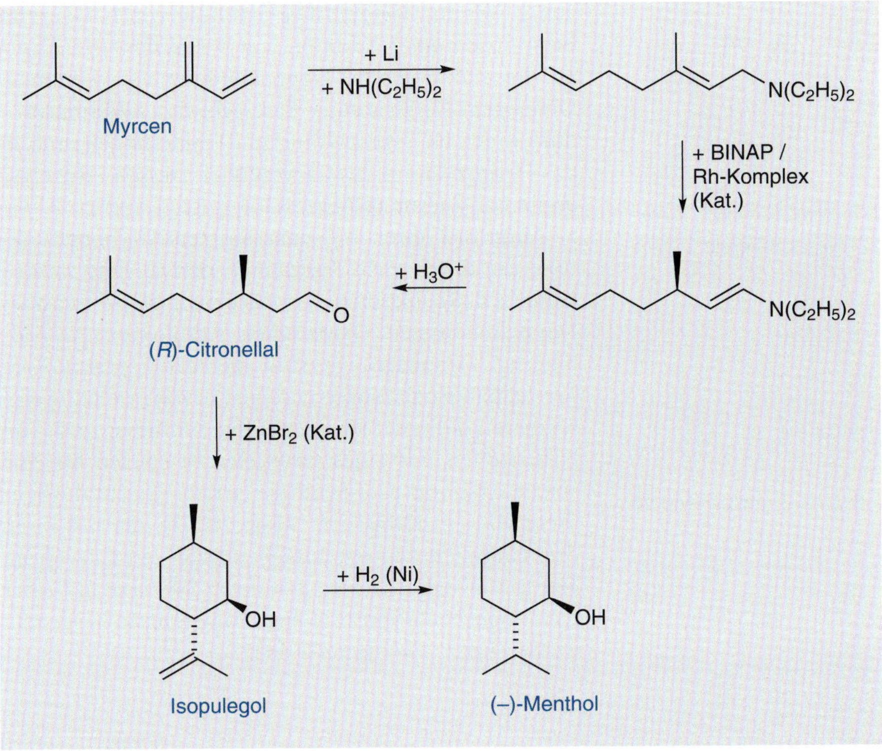


**Abb. 26.13** Technische (–)-Menthol-Synthese (*Takasago*-Menthol-Prozess)

siert wird. Das resultierende Allylamin wird mithilfe eines chiralen BINAP-Rhodium-Komplexes (BINAP = 2,2'-bis(diphenylphosphino)-1,1'-binaphtyl) (*Noyori*) stereoselektiv zum entsprechenden Enamin isomerisiert und dieses zum enantiomerenreinen (*R*)-Citronellal hydrolysiert. Der Aldehyd wird in einer Carbonyl-En-Reaktion mit $ZnBr_2$ zu Isopulegol cyclisiert. Durch anschließende katalytische Hydrierung der Doppelbindung erhält man (–)-Menthol. Auf diesem Weg werden einige Tausend Tonnen enantiomerenreines (–)-Menthol (ca. 94 % ee) pro Jahr großtechnisch hergestellt.

**α-Terpineol** zählt zu den ungesättigten Alkoholen der *p*-Menthan-Reihe und ist das Dehydratisierungsprodukt von 1,8-Terpin (Abb. 26.14). Umgekehrt kann **1,8-Terpin** durch Schütteln von *α*-Terpineol mit verdünnter Schwefelsäure durch eine Wasseraddition erhalten werden. Ein weiteres Dehydratisierungsprodukt von 1,8-Terpin ist das campherartig riechende **1,8-Cineol** (Eucalyptol, $C_{10}H_{18}O$), der Hauptbestandteil von Eucalyptusöl aus *Eucalyptus globulus*. Es entsteht aus 1,8-Terpin durch Erhitzen mit verdünnten Mineralsäuren unter intramolekularem Wasseraustritt (Abb. 26.14).

Das verwandte bicyclische Peroxid-Derivat **Ascaridol** konnte aus *α*-Terpinen und Sauerstoff unter der photosensibilisierenden Wirkung von Chlorophyll synthetisiert werden (*G. O. Schenck* 1953) (Abb. 26.15). Diese **Photooxidation** oder Photooxygenierung erfolgt durch **Singulettsauerstoff**, der durch photochemische Anregung aus dem „normalen" Triplettsauerstoff entsteht und analog zur *Diels-Alder*-Reaktion in einer [4+2]-Cycloaddition mit dem Diensystem von *α*-Terpinen reagiert. Die Konkurrenzreaktion des Singulettsauerstoffs mit einem der beiden allylischen Wasserstoffe führt bei dieser Photooxidation zu einem Gemisch aus racemischen Hydroperoxiden als Nebenprodukten. Für die beiden konkurrierenden Reaktionen ist der skizzierte, gemeinsame Übergangszustand (I) für die Cycloaddition zum Endoperoxid und die En-Reaktion zum Hydroperoxid vorgeschlagen worden.

Das monocyclische Terpenketon **Menthon** kann durch Oxidation von Menthol mit Chromsäure dargestellt werden.

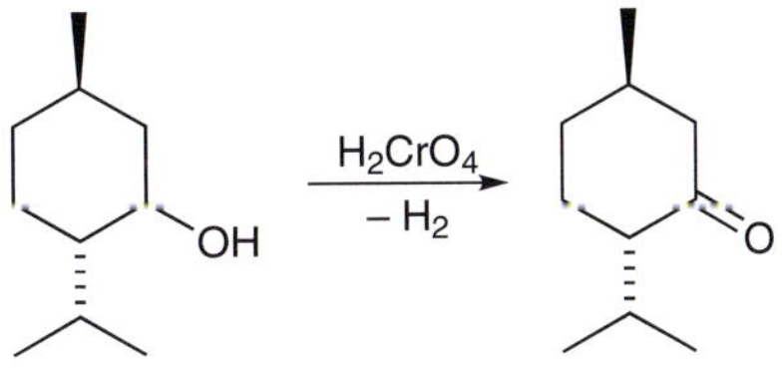


(*R*)-(–)-Carvon, das in viel größeren Mengen produziert wird als sein Enantiomer, kann aus (*R*)-(+)-Limonen dargestellt werden. Dieses wiederum kann aus Orangenschalen, die bei der Herstellung von Orangensaft in großem Maßstab anfallen, leicht in großen Men-

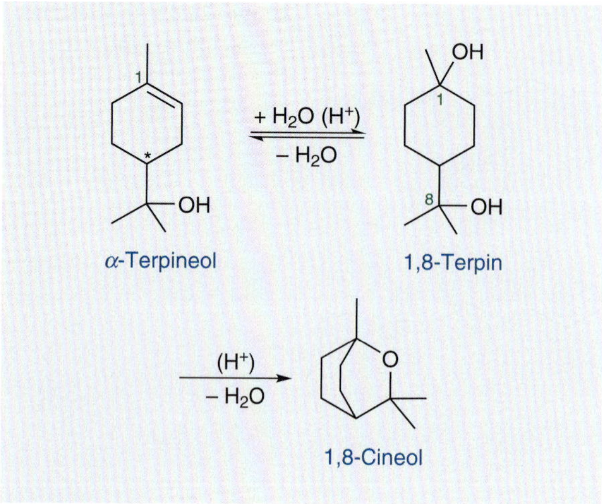


**o Abb. 26.14** Darstellung von 1,8-Cineol, ausgehend von α-Terpineol

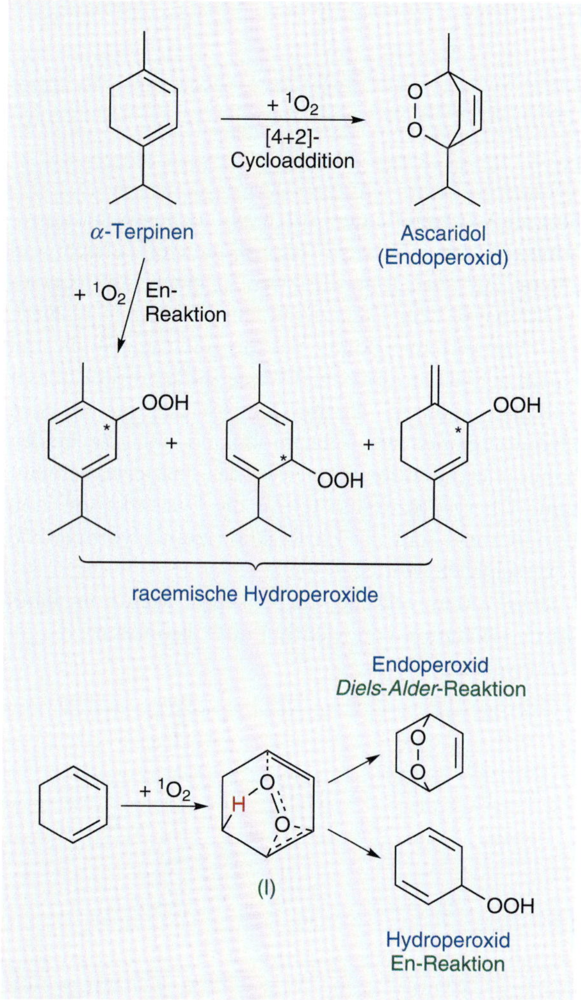


**o Abb. 26.15** Ascaridol-Darstellung durch Umsetzung von α-Terpinen mit photochemisch erzeugtem Singulettsauerstoff (oben) sowie die Entstehung der Nebenprodukte in einer En-Reaktion. Beide Reaktionen verlaufen über einen postulierten gemeinsamen Übergangszustand (I) (unten).

gen gewonnen werden. Die Synthese von (–)-Carvon beginnt mit einer Addition von Nitrosylchlorid NOCl an die endocyclische Doppelbindung von Limonen. Unter dem Einfluss einer Base geht das Additionsprodukt unter HCl-Abspaltung und Tautomerisierung in das Hydroxylamin des Carvon über. Dessen Hydrolyse ergibt (–)-Carvon (o Abb. 26.16).

Aufgrund ihrer α,β-ungesättigten Carbonylfunktion, die durch viele Reaktionen derivatisiert werden kann (z. B. Reduktionen von Carbonylgruppe und/oder Doppelbindungen, Oxidationen, Additionen, Peroxidbildung, Ozonisierung), sind die relativ preisgünstig herstellbaren enantiomerenreine Carvone vielfältig einsetzbare Edukte für stereoselektive Synthesen, z. B. von Naturstoffen. Als eines von vielen Beispielen für eine solche *Ex-chiral-pool*-Synthese (▸Kap. 3) steht die Synthese von (–)-Kainsäure (▸Kap. 28.1.3), die mit ihren drei Chiralitätszentren ausgehend von (+)-Carvon im 100-g-Maßstab in einer 13-stufigen Synthese mit einer Gesamtausbeute von 10 % enantiomerenrein hergestellt werden kann (*Fukuyama* 2011).

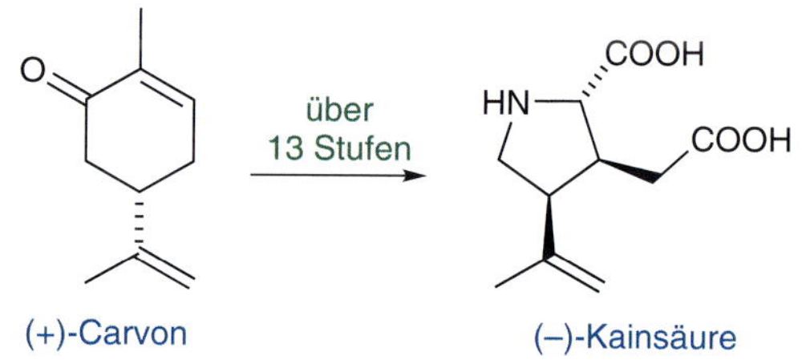


## Bicyclische Terpene

Die wichtigste Verbindung der Carangruppe (o Abb. 26.6) ist das optisch aktive **Caron** das aus Dihydrocarvon (8(9)-*p*-Menthen-2-on) nach Addition von Bromwasserstoffsäure und anschließender Umsetzung mit alkoholischem Kaliumhydroxid darstellbar ist (o Abb. 26.17). Dihydrocarvon ist durch Epoxidierung mit anschließender Umlagerung aus Limonen zugänglich. Der Caron-Dreiring wird leicht gespalten, z. B. lagert sich Caron beim Erhitzen in das beständigere Carvenon (3-*p*-Menthen-2-on) um.

**Terpentinöl** mit seinen Hauptbestandteilen α-und β-Pinen (80–90 %) wird durch Wasserdampfdestillation aus dem Harzsaft verschiedener Pinusarten (lat. *pinus* = Kiefer) gewonnen (o Abb. 26.18). Die natürlichen Harze sind ein kompliziertes Gemisch verschiedener alicyclischer Verbindungen. Der nicht destillierbare Rückstand der Harze, das **Kolophonium** (*Colophonium*), besteht fast ausschließlich aus sogenannten Harzsäuren.

Bei der Einwirkung verdünnter Mineralsäuren auf α-Pinen wird der Vierring gespalten und man erhält α-Terpineol bzw. dessen Additionsprodukt mit Wasser, 1,8-Terpin (▸Kap. 26).

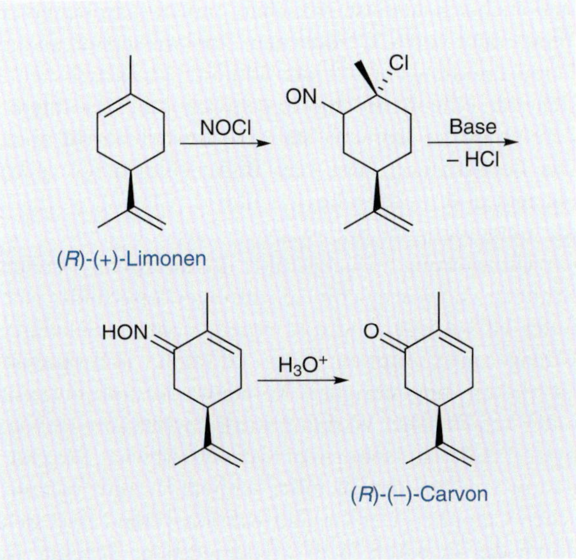


○ **Abb. 26.16** Synthese von (–)-Carvon aus (+)-Limonen

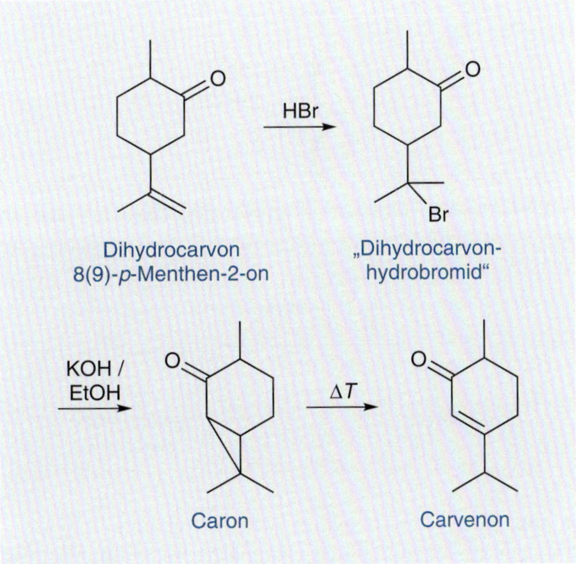


○ **Abb. 26.17** Darstellung von Caron bzw. Carvenon aus Dihydrocarvon

○ **Abb. 26.18** Aus der Kiefer, *Pinus* sp. (A), wird Harzsaft gewonnen (B), aus dem durch Wasserdampfdestillation Terpentinöl und der sich dabei bildende harzige Rückstand Kolophonium (C) isoliert werden.

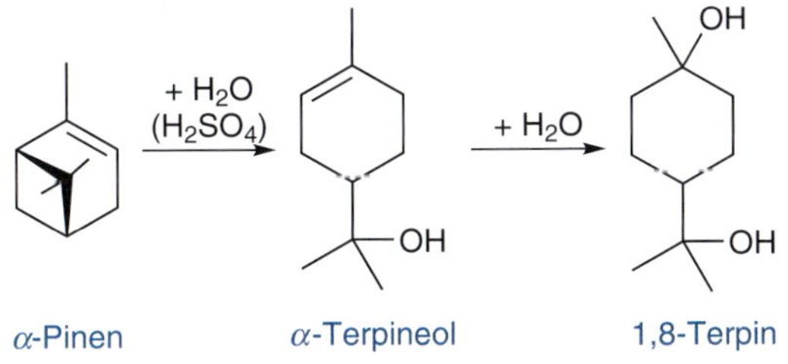


Durch Hydroborierung von α-Pinen erhält man z. B. (+)-(1*R*,2*S*,3*R*,5*S*)-Diisopinocamphenylboran ($Ipc_2BH$) (○ Abb. 26.19), das vorwiegend als Tetramethylethylendiamin-Addukt zur **asymmetrischen Hydroborierung** von Alkenen verwendet wird (▸ Kap. 10.5.3).

Eine weitere Reaktion von α-Pinen ist die mit wasserfreien Mineralsäuren, die zur Bildung von Campher führt (○ Abb. 26.20).

Die wichtigste Verbindung der Bornangruppe (○ Abb. 26.8) ist das bicyclische Keton **Campher**. Da die Verbindung früher als Weichmacher bei der Fabrikation von Celluloid diente und der natürliche Campher den Bedarf nicht decken konnte, kam der technischen Synthese von racemischem Campher große Bedeutung zu. Das als Ausgangsstoff verwendete α-Pinen lagert sich in Gegenwart von Titandioxidhydrat als milde *Lewis*-Säure bei 177 °C in Camphen um (○ Abb. 26.20). Die dabei auftretenden *Wagner-Meerwein*-Umlagerungen (▸ Kap. 12.2.3) von bicyclischen Terpenen lassen

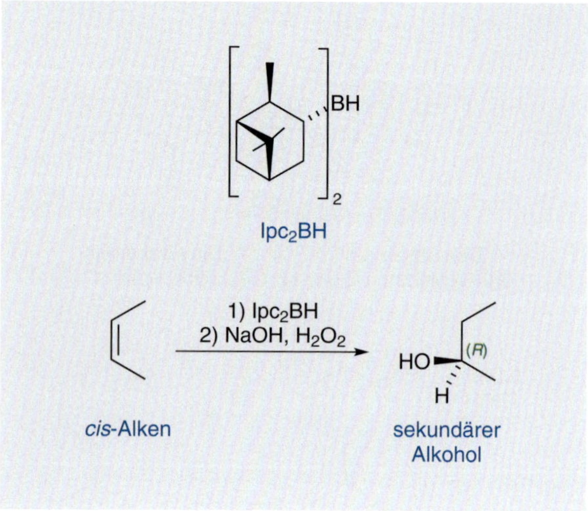


**Abb. 26.19** Stereoselektive Synthese sekundärer Alkohole aus *cis*-Alkenen durch asymmetrische Hydroborierung mit $Ipc_2BH$ und nachfolgende Oxidation

sich auch schrittweise erreichen, indem man bei einer Temperatur von 0 °C trockenen Chlorwasserstoff an die Doppelbindung von $\alpha$-Pinen addiert. Das zunächst entstehende Pinenhydrochlorid geht schon bei Raumtemperatur in das isomere, stabilere **Bornylchlorid** über. Die Beobachtung, dass hier Bornylchlorid (Cl *endo*) entsteht und nicht **Isobornylchlorid** (Cl *exo*), wird auf die Beteiligung nichtklassischer Carboniumionen bei der Umlagerung zurückgeführt. Beim anschließenden Erhitzen von Bornylchlorid mit einer Base bildet sich unter HCl-Abspaltung und erneuter intramolekularer Umlagerung **Camphen**. Durch Addition von Essigsäure an diesen ungesättigten Kohlenwasserstoff entsteht unter katalytischer Wirkung von Schwefelsäure Isobornylacetat, das zu **Isoborneol** hydrolysiert wird. Die Oxidation von Isoborneol führt schließlich zum racemischen Campher. Der Gesamtreaktionsverlauf lässt sich durch das in Abb.26.20 wiedergegebene Schema, in dem die drei *Wagner-Meerwein*-Umlagerungen durch

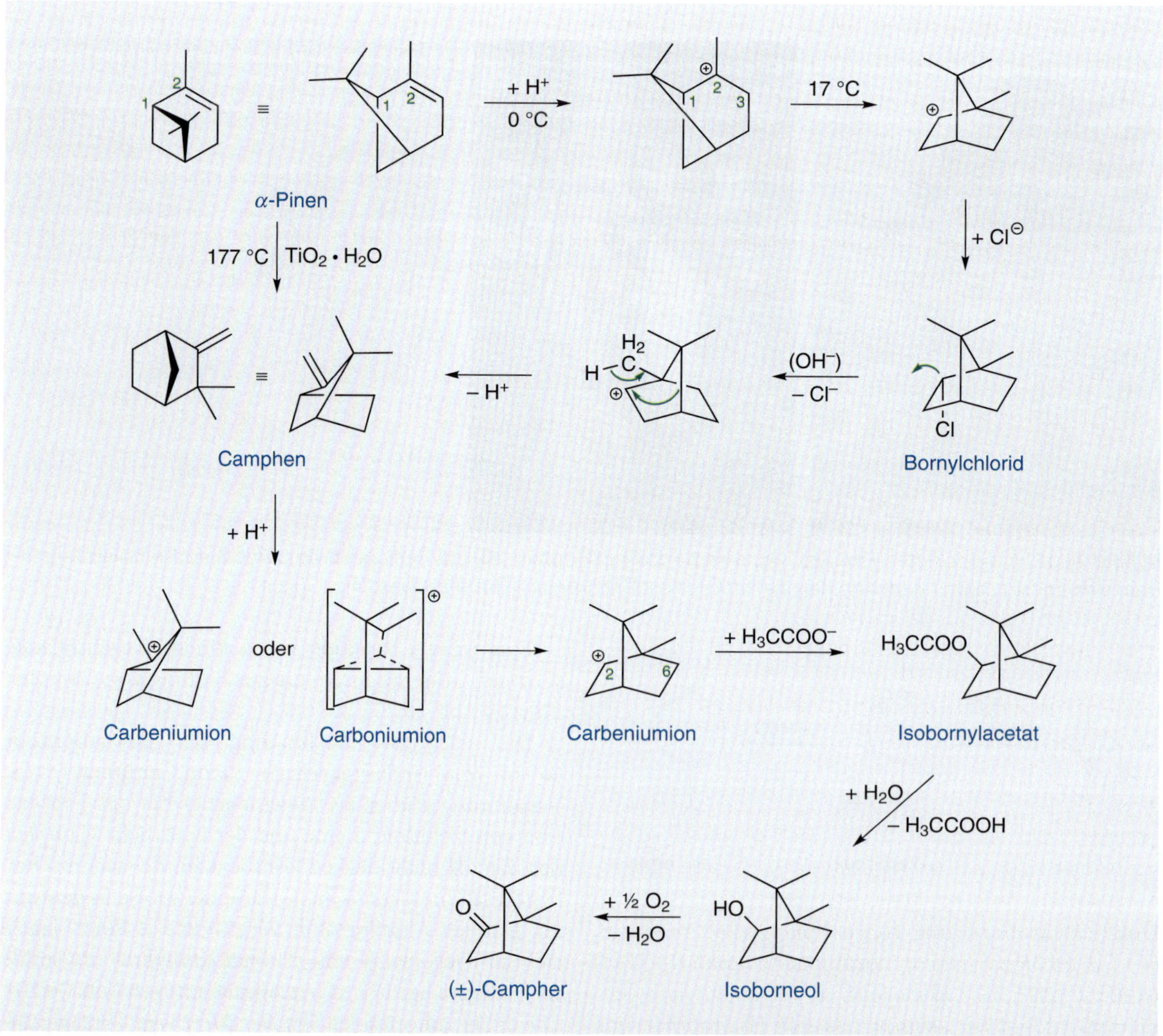


**Abb. 26.20** Reaktionsmechanismus der technischen Synthese von racemischem Campher, ausgehend von $\alpha$-Pinen. *Hinweis:* Dem Leser wird empfohlen, die formulierten Umlagerungen mithilfe von Molekülmodellen nachzuvollziehen.

gebogene Pfeile (grün markiert) angedeutet werden, veranschaulichen. Zur besseren Übersicht enthält das Formelschema überwiegend klassische Carbenium-Ionen. Allerdings verlaufen die Umlagerungen in diesen bicyclischen Systemen über nichtklassische Carbonium-Ionen, bei denen die positive Ladung über mehrere C-Atome verteilt ist. Ohne die Beteiligung solcher nichtklassischen Carbonium-Ionen kann, wie oben schon erwähnt, z. B. auch der stereochemische Verlauf der Reaktionen nicht vernünftig erklärt werden.

Die Ketogruppe von Campher lässt sich mit den üblichen Reagenzien (▸Kap. 2, ▸Kap. 12) nachweisen, z. B. mit Hydroxylamin, Phenylhydrazin usw. Bei ihrer Reduktion zur sekundären Alkoholgruppe entsteht ein drittes Chiralitätszentrum. Somit erhält man aus (+)-Campher zwei stereoisomere sekundäre Alkohole, nämlich (+)-**Borneol** und in geringerer Menge (–)-**Isoborneol**, die die OH-Gruppe entweder in der *endo*- oder in der *exo*-Stellung aufweisen (o Abb. 26.9).

Die in Nachbarstellung zur Campher-Ketogruppe befindliche Methylengruppe ist CH-acide und damit besonders reaktionsfähig. Sie liefert z. B. bei der Einwirkung von Isoamylnitrit und Natriumalkoholat den Isonitrosocampher (3-Hydroxyiminocampher), aus dem durch Hydrolyse das goldgelbe (+)-**Campherchinon**, ein 2,3-Diketon des Camphan mit einer Schmelztemperatur von 198 °C, darstellbar ist.

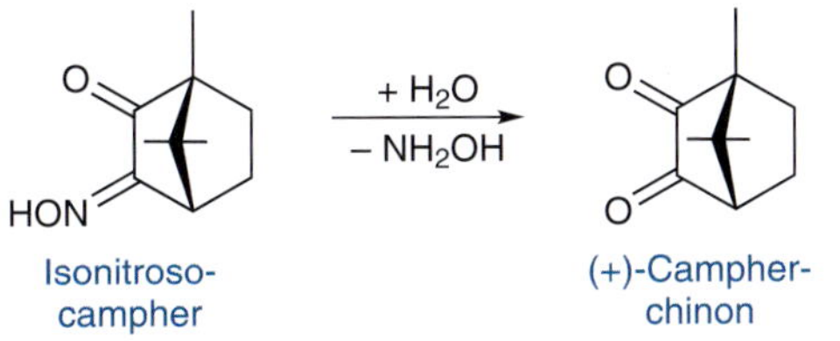


Die Bromierung von (+)-Campher bei einer Temperatur von 100 °C führt zu 3-Bromcampher, der beim Erwärmen mit Schwefelsäure und Acetanhydrid in (+)-3-Bromcampher-10-sulfonsäure übergeht (o Abb. 26.21, oben). Bei der Sulfonierung von (+)-Campher mit Schwefelsäure in Acetanhydrid entsteht (*S*)-(+)-Campher-10-sulfonsäure mit einer Schmelztemperatur von 194 °C und einem Drehwert von $[\alpha]_D = +24°$ (in Wasser). Diese leicht zugänglichen, optisch aktiven Säuren werden häufig zur **Racematspaltung optisch aktiver Basen** in ihre Enantiomere verwendet (▸Kap. 3). Der oxidative Abbau von Campher mit Salpetersäure führt unter Ringöffnung zu **Camphersäure**, die zwei Chiralitätszentren enthält und von der im Gegensatz zu Campher alle vier Stereoisomere existieren (o Abb. 26.21, unten). Im ersten Enantiomerenpaar, das aus (+)- und (–)-Camphersäure besteht, sind die beiden Carboxygruppen *cis*-ständig angeordnet. Sie bilden daher unter Wasserabspaltung leicht ein Anhydrid. Im anderen Enantiomerenpaar, das von

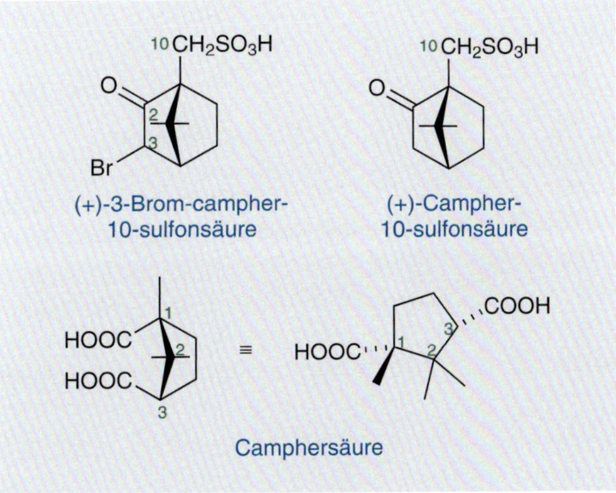


o **Abb. 26.21** Umsetzungsprodukte von Campher nach der Reaktion mit starken Mineralsäuren

(+)- und (–)-Isocamphersäure gebildet wird, befinden sich die Carboxygruppen in *trans*-Stellung. Da in den Camphersäuren nur ein Cyclopentanring vorliegt, sind die *trans*-Formen (Isocamphersäuren) sterisch weniger eingeschränkt und somit stabiler. Wie bei Menthol leiten sich auch von Campher einige wichtige chirale Auxiliare für stereoselektive Synthesen ab (*Helmchen*, *Oppolzer*, *Evans*).

## 26.2 Terpene aus drei bis acht Isopreneinheiten

### 26.2.1 Struktur und Eigenschaften

Neben den Monoterpenen mit einem $C_{10}$-Baustein, die aus zwei Isopren-Einheiten ($C_5$-Baustein) aufgebaut sind, treten in ätherischen Ölen, Harzen und anderen Pflanzenteilen auch Verbindungen auf, die aus drei und mehr Isoprenbausteinen aufgebaut sind. Innerhalb dieser Stoffklasse unterscheidet man je nach der Anzahl der Isoprenbausteine:

- **Sesquiterpene** (1,5-fache Terpene, $C_{15}$) aus drei,
- **Diterpene** ($C_{20}$) aus vier,
- **Sesterterpene** ($C_{25}$), aus fünf,
- **Triterpene** ($C_{30}$), aus sechs,
- **Tetraterpene** ($C_{40}$), aus acht Isopren-Einheiten, und
- **hochmolekulare Polyprene** aus mehr als acht Isopreneinheiten, $[C_5(H)]_n$, zu denen Naturkautschuk und Guttapercha gehören.

Die Grundbausteine der einzelnen Terpenklassen entstehen wiederum durch [1+4]- bzw. Kopf-Schwanz-Verknüpfungen (K-S) von Isopreneinheiten (o Abb. 26.1), während die Dimerisierungen dieser Grundbausteine über eine [4+4]- bzw. Schwanz-Schwanz-Verknüpfung (S-S) verlaufen (o Abb. 26.22). Farnesyldiphosphat kann somit als Grundbaustein der höheren

26

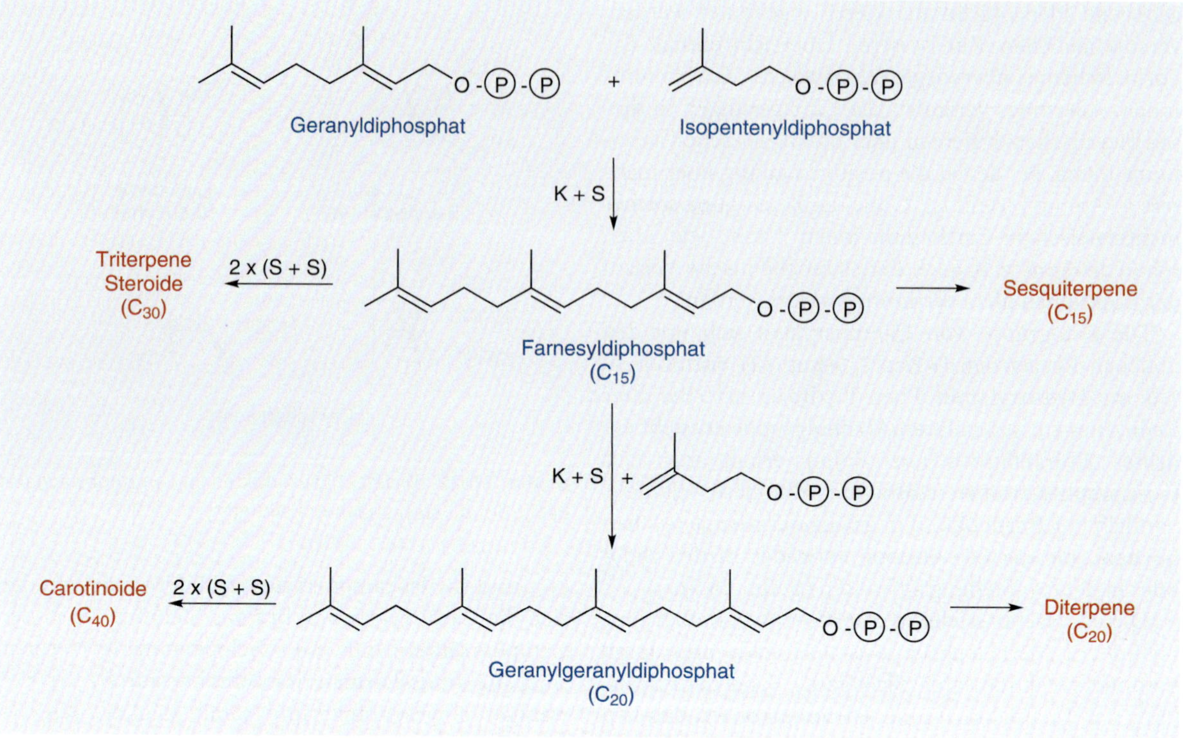


**Abb. 26.22** Schematischer biosynthetischer Aufbau von einzelnen Terpenklassen

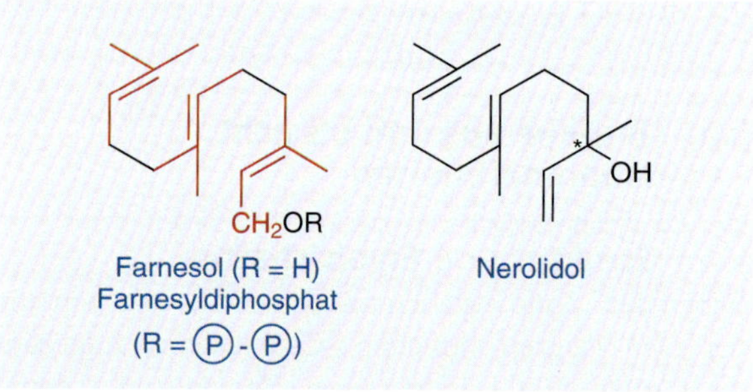


**Abb. 26.23** Farnesol und Nerolidol, zwei wichtige acyclische Sesquiterpenalkohole. Die Isopreneinheiten sind in Farnesol rot markiert. Nerolidol besitzt ein Chiralitätszentrum (*).

Terpene mit n = 3–8 Isopreneinheiten, aber auch der in ▸Kap. 26.3 behandelten hochmolekularen Polyterpene $[C_5(H)]_n$ angesehen werden.

Außer den ungesättigten Kohlenwasserstoffen kommen wie schon bei den Monoterpenen in der Natur auch deren Hydrierungs- und Dehydrierungsprodukte sowie sauerstoffhaltige Abkömmlinge vor. Außerdem finden sich Verbindungen, die durch sekundären Abbau der primär auftretenden Polyprene (Polyterpene) entstanden sind und deren Zusammensetzung daher nicht mehr der eines mehrfachen Isoprens bzw. Terpens entspricht. Wie bei den Monoterpenen unterscheidet man bei den höheren Terpenen zwischen acyclischen und (poly)cyclischen Vertretern. Viele der höheren Terpenabkömmlinge sind Pflanzenhormone, Farbstoffe oder Duftstoffe. Im Folgenden wird nur auf die wichtigsten Vertreter bzw. deren Abkömmlinge eingegangen.

## Sesquiterpene

Wie bei den einfachen Terpenen kann die Verknüpfung von drei Isoprenmolekülen zu einem Sesquiterpen mit 15 C-Atomen entweder unter Bildung von offenen Kohlenstoffketten oder von Ringsystemen erfolgen. Von Letzteren sind drei Typen bekannt, nämlich **mono-**, **bi-** und **tricyclische Sesquiterpene**. Die Konstitutionsaufklärung vieler cyclischer Sesquiterpene ist insbesondere *Ruzicka* zu verdanken. Die Größe der einzelnen Ringe variiert dabei sehr stark. Neben kleinen Ringen, gibt es auch Sesquiterpene mit 9-, 10- und 11-gliedrigen Kohlenstoffringen. Die wichtigsten Vertreter der Reihe der acyclischen Sesquiterpene sind die beiden Sesquiterpenalkohole Farnesol und Nerolidol mit der Summenformel $C_{15}H_{26}O$ (Abb. 26.23). Beide Alkohole enthalten drei C=C-Doppelbindungen. **Farnesol** wird wegen seines angenehmen, maiglöckchenartigen Duftes als Riechstoff verwendet. **Nerolidol**, der Hauptbestandteil von Cabreuvaöl, das aus dem Holz des tropischen Baumes *Myrocarpus fastigiatus* gewonnen wird, unterscheidet sich von Farnesol durch die Stellung einer C=C-Doppelbindung und der OH-Gruppe. Es besitzt ein Chiralitätszentrum und liegt wie das Farnesol zudem als (*E*/*Z*)-Gemisch vor. Der Aufbau dieser Alkohole nach der Isoprenregel wird durch die periodische Wiederkehr der Methylgruppen nach je drei C-Atomen deutlich. Beide Alkohole, Farnesol und Nerolidol, stehen zueinander im gleichen Isomerie-Verhältnis wie Geraniol und Linalool, es sind Konstitutionsisomere (▸Kap. 26.1.1, ○Abb. 26.2). Wie schon erwähnt fungiert **Farnesyldiphosphat** (Farnesylpyrophosphat) im Organismus als reaktive Zwischenstufe bei einer Reihe wichtiger Biosynthesen (▸Kap. 20.4.3).

Zur Stoffklasse der monocyclischen Sesquiterpene zählt der Kohlenwasserstoff **Bisabolen**, $C_{15}H_{24}$, der sich in Zitronen- und Fichtennadelöl findet (○Abb. 26.24). Beispiele für bicyclische Sesquiterpene, $C_{15}H_{24}$, sind **Cadinen**, das Bestandteil des aus *Juniperus oxycedrus* (Wacholder) extrahierten Cadeöls ist, und **β-Selinen**, welches in Sellerieöl vorkommt. In dieser Reihe gibt es auch Verbindungen mit einem Spirangerüst, z. B. (*S*)-(–)-**α-Chamigren**, das im ätherischen Öl der Blätter von *Chamapestris taiwanensis Masam* vorkommt. **Bisabolol** ist ein Sesquiterpenalkohol, der (formal) durch Anlagerung von $H_2O$ an Bisabolen entsteht. Bisabolole findet man vor allem in Kamillenblütenöl und in Bergamotteöl.

Von Bisabolen leitet sich (+)-**Hernandulcin** (○Abb. 26.25) ab, ein monocyclisches Sesquiterpen und natürlicher Süßstoff aus der mexikanischen Pflanze *Lippia dulcis Trev.*, dessen Süßkraft etwa 1 000-mal stärker ist als die der Saccharose, das aber auch einen bitteren Nachgeschmack hat (▸Kap. 17). (+)-**Abscisinsäure** (ABA, (*S*)-5-(1-Hydroxy-2,6,6-tri-methyl-4-oxo-2-cyclohexenyl)-3-methyl-(*Z,E*)-2,4-pentadiensäure, ○Abb. 26.25) ist ein weit verbreitetes Phytohormon und wirkt in Pflanzen als Antagonist verschiedener Phytohormone wie Auxinen, Gibberellinen und Zytokininen. Es inhibiert Wachstum und Samenkeimung, induziert die Samenruhe und fördert den Blatt- und Fruchtabfall (engl. *abscission*). Dementsprechend finden sich relativ große Mengen der Verbindung in Früchten, ruhenden Samen, Knospen und welkenden Blättern. Abscisinsäure ist allgemein als Stresshormon bei Kälte, Trockenheit oder Versalzung wirksam. Die Kristalle schmelzen bei einer Temperatur von 161–165 °C, die spezifische Drehung beträgt $[\alpha]_D^{20} = +411{,}1°$ (in Ethanol).

Auch die blauen bis violetten **Azulene**, $C_{15}H_{18}$, weisen eine bicyclische Sesquiterpenstruktur auf (○Abb. 26.26, ▸Kap. 25.2). Sie sind stark ungesättigt und formal betrachtet Dehydrierungs- bzw. Dehydratisierungsprodukte der natürlich vorkommenden „Proazulene". Die Stammverbindung, das Azulen, besteht aus einem Cyclopentadien- und Cycloheptatrienring. Ähnlich wie Naphthalen oder Cyclodecapentaen besitzen Azulene ein 10-π-Elektronensystem. Azulen ist daher entsprechend der *Hückel*-Regel eine aromatische Verbindung, die z. B. *Friedel-Crafts*-ähnliche Reaktionen eingeht. Interessanterweise kann im Gegensatz zu Naphthalen ein Dipolmoment gemessen werden. Diese Polarität wird erklärbar, wenn man sich Azulen

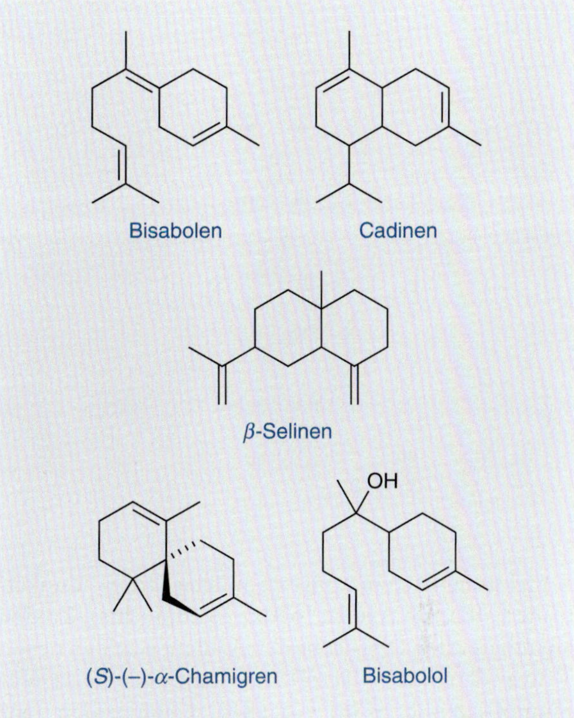


○ **Abb. 26.24** Wichtige mono- und bicyclische Sesquiterpene

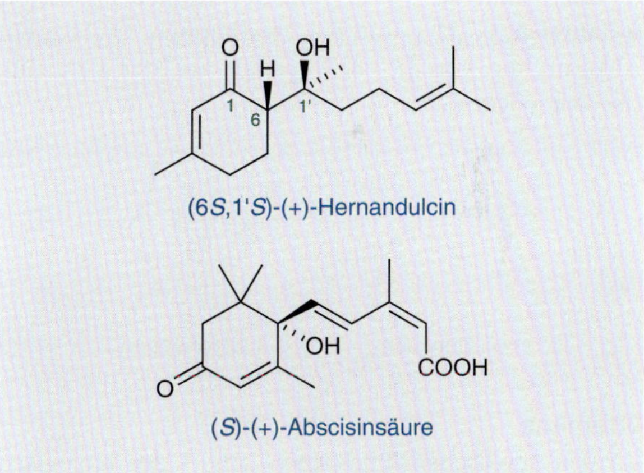


○ **Abb. 26.25** Struktur der zwei von Bisabolen abgeleiteten monocyclischen Sesquiterpene Hernandulcin und Abscisinsäure

formal als eine Verknüpfung der beiden aromatischen 6-π-Elektronensysteme Cyclopentadienylanion und Tropyliumkation vorstellt. Um in beiden Ringen ein aromatisches Elektronensextett zu erreichen, wird (formal) vom Siebenring ein Elektron in den Fünfring verschoben. Unterstützt wird diese Betrachtung durch die experimentelle Bestätigung, dass der Siebenring eher elektronenarm ist und auch von Nucleophilen angegriffen wird, während der Fünfring eher elektronenreich ist und damit von Elektrophilen angegriffen wird. Mithilfe dieser Betrachtungsweise erklärt man sich auch die für ein derartig kleines konjugiertes

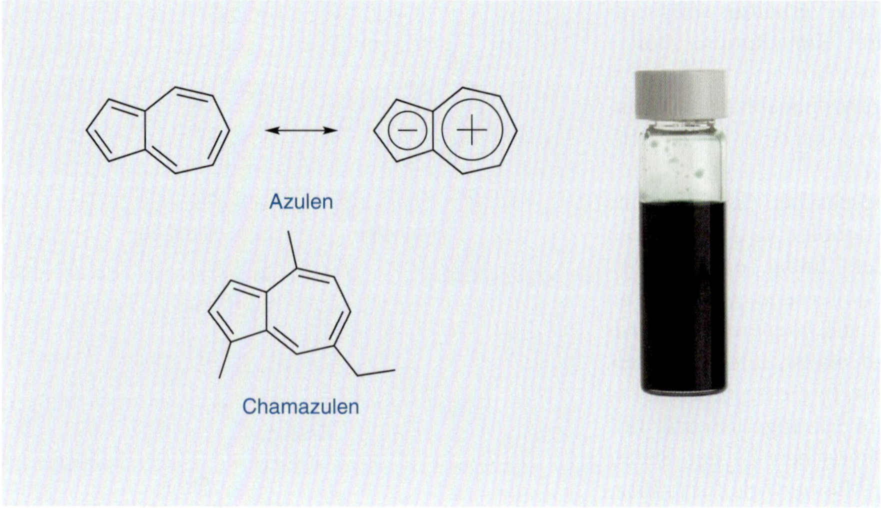


**o Abb. 26.26** Elektronenstruktur von Azulen und die Strukturformel des aus der echten Kamille (*Matricaria recutita*) gewonnenen Azulenderivats Chamazulen. Man beachte die tief blaue Färbung einer Chamazulen-Lösung (rechts).

π-Elektronensystem ungewöhnliche tiefe, dunkelblaue Farbe von Azulen (o Abb. 26.26, rechts). Zu den aus ätherischen Ölen isolierten Azulenen zählen neben Vetivazulen (aus Vetiveröl) und Guajazulen (aus Geraniumöl) (o Abb. 26.36) vor allem **Chamazulen** (aus Kamillenblütenöl) (o Abb. 26.26, o Abb. 26.36).

Vertreter der tricyclischen Sesquiterpene sind der in Sandelholzöl vorkommende Kohlenwasserstoff **α-Santalen**, $C_{15}H_{24}$, und das **Modhephen**, $C_{15}H_{24}$, ein Abkömmling von [3.3.3]Propellan aus der Goldrute (*Isocom wrightii*).

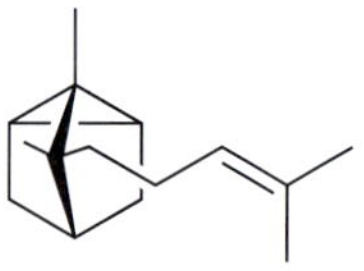

α-Santalen

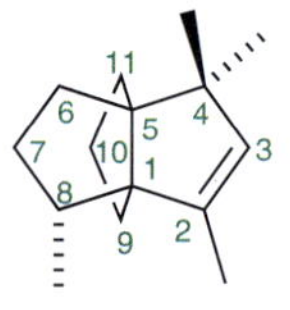


Modhephen

## Diterpene

Zu den acyclischen Diterpenen gehört der biologisch wichtige Diterpenalkohol **Phytol**, $C_{20}H_{40}O$ (o Abb. 26.27), der zuerst von *Willstätter* 1909 bei der Hydrolyse von Chlorophyll isoliert wurde (▸ Kap. 28.1.4). Phytol ist ein farbloses Öl mit einer Siedetemperatur von 202 °C bei einem Druck von 13 hPa. Das Phytolmolekül enthält nur eine C=C-Doppelbindung und zwei Chiralitätszentren. Die absolute Konfiguration des natürlich vorkommenden Phytols ist (2*E*)-(7*R*,11*R*) (*Burrell* 1959). Der Phytylrest kommt außer in Chlorophyll auch in den Vitaminen E und $K_1$ vor.

Zur Stoffklasse der monocyclischen Diterpene zählen die **Vitamine der A-Reihe** und deren Derivate, die **Retinoide.** Vitamin A, auch Vitamin $A_1$ oder **Retinol** genannt, $C_{20}H_{30}O$, ist ein primärer, ungesättigter Diterpenalkohol und kommt vor allem in Lebertran, in Eigelb und in der Milch vor. Es wurde von *Karrer* 1931 aus dem Leberöl des Heilbutts isoliert und besitzt die nachfolgend gezeigte, durch Synthese bewiesene Struktur. Es spielt eine wichtige Rolle beim Sehprozess im Auge (▸ Exkurs: Vitamin-A-Derivate und ihre Wirkungen).

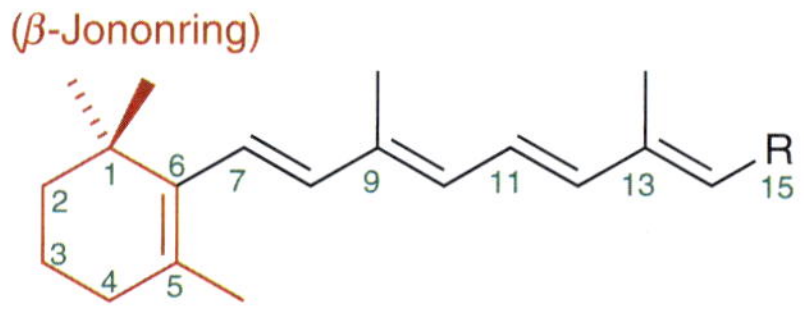


Vitamin A (R = $CH_2OH$)
Vitamin-A-Säure (R = COOH)

**Abietinsäure**, $C_{20}H_{30}O_2$, das wichtigste tricyclische Diterpen, ist der Hauptbestandteil von Kolophonium, das aus dem Baumsaft verschiedener Nadelhölzer (lat. *abies* = Tanne) gewonnen wird. Das Harz besteht aus einem Gemisch von Harzsäuren und Monoterpenen. Letztere können als Terpentinöl (▸ Kap. 26.1.2) destillativ aus dem Harz isoliert werden. Die im Rückstand enthaltene Abietinsäure ist eine Isopropyldimethyldecahydrophenanthrencarbonsäure.

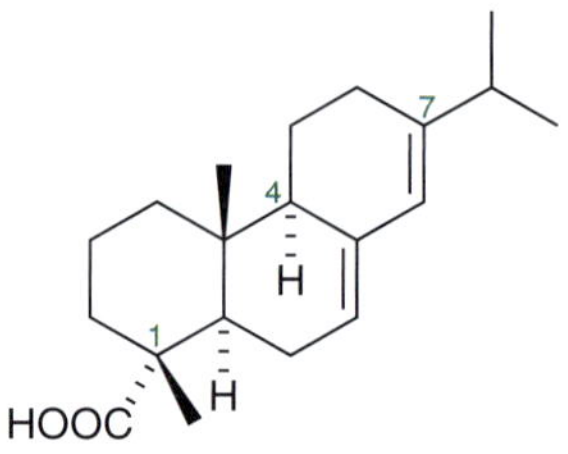


Abietinsäure
(Smp. 172–175 °C)

Ein Beispiel für ein tricyclisches Diterpen mit einem annellierten Fünf- und Siebenring (anstelle zweier Sechsringe) ist **Phorbol** (o Abb. 26.29), $C_{20}H_{28}O_6$, des-

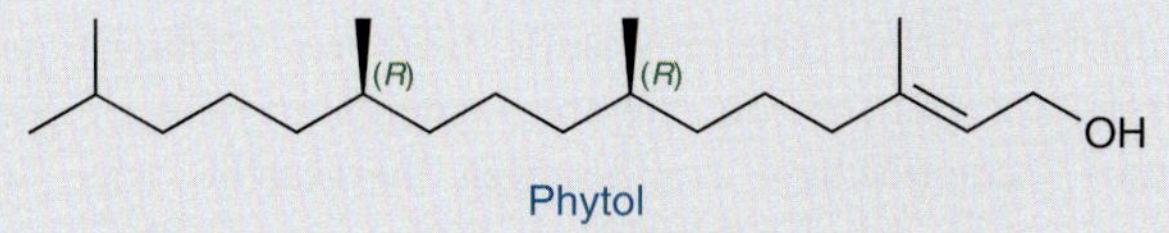


**o Abb. 26.27** Struktur des acyclischen Diterpenalkohols Phytol

**Exkurs: Vitamin-A-Derivate und ihre Wirkungen**

Ein Mangel an fettlöslichem Vitamin A (o Abb. 26.28) in der Nahrung macht sich bei Säugetieren durch Gewichtsabnahme sowie durch Degenerationserscheinungen der Schleimhäute, vor allem der Binde- und der Hornhaut der Augen, bemerkbar. Vitamin A ist daher ein Arzneistoff zur Behandlung der Xerophthalmie (Austrocknung der Bindehaut) und wird auch antixerophthalmisches Vitamin (Axerophthol) genannt. Sein Mangel führt außerdem zu Nachtblindheit, da es eine Vorstufe von **Rhodopsin** (Sehpurpur) ist. Das **Rhodopsin** wird in der Netzhaut (Retina) aus dem Protein Opsin und dem 11-*cis*-Retinal (o Abb. 26.28), einem Oxidationsprodukt des Vitamin A, aufgebaut. Retinal bildet als Aldehyd mit einem Lysinrest des Proteins ein Imin (▸ Kap. 12.1). Beim Primärprozess der Phototransduktion des Sehvorgangs wird das 11-*cis*-Retinal photochemisch über mehrere Zwischenstufen in das all-*trans*-Retinal umgewandelt. Diese Isomerisierung leitet den Zerfall des Imins ein und damit die Ablösung des Retinals vom Protein. Dadurch wird letztendlich ein Nervenimpuls ausgelöst, der über den Sehnerv an das Gehirn weitergeleitet wird.

Die Purpurmembran der zu den Archaebakterien (*Archaea*) gehörenden Halobakterien enthält als Lichtsensor ein ähnlich aufgebautes **Bakteriorhodopsin**, mit dem diese Photosynthese betreiben können, und dessen Schaltmechanismus ebenfalls auf der geschilderten Umwandlung von 11-*cis*-Retinal beruht. Der Mechanismus ist inzwischen soweit aufgeklärt, dass Bakteriorhodopsin als Bauteil für extrem schnelle molekulare Lichtschalter verwendet werden kann.

Synthetisches Vitamin A hat heute die natürlichen Leberöle weitgehend verdrängt. Einige Retinoide werden zur Behandlung der Akne verwendet, z. B. Vitamin-A-Säure (o Abb. 26.28, all-*trans*-Retinsäure (Tretinoin) und 13-*cis*-Retinsäure (Isotretinoin). Vitamin $A_2$ enthält im $\beta$-Jononring eine weitere Doppelbindung in Position 3, ist also ein Dehydroretinol.

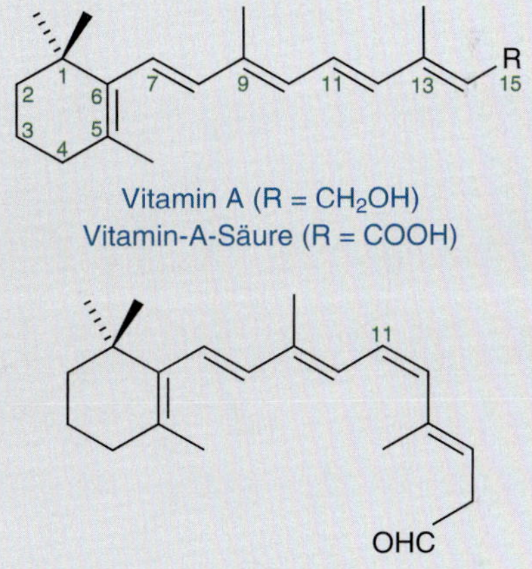


**o Abb. 26.28** Struktur der monocyclischen Diterpene Vitamin A und Retinal

sen 12,13-Carbonsäurediester in Crotonöl vorkommt. Es wirkt als Co-Carcinogen; d. h. es ist selbst nicht carcinogen, kann aber die von carcinogenen Kohlenwasserstoffen hervorgerufene Krebsentstehung stark beschleunigen („Tumor-Promotion"). In der experimentellen Pharmakologie werden daher Phorbolester, allen voran Phorbol-12-myristat-13-acetat (PMA), als biochemische Werkzeuge in Carcinogenese-Modellen verwendet.

Gegenteilige, nämlich cytostatische Wirkung zeigt das in der Rinde der pazifischen Eibe *Taxus brevifolia* enthaltene **Taxol** (Paclitaxel), das einen überbrückten Neunring aufweist (o Abb. 26.29) und erstmals 1971 isoliert wurde. Taxol ist gegen Tumore wie Ovarial- und Mammacarcinome wirksam, da es nachhaltig in die Zellteilung eingreift. Taxol bindet an $\beta$-Tubulin und stört den Abbau von Mikrotubuli, die bei der Mitose Bestandteil der Mitosespindel sind, die für die korrekte Trennung der Chromosomen auf die beiden Tochterzellen essenziell ist. Taxol leitet sich von einem tricyclischen Diterpen ab, dem Taxan, das in o Abb. 26.29 rot markiert ist.

Strukturell verwandt mit den Diterpenen sind die sogenannten **Gibberelline**, die zu den Phytohormonen gehören und als Stoffwechselprodukte des phytopathogenen Pilzes *Gibberella fujikuroi* identifiziert wurden (*Kurusawa* 1926, *Yabuta* u. *Hayashi* 1939). Später konnten sie auch aus höheren Pflanzen, z. B. aus unreifen Bohnensamen und aus Mais isoliert werden. Von diesen Phytohormonen ist nur **Gibberellinsäure** (Gibberellin $A_3$, o Abb. 26.30), $C_{19}H_{22}O_6$, mit einer Schmelztemperatur von 233–235 °C aus natürlichen Quellen in größeren Mengen zugänglich (*Curtis* u. *Cross* 1954). Gibberelline haben großen Einfluss auf zahlreiche

26

pflanzliche Entwicklungsprozesse, vor allem auf das Längenwachstum. Ihre Biosynthese verläuft offenbar über ein Diterpen, wie sich an Stoffwechseluntersuchungen am Pilz *Gibberella fujikuroi* mit Isotopen-markierter Essigsäure und (*R*)-Mevalonsäure nachweisen ließ. Diese markierten Bausteine werden enzymatisch in Isopentenylpyrophosphat umgewandelt (o Abb. 26.30), das dann als aktivierter „Isoprenbaustein“ für die Synthese von Terpenen in den Zellen verwendet wird (o Abb. 26.1). Da unter diesen Bedingungen auch Gibberelline entsprechende Isotopen-Markierungen aufweisen, werden sie anscheinend auf dem gleichen biochemischen Syntheseweg hergestellt wie Terpene. **Chlorcholinchlorid** (Chlormequat, [2-Chlorethyl]-trimethylammoniumchlorid, o Abb. 26.30) greift in diese Biosynthese ein und senkt den Gibberellinspiegel der Pflanzen, was zu vermindertem Längenwachstum führt. Chlormequat wird in der Landwirtschaft zur Erzielung eines Weizens mit kurzem und kräftigem Halm verwendet.

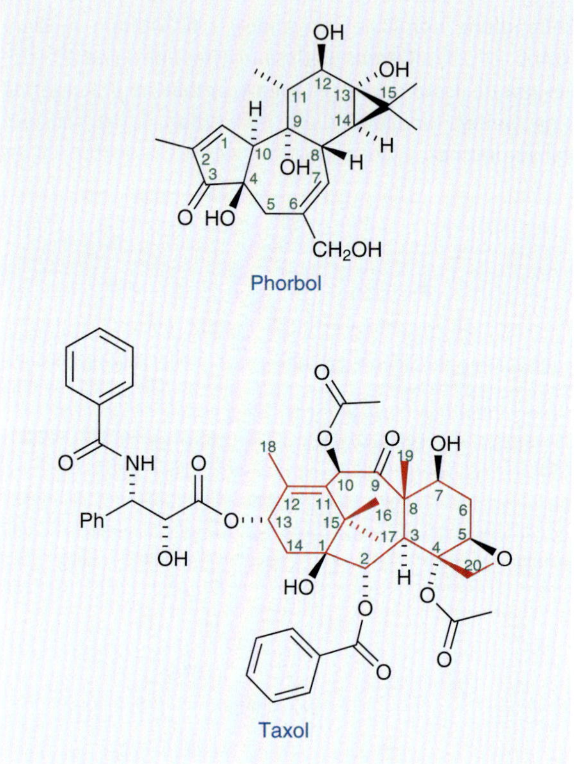


o **Abb. 26.29** Struktur der Diterpene Phorbol und Taxol. Die Diterpenstruktur in Taxol ist rot markiert.

## Triterpene (Squalenoide)

Das bekannteste Triterpen ist das **Squalen**, $C_{30}H_{50}$, ein acyclischer Kohlenwasserstoff, der zuerst aus dem Leberöl der Wale gewonnen wurde und auch bei anderen Säugetieren in kleinen Mengen vorkommt. Er baut sich aus sechs Isoprenmolekülen auf und besitzt sechs isolierte C=C-Doppelbindungen, von denen vier (*E*)-Konfiguration aufweisen (o Abb.26.31). Die Isopreneinheiten sind in der Mitte des Squalenmoleküls symmetrisch angeordnet, d. h., es liegt hier eine **Schwanz-Schwanz-Verknüpfung** vor, während die von der Mitte ausgehenden Ketten die übliche Kopf-Schwanz-Verknüpfung aufweisen. Die Biosynthese geht somit von zwei Molekülen Farnesyldiphosphat (▸ Kap. 26) aus, die durch reduzierende Kondensation dimerisieren.

In enger struktureller Beziehung zu Squalen stehen alle mono- bis pentacyclischen Triterpene und deren Umwandlungsprodukte (z. B. Steroide, ▸ Kap. 27). Man bezeichnet Triterpene daher auch als **Squalenoide**. Als Zwischenstufe der **Cholesterol**-Biosynthese entsteht aus dem Isoprenbaustein (*R*)-Mevalonsäure zunächst Squalen, das zu 2,3-Epoxysqualen oxidiert wird. Diese bindet an der Oberfläche eines Enzyms, der Lanosterol-Synthase. Durch die enzymatisch induzierte Ringöffnung

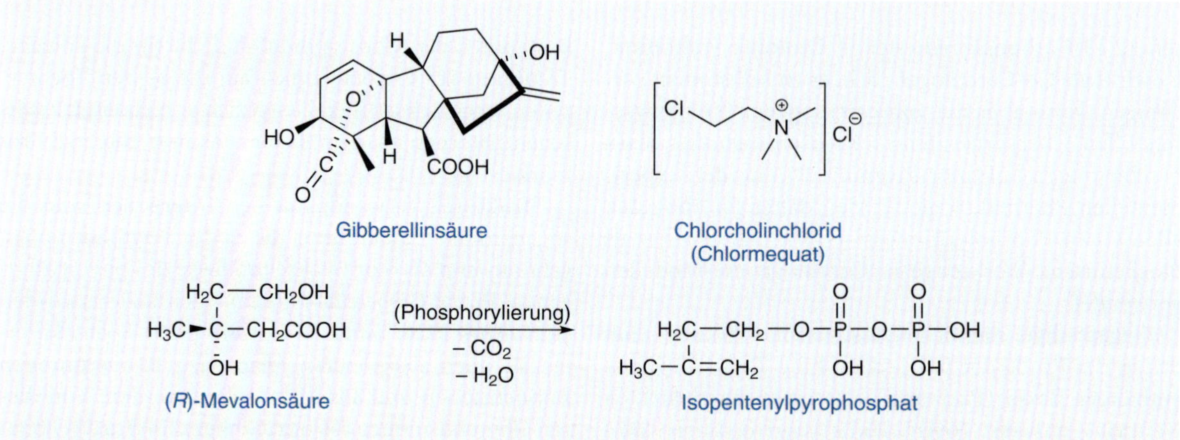


o **Abb. 26.30** Gibberellinsäure, ein Phytohormon, ist für das Längenwachstum von Pflanzen verantwortlich. Die Biosynthese verläuft über den aktivierten Isoprenbaustein, Isopentylpyrophosphat, der wiederum aus Mevalonsäure entsteht. Der Hemmstoff Chlorcholinchlorid (Chlormequat) greift in diese Biosynthese ein und vermindert das Längenwachstum von Pflanzen.

des Epoxids entsteht dann ein Protolanosterin-Carbenium-Ion. Dabei wird nicht nur die OH-Gruppe erzeugt, sondern gleichzeitig eine kationische **Cyclisierungskaskade** zum Steroidgerüst induziert (o Abb. 26.32). Anschließend wird an C9 deprotoniert. Es folgen 1,2-Verschiebungen zweier Methylgruppen und zwei weiterer Protonen. Das Endprodukt dieser Reaktionssequenz ist der Triterpenalkohol **Lanosterol** (Lanosta-8,24-dien-3$\beta$-ol, $C_{30}H_{50}O$, früher: Lanosterin; o Abb. 26.32, vgl. auch ▸Kap. 27), der neben Cholesterol im unverseifbaren Anteil des Wollfetts vorkommt. Die Biosynthese von Cholesterol verläuft ausgehend von Lanosterol in 19 weiteren enzymatisch katalysierten Reaktionen. Beide Verbindungen sind starke Emulgatoren. Sie sind ein wesentlicher Bestandteil des zur Herstellung von Cremes verwendeten Eucerits.

Eine Reihe von Mikroorganismen, z. B. *Acetobacter*, können Squalen auch auf andere Weise zu den sogenannten **Hopanoiden** cyclisieren. Diese leiten sich vom Kohlenwasserstoff Hopan ab, das aus vier kondensierten Sechsringen und einem Fünfring aufgebaut ist (o Abb. 26.33). Außer den in Bakterien weit verbreiteten Biohopanoiden findet man in Sedimenten Geohopanoide, die als eine Art „molekularer Fossilien" für die Erdölsuche von Bedeutung sind.

Zu den im Pflanzenreich aufgefundenen pentacyclischen Triterpenen gehören die **Sapogenine**, die häufig als Glycoside vorliegen, also an Zucker gebunden sind. Man bezeichnet sie dann als Saponine; ein Sapogenin ist also das Aglycon eines Saponins. Beispiele für die zahlreichen Verbindungen dieser Art sind **$\alpha$-** und **$\beta$-Amyrin**, $C_{30}H_{50}O$, die im Harz vieler Pflanzen auftreten, und die sich von $\beta$-Amyrin ableitende **Oleanolsäure**, $C_{30}H_{48}O_3$ (o Abb. 26.33). Sie sind als Saponine in der Zuckerrübe sowie in freier Form in Olivenblättern

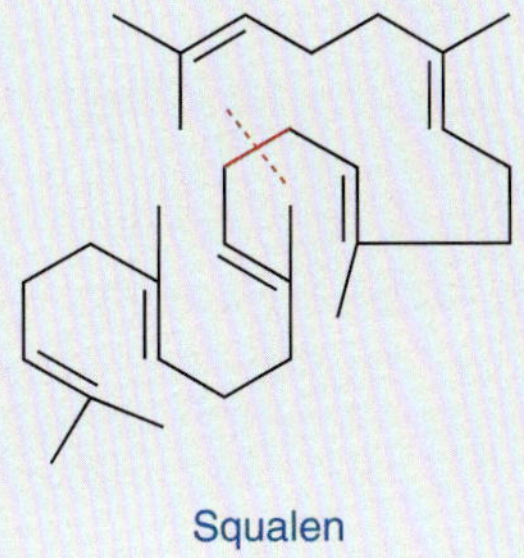


o **Abb. 26.31** Struktur des acyclischen Triterpens Squalen. In der Mitte des Squalenmoleküls sind die Isoprenreste symmetrisch angeordnet (gestrichelte Linie), es liegt eine Schwanz-Schwanz-Verknüpfung vor (rot markiert).

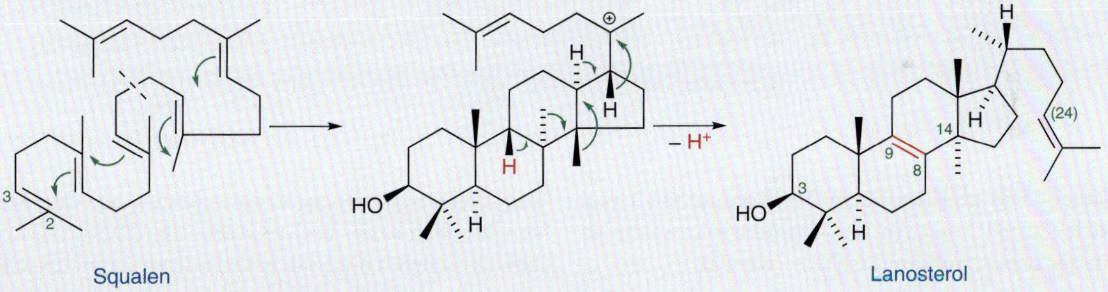


o **Abb. 26.32** Squalen ist der biosynthetische Vorläufer für Lanosterol, aus dem wiederum Cholesterol, das am häufigsten vorkommende Steroid beim Menschen, gebildet wird.

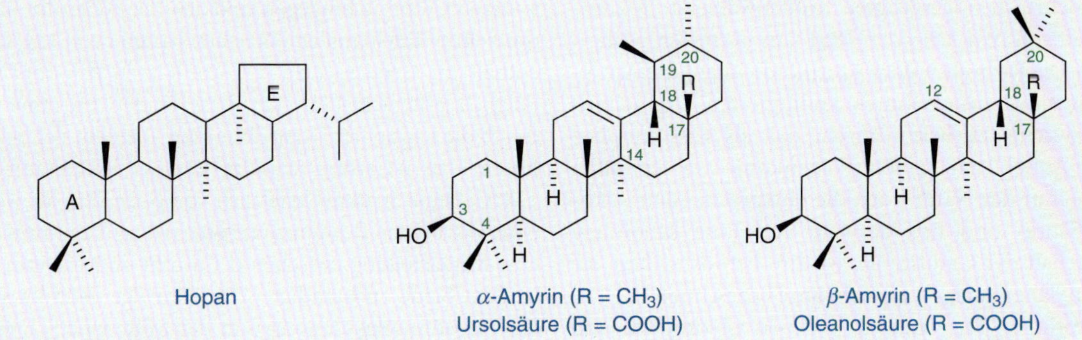


o **Abb. 26.33** Von Hopan, das aus vier kondensierten Sechsringen und einem Fünfring (E) aufgebaut wird, leiten sich Triterpene wie $\alpha$- und $\beta$-Amyrine, Ursolsäure oder Oleanolsäure ab.

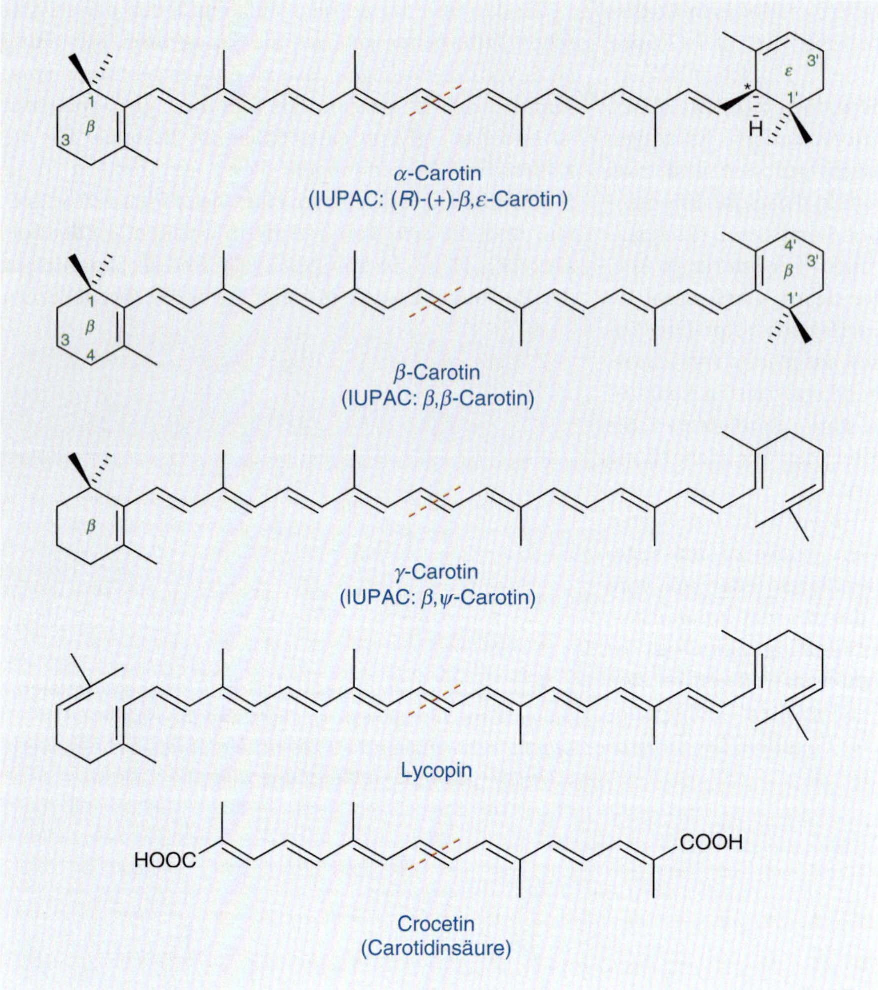


**Abb. 26.34** Struktur der wichtigsten Carotinoide. Die Schwanz-Schwanz-Verknüpfung in der Mitte der Moleküle ist jeweils durch eine gestrichelte Linie gekennzeichnet. Lycopin ist ein zu den Carotinen isomerer, acyclischer Kohlenwasserstoff. Bei allen vier Verbindungen handelt es sich um Tetraterpene. Auch Crocetin, ein gelber Pflanzenfarbstoff, der aus Safran isoliert werden kann, gehört zu den Carotinoiden.

enthalten. Die in Kronsbeeren vorkommende **Ursolsäure** leitet sich von α-Amyrin ab und wird als Emulgator in der Lebensmittelindustrie verwendet.

## Tetraterpene

Zu den Tetraterpenen mit $C_{40}$-Gerüst gehören die **Carotinoide**, die sowohl im Pflanzen- als auch im Tierreich weit verbreitet sind. Den Namen verdanken sie dem mehrfach ungesättigten Kohlenwasserstoff Carotin, der von *Wackenroder* 1831 aus Karotten isoliert wurde. Die Farbigkeit der Carotinoide ist auf die Anwesenheit eines ausgedehnten konjugierten Doppelbindungssystems zurückzuführen, das als Chromophor wirkt. Außer den reinen Polyenkohlenwasserstoffen kommen in der Natur auch die entsprechenden Alkohol-, Säure- und Esterderivate vor. Eine besondere Eigenschaft der Carotinoide ist ihre Fettlöslichkeit, sie werden daher auch als **Lipochrome** bezeichnet.

**Carotin**, $C_{40}H_{56}$, findet sich neben Chlorophyll und den Xanthophyllen in grünen Blättern sowie in vielen Blüten und Früchten. Im tierischen Organismus kommt es in der Milch, im Fett und im Blutserum vor. Das aus den Mohrrüben gewonnene Carotin besteht aus drei Isomeren, nämlich **α-**, **β-** und **γ-Carotin** (Abb. 26.34). In den beiden Ersteren sind die endständigen Isoprenbausteine der Polyenkette zum Sechsring des α – bzw. β-Jonon geschlossen (in Abb. 26.34 durch α oder β im Ring gekennzeichnet). α-Carotin bildet Kristalle mit einem Schmelzpunkt von 188 °C. Es enthält ein Chiralitätszentrum (*) im α-Jononring und ist optisch aktiv. Die beiden anderen Carotine hingegen sind achiral. β-Carotin bildet dunkelrote Tafeln mit einem Schmelzpunkt von 184 °C. Es enthält im Gegensatz zu α-Carotin zwei β-Jononringe. Folglich unterscheiden sich diese beiden Carotine nur durch die Lage einer Doppelbindung in einem der beiden Jononringe. γ-Carotin schmilzt bei einer Temperatur von 178 °C. Seine Struktur leitet sich von β-Carotin ab, wobei einer der beiden β-Jononringe geöffnet ist. Es nimmt also eine Mittelstellung zwischen β-Carotin und Lycopin ein, in dem beide endständigen β-Jononringe geöffnet sind. Die Carotinmoleküle weisen in der Mitte eine Schwanz-Schwanz-Verknüpfung auf. Die Trennung der drei isomeren Carotine gelingt mithilfe der präparativen Chromatographie (▸Kap. 1.3.5). Um die Konstitutionsaufklärung haben sich vornehmlich *Willstätter*, *Karrer*, *Kuhn*, *Heilbron* und *Zechmeister* verdient gemacht.

**Lycopin**, $C_{40}H_{56}$ (o Abb. 26.34), ist ein zu Carotin isomerer, acyclischer Kohlenwasserstoff. Das Molekül weist in der Mitte ebenfalls die bei den Carotinen vorliegende Schwanz-Schwanz-Verknüpfung auf. Lycopin kristallisiert in tiefroten Nadeln mit einer Schmelztemperatur von 174 °C und bildet den roten Farbstoff der Tomaten, der Hagebutten und vieler anderer Früchte.

Neben den Carotinen enthalten die grünen und gelben Blätter noch **Carotinoide**, z. B. die gelben Farbstoffe aus der Reihe der **Xanthophylle** oder **Phylloxanthine** (Blattgelb), die im Herbst nach Zerstörung des Chlorophylls die gelb-orange Laubfärbung hervorrufen. Zu diesen sauerstoffhaltigen Tetraterpenen mit Alkohol-, Carbonyl- oder Carboxyfunktionen u. Ä. zählt z. B. **Lutein** (3,3'-Dihydroxy-$\alpha$-carotin, Blattxanthophyll), $C_{40}H_{56}O_2$. Aus seiner gelben Lösung in Methanol kristallisiert es in violetten Prismen mit einer Schmelztemperatur von 193 °C, die ein Äquivalent Methanol im Kristall enthalten. **Zeaxanthin** (3,3'-Dihydroxy-$\beta$-carotin) ist der Hauptfarbstoff des gelben Maiskorns. Beide Farbstoffe kommen auch im Eidotter und in der Netzhaut des Auges (gelber Fleck = Makula) vor.

Zu den Carotinoiden rechnet man ferner Pflanzenfarbstoffe, die eine verkürzte Polyenkette enthalten und an beiden Enden je eine Carboxygruppe tragen. Ein wichtiger Vertreter dieser Stoffklasse ist **Crocetin** (Carotidinsäure), $C_{20}H_{24}O_4$ (o Abb. 26.34). Es entsteht bei der Hydrolyse des gelben Safranfarbstoffs Crocin (aus *Crocus sativus*), dem Diester von Crocetin mit Digentiobiose, einem glucosehaltigen Disaccharid. Crocetin kristallisiert aus Acetanhydrid in roten Rhomben mit einer Schmelztemperatur von 285 °C.

## 26.2.2 Gewinnung und Synthese

### Sesquiterpene

**Farnesol**, ein Konstitutionsisomeres des **Nerolidols**, kann aus diesem durch säurekatalysierte Isomerisierung dargestellt werden. Farnesol oder Nerodilol sind Ausgangsprodukte zur Synthese von **Bisabolen**, der aus den Alkoholen bei Einwirkung von z. B. Ameisensäure unter Wasserabspaltung erhalten wird.

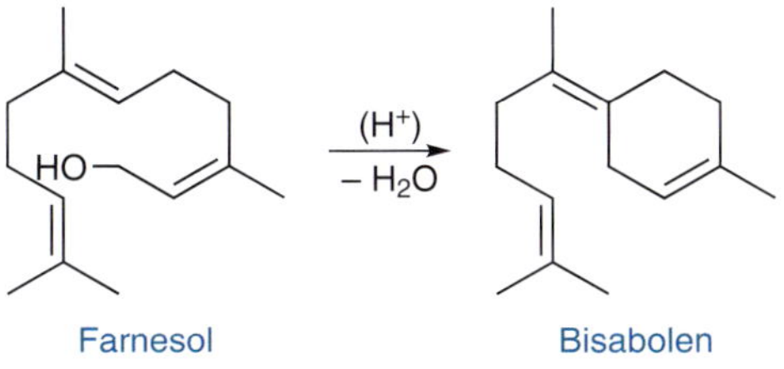


Die bicyclischen Sesquiterpenkohlenwasserstoffe **Cadinen** und **$\beta$-Selinen**, denen als Kohlenstoffgerüst hydrierte Naphthalenringe zugrunde liegen, kann man sich formal – in Analogie zu Bisabolen – ebenfalls aus

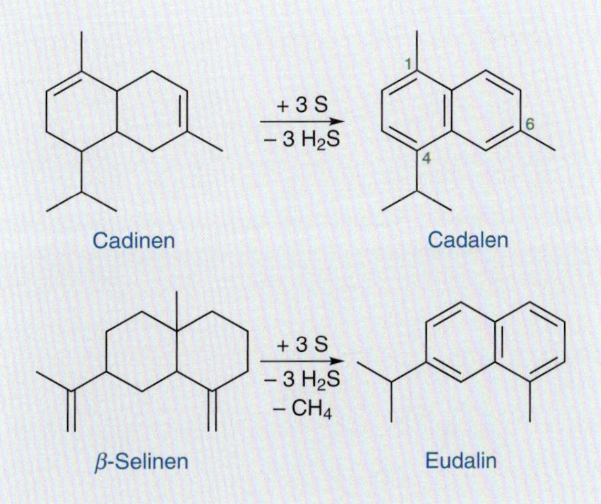


o **Abb. 26.35** Dehydrierung des bicyclischen Sesquiterpens Cadinen zum Naphthalenderivat Cadalen. In ähnlicher Weise reagiert auch $\beta$-Selinen zu Eudalin.

Farnesol entstanden denken. Beide Kohlenwasserstoffe gehen bei der Dehydrierung mit Schwefel oder Selen in die entsprechenden Naphthalenderivate über, z. B. entsteht aus Cadinen 4-Isopropyl-1,6-dimethylnaphthalen (Cadalen, o Abb. 26.35). Bei der Dehydrierung von $\beta$-Selinen wird die angulare Methylgruppe an der Verknüpfungsstelle der beiden Ringe als Methan abgespalten (*Ruzicka*).

Zu den aus ätherischen Ölen isolierbaren, bicyclischen Sesquiterpenen der **Azulen-Reihe** zählen z. B. Chamazulen, Vetivazulen und Guajazulen, die biosynthetisch aus Farnesol entstehen (o Abb. 26.36). In den Pflanzen selbst kommen sie als sogenannte **Proazulene** vor. Bei der Gewinnung von ätherischen Ölen aus der Kamille (*Matricaria recutita*) oder der Schafgarbe (*Achillea millefolium*) entsteht beispielsweise aus dem Proazulen **Matricin** erst durch Deacetylierungs-, Dehydratisierungs- und Decarboxylierungsvorgänge bei der Wasserdampfdestillation das blauviolette Azulen Chamazulen (o Abb. 26.36).

### Diterpene

Abietinsäure, das wichtigste Kolophonium-Diterpen, geht beim Erhitzen mit Schwefel unter Dehydrierung und Decarboxylierung in **Reten** (7-Isopropyl-1-methylphenanthren, o Abb. 26.37) über. Derartige Aromatisierungsreaktionen dienten früher vor allem dem Zweck der Strukturaufklärung.

Wird Kolophonium mit Palladium auf Aktivkohle auf Temperaturen zwischen 150–250 °C erhitzt, erfolgt eine Disproportionierung der Harzsäuren (o Abb. 26.38). Dabei geht zum Beispiel Abietinsäure in Dehydroabietinsäure (mit einem aromatischen Ring) sowie in Di- und Tetrahydroabietinsäure über. Die Natriumsalze der so erhaltenen Säuren dienen als Emulgatoren (**Dresinate**) bei der Herstellung von Tieftemperaturkautschuk (▸ Kap. 26.2.2).

26

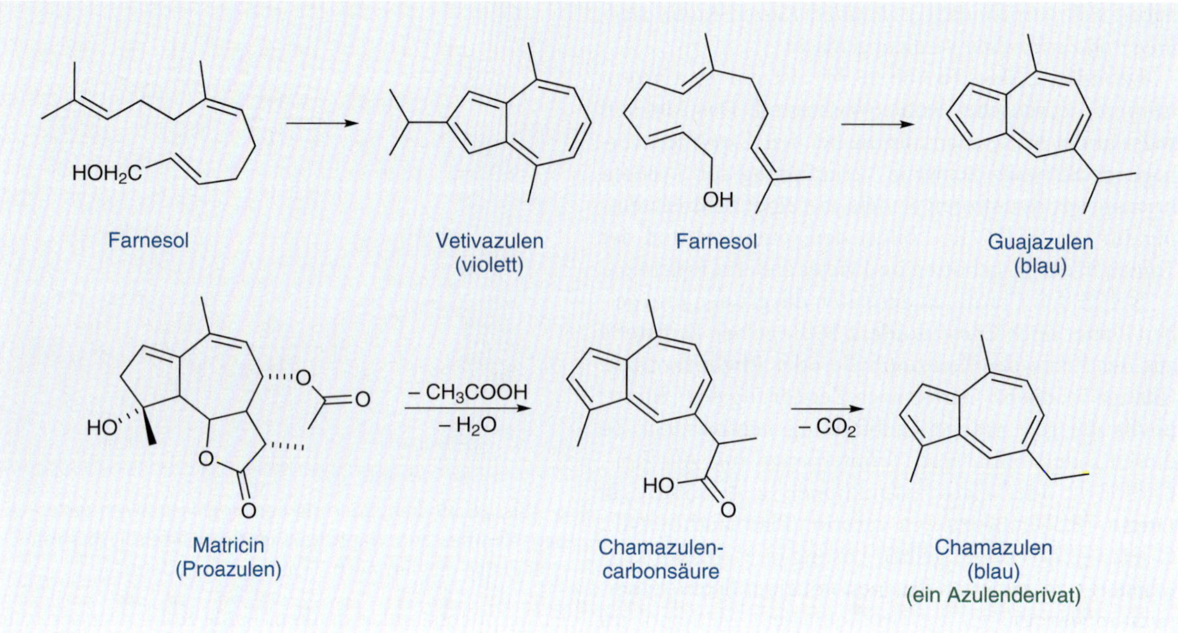


**○ Abb. 26.36** Farnesol ist die biosynthetische Vorstufe von Proazulenen bzw. Azulenen. Aus Proazulenen entstehen beim Erhitzen, z. B. im Zuge der Gewinnung mittels Wasserdampfdestillation, die eigentlichen farbigen Azulene.

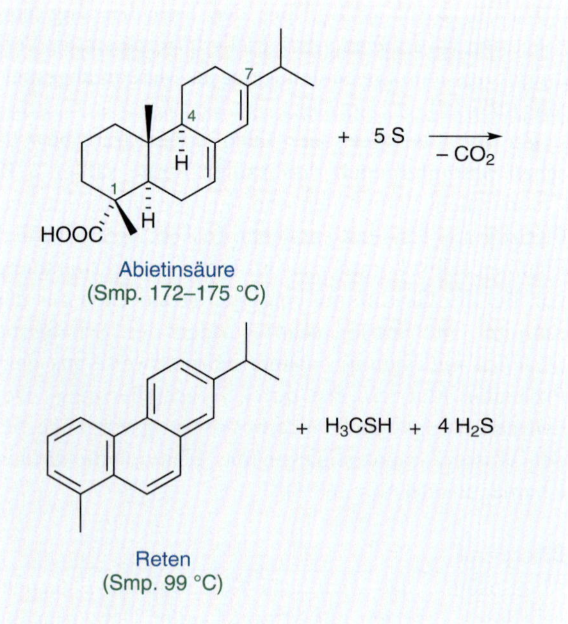


**○ Abb. 26.37** Abietinsäure lässt sich durch Umsetzung mit Schwefel in Reten überführen. Diese Reaktion diente früher zur Strukturaufklärung von Terpenen.

Da das Cytostatikum **Taxol** nur in geringer Konzentration (0,02 %) in der Rinde der nur langsam wachsenden Eibenart *Taxus brevifolia* vorkommt, mussten zur Gewinnung hinreichender Mengen der Substanz so viele Bäume gefällt werden, dass alsbald die Bestände gefährdet waren. Wegen der ungewöhnlichen 1,3-Verknüpfung eines der beiden Taxan-Sechsringe mit dem Neunring und wegen der vielen funktionellen Gruppen im Molekül ist die Totalsynthese im Labor zwar möglich, aber nicht wirtschaftlich. Stattdessen verwendet man heutzutage eine Partialsynthese aus einer Vorstufe, die aus den Nadeln der Eibe *Taxus baccata* L. ohne Schädigung der Pflanze in hinreichenden Mengen gewonnen werden kann. Die Vorstufe ist **10-Deacetylbaccatin III**, das außer der 10-Acetylgruppe und der von Isoserin abgeleiteten Seitenkette in Position 13 des Taxan der Struktur von Taxol entspricht (○ Abb. 26.29). Leichter als Taxol ist daraus das **Docetaxel** (Taxotere), R = $(CH_3)_3CO$, R' = H] darstellbar, das eine dem Taxol vergleichbare Wirkung aufweist. ○ Abb. 26.39).

## Triterpene (Squalenoide)

Die Synthese von **Squalen** (○ Abb. 26.40) wurde erstmalig von *Karrer* (1931) aus dem drei Isoprenreste enthaltenden Farnesylbromid durch Einwirkung von Magnesium im Sinne der *Wurtz*-Reaktion (▸ Kap. 4) durchgeführt.

## Tetraterpene

Die Anwesenheit mehrerer konjugierter Doppelbindungen bei den Carotinoiden lässt theoretisch das Auftreten zahlreicher (E/Z)-Isomere erwarten. In der Natur überwiegen jedoch die (*E*)-Formen. Erst durch Wärme, Licht oder Katalysatoren, z. B. durch Iod, ist eine teilweise Isomerisierung in die energiereicheren (*Z*)-Formen möglich. Die Carotinoid-Doppelbindungen reagieren leicht mit Sauerstoff. Die Verbindungen wirken daher im Stoffwechsel als natürliche **Antioxidanzien**. ***β*-Carotin** ist als Polyen sehr reaktionsfähig und besonders empfindlich gegen Luftsauerstoff. Technisch wird es aus rotem Palmöl, Luzerne oder Karotten

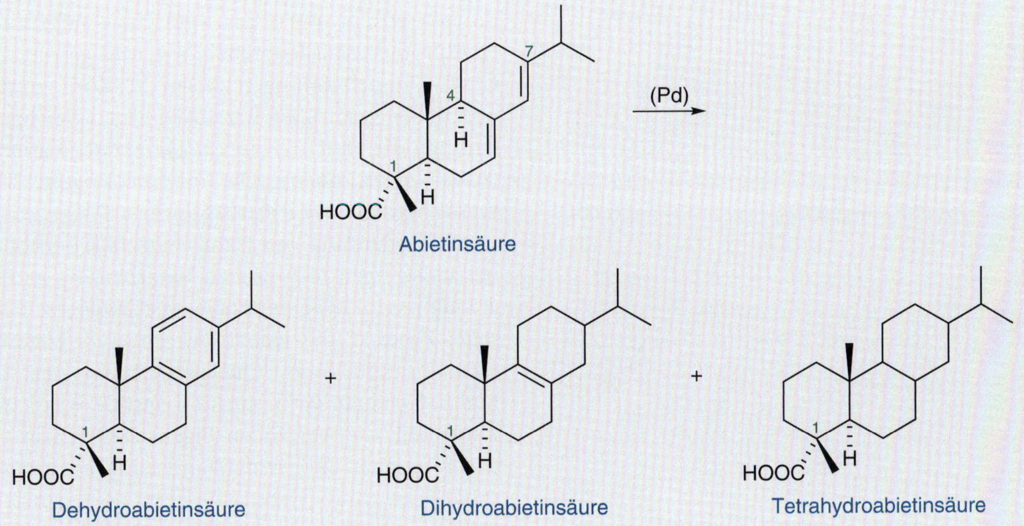


**Abb. 26.38** Die durch Erhitzen in Gegenwart von Palladium aus Kolophonium erhaltenen Säuren werden als Emulgatoren verwendet.

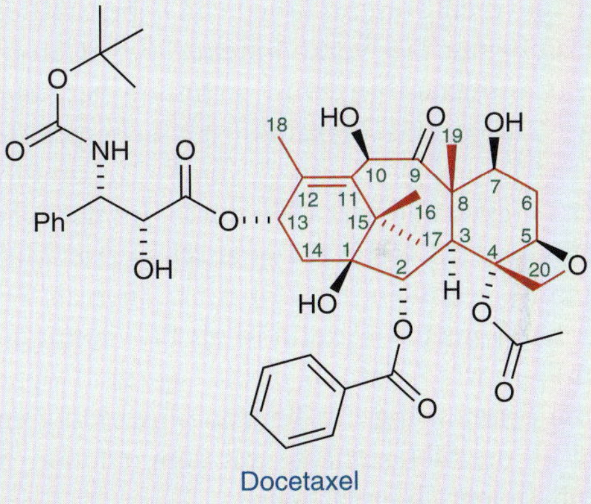


**Abb. 26.39** *Taxus brevifolia* gehört zur Familie der *Taxaceae* und ist in den Wüstenregionen Nord- und Mittelamerikas beheimatet (links), Struktur des Taxol-verwandten Docetaxel (rechts)

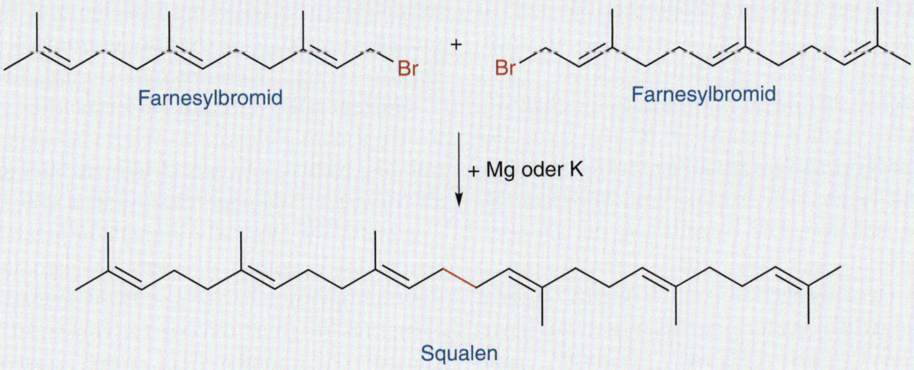


**Abb. 26.40** Squalensynthese nach *Karrer* durch die Reaktion zweier Farnesylbromide

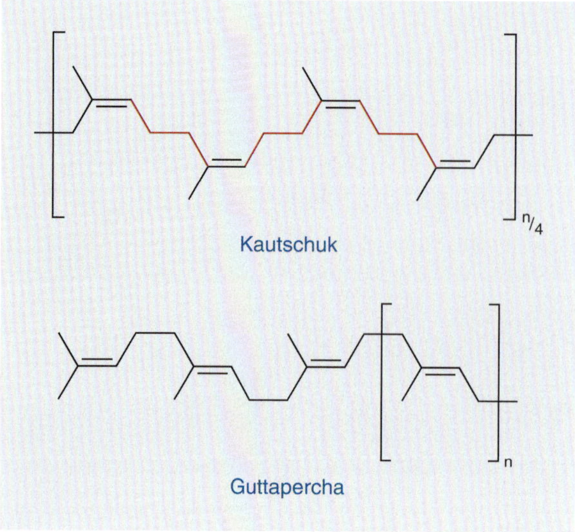


**○ Abb. 26.41** Chemische Struktur des Naturkautschukpolymers (oben): Ausschnitt aus der (*Z*)-1,4-Polyisoprenkette des all-*cis*-Isomers; in den rot markierten gesättigten Bereichen liegen sowohl *anti*- als auch *gauche*-Konformationen vor. Chemische Struktur des Guttaperchapolymers (unten).

gewonnen und dient zum Anfärben von Lebensmitteln. Das in Flamingofedern vorkommende *β,β'*-Carotin-4,4'-dion (**Canthaxanthin**) wird technisch hergestellt und ist wie Lutein und Zeaxanthin als **Lebensmittelfarbstoff** zugelassen. Die Synthese von *β*-Carotin führten *Karrer, Inhoffen* und *Isler* 1950 durch. Im tierischen Organismus wird *β*-Carotin enzymatisch in zwei Moleküle Vitamin A gespalten. Es wird daher auch als **Provitamin A** bezeichnet. *α*-Carotin ist als Provitamin nur halb so wirksam wie *β*-Carotin, da die Lage der Doppelbindung im *β*-Jononring für die Vitaminwirkung entscheidend ist; die Molekülhälfte mit dem *α*-Jononring ist somit physiologisch unwirksam.

## 26.3 Polyterpene

### 26.3.1 Struktur und Eigenschaften

**Kautschuk** ist ein wichtiges Naturprodukt, das im Milchsaft (Latex) verschiedener tropischer Bäume, vor allem *Hevea brasiliensis*, vorkommt (○ Abb. 26.41, oben; ○ Abb. 26.42). Der Gehalt an Kautschuk im Latex schwankt zwischen 30 und 50 %. Im Kautschuk liegt ein hochmolekularer Kohlenwasserstoff, $(C_5H_8)_n$, vor, der nach dem Isoprenprinzip aufgebaut ist. Bei der Pyrolyse von Kautschuk lassen sich Isopren und Dipenten als Spaltprodukte isolieren. Die Anordnung der Doppelbindungen im Kautschuk wurde durch Abbau mit Ozon nachgewiesen. Das entstehende Ozonid, $(C_5H_8O_3)_n$, geht bei der hydrolytischen Spaltung fast quantitativ in Lävulinsäure, $CH_3{-}C({=}O){-}CH_2{-}CH_2{-}COOH$, und Lävulinaldehyd (4-Oxopentanal) über (*Harries* 1905). Da die Ozonidbildung stets an den C=C-Doppelbindungen erfolgt, muss der Kautschuk aufgrund dieser Spaltprodukte aus Isopreneinheiten aufgebaut sein. Alle C=C-Doppelbindungen weisen (*Z*)-Konfiguration auf, und in den gesättigten Bereichen liegen gleichgewichtsbedingt die *anti*- sowie *gauche*-Konformationen vor (○ Abb. 26.41, oben). Die mittlere relative Molekülmasse beträgt etwa 350 000 g/mol.

Die Bedeutung von Naturkautschuk beruht auf seiner vielseitigen technischen Verarbeitung zu Gummierzeugnissen. In reiner Form ist er zunächst ein plastisches Produkt, das jedoch bei längerem Lagern durch Kristallisation und Quervernetzung der linearen Makromoleküle verhärtet und spröde wird. Um dem Kautschuk die wertvollen Eigenschaften von Gummi, wie Elastizität und Widerstandsfähigkeit gegen atmosphärische und chemische Einflüsse sowie gegen mechanische Beanspruchung zu verleihen, kann eine **Vulkanisation** durchgeführt werden; ein Verfahren, das zuerst von *Goodyear* im Jahre 1838 entwickelt wurde. Hierbei wird der Kautschuk durch Erhitzen und Kneten in Gegenwart von Luftsauerstoff wieder in eine plastische Form gebracht (Mastikation) und mit Schwefel und Füllstoffen (Ruß, Zinkoxid) sowie den verschiedenartigsten Vulkanisationshilfsmitteln und Stabilisatoren vermengt. Anschließend wird diese Mischung in Formen gepresst und durch Erhitzen auf eine Temperatur von etwa 120 °C nachbehandelt (**Heißvulkanisation**). Dabei erfolgt eine Vernetzung der lang gestreckten Kautschukmoleküle durch Schwefelbrücken. Der Schwefelgehalt schwankt zwischen 2 % bei Weichgummi und 30 % bei Hartgummi. Zur Herstellung dünnwandiger Gummiartikel kann man auch eine **Kaltvulkanisation** vornehmen, indem man den Kautschuk in eine Lösung von Dischwefeldichlorid, $S_2Cl_2$, in Schwefelkohlenstoff taucht. Da die Reaktionsgeschwindigkeit der reinen Schwefelvulkanisation gering ist, mischt man meist **Vulkanisationsbeschleuniger** bei, z. B. Salze von *N*-substituierten Dithiocarbamidsäuren, wie Zinkdimethyldithiocarbamat oder 2-Mercaptobenzothiazol. Bei der Herstellung von **Schaumgummi** setzt man Treibmittel zu, die bei der Vulkanisationstemperatur unter $N_2$-Entwicklung zerfallen, z. B. Benzensulfonsäurehydrazide, *α,α'*-Azoisobutyronitril oder *N,N'*-Dinitrosoterephthalsäure-*N,N'*-dimethyldiamid.

**Guttapercha**, $(C_5H_8)_n$, ein Bestandteil des Milchsaftes tropischer *Palaquium*-Arten (*Palaquium gutta*), ist mit dem Naturkautschuk strukturisomer und weist eine all-*trans*-1,4-Polyisoprenkette auf (○ Abb. 26.41, unten). Das heißt, alle Doppelbindungen besitzen (*E*)-Konfiguration. Im Vergleich zu Kautschuk ist Guttapercha bei Raumtemperatur härter und nicht so elastisch. Es wird allerdings bei einer Temperatur von ca. 50 °C weich und knetbar. Guttapercha dient in der Elektroindustrie als Isoliermaterial, z. B. für Tiefseekabel.

**Polyprenole** sind im Pflanzenreich (n = 8–12) und im Tierreich (Dolichole: n = 16–21) weit verbreitet. Ihre Grundstruktur ist nachfolgend dargestellt. Die meisten Doppelbindungen liegen in der (*Z*)-Konfiguration (vgl. Kautschuk) vor, doch treten auch vereinzelt (*E*)-Konfigurationen auf. **Dolichole** spielen beim Transport von Monosacchariden durch Lipidmembranen eine Rolle.

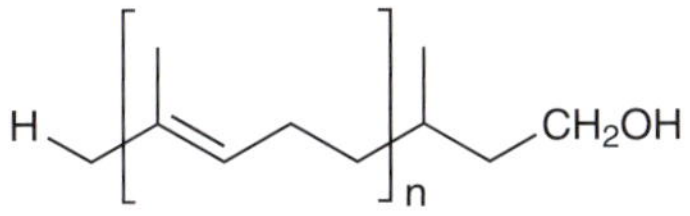


## Gewinnung und Synthese

**Kautschuk** wird aus dem Milchsaft (Latex) verschiedener tropischer Bäume, vor allem *Hevea brasiliensis* gewonnen. Die Kautschukpartikel sind in einem eiweißhaltigen, wässrigen Serum emulgiert und lassen sich durch Säuren, wie Ameisen- oder Essigsäure, leicht koagulieren. Das Koagulat wird getrocknet und zu Ballen oder Matten gepresst (*Standard* ***Malaisian Rubber***: **SMR**; ○ Abb. 26.42). Natürlicher Kautschuk wird hauptsächlich zur Herstellung von Gummi durch Vulkanisierung verwendet. **Guttapercha** wird analog durch Eintrocknen des Milchsaftes tropischer *Palaquium*-Arten (*Palaquium gutta*) gewonnen. Es dient in der Zahnmedizin als provisorisches Füllmaterial und zur Herstellung von Abdrücken.

Neben dem natürlichen Kautschuk wird heutzutage zunehmend auch „synthetischer" Kautschuk verwendet, der durch die technische Polymerisation von Isopren entsteht (**Isopren-Kautschuk**). Auch andere synthetisch hergestellte elastische Polymere fasst man heutzutage oft unter dem Sammelbegriff Kautschuk zusammen (▸ Exkurs: Synthetischer Kautschuk). Die chemischen und physikalischen Eigenschaften solcher synthetischen Kautschuke können häufig gezielt eingestellt werden, je nachdem welches Monomer und welche Art von Polymer hergestellt wird.

○ **Abb. 26.42** Rohgewinnung von Naturkautschuk durch Schneiden bzw. Ritzen eines Baumes der Gattung *Hevea brasiliensis* (hier auf einer Kautschukplantage in Kamerun/Zentralafrika) und Sammlung des ausfließenden zähen Milchsaftes. Das durch Säurebehandlung entstehende Koagulat wird zu Matten verpresst und getrocknet.

### Exkurs: Synthetischer Kautschuk

Alle kautschukartigen Polymere sind Elastomere, d. h., sie sind gummielastische Körper mit räumlich weitmaschig vernetzten Molekülen, die sich oberhalb eines bestimmten Temperaturbereichs zersetzen. Die ersten Versuche zur technischen Darstellung **synthetischer Elastomere** gehen auf *Fritz Hofmann* (1909) zurück. Als Ausgangsmaterial verwendete er vorwiegend 2,3-Dimethylbutadien, das – wie bereits *I. Kandakow* 1900 feststellte – bei Raumtemperatur spontan zu einem kautschukähnlichen Produkt (**Methylkautschuk**) polymerisiert. In den folgenden Jahren gewann die Polymerisation des leichter zugänglichen Butadiens mehr und mehr an Bedeutung; sie wurde anfangs mit metallischem Natrium durchgeführt (▸ Kap. 4). Daher erhielt das Produkt den Namen **Buna**, wonach auch das ehemalige Buna-Werk in Schkopau in Ostdeutschland benannt ist. Im Jahre 1936 war es weltweit das erste Synthesekautschukwerk und Bestandteil der späteren Leuna-Werke.

Weiterentwicklungen des Materials sind der durch **statistische Copolymerisation** von 1,3-Butadien mit Styrol in Emulsion unter Peroxid-Katalyse gewonnene Styrol-Butadien-Kautschuk sowie die statistischen Copolymerisate aus Butadien und Acrylnitril (Nitrilkautschuk, früher: **Perbunan**). Bei den Copolymerisationen nehmen Kalium- oder Ammoniumpersulfat als wasserlösliche Peroxid-Aktivatoren die erste Stelle ein. Als anionaktive Emulgatoren haben sich die Alkalisalze von Alkylbenzensulfonaten, z. B. die Salze der Dialkylnaphthalensulfonsäure (Nekale) und vor allem der disproportionierten Harzsäuren (**Dresinate**, ▸ Kap. 26.2.2, ○ Abb. 26.38) aus Kolophonium bewährt. Letztere haben den Vorteil, dass sie im Polymerisat verbleiben können, ohne seine Eigenschaften zu verschlechtern. Eine weitere wichtige Entdeckung war, dass der radikalische Zerfall von Peroxiden nicht nur thermisch, sondern auch bei tiefen Temperaturen durch bestimmte Metallionen reduktiv ausgelöst werden kann (○ Abb. 26.43). Die

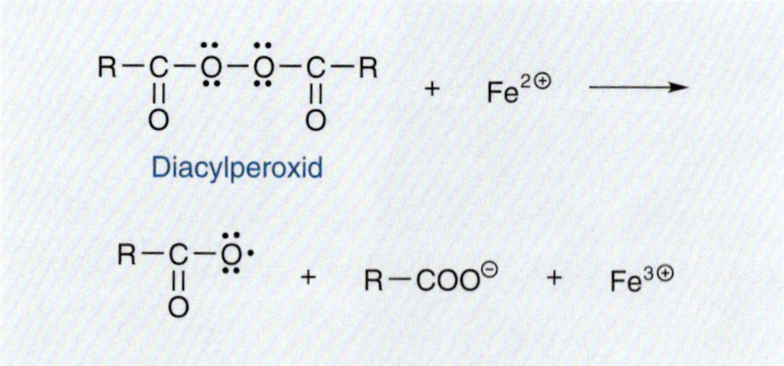


**Abb. 26.43** Durch Metallionen radikalisch induzierter Zerfall von Peroxiden bei tiefen Temperaturen

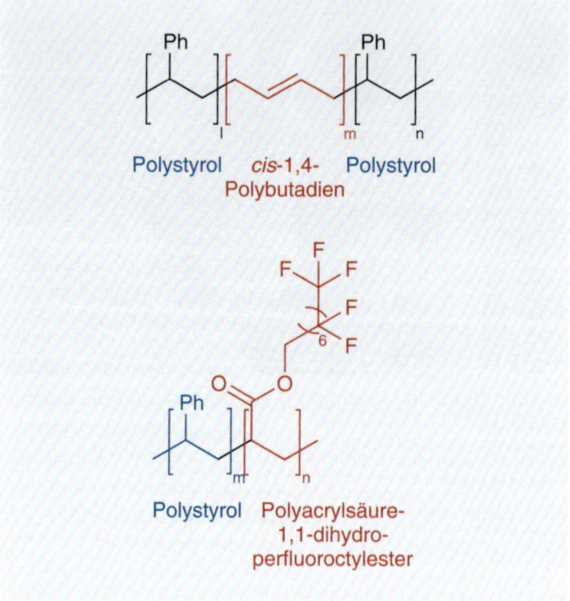


**Abb. 26.44** Darstellung verschiedener Blockpolymere

Metallionen werden dabei oxidiert. Setzt man gleichzeitig ein weiteres Reduktionsmittel zu, z. B. Rongalit, Glucose oder Sulfinsäuren, das die oxidierten Metallionen wieder reduziert, so erfolgt unter Redoxaktivierung schon bei bei einer Temperatur von 5 °C eine rasche Polymerisation (Kaltpolymerisation). Auf diese Weise erhält man einen besonders hochwertigen **Tieftemperaturkautschuk** (*cold rubber* oder TT-Kautschuk). Dieser zeichnet sich durch hohe Oxidationsbeständigkeit, Zugfestigkeit sowie geringen Abrieb aus und hat als Vulkanisat für die Autoreifenproduktion Bedeutung.

Eine weitere Entwicklung auf diesem Gebiet führte zur **stereoregulären Polymerisation** von Butadien und des auf petrolchemischer Basis zugänglichen Isoprens mithilfe von Lithium-Katalysatoren bzw. metallorganischen Mischkatalysatoren vom *Ziegler-Natta*-Typ (▸Kap. 4) in homogener Lösung. So gelang die Darstellung von *cis*-1,4-Polybutadien (Buna CB) und *cis*-1,4-Polyisopren (IR, Natsyn).

Für spezielle Zwecke wird 2-Chlorbutadien (Chloropren, ▸Kap. 5.2) zu **Chloroprenkautschuk (CR)** polymerisiert. Das Polymerisat (Baypren, Neopren) ist ölfest und zeigt eine hohe Alterungsbeständigkeit. Es wird zur Fabrikation von Klebstoffen, Neoprentaucheranzügen etc. verwendet.

Außer durch statistische Copolymerisation von 1,3-Butadien (B) mit Styrol (S) können auch Makromoleküle hergestellt werden, die beide Bausteine in aufeinander folgenden Blöcken $B_n$–$S_m$ enthalten. Je nach Art und Abfolge der einzelnen Blöcke, können solche **Blockpolymere** (Abb. 26.44) gezielt mit besonderen Eigenschaften ausgestattet werden. Ein Styrol-Butadien-Styrol-Dreiblockpolymer (SBS), bei dem die gummielastischen *cis*-1,4-Polybutadienblöcke 60 % der relativen Molekülmasse ausmachen und die beiden hartelastischen Polystyrolblöcke je 20 %, stellt ein formstabiles Material dar, in dem die beweglicheren B-Blöcke durch die starreren S-Blöcke soweit fixiert sind, dass man von einer dreidimensionalen, physikalischen Vernetzung sprechen kann. Das bei Zimmertemperatur kautschukartige Blockpolymer erreicht bei 180 °C die Fließtemperatur der S-Blöcke und kann bei dieser Temperatur thermoplastisch verformt werden, weil die mechanische Vernetzung aufgehoben ist. Sie wird beim Abkühlen wieder wirksam, sodass die Eigenschaften des ursprünglichen Dreiblockpolymers wieder hergestellt werden. Im Gegensatz dazu sind die Eigenschaften von Kautschuk nach der Vulkanisation stets festgelegt.

Die Blockpolymere aus Styrol und Acrylsäure-1,1-dihydroperfluoroctylester (Abb. 26.44) lösen sich in flüssigem, überkritischem Kohlendioxid ($scCO_2$) und wirken als Lösungsvermittler für unpolare Verbindungen, die in diesem Medium unlöslich sind.

Durch **Pfropfpolymerisation** erhält man stark verzweigte Polymere mit speziellen Eigenschaften. An die im Polybutadien vorhandenen Doppelbindungen lassen sich Seitenketten, z. B. Styrol, anknüpfen, die dann weiter zu Polystyrol polymerisiert werden können. Dazu wird *cis*-1,4-Polybutadien in monomerem Styrol gelöst und dessen Polymerisation durch Radikale gestartet. Dabei werden statistisch hinreichend viele Polybutadien-Doppelbindungen copolymerisiert, sodass Makromoleküle des nachfolgend gezeigten Typs entstehen.

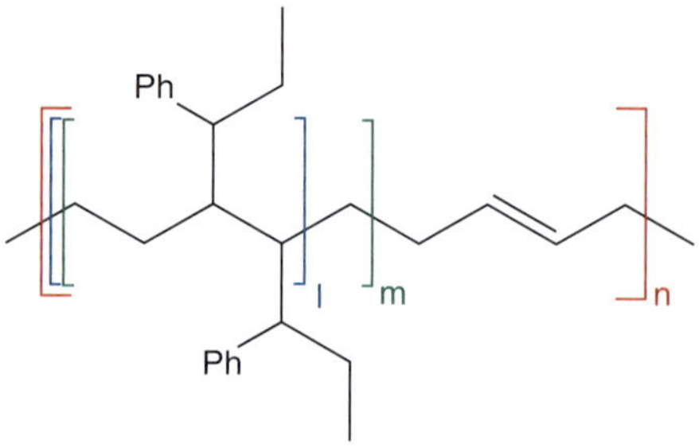


Die polymeren Seitenketten werden auf das Rückgratpolymer, hier *cis*-1,4-Polybutadien aufgepfropft, woher der Name Pfropfpolymere stammt (engl. *graft polymers*; Abkürzung: g). Die Kurzbezeichnung des oben formulierten Polymers ist *cis*-1,4-Polybutadien-g-Polystyrol. Durch Dispersion von Homo- oder Copolymeren des Butadien in Acrylnitril-Styrol-Copolymeren erhält man die hochwertigen ABS-Kunststoffe (**ABS**: **A**crylnitril-**B**utadien-**S**tyrol). Durch die Pfropfpolymerisation können monolithische Materialien definierter Porosität gewonnen werden, die zur Herstellung trägerfixierter Katalysatoren geeignet sind.

Ein wesentlicher Nachteil der aus Dienen hergestellten Elastomere besteht darin, dass das fertige Vulkanisat noch eine größere Anzahl von Doppelbindungen aufweist, wodurch es gegen Sauerstoff und Ozon sowie gegen Licht empfindlich ist. Um dies zu verhindern, setzt man dem Gummi Alterungsschutzmittel (Antioxidanzien) zu, z. B. *N*-Phenyl-$\beta$-naphthylamin.

Eine bedeutend höhere Beständigkeit und Lebensdauer zeigen jedoch synthetische Elastomere, die durch Polymerisation von Monoolefinen oder Vinylderivaten hergestellt werden (▸ Kap. 4). Hierzu gehören die Copolymerisate von Acrylsäureethylester mit Acrylnitril sowie Kombinationen von Ethylen mit Propylen und Dicyclopentadien (**EPDM**: **E**thylen-**P**ropylen-**D**ien-**M**onomer) oder Vinylacetat als Comonomer. Ein besonders hochwertiges Material liefert die gleichzeitige Chlorierung und Sulfochlorierung von Polyethylen (**Hypalon**); es ist durch Zusatz von Metalloxiden, Diaminen oder Polyalkoholen vulkanisierbar.

# 27 Steroide

Natürliche und synthetische Steroide ... 731

Die Steroide sind eine sehr heterogene Substanzklasse biologisch aktiver, alicyclischer Naturstoffe mit sehr unterschiedlichen Wirkungen und Aufgaben in tierischen und pflanzlichen Organismen. Einzig ihre strukturelle Verwandtschaft ist unmittelbar ersichtlich: Alle Steroide leiten sich formal von dem Kohlenwasserstoff **Steran** (Perhydro-1,2-cyclopentanophenanthren) ab, der aus drei Sechsringen (A, B und C) und einem Fünfring (D) aufgebaut ist. Häufig treten in natürlichen Steroiden Alkylketten an Position 17 auf, ferner Methylgruppen an den Positionen 10 und 13. Außerdem sind Hydroxy- und Carbonylgruppen sowie Doppelbindungen an unterschiedlichen Positionen zu finden.

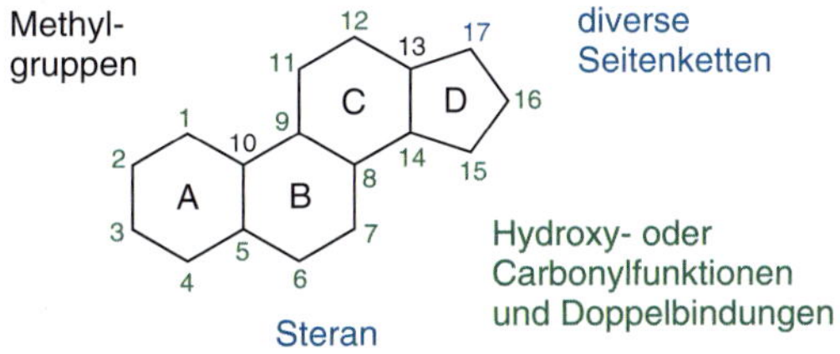


## 27.1 Natürliche und synthetische Steroide

### 27.1.1 Struktur und Eigenschaften

Zur Substanzklasse der Steroide gehören alle organischen Verbindungen, die das typische alicyclische Grundgerüst des Sterans aus vier kondensierten Ringen (▸Kap. 3.8.3) – drei Cyclohexanringen und einem Cyclopentanring – als strukturelles Merkmal besitzen oder davon abgeleitet sind. Ihre Konstitutionsaufklärung geht hauptsächlich auf die bahnbrechenden Arbeiten von *Windaus* und *Wieland* zurück. Da diese Verbindungen alle wesentlichen strukturellen Eigenschaften teilen und metabolisch aus den „Steroidbasismolekülen", den Sterolen, gebildet werden, unterteilt man sie nach ihren Eigenschaften und biologischen Funktionen in Sterole, Steroidvitamine und Gallensäuren sowie in Steroidhormone, herzwirksame Steroide, Steroidsapogenine und Steroidalkaloide.

Viele Steroide haben **Lipidcharakter**, sodass sie häufig schlecht in Wasser löslich sind und daher im Organismus meist an Transportermoleküle, z. B. Proteine, gebunden oder in Pflanzen mit Zuckerresten konjugiert sind. Dadurch wird es ihnen möglich, trotz ihres relativen hohen Molekulargewichts durch Zellmembranen zu diffundieren. Einige Steroide zeigen aufgrund ihrer Funktionalisierung mit polaren Gruppen amphiphile und damit detergierende Eigenschaften. Alle Steroide besitzen mehrere Chiralitätszentren und sind daher optisch aktiv.



#### Konformationen und Nomenklatur

Die vier aliphatischen Ringe können theoretisch alle jeweils in einer *cis*- oder in einer *trans*-Konfiguration miteinander verknüpft sein. Tatsächlich findet man aber nur bestimmte Verknüpfungen, sodass die Anzahl möglicher Konfigurationen und Konformationen beschränkt (*Barton* 1950) und bei Weitem nicht so groß ist, wie dies in der Theorie möglich wäre. In den natürlich vorkommenden Steroiden sind die Ringe A und B entweder *cis* oder *trans*-verknüpft, während die Ringe

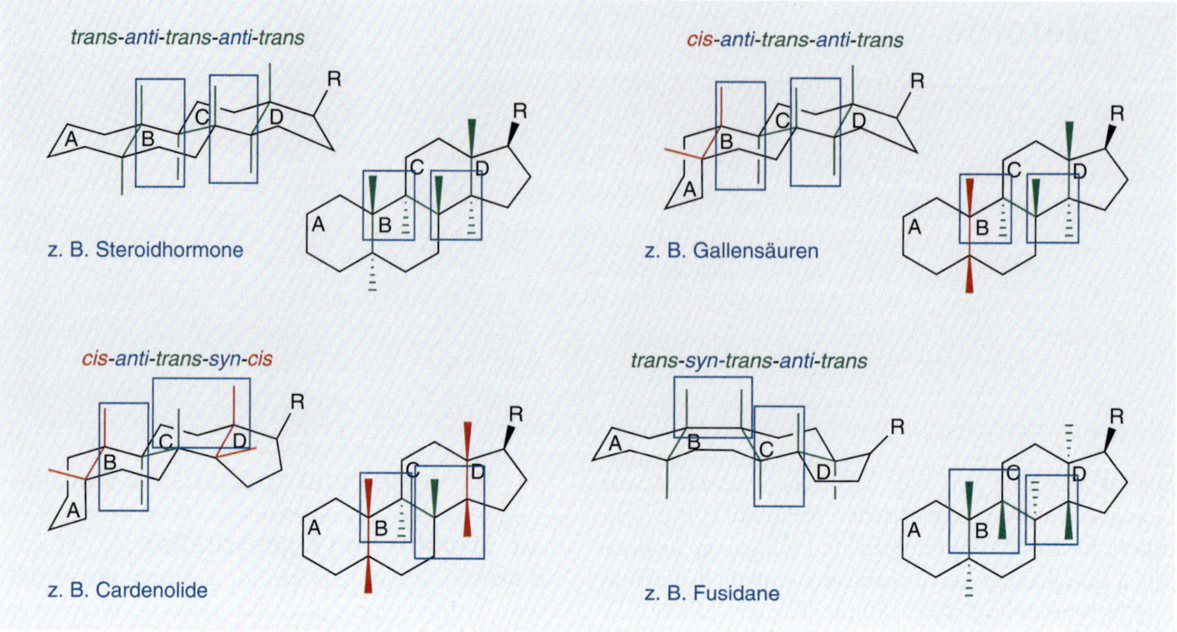


**Abb. 27.1** Mögliche Ringverknüpfungen bei natürlichen Steroiden sowie ihre Konformationsformeln

B und C immer und die Ringe C und D meistens *trans*-ständig zueinander sind. Betrachtet man die Ringe A und C bzw. die Ringe B und D (Abb. 27.1), ergeben sich ebenfalls zwei Verknüpfungsmöglichkeiten: Die Substituenten an der Einfachbindung, die diese Ringe jeweils verbindet (blau markiert in Abb. 27.1), können auf verschiedenen oder auf der gleichen Seiten stehen. Diese Verknüpfungsmöglichkeiten werden mit *anti* bzw. *syn* (*transoid*, *cisoid*) bezeichnet. Insgesamt ergeben sich dadurch vier Kombinationen möglicher Ringverknüpfungen, die in natürlichen Steroiden vorkommen:

- ***trans-anti-trans-anti-trans*** ist die Basiskonformation, die man in den gesättigten Sterolen findet und die auch der Konformation der Steroidhormone entspricht (Abb. 27.1, oben links). Hier sind die Cyclohexansessel z. T. etwas verzerrt, da die Grundgerüste teilweise ungesättigt vorliegen.
- ***cis-anti-trans-anti-trans*** ist die Grundkonformation aller Gallensäuren (Abb. 27.1, oben rechts).
- Eine ***cis-anti-trans-syn-cis***-Konformation (Abb. 27.1, unten links) liegt bei Cardenoliden und Bufanoliden (▸Kap. 27.1.3) vor. Hier findet man eine *cis*-Verknüpfung der Ringe C und D und die Substituenten an der Einfachbindung zwischen den Ringen B und D weisen eine *syn*-Anordnung auf.
- Eine ***trans-syn-trans-anti-trans***-Verknüpfung findet man nur bei Fusidanen (Abb. 27.1, unten rechts). Hier sind alle Ringe zueinander *trans*-verknüpft, aber die Substituenten an der Einfachbindung zwischen Ring A und C stehen *syn*-zueinander. Dadurch wird der Ring B in die Bootkonformation gezwungen.

Wie bereits vom Cyclohexan bekannt (▸Kap. 3.8), spielt die Position, in der sich die Substituenten befinden, und die Art und Weise der Ringverknüpfung eine wichtige Rolle für die Konformation und die Flexibilität des Moleküls. Üblicherweise bevorzugen Substituenten an einem Cyclohexanring die sterisch weniger anspruchsvolle und damit energetisch günstigere, äquatoriale Position. Axiale Substituenten können durch Ringinversion in eine äquatoriale Anordnung gebracht werden. In Steroiden mit ihrer kondensierten Ringstruktur steht einer Konformationsänderung jedoch die immer vorhandene *trans*-Verknüpfung des B- und C-Rings entgegen. **Steroide** sind daher – wie alle Moleküle, die *trans*-verknüpfte Cyclohexanringe enthalten (z. B. *trans*-Decalin, ▸Kap. 3.8.3) **starre Moleküle**, die keine Ringinversion eingehen können. Dementsprechend haben die Substituenten an einem Steroid fixierte Positionen, was für die biologische Aktivität der Moleküle von enormer Wichtigkeit ist: Viele Steroide binden an Rezeptoren und lösen dadurch biologische Signale aus. Aufgrund der konformativen Starrheit der Steroide nehmen die Substituenten an einem Steroidgerüst immer eine genau definierte räumliche Anordnung ein und passen somit exakt in die entsprechenden Bindungsstellen am jeweiligen Rezeptor (Schlüssel-Schloss-Prinzip).

Die relative Stellung der einzelnen Substituenten zueinander wird in Steroiden in Bezug auf die angulare Methylgruppe am C10-Atom angegeben (Abb. 27.2). Alle Substituenten, die sich oberhalb der gedachten Ebene des Ringsystems befinden, also auf der gleichen

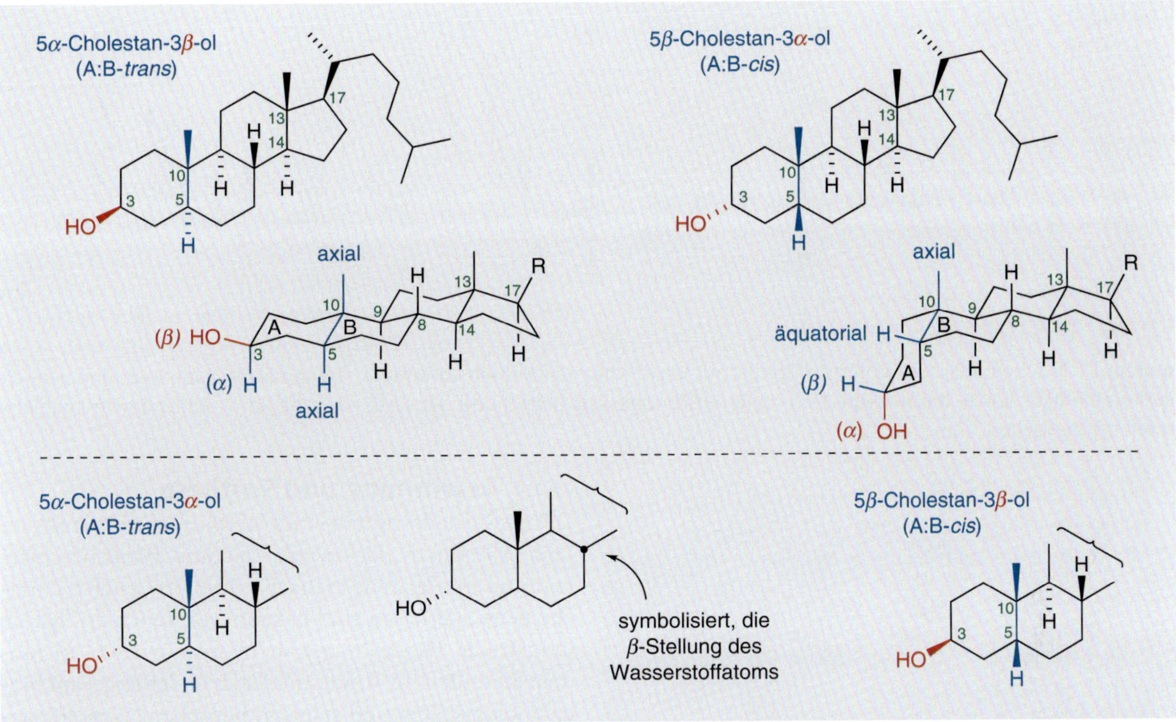


**o Abb. 27.2** Deskriptoren für die relative Stellung von Substituenten an Steroidgerüsten, veranschaulicht am Beispiel der Cholestane: Befinden sich die Substituenten auf der gleichen Seite wie die Methylgruppe am C10, stehen sie also nach oben, bezeichnet man ihre relative Stellung mit $\beta$. Stehen sie hingegen nach unten, verwendet man die Bezeichnung $\alpha$.

Seite wie die Methylgruppe an C10, werden als $\beta$-ständig bezeichnet. Die Bindungen dieser Substituenten werden als Keile dargestellt (oft findet man auch anstelle $\beta$-ständiger Wasserstoffatome Punkte an den entsprechenden Kohlenstoffen zur Kennzeichnung der Konfiguration; o Abb. 27.2, unten Mitte). Alle Substituenten, die sich unterhalb der Ringebene befinden, werden als $\alpha$-ständig bezeichnet; man symbolisiert dies durch eine gestrichelte Bindung.

Im Folgenden werden die Nomenklatur und Konfiguration der Steroide am Beispiel der **Cholestanole** verdeutlicht (o Abb. 27.2). Cholestanole sind Dihydrocholesterole, sie besitzen also ein gesättigtes Kohlenwasserstoffgerüst; außerdem tragen sie – wie viele Steroide – eine Hydroxygruppe am C3-Atom. Als Abbauprodukte des Cholesterols findet man sie vorwiegend in tierischen Ausscheidungen. In geringen Mengen kommen Cholestanole jedoch auch in Lebensmitteln vor, wo sie im Rahmen der Fetthärtung entstehen können. In den Cholestanolen sind die Methylgruppen an den C-Atomen 10 und 13, die Seitenkette an C17 sowie das Wasserstoffatom an C8 $\beta$-ständig; entsprechend sind die Wasserstoffatome an den C-Atomen 9, 14 und 17 $\alpha$-ständig. Sind nun die Ringe A und B miteinander *trans*-verknüpft, ist das Wasserstoffatom am C5 ebenfalls $\alpha$-ständig, befindet sich also unterhalb der Ringebene, hier in axialer Position. Bei *cis*-verknüpften Ringen dagegen ist das Wasserstoffatom entsprechend $\beta$-ständig und in äquatorialer Position. Die Hydroxygruppe an C3 kann natürlich ebenfalls oberhalb der Ringebene liegen, also $\beta$-ständig sein, oder sich unterhalb der Ringebene befinden, also $\alpha$-ständig sein; zusammen mit den *cis*- oder *trans*-Verknüpfungen der beiden Ringe sind somit vier unterschiedliche absolute Konfigurationen für die Cholestanole möglich.

Die in o Abb. 27.2 dargestellten Konformationen gelten nur für vollständig gesättigte Ringe. Sobald eine Doppelbindung vorliegt, verzerrt sich die Struktur aufgrund der $sp^2$-Hybridisierung der C-Atome der Doppelbindung, und der entsprechende Sessel geht in einen Halbsessel über.

Steroide werden üblicherweise mit ihren **Trivialnamen** bezeichnet. Auch bei der Benennung mithilfe der IUPAC-Nomenklatur werden diese im Namen der gesättigten Stammverbindung berücksichtigt, da es aufgrund der Komplexität der Verbindungen unverkennbar wenig hilfreich ist, sie nach den üblichen Nomenklatur-Regeln zu benennen. In den Stammnamen sind die absoluten Konfigurationen enthalten. Spezielle Substituenten oder veränderte Konfigurationen werden, wie üblich, unter Angabe der Position in den Stammnamen, der sich vom gesättigten Kohlenwasserstoffgerüst ableitet, eingebaut. Die Bezifferung der Kohlenstoffatome ist dabei für eventuell vorhandene Substituenten fest vorgegeben (o Abb. 27.3, links).

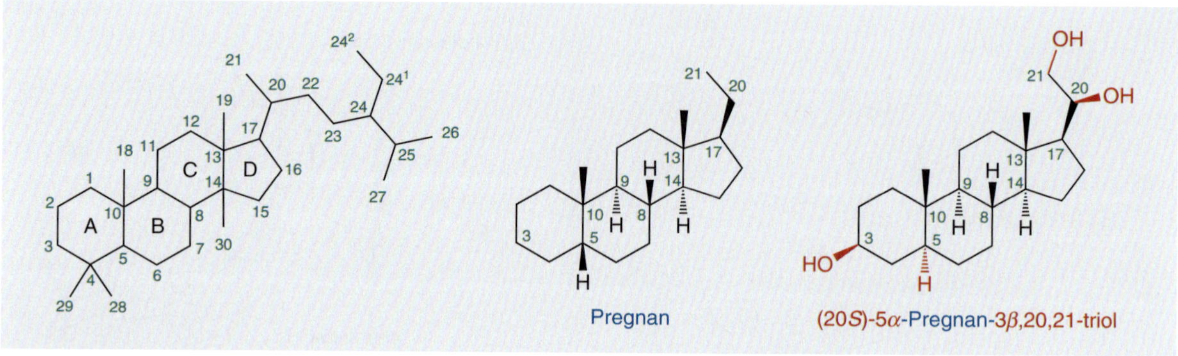


**o Abb. 27.3** Schematisches Kohlenstoffgerüst zur Bezifferung der Kohlenstoffatome, die in natürlichen Steroiden vorkommen (links), sowie die Struktur des Pregnan-Grundgerüsts (Mitte) und der systematische Name eines davon abgeleiteten synthetischen Triols (rechts)

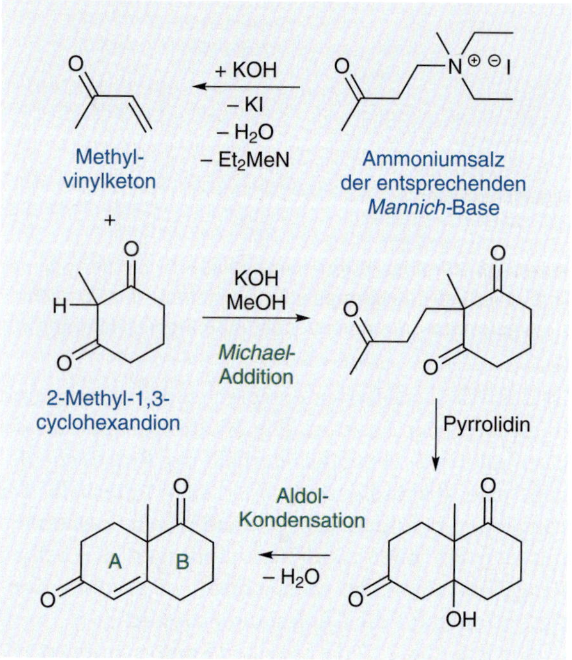


**o Abb. 27.4** *Robinson*-Anellierung zum synthetischen Aufbau des Steroidgerüsts

**Beispiel:** Der Name des synthetischen (20*S*)-5α-Pregnan-3β,20,21-triols, einem Sexualhormon, leitet sich zunächst vom gesättigten Pregnan-Grundgerüst ab, das an den Positionen 5, 10, 13 und 17 die β-Konfiguration, an den Positionen 9 und 14 die α-Konfiguration besitzt (o Abb. 27.3, Mitte). Alle Unterschiede zur Struktur der Stammverbindung werden somit im Namen hervorgehoben: Das Wasserstoffatom am C5 ist α-konfiguriert, d. h. Ring A und B sind *trans*-verknüpft. Als Substituenten kommen die β-konfigurierte Hydroxygruppe am C3 sowie die beiden Hydroxygruppen der Seitenkette an C20 und C21 hinzu, angezeigt durch das Suffix Triol, wobei das (*S*)-konfigurierte Chiralitätszentrum am C20 ebenfalls gesondert hervorgehoben wird (o Abb. 27.3, rechts).

### 27.1.2 Gewinnung und Synthese

Die erste Totalsynthese eines Steroids wurde bereits im Jahr 1939 durch *Bachmann*, *Cole* und *Wilds* beschrieben und mittlerweile vielfach optimiert. Auch zahlreiche neue Synthesen sind bekannt. Dennoch erfolgt die industrielle Herstellung von pharmazeutisch wirksamen Steroiden im Tonnenmaßstab in der Regel auf biotechnologischem und semisynthetischem Weg. Pflanzliche Steroide wie beispielsweise das Sapogenin **Diosgenin**, das aus mexikanischen Yams-Wurzeln gewonnen werden kann (▸Kap. 27.1.3), werden mithilfe geeigneter Pilze und Bakterien verstoffwechselt und anschließend chemisch modifiziert. Die Wirkstoffe und deren Vorstufen lassen sich aufgrund ihrer lipophilen Eigenschaften leicht aus Zellmedien oder Fermentationslösungen extrahieren.

Unverzichtbar ist die chemische Totalsynthese dagegen bei der Optimierung der Eigenschaften natürlicher Steroide, die als Wirkstoffe eingesetzt werden, und bei der Suche nach neuen, synthetischen Steroidwirkstoffen. Um das Steroidgerüst synthetisch aufzubauen, wird klassischerweise die ***Robinson*-Anellierung** (1935) verwendet. Unter einer Anellierung versteht man das Anfügen eines weiteren Rings an einen bereits vorhandenen Cyclus (lat. *anellus* = kleiner Ring). Die *Robinson*-Anellierung ist eine Kombination aus *Michael*-Addition und Aldol-Kondensation (▸Kap. 12.1.3), z. B. zwischen Methylvinylketon und 2-Methyl-1,3-cyclohexandion (o Abb. 27.4). Um die Polymerisation des Methylvinylketons unter diesen Reaktionsbedingungen zu verhindern, verwendet man in der Praxis häufig eine Verbindung, aus der erst während der Reaktion das Methylvinylketon freigesetzt wird, z. B. quartäre Ammoniumsalze der entsprechenden *Mannich*-Base. Diese werden in alkalischen Lösungen durch eine *Hofmann*-Eliminierung zum *Michael*-System abgebaut. Unter basischen Bedingungen wird dann das Diketon in α-Position deprotoniert und das gebildete Enolat greift das freigesetzte Methylvinylketon nucleophil an (*Michael*-Addition). Anschließend fin-

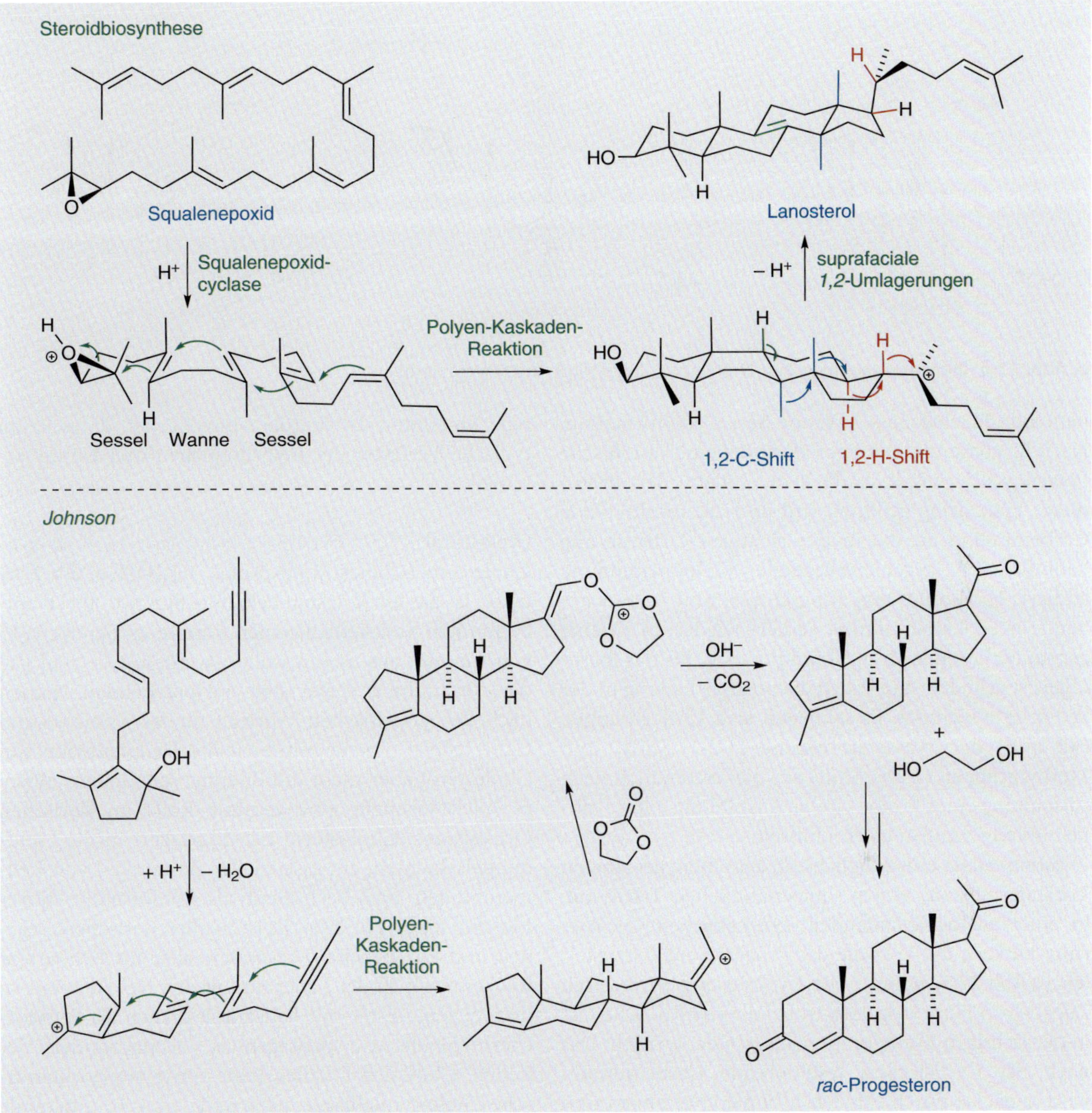


**Abb. 27.5** Die Steroidbiosynthese (oben) erfolgt über eine enzymatisch induzierte kationische Cyclisierungskaskade, ausgehend von Squanelepoxid. *Johnson* zeigte erstmals, dass analoge biomimetische Polyencyclisierungen auch chemisch im Labor gelingen (unten).

det eine baseninduzierte intramolekulare Aldol-Kondensation statt (z. B. mit Pyrrolidin als Base).

Die *in vivo* enzymatisch ablaufende **Steroidbiosynthese** beginnt mit dem Triterpen **Squalen** (▸ Kap. 26), das zunächst zum Squalenepoxid oxidiert wird. Je nach Organismus entstehen aus dem Epoxid unterschiedliche Folgeprodukte. In Tieren und Pilzen reagiert das epoxidierte Squalen durch eine Tandem-Reaktion zum Triterpenalkohol **Lanosterol** (▸ Kap. 26.21), in Pflanzen zum **Cycloartenol**. Ausgehend von diesen beiden Verbindungen werden im jeweiligen Organismus die Steroide und deren Abkömmlinge synthetisiert.

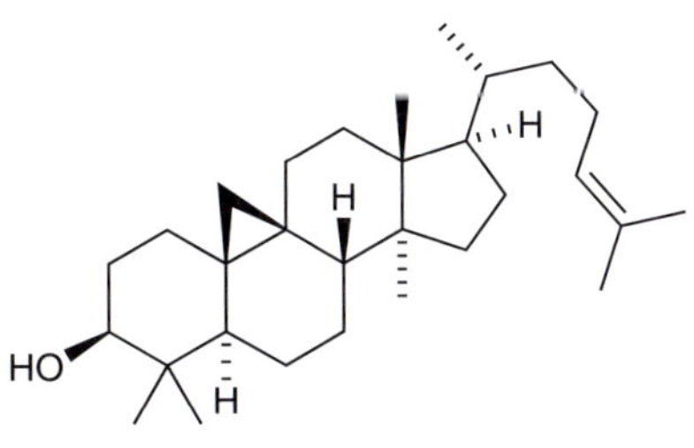


Cycloartenol

In Tieren erfolgt die Cyclisierung des Squalenepoxids enzymatisch durch die Squalenepoxidcyclase (Abb. 27.5, oben). Das Enzym unterstützt die Faltung des Squale-

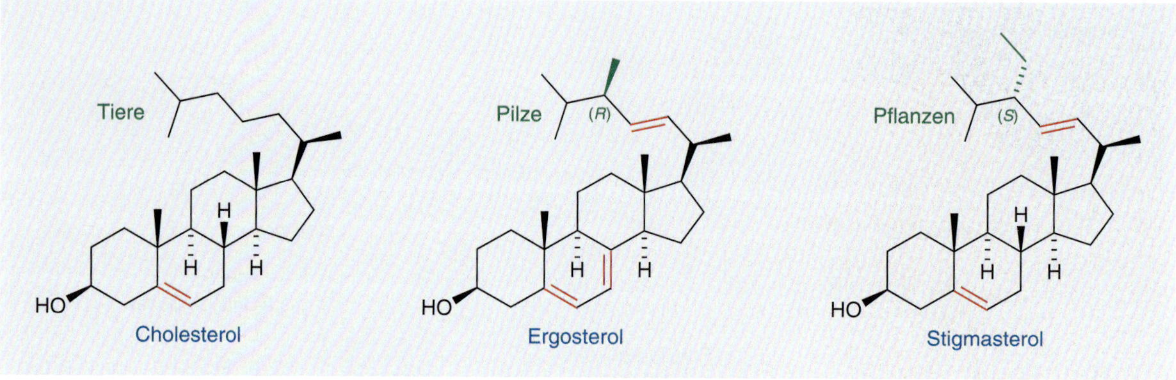


**Abb. 27.6** Die wichtigsten Sterole: Cholesterol, Ergosterol und Stigmasterol

nepoxids in eine Sessel-Wanne-Sessel-Konformation. Nach Protonierung des Epoxids findet eine kationische Polyencyclisierungskaskade statt, indem der protonierte Epoxidring geöffnet wird und das resultierende Carbeniumion an die in der richtigen Orientierung befindliche, gegenüberliegende Doppelbindung addiert. Es kommt zum Ringschluss, und das entstehende neue Carbeniumion addiert wiederum an eine gegenüberliegende Doppelbindung usw., bis das Steroidgerüst gebildet ist und sich die positive Ladung in der Seitenkette befindet. Es schließen sich Umlagerungen (▸Kap. 6) der Wasserstoffatome (1,2-H-Shift) und Methylgruppen (1,2-C-Shift) an, die letztendlich nach Abspaltung eines Protons unter Ausbildung einer Doppelbindung zum Lanosterol führen.

*Johnson* fand eine Möglichkeit, aus einem geeigneten Vorläufermolekül, einem squalenähnlichen **Trienynol**, in einer analog ablaufenden, synthetischen Cyclisierungskaskade die Vorstufe des Progesterons darzustellen (Abb. 27.5, unten). Die Cyclisierung wird durch Zugabe von Säure ausgelöst, wobei die vier Ringe bereits in der richtigen Konfiguration ausgebildet werden. Das nach der Cyclisierung resultierende Carbeniumion wird zunächst durch Ethylencarbonat abgefangen und anschließend basisch zum Keton hydrolysiert.

### 27.1.3 Ausgewählte Verbindungen

#### Sterole und Verwandte

Als **Sterole** (früher: Sterine) werden jene einfachen Steroide bezeichnet, die eine 3$\beta$-Hydroxygruppe tragen, die also einwertige, sekundäre Alkohole sind. Die wichtigsten Vertreter sind das im tierischen Organismus vorkommende **Cholesterol** (früher: Cholesterin), das in Pilzen gebildete **Ergosterol** (früher: Ergosterin) sowie das in Pflanzen enthaltene **Stigmasterol** (früher: Stigmasterin); die Strukturformeln dieser Verbindungen sind in Abb. 27.6 dargestellt. Die frühere Einteilung in Zoo-, Myco- und Phytosterine (also Sterole, die in Tieren, Pilzen oder Pflanzen vorkommen) schien zunächst logisch zu sein. Mit der Entwicklung der Steroidchemie stellte sich jedoch heraus, dass eine strukturelle Einteilung der Sterole sinnvoller ist, da es kaum typische Vertreter der ursprünglichen drei Unterklassen gibt.

#### Cholesterol

Cholesterol (Cholest-5-en-$\beta$-ol, $C_{27}H_{45}OH$; Abb. 27.6, links) ist das am längsten bekannte Steroid. Als Hauptbestandteil von Gallensteinen konnte es bereits 1775 von *Conradi* aus diesen isoliert werden. *Chevreul* gab der Verbindung später den entsprechenden Namen nach den griechischen Wörtern für fest (*stereos*) und Galle (*chole*). Zweifelsohne ist die Hauptaufgabe von Cholesterol aber nicht die Bildung von Gallensteinen; es spielt vielmehr eine zentrale Rolle im tierischen Organismus. **Cholesterol** ist, eingelagert in die Lipiddoppelschichten, ein essenzieller Bestandteil von Zellmembranen und beeinflusst als konformativ starres Molekül deren Fluidität. Es ist in allen tierischen Organen und Flüssigkeiten, besonders aber im Gehirn, im Rückenmark, in der Leber und in den Nebennieren zu finden; seine Ester mit Fettsäuren dienen als Fettspeichermoleküle, also sozusagen als Vorratskammern der Zellen. Cholesterol-Gallensteine sowie arteriosklerotische Cholesterolablagerungen und daraus resultierende Entzündungen der Gefäßwände sind dagegen pathologische Erscheinungen (Abb. 27.7).

Cholesterol ist neben anderen Fettbestandteilen auch in recht hohen Mengen im Wollwachs (Lanolin) enthalten. Als Begleitstoffe treten immer auch seine gesättigten Abbauprodukte 5$\beta$-Cholestan-3$\beta$-ol und 5$\alpha$-Cholestan-3$\beta$-ol auf. Die Doppelbindung in Ring B kann durch die Entfärbung von Bromwasser qualitativ nachgewiesen werden. Mithilfe der Dehydrierung durch Selen (Abb. 27.8) konnte *Diels* 1934 die Konstitution aufklären: Durch die Wanderung der Methylgruppe von C13 nach C17 kommt es zur Abspaltung der Seitenkette; die weitergehende Dehydrierung führt unter Abspaltung von Methan und Wasser zur Bildung eines aromatischen Ringsystems, dem 3'-Methyl-1,2-cyclopentenophenantren, das auch auf anderem Wege synthetisch zugänglich ist. Die 1932 aufgestellte

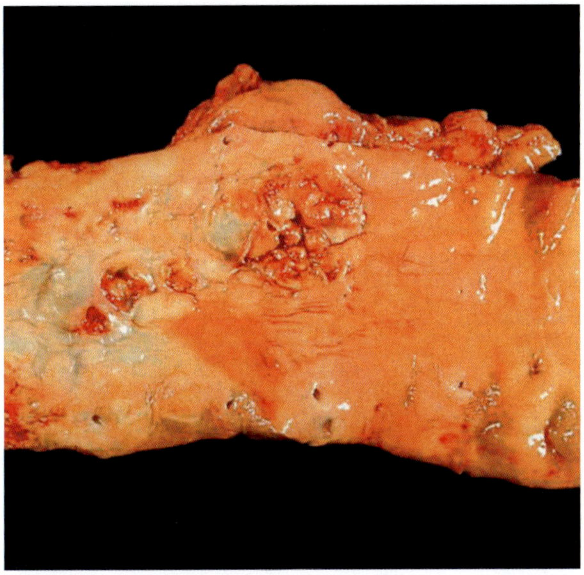

**o Abb. 27.7** Arteriosklerotisches Blutgefäß

*Rosenheim-Wieland*sche Konstitutionsformel konnte schließlich durch die Röntgenstrukturanalyse von *Crowfoot Hodgkin* 1945 bewiesen und die Orientierung aller Wasserstoffe durch *Cornforth* und *Popjak* aufgeklärt werden. Durch die Dehydrierung an C7 und C8 kann eine zweite Doppelbindung eingeführt werden; es entsteht 7-Dehydrocholesterol, das auch als Provitamin $D_3$ bekannt ist (▸ Exkurs: D-Vitamine).

### Ergosterol

**Ergosterol** ((22*E*)-(24*R*)-24-Methylcholesta-5,7,22-trien-3*β*-ol, $C_{29}H_{47}OH$; o Abb. 27.6, Mitte) findet man vor allem in Hefen. Es besitzt drei Doppelbindungen, von denen zwei (im B-Ring) konjugiert vorliegen. Die dritte Doppelbindung ist (*E*)-konfiguriert und befindet sich in der Seitenkette zwischen C22 und C23. Außerdem trägt Ergosterol am C24 eine zusätzliche Methylgruppe; das dadurch entstehende, zusätzliche Chiralitätszentrum ist (*R*)-konfiguriert. Die Lage der Doppelbindung in der Seitenkette wurde durch Ozonolyse aufgeklärt, bei der als Spaltprodukt Isopropylmethylacetaldehyd gefunden wurde (o Abb. 27.9).

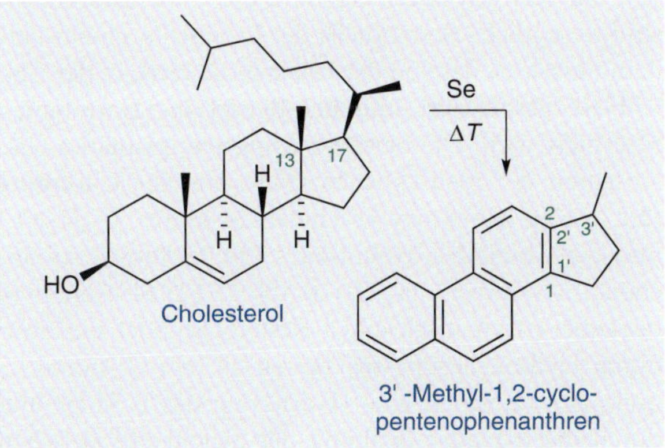


**o Abb. 27.8** Dehydrierung von Cholesterol durch Selen

Ergosterol (**Provitamin $D_2$**) geht bei Bestrahlung mit UV-Licht direkt in **Vitamin $D_2$** (Calciferol, Ergocalciferol, $C_{28}H_{43}OH$) über (o Abb. 27.10, ▸ Exkurs: D-Vitamine). Vitamin $D_2$ konnte erstmals durch *Windaus* 1932 dargestellt werden. Bewiesen werden konnte die Struktur der Verbindung damit, dass acht Wasserstoffatome katalytisch an die Doppelbindungen addiert werden können und eine *Diels-Alder*-Reaktion mit Maleinsäureanhydrid zum Octahydronaphthalenderivat erfolgt. Durch Röntgenstrukturanalyse konnte schließlich die absolute Struktur als (5*Z*,7*E*,22*E*)-(3*S*)-9,10-Secocholesta-5,7–10(19),22-tetraen-3-ol aufgeklärt werden. Aus 7-Dehydrocholesterol entsteht entsprechend **Vitamin $D_3$** (Cholecalciferol, (5*Z*,7*E*)-(3*S*)-9,10-Secocholesta-5,7–10(19)-trien-3-ol, $C_{27}H_{43}OH$), das sich strukturell von Vitamin $D_2$ nur durch die gesättigte Seitenkette unterscheidet (o Abb. 27.10, Mitte). Beide Vitamine zeigen eine identische biologische Aktivität, entsprechen aber noch nicht den eigentlichen, aktiven Wirkstoffen. Dazu werden sie in der Leber am C25 und in der Niere am C1 zu **1,25-Dihydroxyergocalciferol** bzw. **1,25-Dihydroxycholecalciferol** (**Calcitriol**, o Abb. 27.10, unten rechts) hydroxyliert.

Die **D-Vitamine** sind von enormer Bedeutung für die Regulation der extrazellularen Calciumkonzentration und zur Aufrechterhaltung der Calciumhomöostase (= Aufrechterhaltung einer konstanten Calciumionen-Konzentration im Cytoplasma). Eine **Hypovitaminose** (Vitamin-Mangel) führt beim Erwachsenen zur

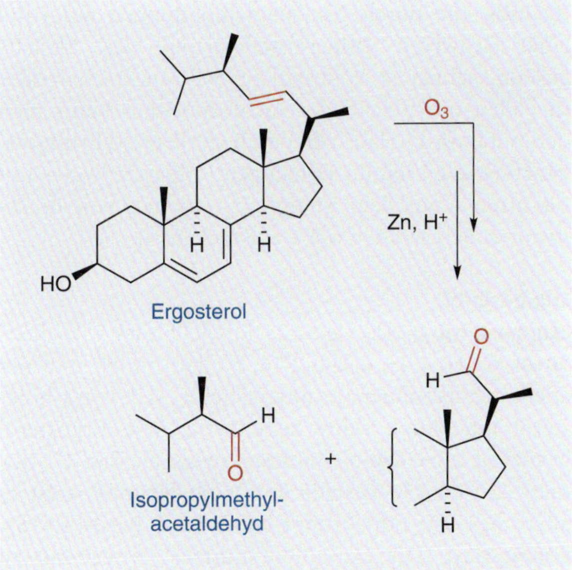


**o Abb. 27.9** Bei der Ozonolyse von Ergosterol unter reduktiven Bedingungen entsteht als ein Spaltprodukt Isopropylmethylacetaldehyd, womit die Lage der Doppelbindungen in der Seitenkette aufgeklärt werden konnte.

27

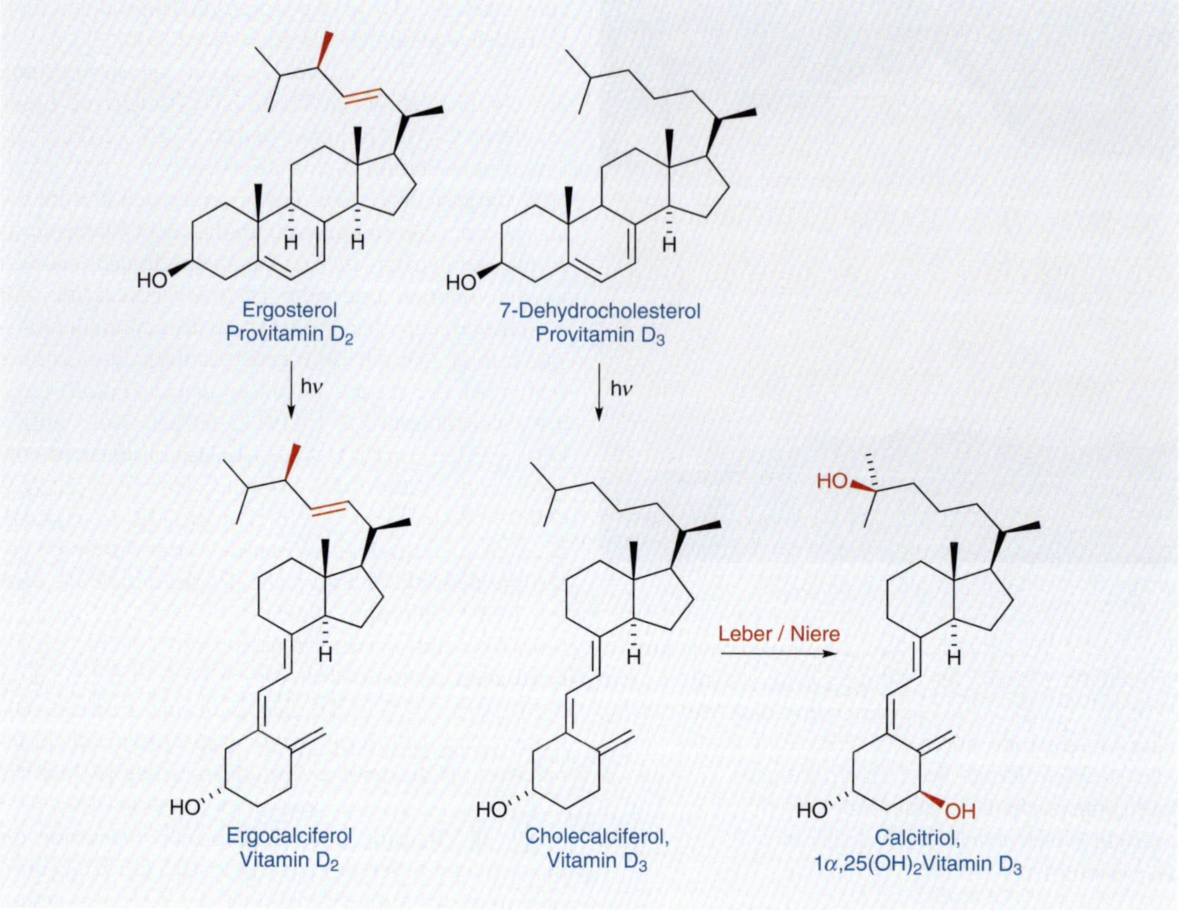


**Abb. 27.10** Ergosterol (Provitamin $D_2$) geht bei Bestrahlung mit UV-Licht in Vitamin $D_2$ über (analog wird 7-Dehydrocholesterol zu Vitamin $D_3$). In der Leber und in den Nieren werden die Vitamine zweifach hydroxyliert.

**Osteomalazie** (Knochenschwund) und bei Kindern zur Rachitis, die durch Knochenfehlbildungen aufgrund einer schweren Mineralstoffstörung des Skeletts gekennzeichnet ist. Während der Schwangerschaft oder in Fällen unzureichender Lichtexposition kann man den Vitamin-D-Haushalt durch gezielte Nahrungsergänzung mit Vitamin-D-haltigen Präparaten oder mit Fischtran – aus dem Vitamin $D_3$ erstmals von *Brockmann* isoliert worden war – aufstocken.

### Stigmasterol

**Stigmasterol** ((22*E*)-(24*S*)-24-Ethylcholesta-5,22-dien-3*β*-ol, $C_{29}H_{47}OH$; Abb. 27.6, rechts) findet man vor allem in Sojabohnen. Es unterscheidet sich von Cholesterol nur durch seine Seitenkette. Wie Ergosterol besitzt es eine Doppelbindung zwischen den C-Atomen 22 und 23. Anstelle der Methylgruppe weist es allerdings eine Ethylgruppe an C24 auf; dieses ist (*S*)-konfiguriert. Die Ozonolyse führt entsprechend zu Ethylisopropylacetaldehyd. Stigmasterol ist eine wichtige Ausgangsverbindung für die Partialsynthese von Steroidhormonen. Durch Hydrierung der Seitenkette kann es in *β*-**Sitosterol (Sitosterin)** überführt werden, das als Abfallprodukt auch – zusammen mit anderen Steroiden – bei der Verseifung von Sojaöl anfällt. Sitosterol kann ebenfalls als Ausgangsstoff zur Synthese von Steroidhormonen (z. B. Estron) verwendet werden und dient selbst zur Behandlung der benignen Prostatahyperplasie.

### Gallensäuren

Strukturell deutlich unterschiedlich, aber chemisch direkt von der Sterolen abgeleitet, sind die **Gallensäuren**. Sie sind wesentliche Bestandteile der Lebergalle, einem Verdauungssekret, das von der Leber produziert, in der Gallenblase gespeichert und bei Bedarf ins Darmlumen sezerniert wird. Die beiden wichtigsten, primären Gallensäuren der menschlichen Galle sind die **Cholsäure** (3*α*,7*α*,12*α*-Trihydroxy-5*β*-cholan-24-säure, $C_{24}H_{40}O_5$) und die **Chenodesoxycholsäure** (3*α*,7*α*-Dihydroxy-5*β*-cholan-24-säure, $C_{24}H_{40}O_4$) (Abb. 27.12). Sie werden in der Leber enzymatisch aus Cholesterol gebildet, und zwar durch Hydroxylierungsreaktionen an den C-Atomen 7 und/oder 12, durch eine Hydrierung des B-Rings und durch die oxidative Spaltung der Seitenkette zwischen C24 und C25. Zurück bleibt die namensgebende Car-

## Exkurs: D-Vitamine – die „Steroidvitamine": Biosynthese durch pericyclische Reaktionen

**Ergosterol** und **7-Dehydrocholesterol** stehen als Provitamine der D-Reihe in enger struktureller Beziehung zueinander; sie unterscheiden sich nur durch die Doppelbindung in der Seitenkette und eine zusätzliche Methylgruppe (o Abb. 27.10). Beide unterliegen bei Lichteinwirkung (UV-Bestrahlung) in der Haut zunächst der **elektrocyclischen** Öffnung des B-Rings zwischen C9 und C10; anschließend findet eine sogenannte **sigmatrope [1,7]-H-Verschiebung** statt (o Abb. 27.11, oben). Bei beiden Reaktionen handelt es sich um – für Polyensysteme typische – **pericyclische Reaktionen** (griech. *peri* = herum), zu denen neben elektrocyclischen Reaktionen und sigmatropen Umlagerungen auch die Cycloadditionen gehören (vgl. *Diels-Alder*-Reaktion, ▸Kap. 13.2.3).

Pericyclische Reaktionen können entweder thermisch oder photochemisch ablaufen und sind in der Regel reversibel, sodass nicht nur Ringe aufgebaut, sondern, wie im Fall der D-Vitamine, auch Ringe geöffnet werden können. Es handelt sich hierbei um konzertierte, also in einem Schritt ablaufende Reaktionen, deren stereochemischer Verlauf mithilfe der ***Woodward-Hoffmann*-Regeln** vorausgesagt werden kann (◻Tab. 27.1). Grundsätzlich besagen diese, dass bestimmte Orbitalsymmetrien bei den pericyclischen Reaktionen erhalten bleiben müssen, um einen kontinuierlichen Übergang der Orbitale der Edukte in entsprechende, symmetrieäquivalente Orbitale der Produkte zu ermöglichen. Daraus folgt, dass die Reaktionen stereospezifisch ablaufen müssen. Die Auswahlregeln lassen sich mit verschiedenen Modellen erklären, bei denen man z. B. betrachtet, wie HOMO und LUMO der reagierenden Polyeneinheiten miteinander wechselwirken können (o Abb. 27.11, Mitte). Die Regeln sind dabei für thermische bzw. photochemische Reaktionen unterschiedlich, da photochemische Reaktionen aus angeregten Zuständen heraus stattfinden.

Betrachten wir als Beispiel die elektrocyclische Ringöffnung im Provitamin $D_3$ (o Abb. 27.11, oben). Die Ringöffnung führt zu einer Umwandlung eines Cyclohexa-1,3-diens in eine Hexatrieneinheit. Dazu müssen die $sp^3$-Hybridorbitale der C—C-Bindung zu $sp^2$-Hybridorbitalen umhybridisiert und durch Drehen parallel zum bereits bestehenden $\pi$-System ausgerichtet werden. Entsprechend der *Woodward-Hoffmann*-Regeln kann dies bei einer thermischen Reaktion nur so erfolgen, dass die Orbitale der sich öffnenden C—C-Bindung **disrotatorisch** (also entgegengesetzt zueinander) gedreht werden. Im Falle des 7-Dehydrocholesterols ist dies jedoch aus sterischen Gründen (wegen des C-Rings) nicht möglich. Daher kann die Ringöffnung nicht thermisch erfolgen (o Abb. 27.11, Mitte links). Anders sieht es dagegen aus, wenn die Reaktion photochemisch abläuft; da die Reaktion nun aus dem ersten angeregte Zustand heraus erfolgt. Um bei der Ausbildung der Doppelbindungen wieder die Orbitalsymmetrien zu konservieren, müssen die Orbitale **konrotatorisch** (also beide in die gleiche Richtung) gedreht werden. Dies kann trotz der Ringe A und C problemlos erfolgen, ohne eine ungünstige Ringspannung zu erzeugen; die photochemische elektrocyclische Ringöffnung des 7-Dehydrocholesterols ist daher möglich (o Abb. 27.11, Mitte rechts).

Im Anschluss an die photochemische Ringöffnung findet dann eine intramolekulare, sigmatrope [1,7]-H-Verschiebung statt. Hierbei handelt es sich um die Wanderung einer $\sigma$-Bindung entlang eines $\pi$-Systems. Das Wasserstoffatom wird im Übergangszustand über eine Art Dreizentrenbindung vom ersten Kohlenstoff des beteiligten $\pi$-Systems zum *n*-ten Kohlenstoff, hier zum C7, übertragen (o Abb. 27.11, unten). Entsprechend der *Woodward-Hoffmann*-Regeln lässt sich der stereochemische Verlauf voraussagen, wenn man die wandernde Gruppe und das zugehörige $\pi$-System formal als Radikalpaar betrachtet. An der Reaktion sind dann die höchsten, diesmal einfach besetzten Molekülorbitale, also die SOMOs (SOMO = *single occupied molecular orbital)*, beteiligt (einfach besetzt, da formale [!] Betrachtung als radikalische Reaktion), die unter Rekombination reagieren. In Falle des 1,3,5-Heptatrienylradikals ist das SOMO ein nichtbindendes Molekülorbital mit drei Knotenebenen, dessen endständige Orbitale entgegengesetzte Phasen besitzen. Ein **suprafacialer** Angriff erfolgt von derselben Seite des $\pi$-Systems und ist daher für eine thermische [1,7]-H-Verschiebung Symmetrie-verboten (o Abb. 27.11, unten links). Erlaubt ist eine thermische [1,n]-H-Verschiebung nur bei einer geraden Anzahl konjugierter Doppelbindungen, wie beispielsweise bei einer [1,5]-H-Verschiebung (o Abb. 27.11, unten rechts). Dementsprechend kann das Wasserstoffatom bei der [1,7]-H-Verschiebung nur **antarafacial** übertragen werden, also von einer Seite des $\pi$-Systems auf die andere Seite des $\pi$-Systems (o Abb. 27.11, unten links). Damit eine antarafaciale Wanderung geometrisch überhaupt möglich wird, ist eine helikale Anordnung – und damit eine ausreichende Größe – des $\pi$-Systems notwendig. Bei der [1,3]-H-Verschiebung, die thermisch ebenfalls antarafacial ablaufen müsste, ist das $\pi$-System zu klein. Daher gibt es keine thermischen sigmatropen 1,3-[H]-Verschiebungen. Bei einer [1,7]-H-Verschiebung ist das $\pi$-System hingegen groß genug, sodass auch eine antarafaciale Wanderung geometrisch möglich ist.

◻ **Tab. 27.1** *Woodward-Hoffmann*-Regeln für elektrocyclische Reaktionen

| Anzahl der beteiligten $\pi$-Elektronen | Photochemische Reaktion (h·$\nu$) | Thermische Reaktion ($\Delta T$) |
|---|---|---|
| 4 n | disrotatorisch | konrotatorisch |
| 4 n + 2 | konrotatorisch | konrotatorisch |

27

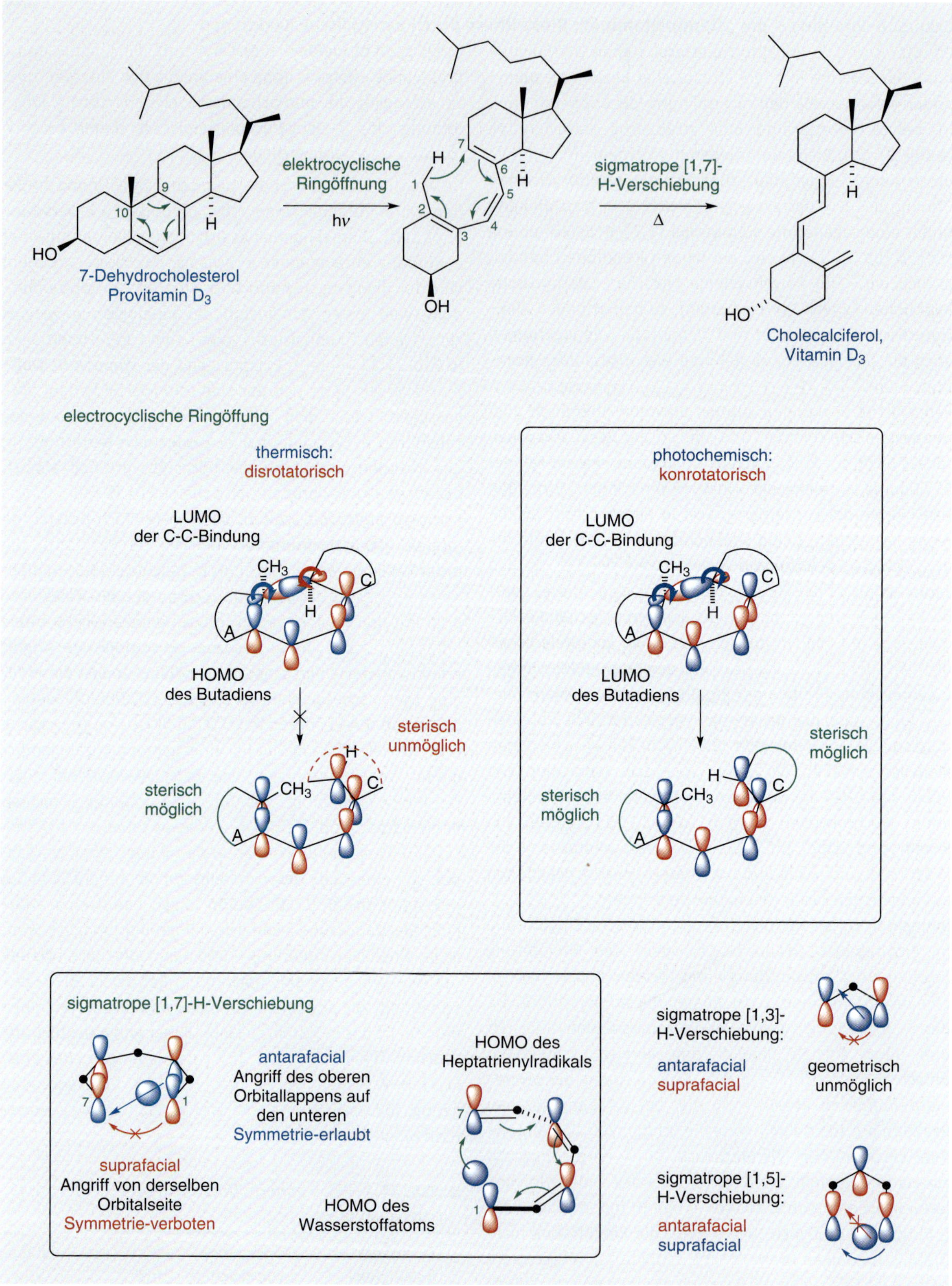


**o Abb. 27.11** Bei der Biosynthese der D-Vitamine (z. B. Vitamin D$_3$, oben) findet eine photochemisch ausgelöste elektrocyclische Ringöffnung (Mitte) des B-Rings gefolgt von einer thermischen sigmatropen [1,7]-H-Verschiebung statt (unten).

boxygruppe. Bei der Reduktion des B-Rings kommt es zur *cis*-Verknüpfung zwischen den Ringen A und B, sodass sich die Gallensäuren auch in ihrer räumlichen Struktur stärker von den anderen Steroiden unterscheiden. Die beiden **primären Gallensäuren** liegen größtenteils nicht frei vor, sondern werden nach ihrer Aktivierung durch Coenzym A mit der Aminosäure Glycin (Glycocholat) und mit der 2-Aminoethansulfonsäure Taurin (Taurocholat, ▸Kap. 6.2.4) verknüpft (○ Abb. 27.12), was sie besser wasserlöslich macht. Im Darmlumen werden diese Konjugate durch Enzyme, die von Bakterien freigesetzt werden, teilweise wieder gespalten und die primären Gallensäuren durch Dehydroxylierung an C7 in die **sekundären Gallensäuren** überführt. Aus Cholsäure wird somit **Desoxycholsäure** (3α,12α-Dihydroxy-5β-cholan-24-säure, $C_{24}H_{40}O_4$) gebildet, die sich von der Chenodesoxycholsäure durch die Hydroxygruppe am C-Atom 2 unterscheidet. Die Dehydroxylierung von Chenodesoxycholsäure dagegen führt zur **Lithocholsäure** (3α-Hydroxy-5β-cholan-24-säure, $C_{24}H_{40}O_3$).

Gallensäuren spielen eine wichtige Rolle bei der **Fettverdauung**: Sie können mit Fettsäuren und Monoacylglycerolen Mizellen bilden und dadurch die Resorption lipophiler Substanzen steigern (▸Exkurs: Emulgierende Eigenschaften von Gallensäuren). Außerdem regulieren sie die Cholesterolbiosynthese. In der Gallenflüssigkeit vermitteln Gallensäuren die Löslichkeit von Cholesterol und anderen Steroidhormonen und bieten damit die einzige Möglichkeit für den Organismus, überschüssige Steroide auszuscheiden, da diese im Körper nicht abgebaut werden können. Auch körperfremde lipophile Stoffe (z. B. Arzneistoffe) oder körpereigene fettlösliche Abbauprodukte (z. B. Biliverdin und Bilirubin; ▸Kap. 28.1.4) können auf diese Weise aus dem Organismus eliminiert werden. Ein Großteil der Gallensäuren wird allerdings rückresorbiert, über das Pfortadersystem zur Leber zurücktransportiert und erneut sezerniert (enterohepatischer Kreislauf). Sinkt die Konzentration von Gallensäuren im Gallensekret deutlich ab, beginnt Cholesterol aus dem Sekret auszukristallisieren und es entstehen cholesterolhaltige Gallensteine. Um diese wieder aufzulösen, wird **Ursodeoxycholsäure** (3α,7β-Dihydroxy-5β-cholan-24-säure, $C_{24}H_{40}O_4$) verabreicht. Dabei handelt es sich um eine Gallensäure, die vermehrt in Bärengalle auftritt (lat. *ursus* = Bär), die aber auch synthetisch hergestellt werden kann. Sie unterscheidet sich von der Chenodesoyxcholsäure durch die 7β-Hydroxygruppe.

### Steroidhormone

Zu den hormonell wirksamen Steroiden zählen zwei Gruppen innersekretorischer Wirkstoffe:

- **Nebennierenrindenhormone** (Gluco- und Mineralocorticoide) und
- **Sexualhormone** (Androgene, Estrogenen und Gestagene).

Die Steroidhormone wirken im Allgemeinen über nucleäre Rezeptoren als Transkriptionsfaktoren und damit auf der Ebene der Genexpression, d. h. langsamer, aber dafür nachhaltiger als die schnell wirkenden „Akut-Botenstoffe", wie z. B. die Catecholamine, ▸Kap. 18.2.3). Grundlegend für die Biosynthese aller Steroidhormone ist die Umwandlung von Cholesterol in **Pregnenolon**. Das Enzym Cholesteroldesmolase bewirkt den Abbau der Alkylseitenkette zwischen den C-Atomen 20 und 22 des Cholesterols, wobei unter Abspaltung von 4-Methylpentanal eine Ketogruppe entsteht.

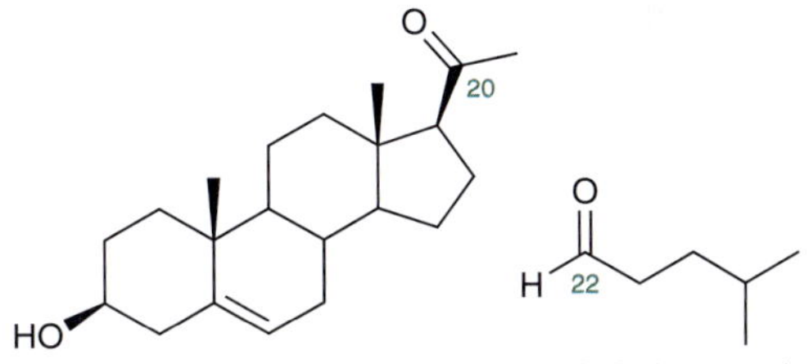


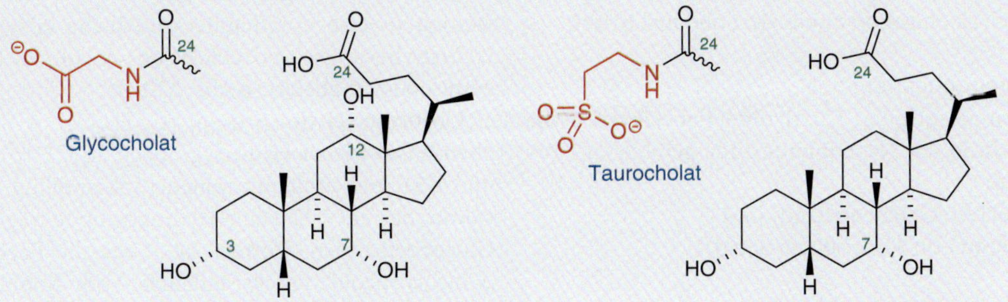


○ **Abb. 27.12** Die primären Gallensäuren Cholsäure und Chenodesoxycholsäure sowie ihre Konjugate mit Glycin oder Taurin

### Exkurs: Emulgierende Eigenschaften von Gallensäuren

Gallensäuren sind in Wasser sehr schlecht löslich. Aufgrund des relativ hohen pH-Werts des Gallensekretes und der Flüssigkeit im Darmlumen von etwa 8,5 liegen sie jedoch – wie andere Carbonsäuren auch – in deprotonierter Form als Cholate vor, die um ein Vielfaches wasserlöslicher sind. Sie werden in der Biochemie wegen ihrer detergierenden Eigenschaften beispielsweise zur Zelllyse eingesetzt. Die ausgeprägten emulgierenden Eigenschaften der Gallensäuren werden bei der Betrachtung ihrer Konformation offensichtlich (o Abb. 27.13): Die eine Seite des starren Steroidgerüsts ist vollkommen apolar und vermittelt den Kontakt zu lipophilen Substanzen, während die gegenüberliegende Seite des Steroids mit Hydroxygruppen und der Carboxylatgruppe den Kontakt zur wässrigen Phase vermittelt. Durch die Konjugation mit Glycin oder Taurin wird dieser Effekt noch verstärkt, da die Gallensäuren dann deutlich wasserlöslicher werden. Rindergalle – der wichtigste Inhaltsstoff von Gallseifen (o Abb. 27.14) – enthält, neben allen anderen Bestandteilen der Gallenflüssigkeit, hauptsächlich die Konjugate der Gallensäuren.

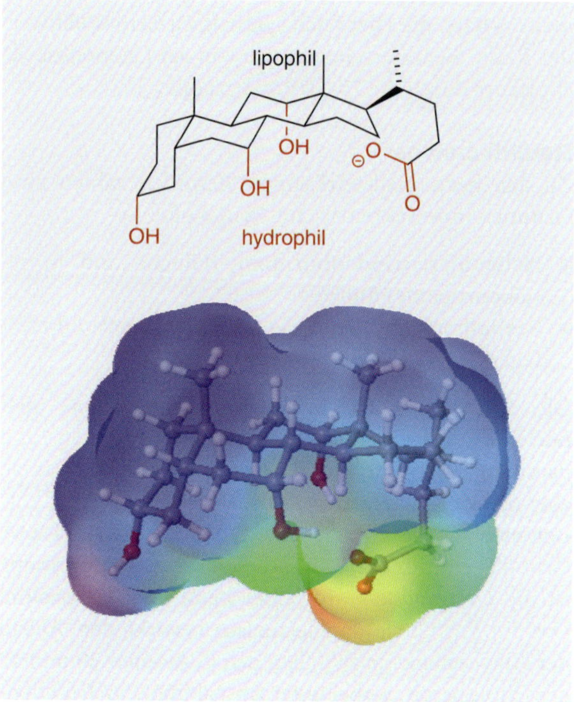


o **Abb. 27.13** Strukturformel der Cholsäure (oben, hydrophile funktionelle Gruppen sind rot hervorgehoben) und das zugehörige elektrostatische Oberflächenpotenzial (unten)

o **Abb. 27.14** Ein handelsübliches Stück Gallseife, hergestellt aus Rindergallensäurenkonzentrat und Kernseife

Anschließend wird Pregnenolon enzymatisch zu **Progesteron** dehydriert und isomerisiert, das den Ausgangspunkt für die Synthese weiterer Hormone darstellt (o Abb. 27.15). Alle Steroidhormone sind Bedarfshormone; sie werden nicht gespeichert, sondern nach ihrer Synthese sofort sezerniert und anschließend in der Leber durch Reduktions- und Hydroxylierungsreaktionen sowie durch Konjugation modifiziert und inaktiviert.

#### Nebennierenrindenhormone

Die beiden wichtigsten **Corticoide** (lat. *cortex* = die Rinde), d. h. in der Nebennierenrinde gebildeten Hormone, sind:

- Cortisol (ein Glucocorticoid) und
- Aldosteron (ein Mineralocorticoid).

Während Mineralocorticoide v. a. den Kalium- und Natrium-Haushalt und dadurch auch den Wasserhaushalt regulieren (daher ihr Name), beeinflussen Glucocorticoide zahlreiche Stoffwechselvorgänge, die mit dem Glucose-, Protein- und Lipidstoffwechsel in Zusammenhang stehen. Glucocorticoide wirken außerdem entzündungshemmend und immunsuppressiv.

Die Regulation der Glucocorticoidproduktion erfolgt im Wesentlichen durch das adeno-corticotrope Hormon (ACTH, Corticotropin) der Hypophyse, die Regulation der Mineralocorticoidproduktion hauptsächlich durch Angiotensin II. Beide Corticoidklassen werden *in vivo* durch unterschiedliche enzymatische Hydroxylierungs- und Oxidationsreaktionen aus Progesteron synthetisiert (o Abb. 27.15).

**Cortisol** (Hydrocortison, $C_{21}H_{30}O_5$; o Abb. 27.16, oben links) besitzt Hydroxygruppen an C11($\beta$), C17($\alpha$) und C21 und zählt mit seinem Abkömmling **Corticosteron**, das am C17 keine Hydroxygruppe trägt, zu den **Glucocorticoiden**. Cortisol ist – wie die Bezeichnung „Glucocorticoid" bereits andeutet – am Kohlenhydratstoffwechsel beteiligt. Es fungiert als Gegenspieler zum Insulin und erhöht über die Gluconeogenese (Aufbau von Glucose aus Aminosäuren und Fetten) und die Glycogenolyse (Abbau der Glucosespeicher der Leber) den Glucosespiegel im Blut. Cortisol zählt daher zu den Stresshor-

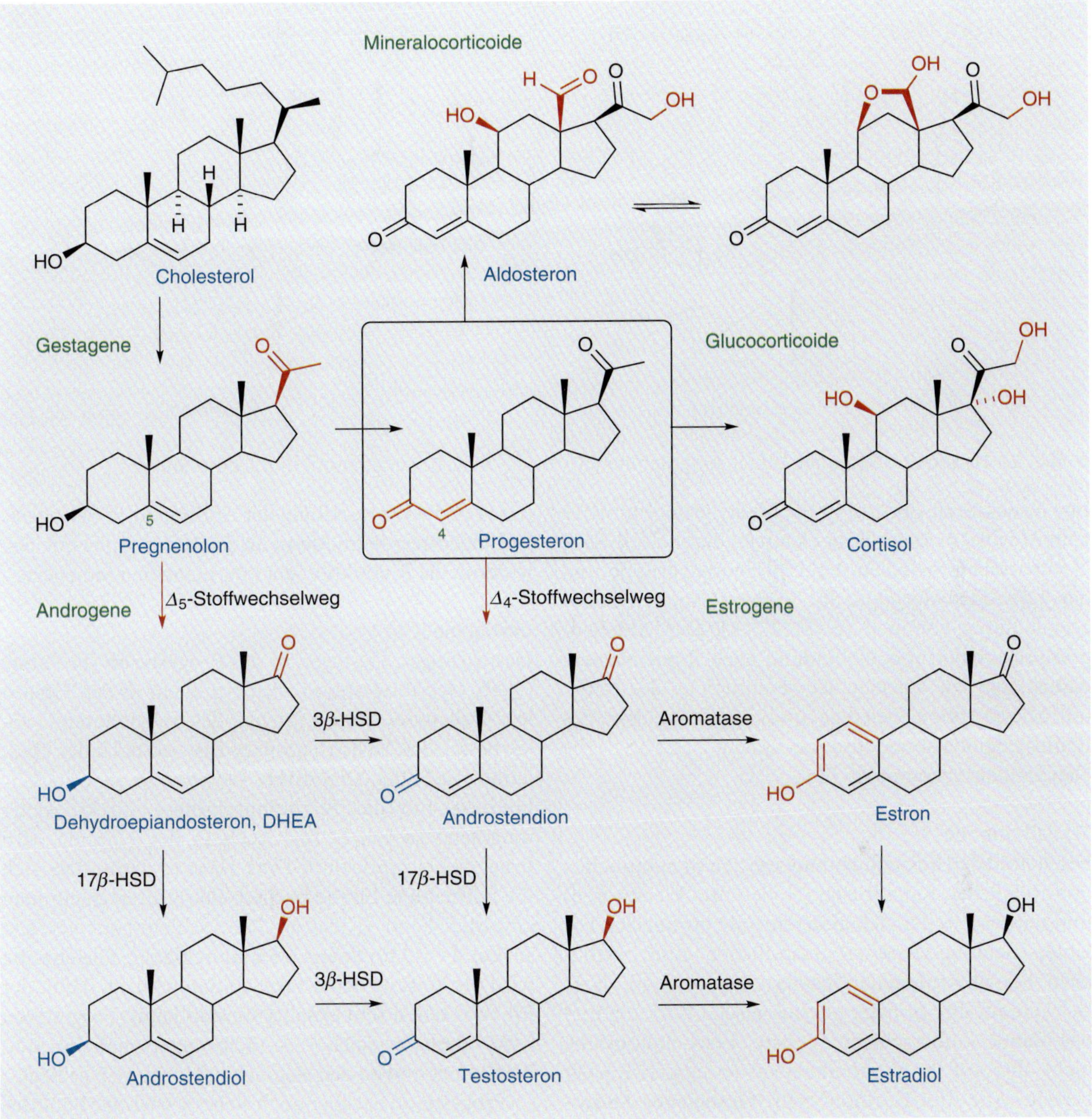


**Abb. 27.15** Biosynthese der Steriodhormone; HSD = Hydroxy-Steroid-Dehydrogenase

monen; es verstärkt die Wirkung von Glucagon und den Catecholaminen. Außerdem wirkt es als Modulator auf das Immunsystem. Diese antiinflammatorische Eigenschaft wird pharmakologisch in Form zahlreicher synthetischer Glucocorticoidderivate, den sogenannten **steroidalen Entzündungshemmern**, gezielt genutzt (▸Exkurs: Fusidinsäure). Aus Cortisol entsteht durch Oxidation am C11 das Keton **Cortison**, das als Abbauprodukt des Cortisols selbst zwar inaktiv ist, jedoch enzymatisch wieder zum Cortisol aktiviert werden kann. Als Arzneistoff kommt **Cortisonacetat** (Abb. 27.16, unten links) zur Anwendung, das sich gegenüber Cortisol durch eine deutlich höhere orale Bioverfügbarkeit auszeichnet, da es leichter resorbiert werden kann. Zusammen mit strukturähnlichen Derivaten, beispielsweise Prednison, Prednisolon oder Dexamethason, wird es zur Therapie chronisch entzündlicher Erkrankungen (z.B. Arthritis, Rheuma, Allergien, Hautkrankheiten) eingesetzt. Durch die Einführung von Fluoratomen und weiteren Hydroxygruppen wie im **Dexamethason** (Abb. 27.16, oben rechts) konnte man die Wirksamkeit noch steigern, ohne gleichzeitig den Mineralstoffwechsel durch mineralocorticoide Wirkung stark zu beeinflussen. Gegen Bronchialasthma werden dagegen inhalative Glucocorticoide, beispielsweise Budesonid und Fluticasonpropionat eingesetzt.

**Aldosteron** ($C_{21}H_{28}O_5$; Abb. 27.16, unten rechts) ist ein Mineralocorticoid. Es besitzt ebenfalls Hydroxygruppen am C11(β) und am C21, nicht jedoch am C17.

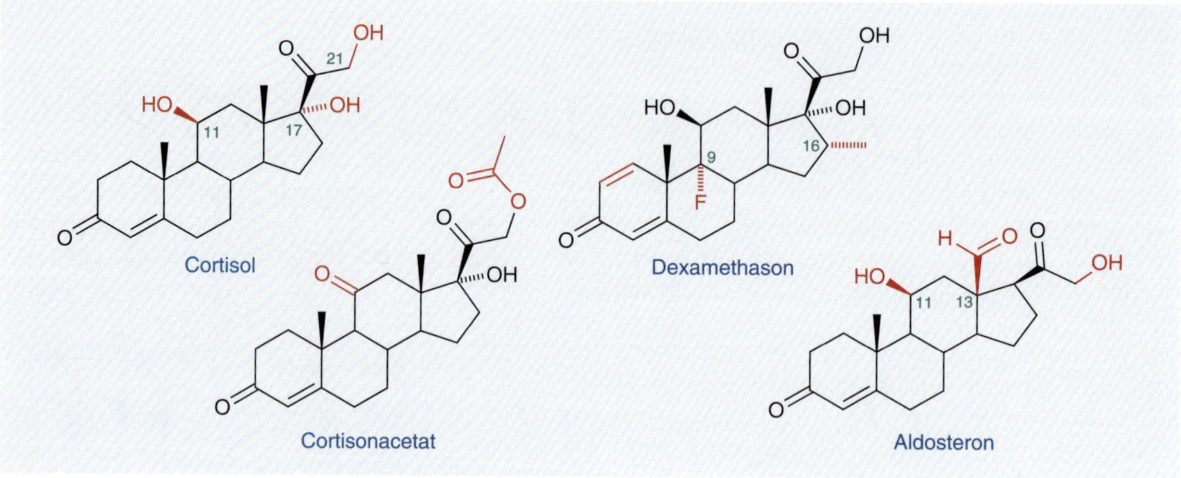


**Abb. 27.16** Cortisol, steroidale Entzündungshemmer (Cortisonacetat, Dexamethason) und Aldosteron

Im Gegensatz zu Cortisol ist die Methylgruppe am C13 zum Aldehyd oxidiert. Daher kann es, durch die direkte Nachbarschaft zwischen der 11$\beta$-Hydroxygruppe und der 13$\beta$-Aldehydgruppe, zur intramolekularen Halbacetalbildung kommen (Abb. 27.15). Der **Ald**ehydgruppe verdankt die Verbindung auch ihren Namen: **Ald**osteron. Die Substanz ist wesentlich an der Natriumrückresorption beteiligt und reguliert über das Renin-Angiotensin-Aldosteron-System (RAAS) die Natriumkonzentration im Blut.

### Sexualhormone

Die steroidalen **Sexualhormone** werden in männlichen und weiblichen Keimdrüsen (Hoden und Eierstöcken) und teilweise in der Nebennierenrinde produziert. Die Unterscheidung zwischen „männlichen" und „weiblichen" Sexualhormonen ist insofern unzutreffend, als sie sich nur auf ihre primäre physiologische Wirkung und das damit einhergehende äußere Erscheinungsbild, nicht aber auf ihr Vorkommen im jeweiligen Körper bezieht. Alle drei Hormontypen (**Gestagene, Androgene, Estrogene**) sind sowohl bei Frauen als auch bei Männern zu finden (vgl. auch ▸Exkurs: Steroidhormone niederer Organismen). Allein die Mischung bewirkt, dass sich Geschlechtsorgane mit normalen Funktionen entwickeln können und es zur Ausprägung sekundärer weiblicher oder männlicher Geschlechtsmerkmale kommt. Die weiblichen Sexualhormone regulieren bei der Frau den sich rhythmisch wiederholenden Menstruationscyclus. Die männlichen Sexualhormone induzieren die Spermatozoenreifung. Die Regulation und die Entwicklung der Sexualhormone erfolgen im Wesentlichen durch das **hypothalamisch-hypophysäre System**. Die Ausschüttung des luteinisierenden Hormons (**LH**, Lutropin, lat. *luteus* = orange-gelb) bewirkt in beiden Geschlechtern die Produktion von Progesteron und Androgenen. Das follikelstimulierende Hormon (**FSH**, Follitropin) bewirkt spezifisch bei der Frau die Umwandlung der Androgene in Estrogene, wohingegen es beim Mann im Zusammenspiel mit Testosteron die Produktion der Spermatozoen induziert.

#### Gestagene

Das wichtigste Gestagen ist das **Progesteron** (Proluton, $C_{21}H_{30}O_2$). Progesteron wird vor allem in den Granulosa-Zellen des *Corpus luteum*, des sogenannten Gelbkörpers, – im Menstruationscyclus also nach der Ovulation – gebildet. Der größte Teil wird als zentrale Verbindung für die Steroidbiosynthese direkt weiter umgesetzt (Abb. 27.15). Auch in der Plazenta wird Progesteron produziert. Dort sorgt es dafür, dass sich die befruchtete Eizelle in die Gebärmutterschleimhaut einnisten kann (Nidation); die Schleimhaut verdickt sich und wird für Spermien undurchlässig. Gleichzeitig wird die Reifung neuer Eizellen unterdrückt, damit der Embryo reifen und ernährt werden kann. Progesteron wird deshalb auch als **Schwangerschaftshormon** bezeichnet und zu den weiblichen Hormonen gezählt.

Progesteron hat aber noch weitere, wichtige Funktionen: Im Gehirn hemmt es die Signalweiterleitung durch den Neurotransmitter GABA. Dadurch besitzt es direkte anxiolytische (angstlösende) und sedierende Wirkung. Progesteron scheint auch neuroprotektiv und neuroregenerativ zu wirken. Es stimuliert die Remyelinisierung und trägt somit zum Wiederaufbau der schützenden und elektrisch isolierenden Myelinschicht bei. Das Myelin umgibt die Neuronen und ist für eine schnelle Reizweiterleitung essenziell. Progesteron wird deshalb mittlerweile eingehend auf seine positive Wirkung bei Schädel-Hirn-Traumata und anderen vergleichbaren Indikationen getestet.

#### Androgene

**Androgene** (griech. *andro* = männlich) und **Estrogene** (griech. *oestrus* = Leidenschaft) entstehen aus Progesteron; dieses wird zunächst hydroxyliert, anschließend

### Exkurs: Fusidinsäure – ein Steroid mit antibakterieller Wirkung

Nicht zu verwechseln mit den steroidalen Entzündungshemmern ist die aus dem Pilz *Fusidium coccineum* gewonnene antibiotisch wirksame Fusidinsäure ($C_{31}H_{48}O_6$, (◦Abb. 27.17). Sie wirkt in geringer Konzentration bakteriostatisch und in höherer Konzentration bakterizid, da sie die Proteinbiosynthese von Bakterien blockiert. Sie verhindert letztlich den Translokationsschritt bei der Translation: Die Synthese der Proteine wird zwar initiiert, die Aminosäurekette wird jedoch nicht verlängert.

Fusidinsäure gehört ebenfalls zu den Sterolen, besitzt aber einige bedeutsame strukturelle Unterschiede im Vergleich zu den Steroidhormonen, die ihr eine einzigartige räumliche Gestalt verleihen. Zwar stehen alle Ringe jeweils *trans*-ständig zueinander, die Ringe A und C besitzen jedoch – im Gegensatz zu den Steroidhormonen – eine *syn*-Anordnung, während die Ringe B und D wieder eine *anti*-Anordnung aufweisen. Ring B ist dadurch in der Wannenkonformation fixiert (◦Abb. 27.17). Aufgrund dieser strukturellen Unterschiede zeigt Fusidinsäure keine Glucocorticosteroid-typischen Wirkungen (z. B. Entzündungshemmung), aber auch nicht deren Nebenwirkungen. Die typischen Nebenwirkungen einer länger andauernden, systemischen Therapie mit Glucocorticoiden sind z. B. eine Schwächung des Immunsystems, Osteoporose, Störungen des Glucosestoffwechsels oder das *Cushing*-Syndrom (Gewichtszunahmen, Vollmondgesicht, Stammfettsucht, Plethora). Weiterhin weist Fusidinsäure eine Methylgruppe am C4, zwei Hydroxygruppen an den C-Atomen 3 und 11 sowie eine acetylierte Hydroxygruppe am C16 auf und besitzt zwei Doppelbindungen in der Seitenkette. Obwohl Fusidinsäure auch intravenös appliziert werden kann, wird sie hauptsächlich topisch, also äußerlich und direkt lokal angewendet. Dies ist insofern sinnvoll, als Fusidinsäure durch ihre Struktur die resorptiven Eigenschaften mit anderen Steroiden teilt und daher besonders leicht in die Haut aufgenommen werden kann. Zur topischen Applikation sind Cremes und Salben erhältlich. Besonders wirkungsvoll ist der Einsatz von Fusidinsäure in Kombination mit steroidalen Entzündungshemmern, z. B. mit Cortisol oder mit Betamethason, das sich von Dexamethason (◦Abb. 27.16, oben rechts) nur durch seine $\beta$-ständige Methylgruppe am C16 unterscheidet. Durch die Kombination der Wirkstoffe ist es möglich, Infektion und Entzündung, z. B. bei infizierten Ekzemen, gleichzeitig zu behandeln.

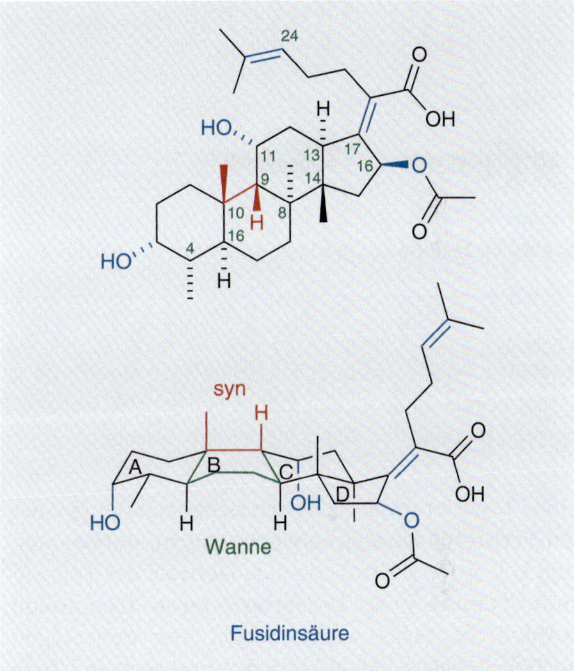


◦ **Abb. 27.17** Struktur (oben) und Konformation (unten) der Fusidinsäure

wird die Seitenkette mithilfe einer Lyase vollständig abgespalten, zurück bleibt das **Androstendion** (◦Abb. 27.15), (▸Exkurs: Liebespheromone?). In den *Leydig*-Zellen der Hoden wird Androstendion direkt zu **Testosteron** reduziert ($\Delta_4$-Stoffwechselweg, da die Doppelbindung bereits zwischen C4 und C5 liegt). Es gibt jedoch auch einen direkten Weg vom Pregnenolon zum Testosteron, der die Bildung von Progesteron umgeht, da die beiden Enzyme, die die Oxidation und Isomerisierung (Einführung des *Michael*-Systems in den A-Ring durch die 3$\beta$-Hydroxy-Steroid-Dehydrogenase, 3$\beta$-HSD) und die Hydroxylierung am C17 (17$\beta$-Hydroxy-Steroid-Dehydrogenase, 17$\beta$-HSD) katalysieren, nicht streng substratspezifisch sind. Dabei wird Pregnenolon (in dem die Doppelbindung noch zwischen C5 und C6 liegt) im $\Delta_5$-Stoffwechselweg zunächst in **Dehydroepiandrosteron** (**DHEA**, Prasteron, $C_{19}H_{28}O_2$) umgewandelt, das anschließend zu Androstendion oder (über Androstendiol) zu Testosteron umgesetzt wird.

Die ersten Androgene, darunter DHEA und Androsteron, konnten von *Butenandt* 1934 aus Männerharn isoliert werden. Der biologisch aktive Vertreter, das **Testosteron** ($C_{19}H_{28}O_2$; lat. *testis* = Hoden; ◦Abb. 27.19, links), wurde wenig später von *Laqueur* aus Stierhoden gewonnen. Obwohl sein gesättigter Abkömmling, das **Dihydrotestosteron**, eine weitaus höhere hormonelle Aktivität besitzt, gilt Testosteron als das eigentliche männliche Keimdrüsenhormon. Seine Konstitution wurde mittels Partialsynthese ausgehend von DHEA bewiesen, von dem es sich nur durch die Ketogruppe und die Lage der Doppelbindung unterscheidet. Testosteron besitzt außerhalb der Geschlechtsorgane ausgeprägte anabole Eigenschaften; es fördert den Muskelaufbau und verstärkt die Knorpel- und Knochenneubildung.

### Exkurs: Steroidhormone niederer Organismen

Bei allen Wirbeltieren haben mit den Androgenen, Estrogenen oder Corticosteroiden strukturell sehr ähnliche Steroidhormone die Aufgaben von Botenstoffen übernommen. Aber auch niedere, wirbellose Organismen besitzen Steroide mit hormoneller Wirkung. Estrogene kommen sowohl in Wirbeltieren als auch in Wirbellosen vor.

Daneben hat man aber auch von herkömmlichen Steroiden strukturell deutlich unterscheidbare Steroidhormone gefunden, z. B. das **Ecdyson**, (22*R*)-2$\beta$,3$\beta$,14$\alpha$,22,25-Pentahydroxy-5$\beta$-cholest-7-en-6-on, $C_{27}H_{44}O_6$, das als **Häutungshormon** der Insekten, Spinnen und Krebse identifiziert wurde (o Abb. 27.18). Ecdyson besitzt zahlreiche Hydroxygruppen am Steroidgerüst, das *Michael*-System ($\alpha$,$\beta$-ungesättigtes Keton) ist zudem im B-Ring und nicht im A-Ring lokalisiert. Die beiden Ringe A/B sind *cis*-verknüpft. Ecdyson wird durch Hydroxylierung am C20 in die eigentlich wirksame Substanz überführt.

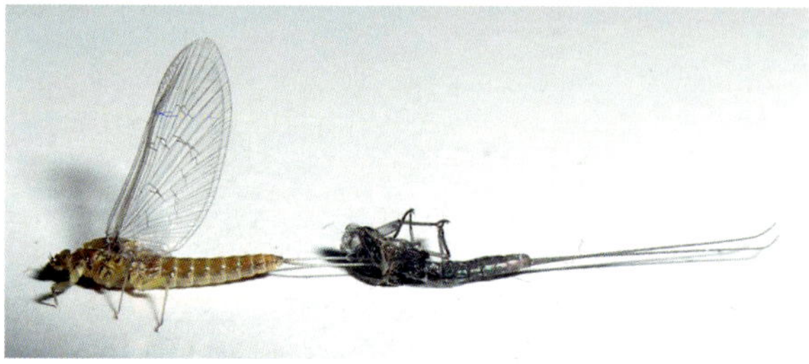

o **Abb. 27.18** Eine Eintagsfliege kurz nach der Häutung

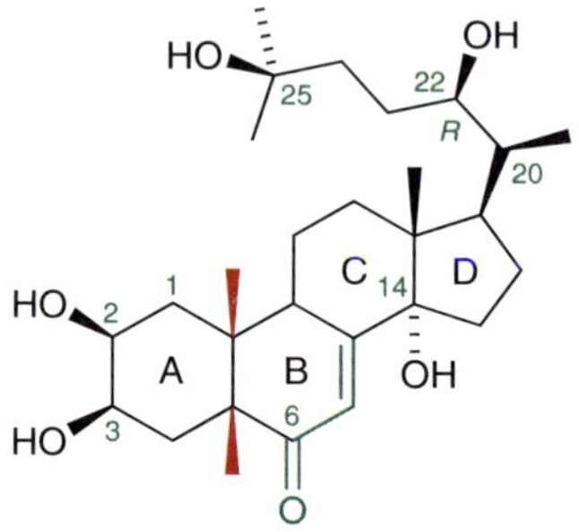


Ecdyson

■ **MERKE** Im Metabolismus von Organismen bezeichnet der Begriff **„anabol"** den **Aufbau** von Stoffen, wogegen **„katabol"** den **Abbau** von Stoffen beschreibt.

Hohe Testosteronspiegel führen zu gesteigertem sexuellen Verlangen sowie generell zu vitalem, dominantem und z. T. aggressivem Verhalten. Derivate des Testosterons, beispielsweise **19-Nortestosteron** (Nandrolon; o Abb. 27.19, rechts) werden wegen ihrer ausgeprägten anabolen Eigenschaften im Leistungssport und beim Bodybuilding missbraucht, um in Kombination mit gezieltem Muskeltraining ein unnatürlich starkes Muskelwachstum zu bewirken. Zudem kann wegen der erhöhten Regenerationsfähigkeit öfter und mit geringeren Pausen trainiert werden. Die Nebenwirkungen dieses Missbrauchs sind zahlreich und durch die gesteigerte androgene Wirkung geprägt (z. B. Hemmung der Spermatogenese, Gynakomastie, Wasseransammlungen im Gewebe, Bluthochdruck, Erhöhung der Blutfettwerte, Leberfunktionsstörungen, Akne).

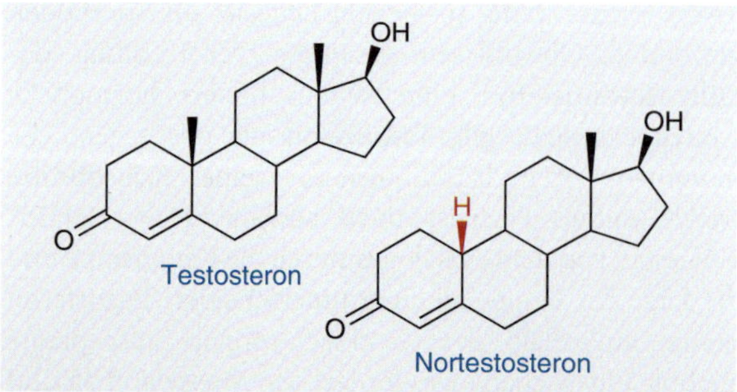


o **Abb. 27.19** Testosteron und das als Anabolikum eingesetzte Nortestosteron (Nandrolon)

### Exkurs: Liebespheromone?

Den flüchtigen Steroiden, z. B. **Androstenon** (16-Androsten-3-on), **Androstadienon** (4,16-Androstadien-3-on) und **Estratetraenol** (1,3,5,16-Estratetraen-3-ol), wird nachgesagt, auf das **Vomeronasalorgan** (ein auch *Jacobson*-Organ genanntes Geruchsorgan) bei Wirbeltieren zu wirken. Sie werden in den Geschlechtsorganen gebildet und wandern über das Fettgewebe in die Speicheldrüsen, von wo aus sie an die Luft abgegeben werden. Bereits in extrem niedrigen Konzentrationen sollen sie die Stimmung eines potenziellen Partners und die eigene Wirkung auf andere beeinflussen und somit **Pheromonwirkung** besitzen. Die genannten Steroide sind allerdings nicht alleine ausschlaggebend dafür, dass potenzielle Partner aufeinander reagieren – hierfür ist vielmehr das Zusammenspiel zahlreicher Geruchsstoffe verantwortlich, von denen viele noch nicht bekannt sind. Zweifelsfrei belegt ist dagegen die Wirkung von Androstenon, das u. a. in Trüffeln enthalten ist, auf geschlechtsreife, weibliche Schweine: Sie identifizieren den Geruch als Sexualduftstoff der Eber und suchen instinktiv danach.

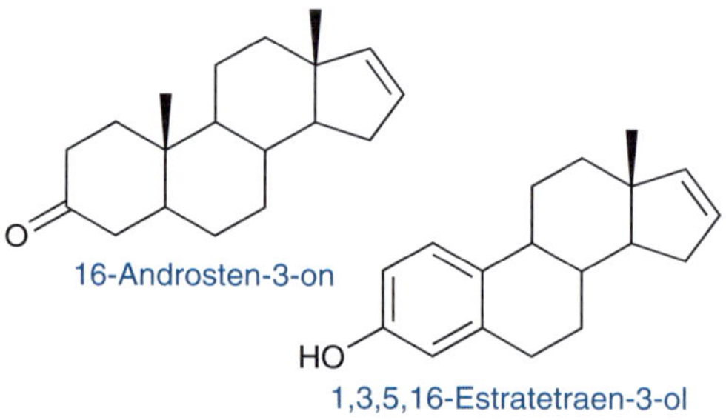

### Estrogene

Besonders in den Granulosa-Zellen der Ovarialfollikel – aber auch in geringen Mengen beim Mann, dort vor allem im Fettgewebe – ist ein spezielles Enzym, eine **Aromatase**, enthalten. Diese kann sowohl aus Androstendion als auch aus Testosteron **Estrogene** produzieren, indem sie die Methylgruppe am C10 oxidativ abspaltet und dann den A-Ring aromatisiert. Aus Androstendion entsteht dadurch **Estron**, aus Testosteron wird **Estradiol** gebildet (Abb. 27.15). Das Follikelhormon Estron konnte erstmals von *Butenandt, Doisy* und *Marrian* aus dem Harn schwangerer Frauen und später auch aus dem Harn trächtiger Stuten isoliert werden. Später fand man heraus, dass der Harn von Hengsten sogar mehr weibliche Hormone enthält als männliche – wiederum ein Beispiel dafür, dass weibliche Hormone ein wesentlicher Bestandteil des männlichen Hormonhaushalts sind. Die drei wichtigsten **Follikelhormone** sind Estron, Estradiol und Estriol. Sie sind die einzigen Steroide mit aromatischem A-Ring, ihre 3-OH-Gruppe hat somit phenolischen Charakter (Abb. 27.20; ▸Kap. 20.1).

17$\beta$-Estradiol konnte von *Doisy* aus Schweineovarien gewonnen werden; es zeigt die größte hormonelle Wirksamkeit der Follikelhormone. Estrogene leiten die Proliferationsphase ein, um den Uterus auf die anschließende Gestagenwirkung vorzubereiten; sie bauen die Gebärmutterschleimhaut auf, leiten das Muskelfaserwachstum ein und bewirken eine erhöhte Vaskularisierung (▸Exkurs: Antibabypille). Weiterhin wirken Estrogene auf den Stoffwechsel der Lipoproteine, senken den HDL-Anteil (*high density lipoprotein*), hemmen den Knochenabbau und fördern die Bildung knochenaufbauender Hormone. Aus diesem Grund leiden Frauen nach der Menopause häufig unter einer Abnahme der Knochendichte (Osteoporose).

### Antihormone und Hemmstoffe der Steroidbiosynthese

Unter Antihormonen versteht man Verbindungen, die an Steroid-Rezeptoren als Antagonisten wirken. D.h. solche Verbindungen besitzen zwar eine hohe Affinität zum Rezeptor, lösen jedoch nicht die typischen Wirkungen der Steroide aus, sondern blockieren den Rezeptor. Vergleichbare Wirkungen, d. h. den Steroidhormonen gegenläufige Wirkungen besitzen Substanzen, die die Biosynthese der Steroide unterdrücken, indem sie relevante Enzyme hemmen. **Finasterid** (z. B. Proscar®; Abb. 27.22, oben links) ist ein wirksamer Reduktasehemmer, der die Umwandlung von Testosteron in das hormonell noch wirksamere Dihydrotestosteron (▸Kap. 27.1.3) unterdrückt. Es wird bei gutartigen Prostatavergrößerungen und auch als Mittel gegen Haarausfall beim Mann (androgene Alopezie) eingesetzt.

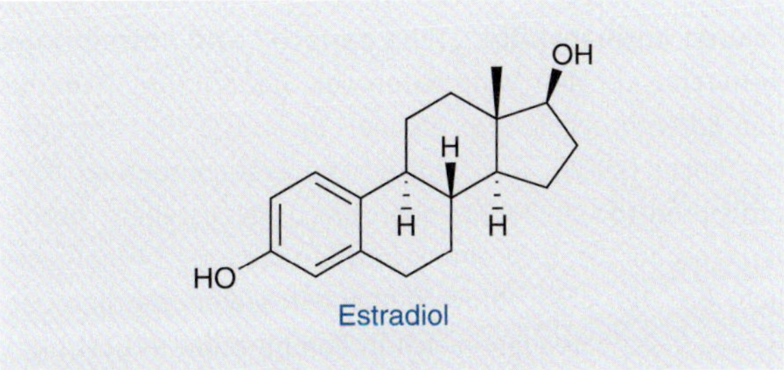


**Abb. 27.20** Das Follikelhormon Estradiol

Krankhaft erhöhte Testosteronspiegel, etwa bei endokrinen Dysfunktionen oder maskulinisierenden Tumoren, können mit sogenannten **Antiandrogenen** behandelt werden. **Cyproteronacetat** (Androcur®; Abb. 27.22, unten links) ist ein kompetitiver Antagonist am Androgenrezeptor. Die antiandrogene Wirkung wird über den mit dem A-Ring *cis*-verknüpften Cyclopropanring vermittelt. Cyproteronacetat wird beispielsweise zur Behandlung krankhaft gesteigerter Sexualität, bei Prostatacarcinomen, bei Frauen gegen vermehrte Körperbehaarung und Haarausfall sowie in Kombination mit Estrogenen zur Feminisierung bei Mann-zu-Frau-Transsexuellen eingesetzt.

Interessanterweise zeigen einige synthetische Distilbenderivate steroidähnliche Wirkungen. Während Derivate mit gesteigerter estrogener Wirkung (*Dodds, Robinson*) cancerogen und teratogen sind, eignen sich andere als **Antiestrogene** (selektive Estrogenrezeptormodulatoren, SERM). Sie heben selektiv unerwünschte estrogene Wirkungen auf. So kann beispielsweise **Clomifen**, (*E*/*Z*)-2[*p*(2-Chlor-1,2-diphenylvinyl)-phenoxytriethylamin, bei Kinderwunsch gegen Infertilität eingesetzt werden, da es gezielt den Eisprung auslöst. Ein weiteres Stilbenderivat, **Tamoxifen** (Abb. 27.22, oben Mitte), wirkt antiproliferativ und wird in der Therapie verschiedener Brustkrebsarten eingesetzt. **Raloxifen**, 6-Hydroxy-2-(4-hydroxyphenyl)benzo[b]thiopen-3-yl]-[4-(2-piperidin-1-ylethoxy)phenyl]methanon, ist ein Benzothiophen-Derivat mit SERM-Eigenschaften, das zur Prophylaxe und Behandlung der Osteoporose eingesetzt wird. Ein steroidales, antagonistisches Estrogenanalogon, das bei Frauen nach der Menopause eingesetzt werden kann, ist **Fulvestrant** (Abb. 27.22, unten rechts). Es blockt Estrogenrezeptoren vollständig und besitzt im Gegensatz zu Tamoxifen keine agonistische Restwirkung, d. h. es ist kein partieller Agonist. Es wird oft in Kombination mit einer anderen Gruppe von Brustkrebstherapeutika, den sogenannten **Aromatasehemmern** (z. B. **Anastrozol**), eingesetzt, die die Produktion der Estrogene senken.

## Exkurs: Antibabypille, „Pille danach" und Abtreibungspille

Basierend auf den Vorarbeiten von *Haberlandt*, *Windaus* und *Butenandt* gelang es erstmals *Djerassi* (1951) und später *Pincus* (1955), das synthetische Gestagenderivat **Norethisteron** (o Abb. 27.21, oben links) herzustellen. *Inhoffen* fand heraus, dass eine Ethinylgruppe am C17 maßgeblich für die orale Bioverfügbarkeit vieler Steroide ist. Gestagenderivate eignen sich in Kombination mit Estrogenen zur Empfängnisverhütung und bilden mittlerweile die Grundlage der meisten Kontrazeptiva zur Fertilitätskontrolle. Die estrogene Komponente der „Pille" kann beispielsweise **17α-Ethinylestradiol** (o Abb. 27.21, unten links) sein, das sich durch die Umsetzung von Acetylen-*Grignard*-Verbindungen mit Estron darstellen lässt (▸ Kap. 11). Die hohe Estrogenkonzentration unterdrückt die Reifung der Follikel und den Eisprung. Gestagene beugen dagegen der Befruchtung der Eizelle und ihrer Einnistung vor. Als gestagene Komponente wird heutzutage oft **Levonorgestrel** (o Abb. 27.21, oben rechts) eingesetzt. Obwohl es strukturell eher zu den Androgenen gezählt werden muss, besitzt Levonorgestrel ausgeprägte kontrazeptive Eigenschaften mit dem Vorteil, dass es z. B. im Vergleich zu dem in der Dreimonatsspritze verwendeten **Medroxyprogesteron** ein geringeres Thromboserisiko birgt. Während die ersten Antibabypillen noch sehr hohe Hormonmengen enthielten und damit auch recht hohe Nebenwirkungen besaßen, ist die Hormonkonzentration heutiger Präparate deutlich niedriger.

Levonorgestrel ist auch ein Wirkstoff der sogenannten **„Pille danach"** und bietet bei einmaliger Einnahme von 1,5 mg (das entspricht etwa der zehnfachen Dosis einer „normalen" Antibabypille) bis spätestens 72 Stunden nach dem Geschlechtsverkehr noch Schutz vor einer ungewollten Schwangerschaft.

Von der „Pille danach" zu unterscheiden ist die sogenannte **„Abtreibungspille"**. Der Wirkstoff **Mifepriston** (Mifegyne®, o Abb. 27.21, unten rechts), ein Progesteron-Antagonist, ermöglicht einen sicheren Schwangerschaftsabbruch bis zum Ende der 7. Schwangerschaftswoche, wenn er in Kombination mit Prostaglandinen angewandt wird. Mifepriston führt zu einer Muttermundöffnung und zur Ablösung der Gebärmutterschleimhaut. 36–48 Stunden nach der Einnahme wird dann noch ein prostaglandinhaltiges Präparat, z. B. **Gemeprost**, eingenommen, das den künstlichen Abort auslöst. Obwohl das Prostaglandinanalogon **Misoprostol** in Deutschland mittlerweile nicht mehr zum Schwangerschaftsabbruch zugelassen ist, kann es weiterhin im *Off-Lable-Use* von Gynäkologen in der Geburtshilfe eingesetzt werden.

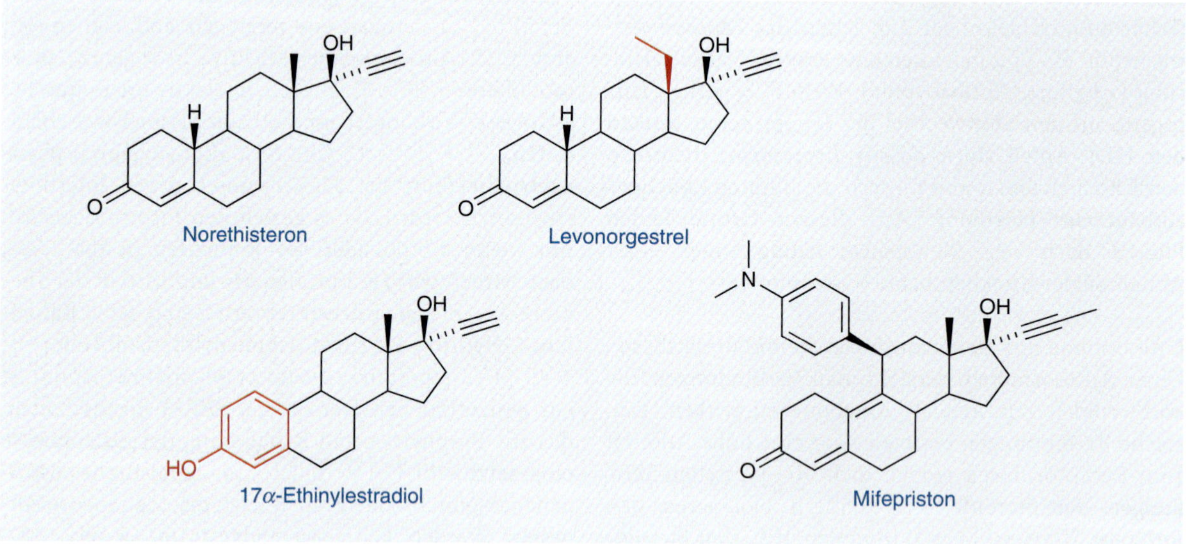


o **Abb. 27.21** Gestagenkomponenten (Norethisteron, Levonorgestrel) und Estrogenkomponente (17α-Ethinylestradiol) vieler Antibabypillen sowie Mifepriston, der Wirkstoff der „Abtreibungspille"

### Herzwirksame Steroide

Sowohl die hauptsächlich aus Fingerhut gewonnenen **Cardenolide** als auch die in Krötengiften enthaltenen **Bufadienolide** werden als **herzaktive Steroide** bezeichnet, da sie positiv inotrope (Steigerung der Kontraktionskraft) und negativ chronotrope (Absenkung der Herzfrequenz) Wirkung auf das Herz besitzen und daher zur Therapie von Herzinsuffizienz und Herzrhythmusstörungen eingesetzt werden können. Sie hemmen mit unterschiedlichen Affinitäten die Natrium-Kalium-ATPase, eine Ionenpumpe, die normalerweise unter Energieverbrauch gegen den vorlie-

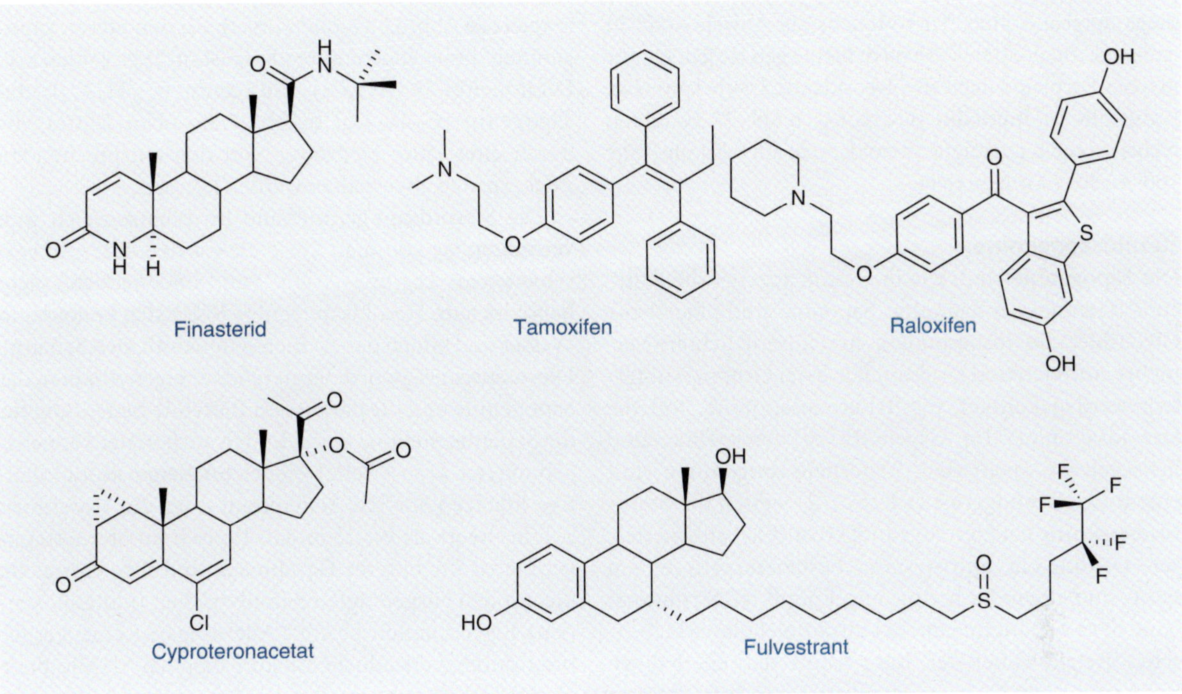


**Abb. 27.22** Wirkstoffe zur Hormontherapie (Auswahl)

genden Konzentrationsgradienten Natriumionen aus den Zellen herauspumpt und gegen Kaliumionen austauscht. Strukturell sind die Cardenolide und die Bufadienolide am ehesten mit den Gallensäuren verwandt. Ihr Steroidgrundgerüst weist zwischen Ring A und B, aber auch zwischen Ring C und D, jeweils eine *cis*-Verknüpfung auf. Eine Besonderheit sind der $\alpha,\beta$-ungesättigte $\gamma$-Lacton-Ring der Cardenolide sowie der $\alpha,\beta,\gamma,\delta$-ungesättigte $\delta$-Lacton-Ring der Bufadienolide in der Seitenkette am C17, die beide durch die intramolekulare Lactonisierung zwischen der endständigen Carboxygruppe und einer Hydroxygruppe am C21 entstehen.

**Cardenolide** (griech. *kardia* = Herz) finden sich in zahlreichen giftigen Pflanzenarten und kommen hauptsächlich als Glycoside in den Blättern der Fingerhutarten (z. B. *Digitalis purpurea*, Abb. 27.23) und in den Samen von *Strophanthus*-Gewächsen vor. Die wichtigsten Digitalisglycoside sind **Digitoxin** (Abb. 27.24, links) und die an C12 bzw. C16 $\beta$-hydroxylierten Derivate **Digoxin** und **Gitoxin**. Durch saure Hydrolyse kann das an der 3$\beta$-OH Gruppe glycosidisch gebundene Trisaccharid Digitoxose abgespalten werden. Es entstehen die entsprechenden Aglycone (Genine), und zwar **Digitoxigenin** ($C_{23}H_{34}O_4$), **Digoxigenin** ($C_{23}H_{34}O_5$) und **Gitoxigenin** ($C_{23}H_{34}O_5$). Die Aglycone der Strophanthine sind ähnlich wie Digitoxigenin aufgebaut. Am C19 trägt **Strophanthidin** eine Aldehydgruppe und **Ouabagenin** eine Hydroxygruppe (Abb. 27.24, Mitte). Sowohl die Cardenolidglycoside als auch ihre Aglycone zeigen herzaktive Wirkung.

**Abb. 27.23** Blütenstand von *Digitalis purpurea*

**Bufadienolide** (griech. *bufa* = Kröte) finden sich ebenfalls in Pflanzen, z. B. in der Weißen Meerzwiebel (*Scilla maritima*), und zwar hauptsächlich in Form des Glycosids Scillaren A bzw. des Aglycons **Scillarenin** (Abb. 27.24, oben rechts). Ihren Namen haben die Bufadienolide allerdings aufgrund ihres Vorkommens als Abwehrstoffe in einigen Krötensekreten erhalten; hier liegen sie jedoch nur in freier Form und nicht als Glycoside vor. Das bekannteste Krötengift ist **Bufotalin** ($C_{26}H_{36}O_6$; ⚬Abb. 27.24, unten rechts), das ein gesättigtes Steroidgerüst aufweist und eine 16$\beta$-Acetoxy-Gruppe trägt.

## Steroidsapogenine

Die **Sapogenine** sind, wie ihr Name anzeigt, die Aglycone (Genine) der Saponine. Saponine sind pflanzliche Glycoside, die insbesondere in Hülsenfrüchten vermehrt auftreten und strukturell in zwei Gruppen unterteilt werden können, die Triterpensaponine und die Steroidsaponine. Im Gegensatz zu den penta- und hexacyclisch anellierten **Triterpensapogeninen** mit einem $C_{30}$-Grundgerüst (▸Kap. 26.2) weisen die **Steroidsapogenine** ein Steroidgrundgerüst ($C_{27}$) auf, an dessen D-Ring ein **Spirosystem**, bestehend aus einem Fünf- und einem Sechsring, angeknüpft ist. Strukturell handelt es sich hierbei um ein intramolekulares bicyclisches Ketal, wobei der Kohlenstoff der ehemaligen Ketogruppe (am C22 der Seitenkette) nun Spiroatom ist (⚬Abb. 27.25, oben Mitte). Aus chemischer Sicht sind dementsprechend zunächst drei Hydroxylierungsreaktionen (an C16, C22 und C26) und eine Oxidation am C22 zum Keton notwendig. Die Ketogruppe bildet mit der Hydroxygruppe am C16 ein Fünfring-Halbacetal, das dann mit der terminalen Hydroxygruppe der Seitenkette unter Bildung des Sechsrings zum Spiroketal reagiert (⚬Abb. 27.25, oben links). Zu den Steroidsapogeninen dieses sogenannten **Spirostan**-Typs zählen z. B. **Digitogenin** ($C_{27}H_{44}O_5$), **Gitogenin** ($C_{27}H_{44}O_4$) und **Tigogenin** ($C_{27}H_{44}O_3$; ⚬Abb. 27.25, oben Mitte), die durch eine saure Hydrolyse von den entsprechenden Zuckerresten abgespalten werden können.

Die **Steroidsapogenine** sind im Pflanzenreich weit verbreitet. Sie kommen – wie die Cardenolide – in verschiedenen *Digitalis*-Arten vor, sind jedoch nicht herzwirksam. Steroidsapogenine lösen sich kolloidal in Wasser und bilden dabei einen seifenähnlichen Schaum. Diese ausgeprägten detergierenden Eigenschaften der Sapogenine und die daraus resultierende Bedeutung für die Seifenherstellung spiegeln sich auch in der Namensgebung (lat. *sapo* = Seife) wieder. So dienen saponinhaltige Pflanzen wie das Seifenkraut oder die Waschnuss z. T. bis heute als Waschmittel. Typisch für Steroidsapogenine ist ihr bitterer Geschmack und ihre Giftigkeit, die auf den ausgeprägten hämolytischen (blutauflösenden) Eigenschaften beruht. Allerdings ist eine Vergiftung durch Verschlucken kaum möglich, da die orale Verfügbarkeit sehr gering ist: Im sauren Milieu des Magens werden Steroidsapogenine zu herkömmlichen Steroidderivaten abgebaut.

Sapogenine sind wichtige industrielle Ausgangsstoffe für die Partialynthese von Steroiden. Etwa 95 % aller Steroidhormone werden technisch aus **Diosgenin** ($C_{27}H_{42}O_3$) erzeugt, einem Pflanzeninhaltsstoff, der vermehrt in der mexikanischen Yams-Wurzel (⚬Abb. 27.26) vorkommt,

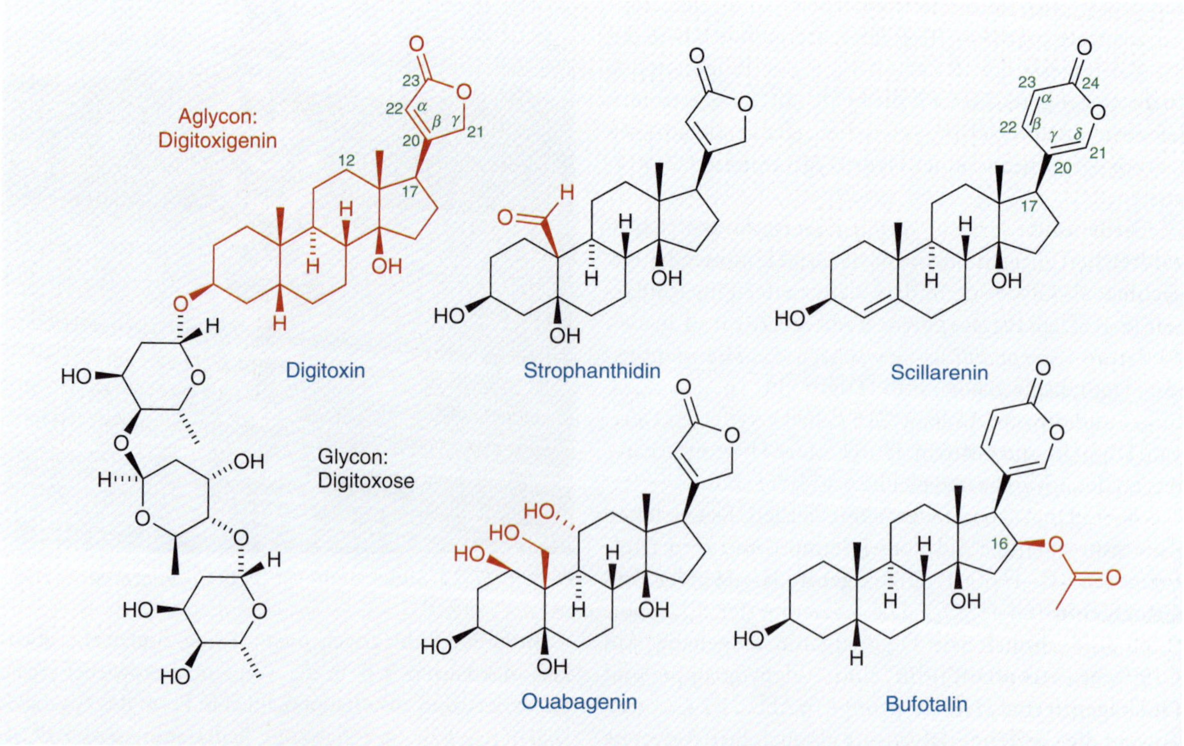


⚬ **Abb. 27.24** Cardenolide (Digitoxin, Strophanthidin, Ouabagenin) und Bufadienolide (Scillarenin, Bufotalin)

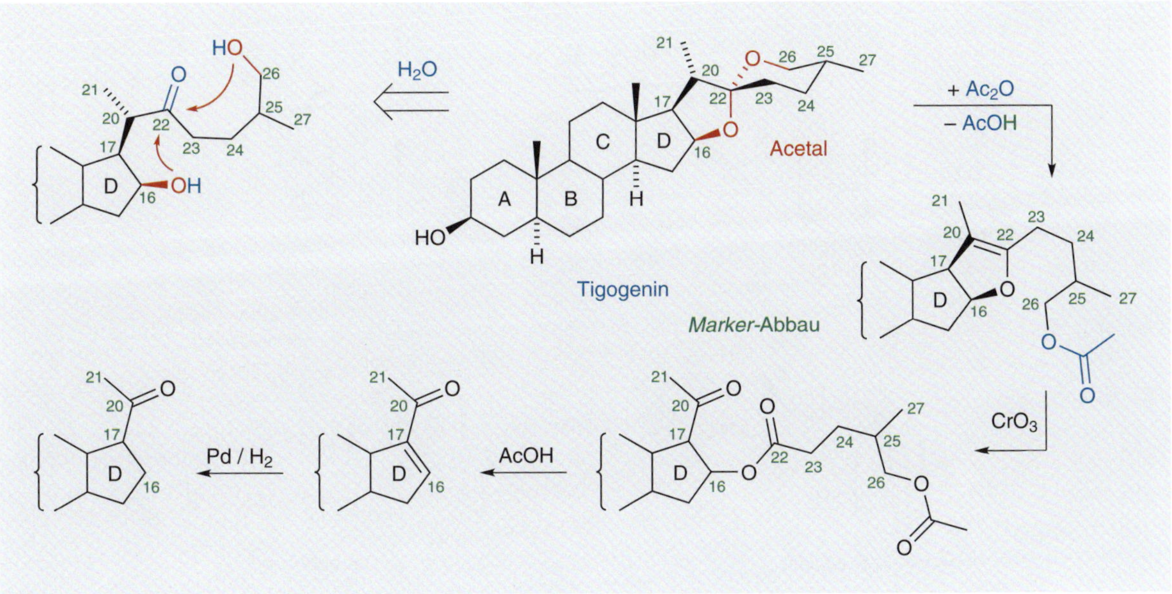


**o Abb. 27.25** Retrosynthese der Spiroverbindung in Tigogenin sowie *Marker*-Abbau zum Steroidgrundgerüst

aber auch in Bockshornklee, Sojabohnen und Fenchel zu finden ist. Die Umwandlung der Spiroketaleinheit zum Steroidgrundgerüst erfolgt dabei mithilfe des sogenannten ***Marker*-Abbaus** (o Abb. 27.25, unten). Zunächst wird mit Acetanhydrid bei hohen Temperaturen der Tetrahydropyranring der Spiroverbindung unter Wasserabspaltung geöffnet und die resultierende Doppelbindung durch Chromtrioxid oxidativ gespalten. Anschließend wird in saurem Milieu wiederum unter Eliminierung der Ester von C16 abgespalten und die Doppelbindung im D-Ring zum Pregnenolonacetat hydriert (o Abb. 27.25, unten).

### Steroidalkaloide

Mit den Steroidsaponinen eng verwandt sind die **Steroidalkaloide**, die beispielsweise in Nachtschattengewächsen (*Solanaceae*) wie Tomaten und Kartoffeln vorkommen. Auch sie liegen in Pflanzen als Glycoside vor. An das Steroidgerüst ihrer Aglycone sind weitere Ringe gebunden, die strukturell sehr unterschiedlich aufgebaut sein können, jedoch alle ein oder mehrere basische Stickstoffatome und dadurch Alkaloidcharakter besitzen (▸ Kap. 36).

In Wildtomaten findet man **Tomatidin** ($C_{27}H_{45}NO_2$; o Abb. 27.27, oben links), eine Spiroverbindung, die vergleichbar mit den Spirostanen ist.

**Solanidin** ($C_{27}H_{43}NO$; o Abb. 27.27, unten links) kommt in den Blättern, Knollen und Keimen der Kartoffel vor und weist eine Stickstoffverbrückung der Seitenkette über die Positionen C22 und C26 mit dem D-Ring an C16 auf.

Im **Conessin** ($C_{27}H_{45}NO_2$; o Abb. 27.27, oben rechts) sind dagegen die angulare Methylgruppe C18 und C20 der Seitenkette über eine Stickstoffbrücke miteinander verbunden. Conessin ist in großen Mengen in der Rinde des bitteren Oleanders (*Holarrhena antidysenteria*) enthalten, deren Extrakt gegen Amöbenruhr wirksam ist. Verbindungen des Conessintyps können als Ausgangsstoffe zur Darstellung von Steroidhormonen dienen, da ihr Kohlenstoffgerüst bereits dem 5-Pregnenolon ähnelt; anstelle der 3$\beta$-Hydroxygruppe besitzt es allerdings eine 3$\beta$-Dimethylaminogruppe.

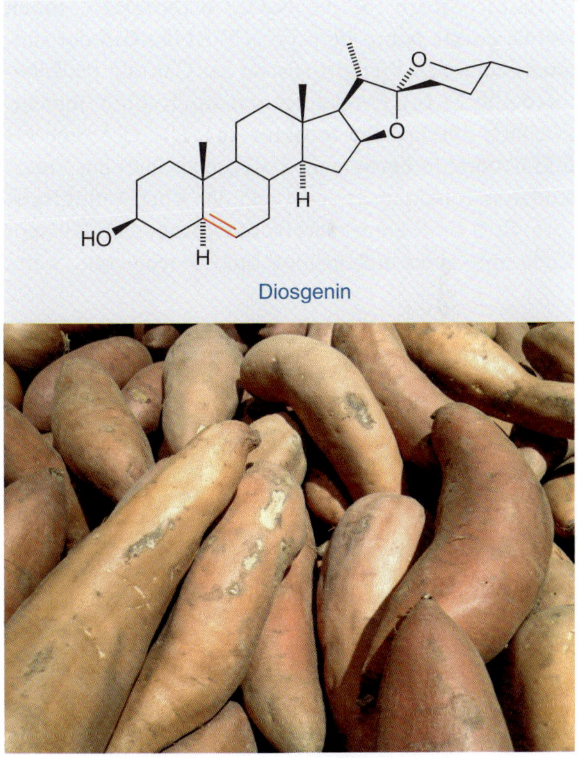


**o Abb. 27.26** Diosgenin (oben) kommt in mexikanischen Yams-Wurzeln (unten) vor.

27

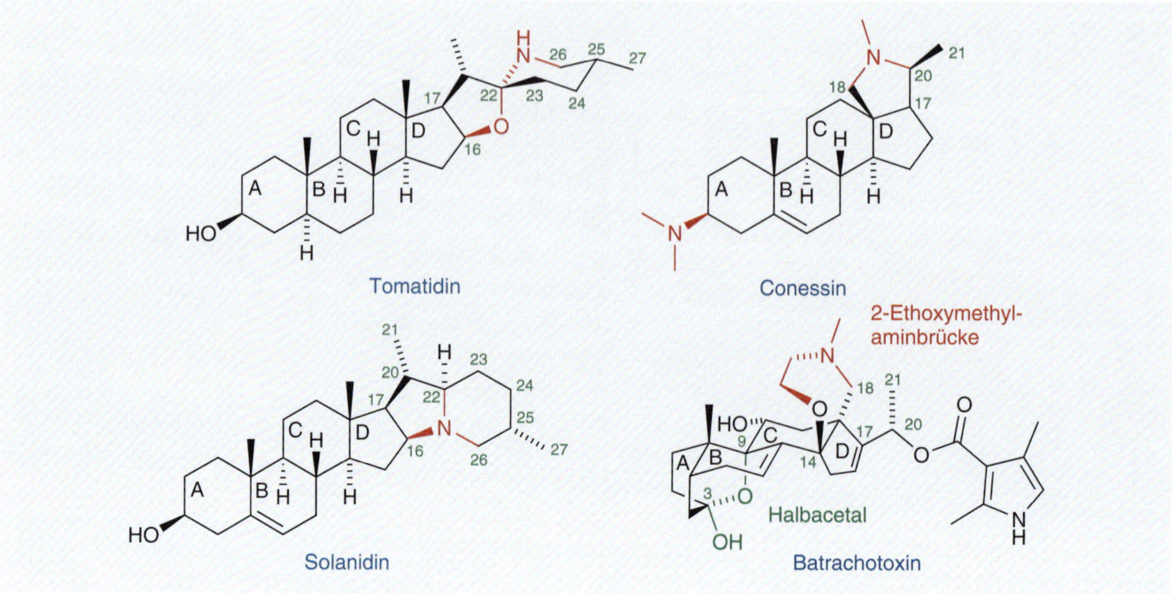


**o Abb. 27.27** Steroidalkaloide (Auswahl)

**Batrachotoxin** ($C_{31}H_{42}N_2O_6$; o Abb. 27.27, unten rechts; griech. *batrachos* = Frosch) ist das Gift der südamerikanischen **Pfeilgiftfrösche** der Gattung *Phyllobates* (o Abb. 27.28). Es zeichnet sich durch eine komplexe, zweifach überbrückte Struktur aus. Die C-Atome C3 und C9 sind in Form eines Halbacetals über ein Sauerstoffatom miteinander verbrückt. Da Ring A und B *cis*-verknüpft sind, kann die Hydroxygruppe am C9 sehr leicht mit einer Ketogruppe an C3 reagieren, wenn diese durch die Wannenkonformation des A-Rings in ihre Nähe gebracht wird. Die C-Atome 14 und 18 sind über eine 2-Ethoxymethylaminobrücke miteinander verbunden, was wiederum eine *cis*-Verknüpfung, in diesem Fall der Ringe C und D, voraussetzt. Zusätzlich wurde die Seitenkette zwischen C20 und C22 oxidativ gespalten, und die resultierende OH-Gruppe ist mit 2,4-Dimethylpyrrol-3-carbonsäure verestert. Batrachotoxin gehört zu den stärksten bekannten Giften. Als Neurotoxin wirkt es auf den Ionentransport in Nerven und Muskeln und ist 5000-mal giftiger als Natriumcyanid. Die tödliche Dosis für den Menschen wird auf ca. 1–2 µg/kg Körpergewicht geschätzt, sodass das Gift eines einzigen Tieres ausreichen würde, um bis zu zehn erwachsene Menschen zu töten.

**o Abb. 27.28** Der „schreckliche" Pfeilgiftfrosch (*Phyllobates terribilis*)

**Homobatrachotoxin** dagegen findet sich in sehr geringer Konzentration in der Haut und dem Gefieder eines in Neuguinea heimischen Vogels, des **Zweifarbenpitohui** (*Pitohui dichrous*). Er gilt unter den Einheimischen als ungenießbar, da der Kontakt Kribbeln und Taubheit auslöst. Homobatrachotoxin unterscheidet sich vom Gift der Pfeilgiftfrösche nur durch eine 2-Ethylgruppe anstelle der 2-Methylgruppe des Pyrrolrestes in der Seitenkette. Da allerdings sowohl die Vögel als auch die Frösche in Gefangenschaft ihre Giftigkeit verlieren, geht man davon aus, dass sie das Gift nicht selbst produzieren, sondern über die Nahrung aufnehmen. Als vermeintliche Toxinquelle will man Käfer der Gattung *Choresine* aus der Familie *Melyridae* identifiziert haben, die sowohl auf Neuguinea als auch im kolumbianischen Regenwald vorkommen.

# 28 Fünfringe mit einem Heteroatom

Pyrrolgruppe ... 753 | Furangruppe ... 766 | Thiophengruppe ... 771

Die Fünfringe Pyrrol, Furan und Thiophen gehören zu den elektronenreichen Heteroaromaten. Sie besitzen ein $\pi$-Elektronensextett und zeigen ein ähnliches chemisches Verhalten wie Benzen. Sie kommen als Bausteine in vielen Naturstoffen vor und finden als Ausgangsstoffe für die Synthese zahlreicher chemischer Verbindungen Verwendung.

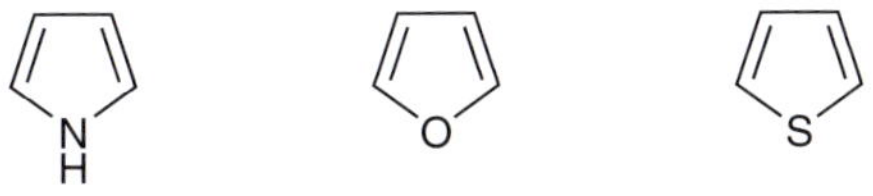


Pyrrol Furan Thiophen

## 28.1 Pyrrolgruppe

### 28.1.1 Struktur und Eigenschaften

**Pyrrol** (Azol) ist ein heterocyclischer, aromatischer 5-Ring mit der Summenformel $C_4H_5N$. *Runge* wies die Substanz erstmals 1834 im Steinkohleteer nach, später fand sie *Anderson* auch im Knochenöl. Pyrrol ist eine farblose Flüssigkeit (Sdp. 131 °C), die einen chloroformähnlichen Geruch besitzt. Seinen Namen erhielt es von einer Nachweisreaktion, bei der sich ein mit Salzsäure befeuchteter Fichtenspan durch Pyrroldämpfe rot färbt (gr. *pyrros* = feuerrot). Pyrrol hat als Baustein in der Natur große Bedeutung, so findet man Derivate dieser Verbindungsklasse beispielsweise in Blut- und Gallenfarbstoffen, im Blattgrün, im Vitamin $B_{12}$, in Alkaloiden (▸Exkurs: Pyrrolalkaloide), in Proteinen, in Nucleinsäuren und in Enzymen. Ähnlich wie Amine zersetzt sich auch Pyrrol mit der Zeit an der Luft oder durch Lichteinfluss. Es bilden sich Polypyrrol und verschiedene Aminoxide, die die Flüssigkeit braun färben und allmählich verharzen lassen. Pyrrol sollte deshalb vor Gebrauch im Labor stets frisch destilliert werden.

Das freie Elektronenpaar des Stickstoffatoms ist Bestandteil des aromatischen $\pi$-Elektronensextetts (○Abb. 28.1). Aus diesem Grund ist der Stickstoff des Pyrrols sehr viel schwächer basisch als in nichtaromatischen Aminen (▸Kap. 8), da durch eine Protonierung am Stickstoff die Aromatizität aufgehoben wird. Stattdessen kann die NH-Gruppe relativ leicht deprotoniert werden, da die Aromatizität des Systems bei der Deprotonierung bestehen bleibt. Daher ist Pyrrol mit einem p$K_S$-Wert von ca. 17,5 ähnlich sauer wie ein Alkohol und deutlich saurer als ein einfaches Alkylamin (p$K_S \approx$ 30–35).

Da alle Ringatome $sp^2$-hybridisiert sind, ist das Pyrrolmolekül planar. Betrachtet man die partielle Ladungsverteilung im Pyrrolring (○Abb. 28.1), so erkennt man den Dipolcharakter des Moleküls. Als polares Molekül mischt sich Pyrrol in jedem Verhältnis mit Ethanol und Ether. In Wasser ist es hingegen nur

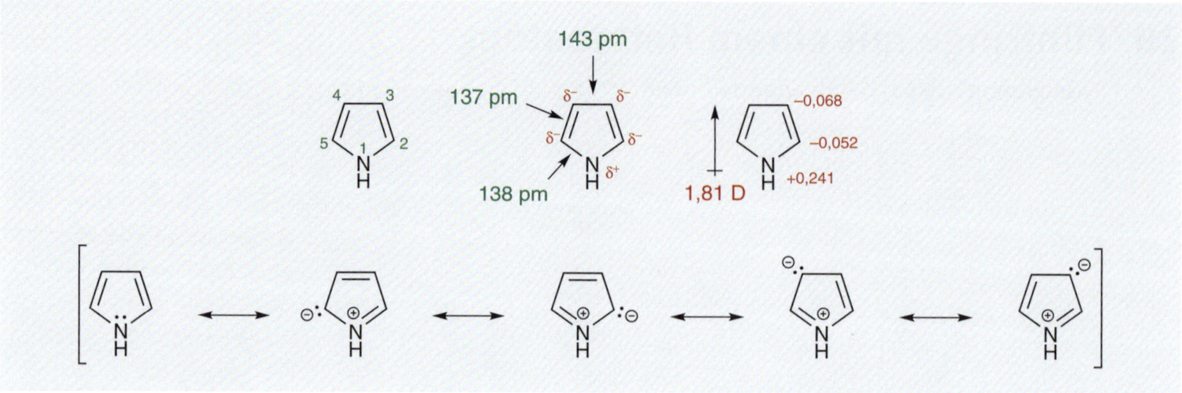


**o Abb. 28.1** Struktur von Pyrrol mit Bindungslängen und Dipolmoment (rechts oben: Nettoladung an den Ringatomen in rot). Anhand der mesomeren Grenzstrukturen kann man erkennen, dass Pyrrol ein elektronenreicher Heteroaromat ist.

wenig löslich. Ungewöhnlich im Vergleich zu anderen Fünfring-Heteroaromaten (Furan, Thiophen,) ist, dass sich beim Pyrrol der positive Teil des Dipols am Stickstoff befindet, obwohl dieser elektronegativer als der Kohlenstoff ist. Dies liegt daran, dass das freie Elektronenpaar des Stickstoffs weitgehend über den Ring delokalisiert ist. Diese Ladungsverteilung kann man durch verschiedene Resonanzstrukturen veranschaulichen, bei denen das Stickstoffatom jeweils eine positive Formalladung aufweist und eines der C-Atome eine negative.

### 28.1.2 Gewinnung und Synthese

Pyrrol ist Bestandteil des Steinkohleteers und lässt sich aus diesem isolieren. Außerdem kann man Pyrrol bzw. Pyrrolderivate auf unterschiedliche Weise synthetisch herstellen (o Abb. 28.3). Industriell wird Pyrrol aus Furan und Ammoniak mithilfe eines $SiO_2/Al_2O_3$-Katalysators (Zeolithe) synthetisiert. Eine weitere Möglichkeit ist die katalytische Dehydrierung von Pyrrolidin. Über die Reaktion von 2,5-Dimethoxytetrahydrofuran, das aus Furan und Methanol mit Hilfe eines Nickelkatalysator hergestellt werden kann, mit Ammoniak und Zeolithen oder über eine Gasphasen-Cyclokondensation von Butin-1,4-diol mit Ammoniak und einem $Al_2O_3/ThO_2$-Katalysator erhält man ebenfalls das unsubstituierte Pyrrol.

Für die Darstellung substituierter Pyrrolderivate gibt es eine Vielzahl unterschiedlicher Syntheserouten. Die wichtigsten drei sind (o Abb. 28.4):

- die *Paal-Knorr*-Pyrrolsynthese,
- die *Knorr*sche Pyrrolsynthese und
- die Pyrrolsynthese nach *Hantzsch*.

Bei der ***Paal-Knorr*-Pyrrolsynthese** entstehen durch Erhitzen von 1,4-Diketonen mit Ammoniak oder primä-

**Exkurs: Pyrrolalkaloide**

Pyrrolalkaloide, zu denen unter anderem auch **Prodigiosin**, der wichtigste Sekundärmetabolit des Bakterienstamms *Serratia marcescens* (o Abb. 28.2) gehört, weisen eine überaus vielfältige biologische Aktivität gegen Bakterien, Protozoen und pathogene Pilze auf. Als Antibiotika in der Humanmedizin sind diese Tripyrrolverbindungen allerdings aufgrund ihrer Cytotoxizität weniger geeignet. Interessanterweise führen Pyrrolalkaloide aber bei vielen menschlichen Krebszelllinien zum programmierten Zelltod (Apoptose), während gesunde Zellen nicht betroffen werden.

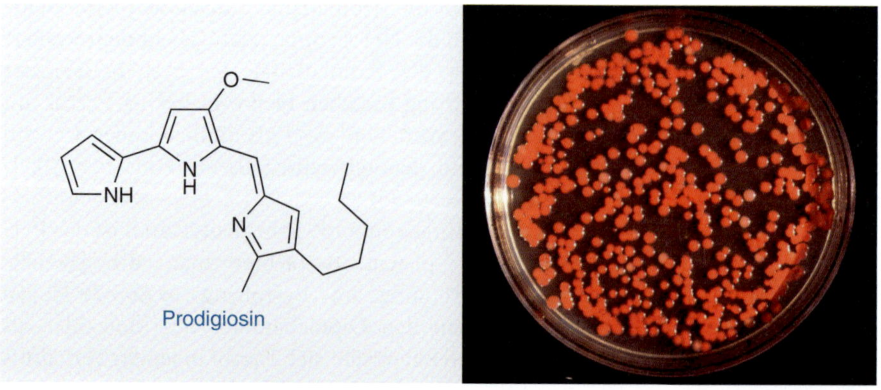


**o Abb. 28.2** *Serratia marcescens* produziert Prodigiosin als Sekundärmetabolit

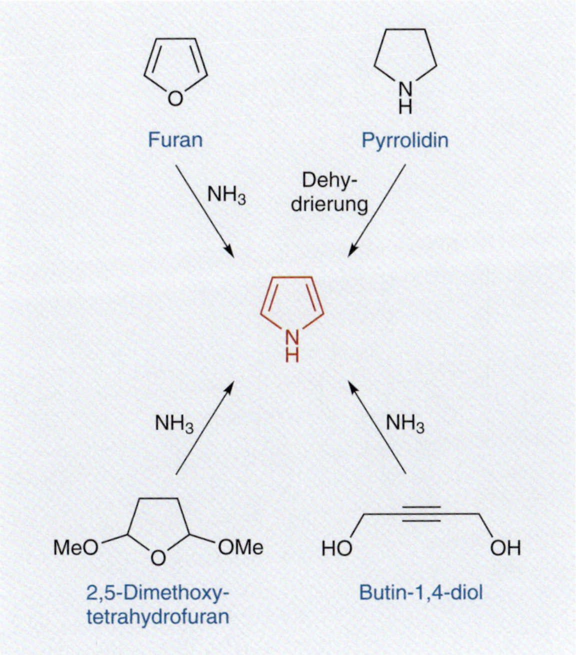


**○ Abb. 28.3** Vier unterschiedliche Möglichkeiten zur Darstellung von Pyrrol

ren Aminen in einer Kondensationsreaktion 2,5-Dialkyl- bzw. 2,5-Diarylpyrrole.

Die ***Knorr*-Pyrrolsynthese** geht dagegen von $\alpha$-Aminoketonen aus, welche in einer Kondensationsreaktion mit $\beta$-Ketoestern oder $\beta$-Diketonen zum Pyrrol umgesetzt werden. Da die $\alpha$-Aminoketone in der Regel nicht stabil sind, werden sie bevorzugt *in situ* durch Reduktion mit Zinkstaub aus den entsprechenden Oximen hergestellt. Beispielsweise lässt sich 2,4-Dimethylpyrrol aus Hydroxyiminoacetessigester mit Zinkstaub in Eisessig und anschließender alkalischer Hydrolyse und Decarboxylierung erhalten. Von der *Knorr*schen Pyrrolsynthese gibt es zahlreiche moderne Varianten.

Die **Pyrrolsynthese nach *Hantzsch*** geht von $\beta$-Ketoestern aus, die mit Ammoniak oder primären Aminen und $\alpha$-Halogenketonen die substituierten Pyrrole ergeben. Dabei bildet sich zuerst aus dem $\beta$-Ketoester und der Aminverbindung ein **Enamin** (▸Kap. 12), welches dann mit dem $\alpha$-Halogenketon zum Pyrrol reagiert. Industriell können funktionalisierte Pyrrole auch durch Dehydrierung der entsprechenden Pyrrolidinderivate erhalten werden. Diese Reaktionen werden in der Gasphase bei 200–300 °C an speziellen Katalysatoren ($Pd/Al_2O_3$ oder $Pd/MgO/Al_2O_3$) durchgeführt.

## 28.1.3 Reaktionen und Anwendungen

Die Ladungsverteilung (▸Kap. 28.1.1) spiegelt sich im Reaktionsverhalten des Pyrrols wieder. Pyrrol ist ein elektronenreicher Heteroaromat, der leicht von Elektrophilen angegriffen wird und in einer **elektrophilen aromatischen Substitution** (▸Kap. 18) reagiert. Der elektrophile Angriff erfolgt bedingt durch die hohe Elektronendichte bevorzugt an den Kohlenstoffatomen und nicht am Heteroatom. So bildet sich bei Reaktionen mit Mineralsäuren das instabile **Pyrrolium-Kation** ($pK_S = -3{,}8$). Das heißt, die Protonierung erfolgt an C2 und eben nicht am Stickstoff, da dessen freies Elektronenpaar Teil des aromatischen Elektornensextetts ist. Dieses Pyrrolium-Kation kann als starkes Elektrophil mit einem weiteren Pyrrolmolekül reagieren. Es kommt zur Dimerbildung und schließlich zur Polymerisation. Pyrrol ist daher gegenüber starken Säuren instabil.

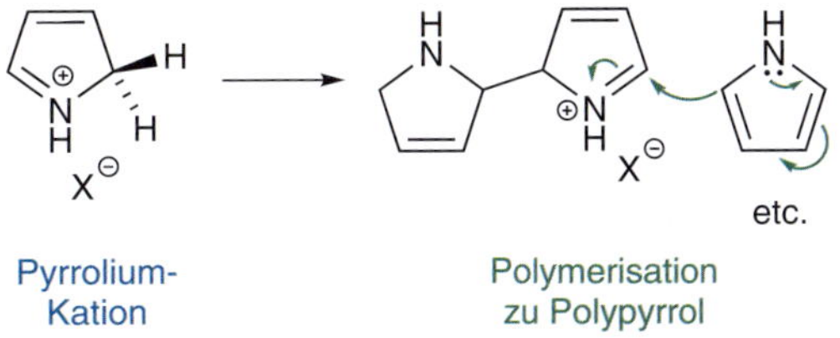


**Polypyrrol** (PPy) erhält man auch durch elektrochemische Polymerisation. Durch Dotierung des Polymers z. B. mit Toluensulfonsäure oder $BF_4^-$ bzw. $ClO_4^-$ als Gegenion lässt sich ein ein blau-schwarzer Polymerfilm herstellen, der elektrisch leitfähig ist. Polypyrrol kommt vor allem in der Sensor-, der Solarzellentechnik oder der Mikrobiologie (Biosensoren, Immobilisierung von Proteinen) zur Anwendung.

Beim Pyrrol ist eine elektrophile Substitution zwar am C2- und C5-Atom bevorzugt, wie man anhand der Resonanzstrukturen für die entstehenden $\sigma$-Komplexe erkennt. Allerdings können auch an C3 Substitutionsreaktionen stattfinden, sodass man in der Praxis häufig Produktgemische erhält. Ein Beispiel dafür ist die Nitrierung von Pyrrol, bei der 3-Nitropyrrol (20 %) und 2-Nitropyrrol (80 %) entstehen.

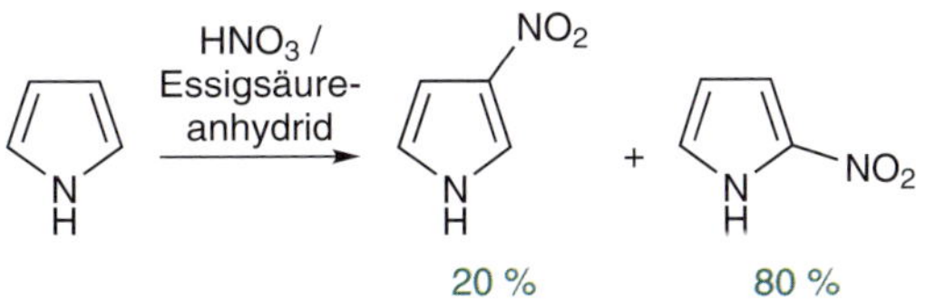


Die sehr heftig ablaufenden Halogenierungen des Pyrrols mit Sulfurylchlorid in Ether oder mit Brom in Eisessig ergeben die vierfach substituierten Derivate (2,3,4,5-Tetrahalogenpyrrole, ○Abb. 28.5). Im Gegensatz zur Halogenierung von Benzen ist keine Aktivierung durch *Lewis*-Säuren notwendig. Eine selektive Monohalogenierung am Pyrrol ist schwierig. Zur gezielten Monosubstitution des Pyrrolrings eignen sich z. B. die Sulfonierung mit einem Pyridin-$SO_3$-Komplex,

28

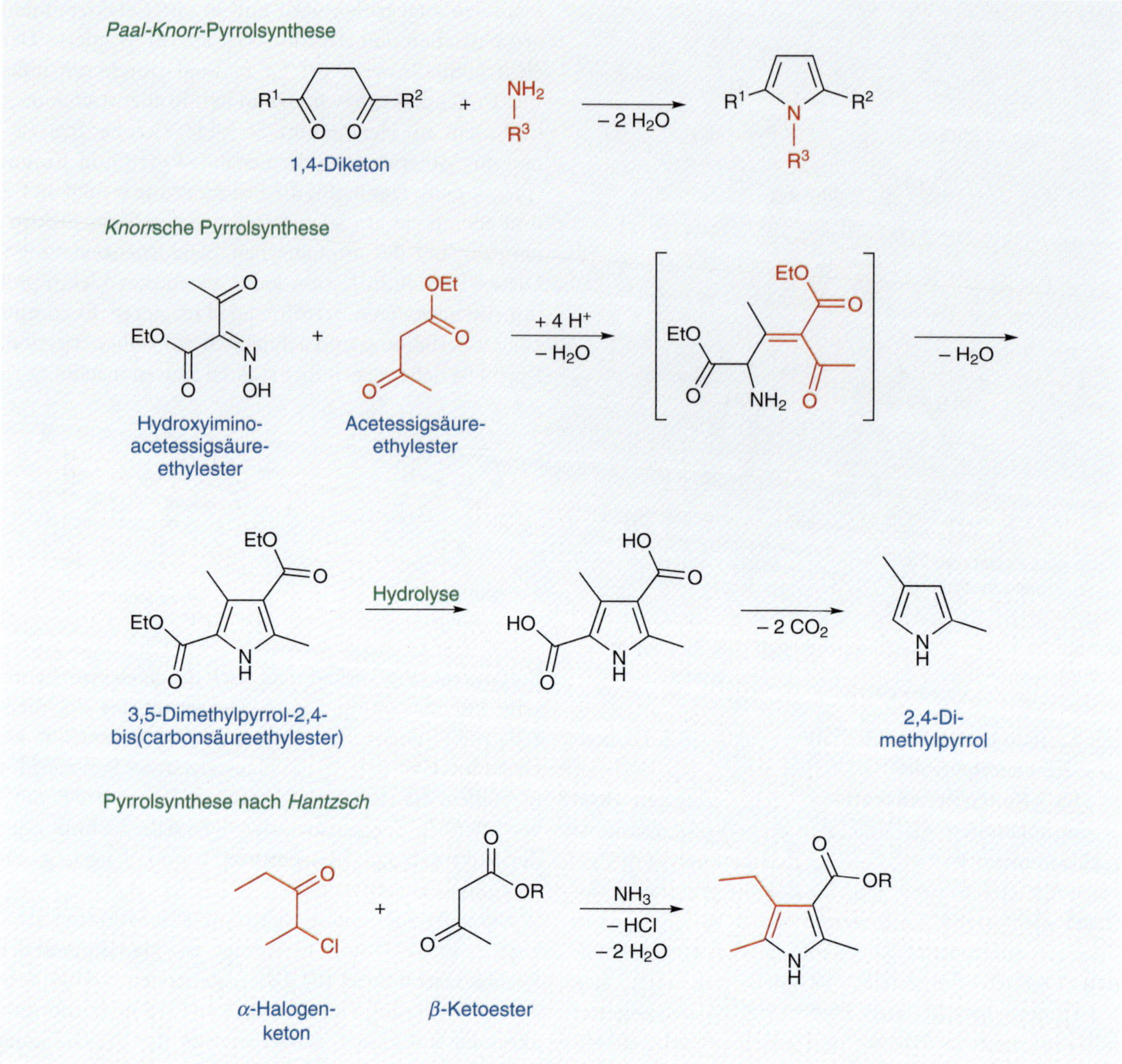


**Abb. 28.4** Die *Paal-Knorr*-Pyrrolsynthese, die *Knorr*sche Pyrrolsynthese und die Pyrrolsynthese nach *Hantzsch* sind drei Möglichkeiten zur Darstellung funktionalisierter Pyrrole.

die zur Bildung von 2-Pyrrolsulfonsäure führt, und die *Friedel-Crafts*-Acetylierung (die bereits ohne *Lewis*-Säure abläuft) zum 2-Acetylpyrrol. Auch mithilfe der *Vilsmeier*- und der *Mannich*-Reaktion kann der Pyrrolring selektiv am C2 derivatisiert und so gezielt für weitere Reaktionsschritte funktionalisiert werden (Abb. 28.5).

Mit metallischem Kalium lässt sich, bedingt durch den schwach sauren Charakter des Pyrrol, **Kaliumpyrrolid** herstellen (Abb. 28.6). Diese farblosen Kristalle sind stabiler und besser handhabbar als flüssiges Pyrrol, weshalb Pyrrol häufig in dieser Form transportiert wird. Löst man das Salz in Wasser, ensteht durch Protonierung wieder Pyrrol. Analog dazu können mit Lithium- oder Natriumhydrid in Tetrahydrofuran ebenfalls das entsprechende Lithium- bzw. Natriumpyrrolid dargestellt werden. Bei der Umsetzung mit Alkylmagnesiumhalogeniden erhält man die entsprechenden *Grignard*-Verbindungen des Pyrrols. Die salzartigen Pyrrolide können für weitere Synthesen genutzt werden (Abb. 28.6). Beispielsweise lassen sich durch Reaktion mit Alkylhalogeniden bei etwa 60 °C *N*-Alkylpyrrole herstellen, die sich dann bei Temperaturen von ca. 200 °C zu *C*-Alkylpyrrolen umlagern. Grundsätzlich wandern *N*-Alkyl-, *N*-Aryl- und *N*-Acyl-Gruppen bei der Pyrolyse in die 2-Stellung. *N*-Acylpyrrole hydrolysieren zudem sehr leicht. Mit Kohlendioxid entsteht aus Kaliumpyrrolid 2-Pyrrolcarbonsäure (vgl. *Kolbe-Schmitt*-Reaktion) (▸Kap. 21.1.3).

Im Gegensatz zum Furan (▸Kap. 28.2) besitzt Pyrrol nur einen schwachen Diencharakter und geht daher im Allgemeinen keine *Diels-Alder*-Additionen ein. Es gelang jedoch, Pyrrol an ein sehr reaktives Dienophil, nämlich an Hexafluor-bicyclo[2.2.0]hexa-2,5-dien (Hexa-

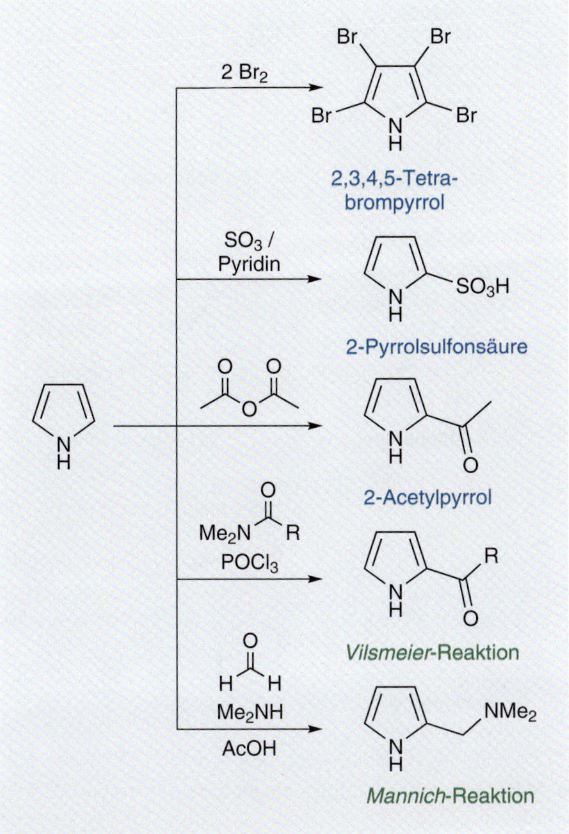


**○ Abb. 28.5** Aus Pyrrol können auf unterschiedliche Weise substituierte Derivate hergestellt werden, welche als Ausgangspunkte für weitere Synthesen genutzt werden können.

fluor-*Dewar*-Benzen, ▸Kap. 18.1), im Sinne einer [4+2]-Cycloaddition unter Bildung des in ○Abb. 28.7 dargestellten 1:1-Addukts anzulagern.

Die **Reduktion des Pyrrols** verläuft wegen seines aromatischen Charakters relativ träge, da hierbei das aromatische System zerstört wird (○Abb. 28.8). Reduziert man Pyrrol mit Zinkstaub und Eisessig, so entsteht 2,5-Dihydropyrrol. Die katalytische Hydrierung am Nickel-Kontakt führt über 2,5-Dihydropyrrol zu **Pyrrolidin** (Azolidin). Diese Reaktionsfolge zeigt den Übergang von Heteroaromaten über Heterocycloalkene zu Heterocycloalkanen. Beide Hydrierungsprodukte sind sekundäre Amine (▸Kap. 8) mit den entsprechend typischen Eigenschaften. Es sind stark fischartig riechende Flüssigkeiten, die die typisch basischen Eigenschaften eines sekundären Amins besitzen und keine Tendenz zur Polymerisation zeigen.

Vom Pyrrolidin leiten sich wichtige cyclische $\alpha$-Aminosäuren ab (○Abb. 28.9), nämlich Prolin [(2*S*)-Pyrrolidin-2-carbonsäure] und Hydroxyprolin [(2*S*,4*R*)-4-Hydroxypyrrolidin-2-carbonsäure], die als Bausteine in Proteinen auftreten, sowie die (−)-Kainsäure, (2*S*,3*S*,4*S*)-3-Carboxymethyl-4-isopropenylprolin, die in Rotalgen vorkommt und stark neurotoxisch wirkt. Auch das am Kohlenstoffatom C4 (*R*)-konfigurierte Diastereomer der Kainsäure, (+)-Allokainsäure, ist in Rotalgen, z. B. *Digenea simplex*, enthalten. Nach der Kainsäure sind auch die Kainat-Rezeptoren benannt, die als Glutamat-bindende Rezeptoren in der Membran von Neuronen vorkommen.

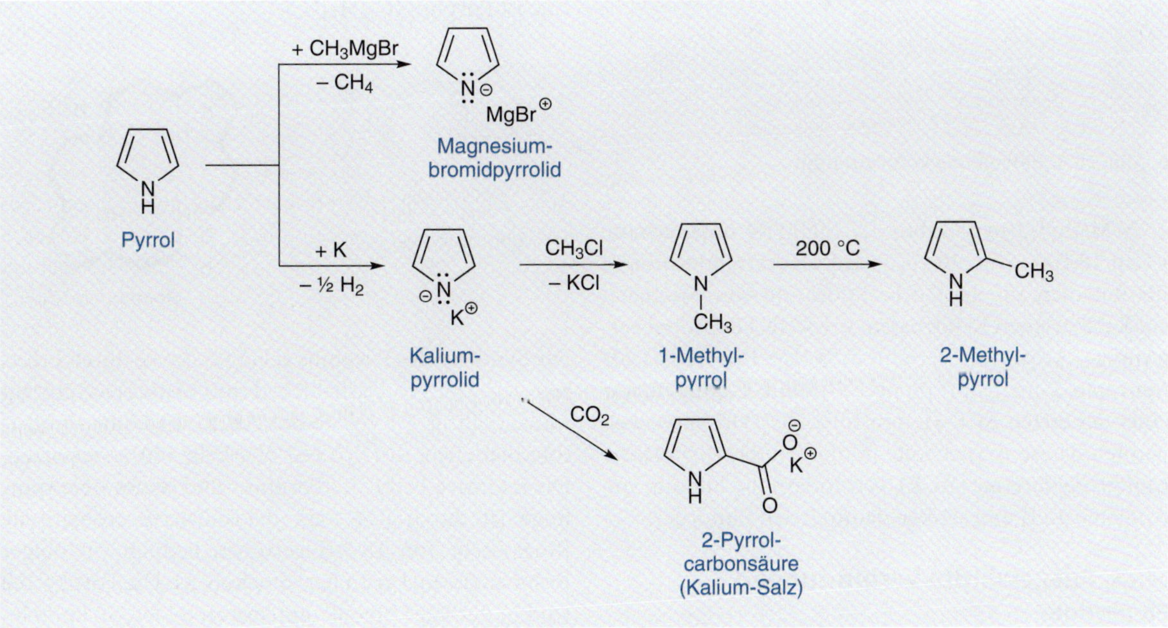


**○ Abb. 28.6** Pyrrol reagiert mit Alkylmagnesiumhalogeniden zu salzartigen *Grignard*-Verbindungen und mit metallischem Kalium zu Kaliumpyrrolid, welches anschließend weiter umgesetzt werden kann: Mit Alkylhalogeniden entstehen 2-Alkylpyrrole, mit $CO_2$ entsteht 2-Pyrrolcarbonsäure.

28

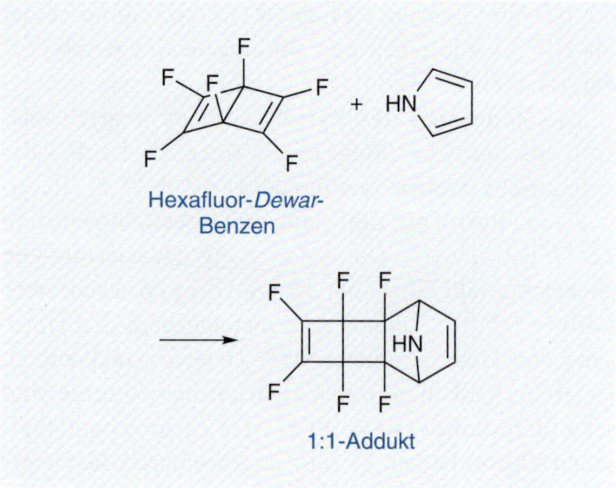


○ **Abb. 28.7** *Diels-Alder*-Reaktion von Pyrrol mit Hexafluor-*Dewar*-Benzen

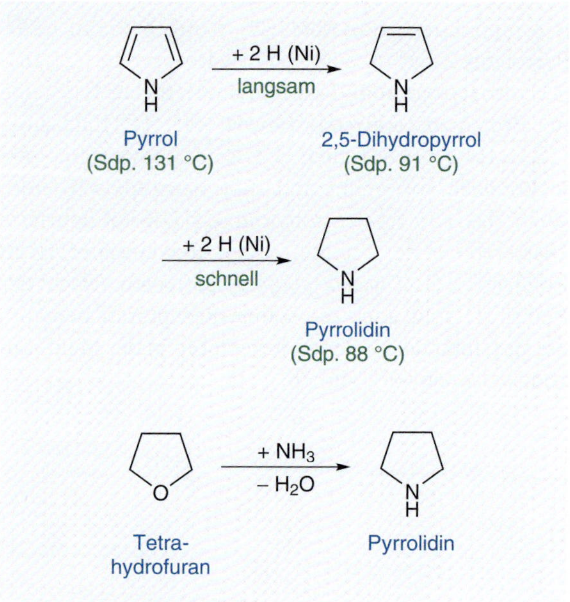


○ **Abb. 28.8** Herstellung von Pyrrolidin

*N*-**Methyl-2-pyrrolidon** (*N*-Methyl-4-butanlactam, ▸Kap. 18.1.2), Sdp. 204 °C, wird als Extraktionsmittel für Butadien aus der C4-Fraktion und von Aromaten aus katalytischen Reformaten, sowie als Lösemittel verwendet (Arosolvan-Verfahren, ▸Kap. 18). (2*S*)-1-(3-Mercapto-2-methylpropionyl)-L-prolin, **Captopril**, war einer der ersten ACE-Hemmstoffe, die 1985 entwickelt wurden. Diese Arzneistoffe inhibieren das *Angiotensin Converting Enzyme* (ACE), verhindern die Bildung von Angiotensin II und senken dadurch den Blutdruck.

## 28.1.4 Ausgewählte Verbindungen

### Porphyrine

**Porphyrine** sind aromatische Verbindungen, die einen aus vier Pyrrolen aufgebauten Grundkörper besitzen. Die Pyrroleinheiten sind über vier Methinbrücken

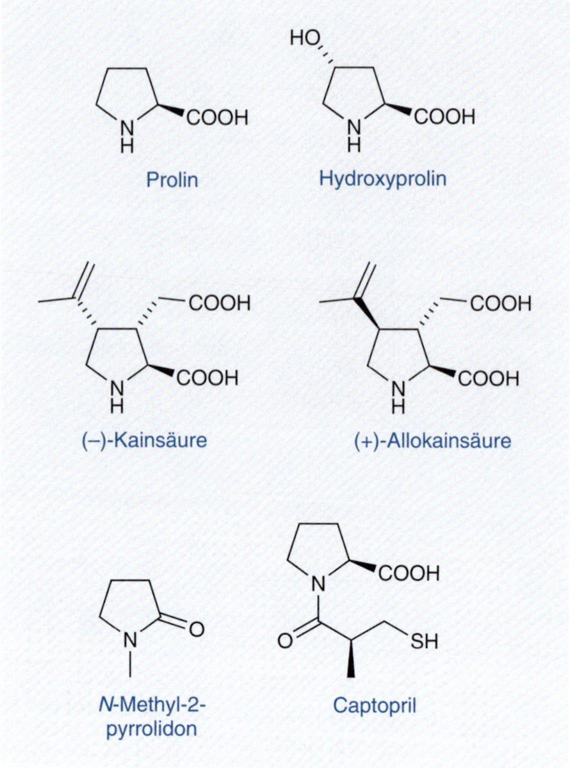


○ **Abb. 28.9** Von Pyrrrolidin abgeleitete Natur- und Wirkstoffe

(—CH—) cyclisch zu einem Heteroannulen verknüpft. Dieses mesomeriestabilisierte Ringsystem ist unter anderem Grundgerüst der Farbkomponenten des Blutes (Hämoglobin), des Blattgrüns (Chlorophyll) und des Vitamins $B_{12}$. Die Stammverbindung der Porphyrine ist Porphin ($C_{20}H_{14}N_4$).

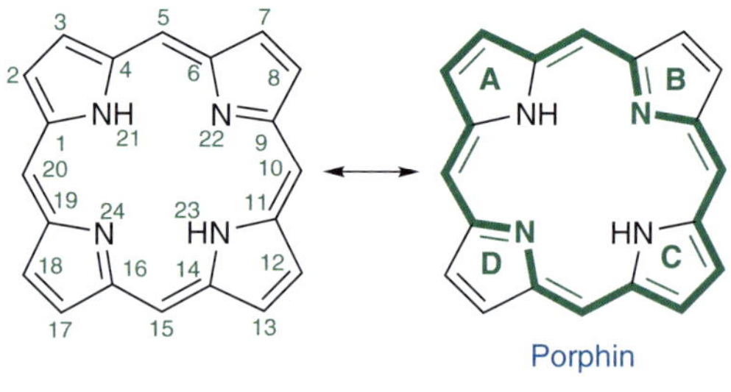


Die Synthese des Porphins gelang erstmals durch Erhitzen von 2-Pyrrolcarbaldehyd mit Ameisensäure im Molverhältnis 4:1 (*H. Fischer* 1929). Es bildet dunkelrote Blättchen, die sich erst oberhalb 360 °C zersetzen. Die intensive Farbe des Porphins und seiner Abkömmlinge ist durch das stark delokalisierte aromatische Ringsystem von 18 $\pi$-Elektronen bedingt (in obiger Resonanzformel grün hervorgehoben). Die Porphyrine sind in der Lage Metallkomplexe zu bilden, so komplexiert z. B. Porphin unter anderem Eisen-, Magnesium- und Kupfer-Ionen.

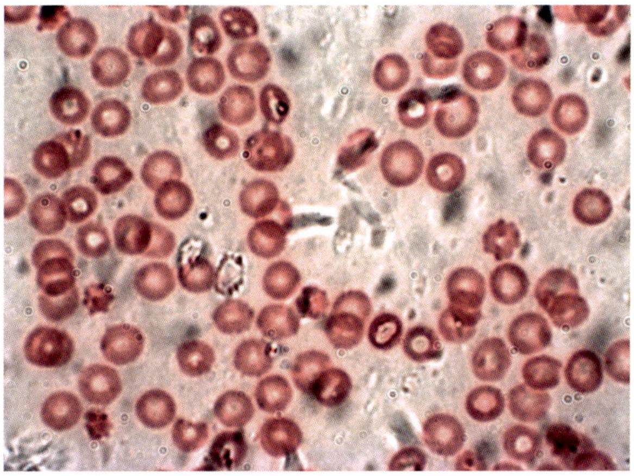

**o Abb. 28.10** Rote Blutkörperchen

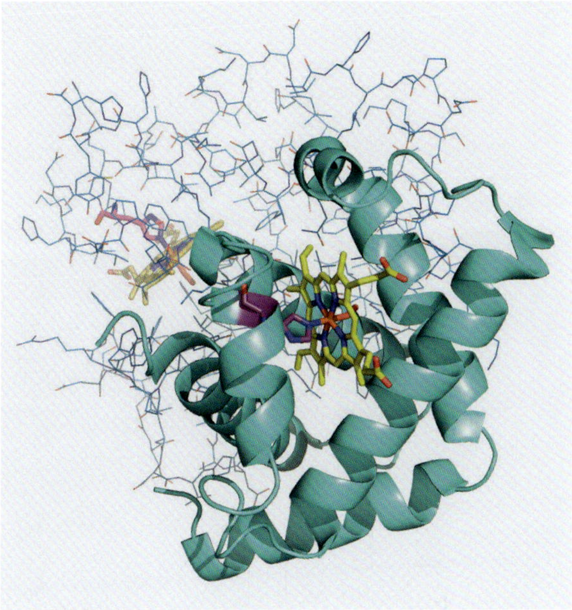

**o Abb. 28.11** Struktur des Globins (hellblau), in die das Häm (gelb) eingebettet ist

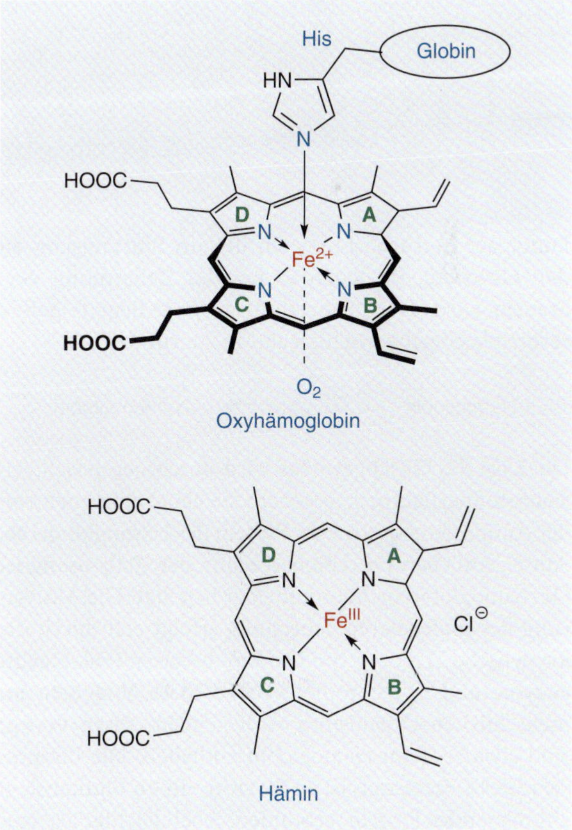


**o Abb. 28.12** Strukturformeln von Oxyhämoglobin und Hämin

## Hämoglobin

Ein Derivat des Porphins ist **Häm**, ein Bestandteil von **Hämoglobin**, dem für den Sauerstofftransport verantwortlichen Farbstoff der roten Blutkörperchen (o Abb. 28.10, o Abb. 28.11). Hämoglobin besteht zu etwa 4 % aus Häm und zu etwa 96 % aus dem Protein Globin. Dem Häm liegt das Porphinskelett zugrunde. Die Pyrrolkerne sind an den freien C-Atomen mit organischen Resten substituiert und die H-Atome der NH-Gruppen durch ein Eisen(II)-Ion unter Bildung eines Komplexes ersetzt (o Abb. 28.12). Die Stickstoffatome besetzen vier Koordinationsstellen des Eisens, während die fünfte durch einen Histidinrest der Globinkette und die sechste Koordinationsstelle durch den Sauerstoff besetzt werden.

Seinem Eisengehalt nach müsste Hämoglobin die relative Molekülmasse von etwa 17 000 besitzen; mithilfe der Ultrazentrifugation wurde jedoch ein Wert von 68 000 gefunden. Es handelt sich also beim Hämoglobin um ein Tetramer, bestehend aus vier Proteinuntereinheiten. Somit enthält das Hämoglobinmolekül vier Eisen-Ionen, komplexiert durch vier Häm-Moleküle. Um im Hämoglobin die Farbstoff- von der Proteinkomponente abzutrennen, lässt man Blut in heißen Eisessig einfließen, der mit gesättigter Natriumchloridlösung versetzt ist. Dabei scheiden sich unter gleichzeitiger Oxidation des Häms (Fe(II) zu Fe(III)) braune Kristalle mit bläulichem Oberflächenglanz ab, die sog. *Teichmann*schen Kristalle, in denen das Chlorid des Hämatins, das **Hämin** ($C_{34}H_{32}FeN_4O_4Cl$, o Abb. 28.12), vorliegt. Das aus Hämin mit Alkali zugängliche Hydroxid ist das Hämatin ($C_{34}H_{32}FeN_4O_4OH$) in dem ein Hydroxidanion statt $O_2$ die sechste Koordinationsstelle des Eisens besetzt. Hämatin bildet in neutraler Lösung mit Globin das braunrote Methämoglobin (Hämiglobin), das auch durch Oxidation von Hämoglobin erhalten werden kann. Im Hämatin und im Methämoglobin liegt Eisen in der Oxidationsstufe +3 vor. Durch Reduktion, z. B. mit Ameisensäure, erhält man wieder Hämoglobin.

Hämoglobin ist im Organismus für den **Sauerstofftransport** verantwortlich. Dabei wird pro Eisenatom ein Molekül Sauerstoff unter Bildung von Oxyhämoglobin (o Abb. 28.12) reversibel gebunden, ohne dass das Eisenatom seine Oxidationsstufe von +2 ändert. Die roten Blutkörperchen nehmen den Luftsauerstoff in der

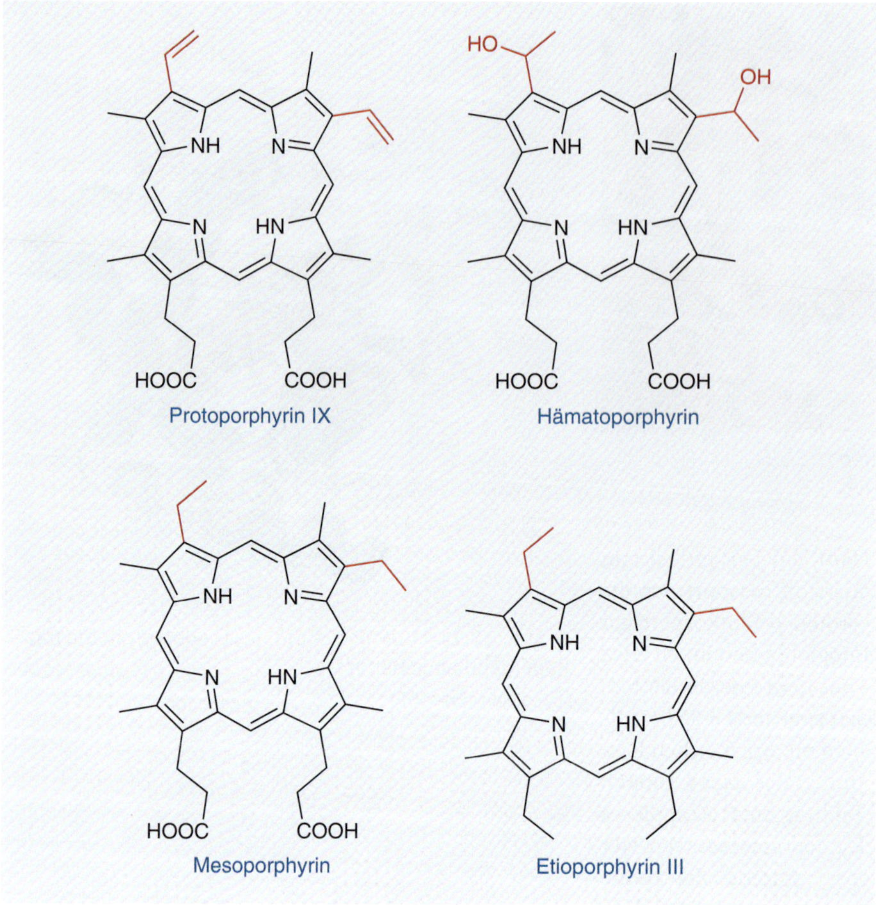


**Abb. 28.13** Strukturformeln der Porphyrinderivate Protoporphyrin IX, Hämatoporphyrin, Mesoporphyrin und Etioporphyrin III, die aus Hämin synthetisch gewonnen werden können.

Lunge auf und transportieren ihn im Blutkreislauf zu den Geweben, in denen er bei der Zellatmung verbraucht wird. Dem Sauerstofftransport liegt folgende reversible Gleichgewichtsreaktion zugrunde.

$$\text{Hämoglobin} + O_2 \rightleftharpoons \text{Oxyhämoglobin}$$

Die Lage des Gleichgewichts wird durch den jeweiligen Sauerstoffpartialdruck gesteuert, sie hängt aber auch von der Aminosäuresequenz im Protein des Hämoglobins ab. Am eigentlichen Oxidationsvorgang der Zellatmung ist Oxyhämoglobin nicht unmittelbar beteiligt. Die Aktivierung des molekularen Sauerstoffs erfolgt erst durch die katalytische Wirkung von Oxidoreduktasen (vgl. Flavinenzyme und Cytochrome, ▸Kap. 37.3.4). Von dem im menschlichen Organismus vorliegendem Eisen (4–5 g) sind etwa 75 % im Hämoglobin enthalten. Die Eisenreserve des Organismus ist an **Ferritin**, ein im Blutkreislauf zirkulierendes Protein, gebunden. Noch leichter als Sauerstoff wird **Kohlenmonoxid** von Hämoglobin gebunden. Der gebildete Komplex, Kohlenoxidhämoglobin, ist etwa 250-mal stabiler als das bei der Atmung entstehende Oxyhämoglobin. Dadurch wird die normale Funktion des Hämoglobins als Sauerstoffüberträger ausgeschaltet, die Zellatmung unterbunden und der Gesamtstoffwechsel gestört. Bei längerem Einatmen von Kohlenmonoxid tritt der Tod ein (**Kohlenmonoxidvergiftung**).

## Substituierte Porphine

Chemisch nah verwandt mit Hämin sind die metallfreien, substituierten Porphine. Diese meist roten oder braunroten Stoffe lassen sich z. B. aus dem Hämin des Blutes durch Behandlung mit Säuren gewinnen, wobei das komplexgebundene Eisen freigesetzt wird. Erhitzt man Hämin mit Ameisensäure unter Zusatz von Eisenpulver, so entsteht das eisenfreie Protoporphyrin IX ($C_{34}H_{34}N_4O_4$, Abb. 28.13), der freie Ligand des Hämins. Hämin ist also das Chloridsalz des entsprechenden $Fe^{3+}$-Komplexes des Protoporphyrins IX. Analog ist das Häm des Hämoglobins der Eisen(II)-Komplex des Protoporphyrins IX. Das Eisen kann aus dem Hämin auch durch Einwirkung von HBr-Eisessig entfernt werden, dabei bildet sich Hämatoporphyrin ($C_{34}H_{38}N_4O_6$, Abb. 28.13), das sich vom Protoporphyrin durch Addition von zwei Molekülen Wasser an die beiden Vinylgruppen unterscheidet. Nimmt man die gleiche Reaktion mit HI/Eisessig vor, so findet eine Reduktion der beiden Vinylgruppen im Häminmolekül statt. Es entsteht das Mesoporphyrin ($C_{34}H_{38}N_4O_4$), das beim Erhitzen mit Alkali zwei Moleküle Kohlendioxid abspaltet und in das sauerstofffreie Etioporphyrin III ($C_{32}H_{38}N_4$) übergeht. Die Struktur von Etioporphyrin (Ätioporphyrin) wurde von *H. Fischer* durch Synthese bewiesen. Damit war zugleich das Substitutionsmuster des Häminmoleküls teilweise aufgeklärt. Wichtig ist, dass sich das Eisenatom wieder in das Porphingerüst einbauen lässt, z. B. durch Eisen(II)-Ionen in essigsaurer Lösung. Im Körper läuft der Eiseneinbau enzymatisch ab (▸Exkurs: „Lichtallergie"). Die primär entstehenden Häm-Moleküle werden in Abwesenheit einer schützenden Proteinhülle durch Luftsauerstoff zu den beständigeren Häminen oxidiert. Somit ist es möglich, die häminartigen Farbstoffe aus Porphyrinen zu regenerieren. Für die Synthese des Hämins erhielt *H. Fischer* 1930 den Nobelpreis für Chemie.

Manche **Porphyrine** kommen auch frei in der Natur vor, z. B. in sehr alten (2,6 Milliarden Jahre) Sedimentgesteinen und in bestimmten Meteoriten (kohlige Chondriten). Aus dem Harn oder Stuhl von an Porphyrinurie erkrankten Personen wurden Uroporphyrin und Coproporphyrin sowie in akutem Stadium auch Porphobilinogen, ein Stoffwechselzwischenprodukt bei der Biosynthese von Porphyrin (*R. G. Westall* 1952), kristallin isoliert. In geringer Menge treten die beiden Porphyrine auch als Abbauprodukte des normalen Stoffwechsels auf. Beide Porphyrine haben für den biochemischen Aufbau der Farbkomponenten des Hämoglobins und Chlorophylls große Bedeutung (vgl. auch Vitamin $B_{12}$).

Die Biosynthese der Porphyrine verläuft bei den Säugetieren auf dem in ◦Abb. 28.15 dargestellten Wege. Zunächst entsteht aus Glycin und aktivierter Bernsteinsäure (Succinyl-Coenzym A) unter Abspaltung von Coenzym A $\alpha$-Amino-$\beta$-oxoadipinsäure, die sofort zur $\delta$-Aminolävulinsäure (5-Aminolävulinsäure, ALA) decarboxyliert (*D. Shemin*). Die durch das Enzym ALA-Dehydratase katalysierte Kondensation von zwei Molekülen dieser Säure führt zum Porphobilinogen (PBG), das die biogenetische Schlüsselverbindung für die Substanzklasse der Porphyrine ist und beim Stehenlassen *in vitro* in ein Gemisch verschiedener Uroporphyrine übergeht (◦Abb. 28.16). Hierbei wird zuerst ein Uroporphyrinogen gebildet, in dem die Methinbrücken noch nicht ausgebildet sind und die vier Pyrrolringe durch Methylenbrücken verknüpft vorliegen. Die weitere Umsetzung des Uropor-

**Exkurs: „Lichtallergie"**

Die **erythropoetische Protoporphyrie** (EEP) ist eine Stoffwechselstörung und beruht auf einem seltenen genetischen Defekt. Durch den Ausfall des Enzyms Ferrochelatase, das für den letzten Schritt zur Herstellung des Häms verantwortlich ist, werden bei der Bildung der roten Blutkörperchen nicht genügend Eisenionen eingebaut. Durch diese Störung reichert sich Protoporphyrin sowohl in den Erythrozyten als auch im Blutplasma, der Leber und den Zellwänden der Gefäße an und verursacht eine äußerst schmerzhafte (Sonnen-)Lichtempfindlichkeit. Fälschlicherweise wird oftmals von einer „Lichtallergie" gesprochen. Protoporphyrin IX ist in der Lage, Licht der Wellenlänge 400–410 nm (UV-A-Strahlung und violetter Anteil des sichtbaren Lichts) aufzunehmen (◦Abb. 28.14). Durch Abgabe der Energie entstehen Sauerstoffradikale, die Strukturen im Gewebe angreifen und zerstören können (oxidativer Stress). Entzündungsreaktionen und Reaktionen des Immunsystems sind die Folge (Jucken und Anschwellen der dem Sonnenlicht ausgesetzten Haut, siehe unten). Die meisten Patienten entwickeln jedoch keinerlei sichtbare Symptome. Eine Heilung der Krankheit gibt es derzeit nicht. Betroffenen wird geraten, die Sonne konsequent zu meiden. In einigen Fällen hat die Gabe von hohen Dosen $\beta$-Carotin (z. B. Carotaben®) die Symptome abgeschwächt.

◦ **Abb. 28.14** Pinkes Leuchten (Fluoreszenz) von braunen Hühnereiern unter blauem Licht. Die braune Färbung in Hühnereiern wird durch Protoporphyrin verursacht. Protoporphyrin IX wandelt blaues Licht in weniger energiereiches pinkes Licht um. Das weiße Ei hingegen besitzt kein Protoporphyrin und erscheint unter der blauen Lampe einfach blau. Verwendet wurde sehr energiereiche blaue Strahlung (*Wood*-Lampe).

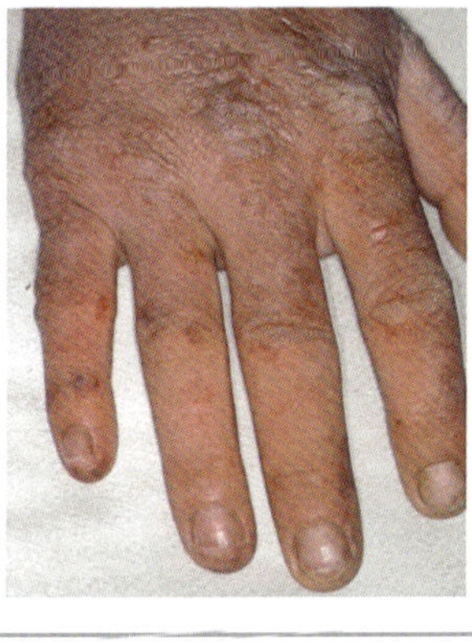

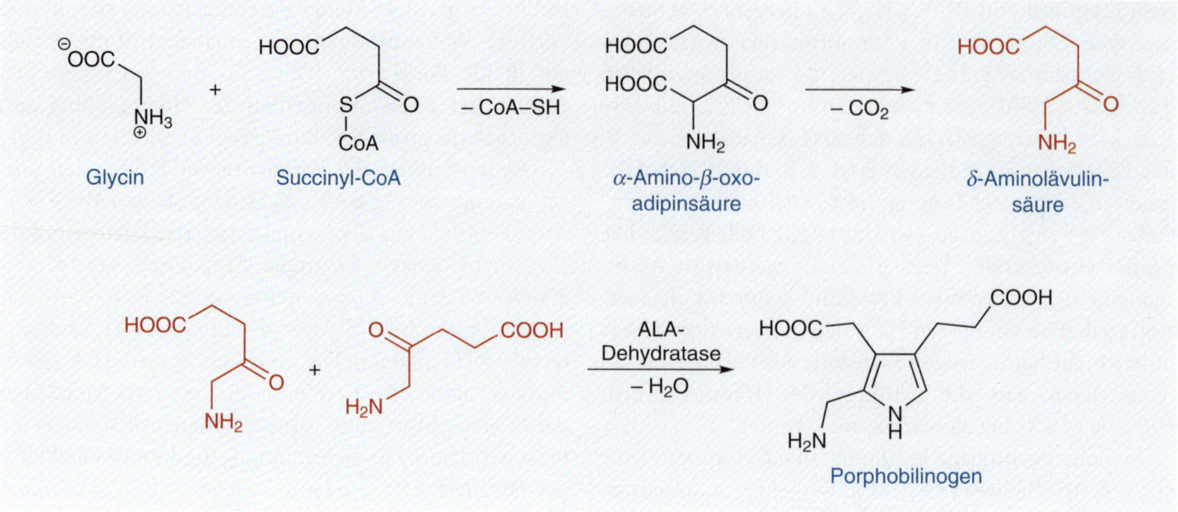


**Abb. 28.15** Biosynthese von Porphobilinogen, aus dem unterschiedliche Porphyrinderivate entstehen können.

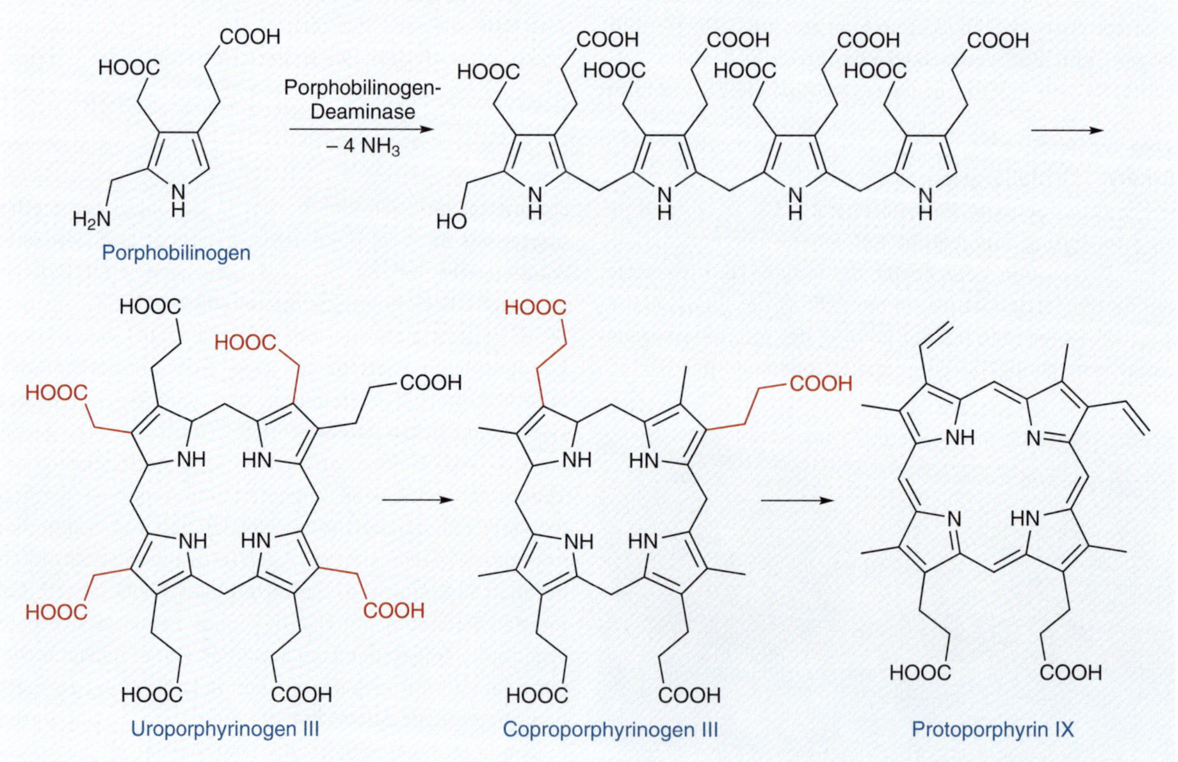


**Abb. 28.16** Umsetzung von Porphobilinogen zu Protoporphyrin IX

phyrinogens verläuft enzymatisch über Decarboxylierungen und Oxidationen zu Protoporphyrin IX.

## Chlorophyll

**Chlorophyll** (von altgriechisch *chlōrós* „hellgrün, frisch" und *phýllon* „Blatt") bezeichnet eine Klasse natürlicher Farbstoffe, die von photosynthesebetreibenden Organismen gebildet werden. Sie finden sich demnach in Pflanzen und Algen, aber auch in bestimmten Bakterien (Bakteriochlorophylle) und Cyanobakterien.

Der grüne Blattfarbstoff (Abb. 28.17) kommt gemeinsam mit den roten und gelben Farbstoffen, den Carotinen und Xanthophyllen, in den Chloroplasten der Pflanzenzellen vor. Chlorophyll spielt eine entscheidende Rolle bei der **Photosynthese**, d. h. der Kohlensäure-Assimilation grüner Pflanzenteile. In den Pflanzenzellen ist das Chlorophyll an ein Protein gebunden, in Form eines lichtstabilen, gegen Sauerstoff und Kohlendioxid beständigen Chromoproteins.

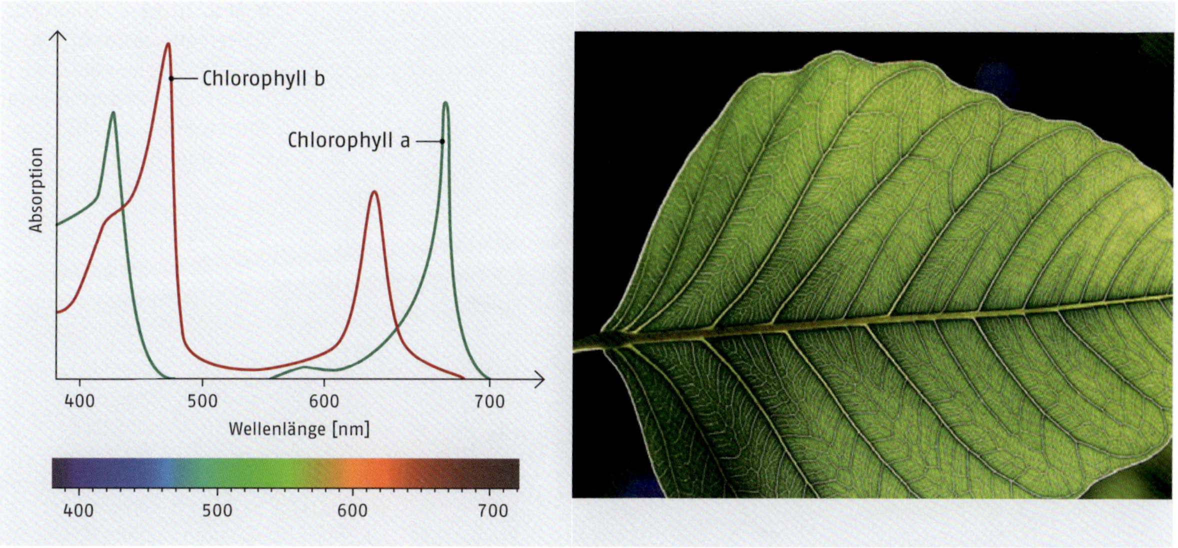


**Abb. 28.17** Absorptionsspektrum von Chlorophyll a und b: Durch die Absorption von blauem und rotem Licht erscheint das Blatt grün.

Die Trennung von Chlorophyll und Protein findet unter milden Bedingungen z. B. schon beim Trocknen frischer Blätter sowie beim Ausfällen mit Salzen statt. Durch Ausethern kann man Chlorophyll, die Carotinoide und eine komplex zusammengesetzte Lipidfraktion extrahieren. Der Eiweißanteil, Plastin, bleibt in der wässrigen Phase gelöst oder flockt an der Grenzfläche aus. Natürliches Chlorophyll besteht aus zwei Komponenten, dem blaugrünen **Chlorophyll a** und dem in geringer Menge als Begleiter auftretenden, gelbgrünen **Chlorophyll b** (*R. Willstätter*) (Abb. 28.18). Ihre Trennung erfolgt mithilfe der Adsorptionschromatographie (▸ Kap. 1.3.5), z. B. an geschlämmter Saccharose als Adsorbens (*Stoll*). Die reinen Chlorophylle a und b haben eine wachsartige Beschaffenheit, die durch den langkettigen, ungesättigten Phytylrest hervorgerufen wird.

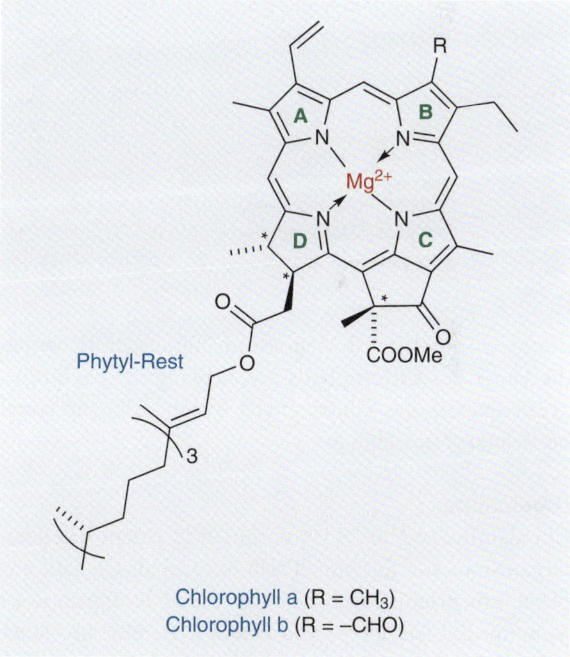


**Abb. 28.18** Struktur von Chlorophyll a und b

Je nach Art des Chlorophylls ist der Porphin-Grundkörper mit verschiedenen Seitenketten derivatisiert. Gemeinsam ist allen das $Mg^{2+}$-Zentralion in der Mitte des Chelat-Komplexes. Die Blätter von Pflanzen enthalten Chlorophyll a und b (Abb. 28.18), die eine mit Phytol ($C_{20}H_{39}OH$) veresterte Seitenkette aufweisen. Der Unterschied zwischen beiden besteht im Ersatz einer Methylgruppe in der Komponente a durch eine Formylgruppe im Ring B der Komponente b (Chlorophyll a: $—CH_3$; Chlorophyll b: —CHO; Ring B, C7). Im Jahr 1940 wurde die Strukturformel für Chlorophyll a aufgestellt (*H. Fischer, P. Linstead*) und 20 Jahre später durch die Totalsynthese bestätigt (*R. B. Woodward*). Charakteristisch für die beiden Chlorophylle ist außerdem der isocyclische 5-Ring. Er entsteht ausgehend vom Häminmolekül durch $\beta$-Oxidation des Propionsäurerestes am Ring C zur $\beta$-Ketosäure. Anschließende Cyclisierung mit der 15-ständigen Methingruppe bei gleichzeitiger Dehydrierung führt zu der substituierten Cyclopentenonstruktur. Ferner ist die Vinylgruppe am Ring B in 8-Stellung des Hämins im Chlorophyll zur Ethylgruppe hydriert. Schließlich sind die Chlorophylle im Gegensatz zum Hämin optisch aktiv (stark linksdrehend). Sie besitzen drei (in Abb. 28.18 mit „*" gekennzeichnete) Chiralitätszentren.

Die alkalische Hydrolyse der beiden Chlorophylle liefert außer einem Äquivalent Phytol noch ein Äquivalent Methanol. Die Chlorophylle liegen also als Diester vor. Während im Blutfarbstoff Eisen als Zentralion des Komplexes fungiert, weisen die Chlorophylle in ihrem Chromophor je ein komplexiertes Magnesiumion auf, das für die Säureempfindlichkeit der Chlorophylle verantwortlich ist. Durch vorsichtige Hydrolyse mit ver-

28

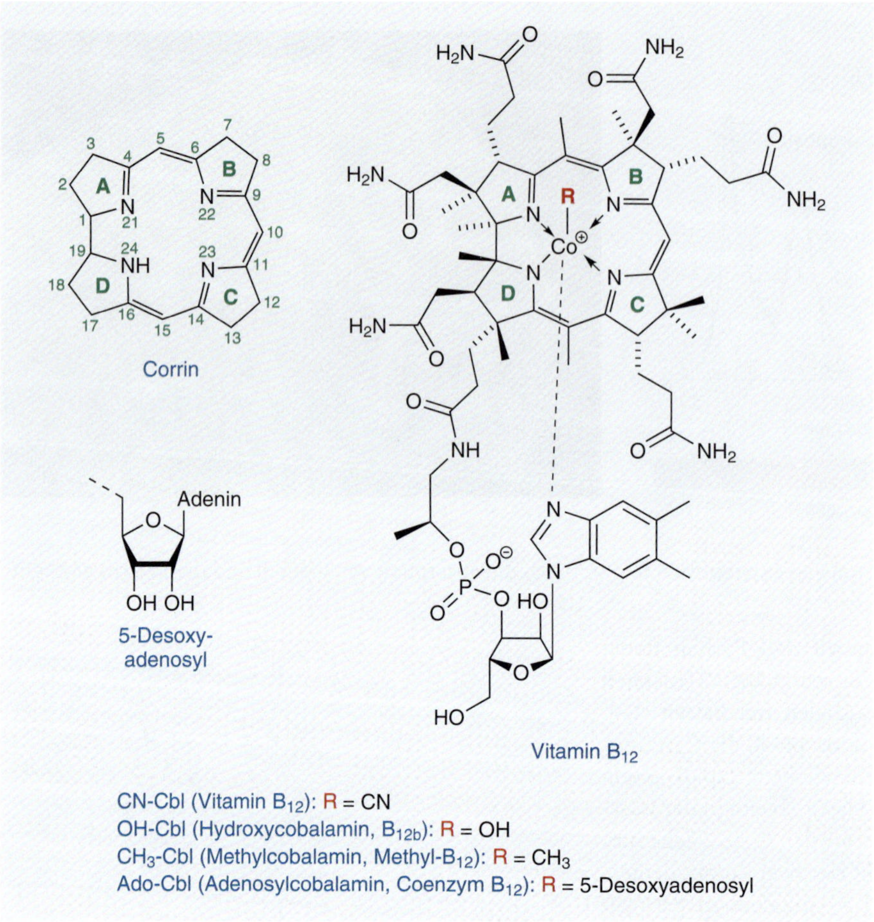


**Abb. 28.19** Cobalamine weisen ein Corrin-Grundgerüst mit Cobalt als Zentralion auf. Ein prominenter Vertreter dieser Stoffklasse ist Vitamin $B_{12}$.

dünnten Säuren wird Magnesium herausgelöst, wobei die Farbe des Chlorophylls a von blaugrün nach olivgrün und die des Chlorophylls b von gelbgrün nach bordeauxrot umschlägt.

## Cobalamine

**Cobalamine** (Abb. 28.19) kommen in jedem lebenden Organismus vor. Es handelt sich um Cobalt-Chelatkomplexe. Ein prominenter Vertreter dieser Stoffgruppe ist Vitamin $B_{12}$ (*Antiperniciosa*-Faktor). Bereits im Jahre 1926 beobachteten *Minot* und *Murphy,* dass rohe Leber bei der diätetischen Behandlung der perniziösen Anämie heilend wirkt. Erst 1948 gelang es *K. Folkers* und *E. L. Smith,* unabhängig voneinander, den eigentlichen Wirkstoff, das **Vitamin $B_{12}$**, kristallin zu isolieren. Später wurde es auch in anderen biologischen Materialien, wie Milchpulver, Fleischextrakt und den Kulturlösungen bestimmter Pilz- und Bakterienstämme, vor allem in *Streptomyces griseus,* aufgefunden. Vitamin $B_{12}$, $C_{63}H_{88}CoN_{14}O_{14}P$ (CN-Cbl, **Cyanocobalamin**), kristallisiert in dunkelroten Nadeln. Sein heterocyclisches Ringsystem ähnelt dem des Häms. Das ihm zugrunde liegende 15-gliedrige Ringsystem nennt man **Corrin.** Corrin wird bei der Bezifferung als kontrahiertes Porphyrin behandelt, bei dem die mit 20 bezifferte Methingruppe ausgelassen wird. So erhalten die N-Atome die gleichen Ziffern wie im Porphyrin. Entsprechendes gilt für die linearen Tetrapyrrole (vgl. Bilirubin, siehe unten: Gallenfarbstoffe).

Alle sich vom Corrin ableitenden, natürlichen Corrinoide enthalten Cobalt in der Oxidationsstufe +3 als Zentralion sowie Essigsäure- und Propionsäuregruppen als Amide. Außerdem enthält Vitamin $B_{12}$ ein Cyanid-Ion, das auch durch andere Anionen, z. B. OH— (OH-Cbl) und $Cl^-$, ersetzt sein kann, und das nucleotidartig gebundene 5,6-Dimethyl-benzimidazol. Die Struktur konnte durch Röntgenstrukturanalyse aufgeklärt werden (*D. Crowfoot-Hodgkin* 1955). Sie wurde von *A. Eschenmoser* und *R. B. Woodward* durch eine Totalsynthese bewiesen, deren Kernstück die Synthese des Corringerüstes des Zielmoleküls ist. Dieser wurde aus den zuvor mit den jeweiligen Seitenketten funktionalisierten Ringen A bis D aufgebaut, ein Verfahren, das im Unterschied zu einer linearen Synthese als konvergente Synthese bezeichnet wird.

Im Organismus werden die Corrinoide aus $\delta$-Aminolävulinsäure aufgebaut. Sie spielen als Coenzyme z. B. bei Methylierungen (**Methylcobalamin**, $CH_3$-Cbl, Abb. 28.19) und bei der Umwandlung von Ribonucleotiden in Desoxyribonucleotide eine Rolle. Anstelle des Anions enthalten sie einen anderen Liganden, und zwar beim Vitamin $B_{12}$ den 5′-Desoxyadenosyl-Rest (Coenzym $B_{12}$, Ado-Cbl, Abb. 28.19). Dabei entsteht

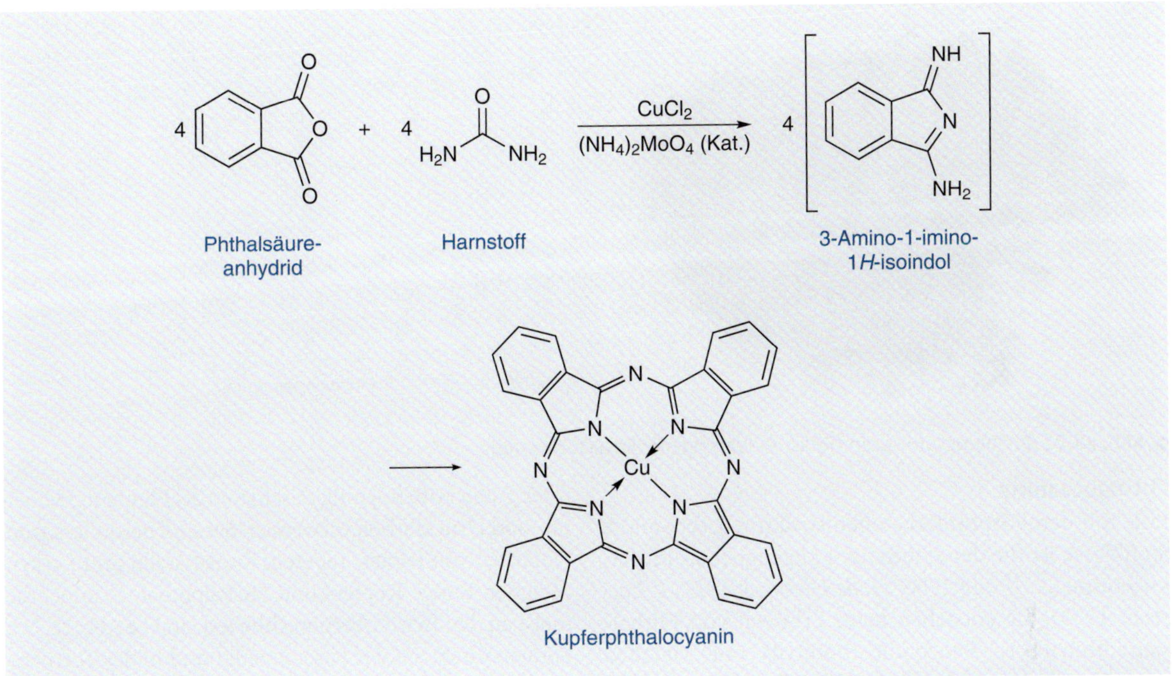


**Abb. 28.20** Synthese des blauen Farbstoffs Kupferphthalocyanin

eine metallorganische Verbindung mit einer C—Co-Bindung. Ihre homolytische Spaltung liefert proteingebundene freie Radikale, die bei den durch das Vitamin-$B_{12}$-Coenzym katalysierten Reaktionen eine entscheidende Rolle spielen. Die C—Co-Bindung kann auch heterolytisch gespalten werden, z. B. durch elektrophilen Angriff von $Hg^{2+}$-Ionen auf Methylcobalamin. Dabei wird die Methylgruppe als Carbanion übertragen und es entstehen toxische Methylquecksilberverbindungen.

## Gallenfarbstoffe

Bei den Gallenfarbstoffen handelt es sich um gelbe, grüne oder rote bis braune, eisenfreie Tetrapyrrol-Farbstoffe, die im tierischen Organismus durch oxidativen Abbau des Hämins entstehen. Die Farbe hängt mit der Anzahl der Methinbrücken zusammen, über die die vier Pyrroleinheiten verknüpft sind. Der wichtigste Vertreter dieser Stoffklasse ist das gelb-rote **Bilirubin** (lat. *bilis* = Galle, *ruber* = rot), $C_{33}H_{36}N_4O_6$, dessen Konstitution durch Synthese bewiesen wurde (*H. Fischer*).

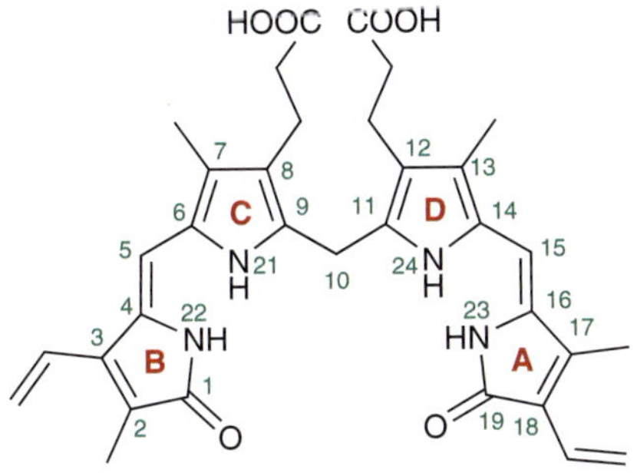


Demnach besitzt Bilirubin die gleiche Substituentenanordnung an den Pyrrolringen wie Hämin. Der rote Blutfarbstoff wird in der Leber abgebaut, der dabei entstehende Gallenfarbstoff in der Galle gespeichert und schließlich mit dem Stuhl und Urin ausgeschieden, wodurch deren typische Farben entstehen. Die Bildung des Farbstoffs aus Hämin bzw. Protoporphyrin verläuft folgendermaßen: Zunächst wird die 5-Methingruppe zwischen den Ringen A und B oxidativ als Kohlenmonoxid abgespalten (Die Nummerierung der Struktur erfolgt wie gewohnt jedoch beginnend am Ring B, wobei die Ziffer 20 wie bei den Corrinen nicht vergeben wird). Nach dieser Öffnung des Porphinrings zum Biliverdin (grüner Farbstoff mit drei Methinbrücken) wird die C=C-Doppelbindung an der 10-Methingruppe hydriert, wodurch die Methylenbrücke zwischen den Kernen C und D entsteht. Die beiden H-Atome der Methingruppen am C5 und C15 sind *trans*-ständig zu den NH-Gruppen der terminalen Ringe A und B (NH22, NH23) angeordnet.

Bilirubin ist ein Antioxidans, welches zur Hydroperoxidbildung führende Radikalkettenreaktionen abbrechen kann. Die mit der Bildung des Bilirubins verbundene Abspaltung von CO führt dazu, dass etwa 3 % des menschlichen Hämoglobins als Kohlenoxidhämoglobin vorliegen. Bei einer krankhaften Erhöhung des Bilirubinspiegels im menschlichen Körper kommt es zur **Gelbsucht** (Hyperbilirubinämie). Bilirubin wird dann in der Haut und anderen Organen eingelagert, was zu einer sichtbaren Gelbfärbung führt.

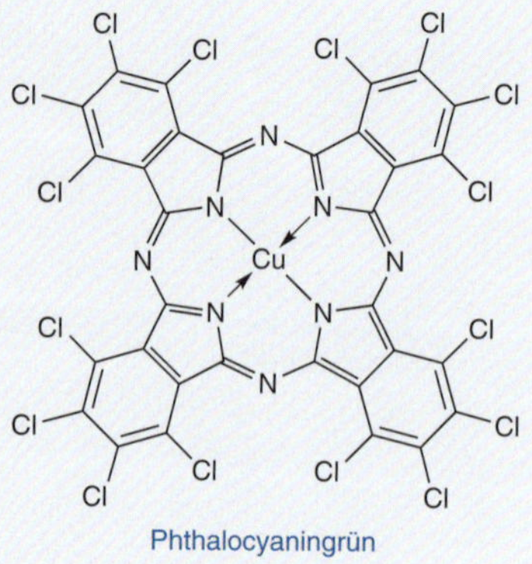


**○ Abb. 28.21** Phthalocyaningrün (links: Pulver, rechts: Strukturformel)

### Phthalocyanine

Eine mit den Porphinfarbstoffen strukturell verwandte Stoffklasse ist die der synthetisch zugänglichen **Phthalocyanine** (*A. Braun* 1906, *H. de Diesbach* 1927, *P. Linstead* 1933). Sie entstehen beim Erhitzen von Phthalsäuredinitril (1,2-Benzendicarbonitril) mit Metallen oder Metallsalzen auf 150–200 °C, z. B. bildet sich mit Kupfer(II)-chlorid das in blauen Nadeln kristallisierende **Kupferphthalocyanin** (Heliogenblau B). Technisch gewinnt man dieses Pigment durch Erhitzen von Phthalsäureanhydrid mit Harnstoff und Kupfer(I)-chlorid unter Zusatz von Ammoniumheptamolybdat als Katalysator (○ Abb. 28.20). Die Vorstufe der Phthalocyaninfarbstoffe ist das intermediär entstehende 3-Amino-1-imino-*1H*-isoindol.

Im Vergleich zum Ringsystem des Porphins sind im Tetraazaporphinkern die 4-Methingruppen durch —N-Brücken ersetzt, ferner ist jeder Pyrrolring mit einem Benzenkern kondensiert. Innerhalb des 16-gliedrigen Rings befinden sich zwei NH-Gruppen, deren acide H-Atome durch ein Metallion der Oxidationsstufe +2 bei der Komplexbildung ersetzt werden. Das heißt, der Ligand bindet wie das Häm formal als Dianion an das Metallkation. Die intensive Farbe der Phthalocyanine ist auf das ausgeprägte delokalisierte Bindungssystem zurückzuführen. Die Phthalocyanine werden wegen ihrer guten färbenden Eigenschaften als Pigment-, Mineral- und Druckfarben verwendet. Sie sind besonders zum Anfärben von Papier, Tapeten, Kunstharzen und Lacken geeignet. Einige Kupfer- und Nickelphthalocyanine, die meist an den Benzenkernen chloriert sind (○ Abb. 28.21), können direkt auf der Faser erzeugt und in der Textilfärberei benutzt werden. Sulfonierte Eisen- und Manganphthalocyanine eignen sich zur Katalyse des oxidativen Abbaus von 2,4,6-Trichlorphenol in Abwässern.

## 28.2 Furangruppe

### 28.2.1 Struktur und Eigenschaften

**Furan** (Oxol, $C_4H_4O$) ist der analog zum Pyrrol aufgebauter Fünfring-Heteroaromat mit einem O-Atom anstelle der NH-Gruppe (○ Abb. 28.22). Furan wurde erstmals 1870 vom Chemiker *Heinrich Limprecht* hergestellt. Der Name Furan leitet sich vom lateinischen Wort *furfur* für Kleie ab, aus der Furancarbaldehyd (Furfural) als Vorläufer für die Darstellung von Furan isoliert werden kann (siehe unten). Furan ist eine chloroformartig riechende, luft- und alkalibeständige Flüssigkeit (Sdp. 32 °C), deren Dämpfe einen mit Salzsäure angefeuchteten Fichtenspan grün färben (Fichtenspanreaktion). Bei Einwirkung von Säuren polymerisiert es zu unlöslichen, dunklen Harzen. In Wasser ist

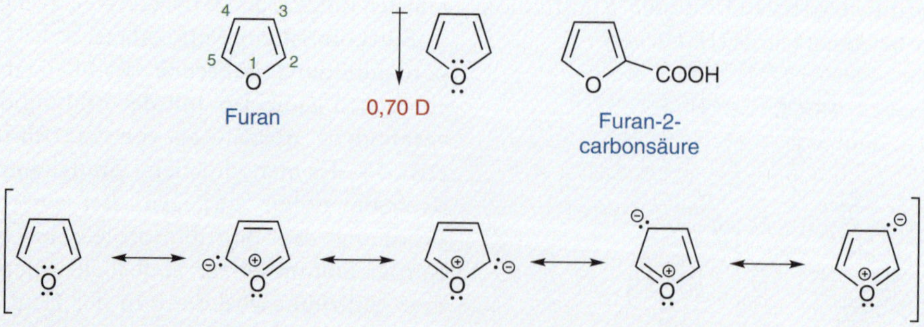


**○ Abb. 28.22** Struktur von Furan mit mesomeren Grenzstrukturen und Furan-2-carbonsäure als Beispiel für ein wichtiges Furanderivat

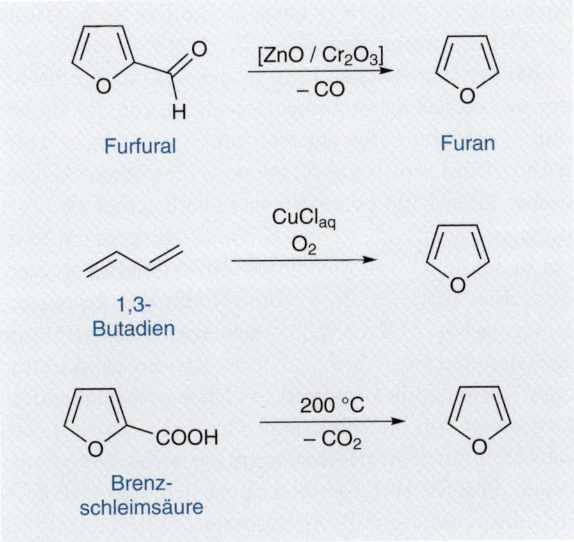


**Abb. 28.23** Technisch wird Furan aus Furfural hergestellt, aber auch die Synthese aus 1,3-Butadien oder Brenzschleimsäure ist möglich.

Furan schlecht löslich. Es steht im Verdacht krebserregend für den Menschen zu sein.

Furan ist eine aromatische Verbindung. Alle Ringatome sind $sp^2$-hybridisiert und das Molekül daher planar. Folglich können die zueinander parallel und senkrecht zur Ringebene angeordneten p-Orbitale der fünf C-Atome und des O-Atoms wie im Benzen seitlich miteinander überlappen. Eines der beiden freien Elektronenpaare des Sauerstoffatoms ist somit an der Ausbildung eines delokalisierten $\pi$-Elektronensystems mit insgesamt sechs Elektronen beteiligt. Furan ist somit ein klassischer *Hückel*-Aromat (▸Kap. 18.1.1). Das zweite freie Elektronenpaar des Sauerstoffs befindet sich in einem $sp^2$-Hybridorbital und liegt damit in der Ebene des Rings. Da sich die insgesamt sechs $\pi$-Elektronen auf nur fünf Ringatome verteilen, ist Furan im Vergleich zu Benzen ein elektronenreicher Aromat, der entsprechend eine erhöhte Reaktivität gegenüber Elektrophilen aufweist.

### 28.2.2 Gewinnung und Synthese

Die technische Herstellung von Furan erfolgt aus **Furfural** (2-Furancarbaldehyd) (Abb. 28.23), einem Furanbaustein, der durch die Dehydratisierung von kohlenhydratreichem, pflanzlichem Material, z. B. Kleie, mit Schwefelsäure gewonnen werden kann (*Maillard*-Reaktion). Furfural wird dann an einem Zinkoxid/Chromoxid-Kontakt bei 400 °C oder unter palladiumkatalysierter Abspaltung von Kohlenmonoxid zum Furan umgesetzt. Furan lässt sich auch ausgehend von 1,3-Butadien durch eine Kupfer-katalysierte Oxidation gewinnen. Eine weitere Möglichkeit ist die Decarboxylierung von Brenzschleimsäure bei etwa 200 °C unter Abspaltung von Kohlendioxid (*H. Limpricht* 1870).

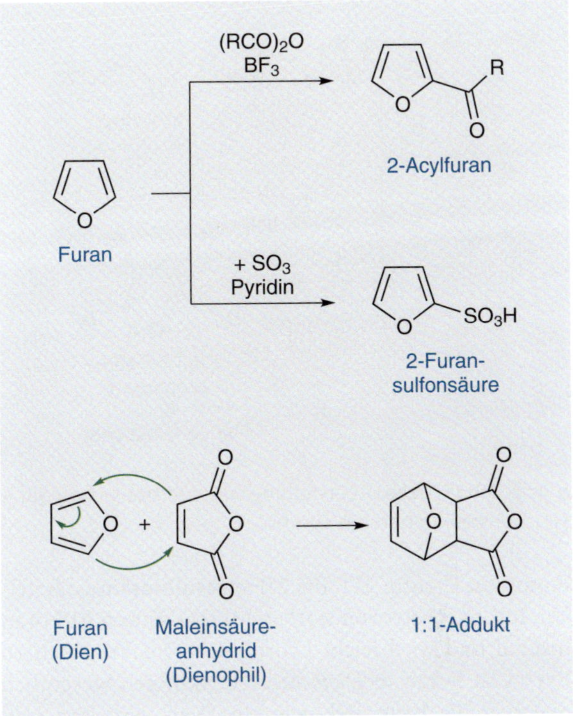


**Abb. 28.24** Furan kann sowohl elektrophile aromatische Substitutionsreaktionen als auch *Diels-Alder*-Reaktionen eingehen.

Substituierte Furanderivate sind ähnlich wie entsprechende Pyrrolderivate (▸Kap. 28) durch die ***Paal-Knorr*-Synthese** zugänglich. Hierzu werden 1,4-Diketoverbindungen zusammen mit wasserziehenden Mitteln, z. B. Zinkchlorid oder Phosphor(V)-oxid, erhitzt. Insbesondere durch die Entwicklung neuer Methoden zur Darstellung von Diketoverbindungen hat die *Paal-Knorr*-Synthese wieder mehr Bedeutung erlangt.

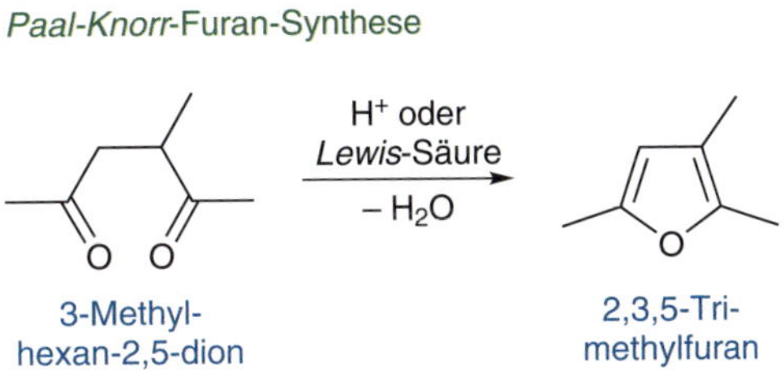


### 28.2.3 Reaktionen und Anwendungen

Furan kann, wie Pyrrol auch, elektrophile aromatische Substitutionsreaktionen eingehen. Die Reaktivität nimmt dabei in folgender Reihenfolge ab: Pyrrol > Furan > Thiophen > Benzen. In Abwesenheit von Mineralsäuren lässt sich Furan als $\pi$-elektronenreicher Heteroaromat leicht elektrophil substituieren, z. B. erfolgt mit Säureanhydriden in Gegenwart von $BF_3$ oder $ZnCl_2$ als Katalysator eine *Friedel-Crafts*-Acylierung zu 2-Acylfuran (Abb. 28.24). Ebenso kann man aus

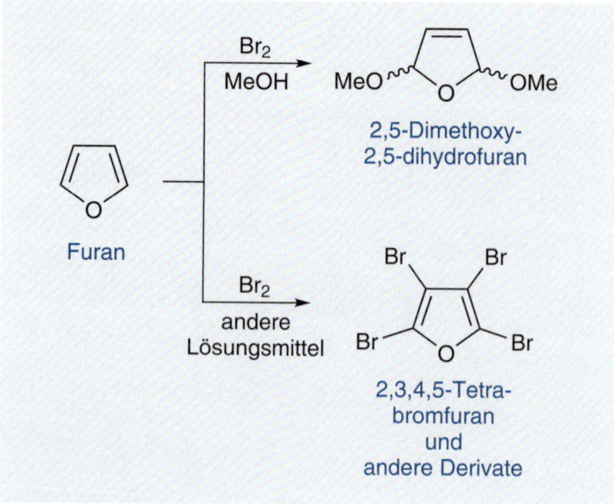


**o Abb. 28.25** Gegenüberstellung von Additions- und Substitutionsreaktionen des Furans

Furan mit Pyridin/$SO_3$ die 2-Furansulfonsäure darstellen. In Gegenwart von starken Mineralsäuren ist Furan instabil und wird leicht hydrolysiert. Im Vergleich zu Pyrrol ist Furan in *Diels-Alder*-Reaktionen wesentlich reaktiver. Es kann sich wie ein Dien verhalten und reagiert mit elektronenarmen Dienophilen wie Maleinsäureanhydrid zu einem *Diels-Alder*-Addukt.

Da beim Furan die Aromatizität weniger stark ausgeprägt ist als z. B. beim Pyrrol, geht es unter bestimmten Bedingungen aber auch bevorzugt Additions- anstelle von Substitutionsreaktionen ein. Ein Beispiel dafür ist die Reaktion von Furan mit Brom. In Methanol findet keine Substitution mit Brom statt, sondern eine Addition von Methanol unter gleichzeitiger Oxidation (o Abb. 28.25), während in anderen Lösemitteln die bromierten Substitutionsprodukte (analog dem Pyrrol) auftreten. Durch die Addition geht zwar die Aromatizität verloren, aber es bilden sich stabile C—O-Einfachbindungen.

Bei der katalytischen Hydrierung von Furan oder bei der intramolekularen Dehydratisierung von 1,4-Butandiol entsteht **Tetrahydrofuran** (Oxolan, THF; o Abb. 28.26), eine bei 65 °C siedende Flüssigkeit. Als cyclischer Ether kann es anstelle von Diethylether als Lösemittel bei Synthesen, z. B. bei *Grignard*-Reaktionen, sowie bei Reduktionen mit Metallhydriden verwendet werden. Technisch wird Tetrahydrofuran durch das *Reppe*-Verfahren (▸Kap. 4) dargestellt. Dazu wird ausgehend von Acetylen und Formaldehyd 2-Butin-1,4-diol gebildet und zum 1,4-Butandiol hydriert, welches anschließend in Gegenwart von Phosphorsäure zum THF cyclisiert. Tetrahydrofuran dient als Ausgangsmaterial für die Nylonfabrikation sowie als Lösemittel für nachchloriertes Polyvinylchlorid und für Polyvinylcarbazol.

### 28.2.4 Ausgewählte Verbindungen

#### Furfural

**Furfural** (2-Furancarbaldehyd) ist das technisch bedeutendste Furanderivat. Es ist eine farblose, bei 162 °C siedende Flüssigkeit, die sich an der Luft rasch braun färbt. Mit Anilinsalzen bildet Furfural eine rotviolette Verbindung (Furfuralreaktion zum Nachweis von Pentosen). In seinem chemischen Verhalten ähnelt es dem Benzaldehyd, z. B. entstehen mit alkoholischer Kalilauge in einer *Cannizzaro*-Reaktion Furfuryl-2-alkohol (Furyl-2-carbinol, α-Hydroxymethylfuran) und das Kaliumsalz der Brenzschleimsäure (Furan-2-carbonsäure), die 1780 von *C. W. Scheele* durch Erhitzen (Brenzen) von Schleimsäure erhalten wurde. Der 2-Furylmethyl-Rest wird als Furfuryl-Gruppe bezeichnet. Furfural entsteht bei der Einwirkung von verdünnten Mineralsäuren auf Pentosen und wurde erstmalig 1831 von *J. W. Döbereiner* durch

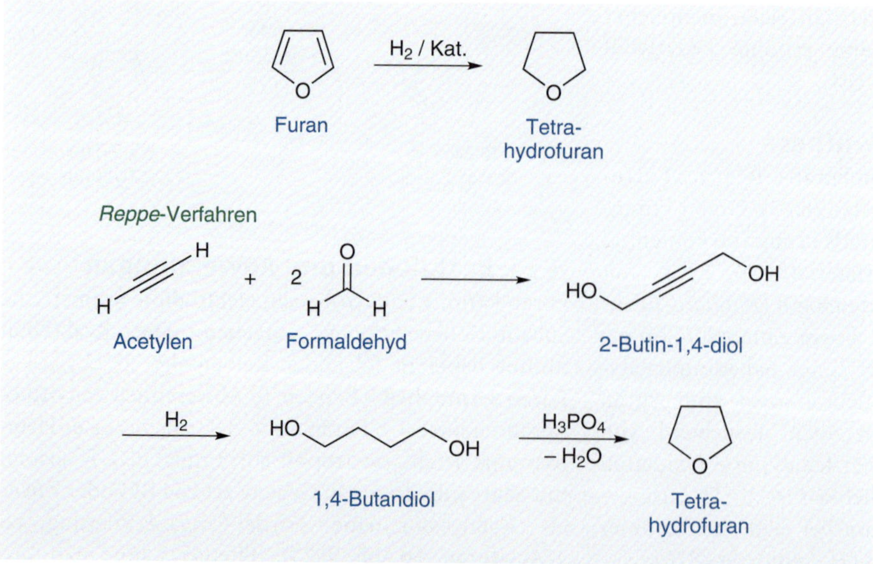


**o Abb. 28.26** Tetrahydrofuran kann durch Hydrierung von Furan gewonnen werden. Technisch wird es durch das *Reppe*-Verfahren hergestellt.

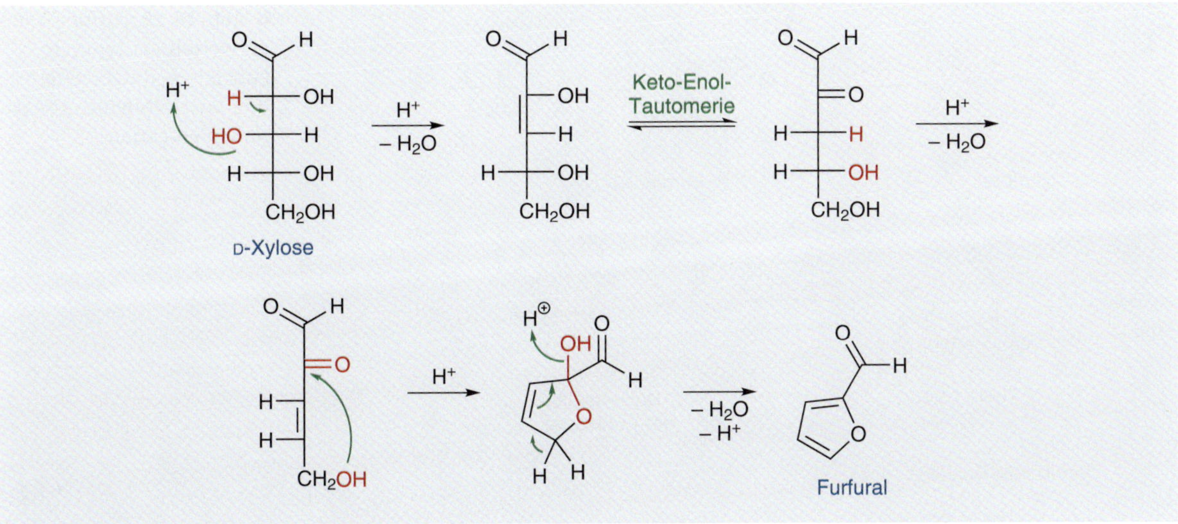


**Abb. 28.27** Aus Pentosen, wie D-Xylose, kann Furfural durch Umsetzung mit Säure hergestellt werden.

Destillation von Kleie (lat. *furfur*) mit verdünnter Schwefelsäure erhalten (wovon sich, wie oben schon erwähnt, der Name der Verbindung ableitet). Technisch geht man heutzutage von Haferspelzen, Maiskolben, Reis- und Erdnussschalen, Schilf u. a. aus, deren Pentosane mit 5 %iger Schwefelsäure unter 4 bar (0,4 MPa) Druck zu Pentosen hydrolysiert werden (▸Exkurs: Pentosane). Diese wiederum gehen dann nach der in Abb. 28.27 dargestellten Reaktion in Furfural über. Diese säurekatalysierte Dehydratisierung unter Cycliserung ist auch die Grundlage einiger Reaktionen, mit denen Zucker analysiert werden können (z. B. *Bial*-Reaktion).

### Exkurs: Pentosane

Pentosane sind zur Gruppe der Hemicellulosen zählende Polysaccharide. Sie bestehen aus den Pentosen Arabinose und Xylose. Als wesentlicher Bestandteil der Zellwand von pflanzlichen Zellen fungieren sie dort als Gerüst- und Stützsubstanzen. In Hafer und Roggen kommen Pentosane am häufigsten vor (etwa 6–8 % des Roggenkorns sind Pentosane). Der Mensch kann Pentosane nicht verdauen, sie zählen somit zu den Ballaststoffen. Vor allem bei der Verarbeitung von Roggenmehl beim Backen spielen sie eine wichtige Rolle. Da sich im Roggenteig kein Klebergerüst wie beim Weizenteig ausbildet, sind diese Schleimstoffe für die Teigbildung verantwortlich. Durch den hohen Wasseranteil, der durch die Pentosane gebunden wird, fühlt sich fertig gebackener Roggenteig im Vergleich zu einem Weizenteig oft klebriger und weicher an.

In Analogie zur Benzoinaddition (▸Kap. 21.1.3) geht Furfural unter der Einwirkung von Cyanid-Ionen in 2,2'-Furoin über, das sich leicht zu Furil oxidieren lässt (Abb. 28.28). Dieses lagert sich entsprechend der Benzilsäure-Umlagerung (▸Kap. 21.4.2) beim Kochen mit Kalilauge in Furilsäure um. Wie Formaldehyd disproportioniert Furfural in Alkali zu Furfurylalkohol und dem Salz der Brenzschleimsäure. Mit der *Perkin*-Synthese lässt sich Furfural in Furan-2-acrylsäure überführen. Verwendung findet Furfural als selektives Lösemittel bei der Erdölraffination, zur Herstellung von Thermoplasten auf Phenol-Aldehyd-Basis und als Ausgangsstoff für den als Lösemittel wichtigen Tetrahydrofurfurylalkohol (2-Hydroxymethyltetrahydrofuran).

**2-Furfurylthiol** (2-Furylmethylmercaptan) ist einer der wichtigsten Bestandteile des Aromas von Röstkaffee. Die Verbindung kommt im Rohkaffee nicht vor, sondern entsteht neben vielen anderen Aromastoffen während des Röstprozesses durch Karamelisieren und Kondensation (***Maillard*-Reaktionen**) aus reduzierenden Zuckern und schwefelhaltigen Aminosäuren. **Nitrofurantoin** (1-[(5-Nitro-furfuryliden)amino]-2,4-imidazolindion, ▸Kap. 19.2.4), formal ein Hydrazon-Derivat des 5-Nitrofurfurals, wird als Antibiotikum z. B. bei Harnwegsinfektionen eingesetzt.

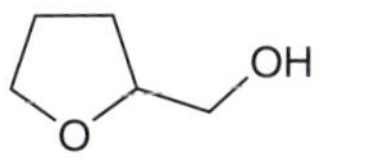

Tetrahydro-furfurylalkohol

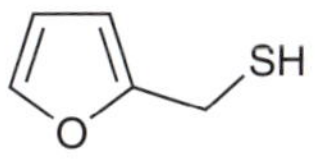

2-Furfurylthiol

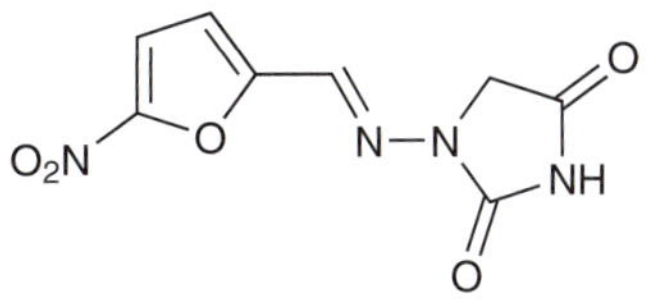

Nitrofurantoin

### 5-Hydroxymethylfurfural

**5-Hydroxymethylfurfural** entsteht bei der Einwirkung stark verdünnter Säuren auf Hexosen, besonders auf

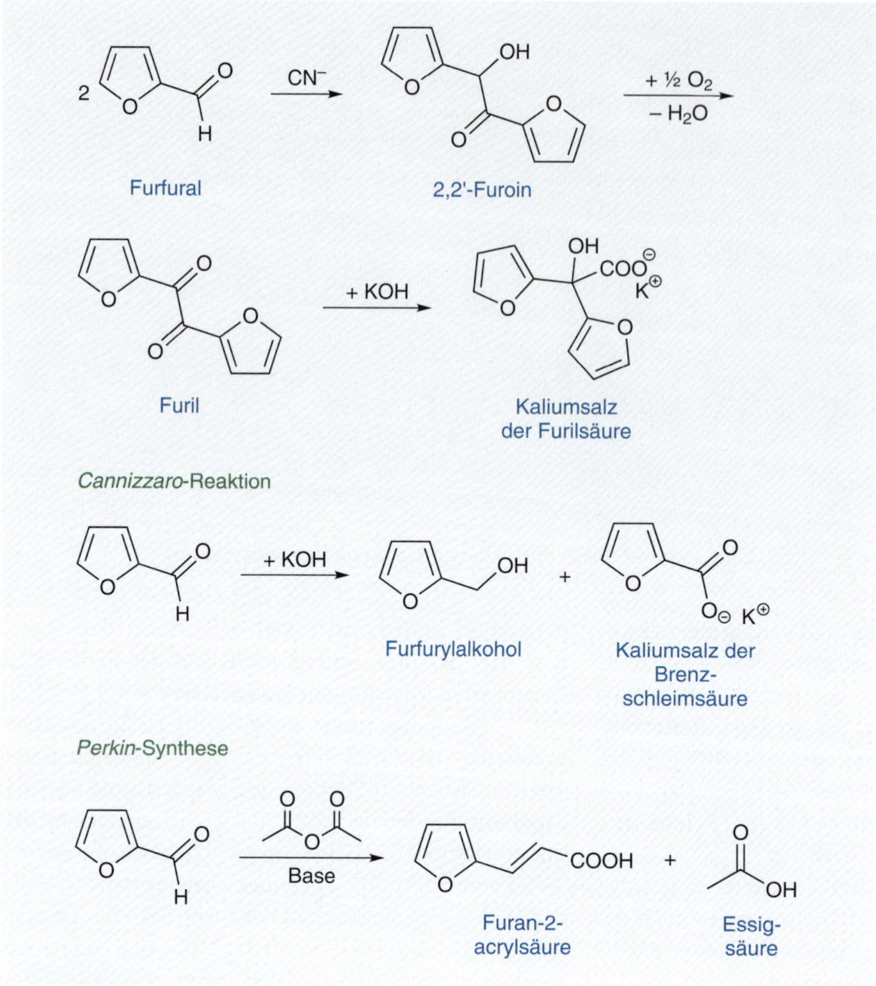


**o Abb. 28.28** Furfural kann als vielseitiger Synthesebaustein genutzt werden und unterschiedliche Reaktionen eingehen.

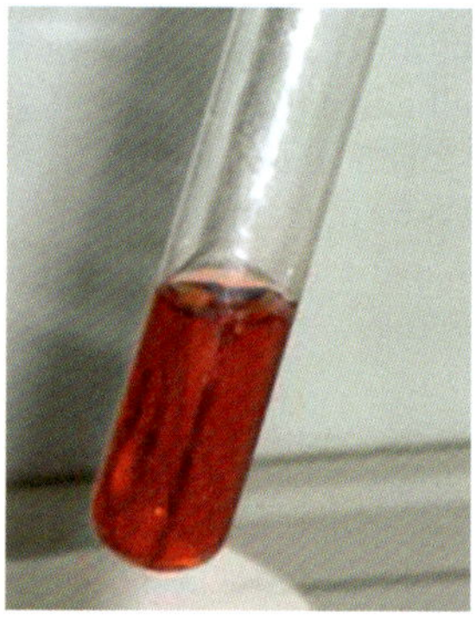

**o Abb. 28.29** Positive *Seliwanow*-Probe. Mit ihr können Kohlehydrate in Aldosen und Ketosen unterschieden werden. Fructose reagiert beispielsweise schneller zum 5-Hydroxymethylfurfural als Glucose (Konventionsmethode in der Lebensmittelchemie).

Ketohexosen (vgl. Lävulinsäure, ▸Kap. 15.4.1). Es bildet farblose Nadeln (Smp. 35 °C), die an der Luft zerfließen, und gibt mit Resorcin/Salzsäure eine Rotfärbung (*Seliwanow*-Reaktion, o Abb. 28.29).

Durch Oxidation lässt es sich in die Furan-2,5-dicarbonsäure (Dehydroschleimsäure) überführen.

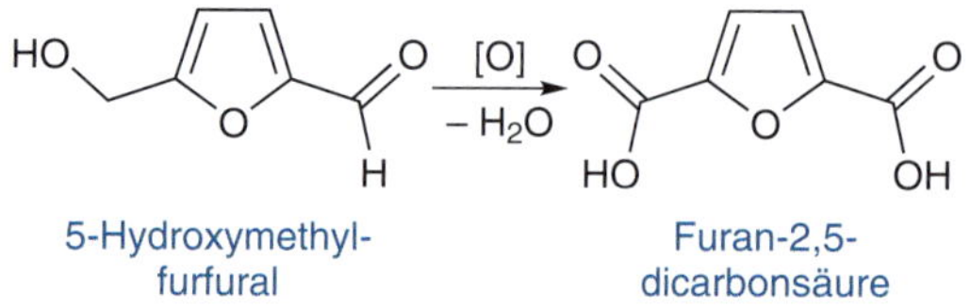


## Furaneol

**Furaneol** (2,5-Dimethyl-4-hydroxy-2,3-dihydrofuran-3-on), ist ein Hauptbestandteil des Aromas sowohl von Ananas als auch von Erdbeeren und dient zur Aromatisierung von Lebensmitteln. Es wurde 1963 zuerst von *Hodge et al.* durch eine *Maillard*-Reaktion von Rhamnose mit Piperidinacetat isoliert. Synthetisch ist die Substanz auf mehreren Wegen zugänglich. Eine Möglichkeit ist die Bromierung und anschließende Hydrolyse von 3,4-Hexandion.

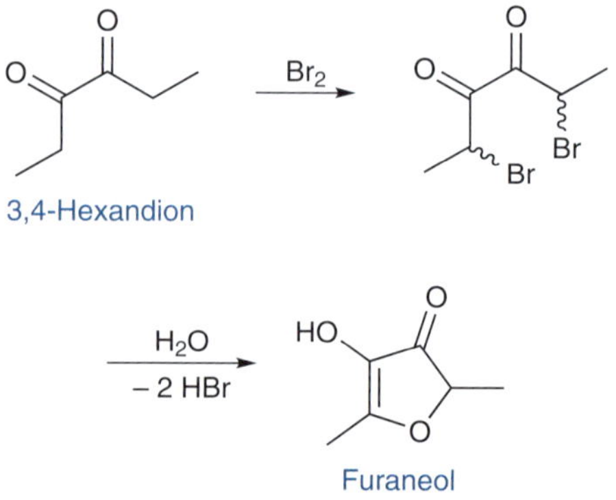

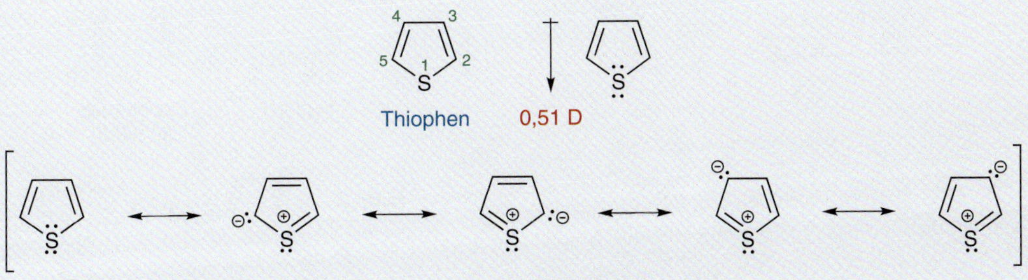


**Abb. 28.30** Struktur von Thiophen mit den dazugehörigen mesomeren Grenzstrukturen

Einen anderen Zugang zu Furaneol bietet die Elektrohalogenierung eines Hexindiols (z. B. 3-Hexin-2,5-diol) in einer dreistufigen Reaktion. Auch biotechnologisch lässt sich Furaneol darstellen. Edukt ist dabei Fructose-1,6-bisphosphat, das über einen an die Glycolyse angelehnten Prozess in Furaneol umgewandelt wird. Furaneol findet sich auch in Erdbeeren, in denen es biosynthetisch ausgehend von 6-Desoxyfructose über Furaneolglycosid als Zwischenstufe entsteht.

## 28.3 Thiophengruppe

### 28.3.1 Struktur und Eigenschaften

**Thiophen** ($C_4H_4S$, (Abb. 28.30) ist eine farblose, mit Wasser nicht mischbare Flüssigkeit mit einer Siedetemperatur von 84 °C (Benzen 80,1 °C). Die dem Furan analoge Schwefelverbindung (von *V. Meyer* 1883 in Rohbenzen entdeckt) ist mit etwa 0,15 % ein ständiger Begleiter des Teerbenzens und kommt im Erdöl vor. In seinen chemischen und physikalischen Eigenschaften ähnelt Thiophen dem Benzen. Es wird daher in der Arzneistoffentwicklung häufig auch als **Bioisoster** des Benzens in pharmazeutische Wirkstoffe eingebaut. Seine $\pi$-Elektronen sind etwas stärker delokalisiert als die des Furans. Um Thiophen vom Benzen zu trennen, schüttelt man Teerbenzen mit wenig kalter konz. Schwefelsäure, wobei Thiophen rascher sulfoniert wird als Benzen. Die entsprechende Thiophen-2-sulfonsäure löst sich in der Schwefelsäureschicht und kann so abgetrennt werden.

**MERKE** Als Bioisostere bezeichnet man Verbindungen oder Molekülgruppen mit fast identischer Molekülform und Volumen sowie ungefähr gleicher Verteilung der Elektronen, die ähnliche physikalische Eigenschaften und eine biologisch ähnliche Wirkung aufweisen.

Zum Nachweis von Thiophen erhitzt man beim Indophenin-Test Thiophen mit Isatin in konzentrierter Schwefelsäure, wobei ein blauer Indophenin-Farbstoff mit indigoider Struktur gebildet wird (*W. Schlenk sen.*)

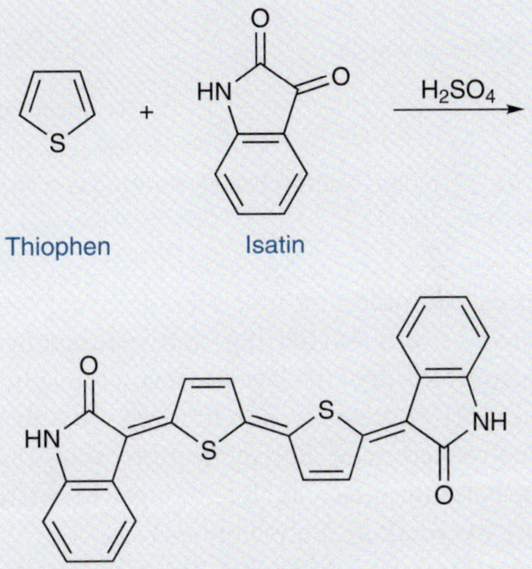


**Abb. 28.31** Synthese von blauem Indophenin aus Thiophen und Isatin

(Abb. 28.31). Von Indophenin existieren insgesamt sechs (*E*/*Z*)-Isomere.

### 28.3.2 Gewinnung und Synthese

Technisch kann Thiophen aus *n*-Butan und Schwefel in der Dampfphase bei 560 °C hergestellt werden (Abb. 28.32). Thiophenderivate enthält man durch Erhitzen von 1,4-Dialdehyden bzw. 1,4-Diketonen mit Tetraphosphorheptasulfid (vgl. Darstellung von Pyrrol und Furan aus 1,4-Diketonen, ▸Kap. 28). 2,5-Diphenylthiophen lässt sich durch Sättigen einer auf 50–60 °C erwärmten alkoholischen Lösung von Diphenylbutadiin im alkalischen Medium mit Schwefelwasserstoff darstellen (*K. E. Schulte* 1960). Die Reaktion ist auch auf andere Thiophenderivate übertragbar.

### 28.3.3 Reaktionen und Anwendungen

Als Heteroaromat geht Thiophen elektrophile Substitutionsreaktionen ein, die im Allgemeinen leichter verlaufen als beim Benzen. Aufgrund der Elektronendichteverteilung reagieren hierbei fast ausschließlich die 2- bzw. 5-Stellung und nur, wenn diese bereits substituiert sind, die 3- oder 4-Stellung. Neben der Halogenierung,

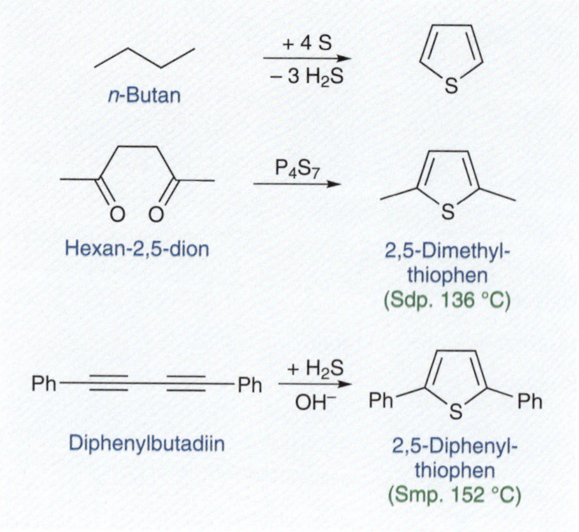


**Abb. 28.32** Möglichkeiten zur Herstellung von Thiophen sowie seiner Derivate

Nitrierung, Sulfonierung und Mercurierung lässt sich die ***Friedel-Crafts*-Acylierung** mit Säureanhydriden (oder Säurechloriden) in Gegenwart von Phosphorsäure (oder Zinn(IV)-chlorid) durchführen (Abb. 28.33). Die elektrochemische Polymerisation von Thiophen führt zu **Polythiophen**, das als leitfähiger Kunststoff von Interesse ist (▸Exkurs: Polythiophen).

Bei der ***Birch*-Reduktion** von Thiophen mit Natrium in flüssigem Ammoniak in Gegenwart von Methanol erhält man 2,3- und 2,5-Dihydrothiophen, während die

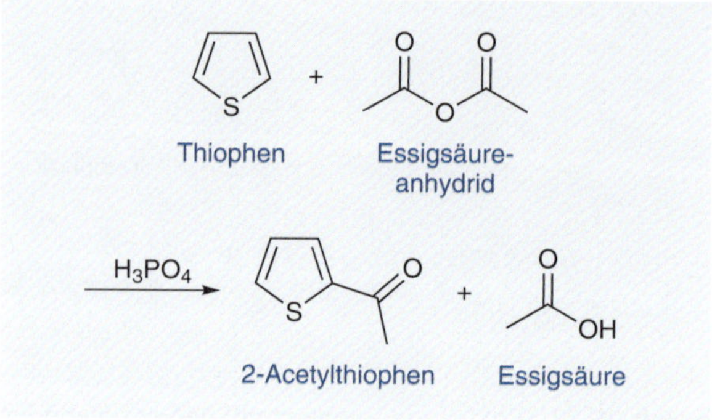


**Abb. 28.33** *Friedel-Crafts*-Acylierung von Thiophen

katalytische Hydrierung gleich zum Thiolan (Tetrahydrothiophen oder Thiophan) führt. Um die Kontaktgiftwirkung des Schwefels zu überwinden, ist ein großer Überschuss des Katalysators (Pd) erforderlich (*Mozingo* 1945).

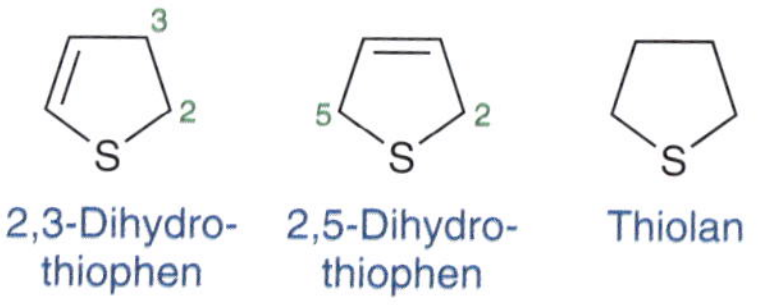


Während Thiophen unter normalen Bedingungen keine *Diels-Alder*-Addition eingeht, reagiert Thiophendioxid als Heterocyclodien sowohl als Dien als auch als Dienophil und bildet unter $SO_2$-Abspaltung das folgende Dimerisierungsprodukt.

## Exkurs: Polythiophen

Ähnlich wie Pyrrol kann auch Thiophen (oder dessen Derivate) durch elektrochemische Polymerisation zu **Polythiophen** (PT) umgesetzt werden. Polythiophene zeichnen sich durch hohe Stabilität gegenüber Wärme, Sauerstoff und Feuchtigkeit aus. Undotiertes Polythiophen besitzt nur eine schwache Leitfähigkeit, während durch eine Dotierung mit geeigneten Oxidationsmitteln eine Leitfähigkeit von bis zu 100 S/cm erreicht werden kann. Dotiertes Polythiophen findet als Elektrodenmaterial, als Halbleiter und in OLEDs (organischen Leuchtdioden) Verwendung (Abb. 28.34). Es zeigt außerdem interessante optische Eigenschaften, beispielsweise Fluoreszenz bei Bestrahlung mit UV-Licht. Für die Erforschung leitfähiger Polymere wurde im Jahr 2000 der Nobelpreis für Chemie verliehen.

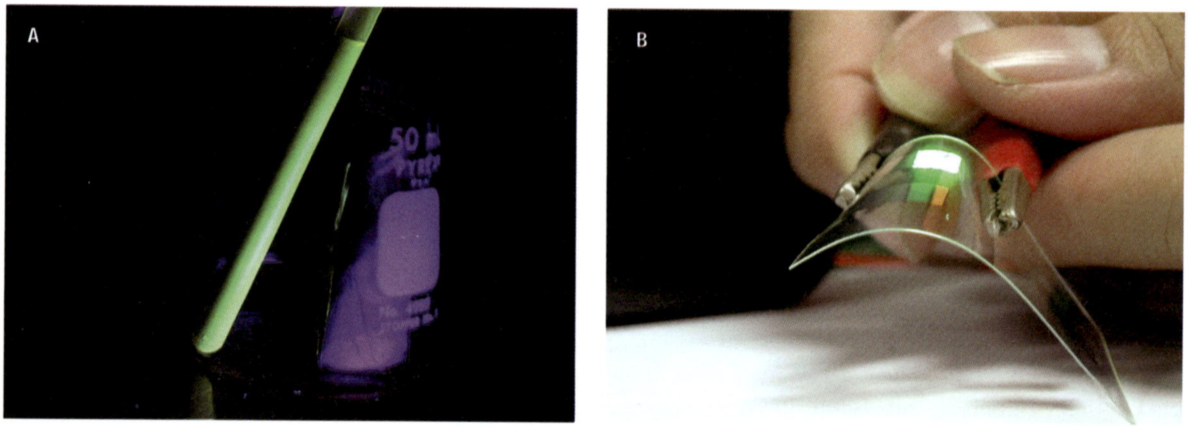


**Abb. 28.34** Polythiophen unter UV-Licht (A) und organische Leuchtdiode auf einer biegsamen Kunststofffolie (B)

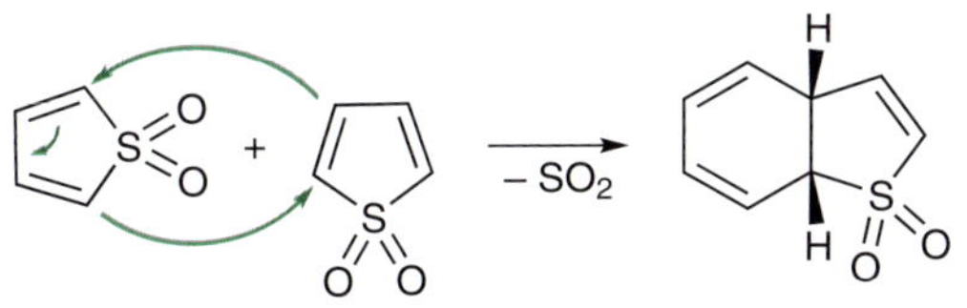


2,5-Dihydrothiophendioxid lässt sich als Syntheseäquivalent für 1,3-Butadien in *Diels-Alder*-Reaktionen einsetzen (Abb. 28.35). Bei der gemeinsamen Thermolyse von 2,5-Dihydro-thiophendioxid und Benzendiazonium-2-carboxylat erhält man intermediär Butadien und Dehydrobenzen, aus denen in einer *Diels-Alder*-Reaktion 1,4-Dihydronaphthalen entsteht.

Tetrahydrothiophendioxid (Tetrahydrothiophen-1,1-dioxid, Tetramethylensulfon), Siedetemperatur 285 °C, dient sowohl zur Extraktion als auch zur Extraktivdestillation bei der Reinigung von Kohlenwasserstoffen, vor allem von Benzen (Sulfolan-Verfahren, ▸Kap. 18).

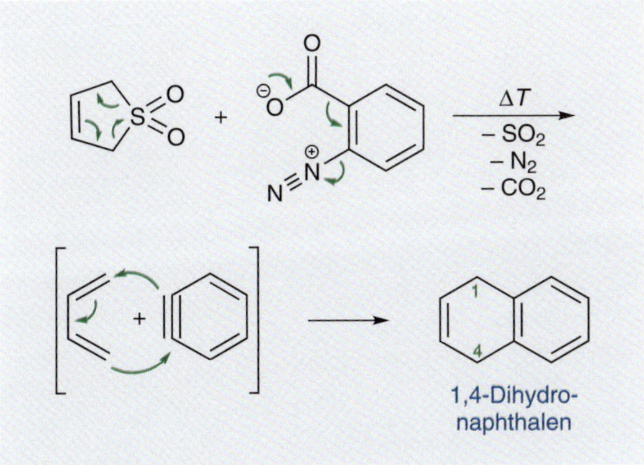


**Abb. 28.35** Aus 2,5-Dihydrothiophendioxid kann sich *in situ* Butadien bilden, welches dann *Diels-Alder*-Reaktionen eingehen kann.

# 29 Benzanellierte Ringsysteme der Pyrrol-, Furan- und Thiophengruppe

Indolverbindungen ... 775 | Indolizinverbindungen ... 782 | Isoindole und Isobenzofurane ... 784 | Cumarone und Thionaphthene ... 788 | Kondensierte tricyclische Systeme ... 790

Die Verknüpfung (Anellierung) eines Benzenrings mit den Fünfring-Heteroaromaten Pyrrol, Furan oder Thiophen (▸Kap. 28) ist auf drei unterschiedlichen Wegen möglich, je nachdem mit welcher Kante (a), (b) oder (c) der heterocyclische Fünfring an den Benzenring geknüpft wird. Von Pyrrol leiten sich so die drei Konstitutionsisomere **Indolizin**, **Indol** und **Isoindol** ab, von denen Indol als Baustein der Aminosäure Tryptophan und zahlreicher Naturstoffe mit Abstand der wichtigste Vertreter ist. Die durch Kondensation von Benzen mit Furan oder Thiophen resultierenden Indolanaloga sind das Cumaron (Benzo[*b*]furan) und das Thionaphthen (Thianapthen, Benzo[*b*]thiophen).

Indolizin
(Pyrrolo[1,2-*a*]pyridin)

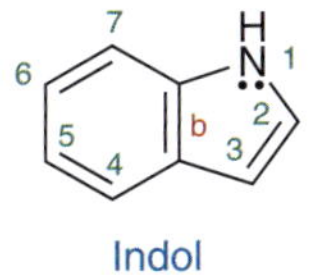


Indol
(Benzo[*b*]pyrrol)

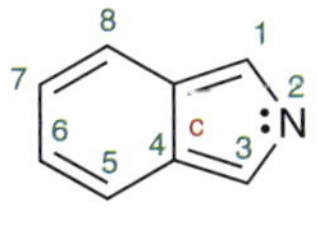


Isoindol
(Benzo[*c*]pyrrol)

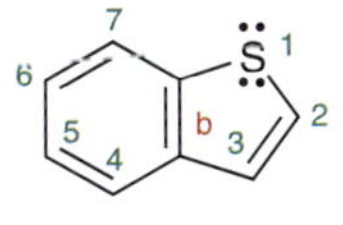


Thionaphthen
(Benzo[*b*]thiophen)

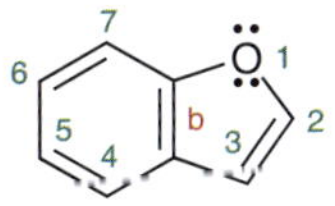


Cumaron
(Benzo[*b*]furan)

## 29.1 Indolverbindungen

### 29.1.1 Struktur und Eigenschaften

**Indol** ist ein aromatischer Heterocyclus mit 10 $\pi$-Elektronen (die 8 $\pi$-Elektronen der vier formalen Doppelbindungen und das freie Elektronenpaar von Stickstoff). Indol kristallisiert in farblosen Blättchen mit einem Schmelzpunkt von 53 °C und ist sehr geruchsintensiv. Es wird in geringer Konzentration als Zusatz in Parfums verwendet und vermittelt einen wohlriechenden Blütenduft. In höheren Konzentrationen ist Indol dagegen als biochemisches Abbauprodukt von Tryptophan neben Skatol (3-Methylindol) für den Geruch von Fäkalien maßgeblich (○ Abb. 29.1).

Im Gegensatz zu Pyridin ist das freie Elektronenpaar des **$sp^2$-hybridisierten Pyrrol-Stickstoffatoms** in einem p-Orbital lokalisiert und damit ein Teil des aromatischen $\pi$-Systems. Daher hat auch Indol nur schwach basische Eigenschaften ($pK_S$ der protonierten Form ca. −3,5). Mit Säuren erfolgt keine Salzbildung, sondern – besonders in der Wärme – eine **Polymerisation** zu harzigen Produkten. Andererseits lässt sich Indol durch sehr starke Basen (Alkalimetalle, NaH, *n*-Butyllithium) an der Aminogruppe deprotonieren ($pK_S$ = ca. 21). Je nach Kation liegt eine eher ionische ($Na^+$, $K^+$) oder kovalente ($Mg^{2+}$, $Zn^{2+}$) Bindung vor. Mit Alkylhalogeniden erfolgt daher nach der **Deprotonierung**, z. B. mit KH, eine Alkylierung am Stickstoff.

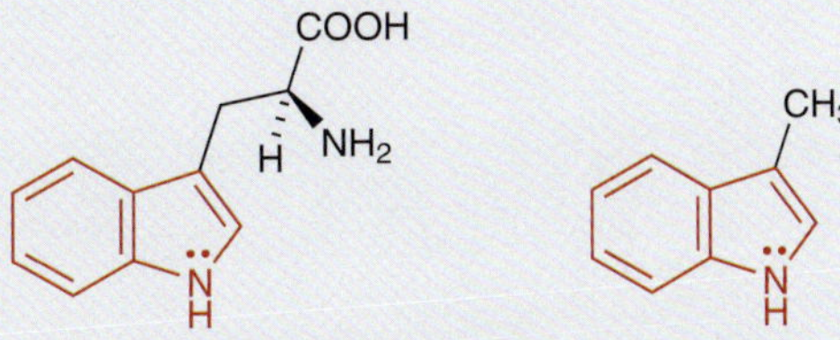


Tryptophan

Skatol

○ **Abb. 29.1** Strukurformeln von Tryptophan und Skatol; das Indolgerüst ist rot hervorgehoben.

### 29.1.2 Gewinnung und Synthese

**Indol** findet sich in geringer Menge im Steinkohlenteer sowie in Jasmin- und Orangenblütenöl. Außerdem ist Indol als Teilstruktur der Aminosäure **Tryptophan** Bestandteil von Proteinen. Es ist auch Teilstruktur vieler **Indol-Alkaloide,** wie z. B. dem Strychnin und den Mutterkornalkaloiden (▸Kap. 36.6.1), in denen es biosynthetisch ebenfalls aus Tryptophan hervorgeht. Die Basis für die chemische Synthese von Indol und für die Entwicklung der Indolchemie bildete das in einigen Indigopflanzen (▸Kap. 29.1.4) vorkommende **Indican** (Indoxyl-Glucosid), das durch Säure oder enzymkatalysiert zu Glucose und **Indoxyl** hydrolysiert werden kann (o Abb. 29.2).

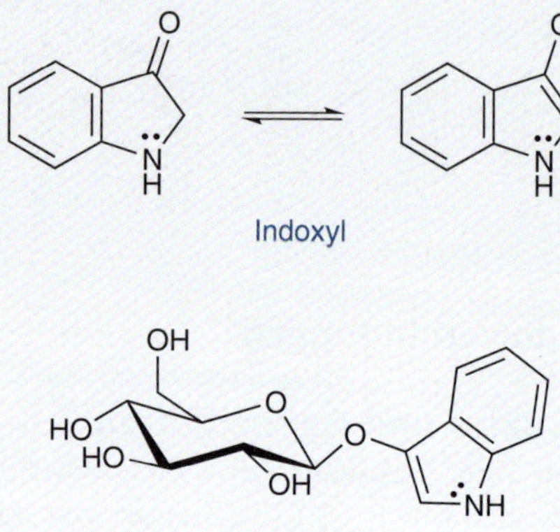


o **Abb. 29.2** Strukturformeln von Indoxyl und Indican

Indol kann auf verschiedenen Wegen synthetisiert werden. Die bekanntesten Verfahren sind die **Indolsynthesen** nach ***Fischer*** und nach ***Madelung*** sowie die Reduktion von Indoxyl mit Zinkstaub (o Abb. 29.3). Bei der ***Madelung*-Synthese** erhitzt man 2'-Methylformanilid mit Kalium-*tert*-butylat in einer Stickstoff-Atmosphäre auf 350–360 °C. Das Alkoholat bewirkt als Kondensationsmittel die Deprotonierung der Methylgruppe und den anschließenden intramolekularen Ringschluss zu Indol unter Abspaltung von Wasser.

Bei der ***Fischer*schen Indolsynthese** (o Abb. 29.4) wird das Phenylhydrazon eines Ketons mit Zinkchlorid (alternativ Schwefelsäure oder Bortrifluorid) als Kondensationsmittel auf eine Temperatur von etwa 180 °C erhitzt. Zunächst erfolgt hierbei eine **Diaza-*Cope*-**

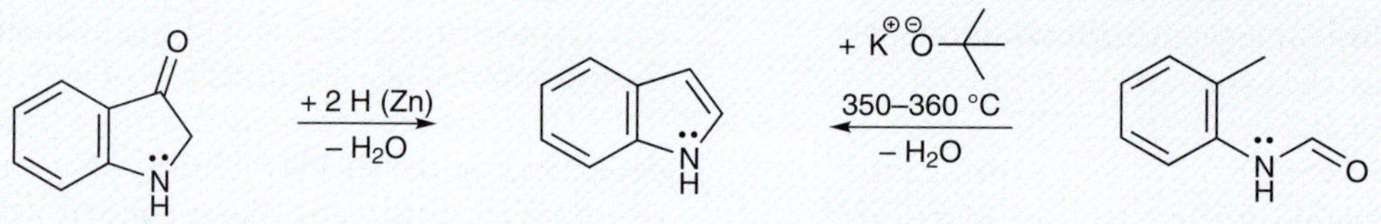


o **Abb. 29.3** Synthese von Indol durch Reduktion mit Zinkstaub bzw. durch *Madelung*-Cyclisierung

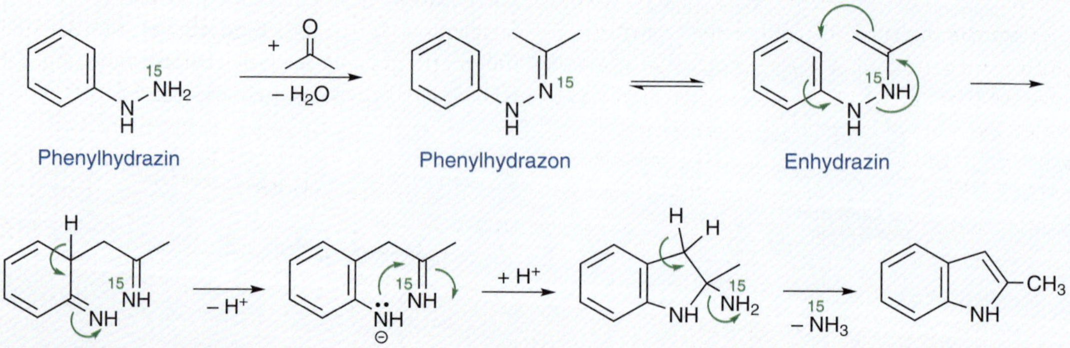


o **Abb. 29.4** Mechanismus der Indolsynthese nach *Fischer*

○ **Abb. 29.5** Im Altertum wurde Indigo aus der Indigopflanze *(Indigofera tinctoria)* gewonnen.

○ **Abb. 29.6** Synthetisch hergestellter Indigo

**Umlagerung** (▸Kap. 5.2.2) und anschließend die Abspaltung von Ammoniak unter Bildung des Indolrings. Durch Isotopenmarkierung mit $^{15}N$ wurde bewiesen, dass der abgespaltene Ammoniak aus dem endständigen (*β*-ständigen) Hydrazinstickstoff stammt. Aus Phenylhydrazin und Aceton erhält man bei dieser Synthese 2-Methylindol. Geht man von Acetaldehyd anstelle von Aceton aus, gelangt man zum unsubstituierten **Indol**, mit Propionaldehyd entsteht **Skatol** (3-Methylindol).

## 29.1.3 Reaktionen und Anwendungen

Indol ist als **elektronenreicher Heteroaromat** gegenüber elektrophilen Reagenzien sehr reaktiv, wobei Reaktionen bevorzugt am Pyrrolring stattfinden. Als formales **Enamin** reagiert Indol dabei fast ausschließlich an Position 3. Für eine elektrophile Substitution an Position 2 muss im Übergangszustand das aromatische System des Benzenrings unterbrochen werden, was energetisch ungünstig ist. Erst nach Schützen des Indol-Stickstoffs kann z. B. mit *tert*-Butyllithium oder LDA (Lithiumdiisopropylamid) auch die 2-Position lithiiert und somit für Reaktionen mit Elektrophilen zugänglich gemacht werden. Der Benzenring ist wesentlich reaktionsträger als die Pyrrol-Teilstruktur und wird durch den „Anilinstickstoff" nicht aktiviert. Substitutionen am Benzenring erfolgen daher erst, wenn die reaktiven Stellen des Pyrrolrings bereits substituiert sind. Zum **Nachweis** von Indol kann die bereits bei Pyrrol (▸Kap. 28.1) erwähnte **Fichtenspanreaktion** dienen; auch hier tritt Rotfärbung ein.

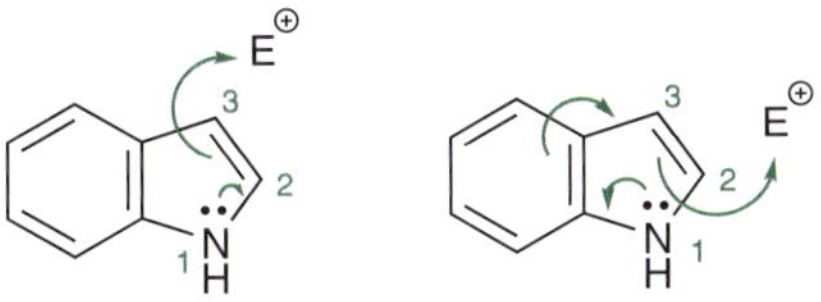


## 29.1.4 Ausgewählte Verbindungen

### Indigo

**Indigo** (Indigotin, Indigoblau) ist der älteste und wichtigste organische Farbstoff. Bereits im Altertum wurde Indigo in Ägypten und Indien als äußerst lichtechter, tiefblauer und kostbarer Farbstoff geschätzt, der aus dem in der Indigopflanze (*Indigofera tinctoria*; ○Abb. 29.5) vorkommenden farblosen Glucosid **Indican** gewonnen wurde. Der in Europa seit dem Mittelalter vorkommende Färberwaid (Deutscher Indigo, *Isatis tinctoria)* liefert im Vergleich zu den *Indigofera*-Arten etwas stumpfere und trübere Blautöne. Erst im 19. Jahrhundert wurde Indigo als gemeinsamer Bestandteil beider Pflanzenarten erkannt. Heute hat synthetisch hergestellter Indigo das Naturprodukt völlig verdrängt. Die Erforschung dieser Farbstoffklasse ist in erster Linie den grundlegenden Arbeiten von *A. v. Baeyer* zu verdanken, dem im Jahr 1870 die erste synthetische Darstellung von Indigo gelang. Gegen Ende des 19. Jahrhunderts wurden die Patente zur Synthese durch die BASF erworben und nach Optimierungsschritten (*Heumann*) konnte in Zusammenarbeit mit der Firma Hoechst der erste synthetische Indigo auf den Markt gebracht werden. Heutzutage ist Indigo als farbgebende Komponente der Blue Jeans und weiterer Denim-Stoffe allgemein bekannt.

Indigo bildet blaue, kupferglänzende Kristalle (○Abb. 29.6) mit einem Schmelzpunkt von 390–392 °C, die sich in siedendem Aceton oder Eisessig sowie in heißem Anilin gut lösen und im Vakuum sublimierbar sind. Wegen der zentralen C=C-Doppelbindung sollte Indigo in zwei (*E,Z*)-Diastereomeren auftreten; bislang wurde jedoch nur eine Form isoliert, der nach der Röntgenstrukturanalyse die (*E*)-Konfiguration zukommt. Dies lässt sich mit der Ausbildung zweier intramolekularer Wasserstoffbrücken in der (*E*)-Form erklären.

29

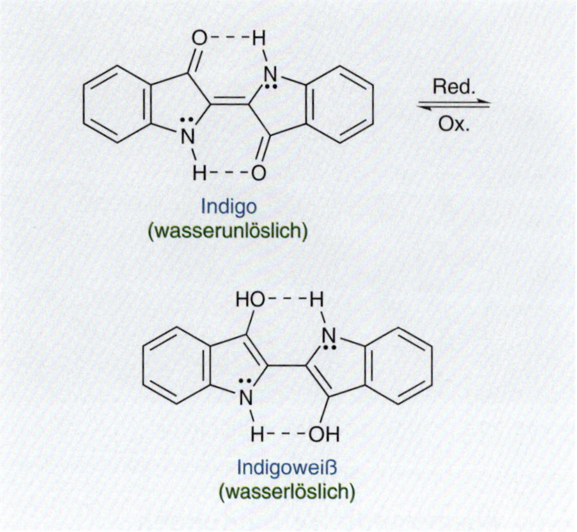


**Abb. 29.7** Durch Reduktion von Indigo entsteht das wasserlösliche Indigoweiß, das als Küpenfarbstoff auf die Textilfaser aufgebracht wird. Durch Oxidation an Luft entsteht daraus wieder der unlösliche Farbstoff Indigo.

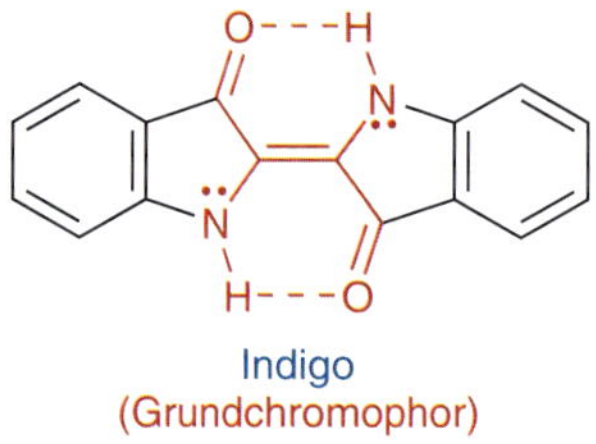


Die tiefblaue, nahezu violette Farbe von Indigo geht im Wesentlichen auf das aus den Heteroatomen gebildete, doppelt kreuzkonjugierte System zurück. In diesem **Grundchromophor** ist jede Hälfte ***capto-dativ* substituiert**, weist also sowohl einen Elektronenakzeptor C=O (*capto*) als auch einen Elektronendonator —NH (*dativ*) auf (engl. ***push-pull system***). Die anellierten Benzenringe sind für die farblichen Eigenschaften von Indigo von geringerer Bedeutung, allerdings verstärken sie durch die Ausbildung hydrophober Wechselwirkungen die Affinität des Farbstoffs zur Textilfaser. Indigo zeichnet sich daher durch eine hohe Wasch- und Lichtechtheit aus. Die Hauptanwendungsgebiete von Indigofarbstoffen sind Baumwollfärberei und Kattundruck. Für färbetechnische Zwecke muss Indigo zunächst in eine wasserlösliche Form gebracht werden. Dies geschieht durch Reduktion (**Verküpung**) von Indigo mit Natriumdithionit (Hydrosulfitküpe) in alkalischer Lösung zu **Indigoweiß** (Leukindigo; Abb. 29.7). Diese Lösungen stellen die sogenannte **Indigoküpe** dar, die auf Baumwolle und Viskosefasern direkt aufzieht (▸Kap. 24.4.4). Die Oxidation zum eigentlichen Farbstoff erfolgt dann an der Luft oder durch zugesetzte Oxidationsmittel.

### Technische Indigosynthesen

Die technische Darstellung von Indigo erfolgt allgemein aus der **Indoxyl-Vorstufe**. Bei der **1. *Heumann*schen Synthese** (1890) wird Anilin mit Chloressigsäure zu Phenylglycin kondensiert, dessen alkalische Schmelze bei 300 °C dann über Indoxyl durch Luftoxidation zu Indigo führt (Abb. 29.8). Für die Kondensation sind jedoch hohe Temperaturen notwendig, sodass die Synthese unwirtschaftlich war. Erst durch die Zugabe von Natriumamid als Base konnte die Rentabilität gesteigert werden, da diese den Ringschluss schon bei Temperaturen von 180–200 °C ermöglicht.

In wesentlich besserer Ausbeute lässt sich Phenylglycin aus Anilin durch die Einwirkung von Formaldehydnatriumhydrogensulfit bei Temperaturen von 50–70 °C, anschließende Umsetzung mit Natriumcyanidlösung und Hydrolyse des Nitrils darstellen (Abb. 29.9).

Die **2. *Heumann*sche Synthese** geht von Phenylglycin-*o*-carbonsäure aus, die aus Anthranilsäure und Chloressigsäure synthetisiert werden kann (Abb. 29.10). Beim Schmelzen von Phenylglycin-*o*-carbonsäure mit Alkali entsteht in quantitativer Ausbeute 2-Indoxylcarbonsäure (3-Oxoindolinon-2-carbonsäure), die schon beim Erwärmen Kohlendioxid abspaltet und in Indoxyl übergeht. Die letzte Reaktionsstufe ist wieder die Luftoxidation von Indoxyl in alkalischer Lösung zu Indigo (Verfahren der BASF).

Nach einem bei *Hoechst* entwickelten Verfahren setzt man Anilin mit Ethylenoxid zu *N*-Phenylethanolamin ($\beta$-Hydroxyethylanilin) um, das in alkalischer Schmelze bei einer Temperatur von 200 °C ein Dianion bildet (Abb. 29.11). Dieses cyclisiert bei raschem Erhitzen auf 300 °C und Abkühlung auf 240 °C unter Dehydrierung zu Indoxyl, das wiederum durch Luftoxidation in Indigo übergeht.

Die Substitution von zwei H-Atomen der Benzenringe im Indigo durch Bromatome zu **6,6′-Dibromindigo** verändert den Farbton infolge einer hypsochromen Verschiebung der Absorptionsbande von Blau nach Rotviolett (Abb. 29.12; ▸Kap. 2). Der Farbstoff ist mit dem **antiken Purpur** identisch, der aus Purpurschnecken (*Murex trunculus* L.) gewonnen wurde.

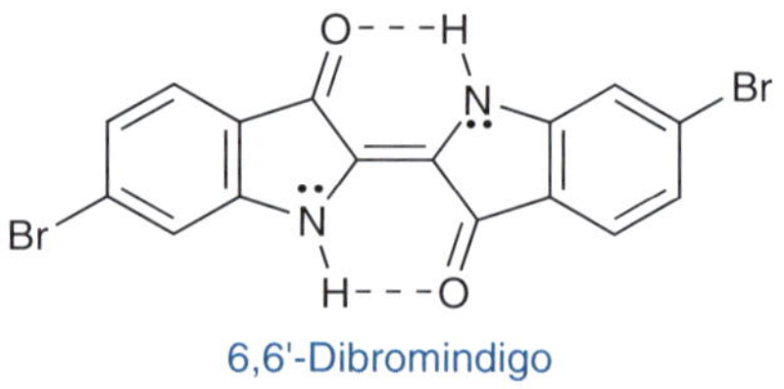


### Indoxyl

**Indoxyl**, 3(2*H*)-Indolon (Abb. 29.2), entsteht bei der Hydrolyse von Indican (▸Kap. 29.1.2) und stellt, wie bereits beschrieben, die wasserlösliche Vorstufe der technischen Indigosynthesen dar. Bei Kontakt mit Luft-

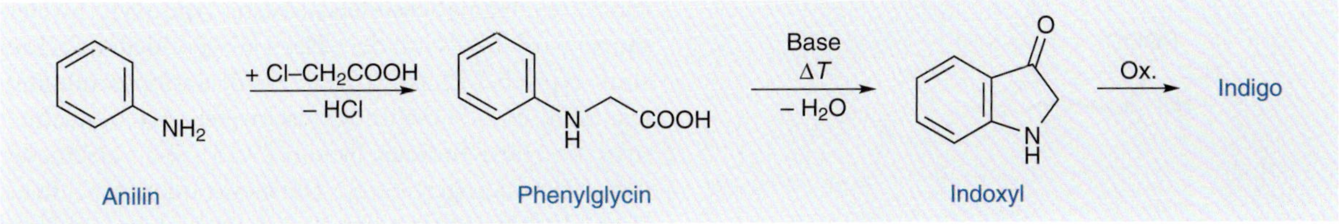


**Abb. 29.8** Erste *Heumann*sche Indigosynthese (1890)

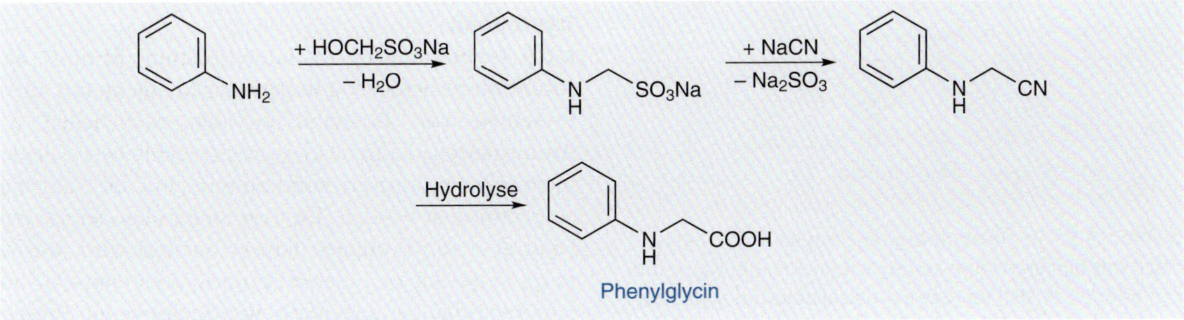


**Abb. 29.9** Alternative Darstellung von Phenylglycin im Rahmen der Indigosynthese

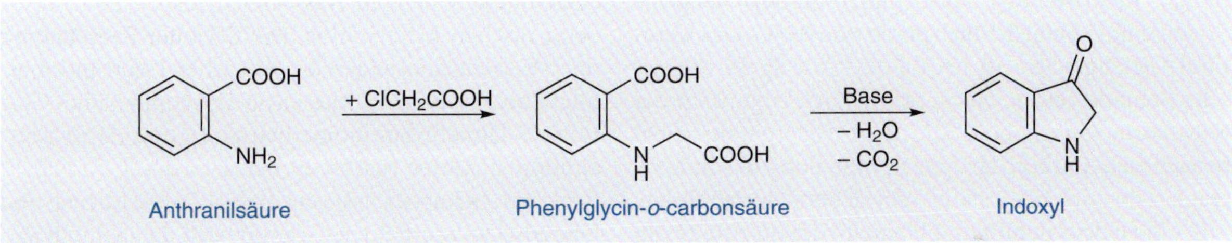


**Abb. 29.10** Synthese von Indoxyl, ausgehend von Anthranilsäure

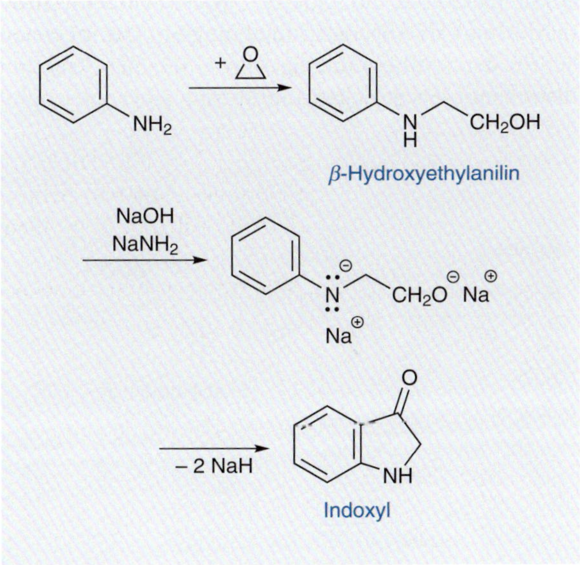


**Abb. 29.11** Indigosynthese nach *Hoechst*

**Abb. 29.12** Ein mit Purpur gefärbtes Stück Stoff

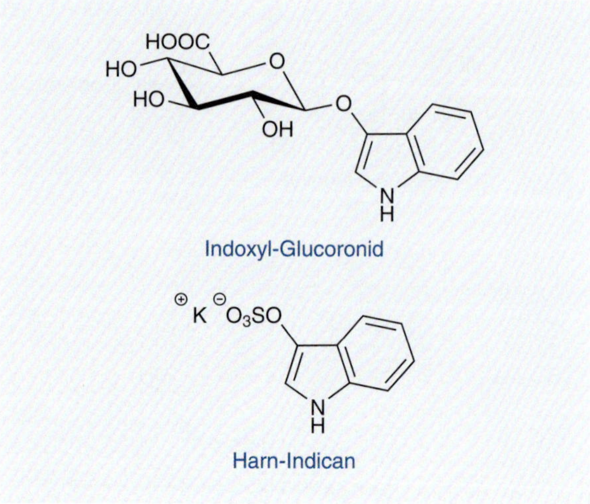


**Abb. 29.13** In glucuronidierter Form ist Indoxyl glycosidisch mit Glucoronsäure konjugiert (oben), bei Harn-Indican handelt es sich um das Kaliumsalz der Indoxylschwefelsäure (unten).

sauerstoff erfolgt Oxidation zum wasserunlöslichen Indigo. In kristalliner Form bildet Indoxyl hellgelbe Prismen mit einem Schmelzpunkt von 85 °C. Das **Keto-Enol-Gleichgewicht** ist bei Indoxyl, wie spektroskopische Befunde zeigen, fast ausschließlich zugunsten der Keto-Form verschoben. Die dem Heteroatom nicht benachbarte Carbonylgruppe in 3-Stellung des Indoxyl reagiert bereits mit relativ schwachen Nucleophilen, z. B. mit Hydroxylamin und Phenylhydrazin zum Oxim bzw. Phenylhydrazon. *In vivo* entsteht Indoxyl als Stoffwechselprodukt der Aminosäure Tryptophan. Mit der Nahrung aufgenommenes, nicht resorbiertes Tryptophan wird im Verdauungstrakt durch Darmbakterien zu Indol abgebaut, in der Leber erfolgt Oxidation von Indol zu Indoxyl. Glycosidisch verbunden mit Glucuronsäure oder als Schwefelsäureester (**Indoxylschwefelsäure**) wird dieses mit dem Harn ausgeschieden (beides sind typische Phase-II-Biotransformationsprodukte). Das Kalium-Salz der Indoxylschwefelsäure bezeichnet man als **Harn-Indican** (Abb. 29.13). Bei verschiedenen Erkrankungen (z. B. Darmerkrankungen, Ileus, Niereninsuffizienz) ist sein Gehalt im Blut und im Harn erhöht.

## Tryptophan

**L-(–)-Tryptophan**, $\beta$-[3-Indolyl]-alanin, kommt als Aminosäure (▸ Kap. 37) in geringer Menge in fast allen Proteinen vor. Es zählt zu den essenziellen $\alpha$-Aminosäuren, kann also vom menschlichen Körper nicht selbst produziert, sondern muss mit der Nahrung aufgenommen werden. Da Tryptophan bei der sauren Hydrolyse von Proteinstrukturen zerstört wird, wurde es im Vergleich zu anderen Aminosäuren erst spät (im Jahr 1902) bei der enzymatischen Spaltung von Proteinen mit dem Verdauungsenzym Trypsin entdeckt. L-Tryptophan kristallisiert in seidenglänzenden Blättchen und ist in heißem Wasser leicht löslich. Es schmilzt beim raschen Erhitzen bei 293 °C (unter Zersetzung); im UV-Licht fluoresziert es. Ausgehend von Indol erfolgt die chemische Synthese von Tryptophan über Gramin (3-Dimethylaminomethylindol) und Skatylacetamidomalonester (Abb. 29.14). Das durch *Mannich*-Reaktion (▸ Kap. 21.2.3) aus Indol, Formaldehyd und Dimethylamin erhaltene Gramin wird dabei durch Zugabe von Acetamidomalonester in Gegenwart katalytischer Mengen von Natriumhydroxid zum Skatylacetamidomalonester umgesetzt, wobei Dimethylamin (gasförmig) als Abgangsgruppe fungiert. Die im ersten Schritt der Synthese durchgeführte *Mannich*-Reaktion dient somit der gezielten Einführung einer nucleophil

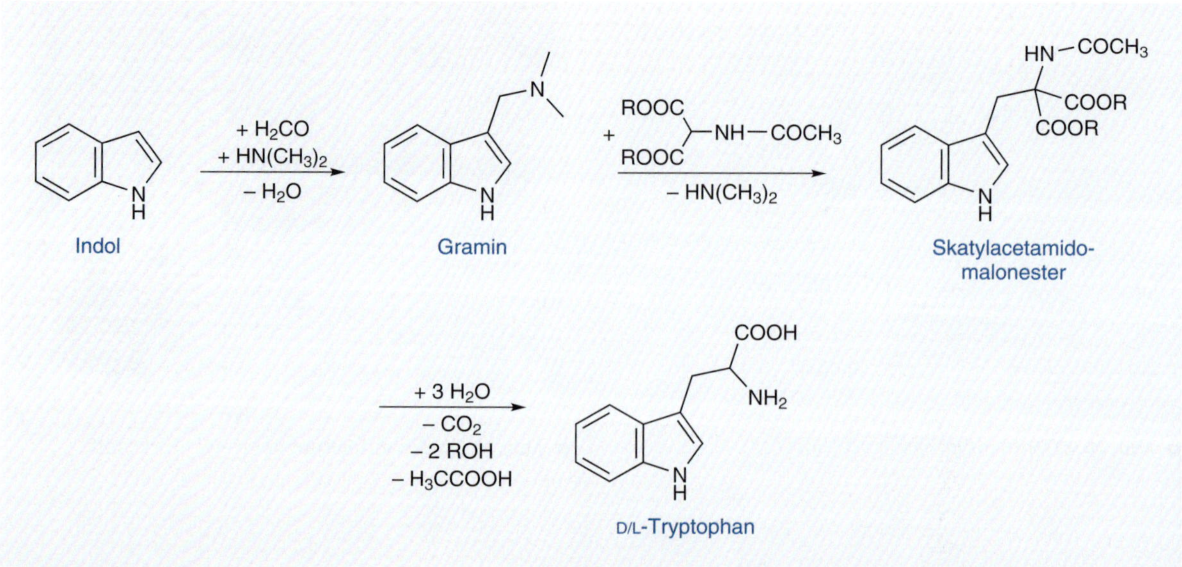


**Abb. 29.14** Synthese von Tryptophan, ausgehend von Indol über Gramin und Skatylacetamidomalonester

angreifbaren Methylen-Funktion. Durch Hydrolyse des Diesters gelangt man letztlich zu D/L-Tryptophan.

In vielen Organismen kommt es zu einer interessanten Oxidationsreaktion von Tryptophan unter Ringerweiterung des Indolgerüsts (○ Abb. 29.15). Zunächst entsteht als Zwischenprodukt **Kynurenin**, das anschließend zu **Kynureninsäure** (1,4-Dihydro-4-oxo-2-chinolincarbonsäure), einem Chinolonderivat, cyclisiert. Diese wurde erstmals im Harn von Hunden nachgewiesen.

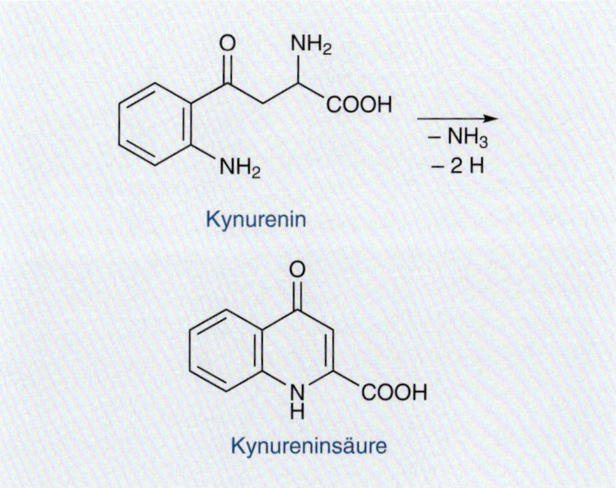


○ **Abb. 29.15** Bildung von Kynureninsäure

## Tryptamin, Serotonin, Triptane, Setrone und Melatonin

**Tryptamin**, 3-($\beta$-Aminoethyl)-indol (○ Abb. 29.16, oben links), entsteht biochemisch durch Decarboxylierung von Tryptophan. Synthetisch lässt es sich durch Reduktion von 3-Indolylacetonitril darstellen. Amine, die sich *in vivo* unter $CO_2$-Abspaltung aus Aminosäuren bilden, bezeichnet man allgemein als **biogene Amine**.

**Serotonin** (5-Hydroxytryptamin, 5-HT; ○ Abb. 29.16, oben Mitte) findet sich im Zentralnervensystem (ZNS), im Serum, im Herz-Kreislauf-System und in der Darmschleimhaut von Säugetieren. Serotonin ist ein **Gewebshormon und Neurotransmitter**, für den es mehrere Rezeptoren (5-$HT_1$ bis 5-$HT_7$, sowie jeweils verschiedene Subtypen, z. B. 5-$HT_{1A}$-Rezeptor) gibt. Es ist an vielen komplexen Körperfunktionen, z. B. der Blutgerinnung oder der Regulation der Gefäßspannung, beteiligt. Im ZNS hat es Einfluss auf die Stimmungslage oder den Schlaf-Wach-Rhythmus. Aber auch an vielen pathologischen Prozessen, z. B. Erbrechen, Migräne oder Depressionen, ist Serotonin beteiligt. Ausgehend von Serotonin erfolgte die Entwicklung der **Triptane** als Arzneistoffe zur **Migränetherapie** (z. B. Sumatriptan; ○ Abb. 29.16, unten Mitte). Diese besitzen ein Tryptamin-Grundgerüst und bewirken durch die Bindung an 5-$HT_{1B}$- und 5-$HT_{1D}$-Rezeptoren eine meningeale Vasokonstriktion (Gefäßverengung der Hirnhautgefäße) sowie die Hemmung der Weiterleitung von Schmerzsignalen. Auch die Antiemetika der **Setron**-Gruppe, zu denen z. B. **Ondansetron** gehört, sind Liganden an Serotonin-Rezeptoren (○ Abb. 29.16, unten). Sie blockieren 5-$HT_3$-Rezeptoren und werden bei Cytostatika-induziertem Erbrechen eingesetzt. Das in der Seitenkette acetylierte *N*-Acetyl-5-methoxytryptamin ist das Zirbeldrüsenhormon **Melatonin** (○ Abb. 29.16, oben rechts); es ist an der Kontrolle des „Tag-

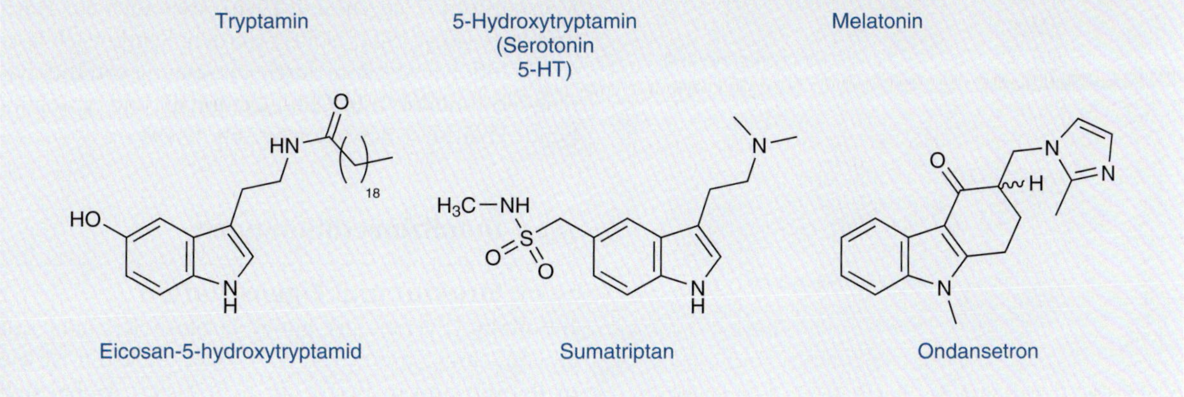


○ **Abb. 29.16** Wichtige von Tryptophan abgeleitete Indolverbindungen

29

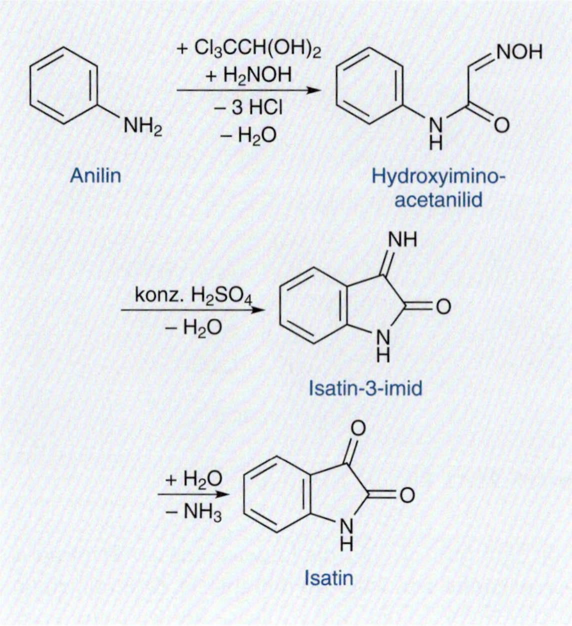


**o Abb. 29.17** Synthese des Fungizids Isatin, ausgehend von Anilin

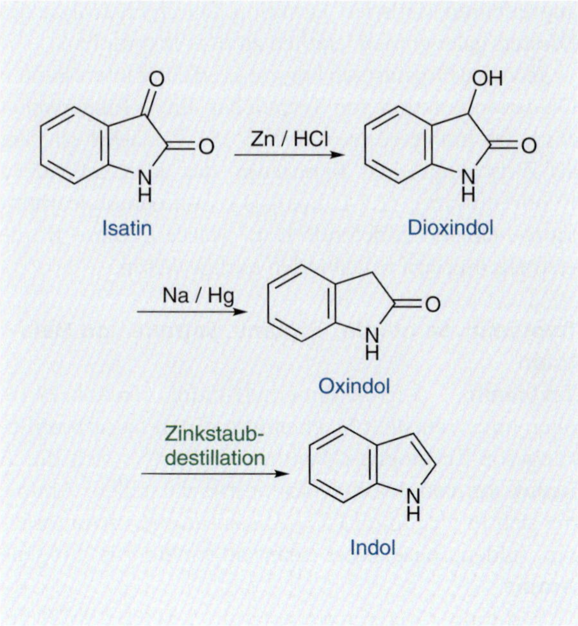


**o Abb. 29.18** Synthese von Indol durch Reduktion von Isatin

Nacht-Rhythmus" durch die „innere Uhr" beteiligt und wird in der Nacht ausgeschüttet. Melatonin findet daher z. B. Verwendung als Mittel gegen Jetlag. Die Serotoninamide mit langkettigen Carbonsäuren (Carbonsäure-5-hydroxytryptamide = CHT) kommen im Oberflächenwachs der Kaffeebohne vor, z. B. Eicosansäure-5-hydroxytryptamid (o Abb. 29.16, unten links).

### Isatin

Das natürliche Fungizid **Isatin** kristallisiert in orangeroten Prismen mit einem Schmelzpunkt von 203 °C und lässt sich am besten aus Anilin, Chloralhydrat und Hydroxylamin in konzentriert salzsaurer Lösung gewinnen (o Abb. 29.17). Dabei entsteht zunächst Hydroxyiminoacetanilid, das mit konzentrierter Schwefelsäure über Isatin-3-imid (3-Imino-2-indolinon) zu Isatin reagiert. Durch Reduktion kann aus Isatin das Indol gewonnen werden (o Abb. 29.18).

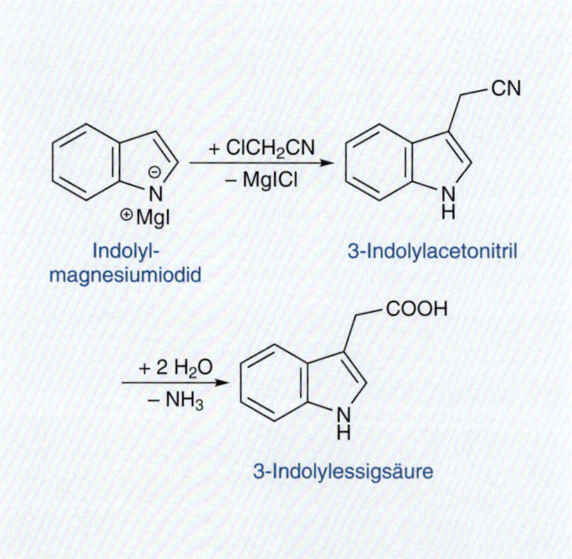


**o Abb. 29.19** Synthese des Bioregulators 3-Indolylessigsäure, ausgehend von Indolylmagnesiumiodid

### 3-Indolylessigsäure

**3-Indolylessigsäure** und einige mit ihr verwandte Indolderivate gehören zu den pflanzlichen Bioregulatoren (Wuchsstoffe, Phytohormone, Allelopathika), die als **Auxine** bezeichnet werden. Allelopathika sind pflanzliche Stoffwechselprodukte mit einer wachstumsbzw. entwicklungshemmenden Wirkung gegenüber anderen Pflanzen. 3-Indolylessigsäure wird in der Pflanze aus Tryptophan über 3-Indolylacetamid als Zwischenstufe gebildet. Sie kann aus aus reifenden Maiskörnern (*Haagen-Smit* 1946), aber auch aus Harn und Hefe (*Kögl* 1934) isoliert werden. Synthetisch lässt sich 3-Indolylessigsäure durch Umsetzung von Indolylmagnesiumiodid mit Chloracetonitril und anschließende Hydrolyse darstellen (o Abb. 29.19).

## 29.2 Indolizinverbindungen

### 29.2.1 Struktur und Eigenschaften

**Indolizin** (Pyrrocolin) bildet farblose Kristalle mit einem Schmelzpunkt von 75 °C. Der Stickstoff ist wie in Pyridin und in Pyrrol $sp^2$-hybridisiert, wobei sich das freie Elektronenpaar wie bei Pyrrol in einem

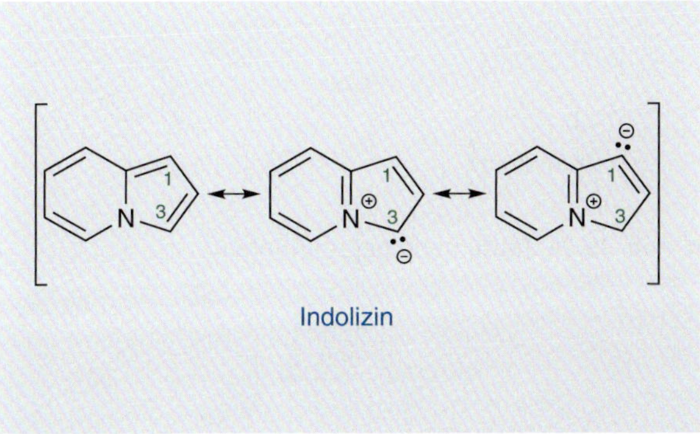


Abb. 29.20 Mesomere Grenzformeln von Indolizin

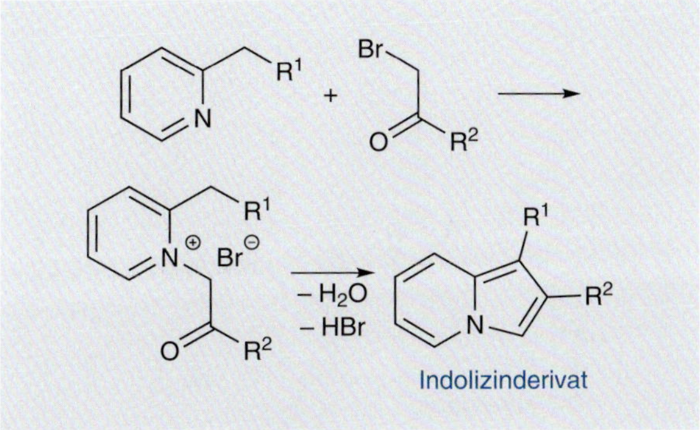


Abb. 29.21 *Tschitschibabin*-Synthese von Indolizinen

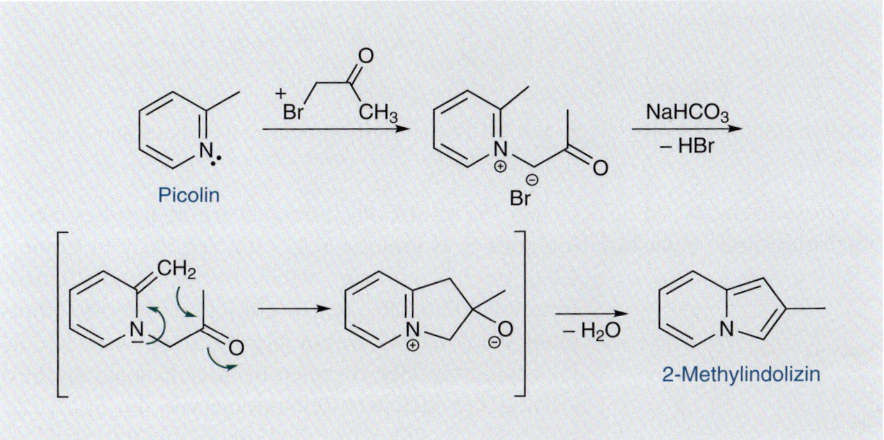


Abb. 29.22 Synthese von 2-Methylindolizin, ausgehend von α-Picolin. 2-Methylindolizin spielt bei der Herstellung von Polymethinfarbstoffen für photographische Emulsionen eine Rolle.

p-Orbital befindet und damit Teil des aromatischen Systems ist. Auch Indolizin zeigt daher lediglich schwach basische Eigenschaften ($pK_S$-Wert der protonierten Form: 3,94). Das stabilste Kation wird durch Protonierung von C3 gebildet Der aromatische Charakter und die damit verbundene Stabilität sind auf die Resonanzstabilisierung zurückzuführen, an der sich das freie Elektronenpaar am Stickstoff unter Ausbildung eines 10-π-Elektronensystems (4n + 2, n = 2) beteiligt (Abb. 29.20). Indolizin kann sowohl als Pyrrol- als auch als Pyridin-Derivat aufgefasst werden.

### 29.2.2 Gewinnung und Synthese

Die meisten Indolizin-Synthesen beginnen bei einem Pyridin-Derivat. So auch die ***Tschitschibabin*-Synthese**, die von einem C2-substituierten Pyridin ausgeht. Dieses wird durch eine α-Halogencarbonyl-Verbindung am N-Atom des Pyridin alkyliert, anschließend wird der Fünfring durch Basen-vermittelte Kondensation aufgebaut (Abb. 29.21).

So wird auch für die Synthese von 2-Methylindolizin zunächst 2-Methylpyridin (α-Picolin) mit Bromaceton zum quartären Ammoniumsalz umgesetzt, das in Gegenwart von Natriumhydrogencarbonat zu 2-Methylindolizin cyclisiert (Abb. 29.22).

### 29.2.3 Reaktionen und Anwendungen

Entsprechend der anhand der Resonanzformeln ersichtlichen Ladungsverteilung (Abb. 29.20) erfolgen elektrophile Substitutionen bevorzugt in der 3-Stellung am Pyrrolring des Indolizin-Gerüsts, gefolgt von der 1-Position. So entstehen bei Acetylierungen, *Vilsmeier*-Formylierungen und Azokupplungen mit Diazoniumsalzen stets die C3-substituierten Derivate. Indolizine werden nicht durch Nucleophile angegriffen, auch gibt es keine Beispiele für nucleophile Substitutionsreaktionen mit halogenierten Indolizinen.

### 29.2.4 Ausgewählte Verbindungen

Indolizin findet sich in hydrierter Form z. B. als Indolizidingerüst in einigen Alkaloiden, z. B. dem Gift tropischer Pfeilgiftfrösche der Gattung *Dendrobatidae* (Baumsteiger). Man kennt ca. 200 ***Dendrobatidae*-Indolizidine**, z. B. die Pumiliotoxine oder Gephyrotoxin (Abb. 29.23).

Ein pflanzliches Indolizidin-Alkaloid ist **Swainsonin**. Es findet sich in einigen in Nordamerika heimischen Pflanzenarten, die unter dem Begriff **Locoweed** (*loco* span. für wahnsinnig; *weed* engl. für Unkraut, Gras) zusammengefasst werden und deren Verzehr bei Weidetieren zu Vergiftungen führt, die als Locoismus bezeichnet werden. Swainsonin hemmt verschiedene

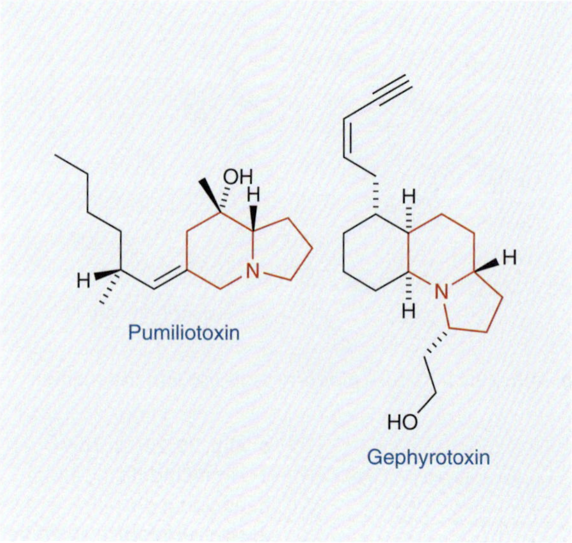


**Abb. 29.23** Zwei aus Pfeilgiftfröschen stammende Alkaloide mit hydriertem Indolizidingerüst

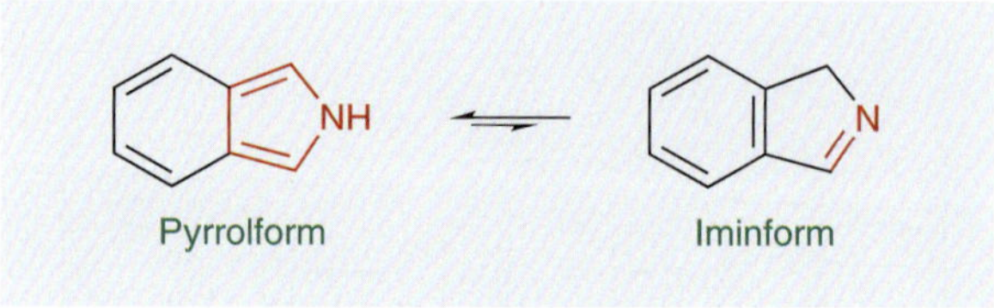


**Abb. 29.24** Tautomerie bei Isoindolen

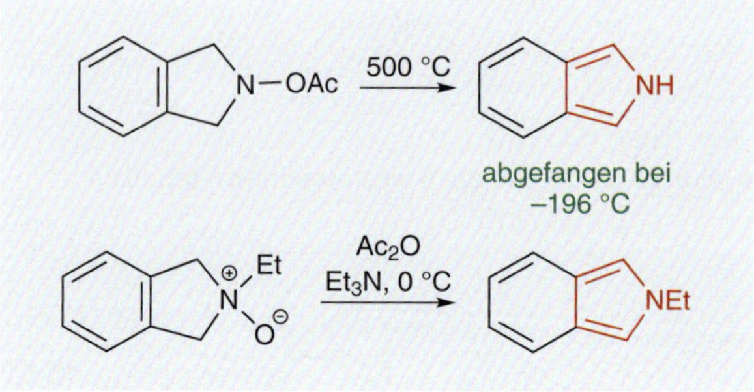


**Abb. 29.25** Synthese von Isoindolen durch Eliminierungsreaktionen

Mannosidasen, es besitzt auch cytostatische Wirkung durch Hemmung von Tumorwachstum und -metastasierung.

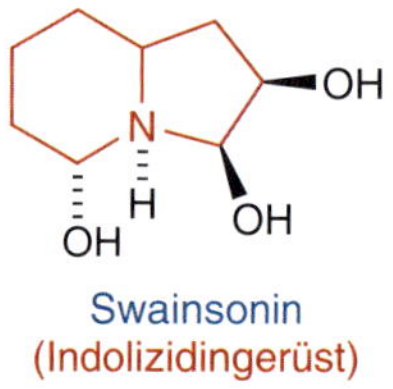


## 29.3 Isoindole und Isobenzofurane

### 29.3.1 Struktur und Eigenschaften

**Isoindol** (Benzo[*c*]pyrrol) gehört zusammen mit **Isobenzofuran** (Benzo[*c*]furan) und **Benzo[*c*]thiophen** zu den Benzo[*c*]anellierten Heterocyclen. Die Stammverbindungen selbst sind so instabil, dass sie nur bei niedrigen Temperaturen (z. B. Isoindol bei < –40 °C) isoliert werden können.

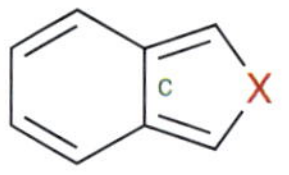


Der Grund für die geringe Stabilität der Verbindungen liegt in der geringeren Resonanzenergie im Vergleich zu den Benzo[*b*]analoga (z. B. **Resonanzenergie pro Elektron**, REPE), angegeben in Einheiten des aus einfachen *Hückel*-MO-Rechnungen ermittelten Resonanzintegrals $\beta$: Isoindol = 0,029 im Vergleich zu Indol = 0,047 oder Naphthalen 0,055; Isobenzofuran/Benzofuran: 0,002/0,036; Benzo[*c*]thiophen/Benzo[*b*]thiophen: 0,025/0,044). Damit folgen die [*b*]- wie auch die [*c*]-anellierten Heterocyclen in ihrer Resonanzstabilisierung der gleichen Reihenfolge wie die Fünfringe selbst: N > S > O; 0,039/0,032/0,007 für Pyrrol, Thiophen, Furan.

**Isoindol** (**o** Abb. 29.24) ist eine sehr elektronenreiche Verbindung, die sehr schnell oxidiert wird und polymerisiert. Elektronenziehende Substituenten erhöhen die Stabilität. Es liegt in Lösung im Gleichgewicht mit seinem 1*H*-Tautomer vor (Iminform, Isoindolenin), wobei jedoch das *ortho*-chinoide 2H-Tautomere (Pyrrol-Form) überwiegt. Beim 3-Phenyl-substituierten Isoindol überwiegt dagegen die Iminform.

### 29.3.2 Gewinnung und Synthese

Isoindol selbst kann ausgehend von N-substituierten Isoindolinen (1,3-Dihydroisoindolen) durch Eliminierungsreaktionen synthetisiert und bei niedrigen Temperaturen abgefangen werden (**o** Abb. 29.25).

Auch Retro-*Diels-Alder*-Reaktionen eignen sich zur Gewinnung von Isoindol oder auch Isobenzofuran in der Gasphase (siehe **o** Abb. 29.26).

Für die Synthese substituierter Isoindol-Derivate bieten sich Cyclisierungsreaktionen (**o** Abb. 29.27) an. In Analogie zur Synthese von Pyrrol aus einem 1,4-Diketon kann z. B. 1,3-Diphenyl-*N*-methylisoindol durch Kondensation von 1,2-Dibenzoylbenzen mit Methylamin synthetisiert werden. *N*-Methylisoindol wird durch Arin-Cyclisierung ausgehend von Chlorbenzenen dargestellt.

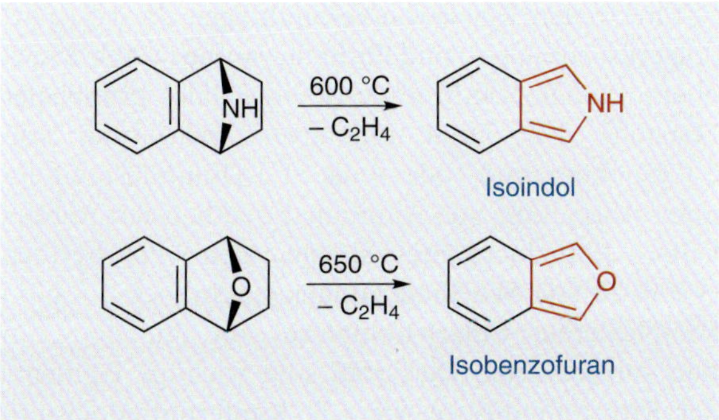


**Abb. 29.26** Synthese von Isoindol und Isobenzofuran in der Gasphase durch Retro-*Diels-Alder*-Reaktion

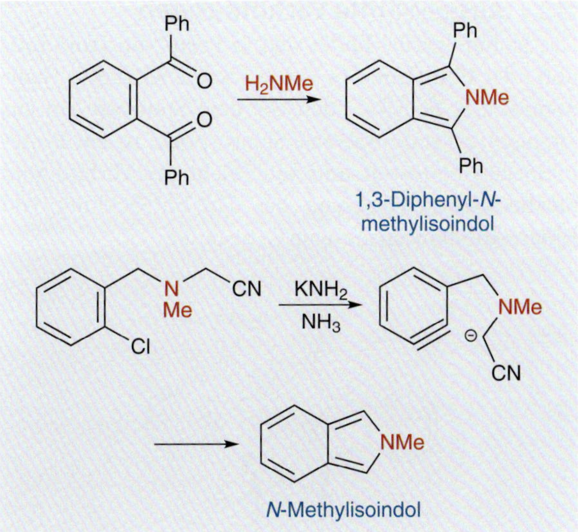


**Abb. 29.27** Synthese substituierter Isoindol-Derivate durch Cyclisierungsreaktionen

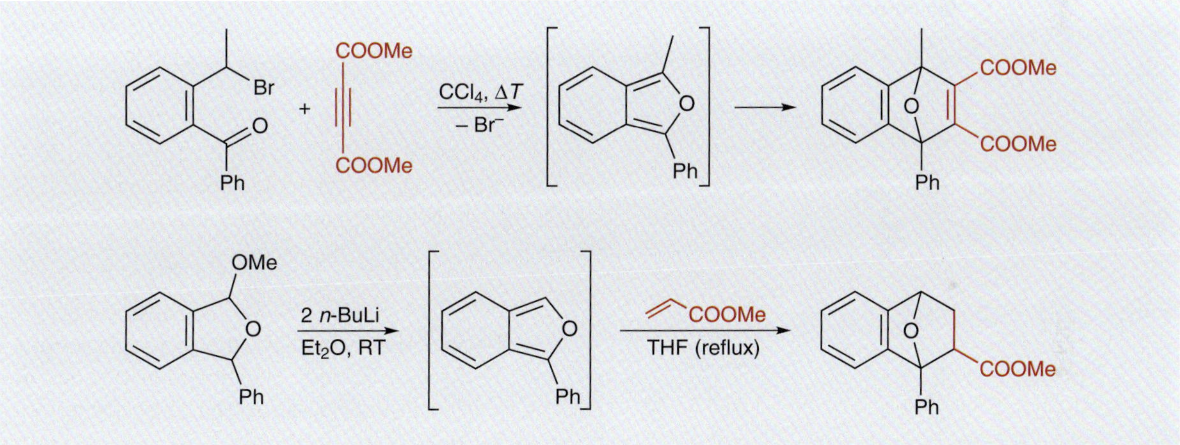


**Abb. 29.28** *Diels-Alder*-Cycloadditionen von Benzofuranen

### 29.3.3 Reaktionen und Anwendungen

Alle benzo[*c*]anellierten Heterocyclen reagieren leicht in ***Diels-Alder*-Reaktionen** mit Dienophilen, da dabei aus dem nur wenig aromatischen benzo[*c*]anelliertem Heterocyclus ein stabiler aromatischer Benzenring gebildet wird. Am leichtesten verläuft die *Diels-Alder*-Cycloaddition bei Isobenzofuranen, da diese am wenigsten aromatischen Charakter haben und am instabilsten sind (Abb. 29.28).

Ein isolierbares Isobenzofuran ist 1,3-Dibenzo[*c*]-furan. Die Verbindung selbst ist farbig, *Diels-Alder*-Addukte dagegen sind farblos; daher ist die Verbindung ein interessantes Dien, das aufgrund seiner Reaktivität und mit der Reaktion einhergehenden Farbveränderung zum Abfangen und zum Nachweis instabiler Dienophile verwendet werden kann. Ebenso addiert Singulett-Sauerstoff an die 1- und 3-Positionen der Verbindung unter Bildung instabiler Peroxide, die in Lösung zu 1,3-Dibenzoylbenzen reagieren (Abb. 29.29).

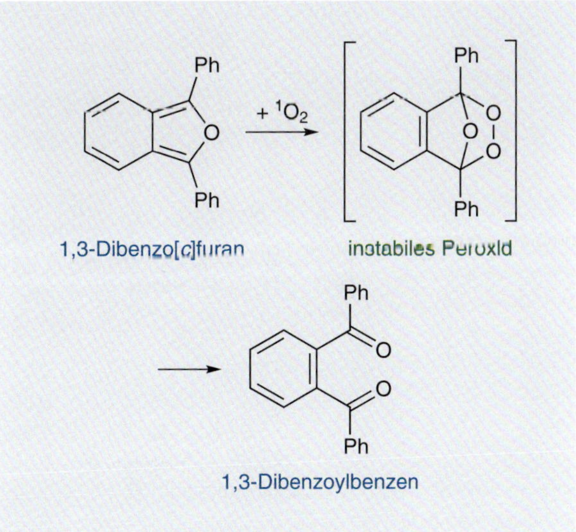


**Abb. 29.29** 1,3-Dibenzo[*c*]furan reagiert mit Sauerstoff unter Bildung instabiler Peroxide.

### 29.3.4 Ausgewählte Verbindungen

Das Isoindolgerüst findet sich in Form von **Isoindolinon** oder **Phthalimid** (▸Kap. 8.1 sowie ▸Exkurs: Thalidomid) z. B. in Alkaloiden wie dem **Staurosporin** aus *Streptomyces staurosporeus*. Staurosporin ist ein Proteinkinase-Hemmstoff und war wichtiges Vorbild und biochemisches Werkzeug bei der Entwicklung von Kinase-Inhibitoren als neue Cytostatika.

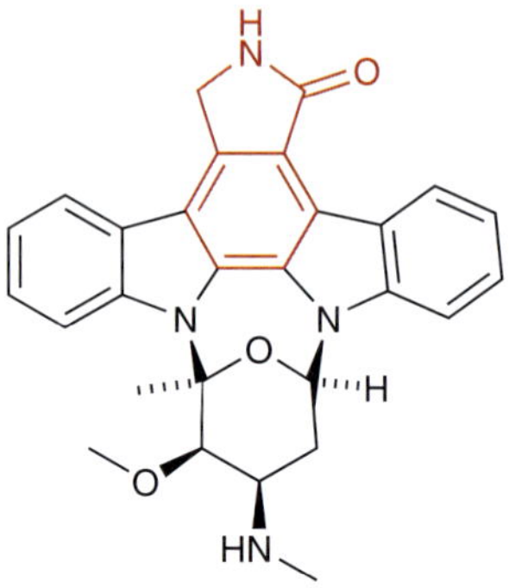


Staurosporin

Eine weitere Klasse von Verbindungen, die das Isoindolgerüst enthalten, sind **Phthalocyanine** (○Abb. 29.30, oben). Phthalocyanin selbst ist ein stabiler, grünblauer Feststoff, der durch reduktive Cyclisierung von 2-Cyanobenzamid oder aus 1,3-Diiminoisoindolin unter Abspaltung von Ammoniak synthetisiert werden kann. Phthalocyanine ähneln den Porphyrinen (▸Kap. 28.1.4). Wie diese können sie ein Metall-Kation komplexieren. Cu(II)-Komplexe von Phthalocyanin und substituierten Derivaten sind wichtige Pigmente der Farbstoffindustrie wie z. B. **Kupferphthalocyanin** (Monastralblau, CuPc, Heliogenblau B) oder Phthalocyaningrün (Pigmentgrün 7) (○Abb. 29.30, unten)). Sie finden auch Anwendung in organischen Solarzellen.

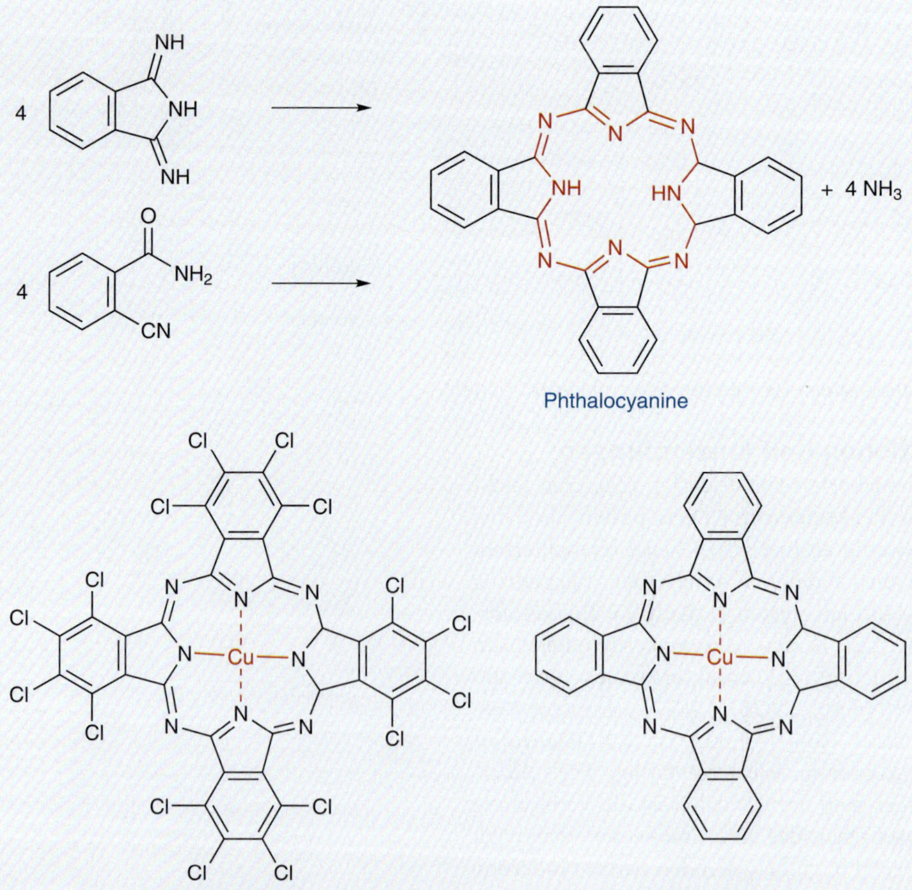


○ **Abb. 29.30** Synthese von Phthalocyanin durch reduktive Cyclisierung von 2-Cyanobenzamid oder aus 1,3-Diiminoisoindolin (oben); wichtige Pigmente der Farbstoffindustrie: Pigmentgrün, Monastralblau (unten)

## Exkurs: Thalidomid – wenn das Chiralitätszentrum entscheidend ist

Isoindol in Form von Isoindolinon oder Phthalimid ist auch Baustein einiger Arzneistoffe. Traurige Berühmtheit hat dabei das **Thalidomid** (α-Phthalimidoglutarimid) erlangt, das als Contergan® Ende der 1950er und Anfang der 1960er Jahren als Schlafmittel im Handel war und aufgrund seiner Teratogenität bei Tausenden von Neugeborenen zu schweren Schädigungen führte. Häufig wird am Beispiel von Thalidomid auf die Bedeutung der Stereochemie bei Arzneistoffen hingewiesen, obwohl dies ein eher ungeeignetes Beispiel ist. Thalidomid enthält ein Chiralitätszentrum und kommt somit in Form zweier Enantiomere vor, von denen das (*R*)-Enantiomer angeblich die gewünschte sedierende Wirkung hat, während das (*S*)-Enantiomer teratogen wirken soll. Am Chiralitätszentrum ist allerdings ein acides Proton gebunden (α-Position zur benachbarten Carbonylgruppe), sodass die Substanz nicht konfigurationstabil ist, sondern *in vivo* sehr schnell racemisiert (Abb. 29.31). Daher kann die Teratogenität nicht, wie häufig fälschlicherweise in der Literatur beschrieben, eindeutig dem einen oder anderen Thalidomid-Enantiomer zugeschrieben werden. Allerdings sind die durch Hydrolyse des Glutarimid-Bausteins entstehenden Metabolite konfigurati-

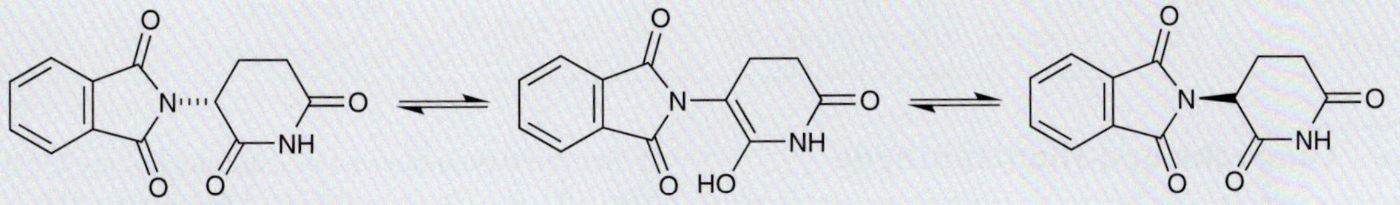


**Abb. 29.31** Thalidomid: Racemisierung durch Keto-Enol-Tautomerie

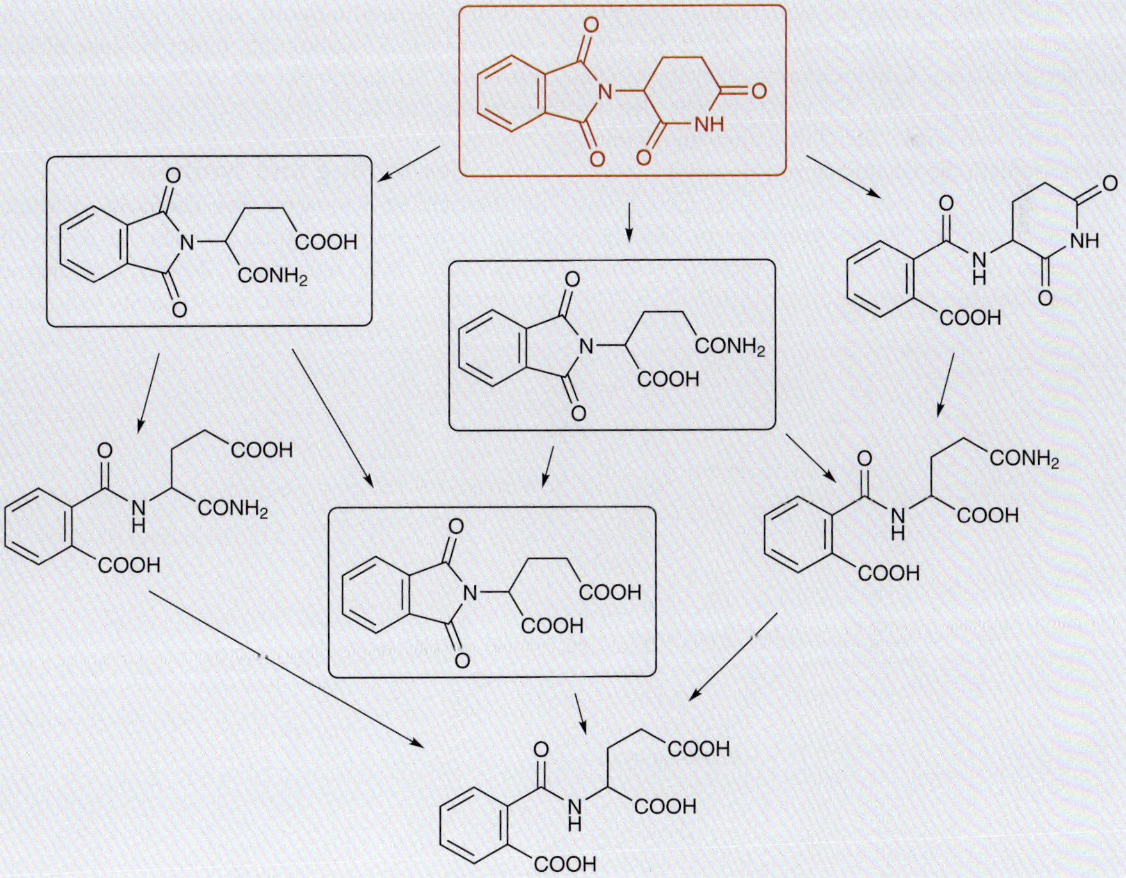

**Abb. 29.32** Verschiedene Hydrolysewege von Thalidomid. Die umrandeten Metabolite mit bestehendem Phthalimid-Baustein zeigen noch eine biologische Wirkung. Erst wenn die Phthalimid-Struktur geöffnet wird, sind die Substanzen nicht mehr teratogen.

onsstabil. Von diesen besitzen wahrscheinlich die (*S*)-Enantiomere das höhere teratogene Potenzial. Geht man davon aus, dass die Racemisierung stoppt, sobald Thalidomid hydrolysiert ist (Abb. 29.32), ist nach Gabe von (*S*)-Thalidomid die Konzentration der teratogeneren (*S*)-konfigurierten Metabolite höher als nach Gabe von (*R*)-Thalidomid, sodass spekuliert werden kann, dass (*S*)-Thalidomid, wenn es denn konfigurationsstabil wäre, auch das Enantiomer mit dem höheren teratogenen Potenzial ist. Da das (*S*)-Enantiomer schneller ausgeschieden wird als das (*R*)-Enantiomer, überwiegt *in vivo* das (*R*)-Isomer im Gleichgewicht. Aufgrund der Racemisierung wäre allerdings die Gabe von reinem (*R*)-Enantiomer, das evtl. für die sedierende Wirkung verantwortlich ist, bedeutungslos. Thalidomid wird heute zur Behandlung des Multiplen Myeloms eingesetzt. Ein strenges Schwangerschaftsverhütungsprogramm muss während der Anwendung bei gebärfähigen Frauen eingehalten werden. Gleiches gilt für das Isoindolinon-Derivat Lenalidomid, das ebenfalls bei Multiplem Myelom eingesetzt wird (pharmazeutisch verwendet wird ein 1:1-Racemat aus der (*S*)-(−)- und der (*R*)-(+)-Form). Thalidomid findet außerdem Anwendung bei schweren Verlaufsformen der Lepra.

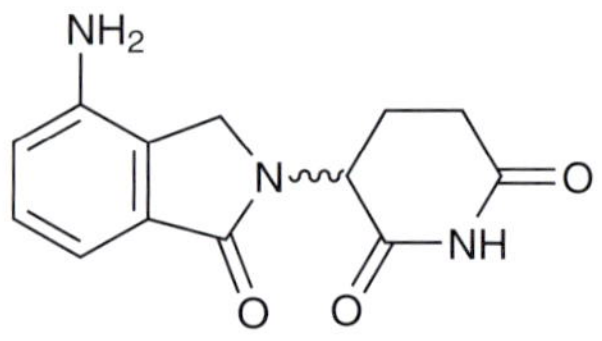


(*R*,*S*)-Lenalidomid

## 29.4 Cumarone und Thionaphthene

### 29.4.1 Struktur und Eigenschaften

**Cumaron** (Benzo[*b*]furan; Abb. 29.33, unten) kommt wie Indol im Steinkohlenteer vor. Cumaron liegt bei Raumtemperatur als farbloses Öl mit einem Siedepunkt von 175–177 °C vor. Es neigt, besonders unter dem Einfluss von Säuren, zur Polymerisation, wobei die technisch verwendbaren **Cumaronharze** entstehen. Der Cumaronring ist in vielen Naturstoffen, z. B. den im Pflanzenreich weit verbreiteten **Furocumarinen** enthalten. Der aromatische Charakter von Benzo[*b*]furanen ist im Vergleich zu den Indolverbindungen etwas schwächer ausgeprägt (Resonanzenergie pro Elektron (in Einheiten des *Hückel*-Resonanzintegrals $\beta$) bei Indol 0,047; bei Cumaron 0,036; bei Benzo[*b*]thiophen 0,44; vgl. Benzen 0,065); dies ist u. a. auf die höhere Elektronegativität von Sauerstoff (EN 3,44) im Vergleich zu Stickstoff (EN 3,04) oder Schwefel (EN 2,58) zurückzuführen, die dazu führt, dass das freie Elektronenpaar dem aromatischen System weniger zur Verfügung steht (▸Kap. 29.3.1). **Thionaphthen** (Thianaphthen, Benzo[*b*]thiophen, Benzothiofuran), das ebenfalls in geringen Mengen in Erdöl vorkommt, bildet farblose Blättchen mit einem Schmelzpunkt von 32 °C und einem Siedepunkt von 221 °C.

### 29.4.2 Gewinnung und Synthese

Synthetisch ist **Cumaron** aus **Cumarin** (Chromen-2-on) unter Ringverengung auf dem in Abb. 29.33 dargestellten Weg zugänglich (*Perkin*). Cumarin wird bromiert und anschließend unter Baseneinwirkung zu

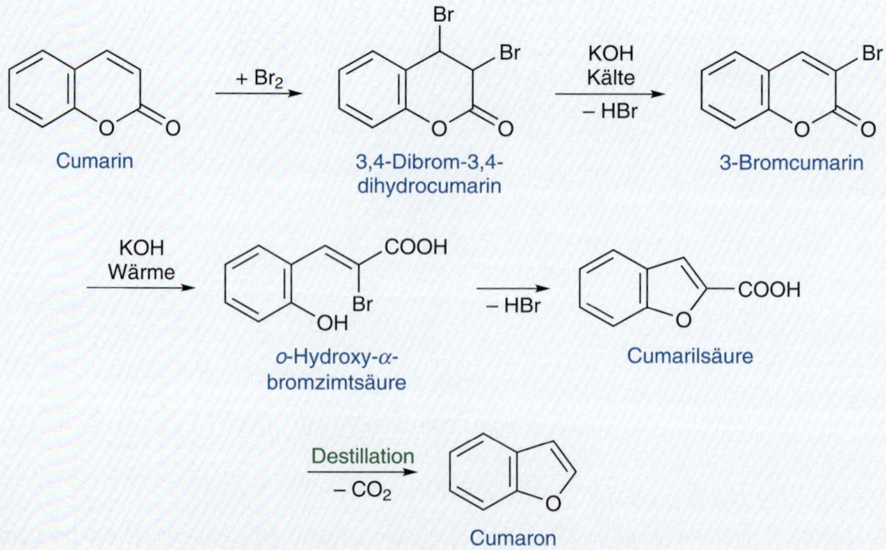


Abb. 29.33 Synthese von Cumaron, ausgehend von Cumarin

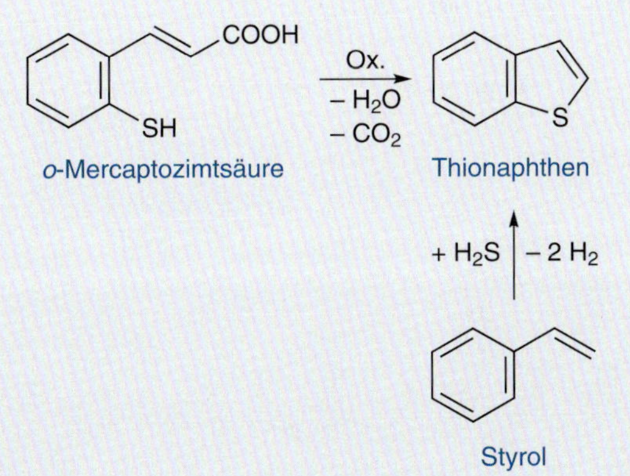


**o Abb. 29.34** Unterschiedliche Syntheserouten für Thionaphthen

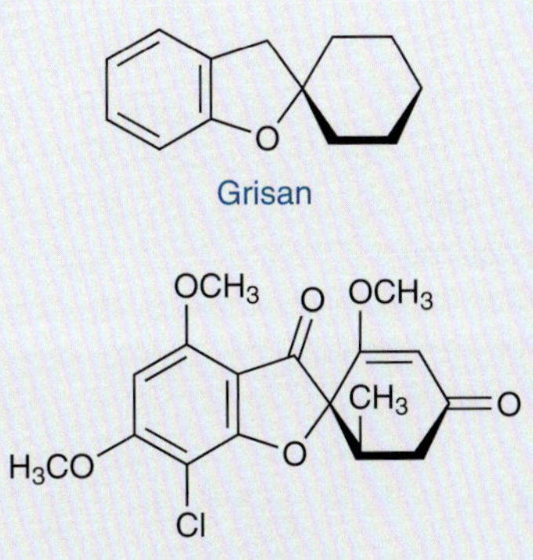


**o Abb. 29.35** Grisan (oben) und das davon ableitbare Griseofulvin, einem Spiroderivat von 2,3-Dihydrocumaron (unten)

3-Bromcuramin umgesetzt. Die alkalische Verseifung des Lactons in der Wärme ergibt *o*-Hydroxy-$\alpha$-bromzimtsäure, die intramolekular zu Cumarilsäure cyclisiert. Durch Decarboxylierung von Cumarilsäure erhält man Cumaron.

**Thionaphthen** kann auf mehrere Arten synthetisiert werden. Man erhält es durch Oxidation von *o*-Mercaptozimtsäure mit Kaliumhexacyanoferrat(III) oder aus Styrol und Schwefelwasserstoff bei einer Temperatur von 600 °C am Eisensulfid-Aluminiumoxid-Kontakt (o Abb. 29.34).

### 29.4.3 Reaktionen und Anwendungen

Die elektrophile Substitution von Cumaron ist weniger selektiv als die von Indol. So führt die Nitrierung je nach Bedingungen sowohl zu 2- als auch zu 3-Nitrobenzofuran. Die Formylierung nach *Vilsmeier* führt zum 2-Formyl-Derivat.

Elektrophile Substitutionen an Thionaphthen erfolgen in Analogie zu Indol bevorzugt in 3-Stellung. Mit Salpetersäure lässt es sich bei Raumtemperatur zum Sulfon oxidieren. In seinem weiteren chemischen Verhalten ähnelt Thionaphthen dem Naphthalen (▸ Kap. 24.3). Größere Bedeutung kommt dem Thionaphthen als Stammverbindung der **Thioindigofarbstoffe** zu (▸ Kap. 29.4.4).

### 29.4.4 Ausgewählte Verbindungen

#### Psoralen und Bergapten

Psoralen und Bergapten, zwei Abkömmlinge der **Furocumarine** (Cumarin kondensiert an einen Furanring), weisen eine Cumarin-Cumaron-Struktur auf und zeigen aufgrund ihrer $\alpha,\beta$-ungesättigten Carbonylstruktur eine hohe Reaktivität gegenüber Nucleophilen. Beide Naturstoffe kommen in zahlreichen Doldenblütlern vor, z. B. im Bärenklau. Sie werden von den Pflanzen zum Schutz vor Schädlingsbefall gebildet. Auch in verschiedenen Zitrusfrüchten, wie Orangen und Limetten, sind Furocumarine enthalten, v. a. in den Schalen; als aromatische Moleküle werden sie im Zuge der Zitrusölherstellung angereichert. Aufgrund ihrer phototoxischen und cancerogenen Wirkung werden Furocumarine jedoch heutzutage aus den Zitrusölen entfernt. **Psoralen** findet Verwendung in der **photodynamischen Therapie** (PDT), einer Behandlungsmethode für Hauterkrankungen mit erhöhter Zellproliferationsrate (Psoriasis u. a.). Die Aktivierung von Psoralen durch UVA/Licht (PUVA/Therapie = Psoralen + UVA-Licht) sowie die damit einhergehende Erzeugung reaktiver Sauerstoffspezies (ROS) und weiterer reaktiver Radikale wird genutzt, um durch eine gezielte DNA-Schädigung einen Zellcyclusarrest und den programmierten Zelltod (Apoptose) zu erreichen.

Das im Bergamotteöl enthaltene **Bergapten** fördert die Bräunung der Haut bei Sonneneinstrahlung und war aus diesem Grund früher ein Bestandteil vieler Kosmetika, wird wegen seines carcinogenen Potenzials heute jedoch nicht mehr verwendet.

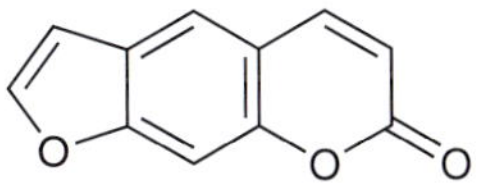


Psoralen

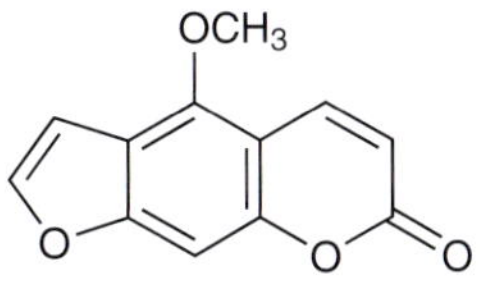


Bergapten

29

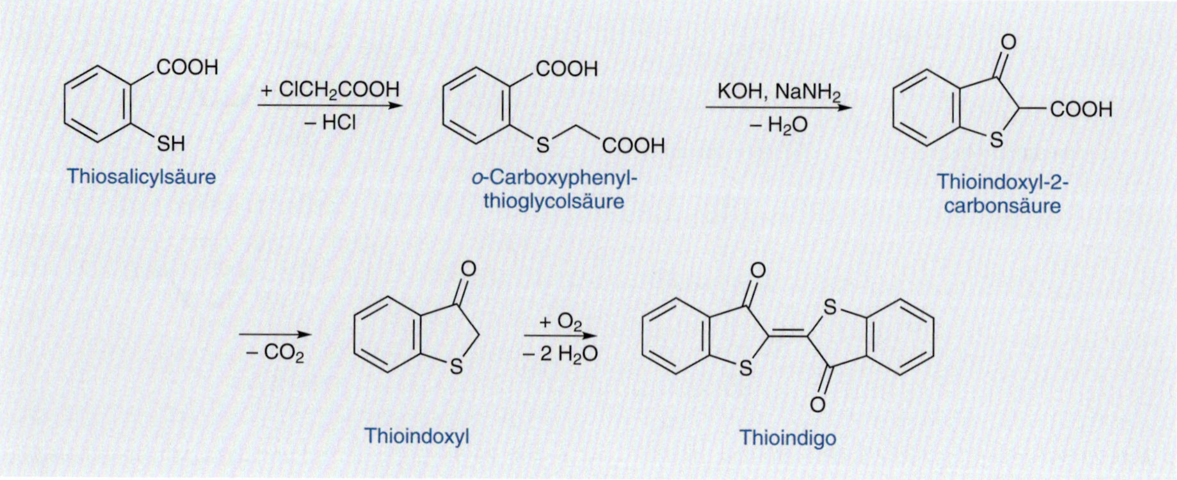


**Abb. 29.36** Synthese von rotem Thioindigo, ausgehend von Thiosalicylsäure, über Thioindoxyl als lösliche, aber farblose Zwischenstufe

### Amiodaron

Das iodhaltige Cumaronderivat **Amiodaron** (2-Butylbenzo[b]furanyl)-[4-(2-diethylaminoethoxy)-3,4-diiodphenyl]-keton) ist ein Arzneistoff gegen Herzrhythmusstörungen.

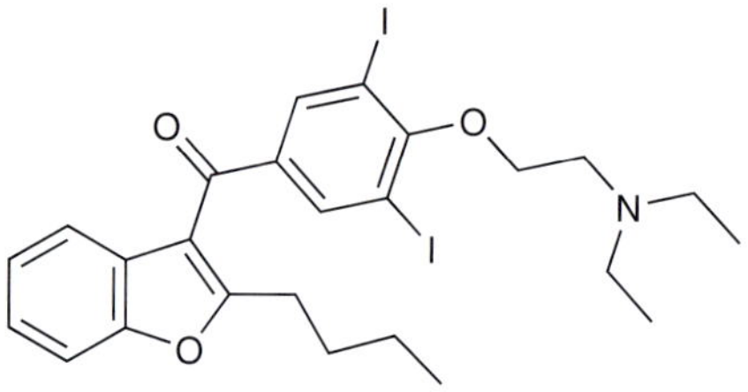


Amiodaron

### Griseofulvin

**Griseofulvin**, $C_{17}H_{17}ClO_6$ (Abb. 29.35, unten), ist ein Spiroderivat von 2,3-Dihydrocumaron. Die farblose Verbindung mit einem Schmelzpunkt von 222 °C ist optisch aktiv ($[\alpha]_D$ = +340°). Griseofulvin kann aus dem Mycel von *Penicillium griseofulvum* isoliert werden, kommt jedoch als Stoffwechselprodukt auch in vielen anderen *Penicillium*-Arten vor. Als systemisch wirkendes **Antimykotikum** hat Griseofulvin bei der Behandlung von Pilzerkrankungen in der Human- und Veterinärmedizin Bedeutung erlangt. Strukturell leitet es sich von **Grisan** (Abb. 29.35, oben) ab.

### Thioindigo

**Thioindigo** war der erste rein rote Küpenfarbstoff. Mit ihm lassen sich noch lichtechtere und gegen oxidierende Einflüsse widerstandsfähigere Färbungen erzielen als mit blauem Indigo. Thioindigo wurde erstmalig aus Thiosalicylsäure hergestellt (*Friedländer* 1905). Das Verfahren verläuft analog der 2. *Heumann*schen Indigosynthese (▸Kap. 29.1.4; Abb. 29.36).

### Raloxifen

**Raloxifen** ist ein Arzneistoff, der seine Wirkung selektiv über Estrogen-Rezeptoren vermittelt (SERM, selektiver Estrogen-Rezeptor-Modulator). Zu dieser Gruppe gehören auch Stilbene wie Tamoxifen (▸Kap. 27.1.3, Antihormone und Hemmstoffe der Steroidbiosynthese). Raloxifen wird zur Behandlung und Prophylaxe der Osteoporose bei postmenopausalen Frauen eingesetzt.

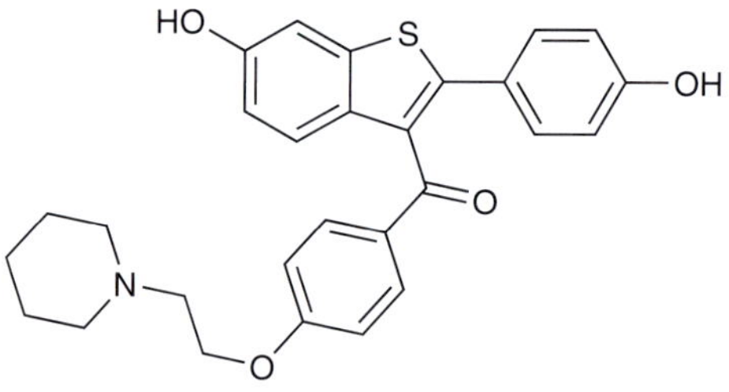


Raloxifen

## 29.5 Kondensierte tricyclische Systeme

### 29.5.1 Struktur und Eigenschaften

Die Ringstruktur von Pyrrol, Furan und Thiophen findet sich als Baustein auch in tricyclischen Systemen wieder, in denen der Heterocyclus mit je zwei Benzenringe *ortho*-kondensiert ist, In diesen aromatischen Verbindungen, dem **Carbazol**, **Dibenzofuran** und **Dibenzothiophen** ist der heterocyclische Fünfring somit vollständig substituiert (Abb. 29.37). Dibenzofuran bildet farblose, blau fluoreszierende Nadeln mit einem Schmelzpunkt von 80 °C und einem Siedepunkt von 288 °C. Carbazol schmilzt bei 240 °C und siedet bei 350 °C, Dibenzothiophen bei 97–100 °C bzw. 332 °C. Alle drei Heterocyclen finden sich im Steinkohlenteer.

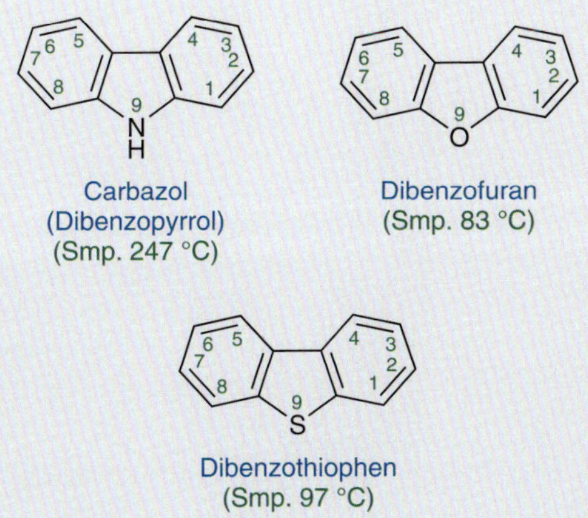


**o Abb. 29.37** Kondensierte tricyclische Systeme: Carbazol, Dibenzofuran und Dibenzothiophen

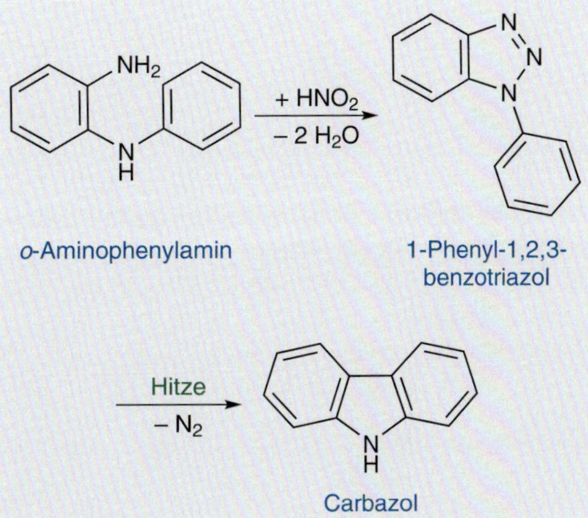


**o Abb. 29.38** Synthese von Carbazol durch intramolekulare Kupplung

### 29.5.2 Gewinnung und Synthese

**Carbazol** (Dibenzopyrrol) lässt sich vom Rohanthracen des Steinkohlenteers, in dem es als Bestandteil vorliegt, über das Kaliumsalz abtrennen. Synthetisch werden Carbazole meist durch die ***Graebe-Ullmann*-Synthese** dargestellt. Carbazol selbst gewinnt man auf diese Weise aus 1-Phenyl-1,2,3-benzotriazol, das beim Erhitzen Stickstoff abspaltet und fast quantitativ in Carbazol übergeht (o Abb. 29.38). 1-Phenyl-1,2,3-benzotriazol ist durch Diazotierung von o-Aminodiphenylamin und anschließende intramolekulare Kupplung zugänglich.

### 29.5.3 Reaktionen und Anwendungen

Die elektrophile Substitution erfolgt an den Benzenringen der kondensierten Ringsysteme gewöhnlich in *p*-Stellung zum Heteroatom. Man erhält also entweder 3-Mono- oder 3,6-Disubstitutionsprodukte.

Technisch dient Carbazol zur Herstellung von blauen Schwefelfarbstoffen, z. B. von **Hydronblau**. Sein *N*-Ethylderivat wird als „flüssiger Wasserstoffträger" als Alternativ-Kraftstoff diskutiert. Hierbei soll mit Wasserstoff angereichertes, flüssiges Carbazol in das Kraftfahrzeug eingeleitet und dort unter bestimmten Bedingungen das gespeicherte Gas freigesetzt werden. Das verbrauchte Carbazol könnte an der Tanksäule durch neues, angereichertes Carbazol ersetzt werden.

### 29.5.4 Ausgewählte Verbindungen

#### *N*-Vinylcarbazol

*N*-Vinylcarbazol (o Abb. 29.39, oben) ist ein reaktives Enamin, das aus Carbazol und Ethin unter katalytischer Wirkung von Kaliumhydroxid und Zinkoxid synthetisiert und zur Fabrikation von thermoplastischem **Polyvinylcarbazol** (o Abb. 29.39, unten) genutzt wird; die konstitutionelle Repetiereinheit (KRE, ▸ Kap. 5.1.3) ist in diesem Fall 1-(9-Carbazolyl)ethylen.

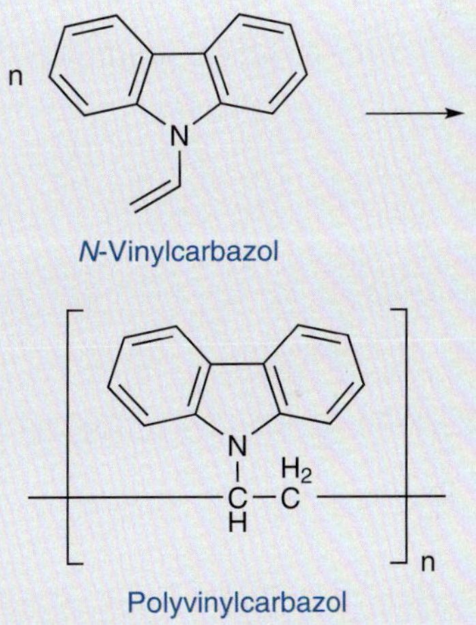


**o Abb. 29.39** *N*-Vinylcarbazol und sein Polymerisationsprodukt, Polyvinylcarbazol

**Polychlorierte Dibenzofurane (PCDF)** gehören wie polychlorierte Dibenzodioxine (PCDD) und polychlorierte Biphenyle (PCB) zu den POPs (*persistent organic pollutants*), die nach der *Stockholm*er Konvention in ihrer Herstellung verboten bzw. stark eingeschränkt wurden. Wie die PCDDs entstehen polychlorierte Dibenzofurane als Nebenprodukte bei der Herstellung oder Verbrennung von chlororganischen Verbindungen wie z. B. PVC (▸ Kap. 34.4.1).

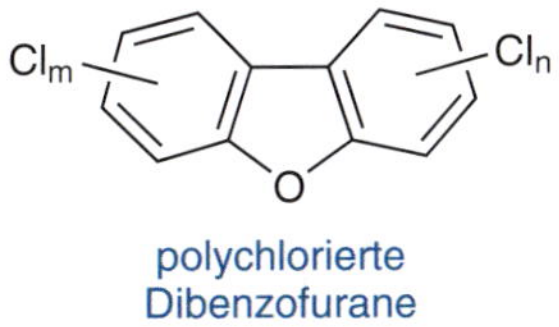

# 30 Fünfringe mit zwei Heteroatomen

Pyrazolgruppe ... 793 | Imidazolgruppe ... 802 | Oxazol, Isoxazol ... 810 | Thiazol, Isothiazol ... 815

Ausgehend von Pyrrol leiten sich die beiden Fünfring-Heteroaromaten **Pyrazol** und **Imidazol** durch Ersatz einer Methineinheit (=CH—) in 2- bzw. 3-Stellung zur NH-Gruppe durch ein Stickstoffatom ab. Wird die NH-Funktion des Imidazols bzw. Pyrazols durch Sauerstoff oder Schwefel ersetzt, erhält man **Oxazole** bzw. **Thiazole** (1,3-Stellung der Heteroatome) oder **Isoxazole** bzw. **Isothiazole** (1,2-Stellung). Bei anderer Betrachtungsweise lassen sich diese Heteroaromaten von Furan bzw. Thiophen ableiten, indem man eine $\beta$- oder $\alpha$-ständige Methingruppe durch ein Stickstoffatom ersetzt. Sämtliche Ringsysteme dieser Art sind **$\pi$-elektronenreiche Heteroaromaten** und zeigen die entsprechenden chemischen Reaktionen.

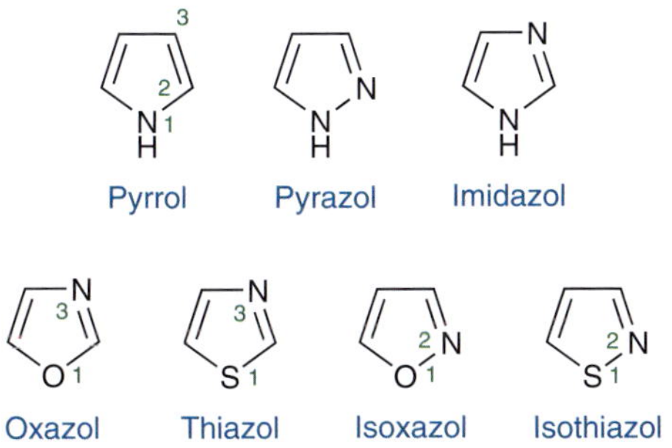


## 30.1 Pyrazolgruppe

### 30.1.1 Struktur und Eigenschaften

**Pyrazol**, eine farblose Flüssigkeit von pyridinartigem Geruch, ist gegen Oxidationsmittel sowie starke Säuren beständig und zeigt keine Neigung zur Polymerisation. Wegen der Verteilung von sechs $\pi$-Elektronen auf fünf Ringatome gehört es wie Pyrrol (▸Kap. 28.1) zu den elektronenreichen Heteroaromaten, jedoch ist die $\pi$-Elektronendichte durch das zweite, elektronenziehende N-Atom im Ring etwas geringer als beim Pyrrol (○ Abb. 30.1). Pyrazol besitzt aufgrund der Möglichkeit zur Ausbildung intermolekularer Wasserstoffbrückenbindungen einen vergleichsweise hohen Schmelz- bzw. Siedepunkt (Smp. 70 °C, Sdp. 188 °C). Durch Alkylierung wird die Fähigkeit zur Bildung von Wasserstoffbrückenbindungen unterbunden.

Pyrazol ist sowohl eine schwache Säure als auch eine schwache Base. Es bildet – wie auch Pyrrol – mit elementarem Kalium nach Deprotonierung ($pK_S \approx 14$) ein aromatisches, mesomeriestabilisiertes Anion. Formal ist in dem als 2-Azapyrrol aufzufassenden Pyrazol die Methin-Einheit (=CH—) in Position 2 durch einen Iminstickstoff (=N—) ersetzt. Durch dieses zweite, elektronenziehende Stickstoffatom ist Pyrazol saurer als Pyrrol, wie der Vergleich der $pK_S$-Werte verdeutlicht (○ Abb. 30.2). Für das Pyrazolyl-Anion lassen sich zwei energetisch günstige Resonanzstrukturen formulieren,

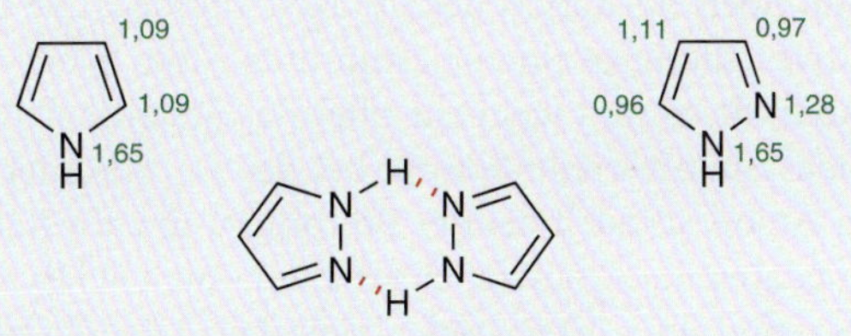


○ **Abb. 30.1** $\pi$-Elektronendichteverteilung bei Pyrrol und Pyrazol; dimeres Pyrazol

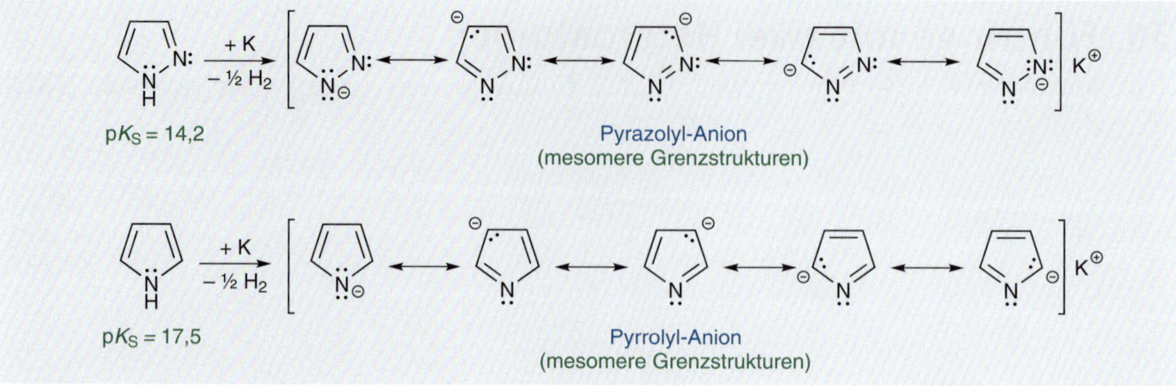


**Abb. 30.2** Mesomere Grenzstrukturen der Anionen von Pyrazol und Pyrrol

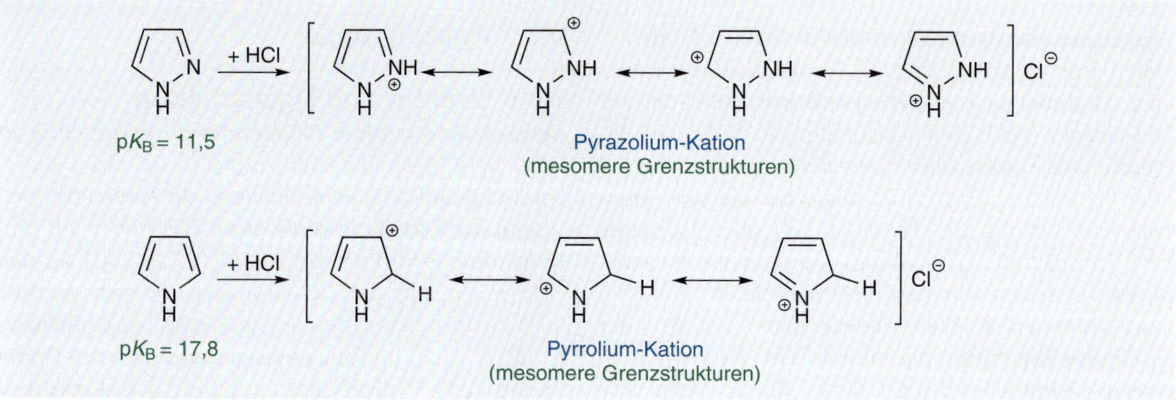


**Abb. 30.3** Mesomere Grenzstrukturen des Pyrazolium- und des Pyrrolium-Kations

bei denen die negative Ladung an einem N-Atom lokalisiert ist, für Pyrrol hingegen nur eine.

Pyrazol besitzt mit einem pKB-Wert von 11,5 auch schwach basische Eigenschaften und bildet z. B. mit Chlorwasserstoff nach Protonierung am Imin-Stickstoff ein mesomeriestabilisiertes, aromatisches Kation. Pyrazol ist damit eine deutlich stärkere Base als Pyrrol ($pK_B$ =17,8). Während Letzteres durch Protonierung an C2 unter Aromatizitätsverlust und Oligomerisierung zu Pyrrolrot reagiert (▸Kap. 28.1.1), steht im Pyrazol mit dem pyridinartigen Stickstoff ein weiteres N-Atom für die Protonierung zur Verfügung. Insgesamt resultiert wiederum eine größere Anzahl energetisch günstiger, mesomerer Grenzstrukturen (Abb. 30.3).

Infolge der Elektronendelokalisierung ist weder im Anion noch im Kation des Pyrazols die negative bzw. positive Ladung an einem bestimmten Atom lokalisiert, sondern diese sind vielmehr über das gesamte π-Elektronensystem verteilt. Sowohl bei der Deprotonierung zum Anion als auch bei der Protonierung zum Kation bleibt daher die Aromatizität erhalten. Auch bei Pyrazol selbst sind in saurer und alkalischer Lösung beide N-Atome äquivalent, da es zu einem schnellen Austausch des Protons von einem N-Atom zum anderen kommt. Dies hat zur Folge, dass keine stellungsisomeren 3- und 5-Derivate des Pyrazols existieren, da sich diese Isomere durch ein schnelles **Tautomerengleichgewicht** in Lösung ineinander umwandeln.

### 30.1.2 Gewinnung und Synthese

**Pyrazolderivate** sind aus 1,3-Diketoverbindungen und Hydrazin zugänglich (Abb. 30.4). So entsteht z. B. aus Acetylaceton und Hydrazin ohne zusätzliche Katalysatoren durch Refluxieren in Ethanol zunächst das Monohydrazon und daraus das 3,5-Dimethylpyrazol.

Aus Dichlormethyleniminiumsalzen und Hydrazonen erhält man substituierte 5-**Aminopyrazole** (Abb. 30.5, oben). Eine andere Möglichkeit zur Darstellung von Pyrazolen ist die Umsetzung von Acetylendicarbonsäureester mit Diazoessigester, bei der Pyrazol-3,4,5-tricarbonsäureester entsteht (Abb. 30.5, unten). Es handelt sich hierbei um eine **1,3-dipolare Cycloaddition** (▸Exkurs: 1,3-Dipolare Cycloadditionen oder (3+2)-Cycloadditionen).

### 30.1.3 Reaktionen und Anwendungen

Pyrazol kann als elektronenreicher Heteroaromat unter milden Bedingungen bevorzugt an Position 4 (dort ist die Ladungsdichte am höchsten, Abb. 30.1) beispielsweise chloriert, bromiert oder nitriert werden

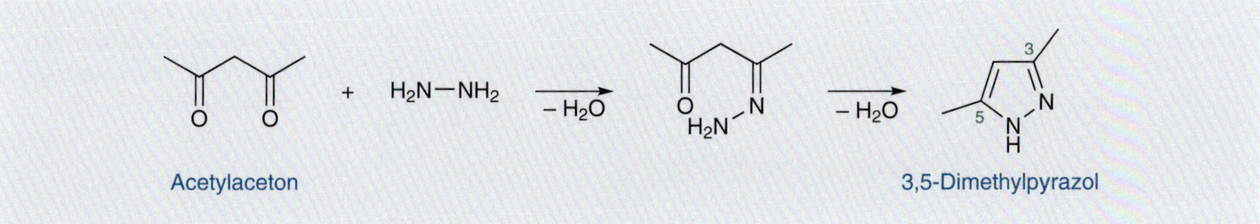


**Abb. 30.4** Darstellung von 3,5-Dimethylpyrazol durch cyclisierende Kondensation

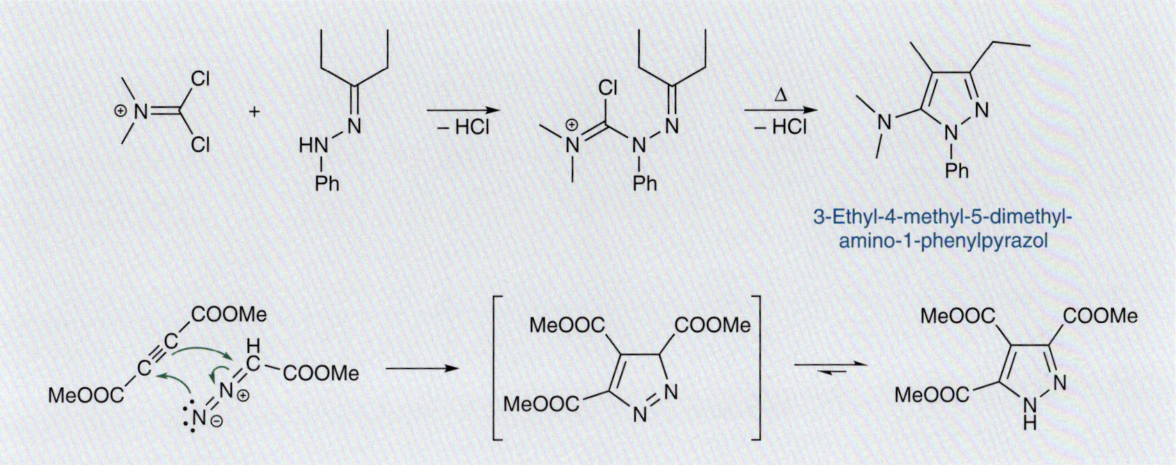


**Abb. 30.5** Darstellung von Pyrazolderivaten durch thermische Dehydrohalogenierung (oben) sowie durch 1,3-dipolare Cycloaddition (unten)

## Exkurs: 1,3-Dipolare Cycloadditionen oder (3+2)-Cycloadditionen

Bei 1,3-dipolaren Cycloadditionen (▸Kap. 8.2.3) addiert sich ein **1,3-Dipol** an die Mehrfachbindung eines **Dipolarophils**. Je nach verwendeten Dipolen bzw. Dipolarophilen eignet sich diese Reaktion sehr gut zur Darstellung von 5-Ring-Heterocyclen. Dabei werden auf Kosten zweier $\pi$-Bindungen zwei neue $\sigma$-Bindungen geknüpft. Als 1,3-Dipole fungieren mesomeriestabilisierte Verbindungen, z. B. Diazoalkane, Azide, Ozone oder Nitrone.

**1,3-Dipole** (Abb. 30.6) zeichnen sich durch folgende Charakteristika aus:

- Sie bestehen aus einem über drei Atome verteilten, mesomeren 4-$\pi$-Elektronensystem.
- Sie sind nur durch mehrere dipolare Grenzstrukturen formulierbar.
- Sie besitzen ein sp- oder $sp^2$-hybridisiertes Heteroatom als Zentralatom.
- Sie können linear (z. B. Azide) oder gewinkelt (z. B. Nitrone) sein.

Die Oktettformeln (Abb. 30.6) tragen zwar in höherem Maße zur Mesomeriestabilisierung bei, die formalen 1,3-Dipole erkennt man aber am einfachsten an den (weniger wichtigen) Sextettformeln, in denen die positiven Heteroatome ein Elektronensextett aufweisen.

**Dipolarophile** sind Verbindungen mit Mehrfachbindungen, die meist elektronenziehende Substituenten an der Doppel- bzw. Dreifachbindung tragen (Abb. 30.7). Hierbei muss das ungesättigte System nicht ausschließlich aus C-Atomen bestehen, es können auch Heteroatome als Dipolarophil-Atom in den resultierenden Cyclus integriert sein.

Die 1,3-dipolare Cycloaddition ist eine **pericyclische Reaktion** und verläuft in der Regel konzertiert, d. h. einstufig ohne Zwischenstufe und ohne wesentlichen Einfluss der Lösemittelpolarität auf die Reaktionsgeschwindigkeit, was auf einen geringen Polaritätswechsel zwischen Edukten und Übergangszustand hindeutet. Nach den *Woodward-Hoffmann*-Regeln (▸Kap. 13.2) ist die 1,3-dipolare Cycloaddition eine thermisch erlaubte Reaktion. Im Rahmen der Grenzorbitaltheorie (▸Kap. 2) führt sowohl die Wechselwirkung des höchsten besetzten Molekülorbital (HOMO) des 1,3-Dipols mit dem niedrigsten unbesetzten Molekülorbital (LUMO) des Dipolarophils als auch die umgekehrte HOMO/LUMO-Kombination zu einer bindenden Wechselwirkung (Abb. 30.8). Welche HOMO/LUMO-Wechselwirkung günstiger und damit für den Reaktionsverlauf (z. B. für die Regioselektivität) ausschlaggebend ist, hängt von den konkreten Reaktionspartnern ab:

- Dipolarophile mit elektronenziehenden (−M)-Substituenten habe niedrigere LUMO-Energien, sodass gemäß der Grenzorbitaltheorie Ester, Nitrile oder Sulfone bevorzugt über den Übergangszustand I reagieren.

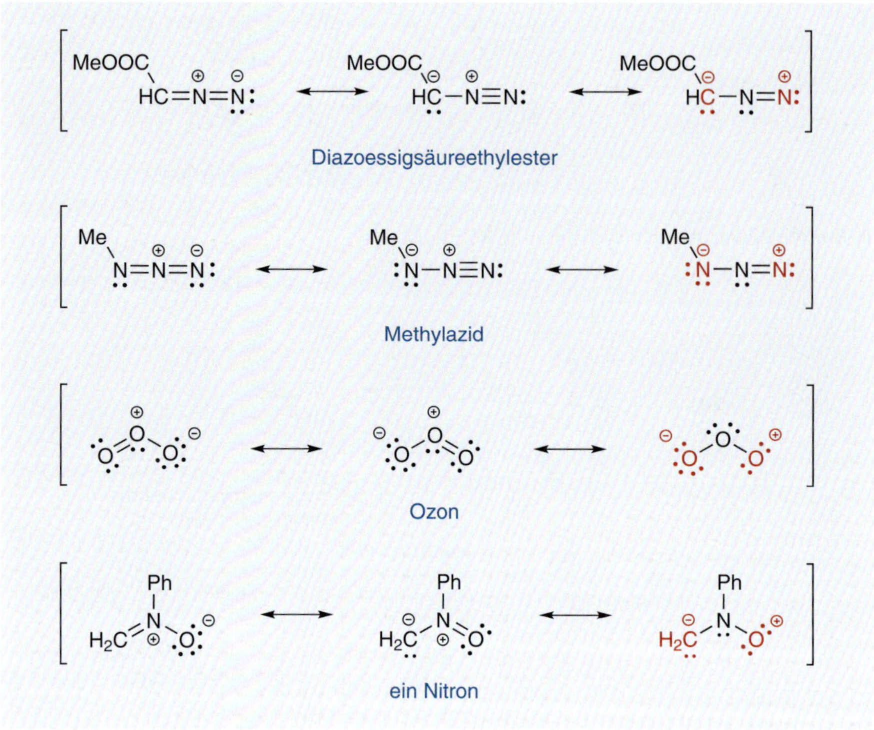


**o Abb. 30.6** Beispiele für 1,3-Dipole. Oktettformel (links und Mitte), Sextettformel (rechts)

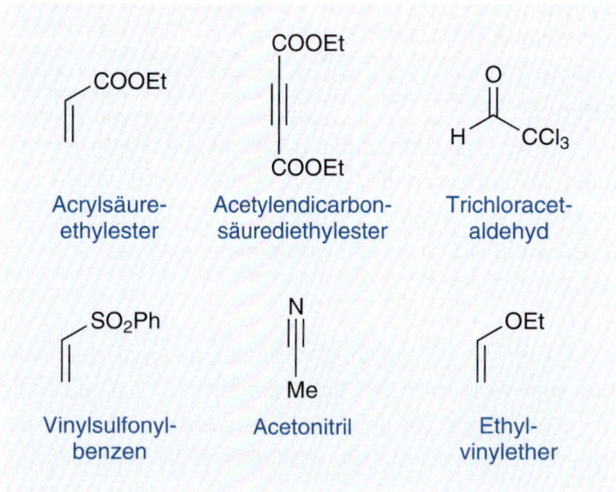


**o Abb. 30.7** Beispiele für Dipolarophile. Bei Trichloracetaldehyd und bei Acetonitril wird das Heteroatom in den sich bildenden Ring mit einbezogen. Ethylvinylether stellt als Enolether einen Vertreter der Dipolarophile mit einem +M-Substituenten dar.

- Dipolarophile mit elektronenschiebenden +M-Substituenten habe höhere HOMO-Energien, sodass gemäß der Grenzorbitaltheorie Enamine oder Enolether bevorzugt über den Übergangszustand II reagieren.

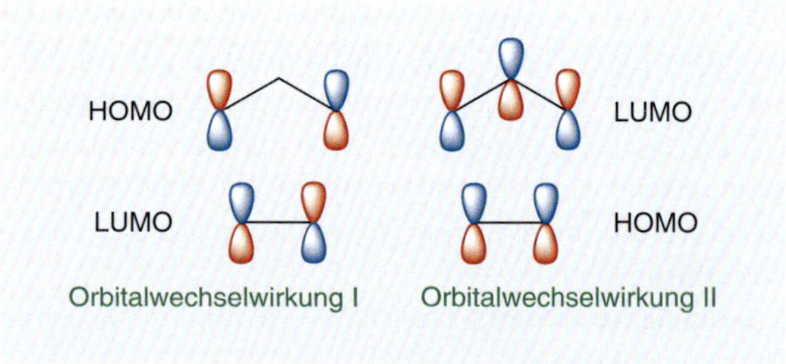


**o Abb. 30.8** Bindende Orbitalwechselwirkungen in den Übergangszuständen 1,3-dipolarer Cycloadditionen ($\pi$-MO-theoretische Betrachtungsweise); 1,3-Dipol (oben), Dipolarophil (unten)

(o Abb. 30.9). Diese elektrophilen aromatischen Substitutionen (**$S_E$Ar-Reaktionen**, ▸Kap. 18) verlaufen beim Pyrazol allerdings langsamer als beim Pyrrol, da das zusätzliche Stickstoffatom zu einer Verringerung der Elektronendichte und damit zu einer Absenkung der $\pi$-Orbital-Energien des aromatischen Systems führt. Pyrazol ist somit ein schlechteres Nucleophil als Pyrrol.

Die Umsetzung eines 3-Brom-*N*-methylpyrazol-Derivates mit Anilin stellt ein Variante der *Ullmann*-Reaktion, der $Cu^+$-katalysierten Kupplung eines Nucleophils mit einem Arylhalogenid, dar (o Abb. 30.10). Hierbei findet aber keine nucleophile Substitution statt, sondern die Reaktion verläuft über radikalische Zwischenstufen (Redoxkatalyse durch das Cu(I)-Salz).

Infolge der **NH-Acidität** ist Pyrazol mit methanolischer Natronlauge deprotonierbar, und das resultierende Pyrazolyl-Natrium kann anschließend z. B. mit Methyliodid oder Dimethylsulfat methyliert werden

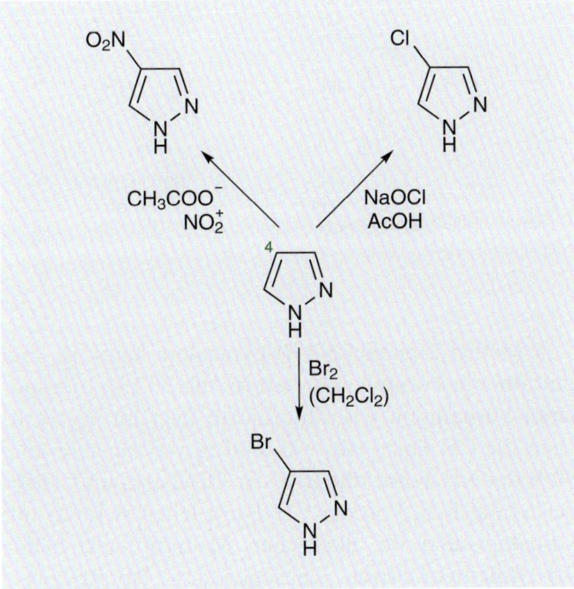


**Abb. 30.9** Elektrophile aromatische Substitutionsreaktionen am Pyrazol

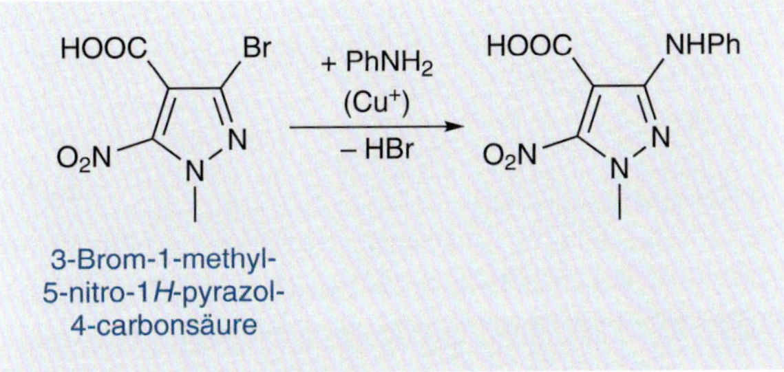


**Abb. 30.10** C—N-Kupplung an einem Brompyrazol-Derivat

(**Abb. 30.11**, oben). Bei Methylierungsreaktionen an 3- oder 5-substituierten Pyrazolen entstehen infolge der Äquivalenz beider N-Atome im Anion in Abhängigkeit vom Alkylierungsmittel sowie den Reaktionsbedingungen Regioisomerengemische, deren Bildungsverhältnis zumeist schwierig vorhersehbar ist. Beispielsweise entstehen bei der Alkylierung des Kaliumsalzes von 3-Methylpyrazol mit Dimethylsulfat die beiden Regioisomere im Verhältnis 2:1 (Abb. 30.11, unten).

Gegenüber Reduktionsmitteln sind Pyrazole vergleichsweise widerstandsfähig. Mit nascierendem Wasserstoff (z. B. aus Na und Alkohol) entsteht langsam das Dihydroprodukt Pyrazolin (4,5-Dihydro-1*H*-pyrazol), welches ebenso durch Umsetzen von Acrolein mit Hydrazin im Sinne einer *Michael*-Addition und Hydrazonbildung erhalten werden kann (Abb. 30.12). 4,5-Dihydro-1*H*-pyrazol besitzt keinen heteroaromatischen Charakter und ist somit stärker basisch als Pyrazol, wird jedoch von Oxidationsmitteln leicht angegriffen. So lässt es sich z. B. mit Brom zu Pyrazol

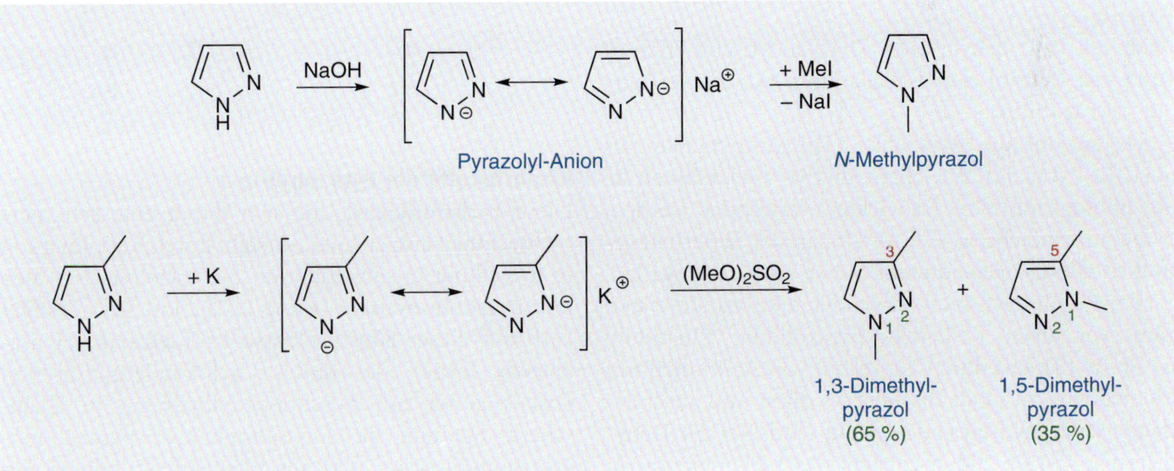


**Abb. 30.11** Methylierung von Pyrazol und 3-Methylpyrazol

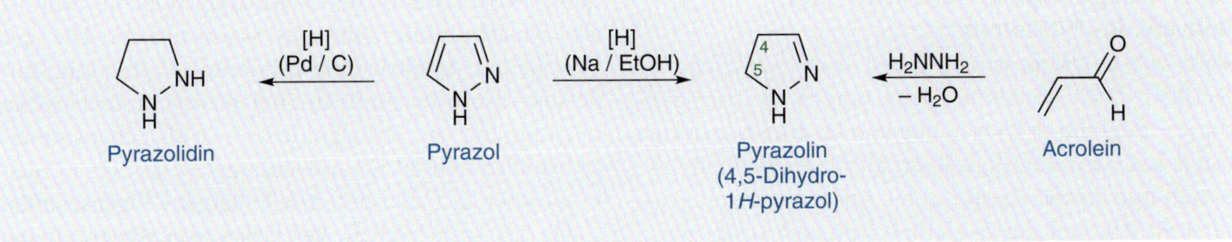


**Abb. 30.12** Reduktionsprodukte von Pyrazol

30

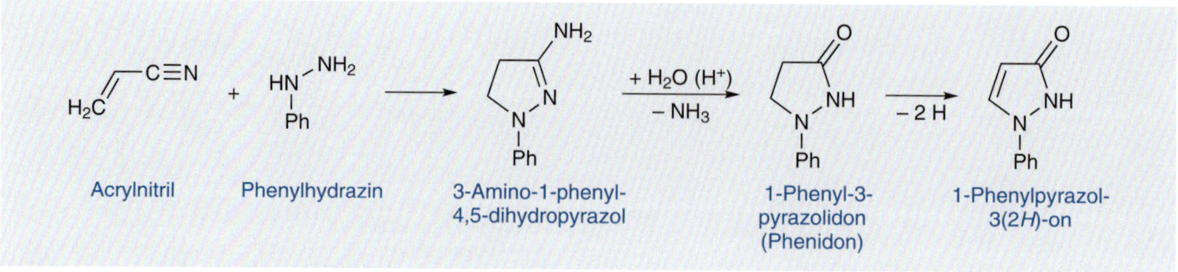


**Abb. 30.13** Darstellung und Oxidation von Phenidon

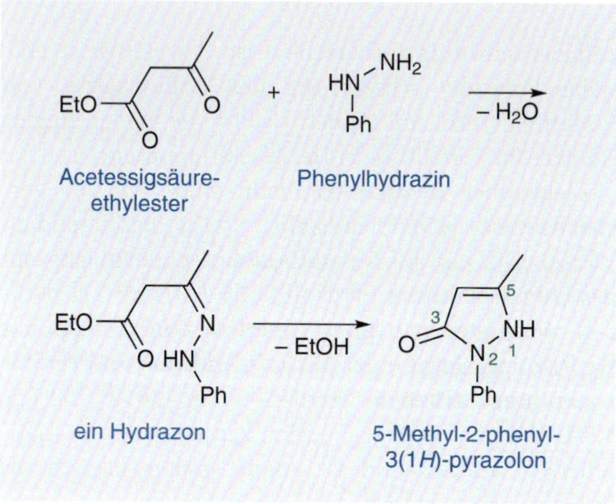


**Abb. 30.14** Pyrazolone entstehen durch cyclisierende Kondensation aus Acetessigester und einem Hydrazinderivat.

oxidieren bzw. dehydrieren. Die katalytische Hydrierung von Pyrazol mittels Palladium/Aktivkohle führt zum **Pyrazolidin.**

Da sowohl die Pyrazoline (Dihydropyrazole) als auch die Pyrazolidine leicht oxidierbar sind, können sie als **photographische Entwickler** verwendet werden, wobei im einfachsten Fall $Ag^+$-Ionen der Silberhalogenidkristalle zu elementarem Silber reduziert werden. Zu den für diesen Zweck verwendeten Pyrazolderivaten zählt vor allem 1-Phenyl-3-pyrazolidon (Phenidon, Abb. 30.13), das durch Umsetzen von Acrylnitril mit Phenylhydrazin in alkalischem Medium und anschließende saure Hydrolyse dargestellt wird. Bei der Dehydrierung von Phenidon entsteht das 1-Phenylpyrazol-3(2*H*)-on (Abb. 30.13).

## 30.1.4 Ausgewählte Verbindungen

### Derivate des Pyrazolons

Vom 4,5-Dihydropyrazol leiten sich verschiedene Derivate des Pyrazolons (siehe unten) ab. Ihre Synthese erfolgt durch Umsetzung von Hydrazinderivaten mit *β*-Ketosäureestern, z. B. erhält man aus Phenylhydrazin und Acetessigester unter Abspaltung von Wasser und Alkohol das 5-Methyl-2-phenyl-3(1*H*)-pyrazolon (Abb. 30.14).

5-Methyl-2-phenyl-3(1*H*)-pyrazolon kann in drei **tautomeren Formen** auftreten (Abb. 30.15). In unpolaren Lösemitteln wie Chloroform liegt im Wesentlichen die CH-Form vor, während in wässriger Lösung 90 % der NH-Form mit 10 % der OH-Form im Gleichgewicht stehen. Von der CH-Form leiten sich das mit Dimethylsulfat im alkalischen Medium entstehende 4,4-Dimethyl-Derivat, die sogenannte Isonitrosoverbindung (ein Oxim) sowie der bei der Oxidation mit Eisen(III)-chlorid entstehende indigoide Farbstoff **Pyrazolonblau** (Pyrazolblau) ab.

Von der NH-Form leiten sich die *N*-Alkyl-Derivate ab. Die OH-Form liegt z. B. dem *O*-Methyl-Derivat, das bei der Methylierung mit Diazomethan als Hauptprodukt entsteht, und den *O*-Acyl-Derivaten zugrunde.

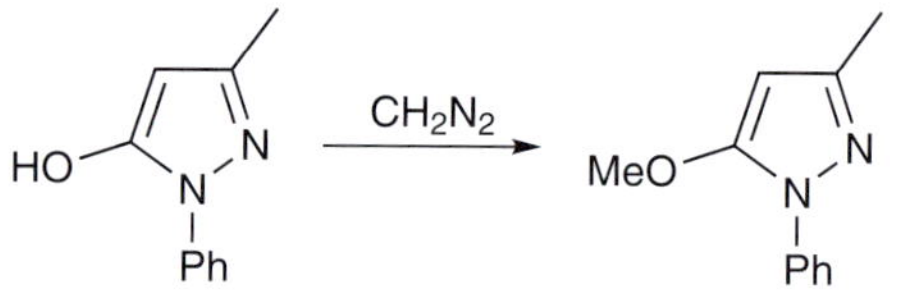


### Azofarbstoffe der Pyrazolreihe

Diese **Farbstoffklasse**, die sich durch eine sehr gute Lichtechtheit auszeichnet, entsteht durch Kupplung von in 4-Stellung unsubstituierten 5-Pyrazolon-Derivaten mit Diazoniumsalzen (▸Kap. 22.2). Ein gelb-oranger Farbstoff dieser Substanzklasse ist **Tartrazin** (Hydrazingelb, E 102), das durch Cyclokondensation von Oxalessigester mit *p*-Sulfophenylhydrazin in alkalischem Medium zu 1-*p*-Sulfophenyl-5-pyrazolinon-3-carbonsäureester und anschließende Kupplung mit diazotierter Sulfanilsäure hergestellt wird (Abb. 30.16). Es weist eine intramolekulare Wasserstoffbrückenbindung zwischen Azo- und Hydroxylgruppe auf und ist als Trinatriumsalz sehr gut wasserlöslich. Die zur Gruppe der **Azofarbstoffe** gehörende Verbindung findet als Adsorptionsindikator bei der argentometrischen Bestimmung von Halogeniden sowie als Lebensmittelfarbstoff (Abb. 30.17) Anwendung. Diskutiert werden in jüngster Zeit aber potenziell allergene Eigenschaften sowie das Auslösen bzw. Verstärken von Hyperaktivität bei Kindern.

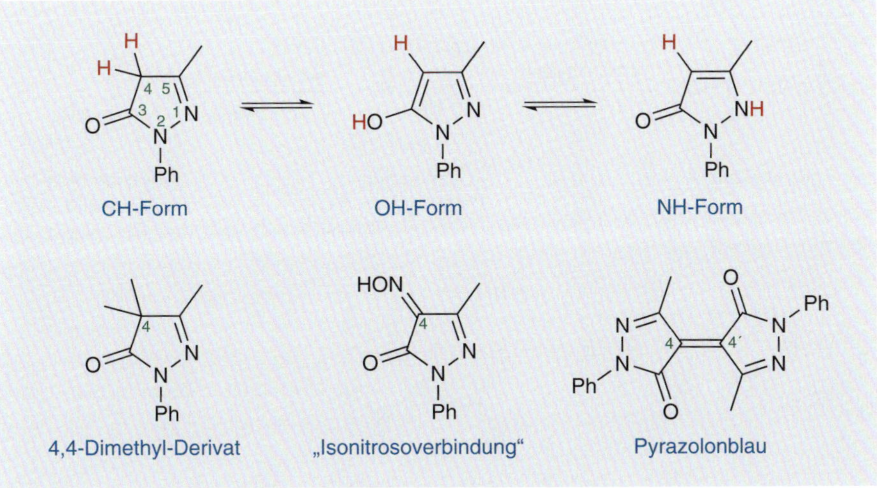


**o Abb. 30.15** Tautomere Formen eines Pyrazolon-Derivates (5-Methyl-2-phenyl-3(1*H*)-pyrazolon) sowie vom CH-Tautomer abgeleitete Verbindungen

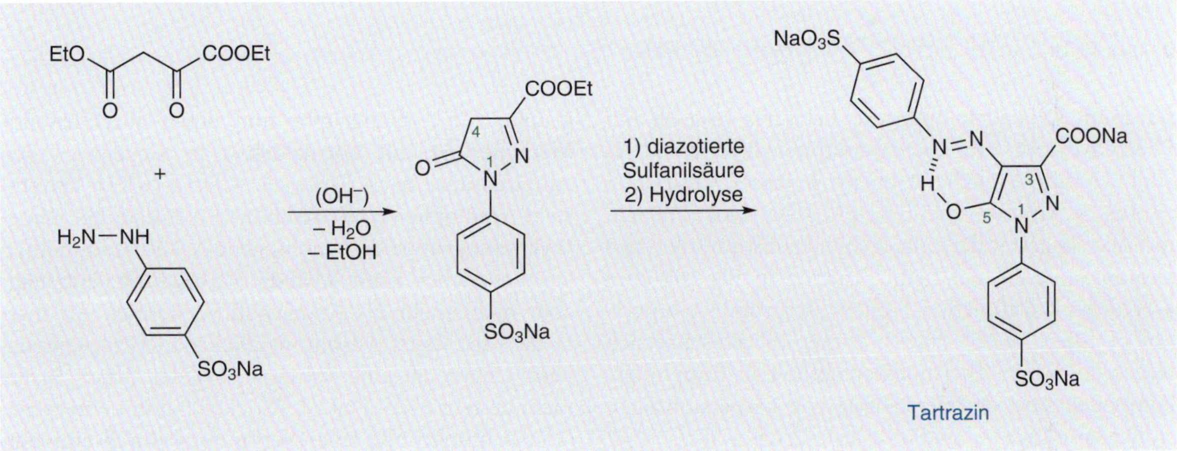


**o Abb. 30.16** Synthese des gelben Lebensmittelfarbstoffs Tartrazin

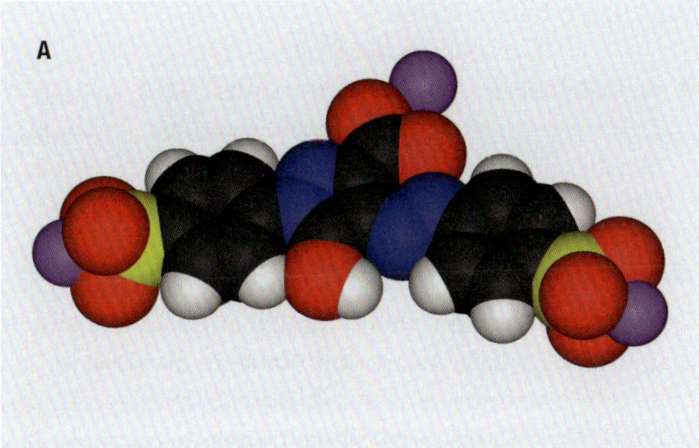

**o Abb. 30.17** 3D-Struktur von Tartrazin (A). Gelbe Gummibärchen können Tartrazin als Lebensmittelfarbstoff enthalten (B)

Anstelle der 5(1*H*)-Pyrazolone können auch die entsprechenden 5-Aminopyrazole mit unsubstituierter 4-Stellung als Kupplungskomponente bei der Synthese von Azofarbstoffen eingesetzt werden. Die entsprechenden Farbstoffe zeichnen sich durch grünstichige, aber sehr lichtechte Gelbtöne aus. Bei ihrer Darstellung geht man vom Diacetonitril ($\beta$-Aminocrotonsäurenitril) aus, das mit Phenylhydrazin unter Ammoniakabspaltung in Cyanacetonphenylhydrazon übergeht (o Abb. 30.18). Dieses wiederum cyclisiert zum 5-Amino-3-methyl-1-phenylpyrazol. Das Zwischenprodukt lässt sich auch auf andere Weise herstellen. Bei der Einwirkung von Blausäure auf Propargylchlorid bei 30 °C in Gegenwart eines Kupferkatalysators entsteht Propargylcyanid, das

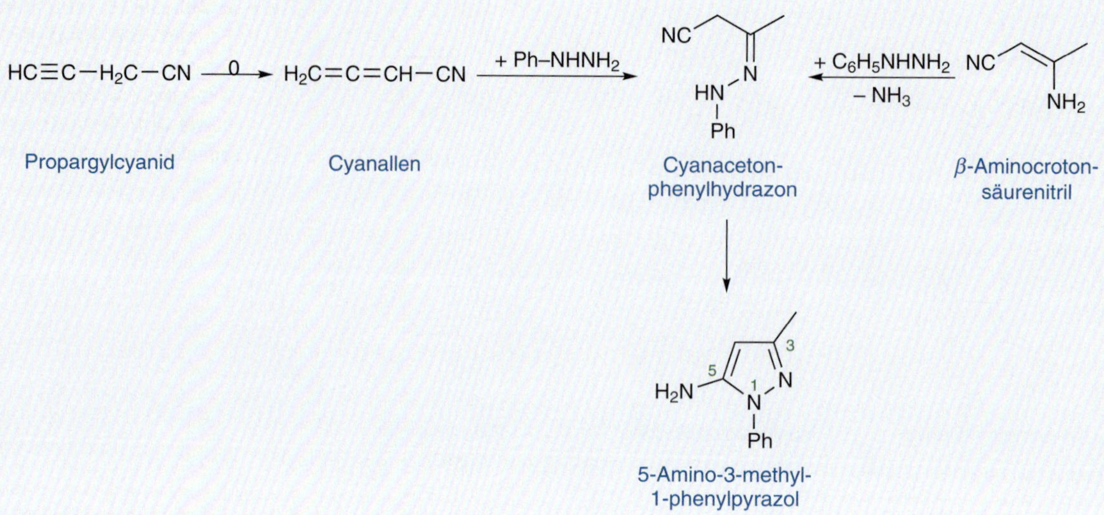


**Abb. 30.18** Darstellung von 5-Aminopyrazol-Derivaten

sich zum Cyanallen umlagert. Letzteres reagiert mit Phenylhydrazin zum Cyanacetonphenylhydrazon, das zum 5-Amino-3-methyl-1-phenyl-pyrazol cyclisiert.

Aus 5-Amino-3-methyl-1-phenylpyrazol entsteht mit Acetessigester der entsprechend substituierte (Iso-) Crotonsäureester, der beim Erhitzen in Eisessig zum 4-Hydroxy-3,6-dimethyl-1-phenylpyrazolo[3,4-*b*]pyridin cyclisiert (Abb. 30.19). Dieser Bicyclus hat sich wegen der hohen Thermofixierechtheit als Kupplungskomponente bei der Herstellung von Dispersionsfarbstoffen zum Färben von Polyesterfasern bewährt.

### Analgetika und Antipyretika

Die nachfolgend aufgeführten 5-Pyrazolon-Derivate sind wichtige **Antipyretika** und **Analgetika**.

**Phenazon** (1,5-Dimethyl-2-phenyl-3(1*H*)-pyrazolon; frühere Bezeichnung: Antipyrin) wird durch N-Methylierung von 5-Methyl-2-phenyl-3(1*H*)-pyrazolon mit Methyliodid in Methanol unter Druck bei 100 °C hergestellt. Die Verbindung schmilzt bei einer Temperatur von 114 °C, ist in Wasser und Ethanol leicht löslich und schmeckt bitter. Ihre wässrige Lösung färbt sich mit Eisen(III)-chlorid braunrot.

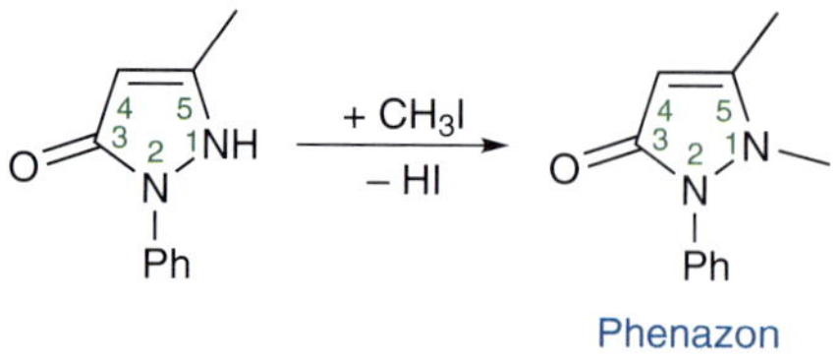


**Aminophenazon** (4-Dimethylamino-1,5-dimethyl-2-phenyl-3(1*H*)-pyrazolon; Pyramidon) wird aus Phenazon gewonnen, das zunächst zur grünen 4-Nitroso-Verbindung nitrosiert wird. Durch Reduktion der Nitrosogruppe zur Aminogruppe und deren anschließende Methylierung mit Formaldehyd in Gegenwart von Ameisensäure nach *Eschweiler-Clarke* (▸Kap. 12) entsteht Aminophenazon (Abb. 30.20). Da aus der Dimethylaminogruppe das carcinogene *N*-Nitrosodimethylamin entstehen kann, wird die Verbindung heutzutage aber nicht mehr als Arzneistoff verwendet. An ihrer Stelle wird meist 4-Isopropylphenazon (**Propyphenazon**) eingesetzt, eine Substanz, bei der dieses Risiko nicht besteht. Der Ersatz des Stickstoffatoms einer tertiären Aminogruppe einer Verbindung durch eine entsprechend substituierte Methin-Gruppierung ist eine Beispiel für **Bioisosterie**, da dabei häufig die biologische Wirkung erhalten bleibt.

> **MERKE Bioisosterie:** Der Ersatz eines Substituenten in einem Wirkstoff durch einen chemisch anderen Substituenten mit ähnlicher räumlicher Ausdehnung führt oft zu einer vergleichbaren pharmakologischen Wirkung der beiden Verbindungen.

Durch Kondensation von Hydrazobenzen mit *n*-Butylmalonester in Gegenwart von Natriumalkoholat erhält man das Natriumsalz des 4-*n*-Butyl-5-hydroxy-1,2-diphenyl-3(1*H*)-pyrazolons (**Phenylbutazon**, Abb. 30.21). Aufgrund der 3,5-Dicarbonylstruktur ist der Arzneistoff an Position 4 CH-acide und besitzt mit einem $pK_S$-Wert von 4,9 in etwa die Acidität von Essigsäure. Phenylbutazon gehört zur Wirkstoffgruppe der **nichtsteroidalen Antirheumatika** (**NSAR**, ▸Kap. 21.3.3). Es findet jedoch aufgrund unerwünschter Nebenwirkungen, z. B. Ödembildungen und Agranulocytose (starke Verminderung oder Fehlen von Granulozyten im Blut), aber nur als sogenanntes „Reservepräparat" pharmazeutische Verwendung. Phenylbutazon wird nach wie vor in der Vete-

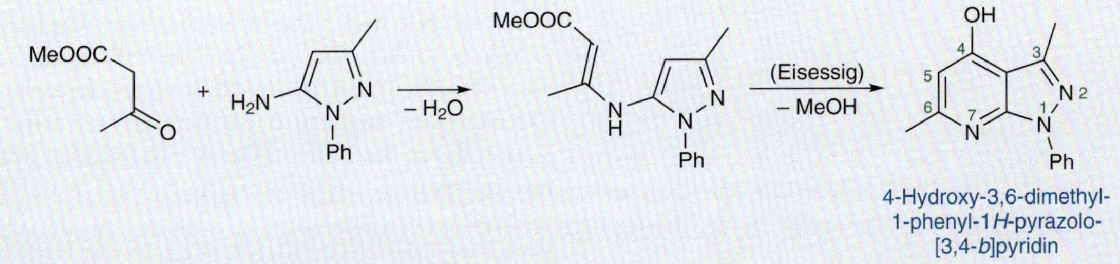


**o Abb. 30.19** Synthese eines Pyrazolopyridins

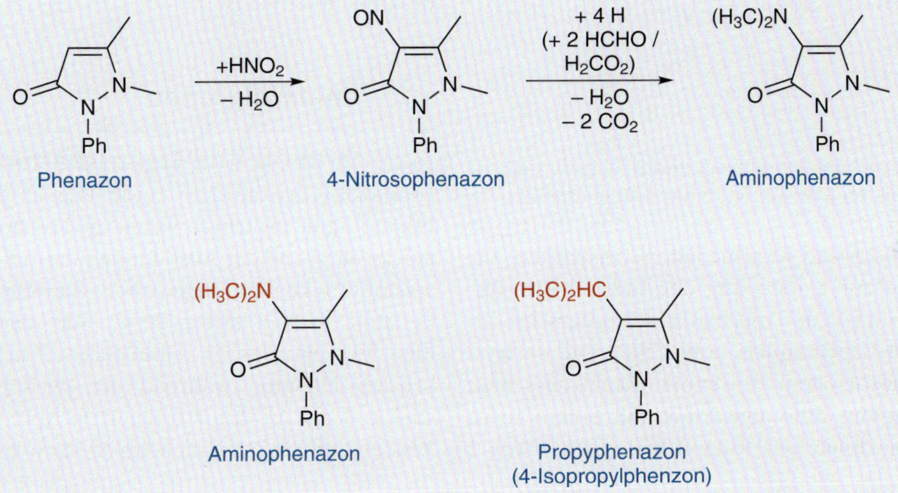


**o Abb. 30.20** Aminophenazon-Synthese (oben). Eine Dimethylaminogruppe ist in ihrer räumlichen Ausdehnung ähnlich zu einer Isopropylgruppe (unten; Gruppen jeweils rot hervorgehoben). Beide Gruppen sind in Wirkstoffen oft bioisoster.

rinärmedizin verwendet und erlangte im Jahre 2013 im Zusammenhang mit dem sogenannten „Pferdefleischskandal" mediale Beachtung.

**Metamizol-Natrium**, ein mittelstarkes Analgetikum, ist ein **Prodrug**, das *in vivo* zu Sulfit, Formaldehyd und der eigentlichen Wirkform **Methylaminophenazon** hydrolysiert wird (o Abb. 30.21). Auch bei Metamizol kann es als Nebenwirkung zu einer Agranulocytose kommen.

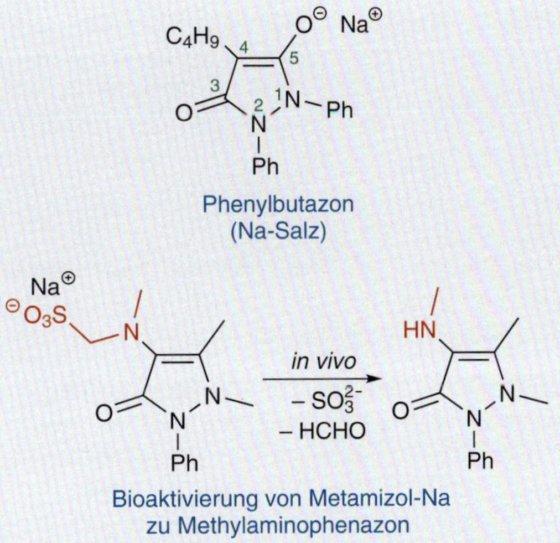


**o Abb. 30.21** Analgetika der Pyrazolinon-Reihe: Phenylbutazon und Metamizol (Natrium-Salze) sowie die Bioaktivierung von Metamizol

## Indazole

Das **Indazolsystem**, bei dem formal ein Benzen- mit einem Pyrazolring verknüpft ist, hat für die Synthese von Farbstoffen für Polyacrylnitrilfasern Bedeutung. Indazole (Benzopyrazole) entstehen z. B. durch intramolekulare Cyclisierung von *o*-Acylphenylhydrazin (o Abb. 30.22). Indazol ist als Strukturelement im antiemetisch wirkenden Granisetron (5-$HT_3$-Antagonist, Serotonin-Antagonist; 5-HT = 5-Hydroxytryptamin) enthalten, wobei der Heterobicyclus in Position 3 mit dem pseudochiralen Azabicyclo[3.3.1]nonan-Ringsystem substituiert ist.

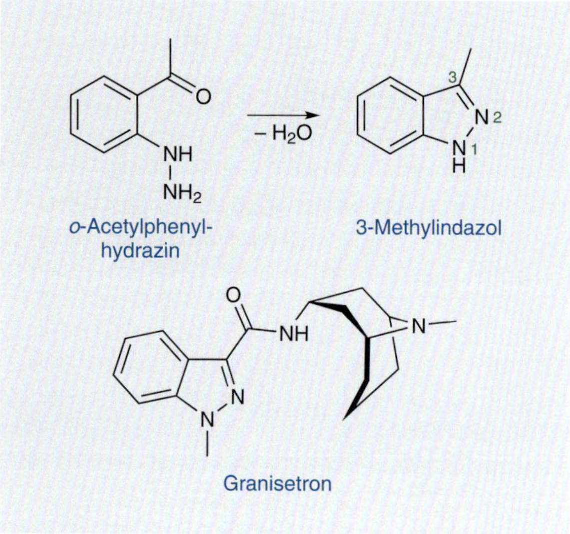


**Abb. 30.22** Synthese von Indazol und Strukturformel des 5-$HT_3$-Antagonisten Granisetron, eines Antiemetikums

In **Abb. 30.23** sind verschiedene retrosynthetische Betrachtungen zur Darstellung des Indazol-Ringsystems, ausgehend von drei mechanistisch unterschiedlichen **Ringschlussprinzipien,** aufgeführt. Die im letzten, zum Indazolsystem führenden Reaktionsschritt jeweils geknüpften Bindungen sind mit einem roten Pfeil gekennzeichnet. Der Ringschluss gemäß **Weg 1** erfolgt durch eine intramolekulare $S_N$Ar-Reaktion zwischen N1 und C7a, d. h. die retrosynthetische Zerlegung führt zum *o*-Chlorphenylhydrazon, das aus Methylhydrazin und *o*-Chlorphenylacetophenon basenkalysiert zugänglich ist. Beim **Weg 2** wird der 5-Ring durch die Bildung der N—N-Bindung mittels intramolekularer Dehydratisierung von *o*-Aminoacetophenonoxim geschlossen. Das Oxim ist durch Umsetzung des *o*-Aminoacetophenons mit Hydroxylamin zugänglich. **Weg 3** beschreibt den Ringschluss durch Knüpfung der Bindung N2—C3, der durch intramolekulare Wasserabspaltung von *o*-Acylphenylhydrazinen möglich ist.

## 30.2 Imidazolgruppe

### 30.2.1 Struktur und Eigenschaften

**Imidazol** (Glyoxalin) ist ein in Wasser, Methanol und Ethanol gut löslicher, farbloser Feststoff, der nicht zuletzt aufgrund der Ausbildung intermolekularer Wasserstoffbrückenbindungen bei Raumtemperatur als Feststoff vorliegt (Smp. 90 °C, Sdp. 256 °C). Hierbei dient der pyrrolartige Aminstickstoff als Wasserstoffbrücken-Donator, während der pyridinartige Iminstickstoff als Akzeptor fungiert (**Abb. 30.24**). Solche Wasserstoffbrücken sind beim *N*-Methylimidazol nicht

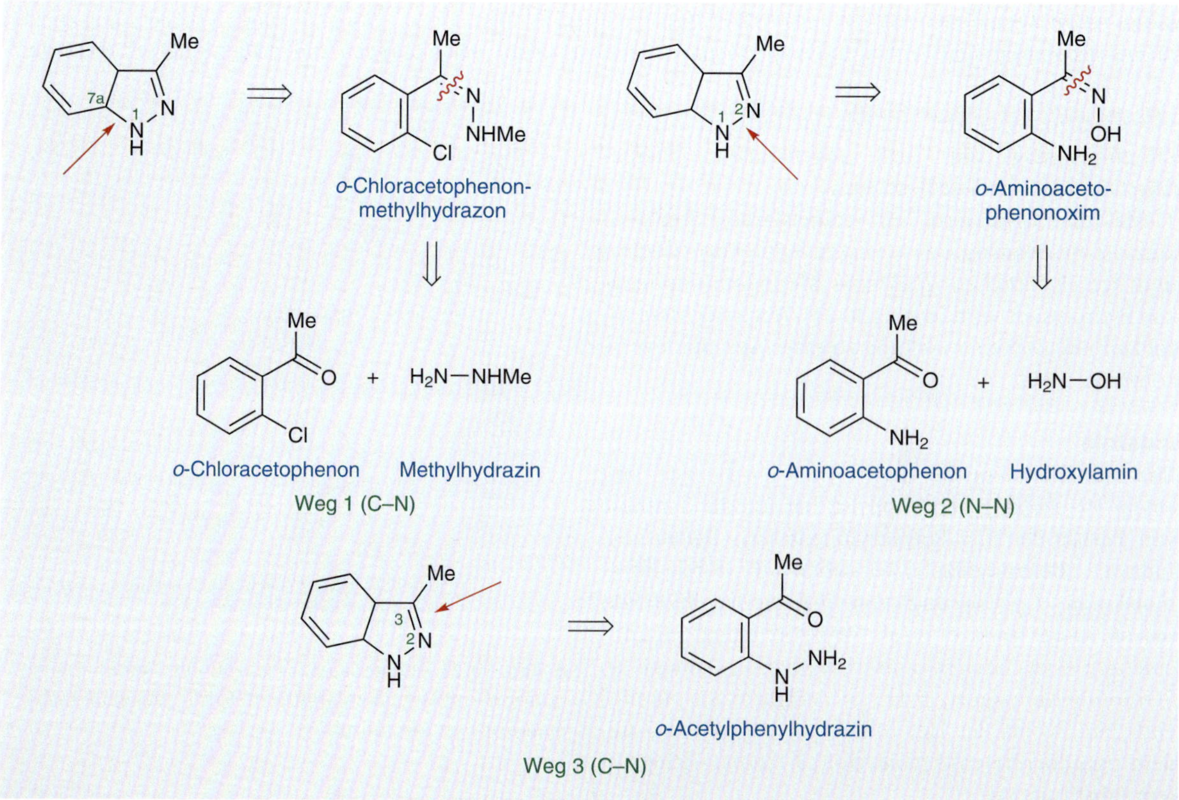


**Abb. 30.23** Indazol: unterschiedliche retrosynthetische Betrachtungen

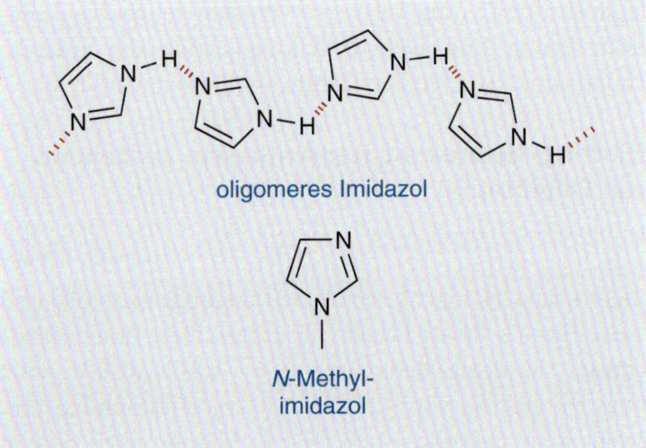


**o Abb. 30.24** Intermolekulare Wasserstoffbrücken beim Imidazol und Strukturformel von monomerem *N*-Methylimidazol

möglich, weshalb dieser Heteroaromat bei Raumtemperatur flüssig ist (Smp. –6 °C, Sdp. 198 °C).

## Orbitalstuktur

Während das freie Elektronenpaar des pyrrolartigen Stickstoffs (N1) ein 2p-Orbital besetzt und Bestandteil des heteroaromatischen, delokalisierten $\pi$-Elektronensystems ist, befindet sich das freie Elektronenpaar des pyridinartigen Stickstoffs (N3) in einem $sp^2$-Hybridorbital (o Abb. 30.25). Dieses steht senkrecht zur $\pi$-Elektronenwolke und ist somit nicht Bestandteil des aromatischen Elektronensystems.

## Acidität und Basizität – Vergleich mit Pyrazol

Unsubstituiertes Imidazol hat wie Pyrazol sowohl saure als auch basische Eigenschaften. Es besitzt mit einem $pK_S$-Wert von 14,5 eine dem Pyrazol (▸ Kap. 30.1) vergleichbare **Acidität**. (Bei der Deprotonierung von Imidazoliumsalzen entstehen Carbene; ▸ Exkurs: Donorstabilisierte, nucleophile Carbene.) Die NH-Gruppe des Imidazols kann daher durch starke Basen oder Alkalimetalle zu einem mesomeriestabilisierten, aromatischen Anion deprotoniert werden (o Abb. 30.26). Demgegenüber weist der doppelt gebundene, pyridinartige Iminstickstoff mit einem $pK_B$-Wert von 7 eine im Vergleich zum Pyrazol deutlich höhere **Basizität** auf. Somit liegen bei einem physiologischen pH-Wert von 7,4 immerhin 50 % in protonierter Form vor. Für die relative hohe Basizität verantwortlich ist die cyclische Amidinstruktur des Imidazols: Im Imidazolium-Kation sind die beiden N-Atome über ein $sp^2$-hybridisiertes C-Atom miteinander verbunden, sodass eine bessere Resonanzstabilisierung der positiven Ladung möglich ist als im konstitutionsisomeren Pyrazolyl-Kation.

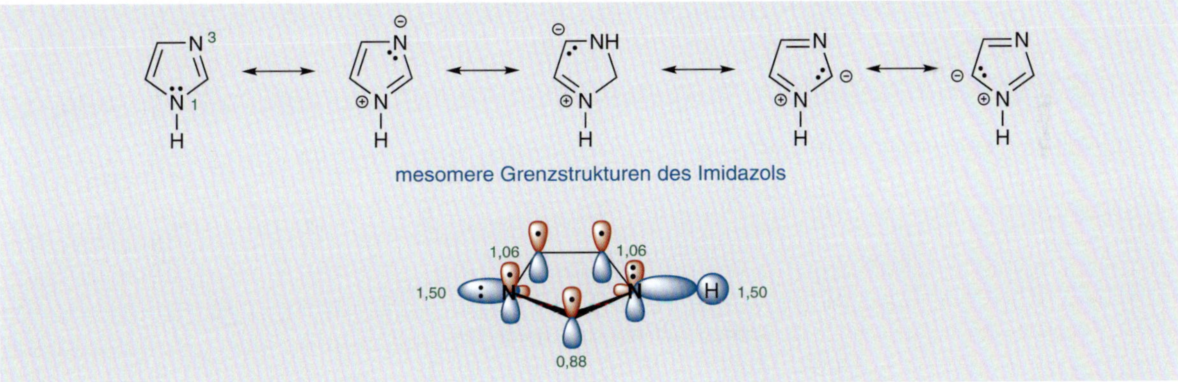


**o Abb. 30.25** Mesomere Grenzstrukturen des Imidazols im Grundzustand (oben); Orbitalmodell und Ladungsverteilung (unten)

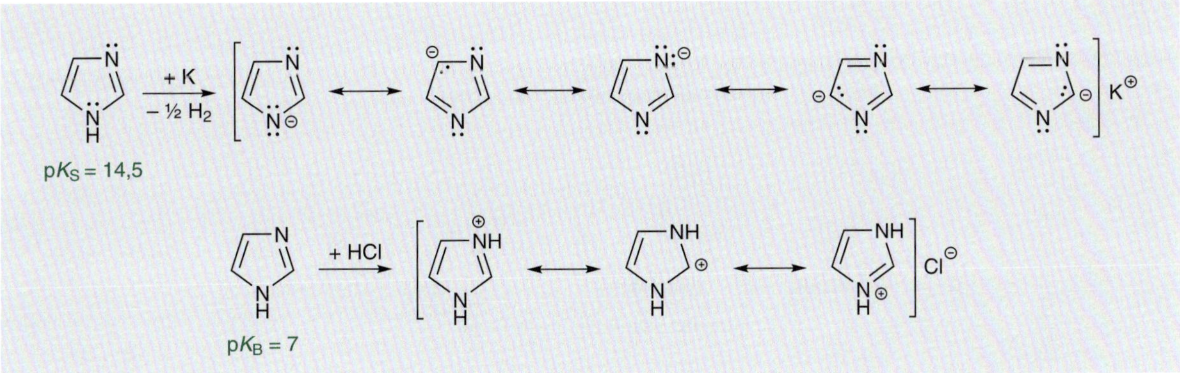


**o Abb. 30.26** Mesomere Grenzstrukturen des Imidazolyl-Anions (oben) sowie des Imidazolium-Kations (unten)

### 30.2.2 Gewinnung und Synthese

Unsubstituiertes Imidazol erhält man aus Bromacetaldehydethylenacetal (2-Brommethyl-1,3-dioxolan) durch Erhitzen mit Formamid auf 180 °C unter Einleiten von Ammoniak in etwa 60 % Ausbeute.

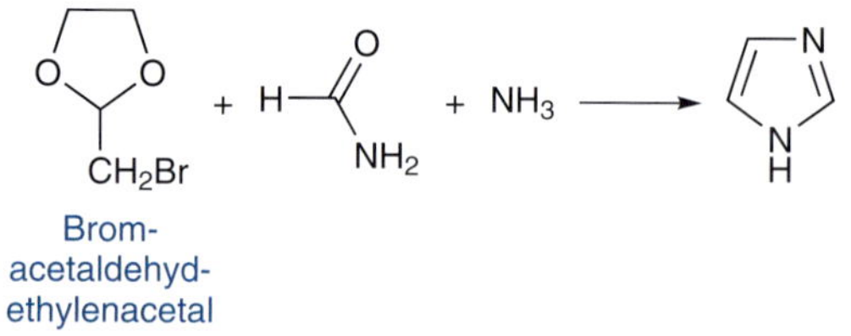


4,5-Disubstituierte Imidazole sind durch Umsetzung von Acyloinen mit Formamid bei 150–180 °C in guter Ausbeute darstellbar (Synthese nach *Bredereck*, Abb. 30.27). Nach *Radziszewski* erfolgt die Darstellung von Imidazolderivaten durch Einwirkung von Formaldehyd und formal zwei Äquivalenten Ammoniak auf 1,2-Diketone, wie in Abb. 30.27 am Beispiel von Benzil dargestellt. Bei Verwendung von Glyoxal entsteht dementsprechend unsubstituiertes Imidazol. Werden Amidine mit $\alpha$-Halogenketonen umgesetzt, so entstehen nach Dehydratisierung und Dehydrohalogenierung die entsprechend substituierten Imidazole (Synthese nach *Beyer*).

#### Fünfring-Heteroaromatensynthesen, ausgehend von Chloraceton

Imidazole entstehen z. B. durch die Umsetzung von $\alpha$-Halogenketonen bzw. -aldehyden mit Amidinen. Allgemein sind $\alpha$-Halogenketone bzw. -aldehyde wertvolle und vielseitig einsetzbare Edukte für die Synthese unterschiedlichster Fünfring-Heteroaromaten (Abb. 30.28): Setzt man sie anstelle von Amidin z. B. mit Thioamiden um, erhält man Thiazole. Auch Pyrrole können nach diesem Syntheseprinzip aus Ammoniak und Acetessigester dargestellt werden; wird letzterer in Anwesenheit von Pyridin umgesetzt, sind die entsprechenden Furane zugänglich.

Tetrasubstituierte Imidazole sind durch **photoinduzierten Elektronentransfer** (**PET**) ausgehend von einem Azirin darstellbar (Abb. 30.29). Beim PET werden Elektronenakzeptoren verwendet, die wesentlich langwelligeres Licht absorbieren als die zu oxidierende Verbindung (DCN: $\lambda$ = 350 nm, 2*H*-Azirin: $\lambda$ = 280 nm). Im ersten Reaktions-

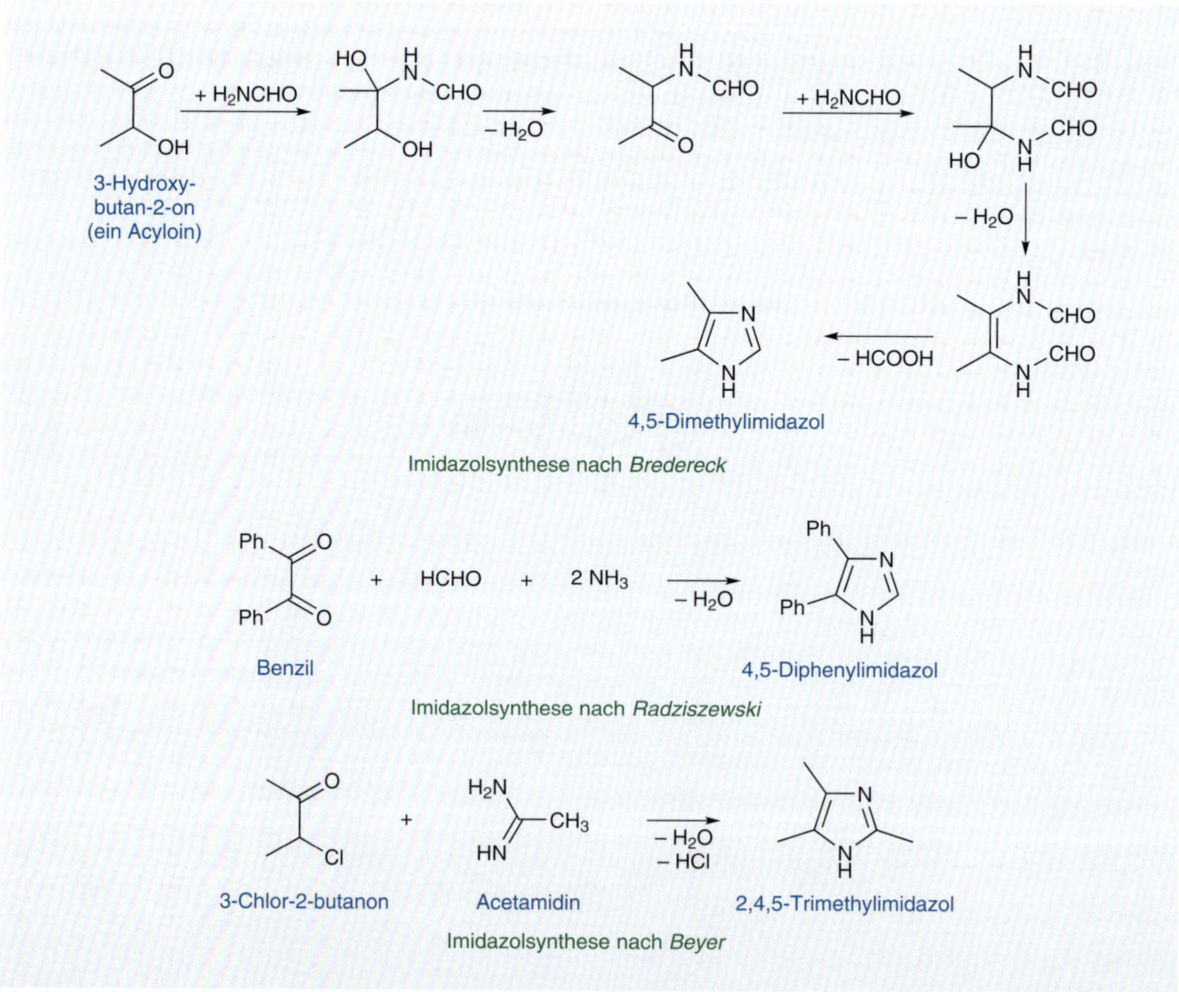


Abb. 30.27 Unterschiedliche Synthesewege für Imidazole

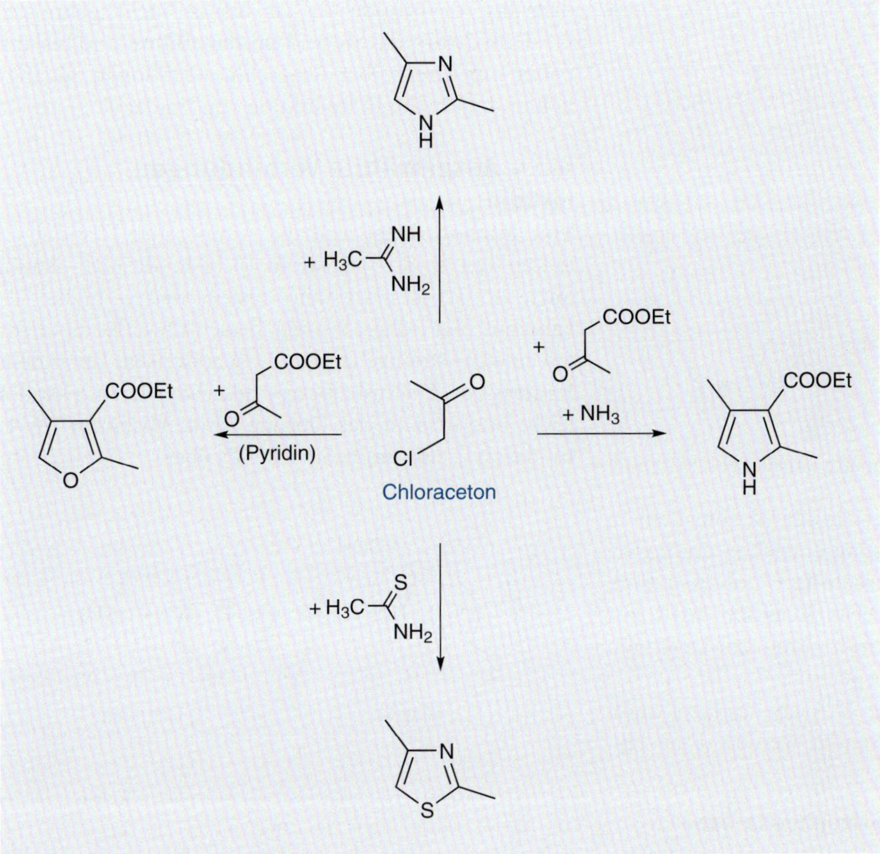


**○ Abb. 30.28** Beispiele für Heteroaromaten-Synthesen aus Chloraceton

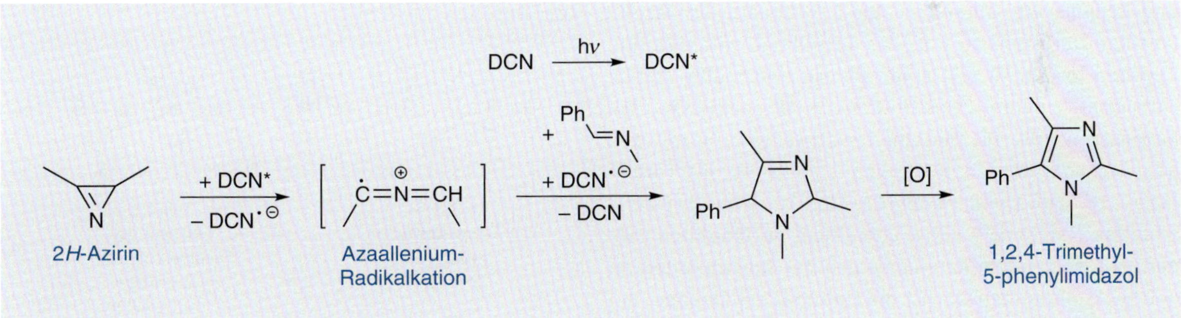


**○ Abb. 30.29** Imidazol-Synthese durch photoinduzierten Elektronentransfer (PET)

schritt oxidiert z.B. photochemisch angeregtes 1,4-Naphthalendicarbonitril (DCN*) gespannte Ringe wie 2*H*-Azirine zu den entsprechenden Radikalkationen, die sich spontan zu Azaallenium-Radikalkationen öffnen. Diese reagieren mit *Schiff*schen Basen in einer formalen (3+2)-Cycloaddition. Der Ringschluss zum Dihydroimidazol erfolgt unter Elektronenrücktransfer vom Radikalanion DCN$^{\bullet-}$. Bei der Aufarbeitung bildet sich dann, vermutlich durch Oxidation mit Luft, das heteroaromatische Imidazol.

### 30.2.3 Reaktionen und Anwendungen

**Elektrophile aromatische Substitutionen** (Halogenierung, Nitrierung, Sulfonierung) treten im Imidazol vorwiegend in 4- oder 5-Stellung ein, jedoch erfolgt mit Säurechloriden keine *Friedel-Crafts*-Reaktion. Stattdessen findet eine Acylierung am N-Atom statt. Die $\pi$-Elektronendichte an den C-Atomen ist im Imidazol – ebenso wie im Pyrazol – geringer als im Pyrrol. Daher verlaufen elektrophile Substitutionen langsamer als beim Pyrrol.

$\pi$-Elektronendichteverteilung bei Pyrrol und Imidazol

30

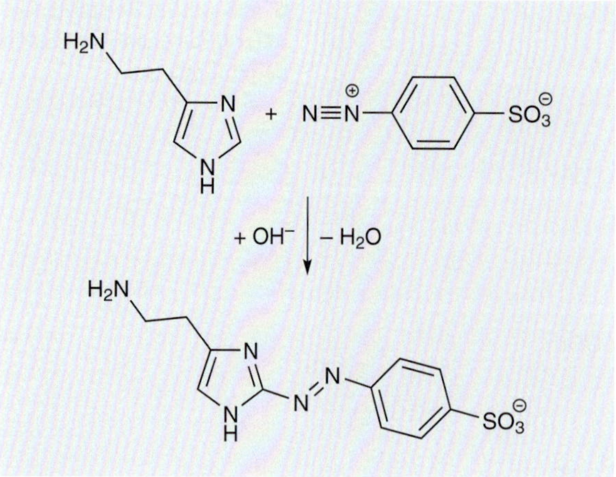


**Abb. 30.30** Die *Pauly*-Reaktion am Beispiel von Histamin

Mit Diazonium-Ionen reagiert Imidazol vor allem in 2-Stellung; in alkalischer Lösung entstehen orangefarbene, rote oder blaue **Azofarbstoffe** (*Pauly*-Reaktion, Abb. 30.30; ▸Kap. 2.4.2). Diese Reaktion wird zur quantitativen Bestimmung von Imidazol-Derivaten mittels UV/Vis-Spektroskopie genutzt.

Das leicht hydrolysierbare *N*-Acetylimidazol kann als **Acetylierungsmittel** verwendet werden. Eine Hydrierung des Imidazols ist bisher nicht gelungen. **4,5-Dihydroimidazole** und **Imidazolidine** sind bislang daher nur direkt über Ringschlussreaktionen zugänglich und nicht durch Reduktion von Imidazol.

### 30.2.4 Ausgewählte Verbindungen

#### Histidin

Von Imidazol leitet sich die Aminosäure Histidin ab (▸Kap. 37.1.4). L-(–)-**Histidin** ($\beta$-[4-Imidazolyl]-alanin, Smp. 287 °C) ist als Eiweißbaustein weit verbreitet. Es kann aus Blut isoliert werden, dessen Eiweißkomponenten einen Histidingehalt von 11 % aufweisen. Unter dem Einfluss von Fäulnisbakterien decarboxyliert L-Histidin leicht und geht in das biogene Amin **Histamin** ($\beta$-[4-Imidazolyl]-ethylamin, Smp. 85 °C) über.

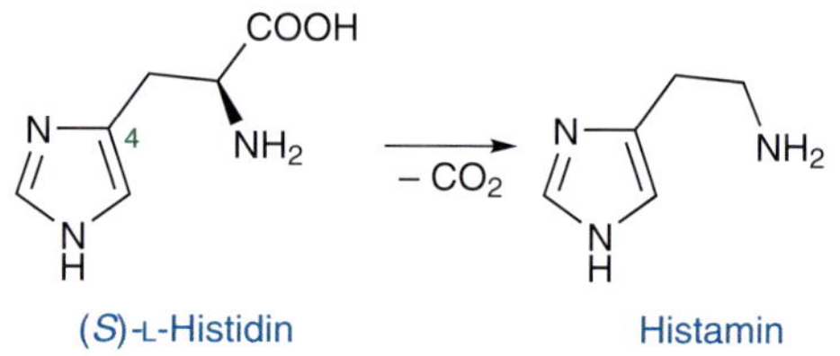


#### Exkurs: Donorstabilisierte, nucleophile Carbene

Diese Verbindungsklasse entsteht aus Imidazoliumsalzen mit starken Basen, z. B. Natriumhydrid in Tetrahydrofuran und Kalium-*tert*.-butanolat. Aus 1,3-Dimethylimidazoliumchlorid entsteht so z. B. das **1,3-Dimethylimidazolin-2-yliden** (Abb. 30.31), eine farblose und mäßig stabile Flüssigkeit, deren Konstitution NMR-spektroskopisch bewiesen wurde. Die Mesomeriewechselwirkung mit den beiden benachbarten N-Atomen stabilisiert das Carben (▸Kap. 16.4) und verleiht dem C2-Atom nucleophile Eigenschaften. Man spricht daher von einem **nucleophilen Carben**. Mit steigendem Raumanspruch der Substituenten an den Stickstoffatomen wächst die Stabilität der Carbene. Mit Adamantylgruppen in diesen Positionen erhält man eine stabile, kristalline Verbindung, die bei einer Temperatur von 240–241 °C unzersetzt schmilzt; sie wurde 1991 von *Arduengo III* als erster stabiler Vertreter dieser Substanzklasse überhaupt synthetisiert. Das **Diaminocarben** 1,3-Dimesitylenimidazolidin-2-yliden besitzt mit der Mesitylgruppe (2,4,6-Trimethylphenylgruppe, Mes) ebenfalls einen sterisch anspruchsvollen Rest als stabilisierendes Strukturelement und war das erste Carben, das ausgehend von Imidazolidin als Heterocycloalkan synthetisiert wurde. Die Röntgenstrukturanalyse der kristallisierten Carbene ergab einen Bindungswinkel von 101–104°; er liegt damit in dem für Singulettcarbene theoretisch berechneten Bereich. Das Carbenkohlenstoffatom zeigt im $^{13}$C-NMR-Spektrum ein stark in das tiefere Feld verschobenes Signal: $\delta$ = 213,7–219,7 ppm.

Eine charakteristische Reaktion nucleophiler Carbene ist die Umsetzung mit Schwefelkohlenstoff, bei der ein rot gefärbtes Zwitterion entsteht.

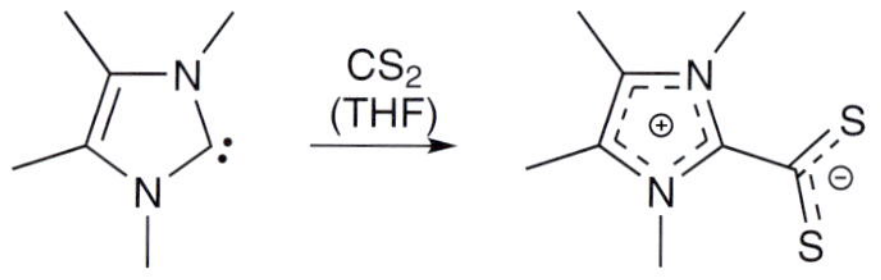


Setzt man solche nucleophilen Carbene mit einem Imidazoliumsalz um, erhält man einen **Bis(carben)-Wasserstoffkomplex** mit einem Schmelzpunkt von 210 °C, in dem die beiden Ringe durch eine nahezu lineare, „anionische" C—H—C-Wasserstoffbrücke verbunden sind.

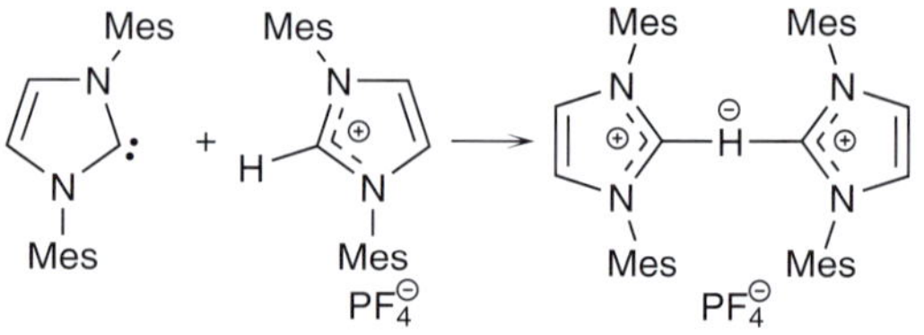


Interessant ist die Chemie der nucleophilen Carbene insbesondere, weil es sich um ausgesprochen gute *Lewis*-Basen handelt, die z. B. vielversprechende Komplexliganden für Metallkatalysatoren sind.

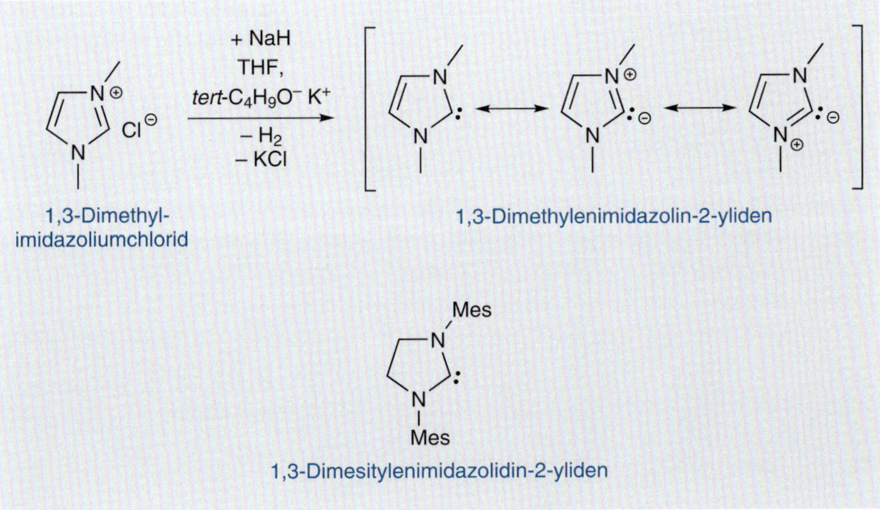


**Abb. 30.31** Darstellung eines donorstabilisierten Carbens durch Deprotonierung von Imidazoliumsalzen

**Histamin** ist als Neurotransmitter an zahlreichen physiologischen Prozessen im Zentralnervensystem (ZNS) wie auch in der Peripherie beteiligt. Es beeinflusst beispielsweise die Sekretion von Hormonen und ist am zirkadianen (Schlaf-Wach-)Rhythmus beteiligt. Auch spielt das biogene Amin bei der Kontrolle kardiovaskulärer Funktionen eine Rolle. Es führt zu einer Dilatation (Erweiterung) der Blutgefäße sowie zu einer Kontraktion der Bronchialmuskulatur, darüber hinaus zu einer Steigerung der Salzsäuresekretion an den Belegzellen des Magens. Seine Freisetzung oder übermäßige Aufnahme mit der Nahrung kann auch Ursache allergischer Erkrankungen sein.

## Arzneistoffe mit Imidazol-Strukturelement und Antihistaminika

Arzneistoffe, die die Histaminwirkungen unterdrücken, indem sie das Histamin von den Rezeptoren verdrängen, bezeichnet man als **Antihistaminika** oder Histamin-Antagonisten. Sie finden als Antiallergika ($H_1$-Antihistaminika, z. B. Azelastin, Loratadin) und als Therapeutika magensäureassoziierter Erkrankungen ($H_2$-Antihistaminika, z. B. Ranitidin, Famotidin) Verwendung. Ein Beispiel für ein $H_1$-Antihistaminikum der zweiten Generation (Arzneistoffe, die infolge des Nichtüberwindens der Blut-Hirn-Schranke weniger Nebenwirkungen aufweisen als frühere Antihistaminika) ist das als zweifaches Guanidin aufzufassende Benzimidazol-Derivat **Mizolastin** (Abb. 30.32). Das Cyanoguanidin-Derivat **Cimetidin**, ein $H_2$-Antihistaminikum, unterbindet die Säuresekretion aus den Belegzellen der Magenschleimhaut.

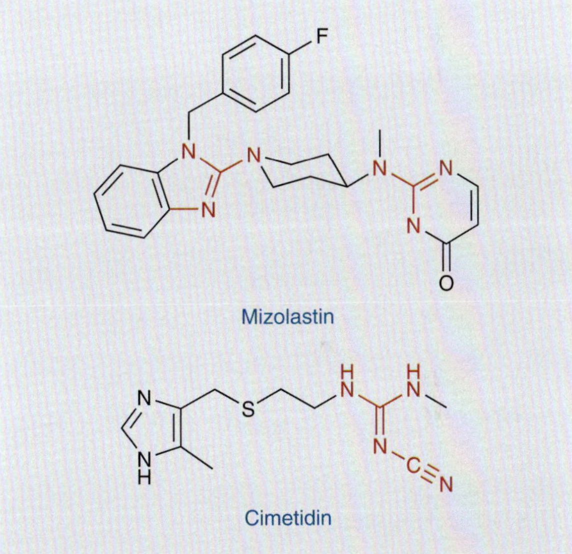


**Abb. 30.32** Strukturformeln von Mizolastin ($H_1$-Antagonist) und Cimetidin ($H_2$-Antagonist). Die Guanidin- bzw. Cyanoguanidin-Funktionen sind jeweils farbig hervorgehoben.

Weitere Beispiele für Arzneistoffe mit Imidazol- und Imidazolin-Strukturelementen (Abb. 30.33) sind:

- 1-(*β*-Hydroxyethyl)-2-methyl-5-nitroimidazol (**Metronidazol**). Die Substanz wird gegen anaerobe Bakterien und Protozoen eingesetzt, beispielsweise bei Infektionen durch Trichomonaden (z. B. *Trichomonas vaginalis*).
- 1-(*o*-Chlor-*α*,*α*-diphenylbenzyl)-imidazol (**Clotrimazol**), ein lokal anwendbares Antimykotikum gegen Pilzinfektionen. Der Wirkstoff inhibiert – wie auch andere Vertreter der sogenannten Azol-Antimykotika – das Enzym Lanosterol-*α*-14-Demethylase und hemmt somit die Biosynthese des für den Pilz essenziellen Steroids Ergosterol (▸ Kap. 27.1).
- 2-[(2,6-Dichlorophenyl)imino]-imidazolin (**Clonidin**), ein Arzneimittel gegen Bluthochdruck, Glaukom und Migräne. Das Guanidin-Derivat bindet als Agonist an präsynaptischen $α_2$-Rezeptoren und ist der Wirkstoffklasse der Antisympathotonika zuzuordnen.

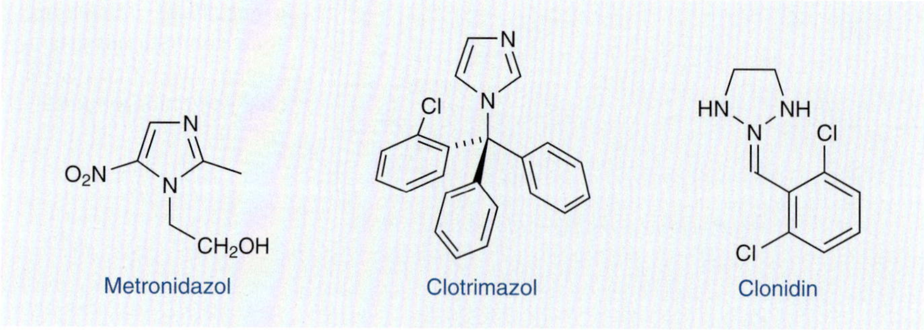


**o Abb. 30.33** Beispiele für Arzneistoffe mit Imidazol-Strukturelement

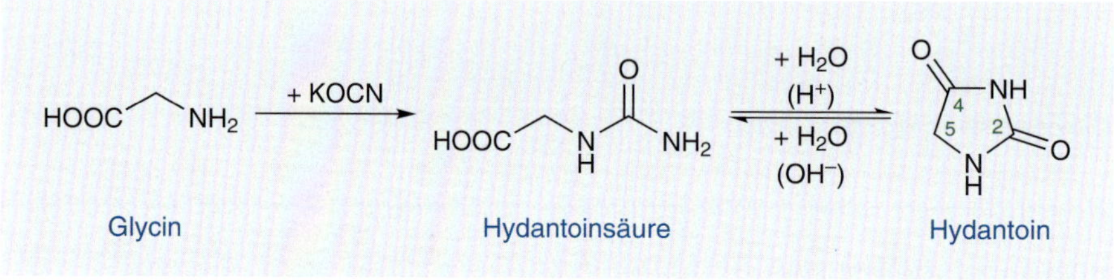


**o Abb. 30.34** Synthese von Hydantoin

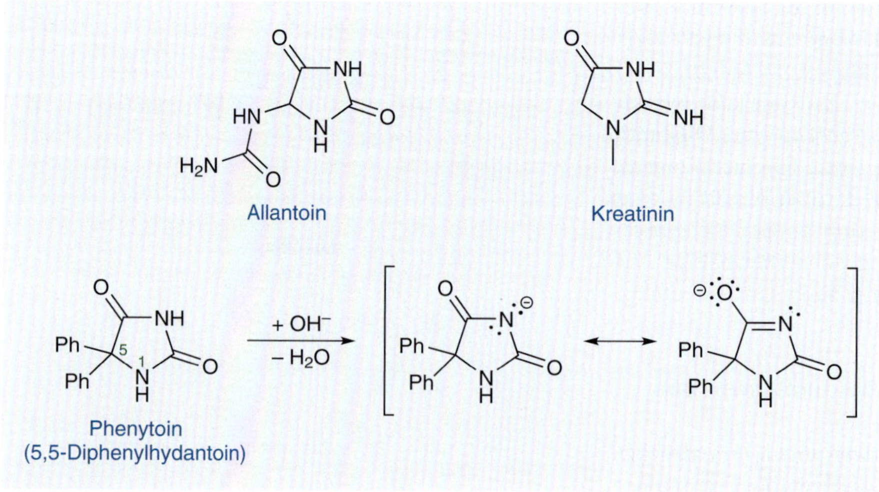


**o Abb. 30.35** Beispiele für Verbindungen mit Hydantoin-Strukturelement: Allantoin, Kreatinin (oben); NH-Acidität von Phenytoin (unten)

## Hydantoine

Hydantoine sind **cyclische Ureide**, d. h. **Acyl-Harnstoff**-Derivate, und als Imidazolidin-2,4-dione aufzufassen. Unsubstituiertes Hydantoin (Smp. 220 °C) wird durch Umsetzen von Glycin mit Kaliumcyanat (vgl. *Wöhler*sche Harnstoffsynthese, ▸Kap. 1.1) und anschließende Wasserabspaltung dargestellt (o Abb. 30.34). Hydantoin enthält eine Methylengruppe mit aciden H-Atomen in 5-Stellung, die mit Aldehyden oder Ketonen die entsprechenden Kondensationsprodukte liefert.

Die folgenden Verbindungen weisen ein Hydantoin-Strukturelement auf (o Abb. 30.35):

- **Allantoin** (5-Ureidohydantoin), ein Abbauprodukt der Harnsäure und der Purinbasen im Organismus zahlreicher Säugetiere.
- **Kreatinin** (2-Imino-1-methylimidazolidin-4-on) kann zur Bestimmung des Primärharn-Ultrafiltrationsvolumens, der sogenannten glomerulären Filtrationsrate (GFR), herangezogen werden. Da die Substanz von der Niere nicht rückresorbiert wird, können zu niedrige Kreatininwerte im Harn (d. h. zu hohe Kreatininwerte im Plasma) auf eine Nierenfunktionsstörung hindeuten.
- **Phenytoin** (5,5-Diphenylhydantoin) wird bei schwerer Epilepsie angewandt. Es blockiert spannungsabhängige $Na^+$-Kanäle. Bedingt durch die elektronenziehenden induktiven und mesomeren Effekte der Carbonylgruppen und der Phenylsubstituenten ist Phenytoin NH-acide (o Abb. 30.35, unten). Der $pK_S$-Wert beträgt ca. 8,3.

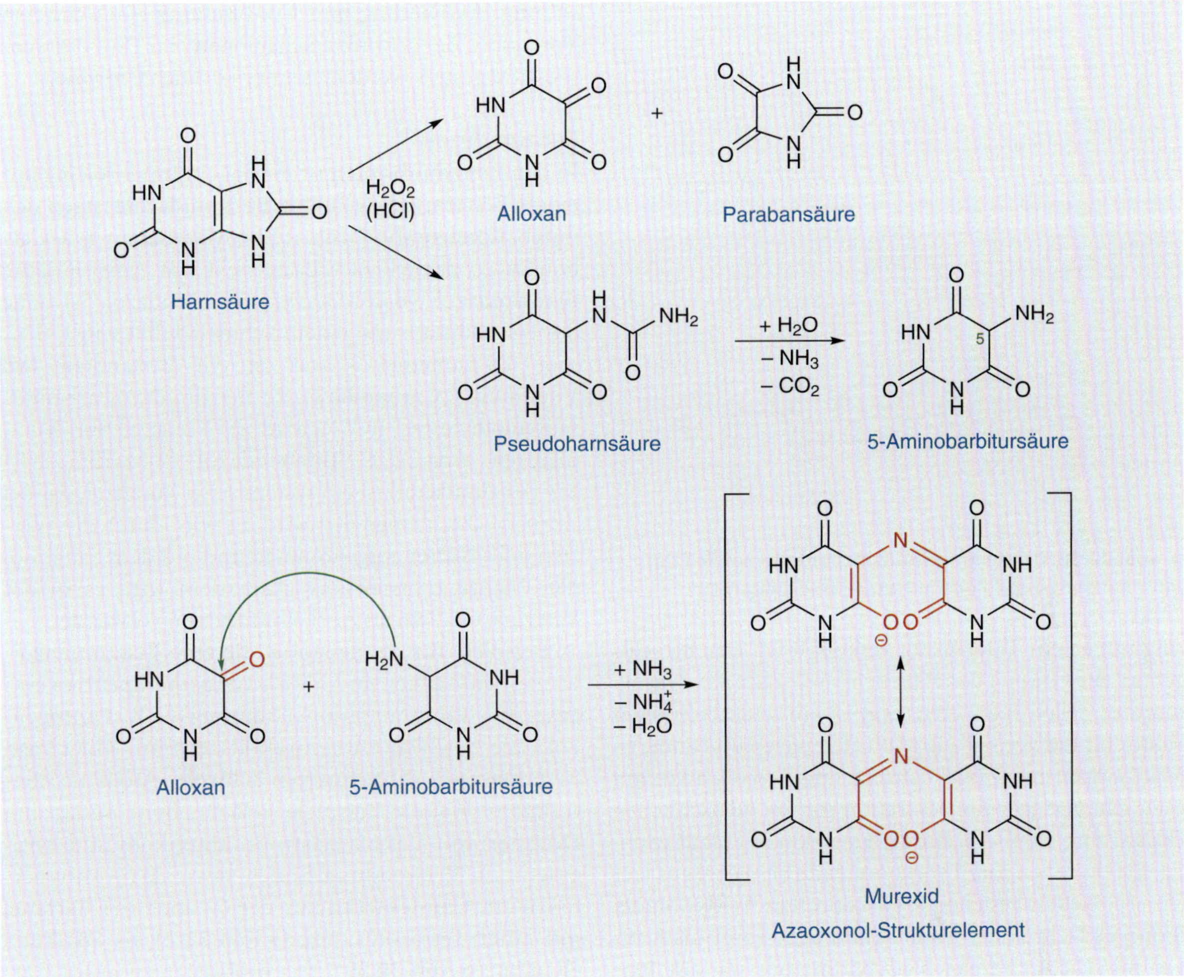


**Abb. 30.36** Murexidreaktion am Beispiel der Harnsäure

## Parabansäure

**Parabansäure** (2,4,5-Imidazolintrion, Oxalylharnstoff) erhält man aus Oxalylchlorid und Harnstoff:

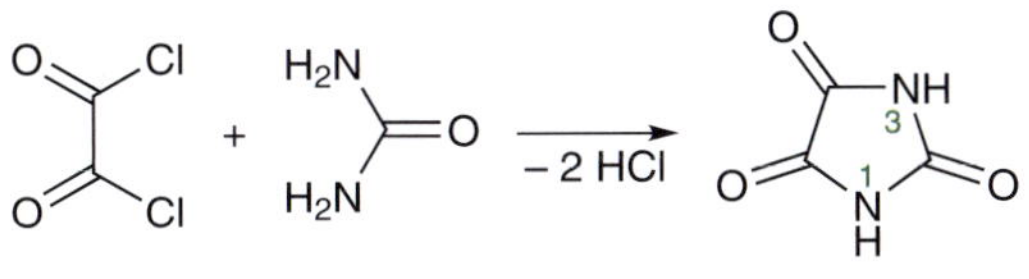


Die Verbindung entsteht auch als Zwischenprodukt der **Murexidreaktion** – der bekanntesten organisch-analytischen Nachweisreaktion auf Xanthine, die im Folgenden am Beispiel der Harnsäure, dem Endprodukt des Purinstoffwechsels, kurz erläutert wird: Der oxidativ-hydrolytische Abbau der Harnsäure führt u. a. zu 5-Aminobarbitursäure und Alloxan, das neben drei Lactam-Carbonylgruppen an Position 5 eine Keto-Funktion (Abb. 30.36, rot hervorgehoben) mit entsprechend höherer Carbonylreaktivität aufweist. Die Kondensation zum Imin und die nachfolgende Deprotonierung mit $NH_3$ führen zum Ammoniumsalz der „Purpursäure", dem sogenannten **Murexid** (lat. *Murex* = Purpurschnecke), einem Azaoxonol-Farbstoff (▸Kap. 2.5.4).

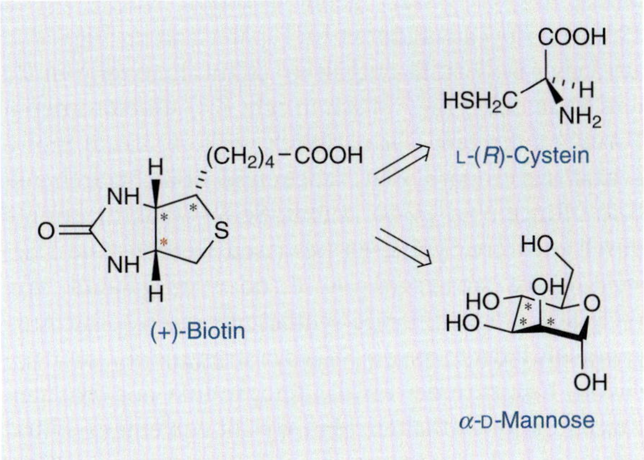


**Abb. 30.37** Retrosynthetische Analyse des Biotins unter Verwendung „chiraler Schablonen"

## Biotin

Ein weiterer Abkömmling des Imidazolidins ist **Biotin** (Vitamin H, Abb. 30.37), in dem ein Imidazolidinon-

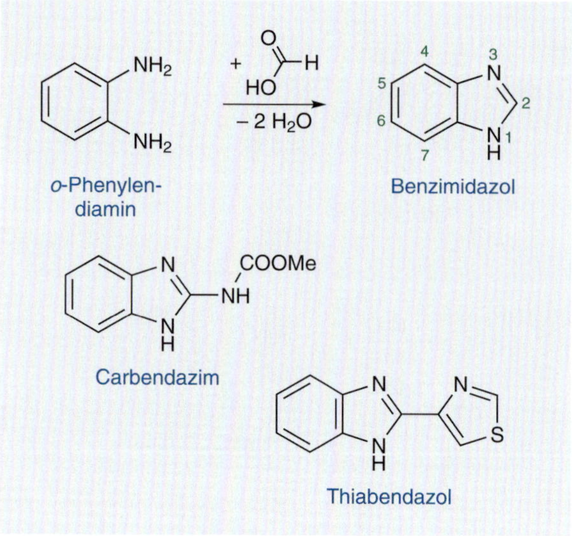


**Abb. 30.38** Darstellung von Benzimidazol sowie Pflanzenschutzmittel mit Benzimidazol-Strukturelement

ring mit einem Thiolanring verknüpft ist. Der Bicyclus gehört zur Gruppe der Biowuchsstoffe, die das Wachstum der Zellen regulieren, und ist ein unentbehrlicher Faktor für die Vermehrung von Hefepilzen und anderen Mikroorganismen. Im Pflanzen- und Tierreich kommt es in sehr geringer Konzentration vor. Im menschlichen Organismus ist es u. a. für die Funktion der Haut wichtig. Das in rohen Eiern vorkommende basische, aus vier Untereinheiten bestehende Glycoprotein **Avidin** bindet Biotin mit sehr hoher Affinität und wirkt somit als Antivitamin. Die im Vergleich zu Avidin noch stärkere Bindungsaffinität des in *Streptomyces avidinii* vorkommenden Proteins **Streptavidin** zu Biotin wird in zahlreichen biochemischen Assays genutzt. Biotin wurde zuerst 1936 von *Kögl* aus Eidotter und später von *du Vigneaud* aus Leber isoliert. Es enthält drei Chiralitätszentren (*) und kann daher theoretisch in acht ($2^3$) stereoisomeren Formen auftreten. Das natürlich vorkommende Biotin kristallisiert in farblosen Nadeln und ist rechtsdrehend; beide Ringe sind *cis*-verknüpft. Seine Struktur konnte durch mehrere Synthesen bewiesen werden. Die Darstellung ist aus D-Mannose oder ausgehend von L-Cystein möglich. Beide Synthesen nutzen somit Ausgangssubstanzen, die die Stereozentren (oder einen Teil davon) bereits in der für das Endprodukt notwendigen Konfiguration enthalten. Man spricht von einem „chiral pool". Im Falle der Mannose entstammen alle drei Chiralitätszentren des Biotins dem chiralen Zucker. Vom L-Cystein findet sich letztendlich nur das in Abb. 30.37 rot gekennzeichnete Chiralitätszentrum im Biotin wieder. Die beiden anderen Chiralitätszentren des Biotins werden stattdessen in hoch stereoselektiven Syntheseschritten erzeugt. Chirale Bausteine, die durch Derivatisierung, Aktivierung und Umwandlung eines chiralen Vorläufers, der „chiralen Schablonen", im Lauf der Synthese hergestellt werden, nennt man auch **Chirone**.

### Benzimidazole

In den **Benzimidazolen** ist formal ein Imidazolring mit einem Benzenring verknüpft. Benzimidazole lassen sich durch Kondensation von *o*-Phenylendiamin mit Carbonsäuren darstellen, z. B. entsteht mit Ameisensäure Benzimidazol (Abb. 30.38). Benzimidazol ist eine farblose Substanz mit einem Schmelzpunkt von 170 °C, sein 5,6-Dimethyl-Derivat ist ein Bestandteil von Vitamin $B_{12}$. **Carbendazim** (2-Benzimidazolcarbamidsäuremethylester, BCM) wird als Fungizid für Nutzpflanzen eingesetzt. **Thiabendazol** (2-[4-Thiazolyl]-1*H*-benzimidazol) ist ein systemisches Fungizid, das bei Zitrusfrüchten eingesetzt wird. Es wird durch die Wurzeln oder Blätter aufgenommen und mit dem Saftstrom der Pflanze transportiert. Außerdem wird es in der Veterinärmedizin als Anthelminthikum verwendet.

Beispiele für Arzneistoffe, die eine Benzimidazol-Einheit enthalten, sind die als Ulkustherapeutika eingesetzten Protonenpumpenhemmer (z. B. **Pantoprazol**). Sie besitzen ein Chiralitätszentrum mit einem asymmetrisch substituierten Schwefel-Atom als Zentralatom. Weitere Beispiele sind das Benzimidazolon **Domperidon**, das als Gastroprokinetikum und Antiemetikum Verwendung findet, sowie das Antihypertensivum **Candesartan** aus der Gruppe der Sartane, mit einer Tetrazolgruppe (▸Kap. 31.2) als Strukturelement (Abb. 30.39), das bioisoster zu einer Carbonsäure ist.

## 30.3 Oxazol, Isoxazol

### 30.3.1 Struktur und Eigenschaften

**Oxazol** (1,3-Oxazol, Abb. 30.40) ist eine bei 70 °C siedende Flüssigkeit mit einem p$K_B$-Wert von 13,2. Auch seine Derivate sind schwache, teilweise pyridinähnlich riechende Basen und gegen Alkalien beständig, sie werden aber beim Erhitzen mit starken Säuren relativ leicht hydrolytisch gespalten.

**Isoxazol** (1,2-Oxazol, Abb. 30.41) ist eine stark pyridinartig riechende Flüssigkeit mit einem Siedepunkt von 95 °C und einem p$K_B$-Wert von ca. 17. Isoxazol ist aufgrund der im Vergleich zu C—O- bzw. C—N-Bindungen schwächeren N—O-Bindung weniger stabil als Oxazol. Das Ringsystem ist zwar gegen Säuren stabil, wird jedoch reduktiv oder von Basen relativ leicht gespalten. Beispielsweise reagiert 4,5-Dimethylisoxazol in Gegenwart von Natriumalkoholat über das Anion unter Ringöffnung zum α-Cyanoketon.

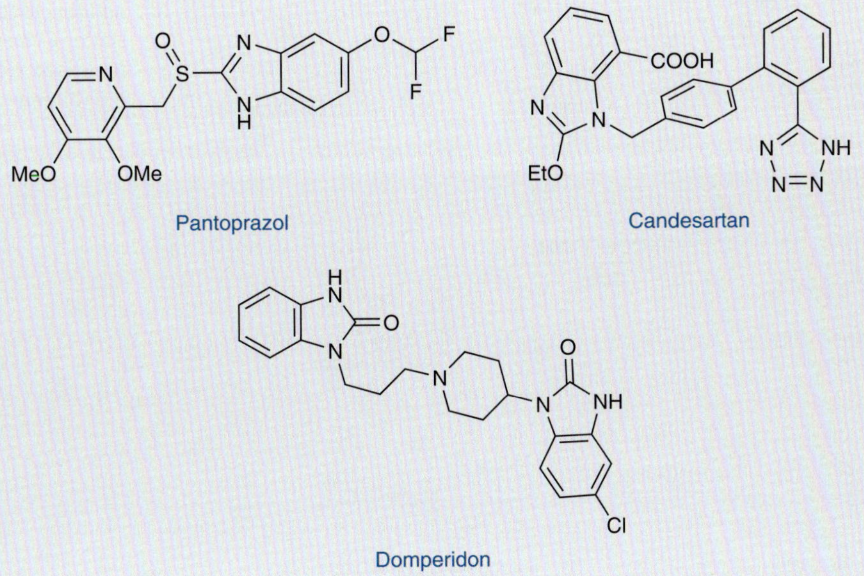


**Abb. 30.39** Arzneistoffe mit Benzimidazol-Strukturelement

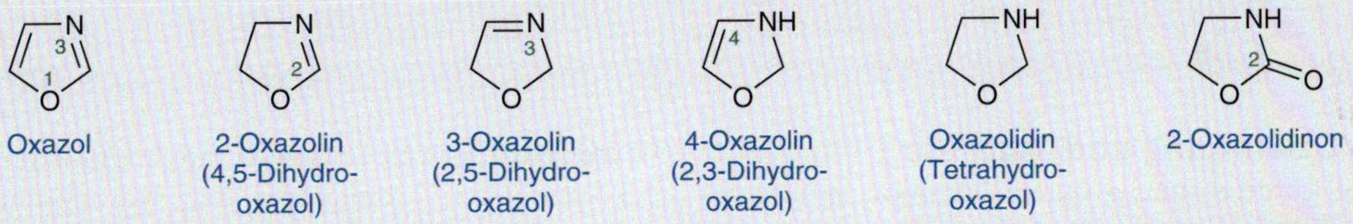


**Abb. 30.40** Oxazol sowie davon abgeleitete Derivate

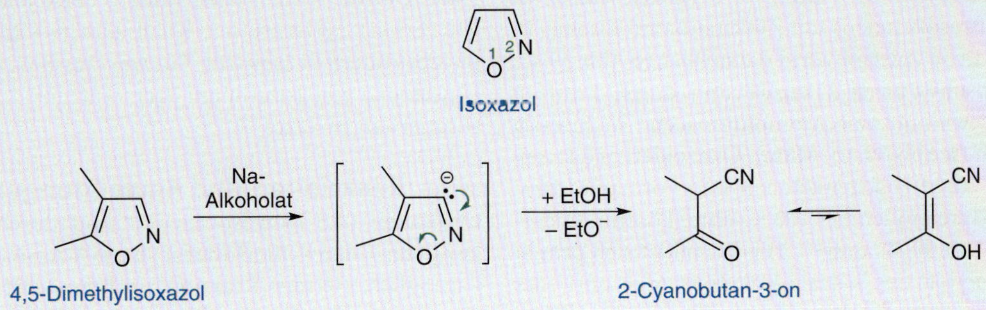


**Abb. 30.41** Isoxazole: ein Beispiel für alkalische Ringspaltung

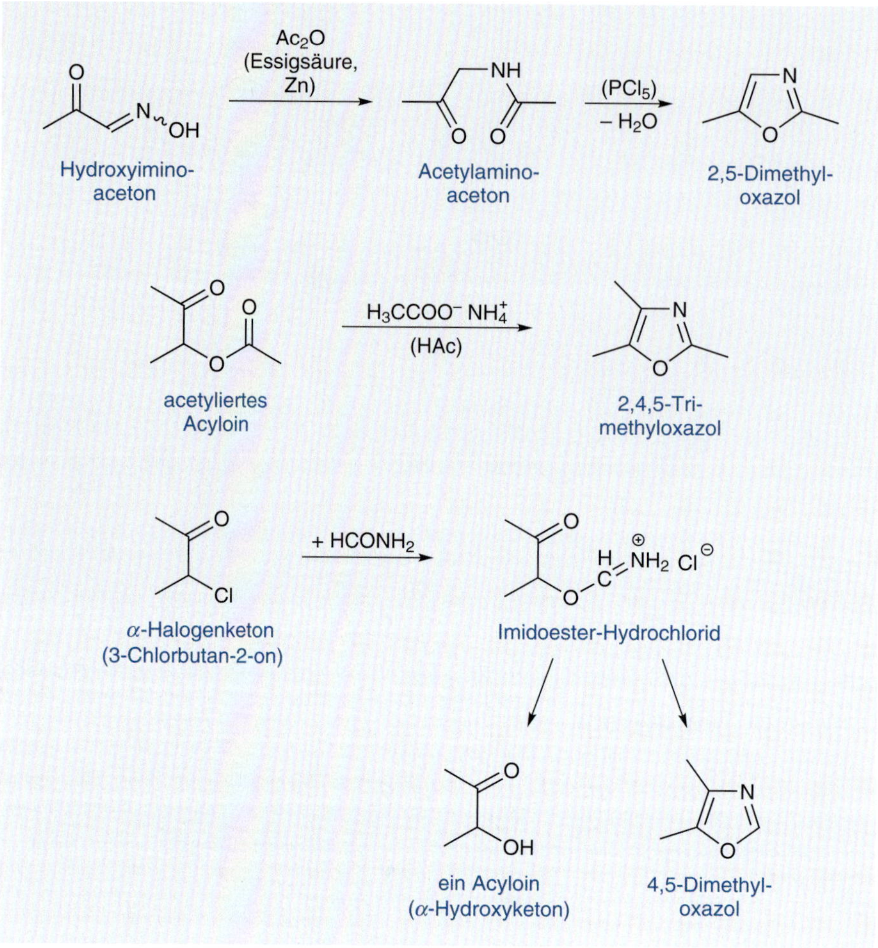


**Abb. 30.42** Synthese von Oxazolen aus acylierten Aminoketonen (oben); Darstellung von 2,4,5-Trimethyloxazol (Mitte) und 4,5-Dimethyloxazol (unten)

### 30.3.2 Gewinnung und Synthese

**Oxazol** wurde erstmalig durch Decarboxylierung der synthetisch dargestellten Oxazol-4-carbonsäure erhalten. In Anlehnung an die *Paal-Knorr*-Synthese von Furanen (▸Kap. 28.2) aus 1,4-Diketonen erhält man Oxazolderivate durch Umsetzung von acylierten Aminoketonen mit Phosphor(V)-chlorid, Thionylchlorid oder Schwefelsäure (*Robinson-Gabriel*-Synthese). Die als Edukte benötigten acylierten Aminoketone sind zum Beispiel durch Reduktion von Hydroxyiminoketonen (Isonitrosoketonen) mit Zinkstaub und Eisessig in Gegenwart von Acetanhydrid darstellbar (Abb. 30.42, oben). Trisubstituierte Oxazole sind durch Erhitzen acylierter Acyloine mit Ammoniumacetat in Eisessig zugänglich (Abb. 30.42, Mitte). Oxazolderivate lassen sich auch aus α-Halogenketonen und Formamid bzw. anderen Säureamiden bei 100 °C ohne Lösemittel darstellen (Abb. 30.42, unten). Hierbei bildet sich primär der Imidoester des α-Halogenketons, der entweder Ringschluss zum Oxazol oder Spaltung zum α-Hydroxyketon erfährt, aus dem mit Formamid Imidazole entstehen können. Setzt man jedoch Schwefelsäure zu, wird die Oxazolbildung begünstigt.

**Isoxazol**-Derivate entstehen durch Umsetzung von 1,3-Dicarbonyl-Verbindungen mit Hydroxylamin. Bei der zweifachen Wasserabspaltung wird intermediär ein Oxim gebildet (Abb. 30.43). Diese Standardmethode ähnelt der Darstellung von Pyrazolen (▸Kap. 30.1.2). Beim Einsatz von Malonaldehyddiacetal erhält man unsubstituiertes Isoxazol. Isoxazole sind darüber hinaus durch 1,3-dipolare Cycloaddition aus Alkinen und Knallsäure (Blausäureoxid, ▸Kap. 14.5) bzw. deren Alkyl-Derivaten, den Nitriloxiden, darstellbar. Acetylen (Ethin) cyclisiert mit Knallsäure (▸Kap. 14.5) zu unsubstituiertem Isoxazol. Ein weiteres Beispiel ist die Umsetzung von 2-Butin mit Propionitriloxid zu trisubstituiertem Isoxazol.

### 30.3.3 Reaktionen und Anwendungen

**Oxazoline** (4,5-Dihydrooxazole) sind durch Einwirkung von Thionylchlorid auf acylierte β-Aminoalkohole zugänglich. Bei der Reaktion wird zunächst die OH-Gruppe durch Chlor substituiert und anschließend Chlorwasserstoff abgespalten. Durch verdünnte Mineralsäuren werden die 4,5-Dihydrooxazole zu offenkettigen *O*-Acyl-Derivaten hydrolysiert (Abb. 30.44). Oxazoline sind gegen Alkalien beständig.

**Oxazolidine** lassen sich durch Reduktion von Oxazolen mit Natrium und Alkohol darstellen. Die chiralen 2-Alkyloxazolidine sind aus *β*-**Aminoalkoholen**, z. B. 2-Aminoethanol, durch Umsetzung mit Aldehyden zugänglich (○ Abb. 30.45). Als Oxoderivate des Oxazolidins sind die 2-Oxazolidone (2-Oxazolidinone) erwähnenswert, die sich ebenfalls aus *β*-Aminoalkoholen darstellen lassen, in diesem Fall durch Umsetzung mit Kohlensäurediethylester (als Ersatz für das früher verwendete toxische Phosgen) in Gegenwart von Alkalicarbonaten. Von den Oxazolidonen leiten sich die ***Evans*-Auxiliare** ab (▸ Kap. 12.1.4), die aus enantiomerenreinem Phenylalanin darstellbar sind und – wie beispielsweise (*S*)-4-(Benzyl)-2-oxazolidon – als chirale Hilfsreagenzien bei **enantioselektiven Synthesen** (▸ Kap. 12.1.4, ○ Abb. 12.42) Verwendung finden.

Bei der Reduktion von **Isoxazolen** erfolgt gewöhnlich eine Aufspaltung des Rings unter Bildung von Enaminoketonen (○ Abb. 30.46). Auch das aus 5-Phenylisoxazol und der starken *Lewis*-Säure Triethyloxoniumtetrafluoroborat zugängliche Isoxazolium-Salz erfährt in Gegenwart von Basen eine Ringöffnung zu einem Ketoketenimin.

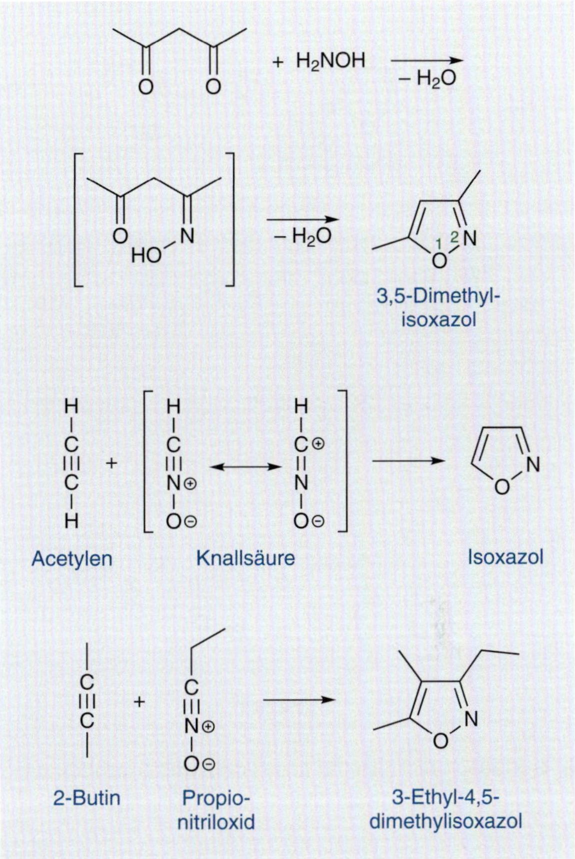


○ **Abb. 30.43** Darstellung von Isoxazol und seinen Alkylderivaten mittels Cyclokondensation und 1,3-dipolarer Cycloaddition

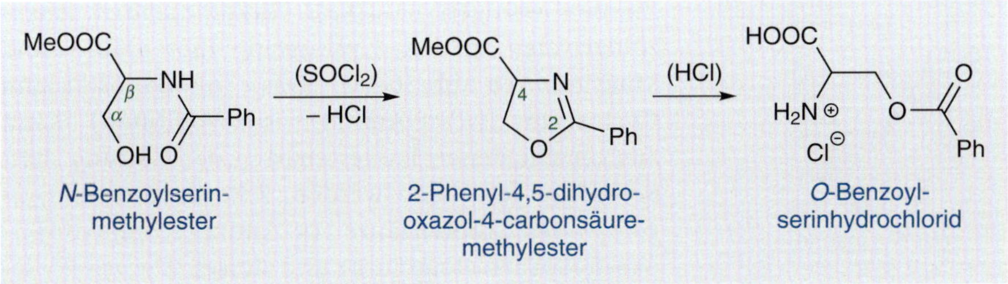


○ **Abb. 30.44** Synthese und saure Spaltung von 4,5-Dihydrooxazolen

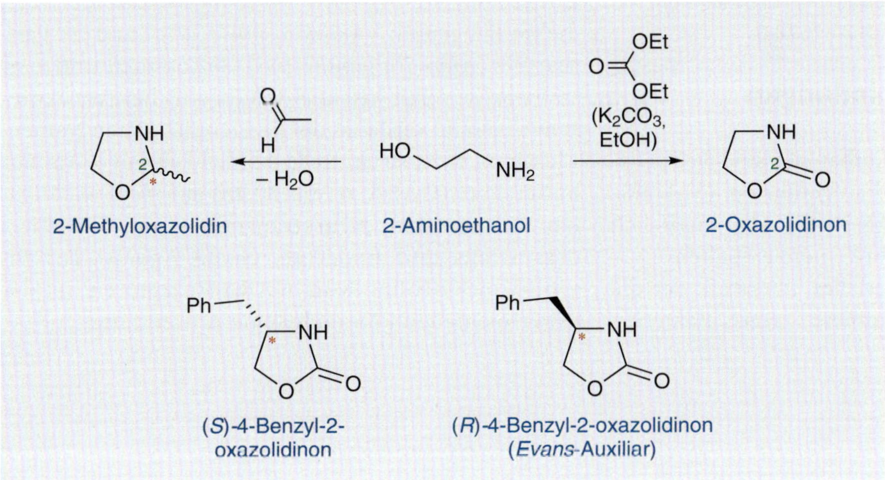


○ **Abb. 30.45** Darstellung von Oxazolidin bzw. Oxazolidon und Struktur der beiden Enantiomere des daraus abgeleiteten *Evans*-Auxiliars

30

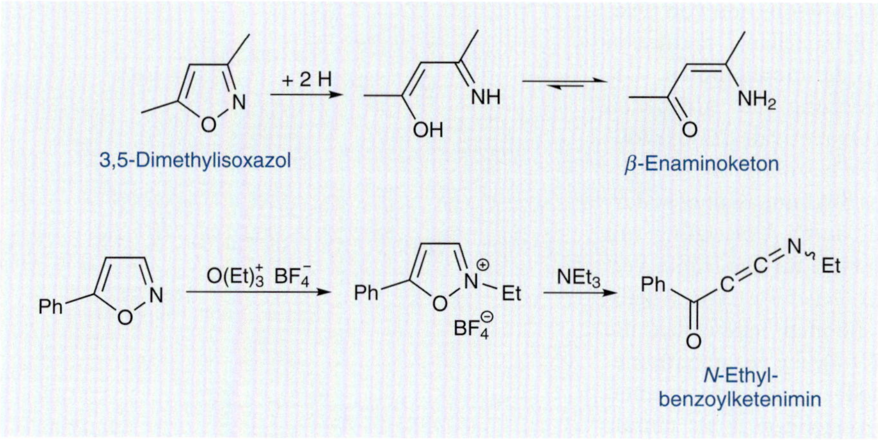


**○ Abb. 30.46** Reduktive (oben) und *Lewis*-Säure-induzierte (unten) Ringöffnung von Isoxazolen

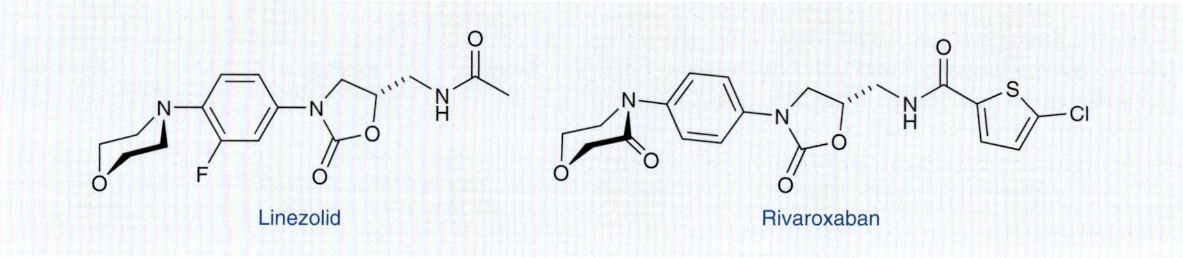


**○ Abb. 30.47** Beispiele für Arzneistoffe mit Oxazolidinon-Strukturelement

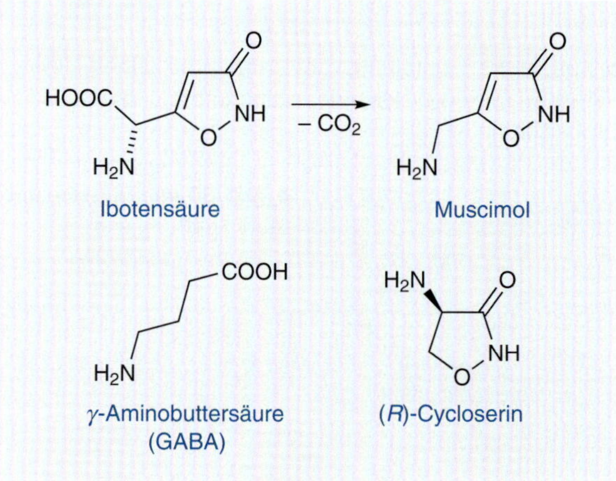


**○ Abb. 30.48** Naturstoffe mit Isoxazol-Strukturelement und Struktur der γ-Aminobuttersäure (GABA)

## 30.3.4 Ausgewählte Verbindungen

### Oxazolidinone

Vertreter dieser cyclischen Carbamate sind beispielsweise die beiden nachfolgend aufgeführten, (*S*)-konfigurierten Arzneistoffe (○ Abb. 30.47), die zusätzlich jeweils ein Morpholin-Strukturelement enthalten:

- **Linezolid** ist ein antibakterieller Wirkstoff, der die ribosomale Proteinbiosynthese von Bakterien hemmt.
- **Rivaroxaban** ist ein zur Thromboseprophylaxe einsetzbarer, peroral applizierbarer, antikoagulativ wirkender Faktor-Xa-Inhibitor.

### Isoxazol-Strukturen bei Naturstoffen

Zu den wenigen natürlich vorkommenden Isoxazolderivaten zählen Cycloserin, Ibotensäure und Muscimol (○ Abb. 30.48). Das Tuberkulostatikum **Cycloserin** ((*R*)-4-Amino-3-isoxazolidinon) kann aus verschiedenen Bakterienarten der Gattung *Actinomycetes* gewonnen werden, z. B. aus *Streptomyces garyphalus*. **Ibotensäure** (α-Amino-2,3-dihydro-3-oxo-5-isoxazolessigsäure) und dessen Decarboxylierungsprodukt **Muscimol** (5-(Aminomethyl)-3(2*H*)-isoxazolon) sind toxisch wirkende Isoxazolderivate, die im Fliegenpilz (*Amanita musacaria*) und im Pantherpilz (*Amanita pantherina*) vorkommen und zentralnervöse sowie insektizide Wirkung besitzen – diesem Umstand verdankt der Fliegenpilz seinen Namen. Muscimol weist strukturelle Ähnlichkeit mit γ-Aminobuttersäure (GABA, ○ Abb. 30.48) auf, dem wichtigsten hemmenden Neurotransmitter im Säugetierorganismus und findet als GABA-Agonist zur *In-vitro*-Untersuchung von GABA-Rezeptoren in der experimentellen Pharmakologie Anwendung.

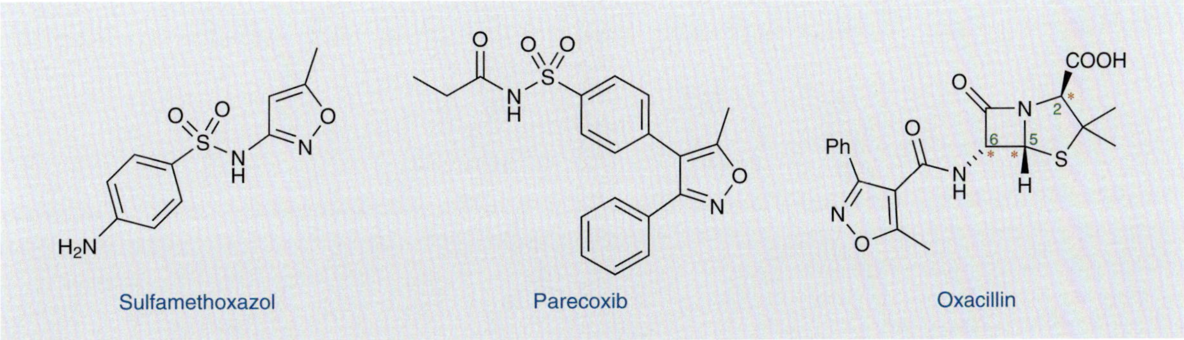


**Abb. 30.49** Beispiele für Arzneistoffe mit Isoxazol-Strukturelement

### Isoxazol-Strukturen bei Arzneistoffen

Die Strukturformeln ausgewählter Arzneistoffe mit Isoxazol-Strukturelementen sind in **Abb. 30.49** dargestellt. $N^1$-(5-Methylisoxazol-3-yl)sulfanilamid (**Sulfamethoxazol**, ▸Kap. 19.3.4) ist ein antibakteriell wirksames Depotsulfonamid. **Parecoxib** ist ein nichtsteroidales Antirheumatikum (NSAR) aus der Wirkstoffgruppe der Cyclooxygenase-2-Inhibitoren (COX-2). In dem Penicillinderivat **Oxacillin**, einem *β*-Lactam-Antibiotikum, das drei Chiralitätszentren (2*S*,5*R*,6*R*) aufweist, hat die phenylsubstituierte Isoxazolyl-Struktur eine Erhöhung der *β*-Lactamase-Stabilität zur Folge. Dadurch wird eine enzymatische Inaktivierung des Wirkstoffs durch das Bakterium reduziert bzw. verhindert.

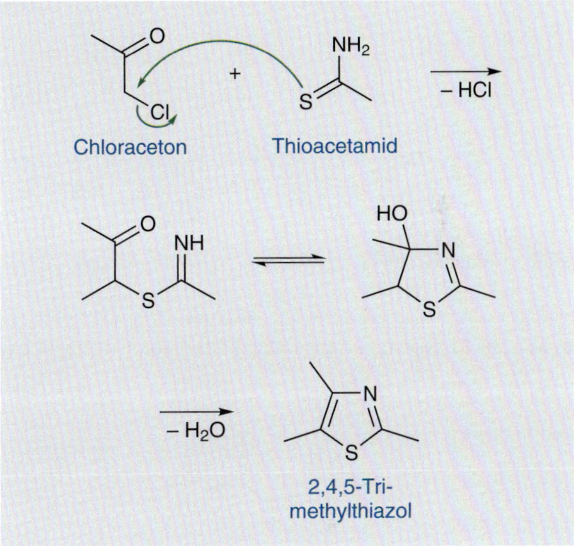


**Abb. 30.50** Thiazolsynthese nach *Hantzsch*

## 30.4 Thiazol, Isothiazol

### 30.4.1 Struktur und Eigenschaften

**Thiazol** ist eine bei einer Temperatur von 115–118 °C siedende, farblose bis schwach gelbe Flüssigkeit mit charakteristischem, fauligem Geruch, die ähnliche physikalische und chemische Eigenschaften wie Pyridin (Sdp. 115 °C) aufweist. So finden elektrophile Substitutionsreaktionen z. B. nur sehr langsam statt. Thiazole reagieren in wässriger Lösung neutral, bilden aber mit Mineralsäuren beständige Salze ($pK_S$-Wert des Thiazolium-Kations: 2,5), die in Wasser sauer reagieren. **Isothiazol** ist eine farblose, neutrale Flüssigkeit mit einem Siedepunkt von 115 °C, die nach Pyridin riecht und sich mit anderen organischen Lösemitteln gut mischt. Der Heteroaromat ist eine sehr schwache Base mit einem $pK_B$-Wert von 14,5.

### 30.4.2 Gewinnung und Synthese

Bei der **Thiazolsynthese nach *Hantzsch*** entstehen Thiazolderivate durch Kondensation von *α*-Halogenketoverbindungen mit Thioamiden (▸Kap. 30.2.2) in einer **Tandemreaktion**, wobei als erster Schritt eine nucleophile Substitution des Halogenatoms durch den Schwefel erfolgt (**Abb. 30.50**). Thiazol selbst ist so aus Chloracetaldehyd und Thioformamid zugänglich. Letzteres erhält man aus Thioameisensäureethylester und Ammoniak bei 0 °C in 90%iger Ausbeute.

> **MERKE** Unter einer **Tandemreaktion** (Dominoreaktion, sequenzielle Transformation, konsekutive Reaktion) versteht man eine Folge von Reaktionsschritten, bei der nacheinander mehrere Bindungen geknüpft oder gelöst werden, ohne dass Zwischenstufen isoliert werden müssen.

In Anlehnung an die Darstellung von Thiophenderivaten aus 1,4-Dioxo-Verbindungen (▸Kap. 28.3) sind insbesondere 2,5-disubstituierte Thiazole durch Umsetzung acylierter Aminoaldehyde oder Aminoketone mit Tetraphosphordecasulfid zugänglich.

30

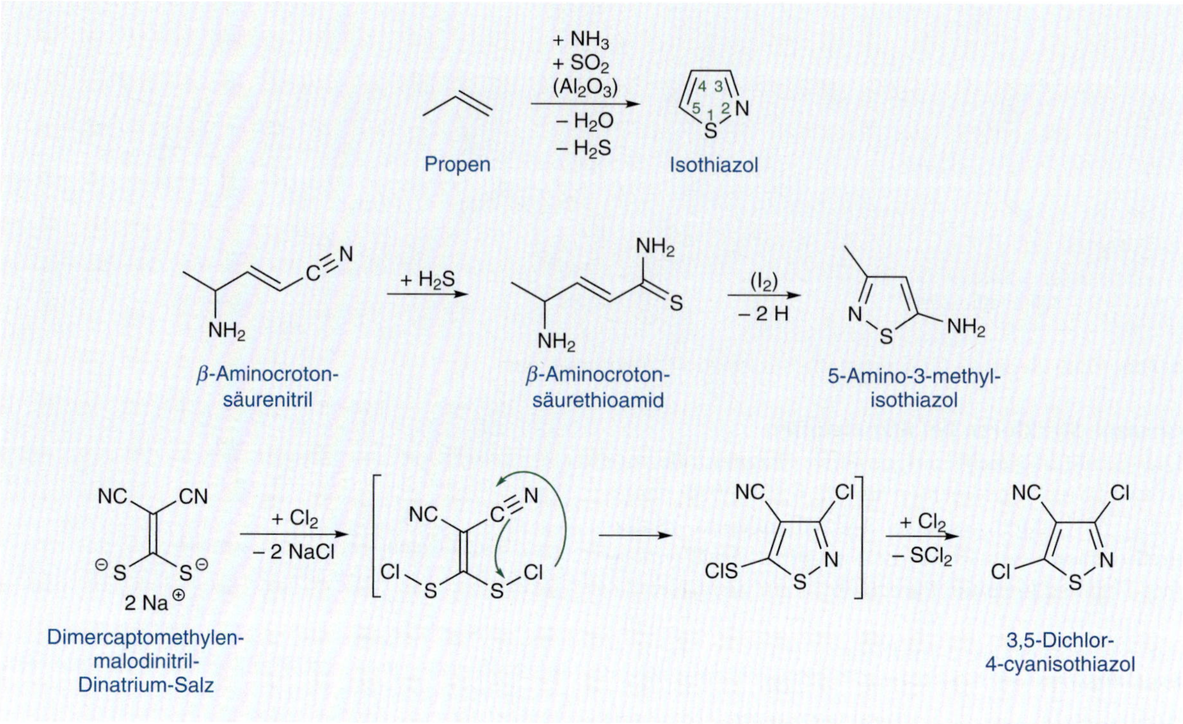


**Abb. 30.51** Darstellungsmöglichkeiten von Isothiazol bzw. Isothiazolderivaten

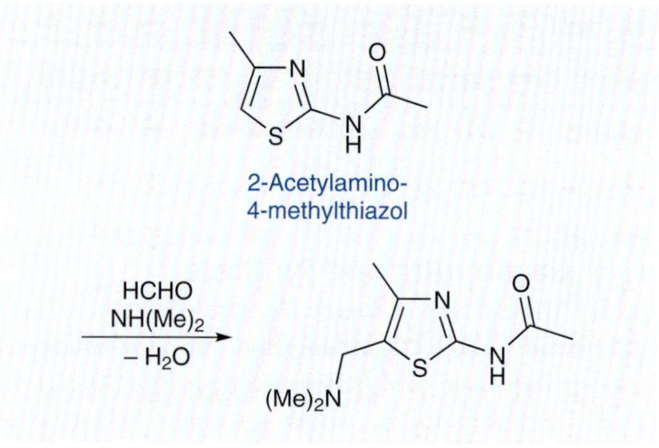


**Abb. 30.52** *Mannich*-Reaktion als Beispiel einer $S_EAr$-Reaktion an einem Thiazol

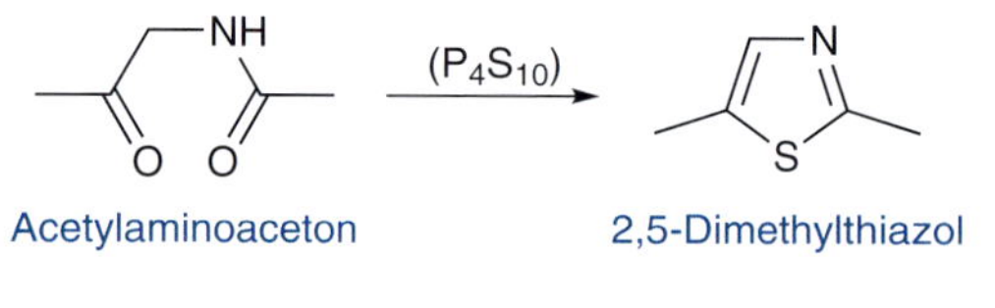


Abb. 30.51 zeigt verschiedene Möglichkeiten der Darstellung von **Isothiazol** und seinen Derivaten. Isothiazol erhält man durch Gasphasenreaktion von Propen, Ammoniak und Schwefeldioxid am aktivierten Aluminiumoxid-Kontakt bei 200 °C im Sinne einer oxidativen Cyclisierung. Bei der Einwirkung von Schwefelwasserstoff auf Diacetonitril ($\beta$-Aminocrotonosäurenitril) entsteht das $\beta$-Aminocrotonsäurethioamid, das durch oxidativen Ringschluss, z. B. mit Iod in Pyridin, in das 5-Amino-3-methylisothiazol übergeht. Eine einfache Synthese des Isothiazolsystems gelingt durch Chlorierung des Dinatriumsalzes des aus Malonsäuredinitril und Schwefelkohlenstoff zugänglichen 1,1-Dicyan-2,2-dimercaptoethylens (Dimercaptomethylenmalodinitril) unter Abspaltung von Schwefeldichlorid zum 3,5-Dichlor-4-cyanisothiazol.

### 30.4.3 Reaktionen und Anwendungen

**Thiazol** kann als „Azathiophen" betrachtet werden, d. h. als ein Thiophen, bei dem eine Methin-Einheit durch ein elektronegativeres Stickstoffatom ersetzt ist. Demzufolge sind typische **$S_EAr$-Reaktionen**, wie beispielsweise die Nitrierung, Halogenierung oder Sulfonierung, beim Thiazol im Vergleich zu $\pi$-elektronenreichen Aromaten mit lediglich einem Heteroatom erschwert. Wenn in 2-Stellung des Thiazolkerns eine elektronenschiebende Gruppe wie $NH_2$ oder OH steht, die einen $+M$-Effekt aufweist und somit die Elektronendichte im Ring erhöht, finden die elektrophile Substitutionen bevorzugt in 5-Stellung statt: Ein Beispiel ist die *Mannich*-Reaktion (▸Kap. 12.1.3) des 2-Acetylamino-4-methylthiazols zum aminoalkylierten Derivat (Abb. 30.52).

Gegenüber Oxidationsmitteln sind die Thiazole weitgehend resistent, und auch Salpetersäure wirkt in der Hitze kaum auf die Verbindungen ein. Von Reduktionsmitteln werden Thiazole entweder gar nicht oder höchstens unter Ringaufspaltung angegriffen. Daher lassen sich **Dihydrothiazole** sowie **Thiazolidine** nicht durch katalytische Hydrierung von Thiazol, sondern

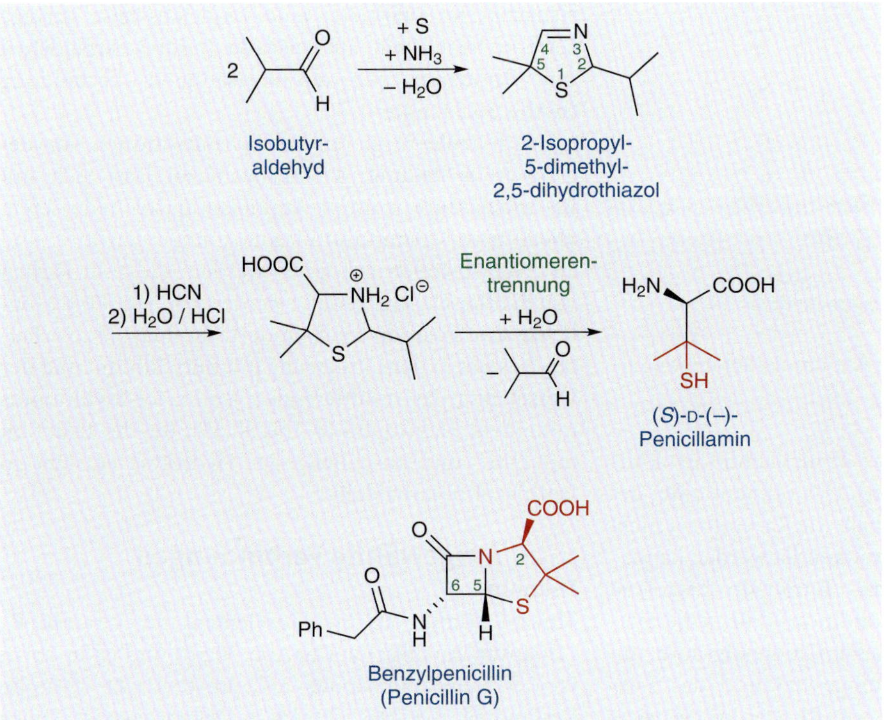


**○ Abb. 30.53** Darstellung von Penicillamin über ein Thiazolinderivat (oben) und Thiazolidin als Strukturelement in Penicillinen (unten)

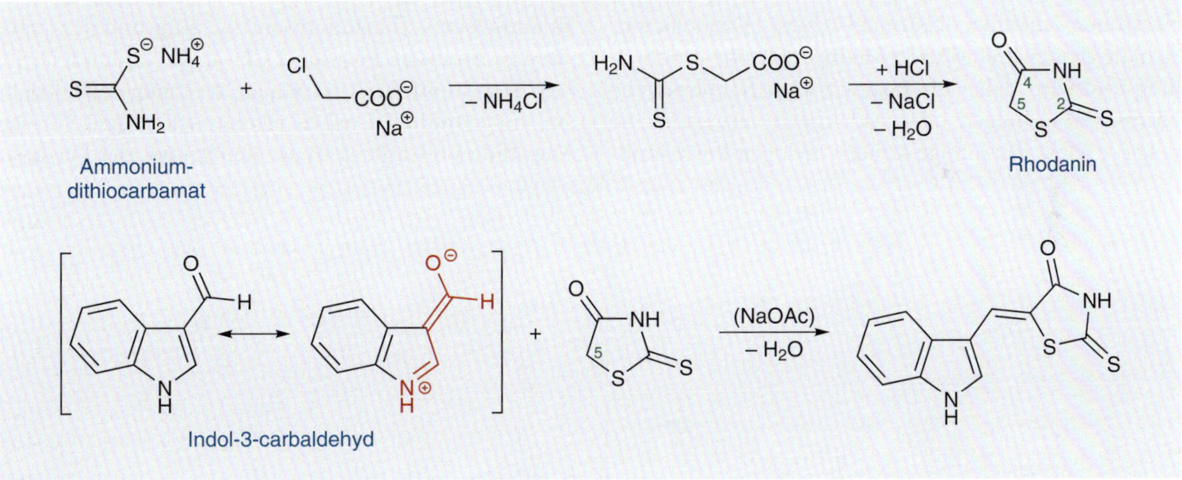


**○ Abb. 30.54** Darstellung und CH-Reaktivität von Rhodanin

nur direkt über Kondensationsreaktionen darstellen. Ein Beispiel hierfür ist die technische Darstellung von **D-Penicillamin** (○ Abb. 30.53): Durch Cyclisierung von Isobutyraldehyd zum entsprechenden 2,5-Dihydrothiazolderivat, Addition von Blausäure an die Iminogruppe unter Bildung des Nitrils und anschließende salzsaure Hydrolyse erhält man das Hydrochlorid des Thiazolidincarbonsäure-Derivats. Die Spaltung des gegen Hydrolyse sehr beständigen, in Position 2 substituierten Thiazolidinrings zu D,L-Penicillamin gelingt durch azeotropes Entfernen des Isobutyraldehyds mit Wasserdampf. Die Trennung des Racemates erfolgt über die Salzbildung mit einer chiralen Base, z. B. L-Lysin. Bei der Anwendung des CIP-Systems ist zu beachten, dass die $(H_3C)_2CSH$-Gruppe (rot hervorgehoben in ○ Abb. 30.53) Vorrang vor der COOH-Gruppe hat und Penicillamin daher *S*-Konfiguration aufweist. D-(–)-Penicillamin – andere Bezeichnungen: D-(–)-2-Amino-3-mercapto-3-methylbuttersäure, D-(–)-*β*,*β*-Dimethylcystein, D-(–)-*β*-Mercaptovalin – kann als Dimethylderivat des Cysteins aufgefasst werden. Früher wurde es aus Penicillin gewonnen, in dem es als ein Bestandteil enthalten ist. D-Penicillamin (Metalcaptase®, Trolovol®) ist als Chelatbildner bei Schwermetallvergiftungen wirksam. Es wird auch zur Behandlung der chronischen Arthritis eingesetzt. ○ Abb. 30.53 zeigt die Strukturformel des (2*S*,5*R*,6*R*)-konfigurierten **Benzylpenicillins**, des ersten in der Medizin eingesetzten

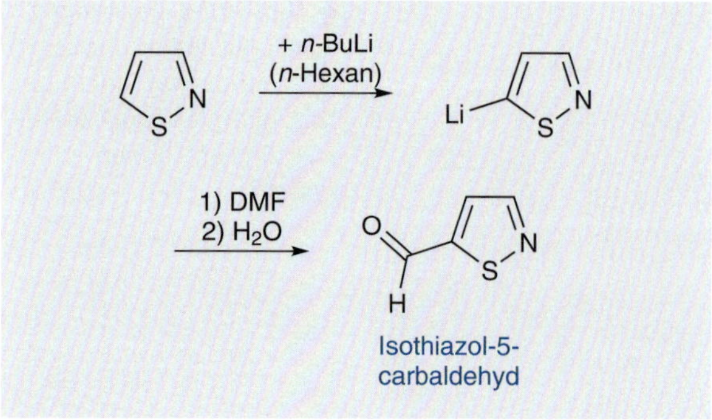


**o Abb. 30.55** Formylierung von Isothiazol über intermediäre Lithiierung

*β*-Lactam-Antibiotikums (das Penicillamin-Strukturelement ist rot gekennzeichnet). Das L-Enantiomer des Penicillamins ist toxisch, weshalb die Racemform nicht zu therapeutischen Zwecken verwendet werden kann.

Ein Derivat des Thioazolidins (Tetrahydrothiazol) ist **Rhodanin** (2-Thioxo-4-thiazolidinon). Für seine Synthese wird das Natriumsalz der Chloressigsäure mit Ammoniumdithiocarbamat umgesetzt und das Zwischenprodukt mit Salzsäure zu Rhodanin cyclisiert (o Abb. 30.54, oben). Rhodanin besitzt aufgrund der elektronenziehenden Carbonyl- bzw. Dithiolactonstrukturelemente eine acide Methylengruppe in 5-Stellung und wird daher als Reagenz zum Nachweis von Nitrosoverbindungen oder Aldehyden verwendet. So reagiert selbst der infolge seiner vinylogen Formamidstruktur (rot markiert) eine vergleichsweise geringe Carbonylreaktivität aufweisende Indol-3-carbaldehyd mit Rhodanin zur *α*,*β*-ungesättigten Verbindung (o Abb. 30.54, unten).

**Isothiazole** reagieren bei **$S_E$Ar-Reationen** vorwiegend in 4-Stellung. 4-Nitroisothiazol lässt sich mit Eisen/Salzsäure zum 4-Aminoisothiazol reduzieren. Die 4- bzw. 5-Aminoisothiazole können diazotiert und zu Azofarbstoffen gekuppelt werden, die zum Färben von Synthesefasern genutzt werden können. Eine Möglichkeit, in Position 5 substituierte Isothiazole zu erhalten, besteht in der Lithiierung mit Butyllithium und der Umsetzung des resultierenden Isothiazol-5-yllithiums mit einem Elektrophil (o Abb. 30.55). Bei der Reaktion mit DMF und anschließender Hydrolyse entsteht so Isothiazol-5-carbaldehyd.

## 30.4.4 Ausgewählte Verbindungen

### Thiamin

Thiazol kommt als Strukturelement im **Vitamin $B_1$** (Thiamin, Aneurin) vor (o Abb. 30.56) und ist in Form von Thiamindiphosphat als prosthetische Gruppe Bestandteil der Decarboxylase-Dehydrogenase, einer von drei Untereinheiten der Pyruvat-Dehydrogenase. Thiamin ist ein Thiazoliumsalz und aufgrund des quartären N-Atoms an Position 2 CH-acide, wodurch leicht eine Deprotonierung zu einem mesomeriestabilisierten, **nucleophilen Carben** erfolgt (▸Kap. 30.2.3). Der Angriff dieses Carbens an der Ketogruppe des Pyruvats

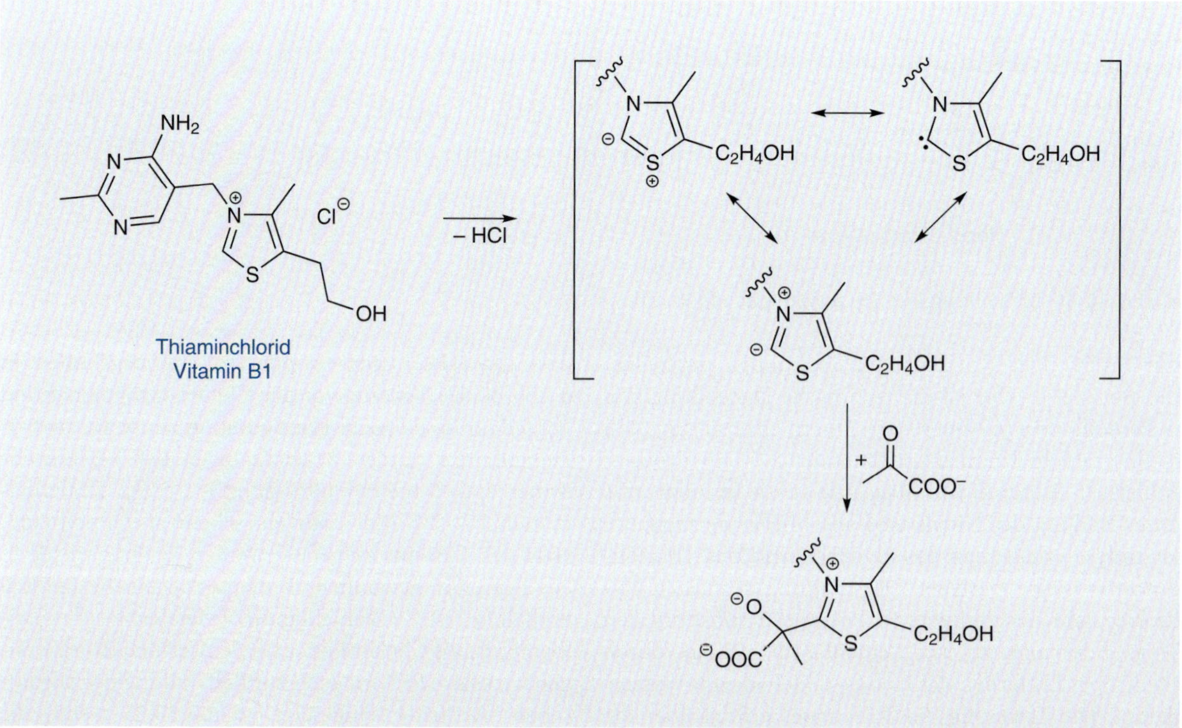


**o Abb. 30.56** Thiamin ist als Vorläufer für ein nucleophiles Carben an der oxidativen Decarboxylierung von Pyruvat beteiligt.

leitet die oxidative Decarboxylierung bei der Biosynthese von Acetyl-CoA ein.

### *β*-Lactam-Antibiotika

Im Jahre 1928 entdeckte *Fleming*, dass verschiedene Schimmelpilzkulturen, vor allem *Penicillium notatum* (◦ Abb. 30.57), Wirkstoffe erzeugen, die als Antibiotika bei bakteriellen Infektionskrankheiten wirken. Dem **Penamsystem** (4-Thia-1-azabicyclo[3.2.0]heptan-7-on) liegt ein Thiazolidinring zugrunde, der mit einem *β*-Lactam-Ring verknüpft ist. Die bisher bekannten natürlich vorkommenden und die partialsynthetischen Penicilline unterscheiden sich durch den Substituenten R (◦ Abb. 30.58). Infolge der hydrolytischen Instabilität des *β*-Lactam-Rings der meisten natürlich vorkommenden Penicilline wird nur noch das **Penicillin G** als Arzneistoff verwendet, und zwar als Kaliumsalz oder als schwer lösliches Salz mit organischen Basen wie *N,N'*-Dibenzylethylendiamin oder Procain. Durch chemische oder enzymatische Abspaltung des Phenylessigsäurebausteins aus dem Penicillin G erhält man die **6-Aminopenicillansäure** (6-APA), aus der sich durch erneute Acylierung der freien Aminogruppe partialsynthetisch andere Penicillin-Derivate herstellen lassen. Ein wichtiger Vertreter dieser Gruppe ist **Ampicillin** (◦ Abb. 30.58). Es ist säurestabil und kann daher oral eingenommen werden. Außerdem ist es gegen das Bakterienenzym *β*-Lactamase (Penicillinase, siehe unten) stabil und wirkt sowohl gegen grampositive als auch gramnegative Bakterien („Breitbandantibiotikum"). Die in den letzten Jahrzehnten entwickelten Penicilline sind meist mit Ampicillin chemisch verwandt.

Ähnliche Bausteine liegen dem Ringsystem der von Schimmelpilzen der Gattung *Acremonium* biosynthetisierten **Cephalosporine** zugrunde, bei denen eine der

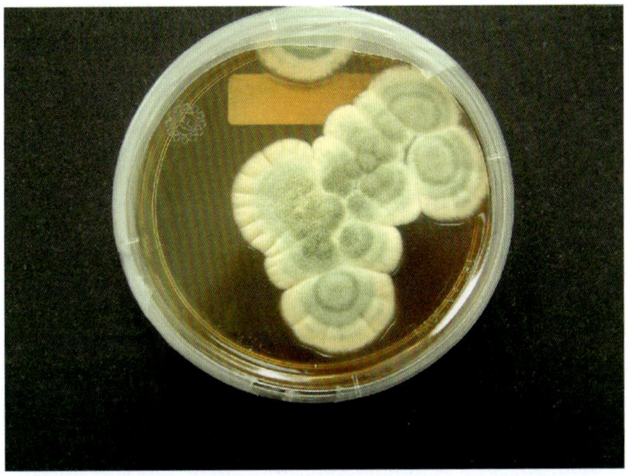

◦ **Abb. 30.57** *Penicillium notatum* (Syn.: *Penicillium chrysogenum*)

Methylgruppen des Valins in den Dihydrothiazin-Ring eingebaut ist.

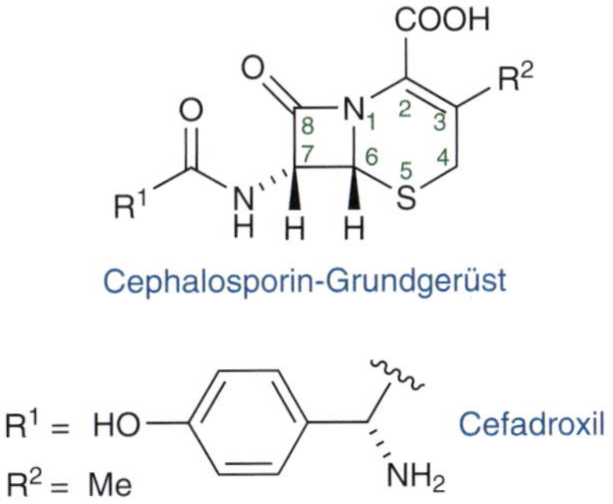


Durch unsachgemäße Anwendung von *β*-Lactam-Antibiotika in der Medizin, der Tierernährung und in der Landwirtschaft kam es weltweit zur Entwicklung einer bedrohlichen Antibiotikaresistenz. Im Zuge einer groß

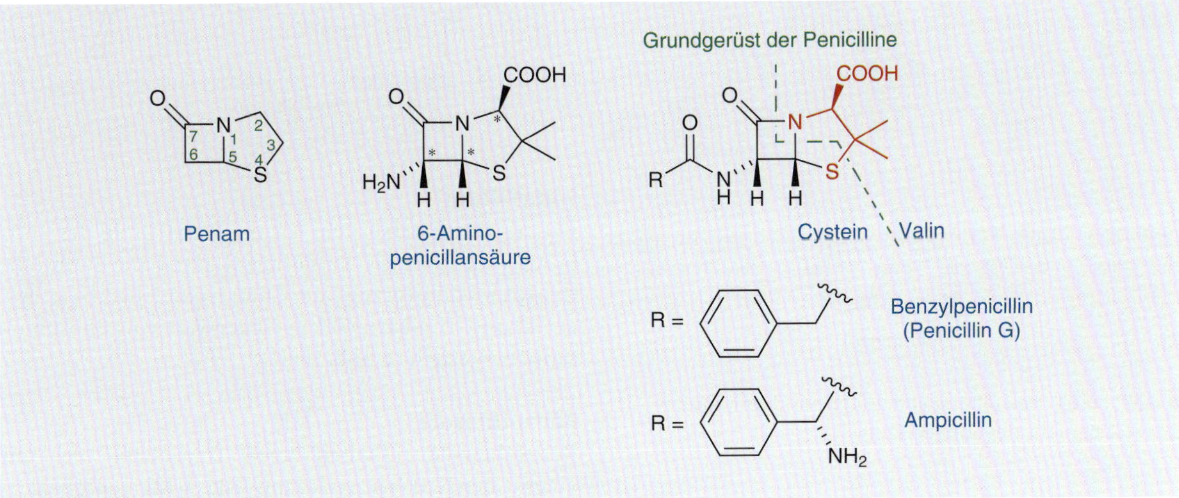


◦ **Abb. 30.58** Penicilline enthalten einen Thiazolidinring. Die reaktive Gruppe ist die *β*-Lactam-Einheit. Die grün gestrichelte Linie in der Grundgerüstformel der Penicilline macht deutlich, dass das Ringsystem die Bausteine D-Valin und L-Cystein enthält, die Penicillamin-Partialstruktur ist rot hervorgehoben.

30

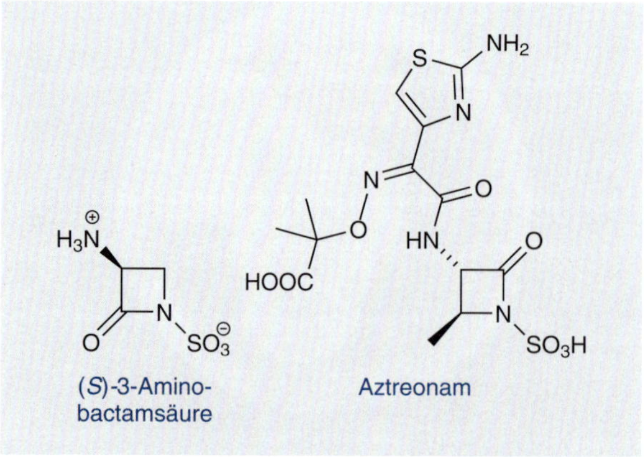


**Abb. 30.59** 3-Aminobactamsäure sowie das von diesem Heterocyclus abgeleitete β-Lactam-Antibiotikum Aztreonam

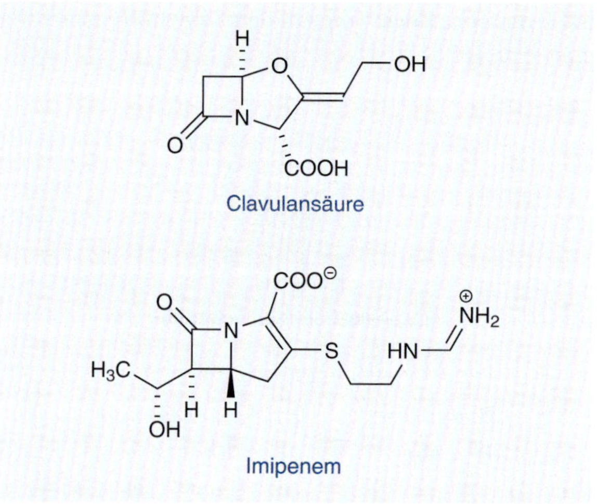


**Abb. 30.60** Der β-Lactamase-Inhibitor Clavulansäure (ein Oxapenam) sowie das lactamasestabile Antibiotikum Imipenem

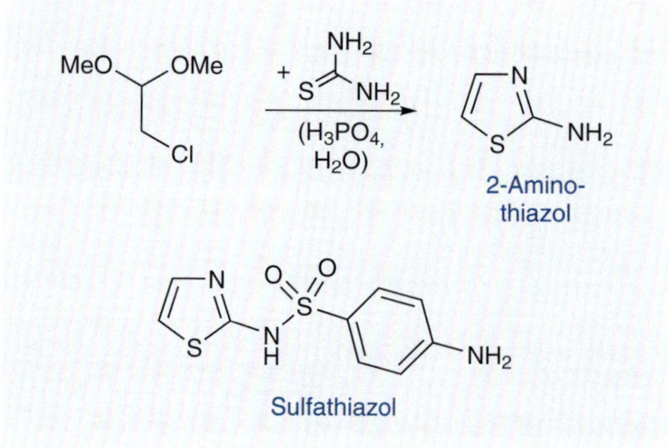


**Abb. 30.61** Darstellung von 2-Aminothiazol, einem Strukturelement des Sulfathiazols

angelegten Untersuchung von Mikroorganismen auf ihre Fähigkeit zur Erzeugung neuer, antibiotisch wirksamer β-Lactame wurden 1981 Bakterien gefunden, die ein monocyclisches β-Lactam (**Monobactam**) enthalten. Es leitet sich von der (*S*)-3-Aminobactamsäure (Abb. 30.59) ab. Durch Variation des Grundgerüstes und der Aminoacylseitenkette wurde **Aztreonam** entwickelt, das gegen gramnegative, aerobe Bakterien sehr wirksam ist.

Bakterien sind u. a. deswegen gegen β-Lactam-Antibiotika resistent, weil sie Enzyme aus der β-Lactamase-Gruppe (Penicillinase) besitzen. **β-Lactamasen** spalten die intramolekulare Säureamidbindung im β-Lactam-Ring, wodurch die Antibiotika inaktiviert werden. Die in einigen *Streptomyces*-Stämmen vorkommende **Clavulansäure**, (2*R*,5*R*)-(*Z*)-3-(2-Hydroxyethyliden)-7-oxo-4-oxa-1-azabicyclo[3.2.0]heptan-2-carbonsäure (Abb. 30.60), enthält einen Oxazolidinring. Clavulansäure besitzt keine nennenswerte antibiotische Aktivität, wirkt aber als Inhibitor der β-Lactamasen und führt so zu einer Aktivitätssteigerung von β-Lactam-Antibiotika gegenüber resistenten Erregern. In der Stoffgruppe der **Carbapeneme** (z. B. **Imipenem**, 1-Azabicyclo[3.2.0]hepten-7-on, Abb. 30.60) ist der Schwefel des Penamsystems durch Kohlenstoff ersetzt, was zu einer Verbreiterung des antibakteriellen Spektrums führt.

### Thiazolidindione

Zu den therapeutisch bei *Diabetes mellitus* Typ II eingesetzten Arzneistoffen mit Thiazolidindion-Fragment (Glitazone) gehört z. B. das chirale und eine Amidinstruktur aufweisende **Rosiglitazon**.

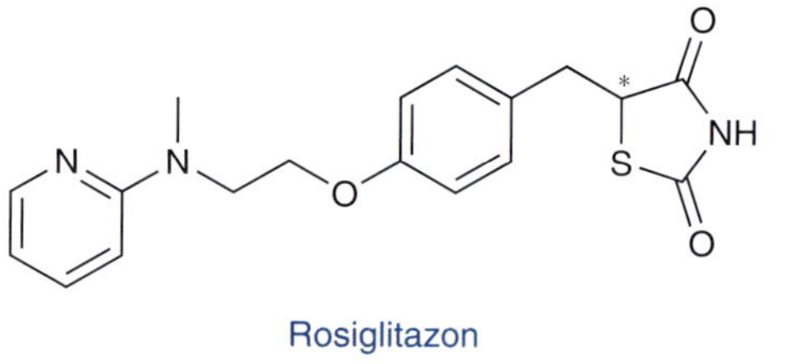


### Sulfathiozol

Das als Synthesebaustein für die Darstellung des antibiotisch wirksamen **Sulfathiazol** nutzbare 2-Aminothiazol wird bevorzugt aus Chloracetaldehyddimethylacetal und Thioharnstoff in Gegenwart von Phosphorsäure hergestellt (Abb. 30.61).

### Benzothiazole

Benzothiazole enthalten einen Thiazolring, der mit einem Benzenkern verknüpft ist. 2-Mercaptobenzothiazol, das als 2(3*H*)-Benzothiazolthion vorliegt, ist ein technisch wichtiger Vulkanisationsbeschleuniger.

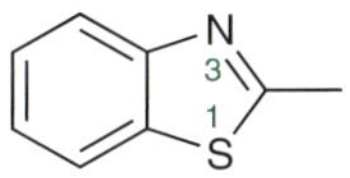
2-Methylbenzo-thiazol

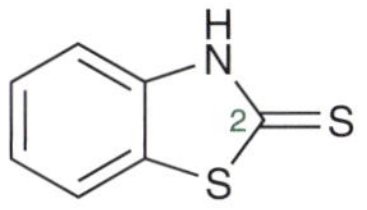
Benzo[*d*]thiazol-2(3*H*)-thion

Auf der in Anwesenheit von Magnesium unter ATP-Verbrauch ablaufenden Oxidation, Dehydratisierung und Decarboxylierung von **Photinus-Luciferin**, (*S*)-(–)-4,5-Dihydro-2-(6-hydroxy-2-benzothiazolyl)-4-thiazolcarbonsäure, und der Emission von gelbgrünem Licht ($\lambda$ = 562 nm) beruht die **Biolumineszenz**, mit der der Leuchtkäfer *Photinus pyralis* (⚬ Abb. 30.62) seine Partner anlockt.

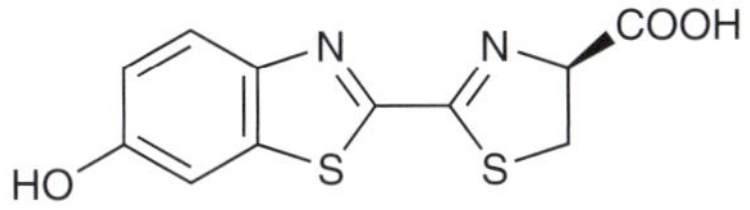

Photinus-(*S*)-(–)-Luciferin

⚬ **Abb. 30.62** Der in Nordamerika beheimatete Leuchtkäfer *Photinus pyralis* ist mithilfe des Luciferin-Luciferase-Systems zur Biolumineszenz befähigt.

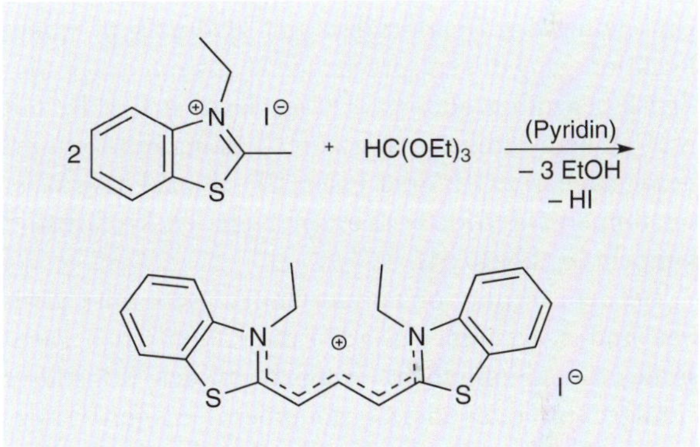

⚬ **Abb. 30.63** Ein Benzothiazoliumsalz als Beispiel eines heterocyclischen Cyanins

## Polymethinfarbstoffe

Benzothiazoliumsalze, die in 2-Stellung eine CH-acide Methylgruppe tragen, dienen zur Herstellung von **Polymethinfarbstoffe**, die dank ihrer photochemischen Eigenschaften von Bedeutung für die Photographie sind. Da eine photographische Silberhalogenidemulsion nur für Ultraviolett, Violett und Blau empfindlich ist, muss sie „spektral sensibilisiert" werden, um ihre Empfindlichkeit auch auf längere Wellenlängen auszudehnen. Dies geschieht durch Zusatz bestimmter lichtempfindlicher Farbstoffe, sogenannter **Sensibilisatoren**, die die von ihnen aufgenommene Lichtenergie auf das Kristallgitter des Silberhalogenids übertragen können. Diese Fähigkeit haben vor allem die Polymethinfarbstoffe, die wie z. B. die **Cyaninfarbstoffe** (Cyanine, ▸ Kap. 2) eine konjugierte Polymethinkette mit einer ungeraden Anzahl von C-Atomen zwischen zwei Stickstoff-Heterocyclen enthalten. Diese fungieren jeweils als Donor- oder Akzeptorgruppe in dem $\pi$-Elektronensystem des delokalisierten Kations. Die bei den Cyaninfarbstoffen (= vinyloge Amidinium-Kationen) auftretenden Absorptionsmaxima umfassen das gesamte Spektrum des sichtbaren Lichts und die angrenzenden Bereiche im nahen IR (Infrarotphotographie) und UV. Wichtige Heterocyclen für solche Sensibilisierungsfarbstoffe sind die Benzothiazoliumsalze (⚬ Abb. 30.63). Beispielsweise erhält man durch Kondensation von zwei Molekülen 3-Ethyl-2-methylbenzothiazoliumiodid in Gegenwart von Pyridin und einem Molekül Orthoameisensäureethylester, der das C-Atom der mittelständigen Methingruppe liefert, einen Cyaninfarbstoff, der ein Sensibilisator für Gelb und Rot ist. Wird das H-Atom der mittleren Methingruppe durch eine Methylgruppe ersetzt, so sensibilisiert der Farbstoff den Spektralbereich von Grün bis Rot (panchromatische Filme). Durch geeignete Wahl der Ausgangsmaterialien lassen sich Polymethinfarbstoffe mit 11 und mehr Methingruppen darstellen.

## Azacyanine

Die an sich lichtempfindlichen Cyaninfarbstoffe zeigen beim Aufziehen auf Polyacrylnitrilfasern eine überraschend hohe Lichtechtheit. Diese Erkenntnis war der Grund dafür, dass heterocyclische Azofarbstoffe dieser Art, die sogenannten **Azacyanine**, näher untersucht wurden. Eine oder mehrere Methingruppen sind bei Azacyaninen durch ein $sp^2$-hybridisiertes N-Atom ersetzt. Die Darstellung der Azacyanine ist dadurch erschwert, dass heterocyclische Amine nicht oder nur selten einfach diazotierbar sind. Hinzu kommt, dass zugleich eine Quarternisierung des N-Atoms im Ring erfolgen muss. Als beste Methode hat sich die **oxidative**

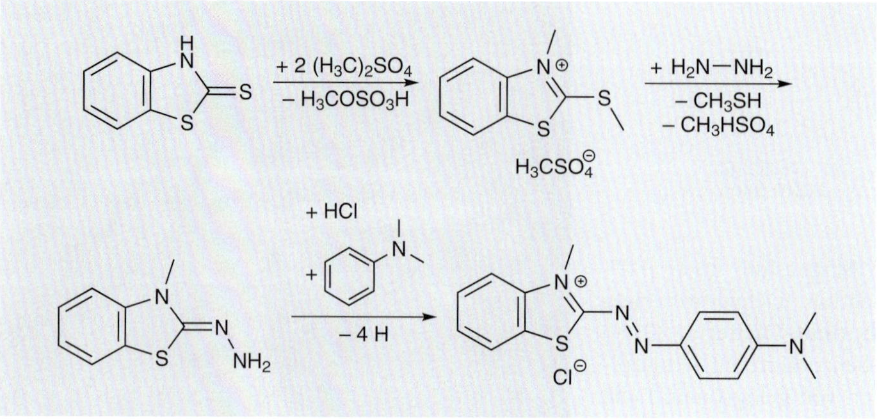


**o Abb. 30.64** Darstellung eines heterocyclischen Azofarbstoffes mit Azacyanin-Struktur durch oxidative Kupplung

**Kupplung** heterocyclischer Hydrazone mit aromatischen Aminen oder Phenolen erwiesen. Derartige Hydrazone können auf verschiedenen Wegen hergestellt werden, z. B. entsteht bei der Methylierung von 2-Mercaptobenzothiazol mit Dimethylsulfat und Umsetzung des Quartärsalzes mit Hydrazin in einem Reaktionsgang das entsprechende Hydrazon des *N*-Methyl-2-benzothiazolidons. Dieses lässt sich z. B. mit *N,N*-Dimethylanilin in salzsaurer Lösung mit Kaliumhexacyanoferrat(III) oder Eisen(III)-chlorid bzw. Wasserstoffperoxid oxidativ zu einem violetten Azofarbstoff kuppeln (o Abb. 30.64).

Bei der Färbung von Polyacrylnitrilfasern mit Cyaninen und Azacyaninen werden die kationischen Farbstoffe von anionischen Gruppen in der Kunstfaser (Endgruppen oder über Comonomere eingeführt) salzartig gebunden. Der oxidative Kupplungstest dient zugleich zum Nachweis der Hydrazonstruktur in heterocyclischen Ringsystemen.

## Ziprasidon

**Ziprasidon** weist neben einem Benzoisothiazol-Gerüst noch ein Piperazin sowie Indolinon als heterocyclische Strukturelemente auf. Es handelt sich um einen Dopamin-$D_2$-Antagonisten aus der Arzneistoffgruppe der atypischen Neuroleptika, der zur medikamentösen Therapie der Schizophrenie eingesetzt wird.

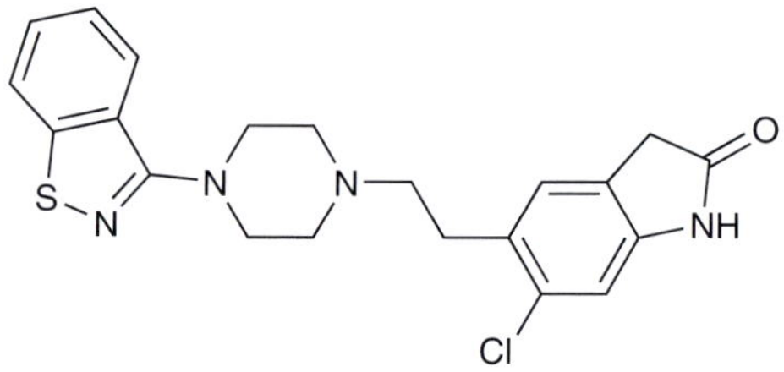

Ziprasidon

# 31 Fünfringe mit drei oder mehr Heteroatomen

Triazole ... 823 | Tetrazol ... 828 | Pentazol ... 830 | Thiadiazol ... 831

Zu den heterocyclischen Fünfringen mit drei oder mehr Heteroatomen zählen die strukturisomeren Triazole, das Tetrazol und das Pentazol, die nur Stickstoffatome als Heteroatome enthalten, sowie die Oxadiazole mit zwei Stickstoffatomen und einem Sauerstoffatom. Auch die Thiadiazole, die neben den zwei Stickstoffatomen ein Schwefelatom enthalten, gehören zu dieser Klasse an Heteroaromaten. Von den Oxadiazolen und Thiadiazolen gibt es jeweils vier Isomere. Vertreter aller dieser acht Ringsysteme sind bekannt, allerdings findet sich das 1,2,3-Oxadiazol-System nur in mesoionischen Verbindungen (Sydnone) oder der offenkettigen tautomeren Diazoketonform (mit Ausnahme kondensierter Ringsysteme vom Typ der Benzo- oder Naphtho-1,2,3-oxadiazole). Trivialname des 1,2,5-Oxadiazols ist Furazan. Das *N*-Oxid des Furazans bezeichnet man als Furoxan. Auch sind Derivate des 1,2,3,4-Thiatriazols bekannt; vom 1,2,3,5-Thiatriazol gibt es nur nichtaromatische Vertreter. Da nur ein divalentes Heteroatom (O oder S) in einen Fünfring eingebaut sein kann, ohne das die Aromatizität aufgehoben wird, gibt es keine aromatischen Fünfringe mit mehr als einem O- oder S-Atom.

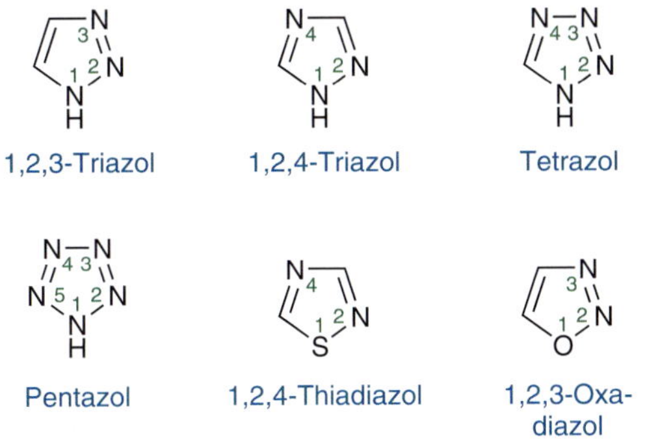


## 31.1 Triazole

### 31.1.1 Struktur und Eigenschaften

Je nachdem, ob die drei N-Atome benachbart sind oder ein N-Atom durch eine CH-Gruppe von den beiden anderen N-Atomen getrennt vorliegt, unterscheidet man zwischen **1,2,3-** und **1,2,4-Triazolen**. Beide Ringsysteme können in tautomeren Formen auftreten (vgl. Pyrazol, ▸Kap. 30.1, und Imidazol, ▸Kap. 30.2) und gehören zu den **π-elektronenreichen Heteroaromaten** (○ Abb. 31.1). Physikalische Untersuchungen ergaben, dass beim 1,2,3-Triazol im Gleichgewicht die 2*H*-Form und beim 1,2,4-Triazol die 1*H*-Form überwiegt. Ist ein Substituent am Stickstoff vorhanden, existieren **konstitutionsisomere *N*-substituierte Triazole**. 1,2,3-Triazol ist eine farblose, hygroskopische Substanz mit einem Schmelzpunkt von 23 °C. 1,2,4-Triazol schmilzt bei einer Temperatur von 121 °C, der Siedepunkt liegt bei 260 °C. Beide Heteroaromaten sind amphoter und weitgehend inert gegenüber Oxidations- und Reduktionsmitteln.

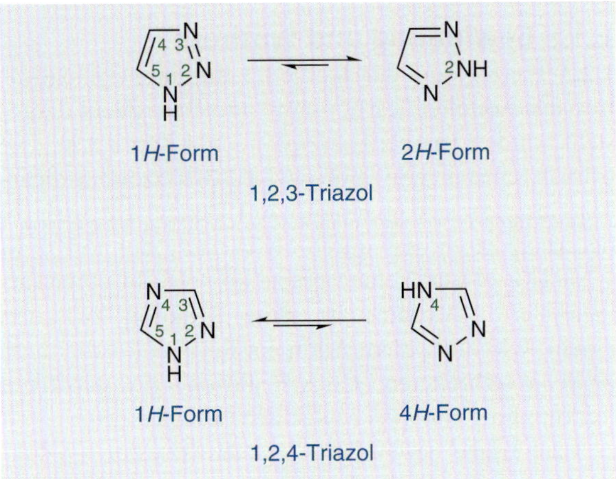


○ **Abb. 31.1** Die tautomeren Formen der beiden konstitutionsisomeren Triazole

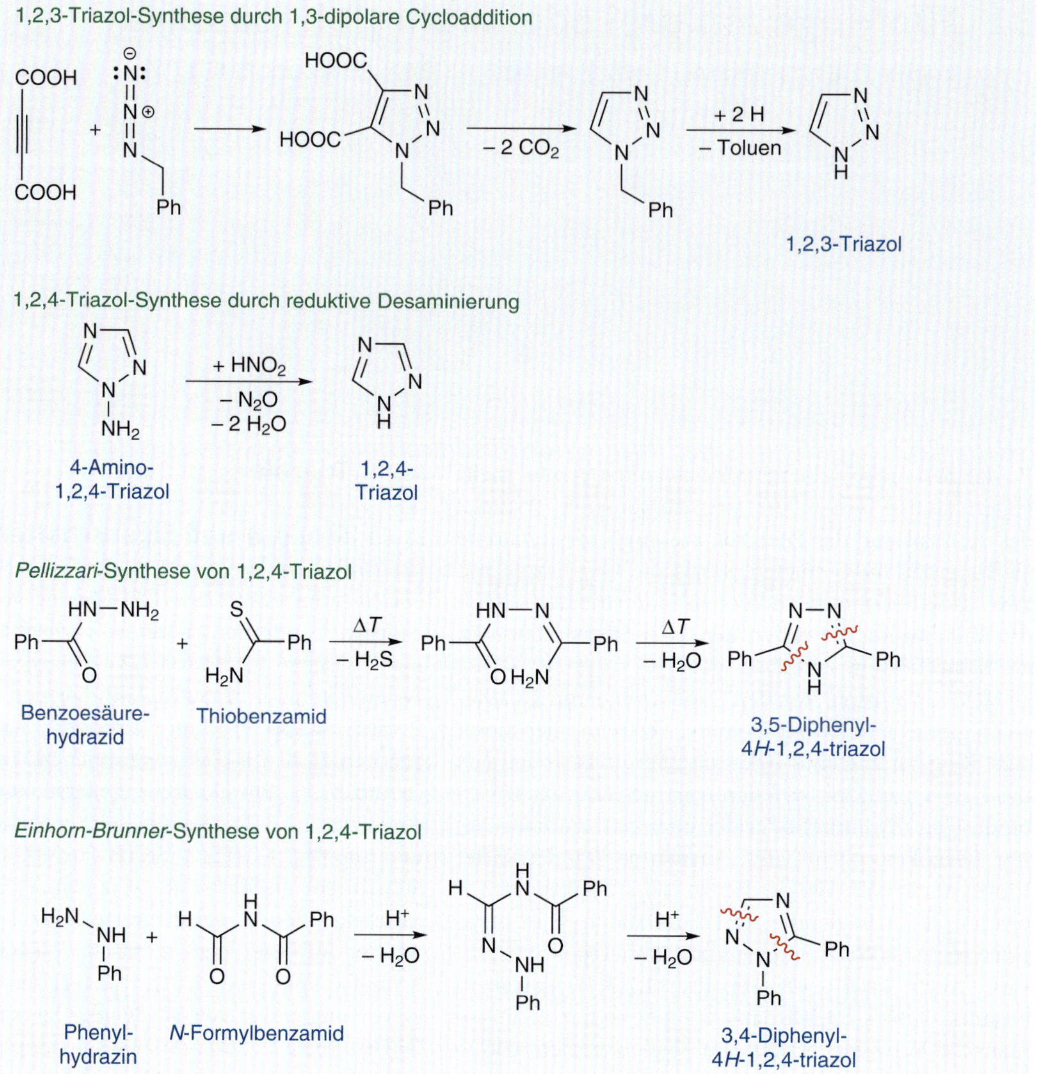


**Abb. 31.2** Unterschiedliche Möglichkeiten für die Synthese von Triazolen. Die Bindungen, die bei den Synthesen geknüpft werden, sind gekennzeichnet (rote Wellenlinien).

## 31.1.2 Gewinnung und Synthese

**1,2,3-Triazol** kann durch eine **1,3-dipolare Cycloaddition** aus Acetylendicarbonsäure und Benzylazid dargestellt werden (Abb. 31.2, vgl. auch ▸Kap. 8.2.3). Die primär entstehende 1-Benzyl-1,2,3-triazol-4,5-dicarbonsäure lässt sich quantitativ zu 1-Benzyl-1,2,3-triazol decarboxylieren, das durch Hydrierung bei 150 °C in 1,2,3-Triazol und Toluen gespalten wird. In einer Cu-katalysierten Variante ist diese Reaktion zwischen einem Azid und einem Alkin ein Beispiel für die mittlerweile verbreiteten **„Click-Reaktion"** zur selektiven Verknüpfung von zwei Molekülen (▸Kap. 8.2.3).

**1,2,4-Triazol** gewinnt man beispielsweise durch reduktive Desaminierung des durch Erhitzen von Ameisensäure mit Hydrazin zugänglichen 4-Amino-1,2,4-triazols mit salpetriger Säure. Nach *Pellizzari* erhält man 1,2,4-Triazole auch durch cyclisierende Kondensation von Acylhydraziden mit Thioamiden, wie am Beispiel des 3,5-Diphenylderivats dargestellt (Abb. 31.2). Ein anderer Cyclisierungtyp liegt der *Einhorn-Brunner*-Synthese zugrunde, bei der Hydrazine im schwach sauren Milieu mit Imiden umgesetzt werden. So reagieren Phenylhydrazin und *N*-Formylbenzamid über ein acyliertes Amidin zum 2,3-Diphenyl-substituierten 1,2,4-Triazol (Abb. 31.2).

Durch Erhitzen von Aminoguanidin mit Ameisensäure und anschließende alkalische Cyclisierung des entstandenen Formylaminoguanidins entsteht das 3-Amino-1,2,4-triazol (Amitrol, Abb. 31.3), das herbizid wirkt, sich allerdings als carcinogen erwiesen hat.

## 31.1.3 Reaktionen und Anwendungen

Die $\pi$-Elektronendichte an den C-Atomen des heteroaromatischen Rings nimmt in der Reihe Pyrrol – Pyrazol, Imidazol – Triazol infolge der steigenden Zahl elektronegati-

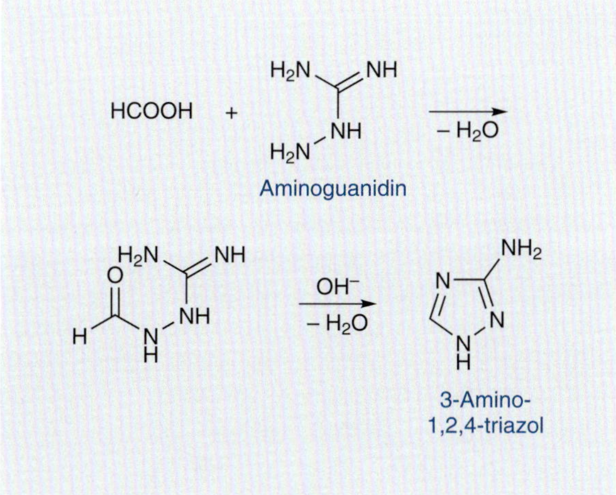


**o Abb. 31.3** Darstellung von Amitrol (3-Amino-1,2,4-triazol)

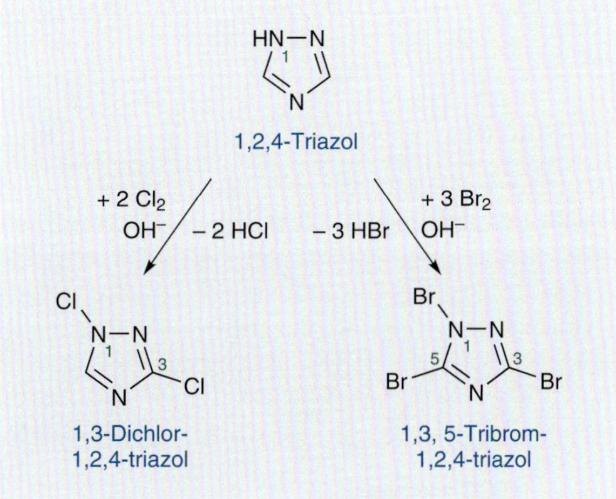


**o Abb. 31.4** $S_EAr$-Reaktionen von 1,2,4-Triazol

ver Stickstoffatome stetig ab. Daher sind bisher nur wenige elektrophile Substitutionsreaktionen ($S_EAr$) an den C-Atomen der Triazole bekannt, z. B. die Hydroxymethylierung mit Formaldehyd und die Halogenierung; letztere vor allem in Gegenwart säurebindender Mittel (o Abb. 31.4). Von den Halogenierungsprodukten sind v. a. die *N*-Chlor-, *N*-Brom- und *N*-Iod-1,2,4-triazol-Derivate interessant, da sie, in Analogie zum *N*-Bromsuccinimid (▸Kap. 13.1.3), das positivierte Halogen am N-Atom sehr leicht abgeben und deshalb als elektrophile Halogenierungsmittel verwendet werden können.

4-Phenyl-4*H*-1,2,4-triazol-3,5-dion (o Abb. 31.5) ist eines der reaktivsten Dienophile für *Diels-Alder*-Reaktionen. Der aus Ethoxycarbonylhydrazin und Phenylisocyanat leicht zugängliche 2-(Phenylcarbamoyl)-hydrazincarbonsäureethylester reagiert in alkalischer Lösung unter Ringschluss zum 4-Phenylurazol (4-Phenyl-4*H*-1,2,4-triazolidin-3,5-dion), das mit *tert*-Butylhypochlorit zum 4-Phenyl-4*H*-1,2,4-triazol-3,5-dion oxidiert werden kann.

## 31.1.4 Ausgewählte Verbindungen

### 1-Hydroxybenzotriazol (HOBt)

1-Hydroxybenzotriazol (HOBt, o Abb. 31.6) kann in zwei tautomeren Formen vorliegen. HOBt findet insbesondere in Kombination mit **Diimiden** bei der **Peptidsynthese** (▸Kap. 37.2.2) Anwendung. Dabei wird die am Stickstoff geschützte Aminosäure mit dem Carbodiimid zu einem *O*-Acylisoharnstoff-Derivat umgesetzt, das mit HOBt unter Abspaltung eines substituierten Harnstoffes zum eigentlichen „Aktivester" reagiert. Letzterer wird infolge seiner hohen Elektrophilie leicht von Nucleophilen angegriffen. Die Reaktion mit Aminen bzw. Aminosäuren führt zu Amiden bzw. Peptiden, Alkohole liefern Ester. Ein aufgrund der im Vergleich zu Dicyclohexylcarbodiimid (DCC) erleichterten präparativen Aufarbeitung häufig eingesetztes Reagenz ist *N*-(3-Dimethylaminopropyl)-*N'*-ethylcarbodiimid (EDC) in Form seines Hydrochlorids.

### Nitron

Ein Derivat des 1,2,4-Triazols ist das Salpetersäurereagenz **Nitron**, das bei der Kondensation von Triphenylaminoguanidin mit Ameisensäure entsteht (o Abb. 31.7). Bei Nitron (nicht zu verwechseln mit der Substanzklasse der Nitrone, den N-Oxiden von Iminen), *N*-[1,4-Diphenyl-3-(1,2,4-triazolino)]anilid, handelt es sich um eine **mesoionische Verbindung** (▸Exkurs: Mesoionische Verbindungen), die sich in Wasser leicht löst und stark basisch reagiert. Nitron bildet ein schwer lösliches Nitrat, das zum Nachweis und zur quantitativen Bestimmung von Salpetersäure und Nitraten ausgenutzt werden kann. Dieser Reaktion verdankt es auch seinen Namen.

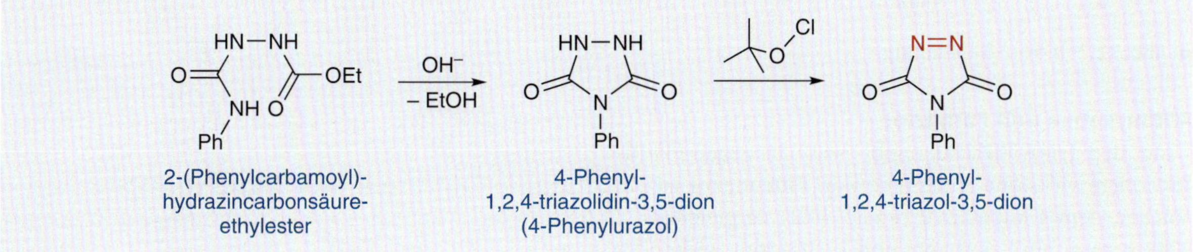


**o Abb. 31.5** Darstellung eines Triazoldions. Das Dienophil-Strukturelement ist rot markiert.

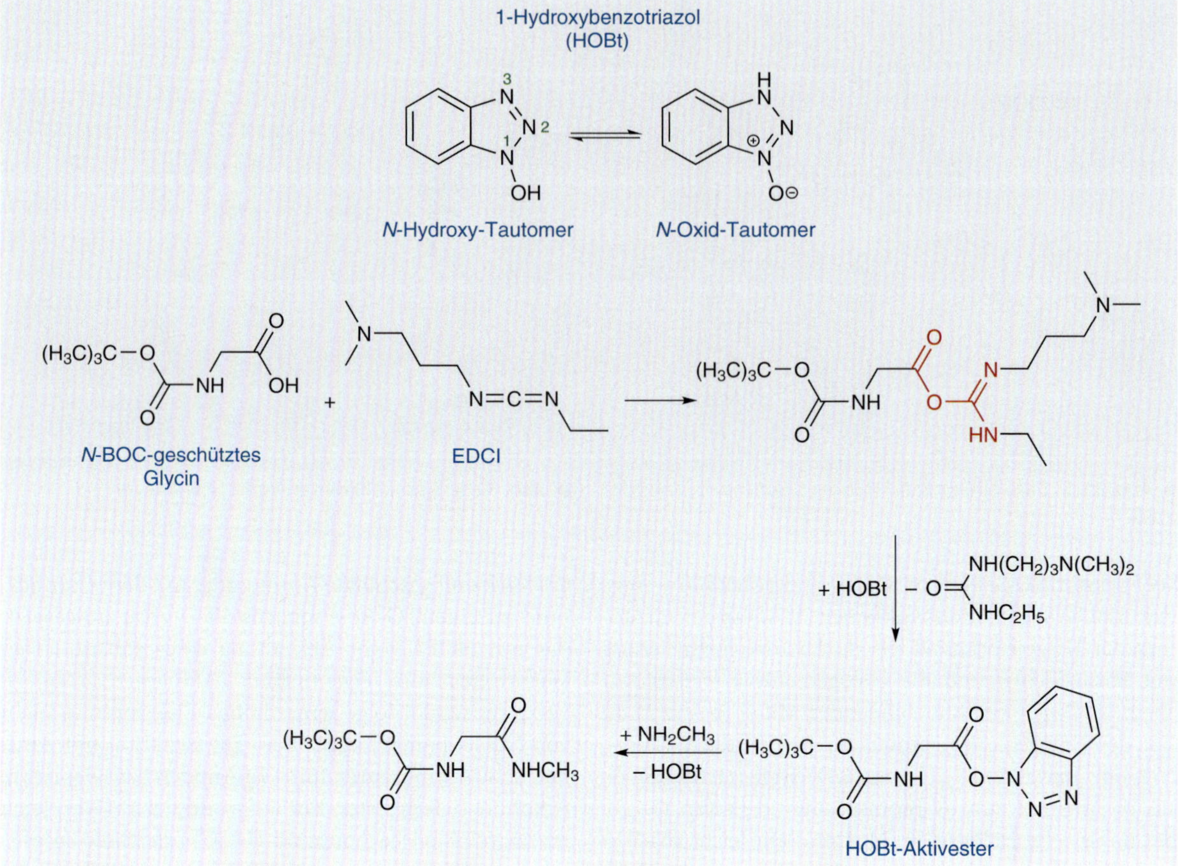


**o Abb. 31.6** Eine HOBt/EDC-katalysierte Amid-Kupplung am Beispiel von BOC-geschütztem Glycin. Die *O*-Acylisoharnstoff-Gruppierung ist rot markiert.

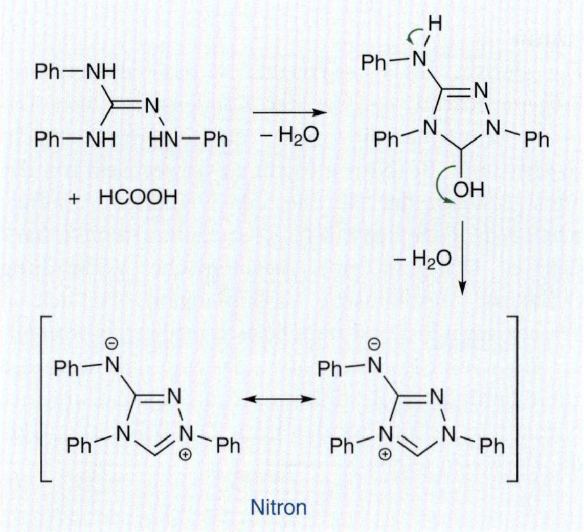


**o Abb. 31.7** Nitron-Darstellung

## Antimykotika und Fungizide

Unter den Triazolderivaten gibt es etliche gegen Pilzinfektionen wirksame **Antimykotika**. **Fluconazol** ist ein solcher, dem Clotrimazol (▸Kap. 30.2) vergleichbarer, aber peroral applizierbarer und systemisch wirkender Arzneistoff, der insbesondere bei Hefepilzerkankungen angewandt wird.

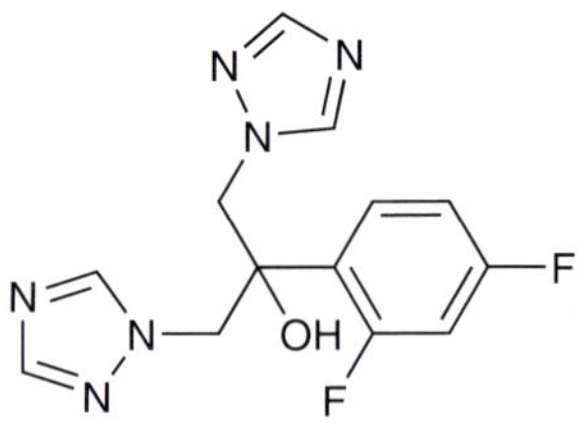

Fluconazol

Das für Regenwürmer reproduktionstoxische **Tebuconazol**, (*R,S*)-1-(4-Chlorphenyl)-4,4-dimethyl-3-(1*H*-1,2,4-triazol-1-ylmethyl)pentan-3-ol, ist ein systemisches Fungizid gegen eine Vielzahl pflanzenpathogener Pilze, wie echten Mehltau, Rost und Sternrußtau.

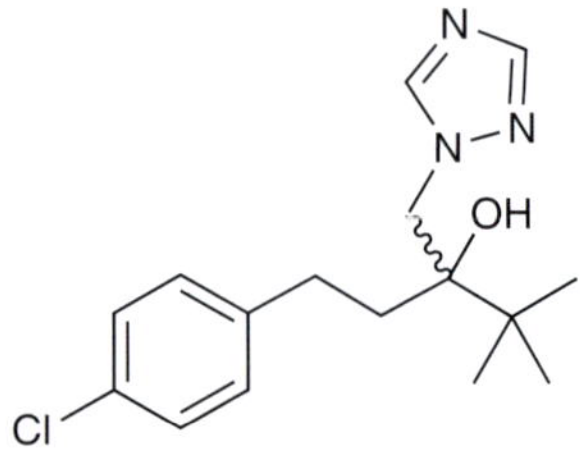

Tebuconazol

## Exkurs: Mesoionische Verbindungen

Mesoionische Verbindungen sind nach außen ungeladene, aromatische Fünfringheterocyclen, deren Struktur sich nur durch mehrere, polare mesomere Grenzstrukturen wiedergeben lässt (Resonanzhybride). Sie besitzen ein exocyclisches Heteroatom, das an ein C-Atom des Rings gebunden ist. Sie sind charakterisiert durch:

- die Delokalisierung von sechs $\pi$-Elektronen über fünf p-Orbitale im Ring;
- ein weiteres, exocyclisches Heteroatom, das zwei weitere $\pi$-Elektronen beisteuert.

Die bekanntesten Vertreter sind die Münchnone und Sydnone. Die von *Huisgen* aus acylierten Aminosäuren und Acetanhydrid synthetisierten **Münchnone** sind dipolare Azlactone vom 1,3-Oxazolium-5-olat-Typ (Abb. 31.8).

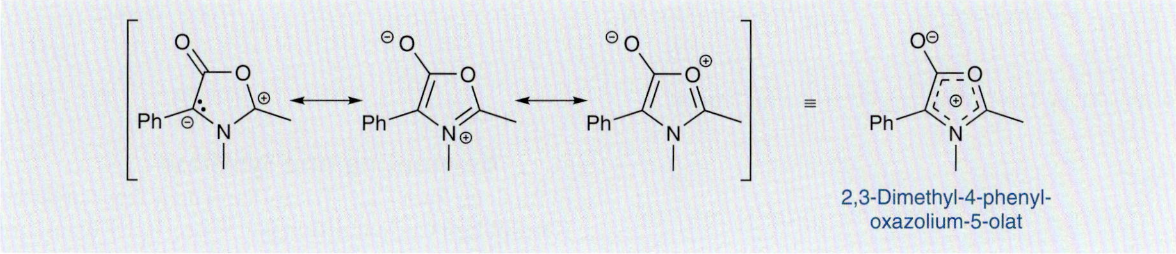


**Abb. 31.8** Mesomere Grenzstrukturen eines Münchnons

**Sydnone** sind als aza-analoge Münchnone (1,2,3-Oxadiazolium-5-olate) aufzufassen (Abb. 31.9). Als erster Vertreter dieser Stoffgruppe wurde *N*-Phenylsydnon in Sydney (daher der Name) 1935 durch Erhitzen von *N*-Nitroso-*N*-phenylglycin mit Acetanhydrid unter Dehydratisierung dargestellt.

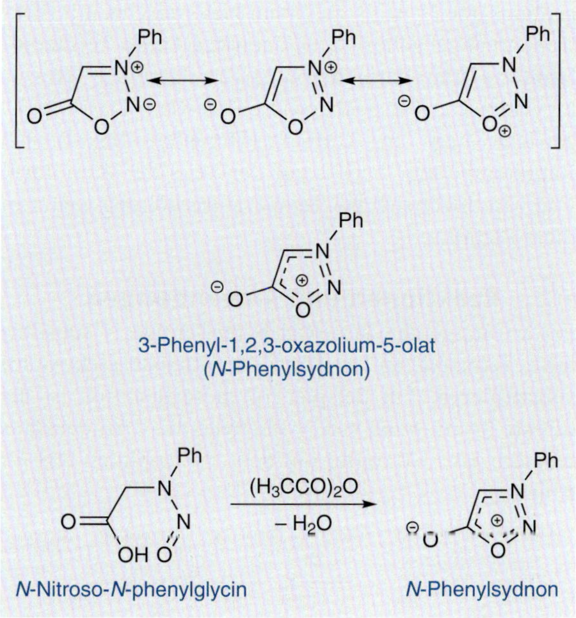


**Abb. 31.9** Mesomere Grenzstrukturen und Darstellung eines Sydnons

Sydnone besitzen ein hohes Dipolmoment und lassen sich leicht in der 4-Stellung durch Elektrophile substituieren, z. B. nitrieren, halogenieren oder sulfonieren. **Sydnonimine** entstehen durch formale Substitution des exocyclischen Sydnon-Sauerstoffs durch Stickstoff (Abb. 31.10). Aus dem Sydnonimin **Molsidomin**, *N*-Ethoxycarbonyl-3-(4-morpholinyl)-sydnonimin, entsteht im Organismus der Neurotransmitter NO, der die Herzkranzgefäße erweitert. Molsidomin wird bei *Angina pectoris* eingesetzt. Es ist ein Beispiel für ein sogenanntes **Prodrug**. Dies sind pharmakologisch inaktive Arzneistoffe, die im Körper in einen oder mehrere aktive Metabolite überführt werden.

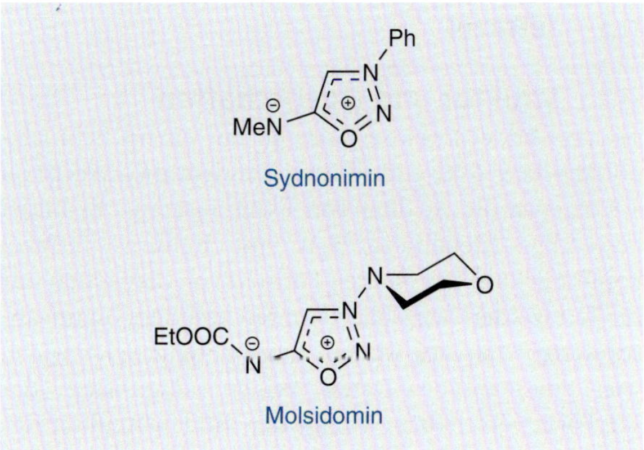


**Abb. 31.10** Sydnonimin und Molsidomin: Ersatz des exocyclischen Sauerstoffs durch Stickstoff

31

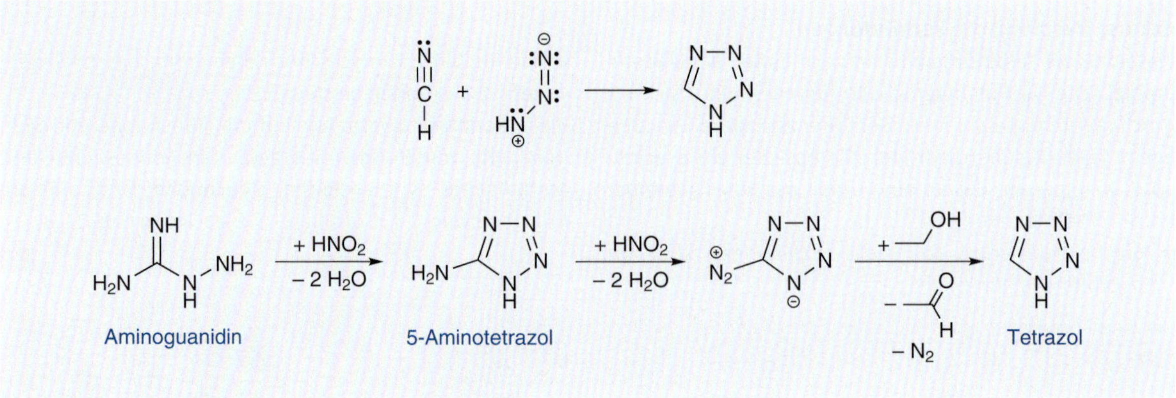


**Abb. 31.11** Darstellungsmöglichkeiten für Tetrazol

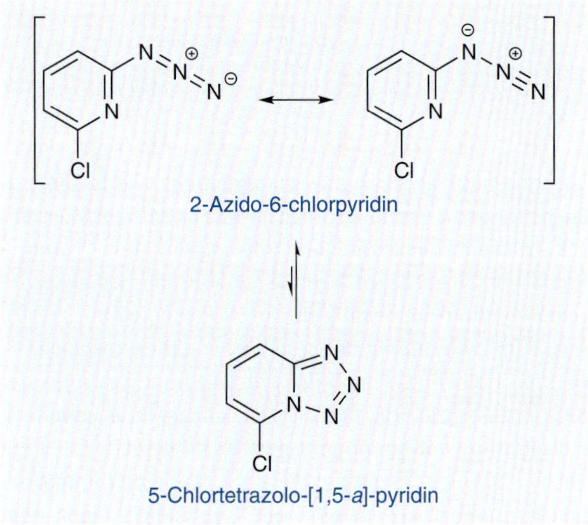


**Abb. 31.12** Ein Beispiel für die Azido-Tetrazolo-Isomerie

## 31.2 Tetrazol

### 31.2.1 Struktur und Eigenschaften

Tetrazol bildet farblose Kristalle mit einem Schmelzpunkt von 156 °C und weist mit einem $pK_S$-Wert von 4,8 in etwa die Acidität von Essigsäure auf. Es bildet beständige Metallsalze, z. B. mit Kalium. Tetrazol kommt in zwei tautomeren Formen vor, die jedoch nur für Tetrazolderivate isoliert werden konnten. Im unsubstituierten Tetrazol ist das Tautomerengleichgewicht, wie physikalische Daten zeigen, zugunsten der 1*H*-Form verschoben. Infolge der milden Acidität findet 1*H*-Tetrazol Verwendung bei der automatisierten DNA-Darstellung (▸Kap. 38.2.2).

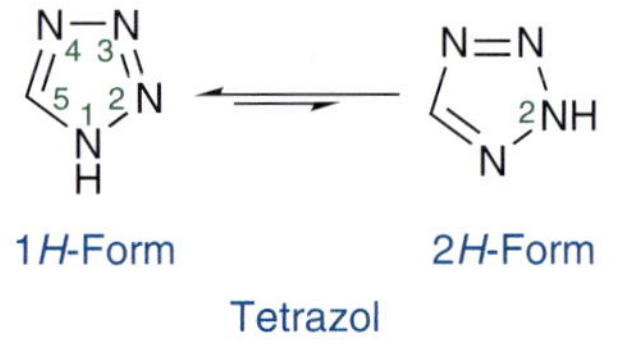


### 31.2.2 Gewinnung und Synthese

In Analogie zum 1,2,3-Triazol kann man Tetrazol durch **1,3-dipolare Cycloaddition** von wasserfreier Blausäure mit Stickstoffwasserstoffsäure (▸Kap. 8.3.3) darstellen (Abb. 31.11, oben). Ein anderer Syntheseweg besteht in der Reduktion von diazotiertem 5-Aminotetrazol mit Ethanol. 5-Aminotetrazol kann durch cyclisierende Kondensation von Aminoguanidin mit salpetriger Säure erhalten werden (Abb. 31.11, unten).

Das bei der Umsetzung von Aminoguanidinen mit salpetriger Säure zunächst entstehende Azid kann mit dem Tetrazol im Gleichgewicht vorliegen, wenn das gemeinsame N-Atom zu einem Heterocyclus mit Elektronenmangel gehört. Eine derartige **Azido-Tetrazolo-Isomerie** ist für das in Abb. 31.12 aufgeführte Tetrazolopyridin-Derivat nachgewiesen worden. Das Gleichgewicht liegt in DMSO (Dimethylsulfoxid) bei Raumtemperatur bereits auf der Seite der Azidoform und verschiebt sich bei Temperaturerhöhung weiter in diese Richtung.

### 31.2.3 Reaktionen und Anwendungen

Erwartungsgemäß lassen sich nur einige N-substituierte Tetrazole am C-Atom unmittelbar **elektrophil substituieren**. Ein Beispiel für diese Reaktion ist die direkte Bromierung von *N*-Phenyltetrazol. Andernfalls reagiert das Elektrophil mit dem nucleophilen NH im Ring.

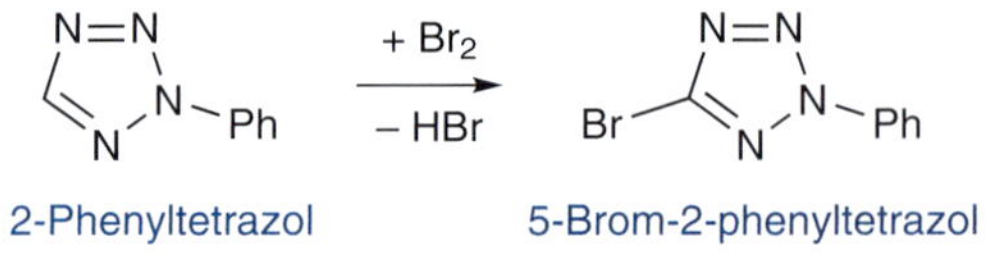


Das Vorhandensein guter Abgangsgruppen, wie Brom oder Chlor, ermöglicht die Einführung weiterer Gruppen in Position 5 über eine **nucleophile Substitution**. Die in Abb. 31.13 aufgeführte Synthesesequenz aus einer im Sinne einer *Williamson*-Ethersynthese ablaufenden, basenkatalysierten Umsetzung von 5-Chlor-

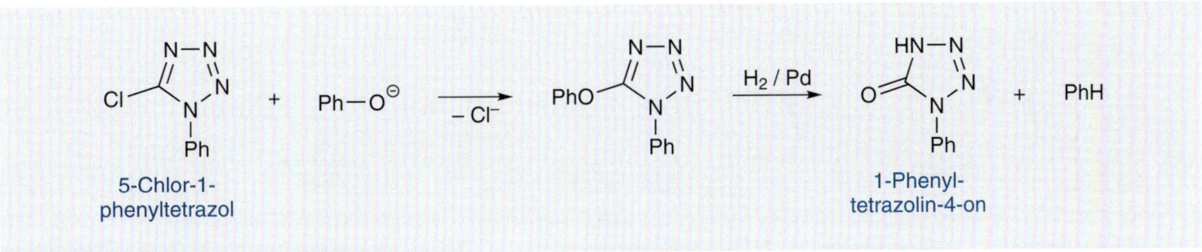


**Abb. 31.13** $S_NAr$-Reaktion an Tetrazol

1-phenyltetrazol mit Phenolaten und anschließender Reduktion mit Palladium/Wasserstoff ist auch ein Verfahren zur Deoxygenierung von Phenolen.

Während unsubstituiertes Tetrazol überwiegend als 1*H*-Tautomer vorliegt, führt die Umsetzung mit Dimethylsulfat in Gegenwart von Tetrabutylammoniumbromid und NaOH unter phasentransferkatalytischen Bedingungen regiospezifisch zum 2-Methyltetrazol (Abb. 31.14).

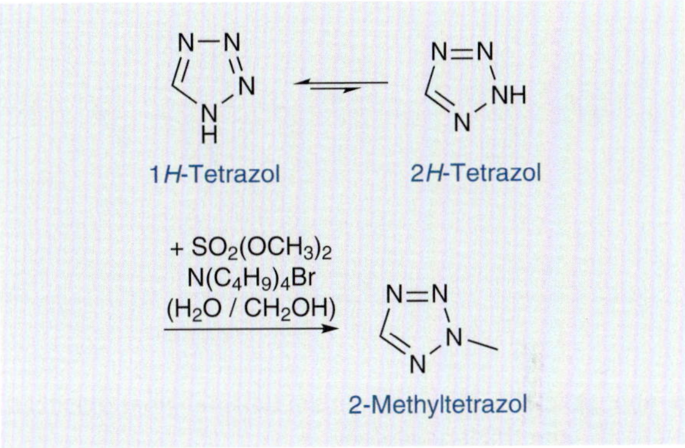


**Abb. 31.14** Regiospezische Methylierung von Tetrazol

### 31.2.4 Ausgewählte Verbindungen

#### Pentetrazol

Erwähnenswert ist ein Bicyclus mit gemeinsamem N-Atom, das 6,7,8,9-Tetrahydro-5*H*-tetrazoloazepin (**Pentetrazol**), das durch die Einwirkung von zwei Molekülen Stickstoffwasserstoffsäure auf ein Molekül Cyclohexanon darstellbar ist. Pentetrazol wurde als Kreislaufstimulans verwendet. Es regt die im Gehirn gelegenen Zentren der Atmung und der Herztätigkeit an. In den 1930er Jahren gehörte es, da es in hohen Dosen epileptische Anfälle auslöst, zum Repertoire der Schockbehandlungen psychisch Kranker (Cardiazolkrampftherapie).

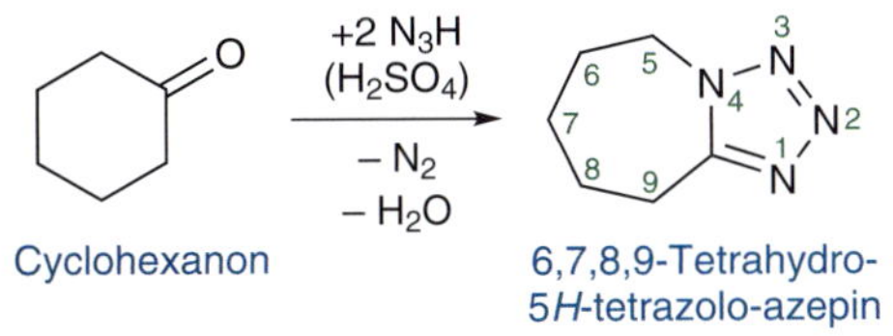


#### Tetrazoliumsalze

**Triphenyltetrazoliumchlorid** (**TTC**) und an den Phenylringen substituierte Derivate werden als Reduktionsindikatoren in der Pharmazie, Biochemie und Mikrobiologie eingesetzt. Sie gehen durch Reduktion in orange bis tiefrot gefärbte, gegen Luftsauerstoff beständige **1,3,5-Triphenylformazane** (**TF**) über. Die **TTC-Reaktion** (Abb. 31.15) findet u. a. Anwendung als organisch-analytische Identitäts- und Gehaltsbestimmungsreaktion für Steroide (vgl. Sterine, ▸Kap. 27.1) mit $\alpha$-Hydroxyketon-Strukturelement an Ring D, den beispielsweise zahlreiche Glucocorticoide aufweisen. Hierbei wird die $\alpha$-Ketol-Einheit zum $\alpha$-Ketoaldehyd oxidiert, während das farblose TTC in äquimolarer Konzentration zum TF reduziert wird. Letzteres kann photometrisch quantifiziert ($\lambda$ = 485 nm) und somit indirekt der Gehalt des Steroids bestimmt werden. Nachteilig ist die Photolabilität von TTC, die unter oxidativen Bedingungen u. a. zur Bildung eines intramolekularen Biphenyl-Derivates führt. Auch weitere reduzierende Verbindungen, z. B. andere Acyloine ($\alpha$-Hydroxyketone), Thiole (▸Kap. 6.3) oder Ascorbinsäure (▸Kap. 17.1) sind durch diese Reaktion nachweisbar.

Die TTC-Reaktion findet außerdem breite Anwendung bei **Cytotoxizitätsassays**. Nur lebende Zellen besitzen ein Reduktionspotenzial, sodass durch Umsetzung mit TTC die Viabilität (Lebensfähigkeit) der Zellen quantitativ bestimmt werden kann. Darauf beruht auch die Prüfung der Keimfähigkeit von Samen: Lässt man beispielsweise Kressesamen in Triphenyltetrazoliumsalzlösungen keimen, färben sich die Keimblätter und Vegetationszonen der Wurzelspitzen intensiv rot.

Umgekehrt werden die Tetrazoliumsalze durch Dehydrierung der Formazane dargestellt. **Formazane** erhält man durch Kupplung von Diazoniumsalzen mit Aldehydhydrazonen (Abb. 31.16), wobei das H-Atom der Aldehydgruppe formal durch den Diazoniumrest ersetzt wird. Bei der Oxidation mit Quecksilber(II)-oxid, Isoamylnitrit, Bleitetraacetat oder am besten mit *N*-Bromsuccinimid werden die Formazane zu Tetrazoliumsalzen dehydriert. Aus diesen entstehen durch Reduktion, z. B. mit Ammoniumsulfid, wieder die Formazane.

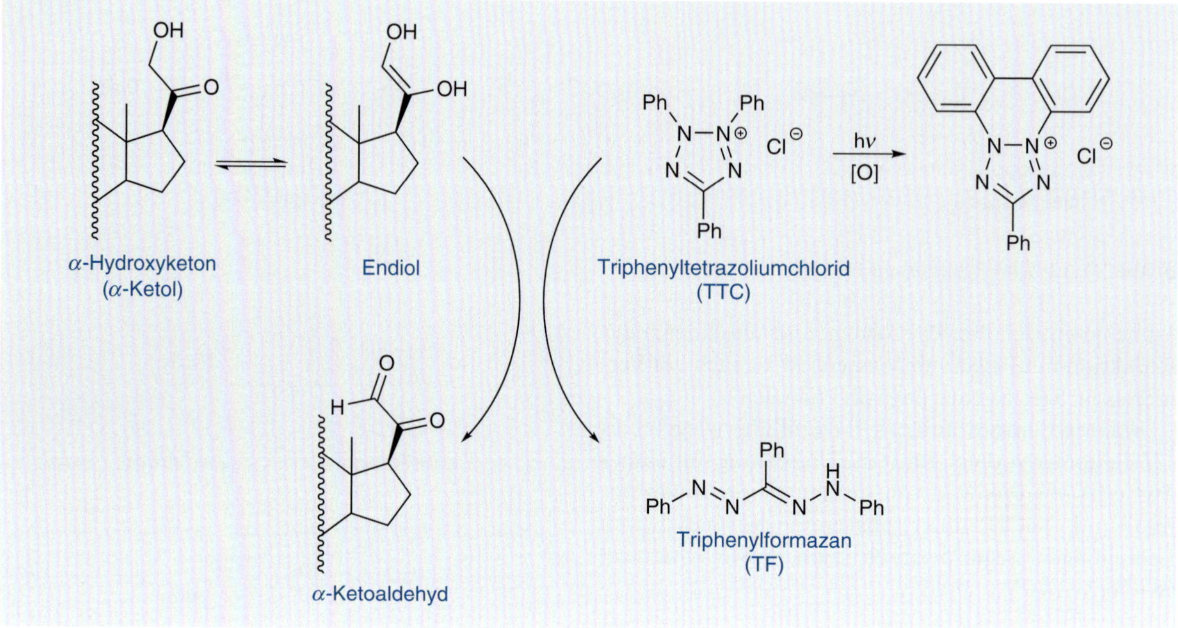


**○ Abb. 31.15** Die TTC-Reaktion am Beispiel einer Glucocorticoid-Partialstruktur mit α-Ketol-Baustein: TF kann photometrisch quantifiziert werden.

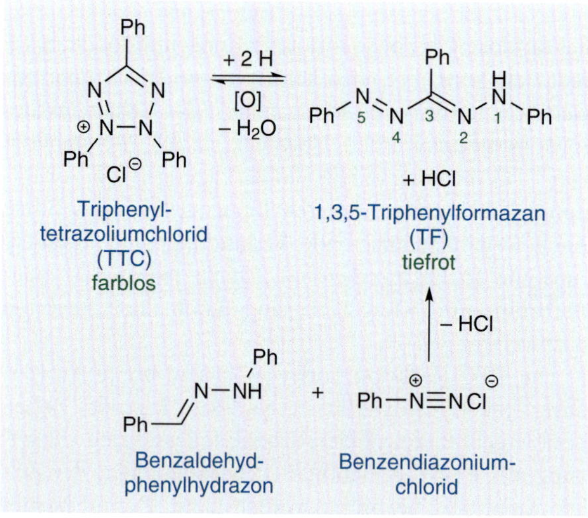


**○ Abb. 31.16** Darstellung von Formazanen

## Sartane

**Sartane** sind Arzneistoffe aus der Gruppe der Antihypertonika. Sie reduzieren den Blutdruck durch Blockade des Angiotensin-II-Rezeptors $AT_1$. Angiotensin II ist ein Octapeptid mit stark vasokonstriktorischer (gefäßverengender) Wirkung auf die Blutgefäße. Es erhöht somit den Blutdruck. Infolge ähnlicher physikochemischer Eigenschaften, z. B. $pK_S$-Wert und *Van-der-Waals*-Oberfläche, der Carboxy- und Tetrazolyl-Funktion bei vergleichbarer biologischer Wirkung, sind diese beiden Strukturelemente ein Beispiel für **Bioisosterie** (▸Kap. 30.1.4). **Telmisartan** und **Candesartan** besitzen beide die für Sartane typische Grundstruktur. Während Telmisartan eine Carboxygruppe aufweist, findet sich bei Candesartan das Tetrazol als bioisosteres Strukturäquivalent (○ Abb. 31.17).

Infolge der guten Abgangsgruppeneigenschaften und der schwachen Nucleophilie (vgl. $pK_S$-Wert, ▸Kap. 31.2.1) von Tetrazol eignet sich *N*-Acetyltetrazol als gutes Acetylierungsmittel für Nucleophile.

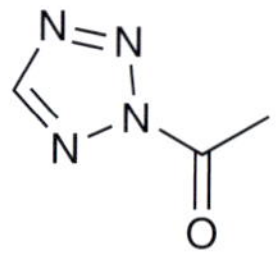


*N*-Acetyltetrazol

## 31.3 Pentazol

### 31.3.1 Struktur und Eigenschaften

Ein fünfgliedriger Ring, der nur aus Stickstoffatomen besteht und daher homocyclisch ist, liegt im **Pentazol** vor. Diesen Fünfring findet man in einigen wenigen aromatisch substituierten Derivaten, die im Allgemeinen nur bei niedrigen Temperaturen (< Raumtemperatur) stabil sind. Die Existenz phenylsubstituierter Pentazol-Derivate wurde bei der Reaktion von Benzendiazoniumchlorid mit Lithiumazid aufgrund kinetischer Befunde und durch Isotopenversuche mit $^{15}N$ nachgewiesen.

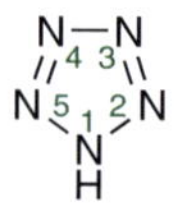


Pentazol

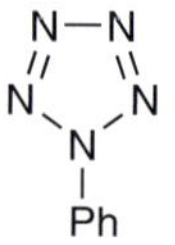


Phenylpentazol

### 31.3.2 Gewinnung und Synthese

Bei einer Temperatur von etwa −30 °C reagieren Benzendiazoniumsalze mit Lithiumazid zu substituierten, kristallinen Phenylpentazolen. Substituenten mit +M-Effekt, wie die *p*-Dimethylamino- und die *p*-Ethoxy-Gruppe, üben dabei die stärkste stabilisierende Wirkung auf den an sich instabilen Pentazol-Ring aus. ***p*-Dimethylaminophenylpentazol** (○ Abb. 31.18), eines der stabilsten Arylpentazole, bildet blaßgelbe Blättchen mit einem Zersetzungspunkt zwischen ca. 50–54 °C. Einige Arylpentazole explodieren oberhalb einer Temperatur von −10 °C schon bei leichter Berührung.

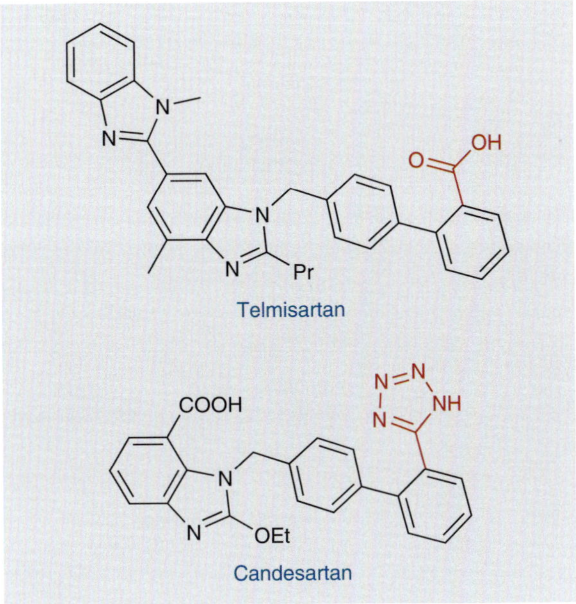


○ **Abb. 31.17** Das Prinzip der Carbonsäure-Tetrazol-Bioisosterie (rot) am Beispiel antihypertensiv wirkender Angiotensin-Antagonisten

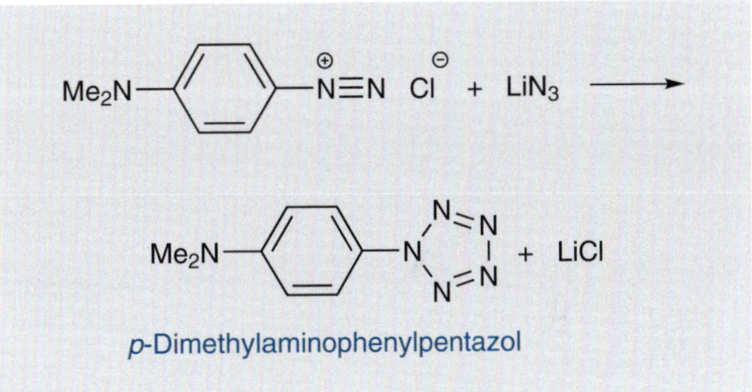


○ **Abb. 31.18** Die Synthese eines phenylsubstituierten Pentazols

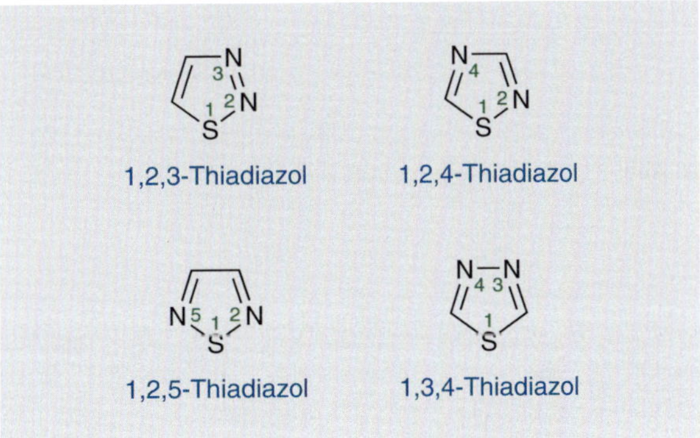


○ **Abb. 31.19** Konstitutionsisomere Thiadiazole

## 31.4 Thiadiazol

### 31.4.1 Struktur und Eigenschaften

Von **Thiadiazol** existieren vier Konstitutionsisomere, die sich durch die jeweilige Anordnung der Heteroatome unterscheiden (○ Abb. 31.19); Thiadiazole sind farblose Flüssigkeiten mit folgenden Siedepunkten (bei Normaldruck): 1,2,4-Thiadiazol 121 °C, 1,3,4-Thiadiazol 128 °C, 1,2,3-Thiadiazol 111 °C, 1,2,5-Thiadiazol 87 °C. Unter dem Einfluss von Reduktionsmitteln erfolgt relativ leicht eine Ringöffnung.

Mit zunehmender Anzahl an Stickstoffatomen im Ring verschwinden die für π-elektronenreiche Heteroaromaten typischen Eigenschaften. Die Thiadiazole sind dementsprechend sehr schwache Basen, die leicht nucleophile Substitutionsreaktionen eingehen.

### 31.4.2 Gewinnung und Synthese

Die verschiedenen Synthesemöglichkeiten für Thiadiazole sind in (○ Abb. 31.20) dargestellt. Die 1,2,4-Thiadiazol-Synthese gelingt aus 5-Amino-1,2,4-thiadiazol, das zunächst mittels ***Sandmeyer*-Reaktion** (▸ Kap. 22.2.3) in das 5-Brom-Derivat überführt wird. Aus diesem entsteht bei der katalytischen Hydrierung **1,2,4-Thiadiazol**. Derivate des **1,3,4-Thiadiazols** können z. B. durch Cyclokondensation von Phenylthiosalicylsäure mit Thiosemicarbazid synthetisiert werden. Mittels der ***Hurd-Mori*-Synthese** (○ Abb. 31.20) gelingt durch Umsetzung von *p*-Tosylhydrazin mit aromatischen Ketonen zu Hydrazonen und anschließende Cyclisierung mit Thionylchlorid die Darstellung (di-)arylsubstituierter **1,2,3-Thiadiazole**. **3-Hydroxy-1,2,5-Thiadiazol** erhält man durch Reaktion von Glycinamid mit Dischwefeldichlorid.

### 31.4.3 Reaktionen und Anwendungen

Während $S_EAr$-Reaktionen aufgrund der geringen Elektronendichte im Ring erschwert sind, gehen insbesondere halogensubstitutierte Thiadiazole leicht **$S_NAr$-Reaktionen** ein (○ Abb. 31.21), da die negative Ladung des primär entstehenden anionischen Zwischenprodukts u. a. über die beiden Stickstoffatome delokalisiert ist.

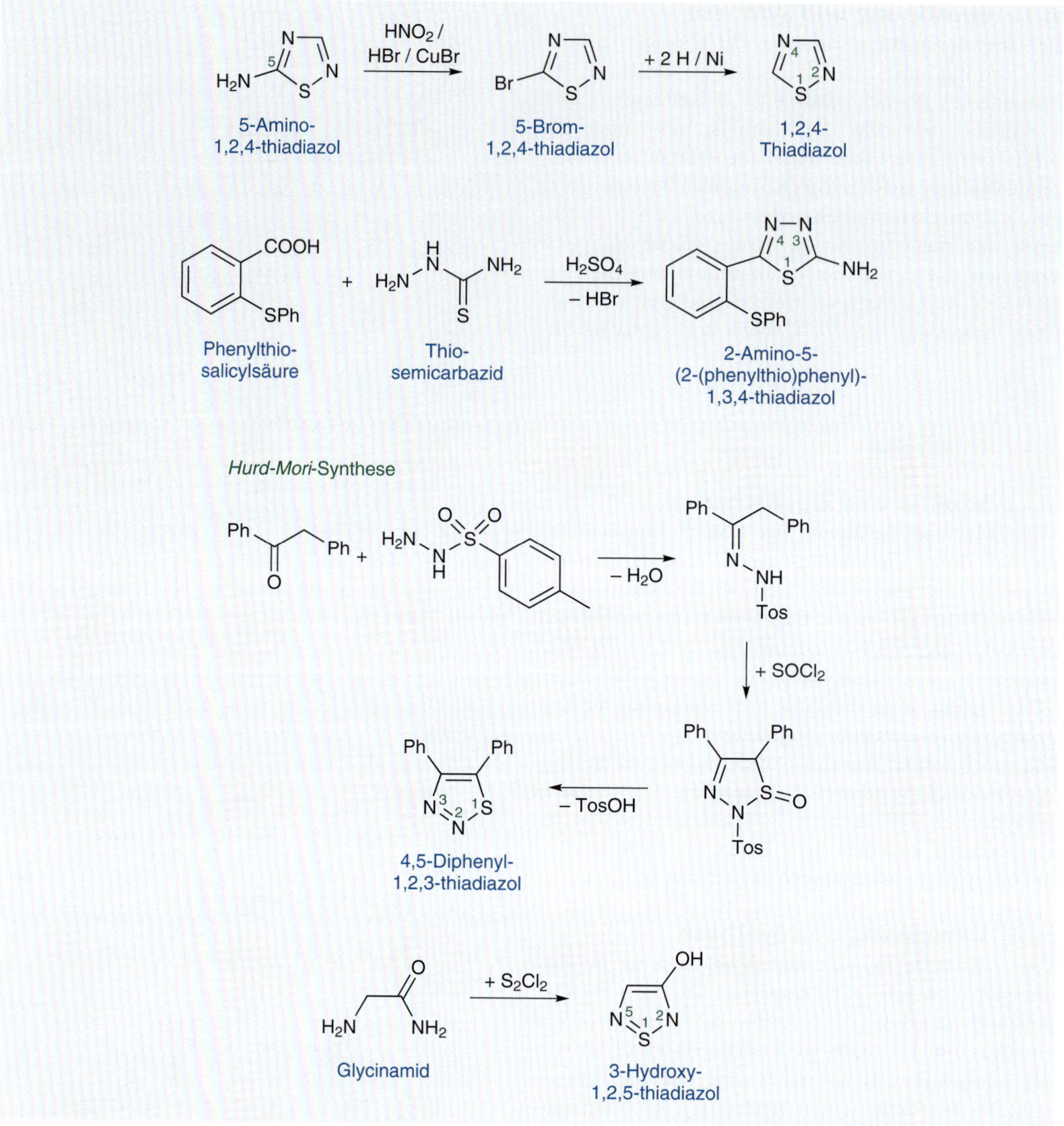


**o Abb. 31.20** Darstellung von Thiadiazolen

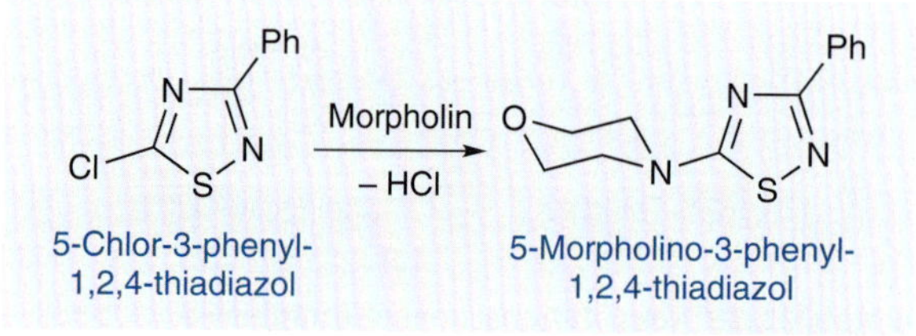


**o Abb. 31.21** Ein Beispiel für eine $S_NAr$-Reaktion an Thiadiazol

## 31.4.4 Ausgewählte Verbindungen

### Thiadiazole und Oxadiazole

Das Thiadiazol-Ringsystem findet sich in zahlreichen biologisch aktiven Verbindungen, unter anderem auch in Substanzen mit antibiotischer, antiparasitärer, antiviraler, fungizider, antikonvulsiver, antiinflammatorischer oder cytostatischer Wirkung. Hintergrund ist auch hier das **Bioisosterie-Konzept**. So wie Benzen und Thiophen bioisoster sind, also der Ersatz einer

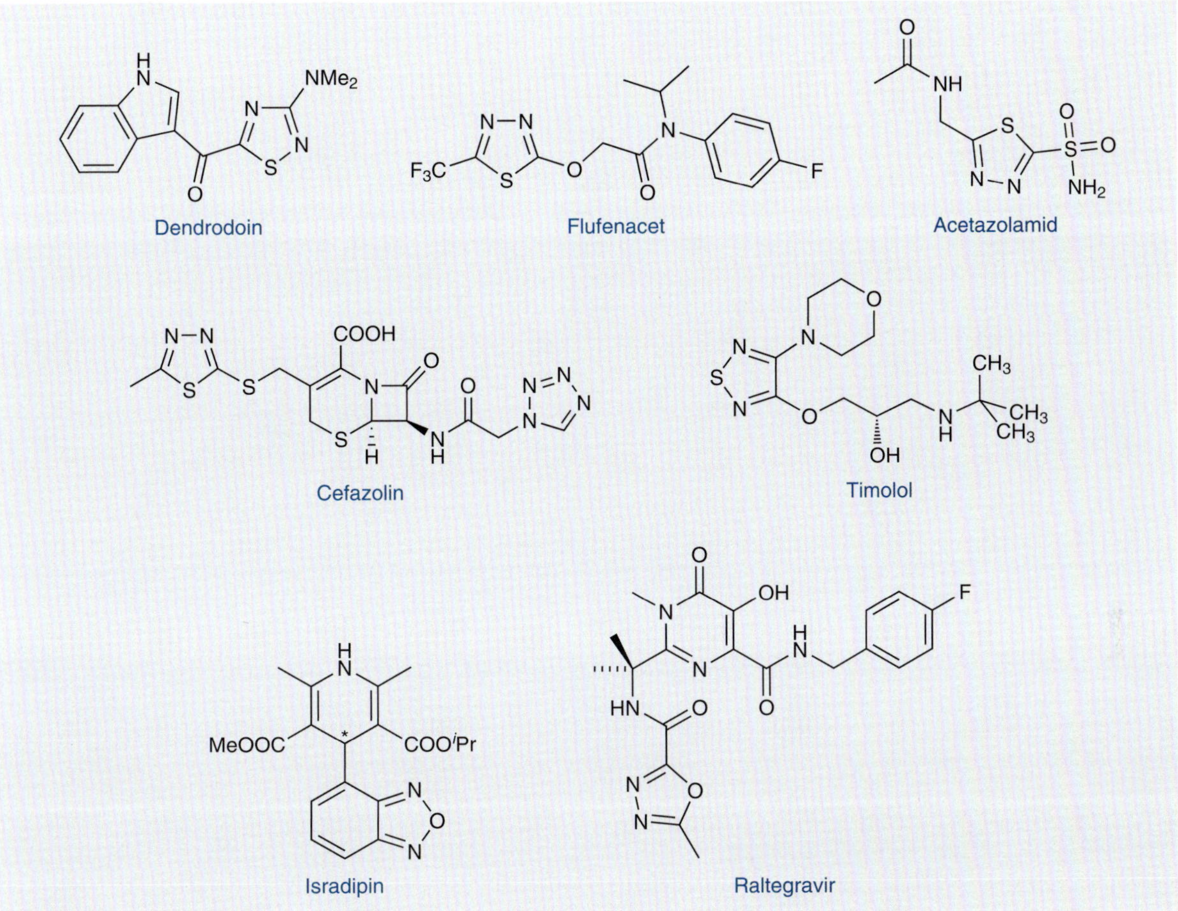


**○ Abb. 31.22** Biologisch aktive Thiadiazol- und Oxadiazol-Derivate

(—CH=CH—)-Gruppe durch Schwefel zu einer Verbindung mit ähnlichen physikalisch-chemischen und biologischen Eigenschaften führt, ist der **1,2,4-Thiadiazolring bioisoster zu Pyrimidin.** Man findet aber auch ähnliche biologische Aktivitäten bei Austausch von Benzen, Oxadiazol oder Oxazol gegen ein Thiadiazol-Ringsystem. Thiadiazole sind aufgrund des Schwefelatoms in der Regel lipophiler und damit besser membrangängig als die Schwefel-freien Analoga.

**Acetazolamid** mit einem 1,3,4-Thiadiazolring ist ein bei Glaukom eingesetzter Carboanhydrase-Hemmstoff. Die 1,3,4-Thiadiazol-Stuktur findet sich auch in einigen als Antibiotika eingesetzten Cephalosporinen, z. B. **Cefazolin. Timolol,** ein 1,2,5-Thiadiazol, ist ein bei Glaukom verwendeter *β*-Blocker. **Flufenacet** ist ein Glycolsäureamid, das in Deutschland, Österreich und der Schweiz als Pflanzenschutzmittel zugelassen ist.

Auch in der Natur finden sich Thiadiazole. **Dendrodoin** mit 1,2,4-Thiadiazolring ist ein antioxidativ wirkendes, marines Alkaloid, das aus der Alge *Dendrodoa grossularia* isoliert wurde. Das Oxadiazol-Ringsystem findet sich wie oben erwähnt in den Sydnoniminen (z. B. Molsidomin, ▸Exkurs: Mesoionische Verbindungen). Ein Benzofurazanyl-Derivat mit 1,2,5-Oxadiazolring ist **Isradipin,** ein bei Hypertonie eingesetzter Calcium-Antagonisten. **Raltegravir,** ein Integrase-Hemmstoff mit 1,3,4-Oxadiazolring, wird bei HIV-Infektionen eingesetzt. Das Enzym Integrase katalysiert den Einbau der viralen Erbinformation in das menschliche Genom.

Die Struktur dieser biologisch aktiven Thiadiazol- und Oxadiazol-Derivate ist in ○ Abb. 31.22 wiedergegeben.

Als weitere Oxadiazol-Derivate sind 7-Chloro- (oder Fluoro-)4-nitrobenzo-2-oxa-1,3-diazol zu nennen (**NBD-Cl, NDB-F**), die als Derivatisierungsreagenzien für Aminosäuren, Phenole oder Thiole verwendet werden.

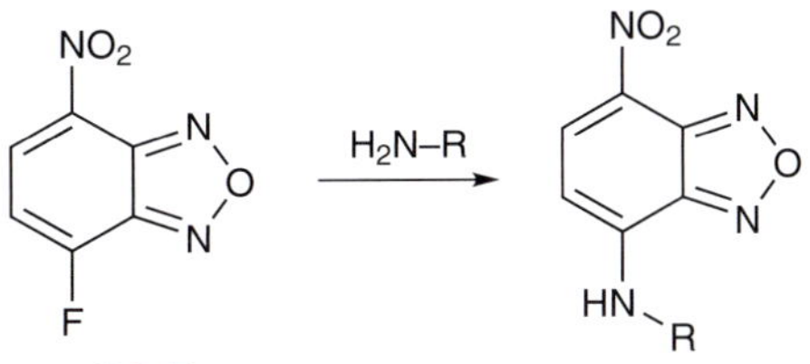


NDB-F

# 32 Sechsringe mit einem Heteroatom

Pyridingruppe ... 835 | Pyrangruppe ... 843

Die Stammverbindungen der Sechsringe mit einem Heteroatom sind das Pyridin, die Pyrane und die Thiopyrane. Pyridin- und Pyran-Derivate treten als Bausteine in wichtigen Naturstoffen auf.

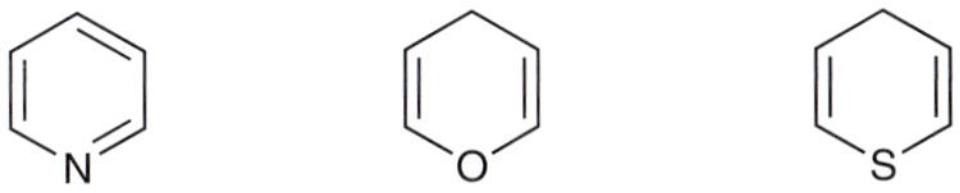


## 32.1 Pyridingruppe

### 32.1.1 Struktur und Eigenschaften

Pyridin, $C_5H_5N$, besitzt wie Benzen (▸Kap. 18.1) **sechs delokalisierte π-Elektronen** und lässt sich daher nur durch mehrere Grenzformeln beschreiben (○Abb. 32.1). Die ersten beiden Formeln entsprechen den *Kekulé*-Formeln des Benzens. Das im Vergleich zu einem Kohlenstoffatom elektronegativere Stickstoffatom im Pyridin zieht allerdings π-Elektronen aus dem Ring ab. Dies führt zu einer Abnahme der Elektronendichte an den C-Atomen und damit zur **Polarisierung** des Gesamtmoleküls (Dipolmoment $7{,}5 \cdot 10^{-30}$ Cm). Diese Elektronenverschiebung zum Stickstoff spiegelt sich in den drei zusätzlichen polaren Grenzformeln und der Elektronenverteilung des Pyridins wider (○Abb. 32.1, unten). Entsprechende Grenzformeln spielen beim Benzen keine Rolle. Pyridin gehört zu den **π-elektronenarmen Heteroaromaten**. Die aromatische Stabilisierungsener-

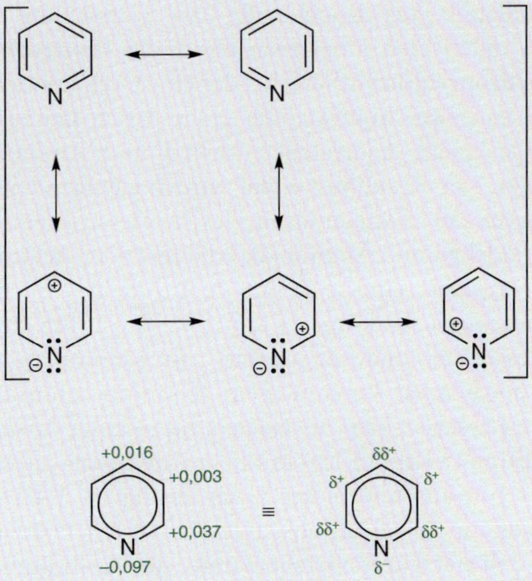


○ **Abb. 32.1** Mesomere Grenzformeln von Pyridin (oben) und die berechnete Ladungsverteilung im Ring (unten)

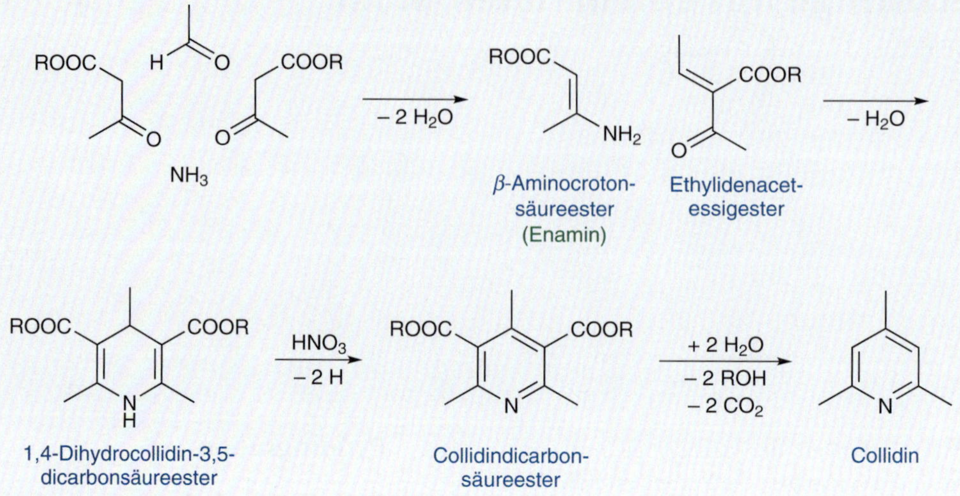


**Abb. 32.2** Darstellung von Dihydrocollidin-3,5-dicarbonsäureester und Collidin nach *Hantzsch*

gie des Pyridins beträgt ca. 130 kJ/mol (vgl. Benzen: 151 kJ/mol). Im Pyridinring bezeichnet man die Stellungen 2 und 6 auch mit $\alpha$ und $\alpha'$, die Stellungen 3 und 5 mit $\beta$ und $\beta'$ und die Stellung 4 mit $\gamma$.

Pyridin ist eine **schwache, tertiäre Base** mit unangenehmem Geruch und einem Siedepunkt von 115 °C. Die Substanz ist mit Wasser in jedem Verhältnis mischbar. Die Basizität ($pK_B = 8{,}8$) ist aber deutlich geringer als diejenige des gesättigten Analogons, des Piperidins ($pK_B = 2{,}9$; ▸Kap. 32.1.4).

## 32.1.2 Gewinnung und Synthese

Pyridin wird technisch aus Steinkohlenteer oder bei der Kohlevergasung gewonnen. Erstmals isoliert wurde es 1851 von *Anderson* durch fraktionierende Destillation aus Knochenöl. Zur Darstellung von Pyridinderivaten nutzt man meist die ***Hantzsch*sche Dihydropyridinsynthese**, bei der eine Cyclokondensation von zwei Äquivalenten eines $\beta$-Ketosäureesters mit je einem Äquivalent Aldehyd und Ammoniak erfolgt. Der Reaktionsverlauf wird im Folgenden am Beispiel der Kondensation des Acetessigesters mit Acetaldehyd und Ammoniak erläutert. Der Acetessigester reagiert einerseits mit dem Aldehyd in einer ***Knoevenagel*-Reaktion** (▸Kap. 13.1.3) zu Ethylidenacetessigester und andererseits mit Ammoniak zum entsprechenden Enamin, dem $\beta$-Aminocrotonsäureester. Dieser reagiert als Nucleophil in einer ***Michael*-Addition** (▸Kap. 13.1.3) mit dem Ethylidenacetessigester mit anschließender Cyclisierung zu 1,4-Dihydrocollidin-3,5-dicarbonsäureester. Durch Oxidation mit Salpetersäure entsteht daraus der Collidindicarbonsäureester, der durch Hydrolyse und anschließende Decarboxylierung in **Collidin**, ein Pyridinderivat, übergeht (Abb. 32.2).

## 32.1.3 Reaktionen und Anwendungen

Elektrophile Reagenzien reagieren in der Regel zuerst mit dem N-Atom des Pyridins; es bilden sich **Pyridiniumsalze** (▸Exkurs: *N*-Alkylpyridiniumsalze). Der dadurch verstärkte Elektronenzug des positivierten Stickstoffs und damit die Desaktivierung des Rings wirken sich besonders auf die C-Atome 2, 4 und 6 aus (vgl. auch die berechnte Ladungsverteilung im Pyridin selbst, Abb. 31.1). Daher lassen sich **elektrophile Substitutionen** beim Pyridin – wenn überhaupt – nur unter extremen Bedingungen durchführen, und zwar ausschließlich in 3- bzw. 5-Stellung. So entsteht z. B. bei der **Bromierung** von Pyridin in der Dampfphase bei 300 °C 3-Brompyridin neben wenig 3,5-Dibrompyridin und bei der **Sulfonierung** mit rauchender Schwefelsäure in Gegenwart von Quecksilber(II)-sulfat bei 230 °C die Pyridin-3-sulfonsäure (Ausbeute 70 %). Die **Nitrierung** von Pyridin mit Kaliumnitrat in rauchender Schwefelsäure bei 370 °C führt zum 3-Nitropyridin (Abb. 32.3). *Friedel-Crafts*-Reaktionen sind beim Pyridin nicht möglich.

Demgegenüber sind **nucleophile Substitutionen** am Pyridin in 2- und 6-Stellung durch stark nucleophile Anionen wie z. B. $NH_2^-$ oder OH— aufgrund der verringerten Elektronendichte im Pyridin – im Gegensatz zum Benzen – relativ leicht durchführbar.

### *Tschitschibabin*-Reaktion

Bei dieser **direkten Aminierung** erhitzt man Pyridin mit Natriumamid in Dimethylanilin oder in flüssigem Ammoniak so lange, bis kein Wasserstoff mehr entweicht. Nach einem **Additions-Eliminierungs-Mechanismus** erfolgt zunächst ein nucleophiler Angriff des $NH_2^-$-Anions am C2-Atom unter gleichzeitiger Abspaltung eines Hydridions, das sofort mit einem Proton der $NH_2$-Gruppe elementaren Wasserstoff bildet. Somit entsteht zunächst das Natriumsalz des 2-Aminopyridins, das bei der anschließenden Aufarbeitung in Wasser durch Protonierung die freie Base liefert (o Abb. 32.4, oben). Bei einem Überschuss Amid führt die weitere Aminierung zu 2,6-Diaminopyridin (Ausbeute 80–90 %). Sind die C-Atome in Position 2 und 6 im Pyridinmolekül substituiert, dann tritt die Aminogruppe unter Bildung des entsprechenden 4-Aminopyridinderivats in 4-Stellung ein. 3-Aminopyridin erhält man am besten aus Nicotinsäureamid durch den *Hofmann*-Abbau (▸Kap. 8.1.3) mit Natriumhypobromit. Eine zur *Tschitschibabin*-Reaktion analog verlaufende nucleophile Substitution tritt bei der sogenannten ***Ziegler*-Reaktion** auf. Dabei wird Pyridin mit *n*-Butyllithium oder Phenyllithium unter Stickstoffatmosphäre umgesetzt. Die Reaktion ermöglicht die Einführung von *n*-Butyl- oder Phenylgruppen in 2-Stellung (o Abb. 32.4, unten).

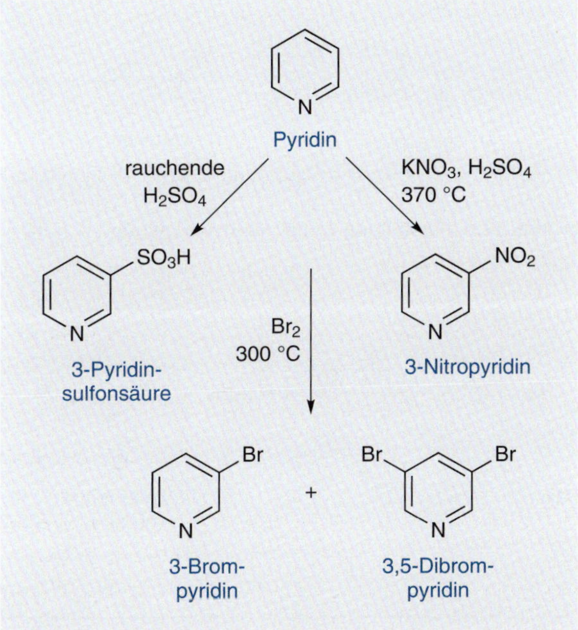


o **Abb. 32.3** Sulfonierung, Nitrierung und Bromierung von Pyridin

Durch die Umsetzung von *α*- und *γ*-**Pyron** mit Ammoniak werden 2- bzw. 4-Hydroxypyridine (*α*- und *γ*-Pyridone) dargestellt (o Abb. 32.5). Hydroxypyridine und Pyridone sind Tautomere. Sie liegen in Lösung fast ausschließlich als Pyridone vor, während das Gleichgewicht in der Gasphase auf der Seite der Hydroxyverbindungen liegt. Letztere sind Beispiele für die Iminolform von Amiden.

Pyridin dient als gutes Lösemittel für einige anorganische Salze und viele organische Verbindungen. Bei **Acylierungen** mit Säurehalogeniden wirkt es als nucleophiler Katalysator und bindet zugleich als Base die frei werdende Halogenwasserstoffsäure (▸Kap. 14.1.3). Früher wurde es zum Vergällen von Ethanol (Brennspiritus) verwendet.

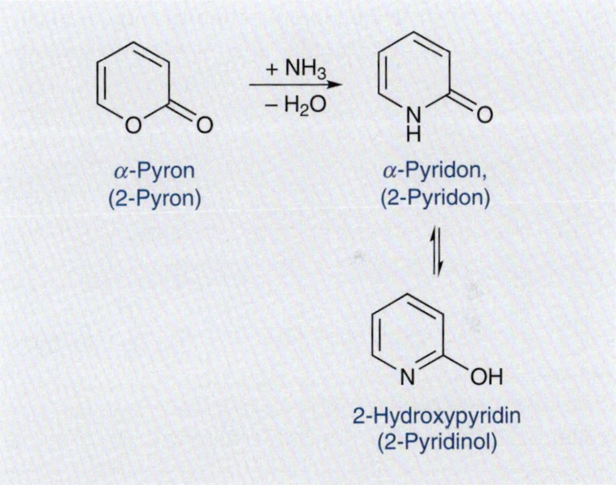


o **Abb. 32.5** Darstellung von 2-Pyridinol aus 2-Pyron

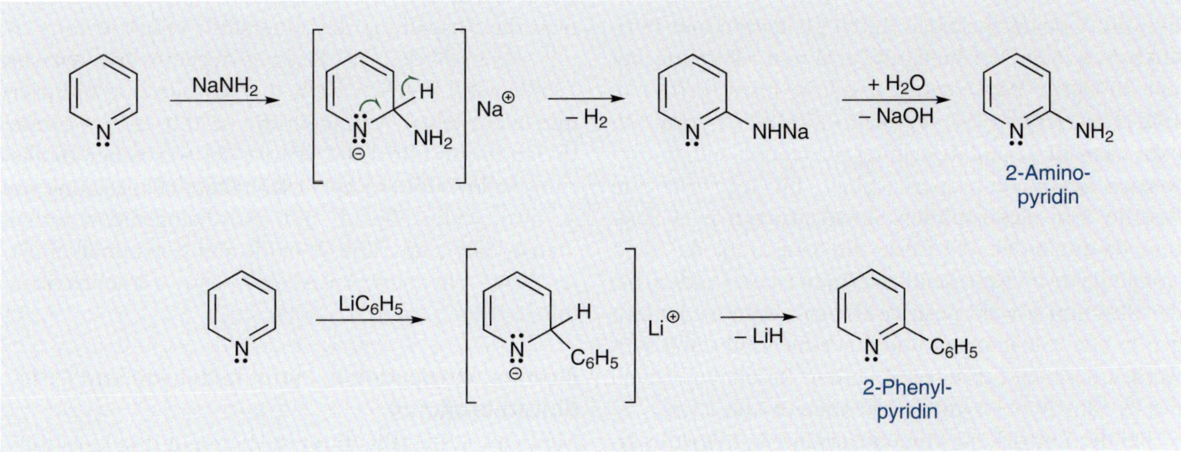


o **Abb. 32.4** Darstellung von 2-Aminopyridin in einer *Tschitschibabin*-Reaktion (oben) sowie die Darstellung von 2-Phenylpyridin (*Ziegler*-Arylierung) (unten)

**Exkurs: *N*-Alkylpyridiniumsalze**

*N*-Alkylpyridiniumsalze entstehen aus Pyridin und Alkylhalogeniden. Da der Ring durch die positive Ladung am N-Atom noch stärker an π-Elektronen verarmt ist als im Pyridin selbst, werden die *N*-Alkylpyridiniumsalze sehr leicht in 2-Stellung von Nucleophilen angegriffen, z. B. von Hydroxid-Ionen. Hierbei entsteht aus einer ionischen eine kovalente Verbindung, die *Hantzsch* als **„Pseudobase"** bezeichnete. Sie geht durch Oxidation mit Kaliumhexacyanoferrat(III) in *N*-Methyl-α-pyridon über (o Abb. 32.6).

Befindet sich am Pyridiniumstickstoff eine stark elektronenziehende Gruppe (z. B. C≡N), tritt bei der Einwirkung nucleophiler Reagenzien meist eine Ringöffnung und anschließend die Eliminierung des Ringstickstoffs ein. Ein Beispiel für eine derartige Reaktion ist die Darstellung des sogenannten ***Zincke*-Aldehyds**. Hierbei setzt man *N*-Cyanpyridiniumbromid, das aus Pyridin und Bromcyan entsteht, mit *N*-Methylanilin um. Dieses greift das Pyridiniumsalz nucleophil an. Man erhält unter Abspaltung von Cyanamid das dunkelrot gefärbte, sogenannte ***König*sche Salz**, dessen Farbigkeit auf dem stark delokalisierten π-System des Kations beruht. Durch Hydrolyse entstehen daraus im alkalischen Medium *N*-Methylanilin und 5-*N*-Methylanilino-2,4-pentadienal (*Zincke*-Aldehyd) (o Abb. 32.7). Der *Zincke*-Aldehyd ist Ausgangsprodukt für die klassische **Azulensynthese** nach *Hafner* (▸Kap. 25.1.2). Die *Zincke-König*-Spaltung von Pyridinen wird auch für deren Analytik ausgenutzt.

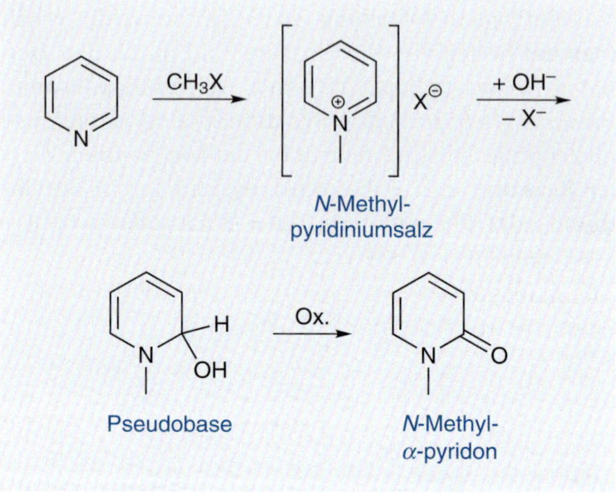


o **Abb. 32.6** Darstellung von *N*-Methyl-α-pyridon (X = Br, I)

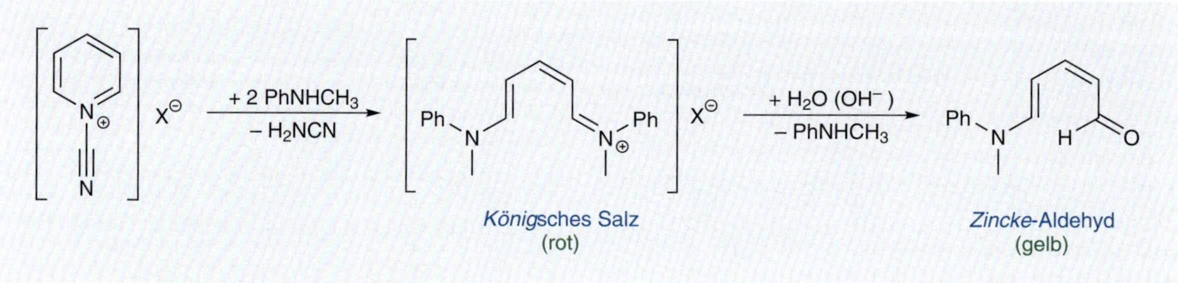


o **Abb. 32.7** Darstellung des *Zincke*-Aldehyds

## 32.1.4 Ausgewählte Verbindungen

### Pyridin-*N*-oxide

Pyridin-*N*-oxide entstehen durch Oxidation von Pyridin bzw. seinen Derivaten mit Persäuren oder einfacher mit 30%igem Wasserstoffperoxid in Eisessig (*Ochiai* 1947, *Den Hertog* 1951; vgl. auch ▸Kap. 8.1). Pyridin-*N*-oxid kann in 2- und 4-Stellung nucleophil substituiert werden. Bevorzugt reagiert es aber – im Gegensatz zum Pyridin – in **elektrophilen Substitutionen** in 4-Position, da durch den +M-Effekt des Sauerstoffs die Elektronendichte im Ring deutlich erhöht ist und zudem bei der Reaktion sowohl positive als auch negative Ladungen in den α-Stellungen und der γ-Stellung stabilisiert werden können. Letzteres ist an den Resonanzformeln des Pyridin-*N*-oxids gut zu erkennen (o Abb. 32.8).

Bei der Einwirkung von Nitriersäure auf Pyridin-*N*-oxid entsteht mit einer Ausbeute von 85 % 4-Nitropyridin-*N*-oxid, das sich anschließend durch die Behandlung mit Phosphor(III)-chlorid (im Überschuss) in Chloroform in 4-Nitropyridin überführen lässt. Nimmt man die Abspaltung des Sauerstoffs reduktiv vor, z. B. mit *Raney*-Nickel in Eisessig/Acetanhydrid (*Jerchel* 1958), wird zugleich auch die Nitrogruppe reduziert und es entsteht 4-Aminopyridin (o Abb. 32.9). **4-Dimethylaminopyridin** (**DMAP**) ist ein wertvoller Acylierungskatalysator (▸Kap. 14.1.3). Durch Umsetzung von 4-Nitropyridin-*N*-oxid mit Acylhalogeniden erhält man 4-Halogenpyridin-*N*-oxide, mit Natriumalkoholaten bzw. -phenolaten 4-Alkoxy- bzw. 4-Phenoxypyridin-*N*-oxide.

### Picoline, Vinylpyridine, Pyridinaldehyde und Pyridincarbonsäuren

Methylpyridine (**Picoline**) existieren in drei konstitutionsisomeren Formen. Die Picoline treten neben Pyridin und dessen höheren Homologen, zu denen z. B. *α,γ*-

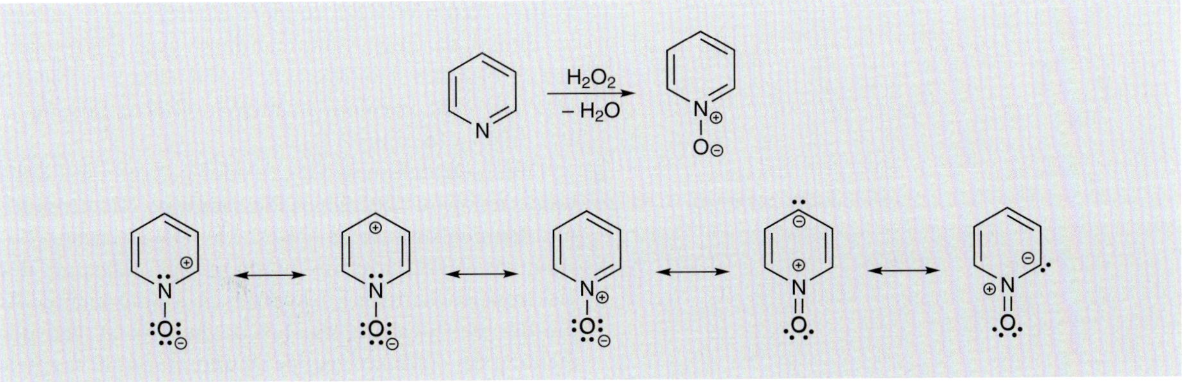

**o Abb. 32.8** Mesomere Grenzformeln von Pyridin-*N*-oxid

**Lutidin** (2,4-Dimethylpyridin) und **Collidin** (2,4,6-Trimethylpyridin) gehören, in den Basenfraktionen des Steinkohlenteers auf. Die Isolierung der einzelnen Basen ist zum Teil durch fraktionierende Destillation möglich.

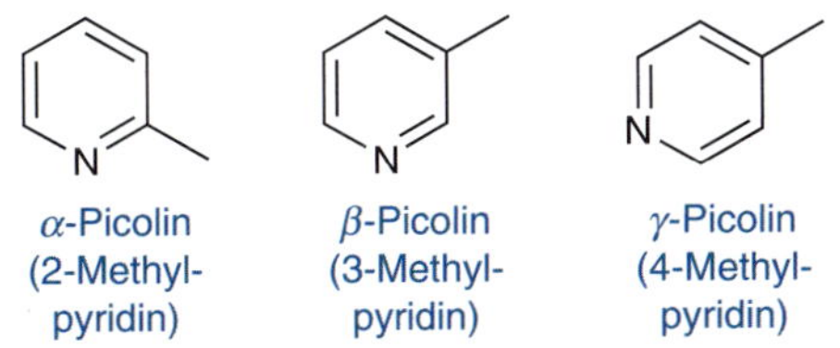


Die α- und γ-ständigen Methylgruppen der Picoline zeigen sich gegenüber Aldehyden und Nitrosoverbindungen besonders reaktionsfähig. Sie reagieren z. B. mit Formaldehyd unter Wasseraustritt zu den entsprechenden Kondensationsprodukten, wobei ein aldolartiges Zwischenprodukt auftritt (o Abb. 32.10, oben). So gewinnt man technisch beispielsweise 2-Vinylpyridin aus α-Picolin und Formaldehyd. Analog entsteht durch Kondensation von γ-Picolin mit *p*-Nitrosodimethylanilin das betreffende **Azomethin** (o Abb. 32.10, unten). β-Picolin geht keine derartigen Kondensationsreaktionen ein, da es nicht wie die beiden anderen Isomere CH-acide ist (die CH-Acidität der Methylgruppen in 2- und

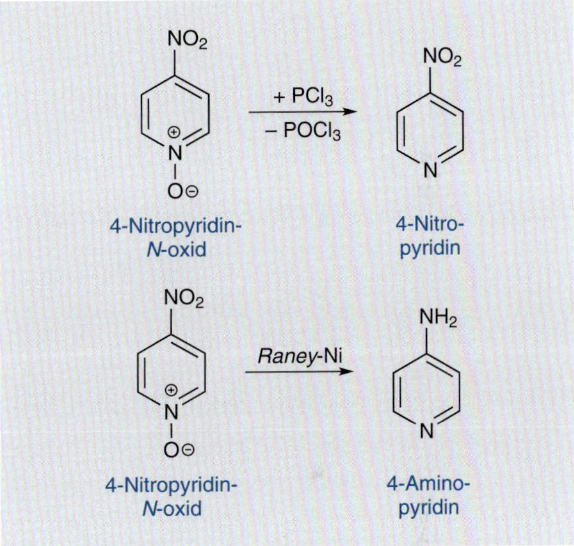


**o Abb. 32.9** Reduktion von Pyridin-*N*-oxiden mittels Phosphor(III)-chlorid und *Raney*-Nickel

4-Position resultiert aus der Konjugation zum elektronenziehenden N-Atom).

Die **Copolymerisation von 2-Vinylpyridin mit Butadien** führt zu Elastomeren, die auf Nylongewebe fest haften und zur Fabrikation von Reifencord verwendet werden. Wird die Copolymerisation von 2-Vinylpyridin mit

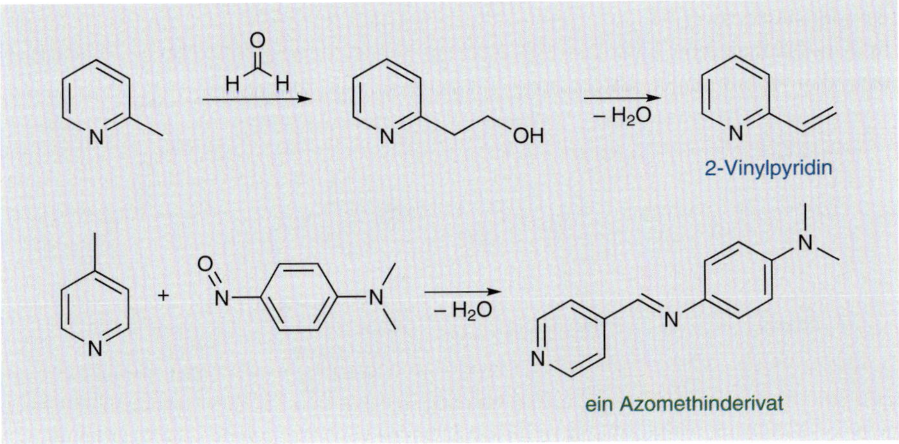


**o Abb. 32.10** Darstellung von 2-Vinylpyridin (oben) und einem Azomethin (unten) aus α- und γ-Picolinen

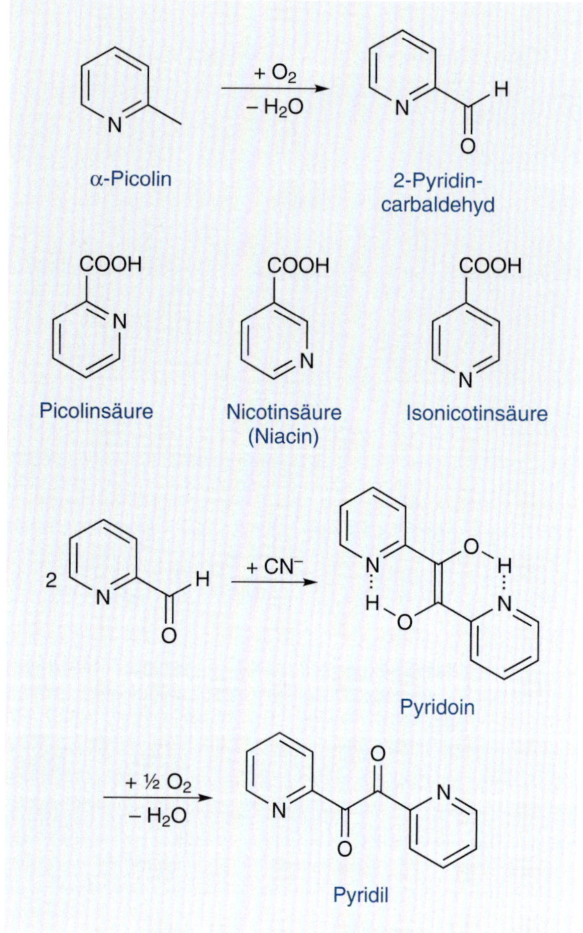


**Abb. 32.11** Synthese von 2-Pyridincarbaldehyd (oben), Strukturen und Trivialnamen der drei isomeren Pyridincarbonsäuren (Mitte) und Darstellung von Pyridil aus 2-Pyridincarbaldehyd (unten)

Acrylnitril vorgenommen, erhält man PAN-Fasern (Polyacrylnitrilfasern), die aufgrund der eingeführten, basischen Gruppen leichter anfärbbar sind (▸Kap. 13.2).

**Pyridinaldehyde** werden durch Luftoxidation der entsprechenden Picoline in Gegenwart von Vanadium(V)-oxid als Katalysator in etwa 40 %iger Ausbeute dargestellt (*Mathes* u. *Sauermilch*). In Analogie zu Benzaldehyd oder Furfural kondensieren zwei Moleküle 2-Pyridincarbaldehyd in Anwesenheit von Cyanidionen leicht zum **Pyridoin**, das jedoch nicht als Hydroxyketon vorliegt, sondern als tief orange gefärbtes Endiol, da dieses Tautomer durch zwei intramolkulare H-Brücken stabilisiert ist. Schon beim Durchleiten von Luft geht Pyridoin in methanolischer Lösung in Pyridil über (Abb. 32.11).

Durch Oxidation von α-, β- oder γ-Picolin mit Kaliumpermanganat entstehen **Picolinsäure**, **Nicotinsäure** und **Isonicotinsäure** (Abb. 32.11). Die Decarboxylierung der Pyridincarbonsäuren erfolgt aufgrund des elektronenziehenden Effektes des N-Atoms leichter als die der Benzoesäure; die Leichtigkeit hängt von der Stellung der Carboxylgruppe ab und nimmt in der Reihenfolge 2 > 4 > 3 ab.

### $B_6$-Vitamine (Pyridoxamin, Pyridoxin, Pyridoxal) und Vitamin $B_3$ (Nicotinsäure)

*R. Kuhn* hat neben den Vitaminen $B_1$ (Thiamin, ▸Kap. 34) und $B_2$ (Riboflavin, ▸Kap. 35) auch das **Vitamin B6** (**Pyridoxin**, Pyridoxol, 4,5-Bis(hydroxymethyl)-2-methyl-pyridin-3-ol) aus der Hefe isoliert. Mikrobiologische Untersuchungen haben gezeigt, dass in den betreffenden Hefeextrakten außer Pyridoxin noch zwei andere Pyridinderivate vorhanden sind: **Pyridoxal** und **Pyridoxamin** (Abb. 32.12), die ebenfalls Vitamincharakter besitzen und für einige Mikroorganismen noch wirksamere Wachstumsfaktoren darstellen als Pyridoxin (*Snell* 1945). Pyridoxal- und Pyridoxaminphosphat katalysieren die **Transaminierung** von Aminosäuren. Außerdem tritt Pyridoxalphosphat als **Coenzym** in einer Decarboxylase auf, die die Decarboxylierung von Aminosäuren zu biogenen Aminen bewirkt. Nicotinsäure wurde 1867 bei der Oxidation von Nicotin entdeckt. Sie ist in Form von **Nicotinamid** (Pyridin-3-carbonsäureamid) Baustein von NADH und NADPH, die beide Cofaktoren von Wasserstoff übertragenden Enzymen sind (*Warburg, v. Euler-Chelpin).* Nicotinamid kommt vor allem in der Leber und den Muskeln von Säugetieren vor, sowie in der Hefe, in der Milch und in Getreidekeimlingen. Nicotinsäure selbst wurde als Arzneistoff zur Senkung erhöhter Blutfettwerte eingesetzt.

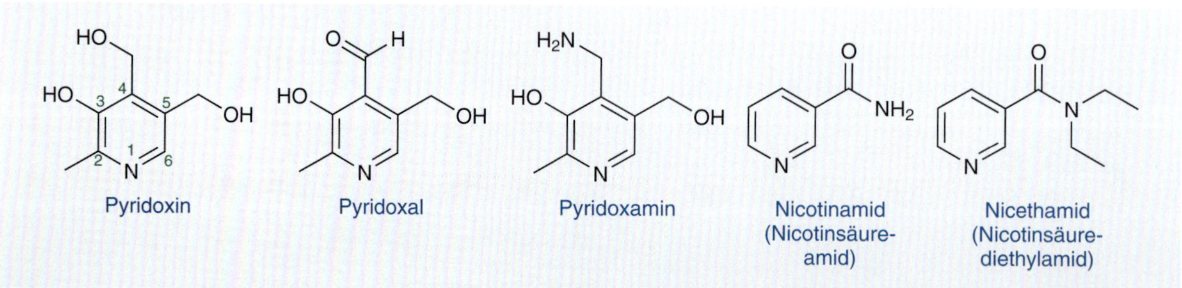


**Abb. 32.12** Die Strukturformeln von Pyridoxin, Pyridoxal und Pyridoxamin sowie von Nicotinamid und Nicethamid

### Arzneistoffe mit Pyridinbaustein

Nicotinsäurediethylamid (**Nicethamid**, ⚬Abb. 32.12) wurde als Analeptikum (Psychostimulans) eingesetzt. Isonicotinsäurehydrazid (**Isoniazid**, Neoteben®; ⚬Abb. 32.13) ist ein wichtiges **Chemotherapeutikum** gegen alle Formen und Stadien der Tuberkulose, das in Kombination mit anderen Tuberkulostatika eingesetzt wird. Ein weiteres Tuberkulostatikum mit Pyridinbaustein ist 2-Propylisonicotinsäurethioamid (**Protionamid**, ⚬Abb. 32.13). Geht man bei der *Hantzsch*schen Dihydropyridinsynthese von aromatischen Aldehyden aus, erhält man Verbindungen wie 1,4-Dihydro-2,6-dimethyl-4(2-nitrophenyl)-3,5-pyridincarbonsäuredimethylester (**Nifedipin**, Adalat®; ⚬Abb. 32.13). Nifedipin ist der Prototyp der **Calciumantagonisten**, die für die Behandlung von koronaren Herzkrankheiten und Buthochdruck eingesetzt werden.

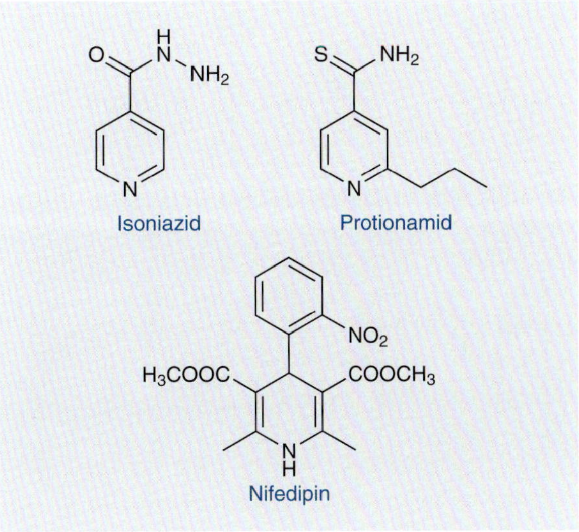


⚬ **Abb. 32.13** Die Strukturformeln von Isoniazid, Protionamid und Nifedipin

### Piperidin und Derivate

**Piperidin** (Hexahydropyridin) ist eine farblose Flüssigkeit (Sdp. 106 °C) und kann durch katalytische Hydrierung von Pyridin am Pt-Kontakt dargestellt werden oder – als Hydrochlorid – durch Erhitzen von Pentamethylendiamindihydrochlorid unter $NH_3$-Abspaltung (⚬Abb. 32.14, oben). Im Gegensatz zum Pyridin ist Piperidin, wie alle anderen sekundären aliphatischen Amine, eine starke Base ($pK_B$ = 2,9) und bildet ein Nitrosamin sowie *N*-Alkyl- und *N*-Acyl-Derivate.

Sehr viele Arzneistoffe enthalten Piperidinringe. Häufig dient dieser dazu, ein basisches N-Atom in einer Kette mit definierter Konformation und einem definierten Abstand zu anderen funktionellen Gruppen (häufig z. B. einem aromatischen System) zu platzieren. Beispiele für dieses Konzept sind die Antipsychotika Thioridazin und Levomepromazin (⚬Abb. 32.14, Mitte). In ersterem sitzt der aliphatische Stickstoff am Ende einer

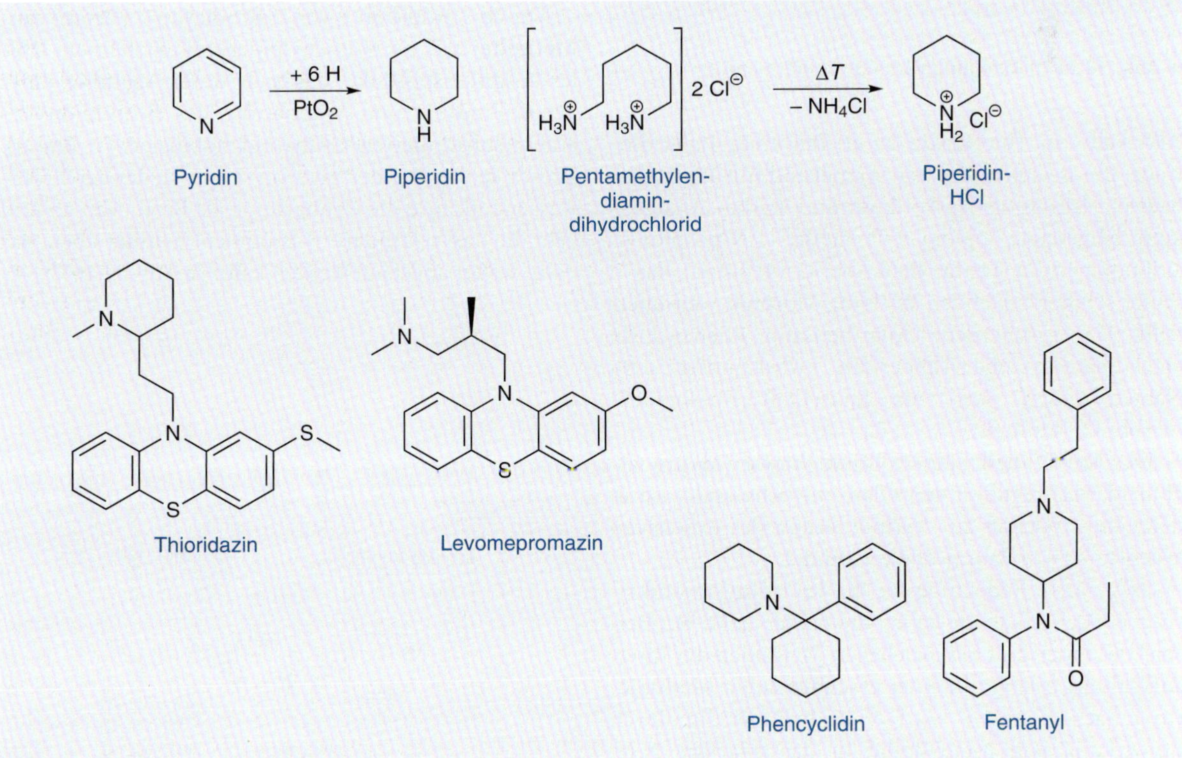


⚬ **Abb. 32.14** Darstellung von Piperidin und Piperidin-Hydrochlorid (oben) sowie Strukturformeln von Thioridazin und Levomepromazin (Mitte), Phencyclidin und Fentanyl (unten)

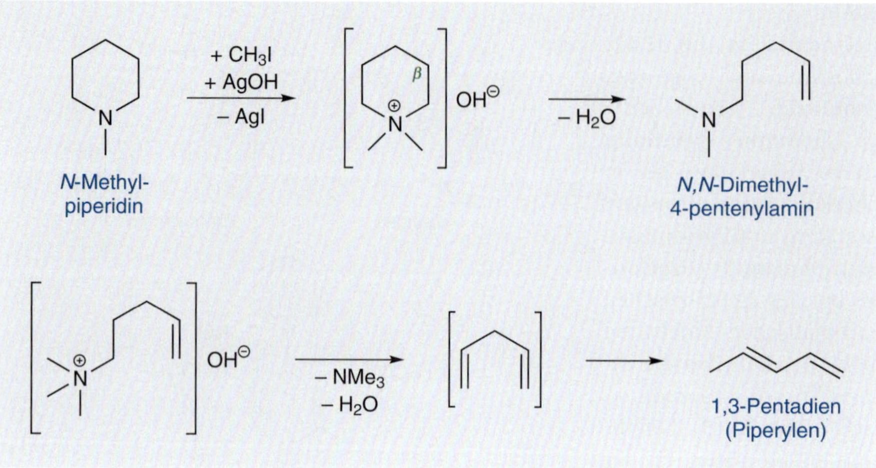


**○ Abb. 32.15** Erschöpfende Methylierung von *N*-Methylpiperidin und Darstellung von *N,N*-Dimethyl-4-pentenylamin (oben); Darstellung von 1,3-Pentadien (unten)

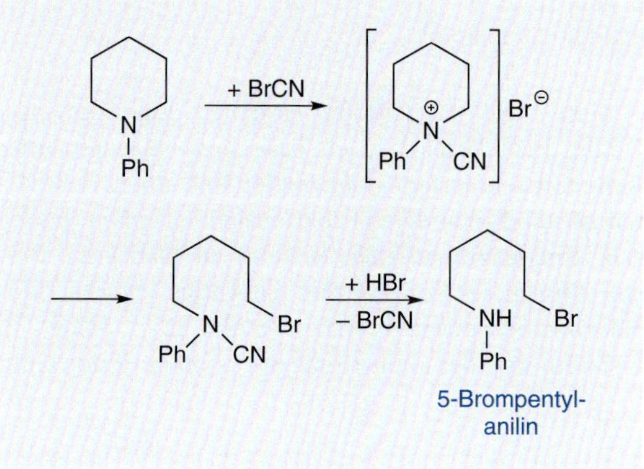


**○ Abb. 32.16** Darstellung von 5-Brompentylanilin

Alkylkette, in Thioridazin ist er Teil eines Piperidinrings. Ein Beispiel für einen Arzneistoff mit Piperidinbaustein ist das als Narkotikum und starkes Analgetikum eingesetzte Opioid 1-Phenethyl-4-*N*-propionylanilinopiperidin (**Fentanyl**, (○ Abb. 32.14, unten), das in seiner schmerzstillenden Wirkung Morphin weit übertrifft. Das synthetische Anästhetikum Phencyclidin (1-(1-Phenylcyclohexyl)piperidin) wird unter dem Namen *„angel dust"* als Rauschgift missbraucht (○ Abb. 32.14, unten).

Das *N,N*-Dimethylpiperidiniumchlorid (**Mepiquatchlorid**, Pix) reguliert den Pflanzenwuchs und wird in der Landwirtschaft zur Verminderung des exzessiven Wachstums von Baumwolle verwendet.

Präparative Bedeutung für die Konstitutionsaufklärung einiger Alkaloide haben die nachfolgend am Beispiel des Piperidins beschriebenen Methoden der Ringaufspaltung erlangt: In einer **erschöpfenden Methylierung** nach *Hofmann* wird *N*-Methylpiperidin durch Einwirkung von Methyliodid in das quartäre *N,N*-Dimethylpiperidiniumiodid überführt, aus dem mit Silberoxid die freie Ammoniumbase darstellbar ist. Diese spaltet bei der trockenen Destillation Wasser ab (intramolekulare ***Hofmann*-Eliminierung**, ▸Kap. 8.1), wobei unter Ringöffnung *N,N*-Dimethyl-4-pentenylamin entsteht (○ Abb. 32.15). Die Abspaltung des Protons erfolgt an dem zum Stickstoff *β*-ständigen C-Atom. Aus der entstandenen Base wird erneut mit Methyliodid und Silberoxid die quartäre Ammoniumbase hergestellt, die bei der thermischen Zersetzung in einer erneuten *Hofmann*-Eliminierung unter Abspaltung von Trimethylamin und Wasser in 1,4-Pentadien übergeht; dieses isomerisiert unter den gegebenen Reaktionsbedingungen zum 1,3-Pentadien (**Piperylen**).

Durch Addition von Bromcyan (**Bromcyan-Methode**) z. B. an *N*-Phenylpiperidin entsteht ein labiles Additionsprodukt, das sich unter Spaltung einer N—C-Bindung und Wanderung des Bromidions zu einem substituierten Cyanamid stabilisiert (*v. Braun*). Dieses spaltet bei der Hydrolyse mit siedender Bromwasserstoffsäure die Cyangruppe als Bromcyan ab und geht in das sekundäre 5-Brompentylanilin über, das dann weiter abgebaut werden kann (○ Abb. 32.16).

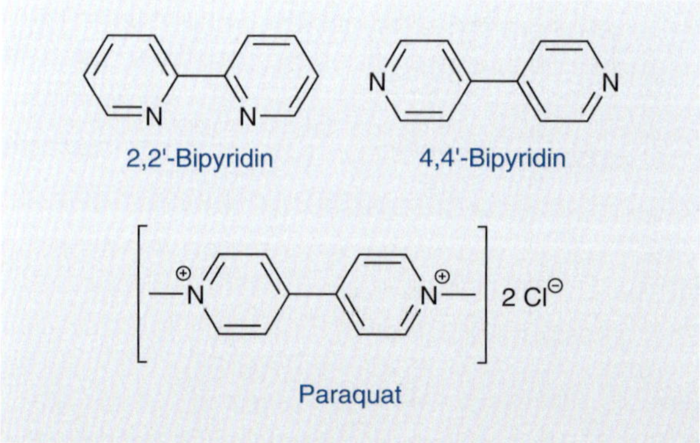


**○ Abb. 32.17** Strukturformeln ausgewählter Bipyridine

**Bipyridine**

Die Verbindung **2,2´-Bipyridin** (2,2´-Bipyridyl, Smp. 70,1 °C, ▸ Abb. 32.17) entsteht durch Dimerisierung von Pyridin in Gegenwart von Oxidationskatalysatoren oder durch Reaktion von 2-Brompyridin mit Kupfer. Als Muttersubstanz von Herbiziden ist **4,4´-Bipyridin** (4,4´-Bipyridyl, Smp. 114 °C, ▸ Abb. 32.17) wichtig, das man durch Umsetzung von Pyridin mit Natrium und anschließende Oxidation erhält. 1,1´-Dimethyl-4,4´-bipyridinium-dichlorid (**Paraquat**, Methylviologen, ▸ Abb. 32.17) ist ein sehr wirksames, jedoch auch sehr giftiges Herbizid. Die Substanz wird außerdem zum Aufbau supramolekularer Strukturen mit makrocyclischen elektronenreichen Aromaten eingesetzt.

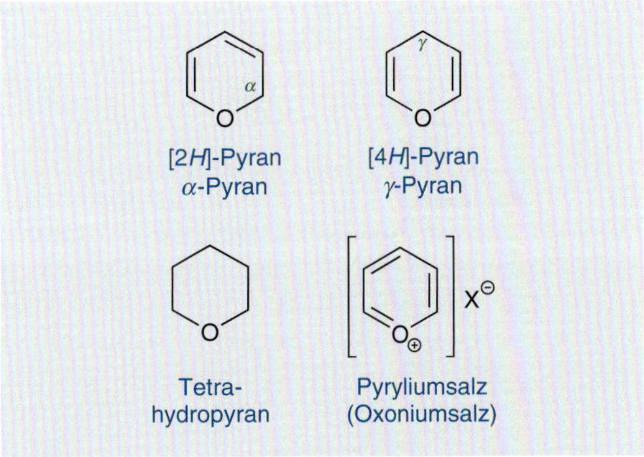


**Abb. 32.18** Strukturformeln der wichtigsten Vertreter der Pyrangruppe

## 32.2 Pyrangruppe

### 32.2.1 Struktur und Eigenschaften

Von den beiden sechsgliedrigen Heterocyclen mit einem O-Atom und zwei C=C-Doppelbindungen, dem *α*- und *γ*-Pyran, leiten sich die beiden Isomere *α*- und *γ*-Pyron, Tetrahydropyran sowie die Pyryliumsalze ab (▸ Abb. 32.18) (▸ Exkurs: Marihuana und Haschisch). *γ*-Pyran ist ein farbloses, in Ethanol, Benzen und Diethylether lösliches Öl mit einem Siedepunkt von 80 °C.

### 32.2.2 Gewinnung und Synthese

▸ Abb. 32.19 zeigt unterschiedliche Methoden zu Darstellung von Tetrahydropyranen: *γ*-Pyran (4*H*-Pyran, Sdp. 80 °C) und *γ*-Thiopyran (4*H*-Thiopyran, Sdp. 30 °C / 16 hPa) wurden erstmals 1962 von *Strating* aus Glutardialdehyd dargestellt. Tetrahydropyran kann

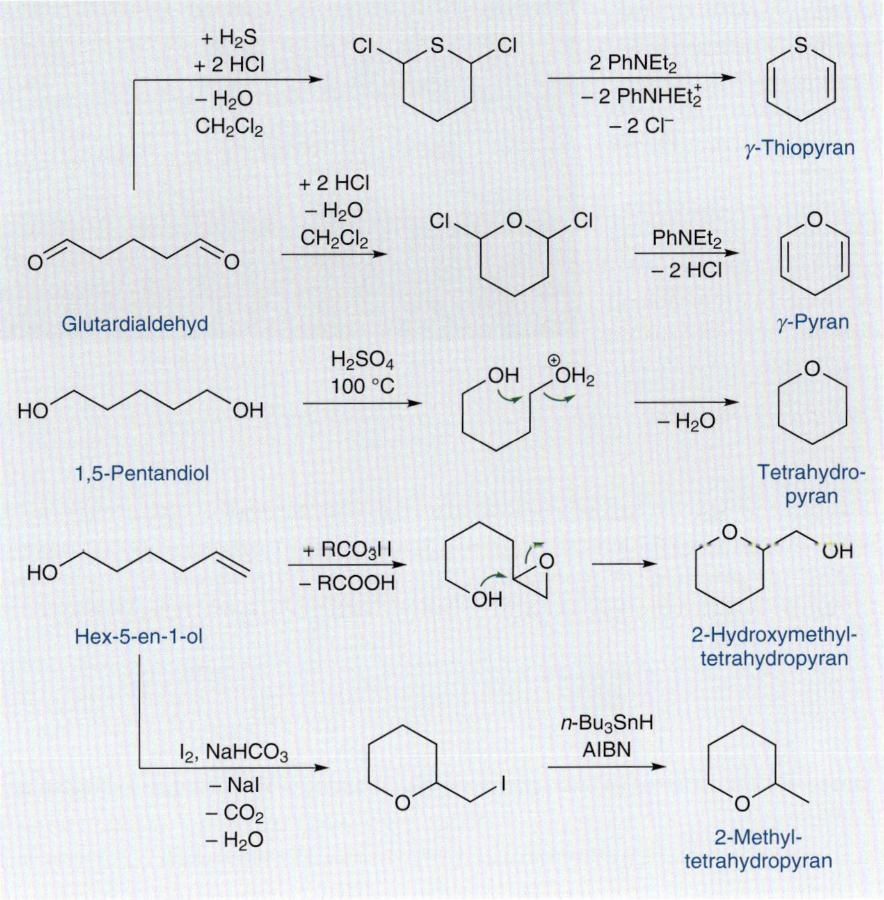


**Abb. 32.19** Methoden zur Darstellung von Pyranderivaten

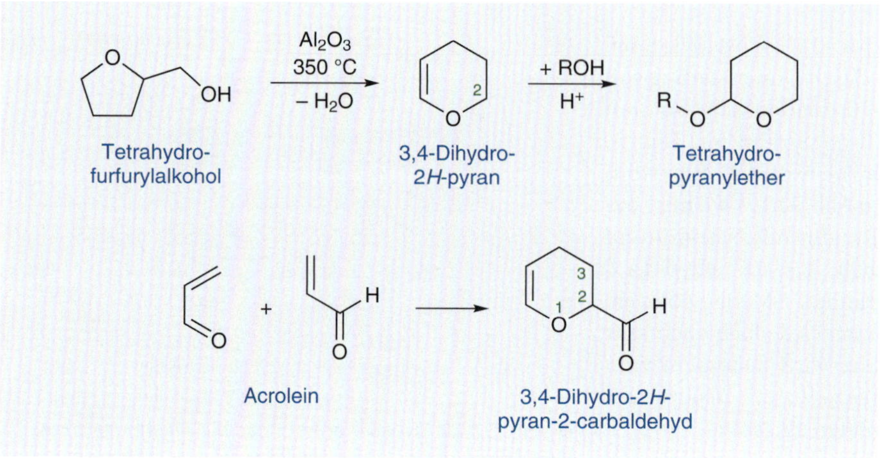


**o Abb. 32.20** Darstellung von Tetrahydropyranylether (oben); *Diels-Alder*-Reaktion zur Darstellung von 3,4-Dihydro-2*H*-pyran-2-carbaldehyd (unten)

### Exkurs: Marihuana und Haschisch

Zu den $\alpha$-Pyranen gehören die etwa 70 **Cannabinoide** des Hanfs (*Cannabis sativa*, **o** Abb. 32.21), z. B. das Cannabinol (6,6,9-Trimethyl-3-pentyl-6*H*-dibenzo[b,d]pyran-1-ol, **o** Abb. 32.22). Durch Öffnung des Pyranrings und partielle Hydrierung eines aromatischen Rings entsteht daraus das Resorcinderivat Cannabidiol, 2-(6-Isopropenyl-2-methylcyclohex-2-en-1-yl)-5-pentylresorcin (CBD). Von den halluzinogenen Verbindungen in den weiblichen Blütenspitzen des Hanfs (**Marihuana**) oder dem daraus gewonnenen Harz (**Haschisch**) ist das **$\Delta^9$-Tetrahydrocannabinol** ($\Delta^9$**-THC**; 6a,7,8,10a-Tetrahydro-6,6,9-trimethyl-3-pentyl-6*H*-dibenzo[b,d]pyran-1-ol), ein Hydrierungsprodukt des Cannabinols, besonders wirksam. Seine Konzentration in der Pflanze ist vom Klima abhängig. Charakteristisch für die Wirkung von $\Delta^9$-THC ist die mit Suchtverhalten eng verknüpfte **Dopaminausschüttung** im Gehirn (*Nucleus accumbens*), die auch bei Cocain, Heroin, Nicotin, Alkohol und einigen Catecholaminen auftritt. Als Arzneistoff, der unter das Betäubungsmittelgesetz fällt, wird THC (Dronabinol) u. a. zur Behandlung von Spasmen bei Multipler Sklerose eingesetzt. Als endogene Substanzen mit cannabinoider Wirkung (Endocannabinoide) wurden im Gehirn das Anandamid (Arachidonylethanolamid, AEA, $C_{19}H_{31}CONHCH_2CH_2OH$) und 2-Arachidonylglycerin ($C_{19}H_{31}COOCH—(CH_2OH)_2$) identifiziert.

**o Abb. 32.21** Hanfpflanze (*Cannabis sativa*)

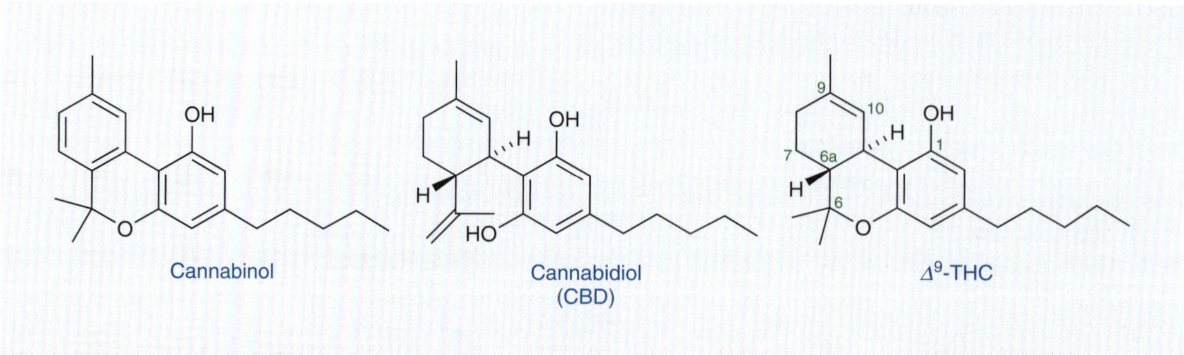


**o Abb. 32.22** Psychoaktive Substanzen aus *Cannabis sativa* und *Cannabis indica/afghanica*. Sie wirken als Agonisten an den Cannabinoid-Rezeptoren $CB_1$ und $CB_2$.

außerdem durch Cyclisierung von 1,5-Pentandiol mit Schwefelsäure hergestellt werden. Die säurekatalysierte Cyclisierung von 4-Hydroxybutyloxiran führt zur Bildung von 2-Hydroxymethyltetrahydropyran. Hex-5-en-1-ol lässt sich mit Iod ebenfalls zu einem substituierten Tetrahydropyran umsetzen.

3,4-Dihydro-2*H*-pyran ist aus Tetrahydrofurfurylalkohol durch Dehydratisierung unter gleichzeichtiger Ringerweiterung am Aluminiumoxid-Kontakt darstellbar (○ Abb. 32.20).

### 32.2.3 Reaktionen und Anwendungen

3,4-Dihydro-2*H*-pyran ist dank seiner Enoletherstruktur eine gute **Schutzgruppe** für primäre, sekundäre **Alkohole** und **Phenole**. Unter milden Bedingungen entsteht durch säurekatalysierte Addition des Alkohols an die Doppelbindung des 3,4-Dihydro-2*H*-pyrans ein Tetrahydropyranylether (THP-Ether, ○ Abb. 32.20). Dieser ist als Acetal basenstabil, kann aber durch verdünnte Säuren leicht wieder gespalten werden. Ein Nachteil der THP-Schutzgruppe ist die Tatsache, dass bei der Acetalbildung ein neues Chiralitätszentrum entsteht. Bei chiralen Alkoholen erhält man daher diastereomere THP-Ether, was bei der Isolierung und insbesondere der spektroskopischen Analyse der Substanzen Probleme bereiten kann. 3,4-Dihydro-2*H*-pyran-2-carbaldehyd ist mittels ***Diels-Alder*-Reaktion** aus Acrolein zugänglich, das hierbei sowohl als Dien als auch als Dienophil fungiert (○ Abb. 32.20, unten). Bei der katalytischen Hydrierung von Dihydropyran entsteht **Tetrahydropyran,** von dem sich die Pyranosen ableiten (▸ Kap. 17.1).

### 32.2.4 Ausgewählte Verbindungen

#### γ-Pyrone

Zu den natürlich vorkommenden Derivaten des γ-Pyrons (4*H*-Pyran-4-ons) zählen z. B. die **Kojisäure** (5-Hydroxy-2[hydroxymethyl]-4*H*-pyran), die aus Kohlenhydratlösungen (Glucose, Stärke u. a.) unter der Einwirkung des Bakteriums *Aspergillus oryzae* entsteht, ferner das als Bestandteil des Brotaromas nachgewiesene **Maltol**, das bei Süßspeisen als Geschmacksverstärker wirkt, sowie die an Opiumalkaloide gebundene **Mekonsäure** (○ Abb. 32.23).

Auch der Giftstoff der *Derris*-Wurzel, **Rotenon**, gehört im weiteren Sinne zu dieser Stoffklasse. Rotenon ist eines der wichtigsten natürlichen Insektizide und wird aus den Wurzeln in Ostasien heimischer Schmetterlingsblütler, z. B. der Tubawurzel (*Derris elliptica*), gewonnen. Das Rotenonmolekül besteht aus fünf kondensierten Ringen, und zwar aus zwei Benzenkernen sowie je einem Dihydropyran-, Dihydro-γ-pyron- und Dihydrofuranring (○ Abb. 32.24; *Butenandt* u. *La Forge* 1932).

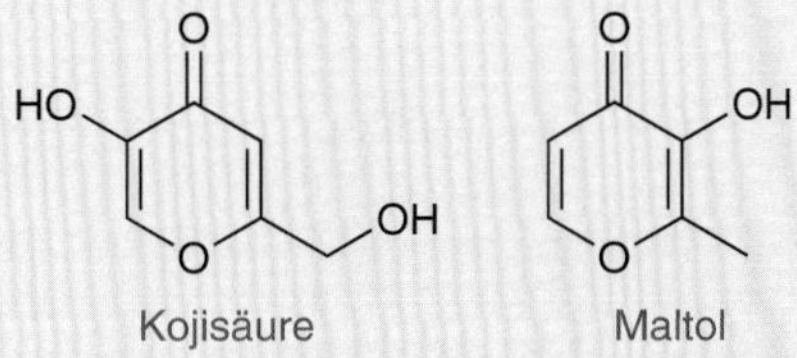


○ **Abb. 32.23** Strukturformeln natürlich vorkommender γ-Pyron-Derivate

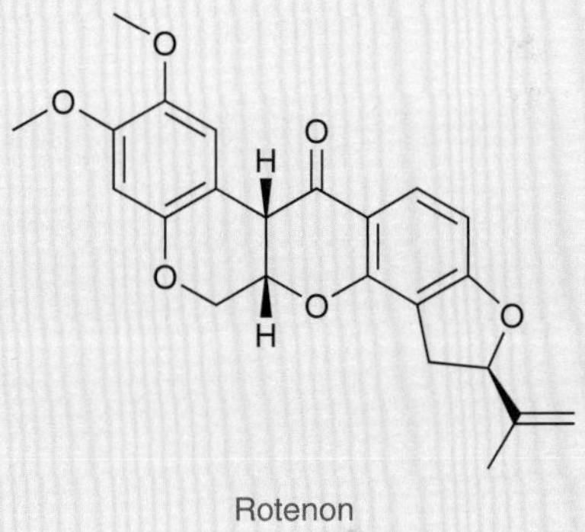


○ **Abb. 32.24** Strukturformel des Insektizids Rotenon

**2,6-Dimethyl-γ-pyron** ist das am leichtesten zugängliche γ-Pyron-Derivat. Man erhält es beim Erhitzen von Schwefelsäure mit Dehydracetsäure, die durch Selbstkondensation von zwei Molekülen Acetessigester mit Natriumhydrogencarbonat darstellbar ist. Hierbei wird der Lactonring geöffnet und die entstehende β-Ketosäure zur 2,6-Dimethyl-4-oxo-4*H*-pyran-3-carbonsäure umgelagert, die unter Decarboxylierung in 2,6-Dimethyl-γ-pyron übergeht (○ Abb. 32.25). 2,6-Dimethyl-γ-pyron ist eine farblose Verbindung mit einem Schmelzpunkt von 132 °C, die sich in Wasser mit neutraler Reaktion löst. Auffallend ist, dass sich die Carbonylgruppe im γ-Pyronring mit den üblichen Reagenzien nicht als Oxim, Semicarbazon usw. nachweisen lässt. Nähere Untersuchungen ergaben, dass 2,6-Dimethyl-γ-pyron keine normale Ketogruppe enthält, sondern wegen der elektronischen Wechselwirkung mit dem Ringsauerstoff durch **Mesomerie** eher die Eigenschaften eines Alkoholats aufweist (○ Abb. 32.25). Die tatsächliche Elektronenstruktur des γ-Pyrons entspricht demnach eher der eines Pyryliumsalzes.

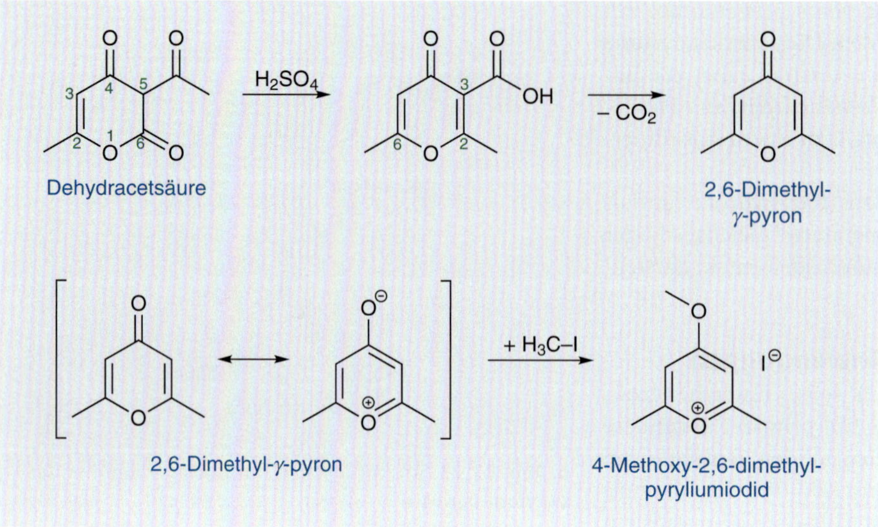


**Abb. 32.25** Darstellung von 2,6-Dimethyl-$\gamma$-pyron aus Dehydracetsäure (oben). 2,6-Dimethyl-$\gamma$-pyron bildet mit Mineralsäuren unter Bindung des Protons am negativ geladenen, exocyclischen Sauerstoff ein Oxoniumsalz und mit Methyliodid das 4-Methoxy-2,6-dimethylpyryliumiodid (unten).

# 33 Benzanellierte Sechs- und Siebenringe

Benzopyridine, Dibenzopyridine und Benzopyrane ... 847 |
Benzazepine, Dibenzazepine und Benzodiazepine ... 866



Durch eine formale Verknüpfung von Benzen an Pyridin entstehen die beiden konstitutionsisomeren, benzanellierten Pyridine Chinolin und Isochinolin. Die *ortho*-Anellierung von Benzen an Chinolin führt zum linearen Acridin, während das angulare Phenanthridin als *ortho*-anelliertes Isochinolin aufgefasst werden kann. Durch die formale Verbindung von Benzen an 4*H*-Pyran entsteht 4*H*-Chromen.

Zu den benzannellierten Siebenringen mit einem oder zwei Ring-Stickstoffatomen zählen auch Benzazepine und Benzodiazepine. Beide Stoffgruppen zeichnen sich unter anderem durch ihre psychopharmakologische Wirkung aus (▸Kap. 33.2) und finden in der Tier- und Humanmedizin Verwendung.

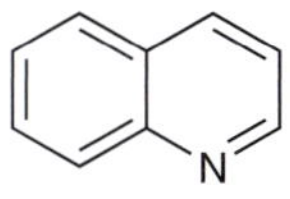


Chinolin

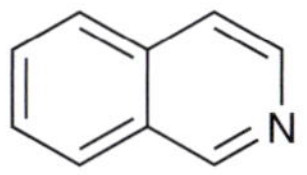


Isochinolin

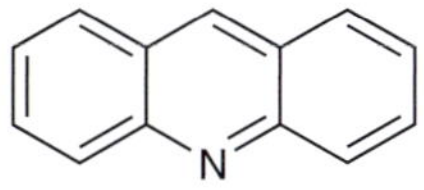


Acridin

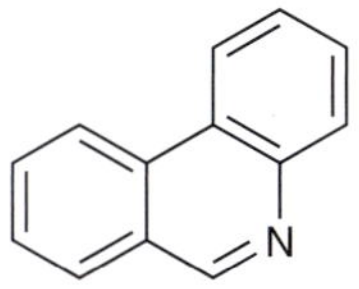


Phenanthridin

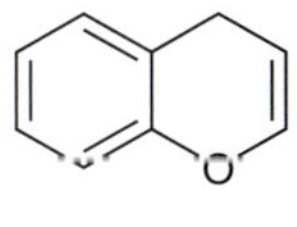


4*H*-Chromen

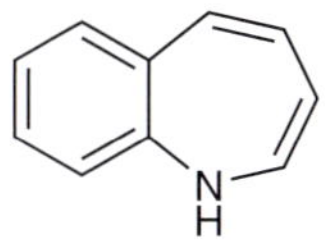


1*H*-Benzo[*b*]azepin

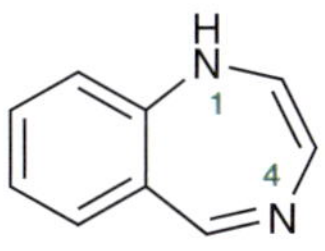


1,4-Benzodiazepin

## 33.1 Benzopyridine, Dibenzopyridine und Benzopyrane

### 33.1.1 Struktur und Eigenschaften

**Chinolin** und **Isochinolin** wurden, wie das entsprechende carbocyclische Analogon Naphthalen (▸Kap. 24), ursprünglich aus dem Steinkohlenteer isoliert und treten als Grundkörper in Alkaloiden auf (▸Kap. 36.4, ▸Kap. 36.5). Beide Hetarene besitzen in etwa die Basizität von Anilin ($pK_B$ = 9,4); Isochinolin ($pK_B$ = 8,6) ist geringfügig basischer als Chinolin ($pK_B$ = 9,1). Chinolin ist eine Flüssigkeit mit einer Siedetemperatur von 237 °C (Smp. −15 °C). Isochinolin besitzt einen Schmelzpunkt von +26 °C und siedet bei einer Temperatur von 243 °C. Beide Verbindungen zeigen ähnliches Reaktionsverhalten; ihre Bindungsverhältnisse ähneln weitgehend denen von Naphthalen (▸Kap. 24).

**Acridin** kommt in kleinen Mengen im Steinkohlenteer vor und bildet mehrere farblose, kristalline Modifikationen mit einem Schmelzbereich von 106–110 °C. Mit starken Mineralsäuren tritt Salzbildung ein; die gelben Lösungen zeigen blaue Fluoreszenz. Acridin und Phenanthridin sind schwache Basen mit einem $pK_B$-Wert von ca. 8,4. Phenanthridin (▸Kap. 18.1.2) hat einen Schmelzpunkt von 106–107 °C und zeigt in wässriger Lösung blaue Fluoreszenz.

Das Dihydroderivat von 4*H*-Chromen ist **Chroman** (○Abb. 33.1, oben links), ein pfefferminzartig riechendes Öl mit einem Siedepunkt von 215 °C, das mit Wasserdampf flüchtig ist. Wichtiger als die Stammverbindungen Chromen und Chroman sind **Chromon** (Benzo-γ-pyron, Smp. 59 °C), das konstitutionsisomer zu Cumarin (Benzo-α-pyron) ist, **Flavon** (2-Phenylchromon) und **Flavonol** (3-Hydroxyflavon, 3-Hydroxy-2-phenylchromen-4-on). Letzteres kristallisiert in gelben Nadeln (lat. *flavus* = gelb) mit einem Schmelzpunkt von 169 °C. Die Strukturformeln der genannten Verbindungen sind in ○Abb. 33.1 dargestellt. Vom Flavonol leiten sich durch weitere Hydroxylierung(en) die **Flavonoide** (▸Kap. 33.1.4, Quercetin) ab, weit verbreitete,

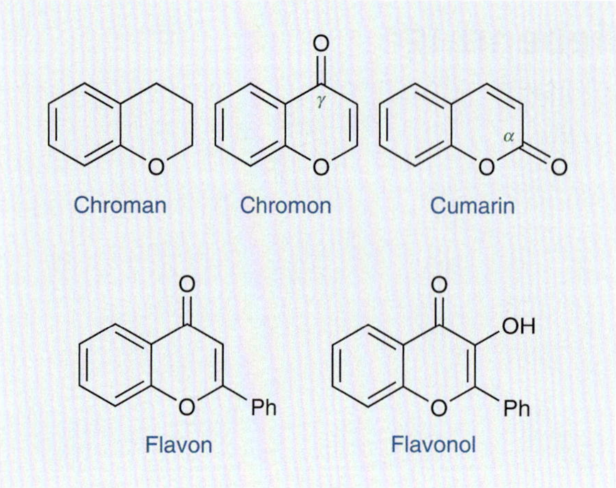


**Abb. 33.1** Benzopyranderivate (Auswahl)

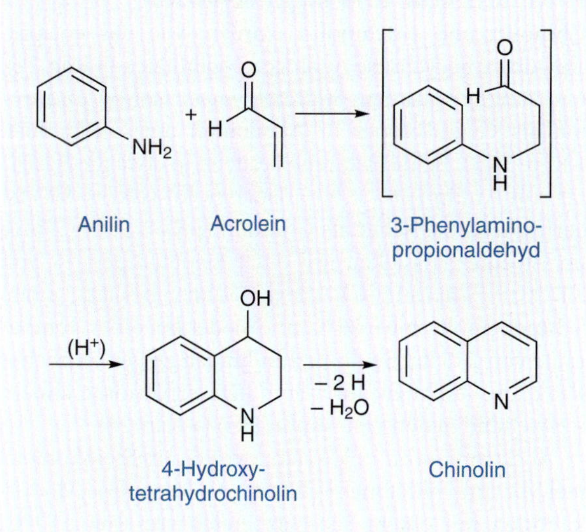


**Abb. 33.2** *Skraup*sche Chinolinsynthese

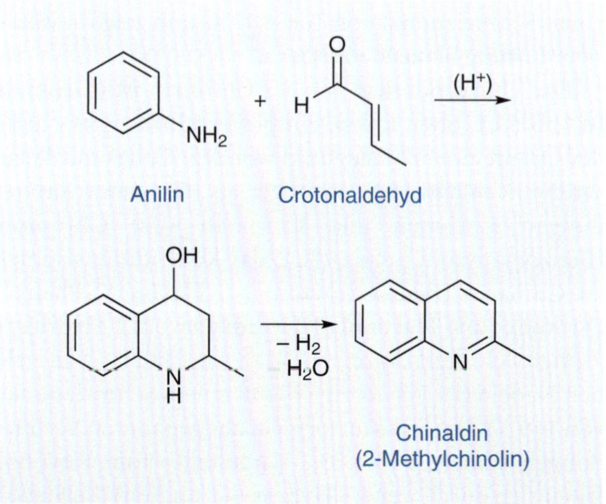


**Abb. 33.3** *Doebner-von-Miller*-Chinaldinsynthese

pflanzliche, intensiv gefärbte (häufig gelb) Sekundärmetabolite mit vielfältigen biologischen Wirkungen (z. B. antioxidativ, antientzündlich, antimikrobiell). Chromon ist ein vinyloges Lacton, sodass die Carbonylgruppe nicht die typischen Keton-Eigenschaften zeigt; es können z. B. weder Hydrazone noch Oxime dargestellt werden.

## 33.1.2 Gewinnung und Synthese

### Chinoline

#### *Skraup*-Synthese

Chinolin lässt sich durch die sogenannte ***Skraup*-Synthese** darstellen: Anilin wird mit wasserfreiem Glycerol, konzentrierter Schwefelsäure und Eisen(II)-sulfat in Gegenwart von Nitrobenzen als Dehydrierungsmittel erhitzt. Hierbei bildet sich aus dem Glycerol durch Dehydratisierung in saurer Lösung zunächst Acrolein, das mit Anilin im Sinne einer *Michael*-Addition zu 3-Phenylaminopropionaldehyd reagiert (Abb. 33.2, oben). Der sich anschließenden intramolekularen $S_EAr$-Reaktion zum 4-Hydroxytetrahydrochinolin folgen eine sauer katalysierte Dehydratisierung sowie die Dehydrierung (Oxidation) durch Nitrobenzen zum Chinolin (Abb. 33.2, unten). Nitrobenzen wird während dieser Reaktionskaskade zu Anilin reduziert und dient somit wieder als Edukt. Anstelle von Nitrobenzen können auch andere milde Dehydrierungsmittel (z. B. Arsensäure) verwendet werden. Der Zusatz von Eisen(II)-sulfat verhindert eine zu heftige Reaktion.

#### *Doebner-von-Miller*-Chinaldinsynthese

In Anlehnung an das *Skraup*sche Verfahren erhält man **Chinaldin** (2-Methylchinolin) durch eine Kondensation von Anilin mit $\alpha,\beta$-ungesättigten Aldehyden oder Ketonen anstelle von Glycerol, was eine größere Vielfalt des Substitutionsmusters erlaubt (Abb. 33.3). Crotonaldehyd beispielsweise lässt sich durch Aldolkondensation aus Acetaldehyd *in situ* generieren (▸Kap. 12.1.4) und cyclokondensiert mit Anilin in Gegenwart von konzentrierter Salzsäure oder $ZnCl_2$ unter Oxidation zum Chinaldin (2-Methylchinolin). Hierbei findet die Dehydrierung durch Wasserstoffübertragung auf die *Schiff*sche Base statt, die im Reaktionsansatz vorhanden ist.

#### *Friedländer*-Synthese

Die *Friedländer*-Synthese basiert auf der Kondensation von *o*-Aminoarylaldehyden bzw. -ketonen mit Aldehyden oder Ketonen, die in Nachbarstellung zur Carbonylgruppe eine acide $\alpha$-$CH_2$-Gruppe besitzen (Abb. 33.4). Die Reaktion verläuft zumeist basenkatalysiert, jedoch sind auch säurekatalysierte Reaktionen sowie Umsetzungen ohne Katalysator bekannt. Es handelt sich dabei um eine Kombination aus Aldolkondensation und Imin-Bildung, wobei sowohl die $\alpha,\beta$-ungesättigte Carbonylverbindung (Weg 1) als auch das

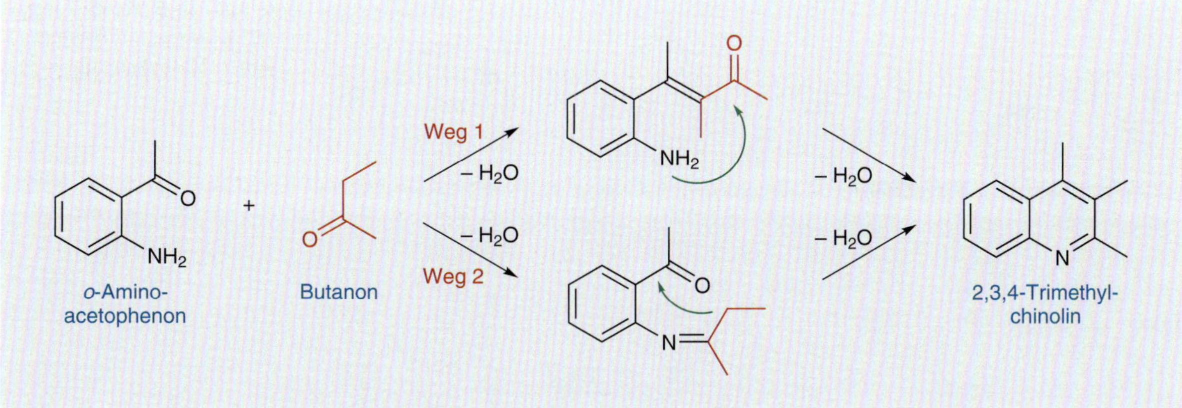


**Abb. 33.4** *Friedländer*-Synthese am Beispiel von 2,3,4-Trimethylchinolin

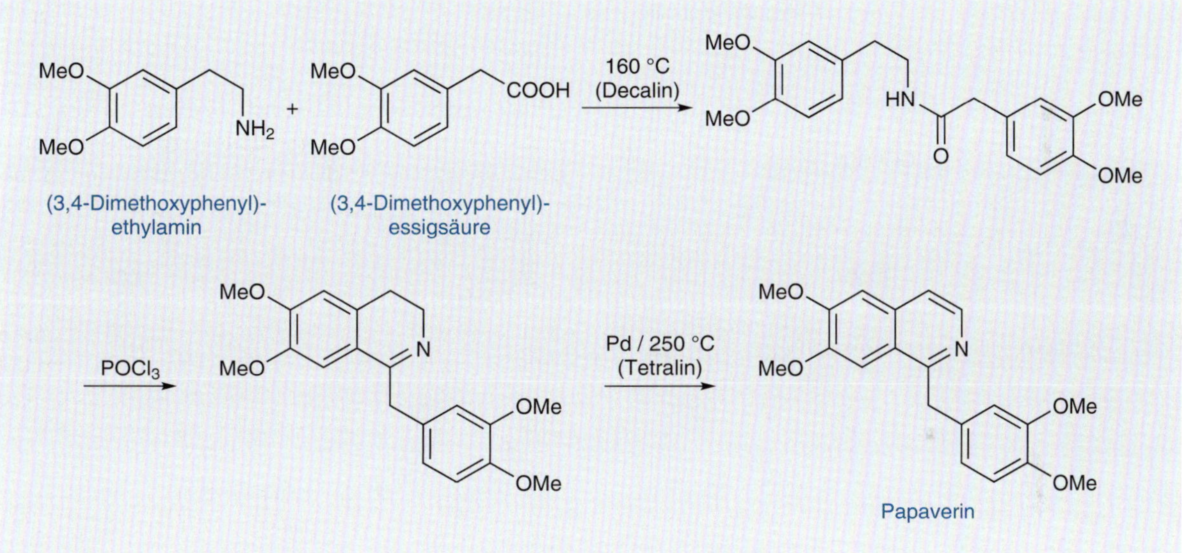


**Abb. 33.5** *Bischler-Napieralski*-Isochinolinsynthese am Beispiel von Papaverin

Imin (Weg 2) als primäre Zwischenprodukte auftreten können. In beiden Fällen kommt es im abschließenden Reaktionsschritt zur Cyclodehydratisierung unter Bildung des entsprechenden Chinolinderivates.

## Isochinoline

Die beiden bekanntesten Darstellungswege für (hydrierte) Isochinoline sind Heterocyclisierungen von Phenylethylaminderivaten und werden im Folgenden erläutert.

### *Bischler-Napieralski*-Synthese

Der Reaktionsverlauf der *Bischler-Napieralski*-Isochinolin-Synthese ist in Abb. 33.5 am Beispiel des spasmolytisch wirkenden Opiumalkaloids **Papaverin** (▸Kap. 36.5) zusammengefasst; die beiden Veratrolderivate (3,4-Dimethoxyphenyl)-ethylamin und (3,4-Dimethoxyphenyl)-essigsäure sind durch Reduktion bzw. Hydrolyse von 3,4-Dimethoxybenzylcyanid zugänglich. Bei der thermischen Acylierung von $\beta$-Phenylethylaminen mit Carbonsäuren resultieren Amide (▸Kap. 14.5), die in Gegenwart von Phosphorylchlorid ($POCl_3$) oder Phosphorpentoxid ($P_2O_5$) in Analogie zur *Vilsmeier-Haack*-Synthese von aromatischen Aldehyden (▸Kap. 21.1.3) intramolekular cyclisieren. Das entstandene 3,4-Dihydroisochinolin kann durch Oxidation mit Kaliumpermanganat oder durch Dehydrierung mit Palladium in das betreffende Isochinolinderivat überführt werden.

### *Pictet-Spengler*-Synthese

Die *Pictet-Spengler*-Synthese (Abb. 33.6) verläuft nach dem Prinzip einer *Mannich*-Reaktion: Ein $\beta$-Phenylethylamin wird mit einem Aldehyd zum Imin (Alkyliden-2-phenylethylamin) umgesetzt, das in saurer Lösung ein Iminium-Ion bildet. Dieses cyclisiert in einer elektrophilen aromatischen Substitution ($S_EAr$-Reaktion) intramolekular zum Tetrahydroisochinolin, das im letzten Reaktionsschritt zum Isochinolinderivat

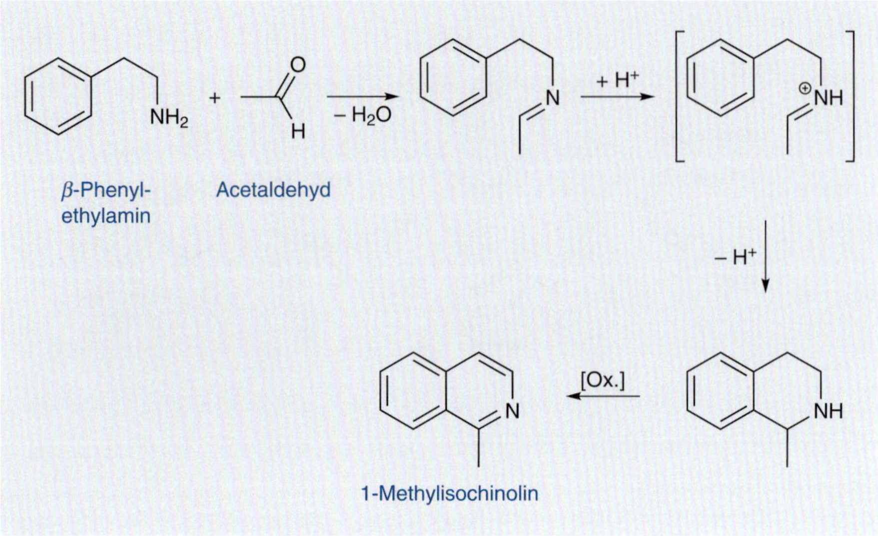


**Abb. 33.6** *Pictet-Spengler*-Synthese am Beispiel von 1-Methylisochinolin

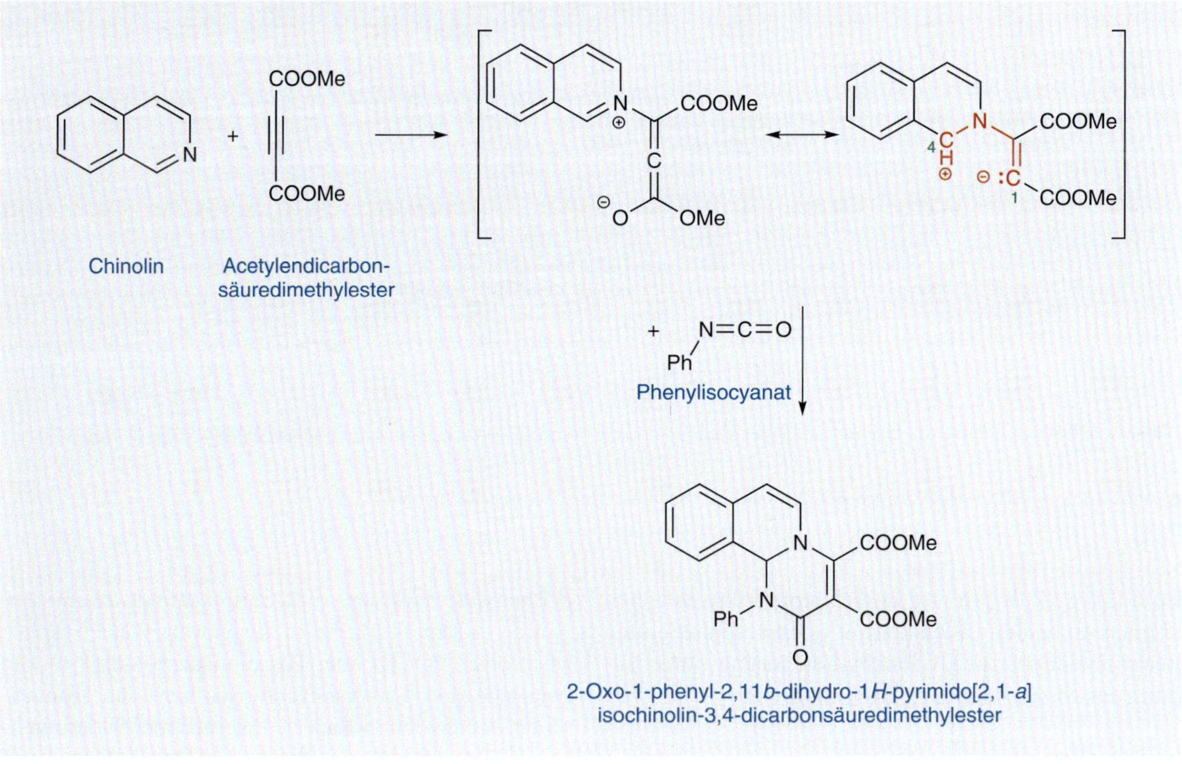


**Abb. 33.7** Synthese eines Isochinolinderivates über eine 1,4-dipolare Cycloaddition. Der formale 1,4-Dipol ist rot markiert.

oxidiert wird. So entsteht aus β-Phenylethylamin und Acetaldehyd über das Tetrahydroderivat als Zwischenstufe 1-Methylisochinolin.

### 1,4-Dipolare Cycloaddition

Während *Diels-Alder*-Reaktionen (▸Kap. 13.2.3) bei der Synthese von Carbocyclen breite Anwendung finden, spielen sie bei der Darstellung sechsgliedriger Heterocyclen nur eine untergeordnete Rolle. Ein gangbarer Weg für derartige Synthesen ist dagegen die 1,4-dipolare Cycloaddition. Setzt man z. B. Isochinolin zuerst mit Acetylendicarbonsäuredimethylester und danach mit Phenylisocyanat um, entsteht ein kristallines, gelbgefärbtes Addukt (○ Abb. 33.7). Wahrscheinlich reagiert dabei der elektrophile Acetylendicarbonsäureester zuerst mit dem nucleophilen *N*-Atom von Isochinolin zu einem **Zwitterion.** Dieses addiert sich als formaler **1,4-Dipol** an das Phenylisocyanat als **Dipolarophil,** wobei ein sechsgliedriges Cycloaddukt entsteht, ein Pyrimidoisochinolin.

## Benzochinoline

**Acridin** wird am besten durch Oxidation von Acridan (9,10-Dihydroacridin), das wie in ○Abb. 33.8 dargestellt aus Diphenylamin-2-carbonsäure über Acridon und dessen Reduktion mit Natrium und Amylalkohol zugänglich ist, synthetisiert.

**Phenanthridin** kann man durch Erhitzen von *o*-Formylaminobiphenyl (*N*-(2-Biphenylyl)-formamid) mit Phosphorylchlorid synthetisieren (○Abb. 33.9, oben links; vgl. *Bischler-Napieralski*-Reaktion). Andererseits ist Phenanthridin auch durch eine photochemisch induzierte Elektrocyclisierung aus Benzaldehyd und Anilin über Benzylidenanilin zugänglich. Das infolge des konrotatorischen Ringschlusses (▸Kap. 5.2.2, Elektrocyclischer Ringschluss) intermediär entstehende *trans*-konfigurierte Dihydroderivat dehydriert spontan zum Phenanthridin (○Abb. 33.9, oben rechts). Bei einer anderen Synthese addiert ein Amid-Ion an Chlorbenzylidenanilin. Das resultierende Anion eliminiert unter den basischen Bedingungen HCl, wodurch ein **Arin** gebildet wird, das im weiteren Verlauf intramolekular zum Phenanthridin cyclisiert (○Abb. 33.9, unten; vgl. $S_NAr$-Reaktionen, ▸Kap. 20.1.4).

## Benzopyrane

2-Hydroxyacetophenon eignet sich als Edukt sowohl für die Darstellung von Chromon als auch für die Synthese von Flavonol (○Abb. 33.10, oben und Mitte). Im Falle von **Chromon** erfolgt eine Umesterung mit Ameisensäureethylester und anschließend eine formale intramolekulare *Knoevenagel*-Kondensation (▸Kap. 13.1.3) in Gegenwart von Natriumhydrid. Die zuletzt genannte Reaktion ist auch der erste Schritt bei der Synthese von **Flavonol**; es erfolgt eine Umsetzung von 2-Hydroxyacetophenon mit Benzaldehyd zum *α,β*-ungesättigten Keton und anschließend eine intramolekulare *Michael*-Addition zum intermediär entstehenden Flavan; dieses wird mit Wasserstoffperoxid zum Flavonol oxidiert resp. dehydriert.

**Flavone** können aus Phenolen und *β*-Ketosäureestern durch Erhitzen mit wasserentziehenden Mitteln wie Phosphor(V)-oxid dargestellt werden. Unsubstituiertes Flavon erhält man über eine elektrophile Cyclisierung von Phenol mit Benzoylessigsäureethylester (○Abb. 33.10, unten).

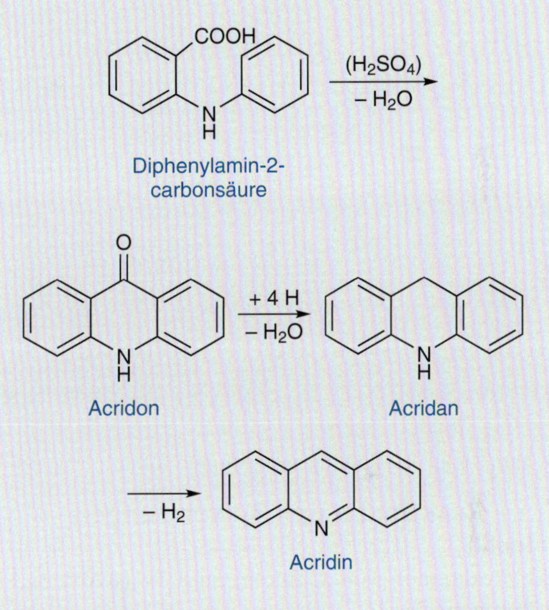


○ **Abb. 33.8** Darstellung von Acridin

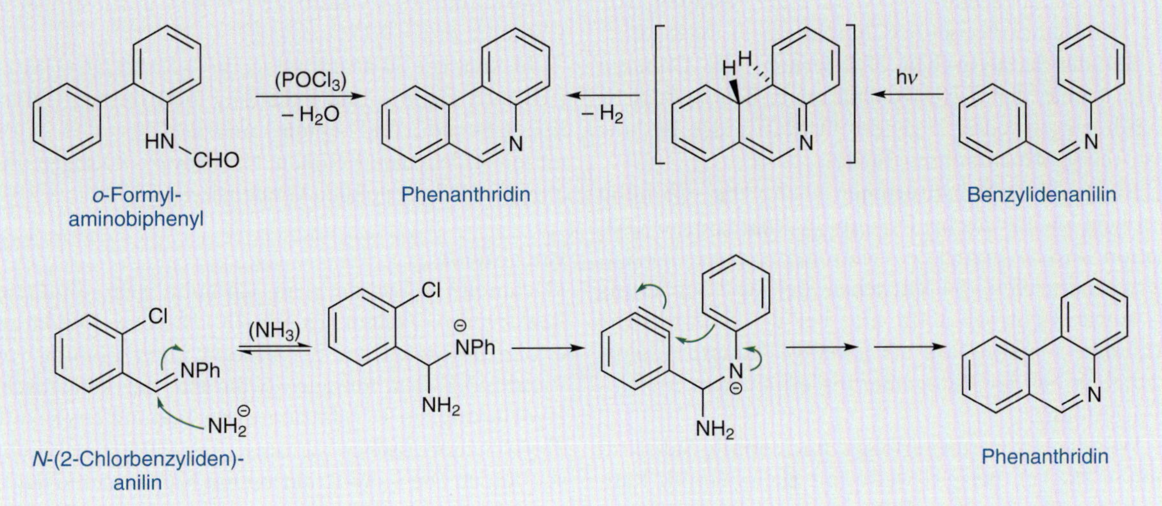


○ **Abb. 33.9** Zwei Wege zur Darstellung von Phenanthridin (oben); Mechanismus der Cyclisierung von *N*-(2-Chlorbenzyliden)anilin unter basischen Bedingungen (unten)

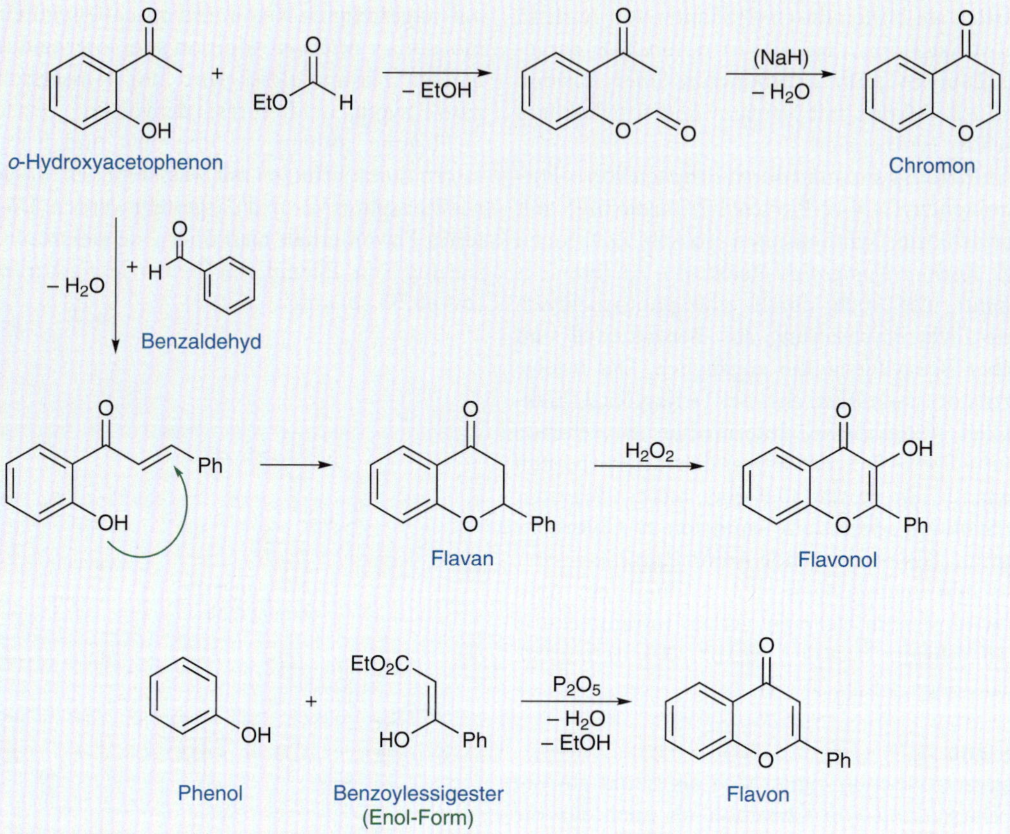


**Abb. 33.10** Darstellung von Chromon (oben), Flavonol (Mitte) und Flavon (unten)

## 33.1.3 Reaktionen und Anwendungen

### Chinolin

Die Reaktionen von Chinolin sind in (Abb. 33.11) zusammengefasst.

Bei der **Oxidation** von Chinolin mit Kaliumpermanganat wird der $\pi$-elektronenreichere Benzenkern (energetisch hochliegendes HOMO) unter Bildung von 2,3-Pyridindicarbonsäure (Chinolinsäure) abgebaut.

Bei der **katalytischen Hydrierung** von Chinolin wird primär der $\pi$-elektronenärmere, heterocyclische Pyridinring (niedrig liegendes LUMO) unter Bildung von Tetrahydrochinolin reduziert.

**Elektrophile Substitutionen** ($S_EAr$) bei Chinolin erfolgen leichter als bei Pyridin; in Analogie zur Oxidation wird bevorzugt der elektronenreichere Benzenkern angegriffen. So entstehen bei der Nitrierung 5- sowie 8-Nitrochinolin und bei der Sulfonierung Chinolin-8-sulfonsäure als jeweilige Hauptprodukte. Lediglich bei der Halogenierung erhält man 3-Halogenchinoline.

Wie die Hydrierung erfolgen **nucleophile Substitutionen** ($S_NAr$), beispielsweise mit Kaliumamid, Kaliumhydroxid oder Phenyllithium, am elektronenärmeren Pyridinring. Der Angriff erfolgt bevorzugt an den C-Atomen 2 und 4, sodass aus Chinolin mit Kaliumamid 2- und 4-Aminochinolin (▸Kap. 32.1) entstehen. Beide Verbindungen weisen (vinyloge resp. phenyloge) basische Amidin-Partialstrukturen auf. Sie werden daher am Heterocyclus-Stickstoffatom protoniert und sind mit $pK_B$-Werten von 6,7 (2-Amino-) bzw. 4,9 (4-Amino-) basischer als Chinolin oder Pyridin (vgl. unsubstituiertes Pyridin: $pK_B = 8{,}7$; unsubstituiertes Chinolin: $pK_B = 9{,}1$).

In Analogie zu $\alpha$-und $\gamma$-Picolin (▸Kap. 32.1.4) lassen sich auch die in $\alpha$-und $\gamma$-Stellung methylierten Chinoline (Chinaldin und Lepidin) aufgrund ihrer CH-Acidität mit Aldehyden, Ketonen, Nitrosoverbindungen und ähnlichen Elektrophilen kondensieren.

### Isochinolin

Isochinolin zeigt ein dem Chinolin sehr ähnliches Reaktivitätsverhalten (Abb. 33.12). Die **Oxidation** erfolgt bevorzugt am Benzenkern unter Bildung von Pyridin-3,4-dicarbonsäure, während die katalytische **Hydrierung** am Pyridinring unter Bildung des sekundären, aliphatischen Amins Tetrahydroisochinolin stattfindet. Die **$S_NAr$-Reaktion** mit Natriumamid liefert 1-Aminoisochinolin, und die Bromierung – als Beispiel einer **$S_EAr$-Reaktion** – ergibt das Regioisomerengemisch aus 5- und 8-Bromisochinolin.

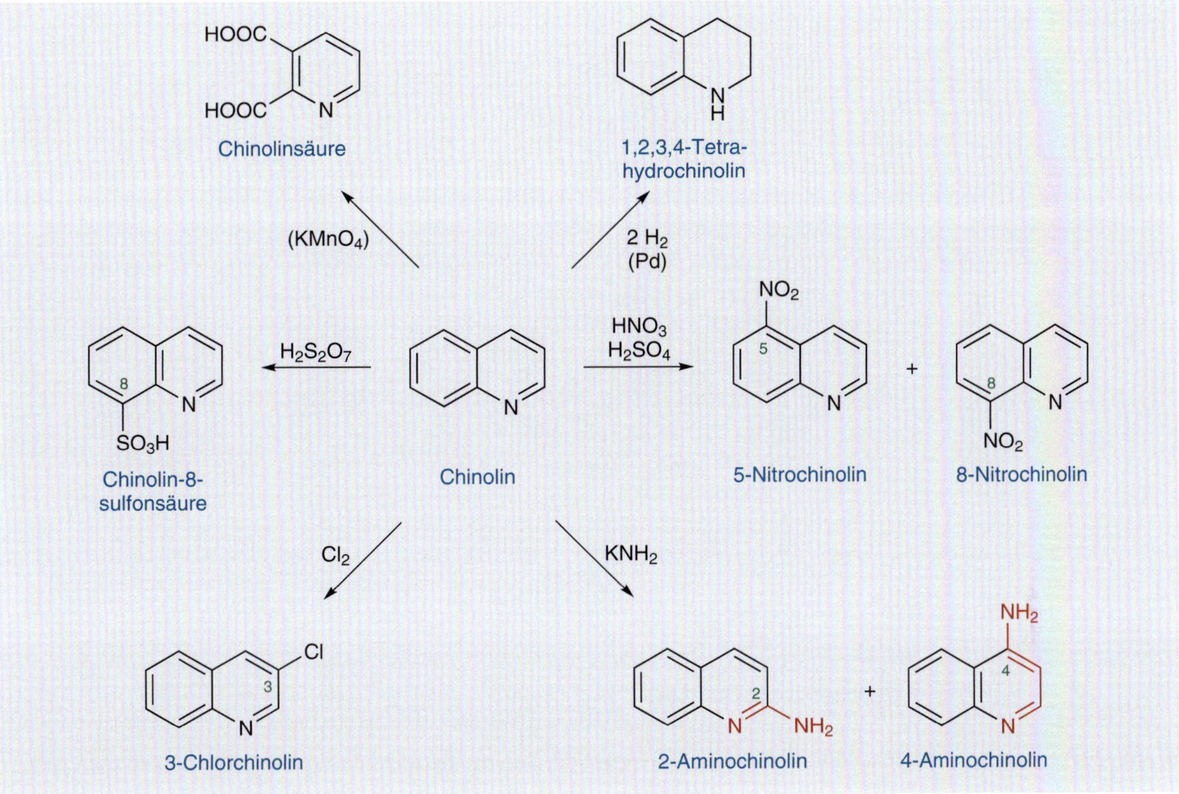


**Abb. 33.11** Reaktionen von Chinolin: Oxidation, Reduktion, elektrophile und nucleophile Substitutionen; 2- und 4-Aminochinolin sind aufgrund der (vinylogen) Amidin-Partialstruktur (rot) basischer ($pK_B$ = 6,7 bzw. 4,9) als unsubstituiertes Chinolin ($pK_B$ = 9,1) und werden am N-Atom des Pyridinrings protoniert.

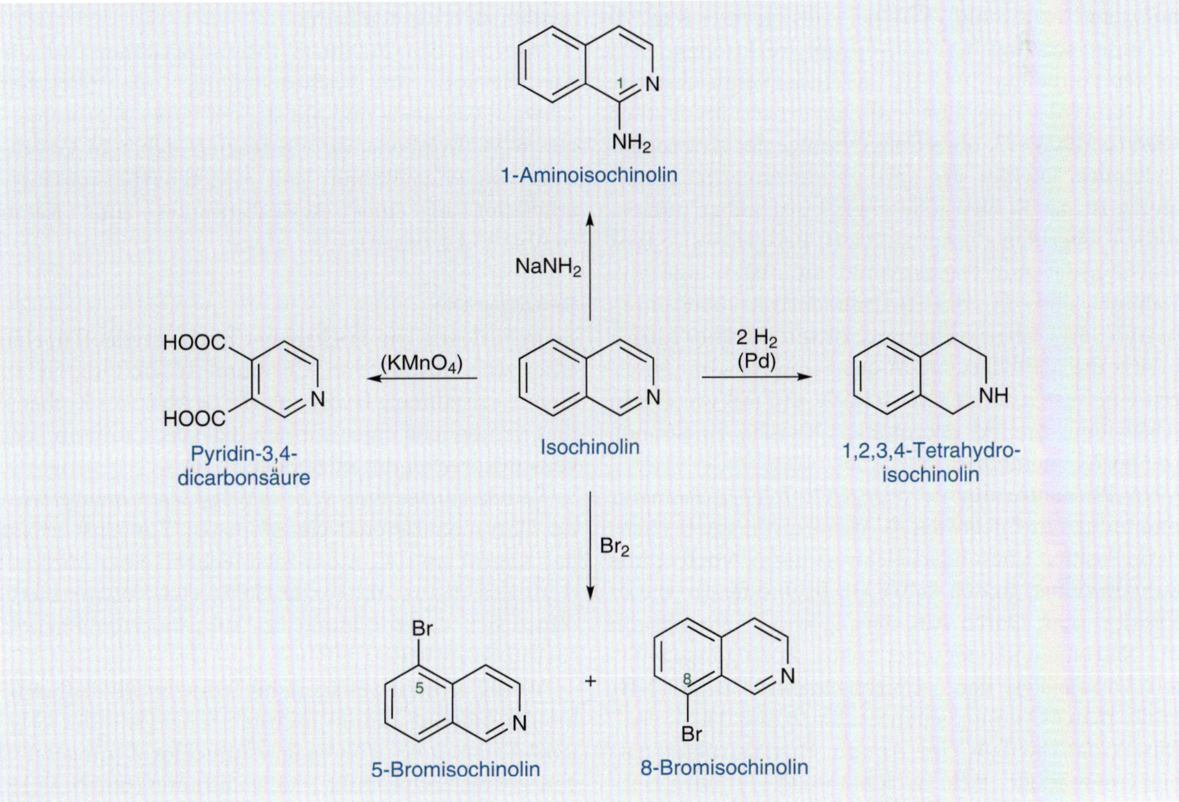


**Abb. 33.12** Reaktionen von Isochinolin: Oxidation, Reduktion, elektrophile und nucleophile Substitutionen

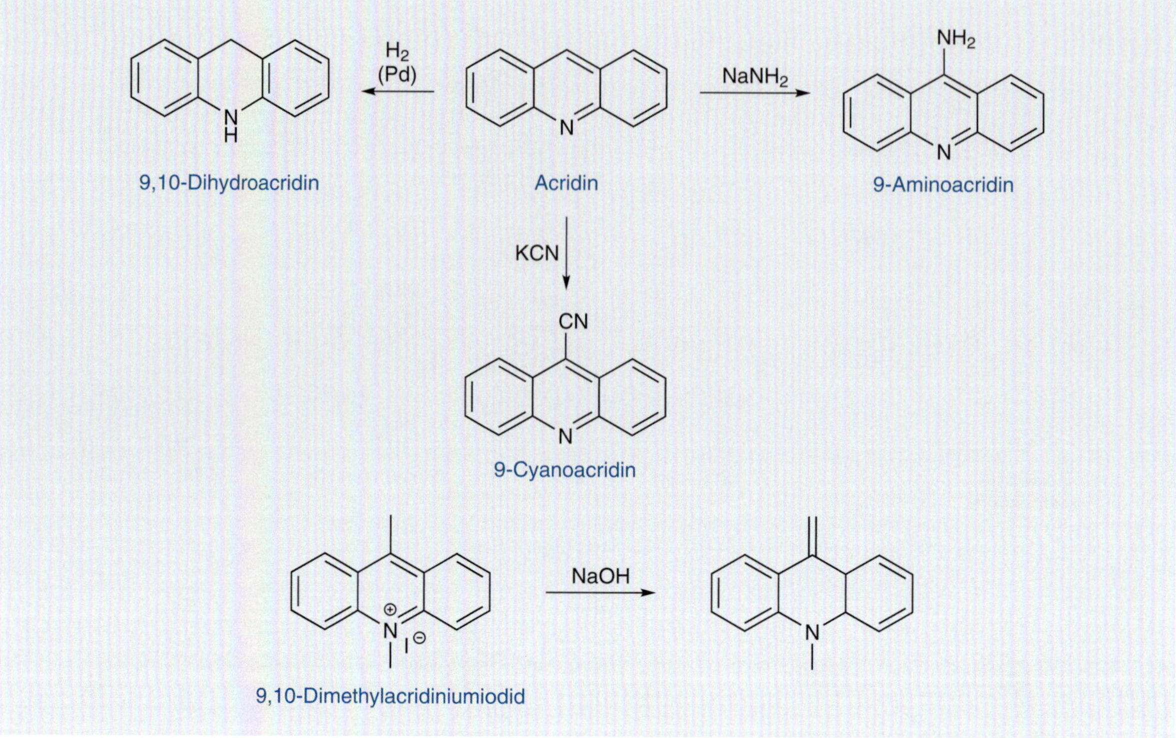


○ **Abb. 33.13** Reaktionen von Acridin: Reduktion, $S_NAr$-Reaktion, Deprotonierung quartärer Acridinium-Kationen

## Benzochinoline

**Acridin** gehört ebenfalls zu den Heteroaromaten mit einem $\pi$-Elektronenmangel; es besitzt mit einem $pK_B$-Wert von 8,4 eine geringfügig höhere Basizität als Chinolin und Isochinolin. Wie bei Anthracen (▸Kap. 24) verlaufen auch bei Acridin **Additionsreaktionen** leicht an den Positionen 9 und 10, was an der vergleichsweise leichten Hydrierung zum 9,10-Dihydroacridin deutlich wird (○ Abb. 33.13, oben links). Infolge des elektronenziehenden Effektes des $sp^2$-hybridisierten Stickstoffatoms ist das Kohlenstoffatom C9 gegenüber **nucleophilen Angriffen** ($S_NAr$) aktiviert; beispielsweise lässt sich Acridin mit Natriumamid aminieren und mit Kaliumcyanid in das 9-Cyanoderivat überführen (○ Abb. 33.13, oben rechts und Mitte). Darüber hinaus besitzt die Methylgruppe in quartären Acridiniumsalzen eine ausreichende CH-Acidität, um mit wässrigem Alkali zum Methid deprotoniert werden zu können (○ Abb. 33.13, unten).

In **Phenanthridin** ist dagegen infolge mesomerer und induktiver Effekte des N-Atoms die hierzu benachbarte Position 6 besonders elektronenarm. **Nucleophile Substitutionen** finden daher am leichtesten an dieser Position statt. Durch Aminierung von Phenanthridin mit Natriumamid oder unter milden Bedingungen mittels Ammonolyse von 6-Chlorphenanthridin mit $NH_3$ erhält man 6-Aminophenanthridin (○ Abb. 33.14, oben Mitte), das ebenfalls eine Amidin-Partialstruktur enthält (rot markiert, siehe auch ○ Abb. 33.11). Wird Letzteres mit salpetriger Säure diazotiert und anschließend verkocht, entsteht das Lactam **6-Phenanthridon** (○ Abb. 33.14, oben rechts), das ebenso über eine $S_N$-Reaktion aus 6-Bromphenanthridin mit Benzyltrimethylammoniumhydroxid über das intermediäre Iminol synthetisiert werden kann.

Wie bei den Picolinen (Methylpyridinen) ist die Methylgruppe in Nachbarstellung zum Stickstoff schwach CH-acide und mit starken Basen deprotonierbar. 6-Methylphenanthrolin reagiert daher in Gegenwart von Phenyllithium mit *p*-Methoxybenzoesäureethylester in einer Acylsubstitution zum Keton (○ Abb. 33.14, unten).

## Benzopyrane

Beim Einleiten von trockenem Chlorwasserstoff in eine etherische Lösung von **Chromon** reagiert dieses zu einem kristallinen Hydrochlorid (○ Abb. 33.15, oben); dies ermöglicht eine Abtrennung von Cumarin, das kein entsprechendes Salz bildet.

Durch Nucleophile wie wässrige Natronlauge wird der Chromon-Heterocyclus gespalten. Zunächst erfolgt der Angriff am $\beta$-C-Atom entsprechend einer *Michael*-Addition; das resultierende Halbacetal (rot markiert) öffnet sich unter Bildung des substituierten Phenols (○ Abb. 33.15, Mitte).

Wird Chromon zunächst mit Trimethylsilyltrifluoromethansulfonat und im nächsten Schritt mit der *Grignard-Verbindung* Vinylmagnesiumchlorid umgesetzt, entsteht als Endprodukt 2-Vinylchromon (○ Abb. 33.15, unten). Dem in Analogie zur Hydrolyse zu erwartenden

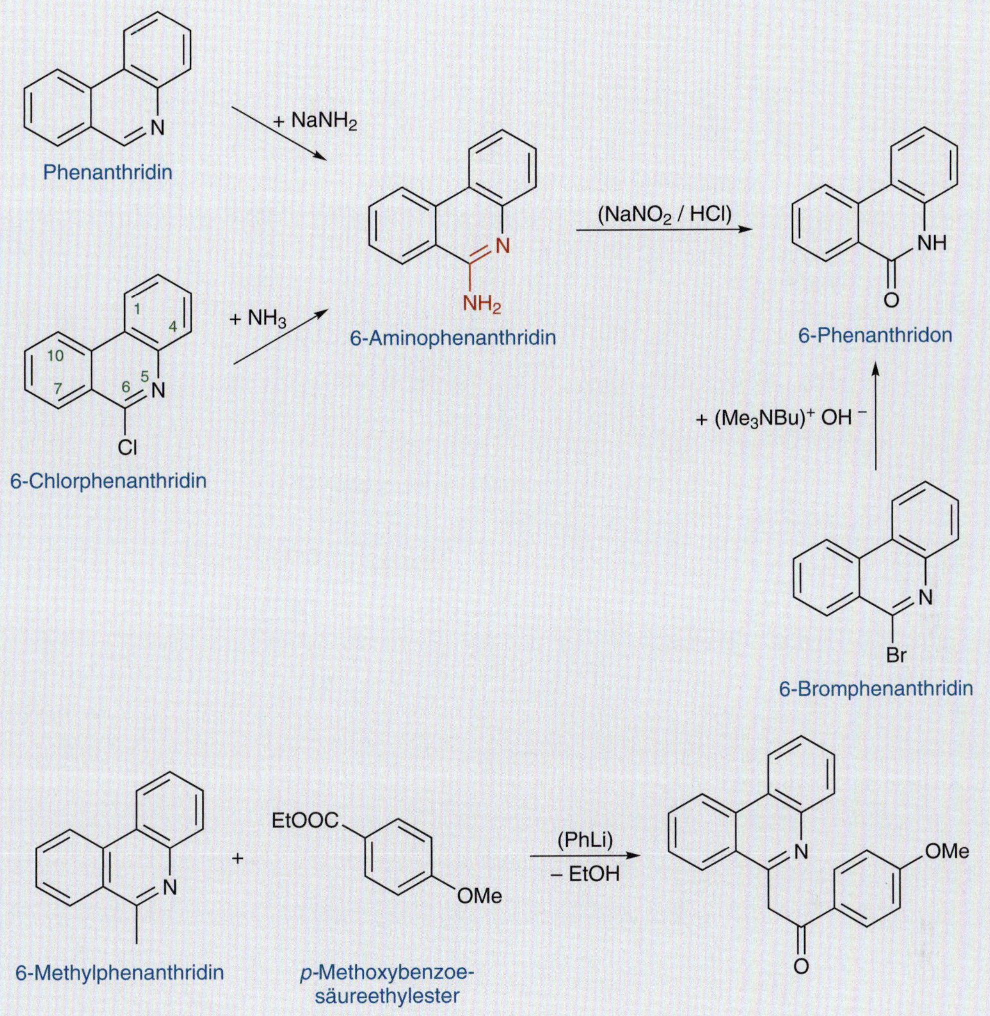


**Abb. 33.14** Reaktionen von Phenanthridinderivaten

Angriff am $\beta$-C-Atom geht hier die Bildung des **Benzopyrylium**-Salzes voraus, das an dem zum Ringsauerstoff benachbarten C-Atom nucleophil angegriffen wird. Wie NMR-Untersuchungen zeigen, besitzt das Pyryliumion aromatischen Charakter, was auch durch die im Vergleich zu anderen Oxonium-Salzen verminderte Reaktivität – bedingt durch die erhöhte Stabilität – bestätigt wird. Aufgrund der erhöhten Elektronegativität sind Pyrylium- bzw. Benzopyrylium-Ionen jedoch deutlich reaktiver als vergleichbare Pyridinium-Salze.

### 33.1.4 Ausgewählte Verbindungen

#### Weitere Chinoline

**Oxin** (8-Chinolinol, 8-Hydroxychinolin; (Abb. 33.16, oben links), das aus *o*-Aminophenol nach der *Skraup*-schen Synthese leicht herstellbar ist, bildet mit zahlreichen Metallionen quantitativ fällbare Chelatkomplexe, sogenannte Oxinate, die in der quantitativen Analytik eine wichtige Rolle spielen. Außerdem zeigt 8-Chinolinol stark fungizide und antiseptische Wirkungen.

Die als vinyloge Amide bzw. Lactame aufzufassenden N-alkylierten und zumeist fluorsubstituierten **Chinoloncarbonsäuren** sind potente Hemmstoffe der bakteriellen Gyrase (Topoisomerase II) (▸Exkurs: Wirkungsweisen von Topoisomerase I und II). Es handelt sich dabei um ein tetrameres Enzym, das die DNA durch Erhöhung der Windungszahl in superhelicale und somit in kompaktere Strukturen überführt. Die bakterizid-antibiotische Wirkung der **Gyrasehemmer** kommt durch die Ausbildung eines durch $Mg^{2+}$-Ionen stabilisierten ternären Komplexes aus DNA, Gyrase und Chinoloncarbonsäure zustande. Dieser Komplex verhindert das erforderliche Wiederverschließen der DNA-Stränge, sodass in der Folge Transkription und Replikation unterbunden werden. Arzneistoffbeispiele sind das *N*-Cyclopropyl-substituierte **Ciprofloxacin** sowie das als (*S*)-Isomer eingesetzte **Levofloxacin** (Abb. 33.16, Mitte/unten links).

Die Hemmstoffe der humanen Topoisomerase I sind hochwirksame cytostatisch wirkende Arzneistoffe und

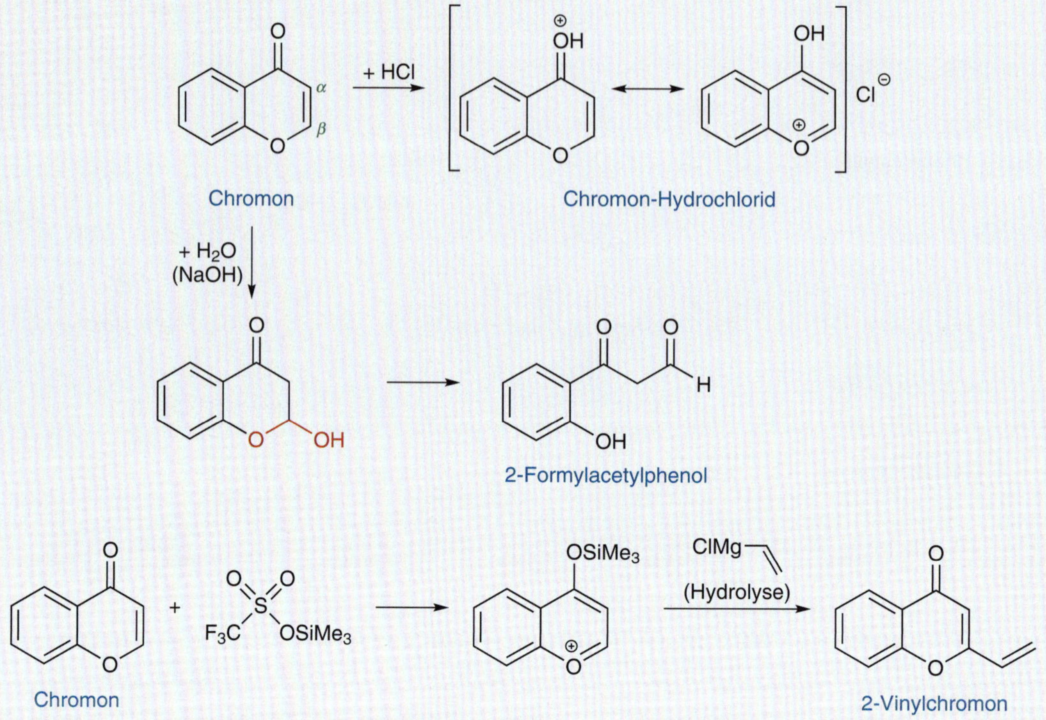


**Abb. 33.15** Chromon-Reaktionen

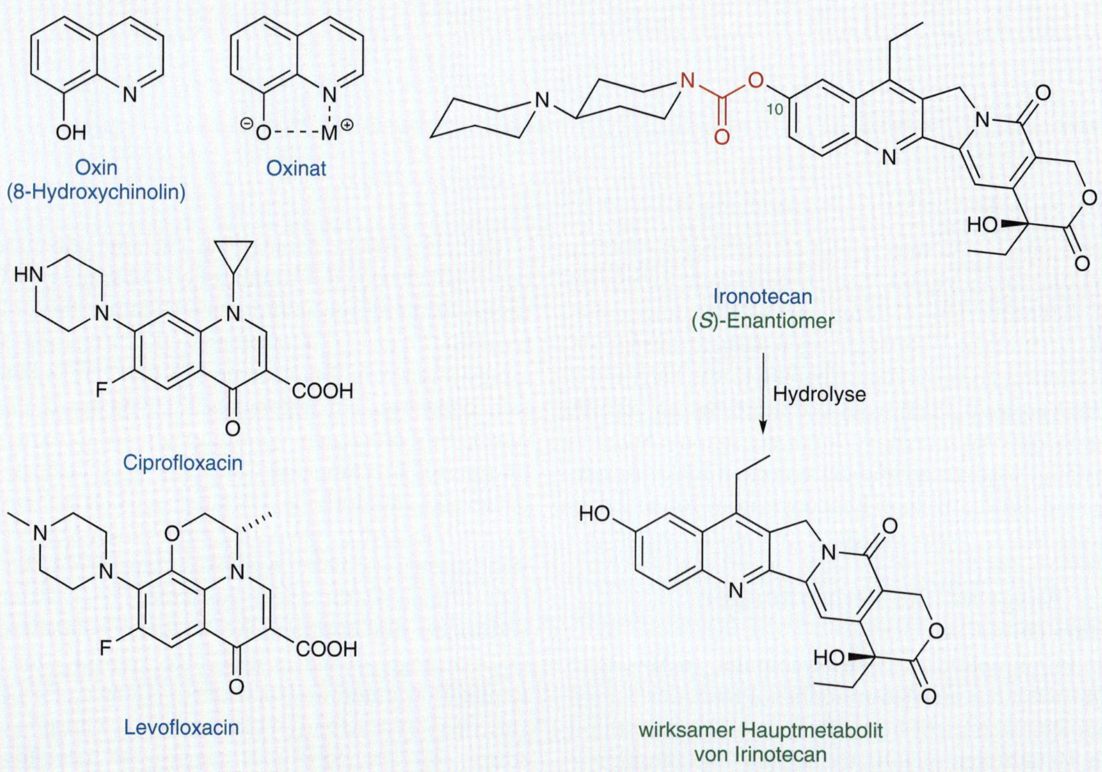


**Abb. 33.16** Der Chelatkomplexbildner Oxin (oben links; M = Metall-Kation, z. B. $Al^{3+}$), die Gyrasehemmer Ciprofloxacin und Levofloxacin (Mitte/unten links) sowie die Bioaktivierung des Topoisomerase-I-Hemmstoffs Irinotecan (rechts)

werden beispielsweise bei colorectalen Carcinomen eingesetzt. Die Funktionsweise von Topoisomerase I besteht – im Gegensatz zu Topoisomerase II – in der Spaltung und Verknüpfung lediglich eines DNA-Stranges. Durch Hemmung der Topoisomerasen werden die intrazellulär-strukturellen Voraussetzungen für die Replikation unterbunden; in der Folge werden apoptotische Prozesse induziert. Ein Vertreter dieser Wirkstoffklasse ist das Lacton **Irinotecan** (o Abb. 33.16, rechts), ein Prodrug, das durch Hydrolyse der Urethan-Struktur (rot markiert) *in vivo* zur cytostatisch aktiven 10-Hydroxy-Form metabolisiert wird (o Abb. 33.16, unten rechts).

### Exkurs: Wirkungsweisen von Topoisomerase I und II

Für die Transkription („Umschreiben" der DNA in RNA) und für die Replikation (Vervielfältigung und Weitergabe der Erbinformation an die Tochterzellen) ist eine Entspiralisierung der DNA erforderlich. Für die zelluläre Ruhephase ist eine erneute Verdrillung der DNA erforderlich, das sogenannte *Supercoiling*. Diese Vorgänge werden durch die Topoisomerasen ermöglicht, und zwar durch Spaltung sowie anschließende Wiederverknüpfung der Zucker-Phosphat-Bindungen. Topoisomerase I spaltet und verknüpft dabei – im Gegensatz zu Topoisomerase II – lediglich einen DNA-Strang (o Abb. 33.17).

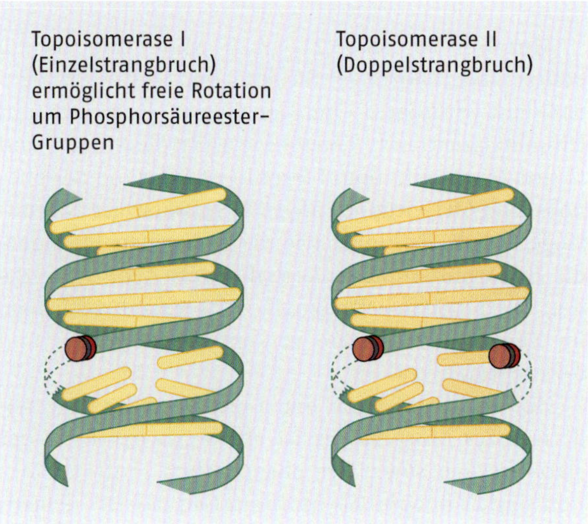


o **Abb. 33.17** Spaltung der DNA durch die Topoisomerasen I und II

Das natürlicherweise in Chinarinde (*Cinchona*) vorkommende Alkaloid **Chinin** (o Abb. 33.19, oben links; ▸ Kap. 36.4.1) enthält einen Chinuclidin-Ring (p$K_S$ der protonierten Form: 4,2) als Heterobicyclus und besitzt fünf Chiralitätszentren: N1 und C3, C4, C8 und C9, die in Chinin folgende absolute Konfiguration aufweisen: 1*R*, 3*R*, 4*S*, 8*S*, 9*R*. Chinin wird Getränken als Bitterstoff zugesetzt, findet zur Prophylaxe und Therapie nächtlicher Wadenkrämpfe Anwendung und zeigt als Sulfat Fluoreszenz (o Abb. 33.18). Darüber hinaus ist es das älteste **Antimalariamittel** und fungierte als Leitstruktur für antiprotozoisch wirkende (= gegen pathogene Einzeller gerichtete) Chinolinderivate. Das zu Chinin diastereomere **Chinidin** (o Abb. 33.19, oben Mitte) besitzt infolge der Hemmung spannungsabhängiger $Na^+$-Kanäle antiarrhythmische Eigenschaften.

o **Abb. 33.18** Ein Chinin enthaltendes Getränk, das unter UV-Bestrahlung Fluoreszenz zeigt (rechts).

Arzneistoffbeispiele weiterer, von Chinin abgeleiteter Antimalariamittel sind das als racemische *erythro*-Form eingesetzte **Mefloquin** (o Abb. 33.19, oben rechts), bei dem u. a. der Chinuclidin-Ring durch einen einfachen Piperidinring ersetzt ist, oder das Diaminoamylderivat **Primaquin** (o Abb. 33.19, unten links), das gametozide (= gegen die geschlechtliche Form des Parasiten gerichtete) Eigenschaften aufweist. **Hydroxychloroquin** (o Abb. 33.19, unten rechts) findet sowohl zur Prophylaxe und Therapie von Malaria als auch als sogenanntes DMARD (*disease-modifying anti-rheumatic drug*) bei rheumatoider Arthritis pharmazeutische Anwendung. Ursprünglich ging man davon aus, dass Malaria durch schlechte Luft (franz.: *mal air*) ausgelöst wird, bis im Jahr 1880 der französische Mediziner *Charles Louis Alphonse Laveran* **Plasmodien** als Malaria-Erreger entdeckte; hierfür wurde ihm im Jahre 1907 der Nobelpreis für Medizin zuerkannt. Die Plasmodien werden durch die weiblichen Stechmücken der Gattung *Anopheles* (o Abb. 33.20) übertragen.

### Weitere Isochinoline

Drei bekannte Verbindungen mit Isochinolin-Grundgerüst sind die Opiumalkaloide Papaverin und Morphin sowie dessen synthetisches Diacetylderivat Heroin (▸ Kap. 36.5).

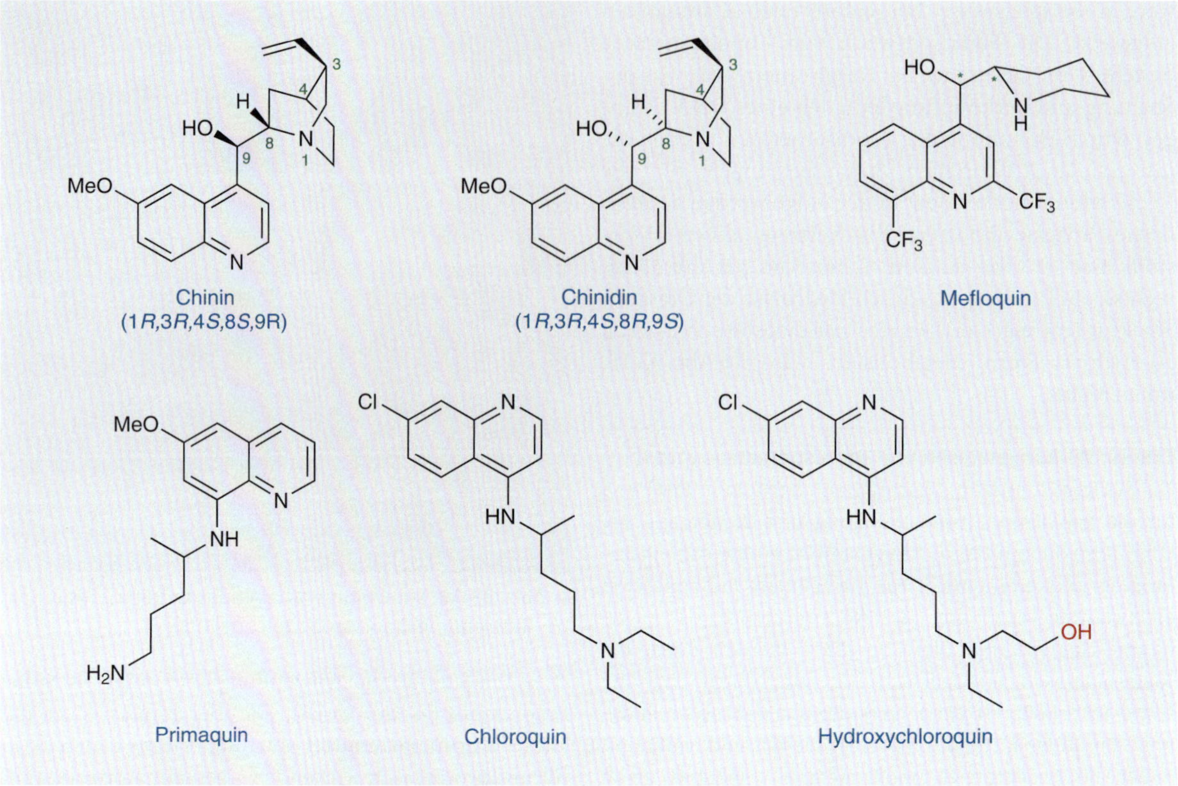


**Abb. 33.19** Arzneistoffe mit Chinolin-Ring: Chinin, Chinidin, Mefloquin, Primaquin, Chloroquin und Hydroxychloroquin

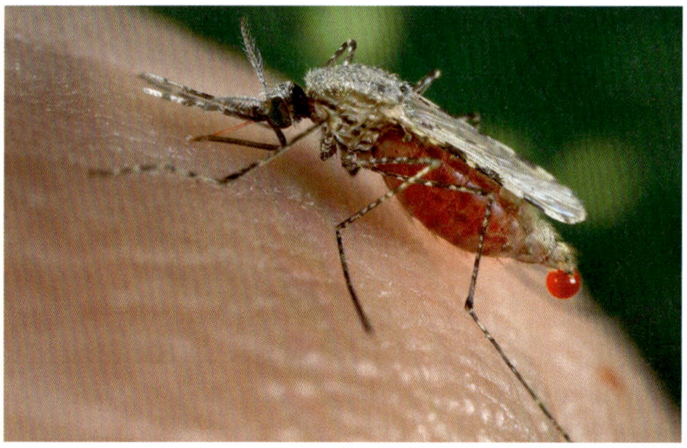

**Abb. 33.20** Die weibliche *Anopheles*-Mücke ist die Überträgerin von Plasmodien, den Erregern der Malaria.

Bei **Papaverin** (Abb. 33.21, oben links) handelt es sich um ein muskulotrop wirkendes Spasmolytikum, das infolge der Hemmung von Phosphodiesterasen eine krampflösende Wirkung auf die glatte Muskulatur, beispielsweise von Magen, Darm oder Gallen- und Harnwege, ausübt. Eine bekannte nasschemische, empfindliche Identitätsprüfung auf Papaverin ist die **Coralyn-Reaktion**, bei der die Substanzprobe mit Schwefelsäure und Acetanhydrid erwärmt wird. Durch Acetylierung und Dehydratisierung entsteht das gelbgefärbte Coralyn (Abb. 33.21, unten links), das wegen seiner grünen Fluoreszenz auch zur quantitativen Bestimmung herangezogen werden kann.

**Morphin** (Abb. 33.21, oben Mitte und rechts) besitzt eine „T-förmige" Struktur und ist der Prototyp der stark wirksamen Opioidanalgetika. Es besitzt fünf Chiralitätszentren (5*R*,6*S*,9*R*,13*S*,14*R*); die Ringe C und D sind *trans*-verknüpft. Morphin ist aufgrund der phenolischen OH-Gruppe ($pK_S$: 9,9) in wässriger Natronlauge löslich. Es bindet wie die endogenen Liganden, die Endorphine und Enkephaline, als Agonist an die u. a. für die Schmerzunterdrückung verantwortlichen, im Zentralnervensystem vorkommenden $\kappa$-, $\mu$- und $\delta$-Rezeptoren.

**Heroin** (Abb. 33.21, unten rechts) ist das Diacetylderivat des Morphin. Es ist als zweifacher Ester der alkoholischen sowie der phenolischen Hydroxyfunktion stärker lipophil als Morphin und passiert demzufolge schneller und in höherem Maße die Blut-Hirn-Schranke. Heroin ist ein Prodrug, das *in vivo* zu Morphin metabolisiert wird.

## Weitere Benzochinoline

Die von **Acridin** abgeleiteten, gelben Beizenfarbstoffe werden heute in der Färberei nicht mehr verwendet; dagegen sind die von Acridon aus entwickelten Chinacridonpigmente zur Herstellung rotvioletter Autolacke von Bedeutung. Der Grundkörper ist das lineare *trans*-**Chinacridon**, 5,12-Dihydrochino[2,3-b]acridin-7,14-dion (Abb. 33.22, oben), das durch Einführung von Methyl-

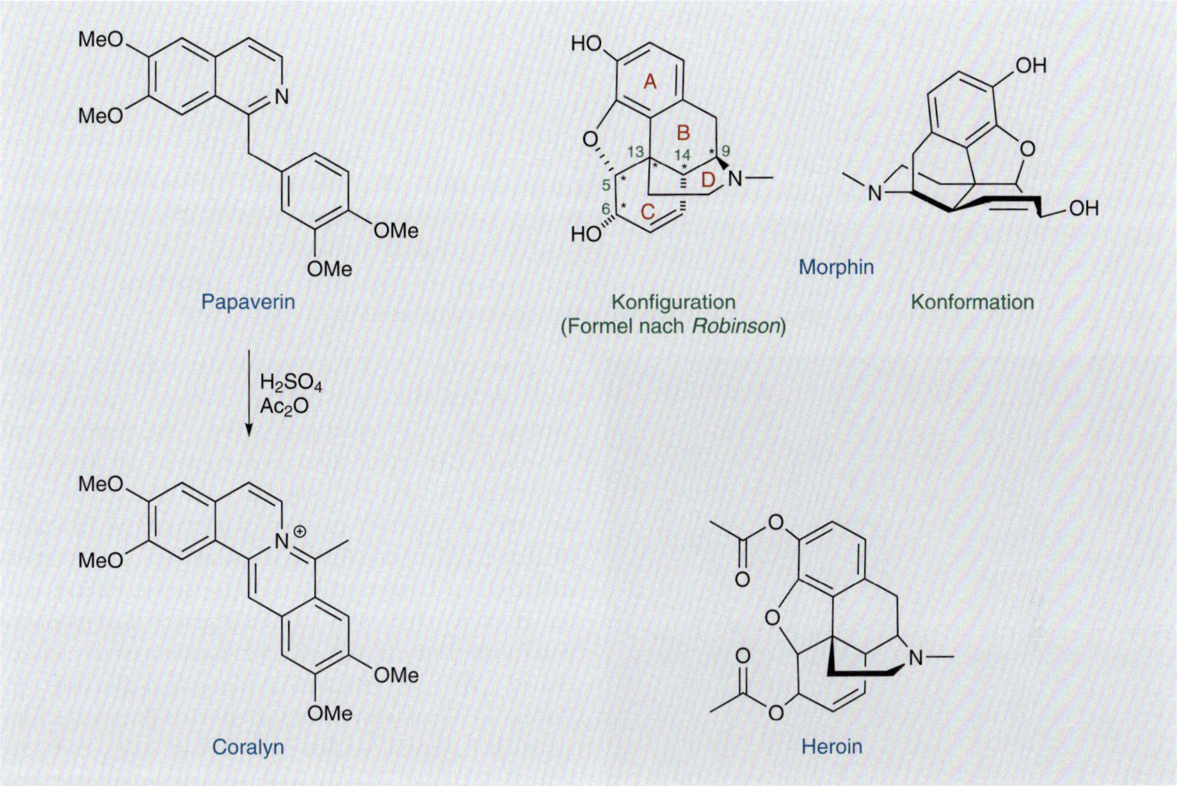


**o Abb. 33.21** Papaverin, Morphin und Heroin

gruppen oder Halogenatomen in die Positionen 1–4 sowie 8–11 modifiziert werden kann.

Der Acridinfarbstoff **Ethacridin**, 6,9-Diamino-2-ethoxyacridin, wird in Form des Lactat-Monohydrates (o Abb. 33.22, Mitte) pharmazeutisch als lokales Antiseptikum verwendet. Ethacridin ist ein phenyloges Amidin (vgl. o Abb. 33.11), dass am N-Atom des Rings protoniert wird (p$K_S$ von protoniertem Ethacridin ca. 11). auf.

Zur Behandlung der akuten myeloischen und lymphatischen Leukämie wird das Sulfonamid **Amsacrin** (o Abb. 33.22, unten) eingesetzt, das sich als DNA-interkalierender Arzneistoff zwischen die Basenpaare eines DNA-Doppelstrangs einschiebt und dadurch die DNA-Replikation und die Transkription inhibieren kann.

**Ethidiumbromid** (o Abb. 33.23, links), ein kationisches Derivat von Phenanthridin, interkaliert zwischen die Basen eines RNA- oder DNA-Doppelstrangs und findet infolge der dadurch verursachten starken Fluoreszenzänderung Anwendung in der molekularbiologischen Analytik (o Abb. 33.24). Die Verbindung inhibiert allerdings die Topoisomerase I und ist somit toxisch. Sie wird zudem als cancerogen und mutagen eingestuft. Das basische Triazenderivat **Isometamidiumchlorid** (o Abb. 33.23, rechts) ist ein in der Veterinärmedizin einsetzbarer, gegen Trypanosomen gerichteter, antiparasitärer Wirkstoff.

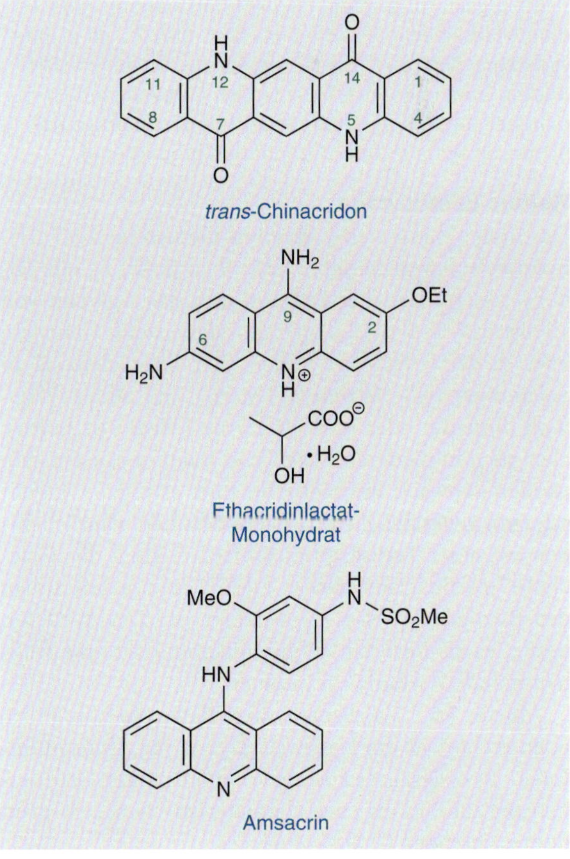


**o Abb. 33.22** Chinacridon, Ethacridin und Amsacrin

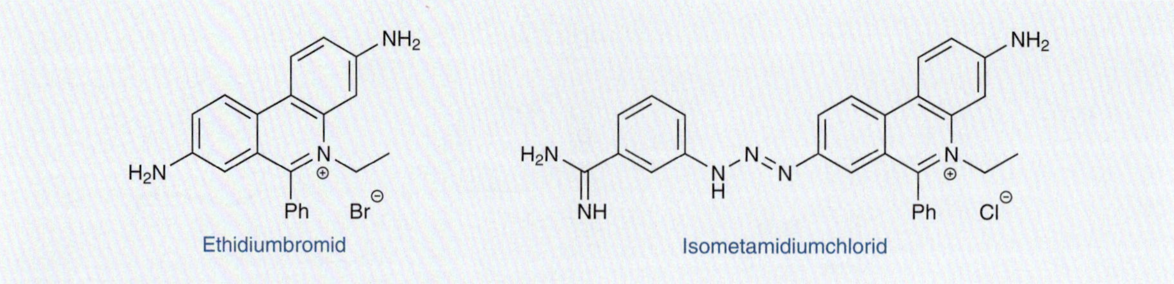


**o Abb. 33.23** Phenanthridiniumderivate: Ethidiumbromid und Isometamidiumchlorid

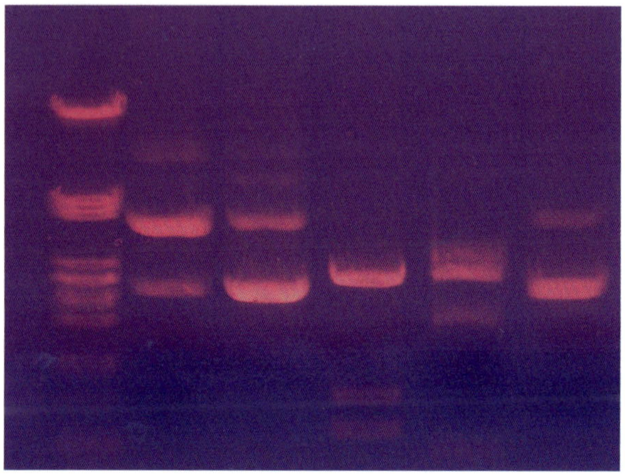

**o Abb. 33.24** Ein Agarose-Gel, in dem die aufgetrennten DNA-Banden mittels Ethidiumbromid und UV-Bestrahlung sichtbar gemacht werden. Bei der Interkalation des Ethidium-Kations zwischen die DNA- bzw. RNA-Basen kommt es zu einer Fluoreszenzzunahme. Stellen, an denen sich Nucleinsäuren befindet, leuchten bei Anregung mit UV-Licht hell auf; hierbei ist die Intensität des Fluoreszenzlichtes zur Nucleinsäurekonzentration proportional.

## Weitere Benzopyrane

Das in der Natur weit verbreitete **Genistein**, 4',5,7-Trihydroxyisoflavon (o Abb. 33.25, oben links) ist ein gelber, wasserunlöslicher Feststoff und das **Aglycon** von Genistin, 7-*O*-$\beta$-D-Glucopyranosylgenistein. Genistein bzw. dessen Glycoside finden sich beispielsweise in Sojabohnen (*Glycine max* (L.) Merr.), im Rotklee (*Trifolium pratense*) oder in der Luzerne (*Medicago sativa*), aber auch in niederen Pilzen und Bakterien. Genistein werden schwach antibiotische und estrogene Eigenschaften zugeschrieben. Letztere beruhen wahrscheinlich auf einer Transkriptionsunterdrückung der Catechol-*O*-Methyltransferase (COMT), die u. a. am Abbau der Estrogene (▸Kap. 27) beteiligt ist. Des Weiteren besitzt es als Resorcin-/Phloroglucinderivat eine fraßhemmende Wirkung auf Insekten.

**Morin**, 3,5,7,2',4'-Pentahydroxyflavon (o Abb. 33.25, oben rechts), ist ein Nachweisreagenz für Aluminium-Ionen. In essigsaurer Lösung kommt es unter Deprotonierung zur Bildung eines charakteristischen, gelb-grün fluoreszierenden Chelatkomplexes.

**Quercetin**, 3,5,7,3',4'-Pentahydroxyflavon (o Abb. 33.25, rechts Mitte und unten), ein Regioisomeres von Morin, ist ein wichtiger gelber Pflanzenfarbstoff (▸Kap. 33.1.1; Flavonoide). Es kommt in der Rinde der Färber-Eiche, *Quercus velutina*, als 3-*O*-L-Rhamnosid vor, ferner frei oder glycosidisch verknüpft in vielen Pflanzen, z. B. in den Blüten von Goldlack, gelben Stiefmütterchen, Löwenmaul und Rose sowie im Tee und im Hopfen. Quercetin ist die Aglycon-Komponente von **Rutin** (Rutosid). Der Zuckerbaustein ist das Disaccharid 6-*O*-($\alpha$-L-Rhamnopyranosyl)-D-glucose (= Rutinose). Quercetin weist sowohl eine Brenzcatechin- als auch Resorcin-Struktur auf (▸Kap. 20.2). Es bildet intramolekulare Wasserstoffbrückenbindungen aus und kann zu einer, ebenfalls durch H-Brücken stabilisierten, chinoiden Form tautomerisieren. Die Konstitutionsaufklärung gelang mithilfe der Alkalischmelze; z. B. wurden **Phloroglucin** und Protocatechusäure (3,4-Dihydroxybenzoesäure) als Quercetin-Spaltprodukte isoliert (o Abb. 33.25, unten links). So konnte die Stellungen der phenolischen OH-Gruppen identifiziert werden. Das Glycosid Rutin besitzt sowohl antioxidative als auch antiödematöse Eigenschaften und wird pharmazeutisch als Venentherapeutikum eingesetzt.

**Anthocyane** (griech. *anthos* = Blüte, *kyanos* = blau) sind zu den Hydroxyflavonolen chemisch und pflanzenphysiologisch verwandte Glycoside, die zusammen mit ihren Metallchelaten für die roten, violetten und blauen Färbungen zahlreicher Blüten, Früchte und anderer Pflanzenteile verantwortlich sind (o Abb. 33.26). Sie enthalten als Grundgerüst das **Flaven** (2-Phenylchromen) und werden durch Säurekatalyse oder enzymatisch zu den eigentlichen Chromophoren, den farbigen **Anthocyanidinen** hydrolysiert (o Abb. 33.27, oben). In den natürlich vorkommenden Anthocyanidinen tragen die Positionen 3, 5, 7 sowie 2', 3', 4', 5' Hydroxy- bzw. Methoxygruppen (o Abb. 33.27, grüne Bezifferung). Exemplarisch ist in o Abb. 33.27 (Mitte) die Hydrolyse des Anthocyans Pelargonidinglucosid zum Anthocyanidin **Pelargonidin** aufgeführt, das als farbgebende Komponente in roten Geranienblüten (*Pelargonium*) vorkommt. Während die mineralsauren Salze der Anthocyanidine mehr oder weniger rot gefärbt sind, zeigen

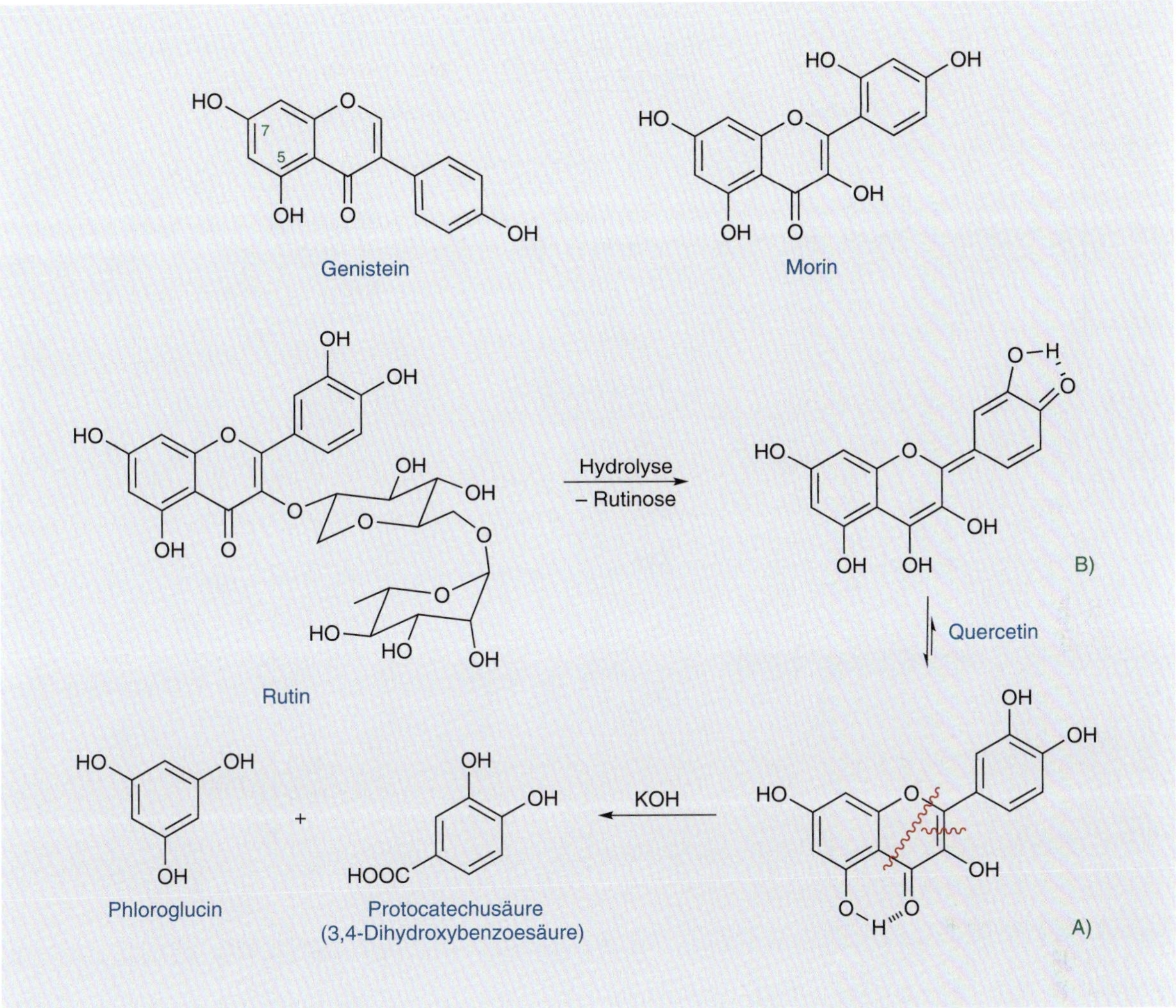


**Abb. 33.25** Die Chromonderivate Genistein und Morin (oben); Hydrolyse des Glycosids Rutin zum Aglycon Quercetin (Mitte), das als Chromon- (A) und als Chinon-Tautomeres (B) vorliegen kann; Konstitutionsaufklärung von Quercetin mittels Alkalischmelze (unten)

**Abb. 33.26** Anthocyanidine sind als Farbstoffe in vielen roten, violetten und blauen Blüten und Früchten enthalten, z. B. in Geranien (*Pelargonium*, A) oder in Brombeeren (*Rubus* sectio *Rubus*, B).

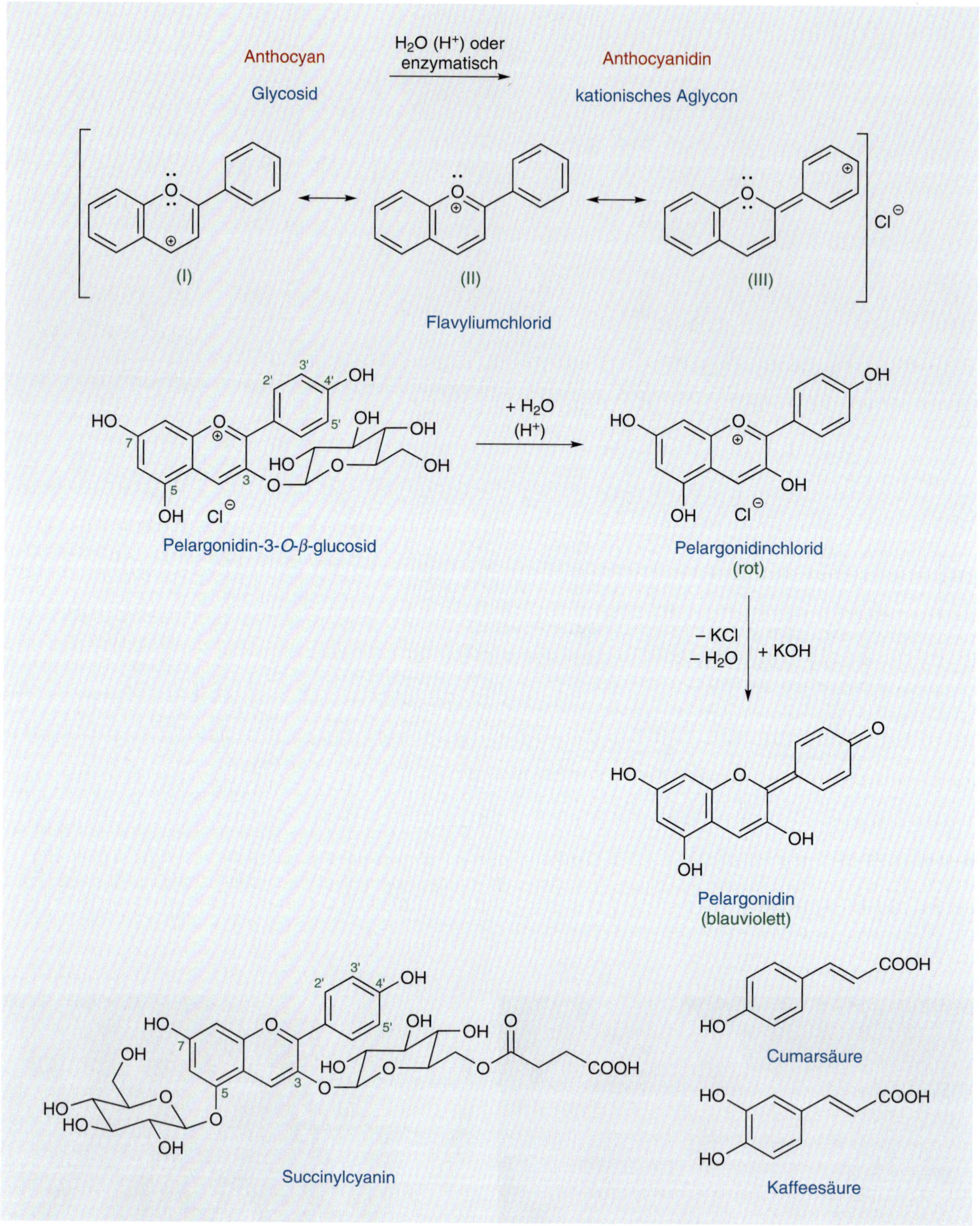


**Abb. 33.27** Bei der Hydrolyse von Anthocyanen entstehen Anthocyanidine, wie z. B. Flavyliumchlorid (oben); Hydrolyse eines Pelargonidin-Glycosids zum Aglycon (Mitte); Struktur von Succinylcyanin; Cumar- und Kaffeesäure als Strukturelemente in Rotwein-Anthocyanidinen (unten).

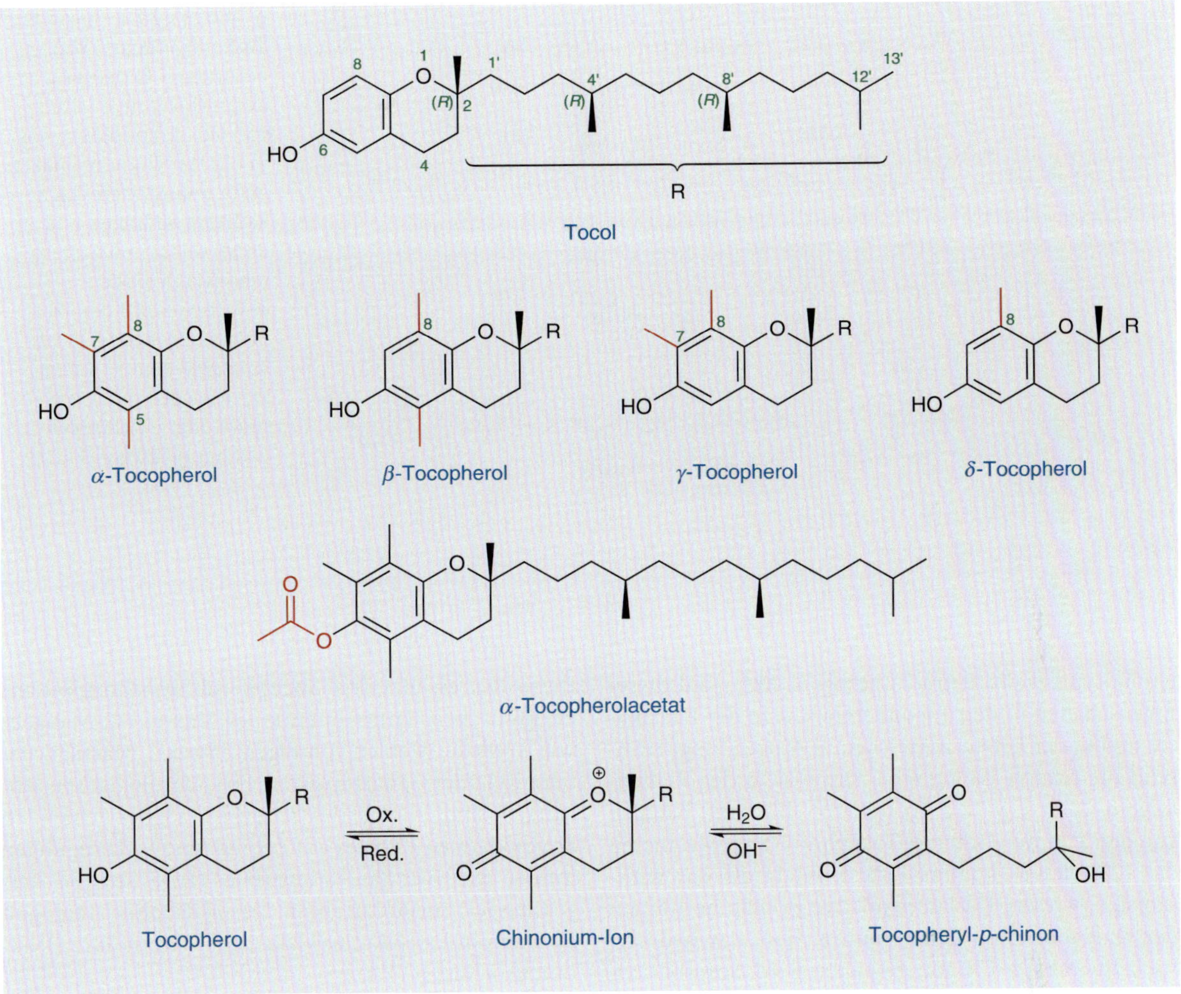


**Abb. 33.28** Vitamin E: Strukturformeln der vier Tocopherole sowie von Tocol und α-Tocopherolacetat. Der Mechanismus der antioxidativen Wirkung ist vereinfacht dargestellt.

die durch Neutralisation der Salze entstehenden freien Anthocyanidine violette bis blaue Farbtöne. Hier liegt offenbar eine **chinoide Gruppierung** vor: Die Alkalisalze (Phenolate) der neutralen Anthocyanidine sind blau. Aufgrund dieser Farbänderung nahm man lange Zeit an, dass die Farbe einer Blüte in erster Linie von der jeweiligen Wasserstoffionenkonzentration des Zellsaftes bestimmt wird, zumal die rote Rose und die blaue Kornblume das gleiche Anthocyan, nämlich Cyanidin, enthalten. Es hat sich jedoch gezeigt, dass die Farbvariation von Anthocyanen auf Selbstassoziation, Copigmentierung mit Flavonen und sandwichartiger Stapelung beruht. Mit dem **Succinylcyanin**, einem Halbester der Bernsteinsäure, wurde eine maßgeblich für die blaue Farbe der Kornblume (*Centaurea cyanus*) verantwortliche Verbindung isoliert. Im Rotwein finden sich die Essigsäure-, Cumarsäure- (Naringeninsäure-) und Kaffeesäureester der Anthocyanidin-3-glucoside. Die Strukturformeln von Succinylcyanin, Cumarsäure und Kaffeesäure sind im unteren Bereich der Abb. 33.27 dargestellt.

**Tocopherole** (Vitamin E, Abb. 33.28, ▸Kap. 26) leiten sich vom **Tocol** ab, einem 6-Hydroxychroman bzw. einem methylierten, cyclischen Hydrochinonether mit Isopren-Seitenkette (vgl. Vitamin K, ▸Kap. 24). Je nach Substitutionsgrad und Substituentenmuster unterscheidet man die vier bislang isolierten Vertreter **α-**, **β-**, **γ-** und **δ-Tocopherol**, die jeweils drei Chiralitätszentren an den C-Atomen 2, 4' und 8' aufweisen. Zur Biosynthese des natürlich vorkommenden, bei Raumtemperatur ölig-flüssigen **α-Tocopherols** sind ausschließlich Pflanzen imstande. Die Verbindung findet sich reichlich in Weizenkeimöl und anderen pflanzlichen Ölen (bis zu 0,5 %) sowie in sehr kleiner Menge im grünen Gemüse. Vitamin E ist neben den Vitaminen D und K den fettlöslichen Vitaminen zuzuordnen. *In vivo* wirkt es durch das „Abfangen" reaktiver Sauerstoffspezies (ROS, *reactive oxygen species*) als **lipophiles Antioxidans** (Abb. 33.29) und stellt somit ein Zellprotektivum dar. Es wirkt als Oxidationsschutz für Hormone, Lipide und andere Vitamine. Darüber hinaus werden direkte Membranwirkungen und Einflüsse auf die Pro-

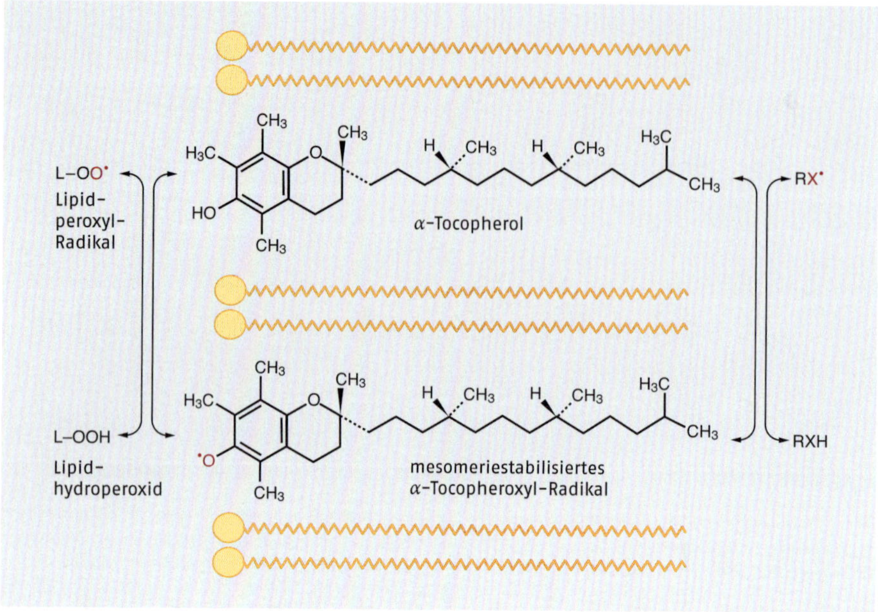


**○ Abb. 33.29** α-Tocopherol als Radikalfänger. Von besonderer Bedeutung ist der antioxidative Schutz von Membranlipiden: Das in die Membranen eingelagerte α-Tocopherol kann Radikale abfangen und dabei selbst in das mesomeriestabilisierte α-Tocopheroxyl-Radikal übergehen. Letzteres ist langlebig genug, um im Wechselspiel mit Ascorbinsäure oder Ubichinolen regeneriert zu werden.

teinbiosynthese in Betracht gezogen. Aufgrund dieser Eigenschaften finden Tocopherole u. a. in der Pharmazie und in der Lebensmittelchemie Anwendung. Während die relative biologische Aktivität in der Reihenfolge α- > β- > γ- > δ-Tocopherol abnimmt, hat sich von den acht möglichen α-Tocopherol-Stereoisomeren das (2*R*,4'*R*,8'*R*)-konfigurierte Isomere als das wirksamste erwiesen. Das antioxidative Prinzip beruht auf der Oxidation zum Chinonium-Kation, das hydrolytisch zu einem *p*-Chinon gespalten wird. Sowohl Oxidation als auch Ringspaltung sind reversibel. Die Oxidationsstabilität kann durch Veresterung erhöht werden, wie es beispielsweise bei Tocopherolacetat (○ Abb. 33.28, unten) der Fall ist. β- und γ-Tocopherol enthalten je eine Methylgruppe weniger als α-Tocopherol und sind deutlich weniger wirksam. Bei β-Tocopherol fehlt die Methylgruppe in der 7-Stellung, bei γ-Tocopherol diejenige in der 5-Stellung. In dem fast wirkungslosen δ-Tocopherol fehlen beide Methylgruppen (in 5- und in 7-Stellung). Ein Mangel an α-Tocopherol hat bei Tieren Infertilität zur Folge; beispielsweise degenerieren bei männlichen Tieren die Testosteron produzierenden *Leydig*-Zellen in den Hoden. Beim Menschen führt die eingeschränkte Synthese des essenziellen Tocopherol-Transportproteins zu klinischen Symptomen eines Vitamin-E-Mangels, wie Areflexie (Fehlen von Eigenreflexen), Maculadegeneration oder Gangstörungen. Die neurologischen Störungen sind infolge des reduzierten oder fehlenden antioxidativen Effektes auf Zellmembranschädigungen infolge reaktiver Sauerstoffspezies (ROS, *reactive oxygen species*) zurückzuführen. Das hydrophile Analogon zu Vitamin E als Antioxidans ist Ascorbinsäure (Vitamin C, ▸ Kap. 17.1.4).

Wird α-Tocopherolacetat mit schwächeren Oxidationsmitteln als Salpetersäure oxidiert, kommt es zur Bildung des Tocopheryl-Radikalkations, das zu *p*-Chinon (▸ Kap. 20) und zu *o*-Chinonmethid weiterreagiert (○ Abb. 33.30). Letzteres dimerisiert im Sinne einer Hetero-*Diels-Alder*-Reaktion zum spiroartigen Tris-Chromanderivat.

Die bekannteste α-Tocopherol-Synthese besteht in der Kondensation von 2,3,5-Trimethyl-1,4-hydrochinon mit Phytol oder Isophytol in Gegenwart einer *Lewis*-Säure wie beispielsweise Zinkchlorid als Katalysator (○ Abb. 33.31). Bei Verwendung von enantiomerenreinem (*R*,*R*)-konfiguriertem Phytol bzw. Isophytol entstehen zwei diastereomere α-Tocopherole.

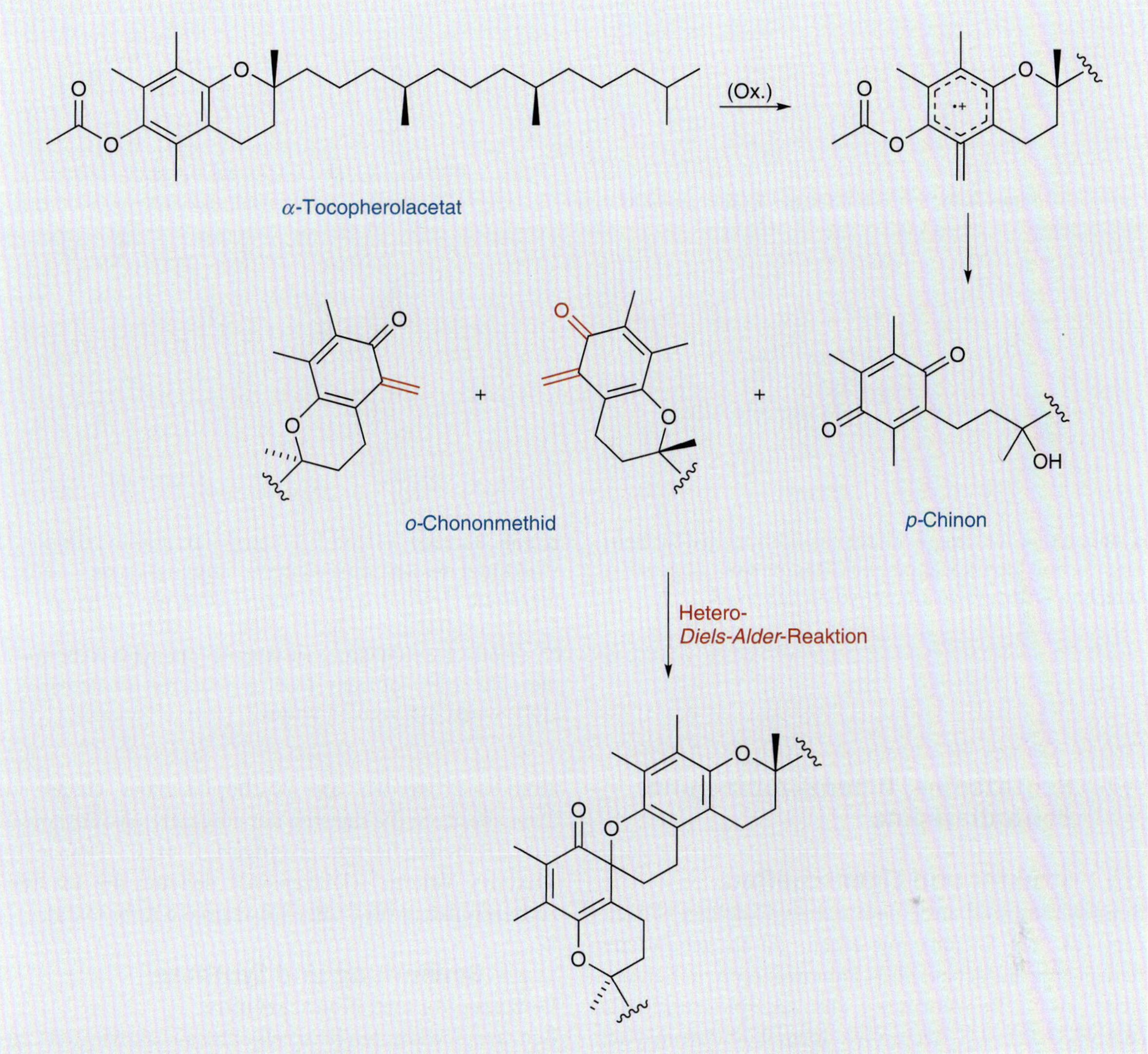


**Abb. 33.30** Oxidation von α-Tocopherolacetat sowie nachfolgende Hetero-*Diels-Alder*-Reaktion

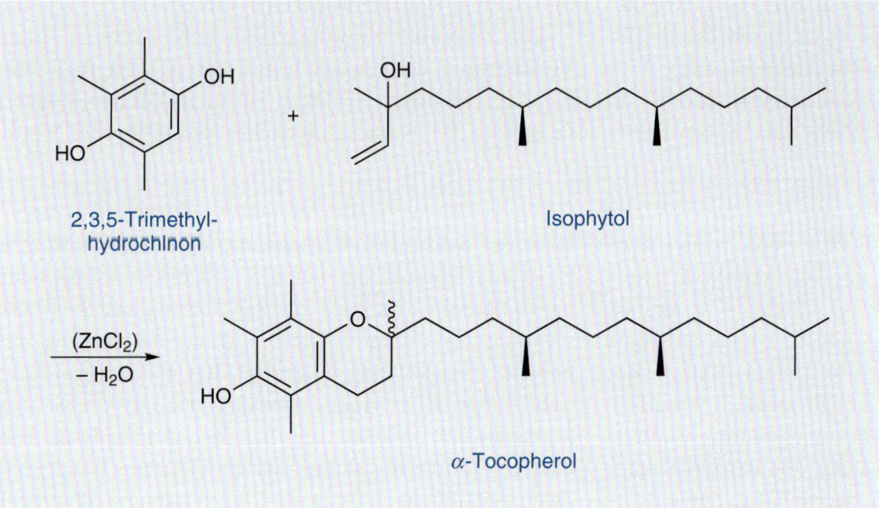


**Abb. 33.31** Synthese von α-Tocopherol

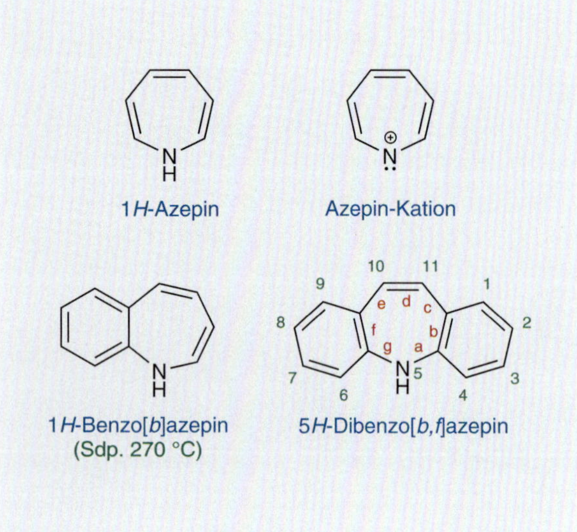


**o Abb. 33.32** 1*H*-Azepin bildet das Grundgerüst für Benzazepine und Dibenzazepine. Das Azepin-Kation besitzt Berechnungen zufolge aromatischen Charakter.

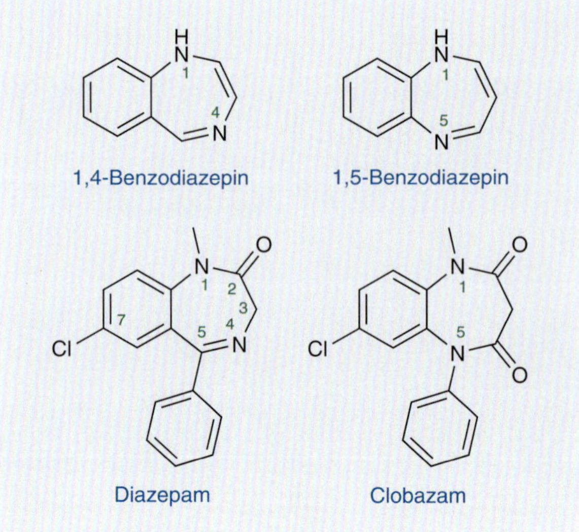


**o Abb. 33.33** 1,4- und 1,5-Benzodiazepin sind Grundstrukturen der Benzodiazepin-Verbindungsklasse (oben). Diazepam (7-Chlor-1,5-dihydro-1-methyl-5-phenyl-1,5-benzodiazepin-2,4(3*H*)-dion) und Clobazam (7-Chloro-1,3-dihydro-1-methyl-5-phenyl-1,4-benzodiazepin-2(3*H*)-on) sind zwei Vertreter, die als Arzneistoffe eingesetzt werden (unten).

## 33.2 Benzazepine, Dibenzazepine und Benzodiazepine

### 33.2.1 Struktur und Eigenschaften

**Benzazepine** sind aus einem siebengliedrigen N-Heterocyclus (1*H*-Azepin) mit einem daran gebundenen Benzenring aufgebaut; bei **Dibenzazepinen** befinden sich zwei Benzenringe am Azepingrundgerüst (o Abb. 33.32). 1*H*-Azepin ist formal antiaromatisch, das Kation dagegen besitzt Berechnungen zufolge aufgrund des konjugierten 6-$\pi$-Elektronensystems aromatischen Charakter (isoelektronisch zum Tropyliumkation, $C_7H_7^+$). Die positive Ladung ist durch das konjugierte $\pi$-Elektronensystem im Ring delokalisiert.

**Benzodiazepine** besitzen zwei Stickstoffatome im siebengliedrigen Ringsystem. Viele Substanzen dieser Stoffklasse werden als Psychopharmaka eingesetzt. Dabei besitzen die meisten der eingesetzten Substanzen ein 1,4-Benzodiazepingrundgerüst (z. B. Diazepam, ▸Exkurs: Valium® (Diazepam)), seltener die 1,5-Benzodiazepinstruktur (z. B. Clobazam) (o Abb. 33.33).

### 33.2.2 Gewinnung und Synthese

**Benzazepine und Dibenzazepine**

Benzazepine können beispielsweise aus aktivierten Chinolinderivaten über eine Ringerweiterung durch Umsetzung mit Kupfer(II)-triflat und einem Diazoacetatderivat gewonnen werden (o Abb. 33.35).

Die oxidative Kupplung von *o*-Nitrotoluen unter Verwendung von Isoamylnitrit bei Anwesenheit von Natriumethanolat führt zu *o,o'*-Dinitrodibenzyl (o Abb. 33.36). Nach katalytischer Reduktion der Nitro-

**Exkurs: Valium® (Diazepam)**

Viele Benzodiazepine werden als **Psychopharmaka** eingesetzt. Es handelt sich dabei um sogenannte allostere Modulatoren am $GABA_A$-Rezeptor (GABA = $\gamma$-Aminobuttersäure). Die Bezeichnung „alloster" bedeutet, dass die Bindungsstelle am Rezeptor eine andere ist als die des endogenen Liganden GABA. Benzodiazepine verstärken die Wirkung der GABA, des hemmenden Neurotransmitters im ZNS. Je nach Struktur und Dosis des Benzodiazepins besitzen die Präparate sedative, hypnotische, antikonvulsive, anxiolytische und/oder muskelrelaxierende Wirkung. Einer der bekanntesten Wirkstoffe dieser Substanzklasse ist Valium® (Diazepam). **Diazepam** ist ein N-methyliertes Benzodiazepin und wird zur Behandlung von Angstzuständen, als Schlafmittel oder auch zur Behandlung von epileptischen Anfällen eingesetzt. Der Wirkstoff zeichnet sich durch eine lange Verweildauer im Körper aus (Halbwertszeit 48–96 h). Bei der Anwendung von Diazepam und anderen Benzodiazepinen über einen längeren Zeitraum kann es zu einer psychischen und körperlichen Abhängigkeit kommen. Aus diesem Grund gilt für

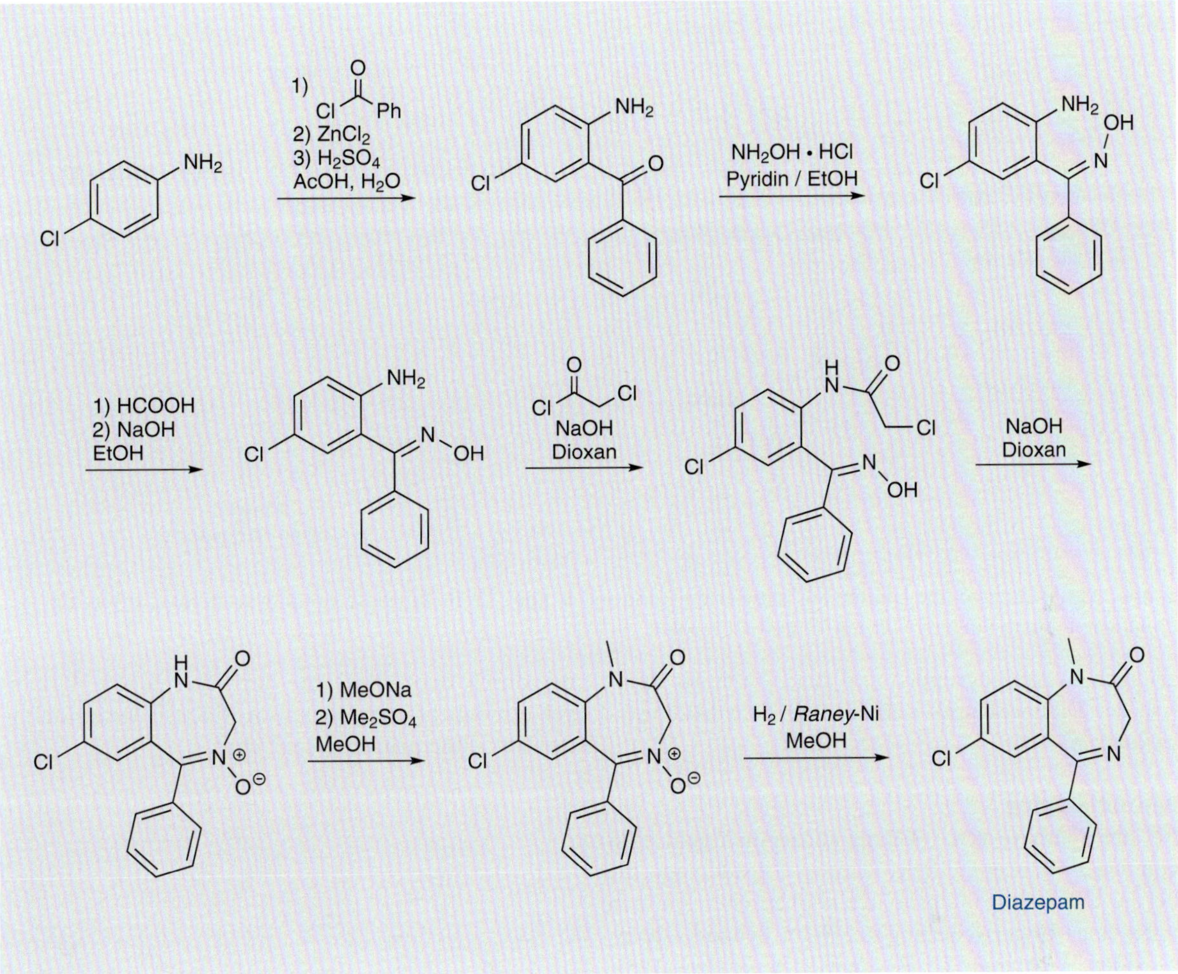


**o Abb. 33.34** Syntheseroute von *L. Sternbach*: ausgehend von *p*-Chloranilin wird Diazepam über 2-Amino-5-chlorbenzophenon dargestellt.

die Anwendung dieser Arzneistoffe die sogenannte **5-K-Regel:**

- klare Indikationsstellung,
- kleinste mögliche Dosis,
- kürzest mögliche Anwendungsdauer,
- keinesfalls abrupt absetzen,
- Kontraindikationen beachten.

Ausgehend von der Struktur des Chlordiazepoxid, des ersten Vertreters dieser Arzneistoffklasse, wurde Diazepam Mitte der 1950er Jahre von *L. Sternbach* hergestellt (o Abb. 33.34). *Sternbach* synthetisierte Diazepam ausgehend von *p*-Chloranilin und Benzoylchlorid über 2-Amino-5-chlorbenzophenon. Dieses wird anschließend mit Hydroxylamin zum Oxim kondensiert, das durch die Reaktion mit Ameisensäure und Natronlauge isomerisiert. Nach Umsetzung mit Chloressigsäurechlorid und Ringschluss zum Siebenring im Alkalischen ergibt die Reduktion des Stickstoffoxids und die anschließende N-Methylierung das Endprodukt.

Im Gewebe der Gehirne von Säugetieren und Mensch wurden geringe Spuren von Diazepam und anderer Benzodiazepine gefunden. Die erste Vermutung, dass die Substanz erst seit ihrer Entdeckung Mitte der 1950er Jahre durch den Einsatz als Medikament in den Nahrungskreislauf gelangt sei, konnte durch die Untersuchung archivierter menschlicher Gehirne von Personen, die bereits vor der Entdeckung der Substanz gestorben waren, widerlegt werden. Auch hier fanden sich geringe Mengen dieser Stoffklasse wieder; die Substanz musste also über die Nahrung aufgenommen worden sein. Tatsächlich fand man in einigen Lebensmitteln sehr geringe Mengen an Benzodiazepinen (z. B. in Kartoffeln, Mais, Reis oder auch in Sojabohnen und Pilzen). Über ihre biochemische Synthese ist allerdings kaum etwas bekannt. Die natürlich vorkommende Menge reicht jedoch in keinem Fall aus, um eine pharmakologische Wirkung zu erzielen (0,005–0,05 ng/g).

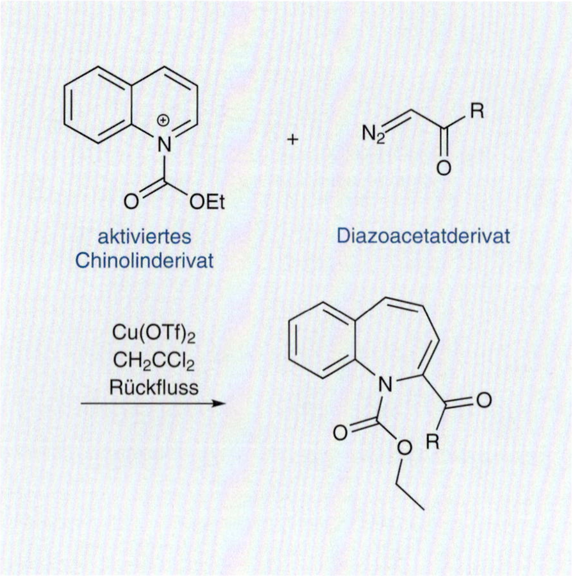


**o Abb. 33.35** Benzazepine können aus aktivierten Chinolinderivaten durch Ringerweiterung hergestellt werden.

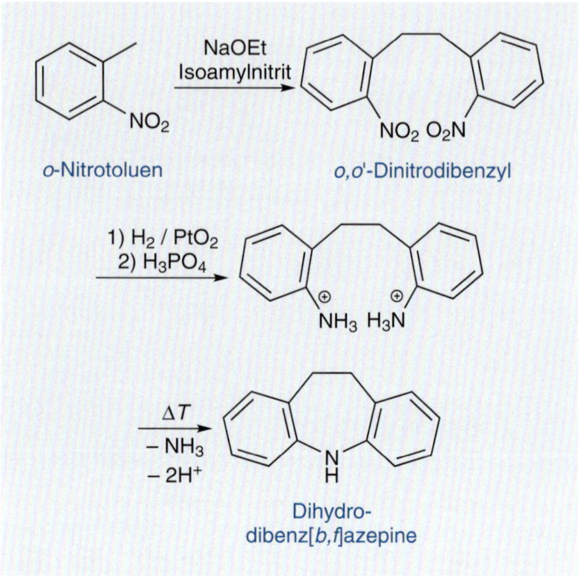


**o Abb. 33.36** Synthese von Dihydrodibenz[*a*,*f*]azepin

gruppen zu Aminogruppen und anschließender Pyrolyse der Diphosphatsalze erhält man Dihydrodibenz[*b*,*f*]azepin.

**Benzodiazepine**

Bei der Synthese von 1,4-Benzodiazepinen geht man von den 2-Halogenmethylchinazolin-3-oxiden aus, die bei der Umsetzung mit primären aliphatischen Aminen unter einer Ringerweiterung zu 3*H*-1,4-Benzodiazepin-4-oxiden reagieren (*L. H. Sternbach et al.* 1961, o Abb. 33.37, oben). Das so zugängliche 7-Chlor-2-methylamino-5-phenyl-3*H*-1,4-benzodiazepin-4-oxid (**Chlordiazepoxid**, Librium®) war der erste Vertreter dieser Arzneistoffklasse.

Eine weitere Darstellungsmethode für 1,4-Benzodiazepine ist die Reaktion von *o*-Aminobenzophenon mit Glycinesterhydrochlorid in siedendem Pyridin, die zu 1,3-Dihydro-2*H*-5-phenyl-1,4-benzodiazepin-2-on führt (o Abb. 33.37, unten). Das 7-Chlor-1-methylderivat dieser Verbindung ist **Diazepam** (▸ Kap. 33.2.1), das 7-Chlor-3-hydroxy-Derivat – ebenfalls ein aktiver Metabolit, der aus Diazepam *in vivo* entsteht – entspricht dem kürzer wirksamen **Oxazepam** (Adumbran®).

Weitere Vertreter der Benzodiazepine sind **Flurazepam** (Dalmadorm®) und **Flunitrazepam**, die auch als sogenannte *date-rape-drugs* (K.-O.-Tropfen), häufig kombiniert mit Alkohol, im Rahmen von Straftaten missbräuchlich verwendet werden. Da Flunitrazepam auch in der Drogenszene eine Rolle spielt, wurde es im Jahr 2011 uneingeschränkt dem Betäubungsmittelgesetz unterstellt. Das Imidazobenzodiazepinderivat **Flumazenil** (Handelsname: Anexate®) ist ein spezifischer Benzodiazepin-Antagonist, der die rasche Aufhebung der durch Benzodiazepine hervorgerufenen Wirkungen ermöglicht und daher als Antidot (Gegenmittel) in der Notfallmedizin eingesetzt wird.

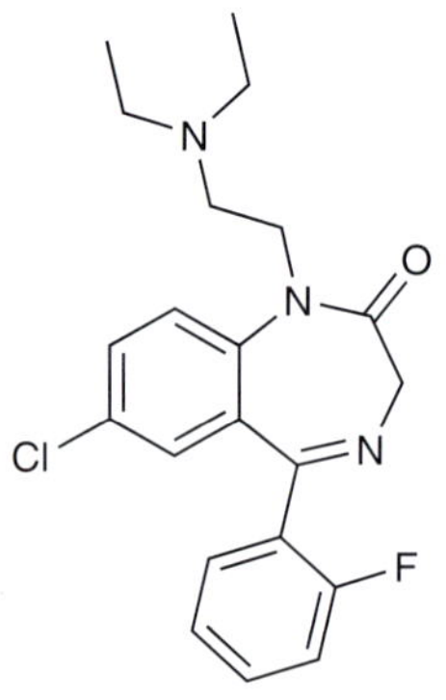


Flurazepam

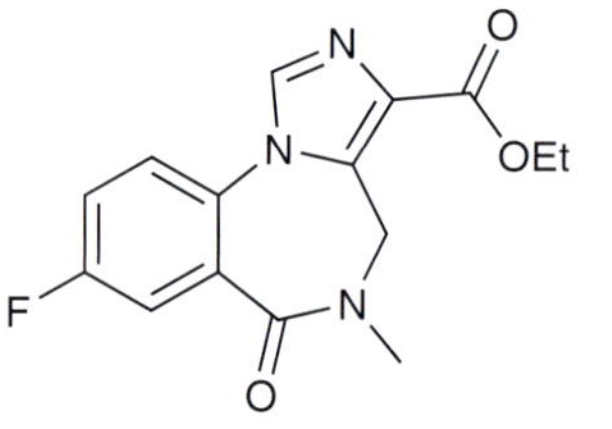


Flumazenil

### 33.2.3 Reaktionen und Anwendungen

**Nachweis von Flurazepam in der Forensik**

In der Forensik und zum Nachweis von Medikamentenmissbrauch können Flurazepam und dessen Metabolite mittels Dünnschichtchromatographie als Acridinderivate aus Blut- und Urinproben nachgewiesen werden. Die Methode ist selektiv für Benzodiazepine mit einer 2-Fluorophenylgruppe und basiert auf der Hydrolyse und der anschließenden Bildung eines Acridinderivats durch eine Cyclisierung in Dimethylformamid (o Abb. 33.38). Dazu wird eine zu untersuchende Probe zunächst im Sauren erhitzt, wodurch das entsprechende Benzophenonderivat und Glycin entstehen. Das durch seine gelbe Farbe auffallende Benzophenonderivat wird mit einer Base als Katalysator in Dimethylformamid unter Rückfluss erhitzt. Im Fall von Flu-

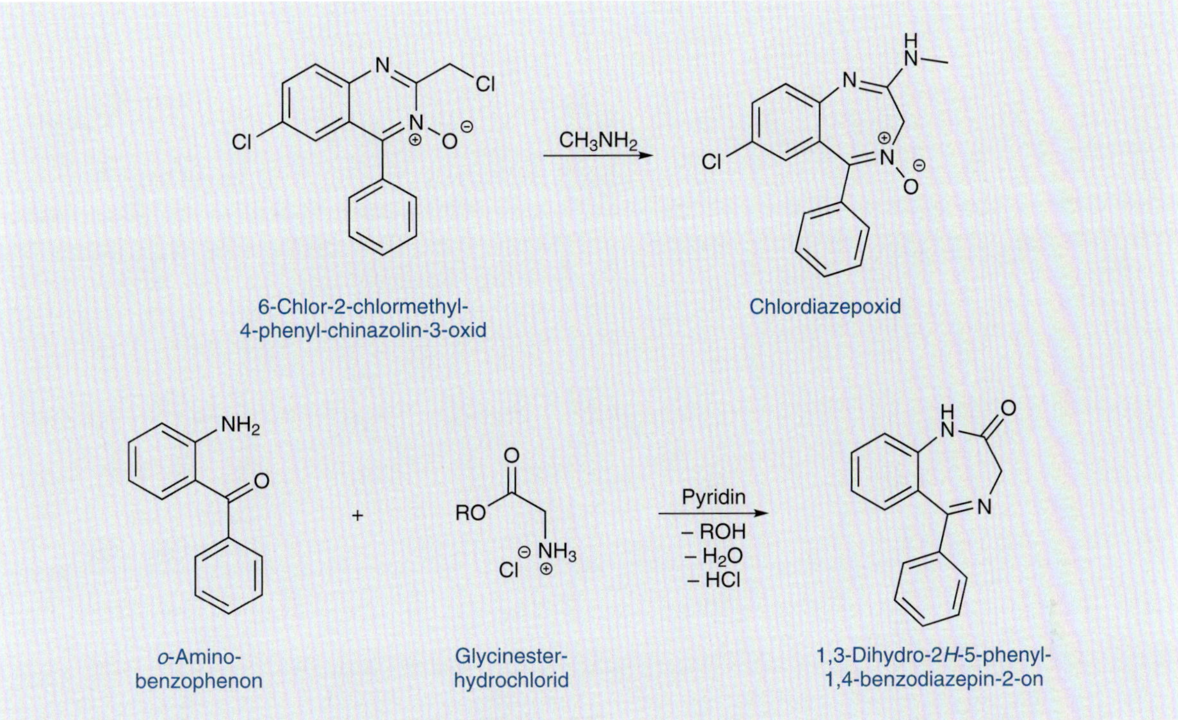


**o Abb. 33.37** Synthese von 1,4-Benzodiazepinen aus 2-Halogenmethylchinazolin-3-oxiden bzw. durch die Reaktion von *o*-Aminobenzophenon mit Glycinesterhydrochlorid



razepam entsteht das Acridinderivat bei 100 °C mit sehr hoher Ausbeute. Anschließend wird das Reaktionsprodukt mittels Dünnschichtchromatographie untersucht. Dabei lässt die intensive blaue Fluoreszenz (Emission bei 425 nm) des Acridinderivates eine Detektion bis in den Nanogrammbereich zu. Dies entspricht einer Einnahme von ca. 2 mg Wirkstoff bei einem Erwachsenen. Durch die Kombination moderner massenspektrometrischer Analysemethoden (z. B. EI-GC-MS; ▸Kap. 1, ▸Kap. 2.5.2) können Benzodiazepine und deren Derivate auch direkt in Urin- oder Blutproben detektiert werden.

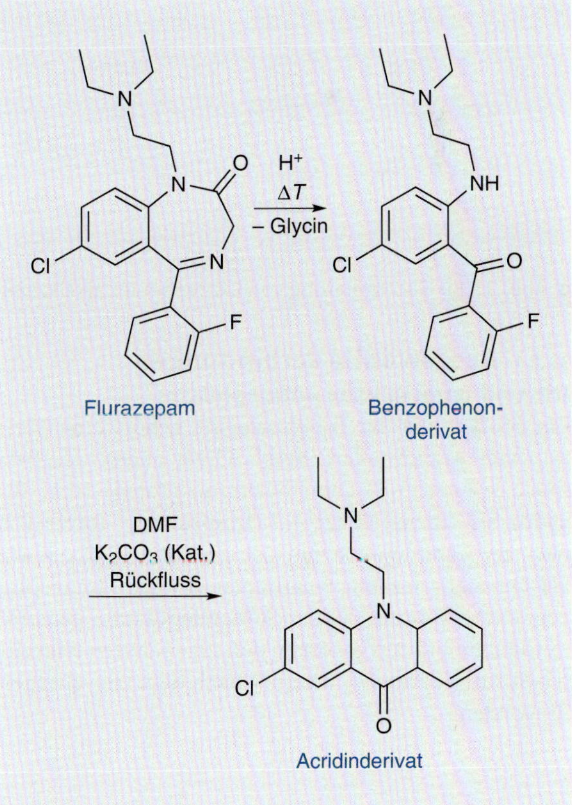


**o Abb. 33.38** Reaktion von Flurazepam zum fluoreszierenden Acridinderivat

## Tautomerie von Oxazepam

Der Wirkstoff **Oxazepam**, (*R*,*S*)-7-Chlor-3-hydroxy-5-phenyl-2,3-dihydro-1*H*-1,4-benzodiazepin-2-on, besitzt ein Chiralitätszentrum und liegt demnach als *R*- oder als (*S*)-Enantiomer vor (o Abb. 33.39). Die beiden Enantiomere racemisieren jedoch rasch in wässriger Lösung, sodass der Einsatz nur eines Enantiomeren keinen Vorteil bringt. Im sauren Milieu läuft die Racemisierung über eine Ringöffnung und den tautomeren Iminoaldehyd ab.

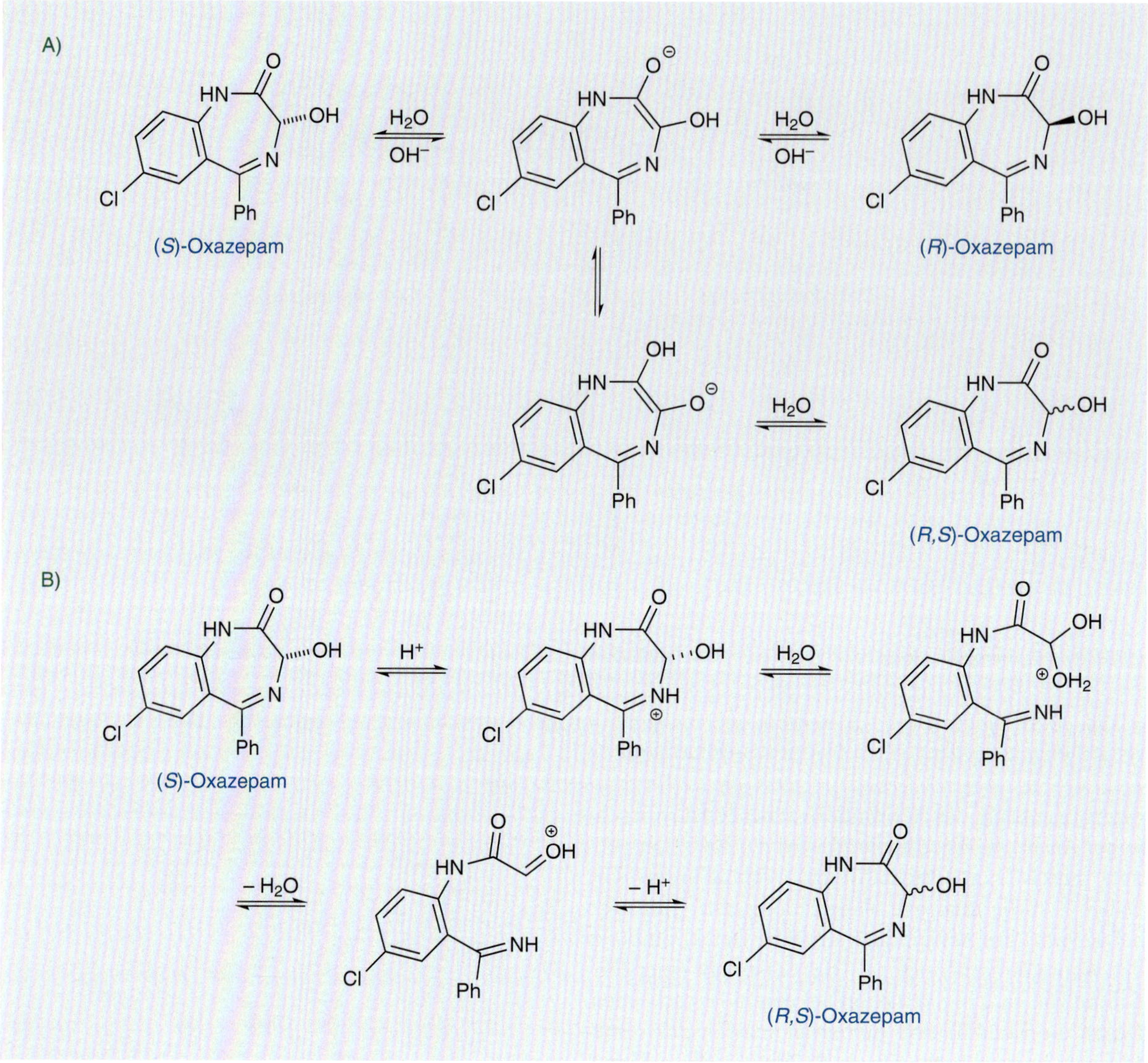


**o Abb. 33.39** Racemisierung von Oxazepam im alkalischen (**A**) und im sauren Milieu (**B**)

## 33.2.4 Ausgewählte Verbindungen

### Tri- und Tetracyclische Antidepressiva

Zur Stoffgruppe der Dibenzazepine gehört eine Vielzahl von Arzneistoffen (o Abb. 33.40, oben). Als Beispiele können 5-(3-Dimethylamino-propyl)-10,11-dihydro-5*H*-dibenz[*b,f*]azepin (**Imipramin**, Tofranil®), das als Antidepressivum eingesetzt wird, sowie 5*H*-Dibenz[*b,f*]azepin-5-carbonamid (**Carbamazepin**, Tegretal®, Timonil®), ein Antiepileptikum, genannt werden. Imipramin gehört zu den sogenannten **tricyclischen Antidepressiva**, benannt nach dem tricyclischen Ringsystem.

Ein ähnliches Grundgerüst besitzt **Mianserin**, (*R,S*)-2-Methyl-1,2,3,4,10,14*b*-hexahydrodibenzo[*c,f*]-pyrazino[1,2-*a*]azepin, ein **tetracyclisches Antidepressivum**. Die Verbindung kann ausgehend von 2-Benzylanilin über mehrere Stufen hergestellt werden (o Abb. 33.40, unten). Mianserin liegt als Racemat vor, da durch die Reduktion der Doppelbindung mit Natriumborhydrid im vierten Syntheseschritt ein 1:1-Gemisch aus (*R*)- und (*S*)-Form entsteht.

Als Neuroleptikum wird der Arzneistoff **Clozapin**, 8-Chlor-11-(4-methyl-1-piperazinyl)-5*H*-dibenzo[*b,e*]-[1,4]-diazepin, Elcrit®), ein Dibenzodiazepin, verwendet. Er wird vor allem bei therapieresistenten Psychosen eingesetzt.

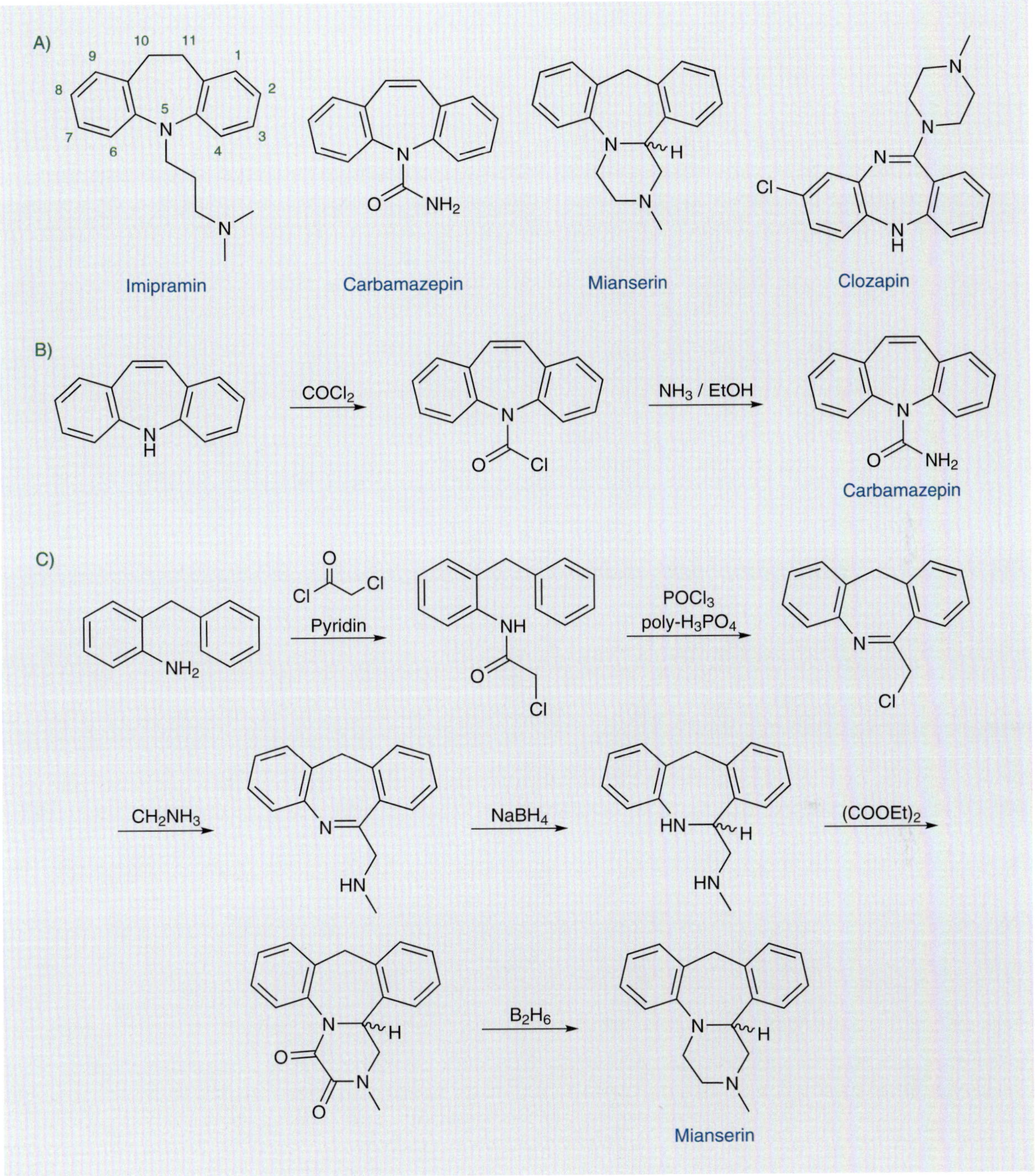




**Abb. 33.40** Arzneistoffe aus der Stoffgruppe der Dibenzazepine (Auswahl, A) sowie Synthese von Carbamazepin (B) und die exemplarische Syntheseroute zu Mianserin (C)

# 34 Sechsringe mit zwei und drei Heteroatomen

Diazine ... 873 | Benzodiazine ... 883 | Piperazine, Thiazine, Oxazine, Dioxine ... 885 | Phenazine, Phenoxazine, Dibenzo-*p*-dioxine und Phenothiazine ... 888 | Triazine ... 894



Zu den Sechsringen mit zwei und drei Heteroatomen zählen sowohl Verbindungen mit zwei Stickstoffatomen in einem Heterocyclus (Diazine, Benzodiazine, Phenazin) als auch Verbindungen, die ein Sauerstoff- und ein Stickstoffatom oder ein Schwefel- und ein Stickstoffatom aufweisen. Das bedeutendste Diazin ist Pyrimidin, ein Bestandteil der Nucleobasen in DNA und RNA (▸Kap. 38). Ein aliphatischer Heterocyclus mit zwei Stickstoffatomen ist das Piperazin. Die Triazine weisen drei Stickstoffatome in einem Sechsring auf.

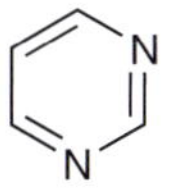
Pyrimidin

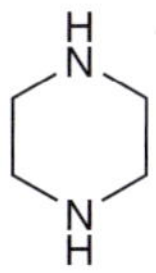
Piperazin

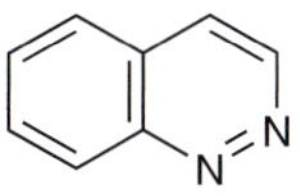
Cinnolin

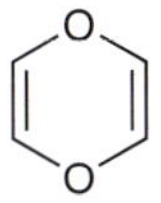
1,4-Dioxin

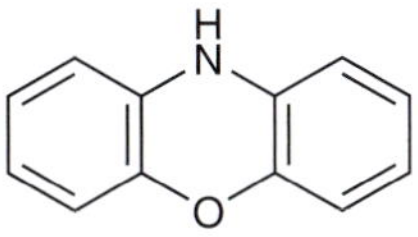
Phenoxazin

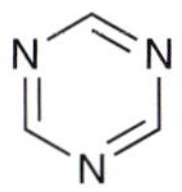
1,3,5-Triazin

## 34.1 Diazine

### 34.1.1 Struktur und Eigenschaften

**Diazine** sind sechsgliedrige aromatische Heterocyclen mit der Summenformel $C_4H_4N_2$. Sie weisen zwei $sp^2$-hybridisierte Stickstoffatome im Ring auf und können somit als Aza-Analoga von Pyridin angesehen werden, das nur ein Stickstoffatom enthält (▸Kap. 32.1). Je nach Stellung der beiden N-Atome im Sechsring ergeben sich die drei Konstitutionsisomeren 1,2-Diazin (**Pyridazin**), 1,3-Diazin (**Pyrimidin**) und 1,4-Diazin (**Pyrazin**). Die Nummerierung wird dabei so gewählt, dass die Heteroatome möglichst niedrige Positionsziffern erhalten.

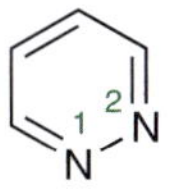
Pyridazin

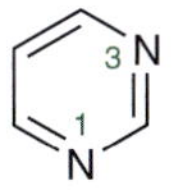
Pyrimidin

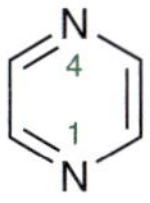
Pyrazin

Diazine sind Bestandteile einer Reihe von Naturstoffen. Insbesondere Pyrimidin ist von biologischer Relevanz, da sich von ihm wichtige Stoffklassen wie die **Nucleinbasen der DNA und RNA** (▸Kap. 34.1.4, ▸Kap. 38) oder **Vitamine** wie Riboflavin und Thiamin (▸Kap. 34.1.4) ableiten und einige seiner Derivate zudem von pharmakologischem Interesse sind. Alkylsubstituierte Derivate von Pyrazin sind z. B. geschmackgebende Stoffe in Röstaromen von Kaffee und Kakao (▸Kap. 34.1.3).

Aufgrund der beiden elektronenziehenden Stickstoffatome gehören Diazine zu den **$\pi$-elektronenarmen Aromaten**. Die beiden $sp^2$-hybridisierten Stickstoffatome weisen wie der Stickstoff im Pyridin (▸Kap. 32.1) je ein freies Elektronenpaar in einem $sp^2$-Orbital auf, das orthogonal zu den p-Orbitalen steht, durch deren Wechselwirkung das delokalisierte aromatische Elektronensextett

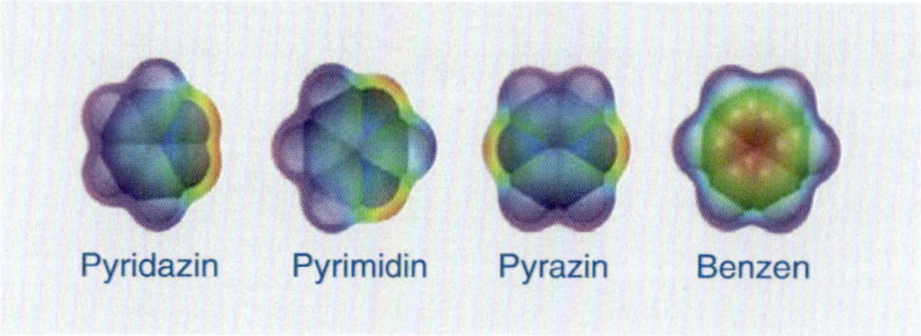


**○ Abb. 34.1** Aus der Darstellung der elektrostatischen Oberflächenpotenziale der Diazine ist ersichtlich, dass die Heterocyclen im Vergleich zu Benzen insgesamt elektronenarme Aromaten sind. Zudem weisen die beiden Stickstoffatome der Diazine eine höhere Elektronendichte (orange-rot) als die Kohlenstoffatome (blau) auf

entsteht. Das freie Elektronenpaar ist somit nicht Bestandteil des aromatischen $\pi$-Elektronensystems.

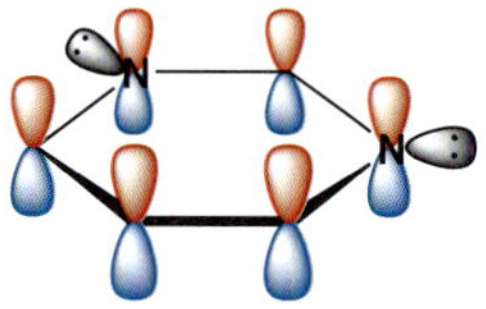

Das $\pi$-Elektronensystem besteht aus sechs $\pi$-Elektronen, wobei die Elektronendichte im aromatischen $\pi$-Elektronensystem durch die im Vergleich zum Kohlenstoffatom höhere Elektronegativität der beiden Stickstoffatome verringert ist (○ Abb. 34.1). Gegenüber Benzen (▸ Kap. 18.1) mit einer Resonanzenergie von ca. 150 kJ/mol weisen Diazine mit ca. 120 kJ/mol (Pyridazin), 110 kJ/mol (Pyrimidin) und 100 kJ/mol (Pyrazin) deutlich geringere Resonanzenergien auf. Dies bedeutet, dass alle Diazine einen geringeren aromatischen Charakter als Benzen haben und somit auch weniger stabilisiert und damit reaktiver sind.

Pyridazin und Pyrimidin sind planare Sechsringe, bei denen anders als in Benzen die einzelnen Bindungslängen und -winkel aber nicht alle gleich sind (○ Abb. 34.2, oben und Mitte). Zwar lassen sich wie bei Benzen für Pyridazin zwei unterschiedliche Resonanzstrukturen A und B formulieren, bei denen die beiden N-Atome einmal durch eine Einfach- und einmal durch eine Doppelbindung verknüpft sind. Obwohl die Bindungslänge mit 133 pm genau zwischen der Länge einer N—N-Einfachbindung (125 pm) und einer N—N-Doppelbindung (145 pm) liegt, legen computergestützte Berechnungen nahe, dass die Resonanzformel A eher der tatsächlichen Elektronenverteilung von Pyridazin entspricht. Tatsächlich weist die N—N-Bindung somit eher den Charakter einer Einfachbindung, als den einer Doppelbindung auf.

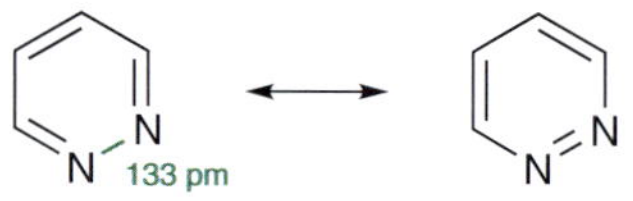


A B

Pyrazin ist ebenfalls planar, besitzt aber eine höhere Symmetrie als Pyrazin und Pyrimidin. Während letztere ähnlich wie Wasser lediglich eine $C_{2v}$-Symmetrie aufweisen, hat Pyrazin eine $D_{2h}$-Symmetrie (▸ Kap. 3.4.1), das heißt, außer der Molekülebene selbst, besitzt Pyrazin noch zwei dazu senkrecht stehende Spiegelebenen: Die eine enthält die beiden N-Atome, die andere ist in einem 90°-Winkel dazu orientiert und verläuft jeweils durch die Mitte der beiden sich gegenüberliegenden C—C-Bindungen. Im Schnittpunkt dieser beiden senkrechten Spiegelebenen verläuft durch die Mitte des Moleküls zudem eine $C_2$-Drehachse (▸ Kap. 3.4.1). Diese höhere Symmetrie von Pyrazin im Vergleich zu Pyridazin und Pyrimidin spiegelt sich auch im $^1$H-NMR-Spektrum der Verbindung wider: Während die Pyrazin-Protonen nur ein Signal bei einer chemischen Verschiebung von $\delta$ = 8,6 ppm zeigen, ergeben die Pyridazin- und Pyrazin-Protonen zwei bzw. drei Signale (○ Abb. 34.2, unten). Insgesamt weisen alle Signale der Diazin-Protonen aufgrund des aromatischen Charakters und der elektronenziehenden Wirkung der Stickstoffatome eine chemische Verschiebung im Bereich von $7{,}36 < \delta < 9{,}26$ ppm auf und sind somit z. B. gegenüber den Benzen-Protonen ($\delta$ = 7,26 ppm) deutlich tieffeldverschoben.

Die Siedepunkte von Pyrimidin und Pyrazin liegen mit 124 °C und 116–118 °C erwartungsgemäß nahe beieinander (□ Tab. 34.1). Pyridazin weist dagegen einen ungewöhnlich hohen Siedepunkt von 207–208 °C auf, der auf die Polarisierbarkeit der N—N-Einheit in Lösung zurückgeführt werden kann. Pyridazin hat ein permanentes Dipolmoment von 4,22 D, das fast doppelt so hoch ist wie das Dipolmoment von Pyrimidin (2,33 D)während Pyrazin aufgrund der Symmetrie des Moleküls ein Dipolmoment von Null hat. Durch das hohe permanente Dipolmoment von Pyridazin sind die intermolekularen Wechselwirkungen deutlich stärker und daher der Siedepunkt entsprechend höher. Alle Diazine sind in Wasser löslich.

Analog wie Pyridin können die drei Diazine an den N-Atomen protoniert werden, da die freien Elektronenpaare nicht Bestandteil des aromatischen Elektronensextetts sind. Die Verbindungen zählen jedoch eher zu den schwachen Basen (○ Abb. 34.3, oben). Pyridazin ist von den drei Diazinen am stärksten basisch (der p$K_S$-Wert der protonierten Verbindung beträgt 2,3), während Pyrazin die schwächste Base ist (p$K_S$ der protonierten Verbindung = 0,65). Pyrimidin liegt mit einem p$K_S$-Wert von 1,3 für die protonierte Verbindung dazwischen. Die Verbindungen sind somit allesamt deutlich schwächere Basen als das ein Stickstoffatom weniger aufweisende Pyridin (p$K_S$ = 5,23; Pyrimidiniumkation). Offensichtlich führt das zusätzliche Stickstoffatom der Diazine zu einer Abnahme der

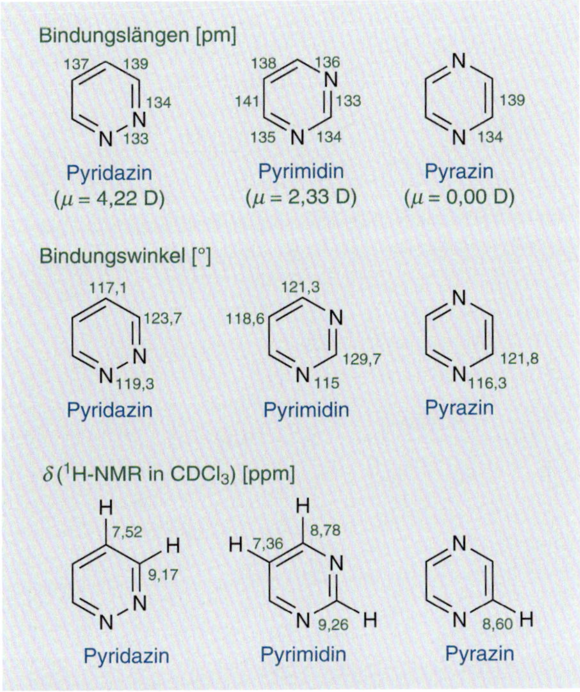


**o Abb. 34.2** Alle Diazine weisen unterschiedliche Bindungslängen und Bindungswinkel auf. Pyrazin ist allerdings symmetrischer als Pyrazin und Pyrimidin und zeigt daher anders als diese im $^1$H-NMR nur ein Signal. Angegeben sind zudem die Dipolmomente der Diazine in Debye (D).

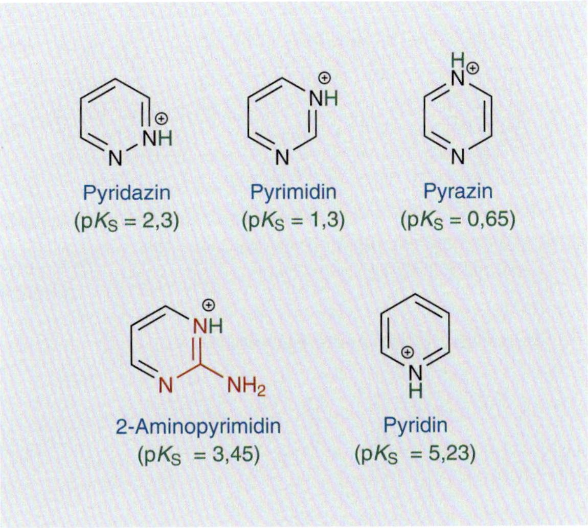


**o Abb. 34.3** Diazine sind schwächere Basen als Pyridin, da das zweite N-Atom die Elektronendichte im Ring und damit die Basizität des ersten N-Atoms verringert. Elektronenschiebende Reste erhöhen die Basizität. 2-Aminopyrimidin (unten links) weist daher durch die Guanidin-Partialstruktur (rot markiert) eine höhere Basizität als Pyrimidin auf.

**□ Tab. 34.1** Physikalische Eigenschaften der Diazine

| | Pyridazin | Pyrimidin | Pyrazin |
|---|---|---|---|
| Schmelzpunkt [°C] | −8 | 22,5 | 57 |
| Siedepunkt [°C] | 207–208 | 124 | 116–118 |
| Dipolmoment $\mu$ [Debye (D)] | 4,22 | 2,33 | 0 |
| $pK_{S1}$* | 2,3 | 1,3 | 0,65 |
| $pK_{S2}$** | −7,1 | −6,3 | −5,78 |
| Resonanzenergie [kJ/mol] | 120 | 110 | 100 |

* einfach protonierte Verbindung, ** zweifach protonierte Verbindung

Basizität. Grund hiefür sind die elektronenziehenden induktiven und mesomeren Effekte, die das zweite N-Atom ausübt. Dadurch wird das einfach protonierte Kation des entsprechenden Diazins im Vergleich zum Pyrimidiniumkation destabilisiert. Pyridazin ist durch die Wechselwirkung der beiden benachbarten freien Elektronenpaare der N—N-Einheit basischer als die anderen Diazine. Grund hierfür ist der sogenannte **α-Effekt:** Befinden sich an zwei benachbarten Atomen jeweils freie Elektronenpaare, können diese miteinander interagieren, wodurch sich die Energie des höchsten besetzten Molekülorbitals (HOMO) des Moleküls erhöht. Dadurch wird das Molekül sowohl nucleophiler als auch basischer. Aus diesem Grund ist z. B. auch Wasserstoffperoxid ($H_2O_2$) nucleophiler als Wasser ($H_2O$) und Hydrazin ($N_2H_4$) nucleophiler als Ammoniak ($NH_3$).

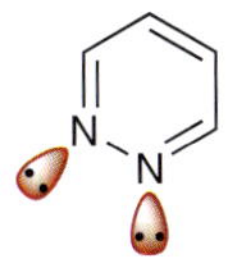


Durch die Einführung elektronenschiebender Gruppen kann die Basizität der Diazine erhöht werden. So hat z. B. protoniertes 2-Aminopyrimidin einen $pK_S$-Wert

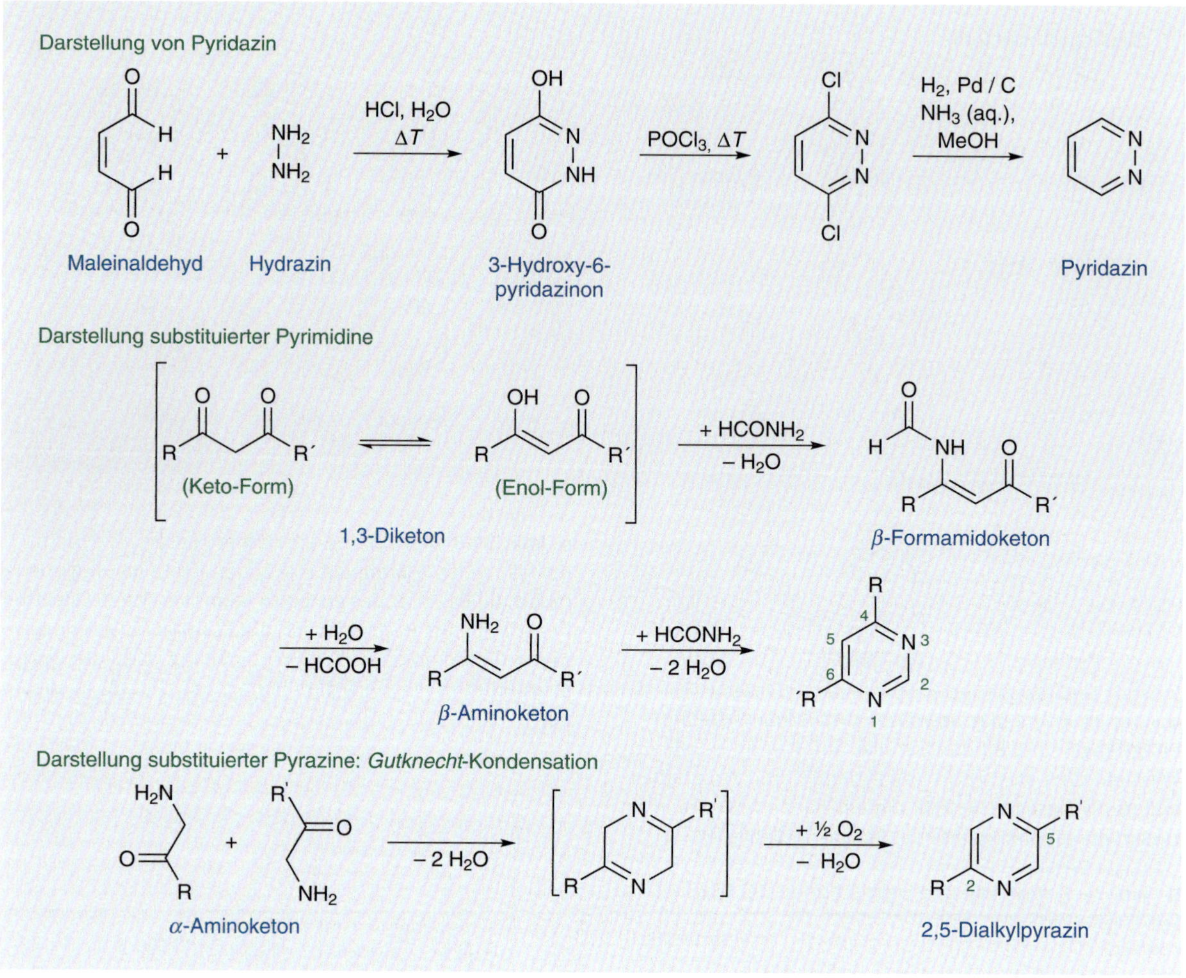


**o Abb. 34.4** Darstellungsmöglichkeiten der drei konstitutionsisomeren Diazine Pyridazin, Pyrimidin und Pyrazin

von 3,54, der $pK_B$-Wert der Base liegt entsprechend bei 10,46. 2-Aminopyrimidin weist eine dem Guanidin analoge Partialstruktur auf (o Abb. 34.3, unten links); die Protonierung erfolgt daher nicht an der Aminogruppe, sondern einem der N-Atome im Ring.

## 34.1.2 Gewinnung und Synthese

**Pyridazin** kann aus der Umsetzung von Maleinaldehyd mit Hydrazin erhalten werden. Dabei entsteht zuerst 3-Hydroxy-6-pyridazinon, das z. B. durch Reaktion mit Phosphoroxychlorid und anschließende Hydrierung in Pyridazin überführt werden kann. Die Firma BASF hat sich im Jahr 2007 ein entstprechendes „Verfahren zur Herstellung von Pyridazin" patentieren lassen. In dem Verfahren wird Maleindialdehyddiacetal (▸ Kap. 12.1) säurekatalysiert zu Maleinaldehyd hydrolysiert. Der dabei entstehende Alkohol wird destillativ entfernt und der zurückbleibende Maleinaldehyd wird wie beschrieben mit Hydrazin zu Pyridazin umgesetzt (o Abb. 34.4, oben).

Obwohl das erste **Pyrimidinderivat** schon im Jahr 1818 isoliert wurde, erfolgte die Synthese von unsubstituiertem Pyrimidin erst 1899. Pyrimidinderivate lassen sich generell durch die Synthese von 1,3-Diketonen mit Harnstoff-, Amidin- oder Guanidineinheiten aufbauen. So sind beispielsweise 4,6-disubstituierte Pyrimidinderivate durch Erhitzen von 1,3-Diketonen mit Formamid auf 180–200 °C zugänglich (*Bredereck* u. *Gompper* 1957; o Abb. 34.4, Mitte). Bei Verwendung von Malonaldehyddiacetal ist auch Pyrimidin selbst auf diesem Wege in einer Ausbeute von 65 % darstellbar.

Durch Cyclokondensation von 1,2-Dicarbonylverbindungen mit 1,2-Diaminoethan lassen sich 2,3-Dihydroxypyrazine synthetisieren, die direkt mit CuO oder MgO in KOH und Ethanol zu **Pyrazin** oxidiert werden können. Pyrazine lassen sich ebenso aus den Kondensationsprodukten von α-Aminoketonen durch Luftoxidation (*Gutknecht*-Kondensation; o Abb. 34.4, unten) darstellen. Auch durch die Dehydrierung von **Piperazin** (Hexahydropyrazin) am Kupferchromit-Kontakt bei hohen Temperaturen erhält man Pyrazin (*Dixon* 1946).

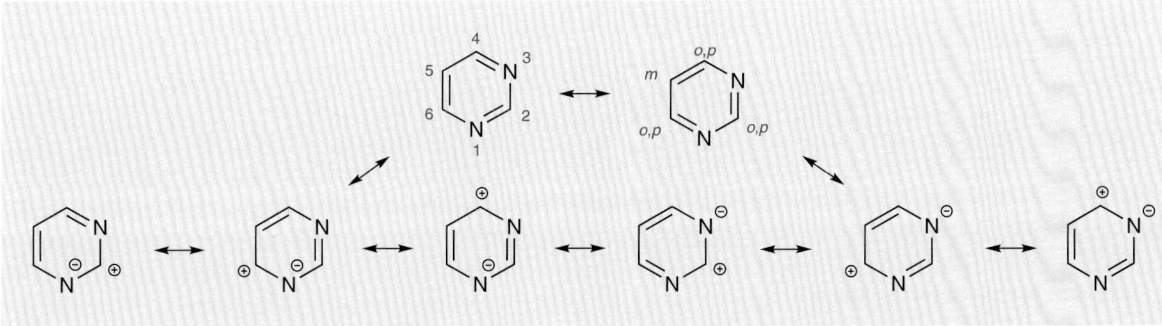

**Abb. 34.5** Die mesomeren Grenzstrukturen von Pyrimidin machen deutlich, dass der Ring an den C-Atomen 2, 4 und 6 gegenüber nucleophilen Angriffen aktiviert ist.

### 34.1.3 Reaktionen und Anwendungen

Die Diazine gehören wie erwähnt zu den **π-elektronenarmen Heteroaromaten**, da die beiden Stickstoffatome aufgrund ihrer hohen Elektronegativität die Elektronendichte im Ring verringern. Die Energie der π-Molekülorbitale ist so weit herabgesetzt, dass elektrophile Substitutionsreaktionen daher an Diazinen kaum stattfinden. Wenn überhaupt greifen elektrophile Reagenzien z. B. den Pyrimidinring noch am ehesten am C5-Atom an. Eine elektrophile aromatische Substitution wird jedoch wesentlich erleichtert, wenn stark elektronenschiebende Gruppen (z. B. $NH_2$-, OH-, SH-, OR- oder SR-Gruppen; +M-Effekt) am Ring gebunden sind. So lässt sich z. B. 2-Aminopyrimidin mit Nitriersäure bei einer Temperatur von 50 °C in 2-Amino-5-nitropyrimidin überführen (siehe Abb. 34.6, oben).

Die bevorzugte Reaktion der Diazine ist allerdings wie bei allen elektronenarmen Aromaten die **nucleophile aromatische Substitution**. Die Reaktion folgt in der Regel einem Additions-Eliminierungsmechanismus. Es gibt für den nucleophilen Angriff Positionen, die selektiv aktiviert sind, wie anhand der mesomeren Grenzstrukturen am Beispiel von Pyrimidin ersichtlich wird (Abb. 34.5): Durch die beiden Stickstoffatome in 1,3-Stellung werden insbesondere das C2-, C4- und C6-Atom für nucleophile Angriffe aktiviert. Denn diese drei C-Atome befinden sich, anders als das C5-Atom, in *ortho-* oder *para*-Stellung zu mindestens einem elektronenziehenden N-Atom. Greift ein Nucleophil daher beispielsweise ein in Position 4 halogeniertes Pyrimidin an, entsteht ein durch das N-Atom zusätzlich stabilisiertes Carbanion als Intermediat, ein sogenannter *Meisenheimer*-Komplex. Im nächsten, schnelleren Schritt wird Chlorid als Austrittsgruppe abgespalten und man erhält das Substitutionsprodukt (Abb. 34.6, oben).

Analog reagieren alle halogenierten Diazine mit Ausnahme der Pyrimidinderivate mit einem Halogenatom am C5 relativ leicht mit Nucleophilen wie Aminen oder Thiolaten unter Substitution.

Alkylierung oder Arylierung (Abb. 34.6, Mitte) erfolgen mit Organolithiumverbindungen bei Pyridazin am C3-Kohlenstoff oder mit *Grignard*-Reagenzien am C4-Kohlenstoff. Die Rearomatisierung verläuft dabei über eine Oxidation. Ebenso können Pyrimidine am C4-Kohlenstoff alkyliert werden. So erfolgt bei der Reaktion von 2-Chloropyrimidin und dem Thiazolderivat die nucleophile Substitution nicht, wie man vielleicht erwarten würde, am halogenierten C-Atom, stattdessen erhält man ein Produkt mit einem zusätzlichen Substituenten an C4. Es hat somit ein Ersatz eines H-Atoms am Ring stattgefunden (*Ziegler*-Alkylierung, ▸ Kap. 32.1)

Eine Oxidation der Diazine führt zu den jeweiligen *N*-Oxiden (Abb. 34.6, unten). So lässt sich beispielsweise durch Zugabe von Wasserstoffperoxid in Polyphosphorsäure (PPA) zu Pyridazin Pyridazin-*N*-oxid darstellen. Versetzt man Pyrimidin mit der Peroxycarbonsäure *meta*-Chlorperbenzoesäure (mCPBA), erhält man Pyrimidin-*N*-oxid.

Der Pyrimidinring ist Baustein einiger früher verwendeter **Chemotherapeutika der Sulfonamidreihe**, (Abb. 34.7). Hierzu zählen z. B. *N*1-(4-Methyl-2-pyrimidinyl)sulfanilamid (Sulfamerazin) und *N*1-(2,6-Dimethyl-4-pyrimidinyl)sulfanilamid (Sulfisomidin, Aristamid). Im Handel befindet sich heute nur noch Sulfadiazin zur Behandlung von Toxoplasmose (einer Infektionskrankheit bei Katzen, die durch Katzenkot auch auf den Menschen übertragen werden kann). 2,4-Diamino-5-(3,4,5-trimethoxy-benzyl)-pyrimidin (Trimethoprim) hemmt im Bakterienstoffwechsel die Reduktion von Folsäure zu 5,6,7,8-Tetrahydrofolsäure (▸ Kap. 36.2.1). Es wird zusammen mit Sulfamethoxazol, das an einer weiteren Stelle in den Bakterienstoffwechsel eingreift, als Kombinationspräparat verwendet (z. B. in Bactrim®).

Ein wirksames **Thyreostatikum**, das therapeutisch bei einer Überfunktion der Schilddrüse eingesetzt wird, ist 6-Propylthiouracil (Propylthiouracil, Thyreostat II), jedoch wird seine Wirkung von 1-Methyl-2-imidazolthiol (▸ Kap. 30.4; Thiamazol, Favistan®) um das 10- bis 15-Fache übertroffen. Verwendet wird neben Thiamazol selbst auch das *N*-Ethoxycarbonylderivat (Ethyl-3-methyl-2-thioxo-4-imidazolin-1-car-

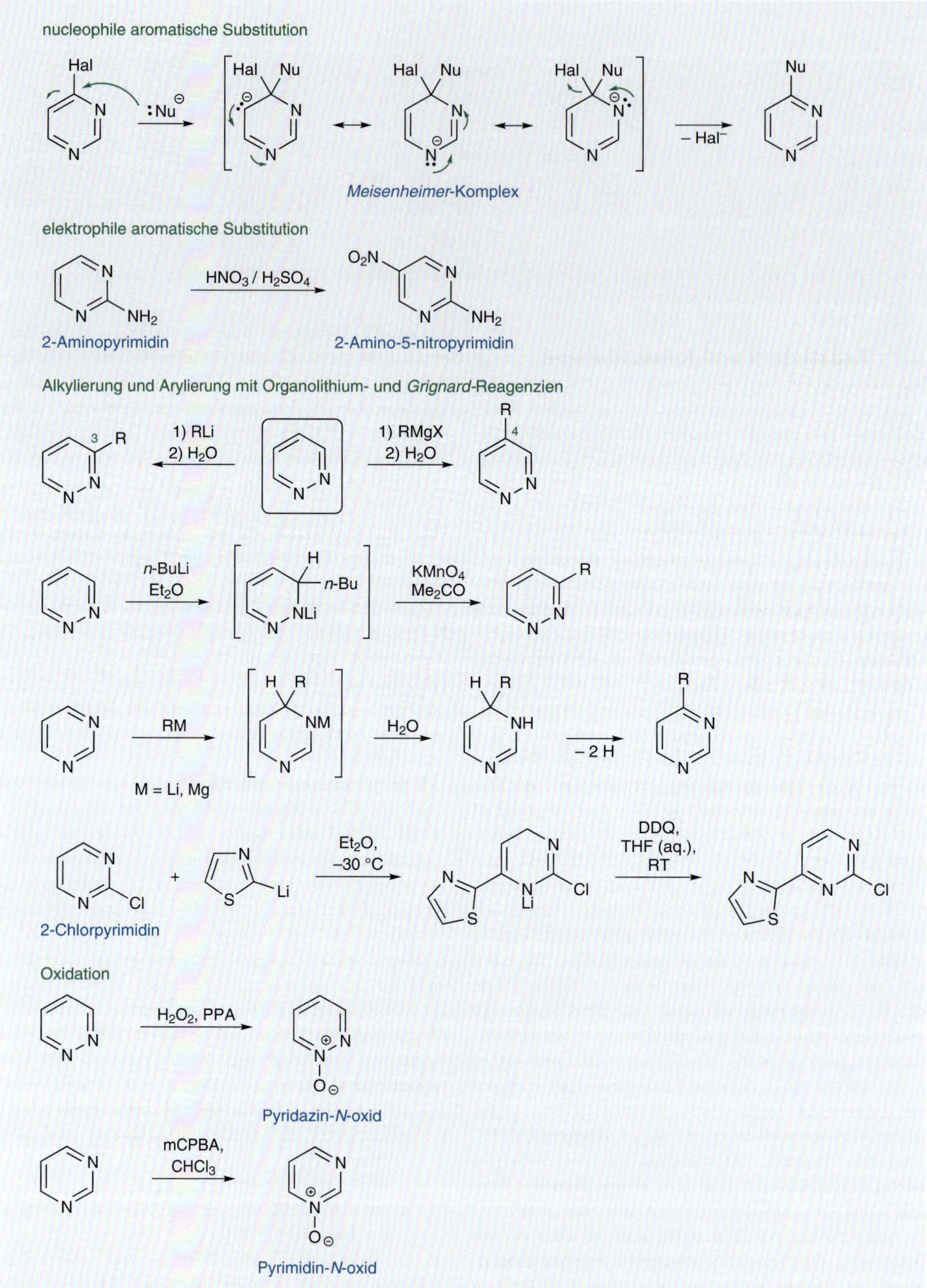


**Abb. 34.6** Diazine sind besonders zugänglich für die nucleophile aromatische Reaktion, die elektrophile aromatische Substitution wird erst durch elektronenschiebende Substituenten, wie z. B. $-NH_2$, möglich (oben). Für Alkylierung oder Arylierung (Mitte) können Organolithium oder *Grignard*-Reagenzien verwendet werden. Durch Oxidation (unten) erhält man die jeweiligen *N*-Oxide.

boxylat, Carbimazol) als *Prodrug*, das dann *in vivo* in den aktiven Arzneistoff Thiamazol umgewandelt wird.

Beim Erhitzen von Lebensmitteln entstehen aus Proteinen durch einen *Strecker*-Abbau (▸Kap. 17.1.3) $\alpha$-Aminoketone, die wiederum zu Pyrazinen kondensieren können. Die so gebildeten Pyrazinderivate (○ Abb. 34.8) finden sich z. B. als **Aromastoffe** in Kaffee, Kakao, Kartoffelchips, Brot oder Fleisch.

### 34.1.4 Ausgewählte Verbindungen

#### Pyrimidinbasen

Pyrimidin nimmt als ein wichtiger Bestandteil der **Nucleobasen der DNA** (▸Kap. 38.1.1) einen besonderen Stellenwert unter den Diazinen ein. Die **Pyrimidinbasen** Cytosin und Thymin bestimmen zusammen mit den **Purinbasen** Adenin und Guanin (○ Abb. 34.9; ▸Kap. 36.1) die Basenpaarung innerhalb des DNA-Doppelstrangs. Eine weitere Nucleinbase auf Pyrimidinbasis ist **Uracil** (▸Kap. 38.1.1), das in der RNA Thymin ersetzt. Uracil-4-carbonsäure (Orotsäure, Oro) ist ein wichtiges Zwischenprodukt in der Pyrimidinnucleotidbiosynthese (▸Kap. 38.1.2) und wurde erstmals von den italienischen Forschern *Belloni* und *Biscaro* aus Kuhmolke isoliert. Der Name „Orotsäure" leitet sich vom griechischen Wort für Molke „orós" ab.

Bei der Einwirkung von Säure geht Cytosin durch Hydrolyse in Uracil über (○ Abb. 34.10, oben). Auch bei Reaktion mit Nitrit bzw. salpetriger Säure entsteht aus Cytosin Uracil. Dabei bildet sich nach Diazotierung und $N_2$-Abspaltung zuerst ein instabiles Diazoniumion. Dieses addiert Wasser und tautomerisiert nach Deprotonierung zu Uracil (▸Kap. 37.2.3). Man spricht auch von einer oxidativen Desaminierung, wobei es in diesem Fall das Stickstoffatom ist und nicht das C-Atom, welches oxidiert wird (vgl. auch ▸Kap. 38.1.3). Uracil ist auch darstellbar durch eine Kondensation von Harnstoff mit Formylessigsäure, die man durch Erhitzen von Äpfelsäure mit konzentrierter Schwefelsäure erhält. Analog lässt sich Thiouracil (2-Thiouracil) aus Formylessigsäure und Thioharnstoff herstellen (○ Abb. 34.10, unten). Die Methylierung von Pyrimidinbasen durch elektrophile Mutagene wie Methyliodid ist ein initialer Schritt bei der Entstehung von Krebs (▸Kap. 7.1.3).

#### Thiamin – Vitamin $B_1$

**Thiamin** (Vitamin $B_1$) enthält einen Pyrimidinring, der über eine Methylenbrücke mit einem Thiazolkern (▸Kap. 30.4) verbunden ist. Thiamin bildet ein farbloses, in Wasser leicht lösliches Chlorid-Hydrochlorid (○ Abb. 34.11, oben), das sich bei einer Temperatur von 250 °C zersetzt. Thiamin findet sich in fast allen pflanzlichen und tierischen Geweben, vor allem in Getreideschalen, Hefe und Kartoffeln. Als Vitamin ist es im Glucose-Stoffwechsel und beim Aufbau von Nervenzellen von biologischer Bedeutung (▸Exkurs: Beri-Beri – Ein Mangel an Vitamin $B_1$). Thiamin wurde von *Jansen* und *Donath* (1926) aus Reiskleie und später von *Windaus* (1932) aus Hefe isoliert. Letzterer bezeichnete die Verbindung aufgrund ihres Schwefelgehalts als *Thia*min.

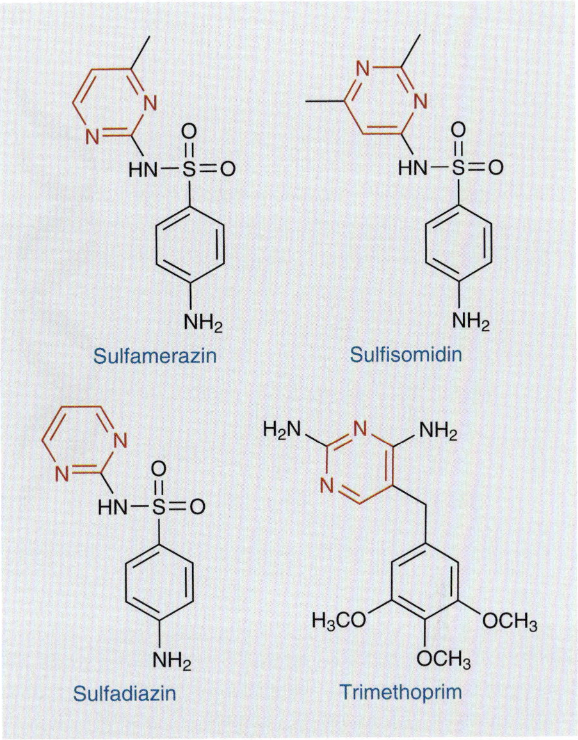


○ **Abb. 34.7** Einige Chemotherapeutika weisen einen Pyrimidinring (rot markiert) auf.

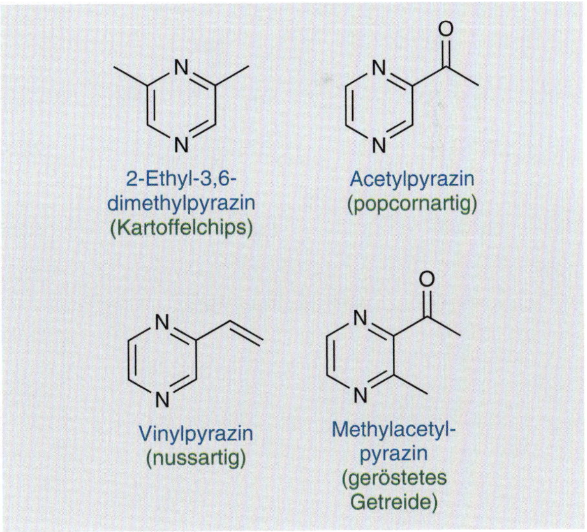


○ **Abb. 34.8** Substituierte Pyrazine sind in Röstaromen von beispielsweise Kaffee oder Brot enthalten (grüne Beschriftung beschreibt den Geschmack). Die Verbindungen entstehen erst während des Röstprozesses durch Abbaureaktionen aus Proteinen.

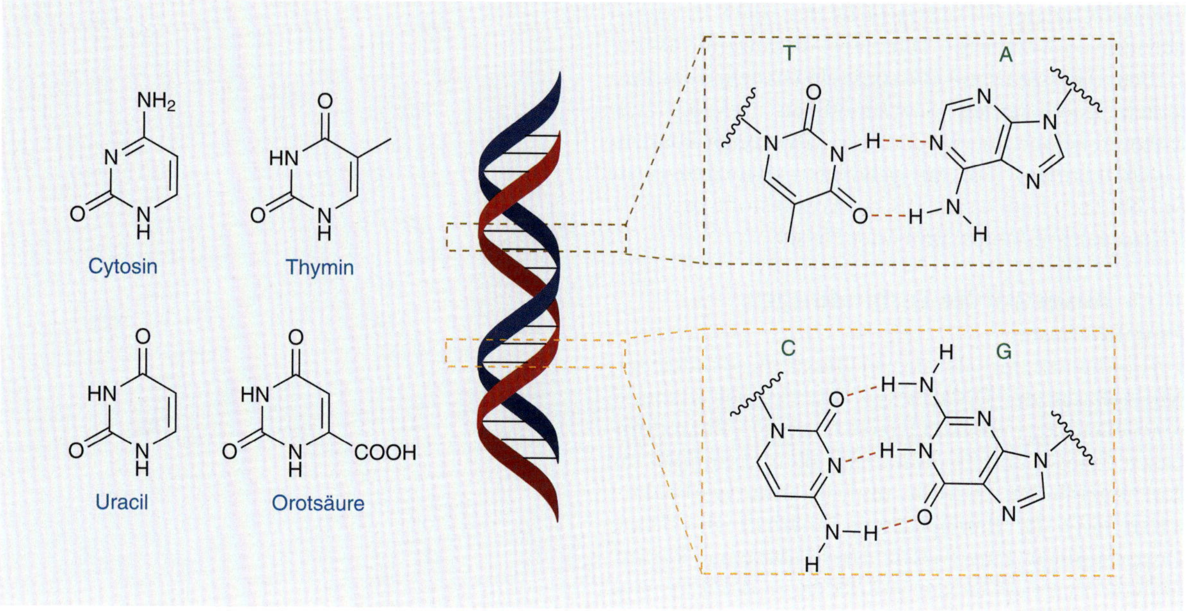


**o Abb. 34.9** Die Pyrimidinderivate Cytosin, Thymin und Uracil sind wichtige Bestandteile der Nucleobasen. Sie bilden jeweils mit den Purinbasen Adenin und Guanin spezifische Wasserstoffbrücken aus, auf denen letztendlich der genetische Code beruht. Zwischen Adenin und Thymin treten dabei zwei, zwischen Guanin und Cytosin drei Wasserstoffbrückenbindungen auf. In der RNA kommt anstelle von Thymin die Nucleobase Uracil vor, die an Position 5 nicht methyliert ist. Orotsäure ist ein Zwischenprodukt in der Pyrimidinbiosynthese.

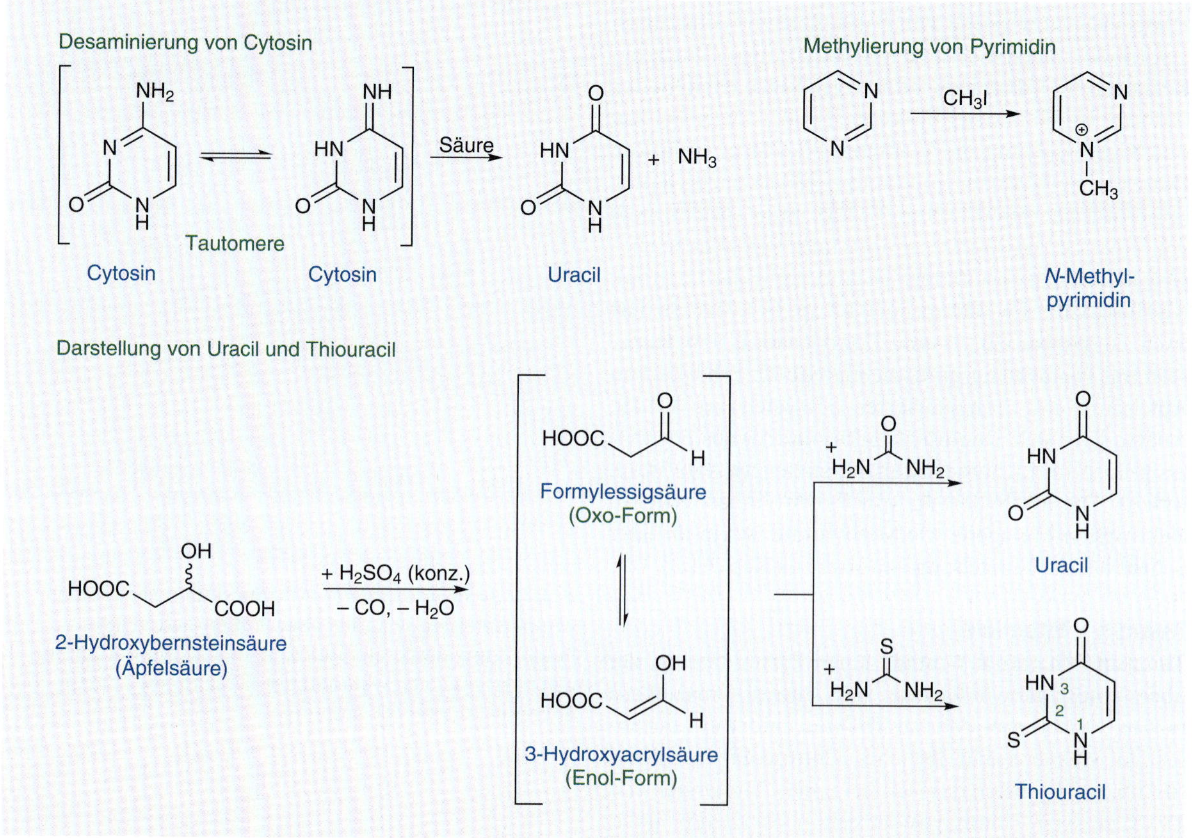


**o Abb. 34.10** Aus Cytosin kann durch Einwirkung von Säuren oder Nitrit Uracil entstehen (oben links), was zu Mutationen und damit letztendlich zur Krebsentstehung führen kann. Uracil und Thiouracil können durch Kondensation von Formylessigsäure mit Harnstoff bzw. Thioharnstoff hergestellt werden (unten). Pyrimidin kann durch gute Elektrophile wie Methyliodid methyliert werden (oben rechts).

Bei der Einwirkung von Natriumhydrogensulfit auf Thiamin erfolgt eine Spaltung in 5-(4-Amino-2-methyl)-pyrimidinylmethansulfonsäure (o Abb. 34.11, unten links) und 5-(2-Hydroxyethyl)-4-methylthiazol (o Abb. 34.11, unten rechts). Beide Spaltprodukte ließen sich auch auf anderem Wege synthetisch darstellen und trugen wesentlich zur Konstitutionsermittlung des Gesamtmoleküls bei (*Williams*). Demnach liegt in Thiamin ein quartäres Thiazoliumchlorid vor (o Abb. 34.12, oben). Der Wasserstoff in der 2-Position des Thiazoliumrings in Thiamin kann unter Basenkatalyse gegen Deuterium ausgetauscht werden. Thiamindiphosphat fungiert als Coenzym der Pyruvatdecarboxylase, ein auch bei der alkoholischen Gärung wirksames Enzym (▸Kap. 37). Im ersten Reaktionsschritt des Katalysecyclus wird zunächst der Thiazoliumring deprotoniert. Für die biochemische Wirkung von Thiamin ist dabei das Auftreten des Carbanions (o Abb. 34.12, unten links) vom Typ eines Thiazol-2-ylidens (▸Kap. 30.2) von Bedeutung, dessen mesomere Grenzform ein Carben (o Abb. 34.12, unten rechts) ist.

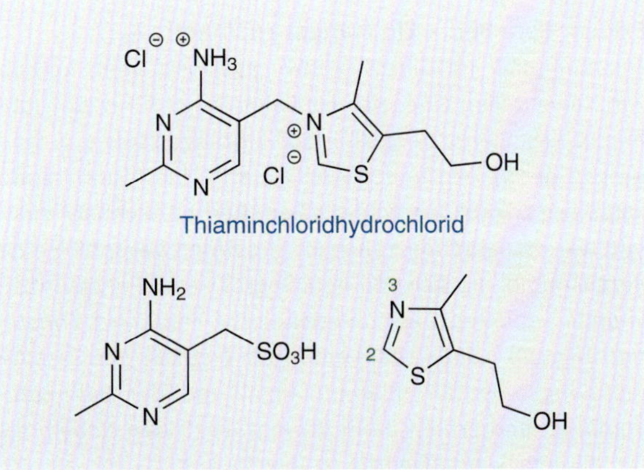


o **Abb. 34.11** Thiamin und die bei Einwirkung von Hydrogensulfit entstehenden Spaltprodukte 5-(4-Amino-2-methyl)-pyrimidinylmethansulfonsäure (unten links) und 5-(2-Hydroxyethyl)-4-methylthiazol (unten rechts)

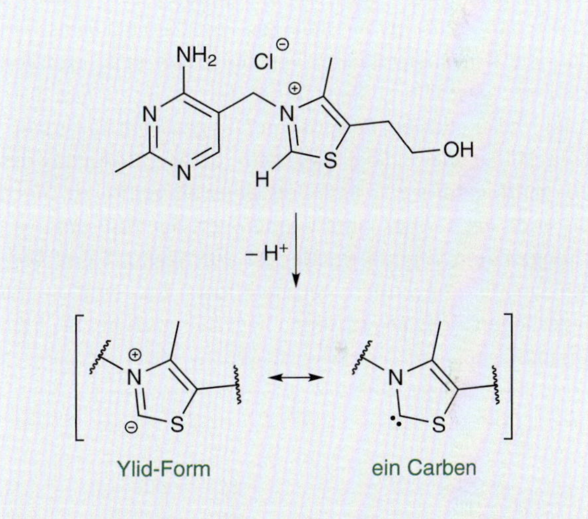


o **Abb. 34.12** Thiamin liegt als quartäres Thiazoliumchlorid (oben) vor, das durch Basen an Position 2 deprotoniert werden kann. Die Reaktivität von Thiamin als Coenzym geht auf das intermediär auftretende Carbanion (unten links) zurück, für das man auch die mesomere Grenzstruktur eines Carbens (unten rechts) formulieren kann.

### Barbitursäurederivate

Als Barbiturate werden die Derivate der **Barbitursäure** (Pyrimidin-2,4,6-trion, Malonylharnstoff) bezeichnet, die als Schlafmittel, Sedativa oder Antiepileptika eingesetzt wurden. Da es sich jedoch nicht um Salze handelt, sollte nicht von Barbituraten, sondern besser von Barbitursäurederivaten gesprochen werden. Im Handel befinden sich heutzutage nur noch wenige Arzneistoffe aus dieser Klasse, z. B. Phenobarbital als **Antiepileptikum**. Barbitursäure, ein cyclisches Ureid, kristallisiert in farblosen Prismen mit einem Schmelzpunkt von 245 °C und ist löslich in heißem Wasser. Der deutsche Chemiker *Adolf von Baeyer* (1835–1917) entdeckt Barbitursäure im Jahr 1864. Nachdem er herausgefunden hatte, dass die Abbauprodukte von Barbitursäure Harnstoff und Malonsäure sind, konnte 1879 der französische Chemiker *Grimaux* die Säure erstmals aus diesen beiden Verbindungen synthetisieren. Barbitursäure wird am besten durch Kondensation von Malonsäurediethylester mit Harnstoff in Gegenwart von Natrium- oder Magnesiumalkoholat dargestellt (o Abb. 34.14).

Barbitursäure selbst weist keine sedative oder hypnotische Wirkung auf. Dies ist u. a. darauf zurückzuführen, dass sie an Position 5 relativ stark CH-acide ist ($pK_S$ = 4,01), somit im Körper vollständig dissoziiert vorliegt und dadurch die Blut-Hirn-Schranke oder auch unpolare Zellmembranen nicht überwinden kann. Werden die H-Atome der Methylengruppe in 5-Stellung durch Alkyl- oder Arylreste ersetzt, sind die entsprechenden Barbitursäurederivate zwar noch NH-acide, aber deutlich weniger sauer als Barbitursäure selbst (z. B. Phenobarbital $pK_S$ = 7,3). Solche di-substituierten Barbitursäurederivate liegen daher unter physiologischen Bedingungen als Neutralform vor, können die Blut-Hirn-Schranke überwinden und somit als Arzneistoffe wirken.

In Analogie zu dem oben beschriebenen Verfahren lassen sich solche 5,5-dialkylierten Barbitursäuren aus Dialkylmalonsäurediethylestern und Harnstoff erhalten, z. B. entsteht mit Diethylmalonsäurediethylester 5,5-Diethylbarbitursäure ($pK_S$ = 7,89) mit einem Schmelzpunkt von 191 °C. Die Verbindung war früher unter dem Namen Veronal (Barbital; *E. Fischer* u. V. *Mering* 1903; o Abb. 34.15, oben links) als Schlafmittel weltbekannt. Bayer führte im Jahr 1912 **Phenobarbital** (5-Ethyl-5-phenylbarbitursäure; o Abb. 34.15, oben rechts) unter den Namen Luminal® ein. Es ist heute noch als Antiepileptikum im Gebrauch. Weitere, früher verwendete De-

### Exkurs: Beri-Beri – Ein Mangel an Vitamin $B_1$

Thiamin spielt im Glucosestoffwechsel und beim Aufbau von Nervenzellen eine wichtige Rolle. Daher führt ein Vitamin-$B_1$-Mangel zu Herz-Kreislauf-Störungen sowie zu Störungen der Nerven und der Muskulatur. Die resultierende komplexe Erkrankung wird als **Beri-Beri** bezeichnet. Thiamin war deshalb früher auch als „Aneurin" bekannt – eine Bezeichnung, die sich von dem Begriff „Anti-Polyneuritis-Vitamin" ableitet. Der niederländische Militärarzt *Christiaan Eijkman* (1858–1930) entdeckte erstmals den Zusammenhang zwischen Thiaminmangel und der Beri-Beri-Krankheit und erhielt dafür im Jahr 1929 den Nobelpreis für Physiologie und Medizin (o Abb. 34.13).

Thiamin kommt in geringen Mengen praktisch in allen pflanzlichen (Obst < 0,1 mg/100 g) und tierischen Produkten (Milchprodukte < 0,1 mg/100 g, Fisch 0,1–0,2 mg/100 g) vor. Größere Mengen finden sich in Hülsenfrüchten (0,2–2,0 mg/100 g) oder in der Schale des Reiskorns (0,4 mg/100 g). Daher trat Beri-Beri vor allem bei Menschen auf, die sich ausschließlich von poliertem Reis, also von weißem, geschältem Reis, ernährten (z. B. in Süd-Ost-Asien), aber auch bei Personen auf langen Schiffspassagen, beim Militär oder in Sträflingslagern. Gerade am Anfang des 20. Jahrhunderts war Beri-Beri weltweit verbreitet. Noch bis Ende der 1990er Jahre wurden von der WHO Untersuchungen zum Vitamin-$B_1$-Mangel durchgeführt und Vorschläge zur Prävention veröffentlicht. Der empfohlene Tagesbedarf eines Erwachsenen liegt demnach bei ca. 1 mg Thiamin.

o **Abb. 34.13** Der niederländische Arzt *Christiaan Eijkman* (1858–1930) stellte erstmals den Zusammenhang zwischen Vitamin-$B_1$-Mangel und der Beri-Beri-Krankheit her. Im Jahr 1929 erhielt er dafür den Nobelpreis in Physiologie und Medizin. An Beri-Beri Erkrankte zeigen in der Spätphase häufig eine eingeschränkte Beweglichkeit und einen unsicheren Gang.

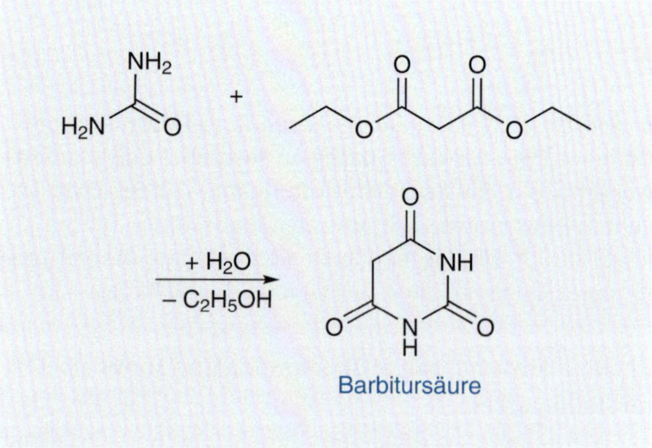


o **Abb. 34.14** Die Barbitursäuresynthese erfolgt durch Kondensation von Malonsäurediethylester und Harnstoff in Gegenwart von Magnesium- oder Natriumalkoholat.

rivate waren Cyclobarbital (5-(1-Cyclohexenyl)-5-ethylbarbitursäure, Phanodorm®) sowie das als Einschlafmittel und für Kurznarkosen benutzte Hexobarbital (5-(1-Cyclohexenyl)-3,5-dimethylbarbitursäure, Evipan®; o Abb. 34.15, unten rechts). Im Handel befindet sich heute noch Thiopental-Natrium (o Abb. 34.15, unten links) als Kurznarkotikum. Allerdings unterliegt

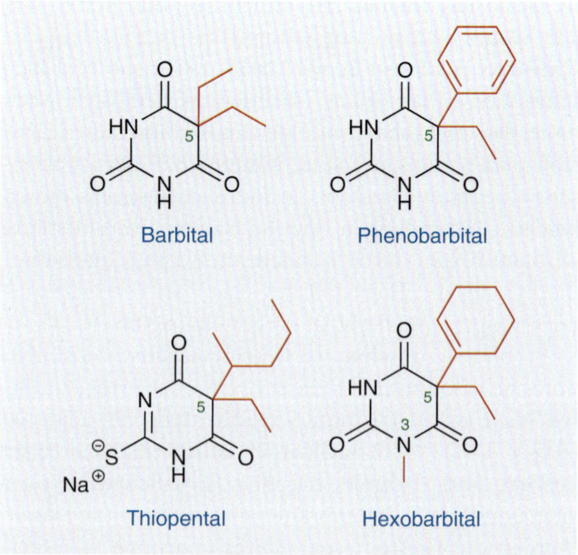


o **Abb. 34.15** Barbitursäurederivate wurden früher als Hypnotika oder Sedativa verwendet. Barbital kam unter dem Handelsnamen Veronal Anfang des 20. Jahrhunderts auf den Markt. Seitdem sind viele weitere Derivate entwickelt und als Arzneistoffe getestet worden. Heute befinden sich nur noch Phenobarbital und Thiopental-Natrium im Handel.

Thiopental einer strengen Ausfuhrkontrolle, der EG-Verordnung 1236/2005 bzw. der Durchführungsverordnung (EU) Nr. 1352/2011 (sog. „Anti-Folter-Verordnung"), die Güter einschließt, „die zur Vollstreckung der Todesstrafe, […] oder zu anderer […] Strafe verwendet werden könnten".

## 34.2 Benzodiazine

### 34.2.1 Struktur und Eigenschaften

Benzodiazine können auch als Diazanaphthalene bezeichnet werden. Für die wichtigsten Verbindungen verwendet man üblicherweise die Trivialnamen: Cinnolin, Phthalazin, Chinazolin und Chinoxalin (Abb. 34.16).

**Cinnolin** bildet hellgelbe Kristalle und riecht charakteristisch nach Geranien. Die giftige Substanz hat einen Schmelzpunkt von 38–39 °C und ist sowohl in Wasser als auch in organischen Lösemitteln löslich. Das gelbliche Nadeln bildende **Phthalazin** besitzt einen Schmelzpunkt von 90–91 °C und ist löslich in Wasser, Benzen sowie Ethanol. Der Schmelzpunkt von in Wasser und in organischen Lösemitteln löslichen **Chinazolin** liegt bei 48 °C. Die farblosen Blättchen riechen chinolinartig. **Chinoxalin** bildet farblose Kristalle und schmilzt bei einer Temperatur von 29–30 °C. In Wasser, Alkohol, Ether und Benzen ist es leicht löslich.

### 34.2.2 Gewinnung und Synthese

In Abb. 34.17 sind die Synthesen verschiedener Benzodiazine dargestellt, z. B. die Synthese von Cinnolin nach *Widman* und *Stoermer*, die von in *ortho*-Position vinylsubstituierten Anilinen ausgeht Bei dieser Reaktion wird zuerst der Anilin-Stickstoff zum Diazonium-Ion diazotiert, das dann mit dem 2'-Kohlenstoffatom der Doppel-

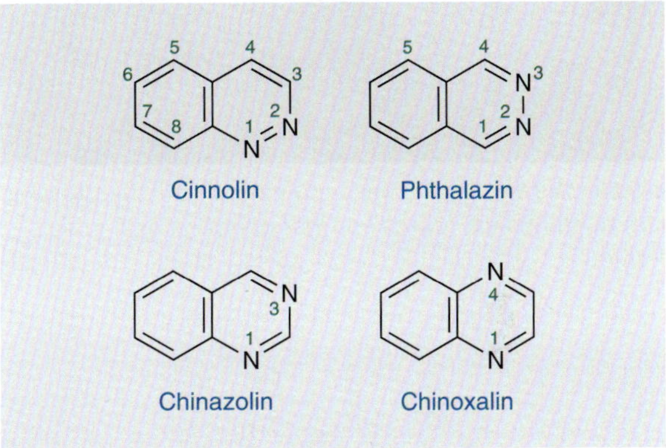


**Abb. 34.16** Wichtige Benzodiazin-Verteter: Cinnolin, Phthalazin, Chinazolin und Chinoxalin

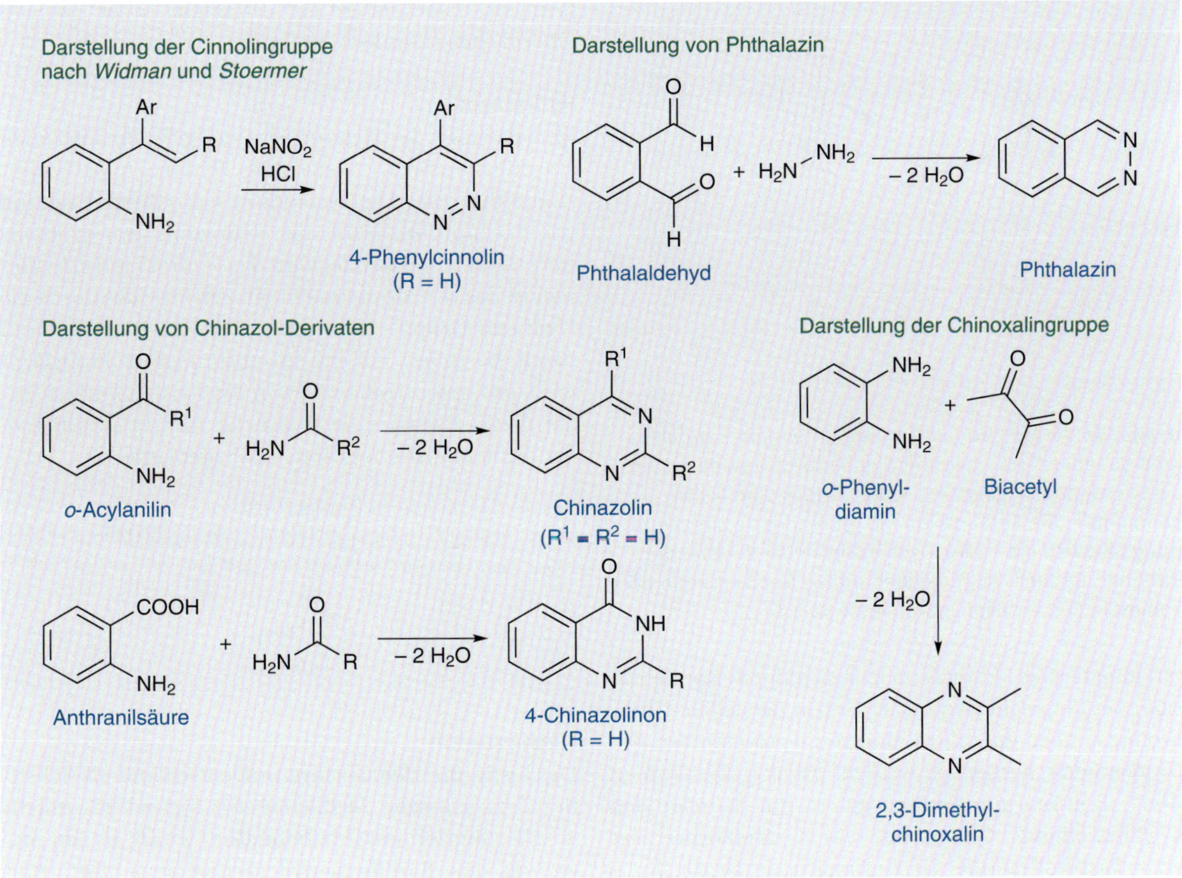


**Abb. 34.17** Darstellung verschiedener Benzodiazine

34

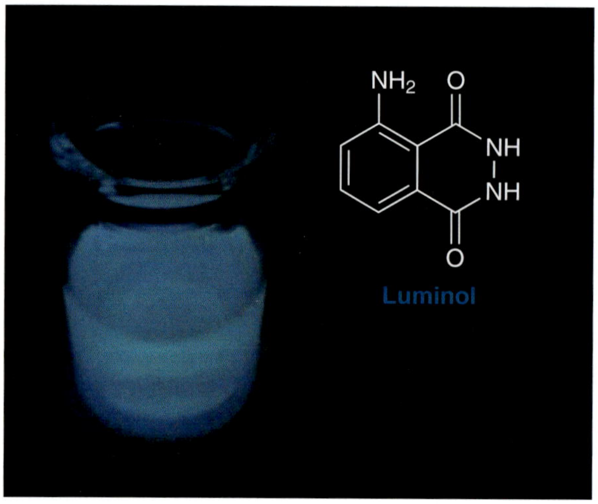


**o Abb. 34.18** Chemilumineszenz einer alkalischen Lösung von Luminol nach Zugabe von Wasserstoffperoxid und Hämin

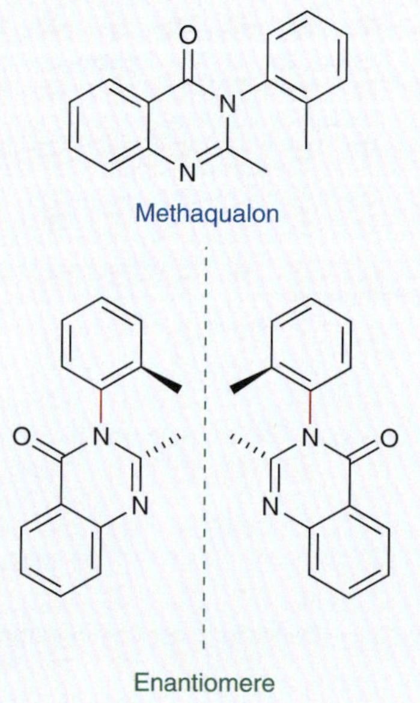


**o Abb. 34.19** Methaqualon wurde unter dem Handelsnamen Quaalude® als Alternative zu Barbitursäurederivaten als Schlafmittel zugelassen, später jedoch vom Markt genommen. Die Rotation um die rot markierte Einfachbindung ist durch die sterisch anspruchsvollen Reste eingeschränkt. Dadurch zeigt die Verbindung Atropisomerie und kommt in Form zweier Enantiomere vor.

bindung reagiert. Phthalazin lässt sich durch Kondensation von Phthalaldehyd mit Hydrazin darstellen. Chinazoline können durch Reaktion von *o*-Acylanilinen mit Säureamiden hergestellt werden. Analog erhält man durch Erhitzen von Anthranilsäure mit Säureamiden 4-Chinazolinon. Chinoxalin, ein Grundkörper der **Azin-Farbstofffamilie,** ist zugänglich durch die Kondensation von *o*-Phenylendiamin mit 1,2-Diketonen.

### 34.2.3 Reaktionen und Anwendungen

Phthalazin reagiert leicht mit Alkylhalogeniden, es entstehen *N*-Alkyl-phthalaziniumhalogenide. Gleiches gilt für Cinnolin, das durch Alkylhalogenide an N2 quarternisiert wird. Auch die Protonierung von Cinnolin, das wie auch die anderen unsubstituierten Benzodiazine nur schwach basische Eigenschaften besitzt, findet an N2 statt ($pK_S$ Cinnolin-$H^+$ ca. 2,7; vgl. Phthalazin-$H^+$ ca. 3,4; Chinazolin-$H^+$ ca. 3,5; Chinoxalin-$H^+$ ca. 0,6). Das Chinazolin-Ringsystem wird durch Alkylanzien sowohl an N1 als auch an N3 angegriffen. Mit Methyliodid z. B. entstehen 1- und 3-Methylchinazoliniumiodid im Verhältnis 1:5.

Chirale Phthalazinderivate werden als Liganden bei der ***Sharpless*-Dihydroxylierung** (▸Kap. 36.4.3) verwendet.

### 34.2.4 Ausgewählte Verbindungen

#### Luminol

Von Phthalazin leitet sich 5-Amino-2*H*,3*H*-phthalazin-1,4-dion (3-Amino-phthalhydrazid, **Luminol**) ab, das in alkalischer Lösung nach Zugabe von Wasserstoffperoxid und einer Spatelspitze Hämin eine tief blauviolette **Chemilumineszenz** zeigt (o Abb. 34.18). In der kriminaltechnischen Spurensicherung werden so durch Besprühen mit Luminol/$H_2O_2$ Blutspuren sichtbar gemacht, insbesondere auf gereinigten oder dunklen Oberflächen (Luminol-Methode).

#### Hydralazin

Phthalazin ist der Heterocyclus des gefäßerweiternden (vasodilatierenden) Arzneistoffs Hydralazin (1-Hydrazinophthalazin). Die Verbindung kann durch Reaktion von 1-Chlorphthalazin mit Hydrazinhydrat synthetisiert werden. Verwendet wird das Hydrochlorid. In diesem ist das N2-Atom des Phthalazinrings, das durch die Hydrazin-Gruppe Teil einer Amidin-Struktur und damit basischer als im unsubstituierten Phthalazin wird, protoniert ($pK_S$ = 6,9). In der Kristallstruktur bildet dieses Proton eine H-Brücke zum Stickstoffatom der primären Aminogruppe der Seitenkette.

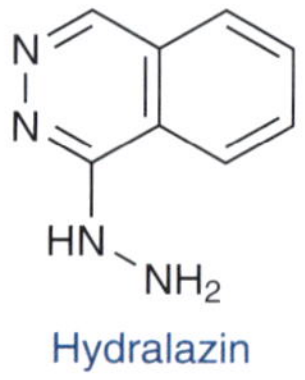


#### Methaqualon

Das bis in die 1990er Jahre in Deutschland als Schlafmittel zugelassene Medikament 2-Methyl-3-(*o*-tolyl)-4(3*H*)-chinazolinon (**Methaqualon**) wurde als Alternative zu den Barbitursäurederivaten eingeführt. Aufgrund seiner berauschenden Wirkung wurde es später vom Markt genommen. Die Substanz ist jedoch in Afrika unter dem Namen Mandrax noch weit verbreitet und stellt in Südafrika – nach Marihuana – das am häufigsten konsumierte **Rauschmittel** dar. Methaqualon (o Abb. 34.19) zeigt durch eingeschränkte Drehbarkeit um die C—N-Bindung **Atropisomerie** (▸ Kap. 3). Die beiden Enantiomere können bei Raumtemperatur getrennt werden.

## 34.3 Piperazine, Thiazine, Oxazine, Dioxine

### 34.3.1 Struktur und Eigenschaften

Die Strukturformeln der aliphatischen Heterocyclen Piperazin, Thiazin, Oxazin und Dioxin sowie einiger ihrer Derivate sind in o Abb. 34.20 dargestellt.

**Piperazin**, das Hydrierungsprodukt von Pyrazin, ist eine starke Base mit einem $pK_S$-Wert der einfach protonierten Form von 9,83. Die farblose, kristalline Schuppen bildende Substanz hat einen Schmelzpunkt von 104–106 °C und einen Siedepunkt von 146 °C. Piperazin ist in Wasser löslich und unlöslich in Ether. **Thiazine** sind Sechsringe mit je einem Stickstoff- und einem Schwefelatom und besitzen die Summenformel $C_4H_5NS$. Analog zu den Oxazinen gibt es acht Stellungsisomere. Das am häufigsten vorkommende Thiazin ist 1,4-Thiazin, eine farblose Flüssigkeit mit einem Siedepunkt von 76 °C. Die gesättigten Thiazine werden als **Thiazinane** bezeichnet. **Oxazine** weisen je ein Stickstoff- und ein Sauerstoffatom im sechsgliedrigen Heterocyclus auf und besitzen die Summenformel $C_4H_5NO$. 1,4-Oxazin selbst ist nur in Form seiner Derivate bekannt. Tetrahydro-1,4-oxazin (**Morpholin**) ist eine aminartig riechende Flüssigkeit mit einem Siedepunkt von 128 °C. Die Verbindung weist ein Dipolmoment von 1,58 D auf und ist mit Wasser und den meisten organischen Lösemitteln mischbar. Morpholin ist ein sekundäres Amin ($pK_B = 5{,}67$). Es wird als Reagenz und Lösemittel verwendet, ebenso wie 4-Methylmorpholin (Sdp. 114 °C), aus dem mit $H_2O_2$ 4-Methylmorpholin-4-oxid (*N*-Methylmorpholin-*N*-oxid, NM(M)O; Monohydrat, Smp. 71–73 °C) gewonnen wird.

**Dioxin** ist die systematische Bezeichnung für sechsgliedrige Ringverbindungen mit zwei Sauerstoffatomen und der Summenformel $C_4H_4O_2$. Umgangssprachlich werden die giftigen polychlorierten Dibenzo-*p*-dioxine als Dioxine bezeichnet (▸ Kap. 34.4.1). Die gesättigten Derivate von Dioxinen nennt man **Dioxane**. 1,4-Dioxan ist eine farblose, brennbare Flüssigkeit mit einem Siedepunkt von 101 °C. Es ist unbegrenzt mit Wasser mischbar und wird vorwiegend als Lösemittel eingesetzt. Mit Wasser bildet es ein azeotropes Gemisch (81,6 : 18,4 = 1,4-Dioxin : Wasser), das einen Siedepunkt von 87,8 °C aufweist. Wie Tetrahydrofuran oder Diethylether bildet Dioxan leicht hochexpolsive Peroxide.

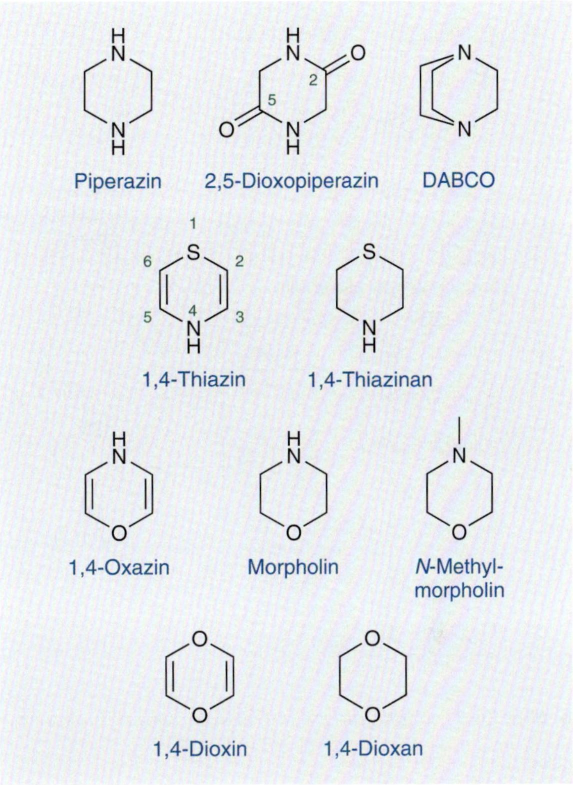


o **Abb. 34.20** Piperazin, Thiazin, Oxazin und Dioxin sowie einige ihrer Derivate

### 34.3.2 Gewinnung und Synthese

Verschiedene Möglichkeiten der Darstellung von Oxazinderivaten, Piperazin, Morpholin und DABCO sind in o Abb. 34.21 zusammengefasst.

Substituierte **1,3-Oxazine** können ausgehend von *N*-(2-Methyl-3-oxobutyl)acetamid mit Phosphorpentoxid dargestellt werden. **Piperazin** fällt als Nebenprodukt bei der Ethylendiaminsynthese an und ist durch Erhitzen von Ethylendiamindihydrochlorid erhältlich. In o Abb. 34.21 ist der technische Darstellungsweg, ausgehend von Ethylenoxid und Ethylendiamin über *N*-(2-Aminoethyl)ethanolamin, gezeigt. Diethanolamin dient als Ausgangsstoff für die Herstellung von **Morpholin**, das auch durch Umsetzung von Bis(2-chlorethyl)ether mit Ammoniak gewonnen werden kann. **DABCO** (Triethylendiamin (TEDA), 1,4-Diazabicyclo[2.2.2]octan) erhält man durch Erhitzen von *N*-Hydroxyethylpiperazin auf eine Temperatur von ca. 397 °C.

### 34.3.3 Reaktionen und Anwendungen

**Piperazin** dient heutzutage nur noch in der Veterinärmedizin als Anthelminthikum (Wurmmittel) gegen Oxyuriasis (hervorgerufen durch Madenwürmer) sowie Askaridiasis (hervorgerufen durch Spulwürmer) und ist für Hühner und Schweine zugelassen. Die an sich gut verträgliche Substanz darf aufgrund der möglichen Bildung von *N*-Nitrosopiperazin, das im Verdacht steht, krebser-

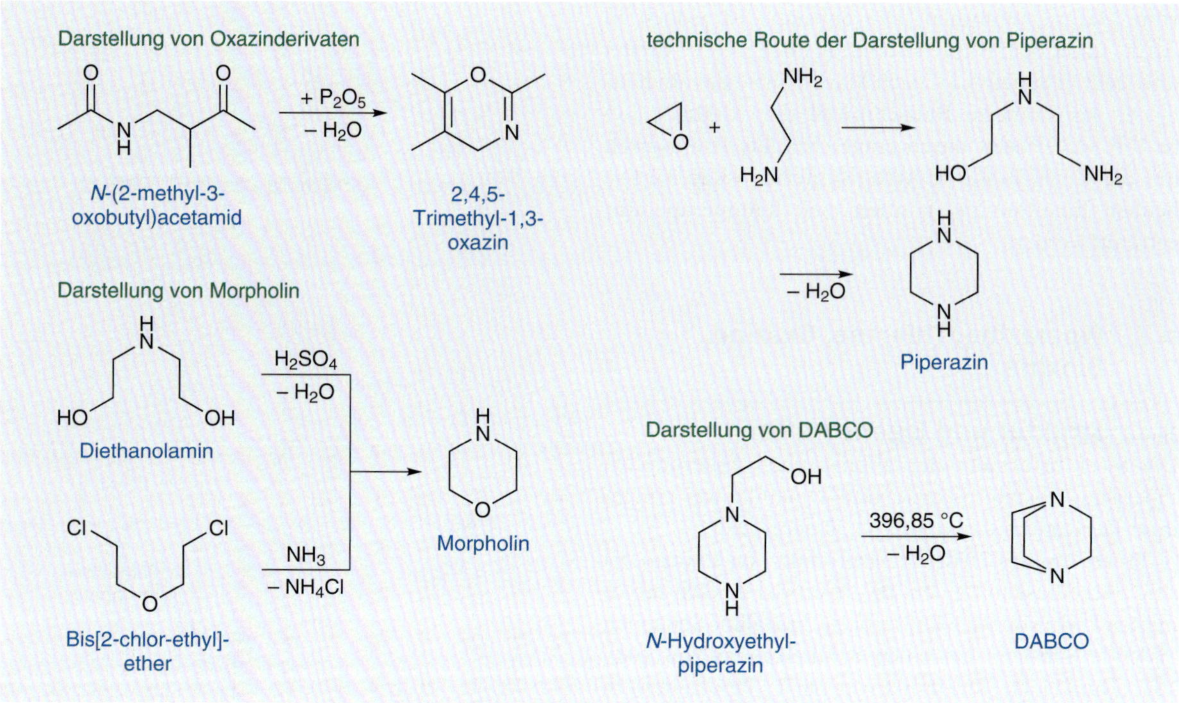


**o Abb. 34.21** Darstellung von Oxazinderivaten, Piperazin, Morpholin sowie DABCO

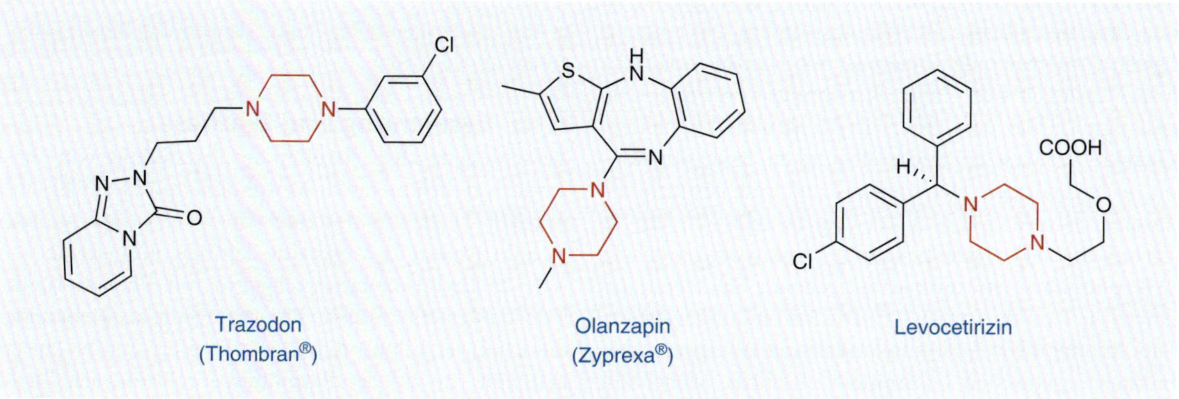


**o Abb. 34.22** Auswahl an Arzneistoffen mit einem Piperazinring (rot markiert)

regend zu sein, beim Menschen nicht mehr angewendet werden. Piperazin wird häufig als rigidisierte, d. h. in seiner Konformation „festgefrorene" Ethylendiamin-Einheit in Wirkstoffe eingebaut (o Abb. 34.22): Das Piperazingrundgerüst findet sich beispielsweise im Antidepressivum Trazodon, im Neuroleptikum Olanzapin oder im Antihistaminikum Levocetirizin.

**DABCO** bildet farblose, hygroskopische Kristalle, die schon bei einer Temperatur von 20 °C sublimieren. Die Substanz weist einen Schmelzpunkt von 158 °C sowie einen Siedepunkt von 174 °C auf und ist sowohl in Wasser und Ethanol als auch in Benzen löslich. DABCO ist eine *Lewis*-Base, die vielfältig als Katalysator verwendet wird. Der $pK_{S1}$-Wert der einfach protonierten Verbindung liegt bei 8,60, der $pK_{S2}$-Wert der zweifach protonierten Verbindung beträgt 2,95.

*N*-Methylmorpholin-4-oxid (**NMO**) dient als mildes Oxidationsmittel in einigen Oxidationsreaktionen, die von Übergangsmetallen wie Ruthenium (*Ley-Griffith*-Reaktion) oder Osmium (*Upjohn*-Prozess) katalysiert werden (o Abb. 34.23). Es wirkt dabei als Re- bzw. Co-Oxidans der jeweiligen Übergangsmetallverbindung, da diese oft teuer und/oder toxisch sind. NMO selbst wird bei diesem Vorgang zu *N*-Methylmorpholin reduziert.

### 34.3.4 Ausgewählte Verbindungen

**2,5-Dioxopiperazine** (2,5-Diketopiperazine) sind cyclische Amide. Sie entstehen aus α-Aminosäuren in der Hitze. Diese leicht zugänglichen Heterocyclen eignen sich gut zur Übertragung der Chiralität einer Aminosäure auf eine andere Aminosäure durch asymmetrische Induktion. Dies wird z. B. bei der ***Schöllkopf*-Reaktion**

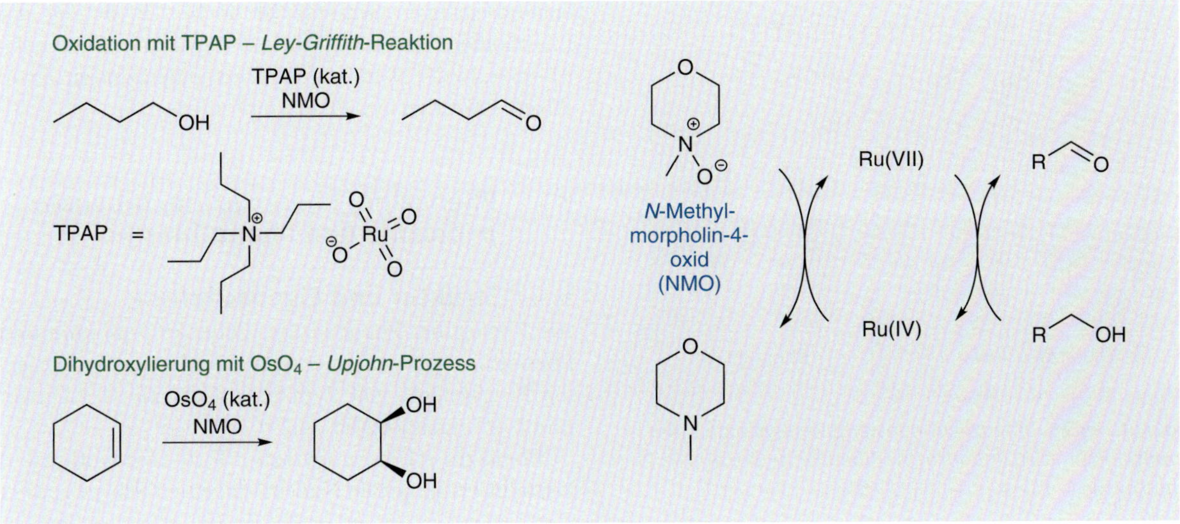


○ **Abb. 34.23** NMO (*N*-Methylmorpholin-4-oxid) wird häufig als Re- bzw. Co-Oxidans verwendet, z. B. bei der Oxidation von Alkoholen zu Aldehyden mit TPAP (Tetrapropylammoniumperruthenat, *Ley-Griffith*-Reagenz, oben) oder bei der Dihydroxylierung von Alkenen mit Osmiumtetroxid (*Upjohn*-Prozess, unten).



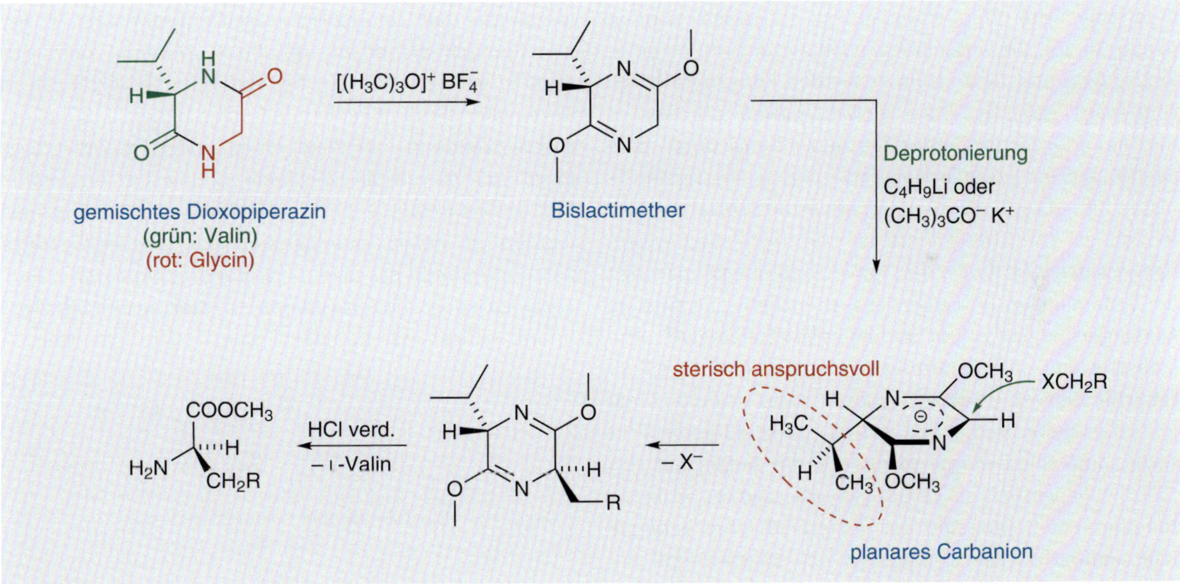


○ **Abb. 34.24** In der sogenannten *Schöllkopf*-Reaktion kann die Chiralität einer Aminosäure auf eine andere übertragen werden. Hier wird aus dem gemischten Dioxopiperazin, bestehend aus L-Valin (grün) und Glycin (rot), der Bislactimether generiert, der anschließend deprotoniert wird. Ein elektrophiles Reagenz greift nun bevorzugt von der leichter zugänglichen Seite her an, also *trans* zur vorhandenen Isopropylgruppe, wodurch eines der beiden Diastereomere in großem Überschuss entsteht. Anschließende Hydrolye ergibt die neu hergestellte Aminosäure in hoher Enantiomerenreinheit.

(1979) ausgenutzt (○Abb. 34.24). Dabei geht man von einem gemischten Dioxopiperazin aus, das aus der enantiomerenreinen Aminosäure L-Valin als chiralem Hilfsstoff und einer zweiten racemischen D,L-Aminosäure oder Glycin gebildet wird. Dieses wird mit Trimethyloxoniumfluoroborat (▸Kap. 9.1.3) in den Bislactimether überführt, der anschließend von einer starken Base (Alkyllithiumverbindungen oder Kalium-*tert*-Butanolat) zu einem planaren Carbanion deprotoniert wird. Die beiden diastereotopen Halbräume dieses Carbanions werden durch die aus L-Valin stammende Isopropylgruppe unterschiedlich stark sterisch abgeschirmt. Ein elektrophiles Reagenz greift überwiegend von der leichter zugänglichen Seite her an, also *trans* zur Isopropylgruppe, sodass eines der beiden möglichen Diastereomer in großem Überschuss entsteht. Durch schonende Hydrolyse erhält man so den Ester einer D-Aminosäure und den Ester des als chiralen Hilfsstoffs eingesetzten L-Valins. Diese können getrennt und so der chirale Hilfsstoff zurückgewonnen werden. Die optische Ausbeute der

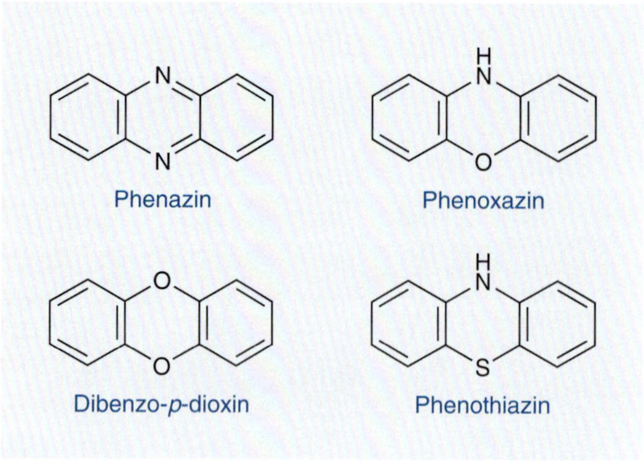


**o Abb. 34.25** Dibenzokondensierte Ringsysteme (Auswahl): Phenazin, Phenoxazin, Dibenzo-*p*-dioxin und Phenothiazin

enantioselektiven Synthese ist hoch, z. B. beträgt der Enantiomerenüberschuss für D-Phenylalanin (R=$C_6H_5$) 91–95 %. In der Natur werden Dioxopiperazine auch von Pilzen, Bakterien und Pflanzen produziert.

## 34.4 Phenazine, Phenoxazine, Dibenzo-*p*-dioxine und Phenothiazine

### 34.4.1 Struktur und Eigenschaften

Als Phenazine, Phenoxazine, Dibenzo-*p*-dioxine und Phenothiazine bezeichnet man die dibenzokondensierten Ringsysteme von Pyrazin, 1,4-Oxazin, 1,4-Dioxin und 1,4-Thiazin (o Abb. 34.25).

**Phenazin** (Dibenzopyrazin, 9,10-Diazaanthracen) kristallisiert in gelben Nadeln, die einen Schmelzpunkt

**Exkurs: TCDD und polychlorierte Dibenzo-*p*-dioxine**

Die Grundgerüste dieser Verbindungsklasse sind Dibenzo-*p*-dioxin (PCDD) und Dibenzofuran (PCDF), wobei diese unterschiedliche Chlorierungsstufen aufweisen können (o Abb. 34.26). Die verschiedenen Chlorierungsstufen eines Ringsystems und deren Isomere werden **Kongenere** (engl. *congeners*) genannt. Diese polychlorierten Dibenzo-*p*-dioxine und Dibenzofurane werden häufig unter dem Begriff „Dioxine" zusammengefasst, was zu Missverständnissen führen kann, da hierunter etwa 200 Substanzen fallen, die ein ähnliches chemisches und physikalisches Verhalten aufweisen. Durch ihre hohe Lipophilie können sich die Verbindungen im Fettgewebe anreichern. Sie sind im Allgemeinen giftig, fruchtschädigend (teratogen) und krebserregend. Die giftigste Verbindung ist **TCDD** (2,3,7,8-Tetrachlordibenzo-*p*-dioxin, „Dioxin"), das schon ab einer Blutserumkonzentration von 800 ng pro kg Körpergewicht sogenannte Chlorakne hervorrufen kann. Zudem hat sich TCDD im Tierversuch als carcinogen erwiesen, es wirkt als Tumorpromotor. Im Laufe der letzten 50 Jahre gelangte TCDD mehrfach in die Schlagzeilen. Der jüngste Vorfall war der sogenannte Dioxin-Skandal aus dem Jahr 2010, bei dem erhöhte Dioxinwerte in Eiern festgestellt wurden. Der wohl bekannteste und tragischste Vorfall war jedoch das Seveso-Unglück von 1976, durch den TCDD auch den Beinamen **„Seveso-Gift"** erhielt. In der norditalienischen Stadt Seveso unweit von Mailand wurde die Verbindung bei einem Störfall in einer Chemiefabrik freigesetzt und führte bei 600 Anwohnern, insbesondere Kindern, zu schweren Vergiftungen. Es kam außerdem zu einem vermehrten Fisch- und Vogelsterben.

Diese polychlorierten Verbindungen sind extrem beständig und werden nur sehr langsam in der Umwelt abgebaut, weswegen sie heutzutage allgegenwärtig sind und meist über die Nahrung aufgenommen werden. Ihr Höchstgehalt in Lebensmitteln wird streng kontrolliert. TCDD entsteht als Kondensationsprodukt von 2,4,5-Trichlorphenol bei technischen Prozessen. Erhebliche Mengen fallen bei der Cellulosebleiche mit chlorhaltigen Bleichmitteln oder in der metallurgischen Industrie an. Die Verbindung kann sich auch in geringen Mengen bei Verbrennungsvorgängen in Gegenwart chlorhaltiger Verbindungen bilden, z. B. bei der Müllverbrennung, bei Waldbränden oder im Zigarettenrauch. Zu ihrer vollständigen Verbrennung sind Temperaturen oberhalb von 1 200 °C erforderlich. „Naturdioxine" wurden in vielen Tonmineralien nachgewiesen. Einige Bakterien sind in der Lage, polychlorierte Aromaten – darunter auch polychlorierte Dibenzo-*p*-dioxine und Dibenzofurane – abzubauen und damit unschädlich zu machen.

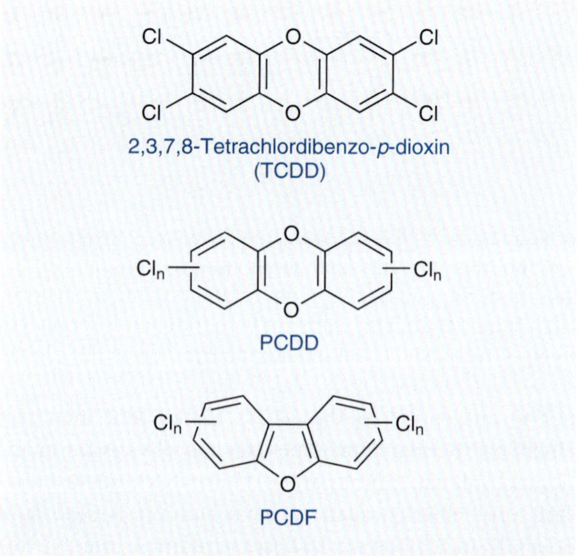


**o Abb. 34.26** Polychlorierte Dibenzo-*p*-dioxine (PCDD) und Dibenzofurane (PCDF) werden umgangssprachlich vereinfacht als „Dioxine" zusammengefasst. TCDD ist die giftigste Verbindung.

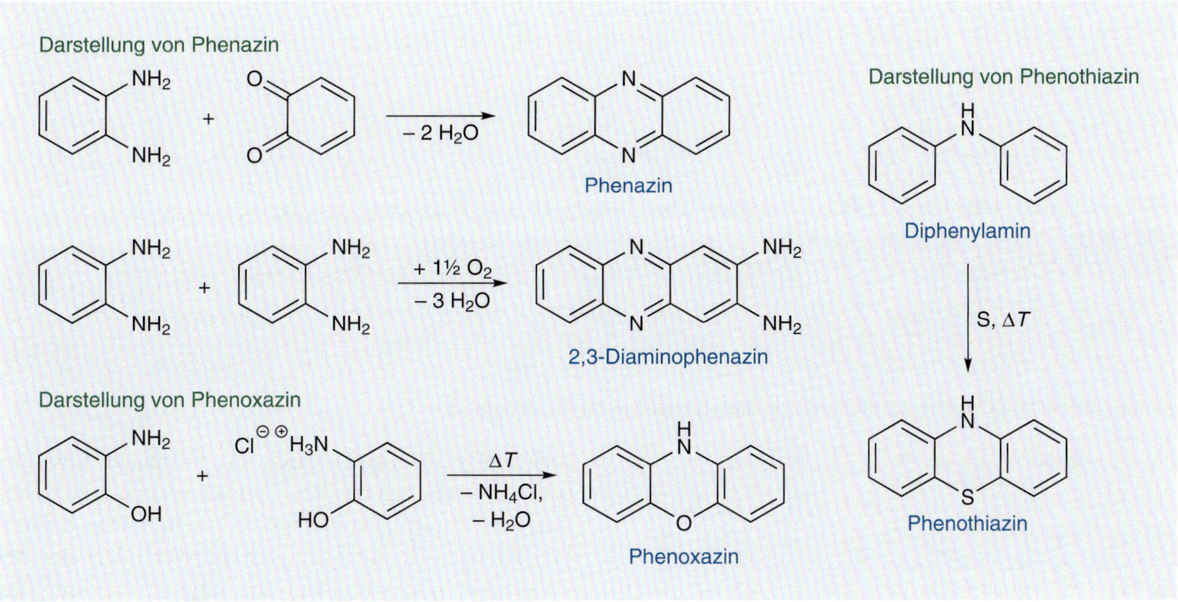


**o Abb. 34.27** Darstellung von Phenazin(-Derivaten), Phenoxazin und Phenothiazin

von 171 °C aufweisen. **Phenoxazin** (Dibenzo-5,10-oxazin) ist ein farbloser Feststoff mit einem Schmelzpunkt von 156 °C. Die Verbindung löst sich in Alkohol, Ether sowie Chloroform, nicht dagegen in Wasser. Bei **Dibenzo-*p*-dioxin** (PCDD) handelt es sich um einen weißen Feststoff, der bei einer Temperatur von 120 °C schmilzt und in Wasser unlöslich ist. Dibenzo-*p*-dioxin ist die Grundsubstanz der polychlorierten Derivate, die oftmals zusammenfassend als „**Dioxine**" bezeichnet werden und sowohl ein ähnliches physikalisches und chemisches Verhalten als auch eine ähnliche Toxizität aufweisen (▸Exkurs: TCDD und polychlorierte Dibenzo-*p*-dioxine). **Phenothiazin** (Dibenzo-5,10-thiazin) bildet gelbe Kristallplättchen, die löslich in Ether und Alkohol sind, aber unlöslich in Wasser. Die Verbindung schmilzt bei einer Temperatur von 186 °C.

### 34.4.2 Gewinnung und Synthese

**Phenazin** wird durch Kondensation von *o*-Phenylendiamin mit *o*-Benzochinon dargestellt (o Abb. 34.27, oben). Oxidiert man *o*-Phenylendiamin in essigsaurer Lösung mit Eisen(III)-chlorid, erfolgt die Selbstkondensation zu 2,3-Diaminophenazin. Ein höher kondensiertes Ringsystem dieser Reihe ist Indanthren (▸Kap. 24.4.4), das als Abkömmling von 5,10-Dihydrophenazin anzusehen ist. Auch einige aus Bakterien isolierbare Farbstoffe leiten sich von Phenazin ab, z. B. das blaue Pyocyanin (5-Methyl-5*H*-phenazin-1-on) aus dem Bakterium *Pseudomonas aeruginosa*. Das sehr hohe Dipolmoment der Verbindung (7,0 D) legt nahe, dass die zwitterionische mesomere Grenzform (1-Hydroxy-5-methylphenaziniumbetain) einen nicht unwesentlichen Beitrag zur tatsächlichen elektronischen Struktur des Moleküls liefert.

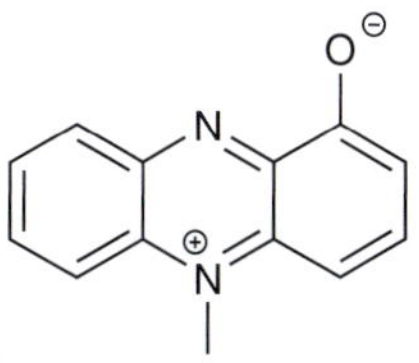


Pyocyanin

**Phenoxazin** lässt sich durch Erhitzen von *o*-Aminophenol mit seinem Hydrochlorid synthetisieren (*Gilman* u. *Moore* 1957; o Abb. 34.27, unten). Die Darstellung von **Phenothiazin** erfolgt durch Erhitzen von Diphenylamin mit Schwefel (o Abb. 34.27, rechts).

### 34.4.3 Reaktionen und Anwendungen

Von **Phenothiazin** leiten sich neben **Farbstoffen** wie Methylenblau (▸Kap. 34.4.4) oder Schwefelschwarz (▸Kap. 34.4.4) auch klassische **Neuroleptika** wie (Chlor)promazin (nicht mehr im Handel), Thioridazin oder Fluphenazin ab (o Abb. 34.28). Phenothiazin wird auch als Vertilgungsmittel für Mückenlarven und als Darmantiseptikum bei Tieren eingesetzt.

### 34.4.4 Ausgewählte Verbindungen

#### Phenoxazin- und Phenoxazonfarbstoffe

**Phenoxazin** ist die Stammverbindung der Phenoxazinfarbstoffe. Durch Oxidation erhält man **Phenoxazon**, das eine Carbonylgruppe in Position 3 aufweist.

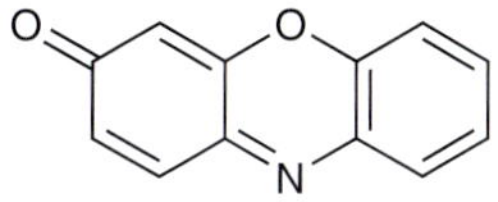


3*H*-Phenoxazin-3-on
(Phenoxazon)

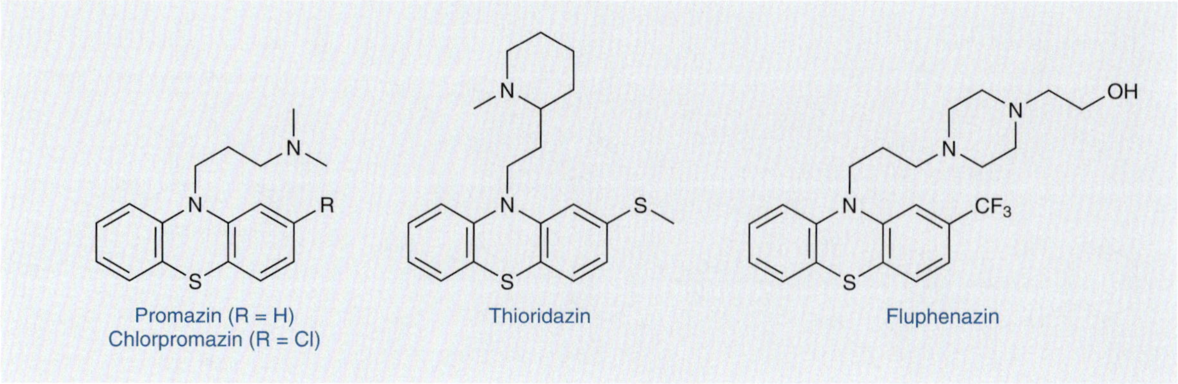


**Abb. 34.28** Viele klassische Neuroleptika leiten sich von Phenothiazin ab.

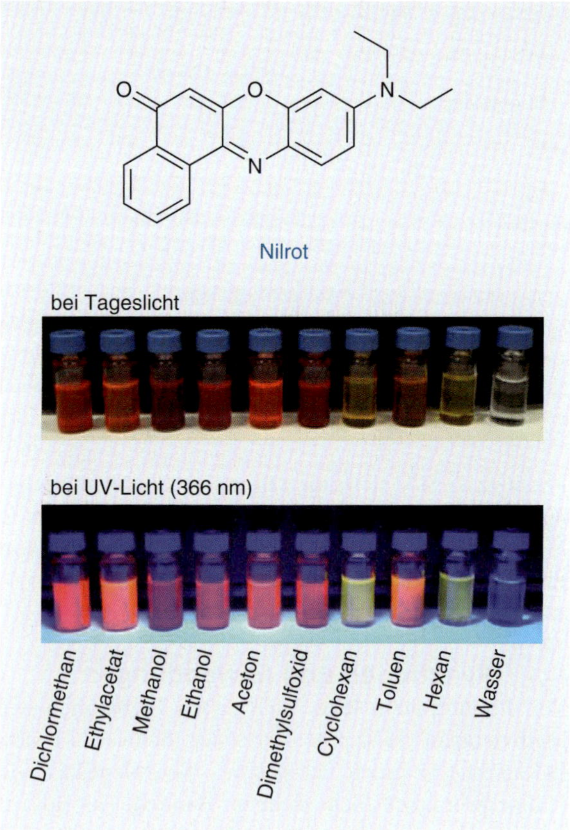


**Abb. 34.29** Der Phenoxazonfarbstoff Nilrot (oben), gelöst in verschiedenen organischen Lösemitteln bei Tageslicht (Mitte) und bei UV-Licht (366 nm; unten). In polaren Lösemitteln, wie Methanol, wird das Absorptionsmaximum von Nilrot zu höheren Wellenlängen verschoben. Dagegen verschieben unpolare Lösemittel, wie Cyclohexan, das Absorptionsmaximum zu kürzeren Wellenlängen.

Ein Beispiel für einen Phenoxazonfarbstoff ist **Nilrot** (9-Diethylamino-5*H*-benzo[*a*]phenoxazin-5-on; Abb. 34.29, oben). Der grüne Feststoff besitzt einen Schmelzpunkt von 203–205 °C und löst sich in organischen Lösemitteln. Je nach Polarität des Lösemittels wird das Absorptionsmaximum von Nilrot bathochrom oder hypsochrom verschoben (▸Kap. 2.5.4). In polaren Lösemitteln verschiebt sich das Absorptionsmaximum zu höheren (bathochrom), in unpolareren Lösemitteln zu tieferen Wellenlängen (hypsochrom); ebenso verändert sich bei UV-Anregung das Emissionsmaximum von Nilrot, das z. B. in Aceton bei ca. 600 nm und in *n*-Heptan bei ca. 520 nm liegt (Abb. 34.29, Mitte und unten).

Kationische Phenoxazonfarbstoffe dienen zur Färbung von Polyacrylnitrilfasern, die in der Textilindustrie für die Herstellung von Pullovern, Kunstpelzen oder Decken eingesetzt werden. Der aus Flechtenarten wie *Roccella* sp. isolierbare Phenoxazonfarbstoff **Lackmus** (Abb. 34.30, oben) wird seit Jahrhunderten als Säure-Base-Indikator verwendet. Bei einem pH-Wert von 4,5 färbt sich Lackmus rot, bei pH = 8,5 blau (Abb. 34.31). Zu den *Ommochrom-Farbstoffen* gehört z. B. Xanthommatin. Diese sogenannten **Ommatine** sind natürliche Pigmente vom Phenoxazontyp, die praktisch in allen Gliederfüßern, also bei Insekten als auch Krebs- oder Spinnentiere, vorkommen. Xanthommatin (Abb. 34.30, unten rechts) wurde beispielsweise aus dem Schlupfsekret einer Schmetterlingsart, des Kleinen Fuchses (*Vanessa urticae*, Abb. 34.32), isoliert. Ommatine sind als Endprodukte des Tryptophanstoffwechsels anzusehen (▸Kap. 29.1.4) und bilden sich oxidativ aus 3-Hydroxykynurenin (*Butenandt*). Darüber hinaus hat diese Stoffklasse als Chromophor der Actinomycine, die als Stoffwechselprodukte einiger *Streptomyces*-Stämme auftreten, Bedeutung. Beispielsweise weist **Actinomycin D** (AMD, Abb. 34.30, unten links), eine Phenoxazon-Struktur auf (*Brockmann*). Die Actinomycine sind zwar antibiotisch sehr wirksam, aber zugleich auch sehr toxisch. Sie finden daher Anwendung als Cytostatika in der Behandlung von Krebserkrankungen.

Unter den Farbstoffen, die sich von Phenoxazoniumchlorid ableitend, haben heutzutage nur noch Gallocyanine eine gewisse Bedeutung. Ihr einfachster Vertreter, Gallocyanin, ist durch Kondensation von Gallussäure mit *p*-Nitrosodimethylanilinhydrochlorid darstellbar (Abb. 34.33). Gallocyanine werden bei-

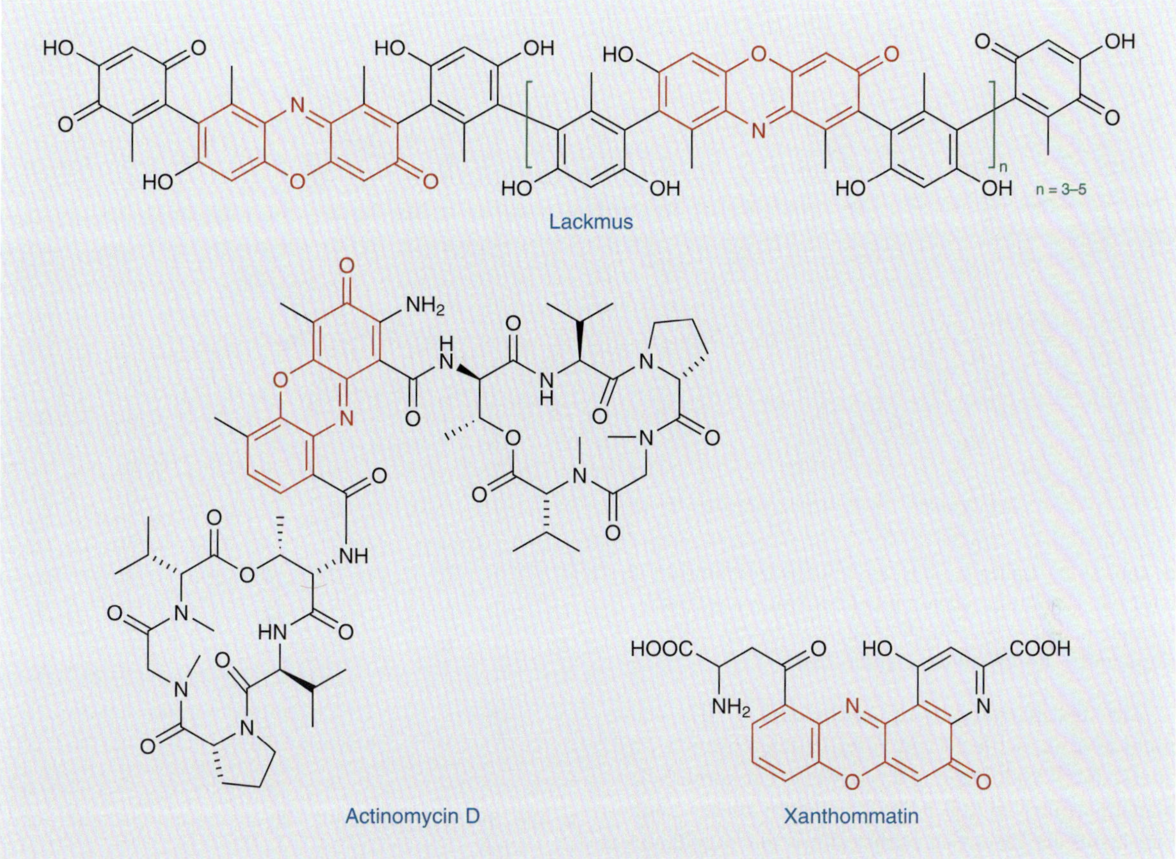


**Abb. 34.30** Strukturformeln von Lackmus (Indikator-Farbstoff), Actinomycin D (Cytostatikum) und Xanthommatin (Ommochrom-Farbstoff). Rot hervorgehoben ist jeweils die Phenoxazon-Grundstruktur.

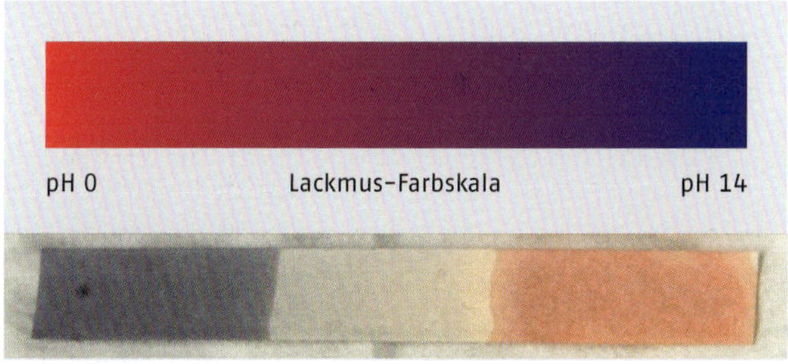


**Abb. 34.31** Lackmus findet Verwendung als Säure-Base-Indikator. Im Sauren färbt es sich rot und im Basischen blau.

spielsweise zum Anfärben von DNA in der Histologie verwendet.

## Phenothiazinfarbstoffe

Der wichtigste Farbstoff dieser Reihe ist **Methylenblau** (Methylthioniniumchlorid, Abb. 34.34). Technisch wird Methylenblau aus *p*-Aminodimethylanilin, Dimethylanilin und Natriumthiosulfat in Gegenwart von Zinkchlorid und Salzsäure durch Oxidation mit Chromsäure gewonnen (*Bernthsen* 1888). Es kommt meist als Zinkchlorid-Doppelsalz in den Handel und färbt Seide intensiv blau. Methylenblau bildet rotglänzende Kristalle, die sich in Wasser leicht lösen.

**Abb. 34.32** Die rötlich-braune Färbung des Kleinen Fuchses (*Vanessa urticae*) wird durch natürliche Phenoxazon-Pigmente, die Ommatin-Farbstoffe Xanthommatin und Rhodommatin, hervorgerufen.

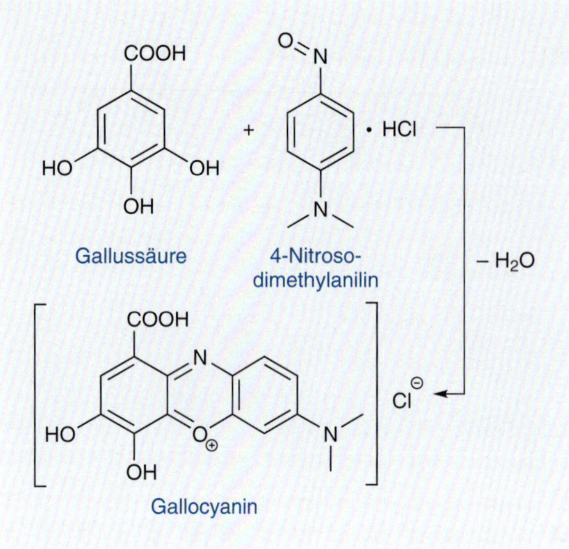


**o Abb. 34.33** Gallocyanin ist ein Phenoxazonfarbstoff und wird z. B. zum Anfärben von DNA oder RNA verwendet. Darstellen lässt es sich durch Kondensation von Gallussäure und 4-Nitrosodimethylanilin.

Zur Textilfärbung wird Methylenblau, das selbst nicht bzw. nur schlecht von Fasern aufgenommen wird, zuerst durch Reduktion in das farblose Leukomethylenblau überführt (o Abb. 34.35). In Form dieser Leukobase kann die Faser den Farbstoff aus der sogenannten Küpe oder Farbflotte aufnehmen. Nach dem Färben muss die Leukobase dann wieder oxidiert werden, um die eigentliche Färbung zu erzeugen, wobei gleichzeitig der Farbstoff auf der Faser fixiert wird.

Wegen der leichten Reduzierbarkeit dient Methylenblau als Wasserstoffakzeptor für biochemische Redoxprozesse und kann als **Redoxindikator** genutzt werden. Auch ein photochemisch angeregter Elektronentransfer führt in Gegenwart von $Fe^{2+}$/$Fe^{3+}$-Ionen zu einer reversiblen Entfärbung (Photochromie).

Methylenblau wird nicht nur in der Textilfärberei verwendet, sondern mit ihm können auch Zellen und deren Organelle angefärbt werden (*Ehrlich* 1885) (o Abb. 34.36). Methylenblau zählt zu den „Vitalfarbstoffen", da die Funktion und Struktur der Zelle zumindest über kurze Zeit nur wenig beeinträchtigt wird. Man bezeichnet dieses Verfahren daher als **Vitalfärbung**. Die Verbindung, die bereits im Jahr 1891 von *Paul Ehrlich* als Antimalariamittel eingesetzt wurde, befindet sich zurzeit wieder in der klinischen Prüfung als Arzneistoff gegen diese parasitäre Erkrankung.

### Schwefelfarbstoffe

Mit der Entdeckung von **Vidalschwarz** im Jahr 1893 durch den französischen Chemiker *Henri Vidal* (1862–1930) wurde die Entwicklung der Schwefelfarbstoffe eingeleitet. Schwefelfarbstoffe sind hochmolekulare, aber uneinheitliche Gemische aus Thiazin-, Phenothiazin-

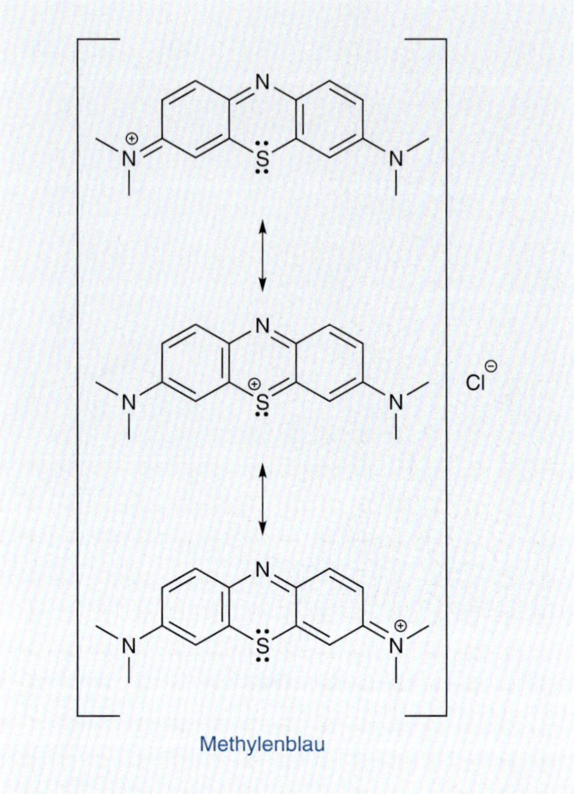


**o Abb. 34.34** Methylenblau ist ein mesomeriestabilisiertes Kation.

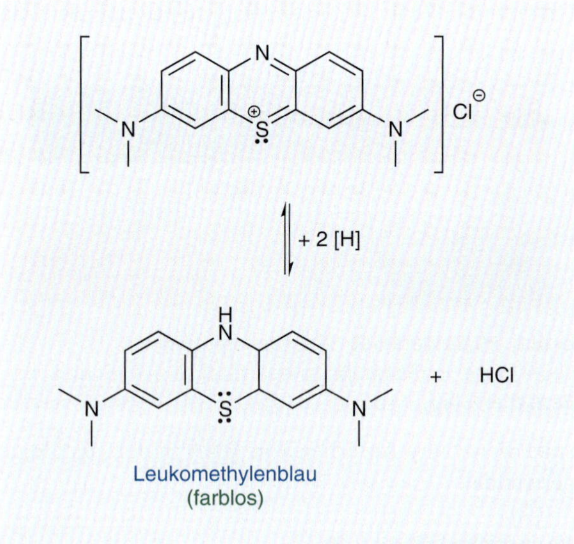


**o Abb. 34.35** Durch Reduktion von Methylenblau erhält man das farblose Leukomethylenblau, das zum Färben von Textilien verwendet wird. Oxidation durch Luftsauerstoff ergibt dann wieder das intensiv farbige Methylenblau, das gleichzeitig auf der Faser fixiert wird.

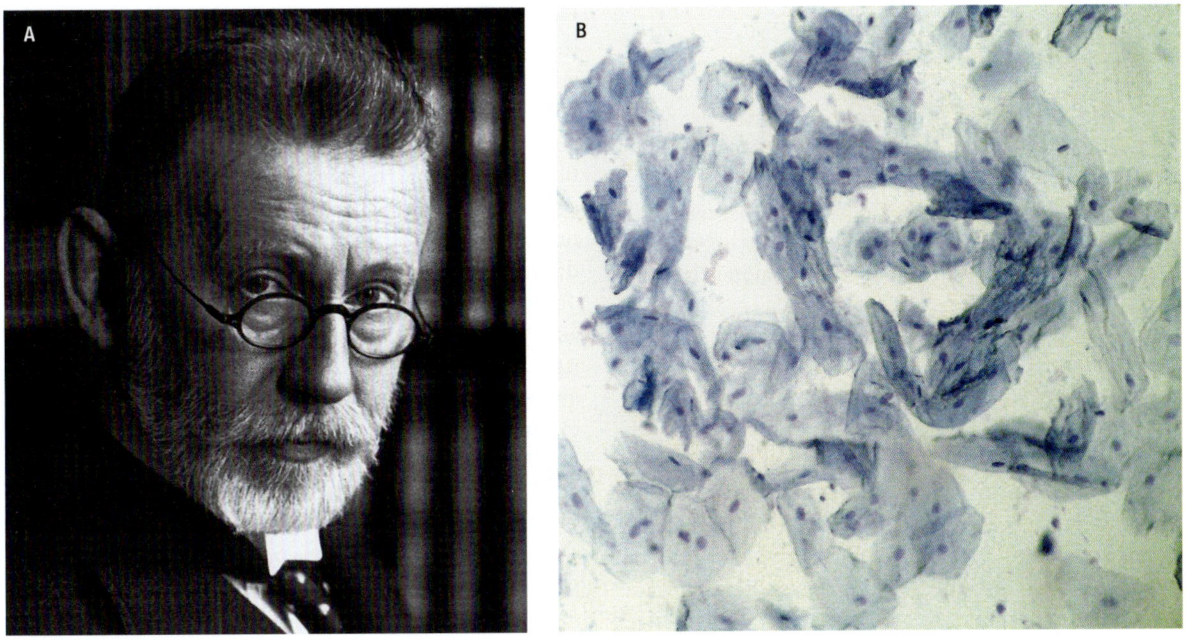


**o Abb. 34.36** (A) Der deutsche Arzt und Forscher *Paul Ehrlich* (1854–1915) befasste sich unter anderem mit Farbstoffen und dem Einfärben von Geweben. Er führte die Vitalfärbung ein. (B) Vitalfärbung einer menschlichen Mundschleimhautzelle mit Methylenblau.



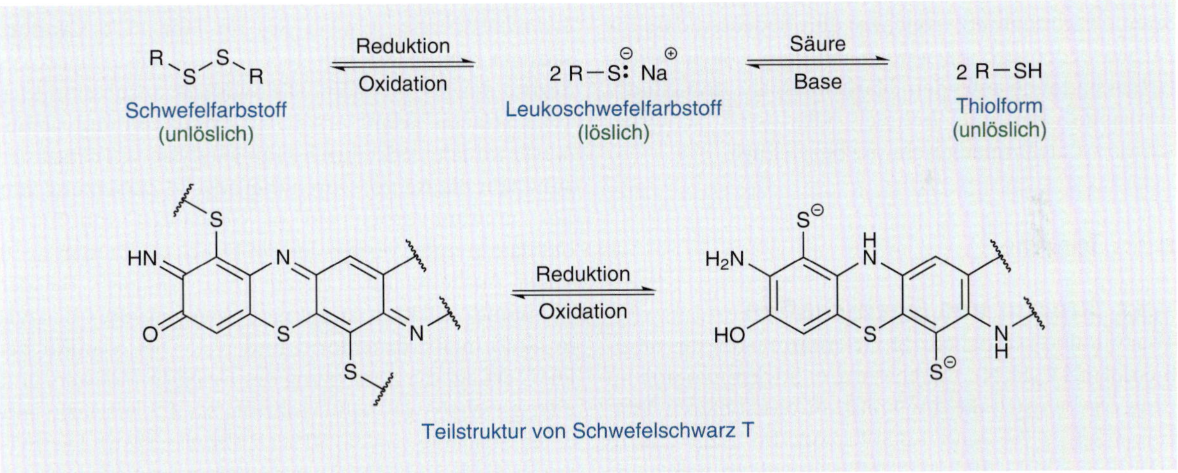


**o Abb. 34.37** Die Schwefelfarbstoffe sind praktisch in allen Lösemitteln unlöslich. Durch Reduktion erhält man die löslichen Leukoverbindungen, die von den Fasern aufgenommen werden können (oben). Eine anschließende Oxidation fixiert den Farbstoff auf der Faser. Schwefelschwarz T (unten) ist ein Beispiel für einen Schwefelfarbstoff.

und Thiazolderivaten, die über Disulfidbrücken miteinander verbunden sind. Diese „Schwefelfarben" werden praktisch nur zum Färben pflanzlicher Cellulosefasern, z. B. Baumwolle, benutzt. Sie zeichnen sich durch niedrige Kosten, leichte Färbbarkeit und Waschechtheit aus. Die Farbpalette reicht von schwarz, grau und blau über grüne, braune und gelbliche Nuancen. Die wasserunlöslichen Schwefelfarbstoffe ähneln in ihren Eigenschaften den Küpenfarbstoffen. Die Verküpung wird hier auf die Anwesenheit von Disulfidbrücken zurückgeführt, die mit Natriumsulfid zu den entsprechenden Thiolaten reduziert werden und somit in die löslichen Leukoverbindungen übergehen (o Abb. 34.37, oben).

Die Herstellung der verschiedenen Schwefelfarbstoffe erfolgt entweder in einem trockenen Backprozess der jeweiligen Startverbindungen mit Schwefel bzw. Natriumpolysulfid oder durch Schwefelung bei niedrigerer Temperatur in wässriger oder alkoholischer Lösung mit Natriumpolysulfid. Auch durch Schwefelung von Aminophenolen oder Indoanilinen können diese Verbindungen erhalten werden. So wurde auch Vidalschwarz erstmalig beim Schmelzen von *p*-Aminophenol mit Schwefel und festem Alkali bei 200 °C synthetisiert. Hervorzuheben ist das durch Schwefelung von 2,4-Dinitrophenol gewonnene, licht- und waschechte **Schwefelschwarz T** (o Abb. 34.37, unten). Grüne

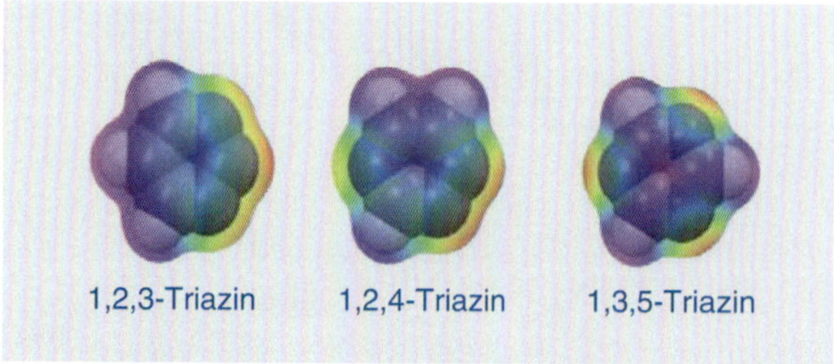


**o Abb. 34.38** Elektrostatische Oberflächenpotenziale von Triazinen

Schwefelfarbstoffe erhält man durch Schwefelung von Naphthol- oder Naphthylaminsulfonsäuren in Gegenwart von Kupfer(II)-Salzen. Als besonders licht- und waschecht haben sich die verschiedenen Hydronblau-Farbstoffe erwiesen. Hierzu zählt z. B. Hydronblau R, das man durch Schwefelung von Carbazolindoanilin in Butanol gewinnt. Der Ausgangsstoff ist aus *p*-Nitrosophenol, Carbazolin und konzentrierter Schwefelsäure bei einer Temperatur von −20 °C zugänglich. Demnach baut sich Hydronblau R formal aus den Ringsystemen von Phenothiazin und Thianthren auf. Geht man statt von Carbazol von höher kondensierten aromatischen Ringsystemen aus, lassen sich durch Schwefelung echte, braune Farbnuancen erreichen; dies bedeutet, dass die Farben weder verblassen noch abfärben. Die Schwefelfarben sind auch unter dem Markennamen „Immedial®-Farbstoffe" bekannt, beispielsweise wird Schwefelschwarz T als Immedialschwarz bezeichnet.

## 34.5 Triazine

### 34.5.1 Struktur und Eigenschaften

Triazine sind sechsgliedrige Heteroaromaten der Summenformel $C_3H_3N_3$. Durch die drei Stickstoffatome im Ring ergeben sich die drei konstitutionsisomeren Triazine 1,2,3-, 1,2,4- und 1,3,5-Triazin. Im 1,2,3-Triazin befinden sich die drei Stickstoffatome direkt nebeneinander (vicinal, vic.). Daneben können die drei Stickstoffatome gleichmäßig (symmetrisch, sym.) im Ring verteilt sein wie im 1,3,5-Triazin oder ungleichmäßig (unsymmetrisch, unsym.) wie in 1,2,4-Triazin. Von diesen drei Heterocyclen hat nur 1,3,5-Triazin, das auch als s-Triazin bezeichnet wird, eine größere Bedeutung.

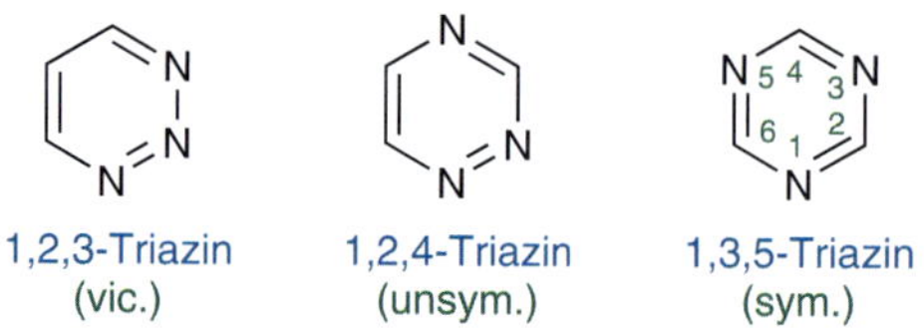


**1,2,3-Triazin** ist eine flüchtige Verbindung, die von den drei Triazinen den schwächsten aromatischen Charakter aufweist, da der Ring durch die drei elektronenziehenden Stickstoffatome am stärksten polarisiert ist und die Elektronen des aromatischen Sextetts daher am stärksten lokalisiert sind (o Abb. 34.38). Das unsymmetrische **1,2,4-Triazin** bildet ein gelbliches Öl und weist einen Siedepunkt von 156 °C auf. Die farblosen, stark lichtbrechenden, rhombischen Kristalle von **1,3,5-Triazin** haben einen Schmelzpunkt von 86 °C und sind in organischen Lösemitteln leicht löslich. Auffallend ist die große thermische Beständigkeit. Erst oberhalb einer Temperatur von 600 °C erfolgt eine Depolymerisation zu Cyanwasserstoff (Blausäure). Besonders empfindlich ist 1,3,5-Triazin gegen nucleophile Reagenzien, z. B. auch gegen Wasser, wobei die jeweiligen Addukte unter Öffnung des s-Triazin-Rings zerfallen.

### 34.5.2 Gewinnung und Synthese

**1,2,3-Triazin** kann durch Oxidation von 1-Aminopyrazol mit $NiO_2$ oder Periodat dargestellt werden (o Abb. 34.39, oben links). **1,2,4-Triazine** lassen sich durch Kondensation von Diketonen mit Amidrazonen erhalten (o Abb. 34.39, oben rechts).

Derivate von **1,3,5-Triazin** sind schon seit mehr als 200 Jahren bekannt. So isolierte beispielsweise der deutsch-schwedische Apotheker und Chemiker *Carl Wilhelm Scheele* (1742–1786) im Jahr 1776 **Cyanursäure** (▸ Kap. 16.2, ▸ Kap. 34.5.4), das 2,4,6-Trihydroxyderivat des 1,3,5-Triazin. Die Synthese unsubstituierter 1,3,5-Triazine gelang erstmals *Grundmann* und *Kreuzberger* im Jahr 1953 durch säurekatalysierte Trimerisierung von Blausäure. Durch thermische Zersetzung von Formamidinhydrochlorid in Gegenwart von Tri-*n*-butylamin unter vermindertem Druck erhält man in 70 %iger Ausbeute 1,3,5-Triazin (*F. C. Schaefer*). Bei der Vakuumdestillation äquimolarer Mengen von *o*-Benzylimidoformiathydrochlorid und *N,N*-Diethylanilin bei 80 °C erfolgt die Zersetzung des freien Imidoesters und eine gleichzeitige Trimerisierung zu 1,3,5-Triazin mit einer Ausbeute von ca. 50 % (*F. Cramer* 1956). Diethylanilin dient zum Abfangen freigesetzten Chlorwasserstoffs. Die beiden letzteren Verfahren laufen indirekt auf eine Trimerisierung von Blausäure hinaus.

### 34.5.3 Reaktionen und Anwendungen

Analog zu den Diazinen (▸ Kap. 34.1) handelt es sich bei den Triazinen aufgrund der drei elektronenziehenden $sp^2$-hybridisierten Stickstoffatome um **elektronenarme Aromaten**. Dies macht sie besonders empfindlich gegenüber nucleophilen Reagenzien. Bei 1,2,3-Triazin reicht eine alkalische Umgebung, um Hydroxid-Ionen an Position 4 nucleophil angreifen zu lassen, wodurch der Ring geöffnet wird (o Abb. 34.40, oben links). Diese nucleophile Ringspaltung kann für Synthesen verschiedener Heterocyclen ausgenutzt werden, z. B. geht *o*-Aminothiophenol durch Umsetzen mit s-Triazin unter Methinylierung in Benzothiazol über.

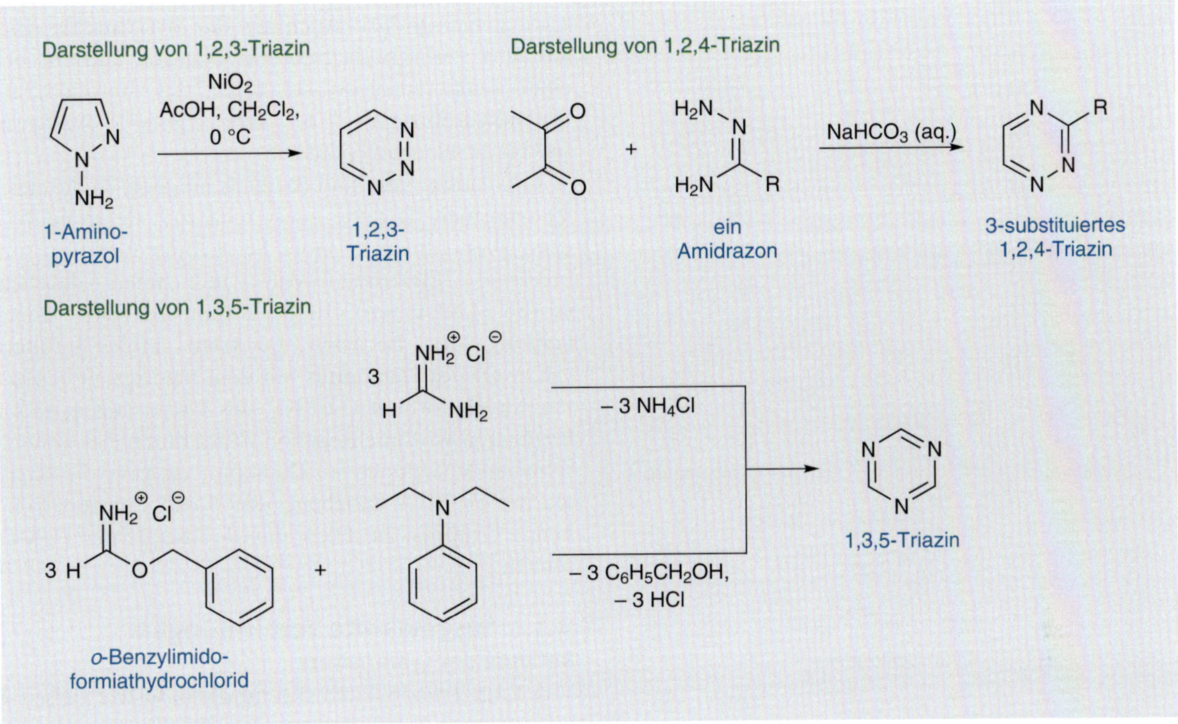


**Abb. 34.39** Darstellung der drei konstitutionsisomeren Triazine

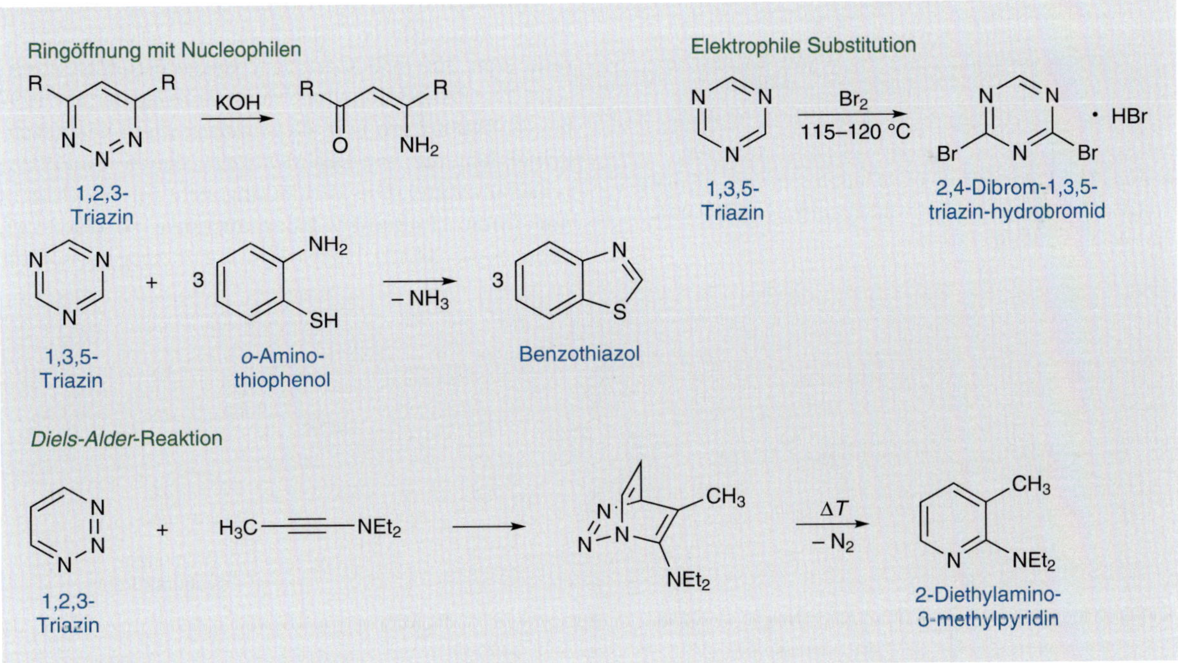


**Abb. 34.40** Triazine sind aufgrund der drei elektronenziehenden Stickstoffatome elektronenarme Aromaten. Dies macht sie empfindlich gegenüber Nucleophilen (oben links), aber auch geeignet als Diene für die *Diels-Alder*-Reaktion mit inversem Elektronenbedarf (unten). Obwohl die Bereitschaft zur elektrophilen Substitution (oben rechts) bei s-Triazin gering ist, entsteht 2,4-Dibrom-1,3,5-triazinhydrobromid in sehr guter Ausbeute.

Elektrophile Substitutionen sind bei s-Triazin äußerst erschwert, z. B. sind Nitrierungen und Sulfonierungen nicht möglich. Die dabei verwendeten Reagenzien wirken außerdem so schnell hydrolysierend, dass Triazin vorher zersetzt wird, bevor es zu einer Substitution kommen kann. Mit Brom bildet 1,3,5-Triazin bei 0 °C ein stabiles Addukt, wahrscheinlich mit der Zusammensetzung $C_3H_3N_3 \cdot HBr\ Br_2$. Es dürfte sich dabei um das „Perbromid“ handeln, also das $Br_3^-$-Salz des protonierten Triazins. Die Konstitution ist bis heute

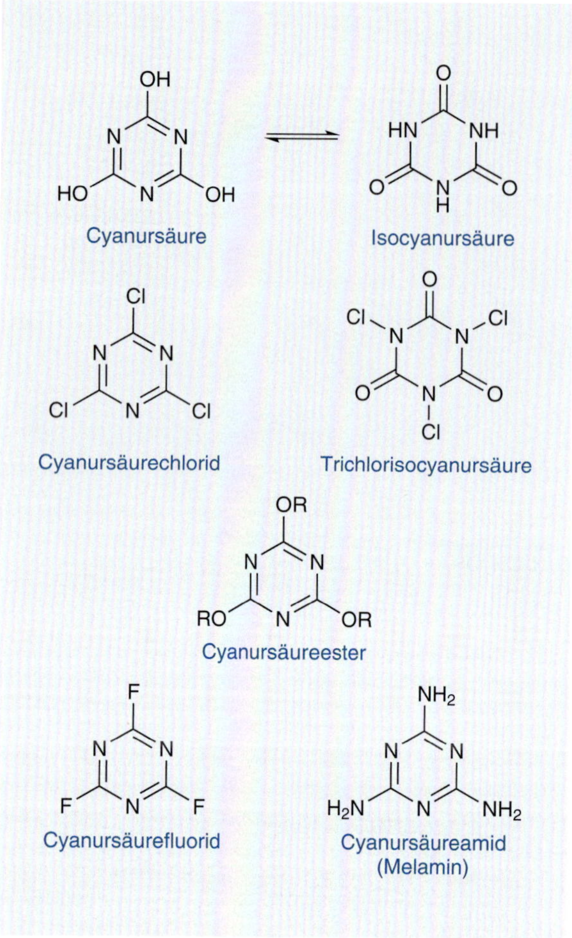


**o Abb. 34.41** Von Cyanursäure leiten sich verschiedene industriell verwertbare Derivate ab, z. B. Melamin oder Cyanursäurechlorid.

nicht genau geklärt. Auch aus der Pyridinreihe sind ähnliche Perbromide bekannt. Dagegen entsteht bei einer Temperatur von 115–120 °C 2,4-Dibrom-1,3,5-triazinhydrobromid in sehr guter Ausbeute (o Abb. 34.40, oben rechts).

Cycloadditionen sind ebenfalls möglich, da die elektronenarmen Triazine zusammen mit elektronenreichen Dienophilen an einer ***Diels-Alder*-Reaktion** mit inversem Elektronenbedarf teilnehmen können (o Abb. 34.40, unten). Hierbei kommt es zu einer Überlappung des höchsten besetzten Molekülorbitals (HOMO) des Dienophils mit dem niedrigsten besetzten Molekülorbital (LUMO) des Diens (▸Kap. 13.2). Begünstigt wird die Reaktion daher durch elektronenschiebende Gruppen am Dienophil, da diese die Energie des HOMOs anheben, oder durch elektronenziehende Gruppen am Dien, die die Energie des LUMO senken.

### 34.5.4 Ausgewählte Verbindungen

#### Derivate der Cyanursäure

Von **1,3,5-Triazin** leiten sich für die Industrie vielseitig verwendbare Verbindungen ab, z. B. die Derivate der Cyanursäure (o Abb. 34.41).

**Cyanursäure** (2,4,6-Trihydroxy-1,3,5-triazin) ist ein weißer, geruchsloser Feststoff, der sich bei einer Temperatur von 320–330 °C zu Isocyansäure (CHNO) zersetzt. Die Produktion von Cyanursäure lag im Jahr 1997 bei ca. 80 000 t pro Jahr. Cyanursäure dient hauptsächlich als Vorstufe von Desinfektions-, Bleich- und Pflanzenschutzmittel. Die Verbindung steht im Gleichwicht mit ihrem Tautomer, **Isocyanursäure** (o Abb. 34.41, oben; o Abb. 34.42). Isocyanursäure ist Ausgangstoff für

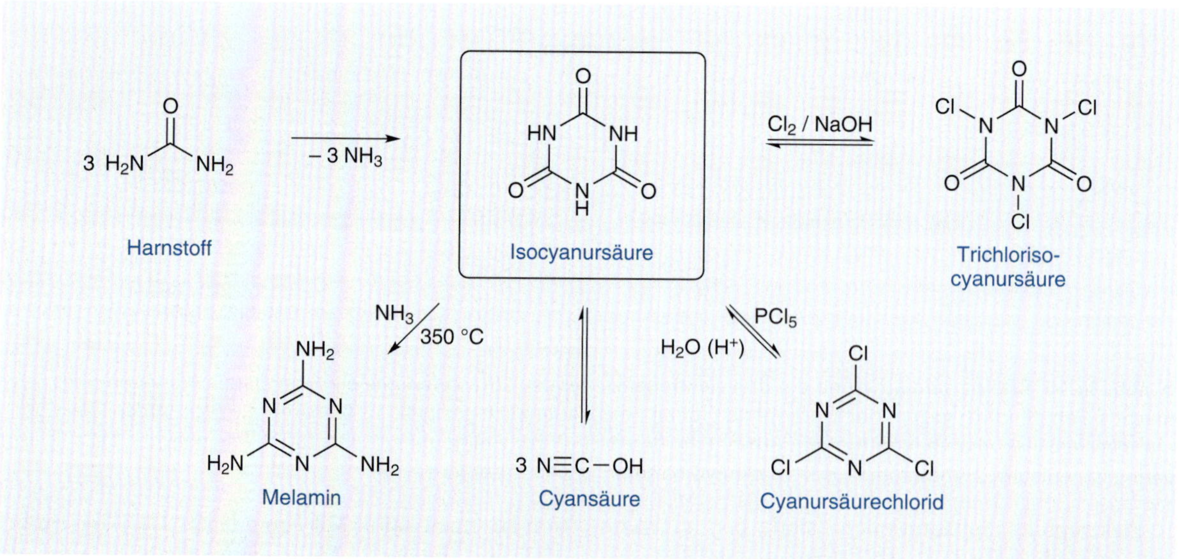


**o Abb. 34.42** Isocyanursäure ist Ausgangsstoff einer Vielzahl von industriell wichtigen Produkten, wie Desinfektions- oder Pflanzenschutzmitteln. Trichlorisocyanursäure ist Bestandteil von Desinfektionsmitteln für Schwimmbäder wie Chlorilong.

die Darstellung von **Trichlorisocyanursäure**, die durch Chlorierung mit Chlorgas synthetisiert wird. Trichlorisocyanursäure dient als Desinfektionsmittel, z. B. für die Chlorierung von Schwimmbädern. In Wasser zerfällt Trichlorisocyanursäure zu Hypochloriger Säure, die daraufhin zu Salz- und Chlorsäure disproportioniert. Da die Substanz in Wasser nur relativ schwer löslich ist, ergibt sich eine verlängerte Wirkdauer im Vergleich zum Einsatz von Natriumhypochlorit als Desinfektionsmittel. Im technischen Maßstab wird Cyanursäure ab 175 °C durch Pyrolyse von Harnstoff gewonnen. Es ist auch aus Biuret durch Erhitzen auf 200–300 °C zugänglich.

**Cyanursäurechlorid** (Cyanurchlorid, 2,4,6-Trichlor-1,3,5-triazin) wird durch Trimerisierung von Chlorcyan dargestellt und dient als Zwischenprodukt bei der Herstellung von Reaktivfarbstoffen, die kovalent an die Faser binden und dadurch waschechte Einfärbungen ermöglichen. Aus Cyanursäurechlorid und Natriumalkoholat erhält man die **Cyanursäureester** (▸Kap. 16.2) und mit Natriumfluorid in Sulfolan die **Cyanursäurefluoride**, die zur Darstellung von Säurefluoriden eingesetzt werden können. Versetzt man Cyanursäurechlorid mit Ammoniak, entsteht **Cyanursäureamid** (Melamin, o Abb. 34.43, unten). Durch Zersetzung von Melamin durch Säuren oder Hydrolyse von Cyanursäurechlorid erhält man umgekehrt wieder Cyanursäure. Technisch wird Melamin aus Harnstoff gewonnen (o Abb. 34.43, oben). Durch Polykondensation von Melamin mit Formaldehyd entstehen die wichtigen **Melaminharze** (Meladur, Ultrapas), die für die Beschichtung von Resopal®-Platten (o Abb. 34.44 A) oder für die Herstellung elektrischer Isolatoren dienen. Eine andere Verwendung finden die Melaminharze in Kunstoffgeschirr (o Abb. 34.44 B), das jedoch ab einer Temperatur von ca. 70 °C Melamin und Formaldehyd freisetzen kann und somit im Verdacht steht, gesundheitsschädlich zu sein. In China wurde im Jahr 2008 Babynahrung mit Melamin gestreckt. Melamin kann zu Nierenversagen führen, seine Salze die Bildung von Nierensteinen hervorrufen. Dies führte dazu, dass sechs Säuglinge starben und etwa 300 000 Kinder an Nierensteinen erkrankten.

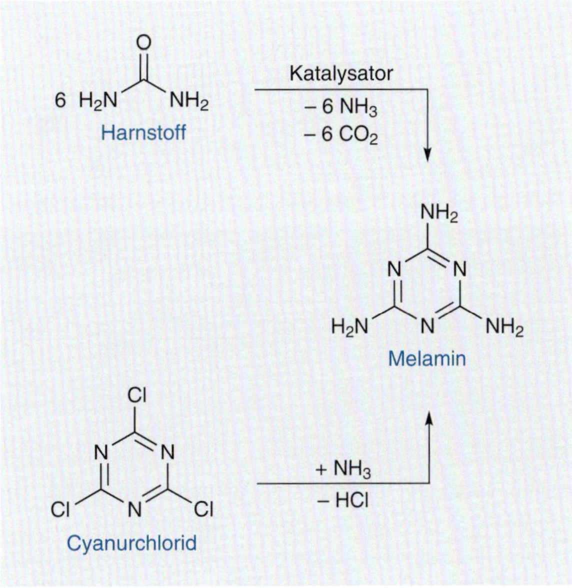


o **Abb. 34.43** Melamin (2,4,6-Triamin-1,3,5-triazin) kann ausgehend von Harnstoff oder über die nucleophile Substitution von Cyanurchlorid mit Ammoniak dargestellt werden.

o **Abb. 34.44** Die Beschichtung von Resopal®-Platten (**A**) besteht aus Melaminharzen, aus denen auch Plastikgeschirr (**B**) hergestellt werden kann.

## Oxathiazin

Von Oxathiazin leitet sich der Süßstoff **Acesulfam K** ab, das Kaliumsalz von Oxathiazindioxid, 6-Methyl-1,2,3-oxathiazin-4(3*H*)-on-2,2-dioxid. Acesulfam K wird aus Acetessigsäure-*tert*-butylester und Fluorsulfonylisocyanat (aus Chlorsulfonylisocyanat und Natriumfluorid) dargestellt (o Abb. 34.45). Die Verbindung bildet farblose Kristalle, die sich bei einer Temperatur von etwa 225 °C zersetzen. Sie hat etwa die 200-fache Süßkraft von Rohrzucker und keinen Nährwert. In Deutschland wird Acesulfam K seit 1990 unter dem Markennamen

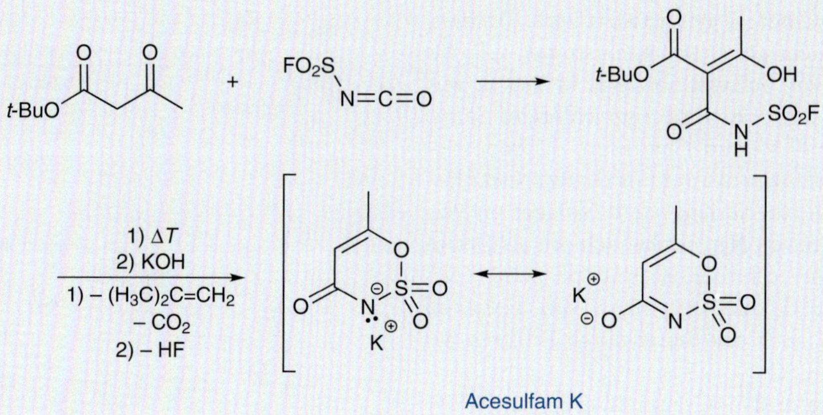


**Abb. 34.45** Der unter dem Markennamen Sunett® bekannte Süßstoff Acesulfam K leitet sich von Oxathiazin ab und besitzt die ca. 200-fache Süßkraft von Rohrzucker.

Sunett® verkauft; es ist in der Liste der in der EU zugelassenen Lebensmittelzusatzstoffe unter der Nummer E950 zu finden. Acesulfam K wird z. B. in Getränken häufig mit anderen Süßstoffen wie Aspartam gemischt und ist aufgrund seiner nicht kariogenen Wirkung Bestandteil von Zahnpasta oder Mundwässern. Die erlaubte Tagesdosis liegt bei 9 mg/kg Körpergewicht.

# 35 Stickstoffhaltige bicyclische Heterosysteme (Heterobicyclen)

Purine ... 899 | Pteridine und Pterine ... 908 | Weitere Heterobicyclen ... 913

In diesem Kapitel werden kondensierte Ringsysteme behandelt, in denen beide Ringe jeweils Stickstoff enthalten; also Verbindungen, die sich formal von zwei stickstoffhaltigen Heterocyclen ableiten. Zu ihnen zählen wichtige Naturstoffklassen, z. B. die Purine, Pteridine und Flavine. Purine bestehen formal aus einem Imidazol- und einem Pyrimidinring, Pteridine aus Pyrimidin und Pyrazin, und in Flavinen, denen das Isoalloxazin-Gerüst zugrunde liegt, findet man eine benzoanellierte Pteridin-Struktur vor. Pyrazolopyrimidin-Ringsysteme finden sich in einigen Arzneistoffen, z. B. in Sildenafil (Viagra®), in Allopurinol, einem Arzneistoff zur Behandlung der Gicht, oder auch in Zaleplon, einem Sedativum und Anxiolytikum. Das Pyrrolopyrrol-Gerüst findet sich in Pigmentfarbstoffen.

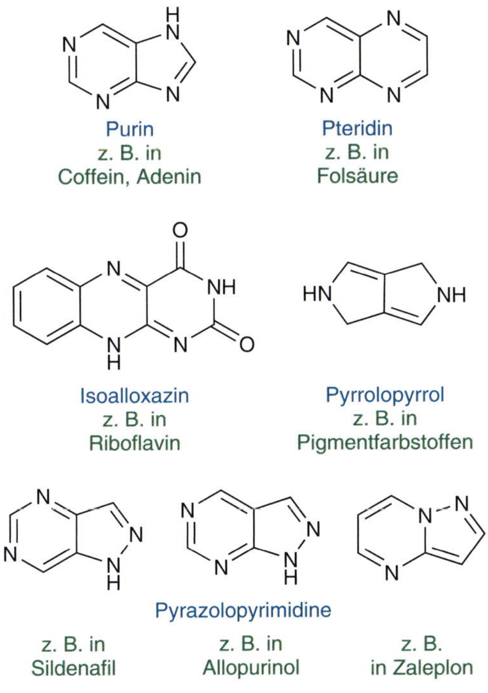


## 35.1 Purine

### 35.1.1 Struktur und Eigenschaften

Diese im Tier- und Pflanzenreich wichtige Stoffklasse enthält ein bicyclisches Ringsystem, das sich formal aus einem Pyrimidinring (▸Kap. 34.1) und einem Imidazolring (▸Kap. 30.2) aufbaut. Die Stammverbindung, **Purin,** ist eine farblose Substanz mit einem Schmelzpunkt von 217 °C. Sie kommt in der Natur nicht unsubstituiert vor. Bei der Nummerierung der Atome im Purin-Ringsystem wird zuerst der Pyrimidinring durchnummeriert (○ Abb. 35.1), die Atome 7–9 gehören zu dem verbleibenden Teil des Imidazolrings. Diese historisch bedingte Nummerierung entspricht zwar nicht den gültigen IUPAC-Regeln, nach denen das gesamte Ringsystem und nicht die einzelnen Ringe durchnummeriert werden (▸Exkurs: Systematische Nomenklatur von Heterobicyclen), sie ist aber auch nach IUPAC noch erlaubt.

Purin ist löslich in Wasser und heißem Ethanol, wenig löslich dagegen in organischen Lösemitteln wie Ether oder Chloroform. Sofern die 7- oder 9-Stellung unsubstituiert sind, gibt es vom Purin **zwei tautomere Formen**, das **9*H*- und 7*H*-Purin** (○ Abb. 35.1), die in Lösung im Verhältnis 1:1 vorliegen. In kristallinem Purin findet man die 7*H*-Form. Die weiteren möglichen Tautomere 1*H*- und 3*H*-Purin kommen nicht vor. Purin ist sowohl eine schwache Base – der p$K_S$-Wert der protonierten Form liegt bei 2,4 – als auch eine schwach NH-acide Verbindung (p$K_S$ = 8,9). Wie NMR-spektroskopische Messungen zeigen, erfolgt die Protonierung bevorzugt am N1 und die Deprotonierung am N7 oder N9, je nach tautomerer Form. Purin bildet daher sowohl mit Säuren als auch mit Basen Salze. In stark saurer Lösung bildet sich das Dikation des Purins durch eine zweite Protonierung am N-Atom des Imidazolrings.

Durch elektronenschiebende Substituenten wie z. B. O-Atome am Ringsystem wird die Basizität des Purinderivats kaum beeinflusst (z. B. protoniertes Hypoxanthin: p$K_S$ = 2,0; ▸Kap. 35.1.4), die NH-Acidität wird dagegen erhöht (z. B. Xanthin: p$K_S$ = 7,5; ▸Kap. 35.1.4).

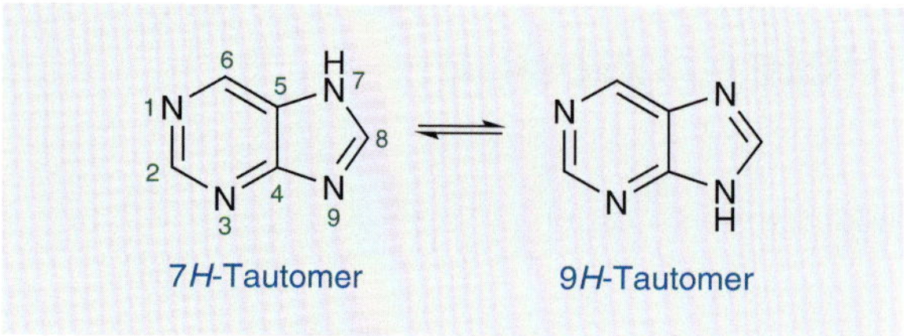


**o Abb. 35.1** Tautomere Formen des Purins mit der historisch bedingten, aber nach IUPAC für das Purin immer noch erlaubten Nummerierung (▸Exkurs: Systematische Nomenklatur von Heterobicyclen)

N-funktionalisierte Derivate weisen hingegen eine erhöhte Basizität auf (z. B. protoniertes Adenin: $pK_S = 4{,}2$; ▸Kap. 35.1.4, ▸Kap. 38.1).

### 35.1.2 Gewinnung und Synthese

Purin wurde erstmalig von *E. Fischer* (1898) aus Harnsäure (daher der Name: *purum uricum*) und im Jahr 1962 von *Bredereck* aus Formamid und Aminoacetonitril (o Abb. 35.3, oben rechts) in 35%iger Ausbeute dargestellt. Statt Formamid kann bei dieser, an die *Traube*-Synthese (▸Kap. 35.1.4) angelehnten Purin-Synthese, auch wasserfreie Ameisensäure als Ameisensäure-Äquivalent im zweiten Schritt der Synthese mit 4,5-Diaminopyrimidin umgesetzt werden. 8-Methylpurin lässt sich auf diese Art durch Kondensation aus 4,5-Diaminopyrimidin und Acetanhydrid gewinnen. Die eingesetzten Diaminopyrimidine lassen sich z. B. auch aus 4-Aminopyrimidinen durch Nitrosierung und Reduktion der 5-Nitroso-Verbindung darstellen. In einer Eintopfreaktion kann Purin auch durch mehrstündiges Erhitzen von Formamid auf 160–200 °C in guten Ausbeuten erhalten werden (*Yamada* 1972). Umgekehrt kann zur Synthese substituierter Purine auch zuerst der Imidazolring aufgebaut und anschließend mit einem Orthoester als Ameinsensäure-Äquivalent umgesetzt werden. Durch Luftsauerstoff erfolgt dann die Oxidation des Produkts zum Purin (o Abb. 35.3, oben links).

---

**Exkurs: Systematische Nomenklatur von Heterobicyclen**

Nach einer historischen, aber auch heute noch üblichen Nomenklatur wird zur systematischen Benennung von kondensierten Heterocyclen die **größere Ringkomponente** (im Falle des Purins also der Pyrimidinring) **als Basiskomponente** gewählt, das **kleinere Ringsystem** wird **als Präfix** mit dem Zusatz ‚o' am Namen vorangestellt (Imidazo-). Die Bindungen der Basiskomponente werden mit *a*, *b*, *c* usw. (blau markiert; beginnend mit der 1,2-Bindung, also in diesem Fall der Bindung von N1 nach C2), die Atome der zweiten Komponente – wie für einzelne Heterocyclen üblich – mit 1, 2, 3 usw. (rot markiert) benannt. Die Seite, an der die Verknüpfung der beiden Ringe stattfindet, wird dann durch die entsprechende Buchstaben- und Zahlenkombination gekennzeichnet.

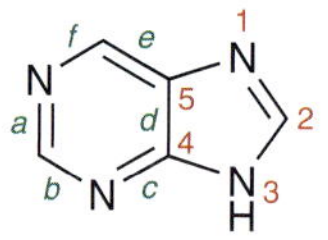

Weitere, hier nur kurz aufgeführte Regeln zur Bestimmung der Basiskomponente sind:

- Enthält das kondensierte Ringsystem nur ein N-Atom, ist immer der N-haltige Heterocyclus die Basiskomponente, unabhängig davon, ob es sich um den größeren oder kleineren Ring handelt.
- Enthält das Ringsystem keinen Stickstoff, sondern andere Heteroatome, wird zuerst der O-haltige Ring, danach der S-haltige Ring als Basis gewählt.
- Enthalten die Ringe eine unterschiedliche Zahl von Heteroatomen, ist der Ring mit der größeren Zahl von Heteroatomen die Basiskomponente.

Die Nummerierung des gesamten kondensierten Ringsystems (grün markiert in o Abb. 35.2) **nach IUPAC** erfolgt unabhängig von diesen Regeln und beginnt immer mit einem Atom, das einem Brückenkopfatom benachbart ist. Heteroatome sollten dabei möglichst niedrige Ziffern erhalten. Ein Brückenkopf erhält nur dann eine Nummer, wenn es sich um ein Stickstoffatom handelt. Bei **Purin** als spezielle Heterobicyclus-Struktur gilt zusätzlich noch die historisch bedingte, aber nach IUPAC immer noch erlaubte Nummerierung bei der zunächst der Pyrimidinring und danach fortlaufend der Imidazolring nummeriert wird (o Abb. 35.1).

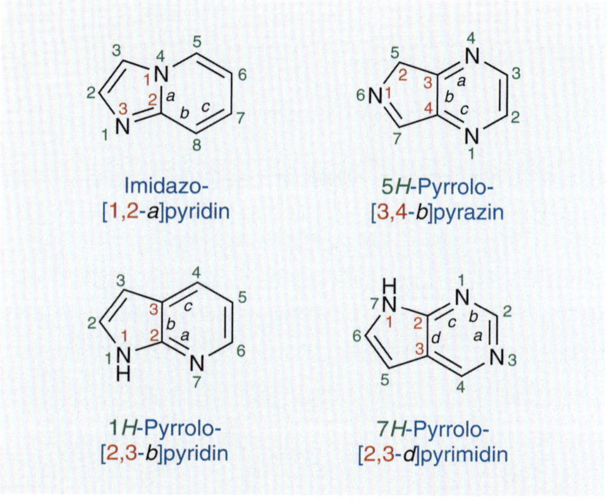


**o Abb. 35.2** Bezifferung und systematische Nomenklatur nach IUPAC von kondensierten (anellierten) Heterobicyclen (*schwarz*: Basiskomponente; *rot*: zweite Komponente; *grün*: gesamtes Ringsystem)

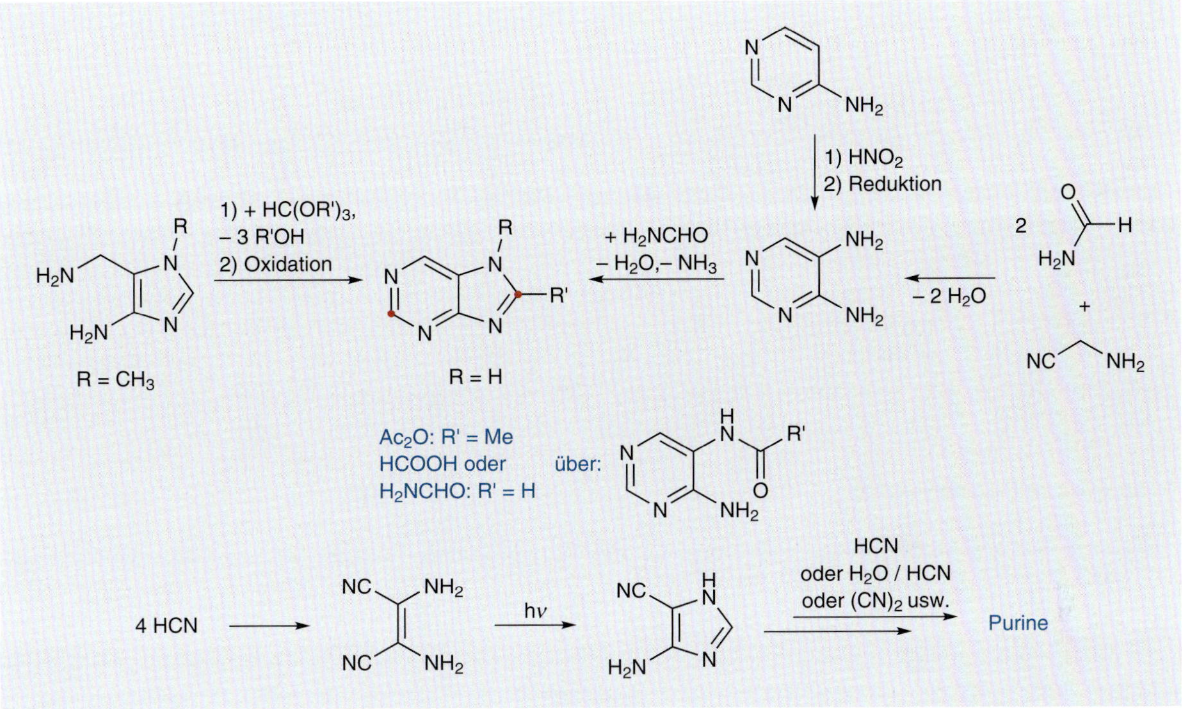


**○ Abb. 35.3** Synthese von Purinen über Diamino-Derivate des Pyrimidins (oben rechts) oder des Imidazols (oben links). Die C-Atome der Ameisensäure-Äquivalente (durch Punkte markiert), die für die zweite Ringschlussreaktion zum Pyrimidin (links) und Imidazol (rechts) benötigt werden, finden sich in den Positionen 2 und 8. Die Entstehung von Purinen durch „Polymerisierung" von Blausäure wird als wichtiger Schritt beim chemischen Ursprung des Lebens diskutiert (unten).

Letztendlich entstehen Purinderivate also durch eine „Polymerisierung" von Blausäure (○ Abb. 35.3, unten) oder ihres Hydrolyseprodukts Formamid und/oder deren Reaktionen mit z. B. Hydrogencarbonat oder Ammonium-Ionen. Man vermutet, dass solche Reaktionen auch für den chemischen Ursprung des Lebens wichtig waren, denn aus diesen einfachen Bausteinen könnten unter präbiotischen Bedingungen sowohl die vom Purin abgeleiteten Nucleinsäurebasen (▸ Kap. 38) als auch die Pyrimidinbasen entstanden sein.

### 35.1.3 Reaktionen und Anwendungen

Ein Großteil der Berichte zur Chemie der Purine befasst sich mit den natürlich vorkommenden O- oder N-funktionalisierten Purinen, wohingegen den Reaktionen einfach substituierter Purine weniger Beachtung geschenkt wurde. Die Stammverbindung Purin ist ein aromatisches 10-$\pi$-Elektronensystem, dessen Reaktionen von den beiden Heterocyclen Pyrimidin (▸ Kap. 34.1) und Imidazol (▸ Kap. 30.2) bestimmt werden. Purin ist relativ hydrolysestabil und zersetzt sich nur langsam in wässrigen Säuren (selbst in verdünnter Schwefelsäure findet bei 100 °C nur eine sehr langsame Hydrolyse des Purins statt).

Purine gehen sowohl Reaktionen mit Elektrophilen als auch mit Nucleophilen ein. Nucleophile greifen bevorzugt im Pyrimidinring an den C-Atomen an oder im Imidazolring am C8-Atom. Dieses wird auch bevorzugt durch Elektrophile angegriffen. Letzteres erfolgt besonders leicht bei Amino- und Oxo-Derivaten des Purins; diese lassen sich elektrophil an C8 halogenieren, nitrieren oder mit Diazoniumsalzen zu Azofarbstoffen umsetzen (○ Abb. 35.4; vgl. auch ○ Abb. 35.13).

Methyliodid als Elektrophil greift in aprotischen Lösemitteln bevorzugt an den elektronenreichen N-Atomen, insbesondere an N1 an. In Methanol bei 100 °C entsteht dagegen das 7,9-Dimethylpuriniumiodid (○ Abb. 35.5). Mit Dimethylsulfat (DMS) in wässriger Lösung entsteht das *N*9-Methylpurin.

Nucleophile aromatische Substitutionen, $S_NAr$-Reaktionen, können mit Purin selbst oder auch mit Haloalkyl- oder Alkylthiopurinen durchgeführt werden. Die *Tschitschibabin*-Reaktion mit $KNH_2$ in flüssigem Ammoniak führt zu 6-Aminopurin. Halogenatome am Purinring werden in Abhängigkeit von ihrer Position in der Reihenfolge C6 > C2 > C8 durch Nucleophile substituiert, wie bei der Synthese von Guanin aus 2,6,8-Trichloropurin zu erkennen ist (○ Abb. 35.6). C8 wird durch Nucleophile erst dann angegriffen, wenn aufgrund einer N9-Alkylierung keine Deprotonierung des Imidazolrings möglich ist.

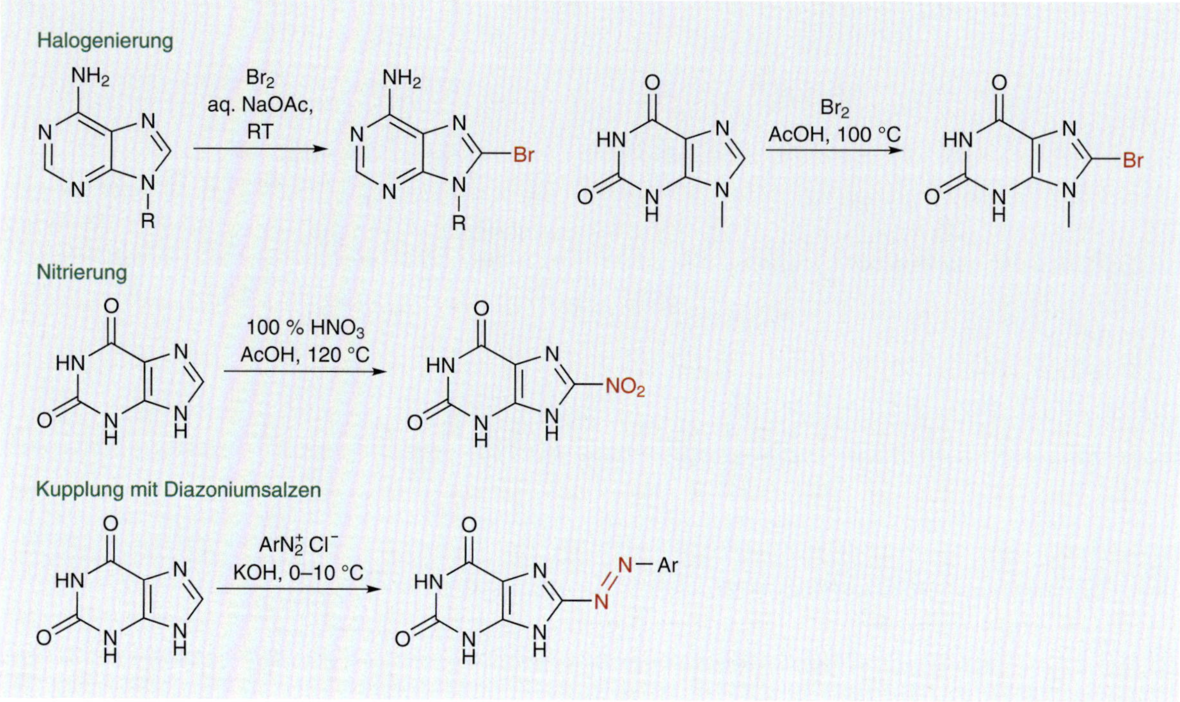


**Abb. 35.4** Reaktionen von Amino- und Oxo-Derivaten des Purins mit Elektrophilen führen zur Substitution an Position 8.

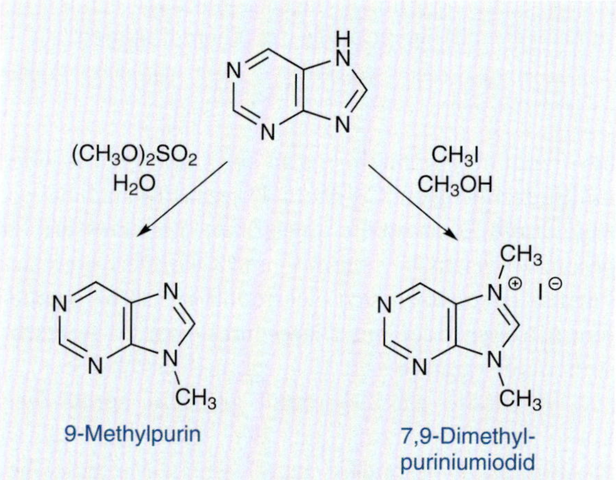


**Abb. 35.5** Die Reaktion von Purin mit den Elektrophilen Dimethylsulfat (DMS) und Methyliodid in protischen Lösemitteln führt zur Alkylierung der N-Atome 7 und 9.

### 35.1.4 Ausgewählte Verbindungen

Vom Purin leiten sich einige physiologisch und pharmakologisch wichtige Derivate ab, z. B. Hypoxanthin und seine Oxidationsprodukte Xanthin und Harnsäure, die Purinbasen Adenin und Guanin sowie die Methylxanthine Coffein, Theophyllin und Theobromin.

#### Xanthin, Hypoxanthin und Harnsäure

**Xanthin** und **Hypoxanthin** finden sich im Blut, im Harn und in der Leber. Sie entstehen im Zuge des Abbaus der Purinbasen (Abb. 35.7). Im Stoffwechsel wird Hypoxanthin über Xanthin zu **Harnsäure** oxidiert, die über den Harn ausgeschieden wird. Harnsäure ist damit das **Endprodukt des Abbaus der Purinbasen** bei Primaten. Andere Tiere und Pflanzen können Harnsäure weiter zu **Allantoin**, Harnstoff oder sogar Ammoniak abbauen. Der Harn von Menschen und Säugetieren enthält nur geringe Mengen Harnsäure, jedoch kann es bei einer Hyperurikämie (Harnsäurespiegel im Blut ≥ 6,5 mg/dl (387 µmol/l)) zu pathologischen Harnsäureablagerungen in den Gelenken (**Gicht**) sowie zur Bildung von Blasen- und Nierensteinen kommen, die überwiegend aus dem Natrium- oder Ammoniumsalz der Harnsäure bestehen.

Das Enzym, das die Oxidation von Xanthin zu Hypoxanthin und zu Harnsäure katalysiert, ist die **Xanthin-Dehydrogenase** (XDH), ein Metalloflavoprotein, dessen aktives Zentrum ein Molybdänatom gebunden als Mo-Pteroin-Cofaktor (▸Kap. 35.2.4) enthält. Die Elektronen werden bei der Oxidation über einen Fe-S-Cluster auf FAD (▸Kap. 35.2.4) übertragen, das anschließend $NAD^+$ zu NADH reduziert. Die Xanthin-Dehydrogenase kann durch Konformationsänderung in die **Xanthin-Oxidase** übergehen, die nicht mehr $NAD^+$, sondern $O_2$ zu $H_2O_2$ reduziert. Die Xanthin-Dehydrogenase wird durch den Arzneistoff **Allopurinol** gehemmt (▸Kap. 35.3.1), der zur Behandlung der Gicht als Urikostatikum, d. h. als Arzneistoff, der die Bildung der Harnsäure hemmt, angewandt wird.

Wie Purin können Hypoxanthin und Xanthin in verschiedenen **tautomeren Formen** vorkommen. Nach spektroskopischen Befunden liegt Xanthin vorwiegend in der Dioxo-N7*H*-Form vor (Abb. 35.7). Hypoxan-

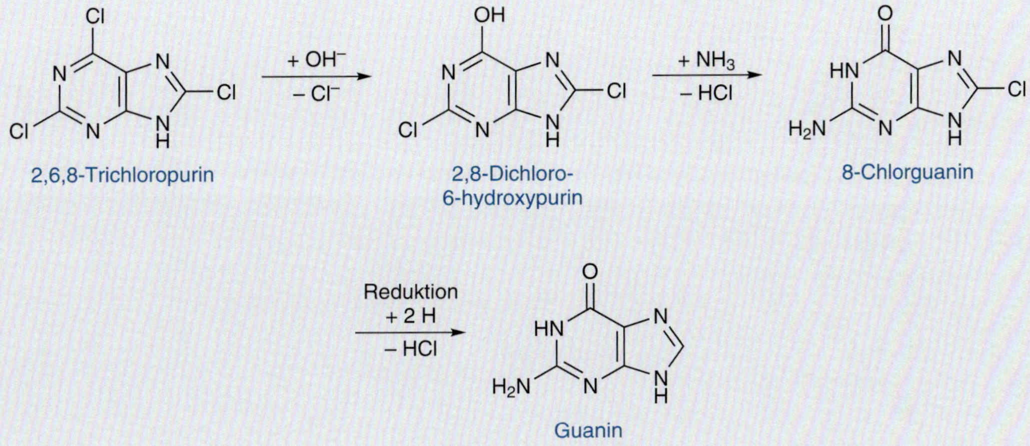


**Abb. 35.6** Nucleophile Substitutionen am Purin-Ringsystem: Synthese von Guanin aus 2,6,8-Trichloropurin

thin liegt laut quantenchemischen Berechnungen – untermauert wird dies durch spektroskopische Befunde – in DMSO und Wasser als Gemisch des Keto-N1*H*-N9*H*- und des Keto-N1*H*-N7*H*-Tautomeren vor.

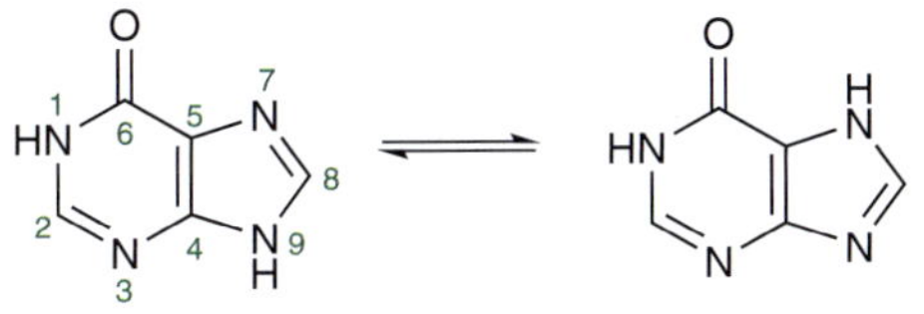

Hypoxanthin entsteht z. B. bei der Behandlung von DNA mit salpetriger Säure durch Desaminierung aus Adenin (Abb. 35.8). Auch *in vivo* läuft diese Desaminierung ab; Anders als Adenin, das in der DNA ein Basenpaar mit Thymin bildet, paart Hypoxanthin mit Cytosin, sodass es letztlich durch die Desaminierung zur Umwandlung eines A-T- zu einem G-C-Basenpaar, also zu einer Mutation kommt (▸Kap. 38).

**Harnsäure**, die 1776 *Scheele* und unabhängig von ihm *Bergman* in Blasensteinen entdeckten, ist – wie oben bereits erwähnt – das Endprodukt des Purinabbaus bei Primaten, aber auch das stickstoffhaltige **Endprodukt des Proteinstoffwechsels** der Reptilien und Vögel. Sie findet sich daher in Schlangenexkrementen (etwa 90 %) und im **Guano**, den Ablagerungen von Vogelexkrementen (etwa 25 %). Aus diesen Naturprodukten wird die Harnsäure durch Auslaugen und nachfolgendes Ansäuern gewonnen. Harnsäure ist eine farblose, kristalline Substanz (Smp. > 300 °C), die sich in Wasser kaum löst. Laut quantenchemischen Berechnungen ist das Triketo-Tautomer (Abb. 35.7), das auch in kristalliner Harnsäure vorliegt, die stabilste Form. Im Gegensatz zur Barbitursäure (▸Kap. 34.1) reagiert Harnsäure nur schwach sauer. Sie bildet zwei Reihen von Salzen, die sauren (durch Deprotonierung des N3: $pK_{S1}$ = 5,75) und die neutralen **Urate** (durch weitere Deprotonierung, wahrscheinlich von N9: $pK_{S2}$ = 10,3). Im Ammoniumhydrogenurat liegt laut Röntgenstrukturanalyse die Sauerstofffunktion an C2 als Hydroxygruppe vor, die negative Ladung ist über die beiden N-Atome verteilt.

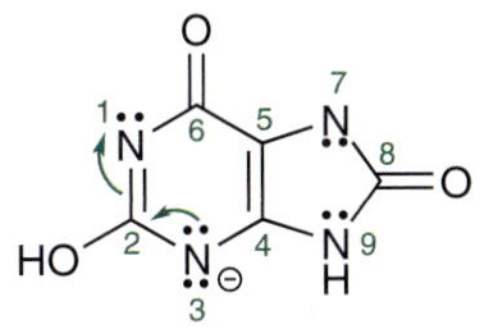

Harnsäure wirkt *in vivo* auch als **Antioxidans**. Dabei ist noch nicht abschließend geklärt, welcher Mechanismus bzw. welche Mechanismen für die Radikalfängereigenschaften der Harnsäure verantwortlich sind. In Frage kommen mehrere Mechanismen:

- die Abgabe nur eines Elektrons (SET, *single electron transfer*) zu einem Radikal oder, wenn das Anion vorliegt, zu einem Radikalanion,
- die Dehydrierung (Abgabe von zwei Protonen und zwei Elektronen) zu einer dem Chinonimin ähnlichen Verbindung,
- Wasserstofftransfer (Abgabe eines Protons und eines Elektrons), und/oder
- die Bildung von Radikaladdukten (RAF, *radical adduct formation*).

Welcher Mechanismus im Einzelfall abläuft, hängt offensichtlich vom abzufangenden Radikal und von den Bedingungen (z. B. Polarität des Lösemittels) ab.

Die **Konstitution der Harnsäure** konnte durch oxidativen Abbau aufklärt werden. Je nach Versuchsbedingungen (z. B. $HNO_3$ oder $PbO_2$) entstehen als Abbauprodukte **Alloxan** (▸Kap. 30.2.4, Abb. 30.36) oder **Allantoin** (Abb. 35.7); im ersten Fall bleibt der Pyrimidin-, im zweiten der Imidazolring erhalten.

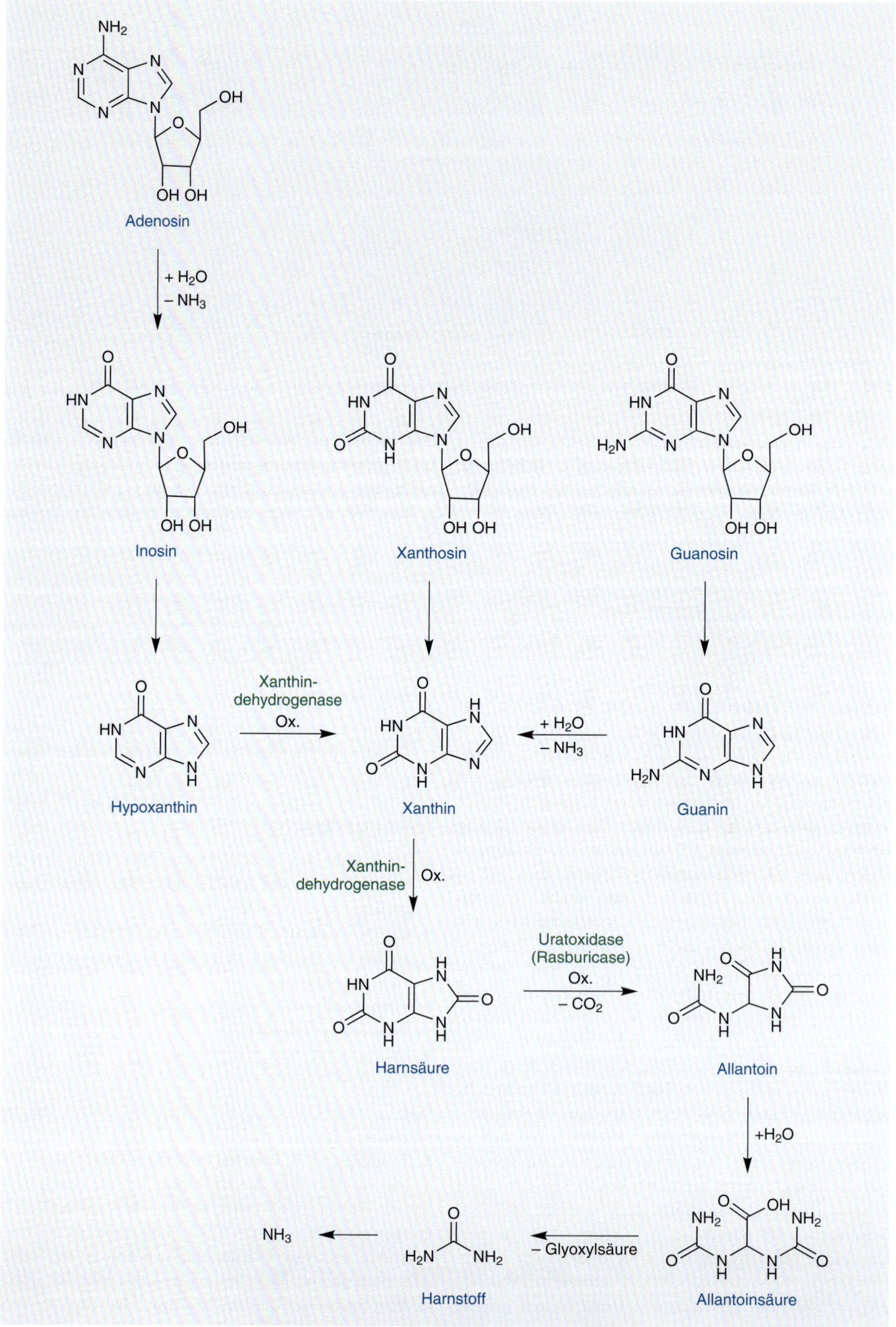


**o Abb. 35.7** Schema des Purinstoffwechsels: Abbau der Purinbasen zu Harnsäure (Primaten) und weiter zu Allantoin, Harnstoff oder Ammoniak (andere Lebewesen, Pflanzen)

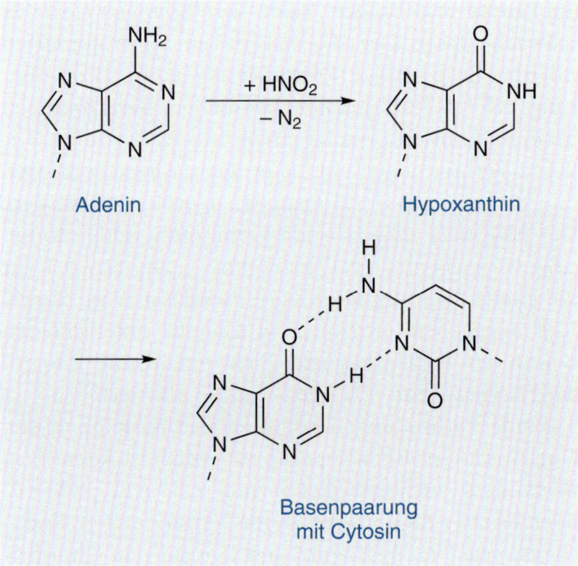


**Abb. 35.8** Durch Desaminierung von Adenin zu Hypoxanthin entsteht eine falsche Basenpaarung: Hypoxanthin paart mit Cytosin und nicht wie Adenin mit Thymin. Auf diese Weise wird bei der Replikation Adenin letztlich in Guanin überführt, es wird also eine Punktmutation ausgelöst.

Mittels ***Traube*-Synthese** können neben Harnsäure auch anderer Purinderivate (▸Kap. 35.1.2) hergestellt werden (Abb. 35.9). Durch Kondensation von Harnstoff mit Cyanessigester entsteht Cyanacetylharnstoff, der unter der Einwirkung von Basen zu 6-Aminouracil cyclisiert. Dieses lässt sich über die Nitrosoverbindung in 5,6-Diaminouracil überführen, das mit Chlorameisensäureethylester in Gegenwart von Natronlauge das entsprechende Urethan liefert. Letzteres spaltet in der Hitze Alkohol ab und man erhält Harnsäure. Die Endstufe der Reaktion kann auch durch Verschmelzen des 5,6-Diaminouracils mit Harnstoff erreicht werden, wobei unter Abspaltung von zwei Molekülen Ammoniak Harnsäure entsteht.

Zum **analytischen Nachweis der Harnsäure** dampft man die Substanz mit Salpetersäure (oder einem Gemisch aus $H_2O_2$ und HCl) ein und übergießt den Rückstand mit Ammoniak. Das Auftreten einer purpurroten Färbung zeigt Harnsäure an (**Murexidreaktion**; ▸Kap. 30.2.4, Abb. 30.36). Murexid (von *Liebig* und *Woehler* 1840 nach der Purpurschnecke *Murex purpurea* benannt) ist das Ammoniumsalz der in freiem Zustand nicht bekannten Purpursäure. Die Reaktion ist nicht sehr spezifisch, sondern fällt auch bei Methylxanthinen, bei Barbitursäurederivaten (▸Kap. 34.1) und bei Uracil (▸Kap. 38) positiv aus; allerdings nimmt sie hier, je nach Reagenz, einen anderen Verlauf.

**Mercaptopurin** ist ein Tautomer des Thiohypoxanthins (1,7-Dihydro-6*H*-purin-6-thion). Es hemmt die DNA- und RNA-Synthese und wird als Cytostatikum und, ebenso wie Azathioprin, als Immunsuppressivum verwendet. **Azathioprin** wird *in vivo* zu Mercaptopurin verstoffwechselt, d. h. erst im Organismus entsteht der eigentlich wirksame Arzneistoff (*drug*); Azathioprin ist demnach ein **Prodrug**.

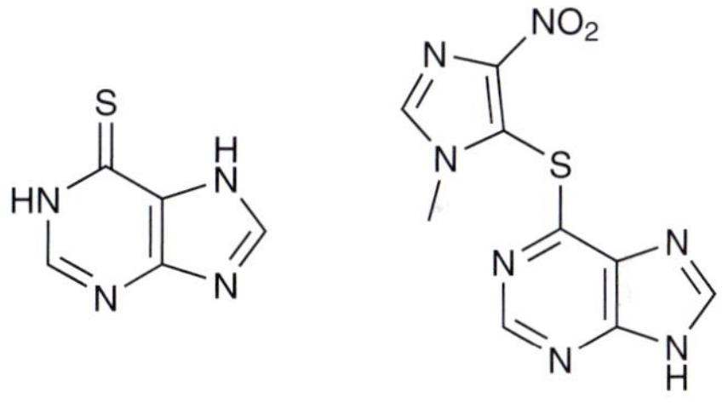

Mercaptopurin (7*H*-Tautomer)    Azathioprin (9*H*-Tautomer)

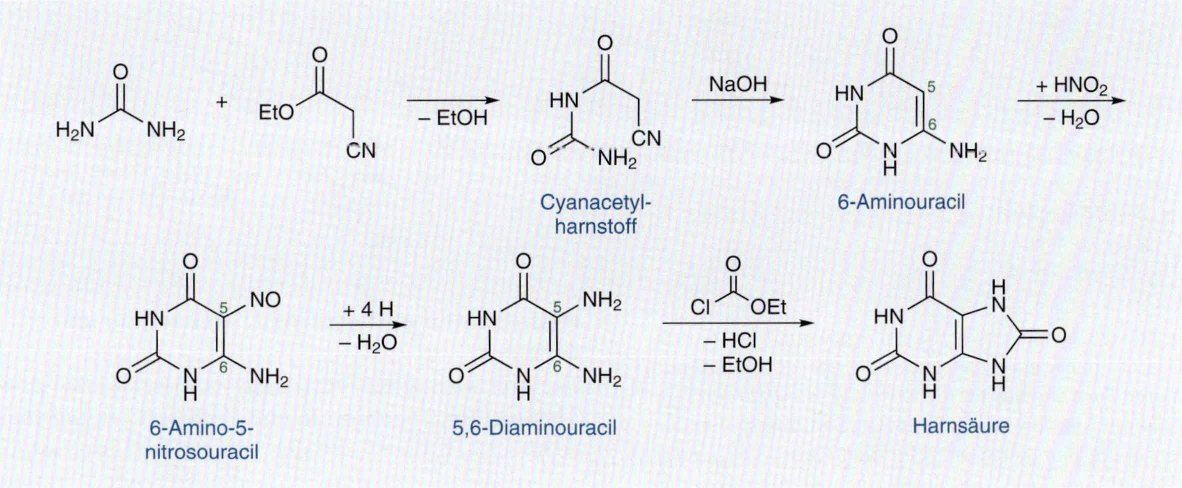


**Abb. 35.9** Synthese der Harnsäure nach *Traube*

35

### Purinbasen: Adenin, Guanin und Derivate

**Guanin** (2-Amino-1,9-dihydropurin-6-on) findet sich frei in der Milch sowie in den Exkrementen von Säugetieren und Vögeln (Guano). Es ist eine silbrig glitzernde Substanz und Bestandteil der Schuppen von Fischen und Reptilien.

**Adenin** (6-Aminopurin, 9*H*-Purin-6-amin), entsprechend seiner Summenformel $C_5H_5N_5$ formal ein „pentameres HCN" (▸Kap. 35.1.2), tritt frei in vielen Naturprodukten auf, z. B. in Teeblättern, im Zuckerrübensaft, in der Hefe und im Steinpilz. Röntgenstrukturanalysen und spektroskopische Untersuchungen von kristallinem Adenin zeigen, dass es im Kristall als 7*H*-Tautomer vorliegt (○Abb. 35.10, oben); in Lösung besteht ein Gleichgewicht mit dem 9*H*-Tautomer, das wiederum in der Gasphase dominieren soll und laut quantenchemischen Berechnungen das stabilste Tautomer ist. Genauere spektroskopische Untersuchungen von Guanin zeigen neben dem 7*H*-Keto- und dem 9*H*-Keto-Tautomer (○Abb. 35.10, unten) auch das Vorliegen der 9*H*-Enol-Form an. Die verschiedenen tautomeren Formen der Nucleinsäurebasen spielen für falsche Basenpaarungen (engl. *base pair mismatch*) und die damit einhergehenden Mutationen eine große Rolle und sind daher Gegenstand vielfältiger spektroskopischer und quantenchemischer Untersuchungen.

Adenin (Smp. >300 °C) und auch Guanin (Smp. >365 °C) sind schwer- bzw. unlöslich in Wasser und Ethanol, Aceton und Ether, dagegen löslich in verdünnten Säuren und Laugen. Beide Verbindungen sind nur schwache Basen. Der p$K_S$-Wert des am N1 protonierten Adenins liegt bei 4,2. Protoniertes Guanin (Protonierung erfolgt laut quantenchemischen Berechnungen bevorzugt am N7) besitzt einen p$K_S$-Wert von ca. 3,3. Beide Verbindungen sind aber auch schwache Säuren und können an den NH-Gruppen deprotoniert werden. Der p$K_S$-Wert als NH-acide Verbindung (Deprotonierung vorwiegend an N1) beträgt bei Guanin ca. 9,4, für die zweite Deprotonierung (N9) wird ein Wert von ca. 12,4 angegeben. Adenin und Guanin unterscheiden sich in den Stellen höchster Elektronendichte: Guanin wird bevorzugt an N7, Adenin an N3 alkyliert.

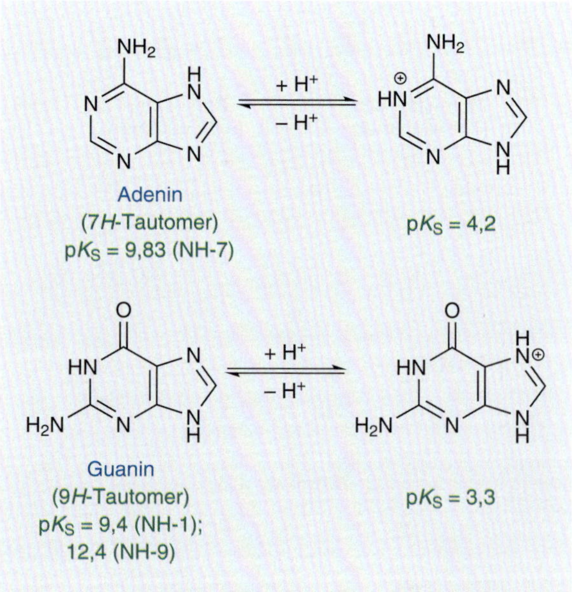


○ **Abb. 35.10** Bei den Nucleinsäurebasen Adenin und Guanin überwiegt jeweils nur eine der möglichen tautomeren Formen, was für die richtige Basenpaarung innerhalb der DNA von großer Bedeutung ist. Angegeben sind ferner die Säurekonstanten für die Deprotonierung der NH-Gruppen (links) und die Säurekonstanten der durch Protonierung entstehenden Kationen (rechts).

Beide Verbindungen kommen als Bausteine in den Nucleinsäuren vor (▸Kap. 38), außerdem ist Adenin ein Bestandteil wichtiger Coenzyme, z. B. ATP, NAD(P) oder FAD (▸Kap. 35.2.4). Beide Verbindungen sind – ebenso wie Uracil, Thymin und Cytosin – in **Chondriten** (kohlenstoffreichen Meteoriten) nachgewiesen worden, was die Diskussion über die Entstehung des Lebens auf der Erde neu entfachte.

Im Jahr 1955 wurde aus gealterter DNA 6-Furfurylaminopurin (**Kinetin**) isoliert (*E. Skoog*), was sich allerdings später als Artefakt erwies. Dieser physiologisch hoch aktive Wirkstoff war der erste Vertreter einer neuen Gruppe von Phytohormonen, der als Adeninderivate aufzufassenden **Cytokinine** (nicht zu verwechseln mit Cytokinen, bei denen es sich um Signalmoleküle mit Peptid- oder Proteinstruktur handelt). Cytokinine fördern die Zellteilung und das Wachstum pflanzlicher Gewebekulturen, ferner begünstigen sie die Samenkeimung und beeinflussen den Stofftransport. Aus unreifen Maiskörnern wurde ein Cytokinin isoliert, das als Zellteilungsfaktor fungiert: das sogenannte **Zeatin**, 6-(4-Hydroxy-3-methyl-*trans*-2-butenyl)-aminopurin (*Letham* 1964).

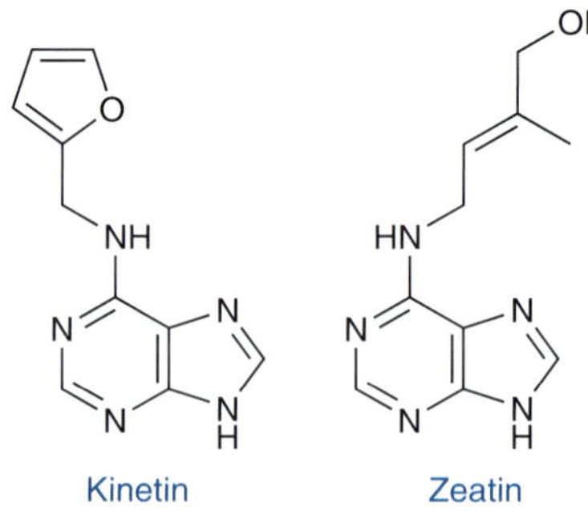


### Methylxanthine: Theophyllin, Theobromin und Coffein

Die drei wichtigsten Purinderivate dieser Klasse sind **Theophyllin**, **Theobromin** und **Coffein** (engl. *caffeine*) (○Abb. 35.11, oben), die sich von den bereits erwähnten Purinderivaten durch ihre stimulierende Wirkung unterscheiden. Sie leiten sich vom Xanthin ab, indem

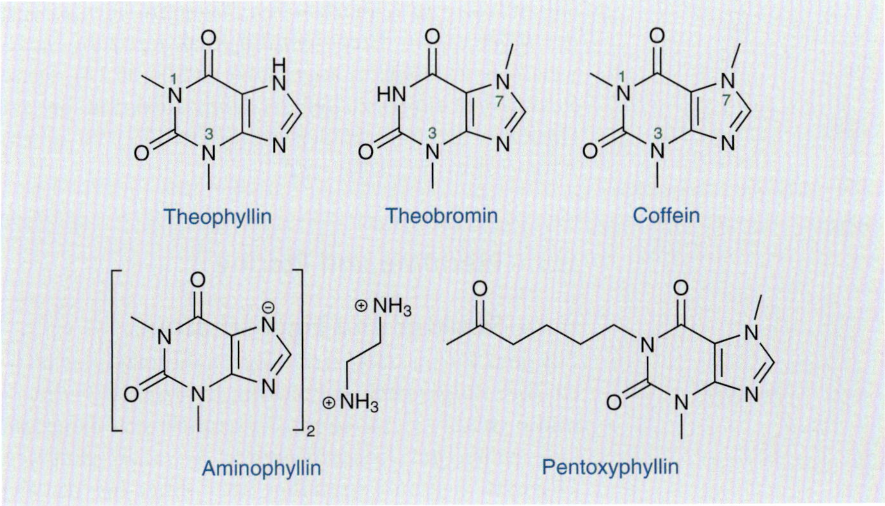


**Abb. 35.11** Die drei Methylxanthine Theophyllin, Theobromin und Coffein (oben) sowie die von ihnen abgeleiteten Arzneistoffe Aminophyllin und Pentoxyphyllin (unten)

die H-Atome der NH-Gruppen stufenweise durch Methylgruppen ersetzt werden. Diese drei Purinderivate werden auch zu den Alkaloiden (▸Kap. 36) gerechnet.

**Theophyllin**, 1,3-Dimethylxanthin (Smp. 270 °C), kommt in geringer Menge in Teeblättern vor. Es wirkt gegen Bronchialasthma und steigert die Leistung des Herzens sowie die Durchblutung der Coronargefäße; außerdem wirkt es diuretisch. Theophyllin kristallisiert in farblosen Tafeln, die bei 268 °C schmelzen und in heißem Wasser leicht löslich sind.

**Theobromin**, 3,7-Dimethylxanthin (Smp. > 350 °C), ist das Hauptalkaloid der Kakaobohnen, ferner findet es sich im Tee und in der Colanuss. Es wirkt ebenfalls diuretisch, wird allerdings nicht als Arzneistoff verwendet. Das Ethylendiaminsalz des Theophyllins (Aminophyllin, Abb. 35.11, unten links) wird ebenfalls bei Asthma bronchiale eingesetzt. Pentoxifyllin (Abb. 35.11, unten rechts), das 1-(5-Oxo-hexyl)-Derivat des Theobromins, kommt bei peripheren Durchblutungsstörungen zur Anwendung.

**Coffein**, 1,3,7-Trimethylxanthin (Sublimation ab 178 °C), ist in den Kaffeebohnen (1–1,5 %) und im Tee (bis zu 5 %) enthalten. Man gewinnt es aus Teeabfällen, als Nebenprodukt bei der Herstellung coffeinarmer Kaffees oder vollsynthetisch. Hierzu wird analog der *Traube*-Synthese durch Kondensation von 1,3-Dimethyl-4,5-diaminouracil und Formamid zuerst Theophyllin synthetisiert, das anschließend mit Methyliodid an N7 alkyliert wird (Abb. 35.12).

Coffein übt eine anregende und belebende Wirkung auf das Zentralnervensystem und die Herztätigkeit aus und findet sich in verschiedenen Kombinationen in Arzneimitteln, meist zusammen mit Analgetika. Seine diuretische Wirkung ist geringer als die von Theophyllin und Theobromin. Zielstrukturen (Targets) der Methylxanthine im Organismus sind u. a. sogenannte Purinorezeptoren (Purinozeptoren, Adenosinrezeptoren, $P_1$-Rezeptoren, A-Rezeptoren), deren endogener Ligand das Adenosin ist (▸Kap. 38).

Im Coffein sind alle drei N-Atome methyliert, sodass keine NH-Gruppe mehr vorhanden ist. Coffein ist eine sehr schwache Base ($pK_S$ der protonierten Form 0,6) mit halbwegs guter Wasserlöslichkeit (1:60, d. h. 1 Massenteil Coffein in 60 Volumenteilen Wasser). Letzteres ist dadurch erklärbar, dass Coffein aufgrund der fehlenden H-Brückendonoren nicht in der Lage ist, mit sich selbst Assoziate zu bilden. Theophyllin ist NH-acide ($pK_S \approx 8,6$) und liegt sowohl in fester Form als auch in Lösung wahrscheinlich als Dimer vor, was den höheren Schmelzpunkt und die etwas schlechtere Wasserlöslichkeit (1:120) im Vergleich zu Coffein erklärt. Theobromin besitzt als NH-acide Verbindung einen $pK_S$-Wert von ca. 10. Es ist kaum in Wasser löslich (1:3 000), was – wie auch der hohe Schmelzpunkt – auf die Bildung von Oligomeren (Assoziaten) zurückgeführt wird. Die $pK_S$-Werte von protoniertem Theobromin und Theophyllin liegen bei ca. 0,1–0,3,

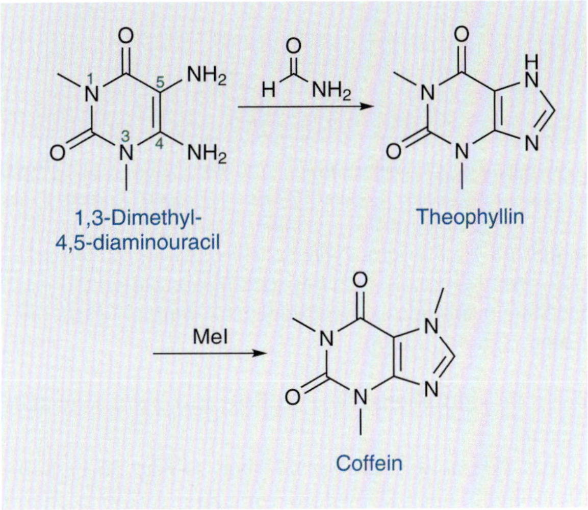


**Abb. 35.12** Vollsynthetische Darstellung von Coffein

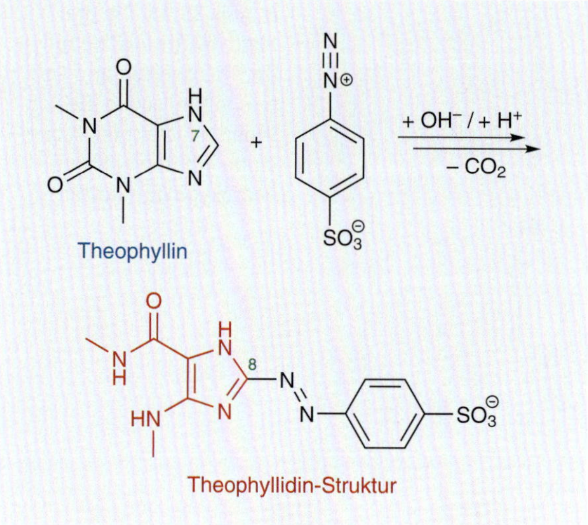


**o Abb. 35.13** Theophyllidin-Reaktion zum Nachweis von Theophyllin: Nach Deprotonierung an *N*7 sowie Hydrolyse und Decarboxylierung von Theophyllin zum Theophyllidin-Anion erfolgt eine Azokupplung mit diazotierter Sulfanilsäure am C8 des Imidazolrings (bezogen auf die Nummerierung des Theophyllins) sowie die abschließende Protonierung des Imidazol-Anions.

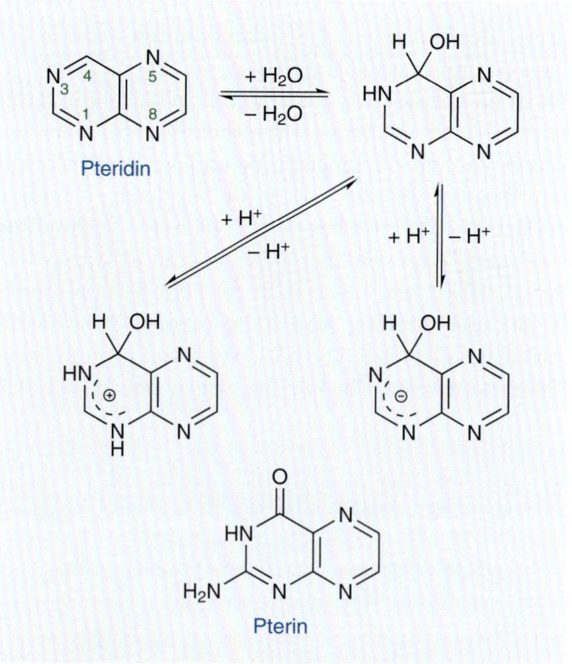


**o Abb. 35.14** Pteridin, Pyrazino[2,3-*d*]pyrimidin (oben), hat sowohl saure als auch basische Eigenschaften (Mitte). Die Stammverbindung der Pterine ist 2-Amino-4(3*H*)-pteridinon (Pterin, unten).

d. h., sie sind ebenso wie Coffein nur sehr schwache Basen.

Als NH-acides Imidazolderivat (▸Kap. 35.1) kann Theophyllin nach Deprotonierung zum Anion auch mit wenig elektrophilen Diazoniumsalzen wie diazotierter Sulfanilsäure zu Azofarbstoffen reagieren. Dies wird in der sogenannten **Theophyllidin-Reaktion** zum Nachweis von Theophyllin ausgenutzt (o Abb. 35.13). Diese Reaktion ist ein Spezialfall der ***Pauly*-Reaktion**, bei der Histamin als Imidazolderivat (▸Kap. 30.2) zu einem Azofarbstoff umgesetzt wird.

## 35.2 Pteridine und Pterine

### 35.2.1 Struktur und Eigenschaften

Ein dem Purinskelett strukturell nahestehendes bicyclisches Ringsystem ist **Pteridin**, Pyrazino[2,3-*d*]pyrimidin (o Abb. 35.14, oben). Es handelt sich dabei um eine gelbe, gut kristallisierende, in allen gängigen Lösemitteln (von Petrolether über Ether bis Wasser) gut lösliche Verbindung mit einem Schmelzpunkt von 138 °C, deren Abkömmlinge zuerst aus den Schmetterlingsflügeln (griech. *Pteron* = Flügel) und aus anderen Insekten isoliert wurden. Im Pteridinmolekül liegen ein Pyrimidin- und ein Pyrazinring *ortho*-kondensiert vor. Durch die reversible Addition von Wasser an C4—N3 kann Pteridin sowohl als Base als auch als Säure reagieren (o Abb. 35.14, Mitte). Die Amidin-Teilstruktur im Pyrimidinring stabilisiert die negative Ladung nach Deprotonierung ($pK_S$ = 11,2) und die positive Ladung nach Protonierung ($pK_S$ der protonierten Form 4,8).

Vom Pteridin leitet sich die Stoffklasse der **Pterine** ab. Die Stammverbindung der natürlichen Pterine ist 2-Amino-4(3*H*)-pteridinon, das vereinfachend auch als **Pterin** bezeichnet wird (o Abb. 35.14, unten). Pterin kann in zwei tauomeren Formen auftreten, das Gleichgewicht liegt auf der Seite der Keto-Form. Die $pK_S$-Werte werden mit $pK_{S1} \approx 2{,}2$ (protoniertes Pterin) und $pK_{S2} \approx 7{,}9$ (für die Deprotonierung von Pterin) angegeben. Die Kenntnis der Pterine verdanken wir vornehmlich den Untersuchungen von *Wieland, Schöpf* und *Purrmann.*

### 35.2.2 Gewinnung und Synthese

Ein einfacher Zugang zu **Pteridin** besteht in der Kondensation von 4,5-Diaminopyridin mit dem Dialdehyd Glyoxal (*Gabriel-Isay*; o Abb. 35.15, oben). Nachteil dieser Syntheseroute ist, dass mit unsymmetrischen Dicarbonylverbindungen Gemische der regioisomeren 6- und 7-substituierten Pteridine entstehen. Umgekehrt kann auch zuerst der Pyrazinring aufgebaut werden, an den dann der Pyrimidinring ankondensiert wird (*Taylor*). **Pterin** kann so durch Umsetzung von 3-Chlorpyrazincarbonsäuremethylester mit Guanidiniumhydrogencarbonat (o Abb. 35.15, unten) oder, analog zu Pteridin, durch Reaktion von 2,4,5-Triamino-6-hydroxypyrimidin mit Glyoxal (o Abb. 35.15, Mitte) gewonnen werden.

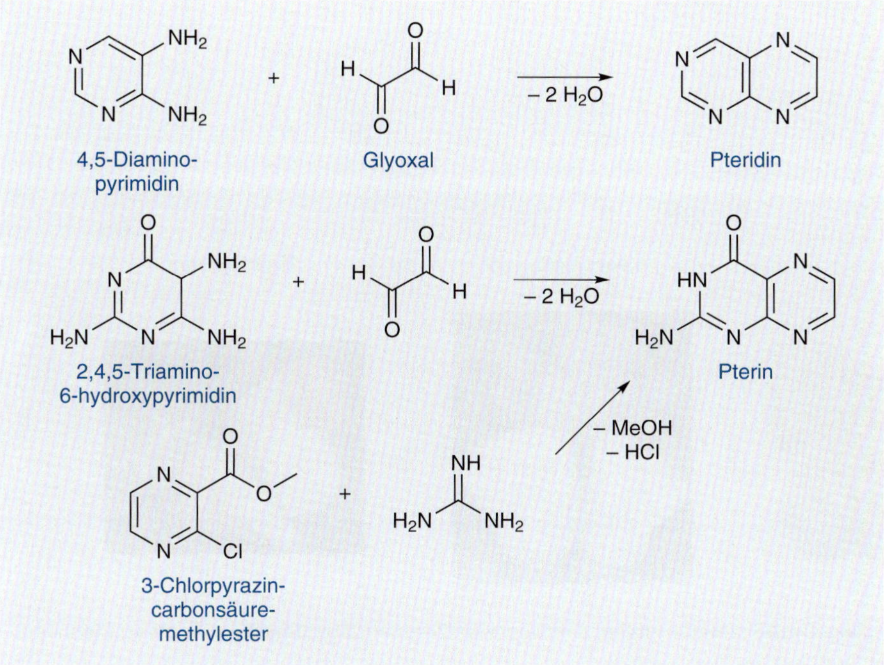


**o Abb. 35.15** Synthesen von Pteridin und Pterin ausgehend von Diaminopyrimidin-Bausteinen (oben und Mitte) oder einem Pyrazin-Baustein (unten)



### 35.2.3 Reaktionen und Anwendungen

Die vier Stickstoffatome in Pteridinring verringern dessen Aromatizität deutlich und machen ihn als elektronenarmen Aromaten angreifbar für Nucleophile. Ein Angriff durch Elektrophile erfolgt nicht mehr. Bemerkenswert sind die **Redoxeigenschaften** des Pterins, die z. B. bei Pterin-haltigen Cofaktoren von Oxidoreduktasen eine Rolle spielen (▸Kap. 35.2.4). Das Ringsystem kann reversibel bis zu vier Elektronen (und vier Protonen) übertragen (o Abb. 35.16).

### 35.2.4 Ausgewählte Verbindungen

#### Xanthopterin, Leukopterin, Erythropterin

Zu den in der Natur vorkommenden Pterinen gehören die Farbpigmente der Flügel und der Augen von Schmetterlingen, z. B. das gelbe **Xanthopterin** (7-Desoxyleucopterin, $C_6H_5N_5O_2$), das farblose **Leukopterin** ($C_6H_5N_5O_3$) und das orangefarbene **Erythropterin** (o Abb. 35.17). Xanthopterin ist der gelbe Farbstoff der Flügel des Zitronenfalters, Leukopterin das weiße Flügelpigment des Kohlweißlings und Erythropterin ($C_9H_9N_5O_5$), das ebenfalls in den Flügeln des Zitronenfalters vorkommt, findet sich auch als Pigment des Aurorafalters und des Postillons. Durch das Enzym Xanthin-Oxidase (▸Kap. 35.1.4) kann Xanthopterin zu Leukopterin oxidiert werden. Weiterhin finden sich Pteridine in der Haut von Fischen, Amphibien und Reptilien.

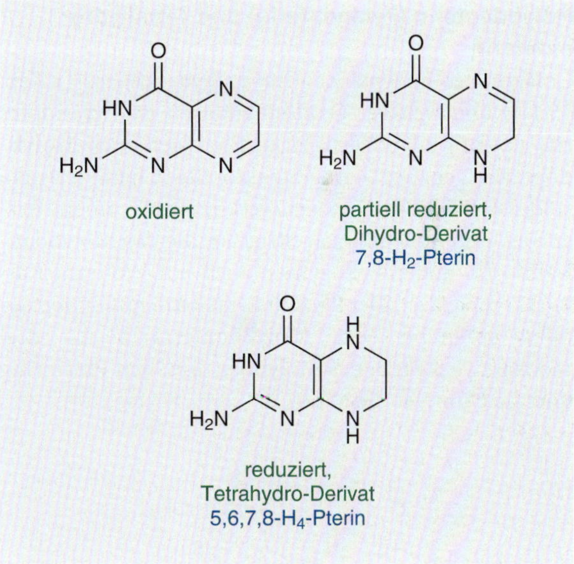


**o Abb. 35.16** Das Pterin-Ringsystem kann aufgrund seiner Redoxeigenschaften reversibel bis zu vier Elektronen (und Protonen) übertragen.

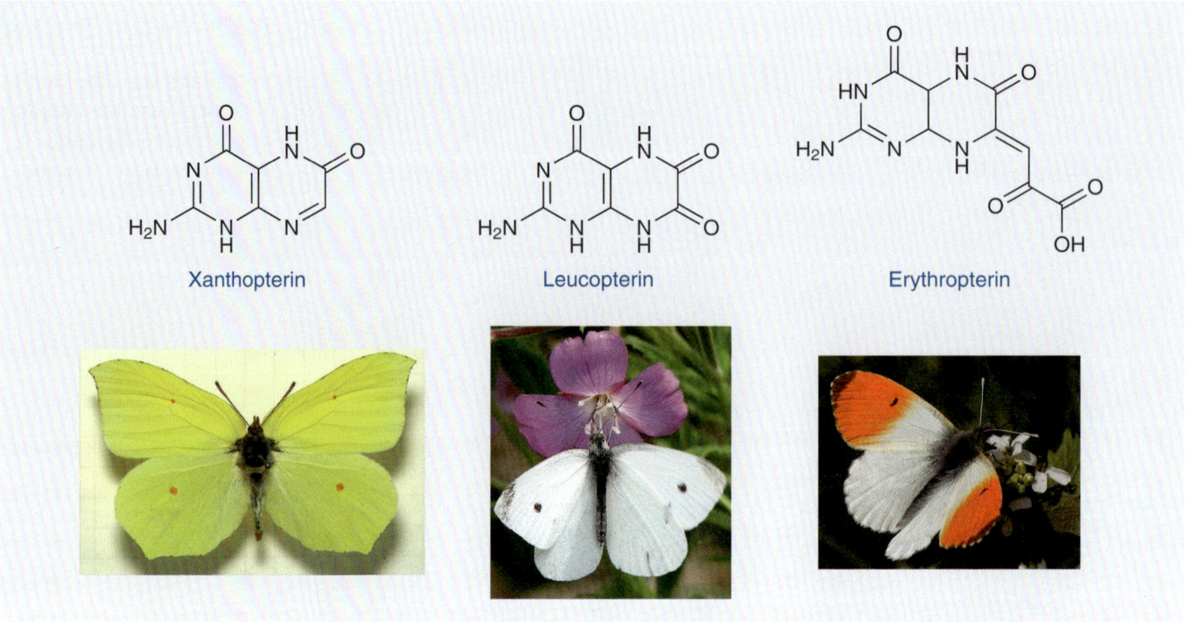


**Abb. 35.17** Farbpigmente der Flügel von Schmetterlingen: Xanthopterin (Zitronenfalter, links), Leukopterin (Kohlweißling, Mitte) und Erythropterin (Aurorafalter, rechts)

### Molybdopterin (Pyranopterin) und Tetrahydrobiopterin

Cofakor des Enzyms Xanthin-Dehydrogenase (▸Kap. 35.1.4) und weiterer Oxidoreduktasen ist **Pyranopterin**, das in Molybdän-haltigen Enzymen auch **Molybdopterin** genannt wird. Strukturelle Charakteristika sind das Pterin-Ringsystem, verknüpft mit einem Pyranring, und die Dithiolen-Struktur, die das Molybdän-Kation (in anderen Enzymen auch ein Wolfram-Kation) komplexiert. Der Phosphatrest kann mit Dinucleotiden verknüpft sein. Molybdopterin besitzt drei redoxaktive Stellen: das Molybdän-Ion, den Pterinring und die Dithiolen-Struktur.

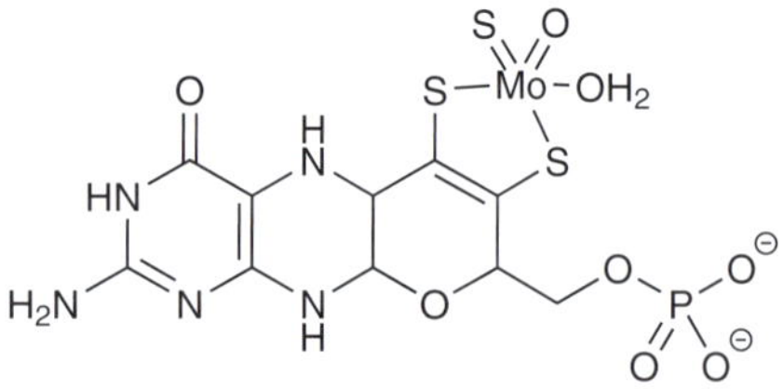

Molybdopterin

**Tetrahydrobiopterin** (**Sapropterin**) ist der Cofaktor der aromatischen Aminosäurehydroxylase, die z. B. die Aminosäure Phenylalanin zu Tyrosin hydroxyliert. Fehler in der Biosynthese oder dem Recycling von Tetrahydrobiopterin führen zu einer seltenen, sogenannten atypischen Form der Phenylketonurie (die sonst meist auf der fehlenden oder verminderten Aktivität der Phenylalaninhydroxylase, PAH, beruht). Phenylalanin (▸Kap. 37) kann nicht mehr in Tyrosin umgewandelt werden und wird stattdessen zu Phenylessigsäure, Phenylbrenztraubensäure (daher der Name Phenylketonurie) und Phenylmilchsäure abgebaut. Als Arzneistoff bei dieser Form der Hyperphenylalaninämie wird Sapropterin-Hydrochlorid eingesetzt.

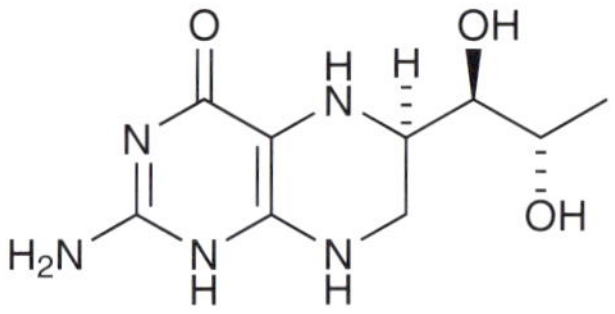

Sapropterin

### Flavine: Riboflavin, FMN und FAD

Als Flavine wird eine Gruppe gelber (lat. *flavus*) Farbstoffe bezeichnet, denen das **Isoalloxazin-Gerüst** zugrunde liegt. Isoalloxazin selbst bildet gelbgrüne Kristalle, deren Lösungen fluoreszieren.

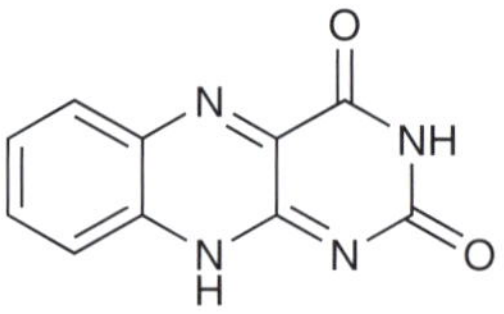

Isoalloxazin

Das Isoalloxazin-Ringsystem, ein Benzo[g]pteridin-Derivat, liegt z. B. in **Riboflavin** (Vitamin $B_2$, Lactoflavin) vor. Riboflavin ist ein in der Natur weit verbreiteter,

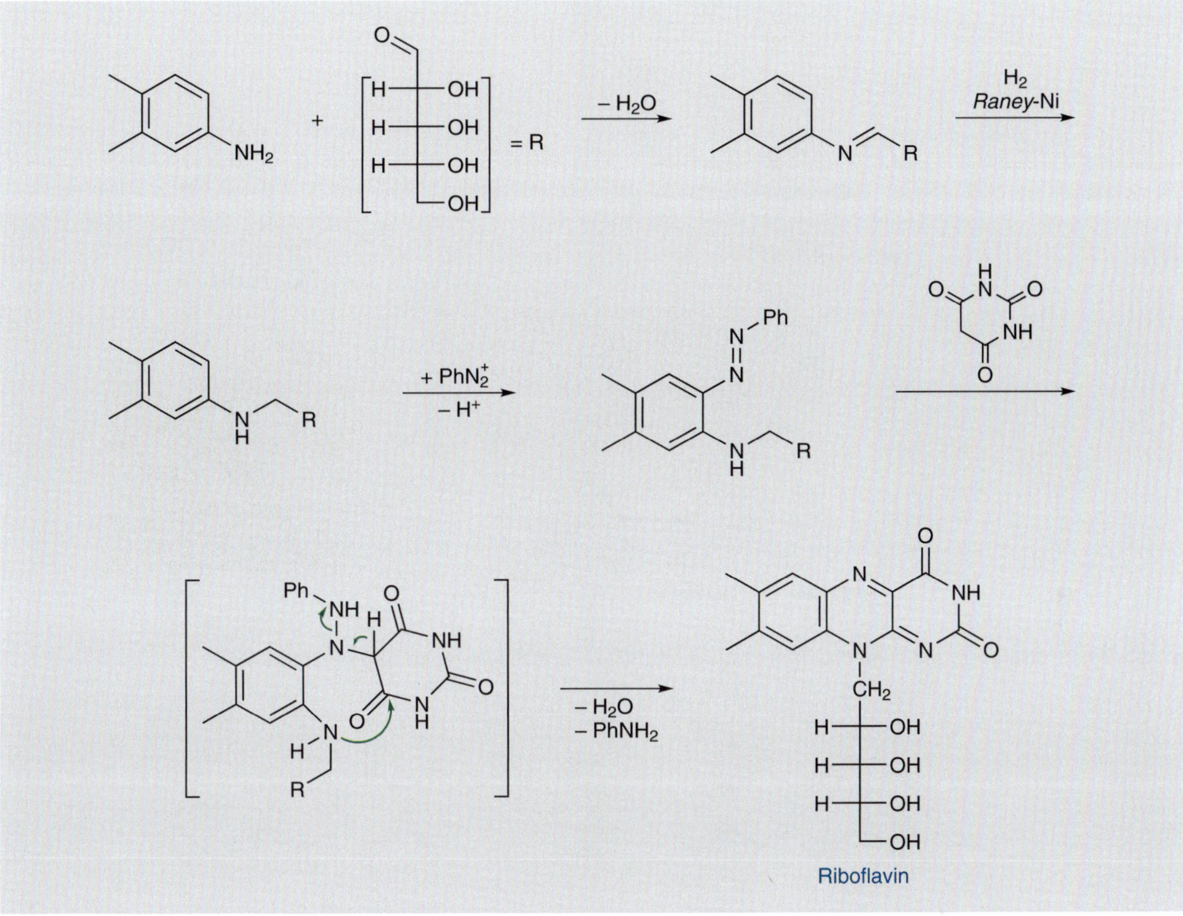


**o Abb. 35.18** Synthese von Riboflavin: Kondensation von 3,4-Dimethylanilin mit D-Ribose liefert das Imin, das reduziert und mit einem Benzendiazonium-Salz zur Azo-Verbindung umgesetzt wird. Diese wird mit Barbitursäure unter Abspaltung von Anilin cyclisiert.

gelber Farbstoff, der sich in Wasser löst und dessen Lösungen ebenfalls eine stark gelbgrüne Fluoreszenz zeigen. Seine Isolierung gelang im Jahre 1933 aus der Molke und dem Eiklar (*R. Kuhn, P. György* u. *Th. Wagner-Jauregg*). Aus 1000 Litern Molke wurden etwa 70 mg Riboflavin gewonnen. Bereits zwei Jahre später konnte die Konstitution durch Synthesen bewiesen werden (*R. Kuhn* u. *Karrer* 1935). Demnach ist Riboflavin das 7,8-Dimethyl-10-(D-1'-ribityl)-flavin, d. h. das C-Atom 1' des Zuckeralkohols D-Ribit ist direkt mit dem N-Atom in 10-Stellung des Flavinrings verbunden (o Abb. 35.18). Riboflavin gehört zum **Vitamin-B-Komplex**, zu dem auch Thiamin, Pyridoxin, Pantothensäure, *myo*-Inosit, *p*-Aminobenzoesäure, Nicotinsäureamid, Biotin, Folsäure und Cobalamin zählen. Es ist ein wichtiger Wachstumsfaktor für Tiere und Mikroorganismen.

**Flavinmononucleotid** (FMN, Riboflavin-5'-phosphat, Flavinmonophosphat; o Abb. 35.19, rechts) dient als Enzymbaustein und ist Coenzym verschiedener Oxidoreduktasen. Es wird sowohl partiell zu FMNH als auch vollständig zu $FMNH_2$ reduziert (o Abb. 35.20). FMN wird als gelber Lebensmittelfarbstoff verwendet.

**Flavin-Adenin-Dinucleotid** (FAD; o Abb. 35.19, links) ist ebenfalls als Coenzym an vielen physiologischen Redox-Prozessen beteiligt. Es besteht aus Adenosindiphosphat (ADP) und Riboflavin oder – anders betrachtet – aus Adenosinmonophosphat (AMP) und Flavinmonophosphat (FMN). FAD geht analog wie FMN durch Aufnahme von zwei Protonen und zwei Elektronen in die reduzierte Form $FADH_2$ über (o Abb. 35.20).

## Folsäure und Methotrexat

**Folsäure** wurde zuerst aus Leberextrakten isoliert (*Stoksta* 1938). Später gelang ihre Gewinnung aus Spinatblättern (lat. *folium* = Blatt) sowie aus einer Reihe von Mikroorganismen (*Lactobacillus casei, Streptococcus lactis* u. a.), für die sie einen **Wuchsstoff** darstellt. Reich an Folsäure sind Avocados, Bohnen, Spargel und Weizenkeimöl. Folsäure beeinflusst als Wachstumsfaktor der Leukocyten die Blutbildung und wird, kombiniert mit Vitamin $B_{12}$, als Mittel gegen **perniziöse Anämie** verwendet. Prophylaktisch ist Folsäure in der Frühschwangerschaft zur Verhinderung von Spaltbildungen in der Wirbelsäule des

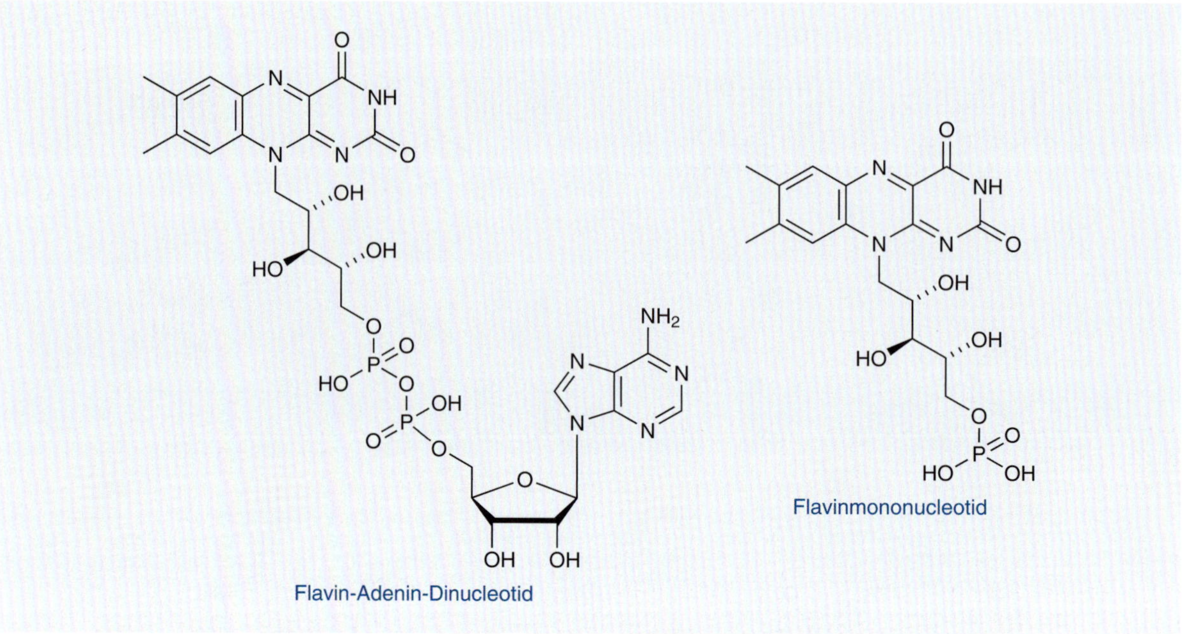


**Abb. 35.19** Strukturformeln von Flavinmononucleotid (FMN) und Flavin-Adenin-Dinucleotid (FAD)

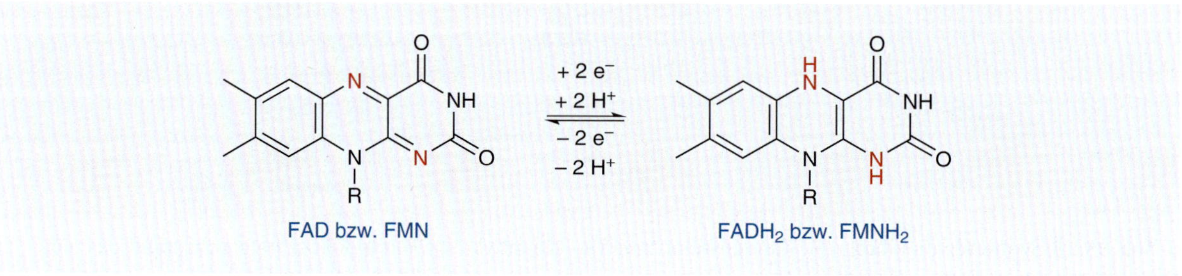


**Abb. 35.20** Flavinderivate wie FAD oder FMN sind redoxaktiv; sie können reversibel zwei Elektronen und zwei Protonen aufnehmen und in die entsprechenden reduzierten Formen $FADH_2$ bzw. $FMNH_2$ übergehen.

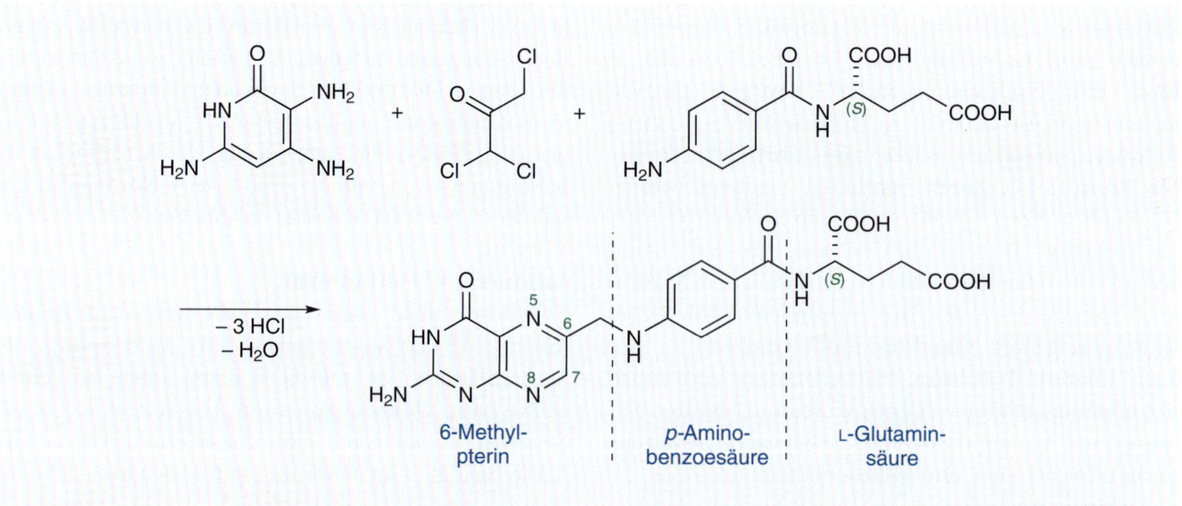


**Abb. 35.21** Mögliche Darstellung von Folsäure (Pteroylglutaminsäure) mit Kennzeichnung der einzelnen Strukturbausteine.

heranwachsenden Fötus (*Spina bifida*) wirksam. Folsäure senkt zudem die Konzentration von Homocystein (▸Kap. 37) im Blut, deren Erhöhung einen Risikofaktor für Herzerkrankungen darstellt. Die durch Synthesen gesicherte Konstitutionsaufklärung ergab, dass Folsäure aus **Pteroinsäure** (Bausteine: 6-Methylpterin, *p*-Aminobenzoesäure) und L-Glutaminsäure aufgebaut ist (○Abb. 35.21). Folsäure wird daher auch als **Pteroylglutaminsäure** bezeichnet (*Angier, Hutchings, Tschesche, F. Weygand*).

Folsäure kristallisiert in dünnen, gelb-orangen Nadeln (Smp. 250 °C), die in Wasser und in organischen Lösemitteln kaum löslich sind. Gegen Säuren ist Folsäure empfindlich, mit Alkalien bildet sie jedoch relativ beständige Salze.

Die bakteriostatische Wirkung der **Sulfonamide** (▸Kap. 19.3) beruht darauf, dass sie im Bakterienstoffwechsel bei der Biosynthese der Folsäure den Einbau der *p*-Aminobenzoesäure in die Folsäure hemmen, dadurch wird das Wachstum der Keime gehemmt. Da der menschliche Organismus Folsäure nicht selbst herstellt, sondern mit der Nahrung aufnimmt, wirken Sulfonamide selektiv nur auf Bakterien.

Folsäure wird im Organismus unter Beteiligung von Ascorbinsäure zu 5,6,7,8-**Tetrahydrofolsäure** (THF, Leucovorin) reduziert. Diese wird in *N*-10- oder *N*-5-Formyltetrahydrofolsäure (Folinsäure), in *N*-5-Methyl-, *N*-5-Formimino-, 5,10-Methenyl- oder 5,10-Methylen-THF umgewandelt, die als Lieferanten für $C_1$-Bausteine („aktive Ameisensäure“, „aktiver Formaldehyd“) an der Biosynthese von DNA- und RNA-Bausteinen oder an der Methylierung von Homocystein zu Methionin beteiligt sind. Durch kleine strukturelle Veränderungen der Folsäure (am C4: N statt O; am N10: $-CH_3$ statt $-H$) werden **Folsäureantagonisten** erhalten, z. B. **Methotrexat** (Amethopterin), das als Cytostatikum und als Immunsuppressivum verwendet wird (○Abb. 35.22, oben).

Ein weiterer Arzneistoff mit Pteridin-Struktur ist das Diuretikum **Triamteren**, das insbesondere zur Ausschwemmung von Wassereinlagerungen im Gewebe sowie bei arteriellem Bluthochdruck zur Anwendung kommt (○Abb. 35.22, unten).

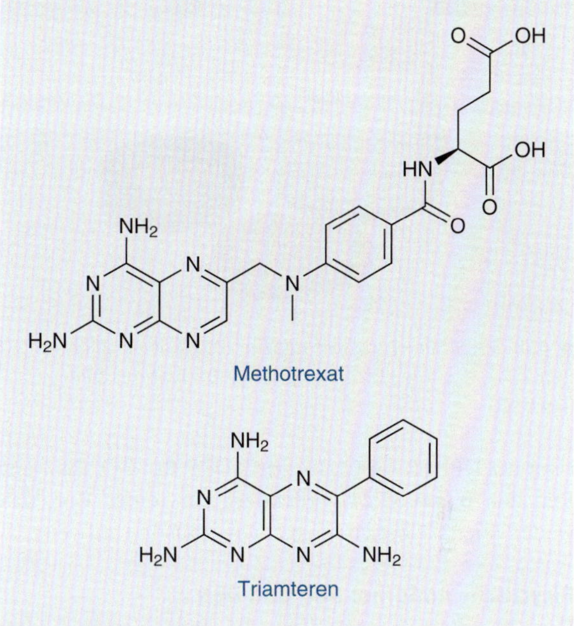


○ **Abb. 35.22** Arzneistoffe mit Pteridin-Struktur: Methotrexat und Triamteren

## 35.3 Weitere Heterobicyclen

### Diketopyrrolopyrrole: DPP

Die Diaryl-1,4-diketopyrrolo[3,4-*c*]-pyrrole (DPP) wurden 1983 als Pigmentfarben eingeführt. Nach den Kupferphthalocyaninen (1933) und den Chinacridonen (1955) war es im 20. Jahrhundert das dritte Mal, dass eine neue Pigmentklasse von großer technischer Bedeutung entdeckt worden war. DPP und seine Derivate sind durch eine Variante der ***Stobbe*-Kondensation** (▸Kap. 13.1.3) aus Bernsteinsäureester und Benzonitrilen gut zugänglich (○Abb. 35.23). Die besten Ausbeuten werden mit tertiären Alkoholaten erzielt. Es entstehen gelblich-rote bis blau-violette Pigmente, die technisch vielseitig verwendbar sind. Das 4,4'-Dichlordiphenylde-

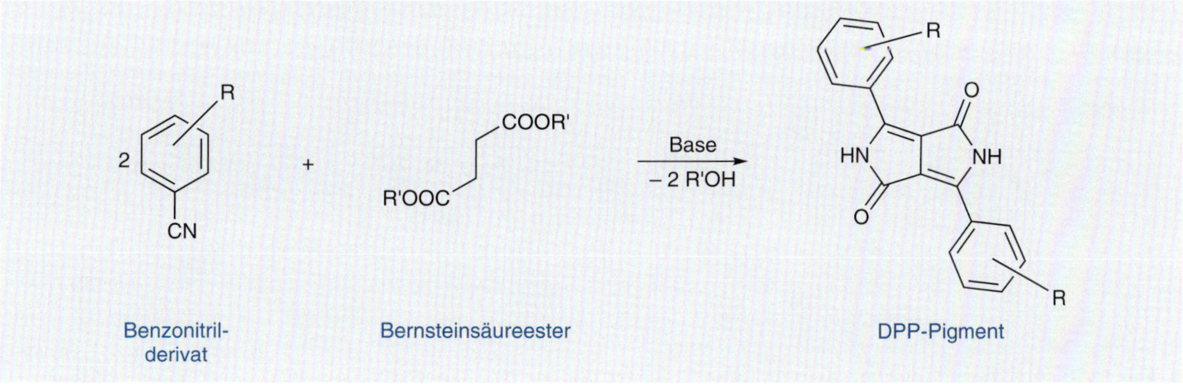


○ **Abb. 35.23** Synthese von Diaryl-1,4-diketopyrrolopyrrol-Farbstoffen (DPP) nach einer Variante der *Stobbe*-Synthese

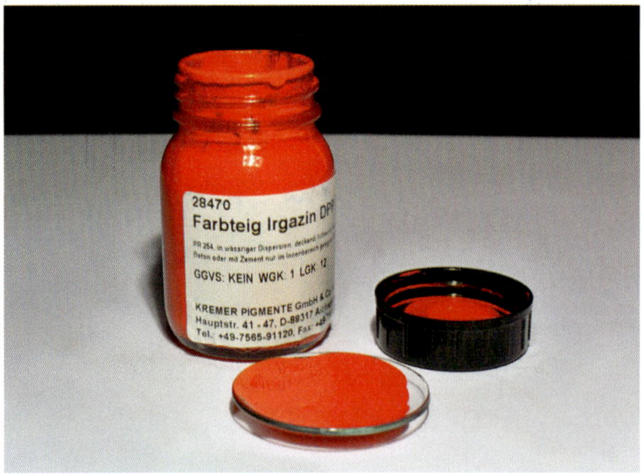


**Abb. 35.24** Der Farbstoff Irgazin® DPP Rot BO (Pigment Red 254), das 4,4'-Dichlordiphenyl-Derivat des DPP (R = 4-Cl)

rivat des DPP (R = 4-Cl, Irgazin® DPP Rot BO, Pigment Red 254, Abb. 35.24) reflektiert ein reines Rot, das weder einen Gelbstich noch einen Blaustich aufweist.

## Bicyclische Amidine: DBU und DBN

Die bicyclischen Amidine 1,5-Diazabicyclo[4.3.0]-5-nonen (DBN) und 1,8-Diaza-bicyclo[5.4.0]-7-undecen (DBU) werden aus den entsprechenden Lactamen durch basenkatalysierte Umsetzung mit Acrylnitril, Reduktion mit *Raney*-Nickel und Ringschluss unter Zugabe von *p*-Toluensulfonsäure (TsOH) dargestellt (Abb. 35.25). Beide Verbindungen sind als Amidine **starke Basen** (p$K_s$-Wert der protonierten Form ca. 12) und werden als Reagenzien zur Dehydrohalogenierung und bei basenkatalysierten Umlagerungen verwendet. Sie sind kaum nucleophil, sodass bei der Eliminierung anders als mit Alkoholaten oder Alkalilaugen keine konkurrierende Substitution erfolgt. Weiterhin wird DBU als Ligand in der Komplexchemie eingesetzt.

## Pyrazolopyrimidine

Je nachdem, an welchen Seiten der Heterocyclen Pyrazol und Pyrimidin die beiden Ringe anelliert sind, liegen Bicyclen mit drei oder vier N-Atomen vor. In dem Arzneistoff **Sildenafil** (Abb. 35.26, links), dem Wirkstoff in Viagra®, findet man 1*H*-Pyrazolo[4,3-*d*]pyrimidin. Ein Aza-Analogon, in dem ein C-Atom der Brücke gegen Stickstoff ausgetauscht wurde, ist **Vardenafil** (Abb. 35.26, rechts). Das Pyrazolopyrimidin-Ringsystem ist hier durch Imidazo[5,1-*f*][1,2,4]triazin ersetzt. Die Arzneistoffe sind PDE-5-Hemmstoffe (PDE = Phosphodiesterase) und werden bei erektiler Dysfunktion eingesetzt.

**Allopurinol**, ein 1*H*-Pyrazolo[3,4-*d*]pyrimidin (Abb. 35.27, unten), ist strukturisomer zu Hypoxanthin

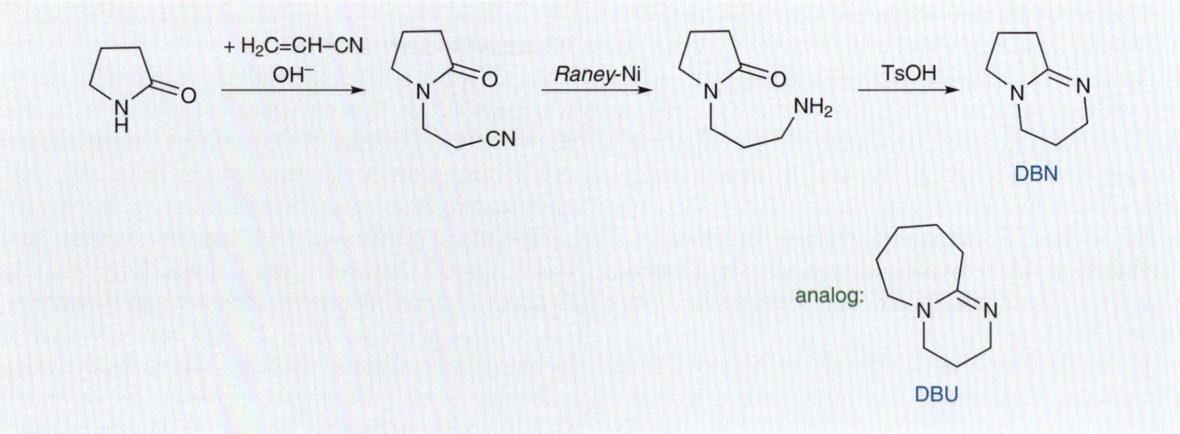


**Abb. 35.25** Darstellung der bicyclischen Amidine DBN und DBU

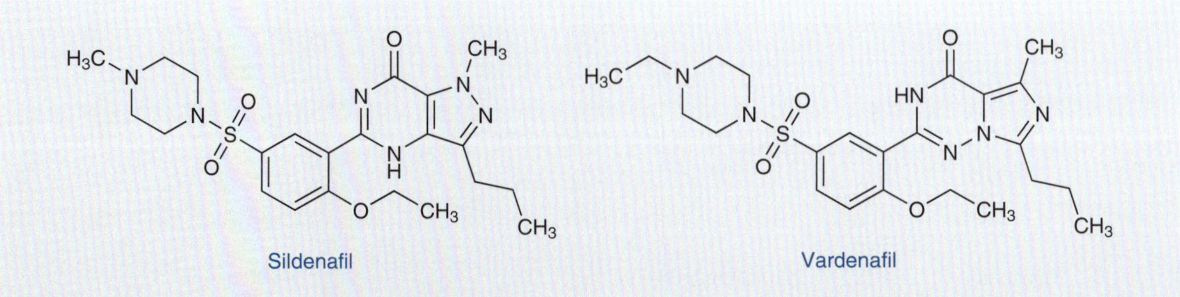


**Abb. 35.26** Die Phosphodiesterase-Inhibitoren Sildenafil und Vardenafil enthalten ein Pyrazolopyrimidin- bzw. ein Imidazotriazin-Ringsystem.

(o Abb. 35.27, oben links); statt des Imidazolrings enthält es einen Pyrazolring. Es ist gleichzeitig Substrat und Hemmstoff der Xanthin-Dehydrogenase (▸Kap. 35.1.4). *In vivo* wird es wie Hypoxanthin oxidiert, der dabei entstehende aktive Metabolit **Oxipurinol** (**Alloxanthin**; o Abb. 35.27, oben rechts) kann dann allerdings nicht mehr weiter oxidiert werden, da anstelle der sonst weiter oxidierten CH-Gruppe an der entsprechende Stelle im Oxipurinol ein N-Atom sitzt, das vom Enzym nicht weiter oxidiert werden kann; Oxipurinol ist somit nur noch ein Hemmstoff des Enzyms (o Abb. 35.28). Allopurinol hemmt die Biosynthese von Harnsäure (▸Kap. 35.1.3). Es wird zur Behandlung der Hyperurikämie (erhöhte Harnsäurespiegel im Blut) und bei manifester Gicht verwendet.

Allopurinol liegt in kristalliner Form als Lactam vor. Welche tautomere Form im Pyrazolring vorliegt, ist nicht endgültig geklärt: möglicherweise in der Gasphase das N1*H*-Tautomer, in Lösung ein Gemisch aus N2*H*- und N1*H*-Tautomer. Die Substanz besitzt einen sehr hohen Schmelzpunkt (> 330 °C) und ist schlecht wasserlöslich, was auf die Bildung von Assoziaten durch intermolekulare H-Brücken zurückgeführt wird. In verdünnter Alkalilauge ist Allopurinol gut löslich; der $pK_S$-Wert beträgt 10,2, wahrscheinlich wird das Lactam-Proton (N5—H) abgespalten. Allopurinol kann auch protoniert werden, wahrscheinlich am doppeltgebundenen N-Atom des Pyrazolrings ($pK_S$ der protonierten Form = 0,4).

**Zaleplon** ist ein Pyrazolo[1,5-*a*]pyrimidin. Es wirkt als GABA-Agonist, ähnlich wie Benzodiazepine (▸Kap. 33.2.1) und wird vornehmlich bei Einschlafstörungen verwendet.

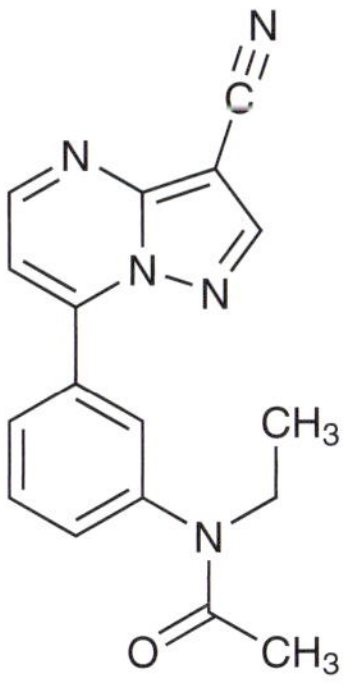

Zaleplon

## Imidazopyridine

Ein Imidazo[1,2-*a*]pyridin-Ringgerüst ist als Strukturelement in **Zolpidem** vorhanden. Die Verbindung wirkt als Hypnotikum und Sedativum und greift wie die Benzodiazepine am GABA-Rezeptor an.

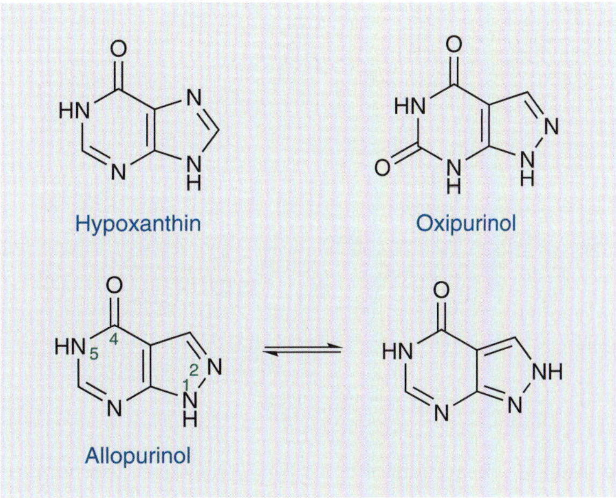


o **Abb. 35.27** Allopurinol ist ein Strukturisomer des Hypoxanthins; wie dieses wird es durch die Xanthin-Dehydrogenase oxidiert, es entsteht Oxipurinol, ein Hemmstoff des Enzyms.

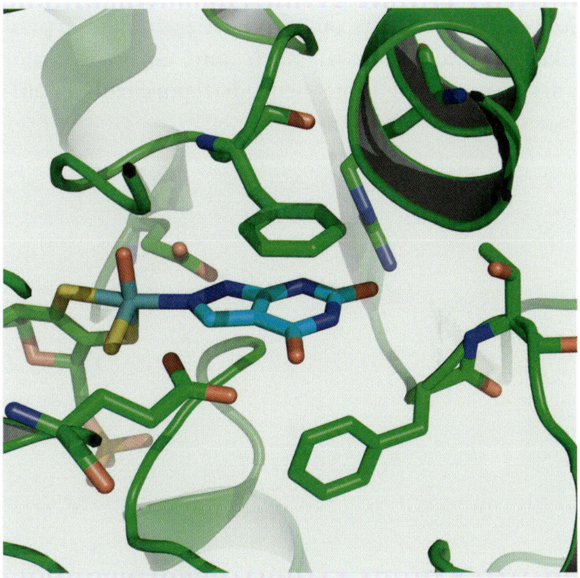

o **Abb. 35.28** Oxipurinol, hier im Komplex mit einer bakteriellen Xanthin-Dehydrogenase, ist ein Hemmstoff des Enzyms. Oxipurinol entsteht durch Xanthin-Dehydrogenase-katalysierte Oxidation des Arzneistoffs Allopurinol, der bei Hyperurikämie eingesetzt wird.

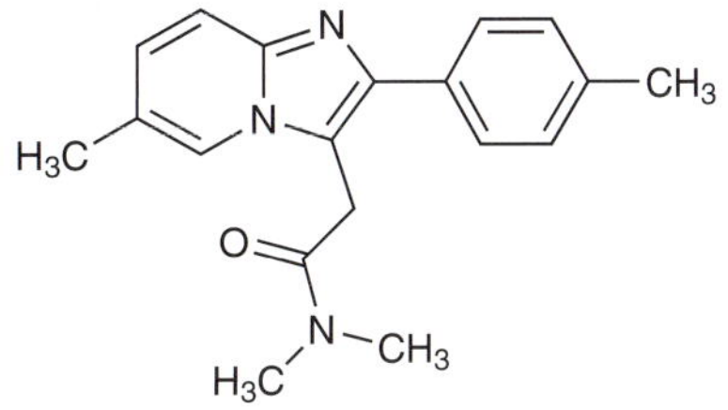

Zolpidem

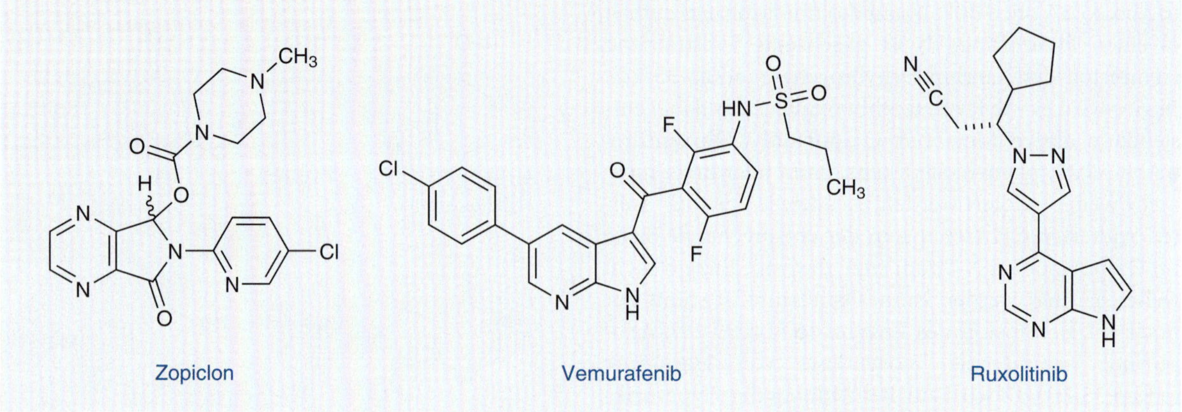


**Abb. 35.29** Arzneistoffe mit Pyrrolopyrazin-, Pyrrolopyridin- und Pyrrolopyrimidin-Ringsystemen: Zopiclon ist ein Sedativum, Vemurafenib und Ruxolitinib sind Cytostatika aus der Gruppe der Kinase-Hemmstoffe.

## Pyrrolopyrazine, -pyridine und -pyrimidine

Das Pyrrolo[3,4-*b*]pyrazin-Gerüst ist u. a. in **Zoplicon** (Abb. 35.29, links) enthalten. Zusammen mit **Zaleplon** und **Zolpidem** (s. oben) gehört es zu den Hypnotika/Sedativa, die zwar auch am GABA-Rezeptor angreifen, jedoch keine Benzodiazepin-Struktur aufweisen (sog. Z-**Substanzen**). 1*H*-Pyrrolo[2,3-*b*]pyridin und 7*H*-Pyrrolo[2,3-*d*]pyrimidin sind als Strukturelemente in neuen Cytostatika aus der Gruppe der Kinase-Hemmstoffe anzutreffen (Vemurafenib, Ruxolitinib; Abb. 35.29, Mitte und rechts); Kinasen sind Enzyme, die Phosphatgruppen übertragen.

# 36 Alkaloide

Alkaloide vom Tetrahydropyrrol-, Pyridin- und Piperidin-Typ ... 918 | Alkaloide vom Tropan-Typ ... 923 | Alkaloide vom Chinolizidin-Typ ... 928 | Alkaloide vom Chinolin-Typ ... 929 | Alkaloide vom Isochinolin-Typ ... 931 | Alkaloide vom Indol-Typ ... 937



Unter dem im Jahr 1819 von *Meissner* geprägten Begriff „Alkaloide“ fasst man eine Gruppe **stickstoffhaltiger Naturstoffe** zusammen, die in vielen Pflanzen und einigen Tierarten vorkommen (▸Exkurs: Vorkommen von Alkaloiden). Ihren Namen verdankt diese große Stoffklasse dem **„alkali-ähnlichen“ Verhalten** vieler ihrer Vertreter.

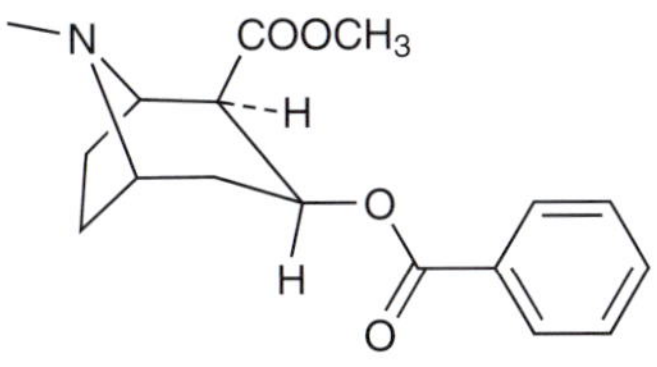


(–)-Cocain

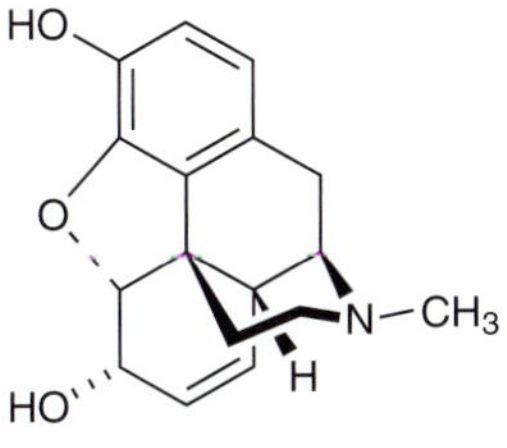


Morphin

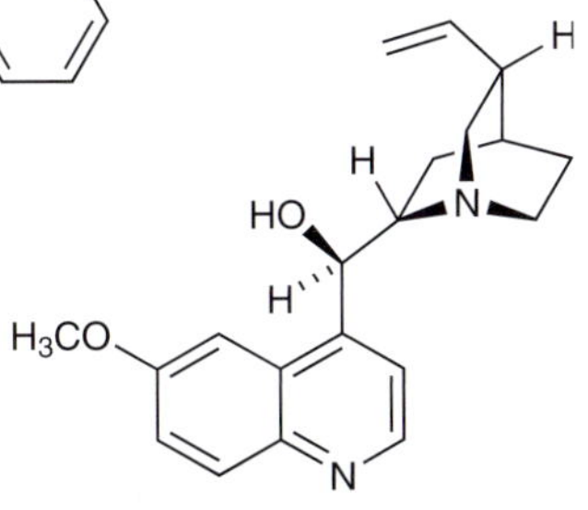


(–)-Chinin

Die Alkaloide werden als sogenannte **sekundäre Pflanzeninhaltsstoffe** von den primären Pflanzeninhaltsstoffen (d. h. den primären Metaboliten im Energiestoffwechsel bzw. im anabolen oder katabolen Pflanzenstoffwechsel), wie Proteinen, Kohlenhydraten, Fetten etc., unterschieden. Man differenziert zwischen:

- Protoalkaloiden (Aminoalkaloiden),
- Pseudoalkaloiden und
- echten Alkaloiden.

**Proto- oder Aminoalkaloide** sind einfache Amine, in denen der Stickstoff nicht heterocyclisch gebunden vorliegt. Sie sind basisch und werden von der Pflanze aus Aminosäuren biosynthetisiert. Zu diesen biogenen Aminen zählen u. a. Mescalin, *N,N*-Dimethyltryptamin, Colchicin und einige Basen vom Typ des $\beta$-Phenylethylamins, z. B. Tyramin, Hordenin, Ephedrin und Cathin.

Zu den **Pseudoalkaloiden** rechnet man vor allem steroidale, andere terpenoide Alkaloide und Purine (z. B. Conessin; Coffein, ▸Kap. 35.1). Sie werden nicht aus Aminosäuren gebildet.

Die **echten Alkaloide** besitzen mindestens einen heteroyclisch gebundenen Stickstoff und werden aus Aminosäuren gebildet (z. B. Morphin, ▸Kap. 36.5).

### Exkurs: Vorkommen von Alkaloiden

Die stickstoffhaltigen Basen sind in den Pflanzen meist salzartig an organische Säuren (z. B. Oxal-, Essig-, Milch-, Äpfel-, Wein-, Citronen-, Aconitsäure; ▸Kap. 13) gebunden. Daneben treten einige Alkaloide in Verbindung mit einer für die betreffende Pflanze charakteristischen Säure auf, z. B. Chinasäure oder Mekonsäure. Nichtbasische Vertreter sind Alkaloide mit Säureamidstruktur, quarternäre Ammoniumverbindungen, Lactame und *N*-Oxid-Derivate. In den einzelnen Pflanzenfamilien findet sich oft eine Reihe chemisch verwandter Alkaloide (Haupt- und Nebenalkaloide). Der Alkaloidgehalt der Pflanzen ist jahreszeitlich bedingten Schwankungen unterworfen. Die komplizierte Struktur der häufig optisch aktiven Alkaloide ist in den meisten Fällen heutzutage aufgeklärt und durch Synthesen bewiesen. Neben der Konstitutionsaufklärung und der Synthese zahlreicher Alkaloide, ist auch deren Biosynthese von Interesse. Obwohl noch nicht alle Details erforscht sind, konnten mittlerweile viele prinzipielle Fragen, z. B. mithilfe von Isotopenmarkierungen, geklärt und viele frühere Hypothesen experimentell bewiesen werden. Da die Biosynthese vieler Alkaloide eng mit dem Aminosäurestoffwechsel verbunden ist, können gezielt radioaktive Aminosäuren in die von den Pflanzen produzierten Alkaloide eingebaut werden. Durch Abbaureaktionen der auf diese Weise spezifisch markierten Alkaloide kann die Stellung der markierten Atome ermittelt und ihr biosynthetischer Einbau aus den Aminosäurevorläufern in der Pflanze erkannt werden.

Alkaloidhaltige Drogen gehören zu den ältesten Arzneimitteln der Menschheit. Seit prähistorischer Zeit wurden Coca, Tee, Kakao oder Tabak als Genuss- und Heilmittel verwendet. Lange bevor man den Begriff „**Alkaloide**" definiert hatte, bediente man sich ihrer Giftwirkung zu Jagd- (*Aconitum*-Arten, Curare) und zu Mordzwecken (Nachtschattengewächse, Herbstzeitlose). Die Abhängigkeitspotenziale von z. B. Opium, Morphin, Cocain oder Kat stellen weltweit ein Phänomen von medizinischer, sozialer und politischer Dimension dar. Aufgrund der mannigfaltigen Wirkungsweisen bildeten die Alkaloide aber auch aus pharmakologischer Sicht die Grundlage vieler, auch heute noch im Gebrauch befindlicher Arzneistoffe.

Die Einteilung der Alkaloide erfolgt im Folgenden aus didaktischen Gründen nach dem ihnen zugrunde liegenden **Ringgerüst**. Man unterscheidet:

- Alkaloide vom Tetrahydropyrrol-, Pyridin- und Piperidin-Typ,
- Alkaloide vom Tropan-Typ,
- Alkaloide vom Chinolizidin-Typ,
- Alkaloide vom Chinolin-Typ,
- Alkaloide vom Isochinolin-Typ und
- Alkaloide vom Indol-Typ.

## 36.1 Alkaloide vom Tetrahydropyrrol-, Pyridin- und Piperidin-Typ

### 36.1.1 Struktur und Eigenschaften

Zu dieser Gruppe gehören vor allem Nicotin und Anabasin, deren Moleküle einen Pyridinkern und als Substituenten in 3-Stellung einen *N*-Methyltetrahydropyrrol- bzw. einen Piperidinring enthalten.

**Nicotin** ($C_{10}H_{14}N_2$; ○ Abb. 36.1, oben), kommt als Hauptalkaloid in den Blättern und Wurzeln der Tabakpflanze (*Nicotiana tabacum*, ○ Abb. 36.2) vor. Es ist ein farbloses, mit Wasser mischbares Öl von tabakähnlichem Geruch, das sich an der Luft rasch braun färbt. Die Verbindung ist optisch aktiv: Nicotin ist linksdrehend, seine Salze sind dagegen rechtsdrehend.

Tabakblätter werden bereits von alters her getrocknet, einem Fermentationsprozess unterworfen und anschließend geraucht. Bereits vor 2 000 Jahren soll das Rauchen in China bekannt gewesen sein. Zum ersten Mal urkundlich erwähnt wurde es in einem alten Seefahrerdokument, das belegte, dass einheimische Indianer („Arawaks") mit einem gewissen *Christoph Kolumbus* am 11.10.1492 in Maisblätter gewickelte Tabakblätter (sogenannte „tobagos") rauchten. Der französische Botschafter *Jean Nicot* brachte im Jahr 1556 die Tabakpflanze nach Frankreich. Die Pflanze wurde deshalb nach ihm benannt. Um 1600 kam die Pflanze nach Deutschland. Tabak enthält 0,2–5 % Nicotin, das erstmals 1828 von den deutschen Chemikern *L. Reimann* und *W. Posselt* isoliert wurde.

Nicotin wird rasch über die Bronchien und Lungen resorbiert. Bereits ungefähr zehn Sekunden nach der ersten Inhalation kann es im Gehirn nachgewiesen werden. Nicotin ist ein starkes **Gift** und wirkt in kleinen Mengen anregend auf das Nervensystem, wobei es unter anderem die Wirkung des Neurotransmitters Acetylcholin (○ Abb. 36.20; ▸ Kap. 6.2.4) imitiert. Daher bezeichnet man diese Rezeptoren auch als nicotinerge (nicotinische) Acetylcholin-Rezeptoren (nACh-Rezep-

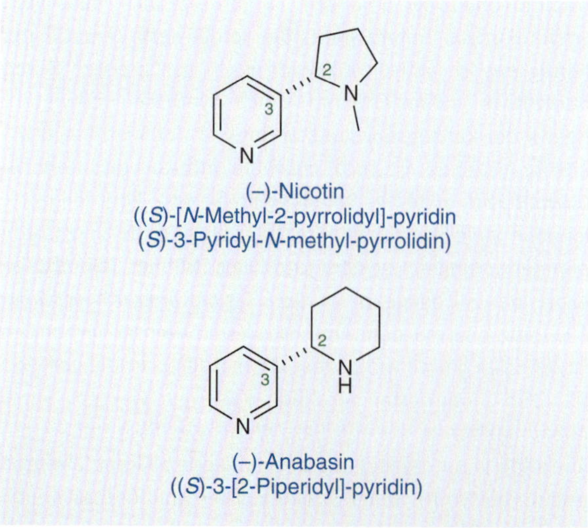


○ **Abb. 36.1** Strukturformeln von Nicotin und Anabasin

○ **Abb. 36.2** *Nicotiana tabacum*, die Tabakpflanze

**o Abb. 36.3** Der Dreistreifen-Baumsteiger (*Epipedobates tricolor*), aus dessen Haut das (–)-Epibatidin erstmals isoliert wurde, ist in Ecuador beheimatet und steht unter Artenschutz.

toren) oder kurz als Nicotinrezeptoren. Nicotin vermehrt die Sekretion der Drüsen und steigert den Blutdruck. In größeren Dosen führt es unter Lähmung des Atemzentrums zum Tode. Die tödliche Dosis für den Menschen beginnt bei etwa 50 mg (ca. 0,7 mg/kg Körpergewicht), womit es giftiger als Arsen oder Zyankali ist. Da es aber relativ schnell im Körper abgebaut wird (Biotransformation zu Cotinin mit anschließender renaler Ausscheidung) und bei der Inhalation des Rauches keine vollständige Aufnahme erfolgt, erreicht man auf inhalativem Wege diese Dosisbereiche normalerweise nicht.

(–)-**Anabasin** ($C_{10}H_{14}N_2$; o Abb. 36.1, unten) ist ein zu Nicotin konstitutionsisomeres Alkaloid, das ebenfalls im Tabak vorkommt. Später wurde es auch aus dem asiatischen Gänsefußgewächs *Anabasis aphylla* gewonnen.

(–)-**Epibatidin**, *exo*-2-(6-Chlor-3-pyridyl)-7-azabicyclo[2.2.1]heptan (o Abb. 36.4, oben links), wurde erstmals aus der Haut des ecuadorianischen Giftfrosches (*Epipedobates tricolor*, o Abb. 36.3) isoliert (*Daly* 1992). Da in Gefangenschaft gehaltene Tiere das Alkaloid nicht bilden, muss die Substanz selbst oder eine Vorstufe davon mit der Nahrung aufgenommen werden. Die Struktur des Alkaloids wurde durch die Röntgenstrukturanalyse des *N*-Acetylepibatidins und durch mehrere Synthesen bestätigt. (–)-Epibatidin besitzt die absolute Konfiguration *1R,2R,4S*. Die freie Base ist linksdrehend, das Oxalat-Salz und das Dihydrochlorid sind rechtsdrehend. (–)-**Epibatidin** zeigt bei Mäusen die 200-fache analgetische Wirkung des Morphins, wirkt aber nicht auf die Opiodrezeptoren des Gehirns, sondern auf die Nicotinrezeptoren.

(+)-**Coniin**, (*S*)-2-Propylpiperidin ($C_8H_{17}N$; o Abb. 36.4, oben Mitte), findet sich im Schierling (*Conium maculatum*) und ist außerordentlich giftig. Natürliches Coniin ist eine ölige Flüssigkeit, die sich in Wasser wenig, in Alkohol leicht löst. Biosynthetisch stammt sein Kohlenstoffgerüst nicht von einer Aminosäure, daher zählt Coniin zu den Pseudoalkaloiden.



**Arecolin** (o Abb. 36.4, oben rechts) ist ein Alkaloid aus dem Samen von *Areca catechu* (Betelnusspalme, o Abb. 36.11) und der Methylester des Arecaidins. Die ölige Flüssigkeit hat einen Siedepunkt von 209 °C, besitzt eine Dichte von 1,049 g/cm$^3$ und ist löslich in Ether und Wasser.

(–)-**Lobelin** ($C_{22}H_{27}N_2O$; o Abb. 36.4, unten links), ist – wie Coniin – ein verhältnismäßig einfach gebauter Abkömmling des Piperidins. Es wird aus *Lobelia inflata*, einer Pflanzenart aus der Familie der Glockenblumengewächse, gewonnen. Die erstmals von *H. Wieland* postulierte Struktur wurde durch Synthesen bewiesen. (–)-**Lobelin** regt die Atmung an und wurde daher medizinisch bei Atemstörungen (z. B. Asthma) angewandt. Wegen der nicotinähnlichen Wirkung wurde es

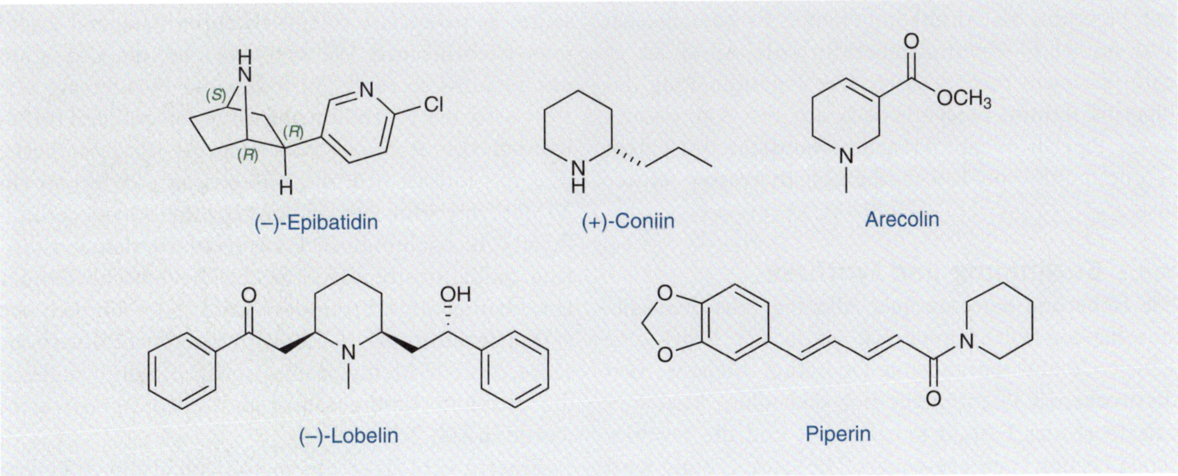


**o Abb. 36.4** Wichtige Alkaloide vom Pyridin- und Piperidintyp

**○ Abb. 36.5** Pfeffer (*Piper nigrum*) enthält das Alkaloid Piperin. Unreife Füchte der Pefferpflanze (A), schwarze und weiße Pfefferkörner (B)

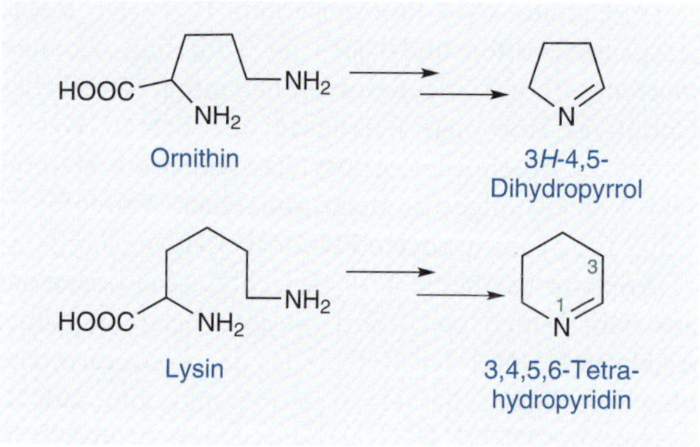


**○ Abb. 36.6** Biosynthesen wichtiger Bausteine des Nicotins und des Anabasins

früher versuchsweise auch zur Tabakentwöhnung eingesetzt. Es existieren allerdings keine kontrollierten Studien, sodass es nicht zur Raucherentwöhnung empfohlen werden kann.

**Piperin** ($C_{17}H_{19}NO_3$ ; ○ Abb. 36.4, unten rechts), ist das Hauptalkaloid des schwarzen Pfeffers (*Piper nigrum*, ○ Abb. 36.5) und zugleich der Träger des scharfen Pfeffergeschmacks. Piperin ist das Amid der Piperinsäure mit Piperidin als Aminkomponente. Es handelt sich also um (*E,E*)-Piperonylpiperidin. Als Amid ist es natürlich nicht mehr basisch. Der Piperidin-Ring des Piperins stammt biosynthetisch aus der Aminosäure Lysin. Piperin ist eine kristalline Substanz mit einem Schmelzpunkt von 129 °C, die sich in Wasser schwer löst.

### 36.1.2 Gewinnung und Synthese

Die Isolierung der einzelnen Alkaloide aus dem entsprechenden Pflanzenmaterial ist in der Regel eine schwierige und zeitraubende Operation. Meist werden die trockenen Pflanzenteile mit siedendem Methanol extrahiert, der Extrakt konzentriert und die resultierende Lösung stark angesäuert. Die saure Lösung wird zunächst mit Ether extrahiert, um die wasserlöslichen, nicht basischen organischen Stoffe abzutrennen. Die alkaloidhaltige Lösung wird alkalisiert, wobei einige Alkaloide auskristallisieren; die anderen extrahiert man z. B. mit Chloroform. Zur Trennung und Reinigung der häufig strukturell verwandten Haupt- und Nebenalkaloide benutzt man die Wasserdampfdestillation, die Dünnschicht-, Gas- und Flüssigchromatographie, und zwar sowohl analytisch als auch präparativ (▸ Kap. 1). Im Folgenden wird vor allem auf die chemisch präparative und die biosynthetische bzw. biotechnologische Herstellung der wichtigsten Alkaloide eingegangen.

Bei Experimenten mit Isotopenmarkierungen hat sich überraschenderweise herausgestellt, dass die Pyridinringe des **Nicotins** und des **Anabasins** in der Pflanze aus Nicotinsäure unter Decarboxylierung entstehen. Die Biosynthese des Pyrrolidinrings im Nicotin erfolgt aus der Aminosäure Ornithin über das 3*H*-4,5-Dihydropyrrol, der Piperidinring des Anabasins entsteht aus Lysin über das 3,4,5,6-Tetrahydropyridin (○ Abb. 36.6). Die Konstitution des Nicotins wurde durch Synthese bewiesen (*Pictet* 1905). Die hierbei entstehende Racemform lässt sich z. B. über die Tartrate in die Enantiomeren trennen (▸ Kap. 3.4.6). Auch stereoselektive Synthesen, z. B. ausgehend von (*S*)-Prolin, das den Pyrrolidin-Ring liefert, wurden beschrieben. Eine neuere stereoselektive Synthese (*Helmchen*, 2005) führt den Stickstoff des Pyrrolidinrings in der korrekten Konfiguration [(*S*)-Konfiguration im natürlichen (–)-Nicotin] durch asymmetrische, Iridium-katalysierte Allyl-Aminierung (○ Abb. 36.7) ein.

Die Darstellung des (±)-**Coniins** durch *Ladenburg* (1886) war die erste chemische Alkaloidsynthese. Bei der Kondensation von $\alpha$-Picolin mit Acetaldehyd entsteht 2-(1-Propenyl)-pyridin, das durch Reduktion in (±)-Coniin übergeht (○ Abb. 36.8). Die Trennung des Racemats gelingt z. B. mittels Weinsäure.

### 36.1.3 Reaktionen und Anwendungen

Bei dem oxidativen Abbau von Nicotin mit Chromsäure, Salpetersäure oder Kaliumpermanganat erhält man **Nicotinsäure**. Weitere Versuche, die Oxidation des Nicotins so zu steuern, dass der Pyridinring zerstört wird, der Pyrrolidinring hingegen erhalten bleibt, wurden von *P. Karrer* durchgeführt. Er postulierte, dass das Iodsalz bzw. die Anlagerung von Iod an ein *N*-Methylpyridin-Derivat von Nicotin (Nicotiniodmethylat) mit Kaliumhexacyanoferrat(III) den Pyridinring oxidationsfreudiger macht. Bei anschließender Umsetzung mit Chromsäure konnte er nämlich die L-**Hygrinsäure** [(–)-*N*-Methylpyrrolidin-(2*S*)-carbonsäure, L-(–)-*N*-Methylprolin] isolieren, womit zugleich die absolute Konfiguration des Nicotins bewiesen wurde (○ Abb. 36.9).

**Piperin** wird als (*E,E*)-Piperonylpiperidin zu Piperidin und einer zweifach ungesättigten Säure, der Piperin-

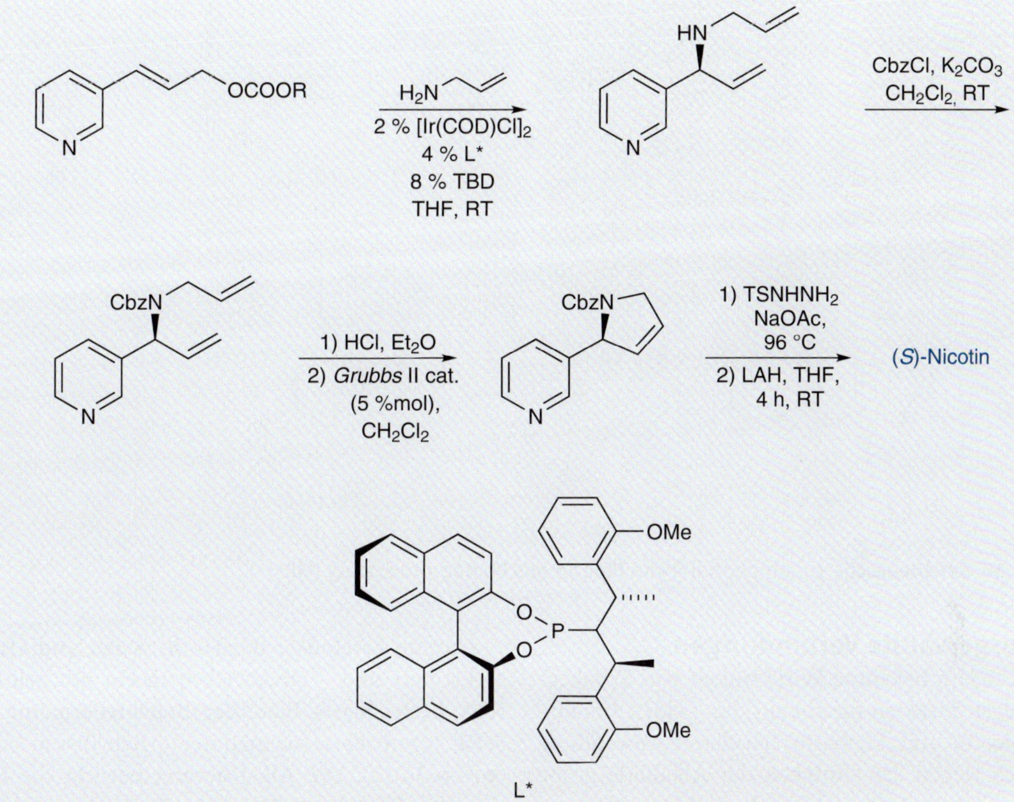


**Abb. 36.7** Asymmetrische, Iridium-katalysierte Allyl-Aminierung für die Synthese von (*S*)-Nicotin

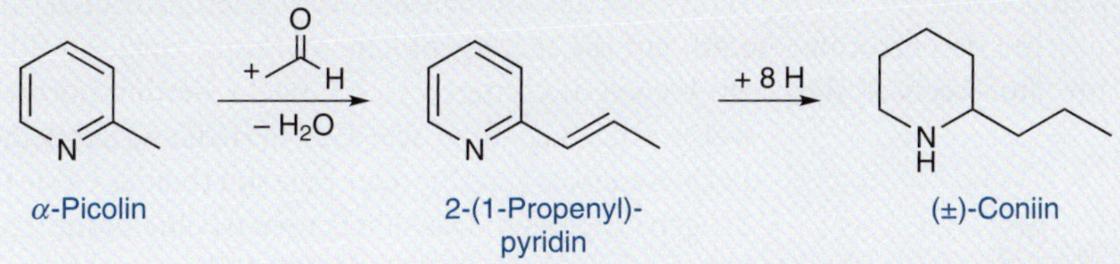


**Abb. 36.8** Synthese von racemischem Coniin nach *Ladenburg*

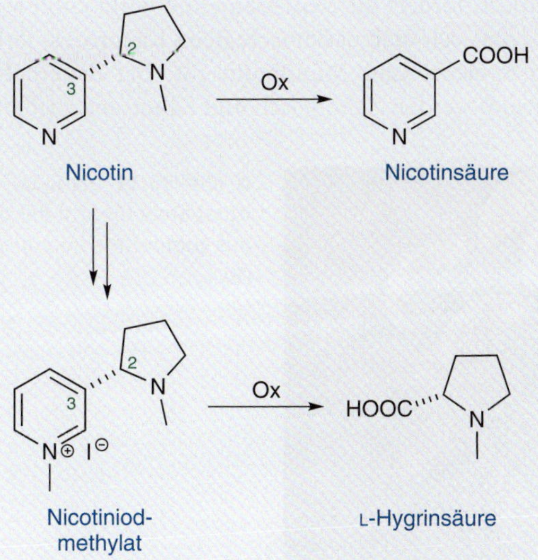


**Abb. 36.9** Reaktionsprodukte des oxidativen Abbaus von Nicotin halfen bei dessen Strukturaufklärung.

säure, $C_{12}H_{10}O_4$, hydrolysiert (Abb. 36.10, oben). Die Oxidation der Piperinsäure mit Kaliumpermanganat führt zu **Piperonal**. Nach der Reaktion mit Nitroethan im Sinne einer *Knoevenagel*-Reaktion (▸Kap. 13.1) sowie diversen Hydrierungsschritten unter Zusatz von Methylamin erhält man **M**ethylen**d**ioxy**m**ethyl**a**mphetamin (**MDMA**, Ecstasy). Zieht nun der aufmerksame Leser den aktuellen Straßenmarktpreis eines Kilogramms schwarzen Pfeffers in Südindien von ca. 500 Rupien (ca. 8 Euro) in Betracht sowie die Tatsache, dass man mithilfe ethanolischer Extraktion bis zu 10 % Piperin aus dem Pfeffer isolieren kann (und dass Handel mit Pfeffer legal ist), dann besitzt er möglicherweise kriminelle Energie, zumindest aber Phantasie.

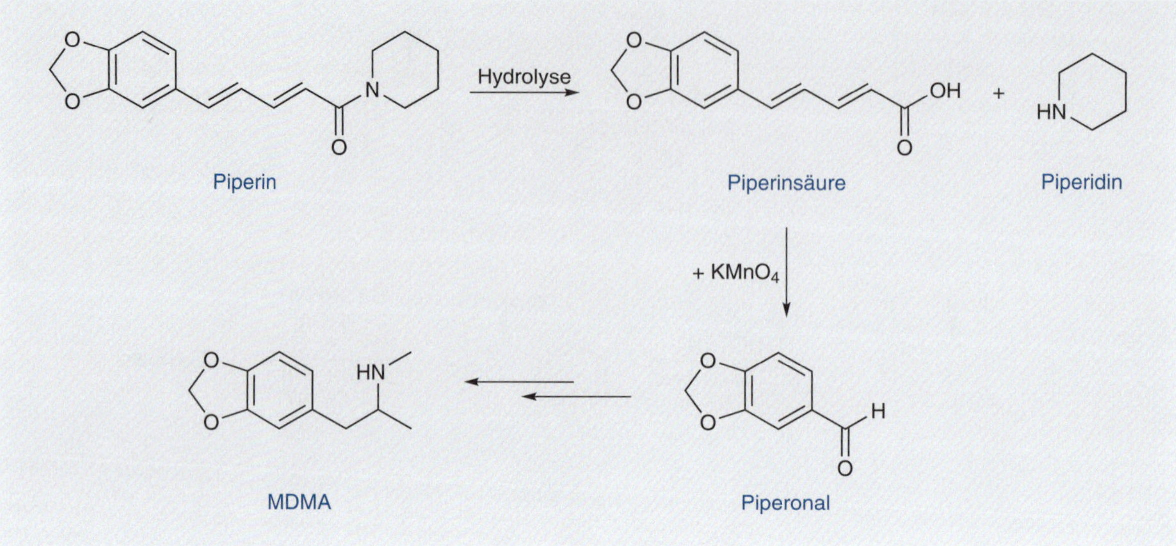


**Abb. 36.10** Der chemische Zusammenhang von Piperin aus Pfeffer und Ecstasy (MDMA)

### 36.1.4 Ausgewählte Verbindungen

Die seit Langem bekannte Wirksamkeit von Tabakextrakten gegen Insekten beruht auf den beiden Inhaltsstoffen Nicotin und Anabasin; bei deren Anwendung war jedoch wegen der Giftigkeit der Alkaloide große Vorsicht geboten. Das systemisch wirksame Derivat **Imidacloprid** (1-[6-Chlor-3-pyridyl]methyl-4,5-dihydro-*N*-nitro-1*H*-imidazol-2-amin) ist als Insektizid breit anwendbar und wesentlich weniger toxisch. Sein Effekt beruht auf der Wechselwirkung mit den nicotinischen Acetylcholin-Rezeptoren im Stoffwechsel der Insekten.

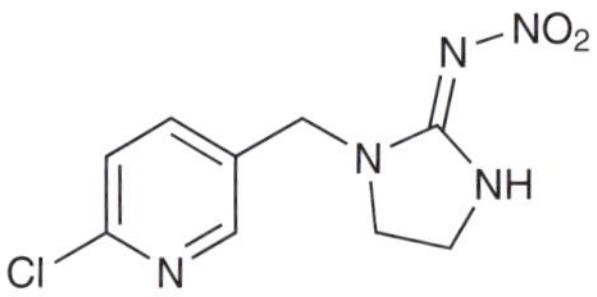

Imidacloprid

Unreife Betelnüsse werden in Asien und Ostafrika zerkleinert und – eingewickelt in ein mit gelöschtem Kalk bestrichenes Blatt der Betelpfefferpalme (*Piper betle*) – als sogenannter Betelbissen gekaut (Abb. 36.11). Die Alkalisierung bewirkt die Freisetzung der Base **Arecolin** (Abb. 36.4, oben rechts) und erhöht dadurch deren orale Bioverfügbarkeit, d. h., das Alkaloid wird besser resorbiert. Gleichzeitig findet die Hydrolyse des Methylesters zur freien Säure Arecaidin statt, auf die die eigentliche Wirkung zurückzuführen ist. Wegen des bitteren Geschmacks werden normalerweise noch Gewürze wie Gewürznelken, Sandelholz, Lakritze, etwas Gambir oder Katechu (beides Gerbstoffdrogen) zugesetzt. Das Betelkauen ist eine uralte Tradition und wird von mehr als 300 Millionen Menschen weltweit ausgeübt. Es bewirkt langanhaltenden Speichelfluss, fördert die Verdauung und wirkt euphorisierend bzw. schwach narkotisch. Beim Kauprozess färben sich Speichel und Mundraum rot. Bei dauerhaftem Konsum werden Zahnfleisch und Zähne angegriffen.

**Abb. 36.11** Die Betelnusspalme (A) und der daraus zubereitete Betelbissen (B)

## 36.2 Alkaloide vom Tropan-Typ

### 36.2.1 Struktur und Eigenschaften

Die Grundstruktur der Tropanalkaloide leitet sich vom **Tropan** ab, dessen Ringsystem aus aus einem Pyrrolidin- und einem Piperidinring besteht. Im Nortropan (8-Aza-bicyclo[3.2.1]octan) fehlt die Methylgruppe am N-Atom. Vom Tropan leiten sich wichtige Alkaloide der **Atropin**- und der **Cocaingruppe** ab.

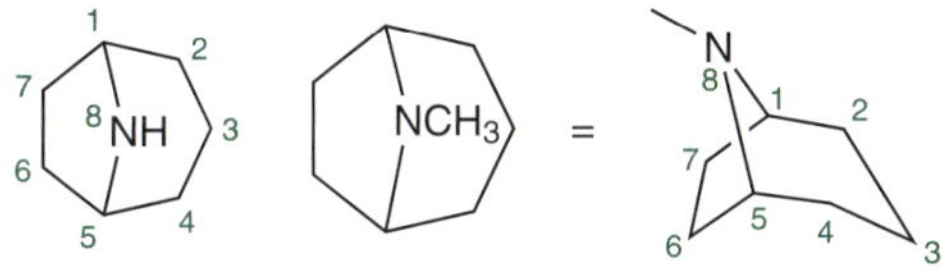


#### Atropingruppe

**Atropin** (früher: „DL-Tropyltropat"; $C_{17}H_{23}NO_3$; ○ Abb. 36.13, oben links), ist die racemische Form des in der Tollkirsche (*Atropa belladonna*; ○ Abb. 36.12 A), in der Alraunwurzel (*Mandragora officinarum*), im Samen des Stechapfels (*Datura stramonium*) oder in der Engelstrompete (*Brugmansia* sp., ○ Abb. 36.12 B) vorkommenden (–)-Hyoscyamins ($C_{17}H_{23}NO_3$). Einblicke in die Konstitution vermittelte die saure Hydrolyse des Atropins, wobei als Spaltprodukt der sekundäre Alkohol **Tropin** und die **(±)-Tropasäure** isoliert wurden (○ Abb. 36.13). Bei der Beschreibung der Struktur von Tropanderivaten wurde auf Vorschlag von *Cahn* der *N*-Methyl-Brückenkopf als Bezugspunkt zugrunde gelegt und die *cis*-Stellung (äquatorial) der Hydroxygruppe mit $\beta$, die *trans*-Stellung (axial) mit $\alpha$ bezeichnet. Demnach ist Tropin mit Tropan-3$\alpha$-ol identisch, das Tropan-3$\beta$-ol heißt Pseudotropin. Die Konstitution des Tropins wurde von *Willstätter* ermittelt, u. a. indem er das Stickstoffatom durch erschöpfende Methylierung abpaltete. Da Tropin eine Symmetrieebene aufweist, ist es optisch inaktiv. Atropin kristallisiert in Prismen und weist einen Schmelzpunkt von 115 °C auf. Es ist pharmakologisch stark wirksam (▸ Kap. 36.2.3).

(–)-**Hyoscyamin** (früher: „L-Tropyltropat"; $C_{17}H_{23}NO_3$; ○ Abb. 36.13, oben rechts) kann aus dem Bilsenkraut (*Hyoscyamus niger*) isoliert werden und besitzt die gleiche Konstitutionsformel wie Atropin, ist jedoch mit (*S*)-(–)-Tropasäure verestert und racemisiert leicht zu Atropin.

**Scopolamin** (früher: „L-6,7-Epoxytropyltropat"; $C_{17}H_{21}NO_4$; ○ Abb. 36.13, unten rechts) wird ähnlich wie Atropin und Hyoscyamin aus Nachtschattengewächsen (*Solanaceen*), besonders aus den Tollkraut-Arten (*Scopolia* sp.), gewonnen. Strukturell steht Scopolamin dem Atropin nahe, enthält jedoch zwei H-Atome weniger und dafür einen Epoxidring.

#### Cocaingruppe

(–)-**Cocain** ($C_{17}H_{21}NO_4$; ○ Abb. 36.15, oben), ist das Hauptalkaloid der Blätter des Cocastrauches *Erythroxylum coca* (○ Abb. 36.14), der in Südamerika und auf Java heimisch ist. Die Konstitutionsaufklärung des Cocains schließt sich eng an diejenige des Atropins an. Durch saure oder alkalische Hydrolyse wird Cocain in **Ecgonin** (Pseudotropin-2-carbonsäure; ○ Abb. 36.15, unten), Benzoesäure und Methanol gespalten. Demnach ist Cocain der Methylester des Benzoylecgonins (*Fodor, Hardegger*). Nach dem *Cahn-Ingold-Prelog*-System besitzen die C-Atome 1 und 2 des (–)-Cocains (*R*)-Konfiguration, die C-Atome 3 und 5 hingegen (*S*)-Konfiguration. (–)-Cocain ist somit der (2*R*,3*S*)-3-Benzoyloxytropan-2-carbonsäuremethylester. (–)-Cocain ist eine kristalline Verbindung, die bei einer Temperatur von 98 °C schmilzt. Das Hydrochlorid schmilzt unter Zersetzung bei ca. 197 °C. Auf die besonders ausgeprägten pharmakologischen Eigenschaften und die sich daraus

36

○ **Abb. 36.12** Die Tollkirsche (*Atropa belladonna*, A) und die Engelstrompete (*Brugmansia suaveolens*, B)

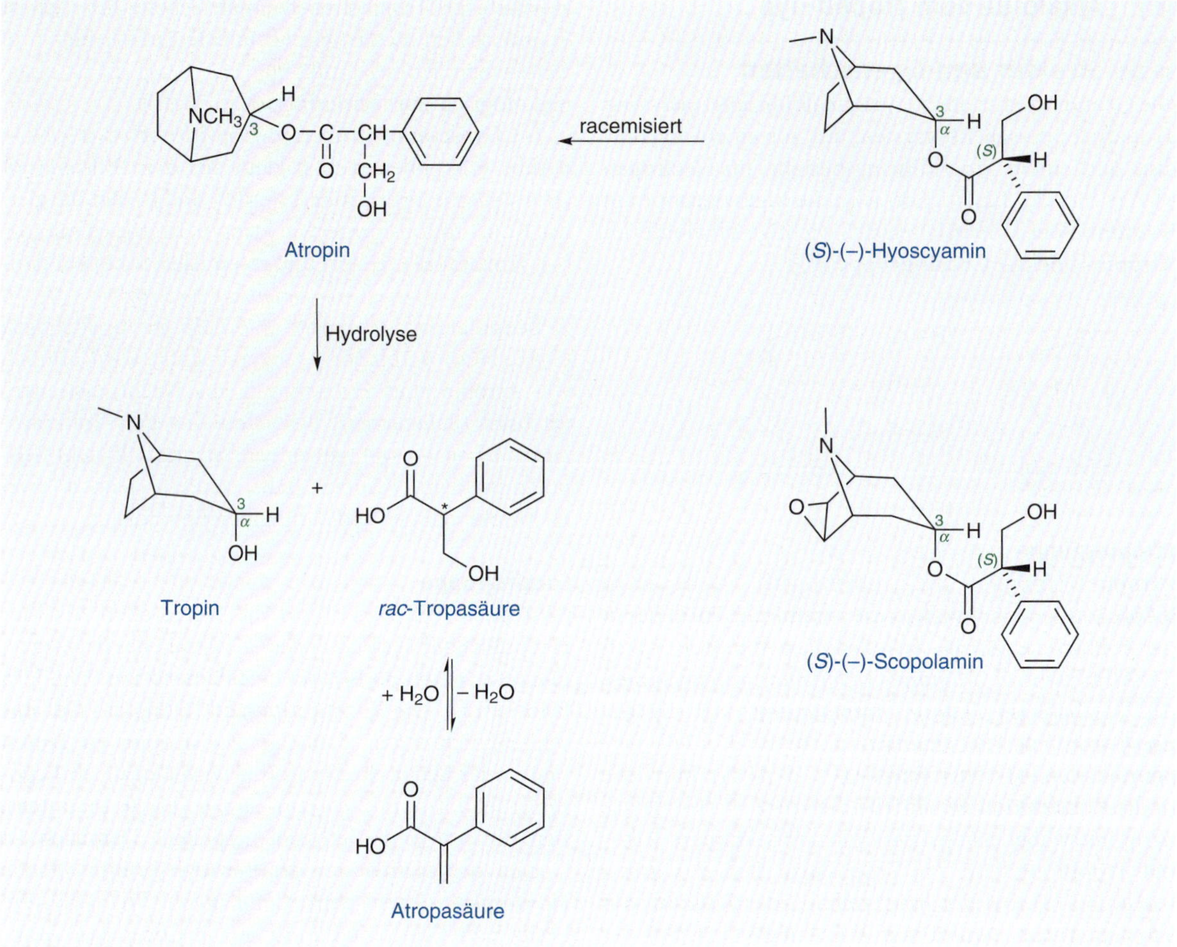


**Abb. 36.13** Atropin und seine Hydrolyseprodukte (links). (*S*)-Hyoscyamin racemisiert zu Atropin durch Wassserabspaltung im (*S*)-Tropasäureester zum Atropasäureester und erneute Wasseranlagerung. Durch den Epoxidring im Scopolamin (rechts) steht die *N*-Methylgruppe in der dann sterisch günstigeren axialen Position, während im Tropin die äquatoriale Stellung bevorzugt ist.

**Abb. 36.14** Blätter des Cocastrauches *Erythroxylum coca*

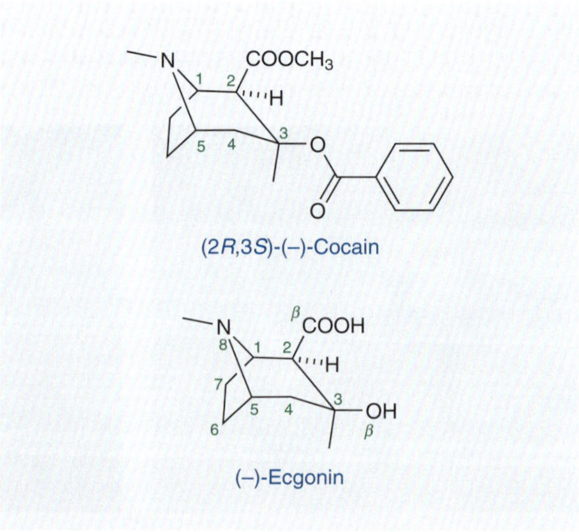


**Abb. 36.15** Cocain (oben) ist der Methylester des Benzoylecgonins (unten).

ergebenden Möglichkeiten wird an anderer Stelle (▸Kap. 3.2.3) näher eingegangen.

#### Alkaloide des Granatapfelbaumes

Das wichtigste Alkaloide aus der Rinde des Granatapfelbaumes (*Punica granatum*, ○ Abb. 36.16) ist **Pseudopelletierin** (*N*-Methylgranatonin, $C_9H_{15}NO$; ○ Abb. 36.17, unten). Es ist das Ringhomologe des Tropinons (○ Abb. 36.18, rechts) und besteht demnach formal aus zwei kondensierten Piperidinringen. Das Grundgerüst der Substanzen dieser Alkaloidklasse ist **Norgranatan** (9-Azabicyclo[3.3.1]-nonan) bzw. **Granatan, das Ringhomologe des Tropans** (○ Abb. 36.17, oben). Pseudopelletierin ist demnach 3-Granatanon. Es ist eine starke Base mit einem Schmelzpunkt von 48 °C und wegen seines symmetrischen Baus achiral. Das Nebenalkaloid Isopelletierin ($C_8H_{15}NO$; ○ Abb. 36.19) ähnelt in seiner Konstitution dem Coniin (○ Abb. 36.4, oben Mitte).

○ **Abb. 36.16** Aufgeschnittene Frucht des Granatapfelbaumes (*Punica granatum*)

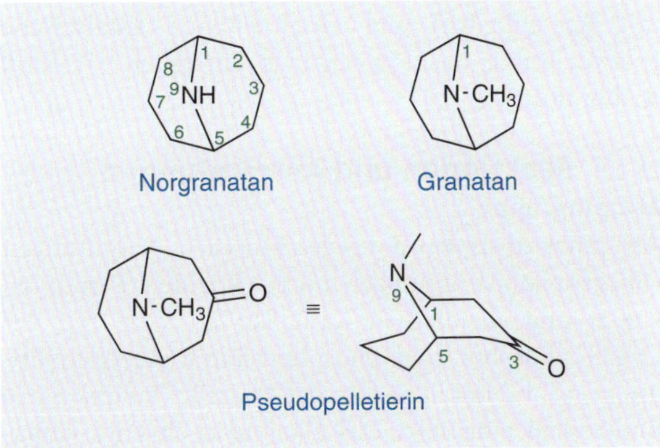


○ **Abb. 36.17** Norgranatan und Granatan (oben) bilden das Grundgerüst der Alkaloide des Granatapfelbaumes. Pseudopelletierin (unten) ist deren wichtigster Vertreter.

## 36.2.2 Gewinnung und Synthese

#### Atropingruppe

*Robinson* führte die Synthese des **Tropinons**, des Oxidationsprodukts von Tropin, aus Succinaldehyd, Acetondicarbonsäureester und Methylamin durch (○ Abb. 36.18). Die gleiche Reaktion gelang *Schöpf* unter Bedingungen, wie sie auch in einer Zelle herrschen, d. h. bei Raumtemperatur in einem pH-Bereich nahe dem Neutralpunkt. Die Totalsynthese des Atropins wurde erstmalig von *Willstätter* (1901) auf relativ kompliziertem Wege durchgeführt. Heute geht man vom Tropin aus, das durch Reduktion von Tropinon in saurer Lösung zugänglich ist, und verestert es mit acetyliertem Tropasäurechlorid. Nach Hydrolyse der *O*-Acetylgruppe erhält man Atropin.

#### Cocaingruppe

Die Konstitution des Cocains wurde auf synthetischem Wege bewiesen (*Willstätter, Robinson*). Die Darstellung des **Ecgonins** gelang *R. Robinson* – in Analogie zur Tropinonsynthese (○ Abb. 36.18) – durch Kondensation von Succinaldehyd, Acetondicarbonsäuremonomethylester und Methylamin. Der intermediär entstehende Tropinon-2-carbonsäuremethylester lässt sich durch Reduktion und Hydrolyse in (±)-Ecgonin überführen. Technisch gewinnt man Ecgonin aus den Rohalkaloiden der Cocablätter und stellt daraus durch Veresterung mit Methanol und Benzoylierung Cocain her.

#### Alkaloide des Granatapfelbaumes

Die Synthese von **Pseudopelletierin** (3-Granatanon) gelang *R. Robinson* – in Analogie zur Darstellung von Tropinon (○ Abb. 36.18) – aus Glutardialdehyd, Ace-

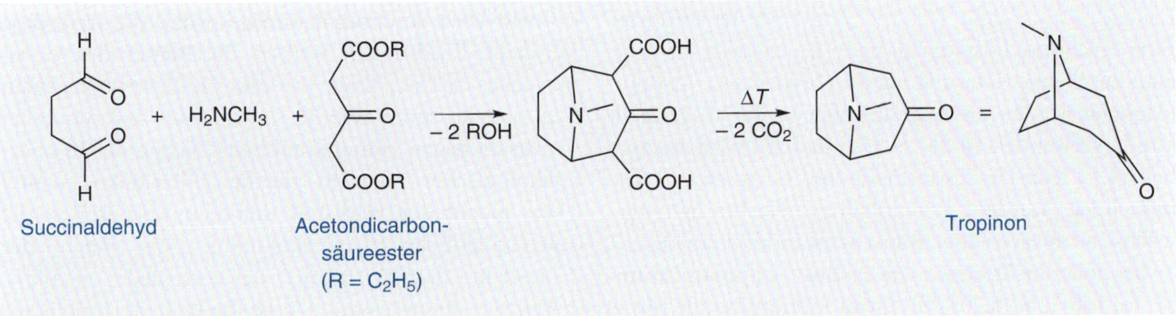


○ **Abb. 36.18** Synthese des Tropinons

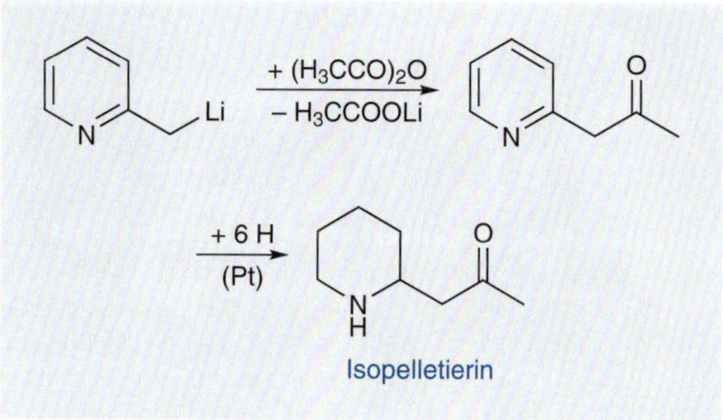


**Abb. 36.19** Synthese von Isopelletierin, einem Nebenalkaloid im Granatapfel und Oxo-Derivat des Coniins (Abb. 36.4, oben Mitte)

tondicarbonsäureester und Methylamin. **Isopelletierin**, ein Nebebenalkaloid, lässt sich synthetisch aus der Lithiumverbindung des α-Picolins durch Umsetzen mit Acetanhydrid und anschließende katalytische Perhydrierung des Pyridinrings darstellen (*Wibaut*, Abb. 36.19).

### 36.2.3 Reaktionen und Anwendungen

#### Atropingruppe

Atropin wird als **Antidot** gegen Muscarin-Vergiftungen (Fliegenpilz), Vergiftungen mit Insektiziden (Parathion, E605) und chemischen Kampfstoffen vom Typ der Organophosphor- und -phosphonsäuren (Acetylcholinesterase-Inhibitoren, ▸Kap. 6.2.4), z. B. Tabun, Sarin und Soman, eingesetzt. Das Alkaloid ist ein Parasympatholytikum – der Parasympathikus ist ein Teil des vegetativen Nervensystems – und konkurriert an den muscarinischen (muscarinergen) Acetylcholin-Rezeptoren (Muscarinrezeptoren, mACh-Rezeptoren) mit Acetylcholin. Durch kompetitive Blockade dieser Rezeptoren wird die Signalübertragung in der Nervenleitung unterbrochen. Die toxische Wirkung bestimmter Pflanzenschutzmittel (z. B. organische Phosphorsäureester), die auf einer Erhöhung der Acetylcholinkonzentration im synaptischen Spalt durch Hemmung des Abbaus von Acetylcholin durch das Enzym Acteylcholinesterase (AChE) beruht, wird durch Atropin aufgehoben (▸Kap. 6.2.4). Dies macht seinen Einsatz als Antidot verständlich. Auf eine der vielen weiteren parasympatholytischen Eigenschaften ist auch der Name der Pflanze *bella donna* (schöne Frau) zurückzuführen: Eine verdünnte Lösung ruft beim Einträufeln ins Auge eine Pupillenerweiterung hervor (**Mydriasis**). Atropinlösungen werden als Augentropfen in der Augenheilkunde verwendet. In der Notfallmedizin wird Atropin bei Herz-Kreislauf-Reanimationen eingesetzt. Missbräuchlich werden atropinhaltige Nachtschattengewächse dazu verwendet, Rauschzustände zu erzeugen.

Scopolamin-Derivate wie ***N*-Butylscopolaminiumbromid** (Abb. 36.20) werden als krampflösende Mittel (Spasmolytika, z. B. Buscopan®) verwendet. Durch das

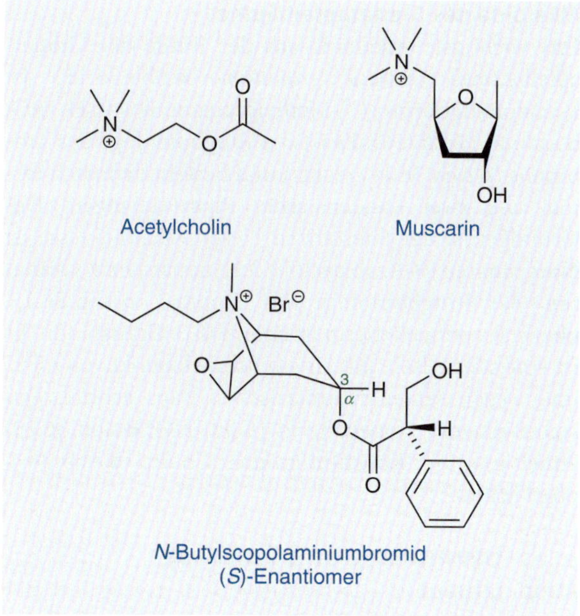


**Abb. 36.20** Acetylcholin ist ein wichtiger Neurotransmitter und wirkt u. a. an nicotinergen und muscarinergen Acetylcholinrezeptoren. Muscarin kommt im Fliegenpilz (*Amanita muscaria*) vor und wirkt an muscarinergen Acetylcholinrezeptoren als Agonist. *N*-Butylscopolaminiumbromid wird als Arzneistoff gegen Krämpfe im Magen-Darm-Trakt eingesetzt.

quarternäre positiv geladene *N*-Atom wird Buscopan® nicht resorbiert und entfaltet seine Wirkung nach oraler Applikation daher vor allem lokal im Gastrointestinaltrakt.

#### Cocaingruppe

(–)-Cocain besaß als Lokalanästhetikum lange Zeit große Bedeutung. Es wirkt lähmend auf die peripheren Nerven und macht Haut und Gewebe unempfindlich. Cocain besitzt als Sympathomimetikum vasokonstriktorische, appetithemmende, leistungssteigernde und euphorisierende Eigenschaften. Bei höheren Dosen folgen Erregung, Halluzinationen, Schwindel, Lähmungen (bis hin zur Atemlähmung) und Herzrhythmusstörungen.

Wegen der aufputschenden Eigenschaften wird Cocain auch als Rauschgift missbraucht. **Cocainhydrochlorid** wird geschnupft und gespritzt, die freie Base geraucht. Traditionell werden die Blätter des Cocastrauches als Cocabissen mit etwas Kalk versetzt gekaut (vgl. Betelbissen, ▸Kap. 36.1.4) oder als Tee zubereitet (wirksam gegen Höhenkrankheit). Neben der in pharmakologischer Hinsicht gleichen Pharmakodynamik (Was macht der Wirkstoff mit dem Körper?) ist die unterschiedliche Pharmakokinetik (Was macht der Körper mit dem Wirkstoff?) der verschiedenen Applikationsarten interessant. Durch die Wahl der Applikationsart lassen sich Resorptionsgeschwindigkeit und

Wirkungsdauer steuern. Die Anwendung von Cocain in Form eines Rauches übertrifft an Schnelligkeit und Intensität des Wirkungseintritts alle übrigen Applikationsweisen (intravenös, nasal oder peroral). Aus Cocainhydrochlorid durch Zugabe von Backpulver (Natriumhydrogencarbonat) und Wasser unter Erhitzen entstehendes **Crack** kann geraucht werden. Aus dem bei einer Temperatur von 195 °C schmelzenden, nicht flüchtigen Cocainhydrochlorid bildet sich die bereits bei 95 °C gut flüchtige **Cocainbase**. Beim Inhalieren gelangt Cocain über die Lungen in die Blutbahn. Innerhalb von 5–7 Sekunden kommt es zur maximalen Anflutung im Gehirn („Kick"). Nach intravenöser Injektion vergehen 30–45 Sekunden, bei nasaler Anwendung ca. 3–5 Minuten und bei oraler Zufuhr ungefähr 15 Minuten, bis der Cocaineffekt wahrgenommen wird.

Obwohl Cocain zuerst als Sympathomimetikum wirkt, d. h. zunächst eine dem Neurotransmitter Noradrenalin vergleichbare Wirkung aufweist, indem es dessen Wiederaufnahme in die präsynaptische Nervenzelle hemmt (*Re-up-take*-Hemmung), ist das große psychische und physische Abhängigkeitspotenzial von Cocain (**Cocainismus**) letztlich auf die starke Aktivierung des dopaminergen Belohnungssystems im Gehirn zurückzuführen. Bei Gewöhnung unter Steigerung der Dosis kommt es zu körperlichen, seelischen und sozialen Verfallserscheinungen. Kennzeichnend sind Passivität und Arbeitsunlust, Verlust von Spontaneität und mangelnde geistige Anregbarkeit. Auf Dauer werden auch die Merk- und Lernfähigkeit, die Konzentration und die praktische Intelligenz herabgesetzt. Andererseits wäre die Entwicklung der modernen Lokalanästhesie ohne einen Stoff wie Cocain undenkbar gewesen (▸Exkurs: Cocain als Muttersubstanz der Lokalanästhetika). Auch in sozialkultureller Hinsicht spielt Cocain eine nicht unwesentliche Rolle, beispielsweise ließ *A. C. Doyle* seinen Sherlock Holmes die schwierigsten Kriminalfälle unter Cocain-Einfluss lösen. Im Jahr 1886 brachte *J. S. Pemberton* ein Getränk, das Cocain und Coffein enthielt, als „Coca Cola" auf den Markt. Erst 1906 wurde das Cocain daraus entfernt. Viele bekannte und unbekannte Persönlichkeiten unterschiedlichster Herkunft fielen und fallen entweder dem Cocain direkt oder der damit verbundenen Kriminalität zum Opfer.

## Alkaloide des Granatapfelbaumes

Historisch gesehen ist vor allem der Abbau von Pseudopelletierin zu **Cyclooctatetraen durch** *Willstätter* von Bedeutung. Cyclooctatetraen ist ein interessantes Molekül. Es besitzt vier Doppelbindungen und ein wannenförmiges Ringskelett. Aufgrund dieser Nichtplanarität ist Cyclooctatetraen kein Antiaromat, wie man aufgrund seines 8-$\pi$-Elektronensystems entsprechend der *Hückel*-Regel (▸Kap. 18, ▸Kap. 25.1.1) erwarten sollte. Cyclooctatetraen ähnelt eher einem Cyclopolyen, wobei die Reaktivität durch die Ringspannung jedoch erhöht ist. Mit Metallen kann Cyclooctatetraen chelatartige

36

### Exkurs: Cocain als Muttersubstanz der Lokalanästhetika

Cocain wurde vom Apotheker *Friedrich Gaedcke* im Jahr 1855 entdeckt und im Jahr 1860 von *Albert Niemann* rein dargestellt. Seine Struktur wurde 1901 von *Richard Willstätter* aufgeklärt. Im Jahr 1923 gelang es schließlich, Cocain auf totalsynthetischem Wege herzustellen. Auf Anregung *Sigmund Freuds* wandte 1884 der Wiener Augenarzt *Karl Koller* Cocain zum ersten Mal zur Anästhesie bei Augenoperationen an, womit das Zeitalter der **Lokalanästhesie** begann. Die Absicht, auf synthetischem Wege zu ähnlich wirksamen Lokalanästhetika zu gelangen, die jedoch nicht die enorme Toxizität, die Suchtgefahr und die geringe Stabilität des Cocains aufweisen, wurde von *Einhorn* durch die Darstellung des Procains im Jahr 1904 realisiert. Procain kann als klassischer Vertreter der synthetischen Lokalanästhetika betrachtet werden; diese weisen das von *Löffgren* 1948 postulierte Bauprinzip auf, bei dem ein lipophiler, meist aromatischer Molekülteil über eine Ester- oder Amidfunktion und eine kurze Kohlenstoffkette mit einem basischen hydrophilen Rest verbunden ist. Heute stehen eine Reihe gut wirksamer, synthetischer **Lokalanästhetika** zur Verfügung, die keine suchterzeugenden Eigenschaften mehr haben, sich aber strukturell weitgehend vom Cocain ableiten (○Abb. 36.21).

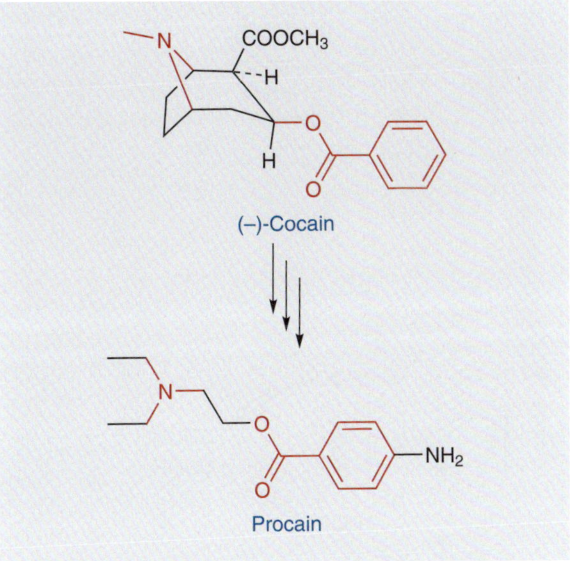


○ **Abb. 36.21** Strukturvergleich von Cocain und Procain

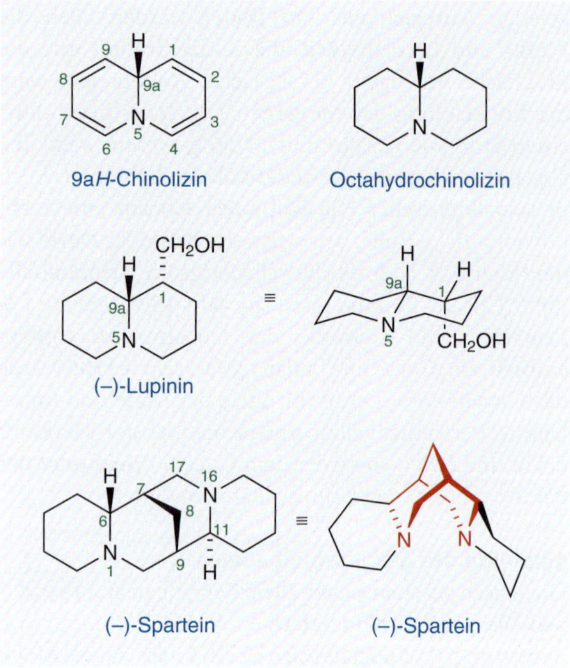


**○ Abb. 36.22** Das Hauptalkaloid Lupinin und sein Nebenalkaloid Spartein sind beides Vertreter der Alkaloide vom Chinolizidin-Typ. Das Grundverbindung des Sparteins ist Bispidin (rot markiert).

*Charge-Transfer*-Komplexe bilden. Ebenso reagiert es leicht zu einem zweifach negativ geladenen, planaren und damit aromatischen 10-π-Elektronensystem (Cyclooctatetraenyldianion), das ähnlich wie Ferrocen ebenfalls ein guter Komplexligand für Metalle ist.

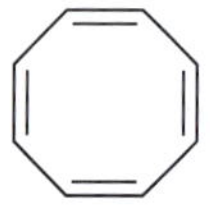

Cycloocta-tetraen

## 36.3 Alkaloide vom Chinolizidin-Typ

### 36.3.1 Struktur und Eigenschaften

Die Verteter dieser Alkaloidgruppe leitet sich von der Stammverbindung Chinolizin (4*a*-Aza-4*a*,9*a*-dihydronaphthalen) bzw. vom Octahydrochinolizin (1-Azabicyclo[4.4.0]decan) ab (○ Abb. 36.22). Bei der Bezifferung dieser Ringsysteme wird das Brücken-C-Atom mit 9*a* nummeriert. Perhydrochinolizin ist das Stammgerüst der Lupinen-Alkaloide.

(–)-**Lupinin** ($C_{10}H_{19}NO$, ○ Abb. 36.22, Mitte) ist das Hauptalkaloid der gelben Lupinen (*Lupinus luteus*). Es ist eine kristalline Substanz mit einem Schmelzpunkt von 70 °C.

Das tetracyclische (–)-**Spartein** ($C_{15}H_{26}N_2$, ○ Abb. 36.22, unten), kommt als Nebenalkaloid in der Lupine vor und ist ein bitter schmeckendes, stark basisches Öl mit $pK_S$-Werten von 2,2 und 9,5 für die Kationsäuren.

### 36.3.2 Gewinnung und Synthese

Die 1,2,3,4-Tetracarbonsäure des Chinolizins entsteht bei der Einwirkung von Acetylendicarbonsäuredimethylester auf Pyridin (○ Abb. 36.23). Der erste Reaktionsschritt verläuft im Sinne einer 1,4-dipolaren Cycloaddition. Der 1,2,3,4-Tetracarbonsäuremethylester lässt sich durch Destillation über Kalk verseifen und decarboxylieren. Wie oben bereits erwähnt, ist das Perhydrochinolizin das Stammgerüst der Lupinen-Alkaloide.

### 36.3.3 Reaktionen und Anwendungen

Das [Li-(–)-Spartein]$^+$-Kation bildet mit den enantiotopen Seiten von Carbanionen in unpolaren Lösemitteln diastereomere Ionenpaare, die unterschiedliche Energien aufweisen. Bei der Bildung des Carbanions z. B. durch Deprotonierung einer CH-aciden Verbindung durch z. B. *sec*-BuLi wird in Gegenwart von Spartein bevorzugt nur ein Enantiomer des Carbanions gebildet (▸ Kap. 3). Bei der weiteren Umsetzung des chiralen Ionenpaars resultiert dann auch bevorzugt nur ein Enantiomer des Produkts (Enantioselektivität, ○ Abb. 36.24). Mit der (–)-Spartein-assistierten Deprotonierung sind somit hoch enantiomerenangereicherte

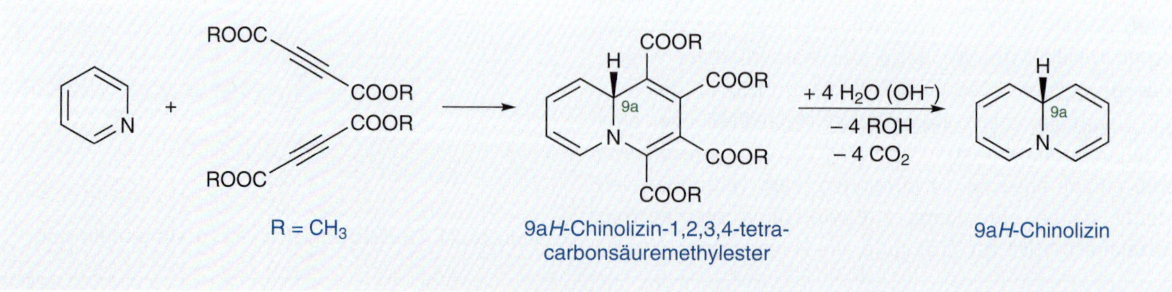


**○ Abb. 36.23** Synthese von Chinozilin, ausgehend von Pyridin

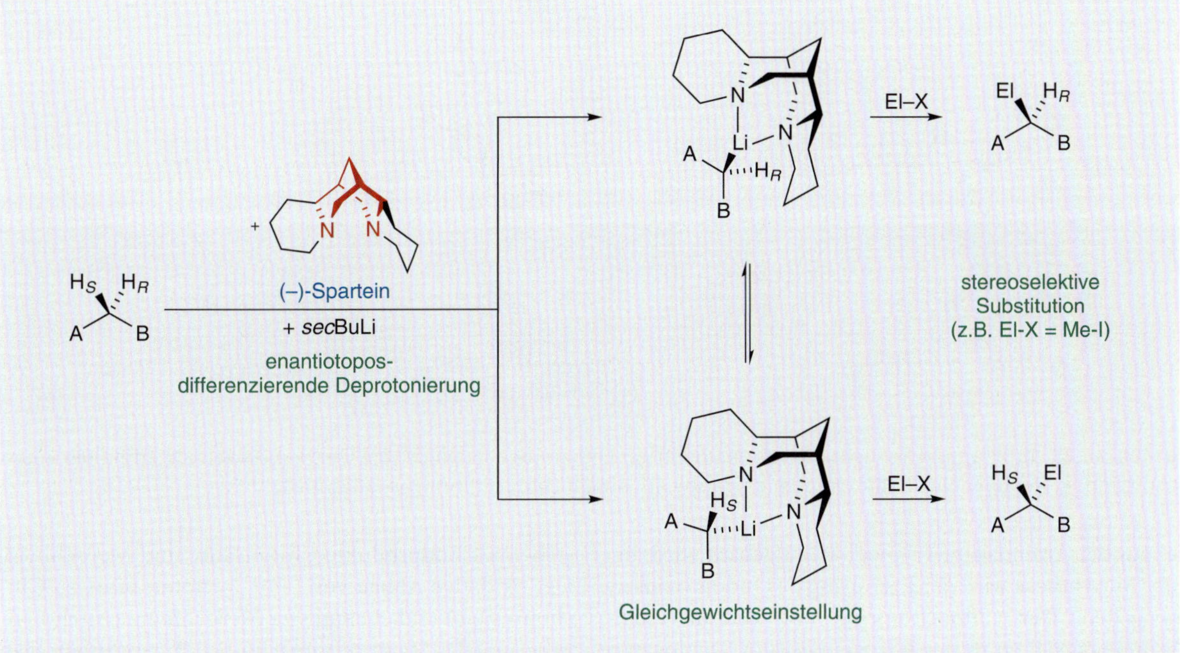


**Abb. 36.24** (–)-Spartein-assistierte Deprotonierung eines prostereogenen Substrats mit *sec*-Butyllithium. Im epimeren Gleichgewicht liegt bevorzugt eines der diastereomeren Li-(–)-Spartein-Carbanion-Paare vor. Die weitere Umsetzung führt somit bevorzugt zu einem der beiden Enantiomere.

36

Carbanionen für Synthesen auf einfache Weise zugänglich (*Hoppe et al.*).

(–)-Spartein hat eine koronargefäßerweiternde Wirkung. Es wirkt anregend auf das zentrale Nervensystem, das Atemzentrum sowie die Darm- und Uterusmuskulatur. Früher wurde es gegen Herzrhythmusstörungen eingesetzt, als starkes Gift führt es jedoch bei Vergiftungen zum Tod durch Kreislaufkollaps.

## 36.4 Alkaloide vom Chinolin-Typ

### 36.4.1 Struktur und Eigenschaften

Die Gruppe der **China-Alkaloide** umfasst etwa 30 verschiedene, zum Teil stereoisomere Pflanzenbasen, die vornehmlich aus der Rinde subtropischer Bäume der Gattungen *Cinchona* und *Remijia* isoliert wurden. Das wichtigste Alkaloid dieser Reihe ist das (–)-Chinin. Es wurde im Jahr 1820 von *Pelletier* und *Caventou* in der Chinarinde entdeckt. Um die Konstitutionsaufklärung der China-Alkaloide haben sich besonders *Koenigs*, *Skraup* und *Rabe* verdient gemacht. Demnach baut sich das Chininmolekül aus zwei verschiedenen Ringsystemen auf (o Abb. 36.25): aus dem **Chinolinkern** (▸ Kap. 33.1) und dem **Chinuclidinring** (1-Azabicyclo[2.2.2]octan). Das Chininmolekül besitzt vier Chiralitätszentren mit folgenden absouten Konfigurationen: (*R*)-3, (*S*)-4, (*S*)-8 und (*R*)-9.

(–)-**Chinin**, $C_{20}H_{24}N_2O_2$, das wichtigste China-Alkaloid, ist eine farblose Substanz, die sich in Wasser nur wenig löst; in wasserfreier Form schmilzt sie bei einer Temperatur von 177 °C. Ihre Salze haben einen äußerst bitteren Geschmack.

(+)-**Chinidin**, $C_{20}H_{24}N_2O_2$, ist mit Chinin stereoisomer; beide unterscheiden sich an den Stereozenten 8 und 9, die im Chinidin in der (*R*)-8- und in der (*S*)-9-Konfiguration vorliegen. Chinin und Chinidin sind demnach Diastereomere.

(+)-**Cinchonin**, $C_{19}H_{22}N_2O$, das wichtigste Nebenalkaloid der Chininreihe, weicht vom Chinidin nur durch das Fehlen der Methoxygruppe ab. Es wurde bereits im Jahr 1811 von *Gomez* in der Chinarinde entdeckt.

(–)-**Cinchonidin**, $C_{19}H_{22}N_2O$, steht zu (+)-Cinchonin stereochemisch in dem gleichen Verhältnis wie Chinidin zu Chinin.

(–)-**Cuprein**, $C_{19}H_{22}N_2O_2$, ist das demethylierte Chinin und kann durch Methylierung in Chinin übergeführt werden.

Die fluoreszierenden Eigenschaften der China-Alkaloide hängen vom Lösemittel und der Struktur ab. Eine wässrige Lösung von Chininhydrochlorid fluoresziert nicht, d. h. die Fluoreszenz tritt nur in sauerstoffhaltigen Säuren auf.

### 36.4.2 Gewinnung und Synthese

Die Konstitution des Chinins wurde durch *Woodward* und *Doering* im Jahr 1944 durch die Totalsynthese bewiesen. Praktischer ist die Gewinnung von Chinin durch Extraktion aus der Chinarinde. Biosynthetisch betrachtet ist Chinin eigentlich ein Indol-Alkaloid, da

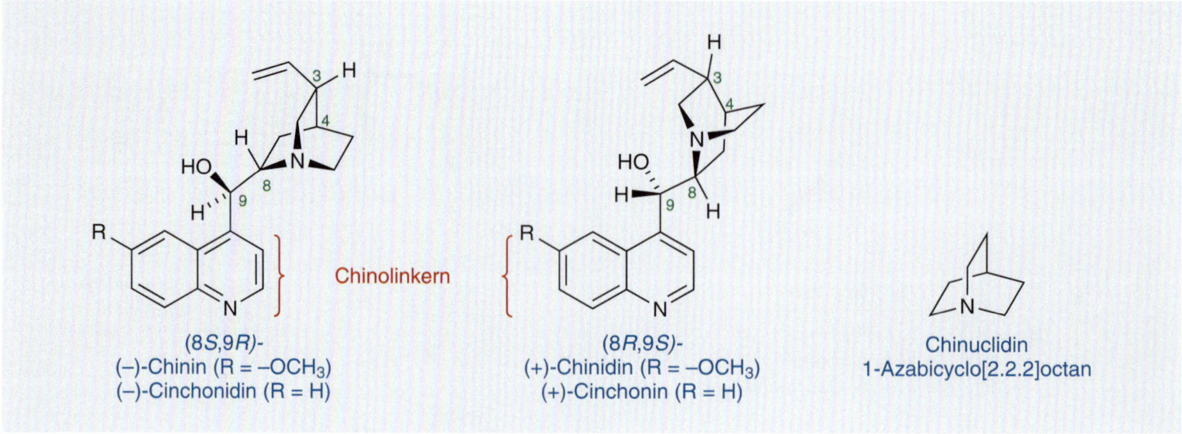


**o Abb. 36.25** Struktur und Konfigurationsformeln einiger Chinarindenalkaloide. Die vier Hauptalkaloide enthalten einen Chinolinring, der über eine Hydroxymethylengruppe mit einem Chinuclidinring verknüpft ist.

es aus der Aminosäure Tryptophan aufgebaut wird. Bei der Biosynthese wird der Pyrrolring des Indols oxidativ gespalten. Der Chinuclidinring und dessen Vinylgruppe entstehen in der Pflanze aus dem Secologanin als biogenetischer Schlüsselverbindung, die ihrerseits aus Mevalonsäure entsteht.

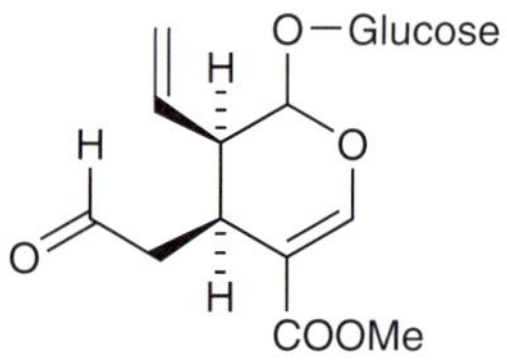


Secologanin

### 36.4.3 Reaktionen und Anwendungen

Der oxidative Abbau von China-Alkaloiden führt zu verschiedenen Endprodukten (o Abb. 36.26). Durch energische **Oxidation** des Chinins mit Chromsäure entstehen als Endprodukte Chininsäure und Merochinen. Der oxidative Abbau von (+)-Cinchonin führt zu Cinchoninsäure und ebenfalls zu Merochinen. Durch Benzylierung des Stickstoffs im Chinuclidinring erhält man *N*-Benzylcinchoniniumsalze, die als **chirale Phasentransferkatalysatoren** (▸ Kap. 7.1.3) bei enantioselektiven Alkylierungen verwendet werden. Angewendet wird Chinin als Chemotherapeutikum gegen **Malaria** und als **Bittermittel** in der Lebensmittelindustrie (z. B. Tonic Water). (+)-Chinidin kann zur Behandlung von Herzrhythmusstörungen eingesetzt werden. Außerdem werden (–)-Chinin und andere China-Alkaloide als chirale Hilfsstoffe bei enantioselektiven Synthesen (▸ Kap. 3.4.6) verwendet (*Wynberg* 1976).

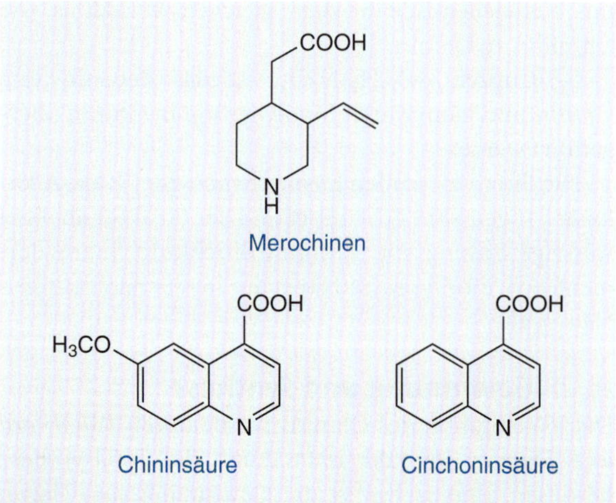


**o Abb. 36.26** Produkte des oxidativen Abbaus von China-Alkaloiden

Unter der ***Sharpless*-Dihydroxylierung** versteht man die durch Derivate der China-Alkaloide katalysierte asymmetrische Dihydroxylierung von Olefinen mit Osmiumtetroxid als Oxidationsmittel (o Abb. 36.27). Da diese Reaktion allgemein anwendbar ist und nicht an das Vorhandensein spezieller funktioneller Gruppen gebunden ist, ergibt sich eine große Anwendungsbreite bei der **enantioselektiven Funktionalisierung von Olefinen**. Aus einer achiralen Vorstufe lassen sich in einem Schritt zwei Chiralitätszentren aufbauen, die man durch den chiralen Katalysator in befriedigender bis guter Enantiomerenreinheit (▸ Kap. 3.4) erhält. Die *Sharpless*-Dihydroxylierung stellt eine Weiterentwicklung der *syn*-Dihydroxylierung (▸ Kap. 5.1) mit Osmiumtetroxid dar, die üblicherweise zu einem Enantiomerengemisch führt. Als eigentlicher Katalysator wirkt ein Komplex aus Osmiumtetroxid und einem China-Alkaloid wie Dihydroquinine (**Dihydrochinin**, DHQ) oder ein **Bis(dihydrochinin)-derivatisiertes Phthalazin**, $(DHQ)_2$-PHAL, sowie vergleichbare Verbindungen. Das teure und giftige Osmiumtetroxid wird, wie das China-Alkaloid, nur in katalytischen Mengen eingesetzt, da man ein Co-Oxidationsmittel (z. B. $K_3Fe(CN)_6$) verwendet. Als Substrate sind besonders *trans*-1,2-Ole-

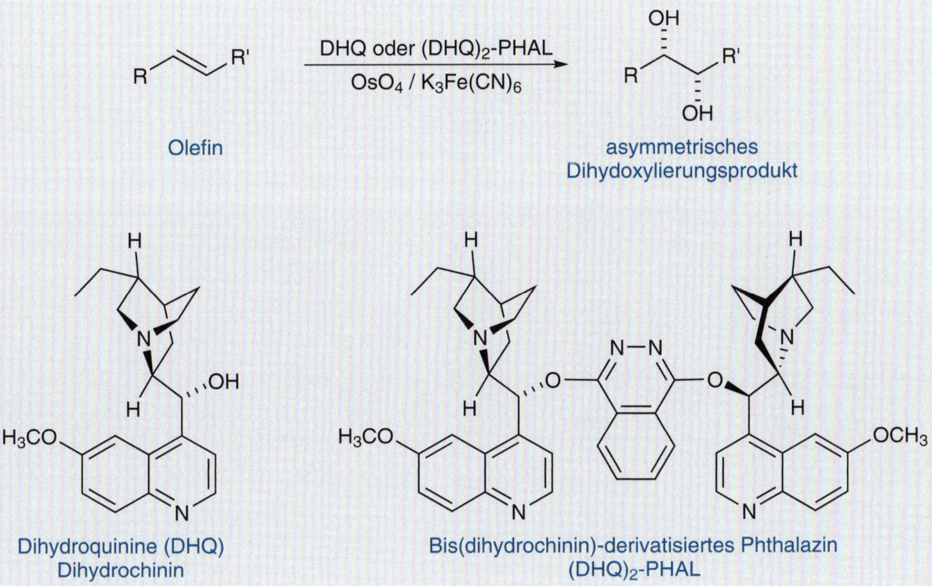


**o Abb. 36.27** Die durch China-Alkaloide katalysierte asymmetrische Dihydroxylierung von Olefinen mit Osmiumtetroxid als Oxidationsmittel wird als *Sharpless*-Dihydroxylierung bezeichnet.



fine gut geeignet; *cis*-1,2-Olefine liefern dagegen eher schlechte Ergebnisse, was in der Struktur der mit dem Katalysator gebildeten Komplexe begründet liegt. Viele funktionelle Gruppen (Keton-, Ester-, Amid-, Halogen-, Ether-, Carbamat- und Silylgruppen) an oder in der Nähe der Doppelbindung werden toleriert. Die Ausbeuten sind im Allgemeinen gut und die Reaktionsbedingungen mild. Für seine herausragenden Arbeiten auf dem Gebiet der selektiven Oxidation von Olefinen wurde *Sharpless* im Jahr 2001 mit dem Nobelpreis für Chemie ausgezeichnet.

## 36.5 Alkaloide vom Isochinolin-Typ

### 36.5.1 Struktur und Eigenschaften

Die **(Benzyl-)Isochinolinalkaloide** stellen mit ihren über 2 500 Vertretern die größte Alkaloidgruppe überhaupt dar. Nur einige wenige Substanzen beinhalten jedoch tatsächlich das Isochinolinsystem (▸Kap. 33.1). Die meisten sind Derivate des Benzyltetrahydroisochinolins. Diese sich vom Tyrosin bzw. der nichtproteinogenen Aminosäure Dihydroxyphenylalanin (DOPA, ▸Kap. 37.1) ableitende Alkaloidfamilie spaltet sich in zahlreiche Untergruppen auf. Einige dieser Subtypen sind oxidativ so stark modifiziert, dass selbst das Tetrahydroisochinolinsystem nicht mehr als Strukturmerkmal zu erkennen ist. Allerdings werden alle Vertreter dieser chemisch sehr heterogenen Alkaloidgruppe auf ähnliche Weise biosynthetisch hergestellt (▸Kap. 36.5.2). Viele der Isochinolinabkömmlinge sind in dem eingedickten Milchsaft unreifer Schlafmohnkapseln (*Papaver somniferum*), also im Opium, zu finden. Diese strukturell sehr verschieden gebauten Pflanzenbasen haben den Sammelnamen **Opiumalkaloide**. Sie kommen aber auch in der indischen Lotosblume (*Nelumbo nucifera*), in der Berberitze (*Berberis* sp.), in Brechnüssen (*Strychnos* sp.) und in vielen weiteren Pflanzenarten vor. Im Opium ist ein Teil der Alkaloide an Mekonsäure gebunden, im Schöllkraut und in der Berberitzenrinde liegt Salze der Chelidonsäure vor.

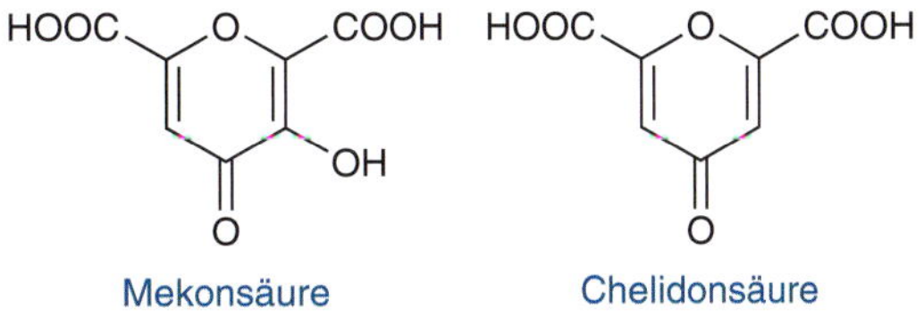


#### Papaveringruppe

In **o** Abb. 36.28 sind wichtige Alkaloide der Papaveringruppe sowie deren Bausteine dargestellt. Die Stammverbindung dieser Pflanzenbasen ist das 1-Benzylisochinolin.

**Papaverin**, $C_{20}H_{21}NO_4$, ist das 1-(3',4'-Dimethoxybenzyl)-6,7-dimethoxyisochinolin. Seine Konstitution ließ sich aus den Spaltprodukten der Alkalischmelze, 6,7-Dimethoxyisochinolin und Homoveratrol, ermitteln. Papaverin ist eine optisch inaktive Base mit einem Schmelzpunkt von 147 °C, die sich in Chloroform leicht löst.

**(+)-Laudanosin**, $C_{21}H_{27}NO_4$, hat einen Schmelzpunkt von 89 °C. Es ist das *N*-Methyl-1,2,3,4-tetrahy-

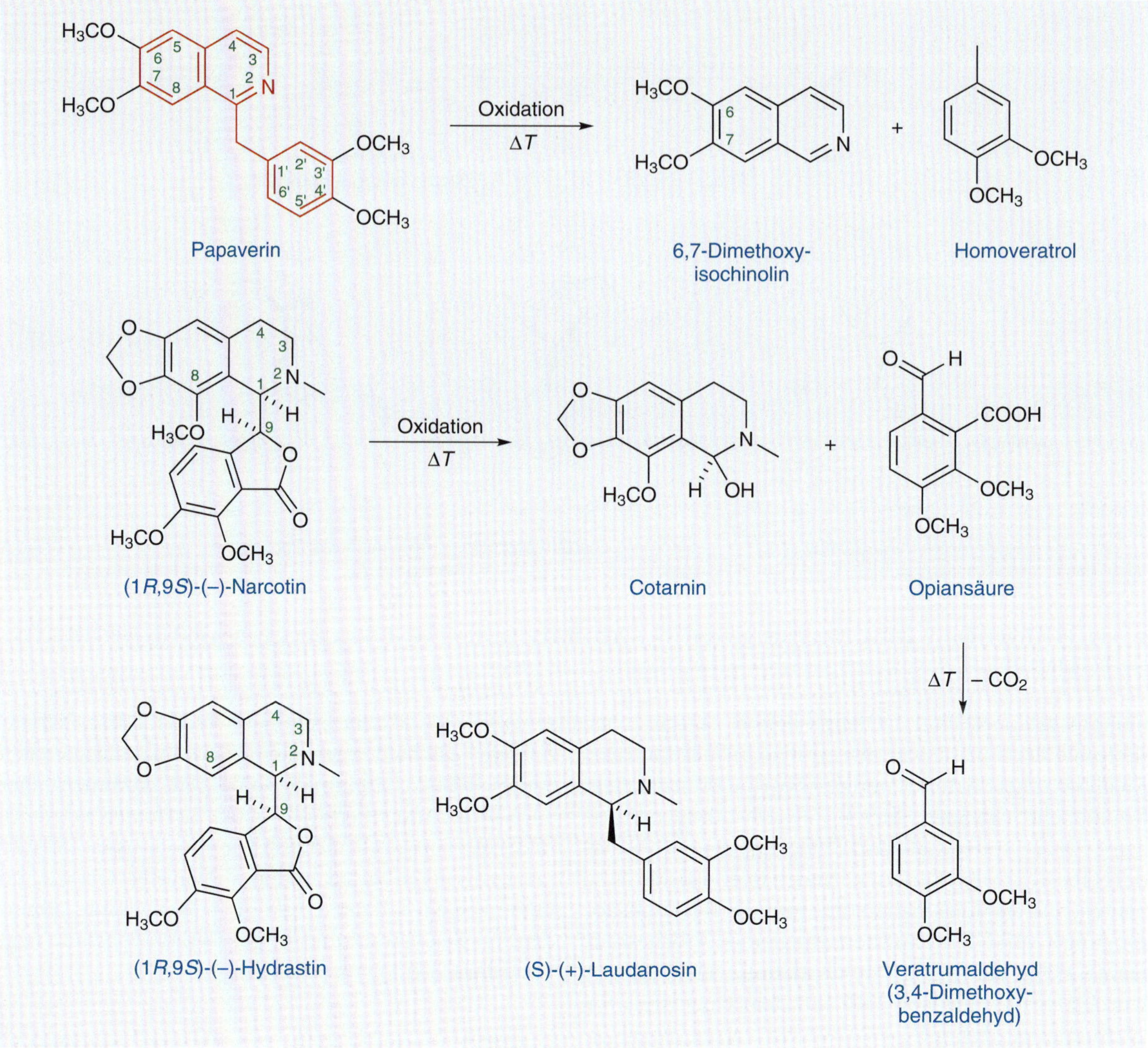


**Abb. 36.28** Wichtige Alkaloide der Papaveringruppe und ihre Bausteine. Das Benzylisochinolinskelett ist rot markiert.

dro-Derivat des Papaverins und kommt als Nebenalkaloid in geringer Menge im Opium (Laudanum) vor. Sein Molekül besitzt ein Chiralitätszentrum in der (*S*)-Konfiguration.

(−)-**Narcotin** (Noscapin), $C_{22}H_{23}NO_7$, gehört zu den Hauptalkaloiden des Opiums und wurde von *Robiquet* (1817) entdeckt. Es bildet farblose Prismen mit einem Schmelzpunkt von 176 °C. Seine Struktur leitet sich vom 1-Benzyl-1,2,3,4-tetrahydroisochinolin ab. Die wichtigsten Spaltprodukte des oxidativen Abbaus von Narcotin sind Cotarnin und Opiansäure. Die Konstitution des Cotarnins konnte durch Synthese bewiesen werden; die Opiansäure spaltet beim Erhitzen Kohlendioxid ab und geht in Veratrumaldehyd (3,4-Dimethoxybenzaldehyd) über.

(−)-**Hydrastin**, $C_{21}H_{21}NO_6$, unterscheidet sich von Narcotin durch das Fehlen der Methoxygruppe in Stellung 8 des Isochinolinrings. Es kommt in der Wurzel von *Hydrastis canadensis* vor, findet sich aber nicht im Opium.

## Berberingruppe

Die Pflanzenbasen dieser Gruppe stehen strukturell dem Narcotin und dem Hydrastin nahe. **Berberin**, $C_{20}H_{19}NO_5$, kommt vornehmlich in der Wurzel der Berberitze (*Berberis vulgaris*) vor. Es liegt in polaren Lösemitteln als quartäre Iminiumbase (▸Kap. 12) vor, im Kristall sowie in unpolaren Lösemitteln als Pseudobase (Abb. 36.29). Berberin ist eine schwache, optisch inaktive Base mit einem Schmelzpunkt von 145 °C, deren Salze gelb sind.

## Morphingruppe

Zu dieser Alkaloidgruppe zählen die Opiumalkaloide **Morphin** und **Codein**, die sich von den bisher besprochenen Alkaloiden durch ihren komplizierten Molekülbau unterscheiden (▸Kap. 33.1.4). Das Stammringsystem des Morphins ist das im Jahr 1946 von *Grewe* synthetisierte **Morphinan** (Abb. 36.30, links), in dem ein hydriertes Isochinolin (rot markiert) und ein Phenanthrenskelett vorliegen (Morphin kann mithilfe der Zinkstaubdestillation zu Phenanthren abgebaut werden (*Vongerichten*)). (–)-**Morphin**, $C_{17}H_{19}NO_3$, war das erste aus dem Pflanzenreich in kristalliner Form isolierte Alkaloid (*Sertürner* 1806), die richtige Summenformel jedoch wurde erst im Jahre 1848 ermittelt (*Laurent*). Bis zur Aufstellung der korrekten Konstitution vergingen weitere 77 Jahre. Im Jahre 1952 führten *Gates* und *Tschudi* die erste Totalsynthese des Morphins durch, womit die Chemie des Morphins erst 150 Jahre nach seiner Isolierung einen vorläufigen Abschluss fand. Seine Biochemie ist in ein neues Stadium getreten, seit die Bildung von Morphin in verschiedenen Geweben von Warmblütlern nachgewiesen wurde. (–)-Morphin kristallisiert in Prismen mit einem Schmelzpunkt von 254 °C, schmeckt bitter und ist in Wasser löslich. **Codein**, $C_{18}H_{21}NO_3$, ist der 3-Monomethylether des Morphins. Es ist ebenfalls ein Bestandteil des Rohopiums und wird im Körper teilweise zu Morphin metabolisiert.

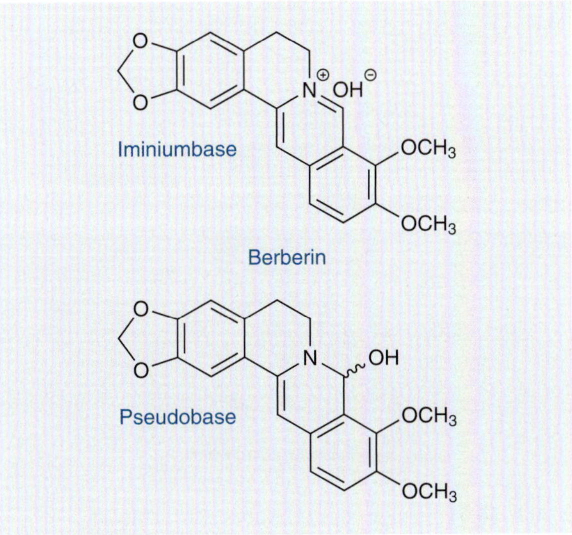


**o Abb. 36.29** Berberin liegt entweder als geladene Iminiumbase (in Festkörpern, in polaren Lösemitteln) oder als ungeladene Pseudobase (in unpolaren Lösemitteln) vor.

### Curaregruppe

Diese Alkaloidgruppe findet sich in dem aus südamerikanischen *Strychnos*- und *Chondodendron*-Arten gewonnenen **Curare**. Sie wurde vor allem von *King*, *Späth* und *Wintersteiner* untersucht. Curare ist in verschiedenen Sorten als Pfeilgift in Verwendung, z. B. als Topf-, Tubo- oder Calebassencurare. Die Namen der verschiedenen Curare-Arten leiten sich von den Aufbewahrungsformen der Gifte ab. Topfcurare ist typisch für die Indios des Orinoco-Beckens und wird in kleinen Tontöpfen aufbewahrt. Tubocurare wird vor allem von den Ureinwohnern Guayanas und des oberen Amazonasbeckens hergestellt und in Bambusröhren (spanisch: *tubo*) gelagert. Calebassencurare wird traditionell vor allem von Einwohnern des heutigen Kolumbiens und Venezuelas hergestellt und in kleinen ausgehöhlten, flaschenförmigen Kürbissen (spanisch: *calabaza*) aufbewahrt.

Topf- und Tubocurare sind einander ähnlich, werden hauptsächlich aus *Chondodendron*-Arten gewonnen und enthalten als wirksame Inhaltsstoffe Isochinolinalkaloide, von denen das wichtigste das quarternäre Bisbenzylisochinolinalkaloid Tubocurarin bzw. (+)-**Tubocurarinchlorid** ist. In diesem sind zwei 1-Benzyl-1,2,3,4-tetrahydroisochinolinringe über Sauerstoffbrücken miteinander verknüpft (o Abb. 36.31); die Struktur ist dem Papaverin ähnlich. Calebassencurare stammt ausschließlich aus *Strychnos*-Arten und setzt sich aus Indolalkaloiden (▸Kap. 36.6) zusammen, die hauptsächlich dem Strychnin-Typ zugeordnet werden können.

## 36.5.2 Gewinnung und Synthese

Alle Benzylisochinolinalkaloide weisen einen gemeinsamen Biosyntheseweg auf (o Abb. 36.32): Zunächst werden die Aminosäuren Phenylalanin oder Tyrosin

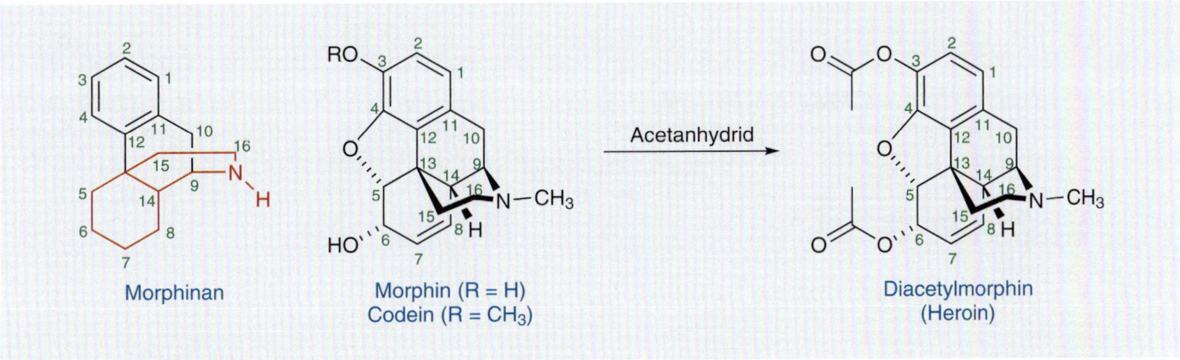


**o Abb. 36.30** Im Morphinan (links), dem Stammringsystem des Morphins, liegt eine hydrierte Isochinolinstruktur vor (rot markiert). Morphin (R = H) kann durch Acetylierung mit Acetanhydrid in Heroin überführt werden (rechts). Codein (R = $CH_3$) ist der 3-Monomethylether des Morphins.

36

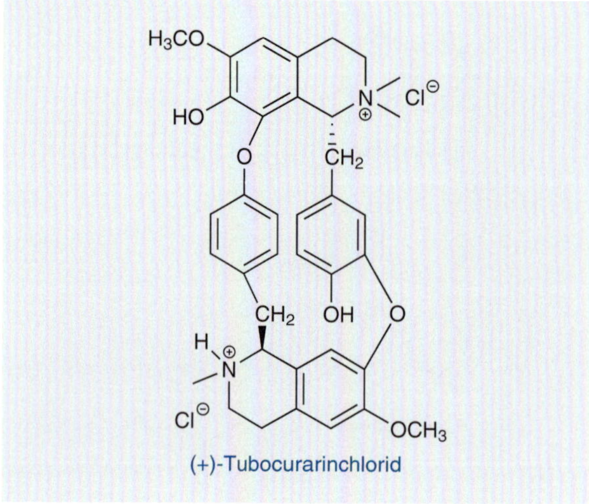


**Abb. 36.31** Struktur des (+)-Tubocurarinchlorid

enzymatisch zu *o*-Dihydroxyphenyl-Derivaten hydroxyliert. Bei der anschließenden Decarboxylierung entstehen **Phenylethylamine**; daneben kann auch eine oxidative Desaminierung unter Aldehydbildung erfolgen. Diese beiden Bausteine werden analog einer *Mannich*-Kondensation (▸Kap. 21.2.3) stereospezifisch zum (*S*)-Norcoclaurin verknüpft, das als eine Art Muttersubstanz der Benzylisochinoline angesehen werden kann. Obwohl die Totalsynthesen vieler Vertreter dieser Alkaloidgruppe bekannt sind (z. B. Papaverin, *Pictet* 1909), gewinnt man sie in der Praxis durch Extraktion aus der Droge; die gewonnenen Substanzen können halbsynthetisch weiter umgesetzt werden.

### 36.5.3 Reaktionen und Anwendungen

**Papaveringruppe**

Wegen seiner krampflösenden Wirkung wird Papaverin therapeutisch z. B. bei Darmspasmen verwendet (▸Kap. 33.1.4). Narcotin (Noscapin®) unterdrückt dagegen den Hustenreiz und wird daher gegen trockenen Reizhusten eingesetzt, während Hydrastin eine blutstillende Wirkung hat.

**Berberingruppe**

Die Salze des Berberins werden aufgrund ihrer gelben Farbe in der Histologie als Lumineszenzfarbstoffe verwendet.

**Morphingruppe**

**Morphin** wirkt schmerzdämpfend oder schmerzaufhebend, selbst bei stärksten Schmerzen. Es wirkt beruhigend, euphorisierend und in höheren Dosen narkotisch. Morphin dämpft das Atemzentrum sowie das Hustenzentrum und setzt die Sekretion der Schleimhaut der Luftwege herab. Weiterhin verengt es die Pupillen (Miosis), führt zu einem Motilitätsverlust des Magen-Darm-Trakts (Verstopfung) sowie zu Juckreiz und Übelkeit. Aus diesem Wirkungsspektrum ergeben sich die Anwendungsmöglichkeiten des Morphins in der Arzneimitteltherapie, z. B. gegen stärkste Schmerzen (Morphinhydrochlorid), Durchfall (Opiumtinktur) und trockenen Reizhusten (hier wird allerdings Codeinphosphat verwendet), aber auch sein Missbrauchspotenzial. Morphin entfaltet seine Wirkung über Opioidrezeptoren. Ähnlich dem Cocain (▸Kap. 36.2.3) lässt sich aus der Pharmakodynamik und Pharmakokinetik der Substanz ihr Suchtpotenzial ableiten.

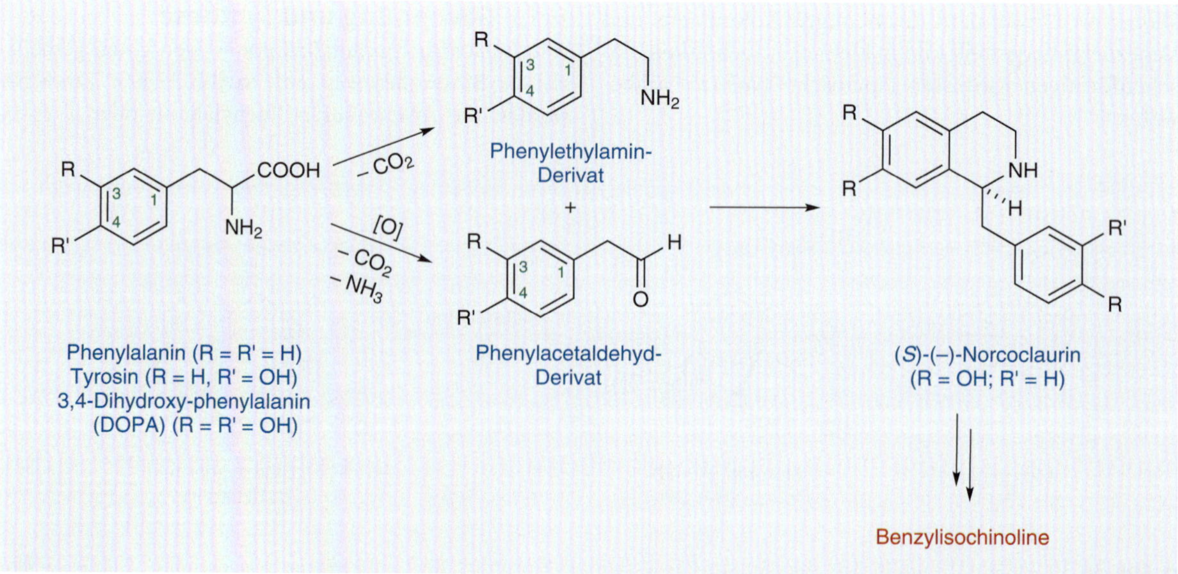


**Abb. 36.32** Biosynthese der Benzylisochinoline. Das intermediär gebildete Norcoclaurin kann als „Muttersubstanz" angesehen werden.

**Heroin** (Diacetylmorphin, ▸ Abb. 36.30) ist im Vergleich zu Morphin wesentlich lipophiler, wodurch es einfacher und schneller die Blut-Hirn-Schranke überwindet. Im Gehirn wird es über Monoacetylmorphin zu Morphin metabolisiert. Die schnellere Anflutung führt zu einem ausgeprägteren „Kick“ und letztlich zur Aktivierung des dopaminergen körpereigenen Belohnungssystems. Auf einen ausgeprägten Gewöhnungseffekt bei chronischem Missbrauch folgt Dosissteigerung, um denselben High-Effekt erneut zu erreichen. Dies führt zu einer sehr starken psychischen und körperlichen Abhängigkeit (Morphinismus) und mündet in einen Teufelskreis (*Circulus vitiosus*), dem nur schwer wieder zu entkommen ist. Es wurde jahrzehntelang versucht, ausgehend vom Morphin Arzneistoffe zu entwickeln, die dessen erwünschte Eigenschaften (Analgesie, Hustenreizstillung) behalten, ohne gleichzeitig die unerwünschten Wirkungen (Rausch, Sucht etc.) aufzuweisen (▸ Kap. 36.5.4); bisher waren diese Versuche jedoch erfolglos. Ursprünglich vermutete man, mit der Acetylierung von Morphin zu Heroin (griech. *heros* = der Held) diesen Erfolg verbuchen zu können. Heroin wurde um das Jahr 1900 von der Firma Bayer produziert, aggressiv beworben und als Arzneistoff gegen Schmerzen und Husten frei verkäuflich auf den Markt gebracht (▸ Abb. 36.33). Es dauerte Jahre, bis man erkannte – oder erkennen wollte –, dass Heroin in Bezug auf seine unerwünschten Wirkungen um ein Vielfaches schlimmer war als Morphin (z. B. deutlich höheres Suchtpotenzial). Heroin ist aus diesem Grund schon lange kein Arzneistoff mehr und wird heute nur noch missbräuchlich als Rauschgift verwendet.

**Codein**, der 3-Monomethylether des Morphins (▸ Abb. 36.30), kann z. B. durch Methylierung des Morphins mit Diazomethan erhalten werden. Es hat nur schwach narkotische Eigenschaften und wird in der Medizin als schmerz- und hustenstillendes Mittel benutzt.

### Curaregruppe

Oral verabreichtes **Curare** wird aufgrund seines permanent positiv geladenen quartären N-Atoms nicht resorbiert. Die parenterale Applikation von Curare führt jedoch durch kompetitive Hemmung der nicotinischen Acetylcholinrezeptoren an der motorischen Endplatte zur Erschlaffung der Muskulatur. Die je nach Applikationsform unterschiedliche Wirkung von Curare erklärt dessen Einsatz als Pfeilgift: Bei der Jagd wird das Gift der Beute durch den Curare-Pfeil parenteral appliziert, was nach Resorption zum Tod des Beutetieres führt. Beim Verspeisen des erlegten Tieres (perorale Aufnahme durch den Menschen) erfolgt jedoch keine Giftaufnahme.

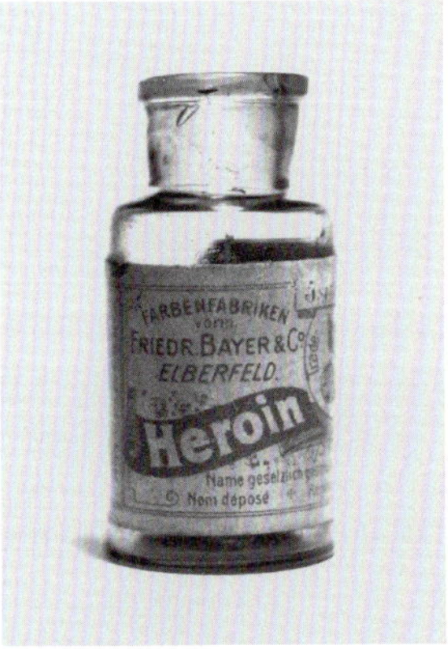


**Abb. 36.33** Heroin war Anfang des 20. Jahrhunderts als freiverkäufliches Arzneimittel auf dem Markt.

Der Arzneistoff (+)-**Tubocurarinchlorid** (▸ Abb. 36.31) wird als Muskelrelaxans bei chirurgischen Eingriffen verwendet. Von der Struktur des Tubocurarinchlorids leiten sich viele moderne, muskelrelaxierende Arzneistoffe ab, z. B. Atracuriumbesilat (▸ Abb. 36.34).

### 36.5.4 Ausgewählte Verbindungen

Das zu den Aporphin-Alkaloiden gehörende **Apomorphin** ist, anders als die meisten Morphinderivate, zwar keine schmerzstillende oder euphorisierende Substanz, doch ein sehr wirksames, wenn auch nicht ungefährliches Brechmittel (Emetikum), das seit Jahrzehnten angewandt wird. In deutlich niedrigerer als der zum Brechreiz führenden Dosis hat es sich als wirksam zur Behandlung von Erektionsstörungen erwiesen (früher als Upriman® im Handel), das im Gegensatz zu den direkt am Zielort angreifenden Phosphodiesterase-5-(PDE-5-)Hemmern wie Sildenafil (Viagra®) seine Wirkung über das Zentralnervensystem entfaltet. Die Wirkung bei erektiler Dysfunktion beruht wahrscheinlich auf der in dem Molekül enthaltenen Struktur des Neurotransmitters **Dopamin**, die in der nachstehenden Formel rot markiert ist. Apomorphin entsteht beim Erhitzen von Morphin in saurem Medium (Apomorphin-Umlagerung).

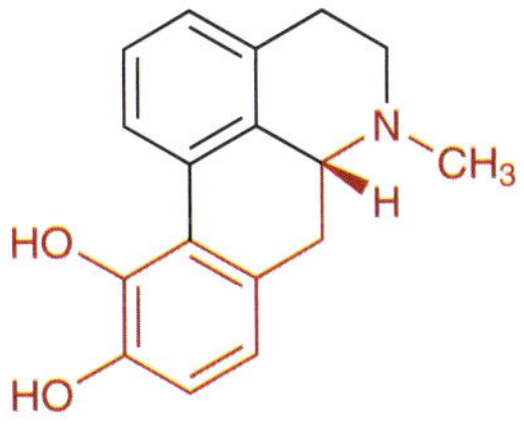


(*R*)-(–)-Apomorphin

Stoffe, die im Organismus morphinähnliche Wirkungen hervorrufen und dem Morphin ähnliche Struktur-Wirkungsbeziehungen aufweisen ohne ein Morphinan-Grundgerüst zu besitzen, werden als **Opioide** bezeichnet. Bei keinem der synthetisch hergestellten Opioide gelang es bisher, die unerwünschten Wirkungen des Morphins

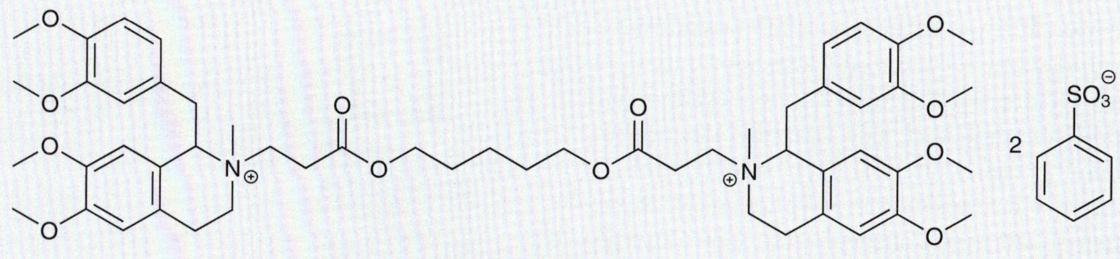


**Abb. 36.34** Atracuriumbesilat ist ein Vertreter der modernen, peripher angreifenden Muskelrelaxanzien.

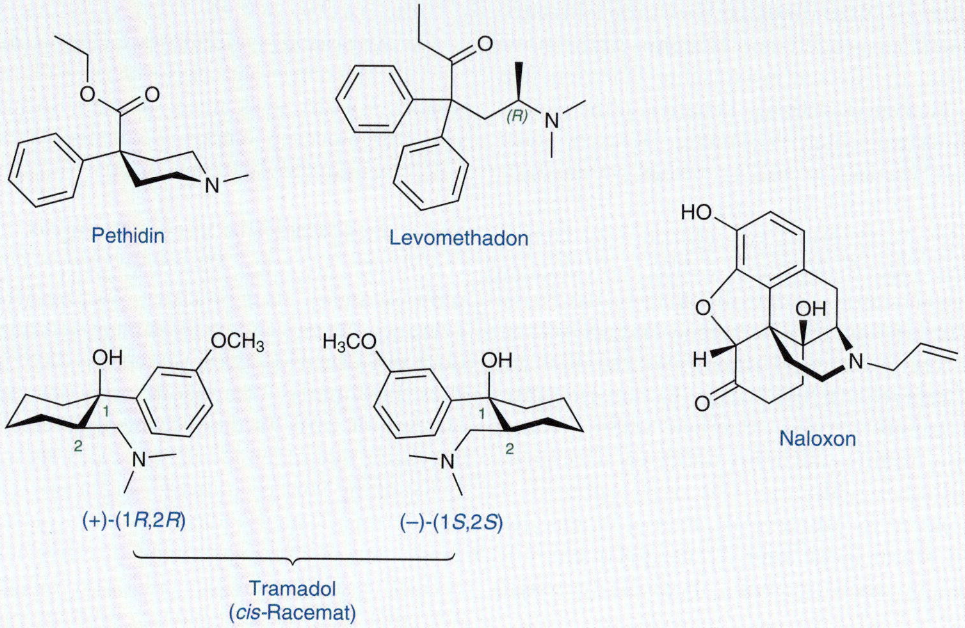


**Abb. 36.35** Strukturformeln einiger Opioidanalgetika sowie des Antagonisten Naloxon

vollständig zu eliminieren. Opioide fallen daher nahezu vollständig unter das Betäubungsmittelgesetz (BTMG) und ihr Einsatz muss, um z. B. eine Abhängigkeit zu vermeiden, genau kontrolliert werden, z. B. durch die richtige Wahl der Arzneiform sowie der Applikationsart und durch zeitlich abgestimmte Therapieschemata. Beispielsweise werden Tabletten mit Opioiden oder Opiaten (Morphinan-Grundgerüst noch vorhanden) hergestellt, die den Wirkstoff nur langsam freigeben (Retardtabletten), um einen „Kick" (▸Kap. 36.5.3) zu verhindern.

Die Strukturformeln der nachfolgend aufgeführten Opioide sind in Abb. 36.35 dargestellt.

**Pethidin** (Dolantin®), 1-Methyl-4-phenylpiperidin-4-carbonsäureethylesterhydrochlorid, eine kristalline Substanz mit einem Schmelzpunkt von 188 °C, vereinigt die muskelkrampflösende Wirkung des Atropins mit dem schmerzlindernden Effekt des Morphins. Pethidin war das erste vollsynthetische Opioid, das entwickelt wurde.

**Levomethadon** (Polamidon®), (–)-6-Dimethylamino-4,4-diphenyl-3-heptanonhydrochlorid, wirkt noch stärker analgetisch als Morphin. Wegen günstigerer pharmakokinetischer Eigenschaften sind die mit Methadonsucht verbundenen Entziehungserscheinungen allerdings schwächer als die bei Heroin-Entzug auftretenden. Daher wird Methadon in einigen Ländern, u. a. in Deutschland, zur Behandlung Heroinsüchtiger verwendet und dabei oral verabreicht.

**Tramadol** (Tramal®), *cis*-2-(Dimethylaminomethyl)-1-(3-methoxyphenyl)cyclohexanol, ist das einzige nicht dem BTMG unterliegende Opioid, das in Deutschland als Schmerzmittel zugelassen ist. Es wird daher sehr häufig und viel benutzt, sowohl in der Notfallmedizin als auch zur Therapie starker chronischer Schmerzen.

Zur Therapie einer Vergiftung mit Opiaten bzw. Opioiden wird der Opiatantagonist **Naloxon**, (–)-17-Allyl-4,5-epoxy-3,14-dihydroxy-6-morphinanon (Abb. 36.35, rechts), verwendet. Bei einer Intoxikation gilt es, inbeson-

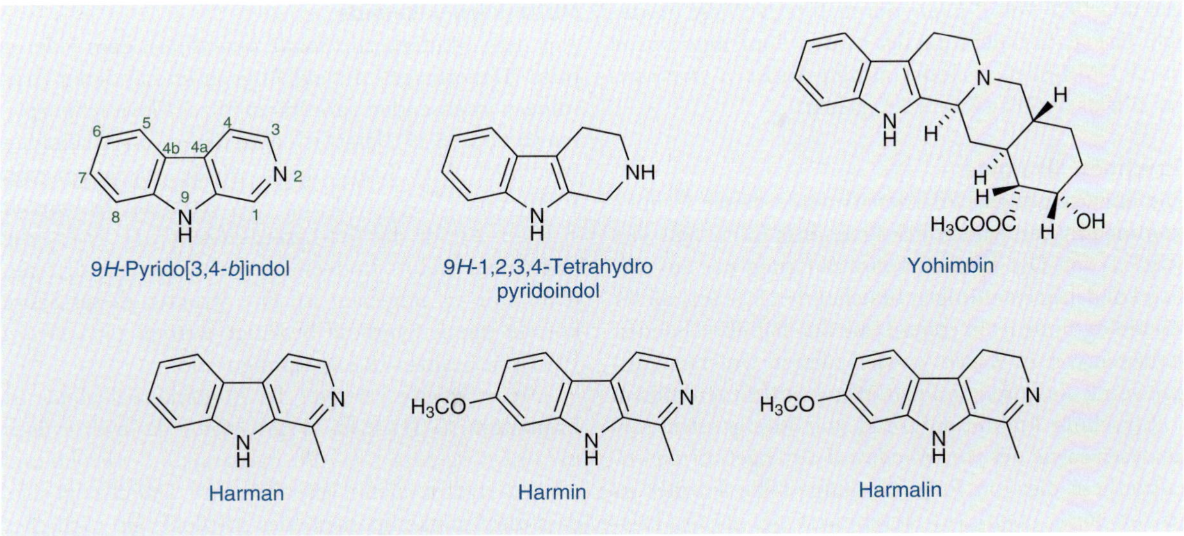


**o Abb. 36.36** Vom $\beta$-Carbolin abgeleitete Alkaloide (Pyridoindol-Alkaloide)

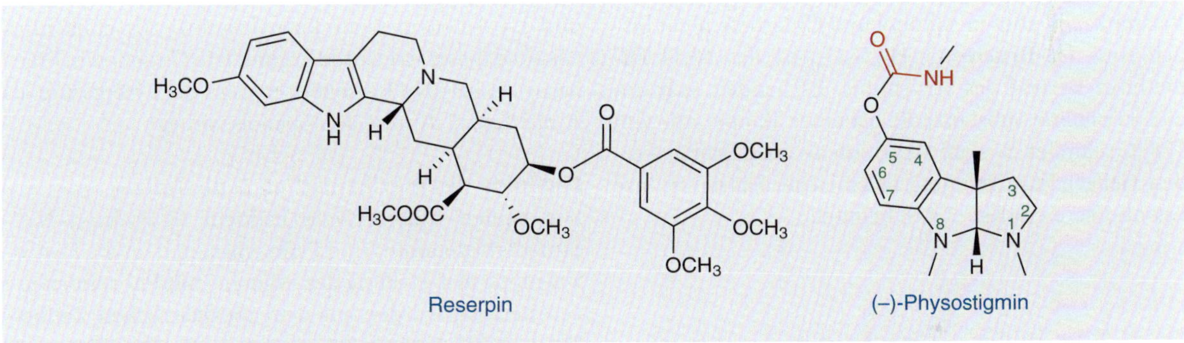


**o Abb. 36.37** Das *Rauwolfia*-Alkaloid Reserpin und das Alkaloid der Calabarbohne Physostigmin



dere die atemdepressiven Eigenschaften der Opiate bzw. Opioide zu unterbinden. Bei der Verabreichung von Naloxon ist allerdings Vorsicht geboten, da hierbei sofort nach der Injektion die schweren Entzugserscheinungen („Turkey") eines Süchtigen auftreten.

## 36.6 Alkaloide vom Indol-Typ

### 36.6.1 Struktur und Eigenschaften

#### Pyridoindol-Alkaloide

Die Alkaloide mit dem Ringgerüst des 9*H*-Pyrido[3,4-*b*]indols (früher: **$\beta$-Carbolin**; o Abb. 36.36, oben links), das aus einem Indol- und einem Pyridinkern besteht, finden sich z. B. in der Rinde von *Sickingia*-Arten (**Harman**) und in *Peganum harmala* (**Harmin, Harmalin**). Die Konstitution der drei Alkaloide (o Abb. 36.36, unten) wurde durch Abbau und Synthese bewiesen (*Perkin* u. *Robinson*).

Als Abkömmling des 9*H*-1,2,3,4-Tetrahydropyridoindols ist das **Yohimbin** (o Abb. 36.36, oben rechts) anzusehen, eine pentacyclische Base, die vornehmlich in den Blättern und in der Rinde des *Yohimbehe*-Baumes vorkommt. (+)-**Yohimbin**, $C_{21}H_{26}N_2O_3$, wurde von *Spiegel* (1896) in *Corynanthe yohimbé* entdeckt und ist eine kristalline Base mit einem Schmelzpunkt von 241 °C, die sich in Alkohol und Chloroform löst und deren Konstitution durch Totalsynthese bewiesen wurde (*van Tamelen*).

#### Rauwolfia-Alkaloide

**Reserpin**, $C_{33}H_{40}N_2O_9$ (o Abb. 36.37, links), kommt als Hauptalkaloid dieser Reihe in der Indischen Schlangenwurzel (*Rauwolfia serpentina*) und anderen *Rauwolfia*-Arten vor. Reserpin wurde erst im Jahr 1952 in reinem Zustand isoliert und in seiner Struktur aufgeklärt (*Schlittler*), 1958 gelang *Woodward* die Totalsynthese.

#### Alkaloide der Calabarbohne

(–)-**Physostigmin** (Eserin), $C_{15}H_{21}N_3O_2$ (o Abb. 36.37, rechts), das äußerst giftige Hauptalkaloid der Calabarbohne (*Physostigma venenosum*), wurde im Jahr 1864 von *J. Jobst* und *O. Hesse* isoliert. Die Substanz kristallisiert in Blättchen mit einem Schmelzpunkt von 105–106 °C und besitzt einen Drehwert von $[\alpha]_D$ = –76° (Chloroform). Die richtige Konstitution wurde bereits im Jahr 1925 von *E. Stedman* und *G. Berger* vorgeschla gen und 1925 von *P. Julian* durch Totalsynthese bewiesen. Die *cis*-Verknüpfung der beiden Fünfringe wurde durch NMR-Spektroskopie mithilfe des Kern-*Overhauser*-Effekts (NOE; ▸Kap. 2.5.5) geklärt.

### Strychnos-Alkaloide

Die äußerst giftigen Pflanzenalkaloide dieser Gruppe kommen in den Samen der Brechnuss (*Strychnos nux vomica*) vor. Die Konstitutionsaufklärung des aus sieben kondensierten Ringen bestehenden Systems dieser Alkaloidgruppe ist in erster Linie den bahnbrechenden Arbeiten von *H. Leuchs* sowie späteren Untersuchungen von *R. Robinson* und *R. B. Woodward* zu verdanken.

**Strychnin** kommt aufgrund von Röntgenstrukturanalysen sowie der von *Woodward* durchgeführten Totalsynthese die von *Robinson* aufgestellte Formel zu (○Abb. 36.38, oben). (–)-Strychnin, $C_{21}H_{22}N_2O_2$, kristallisiert in farblosen, äußerst bitter schmeckenden Prismen mit einem Schmelzpunkt von 268 °C, die in Wasser kaum, aber in Alkohol und Chloroform gut löslich sind. (–)-**Brucin**, $C_{23}H_{26}N_2O_4$, ist das 10,11-Dimethoxy-Derivat des Strychnins. Es handelt sich um eine kristalline Substanz, die bei einer Temperatur von 178 °C schmilzt. Sowohl Strychnin als auch Brucin werden vielfach zur Trennung racemischer Säuren in ihre Enantiomeren (▸Kap. 3.4.6) benutzt.

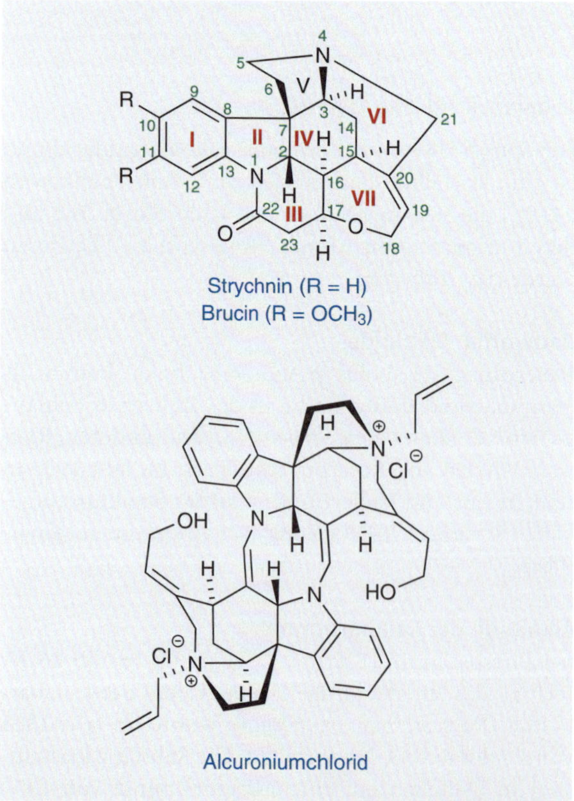


○ **Abb. 36.38** Die Strychnos-Alkaloide Strychnin und Brucin sowie das aus Strychnin halbsynthetisch gewonnene Muskelrelaxans Alcuroniumchlorid (▸Kap. 36.6.3).

### Mutterkorn-Alkaloide

Aus dem Mutterkorn (*Secale cornutum*), dem Sklerotium (Dauermycel) des auf Roggen und anderen Gramineen wachsenden parasitären Pilzes *Claviceps purpurea* (○Abb. 36.39), lässt sich eine Reihe von Alkaloiden gewinnen. Ihre Konstitution wurde vor allem von *Jacobs* und *Craig* sowie von *Stoll* ermittelt: Es handelt sich um Amide der (+)-**Lysergsäure**, $C_{16}H_{16}N_2O_2$, die aus einem Indol- und einem weitgehend hydrierten Chinolinring aufgebaut ist. Die Struktur dieser Säure konnte durch Synthese bestätigt werden (*Woodward* 1954); sie besitzt (5*R*,8*R*)-Konfiguration.

Der wichtigste Vertreter der Mutterkornalkaloide ist **Ergotamin**, $C_{33}H_{35}N_5O_5$ (○Abb. 36.40), das hydrolytisch in (+)-Lysergsäure, L-(–)-Phenylalanin, L-(–)-Prolin und L-(–)-α-Hydroxyalanin gespalten wird. Damit zeigt sich, dass die Aminkomponente des Alkaloids ein cyclisches Tripeptid ist. Im **α-Ergocryptin** besteht dieses aus den Bausteinen L-α-Hydroxyvalin (statt α-Hydroxyalanin) und L-(–)-Leucin (statt Phenylalanin). Als einfachstes Alkaloid dieser Art wurde **Ergometrin** (Ergonovin, Ergobasin), $C_{19}H_{23}N_3O_2$, isoliert, in dem die Lysergsäure als Amid des L-2-Amino-1-propanols vorliegt.

### Alkaloide des mexikanischen Zauberpilzes

Die beiden Indolderivate **Psilocin** (4-Hydroxy-*N*,*N*-dimethyltryptamin) und **Psilocybin**, in dem die Hydroxygruppe in 4-Stellung des Psilocins mit Phosphorsäure verestert ist, wurden aus dem mexikanischen Zauber-

○ **Abb. 36.39** Roggenähren mit Mutterkorn

pilz *Psilocybe mexicana* (Mexikanischer Kahlkopf, ⊙ Abb. 36.41) isoliert (*A. Hofmann* u. R. *Heim* 1959).

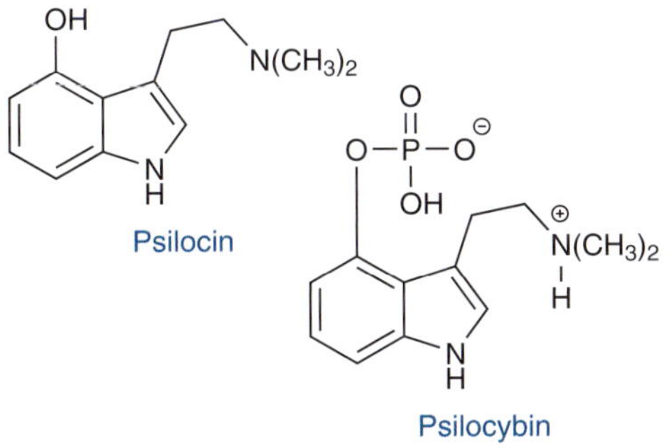


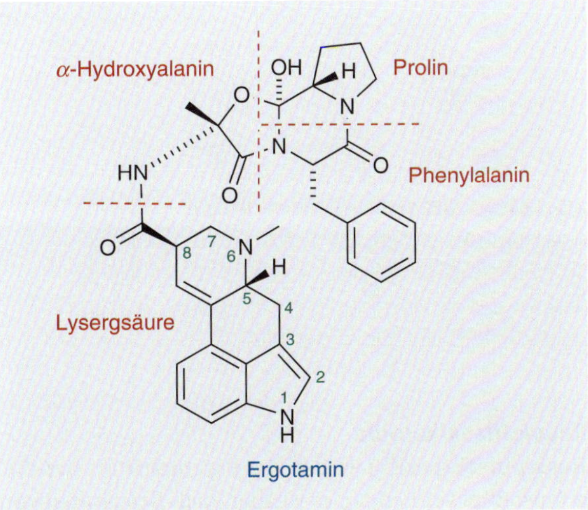


⊙ **Abb. 36.40** Struktur des Mutterkornalkaloids Ergotamin, eines Amids der Lysergsäure

⊙ **Abb. 36.41** Der mexikanische Kahlkopf (*Psilocybe mexicana*)

### 36.6.2 Gewinnung und Synthese

Obwohl Totalsynthesen von Indol-Alkaloiden bekannt sind, spielen sie bei deren Gewinnung keine große Rolle. Meist bedient man sich zu ihrer Gewinnung der Extraktion aus den jeweiligen Naturstoffen. Die erhaltenen Alkaloide können dann auf halbsynthetischem Wege weiter derivatisiert und modifiziert werden.

#### Pyridoindol-Alkaloide

Tetrahydropyridoindole lassen sich durch eine intramolekulare *Mannich*-Reaktion (▸ Kap. 21.2.3) aus Tryptophan und Acetaldehyd synthetisieren; durch Decarboxylierung und Dehydrierung entsteht Harman (⊙ Abb. 36.42). Dieser Weg wird wahrscheinlich auch bei der Biosynthese der Pyridoindol-Alkaloide beschritten.

### 36.6.3 Reaktionen und Anwendungen

#### Pyridoindol-Alkaloide

**β-Carbolin** ist ein inverser Agonist an GABA-Rezeptoren (▸ Kap. 37.1.4). Dies bedeutet, dass durch Bindung an den Rezeptor dessen Aktivität herabgesetzt wird. Da GABA ein hemmender Neurotransmitter ist, führt die Bindung von β-Carbolin zu einer erhöhten Erregung im ZNS und dadurch zu Angstzuständen.

**Yohimbin** bzw. dessen Derivat Yohimbinsäuremethylester (Methyl-17-α-hydroxy-16α-yohimbancarboxylat, Yocon-Glennwood®) ist ein α-Rezeptorblocker (▸ Kap. 20.2.2); es wirkt gefäßerweiternd und senkt den Blutdruck. Wegen der gefäßerweiternden Eigenschaften kann es auch bei männlichen Erektionsproblemen eingesetzt werden.

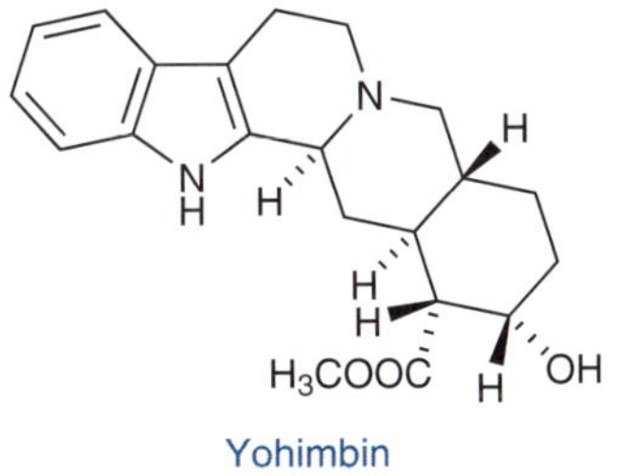


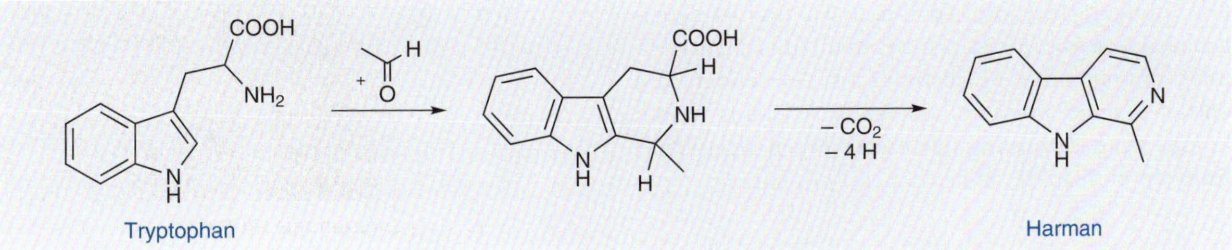


⊙ **Abb. 36.42** Synthese des Pyridoindol-Alkaloids Harman

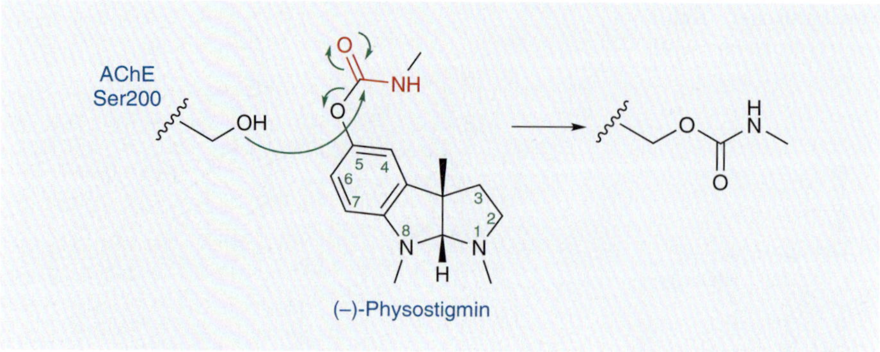


○ **Abb. 36.43** (–)-Physostigmin hemmt durch Übertragung einer Carbamidsäuregruppe (rot) die Acetylcholinesterase reversibel.

### Rauwolfia-Alkaloide

**Reserpin** (Serpasil®) wird in der Psychiatrie als Beruhigungsmittel verwendet, es ist aber auch Bestandteil von Kombinationspräparaten zur Behandlung von Bluthochdruck.

### Alkaloide der Calabarbohne

Durch Übertragung der in ○ Abb. 36.43 rot markierten Carbamidsäuregruppe (▸ Kap. 16.1.4) des Physostigmins auf die $CH_2OH$-Funktion eines Serinbausteins der Acetylcholinesterase (▸ Kap. 6) hemmt (–)-Physostigmin dieses Enzym reversibel – im Gegensatz zu der irreversiblen Hemmung durch die Neurotoxine Tabun, Sarin und Soman (▸ Kap. 36.2.3). Darauf beruht die Wirkung des Physostigmins als Antidot, z. B. bei Atropinvergiftungen und bei der Behandlung des Glaukoms (grüner Star) in der Augenheilkunde (▸ Kap. 36.2.3).

### Strychnos-Alkaloide

Die äußerst giftigen Alkaloide dieser Gruppe bewirken schon in geringen Dosen eine krampfartige Starre der Muskeln. In der Kriminalliteratur wurde Strychnin häufig als klassisches Mordgift verwendet. Strychnin entfaltet seine Wirkung, indem es im Rückenmark am Rezeptor des inhibitorischen Neurotransmitters Glycin angreift und somit dessen hemmende Wirkung unterbindet. Auf diese Weise kommt es zu einer Übererregung der Rückenmarksnerven, was die Symptome einer Strychninvergiftung hervorruft.

Der Arzneistoff **Alcuroniumchlorid** (*N,N*-Diallylnortoxiferiniumchlorid; ○ Abb. 36.38, unten) wird auf halbsynthetischem Weg aus einem Strychninabbauprodukt (*Wieland-Gumlich*-Aldehyd) hergestellt. Wie (+)-Tubocurarinchlorid (○ Abb. 36.31) und Atracuriumbesilat (○ Abb. 36.34) wird es medizinisch als peripher angreifendes Muskelrelaxans verwendet und entfaltet seine muskelrelaxierende Wirkung durch kompetitive Hemmung der nicotinergen Acetylcholinrezeptoren an der motorischen Endplatte.

### Mutterkorn-Alkaloide

Aus dem Mutterkorn lassen sich eine Reihe von Alkaloiden gewinnen, die als α-Rezeptorblocker (▸ Kap. 20.2.2) wirken und eine stark uteruskontrahierende Wirkung haben. Das 2-Bromderivat des α-Ergocryptins ist das zur Behandlung der *Parkinson*schen Krankheit verwendete **Bromocriptin** (Pravidel®).

Das synthetisch darstellbare (+)-**Lysergsäurediethylamid** (**LSD**) besitzt die Eigenschaft, beim gesunden Menschen nach Verabreichung einer sehr kleinen Dosis (30 µg) Farbvisionen und Halluzinationen hervorzurufen, d. h. als Halluzinogen zu wirken (▸ Exkurs: Lysergsäurediethylamid (LSD)).

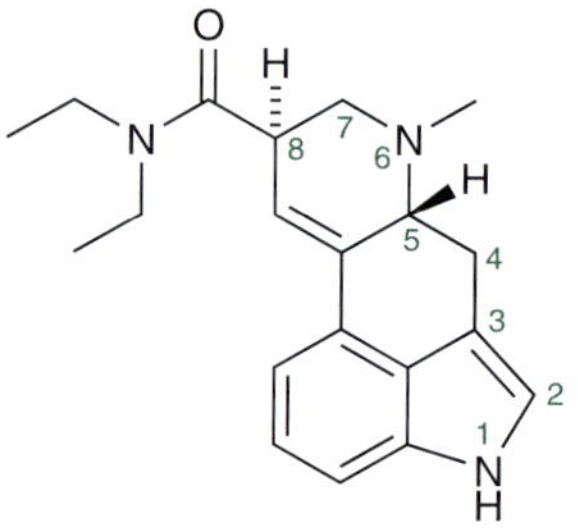

Lysergsäurediethylamid (LSD)

### Alkaloide des mexikanischen Zauberpilzes

Eine psychotrope Wirkung besitzen auch die Alkaloide **Psilocin** und **Psilocybin**. Beide Substanzen werden als halluzinogene Rauschmittel missbraucht. Wie das LSD stehen sie strukturell dem Neurotransmitter Serotonin (▸ Kap. 29.1.4) nahe.

**Exkurs: Lysergsäurediethylamid (LSD) – Das Sorgenkind von Albert Hofmann**

*„Alle Anstrengungen meines Willens, den Zerfall der äußeren Welt und die Auflösung meines Ich aufzuhalten, schienen vergeblich. Ein Dämon war in mich eingedrungen und hatte von meinem Körper, von meinen Sinnen und von meiner Seele Besitz ergriffen. [...] Die Substanz, mit der ich hatte experimentieren wollen, hatte mich besiegt."*

*Albert Hofmann*

Der Baseler Chemiker **Albert Hofmann** (o Abb. 36.44) hatte bereits im Jahr 1938 das Lysergsäurediethylamid (LSD) synthetisiert. Fünf Jahre später testete er die Verbindung erstmalig in einem Selbstversuch. Ursprünglich hatte er die Absicht, ein Kreislaufstimulans herzustellen, stattdessen aber entdeckte er ein Psychostimulans, das Geschichte machen sollte. Seine Erfahrungen mit der von ihm entdeckten „Wunderdroge" verarbeitete Hofmann später in dem Buch „LSD – mein Sorgenkind".

Das hochpotente Halluzinogen LSD war aus psychiatrischer und pharmakologischer Sicht sehr interessant. Neben der Verwendung zu Forschungszwecken gelangte es in den 1960er Jahren in die Drogenszene und war für eine gewisse Zeitspanne, vor allem in den USA, die Droge Nr. 1, was den Massenkonsum und die damit einhergehenden Probleme betraf. Die Gesundheitsbehörden erließen daraufhin ein drakonisches Verbot, das die Verwendung von LSD und verwandten Substanzen auch in der medizinischen Praxis, in der Psychatrie und in der Psychologie untersagte. So wurde die medizinische Forschung ausgebremst, der LSD-Missbrauch jedoch – wenn auch „außer Mode" gekommen – ging weiter, mit allen Gefahren und Begleitumständen eines in die Illegalität verdrängten Konsums.

o **Abb. 36.44** *Albert Hofmann* (1906–2008, hier im Alter von 100 Jahren) war der Entdecker des LSD, das in der Hippie-Zeit bzw. innerhalb der „68er-Generation" als bewusstseinserweiternde Substanz sehr beliebt war.

# 37 Aminosäuren, Peptide und Proteine

Aminosäuren ... 943 | Peptide ... 954 | Proteine ... 968



Aminosäuren zählen zu den wichtigsten Grundbausteinen des Lebens. Dabei handelt es sich um bifunktionelle Verbindungen mit mindestens einer Amino- und einer Carbonsäuregruppe. Biologisch von besonderer Relevanz sind die proteinogenen $\alpha$-Aminosäuren, aus denen die Proteine (Eiweiße) aufgebaut werden. Abgesehen von der einfachsten und damit am $\alpha$-Kohlenstoffatom unsubstituierten Aminosäure Glycin sind alle anderen $\alpha$-Aminosäuren chiral. In der Natur findet sich fast nur die L-Form (Fischer-Projektion). Freie Aminosäuren kommen dort wie auch im Körper kaum vor, da sie meist für den Aufbau von Peptiden und Proteinen verwendet werden. Eine Ausnahme ist Glutaminsäure: Sie ist ein wichtiger Neurotransmitter. Ihr Natriumsalz (Mononatriumglutamat) wird zudem in der Lebensmittelindustrie als Geschmacksverstärker genutzt. Aminosäuren lassen sich über Amidbindungen zu linearen Oligomeren, den Peptiden, verknüpfen. Peptide (Oligo- und Polypeptide) spielen in der Natur eine wichtige Rolle, z. B. als Hormone, Wachstumsfaktoren, Neurotransmitter und Neuromodulatoren. Auch viele Arzneistoffe gehören zu den Peptiden bzw. Peptidomimetika. Der Blutdrucksenker Captopril ist dafür ein prominentes Beispiel. Langkettige (makromolekulare) Peptidpolymere falten sich zu komplexen dreidimensionalen Proteinen, die nicht nur als Enzyme unentbehrliche Biokatalysatoren in der Natur sind, sondern vielfältige Aufgaben u. a. als Struktur- und Gerüstmoleküle oder als Informationsvermittler (Rezeptoren) übernehmen. Ein Beispiel hierfür ist der $\beta_2$-adrenerge Rezeptor, ein Protein, welches körpereigene Hormone wie Adrenalin bindet; die nachfolgend verwendete Darstellungsweise des Proteins wird als „Cartoon"-Darstellung bezeichnet, sie veranschaulicht die Faltung des Proteins.

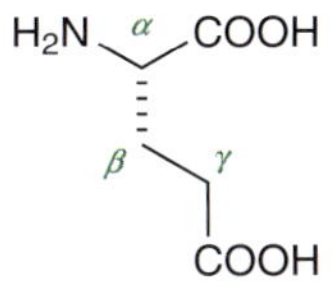


L-Glutaminsäure
(Aminosäure)

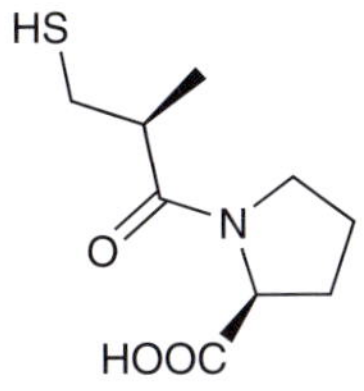


Captopril
(Peptid)

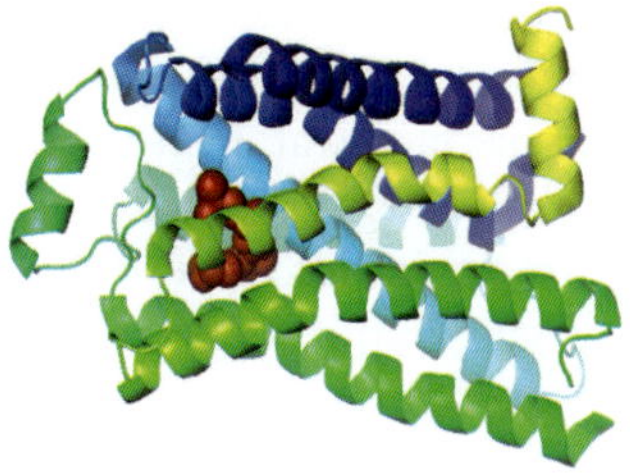

$\beta_2$-adrenerger Rezeptor
(Protein)

## 37.1 Aminosäuren

### 37.1.1 Struktur und Eigenschaften

Aminosäuren zählen zu den wichtigsten Grundbausteinen des Lebens. Biologisch von besonderer Relevanz sind die proteinogenen $\alpha$-Aminosäuren, aus denen die Proteine (Eiweiße) aufgebaut sind. Es handelt sich um in 2-Position aminosubstituierte Carbonsäuren. Sie werden daher auch als **$\alpha$-Aminosäuren** bezeichnet. Von den proteinogenen Aminosäuren sind 20 unmittelbar im genetischen Code verankert. Sie werden als kanonische Aminosäuren bezeichnet (eine Auflistung findet sich in ▸Kap. 37.1.4). Daneben gibt es zwei weitere proteinogene Aminosäuren (Selenocystein, Pyrrolysin), die nicht Bestandteil des genetischen Codes sind, sondern erst nach einer Recodierung während der Translation eingebaut werden. Einige weitere proteino-

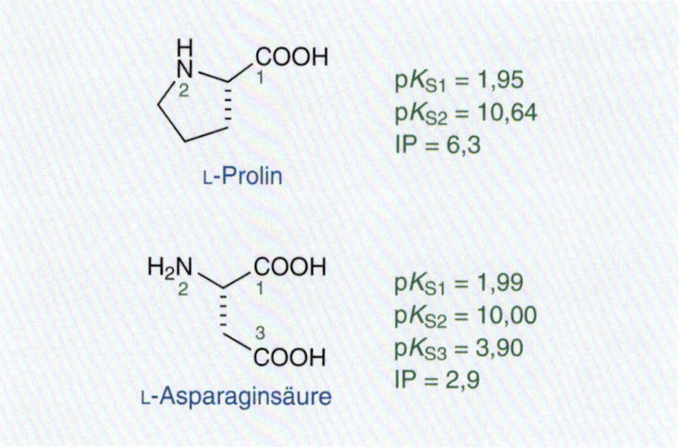


**Abb. 37.1** Die Aminosäure Prolin besitzt wie jede Aminosäure eine saure Carboxygruppe und eine basische Aminogruppe, Prolin zählt zu den neutralen Aminosäuren. Asparaginsäure besitzt dagegen in der Seitenkette eine weitere Carboxygruppe und gehört damit zu den sogenannten sauren Aminosäuren.

gene Aminosäuren (z. B. Hydroxyprolin) entstehen durch nachträgliche chemische Modifikation anderer, bereits vorhandener Aminosäuren. Bis auf das cyclische Prolin mit sekundärer Aminogruppe besitzen alle $\alpha$-Aminosäuren eine primäre Aminogruppe. Die einfachste $\alpha$-Aminosäure ist **Glycin** (2-Aminoethansäure), alle weiteren $\alpha$-Aminosäuren sind zusätzlich in 2-Position mit einem Rest R, der sogenannten **Seitenkette**, substituiert und damit chiral. In den Proteinen findet sich nahezu ausnahmslos nur eines der beiden Enantiomere, die L-Form in der *Fischer*-Projektion (▸Kap. 3). Die absolute Konfiguration der L-Aminosäuren entspricht der (*S*)-Konfiguration im *Cahn-Ingold-Prelog*-System, außer wenn der Rest R eine höhere Priorität als die Carboxygruppe aufweist. Dies ist bei L-**Cystein** und L-**Cystin** der Fall, die somit (*R*)-konfiguriert sind.

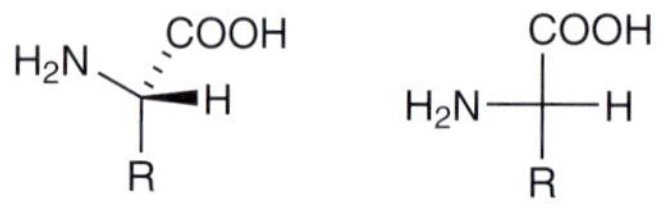


L-Konfiguration

Da aus einer achiralen Umgebung heraus immer nur racemische Mischungen entstehen können, müssten die Aminosäuren im Zuge der Evolution eigentlich auch als Racemate entstanden sein. Wieso trotzdem in der Natur in den Proteinen alle Aminosäuren in enantiomerenreiner Form (als L-Aminosäuren) vorkommen, ist nach wie vor nicht geklärt. Als mögliche Gründe für diese **Homochiralität** werden z. B. die Paritätsverletzung (ein komplizierter quantenchemischer Effekt), die Einwirkung zirkular polarisierter kosmischer Strahlung oder die katalytische Wechselwirkung von chiralen Kristallflächen bei der Entstehung der Aminosäuren aus einfachen Bausteinen wie Ammoniak und Blausäure diskutiert.

Aminosäuren werden je nach ihrer Seitenkette und den dort vorhandenen funktionellen Gruppen unterteilt in **neutrale, saure und basische Aminosäuren**. Eine komplette Übersicht findet sich in ▸Kap. 37.1.4. Neutrale Aminosäuren wie Alanin oder Tryptophan weisen aufgrund ihrer basischen Aminogruppe und der sauren Carboxygruppe zwei p$K_S$-Werte auf. Die erste Säurekonstante p$K_{S1}$ beschreibt die Säurestärke der Carboxygruppe und die zweite Säurekonstante p$K_{S2}$ beschreibt die Säurestärke der konjugierten Säure der Aminogruppe, also der Ammoniumgruppe. Da alle Aminosäuren immer mindestens eine saure und eine basische Gruppe im Molekül aufweisen, bilden sie im festen Zustand und in Lösung ein **„inneres Salz"** und liegen als **Zwitterion** vor (▸Kap. 15.3.1). Saure bzw. basische Aminosäuren wie Asparaginsäure oder Lysin besitzen zusätzliche deprotonierbare bzw. protonierbare Gruppen in der Seitenkette und haben daher entsprechend drei p$K_S$-Werte (○Abb. 37.1). Der Protonierungsgrad und damit die Gesamtladung eines Aminosäuremoleküls sind somit vom pH-Wert der Lösung abhängig. Derjenige pH-Wert, bei dem ein Aminosäuremolekül nach außen Ladungsneutralität aufweist, wird als **Isoelektrischer Punkt** (IP) bezeichnet. Er lässt sich für jede Aminosäure aus den einzelnen p$K_S$-Werte berechnen. Bei neutralen Aminosäuren wird dazu der Mittelwert der beiden p$K_S$-Werte bestimmt, bei sauren oder basischen Aminosäuren gelingt eine Abschätzung des IP durch Mittelung der p$K_S$-Werte der beiden sauren oder basischen Gruppen.

### 37.1.2 Gewinnung und Synthese

Von historischer Relevanz ist die Freisetzung von Aminosäuren aus Proteinen durch Hydrolyse mit Mineralsäuren oder Alkalien. *Braconnot* gelang auf diese Weise 1820 die Isolierung von L-Glycin und L-Leucin aus Leim. *Emil Fischer* erweiterte dieses Verfahren um eine anschließende Veresterung des Aminosäuregemischs in alkoholischer Salzsäure, was die Trennung und Isolierung der einzelnen Aminosäuren aus dem Gemisch erleichterte. Die Analyse der freigesetzten Aminosäuren zeigte, dass Proteine nur aus $\alpha$-Aminosäuren aufgebaut sind. $\alpha$-Aminosäuren können gezielt hergestellt werden, z. B. aus Aldehyden mittels ***Strecker*-Synthese** (▸Kap. 15.3.2) oder mittels $S_N2$-Reaktion, ausgehend von $\alpha$-Halogencarbonsäuren (▸Kap. 15). Die technische Produktion von Aminosäuren ist inzwischen weit entwickelt und verbreitet, wobei L-Glutaminsäure, D,L-Methionin und L-Lysin (in dieser Reihenfolge) die in den größten Mengen technisch hergestellten Aminosäuren sind (1 500 000–550 000 Tonnen pro Jahr). Diese Aminosäuren werden als **Futterzusatzstoffe in der Tiermast** eingesetzt. Mononatriumglutamat (**Glutamat**) wird zudem als Geschmacksverstärker bei salzigen Speisen verwendet (▸Kap. 37.1.4). L-Lysin und

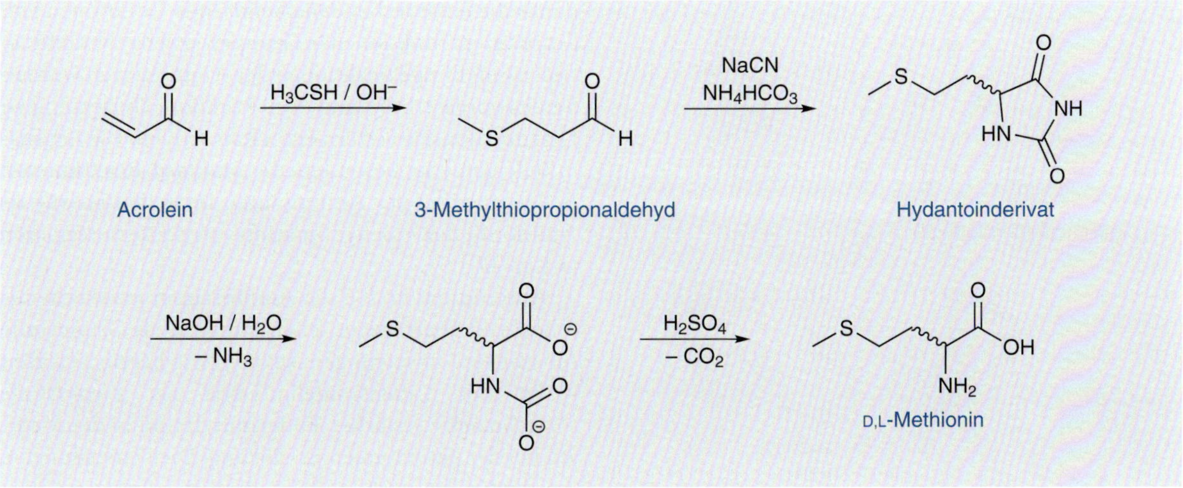


**o Abb. 37.2** Technische Synthese von racemischem Methionin

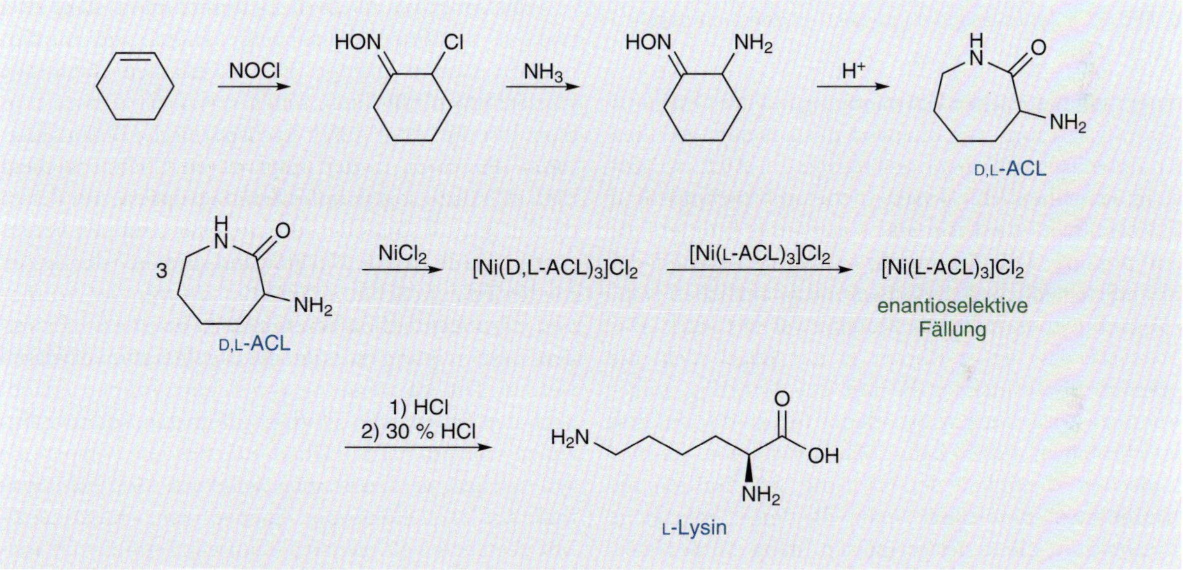


**o Abb. 37.3** Technische Synthese von L-Lysin; die Racemattrennung gelingt durch enantioselektive Fällung des Nickelkomplexes von L-ACL.

L-Glutaminsäure werden heutzutage fast ausschließlich durch **Fermentation** gewonnen, nachdem es gelungen war, Mikroorganismen (v. a. *Corynebacterium glutamicum*) zu züchten, welche diese Aminosäuren in größerer Menge bilden als zur Aufrechterhaltung ihres eigenen Wachstums notwendig ist. So kann man z. B. aus 1 000 kg D-Glucose durch Fermentation etwa 500 kg L-Glutaminsäure erhalten. **Methionin** wird als Racemat in der Tiermast eingesetzt, sodass für diese Aminosäure keine stereospezifische Synthese nötig ist. Die technische Synthese des racemischen Methionins geht von Acrolein aus (o Abb. 37.2).

Bevor man in der Lage war, L-**Lysin** auf biotechnologischem Weg durch Fermentation zu gewinnen, wurde L-Lysin technisch ebenfalls durch eine chemische Synthese hergestellt. Da anders als bei Methionin aber nur das L-Enantiomer benötigt wird, musste eine aufwändige stereoselektive Synthese durchgeführt werden (o Abb. 37.3). Zuerst wurde D,L-$\alpha$-Amino-$\varepsilon$-caprolactam (ACL, 3-Aminohexahydro-2-azepinon) aus Cyclohexen synthetisiert. Durch eine enantioselektive Fällung kann aus dem Racemat die L-Form in enantiomerenreiner Form gewonnen werden. Dazu wird die übersättigte Lösung eines racemischen Nickel-Komplexes mit enantiomerenreinen Kristallen von $[Ni(L\text{-}ACL)_3]Cl_2$ angeimpft, woraufhin bevorzugt das L-Enantiomer in Form des schwerlöslichen chiralen Komplexes $[Ni(L\text{-}ACL)_3]Cl_2$ auskristallisiert. Wird die Fällung unter Bedingungen durchgeführt, bei denen es in Lösung ständig zu einer Racemisierung des ACL kommt, kann letztendlich das gesamte Racemat in die L-Form überführt und als chiraler Komplex

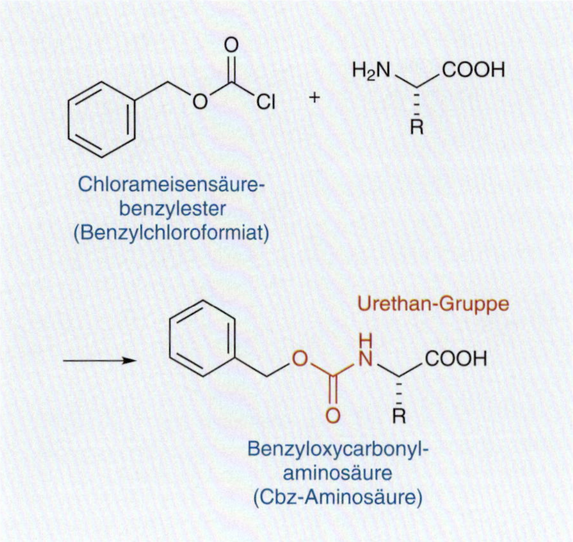


**Abb. 37.4** Synthese einer Cbz-geschützten Aminosäure

$[Ni(L\text{-}ACL)_3]Cl_2$ ausgefällt werden. Man spricht von einer asymmetrischen Umwandlung zweiter Ordnung. Hydrolysiert man anschließend das aus dem gefällten Komplex isolierte enantiomerenreine L-ACL, so entsteht ausschließlich **L-Lysin**. In vielen Nahrungs- und Futtermitteln ist L-Lysin eine sogenannte limitierende Aminosäure. Die Aminosäurezusammensetzung der in unterschiedlichen tierischen und pflanzlichen Nahrungsmitteln enthaltenen Proteine variiert stark. Das bedeutet, dass unser Körper in der Regel nicht die gesamte Eiweißmenge, die mit der Nahrung aufgenommen wird, auch selbst wieder für die Produktion von Proteinen nutzen kann. Man spricht von der **biologischen Wertigkeit** der Nahrung. Als limitierende Aminosäure bezeichnet man diejenige essenzielle Aminosäure, die in der geringsten Menge in der Nahrung vorkommt und damit bestimmt, wie viel Protein der Körper aus dem aufgenommen Eiweiß der Nahrung herstellen kann. Die im Überschuss vorhandenen Aminosäuren, die der Körper nicht verwenden kann, werden im Stoffwechsel abgebaut und ausgeschieden. Der Zusatz von Lysin zu einem Lebensmittel kann somit den Nährwert des betreffenden Produkts stark erhöhen. Lysin gehört damit zu den **Nahrungsergänzungsmitteln** (*Functional Food*). In Japan durften schon 1991 unter dem Namen FOSHU (*Foods for Specified Health Use*) entsprechend angereicherte Lebensmittel vermarktet werden. Mittlerweile ist weltweit ein großer Markt entstanden.

### 37.1.3 Reaktionen und Anwendungen

Aminosäuren zeigen Eigenschaften sowohl von Alkylaminen als auch von Alkylcarbonsäuren und, je nach weiteren funktionellen Gruppen in der Seitenkette, z. B. auch von Carboxy-, Hydroxy-, Mercapto-, Alkylguanidin-, Imidazol- und benzylischen Gruppen. Sie gehen daher die entsprechenden chemischen Reaktionen ein, die für diese funktionellen Gruppen jeweils charakteristisch sind. Einige Reaktionen der Aminosäuren wurden bereits vorgestellt (Ninhydrin-Reaktion, Umsetzung zu Diazocarbonsäureestern etc; ▸Kap. 15). Für die Lebensmittelchemie ist besonders die ***Maillard***-Reaktion von Bedeutung, bei der Aminosäuren im ersten Schritt als Amine mit der Aldehydfunktion von Zuckern reagieren (▸Kap. 17.1.3).

Anwendung finden die Aminosäuren in der chemischen und pharmazeutischen Industrie als Grundstoffe für weitere Umsetzungen, sowie – wie bereits erwähnt – in der Lebensmittelindustrie als Zusatzstoffe (Geschmacksverstärker, Futtermittel) und in der Medizin bei der parenteralen Ernährung. Die Darstellungen, Anwendungen und die Bedeutung einzelner proteinogener Aminosäuren werden in ▸Kap. 37.1.4 diskutiert.

Freie Aminosäuren besitzen immer mindestens zwei reaktive funktionelle Gruppen, nämlich die Amino- und die Carboxygruppe. Daher verlaufen chemische Umsetzungen mit ihnen selten spezifisch. Dieses Problem löst die Natur durch hochspezifische Biokatalysatoren (Enzyme). In der präparativen Chemie bedient man sich dazu sogenannter **Schutzgruppen**, mit denen die Reaktivität störender funktioneller Gruppen herabgesetzt werden kann. Nachfolgend sind die wichtigsten Methoden zum Schützen und Entschützen der Amino- und Carboxyfunktion beschrieben. Für eine umfassendere Beschreibung muss auf die Fachliteratur verwiesen werden. Die Verwendung von Schutzgruppen erlaubt auch den Einsatz von Syntheseautomaten, sodass heutzutage vollautomatisch Oligo- und kleinere Polypeptide synthetisiert werden können (▸Exkurs: *Merrifield*-Synthese zur Darstellung von Oligopeptiden, ▸Kap. 37.2.2). Mit geeigneten Reagenzien kann ein Peptid auch wieder selektiv abgebaut und analysiert werden, diese Methodik wird im Abschnitt der Sequenzanalyse (▸Kap. 37.2.3) vorgestellt.

#### Schutzgruppen für die Aminogruppe

**Benzyloxycarbonyl-Methode** (*M. Bergmann* 1932). Hierbei benutzt man als Schutzgruppe am Stickstoff den Benzyloxycarbonyl-Rest, der früher als Carbobenzoxy-Rest (Cbz-, Cbo- oder Z-Rest) bezeichnet wurde und letztlich die Aminogruppe in eine **Urethangruppe** umwandelt (die meisten Schutzgruppen für Aminogruppen gehören übrigens zu dieser Stoffklasse). Eine Cbz-geschützte Aminosäure (Abb. 37.4) ist durch Umsetzen der freien Aminosäure z. B. mit Chlorameisensäurebenzylester, der aus Phosgen und Benzylalkohol dargestellt wird, zugänglich.

Ebenfalls eine große Bedeutung hat der *tert*-Butyloxycarbonyl-Rest (*tert*-Butoxycarbonyl-Rest, Boc-Rest) als Schutzgruppe für die Aminogruppe (***tert*-Butyloxycarbonyl-Methode;** *G. W. Anderson* 1957).

Die Einführung des Boc-Restes gelingt mit *tert*-Butyloxycarbonylazid oder Di-*tert*-butyldicarbonat unter milden Bedingungen (○ Abb. 37.5).

Eine besonders in der automatisierten Peptidsynthese häufig eingesetzte Schutzgruppe ist der Fluoren-9-yl-methoxycarbonyl-Rest (Fmoc-Rest; **Fluoren-9-yl-methoxycarbonyl-Methode,** *L. A. Carpino* 1970). Der Fmoc-Rest wird mit Chlorameisensäurefluoren-9-yl-methylester (X = Cl) oder Fluoren-9-yl-methoxycarbonylazid (X = $N_3$) eingeführt (○ Abb. 37.6). Wegen der starken UV-Absorption des Fluorenylrestes können die Reaktionen mit dem Fmoc-Rest gut verfolgt werden.

Außer den drei oben genannten Urethantyp-Schutzgruppen (roter Molekülteil), werden häufig auch noch die Benzyl-, die Tosyl- (*Du Vigneaud*), die Phthalyl- (*Sheehan*) oder die Trifluoracetylgruppe (TFA-) als Schutzgruppen für Aminofunktionen verwendet (*Weygand*).

### Schutzgruppen für die Carboxygruppe

Die Methode der Wahl ist die **Veresterung** (Methyl, Ethyl, Benzyl). Besonders soll hier die Allylester-Methode (*H. Kunz* 1983) hervorgehoben werden (○ Abb. 37.7). Bei der Darstellung von Glycopeptiden mit *O*-glycosidischen Bindungen zwischen Kohlenhydraten und den OH-Gruppen von Serin und Threonin benötigt man wegen der Labilität der Glycoside eine Schutzgruppe, die sich unter milden, neutralen Bedingungen abspalten lässt. Diese Eigenschaft haben Allylester: Sie lassen sich mit dem *Wilkinson*-Katalysator, einem Rh(I)-Komplex, in Propenylester umlagern, die als Enolester in wässriger alkoholischer Lösung instabil sind und schnell unter Freisetzung der Carbonsäure hydrolysieren.

### Abspaltung der Schutzgruppen

Nach erfolgter chemischer Umsetzung einer geschützten Aminosäure lässt sich der **Cbz-Rest** durch katalytische Hydrierung leicht wieder abspalten, wobei Toluen, Kohlendioxid und das entschützte Peptid entstehen. Auch die Benzylestergruppe kann hydrogenolytisch abgespalten werden, aus diesem Grunde ist sie eine wichtige Schutzgruppe sowohl für die Amino- als auch für die Carboxyfunktion. Die **Boc-Gruppe** lässt sich mit Bromwasserstoff/Eisessig oder mit wasserhaltiger Trifluoressigsäure leicht abspalten. Die **Fmoc-Gruppe** kann unter milden, basischen Bedingungen abgespalten werden, z. B. mit Piperidin oder Morpholin in DMF (bei 20 °C innerhalb von 5 Minuten) oder mit flüssigem Ammoniak. Da die Abspaltungsbedingungen für die verschiedenen Schutzgruppen also unterschiedlich sind, kann man die einzelnen Aminosäuren bei chemischen Synthesen mit unterschiedlichen Schutzgruppen selektiv schützen (**orthogonale Schutzgruppenstrategie**).

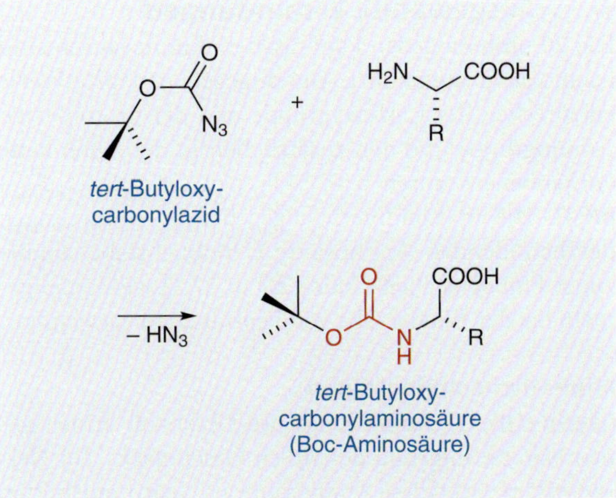


○ **Abb. 37.5** Synthese einer Boc-geschützten Aminosäure

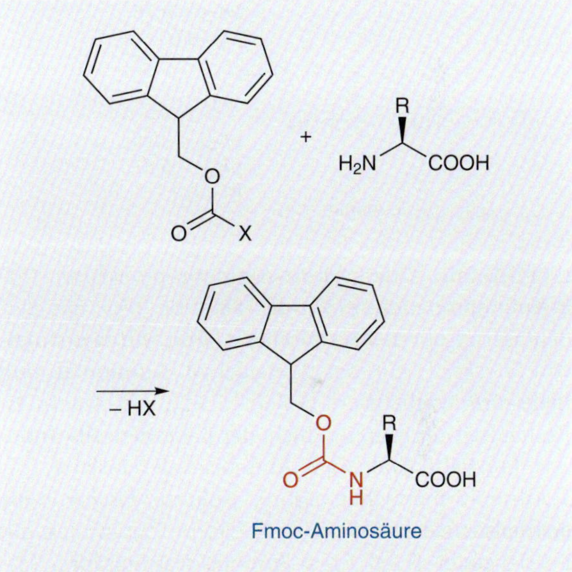


○ **Abb. 37.6** Eine Aminosäure kann durch Umsetzung mit Fmoc-Chlorid oder Fmoc-Azid an ihrer Aminogruppe geschützt werden.

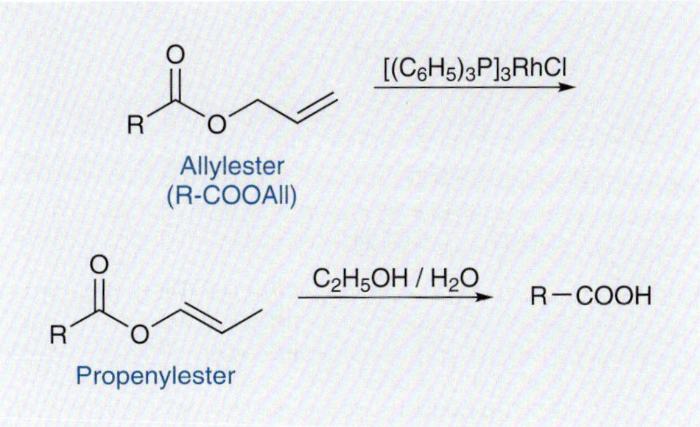


○ **Abb. 37.7** Die Allyl-Schutzgruppe lässt sich unter neutralen Bedingungen mithilfe des *Wilkinson*-Katalysators abspalten.

### 37.1.4 Ausgewählte Verbindungen

Die 20 proteinogenen kanonischen Aminosäuren sind nachfolgend aufgeführt. Die angegebenen p$K_S$-Werte entsprechen der Carboxygruppe und der protonierten Aminogruppe und den zusätzlichen in der Seitenkette vorhandenen sauren bzw. basischen Gruppen (p$K_{S1}$–p$K_{S3}$). Die in Klammern angegebenen Abkürzungen der betreffenden Aminosäure (Dreibuchstabenabkürzung, Einbuchstaben-Code-; ◘ Tab. 37.1) werden allgemein bei der Wiedergabe von Peptidketten verwendet.

#### Aliphatische Aminosäuren

**Glycin** (Gly, G), Aminoessigsäure, Glykokoll, erhielt seinen Namen aufgrund des süßen Geschmacks. Im Nervensystem wirkt diese Aminosäure als Neurotransmitter.

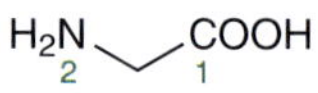


Glycin

p$K_{S1}$ = 2,35
p$K_{S2}$ = 9,78
IP = 6,0

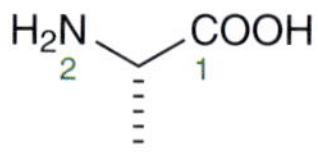


L-Alanin

p$K_{S1}$ = 2,35
p$K_{S2}$ = 9,87
IP = 6,1

L-(+)-**Alanin** (Ala, A), α-Aminopropionsäure, (*S*)-2-Aminopropansäure, wurde 1888 von *Weyl* aus Seidenfasern isoliert. Racemisches Alanin wurde erstmals von *Strecker* (1850) aus Acetaldehyd, Ammoniak und Blausäure synthetisiert (▸ Kap. 15.3.2). (*R*)-Alanin ist Bestandteil der Mureinschicht der Bakterienzellwände.

L-(+)-**Valin** (Val, V), α-Aminoisovaleriansäure, (*S*)-2-Amino-3-methylbutansäure, isolierte *Fischer* 1901 erstmals aus dem Milcheiweiß Casein. Zusammen mit L-(−)-**Leucin** (Leu, L), α-Aminoisocapronsäure, (*S*)-2-Amino-4-methylpentansäure, und L-(+)-**Isoleucin** (Ile, I), α-Amino-β-methylvaleriansäure, (2*S*,3*S*)-(+)-2-Amino-3-methylpentansäure, zählt es zu den **verzweigtkettigen Aminosäuren**.

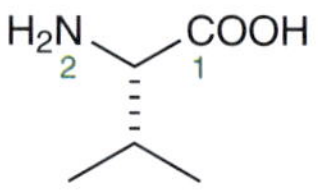


L-Valin

p$K_{S1}$ = 2,29
p$K_{S2}$ = 9,72
IP = 6,0

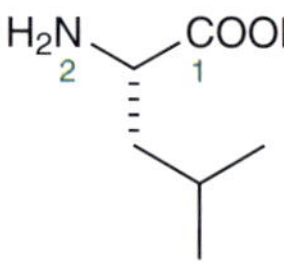


L-Leucin

p$K_{S1}$ = 2,33
p$K_{S2}$ = 9,74
IP = 6,0

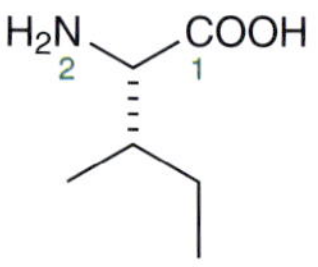


p$K_{S1}$ = 2,32
p$K_{S2}$ = 9,76
IP = 6,0

L-Isoleucin

◘ **Tab. 37.1** Einbuchstaben-Code bzw. Dreibuchstabenabkürzung der 20 proteinogenen kanonischen Aminosäuren.

| | | | | |
|---|---|---|---|---|
| A= Ala | F = Phe | K = Lys | P = Pro | T = Thr |
| C = Cys | G = Gly | L = Leu | Q = Gln | V = Val |
| D = Asp | H = His | M = Met | R = Arg | W = Trp |
| E = Glu | I =Ile | N = Asn | S = Ser | Y = Tyr |

Bei der sehr selten auftretenden Ahornsirupkrankheit (Leucinose, Verzweigtkettenkrankheit, *maple sirup urine disease*) liegt ein Gendefekt vor, der dazu führt, dass diese Aminosäuren und ihre im Körper durch oxidative Desaminierung entstehenden α-Ketosäuren nicht mehr weiter abgebaut werden können. Akkumulierte Aminosäuren und ihre Ketosäuren stören u. a. die Funktionen zahlreicher Enzyme im Energiestoffwechsel des Gehirns. Bei Patienten, die diesen Defekt aufweisen, müssen eine BCAA-arme (*branched chain amino acids*) Diät einhalten. Der Name der Erkrankung leitet sich von dem süßlichen Geruch des Urins der Patienten ab, der seine Ursache in dem aus Leucin durch Cyclisierung entstehenden Sotolon (3-Hydroxy-4,5-dimethylfuran-2(5*H*)-on) hat.

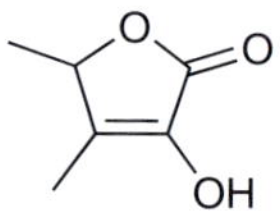


Sotolon

L-(−)-**Serin** (Ser, S), (*S*)-α-Amino-β-hydroxypropionsäure, 2-Amino-3-hydroxypropansäure (β-Hydroxyalanin), ist ein Bestandteil der Seide. Die OH-Gruppe in der Seitenkette dieser Aminosäure ist ein häufig anzutreffendes Nucleophil im aktiven Zentrum von hydrolytisch wirkenden Enzymen (Serinproteasen, Serinesterasen). D,L-Serin lässt sich durch Cyanhydrinsynthese aus Glycolaldehyd und Blausäure in Gegenwart von Ammoniak synthetisieren (*E. Fischer* und *H. Leuchs*).

L-(−)-**Threonin** (Thr, T), (*S*)-α-Amino-β-hydroxybuttersäure, 2-Amino-3-hydroxybutansäure, wurde erst spät im Eiweiß entdeckt und besitzt eine der D-Threose entsprechende Konfiguration. Hier zeigt sich ein Problem bei der Übertragung der *Fischer*-Nomenklatur, die streng genommen nur für Kohlenhydrate definiert ist, auf die Aminosäuren (▸ Kap. 3). Bei Aminosäuren mit mehreren Chiralitätszentren müsste nach den Regeln der *Fischer*-Projektion das am weitesten von der Carboxygruppe entfernte Chiralitätszentrum, also das in der Seitenkette, für die Zuordnung genutzt werden. L-Threonin besitzt entsprechend streng genommen eine D-Konfiguration und leitet sich von dem Zucker D-Threose ab. Üblicherweise wird aber bei Ami-

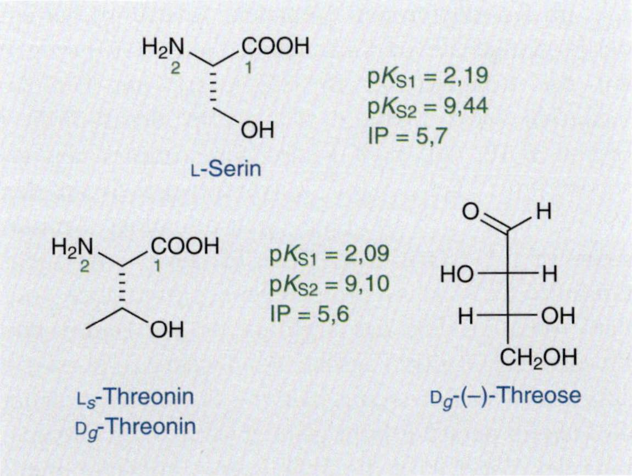


**o Abb. 37.8** Gegenüberstellung von Serin, Threonin und Threose. Für eine eindeutige stereochemische Bezeichnung entsprechend der *Fischer*-Projektion werden die Indices *g* und *s* genutzt, je nachdem, ob man die Konfiguration des α-C-Atoms (Index *s*) oder des Chiralitätszentrums in der Seitenkette (Index *g*) angibt.

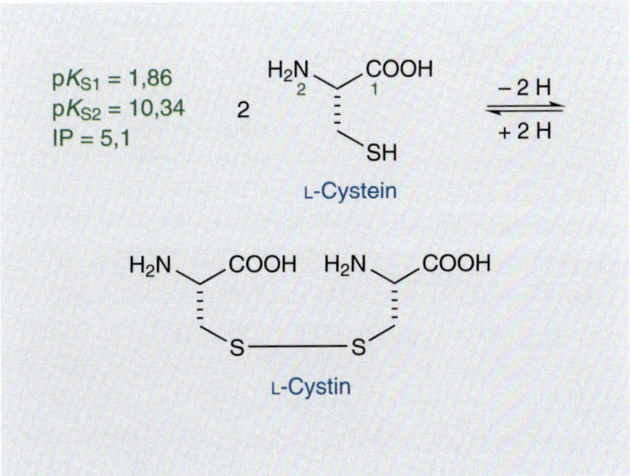


**o Abb. 37.9** Cystein bildet mit Cystin ein reversibles Redoxsystem. Zwei Cysteinreste können durch Oxidation über eine Disulfidbrücke kovalent miteinander verknüpft werden. Durch Reduktion kann die Disulfidbrücke wieder gespalten werden.

nosäuren die am α-C-Atom stehende Aminogruppe für die Zuordnung zur D- oder L-Reihe genutzt, um innerhalb der Klasse der Aminosäuren eine einheitliche Zuordnung zu gewährleisten. Um diese Mehrdeutigkeit zu umgehen, hängt man häufig an die Buchstaben D und L den Index *g* oder *s* an (o Abb. 37.8). Damit soll klar zum Ausdruck gebracht werden, dass entweder Glycerinaldehyd (wie bei den Kohlenhydraten) oder Serin (wie bei den Aminosäuren) als Bezugssubstanz fungieren. Man kann daher L-(−)-Threonin als $L_s$-(−)-Threonin oder $D_g$-(−)-Threonin bezeichnen.

L-(+)-**Cystein** (Cys, C), (*R*)-α-Amino-β-mercaptopropionsäure, 2-Amino-3-mercaptopropansäure (Thioserin), ist biochemisch von Interesse, da es sehr leicht, z. B. schon an der Luft, zum Disulfid L-(−)-Cystin oxidiert wird. Cystein und Cystin bilden ein reversibles **Redoxsystem**, das z. B. für die Aufrechterhaltung des Redoxstatus der Zellen von großer Bedeutung ist (o Abb. 37.9). **Disulfidbrücken** zwischen zwei Cysteinresten spielen zudem für die Struktur von Proteinen eine wichtige Rolle, da auf diese Weise die gefaltete 3D-Struktur der Proteine kovalent stabilisiert werden kann. Durch Zusatz von Cystein können solche Disulfidbrücken in Proteinen gelöst werden. Darauf beruht die Wirkung von ***N*-Acetylcystein**, Acetylcystein (Fluimucil), als schleimlösendes Mittel (Expektorans), das als Prodrug für Cystein in die Bronchien gelangt und dort durch Spaltung der Disulfidbrücken im Proteinteil des Bronchialschleims dessen Viskosität herabsetzt.

Weiterhin ist auch das Selenderivat von Cystein bekannt, **Selenocystein** (Sec, U), bei welchem die SH-Gruppe durch die SeH-Gruppe ersetzt ist. Physiologisch wird es durch Selenylierung von Serin gewonnen. Es ist Bestandteil einiger Enzyme wie z. B. der Glutathion-Peroxidase, die den Organismus gegen die zerstörende Wirkung von Hydroperoxiden schützt, sowie der Iodthyronin-Deiodase, die am Iodstoffwechsel der Schilddrüse beteiligt ist. Selenocystein wird daher üblicherweise als die 21. proteinogene Aminosäure bezeichnet. Es ist aber nicht direkt im genetischen Code verankert und unterscheidet sich somit von den anderen 20 proteinogenen Standardaminosäuren.

L-(−)-**Methionin** (Met, M), (*S*)-α-Amino-γ-methylmercaptobuttersäure, 2-Amino-3-methylthiobutansäure, kommt in verschiedenen Proteinen, besonders im Casein, vor und ist der Methylthioether des **Homocysteins** (rot gekennzeichnet), aus dem es im Organismus über das Vitamin-$B_{12}$-Coenzym entsteht. Es übt selbst eine wichtige Funktion bei der **Übertragung von Methylgruppen** aus; dabei wird es durch Reaktion mit ATP aktiviert (vgl. *S*-Adenosylmethionin). ***N*-Formylmethionin** tritt bei der Biosynthese von Proteinen in Bakterien stets als *N*-terminaler Aminosäurebaustein auf. Schwefelhaltige Aminosäuren wie Cystein oder Methionin lassen sich dünnschichtchromatographisch mit dem Iod-Azid-Reagenz nachweisen (*E. Chargaff*).

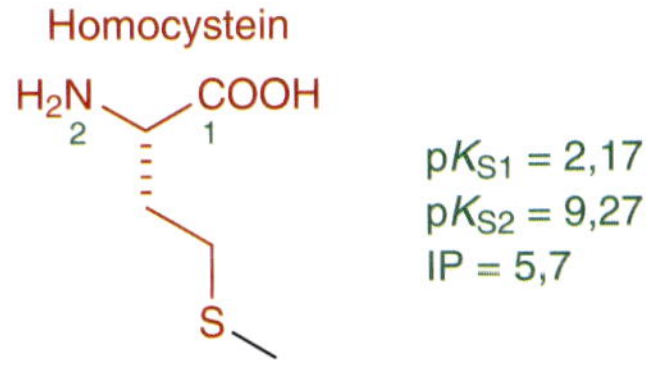


L-Methionin

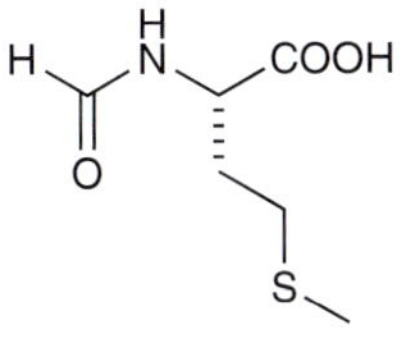


*N*-Formylmethionin

37

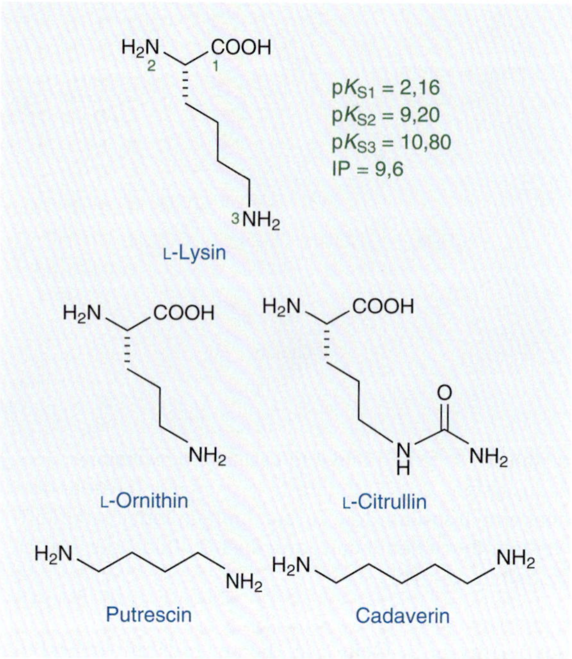


**o Abb. 37.10** Lysin ist eine basische Aminosäure (oben). Die homologe nichtproteinogene Aminosäure Ornithin und das davon abgeleitete Citrullin nehmen zentrale Rollen in Stoffwechselvorgängen ein (Mitte). Die Diamine Putrescin und Cadaverin werden aus ihren Vorläufer-Aminosäuren durch Decarboxylierung gebildet (unten).

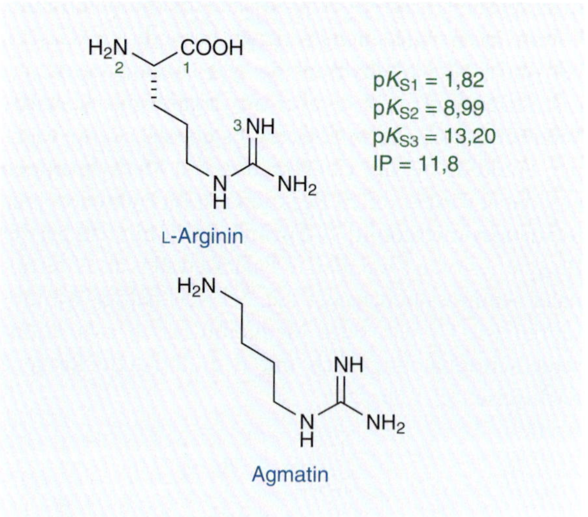


**o Abb. 37.11** Arginin ist als Guanidin-Derivat die basischste der proteinogenen Aminosäuren. Ihr Decarboxylierungsprodukt ist Agmatin, dessen mögliche Rolle als Neurotransmitter derzeit Gegenstand der Gehirnforschung ist.

## Basische Aminosäuren

Diese Aminosäuren verfügen über eine zweite basische funktionelle Gruppe in der Seitenkette, die in neutraler Lösung protoniert vorliegt.

L-(+)-**Lysin** (Lys, K), (*S*)-2,6-Diaminohexansäure, tritt nicht in allen Proteinen auf, ein erhöhter Anteil ist z. B. im Kartoffelprotein enthalten. Allerdings beträgt der Proteingehalt von Kartoffeln lediglich 2 % (bezogen auf das Rohgewicht). In Gegenwart von Fäulnisbakterien wird Lysin zu Cadaverin decarboxyliert (o Abb. 37.10; vgl. auch ▸Kap. 8.1.4, Amine), das als sogenanntes „Leichengift" mitverantwortlich für den Verwesungsgeruch ist. Eine Lysin-homologe Aminosäure ist L-(+)-**Ornithin** (Orn), (*S*)-2,5-Diaminopentansäure. Es ist keine proteinogene Aminosäure, sondern Abbauprodukt des Arginins. Bei der Fäulnis von Eiweiß wird Ornithin anschließend weiter zu Putrescin abgebaut. Der Putrescingehalt von Fleisch kann daher als Maß für dessen Frische genutzt werden. Im Organismus der Vögel wird die über Beeren aufgenommene Benzoesäure unter Bildung des Dibenzamids mit Ornithin entgiftet. L-(+)-**Citrullin** (Cit), (*S*)-2-Amino-5-ureidopentansäure, wird physiologisch im Harnstoffcyclus (Ausscheidung von Ammoniak) durch Übertragung von Carbamat auf Ornithin gebildet. Im Harnstoffcyclus wird daraufhin Citrullin in Arginin umgewandelt, von welchem dann aus der Seitenkette Harnstoff abgespalten wird, um das Substrat Ornithin zu regenieren. Citrullin kommt nur in wenigen Proteinen vor, z. B. im Casein.

L-(+)-**Arginin** (Arg, R), (*S*)-2-Amino-5-guanidinopentansäure, unterscheidet sich von Ornithin durch den Guanidinorest anstelle der 5-Aminogruppe (o Abb. 37.11). Das stark basische Arginin wurde bisher aus allen Eiweißarten isoliert. Synthetisch lässt es sich im Labor durch Addition von Cyanamid an Ornithin darstellen. Durch das Enzym Arginin-Decarboxylase wird Arginin vor allem in Pflanzen, aber auch im Gehirn, zu **Agmatin** decarboxyliert. Agmatin wird in jüngster Zeit als möglicher Neurotransmitter beim Menschen diskutiert. Das Enzym NO-Synthase (NOS) setzt aus L-Arginin Stickstoffmonoxid (NO) frei, das als Neurotransmitter vielfältige Wirkungen im Organismus entfaltet; es wirkt im Immunsystem und zur Regelung des Blutdrucks sowie der Atmung. Besonders wichtig ist seine Funktion als retrograder Botenstoff im Zusammenhang mit Lernvorgängen.

## Saure Aminosäuren und ihre Amide

Zu den sauren Aminosäuren zählen Asparaginsäure und Glutaminsäure, die auch häufig nur als Aspartat und Glutamat bezeichnet werden, da die Carboxygruppen in der Seitenkette unter physiologischen Bedingungen immer als negativ geladene Carboxylate vorliegen. Je nach Betrachtung sind sie auch als $\beta$- bzw. $\gamma$-Aminosäuren aufzufassen. Da sie zwei Carboxygruppen und eine Aminogruppe enthalten, reagieren sie in wässriger Lösung sauer. Die beiden Monoamide Glutamin und Asparagin machen einen hohen Anteil der freien Aminosäuren im Blut des Menschen aus.

L-(+)-**Asparaginsäure** (Asp, D; ○ Abb. 37.12), (*S*)-Aminobernsteinsäure, 2-Aminobutandisäure, wurde zuerst bei der Hydrolyse von L-(–)-**Asparagin** (Asn, N; ○ Abb. 37.12), ihrem Monoamid, gewonnen, das sich in den Keimlingen der Leguminosen und im Spargel (*Asparagus officinalis*) findet. Während L-Asparagin süß schmeckt, hat D-Asparagin einen bitteren Geschmack. *N*-Methyl-D-asparaginsäure (**NMDA**) ist ein synthetischer Agonist für einen bestimmten Subtyp von Glutamat-Rezeptoren, die NMDA-Rezeptoren. Die NMDA-Rezeptoren erfüllen eine wichtige Funktion bei der Regulation von Hirnströmen und sind somit an Lernprozessen beteiligt. Therapeutisch werden NMDA-Rezeptor-Antagonisten als Narkotika (Ketamin) und gegen die *Parkinson*- und *Alzheimer*-Krankheit (z. B. Amantadin, Memantin) eingesetzt.

L-(+)-**Glutaminsäure** (Glu, E), (*S*)-*α*-Aminoglutarsäure, 2-Aminopentandisäure, wird durch Hydrolyse von L-(+)-**Glutamin** (Gln, Q), erhalten und bildet einen wesentlichen Bestandteil im Muskeleiweiß und im Klebereiweiß der Getreidekörner (○ Abb. 37.13). Im Gehirn ist Glutaminsäure ein erregender Neurotransmitter und die Vorstufe von ***γ*-Aminobuttersäure** (GABA), die durch Decarboxylierung aus Glutaminsäure entsteht. Glutaminsäure und ihr Natriumsalz (Mononatriumglutamat, MSG) werden als **Geschmacksverstärker** mit Fleischgeschmack für Lebensmittel verwendet (Lebensmittelzusatzstoffe E620–E625). Umami (*umami* = japanisch: Köstlichkeit) bildet zusammen mit den Geschmacksrichtungen süß, sauer, salzig und bitter die fünf Grundgeschmacksnoten. Das als Geschmacksverstärker eingesetzte Mononatriumglutamat wurde auch als Auslöser des sogenannten „China-Restaurant-Syndroms“ diskutiert (ein unspezifischer Symptomkomplex). Bei oraler Aufnahme ist ein Anstieg der Glutamatkonzentration im Blut ab 150 mg Glutamat pro kg Körpergewicht messbar, intravenös verabreicht führen 50–500 mg Glutamat lediglich zu einem kurzzeitigen Brennen und Druckgefühl in Brust und Nacken sowie zu einem Engegefühl im Gesicht. Während diese spezifischen Symptome durch die orale Zufuhr von > 2,5 g gelöstem Glutamat vorübergehend ausgelöst werden können, konnte das „China-Restaurant-Syndrom“ wissenschaftlich nicht belegt werden. Der Geschmacksverstärker Mononatriumglutamat gilt als gesundheitlich unbedenklich, verfälscht allerdings den ursprünglichen Geschmack der Nahrung.

### Aromatische Aminosäuren

L-(–)-**Phenylalanin** (Phe, F; ○ Abb. 37.14), (*S*)-*α*-Amino-*β*-phenylpropionsäure, 2-Amino-3-phenylpropansäure, konnte zuerst aus Leguminosen-Keimlingen und später aus den Hydrolysaten verschiedener Proteine isoliert werden.

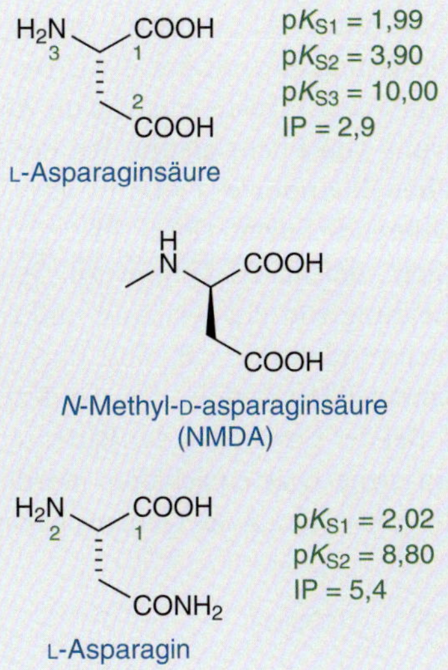


○ **Abb. 37.12** Asparaginsäure zählt zu den sauren Aminosäuren (oben). Mittels NMDA kann ein bestimmter Subtyp der Glutamat-Rezeptoren, der NMDA-Rezeptor, spezifisch angesteuert werden (Mitte). Bei Asparagin trägt die Seitenkette die Carboxamid-Gruppe, somit handelt es sich um eine neutrale Aminosäure (unten).

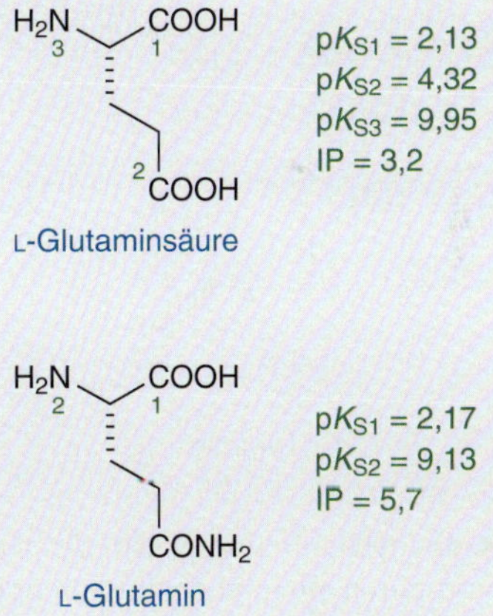


○ **Abb. 37.13** Die saure Aminosäure Glutaminsäure kommt in Proteinen in hohen Anteilen vor (um 20 %). Ihr Monoamid Glutamin ist eine neutrale Aminosäure und hat von allen freien Aminosäuren im Blut die höchste Konzentration.

L-(–)-**Tyrosin** (Tyr, Y; ○ Abb. 37.14), (*S*)-2-Amino-3-(4-hydroxyphenyl)-propansäure, findet sich in fast allen Proteinen und wurde erstmalig bei der alkalischen Hydrolyse von Käse (griech. *tyros*) isoliert (*J. v. Liebig* 1846). Heute gewinnt man Tyrosin durch Hydrolyse von Seidenabfällen mit konzentrierter Salzsäure. Es ist in Wasser schwer löslich. Beim Erhitzen spaltet es Kohlendioxid ab und es entsteht **Tyramin** (○ Abb. 37.14). Dieses zählt neben Histamin zu denjenigen biogenen Aminen, die bei einigen Menschen eine Nahrungsmittelunverträglichkeit auslösen. In Kombination mit der Einnahme bestimmter Arzneimittel, welche den Abbau dieser Amine hemmen, wirkt sich die Unverträglichkeit besonders stark aus. Tyrosin entsteht im Körper durch Hydroxylierung von Phenylalanin. Bei der klassischen Form der **Phenylketonurie** (PKU) ist das Gen, das für das hydroxylierende Enzym (PAH, Phenylalaninhydroxylase) codiert, defekt. Es kommt zur Anreicherung und Ausscheidung von Phenylalanin und seinen alternativen Abbauprodukten, z. B. der Phenylbrenztraubensäure, einem Phenylketon, das der Krankheit den Namen gab. Bei der Ernährung der Patienten muss eine Phenylalanin-arme Diät eingehalten werden, da Phenylalanin die Entwicklung des Gehirns beeinträchtigt.

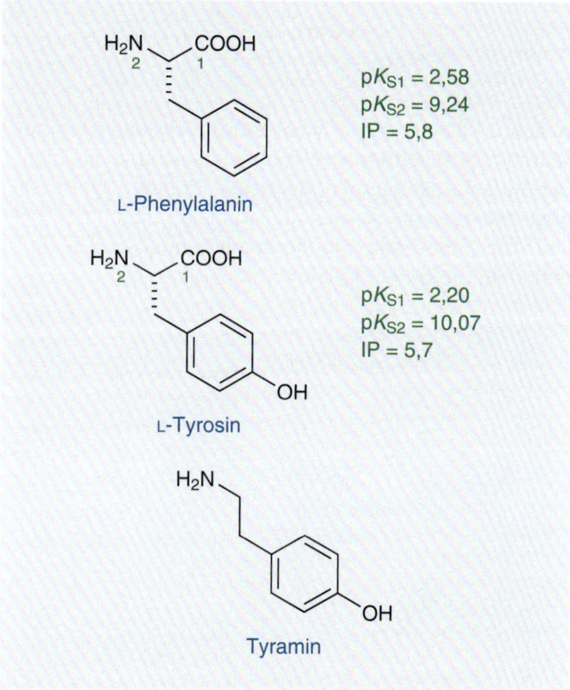


**○ Abb. 37.14** Phenylalanin und Tyrosin besitzen als aromatische Aminosäuren einen Phenylring in der Seitenkette. Tyrosin wird durch Decarboxylierung in Tyramin überführt. Fermentative Prozesse erzeugen auf diese Weise physiologisch relevante Mengen Tyramin in Lebensmitteln, z. B. in manchen Käsesorten und Rotwein, was bei bestimmten Personen zu Unverträglichkeit führen kann.

Zum Nachweis aromatischer Aminosäuren, z. B. von Phenylalanin oder Tyrosin, sowie von Tryptophan, versetzt man die Proteine mit konzentrierter Salpetersäure, wobei eine Gelbfärbung auftritt. Bei dieser sogenannten **Xanthoprotein-Reaktion** findet eine Nitrierung des aromatischen Rings statt. Auch die Haut (Eiweiß der Epidermis) färbt sich daher bei der Einwirkung von Salpetersäure gelb.

In enger Beziehung zu Tyrosin steht das aus den Proteinen der Korallen gewonnene L-3,5-Diiodtyrosin (Iodgorgosäure). Es ist durch Iodierung von Tyrosin darstellbar. Formal davon abgeleitet ist Thyroxin, ein Hormon der Schilddrüse (○ Abb. 37.15). L-**Thyroxin** (Thx, $T_4$), $\beta$-[(4-Hydroxy-3,5-diiodphenoxy)-3,5-diiodphenyl]-$\alpha$-alanin, kommt im Thyreoglobulin der Schilddrüse (*Glandula thyreoidea*) vor und wirkt als **stoffwechselregulierendes Hormon**. Thyroxin wurde von *Kendall* (1915) erstmalig aus Schilddrüsenhydrolysat rein isoliert und kristallisiert in farblosen Nadeln, die sich bei 231–233 °C zersetzen. Seine Konstitution konnte durch Synthese bewiesen werden (*Barger* und *Harington* 1927). Bei Untersuchungen über die physiologische Funktion der Schilddrüse beobachtete *Schiff* (1856), dass ihre Entfernung bei Versuchstieren zu schweren Schädigungen des Nervensystems und zu krampfartigen Zuständen führt, die nicht selten den Tod zur Folge haben. Beim Menschen können zwei Arten von Störungen der Schilddrüsentätigkeit auftreten, nämlich eine Unterfunktion (Hypothyreose), die einen Kropf erzeugen und zum Kretinismus führen kann, und eine Überfunktion (Hyperthyreose), die die *Basedow*sche Krankheit verursacht. Da das iodfreie Derivat des L-Thyroxins, L-Thyronin, keine Hormonwirkung zeigt, werden anscheinend die raumerfüllenden Iodatome für die Affinität zum Rezeptor benötigt.

Neben L-Thyroxin sind weitere iodhaltige Verbindungen in der Schilddrüse aufgefunden worden, z. B. L-3,5,3'-Triiodthyronin (T3), Liothyronin, das auch aus L-Thyroxin durch Iodabspaltung in den Zellen gebildet wird und physiologisch 5-mal aktiver ist als L-Thyroxin. Zur Therapie der Hypothyreose wird überwiegend das Natriumsalz von L-Thyroxin verwendet (Levothyroxin-Natrium) (*J. Roche*). Die Überproduktion an Iodthyro-

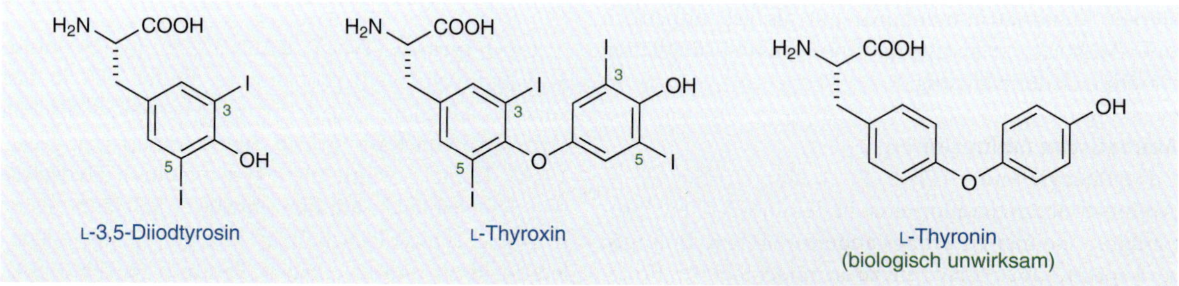


**○ Abb. 37.15** L-Diiodtyrosin ist eine Vorstufe des Schilddrüsenhormons L-Thyroxin. Iodfreies L-Thyronin ist hingegen biologisch unwirksam.

ninen kann durch bestimmte Substanzen gehemmt werden, z. B. durch Perchlorat, Thiocyanat, Thioharnstoff, Thiouracil und Sulfaguanidin. Medizinisch werden hauptsächlich Perchlorat und das Imidazol-Derivat Thiamazol verwendet.

L-$\beta$-(3,4-Dihydroxyphenyl)-$\alpha$-alanin (L-**Dopa**, Levodopa) entsteht enzymatisch aus Tyrosin mittels der Tyrosinhydroxylase. Es wird auch synthetisch hergestellt und zur Behandlung der *Parkinson*schen Krankheit verwendet. L-Dopa ist ein Prodrug, das durch aktiven Transport die Blut-Hirn-Schranke überwindet. Anschließend wird es im Gehirn zum eigentlichen Wirkstoff, Dopamin, decarboxyliert. **Methyldopa** ist ein zentral wirkendes Antisympathotonikum und wird als Mittel gegen Bluthochdruck in der Schwangerschaft eingesetzt.

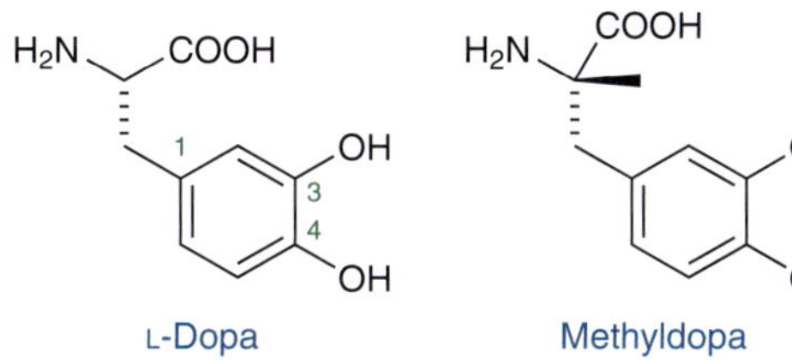


## Heterocyclische Aminosäuren

L-(–)-**Prolin** (Pro, P), (2*S*)-Pyrrolidin-2-carbonsäure (Tetrahydropyrrol-2-carbonsäure), und L-(–)-***trans*-Hydroxyprolin** (Hyp), (2*S*,4*R*)-4-Hydroxypyrrolidin-2-carbonsäure, werden meist durch Hydrolyse von Gelatine mit Salzsäure gewonnen. Im Gegensatz zu den bisher behandelten L-Aminosäuren besitzt L-Prolin eine sekundäre Aminogruppe (o Abb. 7.16). Aus dem proteinogenen L-Prolin kann nach der Translation L-Hydroxyprolin entstehen (posttranslationale Modifikation), eine weitere nichtkanonische proteinogene Aminosäure, die z. B. im Kollagen vorkommt, einem wichtigen Stütz- und Gerüstprotein.

Zwei weitere wichtige heterocyclische Aminosäuren sind L-(–)-**Tryptophan** (Trp, W), (*S*)-$\beta$-[3-Indolyl]-alanin, 2-Amino-3-(1H-indol-3-yl)propansäure, und L-(–)-**Histidin** (His, H), $\beta$-[4-Imidazolyl]-alanin, 2-Amino-3-(1H-imidazol-4-yl)propansäure (o Abb. 37.17). Bei Histidin ist die Seitenkette schwach basisch (Imidazol) und aufgrund von Tautomerie kann das Wasserstoffatom sowohl am $\varepsilon$- (vorwiegend) als auch am $\delta$-Stickstoff gebunden sein. Enzymatische Decarboxylierung der beiden Aminosäuren liefert die biogenen Amine **Tryptamin** (▸ Kap. 25.1.4) bzw. **Histamin** (▸ Kap. 30.2.4).

Der menschliche Körper ist in der Lage, einige Aminosäuren ineinander umzuwandeln oder durch **Transaminierung** aus Vorstufen zu synthetisieren. Andere Aminosäuren kann der Körper nicht selbst herstellen; sie müssen daher mit der Nahrung aufgenommen werden. Anhand von Fütterungsexperimenten mit Aminosäure-defizienter Nahrung und Analyse der Stickstoffbilanz konnten neun solcher **essenzieller Aminosäuren** identifiziert werden, die für den Menschen lebensnotwendig sind: Leucin, Lysin, Valin, Phenylalanin, Isoleu-

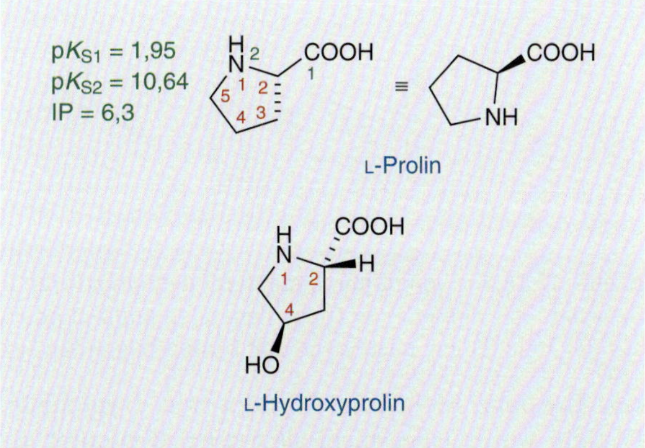


o **Abb. 37.16** Prolin ist eine heterocyclische Aminosäure, die als einzige der 20 proteinogenen Aminosäuren eine sekundäre Aminogruppe aufweist (oben). Durch posttranslationale Modifikation können in Proteinen, wie z. B. Kollagen, eingebaute Proline in Hydroxyprolin umgewandelt werden (unten).

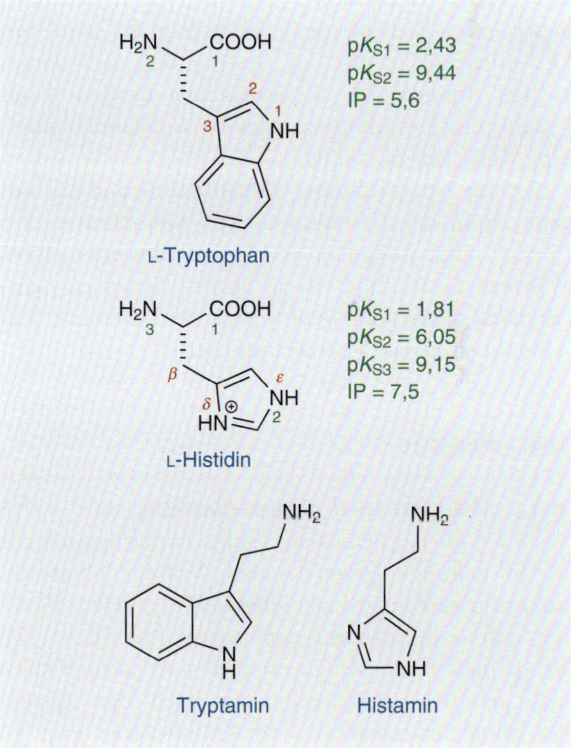


o **Abb. 37.17** Tryptophan und Histidin sind zwei aromatische, heterocyclische Aminosäuren. Fermentative Prozesse liefern wie bei Tyrosin die davon abgeleiteten biogenen Amine Tryptamin und Histamin. Letzteres ist als Gewebshormon besonders wichtig im Zusammenhang mit allergischen Reaktionen.

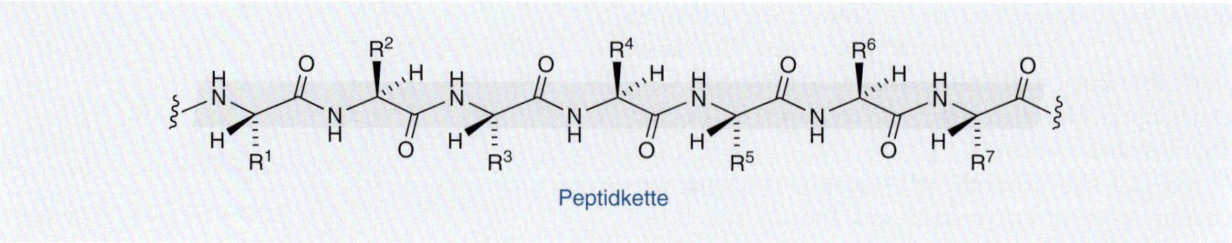


**Abb. 37.18** Die Verknüpfung mehrerer α-Aminosäuren über Amidbindungen liefert ein lineares Peptid (Peptidkette). Es besteht aus den in einer Ebene liegenden Amid-Bindungen (Peptid-Rückgrat, grau hinterlegt) und den alternierend aus der Amid-Ebene nach vorne und hinten zeigenden Seitenketten.

cin, Threonin, Methionin, Histidin und Tryptophan. Histidin wurde lange nicht als essenziell erkannt, da Histidin im Körper bei Mangelernährung aus Hämoglobin und Carnosin (ein in Muskulatur und Gehirn vorkommendes Dipeptid) freigesetzt wird. Bei Kindern ist zusätzlich Tyrosin essenziell, da sie es noch nicht wie Erwachsene aus Phenylalanin bilden können. Der für die Vollwertigkeit der Proteine erforderliche Anteil der essenziellen Aminosäuren nimmt etwa in der oben angegebenen Reihenfolge ab und beträgt 30–40 mg pro kg Körpergewicht pro Tag. Die großtechnisch dargestellten Aminosäuren dieser Gruppe werden daher Lebens- und Futtermitteln zugesetzt, um deren biologische Wertigkeit zu erhöhen.

Glycin, Asparaginsäure, Glutaminsäure und das biogene Amin der Glutaminsäure, γ-Aminobuttersäure (GABA), sind außerdem Neurotransmitter im Gehirn. Während GABA und Glycin an den Synapsen hemmend auf die Nervenzellen wirken, sind Glutamat und Aspartat erregende Neurotransmitter.

## 37.2 Peptide

### 37.2.1 Struktur und Eigenschaften

Wie *Emil Fischer* bereits aus seinen Experimenten zur Eiweißspaltung folgerte, bestehen Peptide (von griech. *peptos* für verdaulich) aus miteinander zu einer linearen Kette verbundenen α-Aminosäuren (Abb. 37.18). In Analogie zu den Oligo- und Polysacchariden kann man derartige Peptidketten je nach der Anzahl der miteinander verknüpften Aminosäuren grob in **Oligopeptide** (2–9 Aminosäuren), **Polypeptide** (10–100 Aminosäuren) und **Proteine** (▸Kap. 37.3) mit über 100 Aminosäuren einteilen. Die Verknüpfung der einzelnen Aminosäuren innerhalb der Kette erfolgt über die Amidbindung —C(=O)—NH—, die zwischen der Carboxyfunktion bzw. der α-Aminogruppe zweier benachbarter Aminosäuren ausgebildet wird. Diese Amidbindung bezeichnet man als **Peptidbindung**. Eine Peptidbindung ist in Wasser bei Raumtemperatur sehr stabil. Die Halbwertszeit für die Hydrolyse des Tetrapeptides PhePhePheGly (gebunden an ein polymeres Trägerharz) wurde in reinem Wasser, also bei neutralem pH-Wert, auf etwa 7 Jahre abgeschätzt. Andere Abschätzungen gehen sogar von Halbwertszeiten von bis zu einigen Hundert Jahren für Peptide aus. Durch spezielle Enzyme, die Peptidasen bzw. Proteasen, werden Peptide und Proteine hingegen schnell und effizient hydrolytisch gespalten. Die Abfolge der einzelnen Aminosäuren in einer Peptikette (die Primärsequenz) wird in der Ein- oder Dreibuchstaben-Code-Schreibweise üblicherweise immer von links nach rechts vom N- zum C-Terminus angegeben. Denkt man sich die lineare Peptidkette in einer Ebene liegend, so ragen die Seitenketten der jeweiligen Aminosäure ($R^1$—$R^n$) sowie die endständige Amino- bzw. Carboxygruppe alternierend in die eine bzw. andere Richtung aus dieser Ebene heraus (Abb. 37.18). Viele Mikroorganismen erzeugen darüber hinaus noch andersartig verknüpfte Peptide, wie **Isopeptide** (bei denen die Peptidbindung z. B. mit der Seitenkettenfunktion von Glutaminsäure oder Lysin zustande kommt), Peptide mit β-Aminosäuren oder Peptide mit D-Aminosäuren. Diese Bindungen sind häufig stabil gegen enzymatischen Abbau durch Proteasen. Unter **Depsipeptiden** versteht man Peptide, in denen einzelne Peptidbindungen durch Esterbindungen ersetzt wurden (vgl. Valinomycin, Abb. 37.40).

### 37.2.2 Gewinnung und Synthese

Trotz der bemerkenswerten Stabilität der Peptidbindung führt die direkte Umsetzung von zwei Aminosäuren, von denen eine eine freie Carboxygruppe und die andere eine freie Aminogruppe aufweist, nicht zur Bildung eines Dipeptids. Stattdessen bildet sich aufgrund der Säure-Base-Eigenschaften der beiden funktionellen Gruppen lediglich ein Salz. Zur Knüpfung einer Amidbindung muss mindestens ein energiereiches, meist an der Carboxygruppe aktiviertes Aminosäurederivat eingesetzt werden, z. B. ein Säurehalogenid, ein Säureazid oder ein Aminosäureester. Die ersten, von *E. Fischer* (ab 1900) durchgeführten Synthesen eines Dipeptids erfolgten z. B. durch Umsetzung eines Aminosäureesters mit einer freien Aminogruppe mit einem α-Halogencarbonsäurechlorid und nachfolgendem Austausch des Halogens gegen die Aminogruppe mit Ammoniak (Abb. 37.19). Diese Methode hat jedoch

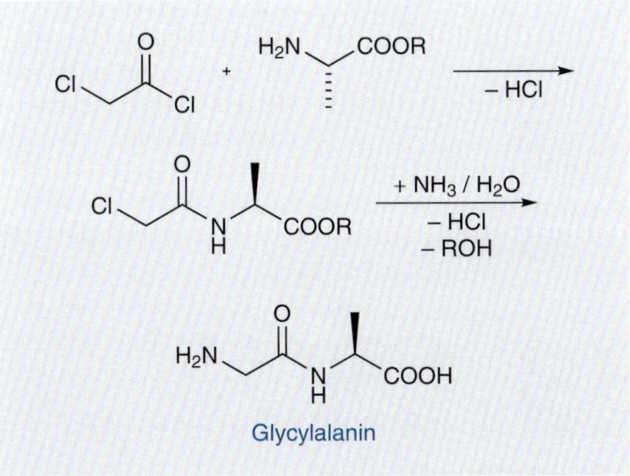


**o Abb. 37.19** In einer der ersten Dipeptid-Synthesen wurde eine C-terminal-geschützte Aminosäure mit einem α-Halogencarbonsäurechlorid umgesetzt, um die Peptidbindung zu knüpfen. Eine anschließende Ammonolyse ergibt die terminale Aminogruppe.

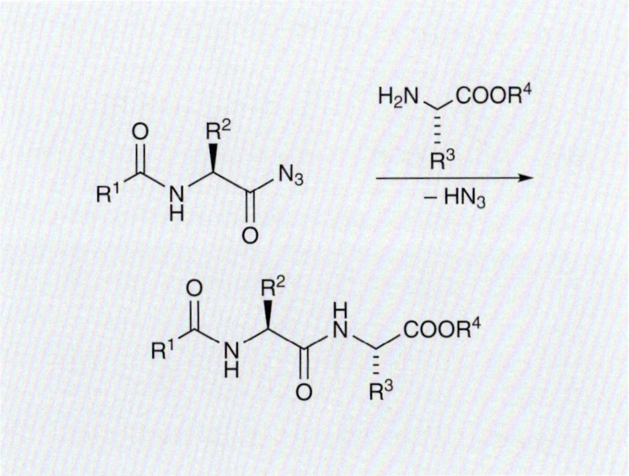


**o Abb. 37.20** Peptidsynthese mittels Azid-Methode nach *Curtius*

den Nachteil, dass die betreffende Halogenacylverbindung meist schwer zugänglich und außerdem unbeständig ist.

Die modernen **Methoden der Peptidsynthesen** verwenden stattdessen geschützte Aminosäuren (zur Einführung und Entfernung von Schutzgruppen vgl. ▸Kap. 37.1.3). Entscheidend dabei ist, dass sich die betreffenden Schutzgruppen nach der Bildung der Peptidbindung leicht wieder abspalten lassen, ohne dass gleichzeitig die Peptidbindung gelöst wird. Durch Zugabe geeigneter Kupplungsreagenzien und Additive können die Ausbeuten bei der Knüpfung der Peptidbindung gesteigert und die Racemisierungstendenz der Aminosäuren weitgehend unterdrückt werden. Von den zahlreichen Methoden zur Synthese der Peptidbindung sollen hier nur die Wichtigsten genannt werden. Sie basieren auf der Verwendung energiereicher *N*-acylierter Aminosäurederivate, vor allem der Säurechloride, Azide und Azolide.

Bei der **Säurechlorid-Methode** werden die *N*-geschützten Aminosäuren zunächst in Säurechloride übergeführt und diese dann mit Aminosäureestern mit freier Aminogruppe umgesetzt. Dieses Verfahren wird oft in folgender Weise modifiziert: Beim Erhitzen der *N*-geschützten Aminosäuren mit Bis(chlormethyl)-ether, $(ClCH_2)_2O$, entstehen *in situ* intermediär Säurechloride, die sofort mit den Aminosäureestern zum Peptid reagieren. Da Säurechloride von α-Aminosäuren zur Racemisierung neigen, entstehen die Peptide häufig als Gemische von Diastereomeren.

Nach der von *Curtius* (1902) eingeführten Methode, der **Azid-Methode,** entsteht die Peptidbindung durch Umsetzen eines an der Aminogruppe geschützten Aminosäureazids mit einem Aminosäureester (o Abb. 37.20). Dabei wird eine Racemisierung der Aminosäuren weitgehend vermieden und man erhält stereochemisch einheitlichere Peptide.

Die **Carbodiimid-Methode** (*Sheehan* 1959) ist eine einfache Methode zur Peptidsynthese und besteht in der Verknüpfung einer *N*-terminal-geschützten Aminosäure mit einem Aminosäureester in Gegenwart einer äquimolaren Menge **Dicyclohexylcarbodiimid** (DCC, o Abb. 37.21). DCC dient als Kupplungsreagenz, das die Carbonsäure aktiviert und das bei der Knüpfung der Peptidbindung frei werdende Äquivalent Wasser chemisch bindet. Dabei bildet sich der gut kristallisierende *N,N'*-Dicyclohexylharnstoff als Nebenprodukt.

Als Zwischenprodukt entsteht bei dieser Methode ein *O*-Acylisoharnstoffderivat, das als aktivierter Ester eine Acylgruppe enthält, die auf die Aminogruppe übertragen wird.

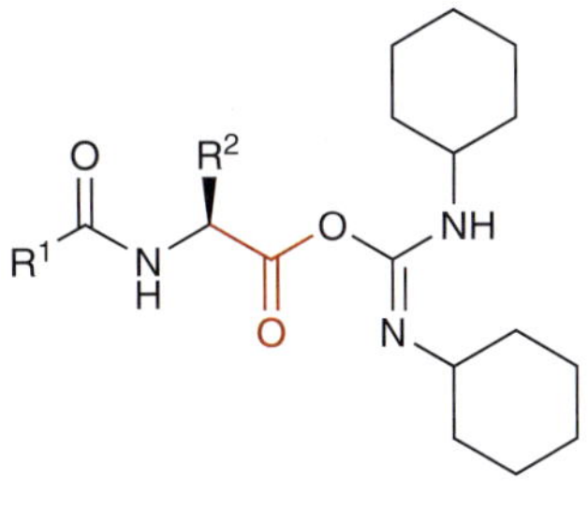


Auch andere **aktivierte Ester,** z. B. Ester mit Pentafluorphenol oder *N*-Hydroxysuccinimid (HO-Suc) als Alkoholkomponente (o Abb. 37.22), können zur Knüpfung der Peptidbindung herangezogen werden. Diese Ester sind aufgrund der sehr guten Abgangsgruppenqualität der entsprechenden Alkoholate sehr reaktiv und daher leicht mit Aminen unter Bildung von Amiden zu verknüpfen. Grundsätzlich besteht bei der Aktivierung

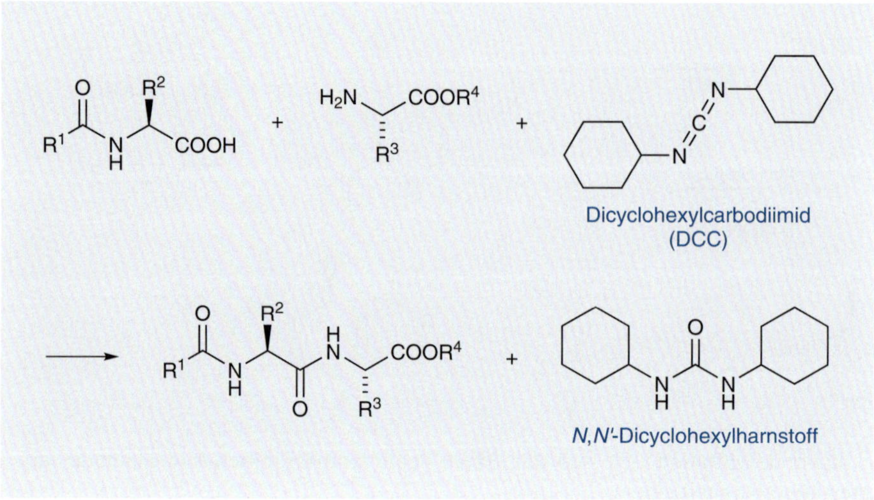


**o Abb. 37.21** Mit dem Peptidkupplungs-Reagenz DCC lässt sich auf einfache Weise aus Säure und Amin das Amid bilden.

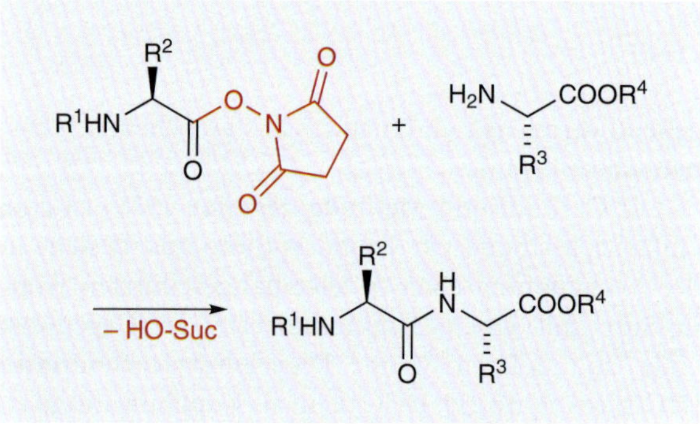


**o Abb. 37.22** Die Umsetzung eines Aktivesters (hier: *N*-Hydroxysuccinimid-Ester) mit der freien Aminogruppe einer Aminosäure liefert das Peptid, ohne dass es zu einer Racemisierung während der Reaktion kommt.

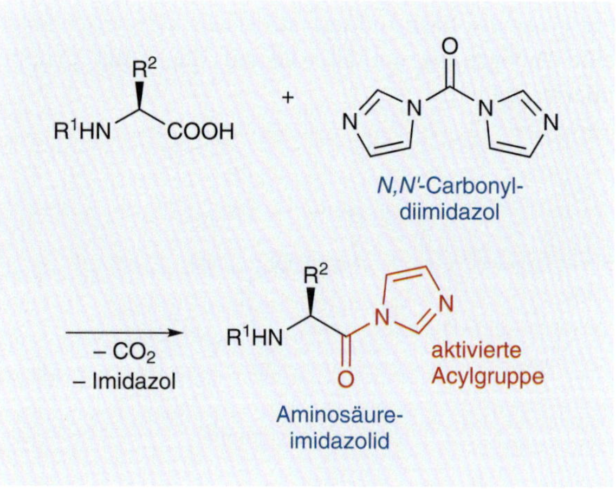


**o Abb. 37.23** Aus *N,N'*-Carbonyldiimidazol und einer Carbonsäure erhält man das Imidazolid, das als aktiviertes Säurederivat die Acylgruppe auf die Aminogruppe z. B. einer Aminosäure übertragen kann.

von Acylgruppen mit elektronegativen Substituenten in Nachbarschaft die Gefahr einer **Racemisierung der Aminosäure**, sodass die nachfolgende Umsetzung mit dem Amin zügig durchgeführt werden sollte. Ansonsten erhält man, wie bei der Säurechlorid-Methode beschrieben, Diastereomerengemische. Die Aktivester mit Pentafluorphenol oder *N*-Hydroxysuccinimid haben diesen Nachteil nicht. Eine Möglichkeit, die unerwünschte Racemisierung zu verhindern, besteht daher darin, die Säure zunächst über die Carbodiimid-Methode mit Pentafluorphenol bzw. *N*-Hydroxysuccinimid in den jeweiligen Aktivester zu überführen. Dieser ist stabil und kann sogar gelagert werden, ohne dass es zu Racemisierung kommt. Bei Bedarf kann er dann mit der Aminkomponente zum Peptid umgesetzt werden.

Eine weitere Möglichkeit ist die Umsetzung von *N*-geschützten Aminosäuren mit *N,N'*-Carbonyldiimidazol bei Raumtemperatur in Tetrahydrofuran (**Azolid-Methode**). Es entsteht ein energiereiches Aminosäureimidazolid, aus dem anschließend durch Umsetzung mit einem Amin ein Peptid erhalten werden kann (o Abb. 37.23).

Bei der Umsetzung von Glycin mit Phosgen, Di- oder Triphosgen (***N*-Carbonsäureanhydrid-Methode**) erhält man aus intermediär entstehendem Glycin-*N*-carbonylchlorid unter Cyclisierung Glycin-*N*-carbonsäureanhydrid (Gly-NCA, Oxazol-2,5(3*H*,4*H*)-dion, *Leuchs*-Anhydrid; o Abb. 37.24). Lässt man auf diese Substanz geringe Mengen Wasser einwirken, so scheidet sich unter $CO_2$-Entwicklung ein unlösliches, höher molekulares Polypeptid ab. Wasser hydrolysiert Gly-NCA zunächst zum Glycin-Carbamid, das nach spontaner Decarboxylierung wieder Glycin liefert. Das gebildete Glycin kann wiederum als Nucleophil mit Gly-NCA erst zum Dipeptid (Gly-Gly), dann zum Tripeptid usw. reagieren (Kettenverlängerung). Bei der

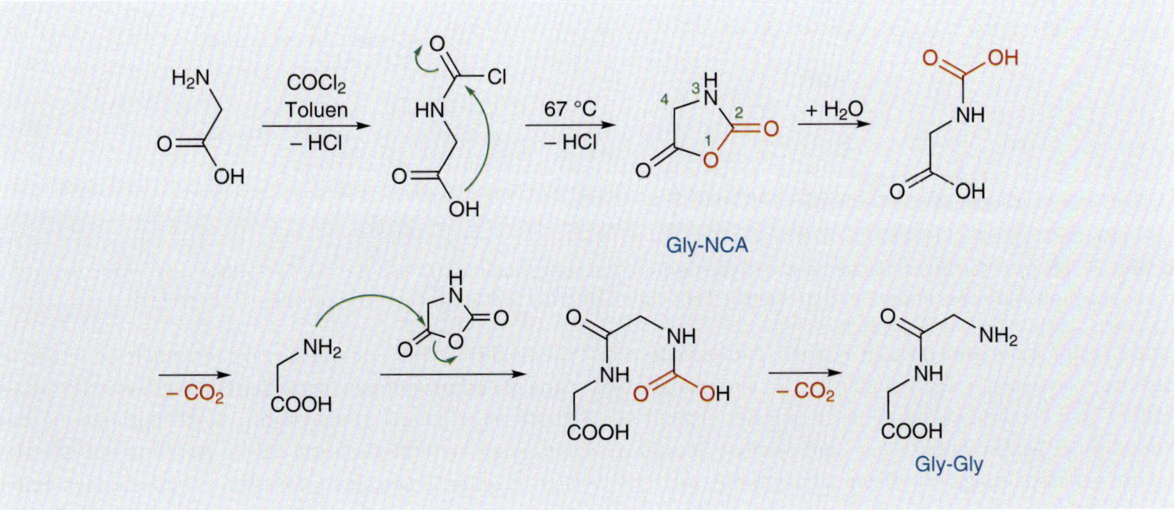


**○ Abb. 37.24** Glycin reagiert mit Phosgen zu einem *N*-Carbonsäureanhydrid (Gly-NCA). Zugabe einer geringen Menge Wasser führt durch Hydrolyse und Decarboxylierung zu Glycin, das anschließend mit dem noch vorhandenen Gly-NCA zu einem Dipeptid und weiter zu einem Tripeptid, dann zu einem Tetrapeptid usw. polymerisiert.

thermischen Polykondensation von Glycin-*N*-carbonsäureanhydrid wurde mithilfe von $^{13}$C-Markierung nachgewiesen, dass das bei der Zersetzung entwickelte Kohlendioxid aus der an den Stickstoff gebundenen Carboxygruppe stammt (*Heyns*). Die Methode lässt sich auch auf andere Aminosäuren übertragen (○ Abb. 37.25). Die NCAs können ebenfalls zur Knüpfung von Peptidbindungen zwischen verschiedenen Aminosäuren genutzt werden. Erhitzen der so gebildeten Dipeptide führt zu gemischten Dioxopiperazinen (auch Diketopiperazine genannt).

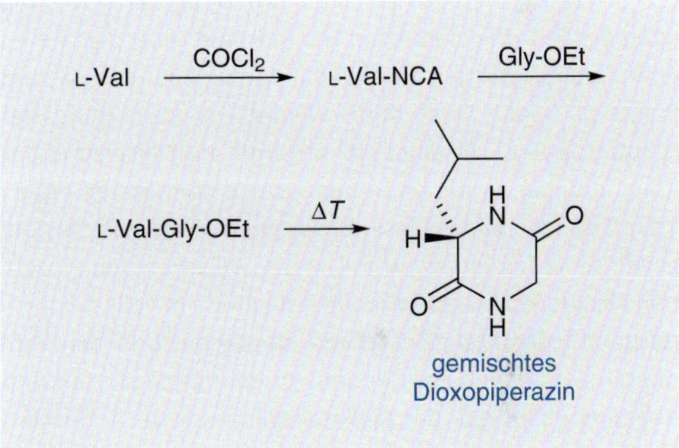


**○ Abb. 37.25** Die Umsetzung von *N*-Carbonsäureanhydriden mit Aminosäureestern führt zur Darstellung von Dipeptiden (hier L-Val-Gly-OEt). Aus diesen können beim Erhitzen durch intramolekulare Wasserabspaltung gemischte Dioxopiperazine (Diketopiperazine) gebildet werden.

## 37.2.3 Reaktionen und Anwendungen

### Sequenzanalyse der Peptide

Die wichtigste Aufgabe nach der Isolierung und Reinigung eines neuen Peptids (bzw. Proteins) ist es, seine Sequenz, also die Abfolge der einzelnen Aminosäuren entlang des Peptidstrangs, zu bestimmen. Dazu wird

### Exkurs: *Merrifield*-Synthese zur Darstellung von Oligopeptiden

Durch Verankerung der wachsenden Peptidkette an einem polymeren Träger (z. B. einem Polystyrol-Harz) konnten die sich bei der Synthese von linearen Peptiden aus geschützten Aminosäuren bei jedem Baustein wiederholenden Reaktionsschritte (1. Knüpfen der Peptidbindung und 2. Abspalten der Schutzgruppe) automatisiert werden (Festphasen-Synthese nach *Merrifield*, 1962; Nobelpreis für Chemie 1984). Zudem kann in jedem Kupplungsschritt ein großer Überschuss der nächsten Aminosäure zugesetzt werden, um eine möglichst quantitative Umsetzung zu gewährleisten. Da die wachsende Peptidkette an der Festphase verankert ist, lassen sich die überschüssigen Reagenzien und Reaktionsnebenprodukte leicht durch Auswaschen entfernen.

Der Aufbau der festen Phase beginnt mit dem *Merrifield*-Harz, einem Polystyrol, das durch Copolymerisation mit 1 % Divinylbenzen (als Vernetzer) und anschließender Chlormethylierung erhalten wird (○ Abb. 37.26). An das reaktive *Merrifield*-Harz können unterschiedliche Linker geknüpft werden. Anschließend wird der Linker mit der ersten, entsprechend geschützten Aminosäure, der Start-Aminosäure des Peptids, verknüpft. Von da an werden zur Kettenverlängerung des Peptids jeweils die oben erwähnten zwei Reaktionsschritte (1. Zugabe der nächsten Aminosäure und Knüpfung der Peptidbindung, 2. Abspalten der Schutzgruppe und Freisetzung der nächsten reaktiven Kupplungsstelle) hintereinander wiederholt. Harz, Linker und Start-Aminosäure sind die polymere Ausgangsverbindung einer

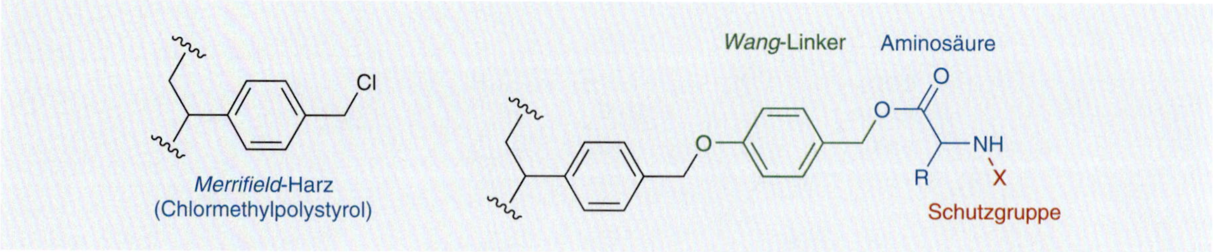


**Abb. 37.26** Das *Merrifield*-Harz ist das derivatisierbare Ausgangspolymer (links). Bei der Festphasen-Synthese erwirbt man gewöhnlich das polymere Harz, an welches ein Linker und die Startaminosäure gebunden sind (rechts).

jeden Festphasen-Synthese. Sie können mittlerweile mit den verschiedensten Start-Aminosäuren funktionalisiert kommerziell erworben werden. In diesem Fall beginnt der Kreislauf der Peptidsynthese mit dem zweiten Reaktionsschritt, der Abspaltung der initialen Schutzgruppe. Anschließend wird die nächste, anzuknüpfende Aminosäure, deren Aminogruppe z. B. durch einen Boc-Rest geschützt ist, mit einem Aktivierungsreagenz vermischt und mit der an der festen Phase gebundenen ersten Aminosäure umgesetzt. Dabei reagiert die aktivierte Carboxygruppe der in Lösung vorliegenden *N*-geschützten Aminosäure mit der freien Aminogruppe der am Harz gebundenen Aminosäure zum Dipeptid. Darauf folgt dann wieder die Abspaltung der Schutzgruppe (2. Reaktionsschritt) und die Freisetzung der Aminogruppe, an die dann die nächste Aminosäure angeknüpft werden kann. Dieser Cyclus wird wiederholt, bis die gewünschte Sequenz synthetisiert ist. Zwischen den einzelnen Reaktionsschritten wird die feste Phase jeweils mit ausreichend Lösemittel gewaschen, um alle nicht an der Festphase gebundenen Reaktanden, Kupplungsreagenzien und Nebenprodukte aus der Reaktionsmischung zu entfernen. Am Schluss wird das komplette Peptid dann von der Festphase abgespalten, isoliert und gereinigt.

Der Linker bestimmt, ob die Aminosäuren vom *C*- oder *N*-Terminus ausgehend miteinander verknüpft werden und unter welchen Bedingungen abschließend das fertige Peptid von der festen Phase abgespalten wird. So benötigt die Abspaltung des Peptids vom sogenannten *Wang*-Linker 50 % TFA in Dichlormethan, während beim labileren *Rink*-Linker bereits 1 % TFA in Dichlormethan genügen.

Je nach den bei der Peptidsynthese geplanten Reaktionen muss also die Verankerung am Linker stabil genug sein, damit die wachsende Peptidkette nicht bereits während der Synthese abgespalten wird. Der Linker muss aber auch labil genug sein, damit nach der Synthese das fertige Peptid möglichst mild und intakt, gegebenenfalls unter Erhaltung der Schutzgruppen in den Seitenketten, von der festen Phase abgespalten werden kann. Durch Optimierung der einzelnen Verfahrensschritte ist die Methode mittlerweile sehr zuverlässig geworden. Es lassen sich heutzutage problemlos Peptide aus 40 Aminosäuren und mehr vollautomatisiert an der Festphase herstellen. Bei noch längeren Peptiden lässt sich die Zuverlässigkeit der Synthese weiter erhöhen, wenn Segmente von etwa zehn Bausteinen automatisiert hergestellt werden, die man dann anschließend in der richtigen Reihenfolge miteinander zum gewünschten Peptid verknüpft.

Eine Weiterentwicklung bei der Festphasen-Synthese von Peptiden stellt die multiple Peptidsynthese (MPS) dar, mit der gleichzeitig viele Peptidsequenzen unterschiedlicher Länge und beliebiger Aminosäurezusammensetzung hergestellt werden können. So wurden Peptidbibliotheken als Spezialfälle chemischer Bibliotheken aufgebaut, die für Untersuchungen, z. B. beim Screening von Peptiden auf pharmakologische Eigenschaften, neue Möglichkeiten eröffnen. Neben der Festphasen-Synthese ist auch heute die biotechnologische Synthese von Peptiden und Proteinen mittels gentechnisch veränderter Mikroorganismen von großer Bedeutung.

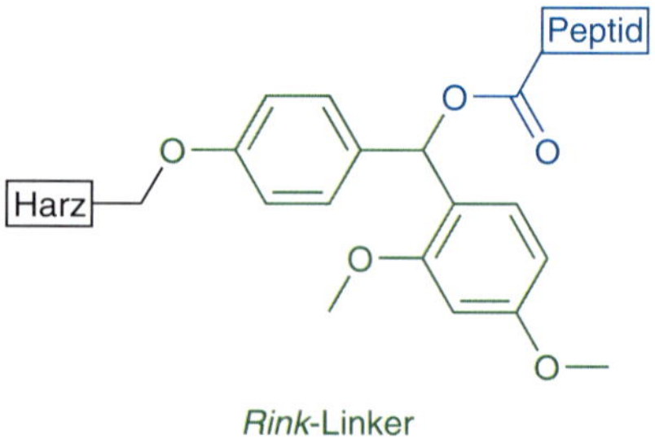

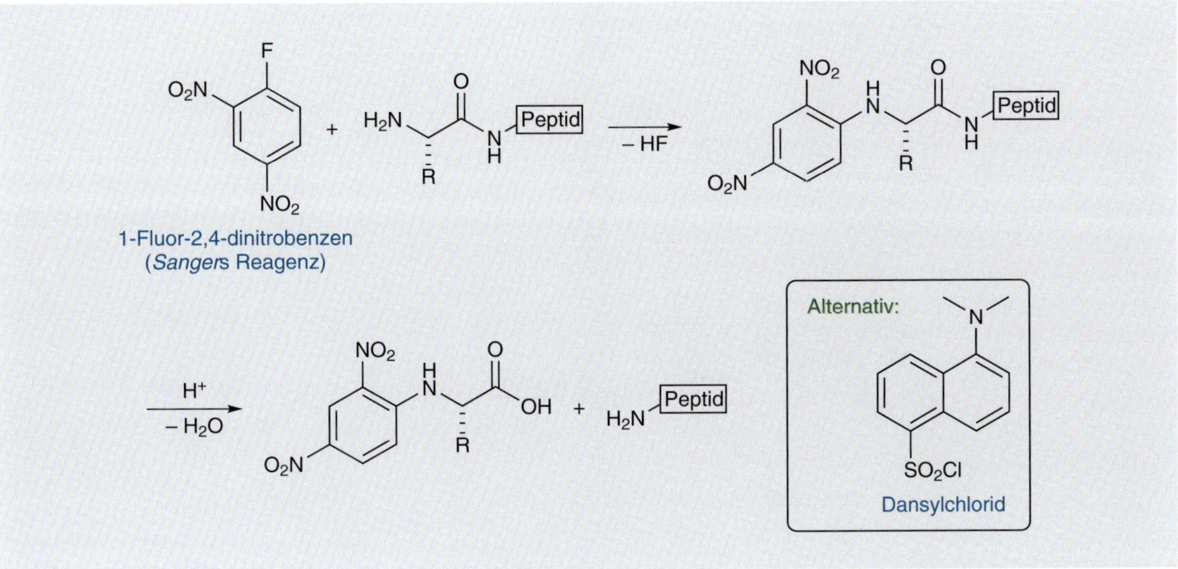


**o Abb. 37.27** Mit *Sangers* Reagenz wird der *N*-Terminus in ein Anilin-Derivat verwandelt, das nach saurer Hydrolyse durch seine eindeutige UV-Absorption leicht identifiziert werden kann.

das Peptid durch Säurehydrolyse schrittweise in die einzelnen Aminosäuren gespalten und das Hydrolysat qualitativ und quantitativ chromatographisch analysiert. Diese Verfahren bezeichnet man als **Sequenzanalyse**. Sie ist durch die grundlegenden Arbeiten von *Moore* und *Stein* über die Trennung von Aminosäuren an Ionenaustauschern bis zur Automatisierung weiterentwickelt und optimiert worden. Der erste Schritt zur Aufklärung der Sequenz einer Peptidkette ist die Endgruppenbestimmung, d. h. die Ermittlung der *N*-terminalen Aminosäure mit freier $\alpha$-Aminogruppe und der *C*-terminalen Aminosäure mit freier $\alpha$-Carboxygruppe, wobei meist die sogenannte DNP-Methode, die Dansyl-Methode oder der *Edman*-Abbau angewandt werden.

### DNP-Methode (*Sanger* 1954), Dansyl-Methode (*Hartley* 1956)

Die *N*-terminale Aminosäure eines Peptids ist die einzige Aminosäure, die noch eine freie $\alpha$-Aminogruppe aufweist. Sie kann daher spezifisch so markiert werden, dass diese Aminosäure nach der Hydrolyse des Peptids eindeutig nachzuweisen ist. Dazu muss die **endständige Aminogruppe** so substituiert werden, dass das entstehende Aminosäurederivat bei der sich anschließenden Hydrolyse des Peptids beständig ist. Verwendet wird hier z. B. 1-Fluor-2,4-dinitrobenzen (***Sangers* Reagenz**, o Abb. 37.27). Dieses reagiert in einer nucleophilen aromatischen Substitution mit der freien Aminogruppe. Bei der folgenden sauren Hydrolyse bleibt der Dinitrophenyl-Rest an der *N*-terminalen Aminogruppe gebunden, sodass man diese Aminosäure von dem übrigen Aminosäuregemisch leicht abtrennen und chromatographisch identifizieren kann (Dinitrophenyl- oder DNP-Methode). Bei der Dansyl-Methode wird die endständige Aminosäure mit 5-Dimethylaminonaphthalen-1-sulfonsäurechlorid (Dansylchlorid) umgesetzt. Die nach der Hydrolyse entstehenden Dansylaminosäuren fluoreszieren bei UV-Bestrahlung; ihr Nachweis ist gegenüber den entsprechenden DNP-Aminosäuren um den Faktor 100 empfindlicher. Beide Verfahren erlauben neben der eindeutigen Bestimmung der *N*-terminalen Aminosäure auch Aussagen über die Zusammensetzung des Peptids, also darüber, welche Aminosäuren in welchen Mengen (aber nicht an welcher Position) in dem Peptid enthalten sind. Um die genaue Peptidsequenz zu bestimmen, kann man das Peptid z. B. mit Enzymen in kleinere Bruchstücke spalten, die man dann wie besprochen analysiert. Aus der Summe an Informationen kann man dann wie in einem Puzzlespiel im besten Fall die Sequenz des Gesamtpeptids ableiten.

### *Edman*-Abbau (*Edman* 1950)

Noch einfacher ist die Sequenzbestimmung eines Peptids, wenn es gelingt, sukzessive jeweils immer nur die endständige Aminosäure zu markieren, selektiv abzuspalten und zu identifizieren. So kann man schrittweise die Peptidsequenz bestimmen und auslesen. Von *Edman* wurde hierzu in den 1950er Jahren eine Methode entwickelt, die auch heute noch Grundlage der meisten automatisierten Sequenzierungsverfahren ist. Bei der Reaktion eines Peptids mit **Phenylisothiocyanat** entsteht aus der *N*-terminalen Aminosäure das entsprechende Phenylthioharnstoff-Derivat (o Abb. 37.28), das durch wasserfreie Salzsäure zunächst unter Spaltung der Peptidbindung zum betreffenden Phenylthiazolinon cyclisiert und mit organischem Lösemittel extrahierbar ist. Die endständige Peptidbindung lässt sich besonders leicht

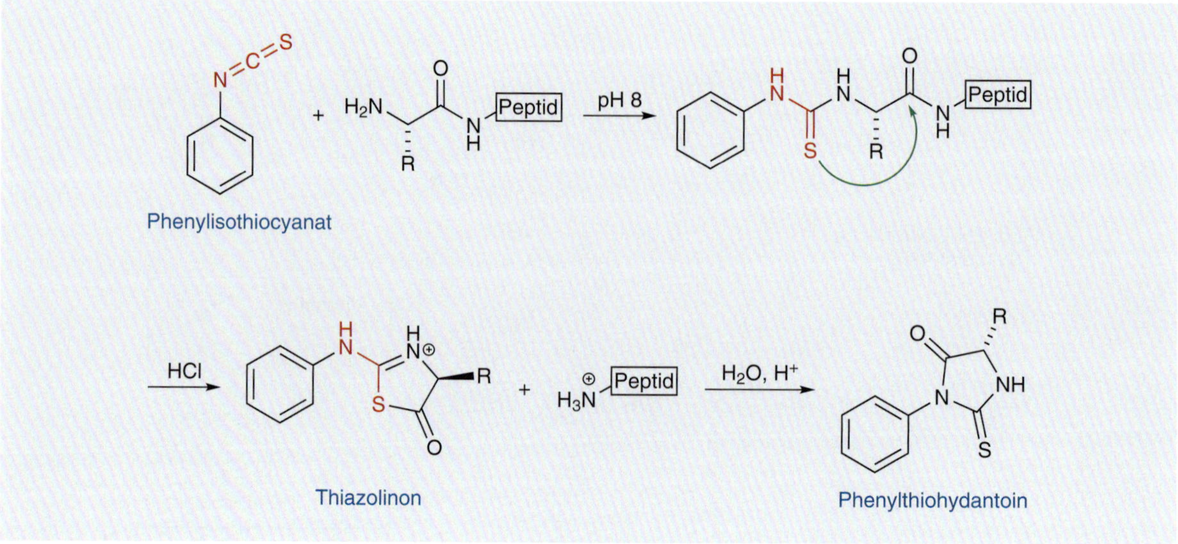


**○ Abb. 37.28** Beim *Edman*-Abbau wird der *N*-Terminus mit Phenylisothiocyanat umgesetzt. Das nach Versetzen mit wasserfreier Salzsäure letztendlich gebildete Phenylthiohydantoin-Derivat der terminalen Aminosäure kann extrahiert und identifiziert werden. Die verbleibende Peptidkette wird anschließend nach der gleichen Methode sukzessive, Aminosäure für Aminosäure vom *N*-Terminus her abgebaut. Letztendlich kann auf diese Weise die gesamte Sequenz des Peptids bestimmt werden.

spalten, da der benachbarte Thioharnstoff intramolekular als Nucleophil angreift. Die restlichen Peptidbindungen werden unter diesen Bedingungen noch nicht hydrolysiert. Das nach der Abspaltung isolierte Thiazolinon wird anschließend durch saure Hydrolyse umgelagert (Ringspaltung und erneuter Ringschluss) und ergibt das stabile **Phenylthiohydantoin** der *N*-terminalen Aminosäure, das man mittels HPLC identifizieren kann. Die verbleibende Peptidkette kann erneut dieser Reaktionsfolge unterworfen werden. Durch Automatisierung ist die Effizienz der Methode stark erhöht worden (vollautomatisierte Sequenzanalysen von Peptiden mit bis zu 50 Aminosäuren sind heutzutage möglich).

Das erste Polypeptid, dessen Sequenz von *Sanger* (1947) bestimmt wurde, war Insulin mit 51 Aminosäuren. Inzwischen ist die Aufklärung zahlreicher anderer Polypeptide und Proteine gelungen, wobei die indirekte Methode, über den genetischen Code Peptidsequenzen aufzuklären, ebenso an Bedeutung gewonnen hat. Um die Sequenz längerer Polypeptide oder ganzer Proteine mittels *Edman*-Abbau zu bestimmen, werden diese durch saure oder enzymatische Hydrolyse zuvor in kleinere Bruchstücke gespalten, deren Sequenz dann entsprechend bestimmt werden kann. Die wichtigste nichtenzymatische Spaltung ist die Spaltung mit Bromcyan (*B. Witkop* 1961, ○ Abb. 37.29). Dabei werden nur solche Peptidbindungen gespalten, an denen die Carboxygruppe von Methionin beteiligt ist, wobei *C*-endständiges Homoserin entsteht, das als *γ*-Hydroxycarbonsäure zum Lacton cyclisiert. Da der Methioninrest in Proteinen selten vorkommt, erhält man günstig proportionierte Partialsequenzen, die gut trennbar und leicht in die Gesamtsequenz einzuordnen sind. Bei der biosynthetischen Produktion wichtiger Peptidhormone wie Somatostatin und Insulin durch Gentechnik gelingt mittels der Bromcyan-Spaltung z. B. auch die unversehrte Freisetzung der Hormone aus den längeren Polypeptidketten der Vorläuferproteine.

Auch durch Anwendung **substratspezifischer Enzyme** wird die Peptidkette jeweils an ganz bestimmten Stellen gespalten, z. B. spaltet Trypsin die Kette im Allgemeinen zwischen Arginin und Lysin. Bei der Spaltung der Kette mit Chymotrypsin entstehen stets Polypeptide, die als *C*-terminale Aminosäure Phenylalanin oder Tyrosin aufweisen. Durch Spaltung mittels Proteasen (C—N-Hydrolasen) wird die Gesamtpeptidkette in verschiedene Oligo- und Polypeptide zerlegt, die dann durch den *Edman*-Abbau sequenziert werden können. Durch Aneinanderreihung der analysierten Oligopeptide ergibt sich schließlich die Aminosäuresequenz, also die **Primärstruktur**, der gesamten Polypeptidkette.

### 37.2.4 Ausgewählte Verbindungen

#### Süßstoffe, Glutathion und Ubiquitin

*α*-L-Aspartyl-L-phenylalaninmethylester (APM, **Aspartam**, NutraSweet), ein Dipeptid, wird als **Süßstoff** verwendet (weitere Süßstoffe siehe ▸Kap. 17, Kohlenhydrate; ▸Kap. 21.3, aromatische Monocarbonsäuren, Saccharin; ▸Kap. 22.1.4, Cyclamat). Die Verbindung hat etwa die 200-fache Süßkraft von Rohrzucker und einen Geschmack, der natürlichem Zucker (Saccharose) sehr nahe kommt. Aspartam ist als Dipeptidderivat hydrolyseempfindlich (begrenzte Lagerfähigkeit, hitzelabil ab 150 °C). Mit der Weiterentwicklung zu **Neotam**

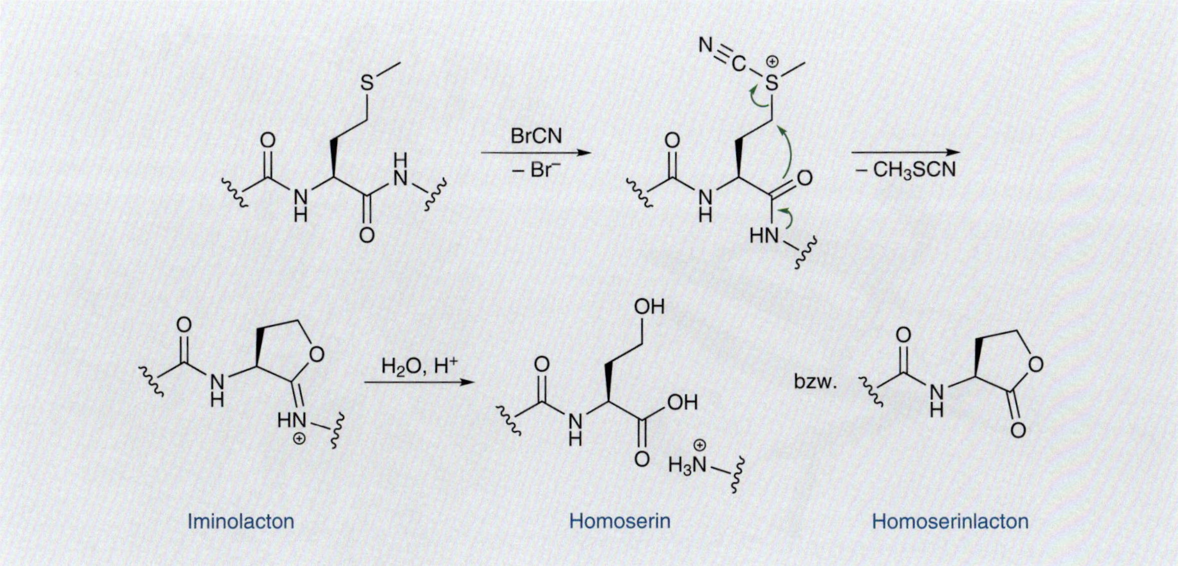


**Abb. 37.29** Die Spaltung einer Peptidkette mit Bromcyan erfolgt selektiv nur an der Carboxamidgruppe eines Methionins.

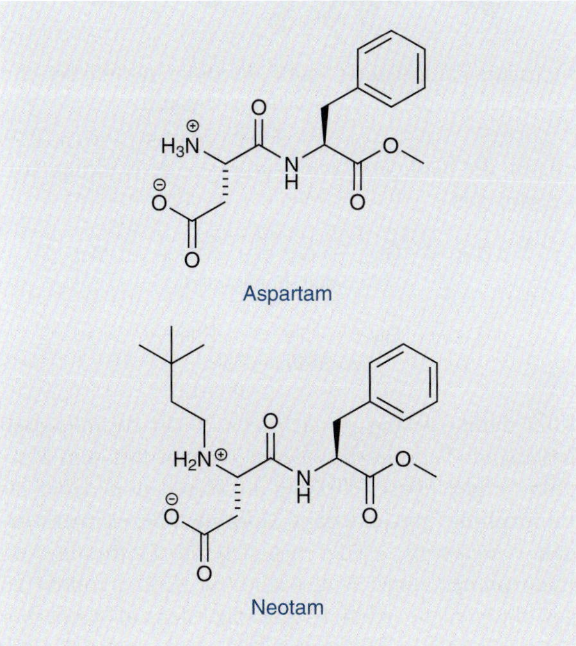


**Abb. 37.30** Das Dipeptid Aspartam besitzt die 200-fache Süßkraft von Saccharose und wird als Süßstoff verwendet. Seine Weiterentwicklung Neotam ist sogar 10 000-mal süßer als Saccharose.

konnte ein Süßstoff erhalten werden, der sogar die 10 000-fache Süßkraft von Saccharose besitzt (Abb. 37.30).

**Glutathion**, $\gamma$-Glutamyl-cysteinylglycin (ein Tripeptid), wurde von *Hopkins* (1921) in der Hefe und in den Muskeln aufgefunden. Es ist ebenfalls im Blut und in den meisten Zellen enthalten. Seine Konstitution konnte durch Synthese bewiesen werden (*Harington*). Bei Glutathion wird die Peptidbindung nicht mit der $\alpha$-ständigen Carboxygruppe der Glutaminsäure, sondern mit der $\gamma$-ständigen Carboxygruppe in der Seitenkette gebildet. Man spricht in diesen Fällen von einer **Isopeptidbindung**. Dadurch kann sich das Peptid dem normalen Angriff der Proteasen im Organismus entziehen. Es hat daher anders als ein normales Peptid eine sehr viel längere biologische Halbwertszeit und kann somit seine spezifische, physiologische Funktion dauerhafter ausüben. Analog zum Cystein/Cystin-Gleichgewicht geht auch Glutathion reversibel in das entsprechende Disulfid (GSSG) über und wirkt somit als Überträger von Redoxäquivalenten bei Redoxprozessen. Seine physiologische Wirkung als **Antioxidans** beruht darauf, dass es als leicht oxidierbare Verbindung andere Substanzen reduziert, bevor diese an anderen oxidationsempfindlichen Gruppen Schaden anrichten können. *S*-Nitrosoglutathion, R = NO (GSNO), ist an der NO-Wirkung auf die Atmung beteiligt.

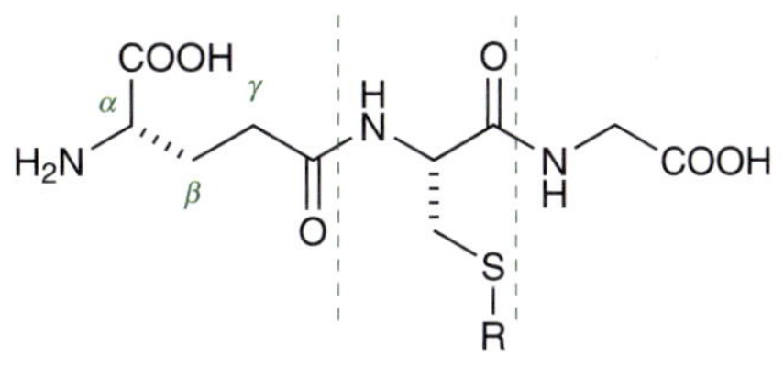


**Ubiquitin** ist ein aus 76 Aminosäuren aufgebautes Polypeptid (Einbuchstaben-Code: MQIFVKTLTGKTITLEVEPSDTIENVKAKIQDKEGIPPDQQRLIFAGKQLEDGRTLSDYNIQKESTLHLVLRLRGG), das im Cytoplasma aller Eukaryoten (ältere Bezeichnung: Eukaryonten) vorkommt. Beim Vergleich der Ubiqui-

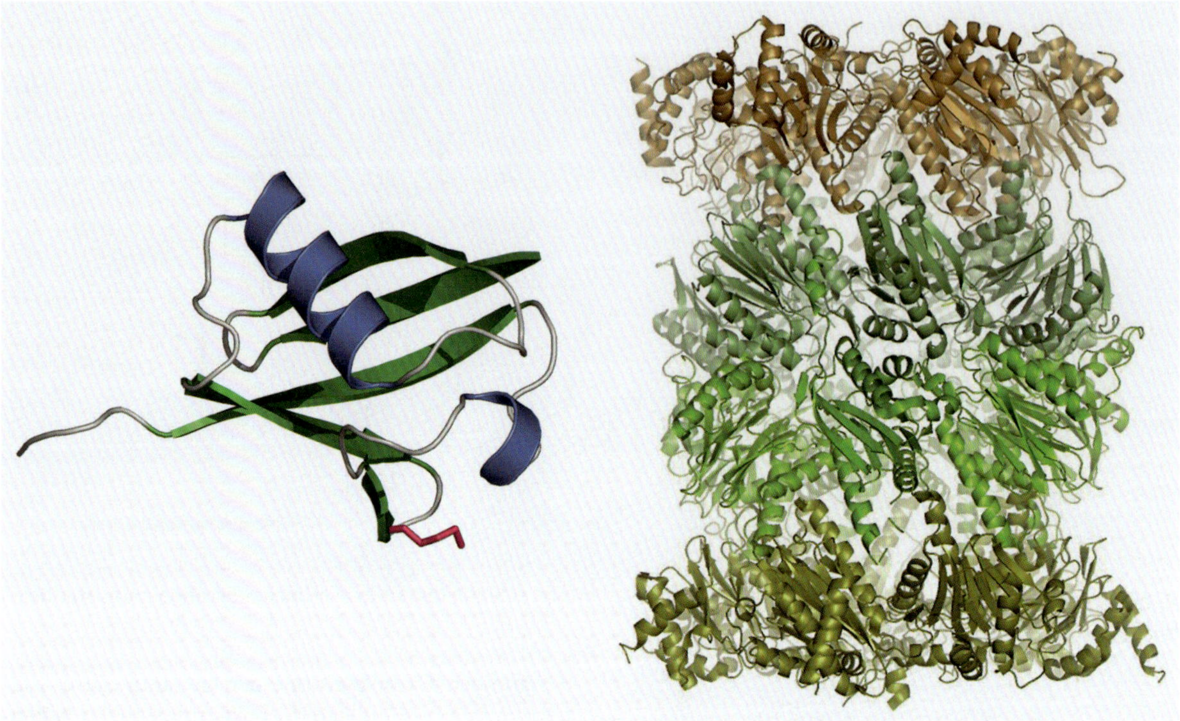

**o Abb. 37.31** Ubiquitin (Bändermodell, links) ist ein aus 76 Aminosäuren aufgebautes Peptid. Durch Ubiquitin markierte Proteine werden in der Zelle durch das Proteasom (rechts), einen Proteinkomplex mit 1 700 kDa, abgebaut.

tin-Primärstruktur von verschiedenen Organismen findet man kaum Unterschiede, z. B. sind bei Hefezelle und Mensch nur drei Aminosäuren unterschiedlich. Neben freiem Ubiquitin findet man es häufig auch verknüpft mit anderen Proteinen. Dazu wird das Carboxyende von Ubiquitin unter Verbrauch von ATP über eine Isopeptidbindung mit der ε-Aminogruppe eines Lysins auf der Oberfläche des Zielproteins verknüpft. An Ubiquitin selbst können weitere Ubiquitin-Proteine isopeptidisch angeknüpft werden. Dadurch wird das Protein ubiquiniert und so für den proteolytischen Abbau im sogenannten Proteasom markiert (**Ubiquitin-*Pathway***). Das Proteasom ist ein makromolekularer Komplex mehrerer Proteine, der u. a. dem Abbau falsch gefalteter Proteine dient und damit einen zellulären Schutzmechanismus darstellt. Hemmstoffe des Proteasoms werden als Krebstherapeutika eingesetzt.

## Peptidhormone

Zu dieser Stoffklasse gehören vor allem die Hormone von Hypothalamus, Hypophyse und Pankreas (Bauchspeicheldrüse). Als **Neuropeptide** werden neuronale Peptidhormone (teils mit Neurotransmitter-Funktion) bezeichnet, die an vielen hormonellen Regelkreisen beteiligt sind. Beispiele sind die *Releasing*-Hormone des Hypothalamus, wie auch die an der Schmerzverarbeitung beteiligten Neurokinine und Endorphine. Letztere wurden 1975 von *Hughes* aus Schweinehirn isoliert. Er fand die Pentapeptide Methionin- und Leucin-Enkephalin, die beide eine schmerzlindernde Wirkung aufweisen.

L-Tyr — Gly — Gly — L-Phe — L-Met
Methionin-Enkephalin

L-Tyr — Gly — Gly — L-Phe — L-Leu
Leucin-Enkephalin

Kurz darauf gelang es auch, aus 20–30 Aminosäuren bestehende Peptide zu isolieren, die eine mit dem Morphin vergleichbare Wirkung aufwiesen und daher als **Endorphine** (von endogene Morphine) bezeichnet wurden (*Guillemin*). Leider hat sich die Hoffnung, von Endorphinen abgeleitete suchtfreie Schmerzmittel zu gewinnen, nicht erfüllt. Es gibt sogar den auf Wiederholung drängenden Endorphin-Kick. Von weitreichender Bedeutung für die medizinische Forschung ist aber die bei diesen Arbeiten gewonnene Einsicht, dass biologisch wirksame Peptide (die Endorphine) und ein chemisch gänzlich anders aufgebautes Alkaloid (Morphin) Liganden für den gleichen Rezeptor sein können. Aus solchen Erkenntnissen ist auch das Konzept des **Peptidomimetikums** entwickelt (▸ Exkurs: Schlangengift und Neurotoxine) worden, worunter man eine Verbindung versteht, die den biologischen Effekt eines Peptides auf der Rezeptorebene imitieren oder blockieren kann.

Zu den wichtigsten Hormonen der Neurohypophyse (Hypophysen-Hinterlappen) gehören **Oxytocin** (Ocytocin), das u. a. die Uteruskontraktion bewirkt und an

## Exkurs: Schlangengift und Neurotoxine

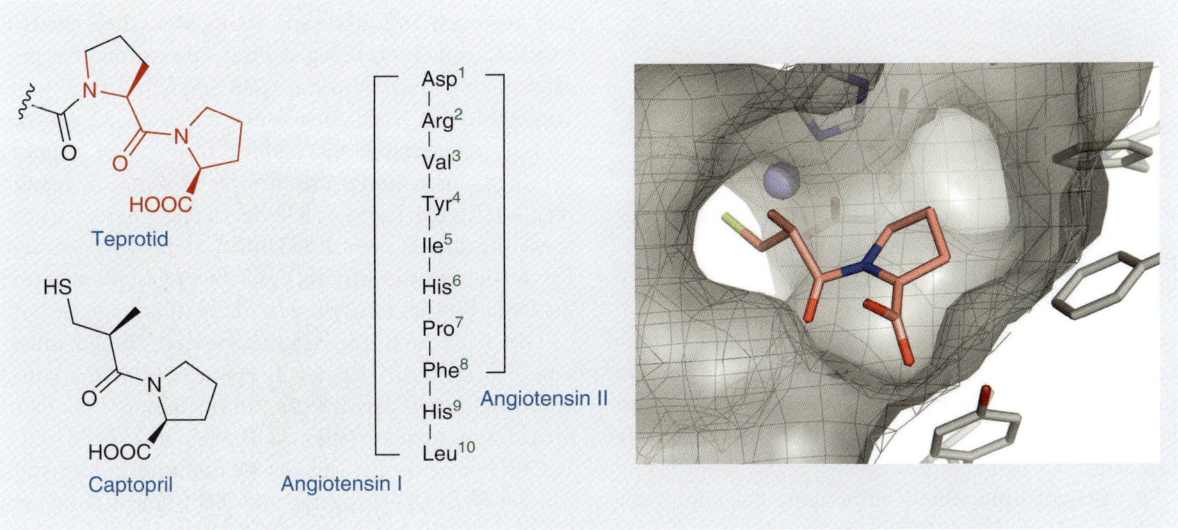


**○ Abb. 37.32** *C*-terminale Sequenz des Schlangengifts Teprotid und des ACE-Hemmers Captopril (links). Angiotensin I ist das Vorläuferprotein des gefäßverengenden Peptids Angiotensin II (Mitte). Blick in die Bindetasche von ACE mit gebundenem Captopril, unter anderem koordiniert die Mercaptogruppe an das katalytische Zink-Ion (rechts).

Viele Wirkstoffe basieren auf dem Konzept der **Peptidomimetika**. So sind die blutdrucksenkenden **ACE-Hemmer** (ACE, *angiotensin converting enzyme*) als Peptidomimetika von Teprotid (○Abb. 37.32), einem wirksamen Bestandteil des Schlangengifts der Schlange *Bothrops jararaca* (einer Grubenotter), abgeleitet worden (○Abb. 37.33). Das im Blut vorkommende Peptidhormon Angiotensin II (○Abb. 37.32) erhöht den Blutdruck stark. Es ist ein lineares Octapeptid, das durch enzymatischen, stufenweisen Abbau eines Serumglobulins, also eines sehr viel größeren Vorläuferproteins, erzeugt wird. Der letzte Schritt dieses Abbaus ist die Abspaltung des Dipeptids His-Leu durch das *Angiotensin-Converting-Enzyme* (ACE) aus einem Decapeptid (Protohormon). Wirkstoffe wie Captopril (○Abb. 37.32) binden an das aktive Zentrum des *Angiotensin-Converting-Enzym* und verhindern dadurch die Bildung des blutdrucksteigernden Angiotensin II im Körper. Der Blutdruck wird gesenkt.

**Toxische Peptide: Botulinus-Toxine**

Viele Tier- und Pflanzengifte sind ebenfalls Peptide. Zu den besonders toxischen Peptiden zählen die Neurotoxine des Botulinusbakteriums (*Clostridium botulinum*) (**Botulinus-Toxine**). Sie übertreffen Natriumcyanid in der Giftwirkung um den Faktor $10^6$ und können tödliche Lebensmittelvergiftungen auslösen. Die Bakterien entwickeln sich unter Luftabschluss („anaerob") in unkonservierten Lebensmitteln oder in mangelhaft abgekochten Konservendosen (Fleisch, Fisch, Gemüse). Das hochgiftige Botulinustoxin A (**Botox**) wird in hoher Verdünnung auch zur Behandlung von chronischen Muskelverspannungen und in der Kosmetik zur Glättung von Gesichtsfalten verwendet. Dazu müssen lediglich $10^{-11}$ g unter die Haut gespritzt werden. Dies ist ein eindrucksvolles Beispiel für den von *Paracelsus* im 16. Jahrhundert eingeführten Begriff der Dosis: „Alle ding sind Gifft und nichts ohn Gifft. Allein die Dosis macht daz ein ding kein Gifft ist."

**○ Abb. 37.33** Südamerikanische Grubenotter (*Bothrops jararaca*)



der Erzeugung des Sättigungsgefühls bei der Nahrungsaufnahme beteiligt ist, sowie **Vasopressin**, auch antidiuretisches Hormon (ADH) genannt, das den Blutdruck erhöht und als Neurotransmitter wirkt. Tatsächlich werden diese Hormone allerdings im Hypothalamus gebildet und über Axone in die Neurohypophyse transportiert, die diese nur speichert und bei Bedarf an die Blutbahn abgibt. Im Jahre 1952 gelang es, Oxytocin und Vasopressin erstmals rein zu isolieren, um sie bald darauf als cyclische Nonapeptide zu identifizieren (*Du Vig-*

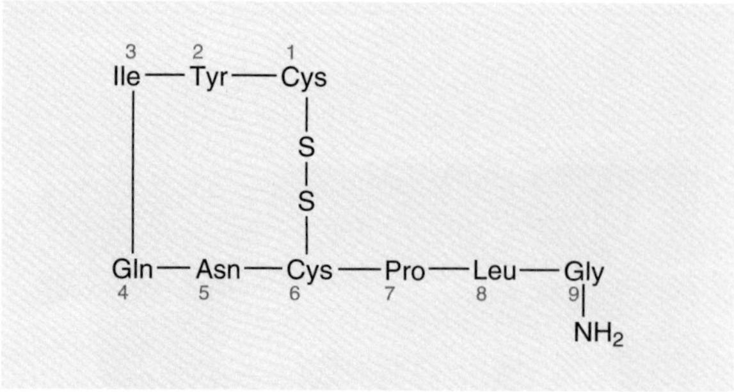


**Abb. 37.34** Das Nonapeptid Oxytocin ist ein Hormon der Neurohypophyse.

*neaud, Tuppy* 1953). Die Ringstruktur von Oxytocin kommt durch eine Disulfidbrücke zwischen zwei Cystinresten zustande (Abb. 37.34). Vasopressin ist ähnlich aufgebaut wie Oxytocin, enthält aber $Phe^3$ statt $Ile^3$ und $Arg^8$ statt $Leu^8$.

**α-Corticotropin**, eine Komponente des adrenocorticotropen Hormons (ACTH, ein Peptidgemisch), zählt zu den Hormonen der Adenohypophyse (Hypophysen-Vorderlappen). Es regt die Bildung von Corticoiden in der Nebennierenrinde an und wirkt auf das Immunsystem. Es ist aus 39 Aminosäuren aufgebaut und weist die in Abb. 37.35 gezeigte Sequenz auf. Die Teilsequenz $\beta^{1-24}$-Corticotropin, welche die ersten 24 Aminosäuren enthält, ist physiologisch voll wirksam und wird synthetisch hergestellt (Tetracosactid, Synacthen). Die humanen Corticotropine (und auch Insulin) unterscheiden sich von denen verschiedener Tierarten nur durch geringe Veränderungen in einer bestimmten Teilsequenz der Aminosäuren.

**Insulin** wirkt **blutzuckersenkend** und wird therapeutisch bei der auf Insulinmangel beruhenden Zuckerkrankheit (Diabetes mellitus Typ 1) eingesetzt. Seinen Namen verdankt es dem Vorkommen in den *Langerhans*schen Inseln des Pankreas, aus dem es 1921 von *Banting, Best* und *Macleod* isoliert wurde. Insulin gehört zu den Peptiden und enthält 51 L-Aminosäuren, die sich auf 2 Polypeptidketten verteilen. Die relative Molekülmasse von Insulin beträgt etwa 6000. Es war eines der ersten Peptide, dessen Sequenz mithilfe der DNP-Methode (▸Kap. 37.2.3) aufgeklärt werden konnte. Dabei zeigte sich, dass die A-Kette aus 21 Aminosäuren und die B-Kette aus 30 Aminosäuren aufgebaut sind. Die A-Kette beginnt mit der *N*-terminalen Aminosäure Glycin und ist durch zwei Disulfidbrücken mit der B-Kette, die Phenylalanin als *N*-terminale Aminosäure aufweist, verknüpft. Außerdem liegt innerhalb der A-Kette noch eine dritte Disulfidbrücke vor. Die Struktur des Insulins aus Menschenpankreas lässt sich schematisch durch die in Abbildung Abb. 37.36 gezeigte Kettenanordnung wiedergeben. Werden die Disulfidbrücken z. B. durch Oxidation mit Perameisensäure gelöst, so verliert Insulin seine physiologische Wirksamkeit. Man erhält dann zwei Polypeptidketten, von denen die eine 4 und die andere 2 Cysteinreste enthält (bzw. die durch die Oxidation aus dem Thiol entstandenen analogen Sulfonsäuren). Beim Menschen entsteht Insulin aus dem einkettigen Proinsulin mit 84 Aminosäuren, in dessen *N*-terminaler Sequenz die B-Kette vorgebildet ist. Nach Abspaltung eines aus 32 Aminosäuren bestehenden C-Peptides (*connection peptide*) verbleibt die A-Kette, die mit der B-Kette zu Insulin reagiert. Insulin lagert sich leicht zu Hexameren zusammen, die durch zwei Zink-Ionen stabilisiert werden. Das fertige Insulin wird in Vesikeln eingeschlossen und bei Bedarf durch Exocytose in die Blutbahn abgegeben.

Die Strukturen der Insuline anderer Säuger unterscheiden sich vorwiegend in einer Teilsequenz von 3 Aminosäuren in der A-Kette. Im Insulin aus Schafpankreas findet man anstelle von Thr-Ser-Ile z. B. Ala-Gly-Val, im Pferdeinsulin Thr-Gly-Ile und im Rinderinsulin Ala-Ser-Val. Die Insuline von Schwein, Kaninchen, Hund und Wal haben die gleiche Sequenz der A-Kette wie der Mensch. Bei der Sequenz der B-Kette stimmen Mensch und Elefant überein, während bei Rind, Schwein, Schaf, Pferd und Wal in der Position 30 Ala statt Thr steht (diesen Austausch kennzeichnet man im Einbuchstaben-Code als T30A). Durch Transpeptidierung gelingt bei Schweine-Insulin der Austausch von Ala durch Thr und damit die semisynthetische Produktion von Humaninsulin. Durch Austausch von $Pro^{28}$ mit $Lys^{29}$ in der B-Kette entsteht **Insulin lispro**, das nach Einspritzen in das Unterhautfettgewebe schneller und kürzer wirkt als auf gleiche Weise appliziertes Humaninsulin.

**Glucagon** wird ebenfalls in den *Langerhans*schen Inseln produziert und wirkt als endokriner Antagonist des Insulins hyperglycämisch, d. h., der Blutzuckerspiegel wird erhöht. Es enthält 29 Aminosäuren. **Glucagon-like peptide 1** (GLP-1; ▸Exkurs: Antidiabetika) ist ein vom Darm produziertes Peptidhormon, das vermehrt bei Aufnahme zuckerhaltiger Speisen an den Körper abgegeben wird und die Ausschüttung von Insulin erhöht. Man hat in einer Krustenechse ein in der Wirkung von GLP-1 vergleichbares Peptid, **Exenatid**, gefunden, das sich biotechnologisch hergestellt für den Einsatz als Medikament (Byetta®) gegen **Diabetes mellitus Typ 2** eignet. Bei dieser Krankheit ist die Insulinwirkung herabgesetzt (Insulinresistenz) oder die Insulinausschüttung vermindert. Da Exenatid als Peptid bei oraler Aufnahme verdaut würde, muss es für den arzneilichen Einsatz subcutan injiziert werden.

**Cytokine** sind Polypeptide, die auf äußere Reize hin von Zellen zu Regulationszwecken (Wachstum und Differenzierung) ausgeschieden werden. Zu diesen Signalmolekülen gehören unter anderem Interferone und Interleukine. Sie beeinflussen die Immunzellen und weisen eine unspezifische antivirale Aktivität auf. Die Aminosäuresequenzen sind bekannt, auf ihre Wieder-

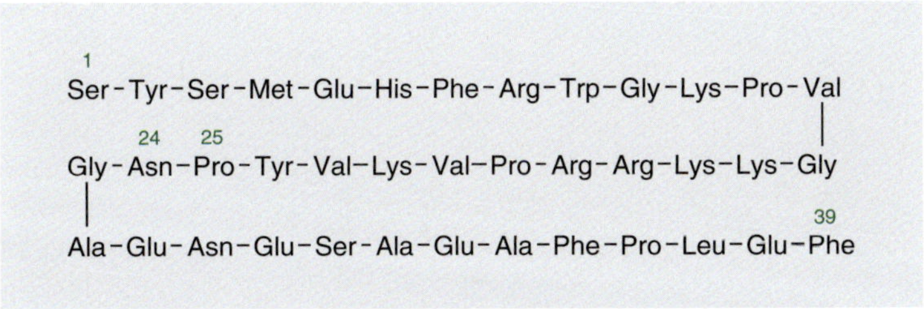


**Abb. 37.35** Das Peptidhormon $\alpha$-Corticotropin ($\alpha$-ACTH) wird in der Adenohypophyse gebildet. Es regt die Nebennierenrinde zur Produktion von Steroidhormonen an.

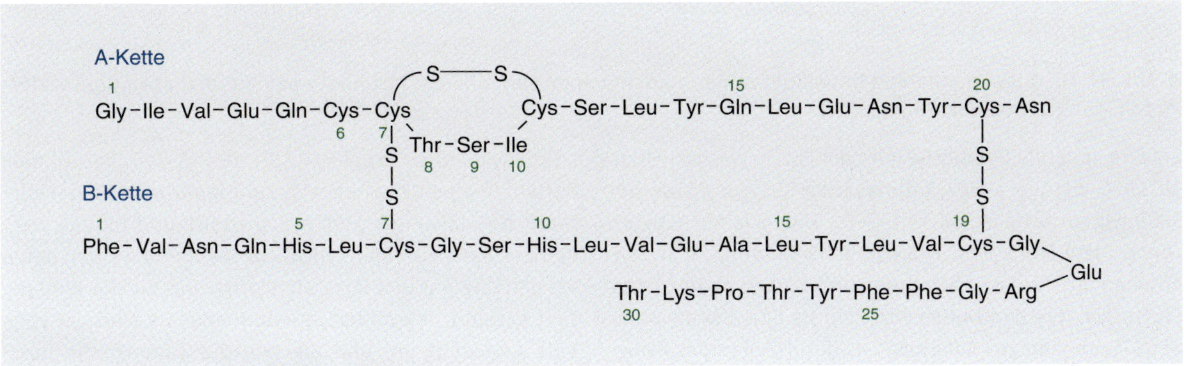


**Abb. 37.36** Aminosäuresequenz von Insulin aus humanem Pankreas

## Exkurs: Antidiabetika

Nachdem das blutzuckersteigernde *glucagon-like peptide* GLP-1 entdeckt worden war, wurde schnell auch ein Enzym identifiziert, welches für seinen Abbau und damit seine Inaktivierung zuständig ist: die Dipeptidylpeptidase-4 (DPP-4). Diese Serin-Protease spaltet vom *N*-Terminus zahlreicher Peptide ein Dipeptid ab, die vorletzte Aminosäure muss dazu allerdings ein Prolin oder Alanin sein. Durch die Entwicklung von **DPP-4 Inhibitoren**, z. B. Sitagliptin, ist es gelungen, oral verfügbare Antidiabetika zu erhalten, die DPP-4 hemmen und so den Abbau von GLP-1 verhindern, sodass die physiologische Wirkung von GLP-1 länger anhält. In der Abb. 37.37 sieht man die Bindetasche der DPP-4. Darin ist ein Modellsubstrat (gelb) kovalent mit dem katalytisch aktiven Serin630 (Pfeil) verbunden. Der DPP-4-Inhibitor Sitagliptin (blau) ist dem Modellsubstrat überlagert. In der Abbildung erkennt man, dass das Prolin des Modellsubstrats in einer tiefen, lipophilen Bindetasche liegt und der *N*-Terminus drei H-Brücken zu drei Aminosäuren des Enzyms ausbildet (gestrichelte Linien). Der Inhibitor Sitagliptin blockiert die Bindetasche, indem er besonders affin mit seinem 2,4,5-Trifluorphenyl-Ring in der Prolin-Bindetasche bindet und dabei gleichzeitig über eine

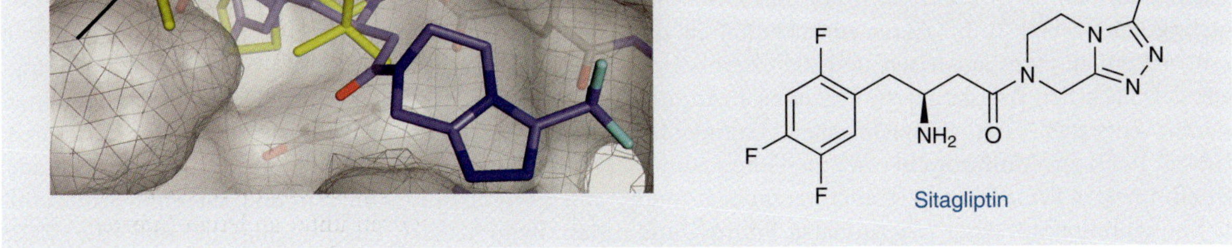


**Abb. 37.37** In der Bindetasche der DPP-4 können peptidische Substrate binden (gelb), aber auch synthetische Liganden wie Sitagliptin (blau), die aufgrund ihrer höheren Affinität besser als die Substrate in der Bindetasche binden und das Enzym damit kompetitiv blockieren (Strukturcode der abgebildeten Röntgenkristallstrukturen: 4FFW, 2AJB).

37

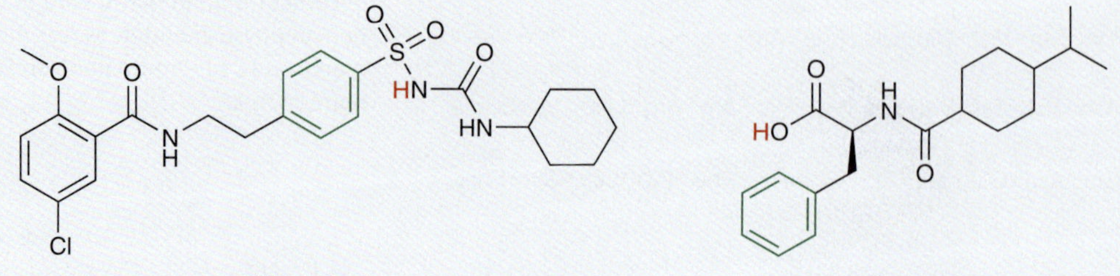


**Abb. 37.38** Glibenclamid und Nateglinid zählen zu den peroral verfügbaren, insulinotropen Antidiabetika (rot: acides Proton, grün: zentraler Aromat).

größere lipophile Oberfläche mit dem Enzym wechselwirkt. Ab 1955 wurden einige **Antidiabetika** aus der Klasse der **Sulfonylharnstoffe** entwickelt, z. B. Glibenclamid (Euglucon®). Diese Stoffe sind wie GLP-1 insulinotrop, d. h., sie erhöhen die Insulinausschüttung und senken dadurch den Blutzucker. Ihre Wirkweise vermitteln sie über die Blockade des ATP-abhängigen Kaliumkanals der $\beta$-Zellen des Pankreas. Eine Weiterentwicklung der Sulfonylharnstoffe sind die Glinide, z. B. Nateglinid (Starlix®), ein Derivat des D-Phenylalanins (Abb. 37.38). Der Vorteil der Glinide besteht in einem rascheren Wirkungseintritt und einer kürzeren Wirkdauer. Die Sulfonylharnstoffe und Glinide werden bei oraler Aufnahme nicht abgebaut und werden daher als perorale Antidiabetika eingesetzt. Die für die Bindung zum Rezeptor relevanten Strukturmerkmale sind der zentrale Aromat (grün) und die negative Ladung, die unter physiologischen Bedingungen nach Dissoziation des aciden Protons (rot) entsteht (Abb. 37.38).

gabe wird hier aus Platzgründen verzichtet. Ihre Unterscheidung erfolgt nach den Rezeptoren, auf die sie wirken. Außer $\alpha$-, $\beta$- und $\gamma$-Interferon sind bisher 37 Typen von Interleukinen bekannt (IL-1 bis IL-37), von denen einige zusätzlich ein Kohlenhydrat enthalten und damit zu den Glycoproteinen zählen. Für einen therapeutischen Einsatz besonders hervorzuheben sind $\alpha$-Interferon (Behandlung der chronischen Hepatitis B und C) und $\beta$-Interferon (Behandlung der Multiplen Sklerose).

### Peptid-Antibiotika

In der ersten Hälfte des vorigen Jahrhunderts wurde aus Mikroorganismen und Pilzen eine Anzahl cyclischer Polypeptide isoliert, die fast alle auf höhere Organismen, z. T. auch auf Bakterien, stark giftig wirken und deshalb als Antibiotika genutzt werden können. Im Gegensatz zu anderen Peptiden, werden sie *in vivo* nur langsam abgebaut. Ihre Resistenz gegenüber proteolytischen Enzymen ist in erster Linie auf den Gehalt an nichtproteinogenen Aminosäuren zurückzuführen, die z. B. D-Konfiguration aufweisen und die enzymatisch aus den nach der Translation vorliegenden L-Aminosäuren entstehen. Als Beispiele seien **Gramicidin** (*Dubos* 1939) und **Valinomycin** erwähnt. Gramicidin A ist ein lineares Pentadecapeptid alternierender L- und D-Konfiguration mit einer *N*-terminalen Formyl- und einer *C*-terminalen $\beta$-Ethanolamid-Gruppe (*Witkop* 1965, Abb. 37.39). Durch die alternierende Abfolge von L- und D-konfigurierten Aminosäuren bildet Gramicin eine $\beta$-Helix, die sich in biologische Zellmembranen einlagern kann. Dort kommt es zur Bildung von Dimeren, die dann als **Ionenkanal** fungieren, da eine $\beta$-Helix im Gegensatz zu der klassischen $\alpha$-Helix aus L-konfigurierten Aminosäuren im Inneren eine Pore aufweist, durch die einfach geladene Kationen hindurch wandern können. Dies führt zu einem Zusammenbruch des elektrochemischen Zellpotenzials, worauf die bakterizide Wirkung beruht. Gramicidin ist neben Tyrocidin Bestandteil des Peptid-Antibiotikagemischs Tyrothricin, das in Form von Halsschmerztabletten und Wundgels als freiverkäufliches, lokalwirksames Antibiotikum im Handel ist.

Besitzt ein Peptid innerhalb seines Rückgrats auch Esterbindungen, spricht man von einem **Depsipeptid**. Bei dem von *Streptomyces*-Arten gebildeten Antibiotikum **Valinomycin** handelt es sich um eine solche Verbindung (Abb. 37.40). Es handelt sich um ein cyclisches Trimer eines Tetradepsipeptides, das aus L- und D-Valin sowie zwei Hydroxysäuren gebildet wird. Die antibiotische Wirkung beruht auf der Funktion von Valinomycin als Kalium-Transportprotein: Valinomycin transportiert durch passive Diffusion Kalium-Ionen durch Zellmembranen, nicht aber Natrium-Ionen. Dadurch gleicht es den Kalium-Konzentrationsgradienten zwischen Zellinnerem und -äußerem aus, womit das Zellpotenzial zusammenbricht und die Zelle abstirbt. Die Röntgenkristallstruktur des Komplexes zeigt, dass die Kalium-Ionen durch Valinomycin ähnlich wie von [18]Krone-6 komplexiert werden

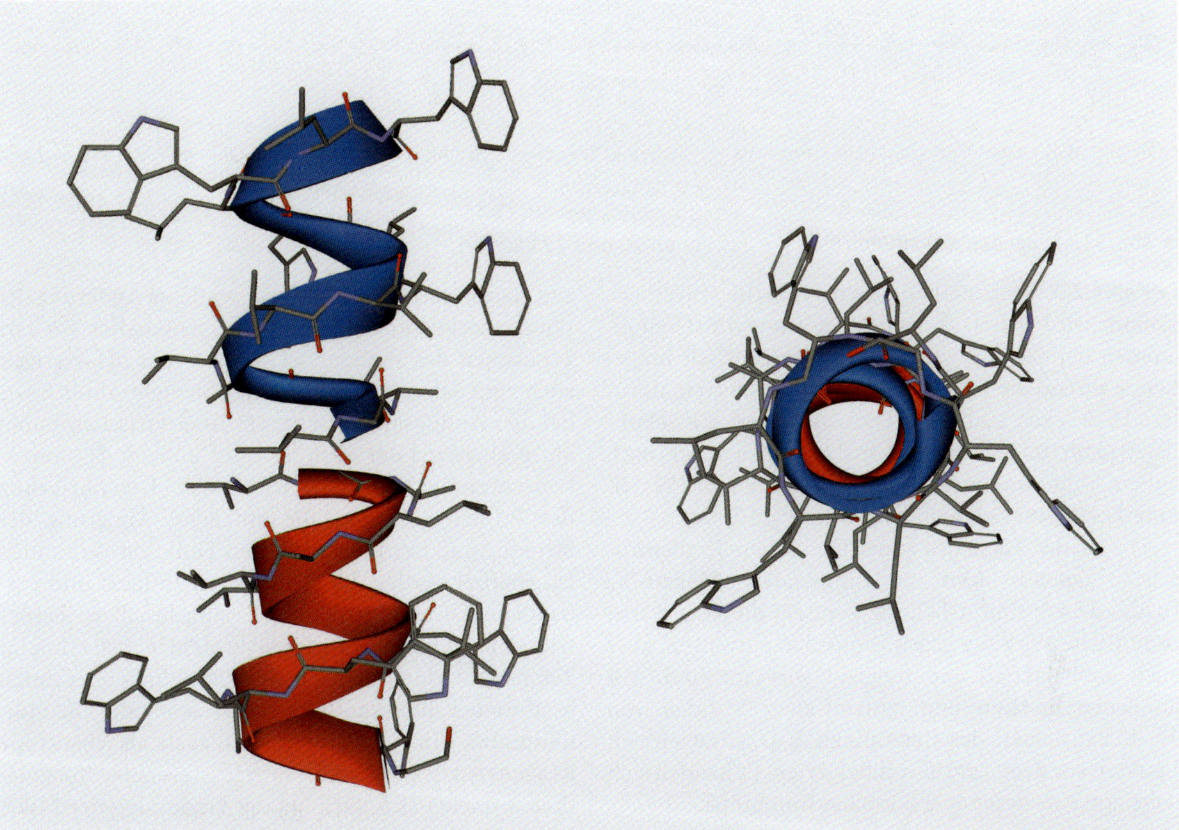

OHC–L-Val-Gly-L-Ala-D-Leu-L-Ala-D-Val-L-Val-D-Val-L-Trp-D-Leu-L-Trp-D-Leu-L-Trp-D-Leu-L-Trp-NHCH$_2$CH$_2$OH

**Abb. 37.39** Gramicidin A (Formel unten) bildet eine $\beta$-Helix, die in ihrem Inneren eine zentrale Pore aufweist. Bilden zwei Gramicidin-A-Moleküle (rot und blau) in einer Zellmembran in einer Kopf-an-Kopf-Anordnung über ihren *N*-Terminus ein Dimer, so entsteht ein Ionenkanal, wie in Seitenansicht und Aufsicht erkennbar. Durch den Ionentransport kommt es zu einer Störung des Ionengleichgewichts der Zelle und damit letztendlich zu einem Absterben der Zelle.

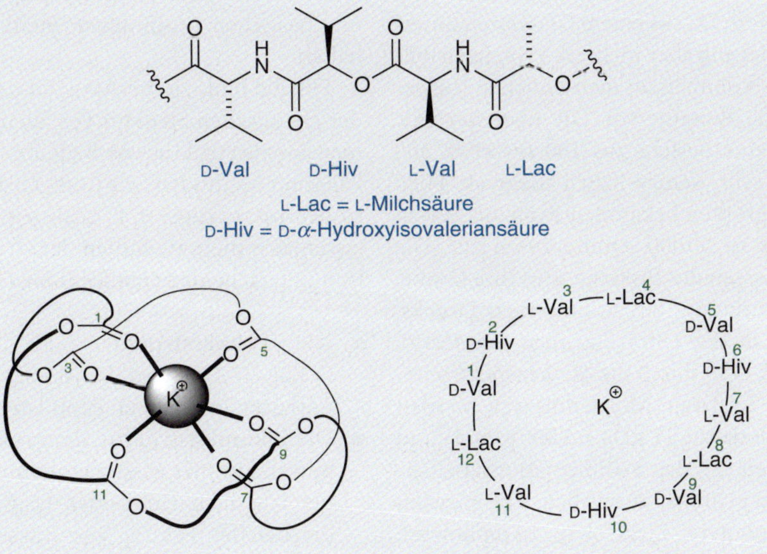


**Abb. 37.40** Struktur von Valinomycin und schematische Darstellung des Kalium-Komplexes (unten)

1 10 22
Gly - Ile - Gly - Lys - Phe - Leu - His - Ser - Ala - Gly - Lys - Phe - Gly - Lys - Ala - Phe - Val - Gly - Glu - Ile - Met - Lys - Ser
Magainin 1

1 10 22
Gly - Ile - Gly - Lys - Phe - Leu - His - Ser - Ala - Lys - Lys - Phe - Gly - Lys - Ala - Phe - Val - Gly - Glu - Ile - Met - Asn - Ser
Magainin 2

**Abb. 37.41** Bei den Magaininen sind die Positionen 10 und 22 variabel.

(▸Kap. 6.2.3, Kronenether, Makrozyklische Polyether). Kalium wird demnach von den Carbonyl-Sauerstoffatomen der sechs Esterbindungen oktaedrisch umgeben, während die Peptidbindungen sechs intramolekulare H-Brücken ausbilden. Dies stabilisiert die Sekundärstruktur und richtet die hydrophoben Reste nach außen, Valinomycin ist dadurch sehr lipophil (Verteilungskoeffizient Zellmembran/Wasser = 50 000).

Die in der Haut des südafrikanischen Krallenfrosches *Xenopus levis* vorkommenden **Magainine** (Abb. 37.41) sind $\alpha$-helicale Peptide, die eine starke osmotische Wirkung gegen Protozoen aufweisen, aber auch antibakteriell und fungizid wirksam sind. Mit ähnlichen linearen und cysteinfreien Peptiden von 37–40 Bausteinen, den **Cecropinen A–D**, schützen sich Insekten vor dem Angriff von Bakterien. Es handelt sich dabei um eine besondere Form der Immunität.

## 37.3 Proteine

### 37.3.1 Struktur und Eigenschaften

Ab einer Länge von etwa 100 Aminosäuren bezeichnet man Polypetide als **Proteine**. Der Begriff wurde erstmals von *Mulder* 1838 für hochmolekulare, kolloide Eiweiße benutzt. Im menschlichen Genom sind etwa 20 000 Proteine codiert. Da aus einem Gen durch unterschiedliche Prozessierung aber mehrere Proteine gebildet werden können, kommen im menschlichen Körper weit mehr als 20 000 Proteine vor. Die überwiegende Mehrzahl der Proteine besteht aus 100 bis etwa 300 Aminosäuren, nur sehr wenige haben mehr als 1 000 Aminosäuren. Die größten bekannten Proteine weisen allerdings sogar bis zu 30 000 Aminosäuren auf. Die relativen Molekülmassen der Proteine, also ihre Größe, werden durch Bestimmung des osmotischen Drucks, der Sedimentation in der Ultrazentrifuge (*Svedberg*), durch Lichtstreuung oder durch die Massenspektrometrie ermittelt. Die relativen Molekülmassen werden üblicherweise in Kilodalton (1 kDa = 1 000 g/mol) und in *Svedberg*-Einheiten (S), den Sedimentationskoeffizienten in der Ultrazentrifuge, angegeben. Die meisten Proteine sind amphotere Elektrolyte (Ampholyte). Soweit sie wasserlöslich sind, bilden sie kolloide Lösungen, aus denen man die Proteine mit Neutralsalzen, z. B. Natriumchlorid oder Magnesiumsulfat, wieder „aussalzen" kann. Hierbei tritt keine wesentliche Änderung der physikalischen und chemischen Eigenschaften ein. Die Löslichkeit der Proteine ist sowohl vom pH-Wert als auch vom Salzgehalt der Lösung abhängig; ähnlich wie bei den Aminosäuren ist sie am isoelektrischen Punkt am geringsten. Bei niederer oder höherer $H^+$-Ionenkonzentration kann eine irreversible **Denaturierung des Proteins** erfolgen, die mit einer Änderung der Struktur und der biochemischen Funktion verbunden ist. Hierbei werden die Peptidketten entfaltet und vorhandene Disulfidbrücken z. T. aufgebrochen. Ferner tritt eine Denaturierung von Proteinen bei erhöhter Temperatur, durch energiereiche Strahlung oder durch bestimmte Fällungsmittel, z. B. Harnstoff oder Guanidiniumsalze, ein. Letztere werden auch als **chaotrope Reagenzien** bezeichnet. Derartige irreversible Koagulationen spielen sich auch bei der Gerinnung der Milch und beim Hartwerden von Eiern beim Kochen ab.

Strukturell bestehen Proteine häufig aus mehreren, identischen oder auch verschiedenen Peptidketten, die jeweils bis zu einige Hundert Aminosäurereste enthalten. Die Ermittlung ihrer Sequenz wurde bereits bei den Peptiden beschrieben (▸Kap. 37.2.3). Innerhalb des Proteinmoleküls werden die einzelnen Peptidketten häufig durch Disulfidbrücken (▸Kap. 37.2.4), Wasserstoffbrücken oder Ionenbindungen (zwischen sauren und basischen Aminosäureseitenketten) zusammengehalten.

Für die biologische Aktivität der Proteine ist neben der chemischen Struktur vor allem ihre genaue dreidimensionale Struktur von Bedeutung, die mithilfe physikalischer Methoden, wie Röntgenstrukturanalyse, Elektronenmikroskopie u. a., ermittelt werden kann. Dabei lassen sich mehrere Stufen der strukturellen Organisation unterscheiden (*Linderström-Lang* 1959):

- Die **Primärstruktur** oder Aminosäuresequenz (▸Kap. 37.2.3), also die Abfolge der einzelnen Aminosäuren im linearen Peptidstrang.
- Die **Sekundärstruktur**, die strukturell definierte, stabile und immer wieder vorkommende Konformationen wie die $\alpha$-Helix oder das $\beta$-Faltblatt beschreibt, die bei der Faltung der linearen Peptidkette entstehen ($\alpha$-Helix: Abb. 37.42, $\beta$-Faltblattstruktur: Abb. 37.43).

- Die **Tertiärstruktur**, also die tatsächliche dreidimensionale Struktur des Proteins (zur Bedeutung der dreidimensionalen Struktur siehe ▸Exkurs: Prion-Protein und BSE), die durch die über die Sekundärstruktur hinausgehende räumliche Faltung der Peptidkette entsteht. Die Tertiärstruktur wird häufig durch Disulfidbrücken stabilisiert (vgl. Insulin o Abb. 37.35 und o Abb. 37.36).
- Die **Quartärstruktur** beschreibt die Zusammenlagerung mehrerer Proteinuntereinheiten zu einem größeren Protein.

Je nach der Gestalt der Proteinmoleküle unterscheidet man **Strukturproteine** (Sklero- oder Faserproteine), lange, eher fadenförmige Moleküle, in denen die Peptidketten überwiegend nur aus einem Sekundärmotiv wie z. B. β-Faltblättern oder α-Helices bestehen, und **Sphäroproteine** (globuläre Proteine), deren Peptidketten annähernd zur Kugel oder zum Ellipsoid geknäuelt sind und in denen die verschiedenen Teile der Peptidkette unterschiedliche Sekundärmotive aufweisen.

## Strukturproteine (Skleroproteine)

Charakteristisch für Struktur- oder Skleroproteine wie z. B. Cellulose in den Pflanzen oder Kollagen in Tieren ist ihre mechanische Festigkeit und Unlöslichkeit in wässrigen Medien. Sie stellen daher wichtige **Gerüstsubstanzen** in pflanzlichen und tierischen Organismen dar und übernehmen dort mechanische Stütz- und Schutzfunktionen (Fasern, Haare, Nägel, Haut, Knorpel, Bindegewebe etc.). Die beiden Keratintypen α- und β-Keratin sind die Prototypen für die beiden am häufigsten vorkommenden **Sekundärstrukturelemente der Proteine**, die **α-Helix** und das **β-Faltblatt**.

Zur Beschreibung dieser Sekundärstrukturen von Proteinen kann der Abstand der α-C-Atome herangezogen werden, die auf einer gemeinsamen, geometrischen Ebene liegen und als Wiederholung des Strukturelements zu verstehen sind. Dieser Abstand wird auch als **Identitätsperiode** oder **Ganghöhe** bezeichnet. Aus den Ergebnissen von Röntgenstrukturanalysen geht hervor, dass die Identitätsperiode bei einer β-Faltblattstruktur bei ca. 720 pm und bei einer α-Helixstruktur bei ca. 540 pm liegt.

### Seidenfibroin-β-Keratin-Typ

Seidenfibroin ist eine glycin- und serinreiche Fasersubstanz der Kokonfäden des Seidenspinners (*Bombyx mori*) und der Fäden der Spinnennetze, die durch ein leichter lösliches Protein, Sericin, verkittet sind. Zu den **β-Keratinen** zählen auch die harten Bestandteile der Horngewebe, wie sie in Federn, Nägeln, Hufen, Hörnern und Schuppen vorliegen. In den Seidenfibroinen sind die verschiedenen Peptidketten linear zueinander angeordnet und durch Wasserstoffbrücken zwischen

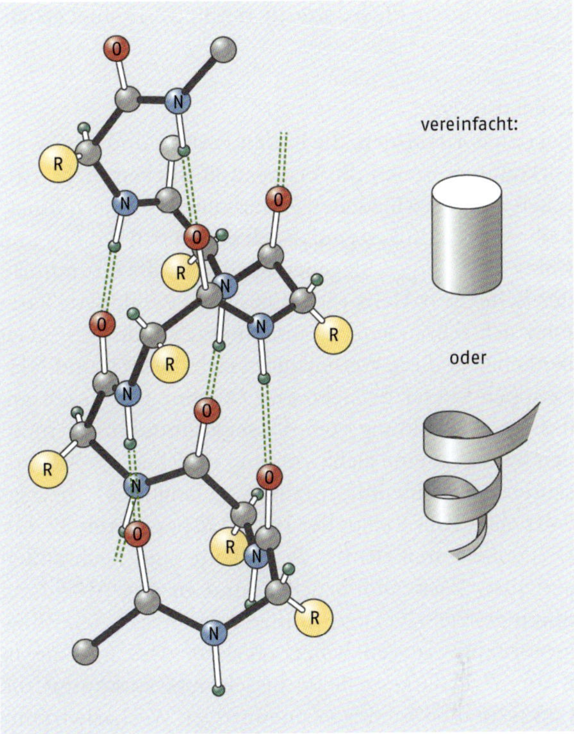


o **Abb. 37.42** α-Helix vom α-Keratin-Typ

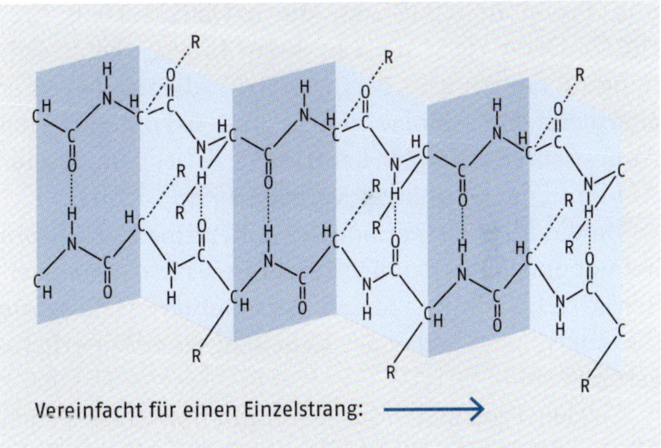


o **Abb. 37.43** Faltblattstruktur des Seidenfibroin-β-Keratin-Typs (zwei Stränge)

ihren CO- und NH-Gruppen miteinander verbunden. Es bildet sich ein sogenanntes **β-Faltblatt** aus. Während eine normale, gestreckte Polypeptidkette, z. B. bei Polyglycin, eine Identitätsperiode von 727 pm besitzt, beträgt diese in der β-Faltblattstruktur im Seidenfibroin nur 708 pm. Um die Verkürzung zu erklären, nimmt man aufgrund von Modellbetrachtungen an, dass die planaren Amidbindungen der Peptidkette immer entgegengesetzt zueinander verdreht sind und so eine gefaltete, zickzackartige Struktur ausbilden, ähnlich wie ein gefaltetes Blatt Papier (*Pauling* und *Corey*). Die Seitenketten (R) ragen alternierend nahezu senkrecht aus der Ebene des Rückgrates heraus (o Abb. 37.43). Auch in Sphäroproteinen liegen einzelne Abschnitte der Peptidkette als β-Faltblattstrukturen vor. Sie werden vereinfacht durch Pfeile, wie in ○ Abb. 37.43 angegeben, notiert.

### α-Keratin-Typ

Bei den **α-Keratinen**, die in den Haaren und der Wolle vorkommen, treten die Wasserstoffbrücken nicht zwischen zwei verschiedenen Peptidketten, sondern innerhalb einer Peptidkette auf. Nach einem von *Pauling* und *Corey* 1951 vorgeschlagenen Modell ist die Grundform der Kette die **α-Helix** (Schraube): Die Peptidkette kann man sich schraubenartig um einen Zylinder gewickelt denken. Auf diese Weise nähern sich die CO- und NH-Gruppen zweier benachbarter Windungen soweit an, dass die Ausbildung von Wasserstoffbindungen möglich wird. Auf eine Helixwindung entfallen 3,6 Aminosäuren, die Identitätsperiode (Ganghöhe) beträgt 540 pm und der Radius der Helix 230 pm (○ Abb. 37.42). Die Seitenketten (R) der Peptidkette sind nach außen gerichtet. Wasserstoffbrücken sind in der Abbildung durch gestrichelte Doppellinien gekennzeichnet. Röntgenstrukturanalysen haben ergeben, dass nur die in ○ Abb. 37.42 dargestellte Rechtsschraube vorkommt, die Linksschraube ist wegen ungünstiger Wechselwirkungen zwischen den Seitenketten bei L-konfigurierten Aminosäuren benachteiligt. Aminosäuren wie Glycin und Prolin destabilisieren die α-Helix („Helix-Brecher"). Die α-Helix weist in ihrem Inneren keine Öffnung auf (anders als z. B. eine β-Helix, die sich bei einer alternierenden Abfolge von L- und D-konfigurierten Aminosäuren ausbilden kann und z. B. bei dem Peptid-Antibiotikum Gramicidin vorliegt; ▸ Kap. 37.2.4).

Da die Identitätsperiode der α-Keratine nur 510 pm beträgt und damit deutlich kürzer ist als in einer einzelnen α-Helix, nimmt man an, dass mehrere Helices wie die Adern eines Seils oder Kabels zu einer **Superhelix** verdreht sind.

Zu den Proteinen vom α-Keratin-Typ gehört auch **Fibrin**, das bei der Blutgerinnung eine wichtige Rolle spielt. Hierbei geht das im Blutplasma gelöste Vorläuferprotein Fibrinogen unter dem Einfluss des Enzyms Thrombin in einer kompliziert verlaufenden Reaktionsfolge in das unlösliche Fibrin über, das Faserstruktur besitzt. Für diesen Vorgang ist Vitamin $K_1$ unentbehrlich. Die Blutgerinnung lässt sich durch Heparin (▸ Kap. 17.3), Cumarinderivate (▸ Kap. 21.5.3 und ▸ Kap. 29.4) sowie durch tierische Gifte, z. B. das Blutegelgift Hirudin, hemmen. Letzteres ist ein Peptid bestehend aus 65 Aminosäuren. Die blutgerinnungshemmende Wirkung beruht auf der Inhibierung des Enzyms Thrombin.

### Kollagen-Typ

**Kollagene** bilden den Hauptbestandteil des Stütz- und Bindegewebes der Sehnen, Bänder, Knorpel und der organischen Knochensubstanz. Der räumliche Aufbau ihrer Peptidketten ähnelt dem der α-Keratine, jedoch liegt eine Linksschraube mit wesentlich weiträumigeren Windungen als bei der α-Helix vor. Die Identitätsperiode beträgt 860 pm. Je drei dieser Ketten sind wiederum zu einem seilartigen Bündel verdreht, einer **Tripelhelix**, die durch posttranslational entstandene Hydroxyprolinbausteine (○ Abb. 37.16) stabilisiert wird. Kollagene spielen auch beim Gerben von tierischer Haut zur Lederherstellung eine wichtige Rolle. Durch die Gerbstoffe werden die Kollagenfäden miteinander kovalent vernetzt, was zur Konservierung und Stabilisierung des Leders beiträgt.

Während die Skleroproteine im Allgemeinen in Wasser unlöslich sind, geht Kollagen beim Kochen mit Wasser, besonders bei Zusatz von Säure, in den kolloidlöslichen Knochenleim über. Reiner eingetrockneter Leim ergibt farblose **Gelatine**, die in Wasser starkes Quellungsvermögen besitzt und nach Auflösung in der Wärme beim Erkalten zu einer Gallerte erstarrt. Mit Kollagen nahe verwandt ist **Elastin**, der Hauptbestandteil der elastischen Fasern in den Sehnen. Im Unterschied zu Kollagen zeigt es keine Quellbarkeit in Wasser. Die einzelnen Polypeptidketten im Elastin sind kovalent miteinander vernetzt, was die hohe Stabilität und gleichzeitig Elastizität der Fasern ausmacht. Für die Vernetzung wird ein Teil der Lysinseitenketten im Elastin zu einem Aldehyd oxidiert. Diese Aldehydgruppen bilden mit weiteren Lysinseitenketten ein Imin, das enzymatisch zu einem sekundären Amin reduziert wird. So werden letztendlich zwei Lysinseitenketten über eine gemeinsame Aminofunktion in Form eines Lysinonorleucins kovalent miteinander verknüpft.

### Sphäroproteine

Sphäroproteine sind in der Regel wasserlösliche, globuläre Proteine, die anders als die Strukturproteine keine polymere Vernetzung aufweisen. Die Funktionen der Sphäroproteine sind äußerst vielfältig: Sie können enzymatische Aktivität besitzen und als Biokatalysatoren chemische Reaktionen beschleunigen oder sie dienen als Transportprotein für verschiedenste Stoffe (Hämoglobin transportiert Sauerstoff, Transcortin transportiert Cortisol, usw.). Als Bestandteile von Signalkaskaden geben sie Informationen (Signale) weiter. Auch die Umwandlung von mechanischen (Tastsinn, Akustik, Schwerkraft) oder optischen Reizen in neuronal verarbeitbare, elektrische Signale geschieht durch Sphäroproteine. Dies ist möglich, da Sphäroproteine bei der Interaktion mit anderen Proteinen oder Nucleinsäuren hochspezifisch sind und über ihre plastische Proteinoberfläche und innere Molekulardynamik spezifische und genaue definierte Wechselwirkungen mit anderen Molekülen übertragen. Ein weiteres Beispiel sind die in großer Variation produzierten **Antikörper (Immunglobuline)**, welche eingedrungene Krankheitserreger abwehren. Dabei handelt es sich um Glycoproteine mit Molmassen über 150 000 Da. Neben den elektrischen Nervenimpulsen kommunizieren die Zellen eines Organismus auch über Hormone (▸Kap. 37.2.4, Peptidhormone) miteinander. Hormone lösen an ihren Zielorten durch Aktivierung von Rezeptoren Signale aus und regeln darüber den Auf- und Abbau weiterer Biomoleküle. Durch die Wechselwirkung mit Nucleinsäuren greifen Proteine wie z. B. Histone in deren Funktion ein: Gene können so aktiviert oder deaktiviert werden.

In der Feinstruktur der Sphäroproteine, die meist kugelförmige oder elliptische Gestalt besitzen, lassen sich häufig **Domänen** erkennen, die aus $\beta$-Faltblättern und $\alpha$-Helices aufgebaut sind, z. B. die in ○ Abb. 37.44 gezeigten **$\alpha$,$\beta$-Barrels** (engl. für Fass), in denen sich $\alpha$-Helices und $\beta$-Stränge abwechseln. Die ungeordneten Bereiche in ○ Abb. 37.44, die flexible Ketten aufweisen, werden auch $\beta$-Schleifen (engl. *$\beta$-turns* oder *loops*) genannt. Es können auch Knoten vorliegen. Das aus fünf $\alpha$-Helices aufgebaute Protein COMP (*Cartilage Oligomeric Matrix Protein*), das eine Röhre enthält, ist ein interessantes Modell für die röhrenförmigen Proteine der Zellmembranen. Die Aufklärung der genauen Struktur von Proteinen wird in Projekten der Strukturgenomik (engl. *structural genomics*) vorangetrieben, einem Spezialgebiet der Proteomik, deren Ziel es ist, die Gesamtheit der Proteine, das Proteom eines Organismus oder einer Zelle, aufzuklären und in seiner Funktion zu verstehen.

Da eine klare Klassifizierung der Sphäroproteine aufgrund der in ihnen vorkommenden unterschiedlichsten Strukturelemente anders als bei den Faserproteinen nicht möglich ist, charakterisiert man sie am besten nach ihrem Vorkommen, z. B. als Plasma-, Milch- und Eierproteine bzw. als pflanzliche Samenproteine. Zu diesen Proteinen zählen z. B. Albumine, Globuline, Histone und Protamine sowie die in Getreidekörnern auftretenden Prolamine und Gluteline.

### 37.3.2 Gewinnung und Synthese

Im Prinzip lassen sich Proteine genauso wie Polypeptide mittels **chemischer Festphasensynthese** automatisch herstellen (▸Kap. 37.2.3). Ab einer Länge von etwa 100 Aminosäuren sind allerdings die Ausbeuten so gering, dass sich größere Proteine, die zudem oft auch noch posttranslational modifiziert sind, auf rein synthetischem Weg nicht oder nur sehr aufwändig synthetisieren lassen. Dank der Fortschritte in der **Biotechnologie** wurden der Erzeugung von Proteinen aber ganz neue Möglichkeiten eröffnet: Gentechnisch veränderte Mikroorganismen (v. a. Bakterien und Hefen) können in einem Bioreaktor (im einfachsten Fall eine gerührte Suspension der Organismen: die Zellkultur) im Idealfall das gewünschte Protein in nahezu beliebiger Menge produzieren. Die Isolierung des Proteins geschieht dann entweder kontinuierlich aus dem Überstand (falls das Protein an das Medium abgegeben wird) oder nach Abbruch der Bioreaktion und mechanischem Aufschluss der Zellen. Um das gewünschte, sogenannte **rekombinante Protein** aus der Reaktionsmischung, die auch noch eine Vielzahl weiterer Proteine aus den Mikroorganismen enthält, zu extrahieren, werden zunächst verschiedene Verfahren wie Zentrifugation, Extraktion mit Lösemittel oder Ausfällung angewandt. Anschließend muss das gewünschte Protein weiter gereinigt werden, wobei überwiegend zwei chromatographische Verfahren Anwendung finden: die **Gelchromatographie** trennt Proteine nach ihrer Größe (Größenausschluss-Chromatographie) z. B. an einem gequollenen Dextrangel auf. Die **Affinitätschromatographie** nützt dagegen eine spezifische und meist künstlich eingebrachte Erkennungseinheit am Protein, die mit der festen Phase während der Chromatographie interagiert und so das Protein zurückhält, während die anderen Proteine ungehindert die Säule verlassen (▸Kap. 1). Die Affinitätschromatographie verwendet häufig eine speziell modifizierte feste Phase, die als spezifische Bindestellen für das Protein Antikörper, Nucleinsäuren, Cofaktoren oder Metallionen wie Nickel enthält. Soll z. B. die Reinigung eines Proteins an einer mit Nickel-Ionen beladenen Säule erfolgen, wird das rekombinante Protein mit einem sogenannten **His-*Tag*** (ein terminales Histidin-Oligopeptid, das an das eigentliche Protein angehängt wird) versehen. Dieser His-*Tag* bildet mit den Nickelionen Chelatkomplexe und hält so das zu reinigende Protein beim Durchgang durch die Säule zurück. Die Protein-Reinigung

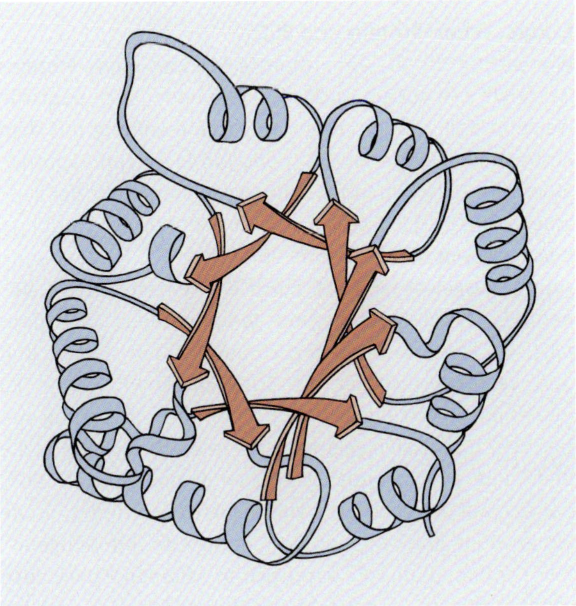

○ **Abb. 37.44** $\alpha$,$\beta$-Barrel. Rot markiert: $\beta$-Stränge; zwischen $\beta$-Strängen und $\alpha$-Helices: ungeordnete Schleifen, die als Gelenke wirken und oft Prolin enthalten

### Exkurs: Prion-Protein und BSE

Wie wichtig die dreidimensionale Struktur eines Proteins ist, zeigte sich auf eindrucksvolle und leider auch tragische Weise in den 1990er Jahren im Zusammenhang mit dem Auftreten von BSE (= *bovine spongiforme encephalopathy*), einer zum Tode führenden infektiösen Krankheit, der zwischen 1990 bis 1995 vor allem in Großbritannien Hunderttausende von Rindern zum Opfer fielen („Rinderwahnsinn"). Ausgelöst wird BSE durch ein fehlgefaltetes sogenanntes **Prion-Protein** (von *proteinaceous infectious particle*), $PrP^{Sc}$, das ursprünglich aus Schafen stammt und dort verantwortlich für die Schafskrankheit Scrapie ist (daher die Abkürzung als $PrP^{Sc}$). Über die Verfütterung von Tiermehl aus Schafen gelangte $PrP^{Sc}$ in die Rinder, wo es die Umfaltung eines normal gefalteten Prion-Proteins, $PrP^{C}$, das sich auf der Oberfläche von Nervenzellen findet, in die fehlgefaltete Konformation $PrP^{Sc}$ induzierte. Die fehlgefaltete Konformation $PrP^{Sc}$ kann sich in seltenen Fällen auch spontan bilden. So entsteht Scrapie bei Schafen, und bei Menschen kommt es zum Auftreten der sporadischen *Creutzfeldt-Jakob*-Krankheit (CJK, Inzidenz 1:1 000 000 pro Jahr). Anders als $PrP^{C}$ besitzt $PrP^{Sc}$ überwiegend $\beta$-Faltblattstruktur und kann daher leicht aggregieren (o Abb. 37.45), wodurch es auch seine ungewöhnliche Widerstandsfähigkeit gegenüber Abbau durch Proteasen oder thermische Einwirkung (Denaturierung) erhält. Zur sicheren Inaktivierung von $PrP^{Sc}$ ist 4-stündiges Erhitzen auf 134 °C mit 1-molarer Natronlauge bei 4 bar (0,4 MPa) erforderlich. Eine Infektionsgefahr geht bereits von der oralen Aufnahme der „Prionen" aus, allerdings beträgt die Inkubationszeit 15–20 Jahre. Für den Nachweis, dass auch ein einzelnes Protein der Auslöser einer Infektionskrankheit sein kann, erhielt *S. Prusiner* 1997 den Nobelpreis für Medizin. Zuvor war man davon ausgegangen, dass ein infektiöses Partikel auch eine genetische Information in Form von DNA und RNA enthalten muss.

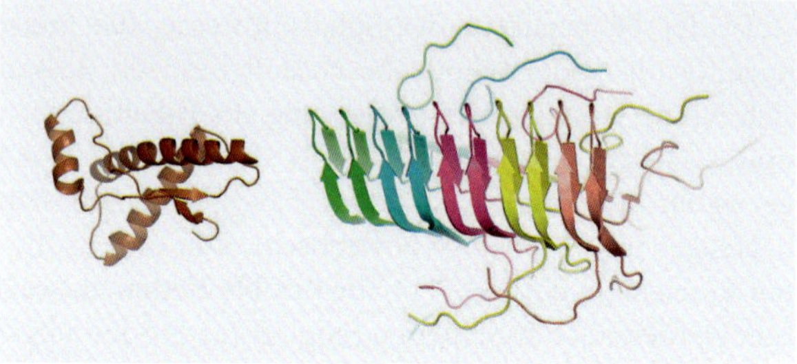

**o Abb. 37.45** Mittels NMR-Strukturanalyse konnten Ausschnitte des humanen $PrP^{C}$ (links) und des fehlgefalteten Het-s-Prion-Proteins des Pilzes *Podospora anserina* (rechts) strukturell aufgeklärt werden. Während das normal gefaltete Protein überwiegend aus $\alpha$-Helices besteht, liegt das fehlgefaltete Protein nahezu vollständig in einer $\beta$-Faltblattstruktur vor, was zu einer Aggregation der Proteine führt. Vom Het-s-Prion-Protein sind in der Abbildung z. B. fünf aggregierte Monomere (in unterschiedlichen Farben dargestellt) gezeigt (Strukturcodes 1QLX und 2RNM).

muss zügig und bei 4 °C durchgeführt werden, um Denaturierung zu vermeiden. Bei oxidationsempfindlichen Proteinen können Reduktionsmittel zugesetzt werden, hydrolyseempfindliche Proteine können durch Zugabe von Protease-Inhibitoren vor dem Abbau durch unspezifische Proteasen geschützt werden. Sollte das Protein während der biotechnologischen Herstellung oder der Reinigung denaturieren bzw. in nichtnativer Form anfallen, muss abschließend eine Renaturierung erfolgen. Dazu wird das denaturierte Protein in einer denaturierenden Lösung (z. B. Harnstoff) vollständig entfaltet und daraufhin die Lösung mittels Osmose langsam vom Denaturierungsmittel befreit. Das Protein faltet sich dann selbst in die benötigte aktive Konformation. Allerdings misslingt die Renaturierung, wenn der native Zustand nicht die energieärmste Konformation darstellt. Schließlich muss kontrolliert werden, ob das Protein in der richtigen Faltung vorliegt. Bei Enzymen lässt sich leicht deren enzymatische Aktivität messen, ansonsten werden auch spektroskopische Verfahren wie Circulardichroismus und NMR-Spektroskopie eingesetzt. Für die Arbeitsschritte der Herstellung von gentechnisch veränderten Mikroorganismen sei auf die entsprechende Fachliteratur verwiesen.

### 37.3.3 Reaktionen und Anwendungen

Zum qualitativen Nachweis von gelösten Proteinen benutzt man zwei allgemein anwendbare Farbreaktionen:

- **Ninhydrin-Reaktion.** Beim Erhitzen von Aminosäuren, Peptiden und Proteinen mit einer verdünnten wässrigen Ninhydrin-Lösung tritt eine Blauviolettfärbung auf (▸ Kap. 15.3.3).
- **Biuret-Reaktion.** Beim Versetzen einer alkalischen Eiweißlösung mit einigen Tropfen stark verdünnter Kupfer(II)-sulfatlösung tritt eine rot- bis blauviolette Färbung auf. Diese Farbreaktion fällt bei allen Peptiden und Proteinen positiv aus.

**Nichtenzymatische Vernetzungen von Proteinen:** Wenn Wolle beim Waschen in alkalischer Seifenlauge zu stark erhitzt wird, läuft sie ein. Diese unerwünschte Eigenschaftsänderung ist unter anderem auf Vernetzungen der Proteine in der Wolle zurückzuführen. Bei der Herstellung von Wolle werden die Proteinfasern im Produktionsprozess gestreckt und durch eine Vielzahl von Disulfidbrücken in der gestreckten Form fixiert. Beim Waschvorgang werden diese Disulfidbrücken aufgebrochen und die Wollproteine kehren in die stabilere, geschrumpfte Konformation zurück. Die geschrumpfte Struktur wird durch eine diesmal irreversible kovalente Verknüpfung von Cysteinseitenketten fixiert, sodass die Wolle anschließend nicht wieder neu gestreckt werden kann. Aus Hydrolysaten derartiger Wolle lässt sich **Lanthionin** isolieren, das durch irreversible oxidative Verknüpfung von Cystein-Seitenketten entsteht (o Abb. 37.46). Eine analoge Verbindung ist Lysinoalanin, LAL, $N_6$-(D,L-2-Amino-2-carboxyethyl)-L-lysin, das durch Anlagerung der ε-Aminogruppe eines Lysinrests an eine Dehydroalanin-Seitenkette entsteht und das ebenfalls als Hydrolyseprodukt von Proteinen isolierbar ist, die LAL-Quervernetzungen von Peptidketten enthalten. Das im Elastin vorliegende irreversible Vernetzungsprodukt Lysinonorleucin wurde bereits erwähnt.

**Dehydroalanin** entsteht bei der Einwirkung von Wärme und Alkali durch β-Eliminierung, z. B. aus einer Cystein- oder einer Phosphoserin-Seitenkette (o Abb. 37.47).

Die meisten Proteine eines Organismus werden ständig abgebaut und wieder neu synthetisiert (*protein turnover*) und sind daher vor solchen Vernetzungen geschützt. Ausnahmen sind z. B. die Kristalline der Augenlinse und die Bindegewebsproteine: Bei ihnen gibt es eine solche Erneuerung nicht. Daher unterliegen diese Proteine im Laufe der Zeit einer durch Glycosylierung ausgelösten irreversiblen Vernetzung und damit einhergehenden Alterung. Aus den glycosylierten Proteinen bilden sich als Folge einer *Maillard*-Reaktion (▸Kap. 17.1.3, *Maillard*-Reaktion) sogenannte *Advanced Glycosylation End Products* (AGE), die zu einer Schädigung des Proteins führen. In der Augenlinse entwickelt sich z. B. die als Grauer Star bekannte Trübung. Eine damit im Zusammenhang stehende charakteristische Verbindung ist Carboxymethyllysin, das aus dem Hydrolysat von Augenlinsen isoliert werden konnte. Es ist ein Abbauprodukt eines glycosylierten Lysins (▸Kap. 17.1.3). Aus Proteinen, die mit Glucose behandelt wurden, konnte zudem nach alkalischer Hydrolyse das säurelabile Pyrralin [2-Amino-6-(2-formyl-5-hydroxymethyl-1-pyrrolyl)hexansäure] isoliert werden (o Abb. 37.48). Derartige Abbau-Reaktionen von glycosylierten Proteinen und die dabei entstehenden Produkte gewinnen sowohl in der Lebensmittelchemie als auch für die Geriatrie ständig an Bedeutung.

## 37.3.4 Ausgewählte Verbindungen

### Albumine und Globuline

Albumine sind in reinem Wasser lösliche Sphäroproteine, die sich aber mit gesättigter Ammoniumsulfatlösung wieder ausfällen lassen. Zu den tierischen Albuminen zählen Serumalbumin im Blutplasma, **Ovalbumin**, der Hauptbestandteil von Eiklar, und Lactalbumin in der Milch. Das menschliche Serumalbumin (**HSA** von **Human Serum Albumin**) mit der relativen Molekülmasse 65 000 g/mol (65 kDa) besteht aus 585 Aminosäuren. Die Struktur wird durch sieben Disulfidbrücken stabilisiert. Die in geringerer Menge auftretenden pflanzlichen Albumine finden sich vornehmlich in den Samen der Pflanzen, z. B. Leucosin im Weizenkorn und

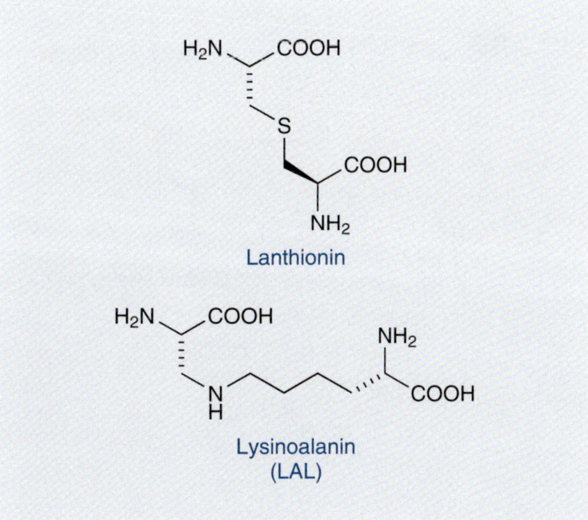


**o Abb. 37.46** Bei der Hydrolyse von Proteinen entstehen u. a. die nichtproteinogenen Aminosäuren Lanthionin und Lysinoalanin, die durch eine irreversible kovalente Verknüpfung von Aminosäureseitenketten gebildet werden und für die kovalente Vernetzung von Peptidfasern verantwortlich sind.

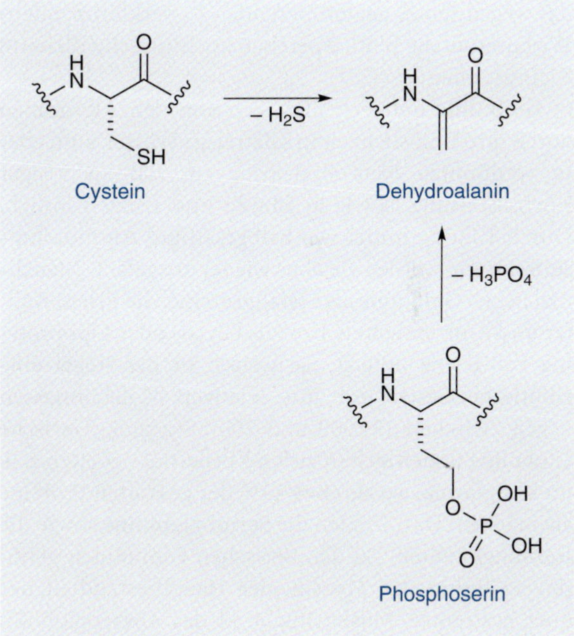


**o Abb. 37.47** Aus Cystein oder Phosphoserin kann durch eine β-Eliminierung in der Seitenkette Dehydroalanin gebildet werden, das dann z. B. mit einem weiteren Cystein oder Lysin in einer nucleophilen Addition an die Doppelbindung reagiert und so zu einer irreversiblen kovalenten Verknüpfung von Proteinfasern führt.

37

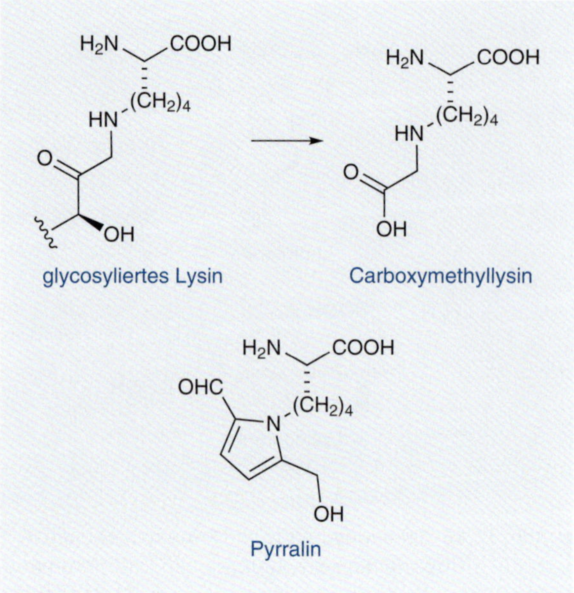


**Abb. 37.48** Aus glycosylierten Proteinen entstehen nach Hydrolyse Produkte wie Carboxymethyllysin (oben) oder das säurelabile Pyrralin (unten).

das wegen seiner agglutinierenden (= verklumpenden) Wirkung auf die Blutkörperchen hochtoxische Ricin im Ricinussamen.

**Globuline** unterscheiden sich von den Albuminen durch ihre Unlöslichkeit in salzfreiem Wasser, sind aber in verdünnten Neutralsalzlösungen, z. B. in 5%iger Kochsalzlösung, sowie in Säuren und Laugen löslich. Durch Fällungsmittel wie halbgesättigte Ammoniumsulfatlösung werden sie aber wieder ausgefällt. Manchmal liegen Globuline als Metallproteine, die Eisen, Kupfer und Zink enthalten, bzw. als Glyco- oder Lipoproteine vor (siehe unten). Sie weisen in der Regel eine elliptische Gestalt auf; ihre relativen Molekülmassen liegen zwischen 130 000 und 200 000 g/mol. Tierische Globuline finden sich in vielen Körperflüssigkeiten z. B. im Blutplasma, wo sie etwa 40 % der gesamten Proteine ausmachen. Dazu zählen die Serumglobuline sowie die Immunglobuline. Zu den tierischen Globulinen gehören weiterhin das Myosin, der Hauptbestandteil der quer gestreiften Muskulatur, und das Thyreoglobulin der Schilddrüse. Die Pflanzenglobuline besitzen fast alle sauren Charakter, der auf einen hohen Gehalt an Glutamat und Aspartat hindeutet. Sie koagulieren in der Hitze schwerer als die tierischen Globuline und zeigen größere Neigung zur Kristallisation. Hierzu gehören die Reserveproteine in den Pflanzensamen, z. B. das gut kristallisierende Edestin des Hanfsamens.

## Histone und Protamine

**Histone** sind basische Proteine im Zellkern (**Nucleoproteine**). Ihr basischer Charakter ist auf den verhältnismäßig hohen Gehalt an Arginin und Lysin zurückzuführen. Die fünf Haupthistone H1, H2A, H2B, H3 und H4, sind wichtige Bestandteile der Nucleosomen, einem Komplex aus DNA und Histonen, in dem die DNA wie ein Faden auf eine Spule aufgewickelt ist. Nur in dieser kompakten, aufgewickelten Form lässt sich die DNA in den Chromosomen überhaupt im Inneren des Zellkerns unterbringen. Durch Acetylierung der ε-Aminogruppen der Lysin-Seitenketten wird eine Konformationsänderung der Histone eingeleitet, die zu einer Entpackung der Nucleosomen führt. Erst dadurch wird die DNA der Transkription zugänglich; durch entsprechende Entacetylierung wird der Vorgang wieder rückgängig gemacht. So kann letztendlich das Ablesen einzelner Gene gezielt gesteuert und reguliert werden.

**Protamine** kommen als Haupteiweißkomponente, mit Nucleinsäuren gepaart (Nucleoprotamine), im Sperma bestimmter Fischarten vor, z. B. Clupein (Hering) oder Salmin (Lachs). Protamine reagieren durch den hohen Arginingehalt stark basisch und lassen sich mit verdünnten Mineralsäuren extrahieren (Protaminsulfat, Protaminchlorid). Wegen ihrer niedrigen relativen Molekülmasse (etwa 5 000) und einfachen Zusammensetzung ähneln sie in ihrem Verhalten mehr den Polypeptiden.

## Konjugierte Proteine

Neben den einfachen, nur aus Aminosäuren aufgebauten Proteinen existieren auch **konjugierte Proteine** (früher Proteide genannt), die außer dem Eiweißanteil noch eine kovalent gebundene, nichtproteinogene, sogenannte **prosthetische Gruppe** enthalten. Hierzu zählen z. B. Phosphorsäure, Farbstoffe, Kohlenhydrate oder Lipide, die mit dem Protein meistens über funktionelle Gruppen in den Seitenketten (z. B. Carboxy-, Hydroxy-, Thiol- oder Amidgruppen) verbunden sind. Je nach der spezifischen Komponente unterteilt man die konjugierten Proteine in folgende Klassen: Phosphoproteine, Chromoproteine, Glycoproteine, Lipoproteine.

### Phosphoproteine

Bei diesen Proteinen ist eine freie OH-Gruppe meist von Serin oder Tyrosin mit Phosphorsäure verestert. So besitzt das aus dem Eidotter isolierbare Phosvitin Serinphosphorsäure als prosthetische Gruppe. Der Phosphorsäurerest lässt sich z. B. durch Natronlauge oder durch Hydrolyse mit esterspaltenden Enzymen leicht abspalten. Die Phosphorylierung von Serin- und Tyrosin-Seitenketten durch **Kinasen** stellt eine bedeutende posttranslationale Modifikation dar. Durch sie erfahren die Proteine eine Funktionsänderung. Die Phosphorylierung spielt damit eine wichtige Rolle bei der Steuerung von Proteinfunktionen: Proteine lassen sich durch die Einführung oder Abspaltung eines Phosphat-Restes an- oder abschalten und so regulieren. Auch **Casein**, das als lösliches Calciumsalz in der Milch enthalten ist und dort etwa 80 % der Gesamtproteinmenge der Milch ausmacht, zählt zu den Phosphoproteinen.

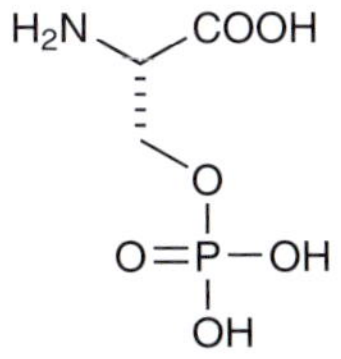

Phosphoserin

### Chromoproteine

Zu dieser wichtigen Stoffklasse, in der das Protein mit einem Farbstoff verbunden ist, gehören die tierischen Atmungspigmente, wie **Hämoglobin**, **Myoglobin**, **Cytochrome**, sowie Enzyme mit häminartiger Wirkgruppe, z. B. Cytochromoxidasen, Katalasen und Peroxidasen. Die Farbstoffkomponente der Phytochrome in den grünen Pflanzen ist eine photochrome Verbindung vom Biliverdintyp.

**Hämoglobin**, das Transportprotein für den Sauerstoff im Blut, baut sich aus vier Polypeptidketten und vier Hämgruppen (▸Kap. 28.1.4, Hämoglobin) auf. Es besteht aus je zwei identischen A- und B-Ketten (Protomeren), die durch Wasserstoffbrücken und Ionenbindungen miteinander verknüpft sind (*Braunitzer*). Die A-Kette besteht aus 141 und die B-Kette aus 146 Aminosäuren. Bei der Sichelzellenanämie, einer Erbkrankheit, die vorwiegend in Schwarzafrika auftritt, ist an der Position 6 der B-Kette Glutaminsäure durch Valin ersetzt. Dadurch wird zwar die Fähigkeit zum Sauerstofftransport stark beeinträchtigt, aber gleichzeitig die Resistenz gegen Malaria erhöht.

**Myoglobin**, der rote Farbstoff der Muskelzellen, ist nahe verwandt mit Hämoglobin, besitzt aber nur eine Peptidkette und eine Hämgruppe. Seine Affinität zu Sauerstoff ist ca. 6-fach größer als die des Blutfarbstoffs. Die physiologische Funktion des Myoglobins ist nicht die eines Sauerstofftransporteurs, sondern es stellt einen $O_2$-Speicher für den Muskel dar. Bei Einwirkung von Nitrit auf Myoglobin entsteht das rote **Nitrosomyoglobin**, dessen Farbe gegenüber Luftsauerstoff stabiler ist als die des Myoglobins selbst. Darauf beruht die Wirkung von Nitrit-Pökelsalz bei der sogenannten Umrötung von Fleisch.

**Rhodopsin**, das rote Pigment der Netzhaut enthält als Chromophor 11-*cis*-Retinal. Das Protein Opsin selbst absorbiert kein sichtbares Licht. Seine Primärstruktur ist jedoch für den individuellen Farbeindruck wichtig. Wird z. B. in Position 180 Serin gegen Alanin ausgetauscht, so verschiebt sich das Absorptionsmaximum von Rhodopsin von 557 zu 552 nm. Beide Pigmentformen kommen in der Bevölkerung vor.

### Glycoproteine

Zahlreiche Proteine, vor allem die tierischen Albumine und Globuline, enthalten als integrierenden Bestandteil eine Kohlenhydratkomponente, die chemisch kovalent mit dem Protein verbunden ist. Die zur Gruppe der Glycokonjugate gehörenden **Glycoproteine** tragen am Proteingerüst Seitenketten, die entweder *O*-glycosidisch mit den OH-Gruppen von Serin oder Threonin verknüpft sind (*O*-Glycoproteine) oder *N*-glycosidisch mit den Amidgruppen von Asparagin (*N*-Glycoproteine). Beispiele für solche Glycoproteine sind die Blutgruppensubstanzen (▸Exkurs: Blutgruppen und Allergien) sowie die Antikörper (Immunoglobuline).

---

#### Exkurs: Blutgruppen und Allergien

Die **Blutgruppensubstanzen** (Agglutinogene) sind kohlenhydrathaltige Lipide (Glycolipide) und Proteine (Glycoproteine), die unter der Bezeichnung Glycokonjugate zusammengefasst werden. Sie sitzen wie ein Mantel (Glycocalix) an der Oberfläche der Erythrocyten und führen bei Transfusion unverträglicher Blutgruppen zur Ausflockung (Agglutination). Die antigene Spezifität der Blutgruppensubstanzen gegenüber den im Blutserum auftretenden Agglutininen, für die *Paul Ehrlich* im Jahr 1890 die Bezeichnung Antikörper vorschlug, ist auf endständige Oligosaccharide zurückzuführen, die sogenannten Determinanten, welche über eine Polysaccharidkette (Core) mit Ceramid (einem Lipid) verknüpft sind. Dieses ist nicht kovalent in die Lipidmembran der Erythrocyten eingelagert. Die Wirkung der Blutgruppensubstanzen soll hier an der Blutgruppe A erklärt werden. Dieses Blut enthält im Serum Anti-B-Agglutinin, ein Protein, das mit B-Erythrocyten unter Agglutination reagiert und zu Unverträglichkeit führt. Das Serum des B-Blutes enthält dagegen Anti-A-Agglutinin als Antikörper, das mit A-Erythrocyten unverträglich ist.

In ähnlicher Weise verlaufen die Antigen-Antikörper-Reaktionen, die zu Allergien führen. Niedermolekulare Allergene werden dabei als Haptene an Proteine gebunden, wodurch sie als Antigene wirksam werden. Das kann z. B. bei Penicillin geschehen, wenn es als Hapten an ein körpereigenes Protein gebunden wird, das auf diese Weise körperfremd wird und als Antigen wirkt.

---

**Antikörper** (Immunoglobuline) werden von den B-Lymphozyten produziert und sind wichtige Bestandteile des Immunsystems, da sie an körperfremde Substanzen (sog. Antigene) binden und diese so für den Abbau durch andere Teile des Immunsystems markieren. Die Antigen-Erkennung ist eine der wichtigsten Leistungen des Immunsystems. Sie ist die Voraussetzung zur Unterscheidung körpereigener von körperfremden Substanzen. Wenn die Unterscheidung von „selbst“ und „nicht selbst“ versagt, kommt es zu Autoimmunkrankheiten wie *Diabetes mellitus* Typ 1, Rheuma oder Multiple Sklerose. Heutzutage lassen sich

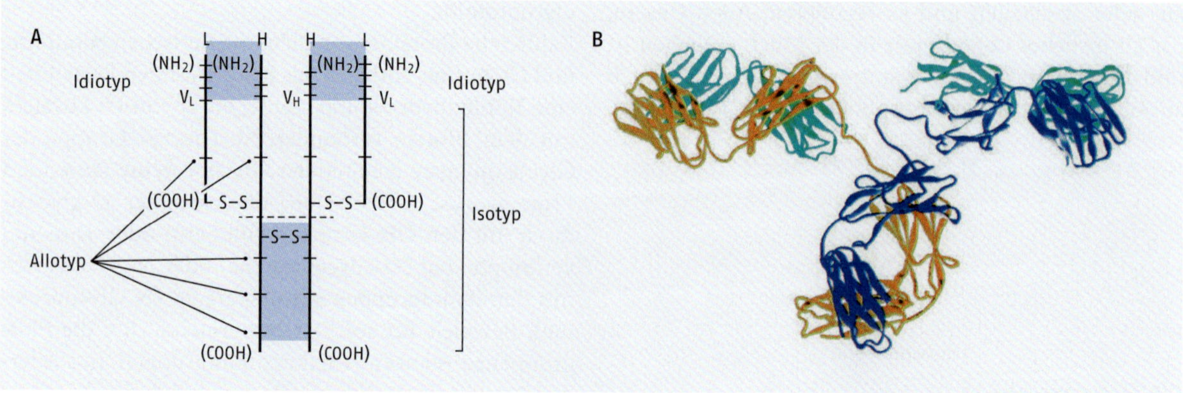


**o Abb. 37.49** Darstellung eines Antikörpermoleküls. (A) Schematische Darstellung: Die dunkel hinterlegten Teile geben die variablen Regionen an, die kurzen Querstriche die hypervariablen Regionen. (B) Cartoon-Darstellung: schwere Ketten dunkelblau und braun, leichte Ketten cyan.

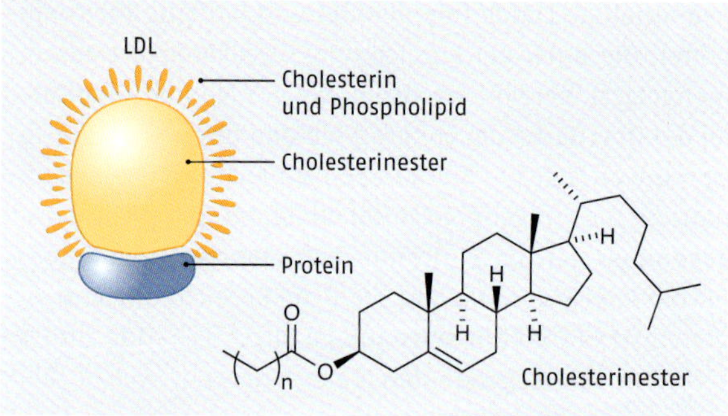


**o Abb. 37.50** Transportformen für Cholesterol im Organismus sind Aggregate aus Proteinen und Lipiden, sogenannte Lipoproteine, wie das hier gezeigte LDL (*low density lipoprotein*).

sogenannte **monoklonale Antikörper** großtechnisch produzieren, die alle dasselbe Antigen adressieren und sich damit therapeutisch einsetzen lassen (MAB von *Monoclonal Antibody*). Die monomeren Antikörper (IgD, IgE, IgG) bestehen aus zwei Paaren von Polypeptidketten, die durch Disulfidbrücken zu einer Y-förmigen Struktur verknüpft sind, wie es in o Abb. 37.49 schematisch dargestellt ist. Zusätzlich enthalten Antikörper in der Regel ein Kohlenhydrat und gehören somit zur Gruppe der Glyoproteine. Neben den monomeren Antikörpern gibt es auch davon abgeleitete Oligomere: IgA ist ein Dimer und IgM ein Pentamer aus solchen Y-förmigen Strukturen.

### Lipoproteine

Zu dieser Stoffklasse gehören Proteine, die im Blutplasma, in den Mitochondrien und auch im Eidotter vorkommen. Es handelt sich dabei um micellare Aggregate von Proteinen mit Lipiden, Cholesterol und Cholesterolestern in wechselnder Zusammensetzung. Die in Wasser unlöslichen unpolaren Lipide werden so durch die Bindung an Proteine im Blut und anderen wässrigen Körperflüssigkeiten transportfähig gemacht. o Abb. 37.50 zeigt ein aus Lipiden gebildetes Öltröpfchen, das von einer monomolekularen Schicht aus amphiphilen Phospholipiden und unverestertem Cholesterol umgeben ist und durch ein Protein, in diesem Fall Apolipoprotein B-100, stabilisiert wird. Die Dichte der Öltröpfchen (Micellen) nimmt dabei mit steigendem Proteingehalt zu. Mittels Ultrazentrifuge können solche Lipoproteine in verschiedene Fraktionen zerlegt werden, die zur Charakterisierung genutzt werden: Chylomikronen (Dichte: 0,94; Proteinanteil: 2 %), *very low density lipoprotein* VLDL (0,94–1,006; 8 %), *low density lipoprotein* LDL (1,006–1,063; 21 %) und *high density lipoprotein* HDL (1,063–1,21; 50 %). Der Anteil der Cholesterolester erreicht im LDL, der Transportform für Cholesterol von der Leber in die peripheren Zellen, ein Maximum. Mit steigender Konzentration von LDL im Blut wächst das Risiko arteriosklerotischer Veränderungen der Arterien. Dagegen kann HDL Cholesterol aus der Peripherie in die Leber zurücktransportieren, wo es ab- oder umgebaut wird. HDL wirkt daher der Ablagerung von Cholesterol in den Gefäßwänden entgegen und wird nach vorherrschender Meinung in der Medizin als „gutes“ Cholesterol bezeichnet im Gegensatz zum „bösen“ LDL. Es besteht daher ein großes medizinisches Interesse daran, den Quotienten von LDL/HDL günstig zu beeinflussen. Den größten Erfolg verzeichnet man bisher mit Inhibitoren der körpereigenen Cholesterolsynthese, den Statinen (▸Kap. 15.2.4), welche die LDL-Konzentration im Blut deutlich absenken können.

## Getreideproteine

Prolamine und Gluteline bilden die Haupteiweißbestandteile von Getreidekörnern bzw. von Getreidemehl. Erstere lassen sich – im Gegensatz zu allen anderen Proteinen – aus Mehl mit 80%igem Alkohol extrahieren, sind jedoch in absolutem Alkohol oder in Wasser unlöslich. Gluteline lösen sich nur in verdünnten Alkalien.

**Prolamine** sind reich an Glutaminsäure (etwa 35 %) und Prolin (bis zu 13 %), enthalten jedoch nur wenig Arginin und Histidin und kein Lysin. Zu den wichtigsten Prolaminen gehören Gliadin (Weizen), Secalin

(Roggen), Zein (Mais), Avenin (Hafer) und Hordenin (Gerste). Das gleichzeitige Vorhandensein von Gliadin bzw. Secalin und Glutelin im Weizen- und Roggenmehl ist die Voraussetzung für die Backfähigkeit eines Mehls. Beide Proteine bilden zusammen den Kleber (Gluten), der für die Struktur und Festigkeit des Brotes verantwortlich ist. Auf der Unverträglichkeit der Glutene von Weizen, Roggen, Gerste und vermutlich auch Hafer bei entsprechend disponierten Menschen beruht die chronische Verdauungsstörung Zöliakie oder Sprue, welche durch eine Diät mit besser verträglichen Getreiden wie Reis, Mais, Hirse oder Buchweizen beherrschbar ist. **Gluteline** enthalten Lysin und Tryptophan und ergänzen so die Prolamine.

Durch die Eigenschaft, sich mit spezifischen Kohlenhydratstrukturen zu verbinden, zeichnen sich **Lektine** aus, die in allen Organismen vorkommen. Einige Pflanzen-Lektine haben die Fähigkeit Erythrocyten zu agglutinieren, z. B. Concanavalin A aus der Jackbohne (Schnabelbohne) *Canvalia ensiformis.* Lektine sind also Proteine, die kohlenhydratbindende Domänen (CRD von *carbohydrate recognition domain*) besitzen und Strukturen erkennen, deren Oberflächen Kohlenhydrate enthalten. Sie regen die Mitose an und zählen damit zu den Mitogenen. Chemisch verwandt mit den Lektinen sind Selektine, die bei Entzündungsreaktionen mobilisiert werden.

# 38 Nucleinsäuren

Nucleobasen, Nucleoside und Nucleotide ... 979 | RNA und DNA ... 985

Nucleinsäuren sind aus Nucleotiden aufgebaute lineare Biopolymere. Nucleotide bestehen aus einer Nucleobase, einem Zucker und einem Phosphatrest. Die analogen Bausteine aus einer Nucleobase und einem Zucker, aber ohne den Phosphatrest, bezeichnet man als Nucleoside. Zu den bekanntesten Funktionen von Nucleinsäuren gehört die Speicherung der genetischen Information in der **Desoxyribonucleinsäure** (**DNA**, *deoxyribonucleic acid*), die in Form einer Doppelhelix vorliegt. Die Erbinformation, also die Bauanleitung für Proteine, ist dabei in der Abfolge der Nucleotide in der DNA codiert (**genetischer Code**). Zur Proteinherstellung wird die DNA durch die **Transkription** in Ribonucleinsäure (**RNA**, *ribonucleic acid*) umgeschrieben, aus der dann in einem **Translation** genannten Vorgang letztendlich die Proteine hergestellt werden. Zur Bestimmung der Nucleinsäuresequenzen wurde eine Reihe von Sequenzierungstechniken (▸Kap. 38.2.3) entwickelt, die sich die unterschiedliche chemische Reaktivität der verschiedenen Nucleotide gegenüber unterschiedlichen chemischen Reagenzien zunutze macht. Insbesondere **Ribonucleinsäuren** (**RNA**, *ribonucleic acid*) dienen jedoch nicht nur als Informationsträger, sondern können aufgrund ihrer komplexen dreidimensionalen Strukturen auch Bindungstaschen für andere Moleküle ausbilden und als Biokatalysatoren wirken (▸Kap. 38.2.4). Nach der Entschlüsselung des menschlichen Genoms versucht man zudem zunehmend, sich den Informationsgehalt der ca. $3 \cdot 10^9$ Nucleotide des menschlichen Genoms zur Entwicklung von therapeutischen Nucleinsäuren z. B. in Form von *Antisense*-Nucleinsäuren zu Nutze zu machen.

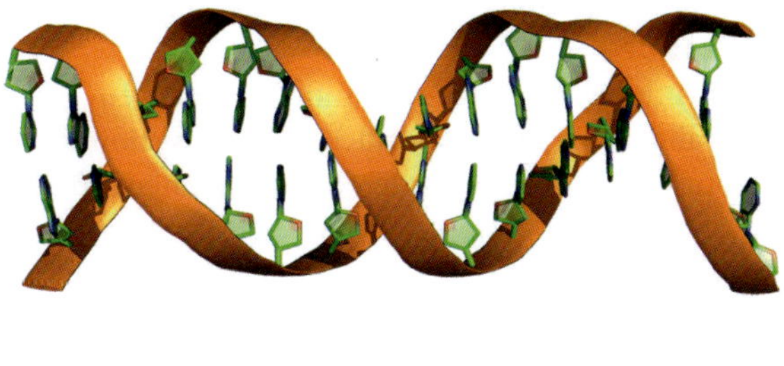

## 38.1 Nucleobasen, Nucleoside und Nucleotide

### 38.1.1 Struktur und Eigenschaften

Die monomere Einheit von Nucleinsäuren besteht aus einem Stickstoffheterocyclus, der **Nucleobase**, sowie einem Zucker- und einem Phosphatrest. Verbindungen aus Nucleobase und Zucker bezeichnet man als **Nucleoside**, die Phosphorsäureester von Nucleosiden als **Nucleotide**. Die Nucleobasen sind entweder Derivate des Pyrimidins (▸Kap. 34.1) oder des Purins (▸Kap. 35.1). Die Strukturformeln der biologisch wichtigsten Pyrimidin-Basen **Cytosin**, **Uracil** und **Thymin** sowie der Purin-Basen **Guanin** und **Adenin** sind in ○Abb. 38.1 (oben) dargestellt.

Durch glycosidische Verknüpfung (▸Kap. 17) am N1 der Pyrimidine bzw. am N9 der Purine mit dem anomeren C1-Kohlenstoff einer Ribose erhält man die **Nucleoside** Cytidin (C), Uridin (U) und Thymidin (T) sowie Guanosin (G) und Adenosin (A). Die Ribonucleoside C, U, G und A bilden dabei Bausteine von Ribonucleinsäure (RNA, *ribonucleic acid*). In der Desoxyribonucleinsäure (DNA, *desoxyribonucleic acid*) ist der Zuckerbaustein die Desoxyribose, die sich formal von der Ribose durch die Entfernung der 2'-OH-Gruppe ableitet. In der DNA kommen die Nucleoside dC, dT, dG und dA vor. Anstelle des Uridins in der RNA findet sich in der DNA also das Thymidin. Die Phosphorylierung der Nucleoside, in der Regel an der 5'-OH-Gruppe des Zuckers, führt zu den **Nucleotiden**; in ○Abb. 38.1 (unten) wird dies am Beispiel verschiedener Adenosin-Nucleotide verdeutlicht.

Die exocyclischen Heteroatome der Nucleobasen oder auch die Methylgruppe im Thymin werden kursiv und mit hochgestellten Indizes bezeichnet ($N^2$, $N^4$, $N^6$, $O^2$, $O^4$, $O^6$, $C^5$), während endocyclische Atome mit nicht hochgestellten Zahlen indiziert werden. Diese können mit der Abkürzung des entsprechenden Nucleosids kombiniert sein, z. B. *N*1-A für den endocyclischen Stickstoff 1 des Adenins bzw. des Adenosins. Atome und

38

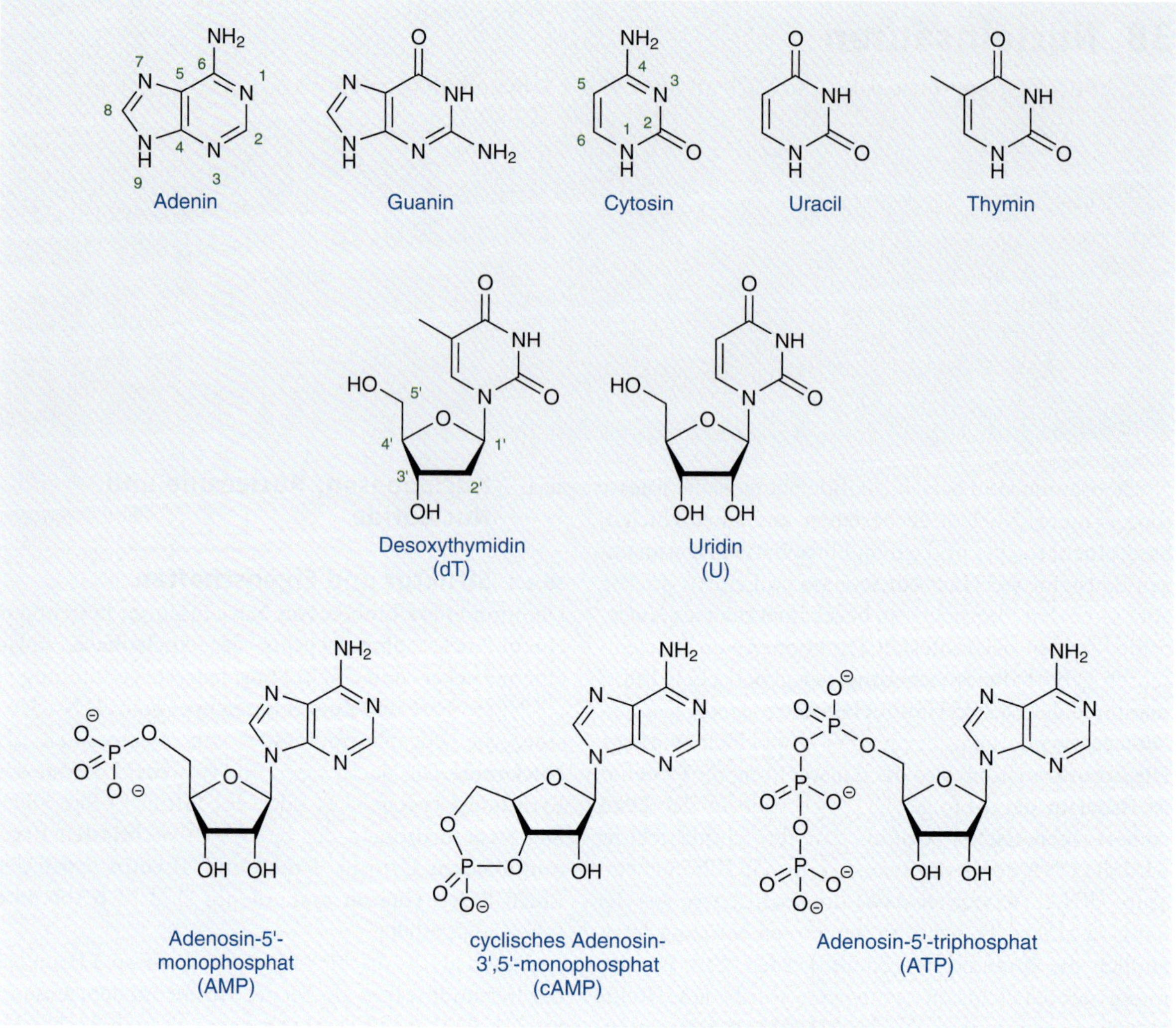


**○ Abb. 38.1** Strukturformeln der fünf wichtigsten Nucleobasen (Adenin, Guanin, Cytosin, Uracil, Thymin) mit exemplarischer Nummerierung der Ringatome (oben). Strukturformeln von Desoxythymidin (Thymidin, Thymin-2'-desoxyribosid, dT; mit Nummerierung der Ringatome im Zuckeranteil) und Uridin (Uracilribosid, U) (Mitte). Strukturformeln der unter physiologischen Bedingungen überwiegend vorliegenden anionischen Formen der Ribonucleotide Adenosin-5'-monophosphat (AMP), cyclisches Adenosin-3',5'-monophosphat (cAMP) und Adenosin-5'-triphosphat (ATP) (unten)

Funktionalitäten der Ribose werden mit C1' bis C5' bzw. 2'-OH etc. gekennzeichnet.

Die Nucleobasen können im Prinzip in verschiedenen tautomeren Formen vorliegen, die jeweils durch ihre NH und C=O Gruppen in unterschiedlicher Form intermolekulare H-Brücken ausbilden können. Bei den einzelnen Nucleobasen der DNA bzw. RNA überwiegt aber im Gleichgewicht in der Regel eine der möglichen tautomeren Formen, sodass jede Nucleobase eine spezifische Abfolge von H-Brücken-Donoren und -Akzeptoren aufweist. Dadurch ergibt sich die Möglichkeit, mit einer anderen Nucleobase mit komplementärer Abfolge von H-Brücken-Donoren und -Akzeptoren eine spezifische Wechselwirkung einzugehen (sog. **Basenpaarung**). Erst diese Basenpaarung ermöglicht das Auslesen der genetischen Information eines DNA-Stranges sowohl bei der Replikation (d. h. bei der Vervielfältigung der DNA) als auch bei der Transkription (Umschreibung der DNA in RNA) und der Translation (Übersetzung der genetischen Information in die Aminosäuresequenz eines Proteins). Auch für die dreidimensionale Faltung (Tertiärstruktur) von Nucleinsäuren ist die spezifische Basenpaarung von großer Bedeutung (▸ Kap. 38.2.1).

## 38.1.2 Gewinnung und Synthese

### Chemische Synthese der Nucleobasen und der Nucleotide

Die Synthese von **Purinen** und **Pyrimidinen** gelingt ganz allgemein durch **Kondensationsreaktionen** von Carbonylverbindungen oder Säurederivaten mit entsprechenden stickstoffhaltigen Verbindungen. Für genauere Informationen sei auf die entsprechenden

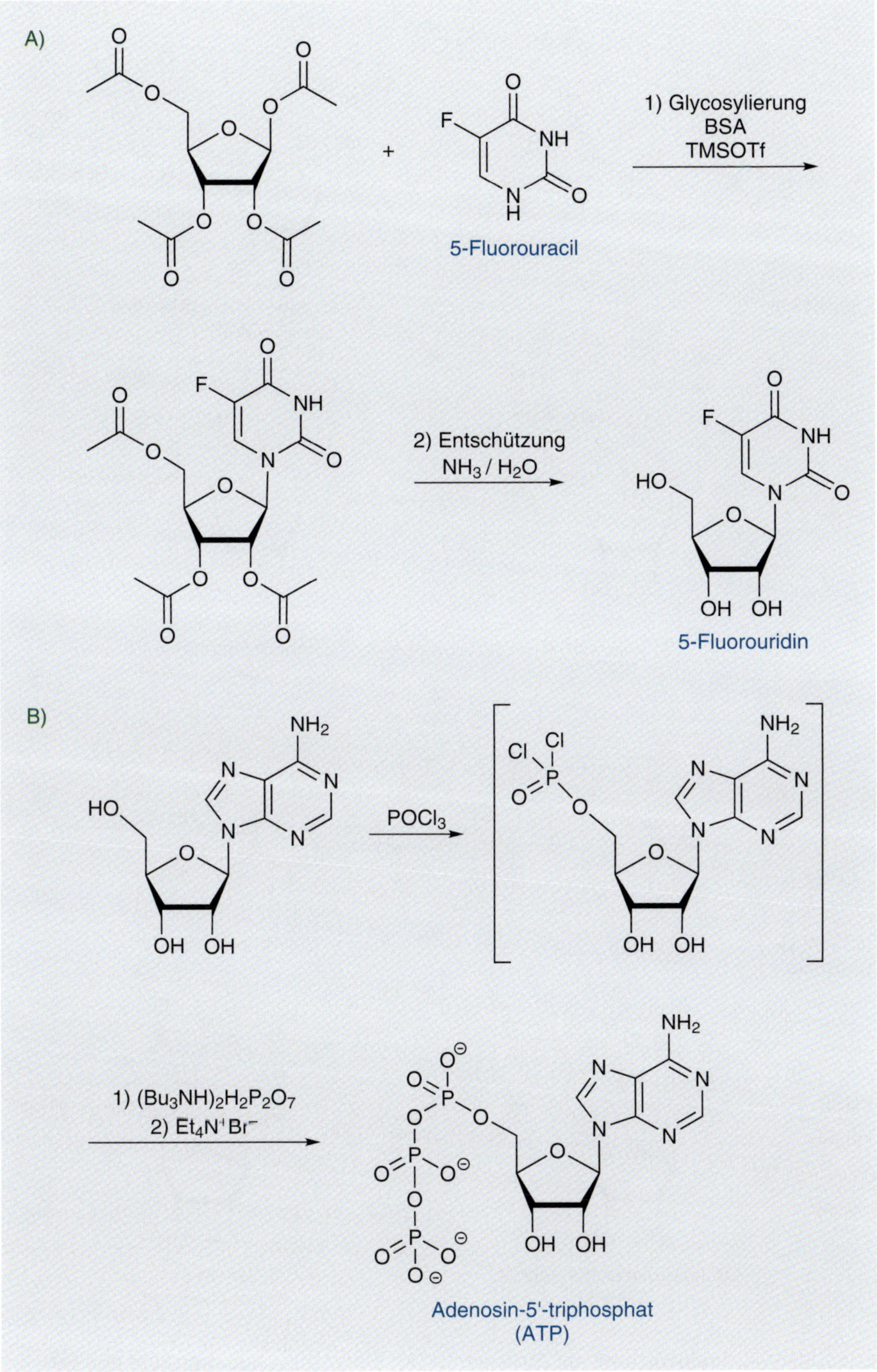


**o Abb. 38.2** Synthese von Nucleosiden (A) aus Nucleobasen und Zuckerbausteinen; vor der Glycosylierung werden die Sauerstoffatome des Pyrimidins *in situ* durch BSA und TMSOTf silyliert. Die intermediär vorliegenden Silylenolether werden bei der anschließenden Aufarbeitung aber direkt wieder zum Pyrimidin hydrolysiert. Synthese von Nucleotiden (B) durch Phosphorylierung von Nucleosiden



Ausführungen zu den jeweiligen Heterocyclen verwiesen (▸Kap. 34.1, ▸Kap. 35.1).

Zur Synthese von **Nucleosiden** werden die exocyclisch geschützten Nucleobasen als N-Nucleophile mit geeignet geschützten Ribose- bzw. Desoxyribosederivaten unter Substitution einer Abgangsgruppe am anomeren C-Atom umgesetzt (o Abb. 38.2 A). Nach der Bildung der glycosidischen Bindung werden die freien Nucleoside durch Abspalten der Schutzgruppen an der Nucleobase erhalten.

**Nucleotide** können durch die Einführung von Phosphatgruppen an den verschiedenen Hydroxyfunktionen der Zucker der Nucleoside mit Phosphorylierungsreagenzien, z. B. mit Phosphorylchlorid, hergestellt werden. Das auftretende Intermediat kann beispielsweise zum Nucleosidmonophosphat aufgearbeitet oder mit Pyrophosphat zum Nucleosidtriphosphat (NTP) umgesetzt werden (o Abb. 38.2 B).

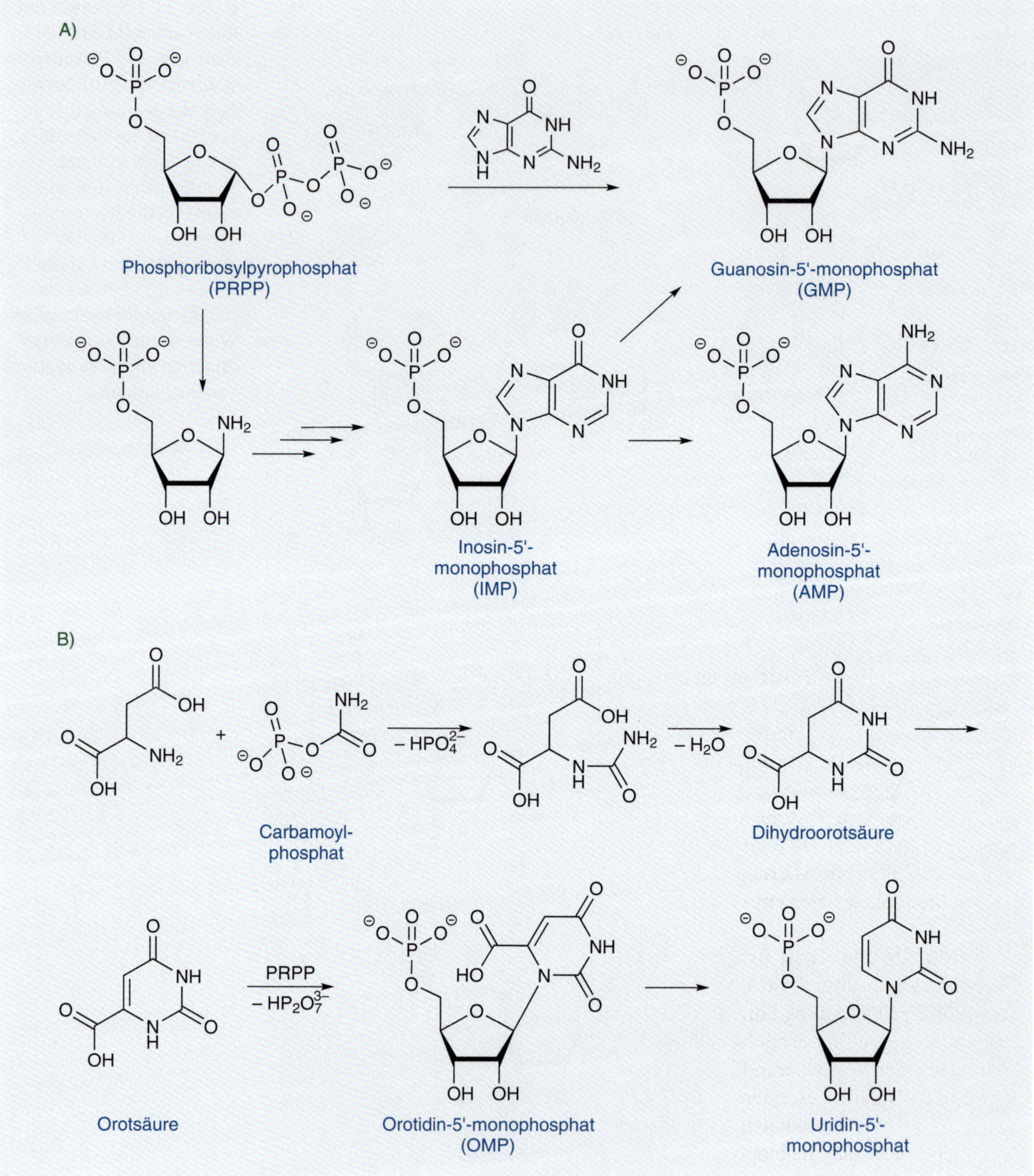


**o Abb. 38.3** Biosynthese von Nucleotiden: Purinbiosynthese am Zuckergerüst (A); Biosynthese von Orotsäure und Verknüpfung mit Phosphoribosylpyrophosphat (PRPP) zum Nucleotid (Nucleosidmonophosphat) (B)

## Biosynthese

Auch in der Biosynthese der Nucleoside entsteht die glycosidische Bindung aus einem Stickstoffnucleophil und einem elektrophilen Zucker. **Purinnucleoside** werden entweder durch Wiederverwertung (engl. *salvage pathway*) freier Purinbasen wie Guanin mit Phosphoribosylpyrophosphat (PRPP) gebildet oder durch eine *De-novo*-Synthese des Purinheterocyclus am Zuckergerüst (o Abb. 38.3 A). Die *De-novo*-Synthese beginnt mit der Bildung eines Halbaminals durch Einbau von Ammoniak am anomeren C-Atom des PRPP, gefolgt vom Aufbau des Puringerüsts am Halbaminal. Dazu werden formal ein Molekül Glycin, ein Molekül Kohlensäure (also $CO_2$), zwei Moleküle Ameisensäure sowie zwei Moleküle Ammoniak benötigt. Die biochemische Synthese erfolgt natürlich über die enzymatisch katalysierte Umsetzung entsprechend aktivierter Derivate dieser Moleküle. Das zunächst gebildete Purinnucleotid, **Inosinmonophosphat**, ist Vorläufer sowohl von **Adenosinmonophosphat**, das durch eine Aminierung an Position 6 entsteht, als auch von **Guanosinmonophosphat**. Die Biosynthese des Letzteren beginnt mit der einzigen bekannten Redoxreaktion in der Purinbiosynthese, der Oxidation an Position 2 am Inosin, gefolgt von einer Aminierung des entstehenden Xanthinmonophosphates. Alle Bindungsknüpfungen zwischen Kohlenstoff und Stickstoff sind Kondensationsreaktionen, bei denen Carbonsäurederivate elektrophil aktiviert werden, indem z. B. durch Phosphorylierung (unter Hydrolyse von ATP) ein gemischtes Anhydrid gebildet wird. Dies gilt sowohl für die Reaktionen, die am Aufbau des Ringsystems beteiligt sind als auch für die exocyclischen Aminierungen der 2- und 6-Positionen der Purine.

Vergleichbares gilt auch für die Biosynthese der **Pyrimidinnucleoside** (Abb. 38.3 B). Hier verläuft die Heterocyclensynthese zunächst unabhängig vom Zucker durch cyclische Kondensation von Aspartat und Carbamoylphosphat. Letzteres entstammt dem Harnstoffcyclus und entsteht wiederum unter ATP-Verbrauch durch Kondensation von Kohlendioxid bzw. Bicarbonat mit einem Äquivalent Ammoniak. Nach der Cyclisierung wird das entstandene **Dihydroorotat** zum Orotat oxidiert. Anschließend erfolgt die Glycosylierung mit PRPP. Durch Decarboxylierung entsteht **Uridin-5'-monophosphat** (UMP). **Cytidin-5'-monophosphat** kann durch eine Aminierungsreaktion nach Aktivierung des O4 durch ATP synthetisiert werden. Alle Nucleosidtriphosphate, die in RNA oder DNA eingebaut werden, können durch weitere Phosphorylierung unter ATP-Verbrauch aus ihren Monophosphaten entstehen.

### 38.1.3 Reaktionen und Anwendungen

#### Reaktivität gegenüber Elektrophilen

Eine besondere Bedeutung kommt der Reaktivität von Nucleosiden gegenüber **erbgutschädigenden Substanzen** zu, unter denen alkylierende Reagenzien und Elektrophile wie Cisplatin besonders gut erforscht sind. Die hier diskutierten Reaktivitäten (Abb. 38.4) sind im Wesentlichen auch auf die biopolymeren Formen DNA und RNA übertragbar.

Die Stickstoffatome der Heterocyclen reagieren als typische Nucleophile mit Alkylanzien wie **Dimethylsulfat** (DMS), allerdings mit unterschiedlicher Geschwindigkeit. Dabei haben die Reaktionsbedingungen bei der Umsetzung der Nucleobasen mit Elektrophilen einen starken Einfluss auf die Selektivität. So entstehen bei Behandlung mit Dimethylsulfat in wässriger Lösung vor allem die Methylierungsprodukte von N1-A, N3-C und N7-G, d. h., es entstehen am N1 methylierte Adenin-, an N3 methylierte Cytosin- und an N7 methylierte Guanin-Derivate (▸Kap. 35.1). Noch reaktivere Alkylanzien wie **Ethylnitrosoharnstoff**, $CH_3{-}CH_2{-}N(N{=}O){-}CONH_2$, können je nach Reaktionsbedingungen nicht nur mit allen Stickstoffatomen, sondern sogar mit den exocyclischen Sauerstoffatomen reagieren. **Stickstoff-Lost-Derivate** wie Chlormethin, Bis(2-chloroethyl)methylamin, alkylieren bevorzugt N7 von Guanin und N3 von Cytosin (N7-G, N3-C). Da es sich bei diesen Elektrophilen um bifunktionelle Verbindungen handelt, können sie mehrere Nucleobasen kovalent verbrücken und so zu einer Schädigung der Nucleinsäuren führen. Die weiteren biochemischen Grundlagen der als mutagen bzw. carcinogen eingestuften Toxizität der erwähnten Alkylanzien werden in ▸Kap. 38.2.3 diskutiert. Ähnliches gilt für das Cytostatikum **Cisplatin**, für dessen Bildung von Koordinationskomplexen die besondere Nucleophilie des N7 im Imidazolring von Purinen, insbesondere von Guanin, eine wichtige Rolle spielt. Auch die cancerogene Wirkung von **polycyclischen Aromaten**, wie dem beim Grillen entstehenden Benzypyren, geht auf eine Alkylierung der Nucleobasen der DNA durch die aus den Aromaten *in vivo* gebildeten elektrophilen Arenoxide zurück (▸Kap. 24.6).

Das N7 von Adenin (N7-A) reagiert sehr selektiv mit **Diethylpyrocarbonat** (DEPC), wobei die entstehende Acylimidazolstruktur instabil ist und in wässriger Lösung unter Ringöffnung zerfällt. Die exocyclischen Amingruppen am C4 von Cytosin ($N^4$-C), am C6 von Adenin ($N^6$-A) und am C2 von Guanin ($N^2$-G) können z. B. mit **Acetanhydrid** acyliert werden.

**Salpetrige Säure** und andere Reagenzien, aus denen $NO^+$ gebildet werden kann, führen über die Bildung von Diazoniumionen zur **Desamierung** der exocyclischen Aminogruppen am C4 von Cytosin ($N^4$-C), am C6 von Adenin ($N^6$-A) und am C2 von Guanin ($N^2$-G). Dabei wird aus dem Nucleosid Cytidin Uridin, aus Adenosin Inosin und aus Guanosin Xanthin (▸Kap. 35.1). Diese Reaktionen sind von biologischer Bedeutung, da die desaminierten Basen ein anderes *Watson-Crick*-Paarungsverhalten aufweisen als die ursprünglichen Nucleotide. Beim Ablesen solchermaßen geschädigter DNA kommt es daher zum Einbau einer „falschen" Base in den Komplementärstrang. Dies führt zu Mutationen und im schlimmsten Fall zur Entstehung von Krebs. Bei der Umsetzung von Uridin mit Nitroniumionen ($NO_2^+$) findet eine Nitrierung an C5 statt. Diese Position hat auch in anderen aromatischen elektrophilen Substitutionsreaktionen den am stärksten ausgeprägten nucleophilen Charakter, etwa bei der Hydroxymethylierung mit Formaldehyd oder bei Aminomethylierungsreaktionen vom *Mannich*-Typ (▸Kap. 21.2.3). Halogenierungen der Pyrimidine etwa mit $Br_2$ finden ebenfalls an der C5-Position statt, bei Guanosin hingegen an der C8-Position. Die Doppelbindungen in Thymin und Uracil lassen sich selektiv mit Permanganat oder Osmiumtetroxid zum Glycol oxidieren.

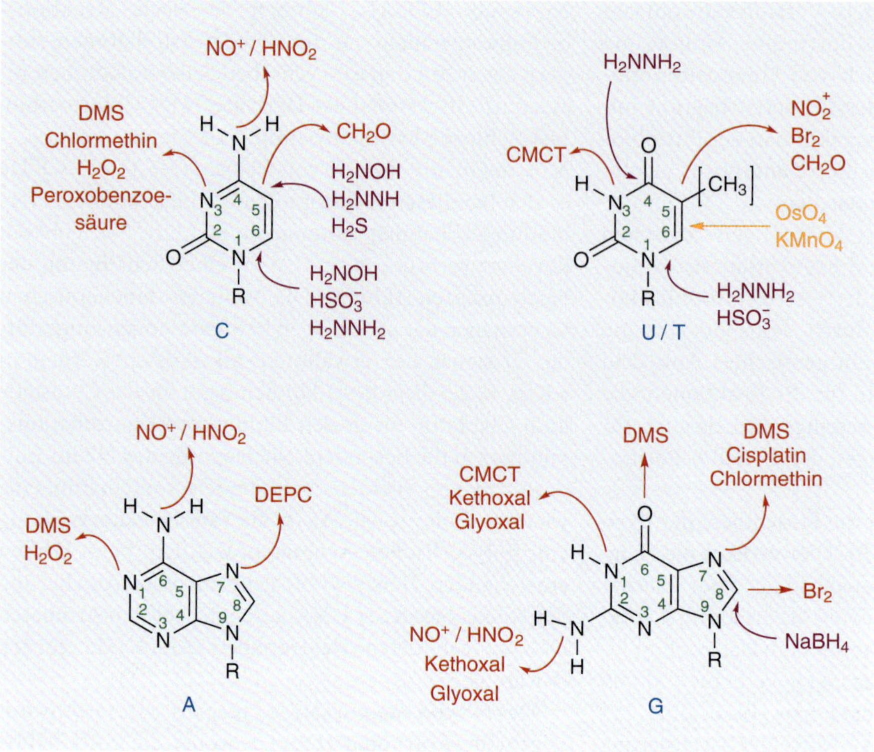


**Abb. 38.4** Reaktivität von Nucleosiden. Gezeigt sind die Angriffspunkte einiger präparativ, biochemisch oder physiologisch wichtiger Nucleophile (violett, z. B. Hydroxylamin, Hydrazin, Schwefelwasserstoff, Hydrogensulfit), Reduktionsmittel für die N=C-Doppelbindung (violett, $NaBH_4$), Elektrophile (rot, z. B. Dimethylsulfat, DMS; Diethylpyrocarbonat, DEPC; 1-Cyclohexyl-(2-morpholinoethyl)carbodiimidmetho-*p*-toluensulfonat, CMCT) und Oxidationsmittel (orange). Die Reaktionen laufen z. T. bei stark unterschiedlichen pH-Werten ab, daher sind die Reaktivitäten verschiedener Nucleoside nicht unmittelbar miteinander vergleichbar.

#### Reaktivität gegenüber Nucleophilen

Pyrimidine reagieren mit Nucleophilen an der 5,6-Doppelbindung in einer *Michael*-Addition (▸Kap. 12). Die Addition von starken Nucleophilen wie Hydrazin, Hydroxylamin oder Thiolaten sowie die Addition von Hydrogensulfit („Bisulfit") erfolgt an der 6-Position (Abb. 38.4). Die entstehenden Anionen haben Enolat-Charakter und gelten als Zwischenstufe bei der enzymatischen Methylierung der 5-Position (▸Kap. 38.2.3, Abb. 38.15). Unter besonders stringenten Bedingungen können nach der 5,6-Addition auch nucleophile Angriffe an C4 erfolgen. Bei der sogenannten **Bisulfit-Sequenzierung** folgt nach der 5,6-Addition von Bisulfit ein Angriff eines Hydroxidanions am C4. Dies führt zu einer Desaminierung: Alle Cytidine werden in Uridine umgewandelt. 5-Methylcytidine können identifiziert werden, weil sie deutlich langsamer reagieren. Konzentriertes Hydrazin führt nach zweifacher Addition an C6 und C4 zum Abbau des Heterocyclus, wodurch die Oligodesoxyribonucleotide anfälliger für einen Strangbruch durch Einwirkung von Piperidin (Abb. 38.12) werden. Diese Reaktionsfolge ist beim Sequenzieren nach *Gilbert* wichtig (▸Kap. 38.2.3).

### 38.1.4 Ausgewählte Verbindungen

#### Therapeutische Nucleosidanaloga

Synthetische Analoga der fünf erwähnten biologischen Nucleobasen und Nucleoside, die auf die Hemmung von Enzymen des Nucleinsäuremetabolimus zielen, finden vielfältigen Einsatz als gegen Viren wirksame **Antiinfektiva** (**Virustatika**) und **Cytostatika**. So wird z. B. das Basenanalogon **5-Fluorouracil** (Abb. 38.2), ein Cytostatikum, *in vivo* zum Nucleosid umgesetzt und inhibiert die Thymidinnucleotidsynthese, da die 5-Methylierung durch die Thymidylatsynthase am 5-Fluorouracil nicht stattfinden kann.

**Azidothymidin** (3'-Azido-2'-desoxythymidin, AZT, Zidovudin, Retrovir®) wird durch die Reverse Transkriptase des für AIDS verantwortlichen HI-Virus anstelle von Thymidin bei der Umprogrammierung der Erbinformation der befallenen Wirtszelle in die DNA eingebaut. Die entstandene DNA kann dann aber wegen der fehlenden 3'-OH-Gruppe nicht mehr weiter verlängert werden, sodass die DNA-Synthese an dieser Stelle abbricht. AZT wird bei der Kombinationstherapie gegen HIV eingesetzt.

Eines der meistgenutzten Virustatika ist **Aciclovir** (Abb. 38.5). Es entfaltet seine Aktivität selektiv in Zellen, die durch Herpesviren infiziert sind, da es zuvor durch virale Enzyme aktiviert und erst dann in die Virus-DNA eingebaut werden kann.

#### Phosphoramidite

Zur chemischen Synthese von Nucleinsäuren an der Festphase (▸Kap. 38.2.2) werden Bausteine eingesetzt, in denen die exocyclischen Funktionalitäten sowie die 5'- und die 2'-OH-Gruppen geschützt sind und die 3'-OH-Gruppe für eine Kupplung aktiviert ist. Die Methode, die am häufigsten für die Aktivierung genutzt wird, verwendet **Phosphoramidite**. Phsophoramidite,

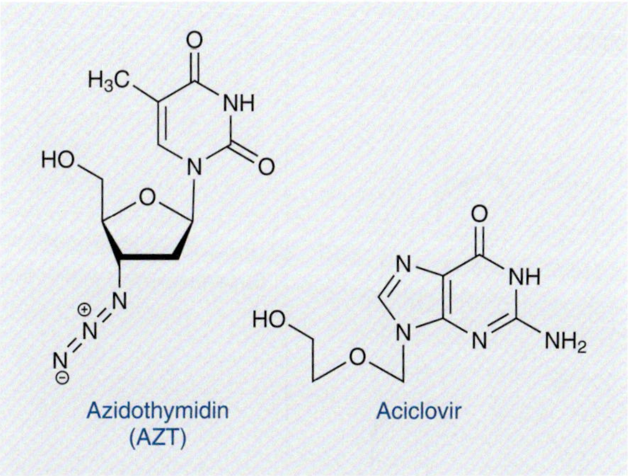


**o Abb. 38.5** Strukturformeln der therapeutischen Nucleosidanaloga Azidothymidin (AZT) zur Behandlung einer HIV-Infektion und Aciclovir, das gegen Herpesviren eingesetzt wird. Die gezeigte Konformation des Ethers am N1 unterstreicht die strukturelle Analogie zu einer Desoxyribose.

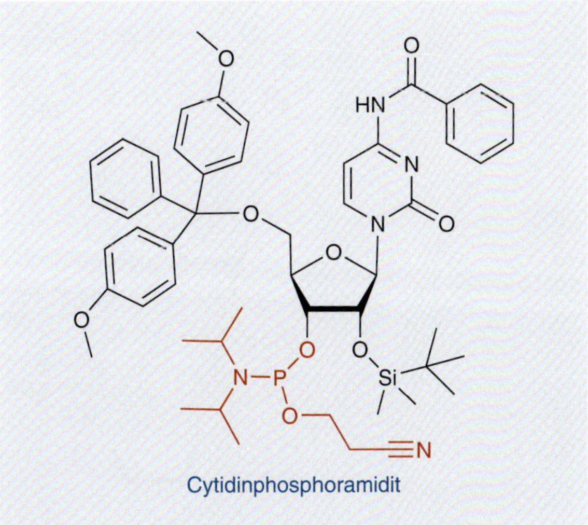


**o Abb. 38.6** Geschützter Phosphoramiditbaustein zum Einbau eines Cytidins bei der Festphasensynthese einer RNA.

$(RO)_2PNR_2$, sind Monoamide von Phosphitdiestern. Zu deren Synthese werden sequenziell die exocyclischen Aminogruppen acyliert, die 5'-OH-Gruppe mit Dimethoxytritylchlorid trityliert, die 2'-OH-Gruppe silyliert und die 3'-OH-Gruppe mit 2-Cyanoethyldiisopropylchlorophosporamidit phosphityliert. Dabei wird ein Phosphor(III)-Derivat eingeführt, welches während der späteren Festphasensynthese als Elektrophil aktiviert wird. o Abb. 38.6 zeigt ein vollgeschütztes Phosphoramidit des Cytidins. Die Abspaltung der Schutzgruppen im Laufe der Festphasensynthese werden in ▸Kap. 38.2.2 besprochen.

## 38.2 RNA und DNA

Ribonucleinsäure (RNA) und Desoxyribonucleinsäure (DNA) gehören zu den wichtigsten natürlich vorkommenden Biopolymeren und spielen eine zentrale Rolle in allen Bereichen der Lebenswissenschaften. Sie finden potenzielle Anwendungen in der medizinischen Therapie, und ihre Möglichkeiten, sowohl Informationen zu speichern als auch definierte Strukturen auszubilden, machen sie zudem für die Materialwissenschaften interessant.

### 38.2.1 Struktur und Eigenschaften

RNA und DNA sind lineare Biopolymere, in denen Nucleotide über Phosphodiesterbindungen zwischen der Phosphatgruppe des einen Nucleotids und der 5'-OH-Gruppe des Zuckerbausteines eines anderen Nucleotids miteinander verknüpft sind. Diese Art der Verknüpfung der Nucleotide führt dazu, dass die beiden Enden des Nucleinsäurestrangs nicht identisch sind. Per Konvention wird das 5'-Ende dabei als Anfang eines Stranges definiert. Die RNA enthält als Zuckerbaustein die Ribofuranose, die DNA die 2'-Desoxyribofuranose. Von der RNA unterscheidet sich die DNA außerdem durch die Nucleobase Thymin, die anstelle von Uracil vorkommt. Durch das Fehlen der 2'-OH-Gruppe in der DNA sind die Phosphodiesterbindungen zwischen den Nucleotiden – anders als in der RNA – zudem sehr viel stabiler gegenüber Hydrolyse, was für ihre biologische Funktion von großer Bedeutung ist. Denn die **DNA** ist der **Speicherort der Erbinformation**, die in der Sequenz des Biopolymers, also in der Abfolge der Nucleoside bzw. Nucleobasen codiert ist. Im Idealfall soll diese genetische Information ein ganzes Leben lang verfügbar sein, wofür eine hohe chemische Stabilität des Speichermoleküls wichtig ist. Die Abfolge der Nucleobasen bezeichnet man in Analogie zur Situation bei den Proteinen als die **Primärstruktur** der Nucleinsäuren.

Jede Nucleobase wechselwirkt bevorzugt mit genau einer anderen Nucleobase über eine definierte Abfolge von Wasserstoffbrückenbindungen. In den klassischen ***Watson-Crick*-Basenpaarungen** (▸Kap. 34.1.4) paart Guanin immer mit Cytosin, Adenin paart immer mit Thymin (bzw. mit Uracil in RNA). Bei den Pyrimidin-Nucleobasen sind auf der sogenannten *Watson-Crick*-Seite Wasserstoffbrückendonatoren und -akzeptoren in den Positionen 2, 3 und 4, bei den Purin-Nucleobasen in den Positionen 1, 2 und 6 involviert (o Abb. 38.7). Diese sogenannten *Watson-Crick*-Basenpaarungen bildet die Grundlage sowohl für die Übertragung der genetischen Information bei der Transkription bzw. der Translation als auch für die Ausbildung der berühmten **DNA-Doppelhelix**, die auch als **Sekundärstruktur** bezeichnet wird. Die **Doppelhelix** besteht aus zwei linearen DNA-Einzelsträngen mit *anti*-paralleler Ausrich-

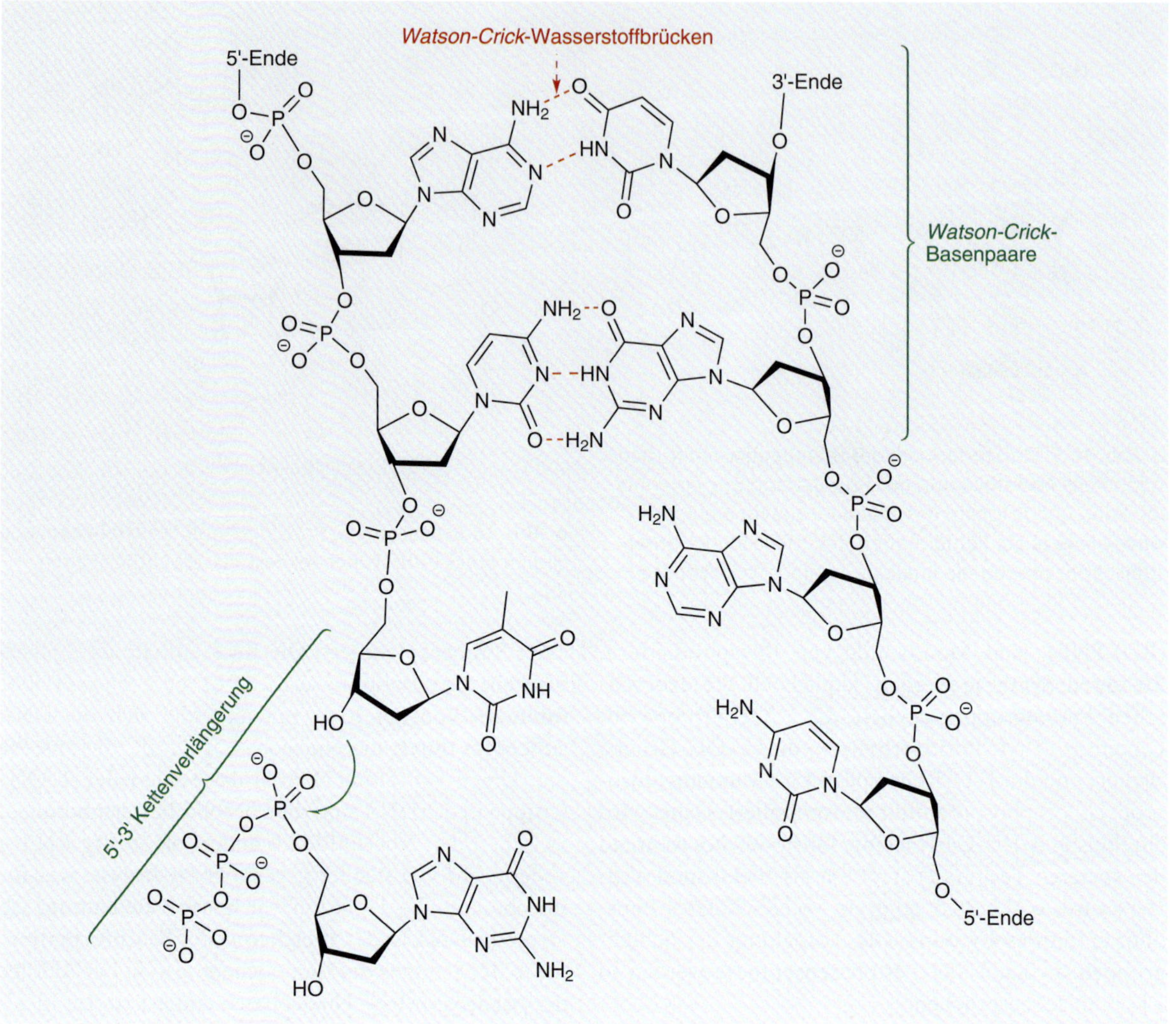


**o Abb. 38.7** Ausbildung eines DNA-Doppelstranges durch Wasserstoffbrückenbindungen vom *Watson-Crick*-Typ

tung bezüglich der 5'- und der 3'-Enden (o Abb. 38.7). In der DNA und noch ausgeprägter in der RNA können die verbliebenen, für die Basenpaarung nicht genutzten Wasserstoffbrückendonatoren und -akzeptoren der Heterocyclen weitere H-Brücken ausbilden, die entweder zu nichtkanonischen Basenpaarungen innerhalb der Sekundärstruktur oder zur Ausbildung von **Tertiärstrukturen** beitragen, z. B. durch eine Faltung der Nucleinsäure. Insbesondere RNA bildet auf diese Art komplexe dreidimensionale Strukturen aus, z. B. Bindungstaschen für kleine Moleküle und katalytische aktive Zentren.

## 38.2.2 Gewinnung und Synthese

### Biosynthese durch Polymerasen, Polymerase-Ketten-Reaktion (PCR)

In lebenden Zellen werden Nucleinsäuren durch Enzyme, die Polymerasen, synthetisiert, die Desoxyribonucleotidtriphosphate (dNTPs) bzw. Ribonucleotidtriphosphate (NTPs) als aktivierte Bausteine nutzen und jeweils zwei Nucleotide unter Abspaltung von Pyrophosphat über eine Phosphordiesterbindung miteinander verknüpfen. Die thermodynamische Triebkraft entstammt somit im Wesentlichen der Umwandlung eines Phosphorsäureanhydrids in einen Phosphorsäureester.

Bei der sogenannten **Replikation** der **DNA** wird diese vervielfältigt, indem ein Strang als Vorlage („Matrize") dient, dessen Basenabfolge bei der Polymerisation in Form eines Negativabdrucks erhalten bleibt. Dies ist möglich, weil die **DNA-Polymerase** in den entstehenden Strang genau die zum ursprünglichen Strang im *Watson-Crick*-Sinne komplementäre Nucleobase einbaut. Gegenüber von A wird also T eingebaut (und umgekehrt) und gegenüber von G entsprechend C (und umgekehrt). Somit weist der neu synthetisierte DNA-Strang die gleiche Information auf, wie der ursprüngliche Strang. Bei der Replikation liest die Polymerase die Information vom 3'-Ende in Richtung 5'-Ende der Matrize ab und synthetisiert somit den neuen Strang

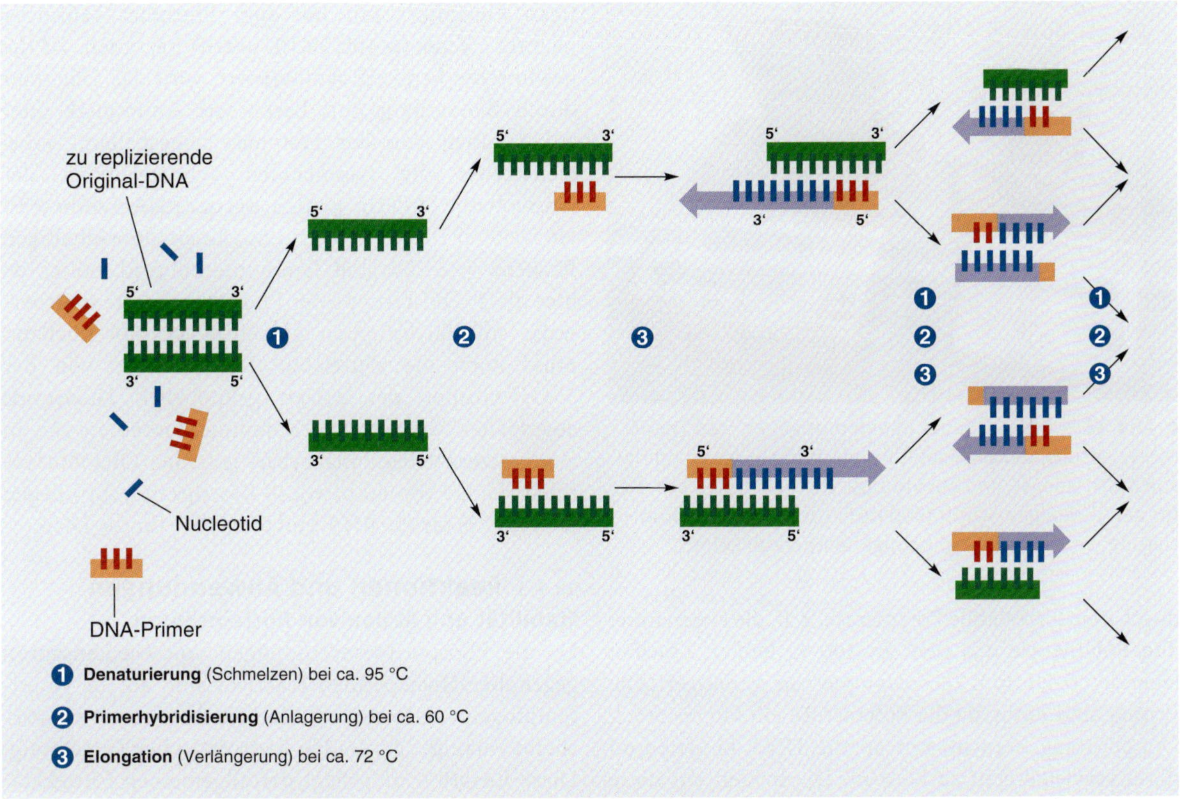


**Abb. 38.8** Bei der Polymerasekettenreaktion (PCR) wird DNA *in vitro* vervielfältigt. Dazu wird zuerst der DNA-Doppelstrang thermisch denaturiert, dann mit Primern versetzt und nach Zugabe der Nucleotide und einer Polymerase dupliziert. Durch erneute thermische Denaturierung wird der nächste Synthesecyclus eingeleitet. Auf diese Weise wird die DNA in jedem Schritt verdoppelt, und auch aus kleinsten Mengen von DNA-Fragmenten können in kürzester Zeit ausreichende Mengen DNA für weitere Untersuchungen (z. B. Sequenzierung) hergestellt werden.



vom 5'-Ende in Richtung 3'-Ende, d. h., das 5'-Ende des neuen dNTP wird am 3'-Ende des neu entstehenden Stranges eingebaut. Die Biosynthese von **RNA** erfolgt in analoger Weise mit NTP-Substraten und einer DNA-Matrize durch eine **RNA-Polymerase**. Man kennt sowohl RNA-Polymerasen als auch DNA-Polymerasen, die auch RNA als Matrize benutzen. Im letzteren Fall handelt es sich um **Reverse Transkriptasen**, die vor allem bei Viren vorkommen, die ihre Erbinformation nicht in Form von DNA, sondern als RNA enthalten (sog. Retroviren). Um diese virale Erbinformation in das Erbgut der infizierten Zelle einzubauen, muss die virale RNA in DNA umgeschrieben werden. Die reversen Transkriptasen sind wichtige Ziele in der antiretroviralen Therapie, wie wir bereits am Beispiel des Nucleosidanalogons Azidothymidin (Zidovudin, AZT) gesehen haben (▸Kap. 38.1.4).

Die oben beschriebenen enzymatischen Polymerisationen von Nucleotiden zu Nucleinsäuren können auch *in vitro* durchgeführt werden, um größere Mengen von Nucleinsäuren mit definierter Sequenz zu erhalten. Dazu werden biotechnologisch hergestellte Polymerasen verwendet. Doppelsträngige DNA als Matrize kann aus lebenden Organismen isoliert oder chemisch per Festphasensynthese hergestellt werden. Auch Nucleosidtriphosphate können sowohl aus lebenden Organismen isoliert als auch chemisch synthetisiert werden (▸Kap. 38.1.2). Durch die *In-vitro*-Synthese ist zudem der Einbau von modifizierten Nucleobasen mit speziellen Eigenschaften möglich. Die am häufigsten eingesetzte Methode zur *In-vitro*-Synthese von Nucleinsäuren ist die **Polymerase-Kettenreaktion** (**PCR**, engl. *polymerase chain reaction*, ○Abb. 38.8), für deren Entdeckung der Nobelpreis für Chemie im Jahr 1993 an *Kary Mullis* verliehen wurde. Die PCR wird u. a. in der Gentechnik, der forensischen Analytik, der medizinischen Diagnostik oder in der Archäologie eingesetzt, um eine vorhandene DNA zu vervielfältigen. Dazu wird zuerst der DNA-Doppelstrang bei einer Temperatur von ca. 95 °C denaturiert, d. h. in die beiden Einzelstränge dissoziiert. Dann werden bei ca. 68 °C zwei kurze synthetische Oligodesoxynucleotide, die sogenannten Primer, zugesetzt. Diese hybridisieren mit den beiden DNA-Einzelsträngen, den Matrizen, d. h., sie bilden *Watson-Crick*-Basenpaarungen zu komplementären Sequenzen aus. Anschließend wird die Temperatur etwas erhöht, in der Regel auf 72 °C, und die beiden mit den Primern hybridisierten DNA-Stränge werden

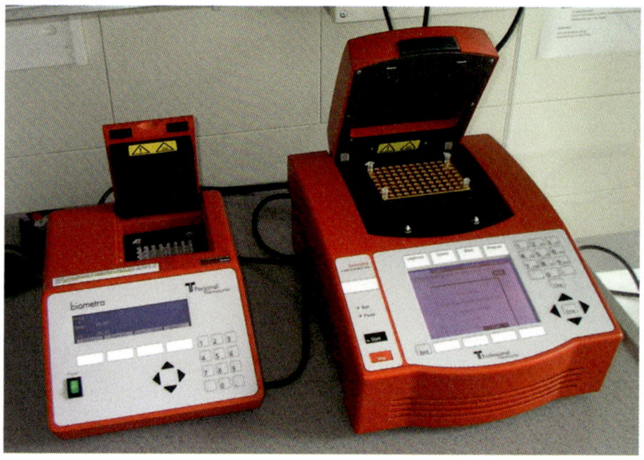

**o Abb. 38.9** Die PCR findet in einem sogenannten Thermocycler statt, der die Reaktionsmischung in einer Abfolge von Aufheizungs- und Abkühlungsschritten genau auf die für den jeweiligen Schritt (Denaturierung, Primerhybridisierung, Vervielfältigung) richtige Temperatur bringt.

durch eine hitzestabile Polymerase, z. B. die sogenannte **Taq-Polymerase** aus dem in 100 °C heißen Quellen lebenden Bakterium *Thermus aquaticus*, verlängert. Die Primer sind nötig, da die Polymerase ein kurzes Stück Doppelstrang braucht, um an die DNA binden und diese vervielfältigen zu können. Die beiden auf diese Weise neu synthetisierten DNA-Doppelstränge werden dann erneut durch Temperaturerhöhung auf 95 °C zu jetzt insgesamt vier Einzelsträngen denaturiert, und der Vorgang kann von vorne beginnen. Bei jedem Cyclus wird so eine Verdoppelung der gewünschten DNA-Sequenz erreicht. Die PCR läuft heutzutage vollautomatisch in einem sogenannten Thermocycler ab (o Abb. 38.9).

### Chemische Synthese an der Festphase

Im Gegensatz zur biochemischen Polymerisation findet die chemische Synthese mit **Phosphoramiditen an einer Festphase** vom 3'- zum 5'-Ende statt (o Abb. 38.10). Das 3'-terminale Nucleotid der zu synthetisierenden Sequenz wird in Form eines auf nanoporigen Glaskugeln (CPG, *controlled pore glass*) immobilisierten Phosphoramiditbausteines vorgelegt. Durch Behandlung mit verdünnter Säure wird zunächst die Dimethoxytrityl-Schutzgruppe (DMT) von der 5'-OH-Gruppe entfernt. Diese reagiert nun als Nucleophil mit einem zugesetzten 3'-Phosphoramidit nach Zugabe eines Aktivators (o Abb. 38.10, oben), wie z. B. 1*H*-Tetrazol (▸Kap. 31.2). Gegebenenfalls kann der Kupplungsschritt wiederholt werden, um eine möglichst quantitative Umsetzung zu erreichen. Anschließend werden nicht umgesetzte 5'-OH-Gruppen, die im weiteren Verlauf zu fehlerhaften Syntheseprodukten führen können, im nachfolgenden *Capping*-Schritt durch Veresterung mit Acetanhydrid geschützt und so für den weiteren Syntheseverlauf blockiert. Nach Oxidation des dreiwertigen Phosphors mit Iod zum Phosphat kann der nächste Cyclus (o Abb. 38.10, unten) beginnen. Ist die gewünschte Sequenz synthetisiert, wird das Oligomer durch Behandlung mit Basen wie Ammoniak oder Alkylaminen von der Festphase abgespalten, wobei gleichzeitig die basenlabilen Schutzgruppen der Nucleobasen entfernt werden. Bei der RNA-Synthese ist ein weiterer Reaktionsschritt mit einem fluoridhaltigen Reagenz wie Tetrabutylammoniumfluorid nötig, da hier die 2'-OH-Gruppe der Phosphoramidite üblicherweise mit Silylgruppen geschützt ist. Abschließend muss noch die säurelabile DMT-Gruppe von der 5'-OH-Gruppe des zuletzt gekuppelten Nucleotids abgespalten werden. Die Kupplungsausbeuten von in Synthesizern vollautomatisch hergestellten Oligonucleotiden (Länge von 40 bzw. 140 Basenpaaren, Bp) liegen bei ca. 97 % für die RNA und über 99 % für die DNA.

## 38.2.3 Reaktionen und Anwendungen

### Stabilität und Abbau von Nucleinsäuren

Da die Phospordiesterbindungen von Nucleinsäuren gegenüber Nucleophilen reaktiver sind als die Amidbindungen von Proteinen, sind Nucleinsäuren entsprechend anfälliger gegenüber **hydrolytischer Zersetzung**. Diese Reaktion unterliegt der allgemeinen Säurekatalyse (o Abb. 38.11, unten). Durch Protonierung der Phosphat-Gruppe wird die Elektrophilie gegenüber einem angreifenden Wassermolekül erhöht. In der **RNA** (nicht aber in der DNA) unterliegt die Hydrolyse auch der allgemeinen Basenkatalyse (o Abb. 38.11, oben). Die Base kann hier zu einer Deprotonierung der benachbarten 2'-OH-Gruppe führen. Das Alkoholat greift dann als aktiviertes Nucleophil die Phosphat-Gruppe intramolekular an; nach dem Durchlaufen einer pentavalenten Zwischenstufe kommt es zum Bruch der Bindung zur 5'-OH-Gruppe der nächsten Ribose. Das Resultat ist also zunächst eine intramolekulare Umesterung. Das entstehende cyclische 2',3'-Phosphat wird anschließend in einem zweiten Schritt hydrolytisch durch den Angriff von Wasser geöffnet.

▸

**o Abb. 38.10** Festphasensynthese von Nucleinsäuren. Der Synthesecyclus startet mit einem DMT-geschützten Nucleosid, das über die 3'-OH-Gruppe an eine Festphase (CPG = *controlled pore glass*) gebunden ist. Dieses wird nach Abspaltung der DMT-Schutzgruppe mit einem durch Tetrazol aktivierten Phosphoramidit (oben) umgesetzt. Nach der Kupplung folgen die Reaktionsschritte Capping, Oxidation und erneute Detritylierung, bevor die Synthese entweder in einen weiteren Cyclus geht oder das fertige Oligomer am Ende der Synthese von der Festphase abgespalten wird.

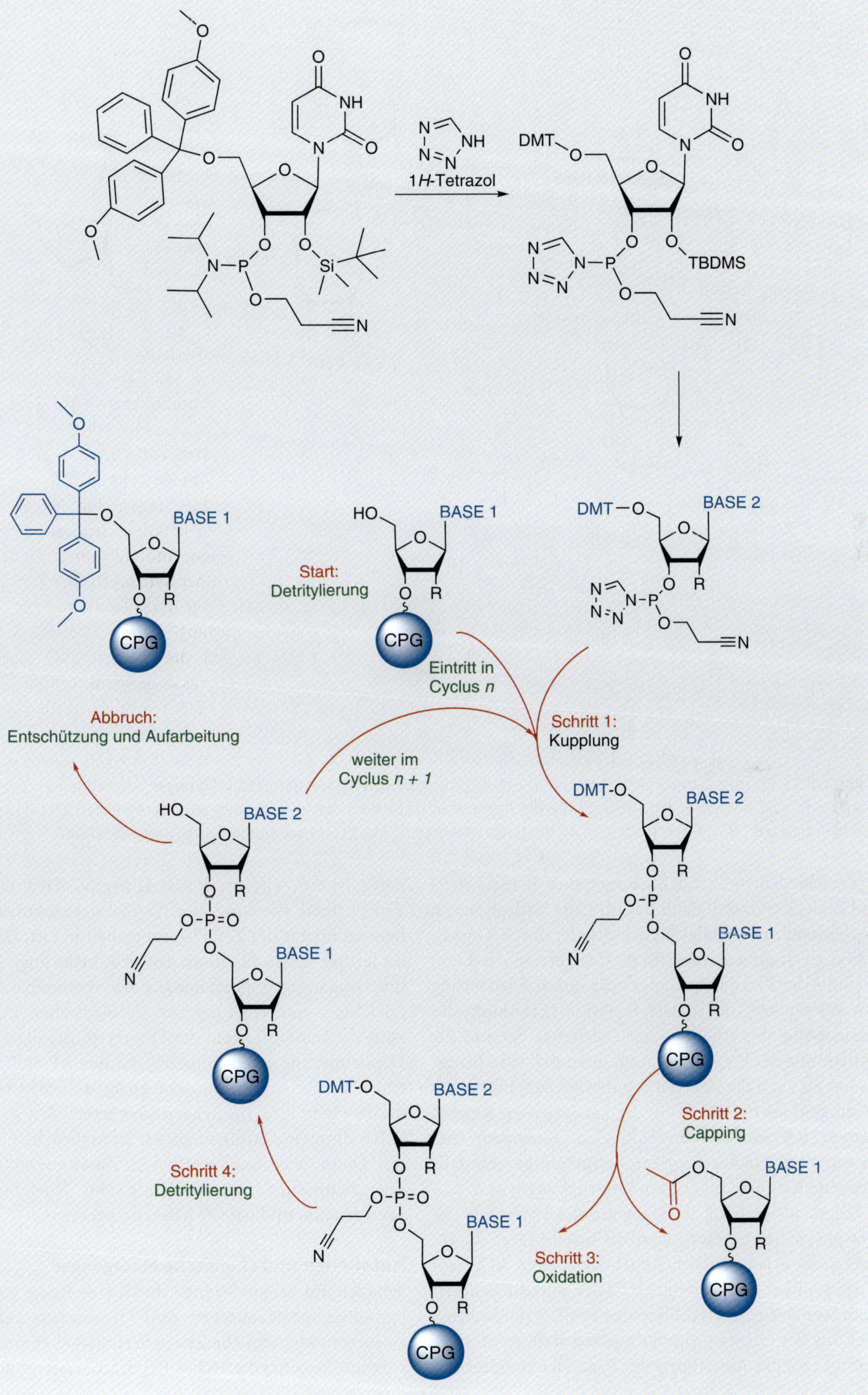

1H-Tetrazol
DMT
TBDMS
BASE 1
BASE 2
Start:
Detritylierung
CPG
Eintritt in Cyclus n
Schritt 1:
Kupplung
Abbruch:
Entschützung und Aufarbeitung
weiter im Cyclus n + 1
Schritt 2:
Capping
Schritt 3:
Oxidation
Schritt 4:
Detritylierung

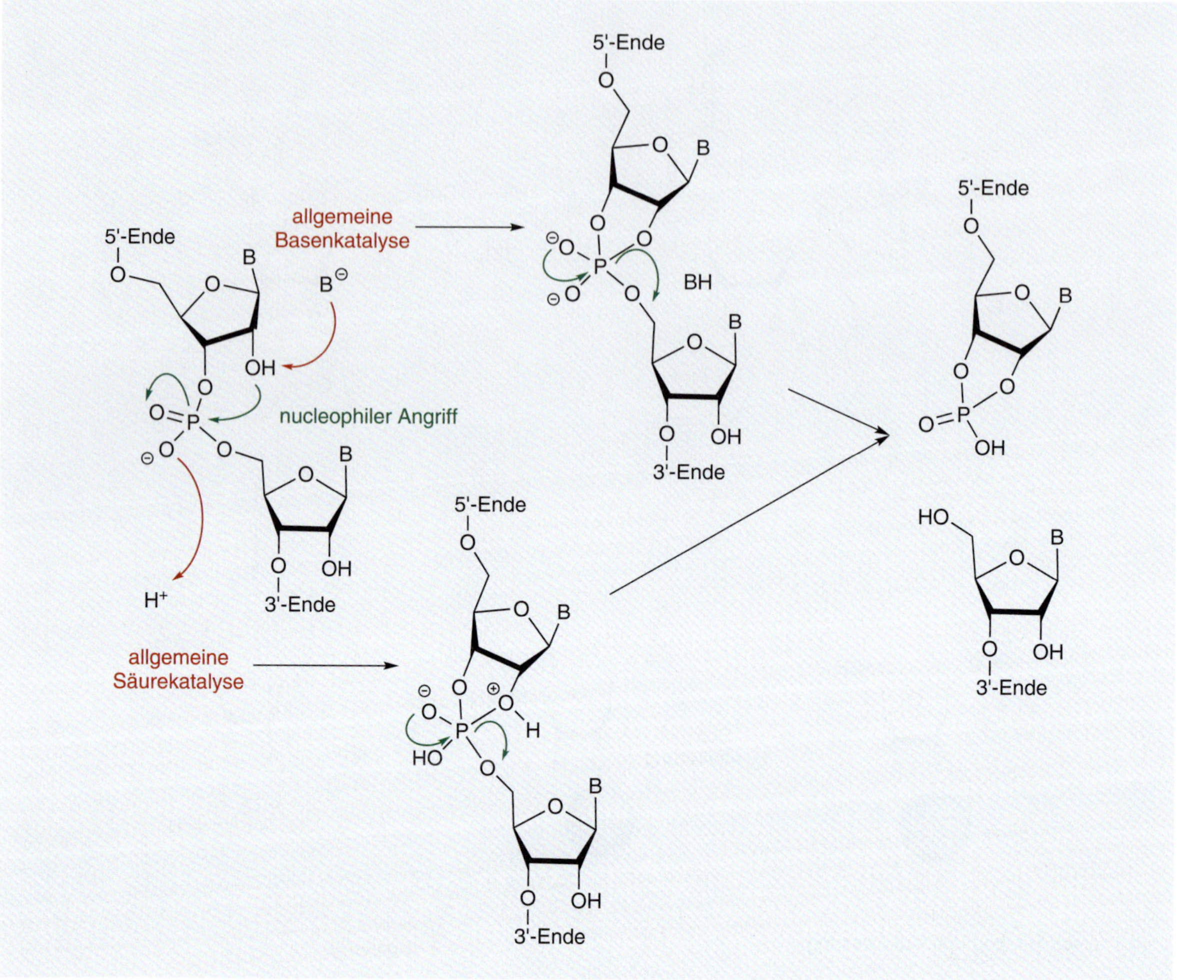


**Abb. 38.11** Strangbruch von RNA-Phosphodiesterbindungen durch allgemeine Säurekatalyse oder allgemeine Basenkatalyse. Es wird entweder die Elektrophilie der Phosphatgruppe oder die Nucleophilie der angreifenden 2'-OH-Gruppe erhöht. In einigen Nucleasen finden beide Vorgänge gleichzeitig statt (bifunktionelle Säure-Base-Katalyse).

Verschiedene multivalente Kationen, z. B. Blei ($Pb^{2+}$) und Zink ($Zn^{2+}$), sind dafür bekannt, die Hydrolyse von Nucleinsäuren zu katalysieren: entweder durch Koordination an die Phosphat-Gruppe (Steigerung der Elektrophilie der Phosphatgruppe) oder durch Aktivierung von Wasser bzw. der 2'-OH-Funktion (Erhöhung der Nucleophilie des angreifenden Teilchens). Sowohl die Aktivierung des Phosphats durch *Brønsted*- bzw. *Lewis*-Säuren als auch die Aktivierung des Nucleophils durch Basen sind auch Teilschritte der katalytischen Mechanismen bei nucleinsäurespaltenden Enzymen, den sogenannten **Nucleasen**, von denen einige ebenfalls divalente Kationen im aktiven Zentrum aufweisen.

Insgesamt ist RNA in Bezug auf die Hydrolyse der Phosphordiesterbindung deutlich instabiler als DNA, insbesondere bei alkalischem pH-Wert. DNA ist hingegen gegenüber Säuren deutlich labiler, allerdings findet dann weniger eine Hydrolyse des DNA-Strangs durch Spaltung der Phosphordiesterbindung statt, sondern es kommt zu einer Abspaltung der Base. Der Hauptgrund dafür ist eine erhöhte Basizität der N7-Positionen in den Purinen, die durch den Verlust des elektronenziehenden Effekts der 2'-OH-Gruppe bedingt ist. Die Protonierung dieses N-Atoms (oder Alkylierung) erhöht die Abgangsgruppenqualität der Nucleobase und erleichtert eine Spaltung der glycosidischen Bindung zum anomeren C-Atom der Desoxyribose. Eine solche Depurinierung erzeugt eine sogenannte AP-Stelle (apurinische bzw. apyrimidinische Stelle, ○ Abb. 38.12 B) in der Nucleinsäure. Im Reagenzglas lassen sich so durch Behandlung mit Aminen gezielt Strangbrüche induzieren. Diese Reaktionen werden im Zusammenhang mit der chemischen Sequenzierung von Nucleinsäuren nach *Maxam* und *Gilbert* näher besprochen.

## Mutationen und chemische Mutagenese

Schäden am Erbgut können durch eine Reihe von biologischen, physikalischen und chemischen Faktoren entstehen. Menschliche Zellen verfügen über ein hochentwickeltes **enzymatisches Reparatursystem**, das täg-

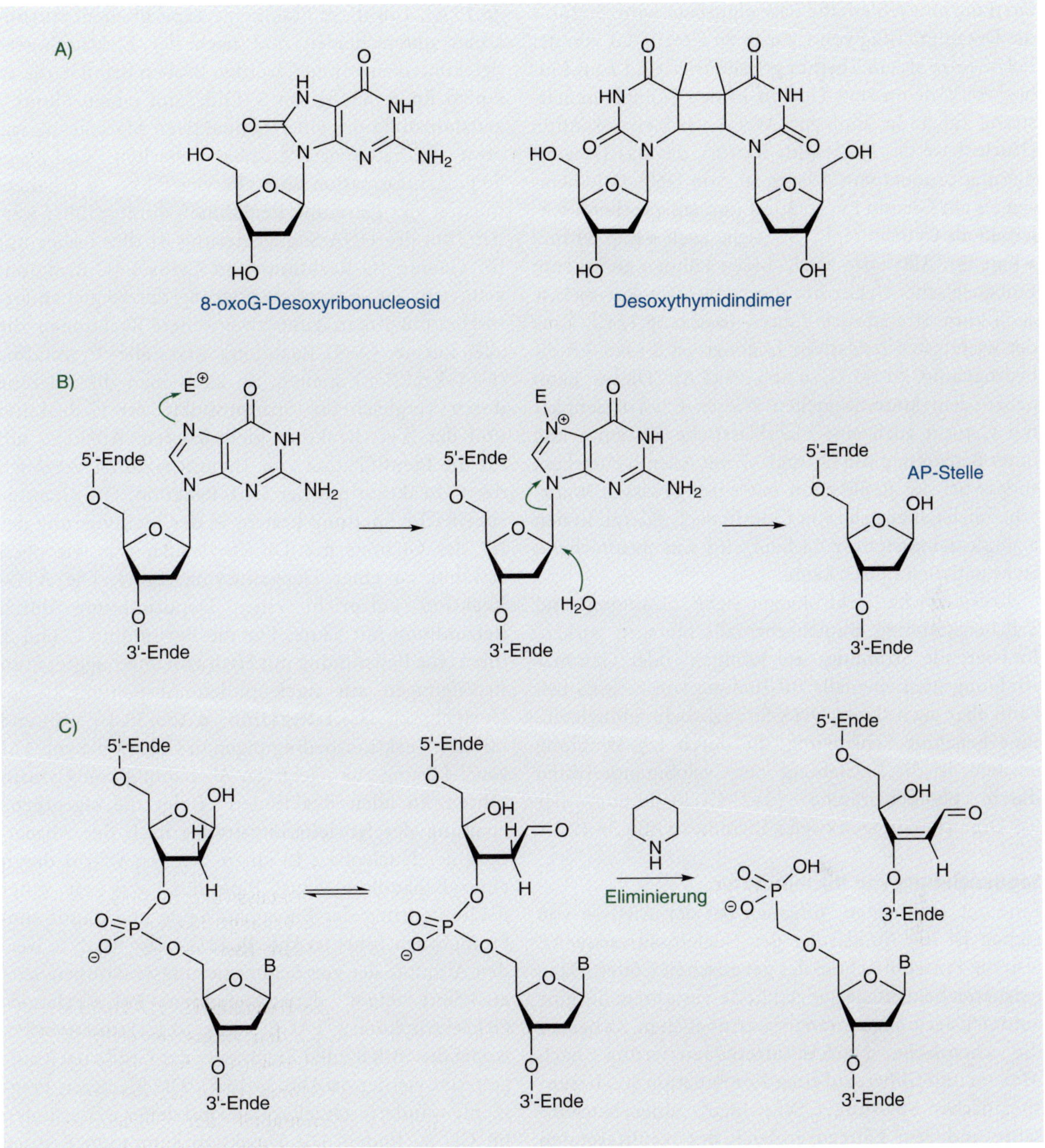


**o Abb. 38.12** DNA-Läsionen: Strukturformeln des 8-Oxodesoxyguanosins, das 8-Oxoguanin (8-oxoG) als Nucleobase enthält, und des Thymidindimers (**A**). Eine Aktivierung der N7-Position des Guanosins (z. B. durch Protonen bzw. *Lewis*-Säuren oder durch Alkylierung) führt zum Verlust der Base und zur Bildung einer AP-Stelle (**B**). In einer AP-Stelle steht die Halbacetalform der Desoxyribose im Gleichgewicht mit dem offenkettigen Aldehyd, aus dem durch Einwirkung einer Base (*in vitro* z. B. durch Piperidin) leicht durch $\beta$-Eliminierung ein Strangbruch in der DNA-Kette erfolgen kann (**C**).

lich mehrere Millionen DNA-Schäden repariert. Ohne Reparatur besteht die Gefahr, dass die DNA-Polymerasen bei einer nachfolgenden Replikation die genetische Information fehlerhaft kopieren oder die Replikation gänzlich scheitert. Je nach Informationsgehalt der betroffenen DNA-Sequenz bedeutet dies für die Zelle den Zelltod oder es kann eine Entartung zur Krebszelle stattfinden.

Chemisch induzierte **Läsionen der Nucleobasen** entstehen u. a. durch Nitrierung mit anschließender Desaminierung, durch Alkylanzien (▸Kap. 38.1.3) und durch oxidative Species, die der Zellatmung entstammen können. Die dadurch entstehenden chemisch modifizierten Nucleobasen weisen häufig andere *Watson-Crick*-Paarungseigenschaften auf als die ursprüngliche Base, sodass bei der Replikation im Komplementärstrang eine fehlerhafte Base eingebaut wird. So führt die Desaminierung von Cytosin zu Uracil, das von der Polymerase als ein Thymin gelesen wird und zum Einbau von Adenin statt Guanin in den Komplementärstrang führt. In ähnlicher Weise wird Hypoxanthin (Nucleobase des Nucleosids Inosin), das das Desaminierungsprodukt von Adenin ist, von DNA-Polymerasen als ein Guanin interpretiert und entsprechend fehlerhaft als Cytosin repliziert (siehe auch ▸Kap. 34 und ▸Kap. 35). Alkylierte Nucleobasen können außer zum Einbau falscher Nucleoside durch die DNA-Polymerase auch zum Strangbruch führen (○Abb. 38.12 C). Eine der wichtigsten oxidativen Läsionen ist 8-Oxo-7,8-dihydroguanin (8-oxoG, ○Abb. 38.12 A). Dieses kann neben dem konventionellen *Watson-Crick*-Basenpaar mit Cytosin auch eine nichtklassische Basenpaarung unter Beteiligung von O6 und N7 mit Adenin eingehen, sodass bei der Replikation mit einer gewissen Wahrscheinlichkeit anstelle von Cytosin auch Adenin in den Komplementärstrang eingebaut wird, was entsprechend zu Mutationen führen kann.

Energiereiche elektromagnetische Strahlung und Teilchenstrahlung können ebenfalls mutagen wirken. **Ionisierende Strahlung** wie Röntgen- oder Gammastrahlung trägt ebenfalls zur Bildung von 8-oxoG bei, kann aber auch direkt DNA-Strangbrüche induzieren. Eine bekannte Schädigung, die durch UV-Strahlung entsteht, ist die Entstehung von Cyclobutanderivaten durch photochemische [2+2]-Cycloaddition der 5,6-Doppelbindungen zweier Thymine (○Abb. 38.12 A).

### Sequenzierung von Nucleinsäuren

Eine der wichtigsten Aufgaben bei der Analyse von Genen ist die Aufklärung der Nucleinsäuresequenz, also die Entschlüsselung des genetischen Codes. Dazu existieren heutzutage gut etablierte Verfahren, die eine automatisierte Sequenzanalyse ermöglichen. So beruht die **chemische Nucleinsäuresequenzierung nach *Maxam* und *Gilbert*** auf einer Kombination von **basenspezifischer Spaltung** („Schneiden") einer Nucleinsäure und dem **Längenvergleich der resultierenden Fragmente durch Elektrophorese**.

Dazu wird in einer homogenen Probe von Nucleinsäuremolekülen identischer Länge (○Abb. 38.13) eine bestimmte Base, z. B. ein Guanin, modifiziert und an dieser Stelle der Nucleinsäurestrang gespalten. Die Länge der resultierenden Nucleinsäurefragmente gibt dann Auskunft zur Lage der Guanine entlang des Nucleinsäurestrangs, also zur **Sequenz** der Nucleinsäure. Wenn die Reaktionsbedingungen so gewählt werden, dass jeder Strang in der Probe an maximal einem Guanin von mehreren möglichen gespalten wird, entstehen pro Molekül zwei Fragmente, deren Längen den Abstand des Guanins zum 5'- bzw. zum 3'-Ende der Nucleinsäuresequenz definieren (○Abb. 38.13 A). Um diese Fragmente experimentell voneinander unterscheiden und nach der Elektrophorese detektieren zu können, werden Proben benutzt, die an einem Ende, häufig am 5'-Ende, mit einem Fluoreszenzfarbstoff oder einer radioaktiven Markierung wie etwa $^{32}P$-haltigem Phosphat versehen sind. Um Sequenzinformation über alle vier Basen zu erhalten, müssen vier getrennte Reaktionen durchgeführt werden. Bei der DNA-Sequenzierung ist dies bisher nur für Guanin (G-Reaktion) und Cytosin (C-Reaktion) gelungen. Zur Komplementierung der Sequenzinformation nutzt man daher zwei weitere Reaktionen, die alle Purine (A+G-Reaktion) bzw. alle Pyrimidine (C+T-Reaktion) spalten. So kann man die Adenine durch Vergleich der Spaltprodukte der G-Reaktion und der A+G-Reaktion identifizieren. Analoges gilt für die Identifikation von Thyminen durch Vergleich der C-Reaktion mit der C+T-Reaktion. Die **Guanin-spezifische Spaltung** besteht in der Methylierung des N7 des Guanins mit Dimethylsulfat, was wie oben erwähnt zu einer Depurinierung führt. Die **A+G-Reaktion** entspricht einer Depurinierung durch Behandlung mit Säure. Für die Pyrimidine C und T führt eine Behandlung mit Hydrazin unter aggressiven Bedingungen zur nucleophilen Abspaltung beider Nucleobasen (**C+T-Reaktion**, ○Abb. 38.4), während mildere Reaktionsbedingungen in Gegenwart von 1 M NaCl-Lösung zur selektiven Abspaltung von **Cytosin** führen. In allen Reaktionen erfolgt die eigentliche Spaltung des Nucleinsäurestrangs nach der Abspaltung der Nucleobase in einem zweiten Schritt durch eine Behandlung mit Piperidin, was zu einer $\beta$-Eliminierung der Phosphatgruppe und damit zum Strangbruch führt (○Abb. 38.12 C). Zur Analyse werden Aliquote der vier Sequenzierungsreaktionen Seite an Seite einer denaturierenden Polyacrylamid-Gelelektrophorese (PAGE, ▸Kap. 10.1.4) unterworfen, wobei die enthaltenen Fragmente der Größe nach aufgetrennt werden (○Abb. 38.13 B). Die kleineren Fragmente wandern schneller und sind daher weiter unten im Gel zu finden. Die Detektion kann zum Beispiel durch Autoradiographie (bei radioaktiv markierten Nucleinsäuren) erfolgen.

Die **Sequenzierung von RNA** erfolgt nach einem ähnlichen Verfahren, bei dem allerdings abgewandelte Kombinationen von Reagenzien eingesetzt werden: für Guanin verwendet man wie bei der DNA Dimethylsulfat, setzt danach aber noch mit Natriumborhydrid um. Für Adenin wird Diethylpyrocarbonat eingesetzt. Zur Abspaltung von Cytosin wird die RNA zuerst mit Dimethylsulfat und dann mit Hydrazin umgesetzt. Die Reaktion mit höher konzentriertem Hydrazin führt zur Abspaltung von Uracil. Die eigentliche Spaltung des RNA-Strangs erfolgt in allen Fällen dann durch Erhitzen in einer essigsauren Lösung von Anilin in Wasser

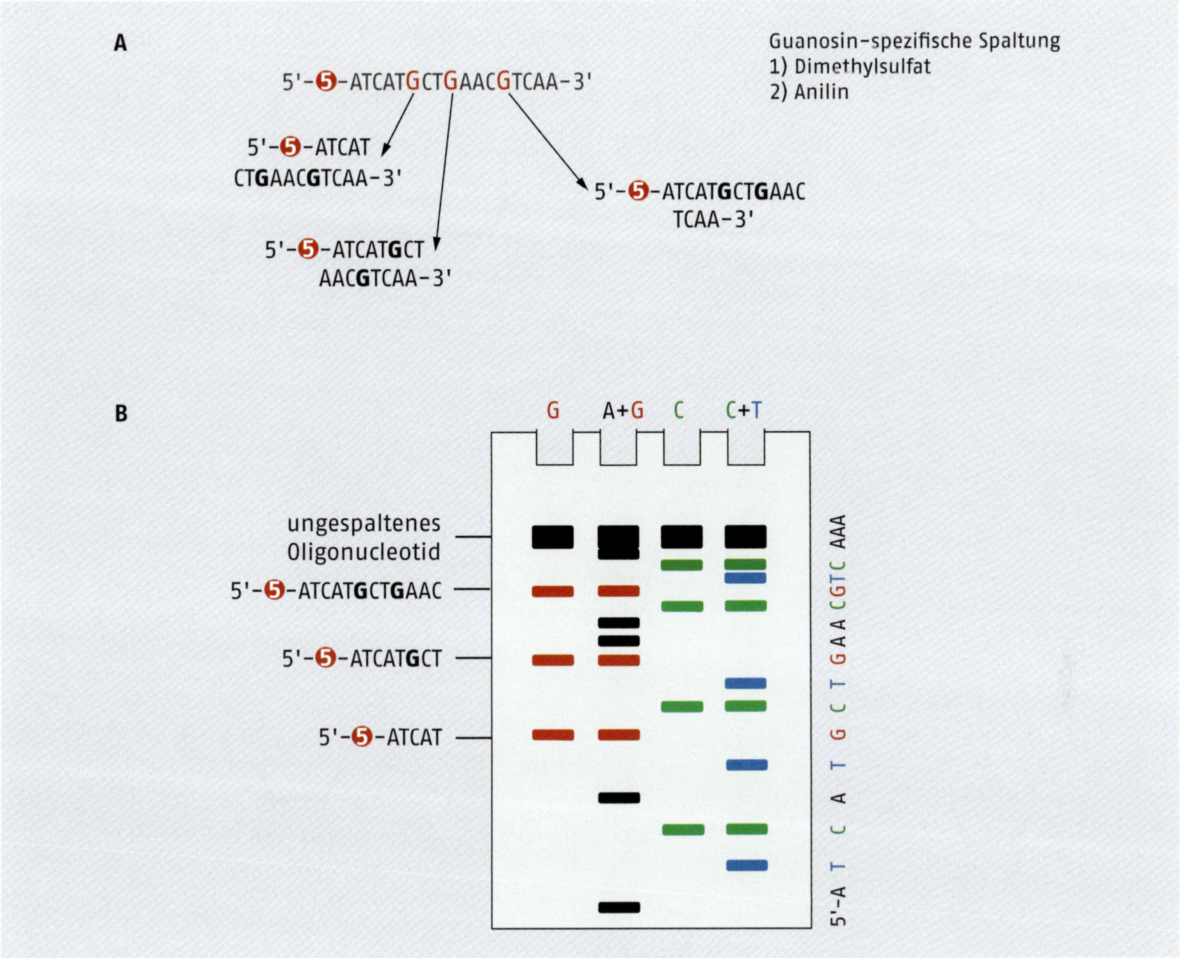


**o Abb. 38.13** Prinzip der chemischen Nucleinsäuresequenzierung nach *Maxam* und *Gilbert:* Guanosin-spezifische Spaltung (A) an einem Modell-Oligonucleotid, das am 5'-Ende markiert ist. Durch Spaltung an drei in der Sequenz enthaltenen Guanosinen entstehen sechs Fragmente, von denen nur drei durch die 5'-Markierung nach Größenauftrennung durch Gelelektrophorese (B) sichtbar sind. Durch Vergleich der jeweils spezifisch markierten Fragmente aus den vier verschiedenen basenspezifischen Spaltreaktionen lässt sich letztendlich die gesamte Sequenz ablesen.

(und nicht wie bei der DNA durch Umsetzung mit Piperidin).

Die **Didesoxymethode** zur **Sequenzierung nach *Sanger***, der hierfür im Jahr 1980 zusammen mit *Gilbert* und *Berg* den Nobelpreis für Chemie erhielt, beruht ebenfalls auf der Trennung und Auswertung unterschiedlich markierter Fragmente, deren Länge die Sequenzinformation enthält. Statt durch chemisch induzierte Spaltung erfolgt die Sequenzierung hier jedoch durch eine enzymatische Reaktion. Die Fragmente entstehen diesmal aber nicht durch die Spaltung eines vorhandenen Strangs, sondern durch die unvollständige Replikation des zu sequenzierenden DNA-Stücks durch Polymerasen. Dazu wird das zu sequenzierende DNA-Stück mit einem markierten Primer umgesetzt und anschließend durch die Polymerase repliziert (▸Kap. 38.2.2). Durch das Beimischen von Nucleosidanaloga, die beim Einbau in die Nucleinsäure zum Kettenabbruch führen, entstehen jeweils basenspezifisch unvollständige Fragmente unterschiedlicher Länge. Beispielsweise wird zur Identifizierung aller Adenosine im Matrizenstrang 2',3'-Didesoxythymidin als Nucleosidanalogon verwendet, das ähnlich wie Azidothymidin (AZT; o Abb. 38.5) gegenüber von Adenosin in den komplementären Strang eingebaut wird, aber wegen der fehlenden 3'-OH-Funktion die weitere Verlängerung des Nucleinsäurestrangs an dieser Stelle verhindert. Analog werden die Didesoxyderivate der anderen Nucleoside genutzt, um jeweils die Replikation basenspezifisch abzubrechen. Anschließend werden die Fragmente – wie bei der Methode nach *Gilbert* – aufgetrennt und analysiert.

## Biologische Modifikationen

Viele Nucleinsäuren enthalten nicht nur die vier Standardnucleoside, sondern in kleinen Mengen auch Derivate, die nach der Polymerisation durch spezialisierte Enzyme am Biopolymer synthetisiert werden. Inzwi-

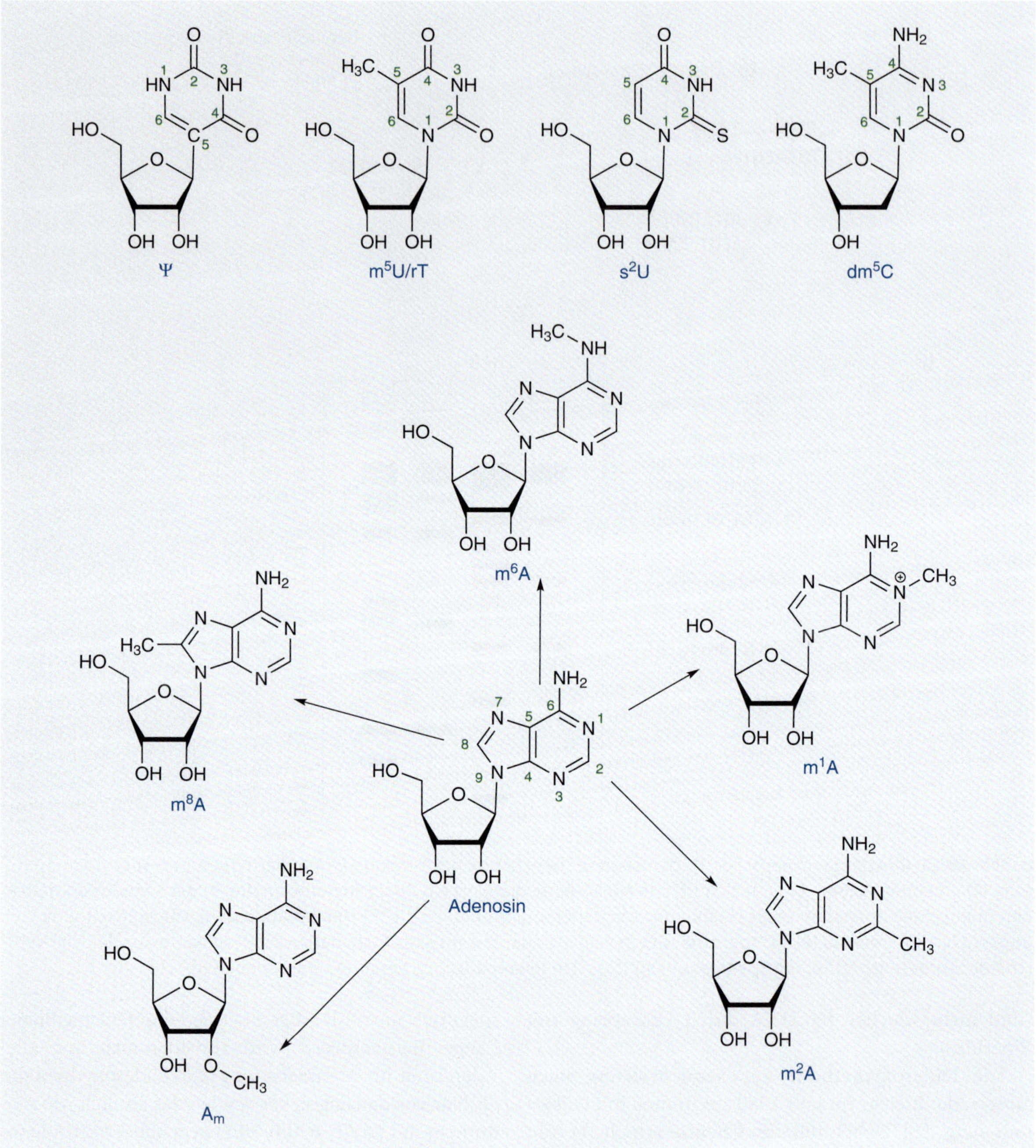


**o Abb. 38.14** Strukturen einiger natürlich vorkommender, modifizierter Nucleoside am Beispiel der Uridin-Modifikationen Pseudouridin (Ψ), Ribothymidin ($m^5U$/rT) und 2-Thiouridin ($s^2U$) sowie das 5-Methylcytidindesoxyribonucleosid ($dm^5C$), das eine der wichtigsten DNA-Modifikationen darstellt (oben). Nomenklatur modifizierter Ribonucleoside am Beispiel einiger methylierter Adenosine (unten)

schen kennt man bei der DNA über ein Dutzend solcher **modifizierter Nucleoside**, bei der RNA wurden über 150 chemisch unterschiedliche Strukturen in der Natur gefunden.

Die Strukturformeln einiger ausgewählter, natürlich vorkommender Nucleosidmodifikationen sind in o Abb. 38.14 dargestellt. In der RNA besonders häufig vorkommend – und aus chemischer Sicht interessant – ist ein Isomer des Uridins, das **Pseudouridin,** bei dem N1 und C3 vertauscht sind und die glycosidische Bindung eine C—C-Verknüpfung darstellt. In einer speziell für RNA-Modfikationen konzipierten Nomenklatur wird Pseudouridin als „Ψ" abgekürzt. Ebenfalls häufig sind methylierte Nucleoside wie $m^1A$, $m^6A$, $m^1G$, $m^2G$, $m^7G$, $m^3C$, $m^4C$ oder $m^3U$, die jeweils durch Methylierung an den entsprechenden Ringstickstoffatomen oder exocyclischen Aminogruppen der Nucleobasen entstehen (m steht für die Methylgruppe;

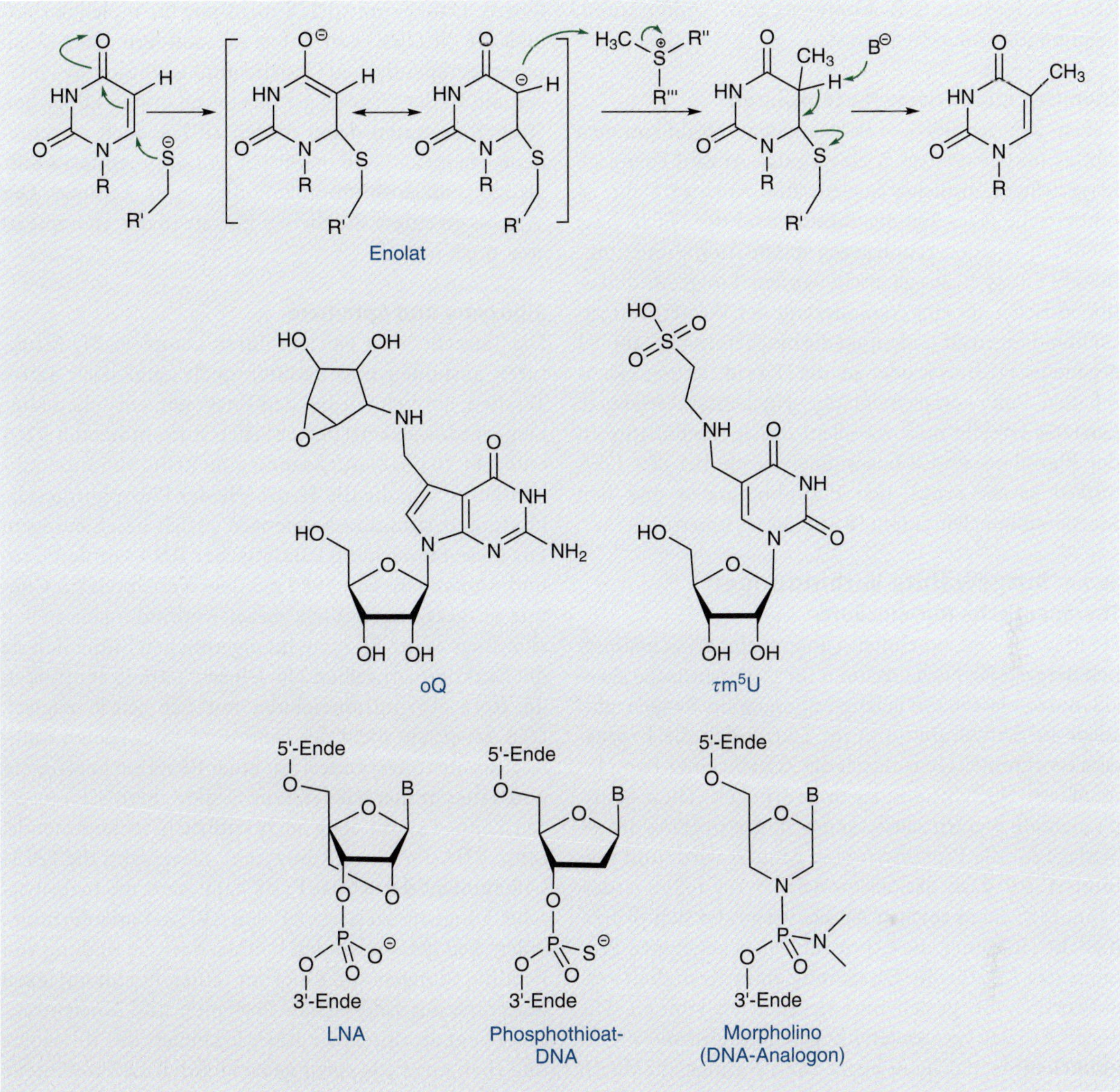


**Abb. 38.15** Mechanismus der enzymatischen Methylierung am C5-Atom von Pyrimidinen (oben). Komplexe natürliche Nucleosidmodifikationen (oQ, $\tau m^5U$; Mitte) sowie einige chemisch modifizierte Nucleinsäurederivate (LNA, *locked nucleic acid*), Phosphothioat-DNA, Morpholino; unten)

die hochgestellte Ziffer gibt die Position an, an der die Methylgruppe eingefügt wurde; die Großbuchstaben stehen für die jeweilige Nucleobase). Weitere Methylierungen findet man an den 2'-OH-Gruppen der Ribose sowie an einigen Ringkohlenstoffatomen, z. B. in $m^2A$, $m^8A$, $m^5C$ und $m^5U$. Die methylierte Base $m^5U$ in der RNA ist natürlich identisch mit der in der DNA vorkommenden Base Thymin, sodass das entsprechende Nucleosid auch als Ribothymidin (rT) bezeichnet wird. Der Einbau von Schwefel statt Sauerstoff führt zu Thionucleosiden wie z. B. dem 2-Thiouridin, $s^2U$, bei dem das Sauerstoffatom in Position 2 durch S ersetzt wurde.

Der enzymatische Mechanismus der C5-Methylierung von Pyrimidinen ist gut untersucht. Er beginnt mit der *Michael*-Addition eines zum Thiolat deprotonierten Cysteins an der C6-Position, wodurch ein delokalisiertes Enolatanion entsteht, in dem das C5-Atom nucleophil ist (**o** Abb. 38.15, oben). Dieses reagiert mit der Methylgruppe von *S*-Adenosylmethionin, einem Methylgruppendonor, der als Cofaktor in den Methyltransferasen enthalten ist. Anschließend erfolgt eine baseninduzierte Eliminierung des Cysteins und man erhält die methylierte Pyrimidinbase.

Einige andere natürlich vorkommende Nucleosidmodifikationen, die aber strukturell weitaus komplexer sind (z. B. Epoxyqueuosin, oQ, und 5-Taurinmethyluridin, $\tau m^5U$) und durch Kaskaden enzymatischer Reaktionen gebildet werden, sind in **o** Abb. 38.15 (Mitte) gezeigt. Man findet auch eine Reihe von konjugierten

RNA-Nucleosiden, z. B. Konjugate mit Aminosäuren, Isoprenoiden oder Zuckerresten.

### Chemisch modifizierte Nucleinsäuren

Neben den natürlich vorkommenden Modifikationen gibt es mittlerweile auch eine riesige Anzahl chemisch hergestellter künstlicher Nucleinsäure-Analoga. Dabei ist mittlerweile jeder Teil der Ribose- und der Nucleobase chemisch modifiziert und gegen andere Atome und funktionelle Gruppen ausgetauscht worden. Einige Modifikationen zielen auf eine Veränderung der Wasserstoffbrückenbindungen ab, andere auf die biochemische Stabilität gegenüber Hydrolyse oder auf die Hybridisierungseigenschaften mit komplementären Nucleinsäuresträngen. Letzteres erreicht man vor allem durch Modifikationen der Phosphor- und Riboseeinheiten, wie bei den LNA (*locked nucleic acids*), den Phosphothioaten und den Morpholinonucleinsäuren (o Abb. 38.15, unten).

## 38.2.4 Ausgewählte Verbindungen

### Therapeutische Nucleinsäuren

Heutzutage wird zunehmend untersucht, ob sich künstlich hergestellte Nucleinsäuren für therapeutische Zwecke nutzen lassen. So gelang es bereits im Reagenzglas sowie in Zellkulturen und im Tiermodell die Expression bestimmter Gene durch die Zugabe einer komplementären Nucleinsäure zu unterdrücken. Diese komplementäre Nucleinsäure bindet an die mRNA, die als Vorlage für die Proteinsynthese genutzt wird, und verhindert so, dass das Zielprotein hergestellt werden kann. Mit einem solchen Ansatz verbindet sich prinzipiell die Hoffnung, die Expression eines beliebigen Proteins, das z. B. für die Entstehung einer Krankheit verantwortlich ist, gezielt unterdrücken zu können. Die ersten Ansätze verwendeten sogenannte ***Antisense*-Oligonucleotide**, das heißt kurze DNA-Stränge, die durch Sequenzkomplementarität an die ausgewählte mRNA binden und dadurch deren Translation verhindern. Neuere Ansätze machen sich die katalytischen Eigenschaften von Nucleinsäuren und zelleigene Mechanismen zur Kontrolle der Genexpression zunutze. In diesem Zusammenhang ist z. B. die Entdeckung der **RNA-Interferenz** (RNAi) im Jahr 1999 durch *Fire* und *Mello* von großer Bedeutung. Daher wurde beide Wissenschaftler bereits sieben Jahre später mit dem Nobelpreis ausgezeichnet: Es handelt sich dabei um einen zelleigenen Mechanismus, durch den in Organismen zielgerichtet Gene abgeschaltet werden. Dieser Mechanismus kann ausgenutzt werden, indem mit kleinen synthetischen RNA-Molekülen, sogenannten **siRNA** (*small interfering* RNA), sehr effizient beliebige mRNA gezielt so markiert werden können, dass sie durch die zelleigene Maschinerie abgebaut werden und daher nicht mehr in Proteine übersetzt werden können. Letztlich legt man mit dieser Methode Gene still (Gen-Knockdown). Daher sind siRNA nicht nur für molekularbiologische Studien von Interesse, sondern eben auch unter therapeutischen Gesichtspunkten besonders interessant. In der Grundlagenforschung und in klinischen Studien kommen dabei in den siRNA auch verschiedene chemisch und natürlich vorkommende (▸Kap. 38.2.3) Nucleosidmodifikationen zum Einsatz. Der Weg bis zu einem möglichen Einsatz in der Therapie ist aber noch weit.

### Ribozyme und Aptamere

Die Tatsache, dass Nucleinsäuren komplexe 3D-Strukturen ausbilden und dadurch auch katalytisch aktive Taschen, ähnlich wie bei den Enzymen, entstehen können, wurde zunächst bei natürlich vorkommender RNA entdeckt. In der Natur kommt eine Reihe von Ribonukleinsäuren vor, die die Hydrolyse der Phosphordiesterbindung bestimmter Sequenzen gezielt beschleunigen. Für diese Entdeckung **katalytischer RNA** wurden *Cech* und *Altmann* im Jahr 1989 mit dem Nobelpreis für Chemie ausgezeichnet. Viele dieser Verbindungen stellen allerdings keine Enzyme im eigentlichen Sinne dar, da die Reaktion am selben Nucleinsäurestrang stattfindet, die RNA also intramolekular mit sich selbst reagiert. Dies entspricht nicht der Definition eines echten Katalysators, der unverändert aus einer Reaktion hervorgeht und daher immer wieder neue Edukte chemisch umsetzen kann. Es gibt aber auch natürlich vorkommende, echte RNA-Enyzme (**Ribozyme**). Dazu zählt die RNA-Untereinheit der **RNase P**; sie katalysiert die hydrolytische Längenprozessierung von tRNA-Vorläufermolekülen. Seit gezeigt werden konnte, dass die Bildung von Peptidbindungen im Ribosom, einer hochkomplexen Maschine aus zahlreichen Proteinen und Nucleinsäuren, ebenfalls durch die RNA-Einheiten des Ribosoms und eben nicht wie zuvor gedacht durch die Proteinteile erfolgt, gilt auch das Ribosom als Ribozym. Für die Strukturaufklärung des Ribosoms wurden *Yonath*, *Steitz* und *Ramakrishnan* im Jahr 2009 mit dem Nobelpreis für Chemie ausgezeichnet.

Mithilfe eines kombinatorischen Verfahrens zur evolutionären Vermehrung von Oligonucleotid-Strängen, **SELEX** (**S**ystematische **E**volution von **L**iganden durch **ex**ponenzielle Anreicherung), lassen sich aus komplexen Nucleinsäure-Gemischen gezielt solche isolieren, die Strukturen mit hochaffinen Bindungstaschen für Zielmoleküle enthalten. Man beginnt mit der Festphasensynthese (▸Kap. 38.2.2) eines Gemischs zufälliger Nucleinsäuresequenzen, indem in jedem Kupplungsschritt statt nur eines einzigen Phosphoramidits ein Gemisch von Phosphoramiditen aller vier Standardbausteine verwendet wird. Weil dabei jeweils ein Viertel der Nucleinsäureketten mit einem anderen Baustein verlängert wird, wächst die Anzahl unterschiedlicher Sequenzen bei jedem Reaktionsschritt um den

Faktor vier. Man erhält daher bei der Synthese eine Bibliothek verschiedenartiger Nucleinsäureketten, die sich in ihrer Sequenz unterscheiden. Aus statistischen Gründen enthält ein derart synthetisiertes Gemisch $4^N$ unterschiedliche Sequenzen, wobei N die Anzahl der Nucleotide der Sequenz bedeutet (also die Länge der synthetisierten Nucleinsäure). Bei mindestens 25 Nucleotiden enthält das resultierende Nucleinsäuregemisch, oft auch als „Pool" bezeichnet, beispielsweise $4^{25}$, also ungefähr $10^{15}$ verschiedene Nucleinsäuremoleküle. Um in einer solchen Mischung nun interessante Nucleinsäuresequenzen, die beispielsweise an ein gegebenes Zielmolekül binden, zu identifizieren, wird beim SELEX-Verfahren ein iteratives Screening durchgeführt, d. h. eine sich wiederholende Abfolge von Schritten, welche die Bindung an das Zielmolekül, die physische Abtrennung der bindenden Nucleinsäuren sowie deren Vermehrung (Amplifikation) durch Polymerasen beinhalten. Aus dem Pool werden somit nach und nach diejenigen Moleküle bzw. Sequenzen isoliert, die ein vorgegebenes Zielmolekül am stärksten binden. Die Bedingungen können auch so gewählt werden, dass während der Amplifikation (z. B. durch PCR) gezielt Mutationen eingeführt werden, um zu weiteren vielleicht noch besser bindenden Nucleinsäuresequenzen zu gelangen. Damit sind die drei wesentlichen Elemente, die den Prozess der biologischen Evolution ausmachen – nämlich Selektion, Vermehrung und Mutation – im Reagenzglas nachgestellt. Man spricht daher bei der SELEX-Methode auch von einer „Evolution *in vitro*".

Die durch SELEX erfolgreich selektierten und isolierten Nucleinsäuren, die andere Moleküle binden können, werden als **Aptamere** bezeichnet. Sie werden, was ihre Entstehung bzw. Herstellung betrifft, häufig mit Antikörpern verglichen, die ebenfalls durch einen evolutionsähnlichen Vorgang gebildet werden. Inzwischen hat man auch in der Natur Ribonukleinsäuren gefunden, die kleine Moleküle mit hoher Affinität binden; auch diese RNA werden zu den Aptameren gerechnet. Verschiedene Weiterentwicklungen des SELEX-Konzepts haben zur Isolierung von Nucleinsäuren geführt, die als Katalysatoren wirken und eine Reihe chemischer Reaktionen beschleunigen, darunter Alkylierung, *Michael*-Addition und *Diels-Alder*-Reaktionen. Viele dieser Nucleinsäuren beschleunigen allerdings wiederum Reaktionen, die an ihnen selbst ablaufen und daher eher eine Selbstmodifikation als eine echte Katalyse darstellen.

## Wichtige Reaktionen und Begriffe in der Organischen Chemie

| | | |
|---|---|---|
| Acyloin-Kondensation | Reduktive Dimerisierung von aliphatischen Carbonsäureestern bei der Einwirkung von Natrium zu $\alpha$-Hydroxyketonen | ▶ S. 115 |
| *Adams*-Katalysator | Hydrierungskatalysator: Platin, das sich aus Platin(IV)-oxid ($PtO_2$) während der Hydrierung bildet | ▶ S. 139 |
| *Amadori*-Umlagerung | Umlagerung eines Aldose-*N*-glykosids (*N*-Glykosylamin) in eine 1-Amino-1-desoxy-2-ketose | ▶ S. 487 |
| Additionsreaktionen | Typische Reaktion der Alkene, verlaufen i. d. R. radikalisch oder elektrophil | ▶ S. 132 |
| A+G-Reaktion | Reaktion zur Sequenzanalyse von DNA, bei der alle Purine abgespalten werden | ▶ S. 992 |
| *Andrussow*-Verfahren | Katalytische Oxidation von Methan und Ammoniak zu Blausäure | ▶ S. 393 |
| *Appel*-Reaktion | Methode zur Darstellung von Alkylhalogeniden durch Reaktion von Alkoholen mit einem Tetrahalogenmethan und Triphenylphospin | ▶ S. 205 |
| *Arbuzow*-Umlagerung | Aus einer dreiwertigen nucleophilen Phosphorverbindung, z. B. Triphenylphosphin, wird eine fünfwertige, z. B. Triphenylphosphinoxid, gebildet (Teil der *Appel*-Reaktion). | ▶ S. 205 |
| *Arndt-Eistert*-Synthese | Überführung einer Carbonsäure in die homologe Säure durch Umsetzung eines Carbonsäurechlorids mit Diazomethan | ▶ S. 236<br>▶ S. 377 |
| Aza-*Wittig*-Reaktion | Ein Iminophosphoran als Aza-Analogon zu einem Phosphor-Ylid wird mit Aldehyden zu Iminen umgesetzt. | ▶ S. 242 |
| *Baeyer*-Probe | Qualitativer Nachweis für C=C-Doppelbindungen durch Entfärbung von Kaliumpermanganat | ▶ S. 28<br>▶ S. 138 |
| *Baeyer*sche Spannungstheorie | Die sich aus der Abweichung der Innenwinkel in einem ebenen cyclischen Kohlenwasserstoff vom Tetraederwinkel (109° 28') ergebende Ringspannung | ▶ S. 88 |
| *Baeyer-Villiger*-Reaktion | Oxidation von Ketonen zu Estern durch das Einwirken von Persäuren | ▶ S. 597 |
| *Baljet*-Reaktion | Nachweis CH-acider Verbindungen durch Deprotonierung und Reaktion mit Pikrinsäure als Polynitroaromat zu einem *Meisenheimer*-Komplex | ▶ S. 29 |
| *Balz-Schiemann*-Reaktion | Darstellung von Fluorbenzen durch trockenes Erhitzen von Benzendiazoniumtetrafluoroborat | ▶ S. 529 |
| *Barbier*-Reaktion | Einstufige metallorganische Synthese mit Magnesium (vgl. *Grignard*-Reaktion) | ▶ S. 287 |
| *Bart*-Reaktion | Darstellung von Benzenarsonsäure aus Benzendiazoniumchlorid und Natriumarsenat(III) | ▶ S. 630 |
| *Béchamp*-Verfahren | Verfahren zur Synthese von Anilin aus Nitrobenzen durch Reduktion mit Eisen | ▶ S. 621 |
| *Beckmann*-Umlagerung | Umwandlung von Oximen in substituierte Säureamide durch Einwirken starker Säuren | ▶ S. 595 |
| *Beilstein*-Probe | Qualitativer Nachweis von Halogenen in organischen Verbindungen | ▶ S. 27 |

| | | |
|---|---|---|
| Benzilsäure-Umlagerung | Umlagerung von $\alpha$-Diketonen bei der Einwirkung von Hydroxid in $\alpha$-Hydroxycarbonsäuren | ▶ S. 769 |
| Benzoin-Kondensation | Dimerisierung von Benzaldehyd zu einem $\alpha$-Hydroxyaldehyd (Benzoin) in Gegenwart von Cyanid-Ionen, Beispiel für eine Umpolungsreaktion | ▶ S. 591 |
| *Bial*-Reaktion | Nachweis-Reaktion für Kohlenhydrate mit Orcin und $FeCl_3$ | ▶ S. 30 |
| *Birch*-Reduktion | Selektive 1,4-Reduktion aromatischer Verbindungen, z. B. durch Natrium in flüssigem Ammoniak | ▶ S. 667 |
| *Bischler-Napieralski*-Reaktion | Intramolekulare Cyclisierung von *N*-Acyl-$\alpha$-phenylethylaminen zu 3,4-Dihydroisochinolinen | ▶ S. 849 |
| *Blanc*-Reaktion | Einführung einer Chlormethylgruppe in den aromatischen Kern mit Formaldehyd und Chlorwasserstoff in Gegenwart z. B. von Zinkchlorid | ▶ S. 533 |
| *Bone-Jerdan*-Verfahren | Technisches Verfahren zur Darstellung von Methan aus den Elementen | ▶ S. 104 |
| *Boudouard*-Gleichgewicht | Thermodynamisches Gleichgewicht zwischen festem Kohlenstoff und gasförmigem Kohlendioxid auf der einen Seite und Kohlenmonoxid auf der anderen | ▶ S. 457 |
| *Bouveault-Blanc*-Reduktion | Reduktion von Carbonsäureestern zu primären Alkoholen mit Natrium und Alkohol | ▶ S. 520 |
| *v. Braun*-Reaktion | Umsetzung von tertiären Aminen mit Bromcyan zu disubstituierten Cyanamiden | ▶ S. 454 |
| *Bucherer*-Reaktion | Darstellung von $\alpha$-Naphthylamin aus $\alpha$-Naphthol mit Ammoniumhydrogensulfit und konzentriertem Ammoniak | ▶ S. 670 |
| *Bucherer-Bergs*-Reaktion | Variante der *Strecker*-Synthese von Aminosäuren: Aus einem Aminonitril wird mit Kohlenstoffdioxid ein Hydantoin, dessen Hydrolyse und Decarboxylierung die Aminosäure liefert. | ▶ S. 416 |
| *Cannizzaro*-Reaktion | Baseninduzierte Disproportionierung von Aldehyden, die kein zur Carbonylgruppe $\alpha$-ständiges Wasserstoffatom besitzen, zu den entsprechenden Alkoholen und Carbonsäure-Anionen | ▶ S. 315 |
| *Car*osche Säure | Peroxoschwefelsäure | ▶ S. 409<br>▶ S. 536 |
| *Claisen*-Kondensation | Baseninduzierte Kondensation eines Carbonsäureesters, der eine aktive $\alpha$-Methylengruppe enthält, mit einem weiteren Estermolekül zum $\alpha$-Ketoester | ▶ S. 425 |
| *Claisen*-Umlagerung, auch Oxo-*Claisen*-Umlagerung | Thermische Umlagerung der Allylether von Phenolen und Enolen zu *o*-Allylphenolen oder $\gamma,\delta$-ungesättigten Carbonylverbindungen | ▶ S. 571 |
| Thio-*Claisen*-Umlagerung | *Claisen*-Umlagerung eines Allyl-Aryl-Sulfides | ▶ S. 572 |
| *Clemmensen*-Reduktion | Reduktion der Carbonylgruppe von Ketonen (und auch Aldehyden) zur Methylengruppe mit amalgamiertem Zink und Salzsäure | ▶ S. 330 |
| *Collins* Reagenz | Aus Chromtrioxid in Pyridin hergestelltes Reagenz zur Oxidation oder Dehydrierung primärer Alkohole zu Aldehyden | ▶ S. 306<br>▶ S. 323 |
| *Cope*-Eliminierung | Thermische *syn*-Eliminierung von Aminoxiden zu einem Alken unter Abspaltung eines Hydroxylaminderivates | ▶ S. 228 |

| | | |
|---|---|---|
| *Cope*-Umlagerung | Thermische Isomerisierung von 1,5-Dienen in einer sigmatropen [3,3]-Reaktion | ▶ S. 156 |
| Diaza-*Cope*-Umlagerung | Umlagerungsschritt bei der *Fischer*schen Indolsynthese | ▶ S. 776 |
| *Corey*-Lacton | Bicyclisches Lactonderivat zur Synthese von Prostaglandinen | ▶ S. 413 |
| *Corey-Seebach*-Methode | Umwandlung von Aldehyden in Ketone unter Umpolung der Carbonylgruppe durch Überführung in ein 1,3-Dithian und anschließende Deprotonierung | ▶ S. 325 |
| *Criegee*-Mechanismus | Mechanismus der Ozonolyse eines Alkens zu einem Ozonid | ▶ S. 138 |
| *Criegee*-Reaktion | Oxidative Spaltung von 1,2-Glykolen mit Bleitetraacetat in Eisessig | ▶ S. 188 |
| *Curtius*-Abbau | Umwandlung von Carbonsäureaziden in Aminderivate durch Erhitzen. Intermediär wird ein Isocyanat durchlaufen. | ▶ S. 226 |
| Cycloaddition | Zwei ungesättigte Verbindungen reagieren in einer pericyclischen Reaktion unter Ringschluss. Prominentestes Beispiel ist die *Diels-Alder*-Reaktion. | ▶ S. 111–112 |
| *Demjanow*-Reaktion | Ringerweiterung bei der Umsetzung der Aminomethylenderivate kleiner Ringverbindungen mit salpetriger Säure. Bei Cyclobutylamin findet auch eine Ringverengung zu einem Cyclopropanderivat statt. | ▶ S. 116 |
| *Dieckmann*-Kondensation | Intramolekulare Cyclisierung von Dicarbonsäureestern unter den Bedingungen der *Claisen*-Kondensation | ▶ S. 115 |
| *Diels-Alder*-Reaktion (Diensynthese) | Cycloaddition eines konjugierten 1,3-Diens mit einem Alken unter Bildung eines Cyclohexenderivates | ▶ S. 368 |
| *Doebner-v. Miller*-Chinaldinsynthese | Darstellung von Chinolinderivaten, z. B. von Chinaldin aus Anilin und Crotonaldehyd | ▶ S. 848 |
| *Drawinol*-Verfahren | Verfahren zur Trocknung von Ethanol mit Trichlorethen als „Schlepper" | ▶ S. 179 |
| *Duff*-Synthese | Formylierung von Phenol zu Salicylaldehyd | ▶ S. 584 |
| *Edman*-Abbau | Schrittweiser Abbau einer Peptidkette von der *N*-terminalen Aminosäure her mit Phenylisocyanat | ▶ S. 959 |
| *Eglinton*-Kupplung | Variante der *Glaser*-Kupplung | ▶ S. 689 |
| *Einhorn*-Verfahren | Einführung der Benzoylgruppe mit Benzoylchlorid und Pyridin | ▶ S. 602 |
| Eliminierung | Aus einem Molekül werden zwei Atome oder Atomgruppen eliminiert (abgespalten); Umkehrreaktion zur Addition. | ▶ S. 209 |
| En-Reaktion | Pericyclische Reaktion: Umsetzung eines Alkens, das ein allylisches H-Atom besitzt, mit einem Enophil, d. h. einer Verbindung mit aktivierter $\pi$-Bindung | ▶ S. 373 |
| *Eschweiler-Clarke*-Reaktion, auch *Eschweiler-Clarke*-Methylierung | Methylierung von primären oder sekundären Aminen zu tertiären Aminen durch Umsetzung mit Formaldehyd und Ameisensäure (Spezialfall einer reduktiven Aminierung) (vgl. *Leuckart-Wallach*-Reaktion) | ▶ S. 225 |
| *Evans*-Auxiliar | Chirales 2-Oxazolidon, das zur stereoselektiven Umsetzung (Alkylierung, Acylierung) von Carbonsäurederivaten verwendet wird | ▶ S. 322 |
| *Evans*-Synthese | Asymmetrische Aldolreaktion | ▶ S. 322<br>▶ S. 813 |

| | | |
|---|---|---|
| *Favorskii*-Umlagerung | Auf einer $\alpha$-Halogenketon→Carbonsäure-Umlagerung beruhende Ringverengungsreaktion | ▶ S. 114 |
| *Fehling*-Reaktion | Nachweisreaktion auf Aldehyde, besonders für reduzierende Zucker, z. B. von Glucose mittels des Reagenzes | ▶ S. 308 |
| *Fehling*sche Lösung | Lösung, die aus Kupfersulfatlösung und einer alkalischen Lösung von Kaliumnatriumtartrat bereitet wird | ▶ S. 308 |
| *Fischer*sche Indolsynthese | Darstellung von Indolderivaten durch Ringschluss von Phenylhydrazonen | ▶ S. 776 |
| *Fischer-Tropsch*-Synthese | Darstellung von Kraftstoffen aus mit Wasserstoff angereichertem Synthesegas | ▶ S. 106 |
| *Frank-Caro*-Verfahren | Darstellung von Calciumcyanid aus Calciumcarbid und Stickstoff | ▶ S. 452 |
| *Friedel-Crafts*-Acylierung | Umsetzung aromatischer Verbindungen mit Säurechloriden oder Säureanhydriden zu Ketonen in Gegenwart von *Lewis*- oder *Brønstedt*-Säuren | ▶ S. 592 |
| *Friedel-Crafts*-Alkylierung | Alkylierung aromatischer Kohlenwasserstoffe mit Alkylhalogeniden oder Alkenen in Gegenwart von *Lewis*- oder *Brønstedt*-Säuren | ▶ S. 517 |
| *Friedländer*-Synthese | Darstellung von Chinolinderivaten durch basenkatalysierte Kondensation von *o*-Aminobenzaldehyd mit Aldehyden oder Ketonen | ▶ S. 848 |
| *Fries*-Umlagerung | Umlagerung von Phenylestern aromatischer Carbonsäuren in Acylphenole in Gegenwart von *Lewis*-Säuren, z. B. Aluminiumchlorid | ▶ S. 556 |
| *Gabriel*-Synthese | Darstellung primärer Amine aus Alkylhalogeniden und Phthalimid | ▶ S. 226 |
| *Gabriel*-Synthese, *Ing-Manske*-Variante | Synthese von Aminen aus Kaliumphthalimid und Halogenalkan zu *N*-Alkylphthalimiden, nachfolgende Reaktion mit Hydrazin zu Phthalhydrazid und Amin | ▶ S. 227 |
| *Gattermann*-Aldehydsynthese | Darstellung von Phenolaldehyden oder Phenoletheraldehyden durch Einwirkung von Blausäure und Chlorwasserstoff auf aromatische Verbindungen | ▶ S. 582 |
| *Gattermann-Koch*-Synthese | Formylierung aromatischer Verbindungen durch Einwirkung von Kohlenstoffmonoxid und Chlorwasserstoff | ▶ S. 581 |
| *Gibbs-Wohl*-Verfahren | Großtechnische Synthese von Phthalsäureanhydrid durch Oxidation von *o*-Xylen | ▶ S. 380 |
| *Gilbert-Maxam*-Sequenzierung | Chemische Nucleinsäuresequenzierung durch basenspezifische Spaltung und Längenvergleich der Fragmente mittels Elektrophorese | ▶ S. 992 |
| *Gilman*s Reagenz | Reagenz zum Nachweis von *Grignard*-Verbindungen | ▶ S. 286 |
| *Girard*s Reagenz | Bildet mit Carbonylverbindungen wasserlösliche Hydrazone, die sich von unlöslichen Begleitstoffen abtrennen lassen | ▶ S. 418 |
| *Glaser*-Kupplung | Oxidative Kupplung von Acetylen zu Diacetylen in Gegenwart von Kupfersalzen in Pyridin | ▶ S. 171 |
| *Gomberg-Bachmann*-Reaktion | Arylierung von Diazoniumsalzen in Gegenwart von Alkali | ▶ S. 631 |
| *Graebe-Ullmann*-Synthese | Darstellung von Carbazol durch Diazotierung von *o*-Aminodiphenylamin und anschließenden Ringschluss durch intramolekulare Kupplung | ▶ S. 791 |

| | | |
|---|---|---|
| *Grignard*-Reagenz | Organomagnesiumverbindung, die meist aus Magnesium und einem Alkylhalogenid frisch bereitet und als etherische *Grignard*-Lösung verwendet wird | ▶ S. 286 |
| *Grignard*-Reaktion | Addition von Organomagnesiumverbindungen an polare Mehrfachbindungen, insbesondere Carbonylgruppen, bei der entweder polare oder radikalische Zwischenstufen durchlaufen werden | ▶ S. 287 |
| *Grignard*-Verbindung | In Lösung vorwiegend als dimolekularer Komplex vorliegende Organomagnesiumverbindung | ▶ S. 286 |
| *Gutknecht*-Kondensation | Pyrazinsynthese aus $\alpha$-Aminoketonen | ▶ S. 876 |
| *Hafner*sche Azulensynthese | Synthese von Azulen aus *Zincke*-Salz und *N*-Methylanilin | ▶ S. 693 |
| *Hantzsch*sche Dihydropyridinsynthese | Cyclisierende Kondensation von $\alpha$-Ketosäureester, Aldehyd und Ammoniak im Molverhältnis 2 : 1 : 1 zur Darstellung von Pyridin-Homologen | ▶ S. 836 |
| *Hantzsch*sche Thiazolsynthese | Cyclisierende Kondensation von $\alpha$-Halogenketonen mit Thioamiden zu Thiazolen (Tandem- oder Dominoreaktion) | ▶ S. 815 |
| *Haworth*-Synthese | Darstellung polycyclischer Aromaten aus dem nächst kleineren Homologen (z. B. Phenanthren aus Naphthalen oder Naphthalen aus Benzen) | ▶ S. 681 |
| *Heck*-Reaktion | Palladium-katalysierte Substitution von Olefinen | ▶ S. 300 |
| *Hell-Volhard-Zelinsky*-Reaktion | Methode zur selektiven Darstellung von $\alpha$-Halogencarbonsäuren | ▶ S. 400 |
| *Heumann*sche Indigosynthese | Synthese von Indigo aus Phenylglycin oder aus Phenylglycin-*o*-carbonsäure in alkalischer Schmelze (Natriumamid) | ▶ S. 778 |
| *Hinsberg*-Reaktion | Unterscheidung primärer und sekundärer Amine mit der Benzensulfochloridmethode | ▶ S. 547 |
| *Hock*-Reaktion | Großtechnische Darstellung von Phenolen aus Isopropylaromaten | ▶ S. 554 |
| *Hoechst-Knapsack*-Verfahren | Großtechnische Synthese von Acetanhydrid durch Oxidation von Acetaldehyd | ▶ S. 380 |
| *Hoesch*-Ketonsynthese | Darstellung aromatischer Ketone aus mehrwertigen Phenolen und aus Nitrilen in Gegenwart von Chlorwasserstoff | ▶ S. 593 |
| *Hofmann*-Abbau, auch *Hofmann*-Umlagerung | Abbau primärer Amide zu primären Aminen, die ein Kohlenstoffatom weniger enthalten, durch Einwirkung von Hypohalogeniten oder hypervalenten Iodiden | ▶ S. 837 |
| *Hofmann*-Eliminierung | Bildung von Alkenen aus Tetraalkylammoniumhydroxiden | ▶ S. 226 |
| *Horner-Emmons*-Reaktion | Olefinierung von Carbonylverbindungen mit Phosphonsäureestern oder Phosphinoxiden (PO-aktivierte Olefinierung) | ▶ S. 524 |
| *Horner-Wadsworth-Emmons*-Reaktion | Überführung von Carbonylverbindungen in Alkene durch Reaktion mit Phosphonsäureestern; Alternative zur *Wittig*-Reaktion | ▶ S. 276 |
| *Huang-Minlon*-Methode | Präparativ wertvolle Variante der *Wolff-Kishner*-Reduktion | ▶ S. 330 |
| *Hünig*-Base | Ethyldiisopropylamin, eine nicht-nucleophile Aminbase | ▶ S. 231 |
| *Huisgen*-Reaktion | 1,3-dipolare Cycloaddition mit Azid als 1,3-Dipol und Alkin als Dipolarophil zu Triazolen | ▶ S. 242 |

| | | |
|---|---|---|
| *Hunsdiecker*-Reaktion | Darstellung von Alkylhalogeniden aus den Silbersalzen von Carbonsäuren | ▶ S. 205 |
| *Ing-Manske*-Variante der *Gabriel*-Synthese | Synthese von Aminen aus Kaliumphthalimid und Halogenalkan zu *N*-Alkylphthalimiden, nachfolgende Reaktion mit Hydrazin zu Phthalhydrazid und Amin | ▶ S. 227 |
| Isonitril-Reaktion | Nachweisreaktion für primäre Amine: Durch Reaktion mit Chloroform in Alkali entstehen stark riechende Isonitrile | ▶ S. 230 |
| *Iwanow*-Reaktion | Umsetzung von Phenylessigsäure mit überschüssigem *Grignard*-Reagenz zu einer Zwischenstufe, die sich mit Carbonylverbindungen in substituierte $\beta$-Hydroxysäuren umwandelt. | ▶ S. 610 |
| *Jacobsen*-Epoxidierung | Stereoselektive Epoxidierung von Alkenen mit Salen-Komplexen des Mangans | ▶ S. 587 |
| *Jones*-Reagenz | Chrom(VI)-oxid in schwefelsaurer Lösung, häufig genutzt zur Gewinnung von Ketonen aus sekundären Alkoholen | ▶ S. 323 |
| *Kiliani-Fischer*-Synthese | Kettenverlängerung einer Aldose durch Cyanhydrinsynthese, Hydrolyse zur Aldonsäure und anschließende Reduktion | ▶ S. 474 |
| *Kiliani-Fischer*-Umkehrung | *Wohl*-Abbau: Kettenverkürzung von Aldosen über Aldoxime, deren Dehydratisierung zu Nitrilen und Abspaltung von Blausäure | ▶ S. 476 |
| *Kipping*-Synthese | Darstellung von Alkylsilanen durch Einwirken von *Grignard*-Verbindungen auf Tetrachlorsilan | ▶ S. 277 |
| *Kjeldahl*-Methode | Methode zur quantitativen Bestimmung des Stickstoffgehaltes einer Verbindung | ▶ S. 436 |
| KKK-Regel | Die Umsetzung von Alkylbenzenen mit Chlor oder Brom in Gegenwart eines Katalysators in der Kälte führt zur Halogenierung am aromatischen Kern. | ▶ S. 532 |
| *Knoevenagel*-Reaktion | Eine zur *Claisen*- bzw. Aldolkondensation analoge Umsetzung eines Malonesters mit Aldehyden und Ketonen | ▶ S. 354 |
| *Knorr*sche Pyrrolsynthese | Darstellung substituierter Pyrrole durch Kondensation einer $\alpha$-Aminoketo-Verbindung mit einem $\alpha$-Ketosäureester | ▶ S. 754–755 |
| *Koch-Haaf*-Reaktion | Darstellung tertiärer Carbonsäuren, z. B. der Pivalinsäure durch Carbonylierung von Olefinen mit Kohlenmonoxid in saurer Lösung | ▶ S. 344 |
| *König*sches Salz | Produkt der Umsetzung von *N*-Cyanpyridiniumbromid mit *N*-Methylanilin, Zwischenprodukt bei der Azulen-Synthese nach *Ziegler* und *Haffner* | ▶ S. 692<br>▶ S. 838 |
| *Königs-Knorr*-Methode | Stereospezifische Synthese von $\beta$-Glycosiden aus $\alpha$-Glycosylhalogeniden | ▶ S. 483 |
| *Kolbe*-Elektrolyse | Decarboxylierende Dimerisierung von Carbonsäuren durch anodische Oxidation | ▶ S. 104 |
| *Kolbe*-Nitrilsynthese | Darstellung von Nitrilen aus Alkylhalogeniden und Kaliumcyanid | ▶ S. 394 |
| *Kolbe-Schmitt*-Synthese | Darstellung von Salicylsäure aus Natriumphenolat und Kohlendioxid | ▶ S. 672 |
| *Koppeschaar*-Titration | Quantitative bromometrische Bestimmung von Phenolen | ▶ S. 555 |
| *Lawesson*-Reagenz | Reagenz zum Ersatz des Sauerstoffs in Säurederivaten durch Schwefel | ▶ S. 392 |
| *Leblanc*-Verfahren | Verfahren für die Gewinnung von Seifen | ▶ S. 364 |

| | | |
|---|---|---|
| *Leuchs*-Anhydrid | Aus Glycin und Phosgen hergestelltes Glycin-*N*-carbonsäure-anhydrid | ▶ S. 956 |
| *Leuckart-Wallach*-Reaktion | Reduktive Aminierung von Ketonen, z. B. mit Ammoniumformiat, wobei die Ameisensäure als Reduktionsmittel wirkt | ▶ S. 225 |
| *Lewis*-Base | Verbindung, die als Elektronenpaar-Donator wirken kann | ▶ S. 21 |
| *Lewis*-Säure | Verbindung mit einer Elektronenlücke, die als Elektronenpaar-Akzeptor wirken kann | ▶ S. 21 |
| *Ley-Griffith*-Reaktion | Oxidation von Alkoholen zu Aldehyden mit Tetrapropylammonium-perruthenat | ▶ S. 886 |
| *Li-Barbier*-Reaktion | *Barbier*-Reaktion mit Lithium statt Magnesium | ▶ S. 287 |
| *Liebermann*-Reaktion | Farbreaktion zum Nachweis von Nitrit und Nitrosogruppen | ▶ S. 562 |
| *Linde*-Verfahren | Tieftemperaturzerlegung von Gasen | ▶ S. 456 |
| *Lobry-deBruyn-van Ekenstein*-Umlagerung | Durch Basen katalysierte Gleichgewichtseinstellung zwischen Glycerolaldehyd und Dihydroxyaceton | ▶ S. 575 |
| *Lossen*-Abbau | Thermische Umlagerung von Hydroxamsäuren zu Isocyanaten, deren Hydrolyse unter Abspaltung von Kohlendioxid zu primären Aminen führt | ▶ S. 396 |
| *Lunge*-Reagenz | Reagenz zum Nachweis von Nitrit (Sulfanilsäure + $\alpha$-Naphthylamin); es entsteht ein Azofarbstoff | ▶ S. 29<br>▶ S. 548 |
| *Madelung*-Synthese | Darstellung von Indolderivaten durch intramolekulare Cyclisierung von *N*-Acyltoluidinen, z. B. 2'-Methylformanilid mit starken Basen bei hoher Temperatur | ▶ S. 776 |
| *Maillard*-Reaktion | Nichtenzymatische Bräunung von reduzierenden Zuckern durch Reaktion mit der Aminogruppe von Aminosäuren, Peptiden oder Proteinen | ▶ S. 485 |
| *Malaprade*-Spaltung | Oxidative Spaltung von Glycolen mit Periodat | ▶ S. 188<br>▶ S. 479 |
| *Mannich*-Base | Das bei der *Mannich*-Reaktion entstehende $\alpha$-Aminoketon | ▶ S. 594 |
| *Mannich*-Reaktion | Kondensation einer CH-aciden Verbindung mit Formaldehyd und primären oder sekundären Aminen. Es erfolgt dabei eine *$\alpha$-Aminomethylierung* am CH-aciden Zentrum. | ▶ S. 594 |
| *Marfey*-Reagenz | Mit L-Alaninamid modifiziertes *Sanger*-Reagenz zur Überprüfung der Enantiomerenreinheit von Aminosäuren | ▶ S. 78 |
| *Marker*-Abbau | Abbau der Spiroketalgruppierung in Diosgenin zur Seitenkette der Steroidhormone | ▶ S. 751 |
| *Marquis*-Reagenz | Reagenz zum Nachweis von Phenolen und Anilinen (Formaldehyd + Schwefelsäure) | ▶ S. 31 |
| *Maxam-Gilbert*-Verfahren | Chemisches Verfahren zur Sequenzanalyse von DNA | ▶ S. 992 |
| *McLafferty*-Umlagerung | Bei der Massenspektrometrie häufig ablaufende Umlagerung ungesättigter Verbindungen, die in der $\gamma$-Stellung zur Doppelbindung eine CH-Gruppierung enthalten | ▶ S. 327 |
| *McMurry*-Reaktion | Titaninduzierte, reduktive Kupplung von Carbonylverbindungen zu Alkenen | ▶ S. 331 |

| | | |
|---|---|---|
| *Meerwein-Ponndorf-Verley*-Reduktion | Reduktion einer Carbonylgruppe zur Alkoholgruppe in Gegenwart eines Aluminiumalkoholates, z. B. Aluminium-Isopropylat | ▶ S. 314 |
| *Meerwein-Schuster*-Reaktion | Arylierung von Olefinen (vor allem $\alpha,\beta$-ungesättigter Carbonylverbindungen) mit Aryldiazoniumsalzen in Gegenwart von Kupfersalzen | ▶ S. 631 |
| *Meisenheimer*-Komplex | Isolierbare Zwischenstufe bei der nucleophilen aromatischen Substitution | ▶ S. 29 |
| *Merrifield*-Synthese | Automatisierte Festphasensynthese von Peptiden | ▶ S. 957 |
| Metathese-Reaktion (Olefin-Metathese) | Metall-katalysierter Austausch der Alkylidengruppen zwischen zwei Olefinen (Umalkylidenierung); kann als Ringschluss-, Ringöffnungs- und Kreuzmetathese ablaufen | ▶ S. 130<br>▶ S. 131 |
| *Michael*-Addition, auch *Michael*-Reaktion | Nucleophile Addition an $\alpha$, $\beta$-ungesättigte Carbonylverbindungen | ▶ S. 354<br>▶ S. 367 |
| *Michaelis-Arbusow*-Reaktion | Herstellung von Alkanphosphonsäureestern durch Umsetzung von Trialkylphosphiten mit Alkylhalogeniden | ▶ S. 273 |
| *Michlers* Keton | 4,4'-Bis-dimethylamino-benzophenon, das aus Phosgen und *N,N*-Dimethylanilin in Gegenwart von Zinkchlorid dargestellt wird | ▶ S. 286<br>▶ S. 625 |
| *Mitsunobu*-Reaktion | Aktivierung von Alkoholen für nachfolgende nucleophile Substitutionsreaktionen durch Umsetzung des Alkohols mit Azodicarbonsäureester und Triarylphosphinen | ▶ S. 385 |
| *Moffatt*-Oxidation | Variante der *Swern*-Oxidation | ▶ S. 306 |
| *Molisch*-Reaktion | Nachweis von Aldehyden mit 1-Naphthol | ▶ S. 30 |
| *Monsanto*-Prozess | Synthese von L-DOPA, Schlüsselschritt ist eine stereoselektive Hydrierung mit chiralem Katalysator.<br>Großtechnische Synthese von Essigsäure aus Methanol | ▶ S. 299<br>▶ S. 346 |
| *Mukaiyama*-Aldoladdition | Gekreuzte Aldoladdition unter Verwendung eines Silylenolethers | ▶ S. 322 |
| *Müller-Rochow*-Synthese | Darstellung von Dichlordimethylsilan aus Methylenchlorid und Silicium mit Kupfer als Katalysator | ▶ S. 277 |
| *Nash*-Reaktion | Nachweisreaktion für Aldehyde durch *Hantzsch*sche Dihydropyridin-Synthese | ▶ S. 309 |
| *Natta*-Katalysator | Katalysator zur stereoregulären Polymerisation unsymmetrischer Monoolefine wie Propen nach dem *Natta*-Verfahren | ▶ S. 141 |
| *Nef*-Reaktion | Darstellung von Aldehyden und Ketonen aus den Salzen von Nitroalkanen mit Schwefelsäure (Aci-Nitroalkan-Spaltung) | ▶ S. 272 |
| *Negishi*-Kupplung | Umsetzung von Arylhalogeniden mit Organozinkverbindungen zu alkylierten Aromaten | ▶ S. 291 |
| *Nesmejanow*-Reaktion | Darstellung von Arylquecksilberchloriden aus Diazoniumsalzen und Quecksilber(II)-chlorid | ▶ S. 630 |
| Ninhydrin-Reaktion | Nachweisreaktion für Aminosäuren mit Ninhydrin (Hydrat von 1,2,3-Indantrion) zu *Ruhemanns* Purpur | ▶ S. 663 |
| *Norrish*-Typ-I-Spaltung | Homolytische Spaltung einer photochemisch angeregten Carbonylverbindung zu einem Acyl- und einem Alkylradikal | ▶ S. 327 |
| *Norrish*-Typ-II-Spaltung | Intramolekulare Verschiebung eines Wasserstoffatoms in photochemisch angeregten Aldehyden oder Ketonen unter Bildung eines Diradikals, das zu je einem Alken und Enol zerfällt | ▶ S. 327 |

| | | |
|---|---|---|
| *Nylander*-Reaktion | Nachweisreaktion für reduzierende Zucker mit einer alkalischen Lösung von Bismut(III)-hydroxid mit Weinsäure als Komplexbildner | ▶ S. 487 |
| Olefin-Metathese (Metathese-Reaktion) | Metall-katalysierter Austausch der Alkylidengruppen zwischen zwei Olefinen (Umalkylidenierung); kann als Ringschluss-, Ringöffnungs- und Kreuzmetathese ablaufen | ▶ S. 130<br>▶ S. 131 |
| *Oppenauer*-Oxidation | Durch Aluminiumalkoxid katalysierte Oxidation eines sekundären Alkohols zum Keton, Umkehrung der *Meerwein-Ponndorf-Verley*-Reaktion | ▶ S. 324 |
| *Paal-Knorr*-Synthese | Darstellung von Pyrrolen durch Erhitzen von 1,4-Diketonen mit Ammoniak | ▶ S. 754–755 |
| *Paterno-Büchi*-Reaktion | Bildung von Oxetanen durch Cycloaddition photochemisch angeregter Ketone mit Alkenen | ▶ S. 327 |
| *Pauly*-Reaktion | Bildung oranger, roter oder blauer Farbstoffe bei der Kupplung von Diazonium-Ionen mit Imidazol | ▶ S. 806 |
| *Pauson-Khand*-Reaktion | [2+2+1]-Cycloaddition zur Darstellung von Cyclopentenon | ▶ S. 115 |
| *Pellizzari*-Synthese | Synthese von 1,2,4-Triazolen durch Kondensation von Acylhydraziden mit Thioamiden | ▶ S. 824 |
| *Perkin*-Synthese | Bildung von Zimtsäure aus Benzaldehyd und Essigsäureanhydrid unter basischen Bedingungen | ▶ S. 612 |
| *Pesez*-Reaktion | Tartrat-Nachweis: Durch Oxidation gebildete Glyoxylsäure wird mit Resorcin und Schwefelsäure zu einem Diphenylmethan-Derivat umgesetzt. | ▶ S. 31 |
| *Petasis*-Reagenz | Verbindung aus zwei Cyclopentadienyl-Anionen und einem Dialkyltitan-Fragment zur Alkenylierung von Carbonylverbindungen | ▶ S. 701 |
| *Peterson*-Olefinierung | Überführung einer Carbonylverbindung in ein Alken, verläuft über $\beta$-Hydroxyalkylsilane die stereoselektiv *syn* (basisch) oder *anti* (sauer) zu Alkenen eliminieren; Alternative zur *Wittig*- und *Horner-Emmons*-Reaktion | ▶ S. 279 |
| *Pictet-Spengler*-Synthese | Synthese von Isochinolinen aus $\beta$-Phenylethylamin und Aldehyd | ▶ S. 850 |
| Pinakol-Kupplung | Reduktive Dimerisierung von Aceton durch Magnesium | ▶ S. 330 |
| *Povarov*-Reaktion | Synthese von Chinolinen aus aromatischem Imin (gebildet aus aromatischem Amin und Aldehyd) und Alken in einer Eintopfreaktion | ▶ S. 587 |
| *Prileschajew*-Reaktion | Bildung von Epoxiden bei der Reaktion von Alkenen mit Persäuren | ▶ S. 248 |
| *Prins*-Reaktion | Säurekatalysierte Anlagerung von Formaldehyd an Alkene unter Bildung von 1,3-Diolen | ▶ S. 157 |
| *Pschorr*-Synthese | Darstellung von Phenanthrenderivaten aus einer diazotierten $\alpha$-Phenyl-*o*-aminozimtsäure in Gegenwart von Kupferpulver | ▶ S. 680–681 |
| *Pummerer*-Umlagerung | In Gegenwart von Säureanhydriden ablaufende Umlagerung von Sulfoxiden zu $\alpha$-Acyloxysulfiden | ▶ S. 252 |
| *Radziszewski*-Imidazolsynthese | Imidazolsynthese aus Formaldehyd, Ammoniak und 1,2-Diketon | ▶ S. 804 |
| *Raschig*-Verfahren, auch *Raschig-Hooker*-Prozess | Herstellung von Phenol aus Benzen durch Überführung in Chlorbenzen und anschließende Hydrolyse | ▶ S. 528 |

| | | |
|---|---|---|
| *Raymond*-Reaktion | Nachweis von CH-aziden Verbindungen nach Deprotonierung und Reaktion mit *m*-Dinitrobenzen als Polynitroaromat zum *Meisenheimer*-Komplex | ► S. 29 |
| *Reed*-Reaktion | Synthese von Sulfonsäuren durch Reaktion von Alkanen mit Schwefeldioxid und Chlor in einer Sulfochlorierung | ► S. 264 |
| *Reformatsky*-Reaktion | Darstellung von $\beta$-Hydroxycarbonsäureestern aus Organozinkverbindungen von Halogencarbonsäureestern und Carbonylverbindungen | ► S. 290<br>► S. 408 |
| *Reimer-Tiemann*-Synthese | Darstellung von Phenolaldehyden aus Phenol, Chloroform und Alkali | ► S. 583 |
| *Remsen-Fahlberg*-Verfahren | Synthese von Saccharin aus Toluen | ► S. 547 |
| *Reppe*-Synthese | Hauptreaktionen der Acetylenchemie: Vinylierung, Ethinylierung, Cyclisierung, Carbonylierung | ► S. 171 |
| Retro-*Diels-Alder*-Reaktion | Umkehrreaktion der *Diels-Alder*-Cyclisierung | ► S. 369 |
| *Rieke*-Verfahren | Variante der *Reformatsky*-Reaktion zur Synthese von $\beta$-Hydroxycarbonsäuren unter Verwendung von Zinkhalogeniden und Kalium | ► S. 409 |
| *Robinson*-Anellierung | Darstellung bicyclischer Ketone aus Cyclohexanonen durch Umsetzung mit einer $\alpha,\beta$-ungesättigten Carbonylverbindung, Kombination einer *Michael*-Reaktion mit anschließender Aldolreaktion | ► S. 734 |
| *Robinson-Gabriel*-Synthese | Oxazolsynthese aus acylierten Aminoketonen | ► S. 812 |
| *Rosenmund*-Reduktion | Katalytische Reduktion von Carbonsäurechloriden zu Aldehyden | ► S. 306<br>► S. 377 |
| *Ruff*-Abbau | Oxidative Verkürzung der Kohlenstoffkette einer Aldose um ein Kohlenstoffatom | ► S. 476 |
| *Ruggli-Ziegler*sches Verdünnungsprinzip | Methode zur Herstellung großer Ringe aus difunktionellen Verbindungen (z. B. Dinitrilen), wobei durch Verdünnungsmaßnahmen die intramolekulare Cyclisierung vor der intermolekularen Polymerisation begünstigt wird | ► S. 186–187 |
| *Runge*sche Chlorkalkreaktion | Nachweisreaktion von Anilin mit Chlorkalk | ► S. 619 |
| *Sachsse-Bartholomé*-Verfahren | Technisches Verfahren zur Herstellung von Acetylen | ► S. 169 |
| *Sandmeyer*-Reaktion | Ersatz der Diazoniumgruppe in aromatischen Verbindungen durch Halogene (außer Fluor) oder die Cyangruppe in Gegenwart der entsprechenden Kupfer(I)-Salze | ► S. 630 |
| *Sanger*-Verfahren | Enzymatisches Verfahren zur Sequenzanalyse von DNA | ► S. 993 |
| *Sanger*-Reagenz | 1-Fluor-2,4-dinitrobenzen: Reagenz zum Nachweis von Aminosäuren über nucleophile aromatische Substitution; Reagenz zur Identifizierung der *N*-terminalen Aminosäure eines Peptids | ► S. 959 |
| *Saytzeff*-Produkte | Aussage über das bevorzugte Produkt bei der $\beta$-Eliminierung von Halogenwasserstoff aus Alkylhalogeniden, wenn die Bildung mehrerer regioisomerer Alkene möglich ist | ► S. 226 |
| *Schiff*sche Base | Kondensationsprodukt von Aldehyden und Ketonen mit primären Aminen | ► S. 586 |
| *Schiff*sches Reagenz | Wässrige Lösung von Fuchsin, die durch Schwefeldioxid entfärbt wurde | ► S. 650 |
| *Schlenk*-Gleichgewicht | In *Grignard*-Lösungen vorliegendes, vom Lösemittel abhängiges Gleichgewicht zwischen monomeren und dimeren Organomagnesiumverbindungen | ► S. 286 |

| | | |
|---|---|---|
| *Schmidt*-Reaktion | Einwirkung von Stickwasserstoffsäure in Gegenwart konzentrierter Schwefelsäure auf Carbonsäuren unter Bildung primärer Amine | ▶ S. 226 |
| *Schöllkopf*-Reaktion | Enantioselektive Synthese von Aminosäuren über die Bislactimether eines Dioxopiperazins | ▶ S. 886 |
| *Schotten-Baumann*-Verfahren | Einführung der Benzoylgruppe mit Benzoylchlorid in wässrigem Alkali | ▶ S. 602 |
| *Schwartz*-Reagenz | Komplex aus zwei Cyclopentadienyl-Anionen und einem zentralen Zirconiumchlorhydrid | ▶ S. 700 |
| *Schweizers* Reagenz | Ammoniakalische Kupfer(II)-hydroxidlösung; Lösungsmittel für Cellulose | ▶ S. 507 |
| *Seebach*-Reagenz | TADDOL (Tetraaryl-1,3-dioxolan-4,5-dimethanol) | ▶ S. 289 |
| *Seignette*-Salz | Kaliumnatriumtartrat; Bestandteil der *Fehling*schen Lösung | ▶ S. 308 |
| *Seliwanow*-Reaktion | Farbreaktion zur Erkennung von Hydroxymethylfurfurol | ▶ S. 770 |
| *Shapiro*-Reaktion | Darstellung von Alkenen aus Tosylhydrazonen unter Einwirkung starker Basen | ▶ S. 326 |
| *Sharpless*-Reagenz | Reagenz zur stereoselektiven Epoxidierung substituierter Allylalkohole | ▶ S. 412 |
| *Simmons-Smith*-Reaktion | Cyclopropansynthese aus Alkenen mit einer aus Diiodmethan erzeugten zinkorganischen Verbindung | ▶ S. 290 |
| *Skraup*sche Synthese | Darstellung von Chinolin aus Anilin und Glycerol in Gegenwart von Nitrobenzen als Dehydrierungsmittel | ▶ S. 848 |
| *Sommelet*-Reaktion | Darstellung von Benzaldehyd aus Benzylchlorid und Hexamethylentetramin | ▶ S. 580 |
| *Sonogashira*-Kupplung | Palladium-katalysierte Substitution endständiger Alkinylgruppen | ▶ S. 139<br>▶ S. 302 |
| SSS-Regel | Die Umsetzung von Alkylbenzenen mit Chlor oder Brom in Gegenwart von Licht und/oder in der Hitze führt zur Halogenierung in der Seitenkette. | ▶ S. 532 |
| *Stas-Otto*-Trennungsgang | Trennung von Stoffgemischen (z. B. Arzneistoffen) durch Extraktion aus wässriger Phase mit organischen Lösemitteln bei verschiedenen pH-Werten | ▶ S. 28 |
| *Steglich*-Veresterung | Veresterung von Carbonsäurederivaten mit 4-DMAP als Katalysator | ▶ S. 377<br>▶ S. 602 |
| *Stephen*-Reduktion | Reduktion aromatischer Nitrile mit Zinn(II)-chlorid zu aromatischen Aldehyden, z. B. Benzaldehyd | ▶ S. 581 |
| *Stille*-Kupplung, auch *Stille*-Reaktion | Pd-katalysierte C—C-Verknüpfung zwischen Organozinnverbindung und Alkylhalogenid | ▶ S. 302 |
| *Stobbe*-Kondensation | Kondensation von Aldehyden und Ketonen mit Bernsteinsäureester in Gegenwart von Basen | ▶ S. 915 |
| *Stork*-Reaktion | Synthese von $\alpha$-Alkyl- oder $\alpha$-Acylcarbonylverbindungen aus Enaminen | ▶ S. 328 |
| *Strecker*-Abbau | Abbau von $\alpha$-Aminosäuren durch Carbonylverbindungen (z. B. Ninhydrin) unter Decarboxylierung und oxidativer Desaminierung zu einem um ein Kohlenstoffatom ärmeren Aldehyd | ▶ S. 485<br>▶ S. 663<br>▶ S. 879 |

| | | |
|---|---|---|
| *Strecker*-Synthese | Darstellung von Aminosäuren durch Einwirkung von Blausäure und Ammoniak auf Aldehyde und Hydrolyse des primär entstandenen Aminonitrils | ▶ S. 416 |
| | Darstellung von Ethylendiamintetraessigsäure aus Blausäure und Ethylendiamin | ▶ S. 421 |
| Substitutionsreaktionen | Reaktion, bei der Atome oder Atomgruppen in einer Verbindung durch andere funktionelle Gruppen ersetzt werden; kann nucleophil, elektrophil oder radikalisch ablaufen. | ▶ S. 511<br>▶ S. 517–519 |
| *Suzuki*-Kupplung | Pd-katalysierte C—C-Verknüpfung von Arylboronsäuren mit Halogenaromaten | ▶ S. 303 |
| *Swarts*-Reaktion | Überführung von Alkylhalogeniden in Alkylfluoride mit Metallfluoriden als Fluorierungsmittel | ▶ S. 215 |
| *Swern*-Oxidation | Oxidation primärer Alkohole zu Aldehyden mit dem durch Oxalylchlorid aktivierten Dimethylsulfoxid | ▶ S. 306 |
| *Takai*-Methylenylierung | Synthese von Alkenen aus Carbonylverbindungen | ▶ S. 214 |
| *Takai*-Reagenz | Reagenz aus Zink, einer Titan(IV)-Verbindung und Methyleniodid oder -bromid, mit dem Aldehyde, Ketone oder Ester in Olefine überführt werden können | ▶ S. 214 |
| *Takasago*-Menthol-Prozess | Synthese von (–)-Menthol aus Myrcen | ▶ S. 710 |
| *Taylor*-Pteridin-Synthese | Synthese von Pteridin | ▶ S. 908 |
| *Tebbe*-Reagenz | Metallorganisches Reagenz zur Methenylierung von Carbonylverbindung, dient z. B. zur Darstellung von Enolethern aus Carbonsäureestern | ▶ S. 700 |
| *Teichmann*sche Kristalle | Kristalle des Hämins aus dem Hämoglobin | ▶ S. 759 |
| *Tennessee-Eastman*-Verfahren | Großtechnische Synthese von Acetanhydrid | ▶ S. 380 |
| Thiazolsynthese nach *Hantzsch* | Durch Kondensation von $\alpha$-Halogenketonen mit Thioamiden | ▶ S. 815 |
| Thio-*Claisen*-Umlagerung | Sigmatrope Reaktion, bei der Arylthioether in Thiophenole umgelagert werden | ▶ S. 572 |
| *Thorpe-Ziegler*-Reaktion | Cyclisierung langkettiger Dinitrile (entspricht der *Dieckmann*-Kondensation) | ▶ S. 115 |
| *Tillmann*s Reagenz | 2,6-Dichlorphenol-indophenol; Reagenz zur quantitativen Bestimmung der Ascorbinsäure | ▶ S. 492 |
| *Tischtschenko*-Reaktion | Darstellung von Estern aus Aldehyden durch Disproportionierung mit Aluminiumalkoholat in wasserfreiem Medium | ▶ S. 316 |
| *Tollens*-Reagenz | Ammoniakalische Silbernitratlösung | ▶ S. 308 |
| *Tollens*-Reaktion | Nachweis reduzierender Zucker mit *Tollens*-Reagenz | ▶ S. 308 |
| *Tollens*sche Ringformel | Aus der *Fischer*-Projektion entwickelte Ringformel der Zucker | ▶ S. 472 |
| *Traube*-Synthese | Vielseitige Methode zur Darstellung von Purinderivaten (z. B. Harnsäure) | ▶ S. 905 |
| *Tröger*sche Base | Heterocyclisches, zweiwertiges, tertiäres Amin, das in Enantiomere gespalten werden konnte | ▶ S. 64 |
| *Trommer*-Reaktion | Variante der *Fehling*-Reaktion unter Ausnutzung der Fähigkeit der Zucker zur Komplexbildung | ▶ S. 487 |

| | | |
|---|---|---|
| *Tschitschibabin*-Kohlenwasserstoff | Biphenylderivat mit zwei ungepaarten Elektronen, die sich unter Ausbildung eines chinoiden Systems zu 90 % zu einem $\pi$-Elektronenpaar absättigen können | ▸ S. 657 |
| *Tschitschibabin*-Reaktion | Direkte Aminierung von Pyridin zum 2-Aminopyridin durch Umsetzung mit Kaliumamid | ▸ S. 836 |
| *Tschugaew*-Nickelnachweis | Mit Dimethylglyoxim | ▸ S. 441 |
| *Twitchell*-Reaktiv | Emulgator für Fette in Wasser | ▸ S. 389 |
| *Twitchell*-Verfahren | Verseifung der Fette mit verdünnter Schwefelsäure unter Verwendung des *Twitchell*-Reaktivs | ▸ S. 389 |
| *Ugi*-Reaktion | Mehrkomponentenreaktion, bei der eine Carbonylverbindung (Aldehyd/Keton) mit einem Amin, einem Isonitril und einer Carbonsäure zu einem Bis-Amid reagieren | ▸ S. 458 |
| *Ullmann*-Reaktion | Darstellung von Biphenylen durch Erhitzen von Iodbenzen mit Kupferbronze | ▸ S. 622 |
| *Ullmann*-Kondensation | Variante der *Ullmann*-Reaktion, bei der Phenole oder Arylamine mit Iodbenzen in Gegenwart von Kupferbronze aryliert werden | ▸ S. 640 |
| *van Slyke*-Bestimmung | Gasvolumetrische quantitative Bestimmung von $\alpha$-Aminosäuren nach Umsetzung mit salpetriger Säure unter Abspaltung von Stickstoff | ▸ S. 417 |
| *Vilsmeier-Haack*-Reagenz, auch *Vilsmeier-Haack*-Komplex | Formylierungsreagenz, das aus *N*-Methylformanilid und Phosphoroxychlorid gebildet wird. | ▸ S. 583 |
| *Vilsmeier-Haack*-Synthese | Formylierung aromatischer Verbindungen (z. B. Phenolether, Dialkylaniline) mittels des *Vilsmeier-Haack*-Komplexes | ▸ S. 582 |
| *Wacker-Hoechst*-Verfahren | Oxidation von Alkenen mit Luft in wässriger Palladiumchlorid/ Kupfer(II)-chlorid-Lösung<br>Dabei gewinnt man:<br>aus Ethylen → Acetaldehyd<br>aus Propen → Aceton<br>aus 1-Buten → Ethylmethylketon | ▸ S. 300<br><br><br>▸ S. 320<br>▸ S. 332<br>▸ S. 335 |
| *Wacker*-Verfahren | Technische Umsetzung von Keten mit Eisessig zu Essigsäureanhydrid | ▸ S. 382 |
| *Wagner-Meerwein*-Umlagerung | Anionotrope 1,2-Umlagerung von Alkylresten in Carbokationen, die zu Gerüstumlagerungen führt | ▸ S. 182 |
| *Wanzlick*-Gleichgewicht | Gleichgewicht zwischen Carbenen und Ethylenen | ▸ S. 463 |
| *Weinreb*-Amid-Aldehydsynthese | Ein aus Säurechlorid und *N,O*-Dimethylhydroxylamin gebildetes *N,O*-Dimethylhydroxyamid wird mit DIBAH zum Halbaminal reduziert, das nach Hydrolyse den entsprechenden Aldehyd liefert. | ▸ S. 307 |
| *Wheland*-Intermediat / -Komplex | $\sigma$-Komplex, Zwischenstufe bei der elektrophilen aromatischen Substitutionsreaktion | ▸ S. 517 |
| *Wieland-Gumlich*-Aldehyd | Abbauprodukt von Strychnin | ▸ S. 940 |
| *Wilkinson*-Katalysator | Chlor-tris(triphenylphosphin)-rhodium(I); homogener Hydrierungskatalysator | ▸ S. 298 |
| *Willgerodt-Kindler*-Reaktion | Umwandlung aliphatisch-aromatischer Ketone in Carbonsäurethioamide mit gleicher Kohlenstoffzahl beim Erhitzen mit Schwefel in Morpholin | ▸ S. 595 |

| | | |
|---|---|---|
| *Williamson*-Synthese | Ethersynthese durch Umsetzung von Alkalialkoholaten mit Alkylhalogeniden | ▶ S. 248<br>▶ S. 571 |
| *Wittig-Horner*-Reaktion | Synthese von Alkenen durch Reaktion von Carbonylverbindungen mit Alkylphosphinoxiden | ▶ S. 276 |
| *Wittig*-Reaktion | Carbonyl-Olefinierung von Aldehyden bzw. Ketonen durch Umsetzung mit einem Phosphorylid, das durch Deprotonierung aus einem Alkyltriphenylphosphoniumsalz entsteht | ▶ S. 273 |
| *Wöhler*sche Harnstoffsynthese | Darstellung von Harnstoff aus Ammoniumcyanat | ▶ S. 1<br>▶ S. 437 |
| *Wohl*-Verfahren | Verkürzung der Kohlenstoffkette einer Aldose um ein Kohlenstoffatom durch Überführung in das Aldoxim, dessen Dehydratisierung zum Nitril und Abspaltung von Blausäure | ▶ S. 476 |
| *Wohl-Ziegler*-Reaktion | Regioselektive Bromierung von Alkenen in der Allylstellung mit *N*-Bromsuccinimid | ▶ S. 356 |
| *Wolff-Kishner*-Reduktion | Reduktion von Carbonylgruppen zur Methylengruppe durch Erhitzen der Keton- oder Aldehydrazone in basischer Lösung | ▶ S. 330 |
| *Wolff*-Umlagerung | Umlagerung von Diazoketonen zu Ketenen | ▶ S. 378 |
| *Wurster*s Rot | Durch Oxidation von *N,N*-Dimethyl-*p*-phenylendiamin entstehendes Radikalkation | ▶ S. 656 |
| *Wurtz-Fittig*-Synthese | Umsetzung eines Halogenbenzens mit einem Alkylhalogenid in Gegenwart von Natrium zum entsprechenden Alkylbenzen | ▶ S. 517 |
| *Wurtz*-Synthese | Bildung von Kohlenwasserstoffen aus Alkylhalogeniden und Natrium | ▶ S. 104 |
| *Young*-Verfahren | Technisches Verfahren zur Herstellung von absolutem Alkohol | ▶ S. 179 |
| *Zerewitinoff*-Methode | Nachweisreaktion von „aktiven" (= aciden) Wasserstoffatomen mit Methylmagnesiumiodid | ▶ S. 287 |
| *Ziegler*-Alkylierung, auch *Ziegler*-Reaktion | Alkylierung von Pyridin mit Organolithiumverbindungen | ▶ S. 877 |
| *Ziegler-Hafner*-Synthese | Synthese von Azulen, siehe auch *Hafner*sche Azulen-Synthese | ▶ S. 691 |
| *Ziegler*-Katalysator | Metallorganischer Mischkatalysator zur Polymerisation von Ethylen bei Normaldruck nach dem *Ziegler*-Verfahren | ▶ S. 143<br>▶ S. 157 |
| *Ziegler-Natta*-Katalysator | Metallorganischer Mischkatalysator zur koordinativen Kettenpolymerisation, die auch zu einem stereoregulären Produkt geführt werden kann | ▶ S. 141 |
| *Ziegler*-Verfahren | *Mülheimer*-Normaldruckverfahren zur Polymerisation von Ethen zu Polyethylen | ▶ S. 285 |
| *Zimmermann*-Reaktion | Durch nucleophile Addition an einen Aromaten entstandene *Meisenheimer*-Komplexe werden durch Oxidation in die sog. *Zimmermann*-Verbindungen überführt. | ▶ S. 29 |
| *Zincke*-Aldehyd | 5-*N*-Methylamino-2,4-pentadienal; Reaktionspartner für Cyclopentadien bei der Synthese von Azulen | ▶ S. 691<br>▶ S. 838 |
| *Zincke-König*-Spaltung | Ringöffnung von Pyridinen nach Umsetzung zu einem Pyridinium-Salz | ▶ S. 838 |

## Bildnachweis

○ Abb. 1.1, oben: Deutsche Bundespost, Gedenkmarke zum hundertsten Todesstag von Friedrich Wöhler (1800–1882); ○ Abb. 1.3: American Chemical Society, Journal of Organic Chemistry, Washington, DC, USA; http://pubs.acs.org/page/joceah/submission/ccc.html; ○ Abb. o. Nr., S. 4: Göttinger Digitalisierungszentrum, Georg-August-Universität Göttingen; ○ Abb. 1.4, Mitte: Hübschle CB et al. Comparative experimental electron density and electron localization function study of thymidine based on 20 K X-ray diffraction data. Acta Cryst Sec B, B64: 363, 2008; ○ Abb. 2.15, oben: Grabowsky S, Weber M, Jayatilaka D, Chen Y-S, Grabowski MT, Brehme R, Hesse M, Schirmeister T, Luger, P. Reactivity Differences between α,β-Unsaturated Carbonyls and Hydrazones Investigated by Experimental and Theoretical Electron Density and Electron Localizability Analyses. J Phys Chem A, 115(45): 12715–12732, 2011; ○ Abb. 2.43, oben rechts: LHcheM, Creative Commons, CC-BY-SA-3.0; ○ Abb. 3.10: Prof. Dr. Bernd Engels, Universität Würzburg; ○ Abb. 3.12: Nachdruck aus Mendeleev Communication, 13/3, Yoshito Tobe, The reexamination of Pasteur's experiment in Japan, 93–94, 2003, mit freundlicher Genehmigung des Elsevier Verlags. Skizze nach einer Originalveröffentlichung von Louis Pasteur: Pasteur L, Ann Chim Phys, 28(3): 56, 1850; ○ Abb. 3.37: Ramachandran-Plot: Prof. Dr. Bernd Engels, Universität Würzburg; ○ Abb. 4.4 A: Prof. Dr. Roland Boese, Universität Duisburg-Essen; ○ Abb. 4.4 B: Wusel007, Creative Commons, CC-BY-SA-3.0; ○ Abb. 4.4 C: Prof. Heyko J. Schultz, Hochschule Niederrhein; ○ Abb. 4.41: Zumthie, public domain, via Wikimedia Commons; ○ Abb. 5.32: Forest u. Kim Starr, Creative Commons, CC-BY-3.0; ○ Abb. 5.72: Mit freundlichem Dank an Thomas Driesch; ○ Abb. 6.7: Adrian Michael, Creative Commons, CC-BY-SA-3.0; ○ Abb. 6.8: Schaubrennerei Schmider „Zum Messerschmied", Ebbs, Österreich; ○ Abb. 6.16: FASTILY, Creative Commons, CC-BY-SA-3.0; ○ Abb. 6.17: tinofrey, public domain, via Wikimedia Commons; ○ Abb. 6.19: Rongy Benjamin (Flickr: benachou), Creative Commons, CC-BY-ND-2.0; ○ Abb. 6.26: Quartl, Creative Commons, CC-BY-SA-3.0; ○ Abb. 6.35: Leistner E, Breckle S-W. Pharmazeutische Biologie kompakt. Grundlagen – Systematik – Humanbiologie. 8. Aufl., Wissenschaftliche Verlagsgesellschaft, Stuttgart 2013; ○ Abb. 7.7 A: Daniel Schwen, Creative Commons, CC-BY-SA-2.5; ○ Abb. 7.7 B: peterhartree, Creative Commons, CC BY-SA 2.0; ○ Abb. 7.8: Portrait John D. Roberts, Michigan State University, Department of Chemistry, MSU Gallery of Chemists' Photo-Portraits and Mini-Biographies, Portrait 58; ○ Abb. 7.13 A: Portrait Alexander Mikhaylovich Zaytsev (1841–1910), Ende 19. Jhdt., public domain, via Wikimedia Commons; ○ Abb. 7.13 A: Gemälde August Wilhelm von Hofmann (1818–1892), Künstler: Heinrich Angeli (1840–1925), public domain, via Wikimedia Commons; ○ Abb. 7.17, links: Wellcome Library, London , Creative Commons, CC-BY-4.0, via Wikimedia Commons; ○ Abb. 7.17, rechts: Drägerwerk AG (Hrsg.). Die Geschichte der Dräger Narkoseapparate. Originalmanuskript: Haupt J, 1970, 1. überarbeitete Version 1996; ○ Abb. 7.21: Anna Barnett, Creative Commons, CC-BY-2.0; ○ Abb. 7.25: US Army Signal Corps, public domain; ○ Abb. 7.27: Dr. Reiner Düren, Creative Commons, CC-BY-SA-3.0; ○ Abb. 7.28 B: NASA/USA; ○ Abb. 7.28 C: Meteoschweiz/Payerne, modifiziert; ○ Abb. 7.29, Mitte: NASA/USA; ○ Abb. 7.30 A : Teemu Rajala, Creative Commons, CC-BY-3.0; ○ Abb. 7.30 B: Janwikifoto, science.in2pic, Creative Commons, CC-BY-SA-3.0; ○ Abb. 7.30 C: Markus Pössel, Creative Commons, CC-BY-SA-3.0; ○ Abb. 8.6: W. R. Gowers. A Manual of Diseases of the Nervous System, Vol. II, pp. 591. J. & A. Churchill, London 1886; ○ Abb. 8.24: Bundeskriminalamt, Jahresberichte und Lagebilder, Rauschgiftkriminalität, Bundeslagebild 2011; ○ Abb. 8.25: Gerd W. Zinke, Creative Commons, CC-BY-SA-3.0; ○ Abb. 8.42 A: NASA/USA; ○ Abb. 8.42B: NASA/USA; ○ Abb. 9.2 B: Universität Halle-Wittenberg, Institut für Hochschulforschung; Medizinalentwicklung in Wittenberg vor und nach der Universität; ○ Abb. 11.4: Portrait Victor Grignard (1871–1935), Generalstabens Litografiska Anstalt Stockholm, public domain, via Wikimedia Commons, bearbeitet; ○ Abb. 11.10: Portrait Edward Frankland (1825–1899), ca. 1870; public domain, via Wikimedia Commons; ○ Abb. 11.16: Own work, Creative Commons, CC-BY-3.0; ○ Abb. 12.6: Prof. Blumes Bildungsserver für Chemie, Foto: Sandra Truschkowski; ○ Abb. 12.7: Tmv23, Creative Commons, CC-BY-SA-3.0; ○ Abb. 13.10: SLM – Speziallabor für angewandte Mikrobiologie GmbH, Berlin; ○ Abb. 13.13: Fritz Geller-Grimm, Creative Commons, CC-BY-SA-2.5; ○ Abb. 13.14: 3268zauber, Creative Commons, CC-BY-SA-3.0; ○ Abb. 13.16: Laila Remahl, Creative Commons, CC-BY-SA-3.0; ○ Abb. 13.19: Hannes Grobe, Creative Commons, CC-BY-SA-2.5; ○ Abb. 13.40: Simon A. Eugster, Creative Commons, CC-BY-SA 3.0; ○ Abb. 13.50: Mona Lisa, Louvre/Paris, Detailaufnahme, Künstler: Leonardo da Vinci (1452–1519); ○ Abb. 13.52: NASA/USA; ○ Abb. 14.14: Porträt Hermann Staudinger, Fr. Schmelhaus, ETH Zürich, ETH-Bibliothek, Bildarchiv; modif. Regi51, Creative Commons, CC-BY-SA-3.0; ○ Abb. 15.32 A: Deutsche Fotothek, Creative Commons, CC-BY-SA-3.0; ○ Abb. 15.32 B: Bundesarchiv, Bild 183-60599-0007, Weiss, Creative Commons, CC-BY-SA; ○ Abb. 16.2: Südtiroler Archäologiemuseum, Eurac, Marco Samadelli, Gregor Staschitz; M. Samadelli. Iceman photoscan. EURAC Research Institute for Mummies and the Iceman (ed.), Verlag Dr. Friedrich Pfeil, München 2009; ○ Abb. 16.17: Moebius1, Creative Commons, CC-BY-SA-3.0; ○ Abb. 16.28: Georg Slickers, Creative Commons, CC-BY-SA-3.0; ○ Abb. 16.33: Simone.lippi, Creative Commons, CC-BY-SA-2.0; ○ Abb. 16.36: Prof. Edward Emerson Barnard, Yerkes Observatory, Williams Bay, Wisconsin; ○ Abb. 16.38: Siegert, public domain, via Wikimedia Commons; ○ Abb. 17.46: Maya Dumat, Creative Commons, CC-BY-2.0; ○ Abb. 17.48: Thomas Kohler, Creative Commons, CC-BY-SA-2.0; ○ Abb. 17.53 A: Peggy Greb, publich domain, via Wikimedia Commons; ○ Abb. 17.53 B: Rufino Uribe, Creative Commons, CC-BY-SA-2.0; ○ Abb. 17.53 C: Editor at Large, Creative Commons, CC-BY-SA-2.5; ○ Abb. 17.61: Jan Homann, public domain, via Wikimedia Commons; ○ Abb. 17.63: Kiselov Yuri, public domain, via Wikimedia Commons; ○ Abb. 17.76: Jan Homann, public domain, via Wikimedia Commons; ○ Abb. 19.14: Halifax explosion, 06.12.1917, Bedford Basin, Halifax, Nova Scotia, Canada, Fotograf unbekannt, public domain, via Wikimedia Commons; ○ Abb. 19.27: FA2010, Zucker-Museum Berlin, public domain, via Wikimedia Commons; ○ Abb. 20.1: Bartłomiej Bulicz, Creative Commons, CC-BY-SA-3.0; ○ Abb. 20.10: Holger.Ellgaard, Creative Commons, CC-BY-SA 3.0; ○ Abb. 20.46: Prof. Blumes Bildungsserver für Chemie; ○ Abb. 21.4: David Monniaux, Creative Commons, CC-BY-SA-3.0; ○ Abb. 21.21: B.navez, Creative Commons, CC-BY-SA-3.0; ○ Abb. 21.42: Wibowo Djatmiko (Wie146), Creative Commons, CC-BY-SA-3.0; ○ Abb. 21.59: Anonymous, Creative Commons, CC-BY-SA-3.0; ○ Abb. 21.74: Dierk Schaefer, Creative Commons, CC-BY-2.0; ○ Abb. 23.3, rechts Mitte: Tigran Mitr am, Creative Commons, CC0-1.0; ○ Abb. 23.3, unten Mitte: Ulfbastel, public domain, via Wikimedia Commons; ○ Abb. 23.3, rechts unten: Saure, Creative Commons, CC-BY-SA-3.0; ○ Abb. 23.8: Mit freundlichem Dank an Carl-Jürgen Bautsch, Hamburg; ○ Abb. 23.9, unten: Ben Mills, public domain, via Wikimedia Commons; ○ Abb. 23.16 A: LHcheM, Creative Commons, CC-BY-SA-3.0; ○ Abb. 23.16 B: LHcheM, Creative Commons, CC-BY-SA-3.0; ○ Abb. 23.16 C: Y tambe, Creative Commons, CC-BY-SA-3.0; ○ Abb. 23.19, rechts: Sagichnich, Creative Commons, CC-BY-SA-3.0; ○ Abb. 24.4: Horoporo, Creative Commons, CC-BY-SA-3.0; ○ Abb. 24.31: Benjah-bmm27, public domain, via Wikimedia Commons; ○ Abb. 25.9 A, B: Eliane Zimmermann, Glengarriff, Irland; ○ Abb. 26.18 A: yeowatzup at Flickr, Creative Commons, CC-BY-2.0; ○ Abb. 26.18 B: Ernst Schagl, Creative Commons, CC-BY-SA-3.0; ○ Abb. 26.18 C: FK1954, public domain, via Wikimedia Commons; ○ Abb. 26.26, rechts: Itineranttrader, public domain, via Wikimedia Commons; ○ Abb. 26.39, links: Jason Hollinger, Creative Commons, CC-BY-2.0; ○ Abb. 26.42: PRA, Creative Commons, CC-BY-SA 3.0; ○ Abb. 27.7: CDC/Dr. Edwin P. Ewing, Jr., public domain, via Wikimedia Commons; ○ Abb. 27.14: James Steakley, Creative Commons, CC-BY-SA-3.0; ○ Abb. 27.18: Stemonitis, Creative Commons, CC-BY-SA-2.5; ○ Abb. 27.23: Philip Jägenstedt, Creative Commons, CC-BY-SA 3.0; ○ Abb. 27.26, unten: Alan Levine (cogdogblog), Creative Commons, CC-BY-SA-2.0; ○ Abb. 27.28: Micha L. Rieser, Creative Commons, CC-BY-SA-3.0; ○ Abb. 28.2, rechts: Brudersohn, Creative Commons, CC-BY-SA-3.0; ○ Abb. 28.10: John Alan Elson, Creative Commons, CC-BY-SA-3.0; ○ Abb. 28.14: Jasmin Barman-Aksözen, Selbsthilfe EPP e.V., Krefeld; ○ Abb. o. Nr., Seite 763, unten rechts: Lecha M, Puy H, Deybach JC. Erythropoietic protoporphyria. Orphanet J Rare Dis 4, 19, 2009, Creative Commons, CC-BY-SA-2.0; ○ Abb. 28.17, rechts: Jon Sullivan, public domain, via Wikimedia Commons; ○ Abb. 28.21, links: FK1954, public domain, via Wikimedia Commons; ○ Abb. 28.29: Siegert, public domain, via Wikimedia Commons; ○ Abb. 28.34 A: Dflanagan, Creative Commons, CC-BY-SA-2.5; ○ Abb. 28.34 B: meharris, Creative Commons, CC-BY-SA-3.0; ○ Abb. 29.5: Muséum de Toulouse, Creative Commons, CC-BY-2.0; ○ Abb. 29.6: Shisha-Tom, bearbeitet, Creative Commons, CC-BY-SA-3.0; ○ Abb. 29.12: Versuchschemie.de, Creative Commons, CC-BY-SA-3.0; ○ Abb. 30.17 A: Benjah-bmm27, public domain, via Wikimedia Commons; ○ Abb. 30.17 B: Niklas Bildhauer, Creative Commons, CC-BY-SA-2.0; ○ Abb. 30.57: Crulina 98, Creative Commons, CC-BY-SA-3.0; ○ Abb. 30.62: firefly 8823, Creative Commons, CC-BY-SA-2.0; ○ Abb. 32.21: Chmee2, Creative Commons, CC-BY-3.0; ○ Abb. 33.17: Mutschler E, Geisslinger G, Kroemer H K, Menzel S, Ruth P. Mutschler. Arzneimittelwirkungen, Pharmakologie – Klinische Pharmakologie – Toxikologie. 10. Aufl., Wissenschaftliche Verlagsgesellschaft, Stuttgart 2013; ○ Abb. 33.18: Splarka, public domain, via Wikimedia Commons; ○ Abb. 33.20: James Gathany/CDC, public domain, via Wikimedia Commons; ○ Abb. 33.24: Mnolf, Creative Commons, CC-BY-SA-3.0; ○ Abb. 33.26 A: Socom58, public domain, via Wikimedia Commons; ○ Abb. 33.26 B: takato marui, Creative Commons, CC-BY-SA-2.0; ○ Abb. 34.13: Portrait Christiaan Eijkman (1858–1930), Museum Boerhaave, Leiden/Niederlande; ○ Abb. 34.32: Algirdas, public domain, via Wikimedia Commons; ○ Abb. 34.36 A: Portrait Paul Ehrlich (1854–1915), Alfred Krauth, Bildarchiv Bayerische Staatsbibliothek, Porträt- und Ansichtensammlung, Bild-Nr. port-003494, public domain; ○ Abb. 33.36 B: H. Hoffmeister, Creative Commons, CC-BY-SA-3.0; ○ Abb. 35.17 A: Sarefo, Creative Commons, CC-BY-SA-3.0; ○ Abb. 35.17 B: Darkone, Creative Commons, CC-BY-SA-2.5; ○ Abb. 35.17 C: Michael H. Lemmer, Creative Commons, CC-BY-SA-2.5; ● Abb. 35.24: Mit freundlichem Dank an Thomas Seilnacht; ● Abb. 36.2: my grabdma (Joachim Müllerchen), Creative Commons, CC-BY-SA-3.0; ● Abb. 36.3: H. Krisp, Creative Commons, CC-BY-3.0; ● Abb. 36.5 A: K Hari Krishnan, Creative Commons, CC-BY-SA-3.0; ● Abb. 36.5 B: Bunchofgrapes, Creative Commons, CC-BY-SA-3.0; ● Abb. 36.11 A: Pratheepps, Creative Commons, CC-BY-SA-2.5; ● Abb. 36.11 B: Mohonu, public domain, via Wikimedia Commons; ● Abb. 36.12 A: Kurt Stüber, Creative Commons, CC-BY-SA-3.0; ● Abb. 36.12 B: Dontworry, Creative Commons, CC-BY-SA-3.0; ● Abb. 36.14: Darina, Creative Commons, CC-BY-SA-3.0; ● Abb. 36.16: Imaadwhd@gmail.com, Creative Commons, CC-BY-SA-3.0; ● Abb. 36.33: Mpv 51, public domain, via Wikimedia Commons; ● Abb. 36.39: Dominique Jacquin, public domain, via Wikimedia Commons; ● Abb. 36.41: Alan Rockefeller, Creative Commons, CC-BY-SA-3.0; ● Abb. 36.44: Portrait Albert Hofmann (1906–2008), Stepan, Creative Commons, CC-BY-SA-2.0; ● Abb. 37.33: Felipe Süssekind, Creative Commons, CC-BY-2.0.

**Weitere Fotos:** Autoren und Mitarbeiter; **Formelzeichnungen/Graphiken:** Autoren und Mitarbeiter, Dr. Gabriele Lauser, Ruth Hammelehle, Joachim Schreiber.

**Hinweise:** Detaillierte Lizenztexte für Bilder unter Creative-Commons-Lizensierung sind einsehbar unter http://de.creativecommons.org.
Es konnten nicht alle Rechteinhaber von Abbildungen ermittelt werden. Sollte dem Verlag gegenüber der Nachweis der Rechtsinhaberschaft geführt werden, wird das branchenübliche Honorar nachträglich gezahlt.

## Sachregister


**A**

A (Einbuchstaben-Code für Alanin) 948
A1 *s.* Nystatin
ABA (Abscisinsäure) 717
Abbau
- anaerober 104, 399, 403
- bakterieller 403, 497
- enzymatischer 501
- hydrolytischer 454–455
- von Nucleinsäuren 988–990
- radikalischer 352
Abbaubarkeit, biologische
- Formiate 352
- PAK 662
- Polyhydroxybuttersäure 412–413
- Polymere 412–413
Abbeizmittel 215
Abdrücke, zahnmedizinische 727
Abfangreaktion, Isobenzensynthese 166–167
Abführmittel 676–677
Abgangsgruppe 828–829, *s. a.* Austrittsgruppe
- Alkoholat 955–956
- Alkylanionen 310
- *Hofmann*-Eliminierung 210
- Hydridanionen 310
- Sulfonylchloride 546
- Synthese von Nucleosiden 981
- Tetrazol 830
abgeschwächte Totalreflexion *s.* Totalreflexion
Abhängigkeitspotenzial, Alkaloide 918
*abies,* Kolophonium 718
Abietinsäure
- Disproportionierung 723–725
- Reten-Synthese 723–724
- Struktur und Eigenschaften 718
Ablagerungen, arteriosklerotische 736
ABS *s.* Alkylbenzensulfonate
ABS (Acrylnitril-Butadien-Styrol) 728–729
Abschirmung *s. a.* sterische Abschirmung
- Atomkerne 46
Abschrecken, Crackgase 130
Abscisinsäure (ABA) 717
ABS-Kunststoffe 728–729
absolute Konfiguration *s.* Konfiguration
absoluter Alkohol *s.* Alkohole
Absorptionsbanden 40
- hypsochrome Verschiebung 778
Absorption, selektive 42
Absorptionskoeffizient, molarer 42
Absorptionsmaxima
- Farbvertiefung 42
- UV/Vis-Spektroskopie 41
Absorptionsspektrum, Chromophore 42
Abstandhalter 356
Abstoßung, elektrostatische 22–24, 94
Abtreibungspille 748
Abwasserbehandlung, Haloform-Reaktion 214–215
Acarbose 500
ACE *s. angiotensin converting enzyme*
ACE-Hemmer 758, 963
Acenaphthen
- Chromsäure 669
- EPA-PAK 662
- Steinkohlenteer 669–670
Acenaphthenchinon
- Küpenfarbstoffe 670
- Naphthalsäure 669
Acenaphthylen 662
Acene 661, 682
Acensystem 682
Acesulfam K 897–898
Acetaldehyd 271, 305, 346, 939, 948
- Addition von Ammoniak 311–312
- Alkoholsynthese 181
- Benzaldehyd 585–588
- Butadiensynthese 157
- Chloroformsynthese 214
- Darstellungmethoden 318–319
- Darstellung von Pentaerythrit 196
- Dimerisierung zu Acetaldol 314
- durch Oxidation von Ethanol 182
- Eigenschaften und Anwendungen 318
- essigsäurekatalysierte Aldoladdition 321
- Iodoformprobe 332–333
- Keto-Enol-Tautomerie 171
- Kondensation mit $\alpha$-Picolin 920–921
- Oligomerisierung 317
- Oxidation 380
- petrochemische Industrie 133
- piperinacetatkatalysierte Aldoladdition 321
- reduktive Hydrierung 178–179
- technische Ethinsynthesen 173
- Trihalogenderivate 319–320
- *Wacker-Hoechst*-Verfahren 300–301
Acetaldimin 311–312
Acetaldol 314, 321
- Butadiensynthese 157
- technische Ethinsynthesen 173
Acetale 480, 845
- Bildung 468, 471
- cyclische 480–481
- Kondensationsreaktion 312
- Reaktionen 312
- Schutzgruppe 312
*N,N*-Acetale 312
*O,S*-Acetale 252
Acetal-Glucoside 481
Acetalgruppe 23
Acetalgruppierung, Spaltung 589
Acetalisierung, Schutz 483
Acetal-$\beta,\beta$-diglycoside 481
Acetamide 383
Acetamidin 804
Acetamidinhydrochlorid 396
2-Acetamido-2-desoxy-D-glycan *s.* Chitin
Acetamidomalonester 780–781
Acetanhydrid *s. a.* Essigsäureanhydrid
- Abbau von Zuckern 476–477
- Acetophenon 597–598
- Acylierung von Nucleosiden 983
- Benzaldehyd, *Perkin*-Synthese 612
- bei Darstellung von Isopelletierin 926
- Einwirkung auf Cellulose 509
- Gewinnung von 8-Methylpurin 900
- Hydroxyhydrochinon-Synthese 571
- Markerabbau 751
- Oxazol-Synthese 812
- Reaktion
- - mit ($E$)-Benzaldehydoxim 584
- - mit ($Z$)-Benzaldehydoxim 584
- - von Dicarbonsäuren 353, 366
- Resorcin 566
- Salicylaldehyd 612
- Synthese 380
Acetanilid 623
- Chlorsulfonsäure 626
- Nitrierung 624
- Sulfanilamidsynthese 549
Acetatanion 343
Acetate
- Salze der Essigsäure 346
- Verwendungen 352
Acetatfaser 509–510
Acetatseide 510
Acetazid 397
Acetazolamid 833
Acetessigester 382, 423, 425, 798, 800, 804, *s. a.* Acetessigsäureethylester
- Acylierung 428–429
- Alkylierung 325, 428–429
- CH-Acidität 425–426
- Enolat 425–426
- Enol-Form, qualitativer Nachweis 428
- Enol-Gehalt, quantitative Bestimmung 428
- Kondensation 425–426
- Synthesen mit 428–429


A

Acetessigesterderivate
- Ketonspaltung 429–430
- Säurespaltung 429–430
Acetessigester-Dianion 428–429
Acetessigester-Enolat-Anion 429
Acetessigsäure 423
- Decarboxylierung 352, 424
Acetessigsäure-*tert*-butylester 897–898
Acetessigsäureethylester 423, 425, 756
Acetimidate 484–485
Acetimidoethylester 396
Acetimidoethylesterhydrochlorid 386, 396
Acetindicarbonsäure 411
Aceto-Acetyl-Rest 348
*Acetobacter* 346, 492
- Squalen-Synthese 721
*Acetobacter xylinum* 488
Acetobromglucose 483, 485
Acetohydrazid 397
Acetohydroxamsäure 396
Acetolactat-Synthase 551
Acetolyse 111
- Methylsulfonat 159
Aceton 423
- basenkatalysierte Dimerisierung 332
- Benzaldehyd 585–588
- Bromierung 333
- Chlorierung 333
- Chloroformsynthese 214
- Cyanidaddition 325–326
- Darstellung 332
- Dissousgas 169
- Eigenschaften und Anwendungen 331–332
- *Hock*-Reaktion 519
- in konz. Schwefelsäure 332
- Löslichkeit von Ethin 168
- Nachweis 332
- Petrochemie 132–133
- Phenolsynthese 554
- Photolyse in Cyclopenten 327
- aus Propylenoxid 147
- Reduktion mit Amalgam 330
Acetoncyanhydrin 133, 326
- Darstellung und Thermolyse 242
- Methylmethacrylatsynthese 359–360
Acetondicarbonsäure 411
Acetondicarbonsäureester 925–926
Acetondicarbonsäuremonomethylester 925
Acetonid 329, 480–481
Acetonitril 394, 456, 797
- Butadiensynthese 157
Acetonitril(pentafluorphenyl)-xenon(II)-Kation 282
Acetonthiosemicarbazon 438
Acetonurie 331
Acetophenon 592
- Acetanhydrid 597–598
- Benzylidenacetophenon 597–598
- Carbonylaminierung 520
- Eigenschaften 597
- Enolat-Anion 594
- Ethylbenzen 597–598
- *Friedel-Crafts*-Acylierung 592
- Halogenierung 597–598
- Kondensation 597–598
- *Mannich*-Reaktion 594
- Reduktion 520
- Struktur 579
Acetophenonoxim 520
Acetoxoniumgruppe 482–483
Acetoxonium-Ion 482–483
2-Acetoxygruppe 482–483
16$\beta$-Acetoxygruppe 750
Acetoxygruppe 483–484
Acetylaceton 794–796
2-(Acetylamino)-2-desoxy-D-galactose 489
Acetylaminoaceton 816
*p*-Acetylaminobenzaldehydthiosemicarbazon 442
*p*-Acetylaminobenzensulfonamid 626
*p*-Acetylaminobenzensulfonylchlorid 626
*p*-Acetylaminobenzoesäure 604
2-Acetylamino-4-methylthiazol 816
*N*-Acetylaminosäuren 417
Acetylcellulose 381, 509–510
- Lösemittel 188
Acetylchlorid 376, 381, 397
Acetylcholin 194, 439, 918–919, 926
- Hemmung des Abbaus 926
- Konzentrationserhöhung 926
- Neurotransmitter 926
Acetylcholinesterase (AChE) 194, 439
- Blockade 926
- Hemmung
- - des aktiven Zentrums 262
- - durch Physostigmin 940
Acetylcholinesterase-Inhibitor 926
Acetylcholinrezeptor 194, 918–919
- kompetitive Hemmung 935, 940
- muscarinerger 926
- nicotinerger 922, 926
*N*-Acetylchondrosamin 506
Acetyl-CoA 348, 424, *s. a.* Essigsäure, aktivierte
- Biosynthese 818–819
Acetyl-Coenzym A *s.* Acetyl-CoA
*N*-Acetylcystein 949
*N*-Acetylderivate
- Monosaccharide 489
- Mucopolysaccharide 489
- Neuraminsäure 489
*O*-Acetylderivate, Neuraminsäure 489
*N*-Acetyl-D-glucosamin-Einheiten 505
Acetylen 248, 768, *s. a.* Ethin
- Blausäureaddition 372
- Carbonylierung 359, 457
- Cyclisierung 515
- - mit Knallsäure 812–813
- Wasseranlagerung 319
Acetylendicarbonsäure 824
- Acidität 358
- Darstellung 366
Acetylendicarbonsäureester 794, 796
Acetylendicarbonsäuremethylester, Enophil 371
Acetylen-*Grignard*-Verbindungen, Umsetzung mit Estron 748
Acetylen-Knallgas 170
*N*-Acetylepibatidin 919
Acetylessigsäure 423
*N*-Acetylglucosamin 506
O-Acetylgruppen 508
Acetylgruppe, Schutzgruppe 604, 624
Acetylide 168
Acetylierung
- Aldol-Addukt 612
- basische oder saure 483–484
- Diaceton-$\alpha$-D-glucose 480
- Essigsäureanhydrid 381
- Nachweis acider H-Atome 376–377
- Naphthalen 680–681
- oxidative 145–146
- Serin-Rest der Cyclooxygenase 606–607
Acetylierungsmittel 806
- *N*-Acetyltetrazol 830
*N*-Acetylimidazol 806
*N*-Acetyl-5-methoxytryptamin 781–782
Acetylnitrat, Nitrierungsmittel 537
Acetylpyrazin 879
2-Acetylpyrrol 755–757
Acetylsalicylsäure (ASS) 332, 413–414, 606–607
- IR-Spektrum 41
- Thrombozytenaggregationshemmer 606–607
*N*-Acetyltetrazol 830
2-Acetylthiophen 772
1-Acetylthiosemicarbazid 443
*Achillea millefolium,* Proazulene 723–724
Achterschale *s.* Oktettprinzip
achtfach nitrierte Verbindungen *s.* nitrierte Verbindungen
Achtzehn-Elektronen-Regel 297–298, *s. a.* 18-Elektronen-Regel
Aciclovir 984–985
acide H-Atome 249
- *Grignard*-Verbindungen 287
acide Methylengruppe *s.* Methylengruppe
acide Protonen *s.* Protonen
acide Wasserstoffatome *s.* Wasserstoffatom
Acidität
- Alkohole 175

- Carbonsäuren
- - gesättigte aliphatische 343
- - ungesättigte aliphatische 358
- Carboxygruppe
- - Mehrfachbindungseinfluss 358
- - Substituenteneinfluss 343–344
- Ethin 168
- H-Atome in Carbonsäuren 343
- Imidazol 803
- Ionenaustauscher 558
- konjugierte Säure 379
- M-Effekte 26–27
- Sulfonamid-Proton 230
- Tetrazol 828
- Thiole 175
- Vinylessigsäure 168
CH-Acidität
- Acetessigester 425–426
- Triphenylmethan 644
Aciditätskonstante 344
*acidum*
- *aceticum* s. Essigsäure
- *formicum* s. Ameisensäure
- *lacticum* s. Milchsäure
- *malicum* 350
- *racemicum* s. Traubensäure
*Aci*-Nitroalkanspaltung (*Nef*-Reaktion) 272
ACL 944–945
Aconitsäure 411, 917
*Aconitum*-Art 918
*Aconitum napellus* s. Eisenhut
ACP 348
*Acremonium* 819
Acridan 851
Acridin 847, 858–859
- Additionsreaktion 854
- Anthracenöl 516
- Eigenschaften 847
- Fluoreszenz 847
- katalytische Hydrierung 854
- nucleophile aromatische Substitution 854
- durch Oxidation von Acridan 851
- $\pi$-Elektronenmangel 854
- p$K_B$ 847, 854
- Synthese 851
Acridinderivat, Fluoreszenz 869
Acridinfarbstoff 858–859
Acridiniumsalz, quartäres 854
Acridon 851
Acrolein 358, 795–797, 848, 945
- 1,4-Addition 320
- Aldolkondensation, gekreuzte 320–321
- Dien und Dienophil 844
- Eigenschaften 320
- Heterodien 320
- konjugiertes Doppelbindungssystem 320
- Luftoxidation von Propen 320
- Oberflächenpotenzial 22
- petrochemische Industrie 133
- Struktur 320
- Synthese 320
$\alpha$-Acrose 475
$\beta$-Acrose 475
Acrylamid 373
- Asparagin 485
- frittierte oder gebratene Lebensmittel 373
- nichtenzymatische Bräunung 485
- Struktur 485
Acrylnitril 133, 147, 357, 372, 795–798
- Copolymerisation mit 2-Vinylpyridin 839–840
- partielle Hydrolyse 373
- als statistisches Copolymerisat 727–728
- technische Ethinsynthesen 173
Acrylnitril-Butadien-Styrol (ABS) 729
Acrylnitril-Styrol-Copolymere 728–729
Acrylsäure 320, 358, 402
- Darstellungsmethoden 359
- Derivate
- - Polymerisation 144
- - technische Ethinsynthesen 173
- Eigenschaften 359
- *Michael*-Additionen 367
- petrochemische Industrie 133
- technische Darstellung 173
- typische Reaktionen 367
- aus $\beta$-Hydroxypropionsäure 410
Acrylsäure-1,1-dihydroperfluoroctylester 728
Acrylsäurester 173
ACS s. *American Chemical Society*
ACTH s. Corticotropin
$\alpha$-ACTH 964–965
Actinomyceten 489
*Actinomycetes* 814
Actinomycin D 890–891
Actinomycine 890
*Actinoplanes* s. Acarbose
acyclische Alkane s. Alkane
acyclische Diterpene 718
acyclische Polyene s. Polyene
acyclisches Anhydrid 351
acyclische Sesquiterpenalkohole 716
acyclische Terpene
- Gewinnung und Synthese 709–710
- Struktur und Eigenschaften 704–705
Acylal
- Anomere 483
- funktionelle Gruppe 23
Acylalgruppe 482
Acylaminosäuren 416
*o*-Acylanilin 883
Acylanion 325, 589
Acylasen 416
Acylcarbanionen 200
Acylcarbene 378, 461
- *Wolff*-Umlagerung 237, 461–462
Acyl-*Carrier*-Protein (ACP) 348
Acyl-CoA 193
Acylcyanide 424–425
2-Acylcyclohexanone 328
C- oder O-Acyl-Derivate, Acetessigester 428–429
2-Acylfuran 767
Acylglucuronide 482
Acylglycerole 389
Acylgruppe 340
- aktivierte 956
- Übertragung 955
Acylhalogenide 838, *s. a.* Carbonsäurehalogenide
- *Lewis*-Säure 592–593
Acyl-Harnstoff-Derivat 808
*N*-Acylhomoserinlacton 413
Acylhydrazid 824
acylierter $\beta$-Aminoalkohol 812
acyliertes Acyloin 812
acyliertes Aminoaldehyd 815
acyliertes Aminoketon 812, 815
Acylierung
- Carbonsäurehalogenide 375
- Naphthalen 669
- Phenol 556
- tetraedrisches Intermediat 379
Acylierungskatalysator 838
Acylierungsmittel
- *Friedel-Crafts*-Acylierung 518
- Ketene 383
Acylierungsreagenzien 602
- Formimidchlorid 582
Acylierungsreaktionen 231
*O*-Acylisoharnstoff 379
*O*-Acylisoharnstoff-Derivat 825–826, 955
Acylium-Ionen 345, 556, 592–593
Acylmethyleniminiumsalze 594–595
Acyloin 812, 829
- acyliertes 812
- Kondensation 115–116
- Nachweisreaktion 829
- TTC-Reaktion 829
$\alpha$-Acyloxysulfide 252
Acylphenole 556
*o*-Acylphenylhydrazin 801–802
*N*-Acylpyridiniumchlorid 377
*N*-Acylpyridinium-Ion 377
Acylpyridiniumsalz 602
*N*-Acylpyrrole 756
Acylradikal 327
Acylsubstitution 289
- *N*-Acylpyridinium-Ion 377


A

– Additions-Eliminierungs-Mechanismus 377
– Carbonsäurechloride 376
– Carbonyl-C-Atom 226
– Cyclopentadienyl-Derivate 699
Adamantan 120
– Aminoderivate 125
– Synthese 123
Adamantylgruppe 806
*Adams, B. A.* 558
– Reduktion von Alkenen 139
Addition 768
– aliphatische Diazoverbindungen 110–112
– an Alkene 129
– an Alkine 129, 170–171
– Cyclo- *s.* Cycloaddition
– elektrophile 132
– – Alkoholsynthese 181
– – Alkylhalogenide 134
– – Brom 356
– – Regioselektivität 135
– Halogene 134
– Halogenwasserstoffe 134
– Halogenwasserstoffsäuren 134
– Hydrogensulfit 984
– hypochlorige Säure 136
– konzentrierte Schwefelsäure 136
– nucleophile
– – 1,4-Stellung 354–355, 367
– – Amine an Carbonylgruppen 586
– – Cyanid-Anion 588–589
– – Organomagnesiumverbindungen 286, 288
– oxidative
– – *Heck*-Reaktion 300–301
– – Hydroformylierung 299–300
– – katalytische Hydrierung 299–300
– – *Negishi*-Kupplung 291
– – *Sonogashira*-Kupplung 302–303
– peroxidkatalysierte, Undecylensäure 420
– Petrochemie 132–137
– planare Carbonylgruppe 592
– Protonen 134
– radikalische 132, 135–136
– regioselektive 135
– säurekatalysierte 248
– stereoselektive 368
1,2-Addition 367
– an Diene 151–153
1,4-Addition
– Acrolein 320
– an Diene 151–153
– nucleophile 367
*syn*-Addition 132–134, 236
– C=C-Doppelbindung 291
– *Evans*-Aldolreaktion 322
– Hydrierung von Alkenen 105
– *Prileschajew*-Reaktion 137
– *Simmons-Smith*-Reaktion 462
– Trialkylborane 280
Additions-Eliminierungs-Mechanismus 351, 385, 387, 561, 836–837
– Acylsubstitution 377
– *o*- und *p*-Nitroanilin 620
– Säureamidsynthese 390–391
– Thiocarbonylverbindungen 296
– Veresterung 384
Additionsreaktionen
– Aldehyde 310–312
– Alkene 517–518
– Aromaten 511
– Benzen 512
– Carbonylgruppe 305–306
– Fulleren 685
– *Michael*-Additionen 367
– *ms*-Stellungen des Acensystems 682
– radikalische 527, 533–535
– regioselektive 366–367
– ungesättigte Carbonsäuren 366–367
$\sigma$-Addukte 561
Adenin 879–880, 899, 902, 979
– Abbau im Stoffwechsel 904
– Alkylierung 906
– Coenzym 906
– Desaminierung 903–905
– DNA-Replikation 986–987
– Eigenschaften 906
– Kation 906
– NH-Acidität 906
– Nucleinsäurebaustein 906
– p$K_S$-Wert 906
– protoniertes 900
– Reaktion mit DEPC 983
– Säurekonstante 906
– tautomere Formen 906
– Vorkommen 906
adenocorticotropes Hormon *s.* Corticotropin
Adenohypophyse 964–965
Adenosin
– Desaminierung 983
– methyliertes 994
Adenosindiphosphat 911
Adenosinmonophosphat 911, 983
Adenosin-5'-monophosphat (AMP) *s.* AMP
Adenosin-2,3-monophosphat, cyclisches *s.* cAMP
Adenosinrezeptor 907
Adenosintriphosphat *s.* ATP
*S*-Adenosylmethionin 995
ADH 963
ADHS (Aufmerksamkeitsdefizit-Hyperaktivitätsstörung) 232, 522
Adipinsäure 351, 353
– Polyamide 357
– technische Ethinsynthesen 173
Adipinsäurediester 114–115
Adipinsäureester 145
Adiponitril
– elektrochemische Synthese 357
– Synthese von Nylon-6,6 357
– technische Ethinsynthesen 173
Ado-Cbl 764–765
Adonit(ol) 197
ADP 911
Adrenalin 943
– Brenzcatechin 564
– Chloracetylchlorid 564
– Enantiomerentrennung 564
– enzymatische Biosynthese 565
– Instabilität 576
(*R*)-(–)-Adrenalin 564–565
Adrenalin-*o*-chinon 576
Adrenalin-Schwarz 576
Adrenalon 564
$\beta_2$-adrenerger Rezeptor 943
Adrenochrom 576
adrenocorticotropes Hormon 964
$\alpha$-/$\beta$-Adrenorezeptor-Antagonisten 564–565
Adrenorezeptortypen 564–565
*Adrussow*-Reaktion 372
Adsorptionschromatographie 763
adsorptionschromatographische Trennungen 8
Adsorptionsindikator 798
Adsorptionsisotherme 8
Adsorptionsvorgänge, Stofftrennung 7–8
Adsorption, Trennung von Substanzen 8
Adumbran® 868
*advanced glycosylation end products* 973
AEA 844
Aerosole 2–3, 218
A-Erythrocyt 975
*Aether pro narcosi* 246
Affinitätschromatographie 971–972
Affinitätseinheiten 53
Aflatoxin $B_1$ 613
Aflatoxine 613
Ag *s.* Silber
AGE 973
Agent Orange 550–551, 572
Agfacolor-Verfahren 578
Agglutination 975
Agglutinogen 975
Aggregate
– dimere 293
– micellare 976
Aglycon-Austausch 483–484
Aglycone 481, 676–677, 749
– Saponine 750
– Scillarenin 749–750
Agmatin 950

- Neurotransmitter 950
Agonist 807
- inverser 939
- muscarinerger Acetylcholinrezeptor 926
Agranulocytose 800–801
A+G-Reaktion 992
AHA 410–411, *s. a.* α-Hydroxycarbonsäuren
AHL 413
Ahornsirupkrankheit 948
AIBN 296, 356, 534, *s. a.* α,α'-Azoisobutyronitril
- Darstellung und Thermolyse 242
AIDS 984
Ajoen 266–267
Alkinylgruppe 174
Akkumulation, Giftstoffe 261
Akne 602–603
- Chlorakne 888
Aknebehandlung 719
Aktivatoren, Polymerisation von Alkenen 140
aktive Ameisensäure 913
aktive Methylengruppe 808
aktiver Formaldehyd 913
Aktivester 351, 825, 956
aktives Zentrum
- *angiotensin converting-Enzyme* 963
- Dipeptidylpeptidase-4 965
aktivierte Doppelbindungen *s.* Doppelbindungen
aktivierte Essigsäure (AcetylCoA) *s.* Essigsäure
aktivierte Fettsäuren *s.* Fettsäuren
Aktivierung
- aromatischer Ring 518
- C=C-Doppelbindungen 140
Aktivierungsenergie
- *Klopmann-Salem*-Gleichung 21–22, 24
- Rotation um Bindungen 49–50
- Umwandlung von Stereoisomeren 54
Aktivierungsentropie 134
Aktivierungsreagenz 957–958
Aktivität *s. a.* optische Aktivität
- antivirale 964–966
Aktivitätskoeffizienten 344
Aktivkohle, PVC-Herstellung 145
Akzeptoren, Elektronenpaar- *s.* Elektronenpaar-Akzeptoren
Akzeptorgruppe 821
π-Akzeptor-Ligand, Kohlenstoffmonoxid 458
π-Akzeptor-Wechselwirkung, mit CO-Liganden 298
$Al_2O_3/ThO_2$-Katalysator 754
ALA *s.* 5-Aminolävulinsäure
ALA-Dehydratase 761–762
Alanin 399
- Konfiguration 415
- $pK_S$ 944
- racemisches 948
(*R*)-Alanin 948
(*S*)-(+)-Alanin 405
D,L-Alanin 421
L-(+)-Alanin 404, 421, 948
β-Alanin 421
L-Alaninamid 78
Alaninbenzylester 85–87
β-Alaninnitril 374
Alarmpheromon 326
Albumin 971, 973–974
Al—C—Al-Brücken 293
*alcohol dehydrogenatus* 305
Alcuroniumchlorid 938, 940
Aldarsäuren 477–479
Aldazine 313
Aldehydalkohol 314
Aldehydammoniake 311–312, 318
Aldehydcarbonsäuren 422–423
- Gewinnung und Synthese 424–425
- Reaktionen und Amwendungen 427
- Struktur und Eigenschaften 422–423
Aldehyddimethylacetal, 2,3,4,5-Tetra-*O*-acetyl-1-*O*-trimethylsilyl-β-D-glucopyranose 482
Aldehyde
- acide α-$CH_2$-Gruppe 848–849
- Addition
- - an Alkine 172
- - *Grignard*-Reagenzien 289
- Additionsreaktionen 307, 310–312
- aliphatische 106, *s. a.* Alkanale
- - Kondensationsreaktionen mit aromatischen Aldehyden 585–588
- - Reaktionen mit Cyclopentadien 158
- Alkohole 468, 471
- aromatische 579, 841, *s. a.* aromatische Aldehyde
- Bezeichnung 305
- Blausäureaddition 310–311
- *Cannizzaro*-Reaktion 315–316
- Carbaldehyd 305
- Carbonylkohlenstoffatom 305
- Carbonylkomponente 314
- als Carbonylkomponente 408–409
- C—C-Bindungsknüpfung 336–337
- C—N-Bindungsknüpfung 335–336
- C—O-Bindungsknüpfung 335
- *Criegee*-Mechanismus 139
- C—S-Bindungsknüpfung 335
- Cyanhydrin-Bildung 84
- cyclische Thioacetale 200
- Dimerisierung
- - Aldoladdition 314
- - reduktive 331
- Disproportionierung 335
- durch Oxidation von Alkoholen 179
- elektronenreiche 30–33
- Formylgruppe 305
- Glycolspaltung 188
- Gravimetrie 566
- Hydrazine 313
- Hydroformylierung 319
- Hydrolyse von Ozoniden 138
- Kondensationsreaktionen 307, 309, 312–313
- - mit Fluoren 665
- - mit Inden 663
- mehrfach ungesättigte, höhere 321
- Nachweis 313
- - $^1$H-NMR-Spektroskopie 309
- - mit Dimedon 566
- - *Fehling*-Probe 308
- - *Nash*-Reaktion 309
- - *Nyander*-Probe 308–309
- - Purpald-Probe 309
- - mit Rhodanin 818
- - *Schiff*sche-Probe 309
- - *Tollens*-Probe 308
- Natriumhydrogensulfitaddition 311
- Nomenklatur nach IUPAC 305
- ohne α-ständiges acides H-Atom 315
- Oxidation 334, 344
- Oxosynthese 180, 299–300
- Polymerisation 316–317
- qualitative Analytik 28
- Redoxreaktionen 307
- Reduktion 314–315, 334
- - von Carbonsäurederivaten 306–307
- - von Carbonylgruppen 181
- - zu Aminen 224, 330
- *Reformatsky*-Reaktion 291
- Ring-Ketten-Tautomerie 57
- Trivialnamen 305
- Vergleich mit Ketonen 334
- mit α-ständiger Methyl- oder Methylengruppe 314
- α,β-ungesättigte 320, 848
Aldehydfunktion, Reaktivität 589
Aldehydgruppe 23
- direkt am Benzenkern 579–580
- Einführung in *o*-Stellung 583–584
- maskierte 312
13β-Aldehydgruppe 744
Aldehydhydrate 182, 310, 312
- säure- oder basenkatalysierte Bildung 310–311
Aldehydhydrazon 829
Aldehydzucker 466
*Alder*sche *endo*-Regel 369
Aldimine 307–308, 311–313, 580–581
Aldiminhexachlorostannat 581
Aldiminhydrochlorid 582–583
Alditole 476, *s. a.* Zuckeralkohole
Aldobiose 466, *s. a.* Glycolaldehyd
- Glycol 466
Aldohexosen 466
- D-Glucose 466
- Halbacetalform 480
- natürliche 467–468, 488


A

- optisch aktive 470, 488
- Stereoisomere 467
Aldoketene 382
Aldoladdition 395
- Acetondimerisierung 332
- Aldehyde 314
- basenkatalysierter Mechanismus 314–315
- Dihydroxyaceton 475
- essigsäurekatalysierte, Acetaldehyd 321
- D,L-Fructose 475
- gekreuzte 314, 322
- Reaktionsbedingungen 314
- D,L-Sorbose 475
- Stereoselektivität 322
Aldol-Addukt, intramolekulare Acetylierung 612
Aldolat-Anion 314
Aldole 314, 585–588
Aldolkondensation 848–849
- Acetaldehyd zu Crotonaldehyd 848
- von Citral 710
- Crotonaldehyd 321
- gekreuzte 321
- *n*-Butyraldehyd 321
- *Robinson*-Anellierung 734
Aldolreaktion
- gekreuzte 196, 322, 585–588
- stereoselektive 282
Aldononitrile 476–477
Aldonsäurelacton, Reduktion 474
Aldonsäuren 476
- Aldosen 476
- epimere 487
- Hydrolyse 477
- Pyridin 487
Aldopentosen
- natürliche 467–468, 488
- D-Ribose 466
Aldosen 411, 466
- anomere OH-Gruppe 484
- C2-epimere Zucker 487
- Carbonylfunktion 485
- Hydroxylamin 476
- Ketosen 487
- Kettenverlängerung 474–477
- Nitroalkane 476–477
- Oxidation 476
- - Aldonsäuren 476, 478
- - Alkoholgruppen 466
- Reduktion 476, 478
- - Synthese von Hexiten 197
- *Seliwanow*-Probe 770
D-Aldosen, Stammbaum 468, 470
Aldosteron 742–744
- Biosynthese 743
Aldotetrosen 467
Aldotriose 466
Aldoxime 313, 476
- *E/Z*-Isomerie 313
Alendronsäure 259
Alfalfa 673–674
Alfene *s.* α-Alkene
Alfol-Prozess 364
Alge 833
Alginate 505–506
Alginsäuren 505, *s. a.* Algine
Alicyclen *s.* Cycloalkane
alicyclische Naturstoffe *s.* Naturstoffe
Aliphaten 100
Aliphatenchemie 132
aliphatische Aldehyde *s.* Aldehyde
aliphatische Aminogruppen *s.* Aminogruppe
aliphatische Aminosäure 948–949
aliphatische Annulene 688–689
aliphatische Azoverbindungen 140
aliphatische Carbonsäuren *s.* Carbonsäuren
aliphatische Diazoverbindungen *s.* Diazoverbindungen
aliphatische Dicarbonsäuren *s.* Dicarbonsäuren
aliphatische gesättigte Mono- und Dicarbonsäuren 358–363
aliphatische Ketodicarbonsäuren 427
aliphatische Ketone *s.* Ketone
aliphatische Kette *s.* Ketten
aliphatische Kohlenwasserstoffe *s.* Kohlenwasserstoffe
aliphatische Ringe *s.* Ringe
aliphatische Stickstoffverbindungen 221–244
aliphatische Sulfensäuren 264–265
aliphatische Sulfinsäuren 264
aliphatische Sulfonsäuren 544
- Darstellung 264
aliphatische ungesättigte Mono- und Dicarbonsäuren 358–363
aliphatische Verbindungen, technische Synthese 457–458
Alizarin 678–679
- Struktur 679
Alizarincyaningrün G extra 679
Alizarinsaphirol B 679
Alkalicarbide 168
Alkalicellulose 509
Alkalihydrogensulfid 198
Alkalimercaptide 251
Alkalimetallalkylanilide 115
Alkalimetalle, Herstellung von Cyclooctatetraenyl-Dianion 697–698
alkalimetallorganische Verbindungen
- Gewinnung und Synthese 284–285
- Intermediärprodukt 517
- Reaktionen und Anwendungen 285–286
- Struktur und Eigenschaften 283–284
Alkalimetallorganyle 283–284
Alkalisalze
- langkettiger Fettsäuren 387
- *p*-Hydroxyazobenzen 43–45
alkalische Cyclisierung 824–825
alkalische Hydrolyse 112, *s. a.* Hydrolyse
- Allylchlorid 183
- Ester 387, *s. a.* Verseifung
- Fettsäuren 389
Alkalischmelze
- Natrium-Benzensulfonat 553–554
- Phenol 553–554
- Phenol-*o*-sulfonsäure 563
Alkalisieren 29
Alkaloide 753, 857, 906–907, 917
- Abbau zu Cycloheptatrien 159
- Abhängigkeitspotenzial 918
- antioxidativ wirkende, marine 833
- Arzneimittel 918
- Atropingruppe 923
- Biosynthese 917
- Calabarbohne 937, 940
- chemische Synthese 920
- Chinolin-Typ 929–931
- Chinolizidin-Typ 928–929
- *CIP*-System 72
- Cocaingruppe 923
- *N,N*-Dimethyltyramin 562
- echte 917
- Einteilung 917–918
- enantiomerenreine 483
- Genussmittel 918
- Giftwirkung 918
- Granatapfelbaum 925
- Grundkörper 847
- Indolizidingerüst 783–784
- Indol-Typ 937–940
- Isochinolin-Typ 931–936
- Isolierung 920
- Konstitutionsaufklärung 842
- mexikanischer Zauberpilz 938–939
- optisch aktive 917
- Pseudopelletierin 160
- sekundärer Pflanzeninhaltsstoff 917
- Strychnin-Typ 933
- Tropan-Typ 923
- Vorkommen 917
Alkanale
- ausgewählte Verbindungen 317–323
- Gewinnung und Synthese 306–308
- Reaktionen und Anwendungen 307–317
- Struktur und Eigenschaften 305–306
Alkane 99–106, 389
- acyclische 86
- Cyclo- *s.* Cycloalkane
- direkte Halogenierung 205
- direkte Iodierung 207
- *Fischer-Tropsch*-Synthese 106

- Fluorierung 217
- Gewinnung und Synthese 104–105
- Halogenierung 459
- höhere, Gewinnung und Synthese 104–105
- höher halogenierte 203
- IUPAC-Nomenklatur 102
- *Kolbe*-Elektrolyse 105
- Konformation 58
- lineare 99
- - thermisches Cracken 106
*n*-Alkane 99–100, 103–104
Alkannitrierung 269–270
Alkanone 323
- ausgewählte Verbindungen 331–334
- Gewinnung und Synthese 323–325
- höhere 327
- Reaktionen und Anwendungen 325–331
- Struktur und Eigenschaften 323
Alkansulfonate, Gewinnung 364
Alkansulfonsäuren 201, 263
Alkanthiole 198–199
Alkathen *s.* LDPE
Alkenale 320–322
Alkene 129, 511
- Addition von konzentrierter Schwefelsäure 136
- Alkoholsynthese 181
- alkylsubstituierte 139
- Anlagerung von Halogenwasserstoffsäuren 205
- *Baeyer*sche Probe 28
- Bromierung in Allylposition 356
- *Cope*-Eliminierung 228
- cyclische *s.* Cycloalkene
- Cyclopropanierungen, enantioselektive 235, 238
- Darstellung nach *Shapiro* 313
- Darstellung von Alkoholen 280–281
- Diastereoisomere 81
- Dihydroxylierung 137, 887
- Eigenschaften 129–130
- elektronenarme 367
- - *Diels-Alder*-Reaktion 368–369
- En-Reaktion 371
- Ethen 146–147
- (*E*/*Z*)-Isomere 82, 139
- *Friedel-Crafts*-Alkylierung 518
- funktionelle Gruppe 23
- Gewinnung und Synthese 130–132
- homologe 319
- Hydrierung 298
- Hydroxymercurierung 293
- Imine 587
- Insertion von Carbenen 461–462
- Isomerisierungsenergie 82
- katalysierte Polymerisation 700–702
- katalytische Hydrierung 105, 299
- Konstitutionsaufklärung 129, 138
- *Mülheimer* Olefinsynthese 131–132, 141
- Polymerisation 140
- *Prileschajew*-Reaktion 137
- mit raumerfüllenden Gruppen 331
- Reaktionen und Anwendungen 132–146
- Reduktion 139
- Schwefelsäureverfahren 136
- stereoselektive Synthese 712–713
- typische Reaktionen 129
- ungesättigte Kohlenwasserstoffe 129
- UV/Vis-Spektroskopie 41
- Vergleich zu Benzen 511
(*E*)-Alkene 275
*trans*-Alkene 275
(*Z*)-Alkene 275
$\alpha$-Alkene 131
$\eta^2$-Alkene 299
Alkenhydrierung, *Wilkinson*-Katalysator 299
$\eta^2$-Alken-Komplexe 298
$\pi$-Alken-Komplexe 300–301
Alken-Metall-$\pi$-Komplexe 283, 297, *s. a.* Übergangsmetallkomplexe
- Reaktionen 299
Alkenole 183
Alkensynthese, *Peterson*-Reaktion 279
Alkenylgruppe 130
Alkenylierung von Carbonylfunktionen 700–701
Alkinale 320–322
Alkindiole 172
Alkine 129, 168–174, 383
- Addition an 170–171
- Addition von Halogenwasserstoffsäuren 171
- alkylierte 303
- Cycloadditionen mit Ketenen 383
- Dipolarophile 242
- endständige 302
- funktionelle Gruppe 23
- höhere 169
- katalytische Hydrierung 170
- Kupplung 689
- Nachweisreaktion 168
- Reaktivität 170
- *Reppe*-Synthesen 171–173
- *Sonogashira*-Kupplung 139
- typische Reaktionen 129
- UV/Vis-Spektroskopie 41
Alkinole 172
Alkoholate 181, 364
- Abgangsgruppe 955–956
- Acetylierung 612
- Addition an Schwefelkohlenstoff 441
- anionische Initiatoren 141
- Ethersynthese 248
- Stabilität von Nucleinsäuren 988
- Vinylestersynthese 172
Alkoholatgruppe, I-Effekte 26
Alkohole 175–197
- absolute 180
- Acidität 175
Alkensynthese 130
- Alkyl- oder Arylderivate 245
- *Appel*-Reaktion 205–206
- aromatische 184, 553, *s. a.* Phenole
- chirale 845
- *CIP*-System 70
- *Criegee*-Mechanismus 139
- Darstellung aus Alkenen 280–281
- Dehydratisierung 146
- Dehydrierung 132, 182
- dreiwertige 185
- einwertige 175–184
- - Ketalbildung 329
- - Reaktionen und Anwendungen 181
- *electron spray ionization* 38
- Esterbildung 255
- freie Moleküle 177
- fünfwertige *s.* Pentite
- funktionelle Gruppe 23
- gesättigte 175–176
- höhere 319
- höhere einwertige 349
- höhere Homologe 180–181
- homologe Reihe 178
- Kettenlänge 177
- Konstitutionsisomere 175
- längerkettige 177
- Löslichkeitseigenschaften 177
- Löslichkeit von Alkylhalogeniden 204
- mehrwertige 175, 184–197, *s. a.* Polyole
- - Ketonacetalbildung 329
- - Polarität 185
- metallkatalysierte Umsetzung mit Ammoniak 224
- monomer vorliegende 177
- *Mosher*-Säurechlorid 78
- Nachweis 439–440
- niedrige einwertige 349
- Oxidation 181
- - selektive 306
- - zu Aldehyden mit TPAP 887
- primäre 175
- - Carbonsäurechloride 377
- - einwertige 178
- - *Meerwein-Ponndorf-Verley*-Reduktion 314–315
- - Oxidation 306–307, 344
- primäre/sekundäre 384
- primäre, unverzweigte 295
- *prim, sek, tert* Desoxygenierung 296
- Reaktion mit anorganischen Säuren 255
- Säurestärke 181, 198
- sechswertige *s.* Hexite
- sekundäre 175
- - Aldehydreduktion 314
- - einwertige 736

A

– – Oxidation 323–325
– – Synthese mit *Grignard*-Reagenzien 288
– Suchtverhalten 844
– technische Synthese 136
– tertiäre 176
– – Butensynthese 147
– – Carbonsäurechloride 377
– – säurekatalysierte Veresterung 384
– – Triphenylmethanol 648–649
– THP-Schutzgruppe 845
– aus Trialkylboranen 281
– Umsetzung mit Halogenwasserstoffsäuren 205–206
– ungesättigte 183
– vicinale 188
– – oxidative Spaltung 479
– vierwertige *s.* Tetrite
– *Wagner-Meerwein*-Umlagerung 116–117
– wasserfreie 180
– Zuckeralkohole 185
– zweiwertige 175
Alkoholgruppen, primäre/sekundäre 466
alkoholische Gärung *s.* Gärung
alkoholische Getränke 180
alkoholische Kalilauge *s.* Kalilauge
alkoholische OH-Gruppen 493–494
Alkoholyse 387
5-Alkoxy-1,2,3,4-thiatriazole 451
Alkoxycarbonylcarbene 461
Alkoxy-Derivate 245
Alkoxygruppen
– +M-Effekt 387
– quantitative Bestimmung nach *Zeisel* 250
4-Alkoxypyridin-*N*-oxid 838
Alkoxysulfoniumsalz 306–307
Alkoxysulfoniumylid 306–307
Alkydharze 189, 371
Alkyisothiocyanate 454–455
4-Alkyl-4'-cyanobiphenyl 642
Alkylalkanoate 383
Alkylamin 242, 753, 946
Alkylanzien 64
– Erbgutschädigung 983, 991–992
Alkylaromaten
– Halogenierung 532
– *p*-substituierte 582
– radikalische Addition von Halogenen 533–535
– radikalische Seitenkettenhalogenierung 533
Alkylazide 226, 242–243
– $S_N2$-Reaktion 240
– thermischer Zerfall 239
Alkylbenzene
– ausgewählte Verbindungen 518–519
– Gewinnung 517
– Reaktionen und Anwendungen 518
– Seitenkettenhalogenierung 532–533
– Steinkohlenteer 517
– Struktur und Eigenschaften 516–517
– Synthesen
– – *Friedel-Crafts*-Alkylierung 517–518
– – *Wurtz-Fittig*-Synthese 517
– trinitrierte 541
Alkylbenzensulfonate 364
Alkylbenzyldimethylammoniumchlorid 364
Alkylborane, Herstellung 278
Alkylbromide 250
– Nitroalkanherstellung 270
– Siedepunkt 205
Alkylcarbene 461
Alkylcarbonsäure 946
*α*-Alkylcarbonylverbindungen 326–327
O-Alkylcarboxime 445
Alkylchloride 203
– Siedepunkt 205
Alkylcyanate 446
– Synthese 451
2-Alkylcyclohexanone 328
*α*-C-Alkyl-Derivate 428–429
*γ*-C-Alkyl-Derivate 428–429
*N*-Alkyldithiocarbamidsäure 452
Alkylester, Konstitutionsisomere 266
Alkylfluoride 250
– Fluorierung von Alkanen 217
– Reaktivität 204
– Siedepunkt 205
Alkylglycoside 495
Alkylgruppe
– Butensynthese 147
– elektronenschiebender Effekt 225
– Hyperkonjugation 134
– I-Effekte 26, 540
– strukturisomere 102
– verzweigte Alkane 100
Alkylhalogenide 134, 139, 203–212, 251, 838
– C—X-Bindung 204
– Dialkylsulfidsynthese 251
– Ethersynthese 248
– Gewinnung und Synthese 205–207
– IUPAC-Nomenklatur 203–204
– Kaliumcyanid 457
– Kohlenstoff-Halogen-Bindung 517
– Konstitutionsisomere 203
– Löslichkeit 204
– Natriumphenolat 571
– primäre 203–204
– Reaktionen
– – und Anwendungen 208–211
– – mit Aromaten 517–518
– – mit Thioharnstoff 441–442
– Siedepunkt 205
– Silbercyanid 457
– $sp^3$-hybridisiertes Kohlenstoffatom 517, 535–536
– Thiolsynthese 198
*N*-Alkylharnstoffderivate 446–447
Alkylhydrazine 238–239
Alkylhydrogensulfate 136
Alkylidenbernsteinsäurehalbester 355
Alkylidenbersteinsäurediester 355
Alkylidengruppe 130
Alkylidenphosphorane 274
alkylierte Nucleobasen *s.* Nucleobasen
alkylierte Phenole *s.* Phenole
alkylierte *α*-Ketosäuren 430–431
Alkylierung 79
– Anilin 621–622
– asymmetrische 212
– enantioselektive 930
– katalytische Nucleinsäuren 997
– mehrfache 554
– Regioselektivät 428–429
Alkylierungsmittel 266, 797
– Halogenalkane 208
– Schwefelsäurediester 258
Alkylierungsreagenzien 250
*α*-Alkylierung, stereoselektive 326–327
Alkyliodide 250
– Nitroalkanherstellung 270
– Reaktivität 204
– Siedepunkt 205
Alkylisocyanate 451
– Ammoniakaddition 446–447
– Ethanoladdition 446–447
– Hydrolyse 446–447
*N*-Alkylisocyanate 439
Alkylisothiocyanate 450
– Darstellung 452–453
*S*-Alkylisothioharnstoffe 442
*S*-Alkylisothiuroniumsalze 198–199, 441–442
Alkylketten
– terminale Funktionalisierung 699–700
– Verkürzung 352
– Verlängerung 344–345
$\eta^1$-Alkylliganden 298
Alkyllithiumverbindung 887
Alkylmagnesiumhalogenid 286–287
Alkylmercaptane 201
Alkylmesylate 266
Alkylnaphthalene 515
Alkylnaphthalensulfate 667
Alkylnitrate, Darstellung 258
Alkylnitrene 460
Alkylnitrite
– Anwendung 259
– Konstitutionsisomere 266
– Missbrauch 259
– Nitroalkanherstellung 270
Alkyloligoglucoside 482
2-Alkyloxazolidin 813

Alkylperoxylradikal 247
Alkylphenolderivate 556–557
Alkylphenole 364
Alkylphenylpolyethylenglycolether 191
Alkylphosphine 272–273
- Oxidation 273–276
Alkylphosphonsäure 274
Alkylphosphonsäureester 276
Alkylphosphorsäurederivate 257
*N*-Alkylphthalaziniumhalogenid 884
*N*-Alkylphthalimid 226–227
Alkylpolyglucoside 482
Alkylpolyglycoside 364
- Strukturformel 365
Alkyl-*p*-toluensulfonate *s.* Alkyltosylate
*N*-Alkylpyridiniumsalz 836
- nucleophile Addition 838
*C*-Alkylpyrrole 756
*N*-Alkylpyrrole 756
Alkylradikale 106, 247, 327
- Stabilität 205–206
Alkylrest
- Nomenklatur der Alkohole 175
- Steroide 119
Alkylrestwanderung 331
Alkylrhodanide 449–450
Alkylschwefelsäuren 136
Alkylseitenkette, Cholesterol 741
Alkylsilane 277
alkylsubstituierte Alkene *s.* Alkene
Alkylsulfate 364
- Laurylsulfat 365
- sekundäre 364–365
- Synthese 364
Alkylsulfinsäuren 264
Alkylsulfonsäuren 267
Alkylthiocyanate
- *Bunte*-Salze 452
- Darstellung 452–453
- Mercaptane 450
- Sulfonsäuren 450
Alkylthiopurin 901
Alkyltosylate 545
- Ethersynthese 248
1,2-Alkyltransfer 182
*N*-Alkylurethane 446–447
Alkylzinkhalogenide 290
Alkylzirconium-Komplex 700
Allantoin 808, 902–904
Allantoinsäure 904
Allelopathika 782
Allene 112, 163–165
- axiale Chiralität 72
- funktionelle Gruppe 23
- Gewinnung und Synthese 164–165
- und Spirane 118
- substituierte 163–164
Allenisomerie *s.* Chiralität, axiale
Allentyp, Doppelbindungen 129, 150
Allergien, Cortison 743
allergische Erkrankung 807
allergische Reaktion 953
Allicin 266–267
Alliin 266–267
Allinase 267
D-(–)-Alloisoleucin 422
(+)-Allokainsäure 757–758
Allolactose 496
(+)-Allolactose 497
Allomone 184
Allophanate 446–447
Allophansäure 446
Allopurinol 899, 902
- Eigenschaften 915
- Oxidation, Xanthin-Dehydrogenase-katalysierte 915
- $pK_S$-Wert 915
- Struktur 914–915
- tautomere Formen 915
allosterer Modulator, am $GABA_A$-Rezeptor 866–867
allotherme Reaktionen 456–457
Alloxan 809, 903
Alloxanthin 915
Allozimtsäure 611
Allylalkohol 133, 183, 358
- asymmetrische Epoxidierung 412
- Dehydrieung 320
- petrochemische Glycerol-synthese 185–186
Allylamin 711
Allyl-Aminierung 920–921
Allylbromid 135, 356
- Phenol 571
Allylchlorid 110–112, 133–135, 156, 183, 274
Allylcyanid 359–360
(–)-17-Allyl-4,5-epoxy-3,14-dihydroxy-6-morphinanon 936–937
Allylester-Methode 947
Allylglucosinolat 450
Allylgruppe 130
Allylhalogenide 571
Allylkation
- ambidentes 152
- mesomeriestabilisiertes 151
Allylkette, Inversion 571–572
*o*-Allylphenol 571
*o*-[$\alpha$-$^{14}$C]-Allylphenol 571
*p*-Allylphenol 572
Allylphenolether 571
- zweifach *ortho*-substituierte 572
Allylphenylether 571
[$\gamma$-$^{14}$C]-Allylphenylether 571
Allylpolysulfide 267
Allyl-Propenyl-Umlagerung 590
Allylradikale
- *Cope*-Umlagerung 156
- resonanzstabilisierte 356
Allyl-Schutzgruppe 947
Allylsenföl 450
Allylstellung 134
Allylsulfensäure 267
ALMA-Verfahren 366
Aloe 676–677
Alopezie 747
$\alpha$-Effekt 875
$\alpha$-Rezeptorblocker 939–940
$\alpha$-ständige Substituenten *s.* Substituenten
Alraunwurzel 923
Alternanz, Bindungslängen- 151
Alternativ-Kraftstoffe 791
alternierende Doppel- und Einfachbindungen 514
- [4]Phenylen 514
Altersbestimmung, Radiokarbonmethode 434
Alterung, Proteine 973
Alterungsschutzmittel, für Elastomere 729
*Altmann,* Ribozyme 996
Aludrin *s.* Isoprenalin
Aluminiumacetat, Imprägniermittel 352
Aluminiumalkoholat 316
Aluminiumcarbid 104
Aluminiumchlorid
- Copolymerisation von Isobuten 144
- Ethenpolymerisation 142
- Katalysator 517, 545
- kationische Polymerisation 141
- Synthese von Adamantan 123
Aluminiumethylat 588
Aluminiumfluorid 217
Aluminium-Ionen, Nachweisreagenz 860
Aluminiumisopropylat 314
Aluminiumorganyle *s. a.* Aluminiumverbindungen
- Darstellung 293–295
- dimere Aggregate 293
- Hautkontakt 293
- Reaktivität 293
- Struktur 283
Aluminiumoxid, Chromatographie 8
Aluminiumtrialkyle 293–295
Aluminiumtriethyl 143
Aluminiumverbindungen, organische *s. a.* Aluminiumorganyle
- Gewinnung und Synthese 293–295
- Reaktionen und Anwendungen 295
- Struktur und Eigenschaften 293
Alumosilikate, kristalline 558
Alupent® *s.* Orciprenalin
*Alzheimer*-Erkrankung 125, 439, 951
*Amadori*-Umlagerung, Aminoketose 485
*Amanita muscaria* 491, 814, 926, *s. a.* Fliegenpilz
*Amanita pantherina* 814

A

Amantadin 125, 951
Ambazon 574
Amberlit 558
ambidente Nucleophile 394
ambidentes Anion 428
ambidentes Allylkation *s.* Allylkation
ambidentes Cyanid-Ion 394
ambifunktionelle (ambidente) Anionen 270
Ambrettolid 404
– Moschuskörneröl 404
– Struktur 403
Ameisensäure 769, 800, 810
– aktive 913
– Darstellungsverfahren 345
– Darstellung von α-Phenylethylamin 520
– Dehydratisierung 344
– Desinfektionsmittel 352
– Eigenschaften 340
– Glycolspaltung 188
– Imprägniermittel 352
– Kohlenstoffmonoxid 456–457
– Konservierungsstoff 352
– Naturkautschuk-Gewinnung 727
– Oberflächenpotenzial 340
– $pK_S$-Wert 343
– vinyloge 367
– Vorkommen 345
– Zerfallsreaktionen 352
– Zucker, oxidative Spaltung 479
Ameisensäureanhydrid
– chemische Eigenschaften 378
– Synthese mit DCC 379
Ameisensäure-Äquivalent 900–901
Ameisensäureethylester 851
Ameisensäuremethylester 345
*American Chemical Society* (ACS), *Journal of Organic Chemistry,* Anforderungen an Identität und Reinheit 3
Amethopterin 913
Amidacetale 391
Amidbasen 396
Amidbindung 943, 954
– Knüpfung 954–955
Amidchloride 391
Amide
– durch Acylierung von β-Phenylethylaminen 849
– Dehydratisierung 457
– diastereomere 77
– (*E*/*Z*)-Isomerisierung 82
– Iminolform 837
– konfigurationsstabile 83
– *Mannich*-Reaktion 594–595
– Polymethinfarbstoffe 44
– vinyloge 855
Amid-Iminol-Tautomerie 57
Amidine 396, 804–805
– bicyclische 914
– Darstellung 396
– phenyloge 859
– Polymethinfarbstoffe 44
Amidineinheiten 876
Amidinium-Kationen 396
– vinyloge 821
Amidinoharnstoffsulfat 454–455
Amidinohydrazone 443–444
*N*-Amidinosarkosin *s.* Kreatin
Amidinothioharnstoff 454–455
Amidin-Partialstruktur 854–855, 903
– phenyloge 852
– vinyloge 852
Amidinstruktur 820
– cyclische 803
α-Amidoalkylierung 595
α-Amidomethylierungen 595
Amidrazone 396
Aminale 309, 312–313
– funktionelle Gruppe 23
Aminbasen 672
Aminderivate, Carbonylfunktion 485
Amine
– Abbau 226–228
– aliphatisch-aromatische 619
– aliphatische 221–233, 620
– – Gewinnung und Synthese 223–227
– – Übersicht und Strukturen 221
– Alkylgruppen 225
– aromatische 224, 529, 619
– – ausgewählte Verbindungen 626–627
– – Diazoniumsalze 634–637
– – Gewinnung und Synthese 621–622
– – Kupplungsreaktionen 634–636
– – Nitrosierung 229
– – primäre 620, 623, 629–630, 671
– – Reaktionen und Anwendungen 623–625
– – Struktur und Eigenschaften 619–621
– – Synthese 621–622
– – tertiäre 624–625, 636
– Basizität 26, 222–223
– biogene 223–224, 231–233, 781, 806, 840, 917, 951–953
– – Dopamin 224
– Bromcyan 454
– chemische Eigenschaften 222–224
– cyclische 187
– Deprotonierung 223
– Diazo-Transfer 240, 242
– einfache 231, 917
– *electron spray ionization* 38
– elektronenschiebender Effekt 225
– entschützte 665
– funktionelle Gruppe 23
– Geruch 223
– heterocylische 231
– *Hinsberg*-Reaktion 546–547
– intermolekulare Wasserstoffbrücken 223
– konjugierte 222
– Laborsynthesen 225
– *Mannich*-Reaktion 594
– mehrfach arylierte 620
– mehrwertige 233
– Methylierung 225
– *Mosher*-Säurechlorid 78
– Nitrosamine 228
– Nitrosierung 228
– Nomenklatur gemäß IUPAC 221–222
– nucleophile Addition an Carbonylgruppen 586
– Oxidation 230
– primäre 391, 395
– – Diazoniumionen 634–635
– – Diazoniumsalze 634–635
– – Diazotierung 234
– – funktionelle Gruppe 23
– – *Hoffmann*-Abbau 391
– – Isocyanide 457
– – Isonitril-Reaktion 230
– – Kondensationsreaktionen mit Benzaldehyd 585–586
– – *Mannich*-Reaktion 594–595
– – Ninhydrin-Reaktion 663
– – Reaktion mit Schwefelkohlenstoff 452–453
– primäre, sekundäre, tertiäre, Struktur und Einteilung 221
– qualitative Analytik 28, 30
– quartäre Ammoniumionen 222
– Reaktionen und Anwendungen 226–230
– Säure-Basen-Eigenschaften 223
– sekundäre 757, 885
– – Enaminbildung 326–328
– – funktionelle Gruppe 23
– – Ketone 595–596
– – Reduktion der Isocyanide 458
– – selektive Synthese 226
– sekundäre aliphatische 841
– Siede- und Schmelztemperaturen 223
– Struktur 222
– technische Synthesen 224
– tertiäre 225
– – Diazoniumsalze 635–636
– – funktionelle Gruppe 23
– – Nitrosierung 228–229
– – Umsetzung mit Wasserstoffperoxid 228
– Trennung mit Benzensulfonylchlorid 230
– Trennung von *prim* und *sek* 546
– ungesättigte 233
– α,β-ungesättigte 326–328
– α-Kohlenstoff-Umpolung 458
Amingruppe, I-Effekte 25–26
Aminierung
– Polystyrol-Divinylbenzen-Copolymere 523

- reduktive 314, 330
- - *Leuckart-Wallach*-Reaktion 225
- - *Schiff*sche Basen 587
Aminkomponenten 594
2-Aminoacetanilid-Derivate 605
Aminoacetonitril 900
*o*-Aminoacetophenon 802, 849
*o*-Aminoacetophenonoxim 802
9-Aminoacridin 854
Aminoaldehyd 815
Aminoalkaloid 917
*β*-Aminoalkohol 813
- acylierter 812
- physiologisch wirksamer 594
Aminoalkohole 192
- L-Carnitin 192–193
- ungesättigte 193
Aminoanthrachinone 679–680
- Nitroanthrachinone 678
*p*-Aminoazobenzen 43
- Diazoaminobenzen 635
- Eigenschaften 635
- reduktive Spaltung 635
Aminoazoverbindungen 635
*p*-Aminoazoverbindungen 635–636
(*S*)-3-Aminobactamsäure 820
5-Aminobarbitursäure 809
Aminobenzen *s.* Anilin
*p*-Aminobenzenarsonsäure 625
*p*-Aminobenzensulfonamid 626
4-Aminobenzensulfonsäure *s.* Sulfanilsäure
*p*-Aminobenzensulfonsäure 625
Aminobenzoesäure 604–605
*o*-Aminobenzoesäure *s.* Anthranilsäure
*p*-Aminobenzoesäure 604–605, 607, 911–912, *s. a.* PABA
- Antimetabolite 548–549
- Folsäuresynthese 626
*o*-Aminobenzophenon 869
(*S*)-Aminobernsteinsäure 951
(*S*)-Aminobutandisäure 951
4-Aminobutansäure *s. γ*-Aminobuttersäure
*γ*-Aminobuttersäure 232, 814, 866–867, 951
- Carbonsäuren 340
- Neurotransmitter 954
D,L-*α*-Amino-*ε*-caprolactam 944–945
*ε*-Aminocapronsäure 419
Aminocarbonsäuren *s. a.* Aminosäuren
- Gewinnung und Synthese 416
- Reaktionen und Anwendungen 417–420
- Struktur und Eigenschaften 414–416
*ω*-Aminocarbonsäuren 356
$N_6$-(D,L-2-Amino-2-carboxyethyl)-L-lysin 973
2-Aminochinolin 852–853
4-Aminochinolin 852–853
2-Amino-5-chlorbenzophenon 867
*β*-Aminocrotonsäureester 836
*β*-Aminocrotonsäurenitril 395, 799–800, 816
*β*-Aminocrotonsäurethioamid 816
1-Aminocyclopropan-1-carbonsäure 146
1-Amino-1-desoxy-2-ketosederivat 485
4-Amino-4,6-didesoxy-*α*-D-glucopyranose 489
4-Amino-4,6-didesoxy-D-glucose 500
*α*-Amino-2,3-dihydro-3-oxo-5-isoxazolessigsäure 814
2-Amino-1,9-dihydropurin-6-on 906
*p*-Aminodimethylanilin 625, 891
*o*-Aminodiphenylamin 791
Aminoessigsäure 414
2-Aminoethanol 191, 222, 250
- Umsetzung mit Acetaldehyd 813
2-Aminoethansäure 944
2-Aminoethansulfonsäure *s.* Taurin
2-(2-Aminoethoxy)ethanol 231
*N*-(2-Aminoethyl)ethanolamin 885–886
3-(*β*-Aminoethyl)indol 781
2-Aminoethylschwefelsäure 192
2-Amino-6-(2-formyl-5-hydroxymethyl-1-pyrrolyl)hexansäure 973
Aminofunktion
- Anilin 620–621
- Schutzgruppen 624, 665, 946–947
(*S*)-*α*-Aminoglutarsäure 951
Aminogruppe 26, 221, 943–944, 946
- Acylierung 819, 955–956
- aliphatische 116
- bathochromer Effekt 620
- Benzenkern 619–620
- Bezeichnungen „-amin", „Amino-", „*N*-" 221–222
- Cubansynthese 127
- endständige 959
- funktionelle organische Gruppe 223
- Hybridisierung des Stickstoffatoms 222
- Indol 775
- Methylierung 258
- *ortho*-Stellung 622–623
- primäre 944
- reduzierende Zucker 485
- sekundäre 944, 953
- Substitution in *ortho*- und *para*-Stellung 620, 624
- terminale 955
- tertiäre 800
- Überführung 458
*ε*-Aminogruppe 962
- Lysin, Acetylierung 974
Aminoguanidin 443–444, 824–825, 828
(*S*)-2-Amino-5-guanidinopentansäure 950
Aminoharnstoff *s.* Semicarbazid
3-Aminohexahydro-2-azepinon 944–945
6-Aminohexansäure 356, 419–420
4-Amino-3-hydrazino-5-sulfanyl-1,2,4-triazol 309
2-Amino-3-hydroxybutansäure 948–949
(*S*)-*α*-Amino-*β*-hydroxybuttersäure 948–949
(*S*)-2-Amino-3-(4-hydroxyphenyl)propansäure 952
2-Amino-3-hydroxypropansäure 948
(*S*)-*α*-Amino-*β*-hydroxypropionsäure 948
2-Amino-3-(1*H*-imidazol-4-yl)propansäure 953
3-Amino-1-imino-1*H*-isoindol 765–766
2-Amino-1,3-indandion 663–664
2-Amino-3-(1*H*-indol-3-yl)propansäure 953
*α*-Aminoisobuttersäure 422
*α*-Aminoisocapronsäure 948
1-Aminoisochinolin 852–853
4-Aminoisothiazol 818
5-Aminoisothiazol 818
*α*-Aminoisovaleriansäure 948
(*R*)-4-Amino-3-isoxazolidinon 814
Aminoketon 812, 815
*α*-Aminoketon 876
- Kondensation zu Pyrazin 879
- aus Oximen 755
*β*-Aminoketon 594, 876
- mono- oder disubstituiertes 594
Aminoketose, *Amadori*-Umlagerung 485
5-Aminolävulinsäure 761–762
*δ*-Aminolävulinsäure 761–762, 764–765
Aminolyse
- Carbonsäureanhydrid 379
- Ester 379
D-(−)-2-Amino-3-mercapto-3-methylbuttersäure 817
2-Amino-3-mercaptopropansäure 949
(*R*)-*α*-Amino-*β*-mercaptopropionsäure 949
(*S*)-1-Amino-2-methoxymethylpyrrolidin 326–327
(*S*)-2-Amino-3-methylbutansäure 948
aminomethylierendes Agens 594
Aminomethylierung 983
*α*-Aminomethylierung 594
5-Amino-3-methylisothiazol 816
(*S*)-*α*-Amino-*γ*-methylmercaptobuttersäure 949
(2*R*,3*S*)-(−)-2-Amino-3-methylpentansäure 422
(2*S*,3*S*)-(+)-2-Amino-3-methylpentansäure 422, 948


A

(*S*)-2-Amino-4-methylpentansäure 948
5-Amino-3-methyl-1-phenylpyrazol 800
5-(4-Amino-2-methyl)pyrimidinylmethansulfonsäure 881
2-Amino-3-methylthiobutansäure 949
$\alpha$-Amino-$\beta$-methylvaleriansäure 948
4-Amino-1-naphthol 672–673
Aminonitrile 311
2-Amino-5-nitropyrimidin 877–878
6-Amino-5-nitrosouracil 905
6-Aminopenicillansäure (APA) 819
2-Aminopentandisäure 951
6-Aminophenanthridin 854–855
Aminophenazon 800–801
– Dimethylaminogruppe 800
– Synthese 801
Aminophenol 893–894
*o*-Aminophenol 889
*p*-Aminophenol 542
– Acetylierung 623
– Oxidation mit Phenol 576
– Schmelzen mit Schwefel 893–894
3-Amino-1-phenyl-4,5-dihydropyrazol 795, 797
2-Amino-3-phenylpropansäure 951
(*S*)-$\alpha$-Amino-$\beta$-phenylpropionsäure 951
2-Amino-5-(2-(phenylthio)phenyl)-1,3,4-thiadiazol 832
5-Amino-2*H*,3*H*-phthalazin-1,4-dion 884
3-Amino-phthalhydrazid 884
Aminophyllin 907
Aminoplaste 317, 441, 558–559, *s. a.* Harnstoff-Formaldehyd-Harze
(*S*)-2-Aminopropansäure 948
$\alpha$-Aminopropionsäure 421, 948
$\beta$-Aminopropionsäure 421
2-Amino-4(3*H*)-pteridinon 908
6-Aminopurin 906
5-Aminopyrazol 794, 799–800
– Herstellung 799–800
2-Aminopyridin 837
– Natriumsalz 837
3-Aminopyridin 837
4-Aminopyridin 838–839
4-Aminopyridinderivat 837
2-Aminopyrimidin
– Guanidin-Partialstruktur 875
– Nitrierung 877–878
– p$K_B$ 875–876
– p$K_S$ 875
4-Aminopyrimidin 900
4-Aminosalicylsäure *s. p*-Aminosalicylsäure
5-Aminosalicylsäure 549, 607, 637
*p*-Aminosalicylsäure 607
Aminosäureazid 955
Aminosäure-defiziente Nahrung 953–954
Aminosäurederivat
– *N*-acyliertes 955
– aktiviertes 954–955
Aminosäureester 954–956
– Diazotierung 235
– mit freier Aminogruppe 955
$\alpha$-Aminosäureester 418–419
$\alpha$-Aminosäureethylester 417
Aminosäurehydroxylase 910
Aminosäuren 917, 943, *s. a.* Aminocarbonsäuren
– aliphatische 948–949
– Ampholyte 415–416
– Anilin-Derivat 959
– aromatische 951–953
– – Nachweis 952
– basische 944, 950
– Bestimmung der absoluten Konfiguration 415
– Biosynthese 953–954
– Boc-geschützte 946–947
– *N*-Boc-geschützte 826
– Cbz-geschützte 946
– C-geschützte, *O*-Acylisoharnstoffe 379
– *CIP*-System 415
– C-terminal-geschützte 955
– Decarboxylierung 223–224, 232, 417, 781, 840
– Derivatisierung mit NDB-F 833
– Dreibuchstabenabkürzung 948
– Eigenschaften 415–416
– Einbuchstaben-Code 948
– enantioselektive Synthesen 416
– enzymatische Verfahren 416
– Erhitzen 418–419
– essenzielle 946, 953–954
– fermentative Herstellung 416
– *Fischer*-Nomenklatur 69–70, 948–949
– *Fischer*-Projektion 415
– Fmoc-geschützt 947
– freie, im Blut 946, 950
– Futterzusatzstoffe 417
– gemischtes 886–887
– *N*-geschützte 955–958
– Grundstoff der chemischen und pharmazeutischen Industrie 946
– helicale Chiralität 74
– heterocyclische 953–954
– homologe 950
– inneres Salz 944
– Isoelektrischer Punkt 944
– kanonische 943–944, 948
– $\alpha$-Ketosäuren 587
– Konfigurationsumkehr 405, 415
– konjugierte RNA-Nucleoside 996
– lebensnotwendig 953–954
– limitierende 944–946
– *Maillard*-Reaktion 946
– Nachweis 43, 959
– – Ninhydrin 663–664
– neutrale 944, 951
– *N*-geschützte 379
– nichtproteinogene 966, 973
– Nitrosylchlorid 405–406
– nucleophile Substitution, intramolekulare 406
– oxidative Desaminierung 663
– p$K_S$ 948
– Polykondensation 419–420
– Proteinhydrolysate 416
– proteinogene 414–415, 943–944, 948
– quartäre Ammoniumgruppe 416
– Racematspaltung 416
– Racemisierung 955–956
– radioaktive 917
– reduzierende Zucker 485
– D-Reihe 948–949
– L-Reihe 948–949
– Salzbildung 954–955
– saure 944, 950–951
– Säure-Base-Eigenschaften 954–955
– schwefelhaltige 769, 949
– semiessenzielle 444
– Synthesehemmung 550–551
– *C*-terminale 957–959, 964
– *N*-terminale 957–959, 964
– *N*-terminaler Baustein 949
– *N*-terminal-geschützte 955–956
– Transaminierung 840, 953–954
– Veresterung 417
– verzweigtkettige 948
– Zwitterion 944
D-Aminosäuren 954, 966
D,L-Aminosäuren 886–888
$\alpha$-Aminosäuren 943–944
– *Bucherer-Bergs*-Reaktion 416–417
– Chiralitätszentrum 944
– cyclische 418–419, 757
– 2,5-Dioxopiperazine 418–419
– enantiomerenreine 886–887
– enantioselektive Synthese 887
– Entstehung 944
– essentielle 780–781
– *Fischer*-Nomenklatur 70–71
– Futterzusatzstoff 944–945
– *Gabriel*-Reaktion 416
– $\alpha$-Halogencarbonsäuren 402–403
– Homochiralität 944
– L-Konfiguration 944
– L-Reihe 943
– natürliche 943
– *N*-geschützte 378
– optische Aktivität 414–415
– Peptidkette 954
– proteinogene 70, 444, 943
– quantitative Bestimmung 417
– Seitenkette 944
– *Strecker*-Synthese 416–417
– Synthese 944–945
– – aus Aminonitrilen 311
– – aus $\alpha$-Halogencarbonsäuren 416
– Übertragung der Chiralität 888
$\alpha$, $\beta$, $\gamma$-Aminosäuren 414–415

β-Aminosäuren 378, 421, 950, 954
– α,β-ungesättigte Carbonsäuren 418–419
γ-Aminosäuren 950
γ- bzw. δ-Aminosäuren 418–419
Aminosäurentrennung 957–959
Aminosäuresequenz 957–960
– Bestimmung
– – nach *Sanger* 959
– – über *Edman*-Abbau 959–960
– – über genetischen Code 960
– α-Corticotropin 964–965
– Cytokine 964–966
– Gramicidin 967
– Insulin 964–965
– Magainine 968
– Proteine 968
Aminosäurestoffwechsel 917
Aminosulfonsäuren 232
5-Aminotetrazol 828
– Diazotierung 828
5-Amino-1,2,4-thiadiazol 831–832
2-Aminothiazol 820
*o*-Aminothiophenol 894–895
3-Amino-1,2,4-triazol 824–825
4-Amino-1,2,4-triazol 824
Aminotriphenylmethanfarbstoffe 645
– Triphenylmethanfarbstoffe 649–651
11-Aminoundecansäure 420
6-Aminouracil 905
(*S*)-2-Amino-5-ureidopentansäure 950
Aminoxide 230
– thermolytische Umsetzung 228
Aminozucker 489–491
– in Nystatin 163
α-Amino-β-oxoadipinsäure 761–762
α-Amino-δ-guanidinovaleriansäure *s.* L-(+)-Arginin
Amiodaron 790
Amitriptylin 224
Amitrol 824
Ammoniak 372, 904, 947
– Derivate 221
– Kondensationsreaktionen mit Benzaldehyd 585–586
– *Mannich*-Reaktion 594–595
– Ninhydrin-Reaktion 663–664
ammoniakalische Silbernitratlösung 308
ammoniakalische Silbersalzlösung 541
Ammoniakmolekül, chiral substituiertes 483
Ammoniumacetat 812
Ammonium-Amphiphile 364
Ammoniumbase, quartäre 842
Ammoniumcarbamat 435, 437, 453
Ammoniumcarbonat 435
Ammoniumchlorid 171
Ammoniumcyanat 1, 437
– Harnstoffsynthese 1
Ammoniumdithiocarbamat 817–818
Ammoniumdünger 454
Ammoniumformiat 520
Ammoniumfumarat 416
Ammoniumgruppe, protonierte 620
Ammoniumhalogenid, quartäres 226
Ammoniumheptamolybdat 766
Ammoniumhydrogenurat 903
Ammoniumhydroxid, quartäres 226
Ammoniumionen, quartäre 222
Ammonium-*N*-phenyldithiocarbamat 623
Ammoniumoxalat 447–449
Ammoniumpikrat 538
Ammoniumrhodanid 438
– Schwefelkohlenstoff 441
– technische Darstellung 452–453
Ammoniumsalze 231
– quartäre 225, 454, 734
Ammoniumsuccinat 356
Ammoniumverbindungen, quartäre 192
Ammonolyse 955
Ammonoxidation 372
Amöbenruhr 751
AMP 911, 982
– Struktur 980
Amphetamin 522
– Arzneiwirkstoff 232–233
– Struktur 232
Amphetaminderivate, Synthese 608
Amphetamin-Labor, illegales 233
*amphi* 666
Amphiphile 364
– Ammonium- 364
amphiphile Moleküle 364
amphiphiler Bau 364
amphiphiler Charakter 364
amphiphiles Natriumdodecylsulfat 260
amphiphile Verbindungen 267
Ampholyte 968
– Aminosäuren 415–416
Amphotere 446–447
amphotere Elektrolyte 968
– Aminosäuren 415–416
Ampicillin 819
Amplifikation, SELEX-Verfahren 997
Amsacrin 859
Amygdalin 499
– Glycoside 579, 608
Amylalkohole 180–181
*n*-Amylnitrit 675–676
Amylopektin 502
– Quellung 501
– Stärke 501
Amylose 501–502
– Endgruppen-Analyse 502
– Kolloid 501
α-Amyrin 721
β-Amyrin 721
Anabasin 918
– Biosynthese 920
– Wirkung gegen Insekten 922
(–)-Anabasin 918–919
– Synthese 483
*Anabasis aphylla* 919
anabol 746
anaboler Pflanzenstoffwechsel 917
Anabolika 746
anaerober Abbau *s.* Abbau
anaerobes Bakterium 807
Analeptikum 841
Analgesie 935
Analgetika 77, 79, 800–801, 842
– Paracetamol 623
Analysatoren
– Massenspektrometer 36–37
– Polarimeter 67
Analyse, quantitative 42, 188
Analyt 37
Analytik *s. a.* Drogenanalytik
– forensische 987–988
– instrumentelle 27
– Komplexone 421
– molekularbiologische 859–860
– nasschemische 27–33
– qualitative 27, 134, 138
– Reinheit 3–4
– Umwelt- 27
– Wein- 706
Anämie, perniziöse 764, 911–913
Anandamid 844
anaphylaktischer Schock 565
Anästhesie 927
Anästhetika 841–842, *s. a.* Narkosemittel
– lokale 604–605
Anastrozol 747
anchimere Beschleunigung 406
Androcur 747
Androgene 744–746
– Biosynthese 743
– Isolierung 745
– Kontrazeptiva 748
androgene Alopezie *s.* Alopezie
Androstadienon, Pheromonwirkung 746
Androstendiol 743
Androstendion 745
– Biosynthese 743
– Estrogensynthese 747
Androstenon 746
Androsteron 745
anellierte Polyquinane *s.* Polyquinane
anellierte Ringsysteme *s.* Ringsysteme
Anellierung 775
– angulare 680
– Corannulen 684–685
– lineare 674, 682
*ortho*-Anellierung 847
Anethol 571

A

Aneurin 818–819, 882
Anexate® 868
Anfall, epileptischer 829
angehäufte Doppelbindungen s. Doppelbindungen
Angel dust 842
*Angeli, A.* 396–397, 632–633
Angelicasäure 81
Angelikawurzelöl 404
*Angier* 913
*Angina pectoris* 263, 827
– Nitroglycerol 193
– PETN 196
– Vasodilatation 259
Angiotensin 742, *s. a.* Renin-Angiotensin-Aldosteron-System
*angiotensin converting enzyme* (ACE) 758, 963
Angiotensin I 963
Angiotensin II 830, 963
Angiotensin-II-Antagonist 831
Angiotensin-II-Rezeptor 830
Angriffsflächen
– diastereotope 368
– enantiotope 367
Angstzustände 866–867, 939
anguläre Methylgruppe *s.* Methylgruppe
Anhydride *s. a.* Carbonsäureanhydride
– acyclische 351
– cyclische 353, 366
– – $\alpha$-Aminosäuren 418–419
– – Dicarbonsäuren 351
– – Diestersynthese 381
– *Diels-Alder*-Reaktion 368–369
– langkettige 353
– symmetrische 378–380
– unsymmetrische 378–379
3,6-Anhydrogalactosereste 260
Anilidanionen 620–621
Anilide 29
Anilin 541, 778–779, 782, 796, 848, 851
– Acetylierung 623
– Alkylierung 621–622
– *p*-Aminoazobenzen, Spaltung 635
– Aminofunktion 620–621
– aromatisches tertäres 624–625
– Autoxidation 619
– Basizität 620
– Benzaldehyd 585–588, 623
– Benzendiazoniumchlorid 629
– Chromsäure 573
– Diazoaminobenzen 634–635
– Diazotierung 883
– elektronenreicher Aromat 620
– Fuchsin 649–650
– *Gilbert-Maxam*-Sequenzierung 993
– Indigo 619
– als Katalysator 635
– katalytische Hydrierung 626–627
– Kondensation
– – Nitrosobenzen 628
– – Nitrosoverbindungen 623
– – mit $\alpha,\beta$-ungesättigtem Aldehyd 848
– – mit $\alpha,\beta$-ungesättigtem Keton 848
– Leichtölfraktion 515
– +M-Effekt 530
– Nachweis 619
– *N*-alkyliertes 621–622
– *o*- oder *p*-Substitutionsprodukte 634–635
– Phenylhydrazin 486
– Phenylierung 622
– $pK_B$ 847
– $pK_S$ 620
– qualitative Analytik 29–31
– Regioselektivität der Zweitsubstitution 531
– Schwefelkohlenstoff 623
– Struktur 619
– Substitutionsprodukte 624–625
– technische Synthesen 621
– Umsetzung mit Phosgen 451–452
– vinylsubstituiert in *ortho*-Position 883
– Vorkommen und Eigenschaften 619
[1-$^{14}$C]-Anilin 536
[2-$^{14}$C]-Anilin 536
Anilin-Derivate 959
– *N*-methylierte 620
– *N*-substituierte 623
Anilinfarbstoffe
– Anilingelb 43
– auf Methanolbasis 182
Anilininhydrochlorid 622
Aniliniumarsenat 625
Aniliniumchlorid 629
Anilinstickstoff 777
Anilinsulfonsäuren 625–626
Anionen
– ambifunktionelle (ambidente) 270, 428
– Ionenbindung 14
– mesomeriestabilisierte 445, 448–449
– nackte 252
– polare organisch-chemische Reaktionen 20
– Reaktivität 25
Anionenaustauscher 558–559
anionische Azaoxonole *s.* Azaoxonole
anionische Initiatoren *s.* Initiatoren
anionische Kohlenwasserstoffe, Basizität 697
anionische, nichtbenzoide Aromaten 696–702
– ausgewählte Verbindungen 699–702
– Basizität 697
– Elektronendichte 699
– Gewinnung und Synthese 697–698
– Grenzstrukturen 697
– als Liganden für Übergangsmetall-Komplexe 698
– Reaktionen und Anwendungen 698–700
– – Elektrophile 699
– Struktur und Eigenschaften 696–697
anionische Polymerisation *s.* Polymerisation
anionische Wasserstoffbrücke 806
anionotrope Umlagerung 331, 555
Anis 582
*p*-Anisaldehyd 582
– *Gattermann*-Aldehydsynthese 582
– *Vilsmeier*-Haack-Synthese 582–584
*p*-Anisaldehyddimethylacetal 582
anisochron 85
Anisol 245, 571, 582–583, 630–631
– Benzendiazoniumsalze 630–631
Anlagerung, PCR 987
Annulene
– aliphatische 688–689
– aromatische 688–689
– *Diels-Alder*-Reaktion 690
– nichtbenzoide 687–690
– – Gewinnung und Synthese 689
– – Reaktionen und Anwendungen 690
– – Struktur und Eigenschaften 687–689
– – Summenformel 687
– Synthese überbrückter 689–690
[4]-Annulene 688
[6]-Annulene 688
[8]-Annulene 688
[10]-Annulene 688
[14]-Annulene 688
[18]-Annulene 171
anodische Decarboxylierung *s.* Decarboxylierung
anodische Fluorierung *s.* Fluorierung
anomale *Röntgen*beugung *s. Röntgen*beugung
Anomere
– Acylale 483
– D-Fructose 470, 473
– Glucose 468–469
– Methyl-D-glucopyranosid 480–481
– optische Aktivität 468–469
– Stabilisierung 472, 474
– $\alpha$- und $\beta$- Diastereomere 468
anomere OH-Gruppen 481–482
– glycosidische Verknüpfungen 493–494
– Glycosylierung 481
– nucleophile Addition 484
anomerer Effekt 213, 379, 483–484
– elektrostatische Wechselwirkungen 472, 474
– Methylglucosid 481
– negative Hyperkonjugation 472, 474
anomeres C-Atom
– C—O-Bindung 481
– freie OH-Gruppe 481
*Anopheles*-Mücke 857–858
– Malaria 647–648
anorganische Chemie 1
anorganische Ester 255

anorganische Metallkomplexe *s.* Metallkomplexe
anorganische Säuren
- Ester 255–263
- organische Derivate 255–282
- Reaktion mit Alkoholen 255
Anreicherung, Giftstoffe 261
*Ansa*-Moleküle 75
*Ansa*-Verbindungen
- Darstellung 566–567
- optische Aktivität 566–567
Ansamycine 670–671
*Anschütz, R.* 674
Anstrichstoffe 508
Antagonisten
- endokrine 964
- Steroidrezeptoren 747
antarafaciale Cycloheptatriensynthese 160
antarafaciale Wanderung *s.* Wanderung
antarafaciale Wechselwirkungen 371
Antarktis, Ozonloch 219
Anthelminthika 706, 810, 885–886
- Niclosamid 543, 607
Anthocyan 860–863
Anthocyanidin 860–861
Anthocyanidin-3-glucosid 863
Anthracen
- Additionsreaktionen 674–676
- Anthracenöl 516
- Arin 675–676
- Eigenschaften 674
- EPA-PAK 662
- Farbigkeit 690
- *Friedel-Crafts*-Alkylierung 674
- katalytische Hydrierung 675
- naszierender Wasserstoff 675
- Natrium 675
- Oxidationen 676
- Reduktionsreaktionen 675
- Resonanzformeln 674
- Steinkohlenteer 674
- 9,10-Stellungen 674–675
- *meso*-Stellungen 674
Anthracenderivate 674
Anthracenöl 516, 674
- Steinkohlenteer 680
9(10*H*)-Anthracenon *s.* Anthron
Anthracenperoxid 674–675
Anthracen-Struktur, [14]-Annulene 688
Anthrachinon
- Alizarin- und Indanthrenfarbstoffe 676
- auxochrome Substituenten 678
- Eigenschaften 676
- Halogenierung 677
- Monosulfonsäuren 678
- Nitrierung 678
- Phthalsäure 615–616
- Phthalsäureanhydrid 615–616
- Reduktion 674, 676–677
9,10-Anthrachinon 676–677
Anthrachinon-2-sulfonsäure 678
Anthrachinonderivate 679
Anthrachinonfarbstoffe 678–679
- Küpenfärberei 676
Anthrachinonsulfonsäuren 678
Anthracycline 678
9,10-Anthrahydrochinon 676
Anthranilsäure 778–779, 883
- *n*-Amylnitrit 675–676
- Diazotierung 604
- Eigenschaften 604
- technische Synthese 604
Anthranilsäurederivate 604
Anthranilsäureester 604
Anthranol 676–677
Anthron 676–677
Anthronderivate 676–677
*anti* 58
- Steroide 731–732
Anti-A-Agglutinin 975
*anti*-Addition 132–134
- Halogene 134
Antiallergikum 807
Antiandrogene 747
- DDE 648
antiaromatische Destabilisierung *s.* Destabilisierung
antiauxochrome Gruppen 43
Antibabypille 748
Anti-B-Agglutinin 975
antibakterielles Spektrum 820
Antibakterium 814
antibindendes Molekülorbital 15
antibindende $\sigma^*$-Orbitale 325
Antibiotika 604, 754, 769, 815, 819–820, 833, 966–967
- Chloramphenicol 542
- lactamasestabile 820
- lokalwirksame 966
- Nitrofurantoin 542
- Prontosil 548–549
- Rifampicin 670–671
- steroidale 745
- Streptomycin 443, 489, 499
- Sulfamidochrysoidin 637–638
- Sulfonamide 548–549, 913
- Tetracycline 682
- Verbreiterung des Wirkungsspektrums 820
Antibiotikaresistenz 819–820
antibiotische Wirkung 966–968
Anti-*Bredt*-Verbindung 120
Antidepressiva 870, 886
- Amitriptylin 224
- Hypericin 676–677
- tetracyclische 870
- tricyclische 870
Antidiabetika 549–550, 965–966
- Acarbose 500
- Glibenclamid 549–550
- insulinotrope 966
- Metformin 443
- perorale 966
- Rezeptorbindung 966
- Sulfonylharnstoffe 549–550
- Tolbutamid 549–550
antidiuretisches Hormon 963
Antidot 868
- gegen Atropinvergiftung 940
- gegen chemischen Kampfstoff 926
- gegen Muscarin-Vergiftung 926
- gegen Vergiftung mit Insektizid 926
Antiemetika 781–782, 801, 810
Antiepileptika 870, 881–883
- Phenobarbital 441
Antiestrogene 747
Anti-Folter-Verordnung 881–883
Antigen-Antikörper-Reaktionen 27
Antigene 975–976
Antihistaminikum 807, 886
$H_1$-Antihistaminikum 807
- Dimetindenmaleat 371
$H_2$-Antihistaminikum 807
Antihormone 747–749
- DDE 648
Antihypertensivum 810
Antihypertonika 565, 830
Antiinfektiva 984
antiinflammatorische Eigenschaften *s.* Entzündungshemmer
Antiklopfmittel
- *tert*-Butylmethylether 248
- Ferrocen-Anwendung 699
- MTBE 183
- Tetraethylblei 212, 296
- Tetramethylblei 296
Antikoagulanzien 613, 814
- Heparin 506
Antikörper 970–972, 975–976
- monoklonale 188, 976
Antikörpermoleküle 975–976
Antimalariamittel 857, 892
- Mefloquin 857–858
- Primaquin 857–858
*anti-Markownikow*-Produkt 136, 401
*anti-Markownikow*-Regioselektivität 281
Antimon(V)-chlorid 217
Antimykotika 754, 790, 807, 826
- Nystatin 163–164
antinutritive Faktoren 450
Antioxidanzien 765, 961
- Carotinoide 724
- für Elastomere 729
- Gallussäurepropylester 607
- Harnsäure 903
- Hydrochinon 579–580
- hydrophile, Ascorbinsäure 491–492

- lipophiles 863–864
- Phenol 554
- radikalische Polymerisation 141
antioxidativer Schutz, Membranlipide 864
antiparallele Spins 12, 16, 44
- NMR 46–47
antiperiplanare Anordnung
- E2-Eliminierung 210
- Methylendichlorid 213
- *Peterson*-Olefinierung 279
Antiperniciosa-Faktor 764
Antiphlogistika *s. a.* Anthranilsäurederivate
- Acetylsalicylsäure 606–607
- Diclofenac 610
Anti-Polyneuritis-Vitamin 882
Antiprotozoikum 754
Antipsychotikum 841–842
Antipyretika 800
- Acetylsalicylsäure 606–607
- Paracetamol 623
Antipyrin 800
Antirheumatika, nichtsteroidale 357, 800–801, 815
- Acetylsalicylsäure 606–607
Antisense-Oligonucleotide 996
Antiseptika 606, 859
antiskorbutisches Vitamin *s.* Vitamin C
antistatische Eigenschaften, kationaktive Stoffe 364
Antisympathotonikum 807, 953
antivirale Aktivität, unspezifische 964–966
Antivitamin 810
antixerophthalmisches Vitamin 719
Anxiolytikum 899
Anziehung, elektrostatische 16
AO *s.* Atomorbitale
6-APA (6-Aminopenicillansäure) 819
APCI *s. atmospheric pressure CI*
Äpfelsäure 366, 880, 917
- Geschichte 1
- Oxidation 350
- racemische 409–410
- Strukturen 404
(*R*)-(+)-Äpfelsäure 405
(*S*)-(−)-Äpfelsäure 405
D-(+)-Äpfelsäure 404
D,L-Äpfelsäure 404
L-(−)-Äpfelsäure 404, *s. a.* (*S*)-(−)-Äpfelsäure
- *Walden*-Umkehr 405
APG *s.* Alkylpolyglucoside
APM 960–961
Apolipoprotein B-100 976
Apomorphin 935
Apomorphin-Umlagerung 935
Apoptose *s.* Zelltod
Aporphin-Alkaloide 935
*Appel, R.* 452
*Appel*-Reaktion 205
Appetitzügler 522
Applikationsart, Cocain 926–927
Appretieren 188–189
aprotische Lösemittel 209
Aptamere 997
apurinische Stelle (AP-Stelle) 990–991
apyrimidinische Stelle (AP-Stelle) 990–991
äquatoriale Bindungen *s.* Bindungen
Äquivalenz
- chemische 49–52
- magnetische 49–52
Ar- *s.* Arylgruppe
Araban 488
Arabinarsäure 88
L-Arabinofuranose 508
Arabinose 769
- Synthese von Pentiten 197
D-Arabinose
- D-Gluconpremitril 474, 476
- D-Glucosamin-Synthese 489–490
- D-Mannononitril 474, 476
- Nitroalkansynthese 476–477
- *Ruff*-Abbau 476–477
D-(−)-Arabinose 488
L-Arabinose 474
L-(+)-Arabinose 488
- *Fischer*-Projektion 468
Arabit(ol) 197
Arachidonsäure 362, 413–414
Arachidonsäurekaskade 413–414
Arachidonylethanolamid 844
2-Arachidonylglycerin 844
araliphatische Hydroxycarbonsäuren 608
*p*- oder *m*-Aramid 617
Aramidfasern 617
Arbeitsunlust, Verfallserscheinung bei Cocainismus 927
*Arbuzow*-Umlagerung 205–206
Archaebakterien 719
Archaeen 101
Archäologie, PCR 987–988
*Arduengo*-Carbene 463, 806
*Areca catechu* 919
Arecaidin 922
- Methylester 919
Arecolin 919, 922
Areflexie 864
Arene 511–526
Arenoxide
- Cancerogenität 683
- elektrophile 983
- *in vivo*-Bildung 683
Arensulfinsäuren 545–546
Arensulfonamide 546
Arg 950
argentoacidimetrische Titration *s.* Titration
Arginin 443, 960, 974
- Abbauprodukt 950
L-(+)-Arginin 444, 950
Arginin-Decarboxylase 950
Arin 851, *s. a.* Dehydrobenzen
- Anthracen 675–676
- Darstellung 604
Arin-Cyclisierung 784
*Ariocarpus fissuratus* *s.* *N*,*N*-Dimethyltyramin
Aristamid 877
*Armstrong, H. E.* 513
*Arndt-Eistert*-Reaktion 235
*Arndt-Eistert*-Synthese 377–378
*Arnold, Z.* 582
Aroma 769–770
Aromastoffe 769, 879
- Carbonsäureester 383
- Terpenketone 705
- Thiole 200
- Zimtsäureester 612
Aromatase 743, 747
Aromatasehemmer 747
Aromaten 132, *s. a.* Heteroaromaten
- anionische *s.* anionische, nichtbenzoide Aromaten
- Chromophore 41
- Definition 687
- elektronenarme 894
- - nucleophile Substitution 561
- elektronenreiche 30–33, 671
- - Anilin 620
- - Phenol 554
- enzymatische Oxidation 683
- Extraktionsmittel 758
- halogenierte 527–537
- - Reaktionen und Anwendungen 535–537
- - Struktur und Eigenschaften 527
- - Synthese 199, 527–535
- industrielle Aromatenchemie 132
- kationische *s.* kationische, nichtbenzoide Aromaten
- makrocyclische elektronenreiche 843
- mehrcyclische 661
- Mercurierung 292–293
- nichtbenzoide 687–702
- nitrierbare 29–31
- Nitrierung 560
- polychlorierte 888
- polycyclische 983
- Stabilität 511
*aromatic solvent induced shift* (ASIS) 48
aromatische Aldehyde *s. a.* Aldehyde
- ausgewählte Verbindungen 590–591
- *Cannizzaro*-Reaktion 588
- Gewinnung und Synthese 580–585
- Kondensationsreaktionen
- - mit Aldehyden und Ketonen 585–588
- - mit primären Aminen und Ammoniak 585–586

– qualitative Analytik 28
– Reaktionen 584–589
– – mit Cyclopentadien 158
– Struktur und Eigenschaften 579–580
– *Vilsmeier-Haack*-Synthese 849
aromatische Alkohole *s.* Alkohole
aromatische Aminosäure 951–953
aromatische Annulene 688–689
aromatische Dicarbonsäuren *s.* Dicarbonsäuren
aromatische Kohlenwasserstoffe *s.* Kohlenwasserstoffe
aromatische Nitroverbindungen *s.* Nitroaromaten
aromatische Phenole *s.* Phenole
aromatischer Rest, Carbonylgruppe 579
aromatischer Ring, Nitrierung 952
aromatisches Elektronensystem
– Cyclophane 75
– elektronenreiches 636
– Imidazol 803
aromatisches $\pi$-System 511
– Addition an 527
– $2\pi$-Elektronensystem 148
– Pyrrol 775
– Wechselwirkung mit Erstsubstituenten 529–530
– $\pi$-Orbital-Energie 796
aromatische Stabilisierung 687
– kationische Aromaten 695–696
aromatische Stickstoff-Ylide 697
aromatische Sulfonate, alkylierte 544
aromatische Sulfonsäuren
– Reaktionen und Anwendungen 544–548
– saure Katalyse 543
– Struktur und Eigenschaften 543–544
– Sulfanilamide 548–549
– Sulfanilsäure 548
– Sulfonylharnstoffe 549–551
– Synthese und Gewinnung 544
aromatische tertiäre Phosphine 273
aromatische Thioether *s.* Thioether
aromatische Thiole *s.* Thiole
aromatische Tropyliumsalze *s.* Tropyliumsalze
aromatische Verbindungen 188
– Formylierung 582–584
– Mischungslücke mit Wasser 692
– überbrückte 568
Aromatisierung, Lebensmittel 770
Aromatizität
– Furan 768
– Pyrazolium-Anion 794
– Pyrazolium-Kation 794
– Pyrrol 753
– Thiophen 771
– Trinitromethan 268–269
– Verlust 527
– Zerstörung, vorübergende 561
Arosolvan-Verfahren 758
– *N*-Methyl-2-pyrrolidon 516
Aroxyle 655–656
Arsanilsäure 625
arsenhaltige Kampfstoffe *s.* Kampfstoffe
Arsensäure 848
Arsenverbindungen, organische 272–273
Arsenwasserstoff 272
Arsine 255, 272
– Herstellung 273
Arsoniumhydroxide 272
Arsoniumsalze 272
arterieller Bluthochdruck 913
Arteriosklerose 976
arteriosklerotische Ablagerungen 736, 976
Arthritis
– chronische 817
– Cortison 743
l-Aryl-3-methyl-5-pyrazolone 637
Arylalkane 639
Arylalkene 522
Arylamine 623
Arylboronsäuren 303
Arylcyanate 446
1-Arylcyclohexen 302
3-Arylcyclohexen 302
Aryldiisocyanate 440
Arylethane 653–658
– symmetrische 653–654
Aryl-*Grignard*-Verbindungen 196
Arylgruppe 516–517
– nitrierbare 29
Arylgruppenwanderung 609
Arylhalogenide *s. a.* halogenierte Aromaten
– *Grignard*-Reaktion 535
– Kohlenstoff-Halogen-Bindung 517, 535–536
– *Negishi*-Kupplung 291
– Olefinierung 300–302
– *Sonogashira*-Kupplung 302–303
Arylhydrazone 637
Arylierung
– Benzenkern 631–632
– C=C-Doppelbindung 632
Arylisocyanate 446
*N*-Arylisocyanate 439–440
*S*-Arylisothioharnstoffe 442
Arylmercaptane *s.* Thiophenole
Arylmethane
– Gewinnung und Synthese 646–647
– Reaktionen und Anwendungen 647–653
– Struktur und Eigenschaften 644–646
Arylnitrene 461
– Dimerisierung 463
Aryloxy-Derivate 245
Arylpentazol 831
Aryl-*p*-toluensulfonate *s.* Aryltosylate
*N*-Arylpyrrole 756
Arylquecksilberchlorid 630–631
Arylquecksilbersalze 292–293
*O*-Arylthiocarbamate 446–447
Aryltosylate 545
*O*-Arylurethane 446–447
Arzneistoffe
– *p*-Acetylaminobenzaldehydthiosemicarbazon 442
– Acetylsalicylsäure 606–607
– Aminogruppen 223–224
– Anthracycline 678
– antibakterielle 548–549
– Antihormone 747–749
– aromatische Ketone 592
– Azide 243–244
– Azoverbindungen, aromatische 637–638
– Barbiturate 441
– mit Benzimidazol-Strukturelement 810–811
– mit Benzoisothiazol-Strukturgerüst 822
– Bisanthron 676
– blutdrucksteigernde, Adrenalin 565
– blutdrucksteigernder 565
– Bromisoval 441
– Carboplatin 114
– Carbromal 441
– Catecholamine 564–565
– Cortisonacetat 743
– Curcumenol 107
– Darmerkrankungen 637
– Dermatologie 603
– der zweiten Generation 807
– diamantoide Ringsysteme 125
– Diclofenac 610
– Dinoprost 413
– Dinoproston 413
– DNA-interkalierende 859
– Ephedrin 521–522
– Hydrazine, substituierte 243–244
– Hypericin 676–677
– mit Imidazol-Strukturelement 807
– Isoindolinon 787
– Kontrazeptiva 748
– mit $\beta$-Lactam-Ring 819
– Latanoprost 413
– Lumiracoxib 610–611
– Meprobamat 439
– Migräne 781–782
– mit Morpholin-Strukturelement 814
– nitroaromatische Gruppen 541
– Nitroglycerol 193
– NSAID 77
– Oseltamivir 491
– mit Oxazolidinon-Strukturelement 814
– Paracetamol 623


A

- PEG-Konjugate 188
- Phenobarbital 441
- Phenprocoumon 613
- Phthalimid 787
- Piperazingrundgerüst 886
- Piperidinring 841–842
- Pteridin-Struktur 913
- Pyridin 841
- qualitative Analytik 27
- Raloxifen 790
- (*R*)-Rasagilin 174
- Rifampicin 670–671
- Rivastigmin 439
- mit Salicylsäure-Baustein 607
- (*R*)-Selegilin 174
- Simvastatin 413
- *Stas-Otto*-Trennungsgang 28
- Streptomycin 489
- Sulfamidochrysoidin 637–638
- Sulfonamide 604, 626
- Tetracycline 682
- Thalidomid 787
- therapeutische Nucleinsäuren 996
- therapeutische Nucleosidanaloga 984–985
- mit Thiazolidindion-Fragment 820
- Thiopental-Natrium 441
- Warfarin 613

Arzneistoffentwicklung 771
Ascaridol 706
- Darstellung 712

Ascorbat 45
Ascorbinsäure 43, 491–493, 864, *s. a.* Vitamin C
- Antioxidanzien 491–492
- Fehling-Probe 308
- Nachweisreaktion 829
- Reduktionsvermögen 492
- technische Synthese 492
- TTC-Reaktion 829
- Wasserstoffbrücken 492

(+)-Ascorbinsäure 491–492
L-Ascorbinsäure 70
L-*xylo*-Ascorbinsäure *s.* (+)-Ascorbinsäure
ASIS *s. aromatic solvent induced shift*
Askaridiasis 885–886
Asn 951
Asp 951
Asparagin 950
- Glucose 485

L-(−)-Asparagin 951
- Hydrolyse 951

L-Asparaginase 188
Asparaginsäure 950
- Decarboxylierung 421
- Neurotransmitter 954

L-Asparaginsäure 944
L-(+)-Asparaginsäure 951
*Asparagopsis taxiformis* 215
Aspartam 960–961
- Süßungsmittel 547

Aspartat 950, 974
- cyclische Kondensation 983

α-L-Aspartyl-L-phenylalaninmethylester 960–961
*Aspergillus flavus* 613
*Aspergillus oryzae* 845
Aspirin® *s.* Acetylsalicylsäure
ASS *s.* Acetylsalicylsäure
Assoziatbildung 284
Assoziation, dynamische 176
Assoziationsgrad, Alkohole 177
Assugrin 626
Asthma bronchiale 907
Asymmetrie, optische Aktivität 63–65
asymmetrische Alkylierungen *s.* Alkylierung
asymmetrische Dihydroxylierung 930–931
asymmetrische Epoxidierung 412
asymmetrische Hydroborierung 713–714
asymmetrische Induktion 886–887
- stereoselektive Synthese 474

asymmetrische Synthese 368
- *O*-acylierte geschützte 483
- Kohlenhydrate 493
- (*S*)-Nicotin 921
- Pyrrolidinring 921

asymmetrische Umwandlung zweiter Ordnung 944–945
asymmetrische Verbindungen 66
*asym*-Trimethylbenzen 516
ataktische Polymere 702
ataktische Struktur 143–144
Atemlähmung 926
Atemstörung 919–920
Atemwegserkrankungen 594
Atemzentrum 829, 929
ätherische Öle 349, 582
- bicyclische Sesquiterpene 723
- Kamille 691
- Monoterpene 709

Atmosphäre
- Erde *s.* Erdatmosphäre
- Stickstoff- *s.* Stickstoffatmosphäre
- Wasserstoff- 104

*atmospheric pressure CI* (APCI) 38
Atmung 829, 950
- NO-Wirkung 961

atmungsaktive Gewebe 267
Atmungskette, Hilfssubstrate 575
Atmungspigment, tierisches 975
Atomabstände, *Röntgen*strukturanalyse 52
Atombau 11–14
Atombindung 15–16, *s. a.* Bindungen
Atome
- und Chiralität 64
- elektronenarme *s.* Elektrophile
- elektronenreiche *s.* Nucleophile
- Ladungs-Radius-Verhältnis 21
- *Pauli*-Prinzip 12

Atomgerüst 53
Atomgröße, und Säurestärke 199
Atomgruppen, charakteristische *s.* funktionelle Gruppen
Atomigkeit 53
Atomkerne
- Abschirmung 46
- magnetisches Moment 44

Atommasse 35
Atommodell, Kristallstrukturanalyse 52
Atomnummer *s.* Ordnungszahl
Atomorbitale (AO) 15
- entartete Hybridorbitale 17
- Überlappung 199

Atomradius, *Bohr*scher 11–12
Atomzahlenverhältnis, einer Verbindung 5
ATP 906
- Struktur 980
- Synthese von Nucleotiden 981

ATP-abhängiger Kaliumkanal 966
$H^+/K^+$-ATPase 253
ATP-Hydrolyse 194
Atracuriumbesilat 935–936, 940
*Atropa belladonna* 923
Atropin 29–31, 194, 923, 926, 936
- Abbau zu Cycloheptatrien 159
- saure Hydrolyse 923–924
- Synthese 925

Atropingruppe 923
- Anwendung 926
- Eigenschaften 923–924
- Gewinnung und Synthese 925
- Reaktionen 926
- Struktur 923–924

Atropinvergiftung, Antidot 940
Atropisomere 56, 63–65
- Biphenyle 74

Atropisomerie 639, 884
- Biphenylderivate 674
- – unsymmetrisch substituierte 640
- 2,2'-Dinitrodiphensäure 640
- Gossypol 670
- Konfigurationsbestimmung 640

*attenuated total reflexion* (ATR) *s.* Totalreflexion
Ätzmittel, Warzen 403
Aufenthaltswahrscheinlichkeit 11–12
Aufheller, optische 524
Auflösung, Sektorfeld-Analysator 39
Aufmerksamkeitsdefizit-Hyperaktivitätsstörung *s.* ADHS
Auge
- Farbwahrnehmung 42
- Netzhaut, Zeaxanthin 723
- Retinol 718
- Zeaxanthin 289

Augeninnendruck, Xalatan® 413

Augenlinse 973
Augenoperation 927
Augentropfen 926
Aurorafalter 909–910
Ausbreitungsgeschwindigkeit, polarisiertes Licht 67
Ausfällung 971–972
Aussalzen, Protein 968
Ausscheidung, Steroide 741
Ausschütteln, Teerbenzen 771
Austausch, nucleophiler 125
Austauschprozesse 49
Austauschreaktionen, *Grignard*-Lösungen 286
Austrittsgruppe 208
autogenes Schweißen/Schneiden 170
Autoimmunkrankheit 975–976
autokatalytisch verlaufende Reaktionen 258, 333, 579–580, *s. a.* Autoxidationen
Autolacke, rotviolette 858–859
Automatisierung 957–960
Autoprotolyse 539
Autoradiographie, *Gilbert-Maxam*-Sequenzierung 992
autotherme Reaktionen 456–457
Autoxidationen 247, 372
– Anilin 619
– Benzaldehyd 579–580
– in Flüssigphase 346
– Fulvene 158
– *p*-Hydrochinon 566
– radikalische 246
– reine Kohlenwasserstoffe 247
Auxiliare, chirale 78, 326–327, 367–368, 483
– *N*-Glycoside 482–483
– stereoselektive Synthesen 707, 715
Auxin-Analogon 572
Auxine 782
Auxochrome 43
auxochrome Gruppen 645
– Kristallviolett 650
Avenin 977
Avidin 810
Avitaminosen 491
Avocado 911–913
Axerophthol 719
axiale Bindungen *s.* Bindungen
axiale Chiralität *s.* Chiralität
axiale Substituenten *s.* Substituenten
Azaallenium-Radikalkation 805
1-Azabicyclo[3.2.0]hepten-7-on 820
Azabicyclo[3.3.1]nonan-Ringsystem 801–802
1-Azabicyclo[4.4.0]decan 928
9-Azabicyclo[3.3.1]nonan 925
1-Azabicyclo[2.2.2]octan 929–930
8-Azabicyclo[3.2.1]octan 923
Azacyanine 821–822
– Darstellung 822
4*a*-Aza-4*a*,9*a*-dihydronaphthalen 928
Azaisobutyronitril *s. a.* AIBN
– Radikalstarter 356, 534
Azaoxonole, anionische 43–45
Azaoxonol-Farbstoff 809
Azapolymethine 43
Azathiophen 816
Azathioprin 905
Aza-*Wittig*-Reaktion 242–243
Azelainsäure 351, 360
Azelastin 807
Azene 460
Azeotrope
– 1,4-Dioxan 885
– Schwierigkeit bei Destillation 6
– ternäres, Veresterung 385
azeotropes Gemisch *s.* Gemische
Azepin 463
1*H*-Azepin 866
Azepingrundgerüst 866
Azepin-Kation 866
Azibenzil 610–611
Azid-Anion 240
Azide 221, 239, 795, 955
– Arzneistoffe 243–244
– funktionelle Gruppe 23
– photochemische Spaltung 461
– Reaktionen 242–243
– Synthese 240, 242
Azideinheiten 396–397
Azidgruppe 239
Azidität *s.* Acidität
Azid-Methode, nach *Curtius* 955
Azidoalkohole 240
Azidoameisensäureethylester 461
2-Azido-6-chlorpyridin 828
3'-Azido-2'-desoxythymidin *s.* Azidothymidin
Azidoform 828
(*S*)-(–)-α-Azidopropionsäure 415
Azido-Tetrazolo-Isomerie 828
Azidothymidin (AZT) 244, 984–987
Azin-Farbstofffamilie 884
Aziridin 595–596, *s. a.* Ethylenimin
– Struktur 234
2*H*-Azirin 805
Azlacton, dipolares 827
Azobenzen 43
– Adduktbildung 627
– Darstellung 463
– Eigenschaften 627
– (*E*/*Z*)-Isomere 627
– Isomerentrennung 627
– Oxidation 628–629
– photostationäres Gleichgewicht 627
– Reduktion 628
– Stammsubstanz Azofarbstoffe 627
– Struktur 619
Azodicarbonsäurediethylester 440
Azodicarbonsäurediisopropylester 440
Azodicarbonsäureester 385–386, 440
Azofarbstoffe 29–30, 43–44, 619, 637, 667, 671, 798–800, 806, 818, 901, 908
– mit Azacyanin-Struktur 821–822
– Herstellung 641
– heterocyclische 821–822
– Methylrot 45
– Stammsubstanz Azobenzen 627
– Sulfanilsäure 548
– Synthese 625
– violette 821–822
Azogruppe 43
– Arylrest-Substituenten 627
– *para*-Stellung 636–637
– reduktive Spaltung 637
Azoimid 226
α,α'-Azoisobutyronitril 140, *s. a.* AIBN
– Darstellung und Thermolyse 242
– Schaumgummi-Herstellung 726
Azokupplung 229, 634, 908
– Mechanismus 636
– Nachweis von Nitrat bzw. Nitrit 671
– Naphthole 636
– Phenole 636
Azol *s.* Pyrrol
Azol-Antimykotikum 807
Azolid 955
Azolidin *s.* Pyrrolidin
Azolid-Methode 956
(*E*)-Azomethan 238–239
Azomethine 31, 312, 586, 623, *s. a. Schiff*sche Basen
– funktionelle Gruppe 23
Azomethinfarbstoffe- 577–578
Azoprocarbazin 244
Azoreduktase 549, 637
Azoverbindungen 634–637
– aromatische
– – Arzneistoffe 637–638
– – ausgewählte Verbindungen 637–638
– – Gewinnung und Synthese 628–629
– – Struktur und Eigenschaften 627
– aus Dialkylhydrazinen 238–239
– (*E*/*Z*)-Form 82, 238–239
– *N*-Oxide 627
– unsymmetrische 628
Azoxybenzen
– Darstellung 628–629
– (*E*/*Z*)-Isomere 627
Azoxyverbindungen 627
AZT *s.* Azidothymidin
Aztreonam 820
Azulenderivate 692
Azulene 690–694
– aus ätherischen Ölen 723–724
– ausgewählte Verbindungen 692–694
– Dipolarität 690
– elektrophiler Angriff 692–693

A

- Farbigkeit 690–691
- Gewinnung 691–693
- Grenzstrukturen 690
- HOMO 690–691
- Konstitutionsisomere des Naphthalens 690
- Liganden für niedervalente Metallionen 690–691
- LUMO 690
- nucleophiler Angriff 692–693
- Polarität 690
- Reaktionen und Anwendungen 692–693
- Struktur und Eigenschaften 687, 690–691, 717–718
- Umlagerung zu Naphthalenen 692

Azulenquellen, natürliche 692–693
Azulensynthese 691–693
- nach *Hafner* 838

## B

*Bachmann*, Steroidsynthese 734
*Bacillus macerans* 502
*back donation* 298
*Backer, H. J.*, Spirane 118
*Bäckström, H. L. J.* 579–580
Bactrim® 877
*Baekeland, L. H.* 557
*Baeyer, A. v.* 513, 881
- Cycloalkane 107
- Ringspannung 88
- verbrückte Ringsysteme 119

*Baeyer*sche Probe 28, 138, 512
*Baeyer*-Spannung 88–89
- Cyclopropan 107
- Ether 249

*Baeyer-Villiger*-Oxidation 323, 346, 409, 580, 597
Bakelit 317, 557
bakterieller Abbau, Milchzucker 403, 497
Bakterien 949
- aerobe 819–820
- anaerobe 807
- *Clostridium botulinum* 195
- extremophile thermophile 389
- gramnegative 819
- grampositive 819
- Mycolsäuren 412–413
- Polyhydroxybuttersäure 412–413
- *quorum sensing* 413
- rekombinante 351
- Resistenz gegen Antibiotika 819–820
- *Thermus aquaticus* 987–988

Bakterien-Antivitamine 626
Bakterieninfektionen, Chemotherapeutika 626
Bakterienschutz, durch Azulenderivate 692
Bakterienstoffwechsel 877
- *p*-Aminobenzoesäure 626
- Folsäure 913

Bakterienzellwand 190, 948
- Muraminsäure 489

Bakteriochlorophylle 762
Bakteriorhodopsin 719
bakteriostatische Wirkung, Benzoesäure 602
BAL® 195–196
Baldrian
- Borneol 708–709
- Isovaleriansäure 347

*Baldwin, D. A.* 443
*Baljet*-Reaktion 29
*ball and sticks* 55
Ballaststoffe 769
*Balz-Schiemann*-Reaktion 529, 630–631
*Bamberger, E.* 542
Bananen-Bindungen 107
Banden
- IR-Spektroskopie 39–40
- UV/Vis-Spektroskopie 41

Bänder, anatomische 970
*Banting* 964
*Barakat*-Dehydrierung 356
*Barbier, P.* 287
*Barbier*-Reaktion 287, 361
Barbital 881–882
Barbiturate 441, 881
Barbitursäure 441, 881–882
- CH-Acidität 881
- 5,5-dialkylierte 881–883
- Eigenschaften 881
- Kondensation von Malonsaurediethylester mit Harnstoff 881–882
- p$K_S$ 881

Barbitursäurederivate 881–882
- Murexidreaktion 905

Bärengalle 741
Bärenklau 789
*Barger* 952
$\alpha,\beta$-Barrel 971
*Barton*
- Cyclohexan-Konformationen 92
- Struktur der Steroide 731

*Barton-McCombie*-Reaktion 296
*Bart*-Reaktion 630–631
*Basedow*sche Krankheit 952
Basen
- Amine 917
- anionische Initiatoren 141
- harte und weiche 24–25
- heterocyclische 191
- HSAB 21
- *Lewis*- *s. Lewis*-Basen
- nichtnucleophile 223
- Nucleinsäuren *s.* Nucleobasen
- optisch aktive, Racematspaltung 715
- pentacyclische 937
- Racemattrennung 75–78
- schwache 947
- sehr starke 775
- starke 887, 914, 925
- tertiäre 836

Basenkatalyse, RNA 988
basenkatalysierte Epimerisierung 467–469
basenkatalysierte Ringöffnung, Epoxide 250
basenkatalysierte Umlagerung 914
Basenpaarung 879–880, 980
- falsche 906
- tautomere Formen der Basen 906
- *Watson-Crick*- 985–986

basenspezifische Spaltung *s.* Spaltung
Basenstärke
- Reaktion mit *Lewis*-Säuren 25
- Thiolate 199

*base pair mismatch* 906
Basilikumöl 704
basische Aminosäure 950
basische Hydrolyse 112, *s. a.* alkalische Hydrolyse
basische Initiatoren *s.* Initiatoren
basische Verseifung *s.* Verseifung
Basiskomponente 900
- Regeln zur Bestimmung 900

Basizität 25
- Alkalimetallorganyle 283–284
- $\alpha$-Effekt 875
- Amine 222
- I-Effekte 26
- Imidazol 803

*N*-Basizität
- Acridin 847
- Anilin 847
- Chinolin 847
- Isochinolin 847
- Phenanthridin 847

bathochromer Effekt 620
bathochrome Verschiebung 890
Bathochromie 42, 678
Batrachotoxin 752
Bauchspeicheldrüse 962
Bäume, Milchsaft tropischer 726
Baumrinde 929
Baumsteiger 783
Baumwolle 506–507, 778
- Farbstoffe 43
- Färbung 893
- Verminderung exzessiven Wachstums 842

Baumwollfärberei 778
Baumwollsamen 670
Baustein, chiraler 810
*Bayer, A. v.* 777
*Bayer, O.* 440
Baylon *s.* LDPE
Baypren 728

9-BBN 281
BCAA-arme Diät 948
BCM 810
BDE *s.* Bindungsdissoziationsenergie
*Béchamp*-Reduktion 224
*Béchamp*-Verfahren 621
*Becher,* Phlogiston-Lehre 1
*Beckmann*-Umlagerung 162, 595–597
- Cyclohexanonoxim 419
Bedarfshormone 742
Beeren 950
*Beilstein*-Probe 27
Beizenfarbstoffe 678–679, 858–859
belebte Natur 1
Belegungsgrad, Adsorptionschromatographie 8
*bella donna* 926
*Belloni* 879
*Bell, R. P.* 314
Belohnungssystem, dopaminerges 927, 935
bending 40
benigne Prostatahyperplasie *s.* Prostatahyperplasie
Benserazid 243
Benzalaceton 585
Benzalchlorid 533
- Hydrolyse 533, 580
Benzaldazin 239
Benzaldehyd
- Acetaldehyd 585
- Acetanhydrid 612
- Aceton 585
- Additionsreaktionen 580
- Anilin 585–586, 623
- Autoxidationen 580
- aus Benzalchlorid 533
- aus Benzylalkohol 519
- Chlorierung 602
- Cyanhydrine 589
- Cyanid-katalysierte Reaktion 588–589, 591
- 2,3-Diphenyl-3-hydroxypropionsäure 610
- Disproportionierung 588
- Eigenschaften 579–580
- Farbstoffsynthese 579
- *Fehling*sche Lösung 579–580
- in Flavonol-Synthese 851–852
- katalytische Oxidation 580
- Kondensationsreaktionen 597–598
- Malachitgrün-Synthese 649
- Mandelsäure 608–609
- Osazone 487
- *Perkin*-Synthese 612
- in Phenanthridin-Synthese 851
- Reaktionen mit
- - Cyclopentadien 158
- - Hydroxylamin 584–585
- - Perbenzoesäure 579–580
- Reduktionen 579–580
- *Sommelet*-Reaktion 580–581
- Struktur 579
- Synthese
- - Benzoylchlorid 581
- - Benzylidendichlorid 580
- - *Stephen*-Reduktion 581
- Umpolung 588–589
- Unterschied zu *p*-Anisaldehyd 583
- Vergleich mit Furfural 768–769
- Vergleich zu Pyridinaldehyd 840
- Vorkommen 579
Benzaldehydcyanhydrin 579
Benzaldehyddialkylacetale 582
Benzaldehydoxime 584–585
Benzaldehydphenylhydrazon 830
Benzalfluoren 665
Benzalverbindungen 585–588
benzanellierter Sechsring 847
benzanellierter Siebenring 847
benzanelliertes Ringsystem 775
Benzanilid 595
Benzaurin 650
- Struktur 651
Benzazepine 847
- Struktur 866
- Synthese 866–868
Benzen 511–516, 771, 835–836
- als [6]-Annulen 687
- Addition
- - von Chlor 535
- - von Ethoxycarbonylnitren 463
- - von Methylen 461–462
- Alkylderivate 132
- ASIS 48
- Bromierung 527–528
- carcinogene Wirkung 512
- Chlorierung 527–528
- Chlorsulfonierung 545
- chronische Vergiftungen 512
- Cycloheptatriensynthese 159
- aus Cyclohexadienen 159
- Cyclohexangewinnung 115
- Cyclohexatrien 512
- und Cyclooctatetraen 160
- Derivate *s.* Benzenderivate
- Eigenschaften 511–514
- $\pi$-Elektronen 514
- elektrostatisches Oberflächenpotenzial 874
- erschöpfende Hydrierung 109
- *Friedel-Crafts*-Acylierung mit Phthalsäureanhydrid 676–677
- Gewinnung und Synthese 515–516
- Halogenierung 527–529
- katalytische Hydrierung 512
- Komplexierung von Kaliumionen 187
- *ortho*-Kondensation 847
- mehrfache Substitution 529–532
- Molekülorbitale 514
- Oszillationstheorie 513
- Ozon 512
- Ozonolyse 512
- petrochemische Industrie 133
- Photolyse 167
- physikalische Eigenschaften 511–512
- *purple benzene* 186
- Reaktionen und Anwendung 516
- Reaktionsträgkeit 512
- Reinigungsverfahren 773
- Resonanzenergie 874
- Resonanzintegral 788
- selektive Extraktion 188
- Stabilität 512
- Struktur 511–514
- Strukturvorschläge 512
- Substitutionsreaktionen 511, 517–518
- Sulfonierung 544
- Symmetrie 513
- Symmetrieachsen 65
- Symmetrieebenen 65
- Toxizität 511–512
- Trimerisierung von Ethin 172–173
- Unterschied zu nichtbenzoiden Aromaten 687
- UV-Licht 584
- Valenzisomere 121, 166
Benzen-1,3,5-trisulfonsäure 544
Benzen-Analoga von Annulenen 689
Benzenarsonsäure 630–631
Benzenderivate
- Alkylderivate 516–519
- *exo*-Bindungen 514–515
- heteroatomige Seitenketten 519–522
- Substitutionsreaktionen 511, 519
- Symmetrie 514–515
- Trisubstitutionsprodukte 516
- Trivialnamen 516
- ungesättigte Substituenten 522–526
Benzendiazonium-2-carboxylat 773
Benzendiazoniumchlorid 830
- Anilin 629, 634–635
- Cinnamonitril 632
- *N,N*-Dimethylanilin 635–636
- Kupplung
- - Malonester 637
- - Natriumphenolat 636–637
- Reaktion mit Lithiumazid 830
- Reduktion 633–634
- Zimtsäure 632
Benzendiazoniumperbromid 634
Benzendiazoniumsalze
- höhere Alkohole 630
- Iodid 631
- methanolische Lösungen 630–631
- Natriumarsenit 631
- Natriumazid 631
- Natriumazidlösung 634
- Struktur 619

B

Benzendiazoniumtetrafluoroborat 630–631
1,2-Benzendicarbonitril 766
Benzendicarbonsäuren, Stellungsisomere 614
*m*-Benzendisulfonsäure 565–566
Benzenhexabromid *s.* Hexabromcyclohexan
Benzenhexachlorid *s.* Lindan
Benzenkern
- Aminogruppe 620
- Arylierung 632
- direkte Bindung zu OH-Gruppen 553
- elektrophile Substitution 554
- *endo/exo*-Bindungen 514–515
- gebundene Halogenatome und Nitrogruppen 520
- HOMO 852
- *ortho*-Stellung 622–623
- Oxidation 602
- $\pi$-elektronenreicher 852
- Position der Substituenten nach IUPAC 516
- Substituenten 566–567
- Substituenteneinfluss 636
Benzenmolekül
- Bindungslängen 513
- Orbitale 514
- Struktur 514
- Symmetrie 512–513
9,10-*o*-Benzenoanthracen *s.* Triptycen
Benzenring 41, 801
- *ortho*-kondensierter 662
- Phenylogie 43
Benzensulfinsäure 546
Benzensulfinsäureester 263
Benzensulfonamide 546–547
Benzensulfonsäure 527, 545
- Acidität 543
Benzensulfonsäurehydrazide 726
Benzensulfonylchlorid
- Benzophenonoxim 595
- Chlorsulfonierung von Benzen 545
- Reduktion zu Benzensulfinsäure 546
- Reduktion zum Thiophenol 545–546
- Spiransynthese 122
- Synthese aus Natriumsulfonaten 544–545
- Trennung von Aminen 230
- Umsetzung mit Ammoniak und Aminen 546–547
Benzen-Thiadiazol-Bioisosterie 833
Benzenthiol *s.* Thiophenol
Benzen-Thiophen-Bioisosterie 833
Benzen-Triozonid 512
Benzenwäsche 516
Benzhydrol 598, 659
Benzidin 639
Benzil 804
- Benzilsäureumlagerung 609
- Oxidation 591
Benzilmonohydrazon 610–611
Benzilsäure
- Phosphor(V)-chlorid 610
- Synthese 608–609
Benzilsäure-Umlagerung 769
- 1,2-Diketone 609
- Mechanismus 609
Benzimidazol 810–811
2-Benzimidazolcarbamidsäuremethylester 810
Benzimidazol-Derivat 807
Benzimidazolon 810
Benzimidchlorid 593
Benzine
- aromatenreiche 296
- Geruch 103
- Pyrolyse 130–131
Benzo[*a*]anthracen 662
Benzo[*a*]fluoranthen 662
Benzo[*a*]pyren 613
- Biotransformation 261
- Cancerogenität 683
- EPA-PAK 662
- *in vivo*-Oxidation 683
1*H*-Benzo[*b*]azepin 847, 866
Benzocain 604–605
benzo[*c*]anellierter Heterocyclus 784
- *Diels-Alder*-Reaktion 785
Benzochinoline 858–860
- Reaktionen 854–855
- Synthese 851
Benzochinon 553, *s. a.* Chinone
- Eigenschaften 572–573
- Reaktionen und Anwendungen 574–578
- Struktur 553, 572–573
*o*-Benzochinon 572–573
- Kondensation mit *o*-Phenylendiamin 889
*p*-Benzochinon 571, 573–574, 614–615
- Acetanhydrid 571
- Chlorwasserstoff 576
- Redoxgleichgewicht 574–575
- Reduktion 566
- - im alkalischen Medium 575
*p*-Benzochinonamidinohydrazonthiosemicarbazon 574
*p*-Benzochinondioxim 574
*p*-Benzochinonmonoguanylhydrazon 574
*p*-Benzochinonmonophenylhydrazon 636
*p*-Benzochinonmonoxim 563, 574
Benzo[*def*]chrysen *s.* Benzo[a]pyren
Benzodiazepin 847, 866
- Antagonist Flumazenil 868
- Antidot 868
- mit 2-Fluorophenylgruppe 868–869
- N-methyliertes 866–867
- Nachweis in Urin- und Blutprobe 868–869
- natürliches Vorkommen 867
- Nitrazepam 543
- Psychopharmakum 866–867
- Synthese 868
1,4-Benzodiazepin 847, 866
- aus *o*-Aminobenzophenon 868
- Grundgerüst 866
- aus 2-Halogenmethylchinazolin-3-oxiden 868–869
1,5-Benzodiazepin 866
3*H*-1,4-Benzodiazepin-4-oxid 868
Benzodiazine 873, 883
Benzo[*d*]thiazol-2(3*H*)-thion 820–821
Benzoesäure 533, 579, 923, 950
- Acidität 600
- Carboxylierung 614–615
- Chlorierung 602
- Decarboxylierung 515, 599
- Eigenschaften 599
- Konservierungsmittel 602
- M-Effekte 27
- Nitrierung 603
- Oxidation von Benzylalkohol 519
- Oxidation von Toluen 518
- Phasendiagramm der Reinigung 7
- substituierte
- - Acidität 600
- - $pK_S$-Werte 600
- - Säurestärke 600
- Sulfonierung 605
- Synthese 602
- aus Tropylium-Kation 695
- Veresterungsgeschwindigkeit 601
- Vorkommen 599
Benzoesäurebenzylester 588
Benzoesäureester 646
- sterisch gehinderte 601
Benzoesäureethylester 603, 648
- Nitrierung 530
- substituierte 600
Benzoesäurehydrazid 824
Benzoesäuremethylester 149
- Nitrierung 603
Benzofulvene 663
Benzofuran
- *Diels-Alder*-Reaktion 785
- Resonanzintegral 784
Benzo[*b*]furan 775, 788
Benzo[*c*]furan 784
- Struktur 784
Benzofurazanyl-Derivat 833
Benzo[*ghi*]perylen, EPA-PAK 662
benzoide Ringe 675
benzoide Systeme 674–675
Benzoin 588–589
- Bittermandelöl 591
- Darstellung *s.* Benzoinkondensation
- Oxidation 591

- Phenylhydrazin 591
- reduktive Dimerisierung 591
- Säurechloride 591
- Synthese und Vorkommen 591
Benzoinaddition *s.* Benzoinkondensation
Benzoinkondensation 588–589, 591, 769
Benzoisothiazol 822
Benzo[*k*]fluoranthen 662
Benzol *s.* Benzen
Benzonitril 543–544, 593, 913–914
- (*Z*)-Benzaldehydoxim 584
- Diazoniumsalze, $K_3[Cu(CN)_4]$ 630
- Hydrolyse 602
- katalytische Reduktion 520
- Phloroglucin 593
- *Stephen*-Reduktion 581
Benzophenon 158, 166, 274, 592, 646, 648, 659
- *Friedel-Crafts*-Acylierung 592
- Hydroxylamin 598–599
- Indikator Lösemitteltrocknung 598–599
- Oximbildung 598–599
- Photosensibilisator 599
- Polymorphie 598
- Reduktion 598
- Struktur 579
- UV-Blocker 599
Benzophenon-3 599
Benzophenondikalium 656, 659
Benzophenonkalium
- Darstellung 656
- Pinakolat 656
- Reaktion zum Benzophenondikalium 659
Benzophenonoxim 595
Benzo[*g*]pteridin 910–911
Benzopyranderivate 848
Benzopyrane 847–865
- Reaktionen 854–856
- Synthese 851–852
Benzopyrazole 801
Benzopyridine 847–865
Benzo-*α*-pyron 847–848
Benzo-*γ*-pyron 847–848
Benzo[*b*]pyrrol 775
Benzo[*c*]pyrrol 775, 784
- Struktur 784
Benzopyrylium-Ion 855
Benzopyrylium-Salz 856
Benzothiazole 820–821, 894–895
Benzothiazoliumsalz 821
2(3*H*)-Benzothiazolthion 820–821
Benzothiofuran 788
Benzo[*b*]thiophen 775, 788
- Resonanzintegral 784, 788
Benzo[*c*]thiophen 784
- Resonanzintegral 784
- Struktur 784
Benzothiophenderivate 747
Benzotriazol-1-yl-oxytripyrrolidinophosphoniumhexafluorophosphat *s.* PyBOB
Benzotribromid 533
Benzotrichlorid 533, 650
- Hydrolyse 533
- Hydroxytriphenylmethanfarbstoffe 650
- Reaktion mit Benzoesäure 602
Benzoylaceton 597–598
*o*-Benzoylbenzoesäure 676–677
Benzoylchlorid 867
- Benzoylierungen 602
- Darstellung 602
- Eigenschaften 602
- Reduktion mit LTBA 581
- Wasserstoffperoxid 602–603
2-Benzoylcyclohexanon 328
Benzoylecgonin 923–924
Benzoylessigester 851–852
Benzoylglycin 599
*N*-Benzoylglycin 420
Benzoylierung 925
- in Pyridin nach *Einhorn* 602
- in wässrigem Alkali nach *Schotten-Baumann* 602
Benzoyloxyradikale 602–603
(2*R*,3*S*)-3-Benzoyloxytropan-2-carbonsäuremethylester 923
Benzoylperoxid 534
Benzoylradikale 580
*O*-Benzoyl-serinhydrochlorid 813
*N*-Benzoyl-serinmethylester 813
Benzpinakol 659
1,2-Benzpyren *s.* Benzo[a]pyren
Benzvalen 121, 167, 513
- aus Photolyse von Benzen 167
Benzyl-1-propenylketon 589
Benzylacetat 519
Benzylalkohol 519, 557, 588, 946
Benzylamin 520
- Dehydrierung 580–581
- Synthese 226
2-Benzylanilin 870
Benzylazid 824
Benzylbenzoat 588
Benzylbromid 533–534
Benzylchlorid
- Darstellung 533
- direkte Carbonylierung 608
- Eigenschaften und Reaktionen 533
- *Gabriel*-Synthese 520
- Hydrolyse 519
- *Sommelet*-Reaktion 580–581
Benzylchloroformiat 946
*N*-Benzylcinchoniniumsalz 930
Benzylcyanid 520
- sauere Hydrolyse 608–609
Benzylestergruppe 947
Benzylgruppe 517, 947
(*E*)-Benzylidenaceton 585
Benzylidenacetophenon 597–598
Benzylidenanilin 585–586, 623, 851
*N,N'*-Benzylidenbis[benzylidenamin] 585–586
Benzylidendibromid 533
Benzylidendichlorid 580
9-Benzylidenfluoren 665
Benzylidenimin 585–586
Benzylidenverbindungen 585
*o*-Benzylimidoformiathydrochlorid 894–895
Benzyliminiumkation 580–581
Benzylisochinolin 932–934
- Biosynthese 934
1-Benzylisochinolin 931
Benzylisochinolinalkaloide 933–934
*S*-Benzylisothioharnstoff 442
Benzylnatrium 284
(*R*)-4-(Benzyl)-2-oxazolidon 813
(*S*)-4-(Benzyl)-2-oxazolidon 813
Benzyloxycarbonylaminosäure 946
Benzyloxycarbonyl-Methode 946
Benzyloxycarbonyl-Rest 946
Benzylpenicillin 817–819
Benzylphenylketon 589
Benzylradikal 534
Benzylschutzgruppen 494
Benzyltetrahydroisochinolin 931
1-Benzyl-1,2,3,4-tetrahydroisochinolin 932
1-Benzyl-1,2,3,4-tetrahydroisochinolinring 933
1-Benzyl-1,2,3-triazol 824
1-Benzyl-1,2,3-triazol-4,5-dicarbonsäure 824
Benzyltrimethylammoniumhydroxid 854
*o*-Benzyn *s.* Dehydrobenzen
Berberin 932
- Lumineszenzfarbstoff 934
- Pseudobase 932–933
- quartäre Iminiumbase 932–933
Berberingruppe 932–934
Berberitze 931–932
Bergamotteöl 704, 789
- Bisabolol 717
Bergapten 789
*Berg,* DNA-Sequenzierung 993
*Berger, G.* 937–938
*Bergman* 903
- Organische Chemie 1
*Bergmann, E. D.* 630
*Bergmann, M.* 946
Beri-Beri 882
Bernstein 20
Bernsteinsäure 355–356
- aktivierte 761–762

B

- Citratzylus 350
- Darstellung 350
- Halbester 863
- $pK_S$-Wert 343
- technische Ethinsynthesen 173
- Vorkommen 350
Bernsteinsäureanhydrid 353, 378, 381, 681
- Synthese 380
Bernsteinsäurediethylester 355
Bernsteinsäureester 913
Bernsteinsäureimid 390
*Bernthsen* 891
*Berthelot* 169
- Trimerisierung von Ethin 172
Beruhigungsmittel 940
Beryllium, Elektronenkonfiguration 14
B-Erythrocyt 975
*Berzelius, J. J.* 403, 424
Beschleunigung, anchimere 406
Betaine 192–193, 416, 625, *s. a.* Trimethylglycin
- Phospholipide 416
- Ylid-Struktur 457
Betainhydrazid 418
Betamethason 745
β-ständige Substituenten *s.* Substituenten
Betäubungsmittelgesetz 868
*Beta vulgaris* *s.* Zuckerrübe
β-Blocker 833
Betelbissen 922
Betelkauen 922
Betelnuss 922
Betelnusspalme 919, 922
[8.8]Betweenane 569
[m.n]Betweenanene 569
Beugung, *Röntgen*strahlen 52
Bewegungsapparat, Entzündungen 610
Bewusstlosigkeit, Chloroform 213
bewusstseinserweiternde Substanz 941
*Beyer*-Imidazolsynthese 804
Bezifferungssystem
- Frigene 218
- Steroide 733–734
Bezugsatom 59
- *CIP*-System 72
Bezugssubstanz, optisch aktive Verbindungen 68
Bhopalkatastrophe 448, *s. a.* Sevin
BHT 237
Biacetyl 123, 883
Bialkyle, Nebenprodukte der *Wurtz-Fittig*-Synthese 517
*Bial*-Reaktion 30–32, 769
Bibenzyl *s.* 1,2-Diphenylethan
Bibliothek
- chemische 958
- Peptidsequenzen 958
Bicarbonat 433
bicyclische Amidine 914
bicyclische Ketale *s.* Ketale
bicyclische Kohlenwasserstoffe *s.* Kohlenwasserstoffe
bicyclische Monoterpenalkohole 708–709
bicyclische Sesquiterpene 716–718, 723
bicyclische Systeme *s.* Systeme
bicyclische Terpene 63, *s. a.* Terpene
- Gewinnung und Synthese 712–715
- Oxoderivate 708
- Struktur und Eigenschaften 708–709
Bicyclo[4.1.0]heptan-8,9,10-Trinorcaran *s.* Norcaran
*cis*-Bicyclo[8.8.0]octadecenen 569
Bicyclo[4.4.0]decan *s.* Decalin
Bicyclo[2.2.1]heptan 119, 122
Bicyclo[3.2.0]hept-2-en-6-on 159
Bicyclo[2.2.0]hexendicarbonsäure 167–168
(*S*)-(–)Bicyclo[3.3.1]-1(2)nonen 120
Bicyclo[2.2.2]octan 119
Bicyclo[4.2.0]octa-2,4,7-trien 161–162
Bicyclo[1.1.1]pentan-1,3-dicarbonsäure 123, 126
Bicyclus
- mit gemeinsamem N-Atom 829
- stickstoffhaltiger 899
Biegeschwingungen 40
Biegsamkeit 142
Bienen, Gelée Royale 431
Bienenwachs 365, 389
Bierbrauen 180
bifunktionelle Elektrophile 699
bifunktionelle Säure-Base-Katalyse *s.* Säure-Base-Katalyse
Biguanid 443, *s. a.* Metformin
*Bijvoet, J. M.* 407
- Enantiomere 69
Bildebene, *Fischer*-Projektion 70
Bildungsgeschwindigkeit 153
Bildungstendenz
- Cycloalkane 107
- mittlere Kohlenstoffringe 110
Bilirubin 741, 765
Biliverdin 741, 765
Biliverdintyp 975
*Billups, W. E.* 513
Bilsenkraut 923
bimolekulare Reaktionen 208
Bimsstein 169
- chiraler Phosphinligand 301
BINAP (2,2'-bis(diphenylphosphino)-1,1'-binaphthyl) 711
BINAP 674
Binaphthylderivate 674
BINAP-Rhodium-Komplex 711
BINAP-Ru(II)dicarboxylatkomplexe 674
binäre Gemische, Siedediagramm 6
Bindegewebe 970
Bindegewebsprotein 973
Bindehaut, Vitamin A 719
bindende Orbitalwechselwirkung *s.* Orbitalwechselwirkung
bindendes Molekülorbital 15
Bindetasche
- Angiotensin-Converting-Enzyme 963
- Dipeptidylpeptidase-4 965
Bindungen *s. a. spezifische Bindungen*
- äquatoriale 92, 94, 96, 732
- axiale 92, 94, 96
- C—H- 16–18
- chemische 14–20
- glycosidische 990
- 1,4-glycosidische 500
- homolytische Spaltung 106
- kovalente, und H-Brücken 176
- polare 20–22, 204, 208
- - E1-Eliminierung 209–210
- - OH-Gruppe 175–176
- α-pseudo-*N*-glycosidische 500
π-Bindungen 19, 795
- aktivierte 371
- Alkene 134–135
- Cyclopropan 116
- E1-Eliminierung 210
- E2-Eliminierung 210
- enantiotope Angriffsflächen 367–368
- (*E*/*Z*)-Isomerisierung 82
- konjugierte Systeme 367
- Lichtabsorption 42
- M-Effekte 27
- polarisierbare 20
- sigmatrope Umlagerung 154
σ-Bindungen 15, 795
- I-Effekte 27
- sigmatrope Umlagerung 154
C—M-Bindung, Polarität 283
Bindungsabstände, Dreifachbindungen 168
Bindungsalternanz 151
Bindungsdissoziationsenergie (BDE) 16
Bindungsdissoziationsenthalpien 169
Bindungselektronenpaar 15
Bindungsisomere *s.* Valenzisomere
Bindungslängen *s. a. spezifische Bindungen*
- C—X-Bindung 204
- 1,3-Diene 150
- Methan 99
- Pyrrol 754
Bindungslängenalternanz 164
Bindungsspaltung *s. a.* Spaltung
- Elektronenionisierung 36
- heterolytische 765
- homolytische 765
Bindungssystem
- chinoides 572–573
- kumuliertes 446

$\pi$-Bindungssystem, konjugiertes 423
Bindungstypen 53–54
Bindungsverschiebung 160
Bindungswinkel *s. a. spezifische Bindungen*
– C=C-Doppelbindung 19
– Cyclobutan 109
– Cyclopropan 107
– Deformation 88
– Methan 99
– OH-Gruppe 176
Bioakkumulation 535
Bioaktivierung 801
biochemische Fermentierung *s.* Fermentierung
biochemischer Redoxprozess 892
Biodiesel 388
Bioethanol 178–180
– Dehydrierung 319
Biogas 104, 182
biogene Amine
– $B_6$-Vitamine 840
– Definition 781
– Eigenschaften 231–233
– Histamin 806
– Proto- oder Aminoalkaloide 917
– Struktur 224
– Synthese 223–224
– Tyramin 951–952
biogenetische Schlüsselverbindung, Porphyrine 761–762
Biohopanoide 721
Bioisostere 771
bioisosteres Strukturäquivalent 830
bioisostere Sulfonamidgruppe 604
Bioisosterie 800–801, 810, 830, 832–833
Biokatalysatoren 943, 946, *s. a.* Enzyme
– Ribozyme 996
– RNA 979
biologisch abbaubare Polymere 412–413
biologische Abbaubarkeit 412–413
biologische Halbwertszeit 961
biologische Membranen *s.* Membranen
biologische Mobilisierung, Eisensalze 563
biologischer Elektronenüberträger 553
biologische Wertigkeit 946
– Futter- und Lebensmittel 954
Biolumineszenz 821
Biomasse 182
biomimetische Cyclisierung 735
Biopol 413
Biopolymere
– DNA und RNA 985–997
– lineare 979
Bioraffinerie-Technologien, Bernsteinsäure 355
Bioreaktor 971–972
Bioregulator, pflanzlicher 782
Biose 466
Biosensoren 755
Biosynthese 362, 747–749
– Ausgangsstoffe 465
– bakterielle 604
– Cholesterol 741
– DNA 913
– DNA und RNA 986–988
– enzymatische 565
– *p*-Hydroxyphenylethylamin 561–562
– Nucleoside 982–983
– pericyclische Reaktionen 739–740
– Porphyrine 761–762
– Prostaglandin 606–607, 610–611
– Proteine 814
– RNA 913
– Schilddrüsenhormone 442
– Steroide 735
– Transaminasen 587
*Biot,* Chiralität 63
Biotechnologie
– Basischemikalien 355
– Erzeugung von Protein 971–972
biotechnologische Synthese 771
Biotin 809–810
Biotransformation 261
– Benzo[*a*]pyren 261
– Phasen 261
Bioverfügbarkeit, orale 922
Biowuchsstoff 810
Biphenyl-2,2'-dicarbonsäure *s.* Diphensäure
Biphenyl-2,2'-diol, Konservierungsmittel 554
Biphenyl-2-ol *s.* o-Phenylphenol
Biphenylderivate 303
– Atropisomerie 639–640
4,4'-Biphenyldiamin, Kennzeichnung der Substituentenstellung 639
Biphenyle 631–632, 639–642
– aromatische Ringe 640
– atropisomere 74
– Darstellung 640–641
– 2,2'(ortho)-disubstituiertes 640
– elektrophile aromatische Substitution 640
– Gewinnung und Synthese 640–641
– Konservierungsmittel 640–641
– Nebenprodukte der *Wurtz-Fittig*-Synthese 517
– polychlorierte 791
– polyhalogenierte 640–641
– Reaktionen und Anwendungen 640–642
– sterischen Wechselwirkungen 639
– Strukturformel 639
– Struktur und Eigenschaften 639–640
– Trimerisierung von Ethin 172
– unsymmetrisch substituierte 640
– Vorkommen 640
– Wärmeträger 641
– Waschöl 516
Biphenyleinheiten 655
*N*-(2-Biphenylyl)formamid 851
Bipyridin 842–843
2,2'-Bipyridin 842–843
4,4'-Bipyridin 842–843
2,2'-Bipyridyl 843
4,4'-Bipyridyl 843
*Birch*-Reduktion 667–668, 689–690
– Thiophen 772
Bisabolen 717
– Derivate 717
– Gewinnung und Synthese 723
Bisabolol 717
Bisamid 458–459
Bisanthron 676–677
Bisazofarbstoffe 672
– Kongorot 672
– Stilbenfarbstoffe 524
Bisbenzylisochinolinalkaloid 933
Bis(carben)-Wasserstoffkomplex 806
*Biscaro* 879
*Bischler-Napieralski*-Reaktion 851
*Bischler-Napieralski*-Synthese 849
Bis(2-chlorethyl)ether 885–886
Bis(2-chlorethyl)sulfid 253–254
Bischlorhydrin 191
Bis(chlormethyl)ether 955
– *Blanc*-Reaktion 533
– Struktur 533
Bis(2-chloroethyl)methylamin *s.* Chlormethin
1,1-Bis(4-chlorphenyl)-2,2,2-trichlorethan *s.* DDT
Bis(2-cyanethyl)amin 374
2,2'-Bis(diarylphosphino)-1,1'-binaphthyle *s.* BINAP
Bis(dihydrochinin)-derivatisiertes Phthalazin 930–931
4,4'-Bis(dimethylamino)benzophenon 286, *s. a. Michlers* Keton
1,8-Bis(dimethylamino)naphthalen 672
2,2'-Bis(diphenylphosphino)-1,1' binaphthyl (BINAP) 711
Bisepoxid 191
Bis(2-ethylhexyl)phthalat 381
Bisharnstoff 438
Bis(2-hydroxyethyl)-terephthalat 616
4,5-Bis(hydroxymethyl)-2-methylpyridin-3-ol 840
2,2-Bis(hydroxymethyl)-1,3-propandiol 122
3,3-Bis(4-hydroxyphenyl)phthalid *s.* Phenolphthalein
Bislactimether 887
2,4-Bis[4-methoxyphenyl]-2,4-dithioxo-1,3,2,4-dithiadiphosphetan *s. Lawesson*-Reagenz
Bismutine 273
1,4-Bis(4-nitrobiphenyl-2,2'-diyl)butatrien 164–165

B

Bis(oxazolin)-Kupfer-Komplex 237
Bisphenol A 617
– Synthese von Epoxidharzen 190
Bisphosphine 299–300
Bisphosphonate
– Effekte auf Knochen 259–260
– Medikamentzulassung 259
– Osteoporose 260
– Wasserenthärter 259–260
Bispidin 928
Bissecodododecahedien 125
Bis(tributylzinn)oxid 296
Bis(3,5,6-trichlor-2-hydroxyphenyl) methan *s.* Hexachlorophen
Bis(trifluoracetoxy)iod)benzen 226–227
1,2-Bis(2,4,6-trinitrophenyl)ethylen *s.* Hexanitrostilben
Bisulfit *s.* Hydrogensulfit
Bisulfit-Addukte 310
Bisulfit-Sequenzierung 984
Bittermandeln 393
– Mandelsäure 608
Bittermandelöl 579
– Benzoin 591
Bittermittel 930
Bitterorangenschalenöl 706
*Biuret*-Reaktion 972
*Blanc*-Reaktion
– Benzylchlorid 533
– Bis(chlormethyl)ether 533
Blasensteine 349, 902–903
Blattabfall, Phytohormone 717
Blattfarbstoff 762
Blattgelb 723
Blattgrün 753
Blattwespen-Larvenkammer 696
Blattxanthophyll 723
blau, Farbwahrnehmung 43
Blausäure 433, 447–448, 799–800, 894, 948
– Addition, Aldehydgruppe 474
– Addition an Aldehyde 311
– Alkylderivate 393
– Cyanhydrin-Bildung 84
– Cyanradikale 447–448
– Elektrophil 393
– Halogensubstitutionsprodukte 450
– Hydrolyse, alkalische 393
– *Michael*-Additionen 367
– Polymerisierung 901
– Synthese 105
– Trimerisierung 894
– Vorkommen 393
– wasserfreie 582
– Zersetzung zu Dicyan 447
Blausäureoxid 393, 812, *s. a.* Knallsäure
Blauverschiebung, Chromophore 43
Bleiblockausbuchtung
– HNDP 539
– Tetryl 539
– TNB 538
– TNT 538
Bleichmittel 896–897
– Dibenzoylperoxid 603
Blei(IV)-oxid 649
Bleiorganyle 283
Bleistyphnat 539
Bleitetraacetat 829
– Glycolspaltung 188
Bleitetraethyl 296
Bleiverbindungen, organische *s. a.* Bleiorganyle; *s. a.* Organobleiverbindungen
– Gewinnung und Synthese 296–297
– Reaktionen und Anwendungen 297
– Struktur und Eigenschaften 296
Blindproben 27
*Bloch*, NMR 44
Block-Copolymerisation 141
$\alpha$-Blocker 565
$\beta$-Blocker 565, 833
Blockierung, $Na^+$-Kanal 808
Blockpolymere 728
– Darstellung 728
– fluorhaltiger 434
Blut 950, 961
– Glucosespiegel 742–743
– HDL-Konzentration 976
– Histidingehalt 806
– LDL-Konzentration 976
Blutanalyse 403
Blutbildung 911–913
Blutdruck 758, 830, 963
Blutdruckerhöhung 963
Blutdruckregulierung 950
Blutdrucksenker 943, 963
Blutdrucksenkung 939
blutdrucksteigernder Wirkstoff 564–565
Blutegelgift 970
Blütenduft 775
Blütenfarbstoff 860–863
Blütenspitzen, Hanf 844
Blutfarbstoff 753
Blutfettwert, erhöhter 840
Blutgefäße 830
– arteriosklerotische Cholesterolablagerungen 736
– Dilatation 807
Blutgerinnung 781–782, 970
– Hemmung 970
– Vitamin $K_1$ 673
Blutgerinnungshemmer 506, 613
Blutgruppendeterminanten, L-(–)-Fucose 489
Blutgruppensubstanzen 975
Blutgruppenunverträglichkeit 975
Blut-Hirn-Schranke 174, 807, 858, 881, 953
Bluthochdruck 565, 807, 841, 940
– arterieller 913
– in der Schwangerschaft 953
Blutkörperchen, rote 759
Blutplasma 974, 976
– Kreatininwert 808
Blutserum 975
– Carotin 722
Blutspur, Sichtbarmachung mit Luminol 884
Bluttransfusionen 503
Blutzucker 966
Blutzuckerspiegel 964
B-Lymphozyt 975–976
Boc (*tert*-Butyloxycarbonyl-Schutzgruppe) 707
Boc-Aminosäure 946–947
Bockshornklee, Diosgenin 750–751
Boc-L-Leucin 707
Boc-Rest 946–947
Boc-Schutzgruppen 957–958
– Abspaltung 403, 947
Bodenhöhe, einer Trennsäule 9
Böden, theoretische (einer Kolonne) 7
Bodenzahl, einer Trennsäule 9
Bodybuilding, Anabolika 746
*Boekelheide, V.* 569
Bohnen 911–913
Bohnensamen, Gibberelline 719–720
*Bohn, R.* 679–680
*Bohr*scher Atomradius 11–12
Bombardierkäfer 573
Bombycol 184
*Bombyx mori* 969–970
*Bone-Jerdan*-Reaktion 104
*Bonhoeffer, K. F.* 316
Boot-Konformation 91–93
– Cyclohexan 109
– Fusidane 732
– verbrückte Ringsysteme 118–120
Bor 14
Boran 255
Borfluorid 145
– Katalysator 518
– kationische Polymerisation 141
Borkenkäfer, Pheromone 705
Bornan 709, *s. a.* Camphan
(1*R*,4*R*)-Bornan-2-on 708
Bornangruppe 713–715
4-Bornanlithium 125
*endo*-2-Bornanol 709
*exo*-2-Bornanol 709
Borneocampher 709
Borneol 708–709
(–)-Borneol 708–709
(+)-Borneol 715
Bornylchlorid 714
Borsäureester 255–256, 263
Borsäuretrimethylester 263
Bortrifluorid-Etherat 250
Borverbindungen, organische

- Gewinnung und Synthese 278
- Reaktionen und Anwendungen 280–281
- Struktur und Eigenschaften 277
Botenstoffe 184
- retrograde 950
*Bothrops jararaca* 963
Botox 194–195, 963
Botulinusbakterium 963
Botulinustoxin *s.* Botox
Botulinustoxin A 963
*Boudouard*-Gleichgewicht 457
*Bouveault-Blanc*-Reduktion 387–389, 520
*bovine spongiforme encephalopathy* 972
*Braconnot, H.* 414, 944–945
Brände 180
*Brand, K.*, Darstellung von Tetraphenylbutatrien 166
Brandrodung 206–207
*Brassica nigra* 450, *s. a.* Senföle
Brataromen 485
*Bratton-Marshall*-Reagenz 29, 671–672
*Braunitzer* 975
Braunkohlenteer 556
Bräunung, nichtenzymatische 485
Brechmittel 935
Brechnuss 931, 938
*Bredereck* 876
- Imidazolsynthese 804
- Purin-Synthese 900
*Bredt*, Campher-Strukturaufklärung 708
*Bredt*sche Regel 120
- diamantoide Ringsysteme 120
Breitbandantibiotikum 819
Breitbandherbizide 550
Brennbarkeit, Polypropylen 144
Brennspiritus 837
Brennstoffe, Methan 105
Brenzcatechin 563–564
- Adrenalin 564
- Chloracetylchlorid 564
- Dehydrierung 572
- Oxidation 572–573
Brenzcatechin-Bausteine 563
Brenzen 768–769
Brenzreaktion 424–425, 563
Brenzschleimsäure 767
- Decarboxylierung 767
- Kaliumsalz 768–770
Brenztraubensäure 399, 424–425
- Aldoladdition 489–490
- Decarbonylierung 427
- Eigenschaften 422–423
- D,L-Milchsäure 427
- Pyruvat-Decarboxylase 427
- Reaktionen mit Schwefelsäure 427
- Reduktion 427
Brenztraubensäure-Anion 422–423
*Breslow, R.* 513
Brestan 296
Briefumschlag-Konformation 91
Cyclopentan 109
Brilliantblau 679
Brisanzsprengstoff 122
British-Anti-Lewisit *s.* BAL®
Broccoli, Alkylhalogenide 207
*Brockmann* 890
- Isolierung von Vitamin $D_3$ 738
Brom
- Addition an Alkine 170
- Addition an Diene 151–152
- *anti*-Addition 134
- Reaktion mit Cyclooctatetraen 161
- Reaktion mit Cyclopropan 116
3-Brom-1-methyl-5-nitro-1*H*-pyrazol-4-carbonsäure 797
Bromacetaldehydethylenacetal 804
α-Bromacetessigester 428
Bromaceton 783
ω-Bromacetophenon 597
Bromaddition 428
Bromal 320
Brombeeren 861
Brombenzen 300–301, 517, 527, 630
- Diazoniumsalze 630
- Stickstoffabspaltung 630
- Troponsynthese 696
*p*-Brombenzoesäure 600
3-Bromcampher 715
(+)-3-Bromcampher-10-sulfonsäure 715
α-, β- oder γ-Bromcarbonsäureester 408–409
α-Bromcarbonsäuren 401
Bromchloriodmethan 64, 71
Bromchlormethan 64, 213
1-Brom-3-chlorpropan 110–112
2-Brom-2-chlor-1,1,1-trifluorethan *s.* Halothan
3-Bromcumarin 788–789
Bromcyan 450–451, 838, 842, 960–961
- Amine 454
- Nitrilgruppe 454
- Proteine 454
Bromcyan-Methode 842
2-Bromcyclopentadienon 124
2-Bromethanol 185, 250
*o*-Bromfluorbenzen 536
bromhaltige Frigene *s.* Frigene
Bromidanionen 151
Bromide, kationische, nichtbenzoide Aromaten 694
Bromierung
- Acetophenon 597–598
- Benzen 527–528
- Darstellung von Kryptanden 186–187
- Phenol 554–555
- regioselektive 356
- Toluen 528, 533–534
5-Bromisochinolin 852–853
8-Bromisochinolin 852–853
Bromisoval 441
α-Bromketoverbindungen 428
Bromlösung, Entfärbung 134
2-Brommethyl-1,3-dioxolan 804
2-Brom-2-methylpropan 204
3-Brom-*N*-methylpyrazol-Derivat 796–797
3-Bromobutan-2-ol 79
Bromocriptin 940
Bromoform 212–213
- Haloform-Reaktion 215
- aus Rotalgen 215
- Synthese 214
Bromometrie, *Koppeschaar*-Titration 555
Bromoniumion, cyclisches 134–135
5-Brompentylanilin 842
6-Bromphenanthridin 854–855
Bromphenol 555
5-Brom-2-Phenyltetrazol 828
2-Brompropan 207
Brompropionsäure 402
(+)-α-Brompropionsäure, (*R*)-Konfiguration 415
4-Brompyrazol 797
2-Brompyridin 843
3-Brompyridin 836–837
Bromradikal 534
β-Bromstyrol 526
*N*-Bromsuccinimid 356, 554–555, 825, 829
- Bernsteinsäureanhydrid 381
- regioselektive Bromierung 356
5-Brom-1,2,4-thiadiazol 832
*o*-Bromtoluen 528
*p*-Bromtoluen 528
*N*-Brom-1,2,4-triazole 825
11-Bromundecansäure 420
Bromwasser, Entfärbung 736
Bromwasserstoff
- Addition an Allylbromid 135
- Addition an Diene 151
- elektrophile Addition 134
- radikalische Addition 135–136
- Umsetzung mit Alkoholen 205
Bromwasserstoffsäure, Caron-Darstellung 712–713
Bronchialasthma 565, 743
Bronchialmuskulatur, Kontraktion 807
Bronchialschleim 949
Bronchien 949
*Brønstedt-Lowry*-Basenstärke 25
Brot 879, 977
Brotaroma 845
*Brown, H. C.*, Cycloalkane 107
Brucin 938
(–)-Brucin 938
Brücken-C-Atom 928


B

Brückenkopfatome 118, 900
- *Bredt*sche Regel 120
- Propellan 121
- Reaktivität 126
- Substitutionsreaktionen 125
Brückenlänge, verbrückte Ringsysteme 120
Brückenringsysteme 99
Brückenverbindungen
- Disulfidbrücken 201
- 2-Ethoxymethylaminobrücke 752
- Ethylenbrücke 119–120
- Methylenbrücke 119
- Peroxidbrücke 138
- Sauerstoffbrücke 138, 752
- Stickstoffbrücke, Conessin 751
- Wasserstoff- *s.* Wasserstoffbrückenbindungen
*Brugmansia* sp. 923
BSE 972
BTX-Aromaten 515
*Bucherer-Bergs*-Reaktion 416–417
*Bucherer*-Reaktion 670–671
*Buchner, E.*, Stereochemie 90
Buchweizen 977
*Buckminster*fulleren 683–684
Budesonid 742–743
Bufadienolide 749–750
Bufanolide 732
Bufotalin 750
*tert*-BuLi 644
Buna 157
- als Produktname 727
Buna CB 728
Buna S 523
*Bunte*-Salze, Alkylthiocyanate 452
Bupropion 522
*Burrell*, Phytol 718
Buscopan® 926
But-1-en-3-in 333
Butadien
- Chloroprensynthese 151–152
- Copolymerisation mit 2-Vinylpyridin 839–840
- Copolymerisation von Isobuten 144
- Cyclisierung 153
- Darstellung von Cyclododecatrien 162
- Dimerisierung, *Wilke* 162
- Extraktion aus C4-Fraktion 758
- Extraktionsmittel 758
- Kautschuk-Darstellung 727
- 1,4-Naphthochinon 676–677
- petrochemische Industrie 133
- *in situ* 773
- als statistisches Copolymerisat 727–728
- stereoreguläre Polymerisation 728
- Synthese 130–131, 147
- technische Ethinsynthesen 173
- Trimerisierung 162
1,3-Butadien 150, 767, 773
- Gewinnung und Synthese 157
- Oxidation, Kupfer-katalysierte 767
- Resonanzwechselwirkung 151
- statistische Copolymerisation mit Styrol 727–728
Butadiin 166, *s. a.* Diacetylen
Buta-2,3-dion *s.* Diacetyl
Butan 99–102
*n*-Butan 100, 772
- aus Cyclobutan 116
- Konformationen 60
Butan-1,4-diol 411
Butan-4-olid *s.* γ-Butyrolacton
Butandinitril 350
Butan-2,3-diol 79
1,3-Butandiol
- Butadiensynthese 157
- technische Ethinsynthesen 173
1,4-Butandiol 248, 768
- Dehydratisierung, intramolekulare 768
- technische Ethinsynthesen 173
Butandisäure *s.* Bernsteinsäure
Butanilicain 605
Butanoat 105
Butanol 176–177
- Butensynthese 147
1-Butanol 176, 178, 180–181, 183
- Oxidation 347
2-Butanol 132, 176
- Chiralitätszentrum 181
- Schwefelsäureverfahren 180–181
*n*-Butanol 54, 133
*sec*-Butanol 176
*tert*-Butanol 176, 183
- Schwefelsäureverfahren 180–181
Butanon 332–333, 346, 849
- Petrochemie 132
Butansäure
- *Kolbe*-Elektrolyse 105
- Wassermischbarkeit 340
1-Butansäure *s.* Buttersäure
1,2,3,4-Butantetrol *s.* Threit
Butatrien 164–165
Buten 130, 147
- Strukturformel 129
- Synthese 130–131
1-Buten 131
2-Buten 82
*n*-Buten 132
(*Z*)-2-Buten-1,4-diol 476
1-Buten-3-on 333
2-Butenal 321
(*E*)-2-Butenal 320
*Butenandt* 845, 890
- Antibabypille 748
- Isolierung von Androgenen 745
- Isolierung von Estrogenen 747
(*E*)-Butendisäure *s.* Fumarsäure
Butenin 333
1-Buten-3-in 171
2-Butensäure 360
3-Butensäure 360–361, 402
1-Butenylgruppe 130
2-Butin 812
- Umsetzung mit Propionitriloxid 812–813
Butin-1,4-diol 754–755
2-Butin-1,4-diol 248, 768
2-Butin-1,4-diol 184
- technische Ethinsynthesen 173
*Butlerow, A. M.* 475
*Butlerow*, organische Strukturlehre 53
*tert*-Butoxycarbonyl-Rest 946–947
Butter 363, 388
- Glycerolester 347, 349
Buttergelb 635–636
Buttersäure 340, 363, *s. a.* Butansäure
- chlorierte 400
- Darstellung 347
- Konstitutionsisomere 347
- Strukturformeln 347
*n*-Buttersäure 400
Buttersäuregärung 347, 349
*tert*-Butyl 541
4-*n*-Butyl-5-hydroxy-1,2-diphenyl-3(1*H*)-pyrazolon 800–801
Butylacetat 183
*sec*-Butylalkohol 72, 85
- katalytische Dehydrierung 332–333
*tert*-Butylalkohol 147
- Lithiumaluminiumhydrid 581
2-*n*-Butylamino-(2-chlor-6-methyl)acetanilid *s.* Butanilicain
*tert*-Butylazomethin 235
2-Butylbenzo[*b*]furanyl)-[4-(2-diethylaminoethoxy)-3,4-diiodphenyl]keton 790
*tert*-Butylbromid 204
3-*tert*-Butyl-2,5-furandion 123–124
Butylgruppe 102
*sec*-Butylgruppe 102
*tert*-Butylgruppe 102
*tert*-Butylhydroperoxid 412
Butylhydroxytoluyl-Gruppe 237
*tert*-Butylhypochlorit 825
Butylkautschuk 144
Butyllithium 160, 818, 837
*n*-Butyllithium 284–285, 325, *s. a.* Superbasen
- Synthese von LDA 223
*sec*-Butyllithium 928–929
*tert*-Butyllithium 777
*n*-Butylmalonester 800–801
*tert*-Butylmethylether 247
- Antiklopfmittel 248
- Darstellung aus Isobuten 248
- Ersatz für Diethylether 247

*n*-Butylnitrit 541
*tert*-Butyloxycarbonyl 403
*tert*-Butyloxycarbonylaminosäure 946–947
*tert*-Butyloxycarbonylazid 947
*tert*-Butyloxycarbonyl-Methode 946–947
*tert*-Butyloxycarbonyl-Rest 946–947
*tert*-Butyloxycarbonyl-Schutzgruppe (Boc) 707
*p*-*tert*-Butylphenole 558–559
Butylphthalat 183
*N*-Butylscopolaminiumbromid 926
*n*-Butylsulfat-Anion 256
*n*-Butyraldehyd 133
*n*-Butyraldehyd, Aldolkondensation 321
Butyrate 347
Butyro-1,4-lacton 404, *s. a.* γ-Butyrolacton
γ-Butyrolacton 403, 410–411
*n*-Butyronitril 394
Butyrophenone 592
Byetta® 964

## C

C (Einbuchstaben-Code für Cystein) 949
$^{12}C$ 35
$^{12}C/^{14}C$-Verhältnis 434
$^{13}C$
– Markierung 957
– NMR-Spektroskopie 44, 47–52, 806
$^{14}C$ 434
$C_1$-Baustein 913
C2-Epimere
– Aldosen 487
– D-Mannose/D-Glucose 467–469
C4-Epimere, D-Galactose/D-Glucose 467–469
C4-Fraktion, Crackgase 144
– Butadiensynthese 157
– Butene 147
C5-Methylierung 995
$C_6H_5$— *s.* Phenylgruppe
$C_6H_5$—$CH_2$— 516–517
$C_6H_6$ 513
C12-Polyamide 162
$C_{60}$ 683–684, *s. a.* Fullerene
Cabreuvaöl, Nerolidol 716–717
Cadalen 723
Cadaverin 232, 950
CADD *s. computer-aided drug design*
Cadeöl 717
Cadinen 717
– Synthese 723
*Cahn*
– *CIP*-System 71
– Struktur von Tropan 923
*Cahn-Ingold-Prelog*-System 367, 404, 467, 944, *s. a. CIP*-System
– Aminosäuren 415
– Campher 708
– (–)-Cocain 923
*Cahours, A.* 287
Calarbohne, Hauptalkaloid 937–938
Calciferol *s.* Vitamin $D_2$
Calcitriol 162, 737
Calciumacetat 324, 332
Calciumacetylid 452, *s. a.* Calciumcarbid
Calciumalginate 506
Calciumantagonist 833, 841
Calciumbutyrat 347
Calciumcarbid 169
Calciumcyanamid
– hydrolytischer Abbau 454–455
– Stickstoffdüngemittel 454
– Thioharnstoff-Synthese 438
Calcium-Einbau, Knochen 259
Calciumhomöostase 737–738
Calciumhypochlorit *s.* Chlorkalk
Calciumoxalate 349
Calciumpropionat 346
Calciumstoffwechselstörungen 349
Calciumstoffwechselkrankheiten 259
Calciumsuberat 115
Calebassencurare 933
Calixarene 569
– Struktur 560
– Synthese und Eigenschaften 558–559
cAMP 980
Camphan *s. a.* Bornan
– (+)-Campherchinon 715
Camphen 714
Campher 63, 115, 509, 708–709
– Definition 703
– Enantiomere 709
– aus α-Pinen 713–714
– Reaktion mit starken Mineralsäuren 715
– technische Synthese 713–714
– Weichmacher 509
(+)-Campher 708–709, 715
– Borneol 715
(*S*)-(+)-Campher-10-sulfonsäure 715
(+)-Campherchinon 715
Campher-Ketogruppe 715
Camphersäure 715
Campherspiritus 708
Campinggas 101
*Canbäck*-Reaktion 29
Cancerogenität
– Acrylnitril 372
– Azobenzen 627
– Epichlorhydrin 191
– Ethidiumbromid 859
– Ethylenimin 192
– Methylhalogenide 212
– Nitrosamine 228
– perfluorierte Tenside 267
– polycyclische Aromaten 983
– Tetrachlormethan 213, 216
Candesartan 810–811, 830–831
Cannabidiol 844
Cannabinoid 844
Cannabinoid-Rezeptor 844
Cannabinol 844
*Cannabis*
– *indica/afghanica* 844
– *sativa* 844
*Cannizzaro*-Reaktion 196, 475, 608–609, 768–770
– Aldehyde 315–316
– – aromatische 588
– gekreuzte 316
– Geschwindigkeit 315
– Glyoxylsäurehydrat 427
– Hydrid-Wanderung 315–316
– Mechanismus 315
Canthaxanthin 726
*Canvalia ensiformis* 977
Capping-Schritt 988
Caprinsäure 349
ε-Caprolactam 356, 596–597
ε-Caprolacton 409
Capronsäure 349
Caprylsäure 349
capto-dativer Substituenteneffekt 778
Captopril 758, 943, 963
Caran 708
Caran-2-on 708
Carangruppe 712
Carbaldehyd 305
Carbamate 226, 435, 439–440, *s. a.* Urethane
– am Stickstoff substituierte 439
– cyclische 814
– funktionelle Gruppe 24
– Kaliumcyanat 454
– Synthese mit Kaliumcyanat 454
– Übertragung 950
Carbamatschutzgruppe 665–666
Carbamazepin 870–871
Carbamid *s.* Harnstoff
Carbamidsäure 226, 435, 446–447
– Ester 439
– Hydrazid 437
– Nitril 446–447
Carbamidsäureester 439, *s. a.* Urethane
Carbamidsäureethylester 439
Carbamidsäuregruppe 440
– Übertragung durch Physiostigmin 940
Carbamidsäurehydrazid 437
Carbaminsäure 435, *s. a.* Carbamidsäure
Carbaminsäureanion 665
Carbaminsäureester 226
Carbamoylphosphat 982–983
Carbanion 125, 172, 407, 459–460, 523, 644
– durch Cyanogruppe resonanzstabilisiertes 588–589

C

- aus Deprotonierung von Thioacetalen 200
- enantiomerenangereichertes 928–929
- mit enantiotopen Seiten 928–929
- mesomeriestabilisiertes 667
- Methylsulfinylcarbanion 252
- planares 887
- Racemisierung 928–929
- Stabilisierung 458

Carbanion-Anlagerung 288
Carbanionen-Äquivalente 283
Carbapeneme 820
Carbaryl 439
Carbazolderivate 791
Carbazole 790–791
- Anthracenöl 516
- elektrophile Substitution 791
- *N*-Ethylderivat 791
- Gewinnung 791
- Synthese 791
- Teerpech 516

Carbazolin 893–894
Carbazolindoanilin 893–894
1-(9-Carbazolyl)ethylen 791
Carbenbildung, bei Synthese kationischer, nichtbenzoider Aromaten 695
Carbencharakter 445
Carbendazim 810
Carbene 234, 236, 433, 610
- $^{13}$C-NMR-Spektrum 806
- Additionsreaktionen 461–462
- Bindungswinkel 806
- cyclische 148
- Cyclopropansynthese 111–112
- donorstabilisierte 806
- Eigenschaften 459–460
- elektronenschiebende Heteroatome 460
- Elektronensextett 460
- elektronenziehende Gruppen 460
- Gewinnung und Synthese 461, 806–807
- Insertionsreaktionen 461–462
- kristallisierte 806
- *Lewis*-Base 806
- Liganden 298
- nucleophile 806, 818
- Protonierungsprodukte 460
- Reaktionen und Anwendungen 461–462
- *Röntgen*strukturanalyse 806
- Stabilität 463, 806
- Struktur 459–460
- Umlagerungen 461–462
- Umsetzung mit Imidazoliumsalz 806
- Umsetzung mit Schwefelkohlenstoff 806

Carbenium-Ionen 132–134, 596
- achirale 406–407
- Addition an Diene 151
- Addition von CO 345
- Alkylierung von Benzen 518
- Campher-Synthese 713–714
- *Demjanow*-Reaktion 116–117
- Destabilisierung 531–532
- Diazoessigester 418
- direkte Chlorierung von Benzen 527–528
- Ethensynthese 146–147
- kationische Polymerisation 141
- mesomeriestabilisierte 252
- Pinakol-Pinakolon-Umlagerung 331
- primäre/tertiäre 228
- Protonenaddition 134
- Protonierungsprodukte 459–460
- sekundäre 135, 519
- $S_N1$-Reaktionen 459–460
- Stabilität 531
- Steroidbiosynthese 736
- tertiäre 384
- verbrückte Ringsysteme 125
- *Wagner-Meerwein*-Umlagerung 182

Carbenkohlenstoff 806
Carbenkomplex 131–132, 237–238, 806
Carbide 168–169
Carbidlampe 170
Carbidopa 243
Carbimazol 879
Carbine 460
- Poly(phenylcarbin) 463–464

Carbinolamin 586
Carbinolbase 645, 649
Carboanhydrase 433–434
Carboanhydrase-Hemmstoff 833
Carbobenzoxy-Rest 946
Carbodiimide 825
- Darstellung 452
- Kupplungsreagenzien 454
- Tautomerie mit Cyanamid 446–448

Carbodiimid-Methode 956
- nach *Sheehan* 955–956

Carbogene, Bezeichnung 2
Carbokationen 134, 209–211
- Abspaltung 210–211
- Butensynthese 147
- E1-Eliminierung 211
- sekundäre 182
- $S_N1$-Reaktion 208–209

*β*-Carbolin 937
- inverser Agonist am GABA-Rezeptor 939

Carbolineum 516
Carbolöl 515
*carbon black* *s.* Gasruß
Carbondioxid *s.* Kohlendioxid
Carbondisulfid *s.* Kohlenstoffdisulfid
Carbonfaser-verstärkte Kunststoffe 373
Carbonitrile *s.* Nitrile
Carbonium-Ionen 459–460
- Campher-Synthese 714

Carbonylgruppe, Cyanhydrin-Bildung 84
Carbonsäureamide 389–397
- cyclische 596
- funktionelle Gruppe 23
- Gewinnung und Synthese 390–391
- Nitrile 392–393
- *N*-substituierte 595
- Reaktionen und Anwendungen 392
- Struktur und Eigenschaften 389–390

Carbonsäureanhydride
- Aminolyse 379
- funktionelle Gruppe 23
- Gewinnung und Synthese 379–380
- Reaktionen und Anwendungen 381
- Säureamidsynthese 390–391
- Siedepunkte 378
- Struktur und Eigenschaften 378
- symmetrische 378–380
- Synthese 379–380
- unsymmetrische 378–379
- Veresterung durch Alkoholyse 385

*N*-Carbonsäureanhydrid 956–957
*N*-Carbonsäureanhydrid-Methode 956–957
Carbonsäureanilide 595
Carbonsäureazide 226, 396–397
- Carbonsäurechloride 226–227
- Darstellung 397

Carbonsäurebromide
- *α*-Halogenierung 400
- Synthese 376

Carbonsäurechloride
- 4-Dimethylaminopyridin 377
- Carbonsäureazide 226–227
- Diazomethan 235, 377–378
- funktionelle Gruppe 23
- Kupferorganyle 378
- Lithiumaluminiumhydrid 377
- metallorganische Verbindungen 377
- selektive Reduktion 377
- Synthese 375–376

Carbonsäurederivate 375–397
- Acylsubstitution 375
- Definition 375
- Reaktivität 375, 379
- Reduktion zu Aldehyden 306–307

Carbonsäureester
- aktivierter 955–956
- Alkoholyse 387
- Deprotonierung 425–426
- funktionelle Gruppe 23
- *Grignard*-Verbindungen 389
- H-Atom am *α*-C-Atom 387
- langkettige Fettsäuren 193
- niedermolekulare 383, 386
- Nomenklatur 383
- primäre Alkohole 387–389
- Synthese 383–385

– Umsetzung von *Grignard*-Lösungen 289
– $\alpha,\beta$-ungesättigte 355, 408
Carbonsäurefluoride 376
Carbonsäuregruppe 943–944, 946
– Cubansynthese 127
Carbonsäurehalogenide 375–378
– Acylierung 375
– niedrige 375
– Nomenklatur 375
– Säureamidsynthese 390–391
– Struktur 375
– Veresterung durch Alkoholyse 385
Carbonsäurehydrazide 396–397
Carbonsäure-5-hydroxytryptamide 782
Carbonsäureimidiumhalogenide 391
Carbonsäureiodide 376
Carbonsäuren
– Acylgruppe 340
– aktivierte 955
– aliphatische
– – arylsubstituierte 595–596
– – Phenylester 556
– – Silbersalze 205
– aliphatische gesättigte 339–357
– – Nomenklatur gem. IUPAC 340
– aliphatische ungesättigte 358–363
– aromatische 579
– – Phenylester 556
– – Veresterunggeschwindigkeit 601
– Bindungsverhältnisse 339–340
– biologische relevante 339–340
– Calciumsalze 324
– Carboxygruppe 339
– Chlorierung 375–376
– *Criegee*-Mechanismus 139
– Cyclobutansynthese 111–112
– Cyclopropan- 90
– Darstellungsmethoden 345
– Darstellung von Kryptanden 186–187
– Decarboxylierungen 352
– Definition 339
– Derivatisierung mit chiralen Aminen 77
– Dimere 340–341
– *electron spray ionization* 38
– Esterbildung 255
– funktionelle Gruppe 23, 339
– gesättigte aliphatische 343
– – Trivialnamen 339
– Gewinnung und Synthese 344–351
– $\alpha$-halogenierte 400
– $\beta$-halogenierte 401–402
– $\gamma$-halogenierte 401–402
– *Hell-Volhard-Zelinsky*-Reaktion 400–402
– homologe Reihe 341
– Identifizierung 597–598
– Industrielle Gewinnung 344
– $\alpha$-iodierte 400–402
– IR-Spektren 341
– Kettenverlängerung mit Diazoketonen 237
– Kondensationsreaktionen 352–353, 379–380
– Nachweis 396
– niedere 341
– Nomenklatur gem. IUPAC 339
– Oxidationsstabilität 344
– Oxidation von Alkenen 137–138
– Oxidation von Alkoholen 181, 344
– Oxidation von Toluen 519
– phenyloge 43
– ranziger Geruch 340
– Reaktionen und Anwendungen 344, 351–357
– Reduktion von Carbonylgruppen 181
– Regioisomerie 91
– säurekatalysierte Veresterung 383–385
– – mit primären und sekundären Alkoholen 384
– – mit tertiären Alkoholen 384
– Schmelzpunktoszillation 342
– Schutzgruppen 439
– Siedepunkte 341
– $\alpha$-ständige H-Atome, Halogenierung 400–402
– Stickstoffderivate 392–397
– Struktur 339–340
– Substituenten 399
– Substitution $\alpha$-ständiger H-Atome 400
– ungesättige
– – Additionsreaktionen 366–367
– – höhere Homologe 359–360
– – mehrfach 372
– $\alpha,\beta$-ungesättigte
– – $\beta$-Aminosäuren 418–419
– – *Diels-Alder*-Reaktion 368–369
– – HX-Addition 401–402
– – *Michael*-Systeme 368–369
– – Nomenklatur gem. IUPAC 358
– – Polymerisation 367
– – Polymerisationsreaktionen 367–369
– – Reaktionen und Anwendungen 366–371
– – Synthese 354, 359
– – aus $\beta$-Hydroxysäuren 410
– $\beta,\gamma$-ungesättigte 355, 361
– – HX-Addition 401–402
– ungesättigte aliphatische
– – Acidität 358
– – *cis/trans*- bzw. *E/Z*-Kennzeichnung 358
– *Van-der-Waals*-Kräfte 342
– verzweigte 354
– vinyloge 43
– Wasserstoffbrücken 340–342
– mit zusätzlichen funktionellen Gruppen 399–431
Carbonsäuresalze, Cyclopentadien 158
Carbonsäure-Silbersalze, mit Alkylhalogeniden 385
Carbonsäure-Tetrazol-Bioisosterie, Sartane 831
Carbonsäurethioamide 595–596
Carbonyl-Alkenylierungen, Kettenverlängerung 476
Carbonylaminierung, reduktive 520
Carbonyl-C-Atom, Acylsubstitution 226
Carbonylchlorid 436–437, *s. a.* Phosgen
*N,N'*-Carbonyldiimidazol 956
Carbonylfunktion 712
– Alkenylierung 700–701
Carbonylgruppe 26, 305
– Additionsreaktionen 306, 310, 586, 592
– Aldehydmerkmal 305
– Benzil 609
– chemoselektive Reduktionsmethode 314
– Dipolmoment 306
– direkte Bindung 579
– elektronenziehender induktiver Effekt 808
– Hydrierung 180–181
– I-Effekte 26
– intramolekulare Reaktion 468, 471
– IR-Spektrum 41
– Ketone 325–326, 333
– Nachweis 443
– Nucleophile 305
– protonierte 30
– Protonierung 384
– Reduktion 181, 330, 595
– Resonanzstabilisierung 379
– Stabilisierung in Carbonsäuren 339
– Steran 731
– mit $\alpha$-ständiger Methyl- oder Methylengruppe 314
Carbonylierung
– Acetylene 457
– Ethin 172–173
– hydrierende 319
– Methanol 458
– Olefine 344, 457
– *Reppe*-Synthesen 171
Carbonylkohlenstoff
– Aminaddition 225
– nucleophiler Angriff 377, 609
– Oxidationszahl 305
Carbonylkomponente
– Ketone 408–409
– *Perkin*-Synthese 612
– Umwandlung mit Silylenolether 322

C

Carbonyl-Methylen-Reduktion 330
- *Clemmensen*-Reduktion 330
- *Wolff-Kishner*-Reduktion 330
Carbonyl-Olefinierung *s. Wittig*-Reaktion
Carbonyloxid, *Criegee*-Mechanismus 139
Carbonylreaktivität 809
Carbonylverbindungen
- Addition von Propellan 126
- aliphatische 305
- Alkoholsynthese 181
- aromatische 579–599
- *Criegee*-Mechanismus 139
- *electron spray ionization* 38
- Diaziridine 235
- durch Oxidation von Alkoholen 181
- Identifizierung 437
- Iodoformprobe 332
- Keto-Enol-Tautomerie 183
- Kondensation 980–981
- Olefinierung 130
- Photochemie 327
- Reduktion mit Organobleiverbindungen 297
- Stickstoffwasserstoffsäure 226
- α,β-ungesättigte 41, 848–849
- - Definition 320
- - Diazoniumsalze 631–632
Carbopalladierung 139
Carboplatin 114
Carboxamidgruppe 951, 960–961
Carboxim 393, 445, *s. a.* Isoknallsäure
Carboxoniumion 484
3-*O*-(1'-Carboxyethyl)-D-glucosamin *s.* Muraminsäure
Carboxygruppe 339, 350
- Acidität 343–344
- aktivierte 957–958
- aliphatische Seitenkette 579
- benachbarte, elektronenziehende 355
- 1,2-Cyclopropandicarbonsäure 90
- elektronenziehender Effekt 367
- elektrostatische Abstoßung 94
- *Fischer*-Nomenklatur 70
- funktionelle Gruppe 23
- Gallensäuren 738–741
- –I-Effekt 340
- konjugierte Systeme 367
- +M-Effekt 340
- Oxidation 519
- Polarität 340–341
- Reaktion mit Nucleophilen 351
- als Substituent 340
- Wasserstoffbrücken 340–342
Carboxylatanionen 260
- Hydratisierung 343
- Protolyse 344
- resonanzstabilisiertes 339, 343
Carboxylate 344, 950
- Haloform-Reaktion 214
- *Stas-Otto*-Trennungsgang 28
- vinyloge 45
Carboxylatgruppe
- Gallensäuren 742
- I-Effekte 26
- in Nystatin 163
Carboxyfunktion, Schutzgruppe 946–947
*carbohydrate recognition domain* (CRD) 977
(2*S*,3*S*,4*S*)-3-Carboxymethyl-4-isopropenylprolin 757
Carboxymethylcellulose 508
Carboxymethyllysin 973–974
Carboxymethyltrimethylammonium *s.* Betaine
Carboxyradikal 357
Carboxyverbindungen
- Alkoholsynthese 181
- aromatische 599–617
Carbromal 441
Carcinogene 613
Carcinogenese-Modelle 719
carcinogene Verbindungen 800, 824, 888
carcinogene Wirkung
- Benzen 511–512
- Benzo[*a*]-7,8-dihydroxy-9,10-epoxid 261
- Dimethylsulfat 258
- Dinitrobenzene 537
Cardamomöl 706
Cardenolide 732, 749
Cardiazolkrampftherapie 829
Carnaubawachs 363–365, 389
L-Carnitin 192–193
*Caro, H.* 678
Caron 708
- Darstellung 712–713
Carotaben 761
*Carothers, W. H.* 419–420
Carotidinsäure *s.* Crocetin
α-Carotin 722
- Vitaminwirkung 724–726
β-Carotin 722
- als Lebensmittelfarbstoff 726
- Lichtallergie, Behandlung 761
- Vitamin-A-Erzeugung 726
γ-Carotin 722
β,β'-Carotin-4,4'-dion, Flamingofedern 726
Carotine 762
- Struktur und Eigenschaften 722–723
- Terpenketone 705
Carotinoide
- Isomere 724–726
- Struktur und Eigenschaften 722–723
Carotinoid-Farbstoffe 289
*Carpino, L. A.* 947
Carrageene 260
- Struktureinheit 260
*cartilage oligomeric matrix protein* 971
Cartoon-Darstellung 943
Carvacrol 556–557, 707–708
Carvenon-Darstellung 712–713
Carvon 707–708
- als Edukt für stereoselektive Synthesen 712
(*R*)-(–)-Carvon 711–713
Casein 948–950, 974–975
Caseinhärtung 317
Catechine 563
Catechol 563, *s. a.* Brenzcatechin
Catecholamine 742–743
- Instabilität 576
- Neurotransmitter 564–565
- β-Phenylethylamin 520
Catechol-*O*-Methyltransferase 860
Catechugerbstoffe 563
Catenane 569–570
Cathin 917
C-Atom *s.* Kohlenstoffatome
*Caventou* 929
CBD (Cannabidiol) 844
Cbz-Aminosäure 946
Cbz-Rest *s.* Carbobenzoxy-Rest
Cbz-Schutzgruppe 947
C—C-Achse, Rotation 639
C—C-Bindung
- Acylmethyleniminiumsalze 595
- Organozinnverbindungen 302
- Palladium-katalysierte 291, 295, 302
- Zucker 479
C—C-Bindungslänge
- Alkene 298
- Benzenmolekül 513
- *trans*-15,16-Dimethyl-15,16-dihydropyren 514
- Naphthalen 666
- Tris-(bicyclo[2.1.1]-hexeno)benzen 514
C=C-Doppelbindung 18–19, *s. a.* Doppelbindungen
- 1,4-Addition 355
- *syn*-Addition 291
- aktivierte 140, 354
- Alkene 129
- alternierend mit C—C-Einfachbindungen 512
- Anlagerung des HgOAc-Kations 294
- Arylalkene 522
- Arylierung 632
- *Baeyer*sche Probe 512
- Bromadditon 428
- elektrophile Addition 518
- Fettsäuren 389
- formale 512

- Hydroxymercurierung 293
- katalytische Hydrierung 139
- konjugierte 361, 525
- Napthalen 666
- nucleophile 132–134
- Ozonolyse 138
- Polyene 150
- Positionsangabe
- - Ölsäure 360
- - ungesättigte 358
- prochirale 367
- qualitativer Nachweis 134, 138
- reversible Addition 360
- Stilben 523
C≡C-Dreifachbindung 19–20, 168
CDA *s.* Derivatisierungsreagenz
CD-Spektroskopie (Circulardichroismus) 3–4
*Cech,* Ribozyme 996
Cecropine A–D 968
Cefazolin 833
Cellitfilm 510
Cellobiose 507
(+)-Cellobiose 498–499
Cellobiose-Octaacetat 498
Cellon 510
Cellophan 509
Cellotetrose 507
Cellotriose 507
Celluloid 510
- und Campher 708
- Kunststoffe 509
Cellulose 465, 506–509, 525
- Abbauprodukte 498–499
- Acetolyse 498
- Acetylierung 509
- Chromatographie 8
- Essigsäureester 509
- Gerüststoffe 465
- D-Glucose 507
- hochnitrierte *s.* Schießbaumwolle
- Holzbestandteil 525
- methylierte 507
- niedernitrierte *s.* Kollodiumwolle
- Racematrennung 78
- regenerierte 509
- reine 507
- Struktur 507
Celluloseacetate, Hydrolyse 509
Cellulosebausteine, freie OH-Gruppen 508
- Veresterung mit Nitriersäure 508
- Veretherung 508
Cellulosebleiche 507
- mit chlorhaltigem Bleichmittel 888
Celluloseester 509
Celluloseether 508
- pharmazeutische Technologie 508
Cellulosefasern 506–507, 509–510
- Färbung 893
Cellulosegerüst, Inkrustierung 506–507
Cellulosenitrate 508–509
Cellulose-Regenerat-Fasern 509
Cellulosetriacetat 509
Cellulosexanthogenat 509–510
*Centaurea cyanus* 863
Cephacroxil 819
Cephalosporin 819, 833
- Grundgerüst 819
Ceramide 193–195, 975
Cerotinsäuremyricylester 365–366
Cerylalkohol *s.* 1-Hexacosanol
Cerylcerotinat 389
Cetylalkohol *s.* 1-Hexadecanol
Cetylpalmitat 389
CFK *s.* Carbonfaser-verstärkte Kunststoffe
CFKW (Chlorfluorkohlenwasserstoffe) *s.* Fluorchlorkohlenwasserstoffe
CGTase *s.* Cyclodextrin-Glycosyl-Transferase
$CH_2$-Gruppe, acide 848–849
$CH_3$-Cbl 764–765
$CH_5^+$-Kation 459–460
CH-acide Verbindungen 26, 459–460
- Deprotonierung 285, 423
- qualitative Analytik 29–31
CH-Acidität 808, 818–819, 821, 839, 854
- Barbitursäure 881
- Chinaldin 852
- 1,3-Dicarbonylverbindung 424
- Ester 387
- Inden 663
- Isonitrile 458
- Lepidin 852
- Methylenkomponente des Aldehyds 314
- Phenylbutazon 800–801
- Phenylessigsäure 610
- Triphenylmethan 644
*chair*-Konformation 93
C—Hal-Bindung 400
Chalkone 597–598
*Chamapestris taiwanensis Masam* 717
Chamazulen 718
- Gewinnung 691
- - aus ätherischen Ölen 723–724
- - aus natürlichen Quellen 692–694
(*S*)-(−)-*α*-Chamigren 717
chaotropes Reagenz 968
charakteristische Atomgruppen *s.* funktionelle Gruppen
*Chargaff, E.* 949
*Charge-Transfer*-Komplexe 650
- Chinhydron 566–567, 574
- Cyclooctatetraen 928
- Farbreaktionen 29
- Kohlenstoffmonoxid-Eisen(II)-Hämoglobin 456
- mit Naphthalensulfonsäuren 628
- Pikrinsäure 560–561
- Polynitroaromaten 560–561
*Chauvin,* Olefin-Metathese 131
C—H-Bindung 16–18
C—H—C-Wasserstoffbrücke 806
Chelaplex III 421
Chelatbildner 817
Chelatbildung, *Kolbe-Schmitt*-Synthese 606
chelatisierende Eigenschaften, TADDOL 196
Chelatkomplexbildner
- Ethylendiamintetraessigsäure 421
- Nitrilotriessigsäure 421
- Oxin 855–856
Chelatkomplexe 763, 971–972
- Oxinat 855
- Siderophore 563
Chelidonsäure 931
*chemical mace* 597
*Chemical Terminology, Compendium* 2
*chemical vapor deposition* (CVD), Diamanten 105
Chemiefasern
- cellulosische 509–510
- synthetische 510, 616–617
Chemieunfall, Jilin-Provinz 512
Chemikalien-Ozonschichtverordnung 220
Chemilumineszenz 884
chemische Äquivalenz *s.* Äquivalenz
chemische Bibliothek 958
chemische Bindung *s.* Bindungen
chemische Formeln, Ermittlung 5
chemische Grundstoffe *s.* Grundstoffe
chemische Ionisierung (CI) 36–37
chemische Kampfstoffe *s.* Kampfstoffe
chemische Keule 597
chemische Kommunikation *s.* Kommunikation
chemische Mutagenese *s.* Mutagenese
chemischen Reinigung *s.* Reinigung
chemisches Gleichgewicht *s.* Gleichgewicht
chemische Struktur *s.* Struktur
chemische Verschiebung *s.* Verschiebung
Chemolumineszenz 4
Chemoselektivität, Natriumborhydrid 329–330
Chemotherapeutika 841
- Bakterieninfektionen 626
- Chinin 930
- der Sulfonamidreihe 877
Chemotherapie, Krebserkrankungen 678
Chenodesoxycholsäure 738–741
*Chenopodium ambrosioides* 706
Chenopodiumöl 706


C

*Chevreul, M. E.* 347, 388, 444
- Cholesterol 736
China-Alkaloide 929
- fluoreszierende Eigenschaften 929
- Katalyse der asymmetrischen Olefindihydroxylierung 930–931
- oxidativer Abbau 930
Chinacridon 913–914
*trans*-Chinacridon 858–859
Chinacridonpigmente 858–859
Chinaldin 848
- CH-Acidität 852
- Synthese nach *Doebner, von Miller* 848
China-Restaurant-Syndrom 951
Chinarinde 857, 929
- Alkaloide 930
- Extraktion 929–930
Chinasäure 613–614, 917
- Oxidation 573
Chinazolin
- Alkylierung 884
- p$K_S$ 884
- Synthese 883
4-Chinazolinon 883
chinesische Medizin, TCM *s.* traditionelle chinesische Medizin
Chinhydron 566–567, 574
- *Charge-Transfer*-Komplexe 574
- Zerfall 575
Chinhydron-Elektrode, pH-Messung 574
Chinidin 857–858
(+)-Chinidin 929–930
Chinin 857
- Antimalariamittel 857–858
- Biosynthese 930
- Chiralitätszentren 857–858
- Diastereomer Chinidin 857
- Gewinnung 929–930
- Konstitutionsaufklärung 929–930
- Oxidation 930
- p$K_S$ 857
- Totalsynthese 929–930
(–)-Chinin 917, 929–930
Chininhydrochlorid 929
Chininsäure 930
Chininsulfat 857
Chinizarin, Kondensation mit *p*-Toluidin 679
1,4-Chinodimethan 568
chinoide Farbstoffe 576–578
chinoide Form 645–646
- Fluorescein 652
chinoides Dianion 652
chinoides Dimer 644
*m*-chinoides System 655
chinoide Systeme 572–573
- *p*-Benzochinonmonoxim 563
- Diradikale 657
Chinole 574
Chinolin 847
- Benzenkern 852
- Carbolöl 515
- Eigenschaften 847
- elektrophile Substitution 852
- Halogenierung 852
- katalytische Hydrierung 852–853
- Nitrierung 852
- nucleophile aromatische Substitution 852
- Oxidation 852–853
- p$K_B$ 847, 852
- Pyridinring 852
- *Skraup*-Synthese 848
- Sulfonierung 852
- Synthese 848–849
Chinolin-8-sulfonsäure 852–853
Chinolin-Alkaloid 929–931
Chinolinderivat 866–868
8-Chinolinol 855
Chinolinring 929–930
Chinolinsäure 852–853
Chinolizidin-Alkaloid 928–929
Chinolizin 928
- 1,2,3,4-Tetracarbonsäure 928
9a*H*-Chinolizin 928
9a*H*-Chinolizin-1,2,3,4-tetra(carbonsäuremethylester) 928
Chinoloncarbonsäure 855
*m*-Chinomethan 655
Chinoncharakter 676
Chinondiimin 577
*p*-Chinondiimin 573
Chinone 566, *s. a.* Benzochinone
- Additionsreaktionen 576
- biogene 575
- Farbreaktionen 29
- *Grignard*-Verbindungen 574
- isoprenoide Seitenketten 575
- Kondensation 636
- Substituenteneinfluss 575
*p*-Chinone 573–574, 676, 864–865
- Redoxreaktionen 574–575
Chinonimine 572–573
Chinonium-Ion 863
Chinonmethane 572–573
Chinonmethid 572–573
*o*-Chinonmethid 864–865
Chinoxalin 883
- p$K_S$ 884
- Synthese 883
Chinuclidin 930
Chinuclidinring 857, 929–930
- *N*-Benzylierung 930
- Biosynthese 930
chirale Ammoniumsalze 212
chirale Auxiliare *s.* Auxiliare
chirale Bausteine 810
chiralee Ionenpaare 928–929
chirale Hilfsstoffe 887, 930
chirale Katalysatoren 930–931, *s.* Katalysatoren
chirale Moleküle, Wechselwirkung mit polarisiertem Licht 67
chirale Objekte 66–67
chirale Phasentransferkatalysatoren 930
chirale Pheromone 705
chirale Platinkomplexe 150
chirale Punktgruppen *s.* Punktgruppen
chirale Reagenzien 483
chirale Schablone 810
chirale SC-Phase *s.* Säulenchromatographie
chirales Derivatisierungsreagenz (CDA) *s.* Derivatisierungsreagenz
chirale Stationärphasen *s.* Chromatographie
chirales Verschiebungsreagenz *s.* Verschiebungsreagenz
chirale Thiole *s.* Thiole
chirale Trennphasen 503
chirale Verbindungen 3–4
- *Röntgen*strukturanalyse 52
- Spektroskopie 33–35
- substituierte Allene 163
chirale Weinsäureester 412
Chiralität 63–79
- asymmetrische Induktion 886–887
- axiale 63–65, 72–75, 640
- - *CIP*-System 73
- - Spirane 118
- helicale 63–65, 72–74
- planare 65, 72–75
- - *CIP*-System 74
- - Cycloocten 150
Chiralitätsachse 63–65, 72
- Kumulene 164
- Spirane 118
- unsymmetrisch substituierter Biphenyle 640
Chiralitätsebene 65, 74–75
- *Ansa*-Verbindungen 567
Chiralitätszentren 55, 63–65, 378, 731, 810, 930–931
- 2-Butanol 181
- Cyanhydrin-Bildung 84
- Ephedrin 521
- Ergosterol 737
- *Fischer*-Projektion 70
- Glycerolaldehyd 189
- Heteroatom 64
- Hexite 197
- Ibuprofen 357
- (*S*)-konfigurierte 734
- Liganden 71
- Monosaccharide 467
- D/L-Nomenklatur 68–69
- Pentite 197
- Prochiralitätszentrum 84

- Pseudochiralitätszentrum 87
- $S_N$1-Reaktion 208
- $S_N$2-Reaktionen 405–406
- Substitutionsreaktionen 406–407
- tertiäre 289
- Thalidomid 787
- Threit 196
- Triacylglycerole 388
- Verbindungen mit zwei 404–407
- *Walden*-Umkehr 83
*chiral pool* 492–493, 810
chiro-HCC *s.* Hexachlorcyclohexan
*chiro*-Inosit 109–110
Chiron 810
chiroptische Methoden 33–35
Chitin 489, 505
- Gerüststoffe 465
Chitinsynthese 441
Chitosamin 489
Chitosan 505
C,H-Kopplung 47–48
Chlamydien 683
Chlor
- Addition an Alkine 170
- *anti*-Addition 134
- Isotope 35
- petrochemische Glycerolsynthese 185–186
2-Chlor-1,1,2-trifluorethyl(difluormethyl)ether 246
1-Chlor-2,2,2-trifluorethyl(difluormethyl)ether 246
Chlor-2,4,6-trinitrobenzen 561
3-Chlor-2-butanon 804
1-Chlor-4-nitrobenzen *s. p*-Chlornitrobenzen
Chloracetaldehyd 815
Chloracetaldehyddimethylacetal 820
Chloraceton 333, 804–805, 815
Chloracetonitril 782
*ω*-Chloracetophenon 597
Chloracetylchlorid 564
*O*-Chloracetylderivat 564
Chlorakne 888
Chloral 214, 319–320
Chloralammoniak 320
Chloralhalbacetale 320
Chloralhydrat 214, 310, 647–648, 782
- Darstellung 320
- Eigenschaften 320
- Oxidation 400
Chloralkane 224
Chloralkylsulfit 205–206
Chlorameisensäure 434–435
Chlorameisensäurealkylester 440
Chlorameisensäurebenzylester 946
Chlorameisensäureester 378–379, 438–439
- Harnstoffsynthese 437
- Reaktion mit Carboxylaten 378–379
- Urethansynthese 439
Chlorameisensäureethylester 452, 905
Chlorameisensäurefluoren-9-yl-methylester 947
Chlorameisensäuremethylester 438–439
Chlorameisensäuretrichlormethylester 438–439, *s. a.* Diphosgen
Chloramin T 548
Chloramphenicol 542
Chloramphenicolester 542
Chloranil 576
*p*-Chloranilin 867
9-Chloranthracen 675
9,10-Chloranthracen 674–675
Chloräthyl *s.* Ethylchlorid
Chloraustausch 554
Chlorbenzen 273, 527
- Diazoniumsalze 630–631
- Hydrolyse 554
- Massenspektrum 35
- Zweitsubstitution 530–531
[1-$^{14}$C]-Chlorbenzen 536
*p*-Chlorbenzoesäure 600
Chlorbenzylidenanilin 851
*N*-(2-Chlorbenzyliden)anilin 851
2-Chlorbenzylidenmalonsäuredinitril 597
2-((4-Chlorbenzylsulfonyl)methyl)-5-(2-chlorophenyl)-1,3,4-thiadiazol 833
Chlorbernsteinsäure 405–406
(*R*)-(+)-Chlorbernsteinsäure 405
(*S*)-(−)-Chlorbernsteinsäure 405
2-Chlorbutadien 728
3-Chlorbutan-2-on 812
*α*-Chlorcarbonsäurechloride 382
*α*-Chlorcarbonsäuren 400–402
3-Chlorchinolin 853
6-Chlor-2-chlormethyl-4-phenylchinazolin-3-oxid 869
Chlorcholinchlorid 720
Chlorcyan 450–451
- Trimerisierung 897
2-Chlorcyclohexanon 114
Chlordiazepoxid 868–869
Chlordifluormethan 217
1-Chlor-7,7-dimethylnorbornan 125
1-(*o*-Chlor-*α*,*α*-diphenylbenzyl)imidazol 807
Chloressigsäure 778–779, 818
Chloressigsäurechlorid 867
2-Chlorethanol 137, 359
- Oxidation mit Salpetersäure 400–401
2-Chlor(ethylsulfanyl)butan 85
(2-Chlorethyl)trimethylammoniumchlorid 719–720
Chlorfluoralkane 217
Chlorfluorethylene 112
Chlorfluorkohlenwasserstoffe *s.* Fluorchlorkohlenwasserstoffe
8-Chlorguanin 903
Chlorhydrine 136
- petrochemische Glycerolsynthese 185–186
Chlorhydrochinon 576
chlorierende Pyrolyse *s.* Pyrolyse
Chlorierung
- Acetophenon 597
- Benzaldehyd 602
- Benzen 527–528
- direkte 205–207
- Methan 213–214
- Naphthalen 668
- Nitrobenzen 530
- Polyethylen 729
- Propan 205–207
- Propen 132
- radikalische 533
- Schwefelkohlenstoff 215–216
- Trinkwasser 214–215
Chlorilong 896
Chloriminiumion 583–584
Chloriminiumsalze 595
*p*-Chloriodbenzen 536–537
Chlorkalk 214
Chlorkalkreaktion 619
Chlorkohlensäureester 438–439, *s. a.* Chlorameisensäureester
Chlormequat 719–720
Chlormethan 207
- Synthese 105
Chlormethin 983
7-Chlor-2-methylamino-5-phenyl-3*H*-1,4-benzodiazepin-4-oxid 868
Chlormethylengruppe 583
Chlormethyleniminiumsalz 391
Chlormethylierung 533, 957–958
8-Chlor-11-(4-methyl-1-piperazinyl)-5*H*-dibenzo[*b*,*e*][1,4]-diazepin 870
Chlormethylpolystyrol 958
Chlormethylsulfit 206
Chlormolekül, Atombindung 15
Chlornaphthalen 667
1-Chlornaphthalen 668
Chlor-*n*-buttersäure 400
Chlornitrobenzen 530, 624
1-Chlor-2-nitrosoethan 137
Chloroform 203, 207, 212–213, 345, 386, 536, 920
- Darstellung von Chlorpikrin 216
- direkte Chlorierung von Methan 205
- Gewinnung und Synthese 214
- Haloform-Reaktion 214
- Hydrolyse 214
- als Lösemittel 134, 208
- Ozonolyse 138
- Pyrolyse von Chlordifluormethan 217
Chloroform-*d* 214
Chlorogensäure 613–614


C

Chlorolyse, Hochdruck- 215
Chloromytecin 542
7-Chloro-4-nitrobenzo-2-oxa-1,3-diazol 833
Chlorophenothan *s.* DDT
Chlorophyll 500–501, 762–764
- Absorptionsspektrum 763
- alkalische Hydrolyse 763–764
- Ascaridol-Darstellung 711–712
- Carotin 722
- Chiralitätszentrum 763
- Chromoprotein 762
- Diester 763–764
- Ethylgruppe am Ring B 763
- Farbe 763–764
- isocyclischer 5-Ring 763
- Magnesium-Zentralion 763–764
- natürliches 763
- Phytol 718
- Porphinskelett 758
- Proteinabtrennung 763
- Säureempfindlichkeit 763–764
- Trennung 763
Chlorophyll a 763
- Absorptionsspektrum 763
- Methylgruppe 763
- Strukturformel 763
- Totalsynthese 763
Chlorophyll b 763
- Absorptionsspektrum 763
- Formylgruppe im Ring B 763
- Strukturformel 763
Chloroplast 762
Chloropren 151–152
- Polymerisation 728
Chloroprenkautschuk (CR) 728
2-Chloropyrimidin 877–878
chlororganische Verbindungen 791
Chlor-*p*-benzochinon 576
1-Chlorpentan 212
*m*-Chlorperbenzoesäure (MCPBA) 137, 248, 603, 877
6-Chlorphenanthridin 854
*o*-Chlorphenol 563
1-(4-Chlorphenyl)-3-(2,6-difluorbenzoyl)harnstoff *s.* Difluorbenzuron
*o*-Chlorphenylacetophenon 802
(*R*,*S*)-1-(4-Chlorphenyl)-4,4-dimethyl-3-(1*H*-1,2,4-triazol-1-ylmethyl)pentan-3-ol 826
*o*-Chlorphenylhydrazon 802
Chlorphenylmethan 653–654
5-Chlor-1-phenyltetrazol 828–829
5-Chlor-3-phenyl-1,2,4-thiadiazol 832
1-Chlorphthalazin 884
Chlorpikrin 216–217, 271, 439
Chlorpromazin 889–890
1-Chlorpropan 204, 207
2-Chlorpropan 204, 207
(*R*)-2-Chlorpropansäureethylester 83
(*R*)-(+)-$\alpha$-Chlorpropionsäure 405
(*S*)-(−)-$\alpha$-Chlorpropionsäure 405
Chlorpropionsäure 399
*N*-Chlor-*p*-toluensulfonamid *s.* Chloramin T
3-Chlorpyrazincarbonsäuremethylester 908–909
4-Chlorpyrazol 797
*exo*-2-(6-Chlor-3-pyridyl)-7-azabicyclo[2.2.1]heptan 919
1-[6-Chlor-3-pyridyl]methyl-4,5-dihydro-*N*-nitro-1*H*-imidazol-2-amin 922
*N*-Chlorsuccinimid 381
Chlorsucrose 496
Chlorsulfonierung
- Benzen 545
- Toluen 545
Chlorsulfonsäure 364, 401, 437
- Acetanilid 626
Chlorsulfonylisocyanat 450–451, 897–898
5-Chlortetrazolo-[1,5-*a*]pyridin 828
$\beta$-Chlorthioether 265
*N*-Chlor-1,2,4-triazole 825
Chlortrimethylsilan 329, 387
Chlortriphenylmethan 648–649, 653–654
- Hydrolyse 646–647
Chlor-tris(triphenylphosphin)rhodium(I) 298
Chlorvinylarsindichlorid 195
Chlorwasserstoff 535
- Addition an Diene 151, 153
- elektrophile Addition 134
- PVC-Herstellung 145
- Umsetzung mit Alkoholen 205
2-Chlorethylamin 192
Cholate 742
Cholecalciferol 162–163, *s. a.* Vitamin $D_3$
Cholera 683
Cholestanol 733
5$\beta$-Cholestan-3$\beta$-ol 736
Cholesten 296
Cholest-5-en-$\beta$-ol *s.* Cholesterol
Cholesterol 119, 736, 976
- Abbauprodukte 733
- Biosynthese von Gallensäuren 738–741
- Blut 362
- böses LDL 976
- Dehydrierung durch Selen 736
- Desoxygenierung 296
- Ester 736
- gutes HDL 976
- Konstitution 736–737
- micellare Aggregation mit Protein und Lipid 976
- Quotient von LDL/HDL 976
- Transportform im Organismus 976
- Umwandlung in Pregnenolon 741
Cholesterol-Biosynthese 720–721, 741, 743
Cholesteroldesmolase 741
Cholesterolester 976
Cholesterolsynthese 976
Cholesterol-Synthese-Enzym-Hemmer 413
Cholin 192–193
Cholsäure 738–741
Chondrite 906
- kohlige 415, 761
Chondroitinsulfate 506–507
Chondrosamin 489, *s. a.* Galactosamin
*Choresine* 752
CH-Reaktivität 817–818
*Christl, M.*, Isobenzensynthese 166
Chroman 847–848
Chromatographie 7–9, 957–959, *s. a.* HPLC
- chirale Stationärphasen 707
chromatographische Trennung *s.* Trennung
4*H*-Chromen 847
Chromen-2-on 788–789
Chromfluoride 217
Chrom, Hydrierungskatalyse 139
chromogene Entwicklung 577
Chromon 847–848
- Abtrennung von Cumarin 854
- basische Spaltung des Heterocyclus 854, 856
- aus 2-Hydroxyacetophenon 851–852
- konstitutionsisomer mit Cumarin 847–848
- vinyloges Lacton 848
Chromonderivate 861
Chromon-Hydrochlorid 854, 856
Chromophore 41–42, 860–863
- Methylrot 45
chromophores System 645–646
Chromoprotein 762, 975
Chromotropsäure-Reaktion 30
- Formaldehydnachweis 33
Chromsäure 920, 930
- Menthon-Darstellung 711
- Oxidation 891
- Rückbildung mit anodischer Oxidation 605
- Stereochemie 94
Chromtrioxid
- Markerabbau 751
- in Pyridin 306
Chrom(VI)oxid/Aluminiumsilikat-Kontakt 142
chronotrop 748
Chrysanthenumsäure 107
Chrysen
- Cancerogenität 683
- EPA-PAK 662

- Struktur und Eigenschaften 683
- Teerpech 516
Chrysophenin G 524
Chylomikron 976
Chymotrypsin 960
CI *s.* chemische Ionisierung
Cimetidin 807
Cinchona 857
*Cinchona* 929
(–)-Cinchonidin 929–930
(+)-Cinchonin 929–930
Cinchoninsäure 930
1,8-Cineol 706, 711–712
*Cinnamomum camphora* 708, *s. a.* Kampferbaum
Cinnamonitril 632
Cinnolin 873, 883
- Alkylierung 884
- p$K_S$ 884
- Synthese nach *Widman* und *Stoermer* 883
Ciprofloxacin 855–856
*CIP*-System 59, 69–73, 816–818
- Aminosäuren 415
- axial chirale Moleküle 73
- enantiofaciale Reaktionen 84
- Pilotatom 567
- Pseudochiralität 87
- widersprüchlicher Deskriptor zur *Fischer*-Projektion 817
Circulardichroismus (CD) 3–4, 971–972
cisoide Form 151
- Steroide 732
Cisplatin 984
*cis/trans-* bzw. *E/Z*-Kennzeichnung 358
*cis/trans*-Isomerie *s. a. E/Z*-Isomerie
- Cyclopropan 90
- disubstituierte Cycloalkane 91
- Stilben 523
*cis/trans*-Nomenklatur 627
Citral
- Aldol-Kondensation mit Aceton 710
- und Geraniol 709
- und Nerol 709
- Synthese aus Dehydrolinalool 709–710
Citral A 705, *s. a.* Geranial
Citral B 705, *s. a.* Neral
Citratcyklus 407
Citrate 407
(*R*)-Citronellal 711
Citronellol 705
- racemisches 709
(*R*)-Citronellol 705
(*S*)-Citronellol 705
Citronensäure 407, 917
- Abbaureaktionen 411
- Geschichtliches 1
- Stoffwechsel 407
- Struktur 404
- Synthese 409–410
- Topizität 86
L-(+)-Citrullin 444, 950
CJK (*Creutzfeldt-Jakob*-Krankheit) 972
C-Kupplung 635–636
*Claisen*-Kondensation 115, 425–426, 459, 612
- Formylessigsäureester 424–425
- Oxalessigsäurediethylester 427
- umgekehrte 430
*Claisen*-Umlagerung 564
- [3,3]-sigmatrope Umlagerung 571
- aliphatische Enolether 572
- *o*-Allylphenol 571
- Allylphenolether 571
- Mechanismus 571
*Clamshell*-Struktur 700–701
Clathrate 101
Clathrat-Komplexe 196
*Claus, A.* 513
Clavulansäure 820
Claycop 323
Clayfen 323–324
*Clemmensen*-Reduktion 114–115, 330, 646, 681
Clenbuterol 594
Click-Reaktionen 242–243, 824
*clinal* 58
Clobazam 866
Clomifen 747
Clonazepam 543
Clonidin 807–808
*closed shell repulsion* 22
*Clostridium botulinum* 195, 963
*Clostridium tyrobutyricum* 347
Clotrimazol 807–808, 826
Clozapin 870–871
Clupein 974
*Clusius, K.* 634
Cluster, Organolithiumverbindungen 284
CMC *s.* Carboxymethylcellulose
CM-Cellulose *s.* Carboxymethylcellulose
CMCT 984
CMP *s.* Cytidin-5'-monophosphat
C—N-Bindung, partieller Doppelbindungscharakter 390, 392
CN-Cbl (Cyanocobalamin) 764
C=N-Doppelbindung 82
CN-Gas 597
C—N-Kupplung 797
C-Nucleophile, *Grignard*-Reagenzien 283, 286
sc-$CO_2$ *s.* Kohlendioxid
$CO_2$-Detektion 4
Cobalamine 764–765
Cobalt
- Hydrierungskatalysator 139
- *Mülheimer* Olefinsynthese 131
Cobalt-Alkin-Komplex 115
Cobalt-Chelatkomplex 764
Cobalt(II)chlorid 526
Cobalt(III)-Ion 764
Cobaltkatalysator 299
- Oxosynthese 180–181
Cobaltoctacarbonyl 299
Cobaltsalze 597
C—O-Bindungen, Polarität 137
COC *s.* Cycloolefin-Copolymere
Cocabissen 926–927
Cocablatt 925
Coca Cola 927
Cocain 605, 844, 918, 927
- Abbau zu Cycloheptatrien 159
- Abhängigkeitspotenzial 927
- alkalische Hydrolyse 923
- Applikationsart 926–927
- Konstitutionsaufklärung 923, 925
- Lokalanästhetikum 927
- Pharmakodynamik 926–927
- sozialkulturelle Rolle 927
(–)-Cocain 917, 923–924, 926–927
Cocainbase 927
Cocaingruppe 923–927
Cocainhydrochlorid 927
Cocainismus 927
Co-Carcinogene 718–719
Cocastrauch 923–924
$(COCl)_2$ *s.* Oxalylchlorid
Co-Oxidans 886
Code *s.* genetischer Code
Codein 933, 935
Codeinphosphat 934
C—O-Doppelbindung 377
C=O-Doppelbindung
- Nucleophile 307
- Polarisierung 305
Coenzym A 421
- Aktivierung von Gallensäuren 738–741
Coenzym $B_{12}$ 764–765
Coenzyme 764–765
- Decarboxylase 840
- $FADH_2$ 197
Cofakor, Nicotinamidadenindinucleotid 232
Coffein 899, 902, 907, 917
- anregende Wirkung 906–907
- als Arzneimittel 907
- Eigenschaften 907–908
- Extraktion 434
- Gewinnung 907
- physiologische Wirkung 907
- Synthese nach *Traube* 907
- Vorkommen 907
*Coffman*, Cyclobutansynthese 112
*cognitive enhancement* 522
*cogwheel effect* 62
Colanuss 907
Colchicin 917


C

– aus Herbstzeitlose 696–697
*cold rubber* 727–728
*Cole,* Steroidsynthese 734
*Colitis ulcerosa* 607, 637
Collidin 836, 839
Collidindicarbonsäureester 836
*Collins*-Reagenz 306, 323
Colophonium *s.* Kolophonium
colorectales Carcinom 857
Comet Pills 449
COMP 971
*compact discs* 617
*Compendium of Chemical Terminology* 2
*computer-aided drug design* (CADD) 54
Concanavalin A 977
Conessin 751–752, 917
Congressan 120
Coniferin 524–525
Coniferylalkohol 524–525
Coniin 925
– Oxo-Derivat 926
– Pseudoalkaloid 919
(+)-Coniin 919
– Strukturformel 919
– Synthese 483
(±)-Coniin 920–921
*Conium maculatum* 919
*connection peptide* 964
*Conradi,* Cholesterol 736
Contergan® 787
*Continuous-Wave*-Verfahren (CW-Verfahren), NMR 46
*controlled pore glass* (CPG) *s.* Glaskugeln
*Cook, A. H.* 627
Co-Oxidationsmittel 930–931
*Cope*-Eliminierung 228, 230
*Cope*-Umlagerung 156, 571
Copolykondensation 617
Copolymere 140
– alternierende 381
Copolymerisate 145
Copolymerisation 957–958, *s. a.* Block-Copolymerisation
– Isobuten 144
– katalytische 457
– PE 143
– statistische 727–728
– Tetrafluorethylen mit Hexafluorpropylen 218
– 2-Vinylpyridin 839–840
Coproporphinogen III 762
Coproporphyrin 761
Coralyn 858–859
Coralyn-Reaktion 858–859
Corannulen 684
*Corey* 969–970
– Carbogene 2
*Corey, E. J.* 413, 595
*Corey*-Lacton, Prostaglandinsynthese 413–414
*Corey-Pauling-Koltun*-Darstellung *s. CPK*-Darstellung
*Corey-Seebach*-Reaktion 200
*Corey-Seebach*-Umpolung 312
– Ketonsynthese aus Aldehyden 325
*Cornforth, J.* 558
*Cornforth,* Konstitution von Cholesterol 737
*corn sweetener* 501
*corn syrup* 501
Corpus luteum 744
*correlated NMR spectroscopy* (COSY) 49–51
Corrin 764
Corrinoide 764
Corticoide 742–744, 964
Corticosteron 742–743
Corticotropin 742
– humanes 964
$\alpha$-Corticotropin 964–965
$\beta^{1-24}$-Corticotropin 964
Cortisol 742–744, 970–971
– Biosynthese 743
– Kombination mit Fusidinsäure 745
Cortison 742–743
Cortisonacetat 743–744
*Corynebacterium glutamicum* 945
COT *s.* Cyclooctatetraen; s. Cyclooctatetraenyl
Cotarnin 932
COT-Liganden, Uran als Zentralion 699
Cotrimoxazol 549
*Coulomb*-Wechselwirkung 22–24
*Coulson-Moffit*-Modell 107–108
Coumadin® *s.* Warfarin
*Couper,* Atomigkeit 53
COX 413, *s. a.* Cyclooxygenasen
COX-2 815
Coxibe 611
Cp *s.* Cyclopentadienyl
C—Pb-Bindung 296
C-Peptid 964
CPG *s.* Glaskugeln
*CPK*-Darstellung 204
Cp-Liganden
– als Katalysator der Polymerisation von Alkenen 700–701
– Koordinationen 698–699
– *Petasis*- und *Tebbe*-Reagenz 700–701
– Uran als Zentralion 699
CR (Chloroprenkautschuk) 728
$CR_2$-Gruppen 164
Crack 927
Crackbenzin 518
Cracken
– Darstellung von 1,2-Propadien 164
– Erdöl 178
– Isoprensynthese 157
– koordinative Kettenpolymerisation 141–142
– thermisches 106, 130
Crackgase 101, 130–131
– C4-Fraktion 144, 147, 157
– Ethenproduktion 146
– petrochemische Glycerolsynthese 185–186
– Propen 147
*Craig* 938
*Cram, D. J.* 568
*Cramer, F.* 894
CRD (*carbohydrate recognition domain*) 977
Cresol 515
*Creutzfeldt-Jakob*-Krankheit (CJK) 972
*Criegee*-Mechanismus 139
*Criegee*-Reaktion 188
Crocetin 722–723
*Crocus sativus* 723
*Cross,* Gibberellinsäure 719
Crotonaldehyd 361
– aus Acetaldehyd 848
– Dehydratisierung von Acetaldol 321
– Eigenschaften 321
– *E/Z*-Isomerie 321
– geschütze Cyanhydrine 589
Crotonöl 719
Crotonsäure 359–360
Crotonsäureester 800
*Crowfoot,* Konstitution von Cholesterol 737
*crown s.* Kronen-Konformation
Crustaceen-Schalen 505
*Crutzen, Paul* 220
Cryofluoran 218
*crystal meth s.* Methamphetamin
CSE-Hemmer 413
CS-Gas 597
1,2-C-*Shift* 735
C—Sn-Bindung 295
CT-Komplexe *s. Charge-Transfer*-Komplexe
C+T-Reaktion 992
Cuban 121–122
– Gewinnung und Synthese 124
– Reaktionen und Anwendung 127
Cuban-1,4-dicarbonsäuredimethylester 114, 124
Cuban-1,3,5,7-tetracarbonsäure 127
Cu(I)-Salz 796
Cumarilsäure 788–789
– Decarboxylierung 788–789
Cumarin 612, 788–789, 848
– Abtrennung von Chromon 854
– Herstellung 590
– konstitutionsisomer mit Chromon 847–848
Cumarin-Cumaron-Struktur 789
Cumarinderivate 613, 970
Cumarinsäure 612
Cumaron 775, 788
– aus Cumarin 788–789

- Eigenschaften 788
- elektrophile Substitution 789
- Polymerisation 788
- Resonanzintegral 788
Cumaronderivat, iodhaltiges 790
Cumaronharze 788
Cumaronring 788
Cumarsäure 612, 860–863
*p*-Cumarsäure 525
Cumen *s.* Cumol
Cumol 519, 554
- Luftoxidation 554
- petrochemische Industrie 133
- Substitutionsreaktionen, elektrophile aromatische 519
Cumolhydroperoxid 140
- säurekatalysierte Zersetzung 554
Cumolhydroperoxid-Verfahren 147
Cumolverfahren 554
Cupferron 541–542
Cuprate 377
(–)-Cuprein 929
Cuprofaser 509
Curare 918, 933, 935
Curaregruppe 933–936
Curcumenol 107
*Curl, R. F.* 683
*Curtis,* Gibberellinsäure 719
*Curtius* 955
*Curtius*-Abbau 446
*Curtius*-Reaktion 226–227
*Curtius, T.* 418
*Curtius, Th.* 396–397
*Cushing*-Syndrom 745
CVD *s. chemical vapor deposition*
CW-Verfahren *s. Continuous-Wave-*Verfahren
C—X-Bindung 204
- heterolytische Spaltung 208–210
Cyamelid 445–446
Cyanacetonphenylhydrazon 800
Cyanacetylharnstoff 905
*α*-Cyanacrylsäure 373
Cyanallen 800
Cyanamid 842, 950
- Addition von Sarkosin 444
- Darstellung 451–452
- – von Calciumcyanamid 454
- – von Guanidin 443
- – von Kreatin 444
- Dimerisierung 446–448
- Eigenschaften 446–447
- Tautomerisierung 446–448, 452
Cyanate 450
- funktionelle Gruppe 24
- resonanzstabilisiertes Anion 446
1-Cyan-3-chlorallen 66
Cyanessigester 354, 905
Cyanessigsäure 350
Cyanethylierung 374
Cyangruppe 842
Cyanguanidin 446–448
Cyanhalogenide 450–452
Cyanharnstoff 454–455
Cyanhydrin-Anion 588–589
Cyanhydrinbildung 310–311
Cyanhydrine 311, 367
- epimere 474
- geschützte 589
- Hydrolyse 474
- pH-abhängiges Gleichgewicht 474
- saure Hydrolyse 608–609
Cyanhydrinsynthese 84, 948, *s. a. Kiliani-Fischer*-Synthese
- aus Glyoxal 409
- *α*-Hydroxycarbonsäuren 407
Cyanidalkylierung 394
Cyanid-Anionen
- und kationische, nichtbenzoide Aromaten 695–696
- nucleophile Addition 588–589
Cyanide 393
Cyanidin 863
Cyanid-Ion 769, 840
- ambidentes 394
- Nucleophile 393
Cyanine 44, 821
- heterocyclische 821
Cyaninfarbstoff 821–822
Cyanisocyan 448
9-Cyanoacridin 854
Cyanobakterium 762
2-Cyanobenzamid 786
Cyanobiphenyle 641
2-Cyanobutan-3-on 811
*α*-Cyanocarbonsäure 402–403
*β*-Cyanocarbonsäure 367
Cyanocobalamin (CN-Cbl) 764
Cyanoethylanion 357
2-Cyanoethyldiisopropylchloro-phosphoramidit 985
Cyanogen 447–449
cyanogene Glycoside 393
Cyanogruppe 24
Cyanoguanidin-Derivat 807
Cyanoguanidin-Funktion 807
*α*-Cyanoketon 810–811
1-Cyanopentan 212
Cyanophosphonatester 262
Cyanopolyine 394
2-Cyanopropan-2-ol 326
*β*-Cyanopropionsäureester 367
(*R*)-2-Cyanpropansäureethylester 83
*N*-Cyanpyridiniumbromid 838
Cyanradikale 447–448
- Rekombination zu Dicyan 452
Cyansauerstoffsäuren
- Isomere 444–445
- Tautomere 433
Cyansäure 450, 896
- Amid 446–447
- Isomerie 393, 444–445
- Reaktionen und Anwendungen 453–455
- Stabilität und Struktur 445
- Stickstoffderivate 446–448
- Struktur 433
- Tautomerie 433
- Thioderivate 448–450
Cyansäurechlorid 896
Cyansäurederivate 444–455
Cyansäureester 451
Cyanthioformamid 447–449
Cyanurchlorid 897
- nucleophile Substitution 897
- Trimerisierung 450
Cyanurfluorid 376
Cyanursäure 894, 896–897
- Derivate 896
- Iminolform 451
- Isocyansäure 445–446
- Produktion 897
- durch Pyrolyse von Harnstoff 896–897
- Tautomer Isocyansäure 896–897
- unlösliche 446
Cyanursäureamid 896–897
Cyanursäurechlorid 896–897
Cyanursäureester 896–897
Cyanursäurefluorid 896–897
Cyanursäuretriarylester 446
Cyanursäuretriester 451
Cyanwasserstoff 894
Cyclamat 266, 547, 626–627
cyclisch-delokalisiertes *π*-System 511
cyclische Acyloine 115
cyclische Alkene *s.* Cycloalkene
cyclische Amine *s.* Amine
cyclische Carbene *s.* Carbene
cyclische Diine 689
cyclische Ester *s.* Ester
cyclische Ether *s.* Ether
cyclische Kondensation *s.* Kondensation
cyclische Konstitutionsisomere 234
cyclische Periodsäureester *s.* Period-säureester
cyclisches Adenosin-2,3-monophos-phat *s.* cAMP
cyclisches Anhydrid 351
cyclisches Bromoniumion *s.* Bromoniumionen
cyclische Sesquiterpene 716
cyclisches Intermediat 406
cyclisches Keton 395
cyclisches Onium-Ion *s.* Onium-Ionen
cyclisches Peptid 962–964
cyclisches Polypeptid 966
cyclisches Ureid 808
cyclische Terpene *s.* Terpene
cyclische Tetramere 317


C

cyclische Thioacetale *s.* Thioacetale
cyclische Trimere 317
cyclische Verbindungen 687
- Pentan-Effekt 62
cyclische Zucker 468–469
cyclisierende Kondensation 798, 828
cyclisierende Polymerisation *s.* Polymerisation
Cyclisierung 824
- alkalische 824–825
- biomimetische 735
- Darstellung von Kryptanden 187
- *Eglinton*-Kupplung 171
- Ethin 160, 172
- intramolekulare 115, 681, 801
- oxidative 816
- reduktive 786
- *Reppe*-Synthesen 171
- Squalenepoxid 736
Cyclisierungskaskade
- Cholesterol-Biosynthese 721
- Steroidbiosynthese 736
Cyclisierungsreaktionen 784–785
- Diaziridine und Diazirine 237
Cyclit 500
Cycloaddition 111–112, 383, *s. a. Woodward-Hoffmann*-Regeln
- Anfangsschritt 159
- Benzvalen 167
- cyclische Diene 369
- *Diels-Alder*-Reaktion 368–369
- dipolare *s.* dipolare Cycloaddition
- Fulleren 685–686
- photochemische 123–124
[2+2]-Cycloaddition 112–113, 327, 371, 383, 613
- photochemische 992
- *Schiff*sche Basen 587
- thermische 159–160
- Tropolonsynthese 696
[2+2+1]-Cycloaddition 115
[2+3]-Cycloaddition 236
[2+4]-Cycloaddition 236
[3+2]-Cycloaddition 795, 805
[4+2]-Cycloaddition 368
1,2-Cycloaddition 112–113
*syn*-1,1-Cycloaddition 462
Cycloadditionsprodukte 369
cycloaliphatische Kohlenwasserstoffe *s.* Kohlenwasserstoffe
Cycloalkane 99, 248
- Eigenschaften 106–117
- einfache 90–94
- halogenierte 535
- Ringspannung 89
- Stereochemie 88–97
- Verbrennungswärme 89
Cycloalkene 129–130
- halogenierte 535
- Hydroxylierung 148
Cycloartenol 735
Cyclobarbital 881–883
Cyclobutadien[4]-Annulen 688
Cyclobutan 109
- Derivate 90–91, 992
- Gewinnung und Synthese 111–112
- *Pitzer*-Spannung 89
- Reaktionen und Anwendungen 116–117
- Stereochemie 90–91
Cyclobutandicarbonsäure 91
Cyclobutan-1,1-dicarbonsäure 114
Cyclobutanol 114, 116–117
Cyclobutanon 111–114, 383
Cyclobutanring, Cycloheptatriensynthese 160
Cyclobuten 148, 153
- Eigenschaften 130
- Ringspannung 148
Cyclobutylamin 116
Cyclobutylhalogenid 111–113
Cyclobutylkation 116
Cyclobutyltrimethylammoniumhydroxid 148
Cyclodecan
- *Prelog*-Spannung 110
- transannulare Cyclisierung 691
- transannulare Wechselwirkung 90
Cyclodecanon 110
Cyclodecapentaen 717–718
Cyclodecapentaen[10]-Annulen 688
Cyclodecyltosylat 111
Cyclodehydratisierung 849
Cyclodehydrierung 132
Cyclodextrin-Addukte 502–503
Cyclodextrine
- cyclische Polysaccharide 503
- Geruchsneutralisation 502
- Racemattrennung 78
- Trennung chiraler Substanzen 502–503
- Trennung von Enantiomeren 9
- $\alpha$ - $\beta$- oder $\gamma$- 502
Cyclodextrin-Glycosyl-transferase 502
Cyclodextrinkomplexe 502–503
Cyclodiazomethan 234, 238
Cyclododecan 162
Cyclododecanon 162
Cyclododecatrien 162
Cyclododeca-1,5,9-trien 162
Cycloeicosan 110–111
9-Cycloheptadecen-1-on *s.* Zibeton
Cycloheptan 107, 109–110
- Gewinnung und Synthese 115
Cycloheptatrien 159–160, *s. a.* Tropiliden
- und kationische, nichtbenzoide Aromaten 695–696
Cycloheptatrienyl-Kation 690, 694–696
- Struktur 687
Cyclohepten 149
*cis*-Cyclohepten 149
*trans*-Cyclohepten 149
1,3-Cyclohexadienderivat 643
Cyclohexadiene 115, 158
Cyclohexa-1,3-diene 739
Cyclohexadienonderivat 571
1,3-Cyclohexadion 345
Cyclohexan 80, 91, 99, 107, 109, 207, 514–515
- disubstituierte Derivate 93–94
- Gewinnung und Synthese 115
- katalytische Oxidation 419
- monoalkyliertes 93–94
- monohalogeniertes 93–94
- *ortho*-Kondensation 118
- *Pitzer*-Spannung 89
- ungesättigte Derivate 115
- verbrückte Ringsysteme 118
Cyclohexanalkohole 193
1,3-Cyclohexandion 566, *s. a.* Dihydroresorcin
Cyclohexanol 117, 149, 419
- oxidative Ringöffnung 351
Cyclohexanon 117, 409, 419
- *Favorskii*-Umlagerung 114
- Umsetzung mit Stickstoffwasserstoffsäure 829
Cyclohexanondiethylacetal 329
Cyclohexanonoxim 596–597
- *Beckmann*-Umlagerung 419
Cyclohexanringe
- Steran 731
- *trans*-verknüpfte 732
Cyclohexansessel 732
Cyclohexatrien 512, 514
- $D_{3h}$-Symmetrie 512, 514–515
1,2,4-Cyclohexatrien *s.* Isobenzen
Cyclohexatrien[6]-Annulen 688
Cyclohexen 115, 130, 149, 514, 944–945
- Addition von Ethoxycarbonylnitren 463
- Addition von Methylen 461–462
- *syn*-Eliminierung 302
Cyclohexenderivat 368
2-Cyclohexenylacetaldehyd 572
5-(1-Cyclohexenyl)-3,5-dimethylbarbitursäure 881–883
5-(1-Cyclohexenyl)-5-ethylbarbitursäure 881–883
2-Cyclohexenylvinylether 572
Cyclohexylamin
- Basizität 620
- $pK_S$-Werte 620
- Sulfonierung 626–627
Cyclohexylhydroperoxid 117, 419–420
Cyclohexyliodid 207
1-Cyclohexyl(2-morpholinoethyl)-carbodiimidmetho-*p*-toluensulfonat *s.* CMCT
Cyclohexylsulfamat *s.* Cyclamat

Cyclohexylsulfamidsäure 626–627
Cyclokondensation 812–813, 876
– von Butin-1,4-diol mit Ammoniak 754
– von Phenylthiosalicylsäure mit Thiosemicarbazid 831
Cyclonit 318
1,5-Cyclooctadien 160, 162, 281
Cyclooctan 149, 162
Cyclooctatetraen (COT) 149, 160–162, 927–928
– Herstellung von Cyclooctatetraenyl-Dianion 697–698
– Tetramerisierung von Ethin 172–173
Cyclooctatetraen[8]-Annulen 688
Cyclooctatetraenyl (COT) 697
Cyclooctatetraenyl-Dianion 696, 928
– Grenzstrukturen 696–697
– Herstellung 697–698
– Umsetzung mit Dibromheptan 699–700
Cycloocten 149–150, 162
(*E*)-Cycloocten 120, 137
(*Z*)-Cycloocten 137
*cis*-Cycloocten 150
*trans*-Cycloocten 75, 149–150
Cycloolefin-Copolymere (COC) 143
Cyclooligomere 502
Cyclooxygenase 362
– COX-2 610–611
– Prostaglandine 413
– Serin-Rest 606–607
Cyclooxygenase-2-Inhibitor 815
Cyclooxygenase-Hemmer 362
– Acetylsalicylsäure 606–607
– Diclofenac 610
– Lumiracoxib 610–611
– selektive 610–611
Cycloparaffine 88
1*H*-Cyclopentabenzen *s.* Inden
Cyclopentadien 157–158, 663
– Azulen-Synthese 691–692
– Cycloheptatriensynthese 159–160
– Hydrierung 122
– Isobenzensynthese 166–167
– Leichtölfraktion 515
– p$K_S$-Wert 697
Cyclopentadiencarbonsäure 158
Cyclopentadienid-Anion 157–158
Cyclopentadienring 662
Cyclopentadienyl (Cp)
– acylsubstituierte Derivate 699
– Anionen 663, 690, 696
– – Azulen 717–718
– – Gewinnung 697
– – Grenzstrukturen 696–697
– – Metallkomplexe 699–700
– – Struktur 687
– Komplexe 700–701
– als Ligand 697–698
Cyclopentadienylcobaltdicarbonyl 172
Cyclopentadienylmagnesiumbromid 699
Cyclopentan 109
– Gewinnung und Synthese 114
– *ortho*-Kondensation 118
– *Pitzer*-Spannung 89
– p$K_S$-Wert 697
– Stereochemie 91
– Tropolonsynthese 696
Cyclopentancarbonsäuren 114
Cyclopentandicarbonsäuren 92
Cyclopentanol 148–149
Cyclopentanon 115, 351
– oxidative Ringspaltung 351
– Reduktion 114
Cyclopentanring
– Camphersäuren 715
– Dodecahedransynthese 124–125
– Hydrindan 96–97
– Steran 731
Cyclopenten 129–130, 148–149
– Photolyse von Aceton 327
Cyclopentenon 115, 763
Cyclopentenring 160
Cyclopentylbromid 148–149
Cyclophane 75, 566–567, *s. a.* Cyclophenylalkane
– mehrfach verklammerte 568–569
[n]Cyclophane 569–570
Cyclophenylalkane 568–570
Cyclophosphamid 64
Cyclopolyalkene 154, 172
Cyclopropan 107, 234
– Gewinnung und Synthese 111
– *Pitzer*-Spannung 89
– Reaktionen und Anwendung 116
– *Simmons-Smith*-Reaktion 215–216
– Stereochemie 88–90
– stereospezifische Synthese 237–238, 290–291
1,2-Cyclopropanderivat 686
Cyclopropanderivate 461–462
1,2-Cyclopropandicarbonsäure 90
1,1-Cyclopropandicarbonsäurediester 112
Cyclopropanierungen 235, 237–238
Cyclopropanon 112–114
Cyclopropanonhydrat 112–114
Cyclopropanring 685, 747
1,2,3-Cyclopropantricarbonsäure 90
Cyclopropen 147–148
– Eigenschaften 130
– Ringspannung 147
Cyclopropenyliden 148
Cyclopropenyliumkation 147–148
Cyclopropenyl-Kation 694
Cyclopropylamin 147
Cyclopropylmethanol 116–117
Cyclopropylmethylamin 116
Cyclopropylmethylkation 116
Cyclopropyltrimethylammoniumhydroxid 147
Cycloreversion *s. a. Woodward-Hoffmann*-Regeln
– *Criegee*-Mechanismus 139
Cycloserin 814
Cyclotextrinderivate 502–503
Cyclovoltammetrie 699
Cyklotron *s.* Ionen-Zyklotron-Resonanz (ICR)
*p*-Cymol
– Dehydrierung 519
– *p*-Menthan-Darstellung 710
– Struktur 519
CYP1A1 261
CYP1B1 261
Cyproteronacetat 747
Cys 949
L-Cysteamin 192
Cystein 200–201, 232, 817, 973
– deprotoniertes 995
– *Fischer*-Nomenklatur 70–71
L-Cystein 192, 810, 819, 944
L-(+)-Cystein 949
Cystein-Cystin-Redoxsystem 949
Cysteindioxygenase 232
Cysteinproteasen 200–201
Cysteinseitenkette 972–973
Cystin 201
L-Cystin 944
L-(–)-Cystin 949
Cytidin 983
Cytidin-5'-monophosphat (CMP) 983
Cytidinphosphoramidit 984–985
Cytochrom 975
Cytochromoxidase 975
Cytochrom-P450 261
Cytokine 906, 964–966
Cytokinine 906
Cytologie, Hämatoxylin-Eosin-Färbung 652–653
Cytoplasma 961–962
Cytosin 879–880, 979
– Diazotierung 879
– DNA-Replikation 986–987
– oxidative Desaminierung 879–880
– saure Hydrolyse 879
– Tautomerie 880
Cytostatika 786, 890–891, 905, 913, 916
– Carboplatin 114
– Cisplatin 983
– Nucleosidanaloga 984
– Procarbazin 244
– Taxol 719, 724
Cytotoxizität 754
Cytotoxizitätsassay 829

C

## D


D (Einbuchstaben-Code für Asparaginsäure) 951
2,4-D *s.* 2,4-Dichlorphenoxyessigsäure
DABCO 885–886, *s. a.* Triethylendiamin
- aus *N*-Hydroxyethylpiperazin 885–886
dachförmige Struktur *s.* Struktur
Dalmadorm® 868
Dalteparin 506
*Daly* 919
Dampfdruck, Nutzung bei Destillation 6
Dampfspaltung 105–106
- Alkensynthese 130–131
- Butadiensynthese 157
Dansylaminosäure 959
Dansylchlorid 959
Dansyl-Methode 959
Darm 964, *s. a.* Magen
- Lebergalle 738–741
Darmantiseptikum 889
Darmerkrankungen 780
- chronisch entzündliche 607, 637
Darmmuskulatur 929
Darmspasmus 934
Datensystem, Massenspektrometer 37
*date-rape-drugs* 868
*Datura stramonium* 923
Dauerwelle 201
Daunorubicin 678
*Davy, J.* 436
DBN 914, *s. a.* 1,5-Diazabicyclo(4.3.0)non-5-en
DBP *s.* Dibutylphthalat
DBU 914, *s. a.* 1,8-Diazabicyclo(5.4.0)undec-7-en
DC (Dünnschichtchromatographie) 8
DCC 223–224, 825, 955–956, *s. a.* Dicyclohexylcarbodiimid
- Carbonsäureanhydridsynthese 379–380
DCIP *s.* Dichlorindophenol-Natrium
DCN 805
DDD 648
DDE 648
DDQ *s. a.* 2,3-Dichlor-5,6-dicyano-*p*-benzochinon
- Oxidationsmittel 237
DDT 647–648
- Umweltverträglichkeit 648
*p,p2*-DDT *s.* DDT
10-Deacetylbaccatin III 724
DEAD 240, *s. a.* Azodicarbonsäurediethylester; *s. a.* Diethylazodicarboxylat
Deaggregation 285
Debromierung 164–165
Debye (Einheit) 22
Decahydronaphthalen 667
*cis*-Decalin 667
Decaline 118
- enantiomere Konformationen 96
- Stereoisomerie 94–97
Decan 100
Decansäure *s.* Caprinsäure
1,4,7,10,13,20,23,26,29,32-Decaoxa[13.13]paracyclophan 568–569
Decapeptid 963
Decarbonylierung
- Brenztraubensäure 427
- Kohlenstoffmonoxid 456–457
- Oxalessigsäurediethylester 427
- spontane 306
Decarboxylase 840
Decarboxylase-Dehydrogenase 818–819
Decarboxylierung 112, 845, 934, 939, 950–953, 956–957
- Acetessigsäure 424
- Aminosäuren 418
- anodische 104
- Asparaginsäure 421
- Brenztraubensäure 427
- Dicarbonsäuren 352
- elektrolytische 167–168
- enzymatische 192, 561–562, 761–762, 950, 953
- L-(−)-Histidin 806
- *Knoevenagel*-Kondensation 354
- *Michael*-Addition 354
- Monocarbonsäuren 352
- oxidative 819
- Phenylalanin 520
- Pyridincarbonsäure 840
- Silbersalze aliphatischer Carbonsäuren 205
- spontane 306
- Tartronsäure 404
- Tetrahedransynthese 123–124
1-Decen 131
Dechlorierung 164–165
Deckelelektrode 38
Decosen 476
Deformationen, Bindungswinkel 88
Deformationsschwingungen 40
DEHP 321, *s. a.* Bis(2-ethylhexyl)phthalat; *s. a.* Di(2-ethylhexyl)phthalat
Dehydracetsäure 845–846
Dehydratisierung 848, *s. a.* Wasserabspaltung
- Alkohole 146
- Ameisensäure 352
- Dimethylether 182
- intramolekulare 768
- Isobutylalkohol 147
- 3-Methyl-1,3-butandiol 157
- mit Phosphorsäure 768
Dehydrierung 106, 848
- Alkohole 132, 182
- Ameisensäure 352
- biochemische 492
- Cyclo- 132
- *p*-Cymol 519
- Formazan 829
- katalytische
- - *sec*-Butylalkohol 332–333
- - Isopropylalkohol 332
- Methanol 318
- Methylcyclopentan-Cyclohexan-Gemische 515
- Naphthene 132
- Pregnenolon 742
- pyrogene 640–641
- durch Selen 736
- thermische 130–131
Dehydrierungsmittel 848
- *N*-Bromsuccinimid 555
- Chloranil 576
- 2,4,4,6-Tetrabrom-2,5-cyclohexadien-1-on 555
Dehydroabietinsäure 723–725
Dehydroalanin 267, 973
Dehydrobenzen 536, *s. a.* Arin
- *Diels-Alder*-Addition von 1,4-Butadien 773
*ortho*-Dehydrobenzen, Darstellung 604
Dehydrocholesterol 163
7-Dehydrocholesterol 162, *s. a.* Provitamin $D_3$
Dehydroepiandosteron (DHEA)
- Biosynthese 743
- Isolierung 745
Dehydrohalogenierung 914
- Carbonsäurehalogenide 382
Dehydrolinalool 709–710
Dehydroretinol 719
Dehydroschleimsäure 770
delokalisierte Elektronen
- Lichtabsorption 42
- ungepaarte 641–642, 656
delokalisierte $\pi$-Molekülorbitale *s.* $\pi$-Molekülorbitale
Delokalisierungsenergie 514
*Demjanow*, Cyclopropensynthese 147
*Demjanow*-Reaktion 116–117
denaturierende Polyacrylamid-Gelelektrophorese *s.* Polyacrylamid-Gelelektrophorese
Denaturierung 968
- PCR 987
Dendrimere 374
dendritische Polyphenyle 643
*Dendrobatidae* 783
*Dendrobatidae*-Indolizidine 783
*Dendrodoa grossularia* 833
Dendrodoin 833
*De-novo*-Synthese 982–983
Densodrin 145
Deoxygenierung 829

DEPC *s.* Diethylpyrocarbonat
Dephenylamin 889
Depolymerisation 446
Depotsulfonamid 815
Depression 781–782
Deprotonierung 182
– Amine 223
– Carbonsäureester, α-Position 425–426
– Carboxygruppe, zweite 359
– CH-acider Verbindungen 286
– Cyclopentadienid-Anion 157–158
– Enantiotopos-differenzierende 928–929
– Ethensynthese 147
– Ethin 169
– Indol 775
– Maleinsäure 359
– Malonester 354–355
– OH-Bindung 181
– Organophosphoniumionen 286
– (–)-Spartein-assistierte 928–929
– Synthese von anionischen, nichtbenzoiden Aromaten 697
– Thioacetale 200
Depside 607–608
Depsipeptid 954, 966–968
DEPT *s. distorsionless enhancement by polarization transfer*
Depurinierung 990
– *Gilbert-Maxam*-Sequenzierung 992
Derivate *s. spezifische Verbindungen*
Derivatisierung 810
Derivatisierungsreagenz
– für Aminosäuren 833
– chirales 75–76
– für Phenole 833
– für Thiole 833
*Derris elliptica* 845
Derris-Wurzel 845
Desamierung, Nucleoside 983
Desaminierung
– chemisch induzierte DNA-Läsionen 992
– oxidative 934
– reduktive 824
– unsymmetrische Dialkylhydrazine 238
Desaturasen 362
Desfluran 218
Desinfektionsmittel 896
– Aldehyde 305
– Ambazon 574
– Ameisensäure 352
– Biphenyl-2,2'-diol 554
– Formaldehyd 317
– Guajacol 564
– *o*-Phenylphenol 554
– Rohkresol 556–557
Deskriptoren
– axiale Chiralität 73–74
– enantiofaciale Reaktionen 84
– *E/Z*-Isomerie 81
– optisch aktive Verbindungen 68–70
– planare Chiralität 74
– Pseudochiralität 87
Desorptionsmethoden 37
5'-Desoxyadenosyl-Rest 764–765
Desoxyaminozucker 490
Desoxybenzoin 589
Desoxycholsäure 741
6-Desoxy-D-glucose 489, *s. a.* 4-Amino-4,6-didesoxy-α-D-glucopyranose
2-Desoxy-D-ribose 482
– Desoxyribonucleinsäure 488–489
1-Desoxy-D-xylulose-5-phosphat 704
6-Desoxyfructose 771
7-Desoxyleucopterin 909
6-Desoxy-L-(+)-mannose 488, *s. a.* L-(+)-Rhamnose
2'-Desoxyribofuranose 985
Desoxyribonucleinsäure *s.* DNA
Desoxyribonucleotidtriphosphate (dNTPs) 986
Desoxyribose 979
Desoxythymidin (dT) 5, 980
– Dimer 991
Desoxyzucker 488
– Aminoderivate 489
Destabilisierung, antiaromatische 160
Destillation
– Erdöl 115
– extraktive
– – Butadiensynthese 157
– – Isoprensynthese 157
– fraktionierende 6, 839
– – Alkensynthese 130
– – Decaline 96
– – Methanol und Wasser 182
– – Steinkohlenteer 515
– Schnapsbrennen 180
– trockene 115, 147, 842
– – Holz 178–179
Destillationskolonne 7
– theoretische Böden 7
Destillationsverfahren 6–7
Desulfonierung 544
Desylchlorid, Benzoin 591
DET 412, *s. a.* Diethylphthalat
Detektoren
– Chromatographie 9
– Massenspektrometer 36–37
Detergenzien
– Alkylpolyglucoside 482
– Cholate 742
– Fett- und Wachsalkohole 177
– Steroidsapogenine 750
Detergenziengesetz 364
Determinante, endständiges Oligosaccharid 975
Detonationsgeschwindigkeit
– HNDP 539
– Tetryl 539
– TNB 538
– TNP 538
– TNT 538
Detritylierung 988
deuterierte Lösungsmittel *s.* Lösemittel
Deuterierung 288
2-Deuterio-2-methylbutan 288
Deuterochloroform 214
Deutsche Chemische Gesellschaft 210
Deutscher Indigo 777
*Dewar*-Benzen 121, 167–168, 513
*Dewar, J.* 513
– Resonanzwechselwirkung 150
*de*-Wert *s.* Diastereomerenüberschuss
Dexamethason 742–744
Dexamfetamin 522
Dexibuprofen 357
Dexpanthenol 421
dexter 68
Dextrane 503
Dextrangel 971–972
Dextrine 501
Dextrose 488
D-Glucono-δ-lacton 411
DHA *s.* Docosahexaensäure
DHCD *s. cis*-5,6-Dihydroxy-1,3-cyclohexadien
DHEA *s.* Dehydroepiandosteron
DHQ *s.* Dihydroquinine
$(DHQ)_2$-PHAL 930–931
Di-(2-ethylhexyl)-phthalat 615–616
– Weichmacher 321
4,4'-Di-(2-sulfostyryl)-biphenyl 524
*Diabetes mellitus* 488
– Aceton 331
– Typ 1 975–976
– Typ 2 549–550, 820, 964
Diabetiker-Zucker 197
1,1'-Diacetal 497
Diacetonalkohol 133, 332
Diacetonamin 334
Diacetonitril 799–800, 816
Diaceton-α-D-glucose 480–481
Diacetyl 126
Diacetylen 171, *s. a* Butadiin
Diacetylmorphin 932–933, 935
Diacetylperoxid 381
Diacylamine 390
Diacylderivate des Wassers *s.* Carbonsäureanhydride
Diacylhydrazin 239
Diacylperoxide 140
DIAD *s.* Azodicarbonsäurediisopropylester; *s.* Diisopropylazodicarboxylat
Diagnostik, PCR 987–988
Diagonalpeaks 49
1,4-Dialdehyd 771
Dialdehyddesoxyzucker 499

D

Dialkoholate 185
Dialkylaniline 582
Dialkylbenzene 614–615
Dialkylcyanamid 454
Dialkylcyclohexan 95
Dialkyldichlorsilane 280
Dialkylhydrazine
- symmetrische 238–239
- unsymmetrische 238–240
Dialkylnaphthalensulfonsäure 727–728
Dialkylnitrosamine 240
Dialkylphosphat 257
Dialkylphosphinsäure 274
2,5-Dialkylpyrazin 876
2,5-Dialkylpyrrole 755
Dialkylquecksilber 285
Dialkylquecksilberverbindungen 292
Dialkylsilane 277
Dialkylsulfat
- Kaliumcyanat 451
- Natriumphenolat 571
- Phenol 571
Dialkylsulfide 245, 251, 266
- Darstellung 251
Dialkylzinkverbindungen 290
Dialkylzinnverbindungen 295–296
Diallyl *s.* 1,5-Hexadien
*N,N*-Diallylnortoxiferiniumchlorid 940
diamagnetische Verschiebung 46
Diamant
- ATR-Technik 40
- CVD 105
- Diamantgitter 120
- diamantoide Ringsysteme *s.* Ringsysteme
Diamantan *s.* Congressan
Diamine 187
- aromatische 616
- Reaktion mit Phosgen 453
(*S*)-2,4-Diaminobuttersäure 5
Diaminocarben 806
(*R,R*)-1,2-Diaminocyclohexan 587
(*S,S*)-1,2-Diaminocyclohexan 587
1,2-Diaminoethan 876
6,9-Diamino-2-ethoxyacridin 859
1,6-Diaminohexan 233
(*S*)-2,6-Diaminohexansäure 950
Diaminoimidazol 901
1,5-Diaminopentan 231
(*S*)-2,5-Diaminopentansäure 950
2,3-Diaminophenazin 889
2,3-Diaminopropansäure 222
2,6-Diaminopyridin 837
4,5-Diaminopyridin 908–909
Diaminopyrimidin 900–901
4,5-Diaminopyrimidin 900
4,4'-Diaminostilben 524
4,4'-Diaminostilben-2,2'-disulfonsäure, Diazotierung 524
2,4-Diamino-5-(3,4,5-trimethoxybenzyl)pyrimidin 877
5,6-Diaminouracil 905
Dian *s.* Bisphenol A
Dianion
- mesomeriestabilisiertes 645–646
- Naphthalen 667
*o*-Dianisidin 641
Dianisylaminyl 657–658
Diaryl-1,4-diketopyrrolo[3,4-*c*]pyrrole 913–914
Diarylaminyloxid-Radikale 655–656
Diarylketone 579, 592, *s. a.* Ketone, aromatische
Diarylmethanfarbstoffe 30–31
2,5-Diarylpyrrole 755
Diastase 498
- Maltose 407
Diastereoisomerie 79–84
Diastereomere 56, 929, 955
- Acrylsäureamide 368
- Acrylsäureester 368
- Aldoladdition 323
- D-Aldosen 468, 470
- Benzaldehydoxime 584–585
- 1,2-Cyclopropandicarbonsäure 90
- Diole *s.* Diole
- 1,4-Diphenylbutadien 525–526
- Enantiomerenpaare 610
- Hexachlorcyclohexan 535
- Inosite 109
- Ionenpaare 928–929
- Kennzeichnung 467
- D-Ketosen 468, 471
- Rotamere 390
- Trennung 75
(*E*/*Z*)-Diastereomere 425
$\alpha$- und $\beta$-Diastereomere, Anomere 468
Diastereomerenüberschuss (*de*-Wert) 67–68
Diastereomerenverhältnis (*dr*-Wert) 68
*trans:cis*-Diastereomerenverhältnis 237
diastereotop 84–87
diastereotope Liganden 392
diastereotoper Halbraum 887
Diät
- BCAA-arme 948
- Gluten-arme 976–977
- Phenylalanin-arme 952
1,3-diaxiale Wechselwirkung 89, 94
1,3-*syn*-diaxiale Wechselwirkung 62
9,10-Diazaanthracen 888–889
1,5-Diazabicyclo[4.3.0]non-5-en 396
1,8-Diazabicyclo[5.4.0]undec-7-en 396
1,5-Diazabicyclo[4.3.0]-5-nonen 914
1,4-Diazabicyclo[2.2.2]octan 885
1,6-Diazabicyclo[5.4.0]-7-undecen 914
Diaza-*Cope*-Umlagerung 776
Diazald® *s. N*-Methyl-*N*-nitroso-*p*-toluensulfonamid
Diazanaphthalene 883
Diazapolyoxa-Makrobicyclen *s.* Kryptanden
Diazepam 866–867
- Synthese nach *L. Sternbach* 867
Diazin 873–882, 894
- chemische Verschiebung 874
- Effekte des zweiten N-Atoms 874–875
- Einführung elektronenschiebender Gruppe 875–876
- elektrophile aromatische Substitution 877–878
- freies Elektronenpaar am Stickstoffatom 873–874
- halogeniertes 877
- Konstitutionsisomere 873
- nucleophile aromatische Substitution 877
- Oxidation 877
- physikalische Eigenschaften 875
- $\pi$-elektronenarmer Aromat 873–874
- $\pi$-elektronenarmer Heteroaromat 877
- Positionsziffern der Heteroatome 873
Diaziridine 221, 235–236
- gesättige Dreiringe 233
- hydrierte Diazirine 234
- Synthese 235
Diazirine 221, 237–238
- cyclische 234
- hydrierte 234
- Imine 235–236
- ungesättige Dreiringe 233
Diazoacetatderivat 866–868
Diazoalkane 795
- Belichtung 236
- mesomere Grenzstrukturen 234
- Photolyse 461
- Säurechloride 236
Diazoaminobenzen 635
- Anilin 634–635
- Eigenschaften 635
- *N*-Kupplung 634–635
Diazoaminoverbindungen 634–637
- Umlagerung 635
Diazocarbonsäureester 418, 946
Diazocyanide 633
Diazocyclopentadien 697
Diazoessigester 235, 418, 794, 796
- enantioselektive Cyclopropanierungen 235, 238
Diazoessigsäureethylester 796
Diazofunktion 236
Diazohydroxid 228, 633
- Radikalmechanismus 632
Diazoketone
- *Arndt-Eistert*-Synthese 236
- mesomere Grenzstrukturen 235
- Synthese 235
- Zersetzung 377–378
Diazokomponente 636

Diazomethan 111 112, 244, 548, 570, 685, 798, 935
– Carbonsäurechloride 235, 377–378
– Cyclobutanonsynthese 112–114
– Cycloheptatriensynthese 159
– Eigenschaften 237–238
– Reaktivität mit starken Säuren 236
– Synthese 234
1-Diazonio-2-oxo-1,2-diphenyl-1-ethanid *s.* Azibenzil
Diazoniumbetain 377
Diazoniumgruppe
– endständiges Stickstoffatom 636
– Substitutionen 630–631
Diazonium-Ionen 29–30, 234, 236, 806, 983
– aromatisches System 636
– instabile 116
– Phenolverkochung 554
– primäre Amine 634–635
– schwache Elektrophile 636
– Stabilisierung 628
Diazonium-Kationen 228
Diazoniumnitrate 628
Diazoniumperchlorate 628
Diazoniumsalze 234, 528, 619, 901–902
– Alkalien 632–633
– aromatische 229
– – Amine 634–637
– – Eigenschaften 628
– – Phenole 634–637
– – Resonanzstabilisierung 629–630
– – *in situ*-Umsetzung 629–630
– Arylierung 632
– Arylrest 632
– *Bart*-Reaktion 630–631
– Benzonitril 630
– Carbonylverbindungen 632
– Dihydrogenarsenit 630–631
– Kaliumiodid 631
– keine Stickstoffabspaltung 632–634
– Kupfer(I)-Salze 630
– Kupplung mit Phenolen 636–637
– Naphthylamine 671
– Phenolverkochung 629–630
– Quecksilber(II)-chlorid 630–631
– reaktionsfähige Methylengruppen 637
– Reduktion 630–631
– *Sandmeyer*-Reaktion 630
– *in situ*-Umsetzung 629–630
– Stabilität 629
– Stickstoffabspaltung 630
– Stilbenderivate 632
– Synthese 629–630
– tertiäre Amine 635–636
– Übertragung des aromatischen Rests 632
Diazoniumsulfit 633–634
Diazoniumtetrafluoroborate 628
Diazoniumverbindungen, aromatische
– Gewinnung und Synthese 629
– Nucleophile 634
– Reaktionen und Anwendungen 630–637
– Struktur und Eigenschaften 628
– zweite nucleophile Komponente 634
Diazospaltung 630–632
Diazosulfonate 634
Diazotat-Anionen 633
Diazotate 632–633
Diazotierung 619, 821–822
– Alkylnitrite 259
– 5-Aminotetrazol 828
– Azidsynthese 240
– 4,4'-Diaminostilben-2,2'-disulfonsäure 524
– Harnstoff 258
– Mechanismus 629
– 3-Nitroanilin 559–560
– primäre Amine 234
– Thiocyanat-Ion 629
Diazotierungs-Kupplungs-Reaktion 29–30
Diazotransfer 240, 242
Diazoverbindungen 23, 221
– 1,3-dipolare Cycloaddition 236–237
– aliphatische 110–112, 234
– Definition 233
– Eigenschaften 234
– Farbigkeit 234
– hydrierte 234
– Konstitutionsisomere 234
– Reaktionen und Anwendungen 236–238
DIBAH *s.* Diisobutylaluminiumhydrid
DIBAL-H 351
Dibenzamid 950
5*H*-Dibenz[*b,f*]azepin-5-carbonamid 870
Dibenzazepine 870
– Struktur 866
– Synthese 866–868
Dibenzo[*a,h*]anthracen 662
5*H*-Dibenzo[*b,f*]azepin 866
Dibenzo-*p*-dioxin 888
– Abbau durch Bakterien 888
– dibenzokondensiertes Ringsystem 888
– polychlorierte 885, 888
Dibenzodioxine, polychlorierte 791
Dibenzofulven 665
Dibenzofuran 790–791, 888
– Abbau durch Bakterien 888
– Naphthalenöl 515
– polychloriertes 791
– Waschöl 516
1,3-Dibenzo[*c*]furan 785
Dibenzo-5,10-oxazin 888–889
Dibenzopyran 652
Dibenzopyrazin 888–889
Dibenzopyridine 847–865
Dibenzopyrrol 791
Dibenzo-5,10-thiazin 888–889
Dibenzothiophen 790–791
1,2-Dibenzoylbenzen 784
1,3-Dibenzoylbenzen 785
Dibenzoylperoxid
– Bleichmittel 603
– Radikalbildner 602–603
– Spaltung mit Natriumethylat 603
*N,N'*-Dibenzylethylendiamin 819
Dibenzylidenaceton 588
Diboran 391
1,2-Dibrom-1,2-diphenylethan 526
2'7'-Dibrom-4'-(hydroxymercurio)-fluorescein 653
9,10-Dibrom-9,10-dihydroanthracen 674–675
Dibromaddukt 428
Dibromalkane 699–700
1,2-Dibromalkane 169–170
Dibrombernsteinsäure 409
*α,β*-Dibrombernsteinsäure 366
7,8-Dibrombicyclo[4.2.0]octa-2,4-dien 161–162
1,4-Dibrom-2-buten 151–152
3,4-Dibrom-1-buten 151–152
1,4-Dibrom-2-butin 164–165
Dibromcarben 461
– Synthese von Propellan 123
1,2-Dibromcyclopropan 147
3,4-Dibrom-3,4-dihydrocumarin 788
(*E*)-1,4-Dibrom-1,4-diphenylbutatrien 164–165
1,2-Dibromethan 130, 287, 350
Dibromformoxim 393
Dibromheptan 699–700
1,3-Dibromid 135
6,6'-Dibromindigo 778
Dibromiodmethan 215
Dibrompropan 135
1,2-Dibrompropan 170
3,5-Dibrompyridin 836–837
2,4-Dibrom-1,3,5-triazinhydrobromid 896
Dibromverbindungen 134
*α,β*-Dibrom-*β*-phenylpropionsäure 526
Di-(*n*-butylboryl)triflat 282
Di-*tert*-butyldicarbonat 947
Dibutylphthalat 381
Di-*n*-Butylsulfat 256
Dibutylzinndilaurat 295–296
Dibutylzinnmaleinat 295–296
Dicamba 551
Dicarbonsäurediester, langkettige 115
Dicarbonsäureester 425–426
Dicarbonsäuren 167–168
– aliphatische 189, 358–363
– aromatische 189
– – Gewinnung und Synthese 614–615

D

– – Reaktionen und Anwendungen 615–617
– – Struktur und Eigenschaften 614
– *Diels-Alder*-Reaktion 368–369
– gesättigte aliphatische 358–363
– – Anhydride 378
– – Ausrichtung im Festkörper 342
– – cyclisches Anhydrid 351
– – Darstellung 350
– – Decarboxylierungen 352–353
– – höhere 351, 356–357
– – Kondensationsreaktionen 353
– – Löslichkeit 342
– – Nomenklatur gem. IUPAC 340
– – Säurestärke 343
– – Schmelzpunkte 342
– ungesättigte 358–363
– – Acidität 358–359
– – Decarboxylierung 354
1,3-Dicarbonsäuren 402–403
$\alpha,\omega$-Dicarbonsäuren 353
1,2-Dicarbonylverbindungen 876
1,3-Dicarbonylverbindungen 812
– zur Carbonsäuredarstellung 344
– CH-Acidität 423–424
2,3-Dicarboxypropan-1,1-diphosphonat 259
2',5-Dichlor-4'-nitrosalicylanilid 607
2,3-Dichlor-5,6-dicyano-1,4-benzochinon 237
2,3-Dichlor-5,6-dicyano-*p*-benzochinon 576
9,10-Dichlor-9,10-dihydroanthracen 674–675
(1*R*,2*R*)-2-(2,2-Dichloracetamido)-1-(4-nitrophenyl)propan-1,3-diol 542
1,3-Dichloraceton 409–410
($R_a$)-1,3-Dichlorallen 72
1,3-Dichlorallen 66
Dichlorbenzen 528
2,2-Dichlorbutan 85
Dichlorcarben 230, 689–690, *s. a.* Dichlormethylen
– Betweenanene 569
– Phenolatanion 583–584
3,5-Dichlor-4-cyanisothiazol 816
Dichlordiethylsilan 277–278
$\beta,\beta'$-Dichlordiethylsulfid 253–254
Dichlordifluormethan 218
Dichlordimethylsilan 277–278
Dichlordiphenyldichlorethan *s.* DDD
Dichlordiphenyldichlorethylen *s.* DDE
Dichlordiphenyltrichlorethan 319
Dichloressigsäure-Rest 542
1,2-Dichlorethan 133, 145
– Vinylidendichlorid 145–146
(*E*)-1,2-Dichlorethen 170
1,2-Dichlorethen 81–82
Dichlorindophenol-Natrium 576–578
Dichlorketen 696
Dichlormethan 207–208, 958, *s. a.* Methylendichlorid
– Synthese 105
Dichlormethylen 457
Dichlormethyleniminiumsalze 392, 595, 794, 796
Dichlorodiphenyltrichloroethane *s.* DDT
2,8-Dichloro-6-hydroxypurin 903
2-[(2,6-Dichlorophenyl)imino]-imidazolin 807
2,6-Dichlorphenolindophenol *s. Tillmanns* Reagenz
2,4-Dichlorphenoxyessigsäure 572–573
– Wuchsstoffherbizid 550
1,2-Dichlorpropan 133
2,3-Dichlor-1-propen 164
1,2-Dichlor-1,1,2,2-tetrafluorethan 203, 218
2,3-Dichlor-1,1,4,4-tetraphenyl-2-buten 166
1,3-Dichlor-1,2,4-triazol 825
Dichlorverbindungen, vicinale 134
Dichte
– HDPE 143
– LDPE 142
– Weinsäure 76
Dicksaft 496
Diclofenac 610–611
Dicyan 447–449
– Darstellung 452–453
– *Halley*scher Komet 449
– Hydrolyse 447–449
– – saure 349
– Isomere 448
– Polymerisierung 448
– Schwefelwasserstoffaddition 447–449
1,1-Dicyan-2,2-dimercaptoethylen 816
Dicyandiamid 199, 443, 446–448, 454–455
– Aminkomponente 559
Dicyclohexylcarbodiimid 306–307, 825, 955–956, *s. a.* DCC
– Kupplungsreagenz 955–956
– Peptidsynthese 454
Dicyclohexylharnstoff 379–380
*N,N'*-Dicyclohexylharnstoff 955–956
Dicyclopentadien 157–158
– Leichtölfraktion 515
– Synthese von Adamantan 123
Dicyclopropenyl 513
2,6-Di-desoxy-D-ribohexose *s.* Digitoxose
Didesoxymethode 993
2',3'-Didesoxythymidin 993
Didin 454–455
*Dieckmann*-Kondensation 114–115
– Dicarbonsäureester 426
– Diester 115
Diederwinkel *s.* Torsionswinkel
Dielektrizitätskonstante 24
*Diels-Alder*-Addition 767–768, 772
– von 1,4-Butadien und Dehydrobenzen 773
– von Pyrrol und Hexafluor-Dewar-Benzen 756–758
*Diels-Alder*-Addukt 767, 773
– Furan 767–768
*Diels-Alder*-Reaktion *s. a.* Ringsysteme, verbrückte
– [2.2]Paracyclophan 568
– [2πs+4πs]-Reaktion 371
– 4-Phenyl-4*H*-1,2,4-triazol-3,5-dion 825
– Annulene 690
– Arin-Nachweis 536
– benzo[*c*]anellierter Heterocyclus 785
– Carbonsäuren 368–369
– Cubansynthese 124
– Cycloheptatriensynthese 159
– Cyclohexadiene 159
– Darstellung
– – 3,4-Dihydro-2*H*-pyran-2-carbaldehyd 844–845
– – Polyphenyl-Dendrimer I 643
– – sechsgliedriger Heterocyclen 850
– Dicarbonsäuren 368–369
– Dimerisierung von Cyclopentadien 157–158
– Fullerene 685–686
– Geschwindigkeit 371
– HOMO-LUMO-Wechselwirkungen 370–371
– mit inversem Elektronenbedarf 895–896
– katalytische Nucleinsäuren 997
– Mechanismus 370
– pericyclische Reaktionen 369–370
– Reversibilität 369
– ungesättigte Carbonsäuren 368–370
– Vitamin $D_2$ 737
*Diels*, Konstitution von Cholesterol 736
Diene 150
– 1,2-/1,4-Addition an 151–153
– Chromophore 41
– cyclische 369
– HX-Addition 153
– konjugierte 369
– s-*cis*-Komformation 369
1,3-Diene 129
1,5-Diene 156
$\alpha,\omega$-Diene 131
Dieneinheiten 704
Dienolat-Anion 321
Dienophile
– 4-Phenyl-4*H*-1,2,4-triazol-3,5-dion 825
– Anthracen 675–676
– Cyclopentadien 157

- Definition 368–370
- 6-6-Doppelbindungen 686
- Eigenschaften 371
- Maleinsäureanhydrid 767
- Nachweis 785
- Reaktion mit Triazinen 896
- Tetracyanoethylen 159
- Thiophendioxid 772–773
- und verbrückte Ringsysteme 122–123
1,3-Dientyp 129, 150
diergole Raketentreibstoffe 241
Diester, Glycole 185
Diestersynthese, cyclische Anhydride 381
Diethanolamin 191, 885–886
Diether, Glycole 185
Diethylaluminiumchlorid 143
2-Diethylamino-2,6-dimethylacetanilid *s.* Lidocain
Diethylaminoacetonitril 589
9-Diethylamino-5*H*-benzo[*a*]phenoxazin-5-on 890
4-Diethylamino-4' '-nitroazobenzen 44
*N,N*-Diethylanilin 894–895
Diethylazodicarboxylate 240, 385–386, *s. a.* Azodicarbonsäurediethylester
5,5-Diethylbarbitursäure 881–883
Diethylcarbonat *s.* Kohlensäurediethylester
*N,N*-Diethylchinondiimin 577
Diethyldisulfid 265
*Diethylenetriaminopentaacetic acid s. Pentetsäure*
Diethylenglycol 188
Diethylenglycolbis(allylcarbonat) 367
Diethylenglycolmonohexylethermonosulfat 192
Diethylenglycolmonomethylether (Diglyme) 188
Diethylether 178–179, 246, 257, 768, 885
- Autoxidation 247
- fettlösende Eigenschaften 246
- Gemische mit Luft 246
- Löslichkeit 246
- Narkosemittel 246
- Peroxidbildung 246
Diethylketon 326
Diethylmalonat 353
Diethylmalonsäurediethylester 881–883
Diethyloxoniumhydrogensulfat 249
Diethylphthalat 381
*N,N*-Diethyl-*p*-phenylendiamin 577
Diethylpyrocarbonat (DEPC) 983, 992–993
Diethylsulfat 178–179, 256
- Gewinnung und Synthese 257
Diethylsulfid 201
Diethylsulfon 265
Diethyltartrat 412
Diethylzink 290, 508
- Hydrolyse 104
Differenzelektronendichte 52
Differenzierung 964–966
Differenzspektrum 48
Difluobenzuron 441
*m*-Digallussäure 607–608
*Digenea simplex* 757
Digentiobiose 723
*Digitalis purpurea* *s.* Fingerhut
Digitogenin 750
Digitoxigenin 749
Digitoxin 489, 749–750
Digitoxose 489, 749
Diglyme *s.* Diethylenglycolmonomethylether
Digoxigenin 749
Digoxin 749
Di-*Grignard*-Verbindungen 166
1,3-Dihalogenalkane 110
*ω,ω*'-Dihalogenalkane 111
- zweiwertige Phenole 566–567
Dihalogenbenzene 528
Dihalogencarbene 461
1,4-Dihydro-1,4-epoxynaphthalen 536
Dihydroabietinsäure 723–725
9,10-Dihydroacridin 851, 854
9,10-Dihydroanthracen 675
9,10-Dihydroanthracen-9,10-dicarbonsäure 675
1,2-Dihydrobenzen 512
Dihydrobenzenderivate 512
Dihydrobenzene *s.* Cyclohexadiene
Dihydrocarvon 712–713
Dihydrochinin 930–931
5,12-Dihydrochino[2,3-b]acridin-7,14-dion 858–859
Dihydrocholesterole 733
Dihydrocollidin-3,5-dicarbonsäureester 836
2,3-Dihydrocumaron 789–790
Dihydrodibenz[*b,f*]azepin 868
1,4-Dihydro-2,6-dimethyl-4(2-nitrophenyl-3,5-pyridincarbonsäuredimethylester 841
Dihydrofolat-Reduktase-Hemmer 549
Dihydrofuranring 845
(S)-(−)-4,5-Dihydro-2-(6-hydroxy-2-benzothiazolyl)-4-thiazolcarbonsäure 821
Dihydroimidazol 805
4,5-Dihydroimidazol 806
3,4-Dihydroisochinolin 849
1,3-Dihydroisoindolen 784
Dihydronaphthalene 667, 773
1,4-Dihydronaphthalin 773
Dihydroorotat 983
Dihydroorotsäure 982
Dihydrooxazol 811–812
1,4-Dihydro-4-oxo-2-chinolincarbonsäure 781
9,10-Dihydrophenanthren 681
5,10-Dihydrophenazin 889
1,3-Dihydro-1*H*-5-phenyl-1,4-benzodiazepin-2-on 868–869
Dihydrophthalsäure 167–168
Dihydrophthalsäureanhydrid 167–168
Dihydropteroatsynthase 548–549, 604
1,7-Dihydro-6*H*-purin-6-thion 905
Dihydropyran 845
3,4-Dihydro-2*H*-pyran 844–845
- als OH-Schutzgruppe 845
3,4-Dihydro-2*H*-pyran-2-carbaldehyd 844–845
Dihydropyranring 845
2,3-Dihydropyrazin 876
Dihydropyrazol 111–112
- photographischer Entwickler 798
4,5-Dihydropyrazol 798
4,5-Dihydro-1*H*-pyrazol 795, 797–798
Dihydropyridinderivat 309
Dihydropyridinsynthese, nach *Hantzsch* 836, 841
Dihydro-*γ*-pyronring 845
2,5-Dihydropyrrol 757–758
3*H*-4,5-Dihydropyrrol 920
Dihydroquinine 930–931
Dihydroresorcin 566, *s. a.* 1,3-Cyclohexadion
Dihydroresorcinderivate 566
Dihydrosterculinsäure 148
Dihydrostilben 523–524
Dihydrotestosteron 745
Dihydrothiazin-Ring 819
Dihydrothiazol 816–818
2,5-Dihydrothiazol 817
Dihydrothiophen 772
2,5-Dihydrothiophendioxid 773
Dihydroverbindung, Küpenfarbstoffe 680
Dihydrovitamins $K_1$ 673–674
*cis*-5,6-Dihydroxy-1,3-cyclohexadien 642
Dihydroxyaceton 189, 466
- Aldoladdition, D-Glycerinaldehyd 475
- Ketotriose 468, 471
- Triosen 466
1,2-Dihydroxyanthrachinon *s.* Alizarin
1,4-Dihydroxyanthrachinon *s.* Chinizarin
1,5-Dihydroxyanthrachinon 679
1,2-Dihydroxybenzen *s.* Brenzcatechin
1,3-Dihydroxybenzen 566, *s. a.* Resorcin
1,4-Dihydroxybenzen *s. p*-Hydrochinon
Dihydroxybenzene 563
3,4-Dihydroxybenzoesäure 860–861
3,5-Dihydroxycarbonsäuren 413

3α,7α-Dihydroxy-5β-cholan-24-säure
s. Chenodesoxycholsäure
3α,7β-Dihydroxy-5β-cholan-24-säure
s. Ursodeoxycholsäure
3α,12α-Dihydroxy-5β-cholan-24-säure
s. Desoxycholsäure
1,25-Dihydroxycholecalciferol
s. Calcitriol
Dihydroxydiphenylmethane 558
1,25-Dihydroxyergocalciferol 737
Dihydroxylierung
- Alkene 137
- Alkene mit Osmiumtetroxid 887
- asymmetrische 930–931
*syn*-Dihydroxylierung 930–931
Dihydroxynaphthalen 673
(*R*,*S*)-1-(3,5-Dihydroxyphenyl)-2-isopropylaminoethanol *s.* Orciprenalin
1-(3,4-Dihydroxyphenyl)-2-methylaminoethanol *s.* Adrenalin
Dihydroxyphenylalanin 931
- Decarboxylierung 223–224
3,4-Dihydroxy-phenylalanin 934
L-β-(3,4-Dihydroxyphenyl)-α-alanin 953
2,2-Di[4-hydroxyphenyl]propan
*s.* Bisphenol A
Dihydroxypropanal 55
3,4-Dihydroxyzimtsäure 613
3,3'-Dihydroxy-α-carotin 723
3,3'-Dihydroxy-β-carotin 723
3,4-Dihydroxy-ω-chloracetophenon 564
Diimide 825
1,3-Diiminoisoindolin 786
Diine 689
1,3-Diiodbicyclo[1.1.1]pentan 126
1,1-Diiodethan 171
Diiodmethan 290–291
L-3,5-Diiodtyrosin 952
Diisoamylboran 280–281
Diisobutylaluminiumhydrid 306–308, *s. a.* DIBAL-H
Diisocyan 448
Diisocyanate 440
- Polymerisation 453
Diisocyanat-Polyadditionsverfahren 440
Diisocyansäure 445
(+)-(1*R*,2*S*,3*R*,5*S*)-Diisopinocamphenylboran 713–714
Diisopropylamin 223
Diisopropylazodicarboxylat (DIAD) 199
1,4-Diisopropylbenzen 566–567
Diisopropylethylamin (DIPEA) 231
- bei Tropyliumbromid-Darstellung 695
Diisopropylketon 331
Dikaliumphthalat 615
Diketene 353, 382
Diketone 487
1,2-Diketone 591, 883
- Benzilsäureumlagerung 609
1,3-Diketone 876
1,4-Diketone 754–756, 784
- Tetraphosphorheptasulfid 771
- 2,3-ungesättigte 574
Diketopiperazin 957
2,5-Diketopiperazine 418–419
Diketopyrrolopyrrole 913–914
1,3-Diketoverbindung 794
Dilactam 187
Dilactone 477
Dilatation, Blutgefäß 807
Dillöl 707
Dimaval® 196
Dimedon 566
Dimercaprol 195
Dimercaptomethylenmalodinitril 816
2,3-Dimercaptopropanol 195
Dimercaptopropansulfonsäure (DMPS) 196
Dimere *s. a. spezifische Dimere*
- Cubansynthese 124
Dimerisierung
- basenkatalysierte 332
- Butadien 162
- chinoides Dimer 644
- *Diels-Alder*-Reaktion *s. Diels-Alder-*Reaktion
- Diketene 382
- Ethin 171
- katalytische 295
- Propen 157
- reduktive 331, 591
1,3-Dimesitylenimidazolidin-2-yliden 806–807
2,5-Dimethoxy-2,5-dihydrofuran 768
3,4-Dimethoxybenzaldehyd 932–933
3,4-Dimethoxybenzylcyanid 849
1-(3',4'-Dimethoxybenzyl)-6,7-dimethoxyisochinolin 931
6,7-Dimethoxyisochinolin 931–932
(3,4-Dimethoxyphenyl)-essigsäure 849
(3,4-Dimethoxyphenyl)-ethylamin 849
2,5-Dimethoxytetrahydrofuran 754–755
Dimethoxytrityl (DMT) 988
Dimethoxytritylchlorid 985
9,10-Dimethylacridiniumiodid 854
Dimethylallyldiphosphat 704
Dimethylamin 211, 231, 583–584
4-Dimethylamino-1,5-dimethyl-2-phenyl-3(1*H*)-pyrazolon 800
*p*-Dimethylaminoazobenzen 635–636
4'-(Dimethylamino)-azobenzen-4-sulfonsäure *s.* Methylorange
*p*-Dimethylaminobenzaldehyd (DMAB) 31
(–)-6-Dimethylamino-4,4-diphenyl-3-heptanonhydrochlorid 936
Dimethylaminogruppe 624–625, 800–801
- Aktivierung 624–625
- *para*-ständige 377
- schrittweise Protonierung 645
3β-Dimethylaminogruppe 751
*p*-Dimethylaminogruppe 831
3-Dimethylaminomethylindol 780–781
*cis*-2-(Dimethylaminomethyl)-1-(3-methoxyphenyl)cyclohexanol 936
5-Dimethylaminonaphthalen-1-sulfonsäurechlorid 959
*p*-Dimethylaminophenylpentazol 831
Dimethylaminopropiophenonhydrochlorid 594
5-(3-Dimethylaminopropyl)-10,11-dihydro-5*H*-dibenz[*b,f*]azepin 870
*N*-(3-Dimethylaminopropyl)-*N'*-ethylcarbodiimid 825
4-Dimethylaminopyridin 377, 838
- Acylierungskatalysator 838
- nucleophile Katalysatoren 602
Dimethylammoniumchlorid 594
Dimethylanilin 891
3,4-Dimethylanilin 911
*N,N*-Dimethylanilin 649–650, 822
- Benzendiazoniumchlorid 635–636
- Kondensation mit *Michlers* Keton 626–627
- Phosgen 625
- p$K_S$-Wert 620
- Struktur 619
- Synthese 621–622
Dimethylarsin 273
Dimethylarsinchlorid 273
Dimethylbenzene *s. a.* Xylene
- Bezeichnung nach IUPAC 516
- Strukturformeln 517
5,6-Dimethylbenzimidazol 764
2,6-Dimethylbenzoesäure 601
α,α-Dimethylbenzylhydroperoxid 554
1,1'-Dimethyl-4,4'-bipyridiniumdichlorid 843
2,3-Dimethylbutadien 727
2,3-Dimethyl-1,3-butadien 150
3,3'-Dimethyl-2-butanol 293
Dimethyl-2-butanon 331
Dimethylcarbonat *s.* Kohlensäuredimethylester
2,3-Dimethylchinoxalin 883
Dimethylchlorsulfonium-Ion 306–307
Dimethylcyclobuten 154
*cis*-1,2-Dimethylcyclohexan 80
5,5-Dimethyl-1,3-cyclohexandion 566, *s. a.* Dimedon
3,4-Dimethylcyclopentanon 87
D-(–)-β,β-Dimethylcystein 817
1,3-Dimethyl-4,5-diaminouracil 907

(*E*)-Dimethyldiazen 238
1,1'-Dimethyl-1,1'-dicyanoazoethan (AIBN) 140
*trans*-15,16-Dimethyl-15,16-dihydropyren 514
3,6-Dimethyl-1,4-dioxan-2,5-dion 410
Dimethyldioxiran (DMDO) 127, 248–249
2,5-Dimethyldioxopiperazin 418–419
1,2-Dimethylencyclopropan 126
Dimethylether 54, 257
- Darstellung von Benzvalen 167
- Dehydratisierung 182
Dimethylformamid (DMF) 50, 169, 252, 391
- Methylgruppen 392
- Phosphoroxychlorid 583
*N,N*-Dimethylformamid 582
Dimethylfulven 158
2,6-Dimethyl-2,5-heptadien-4-on 334
2,2-Dimethylhexan 104
Dimethylhydrazin
- Raketentreibstoff 241
- symmetrisches 239
- unsymmetrisches 241
*N,N*-Dimethylhydrazin 240
2,5-Dimethyl-4-hydroxy-2,3-dihydrofuran-3-on 770
4,5-Dimethylimidazol 804
1,3-Dimethylimidazolin-2-yliden 806–807
1,3-Dimethylimidazoliumchlorid 806–807
1,3-Dimethylisocyanurat 448
3,5-Dimethylisoxazol 813–814
4,5-Dimethylisoxazol 810–811
Dimethylketen-methyltrimethylsilylacetal 369, 387
2,7-Dimethylocta-2,4,6-trien-1,8-dial 289
4,5-Dimethyloxazol 812
*N,N*-Dimethyl-4-pentenylamin 842
2,3-Dimethyl-4-phenyl-oxazolium-5-olat 827
1,5-Dimethyl-2-phenyl-3(1*H*)-pyrazolon 800
Dimethylphosphin 272
Dimethylphosphonsäureester 256, 258
Dimethylphosphorsäureester 256, 258
*N,N*-Dimethylpiperidiniumchlorid 842
*N,N*-Dimethylpiperidiniumiodid 842
*N,N*-Dimethyl-*p*-phenylendiamin 656–657
- Oxidation mit Phenol 578
*N,N*-Dimethyl-2-propylamin 222
2,2-Dimethylprotan *s.* Neopentan
7,9-Dimethylpuriniumiodid 901–902
Dimethylpyrazol 796–797
1,3-Dimethylpyrazol 796–798
1,5-Dimethylpyrazol 796–798
3,5-Dimethylpyrazol 794, 796
2,4-Dimethylpyridin 839
*N*1-(2,6-Dimethyl-4-pyrimidinyl)sulfanilamid 877
2,6-Dimethyl-*γ*-pyron 845–846
2,4-Dimethylpyrrol 756
3,5-Dimethylpyrrol-2,4-bis(carbonsäureethylester) 756
2,4-Dimethylpyrrol-3-carbonsäure 752
(2*R*,5*R*)-Dimethylpyrrolidin-acrylsäureamide 368
Dimethylquecksilber
- Hautkontakt 292
- Natriumorganyle 285
7,8-Dimethyl-10-(D-1'-ribityl)-flavin 911
Dimethylsulfat (DMS)
- Anwendungen 258
- Carcinogenität 258
- Entstehung von *N*9-Methylpurin 901–902
- Essigsäuremethylierung 259
- Gewinnung und Synthese 257
- *Gilbert-Maxam*-Sequenzierung 992–993
- Herstellung von Azofarbstoffen 822
- Methylierung von Pyrazolyl-Natrium 796–797
- Phenylether-Synthese 571
- Reaktivität von Nucleosiden 983
- Struktur 256
Dimethylsulfid 254
Dimethylsulfon 254
Dimethylsulfoxid 306–307
- aktiviertes 323
- Eigenschaften und Verwendung 252
2,5-Dimethylthiazol 816
2,5-Dimethylthiophen 772
*N,N*-Dimethyltryptamin 917
1,3-Dimethylxanthin 907
3,7-Dimethylxanthin 907
(+)-(*S*)-*N*,*α*-Dimethyl-*β*-phenylethylamin *s.* Methamphetamin
($S_a$)-1,3-Di(naphthalen-1-yl)-1,3-diphenylpropa-1,2-dien 165
1,3-Di(naphthalen-1-yl)-1,3-diphenylpropa-1,2-dien 164
Dinatriumcyanamid 451–452
Di-(*n*-butylboryl)triflat 323
Dinitrile
- langkettige 115–116
- *Thorpe-Ziegler*-Reaktion 395
2,7-Dinitro-4,5-dibromfluorescein 652–653
Dinitroanthrachinone 678
1,3-Dinitrobenzen 559–560
*m*-Dinitrobenzen 29, 539–540
- Eigenschaften 537
- Reduktion 622, 624
Dinitrobenzene, carcinogene Wirkung 537
2,6-Dinitrobenzoesäure 601
3,5-Dinitrobenzoesäure 29, 603
Dinitrocellulose 508
2,4-Dinitrochlorbenzen 561
*o,o*'-Dinitrodibenzyl 866–868
2,2'-Dinitrodiphensäure 640
Dinitromethan 269
1,5-Dinitronaphthalen 668
1,8-Dinitronaphthalen 668
4,6-Dinitro-*o*-kresol 557
2,4-Dinitrophenol 560–561, 893–894
2,4-Dinitrophenylhydrazin 313
Dinitrophenyl-Methode 959
*N,N*'-Dinitrosoterephthalsäure-*N,N*'-dimethyldiamid 726
Dinoprost 413
Dinoproston 413
Dioctylphthalat 381, 615–616
2,3:4,6-Di-O-isopropylidensorbofuranose 492
1,2:5,6-Di-*O*-isopropyliden-*α*-D-glucofuranose 480–481, *s. a.* Diaceton-*α*-D-glucose
Diole 440
- diastereomere 148–149
- geminale 310
- Glycolspaltung 188
- Oxidation von Alkoholen 181
- vicinale 329
1,2-Diole
- Dihydroxylierung von Alkenen 137
- vicinale 479
Diolefintyp, Doppelbindungen 129, 150
Diolepoxid 683
*cis*-Diole, qualitative Analytik 28
Diolmonomere 617
(–)-(*R,R*)-(DIOP) 299–300
Diophan 145
Diorit 145
Diosgenin 734, 750–751
Dioxa[7]metacyclophan 566
Dioxa[8]paracyclophan 566
Dioxan 188, 248, 885
- wasserhaltiges 429
1,4-Dioxan 187, 885
- azeotropes Gemisch 885
- Eigenschaften 248
- hochexplosive Peroxide 885
- Konformation 92
- Lösemittel 885
- Struktur 248
Dioxime 574
Dioxin 535, 885, 888–889
- Abbau durch Bakterien 888
- Verbrennung von PVC 145
1,4-Dioxin 873, 885
- dibenzokondensiertes Ringsystem 888
Dioxindol 782

Dioxin-Skandal 888
Dioxopiperazin
- gemischtes 887, 957
- substituiertes 418–419
2,5-Dioxopiperazin 885–887
- α-Aminosäuren 418–419
- N-substituierte Hydroxamsäure 395
DIPEA *s.* Diisopropylethylamin
Dipentene 706, 710
Dipeptide 957, 960–961
- DCC 379
Dipeptidylpeptidase-4 965
Diphensäure 681
2,2-Diphenyl-1-pikryl-hydrazyl 658
1,3-Diphenyl-2-propen-1-on 597–598
2,3-Diphenyl-3-chlor-propionsäureester 632
2,3-Diphenyl-3-hydroxypropionsäure 610
Diphenylacetylen *s.* Tolan
2,3-Diphenylacrylonitril 632
Diphenylalkane 526
Diphenylamin
- Oxidation 655
- Struktur 619
- Synthese 622
Diphenylamin-2-carbonsäure 851
Diphenylaminyloxid 655–656
Diphenylaminyl-Radikale 655, 657–658
α,α'-Diphenylbernsteinsäure 523–524
1,4-Diphenylbuta-1,3-diin 526
1,4-Diphenylbutadien 525–526
Diphenylbutadiin 164–165, 771–772
Diphenylchinomethan *s.* Fuchson
Diphenylchloracetylchlorid 610–611
Diphenyldisulfid 545–546
- Reaktionen mit Propellan 126
1,2-Diphenylethan 534, 653–654
- Dinatriumderivat 523–524
- Strukturformel 639
- *Wurtz-Fittig*-Synthese 653–655
Diphenylethin *s.* Tolan
(*E*)-1,2-Diphenylethylen *s.* Stilben
(*Z*)-1,2-Diphenylethylen *s.* Isostilben
1,1-Diphenylethylen 274
5,5-Diphenylhydantoin 808
Diphenylhydrazin 541
*N,N*-Diphenylhydroxylamin 542
4,5-Diphenylimidazol 804
Diphenylketen 382
- Synthese 382, 610–611
Diphenylketon 592
Diphenylmethan 644, 646–648
- Dehydrierung 664
Diphenylmethandiisocyanat 453
Diphenylmethanfarbstoffe 286
1-Diphenylmethylen-4-trityl-2,5-cyclohexadien 654
1,3-Diphenyl-*N*-methylisoindol 784–785
Diphenylmethylkalium 653–654
Diphenylnitrosamin 657–658
*N,N*-Diphenyl-*N'*-trinitrophenylhydrazyl 658
(1*t*,5*t*)-Diphenylpenta-1,4-dien-3-on 588
Diphenylphosphorylazid
- Azidsynthese 240
- Peptidkupplungsreagenz 242
- Struktur 242
Diphenylpolyene 526
Diphenylpolyine 526
α,ω-Diphenyl-poly(vinylen) 525
Diphenylstickstoff *s.* Diphenylaminyl-Radikal
Diphenylsulfon 545
4,5-Diphenyl-1,2,3-thiadiazol 832
*N,N'*-Diphenylthioharnstoff, Anilin 623
2,5-Diphenylthiophen 771–772
3,4-Diphenyl-4*H*-1,2,4-triazol 824
3,5-Diphenyl-4*H*-1,2,4-triazol 824
*N*-[1,4-Diphenyl-3-(1,2,4-triazolino)]-anilid 825
Diphosgen 438–439
Diphosphortetraiodid 166
Dipikrylamin *s.* Hexanitrodiphenylamin
Di-[*p*-methoxyphenyl]-stickstoff 657–658
1,4-Dipol 850
1,3-dipolare Cycloaddition 139, 445, 794–796, 812–813
- Azide 242
- Darstellung von 5-Ring-Heterocyclus 795
- Diazoverbindungen 236–237
- Tetrazol-Synthese 828
- Triazol-Synthese 824
- Übergangszustand 795–797
- *Woodward-Hoffmann*-Regeln 795
1,4-dipolare Cycloaddition 850
dipolare Grenzstrukturen 795
dipolares Azlacton 827
Dipolarität *s. spezifische Verbindungen*
Dipolarophil 795, 797, 850
- mit elektronenschiebendem (+M)-Substituenten 796-797
- mit elektronenziehendem (–M)-Substituenten 795
1,3-Dipolarophil 686
Dipole *s. a. spezifische Verbindungen*
- Kronenether 186
1,3-Dipole 795, 797
- Azide 242
- Charakteristika 795
- Diazomethan 236
- Oktettformel 795–796
- Sextettformel 795–796
Dipolmoment 20–21
- Alkalimetallorganyle 283
- Carbonylgruppe 306
- *E/Z*-Isomerie 81–82
- Furan 766
- Nitrobenzen 537
- permanentes 176
- Pyrrol 754
- Thiophen 771
1,4-Diradikal 327
Diradikale 655
- Carbonyloxid 139
- chinoides System 657
- Cyclohepten 149
- *E/Z*-Isomerisierung 82
- paramagnetisches Verhalten 657
1,1-Diradikale 460
direkte Chlorierung *s.* Chlorierung
direkte Halogenierung *s.* Halogenierung
direkte Iodierung *s.* Iodierung
direkte Metallierung 284
direkte Photoionisierung *s.* Photoionisierung
direkte Strukturaufklärung *s.* Strukturaufklärung
Dirhodan 450, 453
Disaccharide 465
- in der Natur vorkommende 494
- Drei-Buchstaben-Code 493
- Gentiobiose 499, 579
- Konstitutionsaufklärung 498
- Melibiose 499
- nichtreduzierende 495–497
- reduzierende 496, 498
- - (+)-Cellobiose 498–499
- - Maltose 493
- reduzierende/nichtreduzierende 493–494
Dischwefeldichlorid 215–216
*disease-modifying anti-rheumatic drug* *s.* DMARD
Dispersionsfarbstoffe 679, 800
Disproportionierung 106, 769
- aliphatischer Aldehyde 315
- Benzaldehyd 588
- Formaldehyd 318
- Herstellung von Cyclooctatetraenyl-Dianionen 698
- Iodosylbenzen 536
- Metallketyle 658
- Peroxideffekt 135–136
- Polymerisation von Alkenen 140
disrotatorisch 154–155
- elektrocyclische Öffnung 739
Dissousgas 169
Dissoziationsgleichgewicht
- Carbonsäuren 344
- Essigsäure 343
Dissoziationskonstanten, Korrelation mit Reaktionsgeschwindigkeiten 600
dissymmetrische Verbindungen 66

Distickstofftetraoxid 127
Distickstofftrioxid 629
- Darstellung von Ethylnitrit 258
Distilben 747
Distomer, (*R*)-(−)-Ibuprofen 357
*distorsionless enhancement by polarization transfer* (DEPT) 49–50
Disulfidbrücke 201, 893, 962–965
- Blockierung der Protonenpumpe 253
- Fixierung gestreckter Proteinfaser 972–973
- Insulin 964–965
- Oxidation, Perameisensäure 964
- Oxytocin 964
- in Proteinen 949
Disulfide 949, 961, 968
- Reaktionen mit Propellan 126
- Thioloxidation 201
disymmetrische Moleküle *s.* Moleküle
Ditan *s.* Diphenylmethan
Diterpene 97, 715
- acyclische 718–719
- Gewinnung und Synthese 723–725
- monocyclische 718
- Struktur und Eigenschaften 718–720
- tricyclische 718–720
Di-*tert*-butylethin 123–124
2,4-Di-*tert*-butylphenol 584–585
3,5-Di-*tert*-butylsalicylaldehyd 584–585, 587
Dithioacetale 312, 325
- Hydrolyse 200
Dithiobiuret 454–455
Dithiocarbamidsäuren 726
Dithiocarbazinsäure 438
Dithiocarbonate 296
Dithiokohlen-*O,S*-säure 436
Dithiokohlen-*S*-säure 436
Dithiolacton-Strukturelement 818
Dithiolen-Struktur 910
Dithiolkohlensäure 436
Dithiooxamid 447–449
2,3-Dithiopropanol 195
Dithizon 443
Diuretika 913
- Hydrochlorothiazid 626
Divinylbenzen 523, 957–958
Divinylketon 158
Dixanthogen 441–442
*Dixon* 876
Di-*β*-phenylethylamin 520
Di-*σ*-Komplex, Geschichte der Ferrocen-Synthese 699
*Djerassi,* Antibabypille 748
D-Linie, Natrium *s.* Natrium
*dl*-Tropyltropat 923
DMAB *s. p*-Dimethylaminobenzaldehyd
DMAP 838, *s. a.* 4-Dimethylaminopyridin
4-DMAP *s.* 4-Dimethylaminopyridin
DMARD 857
DMDO *s.* Dimethyldioxiran
DMF *s.* Dimethylformamid; *s. N,N*-Dimethylformamid
3D-Modelle 55
DMPS *s.* Dimercaptopropansulfonsäure
DMS 254, *s. a.* Dimethylsulfat
DMSO 306–307, 828–829
- bakterieller Abbau 254
- Deprotonierung mit Natriumhydrid 252
- Eigenschaften und Verwendung 252
- penetrationsfördernde Eigenschaften 253
DMT *s.* Dimethoxytrityl
DNA 873, 979, 985–997
- Anfärben 891–892
- automatisierte Darstellung 828
- Basenpaarung 906
- Benzo[*a*]7,8-dihydroxy-9,10-epoxid 261
- biologische Modifikationen 993–995
- Biosynthese 913
- Carboplatin 114
- chemische Modifikationen 996
- 2-Desoxy-D-ribose, Aufbau 488
- Doppelstrangbruch durch Topoisomerase II 857
- Einzelstrangbruch durch Topoisomerase I 857
- Komplex mit Histon 974
- Methylierung 212
- Nucleinsäuren 979
- Nucleobasen 879–880
- Phosphate 260
- Punktmutation 903–905
- superhelicale Struktur 855
- Synthese an der Festphase 988
- Verpackung im Zellkern 974
DNA-Bande 860
DNA-Doppelstrang, Interkalation 859
DNA-interkalierender Arzneistoff 859
DNA-Methylierungen 244
DNA-Schädigung, gezielte 789
DNA-Sequenzierung, nach *Berg* 993
DNA-Spaltung 857
DNA-Strang, Basenpaarung 879–880
DNOC *s.* 4,6-Dinitro-*o*-kresol
DNP-Methode 959, 964
dNTPs *s.* Desoxyribonucleotidtriphosphate
*Döbereiner, J. W.* 768–769
*Dobson*-Einheit 219
Docetaxel 724–725
Docosahexaensäure 361
*Dodds,* synthetische Distilbenderivate 747
Dodecahedran 122
- Gewinnung und Synthese 124–125
Dodecan 103
1-Dodecanol 178
Dodecansäure *s.* Laurinsäure
Dodecylanionen 260
Dodecylbenzensulfonat 364–365
Dodecylsulfat-Anion 260
Dodekaeder 121
*Doebner-von-Miller*-Chinaldinsynthese 848
*Doering* 929–930
*Doisy, E. A.* 673–674
- Isolierung von Estrogenen 747
Dolantin® 936
Doldenblütler 789
Dolichole, Struktur und Eigenschaften 727
*Domagk, G.* 442, 549, 626
Domäne 971
- aus *β*-Faltblättern 971
- aus *α*-Helices 971
- Kohlenhydrat-bindende 977
Dominoreaktion 815
Domperidon 810–811
*Donath* 879
Donatoren *s.* Elektronenpaar-Donatoren
Donoren
- Carben 806
- *Michael*- 357
- $-NH_2$-Gruppe 657
- NO- 263
Donorgruppe 821
*π*-Donor-Wechselwirkung, mit CO-Liganden 298
DOP *s.* Dioctylphthalat
DOPA 564–565, 931
L-DOPA 78, 243, 299–300, 953
- Decarboxylierung 223–224
Dopachrom 576
DOPA-Decarboxylase 223–224
L-DOPA-Decarboxylase, Hemmung 243
Dopamin 564–565, 576, 935, 953
- Ausschüttung im Gehirn 844
- Decarboxylierung 953
- Hemmung des Abbaus 174
- *Morbus Parkinson* 223–224
- Neurotransmitter 223, 243
- Struktur 224
- vermehrte Freisetzung 125
Dopamin-$D_2$-Antagonist 822
dopaminerges Belohnungssystem 935
- Aktivierung 927
Doping 746
Dopinganalytik 27
Dopingmittel 594
5—6-Doppelbindung 684
6—6-Doppelbindung 684–686
Doppelbindungen *s. a. spezifische Doppelbindungen*
- Addition aliphatischer Diazoverbindungen 110–112
- Addition von Dibromcarben 123
- aktivierte 112


D

- Alkene 129
- Allentyp 129, 150
- C=C- *s.* C=C-Doppelbindung
- Chiralitätszentren 65
- Cholesterol 736–737
- *CIP*-System 72
- C=N- 82
- C=O- 182
- 1,3-Dientyp 129, 150
- Diolefintyp 129, 150
- elektrocyclische Öffnung von D-Provitaminen 739
- elektronenarme 368
- mit elektronenziehendem Substituenten 795
- exocyclische 684
- *E*/*Z*-Isomerie 82
- gekreuzt konjugierte 158
- homokonjugierte 151
- isolierte 129, 150
- IUPAC-Nomenklatur 706
- katalytische Hydrierung 123
- kleine Bicyclen 120
- konjugierte 129, 150, 171
- kumulierte 129, 150
- - Ketene 382
- - Kohlensuboxid 353
- - Kumulene 163–165
- Lichtabsorption 42
- M-Effekte 26–27
- N=N- 82
- Polyene 129
- qualitativer Nachweis 134, 138
- *Ramachandran*-Plot 98
- Resonanzwechselwirkung 150
- Steran 731
- Umsetzung mit CO 344
- UV/Vis-Spektroskopie 41
- verbrückte Ringsysteme 120
Doppelbindungscharakter, C—N-Bindung 390, 392
Doppelbindungssystem, konjugiertes 320
Doppelhelix 979, 985–986
Doppelschichten
- biologische Membranen 193
- Lipid- 736
doppelte Oxygenierung *s.* Oxygenierung
d-Orbitale 12
Dosis 963
Dotierung, Halbleiter 216
Dowex 50 558
Doxorubicin 678
*Doyle, A.C.* 927
DPP 913–914
- 4,4'-Dichlordiphenyl-Derivat 913–914
DPP-4 965–966
DPP-4-Inhibitor 965–966
DPPA
- Azidsynthese 240
- Peptidkupplungsreagenz 242
- Struktur 242
DPPH *s.* 2,2-Diphenyl-1-pikrylhydrazyl
3D-Quadrupol 38
Dracon *s.* Polyesterfasern
Drahtlacke 617
*Drawinol*-Verfahren 178–180
Drehspiegelachse, und Chiralität 66
Drehspiegelung 65
Drehungen *s.* Rotationen; *s.* spezifische Drehung
Drehwert 68–69
- Inversion 83–84
- Weinsäure 76
Drehwinkel, polarisiertes Licht 67
Dreiblockpolymere 728
Dreibuchstaben-Code 954
- Zucker 493
dreidimensionale Faltung *s.* Tertiärstruktur
Dreifachbindungen *s. a.* C≡C-Dreifachbindungen
- Alkine 129
- *CIP*-System 72
- mit elektronenziehendem Substituenten 795
- Lichtabsorption 42
- M-Effekte 26–27
- $\sigma$-$\pi$-Modell 168
Dreimonatsspritze, Empfängnisverhütung 748
Dreiringe
- Cyclopropan 107
- Epoxide 191
- ungesättige
- - Diaziridine 233
- - Diazirine 233
Dreiringether, cyclische 248
Dreischichtenfarbfilm 578
Dreistreifen-Baumsteiger 919
dreiwertige Alkohole *s.* Alkohole
Dreizentrenbindung 739
Drei-Zentren-Zwei-Elektronen-Bindung 123
Dresinate
- Abietinsäure-Derivate 723
- bei Kautschuksynthese 727–728
Drogen, alkaloidhaltige 918
Drogenanalytik
- Immunoassays 27
- qualitative 27
Dronabinol 844
Druckfarbe 766
Druck, osmotischer 968
*dr*-Wert *s.* Diastereomerenverhältnis
*Dryden,* Cycloheptatriensynthese 159
*Dryobalanops aromatica* 709
Dryophantin 696
dT *s.* Desoxythymidin
DTPA *s. Pentetsäure*
Dubletts 47
*Dubos* 966
*Dubrunfaut, A. P.* 488
*Duff*-Synthese 584–585
*Dufraisse, C.* 579–580, 674
Duftstoffe
- Lactone 404
- Terpenketone 705
- Zimtsäureester 612
Dulcit 476
Dulcitol *s.* Dulcit
Dulcit(ol) 197–198
Düngemittel, Harnstoff 440
*Dunitz, J. D.,* Ferrocen-Synthese 699
Dünnsaft 496
Dünnschichtchromatographie (DC) 8, 920, 949
- Detektionsreagenz 436
- Nachweis von Benzodiazepinen 868–869
Duplikatdarstellungen 72
Durchblutungsstörung, periphere 907
Durchlauferhitzer, Brennstoffe 105
*p*-Durochinon 575
Duroplaste 189–190, 557–558
*Du Vigneaud* 947, 963–964
D-Vitamine 737, *s. a.* Vitamin D
- Biosynthese 739–740
- Hydroxylierung 737
- konjugiertes Triensystem 162
D-Xylose 769
dynamische Assoziation *s.* Assoziation
dynamische NMR-Spektroskopie 49–50
Dynamit 262–263, *s. a.* Nitroglycerol
Dysfunktion, erektile 914

## E

E (Einbuchstaben-Code für Glutaminsäure) 951
E1cb-Mechanismus 666
E 102 798
E 605 926
E 605 (Insektizid) 194
*Eaton, P. E.,* Cubansynthese 124
*Eberhardt, A.* 521
EC *s.* Ethylcellulose
Ecarit 510
Ecdyson 746
Ecgonin 923
- Synthese nach *R. Robinson* 925
- technische Gewinnung 925
(–)-Ecgonin 924
echtes Alkaloid 917
Echtfärbesalze 628
Ecstasy 522, 921–922
ecuadorianischer Giftfrosch 919

EDA-Komplex *s.* Elektronendonator-Akzeptor-Komplex
EDC 825
Edelgase, Oktettprinzip 14
Edelmetalle, Rückgewinnung 559
Edelmetallkatalysatoren 105
Edelmetall-katalysierte Reaktionen 297
Edeltannenöl 706
Edestin 974
Edetinsäure 421
*Edman* 959–960
*Edman*-Abbau 959–960
EDTA 224, 421
– Wasserenthärter 364
EEP *s.* erythropoetische Protoporphyrie
Effekt
– anomerer 481
– capto-dativer 778
–I-Effekt 529–530
– Abgangsgruppe 379
– Carbonsäuren 343, 358
– Carboxygruppe 340
– endständiges Stickstoffatom 636
– Halogencarbonsäuren 399–400
– mehrfach chlorierte Essigsäuren 399–400
– Nitrogruppen 537, 561
+I-Effekt 529–530
– elektronenschiebender 228
– gesättigte aliphatische Carbonsäuren 343
– ungesättigte aliphatische Carbonsäuren 358
–M-Effekt 529–530
– Carbonsäuregruppen 645–646
– Nitrogruppen 530, 537, 540, 561
+M-Effekt 529–530, 645, 831
– Acylierung 379
– Alkoxygruppe 387
– Aminogruppe 620
– Anilin 530
– aromatische Ketone 592
– Carboxygruppe 340
– elektronenschiebender 387
– OH-Substituent 554, 563
– *para*-ständige Dimethylaminogruppe 377
– Stickstoffradikale 657–658
*Eggers Doering, W. von* 583
*Eglinton*-Kupplung 171
*Eglinton*-Reaktion 689
EHD 357
*Ehrlich, Paul* 892–893, 975
*Ehrlich*-Reagenz 31–32
EI *s.* Elektronenionisierung
Eibenarten, Taxol-Gewinnung 719, 724
Eicosanoide 413
Eicosansäure-5-hydroxytryptamid 782
Eicosapentaensäure 361
5,8,11,14-Eicosatetraensäure *s.* Arachidonsäure
Eidotter 810, 976
– Zeaxanthin 723
Eierprotein 971
Eierstöcke, Sexualhormone 744
EI-GC-MS, Nachweis von Benzodiazepinen 869
Eigelb, Retinol 718
Eigendrehimpuls *s.* Spin
*Eijkman, Christaan* 882
Einbuchstaben-Code 954
Einelektronenübertragungsmechanismus 656–657
Einelektronenwellenfunktionen 11
$S^+$—$O^-$-Einfachbindungen 252
Einfachbindungen, Rotationen um 56, 62, 82
Einfachzucker 465
– Identifizierung 486
– Methylierung 480
– Veresterung 480
*Einhorn, A.* 377, 602, 927
*Einhorn-Brunner*-Synthese 824
*Einhorn*-Variante, Benzoylierungen 602
Einkristall, Kristallstrukturanalyse 52
Einschlafmittel 881–883
Einschlafstörung 915
Einschlussverbindungen 502–503
einstufige Reaktion 795
Eintagsfliege, Häutung 746
Eintopf-Reaktion 900
– Darstellung von Cyclooctatetraen 160
einwertige Alkohole *s.* Alkohole
Ei, rohes 810
Eisengallat 607
Eisengallustinte *s.* Eisengallat
Eisenhut 411–412
Eisen, Hydrierungskatalysator 139
Eisen(III)-chlorid, Katalysator 518, 527–528
Eisen(III)-Komplex 563
Eisen(III)-rhodanid 449
Eisen-Ionen 892
– Komplexbildung im Hämoglobin 759
– Oxidationsstufen 759
Eisenphthalocyanin 766
Eisenreserve 760
Eisensalze, biologische Mobilisierung 563
Eisen(II)-sulfat 848
Eisessig
– Dihydroxylierung von Alkenen 137
– Glycolspaltung 188
– als Lösemittel 134
– Ozonolyse 138
Eiweißabbau 435
Eiweißbaustein 806
Eiweiße 943–944, 948–949, 968, *s. a.* Proteine
– Fäulnis 192, 950
Eiweißfällung, Tannine 608
Eiweißspaltung 954
ekliptisch 58
ekliptische Konformation 698
ekliptische Spannung *s.* Spannung
Ekzeme, infizierte 745
Elaidinierung 361
Elaidinsäure 360
Elastan 440, *s. a.* Elastofasern
Elastin 970
elastische Polymere 727
Elastizität 142
Elastofasern 440
Elastomere 218
– Haftung auf Nylongewebe 839–840
– kautschukähnliche 143
– Polyurethan 440
– synthetische *s.* synthetische Elastomere; *s.* synthetischer Kautschuk
Elcrit® 870
electrocyclischer Ringschluss *s.* Ringschluss
*electron dot formula* *s. Lewis*-Formel
*electron spray ionization* (ESI) 38
Elefant, Insulin 964
elektrisch leitfähiger Kunststoff *s.* Polymere
elektrochemische Reaktionen, indirekte 605
elektrochemisches Zellpotenzial 966
elektrocyclische Öffnung *s.* Öffnung
elektrocyclische Reaktionen *s.* Reaktionen
Elektrocyclisierung, photochemisch induzierte 851
Elektrodenmaterial 772
Elektrodenpech 516
Elektrofluorierung 217
Elektrofuge 57
Elektrohalogenierung 771
Elektrohydrodimerisierung 357
Elektrolyse *s. a. Kolbe*-Elektrolyse
– Biphenyle 640–641
Elektrolyte, amphotere 968
elektrolytische Decarboxylierung *s.* Decarboxylierung
elektromagnetisches Spektrum 34
– Farbwahrnehmung 42–43
elektromagnetische Strahlung *s. a.* Strahlung
– energiereiche 992
– Synchrotonstrahlung 52
Elektronegativität 21, 530, 788
– C-Atome in Butadien 150
– C—X-Bindung 204
– Hybridisierungsgrad 21
– und Hybridisierungsgrad 168
– I-Effekte 26
– und Säurestärke 199

E

Elektronen
- Aufnahme bzw. Abgabe 14
- Eigendrehimpuls *s.* Spin
- *Pauli*-Prinzip 12
- solvatisierte 667–668
- Spin 16
(4n)-$\pi$-Elektronen 687–688
$\pi$-Elektronen 514–515
- Benzen 514
- delokalisierte 513–514, 835–836
- und *Hückel*-Regel 687
- Mesomerie-Effekt 530
- symmetrische Verteilung, Naphthalen 666
Elektronenaffinität 22
Elektronenakzeptoren 574, 778, 804–805
Elektronenanregungen 33
- UV/Vis-Spektroskopie 41
$\pi$-elektronenarmer Aromat 873–874
$\pi$-elektronenarmer Heteroaromat 877
Elektronenbeugung
- *n*-Butan 60
- Cyclopropan 107
$\pi$-Elektronen-Delokalisierung 827
Elektronendezett 251–252
Elektronendichte
- am aromatischen Ring 561
- Azulene 690
- erhöhte 20
- induktiver Effekt 530
- Mesomerie-Effekt 530
- Moleküle 22
- OH-Gruppe 175–176
- verringerte 20
$\pi$-Elektronendichte 19
- heteroaromatischer Ring 824–825
Elektronendichtebestimmungen 4–5
Elektronendichtekarten 52
$\pi$-Elektronendichteverteilung
- Imidazol 805
- Pyrazol 793
- Pyrrol 793, 805
Elektronendichteverteilung, Schwefelsäureester 256–257
Elektronendodezett 251–252
Elektronen-Donator-Akzeptor-Komplex 574–575
- mit Naphthalensulfonsäuren 628
Elektronendonatoren 574, 778
- Stabilisierung von Carbenen 463
Elektronenhülle
- polarisierbare 21
- Struktur 11
Elektronenionisierung (EI) 36
Elektronenkonfiguration 12–14
Elektronen liefernde Gruppen 575
Elektronenlücke 20
- Carbeniumion 132
Elektronenmangel, Assoziatbildung 284
Elektronenmangelverbindung, hochreaktive 234
Elektronenmasse 36
Elektronenmikroskopie 968
- Anfärbereagenz 436
Elektronenoktett 795
Elektronenpaar-Akzeptoren 21
Elektronenpaar-Donatoren 21
Elektronenpaare 12
- bindende 15
- $\pi$-Elektronenpaar 657
- freie 20, 530
- - M-Effekt 530
(4n+2)-$\pi$-Elektronen-Regel 687–688
18-Elektronen-Regel 14
elektronenreiche Aldehyde *s.* Aldehyde
elektronenreiche Aromaten *s. a.* Aromaten
- Phenol 554
Elektronenrücktransfer 805
elektronenschiebend 144
elektronenschiebende Hydroxy-Gruppe 531
elektronenschiebender Effekt
- Carbonsäuren 343, 358
- Ketone 305, 326
elektronenschiebender +I-Effekt 228
elektronenschiebender +M-Effekt 387
elektronenschiebende Reste 544
elektronenschiebende Substituenten 529–530
- Naphthalen 669
Elektronensextett 795
- Carbene 459–460
- delokalisiertes aromatisches 873–874
- Nitrene 460
$\pi$-Elektronensextett 513–514, 518, 528, 753, 767
- Anthracen 674–675
Elektronenspinresonanz (ESR) 34
Elektronenstruktur, delokalisierte 513–514
$\pi$-Elektronensystem 574, 821, *s. a.* Systeme
- delokalisiertes 667, 803, 838
- Diazin 873–874
- konjugiertes 866
- vollständig durchkonjugiertes 661–662
6$\pi$-Elektronensystem
- Azepin-Kation 866
- Naphthalen 666
10$\pi$-Elektronensystem 775, 783
- aromatisches 901
- Cyclooctatetraenyldianion 928
12$\pi$-Elektronensystem
- Dianion 667
- Naphthalen 667
14$\pi$-Elektronensystem
- Anthracen 674
- Phenanthren 680
18$\pi$-Elektronensystem 758
2$\pi$-Elektronensystem, aromatisches 148
8$\pi$-Elektronensystem, Cyclooctatetraen 927–928
4$\pi$-Elektronensystem, mesomeres 795
Elektronentransfer
- Elektrohydrodimerisierung 357
- photochemisch angeregter 892
- photoinduzierter 804–805
Elektronenüberträger, biologischer 553
Elektronenverschiebung 21
- synchrone 369–370
6$\pi$-Elektronenverschiebung 368
elektronenziehend 144
elektronenziehende Gruppen 368, 536
- Carbene 460
- Chinone 575
- Nitrogruppe 531–532, 538
elektronenziehender Effekt
- Carbonsäuren 343, 358, 367
- Halogencarbonsäuren 399
elektronenziehende Reste 529–530
elektronenziehende Substituenten 531–532, 543, 795
- Naphthalen 669
elektronische Effekte, funktionelle Gruppen 25
Elektrooxidation, *p*-substituierter Alkylaromaten 582
Elektrophile 21, 306, 528
- bevorzugter Angriff, $\alpha$-Stellung 668
- bifunktionelle 699
- Blausäure 393
- Chlor 136
- $HgOAc^+$ 292–293
- polare organisch-chemische Reaktionen 20
- Reaktion
- - mit anionischen, nichtbenzoiden Aromaten 699
- - mit kationischen, nichtbenzoiden Aromaten 695
- - mit 1,6-Methano-[10]-Annulen 690
- Reaktivität von Nucleinsäuren 983
- weiche 441–442
elektrophile Addition *s.* Addition
elektrophile Arenoxide *s.* Arenoxide
elektrophile aromatische Reaktionen 229
elektrophile aromatische Substitution *s. a.* elektrophile Substitution
- am Benzenkern 592–593
- Aromaten 511
- - mit Halogen-, Nitro- und Sulfonsäuregruppen 527
- Benzoesäurenitrierung 603
- Biphenyle 640
- Cumol-Entstehung 519
- Diazin 877–878

- Diazine 877
- dirigierende induktive und mesomere Effekte 529
- Einführung von Halogenatomen 527–533
- *Friedel-Crafts*-Alkylierung 517–518
- Furan 767–768
- halogenierte Aromaten 527
- Halogenierung 527–529, 532
- Imidazol 805–806
- intramolekulare 848–850
- Isochinolin 852–853
- Isothiazol 818
- Naphthalen 668–669
- Nitrierung 537–540
- PAK 661
- Pyrazol 796
- Pyrrol 755
- Regioselektivität 529–530
- SSS-/KKK-Regel 532
- Sulfonierung 543–544
- Sulfonsäuren 543
- tertiärer aromatischer Amine 229
- Thiazol 816
- Thiophen 771–772
elektrophile Initiatoren *s.* Initiatoren
elektrophiler Angriff 692–693
elektrophiler Austausch 560
elektrophile Substitution 125–126, *s. a.* elektrophile aromatische Substitution
- an Cyclopentadienyl-Anionen 699–700
- aromatische 592–593
- – Anilin 620
- Carbazol 791
- Chinolin 852
- Cumaron 789
- Indol 777
- Indolizin 783
- *ortho-* und *para*-Position, Benzenkern 554
- Phenol, Formaldehyd 557–558
- Purin-Ringsystem 901–902
- Pyridin 836–837
- Pyridin-*N*-oxid 838
- Tetrazole 828
- Triazole 825
elektrophile Zucker *s.* Zucker
Elektrophilie, Diazoniumsalze 636
Elektrophorese 4
- *Gilbert-Maxam*-Sequenzierung 992
Elektrophorese-Gel, Auswahl 260
elektrostatische Abstoßung 22–24
elektrostatische Anziehung 16
elektrostatischer Sektor 39
elektrostatisches Oberflächenpotenzial *s.* Oberflächenpotenzial
elektrostatische Wechselwirkungen, anomerer Effekt 472, 474
Elektrosynthese, organische 104–105
Elementaranalyse, quantitative *s.* quantitative Elementaranalyse
Elemente, als Grundbausteine der Materie 2
Eliminierung
- Alkensynthese 130
- Alkylhalogenide 203
- *anti*-Eliminierung 279
- 1,2-Dibromalkane 169–170
- Halogenalkane 209–211
- intramolekulare, nach *Hofmann* 842
- reduktive 302
- – *Heck*-Reaktion 300–301
- – Hydroformylierung 299–300
- – katalytische Hydrierung 299–300
- – *Mülheimer* Olefinsynthese 131
- – *Negishi*-Kupplung 291
- – *Sonogashira*-Kupplung 302–303
- säurekatalysierte 146–147
E1-Eliminierung 147, 182
- Halogenalkane 209–210
E2-Eliminierung 248
- baseninduzierte 228
- Halogenalkane 210
E2- oder E1cb-artiger Mechanismus 226–227
*syn*-Eliminierung 279, 642
- H—Pd—X 302
- thermische 228
*β*-Eliminierung 139, 300–301, 973
- Halogenalkane 209
- Strangbruch 991
Eliminierungs-Additions-Mechanismus 536
Eliminierungsreaktionen 784
- Amidbasen 396
Elongasen 362
Elongation, PCR 987
Eluent 8
eluotrope Reihe 9
Elutionsmittel 8
Elutionsmittelgemisch, Auswahl 8–9
Elutionsstärke, und Polarität 9
Emetikum 935
Empfängnisverhütung 748
- Ethinylestradiol 174
Empfindlichkeit, quantitative Analyse 42
empirische Summenformel 4–5
Emulgatoren
- Abietinsäure-Derivate 723
- anionaktive 727–728
- Cyclodextrine 502–503
- Gallensäuren 742
- Natriumdodecylsulfat 260
- *Twitchell*-Reaktive 389
Emulsin 499, 579
Emulsionen 2–3
EN *s.* Elektronegativität
Enaminbildung, Mechanismus 328
Enamine 233, 326–328, 755, 777, 796, 836
- Imin-Enamin-Tautomerie 57
- Ketone, sekundäre Amine 595–596
- (–)-Menthol-Synthese 711
- mesomere Grenzstruktur 328
Enamin-Form 395
*β*-Enaminketon 813–814
enantiofaciale Reaktionen *s.* Reaktionen
Enantiomere 54–56, 63, 367–368
- Arabit 197
- Bicyclononene 120
- *n*-Butan 60
- Cycloocten 149–150
- Decaline 96
- diastereomere Enantiomerenpaare 97
- dissymmetrische Moleküle 63
- *Fischer*-Projektion 68–70
- Heteroatome 64
- Inosite 109
- Nomenklatur 68–70
- Polarimetrie 66–68
- Spiro[3.3]heptan-2,6-dicarbonsäure 118
- substituierte Allene 163
- Threit 196
- topologische, Kleeblattknoten 570
- Trennung 9, 75–79
*syn*-Enantiomere 323
Enantiomerenpaare
- diastereomere 610
- Monosaccharide 467
enantiomerenreiner Kristall 944–945
Enantiomerenüberschuss (*ee*-Wert) 67–68, 887
Enantiomerenverhältnis (*er*-Wert) 68
*enantiomeric pure compounds* 493
enantiomorph 63
enantiomorphe Gruppen *s.* Gruppen
enantioselektive Alkylierung 930
enantioselektive Fällung 944–945
enantioselektive Funktionalisierung 930–931
enantioselektive Reaktion 412
enantioselektive Synthese *s.* Synthese
enantioselektive *α*-Alkylierung 327
Enantioselektivität 928–929
enantiotop 84–87
enantiotope Halbräume *s.* Halbräume
Enantiotopos-differenzierende Deprotonierung 928–929
5'-Ende/3'-Ende, DNA und RNA 985–987
Endgruppenbestimmung 957–959
- Polysaccharide 500
Endiol 116, 830
- Pyridoin 840

E

Endkappe, Quadrupol-Ionenfallen 38
Endlosfasern 509
*endo*-Bindungen 514–515
Endocannabinoid 844
endogenes Morphin 962
endohedrale Fullerenderivate 686
endokriner Antagonist 964
endokrines System 648
Endoperoxid 711–712
*endo*-Produkt 369
*endo*-Regel, *Alder*sche 369
Endorphine 858, 962
Endorphin-Kick 962
*endo*-Übergangszustand 369
Endozytose 193
Endplatte, motorische 194
endständige Aminogruppe 959
endständiges Stickstoffatom 636
Energie
- kinetische *s.* kinetische Energie
- potenzielle 60, *s.* potenzielle Energie
Energiebarriere, Ringinversion 161
Energiebeziehung, freie lineare 600
Energiehyperfläche 61
Energiequellen
- erneuerbare
- – Biogas 104
- – Ethanolsynthese 178–180
- Kohlenhydrate 465
energiereiche elektromagnetische Strahlung *s.* elektromagnetische Strahlung
Energiespeicherstoffe 361–363
- Kohlenhydrate 465
- Stärke 500–501
Energiestoffwechsel 917
- Kohlendioxid 433–434
- Zellen (Biologie) 192
Energieübertragung 821
Energiezustand, Orbitale 12
Energydrinks 192
Enfluran 246
Engelstrompete 923
Enhydrazin 776
Enkephaline 858
En-Komponente 371
Enolat-Angriff 355
Enolat-Anionen 314, 355, 425–426
- O-Acyl-Derivate 428–429
- α-C-Alkyl-Derivate 428
- Ketone 323
- mesomeriestabilisiertes 424
- Nucleophile 323
- Resonanzstabilisierung 610
Enolatbildung 324
Enolate 315, 344
- regioisomere 324
- Steroidsynthese 734–735
- thermodynamisch stabilere 324
Enole *s. a.* Vinylalkohole
- achirale 406–407
- Keto-Enol-Tautomerie 57, 183
- Vinylalkohol 146
Enolester 947
Enolether 329, 387, 796–797
- aiiphatische 572
- Polyvinylether 145
Enoletherstruktur 845
Enol-Form
- Acetessigester 428
- Ascorbinsäure 70
- konjugiertes π-Bindungssystem 423
- Wasserstoffbrückenbindungen 423
Enoltautomerisierung 327
Enophil 371
Enoxaparin 506
Enoyl-Acyl-Carrier-Protein-Reduktase 243
En-Reaktion 371
- [2σs+2πs+2πs]-Reaktion 371
- Ascaridol-Darstellung 711–712
*ent* 67
Entacetylierung 974
Entantiomerentrennung 920
entartete Hybridorbitale 16
entartete Molekülorbitale *s.* Molekülorbitale
entartete Orbitale 12–13
- *Zeeman*-Effekt 44
Enteisungsmittel 352
Enterobactin 563–564
enterohepatischer Kreislauf *s.* Kreislauf
Entfärbung
- Bromlösung 134
- Bromwasser 736
- Kaliumpermanganatlösung 138
- qualitative Analytik 27
entgegen (*E*) 81
Entgiftung 261
Enthalogenierung 110
Enthalpie, freie 600
Entkopplungsmethoden, NMR 47–48
Entlaubungsmittel 572–573
Entry-Inhibitoren 125
Entsalzung, vollständige 559
Entschirmung, Atomkerne 46
Entschützung 981
- E1cb-Mechanismus 666
- OH-Gruppen, Festphasensynthese 494
Entwickler, photographische 566, 570, 798
Entwicklung, photographische 577
entzündungshemmende Eigenschaften 77
Entzündungshemmer
- nichtsteroidale 357
- steroidale 743
Entzündungsreaktion 977
- durch Sauerstoffradikale 761
envelope *s.* Briefumschlag-Konformation
enzymatische Decarboxylierung 761–762, *s. a.* Decarboxylierung
enzymatische Fettspaltung *s. a.* Fettspaltung
- Lipase 389
enzymatische Methylierung *s.* Methylierung
enzymatische Oxidation *s.* Oxidation
enzymatische Polymerisation *s.* Polymerisation
enzymatischer Abbau, Stärke 501
enzymatische Sequenzierung *s.* Sequenzierung
enzymatische Spaltung 637
- Gallussäure 607
- Heparin 506
- Raffinose 499
- Stärke 498
enzymatisches Reparatursystem *s.* Reparatursystem
enzymatische Verfahren, Aminosäuren 416
enzymatische Verzuckerung 407
Enzyme 753, 943, 946
- Acetylcholinesterase 194
- aktives Zentrum 948, 965
- Aktivität 972
- alkoholische Gärung 179
- Aromatase 747
- L-Asparaginase 188
- Bindetasche 963
- Biosynthese von Corticoiden 743
- Cholesteroldesmolase 741
- Coenzyme 197
- Cysteinproteasen 200–201
- mit häminartiger Wirkgruppe 975
- Inhibierung 807
- irreversible Hemmung 940
- kinetische Racemattrennung 78–79
- Lipasen 185–186
- Monoaminooxidase B (MAO-B) 174
- multifunktionelle 348
- Neuraminidasen 491
- Nucleasen 990
- Replikation 986–987
- reversible Hemmung 940
- Steroidbiosynthese 735
- substratspezifische 960
- Wasserstoff übertragendes 840
- Zymase 178–180
Eosin B 652–653
Eosin Y 652–653
EPA 662, *s. a.* Eicosapentaensäure
EPA-PAK 662
EPC *s. enantiomeric pure compounds*
EPDM *s.* Ethylen-Propylen-Dien-Monomer
Ephedrin
- Arzneiwirkstoff 232–233, 521–522
- Chiralitätszentren 521
- *erythro*-Reihe 521

- Struktur 232
*ψ*-Ephedrine *s.* Pseudoephedrine
Ephetonin 521
(–)-Epibatidin 919
- Strukturformel 919
Epibatidin, analgetische Wirkung 919
Epichlorhydrin 133, 190
- petrochemische Glycerolsynthese 185–186
1,4-Epidioxy-2-*p*-menthen 706
Epilepsie 808
epileptischer Anfall 829, 866–867
Epimere 81, 467–469
C2-Epimere 467–469
C4-Epimere 467–469
epimeres Gleichgewicht 929
Epimerisierung, basenkatalysierte 467–469
Epinephrin 564
*Epipedobates tricolor* 919
Episulfoniumion 254
EPM *s.* Ethylen-Propylen-Monomer
*cis*-Epoxid 137
Epoxide 248
- Addition vom Ammoniak 224
- basenkatalysierte Ringöffnung 250
- Darstellung 248–249
- enantiomere 587
- Ethylenoxid 191
- Glycid 185–186, 191
- hochreaktive 683
- Propylenoxid 183
- Protonierung 137
- Reaktivität 250
- Ringöffnung mit Nucleophilen 250
- säurekatalysierte Ringöffnung 250
- stereoisomere 137
Epoxidharze 190
Epoxid-Hydrolase 261
Epoxidierung
- Alkene 137
- asymmetrische 412
- Ethen 136–137
- stereoselektive 584–585, 587
Epoxidierungsmittel 603
Epoxidring 923–924
1,2-Epoxypropan *s.* Propylenoxid
Epoxyqueuosin 995
2,3-Epoxysqualen 720–721
L-6,7-Epoxytropyltropat 923
EPR *s.* *Ethylene-Propylene-Rubber*
EPS *s.* Polystyrol, expandiertes
*equatorial* *s.* Bindungen, äquatoriale
erbgutschädigende Substanzen 983
Erbinformation, Speicherort 985
Erbrechen 781–782
Erbsengalle, rote 696
Erdalkalicarbide 168–169
Erdatmosphäre
- Alkylhalogenide 207
- Bromoform 213
- Methangasgehalt 101
- Verweilzeit von FCKW 219
Erdbeere, Aroma 770
Erdgas
- Alkane 104, 106
- Alkene 105, 130
- Entstehung 104
- flüssiges *s.* Flüssiggas
- Lagerstätten 101
Erdnussschalen 769
Erdöl 771, 788
- Alkane 104, 106
- Alkene 105, 130
- Benzengewinnung 515–516
- Cracken 178
- Destillation 115
- diamantoide Ringsysteme 120
- *steam cracking* 646
- Verarbeitungsprodukte 132–133
Erdölchemie *s.* Petrochemie
Erdöldestillate 146
Erdölsuche, Geohopanoide 721
Erdölverarbeitung, Raffineriegas 101
erektile Dysfunktion 914, 935
Erektionsstörung 935, 939
Ergobasin 938
Ergocalciferol *s.* Vitamin $D_2$
*α*-Ergocryptin 938
- 2-Bromderivat 940
Ergometrin 938
Ergonovin 938
Ergosterol 736–738
- Hemmung der Biosynthese 807
- Ozonolyse 737
- pericyclische Reaktionen 739–740
Ergotamin 938–939
Erhaltung der Orbitalsymmetrie *s.* *Woodward-Hoffmann*-Regeln
Erkrankungen
- allergische 807
- Darm- *s.* Darmerkrankungen
- Grippe 491
- Haut 789
- Herz 911–913
- Herz-Kreislauf- 389
- Krebs *s.* Krebserkrankung
- magensäureassoziierte 807
- parasitäre 892
- *Parkinson*- 243
- Pilz- 790
*Erlenmeyer*-Regel 310, 320, 386
- Ausnahme 422, 424
erneuerbare Energiequellen *s.* Energiequellen
erneuerbare Rohstoffquellen 182
Erreger, resistenter 820
Erregung, durch Cocain 926
erschöpfende Hydrierung *s.* Hydrierung
erschöpfende Methylierung 842, *s. a.* Methylierung
erste Ionisierungsenergie 22
Erstsubstituent 529, 531
Erweichungspunkt, Teflon 218
*er*-Wert *s.* Enantiomerenverhältnis *s.* Enantiomerenüberschuss
Erythrit 196
A-Erythrocyt 975
B-Erythrocyt 975
Erythrocyten 975, *s. a.* Erythrozyten; *s. a.* rote Blutkörperchen
*erythro*-Formen 467
erythropoetische Protoporphyrie (EEP) 761
- Hautreaktionen 761
Erythropterin 909–910
Erythrose 467
D-Erythrose 86
D-(–)-Erythrose 409
*Erythroxylum coca* 923–924
Erythrozyten *s. a.* Erythrocyten; *s. a.* rote Blutkörperchen
- Eiseneinbau 761
- Sauerstofftransport 759–760
(–)-Erythrulose 471
Erythrulose, Enantiomere 467
*Escherichia coli* 563–564
*Escherichia coli*-Lysat, SDS-PAGE 260
*Eschweiler-Clarke*-Methylierung 800
*Eschweiler-Clarke*-Reaktion 225
Eserin 937–938
ESI *s.* *electron spray ionization*
Esidrix® *s.* Hydrochlorothiazid
Esomeprazol 64
- (*S*)-Enantiomer 253
ESR *s.* Elektronenspinresonanz
essenzielle Aminosäure 953–954
Essigester 173
Essigsäure 43, 772, 860–863, 917
- Acidität 168
- aktivierte 194, 348
- alkylierte 354
- chlorierte 400–401
- Darstellungsverfahren 346
- Dehydratisierung 380
- Eigenschaften 340
- enzymatische Entstehung 346
- halogenierte 400–401
- –I-Effekt 399–400
- isotopen-markierte 720
- Methylierung 259
- Naturkautschuk-Gewinnung 727
- Oberflächenpotenzial 340
- Oxidation von Ethanol 182
- p$K_S$-Wert 343
- Polyvinylacetat-Herstellung 145–146
- Reaktionen 352
- Synthese 458
- technische Ethinsynthesen 173
Essigsäureanhydrid 167–168, 378, 772, *s. a.* Acetanhydrid
- Acetylierung 381
- Darstellung 381

E

- Struktur 378
Essigsäurebenzylester 519
Essigsäurebutylester
- Esterkondensation 386
- Lösemittel 386
Essigsäurederivate
- alkylierte 430
- $\alpha,\alpha'$-dialkylierte 354
Essigsäureester-Derivate 418
Essigsäureethylester 47, 316, 380
- COSY 51
- DEPT 50
- Esterkondensation 386
- HMQC 51
- Kondensation *s. Claisen*-Kondensation
- Lösemittel 386
- technische Darstellung 385
Essigsäuremethylester 146, 259
Ester 383–389, 795, *s. a.* Carbonsäureester; *s. a. spezifische Ester*
- aktivierte 955–956
- Alkoholyse 387
- Aminolyse 379
- anorganischer Säuren 255–263
- Borsäure 255–256
- Cholesterol 736
- cyclische 138
- der Halogenwasserstoffsäuren 205
- Einfachzucker 480
- Glycerol 185–186
- innere 612
- langkettiger Carbonsäuren 349
- Phosphorsäure 255–256
- Salpetersäure 255–256
- salpetrige Säure 255–256
- Schwefelsäure 255–256
Esterase 79
Esterbildung *s.* Veresterung
Esterbindung 954, 968
Ester-Enolat-Anion 367, 425–426, 430
- ambidentes 428
- *C*-Nucleophil 353–354
Ester-Enolate 387
Estergruppen
- elektronenziehender Effekt 353
- Zinkorganyle 290
Esterhydrolyse 261
- alkalische 387–388
- saure 387
Esterkondensation 425–426
Estersynthese 316
Esterverseifung
- alkalische 387
- Benzoesäureester 600–601
Esterzahl 388
Estradiol 747
- Biosynthese 743
Estratetraenol, Pheromonwirkung 746
Estriol 747
Estrogene 744, 747
- Biosynthese 743
- Ethinylestradiol 174
Estrogen-Rezeptor 790
Estron 738, 747
- Biosynthese 743
- Kontrazeptiva 748
Ethacridin 859
Ethacridinlactat-Monohydrat 859
Ethan 99–100
- Bindungsabstände 168
- Derivate 59
- Eigenschaften 101
- fraktionierende Destillation 130
- Gewinnung und Synthese 104–105
- Konformationen 59–60
Ethan-1,2-diamin 222
Ethan-1,2-diol 440
Ethanal 305, 318
1,2-Ethandiol *s.* Ethylenglycol
Ethandisäure *s.* Oxalsäure
Ethanimin 311
Ethanol 54, 176, 178
- azeotropes Gemisch mit Wasser 178–180
- Bindungseigenschaften 177
- Chloroformsynthese 214
- Ethensynthese 146–147
- Ethinsynthese 173
- Ethylnitrat 258
- Ethylnitrit 258
- Gewinnung und Synthese 178
- H-Brücken 177
- IR-Spektroskopie 177
- Oxidation 182, 319
- petrochemische Industrie 133
- Prochiralität 84
- Säurestärke 181
- Schwefelsäureester 257
- Verwendung 182
$\beta$-Ethanolamid-Gruppe 966
Ethanolamin 133, 191
Ethanolaminhydrochlorid 192
1,2-Ethanoldiol 250
Ethansäure *s.* Essigsäure
Ethansulfinsäure 264
Ethansulfonsäure 265
Ethansulfonsäuredimethylamid 265
Ethansulfonsäuremethylester 265
Ethanthiol 198–199
Ethen 130, 146–147, *s. a.* Ethylen
- Addition von Halogenwasserstoffsäuren 135
- Addition von Nitrosylchlorid 137
- Bindungsabstände 168
- C=C-Doppelbindung 19
- und Cyclopropan 117
- Derivate 81
- Epoxidierung 136–137
- aus Ethanol 146–147
- Ethanolsynthese 178–179
- Heterodimerisierung 112
- Hydrierung zu Ethan 171
- Hydroxycarboxylierung 346
- katalytische Hydratisierung 178
- Luftoxidation 191
- *Mülheimer* Olefinsynthese 141
- oxidative Acetylierung 145–146
- Oxochlorierung 145
- Oxosynthese 180–181
- *Pauson-Khand*-Reaktion 115
- petrochemische Industrie 133
- Polymerisation 142–143
- PVC-Herstellung 145
- Raffineriegase 132
- Schwefelsäureverfahren 136, 178
- Strukturformel 129
- Synthese 130–131
Ethenoxid 136
- aus Raffineriegasen 132
- Technische Darstellung von Ethylenglycol 185
Ether 920, *s. a.* Diethylether
- absolute 246
- cyclische 187, 248–249, 768
- - mit großer Ringweite 566–567
- Darstellung 248
- Definition 245
- *electron spray ionization* 38
- funktionelle Gruppe 23
- Gewinnung und Synthese 248–249
- halogenierte 218
- Kronenether 186–187
- *Lewis*-Basen 249
- Löslichkeit von Alkylhalogeniden 204
- niedermolekulare 245
- Nomenklatur 245
- protonierte 249
- radikalische Autoxidation 246
- $S_N2$-Reaktion 250
- Reaktionen und Anwendungen 249–250
- *Stas-Otto*-Trennungsgang 28
- Struktur und Eigenschaften 245–248
- Vergleich mit Alkoholen 245–246
- *Williamson*-Synthese 248
Etherbrücken 557
Etherperoxid 247
Etherspaltung 525
Ethidiumbromid 859–860
- DNA-/RNA-Bande 860
Ethin 812, *s. a.* Acetylen
- Acidität 168
- Bindungsabstände 168
- Carbonylierung 172–173
- C≡C-Dreifachbindung 20
- Cyclisierung 160, 172–173
- Dimerisierung 171
- Eigenschaften 168
- Ethinylierung 172

- Gewinnung und Synthese 169
- Hydrierung 171
- *Pauson-Khand*-Reaktion 115
- Polymerisation 171
- Propargylalkohole 184
- PVC-Herstellung 145
- Reaktionen und Anwendungen 169–170
- *Reppe*-Synthese von 2-Propinol 183–184
- Synthese 105
- Tetramerisierung 172
- Verunreinigungen 168
- Vinylierung 172
- Wasseranlagerung 171
Ethinylestradiol 174
17(α)-Ethinylestradiol 748
Ethinylierung 172
- *Reppe*-Synthesen 171
Ethoxybenzen 571, *s. a.* Phenetol
Ethoxycarbonylgruppe 438–439
Ethoxycarbonylhydrazin 825
*N*-Ethoxycarbonyl-3-(4-morpholinyl)-sydnonimin 827
Ethoxycarbonylnitren 461
1-Ethoxycyclohexen 329
Ethoxyethen 247
Ethoxyethylen 589
1-Ethoxyethylhydroperoxid 247
*p*-Ethoxy-Gruppe 831
2-Ethoxymethylaminobrücke 752
Ethylacetimidathydrochlorid *s.* Acetimidoethylesterhydrochlorid
Ethylamin 228
Ethylbenzen 133
- Oxidation 597–598
- Styrol 523
*N*-Ethylbenzoylketenimin 814
Ethylbromid 205
Ethylcarbamat 439, *s. a.* Carbamidsäureethylcste
Ethylcellulose 508
Ethylchlorid 133, 203, 212
(22*E*)-(24*S*)-24-Ethylcholesta-5,22-dien-3*β*-ol *s.* Stigmasterol
3-Ethyl-4,5-dimethylisoxazol 813
2-Ethyl-3,6-dimethylpyrazin 879
Ethylen *s. a.* Ethen
- Oxidation 300, 319
- Phenylderivate 522
Ethylenbromhydrin *s.* 2-Bromethanol
Ethylenbrücke 119–120
- unpolare 186
Ethylencarbonat 185
Ethylenchlorhydrin 359
Ethylenchlorid *s.* 1,2-Dichlorethan
Ethylencyanhydrin 359
- Hydrolyse 408–409
Ethylendiamin 133, 886
Ethylendiamintetraacetat 224
Ethylendiamintetraessigsäure 421
Ethylendibromid 130
Ethylendicarbonsäuren 366
- Reaktionen und Anwendungen 371
*Ethylene-Propylene-Rubber* (EPR) 143
Ethylenglycol 133, 184–185, 187, 440
- Gewinnung und Synthese 185
- Ketonacetalbildung 329
- Reaktionen und Anwendungen 188
- Umesterung 616–617
- Veresterung 189
Ethylenglycolalkylether 192
Ethylengruppe 47
Ethylenimin 192, *s. a.* Aziridin
1,8-Ethylennaphthalen 669–670
*peri*-Ethylennaphthalen 669–670
Ethylenoxid 133, 248, 364, 778–779, 885–886
- kationische Polymerisation 188
Ethylen-Propylen-Dien-Monomer (EPDM) 143
- Polymerisation 729
Ethylen-Propylen-Monomer (EPM) 143
Ethylenvinylacetat (EVA) 146
Ethylfluorid 204
Ethylglucuronid 479
Ethylgruppe
- Prochiralität 84
- Steroide 118
- Stigmasterol 738
- verzweigte Alkane 100
Ethylhalogenide 203
2-Ethylhexanol 321
2-Ethylhexenal 321
Ethylhydrogensulfat 136, 147, 178–179
Ethyliden 130
Ethylidenacetessigester 836
Ethyliodid 135
Ethylisopropylacetaldehyd 738
Ethylmagnesiumbromid 157, 181
- Umsetzung von Ethin 168
Ethylmagnesiumbromid 264
Ethylmercaptan 199, 264
3-Ethyl-2-methyl-benzothiazoliumiodid 821
3-Ethyl-4-methyl-5-dimethylamino-1-phenylpyrazol 796
Ethylmethylketon 333
Ethyl-3-methyl-2-thioxo-4-imidazolin-1-carboxylat 877–879
Ethylnitrat 258
Ethylnitrit 258
Ethylnitrosoharnstoff 983
5-Ethyl-5-phenylbarbitursäure 881–883
Ethylphenylether 571, *s. a.* Phenetol
Ethylschwefelsäure 146, 257
Ethylsulfat-Anion 256
Ethylsulfensäurechlorid 265
Ethylsulfinsäure 265
Ethylsulfonsäurechlorid 264
Ethylthioglucosid 490
Ethylvinylether 172, 589, 797
Ethysulfinsäuremethylester 265
Etioporphyrin III 761
Eucalyptol 706
- Darstellung 711–712
*Eucalyptus globulus* 706
Eucalyptusöl 706, 711
Eucerit 720–721
Eudalin 723
eudismisches Verhältnis 357
*Eugenia caryophyllata* *s.* Gewürznelke
Eugenol 184
- Isomerie 590
- Vanillin 590
*o*-Eugenol 564
Euglucon® 966
*Eugster, C. H.* 490
eukaryotische Zellen 961–962
- Erkennungsprozesse 465
*Euler-Chelpin* 840
Euphorisierung 922
*Euplexaura erecta* 692
Europäisches Arzneibuch 27, 29
Eutomere 77
- (*S*)-(+)-Ibuprofen 357
EVA *s.* Ethylenvinylacetat
*Evans*-Aldolreaktion 322
*Evans*-Auxiliar 322, 813
*Evans,* Campher-Synthese 715
Evipan® 881–883
Evolution *in vitro* 996–997
*Evonymus europaea* 198
exakte Masse *s.* Masse
Exaltolid 404
Ex-*chiral-pool*-Synthese 78, 712
Excimere 683
Exenatid 964
*exited dimers* *s.* Excimere
*exo*-Bindungen 514–515
exocyclische Doppelbindungen 684
exocyclische Heteroatome *s.* Heteroatome
Exocytose 964
exohedrale Fullerenreaktionen 685
*exo*-Produkt 369
exoständige Methylgruppe *s.* Methylgruppe
Exozytose 193
Expektorans 949
Explosionsgrenze 101
Explosionbereich, Ethin 168
explosive Gemische *s.* Gemische
explosive Ozonide *s.* Ozonide
explosive Silberkomplexe *s.* Silberkomplexe
externe Nucleophile 406
Extinktion 42
Extrakt 920
Extraktion 5–6, 758, 773, 971–972


E

– aromatische Verbindungen 188
– Farbstoffe 6
– Monoterpene 709
– aus wässriger Phase 28
Extraktionskolben 692
Extraktionsmittel 5
Extraktionsschrot 388–389
Extraktivdestillation 773
extraktive Destillation *s.* Destillation
*E*/*Z*-Nomenklatur, *cis*/*trans*-Nomenklatur 627

F

F (Einbuchstaben-Code für Phenylalanin) 951
FAD 906, 911
Fadenmoleküle *s.* Polymere, lineare
Fadenwürmer, Nematizide 212
$FADH_2$ 197, 911–912
– Redoxaktivität 911–912
*Fahlberg, C.* 547, 605
Fäkalien
– Geruch 775
– Zersetzung 104
Faktor-Xa-Inhibitor 814
Fällung, entantioselektive 944–945
Fällungsmittel 968
Fällungsreaktionen, qualitative Analytik 27
*β*-Faltblatt 969
– *β*-Keratin-Typ 969–970
*β*-Faltblattstruktur 968
– Identitätsperiode 969–970
– Prion-Protein 972
– Protein, fehlgefaltetes 972
– Seidenfibroin 969–970
Faltung, dreidimensionale *s.* Tertiärstruktur
Famotidin 807
*Faraday, M.* 515
Farbechtheit, Beizenfarbstoffe 678–679
Farbeindruck 975
Färber-Eiche 860
Färberwaid 777
Farbflotte 892
farbgebende Entwicklung 577
Farbkuppler 577
farblose Verbindungen 42
Farbphotographie 577–578, *s. a.* Photographie
Farbpigmente, Schmetterling 909–910
Farbreaktionen 30
– gelöstes Protein 972
– qualitative Analytik 27
– *Vitali-Morin*-Reaktion 31
Farbstoffe 801
– Alizarinfarbstoffe 676
– Aminogruppen 223–224
– Aminotriphenylmethan 644–646, 649–651
– Anilin- 43, 182
– Anthrachinon- 676, 678–679
– Azaoxonol- 809
– Azin-Farbstofffamilie 884
– Azo- *s.* Azo-Farbstoffe
– Azomethin-- 577–578
– Beizen- 678–679, 858–859
– Berberin 934
– Blatt- 762
– Blut- 753
– Blüten- 860–863
– Carotinoid- 289
– chinoide 576–578
– Cyanin- 821
– Diarylmethan- 30–31
– Diffusionsfestigkeit 578
– Diphenylmethan- 286
– Dispersions- 679, 800
– Extraktion 6
– und Farbigkeit 43
– Gallen- 765
– häminartige 760–761
– Immedial®- 893–894
– Indanthren- 679–680
– Indigo- 778
– Indoanilin- 578
– Indophenin- 771
– kationische 644–645, 822
– Küpen- *s.* Küpenfarbstoffe
– Lackmus- 566
– Lebensmittel- 726, 798–799, 911
– Leukoschwefel- 893
– lichtempfindliche 821
– Lumineszenz- 934
– Naphthol-AS-Farbstoffe 628
– natürliche 762
– Ommochrom- 890–891
– Orseille- 566
– Pflanzen- 860
– Phenol 554
– Phenothiazin- 891–893
– Phenoxazin- 889
– Phenoxazon- 889–892
– Phenylhydrazin 634
– Polymethin- 29
– Reaktiv- 897
– saure 679
– Schwefel- 576–578, 892–894
– Seide 43
– Stilben- 524
– Substantiv- 524
– Synthese 625
– Tetrapyrrol- 765
– Textil- *s.* Textilfarbstoffe
– Thioindigo- 789
– Triphenylmethan- *s.* Triphenylmethanfarbstoffe
– Vital- 892
– Woll- 43, 679
– Xanthon- 32
Farbstoffklassen 798
Farbstoffpigment 786
Farbstoffsynthese
– Ausgangschemikalien
– – Benzaldehyd 579
– – Phenole 553–554
– – Phthalsäure 615–616
– – Resorcin 565–566
– Formaldehyd 317
farbvertiefender Effekt 620
Farbvertiefung 42
– Halochromie 43–45
Farbwahrnehmung 42
Farnesol 716
– und bicyclische Sesquiterpene 723–724
– und Bisabolen 723
Farnesylbromid 724–725
Farnesyldiphosphat 715–717
– Squalen 720–721
Farnesylpyrophosphat 715–717
Fasern, halbsynthetische 509–510
Faserprotein 969
*fast atom bombardment* (FAB) 37
Fäulnisbakterium 806, 950
Fäulnisbasen 232
Fäulnis, Eiweiße 192
Favistan® 877–879
*Favorskii*-Umlagerung
– Cubansynthese 124
– Cyclohexanone 114
FCKW *s.* Fluorchlorkohlenwasserstoffe
Feder 969–970
*Fehling*-Lösung 308
*Fehling*-Probe 541
– Aldehydnachweis 308
– Cabonsäurehydrazide 396
– Hydroxamsäuren 395
*Fehling*sche Lösung 481, 488, 495, 498
– Dextrine 501
– Diaceton-*α*-D-glucose 480
– Glycoside 481
– Kaliumnatriumtartrat 411
– Pentaacetate 483
– Saccharose 495
Feinvakuum 7
Feinwaschmittel 260
Feminisierung 747
Fenamate 604, *s. a.* Anthranilsäurederivate
Fenchel 582
– Diosgenin 750–751
Fentanyl 841
Fentinacetat 296
Fermentation 945
– nachwachsender Rohstoffe 350
fermentative Herstellung 416
Fermentierung 178–180
Fernkopplungen 49
Ferritin 760

Ferrocen 698, 928
- Anwendungen 699
- elektrophile Substitutionen 699–700
- historische Grundlagen 699
Ferrochelatase 761
Fertilitätskontrolle 748
Ferulasäure 614
- Biosynthese des Lignins 525
Festbettkatalysatoren 217
feste Alkane 103
feste Alkene 130
feste organische Verbindungen 6
feste Polymerisate *s.* Polymerisate
festgefrorene Konfiguration *s.* Konfiguration
Festphasenpeptidchemie 666
Festphasensynthese 494, 971–972
- nach *Merrifield* 957
Fettalkohole 177, 191
- Glucose 482
- primäre 364
- sekundäre 364
Fettalkoholethoxylate 364–365
Fette 388–389, *s. a.* Öle
- Charakterisierung der Zusammensetzung 388
- Elaidinierung 361
- enzymatische Fettspaltung 185
- gesättigte Fettsäuren 388
- Hydrolyse 345, 363
- natürliche 387, 389
- pflanzliche 363, 388
- Schmelzpunkte 363
- streichfähige 363
- tierische 185–186, 363–365, 388
- Verstoffwechslung 189
Fettersatzstoffe 496
Fettgewinnung 388–389
Fetthärtung 363–365, 389, 733
Fettsäurebiosynthese 348
Fettsäuremethylester 388
Fettsäuren 340, 364
- aktivierte 193
- aliphatische 597
- enzymatische Spaltung 389
- essenzielle 362
- Fettverdauung 741
- freie 389
- geradzahlige 348
- gesättigte 365–366, 388
- Geschichtliches 1
- höhere 349
- - Reduktionsstabilität 344
- Hydrierung 364
- Hydrolyse von 345
- hydrolytische Spaltung 389
- katalytische Hydrierung 364
- *cis*-konfigurierte 389
- langkettige 185–186
- - Alkalisalze 388
- - Carbonsäureester 193
- natürlich vorkommende 348
- niedere 347
- niedermolekulare 363
- Stoffwechselvorgänge, Regulation 362
- *trans-* 389
- ungeradzahlige 348
- ungesättigte
- - katalytische Hydrierung 389
- - Meerestiere 363
- - mehrfach 361, 388
- - Öle 363
- - Position der Doppelbindung 358
- - Strukturen 361
- Veresterung 193
- Wachse 365–366
*trans*-Fettsäuren 365, 389
$\omega$-Fettsäuren 358
Fettsäurenanteil, Triacylglycerole 361–363
Fettsäure-Synthase 348
Fettsäuretransport 192–193
Fettspaltung 389
Fettspeichermoleküle 736
Fettverdauung 741
Feuerlöscher
- bromhaltige Frigene 218
- Tetrachlormethan 216
Feuerzeuggas 101
Fibrin 970
Fibrinogen 970
Fichtennadelöl 717
Fichtenspanreaktion 766–767, 777
field sweep 46
*Fieser, L.F.* 486, 674
Filamente *s.* Endlosfasern
Film, panchromatischer 821
Filmträgermaterial 509
Filtrationsrate, glomeruläre 808
Filtrierpapier 508
Finasterid 747, 749
Fingerabdrücke 663–664
Fingerhut
- Cardenolide 748
- Steroidsapogenine 750
*Fire,* RNA-Interferenz 996
Firnis 372
*Fischer*-Carbene 298, 700–701
*Fischer, E.*
- Aminosäuren 944–945, 948
- Barbital 881–883
- Enantiomere 68–69
- Gallussäure 607
- Monosaccharide 475
- Osazonbildung 486
- Osazone 486
- Peptide 954
- Peptidsynthese 954–955
- Purin-Synthese 900
- stereochemische Zuckerumwandlung 487
*Fischer, E. O.,* Ferrocen-Synthese 699
*Fischer, H.* 758, 761
*Fischer, H. O. L.* 475
*Fischer*-Nomenklatur 68–70
- Aminosäure 948–949
- Grenzen 70
*Fischer, O.* 649
*Fischer*-Projektion 53–55, 69–70
- Abweichung 478
- Aminosäuren 415, 944
- *CIP*-System 817
- Enantiomere 68–70
- „FloH"-Regel 472
- Glycerolaldehyd 189
- Hexite 197
- Monosaccharide 466–467
- Stereoisomere 467
- Threit 196
- *meso*-Weinsäure 80
*Fischer, R.* 577
*Fischer*sche Indolsynthese 776
*Fischer-Tropsch*-Synthese 106
*Fischer-Tropsch*-Verfahren 457
Fischöl 363
- Pyrolyse 515
Fisch, Sperma 974
Fischtran 737
flächenzentriertes Gitter *s.* Gitter
Flachs 506
Flamingofedern 726
Flash-Chromatographie 8
*flash vacuum pyrolysis* 684
Flavan 851–852
Flavanthren 680
Flavanthrenfarbstoffe 680
Flavanthron *s.* Flavanthren
Flaveanwasserstoff 447–449
Flaven 860–863
Flavinadenindinucleotid *s.* $FADH_2$
Flavine 910
- als Naturstoffklasse 899
Flavinmononucleotid 911–912
Flavinmonophosphat 911
Flavone 847–848, 851–852
Flavonfarbstoffe 570
Flavonoide 847–848
Flavonol 847–848, 851–852
Flavyliumchlorid 862
Flavyliumfarbstoffe 570
Flechtenfarbstoff 890
Fleckfieber 542
Fleck, gelber *s.* Gelber Fleck
Fleisch 879
- Putrescingehalt 950
- Röstaromen 200
- Umrötung 975
Fleischgeschmack 951
Fleischmilchsäure 403

F

*Fleming* 819
Fliegenpilz 490–491, 814, 926
Fließpunkt, HDPE 143
FloH-Regel 472
flüchtige Öle *s.* ätherische Öle
flüchtige Steroide *s.* Steroide
Fluconazol 826
Flufenacet 833
Flugzeit-Massenanalysatoren 38
Fluide, überkritische 6
Fluidität, Zellmembranen 736
Fluimucil 949
Flumazenil 868
Flunitrazepam 543, 868
Fluon *s.* Teflon
Fluoralkane 217
Fluoranthen 516, 662
Fluoratom, Elektronenkonfiguration 14
Fluorbenzen 527, 529, 630–631
Fluorchlorkohlenwasserstoffe (FCKW) 218
- Ersatzstoffe 101–102
- Ozonabbau 219–220
- Verbot 220
1-Fluor-2,4-dinitrobenzen 959
Fluoren
- Anthracenöl 516
- Derivate 665
- EPA-PAK 662
- Gewinnung und Synthese 664
- Kondensationsreaktionen 665
- Naphthalenöl 515
- PAK 661
- Struktur und Eigenschaften 664
- Substitution 665
Fluorenon 665
Fluorenylanion 665
($\eta^5$-Fluorenyl)Cp$ZrCl_2$ B 702
Fluoren-9-yl-methoxycarbonylazid 947
9-Fluorenylmethoxycarbonyl-Gruppe *s.* Fmoc-Gruppe
Fluoren-9-yl-methoxycarbonyl-Methode 947
Fluoren-9-yl-methoxycarbonyl-Rest 947
Fluorescein 652–653
Fluoreszenz
- Acridin 847
- Chininhydrochlorid 929
- Dansylaminosäure 959
- DNA-Bande, durch Ethidiumbromid 860
- Fluorescein 652
- optische Aufheller 524
- qualitative Analytik 27
- RNA-Bande, durch Ethidiumbromid 860
Fluoreszenzindikator 9
Fluoreszenzlöschung 9
Fluorethan 204
Fluorethylene 112
fluorierte Kohlenwasserstoffe *s.* Kohlenwasserstoffe
fluorierte Polymere *s.* Polymere
Fluorierung
- Alkane 217
- anodische 217
- aromatischer Kohlenwasserstoffe 529
Fluorierungsmittel 217
Fluoroform 216–217
7-Fluoro-4-nitrobenzo-2-oxa-1,3-diazol 833
Fluorophore 524
5-Fluorouracil 984
5-Fluorouridin 981
Fluorsulfonsäuremethylester 483
Fluorsulfonylisocyanat 897–898
Fluorwasserstoff
- elektrophile Addition 134
- technische Darstellung von Chlorfluoralkanen 217
Fluothane *s.* Halothan
Fluoxetin 522
Fluphenazin 889–890
Flurazepam 868–869
Flüssigchromatographie 920
flüssige Alkane 102
flüssige Alkene 130
Flüssiggas 105
- Lichtbogenverfahren 169
Flüssigkristalle, nematische 641
Flüssigkristall-Polymere 617
Flüssigphasen-Autooxidation 346
Flüssigraketentreibstoffe 241
Flusssäure, wasserfreie 518
Fluticasonpropionat 743
FMN 911
Fmoc-Aminosäure 947
Fmoc-Chlorid 947
Fmoc-Gruppe 665
Fmoc-Rest 947
Fmoc-Schutzgruppe 947
*Fodor* 923
Folinsäure 913
*Folkers, K.* 764
Follikelhormone 747
follikelstimulierendes Hormon *s.* FSH
Follitropin *s.* FSH
Folsäure 877, 899
- Bakterienstoffwechsel 913
- Biosynthese 604
- Darstellung 912
- Eigenschaften 913
- Gewinnung 911–913
- Reduktion 913
- Stoffwechsel 913
- Strukturformel 548
- Tetrahydrofolsäure 548–549
- Wuchsstoff 911–913
Folsäureantagonist 913
Folsäurebiosynthese, bakterielle 549, 604, 626
Fondaparinux 506–507
*Foods for Specified Health Use* 944–945
Forensik 28
forensische Analytik *s.* Analytik
*cis*-Form 81
*meso*-Form 76, 79
*trans*-Form 81
Formaldehyd 305, 352, 768
- Addition von Ammoniak 311
- aktiver 913
- Calciumhydroxid 475
- cyclisches Trimer 317
- Darstellung von Pentaerythrit 196
- Disproportionierung 315
- Eigenschaften und Verwendung 317
- elektrophile Substitution 557–558
- Elektrophilie der Carbonylgruppe 318
- Fragmentierung von Halogenalkanen 211
- gekreuzte *Cannizzaro*-Reaktion 316
- Glycolspaltung 188
- *Mannich*-Reaktion 594
- auf Methanolbasis 182
- Nachweis 33
- Phenole 558–559
- Polymerisation in lineare Ketten 316–317
- *Prins*-Reaktion 157
- Reaktionen 318
- *Reppe*-Synthese von 2-Propinol 184
- Synthese 105
- technische Darstellung 318
- Zucker 479
Formaldehyd-Kondensation 475
Formaldehyd-Metallhydroxid-Komplex 475
Formaldehydnatriumhydrogensulfit 778–779
Formaldoxim 313
Formalin 317
Formamid 390, 804, 876, 900
Formamidinhydrochlorid 894
Formamidinsulfinsäure 442
$\beta$-Formamidketon 876
Formazan 829–830
Formeln, chemische 5
Formiate 345–346
- biologische Abbaubarkeit 352
- Hydridion-Übertragung 225
Formimidchlorid 582–583
*N*-5-Formimino-THF 913
Formonitriloxid *s.* Knallsäure
Formose 475
2-Formylacetylphenol 856
*o*-Formylaminobiphenyl 851
Formylaminoguanidin 824–825
*N*-Formylbenzamid 824
Formylchlorid 375, 581–582

Formylessigsäure 422–423, 879
Formylessigsäureester
– Darstellung 424–425
– Enolate 422–423
Formylgruppe 72, 378
– Aldehyde 305
– *N*-terminale 966
Formylierung 818
– aromatischer Verbindungen 582–584
– Dialkylaniline 582
– direkte 581–582
– mehrwertige Phenole 582
– Phenole 584–585
– Phenolether 582
*N*-Formylmethionin 949
*N*-5-Formyltetrahydrofolsäure 913
*N*-10-Formyltetrahydrofolsäure 913
FOSHU 944–945
Fossilien, molekulare 721
Foto- *s.* Photo-
*Fourier*-Transformation
– IR *s.* FTIR
– NMR *s.* FT-NMR
Fragmentierung
– Halogenalkane 210–211
– Massenspektrometrie 36
fraktionierende Destillation 6–7, 515, 839, *s. a.* Destillation
fraktionierende Kristallisation *s.* Kristallisation
*Frank-Caro*-Verfahren 452
*Frankland, E.* 290, 423
– Ethangewinnung 104
Frauen, Sexualhormone 744
*Fredenhagen, H.* 316
freie Aminosäure 950
freie Enthalpiebeziehung 600
freie Fettsäuren 389
freies Elektronenpaar *s.* Elektronenpaare
freies Radikal, proteingebundenes 765
Fremdstoffe, Biotransformation 261
Freone *s.* Frigene
*frequency sweep* 46
Frequenzband, kontinuierliches 46
Frequenzdifferenz, NMR 46
Frequenzdomäne
– IR-Spektroskopie 39–40
– Massenspektrometrie 39
*Freudenberg, K.* 524
– Campher 708
*Freud, Sigmund* 927
*Freund,* Enthalogenierung 110
*Friedel-Crafts*-Acetylierung 756
*Friedel-Crafts*-Acylierung
– Acylierungsmittel 518
– Acylphenole 556
– aromatische Ketone 592–593
– elektrophile Zweitsubstitution 592
– Furan 767–768
– Mechanismus 592–593
– Naphthalen 669, 681
– Spezialfälle
– – *Gattermann*-Aldehydsynthese 582
– – *Gattermann-Koch*-Synthese 581–582
– – *Vilsmeier-Haack*-Synthese 582–584
– Thiophen 772
*Friedel-Crafts*-Alkylierung
– Alkene 518
– Alkylhalogenide 517
– Anthracen-Synthese 674
– Cumol 519
– elektrophile aromatische Substitution 517–518
– Isomerengemisch 518
– Katalysatoren 518
– Mechanismus 517
– Reaktionsgleichung 517
– Styrolsynthese 522–523
– thermodynamisch gesteuertes Stoffgemisch 518
– Toluen 646
– Triphenylmethan 646
– wasserfreies Aluminiumchlorid 517
– Weiteralkylierung 518
*Friedel-Crafts*-Reaktion 554, 836
– Diphenylsulfon 545
– Imidazol 805
– Tetraalkylsilane 277–278
*Friedländer* 790
*Friedländer*-Synthese 848–849
*Fries*-Umlagerung 556, 564
*Fries*-Verschiebung 554
Frigene 218
*Fritsche, C. J.* 619
frontkontrollierte Reaktion *s.* Reaktionen
*front strain effect* *s.* F-Strain-Effekt
Frösche, *Phyllobates* 752
Frostschutzmittel
– Ethylenglycol 188
– Glycerol 189
– Glycolweinskandal 188
– natürliche 189
Fru 468
Frucht 860–863
Fruchtabfall, Phytohormone 717
Fruchtzucker 466, 488
*β*-D-Fructofuranose 495–496
Fructofuranosen 470
2-*β*-D-Fructofuranosyl-1-*α*-D-glucopyranosid *s.* Rohrzucker
D-Fructopyranose 495
*β*-D-Fructopyranose 488
Fructopyranosen 470
Fructose
– alkoholische Gärung 178–180
– *Fischer*-Projektion 467–468
– Inulinspaltung 474
– Inversion des Drehwertes 84
– oxidative Spaltung 479
– Reduktion 198
– reduzierende Zucker 488
– *Seliwanow*-Probe 770
D-Fructose
– Amomere 470, 473
– D-Glucose 487, 495
– Halbketale 470, 473
– Ketohexosen 466
– Raffinose 499
– Reduktion 476, 478
D-(–)-Fructose 471, 488
– *Fischer*-Projektion 468
D,L-Fructose
– Aldoladdition 475
– Reduktion 475
Fructose-1,6-bisphosphat 771
D-Fructose, Raffinosespaltung 499
*β*-Fructosidase *s.* Invertase
Fructoside 480
Fructosylierung 485
FSH 744
F-Strain-Effekt 601
FTIR (*Fourier*-Transformation-IR) 39–40
FT-NMR 39, 46–48
Fuc *s.* L-(–)-Fucose
Fuchsin 649–650
fuchsinschweflige Säure 309, 650
Fuchson 650–651
L-(–)-Fucose 488
*Fukuyama,* Synthese von (–)-Kainsäure 712
[60]Fulleren 683–684
Fulleren-60
– Bindungsslängen 684
– exohedrales 685
– Struktur und Synthese 683–684
Fullerenderivate, endohedrale 686
Fullerene 683–686
Fullerenreaktionen, exohedrale 685
Fullerid-Ionen 684–685
Fulleroide 686
Füllmaterial, provisorisches 727
Fulminate 393–394, 445
Fulminsäure *s.* Knallsäure
Fulvalen 158
– Herstellungsversuch 699
Fulven 158, 167, 513
– Azulen-Synthese 691–692
– aus Photolyse von Benzen 167
Fulvestrant 747–749
Fumarsäure
– Darstellung 366
– (*E*)-Isomer 366
– *E*/*Z*-Isomerie 81
– Lebensmittelzusatz 371
– p$K_S$-Wert 358

- Vorkommen 366
*Functional Food* 946
fünfbindige Kohlenstoffatome
s. Kohlenstoffatome
Fünfring 107
- aromatischer 823
- Cyclopentan 109
- mit drei oder mehr Heteroatomen 823
- mit einem Heteroatom 753
- mit fünf Stickstoffatomen 830
- Heteroaromat 793
- heterocyclischer 823
- homocyclischer 830
- Polyquinane 124–125
- Steran 731
- Steroide 118
- mit zwei Heteroatomen 793
Fünfring-Halbacetale 469, 473,
s. a. Furanosen
Fünfring-Heteroaromaten-
synthese 804–805
Fünfringheterocyclus 827
fünfwertige Alkohole s. Pentite
fungistatische Wirkung, Benzoe-
säure 602
Fungizide 212, 782, 810, 826
- Chloranil 576
- Organozinnverbindungen 296
- systemisches 810
- Vorprodukte 582
Funktionalisierung, enantioselek-
tive 930–931
funktionelle Gruppen 20–27, 944, 946
- 16$\beta$-Acetoxygruppe 750
- Aminogruppe 223
- antiauxochrome 43
- Chromophore s. Chromophore
- Elektrofluorierung 217
- elektronenziehende 536
- ESI 38
- *Fischer*-Projektion 69
- Gallensäuren 742
- $\gamma$-ständige 211
- induktive Effekte 25–27
- IR-Spektroskopie 39–40
- lipophile 742
- Massenspektrometrie 35
- mesomere Effekte 26–27
- nasschemische Analytik 27–33
- Nomenklatur der Alkohole 175
- nucleophile 172
- organische Strukturlehre 53
- oxidierbare 138
- Phosphatgruppe s. Phosphatgruppe
- Redoxeigenschaften 28
- Skelettisomerie 54–56
- Spirane 118
Funktionsisomere 54–56
Furan 536, 753
- aus 1,3-Butadien 767
- Additionsreaktion 768
- Aromatizität 768
- benzanelliertes Ringsystem 775
- Bromaddition 768
- *Diels-Alder*-Reaktion 767–768
- als Dien 768
- Eigenschaften 766–767
- elektrophile aromatische Substitu-
tion 767–768
- *Friedel-Crafts*-Acylierung 767–768
- Herstellung, technische 767
- katalytische Hydrierung 768
- Name 766–767
- Reaktionen 767–768
- Resonanzintegral 784
- Struktur 766–767
- substituiertes 767
- Sulfonierung 768
- Synthese 767
- technische Herstellung 767
Furan-2,5-dicarbonsäure 770
Furan-2-acrylsäure 769–770
Furan-2-carbonsäure 766, 768–769
Furancarbaldehyd 766–767
2-Furancarbaldehyd 767–769
Furaneol 770–771
Furaneolglycosid 771
Furangruppe 766–771
Furanmolekül 767
Furanosen 469, 473
Furanoside 470, 480
Furanring 790
2-Furansulfonsäure 768
Furazan 823
Furfural 30–32, 766–769, 840
- *Cannizzaro*-Reaktion 768–769
- Disproportionierung 769
- aus D-Xylose 769
- Kohlenmonoxidabspaltung 767
- aus Pentosen 768–769
- selektives Lösemittel bei Erdölraffina-
tion 769
- als Synthesebaustein 770
- Verwendung 769
Furfuralreaktion 768–769
Furfuryl-2-alkohol 768–769
Furfurylalkohol 769–770
6-Furfurylaminopurin 906
Furfuryl-Gruppe 768–769
2-Furfurylmethylmercaptan 769
2-Furfurylthiol 769
Furil 769–770
Furilsäure 769–770
7*H*-Furo[3,2g][1]benzopyran-7-on
s. Psoralen
Furocumarine 613, 788–789
2,2'-Furoin 769–770
Furoxan 823
Furyl-2-carbinol 768–769
2-Furylmethyl-Rest 768–769
Fuselöl 180–181
- Aminosäurebausteine 422
- Nachweis 590
Fusidane 732
Fusidinsäure 745
*Fusidium coccineum* 745
Fußballfulleren 683–684
Futtermittel 944–945
- biologische Wertigkeit 954
- stickstoffreiche 440
Futtersilierung 198, 407
Futterzusatzstoffe
- Aminosäuren 417
- in Tiermast 944–945
FVP s. *flash vacuum pyrolysis*

## G

G (Einbuchstaben-Code für Glycin) 948
GABA 232, 814, 866–867, 951,
s. a. $\gamma$-Aminobuttersäure
- Hemmung durch Progesteron 744
GABA-Agonist 814, 915
$GABA_A$-Rezeptor 866–867
GABA-Rezeptor 814, 939
*Gabriel-Isay*, Pteridin-Synthese 908–909
*Gabriel*-Reaktion 416
*Gabriel*-Synthese 226, 520
- Darstellung von Kryptanden 186–187
- *Ing-Manske*-Variante 227
- Kaliumphthalimid 616
*Gaedcke, Friedrich* 927
GAG s. Glycosaminoglycane
Gal 468
$\alpha$-D-Gal(1,6)-$\alpha$-D-Glc(1,2)-$\beta$-D-Fru
s. Raffinose
Galactane 488
Galactarsäure 477–478
Galactitol s. Dulcit
$\alpha$-D-Galactopyranose 488
4-*O*-($\beta$-D-Galactopyranosyl)-D-gluco-
pyranose s. Milchzucker
6-*O*-($\alpha$-D-Galactopyranosyl)-D-gluco-
pyranose s. Melibiose
6-*O*-($\beta$-D-Galactopyranosyl)-D-gluco-
pyranose s. Allolactose
6-O-($\alpha$-D-Galactopyranosyl)-$\alpha$-D-gluco-
pyranosyl-$\beta$-D-fructofuranosid 500
Galactosämie 198
Galactosamin 506
D-Galactosamin 489
Galactose 506
D-Galactose 508
- C4-Epimere 467–468
- Galactarsäure 477–478
- (+)-Lactose 497
- Milchzucker 496
- Raffinose 499
- Reduktion 476
D-(+)-Galactose 488

- *Fischer*-Projektion 468
Galactosereste 260
$\beta$-Galactosidase 497
Galactosylamin 483
D-Galacturonsäure 508
- Bausteine 505
Galläpfel 607
Galläpfelextrakte 607
Galle
- Biotransformation 261
- Taurocholsäure 192
Gallenblase 738–741
Gallenfarbstoffe 765
Gallensäuren 738–742
- emulgierende Eigenschaften 742
- Konformation 732
- primäre 741
- sekundäre 741
Gallensteine 736, 741
Gallerte 970
Gallocyanin 890–892
3-*O*-Galloylgallussäure 607–608
Gallseife 742
Gallussäure 567
- Kondensation 890–892
- Veresterung 607
- Vorkommen 607
- $\beta$-Glucosid 607
Gallussäure-Ester 607–608
Gallussäurepropylester 607
Gal NAc 489
GalU *s.* D-Galacturonsäure-Bausteine
Galvinoxyl-Radikal 655–656
Gambir 922
Gammastrahlung 34
$\gamma$-ständige funktionelle Gruppe *s.* funktionelle Gruppen
$\gamma$-Stellung, Chloridanion 153
Gammexan *s.* Lindan
Ganghöhe 969
Gangstörung 864
*Garden, A.* 666
Gärung, alkoholische 178–180, 314, 881
- Glycerolsäure 189
- Rohrzucker 496
Gärungsamylalkohol 422
Gärungsmilchsäure 407
Gärungsprozesse 104
Gasanalyse 567–570
Gaschromatographie 8, 920
Gase, inerte 216
Gas-Flüssig-Chromatographie 8
gasförmige Alkane 102
gasförmige Alkene 130
Gasheizungen 105
Gashydrate 101
Gasmaske 217
Gasphasennitrierung
- Propan 269–270
- radikalische 125
Gasphasenreaktionen, Massenspektrometrie 36–37
Gasruß 516
Gastmoleküle 374
Gastrointestinaltrakt 926
Gastroprokinetikum 810
*Gates* 933
*Gattermann*-Aldehydsynthese 582
*Gattermann-Koch*-Synthese 581–582
*gauche* 58
*gauche*-Konformation
- *n*-Butan 60
- *meso*-Weinsäure 80
*gauche*-Kopplung 59
GC (Gelchromatographie) 971–972
- quantitative 4
gear effect 62
Gebärmutterschleimhaut 744
gefaltete Konformation *s.* Konformation
Gefäßablagerungen 389
- arteriosklerotische Cholesterolablagerungen 736
Gefäßerweiterung 884
Gefäßspannung, Regulation 781–782
Geflügelschmalz 363
Gefriertrocknung 7
Gegenstromprinzip, Destillation 6
Gehirn 829, 951
- Dopaminabbau 174
- Dopaminausschüttung 844
- gestörter Energiestoffwechsel 948
- Neurotransmitter 954
- Nicotinrezeptor 919
- Opiodrezeptor 919
Gehirnentwicklung, Beeinträchtigung durch Phenylalanin 952
Gehirnforschung 950
Geiersterben 611
gekreuzte Aldolreaktion *s.* Aldolreaktion
gekreuzt konjugierte Doppelbindungen *s.* Doppelbindungen
Gelatine 953, 970
Gelatinehärtung 317
gelbe Lupine 928
Gelber Fleck 289, 723
gelb, Farbwahrnehmung 43
Gelbildner
- Carrageene 260
- Kosmetik 373
Gelbkörper 744
Gelbsucht 765
Gelchromatographie (GC) 971–972
- quantitative 4
Gelée Royale 431
Gelelektrophorese 373
- *Escherichia coli*-Lysat 260
Gelfiltrationschromatographie 9
Geliermittel 508
- Pektine 505
Gelpermeationschromatographie 9
- Sephadex-Gele 503
Gemenge 2–3
Gemeprost 748
geminale Protonen *s.* Protonen
Gemische
- azeotrope 178–180
- binäre 6
- explosive 101
Gendefekt 948
Generationensprung, Dendrimere 374
Gene, Steuerung des Ablesens 974
genetischer Code 880, 943–944, 979
- Bestimmung der Aminosäuresequenz 960
- Nucleinsäuresequenzierung *s.* Sequenzierung
Genexpression, Steroidhormone 741
Genine *s.* Aglycone
Genistein 860–861
Genistin 860
Gen-Knockdown 996
Genom, menschliches 833, 968
Gentechnik 971–972
Gentianaviolett *s.* Kristallviolett
Gentianose 499
Gentiobiose 499
- Disaccharide 579
Gentransfektion 374
Genussmittelindustrie, alkoholische Gärung 178
Geohopanoide 721
Gephyrotoxin 783–784
Geranial 709, *s. a.* Citral A
Geranien 861
Geranienblüte 860–863
Geraniol 183, 704–705
- und Citral 709
- Isomerisierung zu Nerol 710
Geraniumöl 704–705, 718
Geranyldiphosphat 704, 716
Geranylgeranyldiphosphat 716
*Gérard, M.* 674
Gerbsäuren *s.* Tannine
Gerbstoffdroge 922
Gerbstoffe
- Galläpfel 607
- natürliche 608
- synthetische 317, 554
Gerbung 970
- Formaldehyd 317
*Gerhardt, C. F.* 480
- homologe Reihe 99–100
Germizid 647–648
Gerste 977
- Bierbrauen 180
Geruch
- Alkohole 177
- blumiger 183

– etherischer 168, 216
– Liebespheromone 746
– niedere Thiole 198
Geruchsneutralisation 502
Geruchsprobe 27–28
Gerüststoffe
– Pflanzen 465
– Schalentiere 465
Gerüstsubstanz 969
gesättigte Alkohole *s.* Alkohole
gesättigte Kohlenwasserstoffe *s.* Kohlenwasserstoffe
gesättigte Sterole *s.* Sterole
gesäuerte Milchprodukte *s.* Milchprodukte
Geschlechtsorgane, Sexualhormone 744
Geschmack, bitterer 922
Geschmacksverstärker 845, 943–945, 951
geschwindigkeitsbestimmender Schritt, $S_N1$-Reaktion 208
Geschwindigkeitskonstante
– Logarithmus 600
– Molekülbewegung 49
Gesellschaft Deutscher Chemiker (GDCh) 210
Gesichtsfaltenglättung 963
gestaffelt (Konformationsbezeichnung) 58
gestaffelte Konformation 698
Gestagene 174, 744
– Biosynthese 743
– Derivate 748
Getränkeflaschen 616–617
Getränke, geistige 180
Getreide 879
– alkoholische Getränke 180–181
– Stärkegewinnung 501
Getreidekorn 951, 976
Getreideprotein 976–977
Getreidestärke 407
*Geuther, A.* 423
Gewebshormone 362, 781–782, 953
Gewürznelke 590, 922
Gewürznelkenbaum 184
GFR 808
*Gibberella fujikuroi* 719–720
Gibberellin $A_3$ 719
Gibberelline 719–720
Gibberellinsäure 719–720
*Gibbs-Wohl*-Verfahren 380
Gicht 899, 902, 915
Gifte 752, 963
Giftfrosch 919
Giftstoffe, Biotransformation 261
*Gilbert,* DNA-Sequenzierung 993
*Gilbert-Maxam*-Sequenzierung 984, 990, 992–993
*Gilman* 889
*Gilmans*-Reagenz 286
Ginkgobäume 347
*Ginkgo biloba* 347
*Girard*-Reagenz T 418
Gitogenin 750
Gitoxigenin 749
Gitoxin 749
Gitter
– Diamantgitter 120
– Ionengitter 15
– kubisch flächenzentriertes 14–15
Gitterebene 52
*Glaser*-Kupplung 171, 689
Glaskugeln, nanoporige 988
Glaukom 807, 833, 940
Glc 468
α-Glc-1,4'-Glc *s.* Maltose
GlcA 477, *s. a.* D-Gluconsäure
Glc NAc *s.* *N*-Acetyl-D-glucosamin-Einheiten
GlcU 478–479, *s. a.* D-Glucuronsäure
Gleichgewicht
– chemisches 56–57
– epimeres 929
– fotostationäres 611
– Metathese- 131
– photostationäres 627
Gleichgewichtskonstante 344, 385
– Logarithmus 600
Gleichgewichtskonzentration, Verschiebung 385
Gleichgewichtslagen, Voraussagen mit *Hammett*-Gleichung 601
Gleichgewichtsreaktionen
– Carbonsäuren 385
– Enaminbildung 328
– reversible 544
Gleichstromprinzip, Destillation 6
Gletschermumie 434
Gliadin 976–977
Glibenclamid 966
– Antidiabetika 549–550
Gliederfüßer 890
Glinide 966
Glitazone 820
globales Minimum, Konformationskarte 61–62
Globin 759
globuläres Protein 969
Globuline 971
– pflanzliche 974
– tierische 974
Glockenblumengewächs 919–920
glomeruläre Filtrationsrate 808
*Glover, R. M.,* Chloroform 213
GLP-1 964–966
Glu 951
Glucagon 743, 964
Glucagon-like-peptide 1 964–966
α(1,4')-Glucan 501
β(1,4')-Glucan 507
Glucane, cyclische 503
D-Glucarsäure, D-Glucose 478
D-Glucit *s.* D-Sorbit
Glucit(ol) 197
D-Glucitol *s.* D-Sorbit
Glucobay® *s.* Acarbose
Glucobrassicine 450–451
Glucocorticoide 741–743
– Biosynthese 743
– TTC-Reaktion 829–830
Gluconeogenese 742
D-Glucononitril 474, 476
D-Glucono-δ-lacton 411
D-Gluconsäure 476, 478, 487
α(1,4')-Glucopyranan 501
7-*O*-β-D-Glucopyranosylgenistein 860
Glucopyranose 480
D-Glucopyranose 495
α-D-Glucopyranose 468
– Formeldarstellungen 468, 472
– Saccharose 495–496
β-D-Glucopyranose 468
Glucopyranosepentaacetat 480
α-D-Glucopyranosyl-1,2'-β-D-fructofuranosid 495, *s. a.* Rohrzucker
α-D-Glucopyranosyl-1,4'-D-glucopyranose 493, *s. a.* Maltose
4-*O*-(α-D-Glucopyranosyl)-D-glucopyranose *s.* Maltose
4-*O*-(β-D-Glucopyranosyl)-D-glucopyranose *s.* (+)-Cellobiose
6-*O*-(β-D-Glucopyranosyl)-D-glucopyranose *s.* Gentianose
α-D-Glucopyranosyl-α-D-glucopyranosid *s.* (+)-Trehalose
Glucosamin 505–506
– Muscarinchlorid-Synthese 490
– Schwefelsäureester 506
D-Glucosamin 489–490
– Mutarotation 489
– *N*-Acetylderivate 489
– Veretherung 489
Glucose
– alkoholische Gärung 178–180
– anaerober Abbau, L-(*S*)-(+)-Milchsäure 403
– Asparagin 485
– Enantiomere 68
– enzymatischer Abbau 606–607
– enzymatischer Abbau von Stärke 501
– Fettalkohole 482
– Inversion des Drehwertes 84
– in Kaltpolymersiation 727–728
– oxidative Spaltung 479
– Phenylhydrazin 485–486
– *Seliwanow*-Probe 770
– Stärke 474
– Verbrennung zu Kohlendioxid 433–434
D-Glucose 179, 411

– Abbauprodukt der Cellulose 507
– Aceton 480
– Aldohexosen 466
– C4-Epimere 467–468
– (+)-Cellobiose 499
– cyclische Halbacetale 468, 472
– Ethylmercaptan 490–491
– *Fischer*-Nomenklatur 70
– D-Fructose 487
– D-Glucarsäure 478
– α-D-Glucopyranose 468
– α-glycosidisch verknüpfte 500–501
– katalytische Hydrierung 492
– Keto-Enol-Tautomerie 467–469
– (+)-Lactose 497
– Maltose 498
– D-Mannose 487
– Methanol/HCl 480
– Milchzucker 496
– Nitroalkansynthese 476–477
– Oxidation 476–479
– Pyranosen 468, 472
– Raffinose 499
– Reduktion 476, 478
– *Ruff*-Abbau 476–477
– Saccharose 495
– Sesselkonformation 472, 474
– Stärkeabbauprodukt 501
– (+)-Trehalose 497
– Umwandlung 487
– *Wohl*-Abbau 476–477
D-(+)-Glucose 488
– *Fischer*-Projektion 468
Glucose-Abbau, aerobe Energiegewinnung 350
D-Glucosediethylmercaptal 490–491
Glucose-Einheiten
– Alkylpolyglucoside 482
– α(1,4')-glykosidischen Bindungen 502
Glucose-Fructose-Sirup 488
Glucose-Isomerase 501
Glucosemolekülketten
– unverzweigte 501
– verzweigte 502
Glucosephenylhydrazon 485–486
Glucose-Stoffwechsel
– Glucocorticoide 742
– Vitamin $B_1$, 879, 882
Glucosetransporter 501
α-Glucosid 498
β-Glucosid
– (+)-Cellobiose 498–499
– Gallussäure 607
– Salicylalkohol 606–607
β-Glucosidase *s.* Emulsin
α-Glucosidase-Hemmer 500
Glucosinolate 450
Glucuronid 479
*N*-Glucuronide 482
*O*-Glucuronide 481–482
*S*-Glucuronide 482
Glucuronsäure 70, 481
– Biotransformation 261
D-Glucuronsäure 478–479, 506, 508
– Chondroitinsulfate 506
– Schwefelsäureester 506
Glutamat 944–945, 950–951, 974
Glutamat-Rezeptoren 125, 757, 951
Glutamin 950
L-(+)-Glutamin 951
Glutaminsäure 943, 950, 976–977
– Decarboxylierung 232
– Natriumsalz 943
– Neurotransmitter 943, 954
D-Glutaminsäure 326
L-Glutaminsäure 911–912, 943
– biotechnologische Herstellung 945
L-(+)-Glutaminsäure 951
γ-Glutamylcysteinylglycin 961
Glutardialdehyd 843, 925–926
Glutarsäure 350
Glutarsäureanyhdrid 353
Glutathion 961
Glutathion-Peroxidase 949
Glutelin 971, 977
Gluten 977
Glutenunverträglichkeit 977
Gly 948
Glycane 500–510
Glycation 485
Glycerin *s.* Glycerol
Glycerinaldehyd 68–70, 314, 475
– Bezugssubstanz 466
– *CIP*-System 72
– Grenzen der *Fischer*-Nomenklatur 71
– Konfiguration 466
– Triosen 466
D-Glycerinaldehyd 55, 475
D-(+)-Glycerinaldehyd 468, 470
Glycerinsäure 69
Glycerol 175, 184–185, 389, 466, 482, 848
– Dehydratisierung 320
– Derivate 193
– Ester 185–186
– *Malaprade*-Spaltung 188
– petrochemische Industrie 133
– Reaktionen und Anwendungen 188–189
– Synthese 185–186
– – von 2-Propenol 183
– – technische 132
– Veresterung 189–190, 193
– Weichmacher 509
Glycerolaldehyd 189
– *Fischer*-Projektion 189
Glycerolchlorhydrin 191
Glycerolester
– alkalische Hyrolyse 361–363, 387
– Butter 347, 349
– gemischte 349
– höherer meist gradzahliger Fettsäuren 361–363, 388
Glycerolmonoformiat 183
Glycerolnitrat 262
Glycerol-3-phosphat 193
Glycerolsäure 189
Glyceroltrinitrat 259 *s. a.* Nitroglycerol
– Sprengstoff 262–263
– technische Gewinnung 262
Glycid 185–186, 191
Glycin
– Benzoylierung 420
– Bildung von Dioxopiperazin 887
– Biosynthese Porphyrine 761–762
– Biotransformation 261
– *N*-Boc-geschütztes 826
– Darstellung von Hydantoin 808
– Einbuchstaben-Code und Dreibuchstabenabkürzung 948
– Gallseife 742
– Helix-Brecher 970
– in Insulin 964
– Neurotransmitter 948, 954
– $pK_{S1}$, $pK_{S2}$ 948
– und primäre Gallensäuren 738–741
– Struktur 414, 944
– Synthese 956–957
L-Glycin 944–945
Glycinamid 831–832
Glycinbenzylester 85–87
Glycin-Carbamid 956–957
Glycin-*N*-carbonsäureanhydrid 956–957
Glycin-*N*-carbonylchlorid 956–957
*Glycine max* 860
Glycinesterhydrochlorid 868–869
Glycinethylester 235, 418
Glycocalix 975
– in eukaryotischen Zellen 465
Glycocholat 738–741
– Gallseife 742
Glycogen 465
Glycogenabbau
– enzymatischer 504
– Leber und Muskeln 564–565
Glycogenolyse 742
Glycokonjugat 975
*cis*-Glycol 138
*trans*-Glycol 137
Glycolaldehyd 187–188, 948
– Dimerisierung 475
– Glycol 466, 504
Glycole
– Aldobiose 466
– *cis*-Glycol 138
– Darstellung von Kronenethern 186
– Derivate 191–193
– Dihydroxylierung von Alkenen 137
– Oxidation 187

G

- Reaktionen und Anwendungen 185
- *trans*-Glycol 137
- UDEX-Verfahren 516
Glycolester 133
Glycolether 133
Glycolipide 975
- membranbildende 489
Glycolsäure 187, 403
Glycolsäureamid 833
Glycolspaltung 188
- Blei(IV)-acetat 352
Glycolweinskandal 188
Glycolyse 314
- Glycerolsäure 189
Glycopeptide
- mit *O*-glycosidischer Bindung 947
- Oligosaccharide 493–494
*N*-Glycoprotein 975
*O*-Glycoprotein 975
Glycoproteine 810, 966, 971, 974–975
- organspezifische Erkennung 489
- Sialinsäuren 491
Glycosaminoglycane 506
Glycosidbildung 479–483
- OH-Gruppe am C6-Atom 499
Glycosidbindung
- Hydroxylgruppen 493–494
- Saccharose 495
Glycoside 480
- Amygdalin 608
- cancerogene 579
- cyanogene 326, 393
- *Fehling*sche Lösung 481
- aus Fingerhutblättern 749
- Hydrolyse 481
- Labilität 947
- nichtreduzierende Zuckerderivate 481
- pflanzliche 750
- Vanillin 590
*N*-Glycoside
- Nucleobasen 488
- Nucleoside 482–483
*O*-Glycoside 480–482
*β*-Glycoside 483, 485
glycosidische Bindung 990
1,1'-glycosidische Bindung 493–494
1,4'-glycosidische Bindung 493–494, 500
*α*-pseudo-*N*-glycosidische Bindung 500
*α*(1,4')-glycosidische Bindung 501
*β*(1,4')-glycosidische Bindung 507–508
glycosidische Verknüpfung *s.* Verknüpfungen
Glycosyl-Akzeptor 494, 498
- Linker 494
*N*-Glycosylamine
- *O*-acylierte geschützte 483
- chirale Reagenzien 483
- Derivate 485
- *O*-Pivaloyl-geschützte 483
Glycosylbildung 493
Glycosyl-Donor 493–494, 498
*α*-Glycosylhalogenide 483–484
Glycosylierung 981
- anomere OH-Gruppe 481
- nichtenzymatische 485
- Protein 973
Glycosylierungsreagenzien 485
*N*-Glycosylimin 483
Glycuronane 505–507
Glycylalanin 955
Glykokoll 414
Glykol
- Oxidation durch 983
- Oxidation 466
Glykolsäure 427
Glyoxal 187, 512, 908–909, 984
Glyoxalin 802–803
Glyoxylsäure 30–31, 187, 422–425
Glyoxylsäurehydrat 424–425
- *Cannizzaro*-Reaktion 427
- Dichloressigsäure 424–425
- Oxalsäure 424–425
Glyptalharz 189–190
*Gmelin,* Kohlenstoffverbindungen 2
GMP *s.* Guanosin-5'-monophosphat
Goldlack 860
Goldrute 718
*Goldschmidt, St.* 658
*Gomberg-Bachmann*-Reaktion 631–632
*Gomberg, M.* 644, 653
*Gomez* 929
*Gompper* 876
Gonan 99, 118
*Goodyear,* Vulkanisation von Naturkautschuk 726
Gossypol 670
gradielles Elutionsmittelgemisch 8
*Graebe, C.* 678
*Graebe-Ullmann*-Synthese 791
*graft polymers* 728
*Gram*-Färbung 650–651
Gramicidin 966–967, 970
Gramicidin A 966–967
Gramin 780–781
gramnegatives Bakterium 819
- aerobes 820
grampositives Bakterium 819
Granatan 925
3-Granatanon 925–926
Granatapfelbaum 925–927
Granisetron 801–802
Granulosazellen 744, 747
Grapefruit 200
Grapefruitsaft 706
Graphit 683–684
Grauer Star 198, 973
*Green, A. G.* 573–574
grenzflächenaktive Stoffe
- anionenaktive 364
- Einteilung 364
- kationaktive 364
- nichtionogene 364
Grenzflächenaktivität 364
Grenzflächenspannung 364
Grenzformeln, mesomere *s.* mesomere Grenzstrukturen
Grenzformulierungen, hypothetische 514
Grenzorbitale 21
- *Cope*-Umlagerung 156
- Wasserstoffverschiebung 154–155
- *Woodward-Hoffmann*-Regeln 154–155
Grenzorbitaltheorie 22–24, 795–796
Grenzstrukturen
- anionischer, nichtbenzoider Aromaten 697
- dipolare 795
- mesomere *s.* mesomere Grenzstrukturen
- Nitrobenzen 530–532
*Grewe* 932–933
*Grieß, P.* 629
*Grignard*-Lösungen
- Austauschreaktionen 286
- Gleichgewicht 286
*Grignard*-Reagenzien 286
- Aldehyde 289
- Alkoholsynthese 181
- Carbonsäuren 344
- C-Nucleophile 283
- bei Ferrocen-Synthese 699
*Grignard*-Reaktion 288, 648, 768
- Biphenyle 640–641
- Pyrazin 878
- Pyridazin 877–878
- Pyrimidin 878
- Stilben 523
*Grignard, V.* 286
*Grignard*-Verbindungen
- acide H-Atome 287
- Addition
- - an Aldehyde 314–315
- - an Aldehyde und Ketone 288
- - an Carbonylgruppe 288
- - an Nitrile 324–325
- aus Arylbromiden und -iodiden 535
- Carbonsäureester 389
- Chinone 574
- aus Cyclopentadien 157–158
- Darstellung von Sulfinsäuren 264
- Di-*Grignard*-Verbindungen 166
- Entstehung von Diphenylbutadiin 526
- etherfreie 287
- Ethin 168
- Hydrolyse 288
- Komplexstrukturen 286
- korrespondierende 111–113
- Laborsynthese 287

- nucleophile Addition an Carbonylgruppe 288
- Pyrrol 756–757
- Reaktion mit Säurechloriden 325, 377
- Reaktivität 287
- Säure-Base-Reaktionen 287
- SET-Mechanismus 656–657
- und Stilben-Reaktionen 523
- Struktur 283
- Tetraalkylsilane 277–278
- Umpolung 288
- Umsetzung
- - mit Carbonsäureestern 288
- - mit Estron 748
- - mit Kohlendioxid 288
- Vinylmagnesiumchlorid 854–855
Grippe-Erkrankungen 491
Grisan 789–790
Griseofulvin 789–790
Grisuten *s.* Polyesterfasern
Grobfragmentierung 211
Größenausschluss
- Chromatographie 971–972
- Stofftrennung 7
*Grubbs,* Olefin-Metathese 131
Grubenotter 963
Grundchromophore 778, 783–784
Grundgeschmacksnoten 951
*Grundmann* 894
Grundschwingungen, Moleküle 40
Grundstoffe
- chemische 132
- petrochemische 667
grüne Pflanze 975
grüner Schwefelfarbstoff 893–894
grün, Farbwahrnehmung 43
Grünkreuz-1 *s.* Chlorpikrin
Gruppe (Periodensystem), Elektronegativität 22
Gruppen *s. a.* funktionelle Gruppen
- $CR_2$- 164
- enantiomorphe 87–88
- homomorphe 86–87
- prosthetische 974
- Topizität 86–87
Gruppen-Transfer-Polymerisation 367, 369, 387
GSH 961
GTP *s.* Gruppen-Transfer-Polymerisation
Guaja-Azulen 692–694
Guajacol 564
- Vanillin 590
Guajacylallylether 564
Guajakharz 564
Guajazulen 718
- aus ätherischen Ölen 723–724
Guanidin 443
Guanidin-Derivat 807
Guanidineinheit 876
Guanidin-Funktion 807
Guanidinhydrochlorid *s.* Guanidiniumchlorid
Guanidiniumchlorid 260, 443
Guanidiniumhydrogencarbonat 443, 908–909
Guanidiniumkation 443–444
Guanidiniumnitrat 443
Guanidiniumsalz 968
Guanidin-Partialstruktur 875
Guanidin-Rest 950
Guanin 879–880, 902, 906, 979, 982–983
- Alkylierung 906
- DNA-Replikation 986–987
- Eigenschaften 906
- NH-Acidität 906
- Nucleinsäurebaustein 906
- oxidativer Abbau 443
- $pK_S$-Wert 906
- Synthese aus 2,6,8-Trichloropurin 901–903
- *9H*-Tautomer 906
Guanin-spezifische Spaltung 992–993
Guano 903, 906
Guanosin
- Abbau im Stoffwechsel 904
- Desamierung 983
Guanosinmonophosphat 983
Guanosin-5'-monophosphat (GMP) 982
*Guillemin* 962
L-Gulose 476, 478
Gul U *s.* L-Guluronsäure
L-Guluronsäure 505–506
gummielastische *cis*-1,4-Polybutadienblöcke 728
gummielastische Körper 727
Gummierzeugnisse, aus Naturkautschuk 726
*Gustavsson,* Enthalogenierung 110
*Gutknecht*-Kondensation 876
*Gutsche, D.* 558
Guttapercha 715
- Gewinnung 727
- als Isoliermaterial 726
- Struktur und Eigenschaften 726
*György, P.* 911
Gyrase, bakterielle 855
Gyrasehemmer 855–856

## H

$H^+$ *s.* Protonen
$H_2O$-Detektion 4
$H_3O^+$-Ionen, Dissoziationsgleichgewicht 344
$H_3SO_4^+$ 544
*Haagen-Smit* 782
*Haber-Bosch*-Verfahren 106
*Haberlandt,* Antibabypille 748
Hafer 769, 977
Haferspelzen 769
*Hafner*sche Azulensynthese 838
Hagebutten 723
Halbacetale 312, 854, *s. a.* Furanosen; *s. a.* Pyranosen
- Aldehyde 468, 471
- Batrachotoxin 752
- Bildung 468
- cyclische 468, 473, 505
- - Pentosen 468
- - $\alpha$- und $\beta$- Diastereomere 468
- Cyclobutanonsynthese 112–114
- Glycosidbindung 493–494
- intramolekulare 744
- Oxocarbenium-Ion 555
- reduzierende 493–494
- Ring-Ketten-Tautomerie 57
- Sechsring 468, 472
*N,O*-Halbacetale 312
Halbacetalgruppe, acylierte 482
halbacetalische Hydroxygruppe 493–494
- Schutz 483
Halbaminale
- Biosynthese von Nucleosiden 982–983
- Darstellung von Aldehyden 307
- bei Enaminbildung 328
- Entstehung 225, 311–312
- Iminbildung 586
- Reaktionen 312
- in Urotropinsynthese 318
Halbäquivalenzpunkt 344
Halbether 566–567
Halbketale 470, 473
Halbleiter 772
- organische 642
- - Polyacetylen 171
- - Polyphenylderivate 641–643
- - Polythiophenbeschichtung 772
- Tetrabrommethan 216
Halbmetalle, organische Derivate 255–282
Halbräume, enantiotope 84
Halbsessel-Konformation 91–93
- Cyclohexen 149
- Steroide 733
Halbstrukturfomeln 55
halbsynthetische Fasern 509–510
Halbwertszeit
- biologische 961
- Hydrolyse eines Peptids 954
Halcon-Verfahren 191
halfchair *s.* Halbsessel-Konformation
Halifax-Explosion 538
*Halley*scher Komet 317, 449
Halluzination 926, 940
Halluzinogene 844
- Mescalin 520–521
Haloalkylpurin 901

Halobakterien 719
Halochromie 43–45
Haloforme 205, 212–213
- Gewinnung und Synthese 214
- natürliche 215
- Reaktionen und Anwendungen 216
Haloformreaktion 214–216, 333
α-Halogenaldehyd 804
Halogenaldehyde 319–320
Halogenalkane 203–218
- Alkensynthese 130
- Eliminierung 209–211
- funktionelle Gruppe 23
- natürliche 206–207
- nucleophile Substitution 208–209
- Ozonabbau 219–220
- Reaktionen und Anwendungen 208–211
- Reaktion mit *Lewis*-Säuren 25
2-Halogenalkohole 249
Halogenatome, partielle Reduktion 214
Halogenaustausch 402
Halogenbenzen 517, 527
α-Halogencarbonsäurechlorid 954–955
α-Halogencarbonsäureester 408–409
Halogencarbonsäuren
- Acidität 399–400
- ausgewählte Verbindungen 403
- elektronenziehender Effekt 399
- Gewinnung und Synthese 400–402
- -I-Effekt 399–400
- p$K_S$-Werte 400
- Reaktionen und Anwendungen 403
- Reaktivität 400
- Struktur und Eigenschaften 399–400
α-Halogencarbonsäuren 944–945
- Ammoniak 403
- Einführung von Halogenen 400–402
- Hydroxidionenangriff 406
- α-Lacton 359
- Synthese-Intermediate 402–403
β-Halogencarbonsäuren
- baseninduzierte Halogenwasserstoffabspaltung 359
- Halogenierung 401–402
γ-Halogencarbonsäuren 401–402
γ- und δ-Halogencarbonsäuren 409
Halogencyane 451
Halogene
- Addition 134
- Detektion 4
- elektrostatische Abstobung 94
- Nachweis 27
- nucleophiler Austausch 125
- positivierte 825
α-Halogenester 290
Halogenhydrine 249
halogenierte Alkane
- mehrfach 212–217
- monohalogenierte *s.* Alkylhalogenide
- Nitroverbindungen 266
- Photochlorierung 205–207
- Reaktionen und Anwendung 106
- Reduktion von Alkenen 139
- Schmelzpunkte 102–103
- Siedepunkte 102–103
- Sulfochlorierung 264
- tetracyclische 120
- aus Trialkylboranen 282
- verzweigte 100, 106, 142
- vicinale Dibromverbindungen 134–135
- vicinale Dichlorverbindungen 134–135
- *Wurtz*-Synthese 105
halogenierte Aromaten 527–537, *s. a.* Aromaten
- Reaktionen und Anwendungen 535–537
- Struktur und Eigenschaften 527
- Synthese 527–535
halogenierte Ether 218, *s. a.* Ether
Halogenierung 771–772
- Acetophenon 597–598
- Alkane 106
- Alkylaromaten 532
- aromatischer Kohlenwasserstoffe 527–529
- Carbonsäuren 400–402
- direkte 205
- Essigsäure 400
- katalytische 205
- Methylgruppe 214
- Phenol 554–555
- regioselektive 401
- Regioselektivität 401–402
- thermische 205
- Triazol 825
- γ-Position 401
Halogenierungsmittel, elektrophiles 825
α-Halogenketon 756, 804, 812
Halogenketone 333
Halogen-Metall-Austausch 105, 285
- Organolithiumverbindungen 284
2-Halogenmethylchinazolin-3-oxid 868–869
4-Halogenpyridin-*N*-oxid 838
Halogenradikale 219–220
Halogenwasserstoffe 134, 153
Halogenwasserstoffsäuren
- Addition 134–135
- Alkene 205
- Alkine 171
- Umsetzung mit Alkoholen 205–206
Halone, Verbot 220
Halon-Löscher 218
Haloperidol 592
Halothan 218
Halsschmerztablette 966
Häm 759
- Synthese 761
Hämatin 759
Hämatoporphyrin 760–761
Hämatoxylin-Eosin-Färbung 652–653
*Hamett*sche Substituentenkonstanten 601
Hämgruppe 975
Hämiglobin *s.* Methämoglobin
Hämin 759–761
- Bezifferung 765
- oxidativer Abbau 765
häminartige Farbstoffe 761
Häm-Liganden 456
*Hammet*-Gleichung 600–601
*Hammet, L. P.* 600
*Hammond*-Postulat 206, 531
Hämoglobin 758–760, 970–971, 975
- Eisengehalt 759
- Häm-Liganden 456
- Kohlenstoffmonoxid 456, 760
Hämoglobinmolekül 759
Hämoglobin-Oxyhämoglobin-Gleichgewicht 759–760
Handauslese, Racemattrennung 75
Händigkeit *s.* Chiralität
Hanf 506, 844
Hanfsamen 974
Hantelform, sp$^3$-Hybridorbitale 16–18
*Hantzsch, A.* 541, 584, 633
*Hantzsch*sche Dihydropyridinsynthese 309, 836, 841
*Hantzsch*sche Thiazolsynthese 815
Haptizität 698
- Komplexchemie 298
*Hard and Soft Acids and Bases* *s.* HSAB
*Hardegger*, E. 490, 923
*Harington* 952, 961
Harmalin 937
Harman 937
- Synthese aus Tryptophan 939
Harmin 937
Harn
- Kreatininwert 808
- menschlicher 556
- von Mensch und Säugetier 902
- Sexualhormone 747
- Urease-katalysierte Zersetzung 435–436
Harnanalyse 403
Harn-Indican 780
Harnsäure 902–904
- Abbau 808–809, 903
- Ablagerung 902
- Antioxidans 903
- Eigenschaften 903
- Geschichtliches 1
- Gewinnung aus Guano 903
- im Harn von Mensch und Säugetier 902

- Konstitution 903
- Murexidreaktion 809, 905
- Proteinstoffwechsel bei Reptilien und Vögeln 903
- Purinabbau 902–903
- Radikalfängereigenschaft 903
- Salzbildung 902–903
- Synthese nach *Traube* 905
- Triketo-Tautomer 903
Harnsäurespiegel 902
Harnstoff
- Abbauprodukt von Barbitursäure 881–882
- Anwendungen 440–441
- Denaturierung von Proteinen 260, 968
- Diazotierung 258
- Düngemittel 440, 454
- Eigenschaften 435
- Entstehung von Parabansäure 809
- funktionelle Gruppe 24
- Gewinnung von Salpetersäureester 257–258
- Harnstoff-Formaldehyd-Harze 441
- Hydrolyse 435–436
- Laborsynthesen 437
- Melaminsynthese 440
- Mesomerie 436
- *N*-alkylierter 437
- Nitroalkanherstellung 270
- Polyurethan 440
- Pyrolyse 897
- quantitative Bestimmung 436
- bei Synthese von Kupferphthalocyanin 765
- technische Synthese 437
- bei Traube-Synthese 905
- Uracil-Darstellung 879
- Ureide 441
Harnstoffcyclus 950, 983
Harnstoffderivate 226
- Kaliumcyanat 454
Harnstoffeinheiten 876
Harnstoff-Formaldehyd-Harze 441, *s. a.* Aminoplaste
Harnstoffsynthese 1
- aus Ammoniumcyanat 1
- *Wöhler*sche 437, 808
Harnwegsinfektionen 542, 769
- Nitrofurantoin 542
*Harries*
- Kautschukgewinnung 726
- Ozonolyse 138
harte Ionisationsmethoden 36
hartelastische Polystyrolblöcke 728
harte Moleküle 24–25
Hartfaserplatten 557
*Hartley* 959
Harze
- Alkydharze 189
- 1-Butanol 183
- Glyptalharz 189–190
- Nadelhözer 718
- Polyesterharze *s.* Polyesterharze
- Resorcin 565–566
- Zusammensetzung 712–713
Harzsaft 712–713
Harzsäuren 712, 718
- Disproportionierung 723–725
Harzstoffe, Zellstoffgewinnung 507
Haschisch 844
*Hassel*, Cyclohexan-Konformationen 91–94
*Hass*, radikalische Gasphasennitrierung 125
H-Atom *s.* Wasserstoffatom
Hauptalkaloid 917–918, 920
Hauptisotope 36
Hauptkette 102
Hauptquantenzahl 12
*Hauser, C. R.* 428
Haushaltszucker 495
Haut 952
- Bräunung bei Sonneneinstrahlung 789
- normale Funktion 810
Hautcarcinome 683
Hauterkrankung mit erhöhter Zellproliferationsrate 789
Hautkrankheiten 743
Häutungshormon *s.* Ecdyson
*Haworth*-Darstellung 94
*Haworth*-Konformation 58
*Haworth*-Projektion 472
*Haworth*-Ringformel 472
*Haworth*-Synthese 681
*Haworth, W. N.* 492, 500
*Hayashi*, Gibberelline 719–720
$^1$H-Breitband-Entkopplung 47–48
H-Brücken *s.* Wasserstoffbrücken
HCC *s.* Hexachlorcyclohexan
HCH *s.* Hexachlorcyclohexan
HCl-Abspaltung 296
HDI *s.* Hexamethyldiisocyanat
HDL 747, 976
HDPE (*high density polyethylene*) 143
Hebizide 572–573
He@$C_{60}$ 686
*Heck*-Reaktion 139, 303
- enantioselektive 302
- Mechanismus 300–301
HEDP *s.* Hydroxyethylidendiphosphat
*Heeger, A. J.*, leitfähige Polymere 171
Hefe 840, 879, 961
- Vermehrung 810
Hefeenzyme 422
Hefeextrakt 840
Hefepilze
- alkoholische Gärung 178–180
- alkoholische Getränke 180
- Ergosterol 737
Hefepilzerkankung 826
Heilbutt, Leberöl 718
*Heim, R.* 939
Heißchlorierung 134
Heißvulkanisation 726
Heizgase 101
*Helferich, B.* 649
helicale Chiralität *s.* Chiralität
$\alpha$-helicale Konformation 98
Helicene 72–74
Helices, makromolekulare 72–74
Heliogenblau B 766, 786
Heliotropin 591, *s. a.* Piperonal
Helium-Einschlussverbindungen 686
Helium, Elektronenkonfiguration 13–14
$\alpha$-Helix 968–970
$\beta$-Helix 966, 970
Helix, spiralförmige 501
$\alpha$-Helixstruktur 969
*Hell-Volhard-Zelinsky*-Reaktion 400, 402
*Helmchen* 920
- Campher-Synthese 715
Hemellitol 516
Hemiacetal-OH-Gruppe 480
Hemicellulose 178, 506–509, 769
- Holzbestandteil 525
- Zellstoffgewinnung 507
Hemiterpene 703
*Henderson-Hasselbalch*-Gleichung 344
Henkel-Verfahren 615
$^3$He-NMR 686
Henna 705
Heparin 506, 970
Heparin-Skandal 506
Hepatitis B 966
Hepatitis C 966
*n*-Heptadecan 103
Heptadecansäure *s.* Margarinsäure
1,5-Heptadien 156
Heptan 100
Heptanitrocuban 127
1,3,5-Heptatrienylradikal 739–740
Herbizide 442, 824, 843
- Breitbandherbizide 550
- Iodosulforonmethyl-Natrium 550–551
- Natriumtrichloracetat 403
- Photosynthesehemmer 550
- selektive 550
- Sulfonylharnstoffe 550–551
- Wuchsstoffherbizide 550–551
Herbstzeitlose 918
- Topolonquelle 696
Hering 974
Hernandulcin 717
Heroin 844, 857–859, 932–933, 935
Heroinsucht 935
- Behandlung 936

H

Herpesviren 984
Herzerkrankungen 911–913
Herzinfarkt, akuter 605
Herzinfarkt-Prophylaxe 607
Herzkrankheit, koronare 841
Herzkranzgefäße 827
Herz-Kreislauf-Erkrankungen 389
Herz-Kreislauf-Reanimation 926
Herz-Kreislauf-Störung 882
Herzrhythmusstörungen 790, 926, 929–930
– bradykarde 565
Herzstillstand 564–565
Herztätigkeit 829
herzwirksame Steroide *s.* Steroide
*Hesse, O.* 937–938
Hetarylhalogenide 139
Heteroannulen 758
Heteroaromaten 753, 766–767, 771–772, 823, *s. a.* Aromaten
– π-elektronenarme 835–836
– π-elektronenreiche
– – Fünfringe mit einem Heteroatom 753
– – Fünfringe mit zwei Heteroatomen 793
– – Furan 767–768
– – Indol 777
– – Pyrrol 754–755
– – Thiadiazole 831
– – Thiophen 771
– – Triazole 823
– π-Elektronensextett 753
– Mercurierung 292
– Reaktivität 768
– sechsgliedrige 894
Heteroaromaten-Synthese 804–805
heteroaromatischer Ring 824–825
Heteroatome
– Bezeichnung 2–3
– *CIP*-System 72
– als Dipolarophile 795
– elektronenschiebende 460
– Elektronensextett 795
– exocyclische 979–980
– tetraedrisch koordinierte 64
Heterobicyclus 899
– Basiskomponente 900
– IUPAC-Nomenklatur 900
– kondensierter 900
– Nomenklatur, systematische 900
– Nummerierung 900
heterochirale Moleküle *s.* Moleküle
heterocyclische Aminosäure 953–954
heterocyclische Basen 191, *s. a.* Basen
heterocyclischer 5-Ring 753
heterocyclische Ringe 92, *s. a.* Ringe
heterocyclisches Hydrazon 822
Heterocyclus 753
– aromatischer 775
– benzanellierter 775
– Bezifferung 754, 766, 771, 775
– fünfgliedriger 236–237
– mit Sauertoffatomen 823
– sechsgliedriger 873, 885
– mit Stickstoffatomen 823
– strukturisomerer 793
N-Heterocyclus, siebengliedriger 866
Hetero-*Diels-Alder*-Reaktion 864–865
Heterodien 320
Heterodimerisierung 112
heterogene Oxidation 323
heterogene Stoffgemische 2–3
Heteroglycane 500
Heterokumulen 445
heterolytische Bindungsspaltung 765
heterolytische Spaltung 597, *s. a.* Spaltung
heteronucleare Korrelationsspektroskopie (HETCOR) 49
*heteronuclear multiple bond correlation* (HMBC) 49
*heteronuclear multiple quantum correlation* (HMQC) 49–51
*heteronuclear single quantum correlation* (HSQC) 49
heterotope Liganden 392
*Heumann* 777
*Heumann*sche Indigosynthese
– erste 778–779
– zweite 778, 790
*Hevea brasiliensis* 726–727
Hexabromcyclohexan 535
Hexacen 682
Hexachlorcyclohexan 535
γ-Hexachlorcyclohexan *s.* Lindan
Hexachlorophen 647–648
Hexachloroplatin(IV)säure 139
1-Hexacosanol 178
Hexacyanoferrat-(II)-Anion 297–298
1-Hexadecanol 178
Hexadecansäure *s.* Palmitinsäure
7-Hexadecen-16-olid 404
Hexadecyltributylphosphoniumchlorid (QCl) 212
Hexa-2,4-dien 153
1,5-Hexadien 156
(*E,E*)-2,4-Hexadiensäure *s.* Sorbinsäure
Hexaeder 121
Hexaethylenglycolmonohexylether 192
Hexafluor-bicyclo[2.2.0]hexa-2,5-dien 756–757
Hexafluor-*Dewar*-Benzen 756–758
Hexafluorpropylen 218
Hexahydropyridin 841
Hexamethylbenzen 574
Hexamethyldiisocyanat 453
Hexamethylendiamin
– Polyamide 356
– Synthese 356
– technische Ethinsynthesen 173
Hexamethylendiisocyanat 440
Hexamethylentetramin 311, 318
– *Duff*-Synthese 584–585
– *Sommelet*-Reaktion 580–581
– Vernetzer 557–558
Hexamethylparafuchsin *s.* Kristallviolett
Hexan 8, 100
– Elutionskraft 8
– thermisches Cracken 106
Hexan-2,5-dion 772
3,4-Hexandion 770
Hexandisäure *s.* Adipinsäure
1,6-Hexandisäure *s.* Adipinsäure
Hexanitrodiphenylamin 539
2,2,4,4,6,6-Hexanitrodiphenylamin 539
Hexanitrostilben 539
*n*-Hexan, *Kolbe*-Elektrolyse 105
1-Hexanol 178
Hexansäure *s.* Capronsäure
Hexaphenylethan 644
– C—C-Bindungsspaltung 653–654
Hexaphenylfulvalen 158
Hexaphenyltetrazan 658
Hexatriene 739
Hexen 130
1-Hexen 131
Hex-5-en-1-ol 843
4-Hexenolid 361
3-Hexin-2,5-diol 771
Hexindiol 771
Hexite 184–185, 197
– Zuckeralkohole 185
Hexobarbital 881–882
Hexogen 318
Hexosen 769–770
– Acetylierung 483–484
– cyclische Halbacetale 472
– *Fischer*-Synthese 475
– D-Glucose 466
– Lävulinsäure 426–427
– qualitative Analytik 30
L-Hexosen 476
Hexosepentaacetate 483–484
Hexulosen 467
Hexyl *s.* Hexanitrodiphenylamin
*Heyns* 957
HFCS *s. high fructose corn syrup*
$Hg^{2+}$-Ionen, Toxizität 292
HgOAc-Kation 294
– Entstehung 292–293
*high density lipoprotein* *s.* HDL
*high density polyethylene* *s.* HDPE
*highest occupied MO* (HOMO) 21–24
– Cycloheptatriensynthese 160
– HOMO-LUMO-Übergang 41
– HOMO-LUMO-Wechselwirkung 24–25
– pericyclische Reaktionen 739–740
– Solvatochromie 44
– *Woodward-Hoffmann*-Regeln 154–155
*high fructose corn syrup* 501

*high pressure liquid chromatography* s. HPLC
Hilfsreagenz 813
Hilfsstoffe, chirale 326–327, 887
Hinbindung 298
σ-Hinbindung 298
Hinderung, sterische s. Abschirmung
*Hine, J.* 583
*Hinsberg*-Reaktion 546–547, 548
*Hinsberg*-Trennung 230
*Hippophae rhamnoides* s. Sanddornbeeren
Hippursäure 420, 599
Hirn s. Gehirn
Hirnhautgefäße 781–782
Hirnströme 951
Hirse 977
*Hirst, E.* 491
Hirudin 970
His 953
His-Tag 971–972
Histamin 806–807, 953
– *Pauly*-Reaktion 806, 908
Histamin-Antagonist 807
Histidin 806
– Decarboxylierung 806, 953
– Gehalt im Blut 806
– Tautomerie 953
– Thiolgruppe 200–201
L-(−)-Histidin 953
Histidin-Oligopeptid, terminales 971–972
Histidinrest, proximaler 456
Histologie 891
– Hämatoxylin-Eosin-Färbung 652–653
– Lumineszenzfarbstoff 934
Histon 970–971
– Komplex mit DNA 974
Hitzebeständigkeit, Teflon 218
HIV-Infektionen 833
– Azidothymidin 244
HI-Virus 984
HMBC s. *heteronuclear multiple bond correlation*
HMG-CoA 413
HMG-CoA-Reduktase-Hemmer 413
HMQC s. *heteronuclear multiple quantum correlation*
HNDP s. Hexanitrodiphenylamin
$^1$H-NMR-Spektren 874
$^1$H-NMR-Spektroskopie 44, 46–47
– enantiotope Protonen 87
– topische Beziehung der Protonen 85
– Torsionswinkel 59
– Zahnradeffekt 62
HNS s. Hexanitrostilben
HOBt 825
HOBt-Aktivester 826
HOBt/EDC-katalysierte Kupplung 826
hochauflösende Massenspektrometrie (HRMS) 4
Hochdruck-Chlorolyse 215
Hochdruckpolyethylen s. LDPE
Hochdruckverfahren 142
hochexplosives Peroxid 885
Hochfeldverschiebung 46, 688
Hochfrequenzgenerator 46
hochmolekulare Polyprene 715
hochmolekulare Polyterpene 715–716
hochprozentige alkoholische Getränke 180
höchstes besetztes Molekülorbital 795
Hochvakuum 7
*Hock*-Reaktion 554
– 1,4-Diisopropylbenzen 566
– Phenolsynthese 519
*Hock*sche Phenol-Synthese 555
Hoden 864
– *Leydig*-Zellen 745
– Sexualhormone 744
*Hodge* 770
*Hodgkin*, Konstitution von Cholesterol 737
*Hoechst-Knapsack*-Verfahren 380
*Hoesch*-Ketonsynthese 593
*Hoffmann, F.* 606–607
Hoffmannstropfen 246
*Hoff, van't* s. *van't Hoff*
*Hofmann, A.* 939
– LSD 940–941
*Hofmann*-Abbau
– Amine 391, 837
– Säureamide 446
*Hofmann, A. W. von* 210
*Hofmann*-Eliminierung 148, 192, 210, 251
– E2- oder E1cb-artiger Mechanismus 226–227
– intramolekulare 842
– *p*-Methylbenzyltrimethylammoniumhydroxid 568
– Steroidsynthese 734–735
*Hofmann, F.*, synthetische Elastomere 727
*Hofmann, K.*, Lactobacillinsäure 148
*Hofmann*-Produkte 147, 211, 226–228
*Hofmann*-Umlagerung 226–227
Höhenkrankheit 926–927
höhere Alkane s. Alkane
höhere Homologe 102
höher halogenierte Alkane s. Alkane
*Holarrhena antidysenteria* 751
*Holmes, E. L.* 558
Holz
– Bestandteile 506–507
– Destillation 178–179, 332, 525
– erneuerbare Rohstoffequelle 182
– *p*-Cymol 519
– Xylen 519
Holzaufschluss 590
– alkalischer 507–508
– saurer 507
Holzbestandteile 525
Holzessig 346
Holzgummi 488
Holzimprägnierung
– Anthracenöl 516
– Leinöl 372
Holzkohle 169
Holzschutzmittel 667
Holzteer 519
HOMO 795, 797, 896
Homobatrachotoxin 752
homochirale Moleküle 63
homochirale Verbindungen 67
– Synthese 493
Homochiralität 944
Homocystein, Methylthioether 949
HOMO-Energie 796
homogene Gemische 2–3
homogene Katalyse s. Katalyse
homogene Stoffgemische, Trennung 4–9
Homoglycane 500
homokonjugierte Doppelbindungen s. Doppelbindungen
homologe Aminosäure 950
homologe Reihe s. Reihe
Homologisierung 378
– photoinduzierte 695
HOMO-LOMO-Abstand 641, 644–645
HOMO/LUMO-Wechselwirkung 795
Homolyse 82
– Photochlorierung von Alkanen 205
homolytische Bindungsspaltung 106, 765
homolytische Spaltung 533
– Arylmethane 644
– Brommolekül 534
– Kohlenstoff-Cobalt-Bindung 765
homomorphe Gruppen s. Gruppen
Homöostase, Calcium- 737–738
Homopolymere 140
Homoserin 960–961
Homoserinlacton 960–961
homotop 85–87
Homoveratrol 931–932
Honigbienen 365
Hopan 721
Hopanoide 721
Hopfen 860
– Myrcen 704
*Hopkins* 961
*Hoppe* 929
Hordenin 562, 977
Hormone 943, s. a. Sexualhormone; s. a. Steroidhormone
– adrenocorticotrope 964
– Bedarfshormone 742
– Calcitriol 162

H

– der Neurohypophyse 962–964
– Ethinylestradiol 174
– von Hypophyse 962
– von Hypothalamus 962
– Oxidationsschutz 863–864
– von Pankreas 962
– Sekretion 807
– stoffwechselregulierende 952
– tetracyclische Triterpene 118
– Wirkungsweise 971
hormoneller Regelkreis 962
Horn 969–970
*Horner-Emmons*-Reaktion 524
*Horner, L.* 299
*Horner-Wadsworth-Emmons*-Reaktion 273, 276
Horngewebe 969–970
Hostaflon TF *s.* Teflon
Hostalen *s.* LDPE
Hostalen PP 144
HPLC (*high pressure liquid chromatography*) 8, 959–960
– MS-LC 36
– quantitative 4
HPPO-Verfahren 191
HPTLC 8
HRMS (hochauflösende Massenspektrometrie) 4
HSA 973–974
HSAB (*hard and soft acids and bases*) 21
– Konzept 270
– Prinzip 355, 428, 457
HSD *s.* Hydroxy-Steroid-Dehydrogenase
1,2-H-*Shift* 735
HSQC *s. heteronuclear single quantum correlation*
5-HT *s.* 5-Hydroxytryptamin
5-$HT_3$-Antagonist 801
*Huang-Minion*-Methode 330
*Hückel*-Aromat 767
*Hückel, E.* 514
– Benzvalen 121
*Hückel*-Regel 160, 687, 694
*Hückel*-Resonanzintegral 784, 788
*Hückel, W.*, Stereoisomerie der Decaline 96
*Hudson*, D/L-Nomenklatur 68
Huf 969–970
*Huffmann, D.* 684
*Hughes, E. D.* 537–539, 962
Huhn 885–886
Hühnerei 761
*Huisgen*-Reaktion 242–243
*Huisgen*-Synthese, Münchnon 827
Hülsenfrüchte 882
– pflanzliche Glycoside 750
humanes Corticotropin 964
Humaninsulin 964
Human Serum Albumin 973–974
Hund, Insulin 964
*Hund*sche Regel 12
– Molekülorbitale 15
*Hünig*-Base 231
*Hüning, S.* 231
*Hunsdiecker*-Reaktion 111–113, 205–206, 352
*Hurd-Mori*-Synthese 831–832
Hustenreizstillung 935
Hustenzentrum 934
*Hutchings* 913
[1,3]-H-Verschiebung 155–156
[1,5]-H-Verschiebung 154–155
– Stereoselektivität 154–156
[1,7]-H-Verschiebung 155–156
– antarafaciale 163, 739–740
– sigmatrope 739
HX *s.* Halogenwasserstoffe
Hyaluronan *s.* Hyaluronsäure
Hyaluronidase 506
Hyaluronsäure 506
*Hyatt, J. W.* 509
$sp^2$-Hybridatom, Prioritäten der Substituenten 367
$sp^2$-hybridisierte C-Atome
– Arylhalogenid 517, 535–536
– Orbitaltheorie 514
$sp^3$-hybridisierte C-Atome 517, 535–536
$sp^2$-hybridisierter Kohlenstoff 460
Hybridisierung 18
– C-Atome 48
– geänderte 150
– Hybridisierungsgrad und Elektronegativität 21, 168
Hybridorbitale 16–20
sp-Hybridorbitale 19–20, 168
– lineare Anordnung 19
$sp^2$-Hybridorbitale
– C—C-Bindung 18–19
– E1-Eliminierung 210
– E2-Eliminierung 210
– Steroide 733
– trigonal-planare Anordnung 18
– – $S_N1$-Reaktion 208
$sp^3$-Hybridorbitale 16–18
– Bananen-Bindungen 107–108
– Brückenkopfatome 120
– C—X-Bindung 204
– gesättigte Alkohole 175–176
– Methan 99
– pyramidale Inversion 83
Hydantoin 416–417, 808
– Nummerierung 808
– als Strukturelement 808
– Synthese 454
Hydantoinderivate 945
Hydantoinsäure 808
Hydeflon *s.* Teflon
Hydracrylsäure 408–409
Hydralazin 884
Hydrastin 932
– Hustenreizunterdrückung 934
(–)-Hydrastin 932
*Hydrastis canadensis* 932
Hydratcellulose 509
Hydrate
– Cyclobutanonsynthese 112–114
– Oxidation von Alkoholen 181
Hydrate Ridge 101
Hydratisierung 134, *s. a.* Wasseranlagerung
– katalytische 178
Hydrazide
– Carbamidsäure 437
– Imidosäuren 396
Hydrazindicarbonsäuredialkylester 440
Hydrazindicarbonsäureester 385–386
1,2-Hydrazindicarboxamid 438
Hydrazine 221, 226, 440, 794, 797–798, 821–822, 876, 883, 984
– Acylierung 239
– Aldehyde 313
– aliphatische 238
– α-Effekt 875
– funktionelle Gruppe 23
– Gewinnung und Synthese 239–240
– *Gilbert-Maxam*-Sequenzierung 992–993
– hydrierte Diazoverbindungen 234
– Raktetentreibstoff 241
– Reduktionsmittel 242
– substituierte 243–244
Hydrazin-Einheit, Biotransformation 244
Hydrazingelb 798
Hydrazinhydrat 438
Hydrazinsulfat 437
Hydrazobenzen 541, 800–801
– Oxidation 628
Hydrazone 313, 418, 797–798
– chirale 326–327
– *E/Z*-Isomerisierung 82
– heterocyclische 822
– Oberflächenpotenzial 22
– Wasserlöslickeit 418
Hydrazyle 658
Hydrid-Anion 315–316
Hydrid-Ion, nucleophile Addition 329
Hydridschwamm 672
1,2-Hydrid-*Shift* 683
Hydridüberträger, chiraler 314
Hydridübertragung 225
Hydridverschiebung 462
– 1,2-Hydridtransfer 182
– transannulare 110–111
Hydridwanderung 299
– *Cannizzaro*-Reaktion 315–316
Hydrierung *s. a.* katalytische Hydrierung

- Alkene 298
- Carbonylgruppe 180–181
- Cyclohexadiene als Wasserstofflieferant 159
- Cyclopentadien 122
- enantioselektive 674
- erschöpfende 109
- Ethin 171
- Kohlenmonoxid 458
- Kohlenstoffmonoxid 178
- nach *Schrauth* und *Bertsch* 364
- palladiumkatalysierte 377
- partielle 389
- Phenole 117
- *β*-Phenylethylamin 520
- polymerisierbarer Olefine 516
- reduktive 178
- regioselektive 667
- stereoselektive 299
- stufenweise 667
- Synthesegas 458
Hydrierungskatalysatoren 139
Hydrierungswärme 514
Hydrindan 96–97, 118, 663
Hydrinden 663
- Leichtölfraktion 515
Hydrine 185
- Epoxidsynthese 191
- Reaktionen und Anwendungen 190–191
Hydroaluminierung 293–295
hydroaromatische Verbindungen 115
Hydrobenzamid 585–586
*meso*-Hydrobenzoin 591
Hydroborierung 181, 255, 277
- asymmetrische 713
- enantioselektive 280–281
- Oxidation 134, 280–281
Hydroborierungsreaktion 263
*o*-Hydrochinon 563, *s. a.* Brenzcatechin
*p*-Hydrochinon 563–564
- Dehydrierung 572
Hydrochinone 141
- Antioxidanzien 580
- biogene 575
- Chinhydron 574
- Darstellung 566–567
- direkte Chlorierung von Methan 205
- Oxidation 574
- Redoxgleichgewicht 575
- Semichinone 575
- Struktur 553
- Veretherung 566–567
Hydrochinonether 574
Hydrochlorothiazid 626
Hydrocortison *s.* Cortisol
Hydrodealkylierung 516
Hydrodimerisierung 331
Hydroformylierung 299–300
- Ethylen 319
- 1-Monoolefine 457
- Olefine 319
Hydrogenazid 226
Hydrogencarbonat 433
Hydrogensulfat 146
Hydrogensulfit 984
- Lignin 525
Hydrogensulfit-Addukte 310–311
C—N-Hydrolase 960
Hydrolysat 957–959
Hydrolyse
- alkalische *s.* alkalische Hydrolyse
- Alkylschwefelsäuren 136
- basische 112
- Benzalchlorid 533
- Benzen-Triozonid 512
- Benzotrichlorid 533
- Benzylchlorid 519
- Chloroform 214
- cyclische Ester 138
- Diethylzink 104
- Dithioacetale 200
- *Mülheimer* Olefinsynthese 131
- Olivenöl 185
- Ozonide 138
- Phenylioddichlorid 536
- Phosphordiesterbindung 990
- Saccharose 84
- saure *s.* saure Hydrolyse
- selektive 480
Hydrolyselabilität 379
hydrolysestabiler Phosphonatester *s.* Phosphonatester
hydrolytische Längenprozessierung *s.* Längenprozessierung
hydrolytische Spaltung
- Fettsäureester 388
- Fettsäuren 389
hydrolytische Zersetzung 988–990
Hydronblau 791, 893–894
Hydronblau R 893–894
Hydroperoxide 133, 765, 949
- Ascaridol-Darstellung 711–712
- Darstellung von Propylenoxid 191
- Protonierung 555
*α*-Hydroperoxydialkylether 247
hydrophiler Molekülteil 364–365
hydrophobe, Alkane 100, 103
hydrophobe Molekülteil 364
Hydroplumbierung 297
*β*-Hydrosilan 279
hydrostatische SC 8
Hydrosulfitküpe 680, 778
5-Hydroxy-2[hydroxymethyl]-4*H*-pyran 845
Hydroxamsäure 226, 230
- Abbau 446
- acylierte 227
- Darstellung 395
- *Fehling*-Probe 395
- funktionelle Gruppe 23
- Nitroalkanspaltung 271
- N-substituierte 395
Hydroxid-Ionen, nucleophiler Angriff am Carbonylkohlenstoff 609
(*S*)-5-(1-Hydroxy-2,6,6-trimethyl-4-oxo-2-cyclohexenyl)-3-methyl-(*Z,E*)-2,4-pentadiensäure 717
*trans*-5-Hydroxy-2-hexensäure 362
(2*S*,3*S*)-3-Hydroxy-2-methyl-3-phenylpropionsäure 323
3-Hydroxy-4-hexen-1-säurelacton 360–362
2-Hydroxyacetaldehyd 188
*p*-Hydroxyacetanilid 623, *s. a.* Paracetamol
2-Hydroxyacetophenon 851–852
*α-hydroxy acid* 410–411
*β*-Hydroxyalanin 948
2-Hydroxyaldehyd *s.* Glycolaldehyd
*o*-Hydroxyaldehyd *s. a.* Salicylaldehyd
- Synthese 583–584
- Wasserstoffbrücken 583–585
*β*-Hydroxyaldehyde 314
*β*-Hydroxyallylalkohol 320
Hydroxyameisensäure 433
*p*-Hydroxyazobenzen 43–45, 636–637
Hydroxyazoverbindungen 636
- Tautomerie 636
*p*-Hydroxybenzaldehyd 584
4-Hydroxy-1,3-benzendisulfonsäure 560, *s. a.* Phenol-2,4-disulfonsäure
Hydroxybenzoesäure 606–608
2-Hydroxybenzoesäure 54
4-Hydroxybenzoesäure 54
*o*-Hydroxybenzoesäure *s.* Salicylsäure
*p*-Hydroxybenzoesäure 27, 606
*p*-Hydroxybenzoesäureester 606
1-Hydroxybenzotriazol 825–826
*o*-Hydroxybenzylalkohol 519, 606
*p*-Hydroxybenzylalkohol 558
2-Hydroxybernsteinsäure 880
2-Hydroxybiphenyl *s. o*-Phenylphenol
*o*-Hydroxy-*α*-bromzimtsäure 789
(*R*)-3-Hydroxybuttersäure 423
- Polyester 412–413
*γ*-Hydroxybuttersäure 410
4-Hydroxybutyloxiran 843
*α*-Hydroxycarbonsäureamid 458–459
Hydroxycarbonsäureamide 411
*β*-Hydroxycarbonsäureester 408–409
Hydroxycarbonsäureester, cyclische 403–404, *s. a.* Lactone
Hydroxycarbonsäuren
- araliphatische 608
- Gewinnung und Synthese 407–410
- natürlich vorkommende 412
- Oxidationsprodukte 422

H

- Reaktionen und Anwendungen 410–411
- Struktur und Eigenschaften 403–407
α-Hydroxycarbonsäuren 402–403, 417
- nucleophile Substitution 407–408
- Oxidation 424–425
- Synthese über Cyanhydrine 311, 407–408
γ-Hydroxycarbonsäuren 960
γ- und δ-Hydroxycarbonsäuren 409
β-Hydroxycarbonsäuren, substituierte 610
α-Hydroxycarbonylverbindungen 308
β-Hydroxycarbonylverbindungen 314
α-Hydroxycarboxamide 458–459
8-Hydroxychinolin 855–856
Hydroxychloroquin 857–858
3α-Hydroxy-5β-cholan-24-säure *s.* Lithocholsäure
6-Hydroxychroman 863–864
Hydroxycobalamin 764
β-Hydroxycrotonsäureester 423
(*E*)-9-Hydroxy-2-decensäure 431
(*E*)-10-Hydroxy-2-decensäure 431
Hydroxydicarbonsäuren, aliphatische 404–407, 410–411
3-Hydroxy-2,2-di(hydroxymethyl)propanal 196
β-[(4-Hydroxy-3,5-diiodphenoxy)-3,5-diiodphenyl]-α-alanin 952
3-Hydroxy-4-,5-dimethylfuran-2(5*H*)on 948
4-Hydroxy-3,6-dimethyl-1-phenylpyrazolo[3,4-*b*]pyridin 800–801
4-Hydroxy-*N*,*N*-dimethyltryptamin 938–939
Hydroxydiphenylessigsäure 608–609
Hydroxyessigsäure 404
- Eigenschaften 403
- Struktur 403
- Tartronsäure 404
β-Hydroxyethylanilin 778–779
Hydroxyethylhydroperoxid 247
Hydroxyethylidendiphosphat (HEDP) 259
(2*R*,5*R*)-(*Z*)-3-(2-Hydroxyethyliden)-7-oxo-4-oxa-1-azabicyclo[3.2.0]heptan-2-carbonsäure 820
1-(β-Hydroxyethyl)-2-methyl-5-nitroimidazol 807
5-(2-Hydroxyethyl)-4-methylthiazol 881
*N*-Hydroxyethylpiperazin 885–886
(2-Hydroxyethyl)trimethylammonium *s.* Cholin
3-Hydroxyflavon 847–848
*p*-Hydroxyfuchson 650
Hydroxyfumarsäure 424–425
3-Hydroxyglutarsäure 360
Hydroxygruppen
- reaktive 493–494
- Veresterung mit Schwefelsäure 260–262
Hydroxyhydrochinon 563, 571
Hydroxyiminoacetanilid 782
Hydroxyimino-acetessigsäureethylester 756
3-Hydroxyiminocampher 715
Hydroxyiminoketon 812
α-Hydroxyisobuttersäure 326
α-Hydroxyketon 812, 829
Hydroxyketosäuren, ungesättigte 413–414
3-Hydroxykynurenin 890
Hydroxylamin 230, 396, 782, 802, 812, 984
- Benzaldehyd 584–585
- Benzophenon 598–599
- Campher-Ketogruppe-Nachweis 715
- Nitroalkanspaltung 271
- Resorcin 565–566
Hydroxylamin-Derivate 228
Hydroxylaminhydrochlorid 574
Hydroxylammoniumhydrochlorid 313
Hydroxylgruppe 23
- Aldosteron 744
- Alkohole 175
- Allylalkohole 183
- Bindungswinkel in Alkoholen 176
- Cortisol 742–743
- Gallensäuren 742
- Glycosidbindung 493–494
- I-Effekte 26
- Inosite 109
- M-Effekte 26
- mehrwertige Alkohole 184–185
- Methylierung 258
- in Nystatin 163
- Partialladungen in Alkoholen 176
- permanentes Dipolmoment 176
- Pregnan 734
- Protonierung 182
- selektiver Schutz 483–484
- Steran 731
- TADDOL-Synthese 196
7β-Hydroxygruppe 741
α-Hydroxygruppe 94
Hydroxylierung 952
- Biotransformation 261
- Cycloalkene 148
- D-Vitamine 737–738
- Progesteron 745
- zum Spiroketal 750
Hydroxylzahl 388
Hydroxymaleinsäure 424–425
Hydroxymercurierung
- Alkene 293
- Mechanismus 294
4-Hydroxy-3-methoxybenzaldehyd 590, *s. a.* Vanillin
4-Hydroxy-3-methoxyzimtsäure 614
3-Hydroxy-2-methyl-5-(aminomethyl) tetrahydrofuran 490
Hydroxymethylamide 595
Hydroxymethylcondurit 500
Hydroxymethylengruppe 930
α-Hydroxymethylfuran 768–769
Hydroxymethylfurfural 30
5-Hydroxymethylfurfural 426–427, 769–770
Hydroxymethylglutaryl-Coenzym A 413
Hydroxymethylierung 825, 983
1-Hydroxy-5-methylphenaziniumbetain 889
2-Hydroxymethyltetrahydrofuran 769
6-(4-Hydroxy-3-methyl-*trans*-2-butenyl)aminopurin 906
Hydroxynaphthalene *s.* Naphthole
5-Hydroxy-1,4-naphthochinon *s.* Juglon
2-Hydroxy-1-naphthoesäure 672–673
3-Hydroxy-2-naphthoesäure 672–673
Hydroxynaphthoesäuren 672–673
β-Hydroxy-*n*-butyraldehyd 314
α-Hydroxynitrile 311, 608–609
6-Hydroxypentacen 682
*p*-Hydroxyphenylacetonitril 561
3-Hydroxy-2-phenylchromen-4-on 847–848
α-Hydroxyphenylessigsäure 608–609
*p*-Hydroxyphenylethylamin 561–562
Hydroxyprolin 757–758
- Baustein 970
- proteinogene Aminosäure 944
L-(−)-*trans*-Hydroxyprolin 953
β-Hydroxypropionaldehyd 320
3-Hydroxypropionitril *s.* Ethylencyanhydrin
α-Hydroxypropionitril *s.* Acetoncyanhydrin
3-Hydroxypropionsäure 359, 408–409
α-Hydroxypropionsäure 403
β-Hydroxypropionsäure 408–409
β-Hydroxypropionsäureester 408
3-Hydroxy-6-pyridazinon 876
2-Hydroxypyridin 837
4-Hydroxypyridin 837
Hydroxypyridin-Pyridon-Tautomerie 837
(2*S*,4*R*)-4-Hydroxypyrrolidin-2-carbonsäure 757
(2*S*,4*R*)-4-Hydroxypyrrolidin-2-carbonsäure 953
Hydroxy-Quecksilberacetat-Zwischenstufe 294
Hydroxysäuren 413
α-Hydroxysäuren
- Darstellung 326

- keratolytische Wirkung 410–411
- Wasserabspaltungen 410
β-Hydroxysäuren 410
γ- bzw. δ-Hydroxysäuren 410
Hydroxyschutzgruppen 476
Hydroxy-Steroid-Dehydrogenase (HSD) 743
- Testosteron-Biosynthese 745
N-Hydroxysuccinimid 955–956
4-Hydroxytetrahydrochinolin 848
3-Hydroxy-1,2,5-thiadiazol 831–832
Hydroxytricarbonsäuren
- aliphatische 404–407, 411
- Gewinnung und Synthese 409–410
3-Hydroxy[4-trimethylamino]butyrat s. L-Carnitin
Hydroxytriphenylmethanfarbstoffe 645
- Benzotrichlorid 650
- Triphenylmethanfarbstoffe 650
5-Hydroxytryptamin 781–782, 801
δ-Hydroxyvaleriansäure 410
(R)-3-Hydroxyvaleriansäure 412–413
L-α-Hydroxyvalin 938
(E)-o-Hydroxyzimtsäure s. Cumarsäure
o-Hydroxyzimtsäure s. Cumarinsäure
o-Hydroxyzimtsäurelacton s. Cumarin
α-Hydroxy-β,β-dimethyl-γ-butyrolacton s. Pantoinsäure-Lacton
Hydrozirconierung 700
(−)-Hyoscyamin 923–924
*Hyoscyamus niger* 923
Hyp 953
Hypalon 729
Hyperaktivität bei Kindern 798
Hyperbilirubinämie 765
Hypercalcämie, tumorassoziierte 259
Hyperforin 676
hypergole Raketentreibstoffe 241
Hypericin 676–677
Hyperkonjugation 59, 134, 206
- negative 213, 278, 325, 474
- Stabilisierung des Carbenium-Ions 228
Hyperphenylalaninämie 910
Hyperthyreose 442, 877–879, 952
Hypertonie 833
Hyperurikämie 902, 915
Hypnotikum 915–916
hypochlorige Säure 136–137, 897
- Oxidation von Cyclooctatetraen 161
- petrochemische Glycerolsynthese 185–186
Hypohalogenite 226
Hypophyse
- Corticotropin 742
- Hinterlappen 962–964
- Vorderlappen 964
Hypophysenhormon 962
Hypotaurin 232
Hypotaurindehydrogenase 232
hypothalamisch-hypophysäres System 744
Hypothalamus 963
- *releasing*-Hormon 962
Hypothalamushormon 962
Hypothyreose 952
Hypovitaminose 737–738
Hypoxanthin 902–905, 991–992
- Gewinnung 903–905
- Oxidation zu Xanthin 902
- Struktur 903–905, 915
- tautomere Formen 902–903
hypsochromer Effekt 43
hypsochrome Verschiebung 890

**I**

I (Einbuchstaben-Code für Isoleucin) 948
Ibandronsäure 259
Ibotensäure 814
Ibuprofen 357
- Racemattrennung 79
- *Stas-Otto*-Trennungsgang 28
(R)-(−)-Ibuprofen 357
(S)-(+)-Ibuprofen 357
ICI-Hochdruckverfahren 142
Icosanoide 413
5,8,11,14,17-Icosapentaensäure s. Eicosapentaensäure
ICR-Zelle s. Ionen-Zyklotron-Resonanz
Identität
- Anforderungen gemäß *Journal of Organic Chemistry* 3
- Nachweis s. Nachweisreaktion
- Symmetrieelement 66
Identitätsperiode 969
L-Iduronsäure 506
- Chondroitinsulfate 506
- Schwefelsäureester 506
I-Effekte s. Effekte; s. induktive Effekte
IEP 415
IIR s. *isobutylene-isopren-rubber*
Ikosaeder 121
- gekappte 683–684
Ile 948
Ileus 780
Imene 460
Imid 389–390
- funktionelle Gruppe 23
Imidacloprid 922
Imidazol 793, 812, 956
- 4,5-disubstituiertes 804
- Acidität 803
- Acylierung 805
- aus Azirin durch PET 804–805
- Basizität 803
- Bezifferung 793
- aus Bromacetaldehydethylenacetal 804
- cyclische Amidinstruktur 803
- Deprotonierung 803
- Eigenschaften 802–803
- π-Elektronendichte 805
- elektrophile aromatische Substitution 805–806
- *Friedel-Crafts*-Reaktion 805
- intermolekulare Wasserstoffbrückenbindungen 802–803
- Ladungsverteilung 803
- mesomere Grenzstrukturen 803
- NH-acides 908
- oligomeres 803
- Orbitalstuktur 803
- *Pauly*-Reaktion 806
- $pK_B$-Wert 803
- $pK_S$-Wert 803
- Protonierung 803
- pyridinartiges Stickstoffatom 802–803
- pyrrolartiges Stickstoffatom 802–803
- qualitative Analytik 29
- quantitative Bestimmung 806
- Reaktion mit Diazonium-Ionen 806
- Struktur 802–803
- als Strukturelement in Arzneistoffen 807
- Strukturformel 793
- Synthese 804–805
- tetrasubstituiertes 804–805
- Vergleich mit Pyrazol 803
Imidazolgruppe 802–810
Imidazolidin 806
Imidazolidin-2,4-dion 808
2,4,5-Imidazolintrion 809
Imidazolium-Kation 803
Imidazoliumsalz 806
Imidazolring 899
- Purine 983
Imidazol-Seitenkette 953
β-[4-Imidazolyl]alanin 806, 953
Imidazolyl-Anion 803
β-[4-Imidazolyl]ethylamin 806
Imidazo-[1,2-*a*]pyridin 900
Imidazopyridine 915
Imidazo[1,2-*a*]pyridin-Ringgerüst 915
Imidazo[5,1-*f*][1,2,4]triazin 914
Imidchloride 593
Imidoester 396, 812
- einwertige Phenole 593
Imidoesterhydrochloride 386, 396
Imidogene 460
Imidokohlensäurediester 451
Iminbildung 586, 663–664, 849
- Salicylaldehyd 590
Imine 233, 849–850, s. a. *Schiff*sche Basen
- aromatische 587
- Bildungsgeschwindigkeit 586
- Darstellung aus Hydrazin 313
- Diaziridine 235
- Diazirine 235–236

- *E/Z*-Isomerisierung 82
- funktionelle Gruppe 23, 586
- Imin-Enamin-Tautomerie 57
- Isomerisierung 462
- lithiierte 322

Imin-Enamin-Tautomerie 328
Imin-Enolat 663–664
Iminiumbasen, quartäre 932
Iminium-Ionen
- bei Enaminbildung 328
- Entstehung 225, 228–229
- Fragmentierung von Alkylhalogeniden 211
- bei Oxim-Amid-Umlagerung 595–596
- in *Pictet-Spengler*-Synthese 849–850

Iminium-Kationen 330, 580
2-Imino-1-methylimidazolidin-4-on 808
*β*-Iminobutyronitril 395
Iminodiessigsäure 420–421
*β*-Imino-Form 395
Iminogruppen 258
Iminoharnstoff 443, *s. a.* Guanidin
3-Imino-2-indolinon 782
Iminolacton 960–961
Iminole 57
Iminol-Form 98
Iminonitrile 116
Iminophosphoran 242
Iminstickstoff
- nucleophiler 587
- pyridinartiger 802–803

Imipenem 820
Imipramin 870–871
Immedial®-Farbstoff 893–894
Immedialschwarz 893–894
Immobilisierung, Proteine 755
Immunglobulin 970–971, 974
Immunität 968
Immunoassays 27
Immunogenität, Proteine 188
Immunoglobulin 975–976
Immunsuppressivum 905, 913
Immunsystem 950, 964, 975–976
Immunzelle 964–966
IMP *s.* Inosin-5'-monophosphat
Impfkristalle, Extraktion organischer Verbindungen 6
Impfmethode, Racemattrennung 75
Imprägniermittel 352
InChI (*international chemical identifier*) 54–55
Indan 663
Indanthren 679–680, 889
Indanthrenblau RS *s.* Indanthren
Indanthrenfarbstoffe 679–680
Indanthrengelb G *s.* Flavanthren
Indanthron *s. a.* Indanthren
- Pigment 224

1,2,3-Indantrion 663–664
Indazole 801
Indazol-Ringsystem 801
- Retrosynthese 802

Inden
- Acidität 663
- Ausgewählte Verbindungen 663–664
- Gewinnung und Synthese 662
- Leichtölfraktion 515
- PAK 661
- Reaktionen und Anwendungen 663
- Ringerweiterung 691
- Struktur und Eigenschaften 662

Indennatrium 662–663
Indeno[1,2,3*cd*]pyren 662
Indenylanion 663
Indican 776–777
Indigo 679–680, 777
- aus Aceton 332
- Anilin 619
- C=C-Doppelbindung, zentrale 777
- Grundchromophor 778, 783–784
- (*E*)-Konfiguration 777
- natürlicher 619
- Reduktion 778
- Struktur 332
- Strukturformel 778
- Synthese 777–779
- Verküpung 778
- Verwendung 778

Indigoblau 777
Indigofarbstoff 778
*Indigofera tinctoria* 777
indigoide Struktur 771
Indigoküpe 778
Indigopflanze 776–777
Indigotin 777
Indigoweiß 778
Indikatoren *s. a.* Säure-Base-Indikator
- Lösemitteltrocknung 598–599
- Methylorange 548
- pH-
- - Eosin 653
- - Phenolphthalein 645–646

indirekte elektrochemische Reaktionen 605
indische Lotosblume 931
Indische Schlangenwurzel 937
Indoanilin 576–577
- Schwefelung 893–894

Indoanilinfarbstoffe 578
Indol 775, 780
- aromatischer Charakter 775
- Deprotonierung der Aminogruppe 775
- Eigenschaften 775
- elektrophile Substitution 777
- *Fischer*sche Synthese 776
- Gewinnung 776
- *Madelung*-Synthese 776
- Nachweis 777
- $pK_S$-Wert 775
- Polymerisation 775
- qualitative Analytik 30–31
- Resonanzintegral 784, 788
- Synthese 776, 782

Indol-3-carbaldehyd 817–818
Indol-Alkaloide 776, 933, 937–940
- Gewinnung 939

Indolinon 822
Indolizidin-Alkaloid 783–784
Indolizidingerüst 784
Indolizin 775, 782–783
- elektrophile Substitution 783

3(2*H*)-Indolon 778–780
Indolverbindungen 775
3-Indolylacetonitril 781–782
(*S*)-*β*-[3-Indolyl]alanin 953
*β*-[3-Indolyl]alanin 780–781
3-Indolylessigsäure 782
Indolylmagnesiumiodid 782
Indophenin 771
Indophenin-Farbstoff 771
Indophenin-Test 771
Indophenol 576–577
- Struktur 573

Indophenolmonosulfat 562
Indoxyl 776, 778–779
- Eigenschaften 778–780
- Synthese 778–779

2-Indoxylcarbonsäure 778
Indoxyl-Glucoronid 780
Indoxyl-Glucosid 776
Indoxylschwefelsäure 780
Induktion
- asymmetrische 474, 886–887
- externe chirale 78
- interne chirale 78–79

induktive Effekte (I-Effekte) 529–530, *s. a.* Effekte
- Chromophore 43
- elektronenziehender 808
- Ethin 168
- funktionelle Gruppen 25–27
- Nitrogruppe 537

Industrie
- Genussmittel 178
- Kosmetik- 505–506
- Nahrungsmittel *s.* Nahrungsmittelindustrie
- petrochemische *s.* Petrochemie
- Phosphorsäureester 259–260

INEPT (*insensitive nuclei enhancement by polarization transfer*) 49
inerte Gase *s.* Gase
inerte Lösemittel *s.* Lösemittel
Influenza-A-Viren 125
Influenzaviren 491
Infrarot *s.* IR

*Ing-Manske*-Variante, *Gabriel*-Synthese 227
*Ingold, C. K.* 208, 537–539, 544
– *CIP*-System 71
– nucleophile Substitution 208
INH 243
InhA 243
Inhibierung, Enzyme 807
Inhibitoren
– Antioxidanzien 141
– Cyclooxygenase-2- 815
– direkte Chlorierung von Methan 205
– Faktor-Xa- 814
– kompetitiver 965
– kovalent-irreversible 174
– $\beta$-Lactamase- 820
– selektive 174
– Virusinfektionen 125
inhibitorischer Neurotransmitter 232
*Inhoffen*
– Antibabypille 748
– Carotin-Synthese 724–726
Initialsprengstoff 538
– *N*-Methyl-*N*-2,4,6-tetranitroanilin 539
– Quecksilberfulminat 445
Initiatoren 141
– Polymerisation 140
Inkrustierung, Cellulosegerüst 506–507
inneres Salz *s. a.* Salze
– Aminosäure 944
innersekretorische Wirkstoffe *s.* Hormone
Inosin 983
– Abbau im Stoffwechsel 904
Inosinmonophosphat 983
Inosin-5'-monophosphat (IMP) 982
*scyllo*-Inosit 499
Inosite 109–110
– all-*trans*-Isomere 499
Inositol 193–195
inotrop 748
Insekten 890, 968
– Gerüstsubstanz 505
– Wirkung von Tabakextrakt 922
Insektenschutzmittel, natürliche 450
Insektizide 212, 667, 922, *s. a.* Insektenschutzmittel
– Chlorpikrin 216
– DDT 647–648
– Difluobenzuron 441
– Hexachlorophen 647–648
– Lindan 535
– 1-Naphthyl-*N*-methylcarbamat 439
– natürliche 107, 845
– organische Phosphorverbindungen 262
– Parathion 194, 648
– Phosphorsäureester 263
– Thioharnstoff-Derivate 442
– Ureidklasse 441
– Vergiftung 926
*insensitive nuclei enhancement by polarization transfer* (INEPT) 49
Insertion
– in die Co—H-Bindung 299
– in die Pd—Arylbindung 300–302
– katalytische Hydrierung von Alkenen 299
– mehrstufige in Al–C-Bindungen 295
– Rh—H-Bindung 298
– Umkehrung 300
Insertionsreaktion, intramolekulare 299
instabile Diazoniumionen *s.* Diazoniumionen
instrumentelle Analytik *s.* Analytik
Insulin 549–550, 964
– Aminosäuresequenz 960, 964–965
– Gegenspieler 742
Insulinausschüttung 964, 966
Insulinmangel 964
insulinotropes Antidiabetikum 966
Insulinresistenz 964
Insulinwirkung 964
Integrase-Hemmstoff 833
Intelligenzherabsetzung 927
Intensität
– *Lambert-Beer*sches Gesetz 42
– *Raman*-Spektroskopie 40
– *Röntgen*strahlen 52
– Verteilung 33
$\beta$-Interferon 964–966
Interferone 964–966
– PEG-Konjugate 188
Interkalation
– DNA-Doppelstrang 859
– RNA-Doppelstrang 859
Interleukine 964–966
intermediäres Ozonid *s.* Ozonid
Intermediate
– aldolartige 354
– cyclische 406
– organische Derivate anorganischer Säuren 255
– tetraedrische 310, 379
intermolekularer Austausch, acide Protonen 47
intermolekulare Reaktionen *s.* Reaktionen
intermolekulare Wasserstoffbrücken *s.* Wasserstoffbrücken
intermolekulare Wasserstoffbrückenbindungen *s.* Wasserstoffbrückenbindungen
intermolekulare Wechselwirkungen 103
*International Union of Pure and Applied Chemistry* 2
interne chirale Induktion *s.* Induktion
Interplanarwinkel *s.* Torsionswinkel
interstellarer Raum, Cyclopropen 148
*intersystem crossing* 236
intramolekulare Cyclisierung 801, *s. a.* Cyclisierung
intramolekulare Dehydratisierung 768
intramolekulare Halbacetalbildung *s.* Halbacetale
intramolekulare Lactonisierung *s.* Lactonisierung
intramolekulare nucleophile Substitution 405–406, 685
– Aminosäuren 406
intramolekulare Reaktionen *s.* Reaktionen
intramolekulare Ringbildung *s.* Ringbildung
intramolekularer Ringschluss *s.* Ringschluss
intramolekulares bicyclisches Ketal *s.* Ketale
intramolekulare $S_NAr$-Reaktion 802
intramolekulare Umesterung *s.* Umesterung
intramolekulare Wasserstoffbrücken *s.* Wasserstoffbrücken
intramolekulare Wasserstoffbrückenbindungen *s.* Wasserstoffbrückenbindungen
intraspezifische Botenstoffe 184
Inulin 504–505
– Fructopyranose 474
– Struktur 505
Inversion 65–66, 83–84
– Cyclohexan-Ring 92–94
– *E/Z*-Isomerisierung 82
– Inversionsbarriere 84, 90
– Inversionspunkt 122
– nicht-konjugierte Amine 222
– Pseudorotation 91
– pyramidale 56, 83–84
– Ring- *s.* Ringinversion
– vollständige, Allylkette 571
– *Walden*-Umkehr 209
– zweifache 572
Inversionszentrum
– *scyllo*-Inosit 110
– als Symmetrieelement 83
Invertase 497, 499
invertierte Konfiguration 121
Invertomere 56, 82
– Säureamide 390
Invertose 495
Invert-Seifen 364
Invertzucker 84, 495–497
2-Iod-1-phenylacetylen 526
Iod, Anlagerung an Nicotin 920–921
Iod-Azid-Reagenz 949
Iodbenzen 536–537, 631
– Kaliumiodid 631
$\alpha$-Iodcarbonsäuren 401–402

Iodcyan 454
Iodeinlagerung, Amylose 501
Iodethan 264
Iodgorgosäure 952
iodhaltige Verbindung 952–953
Iodide, hypervalente 226
Iodid-Wasserstoffperoxid-Oxidoreduktase 442
Iodierung
- aromatischer Kohlenwasserstoffe 528
- direkte 207
- Propellan 126
- radikalische 216
- *Sandmeyer*-ähnliche Reaktion 528–529
Iodmethan 203–204
Iodmethylzinkiodid 291
Iodoform 207, 212–213
- Methyleniodidsynthese 213–214
- aus Seetang 215
- Synthese 214
Iodoformprobe 216
- Carbonylverbindungen 332
Iodoformreaktion 213
- Chloroformsynthese 214
iodometrische Titration 428
Iodosylbenzen 536–537
Iodosylverbindungen 536
2-Iodpropan 134
Iod-Stärke-Reaktion 28, 501
Iodthyronin-Deiodase 949
*N*-Iod-1,2,4-triazole 825
Iodverbindungen, aromatische 536–537
Iodwasserstoff
- elektrophile Addition 134–135
- *Markownikow*-Regel 134–135
- regioselektive Addition 135
- Umsetzung mit Alkoholen 205
Iodylverbindungen 536
Iodzahl 388
Ionenaustauscher
- basische 558–559
- Lanthanoid-Ionen-Trennung 558
- Mischbett 559
- saure 558
Ionenaustauscherharze 558–559
Ionenaustauschermaterial 523
Ionenaustausch, Stofftrennung 7
Ionenbindung 14
- Proteine 968
Ionenbindungscharakter, partieller 283
Ionen-Dipol-Wechselwirkungen 186
Ionengitter 15
Ionengleichgewicht 966–967
Ionenkanal 966–967
Ionenkettenpolymerisation 141, 317
Ionenpaar
- chirales 928–929
- diastereomeres 929
Ionenpumpe, Natrium-Kalium-ATPase 748
Ionentransfer-Modus 38
Ionentransport 966–967
Ionen-Zyklotron-Resonanz (ICR) 34
- Zelle 38
ionische Polymerisation *s.* Polymerisation
ionische Verbindungen 838
ionisierende Strahlung, mutagene Wirkung 992
Ionisierung, Massenspektrometer 36–38
Ionisierungsenergie 22
$Ipc_2BH$ 280–281
Iporka 441, *s. a.* Harnstoff-Formaldehyd-Harze
IPR *s. isolated pentagon rule*
Ipsenol 705
(*S*)-(–)-Ipsenol 705
*ipso*-Substitution 560
IR *s. cis*-1,4-Polyisopren
IR-Absorption, Frigene 220
IR-Daten 3–4
Irgazin® DPP Rot BO 914
Iridium, Katalysator für asymmetrische Synthese 920–921
Irinotecan 856
IR-Spektroskopie 34, 39–41
- *E*/*Z*-Isomerie 82
- *Grignard*-Lösungen 286
- monomer vorliegende Alkohole 177
- nichtdispersive 4
*Irvine, T.* 483
Isatin 771, 782
Isatin-3-imid 782
*Isatis tinctoria* 777
*Isler,* Carotin-Synthese 724–726
Isoalloxazin 910
- Struktur 899
Isoalloxazin-Gerüst 899
Isoalloxazin-Ringsystem 910–911
Isoamylnitrit 259, 829, 866–868
- Isonitrosocampher-Darstellung 715
Isobenzen 166–167
Isobenzofuran 784
- *Diels-Alder*-Reaktion 785
- Gewinnung durch Retro-*Diels-Alder*-Reaktion 784–785
- Instabilität 784
- Resonanzintegral 784
- Struktur 784
Isoblausäure 456
Isoborneol 709
- Campher-Synthese 714
(–)-Isoborneol 715
Isobornylacetat 713–714
Isobornylchlorid 714
Isobutan 100–102
Isobutanol 176, 180–181, 281
Isobuten 144, 147, 281
- Eigenschaften 130
- Fragmentierung von Halogenalkanen 211
- Isooctansynthese 147
- Pivalinsäuredarstellung 345
- *Prins*-Reaktion 157
Isobuttersäure 347
- oxidative Dehydrierung 347
- $pK_S$-Wert 343
- Struktur 347
- Vorkommen 347
Isobuttersäureester 347
Isobuttersäuremethylester 387
Isobutylalkohol 422
*isobutylene-isopren-rubber* (IIR) 144
Isobutylmethylketon 133
2-(4-Isobutylphenyl)propionsäure *s.* Ibuprofen
Isobutyraldehyd 817
- Cyclisierung zu 2,5-Dihydrothiazol 817
- Luftoxidation 347
Isocamphersäure 715
Isochinolin 847, 857–859
- Carbolöl 515
- Eigenschaften 847
- $pK_B$ 847
- Reaktionen 850, 852–853
- Synthese 849–850
(Benzyl-)Isochinolinalkaloide 931
Isochinolin-Alkaloide 931–936
Isochinolinderivat 850
Isochinolinstruktur 932–933
Isochinolinsystem 931
isochron 85
*Isocom wrightii* 718
Isocrotonaldehyd *s.* Crotonaldehyd
Isocrotonsäure 360
Isocyanate 226–227, 446, 458
- funktionelle Gruppe 24
Isocyaniddichloride 454–455
Isocyanide 230, 394, *s. a.* Isonitrile
- Hydrolyse 456
- Isosterie 456
- katalytische Reduktion 458
- primäre Amine 457
- Sauerstoffaddition 458
- Synthese 457
Isocyansäure
- Cyanradikale 447–448
- Gewinnung 450
- Hydrolyse 446–447
- Isomerie 444–445
- Polymerisation 445–446
- Polyurethane 433
- Reaktionen und Anwendungen 453–455
- Stabilität und Struktur 445
- Stickstoffderivate 446–448
- Struktur 433

- Tautomerie 433
- Thioderivate 448–450
Isocyansäureester 439
- Hydrolyse 446–447
- Synthese 451
Isocyanursäure 896–897
Isodrin 125
isoelektrischer Punkt 415, 944, 968
Isoeugenol 590
Isofluran 246
Isoglucose 488
Isoindol 775
- Gewinnung durch Retro-*Diels-Alder*-Reaktion 784–785
- Instabilität 784
- Polymerisierung 784
- Resonanzintegral 784
- Struktur 784
- substituiertes Derivat 784–785
- Synthese 784–785
- Tautomerie 784
Isoindolenin 784
Isoindolgerüst 786
Isoindolinen, N-substituiertes 784
Isoindolinon 786–787
Isoknallsäure 393–394, 445
isokratisches Elutionsmittelgemisch 8
*isolated pentagon rule,* 684
Isolatoren *s.* Isoliermaterialien
L-(+)-Isoleucin 948
- Epimiersierung 422
Isoliermaterialien, elektrische
- Bakelit 557
- Guttapercha 726
- Harnstoff-Formaldehyd-Harze 441
- Melaminharze 897
isolierte Doppelbindungen *s.* Doppelbindungen
Isolierung, organischer Verbindungen 5–6
Isomeratzucker 488
Isomere *s. a.* Isomerie
- $C_6H_6$ 513
- Cresol 515
- *Kekulé*-Formeln 513
- Tetramethylbenzene 515
*all-cis*-Isomere 688
(*E*/*Z*)-Isomere
- Azobenzen 627
- Azoxybenzen 627
- lineare 359
- Malein-/Fumarsäure 366
*syn-*/*anti*-Isomere 633
Isomerentrennung 519
Isomerie 54–58, *s. a.* Isomere
- Atropisomerie 639
- *cis-trans-* 366, 523
- Cyansäure 393
- Diastereomere 525–526, 535
- Knallsäure 393
- Konstitutionsisomere 516–517
- optische 63–79, 163–164
- Stellungssisomere 516
- Topomere 392
- Valenzisomere 513
*cis-trans*-Isomerie
- Cyclopropan 90
- disubstituierte Cycloalkane 91
*E*/*Z*-Isomerie 81
- Aldoxime 313
- Buten 130
- Crotonaldehyd 321
- Kumulene 164–165
- *Ramachandran*-Plot 98
Isomerisierung 518
- Cycloheptatriensynthese 159
- Cyclohepten 149
- 1,5-Diene 156
- Isomerisierungsenergie 82
- katalytische 126, 183
- Pregnenolon 742
- Tetrahedransynthese 124
- thermische 126, 615
*trans*/*cis*-Isomerisierung, *Negishi*-Kupplung 291
Isomerose 488
Isometamidiumchlorid 859–860
Isoniazid 243, 841
Isonicotinacyl-NAD-Addukt 243
Isonicotinacyl-Radikal 243
Isonicotinsäure 840
Isonicotinsäurehydrazid 243, 841
Isonitrile 456, *s. a.* Isocyanide
- Alkylierung 459
- CH-Acidität 458
- funktionelle Gruppe 24
- Isomere der Nitrile 433
- Mehrkomponentenreaktionen 433
- *Passerini*-Reaktion 458–459
- Struktur 433
- *Ugi*-Reaktion 458–459
Isonitrilreaktion
- aromatische Amine 623
- primäre Amine 230
Isonitrosoaceton 428
Isonitrosocampher 715
Isonitrosoketon 812
Isonitrosoverbindung 798–799
Isooctan 147
Isooxazol 793
Isopelletierin 925
- Synthese 926
Isopentan 103
Isopentenyldiphosphat 703–704, 716
Isopentenylpyrophosphat 720
Isopentylkation 228
Isopeptid 954
Isopeptidbindung 962
Isophthalsäure 614
Isophthalsäuredichlorid 617
Isophytol 864–865
Isopren 150, 157
- Addition von Butyllithium 285
- Copolymerisation von Isobuten 144
- Definition 703
- Dipenten-Darstellung 710
- stereoreguläre Polymerisation 728
- Synthese 131
Isoprenalin 565
Isoprenbausteine, aktivierte 704, 720
Isopren-Einheiten
- Art der Verknüpfung 703–704
- als Grundlage von Terpenen 703, 715–726
Isoprenherstellung, *Goodyear*-SD-Verfahren 295
Isopren-Kautschuk 727
Isoprenoide
- Bildung 703–704
- Definition 703
- konjugierte RNA-Nucleoside 996
Isoprenregel 703–704
Isopren-Seitenkette 863–864
Isopropanol 175–176
2-(6-Isopropenyl-2-methylcyclohex-2-en-1-yl)-5-pentylresorcin 844
4-Isopropyl-1,6-dimethylnaphthalen 723
4-Isopropyl-1-methylcyclohexan 705
7-Isopropyl-1-methylphenanthren 723
5-Isopropyl-2-methylphenol 557, *s. a.* Carvacrol
2-Isopropyl-5-methylphenol 557, *s. a.* Thymol
Isopropylalkohol 133
- *Meerwein-Ponndorf-Verley*-Reduktion 315
Isopropylbenzen 518, *s. a.* Cumol
Isopropylchlorid 204, 207
2-Isopropyl-5-dimethyl-2,5-dihydrothiazol 817
Isopropyldimethyldecahydrophenanthrencarbonsäure 718
Isopropylgruppe 62, 102, 801
Isopropylhydrogensulfat 132
Isopropyliden 130
Isopropylidenderivate 480
Isopropyliodid *s.* 2-Iodpropan
Isopropylkation 135, 519
7-Isopropyl-l-methylphenanthren 681–682
Isopropylmagnesiumchlorid 610
Isopropylmethylacetaldehyd 737
Isopropylmethylphenol 710
(*R*,*S*)-*N*-Isopropylnoradrenalinsulfat *s.* Isoprenalin
4-Isopropylphenazon 800–801
*p*-Isopropyltoluen *s. p*-Cymol
4-Isopropyphenazon 801
Isopulegol 711


I

Isosafrol 591
D-(+)-Isoserin 69
Isosirup 501
Isosterie 456
Isostilben 523
isotaktische Polymere 702
isotaktische Struktur
- Poly-1-buten 144
- Polypropylen 143
Isothiazol 793, 815
- Bezifferung 793
- Eigenschaften 815
- elektrophile aromatische Substitution 818
- Formylierung 818
- Lithiierung 818
- $pK_B$-Wert 815
- aus Propen 816
- Reaktionen 818
- Strukturformel 793
- Synthese 816
Isothiazol-5-carbaldehyd 818
Isothiazolderivate 816
Isothiazolring 815
Isothiazol-5-yllithium 818
Isothiocyanat 454–455, 458
- funktionelle Gruppe 24
Isothiocyansäure 448–449
Isothiocyansäureester 450, 452–453
Isothiuroniumsalze 442
Isothymol 557, *s. a.* Carvacrol
Isotope *s. a. spezifische Isotope*
- Massenspektrometrie 35
Isotopeneffekte, kinetische 572
isotopen-markierte Essigsäure 720
Isotopenmarkierung 111, 777, 917, 920
- *Gilbert-Maxam*-Sequenzierung 992
Isotopomere 288
Isotretinoin 719
Isovaleriansäure 347
Isovalin, kohlenstoffhaltige Meteoriten 422
Isoxazol 793, 810–813
- Ringöffnung 813–814
Isoxazoline 445
5-(Aminomethyl)-3(2*H*)isoxazolon 814
Isoxazol-Struktur
- bei Arzneistoffen 815
- bei Naturstoffen 814
Isradipin 833
IUPAC 2
IUPAC-Nomenklatur
- Aldehyde 305
- Alkane 102
- Alkene 130
- Alkohole 175
- Alkylhalogenide 203–204
- Amine 221–222
- Carbonsäuren 339
- - aliphatische gesättigte 340
- - $\alpha,\beta$-ungesättigte 358
- Doppelbindungen 706
- Heterobicyclus 900
- Kohlenstoffkette 102
- mehrwertige Alkohole 184–185
- Monocarbonsäuren 358
- Purine 900
- Steroide 119, 733
*Iwanow*-Reaktion 408–409, 610

**J**

Jackbohne 977
*Jacobs* 938
*Jacobsen*-Epoxidierung 587, 590
*Jacobson*-Organ *s.* Vomeronasalorgan
*Jansen* 879
Japancampher 708
Jasminblütenöl 776
*Jensen, K. A.* 451
Jetlag 782
Jilin-Provinz, Chemieunfall 512
*J*-Kopplung 47
*Jobst, J.* 937–938
Joghurtbereitung 497
Johannisbrot 347
Johanniskräuter 676
*Johnson,* Progesteronsynthese 735–736
*Jones*-Reagenz 323
$\alpha$-Jonon 705, 710, 722
$\beta$-Jonon 705, 710, 722
Jonone 710
Jonon-Reihe 705
$\beta$-Jononring 719
*Journal of Organic Chemistry,* Anforderungen an Identität und Reinheit 3
Juglon 673
*Julian, P.* 938
*Juniperus oxycedrus,* Cardinen 717
Jute 506

**K**

K (Einbuchstaben-Code für Lysin) 950
*Kaarsemaker,* Cyclobutanonsynthese 112–114
Kaffee 873, 879
- coffeinarmer 907
Kaffeearomen 200
Kaffeebohne 782
Kaffeesäure 613, 863
- Biosynthese des Lignins 525
Kaffeesäureester 613–614
käfigartige Verbindungen 121–122
Käfigeinschlussverbindungen 101
*Kagan, H. B.* 299
Kainat-Rezeptoren 757
(–)-Kainsäure 757–758
- Synthese 712
Kairomone 184
Kakao 873, 879
Kakaobohne 907
Kakodyloxid, 276
Kakodylreaktion 276
Kälbermast 594
Kalilauge, alkoholische 148, 169
Kaliumalkylsulfat 198
Kaliumamid 852
Kalium-*tert*-butanolat 324, 776, 807, 887
Kaliumcarboxylate 364
Kaliumchlorcetat 350
Kaliumcyanacetat 350, 353
Kaliumcyanat 437, 446, 454, 808
- Dialkylsulfat 451–452
- Gewinnung 450
Kaliumcyanid 394
- Oxidation 450
Kaliumcyclopentadienid 158
Kaliumdichromat 306
Kaliumdiphenylmethid 653–654
Kaliumethylsulfinat 265
Kaliumfluorid 217
Kaliumformiat 345
Kaliumhaushalt, Mineralocorticoide 742
Kaliumhexacyanoferrat(III) 789, 822
Kaliumhydrogenoxalat 349
Kaliumhydrogensulfid 198
Kaliumhydrogentartrat 407, 409
Kaliumiodid 529
Kaliumionen, Komplexierung 187
Kaliumkanal, ATP-abhängiger 966
Kalium-Konzentrationsgradient 966–968
Kaliumnatriumtartrat 308, 411
- *Fehling*sche Lösung 411
Kaliumorganyle 285
Kaliumpermanganat 852, 920–922
- Hydroxylierung von Cycloalkenen 148
Kaliumpermanganatlösung 512
- und Cyclopropan 116
- Entfärbung 28, 138
- Oxidation von Alkenen 138
Kaliumphthalimid 226–227
- Synthese 616
Kaliumpyrrolid 756–757
Kalium-Transportprotein 966–968
Kalk, gelöschter 922
Kalkseifen 364
Kalkstickstoff 454–455
Kalottenmodell 55
- Methan 99
- mittlere Kohlenstoffringe 110
Kältemittel 218
- Fluorchlorkohlenwasserstoffe 218
Kaltpolymersiation 727–728
Kaltvulkanisation 726
Kamille
- ätherische Öle 691

- als natürliche Azulenquelle 692–694
- Proazulene 723
- Wasserdampfdestillation 691
Kamillenblütenöl
- Bisabolol 717
- Chamazulen 717–718
Kamillenöl 708
Kampfer *s.* Campher
Kampferbaum 591
Kampfstoffe, chemische 194–196, 216–217
*Kandakow, I.*, synthetische Elastomere 727
Kanzerogenität *s.* Cancerogenität
kapillarelektrophoretische Verfahren 4
Kapitälchen 68–69
Karamell 497
Karotten
- Carotin 722
- $\beta$-Carotin 724
*Karplus*-Beziehung 47, 59, 82
*Karrer* 911
- Carotine 723
- Carotin-Synthese 726
- Retinol 718
- Squalen-Synthese 724–725
*Karrer, P.* 673, 920
Kartoffelchips 879
Kartoffeln 879, 950
- alkoholische Getränke 180–181
- Methylchlorid 206
- Stärkegewinnung 501
Kartoffelpflanze 751
Kartoffelprotein 950
Kartoffelstärke 488
Karzinogene *s.* Carcinogene
Karzinogenität *s.* carcinogene Wirkung
Käse 952
Kaskadenreaktion 374
Kat 918
katabol 746
kataboler Pflanzenstoffwechsel 917
Katalase 975
Katalase-Peroxidase 243
Katalysatoren *s. a. weitere spezifische Typen*
- Aluminiumchlorid 517, 545
- Aluminiumethylat 588
- anionische Initiatoren 141
- asymmetrische 674
- basische 389
- Bio- *s.* Biokatalysatoren; *s.* Enzyme
- Borfluorid 518
- chirale 79, 237, 412, 930–931
- - Bis(oxazolin)-Kupfer-Komplex 237
- - Titankomplexe 196
- Cobalt(II)-chlorid 526
- Eisen(III)-chlorid 518, 527–528
- Flusssäure 518
- *Friedel-Crafts*-Alkylierung 518
- homogene
- - Organometallverbindungen 283
- - $TiCl_4/Et_2AlCl$ 295
- kationische Initiatoren 141
- Kupferchromit 389
- Molybdän-Vanadiumoxid-Katalysator zur großtechnischen Oxidation von Propen 359
- *Mülheimer* Olefinsynthese 131
- multivalente Kationen 990
- Nickel- 395
- nucleophile 231, 377, 602, 837
- Olefin-Metathese 131
- Palladiumkomplexe 457
- Palladium-Phosphan 303
- Phasentransfer- *s.* Phasentransferkatalyse
- Phosphorsäure 518–519
- Polymerisation von Alkenen 140
- Redox- 528
- Rhodium- 380
- Ribozyme 996
- stereoselektive 587
- Synthese von Alkylhalogeniden 205
- technische Darstellung von Methanol 178
- trägerfixierte 728–729
- Vanadiumpentoxid 380
- Vanadium-Phosphor-Oxid 380
- Zinn(IV)chlorid 518
Katalysatorgiftwirkung, Thiophen 772
Katalysatorvergiftung 377
Katalyse
- basische 387
- homogene 139, 319
- Mineralsäuren 387
- saure 543
- starke 292–293
katalytische Halogenierung *s.* Halogenierung
katalytische Hydratisierung 178
katalytische Hydrierung 139, 363–365, 798, 831, 947, *s. a.* Hydrierung
- Aldehydreduktion 314
- Alkene 105, 299
- Alkine 170
- Anilin 626–627
- asymmetrische 434–435
- Benzen 512
- Bernsteinsäureanhydrid 380
- C=C-Doppelbindungen 139
- Cyclobutan 109, 117
- Cyclooctatetraen 149
- Cyclopropan 116
- Doppelbindungen 123
- D-Glucose 492
- Inden 663
- Ketonreduktion 329
- Maleinsäure 350
- Nitrobenzen 621
- Ozonidspaltung 138
- Reaktionsbedingungen 363–365
- *trans*-Fettsäuren 365
- ungesättigter Fettsäuren 389
katalytische Isomerisierung 126, 183
katalytische Nucleinsäuren 997
katalytische Oxidation
- Cyclohexan 419
- Toluen 580
katalytische Perhydrierung 526
katalytische Reduktion 520
katalytische RNA 996
katalytisches Reformat 758
Katarakt (grauer Star) 198
Katechu 922
KatG 243
kationaktive Stoffe 364
Kationen
- delokalisierte 821
- Ionenbindung 14
- multivalente 990
- polare organisch-chemische Reaktionen 20
Kationenaustauscher 558–559
kationische Farbstoffe 645
kationische Initiatoren 141
kationische, nichtbenzoide Aromaten 694–697
- aromatische Stabilisierung 695–696
- ausgewählte Verbindungen 695–697
- Elektrophile 695
- Gewinnung und Synthese 695
- Grenzstrukturen 694
- Nucleophile 695–696
- Reaktionen und Anwendungen 695
- Struktur und Eigenschaften 694
kationische Polymerisation *s.* Polymerisation
Kattundruck 778
*Katz*, Benzen-Valenzisomere 121
*Kauffmann, Th.* 396
*Kaufman*, Konformation von Cyclooctatetraen 160
Kaurit 441, *s. a.* Harnstoff-Formaldehyd-Harze
Kautschuk *s. a.* Elastomere; s. a. Naturkautschuk; *s. a.* synthetischer Kautschuk; *s. a.* Tieftemperaturkautschuk
- Buna 157
- Polyurethan 440
- Vulkanisationsbeschleuniger 624
kautschukartige Polymere 727
Kavität, Kryptanden 186
*Kealy, T. J.*, Ferrrocen-Synthese 699
*Kedde*-Reaktion 29
Keilstrichformel 53–55, 472
- Cyclohexan-Konformationen 94
- *Fischer*-Projektion 69
- Monosaccharide 466
Keimblatt 829

Keimdrüsen, Sexualhormone 744
Keime, intrazelluläre 683
*Kekulé, A.* 512–513
- Atomigkeit 53
- Kohlenstoffverbindungen 2
*Kekulé*-Formeln 835–836
- C—C-Bindungslängen 513
- $D_{3h}$-Symmetrie 513
- Isomere 513
- Resonanzformeln 513–514
- Sechsringformel 512
Keltern 180
*Kelvin s. Lord Kelvin*
*Kendall* 952
α-Keratin 969–970
β-Keratin 969–970
Kernabstände, Ein- und Mehrfachbindungen 169
Kerne *s.* Atomkerne
Kern-Kern-Verbindungslinie, σ-Bindungen 15
kernliebend *s.* Nucleophile
Kern-*Overhauser*-Effekt (NOE) 48
Kernseifen 364
Kernspin 44–46
Kernspinresonanz (NMR) 34, 44–51, *s. a.* $^{13}$C-NMR-Spektroskopie; *s. a.* $^{1}$H-NMR-Spektroskopie
- Cyclooctatetraen 160
- dynamische 49–50
- Propen 135
Kernspintomographie 44
Ketale
- cyclische 480–481
- intramolekulare bicyclische 750
Ketamin 117, 951
Ketenacetale 387
Keten-Carbonylkohlenstoff 587
Ketene 360–361, 382–383
- Adduktbildung 627
- Cycloaddition 409
- Cyclobutanonsynthese 112–114
- Cycloheptatriensynthese 159–160
- funktionelle Gruppe 23
- Gewinnung und Synthese 382
- Photolyse 461
- physikalische Eigenschaften 382
- Reaktionen und Anwendungen 383
- *Schiff*sche Basen 587
- Struktur und Eigenschaften 382
- Synthese 382
Kethoxal 984
Ketimine 593
Ketiminhydrochlorid 593
α-Ketoaldehyde 487, 830
2-Ketoamin 486
β-Ketocarbonsäure 116
β-Ketocarbonsäureester 430
Ketocarbonsäuren *s. a.* Ketosäuren
- Gewinnung und Synthese 424–427
- Reaktionen und Anwendungen 427–431
- Struktur und Eigenschaften 422–425
Ketodicarbonsäuren, aliphatische 424–425, 427, 430–431
α-Ketodihydrofurane 430
Keto-Enol-Gleichgewicht 778–780
Keto-Enol-Tautomerie 57, 171, 183, 228, 428, 769
- Acetessigester 423–424
- Benzoylaceton 597–598
- Gleichgewichtslage 423
- D-Glucose 467–469
- 6-Hydroxypentacen 682
- D-Mannose 467–469
- Oxalessigsäure 424–425
- Resorcin 566
- Thalidomid 787
Keto-Enol-Tautomerisierung 407
β-Ketoester 756
Keto-Form 423
2-Ketogluconsäure 476–477
Ketogruppe 305
- Pregnenolon 741
2-Keto-L-gulonsäure 492
Ketohexonsäuren 491–492
Ketohexosen 770
- D-Fructose 466
- Halbacetalform 480
- L-(–)-Sorbose 488
Ketohydrazone 326
Ketoketene 112, 382
Ketoketenimin 813
α-Ketol-Einheit 829–830
Ketonacetale 329
Ketone
- acide α-$CH_2$-Gruppe 848–849
- Addition 289
- Additionsreaktionen 325–326
- Addition von Alkinen 172
- aliphatisch-aromatische 592, 595
- aliphatische 323, *s. a.* Alkanone
- - Acidität 323
- - Definition 323
- - enolisierbare 582
- - Kondensationsreaktionen mit aromatischen Aldehyden 585–588
- - Nomenklatur nach IUPAC 323
- - Oxidierbarkeit 323
- - Reaktionskontrolle 324
- α-alkylierte 430
- Amine 595–596
- aromatische 579, 592, *s. a.* Chalkone
- - ausgewählte Verbindungen 597–599
- - Gewinnung und Synthese 592–593
- - *Hoesch*-Ketonsynthese 593
- - +M-Effekt 592
- - Reaktionen und Anwendung 594–597
- - Struktur und Eigenschaften 592
- - α,β-ungesättigte 597–598
- Carbonsäurechloride 377
- Carbonylgruppe 325–326
- Carbonylkomponente 408–409
- C—C-Bindungsknüpfung 336
- *Clemmensen*-Reduktion 330
- C—N-Bindungsknüpfung 335–336
- C—O-Bindungsknüpfung 335
- Cortison 743
- *Criegee*-Mechanismus 139
- C—S-Bindungsknüpfung 335
- cyclische 353, 395
- Cyclodecanon 110
- Darstellung von cyclischen Thioacetalen 200
- durch Oxidation von Alkoholen 181
- Deprotonierung 321, 324
- einfache 305
- elektronenschiebender Effekt 326
- Enolat-Anionen 323
- funktionelle Gruppe 23
- gemischte 305
- Hydrolyse von Ozoniden 138
- Kondensation
- - mit Fluoren 665
- - mit Inden 663
- Kondensationreaktionen 326
- aus Nitrilen 285
- Oxidation 334, 597
- Petrochemie 132
- petrochemische Industrie 133
- Photolyse 327
- prochirale 592
- Reaktionen mit Cyclopentadien 158
- Reduktion 329–331, 334
- - mit Amalgam 330
- - von Carbonylgruppen 181
- - zu Aminen 330
- reduktive Aminierung 224
- reduktive Dimerisierung 331
- *Reformatsky*-Reaktion 290–291
- α-Spaltung 327
- Stereochemie 94
- stereoselektive α-Alkylierung 326–327
- sterisch anspruchsvolle 331
- Synthesemethoden 323–325
- TADDOL-Synthese 196
- α,β-ungesättigte 333–334, 848, *s. a. Michael*-System
- unsymmetrische
- - Deprotonierung 223
- - Enolatbildung 324
- unsymmetrisch substituierte 610
- Vergleich mit Aldehyden 334
- *Wittig*-Reaktion 279
Ketonhydrazone 330
Ketonitril 395
β-Ketonitril 116
Ketonkörper 423
Ketonspaltung 325

- verdünnte Säuren oder Laugen 429–430
Ketonsynthese, *Corey-Seebach*-Umpolung 325
Ketonurie 423
Ketopentosen 466
*rac*-Ketoprofen 77
α-Ketopropionsäure 422–423
β-Ketosäureester 798, 836, 851
α-Ketosäuren 948
- Darstellung 424–425
- Eigenschaften 422–423
- Reaktionen 427
- - alkylierte 430–431
- - enzymatische Reduktion 587
β-Ketosäuren 763
- Darstellung 425–426
- Decarboxylierung 352
- Eigenschaften 423–424
- Reaktionen 428–430
γ-Ketosäuren
- (*E*)-9-Oxo-2-decensäure 430–431
- Darstellung 426–427
- Eigenschaften 423
- Reaktionen 430–431
δ-Ketosäuren 344
- Synthese 354
Ketosen
- Carbonylfunktion 485–486
- Chiralitätszentren 467
- Endsilbe -ulose 467
- Konfigurationserhalt 487
- Nitroalkane 476–477
- Oxidation 466
- Reduktion 197, 476, 478
- *Seliwanow*-Probe 770
- Stereoisomere 467
D-Ketosen 468, 471
α-Ketosulfoxide 252
β-Ketosulfoxide 325
Ketotetrosen 467
Ketotriose 466, 468
γ-Ketovaleriansäure 423
Ketoxime 326
- cyclische 596–597
- Säurechloride 595
Kette, aliphatische 75
Kettenabbruch
- ionische Polymerisation 141
- Photochlorierung von Alkanen 205–207
- radikalische Addition 135–136
- radikalische Polymerisation 141
Kettenende, Alken-Nomenklatur 130
Kettenfortpflanzung 247
- radikalische Addition 135–136
Kettenlänge
- *n*-Alkane 100
- Alkohole 177
- Alkylhalogenide 203
- Kontrolle 141
Kettenpolymerisation, koordinative 141–143
Kettenreaktion, radikalische 123, 247, 602–603
- direkte Iodierung 207
- Peroxideffekt 135–136
- Photochlorierung von Alkanen 205–207
- Polymerisation 140–141
- Synthese von Alkylhalogeniden 205
Kettenspaltung 106
Kettenstart 141
Kettenübertragung 141
Kettenverzweigungen 140
Kettenwachstum
- ionische Polymerisation 141
- Regioselektivität 140
Ketylradikal 599, 659
Kevlar *s.* Para-Aramidfaser
*Kharasch,* Peroxideffekt 135
Kick 927, 935
KIE *s.* Isotopeneffekte, kinetische
Kiefer, Terpentinöl-Gewinnung 712–713
Kieselgel
- polares 8
- teicoplaninmodifiziertes 78
Kieselgur 169
*Kiliani-Fischer*-Synthese 474, 476
- Umkehrung 476
Kinase-Hemmstoff 786, 916
Kinder, Hyperaktivität 798
*Kindler, K.* 595
Kinetik 1. Ordnung 208
- E1-Eliminierung 209–211
- $S_N1$-Reaktion 209
Kinetik 2. Ordnung
- E2-Eliminierung 209–211
- $S_N2$-Reaktion 209
Kinetin 906
kinetische Energie
- FAB-Methode 37
- Molekülorbitale 16
- Sektorfeld-Analysator 39
kinetische Racemattrennung *s.* Racemattrennung
kinetische Reaktionskontrolle 153, 324, 369
- Addition an Diene 151–152
- *er*-Wert 68
- 1-Naphthalensulfonsäure 669
*King* 933
*Kipping*-Synthese, Tetraalkylsilane 277–278
Kirschgummi 488
*Kistiakowsky, G. B.* 514
*Kjeldahl, J.* 436
*Kjeldahl*-Methode 436
KKK-Regel 532
Klärschlamm 182
Klebereiweiß 951
Klebstoffe 508
- auf Methanolbasis 182
- Neopren 728
- aus Propylenoxid 147
Kleeblattknoten 570
Kleie 766–769
Kleiner Fuchs 890–891
*Klopmann-Salem*-Gleichung 21–22, 24
*Klyne-Prelog*-System 58
Knallerbsen 445
Knallgas *s.* Acetylen-Knallgas
Knallquecksilber *s.* Quecksilberfulminat
Knallsäure 393–394, 444–445, 812–813
Knallsilber 308, 445, *s. a.* Silberfulminat
Knallteufe *s.* Knallerbsen
Knoblauch 266–267
Knoblauchöl 183
Knochenabbau 259
Knochen, Bisphosphonate 259–260
Knochenleim 970
Knochenmetastasen 259
Knochenmineralisation 673
Knochenöl 753
Knochenresorption 259
Knochenschwund *s.* Osteomalazie
Knochensubstanz, organische 970
*Knoevenagel*-Kondensation 271, 354, 359, 459
- intramolekulare 851
*Knoevenagel*-Reaktion 476, 836, 921
Knorpel 970
*Knorr, L.* 423
*Knorr*-Pyrrolsynthese 754–756
Knotenebene 16
Knotenfläche 11
Knotenprinzip 570
*Knowles, W. S.* 299
- L-DOPA 78
Koagulat, bei Naturkautschuk-Gewinnung 727
Koagulation, irreversible 968
Koaleszenztemperatur 49–50
Kocharomen 485
*Koch-Haaf*-Reaktion 344
Kochsalz *s.* Natriumchlorid
*Koenigs* 929
*Kögl* 782, 810
kohärent 66–67
Kohlendioxid 433
- Energiestoffwechsel 433–434
- Lösemittel 434–435
- $^{13}C$-markiertes 957
- Modifikationen und Eigenschaften 434
- Phasendiagramm 435
- Photosynthese 433–434
- radikalische Gasphasennitrierung 125


K

- überkritisches ($scCO_2$) 434–435, 728
Kohlenhydrat-bindende Domäne 977
Kohlenhydratchemie, mehrwertige Alkohole 185
Kohlenhydrate 388, 465, *s. a.* Zucker
- Definition 465
- enzymatische Verzuckerung 407
- Fehling-Probe 308
- Gärung 409
- Monosaccharide 466–493
- Oligosaccharide 493–500
- Polysaccharide 500–510
- Synthesen 493
Kohlenhydrateabbau, Energiegewinnung 465
Kohlenhydratnahrung 504
Kohlenhydratstoffwechsel 500
- Cortisol 742–743
Kohlenmonoxid 760, 765, *s. a.* Kohlenstoffmonoxid
- Oxim 393
- Vergiftung 760
Kohlenmonoxidspaltung 456–457
- Brenztraubensäure 427
- Citronensäure 411–412
- Oxalessigsäurediethylester 427
Kohlenmonoxidvergiftung 456
Kohlenmonoxid-Wasserstoff-Verhältnis 456–457
Kohlenoxidhämoglobin 760, 765
Kohlenoxid-Konvertierung 457
Kohlensäure
- Dissoziationsgleichgewicht 433–434
- Halogenide 434–435
- Monoamid 439
- Stickstoffderivate 436
- Struktur 433
- Thioderivate 436–437
Kohlensäure-Assimilation 762
Kohlensäure-bis(trichlormethylester) *s.* Triphosgen
Kohlensäure-Carbonsäure-Anhydride 378–379
Kohlensäurederivate 433–444
Kohlensäurediamid *s.* Harnstoff
Kohlensäuredichlorid 436–437, *s. a.* Phosgen
Kohlensäurediester 438–439
- Harnstoffsynthese 437
Kohlensäurediethylester 213, 439, 813
Kohlensäuredimethylester 258, 438–439
Kohlensäureester 617
- Reaktionen und Anwendungen 438–439
Kohlensäurehalogenide 434–435
Kohlensäuremonoamid *s.* Carbamidsäure
Kohlenstoff *s. a.* $^{12}C$; *s. a.* $^{13}C$; *s. a.* $^{14}C$; *s. a.* $^{13}C$-NMR-Spektroskopie
- C—C-Bindung 18
- C=C-Doppelbindung 18–19
- C≡C-Dreifachbindung 19–20
- C—H-Bindung 16–18
- einbindiger 460
- als Grundsubstanz 2
- Methangewinnung 104
- Modifikationen 683–684
- Vieratomigkeit 53
- zweibindiger 460
$\beta$-Kohlenstoffatom 355
Kohlenstoffatome
- *n*-Alkane 99–100
- asymmetrisch substituierte 63–65
- Brückenkopf- 118–120, 125
- Elektronenkonfiguration 13
- fünfbindige 134
- $sp^2$-hybridisierte 684
- $sp^3$-hybridisierte 685
- I-Effekte 26
- Partialladung in Alkoholen 176
- primäre 102, 203
- quartäre 102, 118
- sekundäre 102, 203
- tertiäre 102, 119, 203, 648
Kohlenstoffcluster 683–684
Kohlenstoff-Cobalt-Bindung 765
Kohlenstoffdioxid *s.* Kohlendioxid
Kohlenstoffdisulfid 436
Kohlenstoff-Halogen-Bindung 517, 535–536
Kohlenstoffisotope 434, *s. a.* $^{12}C$; *s. a.* $^{13}C$; *s. a.* $^{14}C$
Kohlenstoffkette
- Alkene 130
- *Fischer*-Projektion 69
- IUPAC-Nomenklatur 102
- strukturisomere Alkylgruppen 102
Kohlenstoff-Metall-Polarisierung 285
Kohlenstoffmonoxid 433
- Atemgift 456
- C—O-Bindung 455
- Charge-Transfer-Komplexe 456
- Decarbonylierung 456–457
- Dipolmoment 455
- Disproportionierungsgleichgewicht 455, 457
- Hydrierung 178
- isoelektronische Derivate 456
- Molekülorbital-Diagramm 456
- *Pauson-Khand*-Reaktion 115
- Resonanzformeln 455
- Synthesegas 105, 456–457
- technische Synthesen 457–458
- $\pi$-Akzeptor-Ligand 458
Kohlenstoffmonoxidderivate 455–459
Kohlenstoffradikale
- Halogenierung 459–460
- kurzlebige, freie 296
Kohlenstoffringe
- große 110–111, 115–116
- kleine 107–114, 116–117
- mittlere 110–111
- normale 108–109, 114–115, 117
Kohlenstofftetrachlorid *s.* Tetrachlormethan
Kohlenstoffverbindungen, Geschichtliches 2–3
Kohlensuboxid 163, 353
Kohlenwasserstoffe *s. a.* PAK
- aliphatische 142
- aromatische 511–526
- - Benzendiazoniumsalze 630
- - Ethenpolymerisation 142
- - mit Halogen-, Nitro- und Sulfonsäuregruppen 527–551
- - Iodierung 528
- - kondensierte 560–561
- - Nitrierung 527
- - Säurechloride 592–593
- - Steinkohlenteer 515–516
- - sulfonierung 527
- - Trimerisierung von Ethin 172
- - Umsetzung mit Säureanhydriden 592–593
- Basizität 697
- bicyclische 118–127
- cycloaliphatische 142
- fluorierte 216–218
- gesättigte 99–127, *s. a.* Cycloalkane
- halogenierte 287
- Hochdruck-Chlorolyse 215
- *Platon*ische Körper 121
- polycyclische 118–127
- Polyene 150
- Reinigungsverfahren 773
- ungesättigte 129–174, 236
- - in Natur 716, *s. a.* Terpene
Kohlenwasserstoffgemische 130–131
Kohle, partielle Verbrennung 456–457
Kohleveredlung 456
Kohlevergasung 456
kohlige Chondriten 761
Kohlweißling 909–910
Kojisäure 845
Kokosfett 363
Kokosnussöl 349
*Kolbe, A. W. H.* 606
- organische Elektrosynthese 104–105
*Kolbe*-Elektrolyse 352, 357
Kolbe, Kohlenstoffverbindungen 2
*Kolbe*-Nitril-Synthese 394
*Kolbe-Schmitt*-Reaktion 756
*Kolbe-Schmitt*-Synthese 672–673
- sechsgliedriger Übergangszustand 606
- Terephthalsäure 615
Kollagen 953, 970
Kollisionsgas 39
Kollodiumwolle 509
kolloide Lösung 968
Kolonne, Rektifikation 6–7

Kolophonium 712
– Abietinsäure 718
– Erhitzung zusammen mit Palladium 723–725
*Kolumbus, Christoph* 918
Kombinationspräparat 877
Kombinationstherapie 984
kombinatorische Chemie 458
Kometengift 449
Kommunikation, chemische 184
Kommunikationsmittel, chemische 430–431
kompetitiver Inhibitor 965
– Muscarinrezeptor 926
Komplementärfarben 42–43
Komplementärstrang 983, 991–992
$\pi$-Komplex 300–301, 517, 527–528, 531, 539
– elektrophile Addition 132–134
– Hydroformulierung 299–300
$\sigma$-Komplex 299–301, 517, 527–528, 531, 592–593, *s. a. Meisenheimer*-Komplex
– Hydroformulierung 299–300
– Stabilität 668
Komplexbildner, chirale 289
$\pi$-Komplexbindung, Übergangsmetalle 283
Komplexe *s. a.* Übergangsmetallkomplexe
– 14-Elektronen- 303
– koordinativ gesättigte 297–298
– koordinativ ungesättigte 297–298
Komplexierung 187
Komplexliganden 663, 928
komplexometrische Titration 421
Komplexone 421
Konakion 673–674
Kondensation 839
– Acetessigester mit Acetaldehyd und Ammoniak 836
– mit Aldehyden 32
– Carbonylverbindungen 980 981
– cyclisierende 796, 798, 824, 828, 983
– Epoxide 191
– intermolekulare 353
– von Triphenylaminoguanidin mit Ameisensäure 825–826
*ortho*-Kondensation 118, 847
Kondensationsprodukte, Phenol-Formaldehyd 557–560
Kondensationsreaktionen 784, 808, 821
– Aceton 332
– Aldehyde 309, 585–588
– Aldosen 485–486
– $\alpha$-Aminoketone mit $\beta$-Diketonen 755
– $\alpha$-Aminoketone mit $\beta$-Ketoestern 755
– Carbonsäuren 351
– Carbonylgruppe 305
– DDT-Synthese 647–648
– Fluorescein-Synthese 652
– intramolekulare 366
– Ketone 585–588
– Ketosen 485–486
– *Knoevenagel*-Kondensation 354
– Kristallviolett-Synthese 650–651
– Malachitgrünsysnthese 649–650
– Malonsäureester 354
– Phenolphthalein-Synthese 650–652
– *Stobbe*-Kondensation 355
– $\alpha$-Halogenketoverbindungen mit Thioamiden 815
kondensierte aromatische Ringsysteme 661–686, *s. a.* anellierte aromatische Ringsysteme; *s. a.* mehrkernige aromatische Ringsysteme; *s. a.* polycyclische aromatische Ringsysteme
kondensierte Ringe 731, *s. a.* Ringe
kondensierte Ringsysteme *s.* Ringsysteme
kondensierte tricyclische Systeme 790
Konfiguration
– absolute 3–4, 70–73, 405, 415
– festgefrorene 84
– invertierte 121
– *Walden*-Umkehr 209
($R_p$)- bzw. ($S_p$)-Konfiguration 567
(*d*)-Konfiguration 68–69
(*l*)-Konfiguration 68–69
L-Konfiguration 944
(*R*)-Konfiguration 70
(*R,S*)-Konfiguration 923
Konfigurationsbestimmung, Atropisomerie 640
Konfigurationsinversion 250
– *Mitsunobu*-Reaktion 385–386
Konfigurationsisomere 54–56, 97
konfigurationsstabile Amide *s.* Amide
konfigurationsstabile Oximether *s.* Oximether
Konfigurationsumkehr
– Aminosäuren 405
– (*S*)-(–)-Äpfelsäure 405
(*S*)-konfiguriertes Chiralitätszentrum *s.* Chiralitätszentrum
Konformation 58–62
– Bestimmung 4
– Boot- 91–93, 109, 118–120, 732
– boot-ähnliche 568
– Briefumschlag- 91, 109
– Budatien 151
– *n*-Butan 60
– Cholestanole 733
– Cyclohexan 91–93, 109
– Cyclooctatetraen 160
– Cyclopentan 109
– dachförmige Struktur 121
– ekliptische 698
– Ethan 59–60
– Fusidane 732
– Fusidinsäure 745
– Gallensäuren 732
– gefaltete 90
– gesättigte Sterole 732
– gestaffelte 698
– Halbsessel- 91–93, 149, 733
– *Karplus*-Beziehung 47
– Peptide 98
– Sessel- *s.* Sesselkonformation
– Steroide 731–734
– Twist- 92, 109
– Wannen- *s.* Wannen-Konformation
– *meso*-Weinsäure 80
– Zickzack- 62
s-*cis*-Konformation 369
Konformationsänderungen 49, 406
Konformationsformel 472
Konformationsisomere 54–56, 97, *s. a.* Konformere
Konformationskarte 61–62
Konformere 58–59, *s. a.* Konformationsisomere
Kongener 888
Konglomerate 63, 76
Kongorot 672
– Strukturformel 642
Koniferenlignin 525
Königinnensubstanz 430–431
*König*sches Salz 838
– Azulen-Synthese 692
*Königs-Knorr*-Methode 483, 485
konjugierte Amine 222
konjugierte Doppelbindungen 525, *s. a.* Doppelbindungen
– Acrolein 320
– gekreuztes System 665
– polyene 525
konjugierte Polyene *s.* Polyene
konjugierte RNA-Nucleoside *s.* RNA-Nucleoside
konjugiertes Pentadienylradikal *s.* Pentadienylradikal
konjugiertes $\pi$-Elektronensystem 866
konjugiertes Protein 974–976
konjugiertes Triensystem *s.* Triene
konjugierte Systeme
– Chromophore 41
– doppelt gekreuztes 778
– M-Effekte 43
– *Michael*-Additionen 367
– $\pi$-Bindungen 42
Konnektivität 53–55
konrotatorische Ringöffnung *s.* Ringöffnung
konsekutive Reaktion 815
Konservierungsmittel
– Aldehyde 305
– Ameisensäure 352
– Benzoesäure 602
– Biphenyl 640–641
– Biphenyl-2,2’-diol 554

- Formaldehyd 317
- *p*-Hydroxybenzoesäureester 606
- *o*-Phenylphenol 554
- Sorbinsäure 360–362
- Weinsäure 411
Konstitution 53–55
- Bestimmung 4, 138
- Cholesterol 736–737
- Ozonide 138
konstitutionelle Repetiereinheit (KRE) 144, 791
Konstitutionsaufklärung, Disaccharide 498
Konstitutionsformeln 53–54
- *n*-Alkane 100
- Benzen 513
Konstitutionsisomere 54–56
- Alkohole 175, 177–178
- Alkylbenzene 516–517
- Alkylhalogenide 203
- Alkylnitrite 266
- Butan 100
- Buten 130
- Buttersäuren 347
- cyclische 234
- Cyclohexadiene 158
- Pentan 103
Konstitutionsisomerie 803
- Chromon 847–848
- Cumarin 847–848
- Nicotin / Anabasin 919
- Thiadiazol 831
- Triazin 894
- Triazol 823
konstitutop 85–87
kontinuierliches Frequenzband *s.* Frequenzband
Kontrazeptiva 748
Kontrolle
- frontkontrollierte Reaktion 24
- Kettenlänge 141
- kinetische *s.* kinetische Kontrolle
- Produktkontrolle *s. product development control*
- thermodynamische *s.* thermodynamische Kontrolle
Konturplot 12
Konventionsmethode, in Lebensmittelchemie 770
konvergente Synthese 764
- Vitamin $B_{12}$ 493
Konzentrationsfähigkeit 927
konzentrierte Salpetersäure 257–258, *s. a.* Salpetersäure
konzentrierte Salzsäure *s.* Salzsäure
konzentrierte Schwefelsäure *s.* Schwefelsäure
konzertierte Prozesse 609
konzertierte Reaktionen *s.* Reaktionen
$\eta^1$-Koordination 699
$\eta^5$-Koordination 699
Koordination, Cp- und COT-Liganden 699
koordinative Kettenpolymerisation *s.* Kettenpolymerisation
Kopfgruppe, Lipide 195
Kopf, in Terpenen 703–704
Kopf-Schwanz-(K-S-)Verknüpfungen, Terpene 703–704, 715–716
*Koppeschaar*-Titration, Phenol 555
Kopplung
- C,H-Kopplung 47–48
- Fern- 49
- *gauche*- 59
- *J*- 47
- skalare 49
- Spin-Spin- 46–47
- *trans*- 59
- vicinale 47, 59
Kopplungskonstante, NMR 47
Kopplungsverfahren, MS-GC und und MS-LC 36
Koralle 952
Korianderöl 704–705
Korksäure 351
Kornblume 863
*Kornblum*-Regel 270, 394, 457
*Körner, W.* 516
koronare Herzkrankheit 841
Körper *s. a. Platon*ische Körper
- Stoffwechselprodukte 261
Körperfette 363
Korrelationspeaks 49
Kosmetika
- AHA 411
- Alkylpolyglucoside 482
- Botox 195
- Glycerol 189
Kosmetik, Gelbildner 373
Kosmetikindustrie
- Alginate 505–506
- Algine 505–506
- Emulgatoren 502
K.O.-Tropfen 868
*Kotscheschkow, K. A.* 295
kovalente Bindung *s.* Atombindung
kovalente Verbindungen 838
kovalente Vernetzung 970
kovalent-irreversible Inhibitoren *s.* Inhibitoren
Kraftstoffzusatz
- Ethanol 182
- Methanol 182
Krakelee 372
Krallenfrosch, südafrikanischer 968
krampflösendes Mittel 926
Krappwurzel 678
*Krätschmer,* W. 684
KRE *s.* konstitutionelle Repetiereinheit
Kreatin 444
Kreatinin 444, 808
Kreatinin-Clearance 444
Kreatininwert 808
Kreatinphosphat 444
Krebserkrankung 890
- Chemotherapie 678
- Entstehung 879
Krebstherapie, Carboplatin 114
Krebstiere 890
5-K-Regel 866–867
Kreislauf, enterohepatischer 741
Kreislaufkollaps 929
Kreislaufstabilisierung 565
Kreislaufstimulans 829
Kreosot *s.* Carbolineum
*m*-Kresol 556–557
Kresole 556–557
*p*-Kresol-Schwefelsäureester 556–557
Kressesamen 829
Kretinismus 952
*Kreuzberger* 894
Kreuzkupplungen
- Definition 291
- Pd-katalysierte 139
- - *Negishi*-Kupplung 291
- - *Stille*-Reaktion 295
- - *Suzuki*-Kupplung 303
- Teilschritte 291
Kreuzmetathese 131–132
Kriminalistik, Ninhydrin 663
kriminaltechnische Spurensicherung 884
Kristalle
- enantiomerenreine 944–945
- Natriumchlorid 14–15
- optische Aktivität 63
- Packungsdichte 103
- *Teichmannsche* 759
Kristallgitter 120
Kristalline, Augenlinse 973
kristallines Polyethen *s.* Polyethen
kristallines Polymerisat 144
Kristallisation
- fraktionierende 75–77, 474, 476
- Tetraphenylbutatrien 166
- als Trennmethode 6
kristallisierende Derivate *s.* Derivate
Kristallstrukturanalyse 34, 52
Kristallviolett
- Darstellung 645, 650–651
- *Gram*-Färbung 650–651
- pH-Abhängigkeit der Farbe 645
- Synthese 625–626
- Triphenylmethanfarbstoffe 626
[18]Krone-6 187
Kronenether 186
Kronenetherstruktur 569
Kronen-Konformation 160–161
Kronsbeeren 722
Kropf 952

Krötengift 748–749
*Kroto, H. W.* 683
Krustenechse 964
Kryptanden 186–187
Kryptate 686
K-Schale 13
kubisch flächenzentriertes Gitter *s.* Gitter
Kugelform
- diamantoide Ringsysteme 120
- s-Orbitale 11
Kugel-Stab-Modell 55
- Methan 99
Kugelsymmetrie
- s-Orbitale 16–18
- Wellenfunktionen 11
Kühlfinger, Sublimation und Resublimation 7
*Kuhn, R.* 421, 840, 911
- Carotine 723
- Darstellung von Tetraphenylhexapentaen 166
Kümmelöl 707
Kumulene 129, 150, 163–168
kumulierte Doppelbindungen *s.* Doppelbindungen
Kunstfasern 509
Kunstharze 558–559, 766
- Härtung mit Hexamethylentetramin 318
- Synthese mit Formaldeyhd 317
Kunsthonig 497
Kunstoffgeschirr 897
Kunststoffe *s. a.* Polymere
- Celluloid 509
- Phenol 554
- Phenoplaste 557–558
- Polycarbonate 617
- Polydialkylsiloxane 280
- Polyethylenterephthalat 616
*Kunz, H.* 947
Küpe 892
Küpenfärberei 680, 778
- Anthrachinonfarbstoffe 676
- Hydroxymethansulfinsäure-Na-Salz 317
Küpenfarbstoffe 679, 790, 893
- indigoide 670
- Natriumdithionit 680
Kupfer
- Hydrierungskatalysator 139
- technische Darstellung von Methanol 178
Kupferacetylid 168, 172, 303
- Ethinylierung 172
Kupferchromit 389
Kupfercyclus 303
Kupferdestille 180
Kupferhalogenide 27
Kupfer(I)-chlorid
- Chloroprensynthese 152
- Dimerisierung von Ethin 171
Kupfer(I)-cyanid 457
Kupfer(I)-ethylxanthogenat 441–442, *s. a.* Xanthogen-Kupfer
Kupfer(II)-cyanid 452–453
Kupfer(II)-hydroxidlösung, ammoniakalische 507
Kupfer(I)/(II)-Salze 145, 528
Kupferorganyle 378
Kupferphthalocyanin 766, 786, 913–914
Kupfer-Reyon-Glanzstoff *s.* Cuprofaser
C-Kupplung 635, *s. a.* Azokupplung
C—N-Kupplung 797
*N*-Kupplung
- Anilin 634–635
- Diazoaminobenzen 634–635
- Diazoniumionen 634–635
Kupplungen 798–800
- Azokupplung 908
- Diazoniumsalz mit Aldehydhydrazon 829–830
- HOBt/EDC-katalysierte 826
- intramolekulare 791
- oxidative 171, 821–822, 866–868
- reaktionsfähige Methylengruppen 637
- reduktive 330, 591
Kupplungskomponenten 672, 799–800
- Aktivierung 636
- Löslichkeit 578
- Naphthylamine 671
Kupplungsreagenzien 955–958
- Carbodiimide 454
- PyBOP 351
Kupplungsreaktionen
- aromatische Amine 634–636
- Geschwindigkeit 636
- *Heck*-Reaktion 300–302
- *Negishi*-Kupplung 291
- *Stille*-Reaktion 295
- *Suzuki*-Kupplung 303
Kupplungstest, oxidativer 822
*Kurusawa,* Gibberelline 719–720
Kurznarkotikum 881–883
*Kwart,* Zahnradeffekt 62
Kynurenin 781
Kynureninsäure 781

## L

L (Einbuchstaben-Code für Leucin) 948
Lachs 974
Lacke 766
- Acetylcellulose 510
- Glyptalharz 189–190
- Lösemittel 188
- aus Propylenoxid 147
- Rohstoffe 616
- temperaturbeständige 617
Lackindustire, Lösemittel 386
Lacklösemittel 183
Lackmus 890–891
Lackmusfarbstoff 566
Lacrimatoren 597, *s. a.* Tränenreizstoffe
Lactalbumin 497, 973–974
Lactam 411, 917
- vinyloges 855
$\beta$-Lactam 383
- monocyclisches 820
- *Schiff*sche Basen 587
$\beta$-Lactam-Antibiotika 815–820
$\beta$-Lactamase 819–820
$\beta$-Lactamase-Inhibitor 820
$\beta$-Lactamase-Stabilität 815
Lactam-Carbonylgruppe 809
$\gamma$- bzw. $\delta$-Lactame 419
Lactam-Lactim-Tautomerie 58
$\beta$-Lactam-Ring 819–820
*Lactarius indigo* 692
Lactase 497
Lactate 403
Lactide, dimere 410
Lactobacillinsäure 148
*Lactobacillus delbrueckii* 407
*Lactococcus lactis* 403
Lacton 409, 646, 960
- (*E*)- bzw. (*Z*)-Konfiguration 404
- farbloses 646, 650–652
- höhergliedriges 404, 409
- Nomenklatur 403–404
- Parasorbinsäure 360–361
- Ringöfffnungsreaktionen 411
- Statine 413
- Strukturen 403
- ungesättigtes 430–431
- vinyloges 848
Lactonbildung, intramolekulare 405–406
Lactoncarbonsäuremethylester 430
$\alpha$-Lactone 405–406
$\beta$-Lactone 383
$\gamma$-Lactone 355
- Aldonsäuren 477
- Ascorbinsäure 492
- ungesättigte 430–431
$\gamma$- und $\delta$-Lactone 409–410
Lactonisierung 749
Lactonring 646, 650–652
$\gamma$-Lacton-Ring 749
Lactonsäuren 477
Lactose 496
- Vergärung 403
(+)-Lactose 497, *s. a.* Milchzucker
Lactoseintoleranz 497
*Ladenburg, A.*
- Prisman 121
- Synthese von (±)-Coniin 920–921
ladungskontrollierte Reaktionen *s.* Reaktionen
Ladungs-Radius-Verhältnis 21

Ladungsverteilung, Dipolmoment 20–21
laevo 68
*La Forge* 845
Lagerstätten, Erdgas 101, 104
Lähmung 926
Lakritze 922
LAL 973
LAL-Quervernetzung 973
*Lambert-Beer*sches Gesetz 42
*Landa,* diamantoide Ringsysteme 120
Längenprozessierung, hydrolytische 996
*Langerhans*sche Inseln 964
längerkettige Alkohole *s.* Alkohole
langkettige Dicarbonsäurediester *s.* Dicarbonsäurediester
langkettige Dinitrile *s.* Dinitrile
langkettige Fettsäuren *s.* Fettsäuren
*Lankamp, H.* 654
Lanolin 736
Lanosta-8,24-dien-3-$\beta$-ol 721
Lanosterin *s.* Lanosterol
Lanosterol 721, 735
Lanosterol-Synthase 721
Lanosterol-$\alpha$-14-Demethylase 807
*lanthanide induced shift* (LIS) 48, 68
Lanthanoid-Ionen, Trennung 558
Lanthanoidverbindungen, paramagnetische 48
Lanthionin 973
*Laqueur,* Isolierung von Testosteron 745
*Larmor*-Frequenz 44–46
Larodopa 953
Laseranregung
- MS-Ionisierung 37
- *Raman*-Spektroskopie 40
Läsionen, chemisch induzierte 991–992
Latanoprost 413
Latex
- Naturkautschuk 726–727
- Polyvinylacetat 146
Laubholzlignin 525
(+)-Laudanosin 931–932
Laudanum 932
*Laurent, A.* 676, 933
Laurinlactam 162
Laurinsäure 349
*Laurus nobilis* 349
Laurylalkohol *s.* 1-Dodecanol
Lavendelöl 709
*Laveran, C. L. A.* 857
*Lavoisier,* Bedeutung des Sauerstoffs 1
Lävulinaldehyd 726
Lävulinsäure 423, 770
- Hexose 426–427
- Kautschukgewinnung 726
- Wasserabspaltung 430–431
Lävulose 488
*Lawesson*-Reagenz 392
Laxans 198
Laxantien 676
LCAO *s.* Linearkombination
LDA 777, *s. a.* Lithiumdiisopropylamid
- Enolatbildung 324
LDL 976
LDPE (*low density polyethylene*) 142
*Le Bel*
- optische Aktivität 63
- organische Strukturlehre 53
Leben, chemischer Ursprung 901
lebende Polymerisationen *s.* Polymerisation
lebende Zelle, TTC-Reaktion 829
Lebensfähigkeit, Zelle 829
Lebenskraft (vis vitalis) 1
Lebensmittel
- antinutritive Faktoren 450
- Aromatisierung 770
- biologische Wertigkeit 954
- frittierten oder gebratene 373
- Nährwerterhöhung 946
- nichtenzymatische Bräunung 485
- unkonserviertes 963
Lebensmittelanalytik, qualitative 27
Lebensmittelantioxidans 607
Lebensmittelfarbe 289
Lebensmittelfarbstoffe 798–799, 911
- $\beta$-Carotin 726
Lebensmittelindustrie
- alkoholische Gärung 178
- Schwefelsäureester 260
Lebensmittelvergiftung, tödliche 963
Lebensmittelzusatzstoffe 898
- Saccharin 547
- Xanthan 503
Leber
- Funktion 261
- Glycogenolyse 742–743
- Hydroxylierung von D-Vitaminen 737
- Lebergalle 738–741
Leberöl
- Heilbutt 718
- Wale 720
Lebertran 718
*Leblanc*-Verfahren 364
Lectine 493
*Ledderhose, G.* 489
Ledergerberei 608
Lederherstellung 970
Lederindustrie, Weichmacher 191
Leguminosen-Keimling 951
*Lehmann, J.* 607
Leichengift 192, 950
Leichtöl 515
Leichtölfraktion 515
- Steinkohlenteer 518
Leim 944–945
Leinölfarben 372
Leinölfilme 372
Leistungssport, Anabolika 746
Leitatom 75
leitfähige Polymere 171, 772, *s. a.* Polymere
- Polyphenyle 643
- Poly-*p*-phenyl 641–642
Lektin 977
- agglutinierende Wirkung 977
- Mitogen 977
- pflanzliches 977
*Lemieux, R.* 495
Lemongrasöl 705
Lenalidomid 788
(*R,S*)-Lenalidomid 788
Lepidin 852
Lepra 670, 788
Lernfähigkeit 927
Lernprozess 951
Lernvorgänge 950
*Letham* 906
*Letharia vulpina* *s.* Wolfsflechte
Leu 948
*Leuchs*-Anhydrid 956–957
*Leuchs, H.* 938, 948
Leuchtdioden, organische 665, 772
Leuchtkäfer, nordamerikanischer 821
L-Leucin 938, 944–945
L-(−)-Leucin 422, 948
Leucin-Enkephalin 962
Leucinose 948
*Leuckart-Wallach*-Reaktion 225, 520
- reduktive Aminierung 225
*Leuconostoc*-Gruppe 503
Leucopterin 909–910
Leucovorin 913
L-Leucyl-(−)-*N*-menthylamid 707
Leukämie 859
Leukindigo 778
Leukobasen 577–578, 645, 649, 892
Leukocyten 911–913
Leukomethylenblau 892
Leukomycin 542
Leukoschwefelfarbstoff 893
Leukotriene 362
- Arachidonsäure 413
Leukoverbindung
- Küpenfarbstoffe 680
- Schwefelfarbstoff 893
Leuna-Werke 727
Levatite 558
Levocetirizin 886
Levodopa 576, 953
- Metabolismus 243
Levofloxacin 855–856
Levomepromazin 841
Levomethadon 936
Levonorgestrel 748
Levothyroxin-Natrium 952–953
*Lewis*-Basen 21, 886
- Assoziationsgrad 284
- Carbene, nucleophile 806

- Ether 249
- polare organisch-chemische Reaktionen 20
*Lewis*-Formel 53–55, 255–257
*Lewisit*-Reihe 195–196
*Lewis*, Oktettprinzip bei Atombindung 15
*Lewis*-Säure-Base-Komplex 315–316, 475, 518
*Lewis*-Säuren
- Achtzehn-Elektronen-Regel 297–298
- $AlCl_3$ 517–518
- Aldoladdition 323
- und Benzenreaktionen 512
- Bindung an Carbonylgruppe 306
- Bromide 527–528
- Definition 21
- Ethenpolymerisation 142
- kationische Initiatoren 141
- Phenylester 556
- polare organisch-chemische Reaktionen 20
- Polymerisation von Isobuten 144
- Reaktion mit Halogenalkanen 25
- Triethyloxoniumtetrafluoroborat 813
*Leydig*-Zellen 745, 863–864
*Ley-Griffith*-Reaktion 886–887
LFER *s.* lineare freie Energiebeziehung
LH 744
$LiAlH_4$ 520
LiAlH(*tert*-$OC_4H_9)_3$ 306, 308
Librium® 868
Licht *s. a.* polarisiertes Licht; *s. a.* sichtbares Licht
- Absorption 42
- monochromatisches 67
- Schwingungsebene 66–67
Lichtallergie 761–762
- Behandlung 761
Lichtbogenverfahren 169
Lichtechtheit 679–680, 893–894
Lichtemission 821
Lichtempfindlichkeit 761
Lichtquanten, UV/Vis-Spektroskopie 41
Lichtschalter, molekulare 719
Lichtstabilisatoren 296
Lichtstreuung 968
Lidocain 605
*Liebermann, C.* 678
*Liebermann*-Reaktion 562
Liebespheromone 746
*Liebig, J. v.* 4, 609, 952
- Iofodorm-Reaktion 214
- Isomerie 393
- Knallsäure 394
- Murexid 905
*Liebig*-Kühler 692
Liganden 71
- anionische, nichtbenzoide Aromaten 697–698
- Azulene 690–691
- chirale 299, 302
- diastereotope 392
- Hämoglobin 456
- heterotope 392
- stereoheterotope 392
$\eta^1$-Liganden 298
$\eta^6$-Liganden 298
Ligandenfeldaufspaltung 458
Lignin 178–179, 614
- Bausteine 524–525
- Biosynthese 525
- inkrustiertes 506–507
- Nachweis im Holz 570
- Zellstoffgewinnung 507
Ligninsulfonsäuren 525, 590
Liköre 180
Limette 789
limitierende Aminosäure 946
Limonen 705–706
(*R*)-(+)-Limonen 706, 711–713
(*S*)-(−)-Limonen 706
*Limprecht, H.* 766–767
Linalool 183, 704–705
(3*R*)-(−)-Linalool 704–705
(3*S*)-(+)-Linalool 704–705
Linamarin 326
Lindan 535
*Linderström-Lang* 968
*Linde*-Verfahren 456–457
*linear combination of atomic orbitals* (LCAO) 15
lineare Alkane *s.* Alkane
lineare Anordnung, sp-Hybridorbitale 19
lineare Biopolymere *s.* Biopolymere
lineare freie Energiebeziehung 600
lineare Polymere *s.* Polymere
lineare Quadrupol-Falle *s.* Quadrupol-Falle
lineare Synthese 493, 764
*linear free energy relationship* 600
Linearkombination
- Atomorbitale (LCAO) 15
- Hybridorbitale 17
linear polarisiertes Licht *s.* polarisiertes Licht
*line formula* *s.* Strichformel
Linezolid 814
Linker 494, 957–958
Linker-Moleküle 356
linksdrehend 68–69
linksgängig 74
Linksschraube 970
linkszirkular 66–67
$\alpha$-Linolensäure 361
$\gamma$-Linolensäure 361
Linoleumherstellung 372
Linolsäure 361
Linoxin 372
Liothyronin 952–953
Lipasen 185–186, 389
Lipiddoppelschichten 364, 736
Lipide 976, *s. a.* Phospholipide
- Esterlipide 388–389
- Etherlipide 389
- Fette und Öle 388–389
- Inositol 195
- micellare Aggregation mit Proteinen und Cholesterol 976
- Oxidationsschutz 863–864
- Steroide 731
- Transport im Blut 976
- Transport in Körperflüssigkeit 976
Lipidhydroperoxid 864
Lipidmembran 727
Lipidperoxyl-Radikal 864
Lipidspiegel 413
Lipidstoffwechsel 742
Lipochrome 722
Lipophile 741
lipophiler Molekülteil 364–365
lipophober Molekülteil 364
Lipoproteine 974, 976, *s. a.* Proteine
Liposomen 193
Lipoxygenase 362
*Lippia dulcis Trev.* 717
liquified natural gas *s.* Flüssiggas
LIS *s. lanthanide induced shift*
[Li-(−)-Spartein]$^+$-Kation 928–929
Lithiierung 321–322
Lithiumalkoxyaluminiumhydrid 306
Lithiumaluminiumhydrid
- Aldehydreduktion 314
- *tert*-Butylalkohol 581
- Carbonsäurechloride 377
- Reduktionsmittel 520
- Reduktion von
- - Carbonsäurederivaten 306
- - Carbonsäureestern 389
- - Carbonsäuren 351
- - Cyclobutanon 114
- - Nitrilen 395
- - Säureamiden 391
Lithiumamalgam 536
Lithiumazid 830
Lithiumcyclopentadien 697
Lithiumcyclopentadienid 167
Lithiumdiisopropylamid 321–322, 387, 777, *s. a.* LDA
- nichtnucleophile Base 223
- Synthese 223
Lithiumethylanilid 115
Lithiumhydrid-Eliminierung 285
Lithiumkatalysatoren 728
Lithiumorganyle 160, 283–285, 377
- $^7$Li-NMR-Signal 283
- Anwendungen 285
- Reaktionen 285–286
- Superbasen 285

– Umsetzung mit $R_3PbCl$ 297
– *Wittig*-Reaktion 286
Lithiumpyrrolid 756
Lithiumstearat 349
Lithiumtriethylborhydrid 314
Lithiumtri-*sec*-butylborhydrid 314
Lithium-tri-*tert*-butyloxyaluminiumhydrid 581
Lithiumverbindungen, organische 284–285, *s. a.* Lithiumorganyle
Lithocholsäure 741
LNG (*liquified natural gas*) *s.* Flüssiggas
*Lobelia inflata* 919–920
Lobelin 919–920
*Lobry-deBruyn-van-Ekenstein*-Umlagerung 475
*locked nucleic acid* (LNA) 995–996
Locoismus 783–784
Locoweed 783–784
*Loew, O.* 475
*Löffgren* 927
Lokalanästhesie 927
Lokalanästhetika 926
– 2-Aminoacetanilid-Derivate 605
– Cocain 927
– Ethylchlorid 212
– PABA-Derivate 604–605
– Procain 927
– synthetische 927
lokales Minimum, Konformationskarte 61–62
lokalisierte Hybridorbitale 16, 18
Loratadin 807
Lorbeer 349
*Lord Kelvin* 63
Lösemittel
– für Additionen 134
– aprotische 252
– basisches 231
– deuterierte 46
– Dioxan 188
– Ethanol 182
– Ethylenglycol 188
– Halogenalkane 208
– inerte 137
– Methanol 182
– Methylenchlorid 215
– Nitroalkane 271
– nucleophile 344
– polare 209, 394
– selektive 169
– Terpentinöl 708
– Tetrachlormethan 216
Löslichkeit
– Alkohole 177
– Alkylhalogenide 204
– Enantiomerentrennung 75
– bei Extraktion 5
– fester organischer Verbindungen 6
– Solvatochromie 44
– Stofftrennung 8
*Lossen*-Abbau 396
– Alkylisocyanate 446
*Lossen*-Reaktion 226–227
Lost 253, 983
Lösungen 344
– kolloide 968
– Solvathülle 14
Lösungsmittel *s.* Lösemittel
Lösungsvermittler 252
Lotosblume, indische 931
*low density lipoprotein* 976
*low density polyethylene* *s.* LDPE
Löwenmaul 860
*lowest occupied MO* (LUMO) 21–24, 795, 797, 896
– Cycloheptatriensynthese 160
– HOMO-LUMO-Übergang 41
– HOMO-LUMO-Wechselwirkung 24–25
– pericyclische Reaktionen 739–740
– Solvatochromie 44
– *Woodward-Hoffmann*-Regeln 154–155
LOX *s.* Lipoxygenase
L-Schale 14
LSD 940
LTBA *s.* $LiAlH(tert\text{-}OC_4H_9)_3$; *s.* Lithium-tri-*tert*-butyloxyaluminiumhydrid
Luciferin-Luciferase-System 821
Luftoxidation 191
Lumineszenzfarbstoff 934
Luminol 884
Lumiracoxib 610–611
LUMO *s. lowest occupied MO*
LUMO-Energie 795
*Lunge, G.* 548
*Lunge*-Reagenz 29–30, 548, 671–672
Lupine, gelbe 928
Lupinen-Alkaloid 928
(–)-Lupinin 928
Lupolen *s.* LDPE
Lutein 723
luteinisierendes Hormon *s.* LH
$\alpha,\gamma$-Lutidin 838–839
Lutonale *s.* Polyvinylether
Lutropin *s.* LH
*Lüttringhaus, A.* 566, 569
Luzerne 673, 860
– $\beta$-Carotin 724–726
Lycopin 723
B-Lymphozyt 975–976
Lys 950
Lysergsäure 939
(+)-Lysergsäure 938
(+)-Lysergsäurediethylamid 940
Lysin 920, 960–962, 974
– Glycation 485
– glycolisiertes 973–974
– p$K_S$ 944
L-Lysin 817, 944–945
L-(+)-Lysin 950
Lysinoalanin 973
Lysinonorleucin 970
Lysin-Seitenkette 972–974
Lysol 556–557
Lysosomen, Proteinabbau 201
D-Lyxose 489

**M**

M (Einbuchstaben-Code für Methionin) 949
MAB 976
*MacDiamid, A. G.*, leitfähige Polymere 171
*Macháĉek*, diamantoide Ringsysteme 120
mACh-Rezeptor 926
*Macleod* 964
Maculadegeneration 864
*Macula lutea* 289
*Madelung*-Cyclisierung 776
*Madelung*-Indolsynthese 776
Madenwurm 885–886
Magainine 968
Magenbeschwerden, Chlorogensäure 613–614
Magen-Darm-Trakt 926, *s. a.* Darm
– Motilitätsverlust 934
Magen, Salzsäuresekretion 807
magensäureassoziierte Erkrankung 807
Magenschleimhaut 610–611
magisches Methyl *s.* Fluorsulfonsäuremethylester
Magnesium
– Darstellung von 1,5-Hexadien 156
– kolloidales 287
– Trocknung von Alkoholen 180
Magnesiumbromidcyclopentadienid 158
Magnesiumbromidpyrrolid 757
Magnesium-Chelatkomplex 763
Magnesiummethanolat 180
Magnesiumorganyle 283
Magnesiumsulfat 968
Magnesiumverbindungen, organische *s. a.* Organomagnesiumverbindungen
– Gewinnung und Synthese 286–287
– Reaktionen und Anwendungen 287–288
– Struktur und Eigenschaften 286
Magnesium-Zentralion 763–764
Magnetfelder, NMR 44–46
Magnetfeldsektor 39
magnetische Äquivalenz *s.* Äquivalenz
magnetische Ringstromeffekte 688–689
magnetogyrisches Verhältnis 44
Magnetquantenzahl 12
– Atomkerne 44

Magnetresonanztomographie (MRT) 44
*MaHuang*-Droge 521
*Maier, G.* 393
- Tetrahedransynthese 123
*Maillard, L. C.* 485
*Maillard*-Reaktion
- Aminosäuren 946
- Furaneol 770
- Furfural-Gewinnung 767
- glycolisierte Proteine 973
- Kafferöstung 769
- und Karamell 497
- und Polyacrylamiderzeugung 373
- reduzierende Zucker 485
Mais 977
- Gibberelline 720
- Stärkegewinnung 501
Maische 180
Maiskorn 723
Maisstärke 488
*Maitland,* enantiomere Allene 164
*Makosza,* Phasentransferkatalyse 212
Makrobicyclen, Diazapolyoxa- *s.* Kryptanden
Makrocyclen
- Bezifferung 758, 764
- Kettenglieder 569–570
- $\pi$-elektronenreiche 569
makrocyclische Polyether *s.* Polyether
Makrolactone 163
Makrolon® 617, *s. a.* Polycarbonate
makromolekulare Helices *s.* Helices
Makromoleküle 140–141, *s. a.* Polymere
Makroradikale
- Kettenübertragung 141
- radikalische Polymerisation 140
Makula, Zeaxanthin 723
Malachitgrün 649–650
*Malaprade*-Spaltung 188, 479
Malaria 857, 930
Malariabekämpfung 647–648
Malaria-Erreger
- *Anopheles*-Stechmücke 647–648
- Plasmodien 857
Malariaresistenz 975
Malate 404
Maleate *s.* Maleinate
Maleinaldehyd 876
Maleinate 371
Maleinsäure 409–410
- Bromaddition 366
- Darstellung 366
- *E*/*Z*-Isomerie 81
- katalytische Hydrierung 350
- Oxidation 409
- Wasserstoffbrücken 358
Maleinsäureanhydrid
- Cycloaddition mit Furan 369
- *Diels-Alder*-Reaktion 368–369
- Eigenschaften 371
- und Phthalsäure-Synthese 614–615
- Reaktionen 366
- Schmelzpunkt 378
- Synthese 380
- als Synthesechemikalie 381
- Traubensäuresynthese 409
- Vergleich mit Furan 767
- Vitamin-$D_2$-Darstellung 737
- (*Z*)-Isomer 366
Maleinsäurehydrazid 371
Malonaldehyddiacetal 812
Malonate 350
Malonester 353, 566, *s. a.* Malonsäurediethylester
- CH-Acidität 354
- alkylierte 353–354
- Kupplung 637
Malonestersynthese 344, 353–354
- Diethylmalonat 476
Malonodinitril 354
Malonsäure 350
- Decarboxylierung 353
- Wasserabspaltung 353
Malonsäurediester 112
Malonsäurediethylester 344, 427, 881–882
- Methylengruppe 353–354
- Synthese 353
Malonsäuredinitril 816
Malonsäureester 354
Malonyl-CoA 348
Malonylharnstoff 881
Maltase 498
Maltobionsäure 498
Maltol 845
Maltose 500
- Diastase 407
- D-Glucose 498
- $\alpha$-Glucosid 498
- reduzierendes Disaccharid 493
(+)-Maltose 498
Malzzucker *s.* (+)-Maltose
Mammacarcinom 719
Man 468
$\beta$-D-Man-(1,4')-$\beta$-D-GlcU-(1,2')-$\alpha$-D-Man *s.* Xanthan
Mandelsäure
- Bittermandeln 608
- Chiralität 608
- Phenylderivat 608–609
- Racemattrennung 608
- Synthese 608–609
Mandelsäurenitril 579
*Mandragora officinarum* 923
Mandrax 885
Mangan(II)-acetat 346
Mangan(IV)-oxid 649
manganorganische Verbindungen 325
Manganphthalocyanin 766
Mangelernährung 954
Mannane 488
- Hexosen 488
D-Mannarsäure *s.* D-Mannozuckersäure
Männer, Sexualhormone 744
*Mannich*-Basen 594–595, 734
*Mannich*/*Biginelli*-ähnliche Reaktion 237
*Mannich*-Kondensation 309, 934
*Mannich*-Reaktion 594–595, 756, 780–781, 816, 849–850
- Amide als Substrate 594–595
- intramolekulare 939
- Komponenten 594
- primäre Amine 594–595
- Reaktionsverlauf 594
D-Mannit 476
D,L-Mannit 475
Mannit(ol) 197–198
D-Mannitol *s.* D-Mannit
D-Mannononitril 474, 476
D-Mannonsäure
- Reduktion 475
- stereoselektive Umwandlung 487
D,L-Mannonsäure 475
$\beta$-D-Mannopyranose 488
D-Mannosamin 489–490
Mannose 506
D-Mannose 488, 508, 810
- Keto-Enol-Tautomerie 467–469
- Nitroalkansynthese 476–477
- Reduktion 476
- Umwandlung 487
D-(+)-Mannose 488
- *Fischer*-Projektion 468
Mannoside 480
$\alpha$-Mannoside 494
D-Mannozuckersäure 478
D-Mannuronsäure 505–506
Man U *s.* D-Mannuronsäure
MAO *s.* Methylaluminoxan
MAO-B *s.* Monoaminooxidase B
Marcumar® *s.* Phenprocoumon
*Marfey*-Reagenz 78
Margarine 389
Margarinsäure 348
Marienkäfer, natürliche Frostschutzmittel 189
Marihuana 844
*Marker*-Abbau 751
$^{13}$C-Markierung 957
*Markownikow*-Regel 134, 171, 293
- Alkylhydrogensulfate 136
- 1,3-Dibromid 135
*Markownikow*-Regioselektivität 280–281
Marlex *s.* Polyethen
*Marquis*-Reagenz 31
*Marrian,* Isolierung von Estrogenen 747
Masse
- Elektronen 36

- exakte 35–36
- mittlere 35–36
- monoisotopische 35–36
- nominelle 35–36
- relative 35–36
- stöchiometrische 35–36
Massenanalysator 36–40
Massenanteile, von Elementen 5
Massendefekt 35
Massenprodukt 146
massenselektiver Modus 38–39
Massenselektor 36–37
Massenspektrometrie (MS) 35–40, 968
- hochauflösende 4
Massenwirkungsgesetz 344
- Veresterung 385
Massenzahl
- magnetisches Kernmoment 44
- massenspektrometrische Bestimmung 35
Mastikation 726
Materie, Aufbau 2
Matricariacampher 708
*Matricaria parthenium,* Campher 708
*Matricaria recutita*
- Chamazulen 718
- Proazulene 723
Matricin
- Gewinnung von Azulenen 723–724
- Zersetzung zu Chamazulen 694
*matrix assisted laser desorption ionization* (MALDI) 37
Matrize, DNA-Replikation 986–987
*Matsutake*-Alkohol 183
Matten, bei Naturkautschuk-Gewinnung 727
*Mayo,* Peroxideffekt 135
*McLafferty*-Umlagerung 327
*McMurry*-Reaktion 115, 276, 331
mCPBA *s. m*-Chlorperbenzoesäure
MCPBA *s. m*-Chlorperbenzoesäure
MDI *s.* Diphenylmethandiisocyanat
2,2-MDI, 2,4-MDI, 4,4-MDI *s.* Diphenylmethandiisocyanat
MDMA 920–922, *s. a.* 3,4-Methylendioxyderivat des Methamphetamins
$S_N$1-Mechanismus 394
$S_N$2-Mechanismus 394
$S_N$Ar-Mechanismus 561
Meconsäure 917, 931
Medialan 420
*Medicago sativa* 860
medizinische Diagnostik, PCR 987–988
medizinische Geräte, Sterilisation 191
Medroxyprogesteron 748
Meeresorganismen
- Bromoform 213
- Methylchlorid 207
Meerestiere, ungesättigte Fettsäuren 363
*Meerwein, H.* 597–598
*Meerwein-Ponndorf-Verley*-Reduktion 314–316, 329, 520, 656
*Meerwein*-Salze, Alkylierungsreagenzien 250
*Meerwein-Schuster*-Reaktion 631–632
M-Effekte *s.* Effekte; *s.* mesomere Effekte
Mefloquin 857–858
Meglumin 198
Mehl 976–977
- Backfähigkeit 977
Mehltau 826
Mehrfachalkylierung 239
Mehrfachbindungen
- *CIP*-System 72
- Hybridisierungs-Konzept 18
- Lichtabsorption 42
- polare 288
- ungesättigte Kohlenwasserstoffe 129
Mehrfachbindungseinfluss, Carboxygruppe 358
mehrfache Substitution, Benzen 529–532
Mehrfachhalogenierung 205, *s. a.* Alkane
Mehrfach-MS 36
mehrfach ungesättigte Carbonsäuren 372
mehrfach ungesättigte Fettsäuren 361, 388
- biologische Bedeutung 362
mehrfach ungesättigte höhere Aldehyde 321
mehrfach ungesättigte Monocarbonsäuren 360–361
mehrgliedrige Ringsysteme *s.* Ringsysteme
Mehrkernkomplexe 700–701
Mehrkomponentenreaktionen
- Isonitrile 433
- *Passerini*-Reaktion 458–459
- *Ugi*-Reaktion 458–459
Mehrschichtenfarbfilm 578
Mehrschichtreaktoren 231
mehrwertige Alkohole *s.* Alkohole
Mehrzentrenbindungen 284
Methylisocyanat 448
*Meisenheimer, J.* 596
*Meisenheimer*-Komplex 29–31, 561, 877–878
*Meisenheimer*-Salze 43–45
*Meissner* 917
Mekonsäure 845
Meladur 897
Melamin 440, 896–897
- Aminkomponente 559
- aus Harnstoff 897
- nucleophile Substitution aus Cyanurchlorid 897
- Polykondensation mit Formaldehyd 897
Melaminharz 897
Melasse 496
Melatonin 781–782
Melibiose 499
- Raffinosespaltung 499
*Mello,* RNA-Interferenz 996
Memantin 125, 951
Membranen *s. a.* Zellmembranen
- Phosphoglycerole 193
Membrangängigkeit, Thiadiazole 833
Membranlipide, antioxidativer Schutz 864
Membranpumpe, Vakuumdestillation 7
Membrantransport, topisch applizierte Arzneistoffe 253
Menachinon 673–674
Menadion 673–674
meningeale Vasokonstriktion 781–782
Menopause 747
Mensch 962
- Stimmungslage 781–782
menschlicher Körper, Protein 946
menschliches Genom 833, 968
Menstruationscyklus 744
1,8(9)-*p*-Menthadien 706
$\Delta^{1,8(9)}$-Menthadien 705–706
6,8(9)-*p*-Menthadien-2-on 707
Menthadiene 705–706
*cis-p*-Menthan 705
*p*-Menthan 705
- Bezifferung 705–706, 708
- bicyclische Monoterpene 708
- Darstellung 710
*trans-p*-Menthan 705
*p*-Menthan-3-on 707
*Mentha pulegium* 707
3-*p*-Menthen-2-on 712–713
8(9)-*p*-Menthen-2-on 712–713
1-*p*-Menthen-8-thiol 706
Menthene 705
Menthol 706
- Definition 703
- Menthon-Darstellung 711
- racemisches 710
(−)-Menthol 710–711
Menthon 707
- als chiraler Hilfsstoff 707
- Darstellung 711
(−)-Menthonoxim 707
(−)-Menthylamin 707
Mepiquatchlorid 842
Meprobamat 439
Merbromin 652–653
Mercaptale 312
Mercaptane *s. a.* Thiole
- Alkylthiocyanate 450
- Oxidation 201
- Reaktionen und Anwendungen 200

- Zucker 490–491
Mercaptide *s.* Thiolate
3-Mercapto-1,5-diphenylformazan 443, *s. a.* Dithizon
5-Mercapto-2-methyl-1,3,4-triazol 443
(2*S*)-1-(3-Mercapto-2-methylpropionyl)-L-prolin 758
4-Mercapto-4-methyl-2-pentanon 334
2-Mercaptobenzothiazol 820
- Methylierung mit Dimethylsulfat 822
- Vulkanisationsbeschleuniger 726, 820
Mercaptogruppe 963, *s. a.* Thiolgruppe
- Methylierung 258
Mercaptopurin 905
D-(–)-β-Mercaptovalin 817
*o*-Mercaptozimtsäure 789
Mercurierung 772
- Aromaten 292–293
- Heteroaromaten 292
Mercuriniumion 294
*Mering* 881–883
Merkfähigkeit 927
Merochinen 930
Merocyanin 44
*Merrifield*-Harz 957–958
*Merrifield*-Synthese 946, 956–958
Mesalazin 607
Mes, $-C_6H_2-1,3,5(CH_3)_3$ 516–517
Mescalin 917
- Schmelzpunkt 520
- Synthese 520–521
Mesityl 166
Mesitylchlorid 133
Mesitylen 332, 516
Mesitylgruppe 516–517, 806
Mesityloxid 334, 566
mesoionische Verbindungen 823, 825–827
- Münchnon 827
- Nitron 825
- Sydnon 827
mesomere Effekte
- Chromophore 43
- elektronenziehende 808
- funktionelle Gruppen 26
- Phenylogie 45
- Vinylogie-Prinzip 45
mesomere Grenzformeln *s.* mesomere Grenzstrukturen
mesomere Grenzstrukturen 256, 530, 838–839, 846
- 2,6-Dimethyl-γ-pyron 846
- Furan 766
- Imidazol 803
- Imidazolium-Kation 803
- Imidazolyl-Anion 803
- Indolizin 783
- Methylenblau 892
- Nitrogruppe 266–268
- Phenytoin 808
- polare 827
- Pyrazolium-Kation 794
- Pyrazolyl-Anion 794
- Pyridin-*N*-oxid 838–839
- Pyrimidin 877
- Pyrrol 754
- Pyrrolyl-Anion 794
- Sydnon 827
- Thiophen 771
mesomeres 4π-Elektronensystem 795
mesomeres System 513–514
Mesomerie
- chinoides Dianion 650–652
- Fuchsinkation 649–650
- Thiocarbonsäureamide 392
- Thioharnstoff 436–437
Mesomerie-Effekte 529–530, *s. a.* Effekt
Mesomerieenergie 514
mesomeriestabilisiertes Allylkation *s.* Allylkation
mesomeriestabilisierte Verbindung 795
- 1,3-Dimethylimidazolin-2-yliden 806
Mesoporphyrin 760–761
Mesosphäre 219
*meso*-Verbindungen
- Adonit 197
- Erythrit 196
- Inosit 109
Mesoxalsäure 409–410, 424–425
- Tartronsäure 404
Mesoxalsäureester-Arylhydrozon 637
Messfrequenz, NMR 49
*Messmer, A.* 555
Mesylate 266
Mesylgruppe 266
Met 180, 949
meta- (*m*-) 516
Meta-Aramidfaser 617
Metabolismus
- Phase-I- 261
- Phase-II- 260–262
Metabolit, primärer 917
Metacyclophane 558–559
Metalcaptase® 817
Metaldehyd 317
Metallacyclobutan 131–132
Metallalkyle 141
Metallamide 141
Metall-Azulen-Komplexe 690–691
Metallcarbenkomplex 131–132
Metallcarbonyle 172, 458
- Ethin-Carbonylierung 173
Metallcyanide 450
Metalle, Ionenbindung 14
Metallentfettung 216
Metallfluoride 217
Metallhydride
- Aldehydsynthese 306–308
- Reduktion von Ketonen 329
Metallhydroxide
- anionische Initiatoren 141
- Sulfinsäuren 265
Metallierung
- direkte 285
- Ethin 168
- *ortho*- 285
- reduktive 284
- - Trialkylaluminium-Verbindungen 293–295
Metallionen, radikalischer Zerfall von Peroxiden 727–728
Metallketyle 656, 658–659
Metallkleber 189–190
Metall-Kohlenstoff-Bindung 297
- Carben-Liganden 298
- Ionenbindungscharakter 283
- Reaktivität 283
Metallkomplexe
- Aminogruppen als Liganden 223–224
- anorganische 21
- chirale 674
- d-Orbitale 12
- Farbreaktionen 29
- koordinativ ungesättigte 297–298
- Porphyrine 758
Metall-Metall-Austausch, Kaliumorganyle 285
Metallocene 142
Metalloflavoprotein 902
metallorganische Mischkatalysatoren *s.* Mischkatalysatoren
metallorganische Verbindungen 114, 283–303, 523, 765, *s. a.* Organometallverbindungen
- Reaktion mit Carbonsäurechloriden 377
Metallorganyle 695–696
Metallprotein 974
Metallsalze, Alkin- 168
Metall-π-Komplexe 162
Metamizol-Natrium 801
Metathesegleichgewicht 131
Metathesepolymerisation 700–701
Metathesereaktion 130
Meteoriten 761
- kohlenstoffhaltige 422
Metformin 443
Methacrylnitril 326
Methacryloyl-Monomer 707
Methacrylsäure 359
Isobuttersäure 347
Methacrylsäuremethylester 133, 359
- Gruppen-Transfer-Polymerisation 369
- radikalische Polymerisation 368
Methadon, Behandlung Heroinsüchtiger 936
Methallyldichlorid 123
Methämoglobin 759
Methämoglobinbildner 633–634


M

Methamphetamin 522
- 3,4-Methylendioxyderivat *s.* Ecstasy
- Arzneiwirkstoff 232–233
- Struktur 232
Methan 99–100
- Alkylhalogenide 203
- Chlorierung 213–214
- - direkte 205–207
- Eigenschaften 100–101
- Gemisch mit Sauerstoff 100
- Gewinnung und Synthese 104
- Lichtbogenverfahren 169
- mehrfach halogenierte Derivate 212–213
- Methangärung 104
- Oxidation 346
- Pyrolyse 105
- Reaktionen und Anwendung 105
- Schmelzpunkt 103
- Siedepunkt 103
- vollständig phenyliertes 644
Methanal 305, *s. a.* Formaldehyd
Methanhydrat 101
Methanimin 318
Methanmolekül
- C—H-Bindung 16–17
- Tetraederstruktur 16–18
1,6-Methano[10]-Annulen 690
Methano[10]annulene 686
Methanobacteria 101
Methanobrücke 685–686
Methanol 175, 178, 901, 923
- Carbonylierung 457
- Darstellung von Phosphorsäureester 258
- Dehydrieung 318
- elektrostatisches Oberflächenpotenzial 176
- Gewinnung und Synthese 178–179
- *Monsanto*-Prozess 346
- Synthese 105, 178
- Umesterung von Polyvinylester 146
- Verwendung 182
- wasserfreies 180
*Methanol-to-Gasoline*-Verfahren 182
Methansäure *s.* Ameisensäure
Methansulfinylketon 252
Methansulfonate 266
Methansulfonsäure 254, 266
Methaqualon 884
Methenamin 318
Methenylierung 700–701
5,10-Methenyl-THF 913
Methinbrücke 758, 761–762, 765
Methineinheit 793
Methingruppe 43–44, 821–822
- Ersatz durch Stickstoffatom 793
- oxidative Abspaltung als Kohlenmonoxid 765
- verzweigte Alkane 100
Methinkuppler 578
Methionin 454, 949, 960–961
D,L-Methionin 944–945
L-(−)-Methionin 949
Methionin-Enkephalin 962
Methotrexat 913
4-Methoxy-2,6-dimethylpyryliumiodid 846
Methoxybenzen 571, *s. a.* Anisol
*p*-Methoxybenzoesäureethylester 854–855
Methoxyethan 245
2-Methoxyethanol 250
Methoxygruppe, Zersetzung 178–179
Methoxymethylether *s.* MOM-Schutzgruppe
2-Methoxyphenol 564
(*R*)-2-Methoxyphenylmethylphenylphosphin 300
*p*-Methoxytoluen 582
$\alpha$-Methoxy-$\alpha$-trifluormethylphenylessigsäure (MTPA) 78
6-Methyl-1,3,5-triazabicyclo[3.1.0]hexan 237
2-Methyl-1,3-butadien *s.* Isopren
5-Methyl-2-phenyl-3(1*H*)-pyrazolon 798
- 4,4-Dimethyl-Derivat 798–799
- *N*-Methylierung 800
- tautomere Formen 798–799
*N*-Methyl-2-pyrrolidon 758
- Arosolvan-Verfahren 516
(*S*)-4-Methyl-3-heptanon 326–327
4-Methyl-3-penten-2-on 333
(±)-*N*-Methyl-3-phenyl-3-($\alpha,\alpha,\alpha$-trifluor-*p*-tolyloxy)propylamin *s.* Fluoxetin
*N*-Methyl-4-butanlactam 758
2-Methyl-5-hepten-2-on 709–710
*N*-Methylacetanilid 622
4-Methylacetanilid, Oxidation 604
Methylacetat 380
Methylacetylen 164
- Alkinsynthese 170
Methylacetylpyrazin 879
Methylacrylat 300–301
Methylallylkation 153
Methylaluminoxan (Methylalumoxan, MAO) 142
- als Cokatalysator bei Polymerisation 702
Methylamin 231, 448, 521, 580–581, 921, 926
*N*-Methylamin-Gruppe 231
(1*R*,2*S*)-2-Methylamino-1-phenylpropan-1-ol *s.* Ephedrin
2-(2-Chlorphenyl)-2-methylaminocyclohexanon *s.* Ketamin
Methylaminophenazon 801
*p*-Methylamino-phenolsulfat 542
3-((5-(Methylamino)-1,3,4-thiadiazol-2-yl)methyl) benzo[d]thiazol-2(3*H*)-on 833
*N*-Methylanilin (NMA) 621–622, 838
- Azulen-Synthese 691–692
- p$K_S$-Wert 620
- salpetrige Säure 624–625
- Struktur 619
5-*N*-Methylanilino-2,4-pentadienal 838
Methylarsin 272
*N*-Methyl-D-asparaginsäure 951
Methylazid 796
- Darstellung 239
Methyl-$B_{12}$ 764
*p*-Methylbenzaldehyd 581–582
Methylbenzen *s.* Toluen
*p*-Methylbenzoesäure 600
2-Methylbenzothiazol 820–821
*N*-Methyl-2-benzothiazolidon 822
*p*-Methylbenzyltrimethylammoniumhydroxid 568
Methylbromid 207, 212
- Verbot 220
*N*-Methyl-Brückenkopf 923
2-Methylbut-2-ensäure 81
2-Methyl-1,3-butadien *s.* Isopren
[2-$^2$H]2-Methylbutan 288
[2-D]2-Methylbutan 288
2-Methylbutan *s.* Isopentan
2-Methylbutan-2-d 288
2-Methyl-1-butanol 422
3-Methyl-1-butanol 422
(*R*)-2-Methylbutansäure 347
(*S*)-2-Methylbutansäure 347
2-Methylbutansäure 347
3-Methylbutansäure 347
2-Methylbuttersäure 407
Methyl-*tert*-butylether (MTBE) 183
Methylcarboxamidinhydrochlorid *s.* Acetamidinhydrochlorid
1-Methylchinazoliniumiodid 884
3-Methylchinazoliniumiodid 884
2-Methylchinolin 848
Methylchlorid 203, 205–207, 212
- aus Kartoffelknollen 206
(22*E*)-(24*R*)-24-Methylcholesta-5,7,22-trien-3$\beta$-ol *s.* Ergosterol
Methylcobalamin 764–765
Methylcyanid *s.* Acetonitril
2-Methyl-1,3-cyclohexandion 734
2-Methylcyclohexanon 328
3-Methylcyclopentadecanon *s.* Muscon
Methylcyclopentan-Cyclohexan-Gemische 515
(*E*)-2-Methylcyclopentanol 281
1-Methylcyclopenten 281
3'-Methyl-1,2-cyclopentenophenantren 736
5-Methylcytidindesoxyribonucleosid 994

Methyldecalin 97
3-Methyldiaziridin 237
Methyldopa 565, 953
Methylen 460
- Anregungszustände 460
- Cycloheptatriensynthese 159
- Darstellung von Benzvalen 167
4-Methylen-2-oxetanon 382
2,2'-Methylenbiphenyl 664
Methylenblau 889, 891–892
- Küpenfarbstoff 892
- mesomeriestabilisiertes Kation 892
- Photochromie 892
- Redoxindikator 892
- Reduktion 892
- Textilfärbung 892
- Vitalfarbstoff 892–893
- Wasserstoffakzeptor 892
- Zinkchlorid-Doppelsalz 891–892
Methylenbromid 215
- Gewinnung und Synthese 213–214
- *Takai*-Methylenylierung 216
Methylenbrücke 119, 761–762, 765
Methylenchlorid 205–207, 212–213, 215
- Darstellung von Benzvalen 167
- Gewinnung und Synthese 213–214
5-Methylen-1,3-cyclopentadien 158
Methylendibromid 213
Methylendichlorid 212–213
Methylendifluorid 216–217
Methylendihalogenide 212
Methylendiiodid 213
3,4-Methylendioxybenzaldehyd 591, *s. a.* Piperonal
Methylendioxymethylamphetamin 921
Methylengruppe 99
- acide 29, 428, 818
- aktive 808
- aktivierte 29–31
- Cyclobutan 90
- Cyclopentadien 157
- Malonsäurediethylester 353–354
- Prochiralität 85
- reaktionsfähige 637
- Resole 557–558
- Rotation 154
- Topizität 86
Methylenimin 580–581
Methyleniminium-Ion 594
Methyleniminiumkation 580–581
Methyleniodid 207
- Gewinnung und Synthese 213–214
- *Simmons-Smith*-Reaktion 215–216
- *Takai*-Reagenz 216
Methylenkomponente
- Formaldehyd 594
- Kondensationsbedingungen 594
- Perkin-Synthese 612
Methylenkuppler
- cyclische 578
- Photographie 577
(11*R*, 12*S*)-Methylenoctadecansäure 148
9,10-Methylen-octa-9-decensäure 148
Methylensulfonsäure-Gruppen 558
5,10-Methylen-THF 913
2,2'-Methylenbis[3,4,6-trichlorphenol] *s.* Hexachlorophen
Methylentriphenylphosphoran 274
Methylester 79
- anorganischer Säuren 256
- aus Diazomethan 236
- Verseifung 122
Methylestergruppe 207
Methylether 236
Methylfluorphosphonsäureeester 262
*N*-Methylformamid 390
2'-Methylformanilid 776
*N*-Methylformanilid 582–583
6-Methylfulven 159
*N*-Methylglucamin 198
Methyl-D-glucopyranosid 480–481
Methylglucosid 481
4-*O*-Methyl-D-Glucuronsäure 508
*N*-Methylglycin 420, *s. a.* Sarkosin
Methylglycoside 483
Methylglyoxal 428
*N*-Methylgranatonin 925
Methylgruppe 99
- acide H-Atome 597
- anguläre 732, 751
- *n*-Butan 60
- CH-acide 821, 839, 854
- Ergosterol 737
- Ethanmolekül 59
- exoständige 48
- *E*/*Z*-Isomerie 81
- Halogenierung 214
- I-Effekte 26
- Pentan 102
- Polypropylen 143
- Provitamine $D_2$ und $D_3$ 739
- reaktionsfähige 839
- RNA-Modfikationen 994–995
- Steran 731
- Steroide 118
- Substitution an 134
- in Terpenen 703–704
- Thymin 979–980
- Übertragung 764–765, 949
- verzweigte Alkane 100
*N*-Methylgruppe 924
*N*-Methylguanidinoessigsäure *s.* Kreatin
Methylhalogenide
- Alkylierung 621–622
- *Wurtz*-Synthese 104–105
3-Methyl-1,5-hexadien 156
(*R*,*S*)-2-Methyl-1,2,3,4,10,14*b*-hexahydrodibenzo[*c*,*f*]pyrazino[1,2*a*]azepin 870
3-Methylhexan-2,5-dion 767
Methylhydrazin 802
Methyl-17*α*-hydroxy-16*α*-yohimbancarboxylat 939
Methyliden 460
- Derivate 460
methylierte Adenosine *s.* Adenosine
Methylierung 258, 764–765, 797, 923
- alkoholische Hydroxygruppen 483–484
- Diaceton-*α*-D-glucose 480
- mit Diazomethan 935
- enzymatische 984, 995
- erschöpfende 147, 842
- Essigsäure 259
- regiospezifische 829
- vollständige 480
Methylierungsmittel 212
Methylierungsreagenzien 203
1-Methyl-2-imidazolthiol 877–879
3-Methylindazol 802
2-Methylindol 776
3-Methylindol 775
- Synthese 777
2-Methylindolizin 783
Methyliodid 203–204, 212, 796–797, 800, 842, 846, 884, 901–902
- Mutagen 879–880
1-Methylisochinolin 850
Methylisocyanat 451–452
Methylisocyanid 456
*N*-Methylisoindol 784–785
Methylisonitril 456
Methylisothiocyanat 454
$N^1$-(5-Methylisoxazol-3-yl)sulfanilamid 815
Methyl-Kation 244
Methylkautschuk 727
Methylketone
- Darstellung 325
- Haloform-Reaktion 214–215
- Iodoformprobe 332–333
- Nachweis 216
*N*-Methyl-L-glucosamin 489, 499
Methyllithium 166–167, 284
- Darstellung von Benzvalen 167
- Synthese von Propellan 123
Methyl, magisches *s.* Fluorsulfonsäuremethylester
Methylmalonsäure 85
Methylmercaptan 175, 198
Methylmethacrylat 359
*S*-Methylmethionin 251
Methyl-2,3,4,6-tetra-*O*-methyl-*β*-D-glucopyranosid 483
4-Methylmorpholin 885
*N*-Methylmorpholin 885–887
4-Methylmorpholin-4-oxid 509, 885
*N*-Methylmorpholin-4-oxid 886–887
*N*-Methylmorpholin-*N*-oxid 885


M

*N*-Methyl-*N*-2,4,6-tetranitroanilin 539
2-Methyl-1,4-naphthochinon *s.* Menadion
2-Methyl-1,4-naphthohydrochinon 673–674
Methylnatrium 285
– *Wurtz*-Synthese 104–105
Methylnitrat 256–257
Methylnitrit 256–257, 268
(*R*)-*N*-Methyl-*N*-[1-methyl-2-phenylethyl]prop-2-in-1-amin 174
*N*-Methyl-*N*-nitroso-*p*-toluensulfonamid 548
α-Methylnoradrenalin 565
Methylolgruppen 557
Methylorange 548
6-Methyl-1,2,3-oxathiazin-4(3*H*)-on-2,2-dioxid 897–898
Methyloxiran *s.* Propylenoxid
*N*-(2-Methyl-3-oxobutyl)acetamid 885–886
6-Methylpentacen 682
4-Methylpentanal 741
2-Methyl-1-penten 131, 157
6-Methylphenanthrolin 855
– Methylgruppe, CH-acide 854
5-Methyl-5*H*-phenazin-1-on 889
Methylphenidat 522
5-Methyl-2-phenyl-3(1*H*)-pyrazolon 428
Methylphenylether 245, 571, *s. a.* Anisol
1-(α)-Methylphenylhydrazin 624–625
Methylphenylketon 592
1-Methyl-4-phenylpiperidin-4-carbonsäureethylesterhydrochlorid 936
Methylphosphin 272
Methylphosphinsäureester 256, 258
Methylphosphorsäureester 256, 258
2-Methyl-3-phytyl-1,4-naphthochinon 673–674
*N*-Methylpiperidin 842
(–)-*N*-Methylprolin 920
2-Methylpropanal 225
2-Methylpropan-1-ol 54–56
2-Methyl-1-propanol 181, *s. a.* Isobutanol
2-Methyl-2-propanol 176
– Schwefelsäureverfahren 180–181
3-Methyl-1-propanol 181
2-Methylpropansäure 340, *s. a.* Buttersäuren
2-Methylpropen 180–181, *s. a.* Isobuten; *s. a.* Isopropen
2-Methylpropensäure 359
2-Methylpropionitril 372
2-Methylpropionitrilradikal 242
2-Methyl-2-propyl-1,3-propandiyldicarbamat *s.* Meprobamat
6-Methylpterin 911–913
8-Methylpurin 900
*N*9-Methylpurin 901–902
3-Methylpyrazol 798
*N*-Methylpyrazol 798
2-Methylpyridin 783
– konstitutionsisomere Formen 839
3-Methylpyridin 839
4-Methylpyridin 839
Methylpyridine 838–839
*N*-Methylpyridiniumsalz 838
*N*-Methyl-α-pyridon 838
*N*1-(4-Methyl-2-pyrimidinyl)sulfanilamid 877
1-Methylpyrrol 757
2-Methylpyrrol 757
(–)-*N*-Methylpyrrolidin-(2*S*)-carbonsäure 920
*N*-Methyl-2-pyrrolidon (NMP) 157, 169
(*S*)-[*N*-Methyl-2-pyrrolidyl]pyridin 918
Methylquecksilberchlorid 292
Methylquecksilbersulfid 292
Methylquecksilberverbindung, toxische 765
5-Methylresorcin 30, 566, *s. a.* Ocrin
Methylrot 45
Methylstearat-Azulen 692–693
Methylsulfat 256
Methylsulfat-Anion 256
Methylsulfinylcarbanion 252, 325
Methylsulfonat 159
Methyl-*tert*-butylether 247
Methyl-*tert*-butylketon 331
2-Methyltetrahydropyran 843
*N*-Methyltetrahydropyrrol 918
2H-Methyltetrazol 829
*N*-5-Methyl-THF 913
N-Methylthioformamid 392
Methylthioniniumchlorid 891
3-Methylthiopropionaldehyd 945
2-Methyl-3-(*o*-tolyl)-4-(3*H*)-chinazolinon 884–885
Methyltransferasen 995
– Methylierung von Quecksilberionen 292
Methylvinylketon 333
– *Robinson*-Anellierung 734
– technische Ethinsynthesen 173
Methylviologen 843
Methylxanthin 902, 906–908
– Murexidreaktion 905
– Target 907
Methyl-α-D-glucopyranosid 480–481
L-α-Methyl-β-(3,4-dihydroxyphenyl)-alanin *s.* Methyldopa
Methyl-β-D-glucopyranosid 480–481, 483–484
(±)-α-Methyl-β-phenylethylamin *s.* Amphetamin
Metol *s.* *p*-Methylaminophenolsulfat
Metronidazol 807–808
(*R*)-Mevalonsäure 704, 719–720
– Squalen 720–721
Mevalonsäurediphosphat 704
mexikanischer Kahlkopf 939
mexikanischer Zauberpilz 938–939
*Meyer, K. H.* 428
*Meyer, V.* 601, 771
– Nitroalkanherstellung 270
Mianserin 870–871
MIC *s.* Mehtylisocyanat
micellares Aggregat 976
Micellen 976, *s. a.* Mizellen
*Michael*-Addition 320, 354, 357, 367, 795, 797–798, 836, 848, 854
– deprotoniertes Cystein 995
– Gruppen-Transfer-Polymerisation 369
– intramolekulare 851
– katalytische Nucleinsäuren 997
– Pyrimidine 984
– *Robinson*-Anellierung 734
*Michael*-Akzeptor 354
*Michael*-Donor 357
*Michaelis-Arbusow*-Reaktion 273–274, 524
*Michael*-Systeme 367
– Acrylnitril 372
– Carbonsäuren 368
– Ecdyson 746
– Testosteron-Biosynthese 745
*Micheel, F.* 491
*Michelson*-Interferometer-IR 40
*Michlers* Keton 286, 625
– Darstellung von Kristallviolett 650–651
– Kondensation mit *N,N*-Dimethylanilin 627
Mifepriston (Mifegyne) 748
Migräne 195, 781–782, 807
Migränetherapie 781–782
mikrobielle Oxidation 642
Mikrodestillationsanlage 7
Mikroelementaranalyse 4
Mikroorganismen 911–913, 966, *s. a.* Bakterien
– Archaeen 101
– biochemische Fermentierung 178–180
– gentechnisch veränderter 971–972
– Peptide 954
– Squalen-Synthese 721
– Vermehrung 810
Mikrowellenspektroskopie 34
Milch 906
– Carotin 722
– Gerinnung 968
– Retinol 718
– tierische 497
Milchfett 363, 388
Milchprodukte, gesäuerte 148
Milchprotein 971, 973–975

Milchpulver 764
Milchsaft, tropischer Bäume 726–727
Milchsäure 410, 917
- Eigenschaften 403
- Enantiomere 403
- *Fischer*-Nomenklatur 68–69
- Geschichtliches 1
- Lactate 403
- Lactose 403
- Veretherung 489
- Vergärung von Zuckern 407
- Verwendungen 411
(*S*)-(+)-Milchsäure 415
D-(*R*)-(−)-Milchsäure 403
D,L-Milchsäure 403, 407, 427
L-(+)-Milchsäure 404, 407
L-(*S*)-(+)-Milchsäure 403
Milchsäurebakterien 403
Milchsäuregärung 403, 407–408
Milchzucker 403, 488, 496
- Hexosen 488
*Miller, S. A.*, Ferrocen-Synthese 699
*Mills,* enantiomere Allene 164
*Mimosa pudica* 607
Minamata-Krankheit 292
Mineralfarbe 766
Mineralisation, Hemmung 259
Mineralocorticoide 742–743
Mineralsäuren
- starke 715
- verdünnte 712–713
- wasserfreie 713
Minimum, Konformationskarte 61–62
Minocyclin 682–683
*Minot* 764
Miosis 934
Mischbett-Ionenaustauscher 559
Mischkatalysatoren, metallorganische 141–142, 728
Mischkristalle, Pseudoracemate 76
Mischung, racemische 63
Mischungslücke, aromatische Verbindungen mit Wasser 692
*Mislow, K.* 392
- stereogene Einheit 63–65
Misoprostol 748
Mitochondrium 976
Mitogene 665, 977
Mitose 977
*Mitscherlich, E.* 515
*Mitsunobu*-Reaktion 199, 240, 385–386, 440, 601
Mitteldruckverfahren, Ethenpolymerisation 142–143
mittlere Masse *s.* Masse
Mizellen 364–365, *s. a.* Micellen
- Bildung 364
- Fettverdauung 741
Mizolastin 807
MMA *s.* Methacrylsäuremethylester; *s.* Methylmethacrylat
MMH *s.* Monomethylhydrazin
Mn(III)-(*salen*)-Komplex 587, 590
*Moberg*-Test 663
mobile Phase 8
Mobilisierung, biologische 563
Modafinil 253
Modhephen 718
Modifikationen *s. a. spezifische Modifikationen*
- allotrope 683–684
- posttranslationale 953
modifizierte Nucleoside 993–994
*Moffatt, J. G.* 306
*Moffatt*-Oxidation 306–307
*Mohr*
- Sessel-Konformation 91–92
- Stereoisomerie der Decaline 94
Mohrrüben *s.* Karotten
molarer Absorptionskoeffizient *s.* Absorptionskoeffizient
*molasses* *s.* Melasse
molekularbiologische Analytik, Nucleinsäuren 860
molekulare Fossilien, Geohopanoide 721
molekulare Lichtschalter 719
Molekularformel
- einer Verbindung 5
- Isomerie 54–57
Molekularität
- Eliminierung 211
- nucleophile Substitution 209
Molekularsieb
- Alkoholgewinnung 178–180
- Zeolithe 519
Molekülbauteile *s.* Synthone
Moleküle
- chirale 33–35
- dissymmetrische 63
- elektronenarme *s.* Elektrophile
- elektronenreiche *s.* Nucleophile
- funktionelle Gruppen 21
- Geschwindigkeitskonstante 49
- als Grundbausteine der Materie 2
- harte und weiche 24–25
- heterochirale 67
- homochirale 63
- *Klopmann-Salem*-Gleichung 21–22, 24
- Ladungs-Radius-Verhältnis 21
- Massenspektrometrie 35
- Molekül des Jahres 1978 124
- *Pauli*-Prinzip 12
- prostereogene 84
- relative Oberfläche 103
- starre 732
- symmetrische 103
- - Absorptionsbanden 40
- - Dipolmoment 22
- wasserlösliche 261
- Wirkungen elektromagnetischer Strahlung 33–35
Molekülionencluster 36
Molekülmassenbestimmung
- Polysaccaride 500
- Proteine 968
Molekülmassenverteilung, Steuerung bei Polymerisation 369
Molekülorbitale (MO) 15
- antibindende 15
- Benzen 514
- bindende 15
- Butadien 154
- C=C-Doppelbindung 19
- C≡C-Dreifachbindung 20
- Cyclobuten 154
- delokalisierte 18
- Diagramm 455–456
- 1,3-Diene 151
- höchste besetzte 795
- HOMO *s. highest occupied MO*
- LUMO *s. lowest occupied MO*
- Methanmolekül 16–17
- niedrigste unbesetzte 795
- Nitrogruppe 268
- SOMO *s. single occupied MO*
- Wasserstoffmolekül 16
$\pi$-Molekülorbitale, delokalisierte 151
Molekülrotationen 33
Molekülschwingungen
- Anregung 33
- IR-Spektroskopie 39–40
Molekülstrukturbestimmung 500
*Molina, Mario* 220
- Ozonloch 220
*Molisch*-Reaktion 30
Molke 497, 911
Molmasse
- ionische Polymerisation 141
- Verteilung in Makromolekülen 140
Molozonid 139
Molsidomin 827, 833
Molybdänkatalysatoren 131
Molybdän-Kation 910
Molybdän-Vanadiumoxid-Katalysator 359
Molybdopterin 910
MOM-Schutzgruppe 285
Monastralblau 786
*Mond*-Verfahren 459
monergole Raketentreibstoffe 241
Monoacetylmorphin 935
Monoacylderivate, Ammoniak *s.* Säureamide
Monoacylglycerole 741
Monoalkoholate 185
Monoalkylderivate des Schwefelwasserstoff 175


M

Monoalkylhydrazine 239
monoalkylierte Cyclohexane *s.* Cyclohexan
Monoalkylphosphat 257
Monoalkylsilane 277
Monoamid 950–951
Monoaminooxidase B (MAO-B) 174
Monoarylketone 579, 592, *s. a.* Ketone
Monobactam 820
Monobrombernsteinsäure 366
(*R,S*)-Monobrombernsteinsäure 409–410
Monobrommalonsäure 409–410
Monocarbonsäuren
- aliphatische 358–363
- - gesättigte arylsubstituierte 608–611
- - ungesättigte arylsubstituierte 611–613
- aromatische
- - Gewinnung und Synthese 602
- - Reaktionen und Anwendungen 602–608
- - Struktur und Eigenschaften 599–601
- gesättigte aliphatische
- - acyclisches Anhydrid 351
- - Darstellung 344–345
- - Decarboxylierungen 352
- - Eigenschaften 340
- - Säurestärke 343
- - Schmelzpunkte 342
- - Siedepunkte 341
- mehrfach ungesättigte 360–361
- ungesättigte aliphatische 358
Monochlorcyclohexan 94
Monochloressigsäure 399
- Synthese 400–401
Monochloride 191
Monochlorpropionsäuren 399
monochromatisches Licht 67, *s. a.* Licht
*Monoclonal Antibody* 976
monocyclische Alkane *s.* Cycloalkane
monocyclische Diterpene 718
monocyclische Sesquiterpene 716–717
monocyclische Terpene
- Bezifferung 705–706
- Gewinnung und Synthese 710–712
- Menthadien-Typ 705–706
- *p*-Menthan als Stammverbindung 710
- Struktur und Eigenschaften 705–708
Monoester *s. jeweilige Säure*
Monoether *s. jeweilige Verbindung*
Monohalogenalkane *s.* Alkylhalogenide
Monohalogenbenzene
- Darstellung 527–529
- Siedepunkte 527
monohalogenierte Cyclohexane *s.* Cyclohexan
Monohalogenketone 333
Monohydrazon 794
Monoisocyanate 453
monoisotopische Masse *s.* Masse
monoklonale Antikörper 976, *s. a.* Antikörper
Monolactone 477
monolithische Materialien 728–729
Monomere 140
- Vinylverbindungen 141
Monomethylformamid 391
Monomethylhydrazin 241
Monomethylsulfat 258
Mononatriumglutamat 943–945, 951
Mononitroalkane 268
Mononitrocellulose 508
Monoolefine
- industrielle Erzeugung 132
- Polymerisation 729
1-Monoolefine 131
- Hydroformylierung 457
- Trialkylaluminiumverbindungen 295
Monophenylhydrazone 486
Monoradikale 654–655
- Nachweisreaktion 657
Monosaccharide 465, *s. a.* Aminozucker; *s. a.* Einfachzucker
- alkoholische Hydroxygruppe 489
- ausgewählte Verbindungen 488–493
- benachbarte *cis*-ständige OH-Gruppen 480
- Chiralitätszentren 467
- cylische 468, 472
- Enantiomerenpaare 467
- Gewinnung und Synthese 474–477
- glycosidische Verknüpfungen 493
- Konfiguration
- - *Fischer*-Projektion 466–467
- - Keilstrichformel 466
- Konformation 472, 474
- Nachweisreaktionen 487
- natürliche 467
- Nomenklatur 468
- Oxidierbarkeit 487
- Polyhydroxysäuren 466–471, 476, 479, 493–494
- Ring-Ketten-Tautomerie 57, 468, 470
- Spaltung 479
- Stereoisomere 467
- Struktur und Eigenschaften 466–474
- Transport durch Lipidmembran 727
- Umwandlung 487
- Zuckeralkohole 476, 478
Monosubstitution, Naphthalen 668
Monosulfat-Anionen 260
Monoterpenalkohole 708–709
Monoterpene 703–715
- Ausgangssubstanz 703–704
- Gewinnung und Synthese 709–715
- aus mehreren Isopren-Einheiten 715
- aus Pflanzen 709
- Struktur, Eigenschaften und Anwendungen 704–709
Monoxime 574
*Monsanto*-Prozess 299, 346
Montreal-Abkommen zum Schutz der Ozonschicht 220
*Moore* 957–959
- Phenoxazin 889
Moplen 144
Mo-Pteroin-Cofaktor 902
*Morbus Basedow* 442
*Morbus Crohn* 607, 637
Morin 860–861
Morphin 857–858, 917–918, 932–933, 936, 962
- Abhängigkeit 935
- Acetylierung 935
- Arzneistoff 935
- Atemzentrum 934
- Chiralitätszentren 858
- dopaminerges Belohnungssystem 935
- endogenes 962
- Formel nach *Robinson* 859
- Hustenzentrum 934
- Hydrochlorid 934
- Konfiguration 859
- Konformation 859
- Methylierung 935
- 3-Monomethylether 933, 935
- Phenanthrenskelett 681–682
- phenolische OH-Gruppe 858
- $pK_S$ 858
- als Schmerzmittel 934
- Suchtpotenzial 934
- Zinkstaubdestillation 933
(–)-Morphin 933
Morphinan 932–933
Morphingruppe 932–935
Morphinismus 935
Morpholin 225, 885, 947
- Anwendungsgebiete 231
- aus Bis[2-chlor-ethyl]ether und Ammoniak 885–886
- Dipolmoment 885
- Enaminbildung 328
- $pK_B$ 885
- sekundäres Amin 885
- als Strukturelement in Arzneistoffen 814
- technische Synthese 231
Morpholino 995–996
5-Morpholino-3-phenyl-1,2,4-thiadiazol 832
Moschuskörneröl 404
*Mosher*-Säurechlorid 78
Most 180
$\pi$-MO-Theorie 797
motorische Endplatte *s.* Endplatte
Mottengift 528
Mottenpulver 666
*Moureu, C.* 579–580
Mowilith 145

MPLC 8
MPS 958
MRT *s.* Magnetresonanztomographie
MS *s.* Massenspektrometrie
MSG 951
–M-Substituent 795
+M-Substituent 796
MTBE 247, *s. a.* Methyl-*tert*-butylether
– Ersatz für Diethylether 247
MTPA *s.* α-Methoxy-α-trifluormethylphenylessigsäure
Mucate 477
Mucine 506
Mucoide 489, *s. a.* Proteoglycane
Mucopolysaccharide 506
– *N*-Acetylderivate 489
– neutrale 506
– saure 506
– veresterte 506
*Mukaiyama*-Aldoladdition 322
*Mulder* 968
*Mülheimer* Normaldruck-Verfahren 295
*Mülheimer* Olefinsynthese 131–132, 141, 295
– HDPE 143
*Müller, E.* 627
*Müller, Eu.* 655
Müll, erneuerbare Rohstoffquelle 182
*Müller-Rochow*-Synthese 277–278
*Mulliken,* Elektronegativität 22
*Mullis, K.,* PCR 987–988
Müllverbrennung 888
multiple Peptidsynthese 958
multiple Sklerose 844, 966, 975–976
multiples Myelom 788
Multiplizität, Kernspins 47
multivalente Kationen *s.* Kationen
Münchnon 827
Mundwasser 898
Mur *s.* Muraminsäure
Muraminsäure 490
Murexid 809, 905
Murexidreaktion 809, 905
*Murex trunculus* L. 778
*Murphy* 764
Muscarin 926
(+)-Muscarin 490–491
muscarinerg 194
muscarinerger Acetylcholinrezeptor 926
Muscarinrezeptor 926
Muscarin-Vergiftung 926
Muscimol 814
Muscon 110–111, 115
Muskatnussöl 706
Muskel 961
– Erschlaffung 935
– krampfartige Starre 940
Muskeleiweiß 951
Muskelrelaxans 935–936, 938, 940
Muskelstoffwechsel 444
Muskelverspannung 963
Muskelzelle, roter Farbstoff 975
Muskulatur
– gestreifte 974
– glatte 858
Mutagenese, chemische 990–991
Mutagenität
– alkylierende Reagenzien 983
– Methylhalogenide 212
Mutagen, Methyliodid 879
Mutarotation 495, *s. a.* Rotationen
– D-Galactosamin 489
– D-Glucosamin 489
– D-Glucose 469
– Lactose 497
– (+)-Lactose 497
– (+)-Maltose 498
– Saccharose 495
Mutationen 990
– falsche Basenpaarung 906
Mutterkorn 938
Mutterkorn-Alkaloide 776, 938–940
Mutterkrautöl 708
Mutterlauge 6
Mycel 790
*Mycobacterium tuberculosis* 243, 442
Mycobakterien
– Fettsäurebiosynthese 243
– Mycolsäuren 412–413
Mycolsäuren 412–413
Mycosterine 736
Mydriasis 926
Myelin 744
Mykoplasmen 683
Mykotoxin 613
Myoglobin 975
*myo*-Inosit 109–110
Myosin 974
Myrcen 704
– Definition 703
– (–)-Menthol-Synthese 710–711
Myricylalkohol *s.* 1-Triacontanol
Myricylcerotinat 389
Myricylpalmitat 389
*Myrocarpus fastigiatus* 716–717
Myrosinase 450

## N

N (Einbuchstaben-Code für Asparagin) 951
Nachbargruppen-Effekt 405–407, 484
– Einfluss funktioneller Gruppen 406
– Metallierung 285
– Reaktionsgeschwingigkeit 406
– stereoselektive Synthesen 405–407
Nachbargruppe, nucleophile 405–406
nAChRezeptor *s.* Acetylcholin-Rezeptor
Nachtblindheit 719
Nachtschattengewächse 751, 918, 923
nachwachsende Rohstoffe *s.* Rohstoffe
Nachweisreagenz 818
– für Aluminium-Ionen 860
– für Salpetersäure 825
Nachweisreaktionen 27
– Alkine 168
– Ameisensäure 351–352
– Aminosäuren 43
– C=C-Doppelbindung 134, 138
– Doppelbindungen in Cholesterol 736
– gelöstes Protein 972
– Indol 777
– Methylketone 216
– Monosaccharide 487
– Nitrit 29
$NAD^+$ 232
Nadelhölzer, Kolophonium 718
NADH 840
NAD(P) 906
NADPH 840
Nadroparin 506
*Nagai, N.* 521
Nagel 969–970
Nähmaterial, chirurgisches 411, 506
Nahrung, biologische Wertigkeit 946
Nahrungsaufnahme, Sättigungsgefühl 962–964
Nahrungsergänzungsmittel 946
– L-Carnitin 193
Nahrungskette 535
Nahrungsmittel 944–945
Nahrungsmittelindustrie
– Alginate 505–506
– Algine 505–506
– Emulgatoren 502
– Transfette 360
Nahrungsmittelunverträglichkeit 951–952
Nährwerterhöhung 946
Nahtmaterial, chirurgisches 411, 506
$Na^+$-Kanal, spannungsabhängiger 808
*Nakazaki, M.* 569
*N*-alkylierte Harnstoffe 437
*N*-alkylierte Säureamide 390
Naloxon 936, 962
Nandrolon *s.* 19-Nortestosteron
nanoporige Glaskugeln *s.* Glaskugeln
Naphtha 130
Naphthacen 682
Naphthalen 96, 560–561, 847
– Acylierung 669
– in Annulenherstellung 689–690
– Anwendungen 667
– Bernsteinsäureanhydrid 680–681
– Carbolöl 515
– C—C-Bindungslängen 666
– C=C-Doppelbindungen 666
– Chinone 672–673
– Chlorierung 668
– Dianion 667

M

– Disubstitutionsprodukte 666
– Eigenschaften 717–718
– $\pi$-Elektronensystem 666
– elektrophile aromatische Substitution 668–669
– EPA-PAK 662
– Farbigkeit 690–691
– *Friedel-Crafts*-Acylierung 669
– Hydrierung 667
– Konstitutionsisomere 690
– Monosubstitution 668–669
– Naphthalenöl 515
– Nitrierung 668
– Nomenklatur, Substitutionsprodukte 666
– Oxidation 614–615, 672–673
– Phthalsäureanhydrid 667
– Reduktion 667
– Resonanzformeln 666
– Resonanzintegral 784
– Steinkohlenteer 666
– Struktur 511, 717–718
– Substitutionsregeln 669
– Sulfonierung 668
– thermische Isomerisierung 691
– Trimerisierung von Ethin 172
– Umlagerung von Azulenen 692
– Zweitsubstitution 669
Naphthalenderivate 723
1,4-Naphthalendicarbonitril, photochemisch angeregtes 805
*peri*-Naphthalendicarbonsäure *s.* Naphthalsäure
1,5-Naphthalendiisocyanat 440
1,8-Naphthalendiylbis(dimethylboran) 672
Naphthalenöl 515
1-Naphthalensulfonsäure 669
2-Naphthalensulfonsäure 669
Naphthalensulfonsäuren 628, 668
– Alkalischmelze 670
– Kondensation mit Formaldehyd 317
Naphthalin 96, *s. a.* Naphthalen
Naphthalsäure 669
Naphthalsäureanhydrid 669
Naphthene 132, *s. a.* Cycloalkane
Naphthionsäure 672
1,4-Naphthochinon 614–615
– *Diels-Alder*-Reaktion 676–677
– natürlich vokommende Derivate 673
2,6-Naphthochinon 672–673
*amphi*-Naphthochinon *s.* 2,6-Naphthochinon
$\alpha$-Naphthochinon *s.* 1,4-Naphthochinon
Naphthochinone 672–673
Naphthol
– Azo-Kupplung 636
– Derivate 670–671
– Eigenschaften 670
– Naphthalensulfonsäuren 670
– Reaktionsfähigkeit 670
1-Naphthol 30, *s. a.* $\alpha$-Naphthol
2-Naphthol 30
$\alpha$-Naphthol 536, 578
– elektrophile Substitutionen 670
– Hydrolyse 670
$\beta$-Naphthol 670–671
– elektrophile Substitutionen 670
Naphtholaminsulfonsäuren 672
Naphthol-AS 628, 672–673
Naphtholate 670
Naphtholsulfonsäure 893–894
$\beta$-(1-Naphthoyl)-propionsäure 680–681
1-Naphthylamin 29–30
*m*-Naphthylamin 635
$\alpha$-Naphthylamin 670
$\beta$-Naphthylamin 670–671
Naphthylamine 670–671
$\alpha$-Naphthylaminhydrogensulfat 672
$\alpha$-Naphthylamin-Sulfanilsäure-Mischung 671
Naphthylaminsulfonsäure
– Kupplungskomponenten 672
– Schwefelung 893–894
$\gamma$-(1-Naphthyl)-buttersäure 680–681
1-Naphthylethylendiamin 29
*N*-(1-Naphthyl)ethylendiamin 671–672
1-Naphthylisocyanat 440
1-Naphthyl-*N*-methylcarbamat 439
$\alpha$-Naphtylamin 548
Narcotin 932, 934
(–)-Narcotin 932
Naringeninsäure 860–863
Narkolepsie 253
Narkosemittel 842, 951, *s. a.* Anästhetika
– 2-Chlor-1,1,2-trifluorethyl(difluormethyl)ether 246
– 1-Chlor-2,2,2-trifluorethyl(difluormethyl)ether 246
– Chloroform 213
– Diethylether 246
– Ethylchlorid 212
– halogenierte Ether 218
– Halothan 218
– Ketamin 117
– Thiopental-Natrium 441
Narkotika *s.* Narkosemittel
*Nash*-Reaktion 309
nasschemische Analytik *s.* Analytik
naszierender Wasserstoff 367, 797–798
– Aldehydreduktion 314
Nateglinid 966
N-Atom *s.* Stickstoffatom
Natracetessigester 423
Natrium
– D-Linie 67
– flüssiger Ammoniak 667–668
– bei Kautschuk-Synthese 727
– Reaktion mit Stilben 523–524
– Synthese großer Kohlenstoffringe 115
Natrium-2,4-dichlorphenolat 572
Natriumacetat 352, 381
– Methangewinnung 104
Natriumacetessigester 423
Natriumalkanthiolate 199
Natriumalkoholat 800–801, 838
– Isonitrosocampher-Darstellung 715
Natriumamalgam 167–168
Natriumamid 649, 836–837, 852, 854–855
– anionische Polymerisation 141
– Synthese höherer Alkine 169
Natrium-Ammonium-Tartrat 75–76
– optische Aktivität 63
Natriumazid 226–227
Natrium-Benzensulfonat 553–554
Natriumbenzoat 588
Natriumborhydrid 992–993
– Aldehydreduktion 314
– Ozonidspaltung 138
Natriumbutyrat 347
Natriumcarboxylate 364
Natriumchloracetat 572
Natriumchlorid 968
– Ionenbindung 14
– Ionengitter 15
– Phasentransferkatalyse 212
Natriumcyanid 452, 963
Natriumcyanidlösung, wässrige 212
Natriumcyanoborhydrid 330
Natriumcyclamat 266
Natriumdichromat 541
Natriumdithionit 778
– Küpenfarbstoffe 680
Natriumdodecylsulfat 260
Natriumethanolat 114, 181
Natriumethansulfonat 265
Natriumethylxanthogenat 442
Natriumfluorid 897–898
Natriumformiat
– Oxalsäuresynthese 349
– Synthese 458
Natriumhaushalt
– Aldosteron 744
– Mineralocorticoide 742
Natriumhydrazid 396
Natriumhydrid 807
Natriumhydroxid
– Methangewinnung 104
– pulverförmiges 207
Natriumhypobromit 628
Natriumiodid 105
Natrium-Kalium-ATPase 748
Natrium/Kalium-Legierung 463–464
Natriumkresolat 557
Natriumlactat 69
Natriummethylsulfat 259
Natriumnitrit

- Darstellung von Ethylnitrit 258
- Nitroalkanherstellung 270
Natriumorganyle
- aromatische 283–284
- Metall-Metall-Austausch 285
Natriumoxalat 349
Natriumphenolat 543–544, 553–554, 838
- Alkylhalogeniden 571
- Benzendiazoniumchlorid 636–637
- Dialkylsulfat 571
Natriumphenylhydrazinsulfonat 633–634
Natriumpolysulfid 893–894
Natriumpyrrolid 756
Natriumsalicylat 606
Natriumsulfonate 545
Natriumthiosulfat 891
Natriumtrichloracetat 403
Natriumtriphenylmethid 649
Natronlauge 139
- *Stas-Otto*-Trennungsgang 28
Natsyn 728
*Natta*-Verfahren 143
*Natta, Ziegler-Natta*-Katalysatoren 141
Natur, belebte 1
Naturdioxine 888
Naturfasern, Farbstoffe 43
Naturkautschuk 157, 715, *s. a.* Kautschuk
- *anti-* und *gauche*-Konformationen 726
- Gewinnung 727
- Pyrolyse 726
- Struktur und Eigenschaften 726
- wirtschaftliche Bedeutung 726
Naturstoffe 758
- alicyclische 731
- von Isopren abgeleitete 703
- Isoxazol-Struktur 814
- Pyran-Derivate 835
- Pyridin-Derivate 835
- Rückgewinnung 559
- stereoselektive Synthesen 712
- stickstoffhaltige 917
- Terpene 703–729
Naturstoffklassen 899
Naturstoffsynthese
- mit magnesiumorganischen Verbindungen 289
- *Oppenauer*-Oxidation 324–325
NBS *s.* N-Bromsuccinimid
N—C-Bindung, Spaltung 842
$=N^{+}(CH_3)_2$-Gruppe 656–657
NDB-Cl 833
NDB-F 833
NDELA *s. N*-Nitrosodiethanolamin
NDIR (nichtdispersive Infrarot-Spektroskopie) 4
Nebel 2–3
Nebenalkaloid 917
Nebennierenmark 564–565
Nebennierenrinde 964–965
Nebennierenrindenhormone 742–744
Nebenquantenzahl 12
Nebenwirkungen
- Anabolika 746
- Glucocorticoide 745
- Phenylbutazon 800–801
Nedelin-Katastrophe 241
*Nef*-Reaktion (*Aci*-Nitroalkanspaltung) 272
- Zuckeraufbau 476–477
negativ chronotrop 748
*negative ion CI* (NICI) 36–37
negative Partialladung ($\delta^-$) 176
*Negishi*-Kupplung 291
Nekale 727–728
Nelkenöl 184
*Nelumbo nucifera* 931
nematische Flüssigkristalle 641
Nematizid 212
Neopentan 103
Neopentylkation 228
Neopren 728
Neotam 960–961
Neoteben® 841
Neral 709, *s. a.* Citral B
*Nernst*scher Verteilungkoeffizient 8
Nerol 704–705
- und Citral 709
- Isomerisierung aus Geraniol 710
Nerolidol 716
- und Bisabolen 723
Nervenkampfstoffe, chemische 262
Nervenleitung 926
Nerven, periphere 663, 926
Nervensystem
- parasympathisches 194
- sympathisches 565
Nervenzellen
- präsynaptische 927
- Vitamin $B_1$ 879, 882
*Nesmejanow, A.* 423
*Nesmejanow*-Reaktion 630–631
Netzhaut
- Gelber Fleck 289
- rotes Pigment 975
- Zeaxanthin 723
Neuraminidase-Hemmer 491
Neuraminidasen 491
Neuraminsäure 489
- Synthese 489–490
Neurin 193
Neurinhydroxid 192
Neurohypophysenhormon 962–964
Neurokinin 962
Neuroleptika 870, 886, 889–890
- atypische 822
- Haloperidol 592
Neuromodulator 943
neuronales Peptidhormon 962
Neuron, Kainat-Rezeptor 757
Neuropeptide 962
Neurotoxine 963
- 2,4-Dimethylpyrrol-3-carbonsäure 752
Neurotoxizität, (–)-Kainsäure 757
Neurotransmitter 781–782, 807, 940, 951, 954, 963
- Acetylcholin 194, 439, 926
- Catecholamine 564–565
- Dopamin 125, 243, 565
- Funktion 962
- GABA 744
- Glutaminsäure 943
- hemmender 814
- inhibitorischer 232
- NO 827
- Noradrenalin 927
- (*R*)-Noradrenalin 565
- Serotonin 940
- Stickstoffmonoxid 444
neutrale Aminosäure 951
Neutralsalz 968
Neutronen, Massendefekt 35
Neutronenstrahlen 52
*Newman*-Projektion 53–55, 472
- axial chirale Moleküle 73
- Cyclohexan-Konformationen 93
*Newman*-Spannung 62, 89
Ngaicampher 708–709
$NH_2$-Gruppe
- Donor 657
- nucelophiler Angriff 313
NH-Acidität 808
- Adenin 906
- Guanin 906
- Indol 775
- Phenytoin 808
- Purin 899
- Pyrazol 796–797
Theobromin 907–908
- Theophyllin 907–908
- Xanthin 899–900
*n*-Hexan 515
Nicethamid 840–841
nichtbenzoide Annulene 687–690
nichtbenzoide Aromaten 687–702
nichtdispersive Infrarot-Spektroskopie (NDIR) 4
nichtenzymatische Bräunung, Lebensmittel 485
nichtkonjugierte Amine 222
Nichtmetalle
- Ionenbindung 14
- organische Derivate 255–282
Nichtopioidanalgetika 606–607
nichtproteinogene Aminosäure 966
nichtreduzierende Zucker 493

nichtreduzierende Zuckerderivate 481
nichtsteroidale Antiphlogistika 604, 606–607
nichtsteroidale Antirheumatika 357, 800–801, 815
- Acetylsalicylsäure 606–607
nichtsteroidaler Entzündungshemmer 357
„Nicht-Zucker"-Komponente 481
NICI *s. negative ion CI*
Nickel
- Butadien-Dimerisierung 162
- katalytische Hydrierung von Alkinen 170
- *Mülheimer* Olefinsynthese 131
- *Raney*- 139, 200
Nickel-Aluminium-Legierungen 139
Nickelcyanid 172
Nickel-Katalysator 395
Nickelkontakt
- Cyclobutan 108
- Dampfspaltung 105
- Ethanolsynthese 178
Nickelphthalocyanin 766
Nickelpropionat 346
Nickeltetracarbonyl 346, 459
- Achtzehn-Elektronen-Regel 297–298
Nickeltetraphenylisocyanid 459
Niclosamid 543, 607
*Nicotiana tabacum* 918
Nicotin 844, 918–919
- Anlagerung von Iod 920–921
- Biosynthese 920
- Extraktion 434
- oxidativer Abbau 920–921
- *Stas-Otto*-Trennungsgang 28
- Strukturaufklärung 920–921
- Strukturformel 918
- Wirkung gegen Insekten 922
(*S*)-Nicotin 920–921
Nicotinamid 840
Nicotinamidadenindinucleotid 232
nicotinerg 194
nicotinerger Acetylcholinrezeptor 926, 940
- kompetitive Hemmung 935
- Wechselwikung mit Imidacloprid 922
Nicotiniodmethylat 920–921
Nicotinrezeptor 919
Nicotinsäure 840, 920–921
- Decarboxylierung 920
Nicotinsäureamid 837
Nicotinsäurediethylamid 840–841
*Nicot, Jean* 918
Nidation 744
niedere Organismen, Steroidhormone 746
niederprozentige alkoholische Getränke 180
niedrigstes unbesetztes Molekülorbital 795
*Niemann, Albert* 927
Nieren
- Biotransformation 261
- Hydroxilierung von D-Vitaminen 737
Nierenfunktionsparameter 444
Nierenfunktionsstörung 808
Niereninsuffizienz 780
Nierensteinbildung 897
Nierensteine 349, 902
Nierenversagen 611, 897
*Nieuwland*, Dimerisierung von Ethin 171
Nifedipin 841
NIH-Verschiebung 683
Nilrot 890
Ninhydrin 43
- Aminosäurennachweis 663–664
- Kriminalistik 663
- *Moberg*-Test 663
Ninhydrin-Reaktion 417, 946, 972
- Mechanismus 663–664
Nitracidium-Ion 539
Nitrate, qualitative Analytik 29–31
Nitratgruppe 257
Nitratnachweis 671
Nitrazepam 543
Nitrene 460
- Additionsreaktionen 463
- Elektronensextett 460
- Gewinnung und Synthese 461
- Insertion 462
- Isomerisierung 462
- Reaktionen und Anwendnungen 462–463
nitrierbare Aromaten 29–31, *s. a.* Aromaten
nitrierbare Arylgruppe 29
Nitriersäure 262, 537, 539
nitrierte Verbindungen, achtfach 121, 127
Nitrierung 772
- Alkane 269–270
- Aromaten mit Alkylseitenketten 540
- aromatische Kohlenwasserstoffe 527
- aromatischen Ring 952
- Benzoesäure 603
- Benzoesäureethylester 530
- Benzoesäuremethylester 603
- chemisch induzierte DNA-Läsionen 991–992
- Eosin Y 652–653
- Mechanismus 537–540
- Naphthalen 668
- Nitrobenzen 531–532, 539
- Phenol 559
- Resorcin 566
Nitrierungsmittel 537
Nitrifikation 454
Nitrifizierung 454
Nitrile 391, 394–396, 795
- Addition von Lithiumorganylen 285
- Aldoxime 394
- aromatische 581
- Bedeutung 433
- Carbonsäureamide 392–393
- Cyanidalkylierung 394
- homologe Reihe 394
- Hydrolyse 344
- metallkatalysierte Reduktion mit Wasserstoff 224
- niedrige 394
- Nomenklatur 393
- Reduktion 395
- Reduktion mit Metallhydriden 307–308
- Säureamide 394
- saure Hydrolyse 395
- ungesättigte 326
- mit $\alpha$-ständigem, acidem H-Atom 395
Nitrilgruppe 24
- Bromcyan 454
- I-Effekte 26
- Iodcyan 454
Nitrilkautschuk 727–728
Nitrilotriessigsäure 421
Nitriloxide 445, 812
Nitritgruppe 257
- Nachweis 562
Nitrit, Nachweis 29, 671
Nitrit-Pökelsalz 975
Nitritsalze, Ersatz 259
Nitro- (Präfix) 262
*p*-Nitroacetanilid 624
Nitro-*aci*-Nitro-Tautomerie 58, 268–269
Nitroalkane 255, 266–272
- Aldosen 476–477
- funktionelle Gruppe 24
- Gewinnung und Synthese 269–271
- Ketosen 476–477
- Lösemittel 271
- p$K_S$-Werte 268
- Reaktionen und Anwendungen 271–272
- Struktur und Eigenschaften 266–269
- tertiäre 270–271
Nitroalkanherstellung 270
Nitroalkanspaltung 271
*Aci*-Nitroalkanspaltung (*Nef*-Reaktion) 272
$\beta$-Nitroalkohole 271
3-Nitroanilin 559–560
*m*-Nitroanilin 624
*o*-Nitroanilin 622
Nitroaniline 624
- Basizität 620
- p$K_S$-Werte 620
*o*- und *p*-Nitroaniline 620–621

- Synthese 624
1-Nitroanthrachinon 678
Nitroanthrachinone 678
Nitroaromaten
- Gewinnung und Synthese 537–541
- Reaktionen und Anwendungen 541–542, 541–543
- Reduktion 224, 541–542
- Sprengstoffe 538–539
- Struktur und Eigenschaften 537
nitroaromatische Gruppen 541
2-Nitrobenzaldehyd 332
*o*-Nitrobenzaldehyd 332, 680–681
*p*-Nitrobenzaldehyd 581
Nitrobenzen 29, 527, 530, 537–539, 848
- Anilinsynthese 541
- Chlorierung 530
- Eigenschaften 537
- Kalilauge 628–629
- katalytische Hydrierung 621
- mesomere Grenzstrukturen 530
- Nitrierung 531–532, 539
- Oxidationsmittel 649–650
- Reduktion 541, 621, 628
- Synthese 622
- Toxizität 537
- Zweitsubstitution 530–532
*p*-Nitrobenzensulfonyloxyurethan 461
*p*-Nitrobenzoylchlorid 581
*m*-Nitrobenzoesäure 600, 603
*o*-Nitrobenzoesäure 600
- M-Effekte 27
*p*-Nitrobenzoesäure 600
- M-Effekte 26–27
*m*-Nitrobenzoesäureethylester 603
Nitrobenzoesäuren 603
- Reduktion 604
Nitrocellulose 386, 508–509
- Gelatinierung 332
5-Nitrochinolin 852–853
8-Nitrochinolin 852–853
Nitrochloroform 439, *s. a.* Chlorpikrin
*p*-Nitrodimethylanilin 625
Nitroethan 270, 921
- p$K_S$-Wert 268
Nitrofurantoin 542, 769
5-Nitrofurfural 769
1-[(5-Nitrofurfuryliden)amino]-2,4-imidazolindion 769
Nitroglycerin *s.* Nitroglycerol
Nitroglycerol 193, 262, 264
Nitrogruppe 26, 266
- aromatische 561
- elektronenziehender Effekt 268, 531–532, 538
- I-Effekte 26
- kristallisierende Derivate 27
- M-Effekte 26–27, 530
- –M- und –I-Effekt 537, 540
- Molekülorbitale 268
- Reduktion 542
Nitroguanidin 443–444
4-Nitroisothiazol 818
Nitrolacke 183, 509
Nitromedikamente 263
Nitromethan 257, 266–271, 520
- p$K_S$-Wert 268
Nitron 795–796
- Darstellung 826
- mesoionische Verbindung 825
1-Nitronaphthalen 668
*α*-Nitronaphthalen 670–671
Nitronat-Anion 268
Nitroniumionen 539, 983
- Nitroniumtetrafluoroborat 539
Nitroniumkation 29
Nitroniumtetrafluoroborat 539
- Nitrierungsmittel 537
Nitronsäure *s. aci*-Phenylnitromethan
Nitroparaffine *s.* Nitroalkane
Nitropenta *s.* Pentaerythrittetranitrat
1-Nitropentit-Anionen, epimere 476–477
*p*-Nitrophenacylbromid 597–598
3-Nitrophenol 559–560
*o*-Nitrophenol 560
*p*-Nitrophenol 42
- magnetische Äquivalenz 49–52
Nitrophenole
- Darstellung 559–560
- Eigenschaften 560
*p*-Nitrophenylisocyanat 439–440
Nitropropan 269–270
1-Nitropropan 268
2-Nitropropan 268
1-Nitro-2-propanol 271
1-Nitroprop-1-en 271
4-Nitropyrazol 797
3-Nitropyridin 836–837
4-Nitropyridin-*N*-oxid 838–839
2-Nitropyrrol 755
3-Nitropyrrol 755
Nitrosamine 630
- *N*-Methylanilin 624–625
- Natriumamalgam 624–625
- primäre 228
- sekundäre 228, 841
Nitrosierung 900
- aromatische Amine 229
- aromatischer Ring 229
- tertiäre Amine 228–229
Nitrosierungsmittel 228
Nitrosoacidium-Ion 629
Nitrosoalkane 136
Nitrosoalkylhalogenide 136
Nitrosobenzen 541–542
*p*-Nitrosoderivate 624–625
*N*-Nitrosodiethanolamin (NDELA) 228
*N*-Nitrosodimethylamin 800
*p*-Nitrosodimethylanilin 625, 839
*p*-Nitrosodimethylanilinhydrochlorid 890–892
*S*-Nitrosoglutathion 961
Nitrosogruppen
- Aktivierung 624–625
- Nachweis 562
Nitrosomyoglobin 975
*N*-Nitroso-*N*-methylanilin 625
*N*-Nitroso-*N*-phenylhydroxylamin 541–542
*p*-Nitrosophenol 563, 574, 624–625, 893–894
Nitrosophenole 563
*N*-Nitroso-*N*-phenylglycin 827
Nitrosophenylhydrazin 634
*N*-Nitrosopiperazin 885–886
Nitrosoverbindungen, Nachweis 818
Nitrosylbromid 136
Nitrosylchlorid 136–137
- Aminosäuren 405–406
- (*R*)-(–)-Carvon-Darstellung 711–713
- Cubansynthese 127
Nitrosylhalogenid 629
Nitrosylionen 242
Nitrosylkationen 29–30, 228–229, 629
Nitrosylsulfation 629
*o*-Nitrotoluen 866–868
*ω*-Nitrotoluen *s.* Phenylnitromethan
Nitrotoluene 540
- Oxidation 603
1-Nitro-8,9,10-Trinorbornan 126
Nitroverbindungen 257, 266, *s. a.* Nitroaromaten
- primäre und sekundäre 268
NMA *s. N*-Methylanilin
NMDA 951
NMDA-Rezeptor 951
NMDA-Rezeptor-Agonist 951
NMDA-Rezeptor-Antagonist 951
*N*-Methylimidazol 802–803
*N*-Methyl-*N*-nitroso-*p*-toluensulfonamid 234
NM(M)O *s. N*-Methylmorpholin-*N*-oxid
NMO *s. N*-Methylmorpholin-4-oxid
NMOC (*non methane organic compounds*) 708
NMP *s. N*-Methyl-2-pyrrolidon
NMR *s.* Kernspinresonanz
$^3$He-NMR 686
NMR-Daten 4
$^1$H-NMR-Spektren 874
NMR-Spektroskopie 4, 972
- *Grignard*-Lösungen 286
- (–)-Physostigmin 938
$^1$H-NMR-Spektroskopie 44, 46–47
- enantiotope Protonen 87
- topische Beziehung der Protonen 85
- Torsionswinkel 59
- Zahnradeffekt 62

N

$^{13}$C-NMR-Spektroskopie 44, 47–52, 806
NMR-Strukturanalyse, Prion-Protein 972
N—N-Bindung, Nitrosobenzen 542
*N,N'*-Bis(salicyliden)ethylendiamin 587, 590
*N,N*-Diphenylhydroxylamin 655
N=N-Doppelbindung, *E/Z*-Isomerisierung 82
NO 950
– Neurotransmitter 827
*Nobel, A.* 262, 445
NO-Donatoren (-Donoren) 263
NOE *s.* Kern-*Overhauser*-Effekt
Nomenklatur *s. a.* IUPAC-Nomenklatur
– Bilirubin 765
– Cholestanole 733
– Corrin 764
– Enantiomere 68–70
– Frigene 218
– Furan 766
– Heterobicyclus 900
– D/L-Nomenklatur 68–70
– Nucleoside 979–980
– organische Verbindungen 21
– Porphin 758
– Pyrrol 754
– RNA-Modfikationen 994–995
– Steroide 731–734
– strukturisomere Alkylgruppen 102
– systematische 900
– Thiole 198
– Thiophen 771
– verbrückte Ringsysteme 119
*E/Z*-Nomenklatur, *cis/trans*-Nomenklatur 627
Nomex *s.* Meta-Aramidfaser
Nomexpapier 617
nominelle Masse *s.* Masse
Nonan 100
Nonandisäure 351, 360
Nonansäure 360
Nonapeptid 963–964
*non methane organic compounds* (NMOC) 708
*non steroidal antiinflammatory drug* *s.* Antiphlogistika, nichtsteroidale
*nonsteroidal anti-inflammatory drug* (NSAID) 77
Noradrenalin 522, 564–565, 576
– Neurotransmitter 927
(*R*)-Noradrenalin 565
Noradrenochrom 576
Norbornan 118–119, 122
– radikalische Gasphasennitrierung 125
Norbornen 131
– PE-Copolymerisation 143
– Polymerisation aus Carben 700–701
Norbornylkation 459–460
Norcaradien 159, 461–462
– bei Tropyliumbromid-Darstellung 695
Norcaran 462
(*S*)-Norcoclaurin 934
nordamerikanischer Leuchtkäfer 821
Norepinephrin *s.* (*R*)-Noradrenalin
Norepinochrom 576
Norethisteron 748
Norgranatan 925
Normaldruckverfahren *s. Mülheimer* Olefinsynthese
Normalphase, Säulenchromatographie 8
*Normann, W.* 365
Normethyladrenalin *s.* (*R*)-Noradrenalin
19-Nor-17α-pregna-1,3,5(10)-trien-20-in-3,17-diol 174
*Norrish*-Typ-I-Spaltung 327
*Norrish*-Typ-II-Spaltung 327
19-Nortestosteron 746
Nortropan 923
NOS 950
Noscapin® 932, 934
NO-Synthase 444, 950
Notfallmedizin 868
Novolake 558
NO-Wirkung, auf Atmung 961
*Noyori*, (–)-Menthol-Synthese 711
NRTI 244
NSAID (*nonsteroidal anti-inflammatory drug*) *s.* nichtsteroidale Antiphlogistika
NSAR 800–801, 815, *s. a.* nichtsteroidales Antirheumatikum
*N*-substituierte Dithiocarbamidsäuren 726
NTA 421
NTP *s.* Nucleosidtriphosphat; *s.* Ribonucleotidtriphosphate
nucleäre Rezeptoren *s.* Rezeptoren
*nuclear magnetic resonance* *s.* Kernspinresonanz
nuclear *Overhauser* effect (NOE) *s.* Kern-*Overhauser*-Effekt
Nucleasen 990
Nucleinbasen *s.* Nucleobasen
Nucleinsäurebasen *s.* Nucleobasen
Nucleinsäuregemische, SELEX-Verfahren 996–997
Nucleinsäuren 753, 971–972, 979–997
– Abbau 988–990
– biologische Modifikationen 993–995
– chemische Modifikationen 996
– helicale Chiralität 72–74
– hydrolytische Zersetzung 988
– Interaktion mit Sphäroprotein 970–971
– katalytische 997
– Konzentration 860
– Reaktionen und Anwendungen 983–984
– Sequenzierung 992–993
– Stabilität 988–990
– Synthese an der Festphase 984–985, 988
– therapeutische 996
– Wechselwirkung mit Protein 970–971
Nucleobasen 873, 901, 979
– alkylierte 992
– chemisch induzierte Läsionen 991–992
– exocyclische Heteroatome 979–980
– Pyrimidin 879–880
– Tautomere 906, 980
Nucleofuge 57
Nucleophile 20
– Acylierungsmittel 383
– Acylsubstitution 376–377
– Addition an Aldhyde 310
– Addition an C=O-Doppelbindung 307
– im aktiven Zentrum von Enzymen 948
– ambidente 394
– anionische Initiatoren 141
– Basizität 209
– Carbonsäurederivate 379
– Carboxylat 385
– Cyanid-Ion 394
– Diazoniumverbindungen 634
– Enolat-Anionen 323
– Ethersynthese 248
– externe 406
– Formylgruppenübertrag 378
– gemischte Kohlensäure-Carbonsäure-Anhydride 378–379
– harte 355
– Heterocyclen von Nucleinsäuren 983
– interne 406
– Ketene 383
– Kohlensäure-Carbonsäure-Anhydride 379
– Mercaptane 200
– *Mitsunobu*-Reaktion 385–386
– polare organisch-chemische Reaktionen 20
– Reaktionen
– – mit Carbonsäurederivaten 379
– – mit Carboxygruppe 351
– – mit Epoxiden 191
– – mit kationischen, nichtbenzoiden Aromaten 695–696
– – mit Tropon und Tropolon 695–696
– Reaktivität von Nucleinsäuren 984
– säurekatalysierte Veresterung 384
– Triphenylphosphin 385–386
– weiche 355
C-Nucleophile
– Enamine 328
– Enolether 329
– Esterenolat-Anion 353

- *Grignard*-Reagenzien 283, 286
nucleophile Addition
- 1,4-Stellung 354
- Amine 586
- Cyanid-Anion 588–589
- Organomagnesiumverbindungen 288
nucleophile aromatische Substitution 535–536, 851–852, 854, 877, 959, *s. a.* nucleophile Substitution
- Acridin 854
- Alkalischmelze von Natrium-Benzensulfonat 553–554
- Alkylthiopurin 901
- Chinolin 852
- Diazin 877
- intramolekulare 802
- Isochinolin 852–853
- *o*- und *p*-Nitroanilin 620
- Phenanthridin 854
- Phenolsynthese 553–554
- Purin-Ringsystem 901–903
- Thiadiazol 831–832
nucleophile C=C-Doppelbindung *s.* C=C-Doppelbindung
nucleophile funktionelle Gruppen *s.* funktionelle Gruppen
nucleophile Initiatoren *s.* Initiatoren
nucleophile Nachbargruppe, Walden-Umkehr 405–406
nucleophiler Angriff, an Azulen 692–693
nucleophiler Austausch *s.* Austausch
nucleophile Ringöffnung *s.* Ringöffnung
nucleophiler Katalysator 377
nucleophiles Carben 806, 818
nucleophile Substitution 532–533, *s. a.* nucleophile aromatische Substitution
- Alkylhalogenide 203
- am elektronenarmen Aromaten 561
- Azidsynthese 240
- Epoxide 250
- Halogenalkane 208–209
- intramolekulare 324, 405–406
- Purin-Ringsystem 901–903
- Pyridin 836
- Pyridin-*N*-oxid 838
- Tetrazol 828–829
- *Wurtz*-Synthese 104–105
nucleophile Substitutionsreaktionen *s. a.* Substitutionsreaktionen
- Aminsynthese 225
Nucleophilie 25, 796
- $\alpha$-Effekt 875
- Amine 222
Nucleoprotamin 974
Nucleoproteine 974
- Pentosen 488
Nucleoside
- Biosynthese 982–983
- Desamierung 983
- *N*-Glycoside 482–483
- modifizierte 994
- Phosphorylierung 979
- Synthese 482–483, 981
- therapeutische Analoga 984–985
nucleosidische Reverse-Transkriptase-Inhibitoren 244
Nucleosidmonophosphat 981
Nucleosidtriphosphat (NTP) 981
Nucleosomen 974
Nucleotide 979
- enzymatische Polymerisation 986–988
- Synthese 981
*Nucleus accumbens* 844
Nukleonen 35
*Nunn* 148
*Nyander*-Probe 308–309
Nylon 356, 419
- Nomenklatur 356
Nylon-6,6 356
Nylongewebe 839–840
Nystatin (A1) 163–164


## O


*oak ridge thermal ellipsoid plot* 5
O-Atom *s.* Sauerstoffatom
oberflächenaktive Verbindungen *s.* grenzflächenaktive Stoffe
Oberflächenpotenzial, elektrostatisches 4, 22
- Diazene 874
- Methanol 176
- Thymidin 5
- Triazine 894
Oberflächenwachs 781–782
Obstwein 180
Ocimen 704
9,12-Octadecadiensäure *s.* Linolsäure
Octadecansäure *s.* Stearinsäure
6,9,12-Octadecatriensäure *s.* $\gamma$-Linolensäure
9,12,15 Octadecatriensäure *s.* $\alpha$-Linolensäure
*cis*-9-Octadecensäure *s.* Ölsäure
*trans*-9-Octadecensäure *s.* Elaidinsäure
9-Octadecinsäure 169
Octahydro-1*H*-inden 663
Octahydroanthracen 675
1,2,3,4,5,6,7,8-Octahydroanthracen 675
Octahydrochinolizin 928
Octahydronaphthalen 737
1,2,3,4,5,6,7,8-Octahydrophenanthren *s.* Octanthren
Octan 100
*n*-Octan 103
Octandisäure 115, 351, *s. a.* Suberinsäure
Octanitrocuban 121–122, 127
1-Octanol 178
*n*-Octanol 6
Octansäure *s.* Caprylsäure
Octanthren 681
Octa-*O*-methylmaltobionsäuremethylester 498
Octapeptid 830, 963
1-Octen 131
(*R*)-(–)-1-Octen-3-ol 183
*off-label-use* 565, *s. a.* zulassungsüberschreitende Anwendung
- Abtreibungspille 748
Öffnung, elektrocyclische 739–740
O-Glas 367
*O*-Glycoside 481–482
O—H-Bindung, Halogencarbonsäuren 399
OH-Cbl 764
OH-Gruppe *s. a.* Hydroxygruppe
- anomere 493
- +M-Effekt 563
- halbacetalische 493
- reaktive 494
Oktaeder 121
Oktanzahl 106
Oktettaufweitung 251–252, 256
Oktettformel, Mesomeriebeitrag 795–796
Oktettprinzip 14
- Ionenbindung 15
*Olah, G. A.* 539
Olanzapin 886
Öle 388–389, *s. a.* ätherische Öle; *s. a.* Fette
- Charakterisierung der Zusammensetzung 388
- Curcuma- 107
- Fett- und Wachsalkohole 177
- Gewinnung 388–389
- Hydrolyse 345
- Hydrolyse von Olivenöl 185
- pflanzliche 177, 185
- Sauerstoffbindung 699
- Sojaöl 738
- ungesättigte Fettsäuren 363
Oleanolsäure 721
OLEDs 665, 772
Olefine *s. a.* Alkene
- asymmetrische Dihydroxylierung 930–931
- Carbonylierung 457
- *Cope*-Eliminierung 228
- *syn*-Dihydroxylierung 930–931
- Disproportionierung 132
- enantioselektive Funktionalisierung 930–931
- Metathese 131
- polymerisierbare 516
- *Sharpless*-Dihydroxylierung 930–931
*trans*-1,2-Olefine 930–931
$\alpha$-Olefine *s.* $\alpha$-Alkene
Olefin-Hydroformylierung 319


N

Olefinierung
- Arylhalogenide 300–302
- Carbonylverbindungen 130
- *Peterson*-Reaktion 279
- PO-aktivierte 276
olefinische Protonen *s.* Protonen
Olefin-Linker 494
Olefin-Metathese 494
Olestra 496
Oleum *s.* rauchende Schwefelsäure
-olid *s.* Lactone
ölige Polymerisate s. Polymerisate
Oligodesoxynucleotide, Primer 987–988
Oligopeptid 943, 954, 956–957
- *Merrifield*-Synthese 957–958
Oligophenyle 639
- Definition 639
- höhere 641
*p*-Oligophenyle 639
Oligosaccharide 465
- Arten 493
- Ausgewählte Verbindungen 496–500
- in der Natur vorkommende 488
- endständige 975
- Festphasensynthese 494
- Gewinnung und Synthese 493–495
- Glycopeptide 493–494
- *O*-Glycoside 481–482
- Reaktionen und Anwendungen 494–496
- Schutzgruppenstrategie 494
- Struktur und Eigenschaften 493
Oligosaccharidstrukturen 493
Oligosaccharidsynthese 494–495
- stereoselektive 494
Olivenblätter, Saponine 721
Ölkuchen 388–389
Ölsäureester 169, 388
Ölsäuren 349, 360, 363, 388
Öltröpfchen 976
OMEGA-Prozess 185
Omeprazol 253
Ommatine 890
Ommochrom-Farbstoff 890–891
OMP *s.* Orotidin-5'-monophosphat
Ondansetron 781–782
Onium-Ion, cyclisches 132–134
Oniumsalze 212
*Only Mono Ethylen Glycol Advanced Process* *s.* OMEGA-Prozess
O—O-Bindung, heterolytische Spaltung 597
Opiansäure 932
Opiatantagonist 936–937, 962
Opiate 936
- Therapie bei Vergiftung 936–937
Opioidanalgetikum 858
Opioide 842, 935–936
- Therapie bei Vergiftung 936–937
- vollsynthetische 936
Opioidrezeptor 934
Opium 918, 931
Opiumalkaloide 845, 857, 931–933
- Hauptalkaloid 932
- Nebenalkaloid 932
- mit Phenanthrenskelett 681–682
- spasmolytisch wirkende 849
Opiumtinktur 934
*Oppenauer*-Oxidation 314
- Naturstoffsynthese 324–325
*Oppolzer,* Campher-Synthese 715
Opsin 719, 975
optisch aktive Basen 715
optisch aktive Säuren 715
optisch aktive Verbindungen 407
optische Aktivität 3, 63, 405
- $\alpha$-Aminosäuren 415
- Anomere 468–469
- *Ansa*-Verbindungen 566–567
- Chlorophyll 763
- Pentite 197
- Stärke 501
- Steroide 731
- Threit 196
- Verlust 407
optische Aufheller 524
optische Isomerie *s.* Isomerie
optische Reinheit *s.* Reinheit
optische Rotationsdispersion (ORD) 3–4
orale Bioverfügbarkeit 922
Orange 789
orange, Farbwahrnehmung 43
Orangenblütenöl 776
Orangenschalen 711–713
Orbitale 11–14, *s. a.* Grenzorbitale; *s. a.* Hybridorbitale; *s. a.* Molekülorbitale
- Energiedifferenz 24
- entartete 12–13
- *Klopmann-Salem*-Gleichung 21–22, 24
- LCAO 15
- UV/Vis-Spektroskopie 41
d-Orbitale 12
p-Orbitale 11, 13
- Cyclohepten 149
- Überlappung 150
- $\sigma$-$\pi$-Modell 168
s-Orbitale 11–12
- Kugelsymmetrie 16–18
- $\sigma$-$\pi$-Modell 168
$\pi^*$-Orbitale 298
$\sigma^*$-Orbitale, antibindende 325
$2p_z$-Orbitale, Benzenmolekül 514
$\pi$-Orbital-Energie 796
$\sigma$-Orbitale, Wasserstoffmolekül 16
orbitalkontrollierte Reaktionen *s.* Reaktionen
Orbitalkorrelationsdiagramme 154
Orbitallappen 11, 15
Orbitalsymmetrie *s. a. Woodward-Hoffmann*-Regeln
- Erhaltung 369–370
- pericyclische Reaktionen 739
Orbitaltheorie 514
Orbitalwechselwirkung
- bindende 154–155, 795, 797
- *Woodward-Hoffmann*-Regeln 153
Orbitrap-Analysator 39–40
Orcin 30, 566
Orciprenalin 565
ORD (optische Rotationsdispersion) 3–4
Ordnungszahl
- *CIP*-System 71
- magnetisches Kernmoment 44
*Organic Chemistry, Journal of* 3
*organic light emitting diode* 665, 772
organisch-chemische Reaktionen *s.* Reaktionen
organische Chemie 1–3
organische Derivate 255–282, *s. a.* spezifische Derivate
organische Elektrosynthese *s.* Elektrosynthese
organische Halbleiter *s.* Halbleiter
organische Moleküle *s.* Moleküle
organische Peroxide 140
organische Stoffe 1–3
- anaerober Abbau 104
- Oxidation 4
- Umkristallisation 6
- Zusammensetzung und Reinheit 3–5
organische Verbindungen
- Charakterisierung 3–5
- feste 6
- gesättigte 42
- Identitätsnachweis *s.* Nachweisreaktion
- Reinigung und Isolierung 5–6
- Struktur 53–98
Organismen
- photosynthesebetreibende 762
- Sauerstofftransport 759–760
organo- (Begriff) 2–3
Organobleihydride 297
Organobleiverbindungen *s. a.* Bleiverbindungen
- Eigenschaften 296
- Gewinnung und Synthese 296–297
- Reaktionen und Anwendungen 297
Organolithiumverbindungen 284, 877–878, *s. a.* Lithiumorganyle
- Synthese 284–285
- *Wurtz-Fittig*-Synthese 284
Organomagnesiumverbindungen *s. a.* Magnesiumverbindungen
- Bedeutung in der organischen Synthese 287

– C-Nucleophile für nucleophile Additionen 286
– nucleophile Addition an polare Mehrfachbindungen 288
Organometallchemie 216
Organometallverbindungen
– als Basen 286
– Bezeichnung 2–3
– Carbanionen-Äquivalente 283
– Darstellung aromatischer Thiole 199
– Deprotonierung von CH-aciden Verbindungen 286
– Katalysatoren 283
Organonickelspezies 291
Organopalladiumspezies 291
Organophosphoniumionen 286
Organophosphonsäure 926
Organophosphorsäure 926
Organophosphorverbindungen 262, *s. a.* Phosphorverbindungen
– Gewinnung und Synthese 272–273
– Reaktionen und Anwendungen 273–276
– Struktur und Eigenschaften 272
Organoquecksilberverbindungen *s.* Quecksilberverbindungen
Organozinkverbindungen *s. a.* Zinkverbindungen
– $\alpha$-Halogencarbonsäureester 408–409
– Transmetallierung 291
Organozinnhalogenide 295
Organozinnverbindungen *s. a.* Zinnverbindungen
– C—C-Bindungsknüpfung 302
– Fungizide 296
organyl- (Begriff) 2–3
*Orgel, L. E.*, Ferrocen-Synthese 699
Orientierung, Kernspins 46–47
Orn 950
Ornithin 920, 950
L-(+)-Ornithin 950
Oro 879
Orotat 983
Orotidin-5'-monophosphat (OMP) 982
Orotsäure 879–880, 982
Orseillefarbstoff 566
ORTEP-Plot 5
*ortho*- (*o*-) 516
Orthoameisensäure 214, 345; *s. a.* Chloroform
Orthoameisensäureester 386
Orthoameisensäureethylester 329, 821
Orthocarbonsäureester 383, 386
*ortho*-dirigierender Effekt 285
Orthoessigsäureethylester 386
Orthoester 23; *s. a.* Orthocarbonsäureester
orthogonale Schutzgruppenstrategie 947
Orthogonalität, Schutzgruppen 666
Orthokohlensäureester 433, 439
Orthokohlensäuretetraethylester 439
*ortho*-Kondensation 118
*ortho*-kondensierte aromatische Ringe 661
*ortho*-Metallierung 285
*ortho*/*para*-dirigierend 529–530
Osazonbildung 495
Osazone 475
– Benzoin 591
– Bildung 486
– Eigenschaften 486
– Formaldehyd-Kondensation 475
– Hydrolyse 487
– Identifizierung 486
– Stabilisierung 486
Oseltamivir 491
Osmiumtetroxid (Osmiumtetraoxid) 137, 887
– *syn*-Dihydroxylierung 930–931
– Katalysator 886–887
– als Oxidationsmittel 930–931
– Oxidation zum Glykol 983
– *Sharpless*-Dihydroxylierung 930–931
Osmodiuretikum 198
osmotischer Druck 968
osmotische Wirkung, gegen Protozoen 968
Osone 487
Osonhydrazon-Bildung 486
Osteoklasten 259
Osteomalazie 738
Osteoporose 162, 259, 747, 790
Östrogene *s.* Estrogene
Oszillationstheorie 513
Ottomotor 106
Ötzi 434
Ouabagenin 749–750
Ovalbumin 973–974
Ovarialcarcinom 719
Ovarialfollikel 747
Ovulation 744
Oxacillin 815
Oxacyclobutan 248
Oxacycloheptan 248
Oxacyclopentan 248
1-Oxacyclopentan-2-on 403–404, *s. a.* $\gamma$-Butyrolacton
Oxacyclopropan 248
Oxadiazol 823, 833
1,2,3-Oxadiazol 823
1,2,5-Oxadiazol 823
Oxadiazol-Derivat, biologisch aktives 833
1,2,3-Oxadiazolium-5-olat 827
1,2,5-Oxadiazolring 833
1,3,4-Oxadiazolring 833
Oxadiazol-Thiadiazol-Bioiososterie 833
Oxalacetat 424
Oxalate 349
Oxalatsteine 349
Oxalessigester 430–431, 798–799
Oxalessigsäure 424–425
Oxalessigsäurediethylester 427
*Oxalis acetosella* 349
Oxalonitril 349
Oxalsäure 187, 349, 427, 917
– Darstellung und Eigenschaften 349
– Decarboxylierung 352
– Geschichtliches 1
– Oxidation 352
– p$K_S$-Wert 343
Oxalsäurediethylester 427
Oxalsäure-Dihydrat 349
Oxalsäuredinitril 447–449; *s. a.* Dicyan
Oxalylchlorid 187, 306, 375–376, 809
Oxalylharnstoff 809
Oxamid 447–449
Oxapenam 820
Oxaphosphetan 275
*trans*-Oxaphosphetan 275–276
Oxathiazin 897–898
Oxathiazindioxid 897–898
Oxazepam 868
– Tautomerie 869–870
1,3-Oxazin 885–886
1,4-Oxazin 885
– dibenzokondensiertes Ringsystem 888
Oxazine 885–886
Oxazol 793
– aus acylierten Aminoketonen 812
– Bezifferung 793
– Derivate 811
– Eigenschaften 810
– Hydrierungsprodukt 813
– hydrolytische Ringspaltung 810
– p$K_B$-Wert 810
– Struktur 811
– Strukturformel 793
– trisubstituiertes 812
– aus $\alpha$-Halogenketonen und Formamid 812
1,2-Oxazol 810
1,3-Oxazol 810
Oxazol-4-carbonsäure 812
Oxazol-2,5(3*H*,4*H*)-dion 956–957
Oxazolidin 811, 813
Oxazolidinon 814
2-Oxazolidinon 813
Oxazolidinring 820
Oxazolidon 813
2-Oxazolidon 811, 813
Oxazolidonring 322
Oxazolin 812–813
2-Oxazolin 811
3-Oxazolin 811
4-Oxazolin 811
1,3-Oxazolium-5-olat-Derivat 827
Oxazol-Thiadiazol-Bioiososterie 833
Oxetan 248

Oxetanderivat 327
*N*-Oxid 917
Oxidation *s. a.* spezifische Stoffe; *s. a.* Verbrennung
- Alkene 129
- Alkine 129
- Alkohole 181
- von Alkohol zu Aldehyd mit TPAP 887
- anodische 352, 582, 605
- bakterielle 454
- Chinin 930
- Cyclooctatetraen 161
- enzymatische 192, 478, 762
- Ethanol 182
- Glycole 187
- heterogene 323
- Hydroborierung 134
- katalytische 419
- *α*-Ketol-Einheit zum *α*-Ketoaldehyd 829
- Mercaptane 201
- Methan 100
- mikrobielle 642
- Nicotin 920–921
- organischer Stoffe zu Nichtmetalloxiden 4
- Petrochemie 136–139
- selektive 306
- Übergangsmetallkomplexe 216
- *in vivo* 683
- zum Glykol 983
*β*-Oxidation 763
Oxidationsmittel
- Aldehyde 305
- Aldehydsynthese 306
- o-Benzochinon 572–573
- *m*-Chlorperbenzoesäure 603
- *N*-Methylmorpholin-4-oxid 886
- Natriumdichromat 541
- Perbenzoesäure 603
- selektives 252
- Tetrabrommethan 216
- Thioloxidation 201
- Wirkung auf Alkene 136
Oxidationspotenziale 575
Oxidationsschutz 863–864
oxidative Acetylierung *s.* Acetylierung
oxidative Addition 299–301
oxidative Cyclisierung 816
oxidative Decarboxylierung 818
oxidative Desaminierung 879–880
oxidative Kupplung *s.* Kupplung
oxidative Läsionen 991–992
oxidative Ringöffnung 351
oxidative Ringspaltung 351
oxidativer Kupplungstest 822
oxidativer Stress 761
oxidative Spaltung *s.* Spaltung
oxidierbare funktionelle Gruppen 138
Oxidoreduktase 760, 910–911
Oxim-Amid-Umlagerung 595–596
Oximbildung 598–599
Oxime 230, 427, 802, 812
- *α*-Aminoketone 755
- axiale Chiralität 73
- Darstellung von Cyclododecatrien 162
- *E*/*Z*-Isomerisierung 82
- Oxidation mit Chlor 445
- Oxim-Nitroso-Tautomerie 58
Oximether, konfigurationsstabile 83
Oximgruppe 476
Oxin 855–856
Oxinat 855–856
Oxindol 782
Oxipurinol 915
Oxiran 248, *s. a.* Ethenoxid
Oxobernsteinsäure 424–425
(*Z*)-2-Oxobicyclo[8.8.0]octadec-1(10)-en 569
Oxobiscycloheptatriene 695–696
(4*R*,6*R*)-1-(3-Oxobut-1-en-1-yl)-2,2,6-trimethyl-7-oxabicyclo[2.2.1]heptan 289
3-Oxobuttersäure 423
Oxocarbenium-Ion 141
- Halbacetal 555
- mesomeriestabilisiertes 384
- Pinakol-Pinakolon-Umlagerung 331
Oxochlorierung 145
*Oxo-Claisen*-Umlagerung 572
2-Oxo-1-cyclohexancarbonsäure 350
(*E*)-9-Oxo-2-decensäure 430–431
8-Oxodesoxyguanosin 991
8-Oxo-7,8-dihydroguanin (8-oxoG) 991
2-Oxo-L-gulonsäure-*δ*-lacton 70
3-Oxoindolinon-2-carbonsäure 778
Oxol *s.* Furan
Oxolan *s.* Tetrahydrofuran
Oxomalonsäure 424–425
Oxonium-Carbenium-Ion 401–402
Oxonium-Ionen 536, 555, 596
- Ethensynthese 146
- Pinakol-Pinakolon-Umlagerung 331
- $S_N1$-Reaktion 208
Oxoniumsalze 843
- sekundäre 249–250
- tertiäre 250
Oxonol 44
4-Oxopentanal 726
4-Oxopentansäure 423
2-Oxopropionsäure 422
Oxosynthese 106, 180, 299–300, 319, 364, 457
- petrochemische 133
Oxybenzon 599
Oxychlorierung 528
Oxygenierung 181–182, 352
Oxyhämoglobin 759–760
Oxymercurierung 180–181
- Reduktion 134
Oxyphosphoniumcarboxylat 386
Oxytocin 962–964
Oxyuriasis 885–886
Ozon 795–796
- Benzen 512
- Cubansynthese 127
- Erzeugung 138
- Iodosylbenzen 536
Ozonide 138
- Kautschukgewinnung 726
Ozonisator 138
Ozonolyse
- Benzen 512
- C=C-Doppelbindung 138
- *Criegee*-Mechanismus 138–139
- Ergosterol 737
- Stigmasterol 738
Ozonschicht
- Abbau (Ozonloch) 207, 219–220
- FCKW-Ersatzstoffe 102
- Schädigung durch PER 170

## P

P (Einbuchstaben-Code für Prolin) 953
*Paal-Knorr*-Furansynthese 767
*Paal-Knorr*-Pyrrolsynthese 754–756
*Paal-Knorr*-Synthese 756, 767, 812
*Paal,* Reduktion von Alkenen 139
PABA *s. a. p*-Aminobenzoesäure
- UV-Filter 605
PABA-Antimetabolite 604
PABA-Derivate 605
Packungsdichte, Kristalle 103
Paclitaxel *s.* Taxol
[1.1.1.1]Padogan 125
PAGE *s.* Polyacrylamid-Gelelektrophorese
PAH 952
PAK (polycyclische aromatische Kohlenwasserstoffe) 661–662, *s. a.* Kohlenwasserstoffe
- cancerogene Wirkung 683
- Steinkohlenteer 661–662
- Umweltschadstoffe 661–662
- vier und mehr Ringe 682–686
*Palaquium*-Arten 726
*Palaquium gutta* 726–727
Palatinole *s.* Phthalsäureester
Palladium
- Alkoholdehydrierung 182
- Erhitzung zusammen mit Kolophonium 723–725
- katalytische Hydrierung von Alkinen 170
Palladiumcyclus 302
Palladium(II)-Verbindungen 300–302
Palladiumkatalysatoren
- *Heck*-Reaktion 300–302
- Hydrierung von Alkenen 105

– Kreuzkupplungen 139
– *Negishi*-Kupplung 291
– Pd-Kohle 159
– Reduktion von Alkenen 139
– *Sonogashira*-Kupplung 302–303
– *Stille*-Kupplung 302
palladiumkatalysierte Hydrierung 377
Palladiumkomplexe 139
– Katalysator 457
Palladium-Phosphan-Katalysatoren 303
Palladiumsalze 145
Palmitinsäure 349
Palmitinsäureester 363, 388
Palmitinsäuremyricylester 365
Palmitoyl-CoA 193
Palmöl, rotes 724–726
PAMP 300
PAN *s.* Polyacrylnitril
panchromatischer Film 821
*Paneth, F. A.* 296
Pankreas 964
– *β*-Zellen 966
Pankreashormon 962
Pantherpilz 814
Pantoinsäure-Lacton 421
Pantoprazol 810–811
Pantothensäure 422, *s. a.* Vitamin $B_5$
Papaverin 849, 857–859, 932
– Alkalischmelze 931
– Identitätsprüfung, nasschemische 858
– krampflösende Wirkung 934
– *N*-Methyl-1,2,3,4-tetrahydro-Derivat 931–932
– Totalsynthese 934
Papaveringruppe 931–932, 934
*Papaver somniferum* 931
Papier 508, 766
Papierchromatographie 8
Papierindustrie 373
PAPS 261
*Paquette, L. A.*, Dodecahedransynthese 125
*para-* (*p*-) 516
Para-Aramidfaser 617
Parabansäure 809
– aus Oxalylchlorid und Harnstoff 809
Paracayan 448
*Paracelsus* 963
Paracetamol 623
(*S*)-(+)-[8.8]Paracyclophan 569
[2.2]Paracyclophan
– Darstellung und Struktur 568
– Konformation 568
[m.n]Paracyclophane 569
Paraffine *s.* Alkane
Paraformaldehyd
– Calciumhydroxid 475
– hochmolekularer 317
– niedermolekularer 317
Parafuchsin 650
Paraldehyd 317
– Bromierung 320
parallele Spins 12, 16, 44
– NMR 46–47
paramagnetische Lanthanoidverbindungen *s.* Lanthanoidverbindungen
paramagnetische Verschiebung *s.* Verschiebung
Paramagnetismus, Semidurochinon 575
Paraquat 842–843
Pararosanilin 650
parasitäre Erkrankung 892
Parasorbinsäure 360–362
Parasympathikus 926
parasympathisches Nervensystem *s.* Nervensystem
Parasympatholytika 926
Parathion 194, 648, 926
Paraxin 542
Parecoxib 815
Parfüme 590, 775
Parfümerie, Allylalkohole 183
Parietalzellen 253
Paritätsverletzung 944
*Parkinson*-Krankheit 125, 174, 243, 299, 565, 940, 951, 953
Partialladung 176
– Carbonylgruppe 306
– negative 20–21
– polare Atombindung 22
– positive 20–21
partielle Hydrierung 389
partieller Doppelbindungscharakter, C—N-Bindung 390
partielle Reduktion *s.* Reduktion
Partikel, infektiöse 972
Partydrogen 233
Parylen 568, *s. a.* Poly-*p*-xylylen
PAS *s. p*-Aminosalicylsäure
*Passerini*-Reaktion 458–459
Passivität, Verfallserscheinung bei Cocainismus 927
*Pasteur*
– optische Aktivität 63
– Racemate 67
– Racemattrennung 75–76
*Paterno-Büchi*-Reaktion 327
*Pauli*-Abstoßung 59
*Pauling, L.* 514, 969–970
– Elektronegativität 22
*Pauli*-Prinzip 12, 514
– Molekülorbitale 15
*Paul, W.* 38
*Pauly*-Reaktion 29, 806, 908
– Histamin 806
*Pauson-Khand*-Reaktion 115
*Pauson, P. L.*, Ferrrocen-Synthese 699
pazifische Eibe 719
PBG 761–762
PC *s.* Polycarbonate
PCB *s.* Polychlorbiphenyle; *s.* polychlorierte Biphenyle
PCC *s.* Pyridiniumchlorochromat
PCDD 888–889, *s. a.* polychlorierte Dibenzodioxine
PCDF 888, *s. a.* polychlorierte Dibenzofurane
$PCl_3$ *s.* Phosphortrichlorid
PCR *s.* Polymerase-Ketten-Reaktion
Pd(0)-Komplex 300–303
$PdCl_2$-Olefinkomplex 332
PDE-5-Hemmer 914, 935
Pd-Katalysator *s.* Palladiumkatalysator
Pd-katalysierte Kreuzkupplungen
– *Negishi*-Kupplung 291
– *Stille*-Reaktion 295
– *Suzuki*-Kupplung 303
Pd-katalysierte Kupplungsreaktionen 300–303
PDT *s.* photodynamische Therapie
PEA *s. β*-Phenylethylamin
Peaks, NMR 47
*Pearson*, HSAB-Konzept 21
Pechkoks 516
*Pedersen*, Kronenether 186
PEG *s.* Polyethylenglycole
PEG-MME *s.* Polyethylenglycolmonomethylether
Pektine 505
– Methylestergruppe 207
– L-(+)-Rhamnose 488
Pelargonidin 860–863
Pelargonidinchlorid 862
Pelargonidin-3-*O*-*β*-glucosid, Hydrolyse zu Pelargonidin 860–863
*Pelargonium* 860–863
Pellagra 422
*Pelletier* 929
*Pellizzari*-Synthese 824
*Pemberton, J.S.* 927
Penam 819
Penamsystem 819–820
*penetration enhancer* 253
Penicillamin 817
D-(−)-Penicillamin 817
D,L-Penicillamin 816–818
Penicillamin-Partialstruktur 819
Penicillin 819
– Grundgerüst 819
– Thiazolidinring 817, 819
Penicillinase 819–820
Penicillin G 817, 819
*Penicillium*
– *chrysogenum* 819
– *notatum* 819
*Penicillium*-Arten, Citronensäuresynthese 409
*Penicillium griseofulvum* 790
*Penicillium notatum* 459, *s. a.* Xantocillin

*Penicillium stipitatum* 696
Pent-3-ensäure 358
Penta-1,4-dien 227
4-(Penta-2,4-dienyl)-phenole 572
Penta-2,4-dienylphenylether 572
Pentaacetate
- Acylale 483
- Bromwasserstoff 483–484
- Hexosen 483–484
Pentaacetyl-D-glucose 483–484
Pentacen 682
Pentacyclo[4.2.0.0$^{P2,5}$.0$^{P3,8}$.0$^{P4,7}$]octan *s.* Cuban
Pentadecan-15-olid 404
Pentadecapeptid 966
1,3-Pentadien 842
- Wasserstoffverschiebung 154–155
1,4-Pentadien 150, 842
- homokonjugierte Doppelbindungen 151
Penta-1,4-dien-3-on 158
Pentadienylradikal, konjugiertes 154–156
Pentadigalloylglucose 607–608
Pentaerythrit 196
Pentaerythrittetranitrat (PETN) 196
Pentafluorphenol 955–956
(22*R*)-2*β*,3*β*,14*α*,22,25-Pentahydroxy-5*β*-cholest-7-en-6-on *s.* Ecdyson
3,5,7,2',4'-Pentahydroxyflavon 860
3,5,7,3',4'-Pentahydroxyflavon 860
Pentamethylendiamindihydrochlorid 841
Pentan 100
- Eigenschaften 103
*n*-Pentan 103, 109
- Konformationen 61–62
Pentan-3-on 326
1,5-Pentandiol 843
Pentandisäure *s.* Glutarsäure
Pentan-Effekt 62, 89
Pentanol 180–181
1-Pentanol 178, 181
2-Pentanon 327
1-Pentansäure 347
Pentansäuren 347
- Konstitutionsisomere 347
Pentapeptid 962
Pentaphenylantimon 277
Pentaphenylphosphoran 276–277
Pentazol 823
- Stabilisierung 831
- Struktur 830
- Synthese 831
Pentazol-Ring, Nummerierung 830
Penten
- Eigenschaften 130
- Strukturformel 129
2-Penten-4-olid 430–431
3-Penten-4-olid 430–431
3-Pentensäure 358
Pentetrazol 829
Pentetsäure 421
Pentetsäure-Gadoliniumkomplex 421
Pentite 184–185, 197
- Zuckeralkohole 185
Pentosane 488, 508, 769
Pentosen 466, 488, 768–769
- Acetylierung 483–484
- Dehydratisierung, säurekatalysierte 769
- Furfuralreaktion 768–769
- Halbacetale 468, 472
- Nachweisreaktion 769
- qualitative Analytik 30
- Reduktion 197
Pentoxifyllin 907
Pentoxyphyllin 907
Peptid-Antibiotikum 966–968
Peptidase 954
Peptidbibliothek 958
Peptidbindung 954
- endständige 959–960
- energiereiche 954–955
- Knüpfung 954–955
Peptide 943, 954
- Aminosäuresequenz 959–960
- Bestimmung der Zusammensetzung 959
- biologisch wirksame 962
- cyclische 962–964
- Drehung um Peptidbindung 98
- enzymatische Spaltung 959
- Esterbindung 966–968
- *E/Z*-Isomerisierung 82
- Festphasensynthese 946
- helicale Chiralität 72–74
- Hydrolyse 954
- Kettenverlängerung 956–958
- Konformation 98
- lineare 957
- Säurehydrolyse 957–959
- Screening auf pharmakologische Eigenschaften 958
- Sequenzanalyse 946, 957–960
- Torsionswinkel 98
- toxische 963
- vollautomatische Synthese 946
- Zucker, reduzierende 485
*β*-Peptide 378
Peptidhormone 960, 962
Peptidkette 954
- Dreibuchstaben-Code-Schreibweise 954
- Einbuchstaben-Code-Schreibweise 954
- entfaltete 968
- enzymatische Spaltung 960
- LAL-Quervernetzung 973
- Primärsequenz 954
- Spaltung mit Bromcyan 960–961
- Verankerung am Linker 958
- Verankerung an Träger 957
Peptidkupplungen, Racemisierung 78
Peptidkupplungsreagenz 955–956
Peptidomimetikum 943, 962–963
Peptid-Rückgrat 954
Peptidscreening 958
Peptidsequenz
- Bestimmung 959
- Bibliothek 958
Peptidsequenzierung, automatisierte 959–960
Peptidsynthese 825, 955–957
- automatisierte 947, 957
- biotechnologische 958
- Boc-Schutzgruppe 403
- multiple 958
- nach *E. Fischer* 954–955
- Schutzgruppe 955
Perameisensäure 964
- Hydroxylierung von Cycloalkenen 148
Perbenzoesäure 580, 603
Perbenzoylradikal 580
Perbromid 895–896
Perbunan 727–728
Perchlorat 953
Perchlorethylen (PER) 170
Peressigsäure 137, 346
- intermediär auftretende 380
perfluorierte Kohlenstoffkette 267
perfluorierte Sulfonsäuren 267
perfluorierte Tenside (PFT) 267
perfluorierte Verbindungen 217
Perfluoroctansäure (PFOS) 267
Perfluoroctansulfonsäure 267
Pergamentpapier 508
Perhydrierung 925–926
- katalytische 526
- Naphthalen 96
Perhydroanthracene 675
Perhydrochinolizin 928
Perhydro-1,2-cyclopentanophenanthren *s.* Steran
Perhydrotriphenylen 66
*peri-* 666
pericyclische Reaktionen 795, *s. a.* Reaktionen
- *Diels-Alder*-Reaktion 368–370
- elektrocyclische Reaktionen 369–370
- En-Reaktion 369–371
- sigmatrope Umlagerungen 369–370
Peridole 592
Periodat 188
Periodensystem
- Elektronegativität 22
- Säurestärke 199
*periodic leaf movement* 607
- Turgorinsäure PLMF 1 607

Periodsäureester 188, 479
periphere Durchblutungsstörung 907
peripherer Nerv 926
*periplanar* 58
periselektive Reaktion *s.* Reaktionen
*Perkin* 788–789, 937
– Cyclobutansynthese 111–113
*Perkin*-Reaktion 590
*Perkin*-Synthese 681, 769–770
– Cumarinsäure 612
– Mechanismus 612
– Zimtsäure 612
Perlon 419, 596
permanentes Dipolmoment 176, *s. a.* Dipolmoment
Permanganat 983
Permeabilität, Zellwände 146
perniziöse Anämie 764, 911–913
Peroxidase 247, 975
Peroxidbrücke 138
Peroxide
– hochexpolsives 885
– Nachweis in Ethern 246
– organische 140
– Peroxidkatalysatoren 205
– radikalischer Zerfall 727–728
– TFE-Polymerisation 218
Peroxideffekt 135–136
Peroxidkatalysierte Addition, Undecylensäure 420
Peroxidteststäbchen 247
Peroxidzahl 388
Peroxoschwefelsäure 536
Peroxoverbindungen 246
Peroxybenzoesäure 689–690
Peroxycarbonsäure 877
– Darstellung von Epoxiden 248–249
Peroxyessigsäure 137
Persäuren 597
– Anlagerung an Keton-Carbonylgruppe 597
– *Prileschajew*-Reaktion 137
*persistent organic pollutants* 791
Persistenz
– freie Radikale 653
– PAK 661–662
– Tritylradikal 654
Pervitin *s.* Methamphetamin
*Pesez*-Reaktion 31
Pest 683
Pestizide, 2,4-Dichlorphenoxyessigsäure 572–573
PET 804–805, *s. a.* Polyethylenterephthalat
*Petasis*-Reagenz 700–701
*Peterson*-Reaktion 276, 279
Pethidin 936
PETN *s.* Pentaerythrittetranitrat
Petrochemie 131–133
– Additionsreaktionen 132–137
– Deutschland 132
– Glycerolsynthese 185–186
– Oxidationsreaktionen 136–139
Petrolether 138
Peyotl-Kaktus 520
*Pfad, W.*, Ferrocen-Synthese 699
Pfeffergeschmack 920
Pfefferminzöl 706
Pfeffer, schwarzer 920
Pfeilgift 933
Pfeilgiftfrösche 752, 783
Pferdefleischskandal 801
Pferd, Insulin 964
Pflanzen
– Alkaloidgehalt 917
– Gerüststoffe 465
– grüne 975
– Längenwachstum 719–720
– als natürliche Azulenquellen 692–694
– Photosynthese 465
Pflanzenbasen, stereoisomere 929
Pflanzenbewegungen 607
Pflanzenfarbstoff 860
Pflanzenfasern 506
Pflanzengift 963
Pflanzengummen 508
Pflanzenhormone 146, *s. a.* Phytohormone
Pflanzeninhaltsstoffe
– primäre 917
– sekundäre 613–614, 917
Pflanzenöle 360, 863–864, *s. a.* Öle
pflanzenpathogene Pilze 826
Pflanzensamen, Reserveprotein 974
Pflanzensäuren 349, 404
Pflanzenschutzmittel 810, 833, 896–897, *s. a.* Herbizide; *s. a.* Pestizide
– mit Benzimidazol-Strukturelement 810
– 4,6-Dinitro-*o*-kresol 557
– Thioharnstoff-Derivate 442
– toxische Wirkung 926
Pflanzenstoffwechsel 917
Pflanzenteile, grüne 762
Pflanzenwuchsstoffe 665
pflanzliche Glycoside *s.* Glycoside
pflanzliche Öle 360, 863–864, *s. a.* Öle
pflanzliche Steroide 734, *s. a.* Steroide
pflanzliche Zellwand 769
Pflegeprodukte, auf Basis von Azulenen 692–694
PFOS (Perfluoroctansäure) 267
Pfropfpolymerisation 728–729
PFT (perfluorierte Tenside) 267
$PGE_2$ 413–414
$PGF_{2\alpha}$ 413–414
pH 968
– Chinhydron-Elektrode 574
– Gallensekret 742
– Indikatoren
– – Alizarin 678
– – Eosin 653
– – Phenolphthalein 646
– physiologischer 803
Ph– *s.* Phenylgruppe
Phantomatome 72
Pharaoschlangen 449
*Pharmacopoea Europaea* 27
Pharmakodynamik 926–927
pharmazeutische Technologie, Celluloseether 508
Phase *s. a.* Festphase; *s. a.* Flüssigphase; *s. a.* Gasphase
– mobile 8
– stationäre 7–8, 707
– Wellenfunktionen 11
Phase-I-Metabolismus 261
Phase-II-Biotransformationsprodukt 780
Phase-II-Metabolismus 260–262, 482
– D-Glucuronsäure 478
Phasenänderungen, qualitative Analytik 27
Phasendiagramm 7
Phasentransferkatalysator
– chiraler 930
– Oniumsalze 212
Phasentransferkatalyse (PTC) 186, 212, 461, 583, 829
– Alkylhalogenide 208
PHB 412–413
PHB/PHV-Copolymer 412
Phe 951
Phenacylbromid 597
Phenacylchlorid 597
Phenanthren
– Anthracenöl 516
– EPA-PAK 662
– Gewinnung und Synthese 680–681
– Reaktionen und Anwendungen 681–682
– Struktur und Eigenschaften 680
Phenanthren-9-carbonsäure 680–681
Phenanthren-Alkylderivate 681
Phenanthrenchinon 681
Phenanthrenskelett 681–682, 932–933
Phenanthridin 847
– Aminierung 854–855
– Anthracenöl 516
– aus Benzaldehyd und Anilin 851
– elektronenarme 6-Position 854
– aus *o*-Formylaminobiphenyl 851
– kationisches Derivat 859
– nucleophile aromatische Substitution 854
– $pK_B$ 847
– Synthese 851
Phenanthridiniumderivate 860
6-Phenanthridon 854–855
Phenazine 873, 888–889

P

– dibenzokondensiertes Ringsystem 888
– durch Kondensation von *o*-Phenylendiamin mit *o*-Benzochinon 889
Phenazon 800–801
Phencyclidin 841
Phenethylalkohol *s.* *β*-Phenylethanol
1-Phenethyl-4-*N*-propionylanilinopiperidin 842
Phenetol 571
Phenidon 795, 798
Phenobarbital 881–882
– Arzneistoffe 441
– p$K_S$ 881
Phenol-2,4-disulfonsäure 556, 560
Phenolaldehyde 582–585
Phenolalkylether 601
Phenolat-Anion
– Dichlorcarben 583–584
– direkte Carboxylierung 606
– Mesomeriestabilisierung 553
Phenolate 553–554, 828–829
Phenolatgruppe, +M-Effekt 650
Phenolblau 577–578
Phenoldehydrogenase 525
Phenolderivate 553–578
Phenole 553–578, 650–652, 851–852
– Acidität 553
– Acylierung 556
– Alkalien 553–554
– Alkohole 553
– Alkylderivate 556–557
– alkylierte 191
– Allylbromid 571
– *p*-Aminophenol 576–577
– aromatische 190
– Azo-Kupplung 636
– Bromierung 554–555
– Carbolöl 515
– Chloroform 583–584
– Deoxygenierung 829
– Derivatisierung mit NDB-F 833
– Dialkylsulfat 571
– Diazoaminobenzen 635
– Diazoniumsalze 634–637
– M-Effekt 26, 554, 563
– einwertige
– – ausgewählte Verbindungen 556–562
– – Gewinnung und Synthese 553–554
– – Imidoesterhydrochloride 593
– – Reaktionen und Anwendungen 554–556
– – Struktur und Eigenschaften 553–554
– elektrophile Cyclisierung 851–852
– Formylierung 584–585
– Halogenierung 554–555
– *Hock*-Reaktion 519
– Hydrierung 117
– *p*-Hydroxyazobenzen 43–45
– Kondendation mit Formaldehyd 317
– *Koppeschaar*-Titration 555
– Kristalle 553
– Löslichkeit 553
– mehrwertige 563–571
– – Formylierung 582
– – Nitrile 593
– Nachweis 562
– Nitrierung 559
– *p*-Nitrosophenol 563
– *ortho*-formylierte 583
– petrochemische Industrie 133
– aus Propylenoxid 147
– qualitative Analytik 29–32
– quantitative Bestimmung 555
– *p*-substituierte 558–559
– Sulfonierung 556
– Synthese
– – Alkalischmelze 553–554
– – Cumolhydroperoxid 555
– – *Hock*sche 332
– THP-Schutzgruppe 845
– Verkochung 629–630
– – Diazoniumionen 554
– – Diazoniumsalze 630
– Zweitsubstitution 530–531
– zweiwertige
– – *ω,ω'*-Dihalogenalkane 566–567
– – Oxidationsprodukte 572–573
– – Veretherung 566–567
Phenolester *s.* Phenylester
Phenolether 245
– Formylierung 582
– qualitative Analytik 29
– zweifach *ortho*-substituierte 572
Phenoletheraldehyde 582–585
Phenoletheralkohole 524–525
Phenol-Formaldehyd-Harze 558
Phenol-Formaldehyd-Kondensate 557–560
Phenol-Harze 557–558
– Ionenaustauscher 558–559
Phenol-*o*-sulfonsäure 563
Phenolphthalein 650–652
– pH-Indikator 646
– Strukturformel 639
– Synthese 650–652
*p*-Phenolsulfonsäure 556
Phenoplaste 317, 557–558
Phenothiazin 888–889, 893–894
– aus Dephenylamin 889
– dibenzokondensiertes Ringsystem 888
– Farbstoffe 889
– Neuroleptika 889
Phenothiazinderivat 892–893
Phenothiazinfarbstoff 891–893
Phenoxazin 873, 888–889
– aus *o*-Aminophenol 889
– Oxidation 889
Phenoxazinfarbstoff 889
3*H*-Phenoxazin-3-on 889
Phenoxazon 889
– Grundstruktur 891
Phenoxazonfarbstoff 889–892
Phenoxazoniumchlorid 890–891
5-Phenoxy-1,2,3,4-thiatriazol 451–452
4-Phenoxypyridin-*N*-oxid 838
Phenoxyradikale 655–656
Phenprocoumon 613
1-Phenyl-3-pyrazolidon 795, 797–798
Phenylacetaldehyd 161–162
2-Phenylacetamid 608–609
Phenylacetylen 526
– Darstellung aus Zimtsäure 526
– *Grignard*-Verbindung 526
Phenylacetylide 526
*β*-Phenylacrylsäure 611
Phenylalanin 564–565, 910, 960, 964
– Beeinträchtigung der Gehirnentwicklung 952
– Decarboxylierung 520
– *o*-Dihydroxyphenyl-Derivat 934
– enantiomerenreines 813
– Hydroxylierung 952
– – Tyrosin 564–565
– Nachweis 952
D-Phenylalanin 966
– Enantiomerenüberschuss 888
L-Phenylalanin 525
L-(–)-Phenylalanin 938, 951–952
Phenylalanin-arme Diät 952
Phenylalaninhydroxylase 952
3-Phenylaminopropionaldehyd 848
Phenylazid 634
*N*-Phenyl-*p*-benzochinonmonimin 576–578
1-Phenyl-1,2,3-benzotriazol 791
Phenylbrenztraubensäure 910, 952
1-Phenylbutadien 274
Phenylbutazon 800–801
Phenylcarbamoylchlorid 452
2-(Phenylcarbamoyl)-hydrazincarbonsäureethylester 825
*N*-Phenylchinondiimin 573
2-Phenylchromen 860–863
2-Phenylchromon 847–848
4-Phenylcinnolin 883
Phenylcyanat 451–452
1-(1-Phenylcyclohexyl)piperidin 842
2-Phenyl-4,5-dihydrooxazol-4-carbonsäuremethylester 813
[4]Phenylen 514
*m*-Phenylendiamin
– Aminkomponente 559
– Copolykondensation 617
– C-Kupplung 635
*o*-Phenylendiamin 810, 883
– Kondensation 810, 889
– Selbstkondensation 889
*p*-Phenylendiamin 573
– *p*-Aminoazobenzen 635
– Terephthalsäuredichlorid 617

Phenylendiamine 622
1,3,5-Phenylentriamin 222
Phenylessigsäure 680–681, 910
- Bausteine 819
- CH-Acidität 608, 610
- Deprotonierung 610
- Derivate 610
- 1,4-Diphenylbutadien 526
- Eigenschaften 608
- Isopropylmagnesiumchlorid 610
- Struktur 608
- Synthese 608–609
Phenylessigsäureethylester 520
Phenylester
- *Fries*-Umlagerung 556
- *Lewis*-Säuren 556
- *Schotten-Baumann*-Darstellung 556
1-Phenylethanol 191
α-Phenylethanol 520
β-Phenylethanol 520
*N*-Phenylethanolamin 778–779
Phenylether
- ausgewählte Verbindungen 572–573
- Gewinnung und Synthese 571–572
- halogenierte 572–573
- Struktur und Eigenschaften 571
Phenylethin *s.* Phenylacetylen
(*S*)-1-Phenylethylamin 77
α-Phenylethylamin 520
β-Phenylethylamin 520, 850, 917
- Acylierung zu Amid 849
- Hydroxylgruppenfreie Derivate des 522
Phenylethylaminderivate 849
β-Phenylethylaminderivate 564
Phenylethylamine 934
Phenylfulven 158
Phenylglycin 778–779
Phenylglycin-*o*-carbonsäure 778–779
Phenylgruppe 517
- als Erstsubstituent 640
Phenylhydrazin 776, 795, 797–800, 824
- Benzendiazoniumchlorid 633–634
- Benzoin 591
- Campher-Ketogruppe-Nachweis 715
- Eigenschaften 633–634
- Farbstoffe 634
- Glucose 485–486
- Kondensation 636
- Methämoglobinbildner 634
- Nachweis 634
- Reduktion 486
- Spaltung 633–634
- Synthese 633–634
1-Phenylhydrazin 313
Phenylhydrazinhydrochlorid 634
- salpetrige Säure 633–634
Phenylhydrazinon 313
Phenylhydrazon 427, 776
- doppeltes 486
*N*-Phenylhydroxylamin
- Darstellung 541
- Eigenschaften und Reaktionen 541–542
- Oxidation mit Kaliumdichromat 542
- Umlagerung in stark mineralsaurer Lösung 542
Phenylioddichlorid 536–537
Phenylisocyanat 439–440, 446, 825, 850
- Darstellung 451–452
- Dipolarophil 850
Phenylisocyanid 459
Phenylisonitril 623
Phenylisothiocyanat 959–960
- Anilin 623
5-Phenylisoxazol 813–814
Phenyl-Kation, konzertierte Verdrängung 630
Phenylketon 952
Phenylketonurie 952
- atypische Form 910
Phenyllithium 284, 837, 852, 854
Phenylmagnesiumbromid
- Addition an Nitrosobenzen 542
- Arylbromid 535
- Biphenyl 640
- Triphenylmethanol 648
Phenylmercaptan 546
Phenylmethane 647, *s. a.* Toluen
Phenylmilchsäure 910
Phenylnatrium 517
Phenylnitromethan 268–269, 540
*aci*-Phenylnitromethan 268–269
*aci-p*-Phenylnitromethan 268–269
*p*-Phenylnitromethan 268–269
phenyloge Carbonsäuren *s.* Carbonsäuren
Phenylogie 43–45
α-Phenyl-*o*-nitrozimtsäure 680–681
3-Phenyl-1,2,3-oxazolium-5-olat 827
Phenylpentazol 830
- Synthese 831
*o*-Phenylphenol, Konservierungsmittel 554
*N*-Phenylpiperidin 842
(*E*)-3-Phenylpropenal *s.* Zimtalkohol
Phenylpropenol 524–525
*cis*-3-Phenylpropensäure 611, *s. a.* Allozimtsäure
*trans*-3-Phenylpropensäure 611
1-Phenylpyrazol-3(2*H*)-on 795, 797–798
2-Phenylpyridin 837
Phenylradikale 602–603
- Diazenylradikal 630–631
- σ-Radikale 655
Phenylsenföl *s.* Phenylisothiocyanat
Phenylsubstituent 808
*N*-Phenylsydnon 827
1-Phenylterazolin-4-on 828–829
2-Phenyltetrazol 828
*N*-Phenyltetrazol 828
*N*-Phenylthioharnstoff 623
Phenylthiohydantoin 960
Phenylthiosalicylsäure 831–832
4-Phenyl-4*H*-1,2,4-triazol-3,5-dion 825
4-Phenyl-4*H*-1,2,4-triazolidin-3,5-dion 825
4-Phenyl-3*H*-1,2,4-triazolin-3,5-dion (PTAD) 167
4-Phenylurazol 825
*N*-Phenylurethan 439–440, 463
Phenylurethane 446
1-Phenylzimtsäure 523
*N*-Phenyl-β-naphthylamin 729
Phenytoin 808
Pheromone 184, 430–431, 746
- chirale 705
Φ– *s.* Phenylgruppe
Phlogiston-Lehre 1
Phlorbenzophenon 593
Phloroglucin 30, 563, 570, 860–861
- Benzonitril 593
Phloroglucin-Derivat, polyprenyliertes 676
Phorbol 718–720
Phorbol-12-myristat-13-acetat (PMA) 718–719
Phorbolester 718–719
Phoron 333–334
Phosgen 391, 535, 946, 956–957
- Alkohole 438–439
- Alternativen 438–439
- aus Chloroform 213
- Diamine 453
- *N,N*-Dimethylanilin 625
- Eigenschaften 434–435
- Harnstoffsynthese 437
- Hydrolyse 435
- Isocyanide 457
- Kohlensäurediethylester 213
- Polykondensation 617
- Synthese 436–437, 458
- Tetra-Feuerlöscher 216
- Umsetzung mit Anilin 451–452
Phosgeniminiumsalze 392
Phosphane *s.* Phosphine
Phosphatasen 257
Phosphatersatz, Wasch- und Reinigungsmittel 421
Phosphatgruppe
- DNA und RNA 988
- Isotopenmarkierung 992
- Synthese von Nucleotiden 981
Phosphatide *s.* Phosphoglycerole
Phosphatidylethanolamin 193
Phosphatidylserin 195
Phosphatrest, Nucleinsäuren 979
Phosphatspeicher, Muskelstoffwechsel 444

Phosphazen 226
Phosphazid 242
Phosphine 255
- chirale tertiäre 299–300
- Eigenschaften 272
- Herstellung 272–273
- Liganden für Übergangsmetallkomplexe 298
- Selbstentzündung 272
- tertiäre 205, 273
Phosphinliganden
- chirale 301
- Labilität 298
Phosphinoxide 276, 386
Phosphinsäureester 258
Phosphitdiester 985
Phosphodiesterase-5-Hemmer 935
Phosphodiesterase-Hemmer 858
Phosphoglyceride *s.* Phosphoglycerole
Phosphoglycerole 193, 195
Phospholipide 362, *s. a.* Lipide; *s. a.* Phosphoglycerole
- amphiphile 976
- Betaine 416
Phosphonatester, hydrolysestabiler 194
Phosphoniumbasen 272
Phosphoniumchlorid 206
Phosphoniumcyanid, quartäres 212
Phosphoniumsalze 212, 272–273, 385–386
Phosphoniumylid 273
Phosphonsäureester 258
Phosphoprotein 974–975
Phosphor
- Detektion 4
- fünfbindiger 276–277
- roter, α-Halogenierung 400
Phosphoramidite 984–985, 988
- SELEX-Verfahren 996–997
Phosphorchloridoxid 650
Phosphordiesterbindung 985–986
- Hydrolyse 990
- Stabilität 988
Phosphorhalogenide 205–206
Phosphoribosylpyrophosphat (PRPP) 982–983
Phosphor(III)bromid 205–206
Phosphoroxichlorid 258
Phosphoroxid chlorid *s.* Phosphoroxychlorid
Phosphoroxychlorid 375–376, 582–583, 876
- Dimethylformamid 583
- Isocyanide 457
Phosphorpentachlorid 375–376
Phosphorpentoxid 849, 885–886
Phosphorsäure 768
- Ethensynthese 146
- Katalysator 518–519
- Polyestersynthese 190
- Struktur und Eigenschaften 257
Phosphorsäureester 255–256
- Anwendungen 259–260
- Gewinnung und Synthese 258
- Glycerolsäure 189
- Struktur und Eigenschaften 257
Phosphorsäure-Kieselgel-Katalysator 178
Phosphorsäurerest 975
Phosphorsäuretriester 258
Phosphortrichlorid 375–376
- Phosphinherstellung 272–273
Phosphor(V)-chlorid 545
Phosphorverbindungen, organische 262, *s. a.* Organophosphorverbindungen
Phosphor(V)-oxid 851
Phosphorwasserstoff 272
Phosphorylchlorid 849, 851, 981, *s. a.* Phosphoroxychlorid
Phosphor-Ylide 242–243
Phosphorylierung
- Biosynthese von Nucleosiden 983
- Nucleoside 979
- Proteine 259–260
- Serin-Seitenkette 974–975
- Thyrosin-Seitenkette 974–975
Phosphoserin 973–975
Phosphotioat-DNA 995–996
Phosvitin 974–975
*Photinus pyralis* 821
Photinus-(*S*)-(−)-Luciferin 821
Photoaddition 124
photochemische Cycloaddition 123–124, *s. a.* Cycloaddition
photochemische [2+2]-Cycloaddition 992
photochemische elektrocyclische Reaktionen *s.* Reaktionen
photochemische pericyclische Reaktionen *s.* Reaktionen
Photochlorierung
- Alkane 205–207
- Chlorameisensäuremethylester 438–439
Photochromie 892
photodynamische Therapie 789
Photoelektronenspektroskopie 34
Photographie 821
- *N,N*-Dialkyl-*p*-phenylendiamin 577
- Emulsionen 783
- Entwickler 798
- - Brenzcatechin 563
- - *p*-Hydrochinon 566
- - Pyrogallol 570
- Methinkuppler 578
- Methylenkuppler 577
Photohalogenierung 205
photoinduzierte Homologisierung 695
photoinduzierter Elektronentransfer 804–805
Photoionisierung, direkte 37
Photolyse 124
- Alkanone 327
- Azidoameisensäureethylester 461
- Benzen 167
- Diazoalkane 461
- Ketene 461
- Ketone 327
- *p*-Nitrobenzensulfonyloxyurethan 461
photolytische Spaltung *s.* Spaltung
photometrische Quantifizierung, Steroidgehalt 829
Photonen, UV/Vis-Spektroskopie 41
Photooxidation, Ascaridol-Darstellung 711
Photooxygenierung, Ascaridol-Darstellung 711
Photosensibilisatoren 599
Photosensivität 236
photostationäres Gleichgewicht 611
- Azobenzen 627
Photosynthese 434, 500–501, 762
- Archaebakterien 719
- Glycerolsäure 189
- grüner Pflanzen 474
- Kohlendioxid 433–434
- Kohlenhydrataufbau 434
photosynthesebetreibende Organismen 762
Photosynthesehemmer 550
- Propanil 551
Phototransduktion 719
Phthalaldehyd 883
Phthalate 381
Phthalazin 883
- Alkylierung 884
- Bis(dihydrochinin)-derivatisiertes 930–931
- p$K_S$ 884
- Synthese 883
Phthalazinderivat, chirales 884
Phthaleine 650–653
Phthalhydrazin 226
Phthalimid 390, 786
- Anthranilsäure-Synthese 604
- Arzneistoffe 787
- Polyimide 616
- Synthese 615–616
α-Phthalimidoglutarimid 787
Phthalimid-Struktur 787
Phthalocyanin 615–616, 766, 786
Phthalocyaningrün 766, 786
Phthalsäure
- Acidität 614
- Anthrachinon 615–616
- Anwendungen 615
- Darstellung von *Dewar*-Benzen 167–168

- Eigenschaften und Struktur 614
- $pK_S$-Werte 614
- Synthese 614–615
- Wasserstoffbrückenbindung 614
Phthalsäureanhydrid 189, 378, 650–652, 765–766
- Ammoniak 616
- Anthrachinon 615–616
- Eigenschaften und Struktur 614
- *Friedel-Crafts*-Acylierung 676
- Naphthalen 667
- Synthese 380–381, 615–616
Phthalsäurediester 381
Phthalsäuredinitril
- Erhitzen mit Metallen 766
- Synthese 615–616
Phthalsäureester 145, 615–616
- Lackrohstoffe 615–616
- PVC-Weichmacher 615–616
- toxikologische Einstufung 381
Phthalylgruppe 947
PHV 412–413
*Phyllobates* 752
Phyllochinon 673
Phylloxanthine 723
physikalische Daten, Checkliste 3
physiologischer pH-Wert 803
*Physostigma venenosum* 937–938
Physostigmin 940
(−)-Physostigmin 937
Phytochrom 975
Phytohormone 717, 782, 906, *s. a.* Pflanzenhormone
- Blatt- und Fruchtabfall 717
- Gibberelline 719–720
- Salicylsäure 606
- Turgorine 607
Phytol 183, 674, 763
- Kondensation mit 2,3,5-Trimethyl-1,4-hydrochinon 864
- Struktur und Eigenschaften 718–719
Phytomenadion 673
Phytosterine 736
Phytylrest, ungesättigter 763
Piacryl 367
$\pi$-Bindungen *s.* Bindungen
PICI *s.* positive ion CI
Picolin 838–839
- CH-Acidität 839
- konstitutionsisomere Formen 838–839
- Oxidation 840
$\alpha$-Picolin 783, 926
- Kondensation mit Acetaldehyd 920–921
- konstitutionsisomere Formen 839
$\beta$-Picolin 839
$\gamma$-Picolin 839
Picolinsäure 840
*Pictet* 920, 934
*Pictet-Spengler*-Synthese 849–850
$\pi$-Elektronen *s.* Elektronen
Pigmente 766
- Indanthron 224
Pigmentfarben 766, 913–914
Pigmentfarbstoffe 899
Pigmentgrün 7 786
Pigment Red 254, 913–914
Pikramid 561, 620
Pikratanion, M-Effekte 26
Pikrate 538, 560–561
Pikrinsäure 538, 620
- *Baljet*-Reaktion 29
- Eigenschaften 560–561
- M-Effekte 26
- Reaktionen 561
- technische Darstellung 560
Pikrylchlorid 561
Pille danach 748
Pilotatom 75
- *CIP*-System 567
Pilze *s. a.* Hefepilze
- Cellulose 505
- Ergosterol 736
- *Fusidium coccineum* 745
- parasitäre 938
- pflanzenpathogene 826
Pilzerkrankungen 790
Pilzgeruch 183
Pilzinfektion 807
- Nystatin 163–164
Pimelinsäure 115, 353
- Darstellung 350
Pinakol 659
- Destillation 331
- Synthesemechanismus 330
Pinakolat 656
Pinakolat-Dianion 330
Pinakolin *s.* Pinakolon
Pinakolon 331
Pinakol-Pinakolon-Umlagerung 331
Pinan 708
Pinandiol 48
*Pincus,* Antibabypille 748
$\alpha$-Pinen 280, 708
- Campher-Darstellung 713–714
- $Ipc_2BH$ 713–714
- Terpentinöl-Gewinnung 712–713
- verdünnte Mineralsäuren 712–713
- wasserfreie Mineralsäuren 713
$\beta$-Pinen 708
- Terpentinöl-Gewinnung 712–713
Pinenhydrochlorid 714
*Pinus sp.,* Terpentinöl-Gewinnung 712–713
Piperazin 822, 873, 885
- Anwendungen 885–886
- Darstellung 885–886
- Dehydrierung 876
- Grundgerüst 885–886
Piperidin 354, 836, 841, 918–922, 947, 984, 991
- Enaminbildung 328
Piperidinacetat 770
Piperidin-Derivat 225
Piperidinring 923
- Arzneistoffe 841–842
- Biosynthese 920
(*S*)-3-[2-Piperidyl]pyridin 918
Piperin 920
- Hydrolyse 921–922
Piperinsäure 921–922
- Amid 920
*Piper nigrum* 920
Piperonal 921–922
- Darstellung 591
(*E,E*)-Piperonylpiperidin 920–921
Piperylen 842
*Pitohui dichrous* 752
*Pitzer,* Cyclohexan-Konformationen 91–92
*Pitzer*-Spannung 59, 89
- Cyclopentan 109
- mittlere Kohlenstoffringe 110
Pivalaldehyd 315
Pivalinsäure
- großtechnische Synthese 345
- $pK_S$-Wert 343
Pivaloylformylanhydrid 378
Pivaloylgruppe 378
Pix 842
$pK_B$-Wert *s. a.* Basenstärke
$pK_S$-Wert *s. a.* Säurestärke
- Definition 343
PKU 952
planare Anordnung *s. a.* trigonal-planare Anordnung
- 1,3-Diene 151
planare Carbonylgruppe 592
planare Chiralität *s.* Chiralität
Planarität, in Aromaten 687–688
Planetenmodell 11
Plantaren® *s.* Alkylpolyglucoside
Plasma-Ersatz 503
Plasmaprotein 971
Plasmawolke, MS-Ionisierung 37
Plasmodien, Malaria-Erreger 857
Plastibase 143
Plastikflaschen, wiederverwertbare 189–190
Plastikschäume, Treibmittel 218
Plastiksprengstoff, PETN 196
Plastin 763
Plastochinone 575
Platin
- katalytische Hydrierung von Alkinen 170
- *Mülheimer* Olefinsynthese 131
Platinkatalysatoren 116
Platinkomplexe 150


P

Platinschwarz 139
*Platon*ische Körper 121
Plazenta 744
Plexiglas 367
PMA (Phorbol-12-myristat-13-acetat) 718–719
PMMA *s.* Polymethacrylsäuremethylester
PO-aktivierte Olefinierung 276
$POCl_3$ *s.* Phosphoroxychlorid
Polamidon® 936
polare aprotische Lösemittel 394
polare Atombindung 22
polare Bindungen *s.* Bindungen
polare Lösemittel *s.* Lösemittel
polare Mehrfachbindungen 288
polare mesomere Grenzstrukturen 827
polare organisch-chemische Reaktionen 20–21
polare protische Lösemittel 394
polares Kieselgel 8
polare Stratosphärenwolken (PSC) 220
polare Verbindungen, MS-Ionisierung 38
Polarimetrie 3, 66–68
Polarisationsebene 63, 67
Polarisationsfilter 67
polarisierbar 21
polarisierbare $\pi$-Bindungen 20
Polarisierbarkeit, *Van-der-Waals*-Wechselwirkungen 204
polarisiertes Licht 63, 66–67
Polarisierung
- $\pi$-Bindung der Carbonylgruppe 306
- Doppelbindung 355
Polarität
- Azulene 690
- Carboxygruppe 340–341
- C—M-Bindung 283–284
- C—O-Bindungen 137
- mehrwertige Alkohole 185
- Natriumorganyle 283
- Nutzung zur Trennung von Substanzen 8
Polaritätsverhalten
- Phosphorsäureester 257
- Schwefelsäureester 255–256
Polaritätswechsel 795
Polarographie 421
Poleiminze 707
Poleiöl 707
Pollopas 441
Poly(1-phenylethylen) *s.* Polystyrol
Poly-3-hydroxy-4-hexen-1-säure 360–362
Polyacetylen 171
Polyacrylamid 373
Polyacrylamid-Gelelektrophorese (PAGE) 260
- denaturierende 992
Polyacrylnitril (PAN) 372
Polyacrylnitrilfasern 372, 801, 821–822
- Anfärbbarkeit 839–840
- Färbung 822, 890
- Pyrolyse 373
Polyacrylsäure 368
Polyacrylsäure-1,1-dihydro-perfluoroctylester 728
Polyaddition 453–454
Polyadditionsreaktion 440
Polyadipinsäureglycolester 440
Polyalkohole 453
6-Polyamid *s.* Perlon
Polyamid-6 356, 596
Polyamid-6,6 356
Polyamide
- Adipinsäure 356
- aromatische 617
- Hexamethylendiamin 356
- mehrwertige Amine 233
Polyamidfasern
- natürlichen Ursprungs 420
- vollsynthetische 419
Polyamidsäure 616
Polybutadien
- Darstellung 728
- Pfropfpolymerisation 728–729
*cis*-1,4-Polybutadien
- Darstellung 728
- Pfropfpolymerisation 728–729
*cis*-1,4-Polybutadienblöcke 728
*cis*-1,4-Polybutadien-g-Polystyrol 729
Poly-1-buten 144
Polycarbonate
- Diolmonomere 617
- Flüssigkristall-Polymere 617
- Synthese und Anwendungen 617
Polychlorbiphenyle 641
polychlorierte Biphenyle 791
polychlorierte Dibenzodioxine 791
polychlorierte Dibenzofurane 791
Poly(*cis*-5,6-dihydroxy)cyclohexenacetat 642
Polycyanacrylat 373
polycyclische aromatische Kohlenwasserstoffe *s.* Aromaten; *s.* PAK
polycyclische Kohlenwasserstoffe *s.* Kohlenwasserstoffe
polycyclische Systeme *s.* Systeme
polycyclische Terpene *s.* Terpene
polycyclische Verbindungen 99
Polydialkylsiloxane *s.* Silicone
Poly(diphenylacetylen) 463–464
polydispers 140
polydisperse Makromoleküle *s.* Makromoleküle
Polyeder, regelmäßige 121
Polyene 129
- acyclische 151, *s. a. Woodward-Hoffmann*-Regeln
- biomimetische Cyclisierung 735
- Chromophore 41
- Farbreaktionen 29
- konjugierte 150–164
- konjugierte Doppelbindungen 525
- technische Ethinsynthesen 173
Polyen-Kaskaden-Reaktion 735
Polyen-Makrolacton, amphiphiles 163
Polyester 616–617
- auf Methanolbasis 182
- Polyimide 617
- ungesättigte 381
Polyesterfasern 616–617, 800
Polyesterharze 189–191
- ungesättigte 371
Polyesterimide, Copolykondensation 617
Polyethen (Polyethylen, PE) 142–143, *s. a.* LDPE
- Alkensynthese 130
- Chlorierung und Sulfochlorierung 729
- kristallines 142–143
- *Mülheimer*-Normaldruck-Verfahren 295
- *Mülheimer* Olefinsynthese 131, 141
- petrochemische Industrie 133
Polyether
- Epoxidharze 191
- makrocyclische 186
Polyethylen *s.* Polyethen
Polyethylenglycole (PEG) 188–189
Polyethylenglycolmonomethylether (PEG-MME) 189
Polyethylenterephthalat (PET) 189–190, 616
Polyfluoren 665
Polyformaldehyd 317
Polygalacturonane 505
Polyglycin 969–970
Polyglycolester 133
polyhalogenierte Biphenyle 641
Polyhexamethylenadipinsäureamid *s.* Nylon-6,6
Polyhydroxyaldehyde 466
Polyhydroxybuttersäure 412–413
Polyhydroxycarbonylverbindungen 466, *s. a.* Monosaccharide
Polyhydroxydicarbonsäuren 477, *s. a.* Zuckersäuren
Polyhydroxyketone 466
Polyhydroxylactone 411
Polyhydroxysäuren 476, 479
Polyimide
- Cyamelid 446
- Polyester 617
- Synthese 616
Polyisobuten 144
Polyisocyanate 440, 453
*cis*-1,4-Polyisopren 285, 728

Polyisoprene *s.* Polyterpene
(*Z*)-1,4-Polyisoprenkette 726
all-*trans*-1,4-Polyisoprenkette 726
Polyketone 457
Polykondensat 356
Polykondensation 356, 419–420
- Alkydharze 189
- Glycin-*N*-carbonsäureanhydrid 957
- Silandiole 280
Polylactid 410
Polymerase-Ketten-Reaktion 987–988
Polymerasen, DNA-/RNA-Biosynthese 986–988
Polymere 143–144
- biologisch abbaubare 412–413
- fluorierte 218
- Glycerol- 190
- Glycol- 190
- kautschukartige 727
- leitfähige *s.* leitfähige Polymere
- lineare 140
- synthetisch hergestellte elastische 727
- technische 367
polymere Träger 494
Polymerisate 140
Polymerisation
- Alkene 140
- anionische 141
- cyclisierende 172–173
- Diethylenglycolbis(allylcarbonat) 367
- Diisocyanate 453
- Diisocyanat-Polyadditionsverfahren 440
- disulfidinduzierte 126
- elektrochemische 772
- enzymatische 986–988
- Ethen 130–131, 141–143
- Ethin 171
- Fulvene 158
- Gruppen-Transfer- 387
- ionische 141, 144
- katalysierte 700–702
- kationische 141, 145, 188
- lebende 141, 367, 369
- *cis*-1,4-Polyisopren 285
- Propen 141
- radikalische 140–141, 144, 367–368, 372
- stereoreguläre 141–144, 728
- stereoselektive 700–702
- Styrol 523
- TFE 218
- thermische 568
- Vinylverbindungen 144
Polymerisationsgrad, Steuerung 369
Polymerisationsreaktionen, $\alpha,\beta$-ungesättigte Carbonsäuren 367–369
Polymethacrylsäuremethylester 368
Polymethinfarbstoffe 29, 43–44, 783, 821
Polymethinkette, konjugierte 821
Polymilchsäure 410–411
Poly-*m*-phenylenterephthalamid 617
Polynitroalkane 268–269
Polynitroaromaten 29
Polynitromethane 268–269
- Salze 269
Polyole 189, 440, *s. a.* Alkohole, mehrwertige
- *Malaprade*-Spaltung 188
- Reaktionen und Anwendungen 185
Poly-$\alpha$-olefine 131
Polyolefine, elektronenarme 685
Polyorganosiloxane *s.* Silicone
Polyoxymethylen 317
Polypeptide 943, 954, 961–962
- cyclische 966
- Nachweis 663
- Primärstruktur 960
- Spaltung in Bruchstücke 960
Polypeptidkette 964
- Ganghöhe 969
- gestreckte 969–970
- Identitätsperiode 969–970
- kovalente Vernetzung 970
- Spaltung 960
- Wasserstoffbrücke 969–970
Poly-*p*-phenyl
- substituiertes 641–642
- unsubstituiertes 641–643
Poly(phenylcarbin) 463–464
Polyphenylderivate, organische Halbleiter 643
Polyphenyle 639
- Anwendungen 642–643
- Biphenyl 639
- Definition 639
- dendritische 643
- Gewinnung und Synthese 642
- Struktur und Eigenschaften 641–642
Poly-*p*-phenylen 639
Polyphenylen-Dendrimer I 643
Poly(*p*-phenylensulfid) 643
Poly-*p*-phenylenterephthalamid 617
Poly(*p*-phenylenvinylen) 643
Polyphosphorsäure 877
Polyprene *s.* Polyterpene
Polyprenole 727
Polypropen 141
Polypropylen (PP) 143–144
- Herstellung 702
- isotaktisches 133
Polypropylenglykol 133
Polypyrrol 753, 755
Polyquinane, sphärisch anellierte 124
Polyrhodan 450
Polyrotaxane 503
Polysaccharide 465, 500–510, 769
- Carrageene 260
- cyclische 503
- in der Natur vorkommende 488
- *O*-Glycoside 481–482
- N-haltige 489
Polystyrol (PS) 523, 957–958
- Darstellung 728
- expandiertes 523
- petrochemische Industrie 133
- Radikalbildner 522–523
Polystyrolblöcke, hartelastische 728
Polystyrol-Divinylbenzen-Copolymere 523
Polystyrol-Harz 957
Polysulfiden 266
Polyterpene 726–729
- Gewinnung und Synthese 727
- hochmolekulare 715–716
- sekundärer Abbau 716
- Struktur und Eigenschaften 726–727
Polytetrafluorethylen (PTFE) 218
Polythen 142
Polythiophen 772
Polythiophenbeschichtung 772
*polyunsaturated fatty acid* 361
Polyurethane (PUR) 440, 453
- mehrwertige Amine 233
- aus Propylenoxid 147
Polyurethan-Elastomere 440
Polyurethan-Harnstoffe 440
Polyurethan-Kautschuk 440
Polyurethanschäume 440
Polyuronsäuren 505–507
Polyvinylacetat 133, 145–146
Polyvinylacetatphthalat 381
Polyvinylalkohol 133, 146
Polyvinylamin 233
Polyvinylcarbazol 768, 791
Polyvinylchlorid (PVC) 144–145, 768
- petrochemische Industrie 133
Polyvinylester 146
Polyvinylether 133, 145
Polyvinylidenchlorid 133, 145–146
Poly-*p*-xylylen 568
*Popjak*, Konstitution von Cholesterol 736
Poppers 259
POPs 791
p-Orbitale 11, 13
- Cyclohepten 149
- Überlappung 150
- $\sigma$-$\pi$-Modell 168
Porosität, monolithische Materialien 729
Porphine 758
- Farbe 758
- aus Hämin 760–761
- Stammverbindung der Porphyrine 758
- substituierte 760–764
- Synthese 758
Porphinring, Öffnung 765

Porphinskelett, Chlorophyll 758
Porphobilinogen 761–762
- Synthese 761–762
- Umsetzung zu Protoporphyrin IX 761–762
Porphobilinogen-Deaminase 762
Porphyrine 758, 760
- Abbauprodukte 761
- biogenetische Schlüsselverbindung 761–762
- Biosynthese 761–762
- Eiseneinbau 761
- Grundkörper 758
- Metallkomplexe 758
Porphyrin-Makrocyclus 456
Porphyrinurie 761
Positionsisomere *s.* Regioisomere
Positionsnummer, Alken-Nomenklatur 130
positive ion CI (PICI) 36
positive Partialladung ($\delta^+$) 176
positiv inotrop 748
*Posselt, W.* 918
Postillon 909
*Post-mortem*-Detektion 28
posttranslationale Modifikation 953, 974–975
Potenzialhyperfläche *s.* Energiehyperfläche
Potenzialkarten 22
potenzielle Energie 60, 93
*Povarov*-Reaktion 587
PP *s.* Polypropylen
PPA *s.* Polyphosphorsäure
PPP *s.* Poly-*p*-phenylen
PPS *s.* Poly(*p*-phenylensulfid)
PPV *s.* Poly(*p*-phenylenvinylen)
Prächalciferol 163
Präkatalysator 299
präparative Trennung, von Substanzgemischen 8
präsynaptische Nervenzelle 927
Präsynaptischer $\alpha_2$-Rezeptor 807
Pravidel® 940
Prävitamin $D_3$ 163
Präzessionsbewegung, Atomkerne 44–46
Prednisolon 743
Prednison 743
Pregnan 734
Pregnenolon 741, 743
Pregnenolonacetat 751
*Prelog*-Spannung 89–90
- mittlere Kohlenstoffringe 110
*Prelog, V.*
- Adamantan 120
- *CIP*-System *s. CIP*-System
- grobe Kohlenstoffringe 115–116
- Symmetrieelemente 63–65
*Prileschajew*-Reaktion 137, 248–249
Primaquin 857–858
Primäracetat 509
primäre Alkohole *s. a.* Alkohole
- Dehydrierung 306
- Oxidation 306–307
primäre Alkylhalogenide *s.* Alkylhalogenide
primäre Amine *s.* Amine
primäre Gallensäuren *s.* Gallensäuren
primäre Kohlenstoffatome *s.* Kohlenstoffatome
primärer Metabolit 917
primärer Pflanzeninhaltsstoff 917
Primärharn-Ultrafiltrationsvolumen 808
Primärozonid 139
Primärsequenz, Peptikette 954
Primärstruktur 960
- Nucleinsäuren 985
- Proteine 968
- Ubiquitin 962
Primer
- PCR 987–988
- *Sanger*-Sequenzierung 993
Primerhybridisierung 987
*Prins*-Reaktion 157
Prion-Protein 972
Priorität
- *CIP*-System 59, 69–73
- *E/Z*-Isomerie 81
priority pollutants 662
Prisman 121, 167, 513
- aus Photolyse von Benzen 167
Pro 953
Proazulene 717, 723–724
Procain 605, 819, 927
Procarbazin 244
prochirales Zentrum *s.* Chiralitätszentren
Prochiralität 84–87, 392
- Ketone 592
Prodigiosin 754
*Prodrug* 253, 801, 827, 858, 879, 953
- Azathioprin 905
- Benserazid 243
- Chloramphenicolester 542
- Prontosil 638
- Sulfasalazin 549, 637
*product development control* (Produktkontrolle) 147, 153, 210
Produktabspaltung, selektive 494
Pro-fax 144
Progesteron 742, 744
- Antagonisten 748
- Biosynthese 743
- Biosynthese von Corticoiden 742–743
- Hydroxylierung 744–745
- Vorläufer 736
programmierter Zelltod 754
Proinsulin 964
Projektionsformeln 53–55
Projektion, vereinfachte 96
Prolamin 971, 976–977
Proliferationsphase 747
Prolin 663, 757–758, 943–944, 976–977
- Helix-Brecher 970
D-Prolin 326
L-Prolin 326
- p$K_S$ 944
L-(−)-Prolin 953
Proluton *s.* Progesteron
Promazin 889–890
Prontosil 549, 637–638
Propadien 54
1,2-Propadien 150, 164–165
Propan 99–102
- chlorierende Pyrolyse 215
- Chlorierung 205–207
- fraktionierende Destillation 130
- Gasphasennitrierung 269–270
- konstitutionsisomere Alkylhalogenide 203
Propanal 319
Propan-1-amin 222
Propan-2-amin 222
Propan-1,3-dithiol 325
1,3-Propandithiol 200
Propanil 551
1-Propanol 176, 178, 180–181
- Oxidation 346
2-Propanol 182–183, *s. a.* Isopropanol
*n*-Propanol 176
- Nomenklatur der Alkohole 175
- petrochemische Industrie 133
Propan-3-olid 404, *s. a.* $\beta$-Propiolacton
Propanon 331–332
Propansäure *s.* Propionsäure
Propan-1-sulfonsäure 264
Propan-2-sulfonsäure 264
Propan-1-sulfonsäurechlorid 264
Propan-2-sulfonsäurechlorid 264
Propanthiol 198
Propan-1,2,3-tricarbonsäure 411
Propan-1,2,3-triol *s.* Glycerol
1,2,3-Propantriol *s.* Glycerol
Propargylaldehyd 320
Propargylalkohole 173, 183–184
Propargylchlorid 799–800
Propargylcyanid 799–800
Propellan 121, 123
- Reaktionen und Anwendung 126
[3.3.3]Propellan 718
Propen 116, 147, 372, 816
- Chlorierung 132
- Cumolsynthese 519
- Darstellung von Propylenoxid 191
- Dimerisierung 157, 295
- Glycerolsynthese 185–186
- Heißchlorierung 134
- Luftoxidation 332

- *Markownikow*-Regel 135
- *Mülheimer* Olefinsynthese 131
- *Natta*-Verfahren 143
- Oxidation 359
- Oxosynthese 180
- petrochemische Industrie 133
- Polymerisation 141
- Protonierung 135
- regioselektive Addition an 135
- Schwefelsäureverfahren 136
- stereoselektive Polymerisation 700–702
- Strukturformel 129
- Synthese 130–131
- Synthese von Isopropylalkohol 132
2-Propenol 183
Propensäure *s.* Arcrylsäure
1-Propensulfensäure 267
4-[1-Propenyl]anisol 571, *s.* Anethol
(+)-(*S*)-Propenyl-L-cystein-*S*-oxid 267
Propenylester 947
1-Propenylgruppe 130
2-Propenylgruppe 130
2-Propenylidentriphenylphosphoran 274
2-(1-Propenyl)pyridin 920–921
Propin 54
2-Propinol 183–184
Propinsäure 358
Propinylrest 184
Propiolacton 359
*β*-Propiolacton 404, 409
Propionaldehyd 106, 133, 319
Propionitril 394
Propionitriloxid 812–813
Propionsäure
- Darstellungsverfahren 346
- Eigenschaften 340
- Nitroalkanspaltung 271
- Oberflächenpotenzial 340
Propionsäureester 763
Propionyl-CoA 348
Propiophenon 521
1-Propylamin 222
2-Propylamin 222
Propylchlorid 207
*n*-Propylchlorid 133
*n*-Propylchlorid 204
Propylen *s.* Propen
Propylenchlorhydrin 133
1,2-Propylenglycol 191
Propylenglykol 133
Propylenoxid 133, 147, 183, 191
Propylgruppe 102
- verzweigte Alkane 100
Propyliodid 105
2-Propylisonicotinsäurethioamid 841
Propylmercaptan 198
(*S*)-2-Propylpiperidin 919
Propylthiouracil 442, 877–879
6-Propylthiouracil 877–879
Propyltosylat 546
(*R*)-*N*2-Propynyl-1-indanamin 174
Propyphenazon 800–801
Proscar® 747
Prostacyclin 362
- Arachidonsäure 413
Prostaglandin-Biosynthese 413, 606–607, 610–611
Prostaglandine 362, 413–414, 610–611
- Hydroxy- oder Hydroxyketosäuren 413–414
- Schwangerschaftsabbruch 748
Prostan 413–414
Prostanoide 413
Prostansäure 413–414
Prostatahyperplasie, benigne 738
prostereogene Moleküle *s.* Moleküle
prostereogenes Substrat 929
prosthetische Gruppe 818–819, 974
Protamin 971, 974
Protaminchlorid 974
Protaminsulfat 974
Protease 954
- Spaltung der Polypeptidkette 960
Protease-Inhibitor 972
Proteasom 962
Proteid 974
Proteinbausteine 943–944
Proteine 753, 943, 954, 968
- 3D-Struktur 949
- Abbau 201, 962
- Aggregation 972
- alkalische Hydrolyse 972–973
- Alterung 973
- Aminosäuresequenz 968
- Ampholyt 968
- Aussalzen 968
- basische 974
- biologische Aktivität 968
- Biosynthese 814, 949
- chirale Faltung 971–972
- chlorophyllbindende 762
- Darstellungsweise 943
- Denaturierung 968
- Disulfidbrücke 949, 969
- Dodecylanionen 260
- dreidimensionale Struktur 972
- Dusulfidbrücke 968
- Einwirkung von Wärme 973
- im elektrischen Feld 260
- Erneuerung im Organismus 973
- Extraktion aus Reaktionsmischung 971–972
- Fällungsmittel 968
- fehlgefaltete 962, 972
- Festphasensynthese 971–972
- Freisetzung von Aminosäuren 944–945
- gelöste 972
- genetische Codierung 968
- globuläre 969–971
- glycosylierte 973–974
- Glycosylierung 973
- Hydrolyse-empfindliche 972
- Immobilisierung 755
- Immunogenität 188
- Informationsvermittler 943
- Ionenbindung 968
- isoelektrischer Punkt 968
- kohlenhydratbindende 493, *s. a.* Lectine
- kolloide Lösung 968
- konjugierte 974–976
- Lipoproteine 974, 976
- Löslichkeit 968
- Markierung für proteolytischen Abbau 962
- micellare Aggregation mit Lipid und Cholesterol 976
- Nachweis 663
- nichtenzymatische Vernetzung 972–973
- Nucleinsäure-Wechselwirkung 970–971
- oxidationsempfindliche 972
- Phosphorylierung 259–260
- posttranslationale Modifizierung 971–972
- Primärstruktur 968
- qualitativer Nachweis 972
- Quartärstruktur 969
- reduzierende Zucker 485
- Reinigung an mit Nickel-Ionen beladener Säule 971–972
- Reinigungsverfahren 971–972
- rekombinante 971–972
- relative Molekülmasse 968
- Renaturierung 972
- Reptilien 903
- röhrenförmige 971
- saure 974
- Sedimentation in der Ultrazentrifuge 968
- Sekundärstruktur 968–969
- Sequenzierung 454
- SNARE- 194
- *Strecker*-Abbau 879
- Tertiärstruktur 969
- Ubiquinierung 962
- Vollwertigkeit 954
- Wasserstoffbrücke 968
Proteinfasern
- irreversible kovalente Verknüpfung 972–973
- Streckung 972–973
Proteinfunktion, Steuerung 974–975
Proteinhydrolysate, Aminosäuren 416
Proteinhydrolyse 944–945, 954, 973
Proteinkinase-Hemmstoff 786


P

Proteinkinasen 259–260
Proteinkomplex 962
proteinogene *α*-Aminosäuren s. *α*-Aminosäuren
Proteinphosphatasen 260
Proteinstoffwechsel, Glucocorticoide 742
Proteinsynthese
- Bakterien 683
- biotechnologische 958
Proteintrennung 373
protein turnover 973
Proteinuntereinheiten 969
- Hämoglobin 759
Proteoglycane 506
Proteomik 971
Protionamid 841
protische Lösemittel, polare 209
protische Verbindungen 223
Protoalkaloid 917
Protocatechusäure 860–861
Protohormon 963
Protolanosterin-Carbenium-Ion 721
Protolyse, Trialkylborane 282
Protomer 975
Protonen *s. a.* $^1$H-NMR-Spektroskopie; *s. a.* Wasserstoffatome
- 1,2,3-Trichlorbenzen 49–52
- acide 47
- Addition 134
- chemisch äquivalente 47
- geminale 85
- Kristallstrukturanalyse 52
- magnetisches Moment 44
- Massendefekt 35
- olefinische 82
- Reaktion mit *Lewis*-Säuren 25
- im Wasserstoffmolekül 16
Protonenakzeptor, Aminogruppe 223
Protonen-Kalium-ATPase 253
protonenmagnetische Resonanzspektroskopie *s.* $^1$H-NMR-Spektroskopie
Protonenpumpe 253
Protonenpumpenblocker 253
Protonenpumpenhemmer 810
Protonenschwamm 672
Protonensignale, Tieffeldverschiebung 687
Protonenwanderung, Nitrosamine 228
protonierte Carbonylgruppen *s.* Carbonylgruppe
Protonierung
- Epoxide 137
- Ether 249
- Hydroperoxide 555
- Hydroxygruppe 182
- Propen 135
- schrittweise 645
Protoporphyrie, erythropoetische 761
Protoporphyrin IX 760–762
- Anreicherung im Organismus 761
- Lichtabsorption 761
Protostereoisomerie 392
Prototropie 57–58
Protozoen 807, 968
provisorisches Füllmaterial, Guttapercha 727
Provitamin A 726
Provitamin $D_2$ *s.* Ergosterol
Provitamin $D_3$ 736–738
- pericyclische Reaktionen 739–740
Prozac® *s.* Fluoxetin
Prozesse *s. spezifische Prozesse*
$PrP^C$ 972
PRPP *s.* Phosphoribosylpyrophosphat
$PrP^{Sc}$ 972
PS *s.* Polystyrol
*Pschorr*-Synthese 680–681
Pseudoalkaloid 917
- Coniin 919
Pseudobase 838
Pseudochiralität 87–88
Pseudochiralitätszentrum 87
- Arabit 197
Pseudocumol 516
Pseudoephedrine 521
Pseudohalogene
- Dicyan 447
- Dirhodan 450
Pseudoharnsäure 809
Pseudojonon 710
*Pseudomonas aeruginosa* 889
*α*-pseudo-*N*-glycosidische Bindung 500
Pseudooligosaccharide 489, 500
Pseudopelletierin 160, 925
- Abbau zu Cyclooctatetraen 927–928
- Ringhomolog des Tropinons 925
- Synthese nach *R. Robinson* 925–926
Pseudoracemate 76
Pseudorotation 91, *s. a.* Rotationen
Pseudotetrasaccharid 500
Pseudotropin 923
Pseudotropin-2-carbonsäure 923
Pseudouridin 994
(+)-Psiculose 471
Psilocin 938–940
*Psilocybe mexicana* 939
Psilocybin 938–940
*Psittakose* 542
Psoralen 789
- DNA-Pyrimidinbasen 613
Psoriasis 162, 789
psychoaktive Verbindungen 844
Psychopharmaka 847, 866
- Benzodiazepine 866–867
Psychose 870
Psychostimulans 841, 941
PTAD *s.* 4-Phenyl-3*H*-1,2,4-triazolin-3,5-dion
PTC *s.* Phasentransferkatalyse
Pteridin
- Acidität 908
- Basizität 908
- Eigenschaften 908
- als Naturstoffklasse 899
- Struktur 899, 908, 913
- Synthese 908–909
Pterin 908
- Dihydro-Derivat 909–910
- Eigenschaften 908
- Redoxeigenschaften 909
- Struktur 908
- Synthese 908–909
- tautomere Formen 908
- Tetrahydro-Derivat 909–910
5,6,7,8-$H_4$-Pterin 909–910
7,8-$H_2$-Pterin 909–910
Pteroylglutaminsäure 913
PTFE *s.* Polytetrafluorethylen
Pt-Katalysator *s.* Platinkatalysator
PUFA *s. polyunsaturated fatty acid*
Pufferlösungen
- Natriumacetat 352
- pH-Wert-Berechnung 344
Pulegon 707–708
- racemisches Menthol 710
Pulsfolge, NMR 49
Puls-Verfahren, NMR 46
pulverförmige Proben 40
pulverförmiges Natriumhydroxid *s.* Natriumhydroxid
Pulvinsäure 430–431
Pulvinsäurelacton 430–431
Pumiliotoxin 783–784
*Pummerer,* Konstitution von Ozoniden 138
*Pummerer*-Umlagerung 252
*Punica granatum* 925
Punktgruppen
- chirale 66
- *Platon*ische Körper 122
Punktmutation 903–905
Punktspiegelung *s.* Inversion
Pupillenerweiterung 926
Pupillenverengung 934
PUR *s.* Polyurethane
*Purcell,* NMR 44
*Purdie, J. C.* 483
7*H*-Purin 899–900
9*H*-Purin 899–900
Purinabbau 903
9*H*-Purin-6-amin 906
Purinbasen 879–880, 902, 906
- Abbau 808, 902
- *N*-Glycosid 488
Purine 917, 979
- Biosynthese von Nucleosiden 982–983
- Derivate, physiologisch und pharmakologisch wichtige 902
- Dikation 899

– Eigenschaften 899–900
– elektronenschiebender Substituent 899–900
– aus Formamid und Aminoacetonitril 900
– Halogenierung 901–902
– aus Harnsäure 900
– Hydrolysebeständigkeit 901
– Imidazolring 983
– IUPAC-Nomenklatur 900
– Kupplung mit Diazoniumsalzen 901–902
– Methylierung 901–902
– als Naturstoffklasse 899
– *N*-funktionalisiertes 900
– NH-Acidität 899
– Nitrierung 901–902
– Nomenklatur, systematische 900
– Nummerierung 900
– p$K_S$-Wert 899
– Purinheterocyclus 982–983
– Salzbildung 899
– Stammverbindung 901
– Stoffwechsel 809, 904
– Struktur 899
– Synthese 900–901, 905, 980–981
– Tautomerie 899–900, 902–903
– *Watson-Crick*-Paarungsverhalten 985–986
Purinozeptor 907
Purin-Ringsystem 899–900
– elektrophile Substitution 901–902
– nucleophile Substitution 901–903
Purpald 309
*purple benzene* 186
purpur
– Farbwahrnehmung 43
– *Ruhemanns* Purpur 43–45
Purpur, antiker 778
Purpurmembran 719
Purpurogallin, aus Dryophantin 696–697
Purpursäure 905
– Ammoniumsalz 809
Purpurschnecke 778, 809, 905
*Purrmann* 908
purum uricum 900
Push-pull-System 43
Putrescin 950
PUVA-Therapie 789
PVAm *s.* Polyvinylamin
PVAP *s.* Polyvinylacetatphthalat
PVC *s. a.* Polyvinylchlorid
– Verbrennung 791
– Wärmestabilisatoren 296
PVC-Thermoplaste, Weichmacher 557
PVC-Weichmacher 667
– Phthalsäureester 615–616
PyBOP 351
Pyocyanin 889
pyramidale Inversion *s.* Inversion
pyramidale Struktur 125, *s. a.* Struktur
Pyramidon 800
2*H*-Pyran 843
4*H*-Pyran 835, 843, 847
$\alpha$-Pyran 843
– Cannabinoide 844
$\gamma$-Pyran 843
– Strukturformel 835
Pyran-Derivate
– Baustein in Naturstoffen 835
– intramolekulare Halbacetalbildung 468
Pyrangruppe 843–844
4*H*-Pyran-4-on 845
Pyranopterin 910
Pyranosen 469, 473, 845
– D-Glucose 468, 472
– Konformation 92
– sechsgliedrige Zuckerringe 468
Pyranosering 474
Pyranoside 480
Pyrazin 873, 908–909
– Alkylierung 878
– Arylierung 878
– Basizität 874–875
– chemische Verschiebung 874–875
– Darstellung durch Dehydrierung von Piperazin 876
– dibenzokondensiertes Ringsystem 888
– Dipolmoment 874–875
– Elektronendichte an Ringatomen 874
– elektrostatisches Oberflächenpotenzial 874
– *Grignard*-Reagenz 878
– Hydrierung 885
– $^1$H-NMR-Spektrum 874
– Organolithiumverbindungen 878
– p$K_S$ 874–875
– Resonanzenergie 874–875
– Schmelzpunkt 875
– Siedepunkt 874–875
– Symmetrie 874
Pyrazinderivate
– Aromastoff 879
– *Gutknecht*-Kondensation 876
Pyrazino[2,3-*d*]pyrimidin 908
Pyrazinring 899
Pyrazol 793
– aus Acetylendicarbonsäureester und Diazoessigester 794
– Anion, mesomeriestabilisiertes 793–794
– Äquivalenz der N-Atome 797
– basische Eigenschaft 793–794
– Bezifferung 793
– Bromierung 797
– Chlorierung 797
– Deprotonierung 793–794, 796–797
– aus Dichlormethyleniminiumsalz und Hydrazon 794
– dimeres 793
– Eigenschaften 793
– elektrophile aromatische Substitutionen 794–797
– katalytische Hydrierung 795, 798
– Kation, mesomeriestabilisiertes 794
– Methylierung 796–798
– NH-Acidität 796–797
– Nitrierung 797
– $\pi$-Elektronendichteverteilung 793
– $\pi$-elektronenreicher Heteroaromat 793
– p$K_B$-Wert 794
– p$K_S$-Wert 793–794
– Protonierung 794
– Reduktion 795, 797–798
– saure Eigenschaft 793–794
– Schmelzpunkt 793
– Siedepunkt 793
– Strukturformel 793
– Tautomeriegleichgewicht 794
– Wasserstoffbrückenbindung 793
Pyrazolblau 798–799
Pyrazolderivate 794
Pyrazolgruppe 793–802
Pyrazolhydrochlorid 794
Pyrazolidin 798
Pyrazolin 797–798
Pyrazolium-Kation 794
– mesomere Grenzstrukturen 794
Pyrazolon 578
– CH-Form 799
– Derivate 798
– Isonitrosoverbindung 798–799
– NH-Form 799
– OH-Form 799
5-Pyrazolon-Derivat 800
– Kupplung mit Diazoniumsalzen 798
Pyrazolonfarbstoffe 428
Pyrazolopyridin 801
Pyrazolo[1,5-*a*]pyrimidin 915
1*H*-Pyrazolo[3,4-*d*]pyrimidin 914–915
1*H*-Pyrazolo[4,3-*d*]pyrimidin 914
Pyrazolopyrimidine 914
– Struktur 899
Pyrazolopyrimidin-Ringsystem 899
Pyrazolreihe 798
Pyrazolring 801
Pyrazol-3,4,5-tricarbonsäureester 794, 796
Pyrazolyl-Anion 794
– mesomere Grenzstrukturen 793–794
Pyrazolyl-Kalium 794
Pyrazolyl-Kation 803
Pyrazolyl-Natrium 796–798
Pyren
– EPA-PAK 662
– Struktur und Eigenschaften 683

P

- Teerpech 516
Pyrenstruktur, [14]-Annulene 688
Pyrethrum 107
Pyridazin 873
- Alkylierung 877–878
- α-Effekt 874–875
- Arylierung 877–878
- Basizität 874–875
- Bindungslängen 874–875
- Bindungswinkel 874–875
- chemische Verschiebung 874–875
- Dipolmoment 874–875
- Elektronendichte an Ringatomen 874
- elektrostatisches Oberflächenpotenzial 874
- aus Maleinaldehyd und Hydrazin 876
- Oxidation mit Wasserstoffperoxid in PPA 877–878
- $pK_S$ 874–875
- Reaktion mit *Grignard*-Reagenz 877–878
- Reaktion mit Organolithiumverbindung 877–878
- Resonanzenergie 874–875
- Resonanzstrukturen 874
- Schmelzpunkt 875
- Siedepunkt 874–875
Pyridazin-*N*-oxid 877–878
Pyridil 840
Pyridin 918, 928
- Aldonsäuren 487
- Aminierung, direkte 836–837
- Arzneistoffbaustein 841
- Aza-Analoga 873
- als Base 837
- Basizität 874–875
- benzanelliertes 847
- Bromierung 836–837
- Darstellung von Tetraphenylhexapentaen 166
- Dimerisierung 843
- Dipolmoment 835
- elektrophile Substitution 836–837
- Gewinnung 836
- Grenzformel, polare 835
- Katalysator 377
- katalytische Hydrierung 841
- *ortho*-Kondensation an Benzen 847
- Leichtölfraktion 515
- als Lösemittel 837
- als nucleophiler Katalysator 602, 837
- nucleophile Substitution 836
- Oxidation 838
- π-elektronenarmer Heteroaromat 835–836
- $pK_B$ 836, 852
- $pK_S$ 875
- Polarisierung des Gesamtmoleküls 835
- Ringöffnung 838
- Spiransynthese 122
- Stabilisierungsenergie 835–836
- Strukturformel 835
- Sulfonierung 836–837
- Synthese 836
- - Alkylhalogenide 205
- - anionische, nichtbenzoide Aromaten 697
- tertiäre Base 836
Pyridinaldehyd 840
pyridinartiger Iminstickstoff
- Orbitalstruktur 803
- Wasserstoffbrückenbindung 802–803
2-Pyridincarbaldehyd 840
Pyridincarbonsäure 840
Pyridin-3-carbonsäureamid 840
Pyridinderivate 309
- Bausteine in Naturstoffen 835
- Synthese 836
Pyridin-3,4-dicarbonsäure 852–853
2,3-Pyridindicarbonsäure 852
Pyridingruppe 835–842
Pyridinhydrochlorid 602
Pyridiniumchlorochromat 306
- Ketonsynthese 323
Pyridiniumsalz 377, 836
Pyridiniumstickstoff 838
Pyridinmolekül, Ladungsverteilung 835
Pyridin-*N*-oxid 838–839
2-Pyridinol 837
Pyridinring
- Biosynthese 920
- LUMO 852
- Perhydrierung 926
- π-elektronenarmer 852
Pyridin-$SO_3$-Komplex 755–756
Pyridin-3-sulfonsäure 836–837
Pyridoin 840
9*H*-Pyrido[3,4*b*]indol 937
Pyridoindol-Alkaloide 937, 939
- Biosynthese 939
2-Pyridon 837
α-Pyridon 837
γ-Pyridon 837
Pyridon-Hydroxypyridin-Tautomerie 837
Pyridoxal 840
Pyridoxalaminphosphat 840
Pyridoxalphosphat 840
Pyridoxamin 840
Pyridoxin 840
Pyridoxol 840
(*S*)-3-Pyridyl-*N*-methylpyrrolidin 918
Pyrimidin 873, 979
- Alkylierung 877–878
- Arylierung 878
- Basizität 874–875
- Bindungslängen 874–875
- Bindungswinkel 874–875
- Biosynthese von Nucleosiden 983
- C5-Methylierung 995
- chemische Verschiebung 874–875
- Dipolmoment 874–875
- Elektronendichte an Ringatomen 874
- elektronenschiebende Gruppe am Ring 877
- elektrophile aromatische Substitution 877
- elektrostatisches Oberflächenpotenzial 874
- *Grignard*-Reagenz 878
- aus Malonaldehyddiacetal 876
- mesomere Grenzstrukturen 877
- *Michael*-Addition 984
- Nucleobasen der DNA 879
- nucleophile aromatische Substitution 877–878
- Organolithiumverbindungen 878
- Oxidation 877–878
- $pK_S$ 874–875
- Resonanzenergie 874–875
- Schmelzpunkt 875
- Siedepunkt 874–875
- Symmetrie 874
- Synthese 980–981
- - Nucleoside 981
- *Watson-Crick*-Paarungsverhalten 985–986
Pyrimidinbasen 879, 901
- Methylierung 879–880
- *N*-Glycosid 488
Pyrimidinderivate
- Synthese von 1,3-Diketon 876
- *Ziegler*-Alkylierung 877
Pyrimidinnucleotidbiosynthese 879
Pyrimidin-*N*-oxid 877–878
Pyrimidinring 899
- Baustein für Sulfonamide 877–879
- Thiamin 879
Pyrimidin-2,4,6-trion 881
Pyrimidoisochinolin 850
Pyrogallol 141, 563, 567, 570, 607
pyrogene Dehydrierung 640–641
pyrogene Spaltung 382
Pyrolyse 106
- Chlordifluormethan 217
- chlorierende 215
- Halogennachweis 27
- Kohlenwasserstoffgemische 130–131
- Methan 105, 169
Pyrolysebenzin 515–516
Pyrolyseofen 4
Pyromellitsäureanhydrid 616
2-Pyron 837
α-Pyron 837, 843
γ-Pyron 837, 843, 845
α-Pyron-Einheiten 353
Pyrophosphat 981
- Phosphordiesterbindung 986
Pyrophosphat-Analoga 259–260
Pyroschwefelsäure 544
Pyrralin 973–974

Pyrrocolin 782–783
Pyrrol 30–32, 753, 757, 766–767, 793
– Acidität 753
– Anion 753, 794
– Aromatizität 753
– Basizität 753
– benzanelliertes Ringsystem 775
– Bezifferung 793
– aus Butin-1,4-diol und Ammoniak 754–755
– Deprotonierung 753, 794
– *Diels-Alder*-Addition 756–758
– Diencharakter 756–757
– aus 2,5-Dimethoxytetrahydrofuran 754–755
– Dipolcharakter 753–754
– Eigenschaften 753–754
– $\pi$-Elektronendichteverteilung 793, 805
– $\pi$-Elektronensextett 753
– elektrophile aromatische Substitution 755
– freies Elektronenpaar am Stickstoffatom 754
– *Friedel-Crafts*-Acetylierung 756
– aus Furan 754–755
– Gewinnung 754
– *Grignard*-Verbindungen 756–757
– Halogenierung 755–757
– katalytische Hydrierung 757–758
– Kation, mesomeriestabilisiertes 794
– Löslichkeit 753–754
– *Mannich*-Reaktion 757
– Monohalogenierung 755–756
– Nachweisreaktion 753
– Namen 753
– Nitrierung 755
– p$K_B$-Wert 794
– p$K_S$-Wert 753, 794
– Polymerisation 753, 755
– Protonierung 753, 755, 794
– aus Pyrrolidin 754–755
– Reaktionen 755
– Reduktion 757
– Resonanzintegral 784
– Resonanzstrukturen 754
– schwache Säure 756
– Struktur 753–754
– Strukturformel 793
– substituiertes 754–755
– Sulfonierung 755–756
– Synthese 754–756
– durch Umsetzung von Acetessigester mit Ammoniak 804
– *Vilsmeier*-Reaktion 757
– Vorkommen 754
Pyrrolalkaloide 754
pyrrolartiger Aminstickstoff 802–803
2-Pyrrolcarbaldehyd 758
2-Pyrrolcarbonsäure 756–757
Pyrrolgruppe 753–755
Pyrrolhydrochlorid 794
Pyrrolide 756
(2*S*)-Pyrrolidin-2-carbonsäure 757, 953
Pyrrolidine 755, 757–758
– chirale 78–79
– Enaminbildung 328
– Herstellung 754–755, 758
– *Hofmann*-Eliminierung 227
– Steroidsynthese 734
Pyrrolidinring 923
– Biosynthese 920
Pyrrolium-Kation 755
– mesomere Grenzstrukturen 794
Pyrrolmolekül 753–754
5*H*-Pyrrolo-[3,4-*b*]pyrazin 900
Pyrrolopyrazine 916
Pyrrolo-[3,4-*b*]pyrazin-Gerüst 916
Pyrrolo[1,2-*a*]pyridin 775
1*H*-Pyrrolo-[2,3-*b*]pyridin 900, 916
Pyrrolopyridine 916
7*H*-Pyrrolo-[2,3-*b*]pyrimidin 900
7*H*-Pyrrolo-[2,3-*d*]pyrimidin 916
Pyrrolopyrimidine 916
Pyrrolopyrrol-Gerüst 899
Pyrrolpyrrol-Struktur 899
Pyrrolring 753–754
– oxidative Spaltung 930
– in tricyclischen Systemen 790
2-Pyrrolsulfonsäure 757
Pyrrolyl-Anion 793–794
Pyrrolylkalium 794
Pyrrolysin 943–944
Pyruvat 423
– oxidative Decarboxylierung 818
Pyruvat-Decarboxylase 427, 881
Pyruvat-Dehydrogenase 818–819
Pyruvinsäure 422
Pyrylium-Ion 855
Pyryliumsalz 843

## Q

Q (Einbuchstaben-Code für Glutamin) 948
QCl *s.* Hexadecyltributylphosphoniumchlorid
QCN *s.* Phosphoniumcyanid, quartäres
QIT *s.* Quadrupol-Ionenfallen
QqQ *s.* Tripelquad
Quaalude® 884
*quadrupole ion trap* (QIT) *s.* Quadrupol-Ionenfallen
Quadrupol-Ionenfallen (QIT) 38
– lineare 38–39
Quadrupol-Massenfilter 38–39
qualitative Analytik *s.* Analytik
Qualitätskontrolle, Fette 388
Quantenmechanik
– Molekülorbitale 16
– neuere 11
– Potenzialkarten 22
Quantentheorie, ältere 11
Quantenzahlen 12
quantitative Analyse 42, 188, *s. a.* Analyse
quantitative Elementaranalyse 3–4
– als Grundlage zur Ermittlung der Summenformel 5
quantitative GC 4
quantitative HPLC 4
quartäre Ammoniumgruppe 416
quartäre Ammoniumsalze *s.* Ammoniumsalze
quartäre Ammoniumverbindungen *s.* Ammoniumverbindungen
quartäre Iminiumbase 932
quartäre Kohlenstoffatome *s.* Kohlenstoffatome
quartäre Oniumsalze 212
quartäres Phosphoniumcyanid (QCN) *s.* Phosphoniumcyanid
quartäres Thiazoliumchlorid 881
Quartärstruktur, Proteine 969
quarternäres Stickstoffatom 818–819, 926, 935
Quarternisierung 821–822
Quartetts 47
Quasi-Molekül-Ion 36
Quecksilberacetat 181, 352
Quecksilber(II)-acetat 292–293
Quecksilber, Blut-Hirn-Schranke 292
Quecksilber(II)-chlorid
– Diazoniumsalze 630–631
– PVC-Herstellung 145
Quecksilber(II)-cyanid 452–453
Quecksilberdialkyle 292
Quecksilber(I)fluorid 217
Quecksilberfulminat 393–394, 445
Quecksilberhydridorganyl 294
Quecksilber(II)-Ionen 765
Quecksilber-Ionen, Toxizität 292
Quecksilberorganyle *s. a.* Quecksilberverbindungen
– Blut-Hirn-Schranke 292
– gemischte 292
– Hautresorption 292
– Stabilität 292
– Struktur 283
– Toxizität 292
Quecksilber(II)-oxid 829
Quecksilber(II)-rhodanid 449
Quecksilbersalze, Thiole 198
Quecksilber(II)-sulfat
– Darstellung von Phenylacetaldehyd 161
– Wasseranlagerung an Ethin 171
Quecksilberverbindungen, organische 699, *s. a.* Quecksilberorganyle
– Gewinnung und Synthese 292–293
– hydroxylierte 293

P

- Reaktionen und Anwendungen 294
- Struktur und Eigenschaften 292
- Transmetallierung 292–293
Quecksilbervergiftungen, chronische 292
Quercetin 860–861
Quercetin-Glycoside 488
- L-(+)-Rhamnose 488
*Quercus velutina* 860
Quervernetzung
- Alkydharze 189
- Epoxidharze 190
*quorum sensing,* Bakterien 413

## R

R (Einbuchstaben-Code für Arginin) 950
RAAS *s.* Renin-Angiotensin-Aldosteron-System
*Raban, M.* 392
*Rabe* 929
*rac* 67
Racemate 63, 76, 310, 357
- Aldoladdition 322–323
- 2-Butanol 181
- $S_N1$-Reaktion 208
- Trennung über Salzbildung 817
- Trennung von (±)-Coniin mit Weinsäure 920
racematische Säure 938
Racematspaltung 416
Racemattrennung 63, 75–79, 938
- kinetische 78–79
racemische D,L-Milchsäure 403
racemische Mischung 63
racemischer Campher 713
racemisches Citronellol 709
racemisches Menthol 710
racemische Verbindung 63
racemische Weinsäure 407
Racemisierung 955
- Aminosäure 956
- (−)-Hyoscyamin zu Atropin 924
- Partielle bis vollständige 209
- Substitutionsreaktionen 406–407
- Thalidomid 787
Rachitis 738
[5]-Radialen-Struktur 684
*radical adduct formation* 903
Radikaladdukt 903
Radikal-Anionen 331, 357, 656–657, 805, 903
- *Birch*-Reaktion 667
- Dimerisierung zum Pinakolat-Dianion 330
- Semichinon-Anion 575
Radikalbildner 140
- (*E*)-Azomethan 238
- Diacetylperoxid 381
- Dibenzoylperoxid 602–603
Radikale *s. a. weitere spezifische Radikale*
- Alkyl- 247
- Alkylperoxyl- 247
- Benzoyloxy- 602–603
- $Bu_3Sn$- 296
- capto-dative Substitution 657
- Cyan- 447–448
- Di- 655
- Diarylaminyloxid- 655–656
- Diphenylaminyl- 655
- freie 653–658
- - Arylmethyl 653
- - Benzophenon-3 599
- - kurzlebige Kohlenstoffradikale 296
- - paramagnetisches Verhalten 653
- - Persistenz 653
- - proteingebundene 765
- - Trityl 644, 654–655
- Isonicotinacyl- 243
- 2-Methylpropionitril- 242
- Mono- 654–655, 657
- Phenyl- 602–603
- Sauerstoff- 655–656
- Semidurochinon 575
- stereoselektive Addition 367–368
- Stickstoff- 655–658
$\sigma$-Radikale, Phenyl 655
$\pi$-Radikale, Trityl 655
Radikalfänger
- Galvinoxyl-Radikal 656
- Harnsäure 903
Radikal-Ionen 656–657
radikalische Addition *s. a.* Addition
- an das aromatische $\pi$-System 527, 533–535
- Hexachlorcyclohexan 535
radikalische Chlorierung 533
radikalische Gasphasennitrierung *s.* Gasphasennitrierung
radikalische Iodierung *s.* Iodierung
radikalische Kettenreaktion *s.* Kettenreaktion
radikalische Polymerisation *s.* Polymerisation
radikalischer Abbau 352
radikalischer Kettenmechanismus 532–535, 765
- Benzaldehyd 579–580
- Kettenabbruch 534
- Kettenfortpflanzung 534
- Phosgen 436–437
- Propannitrierung 270
- Startreaktion 534
radikalischer Mechanismus
- *Meerwein-Schuster*-Reaktion 631–632
- *Wohl-Ziegler*-Bromierung 356
radikalische Substitution 125–126, 527, 532, *s. a.* Substitution
- Alkane 106
- Alkylaromaten 527
- in der Seitenkette 534–550
- Peroxidkatalysatoren 205
- Seitenkette 534
radikalische Zerfallsprozesse *s.* Zerfallsprozesse
Radikal-Kationen 656–657, 805
- chemische Ionisierung 36–37
- Elektrolyse 640
- Elektronenionisierung 36
- Oligophenyle 641
Radikalkettenreaktion *s.* radikalischer Kettenmechanismus
Radikalquelle, Dialkylquecksilberverbindungen 292
Radikalreaktion, Quecksilberhydridorganyl 294
Radikalrekombination 140
Radikalstarter 356, 534
Radiokarbonmethode 434
Radiokohlenstoff-Datierung 434
Radiowellen 34
- NMR 44–46
*Radziszewski*-Imidazolsynthese 804
RAF 903
Raffineriegase 101
- Ethen 132
Raffinierung 132
Raffinose 499–500
Raketentreibstoffe, Hydrazine 241
Raloxifen 747–749, 790
Raltegravir 833
*Ramachandran*-Plot 98
*Ramakrishnan,* Ribosom-Strukturaufklärung 996
*Raman*-Spektroskopie 34, 40
Ramie 506
RAMP 326
*Raney*-Nickel 520, 838
- Reduktion von Alkenen 139
- Thioacetale 200
Rangfolge, Liganden *s.* Priorität
Ranitidin 807
Raps 207
(*R*)-Rasagilin 174
Rasburicase 904
*Raschig*-Verfahren 528, 554
Rattengifte 613
rauchende Salpetersäure 537
rauchende Schwefelsäure 544
Raumstruktur, schematische 99
Rauschgift 842, 926–927
- atropinhaltige Nachtschattengewächse 926
- Cocain 926–927
- Heroin 935
- LSD 940
Rauschmittel 885
- nichthalluzinogene, illegale 233
Rauschzustand 926

Rauwolfia-Alkaloide 937, 940
*Rauwolfia serpentina* 937
*Raymond*-Reaktion 29
RDX 318
Reagenzien *s. a. Grignard*-Reagenzien
- *Bratton-Marshall*-Reagenz 29, 671–672
- chaotrope 968
- chirale 483
- *Collins*-Reagenz 306
- *Ehrlich*-Reagenz 31–32
- *Gilmans*-Reagenz 286
- Iod-Azid-Reagenz 949
- *Jones*-Reagenz 323
- *Lawesson*-Reagenz 392
- *Lunge*-Reagenz 29–30, 548, 671–672
- *Marfey*-Reagenz 78
- *Marquis*-Reagenz 31
- *Petasis*-Reagenz 700–701
- PyBOP-Kupplungsreagenzien 351
- *Sangers* Reagenz 959
- *Schiff*sches Reagenz 309, 649–650
- *Schwartz*-Reagenz 699–700
- *Schweizers* Reagenz 507, 509
- *Seebach*-Reagenz 289
- *Sharpless*-Reagenz 412
- *Shift*- 48
- *Takai*-Reagenz 216
- *Tebbe*-Reagenz 700–701
- *Tillmanns* Reagenz 492, 576–578
- *Tollens*-Reagenz 308
- *Vilsmeier-Haack*-Reagenz 583
- *Vilsmeier*-Reagenz 699
[$2\pi s+4\pi s$]-Reaktion 371
[$2\sigma s+2\pi s+2\pi s$]-Reaktion 371
$S_E$-Reaktion 125–126
$S_E$Ar-Reaktion 796, 816, 818, 848–850, 852
- 1,2,4-Triazol 825
$S_N$-Reaktion 83
- Carbonsäure-Silbersalze 385
- Mercaptane 200
$S_N1$-Reaktion 208
- Carbonium-Ionen 459–460
$S_N2$-Reaktion 208–209, 944–945
- Alkylazide 240
- Chiralitätszentrum 405
- Epoxidringöffnung 250
- Ether 250
- Halogenhydrine 249
- ohne Konfigurationsumkehr 405
- Oxyphosphoniumcarboxylat 385
- Thiolsynthese 198
- *Williamson*-Synthese 248
$S_N2$-artige Reaktion 294
$S_N$Ar-Reaktion 851–852, 854
- Purin-Ringsystem 901–903
Reaktionen *s. a. weitere spezifische Reaktionen*
- Addition *s.* Addition
- Aktivierungsenergie 21–22, 24
- allergische 953
- autokatalytisch beschleunigte 475
- bimolekulare 208–209, 211
- *Claisen*-Umlagerung 571
- einstufige 795
- elektrocyclische 154–155, 369–370
- elektrophile, aromatische 229
- enantiofaciale 84
- frontkontrollierte 24
- [1,5]-H-Verschiebung 154
- Hydrolyse *s.* Hydrolyse
- *Klopmann-Salem*-Gleichung 21–22, 24
- konsekutive 815
- konzertierte 154, 571
- ladungskontrollierte 24
- Mehrkomponenten 458–459
- *Nef*-Reaktion 272, 476–477
- Nucleophile und Elektrophile 20
- orbitalkontrollierte 24
- Oxidation *s.* Oxidation
- pericyclische 54, 153, 159, 795
- - natürlich vorkommende 162–163
- - photochemische 739–740
- - sigmatrope Umlagerung 154
- - Steroidvitamine 739–740
- - thermische 739–740
- periselektive 159
- photochemische elektrocyclische 155
- Polymerisation *s.* Polymerisation
- qualitative Analytik 27–33
- Reduktion *s.* Reduktion
- *Ruggli-Ziegler*sches Verdünnungsprinzip 186–187
- thermisch erlaubte 795
- unimolekulare 208–209, 211
Reaktionsbeschleunigung, anchimere 406
Reaktionsfähigkeit, zweifache 423
Reaktionsgeschwindigkeit 795
- Korrelation mit Dissoziationskonstanten 600
- Nachbargruppeneffekt 406
- nucleophile Substitution 209
Reaktionskleber 367, 373
Reaktionskonstanten 601
Reaktionskontrolle *s.* kinetische Reaktionskontrolle; *s.* thermodynamische Reaktionskontrolle
Reaktionsverlauf, chemischer 406
reaktive Sauerstoffspezies 789, 863–864
Reaktivfarbstoff 897
Reaktivität
- Alkalimetallorganyle 283–284
- Alkane 100
- Alkine 170
- Alkylhalogenide 204
- Anionen 25
- anorganische Metallkomplexe 21
- Brückenkopfatome 126
- Cycloalkene 130
- Cyclopentan 109
- Cyclopropan 116
- diamantoide Ringsysteme 120
- Enantiomerentrennung 75
- Epoxide 191
- fluorierte Kohlenwasserstoffe 216
- Grenzorbitaltheorie 22
- Metall-Kohlenstoff-Bindung 283
- Nucleinsäuren
- - gegenüber Elektrophilen 983
- - gegenüber Nucleophilen 984
- Nucleophile 25
- Oktettprinzip 14
- Substrate
- - Eliminierung 211
- - nucleophile Substitution 209
- Zweitsubstitution 511, 529–531
Rearomatisierung 877
rechtsdrehend 68–69
rechtsgängig 74
rechtszirkular 66–67
Recodierung 943–944
Re-Cooxidans 886
rectus 72
Redoxäquivalent 961
Redoxeigenschaften funktioneller Gruppen 28
Redoxindikatoren
- Methylenblau 892
- organischer 247
- *Tillmans*-Reagenz 578
Redoxkatalysatoren 528
Redoxkatalyse 796
Redoxpotenziale, pH-abhängige 574
Redoxprozesse, biochemische 892
Redoxreaktionen, Darstellung von Synthesegas 105–106
Redoxsysteme, reversible 949
Redoxumpolung 357
Reduktion 139
- Aldosen 197
- mit Ammoniumsulfid 829
- Androstendion 745
- Carbonylgruppe 181
- Cyclopentanon 114
- mit Ethanol 828
- Fructose 198
- katalytische 520
- Ketosen 197
- mit Metallhydrid 768
- Oxymercurierung 134
- partielle 214
- Pentosen 197
- Phthalsäure 167–168
Reduktionsindikator 829
Reduktionsmittel
- Aldehyde 305
- Lithiumaluminiumhydrid 520
- Nicketetracarbonyl 459
reduktive Aminierung 314, 330
reduktive Cyclisierung 786

R

reduktive Dimerisierung, Benzoin 591
reduktive Eliminierung 299–301, *s. a.* Eliminierung
reduktive Hydrierung *s.* Hydrierung
reduktive Kupplung 591
reduktive Metallierung 284, 293–295
reduzierende Zucker 493–494
*Reed*-Reaktion 264
Referenzproben 27
Referenzsubstanz, NMR 46
Reformat, katalytisches 758
*Reformatsky*-Reaktion 290–291, 408
Reforming-Verfahren 515
- katalytisches 518
Regelkreis, hormoneller 962
regelmäßige Polyeder *s.* Polyeder
Regenwurm 826
Regioisomerie 54–56
- Cyclobutandicarbonsäuren 91
- Cyclopentandicarbonsäuren 92
regioselektive Addition *s.* Addition
regioselektive Bromierung 356
Regioselektivität 356, 795
- Alkenbromierung 356
- alkylsubstituierte Alkene 139
- elektrophile Addition 135
- Enolatbildung 324
- Halogenierung 401–402
- Hydroborierung 280–281
- Hydroxymercurierung 294
- Kettenwachstum 141
- *Markownikow*-Regel 134
- Zweitsubstitution 511, 529–531
Regiospezifische Methylierung 829
*Reichstein, T.* 492
Reifencord 839–840
Reifungsmittel 146
Reihe
- eluotrope 9
- homologe 100
- - alicyclische Kohlenwasserstoffe 107
- - Alkene 129–130
- - Alkylhalogenide 203
- - einwertige primäre Alkohole 178
- - Schmelz- und Siedepunkte 102–103
D-Reihe 466
L-Reihe 466
*Reimann, L.* 918
*Reimer-Tiemann*-Reaktion 461
*Reimer-Tiemann*-Synthese 457
- Phenolaldehyde 583–585
Reindarstellung, Phosphorsäureester 258
Reinelemente, monoisotopische 35–36
Reinheit
- Analytik 3–4
- Anforderungen gemäß *Journal of Organic Chemistry* 3
- optische 67
Reinigung
- chemische 170, 216, 218
- organischer Verbindungen 5–6
- schwer lösliche Substanzen 7
Reinsubstanzen 2–3
Reiskornschale 882
Reisschalen 769
*Reissert, B.* 627
Reis, Stärkegewinnung 501
Reizhusten 934
rekombinantes Protein 971–972
Rekombination 106
Rektifikation 6–7
- Alkoholgewinnung 178–180
relative Masse *s.* Masse
relative Molekülоberfläche *s.* Moleküle
relativer Treibhauseffekt *s.* Treibhauseffekt
Relaxation, NMR 46
*Releasing*-Hormon 962
*Remijia* 929
*Remsen-Fahlberg*-Verfahren 547
*Remsen, I.* 547, 605
Remyelinisierung 744
Renaturierung 972
Renin-Angiotensin-Aldosteron-System (RAAS) 744
Reparatursystem, enzymatisches 990–991
REPE 784, *s. a.* Resonanzenergie pro Elektron
Repetiereinheit, konstitutionelle *s.* konstitutionelle Repetiereinheit
Replikation 857
- Basenpaarung 980
- DNA 986–987
- enzymatisches Reparatursystem 990–991
- Hemmung 114
- Inhibierung 859
*Reppe*-Synthese 171–173, 183–184, 346, 359
- Carbonylierungen 297–298
*Reppe*-Verfahren 768
*Reppe, Walter*
- Acetylenchemie 171
- Darstellung von Cyclooctatetraen 160
*Re*-Seite 84, 367–368
Reserpin 937, 940
- Totalsynthese 937
Reservekohlenhydrat 500–501, 504–505
Reservepräparat 800–801
Resistenter Erreger 820
Resole
- Etherbrücken 557
- Methylengruppen 557
- Methylolgruppen 557
- Phenol-Harze 557–558
Resonanzenergie 514, 874
- pro Elektron 784
Resonanzformeln
- Benzen 513–514
- Naphthalen 666
- Schwefelsäureester 257
Resonanzhybride 827
Resonanzintegral 24, 784
Resonanz, magnetische 44–46
Resonanzspektroskopie *s.* $^1$H-NMR-Spektroskopie
Resonanzstabilisierung 43
- Alkalimetallorganyle 284
- Heterocyclus, [*c*]-anellierter 784
- Indolizin 783
- Methylallylkation 153
Resonanzstrukturen
- Imidazol 803
- Imidazolium-Kation 803
- Imidazolyl-Anion 803
- Oberflächenpotenzial 22
- Pyrazolium-Kation 794
- Pyrazolyl-Anion 793–794
- Pyrrolium-Kation 794
- Pyrrolyl-Anion 793–794
Resonanzwechselwirkung
- 1,3-Diene 151
- Doppelbindungen 150
Resopal®-Platte 897
Resorcin 30, 563, 652
- Eigenschaften und Synthese 565–566
- Keto-Enol-Tautomerie 566
- Nitrierung 566
- Vereterung 566
Resorcinderivate 566
Resorption, lipophile Substanzen 741
Resorptionslakune 259
Resublimation 7
Retardtablette 936
Reten 682, 723–724
Retinal
- Phototransduktion des Sehvorgangs 719
- Struktur 719
11-*cis*-Retinal 719, 975
all-*trans*-Retinal 719
Retinoide 718–719
- Aknebehandlung 719
Retinol 718
13-*cis*-Retinsäure 719
all-*trans*-Retinsäure 719
Retro-*Diels-Alder*-Reaktion 369, 784–785
retrograder Botenstoff 950
Retrosynthese 802
- Biotin 809
- Spiro-Verbindung in Tigogenin 751
Retrosyntheseplanung 595
Retrovir® *s.* Azidothymidin
Retroviren 986–987
*Re-uptake*-Hemmung 927
Reverse Transkriptase 984, 986–987
reversible Gleichgewichtsreaktion 544

reversible Sulfonierung 519
reversible Umlagerung *s.* Umlagerung
Rezeptoren 943
– Acetylcholin- *s.* Acetylcholinrezeptor
– Adenosin- 907
– $\beta_2$-adrenerge 943
– Adreno- 564–565
– Cannabinoid- 844
– Estrogen- 790
– GABA- 814, 939
– $GABA_A$- 866–867
– Glutamat- 125, 757, 951
– Kainat- 757
– mACh- 926
– Muscarin- 926
– nACh- *s.* Acetylcholin-Rezeptor
– Nicotin- 918–919
– nicotinerge 918–919
– NMDA- 951
– nucleäre 741
– Opioid- 934
– Schlüssel-Schloss-Prinzip 732
– Serotonin- 781–782
– Steroide 747
A-Rezeptoren 907
$P_1$-Rezeptoren 907
$\alpha$-Rezeptoren 565
$\beta$-Rezeptoren 565
$\delta$-Rezeptoren 858
$\kappa$-Rezeptoren 858
$\mu$-Rezeptoren 858
$\alpha_2$-Rezeptoren, präsynaptische 807
Rezeptorligand 962
*Rf-only*-Modus 38
6-*O*-($\alpha$-L-Rhamnopyranosyl)-D-glucose 860
Rhamnose 770
L-(+)-Rhamnose 488
Rheuma 975–976
– Cortison 743
rheumatoide Arthritis 857
Rhodanide 448–449
– Alkylierung 452
– Darstellung 452
Rhodanidionen 448–450
Rhodanin 817–818
Rhodanwasserstoffsäure 448, 452, *s. a.* Thiocyansäure
Rhodium-Katalysator 380
Rhodium-katalysierte Addition 299
Rhodiumtriphenylphosphin-Katalysator 299
– Hydroformylierung 299
Rhodommatin 891
Rhodopsin 975
– Bildung 719
*Rhodotorula pilimanae* 396
Rhodotorulinsäure 395–396
Rhythmus, zirkadianer 807
Ribarsäure 88
Ribitol 482
Ribit(ol) 197
Riboflavin 840, 873, 899, 911
– Gewinnung und Synthese 910–911
Riboflavin-5'-phosphat 911
Ribofuranose 985
$\alpha$-D-Ribofuranose 469, 473
$\beta$-D-Ribofuranose 469, 473
Ribonucleinsäure *s.* RNA
Ribonucleotide, Umwandlung in Desoxyribonucleotide 764–765
Ribonucleotidtriphosphate (NTPs) 986
Ribopyranose 480
$\alpha$-D-Ribopyranose 469, 473
$\beta$-D-Ribopyranose 469, 473
Ribopyranosetetramethylether 480
Ribopyranosetrimethylether 480
Ribose 979
– Synthese von Pentiten 197
D-Ribose
– Aldopenosen 466
– cyclische Halbacetale 469, 473
D-(–)-Ribose 468, 488
D-Ribosederivate 482–483
ribosomale Proteinbiosynthese 814
Ribosome 996
Ribothymidin 994
Ribozyme 996
(–)-Ribulose 471
Ricin 974
Ricinussamen 974
Rickettsien 542
*Ridd, J. H.* 629–630
*Rieche, A.* 247, 671
– Konstitution von Ozoniden 138
Riechstoffe
– Anthranilsäureester 604
– Piperonal 591
– Salicylaldehyd 590
– Salicylsäureester 606
– Terpenketone 705
– Vanillin 590
– Vorprodukte 582
*Rieke*-Magnesium 287
*Rieke*-Verfahren 409
Rifampicin 243, 670
Rikettsien 683
Rilsan 420
Rimantadin 125
Rindergalle 742
– Taurocholsäure 192
Rinder, Insulin 964
Rinderwahnsinn 972
5-Ring
– heteroaromatischer 793
– heterocyclischer aromatischer 753, 766–767
Ringaufspaltung 842
Ringbildung, intramolekulare 131
Ringe
– aliphatische 118, 731–732
– benzoide 675, 678
– heteroaromatische 824–825
– heterocyclische 92
– kondensierte 731
– *ortho*-kondensierte aromatische 661
Ringebene
– Benzenmolekül 514
– Symmetrieoperationen 66
Ringelektrode, Quadrupol-Ionenfallen 38
Ringerweiterung 596–597
Ringflip 474
Ringgröße 86
– Kronenether 186
– verbrückte Ringsysteme 125
5-Ring-Heterocyclus, Darstellung durch 1,3-dipolare Cycloaddition 795
Ringhomolog 925
Ringinversion 80, 83, 92–94
– Cyclohexan 109
– Cyclooctatetraen 161
– Methyldecalin 97
Ring-Ketten-Tautomerie 57
– Monosaccharide 468, 470
Ringkomponente
– größere 900
– kleinere 900
Ringkonformationen 91
ringöffnende Metathese-Polymerisiation (ROMP) 700–701
Ringöffnung 838
– basenkatalysierte 250
– Cyclopropan 117
– electrocyclische 159, 462, 739
– Epoxide 191
– konrotatorische 154–155, 162–163
– nucleophile 191
– oxidative 351
– Ringöffnungsmetathese 131–132
– säurekatalysierte 250
– Technische Darstellung von Ethylenglycol 185
– thermische 153–155
Ringöffnungspolymerisation, Polylactid 410
Ringschluss 776, 778
– Darstellung von Kronenethern 186
– electrocyclischer 153–154, 851
– intramolekularer 115, 355, 395
– konrotatorischer 851
– Ringschlussmetathese 131–132
– säurekatalysierter 710
– Steroidbiosynthese 735–736
Ringschlussprinzip 802
Ringschlussreaktion 805
Ringspaltung
– nucleophile 894–895
– oxidative 351
Ringspannung 88–89

– in Aromaten 688
– Cuban 121–122
– Cycloalkane 107
– Cycloalkene 130
– Cyclobuten 148
– Cyclohepten 149
– Cyclopropan 116
– Cyclopropen 147
– Olefin-Metathese 131
– Propellan 126
Ringstabilität 107
Ringstromeffekte 688–689
Ringsysteme
– anellierte 94–96
– aromatische 661–686
– benzanellierte 775
– bicyclische 899, 908
– diamantoide 99, 120
– – Gewinnung und Synthese 123
– – Reaktionen und Anwendung 125
– dibenzokondensierte 888
– kondensierte 94–96, 99, 899
– – Eigenschaften 118–119
– – gewinkelte 661
– kondensierte heterocyclische, Nomenklatur 900
– mehrgliedrige 139
– verbrückte 96, 118–120
– – Gewinnung und Synthese 122–123
– – Reaktionen und Anwendungen 125–126
– vollständig durchkonjugierte 662
Ringverengung 788–789
– Cyclohexanone 114
– Tropylium-Kation 695
Ringverknüpfungen 732
*Rink*-Amid-Linker 958
Ritalin® *s.* Methylphenidat
Rivaroxaban 814
Rivastigmin 439
Rizinusöl
– Oxidation 351
– Undecylensäure 420
RNA 873, 880, 979, 985–997
– Anfärben 890–892
– biologische Modifikationen 993–995
– Biosynthese 913
– chemische Modifikationen 996
– katalytische 996
– Synthese an der Festphase 988
RNA-Bande, Fluoreszenzzunahme 860
RNA-Doppelstrang, Interkalation 859
RNA-Interferenz 996
RNA-Nucleoside, konjugierte 995–996
RNA-Polymerase 670
RNase P 996
*Roberts, J.D.* 536
*Robinson*-Anellierung 734
*Robinson-Gabriel*-Synthese 812
*Robinson, R.* 514, 925, 937–938
– Ecgonin-Synthese 925
– Pseudopelletierin-Synthese 925–926
– synthetische Distilbenderivate 747
– Tropinon-Synthese 925
*Robiquet* 932
*Roccella* sp. 890
*Roche, J.* 952–953
rocking 40
Rodentizide 442, 613
*Roelen, O.* 319
Roggen 769, 977
Roggenteig 769
Rohalkaloid 925
Rohalkohol 178–180
Rohanthracen 791
Rohbenzin 130
– Butadiensynthese 157
Rohkaffee 769
Rohkresol 556–557
Rohölverarbeitung 101
Rohopium 933
röhrenförmiges Protein 971
Rohrzucker 495–497, *s. a.* Saccharose
– Aufbau 495
– Erhitzen 497
– Hauptvorkommen 495
– Hydrolyse 488, 495
– Isolierung von Saccharose 496
– Raffinosespaltung 499–500
Rohrzuckerinversion 497
Rohstoffe, nachwachsende
– Bioethanol 180
– Fermentation 350
– Kohlenhydrate 388
– auf Methanolbasis 182
– natürliche Fette und Öle 361–363, 388
ROMP *s.* ringöffnende Metathese-Polymerisiation
Rongalit 727–728
*Röntgen*strahlbeugung
– anomale 52
– Benzenstruktur 513
*Röntgen*strahlung 34
*Röntgen*strukturanalyse 52, 919, 968, 970
– Alkane 100
– Carbene 806
– Cholesterol 737
– Cyclodecan 110
– Cyclooctatetraen 160
– bei Elementaranalyse 4
– *E/Z*-Isomerie 81
– Kumulene 166
– transannulare Wechselwirkung 89
– Vitamin $D_2$ 737
*Roozeboom*, Pseudoracemate 76
ROS *s.* reaktive Sauerstoffspezies
Rosanilin *s.* Fuchsin
Rose 860
*Rosenheim-Wieland*sche Konstitutionsformel 737
*Rosenmund*-Reduktion 306, 377
Rosenöl 520, 704–705
Rosiglitazon 820
Rosmarinöl 709
Rost (Pflanzenkrankheit) 826
Röstaromen 873, 879
– Fleisch 200
Röstkaffee, Aroma 769
Rotalgen 757
– *Asparagopsis taxiformis* 215
Rotamere 56, 82, 390, 392
Rotationen
– Aktivierungsenergie 49–50
– Anregung 33
– *Fischer*-Projektion 70
– magnetisches Kernmoment 44–46
– Methylengruppe 154
– Pseudorotation 91
– als Symmetrieoperationen 65
– um Einfachbindungen 56
– – (*E/Z*)-Isomere 82
– – Peptide 98
– – Zahnradeffekt 62
Rotationsbarriere
– Biphenyl 639–640
– *cis-trans*-Isomerisierung 149
– *N*-alkyliertes Thioformamid 392
– *ortho,ortho'*-substituierter Biphenyle 639–640
Rotationsisomere *s.* Rotamere
Rotaxane 569–570
rote Blutkörperchen 759, *s. a.* Erythrozyten
Rotenon 845
rotes Palmöl 724–726
rot, Farbwahrnehmung 43
Rotklee 860
Rotwein 863
*Rouelle, H.-M.* 435
– Harnstoffisolierung 1
*Roussel*, Zahnradeffekt 62
*Rowland, F. S.* 220
– Ozonloch 220
RP-Phasen 8
RSCN (Thiocyanate) 264
RSNR'$_2$ (Sulfensäureamide) 264
RSOR' (Sulfensäureester) 264
*R/S*-System *s. CIP*-System
RSX (Sulfensäurehalogenide) 264
Rubeanwasserstoff 447–449
Ruberythrinsäure 678
*Rubia tinctorum* *s.* Krappwurzel
Rückbindung 298
$\pi$-Rückbindung 298
Rückseitenangriff
– *anti*-Addition 132
– Epoxidprotonierung 137
– $S_N2$-Reaktion 209

– verbrückte Ringsysteme 125
*Ruff*-Abbau 476–477
*Ruggli-Ziegler*sches Verdünnungsprinzip 115, 186–187, 566
*Ruhemann, S.* 663
*Ruhemanns* Purpur 43–45
*Runge, F. F.* 619, 753
*Runge*sche Chlorkalkreaktion 619
Runkelrübe *s.* Zuckerrübe
Ruthenium(VII)-Verbindung 886–887
*Rutherford-Bohr-Sommerfeld*-Atommodell 11
Rutin 860–861
Rutinose 860
Rutosid 860
Ruxolitinib 916
*Ruzicka*
– cyclische Sesquiterpene 716
– Dehydrierung von $\beta$-Selinen 723
– grobe Kohlenstoffringe 110, 115
– Terpene 703

**S**

S (Einbuchstaben-Code für Serin) 948
Saccharase 497
Saccharin 518
– Abbaubarkeit im Körper 547
– Lebensmittelzusatzstoffe 547
– Süßkraft 547
– Süßungsmittel 547–548
– Synthese 547, 605
– *p*-Tosylchlorid 548
Saccharose 495, 547, 961, *s. a.* Rohrzucker
– als Adsorbens 763
– Chlorierung 496
– 1,1'-Diacetalstruktur 481
– Eigenschaften und Struktur 495–496
– *Fehling*sche Lösung 495
– D-Glucose 495
– Hydrolyse 84
– Mutarotation 495
– Osazonbildung 495
– Oxalsäuresynthese 349
– Vollacetal 495
(+)-Saccharose 496–497
Saccharosepolyestergemisch 496
*Saccharum officinarum* *s.* Zuckerrohr
*Sachsse-Bartholomé*-Verfahren 169
Safran 722–723
Safrol 591
Saftdruck, Pflanzen 607
Sägebock-Darstellung 53–55
Salben, Glycerol 189
salen-Ligand *s. N,N'*-Bis(salicyliden)ethylendiamin
Salicin 519, 607
Salicylaldehyd
– Acetanhydrid 612
– Eigenschaften 590
– Oxidation 606
– *Reimer-Tiemann*-Reaktionsmechanismus 583–585
– Synthese 583–584
Salicylalkohol *s. a. o*-Hydroxybenzylalkohol
– Oxidation 606
– Spaltprodukt 607
Salicylsäure 519
– Acidität 606
– Antiseptika 606
– Calcium-Salz 332
– Fe(III)-Chelatkomplex 606
– Hydrierung 350
– intramolekulare, Wasserstoffbrücken 606
– Phytohormone 606
– technische Synthese 606
Salicylsäure-Bausteine 607
Salicylsäureester 606
Saligenin 606, *s. a. o*-Hydroxybenzylalkohol
Salmin 974
Salpetersäure 920, 952
– Darstellung von Kryptanden 186–187
– Dynamitproduktion 193
– Glycerolveresterung 262
– konzentrierte 216
– rauchende 537
Salpetersäureester 255–256
– Glyceroltrinitrat 262
– Struktur und Eigenschaften 257
Salpetersäurereagenz 825
salpetrige Säure
– Alkylester 266
– Anhydrid 228
– Desamierung 983
– Ester 256–258
– Säureamide 391
– Struktur und Eigenschaften 257
– als Zwischenprodukt 258
salvage pathway 982–983
Salzbildung
– Aminosäure 954–955
– Farbstoffe 43–45
Salze *s. a. Meisenheimer*-Salze
– innere 192, 944
– Ionenbindung 14
– *König*sche 838
– *Meerwein* 250
– *Seignette* 308
salzfreie *Wittig*-Reaktion 275–276
Salzsäure, konzentrierte 166
Salzsäuresekretion 807
Samen, Keimfähigkeit 829
Samenprotein, pflanzliches 971
SAMP 326
Sanddornbeeren, Vitamin C-Gehalt 492
Sandelholz 922
Sandelholzöl 718
*Sandmeyer*-ähnliche Reaktion 528–529
*Sandmeyer*-Reaktion 229, 630–631, 831
– Diazoniumsalze 630
Sandwich-Komplexe 698–699
– Ferrocen 699
sanfte Ionisierungsmethoden 37
*Sanger*-Reagenz, modifiziertes 75
*Sanger*-Sequenzierung 993
*Sangers* Reagenz 959
$\alpha$-Santalen 718
Sapogenine 750–751
– Diosgenin 734
– Struktur und Eigenschaften 721
Saponine 721
Sapropterin 910
Sapropterin-Hydrochlorid 910
Sarin 194, 262, 926, 940
Sarkosin 420, 444
Sartane 810, 830–831
Sattelpunkt 61–62
Sättigungsgefühl 963
Sauerklee 349
Sauermilchbereitung 497
Sauerstoff *s. a.* Ozon
– Aktivierung 760
– Bindung an Hämin 759
– Detektion 4
– Gemisch mit Methan 100
– Radikalbildner 140
Sauerstoffabsorption 570
Sauerstoffatome
– in Alkoholen 176
– Elektronenkonfiguration 14
– Kronenether 186
Sauerstoffbilanz, Octanitrocuban 122
Sauerstoffbindung, in Ölen 699
Sauerstoffbrücken 138, 752
sauerstofffrei *s.* anaerob
Sauerstoffmangel im Gewebe 633–634
Sauerstoffpartialdruck 760
Sauerstoffradikale 655–656, 761
Sauerstoffspeicher, Muskeln 975
Sauerstoffspezies, reaktive 789, 863–864
Sauerstofftransport, im Organismus 759–760
Säugetiere 761–762
Säulenchromatographie (SC) 8, *s. a.* Chromatographie
Säureamidbindung, intramolekulare 820
Säureamide 883, 917, *s. a.* Carbonsäureamide
– Abbau 446
– Invertomere 390
– Mesomeriestabilisierung 390
– *N*-alkylierte 390
– Nomenklatur 389
– *N*-substituierte Säureamide 389
– Reduktion 391
– salpetrige Säure 391
– schwache Basen 390
– schwache Säuren 390


S

- Strukturformeln 390
- Verseifung 390
Säureamidhydrazone 396
Säureamidsynthese 390–391
saure Aminosäure 950–951
Säureanhydride 768, 772
- aromatische Kohlenwasserstoffe 592–593
- Phenylester 556
saure Anilide *s.* Naphthol AS
Säureazide 954–955
- Abbau 446
- Cubansynthese 127
Säure-Base-Indikator 890
- Methylrot 45
Säure-Base-Katalyse, bifunktionelle 990
Säure-Base-Reaktion
- *Grignard*-Verbindungen 287
- Racemattrennung 75–78
Säurechlorid-Aluminiumchlorid-Komplex 592–593
Säurechloride 772, 955
- anorganische 595
- aromatische Kohlenwasserstoffe 592–593
- *rac*-Ketoprofen 77
- Phenylester 556
- Umseztung mit Pyridin 377
Säurechlorid-Methode 955
saure Farbstoffe 679
Säuregruppen, Topizität 86
Säurehalogenid 954–955
saure Hydrolyse 115, 959–960, *s. a.* Hydrolyse
- Alkylidenbernsteinsäurehalbester 355
- alkylierter Malonester 353–354
- Allylcyanid 359–360
- Digitoxin 749
- Ester 387, *s. a.* säurekatalysierte Veresterung
- Fette 185–186
- Fettsäuren 389
- Nitrile 395
- Synthese von Thiophenolen 199
- *Twitchell*-Verfahren 389
Säureimide 322–323
saure Initiatoren *s.* Initiatoren
säurekatalysierte Eliminierung 146–147, *s. a.* Eliminierung
säurekatalysierte Ringöffnung 250
säurekatalysierter Ringschluss 710
säurekatalysierte Veresterung 383–385
säurekatalysierte Wasserabspaltung 182, *s. a.* Wasserabspaltung
Säuren *s. a. Lewis*-Säuren; *s. a.* Carbonsäuren
- harte und weiche 25
- HSAB 21
- optisch aktive 715
- Racemattrennung 75–78
Säuresekretion 807
Säurespaltung
- *nach Vorländer* 344
- mit starken Laugen 429–430
Säurestärke 199, *s. a.* $pK_S$-Wert
- Alkohole 181, 198
- Ethin 168
- Substituenteneinfluss 343
- Thiole 198
Säurezahl 388
*Saytzeff, Alexander M.* 210
*Saytzeff*-Produkte 226
- Eliminierung 211
*Saytzeff*-Regel 147, 210
SBR *s.* Styrol-Butadien-Kautschuk
SBS (Styrol-Butadien-Styrol-Dreiblockpolymere) 728
SC *s.* Säulenchromatographie
$scCO_2$ (überkritisches Kohlendioxid) 728
Schablone, chirale 810
Schädel-Hirn-Trauma 744
Schädlingsbekämpfungsmittel 641
*Schaefer, F.C.* 894
Schafe 972
- Insulin 964
Schafgarbe 723
Schaukelschwingungen 40
Schaumgummi 726
Schaumstoffe 440
Schäumungsmittel 260
*Scheele, C. W.*
- aliphatische Hydroxydi- und tricarbonsäuren 404
- Apfelsäuregewinnung 404
- Brenzschleimsäure 768–769
- Citronensäuregewinnung 407
- Cyanursäure 894
- D,L-Milchsäure 403
- Experimente 1
- Glycerolsynthese 185
- Harnsäure, 903
- Pyrogallol-Gewinnung 567
schematische Raumstruktur *s.* Raumstruktur
*Schemjakin, M. M.* 683
*Schenck, G. O.* 627
- Ascaridol-Darstellung 711
Schierling 919
Schießbaumwolle 508–509
Schießwolle 36, 539
*Schiff, H.* 586, 650, 952
*Schiff*sche Basen *s. a.* Imine
- Azomethine 623
- [2+2]-Cycloaddition 587
- Darstellung tetrasubstituierter Imidazole 805
- bei *Doebner-von-Miller*-Chinaldinsynthese 848
- Eintopfsynthese, *Povarov*-Reaktion 587
- funktionelle Gruppe 23
- Ketone 326
- Kondensation, aromatischer Aldehyde mit primären Aminen 585–586
- Lithiierung 321–322
- und Polyacrylamiderzeugung 373
- aus primären Aminen 312
- qualitative Analytik 32
- Reaktionen 587
- Salicylaldehyd 590
- *Staudinger*-Reaktion 587
*Schiff*sche Probe, Aldehydnachweis 309
*Schiff*sches Reagenz 309, 650
Schilddrüse 949, 952–953, 974
Schilddrüsenhormon 952
- Biosynthese 442
Schilddrüsenhydrolysat 952
Schilddrüsenperoxidase 442
Schilddrüsentätigkeit, Störung 952
Schilddrüsenüberfunktion *s.* Hyperthyreose
*Schildknecht, H.* 607
Schilf 769
*Schill, G.* 569
Schimmelpilze 613
Schimmelpilzkultur 819
Schizophrenie 592, 822
*Schlack, P.* 419
Schlafmittel 787, 866–867, 881, 884–885
- Ureidklasse 441
Schlafmohnkapsel 931
Schlaf-Wach-Rhythmus 781–782, 807
schlagende Wetter 101
Schlammabsitzstoffe 104
Schlangenexkrement 903
Schlangengift 963
*β*-Schleife 971
schleimlösendes Mittel 949
Schleimsäure 768–769, *s. a.* Galactarsäure
Schleimstoffe 489, 506, 769
Schlempe 496
*Schlenk*-Gleichgewicht 286
*Schlenksen, W.* 656
*Schlenk, W.* 284
*Schlenk, W. jun.* 286
*Schlittler* 937
*Schlubach, H. H.* 526
Schlüssel-Schloss-Prinzip 732
Schlüsselverbindung, biogenetische 488
Schmelzpunkte *s. a. weitere spezifische Verbindungen*
- Alkane 102–103
- *n*-Alkane 103–104
- diamantoide Ringsysteme 120
- Dicarbonsäuren 342
- einwertige primäre Alkohole 178
- Enantiomerentrennung 75

– Fette 363
– Halogenalkane 204
– homologe Reihe 102–103
– isomere Octane 104
– Mescalin 520
– Methan 103
– Monocarbonsäuren 342
– Pyrazin 875
– Pyrazol 793
– Pyridazin 875
– Pyrimidin 875
– Taurin 192
– Tetraphenylhexapentaen 166
– Weinsäure 76
Schmelzspinnen 356
Schmerzmittel 935–936, 962
Schmerzsignal 781–782
Schmerzunterdrückung 858
Schmerzverarbeitung 962
Schmetterlinge, Farbpigment 909–910
Schmetterlingsblütler 845
Schmetterlingsflügel 908
*Schmidlin*-Verfahren 382
*Schmidt, C.* 465
*Schmidt*-Reaktion 226
*Schmidt, R. R.* 484
Schmieröle
– hochwertige 131
– Isobuten 144
– PE 142
Schmierseifen 364
*Schmitt, R.* 606
Schnabelbohne 977
Schnaps 180
Schneiden, autogenes 170
Schock
– anaphylaktischer 565
– septischer 565
*Schöllkopf*-Reaktion 886–887
Schöllkraut 931
*Scholz, F.* 564
*Schönbein, C. F.* 508
*Schöpf* 908
– Tropinon-Synthese 925
*Schotten-Baumann*-Reaktion 602
*Schrader*, G., chemische Nervenkampfstoffe 262
*Schrock*-Carbene 298, 700–701
*Schrock*, Olefin-Metathese 131
*Schrödinger*-Gleichung 11
*Schroeter, G.* 667, 675
*Schubert*, Darstellung von Butarien 164
Schuppe 969–970
Schuppenflechte *s.* Psoriasis
Schutzanstrich, Schiffe 296
Schutzgruppen 255, 278, 946, 955
– Abspaltung 947, 957–958
– Acetale 312
– basenlabile 665–666
– Benzyl- 494
– Boc 403
– Carbonsäuren 439
– Cytidinphosphoramidit 985
– für die Aminogruppe 946–947
– für die Carboxygruppe 947
– DMT 988
– Entfernung *s.* Entschützung
– Hydroxygruppen 476
– Orthogonalität 666
– Orthokohlensäureester 433, 439
– säurelabile 665 666
– selektive 480
– Silyl- 988
– Synthese von Nucleosiden 981
Schutzgruppenchemie 279
Schutzgruppenstrategie
– Festphasensynthese 494
– Oligosaccharide 494
– orthogonale 947
Schutzkleidung 617
Schwangerschaft, Bluthochdruck 953
Schwangerschaftsabbruch 748
Schwangerschaftshormon 744
Schwanz, in Terpenen 703–704
Schwanz-Schwanz(S-S)-Verknüpfungen
– Carotine 722
– Squalen 720
– Terpene 715–716
*Schwartz*-Reagenz 699–700
Schwarzafrikaner 975
*Schwarzenbach, G.* 421
schwarzer Pfeffer 920–921
– Hauptalkaloid 920
Schwefel 893–894
– aromatische Thiole 199
– Detektion 4
Schwefelatom
– asymmetrisch substituiertes 810
– Sulfinate 265
– als Zentralatom 810
Schwefelfarbstoff 576–578, 892–894
schwefelhaltige Aminosäure 949
Schwefelkohlenstoff 441–442, 806, *s. a.* Kohlenstoffdisulfid
– Chlorierung 215
– Synthese 105
– technische Darstellung 437
Schwefelsäure 256
– *Beckmann*-Umlagerung 162
– Biotransformation 261
– konzentrierte
– – Addition an Alkene 136
– – Ethanolsynthese 178
– – Ethensynthese 146
– Monoester 257
– Nitratnachweis 29
– rauchende 544
– Struktur und Eigenschaften 255
– Veresterung 191, 260–262
– Wasseranlagerung an Ethin 171
Schwefelsäurediester 258
Schwefelsäureester 255–256
– Gewinnung und Synthese 257
– homologe Reihe 256
– Lebensmittelindustrie 260
– Natriumsalze 260
– Struktur und Eigenschaften 255–257
Schwefelsäurehalbester 136
Schwefelsäureverfahren 136, 178, 179–180
Schwefelschwarz 889
Schwefelschwarz T 893–894
Schwefeltrioxid 544
– Gewinnung von Schwefelsäureester 257
Schwefelung 893–894
Schwefelvulkanisation 726
Schwefelwasserstoff
– Monoalkylderivate 175
– Reaktion mit Nucleinsäuren 984
– Thiolsynthese 198
Schwein 885–886
– Insulin 964
Schweineschmalz 363
Schweißen, autogenes 170
*Schweizers* Reagenz 507, 509
Schweratome, *Röntgen*strukturanalyse 52
schwer lösliche Substanzen, Reinigung 7
Schwermetallacetylide 168
Schwermetallcyanide 457
Schwermetalle, quantitative Analyse 443
Schwermetallkatalysatoren, selektive 172
Schwermetallrhodanide 450
– Oxidation mit Brom 453
Schwermetallvergiftung 817
Schwindel 926
Schwingungen, Anregung 33
Schwingungsebene, Licht 66–67
Schwingungsübergänge, UV/Vis-Spektroskopie 41
*Scilla maritima* 749–750
Scillaren A 749
Scillarenin 749
s-*cis*-Form 151
Scopolamin 29, 88, 923–924
Scopolamin-Derivat 926
SC-Phase, chirale 78
Scrapie 972
*scyllo*-Inosit 109–110
SDS (*sodium dodecyl sulfate*) 260
SDS-PAGE (*sodium dodecyl sulfate polyacrylamide gel electrophoresis*) 260
Sebacinsäure 351
Sec 949
*Secale cornutum* 938
Secalin 976–977
sechsgliedriger Heterocyclus 885
Sechsring 107
– benzanellierter 847
– diamantoide Ringsysteme 120


S

- mit drei Heteroatomen 873
- mit drei Stickstoffatomen 894
- mit einem Heteroatom 835
- Steran 731
- Steroide 118
- verbrückte Ringsysteme 118–119
- mit zwei Heteroatomen 873
Sechsring-Halbacetale 468, 472, *s. a.* Pyranosen
- D-Ribose 469, 473
sechswertige Alkohole *s.* Hexite
(5*Z*,7*E*,22*E*)-(3*S*)-9,10-Secocholesta-5,7–10(19),22-tetraen-3-ol *s.* Vitamin $D_2$
(5*Z*,7*E*)-(3*S*)-9,10-Secocholesta-5,7–10(19)-trien-3-ol *s.* Vitamin $D_3$
Secologanin 930
Sedativum 899, 915–916
Sedimentationskoeffizient, Ultrazentrifuge 968
Sedimentation, Ultrazentrifuge 968
Sedimentgestein 761
*Seebach*-Reagenz 288–289
*Seeboth, H.* 671
Seetang 215
Sehne 970
Sehprozess, Rolle von Retinol 718
Sehpurpur *s.* Rhodopsin
Seide 948
- Farbstoffe 43
- Färbung 891
Seidenfaser 948
Seidenfibroin 969–970
- Hydrolyse 421–422
Seidenspinner 184, 969–970
Seifen 364–365, 388, 667
Seifenherstellung 750
Seifenkraut 750
*Seignette*-Salz 308, 411
Seitenketten 944
- isoprenoide 575
- Steran 731
Seitenkettenhalogenierung 532–533
Sektorfeld-Analysator 39
Sekundäracetat 509
sekundäre Alkohole *s.* Alkohole
sekundäre Amine 228
sekundäre Carbokationen *s.* Carbokationen
sekundäre Gallensäuren *s.* Gallensäuren
sekundäre Kohlenstoffatome *s.* Kohlenstoffatome
sekundärer Pflanzeninhaltsstoff 917
sekundäres Amin 757, *s. a.* Amine
- Morpholin 885
sekundäres Carbeniumion *s.* Carbeniumion
Sekundärmetabolit 754, 848
Sekundärozonid 139
Sekundärstruktur *s.* Doppelhelix; *s.* Nucleinsäuren; *s.* Proteine
Selbstassemblierung, amphiphiler Moleküle 364
Selbstentzündung, Phosphine 272
L-Selectride 314
(*R*)-Selegilin 174
Selektin 977
selektive Extraktion *s.* Extraktion
selektive Herbizide 550
selektive Hydrolyse 480
selektive Inhibitoren *s.* Inhibitoren
selektive Lösemittel *s.* Lösemittel
selektiver Estrogen-Rezeptor-Modulator 790
selektive Schwermetallkatalysatoren *s.* Schwermetallkatalysatoren
Selektor, Massenspektrometer 36–37
Selen, Dehydrierung von Cholesterol 736
Selenocystein 949
- proteinogene Aminosäure 943–944
Selenylierung 949
SELEX-Verfahren (Systematische Evolution von Liganden durch exponenzielle Anreicherung) 996–997
*β*-Selinen 717
- Synthese 723
*Seliwanow*-Reaktion 30, 769–770
- positive 770
Sellerieöl 717
Semicarbazid 437
Semicarbazidhydrochlorid 313
Semicarbazone 313, 326
- Darstellung 437
Semichinon-Anionen 657
- Mesomeriestabilisierung 575
Semichinone 575
Semidurochinon 575
semipolare Einfachbindungen 257
*Semmler,* Terpene 703
Senfgas 253
Senföle 450, 452
Senfsamen 450
Sennesblätter 676
Sennoside 676
Sensibilisator 821
- Benzoesäuremethylester 149
Sensibilisierungsfarbstoffe 821
Sensortechnik 755
Sephadex-Gele 503
septischer Schock 565
Sequenz
- alternierender L- und D-Aminosäurereste 966
- Aminosäuren *s.* Aminosäuresequenz
- Peptide *s.* Peptidsequenz
Sequenzanalyse 946
- Peptide 957–960
Sequenzierung *s. a. Gilbert-Maxam*-Sequenzierung; *s. a. Sanger*-Sequenzierung
- Bisulfit- 984
- DNA- 993
- enzymatische 993
- Nucleinsäuren 992–993
- PCR 987–988
Sequenzierungsverfahren, automatisiertes 959–960
Ser 948
Sericin 969–970
Serin 193, 974–975
- *Fischer*-Nomenklatur 70
- Grenzen der *Fischer*-Nomenklatur 71
- katalytisch aktives 965–966
D,L-Serin 948
L-Serin 563
L-(−)-Serin 948–949
Serinesterase 948
Serinhydrazid 243
Serinphosphorsäure 974–975
Serin-Protease 965–966
Serin-Seitenkette 974–975
SERM *s.* selektiver Estrogen-Rezeptor-Modulator
Serotonin 781–782, 940
Serotonin-Antagonist 801
Serpasil® 940
*Serratia marcescens* 754
*Sertürner* 933
Serumalbumin, menschliches 973–974
Serumglobulin 963, 974
Sesquiterpenalkohole, acyclische 716
Sesquiterpene 97, 118, 715
- bicyclische 716–717
- dimere 670
- Gewinnung und Synthese 723–724
- monocyclische 716–717
- Struktur und Eigenschaften 716
- tricyclische 718
Sesquiterpenlactone 692–694
Sesselkonformation 80, 91–92, 474
- *Cope*-Umlagerung 156
- Cyclohexan 109
- Dialkylcyclohexan 94
- diamantoide Ringsysteme 120
- D-Glucose 472, 474
- Steroidhormone 732
- Substituenten 474
- 1,3-Wechselwirkungen 474
$^1C_4$-Sesselkonformation 474
$^4C_1$-Sesselkonformation 474
Sessel-Sessel-Konformation 96–97
Sessel-Wanne-Sessel-Konformation 736
Sesterterpene 715
SET (*single electron transfer*) 903
- *Grignard*-Verbindungen 656–657
Setron-Gruppe 781–782
Seveso-Gift 888

Sevin® 439, 448, *s. a.* Bhopalkatastrophe
Sextettformel 795–796
Sexualhormone 741, 744–747
– Pregnan 734
*Shapiro*-Reaktion 326
*Sharpless, B.* 412, 930–931
*Sharpless*-Dihydroxylierung 884, 930–931
– enantioselektive 476
*Sharpless*-Epoxidierung 78
*Sharpless*-Reagenz, enantioselektive Reaktion 412
*Sheehan* 947, 955–956
SH-Gruppe *s.* Thiolgruppe
*Shift*-Reagenzien 48
Shikimisäure 525
*Shirakawa, H.*, leitfähige Polymere 171
Sialidasen 491
Sialinsäuren 489
– Abspaltung 491
Sichelzellenanämie 975
Sicherheitswesten 617
sichtbares Licht 34, 761
– violetter Anteil 761
Siderophore 395–396, 563
Siebenring, benzanellierter 847
Siedebereich, Rohbenzin 130
Siedediagramm, binäres Gemisch 6
Siedepunkte *s. a. weitere spezifische Verbindungen*
– Alkane 102–103
– *n*-Alkane 100, 103–104
– Alkohole 176–178
– Alkylhalogenide 205
– Carbonsäureanhydride 378
– Carbonsäuren 340
– Cyclobutan 109
– Cyclobuten 148
– Cycloheptatrien 159
– einwertige primäre Alkohole 178
– Enantiomerentrennung 75
– fluorierte Kohlenwasserstoffe 217
– Halogenalkane 204
– homologe Reihe 102–103
– mehrfach halogenierte Methanderivate 213
– mehrwertige Alkohole 185
– Methan 103
– Methylendichlorid 213
– Monocarbonsäuren 341
– Monohalogenbenzene 527
– Nutzung bei Destillation 6
– Pyrazin 874–875
– Pyrazol 793
– Pyridazin 874–875
– Pyrimidin 874–875
– Tetrachlorethen 170
– Thiole 198
$\sigma$-Bindung *s.* Bindungen
sigmatrope [1,7]-H-Verschiebung 739
sigmatrope Umlagerung *s.* anionotrope Umlagerung; *s.* Umlagerung
$\rho$-Werte *s.* Reaktionskonstanten
$\sigma$-Orbital *s.* Orbitale
$\sigma$-$\pi$-Modell 168
Signalkaskade 970–971
Signalmoleküle 413, 964–966
Signalverstärkungen, Kern-Overhauser-Effekt 48
Sikkative 372
Silage 407
Silan 255, 277
Silandiole 280
Silberacetat 352
Silberacetylid 168–169
Silberazide 308
Silbercarboxylate 352
Silbercyanid 394
Silber, Epoxidierung von Ethen 136–137
Silberfluorid 217
Silberfulminat 445
Silberhalogenidemulsion 577
Silberhalogenidemulsion, photographische 821
Silberhydroxid 406
Silberkomplexe, explosive 184
Silberkontakt, Luftoxidation von Ethylen 191
Silbernitratlösung, ammoniakalische 308
Silbernitrit 270
Silbersalze, aliphatische Carbonsäuren 205
Silbersalzlösung, ammoniakalische 541
Silberspiegel 308
Sildenafil 899, 914, 935
Silicium
– Schutzgruppenchemie 279
– $\alpha$- und $\beta$-Effekt 278
siliciumhaltige Organyle 255
siliciumorganische Verbindungen 277–280
– Gewinnung und Synthese 277–278
– Reaktionen und Anwendungen 278–280
– Struktur und Eigenschaften 277
Silicone 255, 277
– Anwendungen 280
– Herstellung 280
Siliconharze 280
Siliconkautschuk 280
Siliconöle 280
Siloxanelastomer *s.* Siliconkautschuk
Silylenolether 329, 981
Silylgruppe 278
– Phosphoramidite 988
– stabilisierende Wirkung 278
Silyl-Schutzgruppen 279
*Simmons-Smith*-Reaktion 110–112, 169, 215–216, 290–291, 462
*Simons*, Elektrofluorierung 217
*simplified molecular input line entry specification* *s.* SMILES
*Simpson, J. Y.*, Chloroform 213
Simvastatin, Arzneistoffe 413
Sinapinalkohol 524–525
*single electron transfer* *s.* SET
*single occupied MO* (SOMO) 155–156
– *Cope*-Umlagerung 156
– elektrocyclische Öffnung von D-Provitaminen 739
Singulett-Carbene 298, 460, 806
– *syn*-Addition 462
– Insertionsreaktionen 461
Singulett-Nitrene 460
Singulett-Sauerstoff 711–712, 785
Sinigrin 450–451
sinister 72
$SiO_2/Al_2O_3$-Katalysator 754
siRNAs (*small interfering* RNAs) 996
*Si*-Seite 84, 367–368
Sitagliptin 965
$\beta$-Sitosterol 738
skalare Kopplung *s.* Kopplung
Skatol 775
– Synthese 777
Skatylacetamidomalonester 780–781
Skelettformel 55
– *n*-Alkane 100
Skelettisomere 54–56
*skew* 58
*skew*-Pentan-Effekt 62
*Skita*, Reduktion von Alkenen 139
Skleroprotein 969
Sklerose, multiple *s.* multiple Sklerose
*Skoog* 906
Skorbut 491–492
*Skraup*, Chinolin-Struktur 929
*Skraup*-Synthese
– Chinolin 848
– Oxin 855
$\alpha$-Silylcarbanion 279
*Smalley, R. E.* 683
*small interfering* RNAs (siRNAs) 996
SMILES (*simplified molecular input line entry specification*) 54–55
*Smith, E. L.* 764
SMR (*Standard Malaisian Rubber*) 727
SNARE-Proteine 194
*Snell* 840
$SO_2Cl_2$ *s.* Sulfurylchlorid
$SO_2$-Detektion 4
$SO_3$ 544
– maskiertes 544
S—O-Bindungen 255–257
S=O-Bindungen 255–257
*Sobrero*, Glyceroltrinitrat-Synthese 262
$SOCl_2$ *s.* Thionylchlorid
*Söderbäck, E.* 453

S

*sodium dodecyl sulfate* (SDS) *s.* Natriumdodecylsulfat
*sodium dodecyl sulfate polyacrylamide gel electrophoresis* (SDS-PAGE) 260
S=O-Doppelbindungen 251–252
$S^+$—$O^-$-Einfachbindungen 252
Sohio-Verfahren 372
Sojabohne 860
– Diosgenin 751
– Stigmasterol 738
Sojaöl 738
Solanaceae *s.* Nachtschattengewächse
Solanidin 751–752
Solarzellen, organische 786
Solarzellentechnik 755
*soluble N-ethylmaleimide-sensitive-factor attachment receptor* *s.* SNARE
Solvathülle 14
solvatisierte Elektronen 667–668
Solvatisierung
– Ammonium-Kation 222
– und Säurestärke 199
Solvatochromie 44
Soman 262, 926
*cis/trans*-Isomerisierung 303
*Sommelet*-Reaktion 580–581, 584
Sonnenempfindlichkeit 761
Sonnenlicht, Vitamin-D-Synthese 162–163
Sonnenschutzmittel 604–605
*Sonogashira*-Kupplung 139, 302, 643
(*R,S*)-*N*-Isopropylnoradrenalinsulfat, *s.* Isoprenalin
Sorbens 7–8
Sorbinsäure
– Konservierungsmittel 360–362
– Synthese 360–362
– Vorkommen 360–361
D-Sorbit 476, 478, 488
Sorbit(ol) 189, 197–198
D-Sorbitol 492, *s. a.* D-Sorbit
(+)-Sorbose 471
D,L-Sorbose 475
L-Sorbose 492
L-(−)-Sorbose 488
*Sorbus aucuparia* 361
Sotolon 948
*Soubeiran,* Iofodorm-Reaktion 214
*space-filling model* 55
*space formula* *s.* Stereoformeln
Spalt, synaptischer 194, 926
Spaltung
– basenspezifische 992
– enzymatische *s.* enzymatische Spaltung
– glycosidische Bindung 990
– heterolytische
– – C—X-Bindung 208
– – E1-Eliminierung 209–210
– – O—H-Bindung 181
– homolytische 533
– – Arylmethane 644
– – Brommolekül 534
– hydrolytische
– – Fettsäureester 388
– – Fettsäuren 389
– oxidative 188, 479
– photolytische 219
– pyrogene 382
– reduktive 637
– thermische *s.* Cracken
α-Spaltung, Ketone 327
Spandex 440, *s. a.* Elastofasern
Spannung
– ekliptische 89
– sterische 684–685
Spargel 911–913
– Geruch 200
(−)-Spartein 928
– Vergiftung 929
(−)-Spartein-assistierte Deprotonierung 928–929
Spasmolytikum 926
– muskulotrop wirkendes 858
*Späth, E.* 520, 933
Speed 522, *s. a.* Amphetamin
Speichelfluss 922
Speisearomen, Vanillin 590
Speiseessig 352
Speise, zuckerhaltige 964
Spektralbereiche 34, 42–43
Spektrometrie 33
Spektroskopie 33
– CD- 4
– dynamische NMR- 49–50
– heteronucleare Korrelations- 49
– hochauflösende Massen- 4
– IR- *s.* IR-Spektroskopie
– Massen- 3–4, 35–40, 968
– Mikrowellen- 34
– nasschemische Analytik 33–52
– nichtdispersive Infrarot- 4
– NMR- *s.* NMR-Spektroskopie
– Photoelektronen- 34
– *Raman*- 34, 40
– Tandemmassen- 36
– UV/Vis- 34, 41–44
spektroskopische Daten, Checkliste 3
Spektrum 33
– antibakterielles 820
Spermatozoenreifung 744
spezifische Drehung 67–68, *s. a.* Rotationen
– L-(−)-Äpfelsäure 404
– D-Glucose 468–469
Sphäre *s. CIP*-System
sphärisch anellierte Polyquinane *s.* Polyquinane
Sphäroprotein 969–971
– Albumin 973–974
– Charakterisierung 971
Sphingomyeline 193–195
Sphingosin 193
*Spiegel* 937
Spiegelung 65
Spin *s. a.* Kernspin
– Molekülorbitale 16
Spina bifida 911–913
Spinat 911–913
Spindelbaum 198
Spin-Multiplizität 47
Spinnennetz 969–970
Spinnennetzfäden 617
Spinnentiere 890
Spinquantenzahl 12
Spin-Spin-Kopplung 46–47
Spirane 99, 118
– Gewinnung und Synthese 122
Spirangerüst 717
Spirituosen 180
Spiro[3.3]heptan-2,6-dicarbonsäure 118
Spiro[3.3]heptan-2,6-dicarbonsäuredimethylester 122
Spirostan-Typ 750
Spirosystem 750
Spontaneitätsverlust, Verfallserscheinung bei Cocainismus 927
Sportverletzungen, Vereisung 212
Sprayverfahren, MS-Ionisierung 38
Sprengstoffe 537
– Dynamit 193
– kommerzielle 262–263
– Nitroguanidin 443–444
– Octanitrocuban 122
– Pikrinsäure 560–561
– Sicherheitssprengstoff 538
– Strukturformeln 538
– 1,3,5,7-Tetranitro-1,3,5,7-tetrazocan 318
– 1,3,5-Trinitro-1,3,5-triazinan 318
Spritzgussverfahren
– fluorierte Polymere 218
– HDPE 143
Sprue 977
Sprühdosen 101
Spulwurm 885–886
Spurensicherung, kriminaltechnische 884
Squalen 735
– Struktur und Eigenschaften 720–721
– Synthese 724–725
Squalenepoxid 735–736
Squalenepoxidcyclase 735
Squalenoide 720–721, *s. a.* Triterpene
SSS-Regel 532
Stäbchenmodell 55
Stabelektroden, Quadrupol-Falle 38–39
Stabilisatoren
– monomere Vinylverbindungen 141
– PVC 145

Stabilisierung
- aromatische 687, 695–696
- Mesomerie 26–27
- stereoelektronische 213
Stabilität
- Alkylradikale 206
- anorganische Metallkomplexe 21
- Carbeniumion 134–135
- (*E/Z*)-Isomere 82
- Nucleinsäuren 988–990
- thermodynamische Kontrolle 152
staggered 58
Stammverbindungen
- Alkane 99, 102
- Porphyrine 758
- Purine 901
- Thioindigofarbstoffe 789
Standardbildungsenthalpie 125
Standardheparin 506
*Standard Malaisian Rubber* (SMR) 727
Stangenbenzin 144
Stannane 283
Stapelung, sandwichartige 863
Stärke 465
- alkoholische Getränke 180–181
- Assimilationsprodukt grüner Pflanzen 500–501
- Bierbrauen 180
- Energiespeichermolekül 500–501
- enzymatischer Abbau 474, 501
- D-(+)-Glucose 488
- α-Glucose-Bausteine 474
- α-glycosidisch verknüpfte D-Glucosemoleküle 500–501
- Hexosen 488
- Iod-Stärke-Reaktion 28, 501
- optische Aktivtiät 501
- Photosynthese 465
- sauere Hydrolyse 501
- Wasserlöslichkeit 501
Stärkegewinnung 501
Stärkekleister 501
Stärkemehl 501
Stärkespaltung 474
*Starks*, Phasentransferkatalyse 212
Starlix® 966
starre Moleküle *s.* Moleküle
Start-Aminosäure 957–958
Startreaktion
- Photochlorierung von Alkanen 205–207
- radikalische Kettenreaktion 135–136, 534
*Stas-Otto*-Trennungsgang 28
Statine 413, 976
stationäre Phasen 7–8, 707
statistische Copolymerisation 727–728
*Staudinger, H* 382, 500
- Konstitution von Ozoniden 138
*Staudinger*-Reaktion 226, 242–243, 383
- *Schiff*sche Basen 587
Staurosporin 786
*steam cracking* 515–516
- Alkensynthese 130–131
- Butadiensynthese 157
*steam reforming s.* Dampfspaltung
Stearinsäure 349
- Vinylestersynthese 172
Stearinsäureester 363, 388
Stearinsäurevinylester 172
Stearolsäure 169–170
Stechapfel 923
*Stedman, E.* 937–938
*Steglich*-Veresterung 377, 602
Steifheit, HDPE 143
*Stein* 957–959
Steinkohlenteer
- Acenaphthen 669–670
- Acridin 847
- Alkylbenzene 517
- Anilin 619
- Anthracen 674
- Anthracenöl 680
- aromatische Kohlenwasserstoffe 515–516, 661–662
- Chinolin 847
- Cumaron 788
- Fluoren 664
- Hauptfraktionen 515–516
- Heterocyclen 790
- Inden 662–663
- Indol 776
- Leichtölfraktion 518
- Naphthalen 666
- Picoline 839
- Pyrrol 753–754
- Rohanthracen 791
- Rohbenzinfraktion 157
- Styrol 523
- Xylenole 556–557
*Steitz*, Ribosom-Strukturaufklärung 996
α-Stellung
- Chloridanion 153
- Naphthalen 668
Stellungsisomere *s. a.* Regioisomere
- Aminobenzoesäuren 604–605
- Anthracenderivate 674
- Dihydroxybenzene 563
- Naphthalen 666
- Substituenten 516
- Toluen 556–557
- Trihydroxybenzene 563
- Xylen 516–517
*Stephen*-Reduktion 581
Steran 118, 731
*Sterculia foetida* 148
Sterculinsäure 148
- Darstellung aus Stearolsäure 169
Stereochemie 53–98
- Cycloalkane 88–97
- Eliminierung 211
- nucleophile Substitution 209
- Steroide 118
Stereodeskriptoren, D- oder L-Reihe 466
stereoelektronische Stabilisierung *s.* Stabilisierung
Stereoformeln 53–55
stereogenes Zentrum 63–65
- *CIP*-System 72
stereoheterotope Liganden 392
Stereoisomere 54–56
- Aldotetrosen 467
- Anzahl 467
- Decaline 94–97
- 2,3-Diphenyl-3-hydroxypropionsäure 610
- Epoxide 137
- Hexite 197
- Ketosen 467
- Pentite 197
- Threit 196
- Weinsäure 76
Stereoisomerie
- Biotin 810
- Diastereoisomerie 79–84
- Invertomere 390
stereoreguläre 1,4-Verknüpfung 642
stereoreguläre Polymerisation 728, *s. a.* Polymerisation
stereoselektive Addition 367–368
stereoselektive Epoxidierung 584–585
stereoselektive Polymerisation 700–702
stereoselektive Substitution 929
stereoselektive Synthese 75–79, 357, 810
- Äpfelsäure 411
- asymmetrische Epoxidierung 412
- asymmetrische Induktion 474
- Carvone 712
- chirale Auxiliare 707, 715
- *chiral pool* 492
- *er*-Wert 68
- Nachbargruppeneffekt 405–407
- *N*-Glycoside 482–483
- sekundäre Alkohole 712–713
- *Walden*-Umkehr 405–407
- Weinsäure 411
stereoselektive Totalsynthesen 709
stereoselektive α-Alkylierung 326–327
Stereoselektivität
- alkylsubstituierte Alkene 139
- chirale Ammoniumsalze 212
- Cycloheptatriensynthese 160
- [1,5]-H-Verschiebung 154–156
- thermische Ringöffnung 153
- *Woodward-Hoffmann*-Regeln 154
Stereoskriptoren 467
stereospezifische Synthese 481
Stereospezifität, *Beckmann*-Umlagerung 596
Sterilisation, medizinische Geräte 191

S

Sterine *s.* Sterole
sterisch anspruchsvoller Substituent 806, 884, 887
sterische Abschirmung
- 2,6-ständige Substituenten 601
- chirale Weinsäureester 412
- Photochlorierung von Alkanen 206
- Tetrahedran 121
- Triphenylmethanol 648
- Tritylradikal 654–655
sterische Behinderung, Rotation um C—C-Achse 639, 644
sterischer Einfluss 102
- Cyclobutan 109
- elektrocyclische Öffnung von D-Provitaminen 739
sterische Wechselwirkungen
- in Aromaten 687–688
- Biphenyl 639
- Tetraphenylethan 653–654
*Sternbach, L.* 867–868
Sternrußtau 826
steroidale Antibiotika 745
steroidale Entzündungshemmer 743
Steroidalkaloide 751
Steroide 731–748
- antibakterielle 745
- Ausscheidung 741
- Biosynthese 735, 747–749
- Decaline 97
- essenzielle 807
- flüchtige 746
- Gewinnung und Synthese 734–735
- Gonan 99
- Grundgerüst 118
- herzwirksame 748
- mit $\alpha$-Hydroxyketon-Strukturelement an Ring D 829
- IUPAC-Nomenklatur 118–119
- *cis*-Konfiguration 732
- Konformation 731–734
- Lipidcharakter 731
- Nachweisreaktion 829
- Nomenklatur 731–734
- pflanzliche 734
- Phenanthrenskelett 681–682
- photometrische Quantifizierung 829
- Rezeptor-Antagonisten 747
- Ringverknüpfungen 732
- und Triterpene 720–721
- Trivialnamen 733
- TTC-Reaktion 829
- vereinfachte Projektion 96
- Vitamin-D-Synthese 162–163
Steroidhormone 732, 741–749, 964–965
- Genexpression 741
- niedere Organismen 746
- Partialsynthese aus Sapogeninen 750–751
- Partialsynthese aus Stigmasterol 738
Steroidsapogenine 750–751
Steroidvitamine 739–740
Sterole 736
- Fusidinsäure 745
- gesättigte, Konformation 732
- strukturelle Einteilung 736
*Stetter, H.* 344
Stibine 273
Stickstoff
- achtfach nitrierte Verbindungen 121
- Detektion 4
- einbindiger 460
Stickstoffabspaltung
- Diazenylradikal 630–631
- Diazoniumsalze 630
Stickstoffatmosphäre, Synthese großer Kohlenstoffringe 115
Stickstoffatom
- äquivalentes 794
- chirale Oxime 73
- Diazin 873–874
- Elektronenkonfiguration 14
- elektronenschiebendes 463
- freies Elektronenpaar 222
- $sp^2$-hybridisiertes 775, 821–822, 824–825, 873–874, 894
- Inversion 82, 83–84
- in Polymethinkette 43
- quartäres 818–819
- quarternäres positiv geladenes 926
- Quarternisierung 821–822
- vierbindiges 628
Stickstoffbilanz 953–954
Stickstoffbrücke 751
Stickstoffderivate 436
Stickstoffdüngemittel
- Calciumcyanamid 454
- Nitrifikationshemmstoffe 454
Stickstoff-Heterocyclus 821
Stickstofflaser, MS-Ionisierung 37
Stickstoff-Lost-Derivate 983
Stickstoffmonoxid 827, 961
- enzymatische Freisetzung 950
- Neurotransmitter 444, 950
- retrograder Botenstoff 950
Stickstoffnucleophile 313
Stickstoffradikale 655–658
Stickstoffverbindungen
- aliphatische 221–244
- aromatische 619–638
Stickstoffwasserstoffsäure 226, 829
- Carbonylverbindungen 226
- Cyclohexanon 829
- Derivate 239
Stickstoff-Ylide 234
- aromatische 697
Stiefmütterchen 860
Stierhoden, Isolierung von Testosteron 745
Stigmasterol 736, 738
Stilben 632, 790
- *cis-trans*-Isomerie 523
- *Grignard*-Reaktion 523
- Reaktionen 523–524
- Strukturformel 522
Stilbenderivate
- Diazoniumsalze 631–632
- Fluorophore 524
Stilbendibromid 526
Stilbenfarbstoffe 524
*Stille*-Kupplung 291, 302
*Stille*-Reaktion 295
Stinkbäume 148
Stipitatsäure 696–697
*Stobbe*-Kondensation 913
- Bernsteinsäurediethylester 355
stöchiometrische Masse *s.* Masse
*Stockholmer* Konvention 641, 791
Stoffeigenschaften, funktionelle Gruppen 21
Stoffe, organische 1–3
Stoffgemische 2–3
Stoffklassen
- funktionelle Gruppen 21
- organische Strukturlehre 53
- qualitative Analytik 27
Stoffwechsel
- Adeninabbau 904
- Bakterien 913
- Citratcyklus 407
- Citronensäure 407
- Fettsäurebiosynthese 348
- Folsäure 913
- Glucocorticoide 742
- Glucosestoffwechsel 742
- Guanosinabbau 904
- Hyperthyreose 442
- Hypoxanthin-Oxidation 902
- Inosinabbau 904
- Kohlenhydrateabbau 465
- Kohlenhydratstoffwechsel 742–743
- Lipidstoffwechsel 742
- menschlicher 403
- Proteine 742, 903
- Purin 904
- Pyruvat 423, 427
- Schimmelpilze 613
- Transfette 360
- Xanthin 902
- Xanthosinabbau 904
Stoffwechselprodukte
- Körper 261
- Mikroorganismen 503
stoffwechselregulierendes Hormon 952
Stoffwechselvorgänge 488
- Regulation, Fettsäuren 362
$\Delta_4$-Stoffwechselweg 743

$\Delta_5$-Stoffwechselweg 743
*Stoll, M.*
- Alkaloide 938
- große Kohlenstoffringe 115–116
Stork, G. 589
*Stork*-Reaktionen 328
Strahlung
- elektromagnetische 33–35
- *γ*- 34
- mutagene Wirkung 992
- *Röntgen*- 34
Strangbruch 990–991
s-*trans*-Form 151
*Strating*, Pyran-Synthese aus Glutardialdehyd 843–845
Stratosphäre 434
- $^{14}C$-Isotop 434
- Ozonschicht 207, 219
*Straus, F.*, Darstellung von Butarien 164
*Strecker, A.* 443, 948
*Strecker*-Abbau 485, 663, 879
*Strecker*-Synthese 311, 944–945
- *α*-Aminosäuren 416–417
- EDTA-Synthese 421
- D-Glucosamin 489
Streckschwingungen 40
- Acetylsalicylsäure 41
Streptavidin 810
Streptidin 109
- Streptomycin 499
Streptobiose 499
*Streptococcus*
- *lactis* 407
- *thermophilus* 407
*Streptomyces* 820, 890
- *avidinii* 810
- *garyphalus* 814
- *griseus* 499, 764
- *staurosporeus* 786
- *venezuelae* 542
*Streptomyces*-Arten 966–968
*Streptomyces* sp. 678
*Streptomyces*-Stämme 682–683
Streptomycin 443, 499
- Antibiotika 489
- Streptidin 499
- Streptobiose 499
Stresshormone 564–565, 742–743
Stress, oxidativer 761
Strichformel 53–55
Strophanthidin 749–750
*Strophanthus* 749
*structural genomics* 971
Struktur
- dachförmige 121
- Elektronenhülle 11
- organische Verbindungen 53–98
- pyramidale 125
- Ursprung des Begriffs 53
Strukturäquivalent, bioisosteres 830
Strukturaufklärung, direkte Methoden 44
Strukturformel 53–55
Strukturgenomik 971
Strukturisomere
- [10]-Annulen 688
- Alkylgruppen 102
- Butan 100
Strukturisomerie 915
- Heterocyclus 793
Strukturproteine 969
- *α*-Keratin-Typ 970
- Kollagen-Typ 970
- Seidenfibroin-*β*-Keratin-Typ 969–970
Strychnin 776, 938
(–)-Strychnin 938
Strychnin-Alkaloid 933
Strychninvergiftung 940
Strychnos-Alkaloide 938, 940
*Strychnos nux vomica* 938
Stützgewebe 970
Styphnate 539, 566
Styphninsäure 539, 566
Styrax 523
Styren *s.* Styrol
*styrene butadiene rubber* *s.* Styrol-Butadien-Kautschuk
Styrol 789
- Butadien 523
- Divinylbenzen 523
- Ethylbenzen 523
- *Friedel-Crafts*-Alkylierung 523
- Isobenzensynthese 166–167
- Leichtölfraktion 515
- *Natta*-Verfahren 143
- petrochemische Industrie 133
- aus 1-Phenylethanol 191
- Polymerisation 144, 522–523
- Regioselektivität der Zweitsubstitution 531
- Steinkohlenteer 523
- Strukturformel 522
- Styropor 523
Styrol-Butadien-Kautschuk (SBR) 133, 523, 727–728
Styrol-Butadien-Styrol-Dreiblockpolymere (SBS) 728
Styropor 523
Suberinsäure 115, 149, 351
- aus Cyclooctatetraen 162
Sublimation 7
Substantivfarbstoff 524
Substanzen
- körpereigene 975–976
- körperfremde 975–976
- organische 6
- schwer lösliche 7
Substanzgemische, präparative Trennung 8
Substanzreinigung, Phasendiagramm 7
Substituenten
- auxochrome 678
- axiale 474, 732
- dirigierender Einfluss 529
- elektronenschiebende 529–530, 669
- elektronenziehende 529–532, 543, 669, 795
- mit +M-Effekt 831
- M-Effekte 26–27
- Prioritäten 367, 640
- 2,6-ständige 601
- sterisch anspruchsvolle 806
- Steroide 732
Substituenteneffekt, capto-dativer 778
Substituenteneinflüsse, elektronische 529–530
Substituentenkonstanten 600–601
substituierte Allene *s.* Allene
substituierte Furane 767
*p*-substituierte Phenole 558–559
Substitution 208
- an Methylgruppe 134
- Brückenkopfatome 125
- elektrophile *s.* elektrophile Substitution
- elektrophile aromatische *s.* elektrophile aromatische Substitution
- Ethen 144
- intramolekulare nucleophile 685
- *ipso*- 543, 560
- nucleophile *s.* nucleophile Substitution
- nucleophile aromatische *s.* nucleophile aromatische Substitution
- Pd-katylsierte Kreuzkupplung 139
- Peroxidkatalysatoren 205
- radikalische *s.* radikalische Substitution
- stereoselektive 929
Substitutionsreaktionen 511, 545
- aromatische 532, 536
- Einführung eines Zweitsubstituenten 529–532
- elektrophile aromatische 620
- nucleophile 225
- nucleophile aromatische 620
- ohne Konfigurationsumkehr 405
- radikalische 532
Substitutionsregeln 669
substratspezifisches Enzym 960
Sucaryl 626
Succinaldehyd 925
Succinate 350
Succinimid 356, 390
Succinonitril 350
*succinum* 350
Succinyl-CoA 762
Succinyl Coenzym A 761–762
Succinylcyanin 863
Suchtverhalten 844

Sucralose 496
Sucrose 495, *s. a.* Saccharose
Sulfactin 195
Sulfadiazin 626, 877–879
Sulfaguanidin 953
Sulfamerazin 877–879
Sulfamethoxazol 549, 626, 815, 877
Sulfamide *s.* Sulfonamide
*o*-Sulfamidobenzoesäure 605
Sulfamidochrysoidin 637–638, *s. a.* Prontosil
*o*-Sulfamoylbenzoesäure 605
Sulfanilamid-Derivate, *N*1-substituierte 626
Sulfanilamide 626, 637–638
- Sulfonamide 548–549
- Synthese 549
Sulfanilsäure 548, 798
- diazotierte 908
- *Lunge*-Reagenz 29–30
- Synthese 625
- Zwitterionen 625–626
Sulfanilsäure-$\alpha$-Naphthylamin-Mischung 671
Sulfapyridin 549, 637
- emzymatische Spaltung 637
Sulfasalazin 549
Sulfatgruppe, Ethylenglycolalkylether 192
Sulfathiazol 820
Sulfatverfahren 507–508
Sulfatzellstoff 508
Sulfensäure 255
- aktiver Metabolit 253
- Darstellung 264–265
- Derivate 265
- funktionelle Gruppe 24
- Reaktionen und Anwendungen 265
- Struktur und Eigenschaften 263–264
Sulfensäureamide ($RSNR'_2$) 264
- Synthese 265
Sulfensäureester (RSOR') 264
- Synthese 265
Sulfensäurehalogenide (RSX) 264
Sulfenylchloride 265
Sulfhydrylgruppe *s.* Thiolgruppe
Sulfinate 265
3-Sulfinoalanin 232
Sulfinoalanindecarboxylase 232
Sulfinsäure 255
- Arensulfinsäuren 545–546
- Darstellung 264
- funktionelle Gruppe 24
- in Kaltpolymersiation 727–728
- Reaktionen und Anwendungen 265
- Struktur und Eigenschaften 263
Sulfisomidin 877–879
Sulfitverfahren 507
Sulfitzellstoff 507
*m*-Sulfobenzoesäure 605
Sulfobenzoesäuren 605
Sulfochlorierung 264
- Polyethylen 729
Sulfolan 897
Sulfolanverfahren 773
- Tetrahydrothiophendioxid 516
Sulfonamide 230, 548, 877–879
- Amsacrin 859
- antibakterielle Arzneistoffe 548–549
- bakteriostatische Wirkung 626, 913
- cyclische 626
- funktionelle Gruppe 23
- Löslichkeit in Alkalien 546
- *p*-Aminosubstituierte 548–549
- Sulfamidochrysoidin 637–638
- Wuchsstoff-Hemmstoff-Antagonismus 626
Sulfonamidgruppe, bioisostere 604
Sulfonamid-Proton, Acidität 230
Sulfonate
- aromatische alkylierte 544
- Aussalzen von Sulfonsäuren 543
Sulfone 251–252, 536, 795
- funktionelle Gruppe 23
Sulfonierung 772
- aromatischer Kohlenwasserstoffe 527
- Benzen 544
- elektrophile aromatische Substitution 544
- Gleichgewichtsreaktionen 544
- Naphthalen 668
- Phenol 556
- Polystyrol-Divinylbenzen-Copolymere 523
- Pyridin-$SO_3$-Komplex 755–756
- Reaktionsmechanismus 544
- Xylene 519
- Xylenesulfonsäuren 519
Sulfoniumhydroxide 251
Sulfoniumiodide 251
Sulfoniumion, funktionelle Gruppe 23
Sulfoniumsalze 250–251
- Alkylierungsmittel 251
- Chiralität 251
Sulfoniumylid 252
Sulfonpyrolyse 569
Sulfonsäure 255, 699
- aliphatische 544
- Alkylthiocyanate 450
- aromatische 543–551
- - *Charge-Transfer*-Komplexe 628
- - Reaktionen und Anwendungen 544–548
- - saure Katalyse 543
- - Struktur und Eigenschaften 543–544
- - Sulfanilamide 548–549
- - Sulfanilsäure 548
- - Synthese und Gewinnung 544
- *electron spray ionization* 38
- elektrophile aromatische Substitution 543
- funktionelle Gruppe 24
- Gewinnung und Synthese 264
- perfluorierte 267
- Reaktionen und Anwendungen 265
- Struktur und Eigenschaften 263
- Thioloxidation 201
Sulfonsäurealkylester 545
Sulfonsäureamid 265
Sulfonsäurechlorid 265
Sulfonsäurederivate 265
Sulfonsäureester 122
Sulfonsäuregruppen, aromatische 558
Sulfonylchloride 544–546
Sulfonylchoride
- Abgangsgruppen 546
- Reaktionen zu Sulfonamiden 546–547
Sulfonylgruppe 543
- in Aromaten 543
- funktionelle Gruppe 23
- I-Effekte 26
- löslichkeitsfördernde Eigenschaften 544
- nucleophiler Austausch 543
Sulfonylharnstoffe 966
- Antidiabetika 549–550
- Herbizide 550–551
*p*-Sulfophenylhydrazin 798–799
1-*p*-Sulfophenyl-5-pyrazolinon-3-carbonsäureester 798–799
Sulfoxidation 264
Sulfoxide 536
- chirale 253
- Modafinil 253
- *Pummerer*-Umlagerung 252
- $S^+$–$O^-$-Einfachbindungen 252
- Thioetheroxidation 251
Sulfoxid-Gruppe, chirale 253
4-*O*-(6-*O*-Sulfo-$\beta$-D-glucopyranosyl)-gallussäure 607
Sulfurylchlorid 265, 351, 375–376, 545
Sumatriptan 781–782
Summenformel 5
- empirische 4–5
- Ermittlung 4–5
- und exakte bzw. nominelle Masse 35
- Isomerie 54–57
- tatsächliche 5
Sunett® 898
Superbasen 285
*Supercoiling* 857
Super E10 178
Superhelix 970
Superhydrid 314
superkritisches Kohlendioxid *s.* Kohlendioxid, überkritisches
Supersäuren
- NMR-Spektroskopie 135
- Trifluormethansulfonsäure 263

suprafacialer Angriff 739–740
suprafaciale Wanderung *s.* Wanderung
suprafaciale Wechselwirkungen
- *Diels-Alder*-Reaktion 371
- En-Reaktion 371
Supraleiter 685
supramolekulare Chemie 186
Suspensionen 2–3
Süßkraft 897–898, 961
- β-D-Fructopyranose 488
- D-(+)-Glucose 488
- Sucralose 496
Süßstoffe 897–898, 960–961
- Alditole 476, 478
- Cyclamat 266, 626–627
- Saccharin 605
- Sorbit 197–198
- Xylit 197
Süßungsmittel, künstliche 547–548
*Suzuki*-Kupplung 291, 303
*Svedberg* 968
Swainsonin 783–784
*Swarts*-Reaktion 217
*Swern, D.* 306
*Swern*-Oxidation 306–307
- DMSO 252
Sydnon 823, 827
Sydnonimin 827, 833
Symmetrie
- Achiralität 64
- Benzen 513
- Benzenderivate 514–515
- Kugel- 11
- Moleküle 103
- Stereoisomere 54–57
$D_{3h}$-Symmetrie
- Benzenderivate 515
- Cyclohexatrien 512
- *Kekulé*-Formel 513
- Problem bei Benzenmolekül 512
$D_{6h}$-Symmetrie 513
- Benzenmolekül 514–515
Symmetrieachse 65
Symmetrieebene 65, 80
Symmetrieelemente 63–66
- *Platon*ische Körper 122
$I_h$-Symmetrie, Fullerene 683–684
Symmetrieoperationen 64–66
symmetrische Moleküle *s. a.* Moleküle
- Dipolmoment 22
Sympathomimetika 927
- $Beta_2$- 371
*syn* 58
- Steroide 731–732
Synacthen 964
*syn-/anti*-Isomere 632–633
Synapse, motorische Endplatte 194
synaptischer Spalt 194, 926
Synchrotonstrahlung 52
syndiotaktische Polymere 702
syndiotaktische Struktur 143–144
Synthese
- asymmetrische 368
- - *O*-acylierte geschützte 483
- - Kohlenhydrate 493
- biotechnologische 771
- enantioselektive 813, 888, 930
- - Aminosäuren 416
- - Threit-Derivate 196
- homochirale Verbindungen 493
- konvergente 764
- - Vitamin $B_{12}$ 493
- lineare 764
- - Ascorbinsäure 493
- stereoselektive *s.* stereoselektive Synthese
- stereospezifische 481
- technische *s. einzelne Stoffe*
Syntheseäquivalent 773
- Acylanion 589
Syntheseautomat 946
Synthesefasern 510
Synthesegas 346, 458
- Darstellung 105
- Kohlenstoffmonoxid 456–457
- für Methanol 182
- *Sachsse-Bartholomé*-Verfahren 169
- technische Darstellung von Methanol 178
Synthese-Intermediate, α-Halogencarbonsäuren 402–403
Synthesekautschuk 285
synthetische Elastomere
- Lebensdauer 729
- Nachteile 729
- technische Darstellung 727
synthetische Fasern, Farbstoffe 43
synthetischer Kautschuk 727–729, *s. a.* Kautschuk
Synthone 595
Syringaaldehyd 525
Syringin 525
systematische Evolution von Liganden durch exponentielle Anreicherung *s.* SELEX-Verfahren
systematische Nomenklatur 900
Systeme
- benzoide 674–675
- bicyclische 166–168
- chinoide 572–573, 657
- chromophore 645–646
- mesomere 513–514
- polycyclische 166–168
π-Systeme *s. a.* Elektronensystem
- aromatische 511, 527, 529–530
- cyclisch-delokalisierte 511
- HOMO-LUMO-Abstand 641
- M-Effekte 26
- Triphenylmethanfarbstoffe 644–645
systemisches Fungizid 810
*Syzygium aromaticum* 184, *s. a.* Gewürznelke
*Szent-Györgyi, A.* 491


## T


T (Einbuchstaben-Code für Threonin) 948–949
2,4,5-T *s.* 2,4,5-Trichlorphenoxyessigsäure
T3 952–953
$T_4$ 952
Tabak 918–919
- Hauptalkaloid 918
Tabakentwöhnung 920
Tabakextrakt, Wirkung gegen Insekten 922
Tabakpflanze 918
Tabakveredelung 189
Tabun 194, 262, 926, 940
TADDOL 196, 289
(–)-Tagatose 471
Tag-Nacht-Rhythmus 781–782
TAH *s.* Thrombozytenaggregationshemmer
*Takai*-Methylenylierung 216
*Takai*-Reagenz 216
*Takamine, J.* 564
*Takasago*-Menthol-Prozess 711
Taktizität, Polypropylen 143–144
Talge 363
D-(+)-Talose 488
Tamarinde 705
Tamiflu® *s.* Oseltamivir
Tammelinscher Ester *s.* VX
Tamoxifen 747–749, 790
Tandemmassenspektrometrie 36
Tandemreaktion 815
- Steroidbiosynthese 735
Tannase 607
Tanne, Kolophonium 718
Tannine 607
- Eiweißfällung 608
Tapete 766
Taq-Polymerase 987–988
Tartonsäure 404
Tartrate 407
- optische Aktivität 63
Tartrazin 798–799
Tartronsäure
- Decarboxylierung 404
- Oxidation 404, 424–425
- Synthese 409–410
Taurin 192, 741
- Biosynthese ans Cystein 232
- Gallseife 742
5-Taurinmethyluridin 995
Taurocholat 741
- Gallseife 742
Taurocholsäure 192


S

Tautomere 54–58, 798, *s. a. weitere spezifische Verbindungen*
- Nucleobasen 980
- *Ramachandran*-Plot 98
Tautomerie 825–826, *s. a. weitere spezifische Verbindungen*
- Adenin 906
- Cyanursäure / Isocyansäure 896–897
- Enamin-Form 395
- Histidin 953
- Isoindol 784
- Keto-Enol- 228
- Nitro-*aci*-Nitro- 268–269
- Oxazepam 869–870
- Pterin 908
- Purin 899, 902–903
- Pyridon/Hydroxypyridin 837
- Tetrazol 828
Tautomeriegleichgewicht
- *p*-Benzochinonmonophenylhydrazone 636
- Pyrazol 794
Tautomerisierung 327
*Taxaceae*, Gewinnung von Docetaxel 725
Taxan 719
Taxan-Sechsringe 724–725
Taxol
- Gewinnung 724
- Struktur und Eigenschaften 719
Taxotere 724
*Taxus*
- *baccata L.* 724
- *brevifolia* 719
*Taylor*-Pteridin-Synthese 908–909
TBAH *s.* Tetrabutylammoniumhydroxid
TBHP 412
TBT 296
TBTO 296
*t*BuPh 166
TCA 403
TCDD 888
TCE *s.* Trichlorethen
TCM *s.* traditionelle chinesische Medizin
TCNE *s.* Tetracyanoethylen
TDI *s.* Toluylendiisocyanat
*Tebbe*-Reagenz 700–701
*Tebboth, J. A.*, Ferrocen-Synthese 699
Tebuconazol 826
Tectadien *s. Dewar*-Benzen
TEDA *s.* Triethylendiamin
Tee 860, 907
Teeblatt 907
Teerbenzen 771
Teerpech 516
Teerxylen 519
Teflon 218
Tegretal® 870
*Teichmann*scher Kristall 759
Teichosäuren 190
teicoplaninmodifizierte Kieselgele *s.* Kieselgel
Teigbildung 769
Teilchenstrahlung, mutagene Wirkung 992
Teilchenzahl, Aktivierungsentropie 134
Teilsequenz 964
teilweise verdeckt (Konformationsbezeichnung) 58
Telmisartan 830–831
Templat-Effekt 429
*Tennessee-Eastman*-Verfahren 380
Tenside 255, 260, 319, *s. a.* grenzflächenaktive Stoffe
- Alkylnapththalensulfate 667
- amphiphile Eigenschaften 267
- Medialan 420
Teprotid 963
Teraisopropylethen 331
teratogene Verbindungen 572
Teratogenität 787–788
Terephthalaldehyd 161–162
Terephthalsäure 519, 579
- Acidität 614
- Eigenschaften 614
- Oxidation von *p*-Xylen 519
- Synthese 614–615
Terephthalsäuredichlorid 617
Terephthalsäuredimethylester 616–617
*Termaine, J. F.*, Ferrocen-Synthese 699
Termiten 184
$\alpha$-Terpen 703
Terpenaldehyde
- Definition 703
- zweifach ungesättigte 705
Terpenalkohole
- Definition 703
- der *p*-Menthan-Reihe 706
- natürlich vorkommende 704
Terpenderivate 703
Terpene 157, 519, 703–729
- acyclische *s.* acyclische Terpene
- bicyclische *s.* bicyclische Terpene
- cyclische 107
- Darstellung 115
- Definition 703
- aus drei bis acht Isopreneinheiten 715–726
- monocyclische *s.* monocyclische Terpene
- Monoterpene 703–715
- natürlich vorkommende 703
- polycyclische 96
- Polyterpene 726–729
- Reaktionen zur Strukturaufklärung 723–724
- schematischer biosynthetischer Aufbau 716
- Sesqui- *s.* Sesquiterpene
- stereoselektive Totalsynthesen 709
- Synthese in Zellen 719–720
- tetracyclische Triterpene 118
Terpenester 703
Terpenketone
- der Jonon-Reihe 705
- monocyclische 707
Terpenoide 703–704
Terpenprofile, Weinanalytik 706
Terpentinöl 706, 708
- Gewinnung 712–713
- aus Harz 718
*p*-Terphenyl 641
- Anwendungen 642–643
- Strukturformel 639, 642
Terphenyle 641–642
1,8-Terpin 706
- 1,8-Cineol-Darstellung 711–712
- aus $\alpha$-Pinen 712
- $\alpha$-Terpineol-Darstellung 711–712
$\alpha$-Terpinen 711–712
$\alpha$-Terpineol 706
- Darstellung 711–712
- aus $\alpha$-Pinen 712–713
tertiäre Alkohole *s.* Alkohole
tertiäre Amine *s.* Amine
tertiäre Kohlenstoffatome *s.* Kohlenstoffatome
tertiäre Phosphine *s.* Phosphine
Tertiärstruktur
- Basenpaarung 980
- Nucleinsäuren 985–986
- Protein 969
Terylen *s.* Polyesterfasern
Terylenfaser 616–617
Testosteron 744–746
- Biosynthese 743
- Estrogensynthese 747
- Isolierung 745
Tetraacetate 483–484
$\beta$-Tetraacetylglucose 481–482
Tetraalkylammoniumsalze 212
Tetraalkylammonium-Verbindungen 226–228
Tetraalkylbleiverbindungen 296
Tetraalkylsilane 277
- Herstellung 277–278
Tetraalkylstannane 295
- Eigenschaften 295
Tetraaminoethylene 463
Tetraanisylhydrazin 657–658
$\alpha,\alpha,\alpha',\alpha'$-Tetraaryl-1,3-dioxolan-4,5-dimethanol 289
$\alpha,\alpha,\alpha',\alpha'$-Tetraaryl-1,2-dioxolan-4,5-dimethanol *s.* TADDOL
Tetraarylstannane 295
- Eigenschaften 295
1,3,5,7-Tetraazaadamantan 318

2,4,4,6-Tetrabrom-2,5-cyclohexadien-1-on 555, *s. a.* Tribromphenolbrom
Tetrabromcyclohexadienon 555
Tetrabromethan 674
Tetrabromfluorescein 652–653
2,3,4,5-Tetrabromfuran 768
Tetrabrommethan 166–167, 205, 213, 216
Tetrabutylammoniumbromid 829
Tetrabutylammoniumfluorid 988
Tetrabutylammoniumhydroxid 226–228
1,2,4,6-Tetra-*tert*-butyldiphosphaisobenzen 166–167
Tetra-*tert*-butyltetrahedran 124
Tetracain 604–605
Tetracarbonylcobalthydrid 299
Tetracen *s.* Naphthacen
2,3,7,8-Tetrachlordibenzodioxin 550–551
– Strukturformel 550
2,3,7,8-Tetrachlordibenzo-*p*-dioxin 888
1,1,2,2-Tetrachlorethan 170–171
Tetrachlorethen 170, 215
Tetrachlorethylen 167–168
Tetrachlorkohlenstoff 205–207, *s. a.* Tetrachlormethan
Tetrachlormethan 205, 207, 213, *s. a.* Tetrachlorkohlenstoff
– IR-Spektroskopie von Ethanol 177
– als Lösemittel 134
– Ozonolyse 138
– Reaktionen und Anwendungen 216
– Schwefelkohlenstoff 441
– technische Darstellung 215
– Thioharnstoffe 452
Tetrachlor-*p*-benzochinon 576
Tetracosactid 964
Tetracyanoethylen (TCNE) 159
Tetracycline 682–283
tetracyclische Alkane *s.* Alkane
tetracyclisches Antidepressivum 870
tetracyclische Triterpene *s.* Triterpene
Tetradepsipeptid 966–968
Tetraederstruktur 121
– Entdeckung 53
– Methanmolekül 16–18, 99
– tetraedrisch koordinierte Heteroatome 64
Tetraederwinkel 88
– Cyclopentan 91, 109
– Deformation 89
Tetraene 150
Tetraethylblei 133, 212, 297
Tetraethylmethylendiamin (TMEDA) 160, 166, 199
Tetraethylsilan 278
Tetra-Feuerlöscher 216
1,1,2,2-Tetrafluorcyclobutan 112
Tetrafluorethen (TFE) 112, 217–218
– Copolymerisation mit Hexafluorpropylen 218
– Polymerisation 144
Tetrafluormethan 216–217
Tetrafluoroborate 529
– kationische, nichtbenzoide Aromaten 694
Tetrahalogenmethane 213
– Gewinnung und Synthese 215–216
– Reaktionen und Anwendungen 216
2,3,4,5-Tetrahalogenpyrrole 755–757
Tetrahedran 121, 123–124
Tetrahydroabietinsäure 723–725
1,2,3,4-Tetrahydroanthracen 675
Tetrahydrobenzen 512, *s. a.* Cyclohexen
Tetrahydrobiopterin 910
$\Delta^9$-Tetrahydrocannabinol 844
1,2,3,4-Tetrahydrochinolin 852–853
5,6,7,8-Tetrahydrofolsäure 877, 913
Tetrahydrofuran 172, 248, 758, 768, 885
– aus Acetylen und Formaldehyd 768
– Ausgangsmaterial für Nylonfabrikation 768
– cyclischer Ether 768
– Darstellung 248, 768
– Ethinsynthesen 173
– aus Furan 768
– Lösemittel 768
– *Reppe*-Verfahren 768
– Umsetzung von Ethin 168
Tetrahydrofuran-2-on 403–404, *s. a.* γ-Butyrolacton
Tetrahydrofurantrihydroboran 280
Tetrahydrofurfurylalkohol 769, 844–845
Tetrahydroisochinolin 849–850
1,2,3,4-Tetrahydroisochinolin 852–853
Tetrahydroisochinolinsystem 931
1,2,3,4-Tetrahydronaphthalen 667, *s. a.* Tetralin
1,4,5,8-Tetrahydronaphthalen 689–690
Tetrahydro-1,4-oxazin 885
Tetrahydrooxazol 811
1,2,3,4-Tetrahydrophenanthren *s.* Tetranthren
Tetrahydropyran 248, 843, 845
– Darstellung 843
Tetrahydropyranring 751
Tetrahydropyranylether 844–845
3,4,5,6-Tetrahydropyridin 920
9*H*-1,2,3,4-Tetrahydropyridoindol 937
Tetrahydropyridoindole 939
Tetrahydropyrrol-2-carbonsäure 953
6,7,8,9-Tetrahydro-5*H*-tetrazoloazepin 829
Tetrahydrothiazol 818
Tetrahydrothiophen 772
Tetrahydrothiophen-1,1-dioxid 773
Tetrahydrothiophendioxid 773
– Sulfolanverfahren 516
6a,7,8,10a-Tetrahydro-6,6,9-trimethyl-3-pentyl-6*H*-dibenzo[b,d]pyran-1-ol 844
Tetraiodmethan 207, 213, 216
Tetraisopropylethen 62
Tetralin 667
1-Tetralon-3-sulfonsäure 671
2-Tetralon-4-sulfonsäure, Ammoniumsalz 671
Tetramere, cyclische 317
Tetramerisierung 172
Tetramethylbenzenen 515
Tetramethylblei 297
2,2,3,3-Tetramethylbutan 103–104
Tetramethylcyclobutan 66
Tetramethylensulfon 773
Tetramethylethylendiamin 286
Tetramethylethylenglycol 330
Tetramethylharnstoff 444
– Anwendungen 441
1,3,4,5-Tetramethylimidazolium-2-dithiocarboxylat 806
1,3,4,5-Tetramethylimidazol-2-yliden 806
2,3,5,6-Tetramethyl-*p*-benzochinon 575
Tetramethylphosphoniumbromid 277
Tetramethylphosphoniumhydroxid 272
2,4,6,8-Tetramethyltetroxan 317
Tetramminkupfer(II)-hydroxid 509
Tetranitrocuban 127
Tetranitromethan 268–269
– Herstellung 271
1,3,5,7-Tetranitro-1,3,5,7-tetrazocan 318
Tetranthren 681
2,3,4,5-Tetra-*O*-acetyl-1-*O*-trimethylsilyl-*β*-D-glucopyranose 481–482
2,3,4,6-Tetra-*O*-acetyl-D-glucopyranosid 484
2,3,5,6-Tetra-*O*-methyl-D-gluconsäure 498
2,3,4,6-Tetra-*O*-methyl-D-glucose 498
2,3,4,6-Tetra-*O*-methyl-D-glucose 502
2,3,4,6-Tetra-*O*-methyl-*β*-D-glucopyranose 483–484
2,3,4,6-Tetra-*O*-pivaloyl-*β*-D-galactopyranosylamin 483
Tetraorganozinnverbindungen
– *Stille*-Reaktion 295
– unsymmetrische 295
Tetrapeptide 954
Tetraphenylbutatrien 166
1,1,2,2-Tetraphenylethan 653–654
Tetraphenylhexapentaen 166
Tetraphenylhydrazin 657–658
– Dissoziationsgleichgewicht 655
Tetraphenylmethan 644
– Darstellung 646–647
Tetraphosphorheptasulfid 771

Tetrapropylammoniumperruthenat (TPAP) 887
Tetrapropylenbenzensulfonat 364
- Strukturformel 365
Tetrapyrrol-Farbstoff 765
Tetrapyrrol, lineares 764
Tetraterpene 715
- Gewinnung und Synthese 724–726
- Struktur und Eigenschaften 722–723
3,3',5,5'-Tetra-*tert*-butyl-4,4'-dihydroxydiphenylmethan 656
Tetrathiafulvalen 158
1*H*-Tetrazol 988
Tetrazole 242, 823
- 1,3-dipolare Cycloaddition 828
- 1*H*-Form 828–829
- 2*H*-Form 828–829
- Abgangsgruppeneigenschaft 830
- Acidität 828
- automatisierte DNA-Darstellung 828
- Eigenschaften 828
- elektrophile Substitution 828
- *N*-substituierte 828
- nucleophile Substitution 828–829
- Nucleophilie 830
- p$K_S$-Wert 828
- regiospezische Methylierung 829
- Struktur 828
- Synthese 828
- 1*H*-Tautomer 829
- tautomere Formen 828
- Umsetzung mit DMSO 829
- unsubstituierte 829
Tetrazolgruppe 810
Tetrazoliumsalz 829–830
Tetrazolopyridin-Derivat 828
Tetrazolyl-Funktion 830
Tetrite 184–185, 196
- Zuckeralkohole 185
Tetrol 196
Tetrosen 466
Tetryl *s.* *N*-Methyl-*N*-2,4,6-tetranitroanilin
Textilfarbstoffe
- Eosin B 652–653
- Fuchsin 649–650
- Kristallviolett 650
Textilfärbung 766, 892
Textilfasern
- Färbung 890
- Viskoseseide 441
TF 829
TFA (Trifluoressigsäure) 403, 707
TFA-Gruppe 947
TFE *s.* Tetrafluorethen
Thalidomid 787
- Hydrolysewege 787
- Teratogenität 787–788
(*R*)-Thalidomid 787–788
(*S*)-Thalidomid 787–788
Thazolinon 959–960
$\Delta^9$-THC 844
Theobromin 902, 907
- anregende Wirkung 906–907
- Eigenschaften 907–908
- NH-Acidität 907–908
- 1-(5-Oxohexyl)-Derivat 907
- p$K_S$-Wert 907–908
- Vorkommen 907
- Wirkung, physiologische 907
Theophyllidin-Reaktion 29, 908
Theophyllidin-Struktur 908
Theophyllin 902, 907
- anregende Wirkung 906–907
- Eigenschaften 907–908
- Ethylendiaminsalz 907
- Nachweis durch Theophyllidin-Reaktion 908
- NH-Acidität 907–908
- physiologische Wirkung 907
- p$K_S$-Wert 907–908
- Vorkommen 907
theoretische Böden, einer Kolonne 7
theoretische Trennstufe 9
therapeutische Nucleinsäuren *s.* Nucleinsäuren
therapeutische Nucleosidanaloga *s.* Nucleoside
thermische Dehydrierung *s.* Dehydrierung
thermische Halogenierung *s.* Halogenierung
thermische Isomerisierung *s.* Isomerisierung
thermische pericyclische Reaktionen *s.* Reaktionen
thermische Ringöffnung *s.* Ringöffnung
thermisch erlaubte Reaktion 795
thermisches Cracken *s.* Cracken
thermische Spaltung *s.* Cracken
Thermocycler 987–988
thermodynamische Reaktionskontrolle 152, 324, 369
- Addition an Diene 151–152
- *er*-Wert 68
- 2-Naphthalensulfonsäure 669
thermodynamische Stabilität *s.* Stabilität
Thermofixierechtheit 800
- Dispersionsfarbstoffe 679
thermometrische Titration, *Grignard*-Lösungen 286
Thermoplaste 557
- auf Phenol-Aldehyd-Basis 769
- Polyesterharze 189–190
- Polyethylenterephthalat 616–617
- Polyketone 457
- PVC 144–145
- Terephthalsäuredimethylester 616–617
*Thermus aquaticus* 987–988
Thexylboran 280–281
THF 248, 768, 913
4-Thia-1-azabicyclo[3.2.0]heptan-7-on 819
Thiabendazol 810
Thiadiazol
- Eigenschaften 831
- halogensubstitutiertes 831–832
- Isomere 823
- Konstitutionsisomere 831
- Membrangängigkeit 833
- nucleophile Substitution 831
- Reaktionen 831–832
- reduktive Ringöffnung 831
- Ringsystem 832–833
- schwache Base 831
- Synthese 831–832
1,2,3-Thiadiazol
- arylsubstituiertes 831
- Struktur 831
1,2,4-Thiadiazol 823, 833
- aus 5-Amino-1,2,4-thiadiazol 831–832
- Struktur 831
1,2,5-Thiadiazol 831, 833
1,3,4-Thiadiazol 833
- Struktur 831
- Synthese 831–832
Thiadiazol-Derivate, biologisch aktive 832–833
Thiadiazol-Pyrimidin-Bioisosterie 833
1,2,4-Thiadiazolring 833
Thiamazol 442, 879, 953
Thiamin 818–819, 840, 873, 879–881
- Carbanion 881
- Carben 881
- CH-Acidität 818
- Chlorid-Hydrochlorid 879–881
- Deprotonierung 818–819, 881
- Einwirkung von Hydrogensulfit 881
- empfohlener Tagesbedarf 882
- Konstitutionsermittlung (*Williams*) 881
- quartäres Thiazoliumchlorid 881
- Vorkommen 882
Thiaminchlorid 818
Thiamindiphosphat 818–819
- Coenzym der Pyruvatdecarboxylase 881
Thianaphthen 788
Thianthren 893–894
1,2,3,4-Thiatriazol 823
1,2,3,5-Thiatriazol 823
Thiazin 885
1,4-Thiazin 885
- dibenzokondensiertes Ringsystem 888
1,4-Thiazinan 885
Thiazinane 885
Thiazinderivat 892–893

Thiazolderivat 893
- Synthese nach *Hantzsch* 815
Thiazole 793, 815
- Anwendungen 816–818
- Bezifferung 793
- 2,5-disubstituierte 815
- Eigenschaften 815
- Elektronendichte 816
- elektrophile Substitution 815–816
- Reaktionen 816–818
- Salzbildung mit Mineralsäuren 815
- Strukturelement im Vitamin $B_1$ 818–819
- Strukturformel 793
- Substituent mit +M-Effekt 816
- Synthese 804, 815
Thiazolidin 816–819
- als Strukturelement in Penicillin 817, 819
Thiazolidincarbonsäure-Derivat 816–818
Thiazolidindion 820
Thiazoliumchlorid, quartäres 881
Thiazolium-Kation 815
Thiazolkern, Thiamin 879
Thiazolring 815
- mit Benzenkern verknüpft 820
Thiazolsynthese nach *Hantzsch* 815
2-[4-Thiazolyl]-1*H*-benzimidazol 810
Thiazol-2-yliden 881
*Thiele, J.* 396–397
Thioacetale 490
- cyclische 200
- funktionelle Gruppe 23
Thioacetamid 815
Thioameisensäureethylester 815
Thioamide 392, 595–596
Thioazolidin 818
Thiobenzamid 824
Thiobiscycloheptatriene 695–696
Thiocarbamidsäure 438
Thiocarbamidsäurechlorid 392
Thiocarbanilid 624, *s. a.* *N,N'*-Diphenylthioharnstoff
Thiocarbonohydrazid
- Elektronenmikroskopie 436
- zweifach phenyliertes Dehydroderivat 438, 443
Thiocarbonsäureamide 392
*γ*-Thiocarbonsäuren 410
Thiocarbonylverbindungen 296
Thiocarboxylate 296
Thio-*Claisen*-Umlagerung 572
Thiocyanate (RSCN) 264, 448, 452
- funktionelle Gruppe 24
Thiocyanat-Ionen 629
Thiocyansäure 448–449
Thiocyansäureester 449–450, 452–453
Thioderivate 436–437
Thioessigsäure 199
Thioester 200–201
Thioether
- aromatische 199
- Definition 245
- funktionelle Gruppe 23
- Gewinnung und Synthese 251
- Oxidation 251
- Reaktionen und Anwendungen 251–253
- Struktur und Eigenschaften 251
Thioformamide 815
- Rotationsisomere 392
- tertiäre 392
Thioglycoside 450–451
Thioharnstoff
- Aminkomponente 559
- bei Edman-Abbau 959–960
- funktionelle Gruppe 24
- Hemmung von Iodthyroninen 953
- Herstellung
- - von Sulfathiazol 820
- - von Thiouracil 879
- aus Isothiocyanaten 454–455
- Mesomerie 436–437
- Reaktionen 441–442
- technische Synthese 437–438
- Tetrachlormethan 452
- Thiolherstellung 199
- Triphenylphosphin 452
- *Wöhlersche Thioharnstoff*-Synthese 437–438
Thioharnstoff-Derivate 442
- Stoffwechselkrankheiten 442
Thioharnstoff-S-dioxid 442
Thiohydroximsäuregruppe 450
Thiohypoxanthin 905
Thioindigo 790
Thioindigofarbstoffe 789
Thioindoxyl 790
Thiokohlen-*O*-säure 436
Thiokohlensäurederivate 436
Thiokohlensäure-*O*-alkylesterhydrazide 451–452
Thiokohlensäure-*O*-phenylesterchlorid 451–452
Thiolactam-Thiolactim-Tautomerie 58
*γ*-Thiolactone 410
Thiolan 772
Thiolate 199, 984
- modifizierte Nucleinsäuren 995
- Proteinabbau 200–201
Thiole 175, 198–201, *s. a.* Mercaptane
- Acidität 175
- Aromastoffe 200
- aromatische 199
- chirale 199
- Derivatisierung mit NDB-F 833
- Gewinnung und Synthese 198–199
- Nachweisreaktion 829
- Nomenklatur 198
- Quecksilbersalze 198
- Säurestärke 198
- Siedepunkt 198
- TTC-Reaktion 829
Thiolgruppe 23
- Cystein 201
- 2,3-Dithiopropanol 195
Thiolthionkohlensäure 436
Thiomorpholide
- alkalische Hydrolyse 595
- Darstellung 595
Thionaphthen 788
- Stammverbindung der Thioindigofarbstoffe 789
- Synthese 789
Thionkohlensäure 436
Thionucleoside 995
Thionylchlorid 192, 205–206, 375–376, 812
- Benzoesäure 602
Thiopental-Natrium 441, 881–882
Thiophan 772
Thiophen 753, 771–772
- aromatischer Charakter 771
- benzanelliertes Ringsystem 775
- Bezifferung 771
- *Birch*-Reduktion 772
- Dipolmoment 771
- Eigenschaften 771
- elektrophile Substitutionsreaktion 771–772
- *Friedel-Crafts*-Acylierung 772
- aus Hexan-2,5-dion 772
- Katalysatorgiftwirkung 772
- katalytische Hydrierung 772
- Leichtölfraktion 515
- mesomere Grenzstrukturen 771
- Nachweis 771
- Polymerisation, elektrochemische 772
- Resonanzintegral 784
- Struktur 771
- Synthese 771–772
- Trennung vom Benzen 771
Thiophen-2-sulfonsäure 771
Thiophenderivate
- aus 1,4-Dioxo-Verbindungen 815
- Synthese 771
Thiophendioxid 772–773
Thiophengruppe 771–773
Thiophenole 198–199, 545–546
- radikalische Polymerisation 141
Thiophenring 790
Thiophosphorsäureester 262
Thiopropanol 198
4*H*-Thiopyran 843–845
- Strukturformel 835
*γ*-Thiopyran
- Darstellung 843
- Strukturformel 835
Thioridazin 841, 889–890

Thiosalicylsäure 790
Thiosemicarbazid 436, 438, 442–443, 574, 832
Thiosemicarbazone 442
Thioserin 949
Thiouracil 953
– Darstellung 879–880
2-Thiouracil 879
2-Thiouridin 994
2-Thioxo-4-thiazolidinon 818
Thomban® 886
*Thomson, William s. Lord Kelvin*
*Thorpe-Ziegler*-Reaktion 115–116
– Dinitrile 395
THP-Ether 845
THP-Schutzgruppe 845
Thr 948–949
Threit 196
*threo*-Formen 467
Threonin 70
L-(–)-Threonin 948–949
Threose 467
D-Threose 86, 948–949
Thrombin 970
Thrombosen 506
Thromboseprophylaxe 814
Thromboxane 362, 606–607
– Arachidonsäure 413
Thrombozytenaggregationshemmer 607
*Thuja plicata* 696–697
Thujaplicin-Isomeren 696–697
Thx 952
Thymianöl 557
– Thymol 710
Thymidin *s. a.* Desoxythymidin
– Azidothymidin 244
– elektrostatisches Oberflächenpotenzial 5
– Struktur und Gestalt 5
Thymidylatsynthase 984
Thymin 879–880, 979
– DNA-Replikation 986–987
– DNA und RNA 985
– Methylgruppe 979–980
Thymin-2'-desoxyribosid *s.* Desoxythymidin
Thymol 557
– racemisches Menthol 710
Thyreoglobulin 442, 952, 974
Thyreostat II 877–879
Thyreostatika 877–879
– heterocyclische 442
Thyroidperoxidase 442
L-Thyronin 952
Thyrosin-Seitenkette 974–975
Thyroxin 442
L-Thyroxin 952–953
*tickle bed reactor* 231
Tieffeldverschiebung 46
– aliphatische Annulene 688–689
– nichtbenzoide Aromaten 687
Tiefseekabel, Isoliermaterial 726
Tiefsee, Methanhydrate 101
Tieftemperaturkautschuk
– Abietinsäure-Derivate als Emulgatoren 723
– Darstellung 727–728
Tieftemperaturzerlegung 456–457
*Tiemann*, Terpene 703
Tiere, Steroidbiosynthese 735–736
Tiergift 963
tierische Fette *s.* Fette
Tieröl 363
Tiglinsäure 81
Tigogenin 751
*Tillmanns* Reagenz 492, 578
time of flight (ToF) *s.* Flugzeit-Massenanalysatoren
Timolol 833
Timonil® 870
Tinopal CBS 524
*Tischtschenko*-Reaktion 385, 588
– Estersynthese 316
Titan (Saturnmond) 101
Titanaoxetan 700–701
Titanate 387
α-Titan(III)chlorid 143
Titan(IV)chlorid 141
Titankomplexe 196
Titan, Koordination von Cp-Liganden 699
Titantetraisopropylalkoholat 412
Titanverbindungen
– Ketondimerisierung 331
– *Takai*-Reagenz 216
Titration
– argentoacidimetrische 168–169
– iodometrische 428, 501
– komplexometrische 421
– thermometrische 286
– wasserfreie 228
Titriplex III 421
TMEDA 284, 286, *s. a.* Tetraethylmethylendiamin
TMS-Cl *s.* Chlortrimethylsilan
TMS-Gruppe (Trimethylsilylgruppe) 278
TMSOTf 494, *s. a.* Trimethylsilyltrifluormethansulfonat
TNB *s.* 1,3,5-Trinitrobenzen
TNP *s.* Pikrinsäure
TNR *s.* Styphninsäure
TNT *s.* 2,4,6-Trinitrotoluen
Tocol 863
Tocopherol 863–864
α-Tocopherol 863–864
– Synthese 864–865
β-Tocopherol 863
γ-Tocopherol 863
δ-Tocopherol 863
α-Tocopherolacetat 863
– Oxidation 865
Tocopherol-*p*-chinon 863
α-Tocopheroxyl-Radikal 864
Tofranil® 870
tokolytische Wirkung, Clenbuterol 594
Tolan 526
Tolbutamid 549–550
*o*-Tolidin 641
*Tollens*/*Fischer*-Ringformel 472
*Tollens*-Probe, Aldehydnachweis 308
*Tollens*-Reagenz 308
*Tollens*-Reaktion, Ameisensäure 351
Tollkirsche 923
Tollkraut 923
Tolubalsam 518–519
Toluen 132, 511, 518
– Arylmethan 644
– Bromierung 528
– Chlorsulfonierung 545, 605
– Darstellung aus *n*-Heptan 518
– Eigenschaften 518–519
– Hydroxy-Derivate 556–557
– katalytische Oxidation 580
– Nitrierung 540
– Oxidation 518, 580, 602
– radikalische Bromierung 533–534
– *Remsen-Fahlberg*-Verfahren 547
– selektive Extraktion 188
– Verwendung 518–519
Toluenmoschus 541
*o*-Toluensulfonamid 605
*p*-Toluensulfonamid 548
Toluensulfonsäure 545
– Oxidation 605
*o*- oder *p*-Toluensulfonsäure 605
*p*-Toluensulfonsäure 329
Toluensulfonsäurechlorid 545
*p*-Toluensulfonsäurepropylester *s.* Propyltosylat
*p*-Toluensulfonyl- *s.* Tosyl-Gruppe
*o*-Toluensulfonylchlorid 605
Toluidin 604
– Carbolöl 515
*m*-Toluidin 635
*o*-Toluidin 649–650
*p*-Toluidin 649–650
– Kondensation mit Chinizarin 679
– *N*-Kupplung 634–635
Toluol *s.* Toluen
Toluylendiisocyanat 453
Tolylgruppe ($C_6H_4$–$CH_3$) 516–517
Tomaten
– Lycopin 723
– Steroidalkaloide 751
Tomatidin 751–752
*Tonic Water* 930
Tonmineral 888
Topfcurare 933
Topizität 84–87

Topoisomerase I
- Funktionsweise 857
- Hemmstoff 855–856
- Hemmung 859
Topoisomerase II 855, 857
Topoisomerase II$\alpha$ 678
Topologie 53
topologische Enantiomere 570
Topomere 392
Torsionsspannung *s. Pitzer*-Spannung
Torsionswinkel 58–59
- *n*-Butan 60
- *Newman*-Spannung 89
- *n*-Pentan 61
- Peptide 98
Tosylazid 697
Tosylchloramind *s.* Chloramin T
Tosylchlorid 545–546
Tosylgruppe 545, 947
*p*-Tosylhydrazin 831
Tosylhydrazone 326
Tosylierung, von Alkoholen 545–546
Totalreflexion, abgeschwächte 40
Totalsynthese
- stereoselektive, Terpene 709
- Vitamin $B_{12}$ 764
Toulen 518–519
Toxikologie, forensische 28
Toxin 963
toxisches Peptid 963
Toxizität 888
- Alkohole 178–180
- alkylierende Reagenzien 983
- Benzen 511–512
- 2,4-Dimethylpyrrol-3-carbonsäure 752
- Leichengift 192
- Nitrobenzene 537
- Organophosphorverbindungen 262
- PAK 662
Toxoplasmose 877
TPAP *s.* Tetrapropylammoniumperruthenat
traditionelle chinesische Medizin (TCM) 107
Trägergas, Chromatographie 8
Tramadol 936
Tramal® 936
Tran 363
Tränengas 333, 597
Tränenreizstoffe 597
Tranquillanzien 543
Transaminasen 587
Transaminierung 663, 953–954
- Aminosäuren 840
transannulare Hydridverschiebung *s.* Hydridverschiebung
transannulare Wechselwirkung *s.* Wechselwirkungen
Transcortin 970–971
Transfette 360, *s. a.* Fette
Transformation, sequenzielle 815
Transformatorenbau, Drahtlacke 617
Transformatorenöle, chlorierte 296
Transfusion 975
Transglycosidierung, Penta-*O*-acetyl-D-glucose 483–484
*trans*-Konfiguration, Steroide 732
*trans*-Kopplung 59
Transkription 857, 974, 979
- Basenpaarung 980
- Inhibierung 859
Transkriptionsfaktoren 741
Translation 953, 966, 979
- Basenpaarung 980
Transmetallierung 302, 303
- *Negishi*-Kupplung 291
- Organozinkverbindungen 291
- Zinkorganyle 290
Transmission, IR-Strahlung 39–40
transoide Form 151
- Steroide 732
Transpeptidierung 964
Transportprotein 970–971
- Sauerstoff im Blut 975
Transportsysteme, Zellen 563
Transsexualität 747
Transversalwelle 66–67
Trapanal® 441
Traubensaft 180
Traubensäure 67, 76, 407, 424–425
- Synthese 409
Traubenzucker 466, 488
*Traube*-Synthese 900, 905
Trazodon 886
Trehalose 481–482
(+)-Trehalose 497
Treibhauseffekt
- FCKW 220
- relativer 217
Treibhausgase
- fluorierte Kohlenwasserstoffe 216
- Methan 101
Treibmittel, FCKW 218
Treibstoffe *s.* Raketentreibstoffe
Trenneffizienz
- Chromatographie 8
- einer Trennsäule 9
Trennphasen, chirale 503
Trennsäule, Bodenzahl 9
Trennstufe, theoretische 9
Trennung
- adsorptionschromatographische 8
- chromatographische 36, 164
- Enantiomere 75–79
- präparative 8
- säulenchromatographische 8
- *Stas-Otto-* 28
Tretinoin 719
Trevira *s.* Polyesterfasern
Triacetalstruktur 481
Triacetatfaser 509–510
Triacetonamin 334
1-Triacontanol 178
Triacylglycerole 185–186, 349, 388
- Chiralitätszentrum 388
- Fettsäurenanteil 361–363
- gemischte 361–363
- hydrolytische Verseifung 360
- Leinöl 372
- Sorbinsäure 360–361
Trialkylaluminium-Verbindungen 131, 364
- Butensynthese 147
- Eigenschaften 293
- reduktive Metallierung 293–295
- *Ziegler-Natta*-Katalysatoren 295
Trialkylborane 278, 281
- Protolyse 282
*N,N,N*-Trialkylcyanursäuren 446–447, 451
*N,N,N*-Trialkylhydraziniumsalze 239
Trialkylphosphat 257
Trialkylphosphinoxid 274
Trialkylsilane 277
Trialkylsulfoniumsalze 250
2,4,6-Triaminobenzoesäure 570
2,4,5-Triamino-6-hydroxypyrimidin 908–909
Triamteren 913
Trianion 646
Triarylcyanursäuren 446
Triarylmethan 645
Triarylmethanfarbstoffe 30–31
Triazabicyclohexane 237
Triazenderivat, basisches 859
Triazin 873, 894, 895–896
- aromatischer Charakter 894
1,2,3-Triazin (vic.) 894
- Cycloaddition 896
- Darstellung 894–895
- elektrostatisches Oberflächenpotenzial 894
- nucleophile Ringspaltung 894–895
1,2,4-Triazin (unsym.) 894
- Darstellung 894–895
1,3,5-Triazin (sym.) 873, 894
- Cyanursäurederivate 896
- Darstellung 894–895
- elektrophile Substitution 895–896
- elektrostatisches Oberflächenpotenzial 894
s-Triazin 894
1,3,5-Triazinan 318
1,3,5-Triazinderivate 446
1,3,5-Triazintrion 446, *s. a.* 1,3,5-Trioxotriazin
Triazol 823–826
- Eigenschaften 823

T

– elektrophile Substitutionsreaktionen 825
– Reaktionen 824–825
– Synthese 824–825
– Tautomerie 823
1,2,3-Triazol 242–243, 823
– Synthese 824
– tautomere Formen 823
1,2,4-Triazol 823
– 2,3-Diphenylsubstituiertes 824
– *Einhorn-Brunner*-Synthese 824
– *Pellizzari*-Synthese 824
– $S_EAr$-Reaktion 825
– tautomere-Formen 823
1,2,3-Triazoline 242
1,1,1-Tribrom-2-propanon 333
Tribromacetaldehyd 320
1,1,1-Tribromaceton 333
Tribrommethan *s.* Bromoform
2,4,6-Tribromphenol 555
Tribromphenolbrom 555
Tri-*n*-butylamin 894
Tri-*n*-butylboran 282
Tri-*tert*-Butylcyclopentadienone 123–124
Tributylzinnacetat 296
Tributylzinnhydrid 296
Tricarballylsäure 411
Tricarbonsäuren, ungesättigte 411–412
2,4,6-Trichlor-1,3,5-triazin *s.* Cyanurchlorid
1,1,1-Trichlor-2,2-bis[4-chlorphenyl] ethan *s.* DDT
Trichloracetaldehyd 319, 797, *s. a.* Chloral
Trichloracetaldehydhydrat *s.* Chloralhydrat
Trichloracetimidate 494–495
*β*-Trichloracetimidate 484
Trichloracetimidat-Methode 484
Trichloraceton 214
Trichloracetonitril 484
1,2,3-Trichlorbenzen 49–52
Trichloressigsäure 214, 400–401, 403
Trichlorethan 133
1,1,2-Trichlorethan 145
Trichlorethen (TRI, TCE) 170–171, 178–180
Trichlorethylen 400–401
Trichlorfluormethan 218
Trichlorgalactosaccharose 496
Trichlorisocyanursäure 896
Trichlormethan 207, *s. a.* Chloroform
Trichlormethylgruppe 320
Trichlornitromethan *s.* Chlorpikrin
2,6,8-Trichloropurin 901–903
($S_a$)-1,5-Trichlorpentatetraen 74
2,4,5-Trichlorphenol 888
2,4,6-Trichlorphenol 766
2,4,5-Trichlorphenoxyessigsäure 550–551, 572
– Strukturformel 550
2,4,6-Trichlor-1,3,5-triazin 897
1,3,5-Trichlor-1,2,4-triazol 825
1,2,2-Trichlor-1,1,2-trifluorethan 218
*Tricholoma matsutake* 183
Trichomonaden 807
*Trichomonas vaginalis* 807
tricyclische Diterpene 718–720
tricyclische Sesquiterpene 716, 718
tricyclische Systeme, kondensierte 790
Tricyclo[5.2.1.02,6]deca-3,8-dien *s.* Dicyclopentadien
Tricyclo[3.3.1.$1^{3,7}$]decan *s.* Adamantan
Tricyclo[4.4.1.$0^{1,6}$]undecan-3,8-dien 689–690
(*Z*)-2-Tridecenol 412
Tridepside 607
Triene 150
– konjugiertes System 162
Trienol-Triketo-Gleichgewicht 570
Trienynol 736
Triephenylboran 278
Triester *s. jeweilige Säure*
Triethanolamin 191
Triethylaluminium 293–295, 364
Triethylamin 231
Triethylboran 278
Triethylendiamin 429, 885–886
Triethylenglycol 187–188
Triethylorthovanadat 143
Triethyloxoniumtetrafluoroborat 813–814
Triethylphosphin 273
Trifluoracetylfluorid 217
Trifluoracetylgruppe 947
Trifluoressigsäure 399, 403, 947
– Acidität 400
– Darstellung 401
– $pK_S$-Wert 343
– *m*-Trifluormethylanilin 400–401
Trifluoressigsäure (TFA) 707
Trifluormethansulfonsäure 263, 282
Trifluormethansulfonsäureanhydrid 242
*m*-Trifluormethylanilin 400–401
2,4,5-Trifluorphenyl-Ring 965–966
Triflylazid 240, 242
*Trifolium pratense* 860
Triglyceride *s.* Triacylglycerole
trigonal-planare Anordnung 18, 208
trigonal-pyramidale Anordnung 84
Trihalogenacetone 333
Trihydroboran 280
2,4,6-Trihydroxy-1,3,5-triazin 445–446
1,2,3-Trihydroxybenzen *s.* Pyrogallol
1,3,5-Trihydroxybenzen 570, *s. a.* Phloroglucin
Trihydroxybenzene 567, 570–571
– Stellungsisomere 563
3,4,5-Trihydroxybenzoesäure *s.* Gallussäure
3*α*,7*α*,12*α*-Trihydroxy-5*β*-cholan-24-säure *s.* Cholsäure
4',5,7-Trihydroxyisoflavon 860
2,4,6-Trihydroxyphenylphenylketon 593
2,4,6-Trihydroxy-1,3,5-triazin 896–897
Triiodmethan 207, *s. a.* Iodoform
Triiodmethylradikale 207
Triiodthyronin 442
L-3,5,3'-Triiodthyronin 952–953
Triketo-Trienol-Gleichgewicht 570
Trikresylphosphat 557
Trilon A 421
Trilon B 421
Trimere, cyclische 317
Trimerisierung
– Aceton 332
– Butadien 162
– Cyansäureester 451
– Cyanurchlorid 450
Trimethoprim 549, 877–879
3,4,5-Trimethoxybenzaldehyd 520–521
Trimethoxymethan *s.* Orthoameisensäuremethylester
3,4,5-Trimethoxyphenylethylamin *s.* Mescalin
3,4,5-Trimethoxy-*β*-nitrostyrol 520–521
2,4,6-Trimethyl-1,3,5-trioxan 317
Trimethylacetaldehyd 315
Trimethylamin 226, 231, 842
Trimethylammoniumacetat *s.* Betaine
Trimethylaniliniumhalogenid 621–622
1,2,3-Trimethylbenzen 516
1,2,4-Trimethylbenzen 516
1,3,5-Trimethylbenzen 332, 516
*sym*-Trimethylbenzen 516
*vic*-Trimethylbenzen 516
Trimethylbenzene
– Leichtölfraktion 515
– Struktur 516
Trimethylborat 256
Trimethylborsäureester 263
2,3,4-Trimethylchinolin 849
Trimethylether 570
2,3,5-Trimethylfuran 767
Trimethylglycin 416
2,4,6-Trimethylhexahydro-1,3,5-triazin 311–312
2,3,5-Trimethyl-1,4-hydrochinon 864–865
2,4,5-Trimethylimidazol 804
1,3,5-Trimethylisocyanurat 448
Trimethylmethylenphosphoran 277
2,4,5-Trimethyl-1,3-oxazin 886
2,4,5-Trimethyloxazol 812
Trimethyloxoniumfluoroborat 887
Trimethyloxoniumtetrafluoroborat 250

6,6,9-Trimethyl-3-pentyl-6*H*-dibenzo[b,d]pyran-1-ol 844
2,4,6-Trimethylphenylgruppe 806
1,2,4-Trimethyl-5-phenylimidazol 805
Trimethylphosphat 258
Trimethylphosphin 272
Trimethylphosphorsäureester 256
2,4,6-Trimethylpyridin 839
1-Trimethylsiloxycyclopenten 322
Trimethylsilylazid 240
Trimethylsilylenolether 322
Trimethylsilylgruppe (TMS-Gruppe) 278
Trimethylsilyltrifluoromethansulfonat 494, 854–856
2,4,5-Trimethylthiazol 815
Trimethylvinylammoniumhydroxid *s.* Neurinhydroxid
1,3,7-Trimethylxanthin 907
Tri-*n*-butylzinnhydrid 306
1,3,5-Trinitro-1,3,5-triazinan 318
2,4,6-Trinitroanilin 620
1,3,5-Trinitrobenzen 537, 561
– Darstellung 541
2,4,6-Trinitrobenzoesäure 570
– Decarboxylierung 541
Trinitrocellulose 508
Trinitroglycerol *s.* Nitroglycerol
Trinitromethan 268–269
2,4,6-Trinitrophenol 560–561, *s. a.* Pikrinsäure
2,4,6-Trinitroresorcin 566, *s. a.* Styphninsäure
2,4,6-Trinitrotoluen 518, 537–538, 540–541
Trinkwasser, Chlorierung 214–215
Trinoctylphosphin 205
8,9,10-Trinorbornan 126
Triole 734
2,3,6-Tri-*O*-methyl-D-glucose 502
2,3,6-Tri-*O*-methyl-D-glucose 507
Triosen 189, 466
1,3,5-Trioxan 317
Trioxim 570
1,2,3-Trioxolan 139
1,2,4-Trioxolan 139
1,3,5-Trioxotriazin 446
Trioxymethylen 317
Triozonid 512
Tripalmitat 186
Tripelhelix 970
Tripelquad (QqQ) 39
Tri(pentafluorphenyl)boran 282
Tripeptide 961
– cyclische 938
Triphenylamin
– Struktur 619
– Synthese 622
Triphenylaminoguanidin 825–826
Triphenylanilin 646–647
Triphenylcarbinol *s.* Triphenylmethanol
Triphenylcyclopropenyliumtetrafluoroborat 695
Triphenylformazan 830
1,3,5-Triphenylformazan 829–830
Triphenylhydrazyl 658
Triphenylmethan 644, 648–649
– elektrophile aromatische Substitution 646–647
– Strukturformel 639
Triphenylmethanfarbstoffe 286
– Aminotriphenylmethanfarbstoffe 649–651
– Hydroxytriphenylmethanfarbstoffe 650–651
– Kristallviolett 626
– Phthaleine 650–653
– Substituenten mit M-Effekt 645
Triphenylmethanol 646–649
Triphenylmethyl
– freies Radikal 644
Triphenylmethylchlorid 644
Triphenylmethylnatrium 649
Triphenylmethylperoxid 654
Triphenylmethylradikal
– Gleichgewicht mit $\alpha,p$-Dimere 654
Triphenylphosphin
– in Azidsynthese 240
– Darstellung von Zeaxanthin 289
– Herstellung 273
– – von Alkylhalogeniden 205–206
– *Mitsunobu*-Reaktion 385–386
– Reaktion mit Carbonsäuren 375–376
– in *Staudinger*-Reaktion 226, 243
– Thioharnstoffe 452
– Thiolgewinnung 199
Triphenylphosphin-Nickel-Katalysatoren 172
Triphenylphosphinoxid 205–206, 226
Triphenyltetrazoliumchlorid (TTC) 829–830
Triphenylzinnacetat 296
Triphosgen 438–439
Triplett-Carbene 298, 460
– Diradikal 462
– Insertionsreaktionen 461
Triplett-Methylen 460
Triplett-Nitrene 460
Tripletts 47
Triplettsauerstoff 711–712
Tripropylaluminium 131
Triptane 781–782
Triptycen 675–676
Tripyrrolverbindungen 754
Tris(2-cyanethyl)amin 374
Trisaccharide 465, 499–500
– Digitoxose 749
Tris(bicylclo[2.1.1]hexeno)benzen 514
Tris-Chromanderivat, spiroartiges 864
2,7,11-Tris(methylen)trispiro[3.0.3.0.3.0]dodecan 126
Tristearin 388
Tritan *s.* Triphenylmethan
Triterpenalkohole 735
Triterpene 97, 715, *s. a.* Squalenoide
– Gewinnung und Synthese 724–725
– Squalen 735
– Struktur und Eigenschaften 720–721
– tetracyclische 118
Triterpensaponine 750
Trithiokohlensäure 436
Tritylcarbanion 649
Tritylchlorid 649
Tritylether 649
Tritylkation 649
Tritylnatrium 649
Tritylradikale 654–655
– Triphenylmethyl 644
Trivialnamen, Aldehyde 305
trockene Destillation 842, *s. a.* Destillation
Trockeneis 434
Trockenreinigung 170
Trockenspinnverfahren 509
*Tröger*sche Base 64, 84
Trolovol® 817
*Trommer*-Reaktion 487
Tropan 923, 925
Tropanalkaloid 923
Tropan-3$\alpha$-ol 923
Tropan-3$\beta$-ol 923
Tropasäure 924
(±)-Tropasäure 923
(*S*)-(–)-Tropasäure 923
Tropasäurechlorid, acetyliertes 925
Tropasäureester 29
Tröpfchen, ESI *s. electron spray ionization*
Tropiliden (Tropyliden) 462, *s. a.* Cycloheptatrien
– bei Tropyliumbromid-Darstellung 695
Tropin 923–925
Tropinon 925
Tropinon-2-carbonsäuremethylester 925
tropische Bäume, Milchsaft 726
Tropolon 159
– aromatisches Verhalten 695–696
– Synthese 696
Tropolon-Gerüst 696–697
Tropon 159
– aromatisches Verhalten 695–696
Troposphäre 219
Tropyliumbromid 695
Tropyliumion 695–696
Tropyliumkation 866, *s. a.* Cycloheptatrienyl-Kation
– Azulen 717
– Ringverengung 695

Tropyliumsalze, aromatische 159
L-Tropyltropat 923
Trp 953
Truxillsäure 112
Truxinsäure 112
Trypanosomen 859
Trypsin 780–781
– Spaltung der Polypeptidkette 960
Tryptamin 781, 953
Tryptophan 775–776, 780, 939
– Decarboxylierung 781, 953
– Nachweis 952
– oxidative Desaminierung 781
– oxidative Pyrrolringspaltung 929–930
– $pK_S$ 944
– Synthese 780–781
D/L-Tryptophan 781
L-(–)-Tryptophan 780–781
L-(–)-Tryptophan 953
Tryptophanstoffwechsel 890
Ts *s.* Tosyl-Gruppe
*Tschesche* 913
*Tschitschibabin*-Kohlenwasserstoff 657
*Tschitschibabin*-Reaktion 836–837
*Tschitschibabin*-Synthese 783
*Tschudi* 933
*Tschugajew*-Reaktion 441
TTC (Triphenyltetrazoliumchlorid) 829–830
TTC-Reaktion 829–830
TT-Kautschuk, Darstellung 727–728
tub *s.* Wannen-Konformation
Tubawurzel 845
Tuberkulose 243, 670
– Chemotherapeutikum 841
– Chemotherapie 607
– Thiosemicarbazone 442
Tuberkulostatikum 814, 841
Tubocurare 933
Tubocurarin 933
(+)-Tubocurarinchlorid 933–935, 940
$\beta$-Tubulin 719
tumorassoziierte Hypercalcämie 259
Tumor-Promotion 718–719
Tumorpromotor 888
*Tuppy* 962–964
Turgor 607
Turgorine 607
Turgorinsäure PLMF 1 607
Turkey 937
Türkischrot 678–679
Twaron *s.* Para-Aramidfaser
Twistan 120
twist boat *s.* Halbsessel-Konformation
twisting 40
Twist-Konformation 92
– Cyclohexan 109
*Twitchell*-Verfahren 389
Tyr 948
Tyramin 561–562, 917, 951–952
Tyrocidin 966
Tyrosin
– Alkaloide vom Isochinolin-Typ 931
– Biosynthese von Adrenalin 565
– *o*-Dihydroxyphenyl-Derivat 933–934
– Nachweis 952
– in Phosphoproteinen 974–975
– *p*-Kresol-Entstehung 556
– bei Spaltung von Polypeptidkette 960
L-Tyrosin 78
– Biosynthese des Lignins 525
– Decarboxylierung 561–562
L-(–)-Tyrosin 952
Tyrosinhydroxylase 953
Tyrothricin 966

## U

U (Einbuchstaben-Code für Selenocystein) 949
Übergangsmetalle
– d-Orbitale 12
– $\pi$-Komplexbindung 283
Übergangsmetallkomplexe
– 14-Elektronen-Komplex 303
– Achtzehn-Elektronen-Regel 297–298
– Alkene 298
– Carben-Liganden 298
– Donor-/Akzeptor-Wechselwirkungen 298
– katalytische Eigenschaften 298
– Liganden mit freien Elektronenpaaren 298
– organische
– – Reaktionen und Anwendungen 299–303
– – Struktur und Eigenschaften 297–298
– Oxidation 216
– Phosphine 298
– Rückbindung 298
– Stabilität 298
Übergangszustand 531, 795–797
– aromatischer, cyclischer 368–369
– Bootform 371
– cyclischer 368–369, 371
– *endo* 369
– fünfgliedriger, cyclischer 228
– sechsgliedriger
– – mit *Grignard*-Verbindung 289
– – *Kolbe-Schmitt*-Synthese 606
überkritische Fluide 6
überkritisches Kohlendioxid ($scCO_2$) 728
Überlappung
– Atombindung 15–17
– Atomorbitale 199
– C=C-Doppelbindung 18–19
– C—X-Bindung 204
– direkte 18
– p-Orbitale 150
– $sp^3$-Hybridorbitale 16–18
– Überlappungsintegral 24
Überschussenergie, Elektronenionisierung 36
Ubichinon 575, 864
Ubiquitierung 962
Ubiquitin 961–962
Ubiquitin-Pathway 962
UDEX-Verfahren 188
– Glycole 516
UDMH *s.* Dimethylhydrazin, unsymmetrisches
*Ugi, I.* 458
*Ugi*-Reaktion 458–459
Uhr, innere 781–782
Ulkustherapeutikum 810
*Ullmann*-Reaktion 622, 796–797
*Ullmann*-Verfahren 640–641
Ultramikroanalyse 4
Ultrapas 897
Ultraviolett *s.* UV
Ultrazentrifugation 976
Ultrazentrifuge 968
Umalkylidenierung 131
Umami 951
Umesterung 851
– Alkoholyse 387
– Ethylenglykol 616–617
– Glycerolsynthese 185–186
– intramolekulare 988
Umhybridisierung 369–370
Umkehrphasen, unpolare 8
Umklappen, Cyclohexan-Konformationen 91–94
Umkristallisation, einer organischen Substanz 6
Umlagerung 211
– anionotrope 331, 555
– basenkatalysierte 914
– *Beckmann*-Umlagerung 595–597
– *Fries*-Umlagerung 556
– intermolekuare 635
– intramolekulare
– – *Claisen*-Umlagerung 571–572
– – Guajacylallylether 564
– Pinakol-Pinakolon-Umlagerung 331
– reversible 161
– sigmatrope 154–156, 331, 369–370, 555
– [3,3]-sigmatrope 156, 571
– [5,5]-sigmatrope 572
– $S_N1$-Reaktion 209
– Steroidbiosynthese 735–736
– *Wagner-Meerwein* *s.* *Wagner-Meerwein*-Umlagerung
1,2-Umlagerung, Alkylgruppe 182
UMP *s.* Uridin-5'-monophosphat
Umpolung
– Cyanhydrine 589
– *Grignard*-Verbindung 288
– Hydrazon 22

– Reaktivität 589
Umpolungsreaktion, *Corey-Seebach* 325
Umrötung von Fleisch 975
Umwandlung
– asymmetrische, zweiter Ordnung 944–945
– stereoselektive 487
Umweltanalytik, qualitative 27
Umweltschadstoffe 662
Umweltverträglichkeit, DDT 648
Undecylensäure 420
ungesättigte Alkohole *s.* Alkohole
ungesättigte Aminoalkohole *s.* Aminoalkohole
$\alpha,\beta$-ungesättigte Carbonsäureester 355
$\alpha,\beta$-ungesättigte Carbonsäuren
– Additionreaktion 401
– Polymerisation 367
– Polymerisationsreaktionen 367–369
– aus $\beta$-Hydroxysäuren 410
$\beta,\gamma$-ungesättigte Carbonsäuren 355
$\alpha,\beta$-ungesättigte Carbonylfunktion 712
$\alpha,\beta$-ungesättigte Carbonylverbindungen 41, 631–632
$\alpha,\beta$-ungesättigte Ketone *s. Michael*-System
ungesättigte Kohlenwasserstoffe *s. a.* Kohlenwasserstoffe; *s. a.* Terpene
– in Natur 716
$\alpha,\beta$-ungesättigter Aldehyd 848
ungesättigter Vierring *s.* Vierring
$\alpha,\beta$-ungesättigtes Keton 848
unimolekulare Reaktionen *s.* Reaktionen
unpolare Ethylenbrücke *s.* Ethylenbrücke
unpolare Umkehrphasen 8
unsymmetrisch substituierte Biphenyle 640
*Unverdorben, O.* 564, 619
unvollständige Verbrennung *s.* Verbrennung
*Upjohn*-Prozess 886–887
Upriman® 935
Uracil 879–880, 979
– Darstellung 879–880
– DNA und RNA 985
– Murexidreaktion 905
Uracil-4-carbonsäure 879
Uracilribosid *s.* Uridin
Uran 699
Uranin 652
Uranocen 699
Urate 903
Uratoxidase 904
*urea* *s.* Harnstoff
Urease 435–436
Ureid 441
– acyclisches 441
– cyclisches 808
5-Ureidohydantoin 808
Urethane *s. a.* Carbamidsäureethylester
– und Amidbildung 378–379
– Anwendungen 439–440
– Eigenschaften 435
– Entstehung 226
– funktionelle Gruppe 24
– Harnstoffsynthese 437
– Struktur 446–447
– in Traube-Synthese 905
Urethangruppe 440, 946
Urethantyp-Schutzgruppe 947
Uridin 980, 983, 994
Uridin-5'-monophosphat (UMP) 982–983
Urikostatikum, 902
Uronsäuren 477–479, 505
Uroporphyrin 761–762
Uroporphyrinogen 761–762
Uroporphyrinogen III 762
Urotropin 120, 311
– Darstellung 318
– *Duff*-Synthese 584–585
– *Sommelet*-Reaktion 580–581
Ursodeoxycholsäure 741
Ursolsäure 721
Uteruskontraktion 962–964
Uterusmuskulatur 929
UV-Absorber 642–643
UVA-Strahlung 761
UVA-/UVB-Strahlung 599
UV-Blocker 599
UV-Filter 604–605
UV-Fluoreszenz 4
UV-Strahlung, Schutz durch Ozonschicht 220
UV/Vis-Daten 3
UV/Vis-Spektroskopie 34, 41–44
– gesättigte organische Verbindungen 42


## V


V (Einbuchstaben-Code für Valin) 948
Vakuum-Blitzthermolyse 684
Vakuumdestillation 7
Vakuumflüssigchromatographie 8
Val 948
Valenzelektronen 53–55
16-Valenzelektronen-Komplex 298
Valenzisomere 54–56
– Benzen 121, 166, 513
– Cyclooctatetraen 161
Valenzschwingungen 40
Valenzstrichformel 99
Valenztautomerie 161
Valenz, Ursprung des Begriffs 53
Valenzwinkel, *Röntgen*strukturanalyse 52
*Valeriana officinalis* 347
Valeriansäuren 347
$\gamma$-Valerolacton 403
$\delta$-Valerolacton 403, 410
D-Valin 819, 966–968
L-Valin 886–887, 966–968
L-(+)-Valin 422, 948
Valinomycin 954, 966–967
Valium® 866–867
Vanadium-Katalysatoren 709–710
Vanadiumpentoxid 380
*van den Linden, T.* 535
*Van-der-Waals*-Oberfläche 830
*Van-der-Waals*-Wechselwirkungen 103, 178, 204, 527
*Vanessa urticae* 890–891
Vanilleschoten 590
Vanillin 43–45, 524–525
– Struktur 525
– Synthesen 590
– Vorkommen und Anwendung 590
*van Slyke, D.* 436
*van Slyke*-Reaktion 417
*van Tamelen* 937
*van't Hoff*
– *E*/*Z*-Isomerie 81
– Kumulene 163–164
– optische Aktivität 63
– organische Strukturlehre 53
Vardenafil 914
Vaseline 143
Vaskularisierung 747
Vasodilatation 259
Vasokonstriktion 781–782, 830
Vasopressin 963–964
*v. Baeyer*, Terpene 703
vegetatives Nervensystem 926
Veilchen, Terpenketone 705
Vemurafenib 916
Venentherapeutikum 860
Veratrol 563
Veratrolderivat 849
Veratrumaldehyd 932–933
Verbenon 708
Verbindungen 2–3, *s. a.* organische Verbindungen; *s. a.* weitere spezifische Verbindungen
– aromatische 568, 582–584
– bifunktionelle 249
– carcinogene 800, 824
– chirale 3–4
– halluzinogene 844
– iodhaltige 952–953
– ionische 838
– kovalente 838
– mesoionische 823, 825–827
– mesomeriestabilisierte 795
– metallorganische 765
– psychoaktive 844
Verbindungstypen 687
Verbrennung *s. a.* Oxidation


U

- Geschichtliches 1
- Methan 100
- unvollständige 169, 661–662
Verbrennungswärme 89
verbrückte Ringsysteme *s.* Ringsysteme
Verdauungsförderung 922
Verdauungssekret 738
Verdauungsstörung 977
verdeckt (Konformationsbezeichnung) 58
Verdicker 508
Verdrängung, konzertierte 630
Verdrängungsreaktion 131
Verdünnung 177, *s. a. Ruggli-Ziegler*sches Verdünnungsprinzip
vereinfachte Projektion *s.* Projektion
Vereisung, Sportverletzungen 212
Veresterung 947
- Einfachzucker 480
- Ethylenglycol 189
- Fettsäuren 193
- Gleichgewichtskonzentration 385
- Glycerol 189–190
- - anorganische Säuren 193
- Massenwirkungsgesetz 385
- Methanol 925
- *Mitsunobu*-Reaktion 385–386
- säurekatalysierte 383–385, 601
- Schwefelsäure 191
Veretherung, vollständige 480
Vergällen 837
Vergaservereisung, 2-Propanol 182
Vergiftung
- Benzen 511–512
- durch chemischen Kampfstoff 926
- Insektizid- 926
- Katalysator 377
- Kohlenmonoxid- 456
- Lebensmittel- 963
- Muscarin- 926
- Opiate 936–937
- Opioide 936–937
- Quecksilber- 292
- Schwermetall- 817
- durch (–)-Spartein 929
Verhalten, alkaliähnliches 917
*endo/exo*-Verhältnis 160
Verhältnisformel, Ermittlung 4
Verknüpfungen
- Atome *s.* Konstitution
- glycosidische 493, 979
[1+4]-Verknüpfungen
- stereoreguläre 642
- Terpene 703–704, 715–716
[4+4]-Verknüpfungen 715–716
Verküpung
- Indigo 778
- Küpenfarbstoffe 680
- Schwefelfarbstoffe 893
Verlängerung, PCR 987
Vernetzer 557–558
vernetzte Moleküle, in kautschukartigen Polymeren 727
Vernetzungsgrad 523
Veronal 881–883
Verpackungsmaterialien 412–413
Verschiebung
- bathochrome 42, 890
- chemische (NMR) 47–52
- hypsochrome 890
- intramolekulare 683
- paramagnetische 46
Verschiebungsreagenz 48
- chirales 68
Verschlusselektrode, Quadrupol-Ionenfallen 38
Verschmutzungen, unpolare 364–365
Verseifung 388
- basische 185–186
- Destillation über Kalk 928
- freie Fettsäuren 389
- hydrolytische 360
- Methylester 122
- Säureamide 390
- Sojaöl 738
- Tristearin 388
Verseifungszahl 388
Verstoffwechslung 189
Vertan 145
Verteilungkoeffizient, *Nernst*scher 8
verteilungschromatographische Verfahren 8
Verteilung, Stofftrennung 7–9
Vertilgungsmittel, für Mückenlarven 889
Verweilzeit, atmosphärische 219
Verwesungsgeruch 950
*very low density lipoprotein* 976
Verzuckerung, enzymatische 407
verzweigte Alkane *s.* Alkane
verzweigte Paraffine *s.* Paraffine
Verzweigtkettenkrankheit 948
Verzweigungsgrad 103–104
- Alkohole 177–178
Vesikel 193, 364, 964
Vestamid 162
Vestolen BT 144
Vestolen P 144
Veterinärmedizin, Diclofenac 611
Vetivazulen 718
- aus ätherischen Ölen 723–724
Vetiveröl 718
Viabilität, Zelle 829
Viagra® 899, 914, 935
Vicinalatome 71–72
vicinale Alkohole *s.* Alkohole
vicinale Dibromverbindungen *s.* Dibromverbindungen
vicinale Kopplung *s.* Kopplung
*Vickery*, D/L-Nomenklatur 68
*Vidal, Henri* 892–893
Vidalschwarz 892–893
- Herstellung 893–894
*Viehe, H. G.* 657
Vieratomigkeit, Kohlenstoff 53
Vierring
- Cyclobutan 109
- ungesättigter 148
vierwertige Alkohole *s.* Tetrite
*du Vigneaud* 810
*Vigreux*-Kolonne 7
*Vilsmeier-Haack*-Formulierung 391
*Vilsmeier-Haack*-Reagenz 583
*Vilsmeier-Haack*-Reaktion 595
*Vilsmeier-Haack*-Synthese 582–584, 590, 849
*Vilsmeier*-Reagenz 699
*Vilsmeier*-Reaktion 757
*vinasse* *s.* Schlempe
Vinylacetat 133, 144–146
Vinylacetylen 171
- Hydratisierung 333
- technische Ethinsynthesen 173
Vinylaldehyd *s.* Acrolein
Vinylalkohole 146, *s. a.* Enole
- Keto-Enol-Tautomerie 171, 183
Vinylbenzen *s.* Styrol
*N*-Vinylcarbazol 791
Vinylchlorid 133
- Polymerisation 144–145
- Vinylidendichlorid 145–146
2-Vinylchromon 854–856
Vinylderivate 729
Vinyldithiine 267
2,2'-Vinylenbiphenyl 680
Vinylessigsäure 402
- Acidität 168
- Isomerisierung 359–360
- Synthese 287, 359–360
Vinylester 172–173
Vinylether 145, 172
- kationische Polymerisation 141
- *Natta*-Verfahren 143
- Polymerisation 144
- technische Ethinsynthesen 173
Vinylgruppe 130, 172, 760–761
Vinylhalogenide 139, 171, 173
Vinylidendichlorid 133, 144–146
Vinylierung 172
- *Reppe*-Synthese 171
Vinyliodid 171
Vinylkation, intermediäres 170
Vinylmagnesiumchlorid 289, 854–855
vinyloge Carbonsäuren 43
vinyloge Carboxylate 45
vinyloge Säure 492
Vinylogie-Prinzip 27, 43–45, 321, 355, 367
Vinylpyrazin 879

2-Vinylpyridin 839–840
– Darstellung 839
Vinyltoluen 518
Vinylverbindungen
– monomere 141
– Polymerisation 144–146
violett, Farbwahrnehmung 43
Virostatika 984
Vis *s.* sichtbares Licht, UV/Vis
Viskosefasern 510, 778
Viskosefolie 509
Viskose-Reyon 509
Viskoseseide 441
Viskosität 949
– Alkohole 177
– mehrwertige Alkohole 185
– PE 142
vis vitalis 1
Vitalfarbstoff 892
Vitalfärbung 892–893
*Vitali-Morin*-Reaktion 29
Vitalismus 1
Vitamin A
– Definition 703
– Struktur 719
– synthetisches 719
– Terpenketone 705
Vitamin $A_1$ 718, *s. a.* Retinol
Vitamin $A_2$, $\beta$-Jononring 719
Vitamin-A-Derivate *s. a.* Retinoide
– und ihre Wirkungen 719–720
Vitamin-A-Säure 719
Vitamin $B_1$ 840, 879
– Mangel 882
– Thiazol-Strukturelement 818
Vitamin $B_2$ 840
Vitamin $B_3$ 840
Vitamin $B_5$ *s.* Pantothensäure
Vitamin $B_6$ 840
Vitamin $B_{12}$ 753, 810
– konvergente Synthese 493
– Porphinskelett 758
– Struktur 764
– Totalsynthese 764
– Vorkommen 764
Vitamin-$B_{12}$-Coenzym 764–765, 949
Vitamin-B-Komplex 911
Vitamin C 491–493, 864
– quantitiative Bestimmung 578
– Synthese 488
Vitamin D 863–864
Vitamin $D_2$ 737–738
Vitamin $D_3$ 737–738, *s. a.* Cholecalciferol
Vitamine 491, 873
– antiskorbutische 491
– antixerophthalmische 719
– A-Reihe 718–719
– Bakterienproduzierte 673–674
– fettlösliche 863–864
– Oxidationsschutz 863–864
Vitamin E 863–864
– Phytylrest 718
Vitamin H 809–810
Vitamin K 863–864
Vitamin $K_1$ 673, 970
– Phytylrest 718
Vitamin $K_2$ 673
Vitamin $K_3$ 673
Vitamin-K-Antagonisten 613
Vitamin-K-Mangel 673–674
VLDL 976
*Vogel*-Aromat, Synthese 688–690
Vogelbeeren 197, 361
Vogelexkrement 903
Vögel, L-(+)Ornithin 950
Vollacetale, nichtreduzierende 494
Vollentsalzung 559
vollständig konjugierte Verbindung 687
Vomeronasalorgan 746
*von-Braun*-Reaktion 454
*Vongerichten* 933
*Vorländer,* Säurespaltung nach 344
Vorläuferprotein 963
Vorzugskonformationen 61
Vulkanausbrüche, Methylchlorid 207
Vulkanisation 726
Vulkanisationsbeschleuniger 624, 726, 820
Vulkollan® 440
Vulpinsäure 430–431
VX 262


## W


W (Einbuchstaben-Code für Tryptophan) 953
Wacholder 717
Wachsalkohole 177, 349, 365
Wachse 349, 365–366, 389, *s. a.* Lanolin
Wachstum 964–966
Wachstumsfaktor 840, 911–913, 943
Wachstumsreaktion
– *Mülheimer* Olefinsynthese 131
– radikalische Polymerisation 140
*Wackenroder,* Carotin 722
*Wacker-Hoechst*-Verfahren 300–301, 319
– Acetaldehyd 319
– Butanon 333
– Propen 332
*Wacker*-Verfahren 380
– Keten 382
Wadenkrampf 857
wagging 40
*Wagner-Jauregg, Th.* 911
*Wagner-Meerwein*-Umlagerung 116, 182, 211, 331
– Camphen-Bildung 713–714
– Neopentylkation 228
– $S_N1$-Reaktion 209
Wahrscheinlichkeit *s.* Aufenthaltswahrscheinlichkeit
*Waksman, S. A.* 499
Waldbrand 888
*Walden, P.* 405, 648–649
*Walden*-Umkehr 83
– Aminosäuren 405
– Äpfelsäure 405
– $S_N2$-Reaktion 209
– stereoselektive Synthesen 405–407
– zweifache 405–406
Waldmeister 612
Wale
– Insulin 964
– Leberöl 721
*Wallach,* Terpene 703
*Wallenfels,* Darstellung von Tetraphenylhexapentaen 166
*Walsh,* Cyclopropan 108
Wanderung
– antarafaciale 154–156
– suprafaciale 154–156
Wanderungstendenz, Restgruppe 597
*Wang*-Linker 958
Wannen-Konformation 91–92
– Cyclohexan 109
– Cyclooctatetraen 160–161
– Fusidinsäure 745
*Wanzlick*-Gleichgewicht 463
*Wanzlick, H. W.* 463
*Warburg* 840
Warfarin 613
Wärmeaustauscher 528
Wärmeleitfähigkeitsdetektoren 4
Wärmestabilisatoren 296
Wärmeträger 641
Warzen, Ätzmittel 403
Waschechtheit 680, 778, 893–894, 897
Waschmittel 319, 508
– Alkylpolyglucoside 482
– flüssige 364
– synthetische 364–365
– Wasserenthärter 364
Waschmittelindustrie 259
Waschnuss 750
Waschöl 516
Waschvorgang 364
Wasser
– azeotropes Gemisch mit Ethanol 178–180
– Dialkyl- bzw. Diarylderivate 245
– Elutionskraft 8
– Mischungslücke mit aromatischen Verbindungen 692
– säurekatalysierte Eliminierung 146–147
Wasserabspaltung *s. a.* Dehydratisierung
– Cyclohexanol 149
– Cyclopentanol 148–149

– intermolekulare 410
– intramolekulare
– – Citronensäure 412
– – β-Hydroxysäuren 410
– – Lävulinsäure 430–431
– säurekatalysierte 182
Wasseranlagerung 134, 171, *s. a.* Hydratisierung
Wasserdampf
– Rohbenzinpyrolyse 131
– überhitzter 389
Wasserdampfdestillation 7, 692–693, 920
– Apparaturen 692
– Kamille 691
– Monoterpene 709
Wasserdampfgenerator 692
Wasserenthärter
– Bisphosphonate 259–260
– Waschmittel 364
Wasserenthärtung 558–559
wasserfreie Ethylsschwefelsäure 257
wasserfreier Alkohol *s.* Alkohole
Wassergas-Gleichgewicht 457
Wassergefährdungsklasse 109
Wasserhaushalt, Mineralocorticoide 742
Wasser-in-Öl-Emulsion 389
wasserlösliche Moleküle 261
Wasserlöslichkeit
– Alkylfluoride 204
– Methylrot 45
– Weinsäure 76
*Wassermann, E.* 570
Wasserstoff *s. a.* $^1$H-NMR-Spektroskopie
– Addition an Diene 151
– C—H-Bindung 16–18
– katalytische Hydrierung von Alkinen 170
– Methangewinnung 104
– naszierender 367, 797–798
– – Aldehydreduktion 314
– Synthesegas 105
Wasserstoffabspaltung *s.* Dehydrierung
Wasserstoffakzeptor
– Methylenblau 892
– Methylenimin 580–581
Wasserstoffatmosphäre, Methangewinnung 104
Wasserstoffatom
– acides 249
– – Ethin 169
– – Ethin-Carbonylierung 172–173
– – *Grignard*-Verbindungen 287
– – Vinylierungsreaktionen 172
– allylisches 371
– in Cyclohexan 92–93
– Elektronenkonfiguration 13–14
– in Ethin 20
– I-Effekte 26
– Partialladung in Alkoholen 176
– s-Orbitale 12
Wasserstoffbrücken 793, 880, 965
– anionische 806
– innerhalb einer Polypeptidkette 970
– intermolekulare 802–803
– – Amine 223
– – Carboxygruppe 340–342
– intramolekulare
– – aromatische Dicarbonsäuren 614
– – Ascorbinsäure 492
– – Benzoylaceton 598
– – Endiol-Form 492
– – *o*-Hydroxyaldehyde 583–585
– – Maleinsäure 358
– – Salicylsäure 606
– Protein 968
– zwischen Polypeptidketten 969–970
Wasserstoffbrücken-Akzeptor 802–803
Wasserstoffbrückenbindungen
– Alkohole 175–177
– Alkylfluoride 204
– Aufbrechen durch Verdünnung 177
– Ethanol 177
– intermolekulare
– – Imidazol 802–803
– – Nucleobasen 980
– – Pyrazol 793
– intramolekulare
– – Benzoylaceton 598
– – Enol-Form 423
– – *o*-Nitrophenol 560
– – Phthalsäure 614
– – Quercetin 860
– – Tropolon 695–696
– Methanhydrate 101
– Thiole 198
– *Watson-Crick*-Paarungsverhalten 985–986
Wasserstoffbrücken-Donator 802–803
Wasserstoffmolekül
– Atombindung 15
– Bindungsdissoziationsenergie 16
– MO-Schema 16
Wasserstoffperoxid 877, 884
– α-Effekt 875
– Anlagerung an Keton-Carbonylgruppe 597
– Dihydroxylierung von Alkenen 137
– HPPO-Verfahren 191
– petrochemische Glycerolsynthese 185–186
– Radikalbildner 140
Wasserstoffträger, flüssiger 791
Wasserstoff übertragendes Enzym 840
Wasserstoffverschiebung 154
wässrige Natriumnitritlösung 258
wässrige Phase, Extraktion aus 28
*Watson-Crick*-Paarungsverhalten 983, 985–986
– chemisch induzierte DNA-Läsionen 991–992
Wechselfelder, Quadrupol-Ionenfallen 38
Wechselwirkungen
– antarafaciale 371
– elektrostatische 472
– sterische 687–688
– suprafaciale 371
– transannulare 89–90, 110, 688
1,3-Wechselwirkungen, axiale Substituenten 474
Weckamine 232–233, 522
wehenhemmende Wirkung, Clenbuterol 594
weiche Moleküle 24–25
Weichmacher 145
– Butylphthalat 183
– Campher 509
– Di-(2-ethylhexyl)phthalat 321
– Diglyme 188
– Glycerol 509
– Lederindustrie 191
– Phthalsäureester 510
– PVC 615–616
– PVC-Thermoplaste 557
Weich-PVC 145
Weidenrinde 607
Wein 180
– Glycolweinskandal 188
– Oxidation mit Luft 346
– Zuckerung 188
Weinanalytik 706
*Weinreb*-Amid-Aldehydsynthese 307–308
Weinsäure 63, 399, 917
– Funktionalisierung 493
– Geschichtliches 1
– Konservierungsstoffe 411
– qualitative Analytik 30–31
– Racemattrennung von (±)-Coniin 920
– racemische 407, 409
– stereoisomere 404–407, *s. a.* Traubensäure
– Stereoisomere 76
– Strukturen 404
– TADDOL-Synthese 196
(+)-Weinsäure 409
(2*R*,3*R*)-(+)-Weinsäure 404–407
(2*S*,3*S*)-(−)-Weinsäure 404–407
(*R*,*R*)-Weinsäure 299
meso-Weinsäure 409
*meso*-Weinsäure 80
*meso*-(2*R*,3*S*)-Weinsäure 404–407
(*R*,*R*)-(+)-Weinsäurediethylester 569
Weinsäureester 412
Weinstein 407, 409
Weiselfuttersaft *s.* Gelée Royale
Weiße Meerzwiebel 749–750
Weißtöner *s.* optische Aufheller
*Weitz, E.* 656

Weizen 976–977
– Längenwachstum 720
Weizenkeimöl 863–864, 911–913
Weizenkorn 973–974
Weizenteig 769
Wellenfunktionen 11
– Diensystem 154
– Einelektronen- 11
– Hybridorbitale 16
– Kugelsymmetrie 11
– Phase 11
– Wasserstoffmolekül 16
Wellenlänge 33
– Farbwahrnehmung 42
– *Röntgen*strahlen 52
– spezfische Drehung 67
– UV/Vis-Spektroskopie 41
Wellenmechanik 11
Wellenzahl 40
Weltraum, Cyclopropen 148
σ-Werte 601, *s. a.* Substituentenkonstanten
Wertigkeit, Ursprung des Begriffs 53
Westen, schuss- und stichfeste 617
Wetter, schlagende 101
*Weygand, F.* 913, 947
*Weyl* 948
*Wheland*-Intermediat 517
*Wheland*-Komplex 528, 539
*Whitmore, F. C.* 331
*Wibaut* 925–926
*Wiberg*, invertierte Konfiguration 121
*Widman* und *Stoermer*, Synthese von Cinnolin 883
Wiederkäuer 507
wiederverwertbare Plastikflaschen *s.* Plastikflaschen
*Wieland-Gumlich*-Aldehyd 940
*Wieland, H.* 655, 908, 919–920
– Struktur der Steroide 731
*Wieland, T.* 421
*Wilbrand, J.* 538
*Wilds*, Steroidsynthese 734
Wildtomaten 751
*Wilke*, Butadien-Dimerisierung 162
*Wilkinson, G.*, Ferrocen-Synthese 699
*Wilkinson*-Katalysator 139, 298, 947
– Alkenhydrierung 299
– mit chiralen Liganden 299
*Willgerodt, C.* 536, 595
*Willgerodt-Kindler*-Reaktion 595–596
*Williams*, Isoprensynthese 157
*Williamson, A. W.* 386
*Williamson*-Ethersynthese 248, 480, 571, 601, 828–829
*Williams, R. J.* 421
*Willstätter, R.* 574, 925, 927
– Atropin-Synthese 925
– Carotine 723
– Cyclobutansynthese 111
– Cyclooctatetraen 160
– Konstitutionermittlung von Tropin 923
– Phytol 718
– Reduktion von Alkenen 139
– Synthese von Cyclooctatetraen 927–928
*Wilsmore, V. T.* 382
*Windaus* 879
– Antibabypille 748
– Struktur der Steroide 731
– Vitamin $D_2$ 737
windschief (Konformationsbezeichnung) 58
Winkelspannung 109, *s. a. Baeyer*-Spannung
*Winstein, S.* 406
*Wintersteiner* 933
Wippschwingungen 40
Wirbellose, Steroidhormone 746
Wirbelsäule, Spaltbildung 911–913
Wirbelschichtkatalysatoren 170
Wirkstoffe *s. a.* Arzneistoffe
– antiparasitäre 859
– innersekretorische *s.* Hormone
– nichtsteroidale 604
– pharmazeutische 243–244
Wirkstoffträger 374
Wirkung *s. a. weitere spezifische Wirkungen*
– agglutinierende 974, 977
– analgetische 919, 936
– antiarrhythmische 857
– antibiotische 860, 966–968
– antientzündliche 848
– antikonvulsive 866–867
– antimikrobielle 848
– antioxidative 848
– antiprotozoische 857
– antiseptische 855
– anxiolytische 866–867
– appetithemmende 926
– aufputschende 926–927
– bakterizid-antibiotische 855
– bakterizide 966–967
– berauschende 884–885
– blutdruckerhöhende 962–964
– blutdrucksenkende 963
– blutdrucksteigernde 963
– blutgerinnungshemmende 970
– blutstillende 934
– blutzuckersenkende 964
– cancerogene 859
– estrogene 860
– euphorisierende 926
– fungizide 855
– gefäßerweiternde 939
– hustenstillende 935
– hyperglycämische 964
– hypnotische 866–867
– insektizide 922
– koronargefäßerweiternde 928
– krampflösende 858, 934
– leistungssteigernde 926
– morphinähnliche 935–936
– muskelkrampflösende 936
– muskelrelaxierende 866–867
– mutagene 859
– osmotische 968
– schmerzaufhebende 934
– schmerzdämpfende 934
– schmerzlindernde 936, 962
– schmerzstillende 935
– sedative 866–867
– spasmolytische 849
– suchterzeugende 927
– toxische 918, 926, 940
– vasokonstriktorische 926
*Wislicenus, W.* 366
– *E/Z*-Isomerie 81
*Witkop, B.* 683, 966
*Wittig, G.* 536
*Wittig-Horner*-Reaktion 276
*Wittig*-Reaktion 255, 273–274, 476
– an Ketonen 279
– Lithiumorganyle 286
– Mechanismus 275
– salzfreie 275–276
Wofatite 558
*Wohl*-Abbau 476–477
*Wohl*, Enantiomere 68
*Wöhler, F.* 349, 393, 905
– Ethinsynthese 169
– Harnstoffsynthese 1, 437, 808
Wohlriechender Gänsefuß 706
*Wohl-Ziegler*-Bromierung 356
– radikalischer Mechanismus 356
*Wohl-Ziegler*-Verfahren 381
*Wolff-Kishner*-Reduktion 111–113, 344–345, 569
*Wolff*-Umlagerung 610
– Acylcarbene 237, 461–462
Wolfram-Katalysatoren 131
Wolframoxid-Katalysatoren 185–186
Wolfsflechte 430
Wolle 972–973
– Farbstoffe 43
Wollfarbstoffe, direktaufziehende, saure 679
Wollfett 720–721
Wollwachs *s.* Lanolin
*Wood-Fildes*-Theorie 626
*Wood*-Lampe 761
*Woodward-Hoffmann*-Regeln 112, 153–155, 369–371, 795
– *Cope*-Umlagerung 156
– Cycloheptatriensynthese 159
– elektrocyclische Reaktionen 739–740
– [1,5]-H-Verschiebung 154–156
*Woodward, R. B.*
– Chinin 929–930
– Ferrocen-Synthese 699

W

- (+)-Lysergsäure 938
- Reserpin 937
- Strychnos-Alkaloide 938
*Woskressensky, A.* 573
Wuchsstoff
- Folsäure 911–913
- pflanzlicher 782
Wuchsstoff-Hemmstoff-Antagonismus 626
Wuchsstoffherbizide 550
- Dicamba 551
Wundgel 966
Wurmmittel 885–886
*Wursters* Rot 656–657
*Wurtz-Fittig*-Synthese 273, 535
- Alkylbenzene 517
- 1,2-Diphenylethan 653–654
- Organolithiumverbindungen 284
- 1,1,2,2-Tetraphenylethan 653–654
*Wurtz*-Synthese 104–105
- Cyclopropan 110–112
- 1,5-Hexadien 156
- Tetraalkylsilane 277–278
Wurzelspitze, Vegetationszone 829
*Wynberg* 930

**X**

Xanthan 503
*xanthan gum* s. Xanthan
Xanthate 296
Xanthen 652
Xanthin 902–903, 983
- $pK_S$-Wert 899–900
- tautomere Formen 902–903
Xanthin-Dehydrogenase 902, 904, 910
- Hemmstoff 915
- Oxipurinol-Komplex 915
Xanthinmonophosphat 983
Xanthin-Oxidase 902, 909
Xanthogenate 436, 441
Xanthogen-Kupfer 441–442
Xanthogensäure 436, 441, *s. a.* Thiolthionkohlensäure
Xanthogensäureester 436
Xanthommatin 890–891
*Xanthomonas campestris* 503
Xanthon-Farbstoff 32
Xanthophylle 723, 762
- Carotin 722–723
Xanthoprotein-Reaktion 952
Xanthopterin 909–910
Xanthosin 904
Xantocillin 459
Xenobiotika 556
- Biotransformation 261
Xenondifluorid 529
Xenon, FAB-Methode 37
Xenon-Kohlenstoff-Bindung 282
*Xenopus levis* 968
Xerophthalmie 719
Xylan 488, 508–509
Xylarsäure 88
Xylen *s. a.* Dimethylbenzene
- Hydroxy-Derivate 556–557
- Isomere 380, 519
- Isomerentrennung 519
- Oxidation 614–615
- selektive Extraktion 188
- Synthese grober Kohlenstoffringe 115
*p*-Xylen 568
Xylenfraktion 142
Xylenole 556–557
- Carbolöl 515
- Naphthalenöl 515
Xylenmoschus 541
Xylit(ol) 197
D-Xylopyranose 508
D-Xylopyranosereste 508
Xylose 197, 769
D-Xylose 508
D-(+)-Xylose 488
- *Fischer*-Projektion 468
(–)-Xylulose 471

**Y**

Y (Einbuchstaben-Code für Tyrosin) 948
*Yabuta,* Gibberelline 719
*Yamada,* Purin-Synthese 900
Yams-Wurzel 734, 750–751
Ylen 274
Ylide 274–275, 286
- aromatische 697
Yocon-Glennwood® 939
*Yohimbehe*-Baum 937
Yohimbin 937, 939
(+)-Yohimbin 937
Yohimbinsäuremethylester 939
*Yonath,* Ribosom-Strukturaufklärung 996
*Young*-Verfahren 178–180

**Z**

Zähligkeit, Symmetrieachsen 65
Zahncremes, Glycerol 189
Zahnmedizin
- Guttapercha 727
- Lokalanästhetika 605
Zahnpasta 898
Zahnradeffekt 62
*Zaitsev s. Saytzeff*
Zaleplon 899, 915
Zauberpilz, mexikanischer 938–939
Zeatin 906
Zeaxanthin 289, 723
*Zechmeister,* Carotine 723
Zeder, rote 696–697
*Zedoary turmeric oil* 107
*Zeeman*-Effekt 44
Zein 977
*Zeise,* Mercaptane 198
Zeitdomäne 40
Zeitskala, NMR 49
*Zelinsky, n*-Pentan 109
Zellcyclusarrest 789
Zellen
- biologische
- - Energiestoffwechsel 192
- - eukaryotische 465
- - Granulosa- 744, 747
- - Immunzelle 964–966
- - Ionengleichgewicht 966–967
- - Lebensfähigkeit 829
- - Nerven- 879, 882, 927
- - Pankreas- 966
- - Parietal- 253
- - Synthese von Terpen 719–720
- - Transportsysteme 563
- - Vitalfärbung 892–893
- technische
- - *Leydig*-Zellen 744–745, 864
- - Solar- 786
Zellkern 974
Zellkultur 971–972
Zelllyse 742
Zellmembran
- Cholesterol 736
- Dimer 966–967
- Fluidität 736
- Ionenkanal 966–967
- Phospholipide 193–195
Zellmembranschädigung 864
Zellorganelle, Vitalfärbung 892
Zellpotenzial
- elektrochemisches 966
- Zusammenbruch 966–968
Zellsaft, Wasserstoffionenkonzentration 863
Zellstoff 507–509
Zellstoffgewinnung 519
Zellteilung 665, 678
- Hemmung 114
Zellteilungsfaktor 906
Zelltod, programmierter 754, 789, 857
Zelltoxizität, Alkohole 178–180
Zellwand
- Bakterien 190
- Permeabilität 146
- pflanzliche 506–507, 769
Zellwolle 509
*Zemplén*-Methode 476
zentrales Nervensystem 929
Zentralion, Rolle in Cp-Liganden 698–699
Zentralnervensystem 807, 935
Zentren
- Atmung *s.* Atemzentrum
- Chiralität *s.* Chiralitätszentrum
- Enzyme *s.* aktives Zentrum
Zentrifugation 971–972

Zentrochiralität 65
zentrosymmetrisches Beugungsmuster 52
Zeolithe 519, 558, 754
– Abtrennung von *p*-Xylen 519
– *Methanol-to-Gasoline*-Verfahren 182
– Wasserenthärter 364
*Zerewitinow*-Methode 287
Zerfallsprozesse, Pyrolyse 130–131
Zersetzung
– Fäkalien 104
– hydrolytische 988–990
– Methoxygruppen 178–179
– oxidative 479
– photochemische 599
– säurekatalysierte 554
Zibeton 110–111, 115
Zickzack-Darstellung 53–55
Zickzack-Konformation 62
Zickzack-Struktur 100
Zidovudin 244, *s. a.* Azidothymidin
*Ziegler*-Alkylierung 877
*Ziegler*-Direktverfahren, Vermehrung und Anlagerung 293–295
*Ziegler-Hafner*-Synthese 691–692
*Ziegler, K.* 284, 293–295, 566
– intramolekulare Cyclisierung 115
– koordinative Kettenpolymerisation 141
– *Mülheimer* Olefinsynthese 131–132, 141
*Ziegler*-Katalysatoren
– Isoprensynthese 157
– *Natta*-Verfahren 143
*Ziegler-Natta*-Katalysatoren 141–142, 728
– Ethinpolymerisation 171
– HDPE 143
– Trialkylaluminiumverbindungen 295
*Ziegler*-Reaktion 837
*Ziegler*-Verfahren, Halogen-Metall-Austausch 285
Zielmolekül 764
Zigarettenrauch 888
*Zimmermann*-Reaktion 29
*Zimmermann-Traxler*-Übergangszustand 322
*Zimmermann*-Verbindung 29–31
Zimtaldehyd 583
– Darstellung von 1,4-Diphenylbutadien 526
– Darstellung von Zimtalkohol 520
(*E*)-Zimtaldehyd 585–588
Zimtalkohol 520
Zimtsäure 112, 354
– Benzendiazoniumchlorid 632
– Darstellung von Phenylacetylen 526
– *Perkin*-Synthese 612
– photostationäres Gleichgewicht 611
– Struktur 579
– Vorkommen 611
Zimtsäureester 301, 612, 632
*Zincke*-Aldehyd 691–692, 838
*Zincke-König*-Spaltung 838
*Zincke*-Salze 691–692
*Zinin, N.* 621
Zink
– Ozonidspaltung 138
– *Takai*-Reagenz 216
– technische Darstellung von Methanol 178
Zinkcarbenoid 462
Zinkchlorid 146
Zinkdialkyle 290
Zinkdimethyldithiocarbamat 726
*Zinke, A.* 558–559
Zink-Ion 964
– katalytisches 963
Zink-Kohlenstoff-Bindung 290
Zinkorganyle *s. a.* Zinkverbindungen
– binäre 290
– Estergruppen 290
– präparative Bedeutung 290–291
– Struktur 283
– Transmetallierung 290–291
Zinkselenid 40
Zinkstaub 164–165
Zinkstaubdestillation 782
Zinkstearat 172
Zinkverbindungen, organische *s. a.* Organozinkverbindungen; *s. a.* Zinkorganyle
– Gewinnung und Synthese 290
– Reaktionen und Anwendungen 290–291
– Struktur und Eigenschaften 290
Zinn(II)chlorid 166
Zinn(IV)chlorid
– Katalysator 518
– kationische Polymerisation 141
Zinnverbindungen, organische *s. a.* Organozinnverbindungen
– Gewinnung und Synthese 295
– Reaktionen und Anwendungen 295–296
– Struktur und Eigenschaften 295
Ziprasidon 822
Zirbeldrüsenhormon 781–782
zirconhaltige Metallocene 142
Zirconiumchlorhydrid 699–700
Zirconium-Komplexe 699–702
*ansa*-Zirconocen-Derivat A 702
Zirconocene, als *Ziegler-Natta*-Katalysatoren 702
zirkadianer Rhythmus 807
zirkular polarisiertes Licht *s.* polarisiertes Licht
Zitronenfalter 909–910
Zitronenöl 705, 717
Zitronensäure *s.* Citronensäure
Zitrusfrucht 810
Zitrusölherstellung 789
ZNS 807
Zoledronsäure 259
Zöliakie 977
Zolpidem 915
Zoosterine 736
Zoplicon 916
*Z*-Rest *s.* Carbobenzoxy-Rest
Z-Substanz 916
Zucker 364
– Acetylierung 483–484
– *al*-Form 484
– alkoholische Gärung 178–180
– alkoholische Hydroxygruppen 483–484
– anomeres C-Atom 481
– cyclische 468–469
– Drei-Buchstaben-Code 493
– elektrophile 982–983
– Ernährungsgrundlage 465
– Ester- und Etherbildung 479–483
– *Fischer*-Nomenklatur 69
– hochpolymere 500
– Hydroxygruppen 483–484
– L-konfigurierte 499
– Mercaptane 490–491
– Methylierung 480
– Nachweisreaktionen 487
– nichtreduzierende 493–494, 499
– Nucleinsäuren 979
– oxidative Spaltung 479
– reduzierende 769
– – Aminogruppen 485
– – Fehling-Probe 308
– – Fructose 488
– – D-Galactosamin 489
– – D-Glucosamin 489
– – Glycosidbindungen 493–494
– selektive Schutzgruppen 480
– stereochemische Umwandlung 487
– Strukturaufklärung 486
– sulfatierte 506
– Triosen 189
– Veresterung 480
Zuckerabbau 476–477
– biochemischer 318
Zuckeracetale 480
– selektive Hydrolyse 480
Zuckeralkohole 109, 185, 476, 478; *s. a.* Alditole
Zuckeraufbau 474
Zuckerderivate, nichtreduzierende 481
zuckerhaltige Speise 964
Zuckerkohle 497
Zuckerkrankheit 331, 964
Zuckermercaptale 490

Zuckermoleküle
- glycosidische Verknüpfungen 493–494
- OH-Gruppen 493
Zuckerreste, konjugierte RNA-Nucleoside 995–996
Zuckerrest-Übertragung 483–484
Zuckerringe
- fünfgliedrige *s.* Furanosen
- sechsgliedrige *s.* Pyranosen
Zuckerrohr 495–497
Zuckerrüben 416, 495–497
- Saponine 721–722
- Tricarballylsäure 411
- Trimethylglycin 416
D-Zuckersäure *s.* D-Glucarsäure
Zuckersäuren 477–479
Zuckersirup 496
Zuckersynthese, chemische 475
Zuckerung, Wein 188
Zündtemperatur, Cyclohepten 149
zusammen (*Z*) 81
Zwei-Elektronen-drei-Zentren-Bindung
- in $Al_2R_6$ 293
- nichtklassische Carbonium-Ionen 459–460
Zwei-Elektronen-zwei-Zentren-Bindung 284
Zweifarbenpitohui 752
Zweisessel-Konformation *s.* Sessel-Sessel-Konformation
Zweitsubstitution 511
- elektrophile 592
- in *ortho-*, *meta-* und *para*-Stellung 529–530
- Phenol 530–531
- Reaktivität 511, 529–531
- Regioselektivität 511, 529–531
zweiwertige Alkohole *s.* Alkohole
Zwiebeln, 1-Propensulfensäure 267
Zwischenkomplex-Mechanismus 561
Zwischenprodukte, reaktionsfähige und kurzlebige 459–460
Zwitterionen 415–416, 806, 850
- Aminosäure 944
- Carbonyloxid 139
- *Mitsunobu*-Reaktion 385–386
- Pyocyanin 889
- Sulfanilsäure 625
zwitterionische Verbindungen 192
Zyan... *s.* Cyan...
Zyban® *s.* Bupropion
zyklisch *s.* cyclisch
Zyklon B 393
Zyklotron-Resonanz *s.* Ionen-Zyklotron-Resonanz
Zymase 178–180
Zyprexa® 886
Zytostatika 64, 678

# Die Autoren

## Prof. Dr. Tanja Schirmeister

Tanja Schirmeister studierte Pharmazie an der Albert-Ludwigs-Universität Freiburg. Nach der Promotion im Fach Pharmazeutische Chemie bei Prof. Dr. H.-H. Otto habilitierte sie sich im Fach Pharmazeutische/Medizinische Chemie und erhielt im Jahr 2000 einen Ruf auf eine C3-Professur am Institut für Pharmazie und Lebensmittelchemie der Julius-Maximilians-Universität Würzburg. Seit 2011 ist sie Lehrstuhlinhaberin für Pharmazeutische/Medizinische Chemie am Institut für Pharmazie und Biochemie der Johannes-Gutenberg-Universität Mainz.

Ihre Forschungsschwerpunkte sind die Entwicklung und Synthese neuer Enzymhemmstoffe mit antiparasitärer oder antiviraler Wirkung, insbesondere mit Fokus auf den so genannten „neglected diseases" wie Afrikanische Schlafkrankheit und Dengue-Fieber, und die Bioaktivitäts-geleitete Suche nach neuen Wirkstoffen aus natürlichen Quellen, z. B. marinen Schwämmen.

Zusammen mit Carsten Schmuck und anderen Kollegen aus der Würzburger Zeit ist sie auch Autorin des Lehrbuchs „Chemie für Mediziner". Sie ist außerdem im Herausgeberteam des Arzneibuch-Kommentars und Mitglied der Sachverständigenkommission „Pharmazeutische Analytik" am Institut für Pharmazeutische und Medizinische Prüfungsfragen (IMPP).

## Prof. Dr. Carsten Schmuck

Carsten Schmuck studierte Chemie an der Ruhruniversität Bochum und promovierte dort 1994 bei Prof. Dr. W. R. Roth mit einer physikalisch-organischen Arbeit über die Stabilisierungsenergie von Radikalen. Als Feodor-Lynen-Stipendiat der Alexander-von-Humboldt-Stiftung entwickelte er anschließend 2 Jahre bei Prof. Dr. Ronald Breslow an der Columbia University in New York (USA) Enzymmimetika auf der Basis von Cyclodextrinen und studierte die Eigenschaften synthetischer DNA-Analoga. Während seiner Habilitation an der Universität zu Köln begann er sich mit Supramolekularer Chemie zu beschäftigen. Nach der Habilitation im Jahr 2001 folgte 2002 ein Ruf auf eine C3-Professur für Organische Chemie an der Julius-Maximilians-Universität Würzburg. Im August 2008 wechselte er auf den Lehrstuhl für Organische Chemie 2 an der Universität Duisburg-Essen.

Sein Forschungsschwerpunkt ist die Supramolekulare Chemie, die Untersuchung der Wechselwirkung von Molekülen miteinander. Dabei interessieren ihn besonders funktionale supramolekulare Systeme in wässriger Lösung, wie z. B. chemische Liganden, die an Proteine binden und so deren biologische Funktion verändern oder die als künstliche Gentransfektionsvektoren Nukleinsäuren in Zellen schleusen. Aber auch die Entwicklung schaltbarer supramolekularer Polymere und Gele gehört zu seinen Arbeitsgebieten.

Zusammen mit Tanja Schirmeister und zwei weiteren Kollegen hat er das Lehrbuch „Chemie für Mediziner" geschrieben. Ebenso ist er Autor des Lehrbuchs „Basisbuch Organische Chemie".

## Jun.-Prof. Dr. Peter R. Wich

Nach Chemiestudium und Promotion an der Julius-Maximilians-Universität Würzburg bei Prof. Dr. Carsten Schmuck im Jahr 2009 wechselte Peter Wich als Postdoc an das Department of Chemistry der University of California in Berkeley, Kalifornien (USA). Dort forschte er von 2010 bis 2012 als Feodor-Lynen-Stipendiat der Alexander-von-Humboldt-Stiftung in den Laboren von Prof. Dr. Jean M. J. Fréchet. Seit April 2012 hat Peter Wich eine Juniorprofessur für Medizinische/Pharmazeutische Chemie am Institut für Pharmazie und Biochemie der Johannes-Gutenberg-Universität Mainz inne.

Seine primären Forschungsinteressen liegen in den Bereichen der bioorganischen Chemie sowie der Schnittstelle zwischen Nanotechnologie und biomolekularen Materialien. In diesem Zusammenhang wurde er unter anderem in 2014 mit dem Innovationspreis für Medizinische/Pharmazeutische Chemie (GDCh, DPhG) in Anerkennung für seine innovativen Arbeiten und wissenschaftlichen Leistungen auf dem Gebiet der supramolekularen und nanopartikulären Biopolymere ausgezeichnet.

(Für weitere Informationen: www.wichlab.com)

# Verzeichnis der Exkurs-Kästen


Quantitative Elementaranalyse ▶ S. 4
Ermittlung chemischer Formeln ▶ S. 5
Verteilung und Adsorption ▶ S. 8
Elektronegativität und Dipolmoment ▶ S. 22
*Stas-Otto*-Trennungsgang ▶ S. 28
*Fischer*-Projektion ▶ S. 69
Racemat und Konglomerat ▶ S. 76
*meso*-Verbindungen ▶ S. 80
Inversion ▶ S. 83
Methanhydrat ▶ S. 101
Carboplatin ▶ S. 114
*Platon*ische Körper ▶ S. 121
*Woodward-Hoffmann*-Regeln ▶ S. 154
Aufbrechen intermolekularer Wasserstoffbrücken durch Verdünnung ▶ S. 177
Spirituosen ▶ S. 180
*Wagner-Meerwein*-Umlagerung ▶ S. 182
Botenstoffe ▶ S. 184
Kronenether ▶ S. 186
Glycolspaltung ▶ S. 188
Glycolweinskandal ▶ S. 188
Acetylcholin ▶ S. 194
Säurestärke ▶ S. 199
Direkte Iodierung von Alkanen mit Tetraiodmethan ▶ S. 207
Phasentransferkatalyse ▶ S. 212
Ozonabbau durch Halogenalkane und FCKW ▶ S. 219
Lithiumdiisopropylamid (LDA) ▶ S. 223
Hydrazine in der Raketentechnik ▶ S. 241
Diethylether als Narkosemittel ▶ S. 246
Autoxidation ▶ S. 247
Bisphosphonate ▶ S. 259
Biotransformation ▶ S. 261
Chemische Nervenkampfstoffe ▶ S. 262
Perfluorierte Sulfonsäuren ▶ S. 267
Mechanismus der *Wittig*-Reaktion ▶ S. 275
$\alpha$- und $\beta$-Effekt des Siliciums ▶ S. 278
Silicium in der Schutzgruppenchemie ▶ S. 279
Silicone ▶ S. 280
Carotinoid-Farbstoff Zeaxanthin ▶ S. 289
Minamata-Krankheit ▶ S. 292
Mechanismus der Hydroxymercurierung ▶ S. 294
Achtzehn-Elektronen-Regel ▶ S. 297
Nachweisreaktionen der Aldehyde ▶ S. 308
Kinetische und thermodynamische Reaktionskontrolle ▶ S. 324
Photochemie der Carbonylverbindungen ▶ S. 327
*Henderson-Hasselbalch*-Gleichung ▶ S. 344
Geradzahlige und ungeradzahlige Fettsäuren ▶ S. 348
Vinylogie-Prinzip ▶ S. 355
*Wohl-Ziegler*-Bromierung ▶ S. 356
Biologische Bedeutung mehrfach ungesättigter Fettsäuren ▶ S. 362
Seifen und synthetische Waschmittel ▶ S. 364
Gruppen-Transfer-Polymerisation ▶ S. 369
En-Reaktion ▶ S. 371
Cyanethylierung zur Herstellung verzweigter Dendrimere ▶ S. 374
Reaktivität von Carbonsäurederivaten ▶ S. 379
Mechanismus der säurekatalysierten Esterbildung ▶ S. 384
Fette und Öle ▶ S. 388
Blausäure ▶ S. 393
*Walden*-Umkehr und Nachbargruppeneffekt ▶ S. 405
Asymmetrische Epoxidierung von Allylalkoholen nach *Sharpless* ▶ S. 412
Die Radiokarbonmethode zur Altersbestimmung ▶ S. 434
Thioharnstoffderivate zur Behandlung von Stoffwechselkrankheiten ▶ S. 442
Knallsäure und Isoknallsäure ▶ S. 445
Methylisocyanat – die Katastrophe von Bhopal ▶ S. 448
Panik vor dem „Kometen-Gift" ▶ S. 449
Kohlenstoffmonoxid ▶ S. 456
*erythro*- und *threo*-Formen ▶ S. 467
Die chemische Synthese von Monosacchariden ▶ S. 475
*N*-Glycosylamine als chirale Reagenzien ▶ S. 483
Eigenschaften von Osazonen ▶ S. 486
Neuraminidase-Hemmer ▶ S. 491
Der „chiral pool" ▶ S. 493
Umweltkatastrophe in einer chinesischen Millionenstadt ▶ S. 512
Gewinnung aromatischer Kohlenwasserstoffe aus Steinkohlenteer ▶ S. 515
Mechanismus der radikalischen Substitution in der Seitenkette ▶ S. 534
Aromatische Nitroverbindungen als Sprengstoffe ▶ S. 538
Saccharin ▶ S. 547
Herbizide ▶ S. 550
Mechanismus der *Hock*schen Phenol-Synthese ▶ S. 555
Ionenaustauscherharze ▶ S. 558
$S_NAr$-Mechanismus der nucleophilen Substitution am Aromaten ▶ S. 561
*Liebermann*-Reaktion ▶ S. 562
Cyclophenylalkane ▶ S. 568
*Claisen*-Umlagerung ▶ S. 571
Farbphotographie ▶ S. 577
Imine und *Schiff*sche Basen ▶ S. 586
Die *Hammet*-Gleichung ▶ S. 600
Derivate von 2-Aminoacetanilid als Lokalanästhetika ▶ S. 605
Geiersterben in Indien ▶ S. 611
Polycarbonate ▶ S. 617
Atropisomerie bei Biphenylderivaten ▶ S. 640
Triphenylmethyl – Das erste freie Radikal ▶ S. 644
PAK als Umweltschadstoffe ▶ S. 662
Wasserdampfdestillation ▶ S. 692
Ferrocen ▶ S. 699
Menthon als chiraler Hilfsstoff ▶ S. 707
Vitamin-A-Derivate und ihre Wirkungen ▶ S. 719
Synthetischer Kautschuk ▶ S. 727
D-Vitamine: Biosynthese durch pericyclische Reaktionen ▶ S. 739
Emulgierende Eigenschaften von Gallensäuren ▶ S. 742
Fusidinsäure – ein Steroid mit antibakterieller Wirkung ▶ S. 745
Steroidhormone niederer Organismen ▶ S. 746
Liebespheromone? ▶ S. 746
Antibabypille, „Pille danach" und Abtreibungspille ▶ S. 748
Pyrrolalkaloide ▶ S. 754
„Lichtallergie" ▶ S. 761
Pentosane ▶ S. 769
Polythiophen ▶ S. 772
Thalidomid ▶ S. 787
1,3-Dipolare Cycloadditionen oder (3+2)-Cycloadditionen ▶ S. 795
Donorstabilisierte, nucleophile Carbene ▶ S. 806
Mesoionische Verbindungen ▶ S. 827
*N*-Alkylpyridiniumsalze ▶ S. 838
Marihuana und Haschisch ▶ S. 844
Wirkungsweisen von Topoisomerase I und II ▶ S. 857
Valium® (Diazepam) ▶ S. 866
Beri-Beri – Ein Mangel an Vitamin $B_1$ ▶ S. 882
TCDD und polychlorierte Dibenzo-*p*-dioxine ▶ S. 888
Systematische Nomenklatur von Heterobicyclen ▶ S. 900
Vorkommen von Alkaloiden ▶ S. 917
Cocain als Muttersubstanz der Lokalanästhetika ▶ S. 927
Lysergsäurediethylamid (LSD) ▶ S. 941
*Merrifield*-Synthese zur Darstellung von Oligopeptiden ▶ S. 957
Schlangengift und Neurotoxine ▶ S. 963
Antidiabetika ▶ S. 965
Prion-Protein und BSE ▶ S. 972
Blutgruppen und Allergien ▶ S. 975